W0112517

Kritiken
Critiques

»… Autor und Verlag sind zu beglückwünschen … Ein Fachwörterbuch das mit Bestimmtheit zu den besten vergleichbaren Publikationen der letzten Jahre gehört …«
(F. Backasch, Nachrichtentechnik-Elektronik)

»… Eine beachtliche Neuerscheinung … Der Autor hat zudem klug die Nöte des Übersetzers vorausgesehen … Die zwei Bände verdienen zweifellos einen vorderen Platz in der Handbücherei des Elektronik-Übersetzers …«
(Der Sprachmittler)

»… Bei der Gestaltung des Werkes hat der Autor einen hohen Benutzerkomfort verwirklicht, indem er neben der Übersetzung noch weitere Informationen bietet … Auch beim ‚einsprachigen' Arbeiten äußerst nützlich …«
(Elektronik)

»… Dieses neue Wörterbuchkonzept bietet tatsächlich einen großen Benutzerkomfort … Der Rezensent wir ‚die Ferrettis' in die vordere Reihe des Bücherschranks stellen …«
(J. Gabel, in Nachrichtentechnische Zeitschrift)

»… Die Idee des ‚lexikalischen' Wörterbuches ist ausgezeichnet … Ein großartiges Wörterbuch …«
(Prof. Peter. Rechenberg, Institut für Informatik, Universität Linz)

»… überdurchschnittlicher Benutzerkomfort …«
(Elektro-Anzeiger)

»… Von existierenden Konkurrenzwerken hebt es sich ab durch einen bestechenden Benutzerkomfort und Übersetzungssicherheit …«
(productronic)

»… Der Benutzer wird komfortabel durch das Wörterbuch geführt …«
(Elektronik-Industrie)

»… Ich halte das Werk für sehr gelungen … werde es wärmstens weiterempfehlen …«
(F. Lutterop, Translation Office, AT&T-NS-NL)

»… It stands out above its competitors by its ease of use and reliability of its translated terms …«
(Siemens, telcom report)

»… Ein Wörterbuch das eine Lücke füllt … Die typographische Gestaltung — zu unserem Leidwesen das Stiefkind vieler Wörterbücher — ist hier hervorragend und nachahmenswert …«
(H. Kretschmer, M. Spöri, Fremdsprachendienst der EG-Kommission, Brüssel)

»… This dictionary points the way to the future …«
(P. Atkins, Fremdsprachendienst der EG-Kommission, Brüssel)

Springer-Verlag Berlin Heidelberg GmbH

Wörterbuch der Elektronik, Datentechnik, Telekommunikation und Medien
Dictionary of Electronics, Computing, Telecommunications and Media

Deutsch-Englisch
German-English

Vittorio Ferretti

WÖRTERBUCH DER ELEKTRONIK, DATENTECHNIK ,TELEKOMMUNIKATION UND MEDIEN

Teil 1: Deutsch-Englisch

3., neubearbeitete und erweiterte Auflage

mit insgesamt 157 000 Fachwörtern aus 102 Fachgebieten

jetzt mit 20 000 neuen Fachwörtern

DICTIONARY OF ELECTRONICS, COMPUTING, TELECOMMUNICATIONS AND MEDIA

Part 1: German-English

3rd, revised and enlarged Edition

with in total 157,000 terms covering 102 subject fields

now with 20,000 new terms

Springer

Dipl.-Ing. Vittorio Ferretti
München

v.ferretti@web.de

ISBN 978-3-642-62168-0 ISBN 978-3-642-18573-1 (eBook)
DOI 10.1007/978-3-642-18573-1

Bibliografische Information der Deutschen Bibliothek.
Die Deutsche Bibliothek verzeichnet diese Publikation in der Deutschen Nationalbibliografie; detaillierte bibliografische Daten sind im Internet über <http://dnb.ddb.de> abrufbar.

springer.de

Originally published by Springer-Verlag Berlin Heidelberg New York 2004
Softcover reprint of the hardcover 3rd edition 2004

Satz: Victor A. Ferretti, München
Einbandgestaltung: Erich Kirchner, Heidelberg
Gedruckt auf säurefreiem Papier 68/3020 ra - 5 4 3 2 1 0

Vorwort

Diese dritte Auflage erweitert die vorangegangene um etwa 9.000 neue Einträge in jeder Sprache.

Angesichts der zunehmenden Verflechtung mit der Informationstechnik wurde das Wörterbuch um das Gebiet der Medien erweitert. Einige Teilgebiete davon (Druck- und Verlagswesen, Rundfunk- und Fernsehtechnik, Unterhaltungselektronik) waren in den vorangegangenen Ausgaben bereits ausführlich enthalten; sie wurden im Wesentlichen durch die Fachbegriffe der Kinematographie ergänzt.

Im Bereich der Informationstechnik wurde vornehmlich der Wortschatz der zwei derzeit am meisten expandierenden Bereiche aktualisiert und erweitert: Internet-Dienste und Mobilfunk.

Desweiteren wurde der deutsche Wortschatz gemäß den Regeln der deutschen Rechtschreibreform überarbeitet. Die Termini in der älteren Schreibweise wurden jedoch als Synonyme beibehalten. Im Deutschen überzogene oder unnötige Anglizismen wurden als solche kenntlich gemacht.

Einer vielfach erhaltenen Anregung zufolge, habe ich alle eingliedrigen deutschen Hauptwörter mit der Genusangabe versehen, was in der Tat — vor allem bei Anglizismen — selbst für deutsche Muttersprachler eine knifflige Angelegenheit sein kann.

Das Hauptziel dieses Fachwörterbuches bleibt die Hilfestellung bei anspruchsvollen Übersetzungen. Demzufolge habe ich sowohl das lexikalische Konzept als auch das tabellarische Layout beibehalten.

Mein Sohn Victor Andrés hat die Satzgestaltung auch dieser Auflage bravourös gemeistert. Er ist mittlerweile nicht nur ein Magister Artium, sondern auch sozusagen ein »Magister Layoutium«.

Frau Seifert und Herrn Lehnert vom Springer Verlag danke ich für die exzellente verlagsseitige Unterstützung.

Ich bedanke mich auch für alle wohlwollenden Rezensionen und Zuschriften, von denen ich aus Platzgründen leider nicht alle auf den Innenseiten der beiden Buchdeckel wiedergeben konnte.

Abschließend danke ich Ihnen, liebe Benutzerin und lieber Benutzer, für das Vertrauen in das Ergebnis meines Fachwortsammelns.

Vittorio Ferretti

München, im September 2003

Preface

This third edition extends the previous by about 9,000 terms in both languages.

Considering the growing interlacement with Information Technology, the coverage of the dictionary has been extended to the field of the Media. Some areas (Printing&Publishing, Sound&TV Broadcasting, Consumer Electronics) were exhaustively covered already in the previous editions; basically they have now been complemented by the terminology of the cinematography.

In the area of Information Technology especially the terminology of the two most expanding field has been updated, of Internet and Mobile Communications.

German spelling has been updated conforming to the new orthographic rules. The termini in the former spelling have been maintained as synonym entries. Exaggerated or useless anglicisms in German usage have been marked as such.

In order to comply with a suggestion expressed to me several times, I have complemented all single-term German nouns with the gender indication. This is indeed not a trivial job even for German native speakers, especially with respect to anglicisms.

The main scope of this dictionary has been maintained: to assist in demanding translations. Therefore the lexicographic concept and the tabular layout have been retained.

My son Victor Andrés has brilliantly styled the typesetting also of this edition. Now he's not only a Magister Artium but also a "Master of Layouts".

I am indebted to Mrs. Seifert and Mr. Lehnert of the Springer Verlag for their valuable editorial assistance.

Many thanks also for all the benevolent recensions and letters. On the inner side of the front and back cover I have excerpted them, but sorrowfully could not mention all of them.

Finally I would like to thank you, dear user, for your trust in the result of my terminological collection work.

Vittorio Ferretti

Munich, September 2003

MEIS QUIBUS

HUIC LABORE INTENTUS

NIMIUM TEMPUS ABSTULI

Inhalt

Contents

Hinweise zur Benutzung

1 Aufbau der Einträge

In diesem Wörterbuch gibt es zwei Arten von Einträgen: Haupteinträge und Synonymeinträge. Ein HAUPTEINTRAG enthält, neben der Fachgebietsangabe, in beiden Sprachen eine Auflistung aller Synonyme. Bedarfsweise werden im Haupteintrag zweisprachig noch folgende Zusatzinformationen geboten: grammatische Angaben, Hinweis zum Sprachgebrauch, Kurzdefinition, Quasisynonyme, Antonyme, Oberbegriffe und Unterbegriffe. Ein SYNONYMEINTRAG enthält, neben der Fachgebietsangabe, auf beiden Sprachseiten den Verweis auf den entsprechenden Haupteintrag.

Die Einträge sind folgendermaßen strukturiert:

Sprache A:		Sprache B:

HAUPTEINTRÄGE:

Hauptstichwort *gramm. Angaben* (Hinweise zum Sprachgebrauch) [Kurzdefinition] = Synonym #1; #2; ... ≈ Quasisynonym #1; #2; ... ≠ Antonym #1; #2; ... ↑Oberbegriff ↓ Unterbegriff #1; #2; ...	FACHGEBIET	**Hauptstichwort** *gramm. Angaben* (Hinweise zum Sprachgebrauch) [Kurzdefinition] = Synonym #1; #2; ... ≈ Quasisynonym #1; #2; ... ≠ Antonym #1; #2; ... ↑ Oberbegriff ↓ Unterbegriff #1; #2; ...

SYNONYMEINTRÄGE:

Synonym → Hauptstichwort	FACHGEBIET	→ **Hauptstichwort**

1.1 Grammatische Angaben

Grammatische Angaben werden nur in den Fällen gemacht, in denen sie zur eindeutigen Kennzeichnung der Wortart unerläßlich sind, oder in denen sie aus der Beherrschung der Umgangssprache nicht vorausgesetzt werden können. Bei englischen Fachwörtern ist ersteres häufig der Fall, da Substantive, Verben, Adjektive und Adverbien vielfach gleichgeschrieben werden aber unterschiedlich zu übersetzen sind. Im Deutschen hingegen treten gelegentlich Zweifel über das anzuwendende Geschlecht oder die Pluralbildung von Substantiven auf. Die für grammatische Angaben angewandten Abkürzungen werden im Anhang *Alphabetische Liste der Abkürzungen* erklärt.

Explanatory Notes

1 Structure of Entries

This dictionary contains two types of entries: main entries and synonym entries. A MAIN ENTRY is made of: the main term and its translation, a subject field code and a comprehensive listing of all synonyms of both languages. If appropriate, additional information is supplied, also for both languages: grammatical notes, reference to usage, a short definition, quasi-synonyms, antonyms, general terms and derivative terms. A SYNONYM ENTRY contains a reference to the main entry in both languages, besides the subject field code.

The entries are structured as follows:

Language A:		Language B:

MAIN ENTRIES:

Main term *grammat. notes* (references to usage) [short definition] = synonym #1; #2; ... ≈ quasi-synonym #1; #2; ... ≠ antonym #1; #2; ... ↑generic term ↓ derivative term #1; #2; ...	SUBJECT FIELD	**Main term** *grammat. notes* (references to usage) [short definition] = synonym #1; #2; ... ≈ quasi-synonym #1; #2; ... ≠ antonym #1; #2; ... ↑ generic term ↓ derivative term #1; #2; ...

SYNONYM ENTRIES:

Synonym → Main term	SUBJECT FIELD	→ **Main term**

1.1 Grammatical Notes

Grammatical information is given only in cases where it is indispensable to specify the type of word, or when its knowledge cannot be presumed from colloquial fluency. The former case is frequent in English, where nouns, verbs, adjectives and adverbs can have the identical spelling (homographs) but require different translation. In German the gender or plural form of nouns give rise to doubts. The appendix *Alphabetical List of Abbreviations* defines all codes used for grammatical notes.

1.2 Hinweise zum Sprachgebrauch

Unter dieser Rubrik werden hauptsächlich Hinweise auf regionalsprachliche Präferenzen gegeben. Im Englischen bestehen bekanntlich Unterschiede in der Schreibweise und Wortwahl, vor allem zwischen dem britischen und dem nordamerikanischen Sprachraum. Internationale Fachgremien neigen zu einem hybriden Fachenglisch. Im Deutschen entsprechen dem die Variationen zwischen Deutschland, Österreich (sowie süddeutschem Raum) und der Schweiz, die im technischen Sprachgebrauch aber weit weniger bestehen als in der Umgangssprache. Die regionalsprachlichen Varianten werden hier lexikographisch wie Synonyme behandelt (siehe Punkt 1.5). Der britische Leser möge es bitte dem Autor nachsehen, wenn er die nordamerikanischen Ausdrücke tendenziell an erster Stelle anführt.

Die für Regionalsprachen und Quellenangaben angewandten Abkürzungen werden im Anhang *Alphabetische Liste der Abkürzungen* erklärt.

1.3 Fachgebiet

Für jeden Eintrag wird ausnahmslos das Fachgebiet angegeben. Die dafür angewandten Kürzel sind so bemessen, dass sie in sich verständlich sind, d.h., dass ein Nachschlagen in einer Schlüsselliste nicht erforderlich ist. Da sich die englische Abkürzung in vielen Fällen von einer deutschen kaum unterscheiden würde, werden nur englische Fachgebietskürzel verwendet. Bei der Auswahl der englischen Bezeichnungen wurde aber auf die Verständlichkeit für deutschsprachige Benutzer Rücksicht genommen.

Die Fachgebiete wurden nur so weit aufgegliedert, wie es für eine Unterscheidung der Fachsprachen unbedingt notwendig ist; mit zunehmender Entfernung vom Zentralthema des Wörterbuchs wird die Differenzierung immer gröber. So wird zum Beispiel die gesamte Mathematik hier als ein einziges Fachgebiet behandelt. Der Umfang und die Abgrenzung der Fachgebietsklassifizierung ist in der Anlage *Zusammenhang der Fachgebiete* wiedergegeben. Außer den Fachgebieten der Datentechnik wurden auch angrenzende Fachgebiete und Grundlagenwissenschaften berücksichtigt, deren Grundbegriffe für die Kernthemen des Wörterbuchs relevant sind. Insgesamt werden 102 Fachgebiete differenziert. In der Anlage *Alphabetische Liste der Fachgebiete* sind sie in der genannten Sortierung aufgelistet. Dort wurden die möglichst ausschöpfend behandelten Kernthemen dieses Wörterbuchs fett gekennzeichnet.

1.2 References to Usage

Within this rubric hints are given to regional preferences in the use of terms. In English there are regional differences in spelling and predilection of some synonyms instead of others. The main difference is that between British and American usage, as well known. International organization tend to a hybrid English. In German the regional usage differences between Germany, Austria and Switzerland are considerably smaller in technical language as in colloquial speech. All these variations are treated as synonyms (see item 1.5). The author hopes that British readers will pardon the authors tendency to give in this field technology precedence to the American usage.

The abbreviations used to mark regional or institutional usage are listed in the annex *Alphabetical List of Abbreviations.*

1.3 Subject Field

Every entry is assigned to a subject field; this is done by a self-explanatory code, thus avoiding the reference to a coding list. The abbreviations of the subject fields are derived from the English terms. When selecting them, the intelligibility by German users has been considered.

The subdivision of specialties is only as fine as strictly necessary. With increasing distance from the central topics of the dictionary, the differentiation becomes coarser. Mathematics, for instance is treated as a single subject field. Coverage and delimitation of the subject field can be deducted from the annex *Correlation of Subject Fields*. Beside the different specialties of computing, this dictionary covers also the basic terms of adjacent disciplines, having incidence on the central topics of the dictionary. In texts about word processing for instance, terms of typography, printing and even linguistics are very frequent. In total, 102 subject areas are considered in this dictionary; an alphabetical list of them is given in the annex *Alphabetical List of Subject Fields*. There the core topics of this book, covered in an as comprehensive as possible manner, are in bold letters.

1.4 Kurzdefinition

Die bei grundsätzlichen oder diffizilen Begriffen enthaltenen Kurzdefinitionen sind als Hinweise zur Bedeutung des Begriffs gedacht, nach dem Prinzip, Schwieriges mit leichter Verständlichem zu erläutern. Dabei kann leider keine wissenschaftliche Präzision geboten werden, ebensowenig bei den etymologischen Hinweisen (zur Herkunft der Wörter), die in bestimmten Fällen als Kuriosität angegeben werden.

Beispiel:

Datei *nf*
[Kunstwort aus "DATenkartEI"; als Einheit behandelte und benannte Ansammlung zusammengehöriger Daten]

DAT.MA **file** *n*
[related set of data treated and named as unit]

1.5 Synonyme

Synonyme sind in diesem Wörterbuch als gleichbedeutende Fachbegriffe definiert (»totale Synonymie«); darunter fallen auch Variationen der Schreibweise.

Für viele Fachbegriffe werden je nach Region, Spezialistenkreis oder Firma unterschiedliche Synonyme bevorzugt. Der Autor hat nach bestem Wissen und Gewissen für jeden Begriff einen Terminus als Hauptstichwort auserwählt. Beim Hauptstichwort werden auf beiden Sprachseiten alle Synonyme aufgeführt, und zwar in der Rangfolge abnehmender Gebräuchlichkeit.

Beispiel:

Sperrschicht *nf*
= Halbleitersperrschicht *nf*; Verarmungsschicht *nf*; Verarmungsrandschicht *nf*; Ausschöpfungszone *nf*

MICROEL **depletion layer**
= depletion region; depletion zone; blocking layer; barrier layer (obs); barrier *n* (obs)

Jedes Synonym tritt darüber hinaus an seinem alphabetischen Platz als Synonymeintrag auf. Von dort wird auf beiden Sprachseiten durch das Symbol → auf den Haupteintrag verwiesen. Der eilige Benutzer findet so auf Anhieb eine Übersetzung; der weiter Ausholende kann in einem zweiten Schritt beim Haupteintrag alle weiteren Synonyme und Zusatzinformationen finden.

1.4 Short Definitions

For fundamental or tricky terms short definitions are given. Their aim is to sketch the meaning of the term, by explaining intricate words by more familiar ones. No scientific precision or exhaustiveness can thereby be achieved. This applies also to the etymological hints (on the origin of words) given within this rubric.

Example:

bus *n* (*pl* buses & busses)
[from Latin "omnibus"= "for all"; signal exchange line between functional units]

HW **Bus** *nm* (*pl* Busse)
[vom latein. "omnibus" = "für alle"; Signalaustausch zwischen Funktionseinheiten]

1.5 Synonyms

As synonyms are classified all expressions having the same essential meaning ("total synonymy"); variants of spelling are treated also as synonyms. If the meaning of a word is only nearly the same, it is treated as quasi-synonym (see item 1.6).

For many technical concepts different terms are used in different regions, specialties or even corporations. One of these equivalent terms has been elected by the author, to its best knowledge and belief, as basic term for the respective concept. The remaining terms are listed as synonyms of the basic term in decreasing order of use.

Example:

floppy disk
= floppy disc; floppy cartridge disk; floppy cartridge disc; floppy; FD; diskette; flexible disk; flexible disc; magnetic diskette

TER&PC **Diskette** *nf*
=Magnetdiskette *nf*; flexible Magnetplatte; Floppy-disk; Weichplatte *nf*; Speicherfolie *nf*

Every synonym is also listed separately in its correct alphabetical place, where a reference is given by the symbol → to the main entry on both language sides. Complemented by the subject field code, this constitutes the synonym entry mentioned under item 1.1. In this way, the hasty user finds a translation at the first onset; the user looking for synonyms or supplementary information can find them in a second step with the referenced main entry.

1.6 Quasisynonyme

Als Quasisynonyme werden hier bedeutungsverwandte Termini, insbesondere die leicht verwechselbaren, verstanden. Unter dieser Rubrik wird auch auf Fachausdrücke hingewiesen, die im gleichen Fachbereich mit unterschiedlichen Bedeutungen benutzt werden (Nebenbegriffe). Dies ist meist auf eine metaphorische Verwendung eines Terminus zurückzuführen, die jedoch in verschiedenen Sprachen unterschiedlich ausfallen kann.

Beispiel:

Unter »Festplattenspeicher [TER&PER]« versteht man primär einen bestimmten Typ von Magnetschichtspeicher (mit nicht auswechselbaren Magnetplatten), englisch »fixed-disk memory«. Bei diesem Eintrag wird auf das Quasisynonym »Festplattenspeicher [HW]« hingewiesen, welches im PC-Jargon metaphorisch für »externer Massenspeicher mit direktem Zugriff« angewandt wird. Für diesen PC-Fachausdruck verwendet man andererseits im Englischen, ebenfalls im übertragenen Sinne, den Begriff »hard disk memory«, d.h. eigentlich »Hartplattenspeicher« (mit harten Magnetplatten).

1.7 Antonyme

Unter der Rubrik Antonyme (Gegenwörter) wird auf Termini gegensätzlicher oder komplementärer Bedeutung hingewiesen. Gelegentlich kommt es vor, dass ein Begriff durch ein Antonym am besten charakterisiert ist. Weiter kann es sich ereignen, dass man nach einem Fachausdruck sucht, von dem einem momentan nur das Gegenteil oder Komplement gegenwärtig ist.

Beispiel:

Einfügebetrieb *nn* WOR.PR **insert mode**
≠ Überschreibbetrieb ≠ overwrite mode

1.8 Oberbegriffe und Unterbegriffe

Oberbegriffe (Hyperonyme, Supernyme) und Unterbegriffe (Hyponyme) können dazu beitragen, die Bedeutung eines Fachausdrucks besser zu beleuchten. Hinzu kommt, dass Fachleute sich vielfach die Freiheit erlauben, stellvertretend für einen Terminus den Oberbegriff oder einen Unterbegriff zu nennen. Dieser Wechsel der Begriffsebene ist aber in unterschiedlichen Sprachen nicht gleichläufig, so dass er bei einer Übersetzung bereinigt werden muß; Hinweise auf Oberbegriffe und Unterbegriffe sollen dabei hilfreich sein.

1.6 Quasi-synonyms

Terms with nearly the same meaning, especially those likely to be confused as synonyms, are listed as quasi-synonyms. Under the heading quasi-synonyms reference is made also to diverging meanings given to a very specific term within the same area of technology. This is generally due to a multiple use given to the term in a metaphoric sense, which doesn't coincide however in different languages.

Example:

Under "hard disk memory [TER&PER]" (a specific type of magnetic layer memory) there is a cross-reference to the quasi-synonym "hard disk memory [HW]", as this same term is used figuratively in PC jargon to designate an "external, high-capacity random-access memory". The German translation of the second meaning is however "Festplattenspeicher [DAT.PR]" which really means "fixed disk memory".

1.7 Antonyms

Under the rubric of antonyms references are given to technical terms of opposite or complementary meaning. Sometimes the most concise way to explain the meaning of a word is to give its antonym. It can also happen that the user is searching for a term, while actually having only its opposite in mind.

Example:

insert mode WOR.PR **Einfügebetrieb** *nn*
≠ overwrite mode ≠ Überschreibbetrieb

1.8 General Terms and Derivative Terms

General and derivative terms are often helpful in the elucidation of a technical term. Furthermore, specialists often use a general term or a derivative term in lieu of a technical term. This liberty of expression may not, however, coincide in the target language and must be equalized by the translation. References to general and derivative terms are therefore mainly intended to help in selecting the correct conceptual level when translating.

Beispiel:

Im Deutschen ist ein »Übertrager« [COMPO] ein spezieller »Transformator« [EL.TEC] der Schwachstromtechnik für Impedanzanpassung oder Potentialtrennung. Im Englischen gibt es dafür keinen speziellen Überbegriff, sondern lediglich den Oberbegriff »transformer«. Durch entsprechende Hinweise auf den Oberbegriff bzw. auf die Unterbegriffe wird bei derartigen Einträgen Klarheit geschaffen.

2 Indexierte Stichwörter

In manchen Fällen hat ein Fachausdruck selbst innerhalb eines engen Fachgebiets mehrere Bedeutungen und demzufolge verschiedene Übersetzungen. Derartige Mehrfachbelegungen werden durch numerische Indizes auseinandergehalten und bilden jeweils eigene Einträge.

Beispiel :

Filmrolle *nf* (1) (eine Spule)	CINEMA	**reel** *n*
Filmrolle *nf* (2) (darzustellende Gestalt)	CINEMA	**film role** (character)

3 Mehrgliedrige Stichwörter

Wortverschmelzungen finden im Englischen, vor allem im britischen Englisch, in einem weit beschränkteren Maße statt als im Deutschen. Eine spezielle Schwierigkeit des Englischen ist dabei die Unsicherheit, ob man mit oder ohne Bindestrich trennt oder doch zusammenschreibt. In vielen Fällen findet man alle Varianten vor (Beispiel: *standby*, *stand-by*, *stand by*). Es wurde bewußt ein Sortierkriterium gewählt, bei dem diese verschiedenen Schreibarten unmittelbar nebeneinander aufgelistet erscheinen (siehe Punkt 4).

4 Reihenfolge der Stichwörter

Grundsätzlich gelten folgende Sortierregeln:

(1) Leerstellen ignoriert
(2) Bindestrich ignoriert
(3) Satzzeichen (außer Bindestrich) wie z.B.: Punkt, Komma, Semikolon, Doppelpunkt, Klammern, Anführungsstriche
(4) Sonderzeichen wie z.B.: @, °, $
(5) Griechische Buchstaben
(6) Lateinische Buchstaben

Example:

Under the general term "Übertrager" [EL.TEC] there is in German a special term "Übertrager" [COMPO] for transformers used in electronics to match impedances or potential separation. In English only the general term "transformer" [EL.TEC] is used both for electronic as for power engineering applications. The reference to the corresponding generic term and to the derivative terms helps in this case to clarify the issue to the user of the dictionary.

2 Indexed Terms

Sometimes an identical term is used within the same specialty with several different meanings. These are distinguished by indexes and treated as independent entries.

Example:

Filmrolle *nf* (1) (eine Spule)	CINEMA	**reel** *n*
Filmrolle *nf* (2) (darzustellende Gestalt)	CINEMA	**film role** (character)

3 Composite Terms

A particular difficulty with English composite technical terms is the question whether or not a term should be hyphenated or not, or written as a single word; in many cases all three variants are in use (e.g. standby, stand-by, stand by). The sorting used in this book ensures that different versions show up side by side.

4 Sequence of Terms

Basically the following sorting rules apply:

(1) Blanks disregarded
(2) Hyphens disregarded
(3) Punctuation marks (except hyphens) e.g.: dot, period, semicolon, colons, quotation marks
(4) Special signs e.g.: °, @, $
(5) Greek letters
(6) Latin letters

Demzufolge sind die Einträge in fünf Blöcken gruppiert:

A) Mit Satzzeichen beginnende Einträge
B) Mit Sonderzeichen beginnende Einträge
C) Wörter mit griechischen Anfangsbuchstaben
D) Mit Ziffern beginnende Einträge

Gemäß den allgemeinen Regeln gelten hier ab der zweiten Zeichenstelle folgende Sortierkriterien:

1. Leerstellen ignoriert
2. Bindestriche ignoriert
3. Satzzeichen vor Sonderzeichen
3. Sonderzeichen vor Ziffer
4. Ziffer vor Buchstabe

E) Wörter mit lateinischem Anfangsbuchstaben

Gemäß den allgemeinen Regeln gelten hier ab der zweiten Zeichenstelle folgende Sortierkriterien:

1. Groß-und Kleinschreibung nicht unterschieden
2. Leerstellen ignoriert
3. Bindestriche ignoriert
4. Umlaute wie Umschreibung (*ä* wie *ae*, *ö* wie *oe*, *ü* wie *ue*)
5. Diakritische Zeichen ignoriert (z.B. *á* , *à* und *Å* wie *a* oder *A*)
6. *ß* wie *ss*
7. Potenzzahlen wie Zahlen (z.B. ² wie 2)
8. Satzzeichen vor Sonderzeichen
9. Sonderzeichen (&, $, ') vor Ziffern
10. Ziffer vor Buchstabe

Beispiel:

(1:1)-Ersatz
(m:n)-Verhältnis
°C
µ
1. Schale
19-Zoll-Einsatz
3D-Graphik
3-Wege-Bassreflex
A
Å
a
à
A/D-Wandler
A:
A-Ader
Abakus
dBASE
DB-Stecker
E&M-Signalisierung
E1-Bündel
E²CL
Exzess-3-Code
Maß
Masse
O&M
OLTP-System
Zylinder
Z-Zustand

Consequently the entries are grouped in five blocks:

A) Entries beginning with a punctuation mark
B) Entries beginning with a special sign
C) Entries beginning with a Greek letter
D) Entries beginning with a numeral

Conforming to the general rules, starting from the second position the following sorting applies:

1. Blanks disregarded
2. Hyphens disregarded
3. Punctuation marks before special signs
4. Special signs before numerals
5. Numerals before letters

E) Entries beginning with a Latin letter

Conforming to the general rules, starting from the second position the following sorting applies:

1. Capital and small letters with equal priority
2. Blanks disregarded
3. Hyphens disregarded
4. Umlauts as the root vowel (*ä* as *a*, *ö* as *o*, *ü* as *u*)
5. Diacritical signs disregarded (e.g. *á*, *à* and *Â* as *a* or *A*)
6. German double s like double ss (*ß* as *ss*)
7. Exponents as numerals (e.g. ² as 2)
8. Punctuation marks before special signs
9. Special signs before numerals
10. Numerals before letters

Example:

@ symbol
°F
µ
1/s
3.5-inch floppy disk
3 ½ in. floppy disk
3D animation
A
Å
a
A.D.
A/D converter
A:
AA
dB
EA
eyelid
E²CL
OLTP system
O&M
standby
stand by
stand-by
standby computer
ZWS

Alphabetische Liste der Abkürzungen
Alphabetic List of Abbreviations

adj	Adjektiv (Eigenschaftswort)	Adjective
adv	Adverb (Umstandswort)	Adverb
AE	Amerikanischer Sprachgebrauch	American-English usage
ANGL	Anglizismus (»Denglisch«)	Anglicism
ANSI	(US-Amerikanisches Institut für Normung)	American National Standards Institute
AT	Sprachgebrauch in Österreich (und meist auch in Süddeutschland)	Usage in Austria (and generally also in Southern Germany too)
BE	Britischer Sprachgebrauch	British-English usage
BSI	(Britisches Institut für Normung)	British Standards Institute
CH	Schweizer Sprachgebrauch	Swiss usage
DDR	Sprachgebrauch in der ehemaligen DDR	Usage in the former German Democratic Republic
dim	Diminutiv (Verkleinerungsform)	Diminutive
DIN	Deutsches Institut für Normung	(German Standards Institute)
DUDEN	Duden »Deutsches Universalwörterbuch«	Duden, the most authoritative German dictionary
err	Fehlerhafter Sprachgebrauch	Erroneous usage
fig	Figurativ (bildlich)	Figurative
IEC	(Internationaler Elektrotechnischer Ausschuß)	International Electric Committee
IEEE	(Verband der Elektrotechnischen und Elektronischen Ingenieure, USA)	Institute of Electrical and Electronics Engineers (USA)
ISO	(Internationale Normierungsorganisation)	International Organization for Standardization
n	Nomen (Substantiv, Hauptwort)	Noun
nf	Femininum (weibliches Hauptwort)	Feminine noun
nm	Maskulinum (männliches Hauptwort)	Masculine noun
nn	Neutrum (sächliches Hauptwort)	Neuter noun
nplt	Pluraletantum (nur in der Mehrzahl gebräuchliches Wort oder gültige Bedeutung)	Noun used only in the plural form or meaning only valid for the plural
nsgt	Singularetantum (nur in der Einzahl gebräuchliches Wort oder gültige Bedeutung)	Noun used only in the singular form or meaning only valid for the singular
obs	Veralteter Sprachgebrauch	Obsolete usage
pej	Herabsetzend, verächtlich	Pejorative, derogatory
pl	Plural (Mehrzahl)	Plural
praef	Präfix (Vorsilbe)	Prefix
praep	Präposition (Verhältniswort)	Preposition
pron	Aussprache	Pronunciation
slang	Saloppe Ausdrucksweise	Slang, informal usage
sup	Superlativ (Höchststufe)	Superlative
VDE	Verein Deutscher Elektrotechniker	(Association of German Electrotechnicians)
VDI	Verein Deutscher Ingenieure	(Association of German Engineers)
vi	Intransitives Verb (nichtzielendes Tätigkeitswort)	Intransitive verb
vr	Reflexives Verb (rückbezügl. Tätigkeitswort)	Reflexive verb
vt	Transitives Verb	Transitive verb
vulg	Vulgäre Ausdrucksweise	Vulgar usage

Alphabetische Liste der Fachgebiete
Alphabetical List of Subject Fields

Die fett gedruckten Fachgebiete betreffen die Kernthemen dieses Wörtebuchs und werden in möglichst vollständiger Form behandelt. Von den nicht fett gedruckten Fachgebieten werden nur die für die Kernthemen relevanten Termini angeführt.
The fields in bold letters refer to the core topics of this dictionary; they are covered in an extensive as possible manner. For the other fields (not in bold), only those termini are covered which are relevant to the core topics of the dictionary.

ACOUS	**Acoustics**	**Akustik**
AERON	Aeronautics	Luft- und Raumfahrt
ART.IN	**Artificial Intelligence, Expert Systems**	**Künstliche Intelligenz, Expertensysteme**
AUTOMA	**Automation and Robotics**	**Automatisierungstechnik und Robotik**
BROADC	**Broadcasting**	**Rundfunktechnik**
CART	**Cartography**	**Kartographie**
CATV	**Cable TV**	**Kabelfernsehen**
CHEM	**Chemistry** ***(gen. terminology)***	**Chemie** ***(allg. Terminologie)***
CINEMA	**Cinematography**	**Filmtechnik**
CIRC.EN	**Circuit Engineering**	**Schaltkreistechnik**
CIV.EN	**Civil Engineering** ***(gen. terminology)***	**Bautechnik** ***(allg. Terminol.)***
CODING	**Coding**	**Codierung**
COLL	Colloquial Speech	Umgangssprache
COM.CAB	**Communications Cables**	**Nachrichtenkabel**
COMP.AP	**Computer Applications**	**Computeranwendungen, Angewandte Informatik**
COMP.GR	**Computer Graphics, CADA/CAM, Image Processing**	**Computergraphik, CAD/CAM, Bildverarbeitung**
COMP.LG	**Computer Languages**	**Programmiersprachen**
COMPO	**Components**	**Bauelemente und Bauteile**
COMP.SC	**Computing Sciences, Informatics**	**Datentechnik, Informatik**
COMP.TH	**Computing Theory**	**Theoretische Informatik**
CONS.EL	**Consumer Electronics**	**Unterhaltungselektronik**
CONTRO	**Control Engineering**	**Steuer- und Regelungstechnik**
DAT.CO	**Data Communications (Data Transmission, Data Switching)**	**Datenkommunikation (Datenübertragung, Datenvermittlung)**
DAT.MA	**Data Management**	**Datenbanksysteme**
DAT.NW	**Data Networks**	**Datennetze**
DAT.PR	**Data Processing** ***(gen. terminology)***	**Datenverarbeitung** ***(allg. Terminologie)***
ECON	**Economy** ***(gen. terminology)***	**Wirtschaftswissenschaften** ***(allg. Termin.)***
EDUC	**Education** ***(gen. terminology)***	**Bildungswesen** ***(allg. Terminologie)***
EL.ACOU	**Electroacoustics**	**Elektroakustik**
EL.INS	**Electrical Installations**	**Elektrische Installationstechnik**
EL.SC	**Electrical Science**	**Elektrizitätslehre**
EL.TEC	**Electrical Technology** ***(gen. terminology)***	**Elektrotechnik*****(allg. Terminologie)***
EL.TRO	**Electronics** ***(gen. terminology)***	**Elektronik** ***(allg. Terminologie)***
EN.DRA	**Engineering Drawing**	**Technisches Zeichnen**
EQP.EN	**Equipment Engineering and Design**	**Gerätetechnik und Konstruktion**
GEOSC	Geosciences	Geowissenschaften
GIS	**Geographic Information Systems**	**Geoinformationssysteme**
HW	**Hardware Engineering**	**Hardware-Technik**
IMAG.ME	**Image Media**	**Bildmedien**
IMAG.PR	**Image Processing**	**Bildverarbeitung**
INF.TEC	**Information Technology** ***(gen. terminolog.)***	**Nachrichtentechnik** ***(allg. Terminologie)***
INF.TH	**Information Theory**	**Informationstheorie**
INSTR	**Electric Instrumentation**	**Elektrische Meßtechnik**

INTERNET	Internet Applications	Internet-Anwendungen
LAW	Jurisprudence	Rechtswissenschaften
LINE TH	Line Theory	Leitungstheorie
LING	Linguistics *(gen. terminology)*	Sprachwissenschaften *(allg. Terminologie)*
LOGIC	Formal Logic *(gen. terminology)*	Formale Logik *(allg. Terminologie)*
MANUF	Manufacturing of Electronic Products	Fertigungstechnik elektron. Systeme
MATH	Mathematics *(gen. terminology)*	Mathematik *(allg. Terminologie)*
MECH	Mechanics *(gen. terminology)*	Mechanik
MECH.EN	Mechanical Engineering *(gen.term.)*	Maschinenbau *(allg. Terminol.)*
MED.EN	Medical Engineering	Elektromedizin
MEDIA	Media	Medien
METAL	Metallurgy *(gen. terminology)*	Metallurgie *(allg. Terminologie)*
METEO	Meteorology *(gen. terminology)*	Meteorologie *(allg. Terminologie)*
MICR.EL	Microelectronics	Mikroelektronik
MICROW	Microwave Engineering	Mikrowellentechnik
MIL.CO	Military Communications	Militärische Nachrichtentechnik
MOB.CO	Mobile Communications	Mobilfunk
MOD&SI	Modelling and Simulation	Modellierung und Simulation
MODUL	Modulation	Modulation
MUSIC	Music	Musik
NETW.TH	Network Theory	Netzwerktheorie
OFFICE	Office Systems	Bürotechnik
OPT	Optics	Optik
OPT.CO	Optical Communications	Optische Nachrichtentechnik
OPTOEL	Optoelectronics	Optoelektronik
OUT.PL	Outside Plant	Linientechnik
PHOT	Photography	Fotografie
PHYS	Physics *(gen. terminology)*	Physik *(allg. Terminologie)*
POST	Postal Services	Postwesen
POW.EN	Power Engineering	Energietechnik
POW.SYS	Power Systems	Stromversorgungsanlagen
PUB.ADM	Public Adminidtration	Öffentliche Verwaltung
PRIN.ME	Print Media (Printing and Publishing)	Druckmedien (Druck- und Verlagswesen)
QUAL	Quality Assurance, Reliability	Qualitätssicherung, Zuverlässigkeit
RADIO	Radio Engineering	Funktechnik
RAD.LO	Radio Location, Radar, Radio Monitoring	Funkortung, Radar, Funküberwachung
RAD.NA	Radio Navigation	Funknavigation
RAD.RE	Radio Relay (Line-of-Sight)	Richtfunktechnik
RAIL.SIG	Railway Signaling	Eisenbahnsignaltechnik
SAT.CO	Satellite Communications	Nachrichtensatelliten
SCIE	Science *(gen. terminology)*	Wissenschaft *(allg. Terminologie)*
SIG.EN	Signal Engineering	Signal- und Sicherungstechnik
SOUN.ME	Sound Media	Tonmedien
SW	Software Engineering	Softwaretechnik
STATIS	Statistics, Probability Theory	Statistik, Wahrscheinlichkeitstheorie
SWITCH	Communications Switching	Nachrichtenvermittlungstechnik
SYS.INS	System Installation	Aufbautechnik elektronischer Anlagen
SYS.TH	System Theory	Systemtheorie
TECH	Technology *(gen. terminology)*	Technik *(allg. Terminologie)*
TEC.DOC	Technical Documentation	Technische Dokumentation
TELEC	Telecommunications	Telekommunikation, Fernmeldewesen
TELECON	Telecontrol Engineering	Fernwirktechnik
TELEGR	Telegraphy	Fernschreibtechnik, Telegraphie
TELEPH	Telephony	Fernsprechtechnik
TER&PER	Terminals and Peripherals	End- und Peripheriegeräte
TRANSM	Communications Transmission	Nachrichtenübertragungstechnik
TRANSP	Transportation Engineering	Verkehrstechnik
TV	Television Engineering	Fernsehtechnik
WOR.PR	Word Processing	Textverarbeitung

Zusammenhang der Fachgebiete
Correlation of Subject Fields

Die fett gedruckten Fachgebiete betreffen die Kernthemen dieses Wörtebuchs und werden in möglichst vollständiger Form behandelt. Von den nicht fett gedruckten Fachgebieten werden nur die für die Kernthemen relevanten Termini angeführt.
The fields in bold letters refer to the core topics of this dictionary; they are covered in an extensive as possible manner. For the other fields (not in bold), only those termini are covered which are relevant to the core topics of the dictionary.

COLL	COLLOQUIAL SPEECH	UMGANGSSPRACHE
RELIGION	RELIGION	RELIGION
ARTS	ARTS	KÜNSTE
LITERA	· Literature	· Literatur
MUSIC	· Music	· Musik
PLAST.AR	· Plastic Arts	· Bildende Künste
SCULP	· · Sculpture	· · Bildhauerei
ARCHIT	· · Architecture	· · Architektur (Baukunst)
PAINT	· · Painting	· · Malerei
REPRE.AR	· Representing Art	· Darstellende Künste
DRAM.AR	· · Dramatic Art	· · Schauspielkunst
DANC.AR	· · Dancing Art	· · Tanzkunst
FASHION	· Fashion	· Mode
SCIE	**SCIENCE *(gen. terminol.)***	**WISSENSCHAFTEN *(allg. Terminol.)***
HUM.SC	· HUMAN SCIENCES	· GEISTESWISSENSCHAFTEN
HISTORY	· · Historical Sciences	· · Geschichtswissenschaften
PHILOS	· · Philosophy	· · Philosophie
PHILOL	· · Philology	· · Philologie
LING	· · · **Linguistics *(gener. terminol.)***	· · · **Sprachwissenschaften *(allg. Terminol.)***
PSYCHOL	· · Psychology	· · Psychologie
SOCIOL	· · Sociology	· · Soziologie
	· · etc.	· · u.a.m.
LOGIC	· **FORMAL LOGIC *(gen. terminol.)***	· **FORMALE LOGIK *(allg. Terminol.)***
MATH	· **MATHEMATICS *(gen. terminol.)***	· **MATHEMATIK *(allg. Terminol.)***
STATIS	· · **Statistics, Probability Theory**	· · **Statistik, Wahrscheinlichkeitstheorie**
	· · etc.	· · u.a.m.
SYS.TH	· · Systems Theory	· · Systemtheorie
NAT.SC	· NATURAL SCIENCES	· NATURWISSENSCHAFTEN
PHYS	· · **Physics *(gen. terminol.)***	· · **Physik *(allg. Terminologie)***
MECH	· · · **Mechanics *(gen. terminol.)***	· · · **Mechanik *(allg. Terminologie)***
ACOUS	· · · **Acoustics**	· · · **Akustik**
THERMO	· · · Thermodynamics	· · · Thermodynamik
EL.SC	· · · **Electrical Science**	· · · **Elektrizitätslehre**
OPT	· · · **Optics *(gen. terminol.)***	· · · **Optik *(allg. Terminologie)***
ATOM.PH	· · · Atomic Physics	· · · Atomphysik

NUCL.PH	··· Nuclear Physics	··· Kernphysik
ASTR.PH	··· Astrophysics	··· Astrophysik
CHEM	·· **Chemistry** ***(gen. terminol.)***	·· **Chemie** ***(allg. Terminologie)***
PHYS.CH	··· Physical Chemistry	··· Physikalische Chemie
ANOR.CH	··· Anorganic Chemistry	··· Anorganische Chemie
ORGA.CH	··· Organic Chemistry	··· Organische Chemie
BIOCHEM	··· Biochemistry	··· Biochemie
METAL	·· **Metallurgy** ***(gen. terminol.)***	·· **Metallurgie** ***(allg. Terminologie)***
GEOSC	·· Geosciences	·· Geowissenschaften
CART	··· **Cartography**	··· **Kartographie**
	··· etc.	··· u.a.m.
METEO	·· **Meteorology** ***(gen. terminol.)***	·· **Meteorologie** ***(allg. Terminologie)***
	·· etc.	·· u.a.m.
MED&PHAR	· MEDICINE &PHARMACOLOGY	· MEDIZIN & PHAMACOLOGIE
GENET	·· Genetics	·· Genetik
PHYSIO	·· Physiology	·· Physiologie
ANATOM	·· Anatomy	·· Anatomie
ORTHOP	·· Orthopedics	·· Orthopädie
	·· etc.	·· u.a.m.
VETERIN	·· Veterinary Medicine	·· Veterinärmedizin
PHARMA	·· Pharmacology	·· Pharmakologie
TECH	**TECHNOLOGY** ***(gen. terminol.)***	**TECHNIK** ***(allg. Terminologie)***
MECH.EN	· **MECHANICAL ENG.** ***(gen.terminol.)***	· **MASCHINENBAU** ***(allg. Terminol.)***
TRANSP	·· Transportation Engineering	·· Verkehrstechnik
AERON	··· Aeronautics	··· Luft- und Raumfahrttechnik
	··· etc.	··· u.a.m.
EN.DRA	·· **Engineering Drawing**	·· **Technisches Zeichnen**
	·· etc.	·· u.a.m.
CIV.EN	· **CIVIL ENGINEERING** ***(gen. termin.)***	· **BAUTECHNIK** ***(allg. Terminologie)***
	·· Building Technology	·· Hochbau
	·· Underground Construction	·· Tiefbau
EL.TEC	· **ELECTRICAL TECHNOL.** ***(gen.term.)***	· **ELEKTROTECHNIK** ***(allg. Terminol.)***
EL.SC	·· **ELECTRICAL SCIENCE**	·· **ELEKTRIZITÄTSLEHRE**
NETW.TH	··· **Network Theory**	··· **Netzwerktheorie**
LINE TH	··· **Line Theory**	··· **Leitungstheorie**
MICROW	··· **Microwaves**	··· **Mikrowellentechnik**
	··· etc.	··· u.a.m.
EL.TRO	·· **ELECTRONICS**	·· **ELEKTRONIK**
COMPO	··· **Components**	··· **Bauelemente und Bauteile**
MICR.EL	··· **Semiconductors and Microelectronics**	··· **Halbleitertechnik und Mikroelektronik**
OPTOEL	··· **Optoelectronics**	··· **Optoelektronik**
CIRC.EN	··· **Circuit Engineering and Pulse Tech.**	··· **Schaltkreistechnik und Impulstechnik**
CONS.EL	··· **Consumer Electronics**	··· **Konsumelektronik**
EL.ACOU	··· **Electroacoustics**	··· **Elektroakustik**
SIG.EN	··· **Signaling Engineering**	··· **Signalisierungstechnik**
	··· etc.	··· u.a.m.

CONTRO	·· CONTROL ENGINEERING	·· STEUER- UND REGELUNGSTECHNIK
AUTOMAT	··· Automation and Robotics	··· Automatisierungstechnik und Robotik
INSTR	··· Electric Instrumentation	··· Elektrische Meßtechnik
	··· etc.	··· u.a.m.
INF.TEC	·· INFORMATION TECHNOLOGY	·· NACHRICHTENTECHNIK
INF.TH	··· Information Theory	··· Informationstheorie
SIG.TH	··· Signal Theory	··· Signaltheorie
CODING	··· Coding	··· Codierung
MODUL	··· Modulation	··· Modulation
	··· etc.	··· u.a.m.
COMP.SC	··· Computing Sciences, Informatics	··· Datentechnik, Informatik
DAT.PR	···· Data Processing	···· Datenverarbeitung
HW	····· Hardware Engineering	····· Hardware-Technik
TER&PER	····· Terminals and Peripherals	····· End- und Peripheriegeräte
SW	····· Software Engineering	····· Software-Technik
COMP.LG	······ Computer Languages	······ Programmiersprachen
DAT.MA	······ Data Management	······ Datenbanksysteme
COMP.AP	······ Computer Applications	······ Computeranwendungen
COMP.GR	······· Comp.Graphics, CAD/CAM	······ Computergraphik, CAD/CAM
GIS	······· Geographic Inf. Systems	······ Geoinformationssysteme
IMAG.PR	······· Image Processing	······ Bildverarbeitung
WOR PR	······· Word Processing	······ Textverarbeitung
MOD&SI	······· Modelling and Simulation	······ Modellierung und Simulation
ART.IN	······· Artificial Intelligence, Experts Systems	······ Künstliche Intelligenz, Expertensysteme
TELEC	··· Telecommunications	··· Telekommunikation
TELEPH	···· Telephony	···· Fernsprechtechnik
TELEGR	···· Telegraphy	···· Fernschreibtechnik, Telegraphie
TV	···· Television Engineering	···· Fernsehtechnik
RADIO	···· Radio Engineering	···· Funktechnik
ANT	····· Antennas	····· Antennen
RAD.PR	····· Radio Propagation	····· Funkausbreitung
HF	····· HF Communication	····· Kurzwellenfunk
BROADC	····· Broadcasting	····· Rundfunktechnik
CATV	······· Cable TV	······· Kabelfernsehen
RAD.RE	····· Radio Relay	····· Richtfunktechnik
RAD.LO	····· Radio Location, Radar, Radio Monitoring	····· Funkortung, Radar, Funküberwachung
RAD.NA	····· Radio Navigation	····· Funknavigation
SAT.CO	····· Satellite Communications	····· Nachrichtensatelliten
MOB.CO	····· Mobile Communications	····· Mobilfunk
COM.CAB	···· Communications Cables	···· Nachrichtenkabel
OPT.CO	···· Optical Communications	···· Optische Nachrichtentechnik
OUT.PL	···· Outside Plant	···· Linientechnik
SWITCH	···· Communications Switching	···· Nachrichtenvermittlungstechnik
TRANSM	···· Communications Transmission	···· Nachrichtenübertragungstechnik
TELECON	···· Telecontrol Engineering	···· Fernwirktechnik
RAIL.SIG	···· Railway Signalling	···· Eisenbahnsignaltechnik
DAT.CO	···· Data Communications	···· Datenkommunikation
	(Data Transmission & Switching)	(Datenübertragung und -vermittlung)
DAT.NW	····· Data Networks	····· Datennetze
INTERNET	······ Internet Applications	······ Internet-Anwendungen
MIL.CO	···· Military Communications	···· Militärische Nachrichtentechnik
	···· etc.	···· u.a.m.
EQP.EN	··· Equipment Engineering, Design	··· Gerätetechnik und Konstruktion
SYS.INS	··· Installation of Electronic Systems	··· Aufbautechnik elektron. Anlagen
	··· etc.	··· u.a.m.

POW.EN	· · ELECTRICAL POWER ENGINEERING	· · ELEKTRISCHE ENERGIETECHNIK
	· · · Electric Machines Engineering	· · · Elektromaschinenbau
	· · · Industrial Engineering	· · · Elektrische Anlagentechnik
POW SY	· · · · Power Systems	· · · · Stromversorgungsanlagen
	· · · · etc.	· · · · u.a.m.
EL.INS	**· · · Electrical Installations Engineering**	**· · · Elektrische Installationstechnik**
	· · · etc.	· · · u.a.m.
MED.EN	**· · MEDICAL ENGINEERING**	**· · ELEKTROMEDIZIN**
	· · etc.	· · u.a.m.
MEDIA	**MEDIA**	**MEDIEN**
PRIN.ME	**· PRINTING AND PUBLISHING**	**· DRUCK- UND VERLAGSWESEN**
SOUN.ME	**· SOUND MEDIA**	**· TONMEDIEN**
IMAG.ME	**· IMAGE MEDIA**	**· BILDMEDIEN**
PHOT	**· · Photography**	**· · Fotografie**
CINEMA	**· · Cinematography**	**· · Filmtechnik**
TV	**· · Television**	**· · Fernsehen**
	(see under Telecommunications)	*(siehe unter Telekommunikation)*
LAW	LAW	RECHTSWESEN
ECON	**ECONOMICS *(gen. terminol.)***	**WIRTSCHAFT *(allg. Terminol.)***
	· Business Administration	· Betriebswirtschaft
	· Political Economy	· Volkswirtschaft
POLIT	POLITICS	POLITIK
PUB.ADM	PUBLIC ADMINISTRATION	ÖFFENTLICHE VERWALTUNG
EDUC	**· Education *(gen. terminol.)***	**· Bildungswesen *(allg. Terminologie)***
POST	· Postal Services	· Postwesen
MIL	· Military Affairs	· Militärwesen
CRAFTS	CRAFTS AND TRADES	HANDWERK UND GEWERBE
IND	INDUSTRY	INDUSTRIE
	· etc.	· u.a.m.
TEC.DOC	**· Technical Documentation**	**· Technische Dokumentation**
MANUF	**· Manuf. of Electronic Products**	**· Fertigung elektron. Systeme**
QUAL	**· Quality Assurance, Reliability**	**· Qualitätssicherung, Zuverlässigkeit**
OFFICE	**OFFICE SYSTEMS**	**BÜROTECHNIK**
	· etc.	· u.a.m.
ENVIR	ENVIRONMENT	UMWELT
LEISURE	LEISURE	FREIZEIT
SPORTS	SPORTS	SPORT

Satzzeichen

(1:1)-Ersatz *nm* TRANSM **1:1 protection**
[der Ersatzkanal wird in störungsfreien Zeiten nicht anderwertig genutzt] [the protection channel is kept idle during trouble-free periods]
= (1:1)-Ersatzschaltung *nf* = 1:1 protection switching
≈ (1+1)-Ersatz ≈ 1+1 protection

(1+1)-Ersatz *nm* TRANSM **1+1 protection**
[der Ersatzkanal kann in störungsfreien Zeiten für ein anderes Nutzsignal verwendet werden] [the protection channel can be utilized for another payload during trouble-free periods]
= (1+1)-Ersatzschaltung *nf* = 1+1 protection switching
≈ (1:1)-Ersatz ≈ 1:1 protection

(1:1)-Sprache *nf* COMP.LG → **one-to-one language** *n*
→ Eins-zu-Eins-Sprache *nf*

(m:n)-Verhältnis LOGIC **m:n relationship**
= many-to-many relationship

Sonderzeichen

' PHYS → **minute** *n*
→ Minute *nf*

@-Symbol *nn* ECON → **AT sign** (symbol @)
→ Klammeraffe *nm*

°C PHYS → **degree Celsius**
→ Grad Celsius (1)

€ ECON → **Euro**
→ Euro *nm*

°F PHYS → **degree Fahrenheit**
→ Grad Fahrenheit

α, β, γ...

μ PHYS → **mu**
→ Mü
μ PHYS → **micrometer** *n* (AE)
→ Mikrometer *nm&nn*
μ- PHYS → **micro** *praep*
→ Mikro- *praep*
μ-Meson *nn* PHYS → **muon** *n*
→ Myon *nn*
μP-Karte *nf* TER&PER → **microprocessor chip card**
→ Mikroprozessor-Chipkarte *nf*
μs PHYS → **microsecond** *n*
→ Mikrosekunde *nf*
σ MECH → **mechanical stress**
→ Spannung *nf*
Ω PHYS → **ohm**
→ Ohm *nn*
Ω MATH → **solid angle**
→ Raumwinkel *nm*

1,2,3...

0190-Dienst *nm* SWITCH **premium-rate service**
[mit besonders hohen Gebühren] [with extra-high rates]
1 COMP.SC → **binary one**
→ Binäreins *nf*
1,455-Mbit/s-Bündel *nn* TELEC → **T1 group**
→ T1-Bündel *nn*
1,455-Mbit/s-Ebene *nf* TELEC → **T1 level**
→ T1-Ebene *nf*
1,455-Mbit/s-Signal *nn* TELEC → **T1 signal**
→ T1-Signal *nn*
1,5-GHz-Band *nn* RADIO → **L band**
→ L-Band *nn*
1,5-Mbit/s-Bündel *nn* TELEC → **T1 group**
→ T1-Bündel *nn*
1,5-Mbit/s-Ebene *nf* TELEC → **T1 level**
→ T1-Ebene *nf*
1,5-Mbit/s-Signal *nn* TELEC → **T1 signal**
→ T1-Signal *nn*
1. MATH → **first** *adj*
→ erste
1. Fall *nm* LING → **nominative** *n*
→ Nominativ *nn*
1. Schale *nf* PHYS **first shell**
= K-Schale *nf* = shell K
1. Vergangenheit *nf* LING → **simple past**
→ Imperfekt *nn*
1/1-Takt *nm* TELEPH **1/1 tariff rate**
≠ 60/60-Takt ≠ 60/60 tariff rate
1/s PHYS → **cycles per second**
→ Hertz *nn*
1/s PHYS → **reciprocal second**
→ reziproke Sekunde
10. MATH → **tenth** *adj*
→ zehnte
100. COLL → **hundredth**
→ hunderdst
1000. COLL → **thousandth** *adj*
→ tausendst *adj*
100-Ohm-Netz *nn* DAT.NW **100-ohm network**
[mit symmetrischen Leitungen] [with twisted pairs]
↑ LAN ↑ LAN
10base2 DAT.NW **10base2**
[LAN-Anschluss nach IEEE 802.3 (CSMA/CD): 10 Mbit/s, Basisband, bis 200 m dünnes Koaxialkabel] [LAN acces conf. IEEE 802.3 (CSMA/CD): 10 Mbit/s, baseband, up to 200 m thin coax]
10base5 DAT.NW **10base5**
[LAN-Anschluss nach IEEE 802.3 (CSMA/CD); 10 Mbit/s, Basisband, bis 500 m dickes Koaxkabel] [LAN access conf. IEEE 802.3 (CSMA/CD); 10 Mbit/s, baseband, up to 500 m thick coaxial]
10broad36 DAT.NW **10broad36**
[LAN-Anschluss nach IEEE 802.3 (CSMA/CD); 10 Mbit/s, Breitband, 3,6 km Koaxkabel] [LAN access conf. IEEE 802.3 (CSMA/CD); 10 Mbit/s, broadband, 3.6 km coaxial]
11. MATH → **eleventh** *adj*
→ elfte
11er-Lochung *nf* TER&PER → **X punch**
→ Elfer-Lochung *nf*
12. MATH → **twelfth** *adj*
→ zwölfte
12er-Lochung *nf* TER&PER → **Y punch**
→ Zwölfer-Lochung *nf*
13. MATH → **thirtienth**
→ dreizehnte
139,244-Mbit/s-Bündel *nn* TELEC → **E4 group**
→ E4-Bündel *nn*
139,244-Mbit/s-Ebene *nf* TELEC → **E4 level**
→ E4-Ebene *nf*
139,244-Mbit/s-Signal *nn* TELEC → **E4 signal**
→ E4-Signal *nn*
14 MATH → **fourteen**
→ vierzehn
14. COLL → **fortnightly**
→ vierzehntägig
140-Mbit/s-Bündel *nn* TELEC → **E4 group**
→ E4-Bündel *nn*
140-Mbit/s-Ebene *nf* TELEC → **E4 level**
→ E4-Ebene *nf*

140-Mbit/s-Signal *nn* TELEC → **E4 signal**
→ E4-Signal *nn*

15 MATH → **fifteen**
→ fünfzehn

15. MATH → **fifteenth**
→ fünfzehnt

19-Zoll-Einsatz *nm* EQP.EN **19" inset**
= 19-Zoll-Geräteeinsatz *nm* = 19" subrack; 19" subframe; pizza frame (slang)

19-Zoll-Geräteeinsatz *nm* EQP.EN → **19" inset**
→ 19-Zoll-Einsatz *nm*

1-reihig TECH → **single-row** *adj*
→ einreihig

2,048-Mbit/s-Bündel *nn* TELEC → **E1 group**
→ E1-Bündel *nn*

2,048-Mbit/s-Ebene *nf* TELEC → **E1 level**
→ E1-Ebene *nf*

2,048-Mbit/s-Signal *nn* TELEC → **E1 signal**
→ E1-Signal *nn*

2. MATH → **second** *adj*
→ zweite

2. Fall *nm* LING → **genitive** *n*
→ Genitiv *nn*

2. Schale *nf* PHYS **second shell**
= L-Schale *nf* = L shell

2. Vergangenheit *nf* LING → **present perfect**
→ Perfekt *nf*

24 Stunden pro Tag COLL → **round-the-clock** *adv*
→ rund um die Uhr

274,176-Mbit/s-Bündel *nn* TELEC → **T4 group**
→ T4-Bündel *nn*

274,176-Mbit/s-Ebene *nf* TELEC → **T4 level**
→ T4-Ebene *nf*

274,176-Mbit/s-Signal *nn* TELEC → **T4 signal**
→ T4-Signal *nn*

274-Mbit/s-Bündel *nn* TELEC → **T4 group**
→ T4-Bündel *nn*

274-Mbit/s-Ebene *nf* TELEC → **T4 level**
→ T4-Ebene *nf*

274-Mbit/s-Signal *nn* TELEC → **T4 signal**
→ T4-Signal *nn*

286 MICR.EL → **Intel 80286**
→ Intel 80286

2D-Grafik *nf* COMP.GR **2-D graphics**
= 2D-Graphik *nf*; zweidimensionale Graphik; 2D-Liniengrafik *nf*; 2D-Liniengraphik *nf* = two-dimensional graphics

2D-Graphik *nf* COMP.GR → **2-D graphics**
→ 2D-Grafik *nf*

2D-Liniengrafik *nf* COMP.GR → **2-D graphics**
→ 2D-Grafik *nf*

2D-Liniengraphik *nf* COMP.GR → **2-D graphics**
→ 2D-Grafik *nf*

2-Dr- TELEC → **two-wire** *adj*
→ zweidrähtig

2-Draht-Durchschaltung *nf* SWITCH → **two-wire switching**
→ Zweidraht-Durchschaltung *nf*

2-fach OFFICE → **two-part** *adj*
→ zweifach *adj*

2-Mbit/s-Bündel *nn* TELEC → **E1 group**
→ E1-Bündel *nn*

2-Mbit/s-Ebene *nf* TELEC → **E1 level**
→ E1-Ebene *nf*

2-Mbit/s-Signal *nn* TELEC **E1**
= E1-Signal *nn* = 2 Mbit/s signal

2-Mbit/s-Signal *nn* TELEC → **E1 signal**
→ E1-Signal *nn*

2 PSK MODUL **2 PSK**
= PRK = PRK; two-level phase shift keying; phase reversal keying

2-reihig TECH → **double-row** *adj*
→ zweireihig

2-Up-Modus *nm* TER&PER **2-up mode**
[zwei A4 in Hochformat] [two A4 portrait formats]

3. MATH → **third** *adj*
→ dritte

3. Fall *nm* LING → **dative** *n*
→ Dativ *nm*

3. Schale *nf* PHYS **third shell**
= M-Schale *nf* = M shell

3. Vergangenheit *nf* LING → **past perfect**
→ Plusquamperfekt *nn*

3 1/2-Zoll-Diskette *nf* TER&PER → **3 1/2 in. floppy disk**
→ Mikrodiskette *nf*

32-Bit-Wort *nn* COMP.SC **32-bit word**

34,268-Mbit/s-Bündel *nn* TELEC → **E3 group**
→ E3-Bündel *nn*

34,268-Mbit/s-Ebene *nf* TELEC → **E3 level**
→ E3-Ebene *nf*

34,268-Mbit/s-Signal *nn* TELEC → **E3 signal**
→ E3-Signal *nn*

34-Mbit/s-Bündel *nn* TELEC → **E3 group**
→ E3-Bündel *nn*

34-Mbit/s-Ebene *nf* TELEC → **E3 level**
→ E3-Ebene *nf*

34-Mbit/s-Signal *nn* TELEC → **E3 signal**
→ E3-Signal *nn*

386 MICR.EL → **Intel 80386**
→ Intel 80386

3-Bit *nn* INF.TEC → **tribit** *n*
→ Tribit *nn*

3D-Animation *nf* COMP.GR **3-D animation**

3D-Anzeige *nf* INSTR **3-D display**
= dreidimensionale Anzeige = three-dimensional display

3-dB-Koppler *nm* MICROW → **three-dB coupler**
→ Drei-dB-Koppler *nm*

3D-Computergrafik *nf* COMP.GR **3-D computer graphics**
= 3D-Computergraphik *nf*

3D-Computergraphik *nf* COMP.GR → **3-D computer graphics**
→ 3D-Computergrafik *nf*

3D-Darstellung *nf* COMP.GR **3-D imaging**
= 3-D representation

3D-Darstellung *nf* COMP.GR → **3-D representation**
→ dreidimensionale Darstellung

3D-Fernsehen *nn* TV → **three-dimensional TV**
→ dreidimensionales Fernsehen

3D-Film *nm* CINEMA **3-D film**
= 3-D movie

3D-Grafik *nf* COMP.GR **3-D graphics**
= 3D-Graphik *nf*; dreidimensionale Grafik; dreidimensionale Graphik = three-dimensional graphics

3D-Graphik *nf* COMP.GR → **3-D graphics**
→ 3D-Grafik *nf*

3DMF DAT.MA **3-DMF**
[Apple] [Apple]
= 3-D Meta File

3D-Modell *nn* COMP.GR → **volume model** *n*
→ Volumenmodell *nn*

3D-Scanner *nm* TER&PER → **three-dimensional scanner**
→ dreidimensionaler Scanner

3D-Speicher *nm* DAT.PR → **three-dimensional storage**
→ Drei-D-Speicher *nm*

3D-Tabelle *nf* COMP.AP → **three-dimensional spreadsheet**
→ dreidimensionale Tabelle

3D-Transformation *nf* COMP.GR **3-D transformation**

3-Eck *nn* MATH → **triangle** *n*
→ Dreieck *nn*

3-fach OFFICE → **three-part** *adj*
→ dreifach

3G MOB.CO **3G**
[Mobilfunk mit UMTS-Technologie] [Cellular networks with UMTS technology]
= Drittgeneration *nf* = 3rd generation; third generation

3W INTERNET → **WWW**
→ WWW *nn*

3-Wege-Bassreflex EL.ACOU **3-way reflex**
= Drei-Wege-Bassreflex = three-way reflex

4. MATH → **fourth** *adj*
→ vierte

4. Fall *nm* LING → **accusative** *n*
→ Akkusativ *nm*

40 MICR.EL → **Motorola 68040**
→ Motorola 68040

40-Spuren-Diskette *nf* TER&PER → **fourty-track disk**
→ Vierzig-Spuren-Diskette

44,736-Mbit/s-Bündel *nn* TELEC → **T3 group**
→ T3-Bündel *nn*

44,736-Mbit/s-Ebene *nf* TELEC → **T3 level**
→ T3-Ebene *nf*

44,736-Mbit/s-Signal *nn* TELEC → **T3 signal**
→ T3-Signal *nn*

45-Mbit/s-Bündel *nn* TELEC → **T3 group**
→ T3-Bündel *nn*

45-Mbit/s-Ebene *nf* — TELEC — → **T3 level**
→ T3-Ebene *nf*

45-Mbit/s-Signal *nn* — TELEC — → **T3 signal**
→ T3-Signal *nn*

486 — MICR.EL — → **Intel 80486**
→ Intel 80486

4Dr- — TELEC — → **four-wire** ...
→ vierdrähtig

4Dr-Betrieb *nm* — TELEC — → **four-wire operation**
→ Vierdrahtbetrieb *nm*

4-Eck *nn* — MATH — → **quadrilateral** *n*
→ Viereck *nn*

4-fach — OFFICE — → **four-part** *adj*
→ vierfach

4-fach — MATH — → **fourfold** *adj*
→ vierfach *adj*

4PSK — MODUL — → **quaternary phase shift keying**
→ QPSK

5 — MATH — → **five**
→ fünf

5. — MATH — → **fifth** *adj*
→ fünfte

50 — MATH — → **fifty**
→ fünfzig

5 1/4-Zoll-Diskette *nf* — TER&PER — → **5 1/4 in. floppy disk**
→ Minidiskette *nf*

5-Bit-Byte *nn* — CODING — → **quintet** *n*
→ Quintett *nf*

5-Eck *nn* — MATH — → **pentagon** *n*
→ Fünfeck *nn*

5er-Code *nm* — TELEGR — → **five-unit alphabet**
→ Fünferalphabet *nn*

5-Schritt-Code *nm* — TELEGR — → **five-unit alphabet**
→ Fünferalphabet *nn*

6,312-Mbit/s-Bündel *nn* — TELEC — → **T2 group**
→ T2-Bündel *nn*

6,312-Mbit/s-Ebene *nf* — TELEC — → **T2 level**
→ T2-Ebene *nf*

6,312-Mbit/s-Signal *nn* — TELEC — → **T2 signal**
→ T2-Signal *nn*

6. — MATH — → **sixth** *adj*
→ sechste

60/60 Takt *nm* — TELEPH — **60/60 tariff rate**
[jede angebr.Minute voll berechnet] — [every begun minute is fully charged]
≠ 1/1-Takt — ≠ 1/1 tariff rate

64-Bit-Mikroprozessor *nm* — MICR.EL — **64-bit microprocessor**
= sixty-four-bit microprocessor

64-kbit/s-Ebene *nf* — TELEC — → **DS0-Ebene**
→ DS0-Ebene *nf*

64-kbit/s-Ebene *nf* — TELEC — → **T0 level**
→ T0-Ebene *nf*

64-kbit/s-Signal *nn* — TELEC — **DS0**
= Digitalsignal 0 *nn*; DS0-Signal *nn* — = 64 kbit/s signal; kilostream [DAT.CO]

64-kbit/s-Signal *nn* — TELEC — → **DS0 signal**
→ DS0-Signal *nn*

64-kbit/s-Signal *nn* — TELEC — → **T0 signal**
→ T0-Signal *nn*

68000-Familie *nf* — MICR.EL — **68000 family**
[Mikroprozessorfamilie von Motorola] — [a family of microprocessors of Motorola]
= 680x0 family

6-Mbit/s-Bündel *nn* — TELEC — → **T2 group**
→ T2-Bündel *nn*

6-Mbit/s-Ebene *nf* — TELEC — → **T2 level**
→ T2-Ebene *nf*

6-Mbit/s-Signal *nn* — TELEC — → **T2 signal**
→ T2-Signal *nn*

7. — MATH — → **seventh** *adj*
→ siebte

70-%-Anregung *nf* — OPT.CO — **limited launch 70 %**
= limited phase space launch

8,448-Mbit/s-Bündel *nf* — TELEC — → **E2 group**
→ E2-Bündel *nn*

8,448-Mbit/s-Ebene *nf* — TELEC — → **E2 level**
→ E2-Ebene *nf*

8,448-Mbit/s-Signal *nn* — TELEC — → **E2 signal**
→ E2-Signal *nn*

8. — MATH — → **eighth** *adj*
→ achte

802.11b-Standard *nm* — DAT.NW — → **Wi Fi application**
→ Wi-Fi-Standard *nm*

80286 — MICR.EL — → **Intel 80286**
→ Intel 80286

80386 — MICR.EL — → **Intel 80386**
→ Intel 80386

80486 — MICR.EL — → **Intel 80486**
→ Intel 80486

8-Mbit/s-Bündel *nf* — TELEC — → **E2 group**
→ E2-Bündel *nn*

8-Mbit/s-Ebene *nf* — TELEC — → **E2 level**
→ E2-Ebene *nf*

8-Mbit/s-Signal *nn* — TELEC — → **E2 signal**
→ E2-Signal *nn*

8-mm-Film *nm* — CINEMA — → **substandard size stock**
→ Schmalfilm *nm*

8-mm-Film-Kamera *nf* — CINEMA — → **8-mm-film camera**
→ Schmalfilmkamera *nf*

8-Zoll-Diskette *nf* — TER&PER — → **eight-inch floppy disk**
→ Normaldiskette *nf*

9. — MATH — → **nineth** *adj*
→ neunte

90° -Phasenverschiebung *nf* — MATH — **phase quadrature**
= Phasenquadratur *nf*

90° phasenverschoben — INSTR — **haver-**

90° phasenverschobene Funktion — INSTR — **haverfunction**

90° phasenverschobener Sinus — INSTR — **haversine**
[a 90° phase-shifted sine]

90° phasenverschobenes Dreieck — INSTR — **havertriangle**

90° -Twist-Stück *nn* — MICROW — **90° twist section**

9er-Kanten-Zuführung *nf* — TER&PER — → **nine-edge leading**
→ Unterkantenzuführung *nf*

9-spurig — TECH — → **nine-track** *adj*
→ neunspurig

A *a*

A EL.SC → **ampere**
→ Ampere *nn*

a PHYS → **atto-** *praef*
→ Atto- *praef*

a PHYS → **are** *n*
→ Ar *nn*

A MATH → **area**
→ Fläche *nf*

a PHYS → **year** *n*
→ Jahr *nn*

à ECON **à**
= pro Stück; das Stück
≈ Klammeraffe
= commercial a
≈ AT sign; at; each; apiece

Å PHYS → **Ångström**
→ Ångström *nn*

Å LING **Å**
= A-Ring *nm*
= a ring; a circle (BE)

A.E.N.-Wert TELEPH → **A.E.N. value**
→ Ersatzdämpfung *nf*

A/B-Richtung *nf* RAD.RE **E/W direction**
[East/West]

A/B-Roll *nm* TV **A/R roll**
[Videoeffekt]
[video effect]

a/b-Schnittstelle *nf* SWITCH **tip&ring interface**

A/B-Umschaltbox *nf* HW **A/B switch box**

A/D INF.TEC → **analog/digital**
→ analog/digital

A/D-Umsetzer *nm* CODING → **analog-to-digital converter**
→ A/D-Wandler *nm*

A/D-Umsetzung *nf* TELEC → **analog-to-digital conversion**
→ Analog-Digital-Umsetzung *nf*

A/D-Umwandler *nm* CODING → **analog-to-digital converter**
→ A/D-Wandler *nm*

A/D-Wandler *nm* CIRC.EN → **analog-digital converter**
→ Analog-Digital-Umsetzer *nm*

A/D-Wandler *nm* CODING **analog-to-digital converter**
= A/D-Umsetzer *nm*; A/D-Umwandler *nm*; Analog/Digital-Wandler *nm*; Analog/Digital-Umsetzer *nm*; Analog/Digital-Umwandler *nm*; ADU; Analog-Digital-Converter *nm*; ADC; Digitalisierer *nm*
= A-to-D converter; analog/digital converter; A/D converter; ADC; digitizer; quantizer
≠ digital-to-analog converter

A/UX SW **A/UX**
[eine Unix-Version von Apple]
[an Unix version of Apple]

A: DAT.PR **A:**
[in MS-DOS und OS/2 die Bezeichnung für das primäre Diskettenlaufwerk]
[in MS-DOS and OS/2 the identifier for the primary floppy disk drive]

AA POW.SY → **AA cell**
→ AA-Zelle *nf*

AAA-Zelle *nf* POW.SY **AAA cell**
[1,5 V, 12 g]
= LR03 (IEC)
[1.5 V, 12 g]
= L03 (IEC)

AAB-Dienst *nm* TELEC **Automatic Alternative Billing**

AAC-Dienst *nm* TELEC **Account Card Billing**

A-Ader *nf* TELEPH **tip wire** *n* (1)
= tip *n* (2); T wire; A wire; A lead

AAL-Schicht *nf* TELEC → **ATM adaptation layer**
→ ATM-Anpassungsschicht *nf*

AA-Zelle *nf* POW.SY **AA cell**
[1,5 V, 23 g]
= AA; LR6 (IEC)
[1.5 V, 23 g]
= AA; LR6 (IEC)

AB ECON → **order backlog**
→ Auftragsbestand *nm*

Abakus *nm* (*pl* -) MATH **abacus** *n* (*pl* abaci)
[vom griech. "abax" = "Tafel"]
= Rechenbrett *nn*
[from Greek "abax" = "slab"]
= counting board

Abakusrechnen *nn* MATH **calculation by abacus**
≠ Ziffernrechnen
≠ calculation by digits

Abampere *nn* EL.SC **abampere**
[CGS-Einheit für Strom; = 10 A]
[CGS unit for current; = 10 A]

abändern TECH → **change** *vt*
→ ändern

abändern *vt* TECH **amend** *vt*
≈ berichtigen
≈ correct

Abänderung *nf* TECH → **change** *n*
→ Änderung *nf*

Abänderung *nf* TECH **amendment**
≈ Berichtigung
≈ correction

abarbeiten *vt* COLL **work off** *vt*

abarbeiten *vt* TECH → **wear** *vt*
→ verschleißen *vt*

abarbeiten *vt* SW → **process** *vt*
→ verarbeiten

Abarbeitung *nf* DAT.PR → **processing** *n*
→ Verarbeitung *nf*

Abart *nf* SCIE **variety** *n*
[geringfügig unterschiedlich]
= Abwandlung *nf*; Art *nf*; Varietät *nf*
[slightly different]

abätzen CHEM **etch-off**
= etch-down
↑ corrode

Abbau *nm* SWITCH → **connection tear-down** *n*
→ Verbindungsabbau *nm*

Abbau *nm* (1) TECH **dismantlement** *n* (1)
= Demontage *nf*; Ausbau *nm* (2)
≈ Zerlegung
≠ Aufbau (1)
= dismantling; removal
≈ disassembly
≠ erection

Abbau *nm* (2) TECH → **reduction** *n* (2)
→ Verkleinerung *nf*

abbauen TECH **dismantle** *n*
= abmontieren; demontieren; ausbauen (2)
≈ zerlegen; lösen; entfernen
≠ aufbauen
= demount *n* (1); dismount *n* (1)
≈ dissasemble; detach; remove
≠ erect

abbauen TELEC **disconnect** *vt* (1)
= Verbindung lösen
[a link]
= tear down

abbauen SWITCH **tear down** *vt*
[eine Verbindung]
[a call, connection, link]

Abbaukollision *nf* SWITCH **clear collision**

Abbauprotokoll *nn* SWITCH → **clearing protocol**
→ Auslöseprotokoll *nn*

abbeizen CHEM **pickle** *vt*
= beizen
= scour *vt*
↑ corrode

Abbeizmittel *nn* CHEM **corrosive** *n*

AB-Betrieb *nm* CIRC.EN **class AB operation**
= class AB mode; class AB

Abbild *nn* SW → **image** *n*
→ Abbildung *nf*

abbilden COLL → **picture** *vt*
→ darstellen

abbilden MATH **map** *vt*
= map over

Abbildung *nf* MATH **mapping** *n*
[Mengenlehre; Vorschrift nach der Elemente zweier Mengen zueinander zugeordnet werden]
≈ Funktion; Operation; Verknüpfung; Operator; Funktional; Morphismus *nm*; Funktor
[set theory; rule to assign elements of a set A to elements of a set B]
= map *n*
≈ function; operation; operator; functional relation; functional; functor; single-valued function

Abbildung *nf* TEC.DOC → **figure** *n*
→ Bild *nn*

Abbildung *nf* PRIN.ME **illustration**
= Bild *nn*; Figur *nf*
= figure *n*; image *n*

Abbildung *nf* SW **image** *n*
[gespeicherte Wiedergabe]
= Abbild *nn*
[a stored copy or representation]
= picture

Abbildungsfehler *nm* OPT → **aberration** *n* (1)
→ Aberration *nf*

Abbildungslegende *nf* PRIN.ME → **caption** *n* (3)
→ Bildlegende *nf*

Abbildungs-PROM *nn* DAT.PR **mapping PROM**

Abbildungsschärfe *nf* OPT → **sharpness** *n*
→ Schärfe *nf*

Abbildungsspeicher *nm* DAT.PR **mapping memory**
= mapping RAM

Abbildungsspule *nf* EL.TRO → **focusing coil**
→ Fokussierspule *nf*

abbinden *vt* EQP.EN **bind** *vt*
[einen Kabelbaum]
[a cable harness]
= tie-up *vt*; lace *vt*

Abbindung *nf* EQP.EN **binding** *n*
[eines Kabelbaums]
[of a cable harness]
= tying-up

AB-Bits *nplt* TRANSM **AB bits**

abblättern TECH **flake off** *vi*
= abschälen
≈ ablösen
= peel off; scale off

Abblende *nf* CINEMA **fade-out** *n*

[Bild verschwindet allmählich (meist im Dunkeln)] = Ausblende *nf* ≠ Aufblende		[picture disappears fading out (mostly into dark)] ≠ fade-in
abblenden	OPT	**dim** *vt* = iris-in *vi*
abblenden	TV	**fade-out** *vt*
abblenden = ausblenden	CINEMA	**fade-out** *vi*
Abblendschalter *nm* [erlaubt Einstellung geringerer Helligkeit] = Dämmerungsschalter *nm* (1)	EL.INS	**dimming switch** [to adjust low luminosity]
abbohren	MEC.EN	**copy-drill** *vt*
abbrechen [ein Gespräch] = abtrennen; unterbrechen ≠ verbinden	TELEC	**disconnect** *vt* (2) [a communication] = break-off *vt*; interrupt *vt*; unlink *vt*
abbrechen = anhalten ≈ rücksetzen; löschen	DAT.PR	**abort** *vt* [to stop a process in progress] = kill ≈ reset; cancel
abbremsen → verzögern	TECH	→ **delay** *vt*
Abbremszeit *nf*	HW	**deceleration time**
Abbreviation *nn* → Abkürzung *nf*	LING	→ **abbreviation** *n*
Abbreviatur *nf* → Abkürzung *nf*	LING	→ **abbreviation** *n*
Abbruch *nm* [gewollter] = Programmabbruch *nm* ≈ Absturz; Ablaufunterbrechung; Programmunterbrechung	SW	**abort** *n* [wanted termination] = abortion *n*; termination *n*; truncation *n*; break *n* ≈ abnormal end; exception; program interrupt
Abbruch *nm* [eines Gesprächs] = Abtrennung *nf*; Trennung *nf*	TELEC	**disconnection** (2) [of a call] = break-off *n*; interruption
Abbruchanweisung *nf* → Abbruchbefehl *nm*	SW	→ **halt command**
Abbruchbedingung *nf*	SW	**abort condition** = abortion condition; termination condition; truncation condition
Abbruchbefehl *nm* = Abbruchanweisung *nf*; Kill-Befehl *nm* (Linux)	SW	**halt command** = abort command; kill job (Linux)
Abbruchfehler *nm*	SW	**terminal error**
Abbruchsignal *nn*	DAT.CO	**abort signal**
Abbruchtaste *nf* → ESCAPE-Taste *nf*	TER&PER	→ **ESCAPE key**
abbuchen *vt*	ECON	**debit** *vt*
Abbuchung *nf*	ECON	**debit entry**
ABC [der erste vollektronische Digitalrechner (1930)] = Atanasoff-Berry-Computer *nm*	DAT.PR	**ABC** [the first fully electronic digital computer (1930)] = Atanasof-Berry Computer
ABC → automatische Helligkeitsregelung	TER&PER	→ **automatic brightness control**
ABC-Analyse *nf*	ECON	**ABC analysis**
ABCA-Norm *nf*	TECH	**ABCA standard** [America, Britain, Canada and Australia]
ABCD-Signalisierung *nf*	SWITCH	**ABCD signaling** (AE)
Abcoulomb *nn* [CGS-Einheit für el. Ladung; = 10 C]	PHYS	**abcoulomb** [CGS unit for el. charge; = 10 C]
abdampfen → verdampfen	PHYS	→ **vaporize**
Abdeckblech *nn* ↑ Abdeckung	MEC.EN	**cover sheet** ↑ cover
Abdeckblende *nf* ↑ Blende	TECH	**covering panel** ↑ panel
abdecken (1) [Deckung abnehmen] ≠ zudecken	TECH	**uncover** *vt* ≠ cover (1)
abdecken (2) → zudecken *vt*	TECH	→ **cover** *vt* (1)
Abdeckhaube *nf* → Schutzabdeckung *nf*	TECH	→ **protective cover** *n*
Abdeckklappe *nf*	EQP.EN	**panel door**
Abdecklack *nm* [Galvanotechnik]	METAL	**stop-off lacquer**
Abdeckleiste *nf* = Abdeckstreifen *nm* ≈ Abdeckschiene ↑ Leiste	TECH	**cover strip** *n* = dummy strip ≈ dummy bar ↑ strip
Abdeckmittel *nn* → Schutzschicht *nf*	TECH	→ **protective coating**
Abdeckplatte *nf* ↑ Abdeckung	TECH	**cover plate** *n* = cover flap ↑ cover
Abdeckring *nm*	TECH	**cover ring**
Abdeckschiene *nf* ≈ Abdeckleiste ↑ Schiene	TECH	**dummy bar** ≈ cover strip
Abdeckstreifen *nm* → Abdeckleiste *nf*	TECH	→ **cover strip** *n*
Abdeckung *nf* ≈ Blende; Haube; Klappe; Verkleidung; Schutzgehäuse ↓ Frontabdeckung; Blindabdeckung; Isolierabdeckung; Staubabdeckung; Abdeckplatte; Schutzabdeckung; Deckel	TECH	**cover** *n* ≈ panel; hood; flap; masking; protective case; bonnet ↓ front panel; dummy cover; insulating cover; dust cover; cover plate; protective cover; lid
abdichten = dichten	TECH	**seal** *vt* (1) [to secure against leakage] = tighten *vt*
abdichtend = dichtend	TECH	**sealing** *adj*
Abdichtkitt *nm* → Dichtungsmasse *nf*	TECH	→ **sealing material**
Abdichtmasse *nf* → Dichtungsmasse *nf*	TECH	→ **sealing material**
Abdichtmaterial *nn* → Dichtungsmasse *nf*	TECH	→ **sealing material**
Abdichtung *nf* → Dichtung *nf*	TECH	→ **seal** *n* (1)
Abdichtungsvorrichtung *nf*	TECH	**capping system** = sealing device
abdocken	HW	**undock** *vt*
ABD-Prozess *nm* → AD-Technik *nf*	MICR.EL	→ **AD technique**
Abdruck *nm* → Druck *nm* (2)	PRIN.ME	→ **impression** *n*
abdruckbar → druckfähig	DAT.PR	→ **printable**
ABD-Technik *nf* → AD-Technik *nf*	MICR.EL	→ **AD technique**
Abduktion *nf* → Deduktion *nf*	LOGIC	→ **deductive reasoning**
abdunkeln	IMAG.PR	**shade** *vt*
abdunkeln → verdunkeln	TECH	→ **dim** *vt*
Abelsche Gruppe → kommutative Gruppe	MATH	→ **commutative group**
Abenteuer *nn* = Action *nf*	CINEMA	**action** *n* = adventure *n*
Abenteuerfilm *nm* = Actionfilm *nm*	CINEMA	**action film** = adventure film
Abenteuerkomödie *nf* = Actionkomödie *nf*	CINEMA	**action comedy**
Abenteuerspiel *nn*	COMP.AP	**adventure game** = click adventure; adventure *n*
Aberration *nf* = Abbildungsfehler *nm*; Bildfehler *nm* ↓ chromatische Aberration; sphärische Aberration	OPT	**aberration** *n* (1) ↓ chromatic aberration; spherical aberration
A-Betrieb *nm* [Verstärker]	CIRC.EN	**class A operation** [amplifier] = class A mode; class A
Abfall *nm* → Kurvenabfall *nm*	MATH	→ **decline** *n*
Abfall *nm* → Abklingvorgang *nm*	PHYS	→ **decay** *n* (1)
Abfall *nm* (1) = Ausschuss *nm* ≈ Müll; Unrat; Schrott; Schutt	TECH	**scrap** *n* = trash *n*; rubbish *n* ≈ garbage; litter; junk; rubbish
Abfall *nm* (2) → Abnahme *nf*	TECH	→ **decrease** *n*
Abfall *nm* [eines Signals, einer Spannung, ...] ≠ Anstieg	EL.TRO	**decay** *n* [of a signal, voltage] = drop *n*; decrease *n*; fall *n*; fall-off *n*
Abfall *nm* [Relais, Rückkehr in die Ruhelage]	COMPO	**release** *n* [relay, return to rest position] = drop *n*
Abfall *nm* → Flankenabfall *nm*	NETW.TH	→ **roll-off** *n*

Abfall *nm* — TELEGR — **descent** *n*
= drop *n*

Abfalleimer *nm*
→ Mülleimer *nm* — COLL — → **garbage can** (AE)

abfallen *vt* (fig)
→ vermindern *vt* — TECH — → **decrease** *vi&vt*

abfallen
[Relais] — COMPO — **drop-out** *vi*
[relay]

abfallend
→ geneigt — TECH — → **inclined** *adj*

Abfallerregung *nf*
[Relais] — COMPO — **drop excitation**
[relay]
= drop power

Abfallflanke *nf*
[eines Signals, Impulses]
= Hinterflanke *nf*; fallende Flanke; hintere Flanke; Rückflanke *nf*; Abstiegflanke *nf*; Abstiegsflanke *nf*
≠ Anstiegflanke
↓ Impulsabfallflanke — EL.TRO — **trailing edge**
= falling edge; negative edge; negative-going edge
≠ rising edge
↓ trailing pulse edge

Abfallgrenze *nf* — EL.TRO — **critical limit**

abfallose Fertigung — MANUF — **non-scrap manufacturing**

Abfallpresse *nf* — OFFICE — **waste press**

Abfallprodukt *nn*
= Nebenprodukt *nn* — TECH — **byproduct**
= by-product

Abfallschwelle *nf*
[Relais] — COMPO — **drop-out value**
[relay]

Abfallstrom *nm*
[Relais]
≈ Zündstrom — COMPO — **drop current**
[relay]
= release current
≈ trigger current

Abfallverzögerung *nf*
[Relais] — COMPO — **release delay**
[relay]
= off-delay; dropping delay

Abfallzeit *nf*
[Transistor]
= Abklingzeit *nf* — MICR.EL — **fall time**
[transistor]

Abfallzeit *nf*
[Relais]
= Rückfallzeit *nf* — COMPO — **release time**
[relay]
= drop time

Abfallzeit *nf*
[zwischen 90% und 10% Amplitude]
= Fallzeit *nf*, Impulsabfallzeit *nf*
≠ Anstiegzeit
↑ Rampenzeit — EL.TRO — **decay time**
[between 90% and 10% amplitude]
= fall time; release time; trailing transition time; pulse decay time
≠ rise time

Abfangdiode *nf*
→ Kappdiode *nf* — EL.TRO — → **clamping diode** (1)

abfangen
[ein Kabel] — TECH — **clamp** *vt*
[of a cable]

abfangen — SWITCH — **intercept**
= lock-out

Abfangung *nf*
[eines Kabels] — TECH — **clamping**
[of a cable]
= clamp *n*

abfasen
[nach innen abschrägen]
= fasen
≈ abschrägen — MEC.EN — **chamfer** *vt*
[to cut a slant surface to the inside]

Abfassung *nf*
→ Entwurf *nm* — TECH — → **design** *n* (1)

Abfasung *nf*
→ Fase *nf* — MEC.EN — → **chamfer** *n*

Abfasungswinkel *nm* — MEC.EN — **chamfer angle**

abfertigen
[für nächsten Arbeitsschritt]
= auswählen — DAT.PR — **dispatch** *vt*
[select for next task]

Abfertigung *nf*
→ Passagierabfertigung *nf* — AERON — → **check-in**

Abfertigungsdisziplin *nf* — DAT.PR — **dispatching discipline**
= service discipline

Abfertigungspriorität *nf* — DAT.PR — **dispatching priority**
= service priority

Abfindung *nf* — ECON — **severance pay**

Abfindung *nf*
→ Schadenersatz *nm* — LAW — → **compensation** *n*

abflachen
→ glätten — EL.TEC — → **smooth** *vt*

Abflachen *nn*
[Kurvenverlauf] — MATH — **leveling** *n* (AE)
[curve]
= levelling (BE)

Abflachung *nf*
→ Glättung *nf* — EL.TEC — → **smoothing** *n*

Abflachungsfilter *nn*
→ Glättungsfilter *nn* — CIRC.EN — → **smoothing filter**

Abflachungsschaltung *nf*
→ Glättungskreis *nm* — CIRC.EN — → **smoothing circuit**

Abflugfläche *nf* — AERON — **take-off climb surface**

Abflugkoordinierungssystem *nn* — RAD.NA — **departure control system**

Abflugpeilung *nf* — RAD.NA — **back bearing**
= outbound bearing

Abfluss *nm*
= Ausfluss *nm*; Auslauf *nm* (1)
≠ Zufluss — TECH — **efflux** *n*
= outflux *n*; outflow *n*; effluence *n*
≠ influx

Abfluss *nm*
→ Senke *nf* — MICR.EL — → **drain** *n* (3)

Abfolge *nf*
→ Reihenfolge *nf* — COLL — → **sequence** *n*

Abfolge *nf*
→ Sequenz *nf* — SCIE — → **sequence** *n*

Abfrage *nf*
→ Abfragezeichen *nn* — DAT.CO — → **inquiry character** *n*

Abfrage *nf*
= Anfrage *nf* — DAT.MA — **inquiry** *n* (AE)
= enquiry *n* (BE); query *n*; request *n*; interrogation *n*

Abfrage *nf*
↓ zyklische Abfrage — TELECON — **inquiry** *n*
= enquiry *n*; query *n*; interrogation *n*; scan *n*; poll *n*
↓ poll

Abfrageanweisung *nf* — SW — **extract instruction**

Abfragebefehl *nm*
→ Abfragesignal *nn* — TELECON — → **interrogation signal**

Abfragebefehl *nm*
→ bedingter Sprungbefehl — SW — → **conditional jump instruction**

Abfragebetrieb *nm*
→ Aufrufbetrieb *nm* — TELECON — → **polling mode**

Abfrage durch Beispiel
→ QBE-Sprache *nf* — DAT.MA — → **Query by Example**

Abfragedurchlauf *nm*
= Umfragedurchlauf *nm* — TELEC — **polling pass**

Abfrageeinrichtung *nf* — TRANSM — **answering device**

Abfragefrequenz *nf*
→ Abtastfrequenz *nf* — EL.TRO — → **sampling frequency**

Abfragegarnitur *nf*
→ Kopfsprechhörer *nm* — TELEPH — → **headset** *n*

Abfragegerät *nn*
→ Abfragesender *nm* — RAD.NA — → **interrogator**

Abfrageklinke *nf* — TELEPH — **answering jack**

Abfragekonjunktion *nf* — DAT.MA — **query condition**

Abfrageliste *nf* — TELECON — **polling list**

Abfragemeldung *nf*
≠ Spontanmeldung — TELECON — **inquiry information**
≠ spontaneous information

Abfragemodus *nm*
= Anfragemodus *nm* — DAT.MA — **inquiry mode**
= enquiry mode; query mode; request mode; interrogation mode

Abfragemöglichkeit *nf* — DAT.PR — **query facility**
= inquiry facility; enquiry facility

abfragen
≈ auslesen; wiedergewinnen — DAT.MA — **inquire** *vt* (AE)
= enquire *vt* (BE); query *vt*; request *vt*; extract *vt* (2); poll *vt*; interrogate *vt*
≈ read out; retrieve

Abfragen *nn* — SWITCH — **inquiry** *n* (AE)
= enquiry *n* (BE); query *n*; interrogation *n*; poll *n*

abfragende Station
→ Abfragestation *nf* — DAT.CO — → **inquiry station**

Abfrageoptimierung *nf* — DAT.MA — **inquiry optimization**
= query optimization

Abfragesender *nm*
= Interrogator *nm*; Abfragegerät *nn* — RAD.NA — **interrogator**

Abfragesignal *nn*
= Abrufsignal *nn*; Abfragebefehl *nm* — TELECON — **interrogation signal**
= query signal; inquiry signal; enquiry signal; polling signal

Abfragesprache *nf*
[für direkten Benutzerzugriff zu Dateien]
= Dialogsprache *nf* (2); eigenständige Datenbanksprache; Manipulationssprache *nf*, Suchsprache *nf* — COMP.LG — **query language**
[for direct user access to files]
= QL; enquiry language (BE); inquiry language (AE); retrieval language; interrogation language

Abfragestation *nf*
= abfragende Station
↓ zyklisch abfragende Station — DAT.CO — **inquiry station**
= enquiry station; query station; inquiring station; enquiring station; retrieval terminal
↓ polling station

Abfragestelle *nf* — SWITCH — **attendant console**
= console *n*

Abfragetakt *nm* — EL.TRO — **scanning clock**
= reading clock

Abfragetaste *nf* — TER&PER — **interrogation key**
= enquiry key; inquiry key; answering key

Abfragetechnik *nf* — TELEC — **polling technique**
= Umfragetechnik *nf*

Abfrageterminal *nn* — TER&PER — **interrogation terminal**
= enquiry terminal; inquiry terminal

Abfrageverarbeitung *nf* — DAT.MA — → **query processing**
→ Anfrageverarbeitung *nf*

Abfrageverfahren *nn* — TELECON — → **polling mode**
→ Aufrufbetrieb *nm*

Abfrageverzug *nm* — TELECON — **polling overhead**
[time spent for polling procedure]

Abfrageweg *nm* — RAD.LO — **interrogation path**

Abfragezeichen *nn* — DAT.CO — **inquiry character** *n*
= Abfrage *nf*
≈ Stationsaufforderung
↑ ASCII-Code
= ENQ character; enquiry character; query character
≈ inquiry
↑ ASCII code

Abfragezeit *nf* — TELECON — **polling time**
[zwischen zwei Abfragen]
= Pollingzeit *nf*
[between two polling operations]
= polling interval

Abfragezyklus *nm* — TELEC — **interrogation cycle**
= scan cycle

abfühlen — EL.TRO — **sense** *vt*
≈ abtasten
≈ scan

Abfühlschalter *nm* — HW — **sense switch**
[per Programm abfragbar]
[can be interrogated by a program]

Abfühlstift *nm* — TER&PER — **pecker** *n*
[Lochstreifenleser]
[punched tape reader]
= sensing pin (2)

Abfühlung *nf* — EL.TRO — **sensing**
≈ Abtastung
≈ scanning

Abführung *nf* — LING — **unquote mark**
[Symbol: ″ oder «]
= schließendes Anführungszeichen; Abführungszeichen *nn*
≠ Anführung
↑ Anführungszeichen *nplt* (1)
[symbols: ″ or «]
= unquote sign; unquote *n*
≠ quote mark (2)
↑ quotation mark

Abführungszeichen *nn* — LING — → **unquote mark**
→ Abführung *nf*

Abfülltechnik *nf* — TECH — **bottling**

Abgabe *nf* (1) — ECON — → **charge** *n* (2)
→ Gebühr *nf*

Abgabe *nf* (2) — ECON — → **delivery** *n*
→ Lieferung *nf*

Abgabefrist *nf* — ECON — → **due date**
→ Abgabetermin *nm*

Abgabetermin *nm* — ECON — **due date**
[eines Angebots]
= Abgabefrist *nf*
[of an offer]
= bid closing date

Abgas *nn* — TECH — **waste gas**
≈ Abluft
↓ Rauchgas
≈ output air
↓ flue gas

Abgasschalldämpfer *nm* — POW.SY — **exhaust silencer**

abgeblendet — COMP.AP — **dimmed**

abgebremst — TECH — → **delayed**
→ verzögert

abgedruckt — PRIN.ME — → **printed**
→ gedruckt

abgefast — MEC.EN — **chamfered**
[nach innen abgekantet]
[beveled to the inside]

abgeflacht — TECH — **flattened**

abgegriffen — COLL — **dog-eared** (book)
[Buch]

abgehend — TELEC — **outgoing**
[Verbindung]
= gehend; ausgehend
≠ ankommend
[call, link]
= outbound
≠ incoming

abgehende Belegung — SWITCH — **outgoing seizure**
= gehende Belegung

abgehende Ferngesprächspauschale — TELEC — **outward WATS**
[gilt für abgehende Gespräche]
[the arrangement holds for outgoing calls]

abgehende Post — OFFICE — **outgoing post**
= Ausgangspost *nf*, Postausgang *nm*

abgehender Leitungssatz — SWITCH — **outgoing trunk circuit**
= gehender Leitungssatz

abgehender Mobilfunkruf — MOB.CO — **mobile originated call**
= gehender Mobilfunkruf
= MOC

abgehender Satz — SWITCH — **outgoing circuit**
= gehender Satz
↑ Verbindungssatz
↑ junction

abgehender Verkehr — SWITCH — **outgoing traffic**
= gehender Verkehr
≈ Ursprungsverkehr
= outbound traffic

abgehender Zähler — SWITCH — **outgoing counter**
= gehender Zähler

abgehendes Gespräch — SWITCH — **outgoing call**
= gehendes Gespräch

abgehendes Signal — TELEC — **outgoing signal**
= gehendes Signal; Ausgangssignal *nn*
≈ Sendesignal
≈ transmitted signal

abgehen von — COLL — **do away with**

abgehoben — TELEPH — **off-hook**
[Handapparat]
= im Aushängezustand
[handset]

abgekantet — MEC.EN — **folded**
≈ abgeschrägt
≈ beveled

abgekantet — MEC.EN — → **tapered**
→ abgeschrägt

abgelaufen — ECON — **expired**

abgelaufen — TECH — **timed-out**

abgelaufenes Patent — ECON — **expired patent**
= verfallenes Patent

abgelaufene Zeitbegrenzung — TECH — → **timeout** *n* (1)
→ Zeitablauf *nm* (2)

abgelegen — TELEC — → **remote** *adj*
→ abgesetzt

abgelegen — TECH — → **detached** *adj*
→ abgesetzt

abgelehnt — DAT.CO — **not accepted**

abgelehntes Gespräch — TELEPH — **refused call**

abgeleitete Daten — DAT.MA — **derived data**

abgeleitete Größe — PHYS — **derived quantity**
≠ Basisgröße
↓ Beschleunigung
≠ basic quantity
↓ acceleration

abgeleitete Klasse — SW — **derived class**
[objektorientierte Programmierung]
[object-oriented programming]

abgeleiteter Datensatz — DAT.MA — **child record**
≠ Stammdatensatz
≠ parent record

abgeleitete Relation — DAT.MA — **derived relation**
≠ Basisrelation
≠ base relation

abgeleitete Relation — MATH — **derived relation**

abgeleiteter Knoten — DAT.MA — **child node**
= daughter *n*; son *n*

abgeleiteter Prozess — SW — **child** *n*
[process iniciated by another (parent) process]

abgeleiteter Zeichensatz — TER&PER — **derived font**

abgeleitete Schrift — PRIN.ME — **derived font**

abgeleitete SI-Einheit — PHYS — **derived SI unit**
[Kombination von SI-Basiseinheiten]
[formed by combination of basic SI units]

abgeleitetes Programmsegment — SW — **child segment**

abgemagerte Ausführung — TECH — → **crippled version**
→ abgemagerte Version

abgemagerte Version — TECH — **crippled version**
= abgemagerte Ausführung; Sparversion *nf*, abgespeckte Version; verkrüppelte Version
≠ voll ausgebaute Version
= stripped-down version; pared-down version
≠ full-bore version

abgemessen — MEC.EN — **measured**
= gemessen
= metered count

abgenutzt — TECH — **worn**
≈ verschlissen

abgerastert — TER&PER — → **screened**
→ gerastert

abgerundet — MEC.EN — **rounded**
= gerundet

abgerundet (1) — MATH — **rounded-off**
[zu kleinerem runden Wert]
≠ aufgerundet
≠ rounded-up

abgerundet (2) — MATH — **rounded** *adj*
[zu kleinerem oder größerem runden Wert]
↓ abgerundet (1); aufgerundet
↓ rounded-off; rounded-up

abgeschattet — RAD.PRO — **obstructed**

abgeschirmt — EL.TEC — **screened**
= shielded

abgeschirmte Antenne — ANT — **screened antenna**

= shielded antenna; screened aerial; shielded aerial

abgeschirmte Rahmenantenne ANT **shielded loop antenna**
= abgeschirmte Schleifenantenne

abgeschirmte Schleifenantenne ANT → **shielded loop antenna**
→ abgeschirmte Rahmenantenne

abgeschirmtes Kabel COM.CAB → **shielded cable**
→ geschirmtes Kabel

abgeschlossene Langdrahtantenne ANT **nonresonant long wire antenna**

abgeschlossene Leitung LINE TH **terminated line**
↓ angepasste Leitung
↓ matched line

abgeschlossenes System INF.TH **closed system**

abgeschnitten MEC.EN **truncated**

abgeschrägt MEC.EN **tapered**
= abgekantet
≈ abgefast
= beveled; folded
≈ chamfered

abgesetzt TELEC **remote** *adj*
[Teilnehmer, Amt, Gerät]
= entfernt; abgelegen
[customer, station, office, equipment]
= detached; off-premises; link-attached [DAT.CO]

abgesetzt TECH **detached** *adj*
= abgelegen
≈ entfernt; gesondert
≠ ortsgleich
= set-off *adj*; remotely located
≈ remote; separated
≠ colocated

abgesetzte Konsole DAT.PR **remote console**

abgesetzte Nebenstelle TELEC **off-premises station**

abgesetzter Konzentrator SWITCH → **remote concentrator**
→ Konzentrator *nm* (2)

abgesetzter Router DAT.NW **remote access router**

abgesetzter Server DAT.NW **remote access server**

abgesetzter Standort TELEC **remote site**

abgesetzter Teilnehmer TELEC **remote subscriber**

abgesetztes Endgerät DAT.CO **remote terminal**

abgesetztes Textelement WOR.PR → **paragraph marker**
→ Absatzmarke *nf*

abgesetzte Tastatur TER&PER **detachable keyboard**
= detached keyboard

abgesetzte Vermittlungsstelle SWITCH **remote subscriber switch**
= RSS

abgesichert COMP.AP **safe** *adj*

abgesicherter Modus COMP.AP **safe mode**

abgesichertes Hochfahren COMP.AP **safe boot**
= clean boot

abgespannt CIV.EN **guyed**
[Mast, Turm]
≠ freistehend
[mast, tower]
≠ self-supporting

abgespannter Antennenmast ANT **guyed antenna mast**
= abgespannter Antennenturm
= guyed antenna tower

abgespannter Antennenturm ANT → **guyed antenna mast**
→ abgespannter Antennenmast

abgespannter Mast CIV.EN **guyed mast**
= abgespannter Turm
= guyed tower

abgespannter Turm CIV.EN → **guyed mast**
→ abgespannter Mast

abgespeckte Version TECH → **crippled version**
→ abgemagerte Version

abgestimmt CIRC.EN **tuned**
≠ unabgestimmt
= sintonized
≠ untuned

abgestimmte Antenne ANT **periodic antenna**
= periodische Antenne
= tuned antenna; periodic aerial; tuned aerial

abgestimmter Schaltkreis CIRC.EN **tuned circuit**
= Abstimmkreis *nm*

abgestimmter Verstärker CIRC.EN → **tuned amplifier**
→ Resonanzverstärker *nm*

abgestimmte Speiseleitung ANT **tuned feeder**

abgestopftes Kabel COM.CAB → **jelly-filled cable**
→ gefülltes Kabel

abgestrahlte Leistung ANT → **beam power**
→ Strahlstärke *nf*

abgetrennt SW → **off-line** *adj*
→ offline

abgewiesen SWITCH **lost**

abgewiesene Belegung SWITCH → **lost call**
→ zurückgewiesener Verbindungswunsch

abgewinkelt MEC.EN **angled**

abgezählt COLL **evencount** *adj*

abgezweigter Kanal TELEC → **dropped channel**
→ Abzweigkanal *nm*

abgezweigter Verkehr TELEC → **add-drop traffic**
→ Abzweigverkehr *nm*

Abgleich *nm* NETW.TH **balancing**
[Angleichen der Übertragungseigenschaften verschiedener Schaltkreise]
= Ausgleich *nm*
[conjugate different circuit elements]
= equalize; compensate

Abgleich *nm* CIRC.EN **tuning**
[auf Frequenz]
= Abstimmung *nf*; Trimmen *nn*
≈ Eichen
[to frequency]
= syntony *n*

Abgleich *nm* DAT.MA **conciliation**

Abgleich *nm* ECON **reconciliation**
= reconciling; settlement

Abgleich *nm* DAT.MA → **file collating**
→ Dateienabgleich *nm*

Abgleich *nm* TECH → **adjustment** *n* (2)
→ Einstellung *nf*

Abgleich *nm* DAT.MA → **merging** *n*
→ Mischen *nn*

Abgleichcode *nm* COMP.SC → **match code**
→ Match-Code *nm*

Abgleichdiskette *nf* TER&PER **alignment diskette**

Abgleichelement *nn* NETW.TH **balancing element**

abgleichen TECH → **adjust** *vt*
→ einstellen

abgleichen DAT.MA → **merge** *vt*
→ mischen *vt*

Abgleichkondensator *nm* COMPO → **trimming capacitor** *n*
→ Trimmerkondensator *nm*

Abgleichpotentiometer *nn* EL.TRO **adjusting potentiometer**
= balancing potentiometer

Abgleichschraube *nf* MICROW **tuning screw**
↑ Frequenzabstimmelement
= slug *n*
↑ tuning device

Abgleichschraube *nf* MEC.EN → **setscrew** *n*
→ Stellschraube *nf*

Abgleichwerkzeug *nn* EL.TRO **alignment tool**
= trimmtool

Abgleichwert *nm* EL.TRO → **adjusted value**
→ Einstellwert *nm*

Abgleichwiderstand *nm* EL.TRO **balancing resistor**
≈ veränderbarer Widerstand [COMPO]
= trimming resistor
≈ adjustable resistor [COMPO]

abgreifen EL.TEC **tap** *vt*
= anzapfen
= phreak *vt*

Abgreifklemme *nf* EL.TRO **crocodil clip**
= Krokodilklemme *nf*
↑ Prüfklemme
= alligator clip
↑ test clip

Abgreifpunkt *nm* EL.TEC → **tapping point**
→ Anzapfpunkt *nm*

abgrenzen TECH **demarcate** *vt*
≈ eingrenzen; absondern; trennen
= demark *vt*; delimit *vt* (1)
≈ delimit (2); isolate; separate

Abgrenzer *nm* DAT.MA → **separator** *n*
→ Trennzeichen *nn*

Abgrenzung *nf* TECH **demarcation** *n*
= Demarkation *nf*
≈ Eingrenzung; Absonderung; Trennung
= demarkation; delimitation (1)
≈ delimitation (2); isolation; separation

Abgrenzung *nf* ECON **cutoff** *n*

Abgrenzungsfeld *nn* DAT.CO **delimiter field**
= Trennfeld *nn*

Abgrenzungsposten *nm* ECON **deferred and accrued item**

Abgrenzungssprungbefehl *nm* SW **separating branch instruction**

Abgrenzungssymbol *nn* DAT.MA → **separator** *n*
→ Trennzeichen *nn*

Abgrenzungszeichen *nn* DAT.MA → **separator** *n*
→ Trennzeichen *nn*

Abgriff *nm* EL.TEC **tap** *n*
= Anzapfung *nf*

Abhandlung *nf* LING **treatise** *n*
= paper *n*

abhängig COLL *adj*
≈ bedingt
↓ dependent
≈ conditional

abhängige Kompilierung SW **dependent compilation**

abhängiger Datensatz DAT.MA → **member set** *n*
→ Untersatz *nm*

abhängiger Wartezustand DAT.CO **normal disconnected mode**

abhängige Variable COMP.SC **dependent variable**

Abhängigkeit *nf* MATH **dependence**
= dependency

Abhängigkeit *nf* → Dependenz *nf*	LING	→ **dependence** *n*
Abhebekraft *nf* [Relais]	COMPO	**lift-off force** [relay]
abheben [Handapparat] = aushängen ≠ auflegen	TELEPH	**lift** *vt* [handset] = answer *vt*; go off-hook *vi* ≠ go on-hook
abheben ≈ starten	AERON	**take off** *vi* ≈ start
abheben [den obersten Speicherinhalt eines Stapelspeichers] ≠ drauflegen	DAT.MA	**pop** *vt* [retrieve from top of stack] = pull *vt* ≠ push
Abheben *nn* ≈ Start	AERON	**take off** *n* ≈ Start
Abhebungsanweisung *nf*	DAT.MA	**pop instruction** = pull instruction
abheften = einheften	OFFICE	**file** *vt*
abhelfend = Abhilfe- ≈ fehlerbehebend	TECH	**remedial** *adj* ≈ corrective
Abhenry *nn* [CGS-Einheit für Induktivität; = 10 H]	EL.SC	**abhenry** [CGS unit for inductance; = 10 H]
Abhilfe- → abhelfend	TECH	→ **remedial** *adj*
Abholmarkt *nm*	ECON	**cash and carry**
Abhördienst *nm*	MIL.CO	**monitoring service**
abhören ≈ mithören	TELEPH	**eavesdrop** *vi* [top listen secretly] = tap *vt*; bug *vt* ≈ monitor
Abhören → Funküberwachung *nf*	RADIO	→ **radiomonitoring**
Abhören *nn*	MIL.CO	**monitoring**
Abhören *nn*	RADIO	**radio monitoring**
Abhören *nn* [Anrufbeantw.]	TELEPH	**message retrieval** [teleph. answer. machine]
abhörsicher	TELEC	**tap-proof** *adj*
Abhörsicherheit *nf*	TELEC	**anti-tapping protection**
Abhörsicherung *nf*	TELEC	**anti-tapping** *n*
Abhörvorrichtung *nf*	SIG.EN	**eavesdropping device** = bugging device; surreptitious listening device
ABIOS *nn* ↑ BIOS	SW	**ABIOS** [Advanced Basic Input/Output System] ↑ BIOS
abisolieren	EL.TEC	**strip the isolation** = remove the isolation; strip; skin
Abisolieren *nn*	EL.TEC	**stripping** = skinning
abisoliert → blank	COM.CAB	→ **bare**
Abisolierwerkzeug *nn* → Abisolierzange *nf*	EL.TEC	→ **wire-end stripper**
Abisolierzange *nf* = Abisolierwerkzeug *nn*	EL.TEC	**wire-end stripper** = wire stripper; skinning tool
ABIST *nn* = eingebauter Selbsttest	MICR.EL	**ABIST** = Autonomous Built-In Self Test
Abitur *nn* = Oberschulreife *nf*; Bakkalaureat *nn* (2); Hochschulreifeprüfung *nf*; Matura *nf* (AT,CH)	EDUC	**advanced level exam** (BE) = A-level exam; A-Level; Certificate of Secondary Education; C.S.E.
abkanten (1) [scharfe Kanten beseitige] = Kanten brechen; kantenbrechen	MEC.EN	**round-off** *vt* [sharp edges] = blunt *vt*
abkanten (2) [Kanten umbiegen] = falten ≈ abfasen; abschrägen	MEC.EN	**fold** *vt* ≈ chamfer; bevel
abkanten (3) [mit Kante versehen]	MEC.EN	**edge** *vt*
Abklatsch *nm* → Lehnprägung *nf*	LING	→ **calque** *n*
abklemmen → abkneifen	TECH	→ **pinch off** *vt*
abklingeln	SYS.INS	**ring out** = buzz out
abklingen	ACOUS	**fade out** *vi* = fade away
abklingen	PHYS	**decay** *vi* = fade out; evanesce
abklingende Welle	PHYS	**evanescent wave**
Abklingkonstante *nf* = Dämpfungsfaktor *nm*	PHYS	**damping constant** = damping decrement
Abklingvorgang *nm* = Abfall *nm*	PHYS	**decay** *n* (1) = decay process; fall *n* (2)
Abklingzeit *nf*	PHYS	**decay time**
Abklingzeit *nf* → Abfallzeit *nf*	MICR.EL	→ **fall time**
abkneifen = abklemmen ↑ trennen	TECH	**pinch off** *vt* ↑ disconnect
abknicken	TECH	**crack-off** *vt*
Abkommen *nn* → Vereinbarung *nf*	COLL	→ **agreement** *n* (1)
Abkömmling *nm* [OOP; untergeordnete Transaktion] = Nachkömmling *nm*	SW	**descendant** *n* [OOP; a lower level transaction]
abkühlen *vi* → erkalten	PHYS	→ **cool** *vi*
abkühlen *vt* → kühlen	TECH	→ **cool** *vt*
Abkühlung *nf* → Kühlung *nf*	TECH	→ **cooling** *n*
abkürzen = verkürzen ≈ kürzen	LING	**abrreviate** *vt* ≈ abridge
abkürzender Datenpfad	DAT.PR	**bypass** *n*
Abkürzung *nf* = Abbreviation *nn*; Abbreviatur *nf*; Kurzbezeichnung *nf*	LING	**abbreviation** *n* = short-hand *n*
Abkürzungsfimmel *nm* = AKüFi	INTERNET	**acronym-mania**
Abkürzungssprache *nf* = Aküsprache *nf*	LING	**short-form language**
Abkürzungsverzeichnis *nn*	TEC.DOC	**list of acronyms and abbreviations**
Ablage *nf* [geordnete Aufbewahrung von Dokumenten] = Archivierung *nf* ↓ Aktenablage	OFFICE	**filing** *n* [documents put in order] ↓ record filing
Ablage *nf* → Zwischenablage *nf*	COMP.AP	→ **clipboard** *n*
Ablage *nf* (1)	TECH	**rest** *n* (1)
Ablage *nf* (2) → Versatz *nm*	TECH	→ **offset** *n*
Ablagedatei *nf*	DAT.MA	**permanent file**
Ablagefach *nn*	TECH	**stacker** *n* = pigeonhole *n* (slang)
Ablagefach *nn* [für Belege oder Lochkarten] = Papierablage *nf*; Stapler *nm* ↓ Lochkartenstapler; Formularstapler	TER&PER	**output stacker** [for documents or punched cards] = stacker *n* (1) ↓ card stacker; forms stacker
Ablagefläche *nf* → Zwischenablage *nf*	COMP.AP	→ **clipboard** *n*
Ablagelade *nf* → Tablett *nn* (*pl* -s&-e)	TECH	→ **tray** *n*
ab Lager = sofort lieferbar ≈ gebrauchsfertig	ECON	**off-the-shelf** *adj* ≈ ready-to-use
Ablagerung *nf* = Niederschlag *nm*	TECH	**deposition** *n* = deposit *n*; precipitation *n*
Ablagesystem *nn* → Aktenordnung *nf*	OFFICE	→ **filing system**
Ablagesystem *nn* → Datenverwaltungssystem *nn*	DAT.MA	→ **data management system**
ablängen = abpassen	TECH	**cut to length**
ablassen [Druck]	TECH	**bleed** *vt* [pressure]
Ablassventil *nn*	TECH	**drain valve** = bleeder valve
Ablauf *nm* [Drahtherstellung]	METAL	**pay-off** *n* [wire drawing]
Ablauf *nm* ≈ Prozedur	TECH	**sequence of operations** = run-off *n*; program run ≈ procedure
Ablauf *nm* → Sequenz *nf*	SCIE	→ **sequence** *n*
Ablauf *nm* → Verfall *nm*	ECON	→ **expiration** *n*

Ablaufalgorithmus *nm* — SW — **scheduling algorithm**
= Scheduling-Algorithmus *nm*

ablaufbereit — DAT.PR — → **executable** *adj*
→ ablauffähig

ablaufbereite Datei — DAT.PR — → **executable file**
→ ablauffähige Datei

Ablaufcomputer *nm* — DAT.PR — → **object computer** *n*
→ Objektprogramm-Computer *nm*

Ablaufdiagramm *nn* — COMP.SC — **flow diagram**
↓ Datenflussdiagramm; Programmablaufplan
= flowchart *n*
↓ data flow diagram; program flowchart

Ablaufdiagramm *nn* — TEC.DOC — **flowchart** *n*
[Diagramm zur Darstellung von Abläufen; besteht aus Linien die geometrische Figuren verbinden]
= Fließplan *nm*; Flussdiagramm *nn*; Ablaufplan *nm*
≈ Chronogramm
↓ Blasendiagramm
[diagram to represent sequences, with lines interconnecting geometrical figures]
= flow chart; flow diagram; operation flowchart; flow sheet; activity plan; process chart; timing diagram; timing chart; time schedule; schedule
↓ bubble chart

ablaufen — COLL — → **expire**
→ verstreichen

ablaufen *vi* — PHYS — **elapse** *vi*
[zeitlich]
= verstreichen; vergehen
[in time]
= lapse *vi*; pass *vi*

ablaufendes Programm — DAT.PR — → **active program**
→ Aktivprogramm *nn*

ablaufen lassen — DAT.PR — → **execute** *vt*
→ ausführen (1)

ablauffähig — DAT.PR — **executable** *adj*
= lauffähig; ausführbar; ablaufbereit
≈ transient
= ready for execution; EXEC; operable; runnable
≈ transient

ablauffähige Anweisung — SW — → **executable statement**
→ ausführbare Anweisung

ablauffähige Datei — DAT.PR — **executable file**
[in Maschinensprache vorliegend]
= ablaufbereite Datei; lauffähige Datei; ausführbare Datei
[in machine code]
= operable file; runnable file

ablauffähige Version — DAT.PR — **executable version**
[d.h. im allgemeinen "kompiliert und startfähig"]
≈ Ablaufversion
[ready to be executed, i.e. generally "already compiled"]
= run-time version
≈ run-time version

Ablauffehler *nm* — DAT.PR — **procedure error**
= run-time error

Ablauffrist *nf* — ECON — → **due time**
→ Fälligkeit *nf*

ablaufgeführt — TECH — → **process-guided**
→ prozessgeführt

ablaufgekoppelt — TECH — → **process-coupled** *adj*
→ prozessverknüpft

ablaufinvariabel — SW — → **reentrant** *adj*
→ ablaufinvariant

ablaufinvariables Programm — SW — **reenterable program**
[in mehreren Anwenderprogrammen gleichzeitig anwendbar]
≠ seriell mehrfach aufrufbares Programm
↑ mehrfach aufrufbares Programm
[runnable simultaneously in various application programs]
= shareable program; reentrant program
≠ serially reusable program
↑ reusable program

ablaufinvariant — SW — **reentrant** *adj*
[in mehreren Anwenderprogrammen gleichzeitig aktivierbar]
= wiedereintrittsinvariant; parallel wiederverwendbar; ablaufinvariabel; mehrbenutzbar; reentrant
≠ seriell wiederverwendbar
[can be activated simultaneously by several user programs]
= reenterable; shareable
≠ serially reusable

ablaufinvariant codiertes Programm — SW — **reentrant code** *n*
[kann von mehreren Programmen benutzt werden, braucht also nur einmal geladen zu werden]
= wiedereintrittsinvarianter Code; reentrantes Programm; reentranter Code
[can be shared by several programs, needs therefore to be loaded only once]
= reenterable code

ablaufinvariantes Unterprogramm — SW — **reentrant subroutine**

Ablaufkette *nf* — SCIE — **sequence cascade**

Ablauflinie *nf* — SW — → **flowline** *n*
→ Flusslinie *nf*

Ablaufmaschine *nf* — DAT.PR — → **object computer** *n*
→ Objektprogramm-Computer *nm*

Ablauforganisation *nf* — ECON — **Methods and Procedures**

ablauforientiert — TECH — → **process-oriented**
→ prozessorientiert

Ablaufpfeil *nm* — COMP.AP — **control arrow**
↑ Schreibmarke
↑ cursor

Ablaufphase-Fehler *nm* — SW — **runtime error**
[tritt während der Programmausführung auf]
≠ Kompilierungsphase-Fehler
[occurs during program execution]
≠ compile-time error

Ablaufplan *nm* — TEC.DOC — → **flowchart** *n*
→ Ablaufdiagramm *nn*

Ablaufplan *nm* — TECH — → **time schedule**
→ Zeitplan *nm*

Ablaufplanung *nf* — TECH — **sequence planning**
= sequence scheduling

Ablaufprogramm *nn* — SW — **sequence program**

Ablaufrechner *nm* — DAT.PR — → **object computer** *n*
→ Objektprogramm-Computer *nm*

Ablaufregister *nn* — HW — → **instruction counter**
→ Befehlszähler *nm*

Ablaufrichtung *nf* — TEC.DOC — **flow direction**
[Ablaufdiagramm]
[order of occurrences in a flowchart]

Ablaufschaltwerk *nn* — AUTOMA — **sequence processor**
= sequencer *n*

Ablaufsteuerrechner *nm* — RAIL.SIG — **hump control computer**

Ablaufsteuerung *nf* — SW — **sequence control**
= Scheduler *nm* (ANGL); Verteiler *nm*
≈ Ablaufteil
= scheduling *n*; priority scheduler; task scheduler; scheduler *n*; task sequencer; sequencer *n*; dispatcher *n*
≈ executive routine

Ablaufsteuerung *nf* — CONTRO — → **sequence control**
→ Folgesteuerung *nf*

Ablaufsteuerungregister *nn* — HW — → **instruction counter**
→ Befehlszähler *nm*

Ablaufsystem *nn* — SW — **runtime system**
[zur Ausführung eines Programms erforderliches Programmsystem]
= Laufzeit-System *nn*; Runtime-System *nn*
[program system necessary to run a program]

Ablaufteil *nm* — SW — → **executive program**
→ Hauptsteuerprogramm *nn*

Ablaufüberwachung *nf* — TECH — → **process monitoring**
→ Prozessüberwachung *nf*

Ablaufunterbrechung *nf* — SW — **exception** *n*
= Ausnahmesituation *nf*
≈ Abbruch; Absturz; Programmunterbrechung
↓ adressierungsbedingte Ablaufunterbrechung; datenbedingte Ablaufunterbrechung; überlaufbedingte Ablaufunterbrechung; unterlaufbedingte Ablaufunterbrechung; operationscodebedingte Ablaufunterbrechung; speicherschutzbedingte Ablaufunterbrechung
≈ abort; abnormal end; program interrupt
↓ addressing exception; data exception; overflow exception; underflow exception; operation exception; protection exception

Ablaufverfolger *nm* — SW — → **trace program** *n*
→ Ablaufverfolgungsprogramm *nn*

Ablaufverfolgung *nf* — SW — **fault trace** *n*
= Trace *nn* (ANGL)
≈ Fehlerdiagnoseprogramm
= trace *n*
≈ fault diagnosis program

Ablaufverfolgungs-Haltepunkt *nm* — SW — **trace trap**
↑ selektiver Unterbrechungspunkt
[of a tracing program]
↑ selective breakpoint

Ablaufverfolgungsprogramm *nn* — SW — **trace program** *n*
[Programm zur Protokollierung von Testläufen]
= Ablaufverfolgungsroutine *nf*; Ablaufverfolger *nm* Überwachungsprogramm *nn*; Überwachungsroutine *nf*; Monitorprogramm *nn* (2); Monitor *nm* (2) (ANGL); Tracer *nm* (ANGL)
↑ Dienstprogramm; Diagnoseprogramm
[program to protocolize test runs]
= tracing program; trace routine; tracing routine; tracer *n*; monitor program (2); monitor *n* (2)
↑ utility program; diagnostic program

Ablaufverfolgungsprotokoll *nn* — SW — **fault trace protocol**
= fault trace log; trace protocol; trace log

Ablaufverfolgungsroutine *nf* — SW — → **trace program** *n*
→ Ablaufverfolgungsprogramm *nn*

ablaufverknüpft — TECH — → **process-coupled** *adj*
→ prozessverknüpft

Ablaufversion *nf* — SW — **run-time version**
[auf die Notwendigkeit eines Anwenderprogramms abgemagerte Version]
= Runtime-Version *nf*
≈ aublauffähige Version
[reduced version just for the necessities of an application program]
≈ executable version

Ablaufzeit *nf* — DAT.CO — → **turnaround time**
→ Durchlaufzeit *nf*

Ablaut *nm* — LING — **apophony** *n*
= Apophonie *nf*
= vowel gradation

ablegen [auf externen Speicher] ↑ speichern ↓ archivieren	DAT.MA	**file** *vt* [store on external memory] ↑ store ↓ archive
ablegen = zu den Akten legen	OFFICE	**shelve** *vt* [fig] = put aside
ablehnen → rückweisen	QUAL	→ **reject** *vt*
Ablehnung *nf* → Rückweisung *nf*	QUAL	→ **rejection** *n*
Ablehnung *nf* → Verweigerung *nf*	COLL	→ **denialn**
Ablehnungsbereich *nm*	QUAL	**rejection region**
ableitbar ≈ beweisbar	SCIE	**derivable**
Ableitbarkeit *nf*	LOGIC	**derivability** *n*
ableiten [fig] = deduzieren ≈ beweisen	SCIE	**derive** *vt* = deduce *vt*; infer *vt*
ableiten → differenzieren	MATH	→ **differentiate** *vt*
Ableiter *nm* → Spannungssicherung *nf*	COMPO	→ **overvoltage protector**
Ableitkondensator *nm*	EL.TEC	**bypass capacitor**
Ableitstoßstrom *nm* [Spannungssicherung]	COMPO	**peak surge drain current** [overvoltage protector]
Ableitstrom *nm* → Leckstrom *nm*	EL.TEC	→ **leak current**
Ableitung *nf* = Betriebsableitung *nf* ≈ Ableitungsbelag	LINE TH	**leakage** *n* = leakance *n* ≈ distributed leakage
Ableitung *nf* ↓ Zeitableitung	MATH	**derivative** = derivation *n* ↓ time derivative
Ableitung *nf* → Inferenz *nf*	LOGIC	→ **logical inference**
Ableitungsbelag *nm* [Ableitung pro Längeneinheit] = Leitwertsbelag *nm* ↑ Leitungskonstante	LINE TH	**distributed leakage** = leakage per unit length; distributed leakance; leakance per unit length ↑ transmission-line constant
Ableitungsbeugung *nf*	OPT	**slope diffraction**
Ableitungsindexierung *nf* [Kennwort wird aus der Inhalt abgeleitet] ≠ Zuweisungsindexierung	WOR.PR	**derivative indexing** [keyword is derived from the content] = derived-term indexing ≠ assigned indexing
Ableitungskoeffizient *nm* [Leistung zu Übertemperatur eines Heißleiters] ≠ Ableitungskonstante *nf*	MICR.EL	**thermal leakage coefficient** [power to overtemperature of a NTC thermistor] ≠ thermal leakage constant
Ableitungskonstante *nf* ≠ Ableitungskoeffizient	MICR.EL	**thermal leakage constant** ≠ thermal leakage coefficient
Ableitungswiderstand *nm* = Ableitwiderstand *nm*; Leckwiderstand *nm*	EL.TEC	**leck resistance** = bleeder resistance; leakage resistance
Ableitverlust *nm*	EL.TEC	**leak loss**
Ableitwiderstand *nm* → Ableitungswiderstand *nm*	EL.TEC	→ **leck resistance**
Ablenkdefokussierung *nf*	EL.TRO	**deflection defocussing**
Ablenkeinheit *nf* → Ablenksystem *nn*	EL.TRO	→ **deflection system**
Ablenkelektrode *nf*	EL.TRO	**deflecting electrode**
Ablenkempfindlichkeit *nf*	PHYS	**deflection sensitivity**
ablenken	PHYS	**deflect** *vt*
Ablenkfaktor *nm* → Ablenkkoeffizient *nm*	INSTR	→ **deflection coefficient**
Ablenkfehler *nm*	EL.TRO	**deflection aberration**
Ablenkfeld *nn*	EL.TRO	**deflecting field**
Ablenkgenerator *nm*	TV	**sweep generator**
Ablenkgeschwindigkeit *nf*	INSTR	**slewing speed** [speed of a device searching for information or scanning] = deflection speed
Ablenkjoch *nn* = Deflexionsjoch *nn* ≈ Ablenkspule	EL.TRO	**deflection yoke** ≈ deflection coil; sweeping yoke
Ablenkkoeffizient *nm* [für ein cm Ablenkung erforderliche Spannung] = Ablenkfaktor *nm*	INSTR	**deflection coefficient** [voltage necessary for 1 cm of deflection]
Ablenkmagnet *nm*	EL.TRO	**deflection magnet** = deflecting magnet
Ablenk-Nichtlinearität *nf*	EL.TRO	**deflection non-linearity**
Ablenkplatte *nf*	EL.TRO	**beam catcher** = deflecting plate; deflector plate; deflector *n*
Ablenkreflektor *nm*	EL.TRO	**deflecting reflector**
Ablenkspannung *nf*	EL.TRO	**deflecting voltage**
Ablenkspule *nf* = Deflektionsspule *nf* ≈ Ablenkjoch	EL.TRO	**deflection coil** = sweeping coil ≈ deflection yoke
Ablenkspulenjoch *nn*	TV	**deflection coil yoke** = deflection yoke
Ablenksystem *nn* = Ablenkeinheit *nf*, Deflektorsystem *nn*	EL.TRO	**deflection system** = sweeping system; deflecting system
Ablenkung *nf*	PHYS	**deflection** = deviation *n*
Ablenkung *nf*	EL.TRO	**deflection** = sweep *n*
Ablenkwinkel *nm*	PHYS	**angle of deflection**
Ablenkzeit *nf* → Wobbelzeit *nf*	EL.TRO	→ **sweep time**
ablesbar = lesbar	INSTR	**readable** *adj*
Ablesbarkeit *nf* = Lesbarkeit *nf*	INSTR	**readability**
Ablesegenauigkeit *nf* = Ablesgenauigkeit *nf* ≈ Anzeigegenauigkeit	INSTR	**reading accuracy** = readout accuracy ≈ indication accuracy
Ableselineal *nn*	INSTR	**reading rule**
ablesen	INSTR	**read-off** *vt* = read
Ablesgenauigkeit *nf* → Ablesegenauigkeit *nf*	INSTR	→ **reading accuracy**
Ablesung *nf* ≈ Anzeige	INSTR	**reading** *n* = readout ≈ indication
Ablichtung *nf* → Fotokopie *nf*	OFFICE	→ **photocopy** *n*
Ablochbeleg *nm*	TER&PER	**punch document** = punched document
ablochen → durchlochen	TECH	→ **punch** *vt*
Ablochfehler *nm*	TER&PER	**punch error**
Ablochformular *nn* = Ablochvordruck *nm*	TER&PER	**punch form**
Ablochvordruck *nm* → Ablochformular *nn*	TER&PER	→ **punch form**
Ablösearbeit *nf* = Abtrennarbeit *nf*, Metallaustrittsarbeit *nf*, Austrittsarbeit *nf*, Ablöseenergie *nf* ≈ Ionisierungsenergie; Aktivierungsenergie	PHYS	**work function** = metallic work function ≈ ionization energy; activation energy
Ablöseelektrode *nf* [zur Kompensation elektrostatischen Klebens von Papier]	TER&PER	**separation corona** [an electrode to neutralize electostatic attraction of paper] = detack corona
Ablöseenergie *nf* → Ablösearbeit *nf*	PHYS	→ **work function**
ablösen ≈ abblättern	TECH	**remove** *vt*
ablösen (durch) [fig] ≈ ersetzen	COLL	**supersede** (by) [fig] ≈ substitute
Ablöseregelung *nf* → Wechselregelung *nf*	CONTRO	→ **alternating control**
ablöten → auslöten	EL.TRO	→ **desolder** *vt*
Abluft *nf* ≈ Abgas ≠ Zuluft	TECH	**output air** *n* = exhaust (2); outgoing air ≈ waste gas ≠ input air
ABM → gleichberechtigter Spontanbetrieb	DAT.CO	→ **asynchronous balanced mode**
abmachen → vereinbaren	COLL	→ **agree**
Abmachung *nf* → Vereinbarung *nf*	COLL	→ **agreement** *n* (1)
abmagern [fig]	TECH	**downsize** *vt* (2)
abmagnetisieren → entmagnetisieren	PHYS	→ **demagnetize** *vt*

Abmagnetisierer *nm* EL.TRO → **demagnetizer** *n*
→ Entmagnetisierer *nm*

Abmagnetisierung *nf* PHYS → **demagnetization** *n*
→ Entmagnetisierung *nf*

Abmagnetisierungsstrom *nm* EL.TEC → **demagnetization current**
→ Entmagnetisierungsstrom *nm*

abmanteln EL.TEC **remove the sheet**
[Kabel] [of a cable]
= cut back the insulation; strip the cable sheet

Abmantelung *nf* EL.TEC **insulation cut-back**
[eines Kabels] [of a cable]

Abmaß *nn* MEC.EN → **deviation** *n*
→ Maßabweichung *nf*

abmelden ECON **deregister** *vt*
= unsubscribe

abmelden DAT.CO **log-off** *vt*
[eine Sitzung beenden] [to finish a session]
= ausloggen *vt* (ANGL) = log off *vt*; logoff *vt*; log-out *vt*; log out *vt*; logout *vt*; sign-off *vt*; jack out *vt*; close *vt*
≠ anmelden ≠ log-on

Abmeldeverfahren *nn* DAT.CO **log-off procedure**

Abmeldung *nf* MOB.CO **detach** *n*
[Mobilitätsmanagement] [mobility management]

Abmeldung *nf* DAT.CO **log-off** *n*
[Beendigung einer Sitzung] [termination of a session]
= Schließungsprozedur *nf*; Log-off *nn*; Logoff *nn*; Ausloggen *nn* (ANGL); XOFF = log off *n*; logoff *n*; log-out *n*; log out *n*; logout *n*; logging-off *n*; shut down *n*; XOFF
≠ Anmeldung ≠ log-in

Abmeldungsanforderung *nf* DAT.CO **log-off request**

Abmessung *nf* MEC.EN **dimension** *n*
≈ Größe = measurement *n*
≈ size

abmontieren TECH → **dismantle** *n*
→ abbauen

Abnahme *nf* QUAL **acceptance** *n*
≈ Übergabe

Abnahme *nf* TECH **decrease** *n*
= Rückgang *nm* (fig); Abfall *nm* (2); Dekrement *nn*; Minderung *nf* = decrement; drop; decline *n*; diminution *n* (4)
≈ Verminderung; Abwärtstrend ≈ reduction (1); downwards trend
≠ Zunahme ≠ increase

Abnahmeakte *nf* QUAL → **acceptance certificate**
→ Abnahmeprotokoll *nn*

Abnahmebedingung *nf* QUAL **acceptance condition**
= Abnahmekriterium *nn* = acceptance criterion

Abnahmekriterium *nn* QUAL → **acceptance condition**
→ Abnahmebedingung *nf*

Abnahmemagnetkopf *nm* EL.ACOU **pick-up magnet**
≈ Lesekopf [TER&PER] ≈ read head [TER&PER]
↑ Magnetkopf [TER&PER] ↑ magnetic head [TER&PER]

Abnahmeprotokoll *nn* QUAL **acceptance certificate**
= Übergabeprotokoll *nn*; Abnahmeakte *nf*; Übergabeakte *nf*; Freigabeprotokoll *nn*; Freigabeakte *nf* = protocol of acceptance
≈ Prüfurkunde ≈ test certificate

Abnahmeprüfung *nf* QUAL **acceptance test**
= Übergabeprüfung *nf*; Freigabeprüfung *nf*; Abnahmetest *nm*; Freigabetest *nm* = acceptance inspection; approval test
≈ Qualitätsprüfung ≈ quality inspection
↓ Typenprüfung; Fabrikabnahme ↓ type acceptance test; factory test

Abnahmeprüfvorschrift *nf* QUAL **acceptance test procedure**
= Abnahmevorschrift *nf*; Übernahmevorschrift *nf*

Abnahmetest *nm* QUAL → **acceptance test**
→ Abnahmeprüfung *nf*

Abnahmeverweigerung *nf* QUAL **nonacceptance** *n*
= Abweisung *nf* ≈ rejection
≈ Rückweisung

Abnahmevorschrift *nf* QUAL → **acceptance test procedure**
→ Abnahmeprüfvorschrift *nf*

abnehmbar TECH **detachable** *adj*
= abtrennbar; lösbar ≈ demountable (2); removable
≈ zerlegbar; entfernbar

abnehmen TELEPH **take-off** *vt*
[den Handapparat] [the handset]

abnehmen TECH → **separate** *vt*
→ abtrennen

abnehmen TECH → **detach** *vt*
→ lösen (1)

abnehmen COMP.SC → **decrement** *vt*
→ vermindern

abnehmen *vt* TECH → **decrease** *vi&vt*
→ vermindern *vt*

abnehmende Inkrementalsortierung DAT.MA **diminishing increment sort**
= shell sort

Abnehmer *nm* (1) ECON → **purchaser** *n*
→ Käufer *nm*

Abnehmer *nm* (2) ECON → **consumer** *n*
→ Verbraucher *nm*

Abnehmerbündel *nf* SWITCH **outgoing trunk group**
≈ Abnehmerleitung = service trunk group; serving trunk group

Abnehmerkanal *nm* SWITCH **outgoing channel**
≈ Abnehmerleitung = serving channel

Abnehmerleitung *nf* SWITCH **outgoing line**
[führt Verkehr von Koppeleinrichtungen ab] [conveys traffic from a switching matrix]
≈ Abnehmerkanal; Abnehmerbündel = outgoing trunk
≠ Zubringerleitung ≠ offering line
↓ Abnehmer-Multiplexleitung

Abnehmer-Multiplexleitung *nf* SWITCH **outgoing highway**
= gehende Multiplexleitung; Zeitmultiplex-Abnehmerleitung *nf* = serving highway
↑ Abnehmerleitung

abnorm TECH → **abnormal** *adj*
→ anormal

abnutzen TECH → **wear** *vt*
→ verschleißenvt

abnützen TECH → **wear** *vt*
→ verschleißenvt

Abnutzung *nf* TECH → **wear** *n*
→ Verschleiß *nm*

Abnützung *nf* TECH → **wear** *n*
→ Verschleiß *nm*

Abohm *nn* EL.SC **abohm**
[CGS-Einheit für el. Widerstand; = 10 Ohm] [CGS unit for el. resistance; = 10 ohm]

Abonnement *nn* ECON **subscription** *n*

Abonnement kündigen ECON **unsubscribe** *vt*

Abonnementsfernsehen *nn* IMAG.ME **pay-per-channel TV**
= Abonnentenfernsehen *nn* = subscription TV
↑ Bezahlfernsehen ↑ pay TV

Abonnent *nm* ECON **subscriber** *n*

Abonnentenfernsehen *nn* IMAG.ME → **pay-per-channel TV**
→ Abonnementsfernsehen *nn*

abonnieren ECON **subscribe** *vt*

Abordnung *nf* ECON **delegation**
= stationing *n*

Abordnungsgeld *nn* ECON **living expense**
↓ Tagegeld ↓ daily allowance

abpassen TECH → **cut to length**
→ ablängen

Abprall *nm* TECH **rebound** *n*
= Rückprall *nm*

abprallen TECH **rebound** *vi*
= rückprallen

abrastern COMP.GR → **screen** *vt*
→ rastern (1)

abraten von COLL **advice against**

Abrechnung *nf* ECON → **billing** *n*
→ Rechnungserstellung *nf*

Abrechnung *nf* ECON → **accounting** *n* (1)
→ Rechnungslegung *nf*

Abrechnungmanagement *nn* ECON → **accounting management**
→ Bestandsverwaltung *nf*

Abrechnungsbeleg *nm* ECON → **receipt** *n*
→ Quittung *nf*

Abrechnungsrichtlinien *nplt* ECON **account policy**

Abrechnungszeitraum *nm* ECON **billing period**
= Verrechnungszeitraum *nm*; Vergebührungszeitraum *nm* = accounting period

Abrede *nf* COLL → **agreement** *n* (1)
→ Vereinbarung *nf*

abreiben TECH → **abrade** *vt*
→ abschleifen

Abreicherung *nf* MICR.EL → **depletion** *n*
→ Verarmung *nf*

Abreißblock *nm* OFFICE **tear-off pad**

Abreißdiode *nf* MICR.EL → **snap-off diode**
→ Snap-off-Diode *nf*

abreißen TECH **tear** *vt* (2)

≈ ausreißen; abtrennen — = tear off *vt*; snap off *vt*
≈ tear out; separate

Abreißfestigkeit *nf* TECH **pull-off strength**
Abreißfunktion *nf* TER&PER **tear-off function**
Abrieb *nm* TECH → **abrasion** *n*
→ Abschleifen *nn*
Abrieb *nm* TECH **abrasion** *n*
abriebfest TECH **nonabrasive** *adj*
= abrasion-proof
Abriebfestigkeit *nf* TECH **abrasion resistance**
Abriss *nm* LING **compendium** *n* (*pl* -diums&-dia)
[knappe Darstellung] — [short description]
= Kompendium *nn*; Kurzfassung *nf*; Kurzbeschreibung *nf*; Referat *nn* — = abstract *n*
≈ Zusammenfassung; Zusammenstellung; Sammlung — ≈ summary; compilation; digest
Abrisskante *nf* TER&PER **tear-off edge**
Abrisskarte *nf* TER&PER **scored card**
Abrissschiene *nf* TER&PER **tear-off blade**
Abrollantrieb *nm* OUT.PL **drum driving device**
Abrollen *nn* TER&PER → **scrolling** *n*
→ Bildverschiebung *nf*
Abrollgerät *nn* TER&PER **rollover device**
↑ Schreibmarkensteuergerät — = ball roller
↓ Maus; Schildkröte — ↑ pointing device
↓ mouse; turtle
Abrollsperre *nf* TER&PER **roll-over protection**
Abrollvorrichtung *nf* OUT.PL **cable dispenser**
[Kabelverlegung] — [cable laying]
= wire dispenser
Abruf *nm* TELEC **retrieval**
[Btx] — [videotex]
Abruf *nm* ECON **call** *n*
[Lieferung, Geld] — = requisition *n*
= Anforderung *nf*
Abruf *nm* COLL **recall** *n*
= attention *n*
Abruf *nm* DAT.PR **fetch** *n*
[vom Speicher ablesen und in ein Register schreiben] — [to read from memory and write into a register]
= Fetch — ≈ retrieval
≈ Wiedergewinnung
Abruf *nm* DAT.CO → **polling request** *n*
→ Sendeabruf *nm*
Abruf *nm* INTERNET → **Web page impression**
→ Web-Seitenabruf *nm*
Abruf-/Ausführungsphase *nf* DAT.PR → **fetch-execute cycle**
→ Abruf-/Ausführungszyklus *nm*
Abruf-/Ausführungszyklus *nm* DAT.PR **fetch-execute cycle**
= Abruf-/Ausführungsphase *nf* — = fetch-run cycle; fetch-execute phase; fetch-run phase
≈ Abrufzyklus — ≈ fetch cycle
abrufbasiert DAT.PR **demand-driven**
abrufbasierte Verarbeitung DAT.PR → **demand-driven processing**
→ bedarfsgesteuerte Verarbeitung
Abrufbefehl *nm* DAT.PR → **instruction fetch** *n*
→ Befehlsabruf *nm*
Abrufbetrieb *nm* TELECON → **polling mode**
→ Aufrufbetrieb *nm*
Abrufdatei *nf* DAT.MA **demand file**
abrufen MANUF **solicit** *vt*
= request *vt*
abrufen DAT.PR **request** *vt*
= call up *vt*; poll *vt*; retrieve *vt*
abrufen DAT.MA **fetch** *vt*
[in einem Speicher finden und weiterleiten] — [to locate in a memory and forward]
≈ wiedergewinnen
Abrufen *nn* SWITCH → **request** *n*
→ Anforderung *nf*
Abrufkommunikation *nf* TELEC **request communication**
Abrufphase *nf* DAT.PR → **fetch cycle**
→ Abrufzyklus *nm*
Abrufprogramm *nn* MANUF **call-off program**
Abrufsequenz *nf* SW **calling sequence**
= Aufrufroutine *nf* — = calling routine
≈ Verkettung — ≈ concatenation
↓ C-Abrufsequenz; Pascal-Abrufsequenz — ↓ C calling sequence; Pascal calling sequence
Abrufsignal *nn* TELECON → **interrogation signal**
→ Abfragesignal *nn*
Abrufsignal *nn* DAT.PR **fetch signal**
Abrufsignal *nn* DAT.CO → **polling signal**
→ Datenabrufsignal *nn*
Abrufsperre *nf* DAT.PR **fetch protect**
Abruftaste *nf* DAT.CO **attention key**
Abrufunterbrechung *nf* DAT.CO **attention interruption**
Abrufverfahren *nn* TELECON → **polling mode**
→ Aufrufbetrieb *nm*
Abrufzyklus *nm* DAT.PR **fetch cycle**
= Abrufphase *nf*; Holzyklus *nm*; Holphase *nf* — = fetch phase; execute phase
≈ Abruf-/Ausführungszyklus; Ausführungsphase — ≈ fetch/execute cycle; execute phase
↑ Befehlszyklus
abrunden (1) MATH → **round** *vt*
→ runden
abrunden (2) MATH **round-down** *vt*
[zum nächstkleineren ganzzahligen Wert] — [to the next lowest round number]
= kaufmännisch abrunden; abstreichen (2) — = round-off *vt* (2)
≈ abstreichen — ≈ truncate
≠ aufrunden — ≠ round-up
↑ runden — ↑ round (1)
Abrundung *nf* (1) MATH → **rounding** *n*
→ Rundung *nf*
Abrundung *nf* (2) MATH **rounding-down** *n*
[zu nächstkleinerer ganzzahligen Wert] — [to next lowest round number]
≠ Aufrundung — = rounding-off *n* (2); roundoff *n* (2); round *n* (2)
↑ Rundung — ≠ rounding-up
↑ round (1)
Abrundungsfehler *nm* MATH **round-off error**
Abrundungszahl *nf* MATH **floor** *n*
[the integer obtained by rounding down]
abrupt COLL → **abrupt**
→ sprunghaft
abrupt, plötzlich TECH → **abrupt** *adj*
→ schlagartig
abrupter Übergang MICR.EL **abrupt junction**
[von einer Störstellenkonzentration zur anderen] — [abrupt transition from one impurity concentration to other]
= Stufensperrschicht *nf* — = step junction
abrupte Umstellung DAT.PR **crash conversion**
[schlagartiges Aufgeben des alten Systems] — [ceasing abruptly to operate the old system]
= radikale Umstellung; schlagartige Umstellung — = direct conversion
Abrupt-Varakterdiode *nf* MICROW **abrupt varactor diode**
Absatz *nm* LING **paragraph** *n* (1)
[Fortsetzung eines Textes mit einer abgesetzten neuen Zeile] — [continuation of a text with a new and offset line]
≈ Abschnitt; Paragraph — ≈ section; article; paragraph (2)
Absatz *nm* ECON → **sale** *n* (1)
→ Verkauf *nm* (1)
Absatzabstand *nm* PRIN.ME **inter-paragraph leading**
Absatzeinzug *nm* PRIN.ME **paragraph indentation**
= paragraph indention; paragraph indent
Absatzelement *nn* WOR.PR **block element**
Absatzförderung *nf* ECON → **sales promotion**
→ Akquisition *nf* (1)
Absatzkanal *nm* ECON → **sales channel**
→ Vertriebskanal *nm*
Absatzmarke *nf* WOR.PR **paragraph marker**
= abgesetztes Textelement
absatzweise Sende- und Empfangsbetrieb TELEC → **half duplex**
→ Halbduplexbetrieb *nm*
absaugen MICR.EL **drain** *vt*
= ausräumen
absaugen TECH → **suck** *vt*
→ saugen
Absaugöffnung *nf* TECH **suction opening**
Absaugrohr *nn* TECH **suction pipe**
Absaugschaltung *nf* CIRC.EN **drain circuit**
Absaugspannung *nf* MICR.EL **drain voltage**
= Drainspannung *nf*
Absaugstrom *nm* MICR.EL **drain current**
= Ausräumstrom *nm*; Drainstrom *nm*
Absaugung *nf* TECH **suction** *n*
≈ Entlüftung — ≈ exhaust
abschälen TECH → **flake off** *vi*
→ abblättern
Abschälkraft *nf* METAL **peel-off strength**
Abschaltautomatik *nf* TECH **automatic switch-off**

abschaltbar EL.TRO **disconnectable**
= defeatable
abschaltbarer Thyristor MICR.EL **defeatable thyristor**
[für Gleichspannungen] [for DC]
abschalten DAT.PR **disable** *vt*
abschalten EL.TEC → **disconnect** *vt*
→ ausschalten
Abschalten *nn* DAT.PR → **power-down** *n*
→ Abschaltevorgang *nm*
Abschalten *nn* EL.TEC → **power cut**
→ Stromabschaltung *nf*
Abschalter *nm* CIRC.EN → **disabler** *n*
→ Abschaltevorrichtung *nf*
Abschalterelais *nn* EL.TRO **disconnecting relay**
= overflux relay
Abschaltevorgang *nm* DAT.PR **power-down** *n*
= Abschaltvorgang *nm*; Abschalten *nn*; Ausschaltevorgang *nm*; Ausschaltvorgang *nm*; Ausschalten *nn*
= power-down process; power-off *n*; power-off process
Abschaltevorrichtung *nf* CIRC.EN **disabler** *n*
= Ausschaltevorrichtung *nf*, Abschalter *nm*
Abschaltezeit *nf* MICR.EL **off transistor**
[Leistungstransistor] [power transistor]
Abschaltkontakt *nm* EL.TRO **disabling contact**
= Sperrkontakt *nm*; Blockierkontakt *nm*
= shut-down contact
Abschaltstromstoß *nm* EL.TRO **clearing pulse**
Abschaltthyristor *nm* MICR.EL **gate-turn-off thyristor**
= GTO-Thyristor *nm*; GTO
= GTO thyristor; GTO
Abschaltung *nf* EL.TRO **disabling** *n*
= Desaktivierung *nf*, Unwirksamschalten *nn*; Ausschaltung *nf*
≠ Einschaltung
= disable *n*; disconnection *n*; disactivation *n*; deactivation *n*; power off *n*; cut-off *n*; shutdown *n*
≠ enabling
Abschaltung *nf* EL.TEC → **power cut**
→ Stromabschaltung *nf*
Abschaltung *nf* EL.TEC → **interruption** *n*
→ Unterbrechung *nf*
Abschaltverhalten *nn* MICR.EL → **turn-off behaviour**
→ Ausschaltverhalten *nn*
Abschaltverlust *nm* MICR.EL → **turn-off loss**
→ Ausschaltverlust *nm*
Abschaltverzögerung *nf* EL.TRO **turn-off delay**
Abschaltvorgang *nm* DAT.PR → **power-down** *n*
→ Abschaltevorgang *nm*
Abschaltzeit *nf* MICR.EL → **turn-off time**
→ Ausschaltzeit *nf*
Abschälung *nf* METAL **peeling** *n*
[unerwünschte Ablösung einer Metallisierung] [unwanted detachment of plated metal]
abschatten RAD.PRO → **screen** *vt*
→ abschirmen
Abschattung *nf* RAD.PRO → **screening**
→ Sichtbehinderung *nf*
Abschattungsdämpfung *nf* RAD.PRO → **diffraction loss**
→ Beugungsdämpfung *nf*
Abschattungsverlust *nm* RAD.PRO → **diffraction loss**
→ Beugungsdämpfung *nf*
Abschätzung *nf* COLL → **estimate** *n*
→ Schätzung *nf*
Abscheider *nm* TECH **trap** *n*
= separator *n*
abschellen MEC.EN → **clamp** *vt* (2)
→ schellen *vt*
abscheren MECH → **shear** *vt*
→ scheren
Abscherung *nf* MECH → **shear** *n*
→ Scherung *nf*
Abscherungsbeanspruchung *nf* MECH **shearing strain**
abschirmen RAD.PRO **screen** *vt*
= abschatten
= obstruct *vt*
abschirmen EL.TEC **screen-off** *vt*
= schirmen
= screen; shield
Abschirmfaktor *nm* EL.TEC **shield factor**
= Schirmfaktor *nm*
= shielding factor
Abschirmfolie *nf* EL.TRO **screening foil**
Abschirmkappe *nf* EL.TRO **screening cover**
Abschirmung *nf* TECH **shielding** *n*
Abschirmung *nf* EL.TEC **screening** *n*
= Schirmung *nf*
= shielding *n*; shield *n*; screenage *n*
Abschirmung *nf* RAD.PRO → **screening**
→ Sichtbehinderung *nf*

Abschlag *nm* ECON → **discount** *n*
→ Preisnachlass *nm*
Abschlagzahlung *nf* ECON → **installment payment**
→ Ratenzahlung *nf*
abschleifen TECH **abrade** *vt*
= abreiben
↑ schleifen
= wear down
↑ grind
Abschleifen *nn* TECH **abrasion** *n*
= Abrieb *nm*
abschließbar TECH **lockable**
= absperrbar
abschließen NETW.TH **terminate** *vt*
[eine Schaltung mit einer Last] [a circuit with a load]
abschließend TECH **final** *adj*
= conclusive
Abschluss *nm* NETW.TH **termination** *n*
[eines Schaltkreises mit einer Last] [of a circuit with a load]
Abschluss *nm* LING **conclusion** *n*
[Schlussbemerkungen eines Texts] [final remarks of a text]
Abschluss *nm* ECON **financial statement**
↓ Bilanz; Gewinn- und Verlustrechnung
↓ balance; income statement
Abschluss *nm* ECON → **annual financial statement** (AE)
→ Jahresabschluss *nm*
Abschlussanweisung *nf* SW → **close instruction**
→ Dateiabschlussanweisung *nf*
Abschlussbericht *nm* ECON **final report**
= Schlussbericht *nm*
Abschlussbesprechung *nf* ECON **final meeting**
Abschlussbuchung *nf* ECON **closing entries**
Abschlussfilm *nm* CINEMA **closing film**
Abschlusshahn *nm* TECH **stopcock** *n*
Abschlussimpedanz *nf* NETW.TH **terminating impedance**
Abschlusskappe *nf* COMPO **terminator cap**
Abschlussprüfer *nm* ECON → **auditor** *n*
→ Rechnungsprüfer *nm*
Abschlusspunkt Linientechnik [DTAG] OUT.PL → **distribution point**
→ Endverzweiger *nm*
Abschlussroutine *nf* SW → **close routine**
→ Dateiabschlussroutine *nf*
Abschlussstrich *nm* PRIN.ME → **serif** *n*
→ Serife *nf* (*pl* -n)
Abschlusstransaktion *nf* SW → **stop transaction**
→ Beendigungstransaktion *nf*
Abschlusswiderstand *nm* EL.TEC **terminating resistor**
≈ Lastwiderstand
= terminal resistance; termination *n*; terminator *n*
≈ load resistance
Abschlusswiderstand *nm* INSTR **terminator** *n*
Abschlusswiderstand *nm* ANT **dummy load**
= Dummyload *nn* (ANGL)
≈ Schluckwiderstand; künstliche Antenne
≈ dissipation resistor; dummy antenna
Abschlusszeichen *nn* DAT.MA **terminator** *n*
= Listenabschlusszeichen *nn*; Endezeichen *nn*; Listenendezeichen *nn*
[character to indicate the end of a list]
= rogue value; rogue indicator
Abschlusszeichen *nn* DAT.CO → **final character**
→ Schlusszeichen *nn*
Abschmelzschweißung *nf* METAL **flash welding**
= flash butt-welding
abschneiden TECH **cut off** *vt*
= cutoff *vt*
abschneiden TER&PER **cut-off** *vt*
[z.B. ein Blatt] [e.g. a sheet]
= beschneiden
= trim *vt*
abschneiden COMP.GR **clip** *vt*
[Teile einer Grafik] [a part of a graphics]
= beschneiden; abtrennen; clippen
Abschneiden *nf* COMP.GR **clipping** *n*
= Beschneiden; Abtrennen; Clipping; Clippen *nm*
Abschneideverfahren *nn* OPTOEL **cut back method**
Abschneidevorrichtung *nf* TER&PER **cut-off device**
= trimming device
Abschnitt *nm* TELEC **section** *n*
[einer Verbindung] [of a link]
Abschnitt *nm* LING **section** *n*
[zusammenhängender Teil eines Textes] [contextual part of a text]
= Kapitel; Passus
≈ Absatz; Paragraph
≈ paragraph; article
Abschnitt *nm* ECON **coupon** *n* (1)
[abtrennbarer Teil eines Belegs] [detachable part]
= Coupon *nm* (CH)

Abschnitt *nm* PHYS → **interval** *n*
→ Intervall *nn*
Abschnitt *nm* TRANSM → **transmission link** *n*
→ Übertragungsstrecke *nf*
Abschnittsetikett *nf* DAT.MA **section label**
[kennzeichnet Abschnittsmarken] [identifies tape section marks]
= Abschnittskennsatz *nm* ↑ label
↑ Etikett
Abschnittskennsatz *nm* DAT.MA → **section label**
→ Abschnittsetikett *nf*
Abschnittsmarke *nf* DAT.MA → **tape section mark**
→ Bandabschnittsmarke *nf*
Abschnittsmessung *nf* TELEC → **link test**
→ Streckenmessung *nf*
Abschnittsname *nm* DAT.MA **section name**
= Kapitelname *nm*; Abschnittsüberschrift *nf*; Kapitelüberschrift *nf* = section header
Abschnittssteuerung *nf* CIRC.EN **sector control**
[Leistungssteuerung] [power control]
= Sektorsteuerung *nf*
≠ Phasenanschnittsteuerung
Abschnittsüberschrift *nf* DAT.MA → **section name**
→ Abschnittsname *nm*
abschnittsweise DAT.CO **hop-by-hop**
abschnittsweise TELEC **link-by-link**
abschnittsweise Signalisierung SWITCH → **link-by-link signaling** (AE)
→ abschnittsweise Zeichengabe
abschnittsweise Zeichengabe SWITCH **link-by-link signaling** (AE)
= abschnittsweise Signalisierung = link-by-link signalling (BE); link-by-link mode
Abschnittszeichen *nn* PRIN.ME → **paragraph sign** (2)
→ amerikanisches Paragraphenzeichen
Abschnüreffekt *nm* MICR.EL **pinch-off effect**
= Pinch-off-Effekt *nm*
abschnüren TECH **tie off** *vt*
abschnüren TECH **strangulate** *vt*
= einschnüren = tie off *vt*
≈ schnüren ≈ lace
Abschnürspannung *nf* MICR.EL **pinch-off voltage**
= Pinch-off-Spannung *nf*
Abschnürstrom *nm* MICR.EL **pinch-off current**
= Pinch-off-Strom *nm*
Abschnürung *nf* TECH **strangulation**
= Einschnürung *nf* = necking down
≈ Schnürung; Einbuchtung ≈ lacing; strangulation
abschrägen MEC.EN **bevel** *vt*
≈ abkanten (2); abfasen ≈ chamfer; fold
Abschrägung *nf* MEC.EN **bevel** *n* (2)
abschrauben MEC.EN → **unscrew** *vt*
→ herausdrehen
abschrecken METAL **quench** *vt*
Abschreckung *nf* METAL **quenching** *n*
abschreiben ECON **depreciate** *vt*
= write-off *vt*
Abschreibung *nf* ECON **depreciation** *n* (2)
[handelsrechtliche Verrechnung einer Wertminderung] [to reflect value loss in fin. Statements]
≈ Amortisation; Tilgung; Zurückzahlung; Abzinsung; Wertkorrektur = write-off *n*
≈ amortization; redemption; repayment; discounting; valuation allowance
Abschreibungsdauer *nf* ECON **period of depreciation**
= Abschreibungszeitdauer *nf*
Abschreibungsplan *nm* ECON **depreciation schedule**
Abschreibungszeitdauer *nf* ECON → **period of depreciation**
→ Abschreibungsdauer *nf*
Abschrift *nf* OFFICE → **duplicate** *n*
→ Duplikat *nn*
abschüssig TECH **precipitous**
= steil = steep
Abschwächer *nm* NETW.TH → **attenuator** *n*
→ Dämpfungsglied *nn*
Abschwächer-Kalibrier-System *nn* INSTR **attenuator calibration set**
Abschwächersatz *nm* INSTR **attenuator set**
Abschwächung *nf* LINE TH → **attenuation** *n*
→ Dämpfung *nf*
Abschwächungsdiode *nf* MICROW **attenuation diode**
Abschwächungszeichen *nn* ECON **signs of abating**
Abschwung *nm* COLL **downturn** *n*
[fig] [fig]
absegnen (slang) ECON → **approve**
→ genehmigen

Absegnung *nf* (slang) ECON → **permission** *n*
→ Genehmigung *nf*
absehbar COLL **foreseeable** *adj*
absehbare Zeit COLL **foreseeable future**
= absehbare Zukunft
absehbare Zukunft COLL → **foreseeable future**
→ absehbare Zeit
Absender *nm* ECON **consigner** *n*
[einer Ware] [of a good]
= Adressant *nm*; Konsignant *nm*; Versender *nm*; Kommittent *nm* = consignor *n*; shipper *n*
Absender *nm* INF.TEC **sender** *n*
= Adressant *nm* = addresser *n*
Absenderkennung *nf* TELEC **sender identification**
Absendung *nf* ECON → **dispatch** *n* (AE)
→ Versand *nm*
absenken TECH **subside** *vt*
= absinken; senken
Absenkung *nf* TECH **subsidence** *n*
= Absinken *nn*; Senkung *nf*
Absenkung *nf* NETW.TH → **roll-off** *n*
→ Flankenabfall *nm*
Absenkungswinkel *nm* ANT **tilt angle**
[von Sendeantennen] [of transmitting antenas]
Absetzempfänger *nm* RADIO **hand-off receiver**
absetzen COM.CAB **cut back** *vt*
absetzen TELEC **dispatch** *vt* (AE)
[eine Nachricht] [a message]
≈ senden = despatch *vt* (BE)
≈ transmit
Absicherung *nf* ECON **protection** *n*
[Risiko] [against risks]
Absichtserklärung *nf* ECON **letter of intent**
= Kaufabsichtserklärung *nf* [letter of intend is wrong spelling!]
= LOI; expression of interest
AB-Signalisierung *nf* TRANSM **AB signaling** (AE)
[bitstehlende Signalisierung in 1,5-Mbit/s-Systemen] [bit stealing signaling in 1,5 Mbit/s (T1) systems]
= A and B signaling (AE)
absinken TECH → **subside** *vt*
→ absenken
Absinken *nn* TECH → **subsidence** *n*
→ Absenkung *nf*
Absinkinversion *nf* RAD.PRO **falling inversion**
Absolutadresse *nf* SW → **absolute address**
→ absolute Adresse
Absolutadressierung *nf* SW → **absolute addressing**
→ absolute Adressierung
Absolutassembler *nm* SW → **absolute assembler**
→ Absolutassemlierer *nm*
Absolutassemlierer *nm* SW **absolute assembler**
= absoluter Assemblierer; Absolutassembler *nm*; absoluter Assembler ≠ relocating assembler
≠ Relativassemblierer
absolut aufrunden MATH → **round-up** *vt*
→ aufrunden
Absolutcode *nm* SW **absolute code**
= absoluter Code *nm*; Direktcode *nm*; spezifischer Code *nm* = actual code; direct code; one-level code; specific code
≈ Maschinencode (1) ≈ machine code (1)
Absolutcodierung *nf* SW → **absolute coding**
→ absolute Codierung
absolute Adresse SW **absolute address**
[spezifiziert die Adresse mit exakten numerischen Angaben (statt Formeln oder Namen); erlaubt, ohne Umrechnung, direkten Zugriff auf Speicherplatz] [specifies addresses with the numeric specification of the storage location (instead of formulas or names); allows direct store access, without modifications]
= Absolutadresse *nf*; Maschinenadresse *nf*; echte Adresse; reale Adresse; Realadresse *nf*; tatsächliche Adresse; wirkliche Adresse; physikalische Adresse; effektive Adresse; Effektivadresse *nf* = real address; machine address; specific address; physical address; actual address (2); effective address; specific address; storage-related address
≈ direkte Adresse; Momentanadresse ≈ direct address; current address
≠ relative Adresse; virtuelle Adresse; symbolische Adresse; indirekte Adresse ≠ floating address; virtual address; symbolic address; indirect address
absolute Adressierung SW **absolute addressing**
[Angabe des echten Speicherplatzes] [indication of real store place]
= Absolutadressierung *nf*; Maschinenadressierung *nf*; echte Adressierung; reale Adressierung; Realadressierung *nf*; = actual addressing; real addressing; machine addressing; physical addressing; specific

effektive Adressierung; Effektivadressierung *nf*; aktuelle Adressierung — addressing

absolute Anweisung SW → **absolute instruction**
→ vollständiger Befehl

absolute Codierung SW **absolute coding**
[verwendet absolute Adressierung] [uses absolute addressing]
= Absolutcodierung *nf*; absolute Programmierung *nf* = absolute programming; actual coding; absolute calling
≠ symbolische Codierung ≠ symbolic coding

absolute Feuchte PHYS → **absolute humidity**
→ absolute Feuchtigkeit

absolute Feuchtigkeit PHYS **absolute humidity**
= absolute Feuchte

absolute Häufigkeit STATIS **absolute frequency**

absolute Koordinate MATH **absolute coordinate**
= Absolutkoordinate *nf*

absolute Priorität SWITCH → **preemptive**
→ unterbrechende Priorität

absolute Programmierung *nf* SW → **absolute coding**
→ absolute Codierung

absoluter Assembler SW → **absolute assembler**
→ Absolutassemblierer *nm*

absoluter Assemblierer SW → **absolute assembler**
→ Absolutassemblierer *nm*

absoluter Befehl SW → **absolute instruction**
→ vollständiger Befehl

absoluter Code *nm* SW → **absolute code**
→ Absolutcode *nm*

absoluter Fehler INSTR **absolute error**
= Absolutfehler *nm* ≠ relative error
≠ relativer Fehler

absoluter Leistungspegel TELEC **absolute power level**

absoluter Mehrprogrammbetrieb DAT.PR → **preemptive multitasking**
→ unterbrechender Mehrprogrammbetrieb

absoluter Nullpunkt PHYS **absolute zero**

absoluter Pegel TELEC **absolute level**
= actual level (BE)

absoluter Pfad DAT.MA **absolute pad**

absoluter Spannungspegel TELEC **absolute voltage level**

absoluter Sprung SW **absolute jump**
= absolute branch

absolutes Normal INSTR → **absolute standard**
→ Primärnormal *nn*

absolutes Programm SW → **non-relocatable program**
→ nicht relativierbares Programm

absolutes Zeigegerät TER&PER → **absolute pointing device**
→ absolute Zeigervorrichtung

absolute Temperatur PHYS → **thermodynamic temperature**
→ thermodynamische Temperatur

absolute Zeigervorrichtung TER&PER **absolute pointing device**
= absolutes Zeigegerät

Absolutfehler *nm* INSTR → **absolute error**
→ absoluter Fehler

Absolutkoordinate *nf* MATH → **absolute coordinate**
→ absolute Koordinate

Absolutlader *nm* SW **absolute loader**
[Programm zum Laden von Programmen in den Arbeitsspeicher, mit festgelegter Ladeadresse] [programm to load programs into the main memory, with fixed loading address]
≠ Relativlader ≠ relocatable loader

Absolutprogramm *nn* SW **absolute program**
[in Absolutcode geschrieben] [written in absolute code]
≈ Objektprogramm ≈ object program

Absolutspeicheranweisung *nf* SW → **poke** *n*
→ Direktspeicheranweisung *nf*

absolutspeichern DAT.PR → **poke** *vt*
→ direktspeichern

Absolutwert *nm* MATH **absolute value**
= Betrag *nm* = magnitude *n*

Absolutwert-Computer *nm* DAT.PR → **absolute value computer**
→ Absolutwertrechner *nm*

Absolutwertrechner *nm* DAT.PR **absolute value computer**
= Absolutwert-Computer *nm* ≠ incremental computer
≠ Inkrementalrechner

Absolutzeiger *nm* MICR.EL → **pointer** *n*
→ Hinweisadresse *nf*

Absolutzeiger *nm* DAT.MA → **pointer** *n*
→ Zeiger *nm*

Absolvent *nm* SCIE **graduate** (AE)
= Studienabgänger *nm*; Hochschulabgänger *nm* = schoolleaver (BE)
≈ Schulabgänger
↓ Hochschulabgänger

absondern TECH **isolate** *vt*
= isolieren = segregate *vt*; seclude *vt*
≈ abgrenzen; abtrennen ≈ demarcate; separate

Absonderung *nf* TECH **isolation** *n*
≈ Abgrenzung; Abtrennung = segregation *n*; seclusion *n*
≈ delimitation; separation (2)

Absoptionsfläche *nf* ANT → **effective aperture**
→ Antennenwirkfläche *nf*

Absorber *nm* ANT **absorber** *n*

absorbieren TECH → **absorb** *vt*
→ aufsaugen

absorbierendes Material TECH → **adsorptive material** *n*
→ Absorptionsmaterial *nn*

Absorbierung *nf* PHYS → **absorption** *n*
→ Absorption *nf*

Absorbierung *nf* TECH → **absorbency** *n*
→ Saugfähigkeit *nf*

Absorption *nf* PHYS **absorption** *n*
= Absorbierung *nf*

Absorptionsband *nn* PHYS **absorption band**

Absorptionsfaktor *nm* PHYS **absorption factor**
= Absorptionsgrad *nm* = absorptance *n*

Absorptionsfalle *nf* PHYS **absorption trap**

Absorptionsgrad *nm* ANT **coefficient of absorption**

Absorptionsgrad *nm* PHYS → **absorption factor**
→ Absorptionsfaktor *nm*

Absorptionskante *nf* PHYS **absorption edge**

Absorptionskapazität *nf* PHYS **absorptivity** *n*
= Absorptionsvermögen *nn*; Aufnahmefähigkeit *nf* = absorption capacity

Absorptionskoeffizient *nm* PHYS **absorption coefficient**

Absorptionsleistungsmesser *nm* INSTR **absorption power meter**
= Endleistungsmesser *nm*

Absorptionsmaterial *nn* TECH **adsorptive material** *n*
= absorbierendes Material = adsorptive *n*

Absorptionsmaximum *nn* PHYS → **absorption maximum**
→ Absorptionsspitze *nf*

Absorptions-Messwandlerzange *nf* INSTR **absorption clamp**

Absorptionsschwund *nm* RAD.PRO **absorption fading**
= Dämpfungsschwund *nm*; Flachschwund *nm*; flacher Schwund = flat fading; amplitude fading

Absorptionsspektrum *nn* PHYS **absorption spectrum**

Absorptionsspitze *nf* PHYS **absorption maximum**
= Absorptionsmaximum *nn*

Absorptionsverlust *nm* PHYS **absorption loss**

Absorptionsvermögen *nn* PHYS → **absorptivity** *n*
→ Absorptionskapazität *nf*

Abspann *nm* CINEMA → **closing credits**
→ Nachspann *nm*

Abspannabschnitt *nm* OUT.PL **suspension span**
[Freileitung] ≈ span length
≈ Spannweite

Abspanner *nm* POW.EN → **step-down transformer**
→ Abspanntransformator *nm*

Abspannisolator *nm* OUT.PL **guy insulator**
[Freileitung] [open wire line]

Abspannmast *nm* OUT.PL **terminal pole**
[Freileitung] = stayed pole; rigid stay

Abspannpunkt *nm* OUT.PL **anchoring point**
[Freileitung]

Abspannseil *nn* OUT.PL **guy rope**
= Ankerdraht *nm*; Pardune *nf*; Pardun *nn* = down-guy *n*; stay *n*; stay rope; stay wire; anchor guy; down guy; guy wire
↑ Abspannung ↑ guy

Abspanntransformator *nm* POW.EN **step-down transformer**
= Abspanner *nm*; Abwärtstransformator *nm*

Abspannung *nf* OUT.PL **guy** *n*
↓ Abspannseil ↓ down-guy; pole-to-pole guy

Abspannvorrichtung *nf* MEC.EN → **clamping device**
→ Spannelement *nn*

abspecken (slang) ECON → **rationalize** *vt*
→ rationalisieren

Abspeckung *nf* (slang) ECON → **rationalization** *n*
→ Rationalisierung *nf*

abspeichern DAT.PR → **store** *vt*
→ speichern

Abspeicherung *nf* DAT.MA → **storage** *n* (1)
→ Speicherung *nf*

absperrbar → abschließbar	TECH	→ **lockable**
Absperrgestell *nn*	OUT.PL	**manhole guard**
Absperrung *nf* → Verkehrsabsperrung *nf*	TRANSP	→ **traffic block**
Absperrventil *nn* → Sperrventil *nn*	TECH	→ **blocking valve**
abspielen	CONS.EL	**play** *vt*
Abspielgeräusch *nn*	EL.ACOU	**surface noise** = scratch noise; scratch *n*
Abspielqualität *nf*	EL.ACOU	**play quality**
Absprache *nf*	ECON	**negotiation** *n* (2) = informal agreement
Absprungadresse *nf* → Rücksprungadresse *nf*	SW	→ **return address**
Absprunganweisung *nf* → Rücksprungbefehl *nm*	SW	→ **return instruction**
Absprungbefehl *nm* → Rücksprungbefehl *nm*	SW	→ **return instruction**
abspulen = abwickeln	TECH	**uncoil** *vt* = unwind *vt*; unreel *vt*
Abspulroller *nm*	OUT.PL	**unwinding roller**
Abspulvorrichtung *nf* = Abwickelvorrichtung *nf*; Abwickler *nm*	TECH	**uncoiler** *n* = unwinder *n*; uncoiling device; unwinding device
abstahlendes Kabel	HF	**radiating cable**
Abstand *nm* ≈ Entfernung; Zwischenraum; Spalt	TECH	**separation** *n* (1) = spacing *n* (2) ≈ distance; interstice; gap
Abstand *nm* → Code-Distanz *nf*	CODING	→ **minimum code distance**
Abstand *nm* → Entfernung *nf*	PHYS	→ **distance** *n*
Abstand *nm* → Zeichenabstand *nm*	PRIN.ME	→ **character spacing**
Abstandhalter *nm* = Abstandstück *nn*	TECH	**spacer** *n*
Abstandhalter *nm* [Koaxialtube]	COM.CAB	**bead** *n* [coaxial tube]
Abstandhalter *nm* = Abstandstück *nn*	TER&PER	**lifter** *n* = spacer *n*
Abstandsbolzen *nm*	MEC.EN	**spacing bolt**
Abstandsbuchse *nf*	MEC.EN	**spacer bushing**
Abstandschatten *nn* [graphischer Kunstgriff, lässt Gegenstand als über der Seite schwebend erscheinen]	COMP.GR	**drop shadow** [graphical effect giving a floating impression]
Abstandsgenauigkeit *nf* [Plotter]	TER&PER	**position accuracy**
abstandsgleich → äquidistant	MATH	→ **equidistant**
Abstandslehre *nf*	MEC.EN	**spacing jig**
Abstandsring *nm*	MEC.EN	**distance ring** = spacer ring
Abstandsrohr *nn*	MEC.EN	**spacing tube** = spacer tube
Abstandsrolle *nf* = Distanzrolle *nf*	EL.TRO	**spacer** *n*
Abstandstück *nn* → Abstandhalter *nm*	TECH	→ **spacer** *n*
Abstandstück *nn* → Abstandhalter *nm*	TER&PER	→ **lifter** *n*
Abstandsverhältnis *nn*	MICR.EL	**stand-off ratio**
abstapeln → stapeln	TECH	→ **pile** *vt*
absteigend	MATH	**descending**
absteigend [fig; von übergeordneten zu untergeordneten Modulen] ≠ aufsteigend	SW	**efferent** *adj* [from superordinate to subordinate modules] ≠ afferent
absteigende Priorität	DAT.MA	**descending priority**
absteigende Programmierung [von den Endfunktionen zu den Einzelfunktionen] = Von-oben-nach-unten-Programmierung *nf*, Top-down-Programmierung *nf*; strukturierte Programmierung; GO-TO-freie Programmierung ≠ aufsteigende Programmierung ↑ absteigender Entwurf [DAT.PR]	SW	**top-down programming** [from final functions down to detailed functions] = structured programming; structured coding; GO-TO-free programming ≠ bottom-up programming ↑ top-down design [DAT.PR]
absteigende Reihenfolge	MATH	**descending order**
absteigender Entwurf [von HW oder SW; von der Endfunktion zu den Einzelschritten] = Methode der schrittweisen Verfeinerung; Top-down-Entwurf *nm* ≠ aufsteigender Entwurf ↓ absteigende Programmierung	SW	**top-down design** *n* = top-down technique; top-down method; top-down procedure ≠ bottom-up design ↓ top-down programming
absteigender Knoten	DAT.MA	**descendant node**
absteigender Verkehr	SWITCH	**descending traffic**
absteigende Sortierung → regressive Sortierung	DAT.MA	→ **descending sort**
absteigende Verbindung [vom Zentrum zur Peripherie; von höherer zu tieferer Hierarchiestufe]	TELEC	**descending link** *n* [from center to periphery; from higher to lower hierachical level] = downlink *n*
absteigend sortieren → rückwärtssortieren	DAT.MA	→ **sort backward** *vt*
Abstellraum *nm* → Lagerraum *nm*	TECH	→ **store-room**
AB-Stereophonie *nf*	EL.ACOU	**AB stereophony**
Abstiegflanke *nf* → Abfallflanke *nf*	EL.TRO	→ **trailing edge**
Abstiegsflanke *nf* → Abfallflanke *nf*	EL.TRO	→ **trailing edge**
Abstimmanzeige *nf*	EL.TRO	**tuning indicator** = tuning control; tuning meter
Abstimmautomatik *nf*	CONS.EL	**automatic tuning**
Abstimmautomatik *nf*	INSTR	**automatic tuning mechanism**
Abstimmautomatik *nf* → Frequenznachregelung *nf*	CIRC.EN	→ **automatic frequency control**
abstimmbar → ziehbar	CIRC.EN	→ **tunable**
Abstimmbereich *nm* → Ziehbereich *nm*	CIRC.EN	→ **tuning range**
Abstimmblindleitung *nf*	MICROW	**tuning stub**
Abstimmdiode *nf* [mit steuerbarer Kapazität]	MICR.EL	**tuning diode** [with controllable capacitance]
Abstimmelement *nn* → Frequenzabstimmelement *nn*	MICROW	→ **tuning device**
abstimmen [eine Frequenzeinstellung optimieren]	HF	**sintonize** *vt* [to optimaze a frequency setting] = tune *vt*
abstimmen = koordinieren	COLL	**coordinate** *vt* = syntonize *vt*
abstimmen → ziehen	CIRC.EN	→ **tune**
Abstimmgeschwindigkeit *nf* = Durchstimmgeschwindigkeit *nf*	CIRC.EN	**tuning speed**
Abstimmkolben *nm*	INSTR	**locking plunger**
Abstimmkondensator *nm*	HF	**tuning capacitor**
Abstimmkreis *nm* → abgestimmter Schaltkreis	CIRC.EN	→ **tuned circuit**
Abstimmleitung *nf*	ANT	**matching stub**
Abstimmschärfe *nf* → Selektion *nf*	NETW.TH	→ **selectivity** *n*
Abstimmspule *nf*	HF	**tuning coil** = tuner *n*
Abstimmung *nf* → Abgleich *nm*	CIRC.EN	→ **tuning**
Abstimmung *nf* = Koordinierung *nf*; Koordination *nf*	COLL	**coordination**
Abstimmungsregelung *nf* → Frequenznachregelung *nf*	CIRC.EN	→ **automatic frequency control**
Abstimmungsschritt *nm*	EL.TRO	**tuning increment**
Abstimmvorrichtung *nf*	MICROW	**tuner** *n*
Abstopfmasse *nf* → Füllmasse *nf*	COM.CAB	→ **filling compound**
abstoßen	PHYS	**repulse** *vt* = repel *vt*
Abstoßung *nf*	PHYS	**repulsion**
abstrahieren	SCIE	**abstract** *vt*
abstrahlarm = strahlungsarm	RADIO	**low-radiation** *adj*
Abstrahlcharakteristik *nf* → Strahlungscharakteristik *nf*	PHYS	→ **radiation pattern**
Abstrahldiagramm *nn* → Strahlungsdiagramm *nn*	PHYS	→ **directional diagram**
abstrahlen → ausstrahlen	PHYS	→ **irradiate** *vi*
Abstrahlung *nf* = Ausstrahlung *nf*; Emission *nf* ↑ Strahlung	PHYS	**irradiation** *n* = emission *n* ↑ radiation
Abstrahlungsverlust *nm*	ANT	**radiation loss**

abstrakte Klasse [OOP]	SW	**abstract class** [OOP] = abstract superclass
abstrakte Maschine	DAT.PR	**abstract machine**
abstrakter Automat	COMP.SC	**abstract automat**
abstrakter Datentyp [durch seine möglichen Inhalte und Verknüpfungen definiert, von Programmiersprache unabhängig]	SW	**abstract data type** [defined in terms of possible contents and operations, independent from program language] = ADT
abstrakte Syntax [SGML]	INTERNET	**abstract syntax** [SGML]
Abstraktion *nf*	SCIE	**abstraction**
Abstraktion *nf* [OOP]	SW	**abstraction** [OOP]
Abstraktum *nn* → Begriffswort *nn*	LING	→ **abstract word**
abstreichen *vt* (1) [von Kommastellen] ≈ runden *vt*; abrunden *vt* (2)	MATH	**truncate** *vt* [of fractional digits] = cut-off *vt* ≈ round (1); round-down
abstreichen *vt* (2) → abrunden (2)	MATH	→ **round-down** *vt*
Abstreichfehler *nm* ≈ Rundungsfehler	MATH	**truncation error** ≈ rounding error
abstreifen	TECH	**strip** *vt*
Abstreifer *nm*	TECH	**stripper** *n*
Abstreifung *nf*	TECH	**stripping** *n* = strip *n*
Abstrich *nm* ≠ Aufstrich	PRIN.ME	**end stroke** ≠ beginning stroke
Abstrich *nm* ≈ Rundung; Abrundung (2)	MATH	**truncation** ≈ rounding (1); rounding-down
AB-Stufe [Verstärker]	CIRC.EN	**class AB stage**
abstufen = graduieren ≈ staffeln	TECH	**graduate** *vt* ≈ stagger
Abstufung *nf* ≈ Staffelung	TECH	**graduation** *n* = gradation *n*; grading *n* ≈ staggering
Absturz *nm* [ungewollt, vorzeitig, durch Programmfehler oder Anweisung; Terminus mehr bei Großrechnern gebräuchlich] = Vollabsturz *nm*; Zusammenbruch *nm*; Blockierungsunterbrechung *nf*; festgefahrene Unterbrechung ≈ Abbruch; Ablaufunterbrechung; Programmunterbrechung ↓ Systemabsturz; Programmabsturz; Bauchlandung [TER&PER]	SW	**abnormal end** *n* [unwanted premature stoppage; term most used with mainframe computers] = abend *n*; abnormal termination; forced termination; cancel *n*; truncation *n*; crash *n*; drop dead halt; dead halt; close down; bomb *n*; blowup *n* ≈ abort; exception; program interrupt ↓ system crash; program crash; head crash [TER&PER]
Absturzauszug *nm* → Absturzprotokoll *nn*	DAT.PR	→ **post-mortem dump**
abstürzen = zusammenbrechen	DAT.PR	**crash** *vi* = bomb *vi*; fail *vi*; blow up *vi*
absturzgesichert = bauchlandungsgeschützt	TER&PER	**crash-protected** *adj*
Absturzprotokoll *nn* = Absturzauszug *nm*; Speicherauszug nach Absturz ↑ Speicherabzug	DAT.PR	**post-mortem dump** [dump after an abnormal termination] ↑ memory dump
absuchen → suchen	DAT.PR	→ **search** *vt*
Absuchen *nn* → Abtastung *nf*	RAD.LO	→ **scanning** *n*
Absuchen *nn* [feststellen ob belegt] = Abtastung *nf*	SWITCH	**hunting** *n* [serching for seizure] = exploration *n*
Absuchsequenz *nf*	SWITCH	**hunting sequence**
Abszisse *nf* = Abszissenachse *nf*; X-Achse *nf* ≠ Ordinate	MATH	**abscissa** *n* (*pl* -sas&sae) = X-coordinate; X-axis ≠ ordinate
Abszissenachse *nf* → Abszisse *nf*	MATH	→ **abscissa** *n* (*pl* -sas&sae)
abtakeln	TECH	**unrig** *vt*
Abtastauflösung *nf* = Abtastschärfe *nf*	EL.TRO	**scanning resolution**
abtastbar	EL.TRO	**scannable**
Abtastbereich *nm*	ANT	**scan sector** = scan area
Abtastdauer *nf*	EL.TRO	**sampling time**
Abtasteinrichtung *nf* → Abtaster *nm*	EL.TRO	→ **scanner** *n*
abtasten ≈ abfühlen	EL.TRO	**sample** *vt* = scan *vt* ≈ sense
Abtasten *nn*	SWITCH	**scanning** *n* = scan *n*
Abtasten *nn* → Abtastung *nf*	EL.TRO	→ **scanning** *n*
Abtaster *nm* = Abtasteinrichtung *nf*	EL.TRO	**scanner** *n* = sampler *n*; reader *n*; scanning device
Abtaster *nm* = optischer Abtaster; Abtastgerät *nn*; optisches Abtastgerät; optischer Scanner; Scanner *nm* ≈ optischer Leser ↑ Eingabegerät ↓ Lesegerät; Bildabtaster; Punktabtaster; Strichcodeleser; Handabtaster; Tischabtaster; Einzugsabtaster; Flachbettabtaster; Trommelabtaster	TER&PER	**scanner** *n* = optical scanner ≈ optical character reader ↑ input device ↓ reading device; image scanner; dot scanner; bar-code reader; hand-held scanner; desktop scanner; feed scanner; flatbed scanner; drum scanner
Abtasterstation *nf* [Btx]	TELEC	**scanning terminal**
Abtastfehler *nm*	TER&PER	**scanning error**
Abtastfilter *nn*	NETW.TH	**sampled-data filter**
Abtastfläche *nf*	TER&PER	**scan area**
Abtastfleck *nm* = Schreibfleck *nm*	EL.TRO	**scanning spot**
Abtastfolge *nf* ≈ Abtastfrequenz	EL.TRO	**scan sequence** ≈ sampling frequency
Abtastfrequenz *nf* = Abtastrate *nf*; Abfragefrequenz *nf*; Digitalisierungsrate *nf* ≈ Abtastfolge	EL.TRO	**sampling frequency** = sampling rate; scanning frequency; scan frequency; scanning rate; scan rate; digitizing frequency; digitizing rate
Abtastfrequenz *nf* → Horizontalfrequenz *nf*	TV	→ **line frequency**
Abtastfunktion *nf*	MODUL	**sampling function**
Abtastgebiet *nn*	INF.TH	**scanning area** = scan area
Abtastgerät *nn* → Abtaster *nm*	TER&PER	→ **scanner** *n*
Abtastgeschwindigkeit *nf*	EL.TRO	**scanning speed**
Abtast-Halte-Glied *nn* → Abtast-Halte-Schaltung *nf*	CIRC.EN	→ **sample-and-hold circuit**
Abtast-Halte-Schaltung *nf* = Abtast-Halte-Glied *nn*; Abtast-und-Halte-Schaltung *nf*; SH-Stufe *nf* ↑ Momentanwertspeicher	CIRC.EN	**sample-and-hold circuit** = sample-hold unit; SH circuit; S/H circuit; SH unit; S/H unit ↑ instantaneous-value store
Abtastimpuls *nm* → Ausblendimpuls *nm*	EL.TRO	→ **strobe pulse** *n*
Abtastinformation *nf* → Abtastwert *nm*	EL.TRO	→ **sampling value** *n*
Abtastintervall *nn* = Abtastzyklus *nm*; Impulsabstand *nm*	MODUL	**sampling cycle** = sampling interval; scanning interval; scan interval
Abtastkopf *nm* = Scannerkopf *nm*	TER&PER	**scan head**
Abtastlinie *nf* = Bildzeile *nf*	TER&PER	**scan line**
Abtastlupe *nf*	TER&PER	**loupe scanner**
Abtastnadel *nf* → Nadel *nf*	EL.ACOU	→ **needle** *n*
Abtastoszillograf *nm* → Abtastoszillograph *nm*	INSTR	→ **sampling oscillograph**
Abtastoszillograph *nm* = Abtastoszillograf *nm*; Sampling-Oszillograph *nm*; Sampling-Oszillograf *nm*	INSTR	**sampling oscillograph**
Abtastoszilloskop *nn* = Sampling-Oszilloskop *nn*	INSTR	**sampling oscilloscope**
Abtastperiode *nf* = Abtastzeit *nf*	EL.TRO	**scanning period** = scan period; sampled-data period; sampled-data time
Abtastprobe *nf* → Abtastwert *nm*	EL.TRO	→ **sampling value** *n*
Abtastpunkt *nm*	INF.TEC	**sampling point**

Abtastpunkt *nm* EL.TRO **scan point**
= scan spot

Abtastraster *nn* INF.TEC **sampling lattice**

Abtastrate *nf* EL.TRO → **sampling frequency**
→ Abtastfrequenz *nf*

Abtastregelung *nf* CONTRO → **keyed control**
→ Tastregelung *nf*

Abtastregler *nm* CONTRO **sampled-data controller**
≠ kontinuierlicher Regler

Abtastschalter *nm* CIRC.EN **sampling switch**
= scanning switch; scan switch

Abtastschaltung *nf* CIRC.EN **sampling circuit**
[digital] [digital]
= sensing circuit

Abtastschärfe *nf* EL.TRO → **scanning resolution**
→ Abtastauflösung *nf*

Abtastsignal *nn* EL.TRO **sampling signal**
= scanning signal

Abtast-Software *nf* SW **scanning software**

Abtastspeicher *nm* DAT.PR **scanner memory**

Abtastspektrum *nn* MODUL **sampling spectrum**

Abtaststift *nm* TER&PER → **digitizing pen**
→ Digitalisierstift *nm*

Abtastsynthesizer *nm* COMP.AP **sampling synthesizer**
[erzeugt Musik aus digital gespeicherten Instrumententönen] [creates music from digitally stored instrument tones]
= Sampling-Synthesizer *nm*

Abtasttechnik *nf* EL.TRO **sampling technique**
= scanning circuit; scan circuit

Abtasttheorem INF.TH **sampling theorem**

Abtast-und-Halte-Schaltung *nf* CIRC.EN → **sample-and-hold circuit**
→ Abtast-Halte-Schaltung *nf*

Abtastung *nf* CODING **sampling** *n*
= Probeentnahme *nf*

Abtastung *nf* RAD.LO **scanning** *n*
[Radar]
= Absuchen *nn*
= scan *n*

Abtastung *nf* EL.TRO **scanning** *n*
= Abtasten *nn*
≈ Abfühlen
↓ Vorderabtastung
= scan *n*; sampling *n*; exploration *n*; scansion *n*
≈ sensing
↓ front scanning

Abtastung *nf* SWITCH → **hunting** *n*
→ Absuchen *nn*

Abtastverfahren *nn* EL.TRO **sampling method**
= Sampling-Verfahren *nn*

Abtastvorgang *nm* EL.TRO **scanning process**
= scan process

Abtastwert *nm* EL.TRO **sampling value** *n*
= Abtastinformation *nf*; Abtastprobe *nf*
= sampled value; sample; S

Abtastwert *nm* [TV] INF.TEC → **picture element**
→ Bildpunkt *nm*

Abtastzeile *nf* TV **scanning line**
= Bildzeile *nf*
= scan line

Abtastzeile *nf* EL.TRO → **line** *n*
→ Zeile *nf*

Abtastzeit *nf* EL.TRO → **scanning period**
→ Abtastperiode *nf*

Abtastzeitpunkt *nm* EL.TRO **sampling instant**
= scanning instant; scan instant

Abtastzyklus *nm* MODUL → **sampling cycle**
→ Abtastintervall *nn*

Abteilung *nf* CIV.EN **partition** *n*
[eines Raumes] [of a room]
= compartment *n*

Abteilung *nf* ECON **department** *n*
[Organisation] [of an organization]
≈ Diensstelle
↓ Unterabteilung
= Dept.; division *n*; branch *n* (2)
≈ section *n*
↓ subdivision

Abteilungsbevollmächtigter *nm* ECON **deputy director**
= stellvertredender Direktor

Abteilungsdirektor *nm* ECON → **department director**
→ Abteilungsleiter *nm*

Abteilungsleiter *nm* ECON **department director**
= Abteilungsdirektor *nm*

Abteilungsrechner *nm* DAT.PR → **office computer**
→ Bürocomputer *nm*

abtragen TECH **ablate** *vt*

Abtragung *nf* TECH **ablation** *n*

Abtrennarbeit *nf* PHYS → **work function**
→ Ablösearbeit *nf*

abtrennbar TECH → **detachable** *adj*
→ abnehmbar

abtrennbares Menu COMP.AP **tier-off menu**
[wie ein Fenster verschiebbar] [removable like a window]

abtrennen COMP.GR → **clip** *vt*
→ abschneiden

Abtrennen COMP.GR → **clipping** *n*
→ Abschneiden *nf*

abtrennen TECH **separate** *vt*
= trennen; separieren; lösen (1); abnehmen
≈ teilen; absondern; abreißen
↓ abkneifen
= disconnect *vt*; sever *vt*; section *vt*; detach *vt*
≈ divide; isolate; tear (2)
↓ pinch off

abtrennen TELEC → **disconnect** *vt* (2)
→ abbrechen

Abtrennung *nf* TER&PER **bursting** *n*
[von vorgelochtem Papier] [of perforated paper]

Abtrennung *nf* TECH **separation** *n* (2)
= Trennung *nf*; Separierung *nf*; Separation *nf*
≈ Teilung; Absonderung
= disconnection *n*; severance *n*; compartmentation *n*
≈ division; segregation

Abtrennung *nf* TELEC → **disconnection** (2)
→ Abbruch *nm*

Abtrennvorrichtung *nf* TER&PER **tear-off facility**

Abtretung *nf* ECON **transfer** *n* (1)
= Überführung *nf*
= cession *n*; assignment *n*

Abtropfprüfung *nf* COM.CAB **drop test**

ab und an COLL → **now and then** *adv*
→ dann und wann *adv*

Abundanz *nf* [SCIE] COLL → **wealth** *n*
→ Fülle *nf*

ab und zu COLL → **now and then** *adv*
→ dann und wann *adv*

A-Bus *nm* HW **bus A**

Abverkauf *nm* (AT) ECON → **selling-out** *n*
→ Ausverkauf *nm*

AB-Verstärker *nm* CIRC.EN → **class AB amplifier**
→ Klasse-AB-Verstärker *nm*

Abvolt *nn* EL.SC **abvolt**
[CGS-Einheit für el. Spannung; = 10 V] [CGS unit for el. voltage; = 10 V]

abwägen COLL **trade-off** *vt*
= weigh *vt* (fig); ponder *vt*

Abwägung *nf* COLL **trade-off** *n*
= Pro und Kontra *nn*; Bilanz *nf*
= tradeoff *n*; ponderation *n*

abwälzfräsen MEC.EN **hob** *vt*

abwandeln TECH → **change** *vt*
→ ändern

abwandern TECH → **run away** *vi*
→ weglaufen *vi*

Abwanderung *nf* TECH → **drift** *n*
→ Drift *nf*

Abwandlung *nf* TECH **variation** *n* (1)
= Variation *nf*; Variierung *nf*
≈ Abweichung; Änderung; Wechsel
= variegation *n*
≈ deviation; alteration; change

Abwandlung *nf* TECH → **change** *n*
→ Änderung *nf*

Abwandlung *nf* SCIE → **variety** *n*
→ Abart *nf*

Abwärme *nf* TECH **waste-heat**
≈ Verlustwärme
≈ dissipated heat

abwärts *adv* COLL **downward** *adv*
= downwards *adv*

abwärts gemischt HF **downconverted**

abwärts gerichtet TECH **downward-pointing** *adj*
= abwärts weisend; nach unten gerichtet; nach unten weisend
≈ absteigend
= downward; downward-pointing; down-pointing; southbound
≈ descending

Abwärtshub *nm* MEC.EN **downward stroke**

Abwärtskettung *nf* ART.IN → **backward chaining**
→ Rückwärtskettung *nf*

abwärts kompatibel DAT.PR **downward compatible**
[mit Vorgängerversion kompatibel] [compatible with preceding releases]
= rückwärtskompatibel
≠ aufwärtskompatibel
= backward compatible; backward-compatible
≠ upward compatible

Abwärtskompatibilität *nf* DAT.PR **downward compatibility**

Abwärtskompression *nf* SW → **downward compression**
→ Abwärtsverdichtung *nf*

Abwärtsmischer *nm* HF **down-conversion mixer**

Abwärtsmischung *nf* HF **down conversion**
= down mixing

Abwärtspfeil *nm* → Pfeil nach unten	PRIN.ME	→ **downward arrow**
Abwärtspfeiltaste *nf* → NACH-UNTEN-Taste *nf*	TER&PER	→ **DOWNWARD key**
Abwärtsregelung *nf*	CONTRO	**reverse automatic gain control** = reverse AGC
Abwärtsrichtung *nf* → Abwärtsstrecke *nf*	SAT.CO	→ **down-link** *n*
abwärts rollen [Bilschirminhalt]	COMP.AP	**down-scroll** *vt* [a display content]
Abwärtsschwund *nm* [bewirkt eine Schwächung des Empfangssignal (der Regelfall)] = Unterpegelschwund *nm*	RAD.PRO	**down-fading** *n* [causes a decrease of the receive signal (the regular case)]
Abwärtsstrecke *nf* = Abwärtsrichtung *nf*	SAT.CO	**down-link** *n* = downlink *n*; space-to-earth link
Abwärtsstrecke *nf* [zum Mobiltelefon]	MOB.CO	**down-link** *n* [to the mobile telephone]
Abwärtstransformator *nm* → Abspanntransformator *nm*	POW.EN	→ **step-down transformer**
Abwärtstrend *nm* ≈ Verminderung	TECH	**downward trend** ≈ decrease
Abwärtsübersetzung *nf*	INTERNET	**down-translation**
Abwärtsverdichtung *nf* [übergeordnetes Modul wird in ein untergeordnetes hineinkopiert] = Abwärtskompression *nf*	SW	**downward compression** [superordinate module copied into a subordinate one]
abwärts weisend → abwärts gerichtet	TECH	→ **downward-pointing** *adj*
abwärts zählen = rückwärtszählen	MATH	**decrement** *vt*
Abwärtszähler *nm* → Rückwärtszähler *nm*	CIRC.EN	→ **down counter**
Abwasser *nn* = Schwarzwasser *nn*	CIV.EN	**waste-water** *n* = sewage *n*
Abwasserkläranlage *nf*	TECH	**sewage clarification plant**
abwechselnd = wechselnd; alternierend	TECH	**alternate** *adj*
abweichen *vi* ≈ unterscheiden	COLL	**deviate** *vi* ≈ differ
abweichend = divergent	TECH	**divergent** *adj* = variant *adj*; deviating *adj*
Abweichung *nf*	PHYS	**deviation** *n* = aberration *n* (2); variation *n*
Abweichung *nf* = Divergenz *nf* ≈ Abwandlung	TECH	**deviation** *n* = divergence *n* ≈ variation
Abweichung *nf* [vom Erwartungswert]	INF.TH	**dispersion** *n* [from expected value]
Abweichung *nf* → Regelabweichung *nf*	CONTRO	→ **deviation** *n*
Abweichungsbericht *nm*	QUAL	**exception report**
Abweisung *nf* → Abnahmeverweigerung *nf*	QUAL	→ **nonacceptance** *n*
Abweisung *nf*	SWITCH	**nonacceptance** *n* = rejection *n*
abwerfen → einbringen	ECON	→ **yield** *vt*
Abwerfen *nn*	SWITCH	**lock-out** *n* = forcibly disconnect
ab Werk	ECON	**ex works**
ab-Werk-Termin *nm*	ECON	**ex-work delivery time**
abwertend	COLL	**derogatory** *adj* = pejorative *adj* ≈ detractive
Abwertungsklausel *nf*	ECON	**devaluation clause**
abwesend	COLL	**absent** *adj*
Abwesenheitsdienst *nm* ↑ Fernsprechauftragsdienst	TELEPH	**telephone answering service** = absent-subscriber service; answering service ↑ telephone message service
abwickelbar	MATH	**developable**
abwickeln → abspulen	TECH	→ **uncoil** *vt*
abwickeln	MATH	**develop** *vt*
abwickeln (1) [eines Gesprächs]	SWITCH	**process** *vt* [a call]
abwickeln (2) [Verkehr]	SWITCH	**handle** *vt* [traffic]
abwickeln (1) [einen Auftrag]	ECON	**process** *vt* [an order]
abwickeln (2) [ein Geschäft] = durchführen	ECON	**transact** *vt* [a business]
abwickeln (3) [einen Vorgang]	ECON	**handle** *vt* [a matter]
Abwickelspule *nf*	TER&PER	**supply reel** = feed reel; take-off reel
Abwickelvorrichtung *nf* → Abspulvorrichtung *nf*	TECH	→ **uncoiler** *n*
Abwickler *nm* [weist Nutzung gemeinsamer Betriebsmittel zu] = Zuteiler *nm*; Zuteilungsprogramm *nn*; Scheduler *nm* (ANGL); Dispatcher *nm* (ANGL)	SW	**scheduler program** *n* (1) [assigns use of shared ressources] = scheduler *n* (1); dispatcher *n*
Abwicklung *nf* = Aufbereitung *nf*	DAT.PR	**handling** *n* = servicing *n*
Abwicklung *nf*	ENG.DRA	**development** *n*
Abwicklungstabelle *nf* [ein Verzeichnis für bestimmte Routinen] = Sprungtabelle *nf*; Vektortabelle *nf*; Interrupt-Vektor-Tabelle *nf*	DAT.PR	**dispatch table** [a directory for certain routines] = jump table; interrupt vector table, vector table
Abwicklungszentrum *nn*	MANUF	**order procesing center**
abzählbar = aufzählbar	MATH	**denumerable** *adj* = enumerable
abzahlen → tilgen	ECON	→ **redeem** *vt*
abzählen → zählen	MATH	→ **count** *vt*
Abzählung *nf* → Zählung *nf*	MATH	→ **counting** *n*
Abzahlungskauf *nm* → Ratenkauf *nm*	ECON	→ **installment purchase**
Abzahlungsrate *nf* = Rate *nf*; Teilzahlung *nf* (2)	ECON	**installment** *n* (AE) = instalment *n* (BE)
Abzeichen *nn* = Emblem *nn*; Kennmarke *nf*	TECH	**badge** *n* = emblem *n*
abzeichnen [mit Namenskurzzeichen]	OFFICE	**initial** *vt* [sign with initials]
Abziebild *nn*	PRIN.ME	**decalcomania** *n* = decal *n*
abziehen	DAT.NW	**pull** *vt*
abziehen → subtrahieren *vt*	MATH	→ **subtract** *vt*
Abziehen *nf* → Subtraktion *nf*	MATH	→ **subtraction** *n*
abzielen *vi* (1) (auf)	COLL	**target** *vt*
abzielen *vi* (2) (darauf)	COLL	**attempt** *vt* (to) = aim (at) *vt*
Abzingungsfaktor *nm*	ECON	**discount factor**
abzinsen	ECON	**discount** *vt*
Abzinsung *nf* [zur Darstellung des Gegenwartswerts] ≈ Wertkorrektur	ECON	**discounting** [to reflect present value] ≈ valuation allowance
Abzug *nm*	MEC.EN	**pull-off** *n* = haul-off *n*
Abzug *nm* [Lüftung]	TECH	**vent** *n*
Abzug *nm* [Daten einer Ausgabevorrichtung zuführen, z.B. an Bildschirm oder Drucker] = Auszug *nm* ↓ Ausdruck; Speicherauszug; Änderungsauszug; dynamischer Speicherauszug; statischer Speicherauszug; Not-Speicherabzug; Bildschirmabzug	DAT.PR	**dump** *n* (2) [transfer data to an output device like a screen or printer] ↓ print; memory dump; change dump; dynamic dump; static dump; disaster dump; screen dump
Abzug *nm* → Pause *nf*	OFFICE	→ **copy** *n* (2)
Abzug *nm* → Subtraktion *nf*	MATH	→ **subtraction** *n*
abzüglich	COLL	**deducting**
Abzweig *nm* = Verzweigung *nf*	MEC.EN	**branch** *n*
Abzweig *nm*	TRANSM	**drop** *n* = derivation *n*
Abzweigbetrieb *nm*	TRANSM	**drop channel operation**
Abzweigdämpfung *nf*	TELEC	**branching attenuation**
Abzweig-Duplexer *nm*	NETW.TH	**branched duplexer**
Abzweigeinrichtung *nf*	TRANSM	**channel derivation equipment**
abzweigen	NETW.TH	**branch-off**
abzweigen	TRANSM	**branch-off** *vt* = drop *vt*

Abzweiger *nm* OUT.PL **tap** *n*

Abzweigkabel *nn* OUT.PL → **distribution cable** *n*
→ Verzweigungskabel *nn* (2)

Abzweigkanal *nm* TELEC **dropped channel**
= abgezweigter Kanal; = derived channel

Abzweigkasten *nm* OUT.PL → **distribution cabinet**
→ Kabelverzweigergehäuse *nn*

Abzweigleitung *nf* TRANSM **branch line**

Abzweigmöglichkeit *nf* TRANSM **drop/insert capability**

Abzweigmuffe *nf* OUT.PL **drop sleeve**
= branch sleeve; branching closure; branch-off sleeve; branch joint

Abzweigmultiplexer *nm* TRANSM **add/drop multiplexer**
= Add/Drop-Multiplexer *nm*; = drop/insert multiplexer; ADM

Abzweig-Regenerator *nm* TRANSM **drop/insert repeater**

Abzweigschaltung *nf* NETW.TH → **ladder network**
→ Kettenschaltung *nf*

Abzweigstromkreis *nm* NETW.TH **derived circuit**

Abzweigtransformator *nm* COMPO **tapped transformer**

Abzweig und Wiederbelegung TRANSM **drop/insert**
= drop-and-insert *n*; add-drop *n*

Abzweigung *nf* TECH **branching** *n*
≈ Gabelung; ≈ bifurcation

Abzweigverkehr *nm* TELEC **add-drop traffic**
= abgezweigter Verkehr; Unterwegsverkehr *nm*; = way-side traffic
≠ Durchgangsverkehr; ≠ through traffic

Ac CHEM → **actinium**
→ Actinium *nn*

AC-Adapter *nm* HW → **AC adapter**
→ Netzteiladapter *nm*

ACAP-Protokoll *nn* DAT.NW **ACAP**
= Application Configuration Access Protocol

ACARD SCIE **ACARD**
[britische F&E-Behörde]; = Advisory Council for Applied Research and Development; an UK body

Accent aigu LING → **acute accent** *n*
→ Akut *nm*

Accent grave LING → **grave accent**
→ Gravis *nm*

Account *nm* DAT.NW **account** *n* (1)
[Dateieintrag zum Zugangsrecht eines Teilnehmers, meist bestehend aus Benutzernamen und Passwort]; [file entry relative to the access right of a user, mostly containing teh user name and keyword]
= Benutzerkonto *nn*; Netzteilnehmerkonto *nn*; ↓ E-mail account
≈ Zugriffsberechtigung

Account *nm* INTERNET → **e-mail account**
→ E-Mail-Account *nm*

Accunet *nn* TELEC **Accunet**
[ein Datendienst von AT&T]; [a data service of AT&T]

ACE DAT.PR **ACE**
[ein Projekt von 21 führenden Computerherstellern]; [a project of 21 leading computer companies]
= ACE; = Advanced Computing Environment

ACE DAT.PR → **ACE**
→ ACE

Acetobutyrat *nn* CHEM **acetobutyrate**

achatgrau OPT **austral grey**
[RAL 7038]

achromatisch OPT → **colorless** *n* (AE)
→ farblos

achromatischer Bereich TV **achromatic locus**
= Unbunt-Bereich *nm*; = achromatic region

Achsbohrung *nf* MEC.EN **spindle hole**

Achse *nf* MECH **axle** *n*

Achse *nf* MATH **axis** *n* (*pl* axes)

Achsenbeschriftung *nf* COMP.GR **axis legend**
= Achsentitel *nm*; = axis title

Achsenskalierung *nf* COMP.GR **axis scaling**

Achsensprung *nm* CINEMA **sight line crossing**
= reverse angle

Achsentitel *nm* COMP.GR → **axis legend**
→ Achsenbeschriftung *nf*

Achsenverhältnis *nn* CINEMA **visual axis**

Achsenverhältnis *nn* MATH → **ellipticity** *n*
→ Elliptizität *nf*

Achskupplung *nf* MEC.EN **axle coupling**

Achsnagel *nm* TECH **linchip** *n*

achsparallel MATH **axially parallel**

achssenkrecht MATH **axially vertical**

Acht-Bit-Byte *nn* CODING → **octet** *n*
→ Oktett *nn*

Acht-Bit-Computer *nm* DAT.PR → **eight-bit computer**
→ Acht-Bit-Rechner *nm*

Acht-Bit-Maschine *nf* DAT.PR → **eight-bit computer**
→ Acht-Bit-Rechner *nm*

Acht-Bit-Rechner *nm* DAT.PR **eight-bit computer**
= Acht-Bit-Computer *nm*; Acht-Bit-System *nn*; Acht-Bit-Maschine *nf*; = eight-bit system; eight-bit machine

Acht-Bit-System *nn* DAT.PR → **eight-bit computer**
→ Acht-Bit-Rechner *nm*

Acht-Bit-Zeichen *nn* CODING → **octet** *n*
→ Oktett *nn*

achte MATH **eighth** *adj*
= 8.; = 8th

Achteck *nf* MATH **octagon** *n*
= Oktagon *nn*; Oktogon *nn*; ↑ polygon
↑ Vieleck

Achteckantenne *nf* ANT **octagon antenna**

achteckig MATH **octagonal** *adj*
= oktogonal

Achter *nm* LINE TH → **double-phantom circuit**
→ Achterleitung *nf*

Achtercharakteristik *nf* EL.ACOU **bilateral characteristic**
= octagonal characteristic; figure-eight pattern; figure-eight characteristic

Achtercharakteristik *nf* ANT **figure-eight pattern**
= octagonal characteristic

Achterfeld *nn* ANT **eight-element dipole array**
= Achterfeldantenne *nf*

Achterfeldantenne *nf* ANT → **eight-element dipole array**
→ Achterfeld *nn*

Achtergruppe *nf* MATH → **octave** *n*
→ Oktave *nf*

Achterleitung *nf* LINE TH **double-phantom circuit**
= Achter *nm*; Superphantom *nm*; = superphantom; double phantom

Achtersystem *nn* COMP.SC → **octal notation**
→ Oktalsystem *nn*

achtflächig MATH → **octahedral**
→ oktaedrisch

Achtflächner *nm* MATH → **octahedron** *n* (*pl* -drons&-dra)
→ Oktaeder *nn*

achtlagig TECH **eight-layer** *adj*
= achtschichtig; = eight-part

Achtpol *nm* NETW.TH → **four-port network**
→ Viertor *nn*

achtpolig EL.TEC **eight-pole** *adj*
= eight-pin

achtschichtig TECH → **eight-layer** *adj*
→ achtlagig

achtspurig TER&PER **eight-track** *adj*
= eight-channel

Acht-Spur-Platte *nf* TER&PER **eight-track disk**

achtstellig MATH **eight-place** *adj*
↑ mehrstellig; = eight-figure; eight-digit
↑ of many places

Achtundsechzig-Dreißiger MICR.EL → **Motorola 68030**
→ Motorola 68030

Achtundsechzig-Zwanziger MICR.EL → **Motorola 68020**
→ Motorola 68020

achtwertig TECH **octavalent**

Acht-Zoll-Diskette *nf* TER&PER → **eight-inch floppy disk**
→ Normaldiskette *nf*

Acht-Zoll-Disketten-Laufwerk *nn* TER&PER → **eight-inch drive**
→ Normaldiskettenlaufwerk *nn*

Achzig-Achtundachziger MICR.EL → **Intel 8088**
→ Intel 8088

Achzig-Spalten-Bildschirm *nm* TER&PER **eighty-column screen**

ACIA HW → **ACIA**
→ asynchroner Schnittstellenadapter

ACID-Test *nm* SW **ACID test**
[Prüfung auf Untrennbarkeit, Konsistenz, Entkopplung und Dauerhaftigkeit]; [Atomicity, Consistency, Isolation, Durability]

ACIIZ-Kette *nf* SW **ASCIIZ string**
[mit dem NULL-Zeichen endend]; [terminating with the NULL character]
= null-terminating string; null-terminated string

Ackerman-Funktion *nf* SW **Ackerman's function**

[zum Testen eines Kompilierers auf Rekursionsfähigkeit]		[to test a compiler's recursion capability]
ACL	MICR.EL	**ACL** [Advanced CMOS Logic]
ACL-Liste *nf* → Zugiffskontrollliste *nf*	COMP.AP	→ **ACL**
ACM [Verband der Computerfachleute in USA]	DAT.PR	**ACM** [USA] = Association of Computing Machinery
ACPI-Schnittstelle *nf*	HW	**ACPI** = Advanced Configuration and Power Interface
Acrobat Reader [Konvert.-SW von Adobe] = Acroread	WOR.PR	**Acrobat reader** [converting SW of Adobe] = Acroread
Acroread → Acrobat Reader	WOR.PR	→ **Acrobat reader**
Actinium *nn* = Ac; Aktinium	CHEM	**actinium** = Ac
Action *nf* → Abenteuer *nn*	CINEMA	→ **action** *n*
Actionfilm *nm* → Abenteuerfilm *nm*	CINEMA	→ **action film**
Actionkomödie *nf* → Abenteuerkomödie *nf*	CINEMA	→ **action comedy**
Actionspiel *nn*	COMP.AP	**action game**
Active Desktop	INTERNET	**Active Desktop**
Active Platform *nf* [Entwicklungsplattform von MS]	INTERNET	**Active Platform** [development platform of MS]
ActiveX-Objekt (Microsoft) → COM-Objekt *nn*	SW	→ **COM object**
ACTOR [objektorientierte Sprache]	COMP.LG	**ACTOR** [an object-oriented language]
Actor *nm* [Element einer Wissensbasis] = Aktor *nm*	ART.IN	**actor** *n* [element of a knowledge base]
Actor-Sprache *nf*	ART.IN	**actor language**
ACT-Plumbicon	EL.TRO	**anti-comet-tail plumbicon** = ACT plumbicon
AD → Adjunct *nn*	TELEC	→ **Adjunct**
Ada *nf* [problemorientierte Programmsprache; zu Ehren von Ada Augusta Byron]	COMP.LG	**Ada** [a high-level programming language; in honour of Augusta Ada Byron]
Adaptation *nf* → Anpassung *nf*	TECH	→ **adaptation** *n*
Adaptation *nf* [eines] = Umarbeitung *nf*; Adaption *nf* (ANGL)	MEDIA	**adaption** *n*
Adaptationsdaten *nplt* [zur Anpassung eines Programms an Gegebenheiten] = Anpassungsdaten *nplt* ≈ Parametrisierungsdaten	SW	**adaptation data** [to adapt a program to given conditions] ≈ parametrization data
Adapter *nm* [zur Prüfung herausgezogener Steckmodule] = Baugruppenadapter *nm*; Adapterbaugruppe *nf*	INSTR	**board extender** = extender board; card extender; adapter *n*
Adapter *nm* (1) → Übergangsstecker *nm* (1)	COMPO	→ **adapter** *n* (1)
Adapter *nm* (2) [stellt den Übergang zwischen unterschiedlichen Steckerfamilien her] ↑ Übergangsstecker	COMPO	**inter-series adapter** *n* = between-series adapter; cross-series adapter ↑ adapter (1)
Adapterbaugruppe *nf* → Adapter *nm*	INSTR	→ **board extender**
Adapterkabel *nn*	INSTR	**patch cord**
Adapterkarte *nf* → Anpassungskarte *nf*	HW	→ **adapter board**
Adapterstecker *nm* → Übergangsstecker *nm* (1)	COMPO	→ **adapter** *n* (1)
adaptierbar → anpassbar	TECH	→ **adaptable** *adj*
Adaptierbarkeit *nf* → Anpassbarkeit *nf*	TECH	→ **adaptability** *n*
adaptiert = umgearbeitet	MEDIA	**adapted**
Adaptierungsparameter *nm* [eine für Programmanpassungen vorgesehene Variable]	SW	**adaptation parameter** [variable foreseen for program adaptations]
Adaption *nf*	CONTRO	**adaption** *n*
Adaption *nf* (ANGL) → Adaptation *nf*	MEDIA	→ **adaption** *n*
adaptiv → selbstanpassend	TECH	→ **self-adapting**
adaptive Antenne	ANT	**adaptive antenna**
adaptive Bildcodierung = adaptive Codierung	IMAG.PR	**adaptive image coding** = adaptive coding
adaptive Codierung → adaptive Bildcodierung	IMAG.PR	→ **adaptive image coding**
adaptive differentielle Pulscodemodulation → ADPCM	CODING	→ **ADPCM**
adaptive Regelung = adaptive Steuerung; Anpassungsregelung *nf*; Anpassungssteuerung *nf*	CONTRO	**adaptive control**
adaptiver Entzerrer	NETW.TH	**adaptive equalizer**
adaptiver Transversalentzerrer	NETW.TH	**adaptive transversal equalizer**
adaptiver Zeitbereichsentzerrer	NETW.TH	**adaptive time domain equalizer** = ATDE
adaptives Antwortverhalten	HW	**adaptive answering**
adaptives PCM → APCM	CODING	→ **APCM**
adaptives System = Adaptivsystem *nn*	ART.IN	**adaptive system**
adaptive Steuerung → adaptive Regelung	CONTRO	→ **adaptive control**
adaptive Verkehrslenkung	SWITCH	**adaptive routing**
adaptive Wartung = Anpassungswartung *nf*	TECH	**adaptive maintenance**
Adaptivsystem *nn* → adaptives System	ART.IN	→ **adaptive system**
adäquat [SCIE] → angemessen	COLL	→ **adequate** *adj*
Adäquatheit *nf* [SCIE] → Angemessenheit *nf*	COLL	→ **adequacy** *n*
ADB [eine genormte Busschnittstelle]	HW	**ADB** [a bus interface standard] = Apple Desktop Bus
ADC → A/D-Wandler *nm*	CODING	→ **analog-to-digital converter**
ADCCP [eine Übertragungsnorm des ANSI]	DAT.CO	**ADCCP** [a communications standard of ANSI; Advanced Data Communications Control Procedures]
Adcock-Antenne *nf* ↑ Richtantenne ↓ H-Adcock-Antenne; U-Adcock-Antenne; Drehadcock-Antenne; Fest-Adcock-Antenne	ANT	**Adcock antenna** ↑ directional antenna ↓ H-Adcock antenna; U-Adcock antenna; rotary Adcock antenna; fixed Adcock antenna
Adcock-Peiler *nm*	RAD.LO	**Adcock direction finder**
Add/Drop-Multiplexer *nm* → Abzweigmultiplexer *nm*	TRANSM	→ **add/drop multiplexer**
Addend *nm* (1) → zweiter Summand	MATH	→ **addend** *n* (1)
Addend *nm* (2) → Summand *nm* (2)	MATH	→ **addend** *n* (2)
Addende *nf* → Summand *nm* (2)	MATH	→ **addend** *n* (2)
Adder *nm* → Addierer *nm*	CIRC.EN	→ **adder** *n*
addierbar = summierbar	MATH	**summable**
addieren = summieren; zusammenzählen; summen	MATH	**add** *vt* = sum *vt*; totalize *vt*; total *vt*
Addieren *nn* → Addition *nf*	MATH	→ **addition** *n* (1)
Addierer *nm* [addiert Binärwerte oder Signalgrößen] = Addierschaltung *nf*; Addierglied *nn*; Addierwerk *nn*; Addierverstärker *nm*; Adder *nm*; Summierglied *nn*; Summierer *nm*; Umkehraddierer *nm*; Summationsverstärker *nm*; Summierverstärker *nm* ≈ Integrierglied ↓ Halbaddierer; Volladdierer	CIRC.EN	**adder** *n* [sums binary values or signal magnitudes] = adder circuit; summing amplifier ≈ integration circuit ↓ half adder; full adder
Addierer-Subtrahierer *nm* = Subtrahierer-Addierer *nm*	CIRC.EN	**adder-subtractor** = subtractor-adder
Addierglied *nn* → Addierer *nm*	CIRC.EN	→ **adder** *n*
Addiermaschine *nf*	OFFICE	**adding machine**

Addierschaltung *nf* — CIRC.EN — → **adder** *n*
→ Addierer *nm*

Addierstreifen *nm* — TER&PER — **addition slip**
= Additionsstreifen *nm*
= adding slip; addition tape; adding tape

Addierstreifenrolle *nf* — TER&PER — → **addition roll**
→ Additionsrolle *nf*

Addierverstärker *nm* — CIRC.EN — → **adder** *n*
→ Addierer *nm*

Addierwerk *nn* — CIRC.EN — → **adder** *n*
→ Addierer *nm*

Addierzähler *nm* — CIRC.EN — **adding counter**

Addition *nf* — MATH — **addition** *n* (1)
= Addieren *nn*; Summierung *nf*; Aufsummierung *nf*; Summation *nf*; Aufrechnung *nf*
≈ Summe
[the act of adding]
= summation *n*; add *n*; accumulation *n*
≈ sum

Additionsregister *nn* — DAT.PR — → **accumulator register**
→ Akkumulatorregister *nn*

Additionsrolle *nf* — TER&PER — **addition roll**
= Addierstreifenrolle *nf*
= adding roll

Additionsstreifen *nm* — TER&PER — → **addition slip**
→ Addierstreifen *nm*

Additionssystem *nn* — COMP.SC — **additive notation**
= gebündeltes Zahlensystem; gebündelte Schreibweise; gebündelte Darstellung; gebündeltes System
≠ Stellenwertsystem
↑ Zahlensystem
↓ römisches Zahlensystem; Biquintalsystem; Biquinärsystem
= additive number representation; additive numbering system; additive representation; bundled notation; bundled number representation; bundled numbering system; bundled representation
≠ positional notation
↑ number system
↓ Roman numbering system; biquintal notation; biquinary notation

Additionsüberlauf *nm* — MATH — → **carry** *n*
→ Übertrag *nm*

Additionsübertrag *nm* — MATH — → **carry** *n*
→ Übertrag *nm*

Additionszeichen *nn* — MATH — → **plus sign**
→ Plus-Zeichen *nn*

Additionszeit *nf* — EL.TRO — **add time**
= addition time

additiv *adj* — MATH — **additive** *adj*

Additiv *nn* — CHEM — → **additive** *n*
→ Zusatz *nm*

additive Farbmischung — TV — **additive color composition**
= additive colour composition

additive Mischung — HF — **additive mixing**
= single-input mixing; additive conversion

Additivkreis *nm* — CIRC.EN — **applique circuit**
= applique *n*

addressierbarer Cursor — COMP.AP — → **addressable cursor**
→ adressierbare Schreibmarke

Adelson-Velskii-Landis-Baum *nm* — DAT.MA — **Adelson-Velskii-Landis tree**
= AVL-Baum *nm*
= AVL tree

Ader *nf* — COM.CAB — **wire** *n*
[Leiter mit Isolierhülle]
= Einzelader *nf*; Kabelader *nf*
[cunductor with insulating covering]

Ader *nf* — OPT.CO — **conductor**

Aderabschirmung *nf* — COM.CAB — **insulation shield**
= insulation screen; core screen

Aderbruch *nm* — COM.CAB — → **wire breakage**
→ Drahtbruch *nm*

Aderbündel *nf* — COM.CAB — **wire bundle**
= Adernbündel *nf*
= lead bundle; conductor bundle

Aderdicke *nf* — METAL — → **wire gauge**
→ Drahtmaß *nn*

Aderdurchmesser *nm* — METAL — → **wire gauge**
→ Drahtmaß *nn*

Aderendhülse *nf* — COMPO — **wire-end sleeve**
= wire cable end

Adernbelegung *nf* — EQP.EN — **wire assignment**

Adernbündel *nf* — COM.CAB — → **wire bundle**
→ Aderbündel *nf*

Aderndicke *nf* — METAL — → **wire gauge**
→ Drahtmaß *nn*

Aderndurchmesser *nm* — METAL — → **wire gauge**
→ Drahtmaß *nn*

Adernpaar *nn* — COM.CAB — → **wire pair** *n*
→ Aderpaar *nn*

Adernverseilung *nf* — COM.CAB — → **twisting** *n*
→ Verseilung *nf*

Aderpaar *nn* — COM.CAB — **wire pair** *n*
[Paarverseilung]
= Adernpaar *nn*; Doppelader *nf* [TELEC]; Paar *nf*
↑ Verseilelement; symmetrisches Paar [LINE TH]
↓ symmetrisches Paar; verdrilltes Aderpaar
[pair formation]
= pair *n*; twin wire; dual wire; strand (1); lead pair; conductor pair
↑ stranding element; balanced pair
↓ symmetric pair; twisted pair

Adhäsion *nf* — PHYS — **adhesion**
[zwischen Molekülen verschiedener Körper oder Stoffe]
= Haftung *nf*; Adhäsionskraft *nf*
≈ Kohäsion
↓ Adsorption
[between molecules of different bodies or materials]
≈ cohesion
↓ adsorption

Adhäsionskraft *nf* — PHYS — → **adhesion**
→ Adhäsion *nf*

Ad-hoc-Abfrage *nf* — DAT.MA — **ad hoc query**
= ad hoc inquiry; ad hoc enquiry

adiabatisch — PHYS — **adiabatic**
[ohne Änderung des Wärmeinhalts]
≈ isentropisch
[without change of heat content]
≈ isentropic

Ad Impression *nf* — INTERNET — **ad impression**
[Anzahl der Werbemittelabrufe]
[number of ad contatcts]

Adjazenz *nf* — LOGIC — **adjacency** *n*

Adjektiv *nn* — LING — **adjective** *n*
[flektierbar; charakterisiert ein Nomen ("schöner" Tag) oder ein Verb (war "schön")]
= Adjektivum *nn*; Eigenschaftswort *nn*; Beiwort *nn*; Artwort *nf*
↑ Nomen (2)
[flectional; to characterize nouns ("nice" weather) or verbs (was "nice")]
↑ noun (2)

Adjektivum *nn* — LING — → **adjective** *n*
→ Adjektiv *nn*

Adjunct *nn* — TELEC — **Adjunct**
[IN]
= AD
[IN]
= AD

adjungiert — MATH — **adjoint**

adjungierter Ausdruck — LOGIC — **adjoint expression**

Adjunkte *nf* — MATH — → **algebraic complement**
→ algebraisches Komplement

Adjunktion *nf* — LOGIC — → **disjunction** *n*
→ Disjunktion *nn*

Adjunktion *nf* — LOGIC — → **OR operation**
→ ODER-Verknüpfung *nf*

Adjunktionsgatter *nn* — CIRC.EN — → **OR gate**
→ ODER-Glied *nn*

Adjunktionsglied *nn* — CIRC.EN — → **OR gate**
→ ODER-Glied *nn*

Adjunktionstor *nf* — CIRC.EN — → **OR gate**
→ ODER-Glied *nn*

ADM — DAT.CO — → **asynchronous disconnected mode**
→ unabhängiger Wartezustand

Administration *nf* — ECON — → **administration** *n* (1)
→ Verwaltung *nf* (1)

administrative Datenverarbeitung — DAT.PR — **administrative data processing**
= Verwaltungsdatenverarbeitung *nf*; Verwaltungs-DV *nf*
[for administrations]
= ADP

administrieren — ECON — → **administer** *vt*
→ verwalten

Admittanz *nf* — NETW.TH — → **admittance** *n*
→ komplexer Scheinleitwert

Admittanz-Matrix *nf* — NETW.TH — → **admittance matrix**
→ Leitwertmatrix *nf*

Admittanzparameter *nm* — NETW.TH — → **conductance parameter**
→ Leitwertparameter *nm*

ADN — TELEC — **ADN**
[56 kbit/s]
[56 kbps]
= Advanced Digital Network

Adobe Illustrator *nm* — COMP.GR — **Adobe Illustrator**
[ein Grafikprogramm für professionelle Anwendungen; 1987 durch Adobe Systems Inc.]
[a computer graphics program for professional applications; 1987 by Adobe Systems Inc.]

Adobe Systems Inc. — SW — **Adobe Systems Inc.**
[führender Hersteller von Grafik-SW]
[leading vendor of graphics SW]

ADO-Effekt *nm* — TV — **ADO**
[Videoeffekt]
[Ampex Digital Optical]

ADPCM — CODING — **ADPCM**
[auf 4 Bit pro Abtastwert reduzierte PCM-Codierung, zur Einsparung von Speicher- oder Übertragungskapazität]
= adaptive differentielle Pulscodemodulation
[PCM coding reduced to 4 bits per sample, to save storage or transmission capacity]
= adaptive differential pulse code modulation; adaptive delta pulse

code modulation
≈ transcoder [TRANSM]; APCM

AD-Prozess *nm* MICR.EL → **AD technique**
→ AD-Technik *nf*

ADR CINEMA **ADR**
= Automatic Dialogue Replacement

Adressabbildung *nf* SW → **address translation**
→ Adressumsetzung *nf*

Adressabbildung *nf* DAT.CO **address mapping**
= Adressumsetzung *nf*
= address conversion

Adressaddierer *nm* DAT.PR **address adder**

Adressänderung *nf* DAT.PR → **address modification**
→ Adressenmodifikation *nf*

Adressant *nm* ECON → **consigner** *n*
→ Absender *nm*

Adressant *nm* INF.TEC → **sender** *n*
→ Absender *nm*

Adressarithmetik *nf* DAT.PR → **address arithmetics**
→ Adressrechnung *nf*

Adressat *nm* POST → **addressee** *n*
→ Empfänger *nm*

Adressat *nm* ECON → **consignee** *n*
→ Lieferungsempfänger *nm*

Adressatendatei *nf* WOR.PR **addresse file**
[z.B. für Standardbrieferstellung]
[e.g. for mail merge]
= secondary file

Adressauflösung *nf* DAT.NW **address resolution**

Adressaufruf *nm* SW **address call**

Adressbereich *nm* SW **address range**

Adressbezug *nm* COMP.AP **address reference**

Adressblock *nm* DAT.CO **address message**

Adressbreite *nf* SW **address capacity**
= Adresskapazität *nf*

Adressbuch *nn* DAT.MA → **address table**
→ Adresstabelle *nf*

Adressbuch *nn* INTERNET **directory** *n*
= Directory
= address book

Adressbus *nm* HW **address bus**
= Adressenbus *nm*; Adresspfad *nm*
↑ Bus
= address highway; highway *n* (2)
↑ bus

Adresscode *nm* SW **address code**

Adressdatei *nf* SWITCH → **address file**
→ Adressendatei *nf*

Adressdatensatz *nm* DAT.MA **address record**
= Adresssatz *nm*

Adressdecoder *nm* MICR.EL **address decoder**

Adresse *nf* TELECON **address** *n*

Adresse *nf* TELEC → **address** *n*
→ Anschrift *nf*

Adresse *nf* SW **address** *n*
[Platzkennzeichen für ein Gerät oder eine Speicheradresse]
= Datenadresse *nf*
↓ absolute Adresse; relative Adresse; direkte Adresse; indirekte Adresse; symbolische Adresse; virtuelle Adresse
[place identifier for a device or storage location]
= data address; label *n* (2)
↓ absolute address; relative address; direct address; indirect address; symbolic address; virtual

Adresse *nf* POST → **address** *n*
→ Anschrift *nf*

Adressenaufruf *nm* COMP.LG → **call by reference**
→ Referenzaufruf *nm*

Adressenbit *nn* CODING **address bit**

Adressenbus *nm* HW → **address bus**
→ Adressbus *nm*

Adressencodierer *nm* SW **address coder**

Adressendatei *nf* SWITCH **address file**
= Adressdatei *nf*; Anschriftendatei *nf*

Adressende *nn* DAT.CO **end-of-address**
[Code]
= EOA
[code]
= EOA

Adressendecodierer *nm* SW **address decoder**

Adressenfälschung *nf* INTERNET → **IP spoofing**
→ IP-Adressfälschung *nf*

Adressenfeststellung *nf* DAT.PR **adress resolution**

Adressenformat *nn* SW **address format**
= Adressformat *nn*

Adressenfortschreibung *nf* SW **address increment**

Adressenliste *nf* OFFICE **address list**

adressenlos SW **addressless** *adj*
= no-address *adj*

adressenloser Befehl SW → **zero-address instruction**
→ Null-Adress-Befehl *nm*

Adressen-Management *nn* SW → **address management**
→ Adressenverwaltung *nf*

Adressenmodifikation *nf* DAT.PR **address modification**
= Adressänderung *nf*

Adressenregister *nn* SW → **address register**
→ Adressregister *nn*

Adressenschub *nm* SWITCH **address batch**
= Adressschub *nm*

Adressenspeicher *nm* SWITCH **address latch**
= latch *n*

Adressensubstitution *nf* DAT.PR **address substitution**
↑ Adressenmodifikation
↑ address modification

Adressenteil *nm* SW **address part**
= Adressteil *nm*
= address section

Adressenumsetzer *nm* SW **memory map** (2)

Adressenverwaltung *nf* SW **address management**
= Adressen-Management *nn*

Adressenverwaltungsprogramm *nn* WOR.PR **address administration program**

Adressetikettenprogramm *nn* WOR.PR **mailing list program**

Adressfälschung *nf* INTERNET **spoofing** *n*
[Sengl. "spoof" = schwindeln, verkohlen]
= Spoofing *nn* (ANGL)
↓ IP-Adressfälschung; Web-Adressfälschung; Domänennamenfälschung
↓ IP spoofing; Web address spoofing; domain spoofing

Adressfehler *nm* SW **address error**
= Adressierungsfehler *nm*
= addressing error

Adressfehler *nm* ECON → **misdirection** *n*
→ Fehladressierung *nf*

Adressfeld *nn* SW **address field**
≠ Operationscode
= address part; operand field
≠ operation code

Adressformat *nn* SW → **address format**
→ Adressenformat *nn*

Adresshinweissignal *nn* HW **address strobe**
[weist auf Gültigkeit der Adresse hin, die auf einem Bus gerade übertragen wird]
[signal indicating a valid address beeing transmitted on a bus]

adressierbar SW **addressable**
= ansteuerbar

adressierbarer Speicher HW **addressable memory**
≈ Direktzugriffsspeicher
↑ Hauptspeicher (1)
↓ Speicheradressraum; Eingabe-/Ausgabe-Adressraum
= addressable storage; addressable store; addressed memory; addressed storage; addressed store
≈ random-access memory
↑ main memory (1)
↓ memory address space; input/output address space

adressierbarer Speicherbereich DAT.PR → **addressable storage**
→ Adressraum *nm*

adressierbare Schreibmarke COMP.AP **addressable cursor**
= addressierbarer Cursor

Adressierbarkeit *nf* SW **addressability**

Adressierebene *nf* SW **addressing level**

adressieren SW **address** *vt*
= ansteuern

Adressierfähigkeit *nf* SW **addressing capacity**

Adressiermaschine *nf* OFFICE **addressing machine**
= mailing machine

Adressiermethode *nf* DAT.PR → **addressing mode**
→ Adressierverfahren *nn*

Adressierung *nf* SW **addressing**

Adressierungsarchitektur *nf* SW **addressing architecture**

Adressierungsart *nf* SW → **addressing method**
→ Adressierungsmethode *nf*

adressierungsbedingte Ablaufunterbrechung SW **addressing exception**
[weil Adresse den verfügbaren Speicherraum überschreitet]
[interruption because address exceeds the available store]

Adressierungsbereich *nm* DAT.PR → **addressable storage**
→ Adressraum *nm*

Adressierungsfehler *nm* SW → **address error**
→ Adressfehler *nm*

Adressierungsmaske *nf* DAT.NW **address mask**

Adressierungsmethode *nf* SW **addressing method**
= Adressierungsart *nf*; Adressierungsmodus *nm*
= addressing mode

Adressierungsmodus *nm* SW → **addressing method**
→ Adressierungsmethode *nf*

Adressierungsmöglichkeit *nf* SW **addressing capability**

Adressierungsregister *nn* SW → **address register**
→ Adressregister *nn*

Adressierverfahren *nn* DAT.PR **addressing mode**
= Adressiermethode *nf*
= addressing technique; address mode

Adressinformation *nf*	SWITCH	**address information**
Adressinformation *nf* = Zustellungsinformation *nf*	DAT.CO	**address information** = delivery information
Adressinformationsaustausch *nm*	SWITCH	**outpulsing** *n*
Adresskapazität *nf* → Adressbreite *nf*	SW	→ **address capacity**
Adresskennzeichen *nn*	DAT.CO	**address signal**
Adresskonstante *nf*	SW	**address constant** = ADCON
Adresskonverter *nm*	SW	**address converter** = address convertor
Adresskonvertierung *nf* → Adressumsetzung *nf*	SW	→ **address translation**
Adresskopf *nm*	INF.TEC	**address header**
Adresslänge *nf*	DAT.CO	**address length**
Adressleiste *nf*	COMP.AP	**address bar**
Adresslos-Datei *nf* [Sendungsvermittlunmg; für nicht übermittelbare Nachrichten]	DAT.CO	**dead letter box** [message switching; for unaddressed messges]
Adressmarkierung *nf* [markiert den logischen Beginn jeder Spur]	DAT.MA	**address mark** [marks logical start of each track] = index mark
Adressmodifikation *nf*	SW	**address modification**
Adressmultiplex *nn*	DAT.CO	**address multiplex**
Adresspfad *nm* → Adressbus *nm*	HW	→ **address bus**
Adressprüfung *nf*	SW	**address check**
Adressraum *nm* = Adressierungsbereich *nm*; adressierbarer Speicherbereich	DAT.PR	**addressable storage** [range of addressable memory locations] = address space
Adressrechnung *nf* = Adressarithmetik *nf*	DAT.PR	**address arithmetics** = address calculation; address computation
Adressrechnungsbefehl *nm*	SW	**address computation instruction**
Adressrechnungssortierung *nf* ↑ Einfügesortierung	DAT.MA	**address calculation sort** = multiple-list insertion sort ↑ insertion sort
Adressregister *nn* [Teil des Zentralspeichers] = Adressenregister *nn*; Adressierungsregister *nn*	SW	**address register** [part of main memory]
Adresssatz *nm* → Adressdatensatz *nm*	DAT.MA	→ **address record**
Adressschub *nm* → Adressenschub *nm*	SWITCH	→ **address batch**
Adress-Serienbrief-Mischfunktion *nf* → Serienbrieferstellung *nf*	WOR.PR	→ **mail merge**
Adresssortierung *nf*	DAT.MA	**address sorting**
Adressspeicher *nm*	DAT.PR	**address memory** = address storage; address store
Adressspur *nf*	TER&PER	**address track**
Adresstabelle *nf* = Adressbuch *nn*	DAT.MA	**address table**
Adresstabellensortierung *nf*	DAT.MA	**address table sorting**
Adressteil *nm* → Adressenteil *nm*	SW	→ **address part**
Adressteil *nm* = Zustellinformationsteil *nm* ≠ Hauptteil	DAT.CO	**address part** ≠ body
Adressübersetzung *nf* → Adressumsetzung *nf*	SW	→ **address translation**
Adressumrechnung *nf* → Adressumsetzung *nf*	SW	→ **address translation**
Adressumsetzung *nf* = Adresskonvertierung *nf*, Adressübersetzung *nf*, Adressumrechnung *nf*, Adressabbildung *nf*	SW	**address translation** = address conversion; address mapping
Adressumsetzung *nf* → Adressabbildung *nf*	DAT.CO	→ **address mapping**
Adressverkettung *nf*	SW	**address chaining**
Adressverschachtelung *nf*	DAT.PR	**address nesting**
Adressverzerrung *nf* [absichtliche]	INTERNET	**address munging**
Adresswort *nn*	SW	**address word**
Adresszähler *nm* → Befehlszähler *nm*	HW	→ **instruction counter**
Adresszeiger *nm*	SW	**address pointer**
Adresszeile *nf*	DAT.NW	**address line** = location line
Adresszuordnung *nf*	DAT.PR	**address assignment** = address mapping
Ad-Server *nm* → Werbeserver *nm*	INTERNET	→ **ad server**
ADSL [über 2 normale Kupferpaare, dem Fernsprechdienst überlagert: ISDN u. 6 Mbit/s-Video bzw. ein 0,7 Mbit/s Rückkanal] ↑ xDSL	TELEC	**ADSL** [Asymmetrical Digital Subscriber Line; over 2 copper pairs, on top of POTS: ISDN and 6 Mbit/s video and a 0.7 Mbit/sback channel] ↑ xDSL
ADSL-Dienst *nm*	TELEC	**ADSL service**
Adsorption *nf* [Adhäsion von gasförmigen auf festem Stoff] ↑ Adhäsion	PHYS	**adsorption** [adhesion of gas on solid] ↑ adhesion
ADSR-Kurve *nf* [Musikinformation]	COMP.AP	**ADSR curve** [musical information; Attack, Decay, Sustain, Release]
ADSS-Kabel *nn* → volldielektrisches selbsttragendes Luftkabel	COM.CAB	→ **ADSS cable**
AD-Technik *nf* = AD-Prozess *nm*; ABD-Technik *nf*, ABD-Prozess *nm*; PAD-Technik *nf*, PAD-Prozess *nm*; POB-Technik *nf*, POB-Prozess *nm*	MICR.EL	**AD technique** [ADB = Alloy Bulk Diffusion, PAD = Post-Alloy Diffusion, POB = Pushs-Out Base] = AD technique; ADB technique; PAD technique; push-out base technique; POB technique
AD-Transistor *nm* → diffusionslegierter Transistor	MICR.EL	→ **diffused alloy transistor**
ADU → A/D-Wandler *nm*	CODING	→ **analog-to-digital converter**
ADV *nf* → elektronische Datenverarbeitung	INF.TEC	→ **electronic data processing**
Advance *nn* → Konstantan *nn*	METAL	→ **constantan** *n*
Advektion *nf* [horizontale Luftbewegung]	METEO	**advection** [horizotal movement of air]
Advektionsinversion *nf*	METEO	**inversion by advection**
Adverb *nf* (*pl* Adverbien) [zur Umstandsbestimmung; nicht flektierbar; z.B. "heute", "schnell"] = Umstandswort *nn*	LING	**adverb** *n* [not inflectional; to specify circumstances; e.g. "today", "rapidly"]
Adverbial *nn* (p -e) [Wortkombination zur Bestimmung des Umstandes einer Handlung] = Adverbiale *nn* (*pl* -lien); adverbiale Bestimmung; Umstandsbestimmung *nf*	LING	**adverbial specification** *n* = adverbial *n*
Adverbiale *nn* (*pl* -lien) → Adverbial *nn* (p -e)	LING	→ **adverbial specification** *n*
adverbiale Bestimmung → Adverbial *nn* (p -e)	LING	→ **adverbial specification** *n*
Adverbialsatz *nm* = Umstandssatz *nm*	LING	**adverbial sentence**
adversativ *adj* = entgegensetzend	LING	**adversative** *adj*
AE → Anschlusseinheit *nf*	SWITCH	→ **terminal** *n*
AEC-Software *nf* [für das Bauwesen]	COMP.AP	**AEC software** = Architecture, Engineering and Constrruction software
AFC → Frequenznachregelung *nf*	CIRC.EN	→ **automatic frequency control**
AFCET = Association Francaise pour la Cybernétique	DAT.PR	**AFCET** = Association Francaise pour la Cybernétique
A-Festival *nn*	CINEMA	**A festival**
Affinität *nf*	CHEM	**affinity** *n*
Affix *nn* [einem Wortkern angefügtes unselbständiges Wortelement] ↓ Präfix; Infix; Suffix	LING	**affix** *n* [dependent word element aggregated to a word kernel] ↓ prefix; infix; suffix
AFIM → zugriffsfolgend	DAT.MA	→ **AFIM**
AFIPS [Dachverband der US-amerikanischen Informatiker - Gesellschaften]	DAT.PR	**AFIPS** [American Federation of Information Processing Societies]
AFK	INTERNET	**AFK** = Away from Keyboard
AFNOR [Association Francaise de Normalisation; der französische Normenverband]	TECH	**AFNOR** [the French standards authority]
A-Format *nn* = DIN-A-Format *nn*	OFFICE	**A size** = A format; DIN A size; DIN A format
A-förmiger Mast ↑ Telefonmast	OUT.PL	**A-fixture** ↑ telephone pole
AFP	COMP.LG	**AFP**

[Seitenbeschr.Sprache von IBM]		[page descr. lang. of IBM] = Advanced Function Presentation
AFP-Drucker *nm*	TER&PER	**AFP printer**
AFP-Verfahren *nn* = alternierendes Flankenpulsvefahren	HW	**AFP procedure** = alternating flank procedure
afroamerikanisches Englisch	LING	**African American English** = African American Vernacular English; American Black English; Black English
AFSK	MODUL	**AFSK** = audio-frequency FSK
Aftertouch [Musikinformation]	COMP.AP	**aftertouch** [musical information]
AG → Aktiengesellschaft *nf*	ECON	→ **corporation** *n* (2) (AE)
Ag → Silber *nn*	CHEM	→ **silver** *n*
AGA [Emulator für andere Grafikstandards]	TER&PER	**AGA** [Advanced Graphics Adapter; emulator for other graphic standards]
AGA-Adapter *nm* → AGA-Karte *nf*	TER&PER	→ **AGA board**
AGA-Karte *nf* = AGA-Adapter *nm* ↑ Grafikkarte	TER&PER	**AGA board** ↑ graphics board
Agenda *nf* (1) → Merkbuch *nn*	OFFICE	→ **notebook** *n*
Agenda *nf* (2) → Tagesordnung *nf*	OFFICE	→ **agenda** *n* (2)
Agenda-Setting-Theorie *nf*	MEDIA	**agenda setting theory**
Agens *nm* → Mittel *nn*	CHEM	→ **agent** *n* (1)
Agent *nm* [Routine die bei speziellen Siuationen einspringt] = Software-Agent *nm*	SW	**agent** *n* [routine stepping-in in specific sitautions] = software agent; smart agent; intelligent agent; personal agent
Agent *nm* → Call-Center-Agent *nm*	TELEC	→ **call center agent**
Agent *nm* → Software-Agent *nm*	COMP.AP	→ **software agent**
Agent *nm* (1) → Beauftragter *nm*	ECON	→ **agent** *n*
Agent *nm* → Vertreter *nm*	ECON	→ **representative** *n*
agentenbasiert	SW	**agent-based**
Agentenfilm *nm* → Spionagefilm *nm*	CINEMA	→ **spy film**
agentenorientiert	SW	**agent-oriented**
Agentensystem *nn*	SW	**agent system**
Agentur *nf*	ECON	**agency** *n* (1)
Agentur *nf* → Filiale *nf*	ECON	→ **branch office**
A-Gesetz *nf*	CODING	**A-encoding law** = A-law
Aggregat *nn* → Stromaggregat *nn*	POW.SY	→ **generating set**
Aggregation *nf* [OOP; Zusammensetzung des Ganzen aus Teilen]	SW	**aggregation** *n* [OOP; - of the whole with components]
Aggregatzustand *nm*	PHYS	**state of aggregation**
aggregiertes Objekt → Beinhaltungsobjekt *nn*	SW	→ **aggregate object**
aggressive Neuinstallation [überschreibt alle Dateien] = radikale Neuinstallation	SW	**clean installation**
agil	MIL.CO	**agile** *adj*
agile Bandbreite	MIL.CO	**agile bandwidth**
agile Kommunikation	MIL.CO	**agile communication**
agiles Funkgerät	MIL.CO	**agil transceiver**
agiles Signal → Hochgeschwindigkeitssignal *nn*	MIL.CO	→ **agil signal**
Agilität *nf*	MIL.CO	**agility** *n*
Agil-Signal-Generator *nm* = Hochgeschwindigkeitssignal-Generator *nm*	INSTR	**agile signal generator**
Agio *nn* → Aufgeld *nn*	ECON	→ **premium** *n*
AGK → allgemeine Gemeinkosten	ECON	→ **general administration costs**
AGP-Port *nm* → AGP-Steckplatz *nm*	HW	→ **AGP**
AGP-Steckplatz *nm* = AGP-Port *nm*	HW	**AGP** = Accelerated Graphics Port
Agt → Anschaltgerät *nn*	EL.TRO	→ **connection device**
AGUL	COMP.LG	**AGUL** [A Graphic User Interface]
A h → Amperestunde *nf*	PHYS	→ **ampere-hour**
Ahne *nm* [Graphentheorie]	MATH	**ancestor** *n* [theory of graphs]
ähnlich ≈ vergleichbar; gleichartig	COLL	**similar** *adj* ≈ comparable; equal-type
Ähnlichkeit *nf* = geometrische Verwandschaft	MATH	**similarity** *n*
Ähnlichkeit *nf* ≈ Vergleichbarkeit; Artgleichheit; Affinität	COLL	**similarity** *n* = likeness *n* ≈ comparibility; affinity
Ähnlichkeitsmodell *nn*	MOD&SI	**normative model**
Ähnlichkeitssatz *nm*	MATH	**similarity theorem**
Ähnlichkeitstransformation *nf*	MATH	**similarity transformation** = similarity transform
Ähnlichzeichen *nn* = Proportionalitätszeichen *nn*; Tilde *nf*	MATH	**equivalent sign** = similar sign; proportional sign
AICA [italienische Informatiker-Vereinigung] = Associazione Italiana per l'Informatica ed il Calcolo Automatico	DAT.PR	**AICA** [the Italian information processing association] = Associazione Italiana per l'Informatica ed il Calcolo Automatico
AID = Chip-Anwendungskennzeichen *nn*	DAT.CO	**AID** = Application Identifier
AIFF-Format *nn* [Apple, SGI] = AIF-Format *nn*	DAT.MA	**AIFF** [Apple, SGI] = Audio Interchange File Format
AIF-Format *nn* → AIFF-Format *nn*	DAT.MA	→ **AIFF**
AIIA	DAT.PR	**AIIA** = Australian Information Industry Association
Aiken-Code *nm*	CODING	**Aiken code**
AIM	MICR.EL	**avalanche-induced migration** = AIM
AIM [ein Software-Paket für Datenverwaltung und -übertragung]	SW	**AIM** = Advanced Information Manager
AIM → zugriffsfolgend	DAT.MA	→ **AFIM**
AIN	TELEC	**Advanced IN** = AIN
AIS-Signal *nn* → Alarm-Meldesignal *nn*	TRANSM	→ **alarm indication signal**
AIT-Kassette *nf*	TER&PER	**AIT cartridge** = Advanced Intelligence Tape cassette
AITS	INF.TEC	**AITS** = Australian Information Technology Society
AIX [eine UNIX-Version der IBM]	SW	**AIX** [Advanced Interactive eXecutive; an UNIX version of IBM]
Akademiker *nm* = Diplomierter *nm*; Graduierter *nm* ↓ Hochschulabsolvent	EDUC	**graduate** *n* [holding academic degree] = academic *n*; egghead *n* (AE) (slang) ↓ fresh graduate
akademisch = Universitäts-	EDUC	**academic** *adj*
akademische Fachrichtung → Studienfach *nn*	EDUC	→ **course of study**
Akkomodation *nf* [Auge]	OPT	**accomodation** *n* [eye]
Akkord *nm* → Stückakkord *nm*	MANUF	→ **piece-work** *n*
Akkordarbeit *nf* → Stückakkord *nm*	MANUF	→ **piece-work** *n*
Akkordsatz *nm*	ECON	**piece rate**
Akkredit *nn* → Akkreditiv *nf*	ECON	→ **letter of credit**
akkreditiert → zugelassen	ECON	→ **licensed** *adj*
Akkreditierung *nf* = Zulassung *nf*	QUAL	**accreditation** *n* = approval *n*

Akkreditiv *nf* = Akkredit *nn*; Dokumentenakkreditiv *nn*; L/C *nn*; Kreditbrief *nm*	ECON	**letter of credit** = L/C; documentary credit
Akku *nm* → Akkumulator *nm*	POW.SY	→ **accumulator** *n*
akkubetrieben	EQP.EN	**accumulator-driven**
Akkumulator *nm* [durch Gleichstrom ladbarer Energiespeicher] = Akku *nm*; Sammler *nm*; Sekundärelement *nn*; sekundäres Element ↑ galvanisches Element	POW.SY	**accumulator** *n* [dc-chargeable energy store] = storage cell; secondary cell; cell *n*; rechargeable battery ↑ galvanic cell
Akkumulator *nm* [ursprünglich definiert als ein Register des Rechenwerks für arithmetische Operationen; neuerdings jeglicher Speicherplatz in dem Ergebnisse arithmetischer Operationen erzeugt und zwischengespeichert werden] = A-Register *nn* ↑ Register	HW	**accumulator** *n* [originally defined as a register of ALU where arithmetic operations are carried out; now any store location to generate and temporarily store results of arithmetic operations] = accumulator register ↑ register
Akkumulator *nm* [sammelt Ergebnisse fortlaufender Additionen]	CIRC.EN	**accumulator** *n* [accumulates results of running addition operations]
Akkumulatorregister *nn* = Additionsregister *nn*	DAT.PR	**accumulator register** = accumulating register
Akkumulatorsatz *nm* = Akkusatz *nm*	POW.SY	**accumulator pack**
Akkumulatorverschiebebefehl *nm*	SW	**accumulator shift instruction**
akkumulieren = ansammeln	TECH	**accumulate** *vt*
akkumuliert → aufgelaufen	COLL	→ **accumulated**
akkurat → sorgfältig	COLL	→ **careful** *adj*
Akkusativ *nm* = Wenfall *nm*; 4. Fall *nm*; vierter Fall *nm*	LING	**accusative** *n*
Akkusatz *nm* → Akkumulatorsatz *nm*	POW.SY	→ **accumulator pack**
AKO → Auftragskosten *nplt*	ECON	→ **job order costs**
Akquisition *nf*	CIRC.EN	**acquisition** *n*
Akquisition *nf* (1) [Tätigkeit] = Verkaufsförderung *nf*; Absatzförderung *nf*	ECON	**sales promotion** = merchandising *n*
Akquisition *nf* (2) [Ergebnis]	ECON	**new business**
Akronym *nn* [vom Griechischen "ákros + ónyma"" = "Spitze, Gipfel + Name"; aus einzelnen Buchstaben mehrerer Wörter, meist Anfangsbuchstaben, gebildetes Kunstwort, z.B. RADAR] = Initialwort *nn*; Buchstabenwort *nn* ≈ Abkürzung ↑ Kunstwort	LING	**acronym** *n* [from Greek "ákros + ónyma" = "peak, end + name"; artificial word formed by single letters of several words, mostly initial letters, e.g. RADAR] ≈ abbreviation ↑ artificial term
Akrophon *nn* = phonetisches Akronym	LING	**acrophone** *n*
Akt *nm* → Zeremonie *nf*	MEDIA	→ **ceremony** *n*
Akte *nf* [Sammlung von Schriftstücken einer Angelegenheit] = Unterlage *nf*	OFFICE	**record** *n* (1) [collection of ducuments about a topic] = file *n*; dossier *n*; document *n*
Aktenablage *nf*	OFFICE	**records filing**
Aktenkoffer *nm*	DAT.MA	**Briefcase** = Suitcase
Aktenkopie *nf*	OFFICE	**file copy**
Aktennotiz *nf* → Notiz *nf*	OFFICE	→ **memorandum** *n*
Aktennummerierungsplan *nm* = Aktenplan *nm*	OFFICE	**reference numbering system**
Aktenordner *nm* [zum Abheften von Papieren] = Ordner *nm*; Hefter *nm*	OFFICE	**file** *n* [device to keep papers] = lever arch file
Aktenordnung *nf* = Aktensystem *nn*; Ablagesystem *nn*	OFFICE	**filing system** [way to put documents in order]
Aktenplan *nm* → Aktennummerierungsplan *nm*	OFFICE	→ **reference numbering system**
Aktenregal *nn* → Registraturregal *nn*	OFFICE	→ **filing shelf**
Aktenschrank *nm* = Registraturschrank *nm*	OFFICE	**filing cabinet** (1)
Aktensystem *nn* → Aktenordnung *nf*	OFFICE	→ **filing system**
Aktentaschen-Computer *nm* [kompletter Personalcomputer in Aktentaschenformat; lap (Engl.) = Schoß; i.a. 4-7,5 kg schwer] = Laptop-Computer *nm*; Portable-Computer *nm*; Laptop *nm*; Lapheld Computer *nm*; Lapheld *nm*; Schlepptop *nm* (slang); Schleppi *nm* (slang) ≈ Taschen-Computer ↑ Personal-Computer; tragbarer Computer; ultraleichter Computer ↓ Notizbuch-Computer	DAT.PR	**laptop computer** [a complete PC with the size of a briefcase; from "lap" (person's knees when sitting); generally weighting 4-7.5 kg] = lap-size computer; laptop *n*; lapheld computer; lapheld; lap computer; briefcase computer ≈ hand-held computer ↑ personal computer; portable computer; ultralight computer ↓ notebook computer
Aktenvermerk *nm* → Notiz *nf*	OFFICE	→ **memorandum** *n*
Aktenvernichter *nm* = Dokumentenvernichter *nm*; Schriftgutvernichter *nm*; Aktenwolf *nm*; Reißwolf *nm*	OFFICE	**document destroying device** = shredding machine; annihilator
Aktenwolf *nm* → Aktenvernichter *nm*	OFFICE	→ **document destroying device**
Aktenzeichen *nn*	OFFICE	**reference number** = file number
Akteur *nm* [fig] = Handelnder *nm*	COLL	**player** *n* [fig]
Aktie *nf*	ECON	**stock** *n* (AE) = share *n* (BE)
Aktiengesellschaft *nf* = AG ↑ Gesellschaft	ECON	**corporation** *n* (2) (AE) = company limited by shares (BE); incorporation; stock corporation (AE); public limited company (BE) ↑ company
Aktienurkunde *nf*	ECON	**stock certificate**
Aktinid *nn*	CHEM	**actinide** *n*
aktinisch [chemische Reaktionen hervorrufend]	CHEM	**actinic** *adj* [producing chemical reactions]
Aktinium → Actinium *nn*	CHEM	→ **actinium**
Aktion *nf* ≈ Tätigkeit	COLL	**action** *n* ≈ activity
Aktionär *nm* = Anteilseigner *nm*	ECON	**stockholder** (AE) = shareholder *n* (BE); shareowner *n*
Aktionsart *nf* → Verlaufsform *nf*	LING	→ **progressive form**
Aktionsaufforderung *nf* [an die Bedienungsperson] ↑ Bereitmeldung	SW	**action message** *n* [to the operator] ↑ prompt
Aktionsbalken *nm* → Menüleiste *nf*	COMP.AP	→ **menu bar**
Aktionsleiste *nf* → Menüleiste *nf*	COMP.AP	→ **menu bar**
Aktionspapier *nn* → druckempfindliches Papier	TER&PER	→ **pressure-sensitive paper**
Aktionsplan *nm* → Konzept *nn*	COLL	→ **concept** *n*
Aktionszyklus *nm* [lesen-verarbeiten-abspeichern]	SW	**action cycle** [read-process-store]
aktiv = arbeitend; aktuell ≠ inaktiv	DAT.PR	**active** *adj* = running; working; current ≠ inactive
aktiv = in Betrieb befindlich; laufend; arbeitend ≠ inaktiv; Ersatz-	TECH	**active** *adj* = working; running ≠ inactive; stand-by
aktiv → heiß	EL.TEC	→ **live** *adj*
Aktiv *nn* [z.B. ich höre, ich hörte, ich habe gehört] = Aktivform *nf*; Tatform *nf*; Tätigkeitsform *nf* ≠ Passiv	LING	**active voice** [e.g. I listen, I listened, I have listened] ≠ passive voice
Aktivdatei *nf*	MOB.CO	**active file**
Aktivdatei *nf* [gerade benutzte Datei] = aktive Datei	DAT.MA	**active file** (1) [the just beeing used one] = current file; selected file
aktive Adressierung	HW	**active addressing**
aktive Antenne = direktgespeiste Antenne; elektronische Antenne	ANT	**active antenna** = direct-fed antenna; integrated antenna; active aerial; direct-fed aerial; integrated aerial
aktive Datei → Aktivdatei *nf*	DAT.MA	→ **active file** (1)

aktive Datenbank DAT.PR **active database**

aktive Decodierung RAD.LO **active decoding**

aktive Geräuschunterdrückung COMPO **active noise cancelling**

Aktive-Matrix-Bildschirm *nm* TER&PER → **TFT display**
→ TFT-Bildschirm *nm*

aktive Partition DAT.PR → **boot partition**
→ Start-Partition *nf*

aktiver Bereich MICR.EL **active region**
= normaler Bereich

aktiver Hub DAT.NW **active hub**

aktiver Inhalt INTERNET **active content**

aktiver Knoten INTERNET **active node**

aktiver Modulator RADIO → **modulation amplifier**
→ Modulationsverstärker *nm*

aktiver Netzknoten TELEC **active hub**
= repeating hub; active star

aktiver Speicher DAT.PR → **active memory**
→ Aktivspeicher *nm*

aktiver Sprachpegel TELEPH **active speech level**

aktiver Stern DAT.NW **active star**

aktiver Strahler ANT → **primary radiator**
→ Primärstrahler *nm*

aktive Rückstrahlortung RAD.LO → **secondary surveillance radar**
→ Sekundärradar *nm&nn* (*pl* -e)

aktiver Vierpol NETW.TH **active two-port**
= active quadripole

aktiver Zustand EL.TRO → **active state**
→ Aktivzustand *nm*

aktiver Zweipol NETW.TH **active two-terminal network**
[weist eine Spannung auf, ohne dass ein Strom fließt] [has a voltage between its terminals, with no current flowing]
= Zweipolquelle *nf*

aktives Bauelement COMPO **active component**
= active device

aktive Schaltung CIRC.EN **active circuit**

aktive Schicht RAD.PRO **active layer**
[für Funkwellenausbreitung relevant] [relevant to radio propagation]
↑ Ionosphäre ↑ ionosphere
↓ D-Schicht; E-Schicht; F-Schicht ↓ D-layer; E-layer; F-layer

aktives Datenlexikon DAT.MA **active data dictionary**
[mit Konsistenzmaßnahmen] [with consistency measures]
= embedded data dictionary

aktive Seite WOR.PR **active page**

aktives Fenster COMP.AP **active window**
[das gerade bearbeitete] [currently in use]
= current window

aktives Filter NETW.TH **active filter**

aktives Informationssystem DAT.MA **active information system**

aktives Laufwerk DAT.PR → **current drive**
→ aktuelles Laufwerk

aktives Netzwerk NETW.TH **active network**

aktives Programm DAT.PR **active program**

aktives Programm DAT.PR → **active program**
→ Aktivprogramm *nn*

aktives Tabellenfeld COMP.AP → **current cell**
→ aktuelles Tabellenfeld

aktive Zelle COMP.AP → **current cell**
→ aktuelles Tabellenfeld

Aktivform *nf* LING → **active voice**
→ Aktiv *nn*

aktivieren TELEC → **commission** *vt*
→ einschalten

aktivieren ECON → **capitalize**
→ kapitalisieren

aktivieren COLL → **arrange** *vt*
→ veranlassen

Aktivieren *nn* PHYS **activation** *n*

aktiviertes Tabellenfeld COMP.AP **active cell**
[Tabellenkalkulation] [spreadsheet calculation]
= current cell; selected cell

Aktivierung *nf* EL.TRO → **triggering** *n*
→ Auslösung *nf*

Aktivierungsenergie *nf* PHYS **activation energy**
[Anregungsenergie zum Erreichen eines neuen Zustandes] [necessary to reach another state]
↑ Anregungsenergie ↑ excitation energy
↓ Ionisierungsenergie ↓ ionization energy

Aktivierungssignal *nn* HW → **strobe** *n*
→ Hinweissignal *nn*

Aktivität *nf* PHYS **activity** *n*
[SI-Einheit: Bequerel] [SI unit: Bequerel]

Aktivität *nf* TECH **activity** *n*
= Tätigkeit *nf*

Aktivität *nf* ECON → **activity** *n*
→ Tätigkeit *nf*

Aktivitätsanzeige *nf* EQP.EN **activity light**

aktivitätsbasierte Simulierung MOD&SI **activity-based simulation**

Aktivkohle *nf* CHEM **acticated charcoal**
= charcoal *n*

Aktivkohlefilter *nn* TECH **charcoal filter**
= Kohlefilter *nn*

Aktivprogramm *nn* DAT.PR **active program**
[das gerade ablaufende] [the just running one]
= arbeitendes Programm; ablaufendes Programm; aktives Programm = current program

Aktivredundanz *nf* QUAL **active redundancy**
≠ Bereitschaftsredundanz ≠ standby redundancy

Aktivspeicher *nm* DAT.PR **active memory**
= aktiver Speicher = active storage; active store

Aktivtastkopf *nm* INSTR **active probe**

Aktivzins *nm* ECON → **debtor interest**
→ Sollzins *nm*

Aktivzustand *nm* EL.TRO **active state**
= aktiver Zustand

Aktor *nm* MICR.EL **actor** *n* (1)
[nachgeschaltetes Bauelement] [an add-on component]
= Wirkungselement *nn* = actuator *n*

Aktor *nm* ART.IN → **actor** *n*
→ Actor *nm*

Aktor *nm* (1) AUTOMA **actor** *n* (1)
[wandelt elektrische Signale in mechanische Bewegungen] [transforms electrical signals into mechanical movement]
= Wirkungselement *nn*
≠ Sensor ≠ sensor

Aktor *nm* (2) AUTOMA → **actuator** *n*
→ Aktuator *nm*

aktualisieren TECH **update** *vt*
= fortschreiben; fortführen; auf den neuesten Stand bringen ≈ upkeep
≈ auf dem neuesten Stand halten

aktualisieren HW **update** *vt*
= updaten ≈ upgrade
≈ hochrüsten

aktualisieren SW → **update** *vt*
→ updaten *vt*

Aktualisierer *nm* SW **upgrade installer**

Aktualisierung *nf* TECH **update** *n*
= Fortschreibung *nf* = updating *n*; actualization *n*
≈ Verbesserung ≈ enhancement

Aktualisierung *nf* HW **update** *n*
= Update *nn* (ANGL) ≈ upgrade
≈ Hochrüstung

Aktualisierungsaufwand *nm* TECH **update effort**
= Fortführungsaufwand *nm*

Aktualisierungsdatei *nf* DAT.MA → **transaction file**
→ Bewegungsdatei *nf*

Aktualisierungseintrag *nm* DAT.MA → **amendment record**
→ Ergänzungseintrag *nm*

Aktualisierungsfortpflanzung *nf* DAT.MA **update propagation**

Aktualisierungslauf *nm* DAT.PR **updating run**
= Änderunglauf *nm*; Ergänzunglauf *nm*; Modifikationslauf *nm* = change run; modification run; amendment run

Aktualisierungstransaktion *nf* DAT.MA → **amendment transaction**
→ Ergänzungstransaktion *nf*

Aktualität *nf* COLL **actuality** *n*
= topicality *n*

Aktualitätenspeicher *nm* DAT.MA **current status memory**

Aktuator *nm* POW.EN **actuator** *n*
[elektromechanisches Stellglied mit zwei Stellungen] [an electromagnetic servomechanism with two positions]

Aktuator *nm* AUTOMA **actuator** *n*
[durch Signale steuerbare mechanische Vorrichtung] [signal-controllable mechanical device]
= Aktor *nm* (2) = actor *n* (2)
↑ Prozesssteuerungsgerät; Stellglied ↑ process control equipment; final control element

Aktuator *nm* DAT.PR → **effector** *n*
→ Effektor *nm*

Aktuator *nm* TER&PER → **access arm**
→ Zugriffsarm *nm*

Aktuatorarm *nm* TER&PER → **access arm**
→ Zugriffsarm *nm*

Aktuator-Mount [Satellitendirektempfang]	CONS.EL	**actuator mount** [direct satellite reception]
aktuell → aktiv	DAT.PR	→ **active** *adj*
aktuell *adj* = zeitnah; zeitgemäß ≈ modisch	COLL	**actual** *adj* = topical; timely; up to date ≈ fashionable
aktuelle Adresse → Momentanadresse *nf*	SW	→ **current address** *n*
aktuelle Adressierung → absolute Adressierung	SW	→ **absolute addressing**
aktuelle Energie → kinetische Energie	PHYS	→ **kinetic energy**
aktueller Arbeitsbereich	SW	**current working area**
aktueller Parameter	SW	**actual parameter**
aktuelles Dateiverzeichnis [in dem man gerade arbeitet] = aktuelles Verzeichnis	DAT.MA	**current directory** [where one is just working] = active directory
aktuelles Laufwerk = aktives Laufwerk	DAT.PR	**current drive** = active drive
aktuelles Tabellenfeld = aktives Tabellenfeld; aktive Zelle	COMP.AP	**current cell** = active cell
aktuelles Verzeichnis → aktuelles Dateiverzeichnis	DAT.MA	→ **current directory**
AKüFi → Abkürzungsfimmel *nm*	INTERNET	→ **acronym-mania**
Aküsprache *nf* → Abkürzungssprache *nf*	LING	→ **short-form language**
Akustik *nf* [vom Griechischen "akoustós" = hörbar] = Lautlehre *nf*; Schallehre *nf*	PHYS	**acoustics** *nplt* [from Greek "akoustikós" = "audible"]
Akustikkoppler *nm* = akustischer Koppler ↑ Modem	TER&PER	**acoustic coupler** ↑ modem
akustisch [vom Griechischen "akouein" = hören]	PHYS	**acoustic** *adj* [from Greek "akouein" = "listen"] = audible *adj*; sonic *adj*
akustische Ausgabe	DAT.PR	**acoustic output**
akustische Eingabe [Spracherkennung]	COMP.AP	**acoustic input** [speech recognition]
akustische Linse	EL.ACOU	**acoustic lens**
akustische Medien → Tonmedien *nplt*	MEDIA	→ **sound media**
akustische Oberflächenwelle	PHYS	**surface-acoustic wave** = SAW
akustische Quelle → Schallquelle *nf*	ACOUS	→ **acoustic source**
akustischer Alarm	EQP.EN	**acoustical alarm** = audible alarm
akustische Raumüberwachung = Babysitter-Funktion *nf*	TELEPH	**acoustic room monitoring** = babysitter function
akustische Resistanz [Realteil der Schallimpedanz]	ACOUS	**acoustic resistance** [real component of acoustic impedance]
akustischer Fehleralarm	EQP.EN	**acoustical error alarm** = error sound alarm
akustischer Koppler → Akustikkoppler *nm*	TER&PER	→ **acoustic coupler**
akustischer Kurzschluss	ACOUS	**acoustic short-circuit** = acoustical feedback
akustischer Leiter → Schalleiter *nm*	ACOUS	→ **acoustic conductor**
akustischer Schock	ACOUS	**acoustic shock**
akustischer Speicher → Schallspeicher *nm*	EL.ACOU	→ **acoustic storage**
akustische Rückkopplung	EL.ACOU	**acoustic feedback** = sonic feedback
akustische Schnittstelle	TELEPH	**acoustic interface**
akustische Spracheingabe	INF.TEC	**speech input** = voice input
akustisches Signal → Schallsignal *nn*	EL.ACOU	→ **sound signal**
akustische Verzögerungsleitung	EL.ACOU	**acoustical delay line** = ADL; sonic delay line
akustoelektrisch ≈ elektroakustisch	PHYS	**acoustoelectric** *adj* ≈ electroacoustic
akustoelektrischer Effekt	PHYS	**acoustoelectric effect**
akustoelektrischer Verstärker	EL.ACOU	**acoustoelectric amplifier**
akusto-optisch [kombiniert] = opto-akustisch	TER&PER	**acousto-optic** *adj* [combination of both] = acousto-optical; opto-acoustic
akusto-optisch	PHYS	**acousto-optic** *adj* = A-O
Akut *nm* [Symbol: ´ (nach oben rechts)] = Accent aigu; Apex *nm* (2) ≈ scharfer Akzent ↑ diakritisches Zeichen; Akzent	LING	**acute accent** *n* [symbols: ´ (slopes upwards to the right)] = accent aigu; accent *n* (3) ↑ diacritic mark; accent
Akzent *nm* (1) = Akzentzeichen *nn*; Tonzeichen *nn*; Betonungzeichen *nn* ≈ Betonung ↑ diakritisches Zeichen ↓ Akut; Gravis; Zirkumflex; Apex (1)	LING	**accent** *n* (1) ≈ accentuation ↑ diacritic mark ↓ acute accent; grave accent; circumflex; accent (2)
Akzent *nm* (2) ≈ Aussprache	LING	**accent** *n* (2) ≈ pronunciation
Akzenttaste *nf*	TER&PER	**accent key**
akzentuieren [SCIE] → betonen	COLL	→ **emphasize** *vt*
akzentuiert	LING	**accented**
Akzentzeichen *nn* → Akzent *nm* (1)	LING	→ **accent** *n* (1)
Akzeptanz *nf* = Aufnahme *nf*	COLL	**acceptance** *n*
Akzeptanzwinkel *nm* → Einfangwinkel *nm*	EL.TRO	→ **acceptance angle**
akzeptieren → annehmen	QUAL	→ **accept** *vt*
akzeptieren → annehmen (2)	COLL	→ **adopt** *vt*
Akzeptkredit *nm* = Bankakzept *nn*; Wechselbürgschaft *nf*	ECON	**acceptance credit**
Akzeptor *nm* [Elektronen aufnehmendes Atom oder Störstelle] ↑ Dotierungsmaterial ↓ Akzeptor-Atom; Akzeptor-Ion	PHYS	**acceptor** *n* [atom or impurity accepting electrons] ↑ dopant ↓ acceptor atom; acceptor ion
Akzeptor-Atom *nn* [Elektronen aufnehmendes Atom]	PHYS	**acceptor atom** [atom accepting electrons]
Akzeptorendichte *nf*	PHYS	**acceptor density**
Akzeptorenerschöpfung *nf*	PHYS	**acceptor exhaustion**
Akzeptor-Ion *nn* = ionisiertes Akzeptor-Atom; dissoziiertes Akzeptor-Ion ↑ Akzeptor	PHYS	**acceptor ion** = ionized acceptor atom; dissociated acceptor atom ↑ acceptor
Akzeptorniveau *nn* = Akzeptorterm *nm*	PHYS	**acceptor level**
Akzeptorterm *nm* → Akzeptorniveau *nn*	PHYS	→ **acceptor level**
Akzeptorverteilung *nf*	PHYS	**acceptor distribution**
Akzeptorverunreinigung *nf*	PHYS	**acceptor impurity**
Akzession *nf* → Neueingang *nm*	ECON	→ **accession**
Akzidens *nm* → Unfall *nm*	COLL	→ **accident** *n*
Akzidenz *nf* [nicht für Buch- oder Zeitschriftenhandel bestimmt] ↑ Druckerzeugnis	PRIN.ME	**ephemera** *nplt* [printing products which are not books nor magazines] = general printing product
Akzidenzdruck *nm* [Drucken von Akzidenzien]	PRIN.ME	**job printing** = jobbing work; jobbing
Akzidenzsatz *nm*	PRIN.ME	**job composition**
Akzidenzschrift *nf*	PRIN.ME	**jobbing font** = headline font
Al → Aluminium *nn*	CHEM	→ **aluminum** *n* (AE)
Alarm *nm* = Warnmeldung *nf*	TELECON	**alarm** *n* = alert *n*
Alarmabschaltung *nf*	EQP.EN	**alarm cut-off** = ACO
Alarmanlage *nf*	SIG.EN	**alarm equipment** = warning equipment
Alarmanzeige *nf* ↓ optischer Alarm	EQP.EN	**alarm indication** = alert signal indication ↓ visual alarm
Alarmauslösung *nf*	EQP.EN	**alarm activation** = alert activation
Alarmbehandlung *nf*	EQP.EN	**alarm processing** = alarm treatment
Alarmbit *nn*	TELEC	**alert bit** = alarm bit
Alarmfilter *nn*	INF.TEC	**alarm filter**

Alarmgerät *nn*	SIG.EN	**alarm detector**
Alarmhupe *nf*	TECH	**alarm horn**
Alarmierungsfeld *nn*	SIG.EN	**annunciator** = security monitor
Alarmklingel *nf* = Warnklingel *nf*	TECH	**alarm bell** = warning bell
Alarmlicht *nf* = Warnlicht *nf*	SIG.EN	**alarm light** = warning light
Alarm-Meldesignal *nn* = AIS-Signal *nn*; Alarmmeldewort *nn*	TRANSM	**alarm indication signal** = AIS; blue signal
Alarmmeldewort *nn* → Alarm-Meldesignal *nn*	TRANSM	→ **alarm indication signal**
Alarmmeldung *nf* → Alarmsignal *nn*	TELEC	→ **alarm signal**
Alarmsammler *nm*	TELEC	**alarm collector**
Alarmsignal *nn* = Alarmmeldung *nf*	TELEC	**alarm signal** = alert signal; alarm message; alert message
Alarmsignalfeld *nn*	EQP.EN	**alarm signal panel**
Alarmstopp *nm* = Notstopp *nm*	TECH	**alarm stop**
Alarm- und Meldeanlage *nf*	SIG.EN	**alarm and alerting system**
Alarmverteiler *nm*	SYS.INS	**alarm signal distributor**
Alarmverzögerung *nf*	TELEC	**alarm timing delay**
Alaunerde *nf*	CHEM	**alumina**
Album *nn* (*pl* Alben) ↓ Fotoalbum; Briefmarkenalbum; Plattenalbum	COLL	**album** *n* ↓ photographic album; stamp album; record album
Albumkarton *nm* → Fotoalbumkarton *nm*	PRIN.ME	→ **album paper**
ALC → automatische Pegelregelung	EL.TRO	→ **automatic level control**
Alcatron *nn* ↑ FET	MICR.EL	**alcatron** ↑ FET
ALC-Sprachen *nplt* [IBM]	COMP.LG	**ALC** [IBM] = Assembly Language Coding
Alexanderson-Antenne *nf* ≈ Mehrfachresonanz-Antenne	ANT	**Alexanderson antenna** = multiple-tuned antenna (2) ≈ multiple-tuned antenna (1)
Alfabet *nn* → Zeichenvorrat *nm*	INF.TH	→ **character set**
Alford-Ringantenne *nf*	ANT	**Alford loop antenna**
Algebra *nf* [vom Arabischen "al-chabr" = Einrenkung] ↑ Elementarmathematik	MATH	**algebra** *n* [from Arabic "al-jabr" = reduction] ↑ elementary mathematics
Algebra der Logik *nf* → boolesche Algebra	LOGIC	→ **Boolean algebra**
algebraisch	MATH	**algebraic** *adj*
algebraische Codierfunktion ↑ Hash-Codierung	CODING	**algebraic coding function** ↑ hash coding
algebraische Programmiersprache [ermöglicht Anweisungen in der Art algebraischer Ausdrücke] = algebraische Sprache ≈ algorithmische Programmiersprache	COMP.LG	**algebraic program language** [permits instructions resembling algebraic expressions] = algebraic language ≈ algorithmic language
algebraischer Ausdruck	MATH	**algebraic expression**
algebraisches Komplement [Determinate] = Adjunkte *nf*	MATH	**algebraic complement** [determinant] = cofactorn
algebraische Sprache → algebraische Programmiersprache	COMP.LG	→ **algebraic program language**
algebraische Zahl ≠ transzendente Zahl	MATH	**algebraic number** ≠ transcendental number
ALGOL *nn* [1. stukturierte prozedurorientierte Programmiersprache (1960)] = IAL ↑ problemorientierte Programmiersprache ↓ ALGOL-60; ALGOL-68	COMP.LG	**ALGOL** [ALGOrithmic Language; the 1st structured procedural programming language (1960)] = IAL; International Algebraic Language ↑ high-level programming language
Algorithmenanalyse *nf* ↑ Theoretische Informatik	COMP.SC	**algorithm analysis** ↑ theoretical informatics
Algorithmenbeschreibungssprache *nf* ≈ Pseudocode	COMP.SC	**algorithm description language** ≈ pseudocode
algorithmieren → algorithmisieren	SW	→ **algorithmize** *vt*
algorithmisch	MATH	**algorithmic** *adj*
algorithmisch [mit vorgegebenen Verfahren] ≠ heuristisch	ART.IN	**algorithmic** *adj* [following fixed procedures] ≠ heuristic
algorithmische Programmiersprache [zur Formulierung von Algorithmen entworfen; z.B. ALGOL] = algorithmische Sprache ≈ algebraische Programmiersprache	COMP.LG	**algorithmic programming language** [designed to express algorithms; e.g. ALGOL] = algorithmic language ≈ algebraic program language
algorithmische Sprache → algorithmische Programmiersprache	COMP.LG	→ **algorithmic programming language**
algorithmische Übersetzung	COMP.LG	**algorithmic translation** = algorithm translation
algorithmisieren = algorithmieren	SW	**algorithmize** *vt*
Algorithmus *nm* [nach dem arabischen Mathematiker Ibn Al-Khwarizimi (gest. 846 *n*.Chr.) und in Anlehnung an das griech. "arithmós"; endliches, eindeutig ausführbares, schrittweises Verfahren zur Lösung eines Problems] ≈ Kanon ↓ Lösungsalgorithmus; Entscheidungsalgorithmus; Iterationsalgorithmus; Optimierungsalgorithmus; Vorhersagealgorithmus; Beschleunigungsalgorithmus; Korrelationsalgorithmus	MATH	**algorithm** *n* [after the Arab mathematician Ibn al-Khuwarizimi (died 846 A.D.) and imitating Greek "arithmós"; rule to solve a problem by a finite number of univocally executable steps] ≈ canon ↓ solution algorithm; decision algorithm; iteration algorithm; optimizing algorithm; prediction algorithm; acceleration algorithm; correlation algorithm
alias *adv* = auch genannt	COLL	**alias** *adv* = otherwise called; also known as; AKA
Alias-Effekt *nm* → Rückfaltung *nf*	MODUL	→ **aliasing** *n*
Aliasing *nn* → Bildunregelmäßigkeit *nf*	COMP.GR	→ **aliasing** *n*
Aliasing-Störung *nf* [durch Verwechslung von Speicheradressen]	SW	**aliasing bug**
Alias-Name *nm*	SW	**alias** *n* [alternate name]
A-Link *nm*	INTERNET	**A link**
Alkali-Bleisilikatglas *nn*	TECH	**lead alkali silicate glass**
Alkalilauge *nf*	CHEM	**alkali lye**
Alkali-Mangan-Zelle *nf*	POW.SY	**alkaline manganese battery**
Alkalimetall *nn*	CHEM	**alcali metall**
alkalische Batterie	POW.SY	**alkaline battery**
alkalische Lösung	CHEM	**alkaline solution**
Alkalizelle *nf*	POW.SY	**alcaline photoelectric cell**
Alkohol *nm*	CHEM	**alcohol** *n*
Allan-Varianz *nf*	MATH	**Allan variance**
Allbandanpassgerät *nn* [für alle Amateurfunkbänder]	ANT	**multiband tuner** [for all radio amateur bands]
Allbandantenne *nf* → Mehrbandantenne *nf*	ANT	→ **multiband antenna**
Allband-Dipol *nm*	ANT	**omniband doublet antenna**
Allband-Trap-Antenne *nf*	ANT	**multiband trap antenna**
Allband-Zeppelin-Antenne *nf*	ANT	**multiband Zeppelin antenna**
Allband-Z-Tuner *nm*	ANT	**omniband Z tuner**
Allbereichantenne *nf* → Allwellenantenne *nf*	ANT	→ **all-wave antenna**
Allegorie *nf*	MEDIA	**allegory** *n*
allegorisch	MEDIA	**allegorical**
Allegroform *nf* [umgangssprachliche Verkürzung, z.B. "Demo" für "Demonstration"] = Schnellsprechform *nf* ≠ Lentoform	LING	**contracted mode** [e.g. "math" for "mathematics"] ≠ regular mode
alleinbetriebsfähig ≈ automatisch	TECH	**independently operating** ≈ automatic
allein operierend → selbständig	TECH	→ **stand-alone** *adj*
alleinstehende Zeile → Schusterjunge	PRIN.ME	→ **orphan** *n*
Alleinstellungsmerkmal *nn*	TECH	**unique feature**
Alleinverkaufsrecht *nn* = Exklusivvertrieb *nm* ↑ Exklusivrecht	ECON	**exclusive sale franchise** = sole selling rights ↑ franchise
Alleinvertretung *nf*	ECON	**sole agency**
allensche Zeitrelation = Allen'sche Zeitrelation	MATH	**Allean time relation**
Allen'sche Zeitrelation → allensche Zeitrelation	MATH	→ **Allean time relation**
alle Rechte vorbehalten	ECON	**all rights reserved**

allerlei COLL → **manifold** *adj* (1)
→ mannigfaltig *adj*
Allerlei *nn* COLL **medley** *n*
= Sammelsurium *nn* (*pl* -rien); Mischmasch *nm* [heterogeneous mixture]
= hodgepodge *n*; omnium-gatherum *n*
↑ mixture
Alleskleber *nm* TECH **rubber cement**
↑ Kleber ↑ adhesive
Alleskönner *nm* COLL **allrounder** *n*
= Rundumbegabter *nm*; Allrounder *nm* (ANGL) = allround man
alles spricht für COLL **there is every reason for**
[Redewendung] [idiom]
alles was Rang und Namen hat COLL **everybody who is anybody**
[Redewendung] [idiom]
Allgebrauchslampe *nf* EL.INS **general-purpose lamp**
allgegenwärtig COLL **ubiquitous** *adj*
= omnipresent; pervasive
allgemeine Entität INTERNET **general entity**
allgemeine Gemeinkosten ECON **general administration costs**
= AGK; Verwaltungkosten *nplt*
allgemeine Gültigkeit SCIE → **general validity**
→ Allgemeingültigkeit *nf*
allgemeiner Datenpaket-Funkdienst MOB.CO → **GPRS**
→ GPRS
allgemeiner Kennwiderstand EL.TEC **image impedance**
allgemeines Register DAT.PR **general register**
[spezieller Speicherplatz in einer CPU (meist ein oder zwei Wort lang) um Datenelemente für verschiedene Arten von Operationen zu speichern] [a special store location within CPU (usually for one or two words) to store items of data for many different types of operations]
= Mehrzweckregister *nn* = general-purpose register; GPR
≈ Arbeitsregister; Registerspeicher ≈ working register; register memory
allgemeines Verständnis SCIE **general understanding**
≈ Grundkenntnis ≈ basic knowledge
allgemeine Zelle MICR.EL **generalized cell**
allgemeingültig SCIE **generally valid**
= universally valid
allgemeingültig TECH **global** *adj*
= global; umfassend [covering everything]
≈ durchgängig ≈ flow-through
≠ singulär ≠ local
Allgemeingültigkeit *nf* SCIE **general validity**
= allgemeine Gültigkeit = universal validity
Allgemeingut *nn* COLL **public domain**
Allgemeingut-Software *nf* SW → **public-domain software**
→ Public-domain-Software *nf*
Allgemein-Software *nf* SW **common software**
= gemeinsame Software
Allgemeinsprache *nf* LING → **colloquial speech** *n*
→ Umgangssprache *nf*
Allgemeinwissen *nn* EDUC **all-round knowledge**
≈ Allgemeinbildung ≈ basic education
allgemein zugänglich OFFICE **unrestricted**
≠ vertraulich; geheim ≠ confidential; secret
Allheilmittel *nn* COLL → **universal remedy**
→ Universalmittel *nn*
Alliteration *nf* LING **alliteration** *n*
[gleicher Anlaut]
alljährlich COLL → **annually** *adv*
→ jährlich *adv*
alljährlich COLL → **annual** *adj*
→ jährlich *adj*
allmählich COLL → **successive** *adj*
→ sukzessiv *adj*
allmählicher Übergang MICR.EL **progressive junction**
= Übergangsschicht *nf* = graded junction
Allomorphie *nf* SW **allomorphy**
[OOP: Zugehörigkeit zu mehreren Klassen] [OOP: pertinence to several classes]
allozieren COMP.SC → **allocate**
→ reservieren
Allozierung *nf* → **reservation** *n*
→ Reservierung *nf*
Allozierung *nf* TECH → **allocation** *n*
→ Zuteilung *nf*
Allpass *nm* NETW.TH **all-pass filter**
= Allpassfilter *nn* = all-pass; lattice filter; phase filter
Allpassfilter *nn* NETW.TH → **all-pass filter**
→ Allpass *nm*
allpassfreier Vierpol NETW.TH → **minimum-phase network**
→ Minimalphasen-Vierpol
Allpassglied *nn* NETW.TH **all-pass element**

Allpassnetzwerk *nn* NETW.TH **all-pass network**
Allquantor *nm* LOGIC **all quantor**
[Prädikatenlogik; "für alle x gilt"; Symbol: ∀] [predicate logoc; "for all x applies"; symbol: ∀]
Allradantrieb *nm* TECH **four-wheel drive**
Allrichtungsmikrofon *nn* EL.ACOU → **omnidirectional microphone**
→ Kugelmikrofon *nn*
Allrichtungsmikrophon *nn* EL.ACOU → **omnidirectional microphone**
→ Kugelmikrofon *nn*
Allrounder *nm* (ANGL) COLL → **allrounder** *n*
→ Alleskönner *nm*
Allschriftenerkennung *nf* TER&PER → **omni-font character recognition**
→ Mehrschriftlesen *nn*
Allschriftleser *nm* TER&PER **omni-font reader**
= universeller Schriftenleser = omni-font scanner
≈ Mehrschriftleser ≈ multi-font reader
↑ optischer Leser ↑ optical character reader
allseitig TECH **all over**
allseitige Antenne ANT → **omnidirectional antenna**
→ Rundstrahlantenne *nf*
allseitig gerichtet TECH **omnidirectional**
≈ ungerichtet = omnirange
≈ non-directional
Allstrom *nm* POW.SY **all mains**
= AC/DC
alltäglich COLL → **general** *adj*
→ gewöhnlich
Alltagssprache *nf* LING → **colloquial speech** *n*
→ Umgangssprache *nf*
Alltagswissen *nn* ARTIF.INTELL **commonsense knowledge**
allumfassend COLL **all-embracing**
= comprehensive
Allverstärker *nm* TRANSM **universal amplifier**
Allwellenantenne *nf* ANT **all-wave antenna**
= Allbereichantenne *nf*
Allwellenempfänger *nm* RADIO **all-wave receiver**
= Universalempfänger *nm*; Mehrwellenempfänger *nm*
allwetterfähig TECH **all-weather apted**
= allwettertauglich = all-weather proof
allwettertauglich TECH → **all-weather apted**
→ allwetterfähig
Allzweck- TECH → **universal** *adj*
→ universell *adj*
Allzwecksprache *nf* COMP.LG **general-purpose language**
[for a variety of applications]
Aloha-Verfahren *nn* DAT.NW **Aloha**
[aus dem Hawaiischen; ein LAN-Zugriffsprotokoll] [from Hawaiian; a LAN access protocol]
alpenrosa *adj* OPT **rose alpine** *adj*
Alphabet *nn* LING **alphabet** *n*
[geordnete Folge eines Buchstabenvorrats] [ordered sequence of a character set]
Alphabet *nn* INF.TH → **character set**
→ Zeichenvorrat *nm*
alphabetisch CODING **alphabetic** *adj*
≠ numerisch; alphanumerisch = alphabetical; alpha (1); literal
≠ numeric; alphanumeric
alphabetische Daten COMP.SC **alphabetical data**
= alphabetic data; alpha data
alphabetischer Code CODING **alphabetic code**
= alphabetical code
alphabetische Reihenfolge LING **alphabetical order**
= alphabetic order
alphabetischer Zeichensatz CODING **alphabetic character set**
= Buchstabenreihe *nf*
alphabetische Sortierung DAT.MA **alphabetic sort**
= alphabetisches Sortieren = alphabetic sorting; alphabetical sort; alphabetical sorting
alphabetisches Sortieren DAT.MA → **alphabetic sort**
→ alphabetische Sortierung
alphabetisches Wort COMP.SC **alphabetic word**
= Buchstabenwort *nn*
alphabetisches Zeichen LING → **letter** *n*
→ Buchstabe *nm*
alphabetisch ordnen LING **alphabetize** *vt*
= alphasort *vt*
Alphabetumschaltung *nf* TER&PER → **alphabetic shift**
→ Buchstabenumschaltung *nf*
Alpha-Blending *nn* COMP.GR **alpha blending**
[Transparenzinformationen] = transparency information
Alphadaten *nplt* GIS → **object data**
→ Sachdaten *nplt*

Alpha-Emission *nf* PHYS **alpha emission**

Alphafotografie *nf* DAT.PR **alpha photography**
= Alphaphotographie *nf*

Alphageometrie *nf* COMP.GR **alpha geometry** *n*
[Erzeugung von alphanumerischen Zeichen und Zeichenelementen mittels geometrischer Formeln]
[generation of alphanumeric characters and geometric primitives by geometric formulas]
= alphageometric

alphageometrisch COMP.GR **alphageometric** *adj*
= alphamosaic

Alpha-Grenzfrequenz *nf* MICR.EL **alpha cutoff frequency**
[Transistor-Stromverstärkung auf 0,707 des NF-Wertes]
[where transistor current gain falls to 0.707 of LF figure]

Alpha-Kanal *nm* COMP.GR **alpha channel**

alphamerisch CODING → **alphanumeric** *adj*
→ alphanumerisch

alphamosaik COMP.GR → **alphamosaic** *adj*
→ alphamosaisch

Alphamosaik *nn* COMP.GR **alpha mosaic** *n*
[Erzeugung von Grafiken mittels Punktraster]
[generation of graphs by dot matrices]

alphamosaikbezogen COMP.GR → **alphamosaic** *adj*
→ alphamosaisch

alphamosaisch COMP.GR **alphamosaic** *adj*
[mit alphanumerischen und graphischen Symbolen]
[with alphanumeric and graphic symbols]
= alphamosaikbezogen; alphamosaik

alphanumerisch CODING **alphanumeric** *adj*
[enthält Buchstaben und Ziffern]
[containing alphabetic letters and numerals]
= alphamerisch
≠ numerisch; alphabetisch
= alphanumerical *adj*; alphameric *adj*; alphamerical *adj*; alpha *adj* (2)
≠ numeric; alphabetic

alphanumerische Daten GIS → **object data**
→ Sachdaten *nplt*

alphanumerischer Befehl SW **alphanumeric instruction**

alphanumerischer Code CODING **alphanumeric code**
= Schreibcode *nm*

alphanumerischer Modus SW → **character mode**
→ Zeichenmodus *nm*

alphanumerischer Zeichensatz CODING **alphanumeric character set**

alphanumerisches Datensichtgerät TER&PER **alphanumeric display terminal**

alphanumerische Sortierung DAT.MA **alphanumeric sort**

alphanumerische Stelle COMP.SC **alphanumeric position**

alphanumerisches Wort COMP.SC **alphanumeric word**

alphanumerische Tastatur TER&PER **alphanumeric keyboard**

alphanumerische Taste TER&PER → **alphanumeric key**
→ Datentaste *nf*

Alphanummer *nf* DAT.MA **alpha number**
[alphabetisches Ordnungswort]
[alphabetic ordering code word]

Alphaobjekt *nn* DAT.MA **alpha object**

Alphaphotographie *nf* DAT.PR → **alpha photography**
→ Alphafotografie *nf*

alphaphotographisch COMP.GR **alphaphotographic** *adj*

Alphastelle *nf* COMP.SC → **alphabetic position**
→ Buchstabenstelle *nf*

Alphastrahl *nm* PHYS **alpha ray**

Alphastrahler *nm* PHYS **alpha emitter**
= alpha radiator

Alphastrahlung *nf* PHYS **alpha radiation**

Alphateilchen *nn* PHYS **alpha particle**

Alpha-Test *nm* QUAL **alpha test**

Alphaverarbeitung *nf* COMP.AP → **word processing**
→ Textverarbeitung *nf*

Alpha-Version *nf* SW **alpha version**
[vorläufige Version mit begrenztem Functionsumfang]
[preliminary version with partial functionality]

Alphazeichen *nn* LING → **letter** *n*
→ Buchstabe *nm*

Alphazerfall *nm* PHYS **alpha decay**

als Anlage OFFICE → **annexed**
→ beiliegend

als Fernschreiben übermitteln OFFICE → **telex** *vt*
→ telexen *vt*

ALS TTL MICR.EL **ALS TTL**
[Advanced Low Power Schottky TTL]

alt.Newsgroup INTERNET **alt.Newsgroup**

altbekannt *adj* COLL **well-known** *adj*
= wohlbekannt
= familiar *adj*

altbewährt *adj* COLL **old and trusted** *adj*
↑ bewährt
= well-tried
↑ approved

Altdaten *nplt* (1) DAT.MA **legacy data**
= Inventardaten *nplt*; existierende Daten; vorhandene Daten; Vermächtnisdaten *nplt*
= existing data

Altdaten *nplt* (2) DAT.MA → **aged data**
→ veraltete Daten

Alteisen *nn* METAL **scrap iron**

Alternativbezeichnung *nf* COLL → **alias** *n*
→ Pseudonym *nn*

Alternative STATIS → **alternative hypothesis** *n*
→ Alternativhypothese

Alternative *nf* COLL **alternative** *n*
≈ Wahl
≈ choice

Alternative *nf* LOGIC → **OR operation**
→ ODER-Verknüpfung *nf*

alternative Infrastruktur TELEC **alternative infrastructure**

alternativer Akkumulator HW → **reserve accumulator**
→ Hilfsakkumulator *nm*

alternativer Kennbegriff DAT.MA **alternate key**
= alternativer Schlüssel; Alternativschlüssel *nm*
≈ Sekundärschlüssel
↑ bestimmender Kennbegriff
= minor key
≈ secondary key
↑ candidate key

alternativer Ortsnetzbetreiber TELEC → **competitive access provider**
→ neuer Ortsnetzbetreiber

alternativer Schlüssel DAT.MA → **alternate key**
→ alternativer Kennbegriff

alternative Tastatur TER&PER → **intelligent keyboard**
→ intelligente Tastatur

Alternativ-Gatter *nn* CIRC.EN → **OR gate**
→ ODER-Glied *nn*

Alternativhypothese STATIS **alternative hypothesis** *n*
= Gegenhypothese; Alternative
= alternative *n*

Alternativschlüssel *nm* DAT.MA → **alternate key**
→ alternativer Kennbegriff

Alternativverneinung *nf* LOGIC → **NAND operation**
→ NAND-Verknüpfung *nf*

Alternator *nm* CIRC.EN → **OR gate**
→ ODER-Glied *nn*

alternierend TECH → **alternate** *adj*
→ abwechselnd

alternierender Burst TV → **alternating burst**
→ Wackelburst *nm*

alternierendes Flankenpulsvefahren HW → **AFP procedure**
→ AFP-Verfahren *nn*

alternierende Wobbelung INSTR **alternate sweep**

Alter Schnitt PRIN.ME **Old Face**
[Schriftart]
[font type]

Alterung *nf* QUAL **ageing** *n*
= aging *n*

alterungbeständig TECH → **resitant to ageing**
→ alterungsfest

Alterungsausfall *nm* QUAL → **ageing failure**
→ Verschleißausfall *nm*

Alterungseigenschaften *nplt* QUAL **ageing properties**

alterungsfest TECH **resitant to ageing**
= alterungbeständig
= ageing-proof

Alterungsphase *nf* QUAL → **wear-out period**
→ Verschleißphase *nf*

Alterungsrate *nf* QUAL **ageing rate**
= Alterungzahl *nf*
= aging rate; drift characteristic

Alterungzahl *nf* QUAL → **ageing rate**
→ Alterungsrate *nf*

altgoldgelb *adj* OPT **old golden-yellow** *adj*

Altgrad *nm* MATH → **degree** *n*
→ Grad *nm*

Altmaterial *nn* COLL → **junk** *n*
→ Schrott *nm* (*pl* -e)

altmodisch COLL **outmoded**
≈ veraltet
= grandfathered
≈ obsolete

altmodische Website INTERNET → **cobWeb site**
→ Cobwebsite *nf*

altmodisch werden COLL → **obsolesce** *vi*
→ veralten

Altpapier *nn* TECH **waste paper**

Altsystem *nn* COMP.AP **legacy system**
= existierendes System; vorhandenes System; Vermächtnissystem *nn*
= existing system

ALT-Taste *nf* TER&PER **alternate coding key**
[zur Generierung von auf der Tastatur nicht vorhandenen Zeichen, durch gleichzeitiges Drücken]
[to generate characters not considered on the keyboard, when pressed in combination]

= Codetaste *nf*; A-Taste *nf*; Wechseltaste *nf*		= alternate key; ALT key; A key
≈ Umschalttaste (2); Steuerungstaste		≈ Option key; control key (1)
ALU *nf*	HW	→ **arithmetic-logic unit** *n*
→ Rechenwerk *nn*		
Aluminium *nn*	CHEM	**aluminum** *n* (AE)
= Al		= aluminium *n* (BE); Al
Aluminiumblech *nn*	METAL	**sheet aluminum**
Aluminiumbronze *nf*	METAL	**aluminum bronze**
Aluminium-Elektrolytkondensator *nm*	COMPO	**aluminum electrolytic capacitor**
Aluminiumkoffer *nm*	TECH	**aluminum carrying case**
Aluminiumleiter *nm*	EL.TEC	**aluminium conductor**
Aluminiumlot *nn*	METAL	**aluminum solder**
Aluminiummantel *nm*	COM.CAB	**aluminum sheath**
AL-Wert *nm*	EL.TEC	→ **AL value**
→ Induktivitätsfaktor *nm*		
Am	CHEM	→ **americium** *n*
→ Americium *nn*		
AM	SW	→ **Automated Mathematics**
→ Automatisierte Mathematik		
AM/FM-System *nn*	GIS	→ **AM/FM**
→ grafisches Betriebsmittelverwaltungssystem		
A-Mast *nm*	OUT.PL	**A pole**
Amateurfilm *nm*	CINEMA	**amateur film**
Amateurfilmer *nm*	CINEMA	**amateur film maker**
Amateurfunk *nm*	RADIO	**amateur radio**
Amateurfunkanlage *nf*	RADIO	**radio amateur installation**
= Funkamateuranlage *nf*		
Amateurfunkantenne *nf*	ANT	**ham antenna**
Amateurfunkband *nn*	RADIO	**radio amateur band**
= Funkamateurband *nn*		
Amateurfunkdienst über Satelliten	SAT.CO	**amateur satellite service**
Amateurfunkempfänger *nm*	RADIO	**radio amateur receiver**
= Funkamateurempfänger *nm*		
Amateurfunker *nm*	RADIO	→ **radio amateur**
→ Funkamateur *nm*		
Amateurfunklizenz *nf*	RADIO	**radio amateur licence**
= Funkamateurlizenz *nf*		
Amateurfunksender *nm*	RADIO	**radio amateur transmitter**
= Funkamateursender *nm*		
Amateurfunkstelle *nf*	RADIO	**amateur station**
Amateurfunkverbindung *nf*	RADIO	**amateur radio communication**
amateurhaft	COLL	→ **lay** *adj*
→ laienhaft		
Amateurschauspieler *nm*	IMAG.ME	**amateur actor**
ambig (1)	COLL	→ **ambiguous** *adj* (1)
→ zweideutig		
ambig (2)	COLL	→ **ambiguous** *adj* (2)
→ mehrdeutig		
ambigue (1)	COLL	→ **ambiguous** *adj* (1)
→ zweideutig		
ambigue (2)	COLL	→ **ambiguous** *adj* (2)
→ mehrdeutig		
Ambiguität *nf*	LING	→ **polysemy** *n*
→ Polysemie *nf*		
am Bildschirm	DAT.PR	**on-screen** *adj*
= onscreen		
ambipolar	EL.TRO	**ambipolar** *adj*
= beidpolig		
AMBIT	COMP.LG	**AMBIT**
[eine Programmiersprache]		[a programming language; Algebraic Manipulation BIT]
am Boden aufgestellt	TECH	**ground mounted**
= für Bodenaufstellung; bodenaufgestellt		
Amdahls Gesetz	COMP.SC	**Amdahl's law**
am Einsatzort änderbar	TECH	**field-alterable**
= feldänderbar		
am Einsatzort aufrüstbar	TECH	**field-upgradable**
am Einsatzort erweiterbar	TECH	**field-expandable**
= felderweiterbar		
am Einsatzort programmierbar	TECH	**field-programmable**
= feldprogrammierbar		
American Telephone and Telegraph Company	INF.TEC	→ **AT&T**
→ AT&T		
Americium *nn*	CHEM	**americium** *n*
= Am		= AM
Amerikanisch *nn*	IMAG.ME	→ **medium shot**
→ amerikanische Einstellung		
amerikanische Drahtlehre	METAL	**American Wire Gauge**
= AWG		[US standard system for wire diameter]

		= AWG; Brown and Sharpe wire gauge; B & S wire gauge; B&SWG
amerikanische Einstellung	IMAG.ME	**medium shot**
[Person bis zu den Oberschenkeln (wo beim Cowboy der Colt sitzt) zu sehen]		[person can be seen from thigh (where the cowboy has his colt) upside]
= Amerikanisch *nn*		
≈ Halbnah		≈ mid shot *n*
amerikanische Einstellung mit zwei Schauspielern	IMAG.ME	**two shots**
amerikanische Flugzeugnorm	TECH	→ **NASC** (USA)
→ NASC		
Amerikanische Gesellschaft für Materialprüfung	QUAL	**American Society for Testing Materials**
		= ASTM
Amerikanische Gesellschaft für Statistik	TECH	→ **ASA** (2)
→ ASA (2)		
Amerikanische Normengesellschaft	TECH	→ **American Standards Association**
→ ASA (1)		
amerikanische Projektion	ENG.DRA	**third-angle projection**
amerikanischer Art	COLL	**American style**
amerikanischer Zentner	PHYS	**American hundredweight**
[100 angelsächs. Pfund = 45,36 kg]		[100 avoirdupois pounds = 45.36 kg]
= Zentner *nm* (3)		= short hundredweight; hundredweight (3); hundred-weight
amerikanischer Zoll	PHYS	→ **standard inch**
→ Normalzoll *nm*		
amerikanische Schnittdarstellung	ENG.DRA	**American sectional view**
amerikanische Schraubengewindeform	MEC.EN	**national screw-thread standards**
amerikanische	TER&PER	→ **US-standard keyboard**
→ amerikanische Tastatur		
amerikanisches Englisch	LING	**American English**
= US-Englisch *nn*		
amerikanisches Feingewinde	MEC.EN	**national fine thread**
		= NF
amerikanisches Gewinde	MEC.EN	**national thread**
amerikanisches Grobgewinde	MEC.EN	**national coarse thread**
		= NC
Amerikanisches Nationales Normunginstitut	TECH	→ **ANSI**
→ ANSI		
amerikanisches Paragraphenzeichen	PRIN.ME	**paragraph sign** (2)
= Abschnittszeichen *nn*		= paragraph symbol (2); section mark (2)
≈ Paragraphenzeichen		≈ paragraph sign (1)
↑ Satzzeichen		↑ punctuation mark
amerikanisches Sonderfeingewinde	MEC.EN	**national extra fine thread**
		= NEF
amerikanisches Spezialgewinde	MEC.EN	**national special thread**
		= NS
amerikanisches zylindrisches Rohrgewinde	MEC.EN	**national straight pipe thread**
amerikanische Tastatur	TER&PER	**US-standard keyboard**
= QWERTY-Tastatur *nf*; amerikanische Schreibmaschinentastatur		= QWERTY keyboard
amerikanisieren *vt*	LING	**americanize** *vt*
Amerikanisierung *nf*	LING	**americanization** *n*
≠ Britisierung		= briticization *n*
am gleichen Auftstellungsort	TECH	→ **co-located** *adj*
→ ortsgleich		
AMH	CONTRO	**AMH**
= rechnergestützte Materialhandhabung		= automated materials handling
AMI	CODING	**AMI**
		= alternate mark inversion
Amnestie *nf*	LAW	→ **amnesty** *n*
→ Straferlass *nm*		
Amor *nm*	IMAG.ME	→ **cupid** *n*
→ Liebesgott *nm*		
amorph	PHYS	**amorphous**
amorpher Halbleiter	PHYS	**amorphous semiconductor**
Amortisation *nf* (1)	ECON	**amotization** (1)
[ratenweise Tilgung einer Schuld; Deckung von Investitionskosten durch Ertrag]		[cancellation of a debt by scheduled repayments]
= Amortisierung *nf*		
Amortisation *nf* (2)	ECON	**amotization** (2)
[Deckung von Investitionskosten durch Ertrag]		[covering investment costs by earnings]
= Amortisierung *nf*		≈ depreciation
Amortisierung *nf*	ECON	→ **amotization** (1)
→ Amortisation *nf* (1)		
Amortisierung *nf*	ECON	→ **amotization** (2)
→ Amortisation *nf* (2)		

Ampel *nf* SIG.EN → **traffic light**
→ Verkehrsampel *nf*

ampelgesteuert SIG.EN **signal-controlled**

Ampere *nn* EL.SC **ampere**
[SI-Basiseinheit für elektrische Stromstärke, elektrische Durchflutung und magnetische Spannung] [SI unit for elctric current, electric flux and magnetic potencial]
= A = amp; A; a

Amperemeter *nn* INSTR → **current meter**
→ Strommesser *nm*

Amperesekunde *nf* PHYS **ampere-second**
[abgeleitete SI-Einheit der Elektrizitätsmenge] = A s

Amperestunde *nf* PHYS **ampere-hour**
[abgeleitete SI-Einheit der Elektrizitätsmenge] = A h

Amperewindung *nf* PHYS **ampere-turn** (1)

Amperewindungszahl *nf* PHYS **number of ampere turns**
= ampere turns (2)

Amperezahl *nf* [POW.EN] EL.TEC → **current intensity**
→ Stromstärke *nf*

Ampersand ECON → **ampersand**
→ Und-Zeichen *nn*

Amplitude *nf* PHYS **amplitude** *n*
= Schwingweite *nf* = magnitude *n* (2)

Amplitudenabtastung *nf* CODING **amplitude sampling**

Amplitudenbegrenzerschaltung *nf* CIRC.EN **amplitude limiter circuit**
= Spitzenbegrenzer *nm* = amplitude limiter; peak limiter; peak clipper; amplitude lopper
↑ Begrenzerschaltung ↑ limiter circuit

Amplitudenbereich *nm* PHYS **amplitude range**

amplitudendiskret MODUL **discrete in amplitude**

Amplitudendiskriminator *nm* CIRC.EN **amplitude discriminator**
= Amplitudenentscheider *nm*

Amplitudenentscheider *nm* CIRC.EN → **amplitude discriminator**
→ Amplitudendiskriminator *nm*

Amplitudenfrequenzgang *nm* TELEC **frequency response of amplitude**
= Amplitudengang *nm* = amplitude response

Amplitudengang *nm* TELEC → **frequency response of amplitude**
→ Amplitudenfrequenzgang *nm*

Amplitudengenauigkeit *nf* INSTR **amplitude accuracy**
= magnitude accuracy

Amplitudenhub *nm* MODUL **amplitude swing**

Amplitudenlinearität *nf* EL.TRO **amplitude linearity**

Amplitudenmessung *nf* INSTR **amplitude measurement**

Amplitudenmodulation *nf* MODUL **amplitude modulation**
= AM

Amplitudenregelung *nf* EL.TRO **amplitude regulation**

amplitudenrein EL.TRO **amplitude-pure**

Amplitudenscheibe *nf* MODUL **amplitude slice**

Amplitudenschräglage *nf* EL.TEC → **amplitude distortion**
→ Amplitudenverzerrung *nf*

Amplitudenschwankung *nf* PHYS **amplitude variation**

Amplitudensieb *nn* TV **amplitude separator**
= synchron separator

Amplitudenspektrum *nn* EL.TEC **amplitude spectrum**

Amplitudenstufe *nf* MODUL **amplitude step**

Amplitudentastung *nf* MODUL **amplitude keying**
= amplitude shift keying; ASK

Amplituden- und Phasentastung *nf* MODUL **carrier phase duplex**

Amplitudenverfahren *nn* INSTR **amplitude compensation method**

Amplitudenverstärkung *nf* EL.TRO **amplitude gain**

Amplitudenverzerrung *nf* EL.TEC **amplitude distortion**
= Amplitudenschräglage *nf*

Amplitudenzeitwert *nm* EL.TEC **amplitude time value**

AMPS MOB.CO **AMPS**
[von Bell Telephone Company entwickeltes Zellularsystem] [Advanced Mobile Phone Service; a cellular system developed 1978 by the Bell Telephone Company]

Ampullendiffusion *nf* MICR.EL **closed tube process**

AMR-Code *nm* CODING **AMR**
= Adaptive Multirate Code

AMSAT RADIO **AMSAT**
[radio AMateur SAtellite corporation]

Amt *nn* PUB.ADM **office** *n*
[einer öffentl. Institution] [of a public institution]
= Dienststelle *nf* = agency *n* (1)

Amt *nn* SWITCH → **central office** (AE)
→ Fernsprechvermittlungsstelle *nf*

Ämterstromversorgung *nf* TELEC → **station power supply**
→ Amtsstromversorgung *nf*

amtierend PUB.ADM **incumbent** *adj*

amtlich PUB.ADM **official** *adj*
= offiziell

amtlicher Ausweis ECON → **identity card**
→ Personalausweis *nm*

amtlich zugelassen PUB.ADM **officially licensed**

Amtsanlassung *nf* TELEPH → **external call prefix**
→ Amtsvorwahl *nf*

Amtsanruf *nm* SWITCH → **local call**
→ Ortsgespräch *nn*

Amtsanschluss *nm* TELEC **exchange connection**

Amtsaufbau *nm* SYS.INS → **office installation**
→ Stationsaufbau *nm*

Amtsausrüstung *nf* TELEC **exchange equipment**
= Amtsgerät *nn* = central office equipment; CO equipment; office terminal

Amtsbatterie *nf* TELEPH → **central battery**
→ Zentralbatterie *nf*

Amtsbau *nm* TELEC → **office installation technique**
→ Amtsbautechnik *nf*

Amtsbaufirma *nf* TELEC **telecommunication systems supplier**

Amtsbauplanung *nf* SYS.INS → **installation planning**
→ Aufbauplanung *nf*

Amtsbautechnik *nf* TELEC **office installation technique**
= Stationsbautechnik *nf*, Amtsbau *nm*; Stationsbau *nm* = station installation technique; exchange installation technique [SWITCH]; office installation; station installation

Amtsbegehung *nf* SYS.INS → **station survey**
→ Stationsbesichtigung *nf*

amtsberechtigt TELEPH → **non-restricted**
→ vollamtsberechtigt

Amtsberechtigung *nf* TELEPH **direct outward dialing**
[für Nebenstellenteilnehmer] [for extension user]
= Vollamtsberechtigung *nf* = DOD; non-restriction; network out dialing (AE)

Amtsbereich *nm* SWITCH → **exchange area**
→ Anschlussbereich *nm*

Amtsbesichtigung *nf* SYS.INS → **station survey**
→ Stationsbesichtigung *nf*

Amtsdaten *nplt* SWITCH **office data**
= exchange data

Amtsgebäude *nn* TELEC **exchange premises**

Amtsgerät *nn* TELEC → **exchange equipment**
→ Amtsausrüstung *nf*

amtsgespeister Fernsprechapparat TELEPH **common-battery station**

Amtsgespräch *nn* TELEPH **external call**
= Externgespräch *nn*

Amtsholung *nf* TELEPH **automatic connection to external line**
[automatische Zuschaltung einer Amtsleitung]

Amtsholung *nf* TELEPH → **external call prefix**
→ Amtsvorwahl *nf*

Amtsinhaber *nm* ECON → **incumbent** *n*
→ Stellungsinhaber *nm*

amtsintern SYS.INS → **in-station** *adj*
→ stationsintern

amtsinterner Verkehr SWITCH **intra-exchange traffic**
= own-exchange traffic

Amtskabel *nn* SYS.INS **office cable**
= Stationskabel *nn* ≈ connecting cable [COM.CAB]
≈ Schaltkabel [COM.CAB]

Amtsleitung *nf* TELEC → **subscriber line**
→ Teilnehmerleitung *nf*

Amtssatz *nm* SWITCH **station register**

Amtsspeisung *nf* TELEC **network powering**
= Netzspeisung *nf* = line powering; lifeline powering; centralized powering
≠ Ortsspeisung ≠ local powering

amtsspezifisch SWITCH → **exchange specific**
→ vermittlungsstellenspezifisch

Amtsstromversorgung *nf* TELEC **station power supply**
= Ämterstromversorgung *nf* = station power system; station power
≈ Primärstromversorgung ≈ primary power

Amtstakt *nm* TELEC **exchange clock**

Amtsumgebung *nf* TELEC **exchange environment**
= office environment

Amtsverbindungskabel *nn* TELEC **interoffice trunk cable**
= interexchange trunk cable

Amtsverbindungsleitung *nf* TELEC **interoffice trunk**
[Verbindung zwischen Vermittlungen] [line between exchanges]
= Verbindungsleitung *nf*; AVL; Zwischenamtsleitung *nf* = interexchange trunk; interswitch trunk; internodal trunk; trunk *n* (2); interoffice line; interexchange line; interswitch line; junction line; exchange line; internodal line; trunk line (2); interoffice link; interexchange link; interswitch link; internodal link
↓ Ortsverbindungsleitung ↓ local trunk

Amtsverkabelung *nf* SYS.INS **exchange cabling**
= office cabling

Amtsvorwahl *nf* TELEPH **external call prefix**
[von einer Nebenstelle] [from a PBAX]
= Amtsanlassung *nf*; Amtsholung *nf*

Amtswähler *nm* SWITCH **office selector**

Amtszeichen *nn* TELEPH → **dial tone**
→ Wählton *nm*

AMX TELEC → **ATM multiplexer**
→ ATM-Multiplexer *nm*

analog *adj* INF.TEC **analog** *adj*
[vom Griechischen "aná lógon → análogos" = gemäß Verhältnis → entsprechend] [continuous in amplitude and time; from Greek "aná lógon → análogos" = "guarding relation → corresponding"]
= zeit- und wertkontinuierlich = analogue
≈ wertkontinuierlich; wertanalog ≈ value-continuous; value-analog
≠ digital ≠ digital

analog/digital INF.TEC **analog/digital**
= A/D = A/D

Analog/Digital-Umsetzer *nm* CODING → **analog-to-digital converter**
→ A/D-Wandler *nm*

Analog/Digital-Umwandler *nm* CODING → **analog-to-digital converter**
→ A/D-Wandler *nm*

Analog/Digital-Wandler *nm* CODING → **analog-to-digital converter**
→ A/D-Wandler *nm*

Analoganschluss *nm* SWITCH **analog line**

Analoganzeige *nf* INSTR **analog display**
= analoge Anzeige; Analogdarstellung *nf*; analoge Darstellung = analog indication; analogue display; analogue indication; analog representation; analogue representation

Analogbildschirm *nm* TER&PER → **analog monitor**
→ Analogmonitor *nm*

Analogdarstellung *nf* INSTR → **analog display**
→ Analoganzeige *nf*

Analogdaten *nplt* INF.TEC **analog data**
= analoge Daten *nplt*

Analog-Digital-Converter *nm* CODING → **analog-to-digital converter**
→ A/D-Wandler *nm*

Analog-Digital-Umsetzer *nm* CIRC.EN **analog-digital converter**
= Analog-Digital-Wandler *nm*; A/D-Wandler *nm* = A/D converter; ADC

Analog-Digital-Umsetzung *nf* TELEC **analog-to-digital conversion**
= A/D-Umsetzung *nf* = A/D conversion

Analog-Digital-Wandler *nm* CIRC.EN → **analog-digital converter**
→ Analog-Digital-Umsetzer *nm*

Analogdividierer *nm* CIRC.EN **analog divider**

analoge Anzeige INSTR → **analog display**
→ Analoganzeige *nf*

analoge Darstellung INSTR → **analog display**
→ Analoganzeige *nf*

analoge Darstellung INF.TEC **analog representation**

analoge Daten *nplt* INF.TEC → **analog data**
→ Analogdaten *nplt*

analoge Eingabe INF.TEC **analog input**
= Analogeingabe *nf* = analogue input; analog inputting; analogue inputting

analoge Größe INF.TEC **analog quantity**
= Analoggröße *nf* = analogue quantity

Analogeingabe *nf* INF.TEC → **analog input**
→ analoge Eingabe

Analoger Anschluss an ISDN TELEC → **analogue connection to ISDN switch**
→ ANIS

analoger Bildschirm TER&PER → **analog monitor**
→ Analogmonitor *nm*

analoger Farbbildschirm TER&PER **analog color monitor**
= analoger RGB-Monitor = analog colour monitor; analog RGB monitor

analoger Impuls EL.TRO **analog pulse**
= Analogimpuls *nm* = analogue pulse

analoger Kanal TELEC → **analog channel**
→ Analogkanal *nm*

analoger Monitor TER&PER → **analog monitor**
→ Analogmonitor *nm*

analoger Multiplizierer CIRC.EN **analog multiplier**
= Analogmultiplizierer *nm*

analoger RGB-Monitor TER&PER → **analog color monitor**
→ analoger Farbbildschirm

analoger Schalter COMPO **analog switch**

analoger Vergleicher CIRC.EN **analog comparator**

analoge Schaltung CIRC.EN → **analog circuit**
→ Analogschaltung *nf*

analoge Schnittstelle TELEC → **analog interface**
→ Analogschnittstelle *nf*

analoge Simulation MOD&SI **analog simulation**

analoges Messgerät INSTR **analog measuring instrument**
= analoges Messinstrument = analogue measuring instrument; analog meter; analogue meter

analoges Messinstrument INSTR → **analog measuring instrument**
→ analoges Messgerät

analoges Signal INF.TEC → **analog signal**
→ Analogsignal *nn*

analoges Vermittlungsystem SWITCH → **analog switching system**
→ Analogvermittlungssystem *nn*

analoge Teilnehmerschaltung SWITCH → **SLMA**
→ SLMA

Analogfilter *nn* NETW.TH **analog filter**
≠ Digitalfilter ≠ digital filter

Analoggröße *nf* INF.TEC → **analog quantity**
→ analoge Größe

Analogie *nf* SCIE **analogy**

Analogieschluss *nm* SCIE **analogical reasoning**
= analog conclusion; analogue conclusion

Analogimpuls *nm* EL.TRO → **analog pulse**
→ analoger Impuls

Analogkanal *nm* TELEC **analog channel**
= analoger Kanal = analogue channel

Analogleitung *nf* TELEC **analog line**

Analogmonitor *nm* TER&PER **analog monitor**
[nimmt analoge Signale auf, z.B. Videosignale, Signale nach VGA-Norm] [accepts analog signals, like video signals, VGA signals]
= Analogbildschirm *nm*; analoger Monitor; analoger Bildschirm = analog display; analog video display
≠ Digitalbildschirm ≠ digital monitor

Analogmultiplexer *nm* HW **analog multiplexer**

Analogmultiplizierer *nm* CIRC.EN → **analog multiplier**
→ analoger Multiplizierer

Analogrechner *nm* DAT.PR **analog computer**
[verarbeitet analoge Daten] [processes analog data]
= Stetigrechner *nm*
≠ Digitalrechner ≠ digital computer

Analogschaltung *nf* CIRC.EN **analog circuit**
= analoge Schaltung = analog circuitry; analogue circuit; analogue circuitry

Analogschnittstelle *nf* TELEC **analog interface**
= analoge Schnittstelle = analogue interface

Analogsignal *nn* INF.TEC **analog signal**
= analoges Signal; zeit- und wertkontinuierliches Signal; stetiges Signal = continuous signal

Analogspeicher *nm* HW **analog storage**
= analog memory

Analogtechnik *nf* TELEC **analog technique**

Analog-Transistor *nm* MICR.EL **analog transistor**
[konzentrisch aufgebauter Transitor mit Eigenschaften ähnlich einer Elektronenröhre] [concentric transistor with features similar to an electronic tube]
↓ Spacistor ↓ spacistor

Analogtreiber *nm* CIRC.EN **analog driver**

Analogvermittlungssystem *nn* SWITCH **analog switching system**
= analoges Vermittlungsystem

Analphabet *nm* LING **illiterate**

Analysator *nm* EL.TRO **analyzer** *n*

Analysator *nm* INSTR **analyzer** *n*

Analysator *nm* DAT.PR **analyzer** *n*
[Analogrechner] [analog computer]
= analyser *n* (BE)
↓ Differentialanalysator ↓ differential analyzer

Analysator *nm* SW → **analyser** *n* (1)
→ Analyseprogramm *nn*

Analysator *nm* COMP.AP → **parser** *n*
→ Analysealgorithmus *nm*

Analyse *nf* — SCIE — **analysis** *n* (*pl* analyses)
[vom Komplexen zum Elementaren; vom Griechischen "aná-lysis = Auf-lösung"]
= Analysis *nf*
≠ Synthese
[from the complex to the elemental; from Greek "aná-lysis" = "dis-solution"]
≠ synthesis

Analysealgorithmus *nm* — COMP.AP — **parser** *n*
[Unterprogramm zur syntaktischen Analyse]
= lexikalischer Analysator; Syntaxanalysator *nm*; Analysator *nm* (2); Syntaxanalysierer *nm*; Analysierer *nm*; Parser *nm*; Strukturprüfprogramm *nn*
[a routine to analyze syntax]
= syntactical analyzer; analyzer *n* (2)

Analysegrafik *nf* — COMP.AP — **analytical graphic**

Analysehilfe *nf* — SW — → **analysis tool**
→ Analysewerkzeug *nn*

Analyseproblem *nn* — NETW.TH — **analysis problem**

Analyseprogramm *nn* — SW — **analyser** *n* (1)
= Analysator *nm* (1)
= analyzing program

Analysewerkzeug *nn* — SW — **analysis tool**
= Analysehilfe *nf*

analysieren — SCIE — **analyze** *vt*
= unter die Lupe nehmen (slang)
= analyse *n* (BE)

analysieren — TECH — → **walk-through** *vt*
→ durchgehen

Analysierer *nm* — COMP.AP — → **parser** *n*
→ Analysealgorithmus *nm*

Analysis *nf* — SCIE — → **analysis** *n* (*pl* analyses)
→ Analyse *nf*

Analysis *nf* — MATH — **analysis** *n* (*pl* -ses)
↑ Höhere Mathematik
↓ Infinitesimalrechnung; Differentialrechnung; Integralrechnung; Differentialgleichungen; Harmonische Analyse; Variationsrechnung
↑ higher mathematics
↓ calculus; differential calculus; integral calculus; differential equations; harmonic analysis; calculus of variations

Analytiker *nm* — SCIE — **analyst** *n*

analytisch — SCIE — **analytic** *adj*
= analytical *adj*

analytische Datenbank-Maschine — DAT.MA — **analytical database engine**

analytische Maschine — COMP.SC — **Analytical Engine**
[die 1. programmgesteuerte (mechanische) Rechenmaschine (1883)]
[the fist program-controlled (mechanical) calculating machine (1883)]

analytischer Funktionsgenerator — SW — **analytical function generator**
= natural law function generator; natural function generator

analytisches Prozessmodell — DAT.PR — **analytical process model**

anamorphische Linse — CINEMA — **anamorphic lens**

anamorphotisches Verfahren — CINEMA — **anamorphotic procedure**

anarchisch — SCIE — **anarchical** *adj*
[vom griech. "ána-archos" = "ohne-Führer"]
≠ hierarchisch
[from Greek "ánarchos" = "leaderless"]
= anarchic
≠ hierarchical

Anbau *nm* — CIV.EN — **sidebuilding** *n*
= Nebengebäude *nn*
= annex *n*

Anbau- — TECH — → **add-on** *adj*
→ angebaut

Anbeginn *nm* — TECH — → **begin** *n*
→ Beginn *nm*

anbei — OFFICE — → **annexed**
→ beiliegend

anbieten — ECON — **offer** *vt*

anbieten — SWITCH — **offer** *vt*

Anbieten *nn* — SWITCH — **offering** *n*

Anbieter *nm* — ECON — **bidder** *n* (AE)
= Bieter *nm*; Submittent *nm*; Offerent *nm*
= tenderer *n*; offeror *n*

Anbieter *nm* — TELEC — **provider** *n*
[Bildschirmtext]
[videotex]

Anbindung *nf* — TELEC — → **connection** *n* (AE)
→ Verbindung *nf*

anbringen — TECH — **attach** *vt*
≈ befestigen
= link *vt*
≈ fasten

Anbringung *nf* — TECH — **attachment** *n*
= Zusatz *nm*
≈ Befestigung
≈ fastening

Anchor *nm* (ANGL) — INTERNET — → **anchor** *n*
→ Anker *nm*

Andauern — TECH — → **persistence** *n*
→ Anhalten *nn*

andauern — TECH — → **persist** *vt*
→ anhalten *vi* (2)

andauernd — TECH — → **persistent** *adj*
→ anhaltend

andenken — COLL — **envision** *vt*

änderbar — TECH — → **alterable** *adj*
→ veränderbar

änderbarer programmierbarer Festwertspeicher — MICR.EL — → **EPROM**
→ EPROM *nn*

ändern — TECH — **change** *vt*
= verändern; abändern; abwandeln; variieren; modifizieren
≈ schwanken; umbauen
↓ berichtigen
= vary *vt*; modify *vt*; alter *vt*; variegate *vt*
≈ fluctuate; remodel
↓ amend

Anderson-Brücke *nf* — EL.TEC — **Anderson bridge**

an der Spitze — COLL — **on the leading edge**
[fig]
[fig]

Änderung *nf* — SW — **modification** *n*
= Modifikation *nf*

Änderung *nf* — ECON — **amendment** *n*

Änderung *nf* — TECH — **change** *n*
= Veränderung *nf*; Abänderung *nf*; Abwandlung *nf*; Variierung *nf*; Modifikation *nf*; Modifizierung *nf*
≈ Wechsel; Abwandlung
= variation *n* (3); modification *n*; alteration *n*; variegation *n*
≈ fluctuation; remodelation

Änderungdokument *nn* — TEC.DOC — → **change document**
→ Änderungsbeleg *nm*

Änderungen vorbehalten — TEC.DOC — **subject to alteration**

Änderunginformation *nf* — TEC.DOC — → **update information**
→ Änderungsmitteilung *nf*

Änderunglauf *nm* — DAT.PR — → **updating run**
→ Aktualisierungslauf *nm*

Änderungmanagement *nn* — DAT.PR — → **change management**
→ Änderungsverwaltung *nf*

Änderungprogramm *nn* — SW — → **change routine**
→ Änderungsroutine *nf*

Änderungrichtlinie *nf* — TEC.DOC — → **engineering change note**
→ Änderungsanweisung *nf*

Änderungsanforderung *nf* — TECH — → **change request**
→ Änderungsauftrag *nm*

Änderungsanweisung *nf* — TEC.DOC — **engineering change note**
= Änderungrichtlinie *nf*
≈ Änderungsmitteilung
= modification guideline

Änderungsanweisung *nf* — SW — → **modification command**
→ Änderungsbefehl *nm*

Änderungsauftrag *nm* — TECH — **change request**
= Änderungsanforderung *nf*
= change order

Änderungsausfall *nm* — QUAL — **partial failure**
= Parameterausfall *nm*; Teilausfall *nm*

Änderungsauszug *nm* — DAT.MA — **change dump**
= Speicheränderungabzug *nm*
= differential dump

Änderungsband *nn* — DAT.MA — **change tape**
= Bewegungband *nn*; Modifikationsband *nn*
= modification tape; transaction tape; modifications tape; amendment tape

Änderungsbefehl *nm* — SW — **modification command**
= Änderungsanweisung *nf*, Modifikationsbefehl *nm*; Modifikationsanweisung *nf*
= modification instruction; modification statement; modifier *n*; change instruction; update instruction; alter instruction

Änderungsbeleg *nm* — TEC.DOC — **change document**
= Änderungdokument *nn*
= change voucher

Änderungsbit *nn* — DAT.PR — **change bit**

Änderungsblock *nm* — DAT.MA — **modification block**
= Modifikationsblock *nm*
= change block; amendment block

Änderungsdatei *nf* — DAT.MA — → **transaction file**
→ Bewegungsdatei *nf*

Änderungsdaten *nplt* — DAT.MA — → **variable data**
→ Bewegungsdaten *nplt*

Änderungsdienst *nm* — TEC.DOC — **update information service**
= update service; change service; modification service

Änderungsdienstprogramm *nn* — SW — **change utility program**
= change utility

Änderungseintrag *nm* — DAT.MA — **modification entry**
= Modifikationseintrag *nm*; Bewegungeintrag *nm*
= change entry; amendment entry; transaction record (1)

Änderungserkennung *nf* — IMAG.PR — **change detection**

änderungsfreundlich — TECH — **easy-to-alterate** *adj*
[Änderungen erleichternd]
≈ änderbar
≈ alterable

Änderungsfreundlichkeit *nf* — TECH — **alterability** *n*

[Änderungen erleichternd] = easiness of alteration; changeability; easiness of change

Änderungsgebühr *nf* TELEC **set-change fee**
= Auswechslunggebühr *nf*

Änderungskontrolle *nf* SW **change control**
≈ Konfigurationskontrolle ≈ configuration control

Änderungsmitteilung *nf* TEC.DOC **update information**
= Änderunginformation *nf* = update notification; change information; change notification; document change; update message; engineering change notice; ECN; change notice; notice of revision; NOR

Änderungsmodus *nm* DAT.MA **modification mode**
= Modifikationsmodus *nm* = change mode; amendment mode

Änderungsparameter *nm* DAT.MA **modification parameter**
= Modifikationsparameter *nm* = change parameter; amendment parameter

Änderungsparameter *nm* SW → **modifier** *n*
→ Modifikator *nm*

Änderungsprogrammierer *nm* SW → **maintenance programmer**
→ Wartungsprogrammierer *nm*

Änderungsprotokoll *nn* DAT.MA **modification log**
= Modifikationsprotokoll *nn* = change log; amendment log

Änderungsroutine *nf* SW **change routine**
= Änderungprogramm *nn* = change program

Änderungssatz *nm* DAT.MA → **addition record**
→ Bewegungssatz *nm*

Änderungsschleife *nf* SW **modification loop**
= change loop

Änderungsstand *nm* TEC.DOC **revision level**

Änderungstransaktion *nf* DAT.MA **change transaction**

Änderungsverwaltung *nf* DAT.PR **change management**
= Änderungmanagement *nn*; Revisionsverwaltung *nf*; Revisioneskontrolle

andocken HW **dock** *vt*

Androide *nm* AUTOMA **android** *n*
[vom griech. "áner + oíos" = "Mensch + beschaffen wie"; menschliches Verhalten imitierender Robot] [from Greek "anér + oíos" = "man + shaped like"; human-like robot]

Andruck *nm* TER&PER → **test print** *n*
→ Probedruck *nm*

andrücken TECH **press-on** *vt*

Andruckfilz *nm* TER&PER **press-on felt**

Andruckleiste *nf* COMPO **clip connector**
= Andruckverbinder *nm*

Andruckrad *nn* TER&PER **pinchwheel** *n*

Andruckrolle *nf* TECH **pinch roller** *n*
= Andruckwelle *nf* = press roll

Andruckrollenplotter *nm* TER&PER **pinch-roller plotter**

Andruckverbinder *nm* COMPO → **clip connector**
→ Andruckleiste *nf*

Andruckwelle *nf* TECH → **pinch roller** *n*
→ Andruckrolle *nf*

aneinander gereiht TECH → **consecutive** *adj*
→ aufeinander folgend

Anemometer *nn* METEO → **anemometer** *n*
→ Windmesser *nm*

anerkannt COLL **acknowledged**
= reknowned

Anerkennung *nf* COLL → **approval** *n*
→ Zustimmung *nf*

Anfachung *nf* PHYS → **excitation** *n*
→ Anregung *nf*

Anfall *nm* COLL **occurrence**
[fig] = accruement *n*
= Anfallen *nn*

Anfall *nm* TECH → **incidence** *n*
→ Aufkommen *nn*

anfallen TECH → **incide** *vi*
→ aufkommen *vi*

anfallen COLL **occurr** *vi*
[*vi*; fig] = accrue; become available; become on hand
= nebenher sich ergeben

Anfallen *nn* COLL → **occurrence**
→ Anfall *nm*

anfällig (für) TECH **vulnerable**
= prone (to)

Anfälligkeit *nf* TECH **vulnerability** *n*
= proneness *n*; liability *n*

Anfang *nm* TECH → **begin** *n*
→ Beginn *nm*

Anfang des Kopfes DAT.CO **start of heading**
= Kopfanfang *nm*; SOH = SOH
↑ ASCII-Code ↑ ASCII code

Anfang des Textes DAT.CO → **start of text**
→ Textanfang *nm*

anfangend TECH → **beginning** *adj*
→ beginnend *adj*

Anfänger INF.TEC → **entry-level user**
→ Einsteiger *nm*

Anfänger *nm* TECH **novice** *n*
= Dümmster Anzunehmender User [INF.TEC]; DAU [INF.TEC] = beginner *n*; newcomer *n*
≠ Experte ≠ expert
↓ Einsteiger [INF.TEC]; Netzwerkanfänger [INTERNET] ↓ entry-level user [INF.TEC]; network novice [INTERNET]

Anfängerlizenz *nf* RADIO **novice licence**

Anfängermodell *nn* DAT.PR → **entry-level model**
→ Einstiegsmodell *nn*

Anfängerniveau *nn* INF.TEC → **entry level**
→ Einsteigerniveau *nn*

Anfang-Hinweiszeichen *nn* DAT.CO → **opening flag**
→ Beginn-Hinweiszeichen *nn*

anfänglich TECH **initial** *adj*
[am Anfang vorhanden] = outgoing *adj*; start *adj*
= Ausgangs- ≈ beginning
≈ beginnend

Anfangsabweichung *nf* CONTRO **initial deviation**
= starting deviation

Anfangsadresse *nf* SW → **start address**
→ Startadresse *nf*

Anfangsanweisung *nf* SW **header statement**

Anfangsaufwand *nm* ECON **initial effort**
= Initialaufwand *nm*

Anfangsbedingung *nf* MATH **initial condition**
= starting condition

Anfangsbedingung *nf* SW → **entry condition**
→ Einsprungbedingung *nf*

Anfangsblock *nm* TELEC **header** *n*
[SONET, STM; ATM] [SONET; STM; ATM]
= Steuerungblock *nm*; Header *nm* (ANGL); Zellenkopf *nm* (ATM); Paketkopf *nm* ≠ information field
≠ Informationsfeld

Anfangsblock *nm* DAT.MA **header** *n*
= Vorspann *nm* = head *n*

Anfangsbuchstabe *nm* PRIN.ME **initial** *n*
[vergrößerter Anfangsbuchstabe] [an oversized initial character]
= Initialbuchstabe *nm*; Initiale *nf* (AT); Initial *nn* = initial letter; drop cap; drop initial
≈ Großbuchstabe; Schmuckbuchstabe

Anfangsempfindlichkeit *nf* INSTR **initial sensitivity**

Anfangsetikett *nn* DAT.MA → **header label**
→ Dateianfangs-Etikett *nn*

Anfangsfehler *nm* DAT.PR → **initial error**
→ Ausgangsfehler *nm*

Anfangshinweiscode *nm* DAT.CO **begin flag**
= Präambel *nf* = preamble *n*

Anfangskarte *nf* DAT.MA **header card**
= Vorlaufkarte *nf*

Anfangskennsatz *nm* DAT.MA → **header label**
→ Dateianfangs-Etikett *nn*

Anfangsmarke *nf* TER&PER **load point**
[Magnetband] [tape]

Anfangsmarke *nf* INTERNET **start tag**
[SGML] [SGML]

Anfangsmeldung *nf* TELEC **initial message**

Anfangspermeabilität *nf* PHYS **initial permeability**

Anfangsphasenwinkel *nm* EL.TEC → **zero phase angle**
→ Nullphasenwinkel *nm*

Anfangspunkt *nm* MATH **initial point**
[Vektor] [of a vector]

Anfangsroutine *nf* SW **beginning routine**

Anfangssatz *nm* DAT.MA → **header label**
→ Dateianfangs-Etikett *nn*

Anfangsstellung *nf* TECH **initial position**
= Ausgangsstellung *nf*; Ausgangslage *nf* = starting position; original position

Anfangsstufe *nf* CIRC.EN → **input stage**
→ Eingangsstufe *nf*

Anfangswert *nm* SCIE **initial value**
= Ausgangswert *nm* = basic value

Anfangswiderstand *nm* EL.TRO **initial resistance**
= Kaltwiderstand *nm*

Anfangszustand *nm* CIRC.EN **initial status**
= initial state

Anfangszustand *nm* | TECH | **initial state**
= initial condition

Anfasser *nm* | COMP.GR | → **handle** *n*
→ Handgriff *nm*

anfechtbar | LAW | **impugnable**
= impeachable

anfechten *vt* | LAW | **impugn** *vt*
= tempt *vt* (BE); impeach *vt* (2)

Anfechtung *nf* | LAW | **inpugnment** *n*
= temptation *n* (BE); impeachment *n* (2)

anfeuchten | TECH | **dampen** *vt*
= befeuchten
≈ nässen
= moisten
≈ wet

Anfeuchtung *nf* | PHYS | → **humidification**
→ Befeuchtung *nf*

Anfeuerer *nm* | MEDIA | **cheerleader** *n*

Anflug *nm* | RAD.NA | **approach** *n*
= Einflug *nm*

Anfluganweisung *nf* | RAD.NA | **approach aid**

Anflugebene *nf* | AERON | **approach plane**

Anflugfläche *nf* | AERON | **approach surface**

Anfluggrundlinie *nf* | RAD.NA | **landing direction**

Anflugradar *nm&nn* (*pl* -e) | RAD.NA | **approach radar**

Anflugweg *nm* | AERON | → **landing path**
→ Landeweg *nm*

anfordern | SWITCH | **request** *vt*

anfordern | COMP.AP | → **prompt** *vt*
→ bereitmelden

Anfordern *nn* | COMP.AP | → **prompt** *n*
→ Bereitmeldung *nf*

Anforderung *nf* | ECON | → **call** *n*
→ Abruf *nm*

Anforderung *nf* | SWITCH | **request** *n*
= Abrufen *nn*
≈ Wählversuch
≈ call attempt

Anforderung *nf* | INF.TEC | **requirement** *n*
= Erfordernis *nf*; Vorgabe *nf*
↓ Entwurfsanforderung; Funktionsanforderung; Implementierungsanforderung; Schnittstellenanforderung; Leistunsanforderung
↓ design requirement; functional requirement; implementation requirement; interface requirement; performance requirement

Anforderung *nf* | COMP.AP | → **prompt** *n*
→ Bereitmeldung *nf*

Anforderungsbearbeitung *nf* | DAT.PR | **request handling**
= request servicing

Anforderungsbetrieb *nm* | DAT.CO | **request mode**
= Konkurrenzbetrieb *nm*
≠ Abrufbetrieb
= contention mode
≠ polling mode

Anforderungskatalog *nm* | TEC.DOC | **requirements specification**
= Anforderungspezifikation *nf*
= requirements list; requirement catalogue

Anforderungskennzeichnung *nf* | DAT.CO | **request indicator**
= request signal

Anforderungskette *nf* | DAT.CO | **request queue**

Anforderungspezifikation *nf* | TEC.DOC | → **requirements specification**
→ Anforderungskatalog *nm*

Anforderungsspezifikationstechnik *nf* | COMP.AP | **requirements engineering**
= Spezifikationstechnik *nf*
= RE

Anforderungsstudie *nf* | TEC.DOC | **requirements analysis**
[z.B. für Software-Entwicklung]
[e.g. for software production]

Anforderungszeichen *nn* | COMP.AP | **promt character**
[Hinweiszeichen dass der Computer für eine Eingabe bereit ist, z.B. durch blinkende Schreibmarke oder > Zeichen]
= Bereitschaftszeichen *nn*
↑ Bereitmeldung
[character indicating readiness of the computer for entries, e.g. blinking cursor or > sign]
↑ prompt

Anfrage *nf* | DAT.MA | → **inquiry** *n* (AE)
→ Abfrage *nf*

Anfrage *nf* | ECON | → **invitation to tender** *n*
→ Ausschreibung *nf*

Anfrage *nf* | ECON | **inquiry** *n* (AE)
= enquiry (BE)

Anfragemodus *nm* | DAT.MA | → **inquiry mode**
→ Abfragemodus *nm*

Anfrageverarbeitung *nf* | DAT.MA | **query processing**
= Abfrageverarbeitung *nf*
= enquiry processing; inquiry processing

anfügen | SW | → **catenate** *vt*
→ verketten

anführen | LING | **quote** *vt*
[hinter Anführungszeichen setzten]
≠ abführen
[to put behind a quotation mark]
≠ unquote

Anführung *nf* | LING | **quote mark** (2)
[Symbole: „ oder ‚ oder »]
= öffnendes Anführungzeichen; Anführungsstriche *nplt* (2)
≈ Hochkomma
≠ Abführung
↑ Anführungszeichen
[symbols: „ or ‚ or »]
= quotation mark (2); quote sign (2); quotes *nplt* (2); inverted commas
≈ inverted comma
≠ unquote mark
↑ quotation mark

Anführungsstriche *nplt* (1) | LING | **double quotes** (1)
[Symbole: “ ‚ ‘]
= Gänsefüßchen *nplt*
≈ Hochkomma; spitzes Anführungszeichen
↑ Anführungszeichen
↓ Anführungsstriche (2); Abführungsstriche
[symbols: “ ‚ ‘]
= inverted commas
≈ single quotes; angle quotation mark
↑ quotation mark
↓ double quote mark; double unquote mark

Anführungsstriche *nplt* (2) | LING | → **quote mark** (2)
→ Anführung *nf*

Anführungszeichen *nn* | LING | **quotation mark** (1)
↑ Satzzeichen
↓ Anführung; Abführung
= quote mark (1); quote sign (1)
↑ punctuation mark
↓ quote mark (2); unquote mark

Anführungszeichen *nn* | COMP.LG | **quote** *n*
[Sonderzeichen von Programmiersprachen]
[special character of programming languages]

Angaben *nplt* | TECH | **data** *nplt*
= Daten *nplt*

angebaut | TECH | **add-on** *adj*
= Anbau-
≠ eingebaut
≠ built-in

Angebot *nn* | ECON | **offer** *n*
= Offerte *nf*
↓ Preisangebot; Preisangebot
= offering *n*; tender offer; tender *n* (1); proposal *n*; quotation *n*; bid *n* (2) (AE)
↓ quotation; bid *n* (1)

Angebot *nn* | SWITCH | → **offered traffic**
→ Verkehrsangebot *nn*

angebotene Belegung | SWITCH | → **call attempt**
→ Wählversuch *nm*

Angebotsaufforderung *nf* | ECON | → **invitation to tender** *n*
→ Ausschreibung *nf*

Angebotseinholung *nf* | ECON | → **invitation to tender** *n*
→ Ausschreibung *nf*

Angebotsempfänger *nm* | ECON | **offeree** *n*
[receiver of an offer]

Angebotseröffnung *nf* | ECON | **opening of tender**
= tender opening

Angebotsformular *nn* | ECON | **proposal form**

Angebotsunterbreitung *nf* | ECON | **offer submittal**

angeforderte Liste | DAT.PR | **demand report**

angeforderte Verbindung | RAD.NA | **on-request service**
= OR service

angeführte Zeichenkette | DAT.MA | **quoted character string**
[zwischen Anführungszeichen]
[between quotation marks]
= quoted string

angegliedert | TECH | **attached** *adj*
[fig]
= angeschlossen
[fig]

angegossen | TECH | **cast-on** *adj*

Angel | IMAG.ME | → **boom** *n*
→ Galgen *nm*

angelaufen | METAL | **tarnished**
= coated

Angelegenheit *nf* | COLL | **matter** *n*
≈ Thema
= concern *n*; affair *n*
≈ theme

angeleinter Satellit | AERON | **tethered satellite**
[mit bis 100 km langer Leine]
[by an up to 100 km long tether]

angelernt | ECON | **semi-skilled**

angelocht | TER&PER | **chadless**
[Formular]
[formular]

angelochter Lochstreifen | TER&PER | → **chadless tape**
→ Schuppenlochstreifen *nm*

Angelpunkt *nm* | MECH | **cardinal point**

Angelruten-Beam | ANT | **fishing-rod beam antenna**

angemeldetes Patent | LAW | **pending patent**
= applied-for patent

angemessen | COLL | **adequate** *adj*

= adäquat [SCIE] ≈ geeignet; passend		= rightsized; fair ≈ suitable; fitting
Angemessenheit *nf* = Adäquatheit *nf* [SCIE]	COLL	**adequacy** *n* = rightsizing
angenähert → näherungsweise	MATH	→ **approximate** *adj*
angenommen → mutmaßlich	COLL	→ **presumtive** *adj*
angenommene Adresse	SW	**presumptive address**
angenommene Belegung = verarbeitete Belegung	SWITCH	**carried call**
angenommener Binärpunkt → angenommenes Binärkomma	COMP.SC	→ **assumed binary point**
angenommener Dezimalpunkt → angenommenes Dezimalkomma	COMP.SC	→ **assumed decimal point**
angenommenes Basiskomma = Rechenbasiskomma *nf*	COMP.SC	**assumed radix point** = implied radix point
angenommenes Binärkomma = Rechenbinärkomma *nf*; angenommener Binärpunkt; Rechenbinärpunkt *nm*	COMP.SC	**assumed binary point** = implied binary point
angenommenes Dezimalkomma = Rechendezimalkomma *nn*; angenommener Dezimalpunkt; Rechendezimalpunkt *nm*	COMP.SC	**assumed decimal point** = implied decimal point
angepasst	COLL	**syntonic** *adj*
angepasst [verändert]	TECH	**matched**
angepasst = angepasst abgeschlossen	EL.TEC	**matched** = with matched load; terminated by matched load
angepasst abgeschlossen → angepasst	EL.TEC	→ **matched**
angepasste Leitung ↑ abgeschlossene Leitung	LINE TH	**matched line** ↑ terminated line
angepasster Frequenzgang	NETW.TH	**matched response**
angepasste Schreibdichte [Magnetspeicher]	TER&PER	**zoned density recording** [magnetic store] = ZDR
angepasstes Filter → Wurzel-Nyquist-Filter *nn*	NETW.TH	→ **matched filter**
angepasste Speiseleitung = Flat-line	ANT	**matched feeder** = flat line
angereichert	TECH	**enriched**
Angerufener *nm* → gerufener Teilnehmer	SWITCH	→ **called suscriber**
angeschlossen → angegliedert	TECH	→ **attached** *adj*
angesehen → renommiert	COLL	→ **renowned**
angesprochener Zuhörerkreis	ECON	**intended audience**
Angestellter *nm* ↑ Arbeitnehmer	ECON	**employee** *n* = clerk *n* ↑ employed
angetrieben	TECH	**powered** *adj* = driven
angewandte Forschung	SCIE	**applied science**
angewandte Informatik [Lehre und Technik der Anwendung von Computern in anderen Bereichen] ≈ Telematik ↑ Informatik ↓ Informationssysteme; Computergrafik; künstliche Intelligenz; Simulation und Modellierung; Textverarbeitung; Büroautomatisierung; Wirtschaftsinformatik; Rechtsinformatik; Verwaltungsinformatik; medizinische Informatik; Bildungsinformatik	COMP.SC	**applied informatics** [theory and enginnering of computer applications in other fields] = computer applications ≈ telematics ↑ informatics ↓ information systems; computer graphics; artificial intelligence; simulation and modelling; word processing; office automation; business informatics; juridical informatics; public administration informatics; medical informatics; educational informatics
angewandte Linguistik	LING	**applied linguistics**
angewandte Mathematik	MATH	**applied mathematics**
angewandte Physik	PHYS	**applied physics**
angewandte Systemtheorie → Systemtechnik *nf*	SYS.TH	→ **systems engineering**
angezapft	EL.TEC	**tapped**
angezapfte Speiseleitung	ANT	**feedline with matching stub** = stub feedline
Angiographie *nf*	MED.EN	**angiography**
angleichen ≈ anpassen	TECH	**conform** *vt* ≈ adapt
angliedern	ECON	**affiliate**
angliedern ≈ gruppieren	TECH	**aggregate** *vt*
angrenzend → benachbart	TECH	→ **adjacent** *adj*
Ångström *nn* [Längeneinheit; 0,1 nm] = Å	PHYS	**Ångström** [unit for length, 0.1 nm] = Å
anhaften → haften	TECH	→ **adhere** *vi*
anhaftend → inhärent	SCIE	→ **inherent**
anhaftender Mangel	QUAL	**inherent fault** = inherent weakness
Anhaltanzeige *nf*	SW	**invitation to break**
Anhalte-Anzeige *nf*	DAT.CO	**break indication**
anhalten → abbrechen	DAT.PR	→ **abort** *vt*
anhalten = stoppen ≈ verzögern	EL.TRO	**halt** *vt* = stop *vt*; suspend *vt* ≈ delay
Anhalten *nn* = Andauern	TECH	**persistence** *n*
anhalten *vt* (1) = stoppen	TECH	**stop** *vt*
anhalten *vi* (2) = andauern	TECH	**persist** *vt* = last
anhaltend = dauernd; andauernd; ständig ≈ dauerhaft	TECH	**persistent** *adj* = lasting; continual (3); standing; non-transient; durable ≈ permanent
Anhaltepunkt *nm* → Fixpunkt *nm*	SW	→ **checkpoint** *n*
Anhaltepunkt-Neustart *nm* → Fixpunkt-Neustart *nm*	SW	→ **checkpoint restart**
Anhaltesignal *nn*	DAT.CO	**break signal**
Anhaltevorrichtung *nf* [Analogrechner]	DAT.PR	**hold facility** [analog computer]
Anhaltezustand *nm* ≠ Rechenzustand	DAT.PR	**hold mode** ≠ compute mode
anhaltloser Druck → fliegender Druck	TER&PER	→ **on-the-fly printing**
Anhang *nm* → Anlage *nn*	OFFICE	→ **annex** *n*
Anhängeetikett *nf* → Anhängeschild *nn*	TECH	→ **tie-on label** *n*
anhängen = beilegen ≈ hinzufügen	COLL	**annex** *vt* = attach *vt* ≈ aggregate
anhängen	INTERNET	**attach** *vt*
Anhänger *nm* → Anhängeschild *nn*	TECH	→ **tie-on label** *n*
Anhängeschild *nn* = Anhängeetikett *nf*; Anhängeschildchen *nn*; Anhänger *nm* ↑ Kennzeichnungsschild	TECH	**tie-on label** *n* = tag *n* ↑ label
Anhängeschildchen *nn* → Anhängeschild *nn*	TECH	→ **tie-on label** *n*
Anhängsel *nn* ≈ Zubehör [TECH]	COLL	**appendage** *n* = appurtenance *n* (2) ≈ accessories [TECH]
anhäufend → kumulativ	MATH	→ **cumulative** *adj*
Anhäufung *nf* → Burst *nm*	EL.TRO	→ **burst** *n*
anheben → hochheben	TECH	→ **elevate** *vt*
Anhebungsschaltung *nf* → Verzerrer *nm*	TELEC	→ **emphasizer** *n*
Anheizung *nf* → Vorwärmung *nf*	TECH	→ **preheating** *n*
Anheizzeit *nf* = Aufheizzeit *nf*	EL.TRO	**heating time** = warm-up period
Anheiz-Zeitkonstante *nf* = Aufheiz-Zeitkonstante *nf*	MICR.EL	**heating-up time constant**
Anilin *nn*	CHEM	**aniline** *n* = anilo *n* (slang)
Anilinfarbe *nf*	CHEM	**aniline dye**
Animation *nf*	COMP.AP	**animation** *n*
Animation *nf* → Computeranimation *nf*	COMP.GR	→ **computer animation**
Animationscomputer *nm*	DAT.PR	**animation computer**

Animationsfilm *nm* — IMAG.ME — → **animated cartoon film**
→ Zeichentrickfilm

Animations-GIF — COMP.AP — **animated GIF**

Animationsobjekt *nn* — COMP.AP — **animated objects**
↓ Avatar — ↓ avatar

Animations-Software *nf* — COMP.AP — **animation software**

Anime *nm* — CINEMA — **anime** *n*
[japan. Zeichentrickfilm] — [Japanese cartoon]

animiert — COMP.AP — **animated**

animierter Cursor — COMP.AP — **animated cursor**

Anion *nn* — PHYS — **anion** *n*
[negativ geladenes Ion] — [negatively charged ion]
≠ Kation — ≠ cation
↑ Ion — ↑ ion

ANIS — TELEC — **analogue connection to ISDN switch**
= Analoger Anschluss an ISDN-Vermittlung

anisochron — PHYS — **anisochronous**
[ungleich lang dauernd] — [of different duration]

anisotrop — PHYS — **anisotropic**
[unterschiedliche Eigenschaften in verschiedenen Richtungen] — [different properties in different directions]
≠ isotrop — ≠ isotropic

anisotrope Leitfähigkeit — PHYS — **anisotropic conductivity**

Anisotropie *nf* — PHYS — **anisotropy** *n*

Ankathete *nf* — MATH — **ancathete** *n*

Anker *nm* — OUT.PL — **stay** *n*
= guy anchor; anchor *n*

Anker *nm* — POW.EN — **armature** *n*
[trägt die Wicklungen der Maschine] — [carries the windings]

Anker *nm* — COMPO — **armature** *n*
[der bewegliche Teil des magnetischen Kreises] — [the movable part of a magnetic circuit]
= Magnetanker *nm* — ≈ yoke [EL.TEC]
≈ Magnetjoch [EL.TEC]

Anker *nm* — DAT.MA — **owner** *n*
[in einer hierarchischen Datenbank erfolgt der Zugriff immer über ihn] — [the record through which a hierarchical database is always accessed]
= Ankersatz *nm*; Erstzugriffssatz *nm* — = owner record; anchor record; anchor

Anker *nm* — INTERNET — **anchor** *n*
[HTML; realisiert einen Hyperlink] — [HTML; establishes a hyperlink]
= Sprungziel *nn*; Anchor *nm* (ANGL)

Ankeranschlag *nm* — COMPO — **armature stop**
[Relais] — [relay]

Ankerdraht *nm* — OUT.PL — → **guy rope**
→ Abspannseil *nn*

Ankerdrahtklemme *nf* — OUT.PL — **stay clamp**

Ankerhub *nm* — COMPO — **armature excursion**
[Relais] — [relay]
= armature travel

Ankerkausche *nf* — OUT.PL — **stay thimble**

ankerlos — COMPO — **armatureless**

Ankerluftspalt *nm* — COMPO — **armature gap**
[Relais] — [relay]

Ankernut *nf* — COMPO — **armature slot**
[Relais] — [relay]

Ankerpfahl *nm* — OUT.PL — **stay block** *n*

Ankerprellen *nn* — COMPO — **armature bounce**
= armature rebound

Ankerrelais *nn* — COMPO — **armature relay**

Ankerrückwirkung *nf* — POW.EN — **armature reaction**

Ankerrückzugfeder *nf* — COMPO — **armature restoring spring**
[Relais] — [relay]
= armature resetting spring

Ankersatz *nm* — DAT.MA — → **owner** *n*
→ Anker *nm*

Ankerschiene *nf* — EQP.EN — **anchoring rail**

Ankerschraube *nf* — MEC.EN — **foundation bolt**
= anchor bolt; holding-down bolt

Ankerstrom *nm* — POW.EN — **armature current**

Ankerstütze *nf* — OUT.PL — **stay crutch**

Ankerumschaltung *nf* — POW.EN — **armature reversal**

Ankervorspannung *nf* — COMPO — **initial armature force**
[Relais] — [relay]

Ankerwelle *nf* — POW.EN — **armature shaft**

Ankerwicklung *nf* — POW.EN — **armature winding**

Anklage *nf* — LAW — **accusation**
= impeachment *n* (1); charge *n*

anklagen *vt* — LAW — **accuse** *vt*
= impeach *vt* (1); charge *vt*

anklammern — TECH — → **clip** *vt*
→ klammern

Ankleider *nm* — IMAG.ME — **dresser** *n*
= Garderobier *nm*

anklemmen — EL.TEC — → **tap** *vt*
→ anzapfen

anklickbare Grafik — INTERNET — **clickable graphics**
= Bildersymbolleiste *nf*; Imagemap *nf* — = image map

anklickbarer Bereich — INTERNET — **clickable area**
= hotspot *n*

anklicken — COMP.AP — → **click** *vt*
→ klicken

Anklicken *nn* — COMP.AP — → **click** *n*
→ Klicken *nn*

Anklopfen *nn* — TELEPH — **call waiting**
[besetzter Teilnehmer wird durch Anklopfton auf eine wartende Verbindung aufmerksam gemacht] — [busy station is made aware of a waiting call by a call-waiting tone]
≈ Aufschalten — = knock *n*

Anklopfschutz *nm* — TELEPH — **call waiting security**

Anklopfton *nm* — TELEPH — **call-waiting tone**
↑ Aufmerksamkeitston — = knock tone
↑ attention tone

ankommend — TELEC — **incoming**
= kommend; hereinkommend — = inbound
≠ gehend — ≠ outgoing

ankommende Belegung — SWITCH — **incoming seizure**
= kommende Belegung; Belegungsanreiz *nm* — = call present

ankommende Ferngesprächspauschale — TELEC — **inward WATS**
[der Angerufene übernimmt gegen eine Monatspauschale die Gebühr der ankommenden Gespräche] — [arrangement whereby a called subscriber takes over the charge of outside callers]

ankommende Nachricht — DAT.CO — **incoming message**
= incoming communication

ankommende Post — OFFICE — **incoming post**
= eingehende Post; Eingangspost *nf*; Posteingang *nm*

ankommender Anruf — SWITCH — **incoming call**
= ankommendes Gespräch — = receiving call

ankommender Leitungssatz — SWITCH — **incoming trunk circuit**

ankommender Satz — SWITCH — **incoming circuit**
↑ Verbindungssatz — ↑ junctor

ankommender Verkehr — SWITCH — **incoming traffic**
= kommender Verkehr — = inbound traffic
≈ Endverkehr; Verkehrsangebot — ≈ offered traffic

ankommendes Gespräch — SWITCH — → **incoming call**
→ ankommender Anruf

ankommendes Signal — TELEC — **incoming signal**
= eingehendes Signal

Ankreuzbox *nf* — COMP.AP — **check box** *n*
= Ankreuzfenster *nn*; Markierungfeld *nn*; Kontrollkästchen *nn* — ≈ radio button
≈ Menüauswahlknopf — ↑ dialog box
↑ Dialogfenster

ankreuzen — ECON — **tick** *vt*
[ein Kästchen in einem Formular] — [to mark a field in a form]
= check *vt*

Ankreuzfenster *nn* — COMP.AP — → **check box** *n*
→ Ankreuzbox *nf*

ankündigen — COLL — **announce** *vt*
= proclaim *vt*; advertise *vt*

Ankündigung *nf* — COLL — **announcement** *n*
= proclamation *n*; advertisement *n*

Ankündigungszeichen *nn* — DAT.CO — **announcer** *n*

Ankunftsprozess *nm* — SWITCH — **arrival process**
= Anrufprozess *nm*

Anlage *nn* — EL.TRO — **installation** *n*
= plant *n*

Anlage *nn* — TECH — **plant** *n*
[Einrichtung] — = works *nplt*; installation *n* (1); facility *n*
= Installation *nf* (1)

Anlage *nn* — OFFICE — **annex** *n*
[z.B. eines Briefes] — [e.g. of a letter]
= Anhang *nm*; Beilage *nf* (AT,CH) — = enclosure *n*; enc *n*; encs *nplt*; appendix *n*; inclosure *n*; inclose *n*; attachment *n*
≈ Beilage

Anlagedaten *nplt* — DAT.PR — **plant data**

Anlagenanschluss *nm* — TELEC — **single device connection**
[Einzelgerätanschluss an ISDN] — [ISDN]
= Punkt-zu-Punkt-Konfiguration *nf*

Anlagenbau *nm* — TECH — **plant construction**

Anlagenbediener *nm* DAT.PR → **computer operator** *n*
→ Rechnerbediener *nm*
Anlagengeschäft *nn* ECON **systems business**
≠ Liefergeschäft
≠ standard products business
anlageninterner Code SW → **machine code** *n* (1)
→ Maschinencode *nm*
Anlagenkonfiguration *nf* DAT.PR → **configuration**
→ Konfiguration *nf*
Anlagenverwalter *nm* ECON **asset manager**
Anlagenverwaltung *nf* ECON **asset management**
Anlagenzustand *nm* DAT.CO **site status**
Anlagevermögen *nn* ECON **fixed assets** *nplt*
= AV
= property account; property *n*; plant and equipment

Anlandepunkt *nm* OUT.PL **landing point**
[Seekabel]
[sea cable]
= Seekabellandepunkt *nm*
Anlandung *nf* OUT.PL **landing** *n*
[Seekabel]
[sea cable]
anlaschen TECH **strap** *vt*
anlassen METAL → **temper** *vt*
→ aushärten
Anlassen *nn* CONTRO **start** *n*
= Anreizen *nn*
Anlaßheißleiter *nm* CIRC.EN **starting thermistor**
Anlasswiderstand *nm* PHYS **starter resistance**
= starting rheostat

Anlauf *nm* SW **start** *n*
= Start *nm*; Systemstart *nm*
≈ Initialisierung; Einleitung
↓ Wiederanlauf
= system start; starting up
≈ initialization; initiation
↓ recovery (2)
Anlauf *nm* TECH → **begin** *n*
→ Beginn *nm*
Anlauf *nm* TELEGR → **start** *n*
→ Start *nm* (*pl* -s&-e)
Anlaufbefehl *nm* SWITCH → **start signal**
→ Anlaufsignal *nn*
Anlaufbild *nn* COMP.AP → **opening screen**
→ Eröffnungsbild *nn*
Anlaufdauer *nf* TECH → **response time**
→ Reaktionszeit *nf*
anlaufen TECH **start-up** *vi*
[fig]
= hochlaufen
≈ beginnen
≈ begin
Anlauffarbe *nf* METAL **tempering tarnish**
Anlauffeld *nn* OUT.PL **first loading section**
[Pupinisierung]
[pupin-coil loading]
Anlaufkosten *nplt* ECON **start-up costs**
= Vorlaufkosten *nplt*
≈ Einstiegskosten
= starting costs; initial costs
≈ entry costs
Anlauflänge *nf* OUT.PL **building-out section**
Anlaufprogramm *nn* SWITCH **recovery program**
Anlauf-ROM *nn* DAT.PR **startup ROM**
Anlaufschritt *nm* TELEGR **start pulse**
= Startschritt *nm*; Startelement *nn*; Startbit *nn*; Startzeichen *nn*
≠ Sperrschritt; Informationsschritt
= start signal; start element; start bit; open start pulse
≠ stop pulse; information pulse
Anlaufschwierigkeit *nf* TECH **start-up problem**
Anlaufsignal *nn* SWITCH **start signal**
= Anlaufbefehl *nm*
= start command; recovery signal
Anlauf-Sperrung *nf* TELEGR → **start-stop**
→ Start-Stopp
Anlaufstelle *nf* COLL **incoming point**
Anlaufstrom *nm* EL.TRO **residual current**
[Röhren]
[electron tubes]
Anlaufstrom *nm* EL.TEC → **starting current**
→ Anschwingstrom *nm*
Anlaufzeit *nf* TER&PER **acceleration time**
= starting-up time

Anlaut *nm* LING **entry sound**
anlegen EL.TEC **apply** *vt*
[Spannung, Signal ...]
= einspeisen; zuführen
[tension, signal ...]
= inject *vt*; input *vt*
Anlegewandler *nm* EL.TEC **split-wire type transformer**
Anleitung *nf* TEC.DOC **instruction** *n*
= Anweisung *nf*; Vorschrift *nf*; Wegleitung *nf* (AT,CH)
↓ Bedienungsanleitung; Wartungsanleitung; Reparaturanleitung
= standards *nplt*
↓ use instruction; maintenance instruction; repair instruction
Anlernling *nm* EDUC → **apprentice** *n*
→ Lehrling *nm*

Anlieferungstoleranz *nf* QUAL **incoming tolerance**
Anlieferungszustand *nm* ECON **as-received condition**
anliegen *vi* TECH **contact** *vt*
[berühren]
anliegend TECH → **adjacent** *adj*
→ benachbart
Anliegerstraße *nf* CIV.EN **side street**
an Mast befestigt TECH **pole-mounted** *adj*
= mastbefestigt; für Mastbefestigung
Anmeldeanforderung *nf* DAT.CO **log-on request**
= Anmeldeaufforderung *nf*
= XON request
Anmeldeaufforderung *nf* DAT.CO → **log-on request**
→ Anmeldeanforderung *nf*
Anmeldedienst *nm* INTERNET **submission service**
Anmeldemodus *nm* DAT.CO → **log-on procedure**
→ Anmeldeverfahren *nn*
anmelden DAT.CO **log-on** *vt*
= einloggen; sicheinschalten
≠ abmelden
= logon *vt*; log-in *vt*; login *vt*; sign-on *vt*
≠ log-off
Anmelden *nn* SWITCH **booking** *n*
[Warten]
[call queuing]
Anmeldeprozedur *nf* DAT.CO → **log-on procedure**
→ Anmeldeverfahren *nn*
Anmeldesequenz *nf* SW **log-on sequence**
Anmeldeskript *nn* INTERNET **log-in script**
Anmeldeverfahren *nn* DAT.CO **log-on procedure**
= Anmeldemodus *nm*; Anmeldeprozedur *nf*
= log-on mode; log-in procedure; log-in mode; XON procedure
Anmeldung *nf* MOB.CO **attach** *n*
[Mobilitätsverwaltung]
[mobility management]
Anmeldung *nf* DAT.CO **log-on** *n*
[Beginn einer Sitzung]
= Eröffnungprozedur *nf*; Log-in *nn*; Log-on *nn*; Logon *nn*; Einloggen *nn*; Sicheinschalten *nn*
≈ XON [DAT.CO]
≠ Abmeldung
[to start a session]
= log-in; log-on; logon; logging-in; logging-on; sign-on procedure; open procedure
≈ XON [DAT.CO]
≠ log-off
Anmeldung *nf* TELEC **application** *n*
[eines Anschlusses]
= Beantragung *nf*; Antragsstellung *nf*
[to a connection or service]
= subscription
Anmerkung *nf* LING **annotation** *n*
= Bemerkung *nf*; Vermerk *nm*; Annotation *nf*; ergänzender Hinweis; Kommentar *nm*
= commentary *n*; comment *n*; remark *n*
Anmerkung *nf* INTERNET **annotation**
an Minuspol PHYS → **negative** *adj*
→ negativ
annähern TECH **approach** *vt*
Annäherung *nf* TECH **approach** *n*
[physisch]
[physical]
Annäherung *nf* MATH → **approximation** *n*
→ Näherung *nf*
Annäherungsensor *nm* SIG.EN → **proximity detector**
→ Annäherungsmelder *nm*
Annäherungsmelder *nm* SIG.EN **proximity detector**
= Annäherungsensor *nm*
= proximity sensor; capacitance detector
Annäherungsmeldesystem *nn* SIG.EN **proximity alarm system**
= capacitance alarm system
Annäherungsschalter *nm* SIG.EN **proximity switch**
= Näherungschalter *nm*
Annahme *nf* COLL **assumption** *n*
= Vermutung *nf*
≈ Voraussetzung (1); Mutmaßung; Schätzung
= presumption *n*; supposition *n*
≈ premise; presumption; guess (1)
Annahme *nf* SCIE **supposition** *n*
= Hypothese *nf*
≈ Voraussetzung
= hypothesis *n* (*pl* -ses); assumption *n*
≈ prerequisite; presumption [COLL]
Annahmebereich *nm* QUAL **acceptance region**
Annahmegrenze *nf* QUAL **acceptable quality level**
= annehmbare Qualitätsgrenzlage; AQL
= AQL
Annahmekennlinie *nf* QUAL **acceptance characteristic**
Annahmewahrscheinlichkeit *nf* QUAL **acceptance probability**
Annahmezahl *nf* QUAL **acceptance number**
= Gutzahl *nf*
annehmbare Qualitätsgrenzlage QUAL → **acceptable quality level**
→ Annahmegrenze *nf*
annehmen QUAL **accept** *vt*
= akzeptieren
annehmen (1) COLL **assume** *vt*
= vermuten; unterstellen
≈ voraussetzen
= presume; suppose; presuppose
≈ premise

annehmen (2)	COLL	**adopt** *vt*
= akzeptieren		= accept *vt*
annieten	MEC.EN	→ **rivet** *vt*
→ vernieten *vt* (3)		
Annietmutter *nf*	MEC.EN	**riveting nut**
Annonce *nf*	ECON	→ **advertisement**
→ Inserat *nn*		
Annonce *nf*	PRIN.ME	→ **advertisement** *n*
→ Zeitungsinserat *nn*		
annoncieren	ECON	→ **advertise**
→ inserieren		
Annotation *nf*	LING	→ **annotation** *n*
→ Anmerkung *nf*		
Annoybot *nm*	INTERNET	**annoybot**
annullieren	SCIE	**nullify**
annullieren	INF.TEC	**invalidate**
= löschen		
annullieren	ECON	→ **cancel** *vt*
→ rückgängigmachen		
Annulliertaste *nf*	TER&PER	→ **backspace key** *n*
→ Rücksetztaste *nf* (2)		
Annullierung *nf*	ECON	**annullment** *n*
= Rücktritt *nm*; Stornierung *nf*		= nullification *n*; rescission *n*;
↓ Wandlung		cancellation *n*
Annullierung *nf*	INF.TEC	**invalidation** *n*
≈ Ungültigkeit		≈ invalidity
Annullierung *nf*	SCIE	**nullification** *n*
Annullierung *nf*	SW	**cancellation** *n*
Annullierung *nf*	ECON	→ **withdrawal** *n*
→ Widerruf *nm*		
Annullierungsanforderungszeichen *nn*	DAT.CO	→ **cancellation-request signal**
→ Löschungsanforderungszeichen *nn*		
Annullierungsanweisung *nf*	SW	→ **delete statement**
→ Löschanweisung *nf*		
Annullierungsauftrag *nm*	SW	→ **delete statement**
→ Löschanweisung *nf*		
Annullierungsbefehl *nm*	SW	→ **delete statement**
→ Löschanweisung *nf*		
Annullierungskommando *nn*	SW	→ **delete statement**
→ Löschanweisung *nf*		
Annullierungsvollzug *nm*	DAT.CO	→ **cancellation completed**
→ Löschungsvollzug *nm*		
Annullierungsvollzugszeichen *nn*	DAT.CO	→ **cancellation completed signal**
→ Löschungsvollzugzeichen *nn*		
Annulllierungsanforderung *nf*	DAT.CO	→ **cancellation request**
→ Löschungsanforderung *nf*		
Anode *nf*	COMPO	**anode** *n*
[Kondensator]		[capacitor]
≠ Katode		= plate *n* (AE)
		≠ cathode
Anode *nf*	EL.TRO	**anode** *n*
[Röhre]		[tube]
		= plate *n* (AE)
Anode *nf*	MICR.EL	**anode** *n*
≠ Basis; Kollektor		≠ base; collector
Anode *nf*	POW.SY	**anode** *n*
[Batterie]		[battery]
≠ Katode		= plate *n* (AE)
		≠ cathode
Anode *nf*	PHYS	**anode** *n*
= positive Elektrode		= positive electrode
↑ Elektrode		↑ electrode
Anoden-Basis-Schaltung *nf*	CIRC.EN	**grounded-anode circuit**
= Kathodenfolger *nm*; Kathodenverstärker *nm*		= cathode-coupled circuit; cathode follower
Anodenbatterie *nf*	POW.SY	**plate battery**
↑ Trockenbatterie		= anode battery; high-tension battery; B-battery (AE)
Anoden-B-Modulation *nf*	EL.TRO	**anode-B modulation**
↑ Anodenmodulation		↑ anode modulation
Anodendrossel *nf*	EL.TRO	**anode choke**
Anodenfall *nm*	PHYS	**anode fall**
Anodengebiet *nn*	PHYS	**anode region**
Anodengitter *nn*	EL.TRO	**anode gitter**
Anodenkennlinie *nf*	EL.TRO	**plate-voltage/current characteristic**
Anodenmodulation *nf*	EL.TRO	**anode modulation**
Anodenrauschen *nn*	EL.TRO	**anode hum**
Anodenruhespannung *nf*	EL.TRO	**steady plate voltage**
Anodenruhestrom *nm*	EL.TRO	**steady plate current**
Anodenschatten *nm*	EL.TRO	**heel effect**

Anodenschlamm *nm*	POW.SY	**anode mud**
Anodenschwingkreis *nm*	EL.TRO	**plate tank circuit**
anodenseitig steuerbarer Thyristor	MICR.EL	→ **n-gate thyristor**
→ n-Tor-Thyristor *nm*		
Anodenspannung *nf*	EL.TRO	**anode voltage**
		= plate voltage
Anodenspannung *nf*	PHYS	**anode voltage**
Anodenstrahl *nm*	PHYS	**anode ray**
Anodenstrom *nm*	EL.TRO	**anode current**
		= plate current
Anodenstrom *nm*	PHYS	**anode current**
Anodenstrombegrenzer *nm*	EL.TRO	**anode-current limiter**
Anodenverlustleistung *nf*	EL.TRO	**plate dissipation**
Anodenwechselspannung *nf*	EL.TRO	**ac plate voltage**
Anodenwechselstrom *nm*	EL.TRO	**ac plate current**
Anodenzerstäubung *nf*	PHYS	**anode sputtering**
anomal *adj*	TECH	→ **abnormal** *adj*
→ anormal		
Anomalie *nf*	TECH	→ **irregularity** *n*
→ Unregelmäßigkeit *nf*		
anonymer Remailer	INTERNET	**anonymous remailer**
= Remailer *nm*		= remailer *n*
anonymisieren (t)	DAT.MA	**anonymize** *vt*
Anonymisierer *nm*	INTERNET	**anonymizer** *n*
= Anonymizer *nm*; Rewebber *nm*		
Anonymisierung *nf*	DAT.MA	**anonymization** *n*
Anonymität *nf*	COLL	**anonymity** *n*
Anonymizer *nm*	INTERNET	→ **anonymizer** *n*
→ Anonymisierer *nm*		
Anonymus *nm*	DAT.NW	**anonymous** *n*
anordnen	TECH	**arrange** *vt*
= aufstellen (2)		≈ order
≈ order		
anordnen	DAT.MA	→ **rank** *vt*
→ ordnen		
Anordnung *nf*	MATH	**arrangement** *n*
		= order *n*
Anordnung *nf*	TECH	→ **spacial arrangement** *n*
→ räumliche Anordnung		
Anordnungsstatistik *nf*	STATIS	**order statistics**
anorganisch	CHEM	**inorganic** *adj*
↓ mineralisch		↓ mineral
Anorganische Chemie	CHEM	**Inorganic Chemistry**
anormal *adj*	TECH	**abnormal** *adj*
= von der Norm abweichend; abnorm; anomal		= anomalous *adj*; erratic *adj* (2)
		≈ unusual
anormale Dispersion	PHYS	**anormal dispersion**
Anormalität *nf*	TECH	→ **irregularity** *n*
→ Unregelmäßigkeit *nf*		
anpassbar	TECH	**adaptable** *adj*
= adaptierbar		≈ flexible
≈ flexibel		
Anpassbarkeit *nf*	TECH	**adaptability** *n*
= Adaptierbarkeit *nf*		≈ flexibility
≈ Flexibilität		
anpassen	NETW.TH	**match** *vt*
anpassen *vr*	TECH	**adapt** *vr* (2)
anpassen *vt*	TECH	**adapt** *vt* (1)
≈ umrüsten; angleichen		≈ convert; conform
Anpassgerät *nn*	ANT	**tuner** *n*
= Anpassungseinrichtung *nf*		= matching unit; matchbox *n*
Anpassglied *nn*	NETW.TH	→ **impedance matching section**
→ Transformationsglied *nn*		
Anpasssteuerung *nf*	AUTOMA	**logic control**
Anpassung *nf*	CIRC.EN	→ **matching circuit**
→ Anpassungsschaltung *nf*		
Anpassung *nf*	MATH	**fit** *n*
Anpassung *nf*	TECH	**adaptation** *n*
= Adaptation *nf*		= adaption *n*
≈ Umrüstung		≈ conversion
Anpassung *nf* (1)	NETW.TH	**matching** *n* (1)
[Optimierung der Energie- oder Signalübertragung zwischen Netzwerken, durch Anpassung der Scheinwiderstände]		[optimization of energy or signal transfer between networks, by adapting the impedances]
= Scheinwiderstandsanpassung *nf*; Impedanzanpassung *nf*; Wirkleistungsanpassung *nf*		= impedance matching; match *n* (1); adaptation *n* (1)
↓ Leistungsanpassung; Spannungsanpassung; Stromanpassung; Wellenanpassung; Resonanzanpassung		↓ power matching; overmatching; undermatching; image matching; resonance matching; active power matching
Anpassung *nf* (2)	NETW.TH	→ **power matching**
→ Leistungsanpassung *nf*		

Anpassungdämpfungmaß *nn* NETW.TH → **composite return loss**
→ Betriebsreflexionsdämpfungsmaß *nn*

Anpassungsdämpfung *nf* NETW.TH → **active return loss**
→ Reflexionsdämpfung *nf*

Anpassungsdaten *nplt* SW → **adaptation data**
→ Adaptationsdaten *nplt*

Anpassungseinrichtung *nf* ANT → **tuner** *n*
→ Anpassgerät *nn*

Anpassungsentwicklung *nf* TECH **adaptive development**
≈ kundenspezifische Anpassung
= adaptive design; adaptive engineering
≈ customization

Anpassungsfaktor *nm* NETW.TH → **reflection coefficient**
→ Reflexionsfaktor *nm*

Anpassungsfaktor *nm* LINE TH **inverse voltage standing wave ratio**
[Spannungsminima zu Spannungsmaxima]
≈ Reflexionsfaktor [NETW.TH]
≠ Welligkeitsfaktor
[voltage minimum to voltage maximum]
= inverse SWR
≈ reflection coefficient [NETW.TH]
≠ voltage standing wave ratio

Anpassungsglied *nn* NETW.TH **matching pad**
= matching section

Anpassungsglied *nn* MEC.EN **adapter** *n*

Anpassungskarte *nf* HW **adapter board**
= Adapterkarte *nf*
= adapter card

Anpassungskoeffizient *nm* NETW.TH → **reflection coefficient**
→ Reflexionsfaktor *nm*

Anpassungsmessgerät *nn* INSTR → **SWR power meter**
→ Stehwellenmessgerät *nn*

Anpassungsprogramm *nn* SW **adapting program**

Anpassungsregelung *nf* CONTRO → **adaptive control**
→ adaptive Regelung

Anpassungssatz *nm* TELEPH **adaptation device**

Anpassungsschaltung *nf* CIRC.EN **matching circuit**
= Anpassung *nf*
= adapter *n*

Anpassungssteuerung *nf* CONTRO → **adaptive control**
→ adaptive Regelung

Anpassungsübertrager *nm* EL.TEC **matching transformer**
= Anpassungtransformator *nm*; Anpassungtrafo *nm*

Anpassungswartung *nf* TECH → **adaptive maintenance**
→ adaptive Wartung

Anpassungtrafo *nm* EL.TEC → **matching transformer**
→ Anpassungsübertrager *nm*

Anpassungtransformator *nm* EL.TEC → **matching transformer**
→ Anpassungsübertrager *nm*

an Pluspol PHYS → **positive** *adj*
→ positiv

Anredefall *nm* LING → **vocative case**
→ Vokativ *nm*

Anredeformel *nf* OFFICE → **salutation clause**
→ Begrüßungsformel *nf*

Anregelzeit *nf* CONTRO **rise time**

anregen COLL **suggest** *vt*
≈ vorschlagen
≈ propose

anregen PHYS **excite**
= stimulate; generate

Anregung *nf* PHYS **excitation** *n*
= Anfachung *nf*
= stimulation *n*; generation *n*

Anregung *nf* COLL **suggestion** *n*
≈ Vorschlag
≈ proposal

Anregungniveau *nn* PHYS → **excitation energy**
→ Anregungsenergie *nf*

Anregungsbedingungen *nplt* OPT.CO **launch conditions**

Anregungsenergie *nf* PHYS **excitation energy**
= Anregungniveau *nn*
↓ Aktivierungsenergie
= excitation level; excited level
↓ activation energy

Anregungspotential *nn* PHYS **excitation potential**

Anregungszustand *nm* PHYS **excitation state**
= excited state

anreichern MICR.EL **enrich** *vt*
= enhance; accumulate

anreichern CHEM → **concentrate** *vt*
→ konzentrieren

Anreicherung *nf* MICR.EL **enrichment** *n*
≠ Verarmung
= enhancement *n*; accumulation *n*
≠ depletion

Anreicherung *nf* CHEM → **concentration** *n*
→ Konzentration *nf*

Anreicherungschicht *nf* MICR.EL → **enhancement layer**
→ Anreicherungszone *nf*

Anreicherungs-Isolierschicht-Feldeffekttransistor *nm* MICR.EL **enhancement-mode FET**

Anreicherungsrandschicht *nf* MICR.EL **enhancement surface layer**

Anreicherungssteuerung *nf* MICR.EL → **enhancement type**
→ Anreicherungstyp *nm*

Anreicherungstransistor *nm* MICR.EL **enhancement transistor**

Anreicherungstyp *nm* MICR.EL **enhancement type**
= Anreicherungssteuerung *nf*
= enhancement mode

Anreicherungszone *nf* MICR.EL **enhancement layer**
= Anreicherungsschicht *nf*
= accumulation layer; carrier concentration layer

Anreihung *nf* TECH → **row** *n*
→ Reihe *nf*

Anreiz *nm* TELECON **state-information change**

Anreizen *nn* CONTRO → **start** *n*
→ Anlassen *nn*

Anreizmechanismus *nm* SWITCH **event mechanism**

Anreizmeldung *nf* TELECON → **spontaneous information**
→ Spontanmeldung *nf*

Anreiznummer *nf* SWITCH **event number**

Anreiztabelle *nf* SWITCH **event table**

Anreizverarbeitung *nf* DAT.PR → **event processing**
→ Ereignisverarbeitung *nf*

Anreizverhalten *nn* CONTRO **start response**

Anriss *nm* TECH → **crack** *n*
→ Sprung *nm*

Anruf *nm* TELEPH **call** *n*
= Ruf *nm*; Telefonanruf *nm*; Telefonruf *nm*; Telefonat *nn* (1)
≈ Gespräch; Verbindung [TELEC]
= phone call; telephone call; calling; ring *n*
≈ conversation; connection [TELEC]

Anrufablehnung *nf* SWITCH → **call rejection**
→ Anrufabweisung *nf*

Anrufabweisung *nf* SWITCH **call rejection**
= Rufabweisung *nf*; Anrufablehnung *nf*; Rufablehnung *nf*; Verbindungsabweisung *nf*; Verbindungsablehnung *nf*
= call not accepted

Anrufaufzeichnungsgerät *nn* TER&PER → **call recorder**
→ Sprachaufzeichnungsgerät *nn*

Anrufaussortierung *nf* COMP.AP **screening** *n*

anrufbares Telefon TELEPH **incoming calls telephone**

Anrufbeantworter *nm* TER&PER **automatic answering equipment**
= telephone answering machine; TAM; telephone answering recording machine; TARM; telephone responder; answering machine (BE); auto-answer; telephone recorder

Anrufbeantwortungs-Betrieb *nm* DAT.CO **auto-answer mode**
= Antwortmodus *nm*; Auto-Antwortfunktion *nf*

Anrufbefehl *nm* SWITCH **CALL instruction**
= Rufbefehl *nm*; CALL-Befehl *nm*
= call instruction; calling instruction

Anrufbestätigung *nf* DAT.CO **call confirmation signal**
= reception confirmation signal

Anrufbetrieb *nm* TELECON → **polling mode**
→ Aufrufbetrieb *nm*

Anrufbetrieb *nm* DAT.CO **originate mode**
≠ Antwortbetrieb
≠ answer mode

Anrufdatenaufzeichnung *nf* SWITCH → **call data recording**
→ Rufdatenaufzeichnung *nf*

Anrufdaten *nplt* SWITCH → **call data**
→ Verbindungsdaten *nplt*

Anrufdauer *nf* TELEC → **call duration**
→ Verbindungsdauer *nf*

Anrufdurchschaltung *nf* SWITCH → **call through-connect**
→ Einrichten

anrufen COLL → **telephone** *vi*
→ telefonieren *vi*

Anrufen *nn* COLL → **telephoning** *n*
→ Telefonieren *nn*

Anrufender *nm* SWITCH → **calling subscriber**
→ rufender Teilnehmer

anrufender Teilnehmer zahlt TELEPH **calling party pays**
≠ Gebührenübernahme
= CPP
≠ reverse charging

Anrufer *nm* SWITCH → **calling subscriber**
→ rufender Teilnehmer

Anruferkennung *nf* SWITCH **call detection**
= Ruferkennung *nf*
= call identification

Anruf-Erstkontakt *nm* TELEC **first-level support**
= front-end support; front-office support

Anruffangen *nn* SWITCH → **call tracing**
→ Fangen *nn*

Anruffehlversuch *nm* SWITCH **failed call attempt**

Anruffolge *nf* SWITCH → **connection sequence**
→ Verbindungsablauf *nm*

Anruf-Meldesystem *nn* TER&PER **wireless phone call announcer**

Anrufprozess *nm* SWITCH → **arrival process**
→ Ankunftsprozess *nm*

Anrufschutz *nm* TELEPH **station guarding**
= Ruhe vor dem Telefon
= station forced busy; do-not-disturb

Anrufsignal *nn* TELEC → **ringing signal**
→ Rufsignal *nn*

Anrufsperre *nf* TELEPH **call restiction**

Anrufsperrung *nf* TELEPH **call blocking**
= Rufsperrung *nf*; Verbindungssperrung *nf*; Sperren eines Teilnehmeranschlusses
= call barring

Anrufsucher *nm* SWITCH **line finder**
[sucht in elektromechanischen Vermittlungssystemen die Teilnehmerleitungen nach Neubelegungen ab]
[searches for subscriber lines wishing to initiate a call]
≈ Vorwähler
↑ Suchwähler
= switch finder; line switch; call finder
≈ preselector
↑ finder

Anrufsucher-Wahlstufe *nf* SWITCH → **line selection stage**
→ Leitungswahlstufe *nf*

Anruftaste *nf* TELEGR **calling key**
≠ Schlusstaste
= starting key
≠ clearing key

Anrufteilung *nf* SWITCH **call sharing**

Anrufübernahme *nf* TELEPH **call pickup** (1)
= Rufübernahme *nf*

Anrufumleitung *nf* TELEPH → **call forwarding**
→ Rufumleitung *nf*

Anrufumleitung zu einer Dienstperson TELEC **call diversion to operator**

Anrufverfahren *nn* TELECON → **polling mode**
→ Aufrufbetrieb *nm*

Anrufversuch *nm* SWITCH → **call attempt**
→ Wählversuch *nm*

Anrufversuch in der SWITCH **busy hour call attempt**
= Verbindungswunsch in der Hauptverkehrsstunde
= BHCA

Anrufverteiler *nm* SWITCH **call distributor**
= Rufverteiler *nm*

Anrufverteilung *nf* SWITCH **call distribution**
= Rufverteilung *nf*

Anrufwecker *nm* TELEPH → **bell** *n*
→ Wecker *nm*

Anrufweitergabe *nf* TELEPH → **call forwarding**
→ Rufumleitung *nf*

Anrufweiterschaltung bei Besetzt TELEPH **call forwarding busy**

Anrufweiterschaltung bei Nichtmelden TELEPH **call forwarding no reply**

Anrufweiterschaltung ständig TELEPH **call forwarding unconditional**

Anrufwiederholer *nm* SWITCH **redialer** *n*
= Rufwiederholer *nm*
= call repeater

Anrufwiederholung *nf* SWITCH **redialing** *n*
= Rufwiederholung *nf*
= repeated call attempt; call repeating; call repetition; camp-on busy

Anrufzeichen *nn* TELEC → **ringing signal**
→ Rufsignal *nn*

Anrufzentrale *nf* INF.TEC **call center**
= Call Center *nn*; rechnergestützte Anrufzentrale; Rufzentrale *nf*; automatische Anrufverwaltung
≈ Telfonkundendienst
= computer-supported call distribution; automatic call distribution

Anrufzuweisung *nf* TELEPH → **call forwarding**
→ Rufumleitung *nf*

anrührbar COLL → **tangible** *adj* (1)
→ berührbar

Anrührbarkeit *nf* COLL → **tangibility** *n* (1)
→ Berührbarkelt *nf*

Ansage *nf* TELEPH **announcement** *n*
= Durchsage *nf*
= spoken announcement; recorded announcement; message *n*; spoken message; recorded message; information; spoken information; recorded information

Ansagedienst *nm* TELEPH **announcement service**
= automatische Ansage
= message service; recorded announcement service; public recorded information service

ansammeln TECH → **accumulate** *vt*
→ akkumulieren

Ansammlung *nf* SCIE → **concentration** *n*
→ Konzentration *nf*

ansässig ECON **domiciled** *adj*
= mit Firmensitz in; domiziliert (CH)
= -based

Ansatz *nm* COLL **approach** *n*
↓ Lösungsansatz
↓ solution approach

Ansatz *nm* SCIE → **solution approach** *n*
→ Lösungsansatz *nm*

Ansatz *nm* MEC.EN → **lug** *n*
→ Lappen *nm*

Ansatz *nm* TECH → **shoulder** *n*
→ Schulter *nf*

Ansatzschraube *nf* MEC.EN **shoulder screw**

ansatzweise *adv* COLL **dispositionally** *adv*

ansaugen TECH **suck** *vt*

Anschaffung *nf* ECON → **procurement** *n*
→ Beschaffung *nf*

Anschaffung *nf* ECON → **purchase** *n* (1)
→ Einkauf *nm* (1)

Anschaffungskosten *nplt* ECON **acquisition costs**
≈ Investitionskosten
= purchase costs
≈ first costs

Anschalteinrichtung *nf* DAT.CO **connecting unit**
= medium attachement unit (LAN)

Anschalteklinke *nf* COMPO → **connecting jack**
→ Anschlussklinke *nf*

Anschaltekontakt *nm* COMPO **connecting contact**

Anschalten *nn* EL.TEC → **connection** *n* (2)
→ Einschaltung *nf*

Anschaltenetz *nn* SWITCH **access network**
= access switching network

Anschaltepunkt *nm* TELEC → **interconnection point**
→ Durchschaltepunkt *nm*

Anschalter *nm* SWITCH **connector** *n*

Anschalterelais *nn* SWITCH **connecting relay**

Anschaltesatz *nm* SWITCH **circuit connector**
= connecting relay set

Anschalteschnittstelle *nf* DAT.NW **attachment unit interface**

Anschaltgebühr *nf* TELEC → **subscription fee**
→ Anschlussgebühr *nf*

Anschaltgerät *nn* EL.TRO **connection device**
= Agt

Anschaltkosten *nplt* TELEC **connection costs**

Anschaltung *nf* EL.TEC **hook-up** *n*

Anschaltung *nf* SWITCH → **allocation** *n*
→ Beschaltung *nf*

Anschaltung *nf* EL.TEC → **connection** *n* (2)
→ Einschaltung *nf*

Anschauungsunterricht *nm* EDUC **object-lessons**
= intuitive instruction

anschellen MEC.EN → **clamp** *vt* (2)
→ schellen *vt*

Anschellmaschine *nf* TECH **clamping device**

Anschlag *nm* MEC.EN **stop** *n*
[eines Ausschlags]
= Stopp *nm*
[limit of excursion]
= touch *n*; detent *n*

Anschlag *nm* TER&PER **impact** *n*
[einer Drucktype]
[of a type]
= touch *n*

Anschlagbrett *nn* COLL → **bulletin board**
→ Anzeigetafel *nf*

Anschlagbrettsystem *nn* INTERNET → **bulletin board system**
→ Schwarzes-Brett-System *nn*

Anschlagdrucker *nm* TER&PER **impact printer**
= mechanischer Drucker; Impaktdrucker *nm*
≠ anschlagfreier Drucker
↓ Typenstabdrucker; Typenraddrucker; Typenkorbdrucker; Kugelkopfdrucker; Walzendrucker; Kettendrucker; Banddrucker; Rasterdrucker; Nadeldrucker; Pendelmatrixdrucker
= mechanical printer
≠ non-impact printer
↓ typebar printer; type wheel printer; thimble printer; print ball printer; drum printer; chain printer; belt printer; dot-matrix printer; stylus printer; shuttle matrix printer

Anschlagdynamik *nf* COMP.AP **stroke dynamic**
[Musikinformation]
[musical information]

anschlagfrei TER&PER **non-impact** *adj*
[Drucker]
= anschlaglos; nichtmechanisch
[printer]
= nonimpact

anschlagfreier Drucker TER&PER **non-impact printer**
= anschlagloser Drucker; nichtmechanischer Drucker; berührungloser Drucker
≈ low-impact printer
≠ impact printer

≈ anschlagschwacher Drucker
≠ Anschlagdrucker
↓ Tintendrucker; Thermodrucker; elektrofotografischer Drucker; Laserdrucker — ↓ ink-jet printer; thermal printer; electrophotographic printer; laser printer

Anschlaggefühl *nn* — TER&PER — **impact sensation**

Anschlaghammer *nm* — TER&PER — **striking hammer**
= impact hammer

anschlaglos — TER&PER — → **non-impact** *adj*
→ anschlagfrei

anschlagloser Drucker — TER&PER — → **non-impact printer**
→ anschlagfreier Drucker

Anschlagregler *nm* — TER&PER — **penetration control**
= impact control

Anschlagschraube *nf* — MEC.EN — **stop screw**

anschlagschwacher Drucker — TER&PER — **low-impact printer**
≈ anschlagfreier Drucker — ≈ non-impact printer
↓ Thermodrucker; elektrostatischer Drucker — ↓ thermal printer; electrostatic printer

Anschlagstärke *nf* (1) — TER&PER — **penetration** *n*
[eines Rypenträgers] — [of a type carrier]
= print intensity; print force; typing force

Anschlagstärke *nf* (2) — TER&PER — **key touch force**
[bei Betätigung einer Taste]

Anschlagstift *nm* — MEC.EN — **stop pin**

Anschlagwiederholfunktion *nf* — TER&PER — **typematic** *n*
[wenn Taste genügend lange gedrückt wird] — [repetition of keystroke when key is depressed sufficiently long]
= auto-repeat; auto-key

Anschlagwinkel *nm* — MEC.EN — **try square**
[zur Markierung und Prüfung rechter Winkel]

Anschließbarkeit *nf* — TELEC — → **connectivity**
→ Anschlussmöglichkeit *nf*

anschließen — EL.TEC — **connect** *n* (1)
= link *vt*

anschließen — TELEC — **connect** *vt*

Anschließunggebühr *nf* — TELEC — → **subscription fee**
→ Anschlussgebühr *nf*

Anschluss *nm* — TER&PER — **port** *n*
= Port *nm* (ANGL)

Anschluss *nm* — COMPO — **contact** *n*
↓ Anschlussdraht; Anschlussstift — ↓ lead; terminal pin

Anschluss *nm* — EL.TEC — **connection** *n* (1) (AE)
≈ Zusammenschaltung — = connexion *n* (1) (BE)

Anschluss *nm* — SWITCH — **terminal connection**
= connection *n* (1) (AE); connexion *n* (1) (BE)

Anschluss *nm* — TELEC — → **connection** *n* (AE)
→ Verbindung *nf*

Anschlussadapter *nm* — TER&PER — → **peripheral control unit**
→ Anschlusssteuerung *nf*

Anschlussanpassung *nf* — NETW.TH — **port match**

Anschlussauge *nn* — EL.TRO — **eyelet** *n*
[Leiterplatte] — [PCB]

Anschlussbaugruppe *nf* — EQP.EN — → **interface module**
→ Schnittstellenbaugruppe *nf*

Anschlussbedingung *nf* — EL.TEC — **electrical operating conditions**

Anschlussbelegung *nf* — EQP.EN — **terminal occupation**
↓ Stiftbelegung — = terminal allocation; terminal assignment; contact assignment (1)

Anschlussberechtigung *nf* — TELEC — **authorized class of service**
= user service category

Anschlussbereich *nm* — EL.TRO — **terminal area**

Anschlussbereich *nm* — SWITCH — **exchange area**
= Vermittlungbereich *nm*; Amtsbereich *nm* — = serving area; switching center area; switching centre area; connecting range; wire center [OUT.PL]]
↑ Versorgungsbereich [TELEC] — ↑ service area [TELEC]

anschlussbezogen — DAT.NW — **connection-related**

Anschlussbuchse *nf* — COMPO — **port** *n*

Anschlussdaten *nplt* — EL.TEC — **connection data**

Anschlussdose *nf* — OUT.PL — **connection box**

Anschlussdose *nf* — EL.INS — → **mains socket**
→ Netzsteckdose *nf*

Anschlussdraht *nm* — EL.TRO — **lead** *n*
= Anschlussleiter *nm*; Anschlussleitung *nf*; Zuleitung *nf* — = component lead; wire lead; connecting lead; lead-in; lead *n*; connecting wire
↑ Anschluss — ↑ contact

Anschlusseinheit *nf* — SWITCH — **terminal** *n*
= AE

Anschlussfaser *nf* — OPT.CO — **pigtail** *n*
= Anschlusslichtleiter *nm*; Pigtail (ANGL) — = pigtail fiber

Anschlussfeld *nn* — EQP.EN — **terminal field**
= connector panel; interface area

Anschlussfleck *nm* — MICR.EL — → **land** *n*
→ Kontaktfleck *nm*

Anschlussfolge *nf* — EL.TRO — **connection sequence**
= order of connection

Anschlussgebühr *nf* — TELEC — **subscription fee**
= Anschließunggebühr *nf*; Anschaltgebühr *nf* — = connecting charge (1); connection charge (1); connect charge (1); attachment fee; attachment charge; installation fee
↑ Fernmeldegebühr — ↑ telecommunication tariff

Anschlussgenehmigung *nf* — TELEC — **connecting approval**
= attachment approval

Anschlussgerät *nn* — HW — → **peripheral equipment**
→ Peripheriegerät *nn*

Anschlussgerätegruppe *nf* — DAT.PR — **clustered devices** *n*
= Cluster *nn* — [jointly connected group of devices]

Anschlussgruppe *nf* — SWITCH — **line trunk group**
= LTG — = LTG

Anschlussgruppe *nf* — DAT.CO — → **user class of services**
→ Teilnehmerbetriebsklasse *nf*

Anschlussgruppensteuerung *nf* — HW — **cluster controller**
= Cluster-controller *nm*

Anschlussintervall *nn* — DAT.PR — **connect time**
= Verbindungdauer *nf*

Anschlusskabel *nn* — OUT.PL — **connection cable**

Anschlusskabel *nn* — EQP.EN — **connecting cable**
= Anschlussleitung *nf* — = connecting line
≈ Verbindungskabel — ≈ interconnecting cable
↓ Netzanschlusskabel — ↓ power cable

Anschlusskabel *nn* — OUT.PL — → **subscriber cable**
→ Teilnehmerkabel *nn*

Anschlusskapazität *nf* — SWITCH — **connection capacity**

Anschlusskarte *nf* — EQP.EN — → **interface module**
→ Schnittstellenbaugruppe *nf*

Anschlusskasten *nm* — EL.INS — **terminal box**
= connection box

Anschlusskennung *nf* — TELEC — **call line identification**
[Sicherung gegen Manipulation von Kennungen] — = calling line identity; called line identity; line identification; CDI; attachment identification; attachment identity

Anschlussklemme *nf* — COMPO — **terminal** *n*
= Klemme *nf*; Anschlusspunkt *nm* — = screw terminal; connecting terminal; binding post; grabber *n*

Anschlussklemmleiste *nf* — EL.INS — → **terminal strip**
→ Klemmleiste *nf*

Anschlussklinke *nf* — COMPO — **connecting jack**
= Anschalteklinke *nf*

anschlusskompatibel — EL.TRO — → **plug compatible**
→ steckkompatibel

Anschlusskompatibilität *nf* — EL.TRO — → **pin compatibility**
→ Steckerkompatibilität *nf*

Anschlusslage *nf* — SWITCH — **position** *n*

Anschlussleistung *nf* — EL.TEC — → **connected load**
→ Anschlusswert *nm*

Anschlussleiter *nm* — EL.TRO — → **lead** *n*
→ Anschlussdraht *nm*

Anschlussleitung *nf* — EQP.EN — → **connecting cable**
→ Anschlusskabel *nn*

Anschlussleitung *nf* — EL.TRO — → **lead** *n*
→ Anschlussdraht *nm*

Anschlussleitung *nf* — TELEC — → **subscriber line**
→ Teilnehmerleitung *nf*

Anschlussleitung *nf* — EL.TRO — → **lead** *n*
→ Zuleitung *nf*

Anschlussleitungsnetz *nn* — TELEC — → **subscriber network** *n*
→ Teilnehmernetz *nn* (1)

Anschlusslichtleiter *nm* — OPT.CO — → **pigtail** *n*
→ Anschlussfaser *nf*

Anschlussloch *nn* — COMPO — **component mounting hole**

anschlusslos — MICR.EL — **landless**

Anschlussmöglichkeit *nf* — TELEC — **connectivity**
= Anschließbarkeit *nf*

Anschlussnetz *nn* — OUT.PL — **connection network**

Anschlussnummer *nf* — TELEC — → **subscriber number**
→ Teilnehmerrufnummer *nf*

Anschlussöse *nf* — COMPO — **terminal tag**

Anschlussplatte *nf*	EQP.EN	**connection board**
Anschlusspunkt *nm* → Anschlussklemme *nf*	COMPO	→ **terminal** *n*
Anschlussscanner *nm*	DAT.NW	**port scanner**
Anschlussschaltung *nf* → Teilnehmersatz *nm*	SWITCH	→ **subscriber-line circuit**
Anschlussschiene *nf* → Anschlussstreifen *nm*	COMPO	→ **connecting strip**
Anschlussschnur *nf* = Verbindungsschnur *nf*; Leitung *nf* ≈ Anschlusskabel	EQP.EN	**connecting cord** = conductor cord; cord *n*
Anschlussschnur *nf* → Hörerschnur *nf*	TELEPH	→ **handset cord**
Anschlusssperre mit Hinweisgabe [Datenvermittlung]	DAT.CO	**incoming call barred with advise** [data switching]
Anschlussstecker *nm* = Verbindungstecker *nm*	COMPO	**connecting plug**
Anschlusssteuerung *nf* = Anschlussadapter *nm*	TER&PER	**peripheral control unit** = PCU
Anschlussstift *nm* = Pin *nm*; Sockelstift *nm*; Beinchen *nn* ≈ Stützpunkt; Anschlussdraht ↑ Stift; Anschluss	COMPO	**terminal pin** ≈ terminal point; lead ↑ pin; contact *n*
Anschlussstreifen *nm* = Anschlussschiene *nf*	COMPO	**connecting strip**
Anschlusstechnik *nf*	EQP.EN	**connection technique** = termination technique
Anschlussteilung *nf*	DAT.PR	**port sharing**
Anschlussverkabelung *nf* → Tertiärverkabelung *nf*	DAT.NW	→ **tertiary cabling**
Anschlusswähler *nm*	HW	**port selector**
Anschlusswert *nm* = Anschlussleistung *nf*	EL.TEC	**connected load**
Anschlusszeit *nf*	TELEC	**connecting time** = attachment time
Anschnittsteuerung *nf* → Phasenanschnittsteuerung *nf*	POW.SY	→ **phase angle control**
anschraubbar	TECH	**screw-on** *adj*
anschrauben	TECH	**screw on** *vt*
Anschreiben *nn*	OFFICE	**covering letter**
Anschrift *nf* = Adresse *nf*	TELEC	**address** *n*
Anschrift *nf* = Adresse *nf* ↓ Postanschrift; Postfachanschrift; Hausanschrift	POST	**address** *n* ↓ postal address; POB address; street address
Anschriftendatei *nf* → Adressendatei *nf*	SWITCH	→ **address file**
Anschriftenverwaltung *nf*	DAT.CO	**address file up-dating**
anschweißen	METAL	**weld** *vt*
anschwellen → schwellen	COLL	→ **swell** *vi*
Anschwingstrom *nm* = Anlaufstrom *nm*	EL.TEC	**starting current** = pre-oscillation current
ansehen → betrachten (1)	COLL	→ **view** *vt*
ansehnlich → attraktiv	COLL	→ **attractive** *adj*
ANSI [zugelassener Normungsausschuss; ehemals "USASI"; vertritt die USA im ISO] = Amerikanisches Nationales Normunginstitut	TECH	**ANSI** [group of accredited committees for voluntary commercial and government standards; ex "USASI"; US-representative in ISO; pron. "ann-see"] = American National Standards Institute
Ansicht *nf*	ENG.DRA	**view** *n*
Ansicht *nf* → Sicht *nf* (*pl* -en)	COLL	→ **view** *n* (1)
Ansichtsplan *nm* = AP (1)	SYS.INS	**front view**
ANSI-Tastatur *nf*	TER&PER	**ANSI keyboard**
Anspannvorrichtung *nf* → Spannelement *nn*	MEC.EN	→ **clamping device**
Anspielung *nf*	COLL	**allusion** *n*
Ansprache *nf* = Rede *nf*	COLL	**speech** *n* = address *n*
ansprechbar [bereit auf Mitteilungen einzugehen]	COLL	**responsive** *adj* (1) [ready to react to messages]
Ansprechempfindlichkeit *nf* = Anzugsempfindlichkeit *nf* (Relais)	EL.TRO	**responsitivity** *n* = responsivness *n*; response sensitivity; responding sensitivity; pull-in sensitivity
ansprechen [fig]	COLL	**address** *vt* [fig]
ansprechen ≈ reagieren	TECH	**respond** *vi* ≈ react
ansprechen (1) → anziehen	COMPO	→ **operate** *vt*
ansprechen (2) → auslösen	COMPO	→ **blow** *vt*
ansprechend → ästhetisch	COLL	→ **aesthetic** *adj*
Ansprecherregung *nf* = Anzugerregung *nf*	COMPO	**response excitation** = responding excitation; pull-in power
Ansprechgleichspannung *nf* [Überspannungsableiter]	COMPO	**dc spark-over voltage** [overvoltage protector] = response dc; responding dc
Ansprechgrenze *nf* → Ansprechschwelle *nf*	EL.TRO	→ **response threshold**
Ansprechpartner *nm* = Ansprechperson *nf*; Kontaktperson *nf*	COLL	**contact person**
Ansprechpegel *nm* = Anzugspegel *nm*	EL.TRO	**response level** = responding level; operate level; pull-in level; pich-up level
Ansprechperson *nf* → Ansprechpartner *nm*	COLL	→ **contact person**
Ansprechposition *nf*	TER&PER	**response position**
Ansprechschwelle *nf* = Ansprechgrenze *nf*; Anzugsschwelle *nf*; Anzugsgrenze *nf*	EL.TRO	**response threshold** = responding threshold; pull-in threshold; pick-up threshold
Ansprechspannung *nf* = Anzugsspannung *nf*	EL.TRO	**response voltage** = responding voltage; pull-in voltage; pick-up voltage
Ansprechstrom *nm* = Anzugstrom *nm*	EL.TRO	**response current** = responding current; pull-in current; pick-up current
Ansprechstrom *nm* → Sprechstrom *nm*	TELEPH	→ **speech current**
Ansprechverhalten *nn* → Antwortverhalten *nn*	EL.TEC	→ **response behaviour**
Ansprechverhalten *nn* → Verhalten *nn*	TECH	→ **response** *n*
Ansprechverstärker *nm*	TER&PER	**response amplifier**
Ansprechverzögerung *nf* = Anzugverzögerung *nf*	EL.TRO	**response delay** = responding delay; slow operation; pull-in delay; pick-up delay
Ansprechwert *nm* = Anzugwert *nm*	EL.TRO	**response value** = responding value; pull-in value; pick-up value
Ansprechzeit *nf* = Anzugzeit *nf* (Relais); Antwortzeit *nf*	EL.TRO	**response time** = responding time; pull-in time; pick-up time; operate time
Ansprechzeit *nf* [Wiederholfunktion einer Tastatur]	TER&PER	**pick time** [repeat function of a keyboard]
Anspruch *nm* = Anspruch *nm*	ECON	**claim** *n* (1) = right *n*; title *n*
Anspruch *nm* → Anspruch *nm*	ECON	→ **claim** *n* (1)
anspruchsvoll	TECH	**demanding** *adj* = exigent
anspruchsvolle Spezifikation	TEC.DOC	**high specification** (1) = high spec (1); demanding specification
Anstalt *nn* = Institution *nf* ≈ Institut [SCIE]	ECON	**institution** *n* = establishment *n* ≈ institute [SCIE]
Ansteckmikrofon *nn*	EL.ACOU	**clip-on microphone** = lavalier clip-on microphone
anstehend [fig] ≈ bevorstehend	COLL	**upcoming** *adj* ~ approaching
Anstellung *nf* → Einstellung *nf*	ECON	→ **engagement** *n*
ansteuerbar → adressierbar	SW	→ **addressable**
Ansteuerimpuls *nm* = Aussteuerimpuls *nm*; Treiberimpuls *nm* ≈ Triggerimpuls; Torimpuls ↑ Steuerimpuls	EL.TRO	**drive pulse** = driving pulse ≈ trigger pulse; gate control pulse ↑ control pulse
Ansteuerlogik *nf* = Steuerlogik *nf*	EL.TRO	**control logic** = drive logic; trigger logic

Ansteuerlogik *nf* CIRC.EN → **control logic**
→ Steuerlogik *nf*
ansteuern SW → **address** *vt*
→ adressieren
ansteuern COMP.AP **point** *vt*
[mit einer Schreibmarke einen Bildschirmpunkt] [a screen spot with a pointer]
Ansteuerschaltung *nf* CIRC.EN → **control circuit** *n* (1)
→ Steuerkreis *nm*
Ansteuerübertrager *nm* CIRC.EN **trigger transformer**
= control transformer; drive transformer
Ansteuerung *nf* EL.TRO **drive** *n* (1)
= control; triggering
Ansteuerungssender *nm* RAD.NA → **localizer** *n*
→ Landekurssender *nm*
Anstieg *nm* EL.TRO **rise** *n*
≠ Abfall
= buildup *n*
≠ fall
Anstieg *nm* TECH **rise** *n*
≠ Gefälle
↑ Neigung
≠ descent
↑ inclination
Anstiegflanke *nf* EL.TRO **rising edge**
[eines Signals, Impulses] [of a signal, impulse]
= Anstiegsflanke *nf*; Vorderflanke *nf*; steigende Flanke; vordere Flanke
≠ Abfallflanke
↓ Impulsanstiegflanke
= leading edge
≠ trailing edge
↓ rising pulse edge
Anstieggeschwindigkeit *nf* EL.TRO **slew rate** (1)
= slewing rate
Anstiegsflanke *nf* EL.TRO → **rising edge**
→ Anstiegflanke *nf*
Anstiegverhalten *nn* CONTRO **rise response**
↑ Übergangsverhalten
↑ transient response
Anstiegzeit *nf* EL.TRO **rise time**
[zwischen 10% und 90% Amplitude] [between 10% and 90% amplitude points]
= Steigzeit *nf*; Flankenanstiegzeit *nf*
≠ Abfallzeit
↑ Rampenzeit
= build-up time (2); growth time; leading transition time; transition time; slew time
≠ decay time
↑ ramp time
Anstoß *nm* TER&PER **wreck** *n*
↓ Kartenanstoß; Beleganstoß
↓ card wreck; document wreck
Anstoß *nm* SW → **initiation** *n*
→ Einleitung *nf*
Anstoß *nm* COLL → **cue** *n*
→ Tip *nm*
Anstrebkraft *nf* MECH **centripetal force**
= Zentripetalkraft *nf*
≠ Fliehkraft
≠ centrifugal force
Anstrengung *nf* COLL **effort** *n*
Anstrich *nm* TECH **paint** *n*
= Anstrichfarbe *nf*; Farbüberzug *nm*
≈ Beschichtung; Schutzschicht
= paint coat
≈ coating
Anstrichfarbe *nf* TECH → **paint** *n*
→ Anstrich *nm*
ansuchen DAT.CO **bid** *vi*
Ansuchen *nn* (AT) ECON → **application** *n*
→ Antrag *nm*
Ansuchender *nm* ECON **requester** *n*
Antagonist *nm* MEDIA **antagonist** *n*
= Gegenspieler *nm*
Anteil *nm* TECH **quota** *n* (1)
= Quote *nf* (1)
≈ Teil
= proportional part
anteilig COLL **pro rata** *adj*
= prorated
anteilmäßig COLL **pro rata** *adv*
anteilmäßig zuordnen COLL **prorate** *vt*
= proportional zuordnen
Anteilseigner *nm* ECON → **stockholder** (AE)
→ Aktionär *nm*
Antennascope INSTR **antennascope** *n*
[Messbrücke für Wirkwiderstandsmessungen an Antennen] [bridge to measure active resistance of antennae]
Antenne *nf* RADIO **antenna** *n* (*pl* -as&-ae)
= Luftleiter *nm* (obs); Luftdraht *nm* (obs)
≈ Strahler
= aerial *n* (BE); Ae
≈ radiator
Antennenabsorptionsfläche *nf* ANT → **effective aperture**
→ Antennenwirkfläche *nf*

Antennenabstand *nm* RADIO **antenna spacing**
= aerial spacing
Antennenabstimmspule *nf* ANT **antenna tuning coil**
= aerial tuning coil
Antennenanlage *nf* ANT **antenna system**
= aerial system
Antennenanpassgerät *nn* ANT **antenna tuning unit**
= aerial tuning unit
Antennenanschlusskabel *nn* RADIO **antenna cable**
= Antennenkabel *nn*
= aerial cable
Antennenanschlusskabel *nn* CONS.EL → **antenna cable**
→ Antennenkabel *nn*
Antennenantrieb *nm* ANT → **antenna drive**
→ Antennendrehvorrichtung *nf*
Antennenbefestigung *nf* ANT **antenna mount**
= aerial mount
Antennenbelastung *nf* ANT **antenna load**
Antennenbeschaltung *nf* ANT **antenna allocation**
Antennenbuchse *nf* CONS.EL **antenna socket**
= antenna jack; aerial socket; aerial jack
Antennencharakteristik *nf* ANT → **radiation pattern**
→ Strahlungscharakteristik *nf*
Antennendiagramm *nn* ANT → **directional diagram**
→ Richtdiagramm *nn*
Antennendiversity *nn* RADIO → **space diversity**
→ Raumdiversity *nn*
Antennendraht *nm* ANT **antenna wire**
Antennendrehvorrichtung *nf* ANT **antenna drive**
= Antennenantrieb *nm*
= aerial drive
Antennendrossel *nf* ANT **antenna choke**
= aerial choke
Antenneneffekt *nm* RAD.LO **antenna effect**
Antenneneingangswiderstand *nm* ANT → **antenna input impedance**
→ Fußpunktwiderstand *nm*
Antenneneinspeisung *nf* ANT → **feeder** *n*
→ Einspeisung *nf*
Antennenelement *nn* ANT → **radiating element**
→ Einzelstrahler *nm*
Antennenentkopplung *nf* ANT **isolation between antennas**
= isolation between aerials
Antennenfaktor *nm* ANT **antenna factor**
[Empfangsspannung zu Feldstärke] [receiver votage to field strength ratio]
= K-Faktor *nm*
= K factor; K antenna factor
Antennenfeld *nn* ANT → **array antenna**
→ Strahlerfeld *nn*
Antennenfilter *nn* ANT **antenna low pass filter**
= Antennentiefpass *nm*
= antenna filter
Antennengewinn *nm* ANT → **gain** *n*
→ Gewinn *nm*
Antennengruppe *nf* ANT → **array antenna**
→ Strahlerfeld *nn*
Antennengüte *nf* ANT **factor Q**
= Güte *nf*; Q-Faktor *nm*; Q
= Q
Antennenheizung *nf* ANT **sleet melting**
Antennenhöhe *nf* ANT → **antenna height**
→ Antennenlänge *nf*
Antennenkabel *nn* RADIO → **antenna cable**
→ Antennenanschlusskabel *nn*
Antennenkabel *nn* CONS.EL **antenna cable**
= Antennenanschlusskabel *nn*
= aerial cable
Antennenkopf *nm* ANT **swivel base**
Antennenkopplungskondensator *nm* ANT **antenna coupling condenser**
= aerial coupling condenser; antenna coupling capacitor; aerial coupling capacitor
Antennenkopplungsverlust *nm* ANT **aperture-to-medium coupling loss**
[Überhorizontverbindungen]
= multipath coupling loss; loss in path-antenna gain
Antennenkörper *nm* ANT **antenna body**
Antennenkragen *nm* ANT → **shroud** *n*
→ Kragen *nm* (*pl* Kragen&(AT) Krägen)
Antennenkuppel *nf* ANT → **radom** *n*
→ Radom *nn* (*pl* -s)
Antennenlänge *nf* ANT **antenna height**
= Antennenhöhe *nf*
= aerial height
Antennenleitung *nf* ANT → **antenna feeding line**
→ Antennenspeiseleitung *nf*
Antennenlitze *nf* ANT **antenna litz wire**
= Antennenseil *nn*

Antennenmast *nm* ≈ Antennenturm ↑ Antennenträger	ANT	**antenna mast** = aerial mast ≈ antenna tower
Antennenmessfeld *nn* = Antennenmessstrecke *nf*	ANT	**test range** = pattern range
Antennenmessgerät *nn*	INSTR	**antenna test equipment**
Antennenmessstrecke *nf* → Antennenmessfeld *nn*	ANT	→ **test range**
Antennenmodell *nn*	ANT	**model antenna**
Antennenmontage *nf*	BROADC	**antenna installation** = aerial installation; aerial rigging
Antennennachbildung *nf* → künstliche Antenne	ANT	→ **dummy antenna**
Antennennetz *nn* → Strahlerfeld *nn*	ANT	→ **array antenna**
Antennenrauschen *nn*	RADIO	**antenna noise**
Antennenrauschtemperatur *nf* = Antennentemperatur *nf*	HF	**antenna noise temperature** = antenna temperature
Antennenresonanz *nf* = Resonanz *nf* ↓ Stromresonanz; Spannungsresonanz	ANT	**antenna resonance** = resonance *n* ↓ series resonance; parallel resonance
Antennenrotor *nm*	ANT	**antenna rotor** = aerial rotor; antenna rotator; aerial rotator
Antennenrückdämpfung *nf* → Rückstrahldämpfung *nf*	ANT	→ **front-to-back ratio**
Antennenschalter *nm* → Antennenumschalter *nm*	RADIO	→ **duplexer** *n* (2)
Antennenseil *nn* → Antennenlitze *nf*	ANT	→ **antenna litz wire**
Antennenspeiseleitung *nf* = Antennenleitung *nf*; Antennenzuleitung *nf*	ANT	**antenna feeding line** = antenna feed line; antenna feeder line; aerial feeding line; aerial feed line; aerial feeder line; transmission line; aerial feeder;
Antennenspeisung *nf* = Speisung *nf* ≈ Antennen-Erreger; Erreger ↓ Obenspeisung; Mittelpunktspeisung; Fußpunktspeisung	ANT	**antenna feeding** = antenna feed; aerial feeding; aerial feed; antenna exciting; aerial exciting; feed ≈ antenna feeder ↓ top feed; center feed; base feed
Antennenspiegelbild *nn*	ANT	**image antenna**
Antennenspule *nf*	ANT	**antenna coil** = aerial coil
Antennenstab *nm*	ANT	**ferrite rod**
Antennensteckdose *nf* [an der Wand]	CONS.EL	**antenna outlet** = aerial outlet
Antennentechnik *nf*	HF	**antenna engineering**
Antennentechniker *nm*	ANT	**antenna engineer**
Antennentemperatur *nf* → Antennenrauschtemperatur *nf*	HF	→ **antenna noise temperature**
Antennentheorie *nf*	HF	**antenna theory**
Antennentiefpass *nm* → Antennenfilter *nn*	ANT	→ **antenna low pass filter**
Antennenträger *nm* ≈ Fernmeldeturm ↓ Antennenmast; Antennenturm	ANT	**antenna support** = aerial support
Antennenturm *nm* ≈ Antennenmast ↑ Antennenträger	ANT	**antenna tower**
Antennenübertrager *nm*	RADIO	**antenna transformer**
Antennenumschalter *nm* = Sende-Empfangs-Schalter *nm*; Duplexer *nm*; Antennenschalter *nm*; Sende-Empfangs-Umschalter *nm*; TR-Switch *nm* (ANGL)	RADIO	**duplexer** *n* (2) = antenna change-over switch; TR switch ↓ T/R tube
Antennenverkürzungskondensator *nm*	ANT	**antenna series capacitor** = aerial series capacitor
Antennenverlustwiderstand *nm* = Verlustwiderstand *nm* ↑ Antennenwiderstand	ANT	**antenna loss resistance** = loss resistance ↑ antenna impedance
Antennenverstärker *nm* = Booster *nm*	HF	**antenna booster** = booster *n*; antenna amplifier; aerial booster; aerial amplifier
Antennenwahlschalter *nm*	ANT	**antenna selector** = aerial selector; antenna selection switch
Antennenweiche *nf* [Oberbegriff für Filter zum Betrieb mehrerer Sender, oder mehrerer Empfänger, oder von Sender und Empfänger, an einer Antenne] = Verzweigungfilter *nn* ↓ Sendeantennenweiche; Sende-Empfangsweiche	RADIO	**antenna filter** [generel concept for filters which combine different transmitters or receiver or transmitter with receiver to one antenna] ↓ diplexer; duplexer
Antennenwiderstand *nm* ↓ Strahlungswiderstand; Resonanzwiderstand; Fußpunktwiderstand; Antennenverlustwiderstand	ANT	**antenna impedance** = aerial impedance; antenna resistance; aerial resistance ↓ radiation resistance; resonant impedance; antenna input impedance; antenna loss resistance
Antennenwirkfläche *nf* [Apertur einer Empfangsantenne] = Wirkfläche *nf*; Antennenabsorptionsfläche *nf*; Absoptionsfläche *nf*; effektive Fläche	ANT	**effective aperture** [of a receiving antenna] = effective area; absorption area; capture area
Antennenwirkungsgrad *nm* → Strahlungswirkungsgrad *nm*	ANT	→ **radiation efficiency**
Antennenzirkulator *nm* → RF-Anschaltung *nf*	RAD.RE	→ **RF combining circuit**
Antennenzuleitung *nf* → Antennenspeiseleitung *nf*	ANT	→ **antenna feeding line**
Antennepositionierer *nm* → Spiegelpositionierer *nm*	CONS.EL	→ **dish positioner**
Anthropotechnik *nf*	INF.TEC	**human factors engineering**
Antialiasing *nn* → Bildglättung *nf*	COMP.GR	→ **anti-aliasing** *n*
Antifading-Antenne *nf* (ANGL) → schwundmindernde Antenne	ANT	→ **anti-fading antenna**
Antiferroelektrikum *nn*	PHYS	**antiferroelectric material**
antiferroelektrisch [ohne elektrische Hysterese]	PHYS	**antiferroelectric** *adj* [without electric hysteresis]
Antiferroelektrizität *nf*	PHYS	**antiferroelectricity** *n*
antiferromagnetisch [weist keine Eigenmagnetisierung auf]	PHYS	**antiferromagnetic** [without overall bulk spontaneous magnetisation]
Antiferromagnetismus *nm*	PHYS	**antiferromagnetism** *n*
Antigradient (nmn) → negativer Gradient	MATH	→ **negative gradient**
Antikathode *nf*	PHYS	**anticathode** *n*
Antikefilm *nm* = Sandalenfilm *nm* (pej)	CINEM	**antiquity film**
Antikoinzidenz *nf*	MATH	**anticoincidence** *n*
Antikoinzidenz *nf* → EXKLUSIV-ODER-Verknüpfung *nf*	LOGIC	→ **EXCLUSIVE-OR operation**
Antikoinzidenzelement *nn* → EXKLUSIV-ODER-Glied *nn*	CIRC.EN	→ **EXCLUSIVE OR gate**
Antikoinzidenzgatter *nn* → EXKLUSIV-ODER-Glied *nn*	CIRC.EN	→ **EXCLUSIVE OR gate**
Antikoinzidenzglied *nn* → EXKLUSIV-ODER-Glied *nn*	CIRC.EN	→ **EXCLUSIVE OR gate**
Antikoinzidenzschaltung *nf* → EXKLUSIV-ODER-Glied *nn*	CIRC.EN	→ **EXCLUSIVE OR gate**
Antikoinzidenzstufe *nf* ≈ Exklusiv-ODER-Glied	CIRC.EN	**anticoincidence stage** ≈ exclusive OR gate
Antikoinzidenztor *nn* → EXKLUSIV-ODER-Glied *nn*	CIRC.EN	→ **EXCLUSIVE OR gate**
Antikoinzidenzzähler *nm*	CIRC.EN	**anticoincidence counter**
Antiloch *nn*	PHYS	**antihole** *n*
Antilogarithmierschaltung *nf* → antilogarithmischer Verstärker	CIRC.EN	→ **antilogarithmic amplifier**
antilogarithmischer → antilogarithmischer Verstärker	CIRC.EN	→ **antilogarithmic amplifier**
antilogarithmischer Verstärker = Antilogverstärker *nm*; Antilogarithmierschaltung *nf*, antilogarithmischer Funktionsumformer	CIRC.EN	**antilogarithmic amplifier**
Antilogarithmus *nm* [die Zahl die einem Logarithmus entspricht]	MATH	**antilogarithm** *n* [the number corresponding to a given logarithm]
Antilogverstärker *nm* → antilogarithmischer Verstärker	CIRC.EN	→ **antilogarithmic amplifier**
Antimeridian *nm*	CART	**anti-meridian** *n*
antimetrisch	NETW.TH	**antimetrical** = antimetric
antimetrischer Vierpol	NETW.TH	**antimetrical two-port** = antimetrical quadripole
antimetrisches Filter	NETW.TH	**antimetrical filter**
Antimon *nn* = Sb	CHEM	**antimony** *n* = Sb
Antimonid *nn*	CHEM	**antimonide** *n*
Antinode *nf* → Schwingungsbauch *nm*	PHYS	→ **antinode** *n*
Antinomie *nf* [inhärenter Widerspruch]	SCIE	**antinomy** *n* [inherent contradiction]

Antioxidant CHEM → **anti-oxidant** *n*
→ Antioxydationmsmittel *nn*

Antioxydationmsmittel *nn* CHEM **anti-oxidant** *n*
= Antioxidant
↓ Rostschutz (2)
↓ rost preventive

antiparallel MATH **anti-parallel** *adj*
≈ gegensinnig [TECH]
≠ parallel
= parallel
≈ reverse [TECH]

Antiparallelschaltung *nf* CIRC.EN → **anti-parallel connection**
→ Gegenparallelschaltung *nf*

antipodisch CART **antipodic**

Anti-QRN-Antenne *nf* ANT → **antistatic antenna**
→ geräuscharme Antenne

Antiqua *nf* PRIN.ME → **roman** *n*
→ Antiquaschrift *nf*

Antiquaschrift *nf* PRIN.ME **roman** *n*
[aufrecht, mit normaler Strichstärke]
= Antiqua *nf*; Roman *nn*; lateinische Schriftart
↑ Schriftart; Seriphenschrift
[upright, with normal stroke weight]
= roman type
↑ typeface (1); serif font

antiquiert werden COLL → **obsolesce** *vi*
→ veralten

Antireflexbelag *nm* TECH **antireflective coat**

Antireflexionsschicht *nf* PHYS **antireflective layer**

Antiresonanz *nf* NETW.TH **antiresonance** *n*

Antisättigungsdiode *nf* CIRC.EN **antisaturation diode**

Anti-Spam-Software *nf* INTERNET **anti-spam software**
[unterdrückt unerwünschte E-Mails]
= Anti-spam-ware *nf*
[suppresses unsolicited E-mails]
= anti-spam-ware

Anti-spam-ware *nf* INTERNET → **anti-spam software**
→ Anti-Spam-Software *nf*

Antistatik-Einrichtung *nf* SYS.INS → **antistatic system**
→ Antistatik-System *nn*

Antistatik-Matte *nf* EL.TRO **antistatic mat**

Antistatik-System *nn* SYS.INS **antistatic system**
= Antistatik-Vorrichtung *nf*; Antistatik-Einrichtung *nf*
= antistatic device

Antistatik-Tuch *nn* TER&PER **antistatic cloth**

Antistatik-Vorrichtung *nf* SYS.INS → **antistatic system**
→ Antistatik-System *nn*

Antiteilchen *nn* PHYS **antiparticle** *n*
≠ Elementarteilchen
≠ elementary particle

Antithese *nf* SCIE **antithesis** *n*
= Gegensatz *nm*; Entgegenstellung *nf*
≈ Kontraposition
≈ contraposition

Antivalenz *nf* LOGIC → **EXCLUSIVE-OR operation**
→ EXKLUSIV-ODER-Verknüpfung *nf*

Antivalenz *nf* LOGIC → **antivalence** *n*
→ Kontravalenz *nf*

Antivalenzgatter *nn* CIRC.EN → **EXCLUSIVE OR gate**
→ EXKLUSIV-ODER-Glied *nn*

Antivalenzglied *nn* CIRC.EN → **EXCLUSIVE OR gate**
→ EXKLUSIV-ODER-Glied *nn*

Antivalenzschaltung *nf* CIRC.EN → **EXCLUSIVE OR gate**
→ EXKLUSIV-ODER-Glied *nn*

Antivalenztor *nn* CIRC.EN → **EXCLUSIVE OR gate**
→ EXKLUSIV-ODER-Glied *nn*

Antivirenprogramm *nn* SW **anti-virus program**
= Antivirusprogramm *nn*; Virenschutzprogramm *nn*

Antivirusprogramm *nn* SW → **anti-virus program**
→ Antivirenprogramm *nn*

Antiwärmstück *nn* COMPO → **transistor mounting insulator**
→ Transistorisolierstück *nn*

Antizensur-Software *nf* INTERNET **censorware** *n*
= Censorware *nf*

Antizipation *nf* COLL → **anticipation** *n*
→ Vorwegnahme *nf*

antizipativ COLL → **anticipating**
→ zuvorkommend

antizipative Einnahmen ECON **accrued revenues**

antizipative Passive ECON **accrued expenses**

antizipative Verbindlichkeiten ECON **accrued liabilities**

antizipatorisch TECH → **anticipatory** *adj*
→ vorwegnehmend

antizipieren COLL → **anticipate**
→ zuvorkommen

Antonym *nn* LING **antonym** *n*
[Wort komplementärer, konträrer oder konverser Bedeutung]
= Gegensatzwort *nn*; Gegenwort *nn*; Oppositionswort *nn*
≠ Synonym
[word with complementary, opposite or converse meaning]
≠ synonym

Antrag *nm* ECON **application** *n*
= Gesuch *nn*; Ansuchen *nn* (AT)
= request *n*

Antragsstellung *nf* TELEC → **application** *n*
→ Anmeldung *nf*

Antragsteller *nm* ECON **applicant** *n*

antreiben COLL → **drive** *vt*
→ treiben

Antrieb *nm* INSTR **dial mechanism**

Antrieb *nm* MEC.EN **drive** *n*
= transmission *n*

Antrieb *nm* HW → **drive** *n*
→ Laufwerk *nn*

Antriebriemen *nm* MEC.EN → **driving belt**
→ Treibriemen *nm*

Antriebsdrehmoment *nn* MECH → **driving torque**
→ Antriebsmoment *nn*

Antriebseinheit *nf* AUTOMA **drive unit**
= driving unit; actuator unit

Antriebsgeräusch *nn* INF.TEC **drive doise**

Antriebskette *nf* MEC.EN **driving chain**
= drive chain

Antriebsknopf *nm* MEC.EN **driving knob**

Antriebsloch *nn* TER&PER **drive hole**
[einer Diskette]
= Mittelloch *nn*
[of a diskette]
= drive spindle hole

Antriebsmoment *nn* MECH **driving torque**
= Antriebsdrehmoment *nn*

Antriebsrolle *nf* MEC.EN **driving capstan**
= drive capstan; drive roller

Antriebsscheibe *nf* MEC.EN **pulley** *n* (3)
↓ Seilscheibe
= driving wheel
↓ sheave

Antriebsseil *nn* MEC.EN **driving string**

Antriebsspindel *nf* TER&PER → **driving spindle**
→ Bandantriebsspindel *nf*

Antriebssteuerung *nf* AUTOMA **drive control**

Antriebsstift *nm* MEC.EN **driving pin**
= Mitnehmerstift *nm*

Antriebstechnik *nf* POW.EN **drive system engineering**

Antriebswelle *nf* MEC.EN **drive shaft**
= driving shaft

Antwort *nf* SWITCH **answer** *n*
= answerback

Antwort *nf* EL.TRO **response** *n*
≈ Antwortverhalten
= response action
≈ response behaviour

Antwort *nf* TECH **answer** *n*
= Antwortgabe *nf*
≈ Lösung
= reply *n*
≈ solution

Antwort *nn* TECH → **response** *n*
→ Verhalten *nn*

Antwort-/Anruf-Modem *nm&nn* DAT.CO **answer/originate modem**

Antwort-APDU DAT.CO **response APDU**
[Chipkartendienst]
[chip card service]

Antwortbake *nf* RAD.NA **transponder** *n*
= Transponder *nm*; Wiederholerbake *nf*; Antwortgerät *nn*
= responder beacon

Antwortbaum *nm* SW **answer tree**

Antwortbetrieb *nm* (1) DAT.CO **answer mode** (1)
[mit auf den Anrufenden abgestimmten Parametern]
[with parameters adjusted to the originating party]

Antwortbetrieb *nm* (2) DAT.CO **answer mode** (2)
[automatische Abwicklung ankommender Anrufe]
[automatic management of incoming calls]
= auto-answer; remote

Antwortblock *nm* DAT.CO → **response message**
→ Antwortnachricht *nf*

Antwortcoupon *nm* ECON **coupon** *n*

antworten TELEPH **answer** *vt*
[auf einen Anruf]
[a call]
= receive

antworten SWITCH **answer** *vt*
= answerback

Antwortgabe *nf* TECH → **answer** *n*
→ Antwort *nf*

Antwortgerät *nn* RAD.NA → **transponder** *n*
→ Antwortbake *nf*

Antwortkennzeichen *nn* SWITCH → **backward signal**
→ Rückwärtszeichen *nn*

Antwortmodus *nm* — DAT.CO — → **auto-answer mode**
→ Anrufbeantwortungs-Betrieb *nm*

Antwortnachricht *nf* — DAT.CO — **response message**
= Antwortblock *nm*

Antwortseite *nf* — TELEC — **response frame**
[Btx] — [videotex]
= Dialogseite *nf* — = user action frame

Antwortsender *nm* — RAD.NA — **responder** *n*

Antworttelegramm *nn* — TELECON — **response telegram**

Antwortton *nm* — DAT.CO — **answer tone**

Antwortverhalten *nn* — EL.TEC — **response behaviour**
= Ansprechverhalten *nn*
≈ Antwort
= response mode; response performance; response characteristics; answering mode; answering *n*
≈ response

Antwortwählmodem *nm&nn* — TER&PER — **answer/originate modem**

Antwortwartefenster *nn* — INTERNET — **response time window**

Antwortzeit *nf* — EL.TRO — → **response time**
→ Ansprechzeit *nf*

Antwortzeit *nm* — TECH — → **response time**
→ Reaktionszeit *nf*

Antwortzustand *nm* — DAT.CO — **answer state**

Anwahlbefehl *nm* — TELECON — **selective command**

Anwalt *nm* — LAW — → **lawyer** *n* (AE)
→ Rechtsanwalt *nm*

Anwaltkammer *nf* — LAW — **bar** *n*

anwärmen — TECH — **warm-up** *vt*
= vorwärmen; vorheizen — = preheat *vt*

Anwärmzeit *nf* — TECH — → **warm-up time**
→ Aufwärmzeit *nf*

anweisen — SW — **instruct** *vt*

Anweisung *nf* — TEC.DOC — → **instruction** *n*
→ Anleitung *nf*

Anweisung *nf* (1) — SW — **statement** *n* (1)
[kleinste definierende, kommentierende oder steuernde Aussage einer Quellsprache, i.a. aus mehreren Unteranweisungen oder Befehlen bestehend; bei maschinenorientierten Sprachen synonym zu "Befehl"]
= Arbeitsanweisung *nf*; Arbeitsvorschrift *nf*; Statement *nn* (ANGL); Aussage *nf*
≈ Befehl *nm*; Kommando *nn*
↓ Befehl *n* (1)m; Vereinbarung *nf*; Unteranweisung *nf*; Makroanweisung *nf*; Zuordnungsanweisung *nf*; Steueranweisung *nf*; Vereinbarung *nf*
[a defining, commenting or controlling expression of a source language, generally composed of several sub-statements or instructions; synonym to "instruction" in computer-oriented languages]
= action statement; program statement (1)
≈ instruction; command
↓ instruction (1); declaration; sub-statement; macro-instruction; assignment statement; control statement; comment statement

Anweisung *nf* (2) — SW — **statement** *n* (2)
[maschinenorientierte Sprachen] — [machine-oriented languages]
↑ Befehl (1) — ↑ instruction (1)

Anweisungfolge *nf* — SW — → **instruction chain**
→ Befehlskette *nf*

Anweisungkette *nf* — SW — → **instruction chain**
→ Befehlskette *nf*

Anweisungnummer *nf* — SW — → **instruction number**
→ Befehlsnummer *nf*

Anweisungsequenz *nf* — SW — → **instruction chain**
→ Befehlskette *nf*

Anweisungsetikett *nf* — SW — **statement label**

Anweisungsfeld *nn* — SW — **statements field**

Anweisungsliste *nf* — AUTOMA — **statement list**
[Anwenderprogrammiersprache] — [user program language]
= AWL — = STL; instruction list; IL

Anweisungsregister *nn* — HW — **statement register**
≈ Befehlsregister — ≈ instruction register

Anweisungsteil *nm* — COMP.LG — **statements section**
= instructions section; procedure body

Anweisungszeichen *nn* — DAT.CO — → **control character**
→ Steuerzeichen *nn*

anwendbar — TECH — **applicable** *adj*
≈ geeignet — ≈ suited

Anwendbarkeit *nf* — TECH — **applicability** *n*
= Anwendungmöglichkeit *nf*; Einsatzmöglichkeit *nf*
≈ Anwendungsgebiet; Benutzerfreundlichkeit
= utilization mode
≈ field of application; user friendliness

Anwendeldraht *nm* — OUT.PL — → **lashing wire**
→ Laschdraht *nm*

anwenden — TECH — **apply** *vt*
= einsetzen (3)

Anwender *nm* — TECH — → **user** *n*
→ Benutzer *nm*

Anwender *nm* — TELEC — → **user** *n*
→ Benutzer *nm*

Anwenderagent *nm* — DAT.NW — **user agent**

Anwenderakzeptanz *nf* — TECH — → **user acceptance**
→ Benutzerakzeptanz *nf*

Anwenderanforderung *nf* — TECH — → **user requirement**
→ Benutzeranforderung *nf*

Anwenderanpassung *nf* — TECH — → **customization** *n*
→ kundenspezifische Anpassung

Anwenderbereich *nm* — COMP.AP — → **user area**
→ Benutzerbereich *nm*

anwenderbestimmt — SW — **user-specified** *adj*

anwenderbetrieben — TECH — **user-operated** *adj*

Anwenderbetriebssprache *nf* — DAT.PR — **user-operated language**

Anwendercode *nm* — DAT.PR — → **user code**
→ Benutzercode *nm*

Anwenderdaten *nplt* — DAT.PR — → **user data**
→ Benutzerdaten *nplt*

anwenderdefinierbar — SW — **user-definable**
= benutzerdefinierbar; anwenderfestlegbar; benutzerfestlegbar; freiprogrammierbar
≈ anwenderprogrammierbar
≈ user-programmable

anwenderdefinierbare Funktionsfolge — INSTR — **arbitrary function**

anwenderdefiniert — TECH — **user-defined** *adj*
= benutzerdefiniert
= user-selectable; user-definable; custom *adj* (2)

anwenderdefinierte Bereitmeldung — COMP.AP — **custom prompt**
[bei DOS mittels des Befehls PROMT]
[in DOS with the command PROMPT]
= user-defined prompt

anwenderdefinierte Signalform — INSTR — **arbitrary waveform**
= benutzerdefinierbare Signalform; beliebige Signalform
[shapable by the user]
= ARB

anwendereigen — TECH — **user-own** *adj*
= benutzereigen

anwenderfestlegbar — SW — → **user-definable**
→ anwenderdefinierbar

anwenderfreundlich — TECH — → **user-friendly** *adj*
→ benutzerfreundlich

Anwenderfreundlichkeit *nf* — TECH — → **user friendliness**
→ Benutzerfreundlichkeit *nf*

Anwenderführung *nf* — COMP.AP — → **user interface**
→ Benutzeroberfläche *nf*

Anwenderfunktion *nf* — TECH — → **user function**
→ Benutzerfunktion *nf*

anwendergesteuert — TECH — → **user-driven** *adj*
→ benutzergesteuert

Anwendergruppe *nf* — COMP.AP — → **user group**
→ Benutzergruppe *nf*

Anwenderhandbuch *nn* — TEC.DOC — → **user manual**
→ Benutzerhandbuch *nn*

Anwender-Interrupt *nn* — SW — **user interrupt**

Anwenderkennung *nf* — SW — **user identification**
= Benutzerkennung *nf*; User-ID *nf* — = ID

Anwenderkennung *nf* — DAT.MA — → **keyword** *n* (1)
→ Passwort *nn*

Anwenderliste *nf* — DAT.PR — → **user list**
→ Verwenderliste *nf*

anwenderneutral — TECH — **user-independent**
≈ anwendungsneutral — ≈ use-independent
≠ anwenderspezifisch — ≠ user-specific

Anwendernutzen *nm* — TECH — **user benefit**
= Benutzervorteil *nm*

Anwenderoberfläche *nf* — COMP.AP — → **user interface**
→ Benutzeroberfläche *nf*

anwenderorientiert — TECH — → **user-oriented**
→ benutzerorientiert

Anwenderprofil *nn* — TECH — → **user profile**
→ Benutzerprofil *nn*

Anwenderprogramm *nn* (1) — SW — **application program**
[hilft dem Anwender bei der Lösung bestimmter Aufgaben]
= Anwendungprogramm *nn*; AWP *nn*; Awp *nn*; Benutzerprogramm *nn* (1)
≈ Anwendersoftware (1); Dienstprogramm
↑ Programm
[helps the user to perform a special type of work]
= application; end-user programm
≈ application software; utility program
↑ program

Anwenderprogramm *nn* (2) — SW — **user program**
[vom Anwender geschrieben]
= Benutzerprogramm *nn* (2)
= user's program; user-written program

Anwenderprogrammanweisung *nf* SW **application program command**
= APC; Benutzerprogrammanweisung *nf* = APC
anwenderprogrammierbar SW **user-programmable**
= benutzerprogrammierbar ≈ user-definable
≈ anwenderdefinierbar
anwenderprogrammierbares Datensichtgerät TER&PER **intelligent video display terminal**
Anwenderprogrammierung *nf* [Mikroprozessor] MICR.EL **mask programming**
= Maskenprogrammierung *nf*
Anwenderprogramm-Schnittstelle SW **application program interface**
= API = API
↓ CAPI; TAPI ↓ CAPI; TAPI
Anwenderschnittstelle *nf* COMP.AP → **user interface**
→ Benutzeroberfläche *nf*
Anwendersicht *nf* DAT.PR **user view**
= Benutzersicht *nf*
Anwendersoftware *nf*(1) SW → **applications software**
→ Applikationssoftware *nf*
Anwendersoftware *nf*(2) [vom Anwender geschrieben] SW **user software** [written by the user]
= Benutzersoftware *nf*(2)
anwenderspezifisch TECH **user-specific** *adj*
= benutzerspezifisch = user-dependent; user-dependant
≈ anwenderdefiniert; anwendungsspezifisch; anwendungsorientiert; kundenspezifisch ≈ user-defined; application-specific; application-oriented; custom-designed
≠ anwenderneutral
anwenderspezifische Anpassung *nf* TECH → **customization** *n*
→ kundenspezifische Anpassung
anwenderspezifische integrierte Schaltung MICR.EL → **application-specific IC**
→ anwendungsspezifische integrierte Schaltung
anwenderspezifischer IC MICR.EL → **application-specific IC**
→ anwendungsspezifische integrierte Schaltung
anwenderspezifischer integrierter Schaltkreis MICR.EL → **application-specific IC**
→ anwendungsspezifische integrierte Schaltung
Anwenderteil *nm* SW → **user part**
→ Benutzerteil *nm*
Anwenderüberprüfung *nf* DAT.PR **user verification**
= Benutzerüberprüfung *nf*
Anwenderunterstützung *nf* COMP.AP **user support**
= Benutzerunterstützung *nf* = help desk
Anwenderverein *nm* ECON **user association**
= Anwendervereinigung *nf*
Anwendervereinigung *nf* ECON → **user association**
→ Anwenderverein *nm*
Anwender-zu-Anwender-Signalisierung *nf* TELEPH → **user-to-user signalling**
→ Teilnehmer-zu-Teilnehmer-Zeichengabe *nf*
Anwendung *nf* TECH **application** *n* (1)
= Einsatz *nm* (1); Applikation *nf* = app *n*
≈ Aufgabe; Gebrauch ≈ task; use
anwendungbezogen DAT.PR → **application-oriented**
→ anwendungsorientiert
anwendungbezogen TECH → **application-specific** *adj*
→ anwendungsspezifisch
Anwendungdienstanbieter *nm* INTERNET → **application service provider**
→ Applikationsdienstanbieter *nm*
Anwendungentwickler *nm* SW → **application designer**
→ Applikationsentwickler *nm*
Anwendungentwicklungsystem *nn* SW → **application development system**
→ Applikationsentwicklungssystem *nn*
Anwendungfeld *nn* TECH → **application field**
→ Anwendungsbereich *nm*
Anwendungfenster *nn* COMP.AP → **application window**
→ Applikationsfenster *nn*
Anwendungflexibilität *nf* SW → **generality** *n*
→ Applikationsflexibilität *nf*
Anwendungfreundlichkeit *nf* TECH → **user friendliness**
→ Benutzerfreundlichkeit *nf*
Anwendungmöglichkeit *nf* TECH → **applicability** *n*
→ Anwendbarkeit *nf*
anwendungorientierte Sprache COMP.LG → **application-oriented programming language**
→ anwendungsorientierte Programmiersprache
Anwendungprogramm *nn* SW → **application program**
→ Anwenderprogramm *nn* (1)

Anwendungprogrammgenerator *nm* SW → **application program generator**
→ Applikationsprogrammgenerator *nm*
Anwendungprogrammierer *nm* SW → **applications programmer**
→ Applikationsprogrammierer *nm*
Anwendungsart *nf* TECH **mode of application**
= Einsatzart *nf* = mode of use
Anwendungsbeispiel *nn* [einer Formel] MATH **working example**
= application example
Anwendungsbereich *nm* TECH **application field**
= Einsatzbereich *nm*; Anwendungfeld *nn*; Anwendungsektor *nm*; Einsatzfeld *nn* = application range; application domain; application area; application sector
≈ Anwendbarkeit ≈ applicability
Anwendungsbeschreibung *nf* TEC.DOC → **application instruction**
→ Anwendungsrichtlinie *nf*
Anwendungsebene *nf* DAT.CO → **application layer**
→ Verarbeitungsschicht *nf*
Anwendungsektor *nm* TECH → **application field**
→ Anwendungsbereich *nm*
Anwendungsentwicklung *nf* COMP.AP → **application development**
→ Applikationsentwicklung *nf*
Anwendungsfall *nm* TECH **application case**
= Einsatzfall *nm* ≈ application
≈ Anwendung
Anwendungshandbuch *nn* [DAT.PR] TEC.DOC → **operating documentation**
→ Gebrauchsunterlage *nf*
Anwendungskategorie *nf* TECH → **class of use**
→ Einsatzkategorie *nf*
Anwendungsklasse *nf* COMPO **application class**
anwendungsneutral TECH **application-independent** *adj*
= anwendungunabhängig; einsatzneutral; aufgabenunabhängig = use-independent; task-independent; general-purpose (1)
≈ anwenderneutral; Mehrzweck-; universell ≈ user-independent; multi-purpose; universal
≠ anwendungsspezifisch
Anwendungsoptimierung *nf* TECH → **optimization of use**
→ Einsatzoptimierung *nf*
anwendungsorientiert DAT.PR **application-oriented**
= anwendungbezogen; einsatzorientiert; einsatzbezogen; aufgabenorientiert; aufgabenbezogen; auftragsorientiert; auftragsbezogen; applikationsorientiert; applikationsbezogen = use-oriented; job-oriented; application-orientated; use-orientated; job-orientated; task-oriented
≈ anwendungsspezifisch; anwenderspezifisch ≈ application-specific; user-specific; dedicated
anwendungsorientierte Programmiersprache COMP.LG **application-oriented programming language**
= anwendungorientierte Sprache = application-orientated programming language (BE); application-oriented language; application-orientated language (BE)
Anwendungsort *nm* TECH **application site**
≈ Einsatzort = application place
≈ operation site
Anwendungspaket *nn* [Software-Paket für spezifische Anwendung] SW **application package** [suite of programs for a specific application]
≈ Anwendersoftware (1) ≈ application software
Anwendungsprogrammierung *nf* SW → **application programming**
→ Applikationsprogrammierung *nf*
Anwendungsrichtlinie *nf* TEC.DOC **application instruction**
= Anwendungsbeschreibung *nf*; Einsatzrichtlinie *nf*; Nutzungshinweise *nf* = application note; application guide
≈ Gebrauchsunterlage ≈ operation documentation
Anwendungsschicht *nf* DAT.CO → **application layer**
→ Verarbeitungsschicht *nf*
Anwendungsschwerpunkt *nm* TECH → **main application**
→ Einsatzschwerpunkt *nm*
Anwendungsserver *nm* INTERNET → **application server**
→ Applikationsserver *nm*
Anwendungssoftware *nf* SW → **applications software**
→ Applikationssoftware *nf*
anwendungsspezifisch TECH **application-specific** *adj*
= einsatzspezifisch; aufgabenspezifisch; anwendungbezogen; einsatzbezogen; aufgabenbezogen; aufgabenabhängig; zweckbestimmt; dediziert; spezialisiert; zweckbestimmt; zugeordnet; applikativ = use-specific; job-specific; task-specific; application-dependent; use-dependent; job-dependent; task-dependent; dedicated (1); special-use; applicative
≈ anwenderspezifisch; anwendungsorientiert [DAT.PR]; anwenderdefiniert; kundenspezifisch ≈ user-specific; application-oriented [DAT.PR]; user-defined;
≠ anwendungsneutral

↑ spezifisch — custom-designed
≠ application-independent

anwendungsspezifische integrierte Schaltung MICR.EL **application-specific IC**
= ASIC; anwendungsspezifischer integrierter Schaltkreis; anwendungsspezifischer IC; anwenderspezifische integrierte Schaltung; anwenderspezifischer IC; anwenderspezifischer integrierter Schaltkreis; ULA (obs)
≈ kundenspezifische integrierte Schaltung; Vollkundenschaltung
↓ Gate Array
= ASIC; application-specific integrated circuit; ULA (obs)
≈ custom IC; full custom IC
↓ gate array

anwendungsspezifischer IC MICR.EL → **application-specific IC**
→ anwendungsspezifische integrierte Schaltung

anwendungsspezifischer integrierter Schaltkreis MICR.EL → **application-specific IC**
→ anwendungsspezifische integrierte Schaltung

anwendungsspezifischer Prozessor HW **application-specific processor**

Anwendungsszenario *nn* TECH **application scenario**
= Einsatzszenario *nn*

Anwendungsübergang *nm* INTERNET → **application gateway**
→ Applikationsübergang *nm*

anwendungsübergreifend TECH **cross-application** *adj*

anwendungunabhängig TECH → **application-independent** *adj*
→ anwendungsneutral

anwendungzentriert SW → **application-centric**
→ applikationszentriert

Anwesenheit *nf* COLL **attendance** *n*
= Präsenz *nf*
= presence *n*

Anwesenheit *nf* ECON → **participation** *n*
→ Teilnahme *nf*

Anwesenheitskontrolle *nf* SIG.EN **attendance control**

Anwesenheitszeiterfassung *nf* SIG.EN **working time recording system**
= AZE; Personalzeiterfassung *nf*

Anwesenheitszieit-Erfassung *nf* SIG.EN **attendance time recording**
= attendance recording

Anycasting *nn* DAT.CO **anycasting** *n*
[Paket mit mehreren Adressen wird der nächstgelegenen übergeben]
≈ Multicasting
↑ Paketrundsenden
[packet with several adresses to reach the nearest one]
≈ multicasting
↑ packet broadcasting

Anzahl *nf* COLL **number** *n*
= Gesamtzahl *nf*
≈ Menge
= count *n*
≈ quantity

Anzahl Datensätze DAT.MA → **record count**
→ Satzzahl *nf*

Anzahlung *nf* ECON **down payment**
≈ Vorauszahlung; Zwischenzahlung
= advance payment; advance *n*
≈ prepayment

Anzahlungsgarantie *nf* ECON **advance-payment bond**

Anzahl von Dateneinträgen DAT.MA **number of records**
= population *n*

Anzapfanpassung *nf* ANT **delta matching**

anzapfen EL.TEC → **tap** *vt*
→ abgreifen

anzapfen EL.TEC **tap** *vt*
= anklemmen
[a line]

anzapfen TELEC **tap** *vt*
[einer Fernmeldeleitung zum Zwecke des Abhörens]
[a communication line for eavesdropping purposes]

Anzapfpunkt *nm* EL.TEC **tapping point**
= Abgreifpunkt *nm*

Anzapfspeisung *nf* ANT **shunt-fed system**
= Kurzschlussspeisung *nf*

Anzapfung *nf* EL.TEC → **tap** *n*
→ Abgriff *nm*

Anzapfung *nf* DAT.NW → **tap** *n*
→ Tap *nn*

Anzapfwiderstand *nm* COMPO **tapped resistor**

Anzeichen *nn* SCIE **symptom** *n*
[meist negativer Art]
= Symptom *nn*; Vorzeichen *nn*
[mostly related to negative issues]

Anzeige *nf* INSTR **display** *n*
≈ Ablesung; Anzeiger
= indication *n*; monitoring *n*; read-out
≈ reading; indicator

Anzeige *nf* DAT.PR → **display** *n* (3)
→ Bildanzeige *nf*

Anzeige *nf* ECON → **advertisement**
→ Inserat *nn*

Anzeige *nf* PRIN.ME → **advertisement** *n*
→ Zeitungsinserat *nn*

Anzeigeaktualisierung *nf* TER&PER **display-update**

Anzeigebefehl *nm* SW **display command**

Anzeigebereich *nm* INSTR **indicating range**

Anzeigebrett *nn* COLL → **bulletin board**
→ Anzeigetafel *nf*

Anzeigedatei *nf* SW **display file**

Anzeige der Rufnummer des gerufenen Anschlusses TELEPH → **connected line identification presentation**
→ Anzeige des B-Teilnehmers

Anzeige des anklopfenden Teilnehmers TELEPH **CIDCW**
= Calling line IDentification on Call Waiting

Anzeige des A-Teilnehmers TELEPH **calling line identification**
= Anzeige des rufenden Teilnehmers
= CLI; calling subscriber identification; calling line identification presentation; CLIP; calling subscriber identification

Anzeige des B-Teilnehmers TELEPH **connected line identification presentation**
= B-Teilnehmer-Rufnummerübermittlung *nf*; Anzeige der Rufnummer des gerufenen Anschlusses
= COLP

Anzeige des rufenden Teilnehmers TELEPH → **calling line identification**
→ Anzeige des A-Teilnehmers

Anzeige des rufenden Teilnehmers TELEPH → **calling line identification presentation**
→ A-Teilnehmer-Rufnummerübermittlung *nf*

Anzeige eines fehlerhaften Rahmens TELEC **bad frame indication**
= BFI

Anzeigeelement *nn* EL.TRO **display element**
= annunciator *n*

Anzeigefehler *nm* INSTR **indication error**

Anzeigefeld *nn* INSTR **display panel**
= display area; indicator panel

Anzeigefenster *nn* COMP.AP → **window** *n*
→ Fenster *nn*

Anzeigefunkruf *nm* MOB.CO **display paging**
↑ Funkruf
↑ radio paging

Anzeigefunktion *nf* INSTR **display mode**
= view state

Anzeigegenauigkeit *nf* COMP.AP **display tolerance**

Anzeigegenauigkeit *nf* INSTR → **scale fidelity**
→ Skalentreue *nf*

Anzeigegerät *nn* EL.TRO → **indicator** *n*
→ Anzeigevorrichtung *nf*

Anzeigegruppe *nf* TER&PER **display group**

Anzeigeinstrument *nn* INSTR **indicating instrument**

Anzeigelampe *nf* COMPO **indicator lamp**
= Signallampe *nf*; Signalleuchte *nf*
≈ Lampenanzeige
= signal lamp; indicator light; light indicator; indicator

Anzeigemenü *nn* COMP.AP → **display menu**
→ Bildschirmmenü *nn*

Anzeigemittel *nn* COMP.AP **display type**

anzeigen INSTR **indicate** *vt*
= display *vt*

Anzeigenbrett *nn* COLL → **bulletin board**
→ Anzeigetafel *nf*

Anzeigengestaltung *nf* PRIN.ME **advertising design**

Anzeigenmarke *nf* INSTR → **marker**
→ Marke *nf*

Anzeigenmarkierung *nf* INSTR → **marker**
→ Marke *nf*

Anzeigenregister *nn* HW **condition code register**
= Bedingungsanzeigeregister *nn*; Bedingungmarkenregister *nn*

Anzeigentafel *nf* COLL → **bulletin board**
→ Anzeigetafel *nf*

Anzeiger *nm* INSTR **indicator** *n*
= Indikator *nm*
≈ Anzeige
= annunciator *n*
≈ display

Anzeigereaktivierung *nf* DAT.PR **display recall** *n*

Anzeigereaktivierungsknopf *nm* TER&PER **display recall control**

Anzeigeregister *nn* DAT.PR → **display register**
→ Bildregister *nn*

Anzeigeröhre *nf* EL.TRO **display tube**
= Indikatorröhre *nf*
= indicator tube; displaying tube; indicating tube

Anzeigeschaltung *nf* CIRC.EN **indicator circuit**

Anzeigeskala *nf* INSTR **indicating scale**
= display scale

Deutsch	Fachgebiet	English
Anzeigesperre *nf*	INSTR	**display lockout**
Anzeigetafel *nf* = Anzeigentafel *nf*; Anzeigebrett *nn*; Anzeigenbrett *nn*; schwarzes Brett; Anschlagbrett *nn*; Bekanntmachungtafel *nf*; Bulletin Board *nn* (ANGL)	COLL	**bulletin board** = notice board; blackboard *n*
Anzeigeverstärker *nm*	INSTR	**indication amplifier**
Anzeigevordergrund *nm* → Bildvordergrund *nm*	COMP.AP	→ **display foreground**
Anzeigevorrichtung *nf* = Anzeigegerät *nn* ≈ Auswertevorrichtung	EL.TRO	**indicator** *n* = indicating device
Anziehcomputer *nm* → Wearable Computer *nm*	DAT.PR	→ **wearable computer**
anziehen [Relais] = ansprechen (1)	COMPO	**operate** *vt* = pull-in *vt*; respond *vt*
Anziehung *nf*	PHYS	**attraction** *n*
Anziehungskraft *nf*	PHYS	**attractive force**
Anziehungskraft *nf* [fig]	COLL	**appeal** *n*
Anziehungskraft der Erde → Gravitationskraft *nf*	PHYS	→ **gravitational force**
Anzugerregung *nf* → Ansprecherregung *nf*	COMPO	→ **response excitation**
Anzugsempfindlichkeit *nf* (Relais) → Ansprechempfindlichkeit *nf*	EL.TRO	→ **responsitivity** *n*
Anzugsgrenze *nf* → Ansprechschwelle *nf*	EL.TRO	→ **response threshold**
Anzugspegel *nm* → Ansprechpegel *nm*	EL.TRO	→ **response level**
Anzugsschwelle *nf* → Ansprechschwelle *nf*	EL.TRO	→ **response threshold**
Anzugsspannung *nf* → Ansprechspannung *nf*	EL.TRO	→ **response voltage**
Anzugstrom *nm* → Ansprechstrom *nm*	EL.TRO	→ **response current**
Anzugverzögerung *nf* → Ansprechverzögerung *nf*	EL.TRO	→ **response delay**
Anzugwert *nm* → Ansprechwert *nm*	EL.TRO	→ **response value**
Anzugzeit *nf* (Relais) → Ansprechzeit *nf*	EL.TRO	→ **response time**
AOL [führender Online-Diensteanbieter]	INTERNET	**AOL** [leading online service provider] = America On Line
AOQ → mittlere Auslieferqualität	QUAL	→ **average outgoing quality**
AP (1) → Ansichtsplan *nm*	SYS.INS	→ **front view**
AP (2) → Aufstellungsplan *nm*	SYS.INS	→ **installation layout**
APA → Bildpunktadressierbarkeit *nf*	COMP.GR	→ **all points addressable**
APC → Anwenderprogrammanweisung *nf*	SW	→ **application program command**
APC	INTERNET	**APC** = International Association for Progressive Computing
APC → Arbeitsplatzrechner *nm* (1)	DAT.PR	→ **workstation** *n* (1)
APCM [zeitweise Reduzierung der Abtastgeschwindigkeit während Verkehsspitze] = adaptives PCM ≈ ADPCM	CODING	**APCM** [temporary reduction of bit rates during traffic peaks] = adaptive PCM ≈ ADPCM
APD-Diode *nf* → Lawinenfotodiode *nf*	MICR.EL	→ **avalanche photodiode**
aperiodisch = unperiodisch ≈ azyklisch	PHYS	**aperiodic** ≈ acyclic
aperiodische Antenne	ANT	**aperiodic antenna** = nonresonant antenna; aperiodic aerial; nonresonant aerial
aperiodische Entladung	PHYS	**aperiodic discharge**
Aperiodizität *nf*	PHYS	**aperiodicity** *n*
Apertur *nf* = Öffnungswinkel *nm*; Öffnung *nf*	OPT	**aperture** *n*
Apertur *nf* → Strahlaustrittsfläche *nf*	ANT	→ **aperture** *n*
Aperturantenne *nf* = Aperturstrahler *nm*; Flächenstrahler *nm*; Flächenantenne *nf* (1); Flächenreflektor *nm*; Flat-top-Antenne *nf*; Kreissektorzahn-Antenne *nf*	ANT	**aperture antenna** = plane antenna; sheet antenna; flat-top antenna; planar array
Aperturbehinderung *nf*	ANT	**aperture blockage**
Aperturbelegung *nf*	ANT	**aperture loading**
Aperturfeldverteilung *nf*	ANT	**aperture field distribution**
Aperturstrahler *nm* → Aperturantenne *nf*	ANT	→ **aperture antenna**
Aperturverteilung *nf* → Ausleuchtung *nf*	ANT	→ **aperture illumination**
Aperturverzerrung *nf* [Faxsimile]	TELEGR	**aperture distortion** [facsimile]
Apex *nm* (*pl* Apices) (1) [lange Selbstlaute markierendes Zeichen ^ oder '] ↑ Akzent	LING	**accent** *n* (4) [a mark ^ or ' indicating long vocals]
Apex *nm* (*pl* Apices) (2) → Akut *nm*	LING	→ **acute accent** *n*
Apex *nm*	CART	**apex** *n*
Apexwinkel *nm*	CART	**apical angle**
Äpfel mit Birnen vergleichen [Redewendung]	COLL	**to compare apples and oranges** (AE) [idiom]
API ↓ CAPI; TAPI	SW	**API** = Application Programm Interface ↓ CAPI; TAPI
API → Anwenderprogramm-Schnittstelle	SW	→ **application program interface**
APL ↑ problemorientierte Programmiersprache	COMP.LG	**APL** [A Programming Language] ↑ high-level programming language
APL [DTAG] → Endverzweiger *nm*	OUT.PL	→ **distribution point**
APM	HW	**APM** = Advanced Power Management
Apogäum *nn* [Bahnpunkt größter Entfernung zur Erde] ↑ Apside	ASTR.PH	**apogee** *n* [orbital point farest from earth] ↑ apsis
Apophonie *nf* → Ablaut *nm*	LING	→ **apophony** *n*
Apostilb *nn* [Einheit für Leuchtdichte; = 1/π cd/m²] = asb; Blondel	OPT	**apostilb** *n* [unit for brightness; = 1/π cd/m²]
Apostroph *nm* [eine Auslassung kennzeichnender Haken,] ↑ Auslassungszeichen	LING	**apostrophe** *n* [mark, indicating omission] = single quotation mark ↑ ellipsis (2)
Apothekenterminal *nn*	TER&PER	**drug-store terminal** (AE) = pharmacy terminal
Apparat *nm* → Gerät *nn*	TER&PER	→ **set** *n*
Apparatur *nf* [Satz zusammengehöriger Apparate] ≈ Gerätschaften	TECH	**set of apparatus** ≈ set of equipment
Appartement *nn* → Kleinwohnung *nf*	CIV.EN	→ **flatlet** *n*
APPC [ein Protokoll von IBM für Datenaustausch zw. Anwenderprogrammen]	SW	**APPC** [a protocol by IBM for data exchange between application programs] = Advanced Program-to-Program Communication
Apple Lisa [PC-Familie von Apple] = Lisa	DAT.PR	**Apple Lisa** [a PC family by Apple] = Lisa
Apple Macintosh [PC-Familie von Apple] = Macintosh; Mac	DAT.PR	**Apple Macintosh** [PC family of Apple] = Macintosh; Mac
Applet *nn* [kleines über Internet übertragenes Hilfsprogramm] ↓ Java-Applet	INTERNET	**applet** *n* [small auxiliary program conveyed by Internet] ↓ Java applet
AppleTalk [ein Breitbandnetz mit 230 kBit/s]	DAT.NW	**AppleTalk** [a baseband network at 230 kbit/s]
Apple-Taste *nf* [mit einem Apfel-Symbol (); mit ähnlicher Funktion wie eine Steuerungstaste]	TER&PER	**Apple key** [with an Appel symbol (); has similar function as the control key]
Applikatinsverteilungs-Server *nm*	DAT.NW	**application service provisioning** = ASP
Applikation *nf* → Anwendung *nf*	TECH	→ **application** *n* (1)
applikationsbezogen → anwendungsorientiert	DAT.PR	→ **application-oriented**

Applikationscode *nm* SW **application code**
= app code

Applikationsdaten *nplt* COMP.AP **application data**

Applikationsdienstanbieter *nm* INTERNET **application service provider**
= Anwendungdienstanbieter *nm*

Applikationsentwickler *nm* SW **application designer**
= Anwendungentwickler *nm*
≈ Applikationsprogrammierer
= application developer; application development engineer; transaction processing system engineer; TP system engineer
≈ application programmer

Applikationsentwicklung *nf* COMP.AP **application development**
= Anwendungsentwicklung *nf*

Applikationsentwicklungssystem *nn* SW **application development system**
= Anwendungentwicklungsystem *nn*

Applikationsfenster *nn* COMP.AP **application window**
= Anwendungfenster *nn*

Applikationsfilter *nn* COMP.AP **application filter**

Applikationsflexibilität *nf* SW **generality** *n*
= Anwendungflexibilität *nf*
= application flexibility

Applikationsingenieur *nm* MICR.EL **applications engineer**

applikationsorientiert DAT.PR → **application-oriented**
→ anwendungsorientiert

Applikationspaket *nn* SW **applications package**
= application suite

Applikations-Parallellesen *nn* SW **application viewing**

Applikations-Partitionierung *nf* SW **application partitioning**

Applikationsprogrammgenerator *nm* SW **application program generator**
= Anwendungprogrammgenerator *nm*
= application generator

Applikationsprogrammierer *nm* SW **applications programmer**
= Anwendungprogrammierer *nm*
≈ Applikationsentwickler
≈ application designer

Applikationsprogrammier-Umgebung SW → **application framework**
→ Applikationsrahmen *nm*

Applikationsprogrammierung *nf* SW **application programming**
= Anwendungsprogrammierung *nf*
≠ Systemprogrammierung
≠ system programming

Applikationsrahmen *nm* SW **application framework**
[OOP]
= Applikationsprogrammier-Umgebung *nf*
[OOP]

Applikationsserver *nm* INTERNET **application server**
= Anwendungsserver *nm*

Applikations-Sharing *nn* DAT.PR **application sharing**

Applikationssoftware *nf* SW **applications software**
[für den Anwender geschrieben]
= Anwendungssoftware *nf*, Anwendersoftware *nf* (1); Benutzersoftware *nf* (1)
≈ Anwenderprogramm
≠ Systemsoftware
↓ Textverarbeitungsprogramm; Tabellenkalkulationsprogramm; Datenbank-Verwaltungssystem; Grafikprogramm; Kommunikationssoftware; Unterhaltungssoftware; Branchensoftware
[written for the needs of an user]
= application software; special applications software; end-user program
≈ application program
≠ system software
↓ word processing program; spreadsheet program; database management system; graphics program; communications software; funware; trade software

Applikationsübergang *nm* INTERNET **application gateway**
= Anwendungsübergang *nm*

applikationsübergreifend INTERNET **inter-application**

applikationszentriert SW **application-centric**
= anwendungzentriert

applikativ TECH → **application-specific** *adj*
→ anwendungsspezifisch

Apposition *nf* LING **apposition** *n*
= Beisatz *nm*

Approximation *nf* MATH → **approximation** *n*
→ Näherung *nf*

Approximationsfehler *nm* MATH → **approximation error**
→ Näherungsfehler *nm*

Approximationsformel *nf* MATH → **approximation formula**
→ Näherungsformel *nf*

Approximationsfunktion *nf* MATH **approximation function**
= Näherungfunktion *nf*

Approximationsgenauigkeit *nf* MATH → **approximation accuracy**
→ Näherungsgenauigkeit *nf*

Approximationsgleichung *nf* MATH → **approximation equation**
→ Näherungsgleichung *nf*

Approximationsmethode *nf* MATH → **approximation method**
→ Näherungsverfahren *nn*

Approximationsrechnung *nf* MATH → **approximation calculus**
→ Näherungsrechnung *nf*

Approximationsverfahren *nn* MATH → **approximation method**
→ Näherungsverfahren *nn*

Approximationswert *nm* MATH → **approximation value**
→ Näherungswert *nm*

APR *nm* DAT.PR → **workstation** *n* (1)
→ Arbeitsplatzrechner *nm* (1)

APSE SW **APSE**
= Ada Programming Support Environment

Apside *nf* (*pl* -n) ASTR.PH **apsis** *n* (*pl* apsides)
[Bahnpunkt kleinster oder größter Entfernung zum Anziehungspunkt]
↓ Perigäum; Apogäum; Perihel
[orbital point with nearest or greatest distance from center of attraction]
↓ perigee; apogee; perihelion

Apsidenlinie *nf* ASTR.PH **apsides connecting line**
≠ inter-apsides line

APT AUTOMA **APT**
= Automatic Programmed Tools

APTU DAT.CO **APTU**
[Datencontainer mit Chipkarten-Anwendungsdaten]
[data container with chipcard application data]
= Application Protocol Data Unit

AQL QUAL → **acceptable quality level**
→ Annahmegrenze *nf*

Aquatinta *nf* PRIN.ME **aquatint** *n*
[Kupferstichverfahren]
[copperplate engraving method]

Äquator *nm* CART **equator** *n*

äquidistant MATH **equidistant**
= abstandsgleich
= equally spaced

Äquidistante *nf* ENG.DRA **equidistant line**
= Gleichabstandslinie *nf*

Äquipotential *nn* PHYS **equipotential** *n*

Äquipotentialfläche *nf* PHYS **equipotential surface**
= Niveaufläche *nf*

Äquipotentiallinie *nf* PHYS **equipotential line**
= contour line

äquitativ LAW → **equitable**
→ recht und billig

äquivalent *adj* SCIE **equivalent** *adj*
= gleichwertig
≈ entsprechend
≈ corresponding

Äquivalent *nn* SCIE **equivalent** *n*
= gleicher Wert
≈ Entsprechung
≈ correspondence

Äquivalentdosis *nf* PHYS **equivalent dose**
[SI-Einheit: Sievert]
[SI unit: Sievert]

äquivalente Brückenschaltung NETW.TH → **lattice equivalent form**
→ Differenzialbrückenschaltung *nf*

äquivalente isotrop abgestrahlte Leistung RADIO **equivalent isotropic radiated power**
= EIRP
= EIRP

äquivalente Rauschbandbreite TELEC **equivalent noise bandwidth**

äquivalente Rauschleistung TELEC **noise equivalent power**
= NEP

äquivalenter Erdradius RAD.PRO **equivalent earth radius**

äquivalenter Raumwinkel ANT **equivalent solid angle**

äquivalenter Vierpol NETW.TH → **equivalent two-port**
→ Vierpolersatzschaltung *nf*

äquivalenter Zweipol NETW.TH **equivalent two-terminal network**
[gleicher Impedanz]
[with equal impedance]
= equivalent two-terminal

äquivalente Schaltung NETW.TH → **equivalent circuit**
→ Ersatzschaltbild *nn*

äquivalentes Netzwerk NETW.TH → **equivalent circuit**
→ Ersatzschaltbild *nn*

äquivalente Spitzenleistung TELEC **equivalent peak power**

äquivalente Strahlungsleistung ANT **effective radiated power**
= ERP
= ERP

Äquivalentkonzentration *nf* PHYS **equivalent concentration**

Äquivalentleitfähigkeit *nf* PHYS **equivalent conductivity**

Äquivalenz *nf* LOGIC **equivalence** *n*
= Bikonditional *nn*; Entsprechung *nf*, Genau-Dann-Wenn *nn*
= biconditional *n*

Äquivalenz *nf* LOGIC → **equivalence operation**
→ Äquivalenzverknüpfung *nf*

Äquivalenz *nf* SCIE → **equivalence** *n*
→ Gleichwertigkeit *nf*

Äquivalenzelement *nn* CIRC.EN → **equivalence gate**
→ Äquivalenzglied *nn*

Äquivalenzfunktion *nf* LOGIC → **equivalence operation**
→ Äquivalenzverknüpfung *nf*

Äquivalenzgatter *nn* CIRC.EN → **equivalence gate**
→ Äquivalenzglied *nn*

Äquivalenzglied *nn* — CIRC.EN — **equivalence gate**
[Prädikatenlogik; Symbol: ↔]
= Äquivalenzgatter *nn*; Äquivalenzelement *nn*; Äquivalenzschaltung *nf*; Äquivalenztor *nn*; EXKLUSIV-WEDER-NOCH-Glied *nn*; EXKLUSIV-WEDER-NOCH-Gatter *nn*; EXCLUSIV-WEDER-NOCH-Element *nn*; EXKLUSIV-WEDER-NOCH-Schaltung *nf*; EXKLUSIV-WEDER-NOCH-Tor *nn*; EXNOR-Glied *nn*; Identitätsglied *nn*; Identitätsgatter *nn*; Identitätselement *nn*; Identitätsschaltung *nf*; WENN-UND-NUR-WENN-Glied *nn*;
[predicate logic; sybol: ↔]
= equivalence element; equivalence circuit; EXNOR gate; EXNOR element; EXNOR circuit; identity gate; identity element; identity circuit; IF-AND-ONLY-IF gate; IF-AND-ONLY-IF element; IF-AND-ONLY-IF circuit; bi-conditional gate; bi-conditional element; bi-conditional circuit

Äquivalenzkapazität *nf* — NETW.TH — → **equivalent capacitance**
→ Ersatzkapazität *nf*

Äquivalenzkondendator *nm* — NETW.TH — → **equivalent capacitance**
→ Ersatzkapazität *nf*

Äquivalenznetzwerk *nn* — NETW.TH — → **equivalent circuit**
→ Ersatzschaltbild *nn*

Äquivalenzpermeabilität *nf* — PHYS — → **effective permeability**
→ effektive Permeabilität

Äquivalenzschaltung *nf* — CIRC.EN — → **equivalence gate**
→ Äquivalenzglied *nn*

Äquivalenzschaltung *nf* — NETW.TH — → **equivalent circuit**
→ Ersatzschaltbild *nn*

Äquivalenztor *nn* — CIRC.EN — → **equivalence gate**
→ Äquivalenzglied *nn*

Äquivalenzverknüpfung *nf* — LOGIC — **equivalence operation**
[Ausgang=1 wenn P=Q]
= Äquivalenzfunktion *nf*; Äquivalenz *nf*; EXKLUSIV-WEDER-NOCH-Verknüpfung *nf*; EXNOR-Verknüpfung *nf*; EXNOR-Funktion *nf* Äquivalenzrelation *nf*; Identitätsverknüpfung *nf*; Identität *nf*; WENN-UND-NUR-WENN-Verknüpfung *nf*; WENN-UND-NUR-WENN-Operation *nf*; WENN-UND-NUR-WENN-Funktion *nf*
≠ EXKLUSIV-ODER-Verknüpfung
↑ dyadische Boolesche Verknüpfung
[output=1 if P=Q]
= equivalence function; equivalence *n*; EXCLUSIVE-NOR operation; EXCLUSIVE-NOR function; EXNOR operation; EXNOR; identity operation; identity function; identity *n*; equivalence operation; equivalence relation; IF-AND-ONLY-IF operation; IF-AND-ONLY-IF function; bi-conditional operation; bi-conditional function
≠ EXCLUSIVE-OR operation

Äquivalenzwiderstand *nm* — EL.TEC — → **equivalent resistance**
→ Ersatzwiderstand *nm*

Äquivokation *nf* — INF.TH — **equivocation** *n*
[bei der Übertragung verloren gegangene Information]
[the information lost on the transmission path]

Ar — CHEM — → **argon** *n*
→ Argon *nn*

Ar *nn* — PHYS — **are** *n*
[Maß für Grundstücksflächen; = 10 m x 10 m = 100 m²]
= a; Are *nf* (CH)
[unit for land areas; = 10 m x 10 m = 100 m²]
= a

arabisches Zahlzeichen — MATH — **Arabic numeral**
[0,1,2,3,4,6,7,8,9]
= arabische Ziffer
↑ Dezimalziffer
[0,1,2,3,4,5,6,7,8,9]
= Arabic digital
↑ decimal digit

arabische Ziffer — MATH — → **Arabic numeral**
→ arabisches Zahlzeichen

Arbeit *nf* — PHYS — **work** *n*
[Kraft mal Verschiebung; SI-Einheit: Joule]
≈ Energie
[force by path; SI unit: Joule]
≈ energy

Arbeit *nf* — COLL — **labor** *n*
= labour *n* (BE); work *n*; endeavour *n*

arbeiten — COLL — **labor** *vi*
= labour *n* (BE); work *n*

arbeiten — TECH — → **function** *vi*
→ funktionieren

Arbeiten am PC — DAT.PR — → **PC computing**
→ PC-Verarbeitung *nf*

arbeitend — DAT.PR — → **active** *adj*
→ aktiv

arbeitend — TECH — → **active** *adj*
→ aktiv

arbeitendes Programm — DAT.PR — → **active program**
→ Aktivprogramm *nn*

Arbeiter *nm* — ECON — **worker** *n*
= workman *n*

Arbeitgeber *nm* — ECON — **employer** *n*

Arbeitgeberverband *nm* — ECON — → **employers' association**
→ Unternehmerverband *nm*

Arbeitnehmer *nm* — ECON — **employed** *n*
↓ Angestellter; Arbeiter
= wage and salary earners *nplt*
↓ employee; worker

Arbeitsablauf *nm* — TECH — **job sequence**
= Arbeitsfolge *nf*
= operation sequence; work sequence; workflow *n*

Arbeitsablaufplan *nm* — TEC.DOC — **work schedule**
= work flowchart

Arbeitsalltag *nm* — COLL — **day-by-day**

Arbeitsanalyse *nf* — TECH — **work analysis**
= job analysis; operation analysis

Arbeitsanfallschlange *nf* — DAT.PR — **input-work queue**

Arbeitsanweisung *nf* — SW — → **statement** *n* (1)
→ Anweisung *nf* (1)

Arbeitsanweisung *nf* — TEC.DOC — → **operating instruction** (1)
→ Betriebsvorschrift *nf*

Arbeitsauftrag *nm* — DAT.PR — → **job** *n*
→ Auftrag *nm*

Arbeitsaufwand *nm* — ECON — **expenditure of work**
= work effort

arbeitsaufwendig — ECON — **work-intensive** *adj*
≈ personalaufwendig
= work-consuming
≈ labor-intensive

Arbeitsband *nn* — DAT.MA — **scratch tape**
[Sortieren]
[sorting]
= work tape

Arbeitsbedingung *nf* — TECH — → **operating condition**
→ Betriebsbedingung *nf*

Arbeitsbedingungen *nplt* — ECON — **work conditions**

Arbeitsbelastung *nf* — COLL — **workload** *n*
= work stress

Arbeitsbereich *nm* — DAT.PR — **workspace** *n*
[eines Speichers, meist für temporäre Daten]
[in a store, generally for temporary data]
= working space; working area; working storage; work area; scratch area

Arbeitsbereich *nm* — COMP.AP — **working area**
[Fensterbereich]
[window section]

Arbeitsbereich *nm* — TECH — → **operating range**
→ Betriebsbereich *nm*

Arbeitsbereichsbedarf *nm* — DAT.PR — **memory workspace**
[der für eine Programmausführung benötigte zusätzliche Speicherbedarf]
[extra memory needed during program execution]

Arbeitsbereichsfenster *nn* — COMP.AP — → **working window**
→ Bearbeitungsfenster *nn*

Arbeitsblatt *nn* — OFFICE — **worksheet** *n*
= Kalkulationstabelle *nf*; Tabellenblatt *nn*
= spreadsheet *n*; plansheet *n*

Arbeitsdatei *nf* — DAT.MA — **scratch file** *n*
[eine vom Programm für die Dauer der Ausführungszeit (meist vom Benutzer unbemerkt) eingerichtete Datei]
= Hilfsdatei *nf*; Notizblockdatei *nf*
≈ Unterdatei; Papierkorb
[from "scratch paper"; a temporary file, setup by the program during program execution, generally without user's perception]
= scratch pad file; scratch; work file; auxiliary file
≈ subfile; scrap

Arbeitsdatenträger *nm* — DAT.MA — **working data carrier**
= working volume

Arbeitsdiskette *nf* — DAT.MA — **work diskette**
≠ Sicherungsdiskette
= scratch diskette
≠ back-up diskette

Arbeitseichgröße *nf* — INSTR — **working standard**
= Maßverkörperung *nf*
[a standard for regular use]

Arbeitseichkreis *nm* — TELEC — **working standard**

Arbeitsentgelt *nn* — ECON — → **wage** *n*
→ Lohn *nm*

Arbeitsfenster *nn* — COMP.AP — **action window**

Arbeitsfläche *nf* — COMP.GR — **viewport** *n*
= Darstellungfeld *nn*; Darstellungbereich *nm*; Bildschirmbereich *nm*; Bildflächenausschnitt *nm*; Viewport *nm*

Arbeitsfläche *nf* — COMP.AP — → **desktop** *n*
→ Bildschirmarbeitsfläche *nf*

Arbeitsfolge *nf* — TECH — → **job sequence**
→ Arbeitsablauf *nm*

Arbeitsfortschritt *nm* — ECON — **work progress**

Arbeitsfrequenz *nf* — EL.TRO — **working frequency**
[Oszillator]
= actual frequency

Arbeitsgang *nm* — MANUF — **operation** *n*
= shop operation

Arbeitsgebiet *nn* — ECON — **business segment**

Arbeitsgemeinschaft *nf* — ECON — → **consortium** *n*
→ Konsortium *nn* (*pl* -tien)

Arbeitsgemeinschaft *nf* — ECON — → **open consortium**
→ offenes Konsortium

Arbeitsgemeinschaft der... = ARD — MEDIA — **ARD** [the association of public broadcasters in Germany]

Arbeitsgeschwindigkeit *nf* — TECH — **operating speed**

Arbeitsgruppe *nf* = Arbeitskreis *nm* — ECON — **working group** = working party; workgroup *n*; WG

Arbeitsgruppe *nf* [Gruppe vernetzter Computer mit gemeinsamer Ressourcennutzung] — DAT.NW — **workgroup** [group of netwoked computers sharing resources]

Arbeitsgruppen-Datenverarbeitung *nf* — DAT.PR — **workgroup computing**

Arbeitsgruppen-Software *nf* [unterstützt DV-Teamarbeit] = Groupware *nf* — COMP.AP — **groupware** *n* [software supporting workgroup computing] = workgroup productivity software ≈ workflow management

Arbeitshub *nm* — MECH — **working stroke**

arbeitsintensiv → rechenintensiv — DAT.PR — → **compute-intensive**

Arbeitsjahr *nn* → Mann-Jahr *nn* — ECON — → **man-year**

Arbeitskennlinie *nf* — TECH — **operating characteristic** (1)

Arbeitskollege *nm* — ECON — **teammate** *n*

Arbeitskontakt *nm* [geschlossen bei Betätigung, offen in Ruhelage] = Schließerkontakt *nm*; Schließer *nm* ≠ Ruhekontakt ↑ Relaiskontakt — COMPO — **make contact** [closed when operated, open when disactivated] = normally open contact; N/O contact; NOC ≠ break contact ↑ relay contact

Arbeitskopie *nf* [eines Originalprogramms] — DAT.MA — **working copy** [of an original program]

Arbeitskopie *nf* — MEDIA — **workprint** *n*

Arbeitskraft *nf* — ECON — **labour force** = manpower *nsgt*; man power *nsgt*; work force *nsgt*

Arbeitskräfte *nplt* — ECON — **labor** *n*

Arbeitskreis *nm* → Arbeitsgruppe *nf* — ECON — → **working group**

Arbeitslauf *nm* → Produktivlauf *nm* — DAT.PR — → **production run**

Arbeitslos *nn* → Arbeitspaket *nn* — ECON — → **worklot** *n*

Arbeitsmappe *nf* — COMP.AP — **workbook** *n*

Arbeitsmarkt *nm* — ECON — **labour market**

Arbeitsmaske *nf* — MICR.EL — **working plate**

Arbeitsmedizin *nf* — SCIE — **occupational medicine**

Arbeitsmodul *nm* (*pl* -n) [Faksimile] — TELEGR — **index of cooperation** [facsimile]

Arbeitsmonat *nm* → Mann-Monat — ECON — → **man-month**

Arbeitspaket *nn* = Arbeitslos *nn* — ECON — **worklot** *n*

Arbeitsplan *nm* ≈ Organisationsplan — ECON — **function chart** ≈ organization chart

Arbeitsplatte *nf* — DAT.PR — **working disk** = scratch disk

Arbeitsplattform *nf*, **plattform** *nf* → Bühne *nf* — TECH — → **working platform**

Arbeitsplatz *nm* → Arbeitsplatzrechner *nm* (2) — DAT.PR — → **workstation** *n* (2)

Arbeitsplatz *nm* — TELEC — **operating position**

Arbeitsplatz *nm* ≈ Stelle — ECON — **workplace** *n* ≈ job

Arbeitsplatz *nm* ↓ Werkbank — TECH — **workplace** *n* = place of work ↓ bench

Arbeitsplatzbeschreibung *nf* = Tätigkeitsbeschreibung *nf* — ECON — **position description** = job description

Arbeitsplatzcomputer *nm* (1) → Arbeitsplatzrechner *nm* (1) — DAT.PR — → **workstation** *n* (1)

Arbeitsplatzcomputer *nm* (2) → Arbeitsplatzrechner *nm* (2) — DAT.PR — → **workstation** *n* (2)

Arbeitsplatzkonferenz *nf* — TELEC — **workplace conference**

Arbeitsplatzleuchte *nf* — TECH — **bench-light** *n*

Arbeitsplatzrechner *nm* → Workstation *nf* — DAT.NW — → **workstation** *n*

Arbeitsplatzrechner *nm* (1) [autonomer Computer hoher Leistung im Mips-Bereich und RAM größer 2 MByte] = APR *nm*; Arbeitsplatzcomputer *nm* (1); APC; Workstation *nf*; Arbeitsstation *nf*(1); Arbeitsplatzsystem *nn* (1) ≈ Workstation [DAT.CO]; Personal-Computer ↑ Computer ↓ Textsystem; grafisches Arbeitsplatzsystem — DAT.PR — **workstation** *n* (1) [autonomous high power computer in the Mips range and RAM greater 2 Mbyte] = workstation computer (1) ≈ workstation [DAT.CO]; personal computer ≠ server ↑ computer ↓ word processing system; graphical workstation

Arbeitsplatzrechner *nm* (2) [für eine bestimmte Arbeit optimiert] = Arbeitsplatzcomputer *nm* (2); Arbeitsplatzsystem *nn* (2); Arbeitsstation *nf*(2); Arbeitsplatz *nm*; Datenstation *nf* — DAT.PR — **workstation** *n* (2) [optimized for a dedicated task] = workstation computer (2)

Arbeitsplatzstation *nf* → Workstation *nf* — DAT.NW — → **workstation** *n*

Arbeitsplatzsystem *nn* (1) → Arbeitsplatzrechner *nm* (1) — DAT.PR — → **workstation** *n* (1)

Arbeitsplatzsystem *nn* (2) → Arbeitsplatzrechner *nm* (2) — DAT.PR — → **workstation** *n* (2)

Arbeitsplatzzubehör *nn* [ein Programm welches typischem Zubehör eines Schreibtisches entspricht, wie Uhr, Kalender usf.] — COMP.AP — **desktop accessory** [a program equivalent to small appliances of a typical desktop, like a clock, calendar etc.] = desk accessory; DA

Arbeitspolarisation *nf* → Nutzpolarisation *nf* — RADIO — → **working polarization**

Arbeitspunkt *nm* — TECH — **operating point** = working point

Arbeitspunkt *nm* — EL.TRO — **operating point** = bias point; working point

Arbeitspunkteinstellung *nf* = Arbeitspunktfestlegung *nf* — EL.TRO — **operating point adjustment** = bias point adjustment

Arbeitspunktfestlegung *nf* → Arbeitspunkteinstellung *nf* — EL.TRO — → **operating point adjustment**

Arbeitspunktstabilisierung *nf* — EL.TRO — **stabilization of bias point** = stabilization of working point

Arbeitspunktverschiebung *nf* — EL.TRO — **shift of operating point** = shift of working point

Arbeitsraum *nm* → Betriebsraum *nm* — TECH — → **operating room**

Arbeitsschicht *nf* → Schicht *nf* — MANUF — → **shift** *n*

Arbeitsschritt *nm* — TECH — **workstep** *n*

Arbeitssicherheit *nf* — ECON — **workplace safety**

Arbeitssitzung *nf* — ECON — **working meeting**

Arbeitsspannung *nf* → Betriebsspannung *nf* — EL.TEC — → **operating voltage**

Arbeitsspannunganzeige *nf* → Betriebsspannungsanzeige *nf* — EQP.EN — → **operating voltage indication**

Arbeitsspeicher *nm* (1) → Hauptspeicher *nm* (1) — HW — → **main memory** (1)

Arbeitsspeicher *nm* (2) [Sektor des Hauptspeichers, für aktuelle Daten] ≈ Zwischenspeicher (1) ↑ Hauptspeicher (1) — HW — **working memory** *n* [part of main memory (1), for data in current use] = working storage; work area; workspace *n* ≈ intermediate memory ↑ main memory (1)

Arbeitsspeicher *nm* (3) → Notizblockspeicher *nm* — HW — → **scratchpad memory**

Arbeitsspeicherabzug *nm* → Hauptspeicherabzug *nm* — DAT.PR — → **main memory dump**

Arbeitsspeicheradresse *nf* → Hauptspeicheradresse *nf* — SW — → **main memory address**

Arbeitsspeicherauszug *nm* → Hauptspeicherabzug *nm* — DAT.PR — → **main memory dump**

Arbeitsspeicherdurchsatzrate *nf* → Durchsatz *nm* — HW — → **throughput** *n*

Arbeitsspeicherkassette *nf* → Hauptspeicherkassette *nf* — HW — → **main memory bric**

Arbeitsspeicher-Ladeprogramm *nn* → Hauptspeicher-Ladeprogramm *nn* — SW — → **main memory loading program**

arbeitsspeicherresident → speicherresident — SW — → **memory-resident** *adj*

arbeitsspeicherresidentes Dienstprogramm → speicherresidentes Programm — SW — → **memory-resident program**

arbeitsspeicherresidente Software → residente Software — SW — → **resident software**

arbeitsspeicherresidentes Programm → speicherresidentes Programm — SW — → **memory-resident program**

arbeitsspeicherresidentes Programmsegment — SW — **root segment**

[ständig im Arbeitsspeicher stehend] [permanently in the main memory]
= Rumpfteil *nm*; Rumpfsegment *nn*; Wurzelsegment *nn* ≠ overlay segment
≠ Überlagerungssegment

Arbeitsspeicherzuweisung *nf* SW **main memory allocation**
= Hauptspeicherzuweisung *nf* = main memory assignment
↑ Speicherverwaltung ↑ memory management

Arbeitsstation *nf* DAT.NW → **workstation** *n*
→ Workstation *nf*

Arbeitsstation *nf*(1) DAT.PR → **workstation** *n* (1)
→ Arbeitsplatzrechner *nm* (1)

Arbeitsstation *nf*(2) DAT.PR → **workstation** *n* (2)
→ Arbeitsplatzrechner *nm* (2)

Arbeitssteilheit *nf* EL.TRO **dynamic mutual conductance**

Arbeitsstelle *nf* ECON → **job** *n*
→ Stelle *nf*

Arbeitsstellung *nf* TECH **operating position**
= working position

Arbeitsstrom *nm* EL.TRO **working current**
≠ Ruhestrom ≠ quiescent current

Arbeitsstrom *nm* TELEGR **marking current**
= Zeichenstrom *nm* = open-circuit current
≠ Ruhestrom ≠ spacing current

Arbeitsstrom *nm* EL.TEC → **operating current**
→ Betriebsstrom *nm*

Arbeitsstrombetrieb *nm* TELEGR **open-circuit working**
≠ Ruhestrombetrieb = open-circuit operation

Arbeitsstromverfahren *nn* TRANSM **tone-off idle**
≠ Ruhestromverfahren = open-circuit signaling (AE)
≠ tone-on idle

Arbeitsstunde *nf* ECON **man-hour**
= Mann-Stunde *nf*

Arbeitssystem *nn* TECH **principle of operation**

Arbeitstag *nm* COLL → **working day**
→ Werktag *nm*

Arbeitstagung *nf* ECON **worshop** *n*

Arbeitstemperatur *nf* TECH → **operating temperature**
→ Betriebstemperatur *nf*

Arbeitstier *nn* COLL **demon** *n*
[fig] = daemon *n*; tireless worker;
= unermüdlicher Arbeiter untiring worker; workaholic *n*

Arbeitstrupp *nm* ECON → **team** *n*
→ Trupp *nm*

Arbeitsumfeld *nn* TECH **work environment**

arbeitsunfähig TECH → **inoperable** *adj*
→ betriebsunfähig

Arbeitsunfähigkeit *nf* TECH → **inoperability** *n*
→ Betriebsunfähigkeit *nf*

Arbeitsunfall *nm* ECON → **service accident**
→ Betriebsunfall *nm*

Arbeitsverfahren *nn* TECH → **operating mode** *n*
→ Betriebsart *nf*

Arbeitsvertrag *nm* ECON → **employment contract**
→ Dienstvertrag *nm*

Arbeitsverzeichnis DAT.PR **working directory**

Arbeitsvorbereitung *nf* TECH **work preparation**
= job preparation

Arbeitsvorbereitung *nf* MANUF **work preparation**
= Avo *nf* = work scheduling; operations
≈ Fertigungslenkung preparation; operations scheduling
≈ production control

Arbeitsvorschrift *nf* SW → **statement** *n* (1)
→ Anweisung *nf*(1)

Arbeitsweise *nf* TECH → **operating mode** *n*
→ Betriebsart *nf*

Arbeitswiderstand *nm* NETW.TH → **load resistance**
→ Lastwiderstand *nm*

Arbeitswissenschaft *nf* SCIE **ergonomics** *nplt*

Arbeitszeit *nf* ECON **working time**
↓ Dienstzeit = work time
↓ office hours

Arbeitszeitregelung *nf* ECON **working time regulations**

Arbeitszeugnis *nn* ECON → **testimonial** *n*
→ Dienstzeugnis *nn*

Arbeitszustand *nm* TECH → **operating state**
→ Betriebszustand *nm*

Arbeitszyklus *nm* TECH **operating cycle**

ARB-Generator *nm* INSTR **arbitrary waveform generator**
= Arbitrary-waveform-Generator *nm*; AWG = ARB generator; AWG

Arbitrary-waveform-Generator *nm* INSTR → **arbitrary waveform generator**
→ ARB-Generator *nm*

Arbitrierung *nf* INF.TH → **decision** *n*
→ Entscheidung *nf*

Arbritation *nf* INF.TEC → **arbitration** *n*
→ Konkurrenzbereinigung *nf*

ARC DAT.PR **ARC**
[Advanced RisC]

Arcade *nf* COMP.AP **arcade game**
[Geschicklichkeits-Computerspiel auf öffentlichen Münzautomaten] [adventure game played on coin-operated public machine]

archetypisch MEDIA **archetypal**

Archie *nn* INTERNET **Archie**
[Service zum Suchen von Dateien auf Servern] [service to search files on servers]

archimedische Spiralantenne ANT **archimedian spiral antenna**

archimedische Spirale MATH **spiral of Archimedes**
= archimedian spiral

Archipel *nn* GEOSC **archipelago** *n* (*pl* -es&-s)
= Inselgruppe *nf* = group of islands

architektonisch TECH **architectural** *adj*

architektonischer Entwurf SW **architectural design**

Architektur *nf* INF.TEC **architecture** *n*

Architektur *nf* TELEC → **network architecture**
→ Netzarchitektur *nf*

Architekturmodell *nn* DAT.NW **model of protocol layers**

Archivbild *nn* IMAG.ME **library picture**

Archivbit *nn* DAT.MA **archive bit**

Archivdatei *nf* DAT.MA **archive file**

Archivdatei *nf* DAT.MA → **archive file**
→ Archivierungsdatei *nf*

Archivdaten *nplt* DAT.MA **archive data**
= archivierte Daten = archived data

Archivfilmmaterial *nn* CINEMA **archival film material**
= archival footage (slang)

archivieren DAT.MA **archive** *vt*
≈ sichern ≈ save
↑ ablegen; speichern ↑ file; store

archivierte Datei DAT.MA → **archive file**
→ Archivierungsdatei *nf*

archivierte Daten DAT.MA → **archive data**
→ Archivdaten *nplt*

archivierte Datenbank DAT.MA **archival database**
[eine Kopie für späteren Gebrauch] [a copy for later use]

Archivierung *nf* OFFICE → **filing** *n*
→ Ablage *nf*

Archivierung *nf* DAT.MA **archival** *n*
[langfristige Speicherung] [storage over a long period]
= Langzeitspeicherung *nf* = archive *n*; archiving *n*; archive
≈ Datensicherung storage; long-term storage
↑ Speicherung ≈ data protection
↑ storage

Archivierungs- DAT.MA **archival** *adj*
= Langzeitspeicherbarkeit betreffend

Archivierungsattribut *nn* DAT.MA **archive attribute**

Archivierungsdatei *nf* DAT.MA **archive file**
= Archivdatei *nf*; archivierte Datei = archived file

Archivierungseinrichtung *nf* TER&PER **archiving device**

Archivierungsformat *nn* DAT.MA **archive format**

Archivmaterial *nn* MEDIA **archival material**

Archiv-Server *nm* DAT.NW **archive server**
[verwaltet die Abspeicherung und Sicherung von Daten in einem Rechnerverbund] [manages storage and backup of data in a computer network]

Archiv-Site *nf* INTERNET **archive site**

Archivsystem *nn* DAT.MA → **data management system**
→ Datenverwaltungssystem *nn*

ARCnet DAT.NW **ARCnet**
[1970 von Datapoint Corporation, das erste LAN] [1970 by Datapoint Corporation, the first LAN]

Arcus *nm* MATH → **circular arc**
→ Kreisbogen *nm*

Arcus-Klemme *nf* POW.SY **Arcus clamp**
= Arcus cleat

ARD MEDIA → **ARD**
→ Arbeitsgemeinschaft der öffentlich-rechtichen Rundfunkanstalten der Bundesrepublik Deutschland

Are *nf* (CH) PHYS → **are** *n*
→ Ar *nn*

A-Register *nn* HW → **accumulator** *n*
→ Akkumulator *nm*

Argentum *nn* CHEM → **silver** *n*
→ Silber *nn*

Argon *nn* CHEM **argon** *n*
= Ar = Ar

Argument *nn* SW **argument** *n*
[vom latein. "argumentum" = "Beweis, Inhalt"; eine unabhängige Variable für sowohl numerische als auch logische Werte]
≈ Variable; Parameter
[from Latin "argumentum" = "proof, content"; an independent variable for either logical or numeric values]
= arg
≈ variable; parameter

Argumentbyte *nn* SW **argument byte**

ARI BROADC **ARI**
= Autofahrer-Rundfunk-Information *nf*
[system in Germany, Switzerland and Luxemburg to telecontrol car radios]

ARIN INTERNET **ARIN**
= American Registry for Internet Numbers

A-Ring *nm* LING → **Å**
→ Å

Arität *nf* SW **arity** *n*
[Anzahl der Operanden]
[number of operands]

Arithmetik *nf* MATH **arithmetic** *n*
[die Lehre der Zahlen; vom Griechischen "arithmós" = Zahl, Maß]
[the science of numbers; from Greek "arithmós" = "number, measure"]

Arithmetikeinheit *nf*(1) HW **arithmetic unit** (1)
↑ Rechenwerk
↑ arithmetic-logic unit

Arithmetikeinheit *nf*(2) HW → **arithmetic-logic unit** *n*
→ Rechenwerk *nn*

Arithmetik-Prozessor *nm* HW → **maths coprocessor**
→ mathematischer Koprozessor

Arithmetik-und Logikeinheit *nf* HW → **arithmetic-logic unit** *n*
→ Rechenwerk *nn*

arithmetisch MATH **arithmetical** *adj*
= rechnerisch

arithmetische Anweisung SW **arithmetic statement**

arithmetische Codierung CODING **arithmetic coding**

arithmetische Daten DAT.MA → **arithmetic data**
→ Rechendaten *nplt*

arithmetische Funktion MATH **arithmetic function**

arithmetische Kontrolle COMP.SC **arithmetic check**
= mathematische Kontrolle
= mathematical check

arithmetische Operation MATH → **arithmetic operation**
→ Rechenoperation *nf*

arithmetische Progression MATH → **arithmetical progression**
→ arithmetische Reihe

arithmetischer Ausdruck MATH **arithmetic expression**
= Rechenausdruck *nm*

arithmetischer Befehl SW **arithmetic instruction**
= Rechenbefehl *nm*
≠ logischer Befehl
≠ logic instruction

arithmetische Reihe MATH **arithmetical progression**
= arithmetische Progression; endliche arithmetische Reihe
= arithmetic progession; arithmetical series; arithmetic series

arithmetischer Operator COMP.SC **arithmetic operator**
= Rechenoperator *nm*

arithmetischer Prozess DAT.PR → **arithmetic process**
→ Rechenvorgang *nm*

arithmetisches Mittel STATIS **arithmetic mean**
[Summe A1 bis An, geteilt durch *n*]
= lineares Mittel
[sum of A1 till An, divided by *n*]
= arithmetical mean

arithmetisches Register DAT.PR **arithmetic register**
= Rechenregister *nn*; Operandenregister *nn*
= operand register

arithmetisches Verschieben DAT.PR → **arithmetic shift** *n*
→ arithmetische Verschiebung

arithmetische Verschiebung DAT.PR **arithmetic shift** *n*
[erzeugt in einer Festkommadarstellung eine Multiplikation oder Division, ohne Vorzeichenänderung]
= arithmetisches Verschieben
≠ logische Verschiebung
[effects in a fixed point representation a multiplication or division, without affecting the sign position]
= arithmetical shift; numeric shift
≠ logical shift

arithmetisch-logische Einheit HW → **arithmetic-logic unit** *n*
→ Rechenwerk *nn*

Arm *nm* MEC.EN **arm** *n*

Arm *nm* MICROW **branch** *n*

Armatur *nf* TECH **fitting** *n*

Armatur *nf* ANT **connector** *n*

Armaturenbrett *nn* TECH → **instrument panel**
→ Armaturentafel *nf*

Armaturentafel *nf* TECH **instrument panel**
= Armaturenbrett *nn*

Armbanduhr-Funkruf *nm* MOB.CO **wrist-watch paging**
↑ radio paging

Armee *nf*(1) MILIT → **armed forces**
→ Wehrmacht *nf*

Armee *nf*(2) MILIT → **army** *n* (1)
→ Heer *nf*

Ärmstes Land ECON **least developed country**
[unter den "Ärmsten der Armen"]
[among the "poorest of the poors"]
= LLDC

Aromaware *nf* SW **aromaware**
[in Java geplantes Vaporware]
[vaporware to be programmed in Java]

Aronschaltung *nf* INSTR **Aron measuring circuit**

ARPANET DAT.NW **ARPANET**
[ein vom US-Verteidigungsministerium initiiertes Datennetz]
[a data network promoted by the US Department of Defense]

ARP-Protokoll *nn* INTERNET **ARP**
[wandelt Internet-Adressen in Ethernet-Adressen]
[transforms Internet addresses into Ethernet addresses]
= Address Resolution Protocol

ARPU-Wert MOB.CO → **average revenue per user**
→ mittlere Einnahmen pro Teilnehmer

ARQ-Verfahren *nn* DAT.CO → **automatic repeat request**
→ automatische Wiederholanforderung

Arrangement *nn* MUSIC **arrangement**
≈ Instrumentierung
≈ score

arrangieren IMAG.ME → **stage** *vt*
→ inszenieren *vt*

Array-Logik *nf* MICR.EL **array logic**
[Mikroprozessor]
[microprocessor]

Array-Prozessor *nm* MICR.EL **array processor**

Array-Prozessor *nm* DAT.PR → **vector processor**
→ Vektorrechner *nm*

arretierbare Taste TER&PER **stay-down key**
= feststellbare Taste

arretieren TECH **arrest** *vt*
= feststellen
≈ einrasten
= lock *vt* (3); stop *vt*; detain *vt*; detent *vt*; secure *vt*
≈ lock (1)

Arretierknopf *nm* COMPO **stop knob**

Arretierrad MEC.EN **locking wheel**

Arretierstift *nm* MEC.EN **detent pin**

Arretierung *nf* TECH → **arrest** *n*
→ Hemmung *nf*

Arretiervorrichtung *nf* TECH → **arrest** *n*
→ Hemmung *nf*

Arretierzahn *nm* MEC.EN **locking cog**

Arsen *nn* CHEM **arsenic** *n*
= As
= As

Art *nf* SCIE → **variety** *n*
→ Abart *nf*

Art *nf* TECH → **kind** *n*
→ Sorte *nf*

Art *nf* COLL → **mode** *n*
→ Weise *nf*

-art TECH **type of ...**
= -typ

Artbook *nn* PRIN.ME **artbook** *n*
↑ Bilderbuch
↑ picture-book

Art des Verwendungsortes OPT.CO **location type**
[Laser]
[laser]

Artefakt *nf* IMAG.PR → **artifact** *n*
→ Bildfehler *nm*

Artefakt *nn* SCIE **artefact** *n*
[etwas von Menschenhand geschaffenes]
[something human-made]
= artifact

Artergänzung *nf* LING → **predicative** *n*
→ Prädikativ *nn*

artgleich COLL → **equal-type**
→ gleichartig

Artificial Resident INTERNET **artificial resident**
[Prolet des Cyberspace]
↑ Cyberianer
[proletarian of the cyberspace]
↑ cyberian citizen

artifizielle Intelligenz COMP.AP → **artificial intelligence**
→ künstliche Intelligenz

Artikel *nm* LING **article** *n*
[z.B. "der"]
= Geschlechtswort *nn*
[e.g. "the"]

Artikel *nm* PRIN.ME → **contribution** *n*
→ Beitrag *nm*

Artikel *nm* ECON → **item** *n*
→ Position *nf*

Artikelbewegung *nf* ECON **item transaction**

Artikelcode *nm* TER&PER → **article number code**
→ Artikelnummercode *nm*

Artikelnummer *nf* ECON **item number**

Artikelnummercode *nm* TER&PER **article number code**
= Artikelcode *nm*; Handelsstrichcode *nm* = article code
↑ Balkencode ↑ bar code
↓ UPC-Strichcode; EAN-Strichcode; JAN-Strichcode ↓ UPC; EAN; JAN

Artikelsicherungssystem *nn* SIG.EN **merchandise security system**

Artikulation *nf* LING **articulation** *n*
= Lautbildung *nf*

Artikulation *nf* LING → **pronunciation** *n*
→ Aussprache *nf*

artikulieren LING → **pronounce** *vt*
→ aussprechen

Artikulierung *nf* LING → **pronunciation** *n*
→ Aussprache *nf*

artilleristischer Strich PHYS **artillery point**
[0° 3'22,5"] [0° 3'22.5"]

artverwandt COLL **akin**
≈ ähnlich ≈ similar

Artwort *nf* LING → **adjective** *n*
→ Adjektiv *nn*

A s PHYS → **ampere-second**
→ Amperesekunde *nf*

As CHEM → **arsenic** *n*
→ Arsen *nn*

ASA (1) TECH **American Standards Association**
[ex USASA] = ASA (1)
= Amerikanische Normengesellschaft

ASA (2) TECH **ASA** (2)
= Amerikanische Gesellschaft für Statistik = American Statistical Association

asb OPT → **apostilb** *n*
→ Apostilb *nn*

ASBC-Technik *nf* MICR.EL **advanced standard-buried collector technology**
= ASBC technology

Asbest *nn* CHEM **asbestos** *n*
= asbestus *n*

ASCII-Code *nm* DAT.CO **ASCII code**
[ursprünglich ein 7-Bit-Code für 128 alphanumerische Zeichen und Sonderzeiche; heute meist ein 8-Bit-Code ("erweiterter ACII-Code"); im Engl. als "äskäy" ausgesprochen]
= ASCII-Zeichensatz *nm*; USASCII-Code *nm*
[United States of America Standard Code for Information Interchange; pronounced "as-key"; originally with 7 bit for 128 alphanumeric and special characters, now mostly with 8 bit for 256 characters ("extended ASCII code")]
= USASCII code; ASCII
↓ extended ASCII code

ASCII-Datei *nf* DAT.MA **ASCII file**
↑ Textdatei
= ASCII text file
↑ text file

ASCII-Tastatur *nf* TER&PER **ASCII keyboard**
[mit einer Taste für jeden ASCII-Code] [with a key to every ASCII code]

ASCII-Zeichensatz *nm* DAT.CO → **ASCII code**
→ ASCII-Code *nm*

ASF DAT.MA **ADF**
= Advanced Streaming Format

Ashton-Tate Corporation *nf* SW **Ashton-Tate Corporation**
[Software-Haus, unter seinen Produkten ist dBASE] [a software house, among its products is dBASE]

ASI AERON → **Italian Space Agency**
→ Italienische Raumfahrtbehörde

ASIC MICR.EL → **application-specific IC**
→ anwendungsspezifische integrierte Schaltung

A-Signal *nn* TV → **blanking signal**
→ Austastsignal *nn*

AS-Interface *nf* (ANGL) HW → **AS interface**
→ AS-Schnittstelle *nf*

Asl TELEC → **subscriber line**
→ Teilnehmerleitung *nf*

ASN SWITCH → **ATM switching network**
→ ATM-Koppelfeld *nn*

ASO-PLUS TV **ASO-PLUS**
[Verfahren zur Bildrenerierung] [Active Sideband Optimum; a picture regeneration method]

asozial *adj* COLL **antisocial** *adj*
≈ ungesellig ≈ asocial *adj*

ASP INTERNET **ASP**
= Active Server Page

Aspekt *nm* COLL → **standpoint** *n*
→ Gesichtspunkt *nm*

Aspekt *nm* LING → **progressive form**
→ Verlaufsform *nf*

aspektorientiert SW **aspect-oriented**

ASPI-Schnittstelle *nf* SW **ASPI**
= Advanced SCSI Programming Interface

ASR RAD.NA → **ASR**
→ Flughafen-Überwachungsradar *nm&nn* (*pl*-e)

ASR-Betrieb *nm* DAT.CO → **ASR**
→ automatischer Sende-/Empfangsbetrieb

ASR-Tastatur *nf* TER&PER **ASR keyboard**

AS-Schnittstelle *nf* HW **AS interface**
= AS-Interface *nf* (ANGL) = Actor-Sensor Interface

Assembler *nm* SW **assembler** *n*
[übersetzt von maschinenorientierter Sprache in Maschinensprache]
= Assemblierer *nm*; Assemblerprogramm *nn*; Assemblierprogramm *nn*
≈ Assembliersprache; Kompilierer
≠ Disassembler
↑ Übersetzer; Systemsoftware
[translates from a machine-oriented language into machine code]
= assembly program; assembly routine; assembler program
≈ assembler language; compiler
≠ disassembler
↑ translator; system software

Assembler *nm* COMP.LG → **assembler language** *n*
→ Assemblersprache *nf*

Assemblerbefehl *nm* SW **assembler instruction**
= Assembliererbefehl *nm* = assembly instruction; assembler code; assembly code

Assemblercode *nm* SW **assembler code**

Assemblerlisting *nn* (ANGL) SW → **assembler listing**
→ Assemblerprotokoll *nn*

Assemblerprogramm *nn* SW → **assembler** *n*
→ Assembler *nm*

Assemblerprotokoll *nn* SW **assembler listing**
[die Datei der Anweisungen; Symbole u.a.m. eines Assemblierers]
= Assembliererprotokoll *nn*; Assemblerlisting *nn* (ANGL)
↑ Übersetzungsprotokoll
[the file containing statements; symbols e.a. of an assembler]
= assembly listing
≠ assembly listing
↑ translator listing

Assemblersprache *nf* COMP.LG **assembler language** *n*
[vom Engl. "assemble" = zusammensetzen; Prozessor-spezifische, dem Maschinencode angepasste, mnemotechnische Programmiersprache; wird per Assembler in Maschinensprache übersetzt]
= Assembliersprache *nf*, Assembler *nm*; Assemblierer *nm*
≈ Assembler; Eins-zu-Eins-Sprache
↑ symbolische Programmiersprache; niedere Programmiersprache; maschinenorientierte Programmiersprache
[processor-specific, mnemotechnic programming language; is translated into machine code by an assembler]
= assembly language; computer-dependent language; assembler source program; base language
≈ assembler; one-to-one language
↑ symbolic programming language; low-level programming language;

assemblieren SW **assemble** *vt*
[von maschinenorientierter Sprache in Maschinensprache übersetzen]
= umwandeln
≠ disassemblieren; kompilieren; interpretieren
[to translate a machine-oriented code into a machine code]
≠ disassemble; compile; interpret
↑ translate

Assemblierer *nm* SW → **assembler** *n*
→ Assembler *nm*

Assemblierer *nm* COMP.LG → **assembler language** *n*
→ Assemblersprache *nf*

Assembliererbefehl *nm* SW → **assembler instruction**
→ Assemblerbefehl *nm*

Assembliererprotokoll *nn* SW → **assembler listing**
→ Assemblerprotokoll *nn*

Assemblierprogramm *nn* SW → **assembler** *n*
→ Assembler *nm*

Assembliersprache *nf* COMP.LG → **assembler language** *n*
→ Assemblersprache *nf*

Assemblierung *nf* DAT.PR **assembling** *n*
= Umwandlung *nf* ↑ data processing [INF.TEC]
↑ Datenverarbeitung [INF.TEC]

Assemblierungslauf *nm* DAT.PR **assembly run**
= assembler run

Assemblierzeit *nf* DAT.PR **assembly time**
↑ Übersetzungszeit ↑ translation time

Assistent *nm* SW **assistant** *n*
[helfendes Tool] [aiding tool]
≈ Wizard ≈ wizard

Assistenzsystem *nn* ART.IN **assistance system**

Association Francaise pour la Cybernétique DAT.PR → **AFCET**
→ AFCET

Associazione Italiana per l'Informatica ed il Calcolo Automatico DAT.PR → **AICA**
→ AICA

Assotiationsregel *nf* ART.IN **association rule**

Assoziation *nf* SCIE **association** *n*
= Gedankenverbindung *nf*

Assoziation *nf* SW **association** *n*
[OOP; Relation zw. Instanzen verschiedener Klassen] [OOP; relation between instances of different classes]

assoziativ INF.TEC → **content-oriented** *adj*
→ inhaltsorientiert

Assoziativdatei *nf* DAT.MA **content-addressable file**

assoziativer Computer DAT.PR → **associative computer**
→ assoziativer Rechner

assoziativer Link INTERNET **associative link**
[mit mehreren Sprungzielen] [with several jump targets]

assoziativer Pufferspeicher HW **look-aside buffer**

assoziativer Rechner DAT.PR **associative computer**
= assoziativer Computer

assoziatives Nachschlagen DAT.MA **associative lookup**

assoziatives Netz ART.IN **associative network**
= semantisches Netz = semantic network

assoziatives Wertepaar COMP.LG **name-value pair**

Assoziativprozessor *nm* DAT.PR **associative processor**
[uses associative storage]

Assoziativspeicher *nm* HW **associative storage**
[die Information wird nicht über Adressen, sondern durch Angabe eines Teils von ihr gefunden]
= inhaltsadressierter Speicher; inhaltsbezogener Speicher; CAM; Durchrufspeicher *nm*
↑ Direktzugriffsspeicher
[the information is retrieved with a piece of it, and not through an address]
= associative memory; content-addressable storage; content-addressable memory; content-addressed storage; content-addressed memory; CAM; data-addressed storage; data addressed memory; parallel-search memory; parallel-search storage; search memory
↑ random access memory

assoziierte Betriebsweise TELEC **associated operation**
[Zeichengabe über dem Nutzweg übertragen] [signalling via the payload network]

assoziierte Signalisierung SWITCH → **associated signaling** (AE)
→ assoziierte Zeichengabe

assoziiertes Unternehmen ECON → **associated company**
→ Beteiligungsgesellschaft *nf*

assoziierte Zeichengabe SWITCH **associated signaling** (AE)
= assoziierte Signalisierung
= associated signalling (BE); associated mode

Ast *nm* PRIN.ME **arm** *n*

astabile Kippschaltung CIRC.EN **astable multivibrator**
[selbstschwingend, ohne externe Auslösung]
= astabiler Multivibrator; Kippschwinger *nm*; selbstschwingende Kippschaltung; Bivibrator *nm*
≠ stabile Kippschaltung
↑ Kippgenerator; Relaxationsoszillator
[self-oscillating, without external triggering]
= free-running multivibrator; astable trigger circuit; astable circuit; multivibrator *n* (2); bivibrator *n*
≠ one-shot multivibrator
↑ toggle generator; relaxation oscillator

astabiler Multivibrator CIRC.EN → **astable multivibrator**
→ astabile Kippschaltung

Astat *nn* CHEM **astatine** *n*
= At = At

astatisch CONTRO **astatic**
= integralwirkend

astatisches Nadelpaar INSTR **astatic couple of needles**

Asteriskus *nm* (*pl* -ken) PRIN.ME → **asterisk** *n*
→ Sternchen *nn*

Ästhetik *nf* COLL **aesthetics** *nplt*

Ästhetikprogramm *nn* WOR.PR **type-adjusting program**
= Ästhetik-Software *nf* = type-adjusting software

Ästhetik-Software *nf* WOR.PR → **type-adjusting program**
→ Ästhetikprogramm *nn*

ästhetisch COLL **aesthetic** *adj*
= ansprechend
≈ formschön

Astigmatismus *nm* OPT **astigmatism** *n*

Astknoten *nm* DAT.MA **leaf node**
[Baumsortierung] [tree sort]
= leaf *n*

ASTRA BROADC **ASTRA**
[Satellit der SES] [satellite by SES]

Astrodrom *nn* AERON → **astrodrome** *n*
→ Weltraumbahnhof *nm*

Astrophysik *nf* PHYS **astrophysics** *nplt*

asymmertrisch NETW.TH → **unbalanced** *adj*
→ unsymmetrisch

Asymmetrie *nf* MATH **assymmetry** *n*
= Ungleichmäßigkeit *nf*
≠ Symmetrie
= dissymmetry *n*
≠ symmetry

Asymmetrie *nf* NETW.TH → **unbalance** *n*
→ Unsymmetrie *nf*

Asymmetriedämpfung *nf* NETW.TH → **unbalance attenuation**
→ Unsymmetriedämpfung *nf*

Asymmetriefaktor *nm* NETW.TH → **unbalance factor**
→ Unsymmetriegrad *nm*

Asymmetriegrad *nm* NETW.TH → **unbalance factor**
→ Unsymmetriegrad *nm*

asymmetrisch MATH **asymmetric** *adj*
= unsymmetrisch
≠ symmetrisch
= asymmetrical
≠ symmetric

asymmetrisch PHYS → **triclinic**
→ triklin

asymmetrischer Modem DAT.CO **asymmetric modem**

asymmetrische Übertragung DAT.CO **asymmetrical transmission**
[Belegung eines Fernsprechkanals mit einem langsamen Datenkanal (z.B. 300 Bit/s) sowie bedarfsweise mit einem schnelleren (9600 Bit/s oder mehr)]
[loading a voice channel with a slow data channel (e.g. 300 bit/s) and on demand a high-speed one (9600 bit/s or more)]

Asymptote *nf* MATH **asymptote** *n*
[Gerade der sich eine Kurve nähert ohne erreicht zu werden] [line approached by a curve without beeing touched]

Asymptotenbrennweite *nf* OPT **asymptotic focal length**

asymptotisch MATH **asymptotic**

asymptotischer Punkt MATH **asymptotic point**
↑ Singularität ↑ singularity

asymptotische Stabilität CONTRO **asymptotic stability**

asynchron PHYS **asynchronous**
= async

asynchron TELEC **asynchronous** *adj*
[ein Kunstwort aus dem Griechischen "a-syn-chronikós" = nicht-mit-zeitig; nicht taktgleich]
= nichtsynchron; zeittaktungeich; taktungeich
[an artificial term formed from Greek "a-syn-chronikós" = "non-together -timed"; with different clock]
= nonclocked
≈ plesiochronous
≠ synchronous

Asynchronanschluss *nm* HW **asynchronous port**
= asynchroner Anschluss = asynchronous input

Asynchronaustritt *nm* DAT.PR → **deferred exit**
→ asynchroner Austritt

Asynchronbetrieb *nm* TELEGR **asynchronous operation**
[jedes einzelne Zeichen enthält eigene Informationen für den Gleichlauf von Empfänger mit Sender]
= Asynchronverfahren *nn*; Asynchronübertragung *nf*; Nichtsynchronbetrieb *nm*; Nichtsynchronübertragung *nf*
↓ Start-Stop-Betrieb
[each character contains individual information for synchronism of receiver with transmitter]
= asynchronous principle; asynchronous transmission; asynchronous mode; asynchronous communications; asynchronous access; asynchronous working
↓ start-stop operation

Asynchronbetrieb *nm* DAT.PR **asynchronous working**
≠ Synchronbetrieb ≠ synchronous working

Asynchronbetrieb *nm* TELEC → **asynchronous transfer mode**
→ asynchrone Übermittlung

Asynchroncomputer *nm* DAT.PR → **asynchronous computer**
→ Asynchronrechner *nm*

Asynchroneintritt *nm* DAT.PR → **deferred entry**
→ asynchroner Eintritt

asynchrone Kompression DAT.CO **asynchronous compression**
[mit wesentlich unterschiedlichem Rechneraufwand zw. Kompression u. Dekompression] [with relevant difference of computer effort between compression and decompression]

asynchrone Multiplextechnik TELEC **asynchronous time division multiplexing**
= ATD = ATD; asynchronous TDM

asynchroner Anschluss HW → **asynchronous port**
→ Asynchronanschluss *nm*

asynchroner Austritt DAT.PR **deferred exit**
= Asynchronaustritt *nm*

asynchroner Betrieb TELEC → **asynchronous transfer mode**
→ asynchrone Übermittlung

asynchroner Eintritt DAT.PR **deferred entry**
= Asynchroneintritt *nm*

asynchroner Schnittstellenadapter HW **ACIA**
= ACIA = asynchronous communications interface adapter

asynchroner Übertragungsmodus TELEC → **asynchronous transmission**
→ Asynchronübertragung *nf*

asynchroner Übertragungsmodus TELEC → **asynchronous transmission**
→ asynchrone Übertragung

asynchroner Zähler CIRC.EN → **asynchronous counter**
→ Asynchronzähler *nm*

asynchrones Netz TELEC **asynchronous network**
= nichtsynchrones Netz

asynchrones Übermittlungsverfahren TELEC → **asynchronous transfer mode**
→ asynchrone Übermittlung

asynchrones Übertragungsverfahren TELEC → **asynchronous transmission**
→ Asynchronübertragung *nf*

asynchrones Übertragungsverfahren TELEC → **asynchronous transmission**
→ asynchrone Übertragung

asynchrones Verfahren TELEC → **asynchronous transfer mode**
→ asynchrone Übermittlung

asynchrone Übermittlung TELEC **asynchronous transfer mode**
= Asynchronübermittlung *nf*; asynchrones Übermittlungsverfahren; ATM; asynchroner Betrieb; Asynchronbetrieb *nm*; asynchrones Verfahren; Asynchronverfahren *nn*
≈ Festzellenübermittlung
↓ asynchrone Übertragung; Asynchronbetrieb [DAT.CO]
= ATM; asynchronous transfer; asynchronous operation; asynchronous principle; asynchronous mode
≈ cell relay
↓ asynchronous transmission; asynchronous operation [DAT.CO]

asynchrone Übertragung TELEC → **asynchronous transmission**
→ Asynchronübertragung *nf*

asynchrone Übertragung TELEC **asynchronous transmission**
= Asynchronübertragung *nf*; asynchroner Übertragungsmodus; asynchrones Übertragungsverfahren
↑ asynchrones Übermittlungsverfahren
= asynchronous transmission mode
↑ asynchronous tranfer mode

Asynchronmaschine *nf* POW.EN → **asynchronous machine**
→ Asynchronmotor *nm*

Asynchronmaschine *nf* POW.SY → **induction machine**
→ Induktionsmaschine *nf*

Asynchronmotor *nm* POW.EN **asynchronous machine**
= Asynchronmaschine *nf*
= induction motor

Asynchronrechner *nm* DAT.PR **asynchronous computer**
= Asynchroncomputer *nm*

Asynchronübermittlung *nf* TELEC → **asynchronous transfer mode**
→ asynchrone Übermittlung

Asynchronübertragung *nf* TELEC **asynchronous transmission**
= asynchrone Übertragung; asynchroner Übertragungsmodus; asynchrones Übertragungsverfahren
↑ asynchrones Übermittlungsverfahren
= asynchronous transmission mode
↑ asynychronous transfer mode

Asynchronübertragung *nf* TELEGR → **asynchronous operation**
→ Asynchronbetrieb *nm*

Asynchronübertragung *nf* TELEC → **asynchronous transmission**
→ asynchrone Übertragung

Asynchronverfahren *nn* TELEGR → **asynchronous operation**
→ Asynchronbetrieb *nm*

Asynchronverfahren *nn* TELEC → **asynchronous transfer mode**
→ asynchrone Übermittlung

Asynchronzähler *nm* CIRC.EN **asynchronous counter**
= asynchroner Zähler
≠ Synchronzähler

At CHEM → **astatine** *n*
→ Astat *nn*

at PHYS → **technical atmosphere**
→ technische Atmosphäre

AT&T INF.TEC **AT&T**
= American Telephone and Telegraph Company
= American Telephone and Telegraph Company

ATA AERON **ATA**
= Air Transport Asocciation

Atanasoff-Berry-Computer *nm* DAT.PR → **ABC**
→ ABC

A-Taste *nf* TER&PER → **alternate coding key**
→ ALT-Taste *nf*

AT-Bus *nm* HW **AT bus**
[16-Bit-Bus zw. Hauptplatine u. Peripheriegeräten]
↑ PC-Bus; ISA-Bus; Erweiterungsbus
[a 16-bit bus between main board and peripherals]
↑ PC bus; ISA bus; expansion bus

AT-Computer *nm* DAT.PR **AT computer**
[jeder mit 16-Bit- oder 32-Bit-Prozessoren arbeitender Computer]
= AT-Rechner *nm*; PCAT; PC/AT
[Advanced Technology; any computer working with 16-bit or 32-bit processors]
= PCAT; PC/AT

ATD TELEC → **asynchronous time division multiplexing**
→ asynchrone Multiplextechnik

ATDP DAT.CO **ATDP**
[ein Befehl zu Einleitung von Impulswahl]
[ATtention Dial Pulse; a command initiating pulse dialing]

ATDT DAT.CO **ATDT**
[Befehl zur Auslösung von Tastenwahl]
[ATtention Dial Tone; command to activate touch tone dialing]

A-Teilnehmer *nm* SWITCH → **calling subscriber**
→ rufender Teilnehmer

A-Teilnehmer-Rufnummerübermittlung *nf* TELEPH **calling line identification presentation**
= Anzeige des rufenden Teilnehmers
= calling line identification

Atelier *nn* COLL **atelier** *n*
= Künstlerwerkstatt *nf*

Atelier *nn* CINEMA → **film studio**
→ Filmatelier *nn*

Atelierarbeiter *nm* CINEMA **grip** *n*

atemberaubend COLL **breathtaking** *adj*

Äthylsulfat *nn* CHEM **ethyl sulfate**

AT-kompatibel DAT.PR **AT compatible**

Atlas *nm* (*pl* Atlanten&Atlasse) CART **atlas** *n*
[gebundene Sammlung korrelierter Landkarten]
≈ Landkarte; Globus
[bound collection of correlated maps]
≈ map; globe

ATM TELEC → **asynchronous transfer mode**
→ asynchrone Übermittlung

atm PHYS → **physical atmosphere**
→ physikalische Atmosphäre

ATM-Adaptionsschicht *nf* TELEC → **ATM adaptation layer**
→ ATM-Anpassungsschicht *nf*

ATM-Analysator *nm* INSTR **ATM analyzer**

ATM-Anpassungsschicht *nf* TELEC **ATM adaptation layer**
= AAL-Schicht *nf*; ATM-Adaptionsschicht *nf*
↓ Konvergenz-Teilschicht; Segmentierungs- und Vereinigungsschicht
= AAL; ATM adaption layer
↓ convergence sublayer; segmentation and reassembly sublayer

ATM-CC TELEC → **ATM crossconnector**
→ ATM-Crossconnect-Einrichtung *nf*

ATM-Crossconnect-Einrichtung *nf* TELEC **ATM crossconnector**
= ATM-CC
= ATM CC

ATME TELEPH **ATME**
[automatische Mess- und Prüfeinrichtung für internationale Fernsprechleitungen]
[automatic transmission and signaling testing equipment for international telephone trunks]

ATM-Koppelfeld *nn* SWITCH **ATM switching network**
= ASN
= ASN; ATM switching matrix

ATM-Multiplexer *nm* TELEC **ATM multiplexer**
= AMX
= AMX

ATM-Netz *nn* TELEC **ATM network**

ATMOS MICR.EL **ATMOS**
= adjustable threshold metal oxide semiconductor

Atmosphäre *nf* METEO **atmosphere** *n*
= Erdatmosphäre *nf*; Lufthülle *nf*
↓ Troposphäre; Stratosphäre; Mesosphäre; Thermosphäre
= atm.
↓ troposphere; stratosphere; mesosphere; thermosphere

atmosphärisch METEO **atmospheric**

atmosphärische Entladung METEO **atmospheric discharge**
≈ Gewitter
↓ Blitz; Donner
= thunderstroke *n*; thunderbolt *n*; thunderstone *n*
≈ thunderstorm
↓ lightning; thunder

atmosphärischer Niederschlag METEO **atmospheric precipitation**
= Niederschlag *nm*
↓ Regenfall; Schneefall
= precipitation *n*
↓ rainfall; snowfall

atmosphärische Schicht METEO **atmospheric layer**

atmosphärisches Geräusch RADIO **statics** *nplt*
= atmosphärisches Rauschen
= atmospheric noise; atmospherics *nplt*; spherics; strays

atmosphärisches Rauschen RADIO → **statics** *nplt*
→ atmosphärisches Geräusch

atmosphärische Störung METEO **atmospheric perturbation**
= atmospheric noise

ATM-Referenzmodell *nn* TELEC **ATM reference model**

ATM-Schicht *nf* TELEC **ATM layer**

ATM-Verkehrscharakteristik *nf* TELEC **ATM transfer capability**
= ATC

ATM-Vermittlung *nf* TELEC **ATM switching**

ATM-Vermittlungstechnik *nf* SWITCH **ATM switching**

ATM-Zelle *nf* TELEC **ATM cell**

ATN-Grammatik *nf* COMP.AP **ATN**
= Augmented Transition Network Grammar

Atom *nn* DAT.MA **atom** *n*
[nicht unterteilbares Element einer Liste oder Datei]
[unreducable element of a list or a file]

Atom *nn* [vom griech. "átomos" = "unzerschneidbares (unteilbares) Element"]	PHYS	**atom** *n* [from Greek "átomos" = "uncuttable" (undivisible) element]
Atomabstand *nm*	PHYS	**atomic distance** = atomic spacing
atomare Bindung	PHYS	**atomic bond**
atomare Einheitsmasse [Konstante]	PHYS	**atomic mass unit**
atomarer Wirkungsquerschnitt	PHYS	**atomic cross-sectional area**
atomares Normal → Atomnormal *nn*	INSTR	→ **atomic standard**
atomare Transaktion	SW	**atomic transaction**
Atomaufbau *nm* = Atomstruktur *nf*	PHYS	**atomic structure**
Atombindung *nf* = Kovalenz *nf*	PHYS	**covalence** *n*
Atomdurchmesser *nm*	PHYS	**atom diameter**
Atomenergie *nf* → Kernenergie *nf*	PHYS	→ **nuclear energy**
Atomfrequenznormal *nn* = Atomuhr *nf*	PHYS	**atomic frequency standard**
Atomgewicht *nn*	PHYS	**atomic weight** = at.wt.
Atomgitter *nn*	PHYS	**atomic lattice**
Atomiseur *nm* (DUDEN) → Zerstäuber *nm*	TECH	→ **pulverizer** *n*
atomistisch [fig] ≠ holistisch	SCIE	**atomistic** *adj* [fig] ≠ holistic
Atomizität *nf* → Untrennbarkeit *nf*	SW	→ **atomicity** *n*
Atomkern *nm* = Kern *nm*	PHYS	**atomic core** = atomic nucleus; nucleus; core
Atomkraft *nf* → Kernkraft *nf*	POW.EN	→ **nuclear power**
Atomkraftanlage *nf* → Kernkraftanlage *nf*	POW.EN	→ **nuclear power station**
Atomkraftwerk *nn* → Kernkraftanlage *nf*	POW.EN	→ **nuclear power station**
Atommasse *nf*	PHYS	**atomic mass**
Atommodell *nn*	PHYS	**atomic model**
Atomnormal *nn* = atomares Normal	INSTR	**atomic standard**
Atomnummer *nf* [Anzahl der Protonen eines Atomkerns] = Atomzahl *nf*; Ordnungszahl *nf*; Kernladungszahl *nf*	PHYS	**atomic number** [number of protons in an atom] = Z
Atomphysik *nf* [des Kern und der Schale der Atome] ↓ Kernphysik	PHYS	**atomic physics** [deals with the nucleus and the shell] ↓ nuclear physics
Atomradius *nm*	PHYS	**atomic radius**
Atomrumpf *nm*	PHYS	**atomic torso**
Atomschale *nf*	PHYS	**atomic shell**
Atomschale *nf* → Elektronenhülle *nf*	PHYS	→ **electron shell**
Atomstruktur *nf* → Atomaufbau *nm*	PHYS	→ **atomic structure**
Atomuhr *nf* → Atomfrequenznormal *nn*	PHYS	→ **atomic frequency standard**
Atomzahl *nf* → Atomnummer *nf*	PHYS	→ **atomic number**
ATPC → automatische Sendeleistungsregelung	RADIO	→ **automatic transmit power regulation**
ATR	DAT.CO	**ATR** = Answer to Reset
AT-Rechner *nm* → AT-Computer *nm*	DAT.PR	→ **AT computer**
AT-Schnitt *nm* [Quarz]	COMPO	**AT cut** [quartz]
Attachment *nn* (ANGL) → E-Mail-Anlage *nf*	INTERNET	→ **e-mail attachment**
AT-Tastatur *nf* [mit der Eingabetaste in länglicher Form u. Mitte-rechts-Position] = IBM-AT-Tastatur *nf*	TER&PER	**AT keyboard** [with the ESC key in its elongated form and in center-right position] = IBM AT keyboard
Attenuativ *nn* → Diminutiv *nn*	LING	→ **diminutive** *n*
Attikawohnung *nf* (CH) → Dachterrassenwohnung *nf*	CIV.EN	→ **penthouse** *n*
Atto- *praef* = a	PHYS	**atto-** *praef* = a
attraktiv [fig] = hübsch; ansehnlich; schmuck; nett	COLL	**attractive** *adj* = appealing
Attrappe *nf* [formgetreue Nachbildung in Originalgröße, nicht unbedingt funktionsfähig] = Blindmuster *nn* ↑ Modell	TECH	**mock-up** *n* [a full-scale imitation, not necessarily functional] = dummy *n* ↑ model
Attribut *nn* [funktionale Bezeichnung eines Wortes oder Satzes, das ein Substantiv, Adjektiv oder Adverb näher bestimmt] = Beifügung *nf*; Eigenschaft *nf*; Gliedteil *nm* ≈ Attributivum; Adjektiv; Adverb	LING	**attribute** *n* [functional designation for a word or sentence specifying a noun ("nice" book), adjective ("especially" nice book) or adverb (working "very" hard)] ≈ attibutive; adjective; adverb
Attribut *nn* [OOP; auf jedes Objekt einer Klasse zutreffende Eigenschaft]	SW	**attribute** *n* [OOP; characteristic applicable to all objects of a class]
Attribut *nn* → Bildattribut *nn*	COMP.AP	→ **display attribute**
Attribut *nn* (1) → Datenattribut *nn* (1)	DAT.MA	→ **data attribute** (1)
Attribut *nn* (2) → Datenelement *nn* (1)	DAT.MA	→ **data item** *n* (*pl* data) (1)
Attributdaten *nplt* → Sachdaten *nplt*	GIS	→ **object data**
Attributfenster *nn* = Eigenschaftsfenster *nn*	COMP.AP	**attribute window**
attributive Prüfung → Attributprüfung *nf*	QUAL	→ **attribute check**
attributives Datenelement ≠ primäres Datenelement	DAT.MA	**attribute data element** ≠ primary data element
Attributivum *nn* [als Attribut verwendetes Wort] ≈ Beifügung	LING	**attributive** *n* [a word used as an attribute] ≈ attribute
Attributprüfung *nf* = attributive Prüfung	QUAL	**attribute check** = inspection by attributes
Attributwert *nm* [SGML]	INTERNET	**attribute value** [SGML]
Attributwertebereich *nm* → Domäne *nf*	COMP.SC	→ **domain** *n*
atypisch → untypisch	TECH	→ **atypical** *adj*
ätzbeständig	CHEM	**etch resistant**
at-Zeichen *nn* → Klammeraffe *nm*	ECON	→ **AT sign** (symbol @)
ätzen ≈ korrodieren	CHEM	**etch** *vt* ≈ corrode
Ätzen *nn* → Ätzung *nf*	CHEM	→ **etching** *n*
Ätzgerät *nn*	MANUF	**etch machine**
Ätzgrube *nf*	MICR.EL	**etch pit**
Ätzgrubendichte *nf*	MICR.EL	**etch-pit density**
Ätzmittel *nn*	CHEM	**etch chemical** = etching agent
Ätzpolieren *nn* = Politurätzen *nn*	MICR.EL	**etch polish**
Ätztechnik *nf* → Ätzverfahren *nn*	MICR.EL	→ **etching process**
Ätzung *nf* = Ätzen *nn* ≈ Korrosion	CHEM	**etching** *n* ≈ corrosion
Ätzverfahren *nn* = Ätztechnik *nf*	MICR.EL	**etching process** = etching technique
Au → Gold *nn*	CHEM	→ **gold** *n*
AU → Verwaltungseinheit *nf*	TELEC	→ **administrative unit**
auch genannt → alias *adv*	COLL	→ **alias** *adv*
Audioanalysator *nm* [Generator und Verzerrungsmesser für Tonsignalmessungen] ↑ Signalanalysator	INSTR	**audio analyzer** [signal source and distortion analyzer for audio measurements] ↑ signal analyzer
Audio-Ausgang *nm*	INF.TEC	**audio output** = audio output port
Audiocast	INTERNET	**audiocast** *n*
Audio-CD = CD-DA ↑ CD-Platte	TER&PER	**audio CD** = CD audio; audio disc; digital audio disc; DAD; Compact Disc - Digital Audio; CD-DA ↑ compact disc

Audiodatenstrom *nm* = Audiostream	COMP.AP	**audio stream**
Audioerzeugung *nf* → Audiosignalerzeugung *nf*	HW	→ **audio generation**
Audiogenerierung *nf* → Audiosignalerzeugung *nf*	HW	→ **audio generation**
Audiogerät *nn*	CONS.EL	**audio equipment**
Audiografik *nf*	COMP.AP	**audiographics**
Audiokarte *nf*	HW	**audio card**
Audiokomprimierung *nf*	CODING	**audio compression**
audiologische Technik	MED.EN	**audiological technology**
Audion *nn* (*pl* -s) = Regenerativempfänger *nm*	CIRC.EN	**regenerative detector** = grid-leak detector
Audio-Server *nm*	INTERNET	**audio server**
Audiosignal *nn*	TV	**audio signal**
Audiosignalerzeugung *nf* = Audioerzeugung *nf*; Audiogenerierung *nf* ≈ Frequenzerzeugung	HW	**audio generation** = audio response ≈ frequency generation
Audiostream → Audiodatenstrom *nm*	COMP.AP	→ **audio stream**
Audiostream *nn* [Datenstrom mit akustischer Information]	SOUN.ME	**audio stream** [data stream with acoustic infiormation]
Audiotechnik *nf* → Tontechnik *nf*	EL.ACOU	→ **sound engineering**
Audiotex → Audiotext *nm*	TELEC	→ **audiotext** *n*
Audiotext *nm* = Audiotex	TELEC	**audiotext** *n* = audiotex *n*
Audiovision *nf*	INF.TEC	**audiovision** *n*
audiovisuell = hör- und sichtbar	INF.TEC	**audio-visual** *adj* = AV
audiovisuelle Medien = AV-Medien *nplt* ↓ Film; Rundfunk	MEDIA	**audio-visual media** ↓ film; broadcasting
Audit *nn* → Revision *nf*	ECON	→ **audit** *n*
Auditierungs-Software *nf*	SW	**audit software**
Auditor *nm* → Rechnungsprüfer *nm*	ECON	→ **auditor** *n*
Auf-ab-Integrator *nm* → Zweirampenumsetzer *nm*	INSTR	→ **dual-slope integrator**
auf Abruf	COLL	**on call**
Auf-ab-Verfahren *nn* → Zweirampenverfahren *nn*	INSTR	→ **dual-slope method**
auf Anfrage	ECON	**on request** = on application
auf Anhieb	COLL	**on first try**
auf Anhieb funktionierend	DAT.PR	**up-and-running**
auf Band aufnehmen → aufzeichnen	INF.TEC	→ **tape** *vt*
Aufbau *nm* (1) → Montage *nf*	TECH	→ **installation** *n*
Aufbau *nm* (2) → Konfiguration *nf*	TECH	→ **configuration** *n*
Aufbau *nm* (3) → Oberbau *nm*	TECH	→ **superstructure** *n*
Aufbau *nm* (1) → Netzarchitektur *nf*	TELEC	→ **network architecture**
Aufbau *nm* (2) [einer Verbindung]	TELEC	**setup** *n* (2) [of a connection] = build-up *n*
Aufbauelement *nn* → Verseilelement *nn*	COM.CAB	→ **stranding element**
aufbauen = errichten; aufstellen (1); montieren ≠ abbauen	TECH	**erect** *vt* = setup *vt* (2) ≠ dismantle
aufbauen [eine Verbindung] ≈ durchschalten [TELEC]	SWITCH	**setup** *vt* [a call, connection, link] ≈ through connect [TELEC]
Aufbauhandbuch *nn* → Montagehandbuch *nn*	TEC.DOC	→ **installation manual**
Aufbaulehre *nf*	MANUF	**assembling gauge**
Aufbauplanung *nf* = Amtsbauplanung *nf*; Montageplanung *nf*	SYS.INS	**installation planning**
Aufbaustudium *nn*	EDUC	**post-graduate course**
Aufbausystem *nn* [SWITCH] → Bauweise *nf*	EQP.EN	→ **construction practice**
Aufbautechnik *nf* → Bauweise *nf*	EQP.EN	→ **construction practice**
Aufbauunterlage *nf* = Ausführungunterlage *nf*	TEC.DOC	**installation document** = exchange configuration document
Aufbauvorschrift *nf* → Montagevorschrift *nf*	TEC.DOC	→ **installation specification**
Aufbauzeichnung *nf* → Montagezeichnung *nf*	ENG.DRA	→ **installation drawing**
aufbereiten [in den Zustand versetzen] ≈ verarbeiten	TECH	**condition** *vt* [to put into condition] = prepare *vt*; stage *vt* ≈ process
aufbereiten → editieren	SW	→ **edit** *vt*
aufbereitet ↓ druckaufbereitet	DAT.PR	**edited** ↓ printout-edited
aufbereitete Daten *nplt*	DAT.MA	**prepared data**
Aufbereitung *nf* = Vorbereitung *nf* ≈ Verarbeitung	TECH	**conditioning** *n* = preparation *n*; staging *n* ≈ processing
Aufbereitung *nf* → Abwicklung *nf*	DAT.PR	→ **handling** *n*
Aufbereitung *nf* → Editieren *nn*	SW	→ **editing** *n*
Aufbereitungsanlage *nf*	TECH	**conditioning line**
aufbewahren → verwahren *vt*	COLL	→ **deposit** *vt*
Aufbewahrung *nf* → Verwahrung *nf*	ECON	→ **deposit** *n* (1)
Aufbewahrungsbox *nf*	TECH	**storage case**
Aufbewahrungsfrist *nf*	OFFICE	**retention time** = retention period
Aufbewahrungsort *nm* → Verwahrungsort *nm*	COLL	→ **repository** *n*
aufbinden → losbinden	TECH	→ **untie** *vt*
Aufblende *nf* [Bild taucht (meist aus dem Dunkeln) heller werdend auf] ≠ Abblende	CINEMA	**fade-in** *n* [pictures appears (mostly from dark) fading in]
aufblenden [Blende öffnen]	OPT	**iris-out** *vt*
Aufblendmenü *nn* → Auswahlmenü *nn*	COMP.AP	→ **selection menu**
aufbohren → bohren	MEC.EN	→ **drill** *vt*
aufbrechen = sprengen (2)	TECH	**burst open** *vt* = force open
Aufbringung *nf* [z.B. Farbe]	TECH	**application** *n* (2) [e.g. of a paint]
Aufdampfanlage *nf*	MICR.EL	**vapor-deposition facility**
aufdampfen	MICR.EL	**vapor-deposit** *vt*
Aufdampfung *nf*	MICR.EL	**vapor deposition**
Aufdampfverfahren *nn*	MICR.EL	**vapor-deposition method** = deposition method
auf dem Kopf stehendes A	LOGIC	**inverted A**
auf dem Laufenden = auf dem letzten Stand	COLL	**up-to-date**
auf dem Laufenden halten	COLL	**keep abreast**
auf dem letzten Stand → auf dem Laufenden	COLL	→ **up-to-date**
auf dem neuesten Stand halten (über) ≈ aktualisieren	TECH	**upkeep** *vt* = keep at the sharp edge (of) ≈ update
auf dem Papier [fig]	COLL	**in name** [fig]
auf den neuesten Stand bringen → aktualisieren	TECH	→ **update** *vt*
aufdornen → aufweiten	METAL	→ **expand**
Aufdornen *nn* → Aufweiten *nn*	METAL	→ **expanding**
aufdrucken → bedrucken	TECH	→ **imprint** *vt*
Aufeinanderfolge *nf* = Folge *nf* (2); Nachfolge *nf*	COLL	**succession** *n*
Aufeinanderfolge *nf* → Reihe *nf*	TECH	→ **row** *n*
aufeinander folgend = aneinander gereiht; sukzessiv; sequentiell; fortlaufend; laufend (2) ≈ seriell; nachfolgend	TECH	**consecutive** *adj* = successive; sequential ≈ serial; succeeding
aufeinander folgende Nullen	CODING	**consecutive zeros**
auf einen Blick	COLL	**at a glance**
Aufenthaltwahrscheinlichkeit *nf* → Dichtefunktion *nf*	PHYS	→ **probability density**

auffächern TECH **fan** *vt* (2)

Auffächern *nn* TECH → **fanning** *n*
→ Auffächerung *nf*

Auffächerung *nf* TECH **fanning** *n*
= Auffächern *nn*

auffallend COLL **conspicuous**
≈ bemerkenswert; extravagant
= striking
≈ remarcable; showy; flamboyant

Auffangelektrode *nf* EL.TRO → **collector** *n*
→ Kollektor *nm*

Auffangelektronik *nf* EL.TRO → **collector** *n*
→ Kollektor *nm*

Auffänger *nm* EL.TRO → **collector** *n*
→ Kollektor *nm*

Auffang-Flipflop *nm* DAT.PR → **latch** *n*
→ Signalspeicher *nm*

Auffang-Flipflop *nm* CIRC.EN → **delay element**
→ Verzögerungsglied *nn*

Auffassung *nf* COLL → **philosophy** *n* (*pl* -phies)
→ Betrachtungsweise *nf*

auf Festkommanotierung umstellen COMP.SC **fix** *vt*
[to change to fixed-point representation]
≠ float

Auffordern *nn* COMP.AP → **prompt** *n*
→ Bereitmeldung *nf*

auffordern COMP.AP → **prompt** *vt*
→ bereitmelden

Aufforderung *nf* TELEC **invitation** *n*

Aufforderung *nf* TELECON **request** *n*
= invitation *n*

Aufforderung *nf* COMP.AP → **prompt** *n*
→ Bereitmeldung *nf*

Aufforderungsform *nf* LING → **imperative mood**
→ Imperativ *nm*

Aufforderungsprotokoll *nn* DAT.CO **proceed-to-select protocol**

Aufforderungssatz *nm* LING **imperative sentence**

Aufforderungstext *nm* COMP.AP **language prompt**
↑ Bereitmeldung
↑ promt

Aufforderung zur Kommentierung TECH **request for comments**
[z.B. eines Normungsgremiums]
[e.g. of a standardization entity]
= RFC

auffrischen DAT.MA **refresh** *vt*
= wiederauffrischen; wiedereinschreiben; neueinschreiben
[to erase and reset]
= rewrite *vt*; rewrite-in *vt*; regenerate *vt*

Auffrischen *nn* DAT.MA **refreshing** *n*
[eines dynamischen Speichers]
= Auffrischung *nf*; wiederholtes Einschreiben
[of a dynamic store]
= refresh *n*; regeneration *n*

Auffrischer *nm* DAT.MA **refresher** *n*
[dynamischer Speicher]
[a dynamic store]

Auffrischfrequenz *nf* TER&PER → **refresh rate**
→ Auffrischrate *nf*

Auffrischimpuls *nm* EL.TRO **refresh pulse**
= Refresh-Impuls *nm*

Auffrischintervall *nn* TER&PER **refresh time interval**
= refresh interval

Auffrischrate *nf* TER&PER **refresh rate**
= Auffrischfrequenz *nf*; Bildwiederholfrequenz *nf*; Bildwiederholrate *nf*
≈ Auffrischzyklus; Vertikalfrequenz [TV]
≈ refresh cycle; vertical frequency [TV]

Auffrisch-Schaltung *nf* CIRC.EN **refresh circuit**

Auffrischspeicher *nm* DAT.PR → **refresh memory**
→ Bildwiederholspeicher *nm*

Auffrischung *nf* DAT.MA → **refreshing** *n*
→ Auffrischen *nn*

Auffrischzyklus *nm* HW **refresh cycle**
= Refresh-Zyklus *nm* (ANGL)
≈ Auffrischrate
↓ Bildwiederholzyklus
= refreshing cycle

Auffüllen *nn* DAT.MA **padding** *n*
[mit Füllzeichen auf bestimmte Länge bringen]
= Padding *nn* (ANGL)
≠ Verdichten
[to complement with fillers to a due length]
≠ pack

Auffüllen *nn* TECH → **replenishment** *n* (1)
→ Auffüllung *nf*

auffüllen *vt* DAT.MA **pad** *vt*
[einen Dateneintrag durch Leerzeichen auf eine bestimmte Form oder Umfang bringen]
≠ verdichten
[to fill-up a data entry by blank characters in order to bring it to a certain form or size]
≠ pack

auffüllen *vt* TECH **replenish** *vt* (1)
= aufpolstern (fig)
↓ wiederauffüllen
= fill up *vt*; pad *vt*
↓ replenish (2)

Auffüllung *nf* TECH **replenishment** *n* (1)
= Auffüllen *nn*; Füllung *nf*; Aufpolsterung *nf* (fig)
↓ Wiederauffüllung
= filling *n*
↓ replenishment (2)

Auffüllzeichen *nn* DAT.MA → **pad character**
→ Ausfüllzeichen *nn*

Auffüllzeichen *nn* CODING → **filler character**
→ Füllzeichen *nn*

Aufgabe *nn* SWITCH **task** *n*
= function *n*

Aufgabe *nn* TECH **task** *n*
≈ Funktion
= job *n*
≈ function

Aufgabe *nn* SW **task** *n*
[eine als Arbeitsschritt eines Auftrags behandelte Befehlsfolge]
= Teilaufgabe *nf*; Teilauftrag *nm*; Task *nm* (ANGL)
↑ Auftrag; Programmteil
[a sequence of instructions treated as work unit of a job]
↑ job; programm segment

aufgabenabhängig TECH → **application-specific** *adj*
→ anwendungsspezifisch

Aufgabenanalyse *nf* SW → **problem analysis**
→ Problemanalyse *nf*

Aufgabenanweisung *nf* DAT.PR → **job assignment**
→ Auftraganweisung *nf*

Aufgabenbestimmung *nf* SW → **problem definition**
→ Problemstellung *nf*

aufgabenbezogen DAT.PR → **application-oriented**
→ anwendungsorientiert

aufgabenbezogen TECH → **application-specific** *adj*
→ anwendungsspezifisch

Aufgabendefinition *nf* SW → **problem definition**
→ Problemstellung *nf*

Aufgabendisposition *nf* DAT.PR → **job scheduling**
→ Auftragsdisposition *nf*

Aufgabenformulierung *nf* SW → **problem definition**
→ Problemstellung *nf*

Aufgaben-Intervall *nn* SW **float** *n*
= Task-Intervall *nn*
= task interval

aufgabenorientiert DAT.PR → **application-oriented**
→ anwendungsorientiert

Aufgabenpriorität *nf* DAT.PR → **job priority**
→ Auftragspriorität *nf*

Aufgabenschlange *nf* DAT.PR → **job queue**
→ Auftragsschlange *nf*

Aufgabenschritt *nm* DAT.PR → **job step**
→ Auftragsschritt *nm*

aufgabenspezifisch TECH → **application-specific** *adj*
→ anwendungsspezifisch

Aufgabenstellung *nf* SW → **problem definition**
→ Problemstellung *nf*

Aufgabensteuerung *nf* DAT.PR → **job management**
→ Auftragsverwaltung *nf*

Aufgabenteilung *nf* SW **task sharing**
= task splitting

Aufgabenteilung *nf* TECH **functions sharing**
= Funktionsteilung *nf*
= functions subdivision

Aufgabenumschaltung *nf* DAT.PR **task switching**
[statt Zeitschlitze nach festem Ablauf verschiedenen Aufgaben zuzuteilen, schaltet der Rechner bedarfsweise zwischen den Aufgaben hin und her]
= Aufgabenumstieg *nm*; Auftragumschaltung *nf*; Auftragumstieg *nm*; Taskswitching *nn* (ANGL); Taskswapping *nn* (ANGL)
↑ Mehrprogrammbetrieb
[computer switches from one task to the other on demand, rather then according an established time-slot allocation]
= task swapping; context switching; context swapping; job switching; job swapping
↑ multiprogramming

Aufgabenumstieg *nm* DAT.PR → **task switching**
→ Aufgabenumschaltung *nf*

aufgabenunabhängig TECH → **application-independent** *adj*
→ anwendungsneutral

Aufgabenverwalter *nm* SW **task manager**
= Task-Manager *nm*

Aufgabenverwaltung *nf* SW **task management**
= Task-Management *nn*; Taskverwaltung *nf*

aufgeblähte Software SW **bloatware** *n*
= Bloatware *nf*; Fatware *nf*
= fatware

aufgebohrt MECH → **drilled**
→ gebohrt

aufgebracht TECH **deposited**

aufgedampft TECH **vaporized**

aufgelaufen COLL **accumulated**
= akkumuliert

aufgelaufene Istkosten ECON **actual costs of work performed**
= ACWP

aufgelaufenes Ist ECON **year to date**
= YTD

Aufgeld *nn* ECON **premium** *n*
= Agio *nn* = paid-in surplus

aufgelegt TELEPH **on-hook** *n*
[Hörer] [handset]
= eingehängt

aufgereiht TECH → **in-line** *adj*
→ hintereinander

aufgerufene Routine SW **called routine**

aufgerundet MATH **rounded-up**
≠ abgerundet (2) ≠ rounded-off

aufgerundete ganze Zahl MATH **ceiling integer**

aufgeschlossen COLL **largeminded** *adj*

Aufgeschlossenheit *nf* COLL **largemindedness** *n*

aufgeschlüsselt COLL **itemized**
≈ detailliert; ausführlich ≈ detailed; exhaustive

aufgeschobene Addresse SW → **indirect address**
→ indirekte Adresse

aufgestockter Rundstrahler ANT **stacked omnidirectional antenna**

aufgeteilt TECH → **partitioned** *adj*
→ verteilt

auf gleicher Ebene TECH **in-plane** *adj*

auf Gleichheit prüfen DAT.MA **match** *vt* (1)
= gleichheitsprüfen [to compare for equality]
≈ übereinstimmen ≈ hit

auf Gleitkommanotierung umstellen COMP.SC **float** *vt*
[to convert to floating point representation]
≠ fix

aufhängen TECH **suspend** *vt*

Aufhängung *nf* TECH **suspension** *n*

aufheben TER&PER **clear** *vt* (2)
[z.B. eine Markierung] [e.g. a flag]

aufheben DAT.PR → **undo** *vt*
→ rückgängigmachen

Aufheben *nn* SWITCH **disconnecting**
[einen Teilnehmeranschluss] [a subscriber line]
= taking out of service

Aufheizung *nf* TECH → **preheating** *n*
→ Vorwärmung *nf*

Aufheizzeit *nf* EL.TRO → **heating time**
→ Anheizzeit *nf*

Aufheiz-Zeitkonstante *nf* MICR.EL → **heating-up time constant**
→ Anheiz-Zeitkonstante *nf*

aufhellen TECH **brighten** *vt*
≈ weißen ≈ whiten

Aufheller *nm* CINEMA **reflector** *n*
= Reflektor *nm*

Aufhelllicht *nf* IMAG.ME → **fill light**
→ Fülllicht *nf*

Aufholverstärker *nm* DAT.NW → **repeater** *n*
→ Zwischenverstärker *nm*

aufkaufen *vt* ECON **by-out** *vt*

aufklappbar TECH → **hinged** *adj*
→ schwenkbar

Aufklappbild *nn* TEC.DOC → **foldout** *n*
→ Klappbild *nn*

aufklappen *vt* TECH **turn up** *vt*
= put up *vt*

Aufklappfenster *nn* COMP.AP → **pop-up window**
→ Einblendfenster *nn*

Aufklappmenü *nn* COMP.AP → **pop-up menu**
→ Pop-up-Menü *nn*

Aufklärungsfilm *nm* CINEMA **sexual education film**
= facts of life film

Aufklärungsradar *nm&nn* (*pl* -e) RAD.LO → **panoramic radar**
→ Panoramaradar *nm&nn* (*pl* -e)

Aufkleber *nm* TECH → **adhesive label**
→ Klebeschild *nn*

Aufkommen *nn* TECH **incidence** *n*
[in bestimmter Zeit aufgelaufene Menge] [quantity accumulated in period of time]
= Anfall *nm*

aufkommen *nn* COLL **emerge** *vi*
[zum Vorschein kommen] = upsurge
≈ entstehen

Aufkommen *nn* COLL **emerging** *n*
[zum Vorschein kommen] = upsurge

aufkommen *vi* TECH **incide** *vi*
= anfallen = come up

aufladbar POW.SY → **rechargeable** *adj*
→ wiederaufladbar

Aufladung *nf* PHYS **charging**

Auflage *nf* TECH **rest** *n*
≈ Unterlage; Aufnahme ≈ underlay; receptacle
↑ Stütze ↑ support

Auflage *nf* PRIN.ME **edition printing**
[Anzahl der gedruckten Exemplare] [number of copies printed at once]
= Auflagenhöhe *nf* = circulation *n*; print run *n*

Auflage *nf* TEC.DOC → **issue** *n*
→ Ausgabe *nf*

Auflagefläche *nf* MEC.EN **bearing surface**
≈ Sitz ≈ seating

Auflagekraft *nf* TER&PER **pen force**
[Plotter] [plotter]

Auflagemaß *nn* CINEMA **back focus**

Auflagenhöhe *nf* PRIN.ME → **edition printing**
→ Auflage *nf*

auf lange Sicht COLL **in the long run**
[fig] [fig]
= at long sight; on a long-term

auflassen ECON **disuse** *vt*
[Betrieb endgültig einstellen] [to cease operation for ever]
≈ einstellen ≈ dicontinue

auflegen TELEPH **go on-hook**
[den Hörer] [handset]
= einhängen

Auflegen *nn* TELEPH **on-hook** *n*
= Einhängen *nn*

Auflicht *nn* OPT **incident light**
= einfallendes Licht; Lichteinfall *nm*

auflisten DAT.MA **list** *vt*

Auflistung *nf* OFFICE → **list** *n*
→ Liste *nf*

Auflistung *nf* DAT.PR → **listing** *n*
→ Protokoll *nn*

auflodern TECH → **blaze** *vi*
→ lodern

Auflösebandbreite *nf* INSTR → **resolution bandwidth**
→ Auflösungsbandbreite *nf*

auflösen MANUF **knock-down** *vt*
[Materiallisten] [materials lists]

auflösen ECON → **liquidate**
→ liquidieren

auflösen CHEM → **dissolve**
→ lösen

Auflösung *nf* TER&PER **resolution** *n*
= darstellbare Punkte = res; resolving power

Auflösung *nf* OPT **resolution** *n* (1)
↓ Abbildungsschärfe = definition *n*
↓ sharpness

Auflösung *nf* CHEM → **dissolution** *n*
→ Lösung *nf* (2)

Auflösungsbandbreite *nf* INSTR **resolution bandwidth**
= Auflösebandbreite *nf* = RBW

Auflösungsgrenze *nf* PHYS **limit of resolution** *n*
≈ Auflösungsvermögen ≈ resolution (2)

Auflösungskeil *nm* TV **broom** *n*
[Testbild]
= Besen *nm*

Auflösungsvermögen *nn* RAD.LO **discrimination** *n*

Auflösungsvermögen *nn* OPT **resolution** *n* (2)
≈ Auflösungsgrenze = resolution capacity
≈ limit of resolution

Aufmacher *nm* MEDIA **teaser** *n*
≈ Blickfang ≈ eye catcher

Aufmachung *nf* TECH **outfit** *n*
≈ Ausstattung = layout *n*
≈ equipment (1)

Aufmachung *nf* TECH → **equipment** (1) *nsgt*
→ Einrichtung *nf* (1)

Aufmaß *nn* TECH **record of detailed measures**
[Feststellung von Maßen im Einzelnen] ≈ as built [CIV.EN]

Aufmaßabrechnung *nf* ECON **invoicing at agreed unit prices**

Aufmerksamkeitszeichen *nn* TECH **warning signal**

Aufmerksamskeitston *nm* TELEPH **attention tone**
↓ Anklopfton; Aufschalteton ↓ call-waiting tone; offering tone

aufmontieren	TECH	**mount on** *vt*
Aufnahme *nf* → Akzeptanz *nf*	COLL	→ **acceptance** *n*
Aufnahme *nf*	EQP.EN	**mounting device**
Aufnahme *nf*	BROADC	**recording** *n*
Aufnahme *nf*	IMAG.ME	**taking** *n*
Aufnahmebedingungen *nplt*	EDUC	**entry requirement**
aufnahmefähig ≈ geräumig	COLL	**capacious** *adj* = receptive *adj* ≈ spacious
Aufnahmefähigkeit *nf*	COLL	**capaciousness** *n*
Aufnahmefähigkeit *nf* → Absorptionskapazität *nf*	PHYS	→ **absorptivity** *n*
Aufnahmegerät *nn*	BROADC	**recorder** *n*
Aufnahmekapazität *nf* → Speicherkapazität *nf*	DAT.PR	→ **memory capacity**
Aufnahmelehre *nf*	MEC.EN	**positioning appliance**
Aufnahmeleiter *nm*	CINEMA	**location manager** = unit manager
Aufnahmemagnetkopf *nm* → Aufzeichnungsmagnetkopf *nm*	EL.ACOU	→ **recording magnetic head**
Aufnahme mit Kamerawagen	CINEMA	**dolly taking**
Aufnahmen *nf* → Fotografie *nf* (2)	PHOT	→ **photograph** *n*
Aufnahmeplatz *nm*	MED.EN	**radiographic stand**
Aufnahmeprüfung *nf* = Aufnahmsprüfung *nf* (AT)	EDUC	**entrance examination**
Aufnahmeröhre *nf* → Bildaufnahmeröhre *nf*	EL.TRO	→ **camera tube**
Aufnahmestudio *nn* → Studio *nn* (*pl* -s)	BROADC	→ **studio** *n*
Aufnahmesystem *nn*	MED.EN	**radiographic system**
Aufnahmetaste *nf*	CONS.EL	**recording key** = record button
Aufnahmewandler *nm*	EL.ACOU	**recording tool**
Aufnahmewinkel *nm*	IMAG.PR	**angle** *n*
Aufnahmsprüfung *nf* (AT) → Aufnahmeprüfung *nf*	EDUC	→ **entrance examination**
aufnehmende Leerspule = aufnehmende Spule	TER&PER	**pickup reel**
aufnehmende Lochstreifenspule → Aufwickelrolle *nf*	BROADC	→ **take-up reel**
aufnehmende Spule → aufnehmende Leerspule	TER&PER	→ **pickup reel**
Aufnehmer *nm* → Messaufnehmer *nm*	INSTR	→ **transducer** *n*
auf niemand angewiesen → autark	SCIE	→ **autarchic** *adj*
auf Null setzen = auf Null stellen; nullen	DAT.MA	**zero out** *vt* = zeroize *vt*; zerofill *vt*; zero *vt*; unset *vt*
auf Null stellen → auf Null setzen	DAT.MA	→ **zero out** *vt*
aufpolieren ≈ erneuern	TECH	**refurbish** *vt* = spruce-up ≈ renovate
Aufpolierung *nf* ≈ Erneuerung (1)	TECH	**refurbishment** *n* ≈ renewal
aufpolstern (fig) → auffüllen *vt*	TECH	→ **replenish** *vt* (1)
Aufpolsterung *nf* (fig) → Auffüllung *nf*	TECH	→ **replenishment** *n* (1)
Aufprall *nm* → Aufschlag *nm*	MECH	→ **impact** *n*
aufprallen → aufschlagen	MECH	→ **impact** *vt*
Aufpreis *nm* = Mehrpreis *nm*	ECON	**addition price** = surplus price; additional price; additional charge
Aufprojektion *nf*	CINEMA	**front projection**
Aufpropfen *nn* [Graphentheorie; neue Zweige hinzufügen]	MATH	**grafting** *n* [theory of graphs; to add new branches]
Aufpunkt *nm* → Fußpunkt *nm*	ANT	→ **base** *n*
aufrasten [-auf]	TECH	**slot** *vt* [-onto]
aufrauhen	MEC.EN	**roughen**
aufräumen	COLL	**tidy** *vt* = put in order
Aufräumung *nf*	COLL	**tidying** *n*
auf Rechnerbetrieb umstellen → computerisieren (1)	INF.TEC	→ **computerize** (1)
Aufrechnung *nf* → Addition *nf*	MATH	→ **addition** *n* (1)
aufrecht ≈ senkrecht [MATH]	TECH	**upright** *adj* ≈ vertical [MATH]
aufrecht → geradstehend	PRIN.ME	→ **upright** *adj*
aufrechterhaltbare Zellrate → Dauerzellrate *nf*	TELEC	→ **sustainable cell rate**
aufrechterhalten = beibehalten; festhalten ≈ sicherstellen	COLL	**sustain** *vt* = maintain *vt*; keep up; retain *vt* ≈ ensure
Aufrechterhaltung *nf*	COLL	**retention** *n*
aufregend	COLL	**exciting**
aufreibend	COLL	**attritional**
aufreihen = einreihen ≈ ausrichten	TECH	**sequence** *vt* = enqueue *vt* ≈ align
Aufriss *nm*	ENG.DRA	**elevation** *n* = vertical section
aufrollen	TECH	**reel** *vt*
Aufruf *nm*	TELECON	**request for information**
Aufruf *nm* [vorübergehende Übergabe der Programmausführung an ein Unterprogramm] = Aufrufbefehl *nm*; Rufanweisung *nf* ≈ Sprungbefehl ↓ Makroaufruf	SW	**call** *n* [temporary transfer of program execution to a subroutine] = call instruction; call statement; excitation *n*; invocation *n*; reference *n* ≈ GO TO statement ↓ macro instruction
Aufruf *nm* → Sendeabruf *nm*	DAT.CO	→ **polling request** *n*
aufrufbar	SW	**callable** = invocable
Aufrufbefehl *nm* → Aufruf *nm*	SW	→ **call** *n*
Aufrufbetrieb *nm* [Übermittlung wird durch Abfragebefehl ausgelöst] = Abrufbetrieb *nm*; Abfragebetrieb *nm*; Anrufbetrieb *nm*; Anrufverfahren *nn*; Abrufverfahren *nn*; Aufrufbetrieb *nm*; Aufrufverfahren *nn*; Abfrageverfahren *nn*; Umfragebetrieb *nm*; Umfrageverfahren *nn*; zyklische Abfrage; Sendeaufruf *nm*; Polling *nn* (ANGL) ≠ Anforderungsbetrieb ↑ bedarfsgesteuerter Vielfachzugriff	TELECON	**polling mode** [transmission is activated by interrogation commands] = polling *n*; transmission on demand; selecting mode; cyclic interrogation ≠ request mode ↑ demand-assignment multiple access
Aufrufbetrieb *nm* → Aufrufbetrieb *nm*	TELECON	→ **polling mode**
Aufrufdiagramm *nn* [sieht aus wie ein Organisationsplan]	SW	**call graph** [similar to an organogram] = call tree; tier chart
aufrufen	SW	**call** *vt* = excite *vt*; invoke *vt*; invocate *vt*
Aufrufliste *nf*	SW	**call list**
Aufrufroutine *nf* → Abrufsequenz *nf*	SW	→ **calling sequence**
Aufrufverfahren *nn* → Aufrufbetrieb *nm*	TELECON	→ **polling mode**
Aufrufverfolgung *nf* [Aufzeichnung aller Aufrufe eines Programmdurchlaufs]	SW	**call trace** [record of all calls performed during a program execution] = subroutine trace
Aufrufzeitaufwand *nm*	DAT.CO	**polling overhead**
Aufruf zu Abstimmung [Usenet]	INTERNET	**call for vote** [Usenet] = CFV
Aufruf zu Diskussion [Usenet]	INTERNET	**call for discussion** [Usenet] = CFD
Aufruf zu Meinungsumfrage [Usenet]	INTERNET	**call for opinion** [Usenet] = CFO
aufrunden [zu nächsthöherem ganzzahligen Wert] = absolut aufrunden ≠ abrunden (2) ↑ runden	MATH	**round-up** *vt* [to the next highest round number] = half-adjust ≠ round-off
Aufrundung *nf*	MATH	**rounding up**

[zum nächsthöheren ganzzahligen Wert] ≠ Abrundung (2)		[to the next highest round number]
Aufrundungszahl *nf* [die durch Aufrundung erreichte Zahl]	MATH	**ceiling** *n* [the integer obtained by rounding up]
aufrüstbar → ausbaufähig	TECH	→ **upgradable** *adj*
Aufrüstbarkeit *nf* → Ausbaufähigkeit *nf*	DAT.PR	→ **upgradability**
aufrüsten → ausbauen (1)	TECH	→ **expand** *vt*
Aufsatz *nm* → Aufsatzgerät *nn*	EQP.EN	→ **set-top equipment**
Aufsatz *nm* → Oberbau *nm*	TECH	→ **superstructure** *n*
Aufsatzgerät *nn* = Aufsetzgerät *nn*; Aufsatz *nm* ↑ Zusatzgerät	EQP.EN	**set-top equipment** = set-top box ↑ add-on equipment
Aufsatzumsetzer *nm*	TELEC	**set-top converter**
aufsaugen = absorbieren	TECH	**absorb** *vt*
aufsaugend → saugfähig	TECH	→ **absorbent** *adj*
aufschalten	TELEPH	**override** *vt* = intrude *vt*; enter *vt*; break-in *vt*; barge-in *vt*
aufschalten → zuschalten	TELEC	→ **add-on** *vt*
Aufschalten *nn* [Möglichkeit sich auf ein Gespräch aufzuschalten und einen Gesprächswunsch zu äußern] ≈ Anklopfen	TELEPH	**override** *n* [authorized station can break-in into a busy station and request a priority call] = executive override; offering *n*; intrusion *n*; break-in *n* ≈ call waiting
Aufschalten *nn* → Zuschalten *nn*	TELEC	→ **add-on** *n*
Aufschalten mit Mitsprechmöglichkeit	TELEPH	**attendant barge-in**
Aufschalteschutz *nm*	TELEPH	**override security**
Aufschalteton *nm* [durch eine Dienststelle der Fernmeldeverwaltung] = Aufschaltton *nm*; Aufschaltezeichen *nn* ↑ Aufmerksamkeitston	TELEPH	**offering tone** [of an operator] = offering signal; intrusion tone ↑ attention tone
Aufschaltezeichen *nn* → Aufschalteton *nm*	TELEPH	→ **offering tone**
Aufschaltton *nm* → Aufschalteton *nm*	TELEPH	→ **offering tone**
Aufschaltung *nf* → Vorwärtsregelung *nf*	CONTRO	→ **feedforward** *n*
Aufschaltung *nf* → Zuschalten *nn*	TELEC	→ **add-on** *n*
Aufschaltverhinderung *nf*	TELEC	**no-trunk offering**
Aufschaltzirkulator *nm* → Richtungsweiche *nf*	RAD.RE	→ **directional filter**
aufschieben	COLL	**postpone** *vt* = defer *vt*
Aufschieben → Aufschub *nm*	COLL	→ **postponement** *n*
Aufschiebung *nf* → Aufschub *nm*	COLL	→ **postponement** *n*
Aufschlag *nm* = Aufprall *nm* ↑ Schlag	MECH	**impact** *n*
Aufschlag *nm* → Zuschlag *nm* (1)	ECON	→ **surcharge** *n*
aufschlagen = aufprallen; prallen ≈ schlagen	MECH	**impact** *vt* = flap *vt* ≈ hit
aufschlitzen → schlitzen	TECH	→ **slit** *vt* (1)
Aufschlüsselung *nf* [in Einzelpositionen]	COLL	**itemized breakdown** = breakdown *n*
Aufschmelzlöten = Reflow-Löten *nn*; Schlepplöten *nn*	MICR.EL	**reflow soldering**
aufschrumpfen ↓ wärmeschrumpfen	MEC.EN	**shrink on** ↓ heat-shrink
Aufschrumpfmuffe *nf* → Schrumpfmuffe *nf*	OUT.PL	→ **shrinkage sleeve**
Aufschrumpftechnik *nf* → Schrumpftechnik *nf*	COM.CAB	→ **shrink-on technology**
Aufschub *nm* = Aufschiebung *nf*; Aufschieben; Zurückstellung *nf* ≈ Fristverlängerung; Vertagung	COLL	**postponement** *n* = deferment *n*; deferral *n* ≈ extension; adjournment
Aufschwung *nm* [fig] ≈ Aufstieg	COLL	**upturn** *n* [fig] = upswing ≈ up-grade
auf Sendung	MEDIA	**on air**
aufsetzen	INF.TEC	**load** *vt* = initialize *vt*; generate *vt*; define *vt*; edit *vt*
aufsetzen ≈ landen	AERON	**touch down** *vi* ≈ land
Aufsetzgerät *nn* → Aufsatzgerät *nn*	EQP.EN	→ **set-top equipment**
Aufsetzzeit *nf* → Vorbereitungszeit *nf*	DAT.PR	→ **set-up time**
Aufsetzzone *nf*	AERON	**touch-down zone**
Aufsicht *nf* = Draufsicht *nf*	ENG.DRA	**top view**
Aufsicht *nf*	COLL	**supervision** *n* = surveillance *n*
Aufsicht *nf*	CINEMA	**high shot**
Aufsichtsbehörde	PUB.ADM	**oversight board**
Aufsichtsbehörde → Überwachungsbehörde *nf*	PUB.ADM	→ **regulatory authority**
Aufsichtsplatz *nm* → Handvermittlungsplatz *nm*	SWITCH	→ **manual switching position**
Aufsichtsrat *nm*	ECON	**supervisory board**
Aufsichtsratbericht *nm*	ECON	**report of the supervisory board**
aufsitzen	TECH	**rest against** *vi*
auf Sockel aufgestellt = zur Aufstellung auf Sockel	EQP.EN	**pedestal-mounted**
aufspannen → festklemmen	MEC.EN	→ **clamp** *vt* (1)
Aufspannung *nf* [Werkzeugmaschine]	MEC.EN	**clamping** *n* [of a machine tool]
aufspringen [Feder]	MEC.EN	**jump-on** [spring]
aufspritzen	TECH	**spray-on**
aufspulen → aufwickeln	TECH	→ **wrap-up** *vt*
Aufspulung *nf* [Band]	TER&PER	**forward wind** *n* = forward *n*
Aufspürantenne *nf*	ANT	**tracking antenna**
aufstapeln → stapeln	TECH	→ **pile** *vt*
aufstecken	TECH	**plug-on** *vt*
Aufsteckkarte *nf* [auf eine Hauptplatine] = Aufsteckplatine *nf*; Aufsteckmodul *nn* (*pl* -e); Aufsteckleiterplatte *nf*; Subleiterplatte *nf* ≈ Huckepack-Karte ↑ Erweiterungskarte	EQP.EN	**baby board** [pluggable onto a main board] = baby module; daughterboard *n*; sub-board *n*; mezzanine *n* ≈ piggyback board ↑ expansion board
Aufsteckleiterplatte *nf* → Aufsteckkarte *nf*	EQP.EN	→ **baby board**
Aufsteckmodul *nn* (*pl* -e) → Aufsteckkarte *nf*	EQP.EN	→ **baby board**
Aufsteckplatine *nf* → Aufsteckkarte *nf*	EQP.EN	→ **baby board**
Aufsteckzubehör *nf* → Einbauzubehör *nn*	HW	→ **add-in** *n*
aufsteigend	TECH	**ascending**
aufsteigend [fig; von untergeordneten zu übergeordneten Modulen] ≠ absteigend	SW	**afferent** *adj* [from subordinate to superordinate modules] ≠ efferent
aufsteigende Programmierung [bei Teilproblemen beginnend] = Von-unten-nach-oben-Programmierung *nf*; Bottom-up-Programmierung *nf* ≠ absteigende Programmierung ↑ aufsteigender Entwurf [DAT.PR]	SW	**bottom-up programming** *n* [starting from partial problems] = bottom-up technique; bottom-up method; bottom-up design ↑ bottom-up design [DAT.PR]
aufsteigende Reihenfolge	MATH	**ascending order**
aufsteigender Entwurf [für Hardware oder Software; von den Einzelschritten zur Endfunktion] = Bottom-up-Entwurf *nm* ≠ absteigender Entwurf ↓ aufsteigende Programmierung [SW]	DAT.PR	**bottom-up design** *n* [of hardware or software; from detailed tasks to the final function] = bottom-up technique; bottom-up method; bottom-up procedure ≠ top-down design

aufsteigender Verkehr SWITCH **ascending traffic**
aufsteigende Sortierung DAT.MA → **ascending sort**
→ progressive Sortierung
aufsteigende Verbindung TELEC **ascending link** *n*
[von der Peripherie zum Zentrum; von niedriger zu höherer Hierarchiestufe] [from the peripherie to the center; from lower to higher hierarchical level]
= uplink
aufsteigend sortieren DAT.MA → **sort forward** *vt*
→ vorwärtssortieren
Aufstellanleitung *nf* TEC.DOC **installation instructions** *n* (1)
Aufstellbügel *nm* EQP.EN **tilt handle**
aufstellen (1) TECH → **erect** *vt*
→ aufbauen
aufstellen (2) TECH → **arrange** *vt*
→ anordnen
Aufstellen *nn* (1) TECH → **installation** *n*
→ Montage *nf*
Aufstellen *nn* (2) TECH → **mounting** *n* (2)
→ Aufstellung *nf* (3)
Aufstellfuß *nm* EQP.EN **cabinet foot**
Aufstellstütze *nf* EQP.EN → **stand** *n*
→ Fuß *nm*
Aufstellung *nf* OFFICE → **list** *n*
→ Liste *nf*
Aufstellung *nf* (1) TECH → **installation** *n*
→ Montage *nf*
Aufstellung *nf* (2) TECH → **spacial arrangement** *n*
→ räumliche Anordnung
Aufstellung *nf* (3) TECH **mounting** *n* (2)
= Aufstellen *nn* (2) = installation *n* (2); setting up *n* (2)
≈ Installierung ≈ installation (3)
↓ Tischaufstellung; Wandaufstellung; Bodenaufstellung ↓ table mounting; wall mounting
Aufstellungsliste *nf* SYS.INS **layout list**
Aufstellungsort *nm* TECH **setup site**
= Montageort *nm*; Installationsort *nm* = installation site
Aufstellungsplan *nm* SYS.INS **installation layout**
= AP (2) = floor layout plan; floor layout; layout plan; equipment layout plan; layout *n*
Aufstellungszeichnung *nf* ENG.DRA → **installation drawing**
→ Montagezeichnung *nf*
Aufstellungszeit *nf* TECH **setup time**
= Montagezeit *nf*; Installationszeit *nf* = installation time
Aufstieg *nm* COLL **up-grade** *n*
[fig] [fig]
≈ Aufschwung ≈ upturn
Aufstiegkanal *nm* OUT.PL **cable shaft**
= cable chute
Aufstrich *nm* PRIN.ME **beginning stroke**
≠ Abstrich ≠ end stroke
aufsummieren MATH **sum-up** *vt*
= cumulate *vt*; accumulate *vt*
Aufsummierung *nf* MATH → **addition** *n* (1)
→ Addition *nf*
aufsynchronisieren TECH → **synchronize**
→ synchronisieren
aufsynchronisieren, sich *vr* EL.TRO **lock onto**
Auftagsfernverarbeitung *nf* DAT.PR → **remote job entry**
→ Auftragsferneingabe *nf*
Auftaktsitzung *nf* ECON **kick-off meeting**
= Kick-off-Meeting (ANGL) ≈ opening meeting
≈ Eröffnungssitzung
auftasten EL.TRO **gate** *vt*
auftauchen COLL **loom** *vi*
[fig] ≈ pop-up
= zum Vorschein kommen
aufteilen TECH **partition** *vt*
= einteilen; zerteilen = apportion *vt*; divide up *vt*; break down *vt*
≈ unterteilen; verteilen; austeilen; zerstückeln; aufschlüsseln ≈ subdivide; distribute; dispense; fragment; itemize
↑ teilen ↑ divide
Aufteilung *nf* TECH **partitioning** *n*
= Verteilung *nf*; Einteilung *nf* = distribution *n*; assignment *n*; apportionment *n*; fractionation *n*; repartitioning *n*
≈ Unterteilung; Teilung; Klassifizierung; Zuordnung ≈ subdivision; division; classification; assignment
Aufteilungskabel *nn* OUT.PL → **distribution cable** *n*
→ Sekundärkabel *nn*

Aufteilungsmuffe *nf* OUT.PL **distribution sleeve**
= distribution closure; spreading box; spreader box; multiple joint box
Auftischgerät *nn* EQP.EN → **desktop model**
→ Tischgerät *nn*
Auftrag *nm* DAT.PR **job** *n*
[Sequenz spezifischer Teilaufgaben zur Lösung einer Aufgabe; kann ein Programm oder eine Programmkette bilden] [sequence of specific tasks to solve a problem, may constitute a program or chain of programs]
= Arbeitsauftrag *nm*; Job *nm* ↓ task
≈ Anweisung; Befehl
↓ Aufgabe
Auftrag *nm* ECON → **purchase order**
→ Bestellung *nf*
Auftrag *nm* ECON → **power** *n*
→ Vollmacht *nf*
Auftraganweisung *nf* DAT.PR **job assignment**
= Auftragsanweisung *nf*; Aufgabenanweisung *nf* = job statement
Auftrag erteilen ECON → **place an order** *vt*
→ beauftragen *vt*
Auftraggeber *nm* ECON **contract awarder**
≠ Auftragnehmer = contractor *n* (2); orderer *n*; principal *n*
↑ Vertragsteilnehmer ≠ supplier
↑ contractor (1)
Auftragnehmer *nm* ECON **supplier** *n* (2)
= Vertragsnehmer *nm* = contractor *n* (3)
≈ Lieferant ≈ supplier (1)
≠ Auftraggeber
↑ Vertragspartner
Auftragsabrechnung *nf* DAT.PR **job accounting**
Auftragsabwicklung *nf* ECON **order processing**
= operations *nplt*
Auftragsabwicklung *nf* DAT.PR **order processing**
= Auftragsbearbeitung *nf*; Auftragsverarbeitung *nf* = order handling; task processing; task handling; job processing; job handling
Auftragsabwicklungszentrum *nn* MANUF **order processing pool**
= AZ
Auftragsanweisung *nf* DAT.PR → **job assignment**
→ Auftraganweisung *nf*
Auftragsausführungszeit *nf* DAT.PR **job turnaround**
↑ Ausführungszeit ↑ turnaround *n*
Auftragsbearbeitung *nf* DAT.PR → **order processing**
→ Auftragsabwicklung *nf*
Auftragsbestand *nm* ECON **order backlog**
= AB = orders on hand
Auftragsbestätigung *nf* ECON **order confirmation**
= order acknowledgement
auftragsbezogen DAT.PR → **application-oriented**
→ anwendungsorientiert
Auftragsdatei *nf* DAT.MA **job file**
[Datei der auszuführenden Aufträge] [file of jobs to be processed]
= job control file; JCF
Auftragsdisponent *nm* DAT.PR **job scheduler**
Auftragsdisposition *nf* DAT.PR **job scheduling**
= Aufgabendisposition *nf*
Auftragsdurchführung *nf* DAT.PR **job execution**
= job run; run *n* (2)
Auftragsebene *nf* DAT.PR **job level**
= task level
Auftragseingabe *nf* ECON **order entry**
= order input
Auftragseingabefluss *nm* DAT.PR **input job stream**
= Eingabefluss *nm*; Eingabestrom *nm*; Jobschleife *nf* = input stream; job stream; run stream
≈ Auftragsschlange ≈ job queue
Auftragseingang *nm* ECON **new orders**
= Bestelleingang *nm* = incoming orders; orders received; order entry
Auftragsende *nn* DAT.PR **end of job**
Auftragserfassung *nf* DAT.CO **order entry**
Auftragserteilung *nf* DAT.PR **job submission**
Auftragserteilung *nf* ECON **ordering** *n*
≈ Zuschlag (2) ≈ award
Auftragsferneingabe *nf* DAT.PR **remote job entry**
= Auftagsfernverarbeitung *nf*; Job-Ferneingabe *nf*; Job-Fernverarbeitung *nf* = RJE
Auftragsformular *nn* ECON → **ordering form**
→ Bestellformular *nn*

Auftragsfreigabe *nf* ECON **order launch**

auftragsgebunden ECON **order-bound**

Auftragskalkulation *nf* ECON **job order calculation**

Auftragskennzeichen *nn* ECON **order ID**
= job order code

Auftragskosten *nplt* ECON **job order costs**
= AKO

Auftragsmakro *nn* DAT.PR **job macro**

Auftragsnummer *nf* DAT.PR **job number**

auftragsorientiert DAT.PR → **application-oriented**
→ anwendungsorientiert

Auftragspriorität *nf* DAT.PR **job priority**
= Aufgabenpriorität *nf*

Auftragsschlange *nf* DAT.PR **job queue**
= Aufgabenschlange *nf* — = job string; task queue; task string
≈ Auftragseingabefluss

Auftragsschritt *nm* DAT.PR **job step**
= Aufgabenschritt *nm*; Step *nm* (ANGL) — = step *n*

Auftragssprache *nf* COMP.LG **job control language**
[System von Bedienerbefehlen zum Betreiben von Großrechnern] — [system of user commands to operate mainframes]
= Job-Kontrollsprache *nf*; Job-Betriebssprache *nf* — = JCL
↑ Kommandosprache — ↑ command control language

Auftragsstauraum *nm* DAT.PR **let-in area**
= Eingabestauraum *nm*

Auftragsverarbeitung *nf* DAT.PR → **order processing**
→ Auftragsabwicklung *nf*

Auftragsverfolgung *nf* ECON **order tracking**

Auftragsverwaltung *nf* DAT.PR **job management**
[automatische Verarbeitung von Programmketten] — [automatic processing of program strings]
= Aufgabensteuerung *nf*; Job Management *nn* (ANGL) — = job control
≈ task management
↑ Organisationsprogramm — ↑ control program

Auftragsverwaltungsprogramm *nn* DAT.PR **job control program**

Auftragsvorbereitung *nf* DAT.PR **job-to-job transition**

Auftragumschaltung *nf* DAT.PR → **task switching**
→ Aufgabenumschaltung *nf*

Auftragumstieg *nm* DAT.PR → **task switching**
→ Aufgabenumschaltung *nf*

auftrennen TER&PER **burst** *vt*
[Endlospapier] — [to rip-up continuous-form paper]

auftrennen EL.TEC **unplug** *vt*
≠ stecken — ≠ plug-in

auftreten COLL → **occur** *vi*
→ vorkommen *vi*

Auftreten *nn* COLL → **occurence** *n*
→ Vorkommnis *nn*

Auftrieb *nm* COLL **boost** *n*
[fig]

Auftrieb *nm* PHYS → **buoyancy** *n*
→ Auftriebskraft *nf*

Auftriebskraft *nf* PHYS **buoyancy** *n*
= Auftrieb *nm*

Auftritt *nm* DAT.NW **presence** *n*

auftrommeln COM.CAB **reel** *vt*
= coil *vt*

auf unbestimmte Zeit ECON **sine die**

Aufwachsen *nn* MICR.EL **epitaxial growth**
[Kristall] — [crystal]

Aufwachstechnik *nf* MICR.EL → **epitaxy** *n*
→ Epitaxie *nf*

Aufwachsverfahren *nn* MICR.EL **epitaxial growth method**
= Epitaxieverfahren *nn*

Aufwand *nm* ECON → **expense** *n*
→ Ausgabe *nf*

Aufwand *nm* ECON **effort** *n*
≈ Einsatz — = expense *n*; expenditure *n*; erogation *n*
↓ Kostenaufwand; Arbeitsaufwand; Zeitaufwand — ≈ input
↓ cost expenditure; expenditure of work; time expenditure

Aufwandsabrechnung *nf* ECON **accrued-expenses invoicing**

aufwandsparend TECH **effort-saving** *adj*
= ressourcenschonend

Aufwärmzeit *nf* TECH **warm-up time**
= Anwärmzeit *nf*; Warmlaufzeit *nf*; Einlaufzeit *nf* (2); Einlaufdauer *nf* — = warm-up period
≈ Vorheizzeit — ≈ preheating time

aufwärts *adv* COLL **upward** *adv*
= upwards

Aufwärtsfading *nn* RAD.PRO → **up-fading** *n*
→ Aufwärtsschwund *nm*

aufwärts gemischt HF **up-converted**

aufwärts gerichtet TECH **upward-pointed** *adj*
= aufwärts weisend; nach oben gerichtet; nach oben weisend — = up-pointing; upward; ascending; northbound (fig)
≈ aufsteigend — ≈ ascending

aufwärts kompatibel DAT.PR **upward compatible**
[mit Nachfolgeausgabe kompatibel] — [with later versions]
≠ abwärts kompatibel — = upwards compatible (BE); forward-compatible
≠ downward compatible

Aufwärtskompatibilität *nf* DAT.PR **upward compatibility**

Aufwärtskompression *nf* SW → **upward compression**
→ Aufwärtsverdichtung *nf*

Aufwärtsmischer *nm* HF **up-conversion mixer**

Aufwärtsmischung *nf* HF **up-conversion**

Aufwärtspfeil *nm* PRIN.ME → **upward arrow**
→ Pfeil nach oben

Aufwärtspfeiltaste *nf* TER&PER → **UPWARD key**
→ NACH-OBEN-Taste *nf*

Aufwärtsregelung *nf* MICR.EL **forward automatic gain control**
= forward AGC; forward control

Aufwärtsrichtung *nf* SAT.CO → **up-link**
→ Aufwärtsstrecke *nf*

aufwärts rollen COMP.AP → **scroll up** *vt*
→ vorrollen

Aufwärtsrollen *nm* COMP.AP → **scrolling up** *n*
→ Vorrollen

Aufwärtsschwund *nm* RAD.PRO **up-fading** *n*
[bewirkt eine Verstärkung des Empfangssignals] — [causes an increase of the receive signal]
= Aufwärtsfading *nn*; Überpegelschwund *nm*

Aufwärtsstrecke *nf* MOB.CO **up-link**
[vom Mobiltelefon] — [from the mobile telephone]
= uplink *n*

Aufwärtsstrecke *nf* SAT.CO **up-link**
= Aufwärtsrichtung *nf* — = uplink *n*; earth-to-space link

Aufwärtstransformator *nm* POW.EN **step-up transformer**

Aufwärtsübersetzung *nf* INTERNET **up-translation**
[nach SGML] — [to SGML]

Aufwärtsverdichtung *nf* SW **upward compression**
[untergeordnetes Modul wird in ein übergeordnetes hineinkopiert] — [subordinate module is copied into a superordinate one]
= Aufwärtskompression *nf*

aufwärts weisend TECH → **upward-pointed** *adj*
→ aufwärts gerichtet

Aufwärtszähler *nm* SW → **incremental counter**
→ Schrittzähler *nm*

aufweichen (fig) TECH **relax** (fig) *vt*
[einen Wert] — [a figure]

aufweiten METAL **expand**
= aufdornen

Aufweiten *nn* METAL **expanding**
= Aufdornen *nn*

aufwendig ECON **consuming**
≈ teuer — ≈ expensive

Aufwendung *nf* ECON → **expense** *n*
→ Ausgabe *nf*

aufwerten COLL **valorize** *vt*

Aufwertung *nf* COLL **valorization** *n*

Aufwickelkörper *nm* TER&PER → **reel** *n*
→ Spule *nf*

aufwickeln TECH **wrap-up** *vt*
= aufspulen — = wind-up *vt*; spool-up *vt*; coil *vt*; take-up *vt*
≈ spulen — ≈ spool

aufwickeln METAL **take-up**
= wind-up *vt*

Aufwickelrolle *nf* BROADC **take-up reel**
= Aufwickelspule *nf*; aufnehmende Lochstreifenspule — = take-up spool

Aufwickelrolle *nf* TECH → **reel** *n* (1)
→ Spule *nf* (1)

Aufwickelspule *nf* BROADC → **take-up reel**
→ Aufwickelrolle *nf*

Aufwickelvorrichtung *nf* TECH **winder** *n*
= Aufwickler *nm*; Wickler *nm* — = winding device

Aufwickler *nm* TECH → **winder** *n*
→ Aufwickelvorrichtung *nf*

aufzählbar MATH → **denumerable** *adj*
→ abzählbar

German	Field	English
Aufzählbarkeit *nf*	MATH	**enumerability**
aufzählen	MATH	**enumerate**
Aufzählungspunkt *nm*	PRIN.ME	→ **bullet** *n*
→ kreisförmige Blockade		
aufzeichnen	INF.TEC	**tape** *vt*
= auf Band aufnehmen		
aufzeichnen	INSTR	→ **register** *vt*
→ registrieren		
Aufzeichnung *nf*	TER&PER	**recording** *n*
Aufzeichnung *nf*	DAT.PR	→ **printout** *n*
→ Ausdruck *nm*		
Aufzeichnung *nf*	INSTR	→ **recording** *n*
→ Registrierung *nf*		
Aufzeichnungsdichte *nf*	HW	→ **recording density**
→ Speicherdichte *nf*		
Aufzeichnungsgerät *nn*	TER&PER	**recording equipment**
Aufzeichnungskamm *nm*	TER&PER	**recording comb**
Aufzeichnungsmagnetkopf *nm*	EL.ACOU	**recording magnetic head**
= Aufnahmemagnetkopf *nm*		= recording head
≈ Schreibkopf [TER&PER]		≈ write head [TER&PER]
↑ Magnetkopf [TER&PER]		↑ magnetic head [TER&PER]
Aufzeichnungsmethode *nf*	TER&PER	→ **magnetic recording mode**
→ Magnetaufzeichnungsverfahren *nn*		
Aufzeichnungspegel *nm*	TER&PER	**recording level**
Aufzeichnungssystem *nn*	TER&PER	**transceiver** *n*
[Faksimile]		[facsimile]
= Transceiver *nm*		= recording system
Aufzeichnungsverfahren *nn*	TER&PER	→ **magnetic recording mode**
→ Magnetaufzeichnungsverfahren *nn*		
aufziehen	MEC.EN	**wind-up** *vt*
[Feder]		[a spring]
Aufzug *nm*	TER&PER	**wind-up** *n*
[Nummernscheibe]		[of the dialing disk]
Aufzug *nm*	CIV.EN	**elevator** *n* (AE)
= Lift *nm*		= lift *n* (BE); hoist *n*
Aufzugsfahrt *nf*	CINEMA	**elevator shot**
[Kamera bewegt sich von oben nach unten]		[camera moves top down]
		= crane shot
Aufzugsfahrt *nf*	CINEMA	→ **crane shot**
→ Kranaufnahme *nf*		
aufzugsorientierte Suche	TER&PER	**elevator seeking**
		= elevator search
Auge	MEC.EN	→ **eye** *n*
→ Öse *nf*		
Auge *nn*	INSTR	**eye** *n*
[Oszillogramm]		[of an oszillogram]
		= eye diagram; eye pattern
Augenabstand *nm*	TER&PER	→ **viewing distance**
→ Betrachtungsabstand *nm*		
Augenblick *nm*	COLL	**instant** *n*
≈ Nu		≈ trice
augenblicklich	TECH	→ **instantaneous** *adj*
→ sofortig		
Augenblicksbildung *nf*	LING	**nonce word**
Augenblicksleistung *nf*	NETW.TH	**instantaneous power**
Augenblickswert *nm*	PHYS	**instant value**
= Momentanwert *nm*		= instantaneous value; momentary value; actual value
↑ Zeitwert		↑ time value
Augend *nm*	MATH	→ **augend** *n*
→ erster Summand		
Augendiagramm *nn*	MODUL	**eye pattern**
= Augenmuster *nn*		
augenfällig	COLL	→ **evident** *adj*
→ offensichtlich		
Augenhöhe *nf*	IMAG.ME	**eyeline** *n*
Augenhöhe *nf*	CINEMA	→ **eye-level shot**
→ Normalsicht *nf*		
Augenmuster *nn*	MODUL	→ **eye pattern**
→ Augendiagramm *nn*		
Augenmusterdarstellung *nf*	INSTR	**eye-pattern display**
Augenmutter *nf*	MEC.EN	**eyenut** *n*
Augenschein, in - nehmen	COLL	**examine closely** *vt*
		= sight test
augenscheinlich	COLL	→ **evident** *adj*
→ offensichtlich		
Augenschließen *nn*	INSTR	**eye closure**
		= closure *n*
Augenschraube *nf*	MEC.EN	**eyebolt** *n*
Augereffekt *nm*	PHYS	**Auger effect**
AUI	DAT.NW	**AUI**
		= Attachment Unit Interface

German	Field	English
aus	EL.TEC	**off**
[ausgeschaltet]		≠ on
≠ ein		
aus-/rücklagern	DAT.MA	→ **swap** *vt* (2)
→ umlagern		
ausätzen	CHEM	**cauterize**
ausbalancieren	TECH	**balance** *vt*
		= equilibrate *vt*
ausbalancieren	TECH	→ **balance** *vi*
→ ausgleichen *vr* (2)		
ausbalanciert	TECH	**balanced** *adj*
≈ stabil		= equilibrated
		≈ stable
Ausbau *nm*	DAT.PR	→ **configuration**
→ Konfiguration *nf*		
Ausbau *nm* (1)	TECH	→ **expansion** *n*
→ Erweiterung *nf*		
Ausbau *nm* (2)	TECH	→ **dismantlement** *n* (1)
→ Abbau *nm* (1)		
ausbaubar	TECH	→ **upgradable** *adj*
→ ausbaufähig		
Ausbauchung *nf*	MEC.EN	**bulge** *n*
Ausbaueinheit *nf*	EQP.EN	**expansion unit**
= Erweiterungeinheit *nf*		= extension unit
ausbauen	DAT.PR	→ **configure** *vt*
→ konfigurieren		
ausbauen (1)	TECH	**expand** *vt*
= erweitern; aufrüsten		= upgrade *vt*
ausbauen (2)	TECH	→ **dismantle** *n*
→ abbauen		
ausbaufähig	TECH	**upgradable** *adj*
= erweiterbar; ausbaubar; aufrüstbar; offen (2) (fig)		= expandable; open-ended
≈ umrüstbar; modular		≈ adaptable; modular
ausbaufähiges Programm	SW	**open-ended program**
Ausbaufähigkeit *nf*	DAT.PR	**upgradability**
= Aufrüstbarkeit *nf*, Systemaktualisierbarkeit *nf*		
Ausbaufähigkeit *nf*	TECH	→ **expansion capability**
→ Erweiterungsmöglichkeit *nf*		
Ausbaugrad *nm*	TECH	**grade of expansion**
Ausbaumöglichkeit *nf*	TECH	→ **expansion capability**
→ Erweiterungsmöglichkeit *nf*		
Ausbauplan *nm*	TECH	**expansion plan**
Ausbaustufe *nf*	TECH	**construction stage**
= Erweiterungstufe *nf*		= expansion stage; capacity stage; increment stage; grade of extension
≈ Konfiguration		
Ausbauzustand *nm*	TECH	**status of expansion**
ausbessern	TECH	**mend** *vt*
≈ reparieren; entstören		≈ repair; fault-clear
Ausbesserung *nf*	TECH	**mending** *n*
≈ Instandsetzung; Entstörung		≈ repair; fault clearance
Ausbeute *nf*	QUAL	**yield** *n*
Ausbeutung *nf*	TECH	→ **usage** *n*
→ Ausnutzung *nf*		
ausbilden	EDUC	→ **train** *vt*
→ schulen		
Ausbilder *nm*	EDUC	→ **instructor**
→ Lehrer *nm* (2)		
Ausbildner *nm* (AT)	EDUC	→ **instructor**
→ Lehrer *nm* (2)		
Ausbildung *nf*	EDUC	→ **training** *n*
→ Schulung *nf*		
Ausbildung am Arbeitsplatz	EDUC	**training on the job**
		= on-the-job training
Ausbildungsplan *nm*	EDUC	→ **training program**
→ Schulungsplan *nm*		
Ausbildungszentrum *nn*	EDUC	→ **training center**
→ Schulungszentrum *nn*		
Ausblende *nf*	CINEMA	→ **fade-out** *n*
→ Abblende *nf*		
Ausblendemast *nm*	ANT	**shading mast**
[zur Dämpfung der Austrahlung in Richtung gleichfrequenter Rundfunksender]		[to dampen radiation in the direction of transmitters with equal frequency]
ausblenden	CINEMA	→ **fade-out** *vi*
→ abblenden		
ausblenden	DAT.MA	**extract** *vt* (1)
ausblenden	SW	**comment out** *vt*
[Befehlszeilen vorübergehend in einen Kommentar einbeziehen und dadurch außer Kraft setzen]		[to disable some line of codes temporarily by enclosing them within a comment statement]

ausblenden EL.TRO **mask-off**
[Impuls] = mask-out; mask; blind-out; strip

ausblenden COMP.AP → **hide** *vt*
→ verstecken *vt*

Ausblendimpuls *nm* EL.TRO **strobe pulse** *n*
= Austatstimpuls *nm*; Abtastimpuls *nm*; Tastimpuls *nm*; Strobe-Impuls *nm* (ANGL); Strobe (ANGL)
= strobe *n*

Ausblendsignal *nn* EL.TRO **strobe signal**
= Strobesignal *nn* (ANGL)

Ausblendsignal *nn* DAT.MA **guard signal**

Ausblendung *nf* DAT.MA **extraction** *n*
= blinding-out

Ausblendung *nf* COMP.GR **shielding** *n*
[die Anzeige in einem Bildschirmbereich sperren]
[to suppress dispay in a given area]

Ausblendung *nf* EL.TRO → **blanking** *n*
→ Austastung *nf*

Ausbogung *nf* TECH **scallop** *n*
[cyclic discontinuity of a border]

ausbohren MEC.EN **drill-out** *vt*
= bore-out

ausbreiten, sich *vr* TECH **propagate** *vt*
[fig]
= fortpflanzen, sich

Ausbreitung *nf* PHYS **propagation** *n*
= Fortpflanzung *nf*

ausbreitungsbedingt RADIO **propagation-dependent**

Ausbreitungsbedingung *nf* RAD.PRO **propagation condition**

Ausbreitungsdämpfung *nf* RAD.PRO **propagation loss**

Ausbreitungsform *nf* PHYS **mode of propagation**

Ausbreitungsgeschwindigkeit *nf* PHYS **velocity of propagation**

Ausbreitungskoeffizient *nm* LINE TH → **propagation coefficient**
→ Fortpflanzungskonstante *nf*

Ausbreitungskonstante *nf* LINE TH → **propagation coefficient**
→ Fortpflanzungskonstante *nf*

Ausbreitungsmessung *nf* RAD.PRO **propagation test**

Ausbreitungsmodell *nn* RAD.PRO **propagation model**

Ausbreitungsproblem *nn* RAD.PRO **propagation problem**

Ausbreitungsrichtung *nf* PHYS **direction of propagation**

Ausbreitungsvektor *nm* PHYS → **Poynting's vector**
→ Poynting-Vektor *nm*

Ausbreitungsweg *nm* RAD.PRO **propagation path**
= path *n*

Ausbreitungswiderstand *nm* MICR.EL **spreading resistance**

Ausbreitungswiderstand-Temperatursensor *nm* MICR.EL **spreading-resistance temperature sensor**
= Spreading-Widerstand-Temperatursensor *nm*

Ausbreitungszahl *nf* LINE TH → **propagation coefficient**
→ Fortpflanzungskonstante *nf*

ausbringen PRIN.ME **quad** *vt*
[durch Vergrößern der Wortzwischenräume die Zeilenlänge oder Zeilenzahl erhöhen]
[to increase line length or number of lines by augmenting interword spacing]

Ausbringung *nf* MANUF → **output** *n*
→ Ausstoß *nm*

Ausbuchen *nn* MOB.CO **cancellation** *n*

ausbügeln COLL **iron-out** *vt*
[fig] [fig]

ausdehnen PHYS **expand** *vi*
= expandieren
≠ zusammenziehen

Ausdehnung *nf* COLL **expanse** *n*
[Fläche]

Ausdehnung *nf* (1) PHYS **extension** *n*
[Vergrößerung der Länge]
= Dilatation *nf*; Streckung *nf*
≠ Kontraktion
↑ Dehnung
[increase of length]
= X; lengthening; streching
≠ contraction
↑ strain

Ausdehnung *nf* (2) PHYS **dilation** *n*
[Vergrößerung der Fläche, des Umfanges]
≈ Ausdehnung
[increase in circumference]
≈ expansion

Ausdehnung *nf* (3) PHYS → **expansion** *n*
→ Expansion *nf*

Ausdehnung *nf* (4) PHYS → **dimension** *n* (1)
→ Dimension *nf* (1)

Ausdehnungsfestigkeit *nf* MECH → **tensile strength** (1)
→ Zugfestigkeit *nf*

Ausdehnungskoeffizient *nm* PHYS **expansion coefficient**
= Ausdehnungzahl *nf*

Ausdehnungsthermometer *nn* PHYS **expansion thermometer**

Ausdehnungzahl *nf* PHYS → **expansion coefficient**
→ Ausdehnungskoeffizient *nm*

ausdenken COLL **devise** *vt*
= austüfteln; ersinnen; ausklügeln

Ausdiffusion *nn* MICR.EL **out-diffusion**

Ausdruck *nm* LOGIC **expression** *n*
[sinnvolle endliche Zeichenfolge]
[finite reasonable character sequence]

Ausdruck *nm* COMP.LG **expression** *n*
[eine Abfolge von Operanden und Operatoren für eine Verarbeitung]
[sequence of operands and operators for a desired computation]

Ausdruck *nm* DAT.PR **printout** *n*
= Druckerausdruck *nm*; Ausdruck *nm*; Druckerausgabe *nf*; Protokollierung *nf*; Aufzeichnung *nf*
≈ Druckerprotokoll; Auflistung
↓ Bildschirmausgabe; Druckkopie; Speicherabzug; Listenausdruck
= printer output; hard printout; dump *n* (AE); dumping *n* (AE); logging *n*; recording *n*; typeout *n*
≈ printer listing; listing
↓ soft copy; hardcopy; memory dump; list printout

Ausdruck *nm* DAT.PR → **printout** *n*
→ Ausdruck *nm*

Ausdruck *nm* MATH → **term** *n*
→ Term *nm*

Ausdruckauswertung *nf* LOGIC **expression evaluation**

ausdruckbar DAT.PR → **printable**
→ druckfähig

ausdrucken DAT.PR → **log** *vt*
→ protokollieren

ausdrücken SCIE **express** *vt*

ausdrücklich COLL **explicit** *adj*
= explizit; expressis verbis
[from Latin "explicare" = "unfold, explain"]
= express

Ausdruck-Spezifikation *nf* SW **print chart**
= Druckspezifikation *nf*
= print specification

Ausdunstung *nf* PHYS **emanation** *n*
≈ Verdampfung
≈ evaporation

Auseinanderbau *nm* TECH → **disassembly** *n*
→ Zerlegung *nf*

auseinandergezogenes Kreisdiagramm STATIS **exploded pie graph**
= auseinendergezogenes Tortendiagramm

auseinanderziehen COMP.GR → **drag** *vt*
→ ausziehen

auseinendergezogenes STATIS → **exploded pie graph**
→ auseinandergezogenes Kreisdiagramm

ausfädeln TECH **unthread** *vt*

ausfahrbarer Mast ANT **dismountable mast**

Ausfahrtsignal *nn* RAIL.SIG **exit signal**

Ausfall *nm* TELEC **loss** *n*
[eines Signals]
= dropout *n*; failure *n*; break down *n*

Ausfall *nm* QUAL **failure** *n*
[Folge eines Fehlers]
≈ Funktionsstörung; Fehler
[result of a fault]
= fail *n* (BE); outage *n*; breakdown *n*; fallout *n*
≈ malfunction; fault

ausfallanfällig QUAL **failure-prone** *adj*
= prone to failures

Ausfalldauer *nf* QUAL → **downtime** *n*
→ Ausfallzeit *nf*

ausfallen QUAL **fail** *vi*

ausfallgesichert QUAL **fail-soft** *adj*

ausfallgesichertes System TECH → **fail-soft system**
→ Betriebseinschränkungssystem *nn*

ausfallgesichtert QUAL → **fail-safe**
→ ausfallsicher

Ausfallhäufigkeit *nf* QUAL **failure frequency**

Ausfallhäufigkeitsdichte *nf* QUAL **failure density**

Ausfallkriterium *nn* QUAL **failure criterium**

Ausfallmuster *nn* QUAL **failure sample**

Ausfallquote *nf* (DIN) QUAL → **failure rate**
→ Ausfallrate *nf*

Ausfallrate *nf* QUAL **failure rate**
[Einheiten: fit; kfit; % pro Jahr]
= Fehlerrate *nf*; Fehlerhäufigkeit *nf*; geschätzte Ausfallrate; Ausfallquote *nf* (DIN)
[units: fit; kfit; % p.a.]
= error rate; failure quota

Ausfallsatz *nm* QUAL **failure fraction**
= cumulative failure frecuency

ausfallsicher QUAL **fail-safe**
= ausfallgesichtert

ausfallsicher TECH → **fail-safe** *adj*
→ selbstschützend

Ausfallsicherheit *nf* QUAL **failure safety**
= survivability *n*

Ausfallursache *nf* QUAL **failure cause**

Ausfallzeit *nf* QUAL **downtime** *n*
= Ausfalldauer *nf*; Störungzeit *nf*; Totzeit *nf*; Brachzeit *nf* = down time; DT; idle time; fault time
≠ Betriebszeit ≠ uptime

Ausfallzeitpunkt *nm* QUAL **instant of failure**

Ausflucht *nf* COLL → **subtleness** *n* (2)
→ Spitzfindigkeit *nf*

Ausfluss *nm* TECH → **efflux** *n*
→ Abfluss *nm*

ausforschend SCIE → **explorative** *adj*
→ erforschend

ausfräsen MEC.EN → **countersink** *vt*
→ spitzsenken

ausfügen DAT.MA **delete** *vt* (2)
[Zeichen am Bildschirm löschen, ohne Nachrücken] [erase characters on the display, without dislocation of subsequent characters]
↑ löschen ↑ erase

Ausfügen *nn* DAT.CO → **delete** *n*
→ Löschen *nn*

Ausfuhr *nf* ECON **export** *n*
= Export *nm*

ausführbar DAT.PR → **executable** *adj*
→ ablauffähig

ausführbar TECH → **practicable** *adj*
→ durchführbar *adj*

ausführbare Anweisung SW **executable statement**
= ablauffähige Anweisung

ausführbare Datei DAT.PR → **executable file**
→ ablauffähige Datei

ausführbares Programm SW **executable program**
[ready to run]

ausführen LING **expound** *vt*
= darlegen ≈ explain
≈ erläutern

ausführen COLL → **perform** *vt*
→ verrichten

ausführen (1) DAT.PR **execute** *vt*
[ein Programm oder einen Prozess] [a program or process]
= ablaufen lassen; fahren = runvt; perform *vt*; obey *vt*; carry out *vt*
≈ verarbeiten ≈ process

ausführen (2) DAT.PR → **configure** *vt*
→ konfigurieren

ausführender Produzent CINEMA **executive producer**

Ausfuhrerklärung *nf* ECON **export declaration**
= Exporterklärung *nf*

Ausfuhrförderung *nf* ECON **export promotion**
= Exportförderung *nf*

Ausfuhrgenehmigung *nf* ECON **export permit**
= Exportgenehmigung *nf* = export licence

Ausfuhrkredit *nm* ECON **export credit**
= Exportkredit *nm*

ausführlich COLL **exhaustive** *adj*
= erschöpfend; eingehend = thorough
≈ detailliert; aufgeschlüsselt ≈ detailed; itemized

Ausführlichkeit *nf* COLL **exhaustiveness** *n*
= thoroughness *n*

Ausführung *nf* LING **exposition** *n*
= Darlegung *nf* = exposé
≈ Erklärung ≈ explanation

Ausführung *nf* EQP.EN → **device version** *n*
→ Gerätevariante *nf*

Ausführung *nf* (1) TECH **type** *n*
= Ausführungform *nf*; Ausführungart *nf*; Bauform *nf*; Konfiguration *nf*; Version *nf* = execution *n*; make *n*; model *n* (3); version *n*; configuration *n*
≈ Ausführungsmuster; Gütegrad; Ausführungsqualität ≈ type model; grade; workmanship (2)

Ausführung *nf* (2) TECH → **realization** *n*
→ Realisierung *nf*

Ausführung *nf* (1) DAT.PR → **configuration**
→ Konfiguration *nf*

Ausführung *nf* (2) DAT.PR → **instruction execution** *n*
→ Befehlsausführung *nf*

Ausführungart *nf* TECH → **type** *n*
→ Ausführung *nf* (1)

Ausführungdauer *nf* DAT.PR → **execution time**
→ Ausführungszeit *nf* (1)

Ausführungform *nf* TECH → **type** *n*
→ Ausführung *nf* (1)

Ausführungphase *nf* DAT.PR → **instruction execution time**
→ Befehlsausführungsphase *nf*

Ausführungsanweisung *nf* SW **execute statement**

Ausführungsbefehl *nm* SW **executive instruction**
= execution instruction

Ausführungsbestimmung *nf* ECON → **executive regulation**
→ Vollzugsordnung *nf*

Ausführungsbibliothek *nf* SW **run-time library** *n*
[von während der Programmausführung benötigten Routinen] [of routines needed during program execution]

Ausführungsfehler *nm* SW **execution error**
= run-time error

Ausführungsmonitor *nm* DAT.PR → **monitor** *n*
→ Monitor *nm*

Ausführungsmuster *nn* TECH → **prototype** *n*
→ Prototyp *nm*

Ausführungsprofil *nn* COMP.SC **execution profile**
[Verteilung der Häufigkeit oder Dauer] [distribution of frequencies or times]

Ausführungsqualität *nf* TECH **workmanship** *n* (2)
= Verarbeitungsqualität *nf*; Verarbeitung *nf* (2) = finish *n*

Ausführungssequenz *nf* DAT.PR **execution sequence**

Ausführungssignal *nn* DAT.PR **execute signal**

Ausführungs-Software *nf* DAT.PR **runtime software**
[während der Programmausführung im Hauptspeicher erforderlich] [required in main memory during runtime]

Ausführungstermin *nm* ECON → **implementation date**
→ Fertigstellungstermin *nm*

Ausführungsverfolgungsbeleg *nm* DAT.PR **execution trace**
[registrierte Sequenz von Ausführungsschritten] [re4corded sequence of execution steps]
= code trace; control-flow trace; subroutine trace

Ausführungsverwaltung *nf* DAT.PR **configuration management**
= Konfigurationsverwaltung *nf*; Konfigurierungsverwaltung *nf*; Konfigurationsmanagement *nn* = CM
≈ Konfigurationskontrolle ≈ configuration control

Ausführungszeit *nf* (1) DAT.PR **execution time**
= Ausführungdauer *nf*; Durchlaufzeit *nf*; Laufzeit *nf* = e-time; run time; run duration; turnaround *n*; execution speed
↓ Befehlsausführungszeit; Programmausführungszeit; Auftragsausführungszeit ↓ instruction time; program execution time; job execution time

Ausführungzeit *nf* (2) DAT.PR → **execution cycle**
→ Ausführungszyklus *nm*

Ausführungszustand *nm* DAT.PR **execute mode**

Ausführungszyklus *nm* DAT.PR **execution cycle**
= Laufphase; Ausführunsgzeit *nf* (2); Laufzyklus *nm* = executing phase; execute phase; execute cycle; executing cycle; execution cycle; run phase; run cycle; target phase
≈ Abruf-/Ausführungsphase; Abrufzyklus; Befehlszyklus ≈ fetch-execute cycle; fetch cycle; instruction cycle
↑ Befehlszyklus ↑ instruction cycle

Ausführungunterlage *nf* TEC.DOC → **installation document**
→ Aufbauunterlage *nf*

Ausfuhrvorschriften *nplt* ECON **export regulations**
= Exportvorschriften *nplt*

Ausfuhrzoll *nm* ECON **export duty**
= Exportzoll *nm*

Ausfüllbox *nf* COMP.AP → **fill-in box**
→ Ausfüllkästchen *nf*

ausfüllen OFFICE **fill in** *vt*
[ein Formular] [a document form]
= fill up

Ausfüllformular *nn* COMP.AP **mask document**

Ausfüllkästchen *nf* COMP.AP **fill-in box**
= Ausfüllbox *nf*

Ausfüllzeichen *nn* DAT.MA **pad character**
= Auffüllzeichen *nn* = pad *n*

Ausgabe *nf* TEC.DOC **issue** *n*
[eines Dokuments, einer Zeichnung] [of a document, drawing etc.]
= Auflage *nf* = revision *n*

Ausgabe *nf* ECON **expense** *n*
= Aufwendung *nf*; Aufwand *nm*; Unkosten *nplt* = expenditure *n*; spending *n*; outlay *n*
≈ costs; disbursement

Ausgabe *nf* SW **output** *n*
≈ Einlesen = sending
≠ Eingabe ≈ read-out
↓ Datenausgabe ≠ input
↓ data output

Ausgabe *nf* — COLL — **issuance** *n* (AE)
= issue *n*; issuing *n*; delivery *n*

Ausgabeadressregister *nn* — HW — **output address register**

Ausgabeanweisung *nf* — DAT.MA — **output statement**

ausgabebedingt — DAT.PR — → **output-bound** *adj*
→ ausgabebegrenzt

Ausgabebefehl *nm* — SW — **output instruction**

Ausgabebefehl *nm* — TELECON — **actuate message**
= execute command

ausgabebegrenzt — DAT.PR — **output-bound** *adj*
= ausgabebeschränkt; ausgabebedingt
= output-limited

Ausgabebereich *nm* — DAT.PR — **output area**
[des Hauptspeichers, für Ausgabedaten]
[of main memory, reserved for output data]

ausgabebeschränkt — DAT.PR — → **output-bound** *adj*
→ ausgabebegrenzt

Ausgabebestätigung *nf* — SWITCH — → **output acknowledgment**
→ Ausgabequittung *nf*

Ausgabebetrieb *nm* — DAT.PR — **output mode**
= Ausgabemodus *nm*
= output operation

Ausgabeblock *nm* — DAT.MA — **output block**

Ausgabedatei *nf* — DAT.MA — **output file**

Ausgabedaten *nplt* — DAT.MA — **output data**

Ausgabedatensatz *nm* — DAT.MA — → **output record**
→ Ausgabesatz *nm*

Ausgabedatum *nn* — DAT.MA — **output date**

Ausgabedrucker *nm* — TER&PER — **output teleprinter**
[Fernschreibtechnik]

Ausgabeeinheit *nf* — TER&PER — **output device**
= Ausgabegerät *nn*
≠ Eingabeeinheit
↑ Peripheriegerät
↓ Monitor; Drucker; Plattenlaufwerk
= output unit; output facility
≠ input device
↑ peripheral equipment
↓ monitor; printer; disk drive

ausgabefähig — PRIN.ME — **issuable**

Ausgabefenster *nn* — COMP.AP — → **window** *n*
→ Fenster *nn*

Ausgabeformat *nn* — DAT.PR — **output format**

Ausgabeformatierer *nm* — DAT.PR — **output formatter**

Ausgabegatter *nn* — MICR.EL — **output gate**

Ausgabegerät *nn* — TER&PER — → **output device**
→ Ausgabeeinheit *nf*

Ausgabekanal *nm* — HW — **output channel**

Ausgabekontrollaussage *nf* — SW — **output assertion**

Ausgabemagazin *nn* — DAT.PR — **output magazine**
[reservierter Speicherplatz]
↑ Magazin
[reserved memory location]
↑ magazine

Ausgabemodus *nm* — DAT.PR — → **output mode**
→ Ausgabebetrieb *nm*

Ausgabeplatte *nf* — TER&PER — **output disk**

Ausgabeprogramm *nn* — SW — **output routine**
= Ausgaberoutine *nf*; Ausleseprogramm *nn*; Ausleseroutine *nf*
= output program; output writer; read-out routine; read-out program

Ausgabeprozedur *nf* — SW — **output procedure**

Ausgabeprozess *nm* — DAT.PR — **output process**

Ausgabeprozessor *nm* — HW — → **output controller**
→ Ausgabewerk *nn*

Ausgabepuffer *nm* — DAT.PR — → **output buffer**
→ Ausgabepufferspeicher *nm*

Ausgabepufferspeicher *nm* — DAT.PR — **output buffer**
= Ausgabepuffer *nm*
= output area

Ausgabequittung *nf* — SWITCH — **output acknowledgment**
= Ausgabebestätigung *nf*

Ausgaberoutine *nf* — SW — → **output routine**
→ Ausgabeprogramm *nn*

Ausgabesatz *nm* — DAT.MA — **output record**
= Ausgabedatensatz *nm*
= output data record

Ausgabestand *nm* — TEC.DOC — **issue number**
= revision level; edition number; release number

Ausgabestauraum *nm* — DAT.PR — **let-out area**

Ausgabewarteschlange *nf* — DAT.PR — **message output queue**

Ausgabewerk *nn* — HW — **output controller**
[steuert die Datenausgabe der Zentraleinheit]
= Ausgabeprozessor *nm*
[controls data output of CPU]
↑ input/output controller

ausgabewirksam — ECON — **expense-equivalent** *adj*
= pagatorisch
≠ kalkulatorisch
≠ calculated

Ausgabeziel *nn* — SWITCH — **output destination**

Ausgang *nm* — TECH — **egress** *n*
= Austritt *nm*
≠ Zugang
≠ access

Ausgang *nm* — EL.TEC — **output** *n*
≠ Eingang
= O/P; o/p; outlet *n*
≠ input

Ausgang *nm* — SW — → **program exit** *n*
→ Programmausstieg *nm*

Ausgangs- — TECH — → **initial** *adj*
→ anfänglich

Ausgangsadmittanz *nf* — NETW.TH — **output admittance**
= Ausgangs-Scheinleitwert *nm*

Ausgangsalphabet *nn* — DAT.MA — **output alphabet**

Ausgangsamplitude *nf* — EL.TEC — **output amplitude**

Ausgangsanschluss *nm* — HW — **output port**
= Ausgangs-Port *nm*
= output connection

Ausgangsbelastbarkeit *nf* — EL.TRO — **output loading capability**

Ausgangsbuchse *nf* — EL.TRO — **output jack**

Ausgangsdiskette *nf* — DAT.PR — → **source disk**
→ Quelldiskette *nf*

Ausgangsebene *nf* — ENG.DRA — → **datum plane**
→ Bezugsebene *nf*

Ausgangsfächerung *nf* — MICR.EL — → **fan-out factor** *n*
→ Ausgangslastfaktor *nm*

Ausgangsfehler *nm* — DAT.PR — **initial error**
= Anfangsfehler *nm*

Ausgangsfilter *nn* — CIRC.EN — **output filter**

Ausgangsfläche *nf* — ENG.DRA — → **datum surface**
→ Bezugsfläche *nf*

Ausgangsfreigabe-Eingang *nm* — MICR.EL — **output enable input**

Ausgangsgröße *nf* — PHYS — **output quantity**

Ausgangsimpedanz *nf* — NETW.TH — **output impedance**

Ausgangsimpuls *nm* — EL.TRO — **output impulse**

Ausgangskapazität *nf* — EL.TEC — **output capacitance**

Ausgangskapazität *nf* — MICR.EL — **output capacitance**
= Cob-Wert *nm*
↑ statische Kenndaten
= Cob figure
↑ static characteristics

Ausgangskarte *nf* — TER&PER — → **reference edge**
→ Bezugskante *nf*

Ausgangskennfrequenz *nf* — MICR.EL — **output cutoff frequency**

Ausgangskennlinie *nf* — MICR.EL — **output characteristic**

Ausgangsklemme *nf* — EQP.EN — **output terminal**

Ausgangskorb *nm* — OFFICE — **out-tray** *n*

Ausgangskreis *nm* — CIRC.EN — → **output circuit**
→ Ausgangsschaltung *nf*

Ausgangslage *nf* — COLL — → **starting point**
→ Ausgangsposition *nf*

Ausgangslage *nf* — TECH — → **initial position**
→ Anfangsstellung *nf*

Ausgangslastfaktor *nm* — MICR.EL — **fan-out factor** *n*
[Anzahl Schaltung die an einen Ausgang gelegt werden können, oder Anzahl von Ausgängen, die eine Schaltung gleichzeitig aussteuern kann]
= Ausgangsfächerung *nf*; Ausgangsverzweigung *nf*
[quantity of circuits which can be connected to an output, or quantity of outputs a circuit can drive simultaneously]
= fan-out

Ausgangsleistung *nf* — EL.TEC — **output power**

Ausgangslinie *nf* — ENG.DRA — → **datum line**
→ Bezugslinie *nf* (1)

Ausgangsmaterial *nn* — MANUF — → **raw material**
→ Rohstoff *nm*

Ausgangspegel *nm* — TELEC — **output level**

Ausgangs-Port *nm* — HW — → **output port**
→ Ausgangsanschluss *nm*

Ausgangsposition *nf* — COLL — **starting point**
= Ausgangspunkt *nm*; Ausgangslage *nf*
= start point; starting position; start position

Ausgangsposition *nf* — EL.TRO — → **home position** *n*
→ Ausgangsstellung *nf*

Ausgangspost *nf* — OFFICE — → **outgoing post**
→ abgehende Post

Ausgangsprofil *nn* — TELEC — → **default profile**
→ Standardprofil *nn*

Ausgangspunkt *nm* — COLL — → **starting point**
→ Ausgangsposition *nf*

Ausgangspunkt *nm* — ENG.DRA — → **datum point**
→ Bezugspegel *nm*

Ausgangsresonator *nm* — EL.TRO — **collector cavity**
[Klystron]
[klystron]

Ausgangssatz *nm* — DAT.MA — **home record**

Ausgangsschaltung *nf* — CIRC.EN — **output circuit**
= Ausgangskreis *nm*

Ausgangs-Scheinleitwert *nm* — NETW.TH — → **output admittance**
→ Ausgangsadmittanz *nf*

Ausgangsschwingung *nf* — CIRC.EN — **output oscillation**

Ausgangssignal *nn* TELEC → **outgoing signal**
→ abgehendes Signal

Ausgangssignal *nn* EL.TRO **output signal**

Ausgangsspannung *nf* EL.TEC **output voltage**

Ausgangsspannung der ungestörten HW → **undisturbed one output signal**
→ volle Eins-Lesespannung

Ausgangsspannung der ungestörten HW → **undisturbed zero output signal**
→ volle Null-Lesespannung

Ausgangsspannung eines ungestörten Speicherelements HW → **undisturbed output signal**
→ volle Lesespannung

Ausgangsspannungshub *nm* EL.TRO **output voltage swing**

Ausgangsspannungs-Schwankung *nf* EL.TRO **slew rate** (2)

Ausgangssperre *nf* TELEPH **outgoing call blocking**

Ausgangssprache *nf* SW → **source language**
→ Quellsprache *nf*

Ausgangsstellung *nf* TECH → **initial position**
→ Anfangsstellung *nf*

Ausgangsstellung *nf* EL.TRO **home position** *n*
= Ausgangsposition *nf*; Ruheposition *nf*; Home Position *nf* (ANGL)
= home *n*

Ausgangsstoff *nm* MANUF → **raw material**
→ Rohstoff *nm*

Ausgangsstrom *nm* EL.TEC **output current**

Ausgangsstrom *nm* DAT.PR **output stream**

Ausgangsstufe *nf* CIRC.EN → **final stage**
→ Endstufe *nf*

Ausgangssuche *nf* SWITCH **trunk hunting**

Ausgangsteil *nn* MANUF → **preform** *n*
→ Rohling *nm*

Ausgangsteiler *nm* CIRC.EN **output attenuator**

Ausgangstor *nm* NETW.TH **output port**

Ausgangstreiber *nm* CIRC.EN **output driver**

Ausgangsübertrager *nm* CIRC.EN **output transformer**

Ausgangsübertrager *nm* SWITCH **output repeater**

Ausgangsverstärker *nm* CIRC.EN **output amplifier**

Ausgangsverzweigung *nf* MICR.EL → **fan-out factor** *n*
→ Ausgangslastfaktor *nm*

Ausgangswellenwiderstand *nm* LINE TH **output characteristic impedance**

Ausgangswert *nm* SCIE → **initial value**
→ Anfangswert *nm*

Ausgangs-Zeitkonstante *nf* MICR.EL **output time constant**

Ausgangszeitwert *nm* TELEC **initial zero time**

Ausgangszelle *nf* MICR.EL **output cell**

Ausgangszustand *nm* EL.TRO **output condition**

Ausgangszustand *nm* SW → **default** *n*
→ Vorgabe *nf*

ausgeben SW **output** *vt*
≈ auslesen
≠ eingeben
= dump *vt*; issue *vt*; fetch out *vt*
≈ read-out
≠ input

ausgeben DAT.PR → **log** *vt*
→ protokollieren

ausgebildet EDUC → **trained** *adj*
→ geschult

ausgeblendete Formatierungsbefehle WOR.PR → **hidden codes**
→ verdeckte Formatierungsbefehle

ausgedehnt TECH → **large-area** *adj*
→ großflächig

ausgedruckt PRIN.ME → **printed**
→ gedruckt

ausgeführtes Gespräch TELEPH **effective call**
= completed call

ausgehend TELEC → **outgoing**
→ abgehend

ausgeklinkt TECH **notched**

ausgeklügelt TECH **ingenious** *adj*
≈ raffiniert; kompliziert
= tricky
≈ sophisticated; complicated

ausgelöste Aktion INTERNET **lead** *n*

ausgenommen *praep* COLL **except** *praep*
= außer
= save

ausgeprägt COLL **pronounced**
[fig]
[fig]
= salient (fig)

ausgereift TECH **mature** *adj*
[fig]
≈ erprobt
[fig]
≈ proven

ausgereifte Technik TECH **mature technology**
= ausgereifte Technologie

ausgereifte Technologie TECH → **mature technology**
→ ausgereifte Technik

Ausgereiftheit *nf* TECH **design maturity**

ausgerichtet TECH **collimated**
≈ gleichsinnig; parallel [MATH]
= aligned
≈ codirectional; parallel [MATH]

ausgerichtet auf TECH **centred on**

ausgeschlossener Satz PRIN.ME → **justified typesetting**
→ Blocksatz *nm*

ausgespulte Datei DAT.MA → **spooled file**
→ Ausspuldatei *nf*

ausgetastetes Videosignal TV → **blanked picture signal**
→ BA-Signal *nn*

ausgetestet SW **checked out** *adj*
= debugged

ausgewogen COLL **balanced** *adj*
[fig]
[fig]

ausgezogen ENG.DRA **solid** *adj*
[Linie, Kurve]
[line, curve]

ausgezogene Linie ENG.DRA **solid line**
= durchgehende Linie
= full line

Ausgießmasse *nf* TECH → **sealing material**
→ Dichtungsmasse *nf*

Ausgleich *nm* NETW.TH → **balancing**
→ Abgleich *nm*

Ausgleich *nm* TECH **compensation**
= equalization *n*

ausgleichen *vt* (1) TECH **equalize** *vt*
= compensate *vt*; balance out *vt*; equilibrate *vt*; level out *vt*

ausgleichen *vr* (2) TECH **balance** *vi*
= ausbalancieren
= equilibrate *vt*; level up *vt*; adjust

Ausgleichheißleiter *nm* MICR.EL → **compensation thermistor**
→ Kompensationsheißleiter *nm*

Ausgleichkondensator *nm* CIRC.EN **correcting capacitor**

Ausgleichkondensator *nm* COM.CAB **equalizing capacitor**
= Kompensationskondensator *nm*
= compensating capacitor; built-out capacitor; correcting capacitor

Ausgleichleitung *nf* INSTR → **temperature compensating lead**
→ Thermoausgleichsleitung *nf*

Ausgleichmethode *nf* INSTR → **compensation method**
→ Kompensationsmethode *nf*

Ausgleichnetzwerk *nn* CIRC.EN → **correcting network** *n*
→ Ausgleichsnetzwerk *nn*

Ausgleichsimpuls *nm* TV **equalizing pulse**
= Trabant *nm*

Ausgleichsnetzwerk *nn* CIRC.EN **correcting network** *n*
= Ausgleichnetzwerk *nn*; Kompensationsnetzwerk *nn*
↓ Entzerrernetzwerk
= corrective network; compensating network; equalizing network (2)

Ausgleichspule *nf* CIRC.EN **equalizing coil**

Ausgleichsschaltung *nf* TELEPH **equalizer** *n*
[Fernsrechapparat]
[telephone set]

Ausgleichsschaltung *nf* (1) CIRC.EN **compensating circuit**
= Kompensationsschaltung *nf*
= corrective circuit; compensation circuit; corrector circuit; bucking circuit

Ausgleichsschaltung *nf* (2) CIRC.EN **tiebraker circuit**

Ausgleichsschaltung *nf* (3) CIRC.EN **transient compesation circuit**

Ausgleichsspannung *nf* EL.TEC **compensating voltage**

Ausgleichsstrom *nm* EL.TEC **compensatory current**

Ausgleichsvorgang *nm* PHYS **transient phenomenon**

Ausgleichswicklung *nf* EL.TRO **compensation winding**
= Kompensationswicklung *nf*
= compensating winding

Ausgleichswiderstand *nm* COM.CAB **correcting resistor**
= Kompensationswiderstand *nm*
= compensating resisitor; built-out resistor

Ausgleichswindung *nf* EL.TRO **compensating turn**
= Kompensationswindung *nf*

Ausgleichtheorem *nn* NETW.TH → **compensation theorem**
→ Kompensationstheorem *nn*

Ausgleichübertrager *nm* COMPO → **bridge transformer**
→ Brückenübertager *nm*

Ausgleichverfahren *nn* INSTR → **compensation method**
→ Kompensationsmethode *nf*

Ausgleichvorgang *nm* EL.TRO → **transient** *n* (1)
→ Übergangsvorgang *nm*

ausgleiten TECH → **slide** *vt*
→ gleiten *vi*

ausgliedern DAT.MA → **dequeue** *vt*
→ ausreihen

ausgliedern ECON → **outsource** *vt*
→ auslagern

ausgliedern ECON **spin-off** *vt*
= carve out

Ausgliederung *nf* ECON **spin-off** *n*
= carve out

Ausgliederung *nf* ECON → **outsourcing** *n*
→ Auslagerung *nf*

ausglühen METAL → **anneal** *vt*
→ glühen

Ausglühung *nf* METAL → **anneal** *n*
→ Glühung *nf*

Ausgussmasse *nf* TECH → **sealing material**
→ Dichtungsmasse *nf*

aushalten TECH **tolerate** *vt*
= vertragen; tolerieren

Aushängebogen *nm* PRIN.ME **running sheet**
[zur Begutachtung entnommen] [taken for checking purposes]
= Aushänger *nm*

aushängen SWITCH **remove** *vt*
[aus Warteschlange] [from queue]
= unlink *vt*

aushängen TELEPH → **lift** *vt*
→ abheben

Aushänger *nm* PRIN.ME → **running sheet**
→ Aushängebogen *nm*

Aushängezustand *nm* TELEPH **off-hook condition**
= off-hook state

Aushangtafel *nf* COLL **pin board**
= Notizbrett *nn*; Pinnwand *nf*; Pinwand *nf* ANGL)

aushärten METAL **temper** *vt*
= härten; anlassen

aushärten CHEM **polymerize**
[Harz] = cure *vt*
= härten

Aushärtung *nf* METAL **tempering** *n*

Aushilfspersonal *nn* ECON **temporary staff**

Aushungerung *nf* DAT.NW **starvation** *n*
[dauernde Belegung der Betriebsmittel durch andere] [resources permanently retained by others]

Ausklammern verdeckter Flächen COMP.GR **backface culling**
[die für die Ausgabe irrelevent sind]
= Backface Culling *nn* (ANGL)

ausklappbar TECH **fold-out** *adj*

ausklappbar TECH → **hinged** *adj*
→ schwenkbar

ausklappen TECH **fold out** *vt*

Auskleidung *nf* TECH **lining** *n*

ausklingen EL.ACOU **die away**

Ausklinken *nn* METAL **notching** *n*
[Stanzen]

ausklügeln COLL → **devise** *vt*
→ ausdenken

auskoppeln TELEC **decouple**
[aus einem Signalweg] [from a signal path]
≈ abzweigen = extract *vt*
≈ derivate

Auskoppelraum *nm* MICROW **catcher space**
= output gap

Auskreuzungskasten *nm* OUT.PL **cross-bonding box**
= link box

auskühlen TECH **cool thoroughly**

Auskundung *nf* SYS.INS → **survey** *n*
→ Begehung *nf*

Auskunft *nf* COLL **information** *n*

Auskunftdienst *nm* DAT.CO **call information service**
[Datenvermittlung] [data switching]
= information service

Auskunftdienst-Kennzeichen *nn* DAT.CO **call information service signal**
[Datenvermittlung] [data switching]

Auskunftsbüro *nn* ECON **information office**
= enquiry office; information bureau

Auskunftsgerät *nn* TER&PER **information terminal**

Auskunftspflicht *nf* ECON **obligation to information**
= Informationspflicht *nf*

auskuppeln MEC.EN **ungear** *vt*
= declutch *vt*

Ausladung *nf* TECH **overhang** *n*
= Überhang *nm*; Überstehen *nn*

auslagern DAT.PR **swap-out** *vt*
[to transfer to an external storage]

auslagern ECON **outsource** *vt*
= ausgliedern = outplace *vt*

Auslagern *nn* DAT.PR → **spool** *n*
→ Spool-Betrieb *nm*

Auslagerung *nf* DAT.PR **swapping-out**
[vom Hauptspeicher in einen Hilfsspeicher] [from main to auxiliary storage]
↑ Umlagerung ↑ swapping

Auslagerung *nf* ECON **outsourcing** *n*
= Ausgliederung *nf* = outplacement *n*

Auslagerungdatei *nf* DAT.MA → **spooled file**
→ Ausspuldatei *nf*

Auslagerungsbetrieb *nm* DAT.PR → **spool** *n*
→ Spool-Betrieb *nm*

Auslagerungsdatei *nf* DAT.PR **swap file**

Ausländer *nm* PUB.ADM **foreigner** *n*
= outlander *n*; alien *n*; expatriate *n* (slang)

ausländisch PUB.ADM **foreign** *adj*
= outlandish

ausländische Währung *nf* ECON → **foreign currency**
→ Fremdwährung *nf*

Auslandsamt *nn* SWITCH → **international gateway exchange**
→ Auslands-Kopfvermittlungsstelle *nf*

Auslandsgespräch *nn* TELEPH **international call**
= internationale Fernverbindung = global call
↓ Überseegespräch ↓ intercontinental call

Auslands-Kopfvermittlungsstelle *nf* SWITCH **international gateway exchange**
= internationales Fernamt; Auslandsvermittlungstelle *nf*; Auslandsamt *nn* = international exchange; international switching centre (BE)
↑ gateway exchange

Auslandsleitung *nf* TELEC **international circuit**
= internationale Leitung = international line

Auslandsvermittlungstelle *nf* SWITCH → **international gateway exchange**
→ Auslands-Kopfvermittlungsstelle *nf*

Auslandsvorwählnummer *nf* SWITCH → **international prefix**
→ internationale Verkehrsausscheidungszahl

Auslass *nm* TECH **outlet** *n*

auslassen COLL → **omit** *vt*
→ weglassen

Auslassung *nf* LING → **ellipsis** *n*
→ Ellipse *nf*

Auslassung *nf* COLL → **omission** *n*
→ Unterlassung *nf*

Auslassungspunkte PRIN.ME **suspension points**
[...] [...]
= ellipsis points

Auslassungszeichen *nn* PRIN.ME **ellipsis** *n*
[Symbol: ′] [symbol: ′; marks omission]
↓ Apostroph ↓ apostrophe

Auslasszeichen *nn* DAT.CO → **ignore character**
→ Ungültigkeitszeichen *nn*

Auslastung *nf* ECON **utilization** *n*

Auslastung *nf* TECH → **usage** *n*
→ Ausnutzung *nf*

Auslastungsgrad *nm* TECH **usage factor**
≈ Kapazitätsauslastung ≈ capacity usage

Auslastungsgrad *nm* SWITCH **grade of usage**
= GoU

Auslastungsplan *nm* TECH **loading schedule**

Auslauf *nm* (1) TECH → **efflux** *n*
→ Abfluss *nm*

Auslauf *nm* (2) TECH **runout** *n*
[Beendigung eines mechanischen Laufs] [termination of a mechanical run]

Auslaufdatum *nn* ECON → **due time**
→ Fälligkeit *nf*

auslaufen COLL **run out** *vi*
[Flüssigkeit] [liquid]

Ausläufer *nm* GEOSC **spur** *n*

Ausläufernetz *nn* TRANSM **back-end network**

Auslaufmodell *nn* TECH **run-out model**

Auslaufrille *nf* CONS.EL **lead-out spiral**
[Schallplatte] [phonogram record]
= lead-out groove; throw-out

auslaufsicher TECH → **leakproof** *adj*
→ lecksicher

Auslaufventil *nn* TECH **outflow valve**

auslaugen TECH **leach** *vt*

Auslegemaschine *nf* OUT.PL → **cable laying machine**
→ Kabelverlegemaschine *nf*

auslegen TECH → **dimension** *vt*
→ bemessen

auslegen OUT.PL → **lay** *vt*
→ verlegen

auslegen *vt* — ECON — **lay out** *vt*
= vorstrecken

Ausleger *nm* — MEC.EN — **bracket** *n*
= extension arm

Auslegeschrift *nf* — LAW — **published patent application**
[Patent]

Auslegung *nf* — TECH — **lay-out** *n*
= Bauart *nf*; Gestaltung *nf* (2) — = design *n* (2); make *n*; engineering *n*

Auslegung *nf* — TECH — → **dimensioning** *n*
→ Bemessung *nf*

ausleihen (1) — ECON — → **lend** *vt* (2)
→ entleihen *vt*

ausleihen (2) — ECON — → **lend** *vt* (1)
→ verleihen *vt*

Auslenkbelastung *nf* — MEC.EN — **load at deflection**
[Feder] — [spring]
≠ n.

Auslenkung *nf* — MEC.EN — **deflection** *n*
[Feder] — [spring]

Auslesegeschwindigkeit *nf* — DAT.PR — **read-out speed**
= Lesegeschwindigkeit *nf*; Leserate *nf* — = read peed; read rate

auslesen — DAT.PR — **read-out** *vt*
[von internem auf externen Speicher] — [from internal to external memory]
= ausspeichern (1) — = retrieve *vt*; destage *vt*
≈ ausgeben — ≈ fetch out
≠ einschreiben — ≠ write-in
↑ lesen

Auslesen *nf* — DAT.PR — **read-out** *n*
= Ausspeichern *nm* — = readout *n*
≈ Ausgabe — ≈ output
≠ Einlesen — ≠ read-in
↑ Lesen — ↑ read

Ausleseprogramm *nn* — SW — → **output routine**
→ Ausgabeprogramm *nn*

Ausleseprüfung *nf* — QUAL — → **screening inspection**
→ Sortierprüfung *nf*

Ausleseroutine *nf* — SW — → **output routine**
→ Ausgabeprogramm *nn*

Auslesetakt *nm* — CIRC.EN — **read clock**

Auslesezyklus *nm* — SW — → **read cycle**
→ Lesezyklus *nm*

Ausleuchtbündel *nf* — SAT.CO — **illuminating beam**

Ausleuchtgebiet *nn* — SAT.CO — → **illumination spot**
→ Ausleuchtzone *nf*

Ausleuchtkoeffizient *nm* — IMAG.ME — **lighting ratio**
[Führungs- zu Fülllicht] — [key light vs. fill light]

Ausleuchtung *nf* — IMAG.ME — **lighting** *n*

Ausleuchtung *nf* — ANT — **aperture illumination**
= Aperturverteilung *nf* — = illumination *n*; aperture distribution

Ausleuchtzone *nf* — SAT.CO — **illumination spot**
= Ausleuchtgebiet *nn* — = spot *n*; footprint *n*

Auslieferanweisung *nf* — ECON — → **delivery order**
→ Lieferanweisung *nf*

Auslieferbeginn *nm* — ECON — → **rollout** *n*
→ Lieferbeginn *nm*

ausliefern (1) — ECON — **hand over to retail sale** *vt*
[an den Einzelhandel] — = deliver to retailer
↑ liefern — ↑ deliver

ausliefern (2) — ECON — → **deliver** *vt*
→ liefern *vt*

Auslieferung *nf* — ECON — → **delivery** *n*
→ Lieferung *nf*

Auslieferungsschein *nm* — ECON — → **delivery note**
→ Lieferschein *nm*

Auslieferungstoleranz *nf* — QUAL — **delivery tolerance**

Auslieferungszustand *nm* — QUAL — **delivery state**
= Lieferzustand *nm* — = condition on delivery
≈ Empfangszustand — ≈ condition as received

Ausloggen *nn* (ANGL) — DAT.CO — → **log-off** *n*
→ Abmeldung *nf*

ausloggen *vt* (ANGL) — DAT.CO — → **log-off** *vt*
→ abmelden

auslöschen — TECH — **extinguish** *vt*
= obliterate *vt*

Auslöseanforderung *nf* — DAT.CO — **clear request**
= Auslösungsanforderung *nf* — = invitation to clear

Auslöseanzeige *nf* — DAT.CO — **clear indication**
= Auslösunganzeige *nf*

Auslösebestätigung *nf* — DAT.CO — **clear confirmation**
= Auslösungsbestätigung *nf*

Auslösedauer *nf* — SWITCH — → **call release time**
→ Verbindungsauslösedauer *nf*

Auslösediode *nf* — MICR.EL — → **trigger diode**
→ Triggerdiode *nf*

Auslöseeingang *nm* — EL.TRO — → **trigger input**
→ Triggereingang *nm*

Auslöseeinleitung *nf* — SWITCH — **release request**

Auslöseelektrode *nf* — EL.TRO — → **trigger electrode**
→ Triggerelektrode *nf*

Auslöseimpuls *nm* — EL.TRO — → **trigger pulse** *n*
→ Triggerimpuls *nm*

Auslöseknopf *nm* — EL.TRO — **release button**
= snap button

auslösen — DAT.PR — **trigger** *vt*
= einleiten; starten — = initiate *vt*; clear down *vt*; release *vt*; enable *vt*; start *vt*; activate *vt*; launch *vt*

auslösen — COMPO — **blow** *vt*
[einer Sicherung] — [to activate a protecting device]
= ansprechen (2)

auslösen — POW.SY — **trip** *vt*
[release to initiate]
= release *vt*

auslösen — SWITCH — **release** *vt*
[einer Verbindung, von Belegt- in Freizustand überführen] — [of a connection, to pass from busy to idle state]
↓ rückauslösen — = clear *vt*; clear down *vt*
↓ release back

auslösen — EL.TRO — **trigger** *vt*
[einen Vorgang durch ein Signal auslösen] — [to activate a process by a signal]
= zünden; triggern — = activate *vt*; trip *vt*; release *vt*

auslösen — MEC.EN — → **unlock** *vt*
→ entriegeln

Auslösen *nn* — SWITCH — → **release** *n*
→ Auslösung *nf*

auslösendes Netz — DAT.CO — **clearing network**

Auslösepegel *nm* — POW.SY — **trip level**

Auslösepegel *nm* — EL.TRO — → **triggering level**
→ Triggerschwelle *nf*

Auslöseprotokoll *nn* — SWITCH — **clearing protocol**
= Abbauprotokoll *nn*

Auslösepunkt *nm* — POW.SY — **trip point**

Auslösequelle *nf* — EL.TRO — → **trigger source**
→ Triggerquelle *nf*

Auslösequittung *nf* — SWITCH — **release guard**

Auslösequittungszeichen *nn* — SWITCH — **release-guard signal**

Auslöser *nm* — POW.SY — **cut-out** *n*
= release; tripping device

Auslöser *nm* — EL.TRO — **trigger** *n* (1)
= Auslösevorrichtung *nf*; Zünder *nm*; Trigger *nm* (ANGL) — = ignitor *n*; firing device

Auslöser *nm* — MEC.EN — → **tappet** *n*
→ Mitnehmer *nm*

Auslöser *nm* — CIRC.EN — → **trigger circuit** *n* (1)
→ Triggerschaltung *nf*

Auslöserelais *nn* — EL.TRO — **tripping relay**

Auslöseschalter *nm* — EL.TRO — → **trigger switch**
→ Triggerschalter *nm*

Auslöseschaltung *nf* — CIRC.EN — → **trigger circuit** *n* (1)
→ Triggerschaltung *nf*

Auslöseschwelle *nf* — EL.TRO — → **triggering level**
→ Triggerschwelle *nf*

Auslösesignal *nn* — POW.SY — **trip signal**
= tripping signal; release signal

Auslösesignal *nn* — EL.TRO — → **triggering signal**
→ Triggersignal *nn*

Auslösespannung *nf* — EL.TRO — → **trigger voltage**
→ Zündspannung *nf*

Auslösestrom *nm* — COMPO — **blowing current**
[einer Stromsicherung] — [of a overcurrent fuse]
= tripping current; release current

Auslösestrom *nm* — EL.TRO — → **trigger current**
→ Zündstrom *nm*

Auslösetaste *nf* — TER&PER — **release key**
≈ Funktionstaste — = action key
≈ function key

Auslöseverzögerung *nf* — EL.TRO — → **trigger holdoff**
→ Triggerverzögerung *nf*

Auslöseverzug *nm* — SWITCH — → **call release time**
→ Verbindungsauslösedauer *nf*

Auslösevorrichtung *nf* — EL.TRO — → **trigger** *n* (1)
→ Auslöser *nm*

Auslösewicklung *nf* → Triggerwicklung *nf*	EL.TRO	→ **trigger winding**
Auslösezeichen *nn*	SWITCH	**release signal** = clear forward signal
Auslösung *nf* = Auslösen *nn*; Trennung *nf*; Trennen *nm* ↓ Vorwärtsauslösung; Rückwärtsauslösung	SWITCH	**release** *n* = clearing forward *n*; clearance *n*; disconnection *n*; disconnect *n* ↓ forward release; backward release
Auslösung *nf*	DAT.CO	**clear to send** = CTS
Auslösung *nf*	POW.SY	**trip** *n* [release that initiates] = tripping *n*; release *n*
Auslösung *nf* = Zündung *nf*; Zünden *nn*; Triggern *nn*; Triggerung *nf*; Aktivierung *nf* ≈ Einschaltung	EL.TRO	**triggering** *n* = trigger *n* (2); activation *n*; firing *n*; ignition *n*; release *n*; clearing *n* ≈ enabling
Auslösung *nf* → Einleitung *nf*	SW	→ **initiation** *n*
Auslösung *nf* → Tagegeld *nn*	ECON	→ **daily allowance**
Auslösung *nf* → Verbindungsauslösung *nf*	SWITCH	→ **call release**
Auslösunganzeige *nf* → Auslöseanzeige *nf*	DAT.CO	→ **clear indication**
Auslösungsanforderung *nf* → Auslöseanforderung *nf*	DAT.CO	→ **clear request**
Auslösungsbestätigung *nf* → Auslösebestätigung *nf*	DAT.CO	→ **clear confirmation**
Auslösungsblock *nm*	DAT.CO	**clear message**
Auslösungsdauer *nf* → Verbindungsauslösedauer *nf*	SWITCH	→ **call release time**
Auslösungsgrund-Feld *nn*	DAT.CO	**clearing-cause field**
Auslösungsverzug *nm* → Verbindungsauslösedauer *nf*	SWITCH	→ **call release time**
ausloten ≈ erproben	TECH	**trial** *vt*
auslöten = ablöten; entlöten	EL.TRO	**desolder** *vt* = unsolder *vt*
Auslötzubehör *nn*	EL.TRO	**desoldering accessories**
Ausmaß *nn* → Umfang *nm*	TECH	→ **extent** *n*
aus Massenproduktion → konfektioniert	TECH	→ **canned** *adj*
ausmisten	DAT.MA	**weed** *vt*
Ausnahme *nf*	COLL	**exception** *n*
Ausnahmelexikon *nn* → Ausnahmenliste *nf*	COMP.SC	→ **exception dictionary**
Ausnahmeliste *nf* → Ausnahmenliste *nf*	COMP.SC	→ **exception dictionary**
Ausnahmenbehandlung *nf*	SW	**exception handling**
Ausnahmenlexikon *nn* → Ausnahmenliste *nf*	COMP.SC	→ **exception dictionary**
Ausnahmenliste *nf* [Auflistung von Ausnahmefällen eines Algorithmus] = Ausnahmeliste *nf*; Ausnahmenlexikon *nn*; Ausnahmelexikon *nn*; Ausnahmenwörterbuch *nn*	COMP.SC	**exception dictionary** [list of exceptions to an algorithm]
Ausnahmenwörterbuch *nn* → Ausnahmenliste *nf*	COMP.SC	→ **exception dictionary**
Ausnahmequerverbindung *nf*	SWITCH	**subscription call connection**
Ausnahmesituation *nf* → Ablaufunterbrechung *nf*	SW	→ **exception** *n*
ausnutzen = verwerten ≈ benutzen	TECH	**utilize** *vt* ≈ use
Ausnutzung *nf* = Verwertung *nf*; Auslastung *nf*; Ausbeutung *nf* ≈ Benutzung ↓ Kapazitätsauslastung	TECH	**usage** *n* = utilization *n*; exploitation *n* ≈ use ↓ capacity usage
Auspackanleitung *nf*	TEC.DOC	**unpacking instructions**
auspacken = entpacken	TECH	**unpack** *vt*
Auspacken *nn*	TECH	**unpacking** *n*
ausparken	TER&PER	**unpark** *vt*
ausprüfen → austesten	SW	→ **debug** *vt*
Ausprüfen *nn* → Austesten *nn*	SW	→ **debugging** *n*
Auspunktierung *nf* [Linie von Punkten (oder Strichen oder dgl.) um das Auge zu führen, z.B. in einem Inhaltsverzeichnis] = Leitpunktierung *nf*	PRIN.ME	**leader dots** *nplt* [line of dots (or hyphens or similar) to guide the eye, e.g. in a table of contents] = leaders *nplt*; leader line
ausrangieren = außer Betrieb nehmen ≈ verwerfen (1)	TECH	**take out of service** ≈ reject
ausrasten	TECH	**unlock** *vt*
Ausrasten *nn*	TECH	**unlocking** *n*
ausräumen → absaugen	MICR.EL	→ **drain** *vt*
Ausräumstrom *nm* → Absaugstrom *nm*	MICR.EL	→ **drain current**
Ausregelfehler *nm*	CONTRO	**settling error**
Ausregelzeit *nf*	CONTRO	**settling time**
ausreihen [aus einer Datenschlange] = ausgliedern ≠ einreihen	DAT.MA	**dequeue** *vt* [to take from a queue] ≠ enqueue
ausreißen ≈ abreißen	TECH	**tear out** *vt* = snap out *vt* ≈ tear
Ausreißer *nm* [fig] ≈ Sonderfall	TECH	**outlier** *n* [something far from normality] = drop-off *n* ≈ special case
ausrichten ≈ mitteilen	COLL	**pass a message**
ausrichten = fluchten ≈ aufreihen	TECH	**align** *vt* = collimate *vt*; orient *vt*; range *vt* ≈ sequence
ausrichten → ausschließen	PRIN.ME	→ **justify** *vt*
ausrichten auf [fig]	SCIE	**target** *vt* [fig]
Ausrichtkante *nf*	TECH	**aligning edge**
Ausrichtung *nf* = Orientierung *nf* ≈ Einstellung	TECH	**alignment** *n* = straightening *n*; collimation *n*; orientation *n* ≈ adjustment
Ausrichtung *nf* → Ausschluss *nm* (2)	PRIN.ME	→ **justification** *n*
Ausrichtung *nf*	ANT	**alignment** *n* = adjustment *n*; collimation *n*; orientation *n*
ausrücken	PRIN.ME	**outdent** *vt*
Ausrufesatz *nm*	LING	**exclamation** *n*
Ausrufewort *nn* → Interjektion *nf*	LING	→ **interjection** *n*
Ausrufezeichen *nn* [Symbol: !] = Ausrufungzeichen *nn* (AT,CH) ↑ Satzzeichen; Satzendzeichen	LING	**exclamation mark** [symbol: !] = bang *n* [DAT.PR] ↑ punctuation mark; end punctuation mark
Ausrufungzeichen *nn* (AT,CH) → Ausrufezeichen *nn*	LING	→ **exclamation mark**
ausrüsten → ausstatten	TECH	→ **equip** *vt*
Ausrüstung *nf* → Einrichtung *nf* (1)	TECH	→ **equipment** (1) *nsgt*
ausrutschen → gleiten *vi*	TECH	→ **slide** *vt*
Aussage *nf*	LOGIC	**proposition** *n* = statement *n*
Aussage *nf* → Anweisung *nf* (1)	SW	→ **statement** *n* (1)
Aussageart *nf* → Modus *nm*	LING	→ **mood** *n*
Aussageform *nf*	LOGIC	**propositional function**
Aussageform *nf*	SW	**open sentence**
aussagekräftig = signifikant	SCIE	**meaningful** = significant
Aussagenkalkül *nm* → Aussagenlogik *nf*	LOGIC	→ **propositional logic**
Aussagenlogik *nf* = Aussagenkalkül *nm* ↑ Formale Logik ↓ Boolesche Algebra	LOGIC	**propositional logic** = propositional calculus ↑ formal logic ↓ Boolean algebra
Aussagesatz *nm* = deklarativer Satz; Deklarativsatz *nm*	LING	**positive sentence** = declarative sentence; statement
Aussagevariable *nf*	LOGIC	**propositional variable**

Aussagewahrscheinlichkeit *nf* STATIS **confidence coefficient**

Aussageweise *nf* LING → **mood** *n*
→ Modus *nm*

ausschalten EL.TEC **disconnect** *vt*
= abschalten; unwirksam schalten
≈ unterbrechen; sperren [EL.TRO]
≠ einschalten
= cut-off *vt*; disable *vt*; deactivate *vt*; de-energize *vt*; turn-off *vt*; power-down *vt*; power-off *vt*; shut-down *vt*; switch-out *vt*
≈ interrupt; inhibit [EL.TRO]
≠ connect (2)

ausschalten TECH → **override** *vt*
→ lahmlegen

Ausschalten *nn* DAT.PR → **power-down** *n*
→ Abschaltevorgang *nm*

Ausschalten *nn* EL.TEC → **power cut**
→ Stromabschaltung *nf*

Ausschalter *nm* CIRC.EN → **circuit breaker**
→ Aus-Schalter *nm*

Aus-Schalter *nm* CIRC.EN **circuit breaker**
= Ausschalter *nm*; Stromunterbrecher *nm*
≠ Einschalter
= power monitor
≠ circuit closer

Ausschalteton *nm* DAT.CO **disabling tone**

Ausschalteverhalten *nn* MICR.EL → **turn-off behaviour**
→ Ausschaltverhalten *nn*

Ausschalteverlust *nm* MICR.EL → **turn-off loss**
→ Ausschaltverlust *nm*

Ausschaltevorgang *nm* DAT.PR → **power-down** *n*
→ Abschaltevorgang *nm*

Ausschaltevorrichtung *nf* CIRC.EN → **disabler** *n*
→ Abschaltevorrichtung *nf*

Ausschaltezeit *nf* MICR.EL → **turn-off time**
→ Ausschaltzeit *nf*

Ausschaltezeit *nf* EL.TRO **turn-off time**
= Freiwerdezeit *nf*; Löschzeit *nf*

Ausschaltstellung *nf* EL.TEC **off-position** *n*

Ausschaltung *nf* SIG.EN **spoofing** *n*
[einer Warnanlage durch elektrischen Eingriff]
≈ Umgehung
[of an alarm system by electonic means]
≈ circumvention

Ausschaltung *nf* EL.TRO → **disabling** *n*
→ Abschaltung *nf*

Ausschaltung *nf* EL.TEC → **power cut**
→ Stromabschaltung *nf*

Ausschaltverhalten *nn* MICR.EL **turn-off behaviour**
= Ausschalteverhalten *nn*; Abschaltverhalten *nn*
= switch-off behaviour

Ausschaltverlust *nm* MICR.EL **turn-off loss**
= Ausschalteverlust *nm*; Abschaltverlust *nm*
= breaking loss; switch-off loss

Ausschaltvorgang *nm* DAT.PR → **power-down** *n*
→ Abschaltevorgang *nm*

Ausschaltzeit *nf* MICR.EL **turn-off time**
[Speicher- plus Abfallzeit]
= Ausschaltezeit *nf*; Abschaltzeit *nf*
[storage plus fall time]
= switch-off time

Ausscheidungskennziffer *nf* SWITCH → **prefix** *n*
→ Verkehrsausscheidungszahl *nf*

Ausscheidungsziffer *nf* SWITCH → **prefix** *n*
→ Verkehrsausscheidungszahl *nf*

ausschießen *nn* PRIN.ME **impose** *vt*
[für richtige Seitenfolge anordnen]
[to arrange for correct page sequence]

Ausschießen *nn* PRIN.ME **imposition** *n*

Ausschießprogramm *nn* WOR.PR **imposition program**

ausschlachten TECH **cannibalize**
[Betriebserhaltung durch Entnahme von Teilen intakter Bestände]
= querentnehmen
[to maintain operation taking parts of intact spares]

Ausschlachtung *nf* TECH **cannibalization** *n*
[fig; Positionen aus kompletten Sätzen entnehmen, deren Nutzbarkeit dadurch beinträchtigt wird]
= Querentnahme *nf*
[fig; to take items from complete sets impairing their utility]

Ausschlag *nm* INSTR **deflection** *n*
[deviation of pointer from zero]

Ausschlag *nm* PHYS → **elongation** *n*
→ Elongation *nf*

Ausschlagfaktor *nm* INSTR **deflection factor**

Ausschlagmethode *nf* INSTR **deflection method**

Ausschlagwinkel *nm* INSTR **deflection angle**
= Deflexionswinkel *nm*

Ausschließbereich *nm* PRIN.ME → **hot zone**
→ Zeilenausgang *nm*

Ausschließen PRIN.ME → **justification** *n*
→ Ausschluss *nm* (2)

ausschließen COLL **preclude** *vt*
[fig]
= exclude *vt*; debar *vt*

ausschließen PRIN.ME **justify** *vt*
[durch Zwischenräume und Silbentrennung eine Zeile auf vorgegebene Länge bringen]
= ausrichten
[to bring a line to a given length by spacings and hyphenation]

ausschließend MATH **exclusive**
= exklusiv
≠ einschließend
≠ inclusive

AUSSCHLIESSLICHES ODER *nn* LOGIC → **EXCLUSIVE-OR operation**
→ EXKLUSIV-ODER-Verknüpfung *nf*

AUSSCHLIESSLICHES-ODER-Funktion *nf* LOGIC → **EXCLUSIVE-OR operation**
→ EXKLUSIV-ODER-Verknüpfung *nf*

AUSSCHLIESSLICHES-ODER-Glied *nn* CIRC.EN → **EXCLUSIVE OR gate**
→ EXKLUSIV-ODER-Glied *nn*

AUSSCHLIESSLICHES-ODER-Verknüpfung *nf* LOGIC → **EXCLUSIVE-OR operation**
→ EXKLUSIV-ODER-Verknüpfung *nf*

ausschließlich lesbarer Speicher HW → **read-only memory**
→ Festwertspeicher *nm*

Ausschließprogramm *nn* WOR.PR **justification program**
= Ausschließroutine *nf*; Zeilenbildungprogramm *nn*
= justification routine

Ausschließroutine *nf* WOR.PR → **justification program**
→ Ausschließprogramm *nn*

Ausschließungsprinzip *nn* PHYS → **Pauli principle**
→ Pauli-Prinzip *nn*

Ausschließzone *nf* PRIN.ME → **hot zone**
→ Zeilenausgang *nm*

Ausschluss *nm* TECH **exclusion** *n*

Ausschluss *nm* (1) PRIN.ME **justification font**
[nichtdruckende Typen für Zwischenräume]
[nonprinting types]

Ausschluss *nm* (2) PRIN.ME **justification** *n*
[durch Zwischenräume und Silbentrennung eine Zeile auf vorgegebene Länge bringen]
= Ausschließen; Ausrichtung *nf*
≠ Unterschneidung
[to adjust a line by spacings and hyphenation to a given length]
= quadding *n*
≠ kerning

Ausschluss *nm* (3) PRIN.ME **word spacing** *n*
[Leerraum zwischen Wörtern]
= Wortabstand *nm*
= spacing *n* (2); line filling

ausschneiden WOR.PR **cut** *vt*
[einen Textausschnitt oder Grafik herauslesen, zwecks Zwischenspeicherung und/oder Einfügung an anderer Stelle]
= klicken
≠ einfügen
[to copy a text section or graph for intermediate storing and /or insertion in another place]
= click *vt*
≠ paste

Ausschneiden *nn* METAL **blanking** *n*
[Stanzen]

Ausschneiden und Einfügen WOR.PR **cut-and-paste**
[Verschieben von Textblöcken und Grafiken; die elektronische Entsprechung von Schere und Klebstoff]
= Cut-and-paste *nn*; Klicken und Klacken *nn*
[to move text and illustrations; the electronic equivalent od scissors and glue]
= cut'n'paste; click and clack

Ausschnitt *nm* COMP.GR **clipping path**
[delimits used picture area]

Ausschnitt *nm* CINEMA **clipping** *n*
= cut out *n*

Ausschnitt *nm* TECH → **cutout** *n*
→ Durchbruch *nm*

Ausschnitt *nm* COMP.AP → **window** *n*
→ Fenster *nn*

Ausschnitt *nm* SCIE → **segment** *n*
→ Segment *nn*

Ausschnittbetrachtung *nf* COMP.GR **layering** *n*
[erlaubt getrennte Betrachtung von Teilen einer Grafik]
[permits separate contemplation of parts of a graphic]

Ausschnittseinblendung *nf* COMP.AP → **window technique**
→ Fenstertechnik *nf*

Ausschnittspolygon *nn* COMP.GR **clip polygon**
= Clip-Polygon *nn* (ANGL)

Ausschnittzeichnung *nf* ENG.DRA → **detail drawing**
→ Teilzeichnung *nf*

Ausschöpfungszone *nf* MICR.EL → **depletion layer**
→ Sperrschicht *nf*

ausschrauben MEC.EN → **unscrew** *vt*
→ herausdrehen

Ausschreibung *nf* ECON **invitation to tender** *n*
= Angebotsaufforderung *nf*, Angebotseinholung *nf*; Submission *nf*, Anfrage *nf*
= invitation to bid (AE); call for tenders; call for bids (AE); request for quotation; RFQ; request for tender;

request of offer; request for proposal; solicitation *n*; tender *n* (2); inquiry *n*

Ausschreibungsbedingungen *nplt* — TECH — → **specification** *n* (2)
→ Lastenheft *nn*

ausschreibungslos — ECON — **non-competitive**

Ausschreibungsunterlagen *nplt* — ECON — **tender documentation**
≈ Spezifikation — ≈ specification

Ausschub *nm* — TER&PER — → **ejector** *n*
→ Ausschubvorrichtung *nf*

Ausschubtaste *nf* — TER&PER — **ejector key** *n*
= Auswurftaste *nf* — = eject key; throw-off key

Ausschubvorrichtung *nf* — TER&PER — **ejector** *n*
= Ausschub *nm*; Auswurfvorrichtung *nf*; Auswurf *nm* — = eject *n*; throw-off *n*

Ausschuss *nm* — TECH — → **scrap** *n*
→ Abfall *nm* (1)

Ausschuss *nm* — QUAL — **refuse** *n*
= rejects *nplt*
≈ waste

Ausschuss *nm* — ECON — **committee** *n*
[Gremium]
= Kommission *nf*; Komitee *nn* — = commission *n*; board *n* (2)

Ausschussanteil *nm* — QUAL — → **defective ratio**
→ Fehleranteil *nm*

Ausschussteil *nn* — MANUF — **waster** *n*

Ausschusszahl *nf* — STATIS — **number of defects**
= Fehlerzahl *nf*

ausschwenkbar — TECH — → **hinged** *adj*
→ schwenkbar

Ausschwingvorgang *nm* — EL.TRO — **swing-out transient**

ausschwitzen — CHEM — **exude**

Ausschwitzen *nn* — CHEM — **exudation** *n*

Außen- *adj* — TECH — **outdoor** *adj*
= Freiraum-; Freigelände- — = outside-building; outside; open-air; open-site
≈ wettergeschützt — ≈ weather-protected
≠ Innen- — ≠ indoor

Außenantenne *nf* — ANT — **outdoor antenna**
= outside antenna; open antenna

Außenaufbau *nm* — EQP.EN — → **outdoor mounting**
→ Außenmontage *nf*

Außenaufnahme *nf* — CINEMA — **outdoor shot**
= exterior shoot

Außenbeschaltung *nf* — CIRC.EN — **outside termination**

Außendienst *nm* — ECON — **field service**
≠ Innendienst — = field *n*
≠ office service

Außendienstingenieur *nm* — ECON — **field engineer**

Außendiensttechniker *nm* — ECON — → **customs service technician**
→ Kundendiensttechniker *nm*

Aussendung *nf* — RADIO — **emission** *n*
= radiation *n*

Außendurchmesser *nm* — MATH — **outside diameter**

Außenfläche *nf* — MATH — **external surface**

Außengewinde *nn* — MEC.EN — **external thread**

Außenhandel *nm* — ECON — **foreign trade**
= foreign commerce (AE); external economic relations

Außenhaut *nf* — TECH — → **coat** *n*
→ Mantel *nm*

Außenhülle *nf* — TECH — → **oversheath** *n*
→ Außenschutz *nm*

Außenkabel *nn* — COM.CAB — **outside cable**
= outdoor cable; external cable

Außenleiter *nm* — LINE TH — **outer conductor**
[Koaxialpaar] — [coaxial pair]

Außenleiter *nm* — POW.EN — **phase** *n*
[Wechselstromnetz] — [ac system]
= phase conductor; ouside conductor

Außenleiterstrom *nm* — POW.SY — → **phase current**
→ Phasenstrom *nm*

Außenmantel *nm* — COM.CAB — **outer sheath**
= outer cladding

Außenmaß *nn* — ENG.DRA — **outside dimension**

Außenmast *nm* — ANT — **lateral tower**

Außenmontage *nf* — EQP.EN — **outdoor mounting**
= Außenaufbau *nm*; Freiraummontage *nf*; Freiraumaufbau *nm*; Freiluftmontage *nf*; Freiluftaufbau *nm*; Freilandmontage *nf*; Freilandaufbau *nm*
≠ Innenmontage; Stationsaufbau — = external mounting; exterior premises mounting; outdoor installation; external installation; exterior premises installation
≠ indoor mounting; office installation

Außennetz *nn* — TELEC — **outside plant** (1)
= Liniennetz *nn* (DTAG) — = OSP (1); external plant (BE); ESP (BE)
≠ Innennetz — ≠ inside plant
↓ Ortsleitungsnetz; Fernliniennetz — ↓ local outside plant:; trunk outside plant

Außenniveau *nn* — MICR.EL — → **ionization level**
→ Außenraum-Niveau *nn*

Außenraumklima *nn* — QUAL — **outdoor climate**
= Freiraumklima *nn*; Freiluftklima *nn*; Freilandklima *nn* — = open air climate; outdoor environment; outdoor service environment

Außenraum-Niveau *nn* — MICR.EL — **ionization level**
= Außenniveau *nn* — = zero-energy level

Außenrequisiteur *nm* — CINEMA — **prop buyer**
= property buyer

Außenschutz *nm* — TECH — **oversheath** *n*
= Außenhülle *nf*

Außenseite *nf* — TECH — **outside** *n*
≠ Innenseite — ≠ inside

Außenseiter *nm* — ECON — **outsider** *n*
= outcast *n*

Außenstation *nf* — TELEC — **outstation** *n*

Außensteg *nm* — PRIN.ME — **lateral margin**
= Seitensteg *nm*

Außenstelle *nf* — ECON — **off-premises** *nplt*
[an anderem Standort] — = field office
≈ Filiale — ≈ branch office

Außenteil *nn* — ENG.DRA — **external member**

Außentelefon *nn* — TELEPH — → **outdoor telephone**
→ Freilufttelefon *nn*

Außentemperatur *nf* — QUAL — **outdoor temperature**
= Freilufttemperatur *nf* — = external temperature

Außenübertragung *nf* — BROADC — **outside broadcast**

Außenwecker *nm* — TER&PER — **outdoor bell**
= schlagwettergeschützter Wecker — = weatherproof bell

Außenwiderstand *nm* — NETW.TH — → **load resistance**
→ Lastwiderstand *nm*

Außenwirtschaft *nf* — ECON — **international economic**

außer — COLL — → **except** *praep*
→ ausgenommen *praep*

äußer... — TECH — → **external** *adj*
→ extern

Außerband- — TRANSM — **outband** *adj*
= Outband-

Außerbandaussendung *nf* — RADIO — → **out-of-band radiation**
→ Außerbandstrahlung *nf*

Außerbandleistung *nf* — RADIO — **out-of-band power**

Außerbandsignalisierung *nf* — TRANSM — **outband signaling** (AE)
= systemeigene Wahl; Außerbandwahl *nf*; Außerbandzeichengabe *nf* — = outband signalling; out-of-band signaling (AE); outslot signalling; overvoice signalling

Außerbandstrahlung *nf* — RADIO — **out-of-band radiation**
= Außerbandaussendung *nf*; Randaussendung *nf* — = out-of-band emission

Außerbandwahl *nf* — TRANSM — → **outband signaling** (AE)
→ Außerbandsignalisierung *nf*

Außerbandzeichengabe *nf* — TRANSM — → **outband signaling** (AE)
→ Außerbandsignalisierung *nf*

außer Betrieb — TECH — → **inoperable** *adj*
→ betriebsunfähig

außerbetrieblich — ECON — **outplant** *adj*

Außerbetriebnahme *nf* — TECH — **removal from service**

außer Betrieb nehmen — TECH — → **take out of service**
→ ausrangieren

außer Betrieb nehmen — TECH — → **take out of service**
→ außerbetriebsetzen

außer Betrieb nehmen — TER&PER — **unmount** *vt*
[Platten oder Bänder "abbauen"] — [to remove disks of tapes from active use]

außerbetriebnehmen — TECH — → **take out of service**
→ außerbetriebsetzen

außer Betrieb setzen — TECH — → **take out of service**
→ außerbetriebsetzen

außerbetriebsetzen — TECH — **take out of service**
= außer Betrieb setzen; außer Betrieb nehmen; außerbetriebnehmen — = remove from service; deinstall *vt*

Außerdienststellung *nf* — ECON — **retirement** *n* (1)
[von Vermögensgegenständen] — ≠ of assets

äußere Adresse SW → **external address**
→ externe Adresse

äußere Blockierung SWITCH **external blocking**
↑ Blockierung
= all trunks busy; ATB
↑ blocking

äußere Hystereseschleife PHYS **saturation hysteresis loop**

äußere Last NETW.TH → **load resistance**
→ Lastwiderstand *nm*

äußerer Photoeffekt PHYS **extrinsic photoelectric effect**
= äußerer Photoeffekt; Maggi-Effekt *nm*

äußerer Photoeffekt PHYS → **extrinsic photoelectric effect**
→ äußerer Photoeffekt

äußerer Speicher HW → **external memory** *n*
→ Externspeicher *nm*

äußerer Wärmewiderstand MICR.EL **external thermal resistance**
[zwischen Gehäuse und Umgebung]
[between case and ambient]

äußerer Widerstand NETW.TH → **load resistance**
→ Lastwiderstand *nm*

äußeres Rauschen RADIO **external noise**

außer Etat ECON → **unbudgeted** *adj*
→ außerplanmäßig

außergewöhnlich COLL → **extraordinary**
→ außerordentlich

außergewöhnliche Ereignisse ECON **extraordinary items**

außerhalb des Bildes MEDIA **off screen**
= o.s.

außerhalb des Kernes PHYS → **extranuclear**
→ kernfremd

Außer-Haus-Beschaffung *nf* ECON → **outsourcing** *n*
→ Fremdbezug *nm*

außerirdisch ASTR.PH → **extraterrestrial**
→ extraterrestrisch

außer Konkurrenz MEDIA **out of competition**

außer Kraft setzen ECON **abrogate**

außer Kraft setzen DAT.PR **override**

außerkraftsetzen TECH → **override** *vt*
→ lahmlegen

außermittig MECH **off-center**

außerordentlich COLL **extraordinary**
= außergewöhnlich; exzeptionell
≈ überdurchschnittlich
= exceptional
≈ above average

außerplanmäßig ECON **unbudgeted** *adj*
= außer Etat

außerplanmäßig COLL → **unplanned** *adj*
→ unplanmäßig

außer Reichweite COLL → **unattainable** *adj*
→ unerreichbar

äußerst COLL **outmost**
= outermost

äußerster Termin ECON **deadline** *n*
= Grenztermin *nm*
↑ Frist
↑ due time

Äußerung *nf* LING **utterance** *n*

Aussetzbetrieb *nm* TECH → **intermittent operation**
→ intermittierender Betrieb

aussetzen COLL **intermit** *vt*
= suspend *vt*

aussetzend TECH → **intermittent** *adj*
→ intermittierend

Aussetzer *nm* DAT.PR **gremlin** *n*
[Fehler ungeklärter Ursache]
[unexplained fault]

Aussetzfehler *nm* DAT.CO → **drop out** *n*
→ Signalausfall *nm*

Aussetzspannung *nf* PHYS **extinction voltage**

Aussichten *nplt* COLL → **prospects**
→ Zukunftsaussichten *nplt*

aussondern SCIE → **select** *vt*
→ selektieren

aussparen TECH **void** *vt*

Aussparung *nf* TECH **void** *n*
= recess *n*

Ausspeichern *nm* DAT.PR → **read-out** *n*
→ Auslesen *nf*

ausspeichern (1) DAT.PR → **read-out** *vt*
→ auslesen

ausspeichern (2) DAT.PR **roll out** *vt*
[aus dem Hauptspeicher]
≈ lesen
≠ einspeichern
[remove from main memory]
≈ read
≠ roll in

Aussprache *nf* LING **pronunciation** *n*
= Artikulation *nf*; Artikulierung *nf*
≈ Akzent
= articulation *n*; diction *n*
≈ accent

aussprechen LING **pronounce** *vt*
= artikulieren
= articulate *vt*

Ausspuldatei *nf* DAT.MA **spooled file**
= ausgespulte Datei; Auslagerungdatei *nf*; Spool-Datei *nf*
= spooling file; spool file

Ausspuldateien ausdrucken DAT.MA **despool** *vt*
[print-out spooled files]

Ausspulen *nn* DAT.PR → **spool** *n*
→ Spool-Betrieb *nm*

Ausschließliches Oder LOGIC → **antivalence** *n*
→ Kontravalenz *nf*

Aussicht *nf* COLL **prospect** *n*
[fig]

Ausstand *nm* ECON → **strike** *n*
→ Streik *nm* (*pl* -s)

ausstatten TECH **equip** *vt*
= ausrüsten; einrichten (1); bemitteln
= resource *n*; endow *n*

Ausstattung *nf* TECH → **equipment** (1) *nsgt*
→ Einrichtung *nf* (1)

Ausstattung *nf* IMAG.ME → **production design**
→ Szenenbild *nn*

Ausstattungsfilm *nm* IMAG.ME → **epic film**
→ Monumentalfilm *nm*

aussteigen SW **exit** *vt*
[zur aufrufenden Routine zurückkehren]
= verlassen
[return to the calling routine]
= abandon *vt*

Aussteller *nm* ECON **exhibitor** *n*

Ausstellung *nf* ECON **exposition** *n*
= Messe *nf*
↓ Handelsmesse; Industriemesse
= exhibition *n*; fair *n*
↓ trade show; industrial fair

Ausstellungsmaterial *nn* ECON → **exposition specimen**
→ Ausstellungsstück *nn*

Ausstellungsraum *nm* ECON **show room**

Ausstellungsstand *nm* ECON → **booth** *n*
→ Messestand *nm*

Ausstellungsstück *nn* ECON **exposition specimen**
= Exponat *nn*; Ausstellungsmaterial *nn*
= display material; exhibit *n*

Aussteuerbereich *nm* EL.TRO → **dynamic range**
→ Dynamikbereich *nm*

Aussteuerimpuls *nm* EL.TRO → **drive pulse**
→ Ansteuerimpuls *nm*

Aussteuerung *nf* EL.TRO **drive** *n* (2)
≈ Überlastung
≈ overload

Aussteuerung *nf* TER&PER **rejection** *n*
[Lochkarten]
= Zurückweisung *nf*
[punched cards]
= outsorting *n*

Aussteuerungsdrift MICR.EL **control drift**
[aussteuerungsbedingte Parameteränderung]
[drive-dependent variation of parameters]

Aussteuerungsfach *nn* TER&PER → **reject pocket**
→ Fehlerfach *nn*

Aussteuerungsgrenze *nf* EL.TRO **overload point**
≈ Aussteuerungsbereich
= load capacity

Ausstieg *nm* SW → **program exit** *n*
→ Programmausstieg *nm*

Ausstiegroutine *nf* SW **exit routine**

Ausstoß *nm* MANUF **output** *n*
= Ausbringung *nf*

ausstrahlen PHYS **irradiate** *vi*
= abstrahlen
↑ strahlen
= ray *vt*
↑ radiate

ausstrahlen BROADC → **broadcast** *vt*
→ senden *vt*

Ausstrahlung *nf* PHYS → **irradiation** *n*
→ Abstrahlung *nf*

ausstreichen LING **expunge** *vt*
≈ erase

aussuchen COLL → **select** *vt*
→ auswählen *vt*

Austastimpuls *nm* EL.TRO → **strobe pulse** *n*
→ Ausblendimpuls *nm*

Austastimpuls *nm* TV **blanking pulse**
[unterdrückt das Bildsignal; enthält die vordere Schwarzschulter, den Synchronimpuls und die hintere Schwarzschulter]
[suppresses the image signal; consists of front porch, sync signal and back porch]

Austastintervall *nn* EL.TRO **blanking interval**
= Austastlücke *nf*
↓ Bildaustastlücke [TV]; Zeilenaustastlücke [TV]
↓ vertical blanking interval [TV]; horizontal blanking interval [TV]

Austastlücke *nf* EL.TRO → **blanking interval**
→ Austastintervall *nn*

Austastpegel *nm* TV → **blanking level**
→ Austastwert *nm*

Austastschulter *nf* → Schwarzschulter *nf*	TV	→ **porch** *n*
Austastsignal *nn* = A-Signal *nn*	TV	**blanking signal**
Austastung *nf* = Ausblendung *nf* ↓ Impulsausblendung	EL.TRO	**blanking** *n* = blank *n*; black-out *n*; masking-off *n*; masking-out *n* ↓ strobing
Austastwert *nm* = Austastpegel *nm*	TV	**blanking level** = black-out level
Austausch *nm* → Auswechslung *nf*	TECH	→ **exchange** *n* (1)
Austausch *nm* → Substitution *nf*	SW	→ **substitution** *n*
Austausch- → Auswechsel-	TECH	→ **substitutional** *adj*
austauschbar → auswechselbar	TECH	→ **exchangeable**
Austauschbarkeit *nf* → Übertragbarkeit *nf*	SW	→ **portability** *n*
Austauschbarkeit *nf* (1) → Auswechselbarkeit *nf*	TECH	→ **exchangeability**
Austauschbarkeit *nf* (2) [untereinander]	TECH	**interchangeability**
Austauscheinheit *nf*	EQP.EN	**replaceable unit**
austauschen [Waren]	ECON	**barter** *vt* = swap *vt*
austauschen [Infomationen]	TELEC	**interchange** *vt* [information]
austauschen → auswechseln	TECH	→ **exchange** *vt*
Austauschenergie *nf*	PHYS	**exchange energy**
Austauschkraft *nf*	PHYS	**exchange force**
Austauschleitung *nf* [für nationalen oder internationalen Programmaustausch] ↓ Fernsehaustauschleitung	BROADC	**program exchange line** [for national or international program exchange] ↓ TV program exchange line
Austauschpause *nf*	TEC.DOC	**exchange copy** = exchange print
Austauschpufferung *nf*	DAT.MA	**exchange buffering**
Austauschreparaturdienst *nm*	ECON	**swap repair** = like-for-like repair
Austauschtor *nm* [Magnetblasenspeicher]	HW	**swap gate** [magnetic bubble memory]
austeilen [einem bestimmten Empfängerkreis] ≈ verteilen; aufteilen ↑ teilen	COLL	**dispense** *vt* = deal out *vt*; administer *vt* ≈ distribute; partition ↑ divide
austenitischer Stahl	METAL	**austenitic steel**
austesten [Software- oder Hardware-Fehler erkennen, orten und beseitigen] = ausprüfen	SW	**debug** *vt* [detect, locate and correct software errors or hardware malfunctions; "trobleshoot" refers more to hardware] = check-out *vt*; troubleshoot *vt*
Austesten *nn* [eines Programms] = Ausprüfen *nn*	SW	**debugging** *n* [of a program] = check out *n*; troubleshooting *n*
Austeuerbarkeit *nf*	MODUL	**modulation capability** [limit to unacceptable distortion]
Austeuerungsbereich *nm* → Dynamikbereich *nm*	EL.TRO	→ **dynamic range**
Austritt *nm*	DAT.PR	**escape** *n* = transition *n*
Austritt *nm*	PHYS	**exit** *n*
Austritt *nm* → Ausgang *nm*	TECH	→ **egress** *n*
Austrittsarbeit *nf* → Ablösearbeit *nf*	PHYS	→ **work function**
Austrittsspannung *nf*	MICR.EL	**work function voltage**
Austrittssignal *nn* = Escape-Folge *nf*	DAT.CO	**escape signal** *n* [indicates change to nonstandard transmission] = escape character (2)
Austrittsstelle *nf* ≠ Eintrittsstelle	SW	**exit point** [where program execution can terminate] ≠ entry point
Austrittssymbol *nn* = Fluchtsymbol *nn*	DAT.PR	**escape symbol**
Austrittstemperatur *nf*	TECH	**outlet temperature**
austrocknen = dehydratisieren	TECH	**dry-up** *vt* = dry-out *vt*; dessicate *vt*; dehydrate *vt*
austüfteln → ausdenken	COLL	→ **devise** *vt*
ausufern → überhandnehmen	COLL	→ **prevail** *vt*
Ausverkauf *nm* = Abverkauf *nm* (AT)	ECON	**selling-out** *n* = selling-off *n*
ausverkauft → vergriffen *adj*	ECON	→ **sold-out**
Auswahl *nf* [bearbeiteter Teil eines Textes, Tabelle u.dgl.]	COMP.AP	**selection** *n* [a portion of text, preadsheet etc. under processing] = block
Auswahl *nf* → Selektion *nf*	SCIE	→ **selection** *n*
auswählbar	SW	**generic** *adj* = selectable ≈ variable
auswählbar = wählbar	COLL	**eligible** *adj*
Auswahlbegriff *nm*	DAT.MA	**selection key**
Auswahlbetrieb *nm*	DAT.PR	**select mode**
Auswahlbild *nn*	COMP.AP	**option frame**
Auswahl-Bildschirmsymbol *nn* → Auswahlbildzeichen *nn*	COMP.AP	→ **option icon**
Auswahlbildzeichen *nn* [Piktogramm der Menütechnik] = Auswahlpiktogramm *nn*; Auswahl-Bildschirmsymbol *nn*; Options-Ikon	COMP.AP	**option icon** [menu]
Auswahl-Cursor *nm* [meist ein Pfeil] = Auswahlzeiger *nm*; Auswahlläufer *nm*; Auswahl-Schreibmarke *nf* ≈ I-Schreibmarke	COMP.AP	**selection pointer** [mostly an arrow] = selection cursor ≈ I-beam pointer
Auswahleinheit *nf*	STATIS	**sampling unit**
Auswahleintrag *nm* → Auswahltyp *nm*	SW	→ **enumeration type**
auswählen → abfertigen	DAT.PR	→ **dispatch** *vt*
auswählen ≠ deselektieren	COMP.AP	**select** *vt* [an option] = choose *vt* ≠ deselect
auswählen → selektieren	SCIE	→ **select** *vt*
Auswählen *nn*	SWITCH	**selection** *n*
auswählen *vt* = aussuchen	COLL	**select** *vt*
Auswahlfeld *nn* [Menütechnik]	COMP.AP	**options display** [menu]
Auswahlfenster *nn* → Menü *nn*	COMP.AP	→ **menu** *n*
Auswahlfrage *nf*	EDUC	**multiple-choice question**
Auswahlknopf *nm* → Wahlknopf *nm*	COMP.AP	→ **radio button**
Auswahlläufer *nm* → Auswahl-Cursor *nm*	COMP.AP	→ **selection pointer**
Auswahlliste *nf* → Auswahlmenü *nn*	COMP.AP	→ **selection menu**
Auswahlliste *nf* → Menü *nn*	COMP.AP	→ **menu** *n*
Auswahllistenbox *nf* → Auswahllistenfenster *nn*	COMP.AP	→ **list box**
Auswahllistenfeld *nn* → Auswahllistenfenster *nn*	COMP.AP	→ **list box**
Auswahllistenfenster *nn* = Auswahllistenfeld *nn*; Listenfeld *nn*; Auswahllistenbox *nf*; Listenbox *nf* ↑ Dialogfeld	COMP.AP	**list box** = list window ↑ dialog field
Auswahllogik *nf*	SWITCH	**selection logic**
Auswahlmenü *nn* = Aufblendmenü *nn*; Auswahlliste *nf* ↑ Menü ↓ Balkenmenü; Pull-down-Menü; Pop-up-Menü	COMP.AP	**selection menu** ↑ Menü ↓ bar menu; pull-down menu; pop-up menu
Auswahl mit vollständiger Decodierung	DAT.MA	**fully decoded selection**
Auswahloption *nf* → Auswahlposition *nf*	COMP.AP	→ **menu option**
Auswahlpiktogramm *nn* → Auswahlbildzeichen *nn*	COMP.AP	→ **option icon**

Auswahlposition *nf* ECON **option** *n*
= Option *nf*; Wahlmöglichkeit *nf* ≈ equipping option [EQP.EN];
≈ Bestückungsvariante [EQP.EN]; Variante

Auswahlposition *nf* COMP.AP **menu option**
[Menu] = option *n*
= Auswahloption *nf*; Menüposition *nf*; Menüoption *nf*

Auswahlregel *nf* PHYS **selection rule**

Auswahlschalter *nm* CIRC.EN **selector switch**

Auswahl-Schreibmarke *nf* COMP.AP → **selection pointer**
→ Auswahl-Cursor *nm*

Auswahlsignal *nn* HW → **strobe** *n*
→ Hinweissignal *nn*

Auswahlsortierung *nf* DAT.MA **selection sort**
[nach vorgegebenen Kriterien] [a sort by specified criteria]
↓ Baum-Auswahlsortierung; quadratische Auswahlsortierung; gestaffelte Auswahlsortierung = stright selection sort
↓ tree selection sort; quadratic selection sort; repeated selection sort

Auswahlstift *nm* TER&PER → **light pen**
→ Lichtgriffel *nm*

Auswahltyp *nm* SW **enumeration type**
[die möglichen Werte sind vom Programmierer vorgegeben] [possible values defined by the programmer]
= Auswahleintrag *nm*

Auswahlzähler *nm* TER&PER **extract counter**
[Lochkarten] = extract tally counter

Auswahlzeiger *nm* COMP.AP → **selection pointer**
→ Auswahl-Cursor *nm*

auswärtig TECH → **external** *adj*
→ extern

Auswechsel- TECH **substitutional** *adj*
= Austausch- = exchange

auswechselbar TECH **exchangeable**
= austauschbar; vertauschbar = substitutable; commutable
≈ ersetzbar; einbaubar ≈ replaceable; mountable

auswechselbares Laufwerk TER&PER → **removable-disk drive** *n*
→ Wechselplattenlaufwerk *nn*

auswechselbares Plattenlaufwerk TER&PER → **removable-disk drive** *n*
→ Wechselplattenlaufwerk *nn*

Auswechselbarkeit *nf* TECH **exchangeability**
= Austauschbarkeit *nf* (1) = commutability *n*; replaceability *n*

auswechseln TECH **exchange** *vt*
= austauschen; vertauschen = substitute (for) *vt*; commute *vt*
≈ ersetzen ≈ replace

Auswechslung *nf* TECH **exchange** *n* (1)
= Austausch *nm*; Substitution *nf* = substitution *n*
≈ Ersatz (1) ≈ replacement

Auswechslunggebühr *nf* TELEC → **set-change fee**
→ Änderungsgebühr *nf*

Ausweichadresse *nf* DAT.PR → **alternate address**
→ Ersatzadresse *nf*

ausweichen COLL → **bypass** *vt*
→ umgehen *vt* (1)

Ausweichlösung *nf* COLL **alternative solution**
≈ Notlösung = standby solution

Ausweich-Netzbetreiber *nm* MOB.CO **alternative operator**

Ausweichtyp *nm* COMPO **alternate type**
= alternative type

Ausweichung *nf* SIG.EN → **circumvention** *n*
→ Umgehung *nf*

Ausweis *nm* ECON **card** *n*
= Ausweiskarte *nf* = badge card
↑ Personalausweis; Firmenausweis ↑ identity card; corporate identification card

Ausweiskarte *nf* ECON → **card** *n*
→ Ausweis *nm*

Ausweiskarte *nf* TER&PER **badge card**
= identity card

Ausweisleser *nm* TER&PER **badge reader**

Ausweissystem *nn* TER&PER **identity card system**

auswendig lernen COLL **memorize** *vt*
= memorieren = learn by heart; commit to memory

auswerfen TECH **eject** *vt*

Auswerfer *nm* TECH **ejector** *n*

Auswertebericht *nm* TEC.DOC **evaluation report**

Auswertefunktion *nf* MATH **evaluator** *n*
= evaluation function

Auswertekriterium *nn* TECH **evaluation criterion**

Auswertelogik *nf* CIRC.EN **evaluation logic**
= scoring logic

auswerten SCIE **evaluate** *vt*

Auswerter *nm* CIRC.EN → **evaluation circuit**
→ Auswerteschaltung *nf*

Auswerteschaltung *nf* CIRC.EN **evaluation circuit**
= Auswerter *nm*; Bewerteschaltung *nf*; Bewerter *nm*; Auswertevorrichtung *nf*; Detektor *nm* = evaluator *n*; detection circuit; detector *n*

Auswerteverfahren *nn* SCIE → **evaluation method**
→ Auswertungsmethode *nf*

Auswertevorrichtung *nf* CIRC.EN → **evaluation circuit**
→ Auswerteschaltung *nf*

Auswertung *nf* SCIE **evaluation** *n*
= score *n*

Auswertungsmethode *nf* SCIE **evaluation method**
= Auswerteverfahren *nn*; Bewertungprozedur *nf* = evaluation procedure

Auswirkung *nf* COLL **repercussion** *n*
≈ Folge *nf* (3) ≈ consequence

auswuchten MEC.EN **balance** *vt*

Auswurf *nm* TER&PER → **ejector** *n*
→ Ausschubvorrichtung *nf*

Auswurfleser *nm* DAT.CO **eject reader**

Auswurftaste *nf* TER&PER → **ejector key** *n*
→ Ausschubtaste *nf*

Auswurfvorrichtung *nf* TER&PER → **ejector** *n*
→ Ausschubvorrichtung *nf*

auszahlen ECON **disburse** *vt*

Auszahlung *nf* ECON **disbursement**

auszeichnen *vt* PRIN.ME **mark-up** *vt*

auszeichnend TECH → **typical** *adj*
→ typisch *adj*

Auszeichnung *nf* ECON **pricing** *n*

Auszeichnung *nf* PRIN.ME **mark-up** *n*
[Hervorhebung von Wörtern, Texten] [visually, words or text]

Auszeichnung *nf* TECH → **lettering** *n*
→ Beschriftung *nf*

Auszeichnung *nf* MEDIA → **award** *n*
→ Preis *nm*

Auszeichnungfeld *nn* EQP.EN → **lettering space**
→ Beschriftungsfeld *nn*

Auszeichnungplan *nm* TEC.DOC → **lettering plan**
→ Beschriftungsplan *nm*

Auszeichnungschrift *nf* PRIN.ME → **display type**
→ Auszeichnungssatz *nm*

Auszeichnungssatz *nm* PRIN.ME **display type**
= Auszeichnungschrift *nf* = display face

Auszeichnungssprache *nf* COMP.LG **mark-up language**

Auszeichnungssyntax COMP.AP **mark-up syntax**

Auszeichnungssystem *nn* SIG.EN **marking system**
= Markierungsystem *nn*; Beschriftungssystem *nn* = labeling system

Auszeichnungstreifen *nm* TECH → **designation strip**
→ Beschriftungsstreifen *nm*

Auszeichnungunterlage *nf* TEC.DOC → **lettering plan**
→ Beschriftungsplan *nm*

Auszeichungsschild *nn* TECH → **label** *n*
→ Kennzeichnungsschild *nn*

Auszeit *nf* EL.TRO → **timeout** *n*
→ Zeitabschaltung *nf*

ausziehbar TECH **telescopic** *adj*
= pull-out

ausziehen LING **excerpt** *vt*
[eine Textstelle] [to select for quoting]
= herausschreiben; exzerpieren = extract *vt*

ausziehen COMP.GR **drag** *vt*
[eine Grafik mittels Maussteuerung bewegen] [to move an image by moving a key-pressed mouse]

Ausziehhaken *nm* EQP.EN **extraction hook**

Ausziehwerkzeug *nn* EQP.EN → **extracting tool**
→ Ziehwerkzeug *nn*

ausziffern ECON **balance** *vt*
= Gegenposten ausqleichen

Auszubildender *nm* EDUC → **apprentice** *n*
→ Lehrling *nm*

Auszug *nm* LING **extract** *n*
≈ Aufriss = excerpt *n*
≈ abstract

Auszug *nm* DAT.PR → **dump** *n* (2)
→ Abzug *nm*

Autarchie *nf* SCIE **autarchy** *n*
= autarky *n*; self-sufficiency *n*

autark SCIE **autarchic** *adj*

[vom griech. "autárkes" = "sich selbst genügend"] — [from Greek "autárkes" = "self-sufficient"]
= sich selbst genügend; auf niemand angewiesen — = autarchical; autarkic; autarkical; self-sufficient
≈ autonom — ≈ autonomous

autark TECH → **stand-alone** *adj*
→ selbständig

authalisch MATH → **equal-area**
→ flächentreu

authentifizieren LAW → **authenticate**
→ beglaubigen

Authentifizierung *nf* LAW → **authentication** *n*
→ Beglaubigung *nf*

Authentifizierungzentrum *nn* MOB.CO → **authentication center**
→ Berechtigungszentrum *nn*

authentisch COLL **genuine** *adj*
= authentic

Author *nm* (err) (ANGL) LING → **author** *n*
→ Verfasser *nm*

Auto-Alarmanlage *nf* EL.TRO **car security system**

Autoantenne *nf* ANT → **car antenna**
→ Fahrzeugantenne *nf*

Auto-Antwortfunktion *nf* DAT.CO → **auto-answer mode**
→ Anrufbeantwortungs-Betrieb *nm*

Autoatlas *nm* CART **auto atlas**

Autobahn *nf* CIV.EN **freeway** *n*
[kreuzungsfrei, mit beschränktem Zutritt und abgegrenzten Fahrbahnen] — [with limited access, separated tracks and no intersections]
↑ Schnellstraße — = motorway *n* (BE); superhighway *n*; autobahn *n*
↑ expressway

Autobahnmeisterei *nf* SIG.EN **highway control center**

Autobahn-Notrufsäule *nf* SIG.EN **highway emergency telephone**

Autobahn-Notruftechnik *nf* SIG.EN **highway communication system**

AutoCAD *nn* COMP.AP **AutoCAD**
[von Autodesk] — [by Autodesk]
↑ CAD-Programm — ↑ CAD program

Autoelektronik *nf* EL.TRO → **car electronics**
→ Fahrzeugelektronik *nf*

AUTOEXEC.BAT SW **AUTOEXEC.BAT**
[Datei in MS-DOS für PC-Start] — [AUTOmatically EXECuted BATch file; a MS-DOS to start a PC]

Autofahrer-Rundfunk-Information *nf* BROADC → **ARI**
→ ARI

Autofokus *nm* PHOT → **self-focus** *n*
→ Selbstfokussierung *nf*

Autogenschweißung *nf* METAL **autogenous welding**

Autograph *nn* PRIN.ME **autograph** *n*

autographisch PRIN.ME **autograph** *n* (by author' own hand)
[vom Autor eigenhändig angefertigt]

Autokarte *nf* CART **road map**

Autokino *nn* CINEMA **drive-in cinema**

Autokorrelation *nf* STATIS **autocorrelation** *n*
= Eigenkorrelation *nf*; Selbstkorrelation *nf* — = self-correlation

Autokorrelationsanalyse *nf* INF.TEC **autocorrelation analysis**
[Signalverarbeitung]

Autokorrelationsfunktion *nf* INF.TEC **autocorrelation function**

Autokorrosion *nf* CHEM → **self-corrosion**
→ Eigenkorrosion *nf*

Autolautsprecher *nm* EL.ACOU **car speaker**

automagisch COMP.SC **automagic**
[dem Benutzer nicht erklärt] — [not explained to user]

Automat *nm* COMP.SC **automaton** *n* (*pl* -ta&-tons)
≈ Roboter [CONTRO] — = automatic machine
≈ robot [CONTRO]

Automatenbestückung *nf* MANUF **insertion machine**
[Leiterplattenbestückung]

automatengerecht TECH **automation-oriented** *adj*

Automatentechnik *nf* AUTOMA → **robotics** *nplt*
→ Robotik *nf*

Automatentheorie *nf* COMP.SC **automata theory**
= Automationstheorie *nf* — = automate theory; automatics *nplt*; automation theory
↑ Theoretische Informatik — ↑ theoretical informatics

Automatik *nf* AUTOMA → **robotics** *nplt*
→ Robotik *nf*

Automatik-Empfänger *nm* RADIO **automatic receiver**

Automation *nf* TECH → **automation** *n*
→ Automatisierung *nf*

Automationstheorie *nf* COMP.SC → **automata theory**
→ Automatentheorie *nf*

automatisch TECH **automatic** *adj*
[vom Griechischen "auto-matos" = selbst-bewegend] — [from Greek "auto-matos" = "self-moving"]
= selbsttätig — = self-acting; self-actuated; self-operating; self-operated
≈ automatisiert; adaptiv; alleinbetriebsfähig — ≈ automated; adaptive; independently operating

automatisch angesetzter Wert SW → **default** *n*
→ Vorgabe *nf*

automatische Abfrage COMP.AP **autopolling** *n*

automatische Anmeldung DAT.CO **auto-log-in** *n*

automatische Anrufverteilung TELEPH **automatic call distribution**
[Call Center] — [Call Center]
= automatische Gesprächsverteilung — = ACD

automatische Anrufverwaltung INF.TEC → **call center**
→ Anrufzentrale *nf*

automatische Ansage TELEPH → **announcement service**
→ Ansagedienst *nm*

automatische Antennennachführung ANT **autotracking** *n*

automatische Arbeitsweise TECH → **automatic mode**
→ automatischer Betrieb

automatische Baudrateneinstellung DAT.CO → **auto-baud scanning**
→ automatische Schrittgeschwindigkeitseinstellung

automatische Begrüßung TELEPH **automatic greeting**
= auto attendant

automatische Benutzerführung COMP.AP **auto-prompt** *n*
= automatic user guidance

automatische Bereichsumschaltung INSTR → **autoranging** *n*
→ automatische Messbereichswahl

automatische Bereichswahl INSTR → **autoranging** *n*
→ automatische Messbereichswahl

automatische Bitratenerkennung DAT.PR **ABR**
[Automatic Baud Recognition]

automatische Buchungsmaschine TER&PER → **automatic accounting machine**
→ Buchungsautomat *nm*

automatische Datenerfassung DAT.MA **data logging**

automatische Datenratenanpassung DAT.CO **autobaud** *n*

automatische Datensicherung DAT.MA **autosave** *n*
[meist periodisch vorprogrammiert] — [generally at periodic intervalls]
= automatische Sicherung — = automatic saving

automatische Datenverarbeitung INF.TEC → **electronic data processing**
→ elektronische Datenverarbeitung

automatische CONS.EL → **continuous play**
→ Endlosbetrieb *nm*

automatische Einfädelung TER&PER → **automatic threading**
→ Selbsteinfädelung *nf*

automatische Einstellung DAT.NW **autonegotiation** *n*

automatische Entflechtung COMP.AP → **auto-routing** *n*
→ automatische Leiterplattenentflechtung

automatische Fahrzeugortung RAD.LO **automatic vehicle location**
= AVL

automatische-Fehlerbehebung-Programm SW **automatic recovery program**

automatische Fehlerkorrektur DAT.CO **automatic error correction**

automatische Fehlermeldung INTERNET **bounce** *n*
= automatic error msesage

automatische Feineinstellung INSTR **auto vernier**

automatische Frequenznachstellung CIRC.EN → **automatic frequency control**
→ Frequenznachregelung *nf*

automatische Frequenznachsteuerung CIRC.EN → **automatic frequency control**
→ Frequenznachregelung *nf*

automatische Frequenzregelung CIRC.EN → **automatic frequency control**
→ Frequenznachregelung *nf*

automatische Geräuschsperre RADIO **automatic noise limiter**
[ein Schaltkreis] — [a circuit]
= ANL

automatische Gesprächsverteilung TELEPH → **automatic call distribution**
→ automatische Anrufverteilung

automatische Größenanpassung COMP.AP **autosizing** *n*

automatische Helligkeitsregelung TER&PER **automatic brightness control**
= ABC — = ABC

automatische Inhaltsverzeichniserstellung WOR.PR **automated indexing**

automatische Kalibrierung INSTR **auto-calibration**

automatische Kanalzuweisung RADIO **automatic channel allocation**
= ACO

automatische Korrektur INF.TEC → **self-correction**
→ Selbstkorrektur *nf*

automatische Leertaste TER&PER **continuous space bar**
= continuous spacing key

automatische Leiterplattenentflechtung COMP.AP **auto-routing** *n*
[von Leiterbahnen auf Leiterplatten] [of conductor paths on PCB]
= automatische Entflechtung; Autorouting *nn* = automatic PCB artwork creation

automatische Messbereichswahl INSTR **autoranging** *n*
= automatische Bereichswahl; automatische Bereichsumschaltung

automatische Nachführung CONTRO **autotracking** *n*
= Nachführung *nf*

automatische Nebenstellenanlage SWITCH **private automatic branch exchange**
[mit Anschluss am öffentlichen Netz] [providing access to the public network]
= PABX
≈ private automatic exchange

Automatischen Programmsynthese COMP.SC **automatic program synthesis**
↑ Theoretische Informatik ↑ theoretical informatics

automatische Nullpunkteinstellung INSTR **autonulling** *n*
= automatische Nullung

automatische Nullung INSTR → **autonulling** *n*
→ automatische Nullpunkteinstellung

automatische Pegelregelung EL.TRO **automatic level control**
= ALC = ALC; automatic leveling

automatische Programmierung SW **machine-aided programming**
= maschinenunterstützte Programmierung; rechnergestützte Programmierung; computergestützte Programmierung; automatische Software-Entwicklung; maschinengestützte Software-Entwicklung; rechnergestützte Software-Entwicklung; computergestützte Software-Entwicklung; CASE
= automatic programming; computer-aided programing; machine-aided coding; automatic coding; computer-aided coding; computer-aided software engineering; computer assisted software engineering; CASE

automatische Programmverschiebung SW → **dynamic program relocation**
→ dynamische Programmverschiebung

automatische Programmversetzung SW → **dynamic program relocation**
→ dynamische Programmverschiebung

automatische Prüfeinrichtung INSTR → **automatic tester**
→ Prüfautomat *nm*

automatischer Ausschalter SW **automatic shutdown**

automatischer Betrieb TECH **automatic mode**
= automatische Arbeitsweise = automatic operation; automatic working

automatische Rechtschreibkorrektur WOR.PR **automatic spelling correction**
= automatische Schreibfehlerkorrektur

automatischer Lader SW **automatic loader**
= Selbstlader *nm*

automatischer Neustart COMP.AP **autorestart** *n*

automatischer Rückruf TELEC **automatic callback**
= selbsttätiger Rückruf = auto call-back; camp-on *n*

automatischer Rückruf bei Besetztton TELEPH **call completion to busy subscriber**
= CCBS

automatischer DAT.CO **ASR**
= ASR-Betrieb *nm* = automatic sending-receiving

automatischer Sendeaufruf DAT.CO **auto-poll** *n*
= Umfragebetrieb *nm* = auto-polling *n*

automatischer Terminkalender COMP.AP **automatic calendar**

automatische Rufweiterleitung TELEPH **automatic call transfer**
[wenn nicht innerhalb einer bestimmten Zeit abgehoben wird] [if call is not answered within a fixed time]
= selbsttätige Rufweiterleitung ≈ call forwarding
≈ Rufumleitung

automatischer Verbindungsaufbau TELEPH **automatic connection**
= Hot-line *nf* (ANGL) = hot line

automatischer Verbindungsaufbau DAT.CO **auto-call** *n*
[Datenvermittlung] [data switching]
= automatische Verbindungsherstellung = automatic calling; automatic call set-up; automatic connection set-up; automatic link

automatischer Verbindungsaufbau TELEC → **automatic call**
→ Selbstwählverbindung *nf*

automatischer Zeilenumbruch WOR.PR **automatic line break**
= Umlauf *nm* = automatic word wrapping; automatic word wrap; word wrap; wraparound *n*

automatischer Zielanflug RAD.NA → **automatic homing**
→ Eigenpeilung *nf*

automatisches Ablaufprogramm DAT.PR **autosequence programm**

automatische Schreibfehlerkorrektur WOR.PR → **automatic spelling correction**
→ automatische Rechtschreibkorrektur

automatische Schrittgeschwindigkeitseinstellung DAT.CO **auto-baud scanning**
= automatische Baudrateneinstellung [senses and selects the appropriate baud rate]
= auto-baud sensing

automatische Seitennummerierung WOR.PR **automatic pagination**

automatische Sendeleistungsregelung RADIO **automatic transmit power regulation**
= ATPC = ATPC

automatische Sicherung DAT.MA → **autosave** *n*
→ automatische Datensicherung

automatische Silbentrennung WOR.PR **automatic hyphenation**
= intelligent spacer; spacer

automatisches Inhaltsverzeichnis WOR.PR **automated index**

automatisches Laden COMP.AP → **auto-load** *n*
→ Selbstladefunktion *nf*

automatisches Landesystem RAD.NA **automatic landing system**

automatische Software-Entwicklung SW → **machine-aided programming**
→ automatische Programmierung

automatische Speicherung COMP.AP **autosave** *n*

automatische Speicherzuteilung DAT.MA **automatic storage allocation**
↑ dynamische Speicherzuteilung ↑ dynamic storage allocation

automatische Sprachverarbeitung COMP.AP **automatic language processing**
= rechnergestützte Sprachverarbeitung; computergestützte Sprachverarbeitung; maschinelle Sprachverarbeitung
= ALP; computer-aided language processing; machine-aided language processing

automatische Spurumschaltung CONS.EL **auto-reverse** *n*
= Autoreverse *nn* (ANGL)

automatische Steuerung CONTRO **automatic control**
= Selbststeuerung *nf*

automatisches Tonanlegeverfahren CINEMA **automated dialog replacement**
= ADR

automatische Trennhilfe WOR.PR **hyphenation** *n*
= Hyphenation *nf*

automatische Übersetzung WOR.PR → **machine-aided translation**
→ maschinelle Übersetzung

automatische Umrisszeichnung COMP.GR **autotrace** *n*
[wandelt eine Rastergrafik in eine objektorientierte Grafik] [transforms a bitmapped graphic into an object-oriented one]
= Autotrace *nn*

automatische Verbindungsherstellung DAT.CO → **auto-call** *n*
→ automatischer Verbindungsaufbau

automatische CONTRO → **automatic gain control**
→ automatische Verstärkungsregelung

automatische Verstärkungsregelung CONTRO **automatic gain control**
= automatische Verstärkungsnachregelung = AGC

automatische Vervollständigung COMP.AP **automatic completion**
[z.B. von Adressen] [e.g. of adresses]

automatische Wähleinrichtung für Datenverbindungen DAT.CO → **automatic data switching exchange**
→ Datenwählvermittlung *nf*

automatische Wählvorrichtung DAT.CO **automatic calling unit**
[Datenvermittlung] [data switching]
= ACU

automatische Wahlwiederholung TELEC **automatic redial**
= auto redial

automatische Wiederholanforderung DAT.CO **automatic repeat request**
= automatische Wiederholung; ARQ-Verfahren *nn* = automatic request; ARQ; automatic request for repetition

automatische Wiederholung DAT.CO → **automatic repeat request**
→ automatische Wiederholanforderung

automatische Zugsicherung RAIL.SIG → **automatic track control**
→ induktive Zugsicherung

automatische Zurückschaltung TRANSM **automatic restoral**

automatisieren TECH **automate** *vt*
= automatize *vt*; deskill *vt*

automatisiert TECH **automated** *adj*
≈ automatisch ≈ automatic

automatisierte Fabrik MANUF **automated factory**
= automated plant

Automatisierte Mathematik SW **Automated Mathematics**
[ein Programm] [a program]
= AM = AM

automatisiertes Büro OFFICE **electronic office**
= elektronisches Büro; Büro der Zukunft = automated office; office of the future
≈ papierloses Büro ≈ paperless office

Automatisierung *nf* TECH **automation** *n*
= Automation *nf* = automatization *n*; industrial control
↓ Robotisierung ↓ robotization

Automatisierungsgerät *nn* AUTOMA **regulating controller**
= regelndes Feldgerät
↑ Feldgerät

Automatisierungsgrad *nm* TECH **automation level**

Automatisierungstechnik *nf* CONTRO **automation engineering**
= automatization *n*

Automatismus *nm* TECH **automatism** *n*

Autonavigator *nm* TECH **autonavigator** *n*

autonom SCIE **autonomous** *adj*
[vom griech. "autónomos" = "nach eigenen Gesetzen lebend, unabhängig, selbständig"] [from Greek "autónomous" = "living according own laws", independent, self-supporting]
= unabhängig; selbständig = self-governed
≈ autark ≈ autarchic

autonom TECH → **stand-alone** *adj*
→ selbständig

Autonomie *nf* SCIE **autonomy** *n*
= Unabhängigkeit *nf*; Selbständigkeit *nf* = self-government

Auto-Parallelschaltung *nf* POW.SY **auto-parallel connection**

AutoPC COMP.AP **AutoPC**
[für PKW] [for cars]

Autor *nm* MEDIA **author** *n*
= writer *n*

Autor *nm* LING → **author** *n*
→ Verfasser *nm*

Autoradio *nn* RADIO **car radio**
= autoradio *n*

Autoregression *nf* STATIS **autoregression** *n*
= Eigenregression *nf*

Autorenfilm *nm* CINEMA → **art film**
→ Kunstfilm *nm*

Autoren-Software *nf* COMP.AP **authoring software**

Autorensprache *nf* COMP.LG **authoring language**

Autorensystem *nn* COMP.AP **authoring system**
= author system

Autorentheorie *nf* MEDIA **auteur theory**

Autoresponder *nm* DAT.NW **autoresponder** *n*
[versendet autom. Antworten] [emit automatic. responses]

Autoreverse *nn* (ANGL) CONS.EL → **auto-reverse** *n*
→ automatische Spurumschaltung

Autorin *nf* LING → **authoress** *n*
→ Verfasserin *nf*

Autorisation *nf* ECON → **entitlement** *n*
→ Berechtigung *nf*

Autorisierung *nf* LAW **authorization** *n*
= Ermächtigung *nf*; Erlaubniserteilung *nf*

Autorisierungsprüfung *nf* DAT.PR → **user credential check**
→ Berechtigungsprüfung *nf*

Autorkorrektur *nf* PRIN.ME **author's correction**

Autorouting *nn* COMP.AP → **auto-routing** *n*
→ automatische Leiterplattenentflechtung

Autorschaft *nf* LAW **authoring** *n*
= Urheberschaft *nf*

Auto-Serienschaltung *nf* POW.SY **auto-series connection**

Autoskalierung *nf* INSTR **auto-scaling** *n*

Autostart-Routine *nf* SW **autostart routine**
[meist ereignisgesteuert] [moustly event-driven]

Autostereogramm *nn* COMP.GR **autostereogram** *n*

autostereoskopisch TELEC **autostereoscopic** *adj*
[ohne Spezialbrille] [without special glasses]

Autosync-Bildschirm *nm* TER&PER → **multi-frequency monitor**
→ Autosync-Monitor *nm*

Autosync-Monitor *nm* TER&PER **multi-frequency monitor**
[stellt sich automatisch auf die Grafikkarten-Variante ein] [adapts itself automatically to the type of graphic board]
= Multisync-Monitor *nm*; Multiscan-Monitor *nm*; Multifrequenz-Monitor *nm*; Autosync-Bildschirm *nm*; Multisync-Bildschirm *nm*; Multiscan-Bildschirm *nm* = multiscan monitor; multiscanning monitor; autosync monitor; multisync monitor; multi-frequency display; multi-frequency monitor; multiscan display; multiscanning display; autosync display; variable-frequency monitor
≠ Festfrequenz-Monitor ≠ fixed-frequency monitor

Autotelefon *nn* MOB.CO **car phone**
↑ Mobiltelefon *nn*; Zellulartelefon *nn* = car telephone; mobile cellular phone
↑ cellular phone; cellular telephone

Autotrace *nn* COMP.GR → **autotrace** *n*
→ automatische Umrisszeichnung

Autotransformator *nm* EL.TEC → **autotransformer**
→ Spartransformator *nm*

Autotypie *nf* PRIN.ME **autotype** *n*
= Netzätzung *nf*; Rasterätzung *nf* = half-tone type; half-tone block; half-tone plate

AUX SW **AUX**
[AUXiliary device]
≈ COM1 ≈ COM1

AV ECON → **fixed assets** *nplt*
→ Anlagevermögen *nn*

Avalanche-Diode *nf* MICR.EL → **avalanche photodiode**
→ Lawinenfotodiode *nf*

Avalanche-Durchbruch *nm* MICR.EL → **avalanche breakdown**
→ Lawinendurchbruch *nm*

Avalanche-Effekt *nm* PHYS → **avalanche effect**
→ Lawineneffekt *nm*

Avalanche-Fotodiode *nf* MICR.EL → **avalanche photodiode**
→ Lawinenfotodiode *nf*

Avalanche-Photodiode *nf* MICR.EL → **avalanche photodiode**
→ Lawinenfotodiode *nf*

Avantgarde *nf* MEDIA **avantgarde** *n*

Avantgardefilm *nm* CINEMA **avantgarde film**

Avatar *nm* INTERNET **avatar** *n*
[Ersatzbild des Benutzers; vom Sanskrit "Avatar" = Verkörperung eines Gottes] [dummy image to represent the user; from Sanskrit "Avatar" = incarnation of a god]
↑ Cyberianer ↑ cyberian citizen

A-Verstärker *nm* CIRC.EN → **class A amplifier**
→ Klasse-A-Verstärker *nm*

Avionik *nf* EL.TRO → **avionics** *nplt*
→ Luftfahrtelektronik *nf*

Avis *nn* ECON → **way bill**
→ Frachtbrief *nm*

AVI-Standard *nm* DAT.CO **AVI strandard**
= Audio Video Interleaved

AVL TELEC → **interoffice trunk**
→ Amtsverbindungsleitung *nf*

AVL-Baum *nm* DAT.MA → **Adelson-Velskii-Landis tree**
→ Adelson-Velskii-Landis-Baum *nm*

AV-Medien *nplt* MEDIA → **audio-visual media**
→ audiovisuelle Medien

Avo *nf* MANUF → **work preparation**
→ Arbeitsvorbereitung *nf*

Avogadro-Konstante *nf* (1) CHEM **Avogadro constant** (1)
[Anzahl Moleküle je Mol] [number of molecules per mole]
= Avogadro-Zahl *nf* (1); Loschmidtsche Zahl *nf* (2) = Avogadro number (1); Loschmidt number (2)

Avogadro-Konstante *nf* (2) CHEM → **Loschmidt number**
→ Loschmidtsche Zahl (1)

Avogadro-Zahl *nf* (1) CHEM → **Avogadro constant** (1)
→ Avogadro-Konstante *nf* (1)

Avogadro-Zahl *nf* (2) CHEM → **Loschmidt number**
→ Loschmidtsche Zahl (1)

AWD DAT.CO → **automatic data switching exchange**
→ Datenwählvermittlung *nf*

AWG INSTR → **arbitrary waveform generator**
→ ARB-Generator *nm*

AWG METAL → **American Wire Gauge**
→ amerikanische Drahtlehre

AWGN INF.TEC → **AWGN**
→ mit weißem Rauschen behaftet

AWL AUTOMA → **statement list**
→ Anweisungsliste *nf*

AWP *nn* SW → **application program**
→ Anwenderprogramm *nn* (1)

Awp *nn* SW → **application program**
→ Anwenderprogramm *nn* (1)

AX.25-Protokoll *nn* DAT.CO **AX.25 protocol**
[eine US-Variante des X.25] [an US variant of X.25]

axial MATH **axial** *adj*
≠ radial ≠ radial

Axialanschluss *nm* COMPO **axial lead**
= axialer Anschlussdraht

Axialbewegung *nf* MECH **axial travel**

Axialdruck *nm* MECH **thrust** *n*

axiale Computertomographie MED.EN **computerized axial tomography**
= CAT; Computer-Axialtomographie = CAT

axiale Kraft PHYS → **axial force**
→ Axialkraft *nf*

axiale Last MEC.EN → **axial load**
→ Axiallast *nf*

axialer Anschlussdraht COMPO → **axial lead**
→ Axialanschluss *nm*

axiale Richtung TECH **axial direction**
≈ Längsrichtung ≈ longitudinal direction

axiales Feld PHYS **axial field**
= Axialfeld *nn*

Axialfeld *nn* → axiales Feld	PHYS	→ **axial field**
Axialkraft *nf* = axiale Kraft	PHYS	**axial force**
Axiallager *nn* = Drucklager *nn*	MEC.EN	**thrust bearing**
Axiallast *nf* = axiale Last	MEC.EN	**axial load**
Axiallüfter *nm*	TECH	**axial fan** = axial flow fan
Axialschnitt *nm*	ENG.DRA	**axial section**
axialsymmetrisch	MATH	**axially symmetric**
Axiom *nn* [als wahr angenommene Aussage; vom Altgriech. "axíoma" = "Würde, Geltung", philosophischer Satz der keines Beweises bedarf]	SCIE	**axiom** *n* [proposition regarded as true; from Greek "axíoma" = "dignity, validity", philosophical sentence dispensing any proof]
axiomatisch	SCIE	**axiomatic** *adj*
Axiomatische Logik → Formale Logik	SCIE	→ **formal logic**
Ayrton-Nebenwiderstand *nm* = Mehrfachnebenwiderstand *nm*	INSTR	**Ayrton shunt** = universal shunt
AZ → Auftragsabwicklungszentrum *nn*	MANUF	→ **order processing pool**
AZE → Anwesenheitszeiterfassung *nf*	SIG.EN	→ **working time recording system**
AZERTY-Tastatur *nf* → französische Tastatur	TER&PER	→ **French keyboard**
Azetat *nn*	CHEM	**acetate** *n*
Azimut *nn&nm* [vom Arabischen "as-sumut" = die Wege; horizontaler Winkelabstand]	GEOSC	**azimuth** *n* [from Arabic "as-sumut" = the ways; horizontal angular distance] = Az.
azimutal	GEOSC	**azimuthal**
Azimutaldiagramm *nn*	ANT	**azimuthal radiation pattern** = azimuthal diagram
azimutale Quantenzahl → Nebenquantenzahl *nf*	PHYS	→ **secondary quantum number**
Azimutalschwingung *nf*	ANT	**azimuthal mode**
Azimut-Analysator *nm*	RADIO	**azimuthal analyzer**
Azimutgeber *nm*	RAD.NA	**azimuth marker**
Azimutpeilvorrichtung *nf*	RAD.LO	**azimuth indicating goniometer**
Azimutwinkel *nm*	GEOSC	**azimuthal angle**
Azubi *nm* (slang) → Lehrling *nm*	EDUC	→ **apprentice** *n*
azurblau *adj* = himmelblau; leuchtendblau ≈ coelinblau	OPT	**azur blue** *adj* ≈ cerulean blue
A-Zustand *nm* → Startpolarität *nf*	DAT.CO	→ **signal condition A**
azyklisch ≈ aperiodisch	TECH	**acyclic** *adj* = noncyclic; noncyclical ≈ aperiodic

B *b*

b PHYS → **barn** *n*
→ Barn *nn*

B CHEM → **boron** *n*
→ Bor *nn*

B.cm RADIO → **centimetric waves**
→ Zentimeterwellen *nplt*

B.dam RADIO → **decametric waves**
→ Dekameterwellen *nplt*

B.dm RADIO → **decimetric waves**
→ Dezimeterwellen *nplt*

B.hm RADIO → **hectometric waves**
→ Hektometerwellen *nplt*

B.km RADIO → **kilometric waves**
→ Kilometerwellen *nplt*

B.m RADIO → **metric waves**
→ Meterwellen *nplt*

B.Mam RADIO → **myriametric waves**
→ Myriameter-Wellen *nplt*

B.mm RADIO → **millimetric waves**
→ Millimeterwellen *nplt*

B.mym RADIO → **myriametric waves**
→ Myriameter-Wellen *nplt*

B: DAT.PR **B:**
[in MS-DOS die Bezeichnung für das zweite Diskettenlaufwerk]
[in MS-DOS the identifier for the second floppy disk drive]

Ba CHEM → **barium** *n*
→ Barium *nn*

Babbeln *nn* TELEPH **babble** *n*
[Nebensprechen aus mehreren Kanälen]
[crosstalk from many channels]

Babinetsches Prinzip EL.TEC **Babinet's principle**

BABT TELEC **BABT**
[britische Zulassungsbehörde]
= British Approvals Board for Telecommunications

Baby *nn* POW.SY **baby**
[Zellengröße ca. 26 mm Durchmesser x 50 mm]
[cell size of about 10 in x 20 in]

Baby-AT-Gehäuse *nn* HW **mini-AT-style case**
= Babyzeile *nf*

Babyruf *nm* (slang) TELEC → **direct call**
→ Direktruf *nm*

Babysitter-Funktion *nf* TELEPH → **acoustic room monitoring**
→ akustische Raumüberwachung

Babyzeile *nf* HW → **mini-AT-style case**
→ Baby-AT-Gehäuse *nn*

Backdoor-Programm *nn* COMP.AP **backdoor program**

Backe *nf* TECH → **jaw** *n*
→ Klaue *nf*

Back-end-Prozessor *nm* HW → **back-end processor**
→ Spezialhilfsprozessor *nm*

Backface Culling *nn* (ANGL) COMP.GR → **backface culling**
→ Ausklammern verdeckter Flächen

Backfire-Antenne *nf* ANT **backfire antenna**

Backlit-LCD TER&PER **backlit LCD**
[Flüssigkristallschirm mit Hintergrundbeleuchtung]
= backlit screen

BackOrifice INTERNET **BackOrifice**
[ein Typ Hackerprogramm]
[a type of hacker program]

Backside-Bus *nm* MICR.EL **backside bus**

Backslash *nm* (ANGL) LING → **backslash** *n*
→ Gegenschrägstrich *nm*

BACKSPACE-Taste *nf* TER&PER → **backspace key** *n*
→ Rücksetztaste *nf* (2)

Backup-Datei *nf* (ANGL) DAT.MA → **backup file**
→ Sicherungsdatei *nf*

Backup-Kopie *nf* DAT.MA → **backup copy** *n*
→ Sicherungskopie *nf*

Backup-Speicher (ANGL) DAT.MA → **backup memory**
→ Sicherungsspeicher *nm*

Backus-Naur-Form COMP.LG **Backus-Naur form**
[zur Syntaxbeschreibung formaler Sprachen]
= BNF
[to describe syntax of formal languages]
= Backus normal form; Backus normal format; BNF

Backward-Diode *nf* MICR.EL → **backward diode**
→ Rückwärtsdiode *nf*

B-Ader *nf* TELEPH **ring wire**
= ring *n*; B wire; B-lead

Badewannenkurve *nf* QUAL **bathtub curve**
= bathing-tub diagram

B-adisches Zahlensystem COMP.SC → **positional notation**
→ Stellenwertsystem *nn*

Bagatellschaden *nm* ECON **trifling damage**

Bahn *nf* TECH **web** *n*
[breiter Streifen]
[continuous sheet]

Bahn *nf* PHYS **trayectory** *n*
= Bahnkurve *nf*
↓ Umlaufbahn; Kreisbahn
= path line; path *n*
↓ circular orbit; orbit

Bahn *nf* TER&PER → **paper web**
→ Papierbahn *nf*

Bahnbrecher *nm* COLL → **precursor** *n*
→ Vorreiter *nm*

Bahndrehimpuls-Quantenzahl *nf* PHYS → **secondary quantum number**
→ Nebenquantenzahl *nf*

Bahnfernsprecher *nm* TELEPH **railroad telephone**

Bahnfrachtbrief *nm* ECON **railway bill**

Bahngleis *nn* RAIL.SIG → **track** *n* (1)
→ Geleise *nplt*

Bahnhof *nm* RAIL.SIG **railway station**
= railroad station (AE)

Bahnhofseinfahrt RAIL.SIG **entry to station**

Bahnhofsfernmeldekabel *nn* COM.CAB **railway station telecommunication cable**

Bahnkabel *nn* COM.CAB **railway cable**

Bahnkurve *nf* PHYS → **trayectory** *n*
→ Bahn *nf*

Bahnschranke *nf* RAIL.SIG **barrier** *n*
= Schranke *nf*

Bahnselbstschlussanlage *nf* RAIL.SIG **automatic barrier close**
= Basa *nf*

Bahnsteuerung *nf* CONTRO **continuous control**
↑ numerische Steuerung
↑ numeric control

Bahnübergang *nm* RAIL.SIG **rail crossing**
= Niveauübergang *nm*
= level crossing

Bahnverfolgung *nf* SAT.CO **tracking** *n*

Bahnwiderstand *nm* MICR.EL **bulk resistance**

Bajonettfassung *nf* EL.TRO → **bayonet base**
→ Bajonettsockel *nm*

Bajonett-Schnellverschluss *nm* MEC.EN **quick-acting bayonet joint**

Bajonettsockel *nm* EL.TRO **bayonet base**
= Bajonettfassung *nf*
= bayonet socket

Bajonett-Verschluss *nm* MEC.EN **bayonet joint**

BAK-Datei *nf* DAT.MA **BAK file**
↑ Hilfsdatei
↑ auxiliary file

Bake *nf* RAD.NA **beacon** *n*
↓ Funkfeuer; Kennbake; Landebake; Einflugzeichen; Markierungsfunkfeuer
↓ radiobacon; identification beacon; approach radiobeacon; marker beacon; radar beacon

Bakelit *nn* EL.TRO **bakelite** *n*
[1909 vom Belgier L.H.Baekeland erfunden]
[invented 1909 by the Belgian L.H.Baekeland]

Bakenleitstrahl *nm* RAD.NA **radio range leg**

Bakkalaureat *nn* (1) EDUC **bachelorhood** *n*
[niedriegster angelsächsischer akad. Grad]
[lowest Anglosaxon academic degree]

Bakkalaureat *nn* (2) EDUC → **advanced level exam** (BE)
→ Abitur *nn*

Bakterie *nf* SW **bacterium** *n* (*pl* -ria)
[selbsfortplanzeder Virus]
[self-reproducing virus]

Baldachin *nn* IMAG.ME **scrim diffuser**
= butterfly *n*

baldmöglichst COLL **as soon as possible**
= asap

Balg *nm* TECH **bellow** *n*

Balken *nm* TV **bar** *n*

Balken *nm* COMP.SC **token** *n*
= Marke *nf*
↑ Petrinetzknoten
↑ Petri net node

Balkencode *nm* COMP.AP → **bar code** *n*
→ Strichcode *nm*

Balkencode-Abtaster *nm* TER&PER → **bar-code reader**
→ Strichcode-Leser *nm*

Balkencode-Drucker *nm* TER&PER → **bar code printer**
→ Strichcode-Drucker *nm*

Balkencode-Leser *nm* TER&PER → **bar-code reader**
→ Strichcode-Leser *nm*

Balken-Cursor *nm* (1) COMP.AP → **I-beam pointer**
→ I-Schreibmarke *nf*

Balken-Cursor *nm* (2) COMP.AP **bar cursor** *n*
[markiert das ausgewählte Element]
[highlights the selected option]

Balkendiagramm *nn* TEC.DOC **bar chart**

[Darstellung mit Rechtecken, deren Länge proportional zur zu veranschaulichenden Variable ist, meist vertikal und aneinander anstoßend]
= Säulendiagramm *nn*; Säulenschaubild *nn*; Balkengraf *nm*; Balkengraph *nm*; Säulengrafik *nf*; Säulengraphik *nf*
≈ Stabdiagramm
↓ Histogramm
[representation by rectangles, with length proportional to the variable represented, mostly in vertical and side-by-side]
= bar diagram; bar graph; column chart; column diagram; columnar graph
≈ rod chart
↓ histogram

Balkengenerator *nm* TV **bar generator**

Balkengraf *nm* TEC.DOC → **bar chart**
→ Balkendiagramm *nn*

Balkengraph *nm* TEC.DOC → **bar chart**
→ Balkendiagramm *nn*

Balkenkode *nm* COMP.AP → **bar code** *n*
→ Strichcode *nm*

Balkenkodeleser *nm* TER&PER → **bar-code reader**
→ Strichcode-Leser *nm*

Balken-Leiter-Technik *nf* MICR.EL **beam-lead technique**

Balkenmenü *nn* COMP.AP **bar menu**
↑ Auswahlmenü
↓ Pull-down-Menü; Pop-up-Menü
↑ selection menu
↓ pull-down menu; pop-up menu

Balkentestbild *nn* TV **bar test pattern**
= bar pattern

Ballade *nf* LING **ballade** *n*

Ball-Bonden *nn* (ANGL) MICR.EL → **nailhead bonding**
→ Nagelkopfbondierung *nf*

Ballempfang *nm* BROADC **relay reception**

Ballempfänger *nm* BROADC **relay receiver**
= retransmission receiver

Ballett *nn* IMAG.ME **ballet** *n*

Ballettfilm *nm* IMAG.ME **ballet film**

Balletttänzer *nm* IMAG.ME **ballet dancer**
[male]

Balletttänzerin *nf* IMAG.ME **ballet dancer**
[female]
= danceuse *n*

ballförmig MATH → **spherical** *adj*
→ sphärisch

ballistisch PHYS **ballistic**

ballistischer Gewinn TER&PER **ballistic gain**
= dynamischer Gewinn

ballistischer Transistor MICR.EL **hot-electron transistor**

ballistisches Drehspulgalvanometer INSTR **ballistic moving-coil galvanometer**
= Stromstoßgalvanometer *nn*

ballistisches Galvanometer INSTR **ballistic galvanometer**

ballistisches Messgerät INSTR **ballistic measuring instrument**

Ballonantenne *nf* ANT **balloon antenna**

Ballontube *nf* COM.CAB **bamboo cable**
↑ Koaxialtube
↑ coaxial tube

BallPoint-Maus *nf* TER&PER **BallPoint mouse**

Ballsender *nm* BROADC **retransmitter** *n*
= radio relay station

Ballsendung *nf* BROADC **relay broadcast**

Ballungsgebiet *nn* GEOSC **metropolitan area**
= Ballungszentrum *nn*; Großstadtbereich *nm*
≈ Stadtbereich
= conurbation *n*
≈ urban area

Ballungszentrum *nn* GEOSC → **metropolitan area**
→ Ballungsgebiet *nn*

Balmer-Serie *nf* PHYS **Balmer series**

Balun *nm* ANT **balun** *n*
[Akronym aus "BALanced-UNbalanced"]
= Symmetrieglied *nn*; Symmetrietransformator *nm*
↓ Stabkern-Balun; Ringkern-Balun; Spulen-Balun
[acronym derived from "BALanced-UNbalanced"]
= balanced-unbalanced
↓ rod-core balun; toroidal-balun transformer; coiled balun

Balun-Doppeldrossel *nf* ANT **coiled coaxial balun**

Balun-Leitung *nf* ANT **half-wave balun**

BAM-Schnittstelle *nf* HW **BAM interface**
↑ serielle Schnittstelle
↑ serial interface

Bananenstecker *nm* COMPO **banana plug**
= banana pin

Bananensteckerbuchse *nf* COMPO **banana jack**

Band *nm* PRIN.ME **volume** *n* (1)
= Buchband *nm*; Volumen *nn*
[of a book]
= fascicle *n*; tome *n*

Band *nn* PHYS **band** *n*
↓ Energieband; Valenzband; Leitungsband
↓ energy band; valence band; conduction band

Band *nn* TECH **tape** *n*
[etwas in langer, schmaler Form Hergestelltes]
[something made in long, narrow format]
= ribbon *n*
≈ strip

Band *nn* RADIO → **frequency band**
→ Frequenzband *nn*

Bandabrieb *nm* TER&PER **tape abrasion**

Bandabschnittsmarke *nf* DAT.MA **tape section mark**
[markierender Datenblock]
= Abschnittsmarke *nf*; Bandschreibmarke *nf*
↑ Bandmarke
[an indicating data block]
= section mark
↑ tape mark

Bandabstand *nm* PHYS **band gap**
= gap *n*

Bandandruck *nm* TER&PER **head pressure**

Bandandruckrolle *nf* TER&PER **head wheel**

Bandanfang *nm* RADIO **lower band limit**
≠ Bandende

Bandanfangsmarke *nf* TER&PER **beginning-of-tape mark**
[Magnetband]
↑ Bandmarke
= beginning-of-tape marker; BOF; BOF mark; BOF marker
↑ tape mark

Bandansage *nf* TELEC **prerecorded message**

Bandantrieb *nm* TER&PER → **magnetic tape drive**
→ Magnetbandantrieb *nm*

Bandantriebsachse *nf* TER&PER → **capstan** *n*
→ Capstan *nm*

Bandantriebsspindel *nf* TER&PER **driving spindle**
= Antriebsspindel *nf*

Bandarchiv *nn* DAT.MA → **tape library**
→ Magnetbandarchiv *nn*

Bandarmierung *nf* COM.CAB → **tape armouring**
→ Bandbewehrung *nf*

Bandaufzeichnung *nf* EL.TRO → **magnetic tape recording**
→ Magnetbandaufzeichnung *nf*

Bandaufzeichnungsgerät *nn* TER&PER **tape recorder**
= Magnetband-Aufzeichnunggerät *nn*
= magnetic tape recorder

Bandausgabe *nf* DAT.PR → **magnetic tape output**
→ Magnetbandausgabe *nf*

Bandausnutzung *nf* RADIO **band efficiency**
≈ Bandnutzung
≈ band utilization

Bandauszug *nm* DAT.MA → **magnetic tape dump**
→ Magnetbandauszug *nm*

Band-Band-... EL.TRO → **reel-to-reel ...**
→ Band-zu-Band-...

bandbegrenzt PHYS **band-limited**

Bandbegrenzung *nf* PHYS **band limitation**

Bandbenutzung *nf* RADIO → **band utilization**
→ Bandnutzung *nf*

Bandbetriebssystem *nn* SW → **tape operating system**
→ Magnetband-Betriebssystem *nn*

bandbewehrtes Kabel COM.CAB **tape-armored cable**

Bandbewehrung *nf* COM.CAB **tape armouring**
= Bandarmierung *nf*

Bandbibliothek *nf* DAT.MA → **tape library**
→ Magnetbandarchiv *nn*

Bandblock *nm* BROADC **tape block**

Bandbreite *nf* PHYS **bandwidth** *n*
= spektrale Ausdehnung

Bandbreite *nf* NETW.TH **bandwidth** *n*
= Durchlassbreite *nf*
= band width *n*

Bandbreite *nf* TER&PER **tape width**
[Breite des Magnetbandes]

Bandbreite *nf* DAT.CO → **throughput** *n*
→ Durchsatz *nm*

Bandbreite-Längenprodukt *nn* OPT.CO **bandwidth-length product**

Bandbreite nach Wunsch TELEC **bandwidth on demand**
= dynamische Bandbreitenzuteilung
= BoD

bandbreitenaufwendig INF.TEC → **bandwidth-intensive**
→ bandbreitenintensiv

bandbreitenbegrenzt NETW.TH **bandwidth-limited**
= bandwidth-constrained

Bandbreiteneffizienz *nf* INF.TEC **bandwidth efficiency**

Bandbreitenerhöhung *nf* MODUL **increase in bandwidth**

bandbreitenfressend INF.TEC → **bandwidth-intensive**
→ bandbreitenintensiv

bandbreitenhungig INF.TEC → **bandwidth-intensive**
→ bandbreitenintensiv

bandbreitenintensiv INF.TEC **bandwidth-intensive**
= bandbreitenaufwendig; bandbreitenhungig; bandbreitenfressend
≠ bandbreitensparend
= bandwidth-consuming
≠ bandwidth-saving

Bandbreitenluxus *nm* — TELEC — **bandwidth excess**
[Verbesserung der Übertragungsqualität durch größere Bandbreite] — [improvement of transmission quality by larger bandwidth]

Bandbreitenprodukt *nn* — EL.TRO — → **gain-bandwith product**
→ Verstärkung-Bandbreite-Produkt *nn*

Bandbreitenumschaltung *nf* — INSTR — **bandwidth switching**

bandbreitenwirksam — INF.TEC — **bandwidth-efficient**

bandbreitesparend — INF.TEC — **bandwidth-saving** *adj*
≠ bandbreitenintensiv — ≠ bandwidth-intensive

Bändchen-Hochtöner *nm* — EL.ACOU — **ribbon tweeter**

Bändchenmikrofon *nn* — EL.ACOU — **ribbon microphone**
= Bändchenmikrophon *nn*

Bändchenmikrophon *nn* — EL.ACOU — → **ribbon microphone**
→ Bändchenmikrofon *nn*

Banddatei *nf* — DAT.PR — → **magnetic tape file**
→ Magnetbanddatei *nf*

Banddaten *nplt* — DAT.MA — → **magnetic tape data**
→ Magnetbanddaten *nplt*

Banddrucker *nm* — TER&PER — **belt printer**
[Drucktypen auf rotierendem Metallband; bis 2000 Zeilen/Min.] — [types on a rotating metallic belt; up to 2000 lpm]
= Stahlbanddrucker *nm* — = band printer
↑ Anschlagdrucker; Typendrucker; Zeilendrucker — ↑ impact printer; type printer; line printer

Bandduplikat — DAT.MA — → **magnetic tape duplicate**
→ Magnetbandduplikat *nn*

Banddurchlauf *nm* — DAT.PR — → **magnetic tape pass**
→ Magnetbanddurchlauf *nm*

Bandeinfädelung *nf* — TER&PER — **tape threading**

Bandeingabe *nf* — DAT.PR — → **magnetic tape input**
→ Magnetbandeingabe *nf*

Bandeisen *nn* — METAL — **iron band**
= iron tape; iron hoop

Bandeisenbelegung *nf* — COM.CAB — **armouring tape**

Bandende *nn* — RADIO — **upper band limit**
≠ Bandanfang — = band edge *n* (2)
↑ Bandgrenze — ≠ lower band limit
↑ band limit

Bandende *nn* — TER&PER — **trailing end**
[Magnetband] — [magnetic tape]
= tape-out *n*

Bandendemarke *nf* — TER&PER — **end-of-tape mark**
↑ Bandmarke — ↑ tape mark
↓ tape header; tape trailer

Banderder *nm* — SYS.INS — **ground ribbon**

Bändermodell *nn* — PHYS — **energy band diagram**
= Energiebändermodell *nn*; Niveauschema *nn*; Termschema *nn* — = energy level diagram; energy band scheme; energy level scheme

Bänderverwalter *nm* — DAT.MA — → **tape librarian**
→ Magnetbänderverwalter *nm*

Bandetikett *nf* — DAT.MA — **tape label**
= Bandkennsatz *nm* — = tape volume
≈ Bandabschnittsmarke — ≈ tape section marker
↑ Dateträgeretikett — ↑ data carrier label

Bandfilter *nn* — NETW.TH — → **bandpass filter**
→ Bandpassfilter *nn*

Bandfilterkopplung *nf* — BROADC — **filter coupling**

Bandformat *nn* — DAT.MA — → **magnetic tape format**
→ Magnetbandformat *nn*

Bandführung *nf* — TER&PER — **tape leader** (1)
[Magnetband] — = leader *n* (1); tape guide

Bandführungfehler *nm* — TER&PER — → **tape skew**
→ Bandschräglauf *nm*

Bandführungssegment *nn* — TV — **vacuum guide**
= Kopfschuh *nm*

Bandführungsstück *nn* — BROADC — → **leader tape**
→ Vorspannband *nn*

Bandführungstrommel *nf* — TER&PER — **tape drum**
[Magnetband] — = head drum

Bandgenerator *nm* — PHYS — → **van de Graaff generator**
→ elektrostatischer Bandgenerator

Bandgerät *nn* — TER&PER — → **magnetic tape device**
→ Magnetbandgerät *nn*

Bandgeschwindigkeit *nf* — TER&PER — **tape speed**
= Magnetbandgeschwindigkeit *nf* — = magnetic tape speet

bandgesteuert — TER&PER — **tape-operated** *adj*
= magnetbandgesteuert — [by magnetic tape]
= tape-controlled

Bandgrenze *nf* — RADIO — **band limit**
↓ Bandanfang; Bandende — = band edge (1)
↓ lower band limit; upper band limit

Bandkabel *nn* — COM.CAB — **ribbon cable**
= Flachkabel *nn*; Bandleitung *nf*; Twin-lead-Kabel *nn* — = strip cable; flat cable; twin lead; balanced feeder cable; tape *n*

Bandkabel-Marconi-Antenne *nf* — ANT — **twin-lead Marconi antenna**

Bandkante *nf* — PHYS — **band edge**
= Energiebandkante *nf* — = energy band edge; band rim

Bandkassette *nf* — TER&PER — → **magnetic tape cassette**
→ Magnetbandkassette *nf*

Bandkennsatz *nm* — DAT.MA — → **tape label**
→ Bandetikett *nf*

Bandkern *nm* — EL.TEC — → **laminated core**
→ Schnittbandkern *nm*

Bandklebstelle *nf* — TER&PER — **tape splice**

Bandladepunkt *nm* — TER&PER — → **magnetic tape loadpoint**
→ Magnetband-Ladepunkt *nm*

Bandlader *nm* — DAT.MA — **tape loading routine**

Bandlänge *nf* — TER&PER — → **magnetic tape length**
→ Magnetbandlänge *nf*

Bandlaufrichtung *nf* — TER&PER — **tape run direction**

Bandlaufwerk *nn* — TER&PER — → **magnetic tape drive**
→ Magnetbandantrieb *nm*

Bandleitung *nf* — COM.CAB — → **ribbon cable**
→ Bandkabel *nn*

Bandleitung *nf* — MICROW — → **strip line**
→ Streifenleitung *nf*

Bandmarke *nf* — TER&PER — **tape mark**
[reflektierender Metallstreifen auf Magnetband] — [reflecting strip on magnetic tape]
= reflektierende Bandmarke; Reflektormarke *nf*; Marke *nf* — = control mark; marker *n*; reflective spot
≈ Bandabschnittsmarke [DAT.PR] — ≈ tape section mark [DAT.PR]
↓ Bandanfangsmarke; Bandendmarke — ↓ beginning-of-tape mark; end-of-tape mark

Bandmaschine *nf* — CONS.EL — → **audio tape recorder**
→ Tonbandmaschine *nf*

Bandmaß *nn* — TECH — → **measuring tape**
→ Maßband *nn*

Bandmischsortieren *nn* — DAT.MA — **tape merge sort**

Bandmitte *nf* — RADIO — **band center**
≈ Mittelband — = band centre (BE); midband *n* (2)
≈ midband (1)

Bandmittenfrequenz *nf* — NETW.TH — **midband frequency**
= band center frequency

Bandmittenfrequenz *nf* — RADIO — **band center frequency**
= midband frequency

Band Nr.1 (UIT) — RADIO — → **decamegametric waves**
→ dekamegametrische Wellen

Band Nr.10 *nn* (UIT) — RADIO — → **centimetric waves**
→ Zentimeterwellen *nplt*

Band Nr.11 (UIT) — RADIO — → **millimetric waves**
→ Millimeterwellen *nplt*

Band Nr.12 (UIT) — RADIO — → **decimillimetric waves**
→ Dezimillimeterwellen *nplt*

Band Nr.2 (UIT) — RADIO — → **megametric waves**
→ Megameterwelle *nf*

Band Nr.3 (UIT) — RADIO — → **decimegametric waves**
→ Dezimegametrische Wellen

Band Nr.4 (UIT) — RADIO — → **myriametric waves**
→ Myriameter-Wellen *nplt*

Band Nr.5 (UIT) — RADIO — → **kilometric waves**
→ Kilometerwellen *nplt*

Band Nr.6 (UIT) — RADIO — → **hectometric waves**
→ Hektometerwellen *nplt*

Band Nr.7 (UIT) — RADIO — → **decametric waves**
→ Dekameterwellen *nplt*

Band Nr.8 (UIT) — RADIO — → **metric waves**
→ Meterwellen *nplt*

Band Nr.9 (UIT) — RADIO — → **decimetric waves**
→ Dezimeterwellen *nplt*

Bandnutzung *nf* — RADIO — **band utilization**
= Bandbenutzung *nf* — ≈ band efficiency
≈ Bandausnutzung

bandorientiert — SW — → **tape-oriented** *adj*
→ magnetbandorientiert

Bandpass *nm* — NETW.TH — → **bandpass filter**
→ Bandpassfilter *nn*

Bandpassfilter *nn* — NETW.TH — **bandpass filter**
= Bandfilter *nn*; Bandpass *nm* — = bandpass; band filter
↓ Zickzackfilter — ↓ zigzag filter

Bandposition *nf* — TER&PER — **tape position**

Bandrand *nm* — TER&PER — → **magnetic tape edge**
→ Magnetbandrand *nm*

Bandrauschen *nn* EL.ACOU **tape noise**
Band-Rauschzahl *nf* HF **average noise factor**
Bandreiniger *nm* TER&PER **tape cleaner**
Bandrolle *nf* TER&PER **→ magnetic tape reel**
→ Magnetbandrolle *nf*
Bandrückspulung *nf* TER&PER **magnetic tape rewind** *n*
= Magnetbandrückspulung *nf* — = tape rewind (2)
Bandschlupf *nm* TER&PER **tape slip**
= tape slippage
Bandschräglauf *nm* TER&PER **tape skew**
[Abweichung der Aufzeichnungsspur auf einem Band von der Ideallinie] — [deviation from ideal line of the recording track on a tape]
= Schräglauf *nm*; Bandführungfehler *nm* — = skew *n* (1)
Bandschreibmarke *nf* DAT.MA **→ tape section mark**
→ Bandabschnittsmarke *nf*
Bandsetzoszillator *nm* RADIO **band setting oscillator**
Bandsicherung *nf* DAT.MA **→ magnetic tape backup**
→ Magnetbandsicherung *nf*
Bandsortenschalter *nm* CONS.EL **band selector**
= Bandsorten-Wahlschalter *nm* — = tape selector
Bandsorten-Wahlschalter *nm* CONS.EL **→ band selector**
→ Bandsortenschalter *nm*
Bandsortierung *nf* DAT.MA **band sorting**
Bandspannung *nf* TER&PER **tape tension**
= Magnetbandspannung *nf*
Bandspeicher *nm* TER&PER **→ magnetic tape memory**
→ Magnetbandspeicher *nm*
Bandspeicherdichte *nf* TER&PER **→ magnetic tape recording density**
→ Magnetbandspeicherdichte *nf*
Bandsperre *nf* NETW.TH **→ bandstop filter**
→ Bandsperrfilter *nn*
Bandsperrfilter *nn* NETW.TH **bandstop filter**
= Bandsperre *nf*; Trap [HF] — = bandstop *n*; band-elimination filter; tuned trap [HF]; trap *n* [HF]; notched filter [INSTR]; slot filter [INSTR]
bandspreizende Modulation MODUL **→ spread spectrum modulation**
→ Streuspektrum-Modulation *nf*
Bandspreizung *nf* RADIO **band spreading**
Bandspreizungsmodulation *nf* MODUL **band spreading modulation**
Bandspreizungsmodulation *nf* MODUL **→ spread spectrum modulation**
→ Streuspektrum-Modulation *nf*
Bandsprosse *nf* TER&PER **frame** *n*
[Platz den ein Zeichen auf einem Magnetband einnimmt] — [place demand of a character on a magnetic tape]
Bandspule *nf* TER&PER **→ reel** *n*
→ Spule *nf*
Bandspulenhalterung *nf* TER&PER **hold-down reel**
Bandspur *nf* TER&PER **→ magnetic tape track**
→ Magnetbandspur *nf*
Bandsspreizungsfunk *nm* RADIO **→ spread-spectrum communications**
→ Streuspektrumfunk *nm*
Bandsteuerung *nf* TER&PER **→ magnetic tape controller**
→ Magnetbandsteuerung *nf*
Bandstruktur *nf* PHYS **energy band structure**
Bandtausch *nm* TRANSM **frequency frogging**
[TF-Technik] — [FDM]
= Frequenztausch *nm* — = frogging *n*
Bandtransport *nm* TER&PER **→ magnetic tape drive**
→ Magnetbandantrieb *nm*
bandübersetzt NETW.TH **band-translated**
bandumwickelter Kern COMPO **tape-wounded core**
bandumwickelter Kern EL.TEC **→ laminated core**
→ Schnittbandkern *nm*
Bandunterlage-Plotter *nm* TER&PER **→ beltbed plotter**
→ Vertikalplotter *nm*
Bandverbiegung *nf* MICR.EL **band bending**
Bandverbreiterung *nf* PHYS **band broadening**
Bandvorschub *nm* TER&PER **tape feed** *n* (1)
[Magnetband] — = magnetic tape feed; tape movement
= Magnetbandvorschub *nm* — ↑ feed
↑ Vorschub
Bandwechsel *nm* TER&PER **tape change**
= Magnetbandwechsel *nm* — = tape swapping
Band-zu-Band-... EL.TRO **reel-to-reel ...**
= Band-Band-...
Bank *nf* ECON **bank** *n*
↑ Geldinstitut — ↑ financial institution
Bank *nf* EL.TEC **bank** *n*
[eine Zusammenschaltung gleicher Komponenten] — [a group of connected components]
= battery *n*
= Batterie *nf*; Satz *nm*
↓ Batteriesatz; Kondensatorbatterie
Bank *nf* DAT.MA **→ memory bank**
→ Speicheradressbereich *nm*
Bankakzept *nn* ECON **→ acceptance credit**
→ Akzeptkredit *nm*
Bankangestellter *nm* ECON **bank clerck**
= Bankbeamter *nm*
Bankauswahl *nf* DAT.MA **bank select**
[Speichererweiterung]
Bankauszug *nm* ECON **bank statement**
Bankautomat *nm* TER&PER **→ automatic cash dispenser**
→ Geldausgabeautomat *nm*
Bankautomation *nf* INF.TEC **→ bank automation**
→ Bankautomatisierung *nf*
Bankautomatisierung *nf* INF.TEC **bank automation**
= Bankautomation *nf*
Bankbeamter *nm* ECON **→ bank clerck**
→ Bankangestellter *nm*
Bankenterminal *nn* TER&PER **teller terminal**
= Schalterterminal *nn* — = teller machine; counter terminal
≈ Geldausgabeautomat — ≈ automatic cash dispenser
Banker *nm* (1) ECON **→ banker** *n* (1)
→ Bankier *nm*
Banker *nm* (2) ECON **→ banker** *n* (2)
→ Bankfachmann *nm*
Bankfach *nn* ECON **safe deposit box**
Bankfachmann *nm* ECON **banker** *n* (2)
= Banker *nm* (2) — [working in banking business]
bankfähig ECON **→ discountable**
→ diskontierbar
Bankfeiertag *nm* ECON **bank holiday**
Bankgarantie *nf* ECON **bank guaranty**
= bank guarantee
Bankier *nm* ECON **banker** *n* (1)
[Besitzer oder Vorstand einer Bank] — [owner or CEO of a bank]
= Banker *nm* (1)
Bankkunde *nm* ECON **bank customer**
Bankleitzahl *nf* ECON **bank code**
Banknote *nf* ECON **paper currency** *n*
= Geldschein *nm*; Papiergeld *nn* — = paper money; paper bill (AE); bill *n* (AE); note *n* (BE)
Banknotensortiermaschine *nf* OFFICE **banknote sorting machine**
Banknotenzählmaschine *nf* OFFICE **banknote counting machine**
Bankrott *nm* ECON **bankrupcy** *n*
= bust *n*
Bankrott *nm*, **pleite** *nf* LAW **→ bankruptcy** *n*
→ Konkurs *nm*
Banksaldo *nn* ECON **bank balance**
Bankschalter *nm* ECON **bank counter**
Bankumschaltung *nf* EL.TEC **bank switching**
Bankwesen *nn* ECON **banking** *n*
= Kreditwirtschaft *nf*
Banner *nn* INTERNET **banner** *n*
[Werbeeinblendung mit Link zum Inserenten] — [advertising pop-up with a link to the advertiser]
= Werbebanner *nn*; Werbefahne *nf*; Fahne *nf* — ↑ publicity insert
Bannereinblendung *nf* INTERNET **→ banner pop-up**
→ Banner-Pop-Up
Banner-Pop-Up INTERNET **banner pop-up**
= Bannereinblendung *nf*
Banning *nn* INTERNET **banning** *n*
[Verbannung eines Nutzers] — [of a user]
Banyan-Netz *nn* DAT.NW **Banyan network**
[eine Topologie] — [a topology]
bar ECON **cash** *adv*
≠ unbar — ≠ cashless
bar PHYS **→ bar** *n*
→ Bar *nn*
Bar *nn* PHYS **bar** *n*
[= 10.000 Pascal = 0,1 N/mm²] — [= 10,000 Pascal = 0.1 N/mm²]
= bar
Barcode *nm* COMP.AP **→ bar code** *n*
→ Strichcode *nm*
Barcode-Drucker *nm* TER&PER **→ bar code printer**
→ Strichcode-Drucker *nm*
Barcode-Handleser *nm* TER&PER **→ bar code manual reader**
→ Strichcode-Handleser *nm*
Barcode-Leser *nm* TER&PER **→ bar-code reader**
→ Strichcode-Leser *nm*
Barcode-Scanner *nm* TER&PER **→ bar-code reader**
→ Strichcode-Leser *nm*

Bargeld *nn* ECON **cash** *n*
= Flüssigmittel *nn*
bargeldlos ECON **noncash** *adj*
= by cheque
Bariton *nm* MUSIC **baritone** *n*
Barium *nn* CHEM **barium** *n*
= Ba = Ba
Barker-Code *nm* CODING **Barker code**
Barker-codierter Radarimpuls RAD.LO **Barker coded radar pulse**
Barkhausen-Effekt *nm* PHYS **Barkhausen effect**
= magnetic fluctuation noise
Barkhausen-Formel EL.TRO → **Barkhausen formula**
→ barkhausensche Röhrenformel
barkhausensche Röhrenformel EL.TRO **Barkhausen formula**
[SRD=1]
= Barkhausen'sche Röhrenformel; Barkhausen-Formel; barkhausensche
Barkhausen'sche Röhrenformel EL.TRO → **Barkhausen formula**
→ barkhausensche Röhrenformel
barkhausensche Röhrengleichung EL.TRO → **Barkhausen formula**
→ barkhausensche Röhrenformel
Barkhausen-Sprung *nf* PHYS **Barkhausen jump**
Barkode *nm* COMP.AP → **bar code** *n*
→ Strichcode *nm*
barlowsches Rad PHYS **Barlow's wheel**
= Barlow'sches Rad
Barlow'sches Rad PHYS → **Barlow's wheel**
→ barlowsches Rad
Barn *nn* PHYS **barn** *n*
[Maßeinheit für atomare Wirkungsquerschnitte; = 10 hoch minus 24 cm²] [unit for atomic cross sectional areas; = 10 to the power of minus 24 cm²]
= b = b
Barpreis *nm* ECON **cash price**
Barrenzinn *nn* METAL **ingot solder**
Barretter PHYS → **hydrogen-iron resistance**
→ Eisen-Wasserstoff-Widerstand *nm*
BARRIT-Diode *nf* MICR.EL **BARITT diode**
= barrier-injected transit time diode
Bartergeschäft *nn* ECON → **barter business**
→ Tauschgeschäft *nn*
bartlettsches Theorem NETW.TH → **Bartlett's theorem**
→ Theorem von Bartlett
Bartlett'sches Theorem NETW.TH → **Bartlett's theorem**
→ Theorem von Bartlett
Barvorschuss *nm* ECON **cash advance**
Barwert *nm* ECON **present value**
= Gegenwartswert *nm*; Zeitwert *nm*; Kapitalwert *nm* = current value; cash value; present worth (AE)
Barytpapier *nn* PRIN.ME **baryte paper**
Basa *nf* RAIL.SIG → **automatic barrier close**
→ Bahnselbstschlussanlage *nf*
Base *nf* CHEM **base** *n*
[bilden in wässeriger Lösung negativ geladene Hydroxylionen OH'] [a proton acceptor in water solutions]
≠ Säure ≠ acid
BASIC COMP.LG **BASIC**
↑ problemorientierte Programmiersprache ↑ high-level programming language
↓ CBASIC; Interger and Appelsoft BASIC; GW-BASIC; Turbo BASIC; Microsoft QuickBASIC; Tiny BASIC; Microsoft BASIC ↓ CBASIC; Integer and Appelsoft BASIC; GW-BASIC; Turbo BASIC; Microsoft QuickBASIC; Tiny BASIC;
basieren SCIE **base on** *vi*
= bestehen auf
BA-Signal *nn* TV **blanked picture signal**
= ausgetastetes Videosignal; unterdrücktes Bildsignal
Basis *nf* MICR.EL **base** *n*
[steuert den Ladungsträgerfluss zwischen Emitter und Kollektor] [controls the carrier flux from emitter to collector]
↓ Basiszone; Basisbereich; Basisanschluss ↓ base zone; base region; base terminal
Basis *nf* MATH **base** *n* (2)
[einer Potenz oder eines Logarithmusses] [of a power or logarithm]
= Zahlenbasis *nf*; Grundzahl *nf* (2); Radix *nf* = number basis; radix *n*; number base; base number
≈ Radix [COMP.SC] ≈ radix [COMP.SC]
≠ Exponent ≠ exponent
↑ Potenz ↑ power
Basisadresse *nf* SW → **base address**
→ Grundadresse *nf*
Basisadressregister *nn* HW **base address register**
= base register

Basisadressverschiebung *nf* SW **base address relocation**
Basisanschluss *nm* MICR.EL **base terminal**
= base connection
Basisanschluss *nm* TELEC → **ISDN basic access**
→ ISDN-Basisanschluss *nm*
Basisanwendung *nf* TECH → **basic application**
→ Grundanwendung *nf*
Basisaustattung *nf* TECH → **standard equipment**
→ Grundausstattung *nf*
Basisbahnwiderstand *nm* MICR.EL **extrinsic base resistance**
= Basiswiderstand *nm* = internal base resistance; base bulk resistance
Basisband *nf* TV → **video signal** *n*
→ Videosignal *nn*
Basisband *nn* TRANSM **baseband** *n*
= BB = base band *n*; BB
Basisbandbaugruppe *nf* TRANSM **baseband module**
Basisband-LAN *nn* DAT.NW **baseband LAN**
[überträgt ohne Trägermodulation] [transmits without carrier modulation]
= Basisbandnetzwerk *nn* = baseband network
Basisbandmodem *nm* DAT.CO **baseband modem**
[arbeitet mit Basisbandübertragung] [works with baseband transmission]
= Kurzstreckenmodem *nm&nn*; Kurzdistanzmodem *nm&nn*; Nahbereichsmodem *nm&nn* = limited-distance modem
Basisbandnetzwerk *nn* DAT.NW → **baseband LAN**
→ Basisband-LAN *nn*
Basisbandsignal *nn* RADIO **baseband signal**
Basisbandtechnik *nf* DAT.CO → **baseband transmission**
→ Basisbandübertragung *nf*
Basisbandübertragung *nf* DAT.CO **baseband transmission**
[Übertragung pulsgeformter aber unmodulierter/nicht multiplexierter Datenströme] [transmission of pulse-shaped but unmodulated/unmultiplexed signals]
= Basisbandtechnik *nf* = limited distance modem transmission
≠ Breitbandtechnik ≠ broadband transmission
Basisbereich *nm* MICR.EL **base region**
[Basiszone ohne die beidseitigen Sperrschichten] [base zone without both junctions]
= Basisraum *nm*
≈ Basiszone
Basisbestückung *nf* TECH → **standard equipment**
→ Grundausstattung *nf*
Basisbetriebsystem *nn* SW → **basic operating system**
→ Grundbetriebssystem *nn*
Basisbreite *nf* MICR.EL **base zone thickness** *n*
[Dicke des Basisbereichs] = base thickness (1)
= Basisdicke *nf* (1) ≈ base width
≈ Basisweite
Basisbreitenmodulation *nf* MICR.EL **Early effect**
= Early-Effekt *nm*
Basisdaten *nplt* DAT.MA → **basic data**
→ Grunddaten *nplt*
Basisdatensatz *nm* DAT.MA **base data record**
= Basissatz *nm* = base record
Basisdatenverarbeitung *nf* DAT.PR → **basic data processing**
→ Grunddatenverarbeitung *nf*
Basisdicke *nf* (1) MICR.EL → **base zone thickness** *n*
→ Basisbreite *nf*
Basisdicke *nf* (2) MICR.EL → **base width** *n*
→ Basisweite *nf*
Basisdienst *nm* TELEC → **basic service**
→ Grunddienst *nm*
Basisdiffusion *nf* MICR.EL **base diffusion**
Basis-Dotierung *nf* MICR.EL **base doping**
Basiselektrode *nf* MICR.EL **base electrode**
Basis-Emitter-Diode *nf* MICR.EL **base-emitter diode**
Basis-Emitter-Spannung *nf* MICR.EL **base emitter voltage**
Basisfarbe *nf* COMP.AP **basic color**
[wenn alle Pixel gleichfarbig] [when all pixels have the same color]
Basisfestanschluss *nm* TELEC **basic access for permanent connections**
Basisfunktion *nf* TECH → **basic function**
→ Grundfunktion *nf*
Basisgröße *nf* PHYS **basic quantity**
≠ abgeleitete Größe ≠ derived quantity
↓ Länge; Zeit ↓ length; time
Basisinformation *nf* INF.TEC → **basic information**
→ Grundinformation *nf*

Basis-Isolationskranz *nf* MICR.EL **base isolating ring**

Basiskanal *nm* TELEC **basic channel**
[ISDN]
= B-Kanal *nm*; Nutzkanal *nm*
[ISDN]
= base channel; B channel; payload channel; bearer channel

Basiskarte *nf* CART → **basemap**
→ Grundkarte *nf*

Basisklasse *nf* SW → **base class**
→ Stammklasse *nf*

Basiskomma *nn* MATH **radix point**
= Radixkomma *nn*
↓ Dezimalkomma; Binärkomma; Oktalkomma
= base point
↓ decimal point; binary point; octal point; base point; arithmetic point; point

Basiskomplement *nn* COMP.SC **radix complement**
[bezogen auf die Basis des Zahlensystems]
= B-Komplement *nn*
↓ Zweierkomplement; Zehnerkomplement
[the complement are related to the nunber base]
= base complement; true complement; complement on *n*; noughts complement; zero complement
↓ complement to two; complement to ten

Basisladung *nf* MICR.EL **basis charge**

Basismaterial *nn* MICR.EL **base material**

Basis-minus-Eins-Komplement *nn* COMP.SC **radix-minus-one complement**
[die Komplemente werden auf die um Eins reduzierte Basis des Zahlensystems gebildet]
= B-minus-Eins-Komplement *nn*
↓ Einerkomplement; Neunerkomplement
[the complements are related to the number base reduced by one]
= diminished radix complement; base-minus-one complement; complement on n-1
↓ complement to one; complement to nine

Basismodus *nm* DAT.CO → **basic mode**
→ Grundmodus *nm*

Basismodus *nm* MICROW → **fundamental mode**
→ Grundwelle *nf*

Basisprozessor *nm* DAT.CO **base processor**

Basisrate *nf* TELEC **basic rate** *n*
[56 kbit/s in der ANSI-Hierarchie, 64 kbit/s in der ETSI-Hierarchie]
= DS
≠ Subrate; Superrate
↓ T0; E0
[56 kbit/s by the ANSI hierarchy, 64 kb/s by the ETSI hierarchy]
= DS0
≠ subrate; superrate
↓ T0; E0

Basisraum *nm* MICR.EL → **base region**
→ Basisbereich *nm*

Basisregister *nn* HW **base register**
[enthält Programmstartadresse]
[contains address of program start]

Basissatz *nm* DAT.MA → **base data record**
→ Basisdatensatz *nm*

Basisschaltung *nf* CIRC.EN **common base connection**
= Basistransistorschaltung *nf*; Basisschaltung vorwärts; Zwischen-Basisschaltung *nf*
↑ Transistorgrundschaltung
= common base circuit; common base; grounded base circuit; inter-base circuit; grounded-base connection; inter-base connection
↑ transistor basic connection

Basisschaltung rückwärts CIRC.EN **inverse common base**

Basisschaltung vorwärts CIRC.EN → **common base connection**
→ Basisschaltung *nf*

Basisschicht *nf* MICR.EL → **base zone**
→ Basiszone *nf*

Basisschicht *nf* INTERNET **foundation layer**

Basisseite *nf* INTERNET → **homepage** *n* (1)
→ Homepage *nf* (1)

Basissoftware *nf* SW → **system software** *n*
→ Systemsoftware *nf*

Basissortierung *nf* DAT.MA → **digital sorting**
→ Digitalsortierung *nf*

Basisspannung *nf* CIRC.EN **base voltage**

Basisspannungsteiler *nm* CIRC.EN **base potential divider**

Basisspeicher *nm* DAT.PR → **conventional memory**
→ konventioneller Speicher

Basisstation *nf* MOB.CO → **radio base station**
→ Funk-Basisstation *nf*

Basisstationsantenne *nf* MOB.CO → **radio base station antenna**
→ Funk-Basisstation-Antenne *nf*

Basisstationscontroller *nm* MOB.CO **base station controller**
= BSC
= BSC

Basisstationssteuerung *nf* MOB.CO → **BSC**
→ BSC

Basisstation-Subsystem *nn* MOB.CO → **BSS**
→ BSS

Basisstrom *nm* CIRC.EN **base current**

Basissystem *nn* TECH → **basic system**
→ Grundsystem *nn*

Basistechnologie *nf* TECH **base technology**

Basistransistorschaltung *nf* CIRC.EN → **common base connection**
→ Basisschaltung *nf*

Basisüberschussstrom *nm* CIRC.EN **base excess current**

Basisversion *nf* DAT.PR → **standard version**
→ Standardversion *nf*

Basisvorspannung *nf* CIRC.EN **base bias**

Basisweite *nf* MICR.EL **base width** *n*
[Abstand Emitter-zu Kollektor-Sperrschicht]
= Basisdicke *nf* (2)
[distance of emitter- to collector junction]
= base thickness (2)
≈ base zone thickness

Basiswiderstand *nm* MICR.EL → **extrinsic base resistance**
→ Basisbahnwiderstand *nm*

Basiszahl *nf* COMP.SC → **radix** *n*
→ Radix *nf* (*pl* Radizes)

Basiszeitkonstante *nf* MICR.EL **base time constant**

Basiszone *nf* MICR.EL **base zone**
[Bereich zwischen Emitterzone und Kollektorzone, einschl. beider Sperrschichten]
= Basisschicht *nf*
≈ Basisbereich
↑ Basis
[region between emitter and collector zone, including both junctions]
= base layer
≈ base region
↑ base

Basiszugriffsmethode *nf* DAT.MA **basic access method**
= BAM; elementary access method

Bass *nm* EL.ACOU **bass** *n*
[unter 250 Hz]
= Tiefen *nplt*; Tiefton *nm*; Basston *nm*; Bassfrequenz *nf*
[below 250 Hz]
= bass frequncy

Bassfrequenz *nf* EL.ACOU → **bass** *n*
→ Bass *nm*

BAS-Signal *nn* TV → **video signal** *n*
→ Videosignal *nn*

Bassist *nm* MUSIC **bass singer**

Bassist *nm* MUSIC → **double bass**
→ Kotrabassist *nm*

Basslautsprecher *nm* EL.ACOU → **subwoofer**
→ Tiefpasslautsprecher *nm*

Bassreflexbox *nf* EL.ACOU **bass reflex box**

Bassreflexrohr *nn* EL.ACOU **bass reflex tube**

Bassregler *nm* EL.ACOU **bass control**

Bassschalter *nm* EL.ACOU **bass switch**

Basston *nm* EL.ACOU → **bass** *n*
→ Bass *nm*

basteln TECH **tinker** *vt*
≈ murksen
≈ bungle

Bastion-Host *nm* INTERNET **bastion host**

Bastler *nm* TECH **tinker** *n*
= Hobbybastler *nm*
= amateur *n*; handyman *n*

BAT SW **BAT**
[in MS-DOS die für Stapeldateien reservierte Dateierweiterung]
[BATch file; the file extension reserved in MS-DOS for batch files]

Batch-Datei *nf* (ANGL) DAT.MA → **batch file**
→ Stapeldatei *nf*

batchersche Parallelsortierung DAT.MA **merge exchange sort**
= Batcher'sche Parallelsortierung
= odd-even sort; Batcher's parallel sort

Batcher'sche Parallelsortierung DAT.MA → **merge exchange sort**
→ batchersche Parallelsortierung

Batch-Prozessing *nn* DAT.PR → **batch processing**
→ Stapelverarbeitung *nf*

Batch-Verarbeitung *nf* DAT.PR → **batch processing**
→ Stapelverarbeitung *nf*

BAT-Datei *nf* (DOS) DAT.MA → **batch file**
→ Stapeldatei *nf*

Batterie *nf* PHYS **battery** *n*
[Hintereinanderschaltung von Kondensatoren oder galvanischen Elementen]
↑ Satz
[a series-connection of capacitors, cells]
↑ bank

Batterie *nf* EL.TEC → **bank** *n*
→ Bank *nf*

Batterie *nf* (1) POW.SY **battery** *n*
[Hintereinanderschaltung von galvanischen Elementen]
= galvanische Batterie
↓ Sammlerbatterie
[series connection of galvanic elements]
= voltaic battery; galvanic battery

Batterie *nf* (2) POW.SY → **battery cell**
→ Batteriezelle *nf*

Batteriebetrieb *nm* EQP.EN **battery operation**

batteriebetrieben EQP.EN **battery-operated**
= batteriegespeist = battery-powered; self-powered

Batterieblock *nm* POW.SY → **battery pack**
→ Batteriesäule *nf*

Batteriefach *nn* EQP.EN **battery receptacle**
= battery compartment

Batteriefeld *nn* POW.SY → **battery panel**
→ Batterieschaltfeld *nn*

Batteriegefäß *nn* POW.SY **cell jar**

batteriegeschützt POW.SY **battery-backed**
= batteriegesichert

batteriegesichert POW.SY → **battery-backed**
→ batteriegeschützt

batteriegespeist EQP.EN → **battery-operated**
→ batteriebetrieben

Batteriehalter *nm* COMPO **battery holder**

Batterieklemme *nf* COMPO **battery clamp**

Batterieladegerät *nn* POW.SY → **charger** *n*
→ Ladegerät *nn*

Batterieladekontrolle *nf* POW.SY **battery charging control**

Batterie-leer-Anzeige *nf* EQP.EN **battery low annunciator**
= battery low indication

Batterieprüfgerät *nn* INSTR **battery testing instrument**
= Batterietester *nm*; Elementeprüfer *nm* = battery tester; battery meter

Batterieraum *nm* POW.SY **battery room**

Batteriereserve *nf* POW.SY **battery backup**
= Batteriesicherung *nf*

Batteriesatz *nm* POW.SY **battery bank**

Batteriesäule *nf* POW.SY **battery pack**
= Batterieblock *nm*

Batterieschaltfeld *nn* POW.SY **battery panel**
= Batteriefeld *nn* = battery rack

Batterieschublade *nf* POW.SY **battery magazine**

Batteriesicherung *nf* POW.SY → **battery backup**
→ Batteriereserve *nf*

Batteriesparschalter *nm* EQP.EN **battery save switch**

Batterietester *nm* INSTR → **battery testing instrument**
→ Batterieprüfgerät *nn*

Batteriezelle *nf* POW.SY **battery cell**
= Zelle *nf*; Batterie *nf* (2) = cell *n*

Batwing-Antenne *nf* (ANGL) ANT → **batwing antenna**
→ Schmetterlingsantenne *nf*

Bau *nm* TECH **structure** *n*
= Struktur *nf* ↓ substructure; superstructure
↓ Unterbau; Oberbau

Bau *nm* CIV.EN → **civil project**
→ Bauvorhaben *nn*

Bau *nm* CIV.EN → **building** *n*
→ Gebäude *nn*

Bauart *nf* TECH → **lay-out** *n*
→ Auslegung *nf*

Baubehörde *nf* PUB.ADM **building authority**

Baubreite *nf* COMPO **mounting width**

Bauch *nm* PHYS → **antinode** *n*
→ Schwingungsbauch *nm*

Bauchlandung *nf* TER&PER **head crash** *n*
[Schreib-Lesekopf berührt die Plattenoberfläche] [collision of read/write head with recording surface]
= Landung *nf* = landing *n*
↑ Laufwerkdefekt ↑ disk drive crash

bauchlandungsgeschützt TER&PER → **crash-protected** *adj*
→ absturzgesichert

Bauchsicht *nf* CINEMA **low shot**
[aus Bauchhöhe] [from bellow hight]

Bauchtanz *nm* TV → **periodical line displacement**
→ Zeilenversatz *nm* (1)

Baud *nn* TELEC **baud** *n*
[Maßeinheit der Schrittgeschwindigkeit; 1 Baud = 1 Schritt / Sekunde] [mesuring unit for telegraph speed; 1 baud = 1 signal element per second]
= b

Baudichte *nf* EQP.EN → **packaging density**
→ Packungsdichte *nf*

Baudot-Code *nm* (1) TELEGR **Baudot code** (1)
= Baudot-Kode *nm*; UIT-T-Code Nr.1 *nm*; UIT-T-Kode Nr.1 *nm*; UIT-T-Alphabet Nr.1 *nn* = UIT-T code no.1
≈ internationales Telegraphenalphabet Nr.2 ≈ international alphabet no.2
↑ Fernschreibcode ↑ telegraph code

Baudot-Code *nm* (2) TELEGR → **international telegraph alphabet no.2**
→ internationales Telegraphenalphabet Nr.2

Baudot-Kode *nm* TELEGR → **Baudot code** (1)
→ Baudot-Code *nm* (1)

Baud-Rate *nf* TELEC → **telegraph speed**
→ Schrittgeschwindigkeit *nf*

Baudratengenerator *nm* DAT.CO **baud rate generator**
= Schrittgeschwindigkeitsgenerator *nm* = signaling rate generatorn(AE); telegraph speed generator

Baud-Spaced-Filter *nn* CIRC.EN **baud-spaced filter**

Baueinheit *nf* TECH **physical unit**

Bauelement *nn* COMPO **component** *n*
= Bauteil *nn*; Schaltungelement *nn* [NETW.TH] = device *n*; circuit element [NETW.TH]
≈ module; chip [MICR.EL]

Bauelement *nn* [COMPO] NETW.TH → **circuit element**
→ Schaltungselement *nn*

Bauelementedichte *nf* EQP.EN → **packaging density**
→ Packungsdichte *nf*

Bauelementeebene *nf* EQP.EN → **component level**
→ Bauteileebene *nf*

Bauelementemessung *nf* COMPO **component measurement**

Bauelementeseite *nf* EL.TRO **component side**
[einer Leiterplatte] [PCB]
= Bauteileseite *nf*; Bestückungseite *nf* = side one
≠ Lötseite ≠ solder side

Bauelemente-Simulation *nf* MICR.EL **simulation device**

Bauelemente-Testgerät *nn* INSTR **parts-tester**
= Bauteile-Tester *nm* = components tester

bauen TECH **build** *vt*
= construct *vt*

Bauform *nf* TECH → **type** *n*
→ Ausführung *nf* (1)

Baufortschritt *nm* TECH **advance of works**

Bauführer *nm* ECON → **works manager**
→ Bauleiter *nm*

baugleich TECH **identically contructed**

Baugruppe *nf* EQP.EN **module** *n*
= Modul *nn* (*pl* -e); Kassette *nf* [from Latin "modulus" = "measure"]
↓ Unterbaugruppe; Flachbaugruppe; Steckbaugruppe = mounted board; board *n* (1); subassembly *n*; assembly *n*; assy *n*; construction unit
↓ submodule; flat module; plug-in

Baugruppenabdeckung *nf* EQP.EN **module front panel**
= Baugruppenblende *nf* = subassembly panel
↑ Frontabdeckung ↑ front panel

Baugruppenadapter *nm* INSTR → **board extender**
→ Adapter *nm*

Baugruppenadresse *nf* SWITCH **module address**
= subassembly address

Baugruppenbeschriftung *nf* EQP.EN **module labeling** (AE)
= module labelling (BE); subassembly labeling

Baugruppenbestückung *nf* EQP.EN → **module frame packaging**
→ Baugruppenträgerbestückung *nf*

Baugruppenbestückung *nf* MANUF → **insertion of components**
→ Leiterplattenbestückung *nf*

Baugruppenblende *nf* EQP.EN → **module front panel**
→ Baugruppenabdeckung *nf*

Baugruppenebene *nf* EQP.EN **module level**
= Platinenebene *nf* = board level; boardware *n*
≠ Bauteileebene ≠ component level

Baugruppenführung *nf* EQP.EN **module guide bar**
= subassembly guide bar; board guide bar; PCB guide; card guide

Baugruppenposition *nf* EQP.EN **board position**
= Steckposition *nf*; Modulposition *nf* = module position; assembly position; subassembly position; plug-in position; insert position

Baugruppenrahmen *nm* EQP.EN **module frame**
= Baugruppenträger *nm*; Chassis *nn*; Einbaurahmen *nm*; Einschubgehäuse *nn*; Einschubrahmen *nm*; Leiterplattenaufnahme *nf*; Leiterplattenrahmen *nm*; Leiterplattengehäuse *nn*, platinengehäuse *nn* = mounting shelf; shelf *n* (*pl* shelves); subrack *n*; equipment shelf; subassembly frame; subassembly shelf; card cage; card chassis; card frame; mounting chassis; mounting frame; PCB case; PCB frame; PCB shelf; PCB chassis
≈ Geräteeinsatz; Geräteaufnahme ≈ inset; mounting device
↑ constructional unit

Baugruppenrahmenbelegung *nf* EQP.EN **module frame layout**

Baugruppenrahmenbestückung *nf* EQP.EN → **module frame packaging**
→ Baugruppenträgerbestückung *nf*

Baugruppentausch *nm* EQP.EN **module replacement**
= subassembly replacement

Baugruppenträger *nm* EQP.EN → **module frame**
→ Baugruppenrahmen *nm*

Baugruppenträgerbestückung *nf* EQP.EN **module frame packaging**
= Baugruppenrahmenbestückung *nf*; Baugruppenbestückung *nf*; Geräteeinsatz-Bestückung *nf*;
= frame packaging; shelf packaging; subrack packaging; module packaging; module frame equipping; frame equipping; shelf equipping; subrack equipping

Baugruppenvariante *nf* EQP.EN **board variant**
= Modulvariante *nf*
= module variant; assembly variant; subassembly variant

Baugruppenvollständigkeit *nf* EQP.EN **module completness**
= module integrity

Baugruppen-Ziehwerkzeug *nn* EQP.EN → **extracting tool**
→ Ziehwerkzeug *nn*

Bauhöhe *nf* EQP.EN → **mounting height**
→ Einbauhöhe *nf*

Bauindustrie *nf* ECON **construction industry**

Baujahr *nn* MANUF **manufacturing year**

Baukasten *nm* TECH **kit** *n*
= erection kit

Baukastenprinzip *nn* EQP.EN → **modular design**
→ Modularbauweise *nf*

Baulast *nf* TECH → **nominal load capacity**
→ Nennbelastbarkeit *nf*

Bauleistung *nf* TECH → **nominal power**
→ Nennleistung *nf*

Bauleiter *nm* ECON **works manager**
= Bauführer *nm*
≈ Projektleiter
= site engineer; building overseer [CIV.EN]
≈ project manager

Bauleitung *nf* ECON **works management**

Baum *nm* NETW.TH → **tree structure**
→ Baumstruktur *nf*

Baum *nm* INF.TEC → **tree topology**
→ Baumstruktur *nf*

Baum *nm* MATH **tree** *n*
[Graphentheorie]
[theory of graphs]

Baum *nm* DAT.MA **tree** *n*
[verzweigte Datenstruktur]
[a nonlinear data structure]

baumähnlich TECH **tree-like**
= baumförmig
≈ verzweigt
= tree-shaped
≈ branched

Baumaschine *nf* TECH **construction machine**

Baum-Auswahlsortierung *nf* DAT.MA → **tree sort** *n*
→ Baumsortierung *nf*

Bäumchenbildung *nf* CHEM **treeing** *n*
[in Isolierstoff]
[in isolators]

Baumdiagramm *nn* TEC.DOC **tree diagram**

baumförmig TECH → **tree-like**
→ baumähnlich

Baumnetz *nn* TELEC **tree-shaped network**
≈ Baumstruktur
≈ tree structure

Baumsortierung *nf* DAT.MA **tree sort** *n*
= Baum-Auswahlsortierung *nf*
= tree selection sort; head sort

Baumstamm *nm* COLL **trunk** *n*

Baumstruktur *nf* NETW.TH **tree structure**
= Baum *nm*
= tree *n*

Baumstruktur *nf* INF.TEC **tree topology**
[jede Einheit ist mit mehreren anderen verbunden]
= Baumtopologie *nf*; Baum *nm*; hierarchische Struktur; hierarchische Topologie
[each item is linked to several others]
= tree structure; hierarchical structure; inverted tree structure; tree *n*; inverted tree

Baumsuche *nf* DAT.MA **tree search**

Baumtopologie *nf* INF.TEC → **tree topology**
→ Baumstruktur *nf*

Baumwolle *nf* TECH **cotton** *n*

Baunorm *nf* EQP.EN **construction standard**
= Gerätenorm *nf*
≈ Bauweise
= packaging standard

Bauplan *nm* TEC.DOC **fabrication plan** [MANUF]
= design print [CIV.EN]

Bausatz *nm* EL.TRO **kit** *n*
= Teilesatz *nm*; Kit
≈ Montagesatz [TECH]
≈ mounting kit [TECH]

Bausch *nm* COLL **wad** *n*

Bauschaltplan *nm* EL.TEC **wiring diagram**
[lagerichtige Darstellung einer Schaltung]
= Montageschaltplan *nm*; MS; Montageschaltbild *nn*; Montagestromlauf *nm*; Verdrahtungplan *nm*; Verdrahtungunterlage *nf*; Verkabelungplan *nm*; Verbindungdiagramm *nn*
≈ Stromlaufplan
[with physically correct positions]
= assembly diagram; connection diagram; cabling diagram; wiring scheme; connection scheme; cabling scheme
≈ circuit diagramm

Baustahl *nm* METAL **structural steel**
↑ acero de construcción

Baustatik *nf* CIV.EN **structural analysis**

Baustein *nm* COMPO **module** *n*
≈ Chip [MICR.EL]; Bauelement
= device *n*
≈ chip [MICR.EL]; component

Baustein *nm* MICR.EL → **chip** *n*
→ Chip *nm*

Baustein *nm* TECH → **system module**
→ Systembaustein *nm*

bausteinartig EQP.EN → **modular** *adj*
→ modular

Bausteinauswahl *nf* MICR.EL → **chip select**
→ Chip-Auswahl *nf*

Baustein-Auswahlleitung *nf* CIRC.EN → **chip select line**
→ Baustein-Freigabeleitung *nf*

Bausteinfamilie *nf* COMPO **device family**

bausteinförmig EQP.EN → **modular** *adj*
→ modular

Baustein-Freigabeleitung *nf* CIRC.EN **chip select line**
= Baustein-Auswahlleitung *nf*; Chip-Freigabeleitung *nf*; Chip-Auswahlleitung
= CS line

Baustein-Freigabesignal *nn* MICR.EL **chip select signal**
= Chip-Freigabesignal *nn*
= CS signal; chip enable signal; chip enable

Baustein-Satz *nm* MICR.EL **chip set**
= Chip-Satz *nm*
= chipset *n*

Baustelle *nf* TECH **works** *nplt*
= project site; building site [CIV.EN]; construction site [CIV.EN]

Bautechnik *nf* TECH **civil engineering**
= Bauwesen *nn*
↑ Technik
= constructional engineering
↑ engineering

Bauteil *nn* MANUF **component** *n*
= Komponente *nf*; Modul *nn* (*pl* -e); Einheit *nf*
= module *n*; unit *n*

Bauteil *nn* COMPO → **component** *n*
→ Bauelement *nn*

Bauteilcharakterisierung *nf* INSTR **component evaluation**

Bauteilebestückung *nf* MANUF **component placement**

Bauteileblatt *nn* TEC.DOC → **component list**
→ Bauteileübersicht *nf*

Bauteileebene *nf* EQP.EN **component level**
= Bauelementeebene *nf*
≠ Baugruppenebene
≠ module level

Bauteileliste *nf* TEC.DOC → **component list**
→ Bauteileübersicht *nf*

Bauteileprüfung *nf* QUAL **component testing**

Bauteileseite *nf* EL.TRO → **component side**
→ Bauelementeseite *nf*

Bauteileselektierung *nf* QUAL **component screening**
= Bauteilesortierung *nf*

Bauteilesortierung *nf* QUAL → **component screening**
→ Bauteileselektierung *nf*

Bauteilesortiment *nn* COMPO **component assortment**

Bauteile-Tester *nm* INSTR → **parts-tester**
→ Bauelemente-Testgerät *nn*

Bauteileübersicht *nf* TEC.DOC **component list**
= BÜ *nf*; Bauteileliste *nf*; Bauteileblatt *nn*
≈ Stückliste
≈ parts list

Bauteilplazierung *nf* MANUF **device placement**

Bauten *nplt* CINEMA → **art department**
→ Filmarchitekturabteilung *nf*

Bauunterlage *nf* TEC.DOC → **production documents**
→ Fertigungsunterlage *nf*

Bauvertrag *nm* LAW **construction contract**

Bauvorhaben *nn* CIV.EN **civil project**
= Bau *nm*
↑ Projekt
= civil works *nplt*; construction *n*
↑ project

Bauvorschlag *nm* EL.TRO **construction suggestions**

Bauvorschrift *nf* TEC.DOC **construction specification**
= Fabrikationsvorschrift *nf*
≈ Montagevorschrift; Zusammenbauvorschrift
= manufacturing specification; fabrication specification; fabricating specification; assembly specification; building specification

Bauweise *nf* EQP.EN **construction practice**
= Aufbausystem *nn* [SWITCH]; Aufbautechnik *nf*; Einbautechnik *nf* [DAT.CO]
≈ Gerätetechnik; Konstruktionstechnik; Konstruktion
= packaging structure; packaging system; packaging technique; equipment practice design [DAT.CO]

Bauwerk *nn* CIV.EN → **building** *n*
→ Gebäude *nn*

Bauwesen *nn* TECH → **civil engineering**
→ Bautechnik *nf*

Bauwirtschaft *nf* ECON **building trade**

Bayonettverschluss *nm* MEC.EN **bayonet lock**

Bazillion *nf* PHYS → **tera** *praef*
→ Tera- *praef*

Bazooka ANT → **bazooka** *n*
→ Viertelwellen-Sperrtopf

BB TRANSM → **baseband** *n*
→ Basisband *nn*

B-Baum *nm* DAT.MA **B-tree**

bbc-Kopie *nf* INTERNET → **blind courtesy copy**
→ Blinddurchschlag *nm*

BBD MICR.EL → **bucket brigade device**
→ Eimerkettenschaltung *nf*

B-Betrieb *nm* CIRC.EN **class B operation**
= class B mode; class B

BC DAT.PR **BC**
= Britische Gesellschaft für Datenverarbeitung = British Computer Society

BCD-Code *nm* CODING → **BCD code**
→ binärer Dezimalcode

BCD-Codierschalter *nm* COMPO **BCD switch**

B-CDMA RADIO → **broadband CDMA**
→ Breitband-CDMA *nn*

BCD-Zähler *nm* CIRC.EN → **decimal counter**
→ Dezimalzähler *nm*

BCF COM.CAB **BCF**
[in U.S.A. gebräuchliche Maßgröße für Kabelvoluminas; entspr. 304.800 Ader-Kilometer] [billion conductor feet]

BCH-Code *nm* CODING → **Bose-Chandhuri-Hocquenghem code**
→ Bose-Chandhuri-Hocquenghem-Code *nm*

BDE COMP.AP → **production-data acquisition**
→ Betriebsdatenerfassung *nf*

BDI-Verfahren *nn* MICR.EL **BDI process**
= base diffusion isolation process

BDM COMP.AP → **machine data acquisition**
→ Betriebsdatenerfassung von Maschinen

BDSG LAW → **Federal Data Protection Law**
→ Bundesdatenschutzgesetz *nn*

BDSL TELEC **BDSL**
= breitbandige Teilnehmerleitung = Broadband Digital Subscriber Line

BDV COMP.AP → **production data processing**
→ Betriebsdatenverarbeitung *nf*

Be CHEM → **beryllium** *n*
→ Beryllium *nn*

beabsichtigt COLL **intentional**
= vorsätzlich

Beachtung *nf* COLL **observance** *n*

Beamer *nm* OFFICE → **video beamer**
→ Videoprojektor *nm*

Beam-Lead-Diode *nf* MICR.EL **beam-lead diode**

Beam-Lead-Lead-Kontaktierung *nf* MICR.EL **beam-lead bonding**

Beamter *nm* PUB.ADM **official** *n*
↓ Staatsbeamter; Stadtbeamter
= officer *n*; civil servant
↓ government officer; municipal officer

Beamtin *nf* TELEPH → **operator** *n*
→ Dienstperson *nf*

beanspruchen TECH **stress** *vt*
≈ belasten
≈ load

beansprucht TECH **stressed** *adj*
≈ belastet
≈ loaded

Beanspruchung *nf* QUAL **stress** *n*
= Belastung *nf*
= load *n*; charge *n*

Beanspruchung *nf* TECH → **load** *n*
→ Belastung *nf*

Beanspruchungsdauer *nf* QUAL **stress duration**

Beanspruchungsgrad *nm* QUAL **stress level**

Beanspruchungszyklus *nm* QUAL **stress cycle**

beanstandbar ECON **objectionable**
≈ unzulässig
≈ inadmissible

Beanstandung *nf* ECON **claim** *n* (2)
= Reklamation *nf*; Beschwerde *nf*
= complaint *n*; objection *n*

Beantragung *nf* TELEC → **application** *n*
→ Anmeldung *nf*

beantworten ECON **respond** *vt*
= answer *vt*

Beantworter *nm* ECON **respondent** *n*

Beantwortung *nf* ECON **response** *n*

bearbeitbar TECH **workable**
≈ verformbar
≈ deformable

Bearbeitbarkeit *nf* TECH **workability** *n*
≈ Formbarkeit; Verformbarkeit
≈ deformability; plasticity

bearbeiten MEC.EN **tool** *vt*
≈ verarbeiten [TECH]
↓ vorbearbeiten; nachbearbeiten; fertigbearbeiten
= machine *vt*; work *vt*
≈ process [TECH]
↓ pre-tool; re-tool; finish

bearbeiten TECH **work** (*vt*; past participle: worked or wrought)
≈ verformen
≈ deform

bearbeiten SW → **edit** *vt*
→ editieren

bearbeiten SW → **process** *vt*
→ verarbeiten

Bearbeiter *nm* PRIN.ME **adapter** *n*

Bearbeiter *nm* OFFICE → **person in charge**
→ Sachbearbeiter *nm*

bearbeitet MEC.EN **finished**
= fertigbearbeitet

Bearbeitung *nf* MEC.EN **work** *n*
≈ Verarbeitung [TECH]; Verformung
= treatment *n*; processing; tooling
≈ processing [TECH]; deformation

Bearbeitung *nf* OFFICE **handling** *n*
= Vorgangsbearbeitung *nf*
= transaction handling

Bearbeitung *nf* PRIN.ME **adaptation** *n*

Bearbeitung *nf* TECH → **treatment** *n*
→ Behandlung *nf*

Bearbeitung *nf* SW → **editing** *n*
→ Editieren *nn*

Bearbeitung *nf* DAT.PR → **processing** *n*
→ Verarbeitung *nf*

Bearbeitungsart *nf* TECH → **processing mode**
→ Verarbeitungsart *nf*

Bearbeitungsfeld *nn* COMP.AP → **edit window**
→ Editierfenster *nn*

Bearbeitungsfenster *nn* COMP.AP **working window**
= Arbeitsbereichsfenster *nn*

Bearbeitungsgebühr *nf* ECON **handling charge**

Bearbeitungsgenauigkeit *nf* MEC.EN **tooling accuracy**

Bearbeitungsmaschine *nf* MEC.EN **processing machine**
= treatment machine

Bearbeitungsmethode *nf* MEC.EN **processing method**

Bearbeitungsmodus *nm* SW → **edit mode**
→ Editionsmodus *nm*

Bearbeitungstaste *nf* TER&PER → **editing key**
→ Editiertaste *nf*

Bearbeitungstaste *nf* COMP.AP → **word processing key**
→ Textbearbeitungstaste *nf*

Bearbeitungsvorgang *nm* OFFICE → **matter** *n*
→ Vorgang *nm*

Bearbeitungswerkzeug *nn* MEC.EN **working tool**

Bearbeitungszeile *nf* COMP.AP **edit line**

Bearbeitungszeit *nf* TECH → **process time**
→ Verarbeitungszeit *nf*

beaufsichtigt TELEC → **staffed** *adj*
→ bemannt

beauftragen *vt* COLL **charge** *vt*
= entrust

beauftragen *vt* ECON **place an order** *vt*
= Auftrag erteilen; beordern
≈ bestellen
≈ order

Beauftragter *nm* ECON **agent** *n*
= Agent *nm* (1)

Beauftragter für Programmierhilfen DAT.MA **programing librarian**

bebildern PRIN.ME **illustrate** *vt*
= illustrieren

Bebilderung *nf* PRIN.ME **illustration** *n*
= Illustration *nf*

Beck-Bogenlampe *nf* PHYS **Beck's arc lamp**

Bedämpfung *nf* CIRC.EN **dumping** *n*
↑ Schutzschaltung
↑ protective circuit

Bedarf *nm* COLL **demand** *n*
= need *n*

Bedarf, bei ECON **demand, on**
= o/d

Bedarfsflugverkehr *nm* AERON **charter flight traffic**
= Charterflugverkehr *nm*; Charterflugverkehr *nm*
≠ Linienflugverkehr; Militärluftverkehr
↑ Luftverkehr
= charter traffic
≠ line air taffic; military air traffic
↑ air traffic

bedarfsgerecht TECH **keeping with requirement**
= suited to demand; on demand

bedarfsgesteuert TECH **demand-driven**
= nachfragegesteuert — = demand-assigned

bedarfsgesteuerter Mehrfachzugriff TELEC → **demand-assignment multiple access**
→ bedarfsgesteuerter Vielfachzugriff

bedarfsgesteuerter Vielfachzugriff TELEC **demand-assignment multiple access**
= bedarfsgesteuerter Mehrfachzugriff; DAMA; Vielfachzugriff mit bedarfsweiser Zuteilung — = DAMA
↑ konkurrenzfreier Vielfachzugriff — ↑ contention-free multiple access
↓ Aufrufbetrieb; Sendeberechtigungsverfahren; Geteilter-Ring-Betrieb — ↓ polling mode; token passing; slotted ring mode

bedarfsgesteuertes Multiplex TELEC **demand-assigned multiplex**
= dynamisches Multiplex — = dynamic multiplex

bedarfsgesteuerte Verarbeitung DAT.PR **demand-driven processing**
[erfolgt sobald das Ergebnis angefordert wird] — [takes place as soon as is result is requested]

bedarfsnah INF.TEC **spontaneous**

Bedarfsparameter *nm* DAT.PR **discretionary parameter**
≠ Zwangsparameter — ≠ required parameter

Bedarfspunkt *nm* OUT.PL **demand point**

Bedarfsseitenumbruch *nm* WOR.PR **soft page break**
= weicher Seitenumbruch — ≠ hard page break
≠ Zwangsseitenumbruch

Bedarfsträger *nm* ECON **demand driver**

Bedarfstrennstrich *nm* WOR.PR **soft hyphen**
[nur bei Worttrennung am Zeilenende gedruckt] — [printed only when word must be splitted at end of line]
= Trennfuge *nf*; weicher Bindestrich; wahlweiser Bindestrich — = ghost hyphen; discretionary hyphen; optional hyphen; syllable hyphen
≠ echter Trennstrich; Nichttrennungs-Bindestrich — ≠ hard hyphen; nonbreaking hyphen

Bedarfstropfenverfahren *nn* TER&PER **drop-on-demand method**
[Tintendruck] — [ink jet printing]
≠ Dauerstrahlverfahren — ≠ continuous-drop method

Bedarfsvorausschau ECON **demand forecast**
= Bedarfsvorschau *nf*

Bedarfsvorschau *nf* ECON → **demand forecast**
→ Bedarfsvorausschau

Bedarfswartung *nf* TECH → **corrective maintenance**
→ korrigierende Wartung

bedarfsweise Kanalzuteilung TELEC **demand assignment of channel**
↑ bedarfsweise Zuteilung — = adaptive channel allocation
↑ demand assignment

bedarfsweiser Seitenabruf DAT.MA **demand paging**
= Paging auf Abruf — ≠ anticipatory paging
≠ vorwegnehmender Seitenabruf

bedarfsweise Zuteilung TELEC **demand assignment**
↑ Vielfachzugriff — = adaptive allocation
↓ bedarsweise Kanalzuteilung — ↑ multiple access
↓ demand assignment of channel

Bedarfszeilenwechsel *nm* WOR.PR **soft return**
= weicher Zeilenwechsel — = soft line break
≠ Zwangszeilenwechsel — ≠ hard return

bedecken TECH → **cover** *vt* (1)
→ zudecken *vt*

Bedeckung *nf* TECH **covering** *n*

Bedeckung *nf* SAT.CO **coverage** *n*

bedeuten COLL **signify** *vt*
= meinen — = mean *vi*; stand for *vi*

bedeutend SCIE **significant**
= signifikant

bedeutend LAW → **material** *adj*
→ wesentlich

bedeutsame Ziffer COMP.SC → **significant digit**
→ Wertziffer *nf*

Bedeutung *nf* LING **meaning** *n*

Bedeutung *nf* SCIE → **significance** *n*
→ Signifikanz *nf*

Bedeutung *nf* COLL → **importance** *n*
→ Wichtigkeit *nf*

Bedeutungslehre *nf* LING → **semantics** *nplt*
→ Semantik *nf*

bedeutungslos SCIE **insignificant**
= unbedeutend; insignifikant — = meaningless
≈ geringfügig; unwichtig [COLL] — ≈ slight; unimportant [COLL]

Bedeutungslosigkeit *nf* SCIE **insignificance** *n*
≈ Geringfügigkeit — ≈ littleness

bedeutungsvoll SCIE → **significant** *adj*
→ signifikant

Bedienanleitung *nf* TEC.DOC → **use instruction** (1)
→ Bedienungsanleitung *nf*

Bedienanweisung *nf* TEC.DOC → **use instruction** (1)
→ Bedienungsanleitung *nf*

Bedienberechtigung *nf* DAT.MA **user authorization**

Bedieneinheit *nf* TER&PER → **control unit**
→ Bediengerät *nn*

Bedieneinheit *nf* SWITCH **server** *n*

Bedienelement *nn* EL.TRO **control** *n*
= Bedienungelement *nn*; Betätigungelement *nn* — = actuator *n*

Bedienelement *nn* TER&PER **operating device**
= Bedienunggerät *nn* — = operator device

bedienen TECH **operate** *vt*
= betreiben — = service *vt*; run *vt*
≈ betätigen — ≈ actuate

Bedienen *nn* SWITCH **serving** *n*

Bediener *nm* TECH → **operator** *n*
→ Bedienungsperson *nf*

Bediener *nm* DAT.PR → **computer operator** *n*
→ Rechnerbediener *nm*

Bedienerakzeptanz *nf* TECH → **user acceptance**
→ Benutzerakzeptanz *nf*

Bedienerangaben *nplt* DAT.CO → **call data**
→ Benutzerdaten *nplt*

Bedieneranweisung *nf* DAT.PR **operator command**

Bedieneraufruf *nm* DAT.PR **operator call**

Bedienercode *nm* DAT.MA **operator identification code**

Bedienerdaten *nplt* DAT.CO → **call data**
→ Benutzerdaten *nplt*

bedienerfreundlich TECH → **user-friendly** *adj*
→ benutzerfreundlich

Bedienerfreundlichkeit *nf* TECH → **user friendliness**
→ Benutzerfreundlichkeit *nf*

Bedienerfreundlichkeitssteigerung *nf* SW **refactoring** *n*

Bedienerführung *nf* COMP.AP → **user interface**
→ Benutzeroberfläche *nf*

bedienergesteuert TECH **operator-controlled**

Bedienerherbeiruf *nm* SWITCH → **operator recall**
→ Platzherbeiruf *nm*

Bedieneroberfläche *nf* COMP.AP → **user interface**
→ Benutzeroberfläche *nf*

Bedienerschnittstelle *nf* COMP.AP → **user interface**
→ Benutzeroberfläche *nf*

Bedienersprache *nf* COMP.LG → **man-machine language**
→ Mensch-Maschine-Sprache *nf*

Bedienerstation *nf* TER&PER → **user terminal**
→ Benutzerstation *nf*

Bedienersteuerung *nf* TECH **operator control**

Bedienerteil *nm* SW → **user part**
→ Benutzerteil *nm*

Bedienfeld *nn* EQP.EN **operating panel**
= Bedienungfeld *nn*; Bedienungtafel *nf* — = operator control panel; control panel; supervisoring panel; monitoring panel
≈ Kontrollpult — ≈ control desk

Bedienfernsprecher *nm* TELEC **service telephone**
= Bedienungfernsprecher *nm*

Bediengerät *nn* TER&PER **control unit**
= Bedieneinheit *nf*; Bedienterminal *nn* — = control terminal

Bedienhandbuch *nn* TEC.DOC → **operating documentation**
→ Gebrauchsunterlage *nf*

Bedienhörer *nm* MOB.CO **service handset**

Bedienknopf *nm* EL.TRO → **knob** *n*
→ Knopf *nm*

Bedienoberfläche *nf* COMP.AP → **user interface**
→ Benutzeroberfläche *nf*

Bedienoberflächenskript *nn* COMP.AP **shell script**
= Befehlsfolge *nf* — ↓ batch file (MS-DOS)
↓ Stapeldatei (MS-DOS)

Bedienperson *nf* TECH → **operator** *n*
→ Bedienungsperson *nf*

Bedienperson *nf* TECH **operator** *n*

Bedienperson *nf* TELEPH **operator** *n*
= Telefonist *nm*; Telefonistin *nf*

Bedienplatz *nm* TECH **operator's position**
= Bedienungplatz *nm*; Bedienstation *nf*; Betriebsplatz *nm*; Systemplatz *nm* — = operator's terminal; attendant position; attendant terminal
↓ Kontrollpult — ↓ control desk

Bedienplatz *nm* TELEPH → **PBX operator desk**
→ Vermittlung *nf*

Bedienprogramm *nn* SW **handler** *n* (1)
= Handler *nm* (1) = operator control program
Bedienpult *nn* TECH → **control desk**
→ Kontrollpult *nn*
Bedienrechner *nm* SWITCH **service computer**
= Bedienungrechner *nm*
Bedienschnittstelle *nf* INF.TEC **control interface**
Bedienstation *nf* TECH → **operator's position**
→ Bedienplatz *nm*
Bedienstation *nf* TER&PER → **user terminal**
→ Benutzerstation *nf*
bedient TELEC → **staffed** *adj*
→ bemannt
Bedientastatur *nf* TER&PER **control keyboard**
= Steuertastatur *nf*
Bedienterminal *nn* TER&PER → **control unit**
→ Bediengerät *nn*
Bedienung *nf* TECH → **operation** *n* (1)
→ Betrieb *nm*
Bedienung *nf* TECH → **handling** *n*
→ Handhabung *nf*
Bedienungelement *nn* EL.TRO → **control** *n*
→ Bedienelement *nn*
Bedienungfeld *nn* EQP.EN → **operating panel**
→ Bedienfeld *nn*
Bedienungfernsprecher *nm* TELEC → **service telephone**
→ Bedienfernsprecher *nm*
Bedienunggerät *nn* TER&PER → **operating device**
→ Bedienelement *nn*
Bedienungplatz *nm* TECH → **operator's position**
→ Bedienplatz *nm*
Bedienungprotokoll *nn* TECH → **operating protocol**
→ Betriebsprotokoll *nn*
Bedienungrechner *nm* SWITCH → **service computer**
→ Bedienrechner *nm*
Bedienungsanleitung *nf* TEC.DOC **use instruction** (1)
= Gebrauchsanleitung *nf*; Bedienanleitung *nf*; Bedienungsanweisung *nf*; Gebrauchsanweisung *nf*; Bedienanweisung *nf*; Bedienungsvorschrift *nf*; Gebrauchsvorschrift *nf*
≈ Betriebsvorschrift; Bedienungshinweise
= instructions for use; operating instructions (2); directions for use; operating guide; instruction booklet
≈ operating instruction (1); notes for
Bedienungsanweisung *nf* TEC.DOC → **use instruction** (1)
→ Bedienungsanleitung *nf*
Bedienungsblattschreiber *nm* TER&PER **operator's console typewriter**
Bedienungseinrichtung *nf* TECH **operating facility**
= Bedienungsvorrichtung *nf*
Bedienungsfehler *nm* TECH **operator error**
= Fehlbedienung *nf* = operating error; faulty operation
Bedienungshandbuch *nn* TEC.DOC → **operating documentation**
→ Gebrauchsunterlage *nf*
Bedienungshinweise *nplt* TEC.DOC **notes for the operator**
≈ Bedienungsanleitung; Betriebsvorschrift
= hints for the operator
≈ use instruction; operating instruction
Bedienungsknopf *nm* EL.TRO → **knob** *n*
→ Knopf *nm*
Bedienungskomfort *nm* TECH **operator convenience**
= easy control; convenience *n*; convenience feature
Bedienungskonsole *nf* TECH → **control desk**
→ Kontrollpult *nn*
Bedienungsmannschaft *nf* TECH **operating crew**
= Betriebsmannschaft *nf*
Bedienungsperson *nf* TECH **operator** *n*
= Bedienperson *nf*; Bediener *nm*; Betreiber *nm*
= attendant *n*
≈ user; supervisor
Bedienungspult *nn* TECH → **control desk**
→ Kontrollpult *nn*
Bedienungssystem *nn* SW → **operating system**
→ Betriebssystem *nn*
Bedienungstheorie *nf* TELEC → **traffic theory**
→ Verkehrstheorie *nf*
Bedienungsvorrichtung *nf* TECH → **operating facility**
→ Bedienungseinrichtung *nf*
Bedienungsvorschrift *nf* TEC.DOC → **use instruction** (1)
→ Bedienungsanleitung *nf*
Bedienungszentrum *nn* TECH **service center**
= service centre (BE)
Bedienungtafel *nf* EQP.EN → **operating panel**
→ Bedienfeld *nn*
Bedienung und Wartung TELEC → **operation and maintenance**
→ Betrieb und Wartung

bedingt COLL **conditional** *adj*
≈ abhängig
≠ unbedingt
= conditioned
≈ dependent
≠ unconditional
bedingte Anweisung SW **conditional statement**
[in problemorientierten Sprachen; definiert einen Ablauf in Abhängigkeit einer logischen Bedingung]
= Bedingungsanweisung *nf*
↓ WENN-Anweisung; WENN-DANN-Anweisung; WENN-DANN-SONST-Anweisung;
[in high-level programming languages; selects an execution path based on a logical condition]
↓ IF statement; IF-THEN statement; IF-THEN-ELSE statement; CASE statement
bedingte Auffrischung TV **conditional replenishment**
[Codierung]
bedingte Ausführung DAT.PR **predicated execution**
bedingte Befehlsausführung SW **conditional execution**
bedingte Informationsentropie INF.TH **conditional information entropy**
bedingte Kompilierung SW **conditional compilation**
bedingte Programmverzweigung SW **conditional program branch**
= bedingte Verzweigung
= conditional branch; conditional branching
bedingter Ausdruck LOGIC → **Boolean operation**
→ boolesche Verknüpfung
bedingter Befehl SW **conditional instruction**
≈ bedingte Anweisung
↓ bedingter Haltebefehl; SOLANGE-Befehl
= conditional program instruction
≈ conditional statement
↓ conditional stop instruction; WHILE loop
bedingter Haltebefehl SW **conditional stop instruction**
bedingter Haltepunkt SW → **conditional breakpoint**
→ bedingter Unterbrechungspunkt
bedingter Programmsprung SW **conditional program jump**
= bedingter Sprung
= conditional jump; conditional transfer
bedingter Seitenwechsel WOR.PR **conditional paging**
bedingter Sprung SW → **conditional program jump**
→ bedingter Programmsprung
bedingter Sprungbefehl SW **conditional jump instruction**
= bedingter Verzweigungbefehl; Abfragebefehl *nm*
= conditional branch instruction
bedingter Unterbrechungspunkt SW **conditional breakpoint**
= bedingter Haltepunkt
= conditional haltpoint
bedingter Verzweigungbefehl SW → **conditional jump instruction**
→ bedingter Sprungbefehl
bedingte Schleife SW **conditional loop**
bedingtes Ereignis MOD&SI **conditional event**
bedingtes Sprachgebilde SW **conditional construct**
bedingte Übergabe SW **conditional transfer**
bedingte Verarbeitung DAT.PR **branch-on condition**
bedingte Verknüpfung LOGIC → **Boolean operation**
→ boolesche Verknüpfung
bedingte Verzweigung SW → **conditional program branch**
→ bedingte Programmverzweigung
bedingte Verzweigung SW **conditional branch**
bedingte Wahrscheinlichkeit STATIS **conditional probability**
bedingte Wegesuche SWITCH **conditional selection**
= conjugate selection
Bedingung *nf* SW **condition** *n* (1)
Bedingung *nf* COLL **condition** *n*
Bedingung *nf* ECON → **condition** *n*
→ Kondition *nf*
Bedingungcode *nm* SW → **condition code**
→ Bedingungsschlüssel *nm*
Bedingungmarkenregister *nn* HW → **condition code register**
→ Anzeigenregister *nn*
Bedingungsanweisung *nf* SW → **conditional statement**
→ bedingte Anweisung
Bedingungsanzeigeregister *nn* HW → **condition code register**
→ Anzeigenregister *nn*
Bedingungsbit *nn* DAT.PR **condition bit** (1)
Bedingungsform *nf* LING → **conditional** *n*
→ Konditional *nn*
Bedingungskippstufe *nf* CIRC.EN **conditional flip-flop**
bedingungslos COLL → **unconditional** *adj*
→ unbedingt
Bedingungssatz *nm* LING → **conditional sentence**
→ Konditionalsatz *nm*
Bedingungsschlüssel *nm* SW **condition code**
= Bedingungcode *nm*; Zustandscode *nm*
Bedingungsvariable *nf* SW **conditional variable**
bedruckbare Stelle TER&PER → **print position**
→ Druckstelle *nf*

Bedruckbarkeit *nf* PRIN.ME **runability** *n*
= paper surface efficiency; PSE

bedrucken TECH **imprint** *vt*
= aufdrucken

Beeinflussbarkeit *nf* INF.TEC → **interference sensibility**
→ Störempfindlichkeit *nf*

beeinflussen PHYS **influence** *vi*

beeinflussen TECH **affect** *vt*
↓ beeinträchtigen; beschädigen; beschränken
= influence *vt*
↓ impair (1); damage; limit

beeinflussen INF.TEC **interfere** *vt*
= stören; beeinträchtigen
= derange *vt*

Beeinflussung *nf* EL.SC **influence** *n*
[Polarisierung unter Einfluss eines externen Feldes]
= Influenz *nf*(1); Induktion *nf*(1)
↓ elektrische Beeinflussung; magnetische Beeinflussung
[polarization under influence of an external field]
= induction

Beeinflussung *nf* EL.TEC **interference** *n*
[Störung]
≈ Geräusch [TELEC]
≈ noise [TELEC]

beeinträchtigen COLL **prejudice** *vt*
= verbauen (fig)

beeinträchtigen TECH **impair** *vt* (1)
≈ beschädigen; beschränken
↑ beeinflussen
= impact *vt*
≈ damage; limit
↑ affect

beeinträchtigen INF.TEC → **interfere** *vt*
→ beeinflussen

beeinträchtigt TECH **impaired** *adj* (1)
≈ beschädigt
≈ damaged; pitted (AE)

beeinträchtigte Minute TRANSM **degraded minute**
= DM

Beeinträchtigung *nf* TECH **impairment** *n* (1)
≈ Schaden; Einschränkung; Verminderung
≈ damage; limitation; reduction (1)

beenden TECH **terminate** *vt*
≈ verlassen
= close *vt*
≈ quit

beenden SW **terminate** *vt*
[regelgerecht]
= beendigen; verlassen
[in orderly manner]
= quit *vt*

beendigen SW → **terminate** *vt*
→ beenden

Beendigung *nf* COLL **ending** *n*
[action]

Beendigungstransaktion *nf* SW **stop transaction**
= Abschlusstransaktion *nf*
= abort transaction

befähigt TECH → **capable** *adj*
→ fähig

Befähigung *nf* TECH **enabling** *n*
≈ Schulung [EDUC]
≈ training [EDUC]

Befähigung *nf* TECH → **capability** *n*
→ Fähigkeit *nf*

Befahrungstest *nm* MOB.CO **drive test**
= Fahrtest *nm*

Befehl *nm* TELECON **command** *n*

Befehl *nm* (1) SW **instruction** *n* (1)
[Handlungsaufforderung in jeglicher Rechnersprache, meist im Zusammenhang mit Assemblersprache verwendet]
= Programmbefehl *nm*; Instruktion *nf*(1); Operation *nf*(1)
↑ Anweisung (1)
↓ Mikrobefehl; Ein-Adress-Befehl; Mehr-Adress-Befehl; Eingabebefehl; Ausgabebefehl; Speicherbefehl; Transferbefehl; logischer Befehl; Adressrechnungsbefehl; Sprungbefehl; interner Befehl; externer Befehl; Anweisung (2)
[action statement in any computer language, mostly used with reference of assembler languages]
= computer instruction; command *n* (1) (slang); program command; program statement
↑ statement (1)
↓ microinstruction; one-address instruction; multi-address instruction; input instruction; output instruction; memory instruction; transfer instruction; logic instruction; address computation instruction; jump instruction; internal instruction; external instruction; command instruction; statement (2)

Befehl *nm* (2) SW → **microinstruction** *n*
→ Mikrobefehl *nm*

Befehlsabruf *nm* DAT.PR **instruction fetch** *n*
= Befehlsholphase *nf*, Holphase *nf*, Abrufbefehl *nm*
= fetch instruction; fetch *n*

Befehlsabrufdauer *nf* DAT.PR **instruction fetch time**
= Befehlsabrufzeit *nf*
= fetch time

Befehlsabrufzeit *nf* DAT.PR → **instruction fetch time**
→ Befehlsabrufdauer *nf*

Befehlsadresse *nf* SW **instruction address**
= address location

Befehlsadressregister *nn* HW → **instruction counter**
→ Befehlszähler *nm*

Befehlsadresszähler *nm* HW → **instruction counter**
→ Befehlszähler *nm*

Befehlsart *nf* SW **instruction type**

Befehlsart *nf* TELECON **command type**

Befehlsaufbau *nm* SW **instruction structure**

Befehlsausführung *nf* DAT.PR **instruction execution** *n*
= Ausführung *nf*(2)
= execution *n*

Befehlsausführungsdauer *nf* DAT.PR **instruction execution time**
[in Anzahl von Zeittakten gemessen]
= Befehlsausführungzeit *nf*
[measured in number of clock cycles]
= I-time

Befehlsausführungsphase *nf* DAT.PR **instruction execution time**
= Ausführungphase *nf*
= execution time

Befehlsausführungzeit *nf* DAT.PR → **instruction execution time**
→ Befehlsausführungsdauer *nf*

Befehlsberechtigung *nf* SW **command validation**

Befehlsbereich *nm* SW **instruction area**

Befehlsblock *nm* SW **instruction block**
= Kommandoblock *nm*
= command block

Befehls-Box *nf* COMP.AP → **command button**
→ Befehlsschaltfläche *nf*

Befehlsbyte *nn* SW **instruction byte**
= operation byte

Befehls-Cache *nm* HW → **instruction cache**
→ Befehls-Cache-Speicher *nm*

Befehls-Cache-Speicher *nm* HW **instruction cache**
= Befehls-Cache *nm*; Kommando-Cache-Speicher *nm*;
= command cache

Befehlsschleife *nf* SW **instruction loop**

Befehlscode *nm* SW → **operation code**
→ Operationscode *nm*

Befehlscode-Prozessor *nm* DAT.PR → **operation code processor**
→ Operationscode-Prozessor *nm*

Befehlsdatei *nf* DAT.MA **instruction file**
= Kommandodatei *nf*
↓ Stapeldatei; COM-Datei; EXE-Datei
= command file
↓ batch file; COM file; EXE file

Befehlsdauer *nf* TELECON **command duration**

Befehlsdecodierer *nm* SW **instruction decoder**
[Teil des Steuerwerks in der Zentraleinheit]
= Kommandodecodierer *nm*; Befehlsentschlüssler *nm*; Kommandoentschlüssler *nm*
[part of control unit in CPU]
= command decoder

Befehlsdecodierung *nf* SW → **instruction decoding**
→ Befehlsentschlüsselung *nf*

Befehlseingabe *nf* INF.TEC **command entry**
= ENTER command; command input

Befehlsempfangszustand *nm* DAT.CO **command state**
= Befehlszustand *nm*
[of a modem ready to accept commands]

Befehlsentschlüsselung *nf* SW **instruction decoding**
= Befehlsdecodierung *nf*, Kommandodecodierung *nf*
= command decoding

Befehlsentschlüssler *nm* SW → **instruction decoder**
→ Befehlsdecodierer *nm*

Befehlsfeld *nn* SW **instruction field**

Befehlsfolge *nf* SW **instruction sequence**
= Befehlssequenz *nf*
≈ Anweisungsfolge
= instruction string; command sequence; command string
≈ statement sequence

Befehlsfolge *nf* SW → **instruction chain**
→ Befehlskette *nf*

Befehlsfolge *nf* COMP.AP → **shell script**
→ Bedienoberflächenskript *nn*

Befehlsform *nf* LING → **imperative mood**
→ Imperativ *nm*

Befehlsformat *nn* SW **instruction format**
= Kommandoformat *nn*
= command format

Befehlsholphase *nf* DAT.PR → **instruction fetch** *n*
→ Befehlsabruf *nm*

Befehlsinhalt *nm* TELECON **command meaning**

Befehlsinterpretierer *nm* SW **command interpreter**
[führt vom Anwender eingetippte Befehle aus]
= Befehlsprozessor *nm*; Kommandointerpretierer *nm*; Kommandoprozessor *nm*
[executes commands typed by the user]
= command line interpreter; command processor; instruction interpreter; instruction processor
≈ user interface

Befehlskette *nf* SW **instruction chain**
= Befehlsfolge *nf*; Befehlssequenz *nf*; Anweisungkette *nf*; Anweisungfolge *nf*; Anweisungsequenz *nf*; Kommandokette *nf*; Kommandofolge *nf*; Kommandosequenz *nf*
= instruction sequence; instruction string; instruction catena; command chain; command sequence; command string; command catena; statement chain; statement sequence; statement string; statement catena; code *n* (2)

Befehlskettenbus *nm* DAT.CO **daisy chain bus**

Befehlskettung *nf* SW → **instruction chaining**
→ Befehlsverkettung *nf*

Befehlskompatibilität *nf* SW **command compatibility**

Befehlskonstante *nf* SW → **literal constant**
→ Literalkonstante *nf*

Befehlslänge *nf* SW **instruction length**
= Kommandolänge *nf*
= command length

Befehlsliste *nf* SW **instruction list**
= Kommandoliste *nf*
≈ Anweisungsfolge
= statement list; command list
≈ statement sequence

Befehlsmischung *nf* DAT.PR **instruction mix**
= Befehlsmix *nm* (ANGL)

Befehlsmix *nm* (ANGL) DAT.PR → **instruction mix**
→ Befehlsmischung *nf*

Befehlsmodifikator *nm* SW **instruction modifier**

Befehlsmodus *nm* DAT.PR **command mode**
[das Programm erwartet einen Befehl]
= Befehlszustand *nm*; Kommandomodus *nm*; Kommandoebene *nf*
≠ Einfügemodus; Editiermodus
[program waits for a command]
≠ insert mode; edit mode

Befehlsnormalisierung *nf* SW **instruction normalization**
= Kommandonormalisierung *nf*
= command normalization; statement normalization

Befehlsnummer *nf* SW **instruction number**
= Anweisungnummer *nf*; Kommandonummer *nf*
≈ Befehlszeile
= statement number; command nummer
≈ instruction line

befehlsorientiert SW **programmatic**

Befehlsparameter *nm* SW **instruction parameter**
= Befehlswert *nm*

Befehlsprozessor *nm* SW → **command interpreter**
→ Befehlsinterpretierer *nm*

Befehlspuffer *nm* DAT.PR **command buffer**

Befehlsrahmen *nm* INF.TEC **command frame**

Befehlsregister *nn* HW **instruction register**
[in der CPU zur Zwischenspeicherung/Decodierung des gerade ausgeführten Befehls]
= Instruktionsregister *nn*; Kommandoregister *nn*; Steuerregister *nn*
≈ Befehlszähler; Anweisungsregister; Kontrollfeld
↑ Register
[part of CPU, for intermediate storage/decoding of instructions being executed]
= IR; command register; order register; control register
≈ instruction counter; statement register; control field
↑ register

Befehlsrepertoire *nn* SW → **instruction set**
→ Befehlsvorrat *nm*

Befehlsrückweisung *nf* SW **instruction reject**
= Kommandorückweisung *nf*
= command reject

Befehlssatz *nm* SW → **instruction set**
→ Befehlsvorrat *nm*

Befehlsschaltfläche *nf* COMP.AP **command button**
= Befehls-Box *nf*
↑ Dialogfeld
= command box
↑ dialog field

Befehlsschlüssel *nm* SW → **operation code**
→ Operationscode *nm*

Befehlssequenz *nf* SW → **instruction sequence**
→ Befehlsfolge *nf*

Befehlssequenz *nf* SW → **instruction chain**
→ Befehlskette *nf*

Befehlssignal *nn* SW → **instruction character**
→ Befehlszeichen *nn*

Befehlssortiment *nn* SW → **instruction set**
→ Befehlsvorrat *nm*

Befehlsspeicher *nm* HW **instruction store**
≈ Steuerspeicher
= instruction storage; instruction memory
≈ control memory

Befehlssprache *nf* COMP.LG → **command control language**
→ Kommandosprache *nf*

Befehlssprache *nf* COMP.LG → **command control language**
→ Kommandosprache *nf*

Befehlssteuerungsprogramm *nn* SW **command control program**
= CCP

Befehlssyntax *nf* COMP.LG **instruction syntax** *n*
= format *n*

Befehlstaste *nf* TER&PER → **command key**
→ Kommandotaste *nf*

Befehlstelegramm *nn* TELECON **instruction telegram**

Befehlstrennzeichen *nn* DAT.CO **command signal delimiter**

Befehlsübernahme *nf* SW **instruction staticizing**
= command staticizing; staticizing

Befehlsverarbeitung *nf* SW **instruction processing**
= Kommandoverarbeitung *nf*
= command processing

Befehlsverarbeitungszeit *nf* DAT.PR **instruction processing time**
= Kommandoverarbeitungzeit *nf*
= command processing time

Befehlsverkettung *nf* SW **instruction chaining**
= Befehlskettung *nf*; Kommandoverkettung *nf*
= command chaining

Befehlsverzeichnis *nn* SW → **vocabulary** *n*
→ Vokabular *nn*

Befehlsvorauslesen *nn* SW **instruction prefetch**
= Kommandovorauslesen *nn*
= command prefetch

Befehlsvorrat *nm* SW **instruction set**
= Befehlssatz *nm*; Befehlsrepertoire *nn*; Befehlssortiment *nn*; Kommandovorrat *nm*; Instruktionssatz *nm*
↓ Vokabular
= instruction repertoire; command set; command repertoire; repertoire

Befehlsvorverarbeitung *nf* SW → **prefetching** *n*
→ Vorabbefehlsaufnahme *nf*

Befehlswarteliste *nf* SW **instruction wait list**
= Kommandowarteliste *nf*
= command wait list

Befehlswert *nm* SW → **instruction parameter**
→ Befehlsparameter *nm*

Befehlswiederholung *nf* SW **instruction retry**
= Kommandowiederholung *nf*
= command retry

Befehlswort *nn* SW **instruction word**
= Kommandowort *nn*
= command word

Befehlszähler *nm* HW **instruction counter**
[protokolliert im CPU die Adresse des nächsten auszuführenden Befehls]
= Befehlszählregister *nn*; Programmzähler *nm* (1); Befehlsadressregister *nn*; Adresszähler *nm*; Befehlsadresszähler *nm*; Kommandozähler *nm*; Folgeanweisungregister *nn*; Folgebefehlsregister *nn*; Ablaufregister *nn* Ablaufsteuerungregister *nn*;
≈ Befehlsregister; Speicheradressregister
↑ Adressregister
[register within CPU form the address of the next instruction to be executed]
= program address counter; address counter; program counter; next instruction addres register; next instruction register; instruction address register; IAR; instruction pointer; current location counter; location counter; command counter; sequence control register; SCR; sequence counter; sequence register
≈ instruction register; memory address register
↑ address register

Befehlszählregister *nn* HW → **instruction counter**
→ Befehlszähler *nm*

Befehlszeichen *nn* SW **instruction character**
= Befehlssignal *nn*; Kommandozahl *nf*
= command character; instruction signal; command signal

Befehlszeichen *nn* DAT.CO → **control character**
→ Steuerzeichen *nn*

Befehlszeile *nf* COMP.AP → **prompt** *n*
→ Bereitmeldung *nf*

Befehlszeile *nf* SW **instruction line**
[Gliederungseinheit eines Programms; enthält i.a. einen Befehl]
= Programmzeile *nf*; Kommandozeile *nf*; Codezeile *nf*; Codierzeile *nf*
[sequential unit of a program; generally contains one instruction]
= program line; command line; line of code; LOC; code line; coding line; line *n*

Befehlszeilenargument *nn* SW **command-line argument**

Befehlszeilennummer *nf* SW **instruction line number**
= Programmzeilennummer *nf*; Kommandozeilennummer *nf*
= program line number

Befehlszeilenoberfläche *nf* COMP.AP **command-line interface**
[z.B. bei DOS]
= zeichengebundene Bedieneroberfläche
≠ grafische Benutzeroberfläche
[e.g. with DOS]
= command-based interface; character user interface; CUI
≠ graphical interface

befehlszeilenorientiert DAT.PR **instruction-line oriented**

Befehlszeilenzahl *nf* SW **lines of code**
[Maß des Programmumfangs bzw. der Arbeitsleistung des Programmierers]
= Zeilenzahl *nf*
[measuruing unit for program size resp. for working performance of programmer]
= LOC

Befehlszustand *nm* DAT.CO → **command state**
→ Befehlsempfangszustand *nm*

Befehlszustand *nm* DAT.PR → **command mode**
→ Befehlsmodus *nm*

Befehlszyklus *nm* DAT.PR **instruction cycle**
[Dauer für Lesen, Interpetrieren und Ausführen eines Befehls] [time to fetch, interprete and execute an instruction]
= Operationszyklus *nm*; Kommandozyklus *nm* = instruction phase; operation cycle; command cycle
↓ Abrufzyklus; Ausführungszyklus ↓ fetch cycle; execution cycle

Befehlszykluszeit *nf* DAT.PR **instruction cycle time**
= Operationszykluszeit *nf*, Kommandozykluszeit *nf* = operation cycle time; command cycle time
↑ Zykluszeit ↑ cycle time

befestigen TECH **fasten** *vt*
= festmachen; festsetzen; fixieren = fix *vt*
≈ anbringen; halten ≈ attach; hold

Befestigen *nn* TECH → **fastening** *n* (1)
→ Befestigung *nf* (1)

Befestigung *nf* (1) TECH **fastening** *n* (1)
[Vorgang] [process]
= Befestigen *nn*; Fixierung *nf* = fixing *n*
≈ Anbringung; Halterung ≈ attachement; holder

Befestigung *nf* (2) TECH → **mount** *n*
→ Halterung *nf*

Befestigungselement *nn* TECH → **mount** *n*
→ Halterung *nf*

Befestigungsgewinde *nn* MEC.EN **fastening thread**
= mounting thread

Befestigungsklemme *nf* MEC.EN **fastening clip**
= mounting clip

Befestigungssatz *nm* ANT **mounting hardware**

Befestigungsschelle *nf* MEC.EN **fastening clamp**
= mounting clamp

Befestigungsschraube *nf* MEC.EN **fastening screw**
= mounting screw

Befestigungssockel MEC.EN **fastening base**
= mounting base

Befestigungsstreifen *nm* MEC.EN **fastening strip**
= mounting strip; fixing strip

befeuchten TECH → **dampen** *vt*
→ anfeuchten

Befeuchtung *nf* PHYS **humidification**
= Anfeuchtung *nf*

Befeuerung *nf* RAD.NA **beaconing** *n*

Befeuerung *nf* AERON **lightning** *n*
[an Hindernissen, Masten] = aircraft warning lightning
↓ Hindernisbefeuerung ↓ obstruction lightning

befinden, sich *vr* COLL **to be located**

befindlich COLL **situated**
= located

Beflechtung *nf* TECH → **netting** *n*
→ Geflecht *nn*

beflügeln COLL **stimulate** *vt*
[fig]

befördern TECH **convey** *vt*
= fördern; transportieren = transport *vt*

Beförderung *nf* ECON → **transport** *n*
→ Transport *nm*

Beförderungsart *nf* ECON **transport mode**
= Transportart *nf*

befreundete Zahlen MATH **friendly number**
[jeweils gleich der Summe aller restlosen Teiler, z.B. 220 u. 284] [reciprocally equal to the sum of all reminder-less divisors, e.g. 220 and 284]

befristet COLL **terminable** *adj*
= terminisiert = limited in time

Befugnis *nf* ECON → **entitlement** *n*
→ Berechtigung *nf*

Befugniskontrolle *nf* DAT.MA **security control**
= authorization control

befugte Person TECH → **authorized person**
→ Befugter *nm*

Befugter *nm* TECH **authorized person**
= befugte Person; berechtigte Person

befugter Zugang DAT.MA → **authorized access**
→ befugter Zugriff

befugter Zugriff DAT.MA **authorized access**
= befugter Zugang; berechtigter Zugriff; berechtigter Zugang

Befund *nm* COLL **finding** *n*
= Untersuchungergebnis *nn*; Prüfungergebnis *nn*
≈ Ermittl

Begeber *nm* ECON → **bill endorser**
→ Wechselgirant *nm*

begehbar TECH → **accessible** *adj*
→ zugänglich

begehbarer Kabelkanal OUT.PL **cable subway**
= Kabeltunnel *nm* = sunway *n*; cable tunnel; tunnel *n*; cable gallery; gallery *n*

begehbarter Schacht OUT.PL → **manhole** *n*
→ Mannloch *nn*

Begehung *nf* SYS.INS **survey** *n*
= Ortsbegehung *nf*, Feldbegehung *nf*, Besichtigung *nf*, Ortsbesichtigung *nf*, Feldbesichtigung *nf*, Auskundung *nf*, Survey *nm* (ANGL) = visit *n*; site survey; site walk; field walk-out
↓ Stationsbegehung; Streckenbegehung ↓ station survey; route survey

Begerow-Antenne *nf* ANT → **Zeppelin antenna**
→ Zeppelin-Antenne *nf*

Beginn *nm* TECH **begin** *n*
= Anfang *nm*; Anbeginn *nm*; Start *nm*; Anlauf *nm* = beginning *n*; start *n*; starting up *n*; start up *n*; inception *n*; commencement *n*
≈ Einsetzen ≈ onset

Beginn der Sendung *nf* BROADC → **start of transmission**
→ Übertragungsbeginn *nm*

Beginn der Übertragung *nf* BROADC → **start of transmission**
→ Übertragungsbeginn *nm*

beginnen TECH **begin** *vt*
= starten = star vtt; commence *vt*; launch *vt*
≈ anlaufen; initiieren

beginnend *adj* TECH **beginning** *adj*
= anfangend = starting; commencing (BE); incipient; initialing; initialling
≈ anfänglich ≈ initial

Beginn-Hinweiszeichen *nn* DAT.CO **opening flag**
[LAN] [LAN]
= Anfang-Hinweiszeichen *nn*
≠ Ende-Hinweiszeichen ≠ closing flag

Beginntransaktion *nf* DAT.PR **start transaction**
= Starttransaktion *nf* = begin transaction

Beginn-Trennzeichen *nn* DAT.CO **opening delimiter**
[LAN] [LAN]
= starting delimiter
≠ Ende-Trennzeichen ≠ ending delimiter

Beginnzeichen *nn* SWITCH **off-hook signal** (AE)
= Belegzeichen *nn* = answer signal (BE); seizure signal

Beginnzeiger *nm* DAT.CO **head pointer**

beglaubigen LAW **authenticate**
= authentifizieren

Beglaubigung *nf* LAW **authentication** *n*
= Beurkundung *nf*, Authentifizierung *nf*, Bescheinigung *nf* (1) = certification *n*; attestation *n*

Begleitblatt *nn* ECON **summary sheet**

begleitendes Dreibein MATH **moving trihedral**

Begleitgerät *nn* INSTR **companion instrument**

Begleitkommentar *nm* IMAG.ME **voice over**

Begleitpapiere *nplt* ECON → **shipping documents**
→ Versandpapiere *nplt*

Begleitveranstaltung *nf* ECON → **side event**
→ Rahmenveranstaltung *nf*

Begleitzettel *nm* OFFICE **routing slip**

begreifbar COLL → **tangible** *adj* (3)
→ fassbar (2)

Begreifbarkeit *nf* COLL → **tangibility** *n* (3)
→ Fassbarkeit *nf* (2)

begreifen COLL → **understand** *vt*
→ verstehen

begrenzen CIRC.EN **clip** *vt*
= clippen (ANGL) = limit *vt*

begrenzen TECH **limit** *vt*
= eingrenzen (1); limitieren = delimit *vt*; bound *vt*; confine *vt*
≈ beschränken ≈ restrict; enclose

Begrenzer *nm* INTERNET → **delimitern**
→ Begrenzungszeichen *nn*

Begrenzer *nm* TECH **delimiter** *n*
= limiter *n*

Begrenzer *nm* CIRC.EN → **limiter circuit**
→ Begrenzerschaltung *nf*

Begrenzer *nm* DAT.MA → **separator** *n*
→ Trennzeichen *nn*

Begrenzerdiode *nf* CIRC.EN **limiter diode**
≈ Kappdiode ≈ clamping diode (1)

Begrenzerkennlinie *nf* EL.TRO **limiter characteristic**

Begrenzerkreis *nm* CIRC.EN → **limiter circuit**
→ Begrenzerschaltung *nf*

Begrenzerröhre *nf* EL.TRO **clipper tube**

Begrenzerschaltung *nf* CIRC.EN **limiter circuit**
= Begrenzer *nm*; Begrenzerkreis *nm*
↓ Amplitudenbegrenzerschaltung
= limiter *n*; clipper circuit; clipping circuit; clipper *n*
↓ amplitude limiter circuit

Begrenzerstufe *nf* CIRC.EN **limiting stage**

begrenzt MATH **bounded**

begrenzt TECH **limited**
= confined; bounded

begrenzte Erreichbarkeit SWITCH **limited accessibility**
= begrenzte Verfügbarkeit
= limited availability

begrenzte Verfügbarkeit SWITCH → **limited accessibility**
→ begrenzte Erreichbarkeit

Begrenzung *nf* CIRC.EN **clipping** *n*
= limitation *n*

Begrenzung *nf* TECH **limitation** *n*
= Limitierung *nf*; Deckel *nm* (slang)
≈ Beschränkung; Grenze
= cap *n* (slang)
≈ restriction; limit

Begrenzungsdrossel *nf* CIRC.EN **current limiting coil**
= limiting coil

Begrenzungsrechteck *nn* COMP.AP → **bounding box**
→ Umrahmungsfeld *nn*

Begrenzungssymbol *nn* DAT.MA → **separator** *n*
→ Trennzeichen *nn*

Begrenzungszeichen *nn* INTERNET **delimitern**
[SGML]
= Begrenzer *nm*
[SGML]

Begrenzungszeichen *nn* DAT.MA → **separator** *n*
→ Trennzeichen *nn*

Begriff *nm* SCIE **concept** *n*
= notion *n*

begrifflich SCIE **conceptual** *adj*
= konzeptionell
= notional

Begriffsbildung *nf* SCIE **conceptualization**
≈ Konzipierung
= concept formation
≈ conception

Begriffserklärung *nf* LING **glossary** *n*
[Sammlung der Begriffe eines Fachgebiets, mit Kurzerläuterungen]
= Begriffssammlung *nf*; Glossar *nn*; Wortliste *nf*
[collection of terms of a subject field, with short explanations]

Begriffsrahmen *nm* SCIE **conceptual framework**

Begriffssammlung *nf* LING → **glossary** *n*
→ Begriffserklärung *nf*

Begriffsvorrat *nm* DAT.CO **presentation image**

Begriffsvorrat-Syntax *nf* DAT.CO **presentation-image definition**

Begriffswort *nn* LING **abstract word**
= Abstraktum *nn*
≠ Konkretum
≠ concrete word

Begriffszeichen *nn* LING → **ideogram** *n*
→ Ideogramm *nn*

Begründung *nf* LING **rationale** *n*
= Themenstellung *nf*, einleitender Text
≈ Einleitung
= introductory text
≈ introduction

Begründungssatz *nm* LING → **causal sentence**
→ Kausalsatz *nm*

begrüßen COLL **welcome** *vt*

Begrüßung *nf* COLL **welcome** *n*

Begrüßungsbildschirm *nm* COMP.AP **welcome screen**
= initial screen

Begrüßungsformel *nf* OFFICE **salutation clause**
[Geschäftsbrief]
= Anredeformel *nf*
[business letter]
= salutation *n*

Begrüßungsseite *nf* TELEC **welcome page**
[Bildschirmtext]
[videotex]

Begünstigter *nm* ECON **benificiary**

Behaltenseffekt *nm* SCIE **recall effect**

Behaltensquote *nf* SCIE **recall ratio**

Behälter *nm* TECH **vessel** *n*
≈ Tank; Gefäß
↓ Kasten
= container *n*; receptacle *n*; bin *n*; hopper *n*
≈ tank; receptacle
↓ box

Behälter *nm* OUT.PL **container** *n*

behandelbar TECH → **handable** *adj*
→ handhabbar

behandeln TECH **treat** *vt*

Behandlung *nf* TECH **treatment** *n*
= Bearbeitung *nf*
≈ Veredelung; Verarbeitung
= termination *n*; preparation *n*
≈ improvement; processing

Beharrungsbedingung *nf* PHYS → **steady-state condition**
→ Gleichgewichtsbedingung *nf*

Beharrungslage *nf* PHYS → **equilibrium position**
→ Gleichgewichtslage *nf*

Beharrungsvermögen *nn* COLL → **constancy** *n*
→ Konstanz *nf*

Beharrungswert *nm* EL.TRO **steady-state value**
= eingeschwungner Wert

Beharrungszustand *nm* PHYS → **steady state** *n*
→ eingeschwungener Zustand

behebbar TECH **recoverable** *adj*
≈ reparierbar
≈ repearable

behebbarer Fehler DAT.PR **recoverable error**
≈ nichtfataler Fehler
≈ nonfatal error

beheben TECH **clear** *vt*
[Fehler, Störung]
[a fault]
= remedy *vt*

Behebung *nf* DAT.MA → **recovery** *n* (1)
→ Wiederherstellung *nf*

beheizbar TECH **heatable**
= heizbar

Behelf *nm* TELEC **makeshift** *n*
= Behelfslösung *nf*, Notbehelf *nm*

Behelfs- TECH → **makeshift** *adj*
→ behelfsmäßig

Behelfsantenne *nf* ANT **provisional antenna**
≈ Hilfsantenne
≈ auxiliary antenna

Behelfslösung *nf* SW **workaround** *n*
[workaround = um den Fehler herumarbeiten]

Behelfslösung *nf* TECH → **expedient** *n*
→ Notbehelf *nm*

Behelfslösung *nf* TELEC → **makeshift** *n*
→ Behelf *nm*

behelfsmäßig TECH **makeshift** *adj*
= Behelfs-; Not-; improvisiert
≈ provisorisch
= rough-and-ready; improvised
≈ provisional

beherbergen DAT.PR → **host** *vi*
→ Wirtsfunktion ausüben, die

behindern COLL → **hinder** *vt*
→ hindern

Behindertenterminal *nn* TER&PER **terminal for handicapped persons**

Behinderungsschwund *nm* RAD.PRO → **obstruction fading**
→ Beugungsschwund *nm*

Behörde *nf* PUB.ADM **authority** *n*
≈ Verwaltung (2)
= council *n*; agency *n* (2)
≈ administration (2)

Behörden-Datennetz *nn* DAT.NW **INET**
= Institutional Network

Behördendokument *nn* PUB.ADM → **green document**
→ Regierungsdokument *nn*

Behördennetz *nn* TELEC **official network**
↑ Privatnetz
↑ private network

Behördensprache *nf* LING **officialese** *n*
= Kanzleisprache *nf*, Kanzleistiel *nm*

Behörden und Organisationen mit Sicherheitsaufgaben ECON → **C3I**
→ Sicherheitsdienste *nplt*

bei Bedarf *adj* ECON **on demand** *adj*
≈ optional
≈ optionally

beibehalten COLL → **sustain** *vt*
→ aufrechterhalten

beidhändig TECH → **two-handed** *adj*
→ zweihändig

beidpolig EL.TRO → **ambipolar** *adj*
→ ambipolar

beidseitig TELEC **two-way simultaneous** *adj*
≈ wechselseitig
= either-way (1)
≈ two-way alternate

beidseitig TECH → **bilateral** *adj*
→ zweiseitig *adj*

beidseitig belichtbares Fotopapier TER&PER **duplex paper**
[light-sensitive on both sides]

beidseitige Datenübermittlung DAT.CO **two-way simultaneous communication**
= full duplex data communication

beidseitige Diskette TER&PER **double-sided disk**

beidseitige Kopie OFFICE **duplex copy**

beidseitiger Ausschuss DAT.PR **full justification**

beidseitiger Ausschuss PRIN.ME → **full justification**
→ beidseitiger Randausgleich

beidseitiger Druck TER&PER → **two-sided printing**
→ doppelseitiger Druck

beidseitiger Drucker TER&PER **duplex printer**
= Duplexdrucker *nm*

beidseitiger Randausgleich PRIN.ME **full justification**
= beidseitiger Ausschuss

beidseitiges Kopieren OFFICE **duplex printing**

beidseitig guter Empfang RADIO **five-by-five**
= bidirectional good transmission

beidseitig kaschiert EL.TRO → **double-clad**
→ doppelt kaschiert

beidseitig kaschierte Leiterplatte EL.TRO → **double-face PCB**
→ doppelt kaschierte Leiterplatte

beidseitig steuerbarer Thyristor MICR.EL → **thyristor tetrode**
→ Thyristortetrode *nf*

bei Einsatz von COLL **when using**

beifügen COLL → **aggregate** *vt*
→ hinzufügen

Beifügung *nf* LING → **attribute** *n*
→ Attribut *nn*

Beifügung *nf* TECH → **supplement** *n*
→ Zusatz *nm*

beige *adj* OPT **beige** *adj*

beil. OFFICE → **annexed**
→ beiliegend

Beilage *nf* (AT,CH) OFFICE → **annex** *n*
→ Anlage *nn*

Beilagscheibe *nf* MEC.EN **plain washer**
= Unterlegscheibe *nf*; Unterlagscheibe *nf* = washer *n*

Beilauf *nm* COM.CAB **filler** *n*
= Lückenfüllung *nf*; Zwickelfüllung *nf* = valley sealer

beiläufig SCIE → **random** *adj*
→ wahllos

Beilaufkabel *nn* COM.CAB **parallel cable**

beilegen COLL → **annex** *vt*
→ anhängen

beiliegend OFFICE **annexed**
= beil.; anbei; als Anlage; in der Anlage

beimengen TECH **admix** *vt*

Beimengung *nf* TECH **admixture** *n*
= addition *n*

Beinahe-Schönschrift *nf* TER&PER **NLQ printing**
= NLQ-Schrift *nf*; Nahezu-Korrespondenzqualität *nf*; Fast-Brief-Qualität *nf*
≈ Schönschrift; Konzeptdruckqualität
= near-letter quality
≈ letter quality printing; draft quality printing

Beiname *nm* DAT.MA **alias** *n*
= alternate name

Beiname *nm* COLL → **nickname** *n*
→ Spitzname *nm*

Beinchen *nn* COMPO → **terminal pin**
→ Anschlussstift *nm*

Beinhaltungsobjekt *nn* [OOP] SW **aggregate object** [OOP]
= aggregiertes Objekt

Beirat *nm* ECON **advisory council** *n*
= Beratumsgremium *nn* = advisory board; board *n* (3)

Beisatz *nm* LING → **apposition** *n*
→ Apposition *nf*

Beispiel *nn* COLL **example** *n*
↓ Fallbeispiel [SCIE]
= instance *n*
↓ instance [SCIE]

beispiellos COLL **unexampled** *adj*
≈ neuartig; neu ≈ novel; new

Beispielsabfrage *nf* DAT.MA **query by example**
= QBE; inquiry by example; enquiry by example

Beißzange *nf* TECH **nipper pliers**
= Kneifzange *nf*
↑ Zange (1)
= carpenter's pincers; pincers
≈ nippers
↑ tongs

Beistellgerät *nn* EQP.EN → **add-on equipment**
→ Zusatzgerät *nn*

Beistell-Modem *nm&nn* DAT.CO **external modem**
≠ Einbaumodem ≠ internal modem

Beistellung *nf* [durch Auftraggeber] ECON **supply of materials** [by the purchaser]

Beistrich *nm* LING → **comma** *n*
→ Komma *nn* (*pl* -s&-tas)

Beitel *nm* TECH → **chisel** *n*
→ Stemmeisen *nn*

Beitrag *nm* ECON **contribution** *n*

Beitrag *nm* PRIN.ME **contribution** *n*
= Artikel *nm*
↑ Veröffentlichung
↑ publication

beitragend RADIO **contributing**

Beiwert *nm* PHYS **coefficient** *n*
= Koeffizient *nm*; Beizahl *nf*

Beiwort *nn* LING → **adjective** *n*
→ Adjektiv *nn*

Beizahl *nf* PHYS → **coefficient** *n*
→ Beiwert *nm*

beizen CHEM → **pickle** *vt*
→ abbeizen

bejahend LING **affirmative**
≠ verneinend ≠ negative

bekannt COLL **notified**

bekanntmachen COLL **notify**

Bekanntmachungtafel *nf* COLL → **bulletin board**
→ Anzeigetafel *nf*

beladen TECH **load** *vt*
= belasten = lade *vt*

Beladung *nf* TECH → **load** *n*
→ Belastung *nf*

Belag *nm* TECH → **coating** *n*
→ Beschichtung *nf*

Belagfolienkondensator *nm* COMPO → **plastic-film capacitor**
→ Kunststoffolien-Kondensator *nm*

Belanglosigkeit *nf* INF.TH → **irrelevance** *n*
→ Irrelevanz *nf*

Belastbarkeit *nf* DAT.PR **load carrying capacity**
= load carrying ability

Belastbarkeit *nf* TECH **load capacity**
= Tragfähigkeit *nf*
≈ Bemessung
↓ Nennbelastbarkeit
= loading capacity; power rating; rating *n* (3); load capability; load-carrying ability
≈ dimensioning
↓ nominal load ability

belasten TECH → **load** *vt*
→ beladen

belasten *vt* MECH **load** *vt*

belasten *vt* ECON **charge** *vt*

belastete Antenne ANT **loaded antenna**

belastetes Rauschen TELEC → **loaded noise**
→ Rauschen bei Belastung

belästigender Anruf TELEPH **malicious call**
= böswilliger Anruf = nuisance call; pest call

Belästigung *nf* COLL **nuisance** *n*

Belastung *nf* QUAL → **stress** *n*
→ Beanspruchung *nf*

Belastung *nf* MECH **load** *n*

Belastung *nf* TECH **load** *n*
= Last *nf*; Beladung *nf*; Ladung *nf*; Beanspruchung *nf*
≈ Betrieb
= duty *n*
≈ operation

Belastung *nf* [eines Kontos] ECON **charge** *n* (1) [of an account]
≈ Rechnung
= debit *n*
≈ invoice

Belastung *nf* EL.TEC → **load** *n*
→ Last *nf*

Belastung *nf* TELEC → **traffic load**
→ Verkehrsbelastung *nf*

Belastung an Drittperson TELEPH **third-party charging**

Belastungcharakteristik *nf* TECH → **loading characteristic**
→ Belastungskennlinie *nf*

Belastungdiagramm *nn* TECH → **loading characteristic**
→ Belastungskennlinie *nf*

Belastungsaufgabe *nf* ECON **debit note**

Belastungsbereich *nm* TECH **loading range**

Belastungsempfindlichkeit *nf* TECH **load sensitivity**

Belastungsgrenze *nf* TECH **loading limit**
= Grenzbelastung *nf* = loaad limit; ultimate load

Belastungskennlinie *nf* TECH **loading characteristic**
= Belastungcharakteristik *nf*; Belastungskurve *nf*; Belastungdiagramm *nn*
= load characteristic; load diagram; load curve; load line

Belastungskreis *nm* EL.TEC → **load circuit**
→ Lastkreis *nm*

Belastungskurve *nf* TECH → **loading characteristic**
→ Belastungskennlinie *nf*

Belastungsleitwert *nm* EL.TEC **load admittance**

Belastungsmaximum *nn* TECH → **peak load**
→ Belastungsspitze *nf*

Belastungsmessung *nf* SWITCH **load measurement**

Belastungsprobe *nf* = Belastungstest *nm*; Verschleißprüfung *nf* — QUAL — **stress test** = stress testing
Belastungsprofil *nn* — TECH — **load profile**
Belastungssimulation *nf* — TECH — **load simulation**
Belastungsspitze *nf* = Belastungsmaximum *nn*; Höchstlast *nf*; Höchstbelastung *nf*; Maximalbelastung *nf* — TECH — **peak load** = maximum load; peak duty; maximum duty
Belastungsspule *nf* = Ladespule *nf* — ANT — **loading coil**
Belastungsteilung *nf* → Lastverteilung *nf* — SWITCH — → **load sharing**
Belastungstest *nm* → Belastungsprobe *nf* — QUAL — → **stress test**
Belastungswiderstand *nm* — EL.TEC — **load resistor** = loading resistor
Beleg *nm* ≈ Dokument ↓ Quittung — ECON — **voucher** *n* (1) [paper serving as evidence] ≈ document ↓ receipt
Beleg *nm* [in der Geschäftswelt verwendetes Datenträgerformular] ↑ Formular ↓ Originalbeleg — TER&PER — **document** *n* [a data carrying form used in business] = voucher *n* ↑ form ↓ original document
Beleg *nm* → Quittung *nf* — ECON — → **receipt** *n*
Beleganstoß *nm* — TER&PER — **document wreck**
Belegaufbereitung *nf* — COMP.AP — **document editing**
belegbar → nachweisbar — COLL — → **provable**
Belegdatum *nn* — OFFICE — **voucher date**
Belegdrucker *nm* = Kassenbelegdrucker *nm*; Kassenzetteldrucker *nm* — TER&PER — **document printer** = voucher printer; validation printer; slip printer
Belegeingabe *nf* → Belegzufuhr *nf* — TER&PER — → **document feed**
Belegeinzug *nm* → Belegzufuhr *nf* — TER&PER — → **document feed**
belegen — ECON — **support** *vt*
belegen — SWITCH — **seize** *vt* = busy
belegen ≈ zuordnen — DAT.PR — **occupy** *vt* = seize *vt*; engage *vt* ≈ allocate
Belegen *nn* → Belegung *nf* — SWITCH — → **seizure** *n*
belegen (1) → besetzen — COLL — → **occupy** *vt*
belegen (2) [fig] = erhärten — COLL — **substantiate**
Belegexemplar — OFFICE — **voucher copy** = specimen copy; master copy
Belegexemplar *nn* → Freiexemplar *nn* — PRIN.ME — → **complimentary copy**
Belegleser *nm* ↑ Klarschriftleser ↓ optischer Belegleser; Magnetschriftleser — TER&PER — **document reader** ↑ character reader ↓ optical document reader; magnetic document reader
beleglos = nichtdokumentär — OFFICE — **nondocumentary** *adj*
belegloser Datenverkehr — DAT.CO — **nondocumentary data traffic**
Belegmischung *nf* [in eine Datei] = Dokumentenmischung *nf* — DAT.MA — **document merge** [into a common file] = document assembly
Belegnummerierung *nf* — TER&PER — **document numbering**
Belegschaft *nf* = Personal *nn*; Mitarbeiterzahl *nf*; Personalbestand *nm* ≈ Kopfzahl ↓ Arbeiter; Angestellter — ECON — **workforce** *n* = personnel *n*; staff *n* (1); employees *nplt*; labor force ≈ headcount ↓ worker
Belegsortierer *nm* — TER&PER — **document sorter**
belegt = besetzt ≠ unbelegt — SWITCH — **busy** *adj* = engaged ≠ idle
belegt → gebunden — TECH — → **bound**
Belegtanzeige *nf* — TER&PER — **busy indication**
Belegtransport *nm* → Belegzufuhr *nf* — TER&PER — → **document feed**
Belegtton *nm* → Besetztton *nm* — TELEPH — → **busy tone**
Belegtzeichen *nn* → Besetztton *nm* — TELEPH — → **busy tone**
Belegtzeit *nf* → Funktionszeit *nf* — TECH — → **action time**
Belegtzustand *nm* → Besetztzustand *nm* — SWITCH — → **busy state**
Belegung *nf* ≈ Zuordnung — SW — **occupancy** *n* = seizure *n* ≈ allocation
Belegung *nf* — TELEC — **occupancy** *n* = usage *n*
Belegung *nf* ≈ Zuteilung; Festlegung — TECH — **occupation** *n* = occupancy *n* ≈ allocation; assignment
Belegung *nf* = Belegungvorgang *nm*; Belegen *nn* — SWITCH — **seizure** *n* = occupation *n*; holding *n*; seizing *n*
Belegung mit Melden — SWITCH — **answered call**
belegungsabhängig — TELEC — **load-dependent**
belegungsabhängiges Geräusch — TELEC — **load-dependent psophometric noise**
Belegungsanreiz *nm* → ankommende Belegung — SWITCH — → **incoming seizure**
Belegungsanzeige *nf* — SWITCH — **seizure indication**
Belegungsbefehl *nm* — DAT.PR — **seizure command**
Belegungsbelastung *nf* [Rufe/Leitung] — SWITCH — **calling rate** [calls/line] = call load-on
Belegungsdauer *nf* = Belegungzeit *nf* — SWITCH — **holding time** = busy time
Belegungs-Einfallsabstand *nm* — SWITCH — **call inter-arrival time** = inter-arrival time of calls
Belegungsfähigkeit *nf* — SWITCH — **seizability** *n*
Belegungsliste *nf* — SYS.INS — **rack equipment list**
belegungsloser Verbindungsaufbau — MOB.CO — **off-air call set-up** = OACSU
Belegungsplan *nm* = Beschaltungplan *nm* ≈ Zusammenbauzeichnung; Stromlaufplan — EQP.EN — **allocation scheme** = allocation plan; equipment configuration plan; equipment plan
Belegungsproblem *nn* — STATIS — **occupancy problem**
Belegungsquittung *nf* — SWITCH — **seizure acknowledgment** = seizure acknowledgement
belegungsunabhängig — TELEC — **load-invariant**
Belegungsversuch *nm* → Wählversuch *nm* — SWITCH — → **call attempt**
Belegungszahl *nf* — SWITCH — **peg** *n* = number of seizures
Belegungszähler *nm* = Verkehrsmessgerät *nn* — SWITCH — **call-count meter**
Belegungszählung *nf* — SWITCH — **peg count**
Belegungszusammenstoß *nm* → Verbindungszusammenstoß *nm* — DAT.CO — → **call collision**
Belegungvariante *nf* → Bestückungsvariante *nf* — EQP.EN — → **equipment configuration option**
Belegungvorgang *nm* → Belegung *nf* — SWITCH — → **seizure** *n*
Belegungzeit *nf* → Belegungsdauer *nf* — SWITCH — → **holding time**
belegverarbeitend — TER&PER — **document-processing** *adj*
belegverarbeitendes Gerät — TER&PER — **document processor** = document-processing device
Belegverarbeitung *nf* [z.B. von Bankbelegen] — COMP.AP — **document processing** [2] = voucher processing
Belegvorschub *nm* → Belegzufuhr *nf* — TER&PER — → **document feed**
Belegzeichen *nn* → Beginnzeichen *nn* — SWITCH — → **off-hook signal** (AE)
Belegzufuhr *nf* = Belegzuführung *nf*; Belegeinzug *nm*; Belegvorschub *nm*; Blattzufuhr *nf*; Blattzuführung *nf*; Blatteinzug *nm*; Blattvorschub *nm*; Belegtransport *nm*; Blatttransport *nm*; Belegeingabe *nf*; Blatteingabe *nf* ≈ Formularzuführung ↑ Papierzufuhr — TER&PER — **document feed** = document feeder; voucher feed; voucher feeder ≈ form feed ↑ paper feed
Belegzuführung *nf* → Belegzufuhr *nf* — TER&PER — → **document feed**
belesen ≈ gebildet — EDUC — **read** *adj* ≈ educated
beleuchten — TECH — **illuminate** *vt*

Beleuchter *nm* — CINEMA — **best boy**

beleuchtet — TECH — **illuminated** *adj*
= lighted

Beleuchtung *nf* — TECH — **illumination** *n*
= lighting *n*

Beleuchtung *nf* — CINEMA — **lights** *nplt*
= Licht *nn*

Beleuchtungskegel *nm* — TECH — **illumination cone**

Beleuchtungskörper *nm* — EL.INS — → **light fixture**
→ Leuchte *nf*

Beleuchtungsmeister *nm* — CINEMA — → **gaffer**
→ Chefbeleuchter *nm*

Beleuchtungsstärke *nf* — OPT — **illumination** *n*
[Lichtstrom pro Flächeneinheit; SI-Einheit: Lux] — [luminous flux per unit area; SI unit: lux]
= illuminance *n*

Beleuchtungstechnik *nf* — POW.EN — → **lighting engineering**
→ Lichttechnik *nf*

belichten — PHYS — **expose** *vt*

Belichtung *nf* — PHYS — **exposure** *n*
↓ Unterbelichtung; Überbelichtung — ↓ underexposure; overexposure

Belichtungsgerät *nn* — TECH — **exposure unit**

Belichtungsmesser *nm* — OPT — **exposure meter**
= spot meter

Belichtungszeit *nf* — PHYS — **exposure time**

beliebig — TECH — → **arbitrary**
→ willkürlich

beliebig *adv* — COLL — **at will** *adv*
= wahlfrei

beliebiger Zugriff — DAT.MA — → **direct access**
→ Direktzugriff *nm*

beliebige Signalform — INSTR — → **arbitrary waveform**
→ anwenderdefinierte Signalform

beliebige Taste — COMP.AP — **any key**

Bell 103 — DAT.CO — **Bell 103**
[US-Norm für 300-Baud-Übertragung; entspricht UIT-T V.21] — [US standard for 300 baud transmission; corresponds to UIT-T V.21]

Bell 201 — DAT.CO — **Bell 201**
[US-Norm für 2.400 bit/s] — [US standard for 2,400 bit/s]

Bell 212A — DAT.CO — **Bell 212A**
[US-Norm für 1200-Baud-Übertragung; entspr. UIT-T V.22] — [US standard for 1200-baud-transmission; corresponds to UIT-T V.22]

Bell-Betreiber *nm* — TELEC — → **Bell Operating Company**
→ Bell-Betreibergesellschaft *nf*

Bell-Betreibergesellschaft *nf* — TELEC — **Bell Operating Company**
= Bell-Betreiber *nm* — = BOC; regional Bell company; Regional Holding Company; RHC
↓ Nynex; Bell Atlantic; BellSouth; Southwestern Bell; US West; Pacific Telesis; Ameritech

Bell Communications Research — TELEC — → **BELLCORE**
→ BELLCORE

BELLCORE — TELEC — **BELLCORE**
[die Organisation für Zentrale Dienste der Bell-Betriebsgesellschaften] — [the central-service organization of the Bell Operating Companies]
= Bell Communications Research; Bell Telephone Laboratories; BLT — = Bell Communications Research; Bell Telephone Laboratories; BLT

Bell Laboratories *nplt* — INF.TEC — **Bell Laboratories**
[die F&E-Organisation von AT&T] — [the R&D organization of AT&T]
= Bell-Labs *nplt* — = Bell Labs

Bell-Labs *nplt* — INF.TEC — → **Bell Laboratories**
→ Bell Laboratories *nplt*

Bell-Modem *nm&nn* — DAT.CO — **Bell-compatible modem**
[erfüllt Bell-Standards]

Bell-Standard *nm* — TELEC — **Bell standard**
= Bell communications standars

Bell Telephone Laboratories — TELEC — → **BELLCORE**
→ BELLCORE

Bell-unabhängige — TELEC — **Independent Operating Company**
= Bell-unabhängiger Netzbetreiber; IOC-Betreibergesellschaft; IOC-Betreiber *nm*; IOC — [in USA; Bell-independent o.c.]
= IOC
≠ RBOC

Bell-unabhängiger Netzbetreiber — TELEC — → **Independent Operating Company**
→ Bell-unabhängige Betreibergesellschaft

Beltbed-Plotter *nm* — TER&PER — → **beltbed plotter**
→ Vertikalplotter *nm*

belüften — TECH — → **ventilate** *vt*
→ lüften

Belüftung *nf* — TECH — → **ventilation** *n*
→ Lüftung *nf*

Belüftungsloch *nn* — TECH — → **cooling hole**
→ Lüftungsloch *nn*

Belüftungsöffnung *nf* — TECH — → **cooling opening**
→ Lüftungsöffnung *nf*

Belüftungsschacht *nm* — TECH — → **air duct**
→ Luftschacht *nm*

Belüftungsschlitz *nm* — TECH — → **ventilation slit**
→ Lüftungsschlitz *nm*

BEM — MATH — → **Boundary Element Method**
→ Boundary-Element-Methode *nf*

bemannt — TECH — **manned**
[Fahrzeug, Flugzeug] — [vehicle]

bemannt — TELEC — **staffed** *adj*
[Station] — [station]
= beaufsichtigt; bedient; besetzt — = attended; manned
≈ gewartet — ≈ maintained
≠ unbemannt — ≠ unstaffed

Bemaßung *nf* — ENG.DRA — **dimensioning**

bemerkenswert — COLL — **remarkable**
≈ auffallend — = noticeable
≈ conspicuous

Bemerkung *nf* — LING — → **annotation** *n*
→ Anmerkung *nf*

bemessen — ECON — **assess** *vt*
≈ schätzen — = size *vt*
≈ estimate *vt* (1)

bemessen — TECH — **dimension** *vt*
= dimensionieren; auslegen — = seize *vt*; rate *vt*
≈ engineer

Bemessung *nf* — TECH — **dimensioning** *n*
= Dimensionierung *nf*; Auslegung *nf* — = sizing *n*; rating *n* (2)
≈ Belastbarkeit — ≈ load capacity

Bemessung *nf* — ECON — **assessment** *n*
≈ Schätzung — ≈ estimation

Bemessungsbelastung *nf* — TECH — → **nominal load capacity**
→ Nennbelastbarkeit *nf*

Bemessungsdrehzahl *nf* — MEC.EN — → **nominal speed**
→ Nenndrehzahl *nf*

Bemessungsfrequenz *nf* — EL.TEC — → **nominal frequency**
→ Nennfrequenz *nf*

Bemessungsgrundlage *nf* — ECON — **assessment basis**

Bemessungsgrundlage *nf* — TECH — → **design objective**
→ Entwicklungsziel *nn*

Bemessungslast *nf* — TECH — → **nominal load capacity**
→ Nennbelastbarkeit *nf*

Bemessungslast *nf* — TECH — → **nominal load capacity**
→ Nennbelastbarkeit *nf*

Bemessungsleistung *nf* — CONS.EL — → **nominal power**
→ Nennleistung *nf*

Bemessungsleistung *nf* — TECH — → **nominal power**
→ Nennleistung *nf*

Bemessungsmaß *nn* — ENG.DRA — → **nominal size**
→ Nennmaß *nn*

Bemessungsrichtlinie *nf* — TECH — **sizing guideline**

Bemessungsspannung *nf* — EL.TEC — → **nominal voltage**
→ Nennspannung *nf*

Bemessungsstrom *nm* — EL.TEC — → **nominal current**
→ Nennstrom *nm*

Bemessungstemperatur *nf* — TECH — → **nominal temperature**
→ Nenntemperatur *nf*

Bemessungswert *nm* — TECH — → **nominal value**
→ Nennwert *nm*

Bemessungszuverlässigkeit *nf* — QUAL — → **rated reliability**
→ Nennzuverlässigkeit *nf*

bemitteln — TECH — → **equip** *vt*
→ ausstatten

bemustern — TECH — **pattern** *vt*

bemustert — TECH — **patterned** *adj*
= mit Mustern versehen — = with patterns

Bemusterung *nf* — COMP.GR — **texture mapping**

benachbart — TECH — **adjacent** *adj*
= angrenzend; Nachbar-; anliegend — = adjoining *adj*; contiguous *adj*; neighbor *adj*; neighboring *adj*; neighbouring *adj* (BE); neighbored *adj*; flanking *adj*
≈ zusammenhängend; seitlich — ≈ connected; lateral

Benachrichtigung *nf* — ECON — **information** *n*
= notification *n*

Benachrichtigungsdienst *nm* — TELEPH — **telephone notification service**
↑ Fernsprechauftragsdienst

benannt — COLL — **named** *adj*
= namentlich; mit Namen versehen

Benchmark *nm* → Bewertungsprogramm *nn*	SW	→ **benchmark program** *n*
Benchmarking *nn* [sich mit Wettbewerbern messen]	ECON	**benchmarking** *n* [with competitors]
benennen → bezeichnen	TECH	→ **name** *vt*
Benennung *nf* → Bezeichnung *nf*	TECH	→ **description** *n*
benetzen → nässen	TECH	→ **wet** *vt*
Benetzung *nf* → Nässung *nf*	TECH	→ **wetting** *n*
Benetzungstemperatur *nf* [Lötung]	METAL	**wetting temperature** [soldering]
bengalrosa *adj*	OPT	**bengal rose** *adj*
benötigen → erfordern	COLL	→ **require** *vt*
Benummerung *nf* → Zählfolge *nf*	MATH	→ **numbering** *n*
benutzbar → brauchbar	TECH	→ **serviceable** *adj*
Benutzbarkeit *nf* → Brauchbarkeit *nf*	TECH	→ **serviceableness** *n*
benutzen = verwenden ≈ ausnutzen	TECH	**use** *vt* = employ *vt* ≈ utilize
Benutzer *nm* = Nutzer *nm*; Anwender *nm* ≈ Betriebsperson	TECH	**user** *n* ≈ operator
Benutzer *nm* = Anwender *nm* ≈ Teilnehmer	TELEC	**user** *n* ≈ suscriber
Benutzerakzeptanz *nf* = Nutzerakzeptanz *nf*; Anwenderakzeptanz *nf*; Bedienerakzeptanz *nf*	TECH	**user acceptance** = user acceptation
Benutzeranforderung *nf* = Nutzeranforderung *nf*; Anwenderanforderung *nf*	TECH	**user requirement**
Benutzerangaben *nplt* → Benutzerdaten *nplt*	DAT.CO	→ **call data**
Benutzeranschluss *nm*	HW	**user port**
Benutzeranweisung *nf* [z.B. "Drucken"]	COMP.AP	**user command** [e.g. "print"]
Benutzerauthentifikation *nf*	COMP.AP	**user authentification**
Benutzer-Backup	COMP.AP	**user backup**
Benutzerbefehl *nm*	SW	**user instruction** = user command; user statement
Benutzer-Benutzer-Protokoll *nn* → Ende-Ende-Protokoll *nn*	DAT.CO	→ **end-to-end protocol**
Benutzerbereich *nm* = Nutzerbereich *nm*; Anwenderbereich *nm*	COMP.AP	**user area**
Benutzercode *nm* = Nutzercode *nm*; Anwendercode *nm* ≈ Benutzername	DAT.PR	**user code** = user identification ≈ user name
Benutzerdatei *nf*	DAT.MA	**user file**
Benutzerdaten *nplt* = Benutzerangaben *nplt*; Bedienerdaten *nplt*; Bedienerangaben *nplt*	DAT.CO	**call data** = communication data
Benutzerdaten *nplt* = Nutzerdaten *nplt*; Anwenderdaten *nplt*	DAT.PR	**user data**
benutzerdefinierbar → anwenderdefinierbar	SW	→ **user-definable**
benutzerdefinierbare Signalform → anwenderdefinierte Signalform	INSTR	→ **arbitrary waveform**
benutzerdefiniert → anwenderdefiniert	TECH	→ **user-defined** *adj*
benutzerdefinierter Datentyp	SW	**anwenderdefinierter Datentyp**
Benutzerdokumentation *nf* ≈ Benutzerhandbuch	TEC.DOC	**user documentation** ≈ user's manual
Benutzerebene *nf* [ATM] = U-Ebene *nf*	TELEC	**user plane** [ATM] = U-plane
benutzereigen → anwendereigen	TECH	→ **user-own** *adj*
Benutzerfehler *nm*	TECH	**user error**
Benutzerfeld *nn*	COMP.AP	**user field**
benutzerfestlegbar → anwenderdefinierbar	SW	→ **user-definable**
benutzerfreundlich = anwenderfreundlich; bedienerfreundlich ≈ brauchbar	TECH	**user-friendly** *adj* = serviceable; philoxenic

Benutzerfreundlichkeit *nf* = Anwenderfreundlichkeit *nf*; Anwendungfreundlichkeit *nf*; Bedienerfreundlichkeit *nf*; Nutzerfreundlichkeit *nf*; Betriebsfreundlichkeit *nf* ≈ Anwendbarkeit [COLL]; Betriebsfähigkeit; Wartbarkeit; Brauchbarkeit	TECH	**user friendliness** = ease-of-use ≈ applicability [COLL]; operability; user convenience; operator convenience, maintainability; serviceability
Benutzerführung *nf* → Benutzeroberfläche *nf*	COMP.AP	→ **user interface**
Benutzerfunktion *nf* = Anwenderfunktion *nf*	TECH	**user function**
benutzergesteuert = nutzergesteuert; anwendergesteuert ≈ benutzerveranlasst	TECH	**user-driven** *adj* = user-controlled ≈ user-initiated
Benutzergruppe *nf* = Nutzergruppe *nf*; Anwendergruppe *nf*	COMP.AP	**user group** = computer users' group
Benutzergruppe *nf* → Teilnehmerklasse *nf*	DAT.CO	→ **user group**
Benutzerhandbuch *nn* = Anwenderhandbuch *nn* ≈ Benutzerdokumentation	TEC.DOC	**user manual** = user guide; user handbook ≈ user documentation
Benutzeridentifikation *nf* → Passwort *nn*	DAT.MA	→ **keyword** *n* (1)
Benutzeridentifizierung *nf* → Netzbenutzerkennung *nf*	DAT.NW	→ **network user identification**
Benutzerkennung *nf* → Anwenderkennung *nf*	SW	→ **user identification**
Benutzerkennung *nf* → Netzbenutzerkennung *nf*	DAT.NW	→ **network user identification**
Benutzerkennung *nf* → Passwort *nn*	DAT.MA	→ **keyword** *n* (1)
Benutzerklasse *nf*	DAT.PR	**user class**
Benutzerklasse *nf* → Teilnehmerklasse *nf*	DAT.CO	→ **user group**
Benutzerkonto *nn* → Account *nm*	DAT.NW	→ **account** *n* (1)
Benutzermenü *nn* → Menü *nn*	COMP.AP	→ **menu** *n*
Benutzername *nm* ≈ Benutzercode	SW	**user name** = username *n* ≈ user code
Benutzeroberfläche *nf* [Gesamtheit der für die Benutzerbedienung angebotenen Hardware- und Softwareeinrichtungen] = Benutzerschnittstelle *nf*; Benutzungschnittstelle *nf*; Benutzerführung *nf*; Anwenderoberfläche *nf*; Anwenderschnittstelle *nf*; Anwenderführung *nf*; Bedienoberfläche *nf*; Bedieneroberfläche *nf*; Bedienerführung *nf*; Bedienerschnittstelle *nf*; Dialogführung *nf*; Nutzeroberfläche *nf* ≈ Organisationsprogramm ↓ Menütechnik; Kommando-Oberfläche; Schale; grafische Benutzeroberfläche; programmorientierte Benutzeroberfläche	COMP.AP	**user interface** [complex of hardware and software facilities deployed for the user action] = UI; user surface; user guidance; human interface; operator interface; operator prompting; prompting *n* (2); operator guidance; interactive operation; front end ≈ control program ↓ menu mode; command interface; shell; graphical user interface; programmatic user interface
benutzerorientiert = nutzerorientiert; anwenderorientiert	TECH	**user-oriented** = user-centered
Benutzerprofil *nn* = Nutzerprofil *nn*; Anwenderprofil *nn*	TECH	**user profile**
Benutzerprogramm *nn* (1) → Anwenderprogramm *nn* (1)	SW	→ **application program**
Benutzerprogramm *nn* (2) → Anwenderprogramm *nn* (2)	SW	→ **user program**
Benutzerprogrammanweisung *nf* → Anwenderprogrammanweisung *nf*	SW	→ **application program command**
benutzerprogrammierbar → anwenderprogrammierbar	SW	→ **user-programmable**
Benutzerschnittstelle *nf* → Benutzeroberfläche *nf*	COMP.AP	→ **user interface**
Benutzersicht *nf* → Anwendersicht *nf*	DAT.PR	→ **user view**
Benutzersicht *nf* → externes Datenbankschema	DAT.MA	→ **external schema**
Benutzersoftware *nf* (1) → Applikationssoftware *nf*	SW	→ **applications software**
Benutzersoftware *nf* (2) → Anwendersoftware *nf* (2)	SW	→ **user software**
benutzerspezifisch → anwenderspezifisch	TECH	→ **user-specific** *adj*
Benutzerstation *nf*	TER&PER	**user terminal**

= Bedienerstation *nf*; Bedienstation *nf*; Nutzerstation *nf* — = operating terminal; operator terminal
≈ Endgerät — ≈ terminal equipment

Benutzerteil *nm* SW **user part**
= Bedienerteil *nm*; Anwenderteil *nm*

Benutzerüberprüfung *nf* DAT.PR → **user verification**
→ Anwenderüberprüfung *nf*

Benutzerunterstützung *nf* COMP.AP → **user support**
→ Anwenderunterstützung *nf*

benutzerveranlasst TECH **user-initiated** *adj*
≈ benutzergesteuert — ≈ user-controlled

Benutzervereinigung *nf* INF.TEC **user association**
= Nutzerverband *nm*

Benutzerverwaltung *nf* DAT.PR **user administration**

Benutzervorteil *nm* TECH → **user benefit**
→ Anwendernutzen *nm*

benutzerzugänglicher Hauptspeicher DAT.PR → **conventional memory**
→ konventioneller Speicher

Benutzung *nf* TECH **use** *n*
= Verwendung *nf*; Gebrauch *nm*; Nutzung *nf* — = usage
≈ Anwendung; Ausnutzung — ≈ application; utilization

Benutzungsberechtigung *nf* DAT.PR **right of use**
= entitlement

Benutzungschnittstelle *nf* COMP.AP → **user interface**
→ Benutzeroberfläche *nf*

Benzin *nn* TECH **gasoline** *n* (AE)
= gas *n* (AE); petrol *n* (BE)

Benzingscheibe *nf* MEC.EN → **lock washer**
→ Sicherungsscheibe *nf*

Benzol *nn* CHEM **benzene** *n*
= benzol *n*

beobachtete Belegungen SWITCH **connections observed**

Beobachtung *nf* SCIE **observation** *n*

Beobachtungseinrichtung *nf* SWITCH → **malicious call tracing device**
→ Fangvorrichtung *nf*

Beobachtungsfehler *nm* STATIS **observation error**

Beobachtungsgröße *nf* PHYS → **measurand** *n*
→ Messgröße *nf*

Beobachtungsmaterial *nn* SCIE → **experimental data**
→ Versuchsdaten *nplt*

Beobachtungswinkel *nm* TER&PER **viewing angle**
[Bildschirm] — [of a sreen]

beordern ECON → **place an order** *vt*
→ beauftragen *vt*

bequem TECH → **comfortable** *adj*
→ komfortabel

Bequemlichkeit *nf* TECH → **comfort** *n*
→ Komfort *nm*

Berater *nm* ECON **consultant** *n*
= adviser *n*; advisor *n*; counselor *n*

Beraterfirma *nf* ECON **consulting company**
= Beratungunternehmen *nn* — = consulting firm

Beraterterminal *nn* TER&PER **consultant terminal**

Beratumsgremium *nn* ECON → **advisory council** *n*
→ Beirat *nm*

Beratung *nf* TECH **consultation** *n*
= advising *n*

Beratunggremium *nn* ECON → **advisory council**
→ Beratungsausschuss

Beratungsausschuss ECON **advisory council**
= Beratunggremium *nn* — = brain trust

Beratungsdienst *nm* ECON **consultation service**

Beratungunternehmen *nn* ECON → **consulting company**
→ Beraterfirma *nf*

berechenbar SCIE **calculable** *adj*
= kalkulierbar — = computable

Berechenbarkeit *nf* SCIE **calculability** *n*
= Kalkulierbarkeit *nf* — = computability *n*

berechnen DAT.PR **compute** *vt*
[vom lateinischen "com-putare" = "zusammen-schätzen → zusammenrechnen, überschlägig berechnen"] — [from Latin "com-putare = "estimate as whole" → calculate roughly"]
≈ rechnen [MATH]; verarbeiten; berechnen [COLL] — ≈ calculate [MATH]; process; reckon (2) [COLL]

berechnen MATH → **calculate** *vt*
→ rechnen

berechnetes Datenfeld COMP.AP **calculated data field**
[mit berechnetem Inhalt] — [contains calculated information]
= kalkuliertes Datenfeld; berechnetes Feld; kalkuliertes Feld — = calculated field

berechnetes Feld COMP.AP → **calculated data field**
→ berechnetes Datenfeld

Berechnung *nf* DAT.PR **computing** *n*
[mathematisch-logische Operation] — [mathematical with logical operations]
= computation *n*
≈ Rechnen [MATH]; Verarbeitung — ≈ calculation [MATH]; processing
↑ Datenverarbeitung [INF.TEC] — ↑ data processing [INF.TEC]

Berechnung *nf* MATH → **calculation** *n*
→ Rechnung *nf*

Berechnung *nf* DAT.PR → **processing** *n*
→ Verarbeitung *nf*

Berechnungsart *nf* MATH **mode of calculation**
= Rechnungart *nf* — = calculation method; calculus *n* (*pl* -li&-luses)

Berechnungsfehler *nm* MATH → **calculation error**
→ Rechenfehler *nm*

Berechnungsregel *nf* MATH → **calculation rule**
→ Rechenvorschrift *nf*

Berechnungsregel *nf* MATH → **calculation rule**
→ Rechenvorschrift *nf*

Berechnungsspezifikation *nf* MATH → **calculation rule**
→ Rechenvorschrift *nf*

Berechnungsvorschrift *nf* MATH → **calculation rule**
→ Rechenvorschrift *nf*

berechtigt TELEPH **authorized**
= classmarked; legitimate
↓ vollamtsberechtigt; halbamtsberechtigt; nichtamtsberechtigt — ↓ non-restricted; outward restricted; fully restricted

berechtigte Person TECH → **authorized person**
→ Befugter *nm*

berechtigterweise *adv* COLL **legitimately** *adv*
= füglich

berechtigter Zugang DAT.MA → **authorized access**
→ befugter Zugriff

berechtigter Zugriff DAT.MA → **authorized access**
→ befugter Zugriff

Berechtigung *nf* SWITCH **user service class**

Berechtigung *nf* ECON **entitlement** *n*
= Ermächtigung *nf*; Befugnis *nf*; Autorisation *nf* — = authorization *n*; clearance *n*; permission *n*; privilege *n*
≈ Genehmigung; Vollmacht — ≈ permission; power

Berechtigungnachweis *nm* ECON → **credential** *n*
→ Berechtigungsausweis *nm*

Berechtigungsausweis *nm* ECON **credential** *n*
= Berechtigungnachweis *nm*

Berechtigungscode *nm* DAT.MA → **keyword** *n* (1)
→ Passwort *nn*

Berechtigungskatalog *nm* DAT.MA **user credential file**

Berechtigungsklasse *nf* INF.TEC **allowance class**
= authorization class

Berechtigungsprüfung *nf* DAT.PR **user credential check**
= Autorisierungsprüfung *nf* — = authorization check; authority check; entitlement check

Berechtigungsschlüssel *nm* DAT.MA → **keyword** *n* (1)
→ Passwort *nn*

Berechtigungszeichen *nn* DAT.MA → **keyword** *n* (1)
→ Passwort *nn*

Berechtigungszentrum *nn* MOB.CO **authentication center**
= Authentifizierungzentrum *nn* — = AC

Bereich *nm* TECH **range** *n* (1)
= region *n*

Bereich *nm* DAT.PR **area** *n*
= domain *n*; region *n*; extent *n*; realm *n*
↓ Speicherbereich; Programmbereich — ↓ memory area; program area

Bereich *nm* MATH **range** *n*

Bereich *nm* ECON **division** *n*
[einer Organisation] — [of an organization]
= area *n*; group *n*
≈ Abteilung — ≈ department
↓ Unternehmensbereich — ↓ corporate division

Bereich *nm* RADIO → **frequency band**
→ Frequenzband *nn*

Bereich *nm* MATH → **validity range**
→ Gültigkeitsbereich *nm*

Bereich *nm* DAT.MA → **extent** *n*
→ reservierter Speicherbereich

Bereich löschen DAT.CO **erase in area**
[Code] — [code]
= EA — = EA

Bereichsadresse *nf* DAT.PR **regional address**

Bereichsangabe *nf* TECH **range specification**
= range indication

Bereichsantenne *nf* ANT **band antenna**

Bereichs-Converter *nm* TV → **television translater**
→ Bereichsumsetzer *nm*

Bereichsendwert *nm* INSTR → **end-scale value**
→ Skalenendwert *nm*

Bereichsendwert-Einstellung *nf* INSTR → **full scale setting**
→ Skalenendwert-Einstellung *nf*

Bereichserkenner *nm* INSTR **range recognizer**

Bereichsfüllung *nf* COMP.GR **region fill**

Bereichsgrafik *nf* STATIS **area chart**
= Bereichsgraphik *nf*; Flächendiagramm *nn*

Bereichsgraphik *nf* STATIS → **area chart**
→ Bereichsgrafik *nf*

Bereichsgrenze *nf* TECH **area limit**
↓ Bereichsobergrenze; Bereichsuntergrenze
= area boundary
↓ upper area limit; lower area limit

Bereichsinterpunkion *nf* DAT.MA **boundary punctuation**
[markiert Dateigrenze]
[marks file boundary]

Bereichskalibrator *nm* INSTR **range calibrator**

Bereichskennzahl *nf* SWITCH **national destination code**
= NDC

Bereichsobergrenze *nf* TECH **upper area limit**
= upper area boundary

Bereichsprüfung *nf* SW **limit check**

Bereichsregister *nn* DAT.PR **boundary register**

Bereichsschutz *nm* DAT.MA **boundary protection**

bereichsübergreifend SCIE → **interdisciplinary** *adj*
→ bereichsüberschreitend

bereichsübergreifend ECON → **inter-group** *adj*
→ bereichsüberschreitend

Bereichsüberprüfung *nf* DAT.MA **range check**
= Spannweitenprüfung *nf*

bereichsüberschreitend SCIE **interdisciplinary** *adj*
= bereichsübergreifend; interdisziplinär; überbereichlich

bereichsüberschreitend ECON **inter-group** *adj*
= bereichsübergreifend

bereichsüberschreitend DAT.PR **cross-domain** *adj*

Bereichsüberschreitung *nf* INSTR **overranging**

Bereichsüberschreitung *nf* COMP.SC → **overflow** *n*
→ Überlauf *nm*

Bereichsumschalter *nm* INSTR **range switch**

Bereichsumschalter *nm* RADIO **band selector**
= band switch

Bereichsumsetzer *nm* TV **television translater**
[für Kabelempfang]
= Bereichs-Converter *nm*
= TV translater; television converter; TV converter

Bereichsuntergrenze *nf* TECH **lower area limit**
= lower area boundary

Bereichsunterschreitung *nf* COMP.SC → **underflow** *n*
→ Unterlauf *nm*

Bereichsvariable *nf* SW → **local variable**
→ lokale Variable

Bereichsvereinbarung *nf* SW → **array declaration**
→ Matrixvereinbarung *nf*

Bereichsvorstand *nm* ECON **divisional board**
= group board

Bereichswahl *nf* INSTR **range setting**
= ranging *n*

bereinigen ECON **adjust**
[Zahlenreihen]
[figures]

bereit DAT.PR **ready** *adj*
= betriebsklar
= idle

bereithalten COLL **keep ready**
≈ bereitstellen
≈ provide

bereitmachen TER&PER **takedown** *vt*
[ein Peripheriegerät, durch Entfernen von den Vorgängerprozess betreffende Platten oder Papierstreifen]
[to prepare a peripheral by removing disks or paper related to the former process]

Bereitmachungszeit *nf* TER&PER **takedown time**

bereitmelden COMP.AP **prompt** *vt*
= auffordern; anfordern; veranlassen

Bereitmeldung *nf* COMP.AP **prompt** *n*
[Anzeige dass Rechner für nächste Eingabe bereit ist; in DOS normalerweise C>]
= Bereitschaftsanzeige *nf*; Aufforderung *nf*; Auffordern *nn*; Anforderung *nf*; Anfordern *nn*; Prompt *nn* (ANGL); Bereitschaftszustand *nm*; Befehlszeile *nf*
↓ Aufforderungszeichen; Aufforderungstext; Eingabeaufforderung; Kommando-Aufforderungszeichen; DOS-Bereitmeldung; Punkt-Bereitmeldung; anwenderspezifische Bereitmeldung
[indication that computer is ready to accept entries; in DOS generally C>]
= prompting *n*; cue *n*
↓ prompt character; language promt; command prompt; DOS prompt; dot prompt; custom prompt

Bereitschaft *nf* COLL **readiness** *n*
= preparedness *n*

Bereitschaftsanzeige *nf* COMP.AP → **prompt** *n*
→ Bereitmeldung *nf*

Bereitschaftsanzeige *nf* CONS.EL **stand-by indicator**

Bereitschafts-Computer *nm* DAT.PR → **standby computer**
→ Bereitschaftsrechner *nm*

Bereitschaftsdienst *nm* TECH **on-call service**
= Journaldienst *nm* (AT)
≈ Notdienst
= stand-by service
≈ emergency service

Bereitschaftskosten *nplt* ECON **stand-by costs**

Bereitschaftskriterium *nn* SWITCH **ready criterion**

Bereitschaftsmaßnahme *nf* DAT.PR **fall back** *n*
= Rückfallmaßnahme *nf*
[instruction or procedure in fault situation]

Bereitschaftsmeldung *nf* HW **ready message**
[Mikroprozessor]
[microprocessor]
= sign-on message; signing-on; sign-on *n*

Bereitschaftsrechner *nm* DAT.PR **standby computer**
= Ersatzrechner *nm*; Reserverechner *nm*; Bereitschafts-Computer *nm*; Ersatz-Computer *nm*; Reserve-Computer *nm*
= emergency computer; back-up computer

Bereitschaftsredundanz *nf* QUAL **standby redundancy**

Bereitschaftsroutine *nf* SW **fall back routine**

Bereitschaftssignal *nn* HW **ready signal**
= Bereitsignal *nn*

Bereitschaftssystem *nn* DAT.PR **stand-by system**
[für den Notfall bereistehende Ersatzprogramme und -daten]
= Ersatzsystem *nn*; Stand-by-System *nn*; Verbundanlage *nf*
≈ Bereitschaftsmaßnahme
[reserve programs and data for emergency]
= fall-back system
≈ fall-back

Bereitschaftstaste *nf* CONS.EL **stand-by button**

Bereitschaftswartung *nf* TECH **on-call maintanance**

Bereitschaftszeichen *nn* COMP.AP → **promt character**
→ Anforderungszeichen *nn*

Bereitschaftszeit *nf* TECH **stand-by time**

Bereitschaftszustand *nm* COMP.AP → **prompt** *n*
→ Bereitmeldung *nf*

Bereitschaftszustand *nm* DAT.PR **idle state**

Bereitsignal *nn* HW → **ready signal**
→ Bereitschaftssignal *nn*

bereitstellen TECH **provide** *vt*
≈ bereithalten
≈ keep ready

Bereitstellung *nf* TECH **provisioning** *n*
≈ Bereithaltung

Bereitstellungsgebühr *nf* TELEC → **entrance fee**
→ Einrichtungsgebühr *nf*

Bereitstellungstermin *nm* ECON → **implementation date**
→ Fertigstellungstermin *nm*

Bereitzustand *nm* DAT.CO **ready condition**
= ready state

Berg *nm* GEOSC **mountain** *n*
= hump *n*

Bergbau *nm* ECON **mining** *n*

bergblau *adj* OPT **mountain blue** *adj*

Bericht *nm* LING **report** *n*
= Niederschrift *nf*; Aufzeichnung *nf*
= record *n*; account *n*

Bericht *nm* MEDIA **report** *n*

Berichterstattung *nf* MEDIA → **report** *n*
→ Reportage *nf*

berichtigen COLL **correct** *vt*
= richtigstellen; korrigieren
≈ verbessern; ergänzen; abändern
↑ ändern
= put right
≈ improve; complement; amend
↑ change

Berichtigung *nf* COLL **correction** *n*
= Korrektur *nf*; Richtigstellung *nf*
≈ Verbesserung; Ergänzung; Abänderung
= correctionn ; rectification *n*
≈ improvement; complementation; amendment

Berichtigungsbuchung *nf* ECON **adjusting entry**

Berichtsformatierer *nm* DAT.PR **report formatter**

Berichtsgenerator *nm* SW **report generator**

Berichtsjahr *nn* ECON **year under review**

Berichtswährung *nf* ECON **reporting currency**

Berichtswesen *nn* ECON **reporting** *n*
= Berichtwesen *nn*

Berichtszeitraum *nm* ECON **reporting period**
= Meldezeitraum *nm*

Berichtwesen *nn* → Berichtswesen *nn*	ECON	→ **reporting** *n*
Berichtzeitraum *nm*	ECON	**report period**
Berippung *nf*	MEC.EN	**finning** *n*
Berkelium *nn* = Bk	CHEM	**berkelium** *n* = Bk
Bernoulli-Box *nf* [Massenspeicher für PC's mit wechselbarem Datenträger]	TER&PER	**Bernoulli box** [mass storage with exchangable and transportable data carrier for PC] = Bernoulli disk drive
Bernoulli-Experiment *nn*	STATIS	**Bernoulli trial**
Bernoulli-Verteilung *nf* → Binomialverteilung *nf*	STATIS	→ **binomial distribution**
Bernstein *nm*	CHEM	**amber** *n*
bernsteinfarben	OPT	**amber** *adj* [color]
Bernstein-Monitor *nm*	TER&PER	**amber monitor**
bersten	TECH	**burst**
berücksichtigen → betrachten (2)	COLL	→ **consider** *vt*
Beruf *nm* ≈ Beschäftigung	ECON	**vocational school** = calling *n*; vocation *n* ≈ occupation
berufliche Ausbildung → Berufsausbildung *nf*	EDUC	→ **professional education**
beruflicher Werdegang → Lebenslauf *nm*	ECON	→ **resumé** *n*
Berufsanfänger *nm*	ECON	**beginner** *n* = inceptor *n*
Berufsausbildung *nf* = berufliche Ausbildung	EDUC	**professional education** = vocational training
Berufsbild *nf*	EDUC	**professional profile**
Berufserfahrung *nf*	ECON	**professional experience** = proven track record
Berufsfachschule *nf*	EDUC	**vocational school**
Berufsgeheimnis *nn*	ECON	**professional secret**
Berufstand *nm*	ECON	**profession** *n* (2) = trade *n* (2)
berufstätig ≈ beschäftigt	ECON	**working** ≈ occupied
berufstätiger Ingenieur	ECON	**working engineer**
Beruhigungsdrossel *nf*	CIRC.EN	**antihunt transformer**
Beruhigungskreis *nm* = Beruhigungsschaltung *nf*	CIRC.EN	**antihunting circuit**
Beruhigungsschaltung *nf* → Beruhigungskreis *nm*	CIRC.EN	→ **antihunting circuit**
Beruhigungszeit *nf*	INSTR	**response time**
Beruhigungszeit *nf* ↑ Zugriffszeit	TER&PER	**settle time** [time the head takes to stabilize] ↑ access time
berührbar = anrührbar ≈ anfassbar	COLL	**tangible** *adj* (1) = touchable; palpable (1)
Berührbarkeit *nf* = Anrührbarkeit *nf*	COLL	**tangibility** *n* (1) = tangibleness *n* (1); touchability *n*
Berührung *nf* → Kontakt *nm*	PHYS	→ **contact** *n*
berührungfrei → berührungslos	PHYS	→ **contactless** *adj*
Berührungfühler *nm* → Berührungssensor *nm*	COMPO	→ **contact sensor**
berührungloser Drucker → anschlagfreier Drucker	TER&PER	→ **non-impact printer**
Berührungs- → durch Berührung fühlbar	COLL	→ **tactile** *adj*
Berührungsbildschirm *nm* = berührungsensitiver Bildschirm; drucksensitiver Bildschirm; Kontaktbildschirm *nm*; Tastbildschirm *nm*; Sensorbildschirm *nm*; Sensorfeld *nn* ≈ Berührungstablett	TER&PER	**touch screen** = touch-sensitive screen; touch-sensitive CRT; touch-sensitive display; touch panel (2); active screen ≈ touch screen
Berührungseingabe *nf*	TER&PER	**touch-screen input**
Berührungseingabe *nf* = Sensoreingabe *nf*	TER&PER	**touch-sensitive input** = touch input
Berührungselektrizität *nf* = Kontaktelektrizität *nf*	EL.TEC	**contact electricity** = voltaic electricity
berührungsempfindlich = kontaktempfindlich ≈ druckempfindlich	TECH	**touch-sensitive** ≈ pressure-sensitive
berührungsensitiver Bildschirm → Berührungsbildschirm *nm*	TER&PER	→ **touch screen**
Berührungsfeld *nn* → Touchpad *nn*	TER&PER	→ **touch pad** (1)
berührungslos = kontaktlos; berührungfrei; Kontaktfrei	PHYS	**contactless** *adj* = noncontact *adj*; contact-free *adj*; touchfree *adj*
Berührungspotential *nn* = Kontaktpotential *nn* ≈ Berührungsspannung	EL.TEC	**contact potential**
Berührungspunkt *nm*	TECH	**contact point** = adherent point
Berührungsschalter *nm* = Sensorschalter *nm*	COMPO	**sensor switch**
Berührungsschutz *nm*	EQP.EN	**touch-guard**
Berührungssensor *nm* = Berührungfühler *nm*; Kontaktsensor *nm*; Kontaktfühler *nm*	COMPO	**contact sensor** = touch sensor; touch detector; tactile sensor
berührungssicher ≈ isoliert [PHYS]	TECH	**touchproof** *adj* ≈ isolated [PHYS]
Berührungsspannung *nf* = Kontaktspannung *nf* ≈ Berührungspotential; Fehlerspannung	EL.TEC	**contact voltage**
Berührungstablett *nn* = Sensorfeld *nn* ≈ Berührungsbildschirm	TER&PER	**touch-sensitive tablet** = touch-sensitive panel; touch pad (2) ≈ touch screen (2)
Berührungstastatur *nf* = Sensortastatur *nf*; Tipptastatur *nf* ≈ Folientastatur	TER&PER	**touch-sensitive keyboard** = touch keyboard; sensor keyboard; sensory keyboard; tactile keyboard ≈ membrane keyboard
Berührungstaste *nf* = Sensortaste *nf*; Tipptaste *nf*	COMPO	**touch key** = touching key; sensor key; sensory key; soft pad
Beryllium *nn* = Be	CHEM	**beryllium** *n* = Be
beschädigen *vt* ≈ beeinträchtigen	TECH	**damage** *vt* = injure *vt*; spoil *vt*; impair *vt* (2) ≈ impair (1)
beschädigt = schadhaft ≈ beintächtigt; fehlerfaft	TECH	**damaged** *adj* = impaired *adj* (2); bad *adj* ≈ impaired (1); defective
Beschädigung *nf* → Schaden *nm* (*pl* Schäden)	TECH	→ **damage** *n*
Beschädigungsschwelle *nf*	TECH	**damage level**
beschaffen *vt* = besorgen	COLL	**procure** *vt* = provide *vt*; make available
Beschaffung *nf* = Bezug *nm*; Anschaffung *nf*	ECON	**procurement** *n* = acquisition *n*; purchase *n*; buying *n*; obtainment *n*
Beschaffungsmanagement *nn*	ECON	**supply management**
Beschaffungsplan *nm* = Einkaufsplan *nm*	ECON	**procurement plan**
Beschäftigung *nf* → Tätigkeit *nf*	ECON	→ **activity** *n*
beschalten → verbinden	TELEC	→ **connect** *vt*
beschalten *vt* ≈ verkabeln; verdrahten	EQP.EN	**wire** *vt* (2) [to put a device into operation by wiring it] = cable *vt* (2) ≈ cable (1); wire (1)
beschaltet	SWITCH	**connected** = allocated
beschaltete Faser ≠ unbeschaltete Faser	TELEC	**lit fiber** ≠ dark fiber
Beschaltung *nf* = Anschaltung *nf*	SWITCH	**allocation** *n* = connection *n* (2) (AE); connexion *n* (2) (BE); configuration *n*
Beschaltungplan *nm* → Belegungsplan *nm*	EQP.EN	→ **allocation scheme**
Beschaltungsdauer *nf*	SWITCH	**connecting time**
Beschaltungselnheit *nf* = Leitungeinheit *nf*	SWITCH	**connection unit** = line unit; LU
Beschaltungsliste *nf*	SWITCH	**allocation list** = assignment list
Beschaltungsplan *nm*	MICR.EL	**wiring plan**
Beschaltungsverwaltung *nf* = Netzausführungsverwaltung *nf*; Zuteilungsverwaltung *nf*	TELEC	**configuration management**
Bescheidaussage *nf*	TELEPH	**service-related announcement**
bescheinigen = beurkunden; zertifizieren	ECON	**certify** *vt*

Bescheinigung *nf*(1) LAW → **authentication** *n*
→ Beglaubigung *nf*

Bescheinigung *nf*(2) LAW **certificate** *n*
[Dokument]
= Zertifikat *nn*

beschichten TECH **coat** *vt*
= überziehen; laminieren ≈ laminate
≈ schichten ↓ clad
↓ kaschieren

beschichtet TECH **coated** *adj*
= überzogen ↓ cladded
↓ kaschiert

Beschichtung *nf* TECH **coating** *n*
= Überzug *nm*; Belag *nm* ≈ layer; coat
≈ Schicht; Mantel ↓ cladding
↓ Kaschierung

beschleunigen MECH **accelerate** *vt*

beschleunigen COLL **accelerate** *vt*
= quicken; expedite

Beschleuniger *nm* PHYS **accelerator** *n*

Beschleuniger *nm* CHEM **accelerator** *n*

Beschleunigerkarte *nf* HW **speed board**
= Beschleunigungkarte *nf* = speed card; tuning board; tuning card; accelerator board; accelerator card
↑ Erweiterungskarte ↑ expansion board

beschleunigte Alterung QUAL **accelerated ageing**
= accelerated aging

Beschleunigung *nf* MECH **acceleration** *n*
[Geschwindigkeitszuwachs in der Zeiteinheit] [increment of velocity in the unit of time]

Beschleunigung *nf* HW **tuning** *n*
[mittels Zusatzkarte] [increase of processing speed by an add-on board]
= acceleration

Beschleunigungfühler *nm* COMPO → **acceleration sensor**
→ Beschleunigungssensor *nm*

Beschleunigungkarte *nf* HW → **speed board**
→ Beschleunigerkarte *nf*

Beschleunigungsalgorithmus *nm* MATH **acceleration algorithm**
= accelerating algorithm

Beschleunigungsdauer *nf* PHYS **duration of acceleration**

Beschleunigungselektrode *nf* EL.TRO **acceleration electrode**

Beschleunigungsfeld *nn* EL.TRO **acceleration field**
= accelerating field

beschleunigungsfest TECH **acceleration resistant**

Beschleunigungsgitter *nn* EL.TRO **accelerating grid**

Beschleunigungskraft *nf* MECH **accelerating force**

Beschleunigungslinse *nf* EL.TRO **acceleration lens**
= Immersionslinse *nf* = accelerating lens; immersion lens

Beschleunigungslinse *nf* ANT **accelerating lens**

Beschleunigungsmesser *nm* INSTR **accelerometer**

Beschleunigungsraum *nm* EL.TRO **acceleration room**

Beschleunigungssensor *nm* COMPO **acceleration sensor**
= Beschleunigungfühler *nm*

Beschleunigungsspannung *nf* EL.TRO **accelerating voltage**

Beschleunigungsweg *nm* MECH **acceleration distance**

Beschlussfähigkeit *nf* ECON **quorum** *n*

beschneiden TER&PER → **cut-off** *vt*
→ abschneiden

beschneiden COMP.GR → **clip** *vt*
→ abschneiden

Beschneiden COMP.GR → **clipping** *n*
→ Abschneiden *nf*

beschneiden COLL **clip** *vt*
= cut *vt*; scissor *vt*

beschneiden COMP.GR **crop** *vt*
= freistellen

beschneiden ECON → **cut** *vt*
→ kürzen

Beschneiden *nn* METAL **trimming** *n*

Beschneiden *nn* MATH **pruning** *n*
[Graphentheorie; Entfernen von Zweigen] [theory of graphs; removing of branches]
= Einschränken *nn*

Beschneiden *nn* COMP.GR → **cropping** *n*
→ Beschneidung *nf*

Beschneidung *nf* WOR.PR **scissoring** *n*

Beschneidung *nf* COMP.GR **cropping** *n*
[von Grafiken] [trimming of graphics]
= Beschneiden *nn*

Beschnitt *nm* PRIN.ME **trimming** *n*

beschnittenes Format PRIN.ME **trimmed size format**

Beschnittmarke *nf* PRIN.ME **crop mark**

beschränkend TECH **restrictive** *adj*
= einschränkend; restriktiv = limiting
≈ beinträchtigend ≈ impairing

beschränkt TECH → **restricted**
→ eingeschränkt

beschränkter Zugang DAT.MA → **restricted access**
→ beschränkter Zugriff

beschränkter Zugriff DAT.MA **restricted access**
= beschränkter Zugang

Beschränkung *nf* COMP.SC **bound** *n*
= limitation *n*

Beschränkung *nf* TECH **restriction** *n*
= Einschränkung *nf*; Drosselung *nf* (fig) = restraint *n*
≈ Begrenzung; Beeinträchtigung ≈ limitation; impairment

beschreibbar DAT.PR **writeable** *adj*

beschreibbar SCIE **desscribable**

Beschreibbarkeit *nf* SCIE **describability** *n*

beschreibend SCIE **descriptive** *adj*
= deskriptiv

beschreibend COMP.LG → **declarative** *adj*
→ deklarativ

Beschreiber *nm* (1) DAT.MA → **descriptor** *n* (1)
→ Schlüsselbegriff *nm*

Beschreiber *nm* (2) DAT.MA → **descriptor** *n* (2)
→ Bezeichnung *nf*

Beschreibung *nf* LING **description** *n*

Beschreibungsfunktion *nf* CONTRO **describing function**

Beschreibungsliste *nf* DAT.MA **description list**

Beschreibungssprache *nf* COMP.LG **description language**
= Spezifikationssprache *nf* = specification language
↓ Datenbeschreibungssprache ↓ data description language

beschriftet TECH **lettered** *adj*
↑ gekennzeichnet = designated
↑ labelled

Beschriftung *nf* TECH **lettering** *n*
= Auszeichnung *nf*; Kennzeichnung *nf*; Etikettierung *nf* = labeling *n* (AE); labelling *n* (BE); marking *n*; inscription *n*; designation *n*

Beschriftungsfeld *nn* EQP.EN **lettering space**
= Auszeichnungfeld *nn* = designation space; marking space; labeling space

Beschriftungsgerät *nn* OFFICE **lettering equipment**

Beschriftungskarte *nf* TER&PER **inlay card**

Beschriftungsplan *nm* TEC.DOC **lettering plan**
= Beschriftungunterlage *nf*; Auszeichnungplan *nm*; Auszeichnungunterlage *nf* = labeling plan; labeling document; designation plan; marking plan

Beschriftungsschild *nn* TECH → **label** *n*
→ Kennzeichnungsschild *nn*

Beschriftungsstreifen *nm* TECH **designation strip**
= Bezeichnungstreifen *nm*; Auszeichnungstreifen *nm* = marking strip; lettering strip; labeling strip

Beschriftungssystem *nn* SIG.EN → **marking system**
→ Auszeichnungssystem *nn*

Beschriftungszeile *nf* DAT.CO **active line**

Beschriftungunterlage *nf* TEC.DOC → **lettering plan**
→ Beschriftungsplan *nm*

Beschwerde *nf* ECON → **claim** *n* (2)
→ Beanstandung *nf*

Beschwerdenbearbeitung *nf* ECON **complaint handling**

Beschwichtigung *nf* COLL **appeasement** *n*

besehen COLL → **view** *vt*
→ betrachten (1)

beseitigen COLL **eliminate**
= eliminieren

Beseitigung *nf*(1) COLL → **removal** *n*
→ Wegnahme *nf*

Beseitigung *nf*(2) COLL **elimination** *n*
= Eliminierung *nf*

Besen *nm* TV → **broom** *n*
→ Auflösungskeil *nm*

besetzen COLL **occupy** *vt*
= belegen (1)

besetzt SWITCH → **busy** *adj*
→ belegt

besetzt TELEC → **staffed** *adj*
→ bemannt

Besetztanzeigenterminal *nn* TELEPH **call status indicator**

besetzte Leitung TELEC **busy line**

besetzthalten SWITCH **hold** *vt*

Besetztkontrolle *nf* SWITCH **busy verification**

Besetztlampe *nf* | TER&PER | **busy lamp** = engaged lamp

Besetztton *nm* [gewählter Anschluss oder Leitung besetzt; schneller Takt mit 425 Hz] = Besetztzeichen *nn*; Belegtton *nm*; Belegtzeichen *nn* ≠ Freiton ↑ Hörton | TELEPH | **busy tone** [indicating called line is busy] = engaged tone (BE); line busy tone (AE); busy signal ≠ idle tone ↑ audible signal

Besetztzeichen *nn* → Besetztton *nm* | TELEPH | → **busy tone**

Besetztzeichen *nn* | SWITCH | **busy flash signal** = busy flash

Besetztzeit *nf* → Funktionszeit *nf* | TECH | → **action time**

Besetztzustand *nm* = Belegtzustand *nm* ≠ Ruhezustand | SWITCH | **busy state** = busy condition; occupation state ≠ idle state

Besetzung *nf* → Rollenbesetzung *nf* | IMAG.ME | → **cast** *n*

Besetzungsdichte *nf* | MICR.EL | **density** *n*

Besetzungsumkehr *nf* [Laser] | PHYS | **inversion of distribution** [laser]

Besetzungswahrscheinlichkeit *nf* | PHYS | **occupation probability**

Besichtigung *nf* → Begehung *nf* | SYS.INS | → **survey** *n*

Besichtigung *nf* ≈ Inspektion | COLL | **view** *n* (2) = survey *n* ≈ inspection

Besitz *nm* [tatsächliche Herrschaft] ≈ Eigentum | LAW | **possession** *n* [effective control] = occupancy *n* ≈ ownership

Besitz *nm* → Eigentum *nn* | COLL | → **ownership** *n*

besitzanzeigendes Fürwort → Possesivpronomen *nn* | LING | → **possesive pronoun**

Besitzer *nm* ≈ Eigentümer | LAW | **possessor** *n* ≈ owner

Besitzer *nm* → Eigentümer *nm* | ECON | → **owner** *n*

Besitzer *nm* → Eigentümer *nm* | LAW | → **owner** *n*

besondere Empfehlung | MEDIA | **special recommendation**

besondere Erwähnung | MEDIA | **special mention**

besonderer Dank | MEDIA | **special thanks**

besonders = spezial; speziell; Sonder-; Spezial- ≈ eigentümlich | COLL | **special** *adj* ≈ peculiar

besonders dünn ≈ zart ↑ Schriftschnitt | PRIN.ME | **hairline** *adj* [especially thin typeface] ≈ light ↑ type design

besorgen → beschaffen *vt* | COLL | → **procure** *vt*

bespieltes Band | TER&PER | **prerecorded tape**

bespinnen → wickeln *vt* | TECH | → **wrap** *vt*

Bespinnung *nf* → Wickel *nm* | TECH | → **wrapping** *n* (1)

Besprechung *nf* = Konferenz *nf*; Diskussion *nf*; Rundgespräch *nn*; Sammelgespräch *nn* ≈ Versammlung | ECON | **conference** *n* = meeting *n* (2); discussion *n* ≈ assembly

Besprechung *nf* → Kritik *nf* | MEDIA | → **critics** *nplt*

Besprechung *nf* → Rezension *nf* | PRIN.ME | → **review** *n*

Besprechungsprotokoll *nn* = Sitzungprotokoll *nn* ≈ Verhandlungsprotokoll | ECON | **minutes of meeting**

Besprechungsteilnehmer *nm* ↑ Teilnehmer | ECON | **attendee** *n* (2) = of a meeting ↑ attendee (1)

bespulen = pupinisieren | COM.CAB | **pupinize** = coil-load; load

bespult = pupinisiert ≠ unbespult | COM.CAB | **coil-loaded** = loaded ≠ unloaded

bespulte Leitung → Pupinleitung *nf* | OUT.PL | → **loaded line**

bespulte NF-Leitung | OUT.PL | **loaded VF circuit** = loaded VF link

bespultes Kabel = pupinisiertes Kabel | OUT.PL | **loaded cable** = pupinized cable

Bespulung *nf* = Pupinisierung *nf*; punktförmige Bespulung | COM.CAB | **coil-loading** = Pupin-coil loading; inductive loading; lumped loading

Bespulungsplan *nm* = Pupinisierungplan *nm* | OUT.PL | **loading scheme** = loading guide

Besselfilter *nn* | NETW.TH | **Bessel filter**

Besselfunktion *nf* | MATH | **Bessel function**

Bessel-Polynom | MATH | **Bessel polynomial**

bessern → verbessern | TECH | → **improve** *vt*

Besserung *nf* → Verbesserung *nf* | TECH | → **improvement** *n*

Bestand *nm* | QUAL | **survivals** *nplt*

Bestand *nm* | ECON | **position** *n*

Bestand *nm* → Vorrat *nm* | ECON | → **stock** *n*

Bestandesaufnahme *nf* (CH) → Bestandsaufnahme *nf* | TECH | → **fact finding**

Beständigkeit *nf* → Dauerhaftigkeit *nf* | TECH | → **durability** *n*

Beständigkeit *nf* → Konstanz *nf* | COLL | → **constancy** *n*

Bestandsaufnahme *nf* [fig] = Bestandesaufnahme *nf* (CH) | TECH | **fact finding**

Bestandsaufnahme *nf* → Bestandsdatei *nf* (2) | DAT.MA | → **inventory file**

Bestandsaufnahme *nf* → Inventur *nf* | ECON | → **inventory** *n* (AE)

Bestandsband *nn* | DAT.MA | **inventory tape**

Bestandsdatei *nf* (1) → Stammdatei *nf* | DAT.MA | → **master file**

Bestandsdatei *nf* (2) = Bestandsaufnahme *nf* | DAT.MA | **inventory file** = inventory data file

Bestandsdaten *nplt* [Daten über augenblicklichen Bestand] ≈ Stammdaten | DAT.MA | **inventory data** [data on actual inventory] ≈ master data

Bestandsfortschreibung *nf* | ECON | **inventory updating** = inventory tracking

Bestandskontrollkarte *nf* | ECON | **bin card**

Bestandsmanagement *nn* → Bestandsverwaltung *nf* | ECON | → **accounting management**

Bestandsreichweite *nf* | ECON | **inventory coverage**

Bestandsverwaltung *nf* = Bestandsmanagement *nn*; Abrechnungmanagement *nn* | ECON | **accounting management** [of inventories and billing] = inventory management; inventory record keeping

Bestandteil *nm* ≈ Einzelteil; Teil | TECH | **constituent** *n* = part *n* ≈ component part; part

bestätigen | COLL | **confirm**

bestätigen = quittieren | TELEC | **acknowledge** = confirm

bestätigen → freigeben | DAT.PR | → **strobe** *vt*

bestätigter Termin | ECON | **confirmed date**

Bestätigung *nf* | ECON | **acknowledgment** *n* (AE) = acknowledgement *n* (BE); confirmation *n*

Bestätigung *nf* → Quittierung *nf* | TELEC | → **acknowledgment** *n* (AE)

Bestätigungsmeldung *nf* | COMP.AP | **confirmation message** = execution message

Bestätigungsprotokoll *nn* | DAT.CO | **call confirmation protocol**

Bestätigungston *nm* | DAT.CO | **backward tone**

Bestätigungszeichen *nn* → Quittungszeichen *nn* | TELEC | → **acknowledgment signal** (AE)

beste Anpassung | MATH | **best fit** *n* = nearest match

Beste Grüße von Ihrem → Mit freundlichen Grüßen Ihr | OFFICE | → **Very sincerely yours** (AE)

bestehen auf → basieren | SCIE | → **base on** *vi*

bestehen auf | COLL | **insist** *vi* = stand on

bestehend aus [Lieferpapiere] | ECON | **composed of** [delivery note]

Bestellangaben *nplt*	ECON	**ordering information**
= Bestellinformation *nf*		
Bestellanweisung *nf*	ECON	**ordering guide**
Bestelldaten *nplt*	ECON	**ordering data**
Bestelleingang *nm*	ECON	→ **new orders**
→ Auftragseingang *nm*		
bestellen	ECON	**order** *vt*
= ordern		≈ place an order (with)
≈ beauftragen		
Bestellerkredit *nm*	ECON	**buyer's credit**
Bestellformular *nn*	ECON	**ordering form**
= Auftragsformular *nn*		= order form
Bestellinformation *nf*	ECON	→ **ordering information**
→ Bestellangaben *nplt*		
Bestellliste *nf*	ECON	**ordering list**
Bestellung *nf*	ECON	**purchase order**
= Auftrag *nm*		= order *n*
Bestellunterlagen *nplt*	ECON	**order documentation**
Bestellzettel *nm*	ECON	**order form**
= BZ		
bester Fall	SCIE	**best case**
= günstigster Fall		= best-case condition; most favourable case
besternen *vt*	LING	**asterisk** *vt*
= mit Asterisk versehen		
bestimmen	COLL	**determine**
bestimmen	LAW	**designate**
= ernennen		
bestimmender Kennbegriff	DAT.MA	**candidate key**
↓ primärer Kennbegriff; alternativer Kennbegriff		↓ primary key; alternate key
bestimmt	COLL	**definite** *adj*
= klar umrissen; fest umrissen		= determinate; neatly defined
bestimmtes Integral	MATH	**definite integral**
[Integration über einen Abschnitt einer Geraden]		[integration over a segment of a straight line]
≈ Kurvenintegral		≈ line integral
Bestimmung *nf*	COLL	**determination** *n*
= Festlegung *nf*		
Bestimmung *nf*	LAW	**regulation** *n*
= Regelung *nf*		= settlement *n* (1)
≈ Verordnung; Regel; Vorschrift		≈ ordinance; rule; prescription
↓ Ausführungsbestimmungen; Vollzugsordnung		↓ executive regulation
Bestimmungsadresse *nf*	DAT.CO	→ **destination address**
→ Zieladresse *nf*		
Bestimmungsamt *nn*	SWITCH	→ **terminating exchange**
→ Zielvermittlung *nf*		
Bestimmungsflughafen	AERON	**airport of destination**
Bestimmungsgleichung *nf*	MATH	→ **defining equation**
→ Definitionsgleichung *nf*		
Bestimmungskennzahl *nf*	DAT.CO	**destination code**
≈ Zieladresse		
Bestimmungsland *nn*	ECON	**country of destination**
Bestimmungsmethode *nf*	PHYS	**method of determination**
Bestimmungsnetz *nn*	TELEC	→ **destination network**
→ Zielnetz *nn*		
Bestimmungsort *nm*	ECON	**place of destination**
= Zielort *nm*		= point of destination; destination
Bestimmungsstelle *nf*	TELEC	**station of destination**
Bestimmungsvermittlung *nf*	SWITCH	→ **terminating exchange**
→ Zielvermittlung *nf*		
Bestimmungsvermittlungsstelle *nf*	SWITCH	→ **terminating exchange**
→ Zielvermittlung *nf*		
Bestimmungswort *nn*	LING	**attributive word**
≠ Grundwort		≠ primary word
bestmöglich	TECH	→ **optimal** *adj*
→ optimal		
Bestrahlung *nf*	PHYS	**radiant exposure**
Bestrahlungsstärke *nf*	PHYS	**irradiance** *n*
Bestückautomat *nm*	MANUF	→ **automatic placement system**
→ Bestückungsautomat *nm*		
bestücken	MANUF	**equip**
		= assemble *vt*; populate *vt*; insert *vt*; place *vt*
bestückt	EQP.EN	**equipped** *adj*
bestückte Leiterplatte	EL.TRO	**assembled PCB**
		= assembled board; equipped PCB; populated board
Bestückung *nf*	MANUF	**placement** *n*
		= insertion *n*
Bestückung *nf*	EQP.EN	→ **equipping** *n*
→ Gerätebestückung *nf*		
Bestückungsanweisung *nf*	TEC.DOC	**equipping guide**
Bestückungsautomat *nm*	MANUF	**automatic placement system**
= Bestückautomat *nm*		= automatic placement machine; placement robot; automatic insertion machine; insertion robot
Bestückungsbeispiel *nn*	TECH	**typical equipment configuration**
Bestückungsseite *nf*	EL.TRO	→ **component side**
→ Bauelementeseite *nf*		
Bestückungsplan *nm*	TEC.DOC	**face plan**
		= layout *n*
Bestückungsplatz *nm*	MANUF	**insertion desk**
		= insertion bench
Bestückungsroboter *nm*	AUTOMA	**pick-and-place robot**
Bestückungsvariante *nf*	EQP.EN	**equipment configuration option**
= Belegungvariante *nf*		= equipment variant
Bestzeitcode *nm*	SW	**minimum delay code**
= Minimalzeitcode *nm*		= minimum access code; optimum code
Bestzeitprogrammierung *nf*	SW	**minimum access programming**
= Minimalzeitprogrammierung *nf*		= minimum delay programming; minimal latency programming; minimum access coding; minimum delay coding; minimal latency coding
Besuch *nm*	INTERNET	**visit** *n*
[aufeinanderfolgende Zugriffe auf einen Server]		[sequential hits on a server]
Besuch *nm*	INTERNET	→ **Web site visit**
→ Web-Site-Besuch *nm*		
besuchen	INTERNET	**visit** *vt*
Besucher *nm*	INTERNET	**visitor** *n*
Besucherdatei *nf*	MOB.CO	→ **visitor location register**
→ Besucherregister *nn*		
Besucherregister *nn*	MOB.CO	**visitor location register**
= Besucherdatei *nf*; VLR		= VLR
≠ Heimatregister		≠ home location register
Besuchsdauer *nf*	INTERNET	**session length**
Beta-Anpassung *nf*	ANT	**beta match**
↓ L-Anpassung; C-Anpassung		
Beta-Grenzfrequenz *nf*	MICR.EL	**ß cutoff**
↓ Transitfrequenz		= beta cutoff
		↓ gain-bandwidth product
Beta-Kunde *nm*	SW	**beta customer**
= Pilotkunde *nm*		
Betastrahl *nm*	PHYS	**beta ray**
Betastrahler *nm*	PHYS	**beta ray emitter**
		= beta emitter
Betastrahlung *nf*	PHYS	**beta ray emission**
Betateilchen *nn*	PHYS	**beta particle**
≈ Elektron		≈ electron
Beta-Test *nm*	SW	**beta test**
betätigen	TECH	**actuate** *vt*
≈ bedienen		≈ operate (1)
Betätigung *nf*	TECH	**actuation** *n*
≈ Bedienung		≈ operation
Betätigungelement *nn*	EL.TRO	→ **control** *n*
→ Bedienelement *nn*		
Betätigungskraft *nf*	TECH	**actuation force**
		= actuating force
Betatron *nn*	PHYS	**betatron** *n*
Betauung *nf*	PHYS	**dewfall** *n*
Beta-Version *nf*	SW	**beta version**
[vorläufige Ausgabe mit vollem Funktionsumfang, die von begrenztem Anwenderkreis erprobt wird]		[a preliminary version with full functionality, given to a limited number of users for field trial]
Beta-Verstärkung *nf*	MICR.EL	**beta gain**
Betaverteilung *nf*	STATIS	**beta distribution**
Betaware *nf*	SW	**betaware** *n*
Betazerfall *nm*	PHYS	**beta decay**
Beteiligter *nm*	ECON	**involved person**
[an einem Vorgang]		
Beteiligungsgesellschaft *nf*	ECON	**associated company**
[mit bis zu 50 %]		[with up to 50 % share]
= assoziiertes Unternehmen		
Beteiligungsgesellschaft *nf*	ECON	→ **holding company**
→ Holdinggesellschaft *nf*		
Beton *nm*	CIV.EN	**concrete** *n*
≈ Zement		≈ cement
betonen	COLL	**emphasize** *vt*
[fig]		[fig]

= hervorheben; unterstreichen; akzentuieren [SCIE]		= underline *vt*; stress *vt*; accentuate *vt*
betonen → hervorheben	LING	→ **emphasize** *vt*
Betonsockel *nm*	TECH	**concrete pedestal**
Betonung *nf* [fig] = Hervorhebung *nf*; Unterstreichung *nf*	COLL	**emphasis** *n* [fig] = stress *n*
Betonung *nf* → Hervorhebung *nf*	LING	→ **emphasis** *n*
Betonungzeichen *nn* → Akzent *nm* (1)	LING	→ **accent** *n* (1)
Betr. → Betreff *nm*	OFFICE	→ **re**
betrachten (1) = ansehen; besehen ≈ erblicken	COLL	**view** *vt* = scrutinize ≈ behold
betrachten (2) [fig] = berücksichtigen; in Erwägung ziehen; erwägen ≈ meinen	COLL	**consider** *vt* [fig] = contemplate ≈ mean
Betrachter *nm* ≈ Zuschauer	COLL	**observer** *n* = beholder *n*; onlooker *n* ≈ spectator
Betrachterprogramm *nn*	COMP.AP	**viewer** *n*
beträchtlich *adj*	COLL	**considerable** *adj*
Betrachtung *nf* = Erwägung *nf*	COLL	**consideration** *n* = contemplation *n*
Betrachtungsabstand *nm* [Bildschirm] = Augenabstand *nm*	TER&PER	**viewing distance** [to a display] = eye distance
Betrachtungsweise *nf* = Konzept *nn*; Auffassung *nf*; Philosophie *nf* ≈ Vorgehensweise	COLL	**philosophy** *n* (*pl* -phies) [an underlying theory] ≈ approach
Betrag *nm* → Absolutwert *nm*	MATH	→ **absolute value**
Betrag *nm* = Geldsumme *nf*; Höhe *nf* ≈ Summe; Wert	ECON	**amount** *n* = amt. ≈ sum; value
Betrag des komplexen Leitwerts → Betrag des Scheinleitwerts	NETW.TH	→ **magnitude of admittance**
Betrag des Scheinleitwerts = Scheinleitwert *nm* (2); Betrag des komplexen Leitwerts	NETW.TH	**magnitude of admittance** = absolute value of admittance
Betrag des Scheinwiderstandes = Scheinwiderstand *nm* (2)	NETW.TH	**magnitude of impedance** = absolute value of impedance
Betragsfeld *nn* [Lochkarten]	TER&PER	**amount field** [punched card]
betragslineare Regelfläche	CONTRO	**linear control area**
Betragsoptimum *nn* [Gütekriterium für Regelverhalten]	CONTRO	**optimum magnitude**
Betragsquadrat *nn*	MATH	**square of absolute value**
Betragsresonanz *nf*	NETW.TH	**absolute value resonance**
Betreff *nm* [Geschäftsbrief] = Betr.	OFFICE	**re** [commercial letter; "regarding"] = subject
betreffen	COLL	**concern** *vt*
betreffend	COLL	**concerning** *adj* = concerned
Betreff-Feld *nn* [E-Mail]	INTERNET	**subject field** [E -mail]
Betreff-Zeile *nf* [E-Mail]	INTERNET	**subject line** [E -mail]
betreiben → bedienen	TECH	→ **operate** *vt*
Betreiben *nn* → Betrieb *nm*	TECH	→ **operation** *n* (1)
Betreiber *nm* → Betriebsgesellschaft *nf*	ECON	→ **operating company**
Betreiber *nm* → Bedienungsperson *nf*	TECH	→ **operator** *n*
Betreiber *nm* → Netzbetreiber *nm*	TELEC	→ **network operator**
Betreiber *nm* → Telekommunikationsbetreiber *nm*	TELEC	→ **telecommunications carrier**
Betreiberfirma *nf* → Netzbetreiber *nm*	TELEC	→ **network operator**
Betreibergesellschaft *nf* → Betriebsgesellschaft *nf*	ECON	→ **operating company**
Betreibergesellschaft *nf* → Telekommunikationsbetreiber *nm*	TELEC	→ **telecommunications carrier**
Betreiberhandbuch *nn* → Betriebshandbuch *nn*	TEC.DOC	→ **operator manual**
Betreibermodell *nn* [der Lieferant wird durch Betriebseinnahmen bezahlt] = BOT-Modell *nn*	TELEC	**BOT model** [Build Operate Transfer; the supplier is payed by operating revenues]
Betreiberunterstützung *nf*	ECON	**operational support**
Betreiber wechseln	MOB.CO	**churn** *vt*
Betreiberwechsel-Rate *nf* = Teilnehmerabwanderungrate *nf*	MOB.CO	**churn rate**
Betreuer *nm*	COLL	**attendant** *n*
Betreuung *nf* → Kundendienst *nm*	ECON	→ **customer support**
Betrieb *nm* → Betriebsart *nf*	EL.TRO	→ **class of operation**
Betrieb *nm* = Bedienung *nf*; Betreiben *nn*; Einsatz *nm* (2) ≈ Betriebsart; Belastung; Handhabung	TECH	**operation** *n* (1) = running *n*; service *n* (1); working *n*; use *n*; duty *n* ≈ operating mode; load; handling
Betrieb *nm* → Fabrik *nf*	MANUF	→ **factory** *n*
Betrieb *nm* → Gesellschaft *nf*	ECON	→ **company** *n*
Betrieb-Ersatz *nm*	QUAL	**operation-standby** = master-standby; regular-standby
betriebliche Anforderung	TECH	**operational requirement**
betriebliche Einschränkung	TECH	**operational restriction** = operational empairment
Betrieb mit variabler Bitrate → variable-Bitrate-Betrieb *nm*	TELEC	→ **variable bit rate mode**
Betriebs-	TECH	**operating** *adj* = working; service
Betriebsablauf *nm*	TECH	**working sequence**
Betriebsableitung *nf* → Ableitung *nf*	LINE TH	→ **leakage** *n*
Betriebsalarm *nm*	EQP.EN	**service alarm**
Betriebsanweisung *nf* → Betriebsvorschrift *nf*	TEC.DOC	→ **operating instruction** (1)
Betriebsanzeige *nf*	EQP.EN	**system panel**
Betriebsart *nf* = Modus *nm*; Betrieb *nm* ↓ A-Betrieb; B-Betrieb; C-Betrieb	EL.TRO	**class of operation** = operation mode; operation; mode *n* ↓ class A; class B; class C
Betriebsart *nf* = Betriebsweise *nf*; Arbeitsweise *nf*; Wirkungsweise *nf*; Betriebsverfahren *nn*; Arbeitsverfahren *nn*; Modus *nm* ≈ Verhalten; Betrieb	TECH	**operating mode** *n* = mode of operation; operation mode; working mode; working principle; service mode; mode; operating method; method of operation; action; method; regime ≈ response; operation (1)
Betriebsart *nf* → Verarbeitungssart *nf*	DAT.PR	→ **processing mode**
betriebsartabhängig	TECH	**mode-dependent**
Betriebsartanzeige *nf* = Zustandsanzeige *nf*	DAT.PR	**mode indicator** = status indicator
Betriebsart-Umschaltezeit *nf* → Betriebsart-Umstellzeit *nf*	MICR.EL	→ **sense recovery time**
Betriebsart-Umstellzeit *nf* = Betriebsart-Umschaltezeit *nf*	MICR.EL	**sense recovery time** [time to switch between modes]
betriebsartunabhängig	TECH	**mode-independent**
Betriebsarzt *nm* = Werksarzt *nm*	ECON	**company doctor**
Betriebsausfall *nm* → Betriebsunterbrechung *nf*	TECH	→ **service interruption**
Betriebsausgaben *nplt* ≈ Betriebskosten	ECON	**operating expenses** ≈ operating costs
Betriebsbeanspruchung *nf*	TECH	**operating stress**
betriebsbedingte Beanspruchung	QUAL	**operation depending stress**
Betriebsbedingung *nf* = Einsatzbedingung *nf*; Arbeitsbedingung *nf*; Betriebsverhältnisse *nplt*	TECH	**operating condition** = working condition
Betriebsbeeinträchtigung *nf* = Betriebseinschränkung *nf*	TECH	**service degradation**
Betriebsbereich *nm* = Arbeitsbereich *nm*	TECH	**operating range** = operating region; working range; working region
betriebsbereit → betriebsfähig	TECH	→ **operational** *adj*
betriebsbereit	TECH	**ready to operate** = ready for operation; operational; in working order
betriebsbereit machen → klarmachen	TECH	→ **make clear**

Betriebsbereitschaft *nf*	TECH	**readiness for operation** = ready status; operability *n*
Betriebsbrauchbarkeitsdauer *nf* [bis zu Überschreitung festgelegter Grenzwerte] = Brauchbarkeitsdauer *nf*, Gebrauchslebensdauer *nf* ≈ Nutzungsdauer; Lebensdauer	QUAL	**useful life** = life utility ≈ utilization time; life time
Betriebscharakteristik *nf* = OC-Kurve *nf*	STATIS	**operating characteristic**
Betriebsdämpfung *nf* → Betriebsdämpfungsmaß *nn*	NETW.TH	→ **effective attenuation constant**
Betriebsdämpfungfunktion *nf* → Betriebsdämpfungsfaktor *nm*	NETW.TH	→ **effective attenuation factor**
Betriebsdämpfungkoeffizient *nm* → Betriebsdämpfungsfaktor *nm*	NETW.TH	→ **effective attenuation factor**
Betriebsdämpfungsfaktor *nm* [Dämpfungsfaktor unter Betriebsbedingungen; Kehrwert des Betriebsübertragungsfaktors] = Betriebsdämpfungkoeffizient *nm*; Betriebsdämpfungfunktion *nf* ≠ Betriebsübertragungsfaktor ↑ Dämpfungsfaktor	NETW.TH	**effective attenuation factor** [attenuation factor under operational matching conditions at input and output; reciprocal of effective transmission coefficient] = effective attenuation ratio; effective damping factor; effective damping coefficient; composite attenuation factor ≠ effective transmission coefficient
Betriebsdämpfungsmaß *nn* [Dämpfungsmaß unter Betriebsbedingungen; Negativwert des Betriebsübertragungsmaßes] = Betriebsdämpfung *nf* ≈ Wellendämpfungsmaß ↑ Dämpfungsmaß; komplexes	NETW.TH	**effective attenuation constant** [attenuation constant under operational matching conditions; negative value of effective transfer constant] = composite loss; composite attenuation; overall loss; working attenuation ≈ image attenuation constant ↑ attenuation constant; complex effective attenuation constant
Betriebsdämpfungswinkel *nm* [Dämpfungswinkel unter Betriebsbedingungen; Negativwert des Betriebsphasenmaßes] ≈ Betriebsphasenmaß ↑ Dämpfungswinkel; komplexes Betriebsdämpfungsmaß	NETW.TH	**effective phase angle** [phase angle under operational matching conditions; negative value of effective phase angle factor] = composite phase angle ≈ effective phase angle factor ↑ phase angle; complex effective attenuation constant
Betriebsdatenbibliothek *nf* ≠ Stammdatenbibliothek	DAT.MA	**production library** ≠ master library
Betriebsdatenerfassung *nf* [am Ort des Datenanfalls] = BDE	COMP.AP	**production-data acquisition** [where data occur]
Betriebsdatenerfassung von Maschinen = BDM	COMP.AP	**machine data acquisition**
Betriebsdaten *nplt* ≈ Prozessdaten	MANUF	**production data** = manufacturing data; operating data; working data ≈ process data
Betriebsdaten *nplt* (1) = Operations-Charakteristik *nf*	TECH	**operating characteristics** (2)
Betriebsdaten *nplt* (2) = Betriebsergebnisse *nplt*	TECH	**field performance data**
Betriebsdatenverarbeitung *nf* = BDV	COMP.AP	**production data processing**
Betriebsdrehzahl *nf*	MEC.EN	**operating speed**
Betriebsdurchsage *nf*	TECH	**operating communication**
Betriebsechofaktor *nm* → Betriebsreflexionsfaktor *nm*	NETW.TH	→ **composite return current coefficient**
betriebseigen → herstellerspezifisch	TECH	→ **proprietary** *adj*
Betriebseigenschaft *nf*	TECH	**operational characteristic**
Betriebseinkünfte *nplt* → Betriebseinnahmen *nplt*	ECON	→ **operating revenues**
Betriebseinnahmen *nplt* = Betriebseinkünfte *nplt*	ECON	**operating revenues**
Betriebseinschränkung *nf* → Betriebsbeeinträchtigung *nf*	TECH	→ **service degradation**
Betriebseinschränkungssystem *nn* = ausfallgesichertes System	TECH	**fail-soft system**
Betriebseinsparung *nf*	ECON	**operational economy**
Betriebsempfänger *nm*	HF	**communications receiver**
Betriebserde *nf* ≈ Schutzerde	EL.TEC	**common return** = signal ground
Betriebserder *nm*	EL.TEC	**common return conductor**
Betriebserfahrung *nf*	TECH	**operational experience**
Betriebsergebnisse *nplt* → Betriebsdaten *nplt* (2)	TECH	→ **field performance data**
Betriebserprobung *nf* → Feldversuch *nm*	TECH	→ **field test**
betriebsfähig = betriebsbereit ≈ funktionstüchtig	TECH	**operational** *adj* = operable; ready to operate; serviceable ≈ working
Betriebsfähigkeit *nf* = Funktionsfähigkeit *nf*, Funktionstüchtigkeit *nf* ≈ Brauchbarkeit; Benutzerfreundlichkeit	TECH	**operability** *n* = operating capacity; operationality *n* ≈ serviceability; user friendliness
Betriebsfähigkeitszeit *nf*	QUAL	**operable time**
Betriebsferien *nplt* → Werkferien *nplt*	ECON	→ **works holidays**
Betriebsfernsehen *nn* ↑ nichtöffentliches Fernsehen	TV	**plant TV** ↑ closed circuit TV
betriebsfremd → firmenfremd	ECON	→ **noncorporate** *adj*
Betriebsfrequenz *nf*	RADIO	**working frequency**
betriebsfreundlich = betriebsgerecht	TECH	**easy-to-operate** *adj* = simple-to-operate
Betriebsfreundlichkeit *nf* → Benutzerfreundlichkeit *nf*	TECH	→ **user friendliness**
Betriebsfreundlichkeit *nf* ≈ Brauchbarkeit; Betriebsfähigkeit; Benutzerfreundlichkeit; Wartbarkeit	TECH	**serviceability** *n* ≈ serviceableness; operability; user friendliness; maintainability
Betriebsführung *nf*	ECON	**operations management**
Betriebsführungssystem *nn* = Operationssystem *nn*	TELEC	**operations system**
Betriebsfunk *nm* ↑ Funksprechwesen ↓ herkömmlicher Betriebsfunk; Bündelfunk; Taxifunk; Datenfunk	RADIO	**commercial radiotelephony** = service telephony; corporate radiotelephony; data radio ↑ radiotelephony ↓ conventional radiotelephony; trunking; taxi radio
Betriebsfunkgerät *nn*	TER&PER	**commercial radiotelephony terminal**
Betriebsgebäude *nn*	TELEC	**operation building**
Betriebsgeheimnis *nn*	ECON	**trade secret**
Betriebsgemeinkosten *nplt*	ECON	**operating overheads**
Betriebsgeräusch *nn*	TECH	**operating noise**
betriebsgerecht → betriebsfreundlich	TECH	→ **easy-to-operate** *adj*
Betriebsgesellschaft *nf* = Betreibergesellschaft *nf*, Betreiber *nm* ≈ Diensteanbieter ↓ Telekommunikationsbetreiber	ECON	**operating company** = opco *n* ≈ service provider ↓ telecommunications carrier
Betriebsgesellschaft *nf* → Telekommunikationsbetreiber *nm*	TELEC	→ **telecommunications carrier**
Betriebsgüte *nf* → Dienstgüte *nf*	TELEC	→ **quality of service**
Betriebshandbuch *nn* = Betreiberhandbuch *nn*	TEC.DOC	**operator manual**
Betriebsinformation *nf*	TEC.DOC	**operational information**
Betriebsinformationssystem *nn* → Geschäfts-Informationssystem *nn*	COMP.AP	→ **business information system**
Betriebsingenieur *nm* → Fertigungsingenieur *nm*	MANUF	→ **production engineer**
Betriebsinstrument *nn* → Betriebsmessgerät *nn*	TELEC	→ **service instrument**
betriebsintern → firmenintern	ECON	→ **in-house** *adj*
betriebsintern → firmenintern	ECON	→ **in-house** *adj*
Betriebskapazität *nf*	LINE TH	**mutual capacitance**
Betriebskettengleichung *nf*	NETW.TH	**effective chain parameter equation**
Betriebskettenmatrix *nf*	NETW.TH	**effective chain parameter matrix**
betriebsklar → bereit	DAT.PR	→ **ready** *adj*
Betriebsklasse *nf* → Dienstklasse *nf*	TELEC	→ **class of service**
Betriebsklima *nn* → Umweltbedingung *nf*	TECH	→ **environmental condition**
Betriebskonzession *nf*	ECON	**operation concession**
Betriebskosten *nplt*	ECON	**operating costs**

= Handlungkosten *nplt*
≈ Betriebsausgaben
= working costs *nplt*; running charge; operating expenditures *nplt*; OPEX
≈ working expenses; operating expenses

Betriebslauf *nm* DAT.PR → **production run**
→ Produktivlauf *nm*

Betriebslebensdauer *nf* QUAL → **life time**
→ Lebensdauer *nf*

Betriebsleitung *nf* TELEC **regular line**

Betriebsleuchte *nf* EQP.EN **ready light**

Betriebsmanagement *nn* TELEC → **service management**
→ Betriebsverwaltung *nf*

Betriebsmannschaft *nf* TECH → **operating crew**
→ Bedienungsmannschaft *nf*

Betriebsmaterial *nn* MANUF → **operating supplies**
→ Betriebsstoff *nm*

Betriebsmeldung *nf* TELECON → **functional parameter information**
→ Funktionsmeldung *nf*

Betriebsmerkmal *nn* TECH → **operating feature**
→ Einsatzmerkmal *nn*

Betriebsmessgerät *nn* TELEC **service instrument**
= Betriebsinstrument *nn*

Betriebsmittel *nn* ECON **operating resources**
= resources *nplt*; operating facilities; facilities *nplt*; operating funds *nplt*; working funds *nplt*; funds *nplt* (2)

Betriebsmittel *nn* MANUF **operating supplies**
↓ Werkzeuge; Maschinen; Gebäude
= supplies *nplt*
↓ tools; machines; buildings

Betriebsmittel *nn* DAT.PR **resources** *nplt*

Betriebsmittelausgleich *nm* DAT.PR **resource leveling**

Betriebsmitteldatei *nf* DAT.PR **resource file**
= Ressourcendatei *nf*

Betriebsmitteldaten *nplt* DAT.PR **resource data**
= Ressourcendaten *nplt*

Betriebsmittel-Informationssystem *nn* COMP.AP → **facilities management system**
→ Betriebsmittelverwaltungssystem *nn*

Betriebsmittelkennung *nf* SW **resource ID**

Betriebsmittelteilung *nf* DAT.PR **resource sharing**
= shared resource

Betriebsmitteltyp *nm* SW **resource type**
= Ressourcentyp *nm*

Betriebsmittelverwaltung *nf* SWITCH **auxiliary resource manager**
= resource management

Betriebsmittelverwaltung *nf* DAT.PR **resource management**

Betriebsmittelverwaltungssystem *nn* COMP.AP **facilities management system**
= Betriebsmittel-Informationssystem *nn*
= facilities information system

Betriebsmittelzuteilung *nf* DAT.PR **resource allocation**
= Betriebsmittelzuweisung *nf*; Ressourcenzuordnung *nf*

Betriebsmittelzuweisung *nf* DAT.PR → **resource allocation**
→ Betriebsmittelzuteilung *nf*

Betriebsmittelzweig *nm* DAT.MA **resource fork**
[Apple; Teil der Datei der die systemdefinierten Daten enthält]
= Ressourcenzweig *nm*
≠ Datenzweig
[Apple; part of file containing the system-defined data]
≠ data fork

Betriebsmöglichkeit *nf* TECH **operating facility**

betriebsnotwendikes Kapital ECON **operating capital**
= BNK

Betriebsorganisator *nm* ECON **methods engineer**

Betriebsparameter *nm* NETW.TH → **effective transmission parameter**
→ Betriebsübertragungsparameter *nm*

Betriebsparametertheorie *nf* NETW.TH **effective parameter theory**

Betriebspegel *nm* TELEC **operating level**

Betriebspegel *nm* CATV → **operating level**
→ Systempegel *nm*

Betriebspersonal *nn* TECH **operating personnel**
≈ Wartungspersonal
≈ maintenance personnel

Betriebsphasenmaß *nn* NETW.TH **effective phase angle factor**
[Phasenmaß unter Betriebsbedingungen; Negativwert des Betriebsdämpfungswinkels]
= Betriebsübertragungwinkel *nm*
≈ Betriebsdämpfungswinkel
↑ Phasenmaß
[phase angle factor under operational matching conditions; negative value of effective phase angle]
= effective phase constant; composite phase constant
≈ effective phase angle
↑ phase angle factor

Betriebsplanung *nf* TECH **operation scheduling**
= operating scheduling

Betriebsplatz *nm* TECH → **operator's position**
→ Bedienplatz *nm*

Betriebsprogramm *nn* SW **operating program**
= running program

Betriebsprotokoll *nn* TECH **operating protocol**
= Bedienungprotokoll *nn*

Betriebsprüfung *nf* DAT.PR **operating test**
= maintenance test; dynamic test; dynamic check

Betriebsrat *nm* ECON **works council** (BE)

Betriebsraum *nm* TECH **operating room**
= Arbeitsraum *nm*
= workroom *n*

Betriebsrechner *nm* DAT.PR **plant computer**
= Dispositionsrechner *nm*; Verwaltungrechner *nm*
≠ Prozessrechner
≠ process computer

Betriebsreflexionsdämpfungsmaß *nn* NETW.TH **composite return loss**
= Anpassungdämpfungmaß *nn*; Fehlerdämpfungmaß *nn*
↑ Reflexionsdämpfung
[under effective operating conditions]
= effective return loss; composite matching loss; effective matching loss
↑ active return loss

Betriebsreflexionsfaktor *nm* NETW.TH **composite return current coefficient**
= Betriebsechofaktor *nm*
↑ Reflexionsfaktor
= composite reflection coefficient; effective return current coefficient; effective reflexion coefficient

betriebssicher MANUF **operationally reliable**

Betriebssicherheit *nf* QUAL → **service reliability**
→ Betriebszuverlässigkeit *nf*

Betriebssicherung *nf* TELECON **transmission securing**

Betriebsspannung *nf* EL.TEC **operating voltage**
= Arbeitsspannung *nf*
= working voltage; service voltage

Betriebsspannungsanzeige *nf* EQP.EN **operating voltage indication**
= Arbeitsspannunganzeige *nf*
= working voltage indication; service voltage indication

Betriebs-Spannungsübertragungs-faktor NETW.TH **effective voltage transmission coefficient**
[Spannungsübertragungsfaktor unter Betriebsverhältnissen]
↑ Betriebsübertragungsfaktor; Spannungsübertragungsfaktor
[voltage transmission coefficient under operational matching conditions]
= composite voltage transmission coefficient
↑ effective transfer coefficient; voltage transmission coefficient

Betriebssprache *nf* COMP.LG → **command control language**
→ Kommandosprache *nf*

Betriebsstätte *nf* ECON **operative establishment**

Betriebsstoff *nm* MANUF **operating supplies**
[geht nicht in das Produkt ein]
= Betriebsmaterial *nn*
↑ Betriebsmittel
[doesn't enter into the product]
= manufacturing supplies *nplt*
↑ operating supplies

Betriebsstoff *nm* TECH → **combustible** *n*
→ Brennstoff *nm*

Betriebsstörung *nf* TECH → **service interruption**
→ Betriebsunterbrechung *nf*

Betriebsstörungsmanagement *nn* TELEC → **fault management**
→ Betriebsstörungsverwaltung *nf*

Betriebsstörungsverwaltung *nf* TELEC **fault management**
= Betriebsstörungsmanagement *nn*; Fehlerverwaltung *nf*; Fehlermanagement *nn*

Betriebsstrom *nm* EL.TEC **operating current**
= Arbeitsstrom *nm*
= working current; service current

Betriebs-Stromübertragungs-faktor *nm* NETW.TH **effective current transmission coefficient**
[Stromübertragungsfaktor unter Betriebsbedingungen]
↑ Betriebsübertragungsfaktor; Stromübertragungsfaktor
[current transmission coefficient under operational matching conditions]
= composite current transmission coefficient
↑ effective transmission coefficient; current transmission coefficient

Betriebsstunden *nplt* TECH **operating hours**

Betriebsstundenzähler *nm* INSTR **operating hours counter**
= operating time counter; elapsed time indicator

Betriebssystem *nn* SW **operating system**
[Teil der Systemsoftware welcher Anwendersoftware mit den Hardware-Ressourcen der Anlage kompatibilisiert]
[part of system software, to coordinate hardware resources with user programs]
= OS

= Bedienungssystem *nn*; BS; OS
↑ Systemsoftware
↓ Organisationsprogramm; Band-Betriebssystem; Platten-Betriebssystem; Teilnehmer-Betriebssystem;
— ↑ system software
↓ executive control program; tape operating system; disk operating system; time-sharing operating system; basic operating system

Betriebssystemfachmann *nm* SW **operating system expert**
= Guru *nm* (slang) — = guru (slang)

Betriebssystem-Residenz *nf* DAT.MA **operating system residence**
[Externspeicher für sporadisch notwendige Teile des Organisationsprogramms] — [external memory for seldom used parts of the executive routine]

Betriebssystemserver *nm* DAT.PR **operating system server**

Betriebstakt *nm* INF.TEC **operating clock**

Betriebstemperatur *nf* TECH **operating temperature**
= Arbeitstemperatur *nf* — = working temperature
≈ Nenntemperatur — ≈ nominal temperature

Betriebstoleranz *nf* QUAL **operation tolerance**

Betriebsübersetzung *nf* NETW.TH **→ effective transmission coefficient**
→ Betriebsübertragungsfaktor *nm*

Betriebsübersetzungsverhältnis *nn* NETW.TH **→ effective transmission coefficient**
→ Betriebsübertragungsfaktor *nm*

Betriebsübertragungsfaktor *nm* NETW.TH **effective transmission coefficient**
[Übertragungsfaktor unter Betriebsbedingungen; Kehrwert des Betriebsdämpfungsfaktors] — [transmission coefficient under operational matching conditions; reciprocal of effective attenuation constant]
= Betriebsverstärkungsfaktor *nm*; Betriebsübertragungsfunktion *nf*; Betriebsübersetzungsverhältnis *nn*; Betriebsübersetzung *nf*; Betriebsübertragungsverhältnis *nn* — = effective transmission factor; effective gain factor; composite transmission coefficient; composite attenuation constant; composite gain factor
≠ betriebsdämpfungfaktor — ≠ effective attenuation constant
↑ Übertragungsfaktor — ↑ transmission coefficient

Betriebsübertragungsfunktion *nf* NETW.TH **→ effective transmission coefficient**
→ Betriebsübertragungsfaktor *nm*

Betriebsübertragungsgröße *nf* NETW.TH **→ effective transmission parameter**
→ Betriebsübertragungsparameter *nm*

Betriebsübertragungsmaß *nn* NETW.TH **effective transfer constant**
[Übertragungsmaß unter Betriebsbedingungen; Negativwert des Betriebsdämpfungsmaßes] — [transfer constant under operational matching conditions; negative value of effective attenuation constant]
= Betriebsverstärkungsmaß *nn* — = composite gain
≈ Wellenübertragungsmaß — ≈ image transfer constant
↑ Übertragungsmaß; komplexes Betriebsübetragungsmaß — ↑ transfer constant; complex effective transfer constant

Betriebsübertragungsparameter *nm* NETW.TH **effective transmission parameter**
[Übertragungsparameter eines Vierpols mit seinen betrieblichen, effektiven Impedanzanpassungen an Ein- und Ausgang] — [response parameter of a quadripole under effective matching conditions at its input and output, existing under operational configuration]
= Betriebsübertragungsgröße *nf*; Betriebsparameter *nm* — = effective parameter; composite transmission parameter; composite parameter
≈ Wellenparameter — ≈ image parameter
↑ Übertragungsparameter — ↑ transmission parameter
↓ Betriebsdämpfungsfaktor; Betriebsübertragungsfaktor; komplexes Betriebsübertragungsmaß; komplexes Betriebsdämpfungsmaß; Betriebsübertragungsmaß; Betriebsdämpfungsmaß; Betiebsphasenmaß: Betriebsdämpfungswinkel — ↓ effective attenuation constant; effective transmission coefficient; complex effective transfer constant; complex effective attenuation constant; effective attenuation constant; effective phase angle factor; effective phase angle

Betriebsübertragungsverhältnis *nn* NETW.TH **→ effective transmission coefficient**
→ Betriebsübertragungsfaktor *nm*

Betriebsübertragungwinkel *nm* NETW.TH **→ effective phase angle factor**
→ Betriebsphasenmaß *nn*

Betriebsüberwachung *nf* TECH **operation supervision**
— = operating supervision

Betriebs-und Datenserver *nm* TELEC **administration and data server**
[ISDN] — [ISDN]

betriebsunfähig TECH **inoperable** *adj*
= außer Betrieb; gestört; gesperrt; nicht betriebsfähig; nicht betriebsbereit nicht betriebsklar; arbeitsunfähig; funktionsunfähig — = out of service; out of order; down *adj*; not operational; not working; troubled
≈ unwirksam — ≈ ineffective
— ≠ in service

Betriebsunfähigkeit *nf* TECH **inoperability** *n*
= Funktionsunfähigkeit *nf*; Arbeitsunfähigkeit *nf* — ≈ inefectiveness
≈ Unwirksamkeit

Betriebsunfall *nm* ECON **service accident**
= Arbeitsunfall *nm* — = shop accident; work accident

betriebsuntauglich TECH **unserviceable**
≈ unbrauchbar — = u/s
— ≈ useless

betriebsunterbrechende Überwachung TELEC **intrusive monitoring**
— = out-of-service monitoring

Betriebsunterbrechung *nf* TECH **service interruption**
= Betriebsausfall *nm*; Betriebsstörung *nf* — = operation interruption; service disruption; operation disruption; breakdown (2); operating failure
≈ Ausfall — ≈ failure

betriebsunterbrechungsfreie Wartung DAT.PR **→ online maintenance**
→ Online-Wartung *nf*

Betriebsunterhaltung *nf* ECON **general services**
— = operation support

Betriebsverfahren *nn* TECH **→ operating mode** *n*
→ Betriebsart *nf*

Betriebsverfahren *nn* DAT.CO **mode of operation**

Betriebsverhalten *nn* TECH **operating response**
— = operating performance; service performance

Betriebsverhältnisse *nplt* TECH **→ operating condition**
→ Betriebsbedingung *nf*

Betriebsverstärkung *nf* NETW.TH **overall amplification**

Betriebsverstärkungsfaktor *nm* NETW.TH **→ effective transmission coefficient**
→ Betriebsübertragungsfaktor *nm*

Betriebsverstärkungsmaß *nn* NETW.TH **→ effective transfer constant**
→ Betriebsübertragungsmaß *nn*

Betriebsversuch *nm* TECH **→ field test**
→ Feldversuch *nm*

Betriebsverwaltung *nf* TELEC **service management**
= Betriebsmanagement *nn*

Betriebsvorschrift *nf* TEC.DOC **operating instruction** (1)
= Betriebsanweisung *nf*; Arbeitsanweisung *nf* — = operating rule; practice *n*; practis *n*; operator procedure
— ≈ use instruction; notes for the operator

Betriebsweise *nf* TECH **→ operating mode** *n*
→ Betriebsart *nf*

Betriebswirtschaft *nf* ECON **→ business administration economics**
→ Betriebswirtschaftslehre *nf*

betriebswirtschaftliches Informationssystem COMP.AP **business information system**
— = business administration information system

betriebswirtschaftliche Software COMP.AP **business and accounting software**
↓ betriebswirtschaftliche Standardsoftware — ↓ standard business software

betriebswirtschaftliche Standardsoftware COMP.AP **standard business software**
= kaufmännische Standardsoftware; ERP-Software *nf* — [Enterprise Ressource Planning; standard SW for busin. admin.]
— = ERP software; ERP
— ↑ business and accounting software

Betriebswirtschaftslehre *nf* ECON **business administration economics**
= Betriebswirtschaft *nf* — = business administration
↑ Wirtschaftswissenschaften — ↑ economics
↓ Buchhaltungs- und Bilanzwesen — ↓ accounting

Betriebszeit *nf* QUAL **uptime** *n*
≠ Ausfallzeit — = busy time
— ≠ downtime

Betriebszeit *nf* TECH **operating time**
≠ Stillstandszeit — = power-on time
— ≠ down time

Betriebszentrum *nn* TELEC **operation center**
≈ O&M-Zentrum

Betriebszugehörigkeit *nf* ECON **seniority** *n*

Betriebszustand *nm* TECH **operating state**
= Arbeitszustand *nm* — = operational state; operational status; working state; operating condition; operating order; operating status; working condition

Betriebszuverlässigkeit *nf* QUAL **service reliability**
= Betriebssicherheit *nf* — = operational reliability; operating reliability; service reliability; functional reliability; dependability *n* (2); reliability in operation

Betrieb und Wartung TELEC **operation and maintenance**
= Bedienung und Wartung; O&M — = O&M

Betrieb- und Wartungszentrum *nn* TELEC **→ O&M center**
→ O&M-Zentrum *nn*

Betrieb-und-Wartungszentrum *nn* TELEC **operation and maintenance center**
= OMC — = O&M center; OMC

Betroffener *nm* COLL **person concerned**

Betrug *nm* LAW **fraud** *n*

betrügen LAW **fraud** *vt*

Betrugsbekämpfung *nf* LAW **fraud management**
= fraud prevention

Betrugserkennung *nf* TELEC **fraud detection**

Bettgestellantenne *nf* ANT → **bedspring antenna**
→ Matratzenfeder-Antenne *nf*

Bettszene *nf* CINEMA **bed shot**

Bettungsmaterial *nn* OUT.PL **bedding material**

Bettungstiefe *nf* OUT.PL → **laying depth**
→ Verlegetiefe *nf*

beugen OPT **diffract** *vt*
≈ brechen — ≈ refract

Beugung *nf* OPT **diffraction** *n*
[durch Hindernisse hervorgerufene Abweichung einer Wellenbewegung von der geradlinigen Ausbreitung] — [deviation of the propagation of a wave from the straight path, due to obstacles]
= Diffraktion *nf* — = bending diffraction; bending *n*
≈ Reflexion; Brechung; Streuung — ≈ reflection; refraction; scattering

Beugung *nf* LING → **inflection** *n*
→ Flexion *nf*

Beugungsbild *nn* OPT **diffraction pattern**

Beugungsdämpfung *nf* RAD.PRO **diffraction loss**
= Beugungsverlust *nm*; Abschattungsdämpfung *nf*; Abschattungsverlust *nm*; Hindernisdämpfung *nf*; Geländedämpfung *nf*; Zusatzdämpfung *nf* — = obstruction loss; irregular terrain attenuation

Beugungsfilter-Strahlbündelungseffekt *nm* OPTOEL **diffraction filter beam focussing effect**

Beugungsgitter *nn* OPT **diffraction grating**

Beugungssaum *nm* OPT **diffraction fringe**

Beugungsschwund *nm* RAD.PRO **obstruction fading**
= Behinderungsschwund *nm*; Hindernisschwund *nm* — = diffraction fading; power fading

Beugungsspektrum *nn* OPT **diffraction spectrum**

Beugungsverlust *nm* RAD.PRO → **diffraction loss**
→ Beugungsdämpfung *nf*

Beule *nf* TECH **bump** *n*
≠ Delle — ≠ dent

Beulentextur *nf* COMP.GR **bump mapping**
[durch Graustufen] — [by gray shading]

beurkunden ECON → **certify** *vt*
→ bescheinigen

Beurkundung *nf* LAW → **authentication** *n*
→ Beglaubigung *nf*

Beverage-Antenne *nf* ANT **Beverage antenna** *n*
= wave antenna (2)
↑ Erdantenne (1); Wellenantenne — ↑ ground antenna; wave antenna

Bevölkerung *nf* STATIS → **population** *n*
→ Gesamtheit *nf*

bevollmächtigen LAW **authorize** *vt*
= empower; accredit

Bevollmächtigter *nm* LAW **authorized agent** *n*
= procurator *n*; deputy *n*; accredited agent
≈ Stellvertreter — ≈ surrogate
↓ Prokurist — ↓ signing clerck

Bevollmächtigung *nf* LAW **authorization** *n*
= empowerment *n*; accreditation *n*

Bevollmächtigung *nf* ECON → **power** *n*
→ Vollmacht *nf*

Bevorratung *nf* ECON **stockpiling** *n*
= Vorratshaltung *nf* — = provision *n* (3); storage *n*

Bevorratungssicherheit *nf* QUAL **provisioning security**
= Vorsorge-Prozentwert *nm*

Bevorrechtigung *nf* COLL → **precedence** *n*
→ Vorrang *nm*

bevorstehend COLL **approaching** *adj*
= kommend; im Kommen befindlich — = forthcoming; coming; impending
≈ unmittelbar bevorstehend; anstehend — ≈ imminent; upcoming

bevorzugte Netzadresse INTERNET → **bookmark** *n*
→ Lesezeichen *nn*

bevorzugter Anwender DAT.PR **superuser** *n*
= priviligierter Anwender — = root
≈ administrator

bewährt COLL **approved** *adj*
= well-tried
≈ erprobt [TECH] — ≈ proven [TECH]
↓ altbewährt — ↓ old and trusted

bewältigbar COLL **manageable**

Bewältigbarkeit *nf* COLL **manageability** *n*

bewältigen COLL **manage**
[Schwierigkeit] — [difficulties, problems]
= meistern — = solve

bewandert TECH → **experienced** *adj*
→ erfahren

bewegen TECH **move** *vt*
≈ versetzen; umsetzen; verschieben — ≈ transfer; transpose; shift

beweglich TECH **mobile** *adj*
= ortsveränderlich — = moveable; movable; moving
≈ transportierbar; fliegend; biegsam — ≈ transporteable; flying
≠ ortsfest — ≠ stationary
↓ tragbar; fahrbar — ↓ portable; passable

bewegliche Güter LAW → **movables** *nplt*
→ Mobilien *nplt*

beweglicher Dienst TELEC **mobile service**

beweglicher Flugfunkdienst TELEC **aeronautical mobile service**

beweglicher Flugfunkdienst über Satelliten SAT.CO **aeronautical mobile satellite service**

beweglicher Funkdienst TELEC → **mobile radiocommunications**
→ Mobilfunk *nm*

beweglicher Funkdienst über Satelliten TELEC **mobile satellite service**
= MSS

beweglicher Landfunk TELEC **land mobile**
[bewegliche Teilnehmer können übers Land direkt oder über Basisstationen kommunizieren; bei ITU infragegestellt] — [mobile terminals can communicate anywhere on land, directly or via base stations; term liable to be dropped by ITU]
= mobile radio system
↓ Mobilfunk — ↓ mobile radiocommunications

beweglicher Seefunkdienst über Satelliten SAT.CO **maritime mobile satellite service**

beweglicher Teilnehmer TELEC → **mobile telephone subscriber**
→ Mobilfunkteilnehmer *nm*

bewegliches Gut ANT **hoist rope**
[bewegbares Seil]
= laufendes Gut

Beweglichkeit *nf* PHYS **mobility** *n*
= Mobilität *nf*

Bewegtbild *nn* INF.TEC **moved picture**
= moving picture; moved image; moving image; full-motion picture
≈ Bildsequenz — ≈ image sequence
≠ Festbild — ≠ fixed image

Bewegtbild *nn* PHOT → **moving picture sequence**
→ Laufbild *nn*

Bewegtbild-Kommunikation *nf* TELEC **moving picture communication**
= moved picture communication; full-motion video; FMV; motion video

Bewegtbildübertragung *nf* TELEC **moving-image transmission**
= moved-picture transmission

Bewegtkopf-Plattenlaufwerk *nn* TER&PER **movable-head disk unit**
[ein Kopf für mehrere Platten] — [one head for several disks]
= Gleitkopf-Plattenlaufwerk *nn* — = movable-head disk drive; moving-head disk unit
≠ Festkopf-Plattenlaufwerk — ≠ fixed-head disk unit

Bewegung *nf* PHYS **motion** *n*
= movement *n*

Bewegungband *nn* DAT.MA → **change tape**
→ Änderungsband *nn*

Bewegungeintrag *nm* DAT.MA → **modification entry**
→ Änderungseintrag *nm*

Bewegungsdatei *nf* DAT.MA **transaction file**
[enthält Änderungen mit denen dann eine Stammdatei aktualisiert wird] — [contains changes to update a master file]
= Änderungsdatei *nf*; Modifikationsdatei *nf*; Ergänzungsdatei *nf*; Aktualisierungsdatei *nf*; Korrekturdatei *nf* — = activity file; change file; detail file; movement file; amendment file; update file; add file; transaction log
≠ Stammdatei — ≠ master file

Bewegungsdaten *nplt* DAT.MA **variable data**
= variable Daten; fortschreibende Daten; Tagesdaten *nplt*; Änderungsdaten *nplt*; Veränderungsdaten *nplt*; Modifikationsdaten *nplt* — = transaction data; change data; movement data; modification data; current data; varying data; update data
≠ Stammdaten — ≠ master data

Bewegungsfehler *nm* IMAG.PR **motion artifact**
↑ Bildfehler — ↑ artifact

Bewegungsgleichung *nf* PHYS **dynamic equation**

Bewegungsgröße *nf* PHYS → **momentum** *n*
→ Impuls *nm*

Bewegungshäufigkeit *nf* [einer Datei]	DAT.MA	**activity rate** [of a file]
Bewegungsindex *nm* [Anzahl bewegter Dateien zur Gesamtzahl] = Dateibewegungsindex *nm*; Bewegungsquotient *nm*; Dateibewegungsquotient *nm*; Fluktuationsrate *nf* (err)	DAT.MA	**activity ratio** [used records to total number of records] = file activity ratio
bewegungskompensiert [Signalverarbeitung]	INF.TEC	**motion compensated**
bewegungslos	TECH	**motionless** *adj*
Bewegungsmelder *nm* = Bewegungssensor *nm*	SIG.EN	**movement detector** = movement sensor; motion sensor; motion detector
Bewegungsprogrammierung *nf*	CONTRO	**motion planning**
Bewegungsquotient *nm* → Bewegungsindex *nm*	DAT.MA	→ **activity ratio**
Bewegungsrichtung *nf* → Sinn *nm*	PHYS	→ **sense** *n*
Bewegungssatz *nm* = Änderungssatz *nm*; Modifikationssatz *nm*	DAT.MA	**addition record** [record with changes] = modification record; change record; transaction record (2); amendment record
Bewegungsschleife *nf* [Kabel]	EQP.EN	**slackness loop** [cable]
Bewegungssensor *nm* → Bewegungsmelder *nm*	SIG.EN	→ **movement detector**
Bewegungssimulation *nf*	MOD&SI	**movement simulation**
Bewegungssinn *nm* → Sinn *nm*	PHYS	→ **sense** *n*
Bewegungsübertragung *nf*	MEC.EN	**motion transmission** = transmission *n*
Bewegungsunschärfe *nf*	COMP.GR	**motion blur**
bewehrt	COM.CAB	**armored**
bewehrtes Kabel	COM.CAB	**armored cable**
Bewehrung *nf*	COM.CAB	**armouring** *n* = armor
Beweis *nm*	SCIE	**proof** *n*
beweisen ≈ ableiten	SCIE	**prove** *vt* = demonstrate ≈ derive
beweisführendes Programm	SW	**proof-finding program**
Beweisführung *nf*	SCIE	**demonstration** *n* = demonstrativeness *n*
Beweisziel *nn*	ART.IN	**goal** *n*
bewerben *vr*	ECON	**apply for** *vi* = candidate *n*
Bewerbung *nf*	ECON	**application** *n* = candidature *n*
Bewerbungsformular *nn*	ECON	**application form**
Bewerbungsgespräch *nn*	ECON	**application interview**
Bewerbungsschreiben *nn*	ECON	**appication letter**
bewerten = wichten; wiegen	MATH	**weighted** *vt*
bewerten → schätzen	COLL	→ **appraise** *vt*
Bewerter *nm* → Auswerteschaltung *nf*	CIRC.EN	→ **evaluation circuit**
Bewerteschaltung *nf* → Auswerteschaltung *nf*	CIRC.EN	→ **evaluation circuit**
bewertet = gewichtet; gewogen	MATH	**weighted** *adj* = valued
bewertetes Mittel → gewogenes Mittel	STATIS	→ **weighted average**
Bewertung *nf*	TELEC	**weighting** *n*
Bewertung *nf*	ECON	**valuation** *n*
Bewertung *nf* → Schätzung *nf*	COLL	→ **estimate** *n*
Bewertung *nf* → Wichtung *nf*	MATH	→ **weighting** *n*
Bewertungprozedur *nf* → Auswertungsmethode *nf*	SCIE	→ **evaluation method**
Bewertungsaufgabe *nf* = Bewertungsproblem *nn*; Leistungsvergleichsaufgabe *nf*	SW	**benchmark problem** = benchmark *n* (1)
Bewertungsfaktor *nm* → Bewertungsziffer *nf*	TECH	→ **weighting factor**
Bewertungsfilter *nn*	TELEC	**weighting filter**
Bewertungsproblem *nn* → Bewertungsaufgabe *nf*	SW	→ **benchmark problem**

Bewertungsprogramm *nn* = Leistungsvergleichsprogramm *nn*; Benchmark *nm*	SW	**benchmark program** *n* = benchmark *n* (3)
Bewertungstabelle *nf* → Wahrheitstabelle *nf*	LOGIC	→ **truth table**
Bewertungstest *nm* = Leistungsvergleichstest *nm* ↓ Whetstone-Bewertungstest; Dhrystone-Bewertungstest; Khornerstone-Bewertungstest;	SW	**benchmark test** = benchmarking *n*; benchmark *n* (2) ↓ whetstone benchmark; dhrystone benchmark; khornerstone
Bewertungsziffer *nf* = Bewertungsfaktor *nm*	TECH	**weighting factor**
Bewetrung *nf* ≈ Auswertung	COLL	**valuation** *n* ≈ evaluation
bewickeln → wickeln *vt*	TECH	→ **wrap** *vt*
Bewicklung *nf* → Umwicklung *nf*	COM.CAB	→ **serving** *n*
Bewicklung *nf* → Wickel *nm*	TECH	→ **wrapping** *n* (1)
Bewirtungskosten *nplt*	ECON	**entertainment expenses**
bewittern	QUAL	**weather** *vt*
Bewitterung *nf*	QUAL	**weathering** *n*
bewusster Fehler	SW	**conscious error**
bezahlen → zahlen	ECON	→ **pay** *vt*
Bezahler *nm* → Zahler *nm*	ECON	→ **payer** *n*
Bezahlfernsehen *nn* = Pay-TV *nn* (ANGL) ≠ Freifernsehen ↓ Abonnemmentsfernsehen	IMAG.ME	**pay TV** = pay television ≠ free TV ↓ pay-per-channel TV; pay-per-view TV
Bezahlinhalt *nm* → kostenpflichtiger Inhalt	TELEC	→ **chargeable content**
Bezahlmususik *nf*	SOUN.ME	**pay Music**
bezahlte Positionierung	INTERNET	**paid ranking**
Bezahlung *nf* = Zahlung *nf* ≈ Lohn; Gehalt; Überweisung	ECON	**payment** = pay *n*; remuneration *n* ≈ wage; salary; remittance
Bezahlung pro Besuch	INTERNET	**pay per visit**
Bezahlung pro Einblendung *nf*	INTERNET	**pay per view**
Bezahlung pro Klick	INTERNET	**pay per click**
bezeichnen = benennen	TECH	**name** *vt* = denominate *vt*; describe *vt*; mark *vt*; christen *vt* [COLL]
bezeichnend → signifikant	SCIE	→ **significant** *adj*
Bezeichner *nm* [COBOL] = Kennzeichner ≈ Beschreiber ↑ Verweis	COMP.LG	**identifier** *n* [COBOL] = name *n* ≈ descriptor ↑ reference
Bezeichner *nm* → Stationskennung *nf*	DAT.CO	→ **station identification**
Bezeichner *nm* (1) → Schlüsselbegriff *nm*	DAT.MA	→ **descriptor** *n* (1)
Bezeichner *nm* (2) → Bezeichnung *nf*	DAT.MA	→ **descriptor** *n* (2)
Bezeichnetes *nn* → Denotat *nn*	LOGIC	→ **denotation** *n*
Bezeichnung *nf* = Benennung *nf*; Name *nm* ≈ Kennzeichnung	TECH	**description** *n* = designation *n*; denomination *n*; name *n* ≈ identification
Bezeichnung *nf* = Ernennung *nf*	ECON	**designation** *n*
Bezeichnung *nf* [Code für Zugriffssicherung oder Identifizierung einer Datei] = Bezeichner *nm* (2); Beschreiber *nm* (2); Deskriptor *nm* (2); Spezifikation *nf* ↓ Dateibezeichnung	DAT.MA	**descriptor** *n* (2) [pass or identification code for a file] = specification *n*; designation *n* (2)
Bezeichnung *nf* → Stationskennung *nf*	DAT.CO	→ **station identification**
Bezeichnungsschild *nn* → Kennzeichnungsschild *nn*	TECH	→ **label** *n*
Bezeichnungstreifen *nm* → Beschriftungsstreifen *nm*	TECH	→ **designation strip**
beziehen	ECON	**source** *vt*
Beziehung *nf* → Relation *nf*	SCIE	→ **relationship**

Beziehung *nf* DAT.MA → **relation** *n*
→ Relation *nf*

Beziehung *nf* ECON → **relationship** *n*
→ Verbindung *nf*

Beziehungsmatrix *nf* DAT.MA → **database table**
→ Verknüpfungstabelle *nf*

Bézier-Fläche *nf* COMP.GR **Bézier surface**
↑ Freiformfläche; Vektorgrafik
↑ free-form surface; vector graphics

Bézier-Kurve *nf* COMP.GR **Bézier curve**
↑ Vektorgrafik
↑ vector graphics

beziffern ECON **cipher** *vt*
= cypher *vt*

Bezirk *nm* PUB.ADM **district** *n*
= Gau *nm*

Bezirksamt *nn* TELEC **district exchange**
= main district exchange

Bezirksleiter *nm* ECON **district manager**

Bezirksnetz *nn* TELEC **district network**

Bezirksrechner *nm* TELECON **district computer**

Bezirksverkehr *nm* TELEC **district traffic**
≈ Regionalverkehr
≈ regional traffic

Bezug *nm* ECON → **procurement** *n*
→ Beschaffung *nf*

Bezug *nm* COLL → **reference** *n*
→ Bezugnahme *nf*

Bezug *nm* PRIN.ME → **reference** *n*
→ Literaturhinweis *nm*

Bezug aufheben, den TECH **dereference** *vt*
= dereferenzieren

Bezüge *nplt* ECON → **income** *n*
→ Einkommen *nn*

bezügliches Fürwort LING → **relative pronoun**
→ Relativpronomen

Bezugnahme *nf* COLL **reference** *n*
= Bezug *nm*; Referenz *nf*; Verweis *nm*

Bezugnahme *nf* PRIN.ME → **reference** *n*
→ Literaturhinweis *nm*

Bezugnahme *nf* COMP.LG → **reference** *n*
→ Verweis *nm*

Bezug nehmen ECON → **refer to** *vi*
→ bezugnehmen

bezugnehmen ECON **refer to** *vi*
= Bezug nehmen

Bezugsachse *nf* ENG.DRA **axis of reference**
= datum axis

Bezugsadresse *nf* SW → **base address**
→ Grundadresse *nf*

Bezugsadresse *nf* DAT.MA → **reference address**
→ Verweisadresse *nf*

Bezugsantenne *nf* ANT **reference antenna**
= Vergleichsantenne *nf*; Referenzantenne *nf*
≈ Messantenne
= reference radiator

Bezugsanweisung *nf* SW **reference instruction**
= Referenzanweisung *nf*

Bezugsaufhebung *nf* TECH **dereference** *n*

Bezugsband *nn* DAT.MA **reference tape**

Bezugsbedingungen *nplt* ECON **terms of availability**

Bezugsdämpfung *nf* TELEC **reference equivalent**
[im Ureichkreis NOSFER erforderliche Dämpfung für gleiche Laustärke]
[attenuation on standard system NOSFER to achieve equal volume of sound]
= reference attenuation; loudness rating

Bezugsdämpfungsmessplatz *nm* TELEPH **reference equivalent measuring equipment**

Bezugsdatei *nf* DAT.MA **reference file**
= Referenzdatei *nf*

Bezugsdipol *nm* ANT → **reference dipole**
→ Normdipol *nm*

Bezugsebene *nf* ENG.DRA **datum plane**
= Ausgangsebene *nf*

Bezugselektrode *nf* PHYS **reference electrode**
[phys. Chemie]

Bezugserde *nf* EL.TEC **reference earth**

Bezugsfarbe *nf* TV **reference color** (AE)
= reference colour (BE)

Bezugsfläche *nf* ENG.DRA **datum surface**
= Ausgangsfläche *nf*

Bezugsfolge *nf* TELEC **reference sequence**

Bezugsfrequenz *nf* EL.TEC **reference frequency**

Bezugsfrequenz *nf* INSTR → **standard frequency**
→ Normalfrequenz *nf*

Bezugsgröße *nf* TECH **reference magnitude**
= reference quantity

Bezugsinduktivität *nf* INSTR **reference inductor**

Bezugskante *nf* TER&PER **reference edge**
[Dokumentleser]
= Ausgangskarte *nf*
[document evaluator]
= document reference edge; aligning edge

Bezugskantenbemaßung *nf* ENG.DRA **datum dimensioning**

Bezugsknoten *nm* NETW.TH **reference node**
= Referenzknoten *nm*

Bezugskreis *nm* TELEC **reference circuit**
= Bezugsverbindung *nf*

Bezugslinie *nf*(1) ENG.DRA **datum line**
= Ausgangslinie *nf*; Führungslinie *nf*
= reference line

Bezugslinie *nf*(2) ENG.DRA **leader** *n*
[amerikan. Linienart]
[reference line]

Bezugsliste *nf* DAT.MA **reference list**
= Zuordnungsliste *nf*

Bezugsmagnetisierungsschrift *nf* TER&PER **return-to-reference recording**
[mit Rückkehr zu einer Bezugsmagnetisierung nach jedem Zeichen]
= Restmagnetisierungsaufzeichnung *nf*
↑ Magnetaufzeichnungsverfahren
↓ RZ-Schrift; RB-Schrift
[return to a reference magnetization after each bit]
↑ magnetic recording mode
↓ return-to-zero recording; return-to-bias recording

Bezugsmarke *nf* WOR.PR **reference mark**
= Referenzmarke *nf*

Bezugsmarke *nf* TECH → **bench mark**
→ Fixpunkt *nm*

Bezugsparameter *nm* DAT.PR **reference parameter**
[über eine Hinweisadresse zugänglich]
= Referenzparameter *nm*
[accessed by a pointer]

Bezugspegel *nm* ENG.DRA **datum point**
= Ausgangspunkt *nm*

Bezugspegel *nm* TELEC → **relative level**
→ relativer Pegel

Bezugspotential *nn* PHYS **reference potential**

Bezugspunkt *nm* TECH **reference point**
= Führungspunkt *nm*; Referenzpunkt *nm*

Bezugsquelle *nf*(1) ECON **source of supply**

Bezugsquelle *nf*(2) ECON → **supplier** *n* (1)
→ Lieferant *nm*

Bezugssatz *nm* LING → **relative clause**
→ Relativsatz *nm*

Bezugssender *nm* BROADC **master transmitter**
= Muttersender *nm*
= master station

Bezugssignal *nn* TELEC **reference signal**
= Referenzsignal *nn*

Bezugsspannungsdiode *nf* MICR.EL → **voltage reference diode**
→ Referenzdiode *nf*

Bezugsstrecke *nf* ENG.DRA **roughness-width cutoff**
[Oberflächengüte]

Bezugstabelle *nf* TECH **reference table**
= Referenztabelle *nf*; Verweistabelle *nf*

Bezugstakt *nm* TELEC **reference clock signal**

Bezugstaktgeber *nm* TELEC **reference clock**
= Referenztaktgeber *nm*
= master clock; main clock

Bezugstemperatur *nf* PHYS **reference temperature**

Bezugsverbindung *nf* TELEC → **reference circuit**
→ Bezugskreis *nm*

Bezugsverzerrung *nf* TELEGR → **telegraph signal distortion**
→ Schrittverzerrung *nf*

Bezugswelle *nf* PHYS **reference wave**
= Referenzwelle *nf*

Bezugswert *nm* EL.TEC **bias** *n*
↓ Vorspannung; Vorstrom
= reference value
↓ bias voltage; bias current

Bezugswert *nm* COLL → **referencial value**
→ Stellenwert *nm*

Bezugswortsatz *nm* LING → **relative clause**
→ Relativsatz *nm*

Bezugszeit *nf* TECH **reference time**
= Referenzzeit *nf*

Bezugszellenvariable *nf* DAT.PR **cell reference variable**

bezwecken COLL **aim at** *vi*

B-Film *nm* CINEMA **B movie**

BFO TELEGR **BFO**
= beat frequency oscillator

Bg. PRIN.ME → **sheet** *n*
→ Blatt *nn*

BGA MICR.EL **BGA**
= ball-grid array

BGP-Protokoll *nn* DAT.NW **BGP**
= Border Gateway Protocol

BHCA-Wert SWITCH → **BHCA**
→ Wählversuche in der Hauptverkehrsstunde

BHT TECH **WHD**
= Breite x Höhe x Tiefe; BxHxT
= width, height, depth

Bi CHEM → **bismuth** *n*
→ Wismut *nn*

Bias-Spannung *nf* EL.TRO → **bias voltage**
→ Vorspannung *nf*

Bias-Strom *nm* TER&PER **bias current**
[Magnetband]
[magnetic tape]

Bibeldruckpapier *nn* PRIN.ME **Bible paper**
= Dünndruckpapier *nn*
= India paper

Bibelfilm *nm* CINEMA **biblical film**

Bibliographie *nf* PRIN.ME → **references** *nplt*
→ Literaturverzeichnis *nn*

Bibliothek *nf* SCIE **library** *n*
≈ Büchersammlung
≈ bibliotheca

Bibliothek *nf* DAT.MA **library** *n*
[eine geordnete Sammlung von Programmen, Routinen, Befehlen]
↓ Programmbibliothek
[organized set of programs, routines, instructions]
↓ program library

Bibliothekar *nm* SCIE **librarian**

Bibliothekmanagement *nn* DAT.MA → **library administration**
→ Bibliothekverwaltung *nf*

Bibliotheksdatei *nf* SW **library file**

Bibliotheksprogramm *nn* DAT.MA **library program**
= librarian *n*

Bibliotheksroutine *nf* SW **library routine**
[steht mehreren Programmen zur Verfügung]
[can be used by several programs]

Bibliotheksverwalter *nm* DAT.MA **library manager**
[ein Programm]
[a program]

Bibliothekswesen *nn* SCIE **librarianship**

Bibliothekverwaltung *nf* DAT.MA **library administration**
= Bibliothekmanagement *nn*
= library maintenance; library management

bichromatisch OPT → **bichromatic** *adj*
→ zweifarbig

BICMOS MICR.EL **BICMOS**
[Kombination von Bipolar- und CMOS-Technologie]
[combination of bipolar and CMOS technology]

bidimensional MATH → **two-dimensional** *adj*
→ zweidimensional

bidirektional TELEC → **both-way**
→ doppeltgerichtet

bidirektionaler Drucker TER&PER → **bidirectional printer**
→ Zweirichtungsdrucker *nm*

bidirektionaler Ringschutz TRANSM **bidirectional line-switched ring**
[in SDH-Leitungsgeräten]
= Zweirichtungs-Ringschutz *nm*
[in SDH/SONET lightwave line equipment]
= BLSR; bidirectional self-healing ring; BSHR; multiplex section protection ring; MS protection ring

bidirektionaler Transistor MICR.EL → **bidirectional transistor**
→ Zweirichtungstransistor *nm*

bidirektionaler Zähler CIRC.EN → **up-down counter**
→ Vor-Rückwärts-Zähler *nm*

bidirektionales Drucken TER&PER **bidirectional printing**

Bidirektional-Transistor *nm* MICR.EL → **bidirectional transistor**
→ Zweirichtungstransistor *nm*

Bidschirmschwankung *nf* TER&PER **swim** *n*
[undesired movement of picture on a display]

biegbar MECH → **flexible** *adj*
→ biegsam

Biegbarkeit *nf* MECH → **flexibility** *n*
→ Biegsamkeit *nf*

Biegebelastung *nf* MEC.EN **bending load**

Biegefähigkeit *nf* MECH → **flexibility** *n*
→ Biegsamkeit *nf*

Biegefeder *nf* MEC.EN **cantilever spring**
[einseitig festgeklemmt]
[unilaterally clamped]

Biegefestigkeit *nf* MECH **bending strength**
= Biegungsfestigkeit *nf*
= flexural strenght; flexure *n*; bending stiffness

Biegekante *nf* MEC.EN **bending edge**

Biegelinie *nf* MEC.EN **deflection curve**

Biegemoment *nn* PHYS **bending couple**
= bending moment; bending torque

biegen TECH **bend** *vt* (1)
≈ krümmen
[an elastic object]
= bent t (1); flex *vt*
≈ curve

Biegen *nn* METAL **bending** *n*
[Stanzen]

Biegeprüfung *nf* QUAL **bending test**
= flexural test

Biegeradius *nm* MATH **bend radius**
= Krümmungsradius *nm*
= bending radius; radius of curvature

Biegeschwingung *nf* MECH → **flexural mode**
→ Biegungsschwingung *nf*

Biegespannung *nf* MECH **bending stress**

Biegestanze *nf* METAL **bending die**

Biegewerkzeug *nn* TECH **bending tool**

Biegewulst *nf* METAL **bending bulge**

Biegezahl *nf* MECH **bending limit**

biegsam MECH **flexible** *adj*
= biegbar; flexibel
≈ plastisch; geschmeidig
≈ pliable

biegsame Welle MEC.EN **flexible shaft**

Biegsamkeit *nf* MECH **flexibility** *n*
= Biegbarkeit *nf*, Biegefähigkeit *nf*, Flexibilität *nf*
≈ Geschmeidigkeit
= bending capacity
≈ pliability

Biegung *nf* MATH **bend** *n*
[einer Kurve]
= Krümmung *nf*
= curvature *n*

Biegung *nf* MECH **flection** *n*
= flexion *n*; bending *n*

Biegungsfestigkeit *nf* MECH → **bending strength**
→ Biegefestigkeit *nf*

Biegungsschwingung *nf* MECH **flexural mode**
= Biegeschwingung *nf*

Biegungsverlust *nm* OPT.CO **bending loss**
= bend loss

Bi-Endian-Maschine *nf* DAT.PR **bi-endian machine**
[kann Zahlen sowohl von rechts als auch von links abarbeiten]
[can process numbers starting fron left and right as well]

Bienenwabe *nf* EL.ACOU → **honeycomb** *n*
→ Honeycomb

Bieter *nm* ECON → **bidder** *n* (AE)
→ Anbieter *nm*

Bietergemeinschaft *nf* ECON → **consortium** *n*
→ Konsortium *nn* (*pl* -tien)

Bietungsgarantie *nf* ECON **bid bond**
= tender guarantee

BIFET-Technologie *nf* MICR.EL **BIFET**
= bipolar field-effect transistor technology

bifilar EL.TRO → **bifilar**
→ doppelfädig

Bifilarantenne *nf* ANT **two-wire antenna**

bifilare Wicklung COMPO → **bifilar winding**
→ Bifilarwicklung *nf*

Bifilarwicklung *nf* COMPO **bifilar winding**
= bifilare Wicklung
= double winding; double-spiral winding; noninductive winding

Bifurkation *nf* TECH → **bifurcation** *n*
→ Gabelung *nf*

Big-Endian DAT.PR **big endian**
[mit dem höchstwertigsten Byte oder Ziffer links]
[with the highest-ranking byte or digit on the left]

BIGFET MICR.EL **BIGFET**
= bifilar insulated gate field-effect transistor

Big-wheel-Antenne *nf* ANT **big wheel antenna**

Bijektion *nf* MATH **bijection**
[Mengenlehre]
[set theory]

Bikonditional *nn* LOGIC → **equivalence** *n*
→ Äquivalenz *nf*

bikonischer Taper-Koppler OPTOEL **bitaper**
[mit Oberflächenkopplung]
= Bitaper *nm* (ANGL)
↑ Viertorverzweiger
= biconical taper

bikonkav OPT **biconcave** *adj*

bikonvex OPT **biconvex** *adj*

Bilanz *nf* COLL → **trade-off** *n*
→ Abwägung *nf*

Bilanz *nf* ECON **balance sheets**
[Gegenüberstellung von Vermögen
↑ financial statement

(Mittelverwendung) und Kapital (Mittelherkunft)]
= Bilanzierung *nf*
↑ Abschluss

Bilanzbuchhalter *nm* ECON → **bookkeeper** *n*
→ Buchhalter *nm*

Bilanzbuchhalter *nm* ECON → **accountant** *n*
→ Fachmann des Rechnungswesens

Bilanzierung *nf* ECON → **balance sheets**
→ Bilanz *nf*

Bilateral-Transistor *nm* MICR.EL **bilateral transistor**

Bild *nn* PRIN.ME → **illustration**
→ Abbildung *nf*

Bild *nn* TEC.DOC **figure** *n*
= Abbildung *nf*; Figur *nf*
≈ Illustration
= picture *n*; map *n*
≈ illustration

Bild *nn* COLL **picture** *n*
= pix *n*

Bild *nn* TV → **television picture**
→ Fernsehbild *nn*

Bildablenkgenerator *nm* TV → **vertical deflection oscillator**
→ Vertikalablenkoszillator *nm*

Bildablenkoszillator *nm* TV → **vertical deflection oscillator**
→ Vertikalablenkoszillator *nm*

Bildabschattung *nf* TV **shading** *n*

Bildabtaster *nm* TER&PER **image scanner**
[tastet Bilder ab]
= Bildabtastgerät *nn*; Bildsensor *nm*
≈ Lesegerät
↑ Eingabegerät
[scans images]
= video scanner; scanner *n*; scanner camera
≈ reading device
↑ input device

Bildabtastewert *nm* [TV] INF.TEC → **picture element**
→ Bildpunkt *nm*

Bildabtastgerät *nn* TER&PER → **image scanner**
→ Bildabtaster *nm*

Bildabtaströhre *nf* EL.TRO **scanning tube**

Bildabtastung *nf* TV **scanning** *n*
= Bildzerlegung *nf*

BILD-ABWÄRTS-Taste *nf* TER&PER → **PAGE-DOWN key**
→ BILD-NACH-UNTEN-Taste *nf*

Bildanalyse *nf* IMAG.PR **image analysis**

Bildanzeige *nf* DAT.PR **display** *n* (3)
= Sichtanzeige *nf*; Schirmbildanzeige *nf*; Anzeige *nf*; Schirmbilddarstellung *nf*
≈ Abzug
= visual display; dump *n* (1)
≈ dump (2)

Bildattribut *nn* COMP.AP **display attribute**
[Zusatzinformationen wie Unterstreichung, Hintergrund, Blinken]
= Darstellungsattribut *nn*; Attribut *nn*
[additional information like underlining, background, blinking]
= attribute *n*

Bildaufbau *nm* TER&PER **display build-up**

Bildaufbaugeschwindigkeit *nf* TER&PER **display build-up velocity**

Bildaufbauzeit *nf* TER&PER **display build-up time**

Bildaufbereiter *nm* INF.TEC **image editor**
= picture editor; display editor

Bildaufbereitung *nf* (1) COMP.GR **imaging** *n*
[Erfassung, Speicherung und Ausgabe von Bildern]
[capture, storage and outputting of images]
= image handling

Bildaufbereitung *nf* (2) COMP.GR **rendering** *n*
[eine Wirklichkeitsnähe erzeugen, durch raffinierte Berechnungen der Lichtausbreitung]
= Bildgenerierung *nf*; Bilderzeugung *nf*; Bildwiedergabe *nf*; künstlerische Aufbereitung; Rendering *nn* (ANGL)
≈ Strahlverfolgung
[to give a realistic look by sophisticated calculation of light propagation]
= image generation; image editing; picture generation; picture editing

Bildaufbereitungsprogramm *nn* COMP.AP **image editor**
= Bildbearbeitungsprogramm *nn*; Fotoeditor *nm*; Photoeditor *nm*
= picture editor; photo editor

Bildaufbereitungsvorrichtung *nf* COMP.GR **render engine**
[z.B. von 3D in 2D für Bildschirmausgabe]
[e.g. of 3-D into 2-D for display]

Bildauffrischung *nf* TER&PER → **refresh** *n*
→ Bildwiederholung *nf*

Bildauflösung *nf* TER&PER **display resolution**
= image resolution

Bildaufnahme *nf* IMAG.PR → **image recording**
→ Bildaufzeichnung *nf*

Bildaufnahme-Elektronenröhre *nf* EL.TRO → **camera tube**
→ Bildaufnahmeröhre *nf*

Bildaufnahmegerät *nn* TV → **videorecorder**
→ Videorecorder *nm*

Bildaufnahmeröhre *nf* EL.TRO **camera tube**
= Aufnahmeröhre *nf*; Kameraröhre *nf*; Bildaufnahme-Elektronenröhre *nf*
↑ Kathodenstrahlröhre
↑ cathode ray tube

BILD-AUFWÄRTS-Taste *nf* TER&PER → **PAGE-UP key**
→ BILD-NACH-OBEN-Taste *nf*

Bildaufzeichnung *nf* IMAG.PR **image recording**
= Bildaufnahme *nf*
= picture recording

Bildaufzeichnungsgerät *nn* TER&PER **image recorder**
= picture recorder

Bildaufzeichnungsgerät *nn* TV → **videorecorder**
→ Videorecorder *nm*

Bildausfall *nm* RAD.LO **blank-out**

Bildausgabe *nf* INF.TEC **video display**
= Bildschirmanzeige *nf*
= display on screen

Bildausschnitt *nm* IMAG.PR **picture extract**

Bildaustastlücke *nf* TV **vertical blanking interval**
↑ Austastlücke
= field-blanking interval
↑ vertical blanking interval

Bildaustastung *nf* TV **frame suppression**
= frame blanking; vertical blanking; vertical interval

Bildauswertung *nf* INF.TEC **picture evaluation**

bildbasiert COMP.GR **image-based**

bildbasiertes Rendering MOD&SI → **immersive imaging**
→ Immersive Imaging

Bildbearbeitungsprogramm *nn* COMP.AP → **image editor**
→ Bildaufbereitungsprogramm *nn*

Bildbearbeitungsprogramm *nn* COMP.AP **picture compilation program**

Bildberechnung *nf* COMP.GR → **ray tracing** *n*
→ Strahlverfolgung *nf*

Bildbereich *nm* MATH **complex variable domain**

Bildbereichsausfüllung *nf* COMP.GR **region fill**

Bildbeschreibung *nf* PRIN.ME → **caption** *n* (3)
→ Bildlegende *nf*

Bildblatt *nn* PRIN.ME **illustrated data sheet**

Bildbreite *nf* TER&PER **image width**
= display width

Bildcodierung *nf* INF.TEC **image coding**
[Signalverarbeitung]

Bilddarstellung *nf* IMAG.PR **image representation**
= picture representation

Bilddatei *nf* DAT.PR **image file**
= picture file

Bilddatenbank *nf* DAT.MA **picture database**
= image database

Bilddaten *nplt* DAT.MA **picture data**
= pictured data; viewdata

Bilddauer *nf* TV **frame duration**
= Vollbilddauer *nf*

bilddefinierend IMAG.PR **image-defining**

Bilddekompression *nf* IMAG.PR **image decompression**
= Bilddekomprimierung *nf*
= picture decompression

Bilddekomprimierung *nf* IMAG.PR → **image decompression**
→ Bilddekompression *nf*

Bilddrehung *nf* TV **frame rotation**
= image rotation

Bilddurchlauf *nm* COMP.AP → **scrolling** *n*
→ Bildlauf *nm*

Bilddurchlauf *nm* TER&PER → **scrolling** *n*
→ Bildverschiebung *nf*

Bildebene *nf* OPT **image plane**

Bildeindruck *nm* TER&PER **image presentation**

Bildeinfangung *nf* COMP.GR **frame grabbing**
= video grabbing; grabbing *n*

Bildeinschnürung *nf* COMP.GR **elastic banding**
= banding *n*

Bildelement *nn* INF.TEC → **picture element**
→ Bildpunkt *nm*

Bildempfangsgerät *nn* CONS.EL → **television set**
→ Fernsehgerät *nn*

Bildende Künste COLL **fine arts**
↓ Plastik; Malerei; Grafik; Baukunst; Kunstgewerbe
↓ plastic arts; painting; graphic arts; architecture; arts and crafts

Bilderbuch *nn* PRIN.ME **picture-book**

Bilderkennung *nf* IMAG.PR **image recognition**
= künstliches Sehen
= picture recognition; vision *n*

Bilderschrift *nf* LING **hieroglyphics**
= hieroglyphic writing

Bildersymbolleiste *nf* INTERNET → **clickable graphics**
→ anklickbare Grafik

Bilderzeugung *nf* COMP.GR → **rendering** *n*
→ Bildaufbereitung *nf* (2)

Bildfalle *nf* TV → **adjacent video carrier trap**
→ Bildträgersperre *nf*

Bildfang *nm* TV **hold** *n*
= image retention

Bildfangschaltung *nf* HW **frame grabber**
= video grabber; grabber *n*; video digitizer

Bildfehler *nm* OPT → **aberration** *n* (1)
→ Aberration *nf*

Bildfehler *nm* IMAG.PR **artifact** *n*
[error in an image]
= Artefakt *nf* = artefact
↓ Farbfehler; Bildunschönheit; Bewegungsfehler ↓ color artifact; aliasing; motion artifact

Bildfeldwölbung *nf* PHYS **image curvature aberration**

Bildfenster *nn* COMP.AP → **window** *n*
→ Fenster *nn*

Bildfernschreiben *nn* TELEGR **telewriting** *n*
[Übertragung von Handschriften] [transmission of handwriting]
= Handschriftenübertragung *nf* = teleautography *n* (AE)
≈ Bildtelegrafie *nf* ≈ videotelegraphy

Bildfernsprechen *nn* TELEC **videotelephony** *n*
= Bildtelefonie *nf*

Bildfernsprecher *nm* TER&PER **videotelephone** *n*
= Bildtelefon *nn*; Bildtelephon *nn* = visual telephone; pictophone *n*

Bildfilter *nn* IMAG.PR **image filter**

Bildfläche *nf* TER&PER **display area**

Bildflächenausschnitt *nm* COMP.GR → **viewport** *n*
→ Arbeitsfläche *nf*

Bildfleck *nm* PRIN.ME → **halftone spot** *n*
→ Halbtonfleck *nm*

Bildfleckfunktion *nf* PRIN.ME **spot function**
[Halbtontechnik; definiert die Form der Bildflecken] [halftone imaging; defines the shape of halftone spots]
= Fleckfunktion *nf*

Bildflug *nf* CART **photogrammetric flight**

Bildfolgefrequenz *nf* TV **frame frequency**
= Bildfrequenz *nf* (2); Bildwiederholfrequenz *nf*; Bildwiederholrate *nf*; Bildwiederholgeschwindigkeit *nf*; Vollbildfrequenz *nf* = picture frequency; video frequency (2); vision frequency; frame repetition rate; frame rate
≈ Teilbildfrequenz ≈ field frequency

Bildfrequenz *nf* TELEGR **image frequency**
[Faksimile] [facsimile]

Bildfrequenz *nf* (1) TV **maximum modulating frequency**

Bildfrequenz *nf* (2) TV → **frame frequency**
→ Bildfolgefrequenz *nf*

Bildfülloperation *nf* COMP.GR **area filling**
[Grafikprozessor] [graphics processor]

Bildfunk *nm* TELEC **phototelegraphy** *n*
= Bildtelegraphie *nf*; Fototelegraphie *nf*; Phototelegrafie *nf* = picture transmission (AE); wireless picture transmission

Bildfunk *nm* TELEGR → **videotelegraphy**
→ Bildtelegrafie *nf*

Bildfunktion *nf* MATH **complex function**

bildgebend COMP.GR **imaging**

Bildgenerator *nm* DAT.PR **display generator**
≈ Zeichengenerator ≈ character generator

Bildgenerierung *nf* COMP.GR → **rendering** *n*
→ Bildaufbereitung *nf* (2)

Bildgerät *nn* CONS.EL → **television set**
→ Fernsehgerät *nn*

Bildglättung *nf* COMP.GR **anti-aliasing** *n*
[Maßnahme zur Minderung von auflösungsbedingten Bildunregelmäßigkeiten] [countermeasure to reduce visual imperfections caused by limited resolution]
= Kantenglättung *nf*; Treppenstufenglättung *nf*; Antialiasing *nn*
≠ Rasterung (2) ≠ dithering (2)
↓ Kurvenglättung

Bildgleichrichtung *nf* TV **video detection**

bildhaft TECH → **visual** *adj*
→ visuell

bildhaft darstellen TECH → **visualize** *vt*
→ visualisieren

bildhafte Darstellung TECH → **visualization**
→ Visualisierung *nf*

Bildhauer *nm* IMAG.ME **sculpturer** *n*

Bildhelligkeit *nf* TV **image brightness**
= picture brightness

Bildhelligkeitsregler *nm* TV → **brightness control**
→ Helligkeitsregler *nm*

Bildhintergrund *nm* COMP.AP **display background** *n* (1)
= Bildschirmhintergrund *nm*; Desktop (MS Windows) = image background
≈ Bildschirmarbeitsfläche ≈ desktop

Bildinformation *nf* IMAG.PR **visual information**
= visuelle Information = image information

Bildingenieur *nm* TV **video engineer**

Bildinhalt *nm* INF.TEC **picture information**
= image content

Bildinhaltssignal *nn* TV → **luminance signal**
→ Leuchtdichtesignal *nn*

Bildkanal *nm* INF.TEC **picture channel**
= vision channel

Bildkipposzillator *nm* TV → **vertical deflection oscillator**
→ Vertikalablenkoszillator *nm*

Bildkommunikation *nf* TELEC **image communication**
= picture communication; vision communication; video communication
↑ Telekommunikation ↑ telecommunications
↓ Fernsehen; Bildfernsprechen ↓ television; videotelephony

Bildkompression *nf* IMAG.PR **image compression**
= Bildkomprimierung *nf*; Redundanzreduzierung *nf* = redundancy compression

Bildkomprimierung *nf* IMAG.PR → **image compression**
→ Bildkompression *nf*

Bildkonferenz *nf* TELEC **video conferencing**
= Bildschirmkonferenz *nf*; Videokonferenz *nf* = videoconference
↑ Telekonferenz ↑ teleconferencing

Bildkontrast *nm* TV **picture contrast**
= image contrast

Bildkontrollempfänger *nm* TER&PER → **monitor** *n*
→ Monitor *nm*

Bildlauf *nm* COMP.AP **scrolling** *n*
= Bilddurchlauf *nm*

Bildlauf *nm* TER&PER → **scrolling** *n*
→ Bildverschiebung *nf*

Bildlauf durchführen COMP.AP → **scroll** *vt*
→ rollen

Bildlauffeld *nn* COMP.AP **scroll box**
[in einer Bildlaufleiste] [within a scroll bar]
= Rollkasten *nm*; Schieberegler *nm* = elevator *n*; thumb *n*

Bildlaufleiste *nf* COMP.AP **scroll bar**
= Bildlauflinie *nf*; Schiebeleiste *nf*; Rollbalken *nm* ↓ elevator

Bildlauflinie *nf* COMP.AP → **scroll bar**
→ Bildlaufleiste *nf*

Bildlaufmaus TER&PER **scroll mouse**

Bildlaufpfeil *nm* COMP.AP **scroll arrow**
[an einem Rollbalken] [on a scroll bar]
= Rollpfeil *nm*

Bildlegende *nf* PRIN.ME **caption** *n* (3)
[explanatory note to an illustration]
= Bildunterschrift *nf*; Bildbeschreibung *nf*; Abbildungslegende *nf*
≈ Zeichenerklärung

Bildleitung *nf* TRANSM **photographic-grade line**

bildlich SCIE **pictorial** *adj*
≈ grafisch ≈ graphic

bildlich wiedergeben COLL → **picture** *vt*
→ darstellen

Bildlupe *nf* INF.TEC **image magnifier**
= picture magnifier

Bildmanuskript *nn* PRIN.ME **image manuscript**

Bildmaterial *nn* IMAG.ME **imagery** *n*
= Fotomaterial *nn*; Photomaterial *nn* = photographic material

Bildmaterial *nn* PRIN.ME **pictorial material**
= imagery *n*
↓ photografisches Material; Diagramme; Karten ↓ photographic material; diagrams; maps

Bildmaterial-Bibliothek *nf* COMP.AP **clip art**
[vorgefertigtes Bildmaterial zum Einfügen in Texte] [ready-made illustrations to be inserted into documents]
= Clip-art *nf*

Bildmischer *nm* TER&PER → **genlock** *n*
→ Genlock

Bildmischer *nm* TV → **mixer** *n*
→ Mischer *nm*

Bildmischgerät *nn* TV **video mixer**
= Bildmischpult *nn*

Bildmischpult *nn* TV → **video mixer**
→ Bildmischgerät *nn*

Bildmitteneinstellung *nf* TV **image-centering control**

Bildmodulation *nf* TV **vision modulation**
= image modulation

Bildmonitor *nm* TER&PER → **monitor** *n*
→ Monitor *nm*

Bildmuster *nn* TV → **test pattern**
→ Testbild *nn*

Bildmustererkennung *nf* IMAG.PR **image pattern recognition**

Bildmustergenerator *nm* TV **test pattern generator**
= Streifengenerator *nm*; Testbildgenerator *nm*; Testbildgeber *nm*
= pattern generator; test chart generator; resolution pattern generator

BILD-NACH-OBEN-Taste *nf* TER&PER **PAGE-UP key**
= BILD-AUFWÄRTS-Taste *nf*; PAGE-UP-Taste *nf*; PgUp-Taste *nf*
↑ Schreibmarkentaste
= PgUp key
↑ cursor key

BILD-NACH-UNTEN-Taste *nf* TER&PER **PAGE-DOWN key**
= BILD-ABWÄRTS-Taste *nf*; PAGE-DOWN-Taste *nf*; PgDn-Taste *nf*
↑ Schreibmarkentaste
= PgDn key
↑ cursor key

Bildplatte *nf* TER&PER **optical disk**
[speichert Daten in optisch lesbarer Form, z.B. durch mit Laser gebrannte Lochsequenzen]
= optische Speicherplatte; optische Bildplatte; optische Platte; Laserplatte *nf*; Videoplatte *nf*; Videoscheibe *nf*
↑ optischer Speicher
↓ Nur-Lese-Bildplatte; überschreibbare Bildplatte; CD; DVD
[stores data in an optically readable manner, e.g. by laser-burned hole strings]
= optical storage disk; optical video disk; video disk; optical disc; digital optical reading; DOR; laser storage disk
↓ read-only optical disk; rewritable optical disk; CD; DVD

Bildplatte *nf* TER&PER → **video CD**
→ Video-CD *nf*

Bildplattengerät *nn* TER&PER **optical disk unit**
= optical disk device

Bildplattenspieler *nm* CONS.EL **video-disc player**

Bildprozessor *nm* DAT.PR **display processor**
= image processor; display processing unit; DPU

Bildpuffer *nm* TER&PER **screen buffer**
[Zwischenspeicher für Zeichen oder Grafiken]
= Bildpufferspeicher *nm*; Bildschirmpuffer *nm*; Bildzwischenspeicher *nm*; Videobuffer *nm* (ANGL)
≈ Bildspeicher
[temporary store for characters or graphics waiting to be displayed]
= video buffer; regeneration buffer; display buffer; image buffer
≈ display store

Bildpufferspeicher *nm* TER&PER → **screen buffer**
→ Bildpuffer *nm*

Bildpunkt *nm* TELEGR **image dot**
[Faksimile]
[facsimile]

Bildpunkt *nm* INF.TEC **picture element**
[kleinstes adressierbares und darstellbares Bildelement]
= Bildelement *nn*; Bildabtastewert *nm* [TV]; Abtastwert *nm* [TV]; Pixel *nn*
≈ Volumenelement
[smallest addressable and reproducible picture element]
= pixel *n*; pel *n*; picture dot; point *n*; mesh *n*; scanning point; resolution cell
≈ volume element

Bildpunktadressierbarkeit *nf* COMP.GR **all points addressable**
[individual access to any pixel]
= APA
= APA

Bildpunktbild *nn* DAT.MA **pixel image**
[Speicherinhalt für ein Bild, mit mehreren Attribut-Bits pro Bildpunkt]
= Pixelgrafik *nf*
≈ Bitbild
[memory content of an image, with several attribute bits per pixel]
≈ bit image

Bildpunkteinfallswinkel *nm* TV **dot incidence angle**

Bildpunkte pro Zoll TER&PER **dots per inch**
= d.p.i.; dpi

Bildpunktfrequenz *nf* TELEGR **image dot frequency**
[Faksimile]

Bildpunktgruppe *nf* IMAG.PR **cluster** *n*
[set of similar pixels]

Bildpunktprozessor *nm* HW → **graphics processor**
→ Grafikprozessor *nm*

Bildpunkt-Selbstfokussierung *nf* PHOT **spot auto-focus**
= spot AF

Bildpunktspeicher *nm* TER&PER **pixel memory**

bildpunktweise Korrekturmöglichkeit COMP.GR **fatbits feature**
= pixelweise Korrekturmöglichkeit
[allows pixel-by-pixel corrections]

Bildqualität *nf* INF.TEC **image quality**
= picture quality

Bildrahmen *nm* COMP.GR **display frame**
= Rahmen *nm*
= frame *n*

Bildrahmen pro Sekunde COMP.GR **frames per second**
= fps
= fps

Bildredaktion *nf* PRIN.ME **picture editor**

Bildregenerierung *nf* TER&PER → **refresh** *n*
→ Bildwiederholung *nf*

Bildregister *nn* DAT.PR **display register**
= Anzeigeregister *nn*
= image register

Bildrekonstruktion *nf* INF.TEC **image reconstruction**

Bildreproduktion *nf* PRIN.ME **image reproduction**
= Reproduktion *nf*; Bildwiedergabe *nf*
= reproduction *n*

Bildröhre *nf* EL.TRO → **picture tube**
→ Bildwiedergaberöhre *nf*

Bildrundsenden *nn* TELEC **videocasting**
[an gezielten Teilnehmerkreis]
≈ Fernsehrundfunk
[to specific group of users]
≈ TV broadcasting

Bildschale *nf* PHYS **image surface**

Bildschärfe *nf* TV **image definition**
= image precision; picture definition; picture precision

Bildschirm *nm* TV **video screen**
= Fernsehbildschirm *nm*
↑ Leuchtschirm
= television screen; TV screen; telescreen *n*; screen *n*
↑ luminescent screen

Bildschirm *nm* (1) TER&PER **display screen** *n*
= Schirm *nm*
≈ Monitor; Sichtgerät; Kathodenstrahlröhre
↑ Leuchtschirm
↓ Zeichenbildschirm; Rasterbildschirm; Grafikbildschirm; Vektorbildschirm
= display *n* (1); screen *n*; CRT display
≈ monitor; display terminal; CRT
↑ luminescent screen
↓ character display; raster scanned display; graphics screen; vector

Bildschirm *nm* (2) TER&PER → **display terminal** *n* (1)
→ Sichtgerät *nn* (1)

Bildschirmabschalter *nm* COMP.AP **screen blanker**
[eine Software-Utility]
↑ Bildschirmschoner
[a software utility]
↑ screen saver

Bildschirmabschaltung *nf* TER&PER **automatic blanking**
= Schirmabschaltung *nf*

Bildschirmabzug *nm* DAT.MA → **screen dump**
→ Bildschirmausdruck *nm*

Bildschirmadapter *nm* TER&PER → **graphics board** *n* (1)
→ Grafikkarte *nf*

Bildschirmaktualisierung *nf* COMP.AP **screen update**

Bildschirmanimator *nm* DAT.PR **screen animator**
↑ Bildschirmschoner
↑ screen saver

Bildschirmanschluss *nm* TER&PER **video port**
= Videoport *nm* (ANGL)
= display port

Bildschirmanzeige *nf* INF.TEC → **video display**
→ Bildausgabe *nf*

Bildschirmarbeit *nf* DAT.PR **screen handling**

Bildschirmarbeitsfläche *nf* COMP.AP **desktop** *n*
= Arbeitsfläche *nf*; Desktop *nm*
≈ Bildhintergrund
[display area]
≈ display background

Bildschirmarbeitsplatz *nm* TER&PER **display workstation**

Bildschirmattribut *nn* COMP.AP **screen attribute**
[blinkend, fett, ...]
[flickering, bold, ...]

Bildschirmauffrischung *nf* EL.TRO **screen refresh**

Bildschirmauflösung *nf* TER&PER **screen resolution**

Bildschirmausdruck *nm* DAT.MA **screen dump**
[Ausdruck eines Bildschirminhalts]
= Bildschirmabzug *nm*; Hardcopy *nf*; Druckkopie *nf*
≈ Druckerausdruck
≠ Bildschirmkopie
↑ Ausdruck; Bildchirmsicherung
[printed copy of a screen content]
= display printout; screen printout; screen shot; hard copy
≠ soft copy
↑ printout; screen capture

Bildschirmausgabe *nf* DAT.PR **soft copy**
[Ausgabe am Bildschirm]
= flüchtige Anzeige *nf*; flüchtiges Bild; Softcopy *nf* (ANGL)
≠ Bildschirmausdruck
[output on a screen]
≠ hard copy

Bildschirm-Ausgangs-Signal *nn* TV → **video signal** *n*
→ Videosignal *nn*

Bildschirmausschnitt *nm* COMP.AP → **window** *n*
→ Fenster *nn*

Bildschirmbereich *nm* COMP.GR → **viewport** *n*
→ Arbeitsfläche *nf*

Bildschirmbild *nn* DAT.PR **display image**
[der volle Inhalt eines Bildschirms]
[the full content of a display]

Bildschirmblättern *nn* TER&PER **paging** *n*
[Wechseln ganzer Seiten oder Bildschirminhalte]
= Blättern *nn*
≈ Bildverschiebung
[to replace full pages or display contents]
= page turning; page scrolling
≈ scrolling

Bildschirmblockierungsabsturz *nm* COMP.AP **frozen-screen crash**

Bildschirmcode *nm* TER&PER **display code**
= screen code

Bildschirmcomputer *nm* DAT.PR **video computer**
Bildschirmdarstellung *nf* COMP.AP **screen mode**
= Darstellungsart *nf*; Darstellungsweise *nf* = visual display mode; display mode; graphic rendition; view *n* (1)
↓ hell; negativ; blinkend
Bildschirmdesign *nn* INTERNET → **screen design**
→ Bildschirmgestaltung *nf*
Bildschirmdesigner *nm* INTERNET → **screen designer**
→ Bildschirmgestalter *nm*
Bildschirmdiagonale *nf* TER&PER **screen diagonal**
Bildschirm-Editor *nm* WOR.PR **screen editor**
= seitenorientierter Editor ↑ text editor
↑ Text-Editor
Bildschirmeinblendung *nf* COMP.AP **display insert** *n*
= Einblendung *nf* = insert *n*
Bildschirmeingabegerät *nn* TER&PER **picking device**
↓ Maus; Lichtgriffel; Steuerknüppel [to enter data on a screen]
↓ mouse; light pen; joystick
Bildschirmeinheit *nf* TER&PER → **display terminal** *n* (1)
→ Sichtgerät *nn* (1)
Bildschirmfarbe *nf* TER&PER **screen colour**
↓ Vordergrundfarbe; Hintergrundfarbe ↓ foreground colour; background colour
Bildschirmfenster-Einblendung *nf* TV **PIP**
= PIP = picture in picture
Bildschirmfernschreiber *nm* TER&PER **display teleprinter**
Bildschirmfilter *nn* TER&PER **display filter**
= screen filter
Bildschirmflackern *nn* TV → **screen flicker**
→ Bildschirmflimmern
Bildschirmflimmern TV **screen flicker**
= Bildschirmflackern *nn* = screen flickering; flicker
Bildschirmfont *nm* TER&PER → **screen font**
→ Bildschirm-Zeichensatz *nm*
Bildschirmformat *nn* TER&PER **screen size**
= Bildschirmgröße *nf* = screen format
Bildschirmformgenerator *nm* SW → **display mask generator**
→ Maskenoperator *nm*
Bildschirmformular *nn* COMP.AP → **display mask**
→ Bildschirmmaske *nf*
Bildschirmformular-Generator *nm* TER&PER **screen form generator**
= screen formular generator
Bildschirmfunktion *nf* COMP.AP **screen function**
Bildschirmgenerator *nm* COMP.AP **screen generator**
Bildschirmgerät *nn* (1) TER&PER → **display terminal** *n* (1)
→ Sichtgerät *nn* (1)
Bildschirmgerät *nn* (2) TER&PER → **data display terminal**
→ Datensichtgerät *nn*
Bildschirmgestalter *nm* INTERNET **screen designer**
= Bildschirmdesigner *nm*; Screendesigner *nm* (ANGL)
Bildschirmgestaltung *nf* INTERNET **screen design**
= Bildschirmdesign *nn*; Screendesign *nn* (ANGL)
Bildschirmgröße *nf* TER&PER → **screen size**
→ Bildschirmformat *nn*
Bildschirmhintergrund *nm* COMP.AP → **display background** *n* (1)
→ Bildhintergrund *nm*
Bildschirmhintergrund *nm* TER&PER → **background** *n*
→ Hintergrund *nm*
Bildschirminformation *nf* TER&PER **screenful** *n*
= Bildschirminhalt *nm* = screen page; page *n*; screen contents
Bildschirminhalt *nm* TER&PER → **screenful** *n*
→ Bildschirminformation *nf*
Bildschirmintegration *nf* COMP.AP **screen integration**
Bildschirmkamera *nf* TER&PER **screen camera**
Bildschirmkarte *nf* TER&PER → **graphics board** *n* (1)
→ Grafikkarte *nf*
Bildschirmkonferenz *nf* TELEC → **video conferencing**
→ Bildkonferenz *nf*
Bildschirmkonsole *nf* TER&PER → **data display terminal**
→ Datensichtgerät *nn*
Bildschirmkontrolle *nf* INF.TEC **image control**
= display control
Bildschirmmarke *nf* COMP.AP → **cursor** *n*
→ Schreibmarke *nf*
Bildschirmmaske *nf* COMP.AP **display mask**
= Maske *nf* (2); Bildschirmformular *nn*; Bildschirmschablone *nf*; Schablone *nf*; Formateinblendung *nf* = screen mask; display background (2); display form; screen form; screen formular; display formular; video display
↑ Formular [TER&PER] ↑ form [TER&PER]
↓ Eingabemaske ↓ input mask

Bildschirmmaskenformat *nn* COMP.AP → **display format**
→ Darstellungsformat *nn*
Bildschirmmaskenoperator *nm* SW → **display mask generator**
→ Maskenoperator *nm*
Bildschirmmenü *nn* COMP.AP **display menu**
= Anzeigemenü *nn*
bildschirmorientiert COMP.AP **screen-based** *adj*
[Zugriff auf den ganzen Bildschirm erlaubend] [allowing access to the whole screen area]
≠ zeilenorientiert = screen-oriented; display-based; display-oriented; full-screen based; full-screen oriented; full-display based; full-display oriented
≠ line-based
Bildschirmposition *nf* TER&PER **display position**
= screen position
Bildschirmprozessor *nm* HW → **graphics processor**
→ Grafikprozessor *nm*
Bildschirmpuffer *nm* TER&PER → **screen buffer**
→ Bildpuffer *nm*
Bildschirmrahmen *nm* EL.TRO **overscan area**
Bildschirmschablone *nf* COMP.AP → **display mask**
→ Bildschirmmaske *nf*
Bildschirmschoner *nm* COMP.AP **screen saver**
↓ Bildschirmabschalter; Bildschirmanimator ↓ screen blanker; screen animator
Bildschirm-Schreibmaschine *nf* TER&PER **display typewriter**
≈ Textendgerät ≈ text terminal equipment
Bildschirmschrift *nf* COMP.AP **screen font**
Bildschirmschrift *nf* TER&PER → **screen font**
→ Bildschirm-Zeichensatz *nm*
Bildschirmschriftart *nf* (1) TER&PER → **screen font**
→ Bildschirm-Zeichensatz *nm*
Bildschirmschriftart *nf* (2) TER&PER → **bit-mapped font**
→ Rasterschrift *nf*
Bildschirmsicherung *nf* DAT.MA **screen capture**
[durch Speicherung oder Ausdruck] [by storing or printing]
↓ Bildschirmabzug ↓ screen dump
Bildschirmspeicher *nm* TER&PER → **display store**
→ Bildspeicher *nm*
Bildschirmsprache *nf* DAT.PR **screen language**
Bildschirmstation *nf* TER&PER → **data display terminal**
→ Datensichtgerät *nn*
Bildschirmsteuergerät *nn* TER&PER **display controller**
Bildschirmsteuerung *nf* COMP.AP **display controller**
[auf Bildschirm nachgebildet] [emulated on a display]
Bildschirmstrahlung *nf* TER&PER **screen radiation**
Bildschirmsymbol *nn* COMP.AP → **icon** *n*
→ Piktogramm *nn*
Bildschirmtafel *nf* COMP.AP **whiteboard** *n*
[für Datenkonferenz] [on display, for data conferencing]
= Whiteboard
Bildschirmtastatur *nf* COMP.AP **soft keyboard**
[represented on display]
= display keyboard
Bildschirmtelefon *nn* INTERNET **screen phone**
= Videophon = videophone *n*
Bildschirmterminal *nn* TER&PER **video display terminal**
= Videodisplay *nn* = VDT; video terminal; video
Bildschirmterminal *nn* TER&PER → **data display terminal**
→ Datensichtgerät *nn*
Bildschirmtext *nm* TELEC **interactive videotex**
[Zweiweg-Kommunikationssystem zum Abruf von Informationen über Fernsprechleitung und Wiedergabe an Fernsehempfänger] [interactive system to call-up informations via telephone line, and display them on TV receiver]
= Btx; Videotex; Bildschirmtextdienst *nm* = videotex *n*; interactive videotex service; interactive videography; viewdata service
≈ Teletext ≈ teletext
↓ PRESTEL (Großbritannien); Vista (Kanada) ↓ PRESTEL (Great Britain); Vista (Canada)
Bildschirmtext-Abfrage *nf* TELEC **videotex inquiry**
= Btx-Abfrage *nf*
Bildschirmtext-Abfragegerät *nn* TER&PER **videotex inquiry terminal**
= Btx-Abfragegerät *nn*
Bildschirmtext-Agentur *nf* TELEC **videotex agency**
= Btx-Agentur *nf*; Videotex-Agentur *nf*
Bildschirmtext-Anbieter *nm* TELEC **videotex information provider**
= Btx-Anbieter *nm*
Bildschirmtext-Anschluss *nm* TELEC **videotex connection**
= Btx-Anschluss *nm*
Bildschirmtext-Anschlussbox *nf* TELEC **videotex connection box**
= Btx-Anschlussbox *nf*

Bildschirmtextdienst *nm* TELEC → **interactive videotex**
→ Bildschirmtext *nm*

Bildschirmtext-Endgerät *nn* TELEC **videotex terminal**
= Bildschirmtext-Terminal *nn*; Btx-Endgerät *nn*; Btx-Terminal *nn*

bildschirmtextfähig TELEC **videotex-compatible**
= Btx-fähig

Bildschirmtext-Leitzentrale *nf* TELEC **videotex control station**
= Btx-Leitzentrale *nf*

Bildschirmtext-Mitteilung *nf* TELEC **vidoetex information**
= Btx-Mitteilung *nf*
= videotex message

Bildschirmtext-Netz *nn* TELEC **videotex network**
= Btx-Netz *nn*

Bildschirmtext-Seite *nf* TELEC **videotex page**
= Btx-Seite *nf*

Bildschirmtext-Tastatur *nf* TELEC **videotex keyboard**
= Btx-Tastatur *nf*

Bildschirmtext-Teilnehmer *nm* TELEC **videotex subscriber**
= Btx-Teilnehmer *nm*

Bildschirmtext-Terminal *nn* TELEC → **videotex terminal**
→ Bildschirmtext-Endgerät *nn*

Bildschirmtext-Verzeichnis *nn* TELEC **videotex register**
= Btx-Verzeichnis *nn*

Bildschirmtext-Zentrale *nf* TELEC **videotex computer center**
= Btx-Zentrale *nf*

Bildschirmvertaltung *nf* DAT.PR **screen management**

Bildschirmvordergrund *nm* COMP.AP → **display foreground**
→ Bildvordergrund *nm*

Bildschirmzeichen *nn* COMP.AP → **icon** *n*
→ Piktogramm *nn*

Bildschirm-Zeichensatz *nm* TER&PER **screen font**
= Bildschirmschrift *nf*; Bildschirmschriftart *nf* (1); Bildschirmfont *nm*
≈ Softfont
≠ Drucker-Zeichensatz
= screen character
≈ soft font
≠ printer font

Bildschirmzeitung *nf* TELEC → **teletext** *n*
→ Teletext *nm*

Bildschirmzyklus *nm* TER&PER → **display cycle**
→ Bildzyklus *nm*

Bildschwarz *nn* TER&PER **picture black**
[Fax]

Bildsender *nm* TV **picture transmitter**

Bildsensor *nm* TER&PER → **image scanner**
→ Bildabtaster *nm*

Bildsensor *nm* TV **image sensor**
↓ Festkörperbildsensor

Bildsequenz *nf* INF.TEC **image sequence**
≈ Bewegtbild
≈ moved picture

Bildsequenz *nf* IMAG.PR **GOP**
= Group Of Pictures

Bildsignal *nn* TV → **video signal** *n*
→ Videosignal *nn*

Bildsignalmittelwert *nm* TV **average picture signal level**

Bildspeicher *nm* TER&PER **display store**
[für Bildschirminhalt]
= Bildschirmspeicher *nm*; BSP
[for screen content]
= matrix store; matrix memory; frame storage; frame memory; frame buffer; screen memory

Bildspeicherplatte *nf* TER&PER → **video CD**
→ Video-CD *nf*

Bildspeicherplatz *nm* DAT.PR **image storage space**

Bildspeicherröhre *nf* EL.TRO **storage camera tube**

Bildspeicherschirm *nm* TER&PER → **storage display screen**
→ Speicherbildschirm *nm*

Bildspeicherseite *nf* DAT.PR → **video display page**
→ Videoanzeigeseite *nf*

Bildstabilität *nf* TER&PER → **image stability**
→ Flimmerfreiheit *nf*

Bildsternpunkt *nm* BROADC **television distribution center**

Bildstrahl *nm* TV **picture beam**
≈ Schreibstrahl [EL.TRO]
↑ Elektronenstrahl [EL.TRO]
≈ reading beam [EL.TRO]
↑ electron beam [EL.TRO]

Bildstreifen *nm* IMAG.PR **band** *n*
[rectangular portion of a graphic]
= swath *n*

Bildsymbol *nn* COMP.AP → **icon** *n*
→ Piktogramm *nn*

Bildsynchronisierung *nf* TV **picture synchronization**

Bildsynthese *nf* TV → **picture synthesis**
→ Bildzusammenstellung *nf*

Bild-Taste *nf* TER&PER **PAGE key**
= PAGE-Taste *nf*

Bildtechniker *nm* IMAG.ME **video technician**

Bildteilung *nf* TV **image splitting**

Bildtelefon *nn* TER&PER → **videotelephone** *n*
→ Bildfernsprecher *nm*

Bildtelefonie *nf* TELEC → **videotelephony** *n*
→ Bildfernsprechen *nn*

Bildtelegrafie *nf* TELEGR **videotelegraphy**
[Übertragung von Bildern]
= Fototelegrafie *nf*; Bildfunk *nm*
≈ Bildfernschreiben
↑ Faksimiletelegrafie
[transmission of pictures]
= phototelegraphy; picture telegraphy; picture transmission (AE); wireless picture transmission
≈ telewriting
↑ facsimile telegraphy

Bildtelegrafiegerät *nn* (1) TER&PER **phototelegraph apparatus**
= Telebildgerät *nn*

Bildtelegrafiegerät *nn* (2) TER&PER → **facsimile equipmemt**
→ Faksimilegerät *nn*

Bildtelegramm *nn* POST **facsimile telegram**
= Faxtelegramm *nn*
= phototelegram *n*

Bildtelegraphie *nf* TELEC → **phototelegraphy** *n*
→ Bildfunk *nm*

Bildtelephon *nn* TER&PER → **videotelephone** *n*
→ Bildfernsprecher *nm*

Bildtiefenerzeugung *nf* COMP.GR → **depth queing**
→ Bildtiefensimulation *nf*

Bildtiefensimulation *nf* COMP.GR **depth queing**
= Bildtiefenerzeugung *nf*
≈ Schattierung
[to give a three-dimensional appearence]
≈ shading

Bild-Ton-Schleife *nf* CINEMA **asound and picture loop**

Bildtonübertragung *nf* BROADC **sound and picture transmission**

Bildtonweiche *nf* TV **image-audio separating filter**

Bildträger *nm* TV **video carrier**
= Bildträgerfrequenz *nf*
= vision carrier; pictute tone

Bildträgerabstand *nm* TV **video carrier spacing**

Bildträgerfrequenz *nf* TV → **video carrier**
→ Bildträger *nm*

Bildträgersperre *nf* TV **adjacent video carrier trap**
= Bildfalle *nf*; Nachbarbildfalle *nf*
= adjacent carrier trap

Bildtransformierte *nf* IMAG.PR **image transform**
= image operator

Bildüberlagerung *nf* IMAG.PR **image superimposition**
= image superposition

Bildung *nf* EDUC **formation** *n*
= formal education

Bildungsfernsehen *nn* IMAG.ME **educational television**
= educational TV; ETV; instructional television; instructional TV

Bildungsprogramm *nn* MEDIA → **educational broadcast**
→ Bildungssendung *nf*

Bildungsroman *nm* PRIN.ME **Bildungsroman** *n*

Bildungssendung *nf* MEDIA **educational broadcast**
= Bildungsprogramm *nn*
= educational program

Bildunregelmäßigkeit *nf* COMP.GR **aliasing** *n*
[auflösungsbedingte Darstellungsfehler]
= Bildunschönheit *nf*; Aliasing *nn*
↓ Verzackung
[unwanted visual defects due to limited display resolution; from "alias" [INF.TEC] = "alterated signal", which in turn stems from Latin "alius" = "different"]
↓ jaggies

Bildunschönheit *nf* COMP.GR → **aliasing** *n*
→ Bildunregelmäßigkeit *nf*

Bildunterschrift *nf* PRIN.ME → **caption** *n* (3)
→ Bildlegende *nf*

Bildverarbeitung *nf* INF.TEC **image processing**
= picture processing; imaging

Bildverarbeitungs-Computer *nm* DAT.PR → **image processing computer**
→ Bildverarbeitungsrechner *nm*

Bildverarbeitungsrechner *nm* DAT.PR **image processing computer**
= Bildverarbeitungs-Computer *nm*

Bildverbesserung *nf* COMP.GR **image enhancement**
↓ Bildglättung
[quality improvement]
↓ anti-aliasing

Bildvermittlung *nf* SWITCH **picture switching**

Bildvermittlungsplatz *nm* TELEGR **phototelegraph position**

Bildverschiebung *nf* TER&PER **scrolling** *n*
[zeilen- oder zeichenweises Verschieben von Bildschirminhalten]
= Bilddurchlauf *nm*; Bildlauf *nm*; Verschiebung *nf*; Rollen *nn*; Abrollen *nn*
≈ Bildschirmblättern; Schwenk
[shifting of display contents by characters or lines]
= scroll *n*; rolling *n*; rollover *n*; hunting *n*
≈ paging; panning

↓ vertikale Bildverschiebung; Vorrollen; Zurückrollen | ↓ vertical scrolling; scrolling up; scrolling down

Bildverschlechterung *nf* TER&PER **image degradation**

Bildverstärker *nm* EL.TRO → **image intensifier tube**
→ Bildverstärkerröhre *nf*

Bildverstärker *nm* TV → **video amplifier**
→ Videoverstärker *nm*

Bildverstärkerröhre *nf* EL.TRO **image intensifier tube**
= Bildverstärker *nm*; Restlichtverstärkerröhre *nf*

Bildverstehen *nn* INF.TEC **image understanding**

Bildvordergrund *nm* COMP.AP **display foreground**
= Bildschirmvordergrund *nm*; Anzeigevordergrund *nm* | = foreground display

Bildvordergrund *nm* COMP.GR **image foreground**
= picture foreground; dynamic image; dynamic picture

Bildwandler *nm* EL.TRO **picture converter**
= image converter

Bildwandlerröhre *nf* EL.TRO **image converter tube**
= Elektronenbildwandler *nm* | = electron image tube

Bildwechsel *nm* TV **change of picture**

Bildweichheit *nf* TV **bloom** *n*
= Überstrahlung *nf*

Bildweite *nf* OPT **image distance**
[Abstand zwischen Bild und optischem System] | [between image and optical

Bildwiedergabe *nf* PRIN.ME → **image reproduction**
→ Bildreproduktion *nf*

Bildwiedergabe *nf* TV **picture reproduction**

Bildwiedergabe *nf* COMP.GR → **rendering** *n*
→ Bildaufbereitung *nf* (2)

Bildwiedergabe-Elektronenröhre *nf* EL.TRO → **picture tube**
→ Bildwiedergaberöhre *nf*

Bildwiedergaberöhre *nf* EL.TRO **picture tube**
= Bildröhre *nf*; Elektronenstrahl-Bildröhre *nf*; Kathodenstrahl-Bildröhre *nf*; CRT-Bildschirm *nm*; Bildwiedergabe-Elektronenröhre *nf*
↑ Kathodenstrahlröhre
↓ Fernsehbildröhre; Monitorröhre; Oszilloskopröhre; Radarröhre | ↑ cathode ray tube
↓ TV picture tube; monitor tube; oscilloscope tube; radar tube

Bildwiederherstellung *nf* IMAG.PR **image restoration**

Bildwiederholfrequenz *nf* TER&PER → **refresh rate**
→ Auffrischrate *nf*

Bildwiederholfrequenz *nf* TV → **frame frequency**
→ Bildfolgefrequenz *nf*

Bildwiederholgeschwindigkeit *nf* TV → **frame frequency**
→ Bildfolgefrequenz *nf*

Bildwiederholrate *nf* TER&PER → **refresh rate**
→ Auffrischrate *nf*

Bildwiederholrate *nf* TV → **frame frequency**
→ Bildfolgefrequenz *nf*

Bildwiederholschirm *nm* TER&PER → **refresh screen**
→ Wiederholbildschirm *nm*

Bildwiederholspeicher *nm* DAT.PR **refresh memory**
= Auffrischspeicher *nm*; Video-Speicher *nm*; Video-RAM *nn*; VRAM *nn*
≈ Grafikspeicher | = screen refresh memory; image regeneration store; refresh storage; frame buffer; video memory; video RAM; VRAM
≈ graphics memory

Bildwiederholung *nf* TER&PER **refresh** *n*
= Refresh *nn* (ANGL); Bildauffrischung *nf*; Bildregenerierung *nf* | = image regeneration; display regeneration

Bildwölbung *nf* PHYS **image curvature**

Bildwörterbuch *nn* PRIN.ME **pictorial dictionary**
= illustrated dictionary

Bildzeichen *nn* COMP.AP → **icon** *n*
→ Piktogramm *nn*

Bildzeile *nf* TER&PER → **scan line**
→ Abtastlinie *nf*

Bildzeile *nf* TV → **scanning line**
→ Abtastzeile *nf*

Bildzerdrehung *nf* PHYS **rotational distortion**

Bildzerleger *nm* IMAG.PR **image dissector**
= picture dissector

Bildzerlegung *nf* TV → **scanning** *n*
→ Bildabtastung *nf*

Bildzerlegung *nf* IMAG.PR **image dissection**

Bild-zu-Bild-Prädiktion *nf* TV **interframe prediction**
= Interframe-Prädiktion

Bildzusammenstellung *nf* TV **picture synthesis**
= Bildsynthese *nf*

Bildzusammenstellung *nf* IMAG.ME → **composition** *n*
→ Komposition *nf*

Bildzwischenspeicher *nm* TER&PER → **screen buffer**
→ Bildpuffer *nm*

Bildzyklus *nm* TER&PER **display cycle**
[von der Software-Verarbeitung bis hin zu den Hardware-Abläufen]
= Bildschirmzyklus *nm* | [from software processing till hardware actions]
= image cycle

bilineare Filter COMP.GR **bilinear filter**

Billiarde *nf* MATH **quadrillion** (AE)
[10E15] | [10E15]
= billiard (BE)

billig *adj* COLL **cheap** *adj*
= preiswert; preisgünstig; günstig
≈ wirtschaftlich (2) [ECON]; rentabel [ECON]; kostengünstig [ECON] | = inexpensive; low-cost (2); low-price; at a favourable price
≈ economic [ECON]; profitable [ECON]; low-cost [ECON]

Billigmodell *nn* TECH **low-cost model**
= Einstiegsmodell *nn* | = low-end model

Billigtarif *nm* TELEC **reduced tax**
= reduced tariff

Billigung *nf* COLL → **approval** *n*
→ Zustimmung *nf*

Billion *nf* MATH **trillion** (AE)
[10E12; "Million hoch zwei"] | [10E12; "three groups of three zeros after 1,000" resp. "a million to the power of two"]
= billion (BE)

Billionstel *nn* MATH **trillionth** (AE)
[1/10E12] | [1/10E12]
= billionth (BE)

Bilschirmmarkierung *nf* RAD.LO **pip** *n*
[z.B. zu Eichzwecken] | [e.g. for calibration purposes]
= blip

Bilschirmreflexion *nf* TER&PER **glare** *n*

bimagnetisch TER&PER **bimagnetic** *adj*
= bimag

Bi-map-Graphik *nf* TER&PER → **bit-mapped graphics**
→ Bit-map-Grafik *nf*

Bimester *nn* COLL **bimester** *n*
= Zweimonatzeitraum *nm*

Bimetall *nf* PHYS **bimetal** *n*

Bimetallauslöser *nm* POW.EN **bimetallic release**

Bimetallinstrument *nn* INSTR **bimetallic instrument**

bimetallisch PHYS **bimetallic**

Bimetallrelais *nn* COMPO **bimetal relay**

Bimetall-Thermometer *nn* INSTR **bimetallic thermometer**

Bimetall-Thermostat *nm* COMPO **bimetallic thermal switch**

BINAC DAT.PR **BINAC**
[1. Digitalrechner der Magnetbänder statt Lochkarten verwendete (1949)] | [BINary Automatic Computer; first used magnetic tape instead of punched cards (1949)]

binär LOGIC **binary** *adj*
= zweiwertig | = binary-state; b; two-state; two-valued

binär MATH **binary** *adj*
[vom latein. "bini" = "je zwei"; vom latein. "duo" = "zwei"; vom griech. "dyo" = "zwei"; zu einem Zahlensystem mit Basis 2 gehörend]
= zweiwertig; dual; dyadisch
≈ zweiteilend [SCIE] | [from Latin "bini" = "by two"; from Latin "duo" = "two"; from Geek "dyo" = "two"; relative to a number system of radix 2]
= dual; dyadic; natural binary; normal binary; ordinary binary; pure binary; regular binary; standard binary; straight binary
≈ dichotomizing [SCIE]; base 2

Binäralphabet *nn* COMP.SC **binary alphabet**
[besteht aus zwei Symbolen ("Binärzeichen"), meist mit 0 und 1, oder f (false) und t (true) geschrieben]
= binäres Alphabet; binärer Zeichenvorrat
↑ Zeichenvorrat | [consists of two symbols ("binary digits"), generally written as 0 and 1, or f (false) and t (true)]
↑ character set

Binärarithmetik *nf* MATH **binary arithmetics**
= Dualarithmetik *nf* | = dual arithmetics

Binärausdruck *nm* DAT.PR **binary dump**
[in Binärcode]

Binärausgang *nm* CIRC.EN **binary output**
= binärer Ausgang

Binärbaum *nm* DAT.MA **binary tree**
= binärer Baum | [two-branched data structure]
= binary search tree; heap *n*
≈ B tree

Binärbaumsortierung *nf* DAT.MA **binary tree sort**
≈ Haufensortierung ≈ heap sort
Binärbaumsuche *nf* DAT.MA **binary tree search**
Binärbild *nn* DAT.MA **binary picture**
= binary image
Binärbruch *nm* COMP.SC **binary fraction**
[Binärdarstellung eines Dezimalbruchs] [decimal fraction in binary form]
Binärcode *nm* CODING **binary code**
[Code mit zweistufigen Codeelementen] [with binary code elements]
↓ Dualcode ↓ dual code
binär codiert CODING → **binary coded**
→ binärcodiert
binärcodiert CODING **binary coded**
= binär codiert
Binärcodierung *nf* CODING **binary coding**
[Codierung durch Binärzeichen] [coding by binary characters]
= Dualcodierung *nf* = binary encoding
Binärdatei *nf* DAT.MA **binary file**
[in Binärformat gespeichert; enthält i.a. Maschinenprogramme] [stored in binary format; contains generally machine programs]
≠ Textdatei ≠ text file
Binärdatenanlage *nf* INTERNET **binary** *n*
= Binary *nn* (ANGL)
Binär-Dezimal-Umsetzer *nm* COMP.SC **binary-to-decimal converter**
= Binär-Dezimal-Wandler *nm* = binary-decimal converter
Binär-Dezimal-Umsetzung *nf* COMP.SC → **binary-to-decimal conversion**
→ Binär-Dezimal-Wandlung *nf*
Binär-Dezimal-Wandler *nm* COMP.SC → **binary-to-decimal converter**
→ Binär-Dezimal-Umsetzer *nm*
Binär-Dezimal-Wandlung *nf* COMP.SC **binary-to-decimal conversion**
= Binär-Dezimal-Umsetzung *nf* = binary-decimal conversion
binäre Addition COMP.SC **binary addition**
binäre Darstellung COMP.SC → **binary notation**
→ Dualsystem *nn*
binäre Division COMP.SC **binary division**
binäre Eins COMP.SC → **binary one**
→ Binäreins *nf*
Binäreingang *nm* CIRC.EN **binary input**
= binärer Eingang
binäre Inkrementaldarstellung COMP.SC **binary incremental representation**
Binäreins *nf* COMP.SC **binary one**
= binäre Eins; 1; T = 1; T
Binärelement *nn* INF.TEC → **binary digit**
→ Binärzeichen *nn*
Binärelement *nn* COMP.SC → **binary cell**
→ Binärzelle *nf*
Binärelement *nn* COMP.SC **binary element**
binäre Multiplikation COMP.SC **binary multiplication**
binäre Null COMP.SC → **binary zero**
→ Binärnull *nf*
binäre Operation (1) (err) LOGIC → **Boolean operation**
→ boolesche Verknüpfung
binäre Operation (2) (err) LOGIC → **dyadic operation**
→ dyadische Operation
binärer Ausgang CIRC.EN → **binary output**
→ Binärausgang *nm*
binärer Baum DAT.MA → **binary tree**
→ Binärbaum *nm*
binärer Dezimalcode CODING **BCD code**
= BCD-Code *nm* = binary-coded decimal code; coded decimal code
↓ Quibinärcode; Zwei-aus-Fünf-Code ↓ quibinary code; two-out-of-five code
binärer Eingang CIRC.EN → **binary input**
→ Binäreingang *nm*
binärer Fehlerkorrekturcode CODING **binary error correcting code**
binärer Operator LOGIC → **binary operator**
→ Binäroperator *nm*
binärer Zeichenvorrat COMP.SC → **binary alphabet**
→ Binäralphabet *nn*
binärer Zustand COMP.SC **binary state**
= Binärzustand *nm*; zweiwertiger Zustand
binäres Alphabet COMP.SC → **binary alphabet**
→ Binäralphabet *nn*
binäre Schreibweise COMP.SC → **binary notation**
→ Dualsystem *nn*
binäres Komma INF.TH → **binary point**
→ Binärkomma *nn*
binäre Speicherzelle COMP.SC → **binary cell**
→ Binärzelle *nf*
binäres Signal INF.TEC → **binary signal**
→ Binärsignal *nn*

binäres Speicherelement COMP.SC → **binary cell**
→ Binärzelle *nf*
binäre Subtraktion COMP.SC **binary subtraction**
binäre Suche DAT.MA → **binary search**
→ Binärsuche *nf*
binäre Synchronübetragung DAT.CO **binary synchronous communications**
[von IBM] [by IBM]
= BSC; bisync
↑ Datenkommunikationsprotokoll ↑ data communications protocol
binäres Zahlensystem COMP.SC → **binary notation**
→ Dualsystem *nn*
binäres Zahlzeichen MATH **binary numeral**
= Binärzahlzeichen *nn*; Binärziffer *nf*; binäre Ziffer; Dualziffer *nf* = binary digit; binary numeric character; binary figure; binary number symbol; binary figure
≈ Binärzeichen [INF.TEC] ≈ binary digit [INF.TEC]
↑ Zahlzeichen ↑ numeral
binäre Übertragung TELEC → **binary transmission**
→ Binärzeichenübetragung *nf*
binäre Umwandlung CODING → **binary conversion**
→ Binärwandlung *nf*
binäre Variable LOGIC → **Boolean variable**
→ boolesche Variable
Binärexponent *nm* COMP.SC **binary exponent**
binäre Ziffer MATH → **binary numeral**
→ binäres Zahlzeichen
Binärfolge *nf* CODING **binary sequence**
Binärformat *nn* DAT.PR **binary format**
≠ Textformat ≠ text format
Binär-Hexadezimal-Umsetzer *nm* COMP.SC **binary-to-hexadecimal converter**
= Binär-Hexadezimal-Wandler *nm* = binary-hexadecimal converter
Binär-Hexadezimal-Umsetzung *nf* COMP.SC → **binary-to-hexadecimal conversion**
→ Binär-Hexadezimal-Wandlung *nf*
Binär-Hexadezimal-Wandler *nm* COMP.SC → **binary-to-hexadecimal converter**
→ Binär-Hexadezimal-Umsetzer *nm*
Binär-Hexadezimal-Wandlung *nf* COMP.SC **binary-to-hexadecimal conversion**
= Binär-Hexadezimal-Umsetzung *nf* = binary-hexadecimal conversion
Binärinformation *nf* INF.TH **binary information**
Binarisierung *nf* IMAG.PR → **digitizing** *n*
→ Digitalisierung *nf*
Binärkomma *nn* INF.TH **binary point**
= binäres Komma; Binärpunkt *nm* = bicimal point
Binärkompatibilität *nf* INF.TH **binary compatibility**
Binärkomplement *nn* COMP.SC → **complement to two**
→ Zweierkomplement *nn*
Binärkonversion *nf* CODING → **binary conversion**
→ Binärwandlung *nf*
Binärlader *nm* SW **binary loader**
Binärmantisse *nf* COMP.SC **binary mantissa**
Binärnull *nf* COMP.SC **binary zero**
= binäre Null; 0; F = 0; F
Binär-Oktal-Umsetzer *nm* COMP.SC **binary-to-octal converter**
= Binär-Oktal-Wandler *nm* = binary-octal converter
Binär-Oktal-Umsetzung *nf* COMP.SC → **binary-to-octal conversion**
→ Binär-Oktal-Wandlung *nf*
Binär-Oktal-Wandler *nm* COMP.SC → **binary-to-octal converter**
→ Binär-Oktal-Umsetzer *nm*
Binär-Oktal-Wandlung *nf* COMP.SC **binary-to-octal conversion**
= Binär-Oktal-Umsetzung *nf* = binary-octal conversion
Binäroperation *nf* (1) (err) LOGIC → **Boolean operation**
→ boolesche Verknüpfung
Binäroperation *nf* (2) (err) LOGIC → **dyadic operation**
→ dyadische Operation
Binäroperator *nm* LOGIC **binary operator**
= binärer Operator; dyadischer Operator = dyadic operator
≠ monadischer Operator ≠ monadic operator
Binärpunkt *nm* INF.TH → **binary point**
→ Binärkomma *nn*
Binärquelle *nf* INF.TH **binary source**
Binärschreibweise *nf* COMP.SC → **binary notation**
→ Dualsystem *nn*
Binärsignal *nn* INF.TEC **binary signal**
[Träger eines Binärzeichens] [carrier of a binary digit]
= binäres Signal ≈ binary digit
≈ Binärzeichen
Binärstelle *nf* CODING **bit position**
= Bitposition *nf*; Bitstelle *nf* = bit location; binary scale
Binärsuche *nf* DAT.MA **binary search**
= binäre Suche; Halbierungssuchverfahren *nn*; dichotomische Suche; dichotomierende Suche = dichotomizing search; binary chop; bisection *n*; logarithmic search

binärsynchron TELEC **binary-synchronous**
= bisync

Binärsystem *nn* COMP.SC → **binary notation**
→ Dualsystem *nn*

Binärübetragung *nf* TELEC → **binary transmission**
→ Binärzeichenübetragung *nf*

Binärvariable *nf* LOGIC → **Boolean variable**
→ boolesche Variable

Binärverzweigung *nf* COMP.SC **bifurcation**
[mit nur zwei möglichen Ergebnissen] [with only two possible results]

Binärvorrichtung *nf* EL.TRO **binary device**

Binärwandlung *nf* CODING **binary conversion**
= Binärkonversion *nf*; binäre Umwandlung
↓ Binär-Dezimal-Wandlung
↓ binary-to-decimal conversion

Binary *nn* (ANGL) INTERNET → **binary** *n*
→ Binärdatenanlage *nf*

Binärzahl *nf* MATH **binary number**
[in einem binären Alphabet dargestellte Zahl. z.B. 00110001 00110010 00110011 für die Dezimalzahl 123 im (binären) ASCII-Code]
≈ Dualzahl
[a number represented by a binary alphabet, e.g. 00110001 00110010 00110011 for the decimal number 123 in the (binary) ASCII code]
≈ dual number

Binärzähler *nm* CIRC.EN → **binary counter**
→ Dualzähler *nm*

Binärzahlzeichen *nn* MATH → **binary numeral**
→ binäres Zahlzeichen

Binärzeichen *nn* INF.TEC **binary digit**
[Symbol des Binäralphabets; meist "0 - 1" oder "t - f" (true-false) geschrieben; "bit" is ein Akronym von "BInary digiT"]
= Bit *nn*; Binärziffer *nf*; Binärelement *nn*; Dualzeichen *nn*; Dualziffer *nf*; Dualelement *nn*
[symbol of the binary alphabet, generally written as "0 - 1" or "t - f" (true-false); "bit" is an acronym of "BInary digiT"]
= bit *n*; binary digit; binary bit; binary character; binary coded character; b
≈ binary signal; binary numeral [MATH]

Binärzeichensatz *nm* COMP.SC **binary character set**

Binärzeichenübetragung *nf* TELEC **binary transmission**
= Binärübetragung *nf*; binäre Übertragung
= binary signalling; binary transfer

Binärzelle *nf* COMP.SC **binary cell**
= binäre Speicherzelle; Binärelement *nn*; binäres Speicherelement
= binary storage element

Binärziffer *nf* INF.TEC → **binary digit**
→ Binärzeichen *nn*

Binärziffer *nf* MATH → **binary numeral**
→ binäres Zahlzeichen

Binärzifferäquivalenz *nf* COMP.SC **equivalent binary digit**
[Bits pro Ziffer eines anderen Zahlensystems; = 3,3 für Dezimalziffern]
[number of bits per digit of another numeric system; = 3.3 for decimal digits]
= equivalent binary digit factor

Binärzustand *nm* COMP.SC → **binary state**
→ binärer Zustand

binaural ACOUS → **binaural**
→ zweiohrig

Bindedraht *nm* TECH **tie wire**
= binding wire

Bindefrist *nf* ECON **validity term**

Bindegerät *nn* TER&PER **binder equipment**

Bindeglied *nn* TECH **link** *n*
= linking element

Bindelader *nm* SW **linking loader**
= link loader

Bindemittel *nn* CHEM **binding agent**
= agent *n* (2)

Bindemodul *nn* (*pl* -e) SW → **object module**
→ Objektmodul *nn*

binden SW **link-edit** *vt*
[symbolische Platzhalterwerte durch reelle ersetzen; symbolische Adressen durch absolute Ersetzen]
= verbinden
≈ verknüpfen
[to assign a real values to symbolic placeholders; to substitute symbolic addresses by absolute ones]
= link *vt* (2); bind *vt*

Binden *nn* SW **binding** *n*
= link-editing

binden, ein Kabel SYS.INS **lace, a cable**

Binder *nm* (1) SW → **program linker**
→ Programmbinder *nm*

Binder *nm* (2) SW → **linkage editor**
→ Binderprogramm *nn*

Binderprogramm *nn* SW **linkage editor**
[fügt Programmodule zu Programmen zusammen]
= Binder *nm* (2); Modulbinder *nm*; Linkage-Editor *nm* (ANGL); Linker *nm* (ANGL); Verknüpfungsprogramm *nn*
[assembles programm modules to programs]
= linkage program; linker *n*

Binderprotokoll *nn* SW **linkage editor listing**

Binder-Software *nf* SW **linkage software**
= Verknüpfungs-Software *nf*

Bindestrich *nm* LING **hyphen** *n*
[Symbol- ; verbindet Silben, zusammengehörige Wörter oder ersetzt ausgelassene Wortteile]
= Divis *nn* [PRIN.ME]; Trennungsstrich *nm*; Trennungszeichen *nn*; Trennstrich *nm*; Teilungszeichen *nn*
≈ Gedankenstrich
↑ Satzzeichen
↓ Nichttrennungs-Bindestrich [WOR.PR]; Bedarfstrennstrich [DAT.PR]; echter Trennstrich [WOR.PR]
[symbol: - ; to separate syllabes or compound words, in German also to mark omitted word elements; with the length of the typographical unit "en"]
= horizontal bar; short hyphen; en dash
≈ em dash
↑ punctuation mark
↓ non-breaking hyphen [WOR.PR]; soft hyphen [DAT.PR]; hard hyphen [DAT.PR]

Bindevokal *nm* LING **connecting vowel**
= linking vowel

Bindevorgang *nm* SW **binding time**
= bind time; link time (2)

Bindevorschrift *nf* SW **linkage specification**
= Verknüpfungsvorschrift *nf*

Bindewort *nn* LING → **conjunction** *n*
→ Konjunktion *nf*

Bindezeit *nf* SW **link time** (1)
= Bindungszeit *nf*; Verknüpfungszeit *nf*; Linkzeit *nf*
= binding time

Bindfaden *nm* TECH → **cord** *n*
→ Schnur *nf*

Bindung *nf* CHEM **binding** *n*
= bond *n*

Bindung *nf* ECON **commitment** *n*

Bindungselektron *nn* PHYS → **bonding electron**
→ Valenzelektron *nn*

Bindungsenergie *nf* CHEM **binding energy**

Bindungszeit *nf* SW → **link time** (1)
→ Bindezeit *nf*

Binistor *nm* MICR.EL **binistor** *n*
[über Injektor gesteuerte Tetrode]
≈ Vierschichtdiode
[injector-controlled tetrode]
≈ PNPN diode

Binnenmarkt *nm* ECON → **home market**
→ Heimatmarkt *nm*

Binnentarif *nm* ECON → **domestic tariff**
→ Inlandstarif *nm*

Binomialantennenfeld *nn* ANT **binomial antenna array**

Binomialkoeffizient *nm* STATIS **binomial coefficient**

Binomialverteilung *nf* STATIS **binomial distribution**
= Bernoulli-Verteilung *nf*
= Bernoulli distribution

binomisch MATH **binomial** *adj*

Binormale *nf* OPT **optical axis**
= Sehachse *nf*
= visual axis

Biochemie SCIE **biochemistry** *n*

Bioelektronik *nf* EL.TRO **bioelectronics** *nplt*

Biographie *nf* PRIN.ME **biography** *n*

Biographiefilm *nm* CINEMA → **biographic film**
→ biographischer Film

biographischer Film CINEMA **biographic film**
= Biographiefilm *nm*

Bioinformatik *nf* SCIE **bioinformatics** *n*

Biologie *nf* SCIE **biology** *n*
= biological science

Biologisches Kybernetik SCIE **biological system**

biologisches System SCIE **biological cybernetics**
= Wetware *nf* (1) [INF.TEC]
= wetware *n* (1) [INF.TEC]

Biometrie *nf* SCIE **biometry** *n*
= Biometrik *nf*
= biometrics *nplt*

Biometrik *nf* SCIE → **biometry** *n*
→ Biometrie *nf*

biometrische Sicherheitsvorrichtung COMP.AP **biometric security device**
= biometrisches Identifikationssystem
↓ Fingerabdruckprüfer; dynamische Unterschriftsprüfer; Handgeometrieprüfer; Netzhautprüfer; Stimmerkenner
= biometric identification device
↓ finger-print sensor; dynamic signature verifier; hand geometry verifier; retinal scan verifier; personal voice verifier

biometrisches Identifikationssystem COMP.AP → **biometric security device**
→ biometrische Sicherheitsvorrichtung

Biometrisches Identifikationssystem	SIG.EN	**biometric identification system**
Bionik *nf* [ingenieurwissenschaftliches Studium der Biologie]	INF.TEC	**bionics** *nplt* [analysis of biology by engineering science]
BIOS *nn* [Befehlssatz der die CPU beim Datenaustausch mit mit Peripheriegeräten unterstützt] ≈ Ein-Ausgabe-Werk; ROS ↓ ABIOS	SW	**BIOS** [Basic Input/Output System; booting instructions to communicate CPU with peripherals; pronounced "buy-os] ≈ input/output processor; ROS ↓ ABIOS
Biotechnologie *nf*	SCIE	**biotechnology** *n*
Biot-Savartsches Gesetz	PHYS	**Biot-Savart law**
bipolar → zweipolig	PHYS	→ **bipolar** *adj*
Bipolarcode *nm* [binäre Null = 0 V, binäre Eins = alternierend positive oder negative Spannung] = Doppelstromcode *nm*	DAT.CO	**bipolar code** [binary zero = 0 V, binary one = alternating positive and negative voltage]
bipolare Netzstromversorgung = bipolares Netzgerät	POW.SY	**bipolar power supply**
bipolarer Halbleiter	MICR.EL	**bipolar semiconductor**
bipolarer Transistor → Bipolartransistor *nm*	MICR.EL	→ **bipolar transistor**
bipolare Schaltung → Bipolarschaltung *nf*	MICR.EL	→ **bipolar circuit**
bipolares Netzgerät → bipolare Netzstromversorgung	POW.SY	→ **bipolar power supply**
Bipolarschaltung *nf* = bipolare Schaltung	MICR.EL	**bipolar circuit**
Bipolarsignal *nn* [mit positiven und negativen Kennzuständen]	DAT.CO	**bipolar signal** [with positive and negative significant conditions]
Bipolarspeicher *nm*	MICR.EL	**bipolar semiconductor memory**
Bipolartastung *nf*	MODUL	**bipolar modulation**
Bipolar-Technologie *nf*	MICR.EL	**bipolar technology**
Bipolartransistor *nm* [Transistor der sowohl mit P- als auch mit N-Halbleitern aufgebaut ist] = bipolarer Transistor ≠ Unipolartransistor ↓ Spitzentransistor; Flächentransistor; Legierungstransistor; Mesatransistor; Diffusionstransistor; Planartransistor	MICR.EL	**bipolar transistor** [transistor build-up of p-type as well as of n-type material] ≠ unipolar transistor ↓ point-contact transistor; junction transistor; alloy-junction transistor; mesa transistor; diffusion transistor; planar transistor
Biprisma *nn*	OPT	**biprism** *n*
Biquadrat *nn*	MATH	**biquadrate** *n*
biquadratisch	MATH	**biquadratic** *adj* = quartic *adj*
biquadratische Gleichung	MATH	**biquadratic equation**
biquinär [kombiniert binär und quinär] = biquintal	COMP.SC	**biquinary** [combined binary and quinary]
Biquinärcode *nm* [zweistelliger Code mit einer quinären und einer binären Stelle, also dezimal 1-2-3-4-5-6 u.s.f. dargestellt als 00-01-02-03-04-50-51] = biquinärer Code; Biquintalcode *nm*; biquintaler Code	COMP.SC	**biquinary code** [two-part code with a binary and a quinary position, i.e. with decimal 1-2-3-4-5-6 etc. as 00-01-02-03-04-50-51]
biquinär codierte Dezimalziffer	COMP.SC	**biquinary coded decimal**
Biquinärdarstellung *nf* → Biquinärsystem *nn*	COMP.SC	→ **biquinary notation**
biquinäre Darstellung → Biquinärsystem *nn*	COMP.SC	→ **biquinary notation**
biquinärer Code → Biquinärcode *nm*	COMP.SC	→ **biquinary code**
biquinäre Schreibweise → Biquinärsystem *nn*	COMP.SC	→ **biquinary notation**
biquinäres System → Biquinärsystem *nn*	COMP.SC	→ **biquinary notation**
biquinäres Zahlensystem → Biquinärsystem *nn*	COMP.SC	→ **biquinary notation**
Biquinärsystem *nn* [ersten Ziffernstelle = 0,1, zweite = 0,1,2,3,4] = biquinäres System; biquinäres Zahlensystem; biquinäre Darstellung; Biquinärdarstellung *nf*; biquinäre Schreibweise ≈ Biquintalsystem	COMP.SC	**biquinary notation** [first position = 0,1, the second = 0,1,2,3,4] = biquinary number system; biquinary numeration system; biquinary representation; biquinary system; biquinary counting ≈ biquintal notation ↑ additive notation; positional notation; bundled notation
biquintal → biquinär	COMP.SC	→ **biquinary**
Biquintalcode *nm* → Biquinärcode *nm*	COMP.SC	→ **biquinary code**
biquintale Darstellung → Biquintalsystem *nn*	COMP.SC	→ **biquintal notation**
biquintaler Code → Biquinärcode *nm*	COMP.SC	→ **biquinary code**
biquintale Schreibweise → Biquintalsystem *nn*	COMP.SC	→ **biquintal notation**
biquintales System → Biquintalsystem *nn*	COMP.SC	→ **biquintal notation**
biquintales Zahlensystem → Biquintalsystem *nn*	COMP.SC	→ **biquintal notation**
Biquintalsystem *nn* [erste Ziffernstelle = 0,5, die zweite = 0,1,2,3,4] = biquintales System; biquintales Zahlensystem; biquintale Schreibweise; biquintale Darstellung ≈ Biquinärsystem ↑ Additionssystem ↓ römisches Zahlensystem	COMP.SC	**biquintal notation** [first position = 0,5, second = 0,1,2,3,4] = biquintal number system; biquintal numeration system; biquintal representation; biquintal system ≈ biquinary notation ↑ additive notation ↓ Roman numbering system
Bird-cage-Antenne *nf* (ANGL) → Vogelkäfigantenne *nf*	ANT	→ **bird cage antenna**
Birmingham Drahtlehre = BWG	METAL	**Birmingham wire gage** = BWG
BIS → Geschäfts-Informationssystem *nn*	COMP.AP	→ **business information system**
BISAM-Methode *nf* → index-sequentielle Basiszugriffsmethode	DAT.MA	→ **basic indexed sequential access method**
bis auf weiteres	OFFICE	**until further notice**
bis bald → CUL8R	INTERNET	→ **CUL8R**
Bischofsstab *nm* [Speisesystem für Parabolantenne]	ANT	**goose neck** [a form of antenna feeder]
bis dato → bis heute	ECON	→ **up to date**
Bisektrix *nf*	OPT	**bisectrix** *n*
bis heute = bis dato	ECON	**up to date**
BISM → bitverschachteltes Subratenmultiplex	DAT.CO	→ **bit-interleaved subrate multiplexing**
Bismut *nn* → Wismut *nn*	CHEM	→ **bismuth** *n*
Bismutum *nn* → Wismut *nn*	CHEM	→ **bismuth** *n*
Bisquare-Antenne *nf*	ANT	**bisquare antenna**
bistabil [mit zwei stabilen Zuständen]	TECH	**bistable** *adj* [with two stable states]
bistabile Kippschaltung [mit zwei stabilen Ausgangszuständen] = ungetakteter Flipflop; Flipflop *nm*; bistabiler Multivibrator ↑ stabile Kippschaltung ↓ JK-Flipflop	CIRC.EN	**flip-flop** [with two stable output conditions] = bistable flip-flop; bistable multivibrator; bistable trigger circuit; bistable circuit; binary pair; trigger pair
bistabiler Magnetkern	COMPO	**bistable magnetic core**
bistabiler Multivibrator → bistabile Kippschaltung	CIRC.EN	→ **flip-flop**
bistabiles Relais	COMPO	**bistable relay**
Bistabilität *nf*	TECH	**bistability** *n*
Bistabilitätseffekt *nm* = Hysterese-Effekt *nm*	PHYS	**bistability effect**
bistatische Reflexionsfläche [strahlt in andere Richtungen zurück]	RAD.LO	**bistatic cross section** [scatters back to other directions]
bister *adj*	OPT	**bistre** *adj*
Biswitch *nm* (ANGL) → Triggerdiode *nf*	MICR.EL	→ **trigger diode**
BISYNC-Protokoll *nn* [von IBM entwickelter Standard] ↑ byteorientiertes Protokoll	DAT.CO	**BISYNC protocol** [BInary SYNChronous communications protocol; pron. "bye-sinc"; standard developed by IBM] ↑ byte-oriented protocol
BISYNC-Rahmen [von IBM]	DAT.CO	**BISYNC frame** [BInary SYNChronous communication control; by IBM]
Bit *nn* → Binärzeichen *nn*	INF.TEC	→ **binary digit**
Bit/s = Bits pro Sekunde	TELEC	**bits per second** = bit/s; bp/s; BPS; bps

Bitabbild *nn* DAT.MA → **bit image**
→ Bitbild *nn*

Bit-Abfalleimer *nm* DAT.PR → **bit bucket** (slang)
→ Bit-Kübel *nm*

Bitadressierung *nf* SW **bit addressing**

Bitaper *nm* (ANGL) OPTOEL → **bitaper**
→ bikonischer Taper-Koppler

Bitausblenden *nn* CODING **bit stripping**

Bitbereich *nm* TER&PER **bit domain**

Bitbild *nn* DAT.MA **bit image**
[ein Satz binärer Daten die einen Bildschirminhalt darstellen] [a set of binary data representing a display content]
= Bitabbild *nn*
≈ Bildpunktbild ≈ pixel image

Bitblock *nm* COMP.GR **bit block**
[rechteckige Gruppe von Bildelementen] [rectangular group of pixels]

Bitblocktransfer COMP.GR → **bit block transfer**
→ Bitblockverschiebung *nf*

Bitblockverschiebung *nf* COMP.GR **bit block transfer**
[graphische Programmierung die Bitblöcke als Einheit behandelt] [graphic programming treating blocks of bits as units; bitblt pronounces "bit-blit"]
= Bitblocktransfer = bitblt

Bitbtl DAT.PR **bitbtl**
[blockweise Bit-Übertragung] = bit boundary block transfer

Bitbündelübertragung *nf* TELEC → **burst operation**
→ Burstverfahren *nn*

Bitcode *nm* CODING → **dual code**
→ Dualcode *nm*

Bitdichte *nf* HW → **recording density**
→ Speicherdichte *nf*

Bitebene *nf* COMP.GR → **bit plane**
→ Bit-Schicht

Bit-Eimer *nm* DAT.PR → **bit bucket** (slang)
→ Bit-Kübel *nm*

Bitfahrplan *nm* TELEC **bit sequence plan**
= Bitfolgeplan *nm*

Bitfehler *nm* TELEC **bit error**
≈ fehlerhaftes Bit ≈ erroned bit

Bitfehlerhäufigkeit *nf* INF.TEC → **bit error rate**
→ Bitfehlerrate *nf*

Bitfehlermessgerät *nn* INSTR → **bit error counter**
→ Bitfehlermessplatz *nm*

Bitfehlermessplatz *nm* INSTR **bit error counter**
= Bitfehlermessgerät *nn*; Bitfehlerraten-Messplatz *nm* = bit error measuring set; bit error rate tester; BERT; BER meter; bit error rate test set; BERTS

Bitfehlerquote INF.TEC **bit error ratio**
[Fehler pro Gesamtbitzahl] [errored bits by total bits]
= Fehlerquote *nf* = error ratio; BER (1)
≈ Bitfehlerrate ≈ bit error rate

Bitfehlerrate *nf* INF.TEC **bit error rate**
[Anteil fehlerhafter Bits pro Zeiteinheit] [errored bits to total received bits during an unit of time]
= Fehlerrate *nf*; Bitfehlerhäufigkeit *nf*; Fehlerhäufigkeit *nf*; Pulsfehlerrate *nf* = bit error ratio; BER (2); error rate
≈ Bitfehlerquote ≈ bit error ratio

Bitfehlerraten-Messplatz *nm* INSTR → **bit error counter**
→ Bitfehlermessplatz *nm*

Bitfehlerwahrscheinlichkeit *nf* INF.TH **bit error probability**

Bitfolge *nf* TELEC **bit sequence**
= Bitsequenz *nf* = bit string; bit train

Bitfolgefrequenz *nf* TELEC → **transmission rate**
→ Übertragungsgeschwindigkeit *nf*

Bitfolgeintegrität *nf* INF.TEC **bit sequence integrity**

Bitfolgeplan *nm* TELEC → **bit sequence plan**
→ Bitfahrplan *nm*

Bitfolgeunabhängigkeit *nf* TELEC **bit sequence independence**

Bitfrequenz *nf* TELEC → **transmission rate**
→ Übertragungsgeschwindigkeit *nf*

Bitgeschwindigkeit *nf* TELEC → **transmission rate**
→ Übertragungsgeschwindigkeit *nf*

bitgeteilt MICR.EL **bit-sliced** *adj*

Bitgruppe *nf* TELEC **bit group**

Bitgruppen-Prozessor *nm* HW **bit-group processor**

Bithandhabung *nf* SW **bit handling**

Bithantierung *nf* DAT.MA **bit manipulation**
= Bitmanipulation *nf* = bit flipping

Bitintervall *nn* CODING **bit interval**
= bit period; bit time

Bitinversion *nf* CODING **bit inversion**
= Bitinvertierung *nf*; bitweise Invertierung

Bitinvertierung *nf* CODING → **bit inversion**
→ Bitinversion *nf*

Bitkombination *nf* INF.TH **bit combination**

Bitkombination *nf* COMP.SC → **byte** *n*
→ Byte *nn*

Bit-Kübel *nm* DAT.PR **bit bucket** (slang)
[slang; eine Adresse wo empfangene Daten verworfen werden] [an imaginary location where received data are descarded]
= Bit-Eimer *nm*; Bit-Abfalleimer *nm* ↓ NUL device (MS-DOS)

Bitlenkung *nf* SW **bit steering**
[Mikroprogrammierung; die Bedeutung eines Feldes ist vom Inhalt eines anderen abhängig] [microprogramming; meaning of a field depends on the value of another one]
= immediate control
≠ residual control

Bitmanipulation *nf* DAT.MA → **bit manipulation**
→ Bithantierung *nf*

Bit-map TER&PER → **bit map** *n* (2)
→ Pixelmuster *nn*

Bit-map-Bildschirm *nm* TER&PER **bit-mapped screen**
[Bildpunkte mit je einem Bit gesteuert] [every pixel controlled by one bit]

Bit-map-Grafik *nf* TER&PER **bit-mapped graphics**
[aus Punktmustern]
= Bi-map-Graphik *nf*

Bit-map-Grafik *nf* COMP.GR → **raster graphics**
→ Rastergrafik *nf*

Bit-map-Graphik *nf* COMP.GR → **raster graphics**
→ Rastergrafik *nf*

Bit-map-Konsole *nf* TER&PER **bit-mapped console**

Bit-map-Schrift *nf* TER&PER **bit-mapped font**
[aus Punktmustern]

Bit-map-Schrift *nf* TER&PER → **bit-mapped font**
→ Rasterschrift *nf*

Bit-map-Terminal *nn* TER&PER **bit-mapped terminal**

Bitmuster *nn* INF.TH **bit pattern**
= bit configuration; binary pattern; binary configuration; bit combination; binary combinatio,

Bitmustergenerator *nm* INSTR **pattern generator**
= Prüfmustergenerator *nm*; Mustergenerator *nm*; Pattern-Generator *nm* (ANGL) = test pattern generator; pattern source; test pattern source

bitorientiert INF.TEC **bit-oriented**

bitorientierter Zeichensatz TER&PER **bit-stream font**
[als Punktmuster definierter, nicht skalierbarer Zeichensatz für Laserdrucker] [a font defined by unscalable dot arrays, for laser printer]
≠ Outline-Font ≠ outline font

bitparallel INF.TEC **bit-parallel**
[über mehrere Leitungen gleichzeitig] [simultaneously over several lines]
= bitweise parallel; schrittparallel ≠ bit-serial
≠ bitseriell

Bitposition *nf* CODING → **bit position**
→ Binärstelle *nf*

Bitrate *nf nf* TELEC → **transmission rate**
→ Übertragungsgeschwindigkeit *nf*

Bitratenanpassung *nf* TELEC **bit-rate matching**
↓ Stopfverfahren ↓ stuffing mode

Bitratenreduktion *nf* TELEC **bit-rate reduction**

bitratenvariabel TELEC **bit-rate-variant**

bitratenvariable Kommunikation TELEC **bit-rate-variant communications**

Bitronics DAT.CO **bitronics** *nplt*

Bits/cm TER&PER → **bits per centimeter**
→ Bits pro Zentimeter

Bitscheibe *nf* MICR.EL **bit slice**
[kleine Menge an Bits (2 oder 4)] [small quantity of bits (2 or 4)]
= Scheibe *nf*; Bit-slice *nn* (ANGL)

Bitscheiben-Mikroprozessor *nm* MICR.EL → **bit-slice processor**
→ Bitscheibenprozessor *nm*

Bitscheibenprozessor *nm* MICR.EL **bit-slice processor**
[mit Bitscheibenarchitektur] [with a bit slice architecture]
= Bitscheiben-Mikroprozessor *nm*; Bit-slice-Mikroprozessor *nm* (ANGL); Bit-slice-Prozessor *nm* (ANGL) = bit-slice microprocessor

Bit-Schicht COMP.GR **bit plane**
[die Information zu einer oder zwei Farben, getrennt abgespeichert] [the information related to one or two colors of an image, stored separately]
= Bitebene *nf*

Bitschlupf *nm* TELEC **bit slip**

Bitsequenz *nf* TELEC → **bit sequence**
→ Bitfolge *nf*

bit-seriell TELEC **bit-serial**

[auf einer Leitung nacheinander] | [sequencially on a single line]
= bitweise seriell; schrittseriell | = bit-by-bit; bit-at-a-time
≈ bitweise | ≠ bit-parallel
≠ bit-parallel

bitserielle Schnittstelle HW → **serial interface**
→ serielle Schnittstelle

Bit-slice *nn* (ANGL) MICR.EL → **bit slice**
→ Bitscheibe *nf*

Bit-slice-Mikroprozessor *nm* MICR.EL **bit slice microprocessor**
= Bitsliceprozessor *nm*

Bit-slice-Mikroprozessor *nm* (ANGL) MICR.EL → **bit-slice processor**
→ Bitscheibenprozessor *nm*

Bitsliceprozessor *nm* MICR.EL → **bit slice microprocessor**
→ Bit-slice-Mikroprozessor *nm*

Bit-slice-Prozessor *nm* (ANGL) MICR.EL → **bit-slice processor**
→ Bitscheibenprozessor *nm*

Bits pro Sekunde TELEC → **bits per second**
→ Bit/s

Bits pro Zentimeter TER&PER **bits per centimeter**
= Bits/cm | = bits/cm; bpc; Bpc

Bits pro Zoll TER&PER **bits per inch**
= bpi | = bpi

Bitspur *nf* TER&PER **bit track**
↑ Informationsspur | ↑ information track

Bitstehlen TELEC **bit stealing**
= bit robbery

Bitstelle *nf* CODING → **bit position**
→ Binärstelle *nf*

Bit-Stopfen CODING **bit stuffing**
[Einfügen von Füllbits] | [insertion of extra bits]
= bitweises Stopfen | = bit-by-bit stuffing; bit leaking

Bitstrom *nm* INF.TH **bit stream**
= digital stream

bitsynchron TELEC **bit-synchronous**

Bitsynchronisierung *nf* TELEC **bit synchronizing**

Bittakt *nm* TRANSM **bit timing**

Bitter-Streifen *nm* PHYS **Bitter pattern**

bitte warten TELEPH **please hold the line**

Bit-Tiefe *nf* COMP.GR **bit depth**
= Pixeltiefe *nf* | = pixel depth

Bitübertragungsgeschwindigkeit *nf* DAT.CO **bit transfer rate**

Bitübertragungsprotokoll *nn* DAT.CO **physical protocol**

Bitübertragungsschicht *nf* DAT.CO **physical layer**
[1.Schicht im ISO-Schichtenmodell; legt die Hardware-Parameter der Übertragung fest, wie Übertragungsgeschwindigkeit, Sendeleistung, Übertragungsmedium, Schnittstellen etc. fest] | [1st layer of OSI; defines the hardware parameters of the transmission, like bit rate, power, transmission medium, interfaces etc.]
= physikalische Schicht; physikalische Ebene; physikalische Steuerungsschich (IBM) | = physical control layer (IBM)
↑ ISO-Referenzmodell | ↑ ISO reference model

Bitumen *nn* CHEM **bitumen** *n*

bituminiert CHEM **bituminized**

Bitverletzung *nf* TELEC **bit violation**

Bitversatz *nm* TER&PER **skew** *n* (2)
[Magnetband; Abstand von Spurelementen] | [magnetic tape; separation of track elements]

bitverschachtelt TELEC **bit-interleaved**

bitverschachteltes Subratenmultiplex DAT.CO **bit-interleaved subrate multiplexing**
= BISM

Bitverschachtelung *nf* TELEC **bit interleaving**

bitweise INF.TEC **bit-by-bit**
≈ bitseriell | = bitwise

bitweise Invertierung CODING → **bit inversion**
→ Bitinversion *nf*

bitweise Operation COMP.SC **bit-by-bit operation**
= bitweiser Betrieb

bitweise parallel INF.TEC → **bit-parallel**
→ bitparallel

bitweiser Betrieb COMP.SC → **bit-by-bit operation**
→ bitweise Operation

bitweise seriell TELEC → **bit-serial**
→ bit-seriell

bitweises Stopfen CODING → **bit stuffing**
→ Bit-Stopfen

Bitwiederholung *nf* TELEC **bit repetition**

Bitzähler *nm* HW **bit counter**

bivalent COMP.SC → **bivalent** *adj*
→ zweiwertig

Bivektor *nm* MATH **bivector** *n*

Bivibrator *nm* CIRC.EN → **astable multivibrator**
→ astabile Kippschaltung

Bk CHEM → **berkelium** *n*
→ Berkelium *nn*

B-Kanal *nm* TELEC → **basic channel**
→ Basiskanal *nm*

BK-Anlage *nf* BROADC → **broadband cable system**
→ Breitbandkabelanlage *nf*

BK-Netz *nn* TELEC → **broadband cable network**
→ Breitband-Kabelnetz *nn*

B-Komplement *nn* COMP.SC → **radix complement**
→ Basiskomplement *nn*

Black-write-Verfahren *nn* (ANGL) TER&PER → **black-write technique**
→ Schwarzdruck *nm*

blank COM.CAB **bare**
[Draht] | [wire]
= unisoliert; abisoliert; unbeschichtet | = uncoated; non-insulated; plain

Blank *nn* PRIN.ME → **blank space**
→ Leerraum *nm*

Blank *nn* CODING → **blank** *n*
→ Leerstelle *nf*

Blankdraht *nm* METAL **bare wire**

Blankett *nn* ECON → **blank check**
→ Blankoscheck *nm*

blankgeglüht METAL **bright annealed**

blankgewalzt METAL **bright rolled**

blankgezogen METAL **bright drawn**

Blankmacher *nm* EL.TRO **wire scraper tool**
= Lackabkratzer *nm*

Blankoformular *nn* TER&PER → **blank form**
→ Leerformular *nn*

Blankopapier *nn* TER&PER **blank paper**

Blankoscheck *nm* ECON **blank check**
= Blankett *nn*

Blankstahl *nm* METAL **bright steel**

Blankverdrahtung *nf* EL.TEC **bare wiring**
= bare wire

Bläschenfilm *nm* TER&PER → **vesicular film**
→ Vesikularfilm *nm*

Blase *nf* TECH **bubble** *n*
= blister *n*

blasen TECH **fan** *vt* (1)
[zur Kühlung] | [to blow air for cooling]

Blasendiagramm *nn* TEC.DOC **bubble chart**
↑ Flussdiagramm | = bubble graph; bubble diagram
↑ flowchart

blasenförmiger Film TER&PER **vesicular film**

Blasenkammer *nf* PHYS **bubble chamber**

Blasen-Sortieren *nn* DAT.MA **bubble sorting**
[die kleinste ("leichteste") Position endet am Beginn der Liste] | [the smallest ("lightest") item is relegated ("bubbles") to the top of the list]
= Bubble-Sortieren *nn* | = bubble sort; ripple sort; exchange selection sort; propagation sort; sifting sort
↑ Tauschsortieren | ↑ exchange sort

Blasenspeicher *nm* TER&PER → **magnetic bubble memory**
→ Magnetblasenspeicher *nm*

Blasenspeicherkassette *nf* TER&PER **bubble memory cassette**

Blasenstahl *nm* METAL **blister steel**

Blasentastatur *nf* TER&PER **plastic bubble keyboard**

blass OPT **pale** *adj*
≈ farblos | = pallid *adj*
≈ colorless (AE)

Blassheit *nf* OPT **paleness** *n*
≈ Farblosigkeit | = pallor *n*
≈ colornessness (AE)

Blatt *nn* MATH **leaf** *n*
[Graphentheorie; Knoten ohne Nachfolger] | [theory of graphs; final node]
↑ Knoten | ↑ node

Blatt *nn* PRIN.ME **sheet** *n*
[ein, meist rechteckiges, Stück Papier] | [a piece of paper, usually rectangular]
= Druckbogen *nm* [PRIN.ME]; Bogen *nm*; Bg.
≈ Seite | ≈ page
↓ Buchseite; Heftseite; Zeitungsseite

Blatt *nn* MEC.EN **vane** *n*
[einer rotierenden Maschine] | [of a rotating engine]
= Schaufel *nf*; Flügel *nm*

Blattabmessungen *nplt* PRIN.ME → **sheet size**
→ Blattgröße *nf*

Blattantenne *nf* ANT → **blade antenna**
→ Klingenantenne *nf*

Blattbreite *nf* PRIN.ME **sheet width**

Blättchen *nn* PHYS **thin-layer**
Blattdrucker *nm* TER&PER → **page printer** (1)
→ Blattschreiber *nm*
Blatteingabe *nf* TER&PER → **document feed**
→ Belegzufuhr *nf*
Blatteinzug *nm* TER&PER → **document feed**
→ Belegzufuhr *nf*
Blattelektroskop *nn* PHYS **leaf electroscope**
Blätterdämpfung *nf* RAD.PRO **foliage attenuation**
blättern DAT.MA → **browse** *vt*
→ browsen
Blättern *nn* TER&PER → **paging** *n*
→ Bildschirmblättern *nn*
Blattfeder *nf* MEC.EN **leaf spring**
= plate spring
Blattfederpaket *nn* MEC.EN **leaf spring block**
Blattfernschreiber *nm* TER&PER → **page printer** (1)
→ Blattschreiber *nm*
Blattgröße *nf* PRIN.ME **sheet size**
= Blattabmessungen *nplt*
= sheet dimensions
Blatthalter *nm* TER&PER → **original holder**
→ Konzepthalter *nm*
Blatthöhe *nf* OFFICE → **sheet length**
→ Blattlänge *nf*
Blatthöheneinstellung *nf* TER&PER **sheet length adjustment**
= Blattlängeneinstellung *nf*
Blattknoten *nm* INTERNET **leaf node**
[SGML]
[SGML]
Blattlänge *nf* OFFICE **sheet length**
= Blatthöhe *nf*
Blattlängeneinstellung *nf* TER&PER → **sheet length adjustment**
→ Blatthöheneinstellung *nf*
Blattleser *nm* TER&PER **page reader**
= Seitenleser *nm*
↑ Klarschriftleser
= page scanner
↑ character reader
Blattperforation *nf* TER&PER **sheet perforation**
= Seitenperforation *nf*
Blattschnitt *nm* CART **seam** *n*
[of a sheet]
blattschnittfrei CART → **seamless**
→ blattschnittlos
blattschnittlos CART **seamless**
[Karte]
= blattschnittfrei
[map]
Blattschreiber *nm* TER&PER **page printer** (1)
[druckt auf Blättern]
= Blattdrucker *nm*; Blattfernschreiber *nm*
[prints on pages]
= page teleprinter; console typewriter
Blattschreiber mit Formulardruck TER&PER → **standard form pageprinter**
→ Formularblattschreiber *nm*
Blatttransport *nm* TER&PER → **document feed**
→ Belegzufuhr *nf*
Blatt-Trenneinrichtung *nf* TER&PER → **separator** *n*
→ Trennvorrichtung *nf*
Blatt-Trenner *nm* TER&PER → **separator** *n*
→ Trennvorrichtung *nf*
Blatt-Trennmaschine *nf* TER&PER → **separator** *n*
→ Trennvorrichtung *nf*
Blatt-Trennvorrichtung *nf* TER&PER → **separator** *n*
→ Trennvorrichtung *nf*
Blattvorschub *nm* TER&PER → **document feed**
→ Belegzufuhr *nf*
Blattwender *nm* TER&PER **sheet inverter**
Blattzähler *nm* TER&PER **sheet counter**
Blattzählung *nf* TER&PER **sheet counting**
Blattzufuhr *nf* TER&PER → **document feed**
→ Belegzufuhr *nf*
Blattzuführung *nf* TER&PER → **document feed**
→ Belegzufuhr *nf*
blau *adj* OPT **blue** *adj*
[entspricht ca. 460 nm]
[corresponds to approx. 460 nm]
Blauer Engel QUAL **Blue Angel**
[Prüfsiegel für Ergonomie u. Produktsicherheit]
[certificate for ergonomy and product safety]
Blaues-Band-Programm *nn* SW **blue ribbon program**
[auf Anhieb fehlerfrei]
[works properly on first try]
blaugrau *adj* OPT **cold grey** *adj*
blaugrün OPT → **cyan** *adj*
→ cyan *adj*
blaugrün *adj* OPT **turquoise green** *adj*
[entspricht ca. 490 nm]
[corresponds to approx. 490 nm]

Blau-Lateralmagnet *nm* TV → **lateral correction magnet**
→ Lateralmagnet *nm*
bläulich *adj* OPT **bluish** *adj*
= blueish
Blaupause *nf* OFFICE → **blueprint** *n*
→ Lichtpause *nf*
Blauraumaufnahme *nf* MEDIA → **blue boxing**
→ Blueboxing *nn*
Blau-Schiebemagnet *nm* TV → **lateral correction magnet**
→ Lateralmagnet *nm*
Blauschriftröhre *nf* EL.TRO → **dark-trace tube**
→ Dunkelschriftröhre *nf*
Blaustanze *nf* TV **blue screen**
[besonders schlimmer Fehler, auf den ganzseitig auf baluem Hintergrund hingewiesen wird]
[especially critical fault, evidenced by a full page with blue background]
= color key; chroma key; color
Blaustanze-Fehlerfall *nm* COMP.AP **Blue Screen**
= Blue Screen of Death (Windows NT)
Blaustich *nm* OPT **tinge of blue**
blauviolett *adj* OPT **blue violet** *adj*
Blaxplotation-Film *nm* CINEMA **blaxpotation movie**
[von Weißen für das farbike Publikum produziert]
[black explotation; produced by whites for the coloroured audience]
Blech *nn* METAL **sheet metal**
↓ Feinblech
= sheet *n*
↓ thin sheet
Blecheisen *nn* METAL → **iron sheet**
→ Eisenblech *nn*
Blechlehre *nf* MEC.EN **sheet-metal gage**
Blechpaket *nn* EL.TEC → **laminated core**
→ Schnittbandkern *nm*
Blechschälbohrer MEC.EN **cone cut**
Blechschere *nf* TECH **sheet-metal cutting tool**
Blechschneider *nm* TECH **sheet-metal nibbler**
Blei *nn* CHEM **lead**
= Pb
= Pb
Bleiakku *nm* POW.SY → **lead acid cell**
→ Bleiakkumulator *nm*
Bleiakkumulator *nm* POW.SY **lead acid cell**
= Bleiakku *nm*; Bleibatterie *nf*
= lead acid accumulator
Bleibatterie *nf* POW.SY → **lead acid cell**
→ Bleiakkumulator *nm*
bleibend TECH **permanent**
= verbleibend
≈ residuell
= retained
≈ residual
bleiben Sie am Apparat TELEPH **hold the line**
Bleifeile *nf* OUT.PL **shave hook**
Bleiglanz *nm* CHEM **galena** *n*
Bleikabel *nn* COM.CAB **lead-covered cable**
= lead-sheathed cable
Blei-Kalzium-Akku POW.SY **lead-calcium battery**
Bleilot *nn* METAL **lead solder**
Bleimantel *nm* COM.CAB **lead sheath**
Bleimuffe *nf* OUT.PL **lead sleeve**
= lead cable joint
Bleisalzlaser *nm* OPTOEL **lead salt laser**
Bleisatz *nm* PRIN.ME **hot type**
= gegossener Bleisatz; gegossener Hartbleisatz
≠ Kaltsatz
= hot metal setting; hot metal composition; lead typesetting
≠ cold type
Bleischnitt *nm* PRIN.ME **lead cut**
Bleistift *nm* OFFICE **pencil** *n*
= Stift *nm*
≈ Farbstift
≈ color pen
Bleistiftkeulen-Antenne *nf* ANT **pencil-beam antenna**
Bleistiftplotter *nm* TER&PER → **pencil plotter**
→ Stiftplotter *nm*
Bleistiftspitzer *nm* OFFICE **pencil sharpener**
= sharpener *n*
Blende *nf* OPT **diaphragm** *n*
Blende *nf* CINEMA **transition** *n*
Blende *nf* (1) PHOT → **focal aperture**
→ Blendenöffnung *nf*
Blende *nf* (2) PHOT → **focal ratio**
→ Blendenzahl *nf*
blenden TECH **glare** *vt*
Blendenöffnung *nf* PHOT **focal aperture**
= Blende *nf* (1)
= diaphragm aperture; aperture *n*
Blendenzahl *nf* PHOT **focal ratio**
= Blende *nf* (2)

Blendenzahl *nf* OPT → **numerical aperture**
→ numerische Apertur
blendfrei TECH → **nonglare** *adj*
→ spiegelfrei
Blendung *nf* TECH **glare** *n*
Blendungsfilter *nn* TER&PER **glare filter**
Blick *nm* COLL **look** *n* (1)
= glance *n*
Blickfang PRIN.ME → **eye-catcher** *n*
→ Blockade *nf*
Blickfang *nm* MEDIA **eye catcher**
≈ Aufmacher ≈ teaser
Blickfeld *nn* OPT → **visual field**
→ Gesichtsfeld *nn*
Blickfeld-Darstellungsgerät *nn* RAD.NA **head-up display**
= HUD
Blickkontrolle *nf* QUAL → **visual inspection**
→ Sichtprüfung *nf*
Blickrichtung *nf* TECH **line of sight**
= direction of view
Blickwinkel *nm* OPT **visual angle**
Blind- TECH → **dummy** *adj*
→ Schein-
Blindabdeckung *nf* MEC.EN **dummy cover**
↑ Abdeckung = dummy plate
Blindanteil *nm* NETW.TH **reactive component**
= Blindkomponente *nf* = quadrature component; wattless component
Blindantenne *nf* ANT → **dummy antenna**
→ künstliche Antenne
Blindanweisung *nf* SW → **blank instruction**
→ Leeranweisung *nf*
Blindbaugruppe *nf* EQP.EN **dummy module**
= Leerbaugruppe *nf* = blank module; dummy unit
Blindbefehl *nm* SW → **blank instruction**
→ Leeranweisung *nf*
Blinddatei *nf* DAT.MA → **dummy file**
→ Leerdatei *nf*
Blinddaten *nplt* DAT.MA → **null data**
→ Leerdaten *nplt*
Blinddurchschlag *nm* INTERNET **blind courtesy copy**
= bbc-Kopie *nf* = bbc copy
Blindeintrag *nm* DAT.MA **dummy entry**
Blindelement *nn* COM.CAB → **dummy element**
→ Füllelement *nn*
Blindenschrift *nf* PRIN.ME **embossed printing**
blinde Suche DAT.MA → **blind search**
→ Blindsuche *nf*
blinde Tastatur TER&PER → **blind keyboard**
→ Blindtastatur *nf*
Blindfaktor *nm* NETW.TH **reactive factor**
Blindfarbe *nf* TER&PER **dropout color** (AE)
[vom menschlichen Auge, jedoch nicht von Beleglesern erkennbare Druckfarbe, z.B. Blau] [detectable by human eye, but not by scanners, e.g. blue]
= dropout colour (BE)
Blindflansch *nm* MEC.EN **blank flange**
Blindflug *nm* RAD.NA → **instrument navigation**
→ Instrumentennavigation *nf*
Blindkomponente *nf* NETW.TH → **reactive component**
→ Blindanteil *nm*
Blindkopie *nf* DAT.CO **blind copy**
= verdeckte Kopie = BC
Blindlandesystem *nn* RAD.NA → **instrument landing system**
→ Instrumentenlandesystem *nn*
Blindlandung *nf* RAD.NA **blind landing**
= blind approach
Blindlast *nf* NETW.TH **dummy load**
= Ersatzlast *nf*; reaktive Last; Reaktanzlast *nf* = reactive load
Blindleistung *nf* EL.TEC **reactive power**
[U(eff) x I(eff) x sin] = reactance output
– Reaktanzleistung *nf*
Blindleistungsdiode *nf* COMPO → **reverse diode**
→ Rückspeisediode *nf*
Blindleistungsmesser *nm* INSTR **reactive power meter**
↑ Leistungsmesser = reactive volt-ampere meter; varmeter *n*
Blindleitung *nf* LINE TH **stub** *n*
Blindleitwert *nm* NETW.TH **susceptance** *n*
[Imaginärteil des komplexen Scheinleitwertes; SI-Einheit: Siemens] [imaginary part of complex admittance; SI unit: Siemens]
= Suszeptanz *nf*

Blindmuffe *nf* OUT.PL **dummy sleeve**
Blindmuster *nn* TECH → **mock-up** *n*
→ Attrappe *nf*
Blindnavigation *nf* RAD.NA → **instrument navigation**
→ Instrumentennavigation *nf*
Blindröhre *nf* EL.TRO → **reactance tube**
→ Reaktanzröhre *nf*
Blindschaltfeld *nn* TELECON **mimic diagram**
blindschreiben TER&PER **touch-type** *vt*
Blindsegment *nn* TELEC **dummy segment**
[ATM] [ATM]
Blindsicherung *nf* COMPO **dummy fuse**
Blindsignal *nn* DAT.PR → **dummy signal**
→ Füllsignal *nn*
Blindspannung *nf* NETW.TH **reactive voltage**
Blindstrom *nm* EL.TEC **idle current**
= reactive current; reactance current
Blindsuche *nf* DAT.MA **blind search**
= blinde Suche
Blindtastatur *nf* TER&PER **blind keyboard**
[ohne Sichtkontrolle des Eingetippten] [without visual check of keyed
= blinde Tastatur
Blindtext *nm* WOR.PR → **greeking** *n*
→ stilisierte Vorschaudarstellung
Blindvariable *nf* SW **dummy argument**
= Formalparameter *nm*
Blindversuch *nm* SW → **desk checking**
→ Schreibtischtest *nm*
Blindwatt *nn* PHYS **reactive watt**
[1 W Blindleistung] [1 W reactive power]
= bW = bW
Blindwiderstand *nm* NETW.TH **reactance** *n*
[Imaginärteil des Scheinwiderstandes] [imaginary part of impedance]
= Reaktanz *nf*; imaginärer Widerstand; X = reactive impedance; reactive resistance; X
Blindzeile *nf* PRIN.ME → **blank line**
→ Leerzeile *nf*
Blinkanzeige *nf* EQP.EN **flashing indication**
= pulsierende Anzeige = flickering indication; pulsing indication; flashing indicator; pulsing indicator
Blink-Cursor *nm* COMP.AP → **blinking cursor**
→ blinkende Schreibmarke
blinken TECH **flicker** *vi*
= flackern; flimmern = flash *vi*; blink *vi*; flare *vi*
Blinken *nn* TECH **flickering** *n*
= Flackern *nn*; Flickern *nn*; Flimmern *nn* = flashing *n*; blinking *n*; flaring *n*
blinkend TER&PER **flashing**
↑ Bildschirmdarstellung = blinking; flushing
↑ screen mode
blinkend TECH **flickery** *adj*
= flimmernd; flackernd
blinkende Schreibmarke COMP.AP **blinking cursor**
= Blink-Cursor *nm*; Blinker *nm* = blinker *n*
blinkendes Zeichen COMP.AP → **flashing character**
→ Flackerzeichen *nn*
Blinker *nm* COMP.AP → **blinking cursor**
→ blinkende Schreibmarke
Blinkfrequenz *nf* SIG.EN **flash frequency**
= Blinkgeschwindigkeit *nf*; Flackerfreuenz *nf*; Flimmerfrequenz *nf* = flashing frequency; flickering frequency; flaring frequency; blink frequency; blink speed
Blinkgeschwindigkeit *nf* SIG.EN → **flash frequency**
→ Blinkfrequenz *nf*
Blinklichtanlage *nf* SIG.EN **flashing light system**
Blinkzeichen *nn* COMP.AP → **flashing character**
→ Flackerzeichen *nn*
Blinkzeichen *nn* EL.TRO → **flashing signal**
→ Flackerzeichen *nn*
Blip TER&PER → **optical mark** *n*
→ optische Markierung
Blitz *nm* METEO **lightning** *n*
≈ Blitzschlag ≈ thunderstrike
↑ atmosphärische Entladung ↑ thunderstroke
Blitzableiter *nm* CIV.EN **lightning rod**
Blitzableiter *nm* COMPO → **overvoltage protector**
→ Spannungssicherung *nf*
Blitzabstand *nm* AERON **flash interval**
[Feuer] [light]
blitzartig COLL → **lightning-fast** *adj*
→ blitzschnell *adj*
blitzen PHOT **flash** *vt*

Blitz-EPROM *nn* MICR.EL → **flash EPROM**
→ Flash-EPROM *nn*

Blitzerder *nm* EL.TEC → **lightning earthing electrode**
→ Blitzschutzerder *nm*

Blitzfestigkeit *nf* QUAL **surge resistance**
= lightning resistance

Blitzgenerator *nm* EL.TEC **surge generator**

Blitzgespräch *nn* TELEPH **lightning call**

Blitzlicht *nf* (1) PHOT **flash** *n*
= flas-light

Blitzlicht *nf* (2) PHOT → **flash lamp**
→ Blitzlichtlampe *nf*

Blitzlichtaufnahme *nf* PHOT **flash-light photography**

Blitzlichtlampe *nf* PHOT **flash lamp**
= Blitzlicht *nf* (2)

Blitzröhre *nf* EL.TRO **flash tube**
↑ Ionenröhre; Kaltkathodenröhre — ↑ ion tube; cold-cathode tube

Blitzschlag *nm* METEO **thunderstrike** *n*
≈ Blitz — ≈ lightning

blitzschnell *adj* COLL **lightning-fast** *adj*
= blitzartig — = flash-like

Blitzschutz *nm* EL.TEC **lightning protection**
= Blitzschutzautomat *nm*; Blitzschutzanlage *nf* — = lightning arrester
↑ overvoltage protection

Blitzschutzanlage *nf* EL.TEC → **lightning protection**
→ Blitzschutz *nm*

Blitzschutzautomat *nm* EL.TEC → **lightning protection**
→ Blitzschutz *nm*

Blitzschutzeinrichtung *nf* EQP.EN **lightning protection device**

Blitzschutzerder *nm* EL.TEC **lightning earthing electrode**
= Blitzerder *nm*

Blitzschutzseil *nf* POW.EN → **ground wire**
→ Erdseil *nn*

Blitzüberspannung *nf* EL.TEC **lightning surge**

Bliztstrom *nm* EL.TEC **lightning current**

Bloatware *nf* SW → **bloatware** *n*
→ aufgeblähte Software

Bloatware *nf* SW **bloatware** *n*
[mit Funktionen überladen] — [overloaded with functionality]

Blob *nn* DAT.MA → **BLOB data** *n*
→ BLOB-Feld *nn*

BLOB-Daten *nplt* DAT.MA **BLOB data**

BLOB-Feld *nn* DAT.MA **BLOB data** *n*
[ein Datenfeld welches unstrukturierte und variabel lange Daten (z.B.Grafiken) gleichbehandeln lässt, wie strukturierte Dateneinträge] — [Binary Large OBject; data field permitting to handle unstructured and variable-length data (e.g. graphics) in the same manner as structured data]
= Blob *nn*

Blochwand *nf* PHYS **Bloch wall**

Block *nm* DAT.CO **block** *n*
[strukturierte Menge Nutzinformation, mit Steuerungs- u. Fehlerprüfungbits im Vorspann] — [structured amount of pay load information, with a header containing control and error-detecting bits]
= Übertragungsblock *nm* — = transmission block

Block *nm* COMP.LG **block** *n*
[als Einheit behandelte Befehlsgruppe] — [a set of statements treated as

Block *nm* DAT.MA → **data block**
→ Datenblock *nm*

Block *nm* OFFICE → **note pad**
→ Notizblock *nm*

Block *nm* (1) TER&PER → **sector** *n*
→ Sektor *nm*

Block *nm* (2) TER&PER → **keypad** *n* (2)
→ Tastaturfeld *nn*

Blockabbruch *nm* DAT.CO **block abort**
= abort *n*

blockadaptiv CODING **block-adaptive**

Blockade *nf* PRIN.ME **eye-catcher** *n*
[Markierung einer Textstelle durch auffällige Zeichen] — [marks a text block by a showy signs]
= Blickfang — = block
↓ kreisförmige Blockade; Ornament

Blockadressregister *nn* DAT.PR **block address register**

Blockanordnung *nf* MICR.EL **floor plan**
= Block-Layout *nn* — = chip floor plan; block layout

Blockbefehl *nm* DAT.CO **block command**

Blockbeginnzeichen *nn* DAT.CO **start-of-block signal**

Blockbegrenzer *nm* DAT.CO **block flag** *n*
= Blockbegrenzung *nf*; Blockmarke *nf*; Flag *nn* — = block delimiting flag; block mark

Blockbegrenzung *nf* DAT.CO → **block flag** *n*
→ Blockbegrenzer *nm*

Blockbegrenzungszeiger *nm* DAT.CO **block boundary pointer**

Blockbetriebsart *nf* DAT.CO **block mode**

Blockbuchstabe *nm* PRIN.ME → **capital character**
→ Großbuchstabe *nm*

Blockchiffrierung *nf* DAT.CO **block encryption**

Blockcode *nm* CODING **block code**

Block-Cursor *nm* TER&PER **block cursor**
[ein Rechteck] — [a rectangle]

Blockdiagramm *nn* TEC.DOC **block diagram**
= Blockschaltbild *nn*; Übersichtsschaltplan *nm*; Blockschema *nn*; Blockschaltung *nf*; Funktionsbild *nn* — = functional diagram; configuration diagram

blocken DAT.MA **block** *vt*
[mehrere Sätze zu einem Block zusammenfassen] — [to group several records to a block]
≠ entblocken

Blockende *nn* DAT.MA **end-of-block**
= EOB

Blockendebegrenzungszeichen *nn* DAT.MA → **end-of-block mark**
→ Blockendemarke *nf*

Blockendekennung *nf* DAT.MA → **end-of-block mark**
→ Blockendemarke *nf*

Blockendemarke *nf* DAT.MA **end-of-block mark**
= Blockendezeichen *nn*; Blockendebegrenzungszeichen *nn*; Blockendekennung *nf* — = block closing mark; end-of-block indicator; block closing flag

Blockendesignal *nn* DAT.CO **end-of-block signal**

Blockendezeichen *nn* DAT.MA → **end-of-block mark**
→ Blockendemarke *nf*

Blockfaktor *nm* DAT.MA **block factor**
[Anzahl der Sätze die zu je einem Block zusammengefasst werden] — [number of records grouped to a block]
= Blockungsfaktor *nm* — = blocking factor

Blockfehlerhäufigkeit *nf* DAT.CO **block error rate**
= Blockfehlerquote *nf* — = BLER

Blockfehlerquote *nf* DAT.CO → **block error rate**
→ Blockfehlerhäufigkeit *nf*

Blockfehlerwahrscheinlichkeit *nf* TELEGR **block error probability**

Blockfolge *nf* DAT.CO **block sequence**

Blockformat *nn* DAT.MA **block format**

Blockfrequenzzuweisung *nf* RADIO **block frequency allocation**
= Blockzuweisung *nf* — = block allocation

Blockgerät *nn* DAT.PR → **block-oriented device**
→ blockorientiertes Gerät

Blockgrafik *nf* COMP.GR **block graphics**
[im Grafikmodus erstellt, mit definiertem Satz von Grafikzeichen] — [created in the graphic display mode, with a fixed set of graphic characters]
= Blockgraphik *nf*

Blockgraphik *nf* COMP.GR → **block graphics**
→ Blockgrafik *nf*

Blockgröße *nf* DAT.CO **block size**

Blockheftmaschine *nf* OFFICE **block-stapling machine**

blockieren INF.TEC **block** *vt*

blockieren EL.TRO → **disable** *vt*
→ sperren

Blockierkontakt *nm* EL.TRO → **disabling contact**
→ Abschaltkontakt *nm*

Blockierspannung *nf* EL.TRO → **reverse voltage**
→ Sperrspannung *nf*

blockiert EL.TRO → **disabled**
→ gesperrt

blockiert DAT.MA → **blocked**
→ geblockt

Blockierung *nf* SWITCH **blocking** *n*
↓ äußere Blockierung — = congestion
↓ all trunks busy

Blockierung *nf* COMP.SC → **deadlock** *n*
→ Verklemmung *nf*

Blockierungsdauer *nf* SWITCH **all-trunks-busy time**
= busy period

blockierungsfrei SWITCH **non-blocking**

blockierungsfreie Matrix TELEC **non-blocking matrix**

Blockierungsfreiheit *nf* SWITCH **freedom from blocking**

Blockierungsplan *nm* RADIO **interlock diagram**

Blockierungsunterbrechung *nf* SW → **abnormal end** *n*
→ Absturz *nm*

Blockierungswahrscheinlichkeit *nf* SWITCH **blocking probability**

Blockkennungsfeld *nn* DAT.MA **block identification field**
= block identifier

Blockkompression *nf* DAT.MA **block compression**
= block compaction

Blockkondensator *nm* CIRC.EN → **blocking capacitor**
→ Sperrkondensator *nm*

Blockkopf *nm* DAT.CO **block header**
= Blockvorspann *nm*

Blockkopie *nf* DAT.MA **block copy**
≈ Blockversetzung | ≈ block move

Blocklänge *nf* DAT.MA **block length**
= block size

Block-Layout *nn* MICR.EL → **floor plan**
→ Blockanordnung *nf*

Blockliste *nf* DAT.MA **block list**

Blocklöschkopf *nm* TER&PER **bulk erase head**
↑ Löschkopf

Blocklöschung *nf* WOR.PR **block delete**

Blocklücke *nf* TER&PER **interblock gap**
[Magnetspeicher] | [magnetic storage]
= Blockzwischenraum *nm*; Satzlücke *nf*; Satzzwischenraum *nm*; Lücke *nf*; Zwischenraum *nm*; Kluft *nf*; Start-Stopp-Lücke *nf* | = IBG; record gap; block gap; inter-record gap; IRG; gap

Blocklückendetektor *nm* TER&PER **block gap detector**
= gap detector

Blockmanipulation *nf* DAT.MA **block operation**

Blockmarke *nf* DAT.CO → **block flag** *n*
→ Blockbegrenzer *nm*

Blockmarkierer *nm* DAT.MA **block marker**

Blockmultiplexbetrieb *nm* DAT.CO **block multiplex mode**

Blockmultiplexkanal *nm* HW **block multiplex channel**
[verbindet einen Computer mit mehreren schnellen Peripheriegeräten] | [interconnects a computer with several fast peripherals]
≈ Selektorkanal | ≠ byte multiplex channel
≠ Bytemultiplexkanal | ↑ multiplex channel
↑ Multiplexkanal

blockorientierter HW **BORAM**
= blockorientiertes RAM; BORAM *nn* | = block-oriented RAM

blockorientiertes Gerät DAT.PR **block-oriented device**
= Blockgerät *nn* | = block device

blockorientiertes RAM HW → **BORAM**
→ blockorientierter Schreib-Lese-Speicher

Blockparität *nf* [DAT.CO] CODING → **horizontal parity**
→ Längsparität *nf*

Blockparitäts-Kontrollzeichen *nn* DAT.CO → **block check character**
→ Blockprüfzeichen *nn*

Blockparitätsprüfung *nf* CODING → **block check**
→ Blockprüfung *nf*

Blockparitätszeichen *nn* DAT.CO → **block check character**
→ Blockprüfzeichen *nn*

Blockprüfung *nf* CODING **block check**
= Blockparitätsprüfung *nf*; Blocksicherung *nf*; Longitudinalprüfung *nf*; Längsparitätsprüfung *nf*; Längsredundanzprüfung *nf*; Längsparitätskontrolle *nf*; Längsprüfung *nf* | = block character check; BCC; longitudinal parity check; longitudinal redundancy check; LRC

Blockprüfzeichen *nn* DAT.CO **block check character**
= Blockparitätszeichen *nn*; Blockparitäts-Kontrollzeichen *nn* | = BCC; block parity control character
↑ Längsparitätszeichen | ↑ longitudinal redundancy check

Blockprüfzeichenfolge *nf* DAT.CO **block check sequence**
= Fehlersicherungsteil *nm* | = BCS; frame check sequence; FCS

Blockregister *nn* DAT.PR **blitter** *n*
= block register

Blockrückgewinnung *nf* DAT.MA **block retrieval**

Blockrückweisung *nf* DAT.CO **frame reject**

Blocksatz *nm* PRIN.ME **justified typesetting**
[Druckbild mit beidseitig bündigen, gleich langen Zeilen] | [print format with equal long lines, flush on both sides]
= ausgeschlossener Satz | = justified setting; justified type; justified print; justified composition; full justification; automatic formatting [DAT.PR]
≠ Flattersatz | ≠ unjustified typesetting

Blockschaltbild *nn* TEC.DOC → **block diagram**
→ Blockdiagramm *nn*

Blockschaltung *nf* TEC.DOC → **block diagram**
→ Blockdiagramm *nn*

Blockschema *nn* TEC.DOC → **block diagram**
→ Blockdiagramm *nn*

Blockschrift *nf* PRIN.ME **block letters**
[eine serifenlose lateinische Druckschrift] | [a sans serif roman type]

Blockschutz *nm* WOR.PR **block protection**
[vermeidet Teilung durch Seitenumbruch] | [to prevent splitting by page break]

Blocksicherung *nf* CODING → **block check**
→ Blockprüfung *nf*

Blocksicherung *nf* DAT.CO **block control**
[die Prüfinformation ist im Block enthalten] | [the control information is within the block]
= block securing; block parity check; redundancy check

Blockstruktur *nf* SW **block structure**

blockstrukturiert SW **block-structured** *adj*

blockstrukturierte Programmiersprache COMP.LG **block-structured programming language**
= blockstrukturierte Sprache | = block-structured language

blockstrukturierte Sprache COMP.LG → **block-structured programming language**
→ blockstrukturierte Programmiersprache

Blocksynchronisation *nf* TELEGR → **block synchronization**
→ Blocksynchronisierung *nf*

Blocksynchronisierung *nf* TELEGR **block synchronization**
= Blocksynchronisation *nf*

Blocktarif *nm* TELEC **block tarif**

Blocktastatur *nf* TER&PER → **numeric keypad**
→ Zifferntastenblock *nm*

Blocktransfer WOR.PR → **block move**
→ Blockversetzung *nf*

Blockung *nf* DAT.MA **blocking** *n*
[Zusammenfassung von Datensätzen] | [combination of records]
= batching *n*

Blockungsfaktor *nm* DAT.MA → **block factor**
→ Blockfaktor *nm*

Blockungültigkeitszeichen *nn* DAT.CO **block-ignore character**

Blockverleimgerät *nn* OFFICE **block gluing equipment**

Blockverschiebung *nf* WOR.PR → **block move**
→ Blockversetzung *nf*

Blockverschiebung *nf* DAT.MA → **block move** *n*
→ Blockversetzung *nf*

Blockverschlüsselung *nf* CODING **block cipher**
= blockweise Verschlüsselung

Blockversetzung *nf* WOR.PR **block move**
= Blockverschiebung *nf*; Blocktransfer | = block transfer
≈ Blockkopie | ≈ block copy

Blockversetzung *nf* DAT.MA **block move** *n*
= Blockverschiebung *nf*; blockweise Verschiebung | = move block; block transfer

Blockvorspann *nm* DAT.CO → **block header**
→ Blockkopf *nm*

Blockwahl *nf* TELEPH **block dialling**

blockweise arbeitendes Gerät TER&PER **block device**
≠ zeichenweise arbeitendes Gerät | ≠ character device

blockweise Verschiebung DAT.MA → **block move** *n*
→ Blockversetzung *nf*

blockweise Verschlüsselung CODING → **block cipher**
→ Blockverschlüsselung *nf*

Blockzusatzdaten *nplt* DAT.MA **block overhead**
[zusätzlich zu Nutzdaten] | [information beside actual data]

Blockzuweisung *nf* RADIO → **block frequency allocation**
→ Blockfrequenzzuweisung *nf*

Blockzwischenraum *nm* TER&PER → **interblock gap**
→ Blocklücke *nf*

Blog *nn* INTERNET **blog** *n*

bloggen INTERNET **blog** *vt*
[eine Web-Protokolldatei führen] | [to run of a Web protocol file]

Blogger *nm* INTERNET **blogger** *n*

Blondel OPT → **apostilb** *n*
→ Apostilb *nn*

B-Loop HW **B loop**
= banking loop

bloßes Auge COLL **naked eye**
[fig] | [fig]

BLSR TRANSM **BLSR**
= bidirectional line-switched ring

BLT TELEC → **BELLCORE**
→ BELLCORE

blubbern EL.ACOU **motorboat** *vt*

Blueboxing *nn* MEDIA **blue boxing**
= Blauraumaufnahme *nf*

Bluetooth-Standard *nm* DAT.CO **Bluetooth standard**
[Standard drahtloser DÜ] | [for wireless data transmission]

Blurring *nn* (ANGL) COMP.GR → **blurring** *n*
→ Unschärfeerzeugung *nf*

blutender Endverschluss OUT.PL **bleeding sealing end**

B-minus-Eins-Komplement *nn* COMP.SC → **radix-minus-one complement**
→ Basis-minus-Eins-Komplement *nn*

BNC-Stecker *nm* COMPO **BNC connector**

BNF COMP.LG → **Backus-Naur form**
→ Backus-Naur-Form

BNK ECON → **operating capital**
→ betriebsnotwendikes Kapital

Board *nn* (ANGL) EQP.EN → **console** *n*
→ Pult *nn*

BOB-Datei *nf* INTERNET **BOB**
[verschlüsselt] = Bag of Bits

Bobtail-Vorhang-Antenne *nf* ANT **bobtail curtain**
[bobtail = engl. Stutzschwanz]

Bock *nm* TECH → **pedestal** *n*
→ Sockel *nm*

Bocksprungtest *nm* DAT.PR **leapfrog test**
[Speichertest durch wahlloses Springen] [memory testing by random skipping]
= Sprungtest *nm*; sprungweise Prüfung

Boden *nm* CIV.EN → **floor** *n*
→ Fußboden *nm*

Boden- TECH **ground-based**
= erdnah = earth -

Boden *nm* (1) TECH **ground** *n*
↓ Erdboden; Fußboden ↓ soil; floor

Boden *nm* (2) TECH **bottom** *n*
[eines Behälters] [of a vessel]

Bodenabsorber *nm* RADIO **floor absorber**

bodenaufgestellt TECH → **ground mounted**
→ am Boden aufgestellt

Bodenaufstellung *nf* TECH **floor installation**
= ground mounting

Bodenbake *nf* RAD.NA **ground beacon**

Bodenbefestigung *nf* EQP.EN **floor mounting**

Bodenbelag *nm* CIV.EN **floor covering**
= flooring *n*

Bodenbelastbarkeit *nf* CIV.EN **floor loading capability**
= Bodentragfähigkeit *nf*

Bodenbelastung *nf* CIV.EN **floor loading**
= floor load

Bodeneffekt *nm* ANT **ground effect**

Bodenentfernung *nf* RAD.NA **ground distance**
[Entfernung zweier Punkte gleicher Elevation] [distance between two points of equal elevation]
≠ slant distance

Bodenerkennungssystem *nn* RAD.NA **airport surface detection system**
= ASDE

bodenfern ANT **distant from ground**

bodenferne Antenne ANT **distant-from-ground antenna**
= distant-to-ground aerial

Bodenfläche *nf* ANT → **counterpoise** *n*
→ Gegengewicht *nn*

Bodenfunkstelle *nf* RAD.NA **aeronautical station**

Bodengerät *nn* SAT.CO **ground communications equipment**
= ground satellite equipment; GSE

Bodengeschwindigkeit *nf* AERON → **ground speed**
→ Grundgeschwindigkeit *nf*

Bodenkanal *nm* SYS.INS **over-the-floor duct**

Bodenkonstante *nf* RAD.PRO **earth constants**

Bodenkontrollzentrum *nn* ASTR.PH **earth control center**

bodenleitfähigkeit *nf* EL.TEC **soil conductivity**

Boden-Luft-Fernsprechsystem *nn* TELEC **terrestial flight telephone system**
= TFTS-System *nn* = TFTS

Bodenmechanik *nf* CIV.EN **soil mechanics**

bodennah RADIO **close to surface**
= in Bodennähe = close to ground

bodennahe Antenne ANT **close-to-ground antenna**
= close-to-ground aerial

Boden-Oberflächenwelle *nf* RAD.PRO → **direct wave**
→ Bodenwelle *nf*

Bodenplatte *nf* SYS.INS **floor plate**
= base plate

Bodenplatte *nf* MECH → **base plate**
→ Grundplatte *nf*

Bodenreflexion *nf* RAD.PRO **ground reflection**
= floor reflexion [MOB.CO]

Bodensegment *nn* SAT.CO **ground segment**
≠ Raumsegment = earth segment
↓ Erdfunkstelle ≠ space segment
↓ earth station

Bodenstation *nf* SAT.CO → **earth station**
→ Erdfunkstelle *nf*

Bodenstation *nf* RADIO → **earth station**
→ Landfunkstelle *nf*

Bodenstationssystem *nn* MOB.CO **GSS**
[TFTS] [TFTS]
= Ground Station Subsystem

Bodentragfähigkeit *nf* CIV.EN → **floor loading capability**
→ Bodenbelastbarkeit *nf*

Bodenverankerung *nf* CIV.EN **ground anchorage**

Bodenverhältnisse *nplt* TECH **terrain conditions**

Bodenvermittlungsstelle *nf* MOB.CO **ground switching station**
= GST; ground switching center;

Bodenverteilkasten *nm* CIV.EN **cavity floor box**

Bodenwanne *nf* SYS.INS **base pan**

Bodenwelle *nf* RAD.PRO **direct wave**
[1,6 bis 5 MHz] [1.6 to 5 MHz]
= Grundwelle *nf*; Boden-Oberflächenwelle *nf* = ground wave (AE); surface wave

Bodenwellendämpfung *nf* RAD.PRO **ground-wave attenuation**

Bodenwelligkeit *nf* RAD.PRO **terrain rugosity**

Body (ANGL) INTERNET → **body** *n*
→ Textkörper *nm*

Body-Double *nn* CINEMA **body double**

Bogen *nm* MICROW **elbow** *n*
= bond *n*

Bogen *nm* PRIN.ME → **sheet** *n*
→ Blatt *nn*

Bogen *nm* MATH → **circular arc**
→ Kreisbogen *nm*

Bogen *nm* TECH → **arch** *n*
→ Wölbung *nf*

Bogenbrennspannung *nf* EL.SC **arc voltage**

Bogenentladung *nf* PHYS **arc discharge**
↑ Gasentladung ↑ gaseous discharge

Bogenentladungsröhre *nf* EL.TRO **arc discharge tube**
↓ Thyratron; Gasentladungsgleichrichter ↓ thyratron; gas discharge rectifier

Bogenentladungsverzug *nm* EL.SC **arc resistance**
[time required to establish an arc]

bogenförmig TECH **arched** *adj*

Bogenlampe *nf* PHYS **arc lamp**

Bogenlänge *nf* MATH **arc length**
≈ Bogenmaß = radial length
≈ radian measure

Bogenmaß *nn* MATH **radian measure**
[Maßgröße für ebene Winkel, Bogenlänge durch Radius; SI-Einheit: Radiant] [measure of plane angle by the ratio of arc length to radius; SI unit: radian]
≈ Bogenlänge = arcmeasure
↑ Winkelmaß ≈ arc length
↓ Radiant ↑ angular dimension
↓ radian

Bogenmaßlinie *nf* ENG.DRA **dimension line arc**

Bogenschweißung *nf* METAL → **arc welding**
→ Lichtbogenschweißung *nf*

Bogenspektrum *nn* PHYS **arc spectrum**

Bogo- *praep* INF.TEC **bogo-** *praep*
[im Sinne von "nicht original"] [in the sense of "not the original one"]

Bogus INTERNET **bogus** *n*
= illegale Diskussionsgruppe = illegal newsgroup

Bohrbuchse *nf* MEC.EN **drill-jig bushing**

Bohrdatei *nf* MANUF **drill file**

Bohrdaten *nplt* MANUF **drilling information**

bohren MEC.EN **drill** *vt*
= aufbohren = bore *vt*

Bohren *nn* MEC.EN **drill** *n* (1)

Bohrer *nm* (1) MEC.EN **drill** *n* (2)

Bohrer *nm* (2) MEC.EN → **drill press**
→ Bohrmaschine *nf*

Bohrfutter *nn* MEC.EN → **drill chuck**
→ Bohrkopf *nm*

Bohrkopf *nm* MEC.EN **drill chuck**
= Bohrfutter *nn*

Bohrlehre *nf* MEC.EN **drill jig**
= Bohrschablone *nf*; Bohrvorrichtung *nf* = drill gauge; drilling jig; drilling gauge

Bohrloch *nn* MEC.EN **drill hole** *n*
= Bohrung *nf*; Bohrzylinder *nm* = borehole *n*; boring *n*; bore *n*(1); hole *n*

Bohrmaschine *nf* MEC.EN **drill press**
= Bohrer *nm* (2) = electric drill

Bohrschablone *nf* MEC.EN → **drill jig**
→ Bohrlehre *nf*

bohrscher Radius PHYS **Bohr radius**
[Konstante] [a constant]
= Bohr'scher Radius

Bohr'scher Radius PHYS → **Bohr radius**
→ bohrscher Radius

bohrsches Magneton PHYS **Bohr magneton**
[Konstante] [unit]
= Bohr'sches Magneton

Bohr'sches Magneton PHYS → **Bohr magneton**
→ bohrsches Magneton

Bohrspitze *nf* MEC.EN **boring tool**

Bohrung *nf* MEC.EN → **drill hole** *n*
→ Bohrloch *nn*

Bohrungsdurchmesser *nm* MEC.EN → **bore** *n* (2)
→ Lochdurchmesser *nm*

Bohrvorrichtung *nf* MEC.EN → **drill jig**
→ Bohrlehre *nf*

Bohrzylinder *nm* MEC.EN → **drill hole** *n*
→ Bohrloch *nn*

Boiler *nm* TECH → **boiler** *n*
→ Durchlauferhitzer *nm*

bold PRIN.ME → **semibold** *adj*
→ halbfett

Bolometer *nn* MICROW **bolometer**
= barretter *n*

Boltzmann-Faktor *nm* PHYS **Boltzmann factor**

Boltzmann-Gleichung *nf* PHYS **Boltzmann equation**

Boltzmann-Konstante *nf* PHYS **Boltzmann constant**

Boltzmann-Spannung *nf* PHYS → **thermal voltage**
→ Temperaturspannung *nf*

Boltzmann-Verteilung *nf* PHYS **Boltzmann distribution**

Bolzen *nm* MEC.EN **bolt** *n* (1)
= pin *n*; gib *n*; billet *n*

Bombe SW → **logic bomb** *n*
→ Logikbombe *nf*

Bombe SW → **Trojan Horse**
→ Trojanisches Pferd

bombenlegen SW **bomb** *vt*
[eine Logikbombe einfügen] [to introduce a logic bomb]

Bombenleger *nm* SW **bomber** *n*
[jemand der eine Logikbombe einfügt] [a person introducing a logic bomb]

BOMOS-Technologie *nf* MICR.EL **BOMOS**
= buried oxide metal-oxide semiconductor

bonden MICR.EL → **bond** *vt*
→ kontaktieren

Bonden *nn* MICR.EL → **bonding** *n*
→ Kontaktierung *nf*

BONDING TELEC **BONDING**
= Bandwidth On Demand Interoperability Group

Bond-Plan *nm* MICR.EL **bonding diagram**

Bonitätsprüfung *nf* ECON **credit control**

Bookmark *nn* INTERNET → **bookmark** *n*
→ Lesezeichen *nn*

Bookware *nf* COMP.AP **bookware** *n*
[Buch mit Datenträger] [book with data medium]

boolesch *adj* LOGIC **Boolean** *adj*
[die Regeln der von George Boole formulierten Logik folgend]
= Boole'sch; Bool'sch (err); boolsch (err)
↓ aussagenlogisch
[pertaining to the rules of the logic formulated by George Boole]
= boolean

Boole'sch LOGIC → **Boolean** *adj*
→ boolesch *adj*

boolesche Algebra LOGIC **Boolean algebra**
[Algebra binärer logischer Variablen]
= logische Algebra; Algebra der Logik *nf*; symbolische Algebra; zweiwertiger Aussagenkalkül; Boole'sche Logik; Boolsche Algebra (err); Bool'sche Algebra (err); Bool'sche Logik (err); Boolsche Logik (err)
↑ Aussagenlogik
↓ Mengenlehre; Aussagenlogik; Schaltalgebra [INF.TEC]
[algebra of binary logical variables]
= logic algebra; symbolic algebra; Boolean logic; Boolean calculus; Boolean math
↑ propositional calculus
↓ set theory; propositional calculus; digital logic [INF.TEC]

boolesche Aussage SW → **Boolean instruction**
→ boolescher Befehl

boolesche Funktion LOGIC → **Boolean operation**
→ boolesche Verknüpfung

boolesche Gleichung LOGIC **Boolean equation**

boolesche Größe LOGIC → **Boolean variable**
→ boolesche Variable

Boole'sche Logik LOGIC → **Boolean algebra**
→ boolesche Algebra

boolesche Operation LOGIC → **Boolean operation**
→ boolesche Verknüpfung

boolescher Befehl SW **Boolean instruction**
= Boole'scher Befehl; boolesche Aussage; Bool'scher Befehl (err)
↑ logischer Befehl
= Boolean statement
↑ logic instruction

Boole'scher Befehl SW → **Boolean instruction**
→ boolescher Befehl

boolescher Wert LOGIC **Boolean value**
[wahr oder falsch] [true or false]

boolesche Suche DAT.MA **Boolean search**
[verwendet Boolesche Operatoren] [using Boolean operators]

boolesches Verknüpfungssymbol LOGIC **Boolean connector symbol**
= Boolean connective

boolesche Variable LOGIC **Boolean variable**
[kann die zwei Werte "wahr" oder "falsch" annehmen]
= boolesche Größe; binäre Variable; Binärvariable *nf*
↑ Wahrheitsvariable
[can assume the two values "true" or "false"]
= Boolean magnitude; binary variable; binary-state variable; two-state variable; two-valued variable

boolesche Verknüpfung LOGIC **Boolean operation**
[Verarbeitung von wahren und falschen Werten]
= boolesche Funktion; boolesche Operation; Boole'sche Verknüpfung; Boolsche Verknüpfung (err); Vergleichsverknüpfung *nf*; Binäroperation *nf* (1) (err); binäre Operation (1) (err); bedingte Verknüpfung; bedingter Ausdruck; logische Verknüpfung; logischer Ausdruck; relationale Verknüpfung; relationaler Ausdruck
↑ logische Verknüpfung
↓ dyadische Boolesche Verknüpfung; n-adische Boolesche Verknüpfung
[manipulation of true and false value]
= Boolean function; Boolean expression; logical operation; logical function; logical expression; relational operation; relational function; relational expression; conditional operation; conditional function; conditional expression; comparison operation; comparison function; comparison expression; binary operation (1) (err)
↑ logical operation
↓ dyadic Boolean operation; N-adic Boolean operation

Boole'sche Verknüpfung LOGIC → **Boolean operation**
→ boolesche Verknüpfung

boolsch (err) LOGIC → **Boolean** *adj*
→ boolesch *adj*

Bool'sch (err) LOGIC → **Boolean** *adj*
→ boolesch *adj*

Boolsche Algebra (err) LOGIC → **Boolean algebra**
→ boolesche Algebra

Bool'sche Algebra (err) LOGIC → **Boolean algebra**
→ boolesche Algebra

Boolsche Logik (err) LOGIC → **Boolean algebra**
→ boolesche Algebra

Bool'sche Logik (err) LOGIC → **Boolean algebra**
→ boolesche Algebra

Bool'scher Befehl (err) SW → **Boolean instruction**
→ boolescher Befehl

Boolsche Verknüpfung (err) LOGIC → **Boolean operation**
→ boolesche Verknüpfung

Boom *nm* (ANGL) ANT → **boom**
→ Längsträger *nm*

Booster *nm* HF → **antenna booster**
→ Antennenverstärker *nm*

Booster *nm* PHYS **booster** *n*
[Vakuumpumpe] [vacuum pump]

Booster *nm* OPT.CO → **booster** *n*
→ Faserverstärker *nm*

Boosterdiode *nf* (ANGL) TV → **booster diode**
→ Schalterdiode *nf*

Bootblock *nm* (ANGL) DAT.PR → **boot block**
→ Urladeblock *nm*

Boot-Block *nm* (ANGL) DAT.PR → **boot block**
→ Urladeblock *nm*

Bootdiskette *nf* DAT.PR → **boot disk**
→ Boot-Diskette *nf*

Boot-Diskette *nf* DAT.PR **boot disk**
= Bootdiskette *nf*

booten SW → **bootstrap** *vt*
→ urladen

Booten *nn* SW → **bootstrapping** *n*
→ Urladen *nn*

bootfähig DAT.PR **bootable**

bootfähige CD-ROM DAT.PR **bootable CD-ROM**

bootfähige Diskette DAT.PR **bootable disk**

Boot-Laufwerk *nn* DAT.PR **boot drive**

Boot-Laufwerk *nn* (ANGL) DAT.PR → **boot drive**
→ Start-Laufwerk *nn*

Boot-Partition *nf* = Startpartition *nf*	DAT.PR	**boot partition**
Boot-Partition *nf* (ANGL) → Start-Partition *nf*	DAT.PR	→ **boot partition**
Boot-Protokoll *nn*	DAT.PR	**boot protocol**
Boot-ROM *nn* (ANGL) → Start-ROM *nn*	DAT.PR	→ **boot ROM**
Boot-Sektor *nm*	DAT.PR	**boot sector**
Boot-Sektor *nm* → Urladesektor *nm*	DAT.PR	→ **boot sector**
Boot-Sektor-Virus *nm* → Startsektor-Virus	SW	→ **boot sector virus**
Bootstrap-Generator *nm* → Miller-Integrator *nm*	CIRC.EN	→ **Miller integrator**
Bootstrap-Lader *nm* (ANGL) → Urlader *nm*	SW	→ **initial program loader**
Boot-Virus *nm*	SW	**boot virus**
Bor *nn* = B	CHEM	**boron** *n* = B
BORAM *nn* → blockorientierter Schreib-Lese-Speicher	HW	→ **BORAM**
Bordantenne *nf*	ANT	**onboard antenna**
Bordcomputer *nm* = Bordrechner *nm*; Onboardcomputer *nm* (ANGL); Onboardrechner *nm* (ANGL)	COMP.AP	**onboard computer** = airborne computer (aircraft); flight computer; seaborne computer (vessel)
bordeaux *adj* = bordeauxrot ≈ weinrot; dunkelrot	OPT	**bordeax** *adj* ≈ vine red; deep red
bordeauxrot → bordeaux *adj*	OPT	→ **bordeax** *adj*
Bördelgerät *nn* = Bördelwerkzeug *nn*	MEC.EN	**flanging device** = flanging tool
bördeln	MEC.EN	**flange** *vt* (1) = fold back
Bördelwerkzeug *nn* → Bördelgerät *nn*	MEC.EN	→ **flanging device**
Borderline-Journalismus *nm* [an der Grenze von Fakten und Fiktion]	MEDIA	**borderline journalism** [on the borderline of facts anf fiction]
Bordero *nm&nn* → Frachtbrief *nm*	ECON	→ **way bill**
Bordinstrument *nn*	RAD.NA	**onboard instrument**
Bordkarte *nf*	AERON	**board card** = boarding pass
Bordmagazin *nn*	PRIN.ME	**inflight magazine**
Bordnetz *nn*	RAD.NA	**onboard power supply**
Bordrechner *nm* → Bordcomputer *nm*	COMP.AP	→ **onboard computer**
Bordsteinkante *nf* = Bürgersteigkante *nf*	CIV.EN	**curb** *n* [edging along a street] = kerb *n* (BE)
Borel-Menge *nf*	STATIS	**Borel set**
borgen → vorgreifen	MATH	→ **borrow** *vt*
borgen (1) → verleihen *vt*	ECON	→ **lend** *vt* (1)
borgen (2) → entleihen *vt*	ECON	→ **lend** *vt* (2)
Borger *nm* (1) → Verleiher *nm*	ECON	→ **lender** *n* (1)
Borger *nm* (2) → Entleiher *nm*	ECON	→ **borrower** *n*
Borgis *nf* → Schriftgröße 9 Punkt	PRIN.ME	→ **type size 9 point** (AE)
Borgsignal *nn* ↑ Übertragsignal	HW	**borrow** *n* ↑ carry signal
BORSCHT = Teilnehmerschaltungsfunktionen *nplt*	TELEC	**BORSCHT** [Battery feed + Overvoltage protection + Ringing + Signaling + Coding + Hybrid + Testing]
Börse *nf* ↓ Wertpapierbörse; Warenbörse	ECON	**exchange** *n* (1) = stock market ↓ stock exchange; commodity exchange
Börse *nf* → Geldbörse *nf*	COLL	→ **purse** *n*
Börsenanbieter *nm* [Chipkartendienst]	DAT.CO	**purse provider** [chip card service]
Börseninhaber *nm* [Chipkartendienst]	DAT.CO	**purse holder** [chip card service]
Börsennotierung *nf*	ECON	**stock exchange listing**
Borsilikat *nn*	CHEM	**borosilicate** *n*
BOS → Sicherheitsdienste *nplt*	ECON	→ **C3I**
Bose-Chandhuri-Hocquenghem-Code = BCH-Code *nm*	CODING	**Bose-Chandhuri-Hocquenghem code** = BCH code
Bose-Einstein-Statistik *nf*	PHYS	**Bose-Einstein statistics**
BOS-Netz *nn*	TELEC	**C3I network**
böswilliger Anruf → belästigender Anruf	TELEPH	→ **malicious call**
böswilliger Hacker	DAT.PR	**black hat**
Bot *nm* [animiertes Wesen]	COMP.AP	**bot** (animated being)
Bot *nm* → intelligenter Agent	INTERNET	→ **intelligent agent**
Bote *nm*	COLL	**messenger** *n* [a person]
BOT-Modell *nn* → Betreibermodell *nn*	TELEC	→ **BOT model**
Botschaft *nf* [objektorientierte Programmierung] ≈ Prozeduraufruf	SW	**message** *n* [object-oriented programming] ≈ procedure call
Botschaft des Tages	INTERNET	**message of the day** = MOTD
Botschafter-Funknetz *nn*	TELEC	**ambassadorial radio network**
Böttcherniet *nm* → Küferniet *nm*	MEC.EN	→ **coopers rivet**
Bott-Duffin-Verfahren *nn*	NETW.TH	**Bott-Duffin procedure**
Bottom-up-Entwurf *nm* → aufsteigender Entwurf	DAT.PR	→ **bottom-up design** *n*
Bottom-up-Entwurf *nm*	MICR.EL	**buttom-up-design**
Bottom-up-Programmierung *nf* → aufsteigende Programmierung	SW	→ **bottom-up programming** *n*
Boucherot-Brücke *nf* [Impedanzwandler]	ANT	**bridge lattice** [impedance transformer]
Boulevardzeitung *nf* = Straßenverkaufszeitung *nf*	PRIN.ME	**boulevard newspaper**
Bouncing *nn* [Rücksendung eines E-Mails wegen eiens Fehlers]	INTERNET	**bouncing** *n* [devolution of an E-mail due to an error]
Boundary-Element-Methode *nf* [Numerische Mathematik] = BEM	MATH	**Boundary Element Method** [Numeric Mathematics] = BEM
Bouquet *nn* → Programm-Paket *nn*	MEDIA	→ **program boquet**
Box *nf* [eingeblendetes rechteckiges Bildschirmfeld, mit informativer Funktion für eine Benutzeroberfläche; i.a. nicht verschiebbar] = Tafel *nf* ≈ Fenster; Auswahlknopf; Kontrollelement ↓ Dialogfenster; Warntafel; Zoom-Box	COMP.AP	**button** [a rectangular screen area, with informative function in graphical user interface; generally not movable] ≈ box; window ↓ dialog box; alert box; zoom box
Box *nf* (ANGL) → Schaltfläche *nf*	COMP.AP	→ **button** *n*
Box-Verfahren *nn*	MICR.EL	**box process**
Bozo *nm* [lästige Person]	INTERNET	**bozo** *n* [annoying person]
Bozo-Filter *nn* = Killfile *nn* (ANGL)	INTERNET	**bozo filter** = kill file
BPAM-Methode *nf* → unterteilte Basiszugriffsmethode	DAT.MA	→ **basic partitioned access method**
bpc → Bytes pro Zentimeter	TER&PER	→ **bytes per centimeter**
BPI → Bytes pro Zoll	TER&PER	→ **bytes per inch**
bpi → Bits pro Zoll	TER&PER	→ **bits per inch**
Br → Brom *nn*	CHEM	→ **bromine** *n*
Brachzeit *nf* → Ausfallzeit *nf*	QUAL	→ **downtime** *n*
Bragg-Effekt *nm* = Farbfilter-Effekt *nm*	PHYS	**Bragg effect**
Brainstorming *nn* [Einsammeln und Ordnen spontaner Ideen] = Ideensammlung *nf* ↑ Problemlösungsverfahren	SCIE	**brain storming** [collecting and ordering of spontaneous ideas] ↑ problem solution method
BRA-ISDN → ISDN-Basisanschluss *nm*	TELEC	→ **ISDN basic access**
Bramme *nf*	METAL	**slab** *n*

Branche *nf* — ECON — **branch** *n* (1)
= Sparte *nf* — = business line; kind of business

Branchen-Fernsprechbuch *nn* — TELEPH — → **Yellow Pages**
→ Branchenverzeichnis *nn*

Branchenführer *nm* — ECON — **trade leader**
= first-in-class

Branchenkenntnis *nf* — ECON — **knowledge of the trade**

Branchenlösung *nf* — SW — → **trade software**
→ Branchensoftware *nf*

Branchenmitglieder *nn* — ECON — **tradesfolk** *n*

Branchensoftware *nf* — SW — **trade software**
= Branchenlösung *nf* — = trade application; trade solution; industrial solution; vertical application
↑ Anwendersoftware (1) — ↑ application software

branchenspezifisch — TECH — **trade-specific** *adj*
= spartenspezifisch — = industry-specific

branchenspezifische Portal-Webseite — INTERNET — → **vortal** *n*
→ Vortal *nn*

Branchen-Telefonbuch *nn* — TELEPH — → **Yellow Pages**
→ Branchenverzeichnis *nn*

branchenunabhängig — TECH — **trade-independent**
= non-trade specific; sector-independent; non-sector

Branchenverband *nm* — ECON — **trade association**
= Fachverband *nm*; Wirtschaftsverband *nm*

Branchenverzeichnis *nn* — TELEPH — **Yellow Pages**
= Branchen-Fernsprechbuch *nn*; Branchen-Telefonbuch *nn*; Gelbe Seiten *nplt* — = trade directory; classified directory (BE)

Brandmauer *nf* — INTERNET — → **firewall** *n*
→ Firewall *nm*

Brandmeldeanlage *nf* — SIG.EN — → **fire alarm system**
→ Feuermeldeeinrichtung *nf*

Brandmeldeeinrichtung *nf* — SIG.EN — → **fire alarm system**
→ Feuermeldeeinrichtung *nf*

Brandmelder *nm* — SIG.EN — → **fire detector**
→ Feuermelder *nm*

Brandmeldesystem *nn* — SIG.EN — → **fire alarm system**
→ Feuermeldeeinrichtung *nf*

Brandmeldetelefon *nn* — TELEPH — **fire-reporting telephone**

Brandmeldung *nf* — SIG.EN — → **fire signaling** (AE)
→ Brandschutz *nm*

brandneu — COLL — → **brand-new** *adj*
→ funkelnagelneu

Brandschutz *nm* — SIG.EN — **fire signaling** (AE)
= Brandmeldung *nf*; Feuermeldung *nf* — = fire alarming

Brandschutzmauer *nf* — INTERNET — → **firewall** *n*
→ Firewall *nm*

brandsicher — TECH — → **fire-proof** *adj*
→ feuerfest

Brandverhütung *nf* — TECH — **fire prevention**
= Feuerverhütung *nf*

Bratsche *nf* — MUSIC — **viola** *n*
= Viola *nf*

Bratscher *nm* — MUSIC — → **viola player** (1)
→ Bratschist *nm*

Bratschist *nm* — MUSIC — **viola player** (1)
= Bratscher *nm* — [male]
= violist *n* (2) (AE)

Bratschistin *nf* — MUSIC — **viola player** (2)
[female]
= violist *n* (1) (AE)

brauchbar — TECH — **serviceable** *adj*
= verwendbar; verwertbar; benutzbar; nutzbar; dienlich; tauglich — = utilizable; usable; employable; feasable
≈ nützlich; geeignet; benutzerfreundlich — ≈ useful; suited; user-friendly

Brauchbarkeit *nf* — TECH — **serviceableness** *n*
= Verwendbarkeit *nf*; Benutzbarkeit *nf*; Tauglichkeit *nf* — = usability *n*
≈ Nützlichkeit; Nutzbarkeit; Eignung; Betriebsfähigkeit; Benutzerfreundlichkeit; Betriebsfreundlichkeit — ≈ usefulness; usability; suitability; operability; user friendliness; serviceability

Brauchbarkeitsdauer *nf* — QUAL — → **useful life**
→ Betriebsbrauchbarkeitsdauer *nf*

Brauchbarkeitsprüfung *nf* — QUAL — → **usability test**
→ Nutzbarkeitsprüfung *nf*

braun *adj* — OPT — **brown** *adj*

Braune Ware (slang) — EL.TRO — → **entertainment electronics**
→ Unterhaltungselektronik *nf*

bräunlich — OPT — **brownish**

bräunlichgelb — OPT — → **ocher yellow**
→ ockergelb

Braun'sche Röhre — EL.TRO — → **cathode ray tube**
→ Kathodenstrahlröhre *nf*

Braunstein *nm* — CHEM — **manganese dioxide**
= Mangandioxyd *nn*; Prolusit *nn*

Breakpoint *nm* (ANGL) — SW — → **breakpoint** *n*
→ Unterbrechungspunkt *nm*

brechen — OPT — **refract** *vt*
≈ beugen — ≈ diffract

brechen *vt* (1) — TECH — **break** *vt* (1)
= zerbrechen (1) — = rupture *vt* (1); fracture *vt* (1)

brechen *vi* (2) — TECH — **break** *vi* (2)
= zerbrechen (2) — = rupture *vi* (2); burst *vi*; shatter *vi*; fracture *vi* (2)

brechend — OPT — → **refractive**
→ lichtbrechend

Brechkraft *nf* — OPT — **refracting power**

Brechstangenprinzip *nn* — SW — **brute-force technique**
[unelegante Lösung mit unverhältnismäßig hohem Aufwand] — [solving problems in an akward way, with exaggereted deployment of means]
= brute-force method; brute-force approach

Brechung *nf* — OPT — **refraction** *n*
[Abweichung einer Welle von der Geradlinigkeit, verursacht durch Inhomogenitäten des Mediums] — [desviation of a wave from stright path, caused by inhomogenities of the medium]
= Lichtbrechung *nf* — ≈ diffraction; scattering
≈ Beugung; Streuung — ↓ superrefraction [RAD.PRO]; subrefraction [RAD.PRO]
↓ Superrefraktion [RAD.PRO]; Subrefraktion [RAD.PRO]

Brechungsgesetz *nf* — OPT — **refraction law**
= Snell's law

Brechungsindex *nm* — OPT — **refractive index**
= Brechzahl *nf* — = refraction index

Brechungsschwund *nm* — RAD.PRO — **refractive fading**

Brechungsverhältnisse *nplt* — RAD.PRO — **refractivity conditions**

Brechungswinkel *nm* — OPT — **angle of refraction**
= refractive angle

Brechwert *nm* — RAD.PRO — **refractivity** *n*

Brechzahl *nf* — OPT — → **refractive index**
→ Brechungsindex *nm*

Brechzahldifferenz *nf* — OPT.CO — **refractive index difference**

Brechzahlprofil *nn* — OPT.CO — **refractive index distribution**
= index profile; refractive index profile

B-Register *nn* — HW — **B box**
[enthält die Adresse des Startprogramms] — [contains address of start program]
= B register

breit — PHYS — **wide** *adj*
= weit

breit — PRIN.ME — **extended**
↑ Schriftattribut — = wide *adj*; elongated *adj*
↑ font attribute

Breitbahn *nf* — PRIN.ME — **grain short**
[Papier]

Breitband *nn* — TELEC — **broadband** *n*
= wideband *n*

Breitband-Amplitudenmodulation *nf* — CATV — **high fidelity amplitude modulation**
= HIFAM

Breitbandantenne *nf* — ANT — **broadband antenna**
↓ frequenzunabhängige Antenne; Wanderwellenantenne; geometrisch dicke Antenne; parallelgeschaltete Antenne; widerstandsbelastete Antenne — = broadband aerial; wideband antenna; wideband aerial
↓ frequency-independent antenna; traveling-wave antenna; geometrically thick antenna; paralleled antenna; resistance-loaded antenna

Breitbandaufnahme *nf* — IMAG.ME — **cinemascope** *n*

Breitband-Balun *nm* — ANT — **wideband balun**

Breitband-Betreiber-Schnittstelle *nf* — TELEC — **broadband intercarrier interface**
[ATM] — [ATM]
= BICI

Breitband-CDMA *nn* — RADIO — **broadband CDMA**
= B-CDMA; W-CDMA — = B-CDMA; wideband CDMA; W-CDMA

Breitband-Datenkommunikation *nf* — DAT.CO — **broadband data communication**
= wideband data communication

Breitbanddienst *nm* — TELEC — **broadband service**
= wideband service

Breitband-Digitalrichtfunk-Verbindung *nf* — TRANSM — **high-capacity digital radio link**

= HCDR; digital high-capacity line-of-sight radiolink; digital high capacity LOS radiolink; digital broadband digital radiolink; digital broadband LOS link; digital broadband radiolink; digital broadband LOS

Breitband-Dipol *nm* — ANT — **broadband dipole**
= wideband dipole

Breitband-Faltunipol *nm* — ANT — **broadband folded unipole**
↑ Monopolantenne — ↑ unipole

Breitband-Fernsehen *nn* — INF.TEC — → **broadband video**
→ Breitbandvideo *nn*

Breitbandfilter *nn* — NETW.TH — **broadband filter**
= wideband filter

Breitband-Flächenantenne *nf* — ANT — **broadband aperture antenna**
= wideband aperture antenna

breitbandig — TELEC — **broadband** *adj*
= wideband; wide-bandwidth; high-bandwidth

breitbandige Teilnehmerleitung — TELEC — → **BDSL**
→ BDSL

Breitband-ISDN *nn* — TELEC — **broadband ISDN**
[ein Dienst mit mindestens 140 Mbit/s, über STM- oder ATM-Kanäle] — [a service with at least 140 Mbit/s, over STM or ATM channels]
= wideband ISDN; B-ISDN; BISDN

Breitband-ISDN-Vermittlung *nf* — SWITCH — **broadband ISDN switch**

Breitbandkabelanlage *nf* — BROADC — **broadband cable system**
= BK-Anlage *nf* — ↑ TV distribution system
↑ Fernsehverteilanlage

Breitband-Kabelnetz *nn* — TELEC — **broadband cable network**
= BK-Netz *nn*; Breitbandkabel-Verteilnetz *nn*; BVN; Kabelfernsehnetz *nn* — = wideband cable network; cable network
↑ Breitbandnetz — ↑ broadband network

Breitbandkabel-Verteilnetz *nn* — TELEC — → **broadband cable network**
→ Breitband-Kabelnetz *nn*

Breitbandkanal *nm* — TELEC — **broadband channel**
= wideband channel

Breitband-Kegelantenne *nf* — ANT — **broadband conical monopole**
= Doppelkegel-Breitbandantenne *nf* — = wideband conical monopole

Breitbandkommunikation *nf* — TELEC — **broadband communication**
= wideband communication

Breitbandkommunikations-Netz *nn* — TELEC — → **broadband network**
→ Breitbandnetz *nn*

Breitbandkompensation *nf* — ANT — **broadband compensation**
= wideband compensation

Breitband-LAN *nn* — DAT.NW — **broadband LAN**

Breitbandlautsprecher *nm* — EL.ACOU — **broadband loudspeaker**
= Vollbereichslautsprecher *nm* — = wideband loudspeaker

Breitbandleitung *nf* — TELEC — **broadband line**
= wideband line

Breitbandmessung *nf* — INSTR — **broadband measuring**
= wideband measuring

Breitband-Mietleitung *nf* — TELEC — **broadband leased line**
= wideband leased line

Breitbandmodem *nm&nn* — DAT.CO — **broadband modem**

Breitbandmodulation *nf* — MODUL — **broadband modulation**
= wideband modulation

Breitbandnetz *nn* — TELEC — **broadband network**
= Breitbandkommunikations-Netz *nn* — = wideband network
↓ Breitband-Kabelnetz — ↓ broadband cable network

Breitband-Polarisationsweiche *nf* — RAD.RE — **broadband polarization diplexer**
= wideband polarization filter

Breitbandrauschen *nn* — TELEC — **wideband noise**
= broadband noise

Breitbandreuse *nf* — ANT — **broadband cage antenna**
↑ geometrisch dicke Antenne; Vertikalantenne; Monopol — = wideband cage antenna
↑ geometrically thick antenna; vertical antenna; monopole

Breitband-Rhombusantenne *nf* — ANT — **broadband rhombic antenna**
= Wanderwellen-Rhombus *nm* — = wideband rhombic antenna
↑ Wanderwellenantenne — ↑ travelling wave antenna

Breitbandrichtfunk *nm* — TRANSM — **high-capacity radio**
= Vielkanal-Richtfunk *nm* — = HCR; high-capacity radio relay; high-capacity line-of-sight radio; high-capacity LOS; high-capacity microwave; broadband radio-relay; broadband radio; broadband line-of-sight radio; broadband LOS; broadband microwave; high-density radio; high-density radio relay; high-density line-of-sight radio; high-density LOS; high-density microwave
≈ Weitverkehrsrichtfunk — ≈ backbone microwave

Breitbandrundstrahler *nm* — ANT — **omnidirectional broadband antenna**
= omnidirectional wideband antenna

Breitbandspeisung *nf* — ANT — **broadband feeding**
≠ Schmalbandspeisung — = wideband feeding
≠ narrowband feeding

Breitband-Standleitungsdienst *nm* — DAT.CO — **telepak** *n*
[service of leased broadband lines]

Breitbandstrecke *nf* — TRANSM — **high capacity link**
= high capacity route; heavy route; broadband link; broadband route; wideband link; wideband route

Breitbandstromweg *nm* — TELEGR — **broadband path**

Breitbandsynthesizer *nm* — INSTR — **broadband synthesizer**

Breitbandsystem *nn* — TRANSM — **high-capacity system**
= Vielkanalsystem *nn*; Übertragungssystem höherer Ordnung — = broadband system; wideband system; high density carrier; higher-order transmission system
≈ Weitverkehrssystem — ≈ long-haul system
≠ Kleinkanalsystem — ≠ low-capacity system

Breitbandtechnik *nf* — DAT.CO — **broadband transmission**
[Übertragung von modulierten Multiplexsignalen] — [transmission of modulated multiplex signals]
= Breitbandübertragung *nf* — ≠ baseband transmission
≠ Basisbandtechnik

Breitband-TV — INF.TEC — → **broadband video**
→ Breitbandvideo *nn*

Breitbandübertragung *nf* — DAT.CO — → **broadband transmission**
→ Breitbandtechnik *nf*

Breitbandverstärker *nm* — CIRC.EN — **broadband amplifier**
= wideband amplifier

Breitbandvideo *nn* — INF.TEC — **broadband video**
= Breitband-Fernsehen *nn*; Breitband-TV — = broadband TV; broadband television

Breitband-Winkelreflektorantenne *nf* — ANT — **wideband corner reflector antenna**

Breitbandwobbeln *nn* — INSTR — **broadband sweep**
= Breitbandwobbelung *nf* — = wideband sweep

Breitbandwobbelung *nf* — INSTR — → **broadband sweep**
→ Breitbandwobbeln *nn*

Breitdruck *nm* — PRIN.ME — → **expanded type**
→ Breitschrift *nf*

Breite *nf* — PHYS — **width** *n*
= Weite *nf* — ≈ lateral dimension
≈ Querabmessung — ↑ dimension
↑ Dimension

Breite *nf* — CART — → **latitude** *n*
→ geographische Breite

breite Anwendung — TECH — **widespread use**

Breiteisen *nn* — METAL — **sheet-bar iron**
= sheet bar

Breitengeschäft *nn* — ECON — → **standard products business**
→ Liefergeschäft *nn*

Breitengrad *nm* — CART — **degree of latitude**

Breitentechniker *nm* — TECH — **general technitian**

Breite x Höhe x Tiefe — TECH — → **WHD**
→ BHT

breitflanschig — MEC.EN — **wide-flange** *adj*

breitgestreut [fig] — COLL — **broadly diversified**

Breitlochband *nn* — TER&PER — → **wide punched tape**
→ Breitlochstreifen *nm*

Breitlochstreifen *nm* — TER&PER — **wide punched tape**
= Breitlochband *nn*

breitschlagen — METAL — **flatten** *adj*

Breitschrift *nf* — PRIN.ME — **expanded type**
= Spreizschrift *nf*; Breitdruck *nm*; Spreizdruck *nm* — = expanded typeface; expanded font; expanded lettering; expanded style; expanded print; wide type; wide typeface; wide font; wide lettering; wide style; wide print
≠ Schmalschrift — ≠ condensed type

Breitseite *nf* — TECH — **broad dimension**
≠ Schmalseite — ≠ narrow dimension

Breitseitenantenne *nf* — ANT — → **broadside array**
→ Dipolebene *nf*

breitseitig ≈ transversal	TECH	**broadside** *adj* ≈ transversal
Breitwagen *nm* [Schreibmaschine]	OFFICE	**wide carriage** [typewriter] = long carriage
Breitwagendrucker *nm*	TER&PER	**wide-carriage printer**
Breitwand *nf* [größer 1,33:1]	CINEMA	**widescreen** *n* [greater than 1.33:1]
Breitwandfilm *nm*	CINEMA	**widescreen film**
Bremse *nf*	MEC.EN	**brake** *n*
Bremselektrode *nf* = Verzögerungselektrode *nf*	EL.TRO	**retarding electrode** = decaying electrode
bremsen = hemmen	TECH	**brake** *vt&vi* = skid *vt* (1)
Bremsfeld *nn*	PHYS	**retarding field** = break-field
Bremsfeldröhre *nf*	EL.TRO	**retarding-field tube** = break-field tube
Bremsgitter *nn*	EL.TRO	**suppressor grid** = decelerating grid
Bremskraft *nf*	PHYS	**retarding force**
Bremspotential *nn*	PHYS	**retarding potential**
Bremsspektrum *nn*	PHYS	**retardation spectrum** = bremsspectrum *n*
Bremsstrahlung *nf*	PHYS	**bremsstrahlung** = retardation radiation; continuous radiation
Bremsung *nf*	MECH	**breaking** *n* (1) = stopping *n*; retardation *n*; deceleration *n*
Bremsvermögen *nn*	MEC.EN	**breaking power** = stopping power
Bremsweg *nm*	TECH	**stopping distance** = deceleration distance; retardation distance
Bremswiderstand *nm*	POW.EN	**retarding thermistor**
Bremszeit *nf*	TECH	**stopping time** = deceleration time; retardation time
brennbar ≈ entflammbar	TECH	**combustible** *adj* ≈ flammable
Brenndatei *nf* [die zu brennende]	DAT.MA	**file to be burned**
Brenndauer *nf*	QUAL	**burning time**
Brennebene *nf* [durch den Brennpunkt senkrecht zur Hauptachse des optischen Systems] = Schärfenebene *nf*	OPT	**focal plane** [through the focal point and perpendicular to the main axis of the optical system]
brennen → programmieren	MICR.EL	→ **program** *vt*
brennende Frage	COLL	**burning question**
Brenner *nm* = Programmiergerät *nn*; Ladegerät *nn*	TER&PER	**burner** *n* = programmer *n*
Brenner-Software *nf* → Brenn-Software *nf*	SW	→ **burning software**
Brennfläche *nf* = kaustische Fläche	OPT	**caustic surface**
Brennfleck *nm* ≈ Brennpunkt	OPT	**focal spot** = luminescent spot
Brennlinie *nf*	OPT	**focal line**
Brennprogramm *nn* → Brenn-Software *nf*	SW	→ **burning software**
Brennpunkt *nm* [Punkt einer Verbrenung]	TECH	**fire point**
Brennpunkt *nm* [Punkt in dem sich parallele Strahlen nach Einfall auf ein optisches System treffen] = Fokus *nm* ≈ Brennfleck	OPT	**focal point** [where parallel rays inciding on an optical system converge] = focus *n* (*pl* foces&foci)
Brennschneiden *nn* → Schneidbrennen *nn*	METAL	→ **oxygen cutting**
Brenn-Software *nf* [für CD-ROM] = Brenner-Software *nf*; Brennprogramm *nn*	SW	**burning software** [for CD-ROM] = recorder software
Brennstoff *nm* = Kraftstoff *nm*; Betriebsstoff *nm*; Treibstoff *nm*	TECH	**combustible** *n* = fuel *n*
Brennstoffbehälter *nm* = Treibstoffbehälter *nm*; Kraftstoffbehälter *nm*; Brennstofftank *nm*; Treibstofftank *nm*; Kraftstofftank *nm*	TECH	**fuel tank** = fuel service tank
Brennstofftank *nm* → Brennstoffbehälter *nm*	TECH	→ **fuel tank**
Brennstoffzelle *nf*	POW.SY	**hydrogen fuel cell** = fuel cell
Brennweite *nf*	OPT	**focal distance**
Brettschaltung *nf* = Laborschaltung *nf*; Experimentierschaltung *nf* ≈ Experimentierkarte	EL.TRO	**breadboard circuit** *n* = perfboard circuit; wire-wrapped circuit ≈ breadboard
Brewsterscher Winkel → Polarisationswinkel *nm*	PHYS	→ **angle of polarization**
Brewster-Winkel *nm* → Polarisationswinkel *nm*	PHYS	→ **angle of polarization**
Bride → Schäkel	TECH	→ **shackle** *n*
Bridge *nf* (ANGL) → Brücke *nf*	DAT.NW	→ **bridge** *n*
Bridge-Router *nm* = Brouter *nm* (ANGL)	DAT.NW	**bridging router** = brouter *n*
Bridgeware *nf* [HW u. SW für den Datentransfer zw. verschiedenen Computertypen]	DAT.PR	**bridgeware** *n* [HW and SW to transfer data between different computer types]
Brief *nm* = Schreiben *nn*	OFFICE	**letter** *n*
Briefadresse *nf* → Postanschrift *nf*	POST	→ **postal address**
Briefanschrift *nf* → Postanschrift *nf*	POST	→ **postal address**
Briefbogen *nm*	OFFICE	**stationery** *nsgt* (2) = sheet of notepaper
Briefbox *nf* → Briefkasten *nm*	INTERNET	→ **mailbox** *n*
Briefdienst *nm*	POST	**letter service**
Briefgeheimnis *nn*	POST	**privacy of letters** = secrecy of letters
Briefkasten *nm*	POST	**letter-box** = post-box *n*; mailbox *n* (AE)
Briefkasten *nm* [reservierter Speicherbereich für Informationsaustausch] = elektronischer Briefkasten; Mitteilungsspeicher *nm*; Postfach *nn*; elektronisches Postfach; Briefbox *nf*; Mailbox *nf* (1); Telebox *nf* ≈ elektronische Post	INTERNET	**mailbox** *n* [reserved memory area for information exchange] = electronic mailbox; letterbox *n*; electronic letterbox; telebox *n* ≈ electronic mail
Briefkastennetz *nn* = Mailboxnetz *nn*	INTERNET	**mailbox network**
Briefmarke *nf* ≈ Wertmarke [ECON] ↑ Postwertzeichen	POST	**postage stamp** *n* (2) [adhesive stamp] ≈ adhesive stamp [ECON] ↑ postage stamp (1)
Briefmarkenalbum *nn*	COLL	**stamp album**
Brieföffnergerät *nn* = Brieföffnermaschine *nf*	OFFICE	**letter opening device**
Brieföffnermaschine *nf* → Brieföffnergerät *nn*	OFFICE	→ **letter opening device**
Briefpost *nf* = Sackpost *nf* [DAT.NW]; Schneckenpost *nf* (pej) [INTERNET]	POST	**letter post** = paper mail; snail mail (pej) [INTERNET]
Briefqualität *nf* → Schönschrift *nf*	TER&PER	→ **letter quality**
Briefschließgerät *nn* → Kuvertiermaschine *nf*	OFFICE	→ **enveloping machine**
Briefschließmaschine *nf* → Kuvertiermaschine *nf*	OFFICE	→ **enveloping machine**
Brieftaschen-PC = Wallet-PC *nm* (ANGL)	HW	**wallet PC**
Briefumschlag *nm* = Umschlag *nm*; Kuvert *nf*; Couvert *nf*	OFFICE	**envelop** *n* (AE) = envelope *n* (BE)
Briefumschlag-Zuführung *nf*	TER&PER	**envelop feeder** (AE) = envelope feeder (BE)
Briefverteilzentrum *nn*	POST	**letter sorting center** (AE)
Briefwaage *nf*	OFFICE	**letter scale**
Briggscher Logarithmus → dekadischer Logarithmus	MATH	→ **common logarithm**
brillant → glanzvoll	COLL	→ **brillant**
Brillanz *nf*	TV	**brillance** *n*
Brillanz *nf* [funkelnde Helligkeit]	OPT	**brillance** *n* [sparkling brightness] = brillancy *n*; brillantness *n*
Brille *nf*	COLL	**spectacles** *nplt* = glasses *nplt*; specs *nplt*

Brillenträger *nm* — COLL — **spectacles wearer**

Brillouin-Effekt *nm* — OPTOEL — **Brillouin scattering**
= Brillouin-Streuung *nf*

Brillouin-Streuung *nf* — OPTOEL — → **Brillouin scattering**
→ Brillouin-Effekt *nm*

Brillouin-Zone *nf* — PHYS — **Brillouin zone**

Brinell-Härte *nf* — METAL — **Brinell hardness**

Brise *nf* — METEO — **breeze** *n*
[leichter Wind] — [light wind]

Brise, frische — METEO — **breeze, fresh**
[Windstärke 5 (29 km/h -38 km/h)] — [Beaufort Number 5 (19 mph -24 mph)]

Brise, leichte — METEO — **breeze, light**
[Windstärke 2 (6 km/h -11 km/h)] — [Beaufort Number 2 (4 mph -7 mph)]

Brise, mäßige — METEO — **breeze, moderate**
[Windstärke 4 (20 km/h -28 km/h)] — [Beaufort Number 4 (13 mph -18 mph)]

Brise, schwache — METEO — **breeze, gentle**
[Windstärke 3 (12 km/h -19 km/h)] — [Beaufort Number 3 (8 mph -12 mph)]

Britische Gesellschaft für Datenverarbeitung — DAT.PR — → **BC**
→ BC

britischer Art — COLL — **British style**

britischer Zentner — PHYS — **Britisch hundredweight**
[112 angels. Pfund = 50,8 kg] — [112 avoirdupois pounds = 50.8 kg]
= Zentner *nm* (2) — = long hundredweight; hundredweight (2); hundred-weight

britisieren — LING — **britisize**

Britisierung *nf* — LING — **britisization**
≠ Amerikanisierung — ≠ americanization

Broadcast-Domäne *nf* — INTERNET — **broadcast domain**

Broadcaster *nm* (ANGL) — MEDIA — → **program provider**
→ Programmanbieter *nm*

Broadcast-Sturm *nm* — DAT.NW — **broadcast storm**

Broadcast-Sturm *nm* (ANGL) — DAT.NW — → **broadcast storm**
→ Rundsendesturm *nm*

Brochureware *nf* — INTERNET — **brochureware**

Broker *nm* (ANGL) — DAT.NW — → **broker** *n*
→ Informationsvermittler *nm*

Brom *nn* — CHEM — **bromine** *n*
= Br — = Br

Bronze *nf* — METAL — **bronze** *n*

Bronzebuchse *nf* — METAL — **bronze bushing**

Bronzedraht *nm* — METAL — **bronze wire**

brooksches Gesetz — SW — **Brook's law**
[zusätzliche Programmierer verursachen zusätzlichen Verzug] — [adding manpower to a late SW project makes it later]
= Brook'sches Gesetz

Brook'sches Gesetz — SW — → **Brook's law**
→ brooksches Gesetz

Broschur *nf* — PRIN.ME — → **brochure** *n*
→ Broschüre *nf*

Broschüre *nf* — PRIN.ME — **brochure** *n*
[typisch ein bis zwei Dutzen Seiten, meist ungebunden u. mit Papierdeckel] — [typically one to two dozens of pages, generally not sewn and with self-cover]
= Broschur *nf* — = booklet *n*
≈ Prospekt; Datenblatt — ≈ leaflet; data sheet
↓ Produktbroschüre — ↓ product brochure

Brotschrift *nf* (slang) — PRIN.ME — → **body type**
→ Grundschrift *nf*

Brouter *nm* (ANGL) — DAT.NW — → **bridging router**
→ Bridge-Router *nm*

browsen — COLL — **browse** *vi*
= durchsuchen; schmökern; stöbern

browsen — DAT.MA — **browse** *vt*
= stöbern; schnüffeln; schmökern; blättern

Browsen *nn* — DAT.MA — **browsing** *n*
[öberflächliche Suche in Dateien] — [superficial search in files]
= Browsing *nn*; Stöbern *nn*; Schnüffeln *nn*; Schmökern *nn* — ≈ area search
≈ Grobrecherche

Browser *nm* — INTERNET — **browser** *n*
[Programm zu Navigation und Darstellung von HTML-Dokumenten] — [program to navigate and display HTML documents]
≈ Suchmaschine; Suchprogramm — ≈ search engine; gopher
↓ Datei-Browser; Schnittstellen-Browser; Symbol-Browser; Netz-Browser — ↓ file browser; interface browser; symbol browser; network browser

Browser-Box — TELEC — → **network computer**
→ Netzrechner *nm*

Browsing *nn* — DAT.MA — → **browsing** *n*
→ Browsen *nn*

Bruce-Antenne *nf* — ANT — **Bruce antenna**
↑ Mäanderantenne — = Bruce array; grecian antenna
↑ meander-line antenna

Bruch *nm* — TECH — **breaking** *n*
= breakage *n*; break *n*; rupture *n*; fracture *n*

Bruch *nm* (1) — MATH — **ratio** *n*
[aus Dividend und Divisor bestehender mathematischer Ausdruck (A/B)] — [mathematical expression formed by dividend and divisor (A/B); from Latin "ratio" = "proportion"]
= Quotient *nm* (1); Verhältnis *nn*; Proportion *nf* (1) — = rational expression; fraction *n*; proportion *n* (1)
≈ Quotient (2); Bruchzahl; Division; Verhältniszahl; Verhältnisgleichung; Relation — ≈ quotient; fractional number; division; ratio; proportion (2)

Bruch *nm* (2) — MATH — → **fractional number** *n*
→ Bruchzahl *nf*

Bruchbelastung *nf* — MECH — → **breaking load**
→ Bruchlast *nf*

Bruchdehnung *nf* — MECH — **elongation at break**

Bruchexponent *nm* — MATH — **fractional exponent**

bruchfest — TECH — → **unbreakable** *adj* (2)
→ unzerbrechlich

Bruchfestigkeit *nf* — MEC.EN — **ultimate strength**

Bruchkante *nf* — ENG.DRA — **break** *n*
↑ Kante

Bruchlast *nf* — MECH — **breaking load**
= Bruchbelastung *nf* — = ultimate load

Bruchmelder *nm* — SIG.EN — **fraction detector**

Bruchpotenz *nf* — MATH — **fractional power**

Bruchpunkt *nm* — TECH — → **breaking point** *n*
→ Bruchstelle *nf*

Bruchschrift *nf* — PRIN.ME — → **fraktur** *n*
→ Fraktur-Schrift *nf*

bruchsicher — TECH — **unbreakable** *adj* (1)
[gegen Bruch gesichert] — [protected against break]
≈ bruchfest

Bruchspannung *nf* — MECH — → **ultimate stress**
→ Zerreißspannung *nf*

Bruchstelle *nf* — TECH — **breaking point** *n*
= Bruchpunkt *nm* — = break *n* (1)

Bruchstrich *nm* — MATH — **fraction line**
≈ Divisionszeichen — = fraction bar; fraction stroke; division line; division bar; division stroke
≈ division sign

Bruchteil *nm* — COLL — **fraction** *n*
[fig] — = fractional part

Bruchzahl *nf* — MATH — **fractional number** *n*
[z.B. 3/7] — [e.g. 3/7]
= Verhältniszahl *nf*; Bruch *nm* (2) — = fractional *n*; ratio *n* (2)
≈ Bruch (1); Quotient (2); gebrochene Zahl — ≈ ratio; quotient

Bruchzeichen *nn* — MATH — → **division sign**
→ Divisionszeichen *nn*

Bruchzins *nm* — ECON — **broken interest**

Brücke *nf* — EL.TEC — → **bridge circuit**
→ Brückenschaltung *nf*

Brücke *nf* — EL.TRO — **strap** *n*
↓ Lötbrücke; Drahtbrücke; Kabelbrücke; Brückenstecker — = link *n*; bridge *n*
↓ solder strap; wire link; jumper; plug link

Brücke *nf* — DAT.NW — **bridge** *n*
[verbindet gleichartige Datennetze (zum Unterschied zu den protokollumsetzenden "Überleiteinrichtungen")] — [connects networks of the same type (the protocol-converting "gateways" connect dissimilar networks)]
= Bridge *nf* (ANGL) — = bridge processor
≈ Überleiteinrichtung [TELEC]; Netzanpassungsgerät — ≈ gateway [TELEC]; interworking unit
↑ Verbindungsrechner — ↑ Internetworking processor
↓ Einfachbrücke; Lernbrücke; Ursprungslenkungsbrücke — ↓ simple bridge; learning bridge; source routing bridge

Brückenabgleich *nm* — INSTR — **bridge balance**
= Brückengleichgewicht *nn*

Brückenanker *nm* — SWITCH — **bridging armature**
[Koordinatenschalter] — [crossbar switch]

Brückendraht *nm* — SYS.INS — → **strap** *n*
→ Rangierdraht *nm*

Brückenfilter *nn* — NETW.TH — **lattice filter**

Brückengleichgewicht *nn* — INSTR — → **bridge balance**
→ Brückenabgleich *nm*

Brückengleichrichter *nm* — CIRC.EN **bridge rectifier**
Brückenkabel *nn* — COM.CAB **bridge cable**
Brückenmessverfahren *nn* — INSTR **bridge measurement**
Brückenmischer *nm* — MICROW → **balanced mixer**
→ Gegentaktmischer *nm*
Brückenmodulator *nm* — TV **bridge modulator**
Brückenrückkopplung *nf* — CIRC.EN **bridge feedback**
Brückenschaltung *nf* — EL.TEC **bridge circuit**
= Brücke *nf* — = bridge connection; bridge *n*
Brückenschaltung *nf* — AUTOMA **bridge circuit**
Brückenstecker *nm* — EL.TRO **plug link**
= Steckerbrücke *nf* — = link connector; jumper plug; U plug; strapping plug
≈ Drahtbrücke — ≈ wire link
↑ Brücke — ↑ strap

Brückentor *nm* — DAT.NW **bridge port**
Brückenübergang *nm* — OUT.PL **bridge crossing**
Brückenübertager *nm* — COMPO **bridge transformer**
= Ausgleichübertrager *nm*
Brückenübertrager *nm* — TELEC → **hybrid transformer**
→ Gabelübertrager *nm*
Brückenverfahren *nn* — INSTR **bridge method**
Brückenverhältnis *nn* — **bridge ratio**
[INSTR]
Brückenverstärker *nm* — CIRC.EN **bridge amplifier**
Brückenweiche *nf* — NETW.TH **bridge filter**
Brückenzweig *nm* — NETW.TH **bridge arm**
= Quotientenzweig *nm* — = ratio arm
Brumm *nm* — TELEC **hum** *n*
[hörbares Geräusch durch Netzspannungsreste] — [audible noise due to residual power supply frequency]
= Stromversorgungsgeräusch *nn*; Brummspannung *nf*; Restbrumm *nm* — = hum noise; supply noise; residual hum; residual power supply voltage
≈ Restwelligkeit [EL.TEC]
Brummabstand *nm* — TELEC **signal-to-hum ratio**
brummarm — TELEC **low-hum** *adj*
Brummeinstreuung *nf* — TELEC **hum interference**
brummfrei — TELEC **hum-free** *adj*
Brummodulation *nf* — TELEC **hum modulation**
Brummspannung *nf* — TELEC → **hum** *n*
→ Brumm *nm*
Brummunterdrückung *nf* — TELEC **hum rejection**
Brune-Netzwerk *nn* — NETW.TH **Brune network**
Brune-Verfahren *nn* — NETW.TH **Brune procedure**
brünieren — METAL → **burnish**
→ presspolieren
Brush *nm* (ANGL) — COMP.GR → **brush** *n*
→ Grafikpinsel *nm*
Brut — CINEMA **brute** *n*
[eine Kohlenstofflichtbogenblampe]
brutto (1) — ECON **gross** (1)
[mit Verpackung] — [with packing]
brutto (2) — ECON **gross** (2)
[vor Anzügen und Steuern] — [exclusive of deductions and taxes]
Bruttoeinkommen *nn* — ECON **gross income**
Bruttogewicht *nn* — ECON **gross weight**
= Rohgewicht *nn*
Bruttogewinnspanne *nf* — ECON → **gross margin**
→ Vertriebsspanne *nf*
Bruttokapazität *nf* — DAT.PR → **unformatted capacity**
→ Brutto-Speicherkapazität *nf*
Brutto-Speicherkapazität *nf* — DAT.PR **unformatted capacity**
= Bruttokapazität *nf*; unformatierte Speicherkapazität
Bruttoumsatz *nm* — ECON **gross sales**
= Rohumsatz *nm*
BS — SW → **operating system**
→ Betriebssystem *nn*
BS — DAT.CO → **backspace** *n*
→ Rückwärtsschritt *nm*
BSA — SW **BSA**
[ein Interessenverband von US-amerikanischen Software-Häusern] — = Business Software Alliance
BSAM-Methode *nf* — DAT.MA → **basic sequential access method**
→ sequentielle Basiszugriffsmethode
BSC — MOB.CO **BSC**
= Basisstationssteuerung *nf* — = Base Station Controller
BSC — MOB.CO → **base station controller**
→ Basisstationscontroller *nm*
BSD UNIX — SW **BSD UNIX**
[eine Version der University of California] — [a version by the University of California]

BSI — TECH **BSI**
= British Standards Institute
B-Signal *nn* — TV → **video signal** *n*
→ Videosignal *nn*
BSP — TER&PER → **display store**
→ Bildspeicher *nm*
B-Splinekurve *nf* — COMP.GR **B-spline curve**
BSS — MOB.CO **BSS**
[besteht aus mehreren BCS] — [clusters several BCS]
= Basisstation-Subsystem *nn* — = Base Station Subsystem
BS-Taste *nf* — TER&PER → **backspace key** *n*
→ Rücksetztaste *nf* (2)
BSWG — METAL → **Standard Wire Gauge**
→ SWG
BT — TELEC **BT**
= British Telecom
BTAM-Methode *nf* — DAT.CO **BTAM**
[Basic Telecommunications Access Method]
B-Teilnehmer *nm* — SWITCH → **called suscriber**
→ gerufener Teilnehmer
B-Teilnehmer-Rufnummerübermittlung *nf* — TELEPH → **connected line identification presentation**
→ Anzeige des B-Teilnehmers
BTS — MOB.CO → **radio base station**
→ Funk-Basisstation *nf*
BTS-Antenne *nf* — MOB.CO → **radio base station antenna**
→ Funk-Basisstation-Antenne *nf*
Btx — TELEC → **interactive videotex**
→ Bildschirmtext *nm*
Btx-Abfrage *nf* — TELEC → **videotex inquiry**
→ Bildschirmtext-Abfrage *nf*
Btx-Abfragegerät *nn* — TER&PER → **videotex inquiry terminal**
→ Bildschirmtext-Abfragegerät *nn*
Btx-Agentur *nf* — TELEC → **videotex agency**
→ Bildschirmtext-Agentur *nf*
Btx-Anbieter *nm* — TELEC → **videotex information provider**
→ Bildschirmtext-Anbieter *nm*
Btx-Anschluss *nm* — TELEC → **videotex connection**
→ Bildschirmtext-Anschluss *nm*
Btx-Anschlussbox *nf* — TELEC → **videotex connection box**
→ Bildschirmtext-Anschlussbox *nf*
Btx-Dekodierer *nm* — TELEC **videotex decoder**
Btx-Endgerät *nn* — TELEC → **videotex terminal**
→ Bildschirmtext-Endgerät *nn*
Btx-fähig — TELEC → **videotex-compatible**
→ bildschirmtextfähig
Btx-Leitzentrale *nf* — TELEC → **videotex control station**
→ Bildschirmtext-Leitzentrale *nf*
Btx-Mitteilung *nf* — TELEC → **vidoetex information**
→ Bildschirmtext-Mitteilung *nf*
Btx-Netz *nn* — TELEC → **videotex network**
→ Bildschirmtext-Netz *nn*
Btx-Seite *nf* — TELEC → **videotex page**
→ Bildschirmtext-Seite *nf*
Btx-Tastatur *nf* — TELEC → **videotex keyboard**
→ Bildschirmtext-Tastatur *nf*
Btx-Teilnehmer *nm* — TELEC → **videotex subscriber**
→ Bildschirmtext-Teilnehmer *nm*
Btx-Terminal *nn* — TELEC → **videotex terminal**
→ Bildschirmtext-Endgerät *nn*
Btx-Verzeichnis *nn* — TELEC → **videotex register**
→ Bildschirmtext-Verzeichnis *nn*
Btx-Zentrale *nf* — TELEC → **videotex computer center**
→ Bildschirmtext-Zentrale *nf*
BÜ *nf* — TEC.DOC → **component list**
→ Bauteileübersicht *nf*
Bubble — PHYS → **magnetic bubble**
→ Magnetblase *nf*
Bubble-Sortieren *nn* — DAT.MA → **bubble sorting**
→ Blasen-Sortieren *nn*
Bubble-Verfahren *nn* — TER&PER **bubble technique**
[Tintenstrahldrucker] — [ink-jet printer]
Buch *nn* — PRIN.ME **book** *n*
Buchband *nm* — PRIN.ME → **volume** *n* (1)
→ Band *nm*
Buchbesprechung *nf* — PRIN.ME → **recension** *n*
→ Buchkritik *nf*
Buchbesprechung *nf* — PRIN.ME → **review** *n*
→ Rezension *nf*
Buchblock *nm* — PRIN.ME **body of book**
[Teil des Buches ohne Deckel] — [part of book without cover]

Buchdecke *nf* — PRIN.ME — **book case**
= Einbanddecke *nf*

Buchdeckel *nm* — PRIN.ME — → **cover** *n* (1)
→ Deckel *nm*

Buchdruckerkunst *nf* — PRIN.ME — → **typography** *n* (1)
→ Typografie *nf* (1)

buchen *vt* — ECON — **book** *vt*
= verbuchen
= post *vt*

Büchersammlung *nf* — SCIE — **bibliotheca**
≈ Bibliothek
≈ library

buchführen — ECON — **keep the account**

Buchführung *nf* — ECON — **bookkeeping** *n*
= Buchhaltung *nf*
= accounting *n* (2)

Buchführungsmanipulation *nf* — DAT.PR — → **embezzlement** *n*
→ Veruntreuungsmanipulation *nf*

Buchgeld *nn* — ECON — → **bank money**
→ Giralgeld *nn*

Buchgewinn *nm* — ECON — **book income**

Buchhalter *nm* — ECON — **bookkeeper** *n*
= Bilanzbuchhalter *nm*; Buchsachverständiger *nm*
≈ Fachmann für Rechnungswesen
≈ accountant

Buchhaltung *nf* — ECON — → **bookkeeping** *n*
→ Buchführung *nf*

Buchhaltung *nf* (1) — ECON — **accounting** *n*
[Tätigkeit]
[activity]

Buchhaltung *nf* (2) — ECON — **accounting department**
[Organisation]
= Verrechnungsabteilung *nf*
[organization]
= accounts department

Buchhaltung *nf* (3) — ECON — **company's accounts**
[Dokumentation]
[records]

Buchhaltungscomputer *nm* — COMP.AP — **accounting computer**

Buchhaltungsleiter *nm* — ECON — **accounts manager**

Buchhaltungsprogramm *nn* — SW — **accounting program**
= Finanzbuchhaltungsprogramm *nn*; Buchungsprogramm *nn*; Verbuchungsprogramm *nn*
↑ Anwenderprogramm; Buchhaltungs-Software; Geschäfts-Software
= accounting package
↑ application program; accounting software; business software

Buchhaltungs-Software *nf* — SW — **accounting software**
↑ Geschäfts-Software
↑ business software

Buchkritik *nf* — PRIN.ME — **recension** *n*
= Buchbesprechung *nf*; Rezension *nf*

Buchrücken *nm* — PRIN.ME — → **back** *n*
→ Rücken *nm*

Buchsachverständiger *nm* — ECON — → **bookkeeper** *n*
→ Buchhalter *nm*

Buchschrift *nf* — PRIN.ME — **book** *n*
[Schriftart]
[typefont]

Buchse *nf* — MEC.EN — **sleeve** *n*
= bushing *n*; gland *n*

Buchse *nf* — COMPO — **jack** *n*
[weiblicher Teil der Steckverbindung]
= Steckerbuchse *nf*; Mutterteil *nn*; Mutter *nf*; Kupplung *nf* (2); Kuppler *nm*
≠ Stecker
↓ Netzsteckdose
[female part of a connecting device]
= socket *n* (BE); plug socket; female plug; receptacle *n*; female connector; female *n*

Buchsenfeld *nn* — EQP.EN — **jack board**
= socket board (BE)

Buchsen-Stecker-Übergang *nm* — COMPO — **male gender changer**
↑ Übergangsstecker
↑ gender changer

Buchstabe *nm* — LING — **letter** *n*
[einen Laut oder eine Lautverbindung symbolisierendes Schriftzeichen]
= alphabetisches Zeichen; Alphazeichen *nn*
↑ Schriftzeichen
↓ Großbuchstabe [PRIN.ME]; Kleinbuchstabe [PRIN.ME]
[a graphic character symbolizing a sound or a sound combination]
= alphabetic character
↑ graphic character
↓ capital letter [PRIN.ME]; small character [PRIN.ME]

Buchstabenabstand *nm* — PRIN.ME — → **set size**
→ Laufweite *nf*

Buchstabenbreite *nf* — PRIN.ME — → **character width**
→ Dickte *nf*

Buchstabencode *nm* — INF.TEC — **letter code**

Buchstabencodierung *nf* — CODING — **alphabetical coding**
= alphabetic coding

Buchstabengenerator *nm* — TER&PER — → **character generator**
→ Zeichengeber *nm*

buchstabengetreu (1) — LING — **literal** *adj* (1)
[ganz genau]
≈ wortwörtlich
= letter by letter

buchstabengetreu (2) — LING — → **transliterated**
→ transliteriert

Buchstabenkette *nf* — DAT.PR — **alphabetic string**
= letter string

Buchstabenreihe *nf* — CODING — → **alphabetic character set**
→ alphabetischer Zeichensatz

Buchstabensalat *nm* — INF.TEC — **alphabet soup** (fig)
[fig]

Buchstabenstelle *nf* — COMP.SC — **alphabetic position**
= Alphastelle *nf*
↑ Stelle
= alphabetical position
↑ position

Buchstabentastatur *nf* — TER&PER — **alphabetical keyboard**
= alphabetic keyboard

Buchstabentaste *nf* — TER&PER — **alphabetical key**
= alphabetic key; letter key

Buchstabenumschaltung *nf* — TELEGR — **letter shift**
[Code oder Taste]
= Buchstabenwechsel *nm*
≈ Ziffernumschaltung
↑ Buchstaben-Ziffern-Umschaltung
[key or code]
= shift letter
≈ figures shift
↑ letter-figure shift

Buchstabenumschaltung *nf* — TER&PER — **alphabetic shift**
= Alphabetumschaltung *nf*

Buchstabenwechsel *nm* — TELEGR — → **letter shift**
→ Buchstabenumschaltung *nf*

Buchstabenwort *nn* — LING — → **acronym** *n*
→ Akronym *nn*

Buchstabenwort *nn* — COMP.SC — → **alphabetic word**
→ alphabetisches Wort

Buchstaben-Ziffern-Umschaltung *nf* — DAT.PR — **letter-figure shift**
= Bu-Zi-Umschaltung *nf*
↓ Buchstabenumschaltung; Ziffernumschaltung
↓ letter shift; figure shift

Buchstabenzwischenraum *nm* — PRIN.ME — → **character spacing**
→ Zeichenabstand *nm*

Buchstabieralphabet *nn* — TELEC — → **phonetic alphabet**
→ Buchstabierliste *nf*

buchstabieren — LING — **spell** *vt*

Buchstabierliste *nf* — TELEC — **phonetic alphabet**
[L wie Laura ...]
= Buchstabieralphabet *nn*
[V like Victor]
= phonetic list

Bucht *nf* — GEOSC — **bay** *n*
≈ Golf
≈ gulf

Bucht *nf* — EQP.EN — → **rack** *n*
→ Gestell *nn*

Buchthema *nn* — PRIN.ME — **subject matter**

Buchumschlag *nm* — PRIN.ME — **book jacket**
= Umschlaghülle *nf*; Schutzumschlag *nm*
= dust jacket; jacket *n*; wrapper *n*

Buchung *nf* — ECON — **booking** *n*
= Verbuchung *nf*
≈ Eingabe
= entry *n*; posting *n*; reservation *n*
≈ entering

Buchungsautomat *nm* — TER&PER — **automatic accounting machine**
= automatische Buchungsmaschine
= automatic bookkeeping machine

Buchungskarte *nf* — TER&PER — **credit phonecard**
[mit persönlicher Identifikationsnummer]
= Kredit-Telefonkarte *nf*
↑ Telefonkarte
[with personal identification number]
= credit card
↑ phonecard

Buchungskreislauf *nm* — ECON — **accounting cycle**

Buchungsmaschine *nf* — TER&PER — **accounting machine**
= bookkeeping machine; booking machine

Buchungspapier *nn* — PRIN.ME — **ledger paper**

Buchungsplatz *nm* — TER&PER — **booking terminal**
= Buchungsstation *nf*
= reservation terminal

Buchungsprogramm *nn* — SW — → **accounting program**
→ Buchhaltungsprogramm *nn*

Buchungsstation *nf* — TER&PER — → **booking terminal**
→ Buchungsplatz *nm*

Buchungssystem *nn* — COMP.AP — **booking system**

Buchungszeitraum *nm* — ECON — **accounting period**

Buchwert *nm* — ECON — **book value**

Buckel *nm* — TRANSM — **bump** *n*
[in einem Frequenzgang]
[in a frequency respose curve]

Buckelentzerrer *nm* — TRANSM — **bump equalizer**

Buckelkarte *nf* — COMP.GR — **bump map**
[Helligkeit in Höhen umgesetzt]
[brightness converted to height]

Buckyball — PHYS — **buckyball**
[Molekül aus 60 C-Atomen]
[molecle of 60 C atoms]

Buckytube — PHYS — **buckytube**

Buddy — INTERNET — → **buddies** *nplt*
→ Freunde und Bekannte

Buddy-Film — → **buddy film**
→ Freunde-und-Bekannte-Film

Buddyliste *nf* INTERNET → **buddy list**
→ Freunde-und-Bekannte-Liste *nf*
Budget *nn* ECON → **budget** *n*
→ Etat *nm*
Bügel *nm* TECH → **support** *n*
→ Stütze *nf*
bügeln TECH → **smooth** *vt*
→ glätten
Bügelschelle *nf* TECH → **cable clamp**
→ Kabelschelle *nf*
Bühne *nf* IMAG.ME **stage** *n*
= set *n*
Bühne *nf* TECH **working platform**
= Arbeitsplattform *nf*, plattform *nf* = platform *n*
Bühnenbild *nn* CINEMA **stage decoration**
= set decoration
Bühnenchef *nm* CINEMA **stage manager**
Bühnenmeister *nm* CINEMA **construction foreman**
Bühnenstück *nn* IMAG.ME → **play** *n*
→ Theaterstück *nn*
Bühnentechnik *nf* MEDIA **stage set-up**
Bulletin Board *nn* (ANGL) COLL → **bulletin board**
→ Anzeigetafel *nf*
Bump *nm* MICR.EL **bump** *n*
[erhöhter Kontaktierungsflecken] [a raised contact-pad]
Bump *nm* (ANGL) DAT.MA → **bump**
→ nicht adressierbarer Hilfsspeicher
Bund *nm* (1) TECH → **collar** *n*
→ Kragen *nm* (*pl* Kragen&(AT)Krägen)
Bund *nm* (2) TECH → **shoulder** *n*
→ Schulter *nf*
Bund *nn* (3) TECH **binding** *n*
[zusammengebundene Menge] ≈ package; coil
≈ Bündel; Spule
Bund *nm* PRIN.ME **gutter margin**
[innerer Rand einer Seite] [inside margin of a page]
≈ Zwischenschlag ≈ gutter
Bündel *nn* PHYS **beam** *n*
Bündel *nn* COM.CAB **bundle** *n*
= unit *n*
Bündel *nn* EL.TRO → **burst** *n*
→ Burst *nm*
Bündel *nn* SWITCH → **trunk group**
→ Leitungsbündel *nf*
Bündel *nn* COLL → **package** *n*
→ Paket *nn*
Bündelader *nf* OPT.CO **multifiber buffer tube**
= multifiber loose buffer
Bündelalarm *nm* SWITCH **trunk group alarm**
Bündelaufbau *nm* COM.CAB **bundle structure**
Bündelfehler *nm* TELEC → **burst error**
→ Büschelfehler *nm*
Bündelformung *nf* EL.ACOU **beam forming**
= beam shaping
Bündelfunk *nm* MOB.CO **trunking** *n*
[Verwendung eines Bandes durch geschlossene, meist gewerbliche Benutzergruppen; bedarfsgesteuert wird eine Funkfrequenz aus einem "Bündel" wird einem Teilnehmer zeitweise exklusiv zugeteilt] [exploitation of a RF band by a closed user groups; on a demand a radiofrequency is assigned temporarily to a user out of a group of frequencies]
↑ Mobilfunk = trunked radio; multi-user-band radio
↓ öffentlicher Bündelfunk; privater Bündelfunk ↑ mobile radiocommunications
↓ public trunking; private trunking
Bündelfunk-Endgerät *nn* MOB.CO → **trunked radio terminal**
→ Bündelfunkgerät *nn*
Bündelfunkgerät *nn* MOB.CO **trunked radio terminal**
= Bündelfunk-Endgerät *nn* ↑ radiotelephone [RADIO]
↑ Funksprechgerät [RADIO]
Bündelfunknetz *nn* RADIO **trunking network**
Bündelholzbauweise *nf* EQPEN **cord wood technique**
= Kompaktbausteintechnik *nf*
Bündelkabel *nn* COM.CAB **bunched cable**
= unit cable
Bündelknoten *nm* EL.TRO **crossover** *n*
Bündelmatrix *nf* SWITCH **trunk group matrix**
bündeln TELEC **bundle** *vt*
≈ multiplex ≈ multiplex
bündelnd PHYS **directive** *adj*
= mit Richtwirkung = directional *adj*
≠ rundstrahlend ≠ omnidirectional

bündelnde Antenne ANT → **directional antenna**
→ Richtantenne *nf*
Bündelnummer *nf* SWITCH **trunk group number**
Bündelquerschnitt *nm* PHYS **beam aperture**
Bündelung *nf* SWITCH **grouping** *n*
[Zusammenfassung von Leitungen gleicher Verkehrsbeziehung] [of lines with equal traffic relation]
= trunking *n*
Bündelung *nf* OPT → **focusing** *n*
→ Fokussierung *nf*
Bündelungsanode *nf* EL.TRO → **focusing anode**
→ Fokussierungsanode *nf*
Bündelungselektrode *nf* EL.TRO → **focusing electrode**
→ Fokussierelektrode *nf*
Bündelungsgewinn *nm* PHYS **directive gain**
Bündelungsgewinn *nm* SWITCH **grouping gain**
Bündelungsgewinn *nm* TELEC **multiplexing gain**
= Multiplexgewinn *nm*
Bündelungsgüte *nf* ANT → **directivity** *n* (1)
→ Richtwirkung *nf*
Bündelungsschärfe *nf* ANT → **directivity** *n* (1)
→ Richtwirkung *nf*
Bündelverdichtung *nf* TELEC **compacting** *n*
= Bündelzusammenfassung *nf*
bündelverseilen COM.CAB **unit-strand**
Bündelzusammenfassung *nf* TELEC → **compacting** *n*
→ Bündelverdichtung *nf*
Bundesamt *nn* PUB.ADM **Federal Office**
Bundesbahn *nf* PUB.ADM **Federal Railways**
Bundesbank *nf* PUB.ADM **Federal Bank**
Bundesdatenschutzgesetz *nn* LAW **Federal Data Protection Law**
[in Deutschland] [in Germany]
= BDSG
Bundesland *nn* PUB.ADM **federal state**
= Land *nn* (2)
Bundespost *nf* PUB.ADM **Federal Postal Administration**
bundesstaatlich *adj* ECON **federal**
bündig TECH **flush** *adj*
= fluchtend
bündig PRIN.ME **set flush**
[mit einem Rand fluchtend] [even with a margin]
↓ linksbündig; rechtsbündig = flush *adj*
≠ ragged
↓ flush left; flush right
Bündigkeit *nf* WOR.PR **justification** *n*
Bundsteg *nm* PRIN.ME → **gutter** *n*
→ Zwischenschlag *nm*
Bunsenbrenner *nm* PHYS **Bunsen burner**
bunt COLL **particolored** *adj*
= vielfarbig; polychrom = polychrome *adj*
≈ mehrfarbig [OPT] ≈ multicolored [OPT]
Buntheit *nf* COLL **colorfulness** *n* (AE)
= Farbigkeit *nf*; Farbigsein *nn* = colourfulness *n* (BE)
≈ Vielfarbigkeit [OPT] ≈ polychromaticity [OPT]
Buntmetall *nn* METAL → **non-ferrous metal**
→ NE-Metall *nn*
Buntssstift *nm* OFFICE → **color pen** (AE)
→ Farbstift *nm*
Bürde *nf* INSTR **burden** *n*
Bürdenwiderstand *nm* INSTR **burden effective resistance**
Bürge *nm* LAW **guarantor** *n*
Bürgernetz *nn* INTERNET **local community network**
Bürgersteigkante *nf* CIV.EN → **curb** *n*
→ Bordsteinkante *nf*
Bürgschaft *nf* ECON **guaranty** *n* (2)
= guarantee *n* (2); surety *n*
Burn-in QUAL → **burn-in** *n*
→ Voralterung *nf*
Büro *nn* OFFICE **bureau** *n* (*pl* -s&-x)
[Einrichtung] [facility]
= office *n*
Büroablauf *nm* OFFICE **office routine**
Büroangestellter *nm* ECON **clerck** *n* (1)
Büroarbeit *nf* OFFICE **office work**
↓ Schreibtischarbeit = clerical work
↓ desk work
Büro-Arbeitsplatzsystem *nn* TER&PER **office workstation**
= clerical workstation
Büroartikelausstellung *nf* ECON → **business efficiency exhibition**
→ Büroartikelmesse *nf*
Büroartikelmesse *nf* ECON **business efficiency exhibition**
= Büroartikelausstellung *nf*

Büroautomation *nf* INF.TEC → **office automation**
→ Büroautomatisierung *nf*
Büroautomatisierung *nf* INF.TEC **office automation**
= Büroautomation *nf*; Bürodatentechnik *nf*; Bürotik *nf* = OA
↑ angewandte Informatik ↑ applied informatics
Bürobote *nm* OFFICE **office boy**
Bürocomputer *nm* DAT.PR **office computer**
= Abteilungsrechner *nm*
Bürodatentechnik *nf* INF.TEC → **office automation**
→ Büroautomatisierung *nf*
Büro der Zukunft OFFICE → **electronic office**
→ automatisiertes Büro
Bürodiktiergerät *nn* OFFICE **office dictating set**
= office dictating machine; office dictating equipment
Bürofernschreiben *nn* TELEC → **teletex** *n*
→ Teletex *nm*
Bürofernschreiber *nm* TER&PER → **teletex terminal**
→ Teletexendgerät *nn*
Bürogebäude *nn* CIV.EN **office building**
Bürogerät *nn* TER&PER **office equipment**
= Büromaschine *nf* = office machine; business equipment; business machine; bureau equipment; bureau machine
Bürografik *nf* COMP.AP → **business graphics**
→ Geschäftsgrafik *nf*
Bürographik *nf* COMP.AP → **business graphics**
→ Geschäftsgrafik *nf*
Büroinformationssystem *nn* INF.TEC **office information system**
Büroklammer *nf* OFFICE **paper clip**
[gebogenes Stück aus Draht oder Kunststoff] [bent piece of metallic or plastic wire]
= Heftklammer *nf* = clip; paper fastener; fastener
≈ Heftklammer (1) [TECH] ≈ staple [TECH]
Bürokommunikation *nf* INF.TEC **office communications**
= office communication
Bürokommunikationssystem *nn* COMP.AP **office communication system**
= K-I-System *nn*; Kommunikations-und Informationsverarbeitungssystem *nn*
Bürokratie *nsgt* COLL **bureaucracy** *n*
[abwertend] [despective]
Bürolandschaft *nf* OFFICE **office landscape**
Büromaschine *nf* TER&PER → **office equipment**
→ Bürogerät *nn*
Büromaterial *nn* OFFICE → **stationery** *nsgt* (1)
→ Schreibwaren *nplt*
Büromöbel *nn* OFFICE **office furniture**
Büroorganisation *nf* OFFICE **office management**
↑ Bürowirtschaft ↑ office systems
Büropersonal *nn* OFFICE **clerical staff**
= clerical personnel; office staff; office personnel
Büroschrank *nm* OFFICE **office cabinet**
Büroschreibmaschine *nf* OFFICE **bureau typewriter**
= office typewriter
Bürosoftware *nf* SW **office software**
= bureau software
Bürostuhl *nm* OFFICE **office chair**
Bürotechnik *nf* OFFICE **office equipment**
[Verfahren und Geräte] [procedures and equipment]
↑ Bürowirtschaft = business equipment
↑ office systems
Bürotik *nf* INF.TEC → **office automation**
→ Büroautomatisierung *nf*
Bürotisch *nm* OFFICE → **desk** *n*
→ Schreibtisch *nm*
Bürowirtschaft *nf* TECH **office systems**
↓ Bürotechnik; Büroorganisation = office organization and equipment
↓ office equipment; office organization
Burrus-Diode *nf* OPTOEL **Burrus diode**
[Leuchtdiode hoher Strahlungsdichte] [a high-intensity LED]
Burst *nm* EL.TRO **burst** *n*
[schnelle transiente Störgröße] [fast transient disturbance variable]
= Bündel *nn*; Anhäufung *nf*
Burst *nm* TV → **burst** *n*
→ Farbsynchronsignal *nn*
Burstdauer *nf* TELEC **burst duration**
Bürste *nf* POW.EN **brush** *n*
bürsten METAL **brush** *vt*
Bürstenabtaster *nm* TER&PER **brush reader**
[für Lochungen] [for punched holes]
↑ Lochkartenleser ↑ punched card scanner
Bürstenlitze *nf* POW.EN **pigtail** *n*
bürstenlos EL.TEC **brushless**
Bürstenträger *nm* POW.EN **brush collar**
Bürstenwähler *nm* SWITCH **brush selector**
[Schaltelement von Maschinenwählersystemen]
= maschinenangtriebener Drehwähler
Burstfehler *nm* TELEC → **burst error**
→ Büschelfehler *nm*
Bursthaftigkeit *nf* TELEC **burstiness**
Burst-Kenndaten *nplt* EL.TRO **burst characteristics**
Burst-Modem *nm&nn* SAT.CO **burst modem**
Burstverfahren *nn* TELEC **burst operation**
= Bitbündelübertragung *nf* = burst transmission; grouped time operation
Bus *nm* (*pl* Busse) HW **bus** *n* (*pl* buses&busses)
[vom latein. "omnibus" = "für alle"; Signalaustauschleitung zwischen Funktionseinheiten] [from Latin "omnibus" = "for all"; signal exchange line between functional units]
= Busleitung *nf*; Rechnerbus *nm*; Computerbus *nm*; Sammelleitung *nf*; Sammelweg *nm*; Pfad *nm* = highway (BE); computer bus
↓ Steuerbus; Datenbus; Adressbus; serieller Bus; Parallelbus ↓ control bus; data bus; address bus; serial bus; parallel bus
Bus *nm* (*pl* Busse) EL.TRO → **bus** *n* (*pl* buses&busses)
→ Sammelschiene *nf*
Busabschluss *nm* HW **bus termination**
Busanforderung *nf* DAT.PR **bus request**
Busankopplung *nf* HW **bus coupling**
Busanschluss *nm* HW **bus interface**
[direkt an Rechnerbus] [directly to computer bus]
= Busschnittstelle *nf*
Bus-Arbiter *nm* SW → **bus arbiter**
→ Buszuteiler *nm*
Busarchitektur *nf* HW **bus architecture**
Busbreite *nf* HW **bus width**
[Anzahl der parallelen Leitungen] [number of parallel lines]
Busbrücke *nf* DAT.NW **bus bridge**
Buschbeck-Diagramm *nn* LINE TH → **rectangular transmission line chart**
→ Schmidt-Buschbeck-Diagramm *nn*
Büschelentladung *nf* PHYS **brush discharge**
= Koronaentladung *nf* [POW.EN] = corona discharge [POW.EN]
↑ Gasentladung ↑ gaseous discharge
Büschelentladung *nf* [PHYS] POW.SY → **corona discharge**
→ Koronadraht *nm*
Büschelfehler *nm* TELEC **burst error**
= Burstfehler *nm*; Bündelfehler *nm*
Büschelstecker *nm* COMPO **bunch pin plug**
Büschelstörung *nf* TELEC **burst interference**
= Impulsgruppe *nf* ≈ burst
Bus-Enumerator *nm* HW **bus enumerator**
Buserweiterung *nf* HW **bus extender**
Buskarte *nf* HW **bus board**
= bus card
Buskontroller *nm* HW **bus controller**
= bussteuerndes Gerät = bus master
Buskoppler *nm* DAT.CO **bus link**
Busleitung *nf* HW → **bus** *n* (*pl* buses&busses)
→ Bus *nm* (*pl* Busse)
Busmaster *nm* DAT.PR **bus master**
[erlaubt Speicherzugriff ohne CPU] [allows memory access w/o CPU intervention]
Bus-Maus *nf* TER&PER **bus mouse**
[direkt am Rechnerbus anschließbar] [directly connectable to the computer bus]
≠ Serialmaus ≠ serial mouse
Busnetz *nn* DAT.NW **bus network**
= Busnetzwerk *nn* [with only one path]
↑ LAN ↑ LAN
Busnetzwerk *nn* DAT.NW → **bus network**
→ Busnetz *nn*
Busregister *nn* HW **bus register**
= Sammelleitungsregister *nn*
Busruhezustandssignal *nn* DAT.NW **bus quiet signal**
Busschnittstelle *nf* HW → **bus interface**
→ Busanschluss *nm*
Bussklave *nm* HW **bus slave**
≠ Buscontroller ≠ bus master

bussteuerndes Gerät HW → **bus controller**
→ Buskontroller *nm*
Busstruktur *nf* DAT.NW → **bus topology**
→ Bus-Topologie *nf*
Bussystem *nn* HW **bus system**
Busteilnehmer *nm* DAT.CO **bus user**
Bus-Topologie *nf* DAT.NW **bus topology**
= Busstruktur *nf* = bus structure
Bustreiber *nm* HW **bus driver**
Busverteiler *nm* HW **bus distributor**
Buszuteiler *nm* SW **bus arbiter**
= Bus-Arbiter *nm*
Buszuteilung *nf* DAT.PR **bus arbitration**
Bütten *nn* PRIN.ME → **hand-made paper**
→ Büttenpapier *nn*
Büttenpapier *nn* PRIN.ME **hand-made paper**
[handgeschöpftes Papier]
= Bütten *nn*
Butterfly *nn* CINEMA **butterfly** *n*
[Segel zur Lichtdäpfung]
Butterworth-Filter *nn* NETW.TH → **maximally flat filter**
→ Potenzfilter *nn*
Button *nm* COMP.AP → **radio button**
→ Wahlknopf *nm*
Bu-Zi-Umschaltung *nf* DAT.PR → **letter-figure shift**
→ Buchstaben-Ziffern-Umschaltung *nf*
B-Verstärker *nm* CIRC.EN → **class B amplifier**
→ Klasse-B-Verstärker *nm*
BVN TELEC → **broadband cable network**
→ Breitband-Kabelnetz *nn*
bW PHYS → **reactive watt**
→ Blindwatt *nn*
BWA TELEC → **Broadband Wireless Access**
→ drahtloser Breitbandanschluss
B-Wert *nm* MICR.EL **dc amplification factor**
BWG METAL → **Birmingham wire gage**
→ Birmingham Drahtlehre
BxHxT TECH → **WHD**
→ BHT
Bypass *nm* TELEC **bypass** *n*
[Umgehung des Ortsnetsbetreibers] [of the incumbent local access provider]
Bypassbetrieb *nm* TER&PER **bypass mode**
Bypasskondensator *nm* NETW.TH → **bypass capacitor**
→ Überbrückungskondensator *nm*
Byte *nn* COMP.SC **byte** *n*
[als Einheit behandelte Anzahl von Bits, meist 8 bit] [BinarY digiT Eight; group of bits trated as unit, mostly 8 bits]
= Bitkombination *nf* = b; B; binary digit eight
≈ Wort ≈ word
↓ Sextett; Septett; Oktett; Langwort ↓ sextet; septet; octet; long word
Byteadresse *nf* SW **byte address**
byteadressierbar DAT.PR **byte addressable**
Bytebetrieb *nm* DAT.CO → **byte-serial transmission**
→ byteserielle Übertragung
Byte-Betrieb *nm* DAT.PR **byte mode**
= byteweise Übermittlung = byte-by-byte transfer
Byte-Code *nm* CODING **byte code**
Byte-Computer *nm* DAT.PR → **byte machine**
→ Bytemaschine *nf*
Byte-Eingriff *nm* SW **byte manipulation**
= Byte-Manipulation *nf*
Bytegrenze *nf* DAT.PR **byte boundary**
Bytegruppe *nf* DAT.PR **gulp** *n*
[group of bytes]
Byte-Manipulation *nf* SW → **byte manipulation**
→ Byte-Eingriff *nm*
Bytemaschine *nf* DAT.PR **byte machine**
= Byte-Computer *nm* = byte computer
Bytemultiplexkanal *nm* HW **byte multiplex channel**
[zur gleichzeitigen Anbindung mehrerer langsamer Peripheriegeräte] [to interconnect simultaneously several slow peripherals]
↑ Multiplexkanal ↑ multiplex channel
byteorientiert INF.TEC **byte-oriented** *adj*
byteorientiertes Protokoll DAT.CO **byte-oriented protocol**
= zeichenorientiertes Protokoll ↓ BISYNC protocol
↓ BISYNC-Protokoll
byteparallel COMP.SC **byte-parallel**
= Byte-parallel
Byte-parallel COMP.SC → **byte-parallel**
→ byteparallel
Bytereihenfolge *nf* DAT.PR **endiannness**
Bytes/cm TER&PER → **bytes per centimeter**
→ Bytes pro Zentimeter
Bytes/s DAT.PR → **bytes per second**
→ Bytes pro Sekunde
Bytes/sec DAT.PR → **bytes per second**
→ Bytes pro Sekunde
byteseriell COMP.SC **byte-serial** *adj*
= Byte-seriell; byteweise = byte-by-byte; byte-at-a-time
Byte-seriell COMP.SC → **byte-serial** *adj*
→ byteseriell
byteserielle Übertragung DAT.CO **byte-serial transmission**
= byteweise Übertragung; Bytebetrieb *nm* = byte-serial mode; byte mode
Bytesortierung *nf* DAT.MA **byte sort**
Bytes pro Sekunde DAT.PR **bytes per second**
= Bytes/sec; Bytes/s = bytes/s; BPS; Bps
Bytes pro Zentimeter TER&PER **bytes per centimeter**
= Bytes/cm; bpc = bytes/cm ; BPC; bpc
Bytes pro Zoll TER&PER **bytes per inch**
= BPI = BPI
Bytespur *nf* TER&PER **byte track**
↑ Informationsspur ↑ information track
bytesynchron DAT.CO **byte synchronous**
Bytetakt *nm* DAT.CO **byte timing**
Byteversetzung *nf* DAT.PR **byte offset**
byteweise COMP.SC → **byte-serial** *adj*
→ byteseriell
byteweises Stopfen CODING **byte-by-byte stuffing**
= byte leaking
byteweise Übermittlung DAT.PR → **byte mode**
→ Byte-Betrieb *nm*
byteweise Übertragung DAT.CO → **byte-serial transmission**
→ byteserielle Übertragung
Bytezähler *nm* HW **byte counter**
BZ ECON → **order form**
→ Bestellzettel *nm*
BZR HW → **instruction counter**
→ Befehlszähler *nm*

C *c*

C COMP.LG **C**
[eine problemorientierte Programmiersprache]
↓ C++
[a high-level programming language]
↓ C++

C MATH **C**
[römische Ziffer für 100]
[Roman numeral for 100]

C EL.SC → **Coulomb**
→ Coulomb *nn*

C EL.SC → **electric capacitance**
→ elektrische Kapazität

C CHEM → **carbon** *n*
→ Kohlenstoff *nm*

C COMP.LG → **language C**
→ Sprache C *nf*

c- PHYS → **centi-** *praef*
→ Zenti- *praef*

C# COMP.LG **C#**
[objektorientierte Weiterentwicklung von C]
= C-Sharp
[object-oriented further development of C]

c&f ECON → **c.f.**
→ c.f.

c.f. ECON **c.f.**
= cf; c&f; Kosten und Fracht
= cf; c&f; cost and freight

c.i.f. ECON → **CIF**
→ CIF

C: DAT.PR **C:**
[in MS-DOS die Bezeichnung für die
[in MS-DOS the identifier for the hard disk]

C++ COMP.LG **C++**
[objektorientierte Weiterentwicklung von C]
= C-plus-plus
[object-oriented further development of C]

C3I ECON → **C3I**
→ Sicherheitsdienste *nplt*

C4-Applikation *nf* COMP.AP **C4 application**
[vereint CAD, CAM, CAE und CIM]
[unites CAD, CAM, CAE and CIM]

C64 DAT.PR **C64**
[Kleincomputer von Commodore von 1982]
[minicomputer of Commodore in 1982]

CA DAT.CO **CA** (assign keys)
[US-Behörde die Verschlüsselungen vergibt]
= Certificate Authority

Ca CHEM → **calcium** *n*
→ Kalzium *nn*

ca. COLL → **approximately** *praep*
→ ungefähr

C-Abrufsequenz *nf* SW **C calling sequence**

CAC TELEC → **call admission control**
→ Verbindungszulassungskontrolle *nf*

Cache *nm* DAT.PR → **cache memory** *n*
→ Cache-Speicher *nm*

Cache-Fehltreffer *nm* DAT.PR **cache miss**
[die anstehenden Daten waren im Cache-Speicher nicht vorrätig]
≠ Cache-Volltreffer
[requested data was not available in the cache]
≠ cache hit

Cache-Größe *nf* HW **cache size**

Cache-Karte *nf* HW **cache card**

Cache-Kohärenz *nf* DAT.PR **cache coherency**

Cache-Server *nm* DAT.NW **cache server**

Cache-Speicher *nm* DAT.PR **cache memory** *n*
[prozessbeschleunigender Puffer für Duplikate von Befehlen u. Daten, die der Prozessor (wahrscheinlich) demnächst benötigt wird; vom Engl. "cash" = Geheimlager; Aussprache "käsch"]
= Cache *nm*; schneller Pufferspeicher; Hintergrundspeicher *nm* (2); Vorhaltespeicher *nm*
≈ Notizblockspeicher
↑ Pufferspeicher
↓ Befehls-Cache-Speicher; Daten-Cache-Speicher; Plattenpufferspeicher; serieller Cache-Speicher; paralleler Cache-Speicher; RAM-Cache-Speicher
[a speeding-up buffer to hold a copy of instructions or data to be (probably) needed next by the processor; from colloquial "cash = hiding place" which derives from French verb "cacher" = hide]
= cache storage; cache store; memory cache; cache *n*
≈ scratch-pad memory
↑ buffer store
↓ instruction cache; data cache; disk cache; look-through cache; look-ahead cache; RAM cache

Cache-Treffer *nm* DAT.PR **cache hit**
[die anstehenden Daten waren im Cache-Speicher nicht vorrätig]
≠ Cache-Fehltreffer
[the requested data resides in the cache]
≠ cache miss

Cache-unterstützte Laufwerksteuerung DAT.PR **caching controller**

Cache-Vergiftung *nf* INTERNET **cache poisoning**

CAD COMP.AP **CAD**
= rechnergestützte Entwicklung; rechnergestütztes Konstruieren; rechnergestützte Konstruktion; rechnergestütztes Zeichnen; computergestützte Entwicklung; computergestütztes Konstruieren; computergestützte Konstruktion; computergestütztes Zeichnen; rechnergestützter Entwurf; computergestützter Entwurf
= computer aided design; computer aided development

CAD-Arbeitsplatz *nm* DAT.PR **CAD workstation**

CADD COMP.AP **CADD**
[Computer-Aided Design and Drafting]

Caddy *nn* (ANGL) CONS.EL → **caddy** *n*
→ Plastikkassette *nf*

CADE COMP.AP **CADE**
= rechnergestützte Entwicklung und Ingenieurtechnik; computergestützte Entwicklung und Ingenieurtechnik
= computer-aided design and engineering

CADEM COMP.AP **CADEM**
= rechnergestützte Entwicklung, Ingenieurstechnik und Fertigung; computergestützte Entwicklung, Ingenieurstechnik und Fertigung
= computer-aided design, engineering and manufacturing

C-Ader TELEPH **tip wire** *n* (2)
= Prüfader *nf*
= sleeve wire; C wire; C lead; guard; guard wire

CAD-Komplettlösung *nf* COMP.AP **CAD complete solution**

CADM COMP.AP **CADM**
= rechnergestütze Entwicklung und Fertigung; computergestützte Entwicklung und Fertigung
= computer-aided design and manufacturing

Cadmium *nn* CHEM → **cadmium** *n*
→ Kadmium *nn*

cadmiumgelb OPT → **cadmium yellow** *adj*
→ kadmiumgelb *adj*

cadmiumgrün OPT → **cadmium green** *adj*
→ kadmiumgrün *adj*

cadmiumrot OPT → **cadmium red** *adj*
→ kadmiumrot *adj*

Cadmiumsulfid-Zelle *nf* POW.SY → **cadmium sulfide cell**
→ Kadmiumsulfid-Zelle *nf*

CAD-Programm *nn* COMP.AP **CAD program**
≈ Grafikprogramm; Zeichenprogramm
↓ AutoCAD; FastCAD
≈ graphics program; drawing program
↓ AutoCAD; FastCAD

CAD-Werkzeug *nn* DAT.PR **CAD tool**

CAE DAT.PR **CAE**
[X/Open]
[X/Open]
= Common Applications Environment

CAE (1) COMP.AP **CAE** (1)
= rechnergestützte Ingenieurtechnik; rechnergestütztes Engineering; computergestützte Ingenieurtechnik
= computer aided engineering

CAE (2) COMP.AP → **computer-aided education** *n*
→ rechnergestützter Unterricht

CAI (1) COMP.AP → **computer-aided education** *n*
→ rechnergestützter Unterricht

CAI COMP.AP → **CAT** (1)
→ CAT (1)

CAIM COMP.AP **CAIM**
= rechnergestützte Bestandskontrolle und Wartung; computergestützte Bestandskontrolle und Wartung
= computer-aided inventory and maintenance; computer-assisted inventory and maintenance

CAL AUTOMA **CAL**
[Anwenderschicht des CAN]
= CAN application layer

cal PHYS → **calory** *n*
→ Kalorie *nf*

CAL COMP.AP → **computer-aided education** *n*
→ rechnergestützter Unterricht

Calcium CHEM → **calcium** *n*
→ Kalzium *nn*

Californium *nn* CHEM **californium** *n*
= Cf
= Cf

Call-back-Dienst *nm* TELEC **call back service**
[Teilnehmer wird vom Zielland aus (mit geringerer Gebühr) zurückgerufen]
= Rückrufdienst *nm*
[subscriber is called back from the destination country (with lower connection fee)]

CALL-Befehl *nm* SWITCH → **CALL instruction**
→ Anrufbefehl *nm*

Call-by-call-Verfahren *nn* (ANGL) TELEC → **call-by-call selection**
→ gesprächsweise Netzbetreiberwahl

Call-by-Referenz *nf*(ANGL) COMP.LG → **call by reference**
→ Referenzaufruf *nm*

Call Center *nn* INF.TEC → **call center**
→ Anrufzentrale *nf*

Call-Center-Agent *nm* TELEC **call center agent**
= Agent *nm* = agent

Call Prompter *nm* TELEC **call prompter**
[IN] [IN]

Calque LING → **calque** *n*
→ Lehnprägung *nf*

CAM HW → **associative storage**
→ Assoziativspeicher *nm*

CAM (1) COMP.AP **CAM** (1)
= rechnergestützte Fertigung; rechnergestützte Herstellung; Fertigungsleittechnik *nf*; rechnergestützte Produktion; computergestützte Fertigung ≈ CIM
= computer aided manufacturing ≈ CIM

CAM (2) COMP.AP **CAM** (2)
= rechnergestützte Betriebsführung; computergestützte Betriebsführung
= computer-aided management

Camcorder *nm* CONS.EL → **camera recorder**
→ Camera Recorder *nm*

Cameo-Auftritt *nn* IMAG.ME → **cameo** *n*
→ Gastauftritt *nm*

Camera Recorder *nm* CONS.EL **camera recorder**
= Camcorder *nm*; Kamkorder *nm* = camcorder *n*

Campus-Netz *nn* TELEC → **campus network**
→ Standortnetz *nn*

Campusverkabelung *nf*(ANGL) DAT.NW → **primary cabling**
→ Primärverkabelung *nf*

CAM-Schnittstelle *nf* HW **CAM**
= Common Access Method

CAN AUTOMA **CAN**
[ISO-Standartprotokoll für Automobilapplikationen]
[an ISO standard protocol for applications in the automotive industry] = Controller Area Network

CAN DAT.CO → **cancel character**
→ Löschzeichen *nn*

CAN DAT.CO → **cancel** *n*
→ ungültig

Cancelbot *nm* INTERNET **cancelbot** *n*
[Lösch-Roboter für störende Beiträge] [cancel robot for troubling contributions]

CANCEL-Nachricht *nf* INTERNET **CANCEL message**

Cancelzeichen *nn* (ANGL) DAT.CO → **cancel character**
→ Löschzeichen *nn*

Candela *nf* PHYS **candela**
[SI-Basiseinheit für Lichtstärke] [SI unit for luminous intensity]
= cd = cd

Cantenna *nf* ANT **cantenna**
[Antennennachbildung] [an oil filled can as antenna termination]

CAP COMP.AP → **computer-aided production planning**
→ rechnergestützte Fertigungsplanung

CAP (1) COMP.AP **computer aided planning**
= rechnergestütztes Planen; computergestütztes Planen; rechnergestützte Arbeitsvorbereitung
= CAP (1)

CAP (2) COMP.AP **CAP** (2)
= rechnerunterstütztes Publizieren; computergestützte Dokumentenerstellung
= computer aided publishing

CA-Peiler *nm* RAD.LO **commutated antenna**

Caper-Movie *nn* CINEMA **caper movie**
[über ein "großes Ding"]

CAPS-LOCK-Taste *nf* TER&PER → **SHIFT LOCK key**
→ Umschaltfeststelltaste *nf*

Capstan *nm* TER&PER **capstan** *n*
[Welle in Tonbandgerät] [shaft for magnetic tape reel]
= Bandantriebsachse *nf* ↑ shaft
↑ Welle

Capstan-Antrieb *nm* TER&PER **capstan drive**
= Rollenantrieb *nm* = capstan servo

Capstan-Lagerung *nf* TER&PER **capstan bearing**

Capstan-Motor *nm* TER&PER **capstan motor**

Caption *nf* TV → **caption** *n*
→ Kennung *nf*

caput mortuum OPT → **english red** *adj*
→ englischrot *adj*

CAQ COMP.AP **CAQ**
= rechnergestützte Qualitätssicherung; rechnergestützte Qualitätskontrolle; computergestützte Qualitätssicherung
= computer aided quality control; automatic quality control

CAR COMP.AP **CAR**
= rechergestütztes Suchsystem; computergestütztes Suchsystem
= computer-assisted retrieval system; computer-aided retrieval system

Carbid *nn* CHEM → **carbide** *n*
→ Karbid *nn*

Carbonat *nn* CHEM → **carbonate** *n*
→ Karbonat *nn*

Carbonband *nn* TER&PER → **carbon ribbon**
→ Kohlefarbband *nn*

Carbonbandvernichter *nm* OFFICE → **carbon ribbon shredder**
→ Karbonbandvernichter *nm*

Carboneum *nn* CHEM → **carbon** *n*
→ Kohlenstoff *nm*

Carbonfarbband *nn* TER&PER → **carbon ribbon**
→ Kohlefarbband *nn*

Cardlet *nn* DAT.CO **cardlet** *n*
[Applet auf Chipkarte] [applet on chipcard]

Caret *nn* LING → **angled circumflex**
→ Hochpfeil *nm*

Caret *nn* PRIN.ME → **caret** *n*
→ Winkelzeichen *nn*

Careware *nf* SW **careware** *n*
[kostenlos mit der Aufforderung zur Stifung] [free of charge with exhortation to donate]

Carey-Kurve *nf* MOB.CO **Carey curve**
[Isolinie der Feldstärke] [isoline of field strength]
= Linie gleicher Feldstärke

carminrot OPT → **carmine red** *adj*
→ karminrot *adj*

carmoisin OPT **crimson** *adj*
= deep purpish red

Carnivore *nm* INTERNET **Carnivore**
[Abhör-SW des FBI] [scanning SW of FBI]

Caron *nn* LING **caron** *n*
[v-förmiges Zeichen oberhalb eines Buchstabens, z.B. im Tschechischen] [v-shaped sign on top of characters, e.g. in Czech]
= Hácek; Hatschek = hachek
↑ diakritisches Zeichen ↑ diacritical mark

Carrybit *nn* (ANGL) COMP.SC → **carry bit**
→ Übertragbit *nn*

Carry-look-ahead *nn* (ANGL) DAT.PR → **carry look-ahead** *n*
→ Parallelübertrag *nm*

Carter-Diagramm *nn* LINE TH **Carter chart**
↑ Leitungsdiagramm ↑ transmission line chart

Carter-Schleife *nf* ANT **Carter stub**
↑ Stichleitung ↑ stub

carthaminrosa *adj* OPT **rose carthame** *adj*

Cartridge Streamer *nm* TER&PER → **streamer** *n*
→ Streamer-Magnetbandgerät *nn*

CAS COMP.AP **CAS**
= rechnergestützter Vertrieb; TES, TERM; CIS
= Computer-Aided Selling; TES; Technology-Enabled Selling; TERM; Technology-Enabled Relationsship Marketing; CIS; Custom Interaction Software

Cascading Style Sheet INTERNET **Cascading Style Sheet**
↑ HTML-Spezifikation ↑ HTML specification

Cascode *nf* EL.TRO → **cascode** *n*
→ Kaskode *nf*

Cascodenschaltung *nf* CIRC.EN → **cascode circuit**
→ Kaskode-Schaltung *nf*

Cascode-Schaltung *nf* CIRC.EN → **cascode circuit**
→ Kaskode-Schaltung *nf*

CASE SW → **machine-aided programming**
→ automatische Programmierung

CASE-Befehl *nm* COMP.LG → **CASE statement**
→ FALL-Anweisung *nf*

Cash-Karte *nf* TER&PER **cash card**
↑ Chip-Karte; Zahlungskarte ↑ chip card; payment card
↓ Telefon-Chipkarte ↓ telephone chip card

Cäsium *nn* CHEM **cesium** *n*
= Cs = Cs

Cäsium-Frequenznormal *nn* INSTR → **cesium frequency standard**
→ Cäsium-Frequenzstandard *nm*

Cäsium-Frequenzstandard *nm* INSTR **cesium frequency standard**
= Cäsium-Frequenznormal *nn*; = cesium standard; caesium beam

Cäsiumstrahl-Frequenznormal *nn*; Cäsiumnormal *nn*; Cäsiumstrahlnormal *nn* — frequency standard; ceasium beam standard

Cäsiumnormal *nn* INSTR → **cesium frequency standard**
→ Cäsium-Frequenzstandard *nm*

Cäsiumstrahl-Frequenznormal *nn* INSTR → **cesium frequency standard**
→ Cäsium-Frequenzstandard *nm*

Cäsiumstrahlnormal *nn* INSTR → **cesium frequency standard**
→ Cäsium-Frequenzstandard *nm*

Cassegrain-Anordnung *nf* ANT **Cassegrain arrangement**

Cassegrain-Antenne *nf* ANT **Cassegrain reflector antenna**
= Cassegrain-Reflektor-Antenne *nf* — = Cassegrain antenna

Cassegrain-Erreger *nm* ANT **Cassegrain feed**

Cassegrain-Reflektor-Antenne *nf* ANT → **Cassegrain reflector antenna**
→ Cassegrain-Antenne *nf*

Cassette *nf* (1) TER&PER → **magnetic tape cassette**
→ Magnetbandkassette *nf*

Cassette *nf* (2) TER&PER → **cartridge** *n* (2)
→ Einschubkassette *nf*

Cassettenausschub *nm* CONS.EL → **eject** *n*
→ Kassettenausschub *nm*

Cassettenauswurf *nm* CONS.EL → **eject** *n*
→ Kassettenausschub *nm*

Cassetten-Autoradio *nn* CONS.EL → **cassette car radio**
→ Kassetten-Autoradio

Cassettendeck *nn* CONS.EL → **cassette deck**
→ Kassettendeck *nn*

Cassettenfach *nn* CONS.EL → **cassette receptacle**
→ Kassettenfach *nn*

Cassettengerät *nn* TER&PER → **cassette tape recorder**
→ Kassettenrecorder *nm*

Cassettenrecorder *nm* TER&PER → **cassette tape recorder**
→ Kassettenrecorder *nm*

Cassettenrecorder *nm* CONS.EL → **cassette recorder**
→ Kassettenrecorder *nm*

Cassettenspieler *nm* CONS.EL → **cassette player**
→ Kassettenspieler *nm*

Casshorn-Antenne *nf* ANT **cass horn antenna**
↑ Reflektorantenne — ↑ reflector antenna

CAT MED.EN → **computerized axial tomography**
→ axiale Computertomographie

CAT (1) COMP.AP **CAT** (1)
= rechnergestütztes Prüfen; computergestütztes Prüfen; CAI — = computer aided testing; CAI; computer-aided inspection; computer-assisted inspection

CAT (2) COMP.AP → **computer-aided education** *n*
→ rechnergestützter Unterricht

CATI MEDIA → **computer-assisted telephone interview**
→ rechnergestütztes Telefoninterview

CATV-Analysator *nm* INSTR **CATV analyzer**

Cauchy-Riemann-Differentialgleichung *nf* MATH **differential equation of Cauchy-Riemann**

Cauchy-Verteilung *nf* STATIS **Cauchy distribution**

Cauer-Filter *nn* NETW.TH **Cauer filter**

CAV-Verfahren *nn* TER&PER **CAV mode**
[Magnetkopf auf allen Spuren mit gleicher Winkelgeschwindigkeit] — [Constant Angular Velocity; magnetic head run with same angular velocity on all tracks]
= CAV method

CB RADIO **citizens band**
[Bürgerfrequenzband um 27 MHz] — [at 27 MHz]
= Citizen-Band — = citizen band; CB

C-Band *nn* RADIO **C band**
[für Radardienste, zwischen 4 GHz und 6 GHz] — [for radar services, between 4 GHz and 6 GHz]

CB-Antenne *nf* ANT **CB antenna**

CBDS DAT.CO **CBDS**
[eine erweiterte europäische Version von SMDS] — [Connectionless Broadband Data Service; an extended European version of SMDS]

CBEMA DAT.PR **CBEMA**
[US-amerikanischer Verband der Computer- und Büromaschinenhersteller] — [Computer and Business Machine MAnufacturer; in USA; pron. "see-beam-ah"]

C-Betrieb *nm* CIRC.EN **class C operation**
= class C mode; class C

CB-Funk *nm* RADIO **CB radio**

CB-Funkgerät *nn* RADIO → **CB radio equipment**
→ CB-Funksprechgerät *nn*

CB-Funksprechgerät *nn* RADIO **CB radio equipment**
= CB-Funkgerät *nn* — = CB radio; citizen band radio

CB-Funktechnik *nf* RADIO **CB radio engineering**

CBL COMP.AP → **computer-aided education** *n*
→ rechnergestützter Unterricht

CBM DAT.PR → **Commodore Business Machine**
→ Commodore Business Machine

cbm (obs) PHYS → **cubic meter** (AE)
→ Kubikmeter *nm*

CBQ-Betrieb *nm* DAT.NET → **class-based queing**
→ klassenbasierter Schlangenbetrieb

CB-Sprache *nf* RADIO **CB jargon**

CBT COMP.AP → **CBT**
→ rechnergestütztes Üben

CBT TER&PER → **cursor backward tabulation**
→ Schreibmarke Rücktabulation

CBT-Software *nf* COMP.AP → **learning software**
→ Lern-Software *nf*

CC TRANSM → **cross connector**
→ Crossconnect-Einrichtung *nf*

CCAF TELEC → **Call Control Agent Function**
→ Netzzugangsfunktion *nf*

CCC-Dienst *nm* TELEC **Credit Card Calling**

CCCL MICR.EL **CCCL**
= complementary constant current logic

CCD MICR.EL → **charge coupled device**
→ ladungsgekoppelte Schaltung

CCD-Filter *nn* CIRC.EN **CCD filter**

CCD-Register *nn* MICR.EL **CCD register**

CCD-Schieberegister *nn* MICR.EL → **bucket brigade device**
→ Eimerkettenschaltung *nf*

CCD-Speicher *nm* MICR.EL **CCD store**
= CCD memory

cc-Empfänger *nm* INTERNET → **courtesy copy receiver**
→ Informationskopie-Empfänger *nm*

CCF SWITCH → **call control function**
→ Verbindungssteuerungsfunktion *nf*

CCH TER&PER → **cancel character**
→ ungültiges Zeichen

CCIR TELEC → **UIT-RR**
→ UIT-R

CCITT TELEC → **UIT-T**
→ UIT-T

ccNUMA HW **ccNUMA**
= Cache-Coherent Non-Uniform Memory Access

C-Compiler *nm* SW → **C compiler**
→ C-Kompilierer *nm*

CCP-Zeugnis *nn* DAT.PR **CCP**
[vom Institute for Certification of Computer Professionals (USA) ausgestellt] — [awarded by the Institute for Certification of Computer Professionals (USA)]
= Certificate in Computer Programming

CCS NETW.TH → **current-controlled current source**
→ stromgesteuerte Stromquelle

CCSL MICR.EL **CCSL**
= compatible current-sinking logic

CCTL MICR.EL **CCTL**
= collector coupled transistor logic

CCV RAD.NA **control-configured vehicle**
= CCV

cd SW **cd**
= change directory

CD TER&PER → **compact disc** *n*
→ CD-Platte *nf*

CD HW **CD**
= Trägererkennung *nf* — = Carrier Detect

cd PHYS → **candela**
→ Candela *nf*

Cd CHEM → **cadmium** *n*
→ Kadmium *nn*

CD-Brenner *nm* TER&PER → **CD-ROM recorder**
→ CD-ROM-Aufzeichnungsgerät *nn*

CD-DA TER&PER → **audio CD**
→ Audio-CD

CDDI DAT.NW **CDDI**
= Copper Distributed Data Interface

CD-E TER&PER → **CD-RW** *n*
→ CD-RW

CD Enhanced TER&PER → **CD Plus**
→ CD Plus

cdev SW **cdev**

[ein Dienstprogramm von Macintosh] — [a Macintosh utility program]
= control panel device

CD Extra *TER&PER* → **CD Plus**
→ CD Plus

CDF-Datenmodell *nn* *DAT.MA* **CDF data model**
[von NASA entwickelt] — [developed by NASA]
= Common Dara Format

CDF-Format *nn* *INTERNET* **CDF**
= Channel Definition Format

CDFS *DAT.MA* → **CDFS**
→ CD-ROM-Dateisystem *nn*

CDF-Web-Site *nf* *INTERNET* **Active Channel**

CDI *MICR.EL* → **collector diffusion insulation**
→ Kollektordiffusionsisolation *nf*

CD-I *TER&PER* **CD-I** *n*
[eine Philips/Sony-Norm zur Speicherung auf optischen CD's; Green-Book-Standard]
↑ CD-Platte
[Compact Disc - Interactive; a Philips/Sony standard for storage on optical CD's; Green Book standard]
↑ compact disk

CDIF-Format *nn* *DAT.PR* **CDIF**
= CASE DATA Interchange Format

CDI-Verfahren *nn* *MICR.EL* **CDI process**
= collector diffusion isolation process

CD-Kassette *nf* *CONS.EL* **CD cassette**
[aufklappbares Kunsstoffgehäuse]
↓ Jewel-Case; Slim-Case
↓ jewel case; slim case

CDMA *TELEC* → **code-division multiple access**
→ Codemultiplex-Vielfachzugriff *nm*

CD-MO *TER&PER* **CD-MO**
= magnto-optische Kompaktplatte
= Compact Disk Magneto Optical

CD-Musikautomat *nm* *CONS.EL* **CD jukebox**

CDP *DAT.PR* **CDP**
[Diplom in DV-Technik des Institute for Certification of Computer Professionals (USA)]
[Certificate in Data Processing awarded by the Institute of Computer Professionals (USA)]

CDPD-Technik *nf* *MOB.CO* **CDPD**
= Cellular Digital Packet Data

CD-Platte *nf* *TER&PER* **compact disc** *n*
[Norm von 1982 auf 120-mm-Trägern]
= CD; Compact Disc; Kompaktplatte *nf*; Videodisc
↑ Bildplatte
↓ Audio-CD; Video-CD; CD-ROM; WORM; CD-E; CD-I
[standard of 1982 on 4.75" carrier]
= compact disk; CD
↑ optical disk
↓ audio disc; videodisc; CD-ROM; WORM; CD-E; CD-I

CD-Platte *nf* *CONS.EL* → **video CD**
→ Video-CD *nf*

CD-Plattenwechsler *nm* *CONS.EL* **CD record changer**

CD-Player *nm* *CONS.EL* → **CD player**
→ CD-Spieler *nm*

CD Plus *TER&PER* **CD Plus**
= CD Extra; CD Enhanced; Enhanced CD-ROM
= CD Extra; CD Eng hanced; Enhanced CD-ROM

CD-R *TER&PER* **CD-R**
↑ einmalbeschreibbare Bildplatte
↑ write-once optical disk

CD-Recorder *nm* (ANGL) *TER&PER* → **CD-ROM recorder**
→ CD-ROM-Aufzeichnungsgerät *nn*

CD-Rekorder *nm* *TER&PER* → **CD-ROM recorder**
→ CD-ROM-Aufzeichnungsgerät *nn*

CD-Rohling *nm* *TER&PER* → **blank disc**
→ CD-ROM-Rohling *nm*

CD-ROM *nf* *TER&PER* **CD-ROM**
[auf 120 mmm-Platten der Tontechnik; 500 Mbyte]
↑ Nur-Lese-Bildplatte; CD-Platte
[on standard audio 4.75" optical disks; 500 MByte]
= compact-disk ROM; compact disk read-only memory
↑ read-only optical disk; compact disk

CD-ROM/XA *TER&PER* **CD-ROM/XA**
[CD-ROM eXtended Architecture]

CD-ROM-Abspielgerät *nn* *TER&PER* → **CD-ROM drive**
→ CD-ROM-Laufwerk *nn*

CD-ROM-Aufzeichnungsgerät *nn* *TER&PER* **CD-ROM recorder**
= CD-ROM-Recorder *nm* (ANGL); CD-Recorder *nm* (ANGL); CD-Rekorder *nm*; CD-Brenner *nm*; CD-Schreiber *nm*
= CD burner; CD-R machine

CD-ROM-Dateisystem *nn* *DAT.MA* **CDFS**
= CDFS
= CD-ROM File System

CD-ROM-Ergänzungssoftware *nf* *SW* **CD-ROM extension software**

CD-ROM-Jukebox *nf* *DAT.MA* **CD-ROM jukebox**

CD-ROM-Laufwerk *nn* *TER&PER* **CD-ROM drive**
= CD-ROM-Abspielgerät *nn*
= CD-ROM player

CD-ROM-Recorder *nm* (ANGL) *TER&PER* → **CD-ROM recorder**
→ CD-ROM-Aufzeichnungsgerät *nn*

CD-ROM-Rohling *nm* *TER&PER* **blank disc**
= CD-Rohling *nm*; Rohling *nm*
= CD recordable

CD-ROM-Turm *nm* *HW* **CD-ROM tower**

CD-ROM-Wechsler *nm* *HW* **CD-ROM changer**

CD-RW *TER&PER* **CD-RW** *n*
[beliebig oft wiederbeschreibbar]
= CD-E
≈ WORM
↑ CD-Platte
[a CD that can be rewritten at will]
= CD-E
≈ WORM

CD-Schreiber *nm* *TER&PER* → **CD-ROM recorder**
→ CD-ROM-Aufzeichnungsgerät *nn*

CD-Schützhülle *nf* *TER&PER* **CD case**
= jewel box

CD-Signal *nn* *DAT.CO* → **CD**
→ Trägerempfangssignal *nn*

CD-Spieler *nm* *CONS.EL* **CD player**
= CD-Player *nm*
= compact disk player

CDV *TER&PER* **CDV**
= Compressed Digital Video

CD-WO *TER&PER* **CD-WO**
= einmal beschreibbare Kompaktplatte
= Compact Disk Write Once

CD-WORM *TER&PER* **CD-WORM**

Ce *CHEM* → **cerium** *n*
→ Cer *nn*

CE *QUAL* → **CE label**
→ CE-Zeichen *nn*

C-Ebene *nf* *TELEC* → **control plane**
→ Kontrollebene *nf*

CEbus *nm* *DAT.CO* **CEbus**
= Consumer Electronic Bus

CECUA *DAT.PR* **CECUA**
[Vereinigung von Verbänden zum Schutz von Computeranwendern der EWG]
= Confederation of European Computer Users's Associations

Cedille *nf* *LING* **cedilla** *n*
[Komma-ähnliches diakritisches Zeichen unterhalb eines Buchstabens, z.B. Ç; vom span. "zedilla" = "kleines z"]
= Häkchen *nn*
↑ diakritisches Zeichen
[hooked mark placed under a letter, e.g. with ç]
↑ diacritic mark

Ceefax (GBR) *TELEC* → **teletext** *n*
→ Teletext *nm*

CEI *EL.TEC* → **IEC**
→ IEC

Celeron *nn* *MICR.EL* **Celeron**

Cellist *nm* *MUSIC* **cellist** *n* (1)
= Violoncellist *nm*
[male]

Cellistin *nf* *MUSIC* **cellist** *n* (1)
= Violoncellistin *nf*
[female]

Cello *nn* *MUSIC* **cello** *n*
= Violoncello *nn*
= violoncello *n*

Cell Switching *nn* *DAT.NW* → **cell switching**
→ Zellenvermittlung *nf*

Celsius-Temperatur *nf* *PHYS* **Celsius temperature**
[SI-Einheit: Grad Celsius]
[SI unit: degree Celsius]
= centigrade temperature

CEN *TECH* **CEN**
= Comité Européen de Normalisation

CENELEC *EL.TEC* **CENELEC**
[europäisches Komitee für elektrotechnische Normung]
= Comité Européen de Normalisations Electrotechniques
[European electrotechnical standards coordinating committee]

Censorware *nf* *INTERNET* → **censorware** *n*
→ Antizensur-Software *nf*

Centrex *nn* *SWITCH* **Centrex**
[virtuelle Nebenstellendienste durch Fernsprechamt]
[USA, virtual PABX functionality by central office]
= CENTRal EXchange

Centronix-Kabel *nn* *TER&PER* **Centronix cable**

Centronix-Schnittstelle *nf* *HW* **Centronix interface**
[für Druckeranschluss]
↑ Parallelschnittstelle
[for printer]
= Centronix parallel interface
↑ parallel interface

Centronix-Schnittstellenverbinder *nm* *COMPO* **Centronix connector**

Cent-Zeichen *nn* *ECON* **cent mark**
[Symbol: ¢]
↑ Währungszeichen
[symbol: ¢]
= cent sign
↑ currency sign

CEPIS *INF.TEC* **CEPIS**

= Council of European Informatics Societies

CEPT TELEC **CEPT**
[Vereinigung der europäischen PTT-Anstalten] [union of European PTT's]
= Conférence Européenne des Administrations des Postes et des Télécommunications = Conference of European Postal and Telecommunication Administrations

CEPT-Hierarchie *nf* TELEC **CEPT hierarchy**

Cer *nn* CHEM **cerium** *n*
= Ce = Ce

CERDIP MICR.EL **CERDIP**
[zweireihiges keramisches IC-Gehäuse] = ceramic dual-in-line package

Cermet-Trimmer *nm* COMPO **cermet trimmer**
= Cermet-Trimmpotentiometer *nn*

Cermet-Trimmpotentiometer *nn* COMPO → **cermet trimmer**
→ Cermet-Trimmer *nm*

Cermet-Widerstand *nm* COMPO **cermet resistor**
= Metallglasur-Festwiderstand *nm*

CERN SCIE **CERN**
[entwickelte ab 1989 das WWW, ursprünglich zum Austausch von Forschungsinformationen] [developed starting from 1989 the WWW, initaillly for resarch information exchange]
= Conseil Européen pour la Recherche Nucléaire

CERT INTERNET **CERT**
[kümmert sich um Datensicherheit] [deals with data security]
= Computer Emergency Response Team

CERT INTERNET → **CERT**
→ Netzsicherheitsgremium *nn*

CE-Zeichen *nn* QUAL **CE label**
= CE = Certified for Europe; CE

CE-Zertifizierung *nf* QUAL **CE certification**

Cf CHEM → **californium** *n*
→ Californium *nn*

cf ECON → **c.f.**
→ c.f.

CFP MICR.EL **CFP**
[oberflächenmontierbares Keramikgehäuse] [surface-mountable]
↑ QFP = Ceramic Flat Package

CGA TER&PER **CGA**
[Grafikstandard] [graphics standard]
= Color Graphics Adapter

CGA COMP.AP → **computer art**
→ Computerkunst *nf*

CGA-Adapter *nm* TER&PER → **CGA board**
→ CGA-Karte *nf*

CGA-Karte *nf* TER&PER **CGA board**
[ermöglicht CGA-Auflösung auf RGB-Monitoren] [establishes CGA resolution on RGB monitors]
= CGA-Adapter *nm* ↑ colour graphics board
↑ Farbgrafikkarte

CGI INTERNET **CGI**
[Schnittstelle für Webserver] = Common Gateway Interface

CGI-Skript *nn* INTERNET **CGI script**
= Common Gateway Interface script

CGI-Standard *nm* INTERNET **CGI**
= Computer Graphics Interface

CGM DAT.MA **CGM**
[ein ANSI-genormtes Dateiformat zur Beschreibung von Grafiken] = Computer Graphics Metafile; an ANSI file format to describe graphics

CGMA TER&PER **CGMA**
[Kombination von CGA mit HGA] [combination of CGA with HGA]
= Color Graphics Monochrome Adapter

ch MATH → **hyperbolic cosine**
→ Cosinus hyperbolicus *nm*

CHA TER&PER → **cursor horizontal**
→ Schreibmarke horizontal

Chalkware *nf* COMP.AP → **vaporware** *n*
→ Vaporware *nf*

Chalnicon *nn* TER&PER **chalnicon**

CHAM SW **CHAM**
[ein SW-Haus] [a SW house]

Chancery *nn* PRIN.ME **Chancery**
[Kanzleischrift imitierend] [imitates chancery writings]
= Zapf Chancery = Zapf Chancery

Channel-Aggregator *nm* INTERNET **channel aggregator**
= Content-Aggregator *nm* = content aggregator

Chaos-Theorie *nf* MOD&SI **chaos theory**

CHAP INTERNET **CHAP**
= Challenge Handshake Authentication Protocol

Chapin-Diagramm *nn* SW → **structogram** *n*
→ Struktogramm *nn*

characteristisch TECH → **typical** *adj*
→ typisch *adj*

charakterisieren TECH **characterize** *vt*
= kennzeichnen (fig) = feature
≈ auszeichnen ≈ distinguish

Charakteristik *nf* MATH → **characteristic** *n*
→ Kennziffer *nf*

Charakteristik *nf* TECH → **characteristic** *n* (1)
→ Merkmal *nn*

Charakteristikaextraktion *nf* IMAG.PR **feature extraction**

charakteristische Funktion STATIS → **characteristic function**
→ Eigenfunktion *nf*

charakteristische Gleichung MATH **characteristic equation**
= Eigenwertgleichung *nf*

charakteristischer Widerstand NETW.TH → **characteristic impedance**
→ Wellenwiderstand *nm*

charakteristisches Merkmal TECH → **characteristic** *n* (1)
→ Merkmal *nn*

charakteristische Streuentfernung RAD.PRO **effective distance**
[Überhorizontverbindung] [troposcatter]

charakteristische Verzerrung DAT.CO **characteristic distortion**
= Einschwingverzerrung *nf*

Charakterrolle *nf* IMAG.ME **character role**

Charakterstellung *nf* IMAG.ME **character placement**

Charge *nf* COLL → **batch** *n*
→ Schub *nm*

chargenweise COLL → **batched**
→ schubweise

Charterflug *nm* AERON **charter flight**

Charterflugverkehr *nm* AERON → **charter flight traffic**
→ Bedarfsflugverkehr *nm*

Charterflugverkehr *nm* AERON → **charter flight traffic**
→ Bedarfsflugverkehr *nm*

Chassis *nn* EQP.EN → **module frame**
→ Baugruppenrahmen *nm*

Chassisantenne *nf* ANT **under-car antenna**

chat DAT.NW → **online conference**
→ Online-Konferenz *nf*

Chat *nm* INTERNET **chat** *n*
[Nachrichtenaustausch über Tastatur in Echtzeit] [real-time information exchange by keyboard]
= Schwatz *nm*; Geplauder *nf*; Tratsch *nm*; Netzgeplauder *nn*

Chatroom *nm* INTERNET **chat room**

chatten *vi* INTERNET **chat** *vi*

Cheapernet *nn* DAT.NW **Cheapernet**
[eine verbilligte Version von Ethernet] [a cheaper version of Ethernet]
= Thinnet; Thinwire ENET

Cheapnet *nn* DAT.NW **Cheapnet**
[billigere Version des Thin-Wire-Ethernet] [cheaper version of Thin-Wire Ethernet]

Checkpoint *nm* SW → **checkpoint** *n*
→ Fixpunkt *nm*

Checkpoint-Etikett *nn* DAT.MA → **checkpoint label**
→ Fixpunkt-Etikett *nn*

Checksumme *nf* INF.TEC → **hash total**
→ Prüfsumme *nf*

Cheese-Antenne *nf* (ANGL) ANT → **cheese antenna**
→ Käseanetenne *nf*

Chef *nm* ECON → **officer** *n*
→ Leiter *nm*

Chefbeleuchter *nm* CINEMA **gaffer**
= Oberbeleuchter *nm*; Beleuchtungsmeister *nm*

Chefbildschirm *nm* COMP.AP **boss screen**
≠ Spielbildschirm ≠ game screen

Chef-Fernsprechanlage *nf* TELEPH **executive telephone system**

Chefgrafiker *nm* PRIN.ME **art director**

Chefingenieur *nm* TECH **chief engineer**

Cheflektor *nm* PRIN.ME **acquiring editor**
= acquisitions editor (BE)

Chefprogrammierer *nm* SW **chief programmer**

Chefraum *nm* OFFICE **executive office**

Chefrequisiteur *nm* CINEMA **prop master**
= property master

Chefsekretärin *nf* OFFICE **executive secretary**
= personal secretary

Cheftelefon *nn* TELEPH **executive telephone**

Chekker-Netz *nn* (ANGL) RADIO → **public trunking network**
→ öffentliches Bündelfunknetz

Chemie *nf* — SCIE — **chemistry** *n*

Chemieindustrie *nf* — ECON — → **chemical industry**
→ chemische Industrie

Chemiker *nm* — ECON — **chemist** *n*

chemisch — SCIE — **chemical** *adj*

Chemische Analytik — SCIE — **Analytical Chemistry**

chemische Bindung — CHEM — **chemical bond**

chemische Energie — PHYS — **chemical energy**

chemische Formel — CHEM — **chemical formula**
= Formel *nf*

chemische Industrie — ECON — **chemical industry**
= Chemieindustrie *nf*

chemische Zusammensetzung — CHEM — → **composition** *n*
→ Zusammensetzung *nf*

Chemoluminiszenz *nf* — PHYS — **chemoluminiscence**
[durch chemische Reaktion induziert]
↑ Luminiszenz
[induced by chemical reaction]
↑ luminescence

chemotechnisch — CHEM — **technochemical**

Chiffre *nf* — MATH — → **numeral** *n*
→ Zahlzeichen *nn*

Chiffriercode *nm* — INF.TEC — → **encryption key**
→ Verschlüsselungscode *nm*

chiffrieren — INF.TEC — → **cipher** *vt*
→ verschlüsseln *vt*

Chiffriergerät *nn* — INF.TEC — → **encryption equipment**
→ Verschlüsselungsgerät *nn*

Chiffrierschlüssel *nm* — INF.TEC — → **encryption key**
→ Verschlüsselungscode *nm*

Chiffrierung *nf* — INF.TEC — → **encryption** *n*
→ Verschlüsselung *nf*

CHILL — SWITCH — **CHILL**
= CCITT high level programming language

Chinch-Buchse *nf* — COMPO — **chinch jack**

Chinch-Einbaubuchse *nf* — COMPO — **chinch mounting jack**

Chinch-Kabelkupplung *nf* — COMPO — → **chinch female**
→ Chinch-Kupplung *nf*

Chinch-Kupplung *nf* — COMPO — **chinch female**
= Chinch-Kabelkupplung *nf*

Chinch-Stecker *nm* — COMPO — **chinch plug**

Chinch-Winkeladapter *nm* — COMPO — **chinch angular adapter**

Chinch-Winkelbuchse *nf* — COMPO — **chinch angular jack**

Chinch-Winkelstecker *nm* — COMPO — **chinch angular plug**

Chip *nm* — MICR.EL — **chip** *n*
[vom Engl. "chip" = Schnitzel; millimetergroßes Plättchen mit einem aufdiffundierten intergrierten Schaltkreis oder Halbleiterbaustein, durch Zerkleinerung einer "Kristallscheibe" hergestellt]
= Halbleiterchip *nm*; Mikrochip *nm*; Halbleiterplättchen *nn*; Siliziumplättchen *nn*; Baustein *nm*
≈ Kristallscheibe; integrierte Schaltung; Flip-chip; Halbleiterbauelement
↑ Mikrobaustein
↓ Transistorchip; IC-Baustein
[slice of semiconductor material, some millimeters of size, containing an integrated circuit or a semiconductor device, cutted from a "wafer"]
= microchip *n*; semiconductor chip; die *n* (*pl* dice&dies); semiconductor die; silicon chip; silicon die
≈ wafer; integrated circuit; flip chip; semiconductor device
↑ microdevice
↓ transistor chip; IC chip

Chip-Anwendungskennzeichen *nn* — DAT.CO — → **AID**
→ AID

Chip-Auswahl *nf* — MICR.EL — **chip select**
= Bausteinauswahl *nf*; Chip Select *nn* (ANGL)
= CS

Chip-Auswahlleitung *nf* — CIRC.EN — → **chip select line**
→ Baustein-Freigabeleitung *nf*

Chip-Bestückungsautomat *nm* — MICR.EL — **automatic die positioner**
= ADP

Chip-Bus *nm* — HW — **chip bus**

Chip Carrier *nm* (ANGL) — MICR.EL — → **chip carrier**
→ Chip-Träger *nm*

Chip-Computer *nm* — DAT.PR — → **single-chip microcomputer**
→ Ein-Chip-Mikrocomputer *nm*

Chip-Diskette *nf* — TER&PER — **chip-disk**
[mit Speicherbausteinen aufgebaut]
[made with memory chips]

Chip-Fabrikant *nm* — MICR.EL — → **chip-maker**
→ Chop-Hersteller *nm*

Chip-Familie *nf* — MICR.EL — **chip family**

Chip-Fläche *nf* — MICR.EL — **chip area**

Chip-Freigabeleitung *nf* — CIRC.EN — → **chip select line**
→ Baustein-Freigabeleitung *nf*

Chip-Freigabesignal *nn* — MICR.EL — → **chip select signal**
→ Baustein-Freigabesignal *nn*

Chip-Gehäuse *nn* — MICR.EL — **chip package**
= chip housing; chip container

Chip-Halterung *nf* — MICR.EL — **header** *n*

Chip-Hersteller *nm* — MICR.EL — **chip foundry**
= foundry *n*

Chip-Herstellung *nf* — MICR.EL — **chip production**

chipintegriert — MICR.EL — **on-chip** *adj*
[in einem Chip enthalten]

Chipkarte *nf* — TER&PER — **chip card**
[Plastikkarte mit integriertem Speicher- oder Mikroprozessor-Chip]
= Chip-Karte *nf*
≠ Magnetkarte
↓ ROM-Chip-Karte; RAM-Chip-Karte; EPROM-Chip-Karte; EEPROM-Chip-Karte; Mikropozessor-Chip-Karte; Identifizierungskarte; Informationskarte; Zahlungskarte; SIM-Karte
[plastic card with embedded memory chip or micropocessor chip]
≠ magnetic card
↓ ROM chip card; RAM chip card; EPROM chip card; EEPROM chip card; microprocessor chip card; SIM card

Chip-Karte *nf* — TER&PER — → **chip card**
→ Chipkarte *nf*

Chipkartenbetriebssystem *nn* — DAT.CO — **COS**
= Card Operating System

Chipkartenfernsprecher *nm* — TER&PER — → **chip-card telephone**
→ Chipkartentelefon *nn*

Chipkartenleser *nm* — TER&PER — **chip card reader**

Chipkartentechnologie *nf* — TER&PER — **chip card technology**
= Kartentechnologie *nf*
= card technology

Chipkartentelefon *nn* — TER&PER — **chip-card telephone**
= Chipkartenfernsprecher *nm*
↑ Kartentelefon
↑ cardphone

Chip-Kondensator *nm* — MICR.EL — **chip capacitor**

Chip-Produzent *nm* — MICR.EL — → **chip-maker**
→ Chop-Hersteller *nm*

Chip-Rechner *nm* — DAT.PR — → **single-chip microcomputer**
→ Ein-Chip-Mikrocomputer *nm*

Chip-Satz *nm* — MICR.EL — → **chip set**
→ Baustein-Satz *nm*

Chip-Satz *nm* — MICR.EL — **chip set**

Chip-Scheibe *nf* — MICR.EL — **chip slice**

Chip Select *nn* (ANGL) — MICR.EL — → **chip select**
→ Chip-Auswahl *nf*

Chip-Sockel *nm* — COMPO — **chip socket**

Chip-Technik *nf* — MICR.EL — **chip technology**
= Chip-Technologie *nf*

Chip-Technologie *nf* — MICR.EL — → **chip technology**
→ Chip-Technik *nf*

Chip-Topologie *nf* — MICR.EL — **chip topopology**

Chip-Träger *nm* — MICR.EL — **chip carrier**
= Chip Carrier *nm* (ANGL)

Chip-Widerstand *nm* — MICR.EL — **chip resistor**

Chi-Quadrat-Test *nm* — STATIS — **chi-square test**

Chi-Quadrat-Verteilung *nf* — STATIS — **chi-square function**
↑ Testverteilung
↑ test distribution

Chireix-Mesny-Antenne *nf* — ANT — → **zigzag antenna**
→ Zickzackantenne *nf*

Chirp *nn* — RAD.LO — **chirp** *n*
[Impulskompression durch FM]
[pulse compression by FM]

Chirp-Linearität *nf* — RAD.LO — **chirp linearity**

Chirp-Modulation *nf* — MODUL — **chirp modulation**

Chirp-Parameter *nm* — TELEC — **chirp parameter**

Chirp-Radar *nm&nn* (*pl* -e) — RAD.LO — **chirped radar**

Chirp-Signal *nn* — RAD.LO — **chirp signal**
= chirped signal

Chlor *nn* — CHEM — **chlorine** *n*
= Cl
↑ Halogen
= CL
↑ halogen

Chlorwasserstoff *nm* — CHEM — **hydrogen chloride**
[HCl]
[HCl]

Chlorwasserstoffsäure *nf* — CHEM — → **hydrochloric acid**
→ Salzsäure *nf*

Chooser *nm* — SW — **Chooser**
[SW von Macintosh zur Ansteuerung von Peripheriegeräten]
[SW of Macintosh to interact with peripherals]

Chop-Hersteller *nm* — MICR.EL — **chip-maker**
= Chip-Fabrikant *nm*; Chip-Produzent *nm*
= chip-producer

Chopper *nm* — CIRC.EN — → **chopper** *n*
→ Zerhacker *nm*

chopperstabilisiert — CIRC.EN — **chopper stabilized**

chopperstabilisierter Operationsverstärker — CIRC.EN — **chopper stabilized operational amplifier**

Chopperverstärker *nm* — CIRC.EN — → **chopper amplifier**
→ Zerhackerverstärker *nm*

Choreograph *nm* — IMAG.ME — **choreographer** *n*

Choreographie *nf* IMAG.ME **choreography** *n*
[künstlerische Tanzgestaltung]
[artistical dance arrangement]

Choreographin *nf* IMAG.ME **choreographer** *n*
[female]

choreographisch IMAG.ME **choreographical**

Chorogramm *nn* CART → **choropeth map**
→ Choroplethenkarte *nf*

Chorogramm *nn* GIS → **choropethic map**
→ Flächenmosaik *nn*

Choropethenkarte *nf* GIS → **choropethic map**
→ Flächenmosaik *nn*

Choroplethenkarte *nf* CART **choropeth map**
[Gebietseigenschaften durch Farben oder Musterungen dargestellt]
= Flächenmosaik *nn*; Chorogramm *nn*
↑ thematische Karte
[characterization of regions by colors or patterns]
↑ thematic map

Chrom *nn* CHEM **chromium** *n*
= Cr
= Cr

chromatische Aberration OPT **chromatic aberration**
= Farbfehler *nm*

chromatische Temperatur OPT → **color temperature** (AE)
→ Farbtemperatur *nf*

Chromatographie *nf* SCIE **chromatography** *n*

Chromatron *nn* EL.TRO → **chromatron tube**
→ Gitterablenkröhre *nf*

Chromatron-Röhre *nf* EL.TRO → **chromatron tube**
→ Gitterablenkröhre *nf*

chromgelb *adj* OPT **chrome yellow** *adj*

chromgrünn *adj* OPT **chrome green** *adj*

Chrominanz *nf* TV → **chrominance** *n*
→ Farbwert *nm*

Chrominanzmodulator *nm* TV → **chrominance modulator**
→ Farbmodulator *nm*

Chrominanzsignal *nn* TV **chrominance signal**
[mit Primär-Farbartsignal modulierter Träger]
= Farbartsignal *nn*; Farbwertsignal *nn*
≈ Primär-Farbartsignal; Farbdifferenzsignal
[carrier modulated with the primary signal]
≈ primary signal; color difference signal

Chromoskop *nn* EL.TRO **chromoscope** *n*

chromoxidgrün *adj* OPT **viridian** *adj*

chromoxidgrün *adj* OPT **viridian** *adj*
[a special green]

Chronogramm *nn* TECH **chronogram** *n*
≈ Ablaufplan

chronologisch SCIE **chronologic** *adj*
= zeitlich geordnet
= chronological *adj*

chronologische Ordnung SCIE **chronological order**

Chronometer *nn* INSTR **chronometer** *n*
[Uhr hoher Genauigkeit]
↑ Uhr
↓ Stoppuhr
[high precision clock]
↑ clock
↓ stop watch

CHRP-Spezifikation *nf* DAT.PR **CHRP**
= Common Hardware Reference Platform

churchsche These COMP.SC **Church's thesis**
= Church'sche These

Church'sche These COMP.SC → **Church's thesis**
→ churchsche These

Churn-Rate *nf* TELEC **churn rate**
[Umsatzrückgang/Tln]
[turnover reduction / subscr.]

Ci PHYS → **Curie**
→ Curie *nn*

Cicero *nn* PRIN.ME **cicero**
[typographische Maßeinheit; = 12 Punkte, entsprechend 4,51 mm]
[typographic measuring unit; = 12 points, corresponding to 4,51 mm]

CID-Element *nn* MICR.EL **CID**
= charge injection device

CIDR-Protokoll *nn* INTERNET **CIDR protocol**
= Classless Inter-Domain Routing protocol

CIF ECON **CIF**
= c.i.f.; Kosten, Versicherung und Fracht
= c.i.f.; cost, insurance, freight

CIF-Format *nn* IMAG.PR **CIF**
= full CIF; Common Intermediate Format

CIH-Virus *nm* SW → **Chernobyl virus**
→ Tschernobyl-Virus *nm*

CIM COMP.AP **CIM**
= rechnerunterstützte integrierte Produktion
≈ CAM
= computer integrated manufacturing
≈ CAM

CIM TER&PER → **CIM**
→ Mikrofilmeingabe *nf*

Cinch *nm* COMPO **chinch**
[koaxiales Stecksystem für HiFi]
[coaxial hifi connector]

Cineast *nm* (1) CINEMA → **film maker**
→ Filmschaffender *nm*

Cineast *nm* (2) CINEMA → **film critic**
→ Filmkritiker *nm*

Cineast *nm* (3) CINEMA → **film expert**
→ Filmkenner *nm*

Cineast *nm* (4) CINEMA → **film fan**
→ Filmbegeisterter *nm*

Cinemascope *nn* CINEMA **Cinemascope**

CIO *nm* (ANGL) ECON → **Chief Information Officer**
→ Informatik-Direktor *nm*

CIP-Protokoll *nn* INTERNET **CIP**
= Common Indexing Protocol

CIP-Verarbeitung *nf* COMP.AP **CIP**
= Commerce Interchange Pipeline

CIR HW → **current instruction register**
→ Momentanbefehlsregister *nn*

Circarama *nn* CINEMA **Circarama**
[360 °]
[360 °]

CIRC-Codierung *nf* CODING **CIRC**
= Cross Interleave Reed Solomon Code

Circular-mil METAL **circular mil**
[in U.S.A. gebräuchliches Maß für Drahtquerschnitte; entspr. 5,067 cm^2]
= cm
[measuring unit for wire cross sections; the surface of a circle with 0.001" of diameter]
= cm

Circulus vitiosus *nm* COLL → **vicious circle**
→ Teufelskreis *nm*

CIS COMP.AP → **CAS**
→ CAS

CISC-Computer *nm* DAT.PR **complex instruction set computer**
[konventioneller Computer mit uneingeschränktem Befehlsvorrat]
≠ RISC-Computer
[conventional computer with unrestricted set of instructions]
= CISC
≠ reduced instruction set computer

CISC-Prozessor *nm* HW **CISC processor**
[Complex Instruction Set Code]

CISPR-Empfänger *nm* INSTR **CISPR EMI receiver**

CIT TELEC → **computer telephony**
→ Computertelefonie *nf*

Citizen-Band RADIO → **citizens band**
→ CB

City Carrier *nm* TELEC → **city carrier**
→ Stadtnetzbetreiber *nm*

City-Netz *nn* TELEC → **urban network**
→ Stadtnetz *nn*

Cityruf *nm* (BRD) MOB.CO → **metropolitan paging service**
→ Stadtfunkrufdienst *nm*

CIX INTERNET **CIX**
[ein Verbundnetz in den USA]
= Commercial Internet Exchange

CKD-Verfahren *nn* TER&PER **CKD format**
[Count Key Data]

C-Kompilierer *nm* SW **C compiler**
= C-Compiler *nm*

Cl CHEM → **chlorine** *n*
→ Chlor *nn*

cl PHYS → **centiliter** *n* (AE)
→ Zentiliter *nm*

Clamping-Diode *nf* (ANGL) CIRC.EN → **clamping diode** (2)
→ Klemmdiode *nf*

Clamping-Schaltung *nf* CIRC.EN → **clamping circuit**
→ Klemmschaltung *nf*

Clapp-Ostillator *nm* CIRC.EN **Clapp oscillator**
↑ Quarzoszillator
↑ crystal oscillator

CLASS-Feature *nn* TELEC **CLASS feature**
[Bellcore]
[Bellcore]
= Customer Local Area Signaling Service

Click-and-Drag COMP.AP **click and drag**
≈ Drag-and-Drop
= click & drag
≈ drag and drop

Clickwrap-Vetrtrag *nm* INTERNET **clickwrap agreement**
[durch Click besiegelt]
[settleted by click]

Client *nm* SW **client** *n*
[OOP: nimmt Dienste einer anderen Klasse in Anspruch]
≠ Server
[OOP: uses services of another class]

Client *nm* DAT.NW **client** *n*
[Vorfeldrechner der bedarfsweise auf die Zuarbeit eines Zentralrechners "Server" zurückgreift; vom Engl. "client" = (Wirtshaus-)Gast] [a front-end computer requesting support by a central "server" computer on demand]
= Klient *nm*; Requester *nm*; Kunde *nm*; dienstnehmender Rechner = requester *n*
≠ Server ≠ server

Client/Server-Datenverarbeitung *nf* DAT.PR **client/server computing**
= C/S computing

clientbezogen DAT.NW → **client-related**
→ Client-bezogen

Client-bezogen DAT.NW **client-related**
= clientbezogen

Client-Fehler *nm* DAT.NW **client error**

Client-Pull *nm* DAT.NW **client pull**

Client-residente Applikation DAT.NW **client-based application**
[im Client (Arbeitsplatzrechner des Anwenders) geladen] [resides on client's (user's) workstation]

clientseitig DAT.NW → **client-side**
→ Client-seitig

Client-seitig DAT.NW **client-side**
= clientseitig

Client-Server-Architektur *nf* DAT.NW **client-server architecture**
[verteilt die Verarbeitung zwischen benutzernahen Vorfeldeinrichtungen (Clienten) und Zentralrechnern (Server)] [distributes processing into front-end user (client) applications and back-end (server) applications]
= Kunden-Bediener-Architektur *nf*
≠ Peer-to-peer-Architektur

Client-Server-Datenverarbeitung *nf* DAT.NW **client-server computing**

Cliffhanger *nm* CINEMA **cliff hanger**

Clipart *nf* COMP.GR **clipart** *n*
[kommerzielle Grafiksammlung] [commercial graphics collection]

Clip-art *nf* COMP.AP → **clip art**
→ Bildmaterial-Bibliothek *nf*

clippen COMP.GR → **clip** *vt*
→ abschneiden

clippen (ANGL) CIRC.EN → **clip** *vt*
→ begrenzen

Clippen *nm* COMP.GR → **clipping** *n*
→ Abschneiden *nf*

Clipper-Chip *nm* CODING **clipper chip**
[zur Verschlüsselung] [for ciphering]

Clipping COMP.GR → **clipping** *n*
→ Abschneiden *nf*

Clip-Polygon *nn* (ANGL) COMP.GR → **clip polygon**
→ Ausschnittspolygon *nn*

CLNP DAT.NW → **Connectionless Network Protocol**
→ verbindungsloses Netzprotokoll

Clone *nm* HW → **clone** *n*
→ Klon *nm*

Clonus *nm* HW → **clone** *n*
→ Klon *nm*

Closed-loop-Betrieb *nm* DAT.PR → **closed-loop mode**
→ geschlossen prozessgekoppelter Betrieb

Closed-shop-Betrieb *nm* DAT.PR **closed shop operation**
[Anwender hat kein Zugang zur DVA] [user doesn't have acess to the computer]
= CS-Betrieb *nm* = CS operation; CS mode
≠ Open-shop-Betrieb ≠ open shop operation

closesche Regel TELEC **Close rule**
= Close'sche Regel

Close'sche Regel TELEC → **Close rule**
→ closesche Regel

Clos-Matrix *nf* TELEC **Clos matrix**

CLS-Server *nm* DAT.CO → **connectionless server**
→ Verbindungsloser-Betrieb-Server *nm*

Cluster *nm* MICR.EL **cluster** *n*

Cluster *nm* DAT.CO **cluster** *n*
= Stationsgruppe *nf* = station group

Cluster *nm* TER&PER **cluster** *n*
[Gruppierung von Speichersektoren] [group of sectors of a memory]
= allocation unit

Cluster *nm* MOB.CO → **cluster** *n*
→ Funkzellengruppe *nf*

Cluster *nn* DAT.PR → **clustered devices** *n*
→ Anschlussgerätegruppe *nf*

Clusteranalyse *nf* ART.IN **cluster analysis**

Cluster-controller *nm* HW → **cluster controller**
→ Anschlussgruppensteuerung *nf*

CLV-Verfahren *nn* TER&PER **CLV mode**
[Magnetkopf läuft auf allen Spuren mit der gleichen Lineargeschwindigkeit] [Constant Linear Velocity; magnetic head running with the same linear velocity on all tracks, i.e. spinning more slowly over outer tracks]
= CLV method

Cm CHEM → **curium** *n*
→ Curium *nn*

cm METAL → **circular mil**
→ Circular-mil

CM INTERNET **CM**
[Progr.sprache zur Erstellung von Web-Seiten] = Context Management

cm PHYS → **centimeter** *n* (AE)
→ Zentimeter *nm&nn*

CMC-Schrift *nf* TER&PER **CMC letter**
= coded magnetic character

CMI COMP.AP → **computer-aided education** *n*
→ rechnergestützter Unterricht

CMI-Code *nm* CODING **CMI code**
[coded mark inversion]

CMIP-Protokoll *nn* DAT.NW **CMIP**
= Common Management Information Protocol

CMIS DAT.NW **CMIS**
[ISO-Normen für Netzverwaltung] [ISO standards for network management]

CML MICR.EL → **emitter-coupled logic**
→ emittergekoppelte Logik

CMM SW **CMM**
= Capability Maturity Model

CMOL DAT.NW **CMOL**
= Cmip over LLC

CMOS MICR.EL **CMOS**
[Integration eines N- mit einem P-MOSFET; komplementäre Transistoren bilden dabei die Lastwiderstände] [Complementary (symmetry) Metal Oxide Semiconductor; pronounced "see-mos"; integration of n-type with p-type MOSFET; complementary transistors work as load resistances]
↑ Metallöxid-Halbleiter ↑ MOS

CMOS-RAM *nn* MICR.EL **CMOS RAM**

CMOS-Schaltkreis *nm* CIRC.EN **CMOS circuit**

CMOS-Speicher *nm* MICR.EL **CMOS memory**

CMOS-Transistor *nm* MICR.EL **CMOS transistor**
[Komplementär-Feldeffekttransistor mit Metall-Oxid-Halbleiter-Aufbau] [complementary symmetry metal-oxide semiconductor]

CMOT INTERNET **CMOT**
= CMIP over TC/IP

CMP DAT.NW **CMP**
= Cluster management Processor

CMT-Protokoll *nn* DAT.NW **CMT protocol**
[FDDI] [FDDI]
= Connection Management protocol

CMY-Farbmodell *nn* OPT **CMY color model**
[arbeitet mit der Subtraktion von Cyan, Magenta und Gelb aus Weiß] [works with subtractions of Cyan, Magenta and Yellow from White]

CMYK-Codierung *nf* TER&PER **CMYK coding**
[mehr als 16 Mio. Farben mittels 32 Bits] [more than 16 mio. colors by 32 bits]

CMYK-Farbmodell *nn* OPT **CMYK color model**
[arbeitet mit Subtraktion von Zyan, Magenta, Gelb und Schwarz von Weiß] [works with Cyan, Magenta, Yellow and blacK from white]

CNC-Maschine *nf* AUTOMA **CNC controller**

CNC-Steuerung *nf* AUTOMA **computerized numerical control**
= rechnergestützte numerische Steuerung; computergestützte numerische Steuerung; rechnergeführte numerische Steuerung; computergeführte numerische Steuerung = CNC

Co CHEM → **cobalt** *n*
→ Kobalt *nn*

Cobaltum *nn* CHEM → **cobalt** *n*
→ Kobalt *nn*

COBOL *nn* COMP.LG **COBOL**
[1959 bis 1961 entwickelt; verwendet englische Wörter für den Befehlssatz] [COmmon Business-Oriented Language; developed from 1959 to 1961; pronounced "coe-boll"; uses English words for its statements]
↑ problemorientierte Programmiersprache ↑ high-level programming language

Cobwebsite *nf* INTERNET **cobWeb site**
= altmodische Website [oldfashioned]

Cob-Wert *nm* MICR.EL → **output capacitance**
→ Ausgangskapazität *nf*

Cockpit-Instrument *nn* EL.TRO **car measuring instrument**

Cocktail-Sortierung *nf* DAT.MA **cocktail shaker sort**

CODASYL DAT.PR **CODASYL**
[Normungsverband öffentlicher und privater US-Institutionen; gab 1958 COBOL heraus]
[an US standardizing committee of governmental and private institution; introduced COBOL in 1959]
= Conference on Data System Languages

CODASYL-Datenbank *nf* DAT.MA **CODASYL database**
↑ Netzwerk-Datenbank
↑ network database

CODASYL-konform DAT.PR **CODASYL-compliant** *adj*

Code *nm* INF.TEC → **cipher key**
→ Schlüssel *nm*

Code *nm* (*pl* -s) INF.TH **code** *n*
[aus dem latein. "codex" = "caudex" = "Baumstamm, mit Wachs überzogene Schreibtafel, Handschrift"; Zuordnungsvorschrift zwischen zwei Alphabeten]
= Kode *nm* (DUDEN)
[from Latin "codex" = "caudex" = "tree-trunk", tablet of wood covered with wax for writing, manuscript; assignment rule between two alphabets]

Code 39 *nm* TER&PER **Code 39**
= Code-39-Strichcode *nm*
↑ Strichcode
↑ bar code

Code-39-Strichcode *nm* TER&PER → **Code 39**
→ Code 39 *nm*

codeabhängig INF.TEC **code-dependent**
= code-oriented

Codeaufbau *nm* CODING **code construction**
= Codebildung *nf*; Codestruktur *nf*
= code structure

Codebasis *nf* CODING **code base**

Codebereich *nm* DAT.PR **code area**
[im Hauptspeicher]
[of main memory]

Codebildung *nf* CODING → **code construction**
→ Codeaufbau *nm*

Codeblock *nm* CODING **code block**
[Gruppe von Codewörtern]
[group of code words]

Codec *nm* CIRC.EN **codec** *n*
[Codierer + Decodierer]
[coder + decoder]

Code-Darstellung *nf* CODING **code representation**
= code value

Code-Distanz *nf* CODING **minimum code distance**
[kleinste aller Hamming-Distanzen]
= Distanz *nf*; Abstand *nm*
[smallest Hamming distance]
= minimum-code distance; distance *n*

Codeelement *nn* CODING **code element**
[kleinste Einheit zur Darstellung eines Codes]
[smallest unit to represent a code]
= digit

Code-Element *nn* CODING → **code element**
→ Codeelement *nn*

Codeempfänger *nm* SWITCH **code receiver**

Codeerweiterung *nf* DAT.CO **code extension**
= Code-Erweiterung *nf*

Code-Erweiterung *nf* DAT.CO → **code extension**
→ Codeerweiterung *nf*

Codeerweiterungszeichen *nn* CODING **code extension character**

Codeerzeuger *nm* CIRC.EN → **code generator**
→ Codegenerator *nm*

Codefamilie *nf* CODING **code family**

Codefehlermessung *nf* CODING → **code violation monitoring**
→ Coderegelüberwachung *nf*

Code-Fragment *nn* SW **code fragment**
[ein Stück ausführbaren C. mit zugehör. Daten]
[a piece of executacle c. with pertinent data]

Codegenerator *nm* CIRC.EN **code generator**
= Codeerzeuger *nm*

Codegewinn *nm* CODING → **coding gain**
→ Codiergewinn *nm*

Codekombination *nf* TELEGR **code combination**
= Kombination *nf*

Codeliste *nf* SW **code list** *n*
= coding *n* (2)

Codemultiplex *nn* TELEC **code division multiplex**
= CDM

Codemultiplex-Vielfachzugriff *nm* TELEC **code-division multiple access**
= CDMA
↑ Vielfachzugriff mit fester Zuteilung
= CDMA
↑ fixed assignment multiple access

Codemuster *nn* CODING **code pattern**

Codeposition *nf* CODING **code position**
[in der Codetabelle]
≠ in the code table

Codeprozedur *nf* COMP.LG **code procedure**
[in Maschinensprache übersetzte Prozedur]
[procedure translated to machine language]

Codeprüfung *nf* CODING **code check**

Coder *nm* CIRC.EN → **coder** *n*
→ Codierer *nm*

Coder *nm* TV **coder**
[bildet das FBAS-Signal]
[forms the FBAS]

Coderahmen *nm* CODING **code frame**

Coderedundanz *nf* CODING **code redundancy**

Code-Red-Wurm *nm* INTERNET **Code Red worm**

Coderegel *nf* CODING **coding law**
= Codierungsgesetz *nf*; Codiergesetz *nf*; Codierungskennlinie *nf*
= encoding law

Coderegelüberwachung *nf* CODING **code violation monitoring**
= Codefehlermessung *nf*
= violation monitoring

Coderegelverletzung *nf* CODING **coding law violation**
= Codeverletzung *nf*; Verletzung *nf*
= code violation; violation *n*

Codescheibe *nf* COMPO → **encoder disk**
→ Codierscheibe *nf*

Codesegment *nn* SW **code segment** (1)
[ein oder zwei Befehle]
[one or two instruction]

Codesegment *nn* DAT.PR → **code page**
→ Codeseitentabelle *nf*

Codesegment *nn* (2) SW → **program segment**
→ Programmbereich *nm*

Codesegment *nn* (2) DAT.MA → **program area**
→ Programmspeicherbereich *nm*

Codeseite *nf* DAT.PR → **code page**
→ Codeseitentabelle *nf*

Codeseitentabelle *nf* DAT.PR **code page**
[Tabelle der Tastaturbelegung und Zeichensätze]
= Codeseite *nf*; Codesegment *nn*; Zeichenumsetztabelle *nf*
[table with character sets and keyboard layouts]

Codestruktur *nf* CODING → **code construction**
→ Codeaufbau *nm*

Codestufe *nf* CODING **code level**
[Anzahl der Bits pro Zeichen]
[number of bits per character]

Codetabelle *nf* CODING **code table**

Codetaste *nf* TER&PER → **alternate coding key**
→ ALT-Taste *nf*

Code-Teilung *nf* SW **code sharing**

codetransparent INF.TEC **code-transparent**
≈ codeunabhängig
≈ code-independent

Codetransparenz *nf* INF.TEC **code transparency**
≈ Codeunabhängigkeit
≈ code independency

Codeübersetzer *nm* CODING → **code converter**
→ Code-Umsetzer *nm*

Codeübersetzung *nf* CODING → **code conversion**
→ Codeumsetzung *nf*

Codeumschaltezeichen *nn* DAT.CO → **ESCAPE character** (1)
→ Codewechselzeichen *nn*

Codeumschalttaste *nf* TER&PER → **ESCAPE key**
→ ESCAPE-Taste *nf*

Codeumschaltung *nf* DAT.CO **escape** *n*
= ESC; Umschaltung *nf*; Codewechsel *nm*
↑ ASCII-Code
= ESC; code change
↑ ASCII code

Codeumsetzer *nm* CODING **transcoder** *n*
= Transcoder *nm*

Code-Umsetzer *nm* CODING **code converter**
= Codewandler *nm*; Codeübersetzer *nm*; Umcodierer *nm*

Codeumsetzung *nf* CODING **code conversion**
= Codeübersetzung *nf*; Codewandlung *nf*; Umcodierung *nf*
= code translation; transcoding

codeunabhängig INF.TEC **code-independent**
≈ codetransparent
≈ code-transparent

codeunabhängiges DAT.CO → **HDLC procedure**
→ HDLC-Prozedur *nf*

Codeunabhängigkeit *nf* INF.TEC **code independency**
≈ Codetransparenz
≈ code transparency

Codeverfälschung *nf* CODING **code mutilation**

Codeverletzung *nf* CODING → **coding law violation**
→ Coderegelverletzung *nf*

Codevorrat *nm* COMP.SC **code set**

Codewandler *nm* CODING → **code converter**
→ Code-Umsetzer *nm*

Codewandlung *nf* CODING → **code conversion**
→ Codeumsetzung *nf*

Codewechsel *nm* DAT.CO → **escape** *n*
→ Codeumschaltung *nf*

Codewechseltaste *nf* TER&PER → **ESCAPE key**
→ ESCAPE-Taste *nf*

Codewechselzeichen *nn* = Codeumschaltezeichen *nn*	DAT.CO	**ESCAPE character** (1) = ESC
Codewort *nn*	CODING	**codeword** = character signal
Codewort *nn*	TELEC	**PCM word**
Codewort *nn* → Passwort *nn*	DAT.MA	→ **keyword** *n* (1)
Codezeile *nf* → Befehlszeile *nf*	SW	→ **instruction line**
CODFDM	CODING	**CODFDM** = coded orthogonal frequency division multiplexing
Codierblatt *nn* → Programmvordruck *nm*	SW	→ **coding form**
Codier-Decodier-Tafel	CODING	**code-decode table** = encode-decode table
Codiereffizienz *nf*	CODING	**coding efficiency**
codieren = kodieren (Duden)	INF.TH	**encode** *vt* = code *vt*
codieren → verschlüsseln *vt*	INF.TEC	→ **cipher** *vt*
Codieren *nf* → Codierung *nf*	INF.TH	→ **coding** *n* (1)
Codierer *nm* = Coder *nm*; Encoder *nm*; Kodierer (Duden) *nm*	CIRC.EN	**coder** *n* = encoder *n*
Codierer *nm* [Person]	SW	**coder** *n* [a person]
Codierformular *nn* → Programmvordruck *nm*	SW	→ **coding form**
Codiergesetz *nf* → Coderegel *nf*	CODING	→ **coding law**
Codiergewinn *nm* = Codierungsgewinn *nm*; Codegewinn *nm*	CODING	**coding gain** = code gain
Codiermatrix *nf* = Verschlüsselungsmatrix *nf*	CIRC.EN	**code network** = coding matrix
Codierschalter *nm* = Eingabeschalter *nm* ↓ Tast-Codierschalter; Dreh-Codierschalter	COMPO	**coding switch** = coded switch ↓ key coding switch; coded rotary switch
Codierscheibe *nf* = Codescheibe *nf*	COMPO	**encoder disk**
Codierschritt *nm*	CODING	**coding step**
Codierstecker *nm*	COMPO	**coding connector**
codierter Schriftzeichensatz	CODING	**coded graphic character set**
codierter Schriftzeichenvorrat	CODING	**coded graphic character repertoire**
codierter Zeichenvorrat	DAT.MA	**coded character set** = coded representation; code set
codiertes Bild	DAT.PR	**coded image**
codiertes Schriftzeichen	CODING	**coded graphic character**
codiertes Sprachsignal = digitalisiertes Sprachsignal ≈ verschlüsselte Sprache	CODING	**coded voice signal** *n* = coded voice (2); coded speech (2)
Codierung *nf* = Codieren *nf*	INF.TH	**coding** *n* (1) = encoding *n*
Codierung *nf* [Umsetzung in ein Computerprogramm]	SW	**coding** *n* (1) [translation into a program]
Codierung mit niedriger Bitrate → niedrigbitratige Codierung	CODING	→ **low rate encoding**
Codierungsformular *nn* → Programmvordruck *nm*	SW	→ **coding form**
Codierungsgesetz *nf* → Coderegel *nf*	CODING	→ **coding law**
Codierungsgewinn *nm* → Codiergewinn *nm*	CODING	→ **coding gain**
Codierungskennlinie *nf* → Coderegel *nf*	CODING	→ **coding law**
Codierungstheorem *nn*	INF.TH	**theorem of coding**
Codierungstheorie *nf*	INF.TH	**coding theory**
Codiervordruck *nm* → Kodiervordruck *nm*	SW	→ **coding form**
Codierzeile *nf* → Befehlszeile *nf*	SW	→ **instruction line**
coelinblau *adj* ≈ azurblau	OPT	**cerulean blue** *adj* ≈ azur blue
COFDM	RADIO	**COFDM** = coded orthogonal frequency division multiplex
Coho → Kohärenzoszillator *nm*	RAD.LO	→ **coherent oscillator**
Cold Fault *nm* (ANGL) → Einschaltfehler *nm*	SW	→ **cold fault**
Collector *nm* → Kollektor *nm*	MICR.EL	→ **collector** *n*
Collins-Filter *nn* ↑ Pi-Filter	NETW.TH	**Collins filter** ↑ pi filter
Collo *nn* → Frachtstück *nn*	ECON	→ **package** *n*
Colorcycling *nn* [Pixelgruppen-weise Farbdefinition]	COMP.GR	**color cycling** [pixel-group-wise color definition]
Color-Grafik-Karte *nf* → Farbgrafikkarte *nf*	TER&PER	→ **color graphics board** (AE)
Color-Graphik-Karte *nf* → Farbgrafikkarte *nf*	TER&PER	→ **color graphics board** (AE)
Colpitts-Oszillator *nm* ↑ LC-Oszillator	CIRC.EN	**Colpitts oscillator** ↑ LC oscillator
COM	SW	**COM** = Component Object Model
COMAL [Weiterentwicklung von BASIC]	COMP.LG	**COMAL** [Common Algorithmic Language; a development of BASIC]
COM-Anlage *nf*	TER&PER	**COM device** = computer output microfilmer
COM-Anschluss *nm* → COM-Buchse *nf*	HW	→ **COM port**
Comb-Filter *nn* (ANGL) → Kammfilter *nn*	MICROW	→ **comb filter**
COM-Buchse *nf* = COM-Anschluss *nm*	HW	**COM port** [COMmunications port]
COM-Datei *nf* [DOS-Befehlsdatei, mit absoluter Adressierung; max. 64 kB] ↑ Befehlsdatei	SW	**COM file** [DOS command file, with absolute addressing; max. 64 kB]
COM-Domain [weltweite Internet-Domäne]	INTERNET	**COM domain** [global Internet domain]
COM-Film [Computerausgabe auf Mikrofilm]	TER&PER	**COM** = computer-output microfilm
Comforttelefon *nn* → Komfortfernsprecher *nm*	TELEPH	→ **added-feature telephone**
Comic *nm* → Comicstrip *nm*	PRIN.ME	→ **comic-strip** *n*
Comicstrip *nm* = Comic *nm*; Karikaturstreifen *nm*	PRIN.ME	**comic-strip** *n* = comic *n*
Comité Consultatif International des Radio-Communications → UIT-R	TELEC	→ **UIT-RR**
Comité Consultatif International Télégraphique et Téléfonique → UIT-T	TELEC	→ **UIT-T**
Comité Européen de Normalisation → CEN	TECH	→ **CEN**
Comité Européen de Normalisations Electrotechniques → CENELEC	EL.TEC	→ **CENELEC**
Commander Link	COMP.AP	**commander link**
Commercial *nn* (ANGL) → Werbespot *nm*	MEDIA	→ **advertising spot**
Commercial *nn* (ANGL) → Werbespot *nm*	CINEMA	→ **advertising filmlet**
Commodore → Commodore Business Machine	DAT.PR	→ **Commodore Business Machine**
Commodore Business Machine = Commodore; CBM	DAT.PR	**Commodore Business Machine** = Commodore; CBM
Commodore-PC → Commodore-Rechner *nm*	DAT.PR	→ **Commodore computer**
Commodore-Rechner *nm* = Commodore-PC	DAT.PR	**Commodore computer** = Commodore PC; Commodore
COM-Objekt *nn* = ActiveX-Objekt (Microsoft)	SW	**COM object** = ActiveX component (Microsoft)
Compact Disc → CD-Platte *nf*	TER&PER	→ **compact disc** *n*
CompactFlash-Spezifikation *nf*	CONS.EL	**CompactFlash specification**
Companion-Virus *nm*	SW	**companion virus**
Compiler *nm* (ANGL) → Kompilierer *nm*	SW	→ **compiler** *n*
Compilerdiagnose *nf* → Kompilerdiagnose *nf*	SW	→ **compiler diagnostics**
Compilerfehler *nm* → Kompilierungsfehler *nm*	SW	→ **compilation error**
Compilersprache *nf* → Kompilersprache *nf*	COMP.LG	→ **compiler-level language**
compilieren → kompilieren	SW	→ **compile** *vt*

Compilieren *nn* DAT.PR → **compiling** *n*
→ Kompilierung *nf*
compilierendes Programm SW → **compiler** *n*
→ Kompilierer *nm*
Compilierprogramm *nn* (ANGL) SW → **compiler** *n*
→ Kompilierer *nm*
Compiliersprache *nf* COMP.LG → **compiler-level language**
→ Kompilersprache *nf*
Compilierung *nf* DAT.PR → **compiling** *n*
→ Kompilierung *nf*
Compilierungsfehler *nm* SW → **compilation error**
→ Kompilierungsfehler *nm*
Compilierungszeit *nf* DAT.PR → **compiling time**
→ Kompilierungszeit *nf*
Compilierzeit *nf* DAT.PR → **compiling time**
→ Kompilierungszeit *nf*
Componentware *nf* SW **componentware**
[volle Funktionalität nachladbar] [full functionality downloadable]
Composer *nm* (Duden) PRIN.ME → **typesetting machine**
→ Setzmaschine *nf*
Composersatz *nm* PRIN.ME **composer typesetting**
Composite-Display *nn* TER&PER → **composite monitor**
→ FBAS-Bildschirm *nm*
Compound-Dokument *nn* COMP.AP **compound document**
[mit mehr als einem Anwendungsprogramm erstellt] [edited by more than one application]
Compoundmaschine *nf* (Duden) POW.SY → **dc machine**
→ Gleichstrommaschine *nf*
Compton-Wellenlänge *nf* PHYS **Compton wavelength**
[Konstante] [a constant]
Computer *nm* DAT.PR **computer** *n*
[elektronische, digitale, programmgesteuerte Maschine, die Eingaben aufnimmt, nach vorgegebenen mathematischen oder logischen Regeln verarbeitet, speichert u. die Ergebnisse ausgibt]
= Rechner *nm* (2); elektronische Rechenanlage (2); Rechenanlage *nf* (2); Maschine *nf*
≈ Rechner (1)
↑ informationsverarbeitende Maschine
↓ Mikrocomputer; Heimcomputer; Hobbycomputer; Personal Computer; Workstation; Bürocomputer; Minicomputer; Superminicomputer; Datenverarbeitungsanlage; Großrechner; Minisupercomputer; Größtrechner; Neurocomputer; Superneurocomputer; Universalrechner; Analogrechner; Digitalrechner
[electronic, digital, program-controlled machine, capable to receive input, process it according prescribed mathematical or logical rules, to store and output the results]
= machine *n*
≈ calculating machine
↑ information processing machine
↓ microcomputer; home computer; hobby computer; personal computer; workstation; office computer; minicomputer; superminicomputer; data processing equipment; mainframe computer; minisupercomputer; supercomputer; neurocomputer; superneurocomputer; universal computer; analog computer; digital computer
Computer- DAT.PR **computational** *adj*
= Rechner-; Rechen- = computing; computer-
computerabhängig SW → **computer-oriented** *adj*
→ maschinenorientiert
Computeralgebra *nf* COMP.SC **computer algebra**
Computeramateur *nm* DAT.PR **computer amateur**
≈ nerd
Computeranimation *nf* COMP.GR **computer animation**
[Bewegungssimulation] [simulation of movement]
= Rechneranimation *nf*; Animation *nf* = animation
↑ Computer-Simulation ↑ computer simulation
↓ Echtzeit-Animation ↓ real-time animation
Computeranwender *nm* DAT.PR **computer user**
= Rechneranwender *nm* ≈ computer operator
≈ Rechnerbetreiber
Computeranwendung *nf* DAT.PR **computer application**
= Rechneranwendung *nf*
Computer-Arbeitsplatz *nm* ECON **computer workplace**
Computer-Architektur *nf* COMP.SC → **computer architecture**
→ Rechnerarchitektur *nf*
computeraufbereitet COMP.AP → **computer-rendered** *adj*
→ rechneraufbereitet
Computerausdruck *nm* DAT.PR → **computer printout**
→ Rechnerausdruck *nm*
Computerausgabe *nf* DAT.PR **computer output**
= Rechnerausgabe *nf*
computerauswertbar DAT.PR → **machine-evaluable**
→ maschinenauswertbar
Computer-Axialtomographie MED.EN → **computerized axial tomography**
→ axiale Computertomographie

Computerbausatz *nm* HW **computer kit**
= Rechnerbausatz *nm*
Computerbaustein *nm* MICR.EL → **computer chip**
→ Computerchip *nm*
Computerbeauftragter *nm* DAT.PR → **computer operations manager**
→ DV-Beauftragter *nm*
Computerbediener *nm* DAT.PR → **computer operator** *n*
→ Rechnerbediener *nm*
Computerbetrieb *nm* DAT.PR → **computer operation** (2)
→ Rechnerbetrieb *nm*
Computerbetrug *nm* LAW **computer fraud**
↑ Computerkriminalität ↑ computer criminality
Computerbild *nn* COMP.AP **computerized identikit picture**
[mit Computer erstelltes Phantombild]
Computerbildschirm *nm* TER&PER → **computer screen**
→ Rechnerbildschirm *nm*
Computer-Bildwiedergabe *nf* COMP.AP **computer vision**
Computerbrief *nm* WOR.PR → **form letter**
→ Standardbrief *nm*
Computerbus *nm* HW → **bus** *n* (*pl* buses&busses)
→ Bus *nm* (*pl* Busse)
Computerchip *nm* MICR.EL **computer chip**
= Computerbaustein *nm*; Rechnerchip *nm*; Rechnerbaustein *nm* = calculator chip
Computer-Cracker *nm* DAT.MA → **cracker** *n*
→ Cracker *nm*
Computerdatenbank *nf* COMP.AP **computerized database**
Computer der 1. Generation DAT.PR → **1st-generation computer**
→ Rechner der 1. Generation
Computer der 2. Generation DAT.PR → **2nd-generation computer**
→ Rechner der 2. Generation
Computer der 3. Generation DAT.PR → **3rd-generation computer**
→ Rechner der 3. Generation
Computer der 4. Generation DAT.PR → **4th-generation computer**
→ Rechner der 4. Generation
Computer der 5. Generation DAT.PR → **5th-generation computer**
→ Rechner der 5. Generation
Computer der dritten Generation DAT.PR → **3rd-generation computer**
→ Rechner der 3. Generation
Computer der ersten Generation DAT.PR → **1st-generation computer**
→ Rechner der 1. Generation
Computer der fünften Generation DAT.PR → **5th-generation computer**
→ Rechner der 5. Generation
Computer der vierten Generation DAT.PR → **4th-generation computer**
→ Rechner der 4. Generation
Computer der zweiten Generation DAT.PR → **2nd-generation computer**
→ Rechner der 2. Generation
Computerdiagnostik *nf* MED.EN **computer-aided diagnostic**
Computer-Dienstleistungsbetrieb *nm* COMP.AP → **computer utility**
→ DV-Dienstleistungsbetrieb *nm*
Computer-Dienstleistungsfirma *nf* COMP.AP → **computer utility**
→ DV-Dienstleistungsbetrieb *nm*
Computerdiode *nf* MICR.EL → **switching diode**
→ Schaltdiode *nf*
Computer-Drucker *nm* TER&PER → **printer** *n*
→ Drucker *nm*
Computer-Durchdringung *nf* COMP.AP → **computerization** *n*
→ Rechnerdurchdringung *nf*
Computerdurchsatz *nm* DAT.PR → **computer power**
→ Rechnerleistung *nf*
Computerelektronik *nf* COMP.SC → **computer engineering**
→ technische Informatik
Computerentwicklung *nf* DAT.PR **computer design**
= Rechnerentwicklung *nf*
computererzeugt DAT.PR **computer-generated**
= rechnererzeugt; maschinenerzeugt = machine-generated
Computerexperte *nm* INF.TEC → **computer professional** *n*
→ Computerfachmann *nm*
Computerfabrikant *nm* DAT.PR → **computer manufacturer**
→ Computerproduzent *nm*
Computerfachmann *nm* INF.TEC **computer professional** *n*
= Rechnerfachmann *nm*; DV-Fachmann *nm*; Computerexperte *nm*; Rechnerexperte *nm*; DV-Experte *nm*; Computerspezialist *nm*; Rechnerspezialist *nm*; DV-Spezialist *nm*; Computerkenner *nm*; Rechnerkenner *nm*; DV-Kenner *nm*; Datenverarbeitungsfachmann *nm*; Datenverarbeitungsspezialist *nm*; Datenverarbeitungskenner *nm*; Datenverarbeitungsexperte *nm*;
= computer expert; computer specialist; computer literate; computing professional; computing expert; computing specialist; computing literate; data processing professional; data processing expert; data processing specialist; data processing literate; wizard *n*
≈ computer fan
≠ computer illiterate

≈ Computernarr
≠ Computerlaie
Computerfachsprache *nf* LING → **computer jargon**
→ Computerjargon *nm*
Computerfachwissen *nn* DAT.PR → **computer literacy**
→ Computerwissen *nf*
Computerfahndung *nf* LAW **computer-supported search**
= Rasterfahndung *nf*
Computerfamilie *nf* DAT.PR → **computer family**
→ Rechnerfamilie *nf*
Computerfan *nm* INF.TEC → **computer fan** *n*
→ Computernarr *nm*
Computer-Farbdrucker *nm* TER&PER → **color printer** (AE)
→ Farbdrucker *nm*
Computer-Fax *nn* INTERNET → **Internet fax**
→ Internet-Fax *nn*
Computerfehler *nm* DAT.PR **computer error**
Computerfeind *nm* INF.TEC **computerphobe** *n*
↑ Technikfeindlichkeit ↑ technophobe
Computerfeindlichkeit *nf* INF.TEC **computerphobia** *n*
= Rechnerfeindlichkeit *nf*; Computerphobie *nf* ↑ technophobia
Computerfirma *nf* ECON **computer company**
= computer firm; computer house
Computer-Freak *nm* DAT.PR → **freak** *n*
→ Hobby-Informatiker *nm*
Computerfreundlichkeit *nf* COMP.AP → **computability** *n*
→ Rechnerfreundlichkeit *nf*
computergeführt COMP.AP → **computer-controlled**
→ rechnergeführt
computergeführte numerische AUTOMA → **computerized numerical control**
→ CNC-Steuerung *nf*
Computergehäuse *nn* HW **computer cabinet**
= cabinet *n*; computer case; case; computer enclosure; computer housing
Computergeneration *nf* DAT.PR → **computer generation**
→ Rechnergeneration *nf*
Computergeometrie *nf* COMP.AP **computer geometry**
= computational geometry
computergerecht INF.TEC **computer-oriented**
computergesteuert COMP.AP → **computer-controlled**
→ rechnergeführt
computergestützt COMP.AP → **computer-aided** *adj*
→ rechnergestützt
computergestützte Bestandskontrolle und Wartung COMP.AP → **CAIM**
→ CAIM
computergestützte Betriebsführung COMP.AP → **CAM** (2)
→ CAM (2)
computergestützte Bildverarbeitung COMP.AP → **computer image processing**
→ rechnergestützte Bildverarbeitung
computergestützte Diagnose COMP.AP → **computer-assisted diagnosis**
→ rechnergestützte Diagnose
computergestützte Dokumentenerstellung COMP.AP → **CAP** (2)
→ CAP (2)
computergestützte Entwicklung COMP.AP → **CAD**
→ CAD
computergestützte Entwicklung, Ingenieurstechnik und Fertigung COMP.AP → **CADEM**
→ CADEM
computergestützte Entwicklung und Fertigung COMP.AP → **CADM**
→ CADM
computergestützte Entwicklung und Ingenieurtechnik COMP.AP → **CADE**
→ CADE
computergestützte Fertigung COMP.AP → **CAM** (1)
→ CAM (1)
computergestützte Gebäudetechnik COMP.AP → **CAFM**
→ rechnergestützte Haustechnik
computergestützte Haustechnik COMP.AP → **CAFM**
→ rechnergestützte Haustechnik
computergestützte Ingenieurtechnik COMP.AP → **CAE** (1)
→ CAE (1)
computergestützte Konstruktion COMP.AP → **CAD**
→ CAD
computergestützte numerische Steuerung AUTOMA → **computerized numerical control**
→ CNC-Steuerung *nf*
computergestützte Programmierung SW → **machine-aided programming**
→ automatische Programmierung
computergestützte Qualitätssicherung COMP.AP → **CAQ**
→ CAQ
computergestützter Entwurf COMP.AP → **CAD**
→ CAD
computergestützter Seitenumbruch COMP.AP → **computer-aided page makeup**
→ rechnergestützter Seitenumbruch
computergestützter Unterricht COMP.AP → **computer-aided education** *n*
→ rechnergestützter Unterricht
computergestützte Simulation MOD&SI → **computer simulation** (1)
→ Computersimulation *nf* (1)
computergestütztes Konstruieren COMP.AP → **CAD**
→ CAD
computergestützte Software-Entwicklung SW → **machine-aided programming**
→ automatische Programmierung
computergestütztes Planen COMP.AP → **computer aided planning**
→ CAP (1)
computergestützte COMP.AP → **automatic language processing**
→ automatische Sprachverarbeitung
computergestütztes Prüfen COMP.AP → **CAT** (1)
→ CAT (1)
computergestütztes Setzen COMP.AP → **computer-aided typesetting**
→ rechnergestütztes Setzen
computergestütztes Suchsystem COMP.AP → **CAR**
→ CAR
computergestütztes Telefoninterview MEDIA → **computer-assisted telephone interview**
→ rechnergestütztes Telefoninterview
computergestütztes Üben COMP.AP → **CBT**
→ rechnergestütztes Üben
computergestütztes Zeichnen COMP.AP → **CAD**
→ CAD
computergestützte Übersetzung WOR.PR → **machine-aided translation**
→ maschinelle Übersetzung
Computergrafik *nf* (1) COMP.AP **computer graphics**
[Einsatz von Rechnern zur Erzeugung von Grafiken aus Daten] [use of computers to generate graphics from data]
= Computergraphik *nf* (1) = computer-generated graphics; CGG
≈ grafische Datenverarbeitung ≈ graphical processing
↓ Rastergrafik; Vektorgrafik ↓ raster graphics; vector graphics
Computergrafik *nf* (2) COMP.AP **computer graphic**
= Computergraphik *nf* (2); Cumputerbild *nn*; Rechergrafik *nf*; Rechnergraphik *nf*; Rechnerbild *nn* [a single computer-made graphic]
Computergraphik *nf* (1) COMP.AP → **computer graphics**
→ Computergrafik *nf* (1)
Computergraphik *nf* (2) COMP.AP → **computer graphic**
→ Computergrafik *nf* (2)
computergraphisch COMP.AP **computer-graphic** *adj*
Computerhersteller *nm* DAT.PR → **computer manufacturer**
→ Computerproduzent *nm*
Computerindustrie *nf* ECON **computer industry**
= Rechnerindustrie *nf*
computerinegriert DAT.PR → **computer-integrated**
→ rechnerintegriert
Computeringenieur *nm* INF.TEC **computer engineer**
computerintegrierte Telephonie TELEC → **computer telephony**
→ Computertelefonie *nf*
computerisieren (1) INF.TEC **computerize** (1)
= auf Rechnerbetrieb umstellen = to change to computerized operation
computerisieren (2) INF.TEC **computerize** (2)
= mit Rechnern ausstatten = to equip with computers
computerisieren (3) (Duden) INF.TEC → **digitize** *vt*
→ digitalisieren
computerisieren (4) (Duden) INF.TEC → **input** *vt*
→ eingeben
Computerisierung *nf* COMP.AP → **computerization** *n*
→ Rechnerdurchdringung *nf*
Computerjargon *nm* LING **computer jargon**
= Computerfachsprache *nf* = computerese *n*; computer language; computer idom
Computerkabel *nn* COM.CAB → **computer cable**
→ Datenkabel *nn*
Computerkartographie *nf* CART **computerized CARTaphy**
Computerkasse *nf* TER&PER → **computer cash register**
→ Computer-Registrierkasse *nf*
Computerkassette *nf* TER&PER **computer cassette**
Computerkenner *nm* INF.TEC → **computer professional** *n*
→ Computerfachmann *nm*

Computerkenntnis *nf* DAT.PR → **computer literacy**
→ Computerwissen *nf*

Computerkommunikation *nf* DAT.CO → **computer communication**
→ Rechnerkommunikation *nf*

Computerkonferenz *nf* DAT.CO **computer conference**
= Rechnerkonferenz *nf* = computer conferencing

Computerkonfiguration *nf* DAT.PR → **computer configuration**
→ Rechnerkonfiguration *nf*

Computer-Kopplung *nf* DAT.CO → **computer interconnection**
→ Rechnerkopplung *nf*

Computerkorrespondenz *nf* INTERNET → **electronic mail**
→ E-Mail *nn*

Computerkriminalität *nf* LAW **computer criminality**
↓ Computerbetrug; Computermanipulation ↓ computer fraud; computer manipulation

Computerkunst *nf* COMP.AP **computer art**
[mit oder von einem Computer geschaffene Kunst] [art created on or by a computer]
= Rechnerkunst; CGA = computer-generated art; CGA; compart; cyber art

Computerladen *nm* ECON **computer store**
= computer shop

Computer-Ladenkasse *nf* TER&PER → **computer cash register**
→ Computer-Registrierkasse *nf*

Computerlaie *nm* DAT.PR **computer illiterate**
= Rechnerlaie *nm* ≠ computer professional
≠ Computerfachmann

Computerlauf *nm* DAT.PR → **program run** *n*
→ Programmlauf *nm*

Computerlehrplatz *nm* DAT.PR **computer training station**

Computerleistung *nf* DAT.PR → **computer power**
→ Rechnerleistung *nf*

computerlesbar TER&PER → **machine-readable** *adj*
→ maschinenlesbar

computerlesbarer Datenträger TER&PER → **machine-readable medium**
→ maschinenlesbarer Datenträger

computerlesbares Zeichen TER&PER → **machine-readable character**
→ Maschinenschrift *nf*

Computerliebhaber *nm* DAT.PR **computerphile** *n*
[jemand der der Datentechnik gegenüber positiv eingestellt ist] [somebody with a positive attitude towards computing]
≈ Computer-Narr; Hacker (1); Bitschieber ≈ bit twiddler; hacker (1)

Computerlinguistik *nf* COMP.AP **computational linguistics**
= Sprachdatenverarbeitung *nf*; linguistische Datenverarbeitung; linguistische Informationswissenschaft; Informationslinguistik *nf*; prozedurale Linguistik = computer linguistics; linguistic data processing

Computerliteratur *nf* PRIN.ME **computer literature**
= Computerschrifttum *nm*

Computermagazin *nn* PRIN.ME → **computer magazine**
→ Computerzeitschrift *nf*

Computermanipulation *nf* COMP.AP **computer manipulation**
↑ Computermriminalität ↑ computer criminality

Computermaus *nf* TER&PER → **mouse** *n* (*pl* mice&mouses)
→ Maus *nf* (*pl* Mäuse)

Computermikrographie *nf* DAT.MA **computer micrographics**

Computermissbrauch *nm* COMP.AP **computer abuse**
≈ Computerverbrechen ≈ computer crime

Computermusik *nf* MUSIC **computer music**
= Rechnermusik *nf*

computernah SW → **computer-oriented** *adj*
→ maschinenorientiert

Computername *nm* DAT.NW **computer name**

Computernarr *nm* INF.TEC **computer fan** *n*
[slang; jemand der durch sich intensiv ("Hacker" mit der Konnotation "herumprobierend", "Nerd" mit der Konnotation von "Eigenbrödler") mit Computern befasst] [somebody intensively dedicated to computing ("hacker" with the connotation "by trial and error", "nerd" with the connotation of "solitary")]
= Programmierfuchs *nm*; Computerfan *nm*; Hacker *nm* (1); Nerd *nm* (slang) = hacker *n* (1); bit twiddler; nerd *n*
≈ Computer-Liebhaber; Hacker (1) ≈ computerphile; hacker (1)

Computernetz *nn* DAT.NW → **multi-computer system**
→ Mehrrechnersystem *nn*

Computernutzung *nf* DAT.PR → **computer usage**
→ Rechnernutzung *nf*

Computeroperation *nf* COMP.SC → **computer operation** (1)
→ Rechneroperation *nf*

computerorientiert SW → **computer-oriented** *adj*
→ maschinenorientiert

Computerpapier *nn* TER&PER **computer stationery**

Computer-Personal *nn* DAT.PR → **computer personnel**
→ DV-Personal *nn*

Computerphobie *nf* INF.TEC → **computerphobia** *n*
→ Computerfeindlichkeit *nf*

Computerpost *nf* INTERNET → **electronic mail**
→ E-Mail *nn*

Computerproduzent *nm* DAT.PR **computer manufacturer**
= Computerhersteller *nm*; Computerfabrikant *nm* = computer producer

Computerprogramm *nn* SW → **program** *n* (AE)
→ Programm *nn*

Computerprogramm schreiben INF.TEC **author** *vt*
= Computerprogramm verfassen; schreiben; verfassen

Computerprogramm verfassen INF.TEC → **author** *vt*
→ Computerprogramm schreiben

Computerradiologie *nf* MED.EN **CAR** (2)
= rechnergestützte Radiologie = Computer-Aided Radiology

Computerraum *nm* SYS.INS → **computer room**
→ Rechnerraum *nm*

Computer-Registrierkasse *nf* TER&PER **computer cash register**
= Computer-Ladenkasse *nf*; Computerkasse *nf*

Computerrevolution *nf* INF.TEC **computer revolution**

Computer-Saboteur *nm* DAT.MA → **cracker** *n*
→ Cracker *nm*

Computerschrifttum *nm* PRIN.ME → **computer literature**
→ Computerliteratur *nf*

Computersicherheit *nf* DAT.PR → **computer security**
→ Rechnersicherheit *nf*

Computersicht *nf* ART.IN **computer vision**
[symbolische Beschreibung von Bildern durch Kenndaten] [conversion of images in symbolic descriptive data]
= CV

Computersimulation *nf* (1) MOD&SI **computer simulation** (1)
[mit Hilfe eines Computers] [with the aid of a computer]
= computergestützte Simulation; Rechnersimulation *nf* (1); rechnergestützte Simulation; Nachbilden *nn* = computer-based simulation; computer-centered simulation; machine-based simulation; machine-centered simulation
↓ Computer-Animation ↓ computer animation

Computersimulation *nf* (2) MOD&SI **computer simulation** (2)
[Simulation des Verhaltens eines Rechners] [simulation of the behaviour of a computer]
= Rechnersimulation *nf* (2)

computersimulierte Welt INTERNET → **cyberspace** *n*
→ Cyberspace *nm*

Computerspeicher *nm* HW → **computer memory**
→ Rechnerspeicher *nm*

Computerspezialist *nm* INF.TEC → **computer professional** *n*
→ Computerfachmann *nm*

Computerspiel *nn* COMP.AP → **video game**
→ Videospiel *nn*

Computersprache *nf* SW → **machine language** *n*
→ Maschinensprache *nf*

Computersteuerpult *nn* HW → **computer control console**
→ Rechnersteuerpult *nn*

Computerstruktur *nf* INF.TEC → **computer structure**
→ Rechnerstruktur *nf*

Computertechnik *nf* COMP.SC → **computer engineering**
→ technische Informatik

Computertechniker *nm* INF.TEC **computer technician**

Computertelefonie *nf* TELEC **computer telephony**
= CT; computerintegrierte Telephonie; CIT; rechnerintegrierte Telephonie = CT; computer-integrated telephony; CIT
↓ Internet-Telefonie ↓ Internet telephony

Computer-Telefonie-Integration *nf* TELEC **computer-telephony integration**
= CTI = CTI

Computertomographie *nf* MED.EN **computer tomography**
= computed tomography; CT; computer-assisted tomography; computer-aided tomography; CAT

computerunabhängig DAT.PR → **hardware-independent** *adj*
→ hardwareunabhängig

computerunabhängige Programmiersprache COMP.LG **computer-independent language**
= rechnerunabhängige Programmiersprache

computerunterstützt COMP.AP → **computer-aided** *adj*
→ rechnergestützt

Computerunterstützung *nf* COMP.AP → **computer aid**
→ Rechnerunterstützung *nf*

computerveranlasst DAT.PR → **computer-activated** *adj*
→ rechnerveranlasst

Computerverantwortlicher *nm* DAT.PR → **computer operations manager**
→ DV-Beauftragter *nm*

Computerverbrechen *nn* LAW **computer crime**
≈ Computermissbrauch
≈ computer abuse

Computerverbund *nm* DAT.NW → **multi-computer system**
→ Mehrrechnersystem *nn*

Computer-Verständnis *nn* DAT.PR **computer awarness**
= Verständnis für Datenverarbeitung

Computerverwaltung *nf* SW → **computer management**
→ Rechnerverwaltung *nf*

Computer-Virus *nn&nm* (*pl* Viren) SW → **virus** *n* (*pl* viruses)
→ Virus *nn&nm* (*pl* Viren)

Computerwesen *nn* EL.TEC → **computer science**
→ Informatik *nf*

Computerwissen *nf* DAT.PR **computer literacy**
= Computerfachwissen *nn*; Computerkenntnis *nf*; Rechnerfachwissen *nn*

Computer-Wissenschaftler *nm* INF.TEC → **computer scientist**
→ Informatiker *nm*

Computerwurm *nm* SW **computer worm** *n*
[auf andere Programme nicht übertragbarer Virus]
= Wurm
↑ Virus
[a virus not replicative to other programs]
= worm
↑ virus

Computerzeichnung *nf* COMP.AP **computer drawing**

Computerzeit *nf* DAT.PR → **computer time**
→ Maschinenzeit *nf*

Computerzeitalter *nn* SCIE **computer era**
= Informatikzeitalter *nn*

Computerzeitschrift *nf* PRIN.ME **computer magazine**
= Computermagazin *nn*
= computer-oriented magazine; computer journal; computer periodical

Computerzubehör *nn* HW **computer accessories**

COM-Recorder *nm* TER&PER **COM recorder**
[Daten auf Mikrofilm]
[data on microfilm]

Comware *nf* DAT.CO **comware** *n*
[Datenkommunikations-Ware]
[data COMmunications WARE]

Conférence Européenne des Administrations des Postes et des Télécommunications TELEC → **CEPT**
→ CEPT

CONIFAN-Antenne *nf* ANT **CONIFAN antenna**

Consolan-Antenne *nf* ANT **Consolan antenna**
≈ Consol-Antenne
≈ Consol antenna

Consol-Antenne *nf* ANT **Consol antenna**
≈ Consolan-Antenne
≈ Consolan antenna

Consol-Funkfeuer *nn* RAD.NA **Consol radio beacon**

Constraint-Datenbank *nf* DAT.MA **constraint database**
[um große Datensätze kompakt darzustellen]
[to represent data sets in a compact by]

Constraint-Programmierung *nf* SW **constraint peogramming**
[zur Behandlung ungenauer Problemstellungen]
[to deal with uncomplete problem definitions]

Container *nm* TELEC **container**
[SDH/SONET]
[SDH/SONET]

Container *nm* ECON → **container** *n*
→ Frachtbehälter *nm*

Container *nm* SYS.INS → **shelter** *n*
→ Shelter *nm*

Containeranlage *nf* SYS.INS **container installation**

Container-Element *nn* INTERNET **container element**
[SGML]
[SGML]

Content-Aggregator *nm* INTERNET → **channel aggregator**
→ Channel-Aggregator *nm*

Content-Management-System *nn* INTERNET **CMS**
= Content Management System

Content Page INTERNET → **content page**
→ Nutzseite *nf*

Continuity-Fehler *nm* CINEMA **continuity fault**

Continuous-Verfahren *nn* TER&PER **continuous technology**
[Tintenstrahldrucker]
[ink-jet printer]

Controller *nm* INSTR → **controller** *n*
→ Kontroller *nm*

Controller *nm* DAT.PR → **controller** *n*
→ Kontroller *nm*

CONTRO-Taste *nf* TER&PER → **control key** (1)
→ Steuerungstaste *nf*

Convolver *nm* MIL.CO **convolver** *n*

Cookie *nn* INTERNET **cookie** *n*
[auf dem Nutzer-PC hinterlegte kleine Textdatei eines Web-Servers, welche die Nutzerbewegungen in der besuchten Website registriert; vom Unix-Programm "fortune cookie"]
[data pad stored by a Web server on user's PC, recording user's moves in the Web site; from Unix program "fortune cookie"]

Cookie-Filter *nn* INTERNET **cookie filter**

Cooper-Paar *nn* PHYS **Cooper pair**

Coprozessor *nm* HW → **coprocessor** *n* (1)
→ Koprozessor *nm* (1)

COPSK MODUL **COPSK**
= Coded Octal Phase Shift Keying

Copyright *nn* LAW → **copyright** *n*
→ Urheberrecht *nn*

Copyright-Vermerk *nm* PRIN.ME **copyright notice**
= Urheberrechtsvermerk *nm*

Copyright-Zeichen *nn* PRIN.ME **copyright sign**
[eingekreistes C]
= Urheberrecht-Zeichen *nn*
[a C within a circle]
= copyright symbol

CORBA SW **CORBA**
= Common Object Request Broker Architecture

Core-Spannung *nf* HW → **core supply voltage**
→ CPU-Kern-Speisespannung *nf*

Coriolis-Kraft *nf* PHYS **Coriolis force**

Corner-Reflektor *nm* ANT → **corner reflector**
→ Winkelreflektor *nm*

Corner-Reflektor-Antenne *nf* ANT → **corner-reflector antenna**
→ Winkelreflektor-Antenne *nf*

Coroutine *nf* SW **coroutine** *n*
[gleichzeitig speicherresident und (oft) gleichzeitig ausgeführt mit einer anderen Routine]
= Koroutine *nf*
[concurrently resident and (frequently) concurrently executed routine]

COS DAT.PR **COS**
[ein US-Verband zur Förderung offener Schnittstellen]
= Corporation for Open Systems

cos MATH → **cosine** *n*
→ Kosinus *nm* (Duden)

cos^2-Dipol *nm* ANT **cosecant squared beam antenna**
= Cosecans-Beam-Antenne *nf*
= cos dipole

cosec MATH → **cosecant** *n*
→ Kosekans *nm*

Cosecans-Beam-Antenne *nf* ANT → **cosecant squared beam antenna**
→ cos^2-Dipol *nm*

Cosecans hyperbolicus *nm* MATH **hyperbolic cosecant**
= csch; Kosekans hyperbolikus; Hyperbelkosekans *nm*
= csch

Cosec-Quadrat-Antenne *nf* ANT **cosecant-squared antenna**

cos-Entzerrer *nm* CIRC.EN → **cosine equalizer**
→ Kosinusentzerrer *nm*

Cosinus *nm* MATH → **cosine** *n*
→ Kosinus *nm* (Duden)

Cosinus hyperbolicus *nm* MATH **hyperbolic cosine**
= ch; Kosinus hyperbolikus; Hyperbelkosinus *nm*
↑ Hyperbelfunktion
= ch
↑ hyperbolic function

Cosinustransformation *nf* MATH → **cosine transformation**
→ Kosinustransformation *nf*

cot MATH → **cotangent** *n*
→ Kotangens *nm*

Cotangens *nm* MATH → **cotangent** *n*
→ Kotangens *nm*

Cotangens hyperbolicus *nm* MATH **hyperbolic cotangent**
= coth; cth; Kotagens hyperbolikus; Hyperbelkotangens *nm*; Hyperbelcotangens *nm*
= coth; cth

cotg MATH → **cotangent** *n*
→ Kotangens *nm*

coth MATH → **hyperbolic cotangent**
→ Cotangens hyperbolicus *nm*

Cotton-Mouton-Effekt *nm* PHYS **Cotton-Mouton effect**

Coulomb *nn* EL.SC **Coulomb**
[SI-Einheit für elektrische Ladung, elektrischen Fluss und Elektrizitätsmenge; = 1 A s]
= C
[SI unit for electric charge; electric flux and quantity of electricity; = 1 A s]
= C

Coulomb-Einheit *nf* EL.SC → **electrical potential**
→ elektrisches Potential

Coulombkraft *nf* PHYS **Coulomb force**

Coulombmeter *nn* INSTR → **coulometer** *n*
→ Ladungsmesser *nm*

coulombsches Gesetz PHYS **Coulomb law**
= Coulumb'sches Gesetz

Coulumb'sches Gesetz PHYS → **Coulomb law**
→ coulombsches Gesetz

Countdown *nm* → regressives Zählen	COLL	→ **count-down** *n*
Country → Country Music *nf*	MUSIC	→ **country music**
Country Music *nf* = Country	MUSIC	**country music**
Coupon *nm* (CH) → Abschnitt *nm*	ECON	→ **coupon** *n* (1)
Courier [eine serifenhaltige Konstantschrift] ↑ Schriftart	PRIN.ME	**Courier** [a monospaced seriph font] ↑ typeface (1)
Couvert *nf* → Briefumschlag *nm*	OFFICE	→ **envelop** *n* (AE)
Cover *nf* (ANGL) → Schallplattenhülle *nf*	CONS.EL	→ **record cover**
Covergirl *nn* (DUDEN) → Titelmädchen *nn*	MEDIA	→ **cover girl**
Coverversion *nf* (DUDEN) → Neueinspielung *nf*	SOUND.ME	→ **cover version**
CP/M [Betriebssystem für PC's (1973)]	SW	**CP/M** [Control Program for Microcomputers; operating systems for PC's (1973)]
CPFSK = phasenkontinuierliche Frequenzumtastung	MODUL	**CPFSK** = continous phase frequency shift keying
cpi → Zeichen pro Zoll	TER&PER	→ **characters per inch**
C-plus-plus → C++	COMP.LG	→ **C++**
CPM [ein verbessertes 4PSK]	MODUL	**CPM** [en enhanced 4PSK] = Continous Phase Modulation; Constant Phase Modulation
cps → Zeichen pro Sekunde	DAT.PR	→ **characters per second**
CPU *nf* (1) → Zentraleinheit *nf*	HW	→ **central processing unit** *n*
CPU *nf* (2) → Prozessor *nm*	HW	→ **processor** *n*
CPU-Geschwindigkeit *nf*	HW	**CPU speed**
CPU-Kern-Speisespannung *nf* = Core-Spannung *nf*	HW	**core supply voltage**
CPU-Lüfter *nm*	HW	**CPU fan**
CPU-Sekunde *nf* [Verrechnungseinheit]	HW	**CPU second** [unit of accounting]
CPU-Zeit *nf* [die gesamte aktive Zeit des CPU für eine Programmausführung]	HW	**CPU time** (total time CPU is active during a program execution)
CPU-Zyklus *nm* [kleinste vom Zentralprozessor erkannte Zeit, typisch einige Dutzend von ns]	HW	**CPU cycle** [smallest time recognized by the CPU, typically dozens of ns] = CPU clock; clock tick
cq-Ruf *nm*	RADIO	**cq call**
Cr → Chrom *nn*	CHEM	→ **chromium** *n*
CR → Wagenrücklauf *nm*	DAT.CO	→ **carriage return** *n*
Cracker *nm* [ein krimineller Hacker (2)] = Computer-Cracker *nm*; Computer-Saboteur *nm* ≈ Hacker (2)	DAT.MA	**cracker** *n* [a criminal hacker (2)] = computer cracker ≈ Hacker (2)
Crankback *nn* [Zurückkurbeln]	SWITCH	**crankback**
Crashmail *nf* → Eil-Mail *nn*	INTERNET	→ **crashmail** *n*
Crawler *nm* → intelligenter Agent	INTERNET	→ **intelligent agent**
CRC → zyklische Blocksicherung	CODING	→ **cyclic redundancy check**
CRC-Prüfzeichen *nn* = CRC-Zeichen *nn*; Zyklische-Blocksicherungs-Zeichen *nn*	CODING	**cyclic redundancy check character**
CRC-Zeichen *nn* → CRC-Prüfzeichen *nn*	CODING	→ **cyclic redundancy check character**
Crestfaktor *nm* (ANGL) → Spitzenfaktor *nm*	EL.TEC	→ **crest factor**
Crimpverbindung *nf* → Quetschverbindung *nf*	COMPO	→ **crimp connection**
Crimpwerkzeug *nn* → Kabelschuhzange *nf*	TECH	→ **crimping tool**

Crippleware *nf* → Hookemware *nf*	SW	→ **hookemware** *n*
CRISP-Computer *nm*	DAT.PR	**CRISP** [Complecity Reduced Instruction Set Processor]
CRM	COMP.AP	**CRM** = Customer Relationship Management
CRMA-Protokoll *nn*	DAT.CO	**CRMA protocol** = Cyclic Reservation Multiple Access protocol
Crond → Cron-Dämon *nm*	SW	→ **cron daemon**
Cron-Dämon *nm* [Linux] = Crond	SW	**cron daemon** [Linux] = crond *n*
Cross-Assembler *nm* → Kreuzassembler *nm*	SW	→ **cross assembler**
Cross-Assemblierung *nf* (ANGL) → Kreuzassemblierung *nf*	SW	→ **cross-assembling**
Crossbarschalter *nm* (ANGL) → Kreuzschienenschalter *nm*	SWITCH	→ **crossbar switch**
Crossbarwähler *nm* (ANGL) → Kreuzschienenschalter *nm*	SWITCH	→ **crossbar switch**
Cross-Compiler *nm* → Kreuzkompilierer *nm*	SW	→ **cross compiler**
Cross-Compilierung *nf* (ANGL) → Kreuzkompilierung *nf*	SW	→ **cross-compiling**
Crossconnect-Einrichtung *nf* = CC	TRANSM	**cross connector** = CC
Cross-connect-Multiplexer → Verteilmultiplexer *nm*	TRANSM	→ **cross-connect multiplexer**
Crossover *nn* (ANGL) → Überkreuzen *nn*	MICR.EL	→ **crossover** *n*
Crosspoint-Schalter *nm* (ANGL) → Koppelpunktschalter *nm*	SWITCH	→ **crosspoint switch**
crossposten *vt*	INTERNET	**cross-post** *vt*
Crossposting *nn* (ANGL) → Mehrnachrichtengruppen-Versand	INTERNET	→ **cross posting**
Cross-Virus (ANGL) → Kreuz-Virus *nm*	SW	→ **cross virus**
Crowbar-Schutzschaltung *nf* → Eingangskurzschluss *nm*	POW.SY	→ **crowbar**
CRT-Bildschirm *nm* → Bildwiedergaberöhre *nf*	EL.TRO	→ **picture tube**
cruisen → surfen *vi*	INTERNET	→ **surf** *vi*
Cryotron *nn* → Kryotron *nn*	COMPO	→ **cryotron** *n*
Cs → Cäsium *nn*	CHEM	→ **cesium** *n*
CS-Betrieb *nm* → Closed-shop-Betrieb *nm*	DAT.PR	→ **closed shop operation**
csch → Cosecans hyperbolicus *nm*	MATH	→ **hyperbolic cosecant**
CS-Funktion *nf* → dienstunabhängige Funktion	TELEC	→ **Capability Set**
C-Sharp → C#	COMP.LG	→ **C#**
CSL → emittergekoppelte Logik	MICR.EL	→ **emitter-coupled logic**
CSLIP-Protokoll *nn*	INTERNET	**CSLIP** = Compressed Serial Line Protocol
CSMA → Vielfachzugriff mit Leitungsüberwachung	TELEC	→ **carrier sense multiple access**
CSMA/CA-Betrieb *nm* = Vielfachzugriff mit Kollisionsverhinderung	TELEC	**CSMA/CA mode** = carrier sense multiple access with collision avoidance
CSMA/CD-Verfahren *nn* [Verfahren der Kollisionsverhinderung in LAN's; z.B. bei Ethernet angewandt]	DAT.NW	**CSMA/CD mode** [Carrier Sense with Multiple Access with Collision Detection; collision avoidance procedure for LAN; used e.g. in Ethernet]
CSMA/DCR-Betrieb *nm*	TELEC	**CSMA/DCR mode** = carrier sense multiple access with deterministic collision
Csnet *nn*	DAT.NW	**Csnet** = Computer Science Network
CSS-Standard *nm*	INTERNET	**CSS standard** = Cascading Style Sheets
CSS-Verschluesselung *nf*	TER&PER	**CSS** = Content Scrambling System

CS-Teilschicht *nf* TELEC → **convergence sublayer**
→ Konvergenz-Teilschicht *nf*
CT TELEC → **computer telephony**
→ Computertelefonie *nf*
C-Techniken *nplt* COMP.AP **CAD/CAM technologies**
CTERM-Protokoll *nn* DAT.PR **CTERM**
= Communications Terminal Protocol
ctg MATH → **cotangent** *n*
→ Kotangens *nm*
cth MATH → **hyperbolic cotangent**
→ Cotangens hyperbolicus *nm*
CTI TELEC **CTI**
= Computer Telephone Integration
CTI TELEC → **computer-telephony integration**
→ Computer-Telefonie-Integration *nf*
CTIA MOB.CO **CTIA**
[Verband der Mobilfunkindustrie von USA] [in USA]
= Cellular Telecommunications Industry
CTL MICR.EL **CTL**
[complementary transistor logic]
CTL-Taste *nf* TER&PER → **control key** (1)
→ Steuerungstaste *nf*
CTRL-Taste *nf* TER&PER → **control key** (1)
→ Steuerungstaste *nf*
Cu CHEM → **copper** *n*
→ Kupfer *nn*
CU *nf* BRADC → **capacity unit**
→ Kapazitätseinheit *nf*
CUA-Standards *nplt* COMP.AP **CUA**
= Common User Access
Cubical-quad-Antenne *nf* ANT **cubical quad antenna**
= Quad-Antenne *nf*; Quad-Schleife *nf* = quad antenna; cubical quad loop; quad loop
↓ Boom-Quad; Spinnen-Quad-Antenne; Diamant-Quad
CUL8R INTERNET **CUL8R**
= bis bald = see you later
Cumputerbild *nn* COMP.AP → **computer graphic**
→ Computergrafik *nf* (2)
Cupido *nm* IMAG.ME → **cupid** *n*
→ Liebesgott *nm*
CUPS DAT.PR **CUPS**
[Verbindungsaktualisierungen pro Sekunde] = connection updates per second
Curie *nn* PHYS **Curie**
[Maßeinheit für Radioaktivität] [unit for radioactivity]
= Ci = Ci
Curie-Gesetz *nf* PHYS **Curie law**
= curiesches Gesetz; Curie'sches Gesetz
Curie-Punkt *nm* PHYS **Curie point**
= curiescher Punkt; Curie'scher Punkt; kritischer Punkt
curiescher Punkt PHYS → **Curie point**
→ Curie-Punkt *nm*
Curie'scher Punkt PHYS → **Curie point**
→ Curie-Punkt *nm*
curiesches Gesetz PHYS → **Curie law**
→ Curie-Gesetz *nf*
Curie'sches Gesetz PHYS → **Curie law**
→ Curie-Gesetz *nf*
Curie'sche Temperatur PHYS → **Curie temperature**
→ Curie-Temperatur *nf*
Curie-Temperatur *nf* PHYS **Curie temperature**
= Curie'sche Temperatur
Curium *nn* CHEM **curium** *n*
= Cm = Cm
Cursor *nm* TER&PER **cursor** *n*
[mausähnliches Aufnahmegerät für Digitalisiertablette] [a mouse-like input device for digitizing tablets]
= puck
Cursor *nm* COMP.AP → **cursor** *n*
→ Schreibmarke *nf*
Cursor-Blinkfrequenz *nf*, **Cursor-Blinkgeschwindigkeit** *nf* COMP.AP → **cursor flash frequency**
→ Schreibmarken-Blinkfrequenz *nf*
Cursorblock *nm* TER&PER → **cursor pad** *n*
→ Schreibmarkenblock *nm*
Cursorfunktion *nf* COMP.AP → **cursor function**
→ Schreibmarkenfunktion *nf*
Cursorheimlauf *nm* COMP.AP → **cursor home**
→ Schreibmarkenheimlauf *nm*
Cursor-Normalstellung *nf* COMP.AP → **cursor home position**
→ Schreibmarken-Normalstellung *nf*
Cursorpfeil *nm* COMP.AP **cursor arrow**
= Pfeilzeiger *nm*
↑ Schreibmarke ↑ cursor
↓ Textcursor; Grafikcursor ↓ text cursor; graphic cursor
Cursorposition *nf* COMP.AP → **cursor position**
→ Schreibmarkenposition *nf*
Cursorrücksprung *nf* COMP.AP → **horizontal wraparound**
→ Schreibmarkenrücksprung *nf*
Cursorsteuertaste *nf* TER&PER → **cursor key**
→ Schreibmarkentaste *nf*
Cursorsteuerung *nf* COMP.AP → **cursor control**
→ Schreibmarkensteuerung *nf*
Cursorsteuerungsblock *nm* TER&PER → **cursor keypad**
→ Schreibmarkentastenblock *nm*
Cursortastatur *nf* TER&PER → **cursor pad** *n*
→ Schreibmarkenblock *nm*
Cursortaste *nf* TER&PER → **cursor key**
→ Schreibmarkentaste *nf*
Cursortastenblock *nm* TER&PER → **cursor keypad**
→ Schreibmarkentastenblock *nm*
Cursortastenfeld *nn* TER&PER → **cursor pad** *n*
→ Schreibmarkenblock *nm*
CU-SeeMe TELEC **Cu-SeeMe**
[Protokoll oder SW für Videokonferenzen] [protocol or SW for videeo conferencing]
Custom-Design *nn* (ANGL) MICR.EL → **custom design**
→ kundenspezifischer Entwurf
Cut-and-paste *nn* WOR.PR → **cut-and-paste**
→ Ausschneiden und Einfügen
CVD-Verfahren *nn* MICR.EL **CVD process**
[chemical vapour deposition]
C-Verstärker *nm* CIRC.EN → **class C amplifier**
→ Klasse-C-Verstärker *nm*
C-V-Messgerät *nn* INSTR **C-V meter**
CVS NETW.TH → **current-controlled voltage source**
→ stromgesteuerte Spannungsquelle
CVSDM MODUL **CVSDM**
= continuously variable slope delta modulation
CW-Betrieb *nm* EL.TRO → **continuous-wave mode**
→ Dauerstrichbetrieb *nm*
CW-Laser *nm* OPTOEL → **continuous-wave laser**
→ Dauerstrichlaser *nm*
CW-Radar *nm&nn* (*pl* -e) RAD.LO → **continuous-wave radar**
→ Dauerstrichradar *nm&nn* (*pl* -e)
cyan *adj* OPT **cyan** *adj*
= zyan; blaugrün
≈ türkis ≈ turquoise
↑ Farbe ↑ color
Cyber-Bar *nf* INTERNET → **Internetcafé**
→ Internet-Kaffee *nn*
Cyberbibliothekar *nm* INTERNET **cyberlibrarian**
= cyberiarian *n*
Cyber-Café *nn* INTERNET → **Internetcafé**
→ Internet-Kaffee *nn*
Cybergeld *nn* INTERNET **cybermoney**
[virtuelles Geld] [virtual money]
= Cybermoney
Cybergeld *nn* ECON → **e-cash**
→ E-Geld *nf*
Cyberian Citizen INTERNET → **cyberian citizen**
→ Cyberianer *nm*
Cyberianer *nm* INTERNET **cyberian citizen**
= Cyberian Citizen
↓ Avatar; Artificial Resident ↓ avatar; artificial resident
Cyber-Kaffee *nn* INTERNET → **Internetcafé**
→ Internet-Kaffee *nn*
Cyberkaufhaus *nn* INTERNET → **digital mall**
→ digitales Kaufhaus
Cyberknülch *nm* INTERNET **cyberpunk** *n*
= Cyberpunk *nm*
Cyberkultur *nf* INTERNET **cyberculture** *n*
Cybermoney INTERNET → **cybermoney**
→ Cybergeld *nn*
Cybernaut *nf* INTERNET **cybernaut** *n*
Cyberpolice *nf* INTERNET → **cyberpolice** *n*
→ Datenpolizei *nf*
Cyberpunk *nm* INTERNET → **cyberpunk** *n*
→ Cyberknülch *nm*

Cybersex *nm*	INTERNET	**cybersex** *n*
Cyberspace *nm* = Datennetzwelt *nf*; computersimulierte Welt; virtuelle Netzwelt; On-line-Welt; Cyberworld *nn*	INTERNET	**cyberspace** *n* = cyberworld *n*
Cybersprache *nf*	INTERNET	**cyberspeak** *n*
Cybersquatting *nn* [Spekulieren mit Interatadressen]	INTERNET	**cybersquatting** *n* [speculation with Internet addresses]
Cyberverbrechen *nn* → Internet-Verbrechen *nn*	INTERNET	→ **Internet crime**
Cyberworld *nn* → Cyberspace *nm*	INTERNET	→ **cyberspace** *n*
Cycle-stealing *nn* (ANGL) → Zyklusklau *nm*	SW	→ **cycle stealing**
Cycle-stealing-Betrieb *nm* → Zyklusklauverfahren *nn*	SW	→ **cycle-stealing mode**
Cycle-stealing-Verfahren *nn* → Zyklusklauverfahren *nn*	SW	→ **cycle-stealing mode**
Cycolor-Farbdruck *nm*	PRIN.ME	**Cycolor printing**
Czochralski-Verfahren *nn* → Tiegelziehverfahren *nn*	MICR.EL	→ **Czochralski process**

D *d*

D MATH **D**
[römische Ziffer für 500] [Roman numeral for 500]

d PHYS → **day** *n*
→ Tag *nm*

d- PHYS → **deci-** *praef*
→ Dezi- *praef*

d.h. OFFICE **i.e.**
= das heißt [from Latin "it est"]
= that is

D/A-Umsetzer *nm* CODING → **digital-to-analog converter**
→ D/A-Wandler *nm*

D/A-Umwandler *nm* CODING → **digital-to-analog converter**
→ D/A-Wandler *nm*

D/A-Wandler *nm* CODING **digital-to-analog converter**
= D/A-Umsetzer *nm*; D/A-Umwandler *nm*; Digital-Analog-Wandler *nm*; Digital-Analog-Umsetzer *nm*; Digital-Analog-Umwandler *nm*; DAU; Digital-Analog-Converter *nm*; DAC
≈ A/D-Wandler
= D-to-A converter; digital/analog converter; D/A converter; DAC
≠ analog-to-digital converter

DA DAT.CO → **device attributes**
→ Gerätekennung *nf*

da- PHYS → **deca-** *praef*
→ Deka- *praef*

DAB-Aussendung *nf* BROADC **DAB transmission**

DAB-Multiplex *nn* BROADC **DAB multiplex**

DAC CODING → **digital-to-analog converter**
→ D/A-Wandler *nm*

Dach *nn* CIV.EN **roof** *n*

Dachabdeckblech *nn* ANT **roof cover**

Dachantenne *nf* (1) ANT **roof antenna**
= top antenna

Dachantenne *nf* (2) ANT **over-car antenna**
[Autoantenne]

Dachbodenantenne *nf* ANT **loft antenna**

Dachgaube *nf* CIV.EN → **dormer** *n*
→ Gaube *nf*

Dachgesellschaft *nf* ECON → **holding company**
→ Holdinggesellschaft *nf*

Dachgiebel *nm* CIV.EN → **gable** *n*
→ Giebel *nm*

Dachkapazität *nf* ANT → **top load**
→ Endkapazität *nf*

Dachmontage *nf* SYS.INS **roof mounting**

Dachorganisation *nf* ECON **umbrella organization**

Dachrinnenantenne *nf* ANT **rail gutter antenna**

Dachschräge *nf* TV **pulse tilt**
= tilt *n*

Dachschräge *nf* EL.TRO **ramp-off** *n*
[Impuls] [inclination of pulse top]
= pulse droop; droop *n*

Dachterrasse *nf* CIV.EN **housetop terrace**
= Terrassendach *nn*
≈ Flachdach

Dachterrassenwohnung *nf* CIV.EN **penthouse** *n*
= Attikawohnung *nf* (CH); Penthouse *nn* (ANGL)

Dachtraufe *nf* CIV.EN → **eaves** *nplt*
→ Traufe *nf*

D-Ader *nf* TELEPH **tip wire** (3)
= tip *n* (3); D wire; D lead

Daisy Chaining *nn* (ANGL) DAT.CO → **daisy chain** *n*
→ Prioritätsverkettung *nf*

Daisywheel *nn* (ANGL) TER&PER → **typewheel** *n*
→ Typenrad *nf*

Dakltyloskopie *nf* TECH → **dactyloscopy**
→ Fingerabdruckerkennung *nf*

Daktylogramm *nn* TECH → **fingerprint** *n*
→ Fingerabdruck *nm*

Dalle *nf* TECH → **dent** *n*
→ Delle *nf*

DAM SW → **dynamic address translation**
→ dynamische Adressumsetzung

DAMA TELEC → **demand-assignment multiple access**
→ bedarfsgesteuerter Vielfachzugriff

Dämmerungsschalter *nm* (1) EL.INS → **dimming switch**
→ Abblendschalter *nm*

Dämmerungsschalter *nm* (2) EL.INS **twilight switch**
[schaltet bei Dämmerung ein] [switches automatically on at twilight]

Dämon *nm* SW **daemon** *n*
[Unix; im Hintergrund ablaufendes Hilfsprogramm, in der Regel ereignisgesteuert] [Unix; utility function acting in the background, generally event-driven]
≠ Hintergrundroutine

Dampf *nm* PHYS **vapor** *n* (AE)
= Dunst *nm*
≈ Gas
↓ Wasserdampf
= vapour *n* (BE); steam *n*
≈ gas
↓ water vapor

Dampfblasendrucker *nm* TER&PER **bubble-jet printer**
↑ Tintenstrahldrucker
↑ ink-jet printer

Dampfdruck *nm* PHYS **vapour pression** (AE)
= vapour pressure (BE)

dämpfen MECH **cushion** *vt*
= polstern
= damp *vt*

dämpfen PHYS **damp** *vt*
= deaden *vt*

dampfförmig PHYS **vaporous**

Dampfströmungsschweißung *nf* MICR.EL **vapor flow soldering**

Dämpfung *nf* LINE TH **attenuation** *n*
= Verlust *nm*; Abschwächung *nf*
= transmission loss; loss *n*

Dämpfung *nf* PHYS **decrement** *n*
= Dekrement *nn*
= damping *n*; attenuation *n*

dämpfungsarm TELEC **low loss ...**
≈ dämpfungsfrei
≈ lossless

dämpfungsbegrenzt OPT.CO **attenuation-limited**

dämpfungsbehaftet TELEC **lossy**
≠ dämpfungsfrei
≠ lossless

Dämpfungsbelag *nm* LINE TH → **attenuation constant**
→ Dämpfungskonstante *nf*

Dämpfungscharakteristik *nf* NETW.TH **attenuation characteristic**

Dämpfungsentzerrer *nm* NETW.TH **attenuation equalizer**

Dämpfungserhöhung *nf* TELEC **increase in attenuation**

Dämpfungsfaktor *nm* PHYS → **damping constant**
→ Abklingkonstante *nf*

Dämpfungsfaktor *nm* NETW.TH **attenuation factor**
[Eingangsgröße zu Ausgangsgröße; Kehrwert des Übertragungsfaktors] [input to output value; reciprocal of transmission coefficient]
= Dämpfungskoeffizient *nm*; Dämpfungsfunktion *nf*
≠ Übertragungsfaktor
↓ Wellendämpfungsfaktor; Betriebsdämpfungsfaktor; Spannungsdämpfungsfaktor; Stromdämpfungsfaktor; Leistungsdämpfungsfaktor
= attenuation ratio; damping coefficient; damping factor; attenuation function; damping function
≠ transmission coefficient
↓ image attenuation constant; effective attenuation constant; voltage attenuation constant; current attenuation constant; power attenuation constant

Dämpfungsflanke *nf* NETW.TH **attenuation edge**

Dämpfungsfunktion *nf* NETW.TH → **attenuation factor**
→ Dämpfungsfaktor *nm*

Dämpfungsglied *nn* NETW.TH **attenuator** *n*
= Abschwächer *nm*
↓ L-Schaltung; T-Schaltung; Pi-Schaltung; H-Schaltung; X-Schaltung; Verlängerungsleitung [TELEC]
= pad *n*; resistance pad
↓ L section; star section; delta section; balanced T section; lattice section; extension line [TELEC]

Dämpfungskerbe *nf* NETW.TH **attenuation notch**

Dämpfungskoeffizient *nm* NETW.TH → **attenuation factor**
→ Dämpfungsfaktor *nm*

Dämpfungskoeffizient *nm* LINE TH → **attenuation constant**
→ Dämpfungskonstante *nf*

Dämpfungskonstante *nf* LINE TH **attenuation constant**
[Realteil der Fortpflanzungskonstante]
= Dämpfungsmaß *nn*; Dämpfungsbelag *nm*; Dämpfungskoeffizient *nm*
= attenuation coefficient (BE)

Dämpfungskurve *nf* NETW.TH **attenuation curve**

Dämpfungsmagnet *nm* EL.TRO **damping magnet**

Dämpfungsmaß *nn* LINE TH → **attenuation constant**
→ Dämpfungskonstante *nf*

Dämpfungsmaterial *nn* EL.ACOU **acoustic damping material**

Dämpfungsmaterial mit Profil EL.ACOU **damping pad**

Dämpfungsmaximum *nn* RAD.PRO **notch** *n*
= selektiver Einbruch; Signalkerbe *nf*

Dämpfungsmessung *nf* INSTR **attenuation measurement**

Dämpfungsperle *nf* EL.TRO **ferrite attenuator bead**

Dämpfungsplan *nm* TELEC **transmission plan**
= Übertragungsplan *nm*
= attenuation plan

Dämpfungspol *nm* NETW.TH **attenuation pole**

Dämpfungsregler *nm* CIRC.EN **variable attenuator**
= variable pad

Dämpfungsschwankungen *nplt* TELEC **attenuation variation**
= attenuation fluctuation

Dämpfungsschwund *nm* RAD.PRO → **absorption fading**
→ Absorptionsschwund *nm*

Dämpfungsverzerrung *nf* TELEC **attenuation distortion**
= attenuation/frequency distortion

D-AMPS MOB.CO **D-AMPS**
= USDC
= Digital AMPS; USDC; US Digital Cellular

Dank *nm* OFFICE **thanks** *nplt*
= thanx *n* (slang) [INTERNET]

Dank im Voraus OFFICE **thanks in advance**
= TIA [INTERNET]

dann und wann *adv* COLL **now and then** *adv*
= gelegentlich; ab und zu; ab und an; hie und da (2); von Zeit zu Zeit; sporadisch; zeitweise; zeitweilig
↑ verschiedentlich
= off and on; from time to time; sporadically; at times; occasionally
↑ passim

DAO-Aufzeichnung *nf* TER&PER **DAO**
= Disc At Once

DAP DAT.PR → **vector processor**
→ Vektorrechner *nm*

darauffolgend COLL → **posterior** *adj*
→ später *adj*

darlegen LING → **expound** *vt*
→ ausführen

Darlegung *nf* LING → **exposition** *n*
→ Ausführung *nf*

Darlehen *nn* ECON **loan** *n* (1)

Darlehensgeber *nm* ECON → **creditor** *n*
→ Gläubiger *nm*

Darlehensnehmer *nm* ECON → **debtor** *n*
→ Schuldner *nm*

Darlington-Differenzverstärker *nm* CIRC.EN **Darlington differential amplifier**

Darlington-Paar *nn* MICR.EL **Darlington pair**

Darlington-Schaltung *nf* CIRC.EN **Darlington circuit**
= Darlingtonstufe *nf*
= Darlington stage; Darlington combination; Darlington pair

Darlingtonstufe *nf* CIRC.EN → **Darlington circuit**
→ Darlington-Schaltung *nf*

Darlington-Transistor *nm* CIRC.EN **Darlington amplifier**
= Transistorkaskade *nf*
= Darlington power transistor

darstellbare Punkte TER&PER → **resolution** *n*
→ Auflösung *nf*

darstellbares Zeichen TER&PER **printable character**

darstellen COLL **picture** *vt*
= abbilden; bildlich wiedergeben

darstellen TECH **represent** *vt*
↓ grafisch darstellen
= depict *vt*
↓ plot

darstellend COLL **representative** *adj*

Darstellende Geometrie MATH **descriptive geometry**

Darstellende Kunst COLL **performing arts**
↓ Schauspielkunst; Tanzkunst
↓ dramatic art; dance

Darstellung *nf* DAT.CO → **presentation layer**
→ Darstellungsschicht *nf*

Darstellung *nf* TER&PER **representation** *n*
= presentation *n*

Darstellung *nf* TECH **representation** *n*
↓ grafische Darstellung; visuelle Darstellung
= notation *n*
↓ plot; depiction

Darstellung *nf* ENG.DRA **representation** *n*

Darstellung *nf* MATH → **notation** *n*
→ Schreibweise *nf*

Darstellungbereich *nm* COMP.GR → **viewport** *n*
→ Arbeitsfläche *nf*

Darstellungfeld *nn* COMP.GR → **viewport** *n*
→ Arbeitsfläche *nf*

Darstellungsart *nf* COMP.AP → **screen mode**
→ Bildschirmdarstellung *nf*

Darstellungsart *nf* TECH → **representation mode**
→ Darstellungsweise *nf*

Darstellungsattribut *nn* COMP.AP → **display attribute**
→ Bildattribut *nn*

Darstellungsbeschreibung *nf* DAT.MA **picture specification**
[description of the representation of some data item]

Darstellungsdienst *nm* DAT.CO **presentation service**
= Präsentationsdienst *nm*

Darstellungsebene *nf* DAT.CO → **presentation layer**
→ Darstellungsschicht *nf*

Darstellungselement *nn* COMP.GR → **drawing element** *n*
→ Zeichenelement *nn*

Darstellungsformat *nn* COMP.AP **display format**
= Bildschirmmaskenformat *nn*

Darstellungsmedium *nn* COMP.AP **display surface**
= Darstellungsunterlage *nf*
= display medium

Darstellungsprotokoll *nn* DAT.CO **presentation protocol**
= Präsentationsprotokoll *nn*

Darstellungsschicht *nf* DAT.CO **presentation layer**
[6.Schicht im ISO-Schichtenmodell; stellt die druck- und anzeigegerechte Konversion und Formattierung der Daten her]
= Darstellungsebene *nf*, Darstellung *nf*, Präsentationsschicht *nf*, Präsentationsebene *nf*, Präsentation *nf*
↑ ISO-Referenzmodell
[6th layer of OSI; assures the data conversion and formatting necessary for display and print]
= presentation level; representation layer; representation level

Darstellungsunterlage *nf* COMP.AP → **display surface**
→ Darstellungsmedium *nn*

Darstellungsweise *nf* COMP.AP → **screen mode**
→ Bildschirmdarstellung *nf*

Darstellungsweise *nf* TECH **representation mode**
= Darstellungsart *nf*
= presentation mode; representation type; type of representation; representation mode

Darstellungszeichen *nn* COMP.AP **display character**

darüberhinweggehen COLL → **slur** *vt*
→ überspielen

das heißt OFFICE → **i.e.**
→ d.h.

das Rechte Maß überschreiten COLL → **prevail** *vt*
→ überhandnehmen

das Stück ECON → **à**
→ à

Das-Stück-Zeichen *nn* ECON → **AT sign** (symbol @)
→ Klammeraffe *nm*

Database Publishing *nn* COMP.AP **Database Publishing**
[automatisches Editieren aus laufend aktuell gehaltener Datenbank]
[automized editing out of updated database]

Datagramm *nn* DAT.CO **datagram** *n*
[Datenpaket mit Adressen- und Weginformation]
↑ Paketvermittlung
[data package containing destination and route]
↑ packet switching

Datagrammdienst *nm* DAT.CO **datagram service**
[Paketvermittlung]
↑ verbindungsloser Betrieb
[packet switching]
↑ connectionless service

Datagramm-Dienst *nm* DAT.CO → **virtual call**
→ virtuelle Verbindung

Data Mart *nn* DAT.MA **data mart**
[für speziellen Aufgabenbereich]
[for specific tasks]
= departmental data warehouse

Data Mining *nn* DAT.MA **data mining**
[Analyse von "Unmengen von Daten" um Abhängigkeiten zu entdecken]
= Datenfilterung *nf*, Datenschürfung *nf*
[analysis of "tons of data" to uncover relationships]

Data-Products-Schnittstelle *nf* HW **Data Products interface**
= DP-Schnittstelle *nf*
↑ parallele Schnittstelle
= DP interface
↑ parallel interface

Datasette *nf* (1) TER&PER → **data cassette**
→ Datenkassette *nf*

Datasette *nf* (2) TER&PER → **cassette tape recorder**
→ Kassettenrecorder *nm*

Data Warehouse *nn* DAT.MA **data warehouse**
[extrahiert Daten aus unterschiedlichen Quellen für Entscheidungsfindungen]
= Datawarehouse *nn*
[extract data from different sources for decision support]
= DWH

Datawarehouse *nn* DAT.MA → **data warehouse**
→ Data Warehouse *nn*

DAT-Band *nf* CONS.EL **DAT tape**
= Digital Audio Tape

DA-Technik *nf* MICR.EL **diffused-base alloy technique**

Datei *nf* (1) DAT.MA **file** *n* (1)
[Kunstwort aus "DATenkartEI"; als Einheit behandelte und benannte Ansammlung zusammengehöriger Daten]
= File *nn* (ANGL)
↑ Datenbank
↓ Datendatei; Programmdatei; sequentielle Datei; Direktzugriffsdatei
[related set of data treated and named as unit]
= computer file
↑ database
↓ data file; program file; sequential file; direct access file

Datei *nf* (2) DAT.MA → **data file** *n*
→ Datendatei *nf*

Dateiabfrage *nf* DAT.MA **file interrogation**

dateiabhängig DAT.PR **file-dependent**

Dateiabschluss *nm* DAT.MA → **file closure**
→ Dateischließung *nf*

Dateiabschlussanweisung *nf* SW **close instruction**
= Dateischließungsanweisung *nf*; Abschlussanweisung *nf*; Schließungsanweisung *nf*
= close statement; file close instruction; file close statement

Dateiabschlussroutine *nf* SW **close routine**
= Dateischließungsroutine *nf*; Abschlussroutine *nf*; Schließungsroutine *nf*
= file close routine

Dateiabschnitt *nm* DAT.MA **file section**

Dateiaktualisierung *nf* DAT.MA → **file update**
→ Dateifortschreibung *nf*

Dateiänderungshäufigkeit *nf* DAT.MA **volatility** *n*
[change rate of a file]

Dateianfangs-Etikett *nn* DAT.MA **header label**
[kennzeichnet den Dateianfang]
= Dateianfangs-Kennsatz *nm*; Dateianfangssymbol *nn*; Dateikennsatz *nm*; Anfangsetikett *nn*; Anfangskennsatz *nm*; Anfangssatz *nm*; Vorsatz *nm*; Header-Etikett *nn* (ANGL); Header-Kennsatz *nn* (ANGL); Dateivorsatz *nn*; Vorsatz *nm*; Dateivorspann *nm*; Vorspann *nm*; Präfix *nn*; Präambel *nf*;
≠ Dateiend-Etikett
↑ Etikett
[identifies beginning of file]
= header record; file header; header *n*; prefix *n*; preamble *n*; beginning of file; BOF; beginning file label; header block; leader label; leader *n*; HDR; prolog *n*; top of file
≠ trailer label
↑ label

Dateianfangs-Haltepunkt *nm* DAT.MA **prolog breakpoint**
= preamble breakpoint

Dateianfangs-Kennsatz *nm* DAT.MA → **header label**
→ Dateianfangs-Etikett *nn*

Dateianfangssymbol *nn* DAT.MA → **header label**
→ Dateianfangs-Etikett *nn*

Dateiangabe *nf* DAT.MA **file indication**

Dateianhang *nm* INTERNET **attached file**
= attachment *n*

Dateiannahme *nf* DAT.MA → **path name**
→ Suchwegbezeichnung *nf*

Dateianordnung *nf* DAT.MA → **file organization**
→ Dateiorganisation *nf*

Dateiarchitektur *nf* DAT.MA → **file organization**
→ Dateiorganisation *nf*

Dateiart *nf* DAT.MA → **file type**
→ Dateityp *nm*

Dateiattribut *nn* DAT.MA **file attribute**

Dateiaufbau *nm* DAT.MA → **file organization**
→ Dateiorganisation *nf*

Dateiaufbereiter *nm* SW → **editor** *n*
→ Editor *nm*

Dateiaufruf *nm* DAT.PR **file retrieval**

Dateiaustauschformat *nn* DAT.MA **file exchange format**
↑ Datenaustauschformat
↑ data interchange format

Dateibearbeitungsroutine *nf* DAT.PR **file-handling routine**

Dateibelegungstabelle *nf* DAT.MA → **file allocation table**
→ Dateizuordnungstabelle *nf*

Dateibereich *nm* DAT.MA **file extent**
[belegte Speicherfläche]
[occupied storage area]
= file area

Dateibeschreibung *nf* DAT.MA **file description**

Dateibewegungsindex *nm* DAT.MA → **activity ratio**
→ Bewegungsindex *nm*

Dateibewegungsquotient *nm* DAT.MA → **activity ratio**
→ Bewegungsindex *nm*

Dateibezeichnung *nf* SW **file specification**
[besteht bei MS-DOS aus Dateiname und Dateikennung]
[composed in MS-DOS of file name and file extension]
= file designation; file descriptor; filespec *n*

dateibezogen DAT.PR **file-related**
= dateiorientiert
= file-oriented

Datei-Browser *nm* DAT.MA **file browser**

Dateidefinition *nf* DAT.MA **file definition**

Dateidurchsuchung *nf* DAT.MA **file scan**

Dateienabgleich *nm* DAT.MA **file collating**
= Abgleich *nm*
= collating *n*

Dateiende *nf* DAT.MA → **trailer label**
→ Dateiend-Etikett *nn*

Dateiendeblock *nm* DAT.MA → **EOF mark**
→ Dateiendezeichen *nn*

Dateiende-Haltepunkt *nm* DAT.MA **epilog breakpoint**
= postamble breakpoint

Dateiende-Kennzeichen *nn* DAT.MA **end-of-file label**

Dateiend-Etikett *nn* DAT.MA **trailer label**
[kennzeichnet das Dateiende]
= Dateiend-Kennsatz *nm*; Dateiende *nf*; Schlussetikett *nn*; Schlusskennsatz *nm*; Nachsatz *nm*; Nachspann *nm*
≠ Dateianfangs-Etikett
↑ Etikett
[identifies end of file]
= trailer record; trailer *n*; file trailer label; postamble *n*; ending file label; end-of-file; EOF; end-of-document; end-of-data; EOD; top-of-file; TOF; epilog *n*
≠ header label
↑ label

Dateiendezeichen *nn* DAT.MA **EOF mark**
[CTRL-Z in DOS; CTRL-D in UNIX]
= EOF-Zeichen *nn*; Dateiendeblock *nm*
[in DOS: CTRL-Z; in UNIX: CTRL-D]
= end-of-file mark; end-of-document marker

Dateiend-Kennsatz *nm* DAT.MA → **trailer label**
→ Dateiend-Etikett *nn*

Dateiendlücke *nf* DAT.MA **file gap**
≈ Datenblocklücke
≈ block gap

Dateienfragmentierung *nf* DAT.MA **file fragmentation**

Dateienorganisationssoftware *nf* SW **filing system**
[software organizing files]

Dateiensystem *nn* DAT.MA → **database** *n*
→ Datenbank *nf* (*pl* -en)

Dateientausch *nm* DAT.MA → **file sharing**
→ Datei-Mehrfachnutzung *nf*

Datei-Entfragmentierung *nf* DAT.MA → **defragmentation**
→ Entfragmentierung *nf*

Datei-Entfragmentierungsprogramm *nn*; SW → **defragmentation program**
→ Entfragmentierungsprogramm *nn*

Dateienverarbeitung *nf* DAT.MA **data file processing**

Dateieröffnung *nf* DAT.MA **file opening**

Dateiersteller *nm* SW → **editor** *n*
→ Editor *nm*

Dateierstellung *nf* DAT.MA **file creation**
= Dateigenerierung *nf*
= file generation; file editing

Dateierweiterung *nf* DAT.MA → **file extension**
→ Dateikennung *nf*

Dateietikett *nn* DAT.MA → **label** *n*
→ Etikett *nn*

Dateifamilie *nf* DAT.MA **file family**

Dateifilter *nn* COMP.AP **file filter**
[konvertiert Dateien anderer Programme]
[converts data of other programs]

Dateiformat *nn* DAT.MA **file format**

Dateifortschreibung *nf* DAT.MA **file update**
= Dateiaktualisierung *nf*
= file updating

Dateigenerierung *nf* DAT.MA → **file creation**
→ Dateierstellung *nf*

Dateigröße *nf* DAT.MA **file size**

Dateigruppe *nf* DAT.MA → **database** *n*
→ Datenbank *nf* (*pl* -en)

Dateihandhabung *nf* DAT.MA **file handling**

Dateihandhabungsprogramm *nn* DAT.MA **file handling routine**

dateiintegriert DAT.MA **file-integrated**

Dateikatalog *nm* DAT.MA **file catalog**

Dateikennsatz *nm* DAT.MA → **header label**
→ Dateianfangs-Etikett *nn*

Dateikennung *nf* DAT.MA **file extension**
[bei MS-DOS eine maximal dreistellige Kennzeichnung der Datei-Art, durch einen Separator vom Dateinamen getrennt; "handle" ist US-Slang für "name"]
= Namenserweiterung *nf*; Dateinamen-Suffix *nn*; Dateisuffix *nn*; Suffix *nn*; Extender *nm*; Extension *nf*; Dateinamenerweiterung *nf*; Dateierweiterung *nf*
≈ Dateiname
↑ Dateibezeichnung
[in MS-DOS a maximum of three characters to specify the type of file; detached from the filename by a separator]
= file name extension; filename extension; extension; extender; suffix; file handle
≈ file name (1)
↑ file specification

Dateikettung *nf* DAT.MA → **file concatenation**
→ Dateiverkettung *nf*

Dateikompaktierung *nf* DAT.MA → **data compression**
→ Datenverdichtung *nf*

Dateikompatibilität *nf* DAT.MA **file compatibility**

Dateikompression *nf* DAT.MA → **data compression**
→ Datenverdichtung *nf*

Dateikompression *nf* DAT.MA **file compression**
= Dateikomprimierung *nf*

Dateikomprimierung *nf* DAT.MA → **data compression**
→ Datenverdichtung *nf*

Dateikomprimierung *nf* DAT.MA → **file compression**
→ Dateikompression *nf*

Dateikondensierung *nf* DAT.MA → **data compression**
→ Datenverdichtung *nf*

Dateikonvertierung *nf* DAT.MA → **file conversion**
→ Dateiumsetzung *nf*

Dateikopie *nf* DAT.MA **file copy**

Dateiliste *nf* DAT.MA **dictionary**
≈ Dateiverzeichnis
[list of files used to describe and reference them]
≈ directory

Dateilistenfilter *nn* DAT.MA **file list filter**

Dateilöschung *nf* DAT.MA **file deletion**

Datei-Manager-Taste *nf* COMP.AP **file manager key**
[MS Windows]
[MS Windows]

Datei-Mehrfachnutzung *nf* DAT.MA **file sharing**
= gemeinsame Dateinutzung; Dateientausch *nm*

Dateiname *nm* DAT.MA **file name**
[z.B. WOR26 in WOR26.EDO]
≈ Dateikennung
↑ Dateibezeichnung
[e.g. WOR26 in WOR26.EDO]
= filename *n*
≈ file extension
↑ file specification

Dateinamenerweiterung *nf* DAT.MA → **file extension**
→ Dateikennung *nf*

Dateinamen-Suffix *nn* DAT.MA → **file extension**
→ Dateikennung *nf*

Dateiorganisation *nf* DAT.MA **file organization**
= Dateiarchitektur *nf*; Dateistruktur *nf*; Dateiaufbau *nm*; Dateianordnung *nf*
= file architecture; file layout; file structure

dateiorientiert DAT.PR → **file-related**
→ dateibezogen

Dateipflege *nf* DAT.MA **file maintenance**
≈ Dateiverarbeitung
≈ file processing

Dateiprozessor *nm* DAT.MA **file processor**

Dateiprüfung *nf* DAT.MA **file check**

Dateisäuberung *nf* DAT.MA **file cleanup**
= file tidying

Dateischlange *nf* DAT.PR **file queue**

Dateischließung *nf* DAT.MA **file closure**
= Dateiabschluss *nm*

Dateischließungsanweisung *nf* SW → **close instruction**
→ Dateiabschlussanweisung *nf*

Dateischließungsroutine *nf* SW → **close routine**
→ Dateiabschlussroutine *nf*

Dateischutz *nm* DAT.MA **file protection**

Dateiserver *nm* DAT.NW **file server**

Datei-Server *nm* DAT.NW → **file server**
→ Daten-Server *nm*

Dateisicherung *nf* DAT.MA **file saving**
↑ Sicherung
= file backup; file saveguarding
↑ saving

Dateispeicher *nm* DAT.MA **file store**
= file storage

Dateisperre *nf* DAT.MA → **file locking**
→ Dateisperrung *nf*

Dateisperrung *nf* DAT.MA **file locking**
= Dateisperre *nf*
= file lock

Dateisteuerblock *nm* DAT.MA **file control block**
[Liste der aktiven Dateien]
[list of active files]
= FCB

Dateisteuerung *nf* DAT.MA **file control**

Dateistruktur *nf* DAT.MA → **file organization**
→ Dateiorganisation *nf*

Dateisuffix *nn* DAT.MA → **file extension**
→ Dateikennung *nf*

Dateisymbol *nn* COMP.AP **file symbol** *n*
= folder *n*

Dateisystem *nn* DAT.MA → **database** *n*
→ Datenbank *nf* (*pl* -en)

Dateiträger *nm* DAT.MA **file carrier**
= file medium

Dateitransfer *nm* SW **file transfer**
= Dateiübertragung *nf*
= data file transfer

Dateitransferprogramm *nn* SW **file transfer program**
= Dateiübertragungsprogramm *nn*
= file transfer utility

Dateitransferprotokoll *nn* DAT.PR **file transfer protocol**

Dateityp *nm* DAT.MA **file type**
= Dateiart *nf*

Dateiübertragung *nf* SW → **file transfer**
→ Dateitransfer *nm*

Dateiübertragungsprogramm *nn* SW → **file transfer program**
→ Dateitransferprogramm *nn*

Dateiumsetzung *nf* DAT.MA **file conversion**
= Dateiwandlung *nf*; Dateikonvertierung *nf*

Dateiumsetzungsprogramm *nn* SW **file conversion program**
= file conversion utility

Dateiverarbeitung *nf* DAT.MA **file processing**

Dateiverdichtung *nf* DAT.MA → **data compression**
→ Datenverdichtung *nf*

Dateiverdichtungsprogramm *nn* SW **file compression program**
= file compression utility

Dateiverkettung *nf* DAT.MA **file concatenation**
= Dateikettung *nf*
= file catenation

Dateiverwalter *nm* DAT.MA **file manager**
= record manager; file librarian; record librarian

Dateiverwaltung *nf* DAT.PR **file administration**
= file management

Dateiverwaltungsprogramm *nn* SW **file control program**
= file management program

Dateiverwaltungssystem *nn* DAT.MA **file management system**
= DVS (2)
≈ Datenverwaltungssystem
= FMS; file control system
≈ data management system

Dateiverzeichnis *nn* DAT.MA **file directory**
[Liste von Dateien und deren Speicherstellen]
[a list of files and their locations]
↑ directory

Dateiverzeichnis-Baum *nm* DAT.MA → **directory tree**
→ Verzeichnisbaum *nm*

Dateiverzweigung *nf* DAT.MA → **fork** *n*
→ Dateizweig *nm*

Dateivirus *nm* SW **file virus**

Dateivorsatz *nn* DAT.MA → **header label**
→ Dateianfangs-Etikett *nn*

Dateivorspann *nm* DAT.MA → **header label**
→ Dateianfangs-Etikett *nn*

Dateiwandlung *nf* DAT.MA → **file conversion**
→ Dateiumsetzung *nf*

Dateiwechsel *nm* DAT.MA **file changeover**

Dateiwiedergewinnung *nf* DAT.MA **file recovery**
= Dateiwiederherstellung *nf*

Dateiwiederherstellung *nf* DAT.MA → **file recovery**
→ Dateiwiedergewinnung *nf*

Dateizeiger *nm* DAT.MA **pointer** *n*
= Datensatzzeiger *nm*
[to another file or record]
= file pointer; record pointer; link *n* (UNIX); link *n* (Linux)

Dateizugriff *nm* DAT.MA **file access**

Dateizugriffsart *nf* DAT.MA **file access mode**
↑ Zugriffsverfahren
= file access type
↑ access mode

Dateizugriffssteuerung *nf* DAT.NW → **file server**
→ Daten-Server *nm*

Dateizuordnungstabelle *nf* DAT.MA **file allocation table**
[um die auf einer Platte fragmentierten Dateiteile zuzuordnen]
= Dateibelegungstabelle *nf*
[to locate the fragmented files on a disk]
= FAT

Dateizweig *nm* DAT.MA **fork** *n*
[Apple; der Teil der Datei hinter dem Kopfteil]
= Zweig *nm*; Dateiverzweigung *nf*; Verzweigung *nf*
[Apple; part of file behind the header]
↓ data fork; resource fork

Datel-Dienst *nm* TELEC **Datel service**

Daten-/Fax-Modem *nm&nn* TER&PER **data/fax modem**

Daten-/Textfeld *nn* DAT.CO → **information field**
→ Informationsfeld *nn*

Datenabarbeitung *nf* DAT.MA → **data transaction**
→ Datentranasaktion *nf*

Datenabfall *nm* DAT.PR → **garbage** *n*
→ Datensalat *nm*

Datenabgrenzungssymbol *nn* DAT.MA → **data delimiter**
→ Datenbegrenzungssymbol *nn*

datenabhängig DAT.PR **data-dependent** *adj*
= data-sensitive

datenabhängiger Fehler DAT.PR **data-sensitive fault**
= pattern-sensitive fault

Datenabrufsignal *nn* DAT.CO **polling signal**
= Abrufsignal *nn*
= polling characters

Datenabstraktion *nf* SW **data abstraction**

Datenabzugspause *nf* DAT.PR **data break**

Datenadresse *nf* SW → **address** *n*
→ Adresse *nf*

datenadressiert DAT.MA → **content-addressed** *adj*
→ inhaltsadressiert

Datenanalysator *nm* INSTR **data analyzer**

Datenanalyse *nf* COMP.SC **data analysis**

Datenanalytiker *nm* DAT.MA **data analyst**

Datenänderung *nf* DAT.MA **data modification**
= Datenmodifikation *nf*

Datenanfall *nm* DAT.MA **data occurrence**

Datenanpassungsgerät *nn* HW **data adapter unit**
= Datenanschlusseinheit *nf*; Datensteuereinheit *nf*; Datenübertragungseinheit *nf*
= communications adapter

Datenanschlusseinheit *nf* HW → **data adapter unit**
→ Datenanpassungsgerät *nn*

Datenarchiv *nn* DAT.MA **data archives**

Datenassistent *nm* DAT.MA **data clerck**

Datenattribut *nn* (1) DAT.MA **data attribute** (1)
[Merkmal zur Klassifizierung von Daten]
= Attribut *nn* (1); Eigenschaft *nf*
≈ Datenfeld (1)
[a characteristic to classify data]
= attribute *n* (1)
≈ data field (1)

Datenattribut *nn* (2) DAT.MA → **data item** *n* (*pl* data) (1)
→ Datenelement *nn* (1)

Datenaufbau-Anweisung *nf* SW **data structure command**
≈ Datendeklaration
≈ data declaration

Datenaufbereiter *nm* DAT.MA **pooler** *n*
[device to preprocess key entry

Datenaufbereitung *nf* DAT.MA **data preparation**
[in maschinenlesbare Form]
[into machine-readable form]
= data origination

Datenaufbereitung *nf* CONS.EL **pre-mastering**
[vor CD-Brennung]
[prior to burning CDs]

Datenaufzeichnungsgerät *nn* DAT.PR **data logger**

Datenausdruck *nm* TER&PER → **data print**
→ Datendruck *nm*

Datenausgabe *nf* SW **data output** *n*
≈ Auslesen
≠ Dateneingabe
↑ Ausgabe
= data dump; dump *n*
≈ read-out
≠ data input
↑ output

Datenaustausch *nm* DAT.CO **data interchange**
≈ Datenübertragung
= data exchange
≈ data transmission

Datenaustauschformat *nn* DAT.MA **data interchange format**
↓ DIF-Format; Dateiaustauschformat
↓ DIF; file exchange format

Datenaustauschfunktion *nf* DAT.CO **data exchange function**

Datenauszeichnungscode *nm* COMP.AP → **text mark-up language**
→ Seitenbearbeitungssprache *nf*

Datenautobahn *nf* TELEC **data highway**
[slang]
↓ Infobahn
[slang]
= Information Superhighway
↓ infobahn

Datenbakdesigner *nm* DAT.MA → **database designer**
→ Datenbankentwickler *nm*

Datenband *nn* TER&PER **data tape**
↑ Magnetband

Datenbank *nf* (*pl* -en) DAT.MA **database** *n*
[strukturiertes System sachbezogener Daten, auf eine oder mehrere Dateien aufgeteilt,]
= Datenbasis *nf*; Dateiensystem *nn*; Dateisystem *nn*; Dateigruppe *nf*; Informationsdatenbank *nf*
≈ Datendatei; Datenbestand
↓ Datei; hierarchische Datenbank; Netzwerk-Datenbank; relationale Datenbank
[structured system of related data, distributed over one or several files; "databank" has generally a connotation of "real-time"]
= data base (BE); databank *n*; data bank (BE); DB; file system; information database
≈ data file; data stock
↓ file; hierarchical database; network database; relational database

Datenbankabbildung *nf* DAT.MA **database mapping**

Datenbankanalysator *nm* DAT.MA **database analysator**

Datenbankanalytiker *nm* DAT.MA **database analyst**
[eine Person]
[a person]

Datenbankbeauftragter *nm* DAT.MA **data administrator**
= Datenbankverwalter *nm*; Datenverwalter *nm*
[a person]
= DA; database administrator; DBA; data librarian; file librarian
≈ librarian

Datenbank-Befehlssprache *nf* DAT.MA **database command language**
= DBCL

Datenbankbenutzer *nm* DAT.PR **database user**

Datenbank-Beschreibungssystem *nn* COMP.LG **database description language**
≈ Dateibeschreibungssprache
= database descriptive language; schema definition language; schema language
≈ data description langauge

Datenbankbewegung *nf* DAT.MA **database manipulation**

Datenbankcomputer *nm* DAT.PR → **database machine**
→ Datenbankmaschine *nf*

Datenbank-Computer *nm* DAT.PR **database computer**
[arbeitet ohne aufwendigem Betriebssystem]
= Datenbankrechner *nm*
[doesn't require sophisticated operational system]

Datenbankdefinition *nf* DAT.MA **database definition**
≈ Datendefinition
≈ data definition

Datenbankeintrag *nm* DAT.MA **databse record**

Datenbankentwickler *nm* DAT.MA **database designer**
[eine Person]
= Datenbakdesigner *nm*
[a person]

Datenbankentwurf *nm* DAT.MA **database design**

Datenbankfilter *nn* SW **database filter**

Datenbankkonzept *nn* DAT.MA **database scheme**

Datenbank-Managementsystem *nn* DAT.MA → **database management system**
→ Datenbank-Verwaltungssystem *nn*

Datenbankmaschine *nf* DAT.PR **database machine**
[ein datenbankbezogene Aufgaben ausführendes Peripheriegerät]
= Datenbankcomputer *nm*
[peripheral executing database-related tasks]
= data bank machine; database computer; data bank computer

Datenbankmaschine *nf* DAT.MA **database engine**
[Programmteil mit den Werkzeugen zur Datenbehandlung]
[part of program containing tools fot data handling]

Datenbankmaske *nf* DAT.MA **database mask**

Datenbankmodell *nn* DAT.MA **data model**
= Datenmodell *nn*; Datenbehandlungsmodell *nn*
↓ Datenbeschreibungssprache; Datenmanipulationssprache
= database model
↓ data description language; data manipulation language

Datenbankorganisation *nf* DAT.MA **database organization**

Datenbankprogramm *nn* DAT.MA **data file program**

Datenbankrechner *nm* DAT.PR → **database computer**
→ Datenbank-Computer *nm*

Datenbankschema *nn* DAT.MA **schema** *n*
= Schema *nn*; Sicht *nf*
↓ internes Datenbankschema; externes Datenbankschema; logisches Datenbankschema
[description of a database under particular aspects]
↓ external schema; internal schema; conceptual schema

Datenbankserver *nm* DAT.NW **database server**

Datenbank-Server *nm* DAT.NW → **file server**
→ Daten-Server *nm*

Datenbanksicherheit *nf* DAT.MA → **database security**
→ Datenbanksicherung *nf*

Datenbanksicherung *nf* DAT.MA **database security**
= Datenbanksicherheit *nf*

Datenbanksicht *nf* DAT.MA → **data view**
→ Datensicht *nf*

Datenbank-Software *nf* SW **database software**

Datenbanksprache *nf* COMP.LG **database language**
↓ Abfragesprache; Datenbeschreibungssprache; Datenmanipulationssprache
↓ query language; data description language; data manipulation language

Datenbankstruktur *nf* DAT.MA **database structure**

Datenbanksystem *nn* DAT.MA **database system**
≈ Datenbank-Verwaltungssystem
= DBS
≈ database management system

Datenbankübetragung *nf* DAT.CO **database transfer**
= Datenbasistransfer *nm*

Datenbankverarbeitung *nf* DAT.MA **database processing**

Datenbankverwalter *nm* DAT.MA → **data administrator**
→ Datenbankbeauftragter *nm*

Datenbankverwaltung *nf* DAT.MA **database management**
= database administration; database service

Datenbank-Verwaltungsprogramm *nn* DAT.MA → **database management system**
→ Datenbank-Verwaltungssystem *nn*

Datenbankverwaltungssprache *nf* COMP.LG **database administartion language**

Datenbank-Verwaltungssystem *nn* DAT.MA **database management system**
= Datenbank-Managementsystem *nn*; DBMS; Datenbasis-Verwaltungssystem *nn*; Datenbank Verwaltungsprogramm *nn*
≈ Datenbanksystem
↑ Anwendungssoftware
↓ dBASE
= database manager system; DBMS; database manager; database administration system; database administrator
≈ database system
↑ applications software
↓ dBASE

Datenbankverzeichnis *nn* DAT.MA **database dictionary**

Datenbankwerkzeug *nn* DAT.MA **darabase tool**

Datenbankzugriff *nm* DAT.MA **database access**

Datenbasis *nf* DAT.MA → **database** *n*
→ Datenbank *nf* (*pl* -en)

Datenbasistransfer *nm* DAT.CO → **database transfer**
→ Datenbankübetragung *nf*

Datenbasis-Verwaltungssystem *nn* DAT.MA → **database management system**
→ Datenbank-Verwaltungssystem *nn*

Datenbauart *nf* SW → **data type**
→ Datentyp *nm*

Datenbaustein *nm* DAT.PR **data building block**

Datenbearbeitung *nf* DAT.PR → **data handling**
→ Datenbehandlung *nf*

datenbedingte Ablaufunterbrechung DAT.PR **data exception**
[wegen unzulässigen Zugriffs oder Verwendung von Daten]
[interruption because of undue access or use of data]

datenbedingter Unterbrechungspunkt SW → **data breakpoint**
→ dateninhaltsbedingter

Datenbegrenzungssymbol *nn* DAT.MA **data delimiter**
= Datenabgrenzungssymbol *nn*

Datenbehandlung *nf* DAT.PR **data handling**
[mit welcher Absicht auch immer]
= Datenmanipulierung *nf*; Datenmanipulation *nf*; Datenbearbeitung *nf*
≈ Datenfälschung
↑ Datenverarbeitung [INF.TEC]
[with whatever intention]
= data manipulation (2)
≈ data falsification
↑ data processing [INF.TEC]

Datenbehandlungsmodell *nn* DAT.MA → **data model**
→ Datenbankmodell *nn*

Datenbereich *nm* DAT.MA **data area**
[in einem Speicher]
[in a memory]
= data extent

Datenbeschreibung *nf* DAT.MA → **data definition**
→ Datendefinition *nf*

Datenbeschreibungssprache *nf* SW **data description language**
= Datendefinitionssprache *nf*
↑ Datenbehandlungssprache
= data definition language; DDL
↑ data model

Datenbestägigungssignal *nn* DAT.CO **data strobe signal**

Datenbestand *nm* DAT.MA **data stock**
≈ Datei; Datenbank
= data inventory
≈ data file; data base

Datenbetrachtung *nf* DAT.MA **data viewing**

Datenbetrieb *nm* DAT.PR → **data mode**
→ Datenmodus *nm*

Datenbibliothek *nf* DAT.MA **data library**
[eine katalogisierte Dateisammlung]
↓ Programmbibliothek
[a catalogized collection of data files]
↓ program library

Datenbitraten-Anpassung *nf* TELEC **data bit rate adaptation**

Datenblatt *nn* TEC.DOC **data sheet**
= Kennblatt *nn*; Kurzbeschreibung *nf*
≈ Werbebroschüre; Prospekt
= brief description
≈ advertising brochure; leaflet

Datenblock *nm* DAT.MA **data block**
[als physikalische Einheit behandelte Datenmenge, unabhängig vom logischen Gehalt]
= Satzblock *nm*; Block *nm*; physikalischer Satz; physikalische Informationeinheit
≈ Datensatz
↑ Informationseinheit
[a defined set of data handled as physical unit, independently from logic content]
= record block; block *n*; physical record; PHR; PR; burst *n* [DAT.CO]
≈ data record
↑ information unit

Datenblock-Aufzeichnungsverfahren *nn* DAT.MA **packet writing**

Datenblockbereich *nm* DAT.MA **data block area**

Datenblockkette *nf* DAT.MA **data block chain**

Datenblockkopf *nm* DAT.MA **data block header**

Datenblocknummer *nf* DAT.CO **data block number**

Datenblocktabelle *nf* DAT.CO **data block table**

Datenbreite *nf* COMP.SC **data capacity**
[pro Zugriff im Arbeitsspeicher erreichbare Anzahl von Bits]
≈ Wortlänge
[number of bits which can be handled by each access to the main memory]
≈ word length

Datenbruch *nm* DAT.PR **data discontinuity**
≠ Datendurchgängigkeit
≠ data continuity

Datenbuch *nn* TEC.DOC **data book**

Datenbus *nm* HW **data bus**
= Datenpfad *nm*; Speicherbus *nm*
= data highway; highway *n* (3)

Daten-Cache *nm* DAT.PR → **data cache**
→ Daten-Cache-Speicher *nm*

Daten-Cache-Speicher *nm* DAT.PR **data cache**
= Daten-Cache *nm*

Datenchiffrierung *nf* INF.TEC → **data encryption**
→ Datenverschlüsselung *nf*

Datencode *nm* DAT.MA **data code**

Datendatei *nf* DAT.MA **data file** *n*
[Ansammlung zusammenhängender Datensätze in kompatiblem Format]
= Datei *nf* (2)
≈ Datenbank
≠ Programmdatei
↑ Datei (1)
[collection of related data records with compatible format]
= document file; record file; file *n* (2); dataset *n*
≈ data base
≠ program file
↑ file

Datendefinition *nf* DAT.MA **data definition**
= DD; Datenbeschreibung *nf*
= DD

Datendefinitionsanweisung *nf* SW **data definition statement**
= DD-Anweisung *nf*
= DD statement

Datendefinitionssprache *nf* SW → **data description language**
→ Datenbeschreibungssprache *nf*

Datendeklaration *nf* SW **data declaration**
≈ Datenaufbauanweisung
↑ Vereinbarung
≈ data structure command
↑ declaration

Datendekromprimierung *nf* DAT.MA → **data expansion**
→ Datenexpansion *nf*

Datendelikt *nn* DAT.MA → **data crime**
→ Datenvergehen *nn*

Datendichte *nf* HW → **recording density**
→ Speicherdichte *nf*

Datendiebstahl *nm* DAT.MA **data leakage**

Daten-Direkteingabegerät *nn* TER&PER **data direct entry equipment**
= data direct input equipment

Datendirektübertragung *nf* DAT.CO **on-line data transmission**
= rechnergebundene Datenübertragung

Datendiskette *nf* DAT.MA **data disk**
≠ Programmdiskette; Systemdiskette
≠ program disk; system disk

Datendruck *nm* TER&PER **data print**
= Datenausdruck *nm*

Datendrucker *nm* TER&PER **data printer**
= dataprinter *n*

Datendurchgängigkeit *nf* DAT.MA **data continuity**
≠ Datenbruch
≠ data discontinuity

Datendurchsatz *nm* HW → **throughput** *n*
→ Durchsatz *nm*

Datendurchsatzklasse *nf* DAT.CO **data throughput class**

Dateneditierung *nf* SW **data editing**

Dateneigentümer DAT.MA **data owner**

Dateneinfügung *nf* DAT.MA **data insertion**

Dateneingabe *nf* DAT.PR **data input** *n*
= Eingabe *nf*; Dateneintrag *nm*; Eintrag *nm*
≈ Einlesen; Datenerfassung; Datenimport
≠ Datenausgabe
= data entry; input *n* (1); entry *n*; inputting *n*
≈ read-in; data acquisition; data import
≠ data output

Dateneingabeblatt *nn* DAT.PR **data input sheet**

Dateneingabeformular *nn* DAT.MA **data entry sheet**
≈ Programmvordruck
= data sheet
≈ coding form

Dateneingabegerät *nn* TER&PER → **data entry terminal**
→ Datenerfassungsgerät *nn*

Dateneingabemaske *nf* DAT.MA **data entry mask**

Dateneingabestation *nf* TER&PER → **data entry terminal**
→ Datenerfassungsgerät *nn*

Dateneingabevorrichtung *nf* TER&PER → **data entry terminal**
→ Datenerfassungsgerät *nn*

Dateneinheit *nf* DAT.MA **data set**

Dateneinheit *nf* (1) DAT.MA → **data item** *n* (*pl* data) (1)
→ Datenelement *nn* (1)

Dateneinheit *nf* (2) DAT.MA → **data field** (1)
→ Datenfeld *nn* (1)

Dateneinsammlung *nf* DAT.MA → **data acquisition**
→ Datenerfassung *nf*

Dateneintrag *nm* DAT.MA → **data item** *n* (*pl* data) (1)
→ Datenelement *nn* (1)

Dateneintrag *nm* SW → **data input** *n*
→ Dateneingabe *nf*

Datenelement *nn* (1) DAT.MA **data item** *n* (*pl* data) (1)
[Inhalt des kleinsten unzerlegbaren Teiles eines Datensatzes; genau genommen zu unterscheiden von der physikalischen Einheit "Datenfeld (1)", welche die Speicherung solchen Inhalts erlaubt]
= Dateneinheit *nf* (1); Dateneintrag *nm*; Datenfeld *nn* (2); Feld *nn* (2); Datenattribut (2); Attribut *nn* (2)
≈ Datenfeld (1); Datenposition
↑ Datensatz; Datengruppe
↓ Teilfeld
[content of the smallest indivisible portion of a data record; strictly speaking to be differentiated from the physical unit "data field (1)", where such a content can be stored]
= data element (1); data unit (1); data attribute (2); attribute *n* (2); data field (2); field *n* (2); array *n* (2)
≈ data level
↑ data record; data aggregate

Datenelement *nn* (2) DAT.MA → **data field** (1)
→ Datenfeld *nn* (1)

Datenendeinrichtung *nf* DAT.CO **data terminal equipment**
[Übermittlung steuernde Datenquelle oder
= DTE; data processing terminal

-senke]
= DEE; Endeinrichtung *nf*
≈ Datenendgerät [TER&PER]
↑ Datenstation
equipment
≈ data terminal [TER&PER]
↑ terminal station

Datenendgerät *nn* TER&PER **data terminal**
[Gerät zur Ein- u. Ausgabe an DVA]
= Datenterminal *nn*; Terminal *nn* (ANGL); Datenstation *nf*; Endgerät *nn*
≈ Datenendeinrichtung *nf* [DAT.CO]; Konsole *nf*
↓ Datensichtgerät
[for inputs and outputs on computer systems]
= terminal *n*
≈ data terminal equipment [DAT.CO]; console
↓ video display terminal

Datenendgerät-Bereitschaftssignal *nn* DAT.PR → **DTR**
→ Gerätesendebereitschaft *nf*

Datenendgerät-Emulationsprogramm SW **terminal emulation program**
[erlaubt Anbindung eines PC's an einen Großrechner]
[permits connection of a PC to a mainframe]
= TEP

Datenendgeräte-Server *nm* DAT.NW **terminal server**
[stellt LAN-Anschluss her]
= Terminalserver *nm*
[permits LAN access]

Datenendstelle *nf* DAT.CO → **terminal station** *n*
→ Datenstation *nf*

Datenereignis *nn* DAT.PR **data event**

Datenerfassung *nf* DAT.MA **data acquisition**
= Datensammlung *nf*; Dateneinsammlung *nf*
≈ Dateneingabe; Datenimport
= data collection; data gathering; data recording; data capture; data capturing; acquisition *n*; collection *n*

Datenerfassungsdienst *nm* DAT.PR **data acquisition service**

Datenerfassungsgerät *nn* TER&PER **data entry terminal**
= Datenerfassungsstation *nf*; Datenerfassungsvorrichtung *nf*; Dateneingabegerät *nn*; Dateneingabestation *nf*; Dateneingabevorrichtung *nf*; Datensammelgerät *nn*; Datensammelstation *nf*; Datensammelvorrichtung *nf*; Erfassungsgerät *nn*; Erfassungsstation *nf*; Erfassungsvorrichtung *nf*
= data entry equipment; data entry station; data entry device; data capture terminal; data capture equipment; data capture station; data capture device; data input terminal; data input equipment; data input station; data input device; data collection terminal; data collection equipment; data collection station; data collection device

Datenerfassungsprotokoll *nn* DAT.MA **data collection protocol**

Datenerfassungsstation *nf* TER&PER → **data entry terminal**
→ Datenerfassungsgerät *nn*

Datenerfassungssystem *nn* DAT.MA **data acquisition system**
= Datensammelsystem *nn*
= data collection system

Datenerfassungsterminal *nn* TER&PER **data acquisition terminal**

Datenerfassungsvorrichtung *nf* TER&PER → **data entry terminal**
→ Datenerfassungsgerät *nn*

Datenexpansion *nf* DAT.MA **data expansion**
= Datendekomprimierung *nf*, Dekrompimierung *nf*
≠ Datenkompression
= data decompression; decompression *n*
≠ data compression

datenfähige Nebenstellenanlage TELEPH **CBX**
= Computerized Branch Exchange

Datenfälschung *nf* DAT.MA **data falsification**
[in böswilliger Absicht]
= Datenmanipulation *nf*, Datenmanipulierung *nf*
≈ Datenverletzung; Datenbehandlung
[with malicious intention]
= data adultreation; data forgery; data corruption (2); data manipulation (1)
≈ data contamination; data

Datenfehler *nm* DAT.PR **data error**

Datenfehleranalysator *nm* INSTR **data error analyzer**

Datenfeld *nn* (1) DAT.MA **data field** (1)
[physikalischer Speicherplatz in dem ein Datenelement (1) gespeichert werden kann]
= Feld *nn* (1); Datenelement *nn* (2); Dateneinheit *nf* (2)
≈ Datenelement (1)
↑ Datensatz; Datengruppe
[physical location to store a data item]
= field *n* (1); data element (2); cell *n*; column *n*
≈ data item
↑ data record; data aggregate

Datenfeld *nn* (2) DAT.MA → **data item** *n* (*pl* data) (1)
→ Datenelement *nn* (1)

Datenfeld fester Länge DAT.MA **fixed length field**

Datenfeldfilter *nn* DAT.MA → **data field masking**
→ Datenfeldmaskierung *nf*

Datenfeldgrenzen *nplt* DAT.PR **array bounds**

Datenfeld konstanter Länge DAT.MA **constant-length field**

Datenfeldmaskierung *nf* DAT.MA **data field masking**
= Datenfeldfilter *nn*

Datenfeldname *nm* DAT.MA → **field name**
→ Feldname *nm*

Datenfeldtrennzeichen *nn* DAT.MA **data field delimiter**
= field delimiter

Datenfeld variabler Länge DAT.MA **variable-length field**
= Feld variabler Länge

Datenferneingabe *nf* DAT.MA **remote data entry**
= immaterielle Dateneingabe

Datenferneingabe *nf* DAT.PR → **remote input**
→ Ferneingabe *nf*

Datenfernleitung *nf* TELEC → **data line**
→ Datenleitung *nf*

Datenfernschaltgerät *nn* DAT.CO → **data communications equipment**
→ Datenübertragungseinrichtung *nf*

Datenfernsprecher *nm* TER&PER → **data telephone**
→ Datentelefon *nn*

Datenfernübertragung *nf* DAT.CO **remote data transmission**
= DFÜ; Fernübertragung *nf*
≈ Datenübertragung; Datenfernverarbeitung; Datenkommunikation; Datenübermittlung
= long-distance data transmission; data telecommunication

Datenfernübertragungsnetz *nn* TELEC → **data network**
→ Datennetz *nn*

Datenfernübertragungsprotokoll *nn* DAT.CO → **communications protocol**
→ Kommunikationsprotokoll *nn*

datenfernverarbeiten DAT.PR → **teleprocess** *vt*
→ fernverarbeiten

Datenfernverarbeitung *nf* DAT.PR **remote data processing**
= Fernverarbeitung *nf*; Teleprocessing *nn* (ANGL)
≈ Datenübertagung; Datenfernübertragung; Datenkommunikation
= teleprocessing *n*; TP; remote computing; remote processing; remote communications; remote-access data processing

Datenfernverarbeitungssystem *nn* DAT.PR **remote data processing system**

Datenfestnetz *nn* TELEC **fixed data network**
≠ Datenwählnetz
≠ switched data network

Datenfilter *nn* DAT.MA **data separator**

Datenfilter *nn* SW → **filter** *n*
→ Filter *nm*

Datenfilterung *nf* DAT.MA → **data mining**
→ Data Mining *nn*

Datenflüchtigkeit *nf* DAT.PR **data volatility**

Datenfluss *nm* COMP.SC **data flow**
↓ Datenstrom
= dataflow *n*
↓ data stream

Datenflussanalyse *nf* DAT.MA **data flow analysis**
= Flussanalyse *nf*
= flow analysis

Datenfluss-Beginnzeichen *nn* DAT.PR → **beginning-of-information mark**
→ Datenstrom-Anfangszeichen *nn*

Datenflussdiagramm *nn* DAT.PR **data flow diagram**
= DFD; Datenflussplan *nm*
↑ Ablaufdiagramm
= DFD; data flowchart; data flow graph
↑ flow diagram

Datenflussdosierung *nf* DAT.CO **pacing**
= Pacing *nn* (ANGL)

Datenflusskontrollschicht *nf* DAT.NW **data flow control layer**
[in der SNA-Architektur]
[in the SNA architecture]

Datenflussmaschine *nf* DAT.PR **data flow machine**

Datenflussplan *nm* DAT.PR → **data flow diagram**
→ Datenflussdiagramm *nn*

Datenflusssteuerung *nf* DAT.CO **data flow control**

Datenfolge *nf* COMP.SC **data sequence**
= Datensequenz *nf*

Datenformat *nn* COMP.SC **data format**

Datenfreigabetaste *nf* TER&PER → **ENTER key** (IBM)
→ Eingabetaste *nf*

Datenfriedhof *nm* DAT.MA **data cementary**
= data graveyard

Datenfunk *nm* TELEC **data radio**

Datenfunkdienst *nm* TELEC **data radio service**

Datenfunknetz *nn* TELEC **data radio network**

Datengeheimnis *nn* LAW **data confidenciality**
≈ Datensicherung; Datenschutz
≈ data protection; data security and privacy

Datengenerator *nm* COMP.SC **data generator**

Datengenerierung *nf* COMP.SC **data generation**
= Generierung *nf*

datengerecht INF.TEC **data-oriented**

datengesteuert DAT.PR **data-driven**
= data-controlled; data-directed

datengesteuerte Verarbeitung DAT.PR **data-driven processing**
[erfolgt sobald alle eforderlichen Daten vorhanden sind]
[occurs as soon as all necessary data are available]

Datengliederung *nf* DAT.MA → **data organization**
→ Datenorganisation *nf*

Datenglossar *nn* DAT.MA **data glossary**

Datengrenze *nf* DAT.PR **data boundary**

Datengruppe *nf* DAT.MA **data aggregate**
[Zusammenfassung von Datenfeldern] [aggregate of data fields]
= Datensammlung *nf* = aggregate *n*; data group; group item
↑ Datensatz ↑ data record
↓ Datenfeld; Datenelement ↓ data field; data element

Datenhaltung *nf* DAT.MA **record keeping**

Datenhaltungssystem *nn* DAT.MA → **data dictionary**
→ Datenlexikon

Datenhandschuh *nm* TER&PER **data glove**

Datenhelm *nm* TER&PER **head-mounted display**
= HMD

Datenherkunft *nf* DAT.MA **data origin**
= Datenursprung *nf* ≈ data source
≈ Datenquelle

Datenhierarchie *nf* DAT.MA **data hierarchy**
[Wort-Datenfeld-Datensatz-Datei-Datenbank [word-data field-record-file-data base]

Datenhighway *nf* (ANGL) INF.TEC → **information highway**
→ Informationsautobahn *nf*

Datenhinweissignal *nn* DAT.PR **data strobe**
[bestätigt die Gültigkeit von Daten die gerade über einen Bus laufen] [signal indicating validity of data beeing transmitted on a bus]

Datenimport *nm* DAT.MA **data import**
[Übernahme von Daten, die von anderen Systemen erfasst wurden] [entry of data developed by other systems]
= Datenübernahme *nf* ≈ data input; data acquisition
≈ Dateneingabe; Datenerfassung

dateninhaltsbedingter Unterbrechungspunkt SW **data breakpoint**
= datenbedingter Unterbrechungspunkt; speicherinhaltbedingter Unterbrechungspunkt; speicherbedingter Unterbrechungspunkt = storage breakpoint

Datenintegrität *nf* DAT.MA → **data security**
→ Datensicherheit *nf*

Datenintegritätsverletzung *nf* DAT.MA → **data contamination**
→ Datenverletzung *nf*

datenintensiv DAT.PR **data-intensive**
≠ rechenintensiv ≠ compute-intensive

Datenkabel *nn* COM.CAB **computer cable**
= Computerkabel *nn* = data transmission cable; data cable

Datenkanal *nm* COMP.SC **data channel**
= information channel

Datenkassette *nf* TER&PER **data cassette**
= Datasette *nf* (1); Digitalband *nn* = data cartridge; datasette
↑ Magnetbandkassette ↑ magnetic tape cassette

Datenkatalog *nm* DAT.MA → **data dictionary**
→ Datenlexikon

Datenkategorie *nf* SW → **data type**
→ Datentyp *nm*

Datenkeller *nm* DAT.MA **data stack**
[Zwischenspeicher bei dem Daten immer am selben Ende ein- und ausgelagert werden] [temporary storage process, where data are stored and retrieved always on the same end of file]
= stack *n*

Datenkette *nf* DAT.MA **data chain**
≈ zusammengesetztes Datenelemt ≈ composite data element

Datenkettung *nf* DAT.MA → **data chaining**
→ Datenverkettung *nf*

Datenkommunikation *nf* TELEC → **data communications**
→ Datenübermittlung *nf*

Datenkommunikationskanal *nm* TRANSM **Data Communication Channel**
= DCC-Kanal *nm*; DCC = DCC

Datenkommunikations-Messtechnik *nf* INSTR **data communications testing**

Datenkommunikationsprotokoll *nn* DAT.CO → **communications protocol**
→ Kommunikationsprotokoll *nn*

Datenkommunikationsprozessor *nm* DAT.PR **data communication processor**

Datenkommunikationsrechner *nm* DAT.PR **data communication computer**

Datenkompaktierung *nf* DAT.MA → **data compression**
→ Datenverdichtung *nf*

Datenkompatibilität *nf* DAT.MA **data compatibility** *n*
= Kompatibilität *nf* = compatibility *n*

Datenkompression *nf* DAT.MA → **data compression**
→ Datenverdichtung *nf*

Datenkompressor *nm* DAT.PR → **data compressor**
→ Datenverdichter *nm*

Datenkomprimierung *nf* DAT.MA → **data compression**
→ Datenverdichtung *nf*

Datenkondensierung *nf* DAT.MA → **data compression**
→ Datenverdichtung *nf*

Datenkonferenz *nf* COMP.AP **data conferencing**

Datenkonsistenz *nf* DAT.MA **data consistency**
= Konsistenz *nf* = consistency *n*

Datenkonsistenzprüfung *nf* DAT.MA **data consistency check**
= Konsistenzprüfung *nf* = consistency check

Datenkonstante *nf* SW **data constant**
≈ Literalkonstante ≈ literal constant

Datenkontrolle *nf* DAT.MA → **data validation**
→ Datenüberprüfung *nf*

Datenkonversion *nf* DAT.MA → **data conversion**
→ Datenkonvertierung *nf*

Datenkonverter *nm* DAT.MA **data converter**
[Hardware oder Software zur Datenwandlung] [hardware or software to convert data]
= converter *n*; convertor *n*

Datenkonvertierung *nf* DAT.MA **data conversion**
[des Datenformats] [of format]
= Datenkonversion *nf*; Datenübersetzung *nf*; Datenumsetzung *nf*; Konvertierung *nf* = conversion *n*; data translation
≈ Datenaufbereitung ≈ data origination

Datenkonvertierungsprogramm *nn* SW **data conversion program**

Datenkonzentration *nf* DAT.MA → **data compression**
→ Datenverdichtung *nf*

Datenkonzentrationsrechner *nm* DAT.PR **data concentration computer**

Datenkonzentrator *nm* DAT.CO **data concentrator**

Datenkoordinierungsrechner *nm* DAT.PR **data coordination computer**

Datenkopplung *nf* SW **data coupling**
= Ein-/Ausgabe-Kopplung *nf* = input/output coupling

Datenkorrektur *nf* DAT.MA **data clearing**
= data correction; data purification

Datenkrümel INF.TEC **data crumb**

Datenlast *nf* DAT.CO **data load**

Datenleitung *nf* TELEC **data line**
= Datenfernleitung *nf*; DFL

Datenlexikon DAT.MA **data dictionary**
[eine Datenbank über Datenbanken] [database about the databases]
= Datenkatalog *nm*; Datenhaltungssystem *nn* = data directory; DD; data catalog; catalog *n*; data repository; repository *n*
↑ database

Datenlöschen *nn* DAT.MA → **data deletion**
→ Datenlöschung *nf*

Datenlöschung *nf* DAT.MA **data deletion**
= Datenlöschen *nn* = data erasure

Datenmanipulation *nf* DAT.MA → **data falsification**
→ Datenfälschung *nf*

Datenmanipulation *nf* DAT.PR → **data handling**
→ Datenbehandlung *nf*

Datenmanipulationsprozess *nm* DAT.MA **data manipulation operation**
↓ Dateneinfügung; Datenwiedergewinnung; Datenlöschung; Datenänderung ↓ data insertion; data retrieval; data deletion; data modification

Datenmanipulationssprache *nf* COMP.LG **data manipulation language**
= Datenmanipulierungssprache *nf*; DML = database manipulation language; DML
↑ Datenbehandlungssprache ↑ data model

Datenmanipulierung *nf* DAT.MA → **data falsification**
→ Datenfälschung *nf*

Datenmanipulierung *nf* DAT.PR → **data handling**
→ Datenbehandlung *nf*

Datenmanipulierungssprache *nf* COMP.LG → **data manipulation language**
→ Datenmanipulationssprache *nf*

Daten-Marshalling *nn* DAT.NW **data marshalling**
↑ Datenkonvertierung ↑ data conversion

Datenmaterial *nn* ECON **data material**

Datenmedium HW → **data carrier**
→ Datenträger *nm*

Datenmehrwertdienst *nm* TELEC **data value added service**

Daten-Mehrwertdienste *nplt* TELEC **VADS**
= value-added data services

Datenmigration *nf* DAT.PR **data migration**
= Speichermediumsimulation *nf* = memory device simulation

Datenmigration *nf* DAT.MA → **data migration**
→ Datenwanderung *nf*

Datenmissbrauch *nm* COMP.AP **data misuse**
= data abuse; data diddling

Datenmodell *nn* DAT.MA → **data model**
→ Datenbankmodell *nn*

Datenmodem *nm&nn* DAT.CO → **data modem**
→ Modem *nm&nn*

Datenmodifikation *nf* DAT.MA → **data modification**
→ Datenänderung *nf*

Datenmodul *nn* (*pl* -e) SW **data module**

Datenmodul *nn* (*pl* -e) TER&PER **data module**
[einsteckbares Laufwerk mit Plattenstapel] [removable drive with disk pack]

Datenmodus *nm* DAT.PR **data mode**
= Datenbetrieb *nm* = data operation; data working
↓ modo de dados

Datenmüll *nm* INTERNET **spam** *n*
[unerwünschte oder unpassende Information (z.B. Email)] [unwanted or unappropriate information (e.g. e-mail)]
= Spam *nm* (ANGL) ↓ junk e-mail
↓ Müll-E-Mail

Datenmüllsperrung *nf* INTERNET **spam blocking** (e.g. by address munging)
[z.B. durch Adressverzerrung]
= Spam-Sperrung *nf* (ANGL)

Datenmüll versenden INTERNET **spam** *vt*
[unerwünschte oder unpassende Information absenden (z.B. Email)] [to send unwanted or unappropriate information (e.g. e-mail)]
= spammen *vt* (ANGL)

Datenmüllversender *nm* INTERNET **spammer** *n*
= Spammer *nm* (ANGL)

Datenmultiplex *nn* DAT.CO **data multiplex**
= dataplex

Datenmultiplexer *nm* DAT.CO **data multiplexer**

Datenmustergenerator *nm* INSTR → **word generator**
→ Wortgenerator *nm*

Datenname *nm* DAT.MA **data name**

Datennetz *nn* TELEC **data network**
= Datenübermittlungsnetz *nn*; Datenfernübertragungsnetz *nn*; Datenübertragungsnetz *nn*; Datennetzwerk = data communication network; data communications network

Datennetz-Abschlusseinrichtung *nf* DAT.NW **data network terminating unit**
= DNAE

Datennetzabschlussgerät *nn* DAT.CO → **data communications equipment**
→ Datenübertragungseinrichtung *nf*

Datennetz-Anwalt *nm* DAT.NW **cyber lawyer**

Datennetz-Diagnoseeinrichtung *nf* DAT.NW **data network diagnostic equipment**

Datennetzkennzahl *nf* DAT.CO **data network identification code**
= DNIC

Datennetzverbund *nm* DAT.NW **set of interconnected data networks**

Datennetzwelt *nf* INTERNET → **cyberspace** *n*
→ Cyberspace *nm*

Datennetzwerk *nn* TELEC → **data network**
→ Datennetz *nn*

Daten *nplt* TECH → **data** *nplt*
→ Angaben *nplt*

Daten *nplt* COMP.SC **data** *nplt*
[aus dem lateinischen "datum" = "gegeben"; das Singular "Datum" ist ungebräuchlich, dafür wird eher "Datenelement" verwendet] [from Latin "datum" = "given"; "data element" is rather used than the singular form "data"]
≈ Datei; Datenbank ≈ file; data base
↓ Datenelement ↓ data element

Datenorganisation *nf* DAT.MA **data organization**
= Datengliederung *nf*

datenorientiert INF.TEC → **content-oriented** *adj*
→ inhaltsorientiert

Datenpaket *nn* DAT.CO **data packet**
= Informationspaket *nn*; Paket *nn*; Übertragungseinheit *nf* = data package; information packet; packet *n*
≈ Datenrahmen ≈ data frame

Datenpaketvermittlung *nf* DAT.CO → **packet switching**
→ Paketvermittlung *nf*

Datenpaket zerlegen DAT.CO → **depacketize**
→ entpaketieren

Datenpaket-Zerlegung *nf* DAT.CO → **packet disassembly**
→ Depaketierung *nf*

Datenpfad *nm* HW → **data bus**
→ Datenbus *nm*

Datenpolizei *nf* INTERNET **cyberpolice** *n*
= Cyberpolice *nf*

Datenpool *nn* DAT.MA **data pool**

Datenposition *nf* DAT.PR **data level**
[position within database]

Datenprojektor *nm* TER&PER **data projector**
↓ LCD-Projektor ↓ LCD projector

Datenprozessor *nm* HW **data processor**

Datenprüfung *nf* DAT.MA → **data validation**
→ Datenüberprüfung *nf*

Datenpuffer *nm* HW **data buffer**

Datenpunkt *nm* INSTR **datapoint**

Datenpunktdauer *nf* INSTR **datapoint duration**

Daten-Q-Kennzeichnung *nf* DAT.CO **data qualifier**

Datenqualität *nf* DAT.MA **data quality**

Datenquelle *nf* DAT.CO **data source**
≠ Datensenke = talker *n*
≠ data sink

Datenrahmen *nm* DAT.CO **data frame**
≈ Datenpaket = frame *n* (1)
≈ data packet

Datenrate *nf* HW → **throughput** *n*
→ Durchsatz *nm*

Datenrate *nf* DAT.CO → **data transfer rate**
→ Transfergeschwindigkeit *nf*

Datenrate *nf* [DAT.CO] TELEC → **transmission rate**
→ Übertragungsgeschwindigkeit *nf*

Datenreduktion *nf* DAT.MA **data reduction**
[mit Informationsverlust] [with loss of information]
≈ Datenverdichtung = data compaction
≈ data compression

Datenregister *nn* HW **data register**
[am Rechenwerkeingang der Zentraleingang]

Datenrettung *nf* DAT.MA → **data recovery**
→ Datenrückgewinnung *nf*

Datenrichtigkeitsprüfung *nf* DAT.MA → **data validation**
→ Datenüberprüfung *nf*

Datenrückgewinnung *nf* DAT.MA **data recovery**
= Datenrettung *nf*

Datenrufnummer *nf* DAT.CO **data number**
[Datenvermittlung] [data switching]

Datenrundfunk *nm* RADIO **data broadcasting**

Datenrundsenden *nn* TELEC **datacasting**
[an gezielten Teilnehmerkreis] [to specific group of users]

Daten-Safe *nn* OFFICE **data carrier safe**

Datensalat *nm* DAT.PR **garbage** *n*
[unbrauchbare oder fehlerhafte Daten] [useless or erroneous data]
= Datenabfall *nm*; Schund *nm*; unbrauchbares Ergebnis; wertlose Daten = junk *n*; garbled data; gospel *n*; gibberish *n*; noise *n*
≈ Geschnatter [DAT.CO] ≈ jabber [DAT.CO]

Datensammelgerät *nn* TER&PER → **data entry terminal**
→ Datenerfassungsgerät *nn*

Datensammelstation *nf* TER&PER → **data entry terminal**
→ Datenerfassungsgerät *nn*

Datensammelstelle *nf* DAT.CO **data collection platform**
[a station]

Datensammelsystem *nn* DAT.MA → **data acquisition system**
→ Datenerfassungssystem *nn*

Datensammelvorrichtung *nf* TER&PER → **data entry terminal**
→ Datenerfassungsgerät *nn*

Datensammlung *nf* DAT.MA → **data aggregate**
→ Datengruppe *nf*

Datensammlung *nf* DAT.MA → **data acquisition**
→ Datenerfassung *nf*

Datensatz *nm* SWITCH **register** *n* (2)

Datensatz *nm* DAT.MA **data record**
[unter logischen Gesichtspunkten als Einheit behandelteter und benannter Satz Datenelementen v (1)erschiedenen Typs; auf einen Datensatz wird über den Namen zugegriffen, auf ein Matrixelement jedoch über Index] [related set of data items of different type, handled and named as a unit by logical criteria; data records are accessed by name, array elements by index]
= Satz *nm*; Record *nm* (ANGL); Entität *nf* (1); Verbund *nm* = logical record; record *n*; data set; entity *n* (1)
≈ Matrixelement; Datenblock ≈ matrix element; data block
↑ strukturierter Datentyp; Informationseinheit; Datei ↑ structured data type; information unit; file
↓ Datenfeld (1); Datenelement (1); Untersatz ↓ data field (1); data item; member

Datensatzadresse *nf* DAT.MA **record address**
= Satzadresse *nf*

Datensatzaufbau *nm* DAT.MA **record structure**
= Satzaufbau *nm*; Datensatzstruktur *nf*; Satzstruktur *nf*; Datensatzformat *nn*; Satzformat *nn* = record layout; record format; data record structure; data record layout; data record format

Datensatzaufbereitung *nf* WOR.PR **composition formatting**
= Satzaufbereitung *nf*

Datensatzbedingung *nf* DAT.MA **data record condition**

Datensatzbereich *nm* DAT.MA **record area**
= Satzbereich *nm*

Datensatzende *nn* DAT.MA **end-of-record**
= EOR = EOR

Datensatz fester Länge DAT.MA **fixed-length record**
= fixed-size record

Datensatzformat *nn* DAT.MA → **record structure**
→ Datensatzaufbau *nm*

Datensatzgruppe *nf* DAT.MA **record set**
= Satzgruppe *nf*
= data record set; record group; data record group

Datensatzkette *nf* DAT.MA **data record chain**
= record chain

Datensatzkettung *nf* DAT.MA → **data record chaining**
→ Datensatzverkettung *nf*

Datensatzlänge *nf* DAT.MA **record length**
[Anzahl Wörter oder Bytes je Datensatz]
= Satzlänge *nf*
[number of words or bytes per record]

Datensatzlayout *nn* DAT.MA **data record layout**
= record layout

Datensatzmarke *nf* DAT.MA **record mark**
= Satzmarke *nf*

Datensatzname *nm* DAT.MA **data record name**
= Satzname *nm*
= record name

Datensatznummer *nf* DAT.MA **record number**
= Satznummer *nf*

datensatzorientiert DAT.MA **record-oriented** *adj*
= satzorientiert
= data record oriented

Datensatzsegment *nn* DAT.MA **record segment**
= Satzsegment *nn*

Datensatzsperre *nf* DAT.MA **record locking**
[Datensatz nur durch bestimmte Anwender veränderbar]
[record modifiable only by authorized user]

Datensatzstruktur *nf* DAT.MA **record structure**

Datensatzstruktur *nf* DAT.MA → **record structure**
→ Datensatzaufbau *nm*

Datensatztrennzeichen *nn* DAT.MA **data record delimiter**
= record delimiter

Datensatz variabler Länge DAT.MA **variable-length record**

Datensatzverkettung *nf* DAT.MA **data record chaining**
= Datensatzkettung *nf*
= record chaining

datensatzweise DAT.MA **record-wise**
= satzweise
= record-by-record

Datensatzzeiger *nm* DAT.MA → **pointer** *n*
→ Dateizeiger *nm*

Datensatzzeiger *nm* SW **link** *n*
[pointer to another record]

Datenschlüssel *nm* DAT.MA **data encryption key**

Datenschnittstelle *nf* DAT.MA **data interface**

Datenschrank *nm* OFFICE **data cabinet**

Datenschürfung *nf* DAT.MA → **data mining**
→ Data Mining *nn*

Datenschutz *nm* ECON **data security and privacy**
≈ Datengeheimnis; Datensicherung [DAT.PR]
= data privacy protection
≈ data confidenciality; data protection [DAT.PR]

Datenschutzbeauftragter *nm* ECON **data security officer**
= data protection officer; data security commissioner; data protection commissioner

Datenschutzgesetz *nn* LAW **data protection law**
= Privacy Act (U.S.A.); Data Protection Act

Datenschutzprüfung *nf* DAT.MA **inference control**

Datenschutzraum *nm* DAT.MA **data protection room**

Datenschutzschrank *nm* DAT.MA **data safe**

Datensegment *nn* DAT.MA **data segment** *n*
[ein variabler Datensatz]
= Segment *nn*
≠ Seite
[variable-sized portion of data]
= segment
≠ page frame

Datensegment *nn* DAT.PR **data segment**
↑ Speichersegment
↑ memory segment

Datensenke *nf* DAT.CO **data sink**
≠ Datenquelle
≠ data source

Datensequenz *nf* COMP.SC → **data sequence**
→ Datenfolge *nf*

Daten-Server *nm* DAT.NW **file server**
[verwaltet zentral die Dateien der Teilnehmer eines Rechnerverbundes]
= Datenbank-Server *nm*; Datei-Server *nm*; Dateizugriffssteuerung *nf*; Speicherzugriffssteuerung *nf*; File-Server *nm*
≈ Leitrechner [DAT.PR]
↑ Server
[manages the files of the users of a computer network]
= database server
≈ master computer [DAT.PR]
↑ server

Datensicherheit *nf* DAT.MA **data security**
= Datenintegrität *nf*
≈ Datensicherung; Datenschutz
↑ Rechnersicherheit
= data integrity; information security; information integrity
≈ data saving; data protection
↑ computer security

Datensicherung *nf* DAT.MA **data saving**
= Sicherstellen *nn*
≈ Datenschutz [ECON]; Datensicherheit; Datengeheimnis; Protokollierung; Archivierung
↑ Sicherung
↓ Vollsicherung; Inkrementalsicherung
= data backup; data proofing; data safeguarding
≈ data security and privacy [ECON]; data security; data confidenciality; logging; archival
↑ saving
↓ full backup; incremental backup

Datensicherungsschicht *nf* DAT.CO → **link layer**
→ Sicherungsschicht *nf*

Datensicht *nf* DAT.MA **data view**
= Datenbanksicht *nf*
= view *n* (2)

Datensichtgerät *nn* TER&PER **data display terminal**
= DSG; Sichtgerät *nn* (2); Datensichtstation *nf*; Sichtstation *nf*; Bildschirmgerät *nn* (2); Bildschirmstation *nf*; Bildschirmterminal *nn*; Bildschirmkonsole *nf*
↑ Datenendgerät; Sichtgerät (1)
[keyboard and screen to enter and display data]
= video display terminal; VDT; video display unit; VDU; video display console; display console; display terminal (2); display unit (2); video terminal; video unit; video set; viewdata terminal
↑ data terminal; display terminal

Datensichtstation *nf* TER&PER → **data display terminal**
→ Datensichtgerät *nn*

Datensignal *nn* TELEC → **digital signal**
→ Digitalsignal *nn*

Datensignalgenerator *nm* INSTR → **word generator**
→ Wortgenerator *nm*

Datensignal-Grundleitung *nf* TRANSM **digital line link** (UIT-T)

Datensondernetz *nn* TELEC **special data network**

Datenspeicher *nm* HW **data memory**
= data storage; data store; data storage device

Datenspeicherungs-Beschreibungssprache *nf* DAT.MA **data storage description language**

Datenspeicherungsschema *nf* DAT.MA **data storage schema**

Datenspeicherungstechnik *nf* DAT.MA **data storage technique**

Datenstapel *nm* DAT.MA **stack** *n*
[sequentielle Datenliste im Hauptspeicher; wird von einem der beiden Enden nach dem LIFO-Prinzip abgearbeitet]
= Stapel
≈ Stapelspeicher; Haufen
[sequential list of data in main memory; data are retrieved from one of both ends in a LIFO priority]
≈ stack storage; heap

Datenstation *nf* DAT.PR → **workstation** *n* (2)
→ Arbeitsplatzrechner *nm* (2)

Datenstation *nf* TER&PER → **data terminal**
→ Datenendgerät *nn*

Datenstation *nf* DAT.CO **terminal station** *n*
[Endstelle einer Datenübertragung, bestehend aus Datenendeinrichtung und Datenübertragungseinrichtung]
= Datenendstelle *nf*; Endstation *nf*; Terminal *nn* (2)
↑ Station
↓ Dialogstation; Stapelstation
[terminal of a data communication system; consists of data terminal equipment and data communications equipment]
= data station; data terminal; communication terminal; acceptor of data (BT)
↑ station
↓ interactive terminal; batch terminal

Datenstationskennung *nf* DAT.CO **terminal identity**

Datenstationsnutzungsdauer *nf* DAT.PR **terminal session**

Datenstationsrechner *nm* DAT.CO **terminal computer**
= Stationsrechner *nm*; Front-end-Prozessor *nm*
= front-end processor

Datenstationssteuerung *nf* DAT.CO **terminal controller**

Datenstecker *nm* COMPO **data connector**

Datenstelle *nf* COMP.SC → **position** *n*
→ Stelle *nf*

Datensteuereinheit *nf* HW → **data adapter unit**
→ Datenanpassungsgerät *nn*

Datensteuerung *nf* DAT.PR **data control**

Datenstrecke *nf* DAT.CO **data trunk**

Datenstrom *nm* COMP.SC **data stream**
[ein undifferenzierter Datenfluss (Bytefolge)]
↑ Datenfluss
[an undifferentiated data flow (byte sequence)]
↑ data flow

Datenstrom-Anfangszeichen *nn* DAT.PR **beginning-of-information mark**
= Datenfluss-Beginnzeichen *nn*
= beginning-of-information marker; BIM; BIM mark; BIM marker

Datenstruktur *nf* DAT.MA **data structure**
[physikalischer oder logischer Zusammenhang] [physical or logical relationship]
= logische Struktur = logical structure
↓ Datenfeld (2); Datensatz ↓ array (1); data record

Datenstrukturbaum *nm* DAT.MA **data structure tree**

Datenstrukturdiagramm *nn* DAT.PR **data structure diagram**

Datenstrukturierungscode *nm* COMP.AP → **text mark-up language**
→ Seitenbearbeitungssprache *nf*

Datenstrukturstruktur-bezogener Entwurf SW **data-structure-centered design**

Datenstrukturwald *nm* DAT.MA **forest** *n*
[Satz getrennter Datenstrukturbäume] [interconnected data structure

Datensyntax *nf* DAT.CO **data syntax**

Datentablett *nn* TER&PER → **digitizing tablet** *n*
→ Digitalisiertablett

Datentastatur *nf* TER&PER **computer keyboard**

Datentaste *nf* TER&PER **alphanumeric key**
= alphanumerische Taste = character key; data key

Datentechnik *nf* EL.TEC **data technology**
[Teilgebiet der IT das sich mit der Verarbeitung u. Übermittlung digitaler Informationen befasst] [sub-field of IT dealing with processing and transfer of digital information]
= Informationstechnik *nf*(2); Informationstechnologie *nf*(err) (2); IT *nf*(2) = data system technology; computer technology; computer engineering; computing *n*; information technology (2); information technique (2); IT (2)
≈ Informatik ≈ computer science
↑ Informationstechnik (1) ↑ information technology (1)
↓ Datenverarbeitung; Datenübermittlung ↓ data processing; data communications

Datenteil *nm* COMP.LG **data division**
↑ COBOL ↑ COBOL

Datentelefon *nn* TER&PER **data telephone**
= Datenfernsprecher *nm*

Datenterminal *nn* TER&PER → **data terminal**
→ Datenendgerät *nn*

Datentest *nm* DAT.MA → **data validation**
→ Datenüberprüfung *nf*

Datenträger *nm* HW **data carrier**
= Speichermedium; Datenmedium; Medium = data medium; storage medium; memory medium; medium; data bearer; volume; record carrier
≈ Informationsträger; Langzeitspeicher ≈ information carrier; long-term storage
↓ magnetischer Datenträger; optischer Datenträger ↓ magnetic data carrier; optical data carrier

Datenträgerbezeichnung *nf* DAT.MA → **volume label**
→ Datenträger-Etikett *nn*

Datenträger-Empfangssignal *nn* DAT.CO **data carrier detect signal**
= DCD-Signal *nn* = DCD; RLSD

Datenträgerende-Kennzeichen *nn* DAT.MA **end-of-volume label**
= Datenträger-Endemarke *nf*; EOV-Marke *nf* = EOV label

Datenträger-Endemarke *nf* DAT.MA → **end-of-volume label**
→ Datenträgerende-Kennzeichen *nn*

Datenträgererkennung *nf* DAT.MA → **volume label**
→ Datenträger-Etikett *nn*

Datenträger-Etikett *nn* DAT.MA **volume label**
[identifiziert den Datenträger] [identifies the data carrier]
= Volume-Etikett *nn*; Datenträgerkennung *nf*, Datenträgererkennung *nf*, Datenträgerbezeichnung *nf*, Datenträger-Kennsatz *nm*; Datenträgername *nm*, Plattenkennsatz *nm* = volume name
↓ Bandetikett ↓ tape label

Datenträgerfüllzeichen *nn* DAT.MA **media-fill character**
↑ Füllzeichen ↑ filler character

Datenträger-Inhaltsverzeichnis *nn* DAT.PR **volume table of contents**
= VTOC

Datenträgerkatalog *nm* DAT.PR **data carrier catalog**
= medium catalog; volume catalog

Datenträger-Kennsatz *nm* DAT.MA → **volume label**
→ Datenträger-Etikett *nn*

Datenträgerkennung *nf* DAT.MA → **volume label**
→ Datenträger-Etikett *nn*

Datenträgerlöscher *nm* TER&PER **media eraser**

Datenträgername *nm* DAT.MA → **volume label**
→ Datenträger-Etikett *nn*

Datenträgernummer *nf* TER&PER **volume reference number**
= Datenträger-Seriennummer *nf* = volume serial number

Datenträgersatz *nm* TER&PER **volume set**

Datenträger-Seriennummer *nf* TER&PER → **volume reference number**
→ Datenträgernummer *nf*

datenträgerübergreifende Datei DAT.MA **spanned file**

Datenträgerumstellung *nf* DAT.MA **media conversion**
= Speichermedienumstellung *nf*

Datenträgervernichter *nm* OFFICE **data carrier shredder**

Datentranasaktion *nf* DAT.MA **data transaction**
= Datenabarbeitung *nf*

Datentransfer *nm* DAT.CO → **data transmission**
→ Datenübertragung *nf*

Datentransferdauer *nf* DAT.CO → **transfer time**
→ Transferzeit *nf*

Datentransferdienst *nm* TELEC → **data communication service**
→ Datenübermittlungsdienst *nm*

Datentransfergeschwindigkeit *nf* DAT.CO → **data transfer rate**
→ Transfergeschwindigkeit *nf*

Datentransferoperation *nf* DAT.MA **data transfer operation**

Datentransferrate *nf* DAT.CO → **data transfer rate**
→ Transfergeschwindigkeit *nf*

Datentransferroutine *nf* DAT.CO **script** *n*
[automatic procedure to transfer data over telephone lines]

Datentransferzeit *nf* DAT.CO → **transfer time**
→ Transferzeit *nf*

Datentyp *nm* SW **data type**
= Datenbauart *nf*; Datenkategorie *nf* = data category; type *n*; category *n*
↓ elementarer Datentyp; strukturierter Datentyp; logischer Datentyp; Zeichentyp; ganzzahliger Datentyp; Realzahlentyp; konkreter Datentyp; abstrakter Datentyp ↓ elementary data type; structured data type; logical type; character type; integer type; real type; concrete data type; abstract data

Datentypbehandlung *nf* SW → **typing** *n*
→ Typenbehandlung *nf*

Datentypdeklaration *nf* SW **data type declaration; type declaration**
= Typendeklaration *nf*

Datentypist *nm* DAT.MA **data entry operator** *n* (2)
[male]
= data entry specialist (2)

Datentypistin *nf* OFFICE **data entry operator** (1)
[female]
= data entry specialist (1)

Datentypkontrolle *nf* DAT.MA **data type checking**
= Datentypprüfung *nf*; Typkontrolle *nf*, Typprüfung *nf* = type checking

Datentypkonvertierung *nf* DAT.MA **data type conversion**
= cast *n*; coercion *n*

Datentypprüfung *nf* DAT.MA → **data type checking**
→ Datentypkontrolle *nf*

Datenübermittlung *nf* TELEC **data communications**
= Datenkommunikation *nf* = datacom *n*
≈ Informationstransfer; Datenfernverarbeitung [DAT.PR]; Rechnerkommunikation ≈ information transfer; remote data processing [DAT.PR]; computer communication
↑ Datentechnik ↑ data technology
↓ Datenvermittlung; Datenübertragung ↓ data switching; data transmission

Datenübermittlungsabschnitt *nm* DAT.CO **data link**
= Übermittlingsabschnitt *nm* = data transfer link

Datenübermittlungsdauer *nf* DAT.CO → **transfer time**
→ Transferzeit *nf*

Datenübermittlungsdienst *nm* TELEC **data communication service**
= Datentransferdienst *nm* = computer communication service

Datenübermittlungsnetz *nn* TELEC → **data network**
→ Datennetz *nn*

Datenübernahme *nf* DAT.MA → **data import**
→ Datenimport *nm*

Datenüberprüfung *nf* DAT.MA **data validation**
= Datenrichtigkeitsprüfung *nf*; Datentest *nm*; Datenprüfung *nf*; Datenkontrolle *nf* = data validity check; validation (1); data check; check; data vetting; data authentication
↓ Vollständigkeitsprüfung; Folgeprüfung; Konsistenzprüfung; Doppelprüfung ↓ completness check; sequence check; consistency check; duplication check

Datenübersetzung *nf* DAT.MA → **data conversion**
→ Datenkonvertierung *nf*

Datenübertragung *nf* DAT.CO **data transmission**
= Datentransfer *nm*; DÜ = data transfer
≈ Datenaustausch
↑ Datenübermittlung ↑ data communication
↓ Datenfernübertragung ↓ data interchange

Datenübertragung mittlerer Geschwindigkeit DAT.CO **medium speed data communication**
[zwischen 2400 und 9600 Baud] [between 2400 and 9600 baud]

Datenübertragungsanschluss *nm* HW **data transmission port**

Datenübertragungsblock *nm* DAT.CO **data transmission block**
= DÜ-Block *nm* — = frame *n* (2)

Datenübertragungseinheit *nf* DAT.CO **communications control unit**
= DUET — = communication control unit; CCU

Datenübertragungseinheit *nf* HW → **data adapter unit**
→ Datenanpassungsgerät *nn*

Datenübertragungseinrichtung *nf* DAT.CO **data communications equipment**
[nimmt Signale von einem Datenendgerät auf] — [takes input from a data terminal equipment]
= DÜE; Datenfernschaltgerät *nn*; DFG; Datennetzabschlussgerät *nn*; DNG — = DCE; data circuit-terminating equipment
↑ Datenstation — ↑ terminal station
↓ data modem

Datenübertragungsgeschwindigkeit *nf* TELEC [DAT.CO] → **transmission rate**
→ Übertragungsgeschwindigkeit *nf*

Datenübertragungsleitung *nf* TELEC **data transmission link**

Datenübertragungsmodell *nn* DAT.CO → **layer model**
→ Schichtenmodell *nn*

Datenübertragungsmodem *nm&nn* DAT.CO → **data modem**
→ Modem *nm&nn*

Datenübertragungsmonitor *nm* DAT.CO **data scope**
[a display]

Datenübertragungsnetz *nn* TELEC → **data network**
→ Datennetz *nn*

Datenübertragungsprotokoll *nn* DAT.CO → **communications protocol**
→ Kommunikationsprotokoll *nn*

Datenübertragungspuffer *nm* DAT.CO **data communications buffer**
= Kommunikationspuffer *nm* — = communications buffer

Datenübertragungssteuerung *nf*(1) DAT.CO **data transmission control** *n*
[ein Gerät] — [a device]
= DUST; Übertragungssteuerung *nf*(1) — = transmission control; data link control; link control; data communication control; communication control (1)

Datenübertragungssteuerung *nf*(2) DAT.CO **transmission control** *n*
[Code] — [code]
= Übertragungssteuerung *nf*(2); TC — = TC; communication control (2)

Datenübertragungstaste *nf* TER&PER → **ENTER key** (IBM)
→ Eingabetaste *nf*

Datenübertragungsumschaltung *nf* DAT.CO **data link escape**
= DLE — = DLE
↑ ASCII-Code — ↑ ASCII code

Datenübertragungsvorrechner *nm* DAT.CO **communications front-end processor**
[entlastet den Verarbeitungsrechner von DÜ-Aufgaben] — [relieves the host computer from communication tasks]
= Frontrechner *nm*; Front-end-Rechner *nm*
≈ Vorverarbeitungsrechner
↑ Vorrechner; Kommunikationsrechner — ↑ front-end processor; communications computer

Datenübertragungsweg *nm* DAT.CO **data transmission path**
= path

Datenumsetzung *nf* DAT.MA → **data conversion**
→ Datenkonvertierung *nf*

datenunabhängig DAT.PR **data-independent**

Datenunabhängigkeit *nf* DAT.PR **data independence**
[die Möglichkeit Daten für verschiedenartige Programme anzupassen] — [the adaptability of data to different programs]

Datenursprung *nf* DAT.MA → **data origin**
→ Datenherkunft *nf*

Datenverarbeitung *nf* INF.TEC **data processing**
[Verarbeitung analoger oder digitaler Daten, durch Menschen oder Maschinen] — [systematic operation upon analog or digital data, by human beeings or machines]
= DV; Informationsverarbeitung *nf*(1) — = DP; information processing (1); IP (1); data processing technology
≈ Informatik — ≈ informatics
↑ Nachrichtenverarbeitung; Datentechnik — ↑ message processing; data technology
↓ elektronische Datenverarbeitung; Datenbehandlung [DAT.MA]; Mischen [DAT.MA]; Sortieren [DAT.MA]; Berechnung [DAT PRO]; Assemblierung [DAT.PR]; Kompilierung [DAT.PR] — ↓ electronic data processing; data handling [DAT.MA]; merging [DAT.MA]; sorting [DAT.MA]; computing [DAT.PR]; assembling [DAT.PR]; compiling [DAT.PR]

Datenverarbeitungsanlage *nf* DAT.PR **data processing equipment** *n*
[größere Computeranlage, meist in Witschaftsunternehmen oder Behörden eingesetzt] — [a large computer system, mostly for business or public administration]
= DVA *nf*; EDV-Anlage *nf*; EDVA *nf*; EDV-System *nn*; Datenverarbeitungssystem *nn*; DV-Anlage *nf*; DV-System *nn*; elektronisches Datenverarbeitungssystem; elektronisches Computersystem; elektronische Rechenanlage (1); Rechenanlage *nf*(1); Rechneranlage *nf* — = data processing system; electronic data processing machine; EDPM; electronic data processing system; electronic computer system; computing system; computer system
↑ computer

Datenverarbeitungsbetrieb *nm* COMP.AP → **computer utility**
→ DV-Dienstleistungsbetrieb *nm*

Datenverarbeitungsexperte *nm* INF.TEC → **computer professional** *n*
→ Computerfachmann *nm*

Datenverarbeitungsfachmann *nm* INF.TEC → **computer professional** *n*
→ Computerfachmann *nm*

Datenverarbeitungskenner *nm* INF.TEC → **computer professional** *n*
→ Computerfachmann *nm*

Datenverarbeitungsknoten *nm* DAT.NW **data processing node**

Datenverarbeitungspersonal *nn* DAT.PR → **computer personnel**
→ DV-Personal *nn*

Datenverarbeitungsspezialist *nm* INF.TEC → **computer professional** *n*
→ Computerfachmann *nm*

Datenverarbeitungsstation *nf* DAT.NW **data processing station**

Datenverarbeitungssystem *nn* DAT.PR → **data processing equipment** *n*
→ Datenverarbeitungsanlage *nf*

Datenverarbeitungs-Zentrum *nn* DAT.PR → **computing center**
→ Rechenzentrum *nn*

Datenverarbeitungszyklus *nm* COMP.AP **data processing cycle**
= DV-Zyklus *nm*; Verarbeitungszyklus *nm* — = processing cycle

Datenverbindung *nf* DAT.CO **data connection**
= data circuit; transmission circuit; data call

Datenverbindungsebene *nf* DAT.CO → **link layer**
→ Sicherungsschicht *nf*

Datenverbindungskontrollschicht *nf* DAT.NW **data connection control layer**
[in der SNA-Architektur] — [in the SNA architecture]

Datenverbindungsschicht *nf* DAT.CO → **link layer**
→ Sicherungsschicht *nf*

Datenverbund *nm* DAT.NW **data sharing**
↑ Mehrrechnersystem — ↑ multi-computer system

Datenverdichter *nm* DAT.PR **data compressor**
= Datenkompressor *nm* — = compressor *n*

Datenverdichtung *nf* DAT.MA **data compression**
[ohne Informationsverlust] — [without loss of information]
= Datenkompression *nf*; Datenkompaktierung *nf*; Datenkomprimierung *nf*; Datenkonzentration *nf*; Dateiverdichtung *nf*; Dateikompression *nf*; Dateikompaktierung *nf*; Dateikomprimierung *nf*; Datenkondensierung *nf*; Dateikondensierung *nf*; Redundanzentnahme *nf* — = data condensation; data reduction; data concentration; data compaction; data compacting; file compression; file condensation; file reduction; file concentration; data packing; data pack; data crowding
≈ Datenreduktion — ≈ data reduction
≠ Datenexpansion; Auffüllen — ≠ data expansion; padding
↓ stringorientierte Datenverdichtung; strukturorientierte Datenverdichtung — ↓ string-oriented data compression; structure-oriented data compression

Datenverdichtungskarte *nf* HW → **compression board**
→ Kompressionskarte *nf*

Datenverfälschung *nf* DAT.MA → **data contamination**
→ Datenverletzung *nf*

Datenvergehen *nn* DAT.MA **data crime**
= Datendelikt *nn* — = data delict

Datenverkehr *nm* DAT.CO **data traffic**
= Verkehr *nm*

Datenverkehrskanal *nm* MOB.CO **data traffic channel**

Datenverkehrsmessgerät *nn* DAT.CO **data traffic measuring equipment**

Datenverkettung *nf* DAT.MA **data chaining**
= Datenkettung *nf*

Datenverletzung *nf* DAT.MA **data contamination**
[ungewollt] — [unintentional]
= Datenintegritätsverletzung *nf*; Datenverfälschung *nf*; Datenvermasselung *nf* — = data corruption (1); clobber *n*
≈ Datenfälschung — ≈ data falsification

Datenverlust *nm* DAT.MA **data loss**

Datenvermasselung *nf* DAT.MA → **data contamination**
→ Datenverletzung *nf*

Datenvermittlung *nf* DAT.CO **data switching**
↑ Datenübermittlung — ↑ data transfer

Datenvermittlungsstelle *nf* DAT.CO **data switching exchange**
= DSE

Datenvermittlungstechnik *nf* DAT.CO **data switching engineering**
↑ Vermittlungstechnik — ↑ switching engineering

Datenvernetzung *nf* DAT.CO **data networking**

Datenverschlüsselung *nf* INF.TEC **data encryption**
= Datenchiffrierung *nf* — = data enciphrement; data coding

Datenverschlüsselungsnorm *nf* INF.TEC **data encryption standard**

Datenverschlüsselungsprogramm *nn* COMP.AP **data encryption program**
= data coding program

Datenverstümmelung *nf* DAT.MA **data mutilation**
Datenverteilung *nf* DAT.PR **data switch**
Datenverwalter *nm* DAT.MA → **data administrator**
→ Datenbankbeauftragter *nm*
Datenverwaltung *nf* DAT.PR **data management**
[gezielte Handhabung von Daten, von der Erfassung, zur Verarbeitung, Speicherung und Ausgabe] [controlled handling of data from acquisition, processing, storage to output]
= Verwaltung *nf* = data administration; administration
Datenverwaltungssystem *nn* DAT.MA **data management system**
= DVS (1); Archivsystem *nn*; Ablagesystem *nn* = database management system
≈ Dateiverwaltungssystem ≈ file management system
Datenverzweigung *nf* DAT.MA **data fork**
[Apple; Teil der Datei der die anwenderdefinierten Daten enthält] [Apple; part of file containing the user-defined data]
≠ Betriebsmittelverzweigung ≠ resource fork
Datenwählnetz *nn* TELEC **switched data network**
= vermittelt Datennetz ≠ fixed data network
≠ Datenfestnetz ↑ switched network
↑ Wählnetz
Datenwählvermittlung *nf* DAT.CO **automatic data switching exchange**
= automatische Wähleinrichtung für Datenverbindungen; AWD
Datenwanderung *nf* DAT.MA **data migration**
[in ein unterschiedliches System] [into a different system]
= Datenmigration *nf*
Datenweg *nm* DAT.CO **data path**
Datenweiterleitung *nf* DAT.CO **data forwarding**
= Datenweitersendung *nf*
Datenweitersendung *nf* DAT.CO → **data forwarding**
→ Datenweiterleitung *nf*
Datenwert *nm* DAT.MA **data value**
≈ Datenelement [actual value of a data element]
= data item (2)
≈ data element
Datenwesen *nn* EL.TEC → **computer science**
→ Informatik *nf*
Datenwiederauffindung *nf* DAT.MA → **data retrieval**
→ Datenwiedergewinnung *nf*
Datenwiedergewinnung *nf* DAT.MA **data retrieval**
= Datenwiederauffindung *nf*
Datenwilderei DAT.MA **data poaching**
Datenwort *nn* COMP.SC → **word** *n*
→ Wort *nn*
Datenzeiger *nm* SW **data pointer**
= Zeiger *nm* = pointer *n*
Datenzeile *nf* TV **data line**
Datenzeilendecoder *nm* TV **data line decoder**
Datenzeilenende *nn* DAT.CO **end-of-line**
= EOL; EOLN = EOL
Datenzeilenende-Zeichen *nn* SW **EOL mark**
[in manchen Programmen: CTRL-M oder CTRL-J] [in some programs: CTRL-M or CTRL-J]
= EOL-Zeichen *nn* = end-of-line mark
Datenzelle *nf* DAT.MA **data cell**
Datenzugriff *nm* DAT.MA **data access**
Datenzugriffsmanagement *nn* DAT.MA → **data access management**
→ Datenzugriffsverwaltung *nf*
Datenzugriffssicherung *nf* DAT.MA **data access protection**
Datenzugriffsverwaltung *nf* DAT.MA **data access management**
= Datenzugriffsmanagement *nn*
Datenzuverlässigkeit *nf* DAT.MA **data reliability**
Datenzweig *nm* COMP.AP **data fork**
Datexdienst *nm* TELEC **Datex service**
[Datenübermittlungsdienst der DTAG] [data transfer service of DTAG]
Datexnetz *nn* TELEC **Datex network**
datieren *vt* COLL **date** *vt*
Datierung *nf* COLL **dating** *n*
= Datumsangabe *nf*
Dativ *nm* LING **dative** *n*
= Wemfall *nm*; 3. Fall *nm*; dritter Fall
dato ECON → **today**
→ heute
DAT-Recorder *nm* CONS.EL **DAT recorder**
Datum *nn* COLL **date** *n*
≈ Tag [PHYS] ≈ day [PHYS]
Datum *nn* (*pl* -en) DAT.PR **datum** *n* (*pl* data)
[wenig gebräuchliches Singular von "Daten"] [rarely used singular of "data"]
= piece of data
Datum des Inkraftretens des Vertrages ECON **effective date of contract**
= EDC

Datumsangabe *nf* COLL → **dating** *n*
→ Datierung *nf*
Datumsfehler *nm* ECON → **misdate** *n*
→ Fehldatierung *nf*
Datumsgrenze *nf* COMP.AP **dataline**
Datumsstempel *nm* OFFICE → **date stamp**
→ Datumstempel *nm*
Datumstempel *nm* OFFICE **date stamp**
= Datumsstempel *nm*
DAU CODING → **digital-to-analog converter**
→ D/A-Wandler *nm*
DAU [INF.TEC] TECH → **novice** *n*
→ Anfänger *nm*
Dauer *nf* PHYS **duration** *n*
= Zeitdauer *nf*; Länge (2)
Dauerabriebprüfung *nf* QUAL **repeated abrasion test**
daueraktiv DAT.CO **permanently active**
Daueralterungsprüfung *nf* QUAL **long-time ageing test**
Daueranzeigefeld *nn* HW **screen notepad**
[bleibt bei abgeschaltetem System aktiv] [diplays information even if the system is switched off]
Daueraushängeschnarre *nf* SWITCH **howler** *n*
[weist auf einen Teilnehmer hin der nicht richtig aufgehängt hat] [buzzer indicating continuous off-hook of a subscriber]
Dauerauslösetaste *nf* TER&PER → **run-out key**
→ Dauertaste *nf*
Dauerbeanspruchung *nf* TECH → **continuous load**
→ Dauerbelastung *nf*
Dauerbeanspruchungsgrenze *nf* MECH → **endurance limit**
→ Ermüdungsgrenze *nf*
Dauerbefehl *nm* TELECON **persistent command**
Dauerbelastung *nf* TECH **continuous load**
= Dauerlast *nf*; Dauerbeanspruchung *nf* = permanent load; steady load; continuous charge; permanent charge; continuous stress; permanent stress; steady stress; sustained load; sustained charge; sustained stress
Dauerbetrieb *nm* DAT.PR → **continuous processing**
→ Dauerverarbeitung *nf*
Dauerbetrieb *nm* TECH **continuous operation**
= continual operation; continious duty
Dauerbiegefestigkeit *nf* MECH **bending fatigue resistance**
Dauerecho *nn* TELEC **fixed echo**
Dauereins *nf* DAT.CO **continuous one**
= all-ones *n*
Dauerentladung *nf* PHYS **steady discharge**
Dauerfehler *nm* QUAL → **permanent error**
→ stetiger Fehler
Dauerfestigkeit *nf* TECH → **durability** *n*
→ Dauerhaftigkeit *nf*
Dauerfestigkeit *nf* MECH → **endurance limit**
→ Ermüdungsgrenze *nf*
Dauerformguss *nm* METAL **permanent mold**
Dauerfunktionstaste *nf* TER&PER → **run-out key**
→ Dauertaste *nf*
Dauergeräusch *nn* TELEC **permanent noise**
dauerhaft TECH **permanent** *adj*
[lange anhaltend] = lasting; enduring; durable; sustained
= permanent; haltbar ≈ persistent
≈ anhaltend
Dauerhaftigkeit *nf* TECH **durability** *n*
= Haltbarkeit *nf*; Dauerfestigkeit *nf*; Beständigkeit *nf* = endurance *n*; permanence *n*
≈ Widerstandsfähigkeit; Robustheit ≈ resistance; ruggedness
Dauerhaftigkeit *nf* SW **durability** *n*
[alle Änderungen der Datenbank sind dauerhaft] [all database changes are permanent]
↑ ACID-Test ↑ ACID test
Dauerkennzeichen *nn* SWITCH **continuous signal**
↑ Zustandskennzeichen ↑ status identifier
Dauerkopie *nf* TER&PER **permanent copy**
Dauerkurzschlussstrom *nm* EL.TEC **sustained short-circuit current**
Dauerlast *nf* TECH → **continuous load**
→ Dauerbelastung *nf*
Dauerlaut *nm* LING → **liquid** *n*
→ Liquidum *nn*
Dauerleistung *nf* TECH **normal rating**
= continuous rating
Dauerlochstreifen *nm* TER&PER **long life tape**

Dauermagnet *nm* PHYS **permanent magnet**
= Permanentmagnet *nm*; permanenter Magnet

Dauermeldung *nf* TELECON **persistent information**

dauernd TECH → **persistent** *adj*
→ anhaltend

dauernd *adv* COLL **permanently** *adv*

dauernd erforderliche Verbindung RAD.NA **required service**
= R service

Dauernull *nf* DAT.CO **continuous zero**
= all-zeroes

Dauerprüfung *nf* QUAL **permanent test**
= Dauertest *nm*
= continuous test; endurance test

Dauerspannungsprüfung *nf* QUAL **voltage life test**

Dauerspeicher *nm* (1) HW → **nonvolatile memory**
→ nichtflüchtiger Speicher

Dauerspeicher *nm* (2) HW → **read-only memory**
→ Festwertspeicher *nm*

Dauerspeicher *nm* (3) HW → **non-erasable memory** (1)
→ nichtlöschbarer Speicher (1)

Dauerstandfestigkeit *nf* MECH → **endurance limit**
→ Ermüdungsgrenze *nf*

Dauerstopp *nm* DAT.CO **steady stop**

Dauerstörung *nf* RADIO **duration interference**

Dauerstrahlverfahren *nn* TER&PER **continuous-drop method**
[Tintendruck]
= Tintenstrahlverfahren *nn*
≠ Bedarfstropfenverfahren
[ink-jet printing]
≠ drop-on-demand method

Dauerstrich *nm* EL.TRO **continuous wave**
= CW

Dauerstrichbetrieb *nm* EL.TRO **continuous-wave mode**
= CW-Betrieb *nm*
≠ Impulsbetrieb
= CW mode; continuous-wave operation; CW operation
≠ pulsed mode

Dauerstrichlaser *nm* OPTOEL **continuous-wave laser**
= CW-Laser *nm*
≠ Impulslaser
= CW laser
≠ pulsed laser

Dauerstrichleistung *nf* EL.TRO **continuous-wave power**
≠ Impulsleistung
= CW power
≠ pulsed power

Dauerstrichradar *nm&nn* (*pl* -e) RAD.LO **continuous-wave radar**
= CW-Radar *nm&nn* (*pl* -e)
= CW radar

Dauerstromzentrale *nf* POW.SY **base load power set**

Dauertaste *nf* TER&PER **run-out key**
= Dauerfunktionstaste *nf*; Dauerauslösetaste *nf*
≈ Wiederholtaste
= repeat-action key
≈ repeat key

Dauertest *nm* QUAL → **permanent test**
→ Dauerprüfung *nf*

Dauerton *nm* TELEPH **steady tone**

Dauertonmessung *nf* INSTR **CW measurement**

Dauerträger *nm* TELEC **continuous carrier**

Dauerüberwachung *nf* EL.TRO **permanent supervision**

Dauerumschaltezeichen *nn* DAT.MA **nonlocking shift character**

Dauerumschaltung *nf* DAT.CO **shift-out** *n*
= SO
↑ ASCII-Code
= SO
↑ ASCII code

Dauerverarbeitung *nf* DAT.PR **continuous processing**
= Dauerbetrieb *nm*
≠ Stapelverarbeitung
= continuous operation
≠ batch processing

Dauerverbindung *nf* TELEC → **permanent connection** (1)
→ starre Durchschaltung

Dauerversuch *nm* QUAL → **endurance testing**
→ Langzeitprüfung *nf*

Dauerwechselfestigkeit *nf* MECH → **endurance limit**
→ Ermüdungsgrenze *nf*

Dauerzellrate *nf* TELEC **sustainable cell rate**
[ATM]
= aufrechterhaltbare Zellrate; durchsetzbare Zellrate
[ATM]
= SCR

Dauerzustand *nm* PHYS → **steady state** *n*
→ eingeschwungener Zustand

Daumenregel *nf* PHYS → **rough formula**
→ Faustformel *nf*

Daumenregister *nn* PRIN.ME **thumb index**
= Handmarke *nf*

DAVIC MEDIA **DAVIC**
= Digital Audio Visual Council

DAVID COMP.AP **DAVID**
= Digital Audio/Video Interactive Decoder

dazu gehörig TECH → **companion** *adj*
→ dazu passend

dazu passend TECH **companion** *adj*
= dazu gehörig

dazwischenliegend TECH **interjacent** *adj*
= intermediate (1)

dB PHYS → **decibel** *n*
→ Dezibel *nn*

DB-15-Stecker *nm* COMPO **DB-15 connector**

DB-19-Stecker *nm* COMPO **DB-19 connector**

DB-25-Stecker *nm* COMPO **DB-25 connector**

DB-37-Stecker *nm* COMPO **DB-37 connector**

DB-50-Stecker *nm* COMPO **DB-50 connector**

DB-9-Stecker *nm* COMPO **DB-9 connector**

dBASE DAT.MA **dBASE**
[ein relationales Datenbanksystem von Ashton Tate Corp.]
↑ Datenbank-Verwaltungssystem
[a relational database management system of Ashton Tate Corp.]
↑ database management system

DBCS-Code *nm* CODING → **two byte code**
→ Zwei-Byte-Code *nm*

D-Betrieb *nm* CIRC.EN **class D operation**
= class D mode; class D

DBMS DAT.MA → **database management system**
→ Datenbank-Verwaltungssystem *nn*

DBP POST → **Deutsche Bundespost**
→ Deutsche Bundespost

DB-Stecker *nm* COMPO **DB connector**
[die auf DB- folgende Zahl gibt die Anzahl der Kontakte an]
↓ DB-9-Stecker; DB-15-Stecker; DB-19-Stecker; DB-25-Stecker;
[from "Data Bus" or "DataBase"; the number indicates the number of pins]
= DB
↓ DB-9 connector; DB-15 connector; DB-19 connector; DB-25 connector; DB-37 connector; DB-50 connector

DC DAT.CO → **device control**
→ Gerätesteuerung *nf*

DCA-Format *nn* DAT.MA **DCA format**
[von IBM]
[Document Content Architecture; by IBM]

DCC TRANSM → **Data Communication Channel**
→ Datenkommunikationskanal *nm*

DCC-Kanal *nm* TRANSM → **Data Communication Channel**
→ Datenkommunikationskanal *nm*

DCD INTERNET **DCD**
= Document Content Description

DC-DC-Umrichter *nm* POW.SY → **dc convertor** (IEC)
→ Gleichstromumrichter *nm*

DC-DC-Wandler *nm* POW.SY → **dc convertor** (IEC)
→ Gleichstromumrichter *nm*

DCD-Signal *nn* DAT.CO → **data carrier detect signal**
→ Datenträger-Empfangssignal *nn*

DCD-Signal *nn* DAT.CO **DCD**
= Data Carrier Dedected

DCE DAT.NW **DCE**
= Distributed Computing Environment

DCF TELEC **DCF**
= Data Communications Function

DCI SW **DCI**
= Display Control Interface

DCIT CODING **DCIT**
= Digital Compression of Increased Transmission

DCL MICR.EL **DCL**
= direct coupled logic

DC-Last *nf* EL.TEC → **dc load**
→ Gleichstromverbraucher *nm*

DC-Mikrovoltmeter *nn* INSTR **dc microvoltmeter**

DC-Standard *nm* INTERNET **DC**
= Dublin Core

DCTL MICR.EL **DCTL**
= direct-coupled-transistor logic

DC-Umrichter *nm* POW.SY → **dc convertor** (IEC)
→ Gleichstromumrichter *nm*

DC-Wandler *nm* POW.SY → **dc convertor** (IEC)
→ Gleichstromumrichter *nm*

DD DAT.MA → **data definition**
→ Datendefinition *nf*

DD TER&PER → **double density**
→ doppelte Schreibdichte

DD-Anweisung *nf* SW → **data definition statement**
→ Datendefinitionsanweisung *nf*

DDBMS → verteiltes Datenbankverwaltungs-System	DAT.MA	→ **distributed databasa management system**
DDC → digitale Direktregelung	CONTRO	→ **direct digital control**
DDC → VESA-DDC	DAT.PR	→ **VESA DDC**
DDC-Standard *nm*	TER&PER	**DDC standard** = Display Data Channel
DD-Diskette *nf* [2.179 Bit/cm, 19 oder 38 Spuren/cm ; bis zu 360 kByte/Diskette] = Double-density-Diskette *nf*; LD-Diskette *nf*; Low-Density-Diskette *nf*	TER&PER	**DD disk** [5,536 bpi, 48 or 96 tpi; up to 360 kByte/diskette] = double-density disk; DD floppy disk; double-density floppy disk; DD disk; DD diskette; double-density diskette; LD disk; low-density disk; LD floppy disk; low-density floppy disk; LD diskette; low-density diskette
DDE → dynamischer Datenaustausch	DAT.MA	→ **dynamic data exchange**
DDE-Protokoll *nn* [in MS Windows und OS/2]	DAT.CO	**DDE protocol** [in MS DOS and OS/2] = Dynamic Data Exchange
DDK	SW	**DDK** = Driver Development Kit
DDM → verteilte Datenbankverwaltung	DAT.MA	→ **distributed database management**
DDN-Netz *nn* [militärisches Datennetz in USA]	TELEC	**Defense Data Network** [in the US] = DDN
DDRR-Antenne *nf* = Hula-hoop-Antenne *nf*, Transmission-line-Antenne *nf*	ANT	**DDRR antenna** = hula-hoop antenna; transmission line antenna
DDS-Dienst *nm* [in USA, digitale Mietleitungen über das Fernsprechnetz, für Synchronübertragung bis 64 kbit/s]	DAT.CO	**DDS** [service of US carriers, providing digital leased lines of the telephone network, for synchronous transmission up to 64 kbit/s] = Digital Dataphone Service
Deadletterbox *nf*	INTERNET	**dead-letter box**
Deadlock → Verklemmung *nf*	COMP.SC	→ **deadlock** *n*
deaktivieren → sperren	EL.TRO	→ **disable** *vt*
deallozieren → freimachen *vt*	COMP.SC	→ **deallocate**
Deallozierung *nf* → Freimachung *nf*	COMP.SC	→ **deallocation** *n*
DEAP	MICR.EL	**DEAP** = diffused eutectic aluminum process
Deathnium *nn* → Rekombinationszentrum *nn*	PHYS	→ **recombination center**
Debet-Zeichen *nn*	ECON	**debit sign** = debit symbol
Debitkarte *nf* [Karte mit Verfügungsrahmen, mit zeitgleicher Kontobelastung; z.B. Die ec-Karte] ≠ Kreditkarte	ECON	**debit card** [card with credit limit, with simultaneous debit entry ("buy now, pay now")] ≠ credit card
Debit-Karte *nf* → Guthabenkarte *nf*	TER&PER	→ **prepaid phonecard**
Debitor *nm* → Schuldner *nm*	ECON	→ **debtor** *n*
Debitoren *nplt* → Forderungen *nplt*	ECON	→ **accounts receivables** (AM) *nplt*
de-Broglie-Welle *nf* → Materialwelle *nf*	PHYS	→ **de Broglie wave**
Debugprogramm *nn* → Diagnoseprogramm *nn*	SW	→ **diagnostic program**
Debye-Länge *nf*	PHYS	**Debye length**
DEC → Digital Equipment Corporation	DAT.PR	→ **Digital Equipment Corporation**
DECCA-Verfahren *nn*	RAD.NA	**DECCA navigation**
dechiffrieren → entschlüsseln	INF.TEC	→ **decode** *vt*
De-Cix [deutsche Version des CIX]	INTERNET	**De-Cix** [German version of CIX]
Deckadresse *nf* = Deckanschrift *nf*	ECON	**accomodation address**
Deckanschrift *nf* → Deckadresse *nf*	ECON	→ **accomodation address**
Deckanstrich *nm* [Farbe] = Decklackierung *nf*	TECH	**top coat** [of a paint]
Deckblatt *nn*	PRIN.ME	**cover sheet** *n* = cover *n* (3); front cover; lead sheat
Decke *nf*	CIV.EN	**ceiling** *n*
Deckel *nm* ≈ Klappe ↑ Abdeckung	TECH	**lid** *n* ≈ flap ↑ cover
Deckel *nm* = Buchdeckel *nm*; Einbanddeckel *nm* ↑ Einband ↓ vorderer Einbanddeckel; hinterer Einbanddeckel	PRIN.ME	**cover** *n* (1) ↑ binding ↓ front cover; back cover
Deckel *nm* (slang) → Begrenzung *nf*	TECH	→ **limitation** *n*
Deckelinnenseite *nf*	PRIN.ME	**inside cover**
decken [Farbe]	TECH	**cover** *vt* (2) [hiding effect of a paint] = hide
Deckenaufhängung *nf* = Deckenbefestigung *nf*	SYS.INS	**ceiling suspension** = ceiling mounting
Deckenband *nn*	PRIN.ME	**hardcover** *n*
Deckenbefestigung *nf* → Deckenaufhängung *nf*	SYS.INS	→ **ceiling suspension**
Deckenbeleuchtung *nf* = Plafondbeleuchtung *nf*	EL.INS	**ceiling leighting** = skylight
Deckendurchbruch *nm*	SYS.INS	**ceiling opening**
Deckenhohlraum *nm*	CIV.EN	**plenum** *n* [space between ceiling and drop ceiling] = ceiling plenum
Deckenlautsprecher *nm*	EL.ACOU	**ceiling speaker**
Deckfähigkeit *nf* [Farbe] = Deckkraft *nf*	OPT	**covering power** = hiding power
deckgrün *adj*	OPT	**opaque green** *adj*
Deckkraft *nf* → Deckfähigkeit *nf*	OPT	→ **covering power**
Deckkraft *nf* [Farbe]	OPT	**opacity** *n* [paint]
Decklackierung *nf* → Deckanstrich *nm*	TECH	→ **top coat**
Deckmittel *nn* [Farbe]	OPT	**covering material** = hiding material
Deckplatte *nf*	MEC.EN	**top plate**
Deckschicht *nf*	MICR.EL	**cover** *n*
Deckung *nf*	ECON	**coverage**
Deckungsbeitrag *nm*	ECON	**marginal contribution** = contribution margin; variable gross margin
deckungsgleich	TECH	**congruent** = coincident; accurately aligned
deckungsgleich → kongruent	MATH	→ **congruent**
Deckungsgleichheit *nf*	TECH	**congruent matching** = accurate alignment
Deckungsgleichheit *nf* → Kongruenz *nf*	MATH	→ **congruence** *n*
Decoder *nm* → Decodierer *nm*	CIRC.EN	→ **decoder** *n*
decodieren → entschlüsseln	INF.TEC	→ **decode** *vt*
decodieren *vt* = dekodieren ≈ entschlüsseln [INF.TEC] ≠ codieren	CODING	**decode** *vt* = decode *vt* [INF.TEC] ≠ code
Decodierer *nm* = Decoder *nm*; Dekodierer *nm* ≠ Codierer	CIRC.EN	**decoder** *n* ≠ coder
Decodiermatrix *nf* → Entschlüsselungsmatrix *nf*	CIRC.EN	→ **decode network**
Decodierschalter *nm*	COMPO	**decode switch**
Decodierung *nf* = Dekodierung *nf*	CODING	**decoding** *n*
Decodierung *nf* → Entschlüsselung *nf*	INF.TEC	→ **decryption** *n*
Decompiler *nm* (ANGL) → Entkompilierer *nm*	SW	→ **decompiler** *n*
DECT [schnurlose Telefonie nach CEPT-Norm]	TELEC	**DECT** [Digital European Cordless

= DECT-Norm *nf*; DECT-Standard *nm* — Telecommunication; CEPT standard for cordless telephony]
= DECT standard

DECT-Norm *nf* TELEC → **DECT**
→ DECT

DECT-Standard *nm* TELEC → **DECT**
→ DECT

dediziert TECH → **application-specific** *adj*
→ anwendungsspezifisch

dedizierter Computer DAT.PR → **special-purpose computer**
→ Spezialrechner *nm*

dedizierter Kanal HW **dedicated channel**
= zweckgebundener Kanal; Standkanal *nm*

dedizierter Server DAT.NW **dedicated server**
[ausschließlich für Netzverwaltungsaufgaben] [exclusively for network management tasks]

dediziertes Register HW **dedicated register**
= zweckbestimmtes Register

Dedizierung *nf* TECH → **dedication** *n*
→ Zweckbestimmung *nf*

Dedo CINEMA → **converging lens beamer**
→ Sammellinsenscheinwerfer *nf*

DE-Domain INTERNET → **DE domain**
→ DE-Domäne *nf*

DE-Domäne *nf* INTERNET **DE domain**
[Internet-Domäne für Deutschland] ≠ Internet domain for Germany
= DE-Domain

Deduktion *nf* LOGIC **deductive reasoning**
[Schluss vom Allgemeinen zum Besonderen] [reasoning from generals to particulars]
= Deduktivschluss *nm*; Abduktion *nf* = deductive conclusion; deductive inference

Deduktionssystem *nn* INF.TEC **deduction system**

Deduktivschluss *nm* LOGIC → **deductive reasoning**
→ Deduktion *nf*

deduzieren SCIE → **derive** *vt*
→ ableiten

DEE DAT.CO → **data terminal equipment**
→ Datenendeinrichtung *nf*

Deemphasis (ANGL) TELEC → **de-emphasis**
→ Rückentzerrung *nf*

de facto COLL → **real** *adj*
→ tatsächlich *adj*

De-facto-Norm TECH **de-facto standard**
= De-facto-Standard *nm*

De-facto-Standard *nm* TECH → **de-facto standard**
→ De-facto-Norm

Default-Wert *nm* SW → **default** *n*
→ Vorgabe *nf*

defekt QUAL → **faulty** *adj*
→ fehlerhaft

Defekt *nm* QUAL → **fault** *n*
→ Fehler *nm*

Defekt *nm* TECH → **fault** *n*
→ Fehler *nm*

Defektelektron *nn* PHYS → **hole** *n*
→ Loch *nn*

Defektelektronen-Beweglichkeit *nf* PHYS → **hole mobility**
→ Löcherbeweglichkeit *nf*

Defektelektronendichte *nf* PHYS → **hole density**
→ Löcherdichte *nf*

Defektelektronengas *nn* PHYS → **hole gas**
→ Löchergas *nn*

Defektelektronen-Konzentration *nf* PHYS → **hole concentration**
→ Löcherkonzentration *nf*

Defektelektronenleiter *nm* PHYS → **p-type conductor**
→ P-Leiter *nm*

Defektelektronen-Leitfähigkeit *nf* PHYS → **hole-type conductivity**
→ Löcherleitfähigkeit *nf*

Defektelektronenstrom *nm* PHYS → **hole current**
→ Löcherstrom *nm*

defektfreie Zone MICR.EL **defect-free zone**

Defektleitung *nf* PHYS → **hole conduction**
→ Löcherleitung *nf*

Defektlelektronenleitung *nf* PHYS → **hole conduction**
→ Löcherleitung *nf*

defensives Programmieren SW **defensive programming**

definieren SCIE **define** *vt*

definieren SW **define** *vt*

Definitheit *nf* LOGIC **definiteness** *n*

Definition *nf* LOGIC **definition** *n*

Definition *nf* SW **definition** *n*

Definitionsbereich *nm* MATH **definition range**

Definitionsdatei *nf* DAT.MA **definition file**

definitionsgemäß SCIE **by definition**
= per definitionem

Definitionsgleichung *nf* MATH **defining equation**
= Bestimmungsgleichung *nf*

definitiv COLL → **final** *adj*
→ endgültig

Definitivum *nn* (*pl* -va) SCIE **final state**
= endgültiger Zustand

Defizit *nn* ECON **deficit** *n*
≈ Fehlbetrag

Defizit *nn* ECON → **shortfall** *n*
→ Fehlmenge *nf*

Deflagration *nf* TECH **deflagration** *n*
[explosionsartige Verbrennung] [sudden sparkling combustion]
≈ Explosion

Deflektionsspule *nf* EL.TRO → **deflection coil**
→ Ablenkspule *nf*

Deflektorsystem *nn* EL.TRO → **deflection system**
→ Ablenksystem *nn*

Deflexionsjoch *nn* EL.TRO → **deflection yoke**
→ Ablenkjoch *nn*

Deflexionswinkel *nm* INSTR → **deflection angle**
→ Ausschlagwinkel *nm*

defokussieren OPT **defocus** *vt*

defokussierte Parabolantenne ANT **defocussed parabolic antenna**

Defokussierung *nf* OPT **defocussing** *n*

Deformation *nf* TECH → **deformation** *n*
→ Verformung *nf*

defragmentieren DAT.MA → **defragment** *vt*
→ entfragmentieren

Defragmentierer *nm* SW → **defragmentation program**
→ Entfragmentierungsprogramm *nn*

Defragmentierung *nf* DAT.MA → **defragmentation**
→ Entfragmentierung *nf*

Defuzzifizierung *nf* ART.IN **defuzzification** *n*

degeneriert *adj* MATH **degenerated**
= entartet

degenerierte Mode MICROW → **degenerate mode**
→ degenerierter Wellentyp

degenerierter Baum DAT.MA **degenerate tree**

degenerierter Wellentyp MICROW **degenerate mode**
= degenerierte Mode

Degenerierung *nf* MATH **degeneration** *n*
= Entartung *nf* = degeneracy *n*

Deglitcher *nm* EL.TRO **deglitcher** *n*
[unterdrückt Störspannungsspitzen] [suppresses interfering pulses]

Degression *nf* ECON **degression** *n*

degressiv ECON **declining**

dehnbar PHYS **extensible**
≈ spannbar ≈ tensible

dehnbare Handapparateschnur TER&PER → **retractile cord**
→ Spiralschnur *nf*

Dehnbarkeit *nf* PHYS **extensibility**
≈ Spannbarkeit; Elastizität = ductility *n*
≈ tensibility; elasticity

dehnen EL.TRO **lengthen**
[Impuls] [pulse]

dehnen PHYS **strech** *vt*
= strecken = extend; elongate
≈ spannen ≈ tense

Dehner *nm* TELEC → **expander** *n*
→ Expander *nm*

dehnfest MECH → **tensile** *adj*
→ zugfest

Dehnlinienverfahren *nn* COMP.GR → **rubber banding**
→ Gummibandverfahren *nn*

Dehnmessstreifen *nm* INSTR **strain gauge**
= Dehnungsmessstreifen *nm*; DMS = strain gage
↑ Sensor [COMPO] ↑ sensor [COMPO]

Dehnmessstreifen-Verstärker *nm* INSTR **strain-gauge amplifier**

Dehnung *nf* MECH **stretch** *n*
[eines Festkörpers in die Länge oder Breite] = extensio *n*; expansion *n*; dilation *n*; dilatation *n*; lengthening *n*
↓ Ausdehnung (1) ≈ strain
↓ extension

Dehnung *nf* TELEC → **expansion** *n*
→ Expandierung *nf*

Dehnungsbeanspruchung *nf* MECH **tensile stress**

Dehnungsmessstreifen *nm* INSTR → **strain gauge**
→ Dehnmessstreifen *nm*
Dehnungsmuffe *nf* COM.CAB **expansion box**
Dehydratation *nf* TECH → **dehydration** *n*
→ Entwässerung *nf*
Dehydration *nf* CHEM **dehydrogenation** *n*
[Entzug von Wasserstoff] [removal of hydrogen]
= Dehydrierung *nf*
dehydratisieren TECH → **dry-up** *vt*
→ austrocknen
dehydratisieren TECH → **dehydrate** *vt*
→ entwässern
dehydrieren CHEM **dehydrogenate** *vt*
[einer Verbindung Wasserstoff entziehen] [subtract hydrogen from a compound]
Dehydrierung *nf* CHEM → **dehydrogenation** *n*
→ Dehydration *nf*
deiktischer Ausdruck LOGIC **indexical expression**
= indexikalischer Ausdruck; Indikator *nm* = egocentric particular; shifter
Deinstallation *nf* INF.TEC **deinstallation** *n*
= Deinstallierung *nf* = uninstallation *n*
deinstallieren *vt* INF.TEC **deinstall** *vt*
= uninstall *vt*
Deinstallierung *nf* INF.TEC → **deinstallation** *n*
→ Deinstallation *nf*
Dejitterizer *nm* CIRC.EN **dejitterizer** *n*
De-jure-Norm *nf* TECH **de jure standard**
= De-jure-Standard *nm*
De-jure-Standard *nm* TECH → **de jure standard**
→ De-jure-Norm *nf*
Dekade *nf* MATH → **decade** *n*
→ Zehnerpotenz *nf*
Dekadenkondensator *nm* INSTR **decade capacitance**
Dekadenschalter *nm* COMPO **decade switch**
≈ Fingerradschalter ≈ thumbwheel switch
Dekadenwiderstand *nm* INSTR **decade resistor**
Dekadenzähler *nm* CIRC.EN **decade counter**
dekadisch MATH → **decimal** *adj*
→ dezimal
dekadische Impulswahl SWITCH **decadic pulse dialing**
dekadischer Logarithmus MATH **common logarithm**
= Logarithmus zur Basis 10; Briggscher Logarithmus; gewöhnlicher Logarithmus; Zehnerlogarithmus *nm* = logarithm to the base of 10; decadic logarithm
dekadisches Positionssystem COMP.SC → **decimal notation**
→ Dezimalsystem *nn*
dekadisches Vermittlungssystem SWITCH **decimal switching system**
[elektromechanisches Vermittlungssystem] [electromechanical switching system]
= dekadisches Wählsystem
dekadisches Wählsystem SWITCH → **decimal switching system**
→ dekadisches Vermittlungssystem
dekadische Wahl SWITCH **decimal dialing**
= decimal switching
Dekaeder *nn* MATH **decahedron** *n* (*pl* -drons&-dra)
dekamegametrische Wellen RADIO **decamegametric waves**
[100.000 km -10.000 km; 30 Hz -3 Hz] [100,000 km -10,000 km; 30 Hz -3 Hz]
= Band Nr.1 (UIT) = Band Number 1 (ITU)
Dekameterwellen *nplt* RADIO **decametric waves**
[100 m-10 m; 3 MHz -30 MHz] [100 m -10 m; 3 MHz -30 MHz]
= Kurzwelle; KW; HF; Band Nr.7 (UIT); B.dam = short waves; high frequency; HF; Band Number 7 (UIT); B.dam
Dekan *nm* EDUC **dean** *n*
dekantieren TECH **decant**
Deka- *praef* PHYS **deca-** *praef*
[10E1; vom griech. "déka" = "zehn"] [10E1; from Greek "déka" = "ten"]
= da- = da-; deka-; dec-; dek-
Deklaration *nf* SW **declaration** *n*
Deklaration *nf* ECON → **declaration** *n*
→ Verlautbarung *nf*
Deklaration *nf* SW → **declaration** *n*
→ Vereinbarung *nf*
Deklarationsliste *nf* SW **declaration list**
deklarativ COMP.LG **declarative** *adj*
= erklärend; deskriptiv; beschreibend; nicht-verfahrensorientiert; nicht-prozedurorientiert = descriptive; nonprocedural; nonprocedural
≠ procedural
deklarative Programmiersprache COMP.LG **declarative programming language**
[der Benutzer kann Fakten deklarieren und sie bei der Definition von Problemen ansprechen] [the user can declare facts and use them to express problems]
= deskriptive Programmiersprache; deklarative Sprache; deskriptive Sprache; spezifikatorische Programmiersprache; spezifikatorische Sprache; nichtalgorithmische Programmiersprache; nichtalgorithmische Sprache = descriptive programming language; declarative language; descriptive language
≈ Dialogsprache ≈ interactive language
↑ nonprocedural language
deklarativer Satz LING → **positive sentence**
→ Aussagesatz *nm*
deklarative Sprache COMP.LG → **declarative programming language**
→ deklarative Programmiersprache
Deklarativsatz *nm* LING → **positive sentence**
→ Aussagesatz *nm*
Deklarator *nm* COMP.LG → **declarator** *n*
→ Vereinbarungssymbol *nn*
deklarieren SW → **declare** *vt*
→ vereinbaren
deklarierter Inhalt INTERNET **declared content**
Deklination *nf* LING **declination** *n*
[Beugung des Substantivs] [inflection of nouns]
↑ Flexion; Morphologie = declension *n*
↑ inflection; morphology
Deklination *nf* PHYS → **declination** *n*
→ Missweisung *nf*
dekodieren CODING → **decode** *vt*
→ decodieren *vt*
dekodieren INF.TEC → **decode** *vt*
→ entschlüsseln
Dekodierer *nm* CIRC.EN → **decoder** *n*
→ Decodierer *nm*
Dekodiermatrix *nf* CODING **decoder network**
Dekodierung *nf* CODING → **decoding** *n*
→ Decodierung *nf*
dekomprimieren DAT.PR → **decompress** *vt*
→ entkomprimieren
Dekoration *nf* IMAG.ME **decoration** *n*
Dekorationsbau *nm* CINEMA → **art department**
→ Filmarchitekturabteilung *nf*
Dekorationslicht *nf* CINEMA **set light**
Dekrement *nn* TECH → **decrease** *n*
→ Abnahme *nf*
Dekrement *nn* MATH **decrement** *n*
≠ Inkrement ≠ increment
Dekrement *nn* PHYS → **decrement** *n*
→ Dämpfung *nf*
Dekrement *nn* TECH → **reduction** *n* (1)
→ Verminderung *nf*
Dekrementalzähler *nm* CIRC.EN → **down counter**
→ Rückwärtszähler *nm*
dekrementieren COMP.SC → **decrement** *vt*
→ vermindern
dekrementierend EL.TRO → **decremental**
→ zurückschaltend
Dekrompimierung *nf* DAT.MA → **data expansion**
→ Datenexpansion *nf*
DEL METAL **DEL-grade copper**
= Deutscher Elektrolytkupfer für Leitzwecke
DEL DAT.CO → **delete** *n*
→ Löschen *nn*
Delamination *nf* TECH **delamination** *n*
[Abschälen von Schichten]
Delegation *nf* SW **delegation** *n*
[OOP; Implementierungsmechanismus] [OOP; implementation mechanism]
delegieren OFFICE **delegate** *vt*
= übertragen
DELETE-Taste *nf* TER&PER → **delete key** *n*
→ ENTF-Taste *nf*
Deletia *nn* INTERNET **deletia** *n*
= Weggelassenes *nn*
Delkredere *nn* ECON → **del credere**
→ Delkredere-Risiko *nn*
Delkredere *nn* (1) ECON **collection liability**
[vom italien. "del credere" – "des Vertrauens"]
Delkredere *nn* (2) ECON **collection risk allowance**
= Forderungsrückstellung *nf*
Delkredere-Risiko *nn* ECON **del credere**
= Delkredere *nn* = collection risk
Delle *nf* TECH **dent** *n*
[durch Druckeinwirkung erzeugte leichte Vertiefung] [slight depression caused by pressure]
= Dalle *nf* ≈ notch
≈ Kerbe ≠ bump
≠ Beule

Delon-Schaltung *nf* INSTR **Delon rectifier circuit**
= Greinacher-Schaltung *nf*
Delta (fig) MATH → **difference** *n*
→ Differenz *nf*
Delta *nn* LING **delta** *n*
[griechischer Buchstabe "d"] [Greek symbol "d"]
Delta *nn* MATH **delta** *n*
[Symbol für Differenz] [symbol for difference]
Delta-Anpassung *nf* LINE TH **delta match**
≈ T-Anpassung ≈ T match
Delta-Antenne *nf* ANT **delta antenna**
≈ Doppel-Delta-Antenne ≈ double delta antenna
↑ Langdrahtantenne ↑ long-wire antenna
Delta-Element *nn* ANT **delta-shaped element**
= Delta-Schleife *nf* ↑ radiator
↑ Strahlelement
Deltafunktion *nf* MATH **delta function**
Delta-loop-Antenne *nf* ANT **delta loop antenna**
Delta-loop-Yagi-beam ANT **delta loop beam**
Delta-Marke *nf* INSTR **delta marker**
Deltamaske *nf* TV → **shadow mask**
→ Lochmaske *nf*
Delta-Modem *nm&nn* MODUL **delta modem**
Deltamodulation *nf* MODUL **delta modulation**
Delta-N-Wert RAD.PRO **refractivity gradient**
Delta-PCM *nn* MODUL → **differential pulse code modulation**
→ Differenz-Pulsecodemodulation *nf*
Deltaröhre *nf* TV → **shadow mask tube**
→ Lochmaskenröhre *nf*
Deltaschaltung *nf* NETW.TH → **delta section**
→ Pi-Schaltung *nf*
Delta-Schleife *nf* ANT → **delta-shaped element**
→ Delta-Element *nn*
DEL-Taste *nf* TER&PER → **delete key** *n*
→ ENTF-Taste *nf*
Deltatakt *nm* HW **delta clock**
Deltoid *nn* (1) MATH **deltoid** *n* (1)
[Viereck mit zwei gleich langen benachbarten Schenkeln und einen Innenwinkel größer 180 °] [quadrilateral with two contiguous legs of equal length and one inner angle grater than 180 °]
Deltoid *nn* (2) MATH **deltoid** *n* (2)
[in zwei gleichschenklige Dreiecke teilbares Viereck] [quadrilateral dividable into two isosceles triangles]
demagnetisieren PHYS → **demagnetize** *vt*
→ entmagnetisieren
Demagnetisierer *nm* EL.TRO → **demagnetizer** *n*
→ Entmagnetisierer *nm*
Demagnetisierung *nf* PHYS → **demagnetization** *n*
→ Entmagnetisierung *nf*
Demagnetisierungsstrom *nm* EL.TEC → **demagnetization current**
→ Entmagnetisierungsstrom *nm*
Demarkation *nf* TECH → **demarcation** *n*
→ Abgrenzung *nf*
Dember-Effekt *nm* OPTOEL **photogalvanic effect**
= photogalvanischer Effekt; fotogalvanischer Effekt
demilitarisierte Zone DAT.NW **demilitarized zone**
Deminutiv *nn* LING → **diminutive** *n*
→ Diminutiv *nn*
Demo *nf* (1) SW → **demo disk** *n*
→ Demodiskette *nf*
Demo *nf* (2) SW → **demonstration program**
→ Demonstrationsprogramm *nn*
Demodiskette *nf* SW **demo disk** *n*
= Demonstrationsdiskette *nf*; Demo *nf* (1); Vorführdiskette *nf* = demonstration disk; demo *n* (1)
Demodularisierung *nf* SW **demodularization** *n*
[combining software modules]
Demodulation *nf* MODUL **demodulation** *n*
Demodulations-Übertragungsfunktion MODUL **demodulation transfer function**
Demodulator *nm* RADIO **demodulator** *n*
Demodulator *nm* MODUL **demodulator** *n*
= detector *n*; rectifier *n*
demokratisches Netz DAT.NW → **non-hierarchical network**
→ nicht-hierarchisches Netz
demolieren TECH → **destroy** *vt*
→ zerstören *vt*
Demonstrationsdiskette *nf* SW → **demo disk** *n*
→ Demodiskette *nf*
Demonstrationsprogramm *nn* SW **demonstration program**
= Demo-Programm *nn*; Demonstrations-Software *nf*; Demo-Software *nf*; Demoware *nf*; Demo *nf* (2) = demo program; demonstration software; demoware *n*; demo *n* (2)
Demonstrations-Software *nf* SW → **demonstration program**
→ Demonstrationsprogramm *nn*
Demonstrativpronomen *nn* LING **demonstrative pronoun**
[z.B. jener] [e.g. this]
= Demonstrativum *nn* (*pl* -va); hinweisendes Fürwort
Demonstrativum *nn* (*pl* -va) LING → **demonstrative pronoun**
→ Demonstrativpronomen *nn*
demonstrieren TECH → **demonstrate**
→ vorführen
Demontage *nf* TECH → **dismantlement** *n* (1)
→ Abbau *nm* (1)
demontieren TECH → **dismantle** *n*
→ abbauen
Demo-Programm *nn* SW → **demonstration program**
→ Demonstrationsprogramm *nn*
De-Morgan-Regel *nf* LOGIC **De Morgan rule**
De Morgan'sche Theoreme *nplt* CIRC.EN → **Morgan's theorems**
→ Theoreme von De Morgan
Demo-Software *nf* SW → **demonstration program**
→ Demonstrationsprogramm *nn*
Demo-Version *nf* SW → **demo version**
→ Vorführversion *nf*
Demoware *nf* SW → **demonstration program**
→ Demonstrationsprogramm *nn*
demultiplexen TELEC → **demultiplex** *vt*
→ demultiplexieren
Demultiplexen *nn* TELEC **demultiplexing** *n*
Demultiplexer *nm* TELEC **demultiplexer** *n*
= Demuxer *nm* = demultiplexor *n* (BE); DEMUX
demultiplexieren TELEC **demultiplex** *vt*
= demultiplexen
Demuxer *nm* TELEC → **demultiplexer** *n*
→ Demultiplexer *nm*
denär MATH → **decimal** *adj*
→ dezimal
Denärcode *nm* CODING → **decimal code**
→ Dezimalcode *nm*
Denglisch *nn* LING **English German**
[mit englischen Wörtern überladenes Deutsch] [German overcrowded with English words]
≈ Neudeutsch ≈ New German
↑ gibberish
Denial-of-Service-Attacke INTERNET → **denial of service attack**
→ Dienstverweigerungsattacke *nf*
Denke *nf* (slang) COLL → **thinking** *n*
→ Denken *nn*
Denken *nn* COLL **thinking** *n*
= Denke *nf* (slang)
Denkmodell *nn* SCIE **model of thought**
↓ Paradigma (2) ↓ paradigma (2)
Denotat *nn* LOGIC **denotation** *n*
= Bezeichnetes *nn*; Designat *nn*
den Weg bereiten COLL **pave the way**
[fig] [fig]
Deontik *nf* LOGIC → **deontic logic**
→ deontische Logik
deontische Logik LOGIC **deontic logic**
= Deontik *nf*
Depaketiereinheit *nf* TELEC **depacketizing unit**
[ATM] [ATM]
= DPAK
depaketieren DAT.CO **unpacketize** *vt*
depaketieren DAT.CO → **depacketize**
→ entpaketieren
Depaketierung *nf* DAT.CO **packet disassembly**
[Paketvermittlung] [packet switching]
= Datenpaket-Zerlegung *nf*; Entpaketisierung *nf* = depacketizing *n*; unpacketizing *n*
Depaketierzeit *nf* TELEC **depackaging time**
[ATM] [ATM]
Dependenz *nf* LING **dependence** *n*
= Abhängigkeit *nf*; Determination *nf*; Subordination *nf* = determination *n*
Depletionstransistor *nm* MICR.EL → **depletion transistor**
→ Verarmungstransistor *nm*
Depok *nm* RAD.RE → **cross-polar-interference canceler**
→ Depolarisationskompensator *nm*
Depolarisationsentkoppler *nm* RAD.RE → **cross-polar-interference canceler**
→ Depolarisationskompensator *nm*

Depolarisationskompensator *nm* RAD.RE **cross-polar-interference canceler**
= Depok *nm*; Depolarisationsentkoppler *nm* = XPIC; cross-pol interference canceller; cross-polarization canceller; cross-pol canceller

Depolarisator *nm* PHYS **depolarizer** *n*

Depolymerisation *nf* CHEM **depolymerisation**

Deponens *nn* LING **deponens** *n*
[mit passive Form aber aktiver Bedeutung] [with passive form but active meaning]
↑ Verb ↑ verb

deponieren COLL → **deposit** *vt*
→ verwahren *vt*

Depot *nn* ECON → **deposit** *n* (2)
→ Lager *nn* (*pl* Lager&Läger)

der Apparat ist zur Zeit belegt TELEPH **the number is engaged at the moment**
= der Teilnehmer ist gerade besetzt

derber Scherz COLL → **horseplay**
→ derber Spaß

derber Spaß COLL **horseplay**
= derber Scherz

dereferenzieren TECH → **dereference** *vt*
→ Bezug aufheben, den

deregulieren PUB.ADM **deregulate**

Deregulierung *nf* PUB.ADM **deregulation** *n*

Derivat *nn* SW **flavor** *n*
[Variante eines Betriebssystems] [variant of an operation systems]

der Meinung sein COLL → **mean** *vi*
→ meinen *vt*

der oberen Preisklasse ECON **high-end** *adj*

der Teilnehmer ist gerade besetzt TELEPH → **the number is engaged at the moment**
→ der Apparat ist zur Zeit belegt

der unteren Preisklasse ECON **low-end** *adj*

Desaktivierung *nf* EL.TRO → **disabling** *n*
→ Abschaltung *nf*

Descrambler *nm* CIRC.EN **descrambler** *n*
= Entwürfler *nm*

deselektieren *vt* SW **deselect** *vt*
[eine Auswahl aufheben] [remove a selection]
≠ auswählen ≠ select

deserialisieren *vt* SW **deserialize**

Design *nn* TECH → **styling** *n*
→ Gestaltung *nf* (1)

Designat *nn* LOGIC → **denotation** *n*
→ Denotat *nn*

Designregel *nf* TECH → **design rule**
→ Entwurfsregel *nf*

Desinformation *nf* TECH → **misinformation** *n*
→ Fehlinformation *nf*

desinstallieren DAT.PR **uninstall** *vt*
[HW oder SW entfernen] [remove HW or SW]

Desinstallierer *nm* SW **uninstaller** *n*
= Uninstaller *nm* = unistall software; uninstall utility

deskriptiv SCIE → **descriptive** *adj*
→ beschreibend

deskriptiv COMP.LG → **declarative** *adj*
→ deklarativ

deskriptive Programmiersprache COMP.LG → **declarative programming language**
→ deklarative Programmiersprache

deskriptive Sprache COMP.LG → **declarative programming language**
→ deklarative Programmiersprache

Deskriptor *nm* (1) DAT.MA → **descriptor** *n* (1)
→ Schlüsselbegriff *nm*

Deskriptor *nm* (2) DAT.MA → **descriptor** *n* (2)
→ Bezeichnung *nf*

Desktop (MS Windows) COMP.AP → **display background** *n* (1)
→ Bildhintergrund *nm*

Desktop *nm* COMP.AP → **desktop** *n*
→ Bildschirmarbeitsfläche *nf*

Desktop-Manager *nm* COMP.AP **desktop manager**
[GUI] [GUI]

Desktop-Mapping-System *nn* COMP.AP **desktop mapping system**

Desktop-Produkt *nn* COMP.AP → **desktop software product**
→ Desktop-Software-Produkt *nn*

Desktop Publishing *nn* COMP.AP **desktop publishing**
[Herstellen von Publikationen mit PC-Mitteln] [production of publications with PC tools]
= DTP; rechnerunterstützte Druckvorlagengestaltung = DTP
≈ Electronic Publishing ≈ electronic publishing
↑ CAP (2)

Desktop-Software *nf* COMP.AP → **desktop software product**
→ Desktop-Software-Produkt *nn*

Desktop-Software-Produkt *nn* COMP.AP **desktop software product**
[für Tischcomputer] [for desktop PC's]
= Desktop-Produkt *nn*; Desktop-Software *nf* = desktop product; desktop software

Desktop-Videokonferenzsystem *nn* TELEC **desktop video conference system**
= DVC system

DES-Norm INF.TEC **Data Encryption Standard**
[Datenverschlüsselungsnorm in den USA] [by U.S. National Bureau of Standards]
= DES

despotisch TELEC → **despotic**
→ zwangssynchronisiert

despotische Synchronisierung TELEC **master-slave synchronization**
= Master-slave-Synchronisierung *nf*

destilliertes Wasser CHEM **destilled water**

Destriau-Effekt *nm* OPTOEL **Destriau effect**
= Wechselfeldlumineszenz *nf*

destruktiver Betrieb DAT.PR **destructive operation**

Destruktor *nm* SW **destructor** *n*
[OOP] [OOP]

Desynchronisation *nf* TECH → **loss of synchronism**
→ Gleichlaufstörung *nf*

Detailaufnahme *nf* IMAG.ME **extreme close-up**
[z.B. mimischer Details eines Gesichts] [e.g. to show mimic details of a
= extreme Nahaufnahme

Detailbeschreibung *nf* TEC.DOC **detailed description**

Detailentwurf *nm* SW → **final design**
→ Feinentwurf *nm*

Detailkopie *nf* DAT.CO **deep copy**
[mit allen Teilstrukturen] [with all detail structures]

detaillieren TECH **detail** *vt*
≈ aufschlüsseln; spezifizieren ≈ itemize; specify

detailliert COLL **detailed**
≈ aufgeschlüsselt; ausführlich ≈ itemized; exhaustive

detaillierte Spezifikation TEC.DOC **high specification** (2)
= Detailspezifikation *nf* = high spec (2); detailed specification

Detailliste *nf* DAT.PR **detail report**

Detailspezifikation *nf* TEC.DOC → **high specification** (2)
→ detaillierte Spezifikation

Detailunterlagen *nplt* TEC.DOC **detailed documentation**

Detektor *nm* CIRC.EN → **evaluation circuit**
→ Auswerteschaltung *nf*

Detektor *nm* PHYS **detector** *n*

Detektor *nm* SIG.EN → **sensor** *n*
→ Melder *nm*

Detektordiode *nf* COMPO **detector diode**

Detektorrauschen *nn* EL.TRO **detector noise**

Determinante *nf* MATH **determinant** *n*

Determinante *nf* DAT.MA **determinant** *n*
[Datenbankattribut von dem andere abhängen] [database attribute from which others depend]

Determination *nf* LING → **dependence** *n*
→ Dependenz *nf*

determiniert STATIS **deterministic** *adj*
= deterministisch ≠ stochastic
≠ stochastisch

determiniertes Signal INF.TH **deterministic signal**

Determinismus *nm* SCIE **determinism** *n*
[die Fähigkeit das Ergebnis vorauszusagen] [ability to predict the outcome]

deterministisch STATIS → **deterministic** *adj*
→ determiniert

deterministische Bitrate TELEC **deterministic bit rate**
[ATM] = DBR

deterministischer Zugang TELEC **deterministic access**

Detonation *nf* TECH → **explosion** *n*
→ Explosion *nf*

Deutsche Bundespost POST **Deutsche Bundespost**
[ehemaliges Staatsunternehmen der BRD, für Post- und Fernmeldedienste] [former postal and telecommunications administration of the Federal Republic of Germany]
= DBP

deutscher Art COLL **German style**

Deutscher Elektrolytkupfer für Leitzwecke METAL → **DEL-grade copper**
→ DEL

Deutscher Multimedia-Verband MEDIA **DMMV**
= DMMV [German multimedia association]

deutscher Zentner PHYS → **metric hundredweight**
→ Zentner *nm* (1)

deutsche Schnittdarstellung ENG.DRA **German sectional view**

deutsche Schreibmaschinentastatur TER&PER → **German-standard keyboard**
→ DIN-Tastatur *nf*

deutsche Schrift PRIN.ME → **fraktur** *n*
→ Fraktur-Schrift *nf*

Deutsches Institut für Normung *nf* TECH → **DIN**
→ DIN

Deutsche Telekom AG TELEC **Deutsche Telekom AG**
[seit 1989 Nachfolgeorganis. der DBP]
= DTAG; Telekom *nf*
[substituted DBP in 1989]
= DTAG; Telekom

Deutung *nf* SW → **interpretation** *n*
→ Interpretierung *nf*

Devisen *nplt* (1) ECON → **foreign currency**
→ Fremdwährung *nf*

Devisen *nplt* (2) ECON → **foreign notes and coins** *n*
→ Sorten *nplt*

Devisentermingeschäft *nn* ECON **forward foreign exchange transaction**

Dez *nn* PHYS **decadegree** *n*
[10°]
[10°]
= ddeg

dezentral TECH **decentralized** *adj*
≈ verteilt
≠ zentral
= distributed
≈ partitioned
≠ centralized

dezentrale Datenverarbeitung DAT.PR **decentralized data processing**
[Ausführung der in einer Organisation anfallenden Arbeiten auf mehreren Kleinrechnern statt auf einem zentralen Großrechner]
= dezentrale Informationsverarbeitung; dezentrale Verarbeitung; dezentralisierte Datenverarbeitung; dezentralisierte Informationsverarbeitung; dezentralisierte Verarbeitung
≈ verteilte Datenverarbeitung
[execution of the tasks of an organization on several small computers rather than on a central main mainframe]
= DDP; decentralized information processing; decentralized processing

dezentrale Informationsverarbeitung DAT.PR → **decentralized data processing**
→ dezentrale Datenverarbeitung

dezentrale Intelligenz DAT.PR → **device intelligence**
→ Geräteintelligenz *nf*

dezentraler Teilhaberbetrieb DAT.PR **distributed transaction processing**
= verteilte Dialogverarbeitung
= distributed TP; DTP

dezentrale Verarbeitung DAT.PR → **decentralized data processing**
→ dezentrale Datenverarbeitung

dezentralisierte Datenverarbeitung DAT.PR → **decentralized data processing**
→ dezentrale Datenverarbeitung

dezentralisierte Informationsverarbeitung DAT.PR → **decentralized data processing**
→ dezentrale Datenverarbeitung

dezentralisierte Verarbeitung DAT.PR → **decentralized data processing**
→ dezentrale Datenverarbeitung

Dezentralisierung *nf* SCIE **decentralization** *n*

Dezentrierung *nf* MEC.EN **decentering** *n*

Dezibel *nn* PHYS **decibel** *n*
[1/10 Bel]
= dB
[1/10 Bel]
= dB

Dezigramm *nn* PHYS **decigram** (AE)
= dg
= decigramme (BE); dg

Dezil *nn* STATIS **decile** *n*

Deziliter *nn* PHYS **deciliter** (AE)
= dl
= decilitre (BE); dl

Dezillion *nf* MATH **novemdecillion** (AE)
[10E60]
[10E60]
= decillion (BE)

dezimal MATH **decimal** *adj*
= dekadisch; zehnteilig; denär
= decadic; denary; base 10

Dezimal-Binär-Umsetzung *nf* COMP.SC **decimal-to-binary conversion**
= Dezimal-Binär-Umwandlung *nf*

Dezimal-Binär-Umwandlung *nf* COMP.SC → **decimal-to-binary conversion**
→ Dezimal-Binär-Umsetzung *nf*

Dezimalbruch *nm* MATH **decimal fraction** *n*
= decimal *n*

Dezimalcode *nm* CODING **decimal code**
= Denärcode *nm*

dezimalcodiert CODING **decimal-coded** *adj*

Dezimaldarstellung *nf* MATH **decimal representation**

Dezimaldaten *nplt* COMP.SC **decimal data**

Dezimale *nf* MATH → **decimal position**
→ Dezimalstelle *nf*

dezimales Zahlensystem COMP.SC → **decimal notation**
→ Dezimalsystem *nn*

dezimales Zahlzeichen MATH **decimal numeral**
[z.B. 0, 1, 2, 3,.. im arabischen Ziffernsystem]
= Dezimalziffer *nf*, dezimale Ziffer
↑ Zahlzeichen
↓ römisches Zahlzeichen; arabisches Zahlzeichen
[e.g. 0, 1, 2, 3, ... in the Arabic digit system]
= decimal digit
↑ numeral
↓ Roman numeral; Arabic numeral

dezimale Ziffer MATH → **decimal numeral**
→ dezimales Zahlzeichen

dezimalgeometrische Folge [MATH] TECH → **standard number progression**
→ Normzahl-Grundreihe *nf*

Dezimal-Hexadezimal-Umsetzung *nf* COMP.SC **decimal-to-hexadecimal conversion**
= Dezimal-Hexadezimal-Umwandlung *nf*

Dezimal-Hexadezimal-Umwandlung *nf* COMP.SC → **decimal-to-hexadecimal conversion**
→ Dezimal-Hexadezimal-Umsetzung *nf*

dezimalisieren MATH **decimalize**

Dezimalisierung *nf* MATH **decimalization**

Dezimalklassifikation *nf* SCIE **decimal classification**

Dezimalkomma *nn* MATH → **point** *n*
→ Komma *nn* (*pl* -s&-tas)

Dezimalkommatabellierung *nf* COMP.AP **decimal tabulation**
= decimal tabbing

Dezimal-Oktal-Umsetzung *nf* COMP.SC **decimal-to-octal conversion**
= Dezimal-Oktal-Umwandlung *nf*

Dezimal-Oktal-Umwandlung *nf* COMP.SC → **decimal-to-octal conversion**
→ Dezimal-Oktal-Umsetzung *nf*

Dezimalpunkt *nm* MATH → **point** *n*
→ Komma *nn* (*pl* -s&-tas)

Dezimalrechner *nm* DAT.PR **decimal format computer**

Dezimalstelle *nf* MATH **decimal position**
[Stelle hinter dem Komma]
= Dezimale *nf*
≈ Dezimalzahl
↑ Ziffernstelle
↓ Zehntel; Hundertstel etc.
= decimal place
≈ decimal number
↑ digit position
↓ tenth; hundredth etc.

Dezimalsystem *nn* COMP.SC **decimal notation**
[Zahlendarstellung mit 10 Ziffern]
= dezimales Zahlensystem; Zehnersystem *nn*; dekadisches Positionssystem
↑ Stellenwertsystem; Festradix-Schreibweise
[representation of numbers by 10 digits]
= decimal number system; decimal numeration system; decimal system; decimal representation; decimal counting; denary notation; denary number system; denary numeration system; denary system; denary representation; denary counting
↑ positional notation; fixed-radix notation

Dezimalwellen *nplt* RADIO → **decimetric waves**
→ Dezimeterwellen *nplt*

Dezimalzahl *nf* MATH **decimal number**

Dezimalzähler *nm* CIRC.EN **decimal counter**
= BCD-Zähler *nm*
↑ Zähler
↑ counter

Dezimalziffer *nf* MATH → **decimal numeral**
→ dezimales Zahlzeichen

Dezimegametrische Wellen RADIO **decimegametric waves**
[1.000 km -100 km; 3 kHz -0,3 kHz]
= Band Nr.3 (UIT)
[1,000 km -100 km; 3 kHz -0.3 kHz]

Dezimeter *nn* PHYS **decimeter** (AE)
[0,1 m]
= dm
= decimetre (BE); dm

Dezimeterwellen *nplt* RADIO **decimetric waves**
[1-0,1 m; 300-3000 GHz]
= UHF; Dezimalwellen *nplt*; Band Nr.9 (UIT); B.dm
[1 m-0,1 m; 300 MHz-3 GHz]
= ultra-high frequencies; UHF; Band Number 9 (ITU); B.dm

Dezimeterwellentechnik *nf* RADIO **UHF engineering**
= Dezitechnik *nf*

Dezimikrometerwellen *nplt* RADIO **decimicrometric waves**
[0,1-0,01µ; 300-3000 THz]
↑ Submillimeterwellen
[0.1-0.01µ; 300-3000 THz]
↑ submillimetric waves

Dezimillimeterwellen *nplt* RADIO **decimillimetric waves**
[1-0,1 mm; 300-3.000 GHz]
= Band Nr.12 (UIT)
↑ Submillimeterwellen
[1-0.1 mm; 300-3,000 GHz]
= tremendously high frequency; THF; Band Number 12 (ITU)
↑ submillimetric waves

Dezi- *praef* PHYS **deci-** *praef*
[10E-1; vom latein. "decem" = "zehn"]
= d-
[10E-1; from Latin "decem" = "ten"]

Dezitechnik *nf* RADIO → **UHF engineering**
→ Dezimeterwellentechnik *nf*

DFB-Laser *nm* OPTOEL **DFB laser**
= distributed feedback laser

DFD DAT.PR → **data flow diagram**
→ Datenflussdiagramm *nn*

DFG DAT.CO → **data communications equipment**
→ Datenübertragungseinrichtung *nf*

DFL TELEC → **data line**
→ Datenleitung *nf*

D-Flipflop *nm* CIRC.EN → **delay element**
→ Verzögerungsglied *nn*

DFP TELEC → **Distributed Functional Plane**
→ funktionale Dienstmodellierung

DFS RADIO **DFS**
= Dynamic Frequency Selection

DFT EL.SC → **discrete Fourier transform**
→ diskrete Fourier-Transformation

DFÜ DAT.CO → **remote data transmission**
→ Datenfernübertragung *nf*

DFÜ-Skriptverwaltung *nf* DAT.NW **connectoid** *n*

dg PHYS → **decigram** (AE)
→ Dezigramm *nn*

DGIS DAT.PR **DGIS**
[eine Firmware von Graphics Software Systems] [Direct Graphics Interface Specification; a firmware by Graphics Software Systems]

D-Glied *nn* CONTRO **D-element**
= Differenzierglied *nn*; differenzierendes Übertragungsglied = differential element

DGM GIS → **digital terrain model**
→ digitales Geländemodell

DHCP-Protokoll *nn* INTERNET **DHCP**
= Dynamic Host Configuration Protocol

DHM GIS → **digital terrain model**
→ digitales Geländemodell

Dhrystone-Bewertungstest *nm* SW **Dhrystone benchmark**
[Neologismus in Abwandlung vom engl. "whetstone"] [neologism derived from "whetstone"]

DHTML INTERNET **DHTML**
[können in Aussehen und Inhalt verändert werden] [can be changed incontent and appearence]
= dynamisches HTML = Dynamic Hypertext Markup Language; Dynamic HTML

DIA DAT.PR **DIA**
[Document Interchange Architecture]

Dia-Abtaster *nm* TELEGR **dia scanner**
[Fax] [facsimile]

Diablo-Emulation *nf* TER&PER **Diablo-Emulation**

Diablo-Typenraddrucker *nm* TER&PER **Diablo type-wheel printer**

Diac *nm* MICR.EL → **trigger diode**
→ Triggerdiode *nf*

Diagnose *nf* SCIE **diagnosis** *n* (*pl* -ses)

Diagnoseangaben *nplt* DAT.CO **diagnostic code**

Diagnosebaustein *nm* MICR.EL **diagnostic chip**
= Diagnose-Chip *nm*; Prüf-Chip *nm*; Prüfbaustein *nm*

Diagnosebus *nm* HW **diagnostic bus**

Diagnose-Chip *nm* MICR.EL → **diagnostic chip**
→ Diagnosebaustein *nm*

Diagnoseeigenschaft *nf* EL.TRO **diagnostic feature**

Diagnoseeinheit *nf* EQP.EN **diagnostic unit**

Diagnosefähigkeit *nf* EL.TRO **diagnostic capability**

Diagnosefunktion *nf* DAT.PR **diagnostic function**

Diagnosehandbuch *nn* SW **diagnostic manual**

Diagnosehilfe *nf* SW → **test aid**
→ Testhilfe *nf*

Diagnosehinweis *nm* DAT.PR → **diagnostic message**
→ Fehlerhinweismeldung *nf*

Diagnosemeldung *nf* DAT.PR → **diagnostic message**
→ Fehlerhinweismeldung *nf*

Diagnosemittel *nn* SW → **test aid**
→ Testhilfe *nf*

Diagnoseprogramm *nn* SW **diagnostic program**
= Fehlersuchprogramm *nn*; Debugprogramm *nn*
≈ Prüfhilfe; Ablaufverfolger
↑ Dienstprogramm
↓ Ablaufverfolgungsprogramm
= diagnostic routine; diagnostics program; diagnostics routine; diagnostics; debugging program; debugging routine; debugger; fault location program; checkout program; checkout routine; debugging aid routine
≈ test aid; fault trace
↑ utility program
↓ tracer program

Diagnoseprüfung *nf* SWITCH **diagnose test**

Diagnoseroutine *nf* SW **diagnostic routine**

Diagnoseschleife *nf* [DAT.CO] TELEC → **test loop**
→ Prüfschleife *nf*

Diagnose-Software *nf* SW **diagnostic software**

Diagnosevorrichtung *nf* EQP.EN **diagnostic facility**
= diagnostic device

diagnostisch SCIE **diagnostic** *adj*

diagnostizieren SCIE **diagnose** *vt*

diagonal MATH **diagonal** *adj*

Diagonale *nf* MATH **diagonal** *n*
= diagonale Gerade

diagonale Gerade MATH → **diagonal** *n*
→ Diagonale *nf*

Diagonalhorn *nn* ANT **diagonal horn**
↑ Hornstrahler ↑ horn radiator

Diagonalpassfeder *nf* MEC.EN **Kennedy key**

Diagramm *nn* TEC.DOC **diagram** *n*
= Schaubild *nn*; Grafik *nf*; Graphik *nf*; Schemabild *nn*; Kurvenbild *nn* = analysis graphic; graph *n*

Diagrammform *nf* SCIE **diagrammatic form**

Diagrammgitter *nn* NETW.TH **chart graticule**

Diagrammkarte *nf* CART **diagrammatic map**

Diagramm-Programm *nn* COMP.AP **diagramming program**

Diagrammsynthese *nf* ANT **diagram synthesis**

Diakaustik *nf* OPT **diacaustic** *n*

Diakritikum *nn* LING → **diacritic mark**
→ diakritisches Zeichen

diakritisch LING **diacritic** *adj*
[der Differenzierung von Zeichen dienend, z.B. eine Cedille] [differentiating a character, e.g. a cedilla]

diakritisches Zeichen LING **diacritic mark**
[zur Unterscheidung der Aussprache oder Bedeutung eines Buchstabens] [modifying phonetic or semantic value of characters]
= Diakritikum *nn* = diacritical mark; diacritic symbol; diacritical symbol; diacritic *n*
≈ Satzzeichen ≈ punctuation mark
↑ Zeichen ↑ sign
↓ Cedille *nf*; Trema (*nn*; *pl* -ta oder -s); Betonungszeichen *nn*; Makron *nn*; Diäresis *nf*; Umlautzeichen *nn*; Tilde *nf* ↓ cedilla; diaresis; accent mark; macron; diaresis (1); umlat (2); tilde

Dialekt *nm* LING **dialect** *n*
= Regionalsprache *nf* [regional variation of a national language]

Dialekt *nm* COMP.LG **dialect** *n*
[Variation einer Programmiersprache] [variation of a programming language]

Dialer *nm* INTERNET **dialer** *n*
[Programm zur Einrichtung neuen Internet-Zugangs] [program to install new Internet accesses]
= Webdialer *nm*

Dialog *nm* INF.TEC **dialog** *n* (AE)
[vom Griechischen "dia-logos" = "Unter-redung"] [from Greek "dia-logos" = "between-talk" = conversation]
= Interaktion = dialogue (BE); interaction

Dialog *nm* DAT.PR → **interactive processing** *n*
→ Dialogbetrieb *nm*

Dialog- INF.TEC → **interactive** *adj*
→ interaktiv

Dialogabfrage *nf* COMP.AP **interactive inquiry**
= interaktive Abfrage = interactive enquiry; interactive query

Dialogbetrieb *nm* TELEPH **transaction processing** (2)
[Anrufer antwortet auf eine Fragensequenz] [caller answers to structured series of questions]

Dialogbetrieb *nm* DAT.PR **interactive processing** *n*
[Frage-Antwort-Spiel] [question-answer dialog; "conversational" may imply a continuous dialog]
= Dialogmodus *nm*; Dialogdatenverarbeitung *nf*; Dialogverarbeitung *nf*; Dialogverkehr *nm* [DAT.CO]; Dialog *nm* = interactive data processing; interactive mode; conversational processing; conversational data processing; conversational mode; transaction processing; transaction mode; interactive communication [DAT.CO]; conversational interaction [DATA COM]; dialog processing; dialog data processing; dialog-oriented processing; dialog mode; dialog *n*
≠ Stapelverarbeitung ≠ batch processing

Dialog-Betriebssystem *nn* SW **dialog operating system**

dialogbezogen INF.TEC → **interactive** *adj*
→ interaktiv

Dialogbox *nf* COMP.AP → **dialog field**
→ Dialogfeld *nn*

Dialogcompiler *nm* SW → **incremental compiler**
→ Inkrementalkompilierer *nm*

Dialogcomputer *nm* DAT.PR → **interactive computer**
→ Dialogrechner *nm*

Dialogdatenverarbeitung *nf* DAT.PR → **interactive processing** *n*
→ Dialogbetrieb *nm*

Dialogdienst *nm* TELEC → **interactive service**
→ interaktiver Dienst

Dialoge *nplt* MEDIA **dialogs** *nplt*

dialogfähig INF.TEC → **interactive** *adj*
→ interaktiv

dialogfähige Bildschirmstation TER&PER **interactive display terminal**

Dialogfeld *nn* COMP.AP **dialog field**
[zur Eingabe von Informationen]
= Dialogfenster *nn*; Dialogtafel *nf*; Dialogbox *nf*
≈ Warntafel
↑ Meldetafel
↓ Textfeld; Ankreuzfeld; Auswahllistenfeld; Optionsschaltfläche
[to input information]
= dialog window; dialog box
≈ alert box
↑ message box
↓ text field; check box; list box; option button

Dialogfeldtaste *nf* COMP.AP **dialog field key**
[um sich in einem Dialogfeld zu bewegen]
[to move within a dialog field]

Dialogfenster *nn* COMP.AP → **dialog field**
→ Dialogfeld *nn*

Dialogführung *nf* COMP.AP → **user interface**
→ Benutzeroberfläche *nf*

dialoggeführt INF.TEC → **interactive** *adj*
→ interaktiv

Dialoggerät *nn* DAT.CO → **interactive terminal**
→ Dialogstation *nf*

Dialoggrafik *nf* COMP.GR **interactive graphics**
= Dialoggraphik *nf*; interaktive Grafik; interaktive Graphik; interaktive graphische Datenverarbeitung

Dialoggraphik *nf* COMP.GR → **interactive graphics**
→ Dialoggrafik *nf*

Dialogkommunikation *nf* TELEC **interactive communication**
= Individualkommunikation
≠ Verteilkommunikation
= dialog communication; individual communication
≠ distributive communication

Dialogkompiler *nm* SW → **incremental compiler**
→ Inkrementalkompilierer *nm*

Dialogkompilierer *nm* SW → **incremental compiler**
→ Inkrementalkompilierer *nm*

Dialogmodus *nm* DAT.PR → **interactive processing** *n*
→ Dialogbetrieb *nm*

dialogorientiert INF.TEC → **interactive** *adj*
→ interaktiv

Dialogprogramm *nn* SW **dialog program** (AE)
[läuft mit Anwenderdialog ab]
= interaktives Programm
≠ Stapelprogramm
[executes with user interaction]
= dialogue programme (BE); interactive program (AE); interactive programme (BE); interactive routine
≠ batch program

Dialogrechner *nm* DAT.PR **interactive computer**
= interaktiver Rechner; Dialogcomputer *nm*; interaktiver Computer

Dialogseite *nf* TELEC → **response frame**
→ Antwortseite *nf*

Dialogsprache *nf* (1) COMP.LG **interactive language**
[die Programme werden durch Frage-Antwort-Dialoge gebildet]
↑ nicht verfahrensorientierte Sprache
[programs are created by question-answer dialogs]
= conversational language
↑ nonprocedural language

Dialogsprache *nf* (2) COMP.LG → **query language**
→ Abfragesprache *nf*

Dialogstation *nf* DAT.CO **interactive terminal**
= Dialoggerät *nn*
≈ programmierbare Datenstation [TER&PER]
↑ Datenstation
= conversational terminal; interactive station; conversational station; dialog terminal; dialog station; interactive device; conversational device
≈ intelligent terminal [TER&PER]
↑ terminal station

Dialogsystem *nn* DAT.PR **dialog system** (AE)
= interaktives System; Endbenutzersystem *nn*
= dialogue system (BE); interactive system; end-user system

Dialogtafel *nf* COMP.AP → **dialog field**
→ Dialogfeld *nn*

Dialogtaste *nf* TER&PER **soft key** (2)
[am Fernsprecher, mit kontextabh. Funktion]
= Softkey *nn* (ANGL)
[on the telephone set, with context-dependent function]

Dialogverarbeitung *nf* DAT.PR → **interactive processing** *n*
→ Dialogbetrieb *nm*

Dialogverkehr *nm* [DAT.CO] DAT.PR → **interactive processing** *n*
→ Dialogbetrieb *nm*

Dialogverkehrs- INF.TEC → **interactive** *adj*
→ interaktiv

diamagnetisch EL.SC **diamagnetic** *adj*

Diamagnetismus *nm* EL.SC **diamagnetism** *n*
[einem Magnetfeld proportionale aber entgegenwirkende Materialmagnetisierung]
≠ Paramagnetismus; Ferromagnetism; Ferrimagnetism
[a material magnetization proportional but counteracting to external magnetic field]
≠ paramagnetism; ferromagnetism; ferrimagnetism

Diamant *nm* PHYS **diamond** *n*

diamantartig PHYS **adamantine**

Diamantgitter *nn* PHYS **diamond lattice**

Diameter *nm* MATH → **diameter** *n*
→ Durchmesser *nm*

diametral MATH **diametrical**
= diametric

Diamond-Code *nm* CODING **Diamond code**

Diapason *nm* ACOUS → **tuning fork**
→ Stimmgabel *nf*

Diapositiv *nn* PRIN.ME → **diapositive** *n*
→ Durchsichtsvorlage *nf*

Dia-Projektor *nm* FOTO **slide projector**

Diärese LING → **diaeresis** *n* (*pl*- ses) (1)
→ Diäresis *nf* (*pl* -en)

Diäresis *nf* (*pl* -en) LING **diaeresis** *n* (*pl*- ses) (1)
[zwei nebeneinanderliegende Punkte oberhalb eines Vokals, kennzeichnet getrennte Aussprache zweier Vokale]
= Diärese
≈ Diphtong *nm*; Trema (*nn*; *pl* -ta oder -s)
↑ diakritisches Zeichen
[two points above a vowel, marking separate pronounciation of two vowels]
= dieresis *n* (*pl*- ses) (1)
≈ diphtong; diaeresis (2)
↑ diacritical mark

Dia-Schau DAT.PR **slide show**

diastatisch PHYS **diastatic**

Dibit *nn* COMP.SC **dibit** *n*
[00, 01, 10, 11]
[00, 01, 10, 11]

dichotom SCIE → **dichotomizing** *n*
→ zweiteilend

Dichotomie *nf* SCIE → **dichotomy** *n*
→ Zweiteilung *nf*

dichotomierend SCIE → **dichotomizing** *n*
→ zweiteilend

dichotomierende Suche DAT.MA → **binary search**
→ Binärsuche *nf*

dichotomische Suche DAT.MA → **binary search**
→ Binärsuche *nf*

Dichroismus *nm* OPT **dichroism**

dichroitisch OPT **dichroic** *adj*
[vom griech. "díchroos" = "zweifarbig"; mit verschiedenen Farben in verschiedenen Richtungen]
≈ zweifarbig; doppelfarbig
[from Greek "dí-chroos" = "two-colored"; with different colors in different directions]
≈ bichromatic; dichromatic

dichroitische Oberfläche ANT **dichroic surface**

dichroitischer Interferenzspiegel CINEMA **dichroic interference mirror**

dichromatisch OPT → **dichromatic** *adj*
→ doppelfarbig

dicht (1) TECH → **compact** *adj*
→ gedrängt

dicht (2) TECH **tight** *adj*
≈ undurchlässig; lecksicher
≠ undicht
≈ impermeable; leak-proof
≠ leak

dichtbesiedelt GEOSC **densely populated**
= densely settled

dichtbesiedeltes Gebiet MOB.CO **denslely populated ares**
= Hotspot *nn* (ANGL)
= hotspot *n*

Dichte *nf* TECH → **tightness** *n*
→ Dichtigkeit *nf*

Dichte *nf* (1) PHYS **density** *n* (1)
↓ Ladungsdichte; Massendichte
↓ charge density; mass density

Dichte (2) PHYS → **mass density**
→ Massendichte *nf*

Dichteanisotropie *nf* PHYS **density anisotropy**

Dichtefunktion *nf* PHYS **probability density**
= Aufenthaltwahrscheinlichkeit *nf*

Dichtegefälle *nn* PHYS → **density gradient**
→ Dichtegradient

Dichtegradient PHYS **density gradient**
= Dichtegefälle *nn*

dichten TECH → **seal** *vt* (1)
→ abdichten

dichtend TECH → **sealing** *adj*
→ abdichtend

Dichteumfang *nm* TELEGR → **tone wedge**
→ Tonwertskala *nf*

Dichtheit *nf* TECH → **tightness** *n*
→ Dichtigkeit *nf*

Dichtigkeit *nf* TECH **tightness** *n*
= Dichtheit *nf*; Dichte *nf* | ≈ leakproofness; impermeability
≈ Lecksicherheit; Undurchlässigkeit | ≠ leakage
≠ Undichtigkeit | ↓ airtightness
↓ Luftdichtigkeit

Dichtigkeitsprüfung *nf* QUAL **tightness test**
= leakage test

Dichtung *nf* LING **poetry** *n*
↓ Drama; Lyrik; Epik | ↓ dramaturgy; lyrics; epics

Dichtung *nf* TECH **seal** *n* (1)
= Abdichtung *nf* | = gasket *n* (for fixed parts); packing *n* (for moving parts); sealing *n*

Dichtungskitt *nm* TECH → **sealing material**
→ Dichtungsmasse *nf*

Dichtungskörper *nm* TECH **sealing body**
= seal *n* (4)

Dichtungsmasse *nf* TECH **sealing material**
= Dichtungsmaterial *nn*; Dichtungskitt *nm*; Dichtungsmittel *nn*; Abdichtmasse *nf*; Abdichtkitt *nm*; Abdichtmaterial *nn*; Ausgießmasse *nf*; Ausgussmasse *nf*; Vergussmasse *nf* | = sealing compound; sealing medium; sealant; lute; filling compound; flooding compound

Dichtungsmaterial *nn* TECH → **sealing material**
→ Dichtungsmasse *nf*

Dichtungsmittel *nn* TECH → **sealing material**
→ Dichtungsmasse *nf*

Dichtungsring *nm* TECH **sealing ring**

Dichtungsscheibe *nf* MEC.EN **sealing washer**
= sealing disk

Dichtungsschnur *nf* TECH **closure sealing cord**
= sealing cord

Dicing *nn* MICR.EL **dicing** *n*
[das Auseinanderschneiden von Halbleiterplättchen] | [cutting a wafer into chips]

dick PHYS **thick** *adj*

Dicke *nf* PHYS **thickness** *n*
= Dickte *nf*

Dickenschermode *nm* PHYS → **thickness shear mode**
→ Dickenscherungsschwingung *nf*

Dickenscherung *nf* PHYS **thickness shear**

Dickenscherungsschwinger *nm* COMPO **thickness shear crystal**
[Quarz]
= Dickenschwinger *nm*

Dickenscherungsschwingung *nf* PHYS **thickness shear mode**
= Dickenschermode *nm* | = thickness shear vibration

Dickenschwinger *nm* COMPO → **thickness shear crystal**
→ Dickenscherungsschwinger *nm*

dicker Client DAT.NW **fat client**
= Fat Client

dicker Dipol ANT **fat dipole**

dicker Server DAT.NW **fat server**
= Fat Server *nm*

Dickfilm *nm* MICR.EL **thick film**
= Dickschicht *nf* | ≠ thin film
≠ Dünnfilm

Dickfilm-Hybridschaltung *nf* MICR.EL → **thick film hybrid circuit**
→ Dickschicht-Hybridschaltung *nf*

Dickfilm-Hybridtechnik *nf* MICR.EL **thick-film hybrid technology**
= Dickschicht-Hybridtechnik *nf* | ↑ film technology
↑ Filmtechnik

Dickfilmkondensator *nm* MICR.EL → **thick film capacitor**
→ Dickschichtkondensator *nm*

Dickfilmschaltung *nf* MICR.EL **thick film circuit**
= Dickschichtschaltung *nf*

Dickfilmtechnik *nf* MICR.EL **thick film technology**
= Dickschichttechnik *nf* | ↑ film technology
↑ Filmtechnik

Dickfilmwiderstand *nm* MICR.EL **thick film resistor**
= Dickschichtwiderstand *nm*

dickflüssig TECH **viscous** *adj*
= zähflüssig; schwerflüssig; viskos; viskös; leimartig | = thick *adj*; thickly liquid; sluggish *adj* (1); ropy *adj*
≈ klebrig | ≈ sticky

Dickflüssigkeit *nf* TECH **viscosity** *n*
= Viskosität *nf*; Zähflüssigkeit *nf*; Schwerflüssigkeit *nf* | = sluggishness *n*; ropiness *n*
≈ Klebrigkeit | ≈ stickiness

Dickkernfaser *nf* OPT.CO **fat-core fiber**

Dickschicht *nf* MICR.EL → **thick film**
→ Dickfilm *nm*

Dickschicht-Hybridschaltung *nf* MICR.EL **thick film hybrid circuit**
= Dickfilm-Hybridschaltung *nf*

Dickschicht-Hybridtechnik *nf* MICR.EL → **thick-film hybrid technology**
→ Dickfilm-Hybridtechnik *nf*

Dickschichtkondensator *nm* MICR.EL **thick film capacitor**
= Dickfilmkondensator *nm*

Dickschichtschaltung *nf* MICR.EL → **thick film circuit**
→ Dickfilmschaltung *nf*

Dickschichttechnik *nf* MICR.EL → **thick film technology**
→ Dickfilmtechnik *nf*

Dickschichtwiderstand *nm* MICR.EL → **thick film resistor**
→ Dickfilmwiderstand *nm*

Dickte *nf* PHYS → **thickness** *n*
→ Dicke *nf*

Dickte *nf* PRIN.ME **character width**
[Buchstabenbreite einschließlich des beidseitigen Leerraums] | [width of type including the blank on both sides]
= Zeichendickte *nf*; Zeichenbreite *nf*; Schriftdickte *nf*; Schriftbreite *nf*; Buchstabenbreite *nf* | = set width; width *n*
↑ Schriftattribut | ↑ font attribute
↓ extraschmal; schmal; breit; extrabreit | ↓ elongated; condensed; extended; wide

dicktengleich PRIN.ME **fixed-pitch**
= gleich bleibend

dicktengleiche Schrift PRIN.ME → **constant-width font**
→ Konstantschrift *nf*

dickwandig TECH **thick-wall** *adj*

didaktisch SCIE **didactic**

Diebstahl *nm* LAW **theft** *n*
≈ Raub | = larceny *n*
≈ robbery

Diebstalsicherung *nf* SIG.EN **theft protection**

Dieder MATH → **dihedral**
→ Zweiflächner

Dielektrikum *nn* EL.SC **dielectric** *n*
↓ Elektret | = dielectric medium; dielectric material
↓ electret

dielektrisch EL.SC **dielectric** *adj*

dielektrisch beschichtet PHYS **dielectric coated**

dielektrische Antenne ANT **dielectrical antenna**
= dielectrical aerial

dielektrische Erregung EL.SC → **electric flux density**
→ elektrische Flussdichte

dielektrische Hysterese EL.SC **dielectric hysteresis**

dielektrische Isolation MICR.EL **dielectric insulation**

dielektrische Linse ANT **dielectric lens**

dielektrische Nachwirkung EL.SC **dielectric relaxation**

dielektrischer Oszillator MICROW → **DRO**
→ DRO-Oszillator *nm*

dielektrischer Resonator MICROW **dielectric resonator**

dielektrischer Rohrstrahler ANT → **dielectric rod antenna**
→ Stabantenne *nf*

dielektrischer Stielstrahler ANT → **dielectric rod antenna**
→ Stabantenne *nf*

dielektrischer Verlustfaktor EL.TEC → **loss factor**
→ Verlustfaktor *nm*

dielektrische Schicht EL.SC **dielectric layer**

dielektrisches Papier TER&PER **dielectric paper**
↑ Spezialpapier | ↑ special paper

Dielektrizitätskonstante *nf* EL.SC **dielectric constant** (1)
= Permittivität *nf* | = permittivity *n*
≈ elektrische Feldkonstante | ≈ dielectric constant (2)
↓ Dielektrizitätszahl

Dielektrizitätskonstante des leeren Raumes (obs) EL.SC → **dielectric constant** (2)
→ elektrische Feldkonstante

Dielektrizitätszahl *nf* EL.SC **relative permittivity**
= relative Dielektrizitätskonstante; Elektrisierungszahl *nf*; Permittivitätszahl *nf*; relative Permittivität | = permittivity ratio; relative dielectric constant
↑ Dielektrizitätskonstante

Dielektron *nn* MICR.EL **dielectron** *n*
↑ FET | ↑ FET

dienlich TECH → **serviceable** *adj*
→ brauchbar

Diensstgüte *nf* DAT.CO → **user class of services**
→ Teilnehmerbetriebsklasse *nf*

Dienst *nm* TELEC **service** *n*
= service category

Dienstanforderung *nf* DAT.CO **service request**
= service demand

Dienstangebot *nn* TELEC **service offer**

Dienstanschluss *nm* TELEC **service line connection**

Dienstanweisung *nf* ECON → **service instruction**
→ Dienstvorschrift *nf*

Dienstart *nf* DAT.CO → **user class of services**
→ Teilnehmerbetriebsklasse *nf*

dienstbereit DAT.CO **service ready**

Dienstbeschreibungsebene *nf* TELEC **Service Plane**
[IN] [IN]
= Service Plane; SP = SP

Dienstbit *nn* TRANSM → **service bit**
→ Service-Bit *nn*

Dienstdatenbank *nf* TELEC **Service Data Point**
[IN] [IN]
= SDP = SDP

Dienstdatenbankfunktion *nf* TELEC **Service Data Function**
[IN] = SDF
= SDF

Dienstdateneinheit *nf* TELEC **service data unit**
[ATM] [ATM]
= SDU = SCU

Dienst diskontinuierlichen Bitstroms TELEC **bursty-traffic service**

Diensteanbieter *nm* TELEC **service provider**
= Diensteerbringer *nm*; Dienstleister *nm* = service purveyor
≈ Netzbetreibergesellschaft ≈ operating company
≠ Inhalteanbieter ≠ content provider

Diensteanbieter *nm* ECON → **service provider**
→ Dienstleistungsunternehmen

Dienstebediensystem *nn* TELEC → **Service Management Point**
→ Diensteverwaltungsstelle *nf*

Dienstebereitstellung *nf* TELEC → **service provisioning**
→ Diensteinrichtung *nf*

Diensteerbringer *nm* TELEC → **service provider**
→ Diensteanbieter *nm*

Diensteerstellungs-Umgebung *nf* TELEC **Service Creation Environment**
[IN] = SCE
= Service-Kreierungs-Umgebung *nf*; SCE

Diensteinformation *nf* TELEC **service information**
= SI

Diensteinrichtung *nf* TELEC **service provisioning**
= Dienstebereitstellung *nf*

diensteintegrierend TELEC → **integrated-services** *adj*
→ dienstintegriert

Diensteintegrierendes Digitales Nachrichtennetz TELEC **Integrated-Services Digital Network**
= ISDN-Netz *nn*; ISDN; Diensteintegrierendes Digitalnetz; Dienstintegriertes Digitales Netz; Dienstintegriertes Digitalnetz = ISDN

Diensteintegrierendes Digitalnetz TELEC → **Integrated-Services Digital Network**
→ Diensteintegrierendes Digitales Nachrichtennetz

Dienstekennung *nf* TELEC **service identification**

Dienstelement *nn* DAT.CO **service facility**

Diensteportfolio *nn* TELEC **service portfolio**

Dienstesortierung *nf* TELEC → **traffic sorting**
→ Dienstetrennung *nf*

dienstespezifisch TELEC **service-specific**

Dienstesteuerungsstelle *nf* SWITCH **Service Control Point**
[IN] [IN]
= Dienststeuerungsstelle *nf*; Dienstezentrale *nf*; Serviceknoten *nm*; SCP = SCP

Diensteteilnehmer *nm* TELEC → **service subscriber**
→ Dienstteilnehmer *nm*

Dienstetrennung *nf* TELEC **traffic sorting**
= Dienstesortierung *nf*; Vorsortierung *nf* = grooming *n*; sorting *n*

Dienstevermittlungsfunktion *nf* TELEC **Service Switching Function**
[IN] [IN]
= Dienstzugriffsfunktion *nf*; SSF = SSF

Dienstevermittlungsstelle *nf* TELEC **Service Switching Point**
[IN] [IN]
= IN-fähige Vermittlungsstelle; SSP = SSP

Diensteverwaltungsstelle *nf* TELEC **Service Management Point**
[IN] [IN]
= Service-Verwaltungsstelle *nf*; Dienstebediensystem *nn*; SMP = SMP

Diensteverwaltungssystem *nn* TELEC **Servive Management System**
[IN] [IN]
= Service-Verwaltungssystem *nn*; Service-Management-System *nn*; SMS = SMS

Dienstevielfalt *nf* TELEC **service multiplicity**
= service variety

Dienstewechsel *nm* TELEC **service change**

Dienstezentrale *nf* SWITCH → **Service Control Point**
→ Dienstesteuerungsstelle *nf*

Dienstezentrale *nf* TELEC **Service Node**
[IN] [IN]
= SN = SN

dienstfrei ECON **off-duty** *adj*

Dienstgebrauch *nm* ECON **official use**

Dienstgerät *nn* COMP.AP → **information appliance**
→ Informationsdienstgerät *nn*

Dienstgespräch *nn* TELEPH **service call**
= official call

Dienstgüte *nf* TELEC **quality of service**
= Betriebsgüte *nf*; QoS = QoS; grade of service; operating quality

Dienstgüte *nf* SWITCH → **grade of service**
→ Verkehrsgüte *nf*

Dienstinformationsbyte *nn* SWITCH **SIO**
[SS7] [SS7]
= SIO-Byte = Service Information Octet

Dienstintegration *nf* TELEC **service integration**

dienstintegrierend TELEC → **integrated-services** *adj*
→ dienstintegriert

dienstintegriert TELEC **integrated-services** *adj*
= diensteintegrierend; dienstintegrierend

Dienstintegriertes Digitales Netz TELEC → **Integrated-Services Digital Network**
→ Diensteintegrierendes Digitales Nachrichtennetz

Dienstintegriertes Digitalnetz TELEC → **Integrated-Services Digital Network**
→ Diensteintegrierendes Digitales Nachrichtennetz

Dienstkanal *nm* BROADC **cue channel**

Dienstkanal *nm* TELEC **service channel**
= engineering order wire; engineer order wire (BE)

Dienstkanaleinrichtung *nf* TELEC **service channel equipment**
= engineering order wire equipment (BE)

Dienstkategorie *nf* DAT.CO → **user class of services**
→ Teilnehmerbetriebsklasse *nf*

Dienstkennung *nf* DAT.CO **service indicator**
= SI

Dienstkennzeichen *nn* DAT.CO **service identification signal**

Dienstklasse *nf* TELEC **class of service**
= Betriebsklasse *nf* = CoS

Dienstklasse *nf* DAT.CO → **user class of services**
→ Teilnehmerbetriebsklasse *nf*

Dienstklasse-Lizenz *nf* ECON **class licence**

dienstleistender Rechner DAT.NW → **server** *n*
→ Server *nm*

Dienstleister *nm* TELEC → **service provider**
→ Diensteanbieter *nm*

Dienstleistung *nf* ECON **service** *n*

Dienstleistungserbringer *nm* ECON → **service provider**
→ Dienstleistungsunternehmen

Dienstleistungsfähigkeit *nf* TELEC **service capability**

Dienstleistungsprogramm *nn* SW → **utility program** *n*
→ Dienstprogramm *nn*

Dienstleistungsrechner *nm* DAT.NW → **host computer**
→ Hauptrechner *nm*

Dienstleistungsunternehmen ECON **service provider**
= Diensteanbieter *nm*; Dienstleistungserbringer *nm* ↓ utility company
↓ Versorgungsunternehmen

Dienstleistungsverarbeitung *nf* TELEC **Service Level Agreement**
= SLA

Dienstleitung *nf* TELEC **order wire**

Dienstmanagement-Zugriffsfunktion *nf* TELEC **Service Management Access Function**
[IN] [IN]
= SMAF-Funktion *nf* = SMAF

Dienstmerkmal *nn* TECH **service characteristic**

Dienstmerkmal *nn* TELEC → **service feature**
→ Dientsleistungsmerkmal *nn*

Dienstmodellierungsebene *nf* TELEC **Global Functional Plane**
[IN] [IN]
= Global Functional Plane; GFP = GFP

Dienstmultiplexer *nm* TELEC **service multiplexer**

Dienstnachfrage *nf* TELEC **service demand**

dienstnehmender Rechner DAT.NW → **client** *n*
→ Client *nm*

dienstneutral TELEC → **multiservice** *adj*
→ Mehrdienste-

Dienstnutzer *nm* TELEC **service user**
[beansprucht IN-Dienste zum Erreichen von Netzteilnehmern] [makes use of IN to reach network subscribers]
≈ Dienstteilnehmer ≈ service subscriber

Dienstperson *nf* TELEPH **operator** *n*
= Operator *nm*; Beamtin *nf*; Mädchen vom Amt *nn* (slang, obs) [in Europe the operators are generally female]
↓ Fernbeamter; Fernbeamtin = central; attendant
↓ toll operator

Dienstplan *nm* ECON **roster** *n*
= Diensttabelle *nf*

Dienstprimitiv DAT.CO **service primitive**
= Dienst-Stammelement *nn*

Dienstprogramm *nn* SW **utility program** *n*
[Hilfsprogramm eines Betriebssystems, um dem Anwender begrenzte Routinetätigkeiten zu erleichtern] [auxiliary program of an operating system, to support the user in narrowly focussed routine activities]
= Hilfsprogramm *nn*; Dienstleistungsprogramm *nn*; Dienstroutine *nf*; Software-Hilfe *nf*; Utility *nf* = utility routine; utility *n*; service program; service routine; co-routine; auxiliary program
≈ Anwenderprogramm (1) ≈ application program
↑ Standard-Programm; Systemsoftware ↑ standard program; system software
↓ Programmierwerkzeug; Installationsprogramm; Editor; Diagnoseprogramm; Überwacher; Sortierprogramm ↓ tools; setup program; editor; diagnostic program; tracer; sorting

Dienstprogrammsammlung *nf* SW **tool kit**

Dienstreise *nf* ECON **duty trip**
≈ Geschäftsreise ≈ business trip; tour of duty

Dienstroutine *nf* SW → **utility program** *n*
→ Dienstprogramm *nn*

Dienstsignal *nn* DAT.CO **service signal**
= Netzmeldung *nf* = call progress signal; network message

Dienst-Stammelement *nn* DAT.CO → **service primitive**
→ Dienstprimitiv

Dienststelle *nf* PUB.ADM → **office** *n*
→ Amt *nn*

Dienststelle *nf* ECON **section** *n*
[eine Untergruppe einer Abteilung] [a sub-unit of a department]
= Sektion *nf* = department *n*
≈ Abteilung

Dienststellenleiter *nm* ECON **head of section**

Dienststeuerungsfunktion *nf* TELEC **Service Control Function**
[IN] [IN]
= SCF = SCF

Dienststeuerungsstelle *nf* SWITCH → **Service Control Point**
→ Dienstesteuerungsstelle *nf*

Dienststunden *nplt* ECON → **office hours**
→ Dienstzeit *nf*

Diensttabelle *nf* ECON → **roster** *n*
→ Dienstplan *nm*

Dienstteilnehmer *nm* TELEC **service subscriber**
= Diensteteilnehmer *nm* = service customer
≈ Dienstnutzer ≈ service user

Diensttelefon *nn* OFFICE **staff phone**
= Diensttelephon *nn*

Diensttelephon *nn* OFFICE → **staff phone**
→ Diensttelefon *nn*

dienstunabhängige Funktion TELEC **Capability Set**
[IN] [IN]
= CS-Funktion *nf* = CS

dienstunabhängiger Funktionsblock TELEC **Service-Independent Building Block**
[IN]
= SIB = SIB

Dienstunterbrechung *nf* TELEC **loss of service**
= service interruption; service disruption

Dienstverkehr *nm* DAT.CO **service traffic**

Dienstvertrag *nm* ECON **employment contract**
= Arbeitsvertrag *nm*

Dienstverweigerungsattacke *nf* INTERNET **denial of service attack**
= Denial-of-Service-Attacke

Dienstvorschrift *nf* ECON **service instruction**
= Dienstanweisung *nf*

Dienstweg *nm* ECON **official channel**

Dienstzeit *nf* ECON **office hours**
= Dienststunden *nplt* = business hours
↑ Arbeitszeit ↑ working time

Dienstzeugnis *nn* ECON **testimonial** *n*
= Arbeitszeugnis *nn*; Zeugnis *nn* = certificate *n*; testimonio letter

Dienstzugangspunkt *nm* DAT.CO **service access point**
= SAP

Dienstzugriffsfunktion *nf* TELEC → **Service Switching Function**
→ Dienstevermittlungsfunktion *nf*

Dientsleistungsmerkmal *nn* TELEC **service feature**
[IN] [IN]
= Dienstmerkmal *nn* = SF

Dieselaggregat *nn* POW.SY **diesel generating set**
↑ Motorgenerator = diesel genset
↑ motor-generating set

Dieselhorst-Martin-Verseilung *nf* COM.CAB → **multiple twin formation**
→ DM-Verseilung *nf*

Dieselhorst-Martin-Vierer *nm* COM.CAB → **multiple-twin quad**
→ DM-Vierer *nm*

Dieselöl *nn* CHEM **diesel oil**

diesig METEO → **hazy** *adj*
→ dunstig *adj*

Diesis-Zeichen *nn* MUSIC → **sharp mark** (symbol: #)
→ Erhöhungszeichen *nn*

DIFAN-Antenne *nf* ANT **DIFAN antenna**

Differential *nn* MATH → **differential** *n*
→ Differenzial *nn*

Differentialanalysator *nm* DAT.PR → **differential analyzer**
→ Differentzalanalysator *nm*

Differentialanalysator *nm* INSTR → **differential analyzer**
→ Differenzialanalysator *nm*

Differentialbrücke *nf* NETW.TH → **differential bridge**
→ Differenzialbrücke *nf*

Differentialbrückenschaltung *nf* NETW.TH → **lattice equivalent form**
→ Differenzialbrückenschaltung *nf*

Differentialechosperre *nf* TELEPH → **differential echo suppressor**
→ Differenzialechosperre *nf*

differentiale Thermokraft PHYS → **differential thermoelectric force**
→ differenziale Thermokraft

Differentialfaktor *nm* MATH → **differential factor**
→ Differenzialfaktor *nm*

Differentialfilter *nn* NETW.TH → **differential filter**
→ Differenzialfilter *nn*

Differentialgleichung *nf* MATH → **differential equation**
→ Differenzialgleichung *nf*

Differentialglied *nn* CONTRO → **differential term**
→ Differenzialglied *nn*

Differentialmessbrücke *nf* INSTR → **differential bridge**
→ Differenzialmessbrücke *nf*

Differentialmessverstärker *nm* INSTR → **differential measuring amplifier**
→ Differenzialmessverstärker *nm*

Differentialoperator *nm* MATH → **differential operator**
→ Differenzialoperator *nm*

Differentialrechnung *nf* MATH → **differential calculus**
→ Differenzialrechnung *nf*

Differentialregelung *nf* CONTRO → **derivative control**
→ Differenzialregelung *nf*

Differentialregler *nm* CONTRO → **differential regulator**
→ Differenzialregler *nm*; D-Regler

Differentialrelais *nn* COMPO → **differential relay**
→ Differenzialrelais *nn*

Differentialschaltung *nf* CIRC.EN → **differential circuit**
→ Differenzialschaltung *nf*

Differentialschraube *nf* MEC.EN → **differential screw**
→ Differenzialschraube *nf*

Differentialsicherung *nf* DAT.MA → **differential backup**
→ Differenzialsicherung *nf*

Differentialspule *nf* COMPO → **differential coil**
→ Differenzialspule *nf*

Differentialübertrager *nm* COMPO → **differential transformer**
→ Differenzialübertrager *nm*

Differentialverstärker *nm* CIRC.EN → **difference amplifier** *n*
→ Differenzverstärker *nm*

Differentialwindung *nf* EL.TEC → **differential winding**
→ Differenzialwindung *nf*

Differentiation *nn* MATH **differentiation** *n*
≈ Ableitung ≠ integration
≠ Integration

Differentiator *nm* — CIRC.EN — → **differential circuit**
→ Differenzialschaltung *nf*

Differentiator *nm* — NETW.TH — → **differentiating network**
→ Differenzierglied *nn*

differentiell — MATH — → **differential** *adj*
→ differenziell

differentielle Linearität — INSTR — → **differential linearity**
→ differenzielle Linearität

differentielle Modulation — MODUL — → **differential modulation**
→ Differenzmodulation *nf*

differentielle Permeabilität — PHYS — → **differential permeability**
→ differenzielle Permeabilität

differentieller Phasenfehler — TV — → **differential phase**
→ differenzielle Phase

differentieller Verstärkungsfaktor — TV — → **differential gain**
→ differenzielle Verstärkung

differentieller Widerstand — MICR.EL — → **differential resistance**
→ differenzieller Widerstand

differentielle Verstärkung — NETW.TH — → **differential gain**
→ differenzielle Verstärkung

differentielle Verstärkung — TV — → **differential gain**
→ differenzielle Verstärkung

Differentzalanalysator *nm* — DAT.PR — **differential analyzer**
[Analogrechner zur Lösung von Differentialgleichungen] — [analog computer to solve differential equations]
= Differentialanalysator *nm*

Differenz *nf* — MATH — **difference** *n*
[Ergebnis der Subtraktion]
= Delta (fig)

differenzcodieren — CODING — **differentially encode**

Differenzcodierer *nm* — CODING — **differential coder**

Differenzcodierung *nf* — CODING — **differential encoding**
= differential coding

differenzdecodieren — CODING — **differentially decode**

Differenzdecodierer *nm* — CODING — **differential decoder**

Differenzdecodierung *nf* — CODING — **differential decoding**

Differenzdiagramm *nn* — ANT — **difference pattern**
≠ Summendiagramm — ≠ sum pattern
↑ Richtdiagramm — ↑ directional pattern

Differenzdiskriminator *nm* — CIRC.EN — **differential discriminator**
[FM-Demodulation]
= Gegentaktdiskriminator *nm*; Gegentaktflankendiskriminator *nm*

Differenzial *nn* — MATH — **differential** *n*
= Differential *nn* — = first derivative
≠ Integral — ≠ integral

Differenzialanalysator *nm* — INSTR — **differential analyzer**
= Differentialanalysator *nm*

Differenzialbrücke *nf* — NETW.TH — **differential bridge**
= Differentialbrücke *nf*

Differenzialbrückenschaltung *nf* — NETW.TH — **lattice equivalent form**
= Differentialbrückenschaltung *nf*; äquivalente Brückenschaltung — ≈ differential filter
≈ Differentialfilter

Differenzialechosperre *nf* — TELEPH — **differential echo suppressor**
= Differentialechosperre *nf*

differenziale Thermokraft — PHYS — **differential thermoelectric force**
= differentiale Thermokraft — ↑ thermoelectric force
↑ Thermospannung

Differenzialfaktor *nm* — MATH — **differential factor**
= Differentialfaktor *nm*

Differenzialfilter *nn* — NETW.TH — **differential filter**
[sehr schmales Filter]
= Differentialfilter *nn*
≈ Differential-Brückenschalter

Differenzialgleichung *nf* — MATH — **differential equation**
= Differentialgleichung *nf*

Differenzialglied *nn* — CONTRO — **differential term**
= Differentialglied *nn*

Differenzialmessbrücke *nf* — INSTR — **differential bridge**
= Differentialmessbrücke *nf*

Differenzialmessverstärker *nm* — INSTR — **differential measuring amplifier**
= Differentialmessverstärker *nm*

Differenzialoperator *nm* — MATH — **differential operator**
= Differentialoperator *nm*

Differenzialrechnung *nf* — MATH — **differential calculus**
= Differentialrechnung *nf* — ↑ analysis; calculus
↑ Analysis; Infinitesimalrechnung

Differenzialregelung *nf* — CONTRO — **derivative control**
= Differentialregelung *nf*

Differenzialregler *nm*; **D-Regler** — CONTRO — **differential regulator**
= Differentialregler *nm* — = D-controller

Differenzialrelais *nn* — COMPO — **differential relay**
= Differentialrelais *nn*

Differenzialschaltung *nf* — CIRC.EN — **differential circuit**
= Differentialschaltung *nf*; Differentiator *nm* — = differentiator *n*

Differenzialschraube *nf* — MEC.EN — **differential screw**
= Differentialschraube *nf*

Differenzialsicherung *nf* — DAT.MA — **differential backup**
[es werden nur die Unterschiede zu einer Bezugsversion gespeichert] — [only the differences to a baseline version are recorded]
= Differentialsicherung *nf* — = journaling backup; journaling *n*
≈ Inkrementalsicherung — ≈ incremental backup

Differenzialspule *nf* — COMPO — **differential coil**
= Differentialspule *nf*

Differenzialübertrager *nm* — COMPO — **differential transformer**
= Differentialübertrager *nm*

Differenzialverstärker *nm* — CIRC.EN — → **difference amplifier** *n*
→ Differenzverstärker *nm*

Differenzialwindung *nf* — EL.TEC — **differential winding**
= Differentialwindung *nf*; Gegenwicklung *nf* — = couteracting winding

differenziell — MATH — **differential** *adj*
= differentiell — = incremental *adj*; first-derivative *adj*
≠ integral — ≠ integral

differenzielle Linearität — INSTR — **differential linearity**
= differentielle Linearität

differenzielle Modulation — MODUL — → **differential modulation**
→ Differenzmodulation *nf*

differenzielle Permeabilität — PHYS — **differential permeability**
= differentielle Permeabilität

differenzielle Phase — TV — **differential phase**
= differentieller Phasenfehler

differenzieller Leitwert — MICR.EL — **differential conductance**
= differeztieller Leitwert — = incremental conductance

differenzieller Verstärkungsfaktor — TV — → **differential gain**
→ differenzielle Verstärkung

differenzieller Widerstand — MICR.EL — **differential resistance**
= differentieller Widerstand; dynamischer Widerstand — = incremental resistance; dynamic resistance

differenzielle Verstärkung — NETW.TH — **differential gain**
= differentielle Verstärkung

differenzielle Verstärkung — TV — **differential gain**
= differentielle Verstärkung; differenzieller Verstärkungsfaktor; differentieller Verstärkungsfaktor

differenzierbar — SCIE — → **differentiable**
→ unterscheidbar

differenzierbare Funktion — MATH — → **holomorph function**
→ holomorphe Funktion

Differenzierbarkeit *nf* — SCIE — → **differentiability** *n*
→ Unterscheidbarkeit *nf*

differenzieren — MATH — **differentiate** *vt*
= ableiten — ≠ integrate
≠ integrieren

differenzieren — SCIE — **differentiate**
= fein unterscheiden — ↑ differ [COLL]
↑ unterscheiden [COLL]

differenzierend — SCIE — **differential** *adj*

differenzierende Schaltung — NETW.TH — → **differentiating network**
→ Differenzierglied *nn*

differenzierendes Netzwerk — NETW.TH — → **differentiating network**
→ Differenzierglied *nn*

differenzierendes Übertragungsglied — CONTRO — → **D-element**
→ D-Glied *nn*

Differenzierglied *nn* — CONTRO — → **D-element**
→ D-Glied *nn*

Differenzierglied *nn* — NETW.TH — **differentiating network**
[impulsformendes Netzwerk; Ausgangssignal = 1.Ableitung des Eingangssignal] — [pulse shaping network; output signal = first derivative of the input signal]
= Differenzierschaltung *nf*; differenzierende Schaltung; differenzierendes Netzwerk; Differentiator *nm* — = differentiating circuit; differentiator *n*
≠ Integrierglied — ≠ integrating network

Differenzierschaltung *nf* — NETW.TH — → **differentiating network**
→ Differenzierglied *nn*

Differenzierung *nf* — SCIE — **differentiation**

Differenzmaschine *nf* — COMP.SC — **Difference Engine**
[der Entwurf eines mechanischen Computer-Vorläufers von Charles Babbage, um the 1820-ies] — [a mechanical precursor of a computer, by Charles Babbage in the 1820-ies]

Differenzmenge *nf* — MATH — **difference set**
[Mengenlehre] — [set theory]

Differenzmessverstärker *nm* — INSTR — **difference measuring amplifier**

Differenzmodulation *nf* = differenzielle Modulation; differentielle Modulation	MODUL	**differential modulation**
Differenzoperator *nm*	DAT.MA	**difference** *n* [operator to sort non-common entries]
Differenzpegel *nm*	TELEC	**difference level**
Differenz-Pulsecodemodulation *nf* = Delta-PCM *nn*	MODUL	**differential pulse code modulation** = delta PCM
Differenzsignal *nn*	EL.TRO	**differential signal** = difference signal
Differenzspannung *nf*	EL.TRO	**differential mode voltage**
Differenzstufe *nf*	CIRC.EN	**zero stage**
Differenztonfaktor *nm* → Intermodulationsfaktor *nm*	MODUL	→ **intermodulation factor**
Differenzträgerverfahren *nn* = Intercarrierverfahren *nn*	TV	**intercarrier system**
Differenzverstärker *nm* = Differenzialverstärker *nm*; Differentialverstärker *nm* ≈ Vergleicher	CIRC.EN	**difference amplifier** *n* = differential amplifier; differential *n* ≈ comparator
Differenzverstärkung *nf*	EL.TRO	**differential-mode voltage gain**
Differenzvoltmeter *nn*	INSTR	**difference voltmeter**
differeztieller Leitwert → differenzieller Leitwert	MICR.EL	→ **differential conductance**
DIF-Format *nn* [ein auf ASCII basierendes Format, von Software Arts] ↑ Datenaustauschformat	DAT.MA	**DIF** [a standard based on ASCII, by Software Arts] = Data Interchange Format ↓ data interchange format
Diffraktion *nf* → Beugung *nf*	OPT	→ **diffraction** *n*
diffundieren	PHYS	**diffuse** *vi*
diffundiert	MICR.EL	**diffused**
diffundierte Diode	MICR.EL	**diffused diode**
diffundierter Transistor	MICR.EL	**diffused junction transistor** = diffused transistor ↓ diffused base transistor; diffused emitter-collector transistor; diffused mesa transistor
diffuse Reflexion = Remission *nf*	PHYS	**diffused reflection**
Diffusion *nf*	PHYS	**diffusion**
Diffusionsbeiwert *nm* → Diffusionskonstante *nf*	PHYS	→ **diffusion constant**
Diffusionsdreieck *nn* = Ladungsdreieck *nn*	MICR.EL	**diffusion triangle**
Diffusionsfront *nf*	PHYS	**diffusion front**
Diffusionsgeschwindigkeit *nf*	PHYS	**diffusion velocity**
Diffusionsgleichung *nf*	PHYS	**diffusion equation**
Diffusionskapazität *nf*	MICR.EL	**diffusion capacitance**
Diffusionskoeffizient *nm* → Diffusionskonstante *nf*	PHYS	→ **diffusion constant**
Diffusionskonstante *nf* = Diffusionskoeffizient *nm*; Diffusionsbeiwert *nm*	PHYS	**diffusion constant** = diffusion coefficient
Diffusionslänge *nf*	PHYS	**diffusion length**
diffusionslegierter Transistor [Legierung kombiniert mit Diffusion] = AD-Transistor *nm*	MICR.EL	**diffused alloy transistor** [combination of alloy process with diffusion process]
Diffusionsleitwert *nm*	MICR.EL	**diffusion conductance**
Diffusionsmaske *nf* = Halbleitermaske *nf*; Maske *nf*	MICR.EL	**diffusion mask** = mask
Diffusionsofen *nm*	MICR.EL	**diffusion furnace**
Diffusionspotential *nn*	PHYS	**diffusion potential**
Diffusionsprofil *nn*	MICR.EL	**diffusion profile**
Diffusionsschicht *nf*	MICR.EL	**diffusion layer**
Diffusionsspannung *nf*	MICR.EL	**diffusion voltage**
Diffusionsstrom *nm*	PHYS	**diffusion current**
Diffusionsstrom *nm* [durch unterschiedliche Ladungsträgerkonzentration hervorgerufen] ↑ Ladungsträgerstrom	MICR.EL	**diffusion current** [caused by concentration difference of charge carriers] ↑ charge carrier current
Diffusionsströmungsdichte *nf*	MICR.EL	**diffusion current density**
Diffusionstechnik *nf*	MICR.EL	**diffusion technique**
Diffusionstiefe *nf*	MICR.EL	**diffusion depth**
Diffusionstransistor *nm* ↑ Bipolartransistor; Flächentransistor	MICR.EL	**diffusion transistor** ↑ bipolar transistor; junction transistor
Diffusionsverfahren *nn*	MICR.EL	**diffusion process**
Diffusionsweg *nm*	PHYS	**diffusion path**

Diffusionswiderstand *nm*	MICR.EL	**diffusion resistance**
Diffusionszeit *nf*	PHYS	**diffusion time**
Diffusionszone *nf*	MICR.EL	**diffusion zone**
Digerat *nm*	INTERNET	**digerate** *n* [digital literate]
Digest *nm&nn* [Auszug oder Zusammenfassung einer Publikation]	PRIN.ME	**digest** *n* (1) [extract or summary of a publication]
DIGI [Deutsche Interessengemeinschaft Internet]	INTERNET	**DIGI** [German community of Internet interests]
Digicash *nn* = digitales Kassieren	INTERNET	**digicash** *n* ≠ digital cash
Digital → Digital Equipment Corporation	DAT.PR	→ **Digital Equipment Corporation**
digital *adj* [zeit-u.wertdiskret; vom lateinischen "digitus" = "Finger" → "abzählbar"] = ziffernmäßig; ziffernhaft ≈ wertdiskret; binär [MATH] ≠ analog	INF.TEC	**digital** *adj* [discrete in amplitude and time; from Latin "digitus" (=finger) → "denumerable"] ≈ value-discrete; binary [MATH] ≠ analog
digital *adv* ≠ analog	INF.TEC	**digitally** *adv* ≠ analog
Digital/Analog-Signalgenerator *nm*	INSTR	**digital/analog signal generator** = D/A signal source
Digital-Analog-Converter *nm* → D/A-Wandler *nm*	CODING	→ **digital-to-analog converter**
Digital-Analog-Umsetzer *nm* → D/A-Wandler *nm*	CODING	→ **digital-to-analog converter**
Digital-Analog-Umwandler *nm* → D/A-Wandler *nm*	CODING	→ **digital-to-analog converter**
Digital-Analog-Wandler *nm* → D/A-Wandler *nm*	CODING	→ **digital-to-analog converter**
Digitalanzeige *nf* → Ziffernanzeige *nf*	INSTR	→ **numeric display**
Digitalaufzeichnung *nf*	DAT.MA	**digital recording**
Digitalband *nn* → Datenkassette *nf*	TER&PER	→ **data cassette**
Digitalbaum *nm*	DAT.MA	**digital tree**
Digitalbaumsuche *nf*	DAT.MA	**digital tree search**
Digitalbild *nn* → digitalisiertes Bild	INF.TEC	→ **digitized image**
Digitalbildschirm *nm* → Digitalmonitor *nm*	TER&PER	→ **digital monitor**
Digitalchip *nm* ↓ Speicherbaustein; Logikbaustein	MICR.EL	**digital chip** ↓ memory chip; logic chip
Digitalcomputer *nm* → Digitalrechner *nm*	DAT.PR	→ **digital computer**
Digitaldaten-Messplatz *nm*	INSTR	**digital data test set**
Digitaldaten *nplt* = digitale Daten	DAT.MA	**digital data**
Digitaldividierer *nm* = Dividierwerk *nn*	CIRC.EN	**digital divider**
Digitaldruck *nm*	PRIN.ME	**digital printing**
digitale Anzeige → Ziffernanzeige *nf*	INSTR	→ **numeric display**
digitale Auflösung	CODING	**digital resolution**
digitale Darstellung	INF.TEC	**digital representation**
digitale Daten → Digitaldaten *nplt*	DAT.MA	→ **digital data**
digitale Datenübertragung	DAT.CO	**digital data transmission**
digitale Datenverarbeitungsanlage → Digitalrechner *nm*	DAT.PR	→ **digital computer**
digitale Direktregelung = DDC	CONTRO	**direct digital control** = DDC
digitale DVA → Digitalrechner *nm*	DAT.PR	→ **digital computer**
digitale Eingabe = Digitaleingabe *nf*	INF.TEC	**digital input** = digital inputting
digitale Fernsehtechnik = digitales Fernsehen; Digital-TV *nn*	BROADC	**digital video broadcasting** = DVB; digital television; digital TV
digitale Fotografie = digitale Photographie; Digitalfotografie *nf*; Digitalphotographie *nf*	PHOT	**digital photography**
digitale Geräuschunterdrückung	CONS.EL	**digital noise reduction** = DNR
digitale Größe = Digitalgröße *nf*	INF.TEC	**digital quantity**
digitale Hörfunktechnik → digitale Hörrundfunktechnik	BROADC	→ **digital sound broadcasting engineering**

digitale Hörrundfunktechnik BROADC **digital sound broadcasting engineering**
= digitale Hörfunktechnik = DSB engineering

Digitaleingabe *nf* INF.TEC → **digital input**
→ digitale Eingabe

Digitaleingang *nm* CIRC.EN **digital input**
= digitaler Eingang

digitale Integralschaltung MICR.EL **digital IC**

digitale Kamera PHOT → **digital camera**
→ Digitalkamera *nf*

digitale Klassentrennung INTERNET **digital divide**

digitale Kommunikation TELEC → **digital communications**
→ Digitalkommunikation *nf*

digitale Konvergenz INF.TEC **digital convergence**
[von IT, IK und Unterhaltungselektronik] [of computers, communications and consumer electronics]

digitale Ladenzeile INTERNET **digital storefront**
= virtueller Laden

digitale Leitung TELEC **digital line**
= Digitalleitung *nf*

digitale Leitungseinheit SWITCH **Digital Line Unit**
= DLU = DLU

Digitalelektronik *nf* EL.TRO **digital electronics**

digitale Musikcassette CONS.EL → **digital audio tape**
→ digitale Musikkassette

digitale Musikkassette CONS.EL **digital audio tape**
= digitale Musikcassette = DAT

digitale Photographie PHOT → **digital photography**
→ digitale Fotografie

digitale PLL CIRC.EN → **DPLL**
→ DPLL

Digital Equipment Corporation DAT.PR **Digital Equipment Corporation**
= DEC; Digital [the acronym is pronounced "deck"]

digitaler Automat COMP.SC **digital automat**

digitaler Bildschirm TER&PER → **digital monitor**
→ Digitalmonitor *nm*

Digitalerde *nf* EL.TRO **digital ground**

digitale Rechenanlage DAT.PR → **digital computer**
→ Digitalrechner *nm*

digitale Regelung CONTRO **digital closed-loop control**

digitaler Eingang CIRC.EN → **digital input**
→ Digitaleingang *nm*

digitaler Farbbildschirm TER&PER **digital color monitor**
= digitaler RGB-Monitor = digital colour monitor; digital RGB monitor

digitaler Fingerabdruck INF.TEC **digital fingerprint**

digitaler Hörfunk BROADC → **digital audio broadcasting**
→ digitaler Hörrundfunk

digitaler Hörrundfunk BROADC **digital audio broadcasting**
= digitaler Hörfunk = DAB; digital sound broadcasting

digitaler Impuls EL.TRO **digital pulse**
= Digitalimpuls *nm*

digitaler Integrator DAT.PR → **incremental computer**
→ Inkrementalrechner *nm*

digitaler Kanal TELEC → **digital channel**
→ Digitalkanal *nm*

digitaler Konzentrator SWITCH → **digital concentrator**
→ Digitalkonzentrator *nm*

digitaler Leitungsmultiplexer TELEC **digital circuit multiplexer**
= digitales Leitungsverfielfachungssystem; digitales Leitungsvervielfachungsgerät = DCM; digital circuit multiplication equipment; DCME; digital circuit multiplex system; DCMS

digitaler Markt INTERNET **digital trading exchange**

digitaler Monitor TER&PER → **digital monitor**
→ Digitalmonitor *nm*

digitaler Multimeter INSTR → **digital multimeter**
→ Digitalmultimeter *nn*

digitaler Multiplizierer CIRC.EN **digital multiplier**

digitaler Phasenregelkreis CIRC.EN → **DPLL**
→ DPLL

digitaler Rechner DAT.PR → **digital computer**
→ Digitalrechner *nm*

digitaler RGB-Monitor TER&PER → **digital color monitor**
→ digitaler Farbbildschirm

digitaler Richtfunk TRANSM → **digital line-of-sight radio**
→ Digitalrichtfunk *nm*

digitaler Rundfunksatellit BROADC **digital broadcast satellite**
= DBC

digitaler Satellitenhörfunk BROADC **digital satellite radio**
= DSR = DSR

digitaler Signalprozessor MICR.EL **digital signal procesor**
= DSP

digitaler Spannungsmesser INSTR → **digital voltmeter**
→ Digitalvoltmeter *nn*

digitaler Verteiler TRANSM → **digital cross-connect**
→ Digital-Verteiler *nm*

digitales Bild INF.TEC → **digitized image**
→ digitalisiertes Bild

digitale Schaltung CIRC.EN → **digital circuit**
→ Digitalschaltung *nf*

digitale Schnittstelle TELEC → **digital interface**
→ Digitalschnittstelle *nf*

digitales Datennetz TELEC **digital data network**
= DDN

digitales Fernsehen BROADC → **digital video broadcasting**
→ digitale Fernsehtechnik

digitales Fernsprechnetz TELEC → **digital telephone network**
→ Digitalfernsprechnetz *nn*

digitales Geländemodell GIS **digital terrain model**
= DGM; digitales Höhenmodell *nn*; DHM = DTM; digital elevation map; DEM

digitales Höhenmodell *nn* GIS → **digital terrain model**
→ digitales Geländemodell

digitale Signalverarbeitung INF.TEC **digital signal processing**
= Digitalsignalverarbeitung *nf* = DSP

digitale Signatur COMP.AP **digital signature**
= elektronische Signatur; digitale Unterschrift

digitale Simulation COMP.AP **digital simulation**

digitales Kassieren INTERNET → **digicash** *n*
→ Digicash *nn*

digitales Kaufhaus INTERNET **digital mall**
= Cyberkaufhaus *nn* = electronic mall; cybermalln

digitales TELEC → **digital circuit multiplexer**
→ digitaler Leitungsmultiplexer

digitales Leitungsvervielfachungsgerät TELEC → **digital circuit multiplexer**
→ digitaler Leitungsmultiplexer

digitales Messen INSTR **digital measurement**

digitales Messgerät INSTR **digital measuring instrument**
= digitales Messinstrument = digital meter

digitales Messinstrument INSTR → **digital measuring instrument**
→ digitales Messgerät

Digitale Sprachinterpolation TELEC **DSI**
[Nutzung von Gesprächspausen bei Digitalsignalen] [use of speech pauses of digital signals]
= DSI = digital speech interpolation
≈ TASI

digitales Satellitensystem BROADC **digital satellite system**

digitales Signal TELEC → **digital signal**
→ Digitalsignal *nn*

digitales System EL.TRO → **digital system**
→ Digitalsystem *nn*

digitales System TELEC → **digital system**
→ Digitalsystem *nn*

digitales TDMA-Funksystem RADIO **digital TDMA radio system**
= digital radio concentrator

digitales Teilnehmerleitungssystem TELEC **digital subscriber line system**
= digitales Teilnehmersystem = DSL system
↓ digitales Teilnehmermultiplexsystem; xDSL-System ↓ digital loop carrier system; xDSL system

digitales Teilnehmermultiplexsystem TELEC **digital loop carrier system**
= Teilnehmer-PCM *nn*; Leitungsvervielfachungssystem *nn* = digital loop carrier; DLC; digital subscriber loop carrier; digital subscriber pair gain system; pair gain system; subscriber PCM system; DSL access multiplexer; DSLAM
↑ digitales Teilnehmerleitungssystem ↑ digital subscriber line system
↓ PCM2-System; PCM4-System; PCM8-System; PCM30-System ↓ PCM2 system; PCM4 system; PCM8 system; PCM30 system

digitales Teilnehmersystem TELEC → **digital subscriber line system**
→ digitales Teilnehmerleitungssystem

digitale Steuerung CONTRO **digital control**
= Digitalsteuerung *nf*

digitales Thermometer INSTR → **digital thermometer**
→ Digitalthermometer *nn*

digitale Straßen-Datenbank GIS **digital road database**

digitales Übertragungsmedium TELEC **digital bearer**

digitales Vermittlungssystem SWITCH → **digital switching system**
→ Digitalvermittlungssystem *nn*

digitales Voltmeter INSTR → **digital voltmeter**
→ Digitalvoltmeter *nn*

digitales Wasserzeichen COMP.AP **digital water sign**
= digital watermark

digitales Zeichen INF.TEC → **digital character**
→ Digitalzeichen *nn*

digitales Zertifikat INTERNET **digital certificate**

digitale Technik EL.TRO → **digital technique**
→ Digitaltechnik *nf*

digitale Teilnehmerleitung TELEC **digital subscriber line**
= DSL

digitale Teilnehmerleitungs-Technik TELEC → **DSL technology**
→ DSL-Technik *nf*

digitale Übertragung TRANSM → **digital transmission**
→ Digitalübertragung *nf*

digitale Übertragungstechnik TRANSM → **digital transmission**
→ Digitalübertragung *nf*

digitale Uhr EL.TRO → **digital watch**
→ Digitaluhr *nf*

digitale Unterschrift COMP.AP → **digital signature**
→ digitale Signatur

digitale Vermittlung (1) SWITCH → **digital switching**
→ Digitalvermittlung *nf* (1)

digitale Vermittlung (2) SWITCH → **digital exchange**
→ Digitalvermittlungsanlage *nf*

digitale Vermittlungsanlage SWITCH → **digital exchange**
→ Digitalvermittlungsanlage *nf*

digitale Vermittlungseinrichtung SWITCH → **digital exchange**
→ Digitalvermittlungsanlage *nf*

digitale Zeichengabe TELEC → **digital signaling** (AE)
→ Digitalzeichengabe *nf*

Digitalfarbabzug *nm* TER&PER **digital color proof**

Digitalfernsprecher *nm* TELEPH **digital telephone**
= Digitaltelefon *nn*

Digitalfernsprechnetz *nn* TELEC **digital telephone network**
= digitales Fernsprechnetz

Digitalfilter *nn* NETW.TH **digital filter**

Digitalfotografie *nf* PHOT → **digital photography**
→ digitale Fotografie

Digitalgröße *nf* INF.TEC → **digital quantity**
→ digitale Größe

Digitalhierarchie *nf* TELEC **digital hierarchy**

Digitalhierarchieumsetzer *nm* TELEC **mapper** *n*
= Mapper *nm* (ANGL) = digital hierarchy converter

Digitalhierarchieumsetzung *nf* TELEC **mapping** *n*
[z.B. von 140 auf 155 Mbit/s] [e.g. from 140 to 155 Mbit/s]
= digital hierarchy conversion

Digitalimpuls *nm* EL.TRO → **digital pulse**
→ digitaler Impuls

digitalisieren INF.TEC **digitize** *vt*
[diskrete analoge Signale in digitale Form bringen] [to convert discrete analog signals into digital form]
= computerisieren (3) (Duden)
≈ quantisieren [CODING]; diskretisieren ≈ digitalize [TELEC]; quantize [CODING]; discretize

digitalisieren TELEC **digitalize** *vt*
[ein System auf digitalen Betrieb umstellen] [to change a system for digital operation]
≈ digitalisieren [INF.TEC]; quantisieren [CODING] ≈ digitize [INF.TEC]; quantize [CODING]

Digitalisierer *nm* CODING → **analog-to-digital converter**
→ A/D-Wandler *nm*

Digitalisierer *nm* TER&PER → **digitizing tablet** *n*
→ Digitalisiertablett

Digitalisiergerät *nn* TER&PER → **digitizing tablet** *n*
→ Digitalisiertablett

Digitalisierlupe *nf* TER&PER **digitizing loupe**

Digitalisierstift *nm* TER&PER **digitizing pen**
= Abtaststift *nm*; Fühlstift *nm* = scan pen; sensing pin (1)

digitalisiert INF.TEC **digitized**

Digitalisiertableau *nn* TER&PER → **digitizing tablet** *n*
→ Digitalisiertablett

Digitalisiertablett TER&PER **digitizing tablet** *n*
[manuelles Eingabegerät graphischer Daten] [manual input device for graphic information]
= Digitalisiergerät *nn*; Digitalisiertisch *nm*; Digitalisiertableau *nn*; Digitalisierer *nm*; Digitizer *nm*; Grafiktablett *nn*; Graphiktablett *nn*; Grafiktableau *nn*; Graphiktableau *nn*; elektronischer Zeichentisch; Zeichentablett *nf*; Zeichentableau *nn*; Datentablett *nn*; Lokalisierer *nm*
↑ Grafikeingabegerät
= data tablet; digitizing pad; digitizer *n*; digitiser *n*; digitalizer *n*; graphics tablet; graphics pad; graph tablet; graphic board; graphics board (2); graphic digitizer; graphics digitizer; digitizing panel; touch tablet; tablet *n*
↑ graphics input hardware

digitalisiertes Bild INF.TEC **digitized image**
= digitales Bild; Digitalbild *nn* = digital image

digitalisiertes Sprachsignal CODING → **coded voice signal** *n*
→ codiertes Sprachsignal

Digitalisiertisch *nm* TER&PER → **digitizing tablet** *n*
→ Digitalisiertablett

Digitalisierung *nf* IMAG.PR **digitizing** *n*
[Umsetzung von Grafiken in Daten] [conversion of graphics into data]
= Binarisierung *nf* = binarization *n*

Digitalisierung *nf* TELEC **digitalization** *n*
[auf digitalen Betrieb umstellen] [conversion to digital operation]
≈ Digitalisierung [INF.TEC] ≈ digitizing [INF.TEC]

Digitalisierung *nf* INF.TEC **digitizing** *n*
[von Signalen] [of signals]
≈ Digitalisierung [TELEC]; Quantisierung [CODING] = digitization *n*
↑ Diskretisierung ≈ digitalization [TELEC]; quantizing [CODING]
↑ discretization

Digitalisierungsrate *nf* EL.TRO → **sampling frequency**
→ Abtastfrequenz *nf*

Digitalisierungsunsicherheit *nf* EL.TRO **digitizing uncertainity**

Digitalkamera *nf* PHOT **digital camera**
= digitale Kamera

Digitalkanal *nm* TELEC **digital channel**
= digitaler Kanal

Digitalkassette *nf* TER&PER **digital cassette**

Digitalkommunikation *nf* TELEC **digital communications**
= digitale Kommunikation

Digitalkonzentrator *nm* SWITCH **digital concentrator**
= digitaler Konzentrator

Digitalkoppelnetz *nn* SWITCH **digital switching network**

Digitalleitung *nf* TELEC → **digital line**
→ digitale Leitung

Digital-Messsender *nm* INSTR **digital measuring oscillator**
= digital synthesizer

Digitalmesstechnik *nf* INSTR **digital measuring technique**

Digitalmonitor *nm* TER&PER **digital monitor**
[nimmt digitale Signale auf, z.B. nach CGA- oder EGA-Norm] [accepts digital signals. e.g. of CGA or EGA standard]
= digitaler Monitor; Digitalbildschirm *nm*; digitaler Bildschirm ≠ analog monitor
≠ Analogmonitor

Digitalmultimeter *nn* INSTR **digital multimeter**
= digitaler Multimeter = DMM

Digital-Multiplexeinrichtung *nf* TRANSM **digital multiplex equipment**
= Digitalsignal-Multiplexgerät *nn*; Digitalsignalmultiplexer *nm* = digital signal multiplexer; digital multiplexor

Digitalnetz *nn* TELEC **digital network**

Digitaloszilloskop *nn* INSTR **digital oscilloscope**
= digitizing oscilloscope

Digitalpegelmesser *nm* INSTR **digital level meter**

Digital-pH-Meter INSTR **digital pH meter**

Digitalphotographie *nf* PHOT → **digital photography**
→ digitale Fotografie

Digitalplotter *nm* TER&PER → **plotter** *n*
→ Plotter *nm*

Digitalpulsregenerator *nm* DAT.CO **digital repeater**

Digitalrechner *nm* DAT.PR **digital computer**
= digitale Rechenanlage; digitaler Rechner; digitale Datenverarbeitungsanlage; digitale DVA; Digitalcomputer *nm* ≠ analog computer
≠ Analogrechner

Digitalrichtfunk *nm* TRANSM **digital line-of-sight radio**
= digitaler Richtfunk = digital LOS

Digitalschaltung *nf* CIRC.EN **digital circuit**
= digitale Schaltung = digital circuitry

Digitalschleife *nf* MICR.EL **digital loop**

Digitalschnittstelle *nf* TELEC **digital interface**
= digitale Schnittstelle

Digitalsignal *nn* TELEC **digital signal**
= digitales Signal; diskretes Signal; Datensignal *nn* = discrete signal; DS; data signal

Digitalsignal 0 *nn* TELEC → **DS0**
→ 64-kbit/s-Signal *nn*

Digitalsignalmultiplexer *nm* TRANSM → **digital multiplex equipment**
→ Digital-Multiplexeinrichtung *nf*

Digitalsignal-Multiplexgerät *nn* TRANSM → **digital multiplex equipment**
→ Digital-Multiplexeinrichtung *nf*

Digitalsignaltechnik *nf* TELEC → **digital transmission**
→ Digitalübertragungstechnik *nf*

Digitalsignalverarbeitung *nf* INF.TEC → **digital signal processing**
→ digitale Signalverarbeitung

Digitalsortierung *nf* DAT.MA **digital sorting**
= Radixkommasortierung *nf*; Basissortierung *nf* = radix sorting; radix sort

Digitalspannungsmesser *nm* INSTR → **digital voltmeter**
→ Digitalvoltmeter *nn*

Digitalspeicher *nm* EL.TRO **digital memory**
= digital storage

Digitalspeicher-Oszilloskop *nn* [speichert das digitalisierte Signal] = DSO	INSTR	**digital storage oscilloscope** [stores the digitalized signal] = DSO
Digitalsteuerung *nf* → digitale Steuerung	CONTRO	→ **digital control**
Digitalstruktur *nf*	MICR.EL	**digital structure**
Digitalsystem *nn* = digitales System	EL.TRO	**digital system**
Digitalsystem *nn* = digitales System	TELEC	**digital system**
digitaltauglich	BROADC	**fit for digital**
Digitaltechnik *nf* = digitale Technik	EL.TRO	**digital technique**
Digitaltelefon *nn* → Digitalfernsprecher *nm*	TELEPH	→ **digital telephone**
digital-terrestrisches Fernsehen = DTT	BROADC	**DTT** = Digital Terrestrial Television
Digitalthermometer *nn* = digitales Thermometer	INSTR	**digital thermometer**
Digital-TV *nn* → digitale Fernsehtechnik	BROADC	→ **digital video broadcasting**
Digitalübertragung *nf* = digitale Übertragung; digitale Übertragungstechnik; Digitalübertragungstechnik *nf*	TRANSM	**digital transmission**
Digitalübertragungsanalysator *nm*	INSTR	**digital transmission analyzer**
Digitalübertragungstechnik *nf* → Digitalübertragung *nf*	TRANSM	→ **digital transmission**
Digitalübertragungstechnik *nf* = Digitalsignaltechnik *nf*	TELEC	**digital transmission**
Digitaluhr *nf* = digitale Uhr	EL.TRO	**digital watch** = digital clock
Digitalvermittlung *nf* (1) [Technik] = digitale Vermittlung (1)	SWITCH	**digital switching**
Digitalvermittlung *nf* (2) → Digitalvermittlungsanlage *nf*	SWITCH	→ **digital exchange**
Digitalvermittlungsanlage *nf* = digitale Vermittlungsanlage; Digitalvermittlung *nf* (2); digitale Vermittlung (2); DIV; digitale Vermittlungseinrichtung	SWITCH	**digital exchange**
Digitalvermittlungssystem *nn* = digitales Vermittlungssystem	SWITCH	**digital switching system**
Digital-Verteileinrichtung *nf* [aktiv] = elektronischer Digitalverteiler ≈ Digital-Verteiler	TELEC	**digital cross-connect system** [active] = DCS; DACS; electronic digital cross-connect system ≈ digital cross-connect
Digital-Verteiler *nm* [passiv] = digitaler Verteiler ≈ Digital-Verteileinrichtung	TRANSM	**digital cross-connect** [passive] = digital signal cross-connect; DSX; digital signaldistributor ≈ electronic digital cross-connect system
Digitalvideoband *nn*	TV	**digital video tape** = DVT
Digitalvoltmeter *nn* = digitales Voltmeter; Digitalspannungsmesser *nm*; digitaler Spannungsmesser	INSTR	**digital voltmeter**
Digitalzeichen *nn* = digitales Zeichen	INF.TEC	**digital character**
Digitalzeichengabe *nf* = digitale Zeichengabe	TELEC	**digital signaling** (AE)
Digitalzeichensatz *nm* [in Digitalform vorliegend]	DAT.PR	**digital font** = digitized font
Digitalzoom	PHOT	**digital zoom**
Digiterat *nm* [slang; eine in Digitaltechnik sehr bewanderte Person]	EL.TRO	**digiterate** [slang; a "digital literate"]
Digitizer *nm* → Digitalisiertablett	TER&PER	→ **digitizing tablet** *n*
Dijkstra-Algorithmus *nm*	SWITCH	**Dijkstra algorithm**
Dijkstra-Methode *nf* = Methode der bewachten Fallunterscheidung	SW	**Dijkstra method**
Diktat *nn*	OFFICE	**dictation**
Diktiereinrichtung *nf*	OFFICE	**dictating facility**
diktieren *vt*	OFFICE	**dictate** *vt*
Diktiergerät *nn*	OFFICE	**dictation set** = dictation machine; dictation equipment; dictating set; dictating machine; dictating equipment; dictaphone *n*
Diktierlehranlage *nf*	OFFICE	**instructional dictating system**
Diktier-Software *nf*	COMP.AP	**dictation software**
DIL → Dual-in-line	COMPO	→ **dual in line**
Dilatation *nf* → Ausdehnung *nf* (1)	PHYS	→ **extension** *n*
dilettantisch → laienhaft	COLL	→ **lay** *adj*
DIL-Gehäuse *nn* [mit zwei Reihen Anschlussstifte] = DIP; Doppelreihenanschluss-Gehäuse *nn*	COMPO	**dual-in-line package** [with two rows of pins] = DIP
DIL-Schalter *nm* = Dual-in-line-Schalter *nm*; Doppelreihenanschluss-Schalter *nm*	COMPO	**dual-in-line switch** = DIL switch
DIL-Stecker *nm* = Doppelreihenanschluss-Stecker *nm*	COMPO	**DIL connector** = dual in-line connector
Dimension *nf* (1) = Ausdehnung *nf* (4) ↓ Höhe, Breite, Tiefe	PHYS	**dimension** *n* (1) ↓ height, width, depth
Dimension *nf* (2) → Größe *nf*	PHYS	→ **quantity** *n*
dimensionieren → bemessen	TECH	→ **dimension** *vt*
Dimensionierung *nf* → Bemessung *nf*	TECH	→ **dimensioning** *n*
Dimensionsangabe *nf* → Größenangabe *nf*	SW	→ **dimensional information**
dimensionslos	PHYS	**dimensionless**
Dimensionsvereinbarung *nf*	SW	**dimension declaration**
Diminutiv *nn* = Diminutivform *nn*; Diminutivum *nn*; Deminutiv *nn*; Verkleinerungsform *nf*; Attenuativ *nn*	LING	**diminutive** *n*
Diminutivform *nn* → Diminutiv *nn*	LING	→ **diminutive** *n*
Diminutivum *nn* → Diminutiv *nn*	LING	→ **diminutive** *n*
Dimmer *nm* → Helligkeitsregler *nm*	EL.INS	→ **dimmer** *n*
DIMM-Modul *nn* (*pl* -e) [Speicherplatine in SMT]	HW	**DIMM** [Dual Inline Memory Module; in SMT]
DIN [früher "Deutscher Industrie-Normungsausschuss"] = Deutsches Institut für Normung *nf*	TECH	**DIN** [German technical standards organisation]
DIN-A4-Format *nn* [210x297 mm]	TEC.DOC	**European A4 size** [210x297 mm]
DIN-A-Format *nn* → A-Format *nn*	OFFICE	→ **A size**
Ding *nn* [slang; Sache deren Bezeichnung man nicht nennen kann oder will] = Dings *nn*; Dingsda *nn*	COLL	**gadget** *n* [slang; a thing whos name one is not able or willing to say] = widget
Dingbat *nn* → Ornament *nn*	PRIN.ME	→ **dingbat** *n* (AE)
Dingebene *nf* → Gegenstandsebene *nf*	OPT	→ **object plane**
Dings *nn* → Ding *nn*	COLL	→ **gadget** *n*
Dingsda *nn* → Ding *nn*	COLL	→ **gadget** *n*
Dingwort *nn* → Substantiv *nn*	LING	→ **substantive** *n*
DIN-Stecker *nm*	COMPO	**DIN connector**
DIN-Tastatur *nf* [von der amerikanischen Tastatur abgeleitet] = QWERTZ-Tastatur *nf*; deutsche Schreibmaschinentastatur	TER&PER	**German-standard keyboard** [derived from the US-standard keyboard] = QWERTZ keyboard
Diode *nf* [zweipoliges Halbleiterbauteil mit nichtlinearer Strom-Spannungs-Kennlinie] = Halbleiterdiode *nf* ≈ Gleichrichterdiode ↑ Gleichrichter [EL.TEC] ↓ Flächendiode; Spitzendiode; Referenzdiode; Signaldiode; Gleichrichterdiode	MICR.EL	**diode** *n* [a two-electrode semiconductor device with non-linear voltage-current characteristic] = semiconductor diode ≈ rectifier diode ↑ rectifier [EL.TEC] ↓ junction diode; point-contact diode; voltage reference diode; signal diode; rectifier diode
Diodenabstimmung *nf* [Tuner]	CONS.EL	**diode tuning** [tuner]

Dioden-Anode *nf* MICR.EL **diode-anode**

Diodenbegrenzer *nm* CIRC.EN **diode limiter**

Diodenfeld *nn* CIRC.EN → **diode matrix**
→ Diodenmatrix *nf*

Diodenfunktionsgenerator *nm* CIRC.EN **diode function generator**

Dioden-Gatter *nn* CIRC.EN **diode gate**

Dioden-gepumpt OPTOEL **diode pumped**

Diodengleichrichter *nm* POW.SY **diode rectifier**

Diodengleichung *nf* MICR.EL **diode equation**

Dioden-Kathode *nf* MICR.EL **diode cathode**

Diodenkennlinie *nf* COMPO **diode characteristic**

Diodenlaser *nm* MICR.EL **diode laser**

Diodenlogik *nf* EL.TRO **diode logic**

Diodenmatrix *nf* CIRC.EN **diode matrix**
= Diodenfeld *nn*

Diodenmischer *nm* HF **diode mixer**

Diodenmodul *nn* (*pl* -e) EL.TRO **diode module**

Diodenprüfgerät *nn* INSTR **diode tester**

Diodenspannung *nf* MICR.EL **diode voltage**

Diodenstecker *nm* COMPO → **audio connector**
→ NF-Steckverbinder *nm*

Diodenstrom *nm* MICR.EL **diode current**

Dioden-Transistor-Logik *nf* MICR.EL → **DTL**
→ DTL

Dioden-Transistor-Logik mit Z-Dioden MICR.EL → **DTLZ**
→ DTLZ

Diodenzweier TELEPH **twin diode**

Diopter *nn* OPT **diopter** *n*
= Dioptor *nm*; Dioptrieregler *nm*; Schärfeeinsteller *nm*

Dioptor *nm* OPT → **diopter** *n*
→ Diopter *nn*

Dioptrie *nf* OPT **diopter** *n*
[Kehrwert der in Meter gemessenen Brennweite] [reciprocal of focal length in meters]

Dioptrieregler *nm* OPT → **diopter** *n*
→ Diopter *nn*

dioptrisch *adj* PHYS **dioptric** *adj*

DIP COMPO → **dual-in-line package**
→ DIL-Gehäuse *nn*

DIP-FIX-Schalterelement *nn* COMPO → **DIP switch**
→ DIP-Schalter *nm*

DIP-Gehäuse *nn* COMPO **DIP**
↓ Wippen-DIP-Schalter; Schiebe-DIP-Schalter = Dual In Line Package

Diphtong *nm* LING → **diphtong** *n*
→ Doppellaut *nm*

Dipl.-Ing. EDUC → **academic engineer**
→ Hochschulingenieur *nm*

Diplexbetrieb *nm* TELEC → **diplex operation**
→ Doppelsprechbetrieb *nm*

Diplexer *nm* BROADC **diplexer** *n*

Diplom *nn* EDUC **master degree**
[akademischer Grad] = master's degree; first degree (BE); higher degree

Diplomarbeit *nf* EDUC **master thesis**

Diplomierter *nm* EDUC → **graduate** *n*
→ Akademiker *nm*

Diplom-Ingenieur EDUC → **academic engineer**
→ Hochschulingenieur *nm*

Dipmeter *nn* INSTR → **resonance frequency meter**
→ Resonanzfrequenzmesser *nm*

Dipol *nm* ANT **dipole** *n*
= Doublet *nn* (ANGL) = doublet *n*
≠ Monopol ≠ monopole
↓ Halbwellendipol; Ganzwellendipol ↓ half-wave dipole; full-wave

Dipol *nn* PHYS **dipole** *n*

Dipolantenne *nf* ANT **dipole antenna**
= doublet antenna

Dipolantenne mit koaxialem Schirm ANT → **sleeve antenna**
→ Koaxialdipol *nm*

Dipolebene *nf* ANT **broadside array**
= gestockter Dipol; Querstrahler *nm*; Breitseitenantenne *nf* = broadside antenna; broadside radiator; stacked dipole
≈ Lazy-H-Antenne; Vorhangantenne ≈ lazy H antenna; curtain array

Dipolfeld *nn* ANT **planar dipole array**
= Dipolwand *nf*; Dipolgruppe *nf* = dipole curtain array; dipole array
↓ Vorhangantenne ↓ curtain antenna

Dipolflächendichte *nf* PHYS **dipole surface density**

Dipolgruppe *nf* ANT → **planar dipole array**
→ Dipolfeld *nn*

Dipollinie *nf* ANT **collinear dipole array**
= Dipolspalte *nf* = collinear array

Dipolmoment *nn* PHYS **dipole moment**

Dipolquelle *nf* PHYS **dipole source**

Dipolreihe *nf* ANT **array of parallel dipoles**
= Dipolzeile *nf* = broadside array with parallel elements

Dipolschicht *nf* PHYS **dipole layer**

Dipolspalte *nf* ANT → **collinear dipole array**
→ Dipollinie *nf*

Dipolstab *nm* ANT **dipole rod**

Dipolstrahlung *nf* PHYS **dipole radiation**

Dipolwand *nf* ANT → **planar dipole array**
→ Dipolfeld *nn*

Dipolzeile *nf* ANT → **array of parallel dipoles**
→ Dipolreihe *nf*

DIP-Schalter *nm* COMPO **DIP switch**
= DIP-FIX-Schalterelement *nn*; Mäuseklavier *nf* (slang) [Dual In Line Package] = DIP FIX switch
↓ Wippen-DIP-Schalter; Schiebe-DIP-Schalter ↓ rocker DIP switch; slide DIP switch

Dirac-Puls *nm* PHYS **pulse function**
= Einheitsimpulsfunktion *nf* = Dirac delta function; delta function; Dirac delta pulse; Dirac pulse function

Direct-Camera-Bewegung *nf* CINEMA **direct camera movement**

Directory INTERNET → **directory** *n*
→ Adressbuch *nn*

Directory-System *nn* TELEC **directory system**

DirectX SW **DirectX**
[Programmierschnittstellen-Familie von MS] [family of programming interfaces of MS]
↓ DirectDraw; DirectSound; DirectPlay; DirectInput ↓ DirectDraw; DirectSound; DirectPlay; DirectInput

Direksteuerung *nf* SWITCH → **step-by-step control**
→ Einzelschrittsteuerung *nf*

direkt COLL **direct** *adj*
= unmittelbar

direktabgebildeter Cache-Speicher DAT.PR **direct-mapped cache**

Direktablesung *nf* INSTR **direct reading**
= Direktanzeige *nf*

Direktaddressierröhre *nf* EL.TRO **direct view storage tube**
= DVST-Röhre = DVST

Direktadresse *nf* SW → **direct address**
→ direkte Adresse

Direktadressierung *nf* SW → **direct addressing**
→ direkte Adressierung

direkt angepasster Dipol ANT **matched dipole**

Direktanruf *nm* TELEPH **station-to-station calling**

Direktanschluss *nm* TELEPH **direct line**

Direktanschlussmodem *nm&nn* DAT.CO **direct-connect modem**
[an Fernsprechdose direkt anschließbar] [pluggable to telephone socket]
= Direktverbindungsmodem *nm&nn*

Direktantrieb *nm* CONS.EL **direct drive**
= DD

Direktanzeige *nf* INSTR → **direct reading**
→ Direktablesung *nf*

direkt auf Film gemalt CINEMA **painted directly on film**
[Zeichentrickfilm] [animation]

direkt auf Mikrofilm TER&PER → **electron beam recording**
→ Elektronenstrahlaufzeichnung *nf*

Direktausgabe *nf* DAT.MA **direct output**
= direkte Ausgabe

Direktbefehl *nm* SW **immediate instruction**
[enthält bereits den Operanden] [with integrated operand]
= Sofortbefehl *nm* = direct instruction; literal instruction; immediate mode command

Direktbuchungssystem *nn* DAT.CO **direct booking system**

Direktcode *nm* SW → **absolute code**
→ Absolutcode *nm*

Direktdruck *nm* DAT.PR → **immediate printing**
→ Sofortdruck *nm*

direkte Adresse SW **direct address**
[gibt im Adressteil des Befehls die Speicheradresse direkt an] [specifies in the address part of the instruction directly the storage location]
= Direktadresse *nf*; explizite Adresse = first-level address; one-level address; explicit address
≈ absolute Adresse; unmittelbare Adresse ≈ absolute address; immediate address
≠ indirekte Adresse ≠ indirect address

direkte Adressierung SW **direct addressing**
[mit direkter Adressangabe im Adressteil [with address directly indicated in

des Befehls]
= Direktadressierung *nf*, explizite Adressierung
≈ absolute Adressierung; unmittelbare Adressierung
— the address part of the instruction]
= direct addressing mode; explicit addressing
≈ absolute addressing; immediate addressing
≠ indirect addressing

direkte Aufzeichnung TER&PER **direct recording**
[Faksimile]

direkte Ausgabe DAT.MA → **direct output**
→ Direktausgabe *nf*

direkte Codierung TV → **composite encoding**
→ geschlossene Codierung

direkte Dateneingabe DAT.MA → **direct data acquisition**
→ direkte Datenerfassung

direkte Datenerfassung DAT.MA **direct data acquisition**
= direkte Dateneingabe
= direct data entry; DDE

direkte Datenfernverarbeitung DAT.PR **direct teleprocessing**
= Online-Datenfernverarbeitung *nf*
= on-line teleprocessing; on-line transaction processing; direct remote data processing

direkte Eingabe DAT.MA → **direct input**
→ Direkteingabe *nf*

Direkteingabe *nf* DAT.MA **direct input**
= direkte Eingabe

direkte Kopplung EL.TEC → **dc coupling**
→ galvanische Kopplung

Direktempfang *nm* HF → **homodyne reception**
→ Homodynempfang *nm*

direkte numerische Steuerung AUTOMA → **direct numerical control**
→ numerische Direktsteuerung

direkter Speicherzugriff DAT.MA **direct memory access**
[direkter Datentransfer zwischen Hauptspeicher und Peripheriegeräte, ohne Mitwirkung eines Prozessors]
= Direktspeicherzugriff *nm*; DMA
≈ Direktzugriff
— [direct data transfer between main memory and peripherals, without processor intervention]
= DMA; direct storage access; direct store access
≈ direct access

direkter Steckverbinder, platinenstecker *nm* COMPO → **direct plug connector**
→ Direktsteckverbinder *nm*

direkter Strahl RAD.PRO **direct ray**

direkter Zugriff DAT.MA → **direct access**
→ Direktzugriff *nm*

direkte Sicht RAD.PRO **line of sight**
= Sichtlinie *nf*
= LOS

direkte Speisung ANT **direct feed**

direkte Steuerung SWITCH → **step-by-step control**
→ Einzelschrittsteuerung *nf*

Direktfernruf *nm* TELEPH **direct trunk call**

direktgeheizte Kathode EL.TRO **directly heated cathode**
= direktgeheizte Katode

direktgeheizte Katode EL.TRO → **directly heated cathode**
→ direktgeheizte Kathode

direktgespeist EL.TEC **direct-fed**

direktgespeiste Antenne ANT → **active antenna**
→ aktive Antenne

direktgesteuertes Vermittlungssystem SWITCH **direct control switching system**
[elektromechanisches Vermittlungssystem]
= direktgesteuertes Wählsystem; Direktwahlsystem *nn*
↑ Schrittschaltsystem
— [electromechanical switch]
= direct switching system; direct control office; direct control system; direct pulsing system
↑ step-by-step switching system

direktgesteuertes Wählsystem SWITCH → **direct control switching system**
→ direktgesteuertes Vermittlungssystem

Direktion *nf* (1) ECON → **management** *n* (1)
→ Geschäftsführung *nf*

Direktion *nf* (2) ECON → **management** *n* (2)
→ Leitung *nf* (2)

Direktionsinformationssystem *nn* COMP.AP **executive information system**
= enterprise information system; EIS (2)

direktkontaktierte Leiterplatte EL.TRO **edge card**
= direktkontaktierte Platine
— [PCB with contact strips]
= edge board

direktkontaktierte Platine EL.TRO → **edge card**
→ direktkontaktierte Leiterplatte

Direktkorrektur *nf* SW **patch** *n* (1)
[direkt auf Objektprogrammebene, statt auf Quellprogrammebene]
— [modification made directly at object program level, rather than at source program level]
= patching

Direktleseanweisung *nf* COMP.LG **PEEK** *n*
[in BASIC]
— [in BASIC instruction allowing to look at any store place]

Direktmischer *nm* HF **direct mixer**

Direktmultiplexer *nm* TRANSM → **skip multiplexer**
→ Doppelschrittmultiplexer *nm*

Direktnachschlagetabelle *nf* DAT.MA **direct lookup**

Direktoperand *nm* SW **immediate operand**
[im Adressteil eines Befehls (= Operandenteil) bereits enthaltene Information]
— [information already contained in the addrees part (= operand part) of an instruction]
= literal operand

Direktor *nm* ANT → **director** *n*
→ Wellenrichter *nm*

Direktor *nm* (1) ECON **executive director** *n*
[Titel]
— [title]

Direktor *nm* (2) ECON → **officer** *n*
→ Leiter *nm*

direkt prozessgekoppelt DAT.PR **on-line** *adj*
[mit Zentraleinheit direkt verbunden]
= online; rechnerabhängig; rechnergebunden
≠ offline
— [in direct communication with CPU]
= online; CPU-dependent

direkt prozessorgekoppelte Datenbank DAT.MA → **online database**
→ Online-Datenbank *nf*

Direktruf *nm* TELEC **direct call**
[Ruf auf Knopfdruck]
= Direktwahl *nf*, Babyruf *nm* (slang); Kinderruf *nm* (slang); selbsttätiger Verbindungsaufbau
— [by simple key stroke]
= direct station selection; baby call (slang)

Direktrufdatennetz *nn* DAT.CO **leased-circuit data network**
= Direktrufnetz *nn*
= data network with fixed connection; direct-call network

Direktrufnetz *nn* DAT.CO → **leased-circuit data network**
→ Direktrufdatennetz *nn*

Direktruftaste *nf* TER&PER **direct call key**
= Direktwahltaste *nf*

Direkt-Rundstrahlsatellit *nm* SAT.CO **direct broadcast satellit**

Direktsendung *nf* MEDIA → **live broadcast**
→ Direktübertragung *nf*

Direktsequenz *nf* MODUL **direct sequence**

Direktspeicheranweisung *nf* SW **poke** *n*
= Absolutspeicheranweisung *nf*
— [instruction allowing to place in any store location]

direktspeichern DAT.PR **poke** *vt*
= absolutspeichern
↑ speichern
↑ store

Direktspeicherzugriff *nm* DAT.MA → **direct memory access**
→ direkter Speicherzugriff

Direktsteckverbinder *nm* COMPO **direct plug connector**
= direkter Steckverbinder, platinenstecker *nm*
= card edge connector; edge connector

Direktsteuerung *nf* SWITCH **direct control**
[elektron. Wählsystem]

direktübertragen *adj* MEDIA **live** *adj*
= alive

Direktübertragung *nf* MEDIA **live broadcast**
= Direktsendung *nf*, Liveübertragung *nf* (ANGL); Livesendung *nf* (DUDEN)
≠ Aufzeichnung
≠ recorded broadcast

Direktumrichter *nm* POW.SY **cycloconvertor**
= Steuerumrichter *nm*

Direkt-Unterhaltungsschau IMAG.ME **live show**
= Liveshow *nf* (DUDEN)

Direktverarbeitung *nf* DAT.PR **direct processing**
≠ verschobene Verarbeitung
≠ deferred processing

Direktverarbeitung *nf* DAT.PR → **direct-access processing**
→ wahlfreie Verarbeitung

Direktverbindungsmodem *nm&nn* DAT.CO → **direct-connect modem**
→ Direktanschlussmodem *nm&nn*

Direktvergabe *nf* ECON **direct award**

Direktwahl *nf* TELEC → **direct call**
→ Direktruf *nm*

Direktwahl *nf* SWITCH → **direct distance dialing** (AE)
→ Selbstwählferndienst *nm*

Direktwahlsystem *nn* SWITCH → **direct control switching system**
→ direktgesteuertes Vermittlungssystem

Direktwahltaste *nf* TER&PER → **direct call key**
→ Direktruftaste *nf*

Direktweg *nm* SWITCH → **direct route**
→ Querleitung *nf*

Direktwerbung *nf* ECON **direct advertising**
= direct marketing

Direktzugriff *nm* DAT.MA **direct access**
[die gesuchten Daten werden mittels Adressinformationen, wie Plattenseite und Spur, lokalisiert] [the procured data are localized by address informations, like disk side and track number]
= direkter Zugriff; wahlfreier Zugriff; wahlloser Zugriff; beliebiger Zugriff = random access
≈ direkter Speicherzugriff ≈ direct memory access
≠ sequentieller Zugriff ≠ sequential access

Direktzugriff-Mischsortierung *nf* DAT.MA **direct-access merge sort**

Direktzugriffsdatei *nf* DAT.MA **direct access file**
= gestreute Datei = direct file; random access file; random file
≠ sequentielle Datei ≠ sequential file

Direktzugriffsspeicher *nm* HW **random-access memory**
[Schreib-Lese-Speicher mit direktem Zugriff, kann beliebig oft beschrieben und gelesen werden; u.a. für die Realisierung von Hauptspeichern verwendet, in der PC-Welt wird deshalb RAM auch als Synonym für Hauptspeicher verwendet] [a direct access read-write memory into which information can be entered or called up whenever necessary; intensively used for main memories, therefore the term RAM is used as synonym for main memory in the PC world]
= RAM-Speicher *nm*; Randomspeicher *nm*; RAM *nn* (1) = RAM (1); random access store; random access storage; direct-access memory; direct-access storage; direct-access store; direct-access storage device; DASD
≠ sequentieller Speicher ≠ sequential access memory
↑ Schreib-Lese-Speicher ↑ read-write memory
↓ SRAM; DRAM

Direktzugriffsverfahren *nn* DAT.MA **direct access method**
= DAM

Dirigent *nm* MUSIC **conductor**

Disambiguirierung *nf* SCIE **disambiguation**

Disassembler *nm* SW → **disassembler**
→ Disassemblierer *nm*

disassemblieren SW **disassemble** *vt*
≠ assemblieren ≠ assemble

Disassemblierer *nm* SW **disassembler**
[setzt von Maschinensprache in maschinenorientierte Sprache um] [translates from machine code into machine-oriented language]
= Disassembler *nm* = deassembler
≠ Assemblierer ≠ assembler

Discage-Antenne *nf* ANT **discage antenna**

Discone-Antenne *nf* ANT **discone antenna**
= Diskone-Antenne *nf*; Scheibenkegelantenne *nf*
↑ Vertikalantenne; Doppelkonus-Antenne ↑ vertical antenna; biconical antenna

Disintegration *nf* EL.TRO **de-embedding**

disjunkt MATH → **disjoint** *adj*
→ durchschnittsfremd *adj*

Disjunkte *nf* SWITCH **disjoint** *n*

Disjunktion *nf* LOGIC → **OR operation**
→ ODER-Verknüpfung *nf*

Disjunktion *nn* LOGIC **disjunction** *n*
[Prädikatenlogi; Symbol: duchstrichenes Identisch-Zeichen] [predicate logic]
= Adjunktion *nf*; Oder = Or

Disjunktionsgatter *nn* CIRC.EN → **OR gate**
→ ODER-Glied *nn*

Disjunktionsglied *nn* CIRC.EN → **OR gate**
→ ODER-Glied *nn*

Disjunktions-Operator *nm* LOGIC → **OR operator**
→ ODER-Operator *nm*

Disjunktionsschaltung *nf* CIRC.EN → **OR gate**
→ ODER-Glied *nn*

Disjunktionstor *nn* CIRC.EN → **OR gate**
→ ODER-Glied *nn*

Disk-Caching (ANGL) HW → **disk caching**
→ Plattenpufferung *nf*

Diskette *nf* TER&PER **floppy disk**
[eine flexible Platte in einer Schutzhülle] [a flexible disk, in a protective jacket]
= Magnetdiskette *nf*; flexible Magnetplatte; Floppy-disk *nm*; Weichplatte *nf*; Speicherfolie *nf* = floppy disc; floppy cartridge disk; floppy cartridge disc; floppy *n*; FD; diskette; flexible disk; flexible disc; magnetic diskette
≠ Hartplatte ≠ hard disk
↑ Magnetplatte ↑ magnetic disk
↓ Normaldiskette; Minidiskette; Mikrodiskette; Kompaktdiskette; SD-Diskette; DD-Diskette; HD-Diskette ↓ 8-in. floppy disk; 5 1/4-in. floppy disk; 3 1/4-in. floppy disk; 3-in. floppy disk; SD floppy disk; DD floppy disk; HD floppy disk

Diskette mit Schreibschutz TER&PER **locked disk**
= write-protected disk

Diskettenadresse *nf* DAT.PR **disk address**

Diskettenaufkleber *nm* TER&PER **diskette label**
= Disketten-Etikett *nn* = disk label; floppy disk label

Disketten-Betriebssystem *nn* SW **diskette operating system**
= floppy operation system; FOS

Diskettenbox *nf* TER&PER **disk storage box**
= Diskettensarg *nm* = disc storage box

Disketten-Eintastgerät *nn* TER&PER **keyboard-to-diskette unit**
= Magnetdisketten-Eintastgerät *nn*; Disketten-Eintastsystem *nn*; Magnetdisketten-Eintastsystem *nn*; Disketten-Erfassungsstation *nf* = key-to-diskette unit; keyboard-to-diskette system; key-to-diskette system

Disketten-Eintastsystem *nn* TER&PER → **keyboard-to-diskette unit**
→ Disketten-Eintastgerät *nn*

Disketten-Erfassungsstation *nf* TER&PER → **keyboard-to-diskette unit**
→ Disketten-Eintastgerät *nn*

Disketten-Etikett *nn* TER&PER → **diskette label**
→ Diskettenaufkleber *nm*

diskettenexterner Kopierschutz DAT.MA **off-disk copy protection**

Diskettenformat *nn* TER&PER **disk format**
= disc format

Diskettenhülle *nf* TER&PER **disk jacket**
= Plattenhülle *nf*; Diskettenschutzhülle *nf* = disc jacket; floppy disk jacket; floppy disc jacket; disk case; disc case; floppy disk case; floppy disc case; disk sleeve; disc sleeve; floppy disk sleeve; floppy disc sleeve; disk envelope; disc envelope; floppy disk envelope; floppy disc envelope

disketteninterner Kopierschutz DAT.MA **on-disk copy protection**

Diskettenkapazität *nf* TER&PER **disc capacity**
= disk capacity

Diskettenkompatibilität *nf* DAT.PR **diskette compatibility**

Diskettenlaufwerk *nn* HW **floppy disk drive**
= Floppy-Laufwerk *nn*; Floppy-disk-Laufwerk *nn* = disk drive (2); diskette drive; floppy drive; floppy disk unit

Diskettenlaufwerksanzeige *nf* HW → **drive activity light**
→ Laufwerksanzeige *nf*

Disketten-Pflegegerät *nn* HW **diskette maintenance equipment**

Diskettensarg *nm* TER&PER → **disk storage box**
→ Diskettenbox *nf*

Diskettenschutzhülle *nf* TER&PER → **disk jacket**
→ Diskettenhülle *nf*

Diskettenspeicher *nm* HW **diskette memory**
= diskette storage; floppy-disk memory; floppy-disk storage
↑ Magnetschichtspeicher ↑ magnetic layer memory

Diskettensteuerung *nf* HW **floppy disk controller**
= fdc; FDC
↑ Plattenlaufwerksteuerung ↑ disk controller
↓ IWM (Macintosh) ↓ IWM (Macintosh)

Diskettenverzeichnis *nn* DAT.MA **disk directory**
[ein Inhaltsverzeichnis mit Ordnungsinformationen der gespeicherten Dateien] [an index with ordering information of stored files]
= disk catalog; disk catalogue; disc directory; disc catalog; disc catalogue

Diskettenwartung *nf* TER&PER **disk maintenance**
= disc maintenance

Diskone-Antenne *nf* ANT → **discone antenna**
→ Discone-Antenne *nf*

diskontfähig ECON → **discountable**
→ diskontierbar

diskontierbar ECON **discountable**
= diskontfähig; bankfähig = bankable

diskontinuierlich MATH → **discrete** *adj*
→ diskret

diskontinuierlich TELEC **bursty** *adj*
≠ kontinuierlich = bursty-traffic
≠ streamy

diskontinuierlicher Verkehr TELEC **bursty traffic**

diskontinuierliches Spektrum PHYS → **line spectrum**
→ Linienspektrum *nn*

diskontinuierliches System SYS.TH → **discrete system**
→ diskretes System

Diskontinuität *nf* SCIE **discontinuityn**
≈ Unterbrechung ≈ interruption

Diskontsatz *nm* ECON **discount rate**
[Zinssatz von Zentralbank zu [interest rate charged from Central Bank to bussiness banks]

Diskrepanz *nf* COLL → **discrepancy** *n*
→ Unstimmigkeit *nf*

diskret COMPO **discrete**
= einzeln; getrennt = individual

diskret MATH **discrete** *adj*
[vom latein. "discernere" = "absondern, unterscheiden"] [from Latin "discernere" = "segregate, distinguish"]
= unstetig; diskontinuierlich = discontinuous
≠ stetig ≠ continuous

diskrete Darstellung MATH **discrete representation**

diskrete Fourier-Transformation EL.SC **discrete Fourier transform**
= DFT = DFT

Diskrete Mehrträgerübertragung TELEC **discrete multitone transmission**
= DMT-Übertragung *nf*; DMT-Verfahren *nn* [a DSL standard]
↑ Mehrträgerverfahren = DMT
↑ multicarrier transmission

diskrete Quelle INF.TH **discrete source**

diskreter Halbleiter MICR.EL → **discrete semiconductor**
→ Einzelhalbleiter *nm*

diskreter Kanal DAT.CO **discrete channel**

diskretes elektronisches Bauelement COMPO **discrete electronic device**

diskretes Ereignismodell MOD&SI → **discrete change model**
→ diskretes Veränderungsmodell

diskrete Simulierung MOD&SI **discrete simulation**

diskretes Signal TELEC → **digital signal**
→ Digitalsignal *nn*

diskretes System SYS.TH **discrete system**
= diskontinuierliches System ≠ continuous system
≠ kontinuierliches System

diskretes Variablenmodell MOD&SI → **discrete change model**
→ diskretes Veränderungsmodell

diskretes Veränderungsmodell MOD&SI **discrete change model**
= diskretes Ereignismodell; diskretes Variablenmodell = discrete event model; discrete variable model; discrete model

diskrete Verteilung STATIS **discrete distribution**

diskrete Wobbelung INSTR **discrete sweep**

Diskretion *nf* COLL → **confidence** *n*
→ Vertraulichkeit *nf*

diskretisieren INF.TEC **discretize** *vt*
= rastern ≈ quantize [CODING]
≈ quantisieren [CODING] ↓ digitize
↓ digitalisieren

Diskretisierung *nf* INF.TEC **discretization** *n*
[Umsetzung eines analogen (unendlichen) Wertebereichs in einen diskreten (endlichen)] [conversion of an analog (infinite) range of values into a discrete (finite) one]
= Rasterung *nf* ≈ quantization [CODING]
≈ Quantisierung [CODING] ↓ digitazing
↓ Digitalisierung

Diskriminante *nf* MATH **discriminant**

Diskriminanzanalyse *nf* STATIS **discriminant analysis**

Diskriminator *nm* SW **discriminator** *n*
[OOP] [OOP]

Diskriminator *nm* CIRC.EN → **discriminator** *n*
→ Entscheider *nm*

Diskserver *nm* (ANGL) DAT.CO → **disk server**
→ Plattenserver *nm*

Diskstriping TER&PER → **disk striping**
→ Plattenstreifen *nm*

Diskussion *nf* ECON → **conference** *n*
→ Besprechung *nf*

Diskussionsaufforderung *nf* INTERNET **RFD**
= request for discussion

Diskussionsaufforderung *nf* DAT.NW → **request for comments**
→ Kommentaraufforderung *nf*

Diskussionsfaden *nm* INTERNET **thread** *n*

Diskussionsforum *nn* INTERNET **news group**
= Diskussionsgruppe *nf* = discussion group

Diskussionsforum *nn* INTERNET → **newsgroup** *n*
→ Nachrichtengruppe *nf*

Diskussionsgruppe *nf* INTERNET → **news group**
→ Diskussionsforum *nn*

Diskussionsgruppe *nf* INTERNET → **newsgroup** *n*
→ Nachrichtengruppe *nf*

Diskussionsleiter *nm* OFFICE → **moderator** *n*
→ Moderator *nm*

Diskussionsleitung *nf* OFFICE → **moderation**
→ Moderation *nf*

Diskussionsrunde *nf* INTERNET **chat** *n*
[Online-Unterhaltung per Tastatur] [on-line by key]

Diskussionsthema *nn* COLL **discussion topic**

Dispatcher *nm* (ANGL) SW → **scheduler program** *n* (1)
→ Abwickler *nm*

Dispatcher-Objekt SW **dispatcher object**

Dispersion *nf* OPT **dispersion** *n*
= Farbenstreuung *nf*; Farbenzerstreuung *nf* = chromatic dispersion

Dispersion *nf* STATIS → **variance** *n*
→ Varianz *nf*

dispersionsabgeflachte Faser OPT.CO **dispersion-flattened fiber**

dispersionsbegrenzt OPT.CO **dispesion-limited**

dispersionsoptimierte Faser OPT.CO **dispersion-shifted fiber** (AE)
= dispersionsverschobene Faser = dispersion-shifted fibre (BE)

dispersionsverschoben OPT.CO **dispersion-shifted**

dispersionsverschobene Faser OPT.CO → **dispersion-shifted fiber** (AE)
→ dispersionsoptimierte Faser

dispersiver Schwund RAD.PRO → **selective fading**
→ Selektivschwund *nm*

Display-Halterung *nf* COMPO **display socket**

Disponent *nm* ECON **scheduler** *n*
[person programming and assigning]

Disposition *nf* ECON **scheduling** *n*
[Materialfluss] [of material flow]

Dispositionskredit *nm* ECON **disposal credit**
= Verfügungsrahmen *nm*

Dispositionsrechner *nm* DAT.PR → **plant computer**
→ Betriebsrechner *nm*

Dissens *nm* COLL **dissent** *n*

Dissertation *nf* EDUC → **thesis**
→ Doktorarbeit *nf*

Dissoziation *nf* PHYS **dissociation** *n*

Dissoziationsenergie *nf* PHYS **dissociation energy**
[Breite des verbotenen Bandes] [width of forbidden band]

Dissoziationsspannung *nf* PHYS → **ionization voltage**
→ Ionisierungsspannung *nf*

dissoziiertes Akzeptor-Ion PHYS → **acceptor ion**
→ Akzeptor-Ion *nn*

Distanz *nf* COMP.SC **displacement** *n*
= bias

Distanz *nf* CODING → **minimum code distance**
→ Code-Distanz *nf*

Distanz *nf* PHYS → **distance** *n*
→ Entfernung *nf*

Distanzadresse *nf* SW **displacement address**
[der variable Teil einer absoluten Adresse, der den jeweiligen Abstand von der Grundadresse definiert] [the variable part of an absolute address, defining the displacement from the fixed reference address (base address)]
= Offset *nn* = displacement *n*; bias address; offset value; offset *n*
≠ Grundadresse ≠ base address

Distanzrolle *nf* EL.TRO → **spacer** *n*
→ Abstandsrolle *nf*

Distanz-Vektor-Routing *nn* SWITCH **distant vector routing**

distinktiv (SCIE) COLL → **singular** *adj*
→ einzigartig *adj*

Distortion *nf* (ANGL) OPT → **distortion** *n*
→ Verzeichnung *nf*

Distributionsdienst *nm* TELEC → **distribution service**
→ Verteildienst *nm*

Distributionsmethode *nf* DAT.MA **distributive mode**

Distributionsnetz *nn* TELEC → **distributive network**
→ Verteilnetz *nn*

distributives Netz TELEC → **distributive network**
→ Verteilnetz *nn*

Disziplin *nf* SCIE → **discipline** *n* (2)
→ Wissenschaftszweig *nm*

Dithering *nn* (1) (ANGL) COMP.GR → **screening** *n*
→ Rasterung *nf* (1)

Dithering *nn* (2) (ANGL) COMP.GR → **dithering** *n* (2)
→ Rasterung *nf* (2)

DIV SWITCH → **digital exchange**
→ Digitalvermittlungsanlage *nf*

divergent TECH → **divergent** *adj*
→ abweichend

divergente Quelle PHYS **divergently radiating source**
↑ Punktquelle = divergent radiator
↑ point source

divergentes Integral MATH **divergent integral**

Divergenz *nf* TECH → **deviation** *n*
→ Abweichung *nf*

Divergenz *nf* (1) MATH **divergence** *n* (1)
[einer Reihe] [of a series]
≠ Konvergenz ≠ convergence

Divergenz *nf* (2) MATH **divergence** *n* (2)
[Vektorfeld] [vector analysis]

Divergenzverlust *nm* RAD.PRO **divergence loss**
divergierende Welle RAD.PRO **diverging wave**
divers COLL → **different** *adj*
→ verschieden
Diversifikation *nf* ECON **diversification** *n*
= Diversifizierung *nf*
Diversifizierung *nf* ECON → **diversification** *n*
→ Diversifikation *nf*
Diversity *nn* RADIO → **diversity reception**
→ Diversityempfang *nm*
Diversity *nn* QUAL **diversity** *n*
Diversityabstand *nm* RADIO **diversity spacing**
Diversityempfang *nm* RADIO **diversity reception**
= Mehrfachempfang *nm*; Diversity *nn* = diversity *n*
↓ Frequenzdiversity; Raumdiversity; Winkeldiversity; Polarisationsdiversity; Kombinationsdiversity; Schaltdiversity ↓ frequency diversity; space diversity; angular diversity; polarization diversity; combiner diversity; switch diversity
Diversityempfänger *nm* RADIO **diversity receiver**
Diversity-Grad *nm* RAD.RE **order of diversity**
Dividend *nm* (1) MATH **dividend** *n* (1)
[Zahl die durch andere geteilt wird] [number divided by another]
≠ Divisor (1) ≠ divisor (1)
Dividend *nm* (2) MATH **dividend** *n* (2)
[Zahl über dem Bruchstrich] [number above the fraction line]
= Zähler *nm* = numerator *n*; teller *n*
≠ Divisor (2) ≠ divisor (2)
dividieren MATH **divide** *vt*
[- durch; - mit] [- by]
= teilen
Dividieren *nn* MATH → **division** *n*
→ Division *nf*
Dividierer *nm* CIRC.EN → **reducer** *n*
→ Untersetzer *nm*
Dividierwerk *nn* CIRC.EN → **digital divider**
→ Digitaldividierer *nm*
Divis MATH → **division sign**
→ Divisionszeichen *nn*
Divis *nn* [PRIN.ME] LING → **hyphen** *n*
→ Bindestrich *nm*
Division *nf* MATH **division** *n*
= Teilung *nf*; Dividieren *nn* = division operation
Division durch Null MATH → **zero division** *n*
→ Nulldivision *nf*
Divisionsfehler *nm* MATH **division error**
Divisionsprobe *nf* SW **division check**
Divisionsrest *nm* MATH **divide remainder**
= Teilungsrest *nm*; Restwert *nm*; Rest *nm* [7 mod 3 = 1]
= division remainder; remainder *n* (2); modulus *n* (3); mod
Divisionszeichen *nn* MATH **division sign**
[Symbol: :] [symbol: :]
= Teilungszeichen *nn*; Bruchzeichen *nn*; Divis = division symbol; fraction sign; fraction symbol
≈ Bruchstrich; Doppelpunkt ≈ fraction line; colon
Divisor *nm* (1) MATH **divisor** *n* (1)
[Zahl die eine andere teilt] [number dividing another number]
= Teilungsfaktor *nm* ≠ dividend (1)
≠ Dividend (1)
Divisor *nm* (2) MATH **divisor** *n* (2)
[Zahl unter dem Bruchstrich] [number below the fraction line]
= Nenner *nn* = denominator *n*
≠ Dividend (2) ≠ dividend (2)
↓ Modulus (1) ↓ modulus (1)
D-Kanal *nm* TELEC → **signal channel**
→ Signalkanal *nm*
dl PHYS → **deciliter** (AE)
→ Deziliter *nn*
DL1FK-Antenne *nf* ANT **DL1FK beam antenna**
↑ Drehrichtstrahler ↑ rotary beam antenna
DLCI DAT.CO **DLCI**
[FR] [FR]
= Data Link Connection Identifier
DLE DAT.CO → **data link escape**
→ Datenübertragungsumschaltung *nf*
DLL SW **DLL**
= Dynamic Link Library
DLT-Kassette *nf* TER&PER **DLT cartridge**
[Digital Line Tape]
DLT-Streamer *nm* TER&PER **DLT streamer**
DLU SWITCH → **Digital Line Unit**
→ digitale Leitungseinheit

dm PHYS → **decimeter** (AE)
→ Dezimeter *nn*
DMA DAT.MA → **direct memory access**
→ direkter Speicherzugriff
DMA-Kanal *nm* HW **DMA channel**
= direct memory access channel
DMD MICR.EL **DMD**
= Digital Micromirror Display
DME RAD.NA → **distance measuring equipment**
→ Entfernungsmesssystem *nn*
DML COMP.LG → **data manipulation language**
→ Datenmanipulationssprache *nf*
DMMV MEDIA → **DMMV**
→ Deutscher Multimedia-Verband
DMOS MICR.EL **DMOS**
[zweifach diffundierte MOS-Technologie] = double diffused MOS
DMS INSTR → **strain gauge**
→ Dehnmessstreifen *nm*
DMSC MOB.CO → **DMSC**
→ verteilte Funkvermittlungsstelle
DMT-Übertragung *nf* TELEC → **discrete multitone transmission**
→ Diskrete Mehrträgerübertragung
DMT-Verfahren *nn* TELEC → **discrete multitone transmission**
→ Diskrete Mehrträgerübertragung
DM-Verseilung *nf* COM.CAB **multiple twin formation**
= Dieselhorst-Martin-Verseilung *nf*
DM-Vierer *nm* COM.CAB **multiple-twin quad**
= Dieselhorst-Martin-Vierer *nm* = D.M. quad
↑ Viererseil; Verseilelement ↑ quad; stranding element
DNAE DAT.NW → **data network terminating unit**
→ Datennetz-Abschlusseinrichtung *nf*
DNC-Steuerung *nf* AUTOMA → **direct numerical control**
→ numerische Direktsteuerung
DNG DAT.CO → **data communications equipment**
→ Datenübertragungseinrichtung *nf*
DNS INTERNET **DNS**
= Domain Name Server
DO-Anweisung *nf* (FORTRAN, BASIC) COMP.LG → **RUN statement**
→ LAUF-Anweisung *nf*
DO-Befehl (FORTRAN, BASIC) COMP.LG → **RUN statement**
→ LAUF-Anweisung *nf*
DOC SW **DOC**
= Distributed Object Computing
Docking Station *nf* TER&PER → **docking station**
→ Dockstation *nf*
Dockstation *nf* TER&PER **docking station**
[stellt für einen Notebook-Computer die Peripherie eines Tisch-Computers her] [establishes for a notebook computer the periphal environment of a desktop computer]
= Docking Station *nf*; Koppeleinheit *nf* = desktop expansion base
Docmaster *nm* INTERNET **docmaster** *n*
[Redakteur eines Online-Auftritts] [redactor of an on-line presence]
Doduc-Bewertungstest *nm* DAT.PR **doduc benchmark**
[Monte-Carlo-Simulierung eines thermohydraulischen Problems; in FORTRAN] [a Monte Carlo simulation of a thermohydraulical problem; in FORTRAN]
↑ SPEC-Bewertungstest ↑ SPEC benchmark
Doktor *nm* EDUC → **Dr** *n*
→ Dr.
Doktorarbeit *nf* EDUC **thesis**
= Dissertation *nf* = dissertation
Dokument *nn* DAT.MA **document** *n* (1)
[jegliche geschlossene Ansammlung von Daten (z.B. Text, Zahlen, Grafiken) die von einem Anwenderprogramm erzeugt wurde und unter einem Namen behandelt wird] [any selfcontained collection of data (e.g. text, digits, graphs) created with an application program and handeld under one name]
≈ Textdatei ≈ text file
Dokumentar *nm* SCIE **documentor** *n*
[Beruf] [a profession]
Dokumentarfilm *nm* CINEMA **documentary film**
= documentary *n*
Dokumentarfilm-Wettbewerb *nm* CINEMA **documentary film competition**
dokumentarisch *adj* MEDIA **documentary** *adj*
Dokumentarspielfilm *nm* CINEMA **documentary feature**
Dokumentation *nf* TECH **documentation** *nsgt*
Dokumentationsbaum *nm* SW **documentation tree**
Dokumentationshilfe *nf* COMP.AP **documentation aid**
Dokumentationsprogramm *nn* COMP.AP **documentor** *n*
[a program]
Dokumentationssystem *nn* COMP.AP **documentation system**
= data storage and retrieval system

dokumentationszentriert SW **document-centric**

Dokumentationzentrum *nn* ECON **documentation center**

Dokumentauffindung *nf* DAT.MA **document retrieval**
= Dokumentwiedergewinnung *nf*

Dokumentaufruf *nm* INTERNET **document call**
= Dokumentzugriff *nm* = document access

Dokumentdatei *nf* COMP.AP **document file**
≈ Textdatei [DAT.MA] ≈ text file [DAT.MA]

Dokumenteditor *nm* COMP.AP **document editor**
= manuscript editor

Dokumentenakkreditiv *nn* ECON → **letter of credit**
→ Akkreditiv *nf*

Dokumentenaustauschformat *nn* DAT.MA **document exchange format**

dokumentenecht OFFICE **accepted for official documents**

Dokumentenechtheit *nf* OFFICE **acceptance for official documents**

Dokumentenfax *nn* TELEC **documentfax** *n*

Dokumenteninkasso *nn* ECON **documents against payment**

Dokumentenmanagement *nn* COMP.AP **document management**

Dokumentenmischung *nf* DAT.MA → **document merge**
→ Belegmischung *nf*

Dokumentenpapier *nn* OFFICE **document paper**
= judicature paper

Dokumenten-Rasterbildverarbeitung DAT.MA **document imaging**
[handling bitmaps of the documents]

Dokumentenspeicher *nm* DAT.CO **document storage**
= DS

Dokumententelegrafie *nf* TELEGR **document telegraphy**
↑ Faksimiletelegrafie ↑ facsimile telegraphy

Dokumentenvernichter *nm* OFFICE → **document destroying device**
→ Aktenvernichter *nm*

Dokumentenverwaltungssystem *nn* COMP.AP **DMS**
= Documents Management System

Dokumentfenster *nn* COMP.AP **document window**

dokumentieren ECON **document** *vt*

Dokumentinstanz *nf* INTERNET → **instance** *n*
→ Instanz *nf*

Dokumentkurzname *nm* DAT.MA **docuterm** *n*

Dokumentquelltext *nm* INTERNET **document source**

Dokumenttyp-Datei *nf* DAT.NW → **DTD**
→ DTD

Dokumenttyp-Datei *nf* DAT.NW → **DTD file**
→ DTD-Datei *nf*

Dokumenttyp-Definition *nf* INTERNET **document type definition**
[SGML] [SGML]
= DOCTYPE definition; DTD

Dokumenttyp-Deklaration *nf* INTERNET **document type declaration**
[SGML] [SGML]
= DOCTYPE declaration

Dokumentverarbeitung *nf* COMP.AP **document processing** (1)
[z.B. von Briefe, Tabellen] [e.g. of letters, spreadsheets]

Dokumentvergleichsprogramm *nn* WOR.PR → **text compare program**
→ Textvergleichsprogramm *nn*

Dokumentvorlage *nf* INTERNET **stylesheet** *n*
= template *n*

Dokumentwiedergewinnung *nf* DAT.MA → **document retrieval**
→ Dokumentauffindung *nf*

Dokumentzugriff *nm* INTERNET → **document call**
→ Dokumentaufruf *nm*

Dolbisierung *nf* EL.ACOU **Dolby strecher**

Dolby-System *nn* EL.ACOU → **Dolby system**
→ Dolby-Verfahren *nn*

Dolby-Verfahren *nn* EL.ACOU **Dolby system**
= Dolby-System *nn* ↑ noise suppression method
↑ Rauschunterdrückungssystem

Dollarkurs *nm* ECON **dollar exchange rate**

Dollarsymbol *nn* ECON → **dollar sign**
→ Dollarzeichen *nn*

Dollarzeichen *nn* ECON **dollar sign**
= Symbol $ *nn*; Dollarsymbol *nn* [symbol: $]
↑ Währungszeichen = dollar symbol
↑ currency sign

Dolly *nn* (ANGL) CINEMA → **dolly** *n*
→ Kamerawagen *nm*

Dollyschienen *nplt* CINEMA **dolly rails**

dolmetschen LING **interpret** *vt*
[mündlich übersetzen] [translate in oral form]
↑ übersetzen ↑ translate

Dolmetscher *nm* LING **interpreter** *n*
↑ Übersetzer ↑ translator
↓ Simultandolmetscher; Konsekutivdolmetscher ↓ simultaneous interpreter; consecutive interpreter

Dolph-Tschebycheff-Verteilung *nf* ANT **Dolph-Chebychev distribution**

DOM INTERNET **DOM**
[objektorientierte Web-Technik] [object-oriented Web technology]
= Document Object Model

Domain *nn* INTERNET → **domain** *n*
→ Domäne *nf*

Domainadresse *nf* INTERNET → **e-mail address**
→ E-Mail-Adresse *nf*

Domain-Master-Browser *nm* INTERNET **domain master browser**

Domain-Rechner *nm* INTERNET → **domain computer**
→ Domänenrechner *nm*

Domain-Registrierung *nf* INTERNET → **domain registration**
→ Domänenregistrierung *nf*

Domäne *nf* COMP.SC **domain** *n*
[Menge aller möglichen Punkte einer Variable] [set of all possible values of a variable]
= attribute domain

Domäne *nf* INTERNET **domain** *n*
[letzter Teil der Netzwerkadresse, bezeichnet Typ oder Region, z.B. "com" für kommerzielle Entität, "de" für Deutschland] [last part of a network address, designates type or region, e.g. "com" for a commercial entity, "de" for Germany]
= Domain *nn*

Domäne *nf* COLL → **domain** *n*
→ Herrschaftsbereich *nm*

Domäne *nf* (1) PHYS → **domain** *n*
→ Kristallbereich *nm*

Domäne *nf* (2) PHYS → **magnetic bubble**
→ Magnetblase *nf*

Domänenadresse *nf* INTERNET **domain address**
[z.B.: titius.caius@SPQR.com] [e.g.: titius.caius@SPQR.com]

Domänengrenzfläche *nf* PHYS **domain boundary**

Domänenindexierung *nf* INTERNET **domain indexing**

Domänenkalkül *nm* DAT.MA **domain calculus**
↑ Relationenkalkül ↑ relational calculus

Domänenname *nm* INTERNET **domain name**
[Adresse eines Rechners oder Dokuments in einem Host; z.B.: dummy.com] [address of a computer or document in a host; e.g.: dummy.com]
= Internet-Domänenname *nm* = Internet domain name

Domänennamenfälschung *nf* INTERNET **domain spoofing**

Domänennamenmissbrauch *nm* INTERNET **squatting** *n*
= Squatting *nn* (ANGL)

Domänennamenserver *nm* INTERNET **domain name server**
= DNS

Domänenparken INTERNET → **domain parking**
→ Domänenvorreservierung *nf*

Domänenrechner *nm* INTERNET **domain computer**
= Domain-Rechner *nm*

Domänenregistrierung *nf* INTERNET **domain registration**
= Domain-Registrierung *nf*

Domänentransportspeicher *nm* TER&PER → **magnetic bubble memory**
→ Magnetblasenspeicher *nm*

Domänenvorreservierung *nf* INTERNET **domain parking**
= Domänenparken

dominantes Element MEDIA **dominant element**

dominierend COLL → **prevalent** *adj*
→ vorherrschend

domiziliert (CH) ECON → **domiciled** *adj*
→ ansässig

Donator *nm* PHYS **donor** *n*
[Elektronen abgebender Atom oder Störstelle] = donator *n*
= Donor *nm* (ANGL) ↑ dopant
↑ Dotierungsmaterial ↓ donor atom; donor ion

Donator-Atom *nn* PHYS **donor atom**
↑ Donator ↑ donor

Donatorendichte *nf* PHYS **donor density**

Donatoren-Erschöpfung *nf* PHYS **donor exhaustion**

Donator-Ion *nn* PHYS **donor ion**
= ionisiertes Donator-Atom = ionized donor atom
↑ Donator ↑ donor

Donatorniveau *nn* PHYS **donor level**
= donator level

Donatorwanderung *nf* PHYS **donor migration**
= donator migration

Dongle *nm* HW → **dongle** *n*
→ Kopierschutzschaltung *nf*

Donner *nm* METEO **thunder** *n*
≈ Donnerschlag ≈ thunderclap

Donnerschlag *nm* METEO **thunderclap** *n*
≈ Donner ≈ thunder

Donor *nm* (ANGL) PHYS → **donor** *n*
→ Donator *nm*

dopen (ANGL) MICR.EL → **dope** *vt*
→ dotieren *vt*

Dopen *nn* (ANGL) MICR.EL → **doping** *n*
→ Dotierung *nf*

Dop-Faktor *nm* (ANGL) MICR.EL → **doping grade**
→ Dotierungsgrad *nm*

Doping *nn* (ANGL) MICR.EL → **doping** *n*
→ Dotierung *nf*

DOPOS MICR.EL **DOPOS**
= doped polysilicon diffusion

Doppel- TECH → **twin** *adj*
→ paarig

Doppelader *nf* [TELEC] COM.CAB → **wire pair** *n*
→ Aderpaar *nn*

Doppeladerkabel *nn* COM.CAB → **paired cable**
→ Paarkabel *nn*

doppeladrig TELEC → **two-wire** *adj*
→ zweidrähtig

Doppelankerrelais *nn* COMPO **double armature relay**

Doppelanschlag *nm* TER&PER **double-strike** *n*
= Doppeldruck *nm*
= bounce *n*

Doppelanschluss *nm* TELEC **two-party omnibus line**
[nicht gleichzeitig verfügbar]
≈ Zweieranschluss
↑ Gemeinschaftsanschluss

Doppelantenne *nf* (1) ANT **twin antenna**
= Zwillingsantenne *nf*

Doppelantenne *nf* (2) ANT → **two-band antenna**
→ Zweibandantenne *nf*

Doppelausgang *nm* EL.TEC → **dual output**
→ Zweifachausgang *nm*

Doppelbasisdiode *nf* MICR.EL **unijunction transistor**
= Zweibasisdiode *nf*; Unijunction-Transistor *nm*; UJT; Zweizonen-Transistor *nm*; Doppelbasistransistor *nm*; Zweibasistransistor *nm*
= UJT; double-base diode

Doppelbasistransistor *nm* MICR.EL → **unijunction transistor**
→ Doppelbasisdiode *nf*

Doppelbazooka ANT → **double bazooka**
→ Doppelsperrtopf

Doppelbefehl *nm* TELECON **double command**

Doppelbelegung *nf* INF.TEC **double occupation**
= Zweifachbelegung *nf*
= double allocation

Doppelbelichtung *nf* IMAG.ME **double exposure**

Doppelbetrieb *nm* TECH **double operation**
= duplex operation; double working; duplex working; dual operation; dual working

Doppelbetrieb *nm* DAT.PR → **tandem processing**
→ Tandemverarbeitung *nf*

Doppelbiegung *nf* MECH **double bend**

Doppelbindung *nf* CHEM **double bond**

Doppel-Bisquare-Antenne *nf* ANT **double bisquare antenna**

Doppelboden *nm* SYS.INS **raised floor**
= doppelter Boden; Kriechboden *nm*; Montageboden *nm*
= raised flooring; false floor; false bottom; double bottom; computer floor; computer flooring

doppelbrechend PHYS **double refractive**

Doppelbrechung *nf* PHYS **birefringence** *n*
= doppelte Brechung
= double refraction; twofold refraction

Doppelbruch *nm* MATH **compound fraction**
[mit Bruch in Zähler oder Nenner]
[with a fraction in dividend or divisor]

Doppelbrücke *nf* INSTR → **Thomson bridge**
→ Thomson-Messbrücke *nf*

Doppelbuchse *nf* COMPO **female-female adapter** *n*
[beidseitig mit Buchse]
↑ Kupplung (1)
↑ in-series adapter

Doppelbytecode *nm* CODING → **two byte code**
→ Zwei-Byte-Code *nm*

Doppel-Cassettendeck *nn* CONS.EL **dual cassette deck**
= dual deck

Doppelcomputer *nm* DAT.PR → **tandem computer**
→ Tandemcomputer *nm*

Doppel-D-Beam ANT **double D beam**

Doppel-Delta-Antenne *nf* ANT **double delta antenna**

Doppel-Delta-Loop ANT **double delta loop**
= twin delta loop

Doppeldiode *nf* COMPO **double diode**

Doppeldipol *nm* ANT **twin dipole**

Doppeldiskette *nf* TER&PER → **DS disk**
→ DS-Diskette *nf*

Doppeldisketten-Laufwerk *nn* TER&PER → **dual disk drive**
→ Doppellaufwerk *nn*

Doppel-Doublett-Antenne *nf* ANT **double-doublet antenna**

Doppel-Dreipuls-Mittelpunkt-Schaltung *nf* POW.EN **double three-pulse mid-point circuit**
= Doppelstern mit Saugdrossel; Saugdrosselschaltung *nf*
= double star with interphase transformer

Doppeldruck *nm* TER&PER → **double-strike** *n*
→ Doppelanschlag *nm*

Doppeldruck *nm* TER&PER → **overprinting** *n*
→ Doppeldruckverfahren *nn*

Doppeldrücken *nn* COMP.AP → **double click** *n*
→ Doppelklick *nm*

Doppeldruckverfahren *nn* TER&PER **overprinting** *n*
= Doppeldruck *nm*

Doppelendschlange *nf* DAT.MA **deque** *n*
[beidseitig ergänzbar/lesbar]
[items can be entered/retrieved at both ends]
= double-ended queue

Doppeleuropaformat *nn* EL.TRO → **double eurocard size**
→ Doppeleuropakarten-Format *nn*

Doppeleuropakarte *nf* EL.TRO → **double eurocard size**
→ Doppeleuropakarten-Format *nn*

Doppeleuropakarten-Format *nn* EL.TRO **double eurocard size**
[Leiterplattenformat 233,4x166 mm²]
= Doppeleuropaformat *nn*; Doppeleuropakarte *nf*
[PCB size of 91.9x65.4 sqin]

doppelfädig EL.TRO **bifilar**
= bifilar

Doppelfaktormethode *nf* SWITCH → **Kruithof method**
→ Kruithof-Methode *nf*

doppelfarbig OPT **dichromatic** *adj*
= dichromatisch
≈ zweifarbig; dichroitisch
≈ bichromatic; dichroic

Doppelfarbigkeit *nf* OPT **dichromatism** *n*
= Zweifarbigkeit *nf*

Doppelfokusröhre *nf* EL.TRO **double-focus tube**

Doppelform *nf* PRIN.ME **two-up** *n*
= zwei Nutzen

Doppelfunktions- TECH **alternate-function** *adj*
= twin-function *n*

Doppelgängerprogramm *nn* SW **look-alike program** *n*
[program imitating another]

Doppelgebühr *nf* TELEC **double tariff**
= Doppeltarif *nm*

Doppelgegenschreiben *nn* TELEGR **quadruplex operation**

Doppelgegentaktmodulator *nm* MODUL **double-balanced modulator**

Doppelgelenk-Kupplung *nf* MEC.EN **spindle coupling**

Doppelgenauigkeit *nf* COMP.SC **double precision**
= doppelte Genauigkeit; Doppelpräzision *nf*; doppelte Präzision; Zweifachgenauigkeit *nf*; zweifache Genauigkeit
↑ Mehrfachgenauigkeit
= long precision
↑ multiple precision

Doppelgestänge OUT.PL **double pole**

doppelgesteuert EL.TRO **dual-control**

Doppelgitterröhre *nf* EL.TRO **double-grid tube**
= tetraode *n*

Doppelhaushälfte *nf* CIV.EN **semi-detached house**

Doppelhetereostruktur *nf* MICR.EL **double hetereostructure**

Doppelintegral *nn* MATH **double integral**
[Integration über ein Stück einer Ebene]
= doppeltes Integral
≈ Oberflächenintegral
↑ mehrfaches Integral
[integration over a piece of a planar surface]
≈ surface integral
↑ multiple integral

Doppelintegrator *nm* CIRC.EN → **double integrator**
→ Zweifachintegrator *nm*

Doppelkäfig-Magnetron *nn* MICR.EL **donutron** *n*

Doppelkamm-Magnetron *nn* MICROW **interdigital magnetron**

Doppelkapselmikrofon *nn* EL.ACOU **double-button microphone**

Doppelkegelantenne *nf* ANT → **biconical antenna**
→ Doppelkonusantenne *nf*

Doppelkegel-Breitbandantenne *nf* ANT → **broadband conical monopole**
→ Breitband-Kegelantenne *nf*

Doppelklemme *nf* COMPO **double snap-in terminal**

Doppelklick *nm* COMP.AP **double click** *n*
[Maus]
= Doppeldrücken *nn*
[mouse]

Doppelklick-Intervall *nn* COMP.AP **double-click interval**

Doppelkohlemikrofon *nn* EL.ACOU **differential microphone**
= push-pull microphone

doppelkonisch — OPT — **biconical** *adj*

Doppelkontakt *nm* — COMPO — **twin contact**
= dual contact

Doppelkontaktfeder *nf* — COMPO — **dual-contact spring**

Doppelkonusantenne *nf* — ANT — **biconical antenna**
= Doppelkegelantenne *nf*
↑ geometrisch dicke Antenne
↓ Discone-Antenne
↑ geometrically thick antenna
↓ discone antenna

Doppelkonus-Lautsprecher *nm* — EL.ACOU — **duo-cone loudspeaker**

Doppelkonusstrahler *nm* — ANT — **biconical horn**
= Doppelkonustrichter *nm*

Doppelkonustrichter *nm* — ANT — → **biconical horn**
→ Doppelkonusstrahler *nm*

Doppelkopf *nm* — TER&PER — **dual heads**

Doppelkreuz *nn* — ECON — **hash mark** (symbol: #)
[Symbol: #]
= Nummernzeichen *nn*
= hash symbol

Doppelkreuz *nn* — PRIN.ME — **double cross**
[ein Balken mit zwei Querbalken an den Enden]
= double dagger; diesis *n* (*pl*-ses)

Doppelkreuzkontakt *nm* — COMPO — **twin-cross contact**

Doppelkupplung *nf* — COMPO — **female-to-female adapter**
[Stecker]
= Kupplungsstück *nn*
↑ Übergangsstecker
↑ adapter (1)

doppellagig — TECH — → **two-layered** *adj*
→ zweischichtig

Doppellaufwerk *nn* — TER&PER — **twin drive**

Doppellaufwerk *nn* — TER&PER — **dual disk drive**
[für zwei Disketten]
= Doppeldisketten-Laufwerk *nn*
[for two disks]
= dual floppy drive

Doppellaut *nm* — LING — **diphtong** *n*
= Diphtong *nm*; Doppelvokal *nm*; Zweilaut *nm*; Zwielaut *nm*

Doppelleitung *nf* — LINE TH — → **two-wire line**
→ Lecher-Leitung *nf*

Doppellesekopf *nm* — TER&PER — **pre-read head**
= Vor-Lesekopf *nm*
↑ Lesekopf
↑ read head

Doppellochung *nf* — TER&PER — **double punch**

Doppelmeldung *nf* — TELECON — **double-point information**

Doppelmodulation *nf* — MODUL — **dual modulation**

doppeln — DAT.PR — **mirror** *vt*
[Daten]
≈ duplizieren
[to maintain a data duplication]
≈ duplicate

doppeln — DAT.MA — → **duplicate** *vt*
→ duplizieren *vt*

Doppelnormierung *nf* — NETW.TH — → **scaling** *n*
→ Skalierung *nf*

Doppelnulltaste *nf* — TER&PER — **double-zero key**

Doppelnutzung *nf* — RADIO — **reuse** *n*

Doppelpendel *nn* — PHYS — **double pendulum**

Doppelpfeil *nm* — LING — **double arrow**
= doppelter Pfeil

Doppelplatte *nf* — PHYS — **double plate**

doppelpolarisierte Antenne — ANT — **dual-polarization antenna**
= dual-polarization aerial

Doppelpotentiometer *nn* — COMPO — **tandem potentiometer**
= Tandempotentiometer *nn*

Doppelpräzision *nf* — COMP.SC — → **double precision**
→ Doppelgenauigkeit *nf*

Doppelprozessor *nm* — HW — **dual processor**
= twin processor

Doppelprozessor *nm* — DAT.PR — → **tandem processor**
→ Tandemprozessor *nm*

Doppelprüfung *nf* — SW — **duplication check**
[gleiches Ergebnis bei zwei Läufen]
↑ Datenüpberprüfung
[same result by separate runs]
↑ data validation

Doppelpufferspeicherung *nf* — DAT.MA — **double buffering**
[abwechselnde Speicherung zwecks Schnelligkeit]
= Doppelpufferung *nf*; Pingpongpufferung *nf*
[alternating, to increase speed]
= ping-pong buffering

Doppelpufferung *nf* — DAT.MA — → **double buffering**
→ Doppelpufferspeicherung *nf*

Doppelpunkt *nm* — LING — **colons** *nplt*
[Symbol: :]
= Kolon *nn* (*pl* Kolons&Kola)
↑ Satzzeichen
[symbol: :]
↑ punctuation mark

Doppelpunkt *nm* — MATH — **point of intersection**
↑ Singularität
↑ singularity

Doppelquad-Element *nn* — ANT — **double quad element**

Doppelquad-Rundstrahler *nm* — ANT — **omnidirectional double quad radiator**

Doppelrahmenpeiler *nm* — RAD.LO — **double-frame direction finder**

Doppelraster *nn* — RADIO — **dual pattern**

Doppelrechner *nm* — DAT.PR — → **tandem computer**
→ Tandemcomputer *nm*

doppelreflektierende Antenne — ANT — → **indirect-feed antenna**
→ indirektgespeiste Antenne

Doppelreihen- — COMPO — → **dual in line**
→ Dual-in-line

Doppelreihenanschluss-Gehäuse *nn* — COMPO — → **dual-in-line package**
→ DIL-Gehäuse *nn*

Doppelreihenanschluss-Schalter *nm* — COMPO — → **dual-in-line switch**
→ DIL-Schalter *nm*

Doppelreihenanschluss-Stecker *nm* — COMPO — → **DIL connector**
→ DIL-Stecker *nm*

doppelreihig — COMPO — → **dual in line**
→ Dual-in-line

doppelreihig — TECH — → **double-row** *adj*
→ zweireihig

Doppel-Rhomboid-Antenne *nf* — ANT — **double rhomboid antenna**

Doppelrhombus-Antenne *nf* — ANT — **double rhombic antenna**

Doppelschicht *nf* — EL.TRO — **double layer**

doppelschichtig — TECH — → **two-layered** *adj*
→ zweischichtig

Doppelschichtschirm *nm* — EL.TRO — **double-layer screen**

Doppelschleifendipol *nm* — ANT — **triple folded dipole**
= Dreifach-Faltdipol *nm*

Doppelschlitzstrahler *nm* — ANT — **twisted slot antenna**

Doppelschlussmotor *nm* — EL.TEC — **compound motor**
= Verbundmaschine *nf*

Doppelschrittmultiplexer *nm* — TRANSM — **skip multiplexer**
= Direktmultiplexer *nm*
= double-step multiplexer

doppelseitig — TECH — **two-sided**
= zweiseitig
= double-sided; dual-sided

doppelseitig — TECH — → **bilateral** *adj*
→ zweiseitig *adj*

doppelseitige Anzeige — ECON — **double spread**

doppelseitiger Druck — TER&PER — **two-sided printing**
= beidseitiger Druck; Duplexdruck *nm*
= duplex printing

doppelseitiges Gestell — EQP.EN — **double-sided rack**

doppelseitiges Laufwerk — TER&PER — **dual-sided disk drive**
[kann beidseitig lesen/schreiben]
[can read/write on both disk sides]

Doppelspalt-Oszillator *nm* — MICROW — **dual-slit oscillator**

Doppelspeisung *nf* — ANT — **double feed**

Doppelsperrklinke *nf* — TELEPH — **double retaining pawl**

Doppelsperrtopf — ANT — **double bazooka**
= Doppelbazooka

Doppelsprechbetrieb *nm* — TELEC — **diplex operation**
[gleichzeitig in beiden Richtungen über ein gemeinsames Medium]
= Diplexbetrieb *nm*
[simultaneous transmission or reception via a common medium]
= diplex reception

Doppelspulmesswerk *nn* — INSTR — **double-coil mechanism**

Doppelspur *nf* — TER&PER — **double track**
[Magnetband]
= dual track

Doppelspur-Tonbandgerät *nn* — EL.ACOU — → **dual-track recorder**
→ Zweispur-Tonbandgerät *nn*

Doppelsschlag *nm* — COM.CAB — **double twist**

doppelstark — TECH — **double-strength** *adj*

Doppelstecker *nm* — COMPO — **male-male adapter**
[beidseitig mit Stecker]
↑ Übergangsstecker
= biplug *n*
↑ in-series adapter

Doppel-Steghohlleiter *nm* — MICROW — **double-ridge waveguide**

Doppelstern — TELEC — **double star**

Doppelsternkabel *nn* — COM.CAB — **spiral-eight cable**

Doppelstern mit Saugdrossel — POW.EN — → **double three-pulse mid-point circuit**
→ Doppel-Dreipuls-Mittelpunkt-Schaltung *nf*

Doppelsternschaltung *nf* — POW.SY — **double-star connection**

Doppelsternvierer *nm* — COM.CAB — **spiral-eight**
= quad-pair stranded pair

Doppelstrahlröhre *nf* — EL.TRO — → **double-trace cathode ray tube**
→ Zweistrahlröhre *nf*

Doppelstrich *nm* — ENG.DRA — **double line**
= doppelte Linie
= double rule

Doppelstrich *nm* — PRIN.ME — **double hyphen**
[kennzeichnet am Zeilenende einen Bindestrich]
≈ Gleichheitszeichen
↑ Satzzeichen
[indicates a hyphen at the end of a line]
≈ equal sign
↑ punctuation mark

Doppelstrom *nm* — TELEGR — **double current**
≠ Einfachstrom
= polar current (AE)
≠ single current

Doppelstrombetrieb *nm* [arbeitet mit positiver und negativer Spannung]	TELEGR	**double current working** [works with positive and negative polarity] = double current transmission; double current operation
Doppelstromcode *nm* → Bipolarcode *nm*	DAT.CO	→ **bipolar code**
Doppelstromsignalisierung *nf*	TELEC	**double-current signaling** (AE)
Doppelstromtastung *nf*	TELEGR	**double-current keying**
Doppelsuper → Doppelsuperhet	RADIO	→ **dual conversion superhet**
Doppelsuperhet [mit zwei ZF] = Doppelsuper ↑ Überlagerungsempfänger	RADIO	**dual conversion superhet** [with two IF] = dual-conversion superhet receiver; dual conversion receiver; dual converter ↑ heterodyne receiver
Doppelsystem *nn*	TECH	**dual system** = twin system
Doppelsystem *nn* [Realzeit- und Stapelsystem an einer gemeinsamen Datenbank] ↑ Mehrrechnersystem	DAT.PR	**dual computer system** [real-time and batch computer accessing a common external memory] = twin computer system ↑ multi-computer system
doppelt → paarig	TECH	→ **twin** *adj*
doppeltabgestimmter Mischer	HF	**double-balanced mixer**
Doppeltamplitudenmodulation *nf*	MODUL	**dual amplitude modulation**
Doppel-T-Anker *nm*	EL.TEC	**two-pole armature** = shuttle armature
Doppeltarif *nm* → Doppelgebühr *nf*	TELEC	→ **double tariff**
Doppel-T-Dipol *nm* = gefalteter Doppel-T-Dipol	ANT	**double-T dipole**
doppelte Brechung → Doppelbrechung *nf*	PHYS	→ **birefringence** *n*
doppelte Genauigkeit → Doppelgenauigkeit *nf*	COMP.SC	→ **double precision**
doppelte Linie → Doppelstrich *nm*	ENG.DRA	→ **double line**
Doppeltensor *nm*	MATH	**double tensor**
doppelte Präzision → Doppelgenauigkeit *nf*	COMP.SC	→ **double precision**
doppelter Boden → Doppelboden *nm*	SYS.INS	→ **raised floor**
doppelter Pfeil → Doppelpfeil *nm*	LING	→ **double arrow**
doppelter Zeilenabstand = doppelter Zeilenvorschub	TER&PER	**double line spacing** = double spacing; double line feed
doppelter Zeilenvorschub → doppelter Zeilenabstand	TER&PER	→ **double line spacing**
doppelte Schreibdichte [Diskette] = DD	TER&PER	**double density** [floppy disk] = DD
doppeltes Integral → Doppelintegral *nn*	MATH	→ **double integral**
doppelte Stichleitung	ANT	**double stub**
Doppel-T-Filter *nn* = Notch-Filter *nn*	NETW.TH	**twin-T-filter** = notch filter
doppeltgenau	COMP.SC	**double-precision** *adj*
doppeltgenaue Arithmetik	COMP.SC	**double-precision arithmetic** = double-length arithmetic
doppeltgerichtet = Zweiweg-; Zweirichtungs-; bidirektional ≠ einfachgerichtet	TELEC	**both-way** = two-way; bidirectional ≈ duplex ≠ one-way
Doppel-T-Glied *nn* → Viereckschaltung *nf*	NETW.TH	→ **balanced T section**
Doppeltiegel-Verfahren *nn* [zur Herstellung von Stufenindexfasern]	OPT.CO	**double crucible method** [to produce step-index fibers]
doppelt kaschiert [Leiterplatte] = beidseitig kaschiert	EL.TRO	**double-clad** [PCB] = double-sided
doppelt kaschierte Leiterplatte = beidseitig kaschierte Leiterplatte	EL.TRO	**double-face PCB** = double-face board; two-sided PCB; two-sided board
doppeltkaschierte Leiterplatte → zweiseitig kaschierte Leiterplatte	EL.TRO	→ **double-sided PCB**
Doppelton-WT *nf*	TELEGR	**two-tone voice frequency telegraphy**
doppelt polarisiert ≠ einfach polarisiert	PHYS	**double-polarized** ≠ single-polarized
Doppeltransistor *nm* → Tandemtransistor *nm*	COMPO	→ **tandem transistor**
Doppel-T-Schaltung *nf* → Viereckschaltung *nf*	NETW.TH	→ **balanced T section**
doppeltummantelt	COM.CAB	**double-sheathed**
Doppel-T-Verzweigung *nf* → magisches T	MICROW	→ **magic T**
Doppelung *nf* → Verdoppelung *nf*	MATH	→ **duplication** *n*
Doppelverarbeitung *nf* → Tandemverarbeitung *nf*	DAT.PR	→ **tandem processing**
Doppelverbindung *nf*	SWITCH	**double connection**
doppelverkettet	DAT.MA	**double-chained** *adj* = double-threaded; doubly-chained; doubly-threaded
Doppelvokal *nm* → Doppellaut *nm*	LING	→ **diphtong** *n*
Doppelvorwahl *nf*	SWITCH	**double preselection**
doppelwandig	TECH	**double walled**
Doppelweggleichrichter *nm* = Zweiweggleichrichter *nm*; Vollweggleichrichter *nm*	CIRC.EN	**double-way rectifier** = full-wave rectifier
Doppelweggleichrichtung *nf* = Zweiweggleichrichtung *nf*, Vollweggleichrichtung *nf*	CIRC.EN	**double-way rectification** = full-wave rectification
Doppelwegthyristor *nm* = Vollwegthyristor *nm*	MICR.EL	**double-way thyristor** = full-wave thyristor
Doppelwendel *nf*	TECH	**double helix** = double whip
Doppelwendel-Antenne *nf*	ANT	**double helix antenna**
doppelwirkend [das englische Wort "duplex" ist ein Neologismus aus dem latein. "duo + plectere" = "zwei + flechten"] = zweifachwirkend	TECH	**duplex** *adj* (4) [neologism from Latin "duo + plectere" = "two + plait"] = double-acting; double-action
Doppelwort *nn*	DAT.MA	**double word** = doubleword *n*
Doppel-Yagi-Uda-Antenne *nf*	ANT	**double Yagi-Uda antenna**
Doppelzeichen *nn*	TER&PER	**overprinted character**
Doppelzeitbasis-Fenster *nn*	INSTR	**dual time base window**
Doppelzentner *nm* [Maßeinheit für Masse; = 100 kg] = dz	PHYS	**metric quintal** [measuring unit for mass; = 100 kg]
Doppelzepp	ANT	**double zepp antenna**
Doppler-Effekt *nm*	PHYS	**Doppler effect** = doppler effect
Doppler-Log	RAD.NA	**Doppler log**
Doppler-Navigator *nm*	RAD.NA	**Doppler navigator**
Doppler-Peiler *nm*	RAD.LO	**Doppler direction finder**
Doppler-Radar *nm&nn* (*pl* -e)	RAD.LO	**Doppler radar**
Dopplerverschiebung *nf*	PHYS	**Doppler shift**
Doppler-VOR	RAD.NA	**Doppler omnirange**
Dorf *nn* ≈ Weiler	PUB.ADM	**village** *n* ≈ hamlet
Dorn *nm*	MEC.EN	**mandrel** *n* = pin *n*
DOS [Überbegriff für die Versionen MS-DOS und PC-DOS]	SW	**DOS** [Disk Operating System; general term for the versions MS-DOS and PC-DOS]
DOS → Platte-Betriebssystem *nn*	SW	→ **disk operating system**
DO-Schleife [in problemorientierten Sprachen, z.B. FORTRAN, BASIC; Wiederholung bis eine Bedingung erfüllt wird] ≈ FOR-Schleife ↑ iterative Anweisung; Programmschleife	COMP.LG	**DO loop** [in high-level programming languages, e.g. FORTRAN, BASIC; repetition till a condition is met] ≈ iterative statement; FOR loop ↑ program loop
Dose *nf* → Netzsteckdose *nf*	EL.INS	→ **mains socket**
Dosierung *nf*	TECH	**dosage** *n* = proportioning *n*
dosimetrisch	PHYS	**dosimetric**
Dosis *nf*	STATIS	**dose** *n*
Dosisleistungskonstante *nf*	PHYS	**dose rate constant**
Dot.com-Unternehmen [vornehmlich oder ausschließlich im Internet tätig] = Internetfirma *nf*	ECON	**dot.com enterprise** [acting mostly or exclusively in the Internet] = dot-com enterprise

Dotieren *nn* MICR.EL → **doping** *n*
→ Dotierung *nf*

dotieren *vt* MICR.EL **dope** *vt*
= dopen (ANGL)

Dotierfolge *nf* MICR.EL → **doping sequence**
→ Dotierungsfolge *nf*

Dotiermaterial *nn* MICR.EL → **dopant** *n*
→ Dotierungsmaterial *nn*

Dotiermittel *nn* MICR.EL → **dopant** *n*
→ Dotierungsmaterial *nn*

Dotiersubstanz *nf* MICR.EL → **dopant** *n*
→ Dotierungsmaterial *nn*

dotiert MICR.EL **doped**
= contaminated

dotierter Halbleiter MICR.EL **doped semiconductor**

dotierte Schicht MICR.EL **doped junction**

Dotierung *nf* MICR.EL **doping** *n*
[Verunreinigung zur Veränderung von Halbleitereigenschaften] [introduction of impurities to change semiconductor characteristics]
= Dotieren *nn*; Doping *nn* (ANGL); Dopen *nn* (ANGL)
↓ N-Dotierung; P-Dotierung ↓ n-doping; p-doping

Dotierungsausgleich *nm* MICR.EL **doping compensation**

Dotierungsdichte *nf* MICR.EL **doping density**

Dotierungsfaktor *nm* MICR.EL → **doping grade**
→ Dotierungsgrad *nm*

Dotierungsfolge *nf* MICR.EL **doping sequence**
= Dotierfolge *nf*

Dotierungsgrad *nm* MICR.EL **doping grade**
= Dotierungsfaktor *nm*; Dop-Faktor *nm* (ANGL) = doping factor

Dotierungskonzentration *nf* OPT.CO **dopant concentration**

Dotierungsmaterial *nn* MICR.EL **dopant** *n*
[einem Halbleiter beigemengte Verunreinigung, zur Veränderung deren elektrischen Eigenschaften] [impurity added to a semiconductor in order to influence its electrical characteristic]
= Dotiermaterial *nn*; Dotiermittel *nn*; Dotiersubstanz *nf* = doping agent; addition agent; dope additive
↓ Donator; Akzeptor ↓ donor; acceptor

Dotierungsprofil *nn* MICR.EL **doping profile**
≈ Störstellenprofil ≈ impurity profile

Dotierungsverfahren *nn* MICR.EL **doping technique**
= Dotierverfahren *nn*

Dotierverfahren *nn* MICR.EL → **doping technique**
→ Dotierungsverfahren *nn*

DOT-Speicher *nm* TER&PER **DOT**
[domain tip]

doubeln *vt* CINEMA **double** *vt*
[einen Darsteller in einer gefährlichen oder peinlichen Szene ersetzen] [to substitute an actor in a dangerous or embarassing scene]

Double *nn* CINEMA **double** *n*
↓ Stunt(wo)man; Body-Double ↓ stnt (wo)man; body double

Double *nn* MUSIC **double** *n*
[Verzierung der Oberstimme] [decoration of the treble]
↓ Stuntdouble ↓ stunt double

Double-dabble *nn* CODING **double dabble**

Double-density-Diskette *nf* TER&PER → **DD disk**
→ DD-Diskette *nf*

Doublet *nn* (ANGL) ANT → **dipole** *n*
→ Dipol *nm*

Doublette *nf* DAT.MA **doublet** *n*
= Duplikat *nn*; Dupe *nn* (ANGL) = duplicate key; dupe

Doublettenprüfung *nf* DAT.MA **doublet check**
= duplication check

DOV-Modem *nm&nn* DAT.CO **DOV modem**
= data-above-voice modem

DO-WHILE-Anweisung *nf* COMP.LG **DO-WHILE statement**
[in problemorientierten Sprachen, z.B. PL/1] [in high-level programming languages, e.g. PL/1]
↑ iterative Anweisung; Programmschleife
= DO-WHILE instruction
↑ iterative statement; program loop

Download *nm* (ANGL) DAT.PR → **download** *n*
→ Herunterladen *nn*

downloaden *vt* (ANGL) DAT.PR → **download** *vt*
→ herunterladen

Downsizing *nn* COMP.AP **down sizing**

Dozent *nm* EDUC → **lecturer** *n*
→ Vortragender *nm*

DPAK TELEC → **depacketizing unit**
→ Depaketiereinheit *nf*

DPC-Adresse *nf* SWITCH → **DPC**
→ Zielvermittlungsadresse *nf*

DPL TELEC **DPL**
[Datenübertragung über das Stromnetz] = Digital Power Line

DPLL CIRC.EN **DPLL**
= digitale PLL; digitaler Phasenregelkreis = digital PLL; digitale phase-lock loop

DPMS SW **DPMS**
[spart Leistungsaufnahme von Bidschirmen] [savers power consumption of displays]
= Display Power Management Signalling

D-Pol *nm* MICR.EL → **drain** *n* (3)
→ Senke *nf*

DPS TER&PER → **dots per second**
→ Punkte pro Sekunde

DP-Schnittstelle *nf* HW → **Data Products interface**
→ Data-Products-Schnittstelle *nf*

DPSI TER&PER → **dots per square inch**
→ Punkte pro Quadratzoll

DPSK MODUL → **differential phase shift keying**
→ Phasendifferenzmodulation *nf*

DQDB-Bus *nm* DAT.NW **DQDB**
= Distributed Queue Dual Bus

DQPSAK MODUL **DQPSK**
= Differential QPSK

Dr. EDUC **Dr** *n*
= Doktor *nm* = Doctor
↑ akademischer Titel ↑ academic degree

Drachenantenne *nf* ANT **kite antenna**

Draft-Modus *nm* (ANGL) TER&PER → **draft mode**
→ Entwurfsbetrieb *nm*

Drag-and-Drop COMP.AP → **drag and drop**
→ Ziehen *nn*

Draht *nm* EL.TEC **wire** *n*
= Leiter *nm* = conductor *n*

Draht *nm* TECH **wire** *n*
≈ Seil ≈ rope
↓ Seildraht ↓ rope wire

Drahtanschluss *nm* MICR.EL → **wire bonding**
→ Drahtkontaktierung *nf*

Drahtantenne *nf* ANT **wire antenna**

drahtarmiert COM.CAB → **wire-armored**
→ drahtbewehrt

Drahtbarren *nm* METAL **wire bar**

drahtbewehrt COM.CAB **wire-armored**
= drahtarmiert = wire-armoured

drahtbewickelt TECH **wire-wound** *adj*
= drahtgewickelt

Drahtbruch *nm* COM.CAB **wire breakage**
= Aderbruch *nm* = broken wire

Drahtbrücke *nf* EL.TRO **wire link**
= Drahtbügel *nm* = jumper wire; wire strap
≈ Steckbrücke; Jumper ≈ plug link; jumper

Drahtbügel *nm* EL.TRO → **wire link**
→ Drahtbrücke *nf*

Drahtbürste *nf* TECH **wire brush**

Drahtdehnmessstreifen *nm* INSTR **wirewound strain gauge**

Drahtdrehwiderstand *nm* COMPO → **wirewound potentiometer**
→ Drahtpotentiometer *nn*

Drahtdrucker *nm* TER&PER → **stylus printer**
→ Nadeldrucker *nm*

Drahtfarbliste *nf* EQP.EN → **wire list**
→ Drahtliste *nf*

Drahtfernsehen *nn* BROADC → **cable TV**
→ Kabelfernsehen *nn*

Drahtfestwiderstand *nm* COMPO **fixed wire-wound resistor**

Drahtführung *nf* EQP.EN **wire guide**

Drahtführungskamm *nm* EQP.EN → **fanning strip**
→ Verdrahtungskamm *nn*

Drahtführungsliste *nf* EQP.EN → **wire list**
→ Drahtliste *nf*

Drahtfunk *nm* SOUN.ME → **wired broadcasting**
→ Kabelrundfunk *nm*

drahtgebunden TELEC **wire-bound** *adj*
= schnurgebunden [TELEPH] = wire-conducted; wireline *adj*; landline *adj*
≠ drahtlos ≠ wireless
↑ leitergebunden ↑ conducted

drahtgebundene Kommunikation TELEC **wire-bound communication**
= Drahtkommunikation = wire-conducted communication; wire communication

drahtgebundene Übertragungstechnik TRANSM **metallic-line transmission**

[mit metallischen Leitern]
↑ leitergebundene Übertragungstechnik
technique
[on metallic lines]
↑ line transmission technique

Drahtgeflecht TECH **wire netting**
= Gewebedraht *nm*

drahtgewickelt TECH → **wire-wound** *adj*
→ drahtbewickelt

Drahtgitter *nn* TECH **metal gauze**

Drahtgittermodell *nn* COMP.GR → **wire frame model** *n*
→ Drahtmodell *nn*

Drahtgittermodellierung *nf* COMP.GR **wireframe modelling**

Drahtkommunikation TELEC → **wire-bound communication**
→ drahtgebundene Kommunikation

Drahtkontaktierung *nf* MICR.EL **wire bonding**
= Drahtanschluss *nm*
= wire bond

Drahtlack *nm* METAL **wire enamel**

Drahtlehre *nf* METAL → **wire gauge**
→ Drahtmaß *nn*

Drahtliste *nf* EQP.EN **wire list**
= Drahtfarbliste *nf*; Drahtführungsliste *nf*; Verdrahtungsliste *nf*
= wiring list

drahtlos EQP.EN → **cordless** *adj*
→ schnurlos

drahtlos *adj* TELEC **wireless** *adj*
= kabellos; kabelfrei
≠ drahtgebunden
= cordless [TELEPH]
≠ wire-bound

drahtlose Anschlussleitung TELEC **Wireless Local Loop**
= drahtlose Teilnehmeranschlussleitung; Teilnehmerfunk *nm*; RITL; RITLL; RLL; WLL; Festfunkanschluss *nm*
↓ mobilfunktechnische Anschlussleitung
[last mile by radio]
= WLL; wireless loop; Radio In The Loop; RITL; radio in the local loop; RITLL; RLL; radio drop; fixed radio access; wireless access; fixed wireless; wireless in the loop; WITL

drahtlose Kommunikation TELEC **wireless communications**

drahtlose Mikrofonanlage EL.ACOU **cordless microphone system**
= drahtlose Mikrophonanlage

drahtlose Mikrophonanlage EL.ACOU → **cordless microphone system**
→ drahtlose Mikrofonanlage

drahtlose Nebenstellenanlage TELEPH **wireless PABX**

drahtloser Breitbandanschluss TELEC **Broadband Wireless Access**
= BWA
= BWA

drahtloses Büro OFFICE **wireless office**

drahtloses LAN DAT.NW → **local-area wireless network**
→ Funk-LAN *nn*

drahtloses Mikrofon EL.ACOU **wireless microphone**
= drahtloses Mikrophon

drahtloses Mikrophon EL.ACOU → **wireless microphone**
→ drahtloses Mikrofon

drahtlose Teilnehmeranschlussleitung TELEC → **Wireless Local Loop**
→ drahtlose Anschlussleitung

drahtlose Telegraphie TELEC **wireless telegraphy**
= W/T; W.T.

Drahtmaß *nn* METAL **wire gauge**
= Drahtlehre *nf*; Aderdurchmesser *nm*; Aderndurchmesser *nm*; Aderdicke *nf*; Aderndicke *nf*
↓ amerikanische Drahtlehre
↓ AWG

Drahtmodell *nn* COMP.GR **wire frame model** *n*
[Grafik mit verdeckten Linien]
= Drahtgittermodell *nn*; Linienmodell *nn*; Kantenmodell *nn*
≠ Volumenmodell
↑ dreidimensionale Darstellung
[graphic with hidden lines]
= wire frame
≠ solid model
↑ 3-D representation

Drahtpotentiometer *nn* COMPO **wirewound potentiometer**
= Drahtdrehwiderstand *nm*
= variable wire-wound resistor

Drahtpyramide *nf* ANT **pyramidal antenna**

Drahtschneider *nm* TECH → **side cutting pliers**
→ Seitenschneider *nm*

Drahtseil *nn* METAL **wire rope**

Drahtspeicher *nm* TER&PER → **magnetic wire memory**
→ Magnetdrahtspeicher *nm*

Drahtverbindung *nf* ANT **wire junction**

Drahtwelle *nf* LINE TH **wire-conducted wave**

Drahtwellenleitung *nf* LINE TH → **surface wave transmission line**
→ Oberflächenwellenleitung *nf*

Drahtwickeltechnik *nf* EL.TRO **wire-wrap technique**
= Wire-wrap-Technik *nf*; Wrap-Technik *nf*
= wire wrapping; wrapping *n*

Drahtwickelverbindung *nf* EL.TRO → **wrapped connection**
→ Wickelverbindung *nf*

Drahtwiderstand *nm* COMPO **wire resistor**
= wirewound resistor

Drahtwindung *nf* COMPO **wire turn**

Drahtziehen *nn* METAL → **deep drawing**
→ Tiefziehen *nn*

Drain *nm* (1) MICR.EL → **drain terminal**
→ Drain-Anschluss *nm*

Drain *nm* (2) MICR.EL → **drain region** *n*
→ Drain-Zone *nf*

Drain *nm* (3) MICR.EL → **drain** *n* (3)
→ Senke *nf*

Drain-Anschluss *nm* MICR.EL **drain terminal**
[Elektrode für gesteuerten Strom]
= Drainelektrode *nf*; Drain *nm* (1)
[electrode for drawn current]
= drain electrode; drain *n* (1)

Drain-Anschluss *nm* CIRC.EN **common-drain connection**
= Source-Folger *nm*

Drainelektrode *nf* MICR.EL → **drain terminal**
→ Drain-Anschluss *nm*

Drain-Source-Durchbruchspannung *nf* MICR.EL **drain-source breakdown voltage**

Drain-Source-Spannung *nf* MICR.EL **drain-source voltage**

Drainspannung *nf* MICR.EL → **drain voltage**
→ Absaugspannung *nf*

Drainstrom *nm* MICR.EL → **drain current**
→ Absaugstrom *nm*

Drain-Zone *nf* MICR.EL **drain region** *n*
= Drain *nm* (2) (ANGL)
= drain *n* (2)

Drall *nm* COM.CAB **twist** *n*
= lay *n*

Drall *nm* (1) MECH **twist** *n* (2)
[Drehbewegung um eigene Achse]
↑ Kreisbewegung
[circular movement on the own axis]

Drall *nm* (2) MECH → **angular momentum**
→ Drehimpuls *nm*

Drall *nm* (3) MECH → **torque** *n*
→ Drehmoment *nn*

Dralllänge *nf* COM.CAB **pitch** *n*
= lay length; Twist length

Drallwechsel *nm* COM.CAB **lay reversal**

DRAM *nn* MICR.EL **DRAM**
[muss laufend ("dynamisch") aufgefrischt werden]
= dynamisches RAM; dynamischer Direkzugriffsspeicher
≠ SRAM
↑ Speicherbaustein; Direktzugriffspeicher
[pronounced "dee-ram"; must be constantly ("dynamic") refreshed]
= dynamic RAM; dynamic random access memory
≠ SRAM
↑ memory chip; random-access memory

Drama *nn* LING **drama** *n*
↓ Tragödie; Komödie
↓ tragedy; commedy

Drama *nn* IMAG.ME → **drama** *n*
→ Schauspiel *nn*

Dramatisierung *nf* MEDIA **dramatization** *n*

Dramaturgie *nf* MEDIA **dramaturgy**

drängen COLL **urge** *vt*

drauflegen DAT.PR **push** *vt*
[eine Position einem Stapelspeicher]
≠ entfernen
[to add an item to a stack]
≠ pop

Draufsicht *nf* ENG.DRA → **top view**
→ Aufsicht *nf*

draußen TECH → **outdoors** *adv*
→ im Freien *adv*

DRAW TER&PER → **WORM**
→ WORM

Drawback *nn* (ANGL) ECON → **drawback** *n*
→ Rückzoll *nm*

DRCS-Zeichen *nn* COMP.SC **DRCS**
= frei definierbares Zeichen
= dynamically redefinable character set

DRDW-Verfahren *nn* TER&PER **DRDW**
[Direct Read During Write]

Dreh- TECH **rotating**
= rotational

Drehachse *nf* PHYS **spin axis**
= rotation axis

Dreh-Adcock-Antenne *nf* ANT **rotary Adcock antenna**

Drehanlage *nf* CONS.EL → **dish positioner**
→ Spiegelpositionierer *nm*

Drehantenne *nf* ANT **rotary antenna**
= drehbare Antenne
↓ Drehrichtstrahler
= rotary beam antenna

Drehantrieb *nm* MEC.EN **rotary drive**

Dreharm MEC.EN **rotary arm**

Drehbake *nf* RAD.NA **rotating beacon**

Drehbank *nf* TECH **lathe** *n* (2)

drehbar MECH **rotatable**
= rotary; versatile

drehbare Antenne ANT → **rotary antenna**
→ Drehantenne *nf*

Drehbewegung *nf* PHYS **rotary movement**
≈ Kreisbewegung
= rotational motion; rotary motion; rotational movement; rotation *n*
≈ circular movement

Drehbuch *nn* CINEMA **screenplay** *n*
[vollständiger Text eines Films]
= Skript *nn*
[the complete text of a film]
= shooting script; script *n*

Drehbuchautor *nm* CINEMA **screenwriter** *n*
= scenario writer

Drehbühne *nf* IMAG.ME **revolving stage**

Dreh-Codierschalter *nm* COMPO **coded rotary switch**
↑ Codierschalter
= thumbwheel coding switch

Dreheiseninstrument *nn* INSTR **moving-iron instrument**

drehen MEC.EN **turn** *vt*
[zerspanen]
[to machine]

drehen MECH **turn** *vi* (2)
[sich um die eigene Achse bewegen]
≈ rotieren; kreisen
↓ schell drehen
[to move around its axis]
= revolve
≈ rotate; circulate
↓ spin

Drehen *nn* TECH **lathe** *n* (1)
[spanabhebende Bearbeitung]

Dreherei MANUF **turning shop**

Drehfassung *nf* IMAG.ME **shooting script**

Drehfeder *nf* MEC.EN **torsion spring**
= Torsionsfeder *nf*
= torsional spring

Drehfederkonstante *nf* INSTR **directional constant**
= Torsionsfederkonstante *nf*; Winkelrichtgröße *nf*
= torsional constant

Drehfeld *nn* EL.SC **rotating field**
= revolving field

Drehfeldantenne *nf* ANT **rotating field antenna**

Drehfeldbauart *nf* POW.EN **rotary field design**

Drehfeldinstrument *nn* INSTR **rotating field instrument**

Drehfeldmaschine *nf* POW.EN **polyphase machine**

Drehfeldspeisung *nf* ANT **rotating field feed**

Drehfunkfeuer *nn* RAD.NA **rotating radiobeacon**
= omnidirectional range; omnirange *n*

Drehfuß *nm* EQP.EN **swivel stand**
≈ Schwenkfuß
≈ swivel base; tilt stand; tilt base

Drehgelenk *nn* MEC.EN **rotary joint**
= Rotationsgelenk *nn*

Drehgenehmigung *nf* CINEMA **shooting permit**

Drehgeschwindigkeits-Aufnehmer *nm* AUTOMA → **angular velocity pickup**
→ Winkelgeschwindigkeits-Aufnehmer

Drehimpuls *nm* MECH **angular momentum**
= Impulsmoment *nn*; Drall *nm* (2)
= moment of momentum

Drehknopf *nm* COMPO **rotary knob**
↑ Knopf
= knob *n*

Drehkondensator *nm* COMPO **rotatable capacitor**
= Regelkondensator *nm*
= rotatable condenser
↑ variable capacitor

Drehkraft *nf* MECH → **torque** *n*
→ Drehmoment *nn*

Drehkreuzantenne *nf* ANT **turnstile antenna**
= Kreuzdipolantenne *nf*; Kreuzdipol *nm*; Kreuzstrahler *nm*; Drehstandantenne *nf*; Turnstile-Antenne *nf*; Quirlantenne *nf*
= crossed-dipole antenna; crossed antenna

Drehkupplung *nf* MICROW **moving junction**

Drehmagnet *nm* EL.TEC **rotary magnet**
= moving magnet

Drehmagnetgalvanometer *nn* INSTR **moving-magnet galvanometer**
↓ Vibrationsgalvanometer
↓ vibration galvanometer

Drehmagnet-Messwerk *nn* INSTR **moving-magnet mechanism**

Drehmagnet-Quotientenmesser *nm* INSTR **moving-magnet ratiometer**

Drehmagnet-Vibrationsgalvanometer INSTR **moving-magnet vibration galvanometer**

Drehmasse *nf* PHYS → **moment of inertia**
→ Trägheitsmoment *nn*

Drehmechanismus *nm* MEC.EN → **swing mechanism** *n*
→ Drehvorrichtung *nf*

Drehmelder *nm* AUTOMA **rotary resolver**
= Synchro; Resolver *nm*; Koordinatenwandler *nm*
= resolver *n*; synchrogenerator *n*; synchro *n*

Drehmoment *nn* MECH **torque** *n*
[SI-Einheit: Newtonmeter, Joule]
= Drehkraft *nf*; Moment *nn*; Torsionskraft *nf*; M; Drall *nm* (3)
≈ Kraftmoment
[SI unit: Newtonmeter, Joule]
= moment of force; M; turning moment

Drehmomentanzeige *nf* TECH **torque indication**

Drehmomentmesser *nm* INSTR **torque meter**

Drehmoment-Motor *nm* POW.EN **torque motor**
= Torque-Motor *nm*; Torquer *nm*
= torquer *n*

Drehmomentregler *nm* TECH **torque controller**

Drehmomentschlüssel *nm* MEC.EN **torque wrench**

Drehmoment-Schraubenschlüssel *nm* MEC.EN **torque screw wrench**

Drehmoment-Schraubenzieher *nm* MEC.EN **torque screw driver**

Drehmomentwandler *nm* TECH **torque transducer**

Drehnummernschalter *nm* TER&PER → **rotary dial switch** *n*
→ Nummernschalter *nm*

Drehort *nm* IMAG.ME **location** *n*

Drehphasenschieber *nm* EL.TEC **rotary phase shifter**

Drehplan *nm* CINEMA **shooting schedule**
= schedule *n*

Drehpol *nm* MECH **center of rotation**

Drehpositionsabtastung *nf* TER&PER **rotational position sensing**

Drehpunkt *nm* MECH **point of rotation**
= pivot *n*

Drehrahmenantenne *nf* ANT **rotating frame antenna**
= Drehrahmenpeiler *nm*
↑ Peilantenne
= rotating loop antenna
↑ direction finding antenna

Drehrahmenpeiler *nm* ANT → **rotating frame antenna**
→ Drehrahmenantenne *nf*

Drehrahmenpeiler *nm* RAD.LO **rotating-frame direction finder**

Drehregler *nm* TER&PER **paddle** *n*
[Englisch "paddle" = Paddel; für Computerspiele]
= Paddle *nn* (ANGL)
↑ Bediengerät
[for computer games]
= game paddle; paddle controller
↑ control unit

Drehrichtstrahler *nm* ANT → **rotary-beam antenna**
→ Drehrichtungsstrahler *nm*

Drehrichtung *nf* MECH **direction of rotation**

Drehrichtungsstrahler *nm* ANT **rotary-beam antenna**
= Drehrichtstrahler *nm*
≠ fester Richtstrahler
↑ Drehantenne
≠ fixed beam antenna
↑ rotary antenna

Drehschalter *nm* COMPO **rotary switch**
= Drehwähler *nm*
↓ Stufendrehschalter
= turn switch; rotary selector
↓ rotary selector switch

Dreh-Schwenk-Fuß *nm* EQP.EN **tilt-swivel stand**
= Schwenk-Neige-Fuß *nm*
↑ Fuß
= tilt-pivoting stand
↑ stand

Drehschwingung *nf* MECH **rotational oscillation**
= rocking motion

Drehspulgalvanometer *nn* INSTR **moving-coil galvanometer**
↓ Kriechgalvanometer
↓ creeping galvanometer

Drehspulinstrument *nn* INSTR **moving-coil instrument**
= moving-coil meter

Drehspulmesswerk *nn* INSTR **moving-coil mechanism**

Drehspulquotientenmesser *nm* INSTR **moving-coil ratiometer**

Drehspulrelais *nn* COMPO **moving-coil relay**

Drehstab *nm* MECH → **torsion rod**
→ Torsionsstab *nm*

Drehstandantenne *nf* ANT → **turnstile antenna**
→ Drehkreuzantenne *nf*

Drehstrom *nm* POW.EN **three-phase current**
= Dreiphasenstrom *nm*
↑ Wechselstrom; Mehrphasenstrom
= rotary current
↑ alternating current; polyphase current

Drehstromaggregat *nn* POW.EN **thre-phase A.C. generating set**
= Dreiphasenaggregat *nn*

Drehstrombrückenschaltung *nf* POW.EN **three-phase bridge**
= Dreiphasenbrückenschaltung *nf*

Drehstromgenerator *nm* POW.EN **three-phase generator**
= Dreiphasengenerator *nm*
= three-phase alternator

Drehstromgleichrichter *nm* POW.EN **three-phase rectifier**
= Dreiphasengleichrichter *nm*

Drehstromleitung *nf* POW.EN **three-phase line**
= Dreiphasenleitung *nf*

Drehstrommotor *nm* POW.EN **three-phase motor**
= Dreiphasenmotor *nm*

Drehstromnetz *nn* POW.EN **three-phase network**
= Dreiphasennetz *nn*
= three-phase mains

Drehstromschalter *nm* EL.INS **three-phase switch**
= Dreiphasenschalter *nm*

Drehstromsynchrongenerator *nm* POW.EN **three-phase synchronous alternator**
= Dreiphasensynchrongenerator *nm*

Drehstromtransformator *nm* POW.EN **three-phase transformer**
= Dreiphasentransformator *nm*

Drehstromzähler *nm* INSTR **three-phase current integrator**
= Dreiphasenzähler *nm*

Drehstuhl *nm* OFFICE **swivel chair**
Drehsymmetrie *nf* MATH **rotary symmetry**
Drehtag-Plan *nm* CINEMA **call sheet**
Drehteil *nn* MEC.EN **turned part**
Drehtisch *nm* MEC.EN **turntable** *n*
= rotary table
Drehtransformator *nm* PHYS **adjustable transformer**
Drehtransformator *nm* POW.SY **phase transformer**
Drehübertrager *nm* AUTOMA **rotary joint**
Drehung *nf* MECH **twist** *n* (3)
↓ Umdrehung
= turn *n*; rotation *n*
Drehungswinkel *nm* MECH → **angle of rotation**
→ Drehwinkel *nm*
Drehvektor *nm* MATH **rotation vector**
Drehverzug *nm* TER&PER **rotational delay**
= Drehwartezeit *nf*; Umdrehungswartezeit *nf*
↑ Zugriffszeit
= rotational latency
↑ access time
Drehvorrichtung *nf* MEC.EN **swing mechanism** *n*
= Drehmechanismus *nm*
≈ Schwenkmechanismus *nm*
= turning mechanism; revolving mechanism
≈ pivoting mechanism
Drehwaage *nf* MECH **torsion balance**
Drehwähler *nm* COMPO → **rotary switch**
→ Drehschalter *nm*
Drehwähler *nm* SWITCH **rotary selector**
↑ Wähler
= rotary switch
↑ selector
Drehwartezeit *nf* TER&PER → **rotational delay**
→ Drehverzug *nm*
Drehwiderstand *nm* COMPO **rotatable resistor**
↑ Regelwiderstand
↑ variable resistor
Drehwinkel *nm* MECH **angle of rotation**
= Drehungswinkel *nm*
Drehwinkelcodierer *nm* AUTOMA → **angle-position encoder**
→ Winkelcodierer *nm*
Drehzahl *nf* MECH **rotational speed**
[SI-Einheit: reziproke Sekunde]
≈ Umdrehungen pro Minute; Winkelgeschwindigkeit
[SI unit: reciprocal second]
= revolutional turns speed; speed *n* (1); rotational frequency
≈ revolutions per minute; angular velocity
Drehzahlaufnehmer *nm* TER&PER **revolution transducer**
Drehzahlmesser *nm* INSTR **revolution counter**
= Umdrehungsmesser *nm*; Tourenzähler *nm*
= speed counter
Drehzahlregelung *nf* CONTRO **speed control**
Drehzahlregler *nm* CONTRO **speed controller**
drehzahlveränderbar TECH **variable-speed** *adj*
Drehzahlverzerrung *nf* TELEGR → **telegraph signal distortion**
→ Schrittverzerrung *nf*
Drehzapfengelenk *nn* MEC.EN **pivot joint**
Drehzazpfen *nm* MEC.EN **pivot** *n*
= Zapfen *nm*
Drehzwilling *nm* PHYS → **couple of forces**
→ Kräftepaar *nn*
dreiachsig TECH **triaxial**
Drei-Adress-Befehl *nm* SW **three-address instruction**
[mit drei Adressteilen für drei Operanden]
≈ Zwei-plus-Eins-Adress-Befehl
↑ Mehr-Adress-Befehl
[with three address parts for three operands]
= three-operand instruction; 3-address instruction; 3-operand instruction
≈ two-plus-one instruction
↑ multi-address instruction
Drei-Adress-Computer *nm* DAT.PR → **three-address computer**
→ Drei-Adress-Rechner *nm*
Drei-Adress-Maschine *nf* DAT.PR → **three-address computer**
→ Drei-Adress-Rechner *nm*
Drei-Adress-Rechner *nm* DAT.PR **three-address computer**
= Drei-Adress-Computer *nm*; Drei-Adress-Maschine *nf*
= three-address machine
dreiadrig EL.TEC **three-wire** *adj*
= dreidrähtig
= three-core; triple-core; three-conductor
Dreiarmzirkulator *nm* MICROW **three-port circulator**
Dreiband *nn* RADIO **triband** *n*
= tripleband *n*
Dreibandantenne *nf* ANT **triband antenna**
= tribander *n*
Dreiband-Cubical-Quad-Antenne *nf* ANT **triband cubical quad antenna**
Dreiband-Delta-loop-Antenne *nf* ANT **triband delta loop antenna**
Dreiband-Groundplane-Antenne *nf* ANT **triband groundplane antenna**
Dreiband-Handy *nn* MOB.CO → **triband mobile phone**
→ Dreiband-Mobiltelephon
Dreiband-Mobiltelephon MOB.CO **triband mobile phone**
= Dreiband-Handy *nn*
Dreiband-Resonanzkreis *nm* ANT **triple resonant circuit**
Dreiband-Strahlelement *nn* ANT **triband element**
Dreiband-Trap-Antenne *nf* ANT **triband trap antenna**
Dreibein *nn* TECH **tripod** *n*
= Dreifuß *nm*; dreibeiniges Stativ
↑ Stativ
= trihedral *n*
↑ stand
dreibeiniges Stativ TECH → **tripod** *n*
→ Dreibein *nn*
Dreibein-Tischfuß *nm* EL.ACOU **table tripoid** (microphone)
[Mikrofon]
Drei-Bit *nn* INF.TEC → **tribit** *n*
→ Tribit *nn*
Dreibuchstabenabkürzung *nf* LING → **three-letter acronym**
→ Dreibuchstabenakronym *nn*
Dreibuchstabenakronym *nn* LING **three-letter acronym**
= Dreibuchstabenabkürzung *nf*
= TLA [INTERNET]
Drei-Chip-Gerät *nn* EQP.EN **three-chip equipment**
Drei-dB-Koppler *nm* MICROW **three-dB coupler**
= 3-dB-Koppler *nm*
= 3-dB coupler; hybrid coupler
dreidimensional MATH **three-dimensional** *adj*
= tridimensional
= 3-D; spatial
dreidimensionale Anzeige INSTR → **3-D display**
→ 3D-Anzeige *nf*
dreidimensionale Darstellung COMP.GR **3-D representation**
= 3D-Darstellung *nf*
↓ Drahtmodell; Flächenmodell; Volumenmodell
= 3-D graphic
↓ wire frame; surface modell; solid model
dreidimensionale Grafik COMP.GR → **3-D graphics**
→ 3D-Grafik *nf*
dreidimensionale Graphik COMP.GR → **3-D graphics**
→ 3D-Grafik *nf*
dreidimensionaler Scanner TER&PER **three-dimensional scanner**
= 3D-Scanner *nm*
= spatial digitizer
dreidimensionales Fernsehen TV **three-dimensional TV**
= 3D-Fernsehen *nn*
= 3-D TV
dreidimensionales Koordinatensystem MATH **three-dimensional coordinate system** *n*
= X-Y-Z coordinate system; 3-D coordinate system
dreidimensionale Tabelle COMP.AP **three-dimensional spreadsheet**
= 3D-Tabelle *nf*
= spreadsheet notebook
dreidrähtig EL.TEC → **three-wire** *adj*
→ dreiadrig
Drei-D-Speicher *nm* DAT.PR **three-dimensional storage**
= 3D-Speicher *nm*
Dreieck *nn* MATH **triangle** *n*
= 3-Eck *nn*
↑ Vieleck
↑ polygon
Dreieckantenne *nf* ANT → **triangle antenna**
→ Dreiecksantenne *nf*
Dreieckflächenantenne *nf* ANT **triangular aperture antenna**
Dreieckgenerator *nm* CIRC.EN **triangle generator**
dreieckig MATH **triangular** *adj*
≈ dreiseitig
↑ vieleckig
≈ trihedral (1)
↑ polygonal
Dreieckigkeit *nf* MATH **triangularity** *n*
Dreieckimpuls *nm* EL.TRO → **sawtooth wave**
→ Sägezahnschwingung *nf*
Dreieck-Kenndaten *nplt* EL.TRO **triangle characteristics**
Dreieck-Rechteck-Generator *nm* CIRC.EN **triangle-square wave generator**
Dreiecksanordnung *nf* TECH **triangular arrangement**
= trefoil arrangement
Dreiecksantenne *nf* ANT **triangle antenna**
= Dreieckantenne *nf*
= multiwire-triatic antenna
Dreieckschaltung *nf* NETW.TH → **delta section**
→ Pi-Schaltung *nf*
Dreieckschleife *nf* ANT **triangle loop**
Dreieckschwingung *nf* EL.TRO → **sawtooth wave**
→ Sägezahnschwingung *nf*
Dreiecksdipol *nm* ANT → **triangular dipol**
→ Spreizdipol *nm*
Dreiecksgitter *nn* PHYS **triangular lattice**
Dreiecksgitter-Gruppe *nf* ANT **triangular grid array**
Dreieck-Sinus-Generator *nm* CIRC.EN **triangle-sine wave generator**
Dreieckskörper *nm* COMP.GR **triangular body**
Dreieckspannung *nf* EL.TRO → **sawtooth wave**
→ Sägezahnschwingung *nf*

Dreieck-Stern-Umwandlung *nf* POW.EN **delta-star conversion**

Dreieckswelle *nf* EL.TRO → **sawtooth wave**
→ Sägezahnschwingung *nf*

Dreieckverbindung *nf* TELEC **3-way call**
= three-way call

Dreieckwelle *nf* EL.TRO → **sawtooth wave**
→ Sägezahnschwingung *nf*

Dreielektrodenröhre *nf* EL.TRO → **triode vacuum tube**
→ Triode *nf*

Dreier *nm* COM.CAB **triple conductor**

Dreier-Exzess-Code *nm* CODING → **excess-three code**
→ Drei-Exzess-Code *nm*

Dreiergespräch *nn* TELEPH → **tripartite conference**
→ Dreierkonferenz *nf*

Dreierkonferenz *nf* TELEPH **tripartite conference**
= Dreiergespräch *nn*
= three-party conversation; three-party service; 3PTY; add-on conference

Drei-Exzess-Code *nm* CODING **excess-three code**
[spezielle binäre Darstellung von Dezimalziffern, zur Erleichterung arithmetischer Operationen]
= Stibitzcode *nm*; Exzess-3-Code *nm*; Dreier-Exzess-Code *nm*
[special binary coding of decimal digits, to ease arithmetic operations]

dreifach COLL **threefold**
= ternär
= triple; ternary

dreifach OFFICE **three-part** *adj*
= 3-fach
↑ druckempfindlich
= 3-part
↑ pressure-sensitive

Dreifachausgang *nm* EL.TEC **triple output**

Dreifach-C-Profil *nn* EQP.EN **triple-C section**

Dreifachdiffusion *nf* MICR.EL **three-phase diffusion**

Dreifach-Diversity *nn* RAD.RE **triple diversity**

dreifaches Integral MATH **triple integral**
↑ mehrfaches Integral
↑ multiple integral

Dreifacheuropaformat *nn* EL.TRO **triple eurocard size**
= Dreifach-Europakartenformat *nn*

Dreifach-Europakartenformat *nn* EL.TRO → **triple eurocard size**
→ Dreifacheuropaformat *nn*

Dreifach-Faltdipol *nm* ANT → **triple folded dipole**
→ Doppelschleifendipol *nm*

Dreifachform *nf* PRIN.ME **three-up** *n*

Dreifachgenauigkeit *nf* COMP.SC **triple precision**
↑ Mehrfachgenauigkeit
↑ multiple precision

Dreifachnulltaste *nf* TER&PER **triple-zero key**

Dreifachstecker *nm* COMPO **triplug** *n*

Dreifarbendruck *nm* PRIN.ME **three-color print**
↑ Mehrfarbendruck
= three-colour print
↑ multicolor print

dreifarbig OPT → **trichromatic** *adj*
→ trichromatisch

Dreifingerregel *nf* EL.TEC **three-fingers rule**
= Rechtehandregel *nf*; Korkenzieherregel *nf*
= right-hand rule; right-hand screw rule

dreiflächig MATH **trihedral** *adj* (2)
[having three faces]

Dreifuß *nm* TECH → **tripod** *n*
→ Dreibein *nn*

dreigängig MEC.EN **triple-threaded**
[Gewinde]

dreihundertjährig COLL **tercentennial**
= tercentenary

Dreikantfeile *nf* MEC.EN **three-square file**
= triangular file

Dreiklangton *nm* TER&PER **triadic bell**

Dreikreis- NETW.TH **three-circuit ...**
= three-section ...

Dreikreisbandfilter *nn* NETW.TH **three-section filter**

dreilagig TECH **three-layer** *adj*
= dreischichtig
≈ dreiteilig
≈ three-part

Dreileiter *nm* EL.TEC **triple** *n*

Dreileitermaschine *nf* POW.EN **three-wire machine**

Dreileitersystem *nn* POW.EN **three-wire system**

Dreimonatzeitraum *nm* ECON → **quarter** *n*
→ Quartal *nn*

Drei-Pegel-Modulation *nf* MODUL **three-level modulation**

Dreiphasenaggregat *nn* POW.EN → **thre-phase A.C. generating set**
→ Drehstromaggregat *nn*

Dreiphasenbrückenschaltung *nf* POW.EN → **three-phase bridge**
→ Drehstrombrückenschaltung *nf*

Dreiphasengenerator *nm* POW.EN → **three-phase generator**
→ Drehstromgenerator *nm*

Dreiphasengleichrichter *nm* POW.EN → **three-phase rectifier**
→ Drehstromgleichrichter *nm*

Dreiphasenleitung *nf* POW.EN → **three-phase line**
→ Drehstromleitung *nf*

Dreiphasenmotor *nm* POW.EN → **three-phase motor**
→ Drehstrommotor *nm*

Dreiphasennetz *nn* POW.EN → **three-phase network**
→ Drehstromnetz *nn*

Dreiphasenschalter *nm* EL.INS → **three-phase switch**
→ Drehstromschalter *nm*

Dreiphasenstrom *nm* POW.EN → **three-phase current**
→ Drehstrom *nm*

Dreiphasensynchrongenerator *nm* POW.EN → **three-phase synchronous alternator**
→ Drehstromsynchrongenerator *nm*

Dreiphasentransformator *nm* POW.EN → **three-phase transformer**
→ Drehstromtransformator *nm*

Dreiphasenzähler *nm* INSTR → **three-phase current integrator**
→ Drehstromzähler *nm*

dreiphasig POW.EN **three-phase** *adj* (1)
= triple-phase

Drei-plus-Eins-Adresse *nf* SW **three-plus-one address**

Drei-plus-Eins-Befehl *nm* SW **three-plus-one-address instruction**
↑ Mehradressbefehl
= three-plus-one instruction
↑ multiple-address instruction

Dreipol *nm* NETW.TH **three-pole network**

dreipolig EL.TEC **three-pole** *adj*
= triple-pole; three-pin

dreipoliger Klinkenstecker TELEPH **three-conductor plug**
= dreipoliger Stöpsel

dreipoliger Stöpsel TELEPH → **three-conductor plug**
→ dreipoliger Klinkenstecker

Dreipuls-Mittelpunkt-Schaltung *nf* POW.SY **three-pulse mid-point circuit**

Dreipunkt-Lichtführung *nf* IMAG.ME **three-point lightning**

Dreipunktoszillator *nm* CIRC.EN **three-step oscillator**

Dreipunktregler *nm* CONTRO **three-step controller**

Dreipunktschaltung *nf* EL.TEC **three-point connection**
= three-point circuit

dreischichtig TECH → **three-layer** *adj*
→ dreilagig

Dreisechsundachziger MICR.EL → **Intel 80386**
→ Intel 80386

dreiseitig MATH **trihedral** *adj* (1)
≈ dreieckig
[having three sides]
≈ triangular

Drei-Sigma-Grenze *nf* STATIS **three-sigma limit**

dreispurig TER&PER **three-track** *adj*
= three-channel

dreistellig MATH **three-place** *adj*
↑ mehrstellig
= three-figure; three-digit
↑ of many places

dreisträngig POW.EN **three-phase** *adj* (2)
[Windung]
≈ dreiphasig
[winding]

Dreistufen-Unterprogramm *nn* SW **three-level subroutine**

dreistufig TECH **three-step**
≈ dreifach
↑ mehrstufig
= triple; three-range
↑ multi-step

Drei-Tasten-Griff (slang) DAT.PR → **warm start**
→ Warmstart *nm*

dreiteilig TECH **three-part**
≈ dreilagig
↑ mehrteilig
≈ three-layer
↑ multisectional

Dreitorverzweiger *nm* OPTOEL **three-port coupler**
↑ Mehrtorverzweiger
↑ multiport coupler

Dreiviertel-Lambda-Dipol *nm* ANT **three fourth lambda dipole**

Drei-Wege-Bassreflex EL.ACOU → **3-way reflex**
→ 3-Wege-Bassreflex

Dreiwegebox *nf* EL.ACOU **three-path system**
= Dreiwegsystem *nn*
= three-way box

Drei-Wege-Leistungsteiler *nm* MICROW **three-way power splitter**

Dreiwegschalter *nm* COMPO **three-way switch**

Dreiwegsystem *nn* EL.ACOU → **three-path system**
→ Dreiwegebox *nf*

dreiwertig MATH **trivalent**
= three-valued

dreiwertige Logik LOGIC → **ternary logic**
→ Ternärlogik *nf*

dreizehnte MATH **thirtienth**
= 13.
= 13th

Dreizustands-Logik *nf* [Hochpegel, Tiefpegel und Hochimpedanz]	MICR.EL	**three state logic** = 3 state logic; tri-state logic ↓ high level, low level and high impedance
DRI	INTERNET	**DRI** = Defense Research Internet
Dribbleware *nf* [groß angekündigt, tröpfchenweise ausgeliefert]	SW	**dribbleware** *n* [announced as whole, coming by pieces]
Drift *nf* [langsame gerichtete Bewegung]	PHYS	**drift** *n* [slow directed movement]
Drift *nf* = Trift *nf*; Abwanderung *nf*; Weglaufen *nn* ≈ Schlupf; Abweichung	TECH	**drift** *n* = runaway *n* ≈ slip; deviation
driftarm	EL.TRO	**low-drift** *adj*
Driftausfall *nm* ≠ Sprungausfall	QUAL	**degradation failure** ≠ sudden failure
driften	PHYS	**drift** *vi*
Driftfaktor *nm*	MICR.EL	**drift factor**
Driftfeld *nn*	PHYS	**drift field**
Driftgeschwindigkeit *nf* = Wanderungsgeschwindigkeit *nf*	PHYS	**drift velocity** = drifting velocity; drift speed
Driftkompensation *nf*	EL.TRO	**drift compensation**
driftkompensiert *adj* = driftkorrigiert	EL.TRO	**drift-compensated** = drift-corrected
driftkorrigiert → driftkompensiert *adj*	EL.TRO	→ **drift-compensated**
driftlos	EL.TRO	**driftless**
Driftspannung *nf*	PHYS	**drift voltage**
Driftstabilisierung *nf*	CIRC.EN	**drift stabilization**
Driftstrecke *nf*	PHYS	**drift distance**
Driftstrom *nm* → Feldstrom *nm*	PHYS	→ **drift current**
Drifttransistor *nm*	MICR.EL	**drift transistor** = graded-base transistor
Driftzeit *nf*	PHYS	**drift time** = drifting time
drillen → einüben	SCIE	→ **drill** *vt*
Drillingsschwingung *nf* → Torsionsschwingung *nf*	MECH	→ **torsional wave** (1)
Drillung *nf* → Verwindung *nf*	MECH	→ **twist** *n* (1)
dringend *adj* = dringlich	COLL	**urgent** *adj* = pressing
dringender Alarm	EQP.EN	**urgent alarm** = prompt alarm; mayor alarm
dringlich → dringend *adj*	COLL	→ **urgent** *adj*
Dringlichkeit *nf*	SWITCH	**interrupt level**
Dringlichkeit *nf* ≈ Priorität	COLL	**urgency** *n* = instancy *n* ≈ priority
Drittausfertigung *nf* = Triplikat *nn*	TECH	**triplicate** *n*
dritte = 3.	MATH	**third** *adj* = 3rd
Drittelgeviert *nn*	PRIN.ME	**thick space** = thick leading
dritte Normalform	DAT.MA	**third normal form** = 3NF
Dritte *nplt*	ECON	**third party**
dritter Fall → Dativ *nm*	LING	→ **dative** *n*
dritter Kanal → übernächster Kanal	RADIO	→ **alternate channel**
dritte Umschaltung	TELEGR	**third shift**
dritte Vergangenheit → Plusquamperfekt *nn*	LING	→ **past perfect**
dritte Wurzel → Kubikwurzel	MATH	→ **cube root**
Drittgeneration *nf* → 3G	MOB.CO	→ **3G**
drittrangig *adj* = tertiär	COLL	**tertiary** *adj* = third-order
Drittweg *nm*	SWITCH	**third-choice route**
dröhnen *vi*	ACOUS	**roar** *vi* = boom *vi*
DRO-Oszillator *nm* = dielektrischer Oszillator	MICROW	**DRO** = Dielectric Resonator Oscillator
Drop-down-Menu *nn* → Pull-down-Menü *nn*	COMP.AP	→ **pull-down menu**
Drop-in-Zirkulator *nm*	MICROW	**drop-in circulator**
Drop-on-demand-Verfahren *nn* [Tintenstrahldrucker]	TER&PER	**drop-on-demand technology** [ink-jet printer]
Drossel *nf* = Drosselspule *nf* ↑ induktives Bauelement	COMPO	**choke** *n* = choke coil; reactor *n*; retard coil; inductor *n* (2) ↑ inductor
drosseln	TECH	**throttle** *vt*
Drosselspule *nf* → Drossel *nf*	COMPO	→ **choke** *n*
Drosselspule *nf* → Netzdrossel *nf*	POW.SY	→ **line reactor**
Drosselsteuerung *nf*	TER&PER	**throttle control**
Drosselung *nf*	NETW.TH	**reduction** *n*
Drosselung *nf* [Druckminderung durch Hindernis]	TECH	**throttling** *n* [reduction of preesure by obstruction]
Drosselung *nf*(fig) → Beschränkung *nf*	TECH	→ **restriction** *n*
Druck *nm*	TER&PER	**print** *n* = printing *n*
Druck *nm* [Kraft durch Fläche; SI-Einheit: Pascal] ≈ mechanische Spannung ↓ Überdruck; Unterdruck	PHYS	**pressure** *n* [force per unit area; SI unit: Pascal] ≈ mechanical stress
Druck *nm* (1) = Drucken *nn*; Drucklegung *nf*	PRIN.ME	**printing** *n*
Druck *nm* (2) = Abdruck *nm*	PRIN.ME	**impression** *n* = print *n*
Druckabfall *nm* = Druckverlust *nm*	PHYS	**pressure drop** = pressure loss
druckabhängig	TECH	**pressure-dependent**
druckabhängiger Widerstand	COMPO	**piezoelectric resistance** = piezo-resistance
Druckabnahme *nf*	PHYS	**decrease of pressure** = decay of pressure
Druckänderungszeichen *nn*	DAT.PR	**print modifier** [character changing print mode]
Druckanstieg *nm*	PHYS	**pressure rise**
Druckanweisung *nf* → Druckbefehl *nm*	SW	→ **print instruction**
druckaufbereitet	DAT.PR	**printout-edited** = edited
Druckaufbereitung *nf* ↑ Editieren	DAT.PR	**printout editing** ↑ editing
Druckaufbereitungsmaske *nf* → Editiermaske *nf*	COMP.AP	→ **editing mask**
Druckaufbereitungsprogramm *nn*	SW	**print preparation program**
Druckaufbereitungssymbol *nn* → Editiersymbol *nn*	COMP.AP	→ **editing symbol**
Druckauftrag *nm* = Druckjob *nm* (ANGL)	DAT.PR	**print job**
Druckausgabe *nf*	PRIN.ME	**print edition**
Druckausgleich *nm* = Druckkompensation *nf*	PHYS	**pressure balance** = pressure compensation
Druckbeanspruchung *nf* → Druckspannung *nf*	MECH	→ **compressive stress**
Druckbefehl *nm* = Druckanweisung *nf*; Druckkommando *nn*	SW	**print instruction** = print command
Druckbehälter *nm*	TECH	**pressure vessel**
Druckbelastung *nf* [Feder]	MECH	**compression load** [spring]
Druckbild *nn* = Druckformat *nn* ≈ Schriftbild	TER&PER	**print format** = printing format; printout format; print image ≈ typeface
Druckbogen *nm* [PRIN.ME] → Blatt *nn*	PRIN.ME	→ **sheet** *n*
Druckbuchstabe *nm*	TER&PER	**printing character**
Druck-Dämon *nm*	SW	**print daemon**
Druckdatei *nf* = Druckerdatei *nf*	SW	**print file** = printer file; page-image file
Druckdatensatz *nm*	DAT.MA	**print data set** = print record
druckdicht	TECH	**pressure tight**
Druckdichte *nf* = Schreibdichte *nf*	TER&PER	**printing density** = print density
Druckdichtigkeit *nf*	TECH	**pressure tightness**
Druckelement *nn* ↓ Metallnadel; Tintendüse	TER&PER	**printing element** ↓ metallic needle; ink ejector
druckempfindlich ≈ berührungsempfindlich	TECH	**pressure-sensitive** *adj* ≈ touch-sensitive

druckempfindlich OFFICE → **pressure-sensitive** *adj*
→ selbstdurchschreibend
druckempfindlicher Lesestift TER&PER **pressure-sensitive pen**
druckempfindliches Papier TER&PER **pressure-sensitive paper**
= Durchschreibpapier *nn*; durchschreibendes Papier; Non-Karbon-Papier *nn*; selbstdurchschreibendes Papier; Selbstdurchschreibpapier *nn*; Aktionspapier *nn*
= action paper; noncarbon paper; NCP
Druckempfindlichkeit *nf* TECH **pressure sensitivity**
drucken TER&PER **print** *vt*
↓ bedrucken
↓ imprint
Drucken *nn* PRIN.ME → **printing** *n*
→ Druck *nm* (1)
drücken TECH **depress**
[Knopf, Taste]
[key]
= niederdrücken
drücken TER&PER **press** *vt*
[gedrückt halten]
[hold depressed]
≈ klicken
= drag
≈ click
drücken COMP.AP → **click** *vt*
→ klicken
Drücken *nn* METAL → **spinning** *n*
→ Metalldrücken
Druckentlastung *nf* TECH **decompression**
= pressure relief
Drucker *nm* TER&PER **printer** *n*
= EDV-Drucker *nm*; DV-Drucker *nm*; Computer-Drucker *nm*; Rechnerdrucker *nm*; Printer *nm* (ANGL)
↑ Ausgabeeinheit
↓ Typendrucker; Rasterdrucker; Anschlagdrucker; anschlagschwacher Drucker; anschlagfreier Drucker; Zeichendrucker; Zeilendrucker; Seitendrucker; Nur-Text-Drucker; Grafikdrucker; Text-und-Grafik-Drucker; Paralleldrucker (2); Serielldrucker (2); Schwarz-Weiß-Drucker; Farbdrucker; Zweirichtungsdrucker;
= PRN; computer printer
↑ output device
↓ type printer; dot-matrix printer; impact printer; low-impact printer; non impact printer; character printer; line printer; page printer; only-text printer; graphics printer; text-and-graphics printer; parallel printer (2); serial printer (2); monochrome printer; color printer; bidirectional printer; letter-quality printer
Druckeranschluss *nm* EQP.EN **printer output**
= Druckerausgang *nm*; Druckerport *nm*
= printer connection; printer port; printout connection
Druckerausdruck *nm* DAT.PR → **printout** *n*
→ Ausdruck *nm*
Druckerausgabe *nf* DAT.PR → **printout** *n*
→ Ausdruck *nm*
Druckerausgang *nm* EQP.EN → **printer output**
→ Druckeranschluss *nm*
Druckerband *nn* TER&PER **printer tape**
Druckerbeleg *nm* TER&PER **tally** *n*
= slip *n*
Drucker-Controller *nm* TER&PER → **printer controller**
→ Druckersteuergerät *nn*
Druckerdatei *nf* SW → **print file**
→ Druckdatei *nf*
Druckeremulation *nf* SW **printer emulation**
Druckerfont *nm* (ANGL) TER&PER → **printer font**
→ Druckerzeichensatz *nm*
Druckergestell *nn* TER&PER **printer chassis**
Druckerkabel *nn* TER&PER **printer cable**
Druckerlaubnis *nf* PRIN.ME → **imprimatur** *n*
→ Imprimatur *nn*&(AT)*nf*
Druckermechanismus *nm* TER&PER **printer engine**
Druckerport *nm* EQP.EN → **printer output**
→ Druckeranschluss *nm*
Druckerprotokoll *nn* DAT.CO **printer listing**
≈ Rechnerprotokoll
≈ computer listing
Druckerpuffer *nm* HW → **print buffer**
→ Druckpuffer *nm*
Druckerrechner *nm* OFFICE **printing calculator**
Druckerschwärze *nf* PRIN.ME **printer's ink**
= Schwärze *nf*
≈ Toner
≈ toner
Drucker-spool-Betrieb *nm* DAT.PR **print spooling**
= Druck-spool-Betrieb *nm*
↑ Spool-Betrieb
↑ spooling (2)
Drucker-spooler *nm* DAT.PR **print spooler**
Druckerständer *nm* TER&PER **printer stand**
Druckerstation *nf* DAT.CO → **printer terminal**
→ Terminaldrucker *nm*
Druckersteuerbefehl *nm* TER&PER **printer control command**

Druckersteuergerät *nn* TER&PER **printer controller**
= Drucker-Controller *nm*
Druckersteuerung *nf* TER&PER **printer control**
Druckersteuerzeichen *nn* DAT.PR **printer control character**
= format effector character
Druckerstreifen *nm* TER&PER → **printed tape**
→ Druckstreifen *nm*
Druckertreiber *nm* SW **printer driver**
↑ Gerätetreiber
↑ device driver
Druckerüberlauf *nm* TER&PER **printer overflow**
≈ Formularende
= printer overrun
≈ bottom edge of form
Druckerwelle *nf* TER&PER **printer shaft**
Druckerzeichen *nn* PRIN.ME → **signet** *n*
→ Signet *nn*
Druckerzeichensatz *nm* TER&PER **printer font**
= Druckerfont *nm* (ANGL); Druckfont *nm* (ANGL)
≠ Bildschirm-Zeichensatz
↑ Zeichensatz
≠ screen font
↑ font
Druckerzeugnisse *nplt* PRIN.ME **print media**
druckfähig DAT.PR **printable**
= abdruckbar; ausdruckbar
Druckfeder *nf* MEC.EN **compression spring**
= pressure spring
Druckfehler *nm* TER&PER **print error**
↑ Schreibfehler
= recording error
↑ writing mistake
Druckfehler *nm* PRIN.ME **erratum** *n* (*pl* -a)
= misprint *n*
Druckfenster *nn* MICROW **pressure window**
druckfertig PRIN.ME **finished**
druckfest TECH **pressure-resistance**
= pressure-retaining
Druckfestigkeit *nf* MECH **pressure resistance**
= compressive strength; compression strength
Druckfont *nm* (ANGL) TER&PER → **printer font**
→ Druckerzeichensatz *nm*
Druckformat *nn* TER&PER → **print format**
→ Druckbild *nn*
Druckformatierer *nm* WOR.PR → **text formatter**
→ Textformatierer *nm*
druckfreier Bereich TER&PER **print exclusion area**
Druckfühler *nm* COMPO → **pressure sensor**
→ Drucksensor *nm*
Druckgas *nn* TECH **pressure gas**
= compressed gas
druckgasdicht TECH **gas-pressure tight**
druckgasüberwacht TECH **gas-pressure controlled**
Druckgeber *nm* TECH **pressure transducer**
Druckgenehmigung *nf* PRIN.ME → **imprimatur** *n*
→ Imprimatur *nn*&(AT)*nf*
Druckgenerator *nm* SW **print generator**
= Printgenerator *nm* (ANGL)
Druckgießform *nf* METAL **die** *n* (1)
druckgleiche Bildschirmdarstellung COMP.AP → **WYSIWYG display**
→ WYSIWYG-Darstellung *nf*
Druckgradientenmikrofon *nn* EL.ACOU → **velocity microphone**
→ Schnellewandler *nm*
Druckgradientenmikrophon *nn* EL.ACOU → **velocity microphone**
→ Schnellewandler *nm*
Druckguss *nm* METAL **pressure die-casting**
= Spritzguss *nm*
= die-casting; die-cast
Druckgussgehäuse *nn* EQP.EN **diecast box**
Druckgusslegierung *nf* METAL → **die-cast alloy**
→ Spritzgusslegierung *nf*
Druckhammer *nm* TER&PER **print hammer**
= Typenhammer *nm*; Druckstößel *nm*; Typenstößel *nm*
Druckindustrie *nf* ECON **graphic industry**
Druckjob *nm* (ANGL) DAT.PR → **print job**
→ Druckauftrag *nm*
Druckkabel *nn* COM.CAB **pressure cable**
Druckkammerlautsprecher *nm* EL.ACOU **horn lousspeaker**
= Hornlautsprecher *nm*; Trichterlautsprecher *nm*
↑ elektrodynamischer Lautsprecher
= horn-type loudspeaker; horn speaker; horn-type speaker
↑ electrodynamic loudspeaker
Druckkette *nf* TER&PER **print chain**
[eines Kettendruckers]
[of a chain printer]
= Typenkette *nf*
↑ Typenträger
= type chain
↑ type carrier

Druckknopf *nm* — COMPO — **pushbutton** *n*
= press button

Druckknopf *nm* — TER&PER — → **key** *n*
→ Taste *nf*

Druckknopfkontakt *nm* — POW.SY — **press-stud connector**
[Batterie-Zubehör]
= snap-on connector

Druckkommando *nn* — SW — → **print instruction**
→ Druckbefehl *nm*

Druckkompensation *nf* — PHYS — → **pressure balance**
→ Druckausgleich *nm*

druckkonforme Bilddarstellung — COMP.AP — → **WYSIWYG display**
→ WYSIWYG-Darstellung *nf*

Druckkopf *nm* — TER&PER — **print head** *n*
= Schreibkopf *nm* (1)
↑ Typenträger
↓ Kugelkopf; Typenkopf
= printhead *n*; type head (2); typehead *n* (2); write head; writehead *n*; writing head; print element; write element
↑ type carrier
↓ print ball; type pallet

Druckkopie *nf* — DAT.MA — → **screen dump**
→ Bildschirmausdruck *nm*

Drucklackierung *nf* — PRIN.ME — **varnishing** *n*

Drucklager *nn* — MEC.EN — → **thrust bearing**
→ Axiallager *nn*

Drucklauf *nm* — DAT.PR — **print run**

Drucklebensdauer *nf* — TER&PER — **print life**
[Höchstzahl an Druckoperationen]
[max. number of printing operations]

Drucklegung *nf* — PRIN.ME — → **printing** *n*
→ Druck *nm* (1)

Druckleistung *nf* — TER&PER — **print speed**
[Maßeinheiten: LPS = Zeilen pro Sekunde, Z/sec oder CPS = Zeichen pro Sekunde]
[units of measure: LPS = lines per second, CPS = characters per second]
= printing performance; print rate; printing rate

Druckluft *nf* — PHYS — **compressed air**
= pressure air

druckluftbetätigt — TECH — **pneumatically operated**
= pneumatisch betätigt; druckluftgesteuert; pneumatisch gesteuert
= pneumatically activated; pneumatically actuated; pneumatically controlled; air-operated; air-activated; air-actuated; air-controlled; pressure-operated; pressure-activated; pressure-actuated;

Druckluftfilter *nn* — TECH — **air filter** *n* (2)

Druckluftflasche — TECH — **gas cylinder**

druckluftgesteuert — TECH — → **pneumatically operated**
→ druckluftbetätigt

Druckluftsteuerung *nf* — TECH — → **pneumatic control**
→ pneumatische Steuerung

Druckluftüberwachung *nf* — OUT.PL — **pressure monitoring**

Druckluftventil *nn* — TECH — **pneumatic valve**

Druck-Manager *nm* — COMP.AP — **print manager**
= Druckverwalter *nm*

Druckmaske *nf* — SW — **print mask**

Druckmatrix *nf* — DAT.PR — **print matrix**

Druckmechanismus *nm* — TER&PER — → **printing mechanism**
→ Druckwerk *nn*

Druckmedien *nplt* — MEDIA — **print media**
= Printmedien (DUDEN)
↓ Bücher; Zeitungen; Zeitschriften
↓ books; newspapers; magazines

Druckmedien *nplt* — MEDIA — → **press media**
→ Pressemedien *nplt*

Druckmeldesystem *nn* — SIG.EN — **pressure alarm system**

Druckmesser *nm* — INSTR — → **manometer** *n*
→ Manometer *nn*

Druckmessgerät *nn* — INSTR — → **manometer** *n*
→ Manometer *nn*

Druckmesssonde *nf* — INSTR — **pressure probe**

Druckmessumformer *nm* — COMPO — **pressure-measuring transducer**
= pressure transducer

Druckminderung *nf* — TECH — **pressure reduction**

Druckmodus *nm* — TER&PER — **print mode**

Druckoriginal *nn* — TER&PER — **master print**

Druckpapier *nn* — TER&PER — **printing paper**
= printer paper

Druckpatrone *nf* — TER&PER — **print cartridge**

Druckpause *nf* — TER&PER — **print pause**

Druckpresse *nf* — METAL — → **press** *n*
→ Presse *nf*

Druckprogramm *nn* — SW — **print program**
= printing program

Druckpuffer *nm* — HW — **print buffer**
= Druckerpuffer *nm*
= printing buffer; printer buffer

Druckpumpe *nf* — TECH — **pressure pump**
= forcing pump

Druckqualität *nf* — TER&PER — **print quality**
↓ Konzeptdruckqualität; Nahezu-Korrespondenzqualität; Korrespondenzqualität
↓ draft print quality; near-letter quality; letter quality

Druckregler *nm* — TECH — **pressure regulator**

Druckring *nm* — MEC.EN — **thrust collar**

Drucksache *nf* — POST — **printed matter**

Drucksachenwerbung *nf* — ECON — **direct mail**
= circularization *n*

Druckschalter *nm* — COMPO — **push button switch**

Druckscheibe *nf* — MEC.EN — **thrust washer**

Druckschlange *nf* — DAT.PR — **print queue**
= Druckwarteschlange *nf*

Druckschraube *nf* — MEC.EN — **pressing screw**
= thumbscrew *n*

Druckschrift *nf* — PRIN.ME — **pamphlet** *n*
↑ Veröffentlichung
↑ publication

Druckschrift *nf* (1) — LING — **printed letters**
[nur mit Großbuchstaben]
[only with capital characters]

Druckschrift *nf* (2) — LING — **hand-print** *n*
[Druckschrift nachahmende Schreibschrift]
↑ Schreibschrift
[writing in print letters]
↑ script

Druckschriftenlager *nn* — ECON — **publications depot**

Druckschriftenverwaltung *nf* — TEC.DOC — **publications department**
≈ Druckschriftenlager
≈ publications depot

Druckschrifterkennung *nf* — TER&PER — **hand-print recognition**

Druckschriftleser *nm* — TER&PER — **print reader**
= Typenleser *nm*
↑ Handschriftenleser
↑ handwriting reader

Druckschwankung *nf* — PHYS — **pressure variation**

drucksensitiver Bildschirm — TER&PER — → **touch screen**
→ Berührungsbildschirm *nm*

Drucksensor *nm* — COMPO — **pressure sensor**
= Druckfühler *nm*

Druck-Server *nm* — DAT.NW — **print server**
[verwaltet die Druckaufträge eines Rechnernetzes]
↑ Sever
[manages the print jobs of a computer network]
= printer server
↑ server

Druckspalte *nf* — PRIN.ME — **print column**

Druckspannung *nf* — MECH — **compressive stress**
= Druckbeanspruchung *nf*
= compression stress

Drucksperre *nf* — SW — **print inhibit**
= Schreibsperre *nf*

Druckspezifikation *nf* — SW — → **print chart**
→ Ausdruck-Spezifikation *nf*

Druck-spool-Betrieb *nm* — DAT.PR — → **print spooling**
→ Drucker-spool-Betrieb *nm*

Druck-Spooler *nm* — SW — **print spooler**
[lagert einen Druckauftrag zwischen, solange der Drucker belegt ist]
[puts a print job in an intermediate store, as long as the printer is busy]

Druckstahl *nm* — MECH — **spinning tool**
[Werkzeug]

Druckstange *nf* — OFFICE — → **type bar**
→ Typenhebel *nm*

Druckstelle *nf* — TER&PER — **print position**
= bedruckbare Stelle
= printable position

Drucksteuergerät *nn* — TER&PER — **print controller**

Drucksteuerzeichen *nn* — DAT.PR — **print control character**
[z.B. für Zeilenabstand, Wagenrücklauf u.s.f.]
[e.g. for line spacing, carriage return etc.]

Druckstößel *nm* — TER&PER — → **print hammer**
→ Druckhammer *nm*

Druckstreifen *nm* — TER&PER — **printed tape**
= Druckerstreifen *nm*

Drucktaste *nf* — TER&PER — → **key** *n*
→ Taste *nf*

DRUCK-Taste *nf* — TER&PER — → **PRINT-SCREEN key**
→ PRINT-SCREEN-Taste *nf*

Drucktastenschalter *nm* — COMPO — → **pushbutton key** *n*
→ Tastschalter *nm*

Drucktaster *nm* — COMPO — → **pushbutton key** *n*
→ Tastschalter *nm*

Drucktechnik *nf* — PRIN.ME — → **typography** *n* (1)
→ Typografie *nf* (1)

drucktechnisch PRIN.ME → **typographic** *adj*
→ typografisch

Drucktrommel *nf* TER&PER **print drum**
= Druckwalze *nf*

Drucktype *nf* PRIN.ME **type** *n*
[Block mit reliefartigem Schriftzeichen, zu einem Satz zusammenfügbar] — [a block with the relief of a character]
= Schrifttype *nf*; Type *nf*; Letter *nf* — = letter *n*; metal character; type-cast letter
≈ Schriftzeichensatz; Schriftart — ≈ character font; type style

Druckübertrager *nm* TECH **pressure transducer**

Druckübertragungsfaktor *nm* EL.ACOU **pressure sensitivity**

Drucküberwachungskontakt *nm* OUT.PL **contactor** *n*

Druckverbinder *nm* COMPO **pressure connector**

Druckverfahren *nn* PRIN.ME **printing process**
↓ Hochdruck; Tiefdruck; Flachdruck — ↓ letterpress; intaglio printing; planographic printing

Druckverlust *nm* PHYS → **pressure drop**
→ Druckabfall *nm*

Druckverwalter *nm* COMP.AP → **print manager**
→ Druck-Manager *nm*

Druckvorlage *nf* PRIN.ME **camera-ready copy**

Druckvorlage *nf* MANUF **artwork master**
[Leiterplattenherstellung] — [PCB]
= Leiterplattendruckvorlage *nf* — = artwork mask; PCB artwork; production master

Druckwächter POW.EN **pressure controller**

Druckwalze *nf* TER&PER → **print drum**
→ Drucktrommel *nf*

Druckwarteschlange *nf* DAT.PR → **print queue**
→ Druckschlange *nf*

Druckwasser *nn* TECH **pressurized water**

Druckweg *nm* TER&PER **printway** *n*

druckwegoptimierend TER&PER **logic-seeking** *adj*

druckwegoptimierender Drucker TER&PER **logic-seeking printer**

Druckwegoptimierung *nf* TER&PER **logic-seek printing**
= printway optimization

Druckwelle *nf*(1) PHYS **compressional wave**
= Kompressionswelle *nf* — = compressive wave; pressure wave

Druckwelle *nf*(2) PHYS **blast** *n*
[Gas] — [of a gas]

Druckwerk *nn* TER&PER **printing mechanism**
= Druckmechanismus *nm* — = printing unit; printing engine

Druckwerkterminal *nn* DAT.CO → **printer terminal**
→ Terminaldrucker *nm*

Druckzeichen *nn* PRIN.ME **printed sign**

Druckzeile *nf* PRIN.ME **print line**
= printing line

DR-Weiche *nf* RAD.RE → **waveguide filter**
→ Hohlleiterweiche *nf*

Dry-Reed-Kontakt *nm* (ANGL) COMPO → **dry-reed contact**
→ Schutzgaskontakt *nm*

Dry-Reed-Relais *nn* (ANGL) COMPO → **dry-reed relay**
→ Schutzgaskontakt-Relais *nn*

DS0 TELEC → **basic rate** *n*
→ Basisrate *nf*

DS0-Ebene *nf* TELEC **DS0-Ebene**
= 64-kbit/s-Ebene *nf*; T0-Ebene *nf*; E0-Ebene *nf* — = 64 kbit/s level; T0 level; E0 level

DS0-Signal *nn* TELEC → **DS0**
→ 64-kbit/s-Signal *nn*

DS0-Signal *nn* TELEC **DS0 signal**
[64 kbit/s]
= 64-kbit/s-Signal *nn*; T0-Signal *nn*; E0-Signal *nn* — = 64 kbit/s signal; T0 signal; E0 signal

DS1 TELEC → **primary rate**
→ Primärrate *nf*

DS1-Bündel *nn* TELEC **DS1 group**
= T1 group
↓ T1 group; E1 group

DS1-Ebene *nf* TELEC **DS1 level**
= T1 level
↓ T1 level; E1 level

DS1-Signal *nn* TELEC **DS1 signal**
[1,544 Mbit/s (24 Kanäle) nach ANSI-Norm; 2.048 Mbit/s (30 Kanäle) nach ETSI-Norm] — [1.544 Mbit/s (24 channels) by ANSI; 2.048 Mbit/s (30 channels) by ETSI]
↓ T1-Signal; E1-Signal

DS2 TELEC → **secondary rate**
→ Sekundärrate *nf*

DS2-Bündel *nn* TELEC **DS2 group**
↓ T2-Bündel; E2-Bündel — ↓ T2 group; E2 group

DS2-Ebene *nf* TELEC **DS2 level**
↓ T2-Ebene; E2-Ebene — ↓ T2 level; E2 level

DS2-Rate TELEC → **secondary rate**
→ Sekundärrate *nf*

DS2-Signal *nn* TELEC **DS2 signal**
[6,312 Mbit/s (96 Kanäle) nach ANSI-Norm; 8,448 Mbit/s (120 Kanäle) nach ETSI-Norm] — [6.312 Mbit/s (96 channels) by ANSI standard; 8.448 Mbit/s (120 channels) by ETSI standard]
↓ T2-Signal; E2-Signal — ↓ T2 signal; E2 signal

DS3 TELEC → **tertiary rate**
→ Tertiärrate *nf*

DS3-Bündel *nn* TELEC **DS3 group**
↓ T3-Bündel; E3-Bündel — ↓ T3 group; E3 group

DS3-Ebene *nf* TELEC **DS3 level**
↓ T3-Ebene; E3-Ebene — ↓ T3 level; E3 level

DS3-Rate TELEC → **tertiary rate**
→ Tertiärrate *nf*

DS3-Signal *nn* TELEC **DS3 signal**
[44,736 Mbit/s 672 Kanäle) nach ANSI-Norm; 34,268 Mbit/s (480 Kanäle) nach ETSI-Norm] — [44.736 Mbit/s (672 channels) by ANSI standard; 34.268 Mbit/s (480 channels) by ETSI standard]
↓ T3-Signal; E3-Signal — ↓ T3 signal; E3 signal

DS4 TELEC → **quaternary rate**
→ Quartärrate *nf*

DS4-Bündel *nn* TELEC **DS4 group**
↓ E4-Bündel — ↓ E4 group

DS4-Ebene *nf* TELEC **DS4 level**
↓ E4-Ebene — ↓ E4 level

DS4-Rate TELEC → **quaternary rate**
→ Quartärrate *nf*

DS4-Signal *nn* TELEC **DS4 signal**
[139,244 Mbit/s (1920 Kanäle) nach ETSI-Norm; in der ANSI-Hierarchie nicht vorgesehen] — [139.244 Mbit/s (1920 channels) by ETSI standard; not foreseen in the ANSI standard]
↓ E4-Signal — ↓ E4 signal

DSA DAT.CO **DSA**
= Digital Signature Algorithm

DSA-Architektur *nf* DAT.PR **DSA**
[von DEC] — [of DEC]
= Digital Storage Architecture

DSB-System *nn* RADIO → **double-sideband system**
→ Zweiseitenband-System *nn*

D-Schicht *nf* RAD.PRO **D-layer**
[zwischen 60 und 90 km] — [between 60 and 90 km]
= D-region
↑ Ionosphäre; aktive Schicht — ↑ ionosphere; active layer

DS-Diskette *nf* TER&PER **DS disk**
= zweiseitig beschreibbare Diskette; zweiseitige Diskette; Doppeldiskette *nf* — [flippy is sometimes intended as a DS disk used in a single-side drive]
= double-sided disk; DS disc; double-sided disc; DS diskette; double-sided diskette; DS floppy disk; double-sided floppy disk; flippy disk; flippy diskette; flippy; two-sided disk; two-sided diskette; two-sided floppy disk; 2-sided disk

DSG TER&PER → **data display terminal**
→ Datensichtgerät *nn*

DSI TELEC → **DSI**
→ Digitale Sprachinterpolation

DSL TELEC → **DSL technology**
→ DSL-Technik *nf*

DSL-Modem *nm&nn* DAT.CO **DSL modem**

DSL-Router *nm* DAT.NW **DSL router**

DSL-Technik *nf* TELEC **DSL technology**
= digitale Teilnehmerleitungs-Technik; DSL — = DSL; digital subscriber line technology
↓ xDSL — ↓ xDSL

DSMA DAT.NW **DSMA**
[ein LAN-Zugriffsverfahren] — [a LAN access procedure]
= Digital Sense Multiple Access

DSO INSTR → **digital storage oscilloscope**
→ Digitalspeicher-Oszilloskop *nn*

DSR BROADC → **digital satellite radio**
→ digitaler Satellitenhörfunk

DSR DAT.CO → **DSR**
→ Gerätestatusmeldung *nf*

DSS DAT.CO **DSS**
= Digital Signature Standard

DSS1 TELEC **DSS1**
[europ. ISDN-Protokoll] — [Europ. ISDN protocol]
= Digital Subscriber System Nr.1

DSSR RADIO **DSSR**
[europ. Norm] [Europ. standard]
= Digital Short-Range Radio

DSSS RADIO **DSSS**
= Direct Sequence Spread Spectrum

DSTN-Bildschirm *nm* TER&PER **DSTN display**
[Double Super Twisted Nematics]

DSTP-Protokoll *nn* DAT.NW **DSTP**
= Data Space Transfer Protocol

DT1-Glied *nn* CONTRO → **elastic control element**
→ Nachgebeglied *nn*

DTAG TELEC → **Deutsche Telekom AG**
→ Deutsche Telekom AG

DTD DAT.NW **DTD**
[Regelwerk für Textmarkierungssprache] [set of rules to defien a text marking language]
= Dokumenttyp-Datei *nf* = Document Type Definition

DTD-Datei *nf* DAT.NW **DTD file**
= Dokumenttyp-Datei *nf*

DTD-Modellier INTERNET **DTD designer**

DTD-Teilsatz *nm* INTERNET **DTD subset**

DTL MICR.EL **DTL**
= Dioden-Transistor-Logik *nf* = diode-transistor logic

DTLZ MICR.EL **DTLZ**
= Dioden-Transistor-Logik mit Z-Dioden = diode-transistor logic with zener diodes

DTMF-Wahl *nf* SWITCH → **dual-tone multifrequency dialing**
→ Zweiton-Mehrfrequenzwahl *nf*

DTP COMP.AP → **desktop publishing**
→ Desktop Publishing *nn*

DTT BROADC → **DTT**
→ digital-terrestrisches Fernsehen

DÜ DAT.CO → **data transmission**
→ Datenübertragung *nf*

dual MATH → **binary** *adj*
→ binär

Dualarithmetik *nf* MATH → **binary arithmetics**
→ Binärarithmetik *nf*

Dual-boot DAT.PR → **dual boot**
→ Mehrfachlademöglichkeit *nf*

Dualcode *nm* CODING **dual code**
[Stellenwerigkeiten nach Zweierpotenzen geordnet] [place values ranged by powers of two]
= Bitcode *nm*
↑ Binärcode ↑ binary code

Dualcodierung *nf* CODING → **binary coding**
→ Binärcodierung *nf*

duale Darstellung COMP.SC → **binary notation**
→ Dualsystem *nn*

duale Impedanz NETW.TH **dual impedance**
= dualer Widerstand

Dualelement *nn* INF.TEC → **binary digit**
→ Binärzeichen *nn*

duale Operation LOGIC → **dual operation**
→ Dualoperation *nf*

dualer Logarithmus MATH → **logarithm to the base of 2**
→ dyadischer Logarithmus

dualer Strom EL.TEC **dual current**

dualer Vierpol NETW.TH **dual two-port**
= widerstandsreziproker Vierpol = dual quadripole

dualer Widerstand NETW.TH → **dual impedance**
→ duale Impedanz

dualer Zweipol NETW.TH **dual two-terminal network**
[die Impedanz des Zweipols 1 ist proportional zur Admittanz des Zweipols 2] [impedance of two-terminal 1 is proportional to admittance of two-terminal 2]
= dual two-terminal

duale Schaltung NETW.TH **dual circuit**

duale Schreibweise COMP.SC → **binary notation**
→ Dualsystem *nn*

duales Netzwerk NETW.TH **reciprocal network**

duale Spannung EL.TEC **dual voltage**

duales System COMP.SC → **binary notation**
→ Dualsystem *nn*

duales Zahlensystem COMP.SC → **binary notation**
→ Dualsystem *nn*

Dual-in-line COMPO **dual in line**
= DIL; doppelreihig; Doppelreihen- = DIL; double-row

Dual-in-line-Schalter *nm* COMPO → **dual-in-line switch**
→ DIL-Schalter *nm*

Dualität *nf* MATH **duality** *n*

Dualitätsinvariante *nf* NETW.TH **duality invariant**
[Faktor für duale Impedanz] [factor for dual impedance]

Dualitätsprinzip *nn* MATH **principle of duality**

Dualoperation *nf* LOGIC **dual operation**
= duale Operation

Dualport *nm* MICR.EL **dual port**

Dual-scan-Bildschirm *nm* TER&PER **dual-scan display**
= Passive-Matrix-Bildschirm *nm* = passive-matrix display

Dual-slope-Umsetzer *nm* INSTR → **dual-slope integrator**
→ Zweirampenumsetzer *nm*

Dual-slope-Verfahren *nn* INSTR → **dual-slope method**
→ Zweirampenverfahren *nn*

Dual-slot-Handy *nn* MOB.CO → **dual slot mobile telephone**
→ Zweischlitzmobiltelefon *nn*

Dualsystem *nn* COMP.SC **binary notation**
[mit zwei Ziffern, z.B. 0,1] [with two digits, e.g. 0,1]
= duales System; duales Zahlensystem; duale Darstellung; duale Schreibweise; Binärsystem *nn*; binäres Zahlensystem; binäre Darstellung; Binärschreibweise *nf*; binäre Schreibweise; Zweiersystem *nn*; dyadisches System; dyadisches Zahlensystem; dyadische Darstellung; dyadische Schreibweise
↑ Stellenwertsystem; Festradix-Schreibweise
= binary number system; binary numeration system; binary system; binary representation; binary counting; pure binary notation; pure binary number system; pure binary numeration system; pure binary representation; pure binary system; pure binary counting; dyadic notation; dyadic number system; dyadic numeration system; dyadic system; dyadic representation; dydic counting
↑ positional notation; fixed-radix notation

Dualübersetzer *nm* NETW.TH → **gyrator** *n*
→ Gyrator *nm*

Dualzahl *nf* COMP.SC **dual number**
[eine im dualen Zahlensystem dargestellte Zahl, z.B. 1111011 für die Dezimalzahl 123] [number represented in the dual number system; e.g. 1111011 for the decimal number 123]
≈ Binärzahl ≈ binary number

Dualzähler *nm* CIRC.EN **binary counter**
= Binärzähler *nm*

Dualzeichen *nn* INF.TEC → **binary digit**
→ Binärzeichen *nn*

Dualziffer *nf* INF.TEC → **binary digit**
→ Binärzeichen *nn*

Dualziffer *nf* MATH → **binary numeral**
→ binäres Zahlzeichen

Duanten-Elektrometer *nn* INSTR **duant electrometer**

Dübel TECH **dowel** *n*

dubios COLL → **questionable** *adj*
→ fraglich *adj*

dubiös COLL → **questionable** *adj*
→ fraglich *adj*

Du bist gefoppt worden INTERNET **YHBT**
= YHBT = You Have Been Trolled

Dublett *nn* PHYS **duplet** *n*

DÜ-Block *nm* DAT.CO → **data transmission block**
→ Datenübertragungsblock *nm*

Duct *nm* (ANGL) RAD.PRO → **duct** *n*
→ Dukt *nm*

Dudelsack *nm* MUSIC **bagpipe** *n*

DÜE DAT.CO → **data communications equipment**
→ Datenübertragungseinrichtung *nf*

DÜE-Datagramm *nn* DAT.CO **DCE datagram**

DÜE-Daten DAT.CO **DCE data**

DUET DAT.CO → **communications control unit**
→ Datenübertragungseinheit *nf*

DÜE-Unterbrechung *nf* DAT.CO **DCE interrupt**

Du hast verloren INTERNET **YHL**
= YHL = You Have Lost

Duko *nm* COMPO → **feedthrough capacitor**
→ Durchführungskondensator *nm*

Dukt *nm* RAD.PRO **duct** *n*
= Duct *nm* (ANGL)

Duktus *nm* PRIN.ME **flow** *n*
= Schriftzug *nm* [of a type]

dummer Fehler COLL **howler** *n*
= Schnitzer *nm* [trivial but serious mistake]

Dümmster Anzunehmender User TECH → **novice** *n*
[INF.TEC]
→ Anfänger *nm*

Dummyload *nn* (ANGL) ANT → **dummy load**
→ Abschlusswiderstand *nm*

Dummy-Routine *nf*(ANGL) SW → **dummy routine**
→ Leerroutine *nf*

Dummytext *nm* (ANGL) PRIN.ME → **Greek text**
→ sinnloser Spieltext

dunkel OPT **dark** *adj*
≠ hell ≠ bright

dunkelblau OPT **deep blue**
= tiefblau; tintenblau

dunkelbraun OPT **deep brown** *adj*

Dunkelentladung *nf* PHYS **dark discharge**
↑ Gasentladung ↑ gaseous discharge

dunkelgefärbt TECH **dark-coloured**

dunkelgelb *adj* OPT **deep yellow** *adj*

dunkelgetönte Farbe OPT **shade** *n* (AE)
= dunkler Farbton; Dunkeltönung *nf* = color shade (AE); colour shade (BE)
↑ Farbton ↑ hue

dunkelgrau *adj* OPT **medium warm grey** *adj*

dunkelgrün OPT **dark green**
= sattgrün; tiefgrün = deep green

Dunkelheit *nf* OPT **darkness** *n*

Dunkelkammer *nf* TECH **darkroom** *n*
= Dunkelraum *nm* = dark space

dunkel karminrot OPT → **magenta** *adj*
→ magenta *adj*

Dunkelraum *nm* TECH → **darkroom** *n*
→ Dunkelkammer *nf*

Dunkelröhre *nf* EL.TRO **dark tube**

dunkelrot OPT **deep red**

Dunkelschriftröhre *nf* EL.TRO **dark-trace tube**
= Farbschriftröhre *nf*, Blauschriftröhre *nf*, Skiatron *nn* = skiatron

Dunkelsteuerung *nf* TER&PER **blanking** *n*
= Dunkeltastung *nf* = blank *n*

Dunkelstrom *nm* EL.TRO **dark current**

Dunkeltastung *nf* TER&PER → **blanking** *n*
→ Dunkelsteuerung *nf*

Dunkeltönung *nf* OPT → **shade** *n* (AE)
→ dunkelgetönte Farbe

Dunkelwiderstand *nm* COMPO **dark resistance**
[eines unbelichteten Fotowiderstandes]

dunkler Farbton OPT → **shade** *n* (AE)
→ dunkelgetönte Farbe

dünn COLL **thin** *adj*
≠ dick ≠ thick

dünn PRIN.ME → **light** *adj*
→ mager

dünnbesiedelt ECON **scarcely populated**

dünnbesiedelte Matrix DAT.PR → **sparse array**
→ dünnbesiedeltes Feld

dünnbesiedeltes Feld DAT.PR **sparse array**
= dünnbesiedelte Matrix

dünndrähtig TECH **thin-wire** *adj*

Dünndruckpapier *nn* PRIN.ME → **Bible paper**
→ Bibeldruckpapier *nn*

dünner Client DAT.NW **thin client**
[mit wenig eigener Funktionalität] [with little eown functionality]
= Thin Client *nm*

dünner Server DAT.NW **thin server**

Dünnfilm *nm* MICR.EL **thin film**
= Dünnschicht *nf*

Dünnfilm-Elektroluminiszenz *nf* MICR.EL **thin-film electroluminescence**
= Dünnschicht-Elektrolumineszenz *nf*

Dünnfilm-Hybridschaltung *nf* MICR.EL **thin-film hybrid circuit**

Dünnfilm-Hybridtechnik *nf* MICR.EL **thin-film hybrid technology**
= Dünnschicht-Hybridtechnik *nf* ↑ film technology
↑ Filmtechnik

Dünnfilmkondensator *nm* MICR.EL **thin-film capacitor**
= Dünnschichtkondensator *nm*

Dünnfilm-Kopf *nm* TER&PER **thin film head**
= Dünnfilm-Schreib-/Lese-Kopf *nm* = thin film read/write head

Dünnfilm-Schreib-/Lese-Kopf *nm* TER&PER → **thin film head**
→ Dünnfilm-Kopf *nm*

Dünnfilmspeicher *nm* MICR.EL **thin film memory**
= Dünnschichtspeicher *nm*; Magnetfilmspeicher *nm*; Filmspeicher *nm*

Dünnfilmtechnik *nf* MICR.EL **thin film technology**
= Dünnschichttechnik *nf*, TFT-Technik *nf* = thin film technique; TFT
↑ Filmtechnik ↑ film technology

Dünnfilmtransistor-Bildschirm *nm* TER&PER **thin-film-transistor display**
= TFT-Bildschirm *nm* = TFT display; active-matrix LCD
↑ Flachbildschirm ↑ flat screen

Dünnfilmwiderstand *nm* MICR.EL **thin film resistor**
= Dünnschichtwiderstand *nm*

dünnflüssig *adj* TECH **thinly liquid**

Dünnschicht *nf* MICR.EL → **thin film**
→ Dünnfilm *nm*

Dünnschicht-Elektrolumineszenz *nf* MICR.EL → **thin-film electroluminescence**
→ Dünnfilm-Elektroluminiszenz *nf*

Dünnschicht-Feldeffekttransistor *nm* MICR.EL **thin-film field effect transistor**
= TFFET = TFFET

Dünnschicht-Hybridtechnik *nf* MICR.EL → **thin-film hybrid technology**
→ Dünnfilm-Hybridtechnik *nf*

Dünnschichtkondensator *nm* MICR.EL → **thin-film capacitor**
→ Dünnfilmkondensator *nm*

Dünnschichtspeicher *nm* MICR.EL → **thin film memory**
→ Dünnfilmspeicher *nm*

Dünnschichttechnik *nf* MICR.EL → **thin film technology**
→ Dünnfilmtechnik *nf*

Dünnschichtwiderstand *nm* MICR.EL → **thin film resistor**
→ Dünnfilmwiderstand *nm*

dünnwandig *adj* TECH **thin-wall**
= thin-walled

Dünnziehen *nn* MICR.EL **fine pulling**

Dunst *nm* PHYS → **vapor** *n* (AE)
→ Dampf *nm*

dunstig *adj* METEO **hazy** *adj*
= diesig ≈ foggy
≈ neblig

duodezimal *adj* MATH **duodecimal**
[mit der Basis 12] [with the basis of 12]

duodezimales System MATH → **duodecimal system**
→ Duodezimalsystem *nn*

Duodezimalsystem *nn* MATH **duodecimal system**
= duodezimales System

duosedezimal MATH → **duosexadecimal** *adj*
→ duosexadezimal *adj*

duosexadezimal *adj* MATH **duosexadecimal** *adj*
[mit Basis 32] [with the base 32]
= duosedezimal; duotrizinär = duotricenary

duotrizinär MATH → **duosexadecimal** *adj*
→ duosexadezimal *adj*

DUP SWITCH **DUP**
[SS7] [SS7]
= Data User Part

Dupe *nn* (ANGL) DAT.MA → **doublet** *n*
→ Doublette *nf*

Duplex *nm* TELEC → **duplex operation**
→ Duplexbetrieb *nm*

Duplexabstand *nm* TELEC **duplex separation**

Duplexbetrieb *nm* TELEC **duplex operation**
[aus dem im Englischen gebräuchlichen Neologismus "duplex", in Anlehnung an "simplex" = einfach, nicht zusammengesetzt; gleichzeitiges Senden und Empfangen] [neologism from Latin "duo + plectere" = "two + plait", imitating "simplex" = simple, not composed; simultaneous transmission and reception]
= Duplex *nm*; Gegenbetrieb *nm*; gleichzeiter Sende- und Empfangsbetrieb; Zweiwegbetrieb *nm*; Zweiwegübertragung *nf*, zweiseitiger Betrieb; zweiseitige Übertragung = duplex mode; duplex transmission; duplex; full duplex operation; full duplex mode; full duplex; fd; FD; fdx; FDX; bidirectional operaration; bidirectional mode
≈ Halbduplexbetrieb ≈ half duplex; semiduplex
↓ Doppelsprechbetrieb; Diplexbetrieb; Gegensprechbetrieb; Gegenschreibbetrieb ↓ diplex operation; duplex telephony [TELEPH]; duplex telegraphy [TELEGR]

Duplexdruck *nm* TER&PER → **two-sided printing**
→ doppelseitiger Druck

Duplexdrucker *nm* TER&PER → **duplex printer**
→ beidseitiger Drucker

Duplexer *nm* RADIO → **duplexer** *n* (2)
→ Antennenumschalter *nm*

Duplexkanal *nm* TELEC **duplex channel**
= Zweiwegkanal *nm* = bidirectional channel

Duplexleitung *nf* TELEC **duplex circuit**

Duplexsystem *nn* DAT.NW **duplex computer system**
[ein zweiter Rechner als Heißersatz, löst nebenbei Stapelaufgaben] [a second computer in hot-standby, executes batch processes in idle periods]
↑ Mehrrechnersystem = duplex computer; dual system
↑ multi-computer system

Duplikat *nn* DAT.MA → **doublet** *n*
→ Doublette *nf*

Duplikat *nn* DAT.MA **duplicate** *n*

Duplikat *nn* OFFICE **duplicate** *n*
= Abschrift *nf*; Zweitschrift *nf* — ≈ copy (2); facsimile
≈ Pause; Faksimile

Duplikat *nn* TECH → **duplicate**
→ Zweitausfertigung *nf*

duplizieren *vt* DAT.MA **duplicate** *vt*
[Daten von einem Datenträger auf einen anderen gleichartigen überspielen] — [to copy data from a data carrier onto a similar one]
= doppeln — = mirror *vt*
≈ kopieren — ≈ copy
↑ vervielfältigen — ↑ reproduce

Dupliziergerät *nn* OFFICE → **copying machine**
→ Kopiergerät *nn*

Duplizierprogramm *nn* SW **duplicating program**
= mirroring program

Duplizierschlüssel *nm* DAT.MA **duplicate key**
[dupliziert ein Datenfeld in einen anderen Eintrag hinein] — [duplicates a field in another record]

Duplizierung *nf* MATH → **duplication** *n*
→ Verdoppelung *nf*

Düppel RAD.LO **chaff** *n*
[Lametta zur Radarstörung] — [silver tinsel for radar jamming]
= window *n*

Dur *nn* MUSIC **major** *n*

Duraluminium *nn* METAL **hard-aluminum**

durch COLL → **via** *praep*
→ über

durch Beispiel erläutern COLL **exemplify**

durch Berührung fühlbar COLL **tactile** *adj*
= Berührungs-

durchbohren MEC.EN **drill through**

Durchbohrung *nf* MEC.EN **through-drilling** *n*

durchbrennen EL.TRO **fry** *vt*
[durch Anlegen von Überspannung oder Überstrom] — [to burn by overvoltage or overcurrent]
= zerschießen — = burn-out *vt*; zap *vt*

Durchbruch *nm* PHYS → **breakdown** *n* (AE)
→ Durchschlag *nm*

Durchbruch *nm* TECH **cutout** *n*
= Ausschnitt *nm* — = perforation *n*; break-through *n*
≈ Öffnung — ≈ opening (1)

Durchbruch *nm* COLL **breakthrough** *n*
[fig] — [fig]

Durchbruch *nm* CIV.EN → **wall opening**
→ Wanddurchbruch *nm*

Durchbruchspannung *nf* PHYS **breakdown voltage**
= Durchschlagspannung *nf* — = disruptive voltage; puncture voltage

Durchbruchspannung *nf* MICR.EL **breakdown voltage**
≈ Umkehrspannung — = disruptive voltage
↑ statische Kenndaten — ≈ reverse isolation
↓ Zenerspannung; Lawinendurchbruchspannung — ↑ static characteristics
— ↓ Zener voltage; avalanche voltage

durchdacht *adj* COLL **studied** *adj*
≈ geplant — = well-reasoned; well-devised; carefully thought out
≈ planned

durchdringbar TECH **penetrable**

Durchdringbarkeit *nf* TECH **penetrability** *n*

durchdringen PHYS **penetrate**
= permeate; pervade

Durchdringung *nf* ENG.DRA **interference** *n*
≠ Spielraum — ≠ play

Durchdringung *nf* PHYS **penetration** *n*

Durchdringungsmikroskop *nn* OPT **transmission microscope**

Durchdringungstest *nm* SIG.EN **penetration test**

Durchdruck *nm* PRIN.ME → **screen printing**
→ Siebdruck *nm*

Durchdrückfestigkeit *nf* QUAL **cut-through resistance**

Durcheinander *nn* COLL **muddle** *n*
≈ Unordnung — = muss *n* (AE)
≈ disorder

Durchfluss *nm* PHYS **flow** *n* (2)
[Durchflussmenge von Flüssigkeiten oder Gasen pro Zeiteinheit] — [quantity of liquid or gas flowing per unit of time]
= Durchflussstärke *nf* — = flow intensity
↓ Massendurchfluss; Volumendurchfluss

Durchflussmessumformer *nm* INSTR **pressure transmitter**

Durchflussstärke *nf* PHYS → **flow** *n* (2)
→ Durchfluss *nm*

Durchflussumrichter *nm* POW.EN → **feed forward converter**
→ Durchflusswandler *nm*

Durchflusswandler *nm* POW.EN **feed forward converter**
= Durchflussumrichter *nm* — = forward DC converter

Durchflutungsgesetz *nf* PHYS **law of magnetic flux**

durchflutungsgesteuert EL.TEC **flux-controlled**

durchführbar *adj* TECH **practicable** *adj*
= ausführbar; realisierbar; praktikabel; praktizierbar — = feasible; viable; performable; realizable
≠ undurchführbar — ≠ impracticable

Durchführbarkeit *nf* TECH **viability** *n*
= Realisierbarkeit *nf*; Machbarkeit *nf* — = feasibility *n*; practicability *n*; practicality *n*; performability *n*; realizability *n*

Durchführbarkeitsstudie *nf* ECON → **feasibility study**
→ Realisierbarkeitsstudie *nf*

Durchführbarkeitsuntersuchung *nf* ECON → **feasibility study**
→ Realisierbarkeitsstudie *nf*

durchführen ECON → **transact** *vt*
→ abwickeln (2)

Durchführung *nf* EL.TRO → **feedthrough** *n*
→ Durchkontaktierung *nf*

Durchführung *nf* EL.TRO **leading-in conductor**

Durchführung *nf* CIV.EN → **wall opening**
→ Wanddurchbruch *nm*

Durchführungsabschluss *nm* INSTR **feedthrough termination**

Durchführungsbestimmung *nf* ECON **implementing regulations**

Durchführungsgeschwindigkeit *nf* ECON **project pace**

Durchführungsisolator *nm* COMPO **lead-in insulator**
= lead-through insulator

Durchführungskondensator *nm* COMPO **feedthrough capacitor**
= Duko *nm* — = lead-through capacitor
≈ Funkentstörkondensator — ≈ suppression capacitor

Durchführungsloch *nn* TECH **feed-through hole**

Durchführungsrohr *nn* CIV.EN **wall duct**
= wall tube

Durchführungstülle *nf* COMPO **groumet** *n*
= rubber *n*

Durchgabezeit *nf* TELECON **transmit time**

Durchgang *nm* SWITCH **interconnection**
[Fernamt] — [trunk exchange]

durchgängig TECH **flow-through**
≈ allgemeingültig — ≈ global

durchgängige Operation SW **global operation**

Durchgängigkeit *nf* TECH **continuity** *n*

Durchgangsabschluss *nm* COMPO **feed-through termination**

Durchgangsadapter *nm* INSTR **through adapter**

Durchgangsamt *nn* SWITCH **tandem exchange**
= tandem center; tandem office

Durchgangsdämpfung *nf* NETW.TH **transmission loss**
= via net loss

Durchgangsgatter *nn* CIRC.EN **transit gate**

Durchgangs-Hauptvermittlungsstelle SWITCH **transit primary exchange**

Durchgangsknoten *nm* DAT.CO **transit node**
= Transitknoten *nm* — = intermediate node

Durchgangsleistungsmesser *nm* INSTR **directional power meter**
= throughput power meter

Durchgangsmischer *nm* OPT.CO **through mixer**

Durchgangsmuffe *nf* OUT.PL **straight-through joint**
= straight joint

Durchgangsprüfgerät *nn* INSTR **continuity tester**

Durchgangsprüfung *nf* MICR.EL **forward test**
[Diode]

Durchgangsprüfung *nf* EL.TRO **continuity check**

Durchgangsprüfung *nf* SWITCH → **continuity check**
→ Durchschalteprüfung *nf*

Durchgangsregenerator *nm* TRANSM **through repeater**

Durchgangsregister *nn* SWITCH **transit register**

Durchgangsschacht *nm* OUT.PL **transit chamber**

Durchgangsverbindung *nf* DAT.CO **transit call**
= Transitverbindung *nf*

Durchgangsverkehr *nm* SWITCH **transit traffic**
= Transitverkehr *nm*; durchgehender Verkehr; durchlaufender Verkehr — = through traffic
≠ Abzweigverkehr — ≠ add-drop traffic

Durchgangsvermittlung *nf* DAT.CO **gateway switch**

Durchgangsvermittlung *nf* SWITCH **tandem switching**
[Funktion]

Durchgangsvermittlung *nf* SWITCH → **transit exchange**
→ Durchgangsvermittlungsstelle *nf*

Durchgangsvermittlungsstelle *nf* SWITCH **transit exchange**

= Durchgangsvermittlung *nf*; Transitvermittlung *nf* ↑ Vermittlungsstelle		= TEX; transit switching center; transit center ↑ exchange
Durchgangswahl *nf*	SWITCH	**tandem selection**
Durchgangswiderstand *nm* → Kontaktübergangswiderstand *nm*	COMPO	→ **contact resistance**
Durchgangszeit *nf*	MICR.EL	**transit time**
durchgeben → übertragen *vt*	TELEC	→ **transmit** *vt* (1)
durchgehen [fig] = analysieren	TECH	**walk-through** *vt* [fig]
durchgehend = ununterbrochen; Nonstop-	COLL	**non-stop** *adj*
durchgehend	TECH	**passing** *adj* = end-to-end; E2E
durchgehende Linie → ausgezogene Linie	ENG.DRA	→ **solid line**
durchgehender Verkehr → Durchgangsverkehr *nm*	SWITCH	→ **transit traffic**
durchgehende Signalisierung → durchgehende Zeichengabe	SWITCH	→ **end-to-end signaling** (AE)
durchgehende Sortierung [ignoriert Leerstellen und Kommas]	LING	**direct sorting** [neglects spaces and commas]
durchgehende Welle	PHYS	**transmitted wave**
durchgehende Zeichengabe = durchgehende Signalisierung	SWITCH	**end-to-end signaling** (AE) = end-to-end signalling (BE); end-to-end mode
durchgelassenes Licht	PHYS	**transmitted light**
durchgelocht	TER&PER	**chadded**
durchgestrichene Null [Symbol: ∅] = Nullsymbol *nn*	COMP.SC	**barred zero** *n* [symbol: ∅] = slashed zero
Durchgreifeffekt *nm*	MICR.EL	**punch-through effect**
Durchgreifspannung *nf* = Durchreichspannung *nf*; Sperrschicht-Berührungsspannung *nf*	MICR.EL	**punch-through voltage** = penetration voltage; reach-through voltage
Durchgriff *nm*	MICR.EL	**punch-through** = reach-through *n*; penetration factor; feedthrough *n*
Durchgriff *nm* [Kenngröße einer Elektronenröhre]	EL.TRO	**punch-through** *n* [figure of merit of a tube]
Durchhang *nm*	TECH	**sag** *n*
durchhängen	TECH	**sag** *vi*
durchhängend	TECH	**sagging** = slacking
Durchhanghöhe *nf*	OUT.PL	**sag clearance**
Durchhangsprüfung *nf*	OUT.PL	**sag control**
durchklingeln	COM.CAB	**ring-out**
Durchkontaktierstift *nm*	EL.TRO	**track pin** [connects tracks on opposite sides]
durchkontaktiert [Leiterplatte] = durchmetallisiert	EL.TRO	**through-contacted** [PCB] = plated-through; through-plated; through-connected
durchkontaktierte Leiterplatte = durchmetallisierte Leiterplatte	EL.TRO	**through-hole plated PCB** = through-hole plated board; plated-through PCB; plated-through board
durchkontaktierte Lochung [Leiterplatte]	EL.TRO	**through-plated hole** [PCB]
Durchkontaktierung *nf* [Leiterplatte] = Durchführung *nf*	EL.TRO	**feedthrough** *n* [PCB] = through-plating; viahole *n*; through-connection; interlayer connection
durchkreuzen → schneiden	MATH	→ **intersect** *vt*
Durchlassbereich *nm* ≠ Sperrbereich	NETW.TH	**pass band** = pass-band *n*; passband *n* ≠ stop band
Durchlassbreite *nf* → Bandbreite *nf*	NETW.TH	→ **bandwidth** *n*
Durchlasscharakteristik *nf*	NETW.TH	**transmission characteristic**
Durchlassdämpfung *nf*	NETW.TH	**passband attenuation**
Durchlasserholungszeit *nf* → Durchlassverzögerung *nf*	MICR.EL	→ **forward recovery time**
durchlässig ≈ porös ≠ undurchlässig	TECH	**permeable** *adj* = pervious ≈ porous ≠ impermeable
durchlässig [in leitendem Zustand]	EL.TRO	**conducting** = in on-stage
Durchlässigkeit *nf* ≠ Undurchlässigkeit	TECH	**permeability** *n* ≠ impermeability
Durchlässigkeit *nf* → Transmissionsgrad *nm*	OPT	→ **transmittance** *n*
Durchlasskennlinie *nf* → Vorwärtskennlinie *nf*	EL.TRO	→ **forward characteristic**
Durchlassrichtung *nf*	PHYS	**pass direction**
Durchlassrichtung *nf* = Vorwärtsrichtung *nf*; Schaltrichtung *nf* ≠ Sperrichtung	EL.TRO	**forward direction** ≠ reverse direction
Durchlassspannung *nf* = Vorwärtsspannung *nf* ≠ Sperrspannung	EL.TRO	**conduction voltage** = conducting voltage ≠ reverse voltage
Durchlassspannung *nf* → Vorwärtsspannung *nf*	MICR.EL	→ **forward voltage**
Durchlassstrom *nm* = Vorwärtsstrom *nm*; Flussstrom *nm* ≠ Sperrstrom	EL.TRO	**forward current** = conducting state current; on-state current ≠ reverse current
Durchlassverlust *nm*	MICR.EL	**forward loss**
Durchlassverzögerung *nf* = Durchlasserholungszeit *nf*; Vorwärtserholungszeit *nf*	MICR.EL	**forward recovery time**
Durchlasswiderstand *nm* = Vorwärtswiderstand *nm*; Gleichstromwiderstand vorwärts *nm*	MICR.EL	**forward resistance** = on-state resistance
Durchlasszustand *nm*	MICR.EL	**on-state**
Durchlauf *nm*	TECH	**transit** *n* = flow through *n*; turnaround *n*
Durchlauf *nm* [ein einzelner Bearbeitungszyklus]	DAT.PR	**pass** *n* [a single processing cycle] = passage *n*
durchlaufen	DAT.PR	**pass** *vt*
durchlaufen → durchqueren	TECH	→ **traverse** *vt*
durchlaufen *vi*	TECH	**pass** *vi* = flow through; turn around
durchlaufender Verkehr → Durchgangsverkehr *nm*	SWITCH	→ **transit traffic**
Durchlauferhitzer *nm* = Heisswassergerät *nn*; Boiler *nm*	TECH	**boiler** *n*
Durchlaufofen *nm*	MANUF	**transit stove**
Durchlaufspeicher *nm*	CIRC.EN	**transit storage**
Durchlaufzeit *nf* → Ausführungszeit *nf* (1)	DAT.PR	→ **execution time**
Durchlaufzeit *nf*	MANUF	**process time**
Durchlaufzeit *nf* = Ablaufzeit *nf*; Rechenzeit *nf*	DAT.CO	**turnaround time** = TAT; run time; throughput time
Durchlaufzeit *nf*	TELEC	**transmission delay**
Durchleitung *nf* → Netzzusammenschaltung *nf*	TELEC	→ **interconnection** *n*
Durchleitungsentgelt *nn* → Zusammenschaltungsentgelt	TELEC	→ **interconnection fee**
Durchleitungstarif *nm* → Zusammenschaltungsentgelt	TELEC	→ **interconnection fee**
durchleuchten	PHYS	**roentgenize** *vt* = x-ray *vt*
Durchleuchtungsgerät *nn*	MED.EN	**diagnostic stand**
Durchleuchtungssystem *nn*	MED.EN	**fluoroscopic system**
Durchlicht *nf*	PHYS	**passing light**
durchlochen [mit einem Loch versehen] = ablochen; stanzen ≈ durchlöchern	TECH	**punch** *vt* [to make one hole] ≈ perforate
durchlöchern [mit mehreren LÖchern versehen] ≈ durchlochen	TECH	**perforate** *vt* [to make several holes] = pierce *vt*; puncture *vt* ≈ punch
durchlocht → gelocht	TECH	→ **perforated** *adj*
durchlochter Lochstreifen → perforierter Lochstreifen	TER&PER	→ **chadded tape**
Durchmesser *nm* = Diameter *nm*	MATH	**diameter** *n*
Durchmesserteilung *nf* [Zahnrad]	MEC.EN	**diametral pitch**
durchmetallisiert → durchkontaktiert	EL.TRO	→ **through-contacted**
durchmetallisierte Leiterplatte → durchkontaktierte Leiterplatte	EL.TRO	→ **through-hole plated PCB**

durchnumerieren (obs) TECH → **serialize** *vt*
→ durchnummerieren

durchnummerieren TECH **serialize** *vt*
= durchnumerieren (obs)
[to put sequential numbers]

Durchnummerierung *nf* TECH **serialization** *n*

durchqueren TECH **traverse** *vt*
= durchlaufen
≈ kreuzen
≈ cross

Durchquerung *nf* TECH **traversal** *n*

Durchreichspannung *nf* MICR.EL → **punch-through voltage**
→ Durchgreifspannung *nf*

Durchreißen *nn* METAL **louvering** *n*
[Stanzvorgang, Einschneiden und Biegen]
= slitting *n*; lancing *n*

Durchrufspeicher *nm* HW → **associative storage**
→ Assoziativspeicher *nm*

Durchsage *nf* TELEPH → **announcement** *n*
→ Ansage *nf*

Durchsage *nf* MEDIA **announcement** *n*

Durchsageart *nf* MEDIA **announcement type**

Durchsatz *nm* MICR.EL **processing speed**
[Speicher]
[memory]

Durchsatz *nm* DAT.CO **throughput** *n*
[Menge der pro Zeiteinheit übertragenen Daten; Einheit: bit/s]
= Durchsatzrate *nf*; Bandbreite *nf*
[data volume trandferred per unit of time; unit: bit/s]
= bandwidth *n*

Durchsatz *nm* TECH **throughput** *n*
↑ Leistung
= thruput *n*
↑ performance

Durchsatz *nm* HW **throughput** *n*
[maximale Anzahl von Zeichen pro Sekunde die in den Arbeitsspeicher geladen, oder aus ihm gelesen werden kann]
= Arbeitsspeicherdurchsatzrate *nf*; Durchsatzrate *nf*; Datenrate *nf*; Datendurchsatz *nm*
≈ Übertragungsgeschwindigkeit [TELEC]
[maximum number of characters per second which can be transferred into or from the main memory]
= data throughput; thruput; data thruput; transfer rate
≈ transmission rate [TELEC]

Durchsatzklasse *nf* DAT.CO **throughput class**

Durchsatzrate *nf* DAT.CO → **throughput** *n*
→ Durchsatz *nm*

Durchsatzrate *nf* HW → **throughput** *n*
→ Durchsatz *nm*

Durchschalte-Datennetz *nn* DAT.CO → **circuit switched data network**
→ leitungsvermitteltes Datennetz

Durchschalteebene *nf* TELEC → **cross-connect level**
→ Rangierebene *nf*

Durchschaltefilter *nn* TRANSM **through connecting filter**

Durchschaltekennzeichen *nn* SWITCH **through-connecting signal**

Durchschaltemultiplexer *nm* SWITCH **through switching multiplexer**

durchschalten TELEC **through connect**
≈ eine Verbindung aufbauen [SWITCH]
= connect
≈ set up a connection [SWITCH]

durchschalten EL.TRO **gate** *vt*
[Impulstechnik]
[pulses]

Durchschalteprüfung *nf* SWITCH **continuity check**
= Durchgangsprüfung *nf*; Kontinuitätsprüfung *nf*; Verbindungsweg-Durchschalteprüfung *nf*; Stetigkeitsprüfung *nf*
= continuity test; cross-office check

Durchschaltepunkt *nm* SWITCH **through-connect point**

Durchschaltepunkt *nm* TELEC **interconnection point**
= Anschaltepunkt *nm*
= nexus *n*

durch Schalter einstellbar EL.TRO → **switch-selectable**
→ umschaltbar

durch Schalter wählbar EL.TRO → **switch-selectable**
→ umschaltbar

Durchschalteverlust *nm* SWITCH **through connect loss**

durchschaltevermitteltes Datennetz DAT.CO → **circuit switched data network**
→ leitungsvermitteltes Datennetz

Durchschaltevermittlung *nf* DAT.CO **circuit switching**
[bedarfsgesteuerte Verbindung über durchgeschaltete Leitungen, ohne Zwischenspeicher]
= Leitungsvermittlung *nf*
≠ Speichervermittlung
[demand-controlled connection via through switched lines, without intermediate stores]
= line switching
≠ store-and-forward switching

Durchschalteweg *nm* SWITCH **trough-connecting path**

Durchschaltezeit *nf* MICR.EL **gate-controlled rise time**
[Thyristor]

Durchschaltung *nf* TRANSM **through connection**

Durchschaltung *nf* SWITCH **through switching**
= call throughput; through connection

Durchschaltungsquittung *nf* SWITCH **through-connection aknowledge**

durchschaubar SCIE → **transparent** *adj*
→ transparent

Durchschaubarkeit *nf* SCIE → **transparency** *n*
→ Transparenz *nf*

durchscheinend *adj* OPT **translucide**
= lichtdurchlässig; lasierend (Farbe)
≈ durchsichtig
= translucent; diaphanous
≈ transparent

Durchschlag *nm* OFFICE **carbon copy** *n*
= Durchschrift *nf*
↑ Pause
= press copy
↑ copy (2)

Durchschlag *nm* PHYS **breakdown** *n* (AE)
[Entladung durch einen Isolierstoff]
= Durchbruch *nm*
↑ Entladung
↓ Überschlag
[discharge through an isolator]
= break-down (BE); disruption; disruptive discharge; puncture; punch-through breakdown
↑ discharge
↓ spark-over

Durchschlag *nm* TER&PER **impact copy**
[eines Anschlagdruckers]
= copy

Durchschlagfeldstärke *nf* EL.SC → **dielectric strength**
→ Spannungsfestigkeit *nf*

Durchschlagfestigkeit *nf* EL.SC → **dielectric strength**
→ Spannungsfestigkeit *nf*

Durchschlagpapier *nn* OFFICE → **multipart form**
→ Durchschreibformular *nn*

Durchschlagpapier *nn* OFFICE → **carbon paper**
→ Kohlepapier *nn*

Durchschlagsspannung *nf* PHYS → **breakdown voltage**
→ Durchbruchspannung *nf*

Durchschleifeingang *nm* TV **feed-through input**
= loop-through input

durchschleifen EL.TRO **feed-through** *vt*
= loop-through *vt*

Durchschleifsteckdose *nf* BROADC **loop-through plug**
= feed-through plug

Durchschlupf *nm* QUAL → **average outgoing quality**
→ mittlere Auslieferqualität

durchschmelzen TECH **fuse** *vt*

Durchschnitt *nm* LOGIC **intersect** *n*

Durchschnitt *nm* STATIS → **average** *n*
→ Mittel *nn*

Durchschnitt bestimmen STATIS → **average** *vt*
→ mitteln

Durchschnitt bilden STATIS → **average** *vt*
→ mitteln

durchschnittbildend STATIS → **averaging** *adj*
→ mittelwertbildend

durchschnittlich STATIS → **middle** *adj*
→ mittel

durchschnittlich *adj* MATH **mean** *adj*
= mittlerer
= average

durchschnittlicher Informationsgehalt INF.TH → **information entropy**
→ Informationsentropie *nf*

durchschnittlicher Verbrauch TECH → **mean consumption**
→ Durchschnittsverbrauch *nm*

Durchschnittsbildung *nf* STATIS → **averaging** *n*
→ Mittelwertbildung *nf*

durchschnittsfremd *adj* MATH **disjoint** *adj*
[Mengenlehre]
= disjunkt; elementfremd
[set theory]

Durchschnittsmenge *nf* MATH **joint set**
[Mengenlehre]
[set theory]

Durchschnittsprobe *nf* QUAL **average sample**

Durchschnittsverbrauch *nm* TECH **mean consumption**
= mittlerer Verbrauch; durchschnittlicher Verbrauch

Durchschnittswert *nm* STATIS → **average** *n*
→ Mittel *nn*

durchschreibendes Papier TER&PER → **pressure-sensitive paper**
→ druckempfindliches Papier

Durchschreibformular *nn* OFFICE **multipart form**
= mehrlagiges Formular; Durchschlagpapier *nn*; mehrlagiges Papier

Durchschreibpapier *nn* TER&PER → **pressure-sensitive paper**
→ druckempfindliches Papier

Durchschreibsatz *nm* TER&PER **copying paper set**

Durchschrift *nf* OFFICE → **carbon copy** *n*
→ Durchschlag *nm*

Durchschuss *nm* PRIN.ME **lead** *n*
[Metallstreifen zur Zeilentrennung; Zeilenabstand von Kegelunterkante zu
[term derived from the metal (lead) strips used in former times for this

Kegeloberkante] = Zeilendurchschuss ≈ Zeilenabstand [TER&PER]; Zeilenabstandausgleich [DAT.PR]		purpose; thin metal strip to separate lines; separation between upper and lower border of characters; pronounced "ledd"] = inter-line leading; leading *n* ≈ line spacing [TER&PER]; vertical justification [DAT.PR]
Durchschussblatt *nn*	PRIN.ME	**interleaf** *n*
durchsehen (1) → genau durchsehen	COLL	→ **peruse** *vt*
durchsehen (2) → überfliegen *vt*	COLL	→ **skim** *vt*
durchsetzbare Zellrate → Dauerzellrate *nf*	TELEC	→ **sustainable cell rate**
durchsichtig = transparent ≈ lichtdurchlässig; durchscheinend ≠ undurchsichtig	PHYS	**transparent** = transmissive ≈ translucide ≠ opaque
durchsichtige Platte	TER&PER	**transmissive disk**
Durchsichtigkeit *nf* → Transparenz *nf*	OPT	→ **transparency** *n*
Durchsichtkontrolle *nf*	TER&PER	**sight check** = peek-a-boo *n*
Durchsichtsucher *nm*	IMAG.PR	**direct vision viewfinder** = direct viewfinder
Durchsichtsvorlage *nf* = Diapositiv *nn*	PRIN.ME	**diapositive** *n*
durchsickern *vi* ≈ lecken	TECH	**ooze** *vi* = tickle down ≈ leak
durchsprechen *nf*	COLL	**talk over** *vt*
durchstechen → lochen	METAL	→ **pierce** *vt*
durchsteuern [Transistor]	MICR.EL	**turn-on** [transistor]
durchstimmbar	INSTR	**full-range tunable**
durchstimmbar → ziehbar	CIRC.EN	→ **tunable**
durchstimmbarer Oszillator = VFO	CIRC.EN	**variable-frequency oscillator** = VFO
durchstimmbares Filter	NETW.TH	**tunable filter**
Durchstimmbereich *nm* → Ziehbereich *nm*	CIRC.EN	→ **tuning range**
Durchstimmgeschwindigkeit *nf* → Abstimmgeschwindigkeit *nf*	CIRC.EN	→ **tuning speed**
Durchstrahlungs-Elektronenmikroskop *nn*	EL.TRO	**transmission electron microscope**
durchstreichen	COLL	**strike out** *vt* = strike through; cross out; score
Durchströmverfahren *nn*	MICR.EL	**epen-tube process**
durchsuchen → browsen	COLL	→ **browse** *vi*
durchsuchen [eine Datei]	DAT.MA	**search** *vt* [in a file]
Durchsucher *nm* → Iterator *nm*	SW	→ **iterator** *n*
durchtesten ≈ austesten	DAT.PR	**soak-test** *vt* ≈ debug
durchtränken	COLL	**imbue** *vt*
durchtränkt	TECH	**impregnated**
durchverbinden	EL.TEC	**interconnect**
durchverbinden	TELEPH	**put through to**
Durchverbindung *nf* → Zusammenschaltung *nf*	EL.TEC	→ **interconnection** *n*
Durchwahl *nf* = Durchwahlverfahren *nn*	SWITCH	**in-dialing** *n* = direct inward dialing (AE); DID (AE); direct dialling-in (BE); DDI (BE); network inward dialing (AE); direct dialing
Durchwahlnummer *nf* → Durchwahl-Rufnummer *nf*	SWITCH	→ **in-dialing number**
Durchwahl-Rufnummer *nf* = Durchwahlnummer *nf*	SWITCH	**in-dialing number** = direct-dialing number; autoattendant number
Durchwahlverfahren *nn* → Durchwahl *nf*	SWITCH	→ **in-dialing** *n*
durchzeichnen	ENG.DRA	**trace** *vt*
Durchzugleser *nm*	TER&PER	**pull-through scanner** = slot reader
Düse *nf* ≈ Öffnung	TECH	**nozzle** *n* ≈ opening
Düsenziehen *nn* [Stanzen]	METAL	**burring** = nozzle-drawing *n*
DUST → Datenübertragungssteuerung *nf*(1)	DAT.CO	→ **data transmission control** *n*
Dutzend *nn*	MATH	**dozen**
DV → Datenverarbeitung *nf*	INF.TEC	→ **data processing**
DVA *nf* → Datenverarbeitungsanlage *nf*	DAT.PR	→ **data processing equipment** *n*
DV-Anlage *nf* → Datenverarbeitungsanlage *nf*	DAT.PR	→ **data processing equipment** *n*
DV-Beauftragter *nm* = Computerbeauftragter *nm*; DV-Verantwortlicher *nm*; Computerverantwortlicher *nm*	DAT.PR	**computer operations manager** = data processing manager
DV-Betrieb *nm* → DV-Dienstleistungsbetrieb *nm*	COMP.AP	→ **computer utility**
DVD+RW [Sony, HO, Philips] ↑ überschreibbare Bildplatte	TER&PER	**DVD+RW** [Sony, HP, Philips] ↑ rewritable optical disk
DVD-Abspielgerät *nn* = DVD-Player	CONS.EL	**DVD player**
DVD-Audio *nn*	TER&PER	**DVD-Audio**
DVD-Brenner *nm*	TER&PER	**DVD burner**
DV-Dienstleistungsbetrieb *nm* = Computer-Dienstleistungsbetrieb *nm*; Rechner-Dienstleistungsbetrieb *nm*; DV-Dienstleistungsfirma *nf*; Computer-Dienstleistungsfirma *nf*; Rechner-Dienstleistungsfirma *nf*; Datenverarbeitungsbetrieb *nm*; DV-Betrieb *nm*	COMP.AP	**computer utility** = information utility; computer services company; service bureau; servicer *n*
DV-Dienstleistungsfirma *nf* → DV-Dienstleistungsbetrieb *nm*	COMP.AP	→ **computer utility**
DVD-Laufwerk *nn*	HW	**DVD driver**
DVD-Platte *nf* [Weiterentwicklung der CD-ROM, mit 8facher Kapazität] ↑ Bildplatte ↓ DVD-ROM; DVD-RAM; DVD-R/W; DVD-R; DVD-Audio; DVD-Video	TER&PER	**DVD** [further develop. of CD-ROM, with 8-fold capacity] = Digital Video Disk; Digital Video Disc; Digital Versatile Disk; Digital Versatile Disc ↑ optical disk ↓ DVD-ROM; DVD-RAM; DVD-R/W; DVD-R; DVD-Audio; DVD-Video
DVD-Player → DVD-Abspielgerät *nn*	CONS.EL	→ **DVD player**
DVD-R *nn* ↑ einmalbeschreibbare Bildplatte	TER&PER	**DVD-R** ↑ write-once optical disk
DVD-R/W *nn*	TER&PER	**DVD-R/W**
DVD-RAM *nn* ≈ DVD+RV ↑ überschreibbare Bildplatte	TER&PER	**DVD-RAM** ≈ DVD+RV ↑ rewritable optical disk
DVD-Region *nf*	CONS.EL	**DVD region**
DVD-ROM *nf* [Nachfolger des CD-ROM]	TER&PER	**DVD-ROM** [successor of CD-ROM]
DV-Drucker *nm* → Drucker *nm*	TER&PER	→ **printer** *n*
DVD-Video *nn*	TER&PER	**DVD-Video**
D-Verstärker *nm* → Klasse-D-Verstärker *nm*	CIRC.EN	→ **class D amplifier**
DV-Experte *nm* → Computerfachmann *nm*	INF.TEC	→ **computer professional** *n*
DV-Fachausbildung *nf*	EDUC	**data processing curriculum** = information processing curriculum
DV-Fachmann *nm* → Computerfachmann *nm*	INF.TEC	→ **computer professional** *n*
DV-Farbdrucker *nm* → Farbdrucker *nm*	TER&PER	→ **color printer** (AE)
DVI-Verfahren *nn* [Datenkompressionsverfahren von RCA/Intel zur Handhabung von TV-Bewegtbildern in Computer]	COMP.AP	**DVI process** [Digital Video Interactive; data compression method of RCA/Intel to handle moving TV pictures by computers]
DV-Kenner *nm* → Computerfachmann *nm*	INF.TEC	→ **computer professional** *n*
DVMRP	INTERNET	**DVMRP** = Distance Vector Multicast Routing Protocol
Dvorak-Tastatur *nf* [auf minimale Bewegung optimiert]	TER&PER	**Dvorak keyboard** [optimized to minimum hand movement]
DV-Papier *nn*	TER&PER	**DP paper**

DV-Personal *nn* DAT.PR **computer personnel**
= Datenverarbeitungspersonal *nn*; EDV-Personal *nn*; Computer-Personal *nn*; Liveware *nf*; Warmware *nf*
↓ Systemanalytiker; Programmierer; Rechnerbediener; Magnetbänderverwalter
= computer staff; computing staff; data processing personnel; data processing staff; liveware *n* (slang); warmware *n* (slang)
↓ system analyst; programmer; computer operator; tape librarian

DVS (1) DAT.MA → **data management system**
→ Datenverwaltungssystem *nn*

DVS (2) DAT.MA → **file management system**
→ Dateiverwaltungssystem *nn*

DV-Spezialist *nm* INF.TEC → **computer professional** *n*
→ Computerfachmann *nm*

DVST-Röhre EL.TRO → **direct view storage tube**
→ Direktaddressierröhre *nf*

DV-System *nn* DAT.PR → **data processing equipment** *n*
→ Datenverarbeitungsanlage *nf*

DV-Verantwortlicher *nm* DAT.PR → **computer operations manager**
→ DV-Beauftragter *nm*

DV-Verfahren *nn* DAT.PR **computerized system**

DV-Zentrum *nn* DAT.PR → **computing center**
→ Rechenzentrum *nn*

DV-Zyklus *nm* COMP.AP → **data processing cycle**
→ Datenverarbeitungszyklus *nm*

DWDM TRANSM **DWDM**
= Dense WDM

DWG-Format *nn* DAT.MA **DWG**
= Drawing Web Format

dx RADIO **dx**
[Funkamateurjorgon]
= entfernt
[amateur radiocommunications]
= distant

DX-Antenne *nf* ANT **DX antenna**

DX-er RADIO **DXer**
[auf Überreichweitenempfang spezialisierter Funkamateur]
[short wave listener specialized in picking up fall-of radio stations]

DXF-Format *nn* COMP.GR **DXF file format**
[AutoCAD]
↑ Dateiformat
[AutoCAD]
= Drawing Interchange Format
↑ file format

Dy CHEM → **dysprosium** *n*
→ Dysprosium *nn*

Dyade *nf* COMP.SC **diad** *n*
[zwei Bits oder Zeichen]
[two bits or characters]
= doublet *n*

dyadisch MATH → **binary** *adj*
→ binär

dyadisch COMP.SC **dyadic** *adj*
[mit zwei Operanden]
≠ monadisch
[with two operands]
= binary
≠ monadic

dyadische boolesche Funktion LOGIC → **dyadic Boolean operation**
→ dyadische boolesche Verknüpfung

dyadische boolesche Operation LOGIC → **dyadic Boolean operation**
→ dyadische boolesche Verknüpfung

dyadische boolesche Verknüpfung LOGIC **dyadic Boolean operation**
= dyadische boolesche Operation; dyadische boolesche Funktion
↑ Boolesche Verknüpfung
↓ Nullkonstante; UND-Verknüpfung; Inhibitionsverknüpfung (1); P-ausschließt-Q-Verknüpfung; Identität mit der ersten Variable; Q-ausschließt-P-Verknüpfung; Identität mit der zweiten Variable; EXKLUSIV-ODER-Verknüpfung; ODER-Verknüpfung; NOR-Verknüpfung; Äquivalenzverknüpfung; Negation der zweiten Variable; Implikationsverknüpfung (1); Q-impliziert-P-Verknüpfung; Negation der ersten Variable; P-impliziert-Q-Verknüpfung;
= dyadic Boolean function
↑ Boolean operation
↓ zero constant; AND operation; exclusion operation (1); P-excludes-Q operation; first variable operation; Q-excludes-P operation; second-variable operation; EXCLUSIVE-OR operation; OR operation; NOR operation; equivalence operation; negation of second variable; implication operation (1); Q-implies-P operation; negation of first variable; P-implies-Q operation; NAND operation; one

dyadische Darstellung COMP.SC → **binary notation**
→ Dualsystem *nn*

dyadische Funktion LOGIC → **dyadic operation**
→ dyadische Operation

dyadische Operation LOGIC **dyadic operation**
[verknüpft nur zwei Operanden]
= dyadische Funktion; Binäroperation *nf* (2) (err); binäre Operation (2) (err)
↓ dyadische Boolesche Vedrknüpfung
[an operation on two and only two operands]
= dyadic function; binary operation (2) (err)
↑ dydic Boolean operation

dyadischer Logarithmus MATH **logarithm to the base of 2**
= Logarithmus zur Basis 2; dualer Logarithmus; Logarithmus dualis; ld
= dyadic logarithm; ld

dyadischer Operator LOGIC → **binary operator**
→ Binäroperator *nm*

dyadische Schreibweise COMP.SC → **binary notation**
→ Dualsystem *nn*

dyadisches System COMP.SC → **binary notation**
→ Dualsystem *nn*

dyadisches Zahlensystem COMP.SC → **binary notation**
→ Dualsystem *nn*

dyn PHYS → **dyne** *n*
→ Dyn *nn*

Dyn *nn* PHYS **dyne** *n*
[Einheit für Kraft; = 1 g cm/s² = 10E-5 N]
= dyn
[unit for force; = 1 g cm/s² = 10E-5 N]
= dyn

Dynamic Label BROADC → **dynamic label**
→ dynamischer Kurztext

Dynamik *nf* CONTRO **dynamic behaviour**
= dynamisches Verhalten
= dynamic response

Dynamik *nf* MECH **dynamics** *nplt*
≠ Statik
↑ Physik
≠ statics
↑ physics

Dynamikbereich *nm* EL.ACOU **volume range**
= dynamic range

Dynamikbereich *nm* EL.TRO **dynamic range**
= dynamischer Bereich; Austeuerungsbereich *nm*; Aussteuerbereich *nm*
≈ Dynamik; Aussteuerungsgrenze; Regelbereich
= drive range; control range; cutoff bias
≈ dynamics; overload point; regulation range

Dynamikkompression *nf* TRANSM **volume compression**
= dynamics compression

Dynamik-Signalanalysator *nm* INSTR **dynamic signal analyzer**

dynamisch DAT.PR **dynamic** *adj*
[erfolgt zum Augenblick des Bedarfs, während der Programmausführung]
≠ statisch
[ocurring when needed. during program execution]
≠ static

dynamisch PHYS **dynamic** *adj*
[vom griech. "dynamis" = "Kraft"]
≠ statisch
[from Greek "dynamis" = "force"]
≠ static

dynamische Adressumsetzung SW **dynamic address translation**
= DAM
= DAT

dynamische Bandbreitenzuteilung TELEC → **bandwidth on demand**
→ Bandbreite nach Wunsch

dynamische Bandbreitenzuteilung TELEC **DBA**
= Dynamic Bandwidth Allocation

dynamische Bibliothek SW **dynamic link library**

dynamische Disposition DAT.PR **dynamic scheduling**

dynamische IP INTERNET **dynamic IP**
[nur pro Einwahl zugeordnet]
[assigned only for one dial-in]

dynamische Kalibrierung INSTR → **dynamic calibration**
→ dynamisches Einmessen

dynamische Kenndaten MICR.EL **dynamic characteristics**
↓ Verstärkung; S-Parameter; Ausgangsimpedanz
↓ gain; s-parameter; output impedance

dynamische Kennlinie EL.TRO → **switching characteristics**
→ Schaltverhalten *nn*

dynamische Kippschaltung CIRC.EN **edge triggered flip-flop**
= flankengesteuerte Kippschaltung; dynamischer Flipflop
= dynamic multivibrator

dynamische Nachführung TER&PER **dynamic resolution**
[einer Maus; je schneller desto weiter]
[of a mouse; the faster the further]
= dynamic acceleration; variable acceleration; automatic acceleration; ballistic tracking

dynamische Programmierung SW **dynamic programming**
= dynamic coding

dynamische Programmverschiebung SW **dynamic program relocation**
= dynamische Verschiebung; automatische Programmverschiebung; dynamische Programmversetzung; automatische Programmversetzung
= dynamic relocation; dynamic shifting; automatic program relocation; automatic relocation; automatic shifting

dynamische Programmversetzung SW → **dynamic program relocation**
→ dynamische Programmverschiebung

dynamische Pufferung SW **dynamic buffering**

dynamischer Bereich EL.TRO → **dynamic range**
→ Dynamikbereich *nm*

dynamischer Datenaustausch DAT.MA **dynamic data exchange**
= DDE
= DDE

dynamischer Direkzugriffsspeicher MICR.EL → **DRAM**
→ DRAM *nn*

dynamische Relozierung	SW	**dynamic relocation**
dynamische Restrukturierung	DAT.MA	**dynamic restructuring**
dynamischer Fehler	INSTR	**dynamic error**
dynamischer Flipflop → dynamische Kippschaltung	CIRC.EN	→ **edge triggered flip-flop**
dynamischer Gewinn → ballistischer Gewinn	TER&PER	→ **ballistic gain**
dynamischer Halbleiterspeicher [äußerst flüchtiger Halbleiterspeicher, muss in kurzen Abständen nachgeladen oder aufgefrischt werden] ≈ flüchtiger Halbleiterspeicher ↑ dynamischer Speicher	MICR.EL	**dynamic solid state memory** [a very volatile solid state memory, must be recharged or refreshed at short intervals] = dynamic semiconductor memory ≈ volatile solid state memory ↑ dynamic memory
dynamischer Kopfhörer	EL.ACOU	**dynamic headphone**
dynamischer Kurztext = Dynamic Label	BROADC	**dynamic label**
dynamischer Parameter [von Programm erzeugt und weiterverwendet]	SW	**dynamic parameter** [generatd by a program and reused]
dynamischer Puffer → dynamischer Pufferspeicher	HW	→ **dynamic buffer store**
dynamischer Pufferspeicher = dynamischer Puffer; elastischer Pufferspeicher; elastischer Puffer	HW	**dynamic buffer store** = dynamic buffer; elastic buffer store; elastic buffer
dynamischer Speicher [ein äußerst flüchtiger Speicher, muss in kurzen Abständen nachgeladen oder aufgefrischt werden] ≈ flüchtiger Speicher ≠ statischer Speicher ↓ dynamischer Halbleiterspeicher	HW	**dynamic memory** [a very volatile memory, must be recharged or refreshed at frequent intervals] = dynamic storage; dynamic store ≈ volatile memory ≠ static memory ↓ dynamic solid state memory
dynamischer Speicher [kann Zuordnung oder Inhalt beliebig verändern]	DAT.PR	**dynamic memory** [can be allocated or change freely]
dynamischer Speicherabzug [gespeichert oder gedruckt, zum Augenblick einer Unterbrechung erzeugt]	DAT.MA	**dynamic dump** [stored or printed, generated at the moment of an interrupt]
dynamischer Unterbrechungspunkt	SW	**dynamic breakpoint**
dynamischer Unterschriftsprüfer ↑ biometrische Sicherheitsvorrichtung	COMP.AP	**dynamic voice verifier** ↑ biometric identification device
dynamischer Widerstand → differenzieller Widerstand	MICR.EL	→ **differential resistance**
dynamisches Alternativ-Routing	SWITCH	**ODR** = Optimized Dynamic Routing
dynamisches Binden [während der Programmausführung]	SW	**dynamic binding** [executed during program execution] = late binding
dynamisches Caching	SW	**dynamic caching**
dynamisches Einmessen = dynamische Kalibrierung	INSTR	**dynamic calibration**
dynamische Seite	INTERNET	**dynamic page**
dynamisches HTML	INTERNET	**dynamic HTML**
dynamisches HTML → DHTML	INTERNET	→ **DHTML**
dynamisches Mikrophon → elektrodynamisches Mikrofon	EL.ACOU	→ **dynamic microphone**
dynamisches Multiplex → bedarfsgesteuertes Multiplex	TELEC	→ **demand-assigned multiplex**
dynamische Speicherallozierung → dynamische Speicherzuteilung	DAT.MA	→ **dynamic storage allocation**
dynamische Speicherzuteilung = dynamische Speicherzuweisung; dynamische Speicherallozierung ↓ automatische Speicherzuteilung; programmgesteuerte Speicherzuteilung	DAT.MA	**dynamic storage allocation** = dynamic memory allocation ↓ automatic storage allocation; program-controlled storage allocation
dynamische Speicherzuweisung → dynamische Speicherzuteilung	DAT.MA	→ **dynamic storage allocation**
dynamisches Programm = Dynpro	SW	**dynamic program** = dynpro *n*
dynamisches RAM → DRAM *nn*	MICR.EL	→ **DRAM**
dynamisches Routen → lastabhängige Verkehrslenkung	SWITCH	→ **dynamic routing**
dynamische Störsicherheit	INF.TEC	**dynamic noise immunity**
dynamisches Umfeld	ART.IN	**dynamic environment** = DE
dynamisches Unterprogramm [mit fallweise definierter Aufgabe]	SW	**dynamic soubroutine** [with case-by-case function]
dynamisches Verhalten → Dynamik *nf*	CONTRO	→ **dynamic behaviour**
dynamisches Verhalten → Schaltverhalten *nn*	EL.TRO	→ **switching characteristics**
dynamische Variable	SW	**dynamic variable**
dynamische Verlustleistung	MICR.EL	**dynamic dissipation power**
dynamische Verschiebung → dynamische Programmverschiebung	SW	→ **dynamic program relocation**
dynamische Viskosität [SI-Einheit: Pascal-Sekunde]	PHYS	**dynamic viscosity** [SI unit: Pascal-second]
dynamische Warenzeichengestaltung	INTERNET	**dynamic branding**
dynamische Webseite	INTERNET	**dynamic Web page**
dynamische Zuteilung [von Betriebsmitteln während der Programmausführung] ≠ statische Zuteilung	DAT.PR	**dynamic allocation** [of reasources during program execution] = dynamic resource allocation ≠ static allocation
Dynamo *nm* → Lichtmaschine *nf*	POW.EN	→ **dynamo** *n*
Dynamoblech *nn*	METAL	**dynamo sheet** = electrical sheet
Dynamometer *nn* = elektrodynamisches Messinstrument; Elektrodynamometer *nn*	INSTR	**dynamometer** *n*
dynamometrisches Messwerk = elektrodynamisches Messwerk	INSTR	**electrodynamical measuring system**
Dynamotor *nm* → Gleichstrom-Gleichstrom-Einankerumformer *nm*	POW.SY	→ **dynamotor** *n*
Dynaquad *nn*	MICR.EL	**dynaquad** *n*
Dynatron *nn*	EL.TRO	**dynatron** *n*
Dynatronoszillator *nm*	CIRC.EN	**dynatron oscillator**
Dynistor *nm* → Dynistordiode *nf*	MICR.EL	→ **dynistor diode**
Dynistordiode *nf* = Dynistor *nm*	MICR.EL	**dynistor diode** = dynistor *n*
Dynode *nf* = Prallelektrode *nf*; Prallanode *nf*; Sekundäremissionsanode *nf*	EL.TRO	**dynode** *n*
Dynpro → dynamisches Programm	SW	→ **dynamic program**
Dysprosium *nn* = Dy	CHEM	**dysprosium** *n* = Dy
dz → Doppelzentner *nm*	PHYS	→ **metric quintal**

E *e*

e MATH **e**
[die Basis des natürlichen Logarithmusses = 2,718 281 828 5…] [the base of natural logarithm = 2.718 281 828 5…]

E PHYS → **exa-** *praef*
→ Exa- *praef*

E RADIO → **receiver** *n*
→ Empfänger *nm*

e PHYS → **electron** *n*
→ Elektron *nn*

E&M-Signalisierung *nf* SWITCH **E&M signaling** (AE)

E/A EL.TRO → **input/output** *n*
→ Ein-/Ausgabe *nf*

E/A-Adresse *nf* DAT.PR → **input/output address**
→ Ein-/Ausgabe-Adresse *nf*

E/A-Anforderung *nf* DAT.PR → **input/output request**
→ Ein-/Ausgabe-Anforderung *nf*

E/A-Baugruppe *nf* TELECON → **input/output module**
→ Eingabe-Ausgabe-Baugruppe *nf*

E/A-Befehl *nm* SW → **input/output instruction**
→ Ein-/Ausgabe-Befehl *nm*

E/A-Bus *nm* HW → **input/output bus**
→ Ein-/Ausgabe-Bus *nm*

E/A-Datei *nf* DAT.MA → **input/output file**
→ Ein-/Ausgabe-Datei *nf*

E/A-gebunden DAT.PR → **input/output-bound**
→ Ein-Ausgabe-bedingt

E/A-Gerät *nn* TER&PER → **input/output device**
→ Ein-/Ausgabe-Vorrichtung *nf*

E/A-Gerät-Bezugnahme *nf* DAT.PR → **input/output referencing**
→ Ein-/Ausgabegerät-Bezugnahme *nf*

E/A-Interrupt *nn* HW → **input/output interrupt**
→ Ein-/Ausgabe-Unterbrechungssignal *nn*

E/A-Kanal *nm* HW → **input/output channel**
→ Ein-/Ausgabe-Kanal *nm*

E/A-Kontrollprogramm *nn* SW → **input/output control program**
→ Ein-/Ausgabe-Kontrollprogramm *nn*

E/A-Port *nm* CIRC.EN → **input/output port**
→ Ein-/Ausgabe-Port *nm*

E/A-Programmbibliothek *nf* DAT.PR → **input/output library**
→ Ein-/Ausgabe-Programmbibliothek *nf*

E/A-Prozessor *nm* HW → **input/output controller**
→ Ein-/Ausgabe-Werk *nn*

E/A-Puffer *nm* HW → **input/output buffer**
→ Ein-/Ausgabe-Puffer *nm*

E/A-Pufferspeicher *nm* HW → **input/output buffer**
→ Ein-/Ausgabe-Puffer *nm*

E/A-Register *nn* HW → **input/output register**
→ Ein-/Ausgabe-Register *nn*

E/A-Schnittstelle *nf* HW → **input/output interface**
→ Ein-/Ausgabe-Schnittstelle *nf*

E/A-Statuswort *nn* SW → **input/output status word**
→ Ein-/Ausgabe-Zustandswort *nn*

E/A-Steuerung *nf* CIRC.EN → **input/output control**
→ Ein-/Ausgabe-Steuerung *nf*

E/A-Steuerung *nf* HW → **input/output controller**
→ Ein-/Ausgabe-Werk *nn*

E/A-Symbol *nn* SW → **input/output symbol**
→ Ein-Ausgabe-Symbol *nn*

E/A-System *nn* HW → **input/output controller**
→ Ein-/Ausgabe-Werk *nn*

E/A-Treiber *nm* SW → **input/output driver**
→ Ein-/Ausgabe-Treiber *nm*

E/A-Unterbrechungssignal *nn* HW → **input/output interrupt**
→ Ein-/Ausgabe-Unterbrechungssignal *nn*

E/A-Vorrichtung *nf* TER&PER → **input/output device**
→ Ein-/Ausgabe-Vorrichtung *nf*

E/A-Werk *nn* HW → **input/output controller**
→ Ein-/Ausgabe-Werk *nn*

E/A-Zelle *nf* MICR.EL → **input/output cell**
→ Ein-/Ausgabe-Zelle *nf*

E/A-Zustandswort *nn* SW → **input/output status word**
→ Ein-/Ausgabe-Zustandswort *nn*

E0-Ebene *nf* TELEC → **DS0-Ebene**
→ DS0-Ebene *nf*

E0-Ebene *nf* TELEC → **T0 level**
→ T0-Ebene *nf*

E0-Signal *nn* TELEC → **DS0 signal**
→ DS0-Signal *nn*

E0-Signal *nn* TELEC → **T0 signal**
→ T0-Signal *nn*

E1-Bündel *nn* TELEC **E1 group**
= 2,048-Mbit/s-Bündel *nn*; 2-Mbit/s-Bündel = 2.048 Mbit/s group; 2 Mbit/s group

E1-Ebene *nf* TELEC **E1 level**
= 2,048-Mbit/s-Ebene *nf*; 2-Mbit/s-Ebene *nf* ≈ 2.048 Mbit/s level; 2 Mbit/s level

E1-Signal *nn* TELEC → **E1**
→ 2-Mbit/s-Signal *nn*

E1-Signal *nn* TELEC **E1 signal**
[2.048 Mbit/s (30 Kanäle) nach ETSI-Norm] [2.048 Mbit/s (30 channels) by ETSI]
= 2.048-Mbit/s-Signal *nn*; 2-Mbit/s-Signal *nn* = 2.048 Mbit/s signal; 2 Mbit/s

E2-Bündel *nn* TELEC **E2 group**
= 8,448-Mbit/s-Bündel *nf*; 8-Mbit/s-Bündel *nf* = 8.448 Mbit/s group; 8 Mbit/s signal

E^{2}CL MICR.EL → **EECL**
→ EECL

E2-Ebene *nf* TELEC **E2 level**
= 8,448-Mbit/s-Ebene *nf*; 8-Mbit/s-Ebene *nf* = 8.448 Mbit/s level; 8 Mbit/s level

E^{2}PROM *nn* MICR.EL → **EEPROM**
→ EEPROM *nn*

E2-Signal *nn* TELEC **E2 signal**
[8,448 Mbit/s (120 Kanäle) nach ETSI-Norm] [8.448 Mbit/s (120 channels) by ETSI standard]
= 8,448-Mbit/s-Signal *nn*; 8-Mbit/s-Signal *nn* = 8.448 Mbit/s signal; 8 Mbit/s signal

E3-Bündel *nn* TELEC **E3 group**
= 34,268-Mbit/s-Bündel *nn*; 34-Mbit/s-Bündel *nn* = 34.268 Mbit/s; 34 Mbit/s group

E3-Ebene *nf* TELEC **E3 level**
= 34,268-Mbit/s-Ebene *nf*; 34-Mbit/s-Ebene = 34.268 Mbit/s level; 34 Mbit/s level

E3-Signal *nn* TELEC **E3 signal**
[34,268 Mbit/s (480 Kanäle) nach ETSI-Norm] [34.268 Mbit/s (480 channels) by ETSI standard]
= 34,268-Mbit/s-Signal *nn*; 34-Mbit/s-Signal *nn* = 34.268 Mbit/s signal; 34 Mbit/s signal

E4-Bündel *nn* TELEC **E4 group**
= 139,244-Mbit/s-Bündel *nn*; 140-Mbit/s-Bündel *nn* = 139.244 Mbit/s group; 140 Mbit/s group

E4-Ebene *nf* TELEC **E4 level**
= 139,244-Mbit/s-Ebene *nf*; 140-Mbit/s-Ebene *nf* = 139.244 Mbit/s level; 140 Mbit/s level

E4-Signal *nn* TELEC **E4 signal**
[139,244 Mbit/s (1920 Kanäle) nach ETSI-Norm] [139.244 Mbit/s (1920 channels) by ETSI standard]
= 139,244-Mbit/s-Signal *nn*; 140-Mbit/s-Signal *nn* = 139.244 Mbit/s signal; 140 Mbit/s signal

EA DAT.CO → **erase in area**
→ Bereich löschen

EA BROADC → **single antenna system**
→ Einzelantennenanlage *nf*

EACM CONS.EL **EACM**
= European Association of Consumer Electronic Manufactureres

EAN-Code *nm* TER&PER **EAN code**
= Europäischer Artikelnummercode = European Article Number code
↑ Artikelnummercode ↑ article number code
↓ EAN-8-Code; EAN-13-Code ↓ EAN 8 code; EAN 13 code

EAPROM *nn* MICR.EL **EAPROM**
[programmierbar mit 12 V, löschbar mit UV-Licht] [programmable with 12 V, erasable with UV light]
= elektrisch änderbarer Festwertspeicher; EAROM *nn* = electrically alterable read-only memory; EAROM
≈ EEPROM ≈ EEPROM
↑ Festwertspeicher ↑ read-only memory

Earling-Komödie *nf* CINEMA **Earling comedy**

Early-Effekt *nm* MICR.EL → **Early effect**
→ Basisbreitenmodulation *nf*

Early-Ersatzschaltung *nf* MICR.EL **Early equivalent network**

EAROM *nn* MICR.EL → **EAPROM**
→ EAPROM *nn*

EAS HW → **input/output controller**
→ Ein-/Ausgabe-Werk *nn*

Eastern *nm* IMAG.PR **eastern** *n*
= Hong-Kong-Film *nm*; Martial Arts *nplt* ≈ Hong Kong film; martial arts

EAZ TELEC → **terminal equipment code**
→ Endgeräteauswahl-Kennziffer *nf*

EBAM-Speicher *nm* MICR.EL → **electron-beam-addressed memory**
→ elektronenstrahladressierter Speicher

E-Bankverkehr *nm* ECON → **online banking**
→ Online-Banking *nn*

EBCD-Code *nm* — CODING — **EBCDI code**
[Code von IBM zur Darstellung von 256 alphanumerischen Zeichen mittels je acht Binärzeichen]
= EBCDI-Code *nm*; EBCDIC; EBCDIC character set
[Extended Binary Coded Decimal Interchange code; pronounced "ebb-see-dee"; an IBM code to represent 256 alphanumeric characters by eight binary digits]
= EBCDIC; EBCDIC-Zeichensatz

EBCDIC — CODING — → **EBCDI code**
→ EBCD-Code *nm*

EBCDIC character set — CODING — → **EBCDI code**
→ EBCD-Code *nm*

EBCDI-Code *nm* — CODING — → **EBCDI code**
→ EBCD-Code *nm*

eben — TECH — → **flat** *adj*
→ flach

eben — MATH — → **planar** *adj*
→ planar *adj*

Ebene *nf* — GEOSC — **plain** *n*

Ebene *nf* — DAT.PR — **plane** *n*
= Stufe
= level *n*

Ebene *nf* — MATH — **plane** *n*
= level *n*

Ebene *nf* — DAT.CO — → **protocol layer**
→ Protokollschicht *nf*

ebene Geometrie — MATH — **plane geometry**

ebene Gruppe — ANT — **planar array**
= planare Antenne, planarantenne *nf*, planare Gruppenantenne
↓ Kreisgruppenantenne
= flat plate
↓ circular array

ebener Spiegel — PHYS — **plane mirror**

ebener Winkel — MATH — **plane angle**
= plain angle

ebenes Feld — PHYS — **two-dimensional field**

ebene Spiralantenne — ANT — **planar spiral antenna**

ebene Welle — PHYS — **plane wave**

Ebenheit *nf* (1) — MECH — **planeness** *n*
= Flachheit *nf*, planheit *nf*
= flatness *n* (1)

Ebenheit *nf* (2) — MECH — **evenness** *n*
= Gleichmäßigkeit *nf*

Ebenheit *nf* (3) — MECH — **levelness** *n*
= Waagrechtigkeit *nf*
= flatness *n* (2)

Ebenheitsqualität *nf* — MECH — **flatness quality**

Ebenmaß *nn* — MATH — → **symmetry** *n*
→ Symmetrie *nf*

ebenmäßig — MATH — → **symmetric** *adj*
→ symmetrisch

Ebers-Moll-Modell *nn* — MICR.EL — **Ebers-Moll model**

EBIT — ECON — → **EBIT**
→ Geschäftsergebnis vor Zinsen und Steuern

EBIT-Vermögen *nn* — ECON — **EBIT assets**

Ebnung *nf* — EL.TEC — → **smoothing** *n*
→ Glättung *nf*

E-Bogen *nm* — MICROW — **E-plane elbow**
= E-plane bend; flatwise bend

E-Bombe *nf* — INTERNET — → **e-mail bomb**
→ E-Mail-Bombe *nf*

EBU — SOUN.ME — **EBU**
= European Broadcasting Union

EBU — BROADC — → **European Broadcasting Union**
→ Europäische Rundfunkunion

E-Buch *nn* — PRIN.ME — → **electronic book**
→ elektronisches Buch

E-Business *nn* — INTERNET — → **e-Commerce**
→ E-Commerce

ECAC — AERON — **ECAC**
= Europäische Luftfahrtkonferenz
= European Civil Aviation Conference

EC-Aluminium *nn* — METAL — → **EC-grade aluminum**
→ Leitaluminium *nn*

E-Cash — ECON — → **e-cash**
→ E-Geld *nf*

Eca-Silizium [MICR.EL] — CHEM — → **germanium** *n*
→ Germanium *nn*

ECC-Kryptografie *nf* — CODING — **ECC**
= Elliptic Curve Cryptography

ECCSL — MICR.EL — → **emitter-coupled logic**
→ emittergekoppelte Logik

ECDL — EDUC — **ECDL**
= European Computer Driving Licence

Echelon-Antenne *nf* — ANT — **echelon antenna**

Echo *nn* — ACOUS — **echo** *n*
[mit deutlichem Verzug wahrgenommene Schallreflexion]
= Wiederhall *nm*
≈ Nachhall
↑ Schallreflexion
[a sound reflection perceived with noticeable delay]
≈ reverberation
↑ sound reflection

Echo *nn* — TELEC — **echo** *n*
= Rückfluss *nm*

Echo *nn* — DAT.CO — → **echoplexing** *n*
→ Spiegelung *nf*

Echoausblendung *nf* — TELEC — → **echo cancellation**
→ Echokompensierung *nf*

Echobedingungen *nplt* — TELEC — **echo conditions**

Echobetrieb *nm* — TELECON — **echo principle**
= transmission with information feedback

Echodämpfung *nf* — NETW.TH — → **active return loss**
→ Reflexionsdämpfung *nf*

Echodämpfungsmaß *nn* — NETW.TH — **return loss coefficient** *n*
[log.Maß des komplexen Reflexionsfaktors; Realteil=Reflexionsdämpfung, Imaginärteil=Echophase]
= Echomaß *nn*; Rückflussdämpfungsmaß *nn*; Stoßdämfungsmaß *nn*
[log.amplitude ratio of reflected to incident wave]
= return loss (1); reflection loss coefficient; reflection loss (1)

Echofaktor *nm* — NETW.TH — → **reflection coefficient**
→ Reflexionsfaktor *nm*

Echogerät *nn* — EL.ACOU — **electronic echo**

Echokompensator *nm* — TELEPH — **echo canceller**
[speist kompensierendes Gegensignal ein]
≈ Echosperre
[operates with compensating signal]
= echo compensator

Echokompensierung *nf* — TELEC — **echo cancellation**
= Echoausblendung *nf*; Echokorrektur *nf*
= echo correction

Echokontrolle *nf* — TELEC — → **echo control**
→ Echounterdückungsmaßnahme *nf*

Echokorrektur *nf* — TELEC — → **echo cancellation**
→ Echokompensierung *nf*

Echolaufzeit *nf* — TELEC — **echo transmission time**
≈ echo path delay

Echolot *nn* — RAD.NA — **echo sounding**
= Echolotung *nf*
= sonic depth finder

Echolotanlage *nf* — RAD.NA — **echosounder**

Echolotung *nf* — RAD.NA — → **echo sounding**
→ Echolot *nn*

Echomail *nf* — INTERNET — **echomail** *n*

Echomaß *nn* — NETW.TH — → **return loss coefficient** *n*
→ Echodämpfungsmaß *nn*

Echometer *nn* — INSTR — **echo meter**
= echo attenuation measuring set

Echophase *nf* — NETW.TH — **echo phase**
[Imaginärteil des Echodämpfungsmaßes]
= Echowinkel *nm*
[imaginary part of return loss coefficient]

Echoplex *nn* — DAT.CO — → **echoplexing** *n*
→ Spiegelung *nf*

Echoprüfung *nf* — DAT.CO — **echo check**
[durch Rücksendung]
[by transmitting back]
= read-back check

Echoquelle *nf* — TELEC — **echo source**

Echorückwirkungsverlust *nm* — NETW.TH — → **active return loss**
→ Reflexionsdämpfung *nf*

Echosperre *nf* — TELEPH — **echo suppressor**
[unterbricht den Echopfad]
= Rückflusssperre *nf*; Echounterdrückung *nf*
≈ Echokompensator
↑ Echounterdrückungsgerät
[interrupts the echo path]
≈ echo canceller

Echostörung *nf* — TELEC — **echo disturbance**

Echoübertragungsfaktor *nm* — NETW.TH — → **reflection coefficient**
→ Reflexionsfaktor *nm*

Echoumlaufzeit *nf* — TELEC — **echo round-trip delay**

echounterdrückende Maßnahme — TELEC — → **echo control**
→ Echounterdückungsmaßnahme *nf*

echounterdrückendes Gerät — TELEC — → **echo control equipment**
→ Echounterdrückungsgerät *nn*

Echounterdrückung *nf* — TELEPH — → **echo suppressor**
→ Echosperre *nf*

Echounterdrückung *nf* — TELEC — **echo control**

Echounterdrückungsgerät *nn* — TELEC — **echo control equipment**
= echounterdrückendes Gerät
↓ Echosperre; Echokompensator
= echo control device
↓ echo suppressor; echo canceller

Echounterdückungsmaßnahme *nf* — TELEC — **echo control**
= echounterdrückende Maßnahme; Echokontrolle *nf*
= echo control measure

Echowinkel *nm* → Echophase *nf*	NETW.TH	→ **echo phase**
echt *adj* = unverfälscht	TECH	**true** *adj* = genuine; unadulterated
echtblau *adj* = permanentblau	OPT	**genuine blue** *adj* = sunproof blue
echte Adresse → absolute Adresse	SW	→ **absolute address**
echte Adressierung → absolute Adressierung	SW	→ **absolute addressing**
echter Benutzer → echter Besucher	INTERNET	→ **unique visitor**
echter Besucher = echter Benutzer	INTERNET	**unique visitor** ≈ unique user
echter Bindestrich → echter Trennstrich	WOR.PR	→ **hard hyphen**
echter Bruch [mit Zähler kleiner als Nenner]	MATH	**proper fraction** [with dividend smaller than divisor]
echter Trennstrich [muss immer gedruckt werden] = Zwangstrennstrich *nm*; echter Bindestrich; unbedingter Bindestrich ≈ Nichttrennungs-Bindestrich ≠ Bedarfstrennstrich	WOR.PR	**hard hyphen** [must be printed in any case] = normal hyphen; required hyphen; embedded hyphen ≈ non-breaking hyphen ≠ soft hyphen
echtes Halbtonbild = Halbtonbild *nn*	PRIN.ME	**continuous-tone image** = contone image; contone *n*
Echtfarbbild *nn*	COMP.GR	**true colour image**
echtgelb → permanentgelb *adj*	OPT	→ **permanent yellow** *adj*
Echtheit *nf*	TECH	**trueness** *n*
echt monoton → monoton	MATH	→ **monotone** *adj*
echtorange → permanentorange *adj*	OPT	→ **permanent orange** *adj*
echtrosa → permanentrosa *adj*	OPT	→ **permanent rose** *adj*
echtviolett → permanentviolett *adj*	OPT	→ **permanent violet** *adj*
Echtzeit *nf* = Realzeit *nf*; Ist-Zeit *nf*; Real-time *nn*	INF.TEC	**real time**
Echtzeitanalyse *nf*	INF.TEC	**real time analysis**
Echtzeit-Animation *nf*	COMP.GR	**real-time animation**
Echtzeitausführung *nf*	DAT.PR	**real-time execution** *n* = RTE
Echtzeitausgabe *nf*	DAT.PR	**real-time output**
Echtzeitbetrieb *nm* [hinreichend schnell, um mit laufendem Vorgang Schritt zu halten] = Echtzeit-Datenverhaltung *nf*; Echtzeitverarbeitung *nf*; Echtzeitverfahren *nn*; Realzeitbetrieb *nm*; Realzeitverfahren *nn*; Realzeitverarbeitung *nf*; Realzeit-Datenverarbeitung *nf*; schritthaltende Verarbeitung; schritthaltende Datenverarbeitung; Real-time-Betrieb *nm*; Real-time-Verarbeitung *nf*; Real-time-Datenverarbeitung *nf* ≈ Geradewohl-Verarbeitung	SW	**real time operation** [fast enough to keep pace with undergoing process] = real time processing; immediate processing; instant processing ≈ in-line processing
Echtzeit-Betriebssystem *nn* = Realzeit-Betriebssystem *nn*	SW	**real time operating system** = real-time OS
Echtzeit-Bildgenerierung *nf*	COMP.GR	**real-time image generation**
Echtzeitbus *nm*	HW	**real-time bus**
Echtzeitcomputer *nm* = Realzeitcomputer *nm*; Echtzeitrechner *nm*; Realzeitrechner *nm*	DAT.PR	**real-time computer**
Echtzeit-Datenverhaltung *nf* → Echtzeitbetrieb *nm*	SW	→ **real time operation**
Echtzeiteingabe *nf*	DAT.PR	**real time input**
Echtzeit-Mehrprogrammbetrieb *nm*	DAT.PR	**real-time multiprogramming** = real-time multitasking
Echtzeitprogramm *nn*	SW	**real time program**
Echtzeitrechner *nm* → Echtzeitcomputer *nm*	DAT.PR	→ **real-time computer**
Echtzeitsimulation *nf* → Echtzeitsimulierung *nf*	TECH	→ **real-time simulation**
Echtzeitsimulator *nm* = Realzeitsimulator *nm*	TECH	**real-time simulator**
Echtzeitsimulierung *nf* = Echtzeitsimulation *nf*, Realzeitsimulierung *nf*; Realzeitsimulation *nf*	TECH	**real-time simulation**
Echtzeitsystem *nn* = Realzeitsystem *nn*	DAT.PR	**real time system**
Echtzeit-Testadapter *nm* = ICE	MICR.EL	**in-circuit emulator** = ICE
Echtzeit-Thread	SW	**real-time thread**
Echtzeituhr *nf*	TECH	**real-time clock**
Echtzeituhr *nf* → Realzeituhr *nf*	HW	→ **real time clock** *n*
Echtzeitverarbeitung *nf* → Echtzeitbetrieb *nm*	SW	→ **real time operation**
Echtzeitverfahren *nn* → Echtzeitbetrieb *nm*	SW	→ **real time operation**
Eckbeschlag *nm*	TECH	**corner fittings**
Eckdaten *nplt*	TECH	**key parameters** = key figures *nplt*
Eckenabschnitt *nm*	TER&PER	**corner cut**
Eckfrequenz *nf* = Randfrequenz *nf*; Knickfrequenz *nf* ≠ Mittenfrequenz	NETW.TH	**limit frequency** = corner frequency; coutoff frequency ≠ center frequency
eckig → winkelförmig	TECH	→ **angular**
eckige Klammer [[ ]] ↑ Klammer	MATH	**square bracket** [[ ]] = bracket *n* (2) ≈ n. ↑ bracket (1)
Eckkanal *nm* → Randkanal *nm*	RADIO	→ **outboard channel**
Eckpunkt *nm*	COMP.GR	**vertex** *n* (*pl* verteces)
Eckreflektor *nm* → Winkelreflektor *nm*	ANT	→ **corner reflector**
Eckrolle *nf*	OUT.PL	**corner roller**
EC-Kupfer *nn* → Leitkupfer *nn*	METAL	→ **EC-grade copper**
Eckwert *nm*	ECON	**threshold value**
Eckwert *nm*	TECH	**key number** = key figure
ECL → emittergekoppelte Logik	MICR.EL	→ **emitter-coupled logic**
ECL = elektronische Gegenmaßnahmen	MIL.CO	**ECL** = electronic countermeasures *nplt*
ECL-Baustein *nm*	MICR.EL	**ECL device** = ECL module
ECL-Gatter = ECL-Verknüpfungsglied *nn*	MICR.EL	**ECL gate** = ECL logic element
ECL-Verknüpfungsglied *nn* → ECL-Gatter	MICR.EL	→ **ECL gate**
ECMA = Verband der Europäischen Computer-Hersteller	DAT.PR	**ECMA** = European Computer Manufacturers Association
ECMA-Kassette *nf*	TER&PER	**ECMA data cassette**
ECM-Modus *nm*	TELEC	**ECM** = Error Correction Mode
eCommerce *nm* → E-Commerce	INTERNET	→ **e-Commerce**
E-Commerce [Abwicklung von Geschäftsprozessen über Internet oder Online-Dienste] = e-Commerce *nm*; eCommerce *nm*; E-Business *nn*; E-Geschäft *nn*; elektronischer Handel; elektronischer Geschäftsverkehr; elektronisches Einkaufen; elektronischer Einkauf; Electronic Commerce ↓ Internet-Geschäft	INTERNET	**e-Commerce** [handling of commerce processes over Internet or online services] = E-commerce; eCommerce; electronic commerce; e-business (IBM); Electronic Commerce ↓ Internet commerce
e-Commerce *nm* → E-Commerce	INTERNET	→ **e-Commerce**
ECP-Druckerport *nm*	HW	**ECP printer port**
ECP-Protokoll *nn*	CODING	**ECP** = Encryption Control Protocol
E-Credit = elektronischer Kreditkarteneinkauf	INTERNET	**e-credit** = E-credit
ECSA	SW	**ECSA** = European Computing Software Association
ECSD	MOB.CO	**ECSD** = Enhanced Circuit Switched Data
ECTEL	INF.TEC	**ECTEL** = European Committee of Telecommunications and Electronic Professionals Industries
ECTL → emittergekoppelte Logik	MICR.EL	→ **emitter-coupled logic**
ECTUA	TELEC	**ECTUA**

= European Council of Telecommunications User Associations

EDA COMP.AP → **EDA**
→ Entwurfshilfe *nf*

Edelgas *nn* CHEM **noble gas**
= Inertgas *nn* ≈ inert gase; rare gase

Edelgaszelle *nf* PHYS **noble-gas cell**

Edelmetall *nn* CHEM **noble metal**
= precious metal

Edelstahl *nm* METAL **high-grade steel**

EDGE MOB.CO **EDGE**
[Daten bis 384 kbit/s] [data up to 384 kbitps]
= E-GPRS = Enhanced Data Rate for GSM Evolution; E-GPRS

EDI DAT.CO → **electronic data interchange**
→ elektronischer Datenaustausch

E-Diagramm *nn* ANT **E-plane pattern**
= E-Ebenen-Diagramm *nn* = E pattern; E diagram

EDIFACT COMP.AP **EDIFACT**
= Electronic Data Interchange for Administration, Commerce and Transport

Edisonsicherung *nf* COMPO → **high-current fuse**
→ Stromgrobsicherung *nf*

Edit-Controller *nm* DAT.CO **edit controller**

editierbar DAT.PR **editable**
= live

Editierbefehl *nm* DAT.PR **edit command**

Editierebene *nf* SW → **edit mode**
→ Editionsmodus *nm*

editieren SW **edit** *vt*
[Daten oder Texte für eine darauffolgende Verarbeitung vorbereiten] [to prepare data or texts for later operation]
= aufbereiten; bearbeiten

Editieren *nn* SW **editing** *n*
= Editing *nn*; Editierung *nf*; Aufbereitung *nf*; Bearbeitung *nf* = revision editing
↓ Druckaufbereitung ↓ printout editing

Editierfähigkeit *nf* SW **editing capability**

Editierfenster *nn* COMP.AP **edit window**
= Bearbeitungsfeld *nn* = editing window

Editierfunktion *nf* SW **editing function**

Editierkopierer *nm* OFFICE **editing copier**

Editierlauf *nm* SW **editing run**

Editierlizenz *nf* GIS **edit licencee**
= modification licence

Editiermaske *nf* COMP.AP **editing mask**
= Druckaufbereitungsmaske *nf*

Editiermodus *nm* SW → **edit mode**
→ Editionsmodus *nm*

Editierprogramm *nn* SW → **editor** *n*
→ Editor *nm*

Editiersitzung *nf* COMP.AP **editing session**

Editierstation *nf* TELEC **editing terminal**
[Btx] [videotex]
= information provider terminal

Editiersymbol *nn* COMP.AP **editing symbol**
= Druckaufbereitungssymbol *nn*

Editiertastatur *nf* TER&PER **editing keyboard**
[Btx] [videotex]
= information provider keyboard

Editiertaste *nf* TER&PER **editing key**
[meist zwischen Schreibmaschienen-Tastenfeld und numerischen Tastenfeld angeordnet] [to ease text editing; generally grouped between the main and the numeric keypad]
= Bearbeitungstaste *nf* = edit key
↑ Funktionstaste ↑ function key
↓ Einfügetaste; ENTF-Taste; HOME-Taste; BILD-AUFWÄRTS-Taste; BILD-ABWÄRTS-Taste ↓ INSERT key; DELETE key; HOME key; END key; PAGE-UP key; PAGE-DOWN key

Editierterm *nm* DAT.PR **editing term**

Editierung *nf* SW → **editing** *n*
→ Editieren *nn*

Editierzeile *nf* SW **editing line**

Editierzustand *nm* SW → **edit mode**
→ Editionsmodus *nm*

Editing *nn* SW → **editing** *n*
→ Editieren *nn*

Editionsmodus *nm* SW **edit mode**
[das Programm lässt eine Textänderung zu] [the program admits modification of a text]
= Editiermodus *nm*; Editionszustand *nm*; Editierzustand *nm*; Editierebene *nf*; Bearbeitungsmodus *nm* = editing mode
≠ Befehlsmodus; Einfügemodus ≠ command mode; insert mode

Editionszustand *nm* SW → **edit mode**
→ Editionsmodus *nm*

Editor *nm* SW **editor** *n*
[Programm zur interaktiven Eingabe und Änderung von Dateien; editor = engl. "Herausgeber, Redakteur"] [program to enter and modify data files interactively]
= Editierprogramm *nn*; Editor-Programm *nn*; Dateiaufbereiter *nm*; Dateiersteller *nm* = editing programm; editor program; edit programm; file editor; creator (Apple)
≈ Textsystem ≈ word processor
↑ Dienstprogramm ↑ utility program
↓ Zeileneditor; Texteditor; Vollschirmbildeditor; Binderprogramm ↓ line editor; text editor; full-screen editor; linkage editor

Editor-Programm *nn* SW → **editor** *n*
→ Editor *nm*

EDO-DRAM *nn* HW **EDO DRAM**
= EDRAM *nn* = EDRAM; Enhanced DRAM

EDRAM *nn* HW → **EDO DRAM**
→ EDO-DRAM *nn*

EDSAC DAT.PR **EDSAC**
[der 1. von-Neumann-Computer (d.h. mit im Speicher abgelegtem Programm), 1949 an der Universität Cambridge, England] [the 1st von-Neumann computer (i.e. with the program stored in the computer memory); 1949 at the University of Cambridge, England]

EDSS1-ISDN TELEC → **European ISDN standard**
→ Euro-ISDN *nn*

Edutainment *nn* INF.TEC **edutainment** *n*
[Kunstwort für den Einsatz (unterhaltsamer) multimedialer Mittel im Bildungswesen] [education & entertainment]

EDV *nf* INF.TEC → **electronic data processing**
→ elektronische Datenverarbeitung

EDVA *nf* DAT.PR → **data processing equipment** *n*
→ Datenverarbeitungsanlage *nf*

EDVAC DAT.PR **EDVAC**
[von der U.S.Army an J.v.Neumann in Auftrag gegeben, sollte ENIAC übertreffen] [Electronic Discrete Variable Automatic Computer; commissioned by U.S.Army to J.v.Neumann to surpass ENIAC]

EDV-Anlage *nf* DAT.PR → **data processing equipment** *n*
→ Datenverarbeitungsanlage *nf*

EDV-Drucker *nm* TER&PER → **printer** *n*
→ Drucker *nm*

EDV-Farbdrucker *nm* TER&PER → **color printer** (AE)
→ Farbdrucker *nm*

EDV-Personal *nn* DAT.PR → **computer personnel**
→ DV-Personal *nn*

EDV-Qualität *nf* TER&PER → **draft printing quality**
→ Konzeptdruckqualität *nf*

EDV-System *nn* DAT.PR → **data processing equipment** *n*
→ Datenverarbeitungsanlage *nf*

EDV-Zentrum *nn* DAT.PR → **computing center**
→ Rechenzentrum *nn*

E-Ebene *nf* ANT **E plane**

E-Ebenen-Diagramm *nn* ANT → **E-plane pattern**
→ E-Diagramm *nn*

EECL MICR.EL **EECL**
= ECL = ECL; emitter-emitter-coupled logic

EEL MICR.EL → **emitter-coupled logic**
→ emittergekoppelte Logik

EEMS DAT.PR → **EEMS** *n*
→ EEMS-Standard *nm*

EEMS-Standard *nm* DAT.PR **EEMS** *n*
[zur Speichererweiterung über 640 kByte hinaus] [to expand memory beyond 640 kByte]
= EEMS = Enhanced Expanded Memory Specification; EEMS specification

EEN TELEC → **environmental electromagnetic noise**
→ elektromagnetisches Umgebungsrauschen

EEPROM *nn* MICR.EL **EEPROM**
[elektrisch, mit (gegenüber der Lesespannung) erhöhter Spannung (z.B. 21 V statt 5 V) löschbar] [electrically erasable with higher voltage, in relation to the normal read voltage (e.g. 21 V vs. 5 V)]
= EPROM *nn* elektrisch löschbarer programmierbarer Festwertspeicher = EPROM; electrically erasable programmable read-only memory; electrically erasable PROM
≈ EPROM; EAPROM ≈ EPROM; EAPROM
↑ EEROM ↑ EEROM

EEPROM-Chipkarte *nf* TER&PER **EEPROM chip card**
↑ Chip-Karte ↑ chip card

EEROM *nn* MICR.EL **EEROM**
= elektrisch löschbarer Festwertspeicher [Electrically Erasable Read-Only Memory]
↓ EEPROM = electrically erasable ROM
↓ EEPROM

Effekten *nplt* ECON → **security** *n* (3)
→ Wertpapier *nn*

Effekte *nplt* CINEMA → **special effects**
→ Spezialeffekte *nplt*

effektiv COLL → **real** *adj*
→ tatsächlich *adj*

effektiv TECH → **effective** *adj*
→ wirkungsvoll

Effektivadresse *nf* SW → **absolute address**
→ absolute Adresse

Effektivadressierung *nf* SW → **absolute addressing**
→ absolute Adressierung

effektive Adresse SW → **absolute address**
→ absolute Adresse

effektive Adressierung SW → **absolute addressing**
→ absolute Adressierung

effektive Antennenhöhe ANT **effective antenna height**
= effektive Höhe; wirksame Antennenhöhe; wirksame Höhe = effective height
≈ effektive Antennenlänge ≈ effective antenna length

effektive Antennenrauschzahl HF **effective antenna noise figure**
= effektiver Antennenrauschfaktor = effective antenna noise factor

effektive Fläche ANT → **effective aperture**
→ Antennenwirkfläche *nf*

effektive Höhe ANT → **effective antenna height**
→ effektive Antennenhöhe

effektive Jitteramplitude EL.TRO **rms jitter**

effektive Kosten ECON → **actual costs**
→ Istkosten *nplt*

effektive Masse PHYS **effective mass**
[Halbleiterphysik] [solid state physics]

effektive Permeabilität PHYS **effective permeability**
= Äquivalenzpermeabilität *nf*; gescherte Permeabilität

effektiver Antennenrauschfaktor HF → **effective antenna noise figure**
→ effektive Antennenrauschzahl

effektiver Gewinn ANT → **gain** *n*
→ Gewinn *nm*

effektive Übertragungsgeschwindigkeit DAT.CO → **data transfer rate**
→ Transfergeschwindigkeit *nf*

Effektivität *nf* TECH → **effectiveness** *n*
→ Wirksamkeit *nf*

Effektivleistung *nf* EL.TEC → **active power**
→ Wirkleistung *nf*

Effektivspannung *nf* EL.TEC → **active voltage**
→ Wirkspannung *nf*

Effektivstrom *nm* EL.TEC → **active current**
→ Wirkstrom *nm*

Effektivwert *nm* PHYS **effective value**
[Wurzel des Zeitintegrals der Quadrate, durch t] [root of time integral of squares, divided by t]
≈ quadratisches Mittel [MATH] = root mean square; rms value; rms; RMS; heating value
≈ root sum square value [MATH]

Effektivwertanzeige *nf* INSTR **root-mean-square indication**

Effektivwert der Spannung EL.TEC → **active voltage**
→ Wirkspannung *nf*

Effektivwert des Stroms EL.TEC → **active current**
→ Wirkstrom *nm*

Effektivwertgleichrichter *nm* POW.SY **rms rectifier**
= quadratischer Gleichrichter

Effektivwertmessung *nf* INSTR **rms measurement**

Effektmodul *nn* (*pl* -*e*) COMP.AP **flanger** *n*
[Musikinformation] [musical information]

Effektor *nm* DAT.PR **effector** *n*
[Peripheriegerät mit Prozessrechner] ≈ actuator *n*
= Aktuator *nm* ≠ peripheral with process control computer

Effet *nm* TECH **break** *n* (2)
[drallbedingte Bewegung] [spin-effected movement]
= screw

effizient ECON → **efficient**
→ rationell

EFL MICR.EL → **emitter follower logic**
→ Emitterfolgerlogik *nf*

EFR MOB.CO **EFR**
= Enhanced Full Rate

EFR-Rate MOB.CO → **enhanced full rate**
→ verbesserte volle Übertragungsrate

EGA TER&PER **EGA**
[Grafikstandard] [graphics standard]
= Enhanced Graphics Adapter

EGA-Adapter *nm* TER&PER → **EGA board**
→ EGA-Karte *nf*

EGA-Karte *nf* TER&PER **EGA board**
[steuert EGA-Monitoren] [Enhanced Graphics Adapter; controls EGA monitors]
= EGA-Adapter *nm*
↑ Grafikkarte ↑ graphics board

EGA-Monitor *nm* TER&PER **EGA monitor**
[Auflösung von 640x350 Bildpunkten] [resolution of 640x350 pixels]
↑ Farbmonitor ↑ color monitor

EGB COMPO → **electrostatica sensitive device**
→ elektrostatisch gefährdetes Bauteil

EGE SWITCH → **toll ticketing**
→ Einzelgebührenerfassung *nf*

E-Geld *nf* ECON **e-cash**
[über Internet oder Online-Dienste] [over Internet or online services]
= E-Zahlung *nf*; E-Cash; elektronisches Geld; Cybergeld *nn* = electronic cash; cybercash

E-Geschäft *nn* INTERNET → **e-Commerce**
→ E-Commerce

EGK ECON → **R&D expenses**
→ Entwicklungsgemeinkosten *nplt*

EGN SWITCH → **toll ticketing**
→ Einzelgebührenerfassung *nf*

Egoutteur *nm* PRIN.ME → **dandy roll**
→ Wasserzeichenwalze *nf*

EGP-Protokoll *nn* INTERNET **EGP**
[Internet]
= Exterior Gateway Protocol

EGPRS MOB.CO **EGPRS**
= Enhanced GPRS

E-GPRS MOB.CO → **EDGE**
→ EDGE

EGW DAT.NW **EGW**
[MAN] [MAN]
= Edge GateWay

ehemalig COLL **former** *adj*
= vormalig ≈ previous; past
≈ vorherig; vergangen

EHF RADIO → **millimetric waves**
→ Millimeterwellen *nplt*

ehrenvolle Erwähnung MEDIA **honorable mention**

EIA EL.TRO **EIA**
[US-amerikanischer Verband] [a Washington D.C. based group]
= Electronics Industries Association

EIB COMP.AP → **European Installation Bus**
→ Europäischer Installations-Bus

Eichamt *nn* INSTR **gauging office**

Eichbedingung *nf* INSTR **gauge condition**

eichen INSTR **gauge** *vt*
= kalibrieren; einmessen = calibrate

Eichen *nn* INSTR → **gauging** *n*
→ Eichung *nf*

Eichfarbe *nf* PHYS **standard color**

Eichfrequenz *nf* INSTR → **standard frequency**
→ Normalfrequenz *nf*

Eichgenauigkeit *nf* INSTR **calibrating accuracy**

Eichgenerator *nm* INSTR **standardizing generator**
= Prüfgenerator *nm*

Eichkennlinie *nf* INSTR **calibrating curve**
= Eichkurve *nf* = calibration curve

Eichkondensator *nm* INSTR → **standard capacitor**
→ Normalkondensator *nm*

Eichkreis *nm* QUAL **calibration circuit**

Eichkurve *nf* INSTR → **calibrating curve**
→ Eichkennlinie *nf*

Eichleitung *nf* TELEPH **standard transmission line**
= reference circuit

Eichleitung *nf* INSTR → **step attenuator**
→ Stufendämpfungsglied *nn*

Eichmarkengeber *nm* INSTR **standard frequency generator** (2)

Eichmaß *nn* MEC.EN → **gauge** *n*
→ Lehre *nf*

Eichmaß *nn* PHYS → **standard** *n*
→ Normalmaß *nn*
Eichmikrofon *nn* EL.ACOU → **standard microphone**
→ Messmikrofon *nn*
Eichmikrophon *nn* EL.ACOU → **standard microphone**
→ Messmikrofon *nn*
Eichnormal *nn* INSTR **standard measure**
= Messnormal *nn*
Eichperiode *nf* INSTR **recalibration period**
Eichpunktgeber *nm* RADIO **marker** *n*
Eichreihe *nf* INSTR **calibration series**
Eichschallquelle *nf* EL.ACOU **sound-level calibrator**
Eichsignal *nn* DAT.CO **calibration signal**
Eichteiler *nm* INSTR **standard attenuator**
= Präzisionsteiler *nm*
Eichung *nf* INSTR **gauging** *n*
= Eichen *nn*; Einmessung *nf*; Einmessen *nn*; Kalibrierung *nf* = gaging *n*; calibration *n*; standardizing *n*; gauge *n*; gage *n*
≈ Nachweisbarkeit ≈ traceability
Eichvorschrift *nf* INSTR **calibration specification**
Eichwert *nm* INSTR **standard value**
Eichwiderstand *nm* INSTR **standard resistor** (1)
[Gebrauchsnormal zur Eichung von Normalwiderständen] [standard to calibrate precision resistors]
= Widerstandsnormal *nn* = precision resistance (1)
≈ Normalwiderstand ≈ precision resistor
Eifachdurchlauf-Kompilierer *nm* SW **one-pass compiler**
= Einzeldurchlauf-Kompilierer *nm*
Eiffel COMP.LG **Eiffel**
↑ objektorientierte Programmiersprache ↑ object-oriented programming language
Eigen- *adj* TECH **inherent** *adj*
= inhärent = intrinsic
Eigenabstrahlung *nf* RADIO **intrinsic emission**
eigenangetrieben TECH **self-powered**
= selbstangetrieben = self-energized
Eigenartigkeit *nf* TECH → **peculiarity** *n*
→ Eigentümlichkeit *nf*
Eigenbelegung *nf* SWITCH **line seizure by home station**
Eigenbeweglichkeit *nf* PHYS **intrinsic mobility**
Eigenbewegung *nf* PHYS **proper motion**
eigenbrödlerisch COLL → **asocial** *adj*
→ ungesellig *adj*
Eigendämpfung *nf* EL.TEC **intrinsic attenuation**
Eigendiagnose *nf* SW → **self test**
→ Eigentest *nm*
eigendiagnostisch SW → **self-diagnostic** *adj*
→ selbstdiagnostisch
Eigenenergie *nf* PHYS **intrinsic energy**
Eigenentwicklung *nf* TECH **in-house development**
Eigenerwärmung *nf* TECH **self-heating**
Eigenfabrikat *nn* ECON **own product**
Eigenfehler *nm* INSTR **intrinsic error**
Eigenfertigung *nf* MANUF **production, in-house**
= Eigenherstellung *nf*
Eigenfertigung, aus MANUF → **built in-house**
→ eigenproduziert
Eigenfrequenz *nf* PHYS **natural frequency**
= Eigenschwingungsfrequenz *nf* = intrinsic frequency; normal frequency; eigenfrequency *n*
Eigenfrequenz *nf* MECH → **intrinsic frequency**
→ Schwingfrequenz *nf*
Eigenfrequenz *nf* EL.SC → **oscillation frequency**
→ Schwingfrequenz *nf*
Eigenfunktion *nf* STATIS **characteristic function**
= charakteristische Funktion = eigenfunction
eigengefertigt MANUF → **built in-house**
→ eigenproduziert
Eigengeräusch *nn* TELEC **self noise**
Eigengeschäft *nn* ECON **business for own account**
≠ Provisionsgeschäft
Eigenhalbleiter *nm* PHYS **intrinsic semiconductor**
[so rein, dass die Störstellenleitfähigkeit wesentlich kleiner als die Eigenleifähigkeit] [intrinsic conductivity much higher than extrinsic conductivity]
= Intrinsic-Halbleiter *nm*; eigenleitender Halbleiter
Eigenherstellung *nf* MANUF → **production, in-house**
→ Eigenfertigung *nf*
Eigenherstellung *nf* EL.TRO → **self making**
→ Selbstbau *nm*
Eigenimpedanz *nf* EL.TEC **self-impedance**
Eigeninduktion *nf* EL.SC → **self-induction**
→ Selbstinduktion *nf*
Eigeninduktivität *nf* EL.SC → **self-inductance**
→ Selbstinduktivität *nf*
Eigeninterferenz *nf* TELEC → **self-interference**
→ Selbststörung *nf*
Eigenjitter *nm* EL.TRO **inherent jitter**
Eigenkapazität *nf* PHYS **self-capacitance**
Eigenkapital *nn* ECON **equity capital**
= proprietary capital; proprietorship *n* (AE)
Eigenkapitalrendite *nf* ECON **return on equity**
= ROE
Eigenkapitalsmarktwert *nm* ECON **share market value**
Eigenklirren *nn* EL.TRO **intrinsic harmonic distortion**
Eigenkontrolle *nf* SW → **self test**
→ Eigentest *nm*
Eigenkorrelation *nf* STATIS → **autocorrelation** *n*
→ Autokorrelation *nf*
Eigenkorrosion *nf* CHEM **self-corrosion**
= Autokorrosion *nf* = autocorrosion *n*
eigenleitend MICR.EL **intrinsic** *adj*
= i-leitend = self-conducting; i-type
eigenleitender Halbleiter PHYS → **intrinsic semiconductor**
→ Eigenhalbleiter *nm*
Eigenleiter *nm* PHYS **intrinsic conductor**
Eigenleitfähigkeit *nf* PHYS **intrinsic conductivity**
[ohne Fremdatome] ≠ without foreign atoms
= Intrinsic-Leitfähigkeit *nf*
Eigenleitfähigkeitsschicht *nf* MICR.EL → **intrinsic layer**
→ Intrinsic-Schicht *nf*
Eigenleitung *nf* PHYS **intrinsic conduction**
Eigenleitungsbereich *nm* PHYS **intrinsic conductivity range**
Eigenleitungsdichte *nf* PHYS **intrinsic conduction density**
Eigenlösung *nf* MATH **eigensolution** *n*
eigenmagnetisch PHYS **self-magnetic**
Eigenname *nm* LING **proper name**
= Name *nm*; Nomen proprium *nn* = proper noun; noun *n*
Eigenpeilung *nf* RAD.NA **automatic homing**
= automatischer Zielanflug
eigenproduziert MANUF **built in-house**
= eigengefertigt; selbstproduziert; Eigenfertigung, aus = captive *n* (AE)
eigenprogrammiert SW **self-programmed**
= selbstprogrammiert
Eigenprüfung *nf* SW → **self test**
→ Eigentest *nm*
Eigenprüfung *nf* TECH → **self-test** *n*
→ Selbstprüfung *nf*
Eigenregression *nf* STATIS → **autoregression** *n*
→ Autoregression *nf*
eigenreproduzierend TECH → **self-reproducing**
→ selbstreproduzierend
Eigenresonanz *nf* PHYS **intrinsic resonance**
= natural resonance
Eigenschaft *nf* LING → **attribute** *n*
→ Attribut *nn*
Eigenschaft *nf* DAT.MA → **data attribute** (1)
→ Datenattribut *nn* (1)
Eigenschaft *nf* TECH → **characteristic** *n* (1)
→ Merkmal *nn*
Eigenschaftsfenster *nn* COMP.AP → **attribute window**
→ Attributfenster *nn*
Eigenschaftsleiste *nf* COMP.AP **property bar**
[Corel] [Corel]
Eigenschaftsmarke *nf* COMP.SC **token** *n*
[kennzeichnet in Petri-Netzen die dynamischen Eigenschaften] [a mark in a Petri net to indicate dynamic properties]
= Token *nm* (ANGL)
Eigenschaftswort *nn* LING → **adjective** *n*
→ Adjektiv *nn*
Eigenschwingung *nf* PHYS **natural oscillation**
≈ Eigenresonanz = intrinsic oscillation; natural vibration; intrinsic vibration; normal vibration; natural mode; intrinsic mode; normal mode; eigenoscillation *n*
eigenschwingungsfrei PHYS **dead beat**
Eigenschwingungsfrequenz *nf* PHYS → **natural frequency**
→ Eigenfrequenz *nf*
eigensicher TECH → **fail-safe** *adj*
→ selbstschützend

eigensinnig COLL → **stubborn** *adj*
→ stur
eigenständig COLL → **self-contained** *adj*
→ in sich abgeschlossen
eigenständige Datenbanksprache COMP.LG → **query language**
→ Abfragesprache *nf*
eigenständiges Gerät EQP.EN **stand-alone system**
Eigenstörung *nf* TELEC → **self-interference**
→ Selbststörung *nf*
Eigenstrahlung *nf* PHYS **intrinsic radiation**
≈ normal radiation
Eigentest *nm* SW **self test**
= Eigendiagnose *nf*; Eigenprüfung *nf*; Eigenkontrolle *nf*; Selbsttest *nm*; Selbstdiagnose *nf*; Selbstprüfung *nf*; Selbstkontrolle *nf*; Einschalttest *nm*; Einschaltdiagnose *nf*; Einschaltprüfung *nf*
= self diagnosis; self check; power-up test; power-up diagnosis
Eigentest *nm* TECH → **self-test** *n*
→ Selbstprüfung *nf*
eigentlich COLL → **real** *adj*
→ tatsächlich *adj*
eigentlich monoton MATH → **monotone** *adj*
→ monoton
Eigentum *nn* COLL **ownership** *n*
= Besitz *nm*
= propriety *n*; possesssion *n*; occupancy *n*
Eigentum *nn* LAW **ownership** *n*
≈ Besitz
= propriety *n*
≈ possession
Eigentümer *nm* ECON **owner** *n*
= Eigner *nm*; Besitzer *nm*
= proprietor; possessor
Eigentümer *nm* LAW **owner** *n*
= Eigner *nm*; Besitzer *nm*
≈ Besitzer
= proprietor *n*
≈ possessor
eigentümlich COLL → **singular** *adj*
→ einzigartig *adj*
Eigentümlichkeit *nf* TECH **peculiarity** *n*
= Eigenartigkeit *nf*
≈ Merkmal; Besonderheit; Sonderfunktion
= distinguishing characteristic; distinctive feature
≈ characteristic; specialty; added feature
Eigentumsvorbehalt ECON **retention of title**
= reservation of title; reservation of property rights; pledge *n*
Eigenüberwachung *nf* EL.TRO → **self-supervision**
→ Selbstüberwachung *nf*
Eigenvektor *nm* MATH **eigenvector** *n*
= characteristic vector
Eigenverbrauch *nm* EL.TRO **intrinsic consumption**
Eigenwechsel *nm* ECON **promissory note**
[gegen diesen Wechsel zahle ich]
= Schuldschein *nm*; Schuldverschreibung *nf*; Solawechsel *nm*; gezogener Wechsel; trockener Wechsel
≈ Tratte
↑ Wechsel
[I owe you]
= P/N; IOU; note *n*; certificate of indebtness
≈ draft
↑ bill of exchange
Eigenwert *nm* MATH **eigenvalue b**
= characteristic value
Eigenwertgleichung *nf* MATH → **characteristic equation**
→ charakteristische Gleichung
Eigner *nm* ECON → **owner** *n*
→ Eigentümer *nm*
Eigner *nm* LAW → **owner** *n*
→ Eigentümer *nm*
Eignung *nf* TECH **suitability** *n*
= Tauglichkeit *nf*
≈ Brauchbarkeit
= suitableness *n*; aptitude *n*; qualification *n*
≈ serviceabliness
Eignungsprüfung *nf* EDUC **aptitude test**
Eilauftrag *nm* ECON **rush-order** *n*
Eilgut *nn* ECON **express goods**
Eilluftfracht *nf* ECON **express air cargo**
Eil-Mail *nn* INTERNET **crashmail** *n*
= Crashmail *nf*
Eilzustellung *nf* POST **express delivery**
Eimerkettenschaltung *nf* MICR.EL **bucket brigade device**
= Eimerkettenspeicher *nm*; CCD-Schieberegister *nn*; BBD; Pumpenbrigade-Schaltung *nf*; Schiebekettenspeicher *nm*
= BBD; CCD shift register
Eimerkettenspeicher *nm* MICR.EL → **bucket brigade device**
→ Eimerkettenschaltung *nf*

ein EL.TEC **on**
≠ aus
≠ off
Ein- TECH → **single** *adj*
→ einzeln *adj*
Ein-/Ausgabe *nf* EL.TRO **input/output** *n*
= E/A; Eingabe/Ausgabe *nf*
= I/O (Pron "eye-oh")
Ein-/Ausgabe-Adresse *nf* DAT.PR **input/output address**
= E/A-Adresse *nf*
= I/O address
Ein-/Ausgabe-Adressraum *nm* HW **input/output address space**
↑ adressierbarer Speicher; Hauptspeicher
↑ addressable memory; main memory (2)
Ein-/Ausgabe-Anforderung *nf* DAT.PR **input/output request**
[seitens einer Zentraleinheit]
= E/A-Anforderung *nf*; Eingabe-Ausgabe-Anforderung *nf*
[from a CPU]
= I/O request; IORQ
Ein-/Ausgabe-Baugruppe *nf* TELECON → **input/output module**
→ Eingabe-Ausgabe-Baugruppe *nf*
Ein-/Ausgabe-Befehl *nm* SW **input/output instruction**
= E/A-Befehl *nm*; Eingabe-Ausgabe-Befehl *nm*
= I/O instruction; input/output statement; I/O statement
Ein-/Ausgabe-Bus *nm* HW **input/output bus**
= Eingabe-Ausgabe-Bus *nm*; E/A-Bus *nm*
= I/O bus
Ein-/Ausgabe-Datei *nf* DAT.MA **input/output file**
= E/A-Datei *nf*; Eingabe-Ausgabe-Datei *nf*
= I/O file
Ein-/Ausgabe-Einheit *nf* HW → **console** *n*
→ Konsole *nf*
Ein-/Ausgabe-Gerät *nn* TER&PER → **input/output device**
→ Ein-/Ausgabe-Vorrichtung *nf*
Ein-/Ausgabegerät-Bezugnahme *nf* DAT.PR **input/output referencing**
= E/A-Gerät-Bezugnahme *nf*
= I/O referencing
Ein-/Ausgabe-Interrupt *nn* HW → **input/output interrupt**
→ Ein-/Ausgabe-Unterbrechungssignal *nn*
Ein-/Ausgabe-Kanal *nm* HW **input/output channel**
= Eingabe-Ausgabe-Kanal *nm*; E/A-Kanal *nm*
= I/O channel
Ein-/Ausgabe-Kontrollprogramm *nn* SW **input/output control program**
= E/A-Kontrollprogramm *nn*; Eingabe-Ausgabe-Kontrollprogramm *nn*
= I/O control program; input/output executive; I/O executive
Ein-/Ausgabe-Kopplung *nf* SW → **data coupling**
→ Datenkopplung *nf*
Ein-/Ausgabe-Port *nm* CIRC.EN **input/output port**
= E/A-Port *nm*; Eingabe-Ausgabe-Port *nm*
≈ I/O port
Ein-/Ausgabe-Programmbibliothek *nf* DAT.PR **input/output library**
= E/A-Programmbibliothek *nf*; Eingabe-Ausgabe-Programmbibliothek *nf*
= I/O library; input/output program library; I/O program library
Ein-/Ausgabe-Prozessor *nm* HW → **input/output controller**
→ Ein-/Ausgabe-Werk *nn*
Ein-/Ausgabe-Puffer *nm* HW **input/output buffer**
= E/A-Puffer *nm*; Ein-/Ausgabe-Pufferspeicher *nm*; E/A-Pufferspeicher *nm*; Eingabe-Ausgabe-Puffer *nm*; Eingabe-Ausgabe-Pufferspeicher *nm*
= I/O buffer
Ein-/Ausgabe-Pufferspeicher *nm* HW → **input/output buffer**
→ Ein-/Ausgabe-Puffer *nm*
Ein-/Ausgabe-Register *nn* HW **input/output register**
= E/A-Register *nn*; I/O-Register *nn*; Eingabe-Ausgabe-Register *nn*
= I/O register
Ein-/Ausgabe-Schnittstelle *nf* HW **input/output interface**
= E/A-Schnittstelle *nf*; Eingabe-Ausgabe-Schnittstelle *nf*
= I/O interface
Ein-/Ausgabe-Statuswort *nn* SW → **input/output status word**
→ Ein-/Ausgabe-Zustandswort *nn*
Ein-/Ausgabe-Steuerung *nf* CIRC.EN **input/output control**
= E/A-Steuerung *nf*; Eingabe-Ausgabe-Steuerung *nf*
= I/O control
Ein-/Ausgabe-Steuerung *nf* HW → **input/output controller**
→ Ein-/Ausgabe-Werk *nn*
Ein-/Ausgabe-System *nn* HW → **input/output controller**
→ Ein-/Ausgabe-Werk *nn*
Ein-/Ausgabe-Treiber *nm* SW **input/output driver**
= E/A-Treiber *nm*
= I/O driver
Ein-/Ausgabe-Unterbrechungssignal *nn* HW **input/output interrupt**
= E/A-Unterbrechungssignal *nn*; Ein-/Ausgabe-Interrupt *nn*; Eingabe-/Ausgabe-Interrupt *nn*; E/A-Interrupt
= I/O interrupt
Ein-/Ausgabe-Vorrichtung *nf* TER&PER **input/output device**
[erlaubt beides]
= Ein-/Ausgabe-Gerät *nn*; E/A-Vorrichtung *nf*, E/A-Gerät *nn*; Eingabe-Ausgabe-Vorrichtung *nf*; Eingabe-Ausgabe-Gerät *nn*
↑ Peripheriegerät
[permits both]
= I/O device
↑ peripheral equipment
Ein-/Ausgabe-Werk *nn* HW **input/output controller**

[Teil der Zentraleinheit der den Datenaustausch mit Peripheriegeräten oder externen Speichern steuert; fungiert als eine Art Vermittler]
= E/A-Werk *nn*; Ein-/Ausgabe-Prozessor *nm*; E/A-Prozessor *nm*; Ein-/Ausgabe-Steuerung *nf*; E/A-Steuerung *nf*; Schnittstellenprozessor *nm*; Ein-/Ausgabe-System *nn*; E/A-System *nn*; EAS; IOCS; IOP; Eingabe-Ausgabe-Werk *nn*; Eingabe-Ausgabe-Prozessor *nm*; Eingabe-Ausgabe-Steuerung *nf*; Eingabe-Ausgabe-System *nn*;
≈ BIOS; ROS
↑ Zentraleinheit
↓ Eingabewerk; Ausgabewerk
— [part of CPU controlling the data exchange with peripherals or external memories; performs as a sort of intermediary]
= I/O controller; input/output control system; I/O control system; IOCS; input/output system; I/O system; input/output processor; I/O processor; IOP; interface processor; peripheral controller
≈ BIOS; ROS
↑ central processing unit
↓ input controller; output controller

Ein-/Ausgabe-Zelle *nf* MICR.EL **input/output cell**
= E/A-Zelle *nf*; I/O-Zelle *nf*; Eingabe-Ausgabe-Zelle *nf* — = I/O cell

Ein-/Ausgabe-Zustandswort *nn* SW **input/output status word**
= E/A-Zustandswort *nn*; Eingabe-/Ausgabe-Zustandswort *nn*; Ein-/Ausgabe-Statuswort *nn*; E/A-Statuswort *nn*; Eingabe-/Ausgabe-Statuswort *nn* — = I/O status word

Ein-/Aus-Speicher *nm* HW **roll-in / roll-out**
= Roll-in/Roll-out

einachsig TECH **uniaxial**

Ein-Adress-Befehl *nm* SW **one-address instruction**
[mit einem Adressteil für einen Operanden]
= Ein-Operand-Befehl *nm*
≠ Mehr-Adress-Befehl
— [with one address part for one operand]
= single-address instruction; single-operand instruction
≠ multi-address instruction

Ein-Adress-Computer *nm* DAT.PR **single-address computer**
= Ein-Adress-Maschine *nf*; Ein-Register-Maschine *nf* — = one-address computer; single-address machine; one-address machine; single-register computer;

Ein-Adress-Maschine *nf* DAT.PR → **single-address computer**
→ Ein-Adress-Computer *nm*

Ein-Adress-Mitteilung *nf* DAT.CO **single-address message**
= Ein-Adress-Nachricht *nf* — ≈ one-address message

Ein-Adress-Nachricht *nf* DAT.CO → **single-address message**
→ Ein-Adress-Mitteilung *nf*

einadrig EL.TEC **single-wired** *adj*
= eindrähtig — = unifilar; single-core; single-conductor

einadrige Schnur EQP.EN **single-conductor cord**

einander ausschließend MATH **mutually exclusive**
= gegenseitig ausschließend — = incompatible

Einankerumformer *nm* POW.SY **rotary convertor** (IEC)

einarbeiten TECH **familiarize with a job**

Einarbeitung *nf* TECH **familiarization** *n*
≈ Lernphase — [with a job]
= secondment *n*
≈ learning phase

Einarbeitungskit *nm&nn* MICR.EL **evaluation kit**
= starter kit

Einarbeitungszeit *nf* TECH **familiarization time**
= secondment period

einäugig OPT → **monoscopic** *adj*
→ monoskopisch

ein-aus EQP.EN **on-off**

Ein-Ausgabe-bedingt DAT.PR **input/output-bound**
= E/A-gebunden; Ein-Ausgabe-gebunden — = I/O-bound; input/output-limited; I/O-limited

Ein-Ausgabe-gebunden DAT.PR → **input/output-bound**
→ Ein-Ausgabe-bedingt

Ein-Ausgabe-Symbol *nn* SW **input/output symbol**
[Flussdiagramm]
= E/A-Symbol *nn*; Eingabe-Ausgabe-Symbol *nn* — [flowchart]
= I/O symbol

Ein-aus-Zehn-Code *nm* CODING **one-out-of-ten code**

Einbahn *nf* CIV.EN **one-way**

einbahnig TER&PER **single-carriage** *adj*
[Drucker] — [printer]

Einband *nm* PRIN.ME **binding** *n*
↓ Deckel; Rücken — ↓ cover; back

Einbandantenne *nf* ANT **single-range antenna**
= Monobandantenne *nf* — ≈ single-band antenna; monoband antenna; monobander *n*

Einbanddecke *nf* PRIN.ME → **book case**
→ Buchdecke *nf*

Einbanddeckel *nm* PRIN.ME → **cover** *n* (1)
→ Deckel *nm*

Einband-Designer *nn* PRIN.ME **cover designer**
= Einband-Entwerfer *nm*

Einbanddipol *nm* ANT **monoband dipole**
= Monoband-Dipol *nm*

Einband-Entwerfer *nm* PRIN.ME → **cover designer**
→ Einband-Designer *nn*

Einbau *nm* TECH **mounting** *n* (1)

Einbauanleitung *nf* TEC.DOC **installation instructions** (2)
= Einbauanweisung *nf*; Einbauhinweise *nf* — = mounting instructions; installation notes

Einbauantenne *nf* ANT → **built-in antenna**
→ Gehäuseantenne *nf*

Einbauanweisung *nf* TEC.DOC → **installation instructions** (2)
→ Einbauanleitung *nf*

einbaubar TECH **mountable** *adj*
≈ auswechselbar — ≈ exchangeable

Einbaubuchse *nf* COMPO **mounting jack**
= Gerätebuchse *nf*; Gerätedose *nf*; Einbaukupplung *nf*; Gehäusekuppler *nm*
≠ Kabelbuchse; Einbaustecker
↓ Flanschbuchse; Einbaubuchse mit Zentralbefestigung
— = panel socket (BE); chassis receptacle

Einbaubuchse mit Zentralbefestigung COMPO **bulkhead socket**
≠ Flanschbuchse — = bulkhead jack; bulkhead receptacle

Einbauebene *nf* EQP.EN **mounting level**

Einbaueinheit *nf* EQP.EN **mounting unit**

einbauen TECH **encase** *vt*
≈ montieren — = incase *vt*; incorporate *vt*
≈ mount

Einbauen-und-Loslegen TECH → **plug and play**
→ Reinstecken-Betreiben *nn*

Einbaufassung *nf* COMPO **panel light socket**
[für Signallampen]

Einbauhinweise *nf* TEC.DOC → **installation instructions** (2)
→ Einbauanleitung *nf*

Einbauhöhe *nf* EQP.EN **mounting height**
= Bauhöhe *nf*

Einbauinstrument *nn* INSTR **instrumentation meter**
= Einbaumessgerät *nn*; Panelmeter *nn* — = panel meter

Einbaukennung *nf* EQP.EN **slot code**
= Einbaulagennummer *nf* — = mounting place code; mounting position code

Einbaukupplung *nf* COMPO → **mounting jack**
→ Einbaubuchse *nf*

Einbaulage *nf* (1) EQP.EN → **mounting position** (1)
→ Einbaustellung *nf*

Einbaulage *nf* (2) EQP.EN → **mounting place**
→ Einbauplatz *nm*

Einbaulagennummer *nf* EQP.EN → **slot code**
→ Einbaukennung *nf*

Einbaulautsprecher *nm* EL.ACOU **flush mount speaker**
[Autoradio]

Einbaumessgerät *nn* INSTR → **instrumentation meter**
→ Einbauinstrument *nn*

Einbaumikrofon *nn* EL.ACOU **built-in microphone**

Einbaumodell *nn* TER&PER **panel model**

Einbaumodem *nm&nn* DAT.CO **internal modem**
≠ Beistell-Modem — ≠ external modem

Einbauort *nm* EQP.EN → **mounting place**
→ Einbauplatz *nm*

Einbauplatz *nm* COMPO **location** *n*
[für ein Bauelement] — [for a component]

Einbauplatz *nm* EQP.EN **mounting place**
= Einbauort *nm*; Einbaulage *nf* (2); Schacht *nm*
≈ Einbaustellung
↓ Steckplatz
— = mounting position (2); mounting location; slot [HW]; card bay [HW]; bay *n* [HW]
↓ plug-in place

Einbaurahmen *nm* EQP.EN → **module frame**
→ Baugruppenrahmen *nm*

Einbauregel *nf* EQP.EN **assembly rule**
= Zusammenbauregel *nf*; Konfigurationsregel *nf*

Einbausatz *nm* TECH **installation kit**

Einbausteckdose *nf* COMPO **mounting socket**

Einbaustecker *nm* COMPO **mounting plug**
= Gerätestecker *nm*
≠ Einbaubuchse; Kabelbuchse
↓ Flanschstecker
— = panel plug

Einbaustecker mit Zentralbefestigung COMPO **bulkhead plug**

≠ Flanschstecker ↑ Einbaustecker		
Einbaustellung *nf* = Einbaulage *nf* (1) ≈ Einbauplatz	EQP.EN	**mounting position** (1)
Einbautechnik *nf* [DAT.CO] → Bauweise *nf*	EQP.EN	→ **construction practice**
Einbauteilung *nf*	EQP.EN	**mounting pitch** = installation pitch
Einbauten	TECH	**built-in elements** = fittings *nplt*
Einbauvorrichtung *nf* → Montagelehre *nf*	MANUF	→ **assembly appliance**
Einbauzubehör *nn* = Aufsteckzubehör *nf*	HW	**add-in** *n*
einbegreifen → implizieren	COLL	→ **imply** *vt*
einbegriffen = miteinbegriffen	COLL	**inclusive**
einbegriffen → immanent	SCIE	→ **immanent**
einbehalten *vt* = zurückbehalten; schadlos halten *vr*	LAW	**recoup** *vt*
Einbehaltung *nf* = Schadloshaltung *nf*	LAW	**recoupment** *n*
Einbehaltung *nf* → Zurückbehaltung *nf*	ECON	→ **retention** *n*
Einbenutzersystem *nn* → Einplatzsystem *nn*	DAT.PR	→ **single-user system**
einberufen [eine Besprechung]	ECON	**conocke** *vt* [a meeting] = convene; summon
Einberufer-Konferenz *nf*	TELEC	**progressive conference**
einbetten	TECH	**embed** = imbed
einbetten [ein mit anderer Applikation erstelltes Dokument einfügen]	COMP.AP	**embed** *vt* [a document edited by another application]
Einbetten und Verknüpfen = OLE	COMP.AP	**OLE** = Object Linking and Embedding
Einbettung *nf*	TECH	**embedding**
Einbettungsschicht *nf* → vergrabene Schicht	MICR.EL	→ **buried layer**
einbeziehen → implizieren	COLL	→ **imply** *vt*
einbinden → integrieren	TECH	→ **integrate** *vt*
Einbinden *nn* → Integration *nf*	TECH	→ **integration** *n*
Einbindung *nf* → Integration *nf*	TECH	→ **integration** *n*
Ein-Bit-Fehler *nm*	CODING	**one-bit error**
einblenden	TV	**fade-in**
einblenden → überlagern	SW	→ **overlay** *vt*
Einblendfenster *nn* [Engl. "pop-up" = "plötzlich auftauchen, hineinplatzen"] = Pop-up-Fenster *nn* (ANGL); Quickinfo *nf* (slang); Aufklappfenster *nn*	COMP.AP	**pop-up window** [it pops suddently up] = quickinfo ↓ pull-down menu
Einblendkarte *nf*	CART	**inset map**
Einblendung *nf* → Bildschirmeinblendung *nf*	COMP.AP	→ **display insert** *n*
Einblendung *nf* ↓ Werbeeinblendung	BROADC	**spot** *n* ↓ commercial spot
Einblendung *nf*	CODING	**injection** *n*
Einblendung *nf* → Überlagerung *nf*	SW	→ **overlay** *n* (1)
Einblick *nm*	COLL	**insight** *n*
einbördeln	MEC.EN	**clinch** *vt*
einbrennen	QUAL	**burn-in** *vt*
Einbrennen *nn* → Voralterung *nf*	QUAL	→ **burn-in** *n*
Einbrennen eines Bildschirminhalts	TER&PER	**ghosting**
Einbrenngrube *nf* [durch Laser auf Bildplatte] = Grübchen *nn*	TER&PER	**pit** *n* [by laser on optical disk]
Einbrennlack *nm*	TECH	**baking enamel**
Einbrennphase *nf* → Einlaufphase *nf*	QUAL	→ **burn-in period**
Einbrennvorgang *nm*	QUAL	**burn-in process**

einbringen = abwerfen	ECON	**yield** *vt* = profit *vt*
Einbruchalarm *nm* = Intrusionsalarm *nm*	SIG.EN	**burglar alarm** = intrusion alarm
Einbruchmeldeanlage *nf* = Einbruchmeldesystem *nn*; Intrusionsmeldeanlage *nf* ↑ Gefahrenmeldeanlage	SIG.EN	**intrusion detection system** = intrusion alarm system; intruder detection system; intruder alarm system; burglar alarm system; break-in alarm system; break-in detection system ↑ danger detection system
Einbruchmeldesystem *nn* → Einbruchmeldeanlage *nf*	SIG.EN	→ **intrusion detection system**
Einbruchschutz *nm* → Intrusionsschutz *nm*	SIG.EN	→ **anti-intrusion protection**
Einbruchsicherung *nf* = Intrusionssicherung *nf*	SIG.EN	**intrusion detection**
Einbuchen *nn*	MOB.CO	**inscription** *n*
einbuchen *vr*	TELEC	**inscribe** *vr*
Einbuchtung *nf* ≈ Einschnürung	TECH	**recession** *n* ≈ strangulation
Ein-Chip- = Einzel-Chip-; Monochip-	MICR.EL	**monochip** ... [*adj*] = single-chip ...
Ein-Chip-Computer *nm* → Ein-Chip-Mikrocomputer *nm*	DAT.PR	→ **single-chip microcomputer**
Ein-Chip-Computer *nm* → Mikrocomputer *nm*	MICR.EL	→ **microcomputer** *n*
Ein-Chip-Gerät *nn*	EQP.EN	**one-chip equipment**
Ein-Chip-Lösung *nf*	CIRC.EN	**single-chip solution**
Ein-Chip-Mikrocomputer *nm* = Ein-Chip-Computer *nm*; Ein-Chip-Rechner *nm*; Chip-Rechner *nm*; Chip-Computer *nm*	DAT.PR	**single-chip microcomputer** = single-chip computer; microcomputer-on-a-chip; computer-on-a-chip; microcomputer chip; one-chip computer; chip computer
Ein-Chip-Prozessor *nm*	MICR.EL	**single-chip processor**
Ein-Chip-Rechner *nm* → Ein-Chip-Mikrocomputer *nm*	DAT.PR	→ **single-chip microcomputer**
Ein-Chip-Technik *nf* → Monochiptechnik *nf*	MICR.EL	→ **single-chip technology**
Ein-Chip-Zentraleinheit *nf*	MICR.EL	**single-chip CPU**
eindämmen → eingrenzen (2)	TECH	→ **delimit** *vt* (2)
Eindämmung *nf* → Eingrenzung *nf*	COLL	→ **delimitation** *n* (2)
Eindämmung *nf*	CIV.EN	**embankment**
eindeutig ≠ mehrdeutig ↓ eineindeutig	MATH	**unambiguous** = one-valued; univocal; unique ≠ ambiguous ↓ reversibly unambiguous
eindeutige Funktion	MATH	**unambiguous function**
Eindeutigkeit *nf*	MATH	**unambiguity** *n* = uniqueness *n*
Eindeutigkeitsbereich *nm* = Einwelligkeitsbereich *nm*	MICROW	**monomode range**
Eindeutigkeitsgrenze *nf*	MICROW	**limit of singularity**
eindimensional = monodimensional	MATH	**one-dimensional** *adj* = unidimensional; 1-D; univariate
eindimensionales Datenfeld → lineares Datenfeld	DAT.MA	→ **linear array**
Eindrahtantenne *nf* = Einleiterantenne *nf*	ANT	**single-wire antenna**
eindrähtig → einadrig	EL.TEC	→ **single-wired** *adj*
Eindrahtleitung *nf*	OUT.PL	**single-wire line**
Eindrahtspeisung *nf*	ANT	**one-wire feeding**
eindringen	TECH	**penetrate** *vt* = seep *vt*; ingress *vt*
Eindringen *nn*	TECH	**penetration** *n* = seeping *n*; seepage *n*; ingress *n*
Eindringling *nm*	COMP.AP	**intruder** *n*
Eindringtiefe *nf* = Eindringungstiefe *nf*	TECH	**penetration depth** = skin depth
Eindringtiefe *nf*	RAD.PRO	**skin depth**
Eindringungstiefe *nf* → Eindringtiefe *nf*	TECH	→ **penetration depth**
eindrücken	MEC.EN	**indent**
Eindrücklast *nf*	MECH	**indentation load**
eine Aufnahme machen → fotografieren *vt*	PHOT	→ **photograph** *vt*
eine Auswahl aufheben	COMP.AP	**deselect** *vt*

≠ wählen		[an option] ≠ select
Ein-Ebenen-Leiterplatte *nf*	EL.TRO	**monolayer PBC**
Einebnung *nf*	TECH	**leveling** *n* (AE) = levelling *n* (BE)
eineindeutig = umkehrbar eindeutig ↑ eindeutig	MATH	**reversibly unambiguous** *adj* ↑ unambiguous
Ein-Element-Kette *nf* → Einheitskette *nf*	DAT.MA	→ **unit string**
eine Meldung erstellen	SWITCH	**generate a message** = build-up a message
einen Rechenfehler machen → verrechnen	MATH	→ **to make a calculation error**
einen Überblick geben = überblicken	COLL	**overview** *vt* (2) = survey *vt*; to give a bird's eye
Einerkomplement *nn* [von Dualzahlen] = Einserkomplement *nn* ↑ B-minus-Eins-Komplement	COMP.SC	**complement to one** [of binary numbers] = complement on one; one's complement; inverse binary state; inverse *n* ↑ radix-minus-one complement
Einermenge *nf*	MATH	**singleton** *n*
Einerstelle *nf* → Einheitsfeld *nn*	COMP.SC	→ **unit position**
einexerzieren → einüben	SCIE	→ **drill** *vt*
einfach ≈ unkompliziert; elementar; vereinfacht	TECH	**simple** *adj* ≈ uncomplicated; elementary; simplified
Einfachabzweiger *nm*	BROADC	**single branch point**
Einfachbrücke *nf*	DAT.NW	**simple bridge**
Einfachdruck-Farbband *nn* = Einwegfarbband *nn*	TER&PER	**single-strike printer ribbon** = single-strike ribbon ≠ multi-strike printer ribbon
Einfachdurchlauf *nm* → Einzeldurchlauf *nm*	DAT.PR	→ **single run operation**
einfache Genauigkeit → Einfachgenauigkeit *nf*	COMP.SC	→ **single precision**
einfacher Adressraum [jede Adresse durch eine einzige Zahl gekennzeichnet] ≠ segmentierter Adressraum	DAT.MA	**flat address space** [each address specified by an unique number] ≠ segmented address space
einfacher Fehler → Einzelfehler *nm*	CODING	→ **single error**
einfacher Zeilenabstand = einfacher Zeilenvorschub	TER&PER	**single line spacing** = single line feed
einfacher Zeilenvorschub → einfacher Zeilenabstand	TER&PER	→ **single line spacing**
einfache Schreibdichte [Diskette]	TER&PER	**single density**
einfache verteilte Verarbeitung	DAT.PR	**plain distributed processing**
Einfachfehler *nm* → Einzelfehler *nm*	CODING	→ **single error**
Einfachformular *nn* → einlagiges Formular	OFFICE	→ **one-part form**
einfachgenau	COMP.SC	**single-precision** *adj*
einfachgenaue Arithmetik	COMP.SC	**single-precision arithmetic** = single-length arithmetic
Einfachgenauigkeit *nf* = einfache Genauigkeit; Einfachpräzision *nf*	COMP.SC	**single precision** = short precision
einfachgerichtet = einseitig gerichtet; einseitig; Einweg- ≈ simplex ≠ doppeltgerichtet	TELEC	**one-way** *adj* = unidirectional ≠ both-way
Einfachheit *nf* = Schlichtheit *nf*; Simplizität *nf*	COLL	**simplicity** *n* = plainness *n*
Einfachkettung *nf* = Einfachverkettung *nf*	SW	**simple chaining** = simple chain; simple concatenation; single chaining; single concatenation
einfach polarisiert ≠ doppelt polarisiert	PHYS	**single-polarized** ≠ double-polarized
einfach polarisierte Antenne	ANT	**single-polarization antenna** = single-polarization aerial
Einfachpräzision *nf* → Einfachgenauigkeit *nf*	COMP.SC	→ **single precision**
Einfachpufferung *nf*	DAT.PR	**simple buffering**
Einfachregelung *nf*	CONTRO	**single control**
Einfachregler *nm*	CONTRO	**single controller**
Einfachspleiß *nm*	OPT.CO	**individual joint**
Einfachstrom *nm* ≠ Doppelstrom	TELEGR	**single current** = neutral current (AE) ≠ double current
Einfachstrombetrieb *nm* [arbeitet mit positiver Spannung und Nullspannung]	TELEGR	**single current working** [uses positive and zero polarity] = single current transmission; neutral transmission
Einfachstromtastung *nf*	TELEGR	**single-current keying**
Einfachstromwechselsender *nm*	TELEGR	**single current test transmitter** = reversals transmitter
Einfachsuperhet [mit einer ZF] ↑ Überlagerungsempfänger	RADIO	**single conversion superhet** [with one IF] ↑ heterodyne receiver
Einfachteilnehmerleitung *nf* ≠ Mehrfachteilnehmerleitung	TELEC	**home-run line** ≠ dereived-run line
Einfachterminal *nn* → nicht programmierbare Datenstation	TER&PER	→ **dumb terminal**
Einfachtonbetrieb *nm*	TELEGR	**single tone operation** = on-off keying
Einfach-Übermittlungsabschnitt *nm*	DAT.CO	**single link**
Einfachverdrahtungsplatte *nf* [Leiterplatte]	EL.TRO	**single board** [PCB]
Einfachvererbung *nf* [OOP]	SW	**simple inheritance** [OOP]
einfachverkettete Liste → einseitig verkettete Liste	DAT.MA	→ **singly linked list**
Einfachverkettung *nf* → Einfachkettung *nf*	SW	→ **simple chaining**
einfachwirkend ≈ elementar; einteilig ≠ doppelwirkend; mehrfachwirkend	TECH	**simple-acting** *adj* = simple-action; single-acting; single-action ≈ atomic (fig); one-part ≠ double-acting; multiple-acting
Einfachzählung *nf*	SWITCH	**single metering** = unit-fee metering
einfädeln = fädeln	TECH	**thread** *vt* [to pass a thread through]
Einfädelung *nf* = Fädelung *nf*	TECH	**threading** *n*
Einfadenelektrometer *nn*	INSTR	**unifilar electrometer**
einfahren	DAT.PR	**run in** *vt*
Einfahren *nn*	DAT.PR	**running in** *n*
Einfahrtsignal *nn*	RAIL.SIG	**entry signal**
Einfall *nm* [Strahl]	PHYS	**incidence** *n* ≈ impingement *n* ≠ ray
einfallen [Strahl]	PHYS	**impinge** [ray] = incide
einfallend	PHYS	**incident** = impinging
einfallender Strahl = Einfallstrahl *nm*	PHYS	**incident beam** = incident ray; impinging beam; impinging ray
einfallendes Licht → Auflicht *nn*	OPT	→ **incident light**
einfallendes Licht	OPT	**incident light**
Einfallsebene *nf*	PHYS	**plane of incidence**
Einfallstrahl *nm* → einfallender Strahl	PHYS	→ **incident beam**
Einfallswinkel *nm*	PHYS	**angle of incidence** = wave angle
einfangen	TECH	**trap** *vt*
einfangen	COMP.AP	**anchor** *vt* [e.g. a cursor]
Einfangen *nn* → Fangen *nn*	TECH	→ **catching** *n*
Einfangstelle *nf* → Haftstelle *nf*	PHYS	→ **trap** *n*
Einfangwinkel *nm* = Eintrittswinkel *nm*; Akzeptanzwinkel *nm*; Öffnungswinkel *nm*	EL.TRO	**acceptance angle**
einfärben	TECH	**ink** *vt* = color in
Einfarbenadapter *nm* → Monochromadapter *nm*	HW	→ **monochrome adapter**
einfarbig = monochromatisch; monochrom ≠ mehrfarbig	OPT	**monochrome** *adj* = monochromatic; mono ≠ multi-coloured
Einfarb-Plotter *nm* = Monochrom-Plotter *nm*; monochromatischer Plotter	TER&PER	**monochrome plotter**

Einfärbung *nf* TECH **inking** *n*
= Einschwärzung *nf*
Ein-Faser-Innenkabel *nn* OPT.CO **single-fiber cord**
einfetten *vt* TECH **grease** *vt*
= fetten = lubricate
≈ schmieren
EINFG-Taste *nf* TER&PER → **INSERT key**
→ Einfügetaste *nf*
Ein-Finger-Betätigung *nf* TER&PER **one-finger activation**
Einflug *nm* RAD.NA → **approach** *n*
→ Anflug *nm*
Einflugzeichen *nn* RAD.NA → **marker beacon**
→ Markierungsfunkfeuer *nn*
Einflugzeichensender *nm* RAD.NA **landing beam beacon**
Einfluss *nm* INSTR **influence** *n*
Einflussgröße *nf* SCIE → **factor** *n*
→ Faktor *nm*
Einflusskennzahl *nf* SWITCH **influx index**
Einflusslänge *nf* CODING **influence length**
einförmig COLL **uniform** *adj*
= gleichförmig; gleichmäßig = unified
≈ unveränderlich; einheitlich; vereinheitlicht ≈ invariant; unitary; uniformed
Einfrequenzsignalisierung *nf* TELEC **single-frequency signalling**
= sf signalling
Einfügebetrieb *nm* WOR.PR **insert mode**
[erlaubt Einfügen von Zeichen mit Verschiebung des vorhandenen Textes (nach rechts)] [allows insertion of characters by shifting of existing text (to the right)]
= Einfügungsbetrieb *nm*; Einfügemodus *nm*; Einfügungsmodus *nm*; Insert-Modus *nm* = insertion mode; sifting *n*
≠ Überschreibbetrieb ≠ overwrite mode
↑ Eingabemodus ↑ entry mode
Einfügekommando *nn* SW → **insert command**
→ Einfügungsbefehl *nm*
Einfügemarke *nf* COMP.AP → **insertion character**
→ Einfügungszeichen *nn*
Einfügemarke *nf* COMP.AP → **cursor** *n*
→ Schreibmarke *nf*
Einfügemodus *nm* WOR.PR → **insert mode**
→ Einfügebetrieb *nm*
einfügen TELEC **insert** *vt*
einfügen WOR.PR **paste** *vt*
[einen zwischengespeicherten Textabschnitt oder Grafik an anderer Stelle einfügen] [to insert a temorarily stored text or graph into another place]
= kitten; klacken = clack *vt*
≠ ausschneiden ≠ cut
einfügen COLL → **intercalate** *vt*
→ einschieben
einfügen TECH → **integrate** *vt*
→ integrieren
einfügen SW → **nest** *vt*
→ verschachteln *vt*
Einfügen von Zeilenvorschub DAT.CO **linefeed insertion**
Einfügepunkt *nm* SW → **insertion point**
→ Einfügungspunkt *nm*
Einfügesortierung *nf* DAT.MA **insertion sort**
= straight insertion sort; merge sort
Einfügetaste *nf* TER&PER **INSERT key**
[eröffnet einen Einfügemodus, bzw. hebt ihn wieder auf] [activates or disactivates an insert mode]
= Taste EINFG; EINFG-Taste *nf*; INSERT-Taste *nf*; Taste INSER *nf*; Taste INST *nf* (Apple) = INS key (Apple)
↑ Funktionstaste; Editiertaste ↑ functional key; editing key
Einfügezeichen *nn* COMP.AP → **insertion character**
→ Einfügungszeichen *nn*
Einfügung *nf* SW → **nesting** *n*
→ Verschachtelung *nf*
Einfügungsbefehl *nm* SW **insert command**
= Einfügungskommando *nn*; Einfügekommando *nn* = insertion command; insert instruction
Einfügungsbetrieb *nm* WOR.PR → **insert mode**
→ Einfügebetrieb *nm*
Einfügungscharakter COMP.AP → **insertion character**
→ Einfügungszeichen *nn*
Einfügungsdämpfung *nf* NETW.TH **insertion loss**
= Einfügungsverlust *nm* = insertion attenuation
Einfügungsgerät *nn* TRANSM **insertion unit**
Einfügungsgewinn *nm* NETW.TH **insertion gain**
Einfügungskommando *nn* SW → **insert command**
→ Einfügungsbefehl *nm*
Einfügungsmodus *nm* WOR.PR → **insert mode**
→ Einfügebetrieb *nm*
Einfügungspunkt *nm* SW **insertion point**
= Einfügepunkt *nm*
Einfügungsverlust *nm* NETW.TH → **insertion loss**
→ Einfügungsdämpfung *nf*
Einfügungsverstärker *nm* TV **insertion amplifier**
Einfügungszeichen *nn* COMP.AP **insertion character**
= Einfügezeichen *nn*; Einfügungscharakter; Einfügemarke *nf* = insert character
Einfuhr *nf* ECON **import** *n*
= Import *nm*; Wareneinfuhr *nf* = goods import; out-of-country purchase
Einfuhrbescheinigung *nf* ECON **import certificate**
= Einfuhrbestätigung *nf*; Importbescheinigung *nf*; Importbestätigung *nf*
Einfuhrbestätigung *nf* ECON → **import certificate**
→ Einfuhrbescheinigung *nf*
einführen COLL **introduce** *vt*
[fig] = usher *vt*
= hineinführen
einführende Einstellung CINEMA **establishing shot**
Einfuhrlizenz *nf* ECON → **import licence**
→ Importlizenz *nf*
Einfuhrpapiere *nplt* ECON → **import documents**
→ Importpapiere *nplt*
Einführung *nf* ANT **lead-in**
Einführung *nf* MEC.EN **insertion**
= Steckung *nf*
Einführungsdraht *nm* OUT.PL **entrance wire**
Einführungsgebühr *nf* TELEC → **promotional rate**
→ Einführungstarif *nm*
Einführungskabel *nn* OUT.PL **entrance cable**
= lead-in cable
Einführungsleitung *nf* OUT.PL **drop wire**
[vom Endverzweiger zum Teilnehmer] [from distribution point to subscriber premises]
= Hauszuführungsleitung *nf*; Teilnehmer-Einführungsleitung *nf* = subscriber drop wire; lead-in wire
Einführungsstrategie ECON **implementation strategy**
Einführungstarif *nm* TELEC **promotional rate**
= Einführungsgebühr *nf* = promotional tariff
↑ Sondertarif ↑ special rate
Einfuhrvorgang *nm* ECON → **importation** *n*
→ Importvorgang *nm*
einfüllen TECH → **fill** *vt*
→ füllen
Eingabe *nf* SW → **data input** *n*
→ Dateneingabe *nf*
Eingabe/Ausgabe *nf* EL.TRO → **input/output** *n*
→ Ein-/Ausgabe *nf*
Eingabe-/Ausgabe-Interrupt *nn* HW → **input/output interrupt**
→ Ein-/Ausgabe-Unterbrechungssignal *nn*
Eingabe-/Ausgabe-Statuswort *nn* SW → **input/output status word**
→ Ein-/Ausgabe-Zustandswort *nn*
Eingabe-/Ausgabe-Zustandswort *nn* SW → **input/output status word**
→ Ein-/Ausgabe-Zustandswort *nn*
Eingabe-/Verarbeitung-/Ausgabe-Diagramm *nn* SW **input-process-output chart**
= IPO-Diagramm *nn* = IPO chart
Eingabeanreiz *nm* DAT.CO **input trigger**
= Eingabeereignis *nn* ≈ input event
Eingabeanschluss *nm* TER&PER **input lead**
Eingabeanweisung *nf* SW **input statement**
= Eingabebefehl *nm*; Eingabekommando *nn* = input instruction; input command
Eingabe-Ausgabe-Anforderung *nf* DAT.PR → **input/output request**
→ Ein-/Ausgabe-Anforderung *nf*
Eingabe-Ausgabe-Baugruppe *nf* TELECON **input/output module**
= Ein-/Ausgabe-Baugruppe *nf*; E/A-Baugruppe *nf* = I/O module
Eingabe-Ausgabe-Befehl *nm* SW → **input/output instruction**
→ Ein-/Ausgabe-Befehl *nm*
Eingabe-Ausgabe-Bus *nm* HW → **input/output bus**
→ Ein-/Ausgabe-Bus *nm*
Eingabe-Ausgabe-Datei *nf* DAT.MA → **input/output file**
→ Ein-/Ausgabe-Datei *nf*
Eingabe-Ausgabe-Gerät *nn* TER&PER → **input/output device**
→ Ein-/Ausgabe-Vorrichtung *nf*
Eingabe-Ausgabe-Kanal *nm* HW → **input/output channel**
→ Ein-/Ausgabe-Kanal *nm*
Eingabe-Ausgabe-Kontrollprogramm *nn* SW → **input/output control program**
→ Ein-/Ausgabe-Kontrollprogramm *nn*
Eingabe-Ausgabe-Port *nm* CIRC.EN → **input/output port**
→ Ein-/Ausgabe-Port *nm*
Eingabe-Ausgabe- DAT.PR → **input/output library**

Programmbibliothek *nf*
→ Ein-/Ausgabe-Programmbibliothek *nf*
Eingabe-Ausgabe-Prozessor *nm* HW → **input/output controller**
→ Ein-/Ausgabe-Werk *nn*
Eingabe-Ausgabe-Puffer *nm* HW → **input/output buffer**
→ Ein-/Ausgabe-Puffer *nm*
Eingabe-Ausgabe-Pufferspeicher *nm* HW → **input/output buffer**
→ Ein-/Ausgabe-Puffer *nm*
Eingabe-Ausgabe-Register *nn* HW → **input/output register**
→ Ein-/Ausgabe-Register *nn*
Eingabe-Ausgabe-Schnittstelle *nf* HW → **input/output interface**
→ Ein-/Ausgabe-Schnittstelle *nf*
Eingabe-Ausgabe-Steuerung *nf* CIRC.EN → **input/output control**
→ Ein-/Ausgabe-Steuerung *nf*
Eingabe-Ausgabe-Steuerung *nf* HW → **input/output controller**
→ Ein-/Ausgabe-Werk *nn*
Eingabe-Ausgabe-Symbol *nn* SW → **input/output symbol**
→ Ein-Ausgabe-Symbol *nn*
Eingabe-Ausgabe-System *nn* HW → **input/output controller**
→ Ein-/Ausgabe-Werk *nn*
Eingabe-Ausgabe-Vorrichtung *nf* TER&PER → **input/output device**
→ Ein-/Ausgabe-Vorrichtung *nf*
Eingabe-Ausgabe-Werk *nn* HW → **input/output controller**
→ Ein-/Ausgabe-Werk *nn*
Eingabe-Ausgabe-Zelle *nf* MICR.EL → **input/output cell**
→ Ein-/Ausgabe-Zelle *nf*
Eingabebefehl *nm* SW → **input statement**
→ Eingabeanweisung *nf*
eingabebegrenzt DAT.PR **input-limited**
= input-bound
Eingabebereich *nm* DAT.MA **input area**
[des Hauptspeichers, für Eingabedaten] [of main memory, for input data]
= input section
Eingabebestätigung *nf* SW → **input acknowledgment**
→ Eingabequittung *nf*
Eingabebetrieb *nm* DAT.PR **input mode**
= Eingabemodus *nm* = input operation
↓ Einfügebetrieb; Überschreibbetrieb ↓ insert mode; overwrite mode
Eingabedatei *nf* DAT.MA **entry file**
= input file
Eingabedaten *nplt* DAT.PR **input data** *n*
= Eingangsdaten *nplt* = input *n* (2)
Eingabedatensatz *nm* DAT.PR → **input record**
→ Eingabesatz *nm*
Eingabedatenträger *nm* HW → **input medium**
→ Eingabemedium *nn*
Eingabe-Durchreichung *nf* MICR.EL **load forwarding**
= Load-forwarding *nn*
Eingabeeinheit *nf* TER&PER → **input device**
→ Eingabegerät *nn*
Eingabeelement *nn* DAT.PR **input primitive**
Eingabeereignis *nn* DAT.CO → **input trigger**
→ Eingabeanreiz *nm*
Eingabefach *nn* TER&PER → **card hopper**
→ Eingabemagazin *nn* (1)
Eingabefehler *nm* TER&PER **keying error**
= Eintastfehler *nm*; Fehleintastung *nf*; Fehleingabe *nf*; Falscheingabe *nf*; Falscheintastung *nf*
= keying mistake; keyboarding error; keyboarding mistake; misentry *n*
≈ Tippfehler [OFFICE] ≈ clerical error [OFFICE]
↑ Schreibfehler ↑ writing mistake
Eingabefeld *nn* COMP.AP → **input window**
→ Eingabefenster *nn*
Eingabefenster *nn* COMP.AP **input window**
= Eingabefeld *nn* = input field; entry window; entry field
Eingabefluss *nm* DAT.PR → **input job stream**
→ Auftragseingabefluss *nm*
Eingabeformat *nn* DAT.MA **entry format**
= input format
Eingabegerät *nn* TER&PER **input device**
= Eingabevorrichtung *nf*; Eingabeeinheit *nf* = input equipment; input unit; input facility
≠ Ausgabeeinheit ≠ output device
↓ Tastatur; Schreibmarkensteuergerät; Abtaster ↓ keyboard; pointing device;
Eingabegeschwindigkeit *nf* TELEC **keying speed**
= Eintastgeschwindigkeit *nf*
Eingabeinformation *nf* SWITCH **input information**
≈ order *n*
Eingabekette *nf* DAT.CO **input chain**
Eingabekommando *nn* SW → **input statement**
→ Eingabeanweisung *nf*

Eingabekontrollaussage *nf* SW **input assertion**
Eingabemagazin *nn* DAT.MA **input magazine**
[reservierter Speicherplatz] [reserved memory location]
↑ Magazin ↑ magazine
Eingabemagazin *nn* (1) TER&PER **card hopper**
[für Lochkarten] [holds and feeds punched cards]
= Eingabefach *nn* = hopper *n*; input magazine
≠ Lochkartenstapler ≠ card stacker
Eingabemagazin *nn* (2) TER&PER → **paper tray**
→ Papiernachfüllmagazin *nn*
Eingabe-Manager *nm* SW **input manager**
= Eingabe-Verwalter *nm*; Input-Manager *nm*; Input-Verwalter *nm*
Eingabemaske *nf* COMP.AP **input mask** *n*
= Maske *nf* (1); Erfassungsmaske *nf*; Einstiegsmaske *nf*; Eröffnungsmaske *nf*
= data entry mask; entry mask; opening mask
↑ Bildschirmmaske ↑ display mask
Eingabemedium *nn* HW **input medium**
= Eingabedatenträger *nm* = input data medium; input data carrier
Eingabemeldung *nf* DAT.CO **input message**
Eingabemodus *nm* DAT.PR → **input mode**
→ Eingabebetrieb *nm*
Eingabe-Multiplexer *nm* HW **scanner** *n*
= Scanner *nm*
Eingabeprogramm *nn* SW **entry program**
= input program
Eingabeprozedur *nf* SW **entry procedure**
= input procedure
Eingabeprozess *nm* DAT.PR **input process** *n*
= Eingabevorgang *nm* = input *n* (3)
Eingabeprozessor *nm* HW → **input controller**
→ Eingabewerk *nn*
Eingabepuffer *nm* HW **input buffer**
Eingabepufferregister *nn* HW **input buffer register**
Eingabequittung *nf* SW **input acknowledgment**
= Eingabebestätigung *nf*
Eingaberegister *nn* HW **input register**
Eingaberoutine *nf* SW → **input routine**
→ Einleseroutine *nf*
Eingabesatz *nm* SW **input record**
= Eingabedatensatz *nm* = input data record
Eingabeschalter *nm* COMPO → **coding switch**
→ Codierschalter *nm*
Eingabespeicher *nm* HW **input memory**
= input storage; input store
Eingabesperre *nf* DAT.MA **input disable**
Eingabestation *nf* DAT.PR **input station**
Eingabestauraum *nm* DAT.PR → **let-in area**
→ Auftragsstauraum *nm*
Eingabesteuerung *nf* DAT.PR **input control**
Eingabesteuerwerk *nn* HW → **input controller**
→ Eingabewerk *nn*
Eingabestrom *nm* DAT.PR → **input job stream**
→ Auftragseingabefluss *nm*
Eingabetastatur *nf* TER&PER **entry keyboard**
= Erfassungstastatur *nf*; Eingabetastenfeld *nn* = input keyboard
Eingabetaste *nf* TER&PER **ENTER key** (IBM)
[löst Zeilenwechsel, Einlesen oder Befehlsausführung aus; von der Wagenrücklauffunktion abgeleitet; oft durch abwärts weisenden nach links abgewinkelten Pfeil markiert]
[activates a line break, read-in or the instruction execution; derived from the carriage-return function; often marked with an downward arrow angled to the left]
= Freigabetaste *nf*; ENTER-Taste *nf* (IBM); Taste ENTER *nf* (IBM); RETURN-Taste *nf* (Apple); Taste RETURN *nf* (Apple); Datenübertragungstaste *nf*; Datenfreigabetaste *nf*
= entry key; RETURN key; ENTER/RETURN key; bent arrow key; data release key; data transmit key
≈ Wagenrücklauftaste [TELEGR]
Eingabetastenfeld *nn* TER&PER → **entry keyboard**
→ Eingabetastatur *nf*
Eingabeterminal *nn* TER&PER **entry terminal**
= Erfassungsterminal *nn* = input terminal
Eingabetreiber *nm* SW **input driver**
Eingabeunterbrechungs-Taste *nf* TER&PER → **ESCAPE key**
→ ESCAPE-Taste *nf*
Eingabe-Verwalter *nm* SW → **input manager**
→ Eingabe-Manager *nm*
Eingabevorgang *nm* DAT.PR → **input process** *n*
→ Eingabeprozess *nm*
Eingabevorrichtung *nf* TER&PER → **input device**
→ Eingabegerät *nn*

Eingabe-Warteschlange *nf* DAT.CO **input queue**
Eingabewerk *nn* HW **input controller**
[steuert den Datentransfer zur Zentraleinheit] [controlls the data input to the CPU]
= Eingabesteuerwerk *nn*; Eingabeprozessor *nm* = input processor
Eingabezeiger *nm* COMP.AP → **cursor** *n*
→ Schreibmarke *nf*
Eingang *nm* EL.TEC **input** *n*
≠ Ausgang = I/P; i/p; inlet *n*
≠ output
eingängiges Gewinde MECH **single thread**
Eingangs-Abschlusswiderstand *nm* NETW.TH **input line terminating impedance**
Eingangsadmittanz *nf* NETW.TH → **input admittance**
→ Eingangsleitwert *nm*
Eingangsalphabet DAT.PR **input alphabet**
Eingangsamplitude *nf* EL.TRO **input amplitude**
Eingangsanschluss *nm* HW **input port**
= input connection
Eingangsbelastung *nf* EL.TEC → **input load**
→ Eingangslast *nf*
Eingangsdaten *nplt* SW → **input data** *n*
→ Eingabedaten *nplt*
Eingangsdrift CIRC.EN **input drift**
Eingangsempfindlichkeit *nf* EL.TRO **input sensitivity**
Eingangsfächer MICR.EL → **fan-in factor** *n*
→ Eingangslastfaktor *nm*
Eingangsfächerung *nf* MICR.EL → **fan-in factor** *n*
→ Eingangslastfaktor *nm*
Eingangs-Fehlspannung *nf* CIRC.EN → **input offset voltage**
→ Eingangs-Nullspannung *nf*
Eingangsfilter *nn* NETW.TH **input filter**
Eingangsfunktion *nf* NETW.TH → **input quantity**
→ Eingangsgröße *nf*
Eingangs-Grenzfrequenz *nf* MICR.EL **input cut-off frequency**
Eingangsgröße *nf* NETW.TH **input quantity**
= Eingangsfunktion *nf*; Immitanz *nf* = immitance *n*
Eingangshub *nm* CIRC.EN **input swing**
Eingangsimpedanz *nf* NETW.TH **input impedance**
Eingangsimpuls *nm* EL.TRO **input impulse**
Eingangskapazität *nf* NETW.TH **input capacitance**
Eingangskennlinie *nf* EL.TRO **input characteristic**
[Thyristor]
Eingangskorb *nm* OFFICE **in-tray** *n*
Eingangskurzschluss *nm* POW.SY **crowbar**
= Crowbar-Schutzschaltung *nf* [short-circuit or low resistance at the input]
↑ Überspannungsschutz [EL.TEC] = crowbar protection circuit; overvoltage crowbar
↑ overvoltage protection [EL.TEC]
Eingangslast *nf* EL.TEC **input load**
= Eingangsbelastung *nf*
Eingangslast *nf* MICR.EL → **fan-in factor** *n*
→ Eingangslastfaktor *nm*
Eingangslastfaktor *nm* MICR.EL **fan-in factor** *n*
[von einem Logikbaustein maximal verarbeitbare Anzahl von Eingängen] [maximum number of inputs processably by a logic device]
= Eingangsfächerung *nf*; Eingangsfächer; Eingangslast *nf*; Fan-in = fan-in
Eingangsleistung *nf* EL.TEC **input power**
Eingangsleitwert *nm* NETW.TH **input admittance**
= Eingangsadmittanz *nf*, Eingangsscheinleitwert *nm*
Eingangs-Nullspannung *nf* CIRC.EN **input offset voltage**
[Operationsverstärker] [operational amplifier]
= Eingangs-Offsetspannung *nf*, Eingangs-Fehlspannung *nf*
Eingangsnummer *nf* PRIN.ME **access number**
Eingangs-Offsetspannung *nf* CIRC.EN → **input offset voltage**
→ Eingangs-Nullspannung *nf*
Eingangspegel *nm* TELEC → **receive level**
→ Empfangspegel *nm*
Eingangspegel *nm* NETW.TH **input level**
Eingangspost *nf* OFFICE → **incoming post**
→ ankommende Post
Eingangsprüfung *nf* QUAL **entrance test**
= Eingangsrevision *nf*, Wareneingangsprüfung *nf* = receiving inspection; incoming inspection
Eingangsresonator *nm* MICROW **input resonator**
[Klystron] [klystron]
Eingangsrevision *nf* QUAL → **entrance test**
→ Eingangsprüfung *nf*
Eingangsruhestrom *nm* CIRC.EN **input bias input**
[Operationsverstärker] [operational amplifier]

Eingangsschaltung *nf* CIRC.EN **input circuit**
Eingangsscheinleitwert *nm* NETW.TH → **input admittance**
→ Eingangsleitwert *nm*
Eingangsschutz *nm* EL.TRO **input protection**
Eingangsschutzschaltung *nf* MICR.EL **input protection circuit**
Eingangssignal *nn* EL.TRO **input signal** *n*
= incoming signal; input; drive
Eingangsspannung *nf* EL.TEC **input voltage**
Eingangsstrom *nm* EL.TEC → **current consumption**
→ Stromaufnahme *nf*
Eingangsstufe *nf* CIRC.EN **input stage**
= Anfangsstufe *nf*
Eingangssymmetrie *nf* NETW.TH **input balance**
= input symmetry
Eingangstor *nn* NETW.TH **input port**
Eingangsverstärker *nm* CIRC.EN **input amplifier**
Eingangswähler *nm* SWITCH **incoming selector**
Eingangswellenwiderstand *nm* NETW.TH **input characteristic impedance**
Eingangs-Zeitkonstante *nf* MICR.EL **input time constant**
Eingangszelle *nf* MICR.EL **input cell**
Eingangszustand *nm* EL.TRO **input condition**
= input state
Eingang-zu-Ausgang-Laufzeit *nf* DAT.PR **port-to-port time**
eingebaut TECH **built-in** *adj*
= integriert = inbuild; built-into; integrated; incorporated; self-contained
≠ angebaut ≠ add-on
eingebauter Modem HW → **integral modem**
→ integriertes Modem
eingebauter Selbsttest MICR.EL → **ABIST**
→ ABIST *nn*
eingebauter Test EQP.EN → **automatic check**
→ Selbsttest *nm*
eingebauter Zeichensatz TER&PER → **internal font**
→ residenter Zeichensatz
eingebaute Schrift TER&PER → **internal font**
→ residenter Zeichensatz
eingeben INF.TEC **input** *vt*
= computerisieren (4) (Duden) = enter; post; introduce
≈ einlesen; eintasten; einfügen; laden ≈ read-in; key-in; insert; load
≠ output
eingebettet TELEC **embedded** *adj*
≈ integrated = built into
≈ intergrated
eingebettete Anweisung SW **embedded command**
= eingebetteter Befehl
eingebettete Codierung INF.TEC **embedded coding**
= eingebettete Verschlüsselung
eingebettete Druckanweisung SW **embedded printing command**
eingebetteter Befehl SW → **embedded command**
→ eingebettete Anweisung
eingebetteter Controller HW **embedded controller**
eingebetteter Hyperlink INTERNET **embedded hyperlink**
eingebetteter Kommunikationskanal TRANSM **embedded communication channel**
[SDH] ≈ ECC
≠ SDH
eingebettete Schnittstelle HW **embedded interface**
↑ Geräteschnittstelle ↑ device interface
eingebettetes Computersystem COMP.AP **embedded computer system**
eingebettetes Objekt COMP.AP **embedded object**
[aus anderer Applikation in ein Dokument eingefügt] [incorporated into a document from another application]
eingebettete Verschlüsselung INF.TEC → **embedded coding**
→ eingebettete Codierung
eingebunden TECH **tied-on** *adj*
≈ zentralgesteuert ≈ centrally controlled
≠ sebständig ≠ autonomous
eingefügt SW → **nested** *adj*
→ verschachtelt
eingefügte Grafik WOR.PR **inline graphics**
= eingefügte Graphik
eingefügte Graphik WOR.PR → **inline graphics**
→ eingefügte Grafik
eingefügtes Bild INTERNET **inline image**
= Inline-Abbildung *nf*
eingefügte Subroutine SW → **in-line soubroutine**
→ eingefügtes Unterprogramm
eingefügtes Unterprogramm SW **in-line soubroutine**
[braucht nicht aufgerufen zu werden, da überall im Programm eingefügt, wo benötigt] [doesn't need to be called, as incorporated whereever needed in the program]
= eingefügte Unterroutine; eingefügte = inserted subroutine

eingefügte Unterroutine SW → **in-line soubroutine**
→ eingefügtes Unterprogramm
eingeführt ECON **established**
= etabliert = long-standing
eingeführtes Produkt TECH **consolidated product**
= eingelaufenes Produkt
eingehängt TELEPH → **on-hook** *n*
→ aufgelegt
eingehen auf etwas COLL **address something**
eingehend COLL → **exhaustive** *adj*
→ ausführlich
eingehende Analyse SCIE → **scrutiny** *n*
→ genaue Prüfung
eingehende Betrachtung SCIE **in-depth look**
eingehende Post OFFICE → **incoming post**
→ ankommende Post
eingehendes Signal TELEC → **incoming signal**
→ ankommendes Signal
eingeklammert MATH **parenthetic** *adj*
= parenthetical
eingelassen MEC.EN **sunk** *adj*
eingelaufen TECH → **proven** *adj*
→ erprobt *adj*
eingelaufener Zustand PHYS → **steady state** *n*
→ eingeschwungener Zustand
eingelaufenes Produkt TECH → **consolidated product**
→ eingeführtes Produkt
eingeprägt EL.TEC **impressed**
[Strom] [current]
eingeprägte Kraft EL.TEC → **open-circuit voltage**
→ Leerlaufspannung *nf*
eingeprägter Strom EL.TEC **impressed current**
eingeprägte Spannung EL.TEC **impressed voltage**
eingereiht TECH → **in-line** *adj*
→ hintereinander
eingerückt PRIN.ME **indented** *adj*
eingesägt EL.TRO **serrated**
[Impulsform] [pulse shape]
eingeschlossen TECH **entrapped**
= inclcuded
eingeschränkt TECH **restricted**
= beschränkt = limited
eingeschränkte Funktion SW **restricted function**
eingeschwungener Zustand PHYS **steady state** *n*
= eingelaufener Zustand; Gleichgewichtszustand *nm*; Beharrungszustand *nm*; Dauerzustand *nm*
eingeschwungner Wert EL.TRO → **steady-state value**
→ Beharrungswert *nm*
eingespeiste Leistung OPT.CO **launched power**
= injected power
eingestellter Papiervorschub TER&PER **escapement**
= preset paper feed
eingeteilt TECH → **partitioned** *adj*
→ verteilt
eingetragenes Warenzeichen ECON **registered trademark**
= Schutzmarke *nf* = Reg.T.M.
Eingeweihter *nm* ECON **insider** *n*
= Insider *nm*
eingezäunter Garten INTERNET **walled garden**
= gesicherter Bereich
eingipflig STATIS **unimodal**
eingliedern TECH → **integrate** *vt*
→ integrieren
eingraben OUT.PL **bury**
= vergraben ≈ lay
≈ verlegen
eingreifen TECH **intervene** *vi*
Eingreifen *nn* TECH → **intervention** *n*
→ Eingriff *nm*
eingreifend SCIE **invasive** *adj*
eingrenzen QUAL → **isolate** *vt*
→ lokalisieren
eingrenzen (1) TECH → **limit** *vt*
→ begrenzen
eingrenzen (2) TECH **delimit** *vt* (2)
= eindämmen ≈ demarcate; pinpoint
≈ abgrenzen; haargenau bestimmen
Eingrenzung *nf* COLL **delimitation** *n* (2)
= Eindämmung *nf* ≈ containment
≈ Abgrenzung ↑ demarcation

Eingriff *nm* TECH **intervention** *n*
= Eingreifen *nn*; Intervention *nf* = interaction *n*; adjustment *n* (1)
Eingriffstiefe *nf* MEC.EN **working depth**
[Zahnrad] [gear]
Eingriffswinkel *nm* MEC.EN **pressure angle**
[Zahnrad] [gear]
einhaken MEC.EN **hook** *vi*
einhalten TECH **comply with** *vt*
= erfüllen = meet; observe
Einhaltung *nf* TECH **compliance** *n*
= Erfüllung *nf*
einhängen TELEPH → **go on-hook**
→ auflegen
Einhängen *nn* TELEPH → **on-hook** *n*
→ Auflegen *nn*
Einhängepuls *nm* TELEPH **on-hook pulse**
Einhängezustand *nm* TELEPH **on-hook condition**
einheften OFFICE → **file** *vt*
→ abheften
einheimisch COLL **native** *adj*
= indigenous
Einheimischer *nm* COLL **native** *n*
≠ Fremder ≠ alien
Einheit *nf* MANUF → **component** *n*
→ Bauteil *nn*
Einheit *nf* MATH **unit** *n*
= unity *n*
Einheit *nf* TECH → **functional unit**
→ Funktionseinheit *nf*
Einheit *nf* HW → **device** *n*
→ Gerät *nn*
Einheit *nf* EQP.EN → **constructional unit** *n*
→ konstruktive Einheit
Einheitenfehler *nm* DAT.CO **unit fault**
Einheitenkennzeichen *nn* DAT.CO **unit code**
Einheitenkonto *nn* TELEPH **tax limiter**
= Einheitenlimit *nn* = rate limiter
Einheitenlimit *nn* TELEPH → **tax limiter**
→ Einheitenkonto *nn*
Einheitentreiber *nm* SW → **driver software**
→ Treiber *nm*
Einheitenzähler *nm* SWITCH → **tax meter**
→ Gebührenzähler *nm*
einheitlich COLL **unitary** *adj*
= uniform; unterschiedlos ≈ uniformed; uniform
≈ vereinheitlicht; einförmig
einheitliche Nummerierung SWITCH → **uniform numbering**
→ Feststellennummerierung nfm
Einheitsektor *nm* MATH **unit vector**
Einheitsfeld *nn* COMP.SC **unit position**
= Einerstelle *nf*
Einheitsfeld *nn* ANT **array element**
Einheitsimpuls *nm* EL.TRO **unitary impulse**
= unit impulse
Einheitsimpulsfunktion *nf* PHYS → **pulse function**
→ Dirac-Puls *nm*
Einheitskette *nf* DAT.MA **unit string**
= Ein-Element-Kette *nf* = one-element string
Einheitslast *nf* CIRC.EN **unit load**
= unit fan-in
Einheitsmatrix *nf* MATH **unit matrix**
Einheitspuls *nm* EL.TRO **unit pulse**
Einheitsschritt *nm* TELEGR → **unit interval**
→ Zeichenelement *nn*
Einheitsspeicher *nm* DAT.PR **one-level store**
[verschiedene Speicher werden einheitlich behandelt] [different storage devices are trated as if the same]
Einheitssprung *nf* INSTR **unit-step function**
Einheitstarif *nm* ECON → **joint rate**
→ Verbundtarif *nm*
Einheitswurzel *nf* MATH **root of unit**
Einhüllende *nf* MATH → **envelope** *n*
→ Hüllkurve *nf*
Einhüllendendetektor *nm* MODUL → **envelope demodulator**
→ Hüllkurvendemodulator *nm*
Einhüllendensynchronisation *nf* MODUL → **envelope synchronization**
→ Hüllkurvensynchronisation *nf*
Einkabel-Breitband-LAN *nn* DAT.NW **single-cable broadband LAN**
Einkabelweiche *nf* TV **one-cable separator**
Einkammer-Magnetron *nn* MICROW **single-cavity magnetron**
Einkanal- TELEC **single-channel ...**
= Einzelkanal-

Einkanalantenne *nf*	ANT	**single-channel antenna**
Einkanalcodec *nm*	TRANSM	**single-channel codec**
Einkanalfunkpeiler *nm* = Einkanalpeiler *nm*	RAD.LO	**single-channel direction finder**
Einkanalpeiler *nm* → Einkanalfunkpeiler *nm*	RAD.LO	→ **single-channel direction finder**
Einkanal-Sender *nm*	RADIO	**single-channel transmitter**
Einkanaltechnik *nf*	DAT.CO	**single-channel technique**
Einkanalträger *nm* = SCPC	MODUL	**single-carrier per channel** = SCPC
Einkarten-	EQP.EN	**single-module** = single-board
Einkartencomputer *nm* → Einkartenrechner *nm*	DAT.PR	→ **single-board computer**
Einkartengerät *nn* → Einplattengerät *nn*	EQP.EN	→ **single-board unit**
Einkartenmikrocomputer *nm* → Einkartenrechner *nm*	DAT.PR	→ **single-board computer**
Einkartenrechner *nm* = Einplatinenrechner *nm*; Einkartencomputer *nm*; Platinencomputer *nm* Einplatinencomputer *nm*; Einkartenmikrocomputer *nm*	DAT.PR	**single-board computer** = SBC; single-board microcomputer; monoboard computer; monoboard microcomputer; board computer; board microcomputer
Einkauf *nm*(1) [Tätigkeit] = Kauf *nm*; Anschaffung *nf*; Erwerb *nm*	ECON	**purchase** *n* (1) [activity] = purchasing *n*
Einkauf *nm* (2) → Einkaufsabteilung *nf*	ECON	→ **purchasing department** *n*
Einkaufsabteilung *nf* = Einkauf *nm* (2)	ECON	**purchasing department** *n*
Einkaufsbedingungen *nplt*	ECON	**terms of purchase**
Einkaufsbummel *nm*	ECON	**buying spree**
Einkaufsplan *nm* → Beschaffungsplan *nm*	ECON	→ **procurement plan**
Einkaufspolitik *nf*	ECON	**purchasing policy**
Einkaufsportal *nn* = Internet-Einkaufsportal *nn*	INTERNET	**shopping portal** = Interner shopping portal
Einkaufspreis *nm* → Einstandspreis *nm*	ECON	→ **cost price**
Einkaufswagen *nm*	INTERNET	**chopping cart**
einkaufswirksam	ECON	**as per purchasing date**
einkeilen	MEC.EN	**wedge** *vt*
einkerben = kerben	TECH	**notch** *vt* ≈ score *vt*
Einkerbung *nf* → Kerbe *nf*	TECH	→ **notch** *n*
einketten	DAT.CO	**chain-in** *vt*
einklagbar → verbindlich	LAW	→ **enforceable** *adj*
einklammern = Klammern setzen	MATH	**enclose in brackets** *vt* = put into brackets; bracket *vt*
einklappbarer Aufstellfuß	EQP.EN	**folding cabinet feet**
einklappen → falten	TECH	→ **fold** *vt*
einklemmen → klemmen *vt* (1)	TECH	→ **jam** *vt*
Einklink-Effekt *nm* → Latch-up-Effekt *nm*	MICR.EL	→ **latch-up effect**
einklinken → einrasten	EL.TRO	→ **latch** *vi*
einklinken	TECH	**latch** *vt*
Einklinkrelais *nn* → Haftrelais *nn*	COMPO	→ **remanent relay**
Einklinkspule *nf* = Verklinkspule *nf*; Einrastspule *nf*	COMPO	**latching solenoid**
Einknopfbedienung *nf*	INSTR	**single-key set-up**
Einkommen *nn* [regelmäßig eingehendes Geld] = Einkünfte *nplt*; Einnahmen nnplt; Bezüge *nplt* ↓ Verdienst	ECON	**income** *n* [regular entry of money] = earnings *nplt* (3); revenues *nplt*; yield *n*; rentals *nplt* ↓ earnings (1)
Einkommensteuer	ECON	**income tax**
Einkoppelmechanismus *nm*	MICROW	**coupling mechanism**
Einkopplungswinkel *nm*	OPTOEL	**launch angle**
einkreisen *vt* [mit einem Kreis umrahmen]	PRIN.ME	**encircle** *vt* [to surround by a circle]
Einkreis-Triftröhre *nf*	MICROW	**single-cavity v.m. tube**
Einkristall *nm* = Monokristall *nm*	PHYS	**single crystal** = monocrystal *n*
Einkünfte *nplt* → Einkommen *nn*	ECON	→ **income** *n*
Einlage *nf*	TECH	**inlay** *n* = insert *n*; inlet *n*
einlagern	DAT.MA	**swap-in** *vt* [to transfer from external storage]
Einlagerung *nf* [von Hilfsspeicher in Hauptspeicher] ↑ Umlagerung	DAT.MA	**swapping-in** *n* ≠ from auxiliary to main memory ↓ swapping
Einlagerung *nf* → Lagerung *nf*	ECON	→ **storage** *n*
Einlagerungskanal *nm* = Zwischenlagerungskanal *nm*	TELEC	**intraband telegraph channel**
Einlagerungs-Mischkristall *nm*	PHYS	**embedded mixed crystal**
Einlagerungstelegrafie *nf*	TELEGR	**intraband telegraphy**
einlagig = einschichtig ≈ einteilig	TECH	**one-layer** ≈ one-part
einlagiges Formular = Einfachformular *nn*	OFFICE	**one-part form**
einlagiges Papier	TER&PER	**one-part paper**
Einlass *nm* → Zufluss *nm*	TECH	→ **influx** *n*
Einlassventil *nn*	TECH	**inlet valve**
Einlaufdauer *nf* → Aufwärmzeit *nf*	TECH	→ **warm-up time**
Einlaufphase *nf* = Einbrennphase *nf*; Frühausfallphase *nf*	QUAL	**burn-in period** = debugging time; early failure period
Einlaufzeit *nf*(1) → Reaktionszeit *nf*	TECH	→ **response time**
Einlaufzeit *nf*(2) → Aufwärmzeit *nf*	TECH	→ **warm-up time**
Einlegemaschine *nf* → Kuvertiermaschine *nf*	OFFICE	→ **enveloping machine**
Einlegepassfeder *nf*	MEC.EN	**sunk key**
einleiten → auslösen	DAT.PR	→ **trigger** *vt*
einleitender Signalisierungsaustausch → Quittungsaustausch *nm*	DAT.CO	→ **handshaking** *n*
einleitender Text → Begründung *nf*	LING	→ **rationale** *n*
Einleiterantenne *nf* → Eindrahtantenne *nf*	ANT	→ **single-wire antenna**
Einleiterkabel *nn*	POW.EN	**single-core cable**
Einleitung *nf* ≈ Begründung	LING	**introduction** *n* ≈ rationale
Einleitung *nf* = Anstoß *nm*; Auslösung *nf* ≈ Anlauf; Initialisierung	SW	**initiation** *n* ≈ start; initialization
Einleitungszeichen *nn*	DAT.CO	**introducer** *n*
Einleseadresse *nf*	CIRC.EN	**read-in address**
einlesen [von externen auf internen Speicher] ≈ eingeben; abspeichern ≠ auslesen ↑ lesen	DAT.MA	**read-in** *vt* [from external to internal memory] ≈ output; poke ≠ read-out ↑ read
Einlesen *nn* ≈ Eingabe ≠ Auslesen ↑ Lesen	DAT.MA	**read-in** *n* = read-out ≈ poke *n* ↑ input ↓ read
Einleseprogramm *nn* → Einleseroutine *nf*	SW	→ **input routine**
Einleseroutine *nf* = Eingaberoutine *nf*; Einleseprogramm *nn*	SW	**input routine** = read-in routine; read-in program; readin program; input program; entry routine
einleuchtend [fig] = plausibel	COLL	**plausible** *adj*
einloggen → anmelden	DAT.CO	→ **log-on** *vt*
Einloggen *nn* → Anmeldung *nf*	DAT.CO	→ **log-on** *n*
einlösen → zahlen	ECON	→ **pay** *vt*
einlöten	EL.TRO	**solder-in**
Einmal- → einmalig	TECH	→ **one-time** *adj*
einmalbeschreibbare Bildplatte ↓ CD-R; WORM; DVD-R	TER&PER	**write-once optical disk** ↓ CD-R; WORM; DVD-R
einmal beschreibbare Kompaktplatte → CD-WO	TER&PER	→ **CD-WO**

einmalig TECH **one-time** *adj*
= Einmal- | = one-off
≈ nichtwiederholend | ≈ nonrecurrent

einmalig ECON **non-recurring**
≠ wiedervorkommend; laufend | ≠ recurring

einmalig (fig) COLL → **singular** *adj*
→ einzigartig *adj*

einmalige Gebühr ECON **one-time charge**

einmalig schreibbar EL.TRO **write-once** *adj*
≠ überschreibbar | ≠ rewritable

Einmalkosten *nplt* ECON **non-recurring costs**

einmalprogrammierbarer Festwertspeicher MICR.EL → **PROM**
→ PROM *nn*

Ein-Mann- TECH **one-man**

Einmessantenne *nf* ANT **boresight antenna**

einmessen INSTR → **gauge** *vt*
→ eichen

Einmessen *nn* INSTR → **gauging** *n*
→ Eichung *nf*

Einmessung *nf* INSTR → **gauging** *n*
→ Eichung *nf*

Einmessung *nf* TRANSM **line-up** *n*
= Einpegelung *nf* | ≈ commissioning
≈ Einschaltung

Einmodenfaser *nf* OPT.CO **single-mode fiber**
= Monomode-Faser *nf*; Single-mode-Faser *nf*; SM-Faser *nf* | = single-mode optical waveguide; singlemode fibre (BE); monomode fiber; monomode optical waveguide

Einnahme *nf* ECON → **revenue** *n*
→ Erlös *nm*

Einnahmeausfall *nm* ECON **revenue loss**

Einnahmen nnplt ECON → **income** *n*
→ Einkommen *nn*

einnahmestark ECON **cash-generative**

einnieten MEC.EN → **stake** *vt*
→ vernieten *vt* (2)

einnisten SCIE **nest** *vt*

Einnistung *nf* SCIE **nesting** *n*

einohrig ACOUS → **monaural**
→ monoaural

Ein-Operand-Befehl *nm* SW → **one-address instruction**
→ Ein-Adress-Befehl *nm*

Ein-Operanden-Operation *nf* COMP.SC → **unary operation**
→ unäre Operation

einordnen COLL **pigeonhole** *vt*
≈ klassifizieren | ≈ classify

einpassen TECH → **seat** *vt*
→ einsetzen *vt* (2)

ein Patent versagen ECON **refuse a patent**

Einpegelung *nf* TRANSM → **line-up** *n*
→ Einmessung *nf*

Einpegelung *nf* TELEC → **level equalization**
→ Pegelausgleich *nm*

Einpfadbetrieb *nm* DAT.PR **single-theading**

einpflanzen COLL **implant** *vt*
[fig] | [fig]

Einpflanzung *nf* COLL **implantation** *n*
[fig] | [fig]

einphasen PHYS **phase** *vt*
= in Phase bringen

Einphasen *nn* PHYS **phasing** *n*

Einphasenbrückenschaltung *nf* CIRC.EN **single-phase bridge**

Einphasenstrom *nm* EL.TEC **single-phase current**
= Einphasenwechselstrom *nm* | ↑ alternating current
↑ Wechselstrom

Einphasentaktsystem *nn* MICR.EL **single-phase clocked system**

Einphasentransformator *nm* POW.EN **single-phase transformer**

Einphasenwechselstrom *nm* EL.TEC → **single-phase current**
→ Einphasenstrom *nm*

einphasig PHYS **single-phase**
= one-phase

Einplatinencomputer *nm* DAT.PR → **single-board computer**
→ Einkartenrechner *nm*

Einplatinengerät *nn* EQP.EN → **single-board unit**
→ Einplattengerät *nn*

Ein-Platinen-Modem *nm&nn* DAT.CO **on-board modem**
= Platinenmodem *nm&nn* | = internal modem

Einplatinenrechner *nm* DAT.PR → **single-board computer**
→ Einkartenrechner *nm*

Einplattengerät *nn* EQP.EN **single-board unit**
= Einplatinengerät *nn*; Einkartengerät *nn* | = single-board equipment

Einplatz-Mikrocomputer *nm* DAT.PR **single-terminal microcomputer**
= Einplatz-Mikrorechner *nm*

Einplatz-Mikrorechner *nm* DAT.PR → **single-terminal microcomputer**
→ Einplatz-Mikrocomputer *nm*

Einplatz-Minicomputer *nm* DAT.PR **single-terminal minicomputer**
= Einplatz-Minirechner *nm*

Einplatz-Minirechner *nm* DAT.PR → **single-terminal minicomputer**
→ Einplatz-Minicomputer *nm*

Einplatzrechner *nm* DAT.PR → **single-user system**
→ Einplatzsystem *nn*

Einplatz-Registrierkasse TER&PER **single-terminal cash register**

Einplatzsystem *nn* DAT.PR **single-user system**
[nur für einen Benutzer] | = single-terminal system;
= Einbenutzersystem *nn*; Einplatzrechner *nm* | stand-alone system; single-station
≠ Mehrplatzsystem | system; single-position system; single-user computer; single-station computer; single-position computer

einpolig EL.TEC **single-pole**
≠ vielpolig | = monopole; unipolar
≠ multipolar

einpolig PHYS **unipolar** *adj*
= unipolar | = monopole
≠ bipolar | ≠ bipolar

einpolige Antenne ANT → **monopole** *n*
→ Monopol *nn*

einpoliger Stecker COMPO **one-pole plug**

einpoliger Umschalter MICR.EL **single-pole double throw switch**
= SPDT

einprägen EL.TEC **impress**
[Strom, Spannung] | [current, voltage]

einpressen MEC.EN **press-in**

Einpressmaschine *nf* COMPO **pressfit machine**

Einpressmutter *nf* MEC.EN **press-in nut**

Einpressstift *nm* COMPO **press-fit terminal**

Einpresstechnik *nf* COMPO **press-in technique**
= Einpressverfahren *nn* | = press-fit technique

Einpressverfahren *nn* COMPO → **press-in technique**
→ Einpresstechnik *nf*

Einprogrammbetrieb *nm* DAT.PR **single-programming**
[Verarbeitung von jeweils nur ein Programm nach dem anderen] | [execution of one program at a time]
= Einprogrammverarbeitung *nf* | = single tasking; monoprogramming
≠ Mehrprogrammbetrieb | ≠ multi-programming

Einprogrammverarbeitung *nf* DAT.PR → **single-programming**
→ Einprogrammbetrieb *nm*

Einpunkt- TECH **unipunctual** *adj*
= punktuell | = spot-

Einquadranten-Multiplikator *nm* COMPO **single-quadrant multiplier**

Einrahmung *nf* PRIN.ME → **framing** *n*
→ Umrahmung *nf*

Einrasten TECH **locking** *n* (1)

einrasten EL.TRO **latch** *vi*
= einklinken; verklinken; schalten auf | [to set a state]

einrasten TECH → **lock** *vi* (1)
→ rasten

einrastend TECH → **locking** *adj*
→ rastend

Einrastrelais *nn* COMPO → **remanent relay**
→ Haftrelais *nn*

Einrastspule *nf* COMPO → **latching solenoid**
→ Einklinkspule *nf*

Einraststrom *nm* MICR.EL **latching current**
[Thyristor] | [thyristor]
= Sperrstrom *nm*

einräumend LING → **concessive**
→ konzessiv

Einräumungssatz *nm* LING → **concessive sentence**
→ Konzessivsatz *nm*

Ein-Register-Maschine *nf* DAT.PR → **single-address computer**
→ Ein-Adress-Computer *nm*

einreichen ECON **hand in** *vt*
≈ unterbreiten | = give in; pass in
≈ submit

einreihen TECH → **sequence** *vt*
→ aufreihen

einreihen DAT.MA **enqueue** *vt*
[in eine Warteschlange] | ≠ dequeue
≠ ausreihen

einreihig TECH **single-row** *adj*
= 1-reihig

Einreihung *nf* TECH **enqueuing** *n*

Einreiseerlaubnis *nf* LAW → **visa** *n*
→ Visum *nn* (*pl* Visa&Visen)
Einrichten SWITCH **call through-connect**
= Anrufdurchschaltung *nf*
einrichten (1) TECH → **equip** *vt*
→ ausstatten
einrichten (2) TECH → **install** *vt*
→ installieren
Einrichtung *nf* IMAG.ME **furniture** *n*
= Mobiliar *nn*
Einrichtung *nf* SW → **installation** *n*
→ Installation *nf*
Einrichtung *nf* (1) TECH **equipment** (1) *nsgt*
= Ausstattung *nf*; Ausrüstung *nf*; Aufmachung *nf*
≈ Auslegung
= fitting-out *n*; outfit *n*; features *nplt*; furnishing *n*; accourtments *nplt*; endowment *n*
≈ layout
Einrichtung *nf* (2) TECH → **installation** *n*
→ Installierung *nf*
Einrichtung *nf* (3) TECH → **device** *n*
→ Vorrichtung *nf*
Einrichtungsdiskette *nf* SW → **installation disk**
→ Installationsdiskette *nf*
Einrichtungsgebühr *nf* TELEC **entrance fee**
= Bereitstellungsgebühr *nf*
= establishing charge
Einrichtungsgegenstand *nm* COLL → **piece of forniture**
→ Möbel *nn* (*pl* Möbel&(AT,CH)Möbeln)
Einrichtungsprogramm *nn* SW → **setup program**
→ Installationsprogramm *nn*
Einrichtungsroutine *nf* SW → **installation routine**
→ Installationsroutine *nf*
Einrichtzeit *nf* DAT.PR → **set-up time**
→ Vorbereitungszeit *nf*
einritzen TECH → **scratch** *vt*
→ ritzen
Einröhrenkanal *nm* OUT.PL → **single-duct conduit**
→ Einrohrkanal *nm*
Einrohrkanal *nm* OUT.PL **single-duct conduit**
= Einröhrenkanal *nm*
≈ Kabelkanalzug
≠ Mehrrohrkanal
≈ cable conduit
≠ multiple-duct conduit
einrücken PRIN.ME **indent** *vt*
= einziehen
Einrücken *nn* PRIN.ME → **indent** *n*
→ Einzug *nm*
Einrückung *nf* PRIN.ME → **indent** *n*
→ Einzug *nm*
Eins CODING **one**
= mark
einsammeln TECH **collect** *vt*
= vereinnahmen
= gather *vt*
Einsattelung *nf* MATH **depression** *n*
= dip *n*
Einsatz *nm* ECON **input** *n*
[Personal-, Material- ...]
≈ Aufwand
≈ deployment *n*
↑ effort
Einsatz *nm* EQP.EN → **inset** *n*
→ Geräteeinsatz *nm*
Einsatz *nm* (1) TECH → **application** *n* (1)
→ Anwendung *nf*
Einsatz *nm* (2) TECH → **operation** *n* (1)
→ Betrieb *nm*
Einsatzart *nf* TECH → **mode of application**
→ Anwendungsart *nf*
Einsatzaufnahme *nf* EQP.EN **inset mounting device**
Einsatzbedingung *nf* TECH → **operating condition**
→ Betriebsbedingung *nf*
Einsatzbereich *nm* TECH → **application field**
→ Anwendungsbereich *nm*
einsatzbereit machen TECH → **make clear**
→ klarmachen
Einsatzbestückung *nf* EQP.EN → **module frame packaging**
→ Baugruppenträgerbestückung *nf*
einsatzbezogen DAT.PR → **application-oriented**
→ anwendungsorientiert
einsatzbezogen TECH → **application-specific** *adj*
→ anwendungsspezifisch
Einsatzerprobung *nf* TECH → **field test**
→ Feldversuch *nm*
Einsatzfaktor *nm* ECON **factor employed**
Einsatzfall *nm* TECH → **application case**
→ Anwendungsfall *nm*

Einsatzfeld *nn* TECH → **application field**
→ Anwendungsbereich *nm*
einsatzhärten METAL **case-harden**
Einsatzhinweis *nm* TEC.DOC **use instruction** (2)
Einsatzkategorie *nf* TECH **class of use**
= Anwendungskategorie *nf*
Einsatzleitsystem *nn* SIG.EN **operating control system**
Einsatzmerkmal *nn* TECH **operating feature**
= Betriebsmerkmal *nn*
Einsatzmöglichkeit *nf* TECH → **applicability** *n*
→ Anwendbarkeit *nf*
einsatzneutral TECH → **application-independent** *adj*
→ anwendungsneutral
Einsatzoptimierung *nf* TECH **optimization of use**
= Anwendungsoptimierung *nf*
= optimization of application
einsatzorientiert DAT.PR → **application-oriented**
→ anwendungsorientiert
Einsatzort *nm* TECH **operating site**
≈ Anwendungsort
= operating place
≈ application site
Einsatzprüfung *nf* QUAL **live test**
Einsatzpunkt *nm* EL.TRO **cutoff** *n*
Einsatzrechner *nm* AUTOMA **duty computer**
Einsatzrichtlinie *nf* TEC.DOC → **application instruction**
→ Anwendungsrichtlinie *nf*
Einsatzschwerpunkt *nm* TECH **main application**
= Anwendungsschwerpunkt *nm*; Hauptanwendung *nf*
= main use
einsatzspezifisch TECH → **application-specific** *adj*
→ anwendungsspezifisch
Einsatzszenario *nn* TECH → **application scenario**
→ Anwendungsszenario *nn*
Einsatzvariante *nf* EQP.EN **variant of subrack**
[Variante eines Geräteeinsatzes]
= inset variant
Einsatzverdrahtung *nf* EQP.EN **intra-shelf wiring**
= shelf wiring; inset wiring; unit wiring
einsaugen COLL **imbibe** *vi*
einsaugend TECH → **absorbent** *adj*
→ saugfähig
Einschachteinzug *nm* TER&PER **single-chute feed device**
Einschaltautomatik *nf* TECH **automatic switch-on**
Einschaltdiagnose *nf* SW → **self test**
→ Eigentest *nm*
Einschaltdrossel *nf* CIRC.EN **switching reactor coil**
= Einschaltspule *nf*
einschalten EL.TEC **connect** *vt* (2)
≠ ausschalten
= power-up *vt*; power-on *vt*; switch-up *vt*; start-up *vt*; turn-on *vt*
einschalten TELEC **commission** *vt*
= in Betrieb nehmen; aktivieren
= line-up *vt*; turn-up *vt*; cut-over *vt* [SWITCH]
einschalten COLL **call in** *vt*
≈ ins Spiel bringen
≈ bring into play
Einschalten *nn* EL.TEC → **connection** *n* (2)
→ Einschaltung *nf*
Einschalter *nm* TELEC → **commissioning engineer**
→ Einschaltingenieur *nm*
EIN-Schalter *nm* CIRC.EN **circuit closer**
≠ AUS-Schalter
= switch-on
≠ circuit breaker
Einschaltfehler *nm* SW **cold fault**
[erscheint gleich beim Einschalten]
= Cold Fault *nm* (ANGL)
[appears as soon as switching on]
Einschaltingenieur *nm* TELEC **commissioning engineer**
= Einschalter *nm*
= cut-over engineer [SWITCH]; line-up engineer
Einschaltpegel *nm* TELEC **turn-on level**
Einschaltprüfung *nf* SW → **self test**
→ Eigentest *nm*
Einschaltquote *nf* MEDIA **audience rating**
Einschaltrücksetzung *nf* DAT.PR **power-on reset**
Einschaltspule *nf* CIRC.EN → **switching reactor coil**
→ Einschaltdrossel *nf*
Einschaltstrom *nm* EL.TEC → **switch-on peak**
→ Einschaltstromspitze *nf*
Einschaltstromspitze *nf* EL.TEC **switch-on peak**
= Einschaltstromstoß *nm*; Einschaltstrom *nm*; Übergangsstrom *nm*
= switch-on current; transient current; inrush current; starting current
Einschaltstromstoß *nm* EL.TEC → **switch-on peak**
→ Einschaltstromspitze *nf*

German	Field	English
Einschalttaste *nf* = Power-on-Tatse *nf*	TER&PER	**power-on key**
Einschalttest *nm* = POST-Routine *nf*	DAT.PR	**power-on self test** *n* = POST; POST routine
Einschalttest *nm* → Eigentest *nm*	SW	→ **self test**
Einschaltung *nf* = Freigabe *nf* ≈ Auslösung ≠ Abschaltung	EL.TRO	**enabling** *n* = disabling ≈ enable *n*; connection *n* (AE); connexion *n* (BE) ↑ activation
Einschaltung *nf* = Inbetriebnahme *nf* ≈ Streckenabnahme; Einmessung	TELEC	**commissioning** *n* = turn-up *n*; start-up *n*; cutover *n* [SWITCH] ≈ field tests; line-up *n*
Einschaltung *nf* = Einschalten *nn*; Anschaltung *nf*, Anschalten *nn*; Stromanschaltung *nf*	EL.TEC	**connection** *n* (2) = power-up *n*; power-on *n*; switch-up *n*; start-up *n*; turn-on *n*
Einschaltverhalten *nn*	EL.TEC	**turn-on characteristics**
Einschaltverlust *nm*	EL.TEC	**turn-on loss**
Einschaltverzögerung *nf*	EL.TRO	**turn-on delay**
Einschaltvorgang *nm*	EL.TRO	**transient effect** = transient phenomenon
Einschaltzeit *nf*	EL.TRO	**on period** = activation period; turn-on time; turn-on stabilizing time
Einscheibenkupplung *nf*	MEC.EN	**single-disk clutch**
einschichtig → einlagig	TECH	→ **one-layer**
einschieben = einfügen	COLL	**intercalate** *vt*
einschießen	OUT.PL	**shoot** *vt*
Einschießlänge *nf*	OUT.PL	**shooting length**
Einschlagpapier *nn* → Packpapier *nn*	TECH	→ **wrapping paper**
Einschlagschraube *nf*	MEC.EN	**knock-in bolt**
Einschlagwecker *nm* = Gong *nm*	EL.ACOU	**single-stroke bell** = gong
Einschleus-Matrix *nf* [Satellitendirektempfang]	CONS.EL	**feed matrix** [direct satellite reception]
einschließen ≈ verkapseln	TECH	**inclose** *vt* (AE) = enclose *vt* (BE) ≈ encapsulate
einschließen (fig) → enthalten	COLL	→ **contain**
einschließlich = inklusiv	COLL	**inclusive** *adj*
EINSCHLIESSLICHES ODER → ODER-Verknüpfung *nf*	LOGIC	→ **OR operation**
Einschlitzstrahler *nm*	ANT	**single-slot antenna**
Einschlüsse *nplt* = Sonderkosten *nplt*	ECON	**inclusions** *nplt*
Einschlusszeichen *nn* → Klammer *nf*	MATH	→ **bracket** *n* (1)
einschnappen	MEC.EN	**snap-in**
einschnappen = schnappen ≈ einrasten	TECH	**snap-in** *vi* ≈ lock
Einschnappverdrahtung *nf* → Snap-in-Verdrahtung *nf*	EL.TRO	→ **snap-in wiring**
einschneiden	TECH	**incise** *vt* [to make a cut] = gash *vt*
Einschnitt *nm* ≈ Schnitt; Kerbe; Schlitz	TECH	**incision** *n* = gash *n* ≈ cut; notch; slot
einschnüren → abschnüren	TECH	→ **strangulate** *vt*
Einschnürung *nf* → Abschnürung *nf*	TECH	→ **strangulation**
Einschnürungseffekt *nm*	MICR.EL	**pinch-in effect**
einschränken	TECH	**restrain** *vt* = restrict *vt*; retrench *vt*; lock-down *vt* [INF.TEC]
Einschränken *nn* → Beschneiden *nn*	MATH	→ **pruning** *n*
einschränkend → beschränkend	TECH	→ **restrictive** *adj*
Einschränkung *nf* → Beschränkung *nf*	TECH	→ **restriction** *n*
Einschränkung *nf* = funktionale Relation	SW	**restriction** *n* = functional relation
Einschränkung abgehenden Verkehrs	TELEC	**outgoing restriction**
einschreiben	DAT.MA	**write-in** *vt*
Einschreiben *nn* ≠ Auslesen	DAT.MA	**write-in** *n* ≠ read-out
Einschreiben *nn* [Brief]	POST	**registered mail** (AE) = registered post (BE); registered letter
Einschreibformular *nn*	ECON	**registration form**
Einschriftlesen *nn* ↑ Klarschriftlesen	TER&PER	**single-font character recognition** ↑ character recognition
Einschriftleser *nm*	TER&PER	**single-font reader**
Ein-Schritt-Assembler *nm* [benötigt nur einen Ausführungsschritt]	SW	**one-pass assembler** [translates in just one step] = single-pass assembler
Ein-Schritt-Compiler [benötigt nur einen Ausführungsschritt]	SW	**one-pass compiler** [translates in just one step] = single-pass compiler
einschrittiger Code → zyklischer Code	CODING	→ **cyclic code**
Einschub *nm* ≈ Baugruppe	EQP.EN	**slide-in unit** = panel *n*; plug-in *n*; drawer *n* ≈ module
Einschubfilter *nn*	INSTR	**plug-in filter**
Einschubgehäuse *nn* → Baugruppenrahmen *nm*	EQP.EN	→ **module frame**
Einschubkassette *nf* [einsteckbare Vorrichtung] = Kassette *nf* (2); Cassette *nf* (2) ↓ Magnetbandkassette; Schriftartkassette	TER&PER	**cartridge** *n* (2) [a removable device] = cassette *n* (2) ↓ magnetic tape cassette; font cartridge
Einschubmodul *nn* (*pl* -e) → Steckbaugruppe *nf*	EQP.EN	→ **plug-in module**
Einschuboption *nf*	INSTR	**plug-in option**
Einschubrahmen *nm* → Baugruppenrahmen *nm*	EQP.EN	→ **module frame**
Einschubverbindung *nf* [Koaxialstecker]	COMPO	**slide-in coupling**
Einschwärzung *nf* → Einfärbung *nf*	TECH	→ **inking** *n*
Einschwingung *nf*	PHYS	**transient oscillation**
Einschwingverhalten *nn* → Übergangsverhalten *nn*	EL.TRO	→ **transient response**
Einschwingverzerrung *nf* → charakteristische Verzerrung	DAT.CO	→ **characteristic distortion**
Einschwingvorgang *nm* ≈ Relaxation	PHYS	**building-up transient** = transient *n* ≈ relaxation
Einschwingzeit *nf*	EL.TRO	**build-up time** (1) = settling time; transient time; buil-up period; settling period; transient period
Einschwingzeit *nf*	PHYS	**transient period** = transient time
Einseitenband *nn*	MODUL	**single sideband** = SSB
Einseitenbandfilter *nn* → SSB-Filter *nn*	HF	→ **SSB filter**
Einseitenbandmessung *nf*	INSTR	**single-sideband measurement**
Einseitenbandmischer *nm*	MODUL	**single-sideband mixer**
Einseitenband-Modulation *nf*	MODUL	**single-sideband modulation**
Einseitenband-Phasenrauschen *nn*	TELEC	**SSB phase noise**
Einseitenbandsystem *nn* = SSB-System *nn*	RADIO	**single-sideband system** = SSB system
Einseitenbandübertragung *nf*	TELEC	**single-sideband transmission**
Einseitenbandumsetzer *nm*	MODUL	**single sideband modulator**
einseitig	TER&PER	**single-edged**
einseitig	TECH	**single-sided** *adj* = unilateral; secund
einseitig → einfachgerichtet	TELEC	→ **one-way** *adj*
einseitig beschreibbare Diskette → SS-Diskette *nf*	TER&PER	→ **SS disk**
einseitige Datenübermittlung	DAT.CO	**one-way communication** = simplex data communication
einseitige Diskette → SS-Diskette *nf*	TER&PER	→ **SS disk**
einseitiger Betrieb → Simplexbetrieb *nm*	TELEC	→ **simplex** *n*
einseitige Richtantenne ↓ Yagi-Uda-Antenne; Parabolantenne	ANT	**unidirectional antenna** ↓ Yagi-Uda antenna; parabolic antenna

einseitiges Abmaß MEC.EN **unilateral tolerance**
einseitiges Laufwerk TER&PER **single-sided drive**
einseitige Übertragung TELEC → **simplex** *n*
→ Simplexbetrieb *nm*
einseitige Verzerrung DAT.CO **bias distortion**
einseitig gerichtet TELEC → **one-way** *adj*
→ einfachgerichtet
einseitig gerichtet TECH → **unidirectional** *adj*
→ unidirektional
einseitig gestrichen PRIN.ME → **mill-glazed** *adj*
→ einseitig maschinengeglättet
einseitig kaschierte Leiterplatte EL.TRO **single-sided PCB**
einseitig maschinengeglättet PRIN.ME **mill-glazed** *adj*
[Papier] [paper]
= einseitig gestrichen
einseitig verkettete Liste DAT.MA **singly linked list**
= einfachverkettete Liste = one-way chain
Eins-Element *nn* MATH **one-element**
einsenden ECON **mail-in** *vt*
[per Post]
Einserkomplement *nn* COMP.SC → **complement to one**
→ Einerkomplement *nn*
einsetzen ECON **institute** *vt*
[in ein Amt] ≠ somebody in an office
Einsetzen TECH **onset** *n*
[fig] [fig]
≈ Beginn ≈ begin *n*
einsetzen *vt* (1) TECH **onset** *vi*
[fig] ≈ begin
≈ beginnen
einsetzen *vt* (2) TECH **seat** *vt*
= einpassen
einsetzen (3) TECH → **apply** *vt*
→ anwenden
Einsetzspannung *nf* PHYS **inception voltage**
Einsicht *nf* ECON **inspection** *n*
Einsichtnahme *nf* COMP.AP **view** *n* (2)
[a look without change of content]
Einskonstante *nf* LOGIC **one constant** *n*
[Ausgang ist immer = 1] [output is always = 1]
= Kurzschluss-Verknüpfung *nf* ≠ zero constant
≠ Nullkonstante *nf* ↑ dyadic Boolean operation
↑ dyadische Boolesche Verknüpfung
einspannen MEC.EN → **clamp** *vt* (1)
→ festklemmen
Einspannklaue *nf* MEC.EN → **fixing clamp**
→ Einspannklemme *nf*
Einspannklemme *nf* MEC.EN **fixing clamp**
= Einspannklaue *nf* = clamping jaw
Einsparung *nf* ECON **economy** *n* (1)
[avoidance of costs]
= saving *n*
einspeichern DAT.PR **roll in** *vt*
[in den Hauptspeicher lesen] [to bring into main memory]
≈ schreiben ≈ write
≠ ausspeichern ≠ roll out
Einspeicherung *nf* DAT.MA → **storage** *n* (1)
→ Speicherung *nf*
Einspeicherungsbefehl *nm* SW **push instruction**
[in einen Kellerspeicher] = push operation
Einspeisedrossel *nf* ANT **coiled-up-cable choke**
einspeisen EL.TEC → **apply** *vt*
→ anlegen
Einspeisung *nf* ANT **feeder** *n*
= Antenneneinspeisung *nf* ≈ radiator
≈ Strahler
Einspeisung *nf* EL.TRO **feeding** *n*
= injection *n*
einspielen DAT.MA **import** *vt*
[Datenbestände einer Fremddatei übernehmen] [to take over data stock of a foreign system]
= Importieren; übernehmen ≈ retrieve
≈ wiedergewinnen ≠ export
≠ überspielen
Einspielergebnis *nn* IMAG.ME **gross** *n*
Eins-Plus-Eins-Adresscode *nm* SW → **one-plus-one address code**
→ Zwei-Adress-Code *nm*
Eins-plus-Eins-Adresse *nf* SW **one-plus-one address**
[weist zusätzlich auf den Platz des nachfolgenden Befehls hin] [indicates additionally the location of the next instruction]
Eins-plus-Zwei-Adresse *nf* SW **one-plus-two address**

Eins-plus-Zwei-Befehl *nm* SW **one-plus-two address instruction**
= one-plus-two instruction
Einspruch *nm* (1) LAW **objection** *n*
= Rekurs *nm* = protest *n*; appeal *n*
Einspruch *nm* (2) LAW → **opposition to patent**
→ Patenteinspruch *nm*
Einsprung *nf* SW → **entry point**
→ Eintrittsstelle *nf*
Einsprungbedingung *nf* SW **entry condition**
= Anfangsbedingung *nf* = initial condition
Einsprungbefehl *nm* SW **entry instruction**
[the first executed]
Einsprungpunkt *nm* SW → **entry point**
→ Eintrittsstelle *nf*
Einsprungskennung *nf* SW **entry name**
= Einsprungsname *nm* = entry label
Einsprungsname *nm* SW → **entry name**
→ Einsprungskennung *nf*
Einsprungstelle *nf* SW → **entry point**
→ Eintrittsstelle *nf*
Einsprungzeitpunkt *nm* SW **entry time**
Einspuraufzeichnung *nf* TER&PER → **single-track recording**
→ Einspurtechnik *nf*
einspurig TER&PER **one-track** *adj*
= single-track; one-channel; single-channel
Einspurtechnik *nf* TER&PER **single-track recording**
[Magnetspeicher] [magnetic memory]
= Einspuraufzeichnung *nf*
Einsstellungsstopp ECON **hiring freeze**
einstampfen PRIN.ME → **make to wastepaper**
→ makulieren
Einstampfung *nf* PRIN.ME → **wasting** *n*
→ Makulierung *nf*
Einstandspreis *nm* ECON **cost price**
= Einkaufspreis *nm*; Selbstkostenpreis *nm* = buying price; prime cost
Einstandspreis *nm* ECON → **cost** *n*
→ Kosten *nplt* (Singular: Kostenpunkt *nm*)
Einstechen *nn* (1) METAL **lancing** *n*
Einstechen *nn* (2) METAL **recess turning** *n*
[Drehen]
einsteckbar TECH **pocketable** *adj*
= in Taschenformat
Einsteckkraft *nf* COMPO → **insertion force**
→ Steckkraft *nf*
Einsteiger *nm* INF.TEC **entry-level user**
= Anfänger ≈ naive user [INF.TEC]; lamer *n* [INF.TEC]
Einsteigerniveau *nn* INF.TEC **entry level**
= Anfängerniveau *nn*
Einsteinium *nn* CHEM **einsteinium** *n*
= Es = Es
Einstellangabe *nf* TEC.DOC → **adjustment instructions**
→ Einstellanleitung *nf*
Einstellanleitung *nf* TEC.DOC **adjustment instructions**
= Einstellangabe *nf*; Einstellanweisung *nf* = adjusting instructions
≈ Einstellvorschrift ≈ adjustment specification
Einstellanweisung *nf* TEC.DOC → **adjustment instructions**
→ Einstellanleitung *nf*
einstellbar TECH **adjustable** *adj*
= regelbar (1) = settable
≈ veränderbar ≈ variable
einstellbar SW **configurable**
= konfigurierbar = settable
einstellbare Antenne ANT **steerable antenna**
[mit schwenkbarer Charakteristik] [with steerable characteristic]
= schwenkbare Antenne; Schwenkkeulenantenne *nf* = mobile antenna (2); steerable aerial; mobile aerial (2)
einstellbarer Hohlleitertransformator MICROW **waveguide tuner**
einstellbarer Kondensator COMPO **variable capacitor**
= veränderlicher Kondensator; regelbarer Kondensator; variabler Kondensator ↓ rotatable capacitor; decade capacitance box; trimming capacitor
↓ Drehkondensator; Dekadenkondensator; Trimmerkondensator
einstellbarer Widerstand COMPO → **adjustable resistor**
→ veränderbarer Widerstand
einstellbares Komma COMP.SC **adjustable point**
Einstellbarkeit *nf* TECH **adjustability** *n*
= Regelbarkeit *nf* = settability *n*
Einstellbereich *nm* TECH **adjustment range**
= setting range

Einstellehre *nf* → Passlehre *nf*	MEC.EN	→ **setting gauge**
einstellen = regeln; abgleichen ↓ feineinstellen	TECH	**adjust** *vt* = setup *vt* (1) ↓ fine-adjust
einstellen [vorübergehend nicht fortsetzen] ≈ auflassen	ECON	**discontinue** *vt* [to stop temporarily] ≈ disuse
einstellen → konfigurieren	DAT.PR	→ **configure** *vt*
einstellen → schließen	COLL	→ **close** *vt*
einstellen → setzen	SW	→ **set** *vt*
Einstellen *nn*	SWITCH	**setting** *n*
Einstellfehler *nm*	INSTR	**set-up error** = setting error
Einstellfehler *nm* → Fehleinstellung *nf*	EL.TRO	→ **misadjustment** *n*
Einstellfuß *nm*	EQP.EN	**adjustable base**
Einstellgenauigkeit *nf*	EL.TRO	**ajustment accuracy** = setting accuracy; settability *n*
Einstellgerät *nn* → Konfigurationsgerät *nn*	DAT.PR	→ **configuration device**
einstellig ≈ unär	MATH	**one-place; one-digit** *adj* = one-figure; one-digit ≈ unary
einstelliges Addierwerk → Halbaddierer *nm*	CIRC.EN	→ **half-adder** *n*
Einstellknopf *nm*	EQP.EN	**setting knob** = adjusting knob; adjustment knob
Einstellmarke *nf*	INSTR	**setting mark** = adjustment mark
Einstellmoment *nn*	MEC.EN	**adjusting torque** = controlling torque
Einstellregel *nf*	CONTRO	**setting rule**
Einstellschraube *nf* → Stellschraube *nf*	MEC.EN	→ **setscrew** *n*
Einstellspeicher *nm*	DAT.CO	**sequence control store** = sequence control storage; sequence control memory
Einstellung *nf* [unterbrechungslose Filmszene]	CINEMA	**single shot** *n* [w/o interruption] = shot *n*; take *n*
Einstellung *nf* [Personal] = Anstellung *nf*	ECON	**engagement** *n* [of personnel] = recruitment *n*; employment *n*
Einstellung *nf* = Abgleich *nm* ≈ Positionierung; Ausrichtung ↓ Feineinstellung	TECH	**adjustment** *n* (2) = variation *n* (2) ≈ positioning; alignment ↓ fine adjustment
Einstellung *nf*	EL.TRO	**adjustment** *n* = setting *n*; setup *n*; control *n*; variation *n*
Einstellung mit Kamerawagen	CINEMA	**dolly shot**
Einstellung mit Schärfentiefe	CINEMA	**deep-focus shot**
Einstellungsauswahl *nf* = Kadrage *nf*	CINEMA	**cadrage** *n*
Einstellungsdatei *nf*	DAT.NW	**set-up file**
Einstellungsgröße *nf*	CINEMA	**field size** ≈ distance *n*
Einstellungsmenü *nn*	COMP.AP	**preferences menu**
Einstellvorrichtung *nf*	TECH	**adjusting device**
Einstellvorschrift *nf* ≈ Einstellanweisung	TEC.DOC	**adjustment specification** ≈ adjustment instruction
Einstellwert *nm* = Abgleichwert *nm*	EL.TRO	**adjusted value** = setting value
Einstellwinkel *nm*	TECH	**adjusted angle** = setting angle; indicated angle
Einstell-Zeichenkette *nf* ↑ Steuerbefehl	DAT.PR	**setup string** ↑ control command
Einstellzeit *nf*	TECH	**setting time** = adjusting time
Einstich *nm*	METAL	**neck** *n*
Einstiegöffnung *nf* → Mannloch *nn*	OUT.PL	→ **manhole** *n*
Einstiegsadresse *nf* = Einstiegsstellenadresse *nf*	SW	**entry address** = entry-point address
Einstiegskosten *nplt* ≈ Anlaufkosten	ECON	**entry costs** ≈ start-up costs
Einstiegsmaske *nf* → Eingabemaske *nf*	COMP.AP	→ **input mask** *n*
Einstiegsmodell *nn* → Billigmodell *nn*	TECH	→ **low-cost model**
Einstiegsmodell *nn* = Anfängermodell *nn*	DAT.PR	**entry-level model**
Einstiegsstellenadresse *nf* → Einstiegsadresse *nf*	SW	→ **entry address**
Einstrahlung *nf*	EL.TRO	**spurious irradiation** = spurious irradiance; irradiation *n*; irradiance *n*
einstreuen [fig]	COLL	**intersperse** *vt* [fig]
Einstreuen *nn*	SWITCH	**feedthrough** *n*
Einstreuung *nf*	CIRC.EN	**feedthrough** *n*
Einstreuung *nf* → Fremdstörung *nf*	RAD.PRO	→ **interference** *n*
Einströmung *nf* → Kurzschlussstrom *nm*	EL.TEC	→ **short-circuit current**
einstufen → klassifizieren	SCIE	→ **classify** *vt*
Einstufencodierung *nf* [Mikroprogrammierung]	SW	**single-level encoding** ≠ microprogramming
einstufig ≠ mehrstufig	TECH	**one-level** *adj* = single-level; one-step; single-step
einstufige Koppelanordnung	SWITCH	**single-stage switching network** = single-stage connecting network
einstufiges Dateisystem ≠ hierarchisches Dateisystem	DAT.MA	**flat file system** ≠ hierarchical file system
einstufiges Dateiverzeichnis	DAT.MA	**flat file directory** [has no subdirectories]
einstufiges Unterprogramm [ruft für seine Ausführung keine anderen Unterprogramme auf]	SW	**one-level subroutine** [doesn't call other subroutines for its execution]
Einstufung *nf* → Klassifizierung *nf*	SCIE	→ **classification** *n*
einstweilig → vorübergehend	TECH	→ **temporary** *adj*
Eins-zu-Eins-Sprache *nf* [generiert pro Maschinenbefehl einen Programmbefehl] = (1:1)-Sprache *nf* ≈ Assemblersprache ↑ Programmiersprache	COMP.LG	**one-to-one language** *n* [produces one machine code instruction per program instruction] = 1:1 language ≈ assembler language
Eins-zu-Null-Verhältnis *nn* [Amplitudenverhältnis]	EL.TRO	**one-to-zero ratio** [ampltitude ratio]
Eintakt-A-Verstärker *nm* → Klasse-A-Verstärker *nm*	CIRC.EN	→ **class A amplifier**
Eintaktdurchlusswandler *nm*	POW.EN	**single-phase feed-forward converter** = single-ended forward converter
Eintaktgleichspannungswandler *nm*	POW.EN	**single-phase DC converter** = single-ended DC converter
Eintaktzelle *nf*	MICR.EL	**single-clock cell**
eintasten [über Tastatur eingeben] ≈ eintippen; eingeben	TER&PER	**key** *vt* [to enter by keyboard] = type-in; type; key-in ≈ enter
Eintasten *nn* → Eintastung *nf*	TER&PER	→ **keying** *n*
Eintastfehler *nm* → Eingabefehler *nm*	TER&PER	→ **keying error**
Eintastgeschwindigkeit *nf* → Eingabegeschwindigkeit *nf*	TELEC	→ **keying speed**
Eintastung *nf* = Eintasten *nn* ≈ Dateneingabe	TER&PER	**keying** *n* = keyboarding *n*; type-in *n* ≈ data input
eintauchen	TECH	**dip** *vt* = immerse
eintauchen → tauchen	TECH	→ **plunge** *vt*
einteilen → aufteilen	TECH	→ **partition** *vt*
einteilig ≈ einlagig ≠ mehrteilig	TECH	**one-part** *adj* = one-element; single-element; one-piece; single-piece; monobloc ≈ one-layer ≠ multisectional
Einteilung *nf* → Aufteilung *nf*	TECH	→ **partitioning** *n*
Eintor *nn* → Zweipol *nm*	NETW.TH	→ **two-terminal**

Eintrag *nm* → Dateneingabe *nf*	SW	→ **data input** *n*
Eintrag *nm* [in einem Wörterbuch] = Eintragung *nf*; Wortstelle *nf* ≈ Stichwort	LING	**entry** *n* [in a dictionary] ≈ headword
eintragen *vr* [in eine Liste]	COLL	**enrol** *vt*
einträglich → rentabel	ECON	→ **profitable** *adj*
Eintragung *nf* → Eintrag *nm*	LING	→ **entry** *n*
eintreiben	ECON	**recover** *vt* (2)
Eintreteaufforderung *nf* → Platzherbeiruf *nm*	SWITCH	→ **operator recall**
Eintreten *nn*	SWITCH	**cut-in** *n*
Eintretezeichen *nn*	SWITCH	**forward transfer signal** = forward transfer
Eintritt *nm* → Eintrittsstelle *nf*	SW	→ **entry point**
Eintrittsbarriere *nf*	ECON	**entry barrier**
eintrittsinvariant → mehrfach abrufbar	SW	→ **reusable**
eintrittsinvariantes Programm [ohne Nachladen von mehreren Benutzern wieder abrufbar] ≈ ablaufinvariantes Programm	SW	**reusable program** [can be reused by several user without reloading] ≈ reentrant program
Eintrittskarte *nf*	MEDIA	**ticket** *n*
Eintrittspunkt *nm* → Eintrittsstelle *nf*	SW	→ **entry point**
Eintrittsstelle *nf* [über Sprungbefehl erreichbare Programmstelle] = Eintrittspunkt *nm*; Eintritt *nm*; Einsprungpunkt *nm*; Einsprungstelle *nf*; Einsprung *nf* ≈ Rücksprungpunkt ≠ Austrittstelle	SW	**entry point** [programm point which can be reached by a jump instruction] = entry *n*; entrance point; entrance *n* ≈ reentry point ≠ exit point
Eintrittstemperatur *nf*	TECH	**inlet temperature**
Eintrittswarteschlange *nf* → Warteschlange *nf*	SWITCH	→ **waiting queue**
Eintrittswinkel *nm* → Einfangwinkel *nm*	EL.TRO	→ **acceptance angle**
eintunken → tauchen	TECH	→ **plunge** *vt*
einüben = drillen; einexerzieren	SCIE	**drill** *vt*
Einverarbeitungsbetrieb *nm* [ein RAM je CPU]	DAT.PR	**single processing** [one RAM per CPU]
Einverleibung *nf*	ECON	**incorporation**
Einwahl *nf*	TELEC	**dial-in** *n* = dial-up *vt*
Einwahldienst *nm*	TELEC	**dial-in servive** = dial-up service
einwählen ≈ wählen; einwählen	TELEC	**dial-in** *vi* = dial-up *vt* ≈ dial
Einwahlknoten *nm* ≈ Übergabepunkt	TELEC	**dial-in host** ≈ point of presence (2); PoP (2) ↑ delivery point
Einwahlknoten-Terminal *nn*	INTERNET	**point-of-sales terminal** ≈ PoS terminal
Einwahlleitung *nf* → Wählleitung *nf*	TELEC	→ **switched line**
Einwahlnummer *nf*	TELEC	**access number**
Einwahlproblem *nn*	TELEC	**dial-in problem**
Einwahlzugriff *nm*	TELEC	**dial-in access** = dial-up access
einwandfrei ≈ fehlerfrei; perfekt	TECH	**unobjectionable** *adj* ≈ fault-free; perfect
Einweg-	ECON	**non returnable**
Einweg- → einfachgerichtet	TELEC	→ **one-way** *adj*
Einwegbehälter *nm*	TECH	**one-way receptable**
Einwegfarbband *nn* → Einfachdruck-Farbband *nn*	TER&PER	→ **single-strike printer ribbon**
Einwegführung *nf* ≠ Mehrwegeführung	TELEC	**single-path routing** ≠ path diversity
Einwegfunktion *nf* [mit schwieriger Umkehrfunktion]	MATH	**one-way function** [with difficult inverse function]
Einweggleichrichter *nm*	POW.SY	**half-wave rectifier** = single-way rectifier
Einweg-Graph → gerichteter Graph	MATH	→ **directed graph**
Einweglaufzeit *nf*	TELEC	**one-way propagation time**
Einwegleitung *nf*	EL.TRO	**one-way line**
Einwegleitung *nf* → Richtungsleitung *nf*	MICROW	→ **isolator** *n*
Einwegschaltung *nf*	EL.TEC	**half-wave circuit**
Einwegschraube *nf* [kann nicht mehr gelöst werden]	MEC.EN	**nonretractable screw** [resists removal] = one-way screw
Einwegwähler *nm*	SWITCH	**uniselector** *n*
Einwelligkeitsbereich *nm* → Eindeutigkeitsbereich *nm*	MICROW	→ **monomode range**
einwertig → unär	MATH	→ **unary** *adj*
Einwilligung *nf* → Zustimmung *nf*	ECON	→ **consent** *n*
Einwirkung *nf* ≈ Effekt	TECH	**action** *n* ≈ effect
Ein-Wort-Befehl *nm*	SW	**single-word instruction**
Einwurfmünze *nf* ≈ Münze	TER&PER	**token** *n* = slug *n* ≈ coin
Einwurfschlitz *nm* → Münzeinwurfschlitz *nm*	TER&PER	→ **coin slot**
Einzahl *nf* → Singular *nm*	LING	→ **singular**
Ein-Zeichen-Puffer *nm*	DAT.PR	**unit buffer** [one character long]
Ein-Zeilen-Anzeige *nf*	TER&PER	**single line display**
einzeilig	EQP.EN	**single-row** *adj*
einzeilig	TER&PER	**single-line** *adj*
einzeilige Baugruppe	EQP.EN	**single-row module** = single-row subassembly; single-height module; single-height subassembly
Einzel- → einzeln *adj*	TECH	→ **single** *adj*
Einzelader *nf* → Ader *nf*	COM.CAB	→ **wire** *n*
Einzelanfertigung *nf* = Einzelfertigung *nf*; Einzelherstellung *nf*	MANUF	**unit production** = manufacture to order; job work; single-part production; one-off *n*
Einzelanschluss *nm*	TELEC	**individual line** = exclusive exchange line; single line
Einzelansprechen	TELEPH	**voice calling**
Einzelantennenanlage *nf* [für einen Haushalt] = EA	BROADC	**single antenna system** [for one household]
Einzelantrieb *nm*	MEC.EN	**individual drive** = single drive
Einzelanwendung *nf* = Monoapplication *nf* (ANGL)	COMP.AP	**mono-application** *n*
Einzelanwendungs-Software *nf* → Einzelfunktions-Software *nf*	SW	→ **single-function software**
Einzelbefehl *nm*	TELECON	**single command**
Einzelbeleg *nm* ↑ Einzelformular; Beleg	TER&PER	**single document** = single voucher ↑ single form; document
Einzelbelegeingabe *nf* → Einzelbelegzuführung *nf*	TER&PER	→ **single-document feed**
Einzelbelegeinzug *nm* → Einzelbelegzuführung *nf*	TER&PER	→ **single-document feed**
Einzelbelegtransport *nm* → Einzelbelegzuführung *nf*	TER&PER	→ **single-document feed**
Einzelbelegvorschub *nm* → Einzelbelegzuführung *nf*	TER&PER	→ **single-document feed**
Einzelbelegzuführung *nf* = Einzelbelegtransport *nm*; Einzelbelegeingabe *nf*; Einzelbelegeinzug *nm*; Einzelbelegvorschub *nm* ↑ Einzelformularzuführung	TER&PER	**single-document feed** = single-voucher feed; single-document transport; single-voucher transport; single-document advance; single-voucher advance
Einzelbetrieb *nm* → Simplexbetrieb *nm*	TELEC	→ **simplex** *n*
Einzelbild *nn* (1) → Vollbild *nn*	TV	→ **frame** *n*
Einzelbild *nn* (2)	TV	**individual image**
Einzelbildberarbeitung *nf*	TER&PER	**screen grab** [processing of a single screen frame]

einzelbitweise	DAT.PR	**bit-mapped**
Einzelblatt *nn*	TER&PER	**single sheet** = cut sheet; cut form
Einzelblattanlage *nf* → Einzelblattzuführung *nf*	TER&PER	→ **single-sheet feed**
Einzelblattaufbereiter *nm* → Trennvorrichtung *nf*	TER&PER	→ **separator** *n*
Einzelblattbelegleser *nm*	TER&PER	**single-sheet reader**
Einzelblattdatendruck *nm*	TER&PER	**single-page data print**
Einzelblatteingabe *nf* → Einzelblattzuführung *nf*	TER&PER	→ **single-sheet feed**
Einzelblatteinzug *nm* → Einzelblattzuführung *nf*	TER&PER	→ **single-sheet feed**
Einzelblattförderer *nm* → Einzelblattzuführung *nf*	TER&PER	→ **single-sheet feed**
Einzelblattpapier *nn* ≠ Endlospapier	TER&PER	**single-sheet paper** = single-sheet stationery ≠ continuous paper
Einzelblattransport *nm* → Einzelblattzuführung *nf*	TER&PER	→ **single-sheet feed**
Einzelblattschacht *nm* → Einzelblattzuführung *nf*	TER&PER	→ **single-sheet feed**
Einzelblattverarbeitung *nf*	TER&PER	**single-page processing**
Einzelblattzufuhr *nf* → Einzelblattzuführung *nf*	TER&PER	→ **single-sheet feed**
Einzelblattzuführung *nf* = Einzelblattzufuhr *nf*; Einzelblattransport *nm*; Einzelblatteingabe *nf*; Einzelblatteinzug *nm*; Einzelblattanlage *nf*; Einzelblattförderer *nm*; Einzelblattschacht *nm*; Einzelschacht *nm* ≈ Einzelformularzuführung ↑ Papiervorschub ↓ Einzelformularzuführung; Einzelblattschacht	TER&PER	**single-sheet feed** = single-sheet feeding; single-sheet transport; bill feed; cut sheet feeding; single bin cut-sheet feeder; paper input tray; single-sheet insertion; sheet feeder; sheet feed; single-sheet conveyor; sheet conveyor ≈ single-form feed ↑ paper feed ↓ single-form feed; cut-sheet feeder
Einzel-Chip- → Ein-Chip-	MICR.EL	→ **monochip** ...
Einzeldienstbetreiber *nm*	TELEC	**single service operator** = SSO
Einzeldraht *nm* = Einzelleiter *nm*; Teilleiter *nm* ≈ Einzelader	TECH	**strand** *n* = single wire
Einzeldruck *nm* → Postendruck *nm*	DAT.PR	→ **detail printing**
Einzeldurchlauf *nm* = Einfachdurchlauf *nm*	DAT.PR	**single run operation** = single pass operation; one-pass operation; one pass
Einzeldurchlauf-Kompilierer *nm* → Eifachdurchlauf-Kompilierer *nm*	SW	→ **one-pass compiler**
Einzelelement *nn* → Einzelstrahler *nm*	ANT	→ **radiating element**
Einzelerfassung *nf* → Einzelgebührenerfassung *nf*	SWITCH	→ **toll ticketing**
Einzelerfassungsplatz *nm*	DAT.CO	**single acquisition terminal**
Einzelfarbe *nf* → Grundfarbe *nf*	OPT	→ **elementary color**
Einzelfehler *nm* = Einfachfehler *nm*; einfacher Fehler	CODING	**single error** = single shot
Einzelfertigung *nf* → Einzelanfertigung *nf*	MANUF	→ **unit production**
einzelfoliengeschirmt	COM.CAB	**individually foil shielded**
Einzelformular *nn* = Einzelvordruck *nm* ≠ Endlosformular ↑ Formular ↓ Einzelbeleg	TER&PER	**single form** = single-sheet form ≠ continuous form ↑ form ↓ single document
Einzelformulareingabe *nf* → Einzelformularzuführung *nf*	TER&PER	→ **single-form feed**
Einzelformulareinzug *nm* → Einzelformularzuführung *nf*	TER&PER	→ **single-form feed**
Einzelformulartransport *nm* → Einzelformularzuführung *nf*	TER&PER	→ **single-form feed**
Einzelformularvorschub *nm* → Einzelformularzuführung *nf*	TER&PER	→ **single-form feed**
Einzelformularzuführung *nf* = Einzelvordruckzuführung *nf*; Einzelformulartransport *nm*; Einzelvordrucktransport *nm*; Einzelformulareingabe *nf*; Einzelvordruckeingabe *nf*; Einzelformulareinzug *nm*; Einzelvordruckeinzug *nm*; Einzelformularvorschub *nm*; Einzelvordruckvorschub *nm* ≈ Einzelblattzuführung ≠ Endlosformularzuführung ↑ Formularzuführung ↓ Einzelbelegzuführung	TER&PER	**single-form feed** = continuous form feed ≈ single-form transport; single-form feeding; single-form advance; single-form drive ↑ single-sheet feed ↓ form feed
Einzelfrequenznetz *nn* = Gleichfrequenznetz *nn*	MOB.CO	**SFN** = single-frequency network
Einzelfunktions-Software *nf* = Einzelanwendungs-Software *nf*	SW	**single-function software**
Einzelgebührenanschluss *nm*	TELEC	**message-line subscription**
Einzelgebührenauflistung *nf* → Einzelgebührenerfassung *nf*	SWITCH	→ **toll ticketing**
Einzelgebührenerfassung *nf* = EGE; Einzelgebührenauflistung *nf*; Einzelgebührnachweis *nm*; EGN; Einzelgebührregistrierung *nf*; Einzelgesprächserfassung *nf*; Einzelgesprächsauflistung *nf*; Einzelgesprächsnachweis *nm*; Einzelgesprächsregistrierung *nf*; Einzelerfassung *nf*; rufweise Gebührenerfassung; rufweise Gesprächsauflistung; rufweiser Gebührennachweis ≠ Summengebührenerfassung	SWITCH	**toll ticketing** = detailed registration; detailed message accounting; detailed accounting; itemized billing; detailed billing; DEB ≠ bulk billing
Einzelgebührnachweis *nm* → Einzelgebührenerfassung *nf*	SWITCH	→ **toll ticketing**
Einzelgebührregistrierung *nf* → Einzelgebührenerfassung *nf*	SWITCH	→ **toll ticketing**
Einzelgerät *nn* = Einzelvorrichtung *nf*	TECH	**single device**
einzelgeschirmt	COM.CAB	**individually shielded**
Einzelgesprächsauflistung *nf* → Einzelgebührenerfassung *nf*	SWITCH	→ **toll ticketing**
Einzelgesprächserfassung *nf* → Einzelgebührenerfassung *nf*	SWITCH	→ **toll ticketing**
Einzelgesprächserfassung *nf*	TELEPH	**call detail recording** = CDR; station message detail recording; SMDR
Einzelgesprächsnachweis *nm* → Einzelgebührenerfassung *nf*	SWITCH	→ **toll ticketing**
Einzelgesprächsregistrierung *nf* → Einzelgebührenerfassung *nf*	SWITCH	→ **toll ticketing**
Einzelglocke *nf* [Freileitung]	OUT.PL	**single-petticoat insulator** = single shed insulator
Einzelhalbleiter *nm* = diskreter Halbleiter	MICR.EL	**discrete semiconductor**
Einzelhandel *nm* = Kleinhandel *nm*	ECON	**retail trade** = retail *n*
Einzelhandels- *praep*	ECON	**retail** *praep* = point of sale
Einzelhandelspreis *nm* = Ladenpreis *nm*	ECON	**retail price** = street price
Einzelhändler *nm* ≠ Großhändler ↑ Händler	ECON	**retailer** *n* ≠ wholesale dealer ↑ dealer
Einzelheit *nf*	ENG.DRA	**detail** *n*
Einzelheitenauflöser *nm*	TV	**details enhancer**
Einzelherstellung *nf* → Einzelanfertigung *nf*	MANUF	→ **unit production**
Einzelimpuls *nm*	EL.TRO	**transient signal**
Einzelkanal- → Einkanal-	TELEC	→ **single-channel** ...
Einzelkanalmodulation *nf*	MODUL	**single-channel modulation**
Einzelklinke *nf* ≠ Klinkenstreifen	TELEPH	**individual jack** ≠ jack strip
Einzelkopflaufwerk *nn* [ein Kopf pro Spur]	TER&PER	**head-per-track disk drive** [one head per track]
Einzelkosten *nplt*	ECON	**direct costs**
Einzelleiter *nm* → Einzeldraht *nm*	TECH	→ **strand** *n*
Einzelleiterplatte *nf*	EL.TRO	**individual PCB** = individual board
Einzellen-Bocksprungprüfung *nf*	DAT.MA	**crippled leapfrog test** [using a single memory cell]
Einzellinse *nf*	EL.TRO	**single lens**
Einzellöschung *nf*	EL.TEC	**single quenching**
Einzelmeldung *nf*	TELECON	**individual indication** = individual report; single-point information

einzeln → diskret	COMPO	→ **discrete**
einzeln *adj* = Einzel-; Ein-; Mono-; Uni-	TECH	**single** *adj* = one; mono-
Einzelpaket *nn* [ermöglicht die Mitnahme von Daten in Rufpaketen]	DAT.CO	**fast select** [allows inclusion of data in call packets]
Einzelpegelmessung *nf* → selektive Pegelmessung	INSTR	→ **selective level measurement**
Einzelplatzbedienung *nf*	TER&PER	**single-terminal service** = single-terminal operation
Einzelposten *nm* → Position *nf*	ECON	→ **item** *n*
Einzelprüfprogramm *nn*	SWITCH	**individual test program**
Einzelruf *nm* → Selektivruf *nm*	SWITCH	→ **selective call**
Einzelschacht *nm* → Einzelblattzuführung *nf*	TER&PER	→ **single-sheet feed**
Einzelschlitz-TDM → Einzelzeitschlitz-TDM *nn*	TELEC	→ **single-slot TDM**
Einzelschritt *nm*	TECH	**single step** *n*
Einzelschrittbetrieb *nm* → Einzelschrittverarbeitung *nf*	DAT.PR	→ **single-step operation**
Einzelschrittdurchgang *nm* → Einzelschrittverarbeitung *nf*	DAT.PR	→ **single-step operation**
Einzelschrittmodus *nm* → Einzelschrittverarbeitung *nf*	DAT.PR	→ **single-step operation**
Einzelschrittsteuerung *nf* = direkte Steuerung; Direksteuerung *nf*	SWITCH	**step-by-step control** = single-step control
Einzelschrittverarbeitung *nf* = Einzelschrittbetrieb *nm*; Einzelschrittmodus *nm*; Einzelschrittdurchgang *nm*	DAT.PR	**single-step operation** ≈ single-step processing; single step mode; single step
Einzelsignal-Mustererkennung *nf*	INSTR	**single pattern recognition**
Einzelstation *nf*	TER&PER	**single station**
Einzelstrahler *nm* = Einzelelement *nn*; Antennenelement *nn*; Strahlungselement *nn*; Strahlelement *nn* ↑ Strahler	ANT	**radiating element** = antenna element ↑ radiator
Einzeltastensteuerung *nf* [erfordert keine gleichzeitigen Tastenbetätigungen wie z.B. mit CR]	DAT.PR	**single key responses** [doesn't require simultaneous key depression, as e.g. with CR]
Einzeltasten-Tastatur *nf* ≠ Folientastatur	TER&PER	**single-key keyboard** ≠ membrane keyboard
Einzelteil *nn* = Satzteil *nn* ≈ Bestandteil; Modul	TECH	**component part** = single part; component *n* ≈ constituent; module
Einzelteilnehmerstation *nf* ≠ Mehrteilnehmerstation	TELEC	**single-line station** ≠ multiple-line station
Einzeltrennsatz *nm*	TER&PER	**single rapid decollation set**
Einzelunterricht *nm*	EDUC	**tutorial** *n* [individual instruction class]
Einzelverbindung *nf* → Punkt-zu-Punkt-Verbindung *nf* (1)	TELEC	→ **point-to-point connection** (1)
Einzelverriegelung *nf*	TECH	**individual lock**
Einzelvordruck *nm* → Einzelformular *nn*	TER&PER	→ **single form**
Einzelvordruckeingabe *nf* → Einzelformularzuführung *nf*	TER&PER	→ **single-form feed**
Einzelvordruckeinzug *nm* → Einzelformularzuführung *nf*	TER&PER	→ **single-form feed**
Einzelvordrucktransport *nm* → Einzelformularzuführung *nf*	TER&PER	→ **single-form feed**
Einzelvordruckvorschub *nm* → Einzelformularzuführung *nf*	TER&PER	→ **single-form feed**
Einzelvordruckzuführung *nf* → Einzelformularzuführung *nf*	TER&PER	→ **single-form feed**
Einzelvorrichtung *nf* → Einzelgerät *nn*	TECH	→ **single device**
Einzelweganschaltung *nf*	SWITCH	**connect single path**
Einzelwerbung *nf*	ECON	**individual advertising**
Einzelwort-Erkennungssystem *nn*	TER&PER	**single-word recognition system**
Einzelzeichentaste *nf* [für zeichenweise Textverarbeitung]	WOR.PR	**character key** [for characterwise word processing mode]
Einzelzeichnung *nf* → Teilzeichnung *nf*	ENG.DRA	→ **detail drawing**
Einzelzeitschlitz-TDM *nn* = Einzelschlitz-TDM	TELEC	**single-slot TDM**
einziehbar ≈ versenkbar	TECH	**retractable** ≈ retractile ↑ sinkable
einziehen [Kabel] = ziehen ≈ verlegen	OUT.PL	**pull-in** *vt* = pull *vt*; draw *vt* ≈ lay
einziehen ≈ versenken	TECH	**retract** *vt* ≈ sink
einziehen → einrücken	PRIN.ME	→ **indent** *vt*
Einziehgeschwindigkeit *nf*	OUT.PL	**pulling speed**
Einziehlänge *nf* = Kabeleinziehlänge *nf*	OUT.PL	**pulling length** = pull-in length
Einziehtechnik *nf*	OUT.PL	**pulling technique**
Einziehvorgang *nm*	OUT.PL	**pulling operation**
einzig *adj* ≈ einzigartig	COLL	**unique** *adj* = single *adj*; sole *adj* ≈ singular
einzigartig *adj* = eigentümlich; unikal; unik; einmalig (fig); distinktiv (SCIE) ≈ einzig; speziell; kennzeichnend; unerreicht; unvergleichlich	COLL	**singular** *adj* = unique *adj* (2); peculiar *adj*; particular *adj* ≈ unique (1); special; distinctive; unmatched; uncomparable
Einzug *nm* [Einrücken von Zeilen; ein Abstand vom linken Zeilenrand, oder von Zeilenende zu rechtem Rand] = Einrücken *nn*; Einrückung *nf* ↓ hängender Einzug; Asatzeinzug; Erstzeileneinzug	PRIN.ME	**indent** *n* [inward shift of lines; a separation from left margin of lines, or of end of line from right margin] = indentation; indention ↓ hanging indent; paragraph indentation; first-line indent
Einzug-Abtaster *nm* = Einzug-Scanner *nm*	TER&PER	**feed scanner** = feed-type scanner; sheet-fed scanner
einzügig	OUT.PL	**single-duct**
Einzugsbereich *nm* → Versorgungsbereich *nm*	TELEC	→ **service area** *n*
Einzug-Scanner *nm* → Einzug-Abtaster *nm*	TER&PER	→ **feed scanner**
Einzugsgebiet *nn*	ECON	**catchment area**
Einzugskanalisation *nf* (CH) → Kabelkanal *nm*	OUT.PL	→ **cable conduit**
Einzweck-	TECH	**single-purpose** *adj*
Einzweckregister *nn*	HW	**single-purpose register**
EIRP → äquivalente isotrop abgestrahlte Leistung	RADIO	→ **equivalent isotropic radiated power**
EISA-Bus *nm* [Konkurrenzversion der "Gang of Nine" (→) zum 32-Bit-Bus "MCA" von IBM] = EISA-Standard-Bus *nm* ↑ PC-Bus	HW	**EISA bus** [Extended Industry Standard Architecture; rival 32-bit bus to IBM's "MCA" by the "Gang of Nine" (→); pron. "ee-sah"] = EISA standard bus ↑ PC bus
EISA-Standard-Bus *nm* → EISA-Bus *nm*	HW	→ **EISA bus**
Eisbrecher *nm*	DAT.NW	**ICE breaker** ≈ icebraeker *n*
Eisen *nn* = Fe	CHEM	**iron** *n* = Fe
Eisenbahn *nf*	TRANSP	**railroad** *n* (1) (AE) = railway (1) (BE); Ry.
Eisenbahnlinie *nf*	TRANSP	**railroad track** (2) (AE) [fig] = railroad *n* (2) (AE); railway track (BE); railway *n* (2) (BE)
Eisenbahnsignaltechnik *nf*	SIG.EN	**railway signalling**
Eisenband *nn*	METAL	**iron strip**
eisenbeschichtet	METAL	**ironclad**
Eisenblech *nn* = Blecheisen *nn*	METAL	**iron sheet** = sheet iron
eisenfrei = eisenlos	TECH	**iron-free** = ironless; air-core [EL.TEC]
eisenfreier Elektromagnet = eisenfreier Magnet; eisenloser Elektromagnet; eisenloser Magnet	EL.TEC	**air-core electromagnet** = air-core magnet
eisenfreier Magnet → eisenfreier Elektromagnet	EL.TEC	→ **air-core electromagnet**
eisengrau [RAL 7011]	OPT	**anthracite grey**
Eisenguss *nm*	METAL	**iron casting**
Eisenkern *nm*	EL.TEC	**iron core**
Eisenkernspule *nf*	EL.TEC	**iron-core coil**
Eisenkreis *nm* → Magnetkreis *nm*	EL.SC	→ **magnetic circuit**

eisenlos TECH → **iron-free**
→ eisenfrei

eisenlose Endstufe CIRC.EN **iron-free booster**

eisenloser Elektromagnet EL.TEC → **air-core electromagnet**
→ eisenfreier Elektromagnet

eisenloser Magnet EL.TEC → **air-core electromagnet**
→ eisenfreier Elektromagnet

Eisennadel-Instrument *nn* INSTR **iron-needle instrument**

Eisenoxyd *nn* CHEM **ferrous oxide**
≈ Rost
↑ rust *n*

eisenoxydbeschichteter Datenträger TER&PER **oxide medium**

Eisenspalt *nm* EL.SC → **magnetic gap**
→ Magnetluftspalt *nm*

Eisensuchgerät *nn* TECH **iron detector**

Eisenverlust *nm* EL.TEC **core loss**
= iron loss

Eisen-Wasserstoff-Widerstand *nm* PHYS **hydrogen-iron resistance**
= Barretter
= barretter *n*

eisgrün *adj* OPT **ice green** *adj*

Eislast *nf* CIV.EN **ice load**

E-Knick *nm* MICROW **TM-bend**

E-Kupfer *nn* METAL **electric grade copper**

EL-Anzeige *nf* COMPO → **electroluminescence display**
→ Elektrolumineszenzanzeige *nf*

Elast CHEM **elastic** *n*

elastisch PHYS **elastic** *adj*

elastische Dehnung METAL → **strech** *n*
→ Streckung *nf*

elastischer Puffer HW → **dynamic buffer store**
→ dynamischer Pufferspeicher

elastischer Pufferspeicher HW → **dynamic buffer store**
→ dynamischer Pufferspeicher

elastischer Speicher HW → **buffer store**
→ Pufferspeicher *nm*

Elastizität *nf* MECH **elasticity** *n*

Elastizitätsgrenze *nf* MECH **elastic limit**

Elastizitätsmodul *nm* (*pl* -n) MECH **modulus of elasticity**

Elastizitätswelle *nf* MECH **elastic wave**

Elastomer CHEM **elastomer** *n*

Elativ *nn* LING **elative form**
[nicht vergleichender, sondern absoluter Superlativ; z.B. zumeist]
≠ an absolute, rather than comparing, superlative

ELD COMPO → **electroluminescence display**
→ Elektrolumineszenzanzeige *nf*

Electronic Commerce INTERNET → **e-Commerce**
→ E-Commerce

Electronic Publishing COMP.AP **electronic publishing**
[Erstellen von Druckerzeugnissen auf Rechnern]
= elektronisches Publizieren
≈ Desktop Publishing
↑ CAP (2)
[editing of printed matter on computers]
= EP; electronic technical publishing; ETP; computer publishing
≈ desktop publishing
↑ CAP (2)

Electrotator-Querstrahler *nm* ANT **electrotator bidirectional array**

elegant TECH **elegant** *adj*

Elegie *nf* LING **elegy** *n*
[Gedicht aus Distichen]

Elektret *nn* EL.SC **electret** *n*
[permanent polarisierbares Dielektrikum]
[permanently polarizable dielectric]

Elektret-Kondensator-Mikrofon *nn* EL.ACOU **electret condenser microphone**

Elektriker *nm* TECH **electrician** *n*
= Elektroinstallateur *nm*

elektrisch PHYS **electric** *adj*
= electrical *adj*

elektrisch änderbarer Festwertspeicher MICR.EL → **EAPROM**
→ EAPROM *nn*

elektrische Achse PHYS **electric axis**

elektrische Anlagetechnik POW.EN **industrial engineering**
↑ elektrische Energietechnik
↑ electrical power engineering

elektrische Beeinflussung EL.SC **electrostatic induction**
= elektrische Influenz; Influenz *nf* (2)
↑ Beeinflussung
= electrostatic influence
↑ influence

elektrische Durchflutung EL.SC **electric loading**
[Flächenintegral der Stromdichte; Strom mal Windungszahl; SI-Einheit: Ampere]
= elektrischer Fluss (1)
≈ magnetomotorische Kraft; elektrischer Fluss (2)
≈ electric flux (1); electric circulation
≠ surface integral of current density; current times number of turns; SI unit: ampere
↑ magnetomotive force; electric flux

elektrische Energie EL.SC **electrical energy**

elektrische Energiedichte EL.SC **electrical energy density**

elektrische Energietechnik EL.TEC **electrical power engineering**
= Starkstromtechnik *nf*; Energietechnik *nf*
≠ Schwachstromtechnik
↑ Elektrotechnik
↓ Elektromaschinenbau; elektrische Anlagetechnik; elektrische
= electrical power technology; electrical power systems technology; power current engineering; power current technology; power engineering; heavy current engineering; heavy current technology
≠ low current engineering
↑ electrotechnology
↓ electrical machines engineering; industrial engineering; electric installation engineering

elektrische Feldkonstante EL.SC **dielectric constant** (2)
= Influenzkonstante *nf*; Verschiebungskonstante *nf*; Dielektrizitätskonstante des leeren Raumes (obs)
= permittivity of vacuum; permittivity *n* (2); electric space constant; dielectric constant of free space (obs)

elektrische Feldlinie EL.SC → **electric field line**
→ elektrische Kraftlinie

elektrische Feldstärke EL.SC **electric field strength**

elektrische Flächendichte EL.SC **surface density of electric charge**

elektrische Flussdichte EL.SC **electric flux density**
[Vektor dessen Betrag gleich dem Verschiebungsfluss pro Flächeneinheit, gleichgerichtet mit elektrischen Kraftlinien; SI-Einheit: C/cm²]
= elektrische Verschiebungsdichte; Verschiebungsdichte *nf*; Verschiebungsvektor; elektrische Verschiebung; dielektrische Erregung
[vector with magnitude equal to flux per unit area, in direction of the electric lines of force; SI unit: C/cm²]
= dielectric displacement density; dielectric displacement; electric displacement; electric displacement density; displacement vector;

elektrische Gitarre MUSIC → **electric guitar**
→ Elektrogitarre *nf*

elektrische Impedanz NETW.TH → **impedance** *n*
→ komplexer Scheinwiderstand

elektrische Influenz EL.SC → **electrostatic induction**
→ elektrische Beeinflussung

elektrische Installationstechnik POW.EN **electric installation engineering**
↑ elektrische Energietechnik
↑ electrical power engineering

elektrische Kapazität EL.SC **electric capacitance**
[SI-Einheit: Farad]
= Kapazität *nf*; C
≈ Kondensator [COMPO]
[SI unit: Farad]
= electric capacity; capacitance *n*; C

elektrische Kraft EL.SC **electrical force**

elektrische Kraftlinie EL.SC **electric field line**
= elektrische Feldlinie; E-Linie *nf*

elektrische Ladung EL.SC **electric charge**
[SI-Einheit: Coulomb]
= Elektrizitätsladung *nf*; Q
[SI unit: Coulomb]
= Q

elektrische Länge ANT **electrical length**

elektrische Leistung EL.SC **electric power**
= wattage

elektrische Leitfähigkeit EL.SC **electric conductivity** (1)
[Materialfaktor des elektrischen Leitwertes; SI-Einheit: S/m]
= elektrisches Leitvermögen
≠ spezifischer elektrischer Widerstand
[material constant of electrical conductance; SI unit: S/m]
≠ specific resistance

elektrische Leitung EL.SC → **electric conduction**
→ Elektrizitätsleitung *nf*

elektrische Linse EL.TRO → **electron lens**
→ Elektronenlinse *nf*

elektrische Maschine POW.EN → **electrical machine**
→ Elektromaschine *nf*

elektrische Messtechnik INSTR **electrical measurement technique**
= Elektromesstechnik *nf*

elektrische Nachrichtentechnik EL.TEC → **information technology** (1)
→ Informationstechnik *nf* (1)

elektrische Nachrichtenübertragung INF.TEC **electrical communication**

elektrische Niveaulinie EL.SC → **electric potential line**
→ elektrische Potentiallinie

elektrische Polarisation EL.SC **electric polarization**
[Differenz der Flussdichten im Dielektrikum zum Vakuum]
↓ Verschiebungspolarisation; Orientierungspolarisation
[difference of flux density in dielectric to vacuum]

elektrische Polarität EL.SC **electrical polarity**

elektrische Potentiallinie EL.SC **electric potential line**
= elektrische Niveaulinie

elektrische Randspannung EL.SC → **electric boundary potential**
→ elektrische Umlaufspannung

elektrischer Dipol EL.SC **electric dipole**

Elektrische-Regeln-Prüfung *nf* [ASIC]	MICR.EL	**electrical rule check** [ASIC]
elektrischer Elementardipol → hertzscher Dipol	ANT	→ **elementary electric dipole**
elektrischer Fluss (1) → elektrische Durchflutung	EL.SC	→ **electric loading**
elektrischer Fluss (2) [Flächenintegral der elektrischen Flussdichte; SI-Einheit: Coulomb] = Verschiebungsfluss *nm* ≈ elektrische Durchflutung	EL.SC	**electric flux** *n* (2) [surface integral of electric flux density; SI unit: Coulomb] ≈ electric flux (1)
elektrischer Generator → Stromgenerator *nm*	POW.EN	→ **generator** *n*
elektrischer Hüllenfluss	EL.SC	**electric area flux**
elektrischer Leiter → Elektrizitätsleiter *nm*	EL.SC	→ **electric conductor**
elektrischer Leitwert [SI-Einheit: Siemens] = Leitwert *nm*; Konduktanz *nf*; G ≠ elektrischer Widerstand	EL.SC	**electric conductivity** *n* (2) [SI unit: Siemens] = electrical conductance; conductance *n*; G ≠ electrical resistance
elektrischer Strom = Strom *nm* ↓ Gleichstrom; Wechselstrom	EL.SC	**electric current** *n* = current *n* ↓ direct current; alternate current
elektrischer Strombelag [Summe der Querströme zum Bohrumfang durch Bohrumfang]	POW.EN	**specific electric loading** ≠ sum of currents crossing a hole to its circumference
elektrischer Stromkreis → Schaltkreis *nm*	NETW.TH	→ **circuit** *n*
elektrischer Verschiebungsstrom [Maxwellsche Gleichungen] = Verschiebungsstrom *nm*; Verschiebestrom *nm* ≈ Leitungsstrom	EL.SC	**dielectric current** [Maxwell's equations] = displacement current ≈ conduction current
elektrischer Widerstand [elektrische Spannung zu elektrischem Strom; abgeleitete SI-Einheit: Ohm] = Resistanz *nf*; R	EL.SC	**electric resistance** [voltage to current ratio; derived SI unit: ohm] = resistance *n*; R
elektrischer Wind	PHYS	**electric wind**
elektrische Schreibmaschine	OFFICE	**electric typewriter**
elektrische Schwingung	EL.SC	**electrical oscillation**
elektrisches Erdfeld	PHYS	**terrestrial electric field**
elektrisches Feld	EL.SC	**electric field**
elektrisches Leitvermögen → elektrische Leitfähigkeit	EL.SC	→ **electric conductivity** (1)
elektrische Spannung [SI-Einheit: Volt] = Spannung *nf*; U ≈ Potentialdifferenz [PHYS]	EL.SC	**voltage** *n* [potential difference expressed in Volt; SI-unit: Volt] = tension; U ≈ potential difference [PHYS]
elektrisches Potential [SI-Einheit: Volt] = Coulomb-Einheit *nf* ≈ elektrische Spannung	EL.SC	**electrical potential** [SI unit: Volt] ≈ electric tension
elektrische Stromdichte	EL.SC	**electric current density**
elektrische Stromstärke *nf* → Stromstärke *nf*	EL.TEC	→ **current intensity**
elektrische Suszeptibilität [Verhältnis der elektrischen Polarisation im Dielektrikum zur elektrischen Flussdichte im Vakuum]	EL.SC	**electric susceptibility** [ratio of electric polarization in a dielctric to electric flux density in vacuum]
elektrische Transversalwelle → transversale elektrische Welle	LINE TH	→ **transverse electric wave**
elektrische Umlaufspannung = elektrische Randspannung	EL.SC	**electric boundary potential**
elektrische Verkabelung → Verkabelung *nf*	EL.TEC	→ **wiring** *n*
elektrische Verschiebung → elektrische Flussdichte	EL.SC	→ **electric flux density**
elektrische Verschiebungsdichte → elektrische Flussdichte	EL.SC	→ **electric flux density**
elektrisch kurz	NETW.TH	**electrically short**
elektrisch kurzer Dipol	ANT	**electrically short dipole**
elektrisch lang	NETW.TH	**electrically long**
elektrisch leitfähiger Schaumstoff	TECH	**conductive foam material**
elektrisch löschbarer Festwertspeicher → EEROM *nn*	MICR.EL	→ **EEROM**
elektrisch löschbarer programmierbarer Festwertspeicher → EEPROM *nn*	MICR.EL	→ **EEPROM**
elektrisierbar	EL.SC	**electrifiable**
elektrisieren	EL.SC	**electrify** *vt*

Elektrisierung *nf*	EL.SC	**electrification** *n*
Elektrisierungszahl *nf* → Dielektrizitätszahl *nf*	EL.SC	→ **relative permittivity**
Elektrizität *nf* [vom Griechischen "élektron" (Bernstein), d.h. "sich wie B. verhaltend", was sich auf die Reibungselektrizität bezieht]	PHYS	**electricity** *n* (1) [from Greeek " élektron" (amber), i.e. "having a behaviour like amber", referring to its friction electricity]
Elektrizitätsentladung *nf*	EL.SC	**electric discharge**
Elektrizitätserzeugung *nf* = Stromerzeugung *nf*	POW.SY	**electricity generation**
Elektrizitätsladung *nf* → elektrische Ladung	EL.SC	→ **electric charge**
Elektrizitätslehre *nf* = Elektrophysik *nf*; theoretische Elektrotechnik ≈ Elektrotechnik ↓ Elektrostatik; Elektrodynamik; Magnetismus; Netzwertheorie;	PHYS	**electrical science** *n* = electrical fundamentals; electricity (2) ≈ electrical engineering ↓ electrostatics; electrodynamis; magetism; network theory; line theory; high frequency; microwaves
Elektrizitätsleiter *nm* [spezif. Widerstand < 0,5 Ohm m] = elektrischer Leiter; Stromleiter *nm*	EL.SC	**electric conductor** [specif.el.resistance < 0.5 ohm m]
Elektrizitätsleitung *nf*	EL.INS	**electric line** ≈ electrical line
Elektrizitätsleitung *nf* = elektrische Leitung	EL.SC	**electric conduction** = electrical conduction
Elektrizitätsmenge *nf*	EL.SC	**quantity of electricity**
Elektrizitätsunternehmen *nn* → Energieversorgungsunternehmen *nn*	ECON	→ **electric utility**
Elektrizitätswerk *nn*	POW.SY	**electric power plant** (1)
Elektrizitätszähler *nm*	INSTR	**electric counter**
Elektroakustik *nf*	PHYS	**electroacoustics**
elektroakustisch ≈ akustoelektrisch	PHYS	**electroacoustic** *adj* ≈ acoustoelectric
elektroakustischer Effekt	PHYS	**electroacoustic effect**
elektroakustischer Wandler → Schallwandler *nm*	EL.ACOU	→ **electroacoustic transducer**
Elektroanalyse *nf*	PHYS	**electro-analysis**
Elektroblech *nn* → Transformatorblech *nn*	METAL	→ **transformer sheet**
Elektrochemie *nf*	PHYS	**electrochemics** *nplt* = electro-chemistry
elektrochemisch	PHYS	**electro-chemical**
elektrochemisches Äquivalent	CHEM	**electrochemical equivalent**
elektrochemische Spannung → galvanische Spannung	PHYS	→ **galvanic tension**
elektrochemische Spannungsreihe → voltaische Spannungsreihe	PHYS	→ **electrochemical series**
elektrochemisches Potential	PHYS	**electrochemical potential**
elektrochrome Anzeige	EL.TRO	**electrochrome display**
Elektrode *nf* [Batterie]	POW.SY	**electrode** *n* = plate
Elektrode *nf* ↓ Anode; Kathode	PHYS	**electrode** *n* ↓ anode; cathode
Elektrodenimpedanz *nf*	EL.TRO	**electrode impedance**
Elektrodenkennlinie *nf* [Röhre]	EL.TRO	**electrode characteristic** [tube]
elektrodenlos	EL.TRO	**electrodeless**
elektrodenlose Röhre	EL.TRO	**electrodeless tube**
Elektrodenreaktanz *nf*	EL.TRO	**electrode reactance**
Elektrodenspannung *nf*	EL.TEC	**electrode voltage**
Elektrodenstrom *nm*	EL.TEC	**electrode current**
Elektrodynamik *nf* ↑ Elektrizitätslehre	EL.SC	**electrodynamics** *nplt* ↑ electrical fundamentals
elektrodynamisch	EL.SC	**electrodynamic** *adj*
elektrodynamischer Lautsprecher ↓ Druckkammerlautsprecher	EL.ACOU	**electrodynamic loudspeaker** = dynamic loudspeaker; moving-coil loudspeaker; coildriven louspeaker ↓ horn loudspeaker
elektrodynamischer Leistungsmesser	INSTR	**electrodynamic power meter**
elektrodynamischer Messfühler = Induktionsmessfühler *nm*; Tauchspul-Messfühler *nm*; generatorischer Messfühler	INSTR	**electrodynamical pick-up**
elektrodynamischer Tonabnehmer	EL.ACOU	**moving-coil pickup**
elektrodynamischer Wandler ↑ Schallwandler	EL.ACOU	**electrodynamic transducer** ↑ electroacoustic transducer
elektrodynamisches Messinstrument → Dynamometer *nn*	INSTR	→ **dynamometer** *n*
elektrodynamisches Messwerk → dynamometrisches Messwerk	INSTR	→ **electrodynamical measuring system**

elektrodynamisches Mikrofon EL.ACOU **dynamic microphone**
= elektrodynamisches Mikrophon; dynamisches Mikrophon ↓ moving-coil microphone; ribbon microphone
↓ Tauchspulenmikrophon; Bändchenmikrophon
elektrodynamisches Mikrophon EL.ACOU → **dynamic microphone**
→ elektrodynamisches Mikrofon
elektrodynamisches Potential EL.SC **electrodynamic potential**
Elektrodynamometer *nn* INSTR → **dynamometer** *n*
→ Dynamometer *nn*
Elektrofax-Nasskopierer *nm* OFFICE **electrofax wet copier**
Elektrofax-Trockenkopierer *nm* OFFICE **electrofax dry copier**
Elektrofotografie *nf* OFFICE **electrophotography** *n*
[vom griech. "xeróx" = "trocken"] [from Greek "xeróx" = "dry"]
= Elektrophotographie *nf*; elektrostatisches Kopierverfahren; Xerographie *nf* = electrostatic copying process; xerography
elektrofotografisch TECH **electrophotographic**
= elektrophotographisch
elektrofotografische Aufzeichnung TER&PER **electrophotographic recording**
[Faksimile] [facsimile]
= elektrophotographische Aufzeichnung
elektrofotografischer Drucker TER&PER **electrophotographic printer**
[arbeitet mit Zwischenauftragung von Toner auf eine elektrostatisch geladene Trommel] [works by interim deposition of toner to an electrostatically loaded drum]
= elektrophotographischer Drucker
≈ elektrostatischer Drucker ≈ electrostatic printer
↑ anschlagfreier Drucker; Rasterdrucker; xerografischer Drucker ↑ non-impact printer; dot-matrix printer; xerographic printer
↓ Laserdrucker; LED-Drucker; LCD-Drucker; Ionenstrahldrucker ↓ laser printer; LED printer; LCD printer; ion-deposit printer
elektrofotografischer Zeichnungskopierer OFFICE **electro-photographic drawing copier**
Elektrogerät *nn* TECH **electrical apparatus**
= electrical appliance
Elektrogitarre *nf* MUSIC **electric guitar**
= elektrische Gitarre
Elektroindustrie *nf* TECH **electrical industry**
= elektrotechnische Industrie
Elektroingenieur *nm* TECH **electrical engineer**
Elektroinstallateur *nm* TECH → **electrician** *n*
→ Elektriker *nm*
Elektroinstallation *nf* TECH **electrical installation**
Elektrokardiologie *nf* MED.EN **electro cardiology**
elektrokinetisch PHYS **electrokinetic**
Elektrokonzern *nm* ECON **electricals corporation**
elektrolumineszent PHYS **electroluminescent** *adj*
= electroluminescing
Elektrolumineszenz *nf* PHYS **electroluminescence**
[durch elektrische Felder induziert] ≠ induced by electric fields
Elektrolumineszenzanzeige *nf* COMPO **electroluminescence display**
= EL-Anzeige *nf*; Elektrolumineszenz-Bildschirm *nm*; Lumineszenzanzeige *nf*; Lumineszenzbildschirm *nm*; ELD = electroluminescent display; EL display; ELD; electroluminescent panel (2); EL panel
↑ flat panel display
Elektrolumineszenz-Bildschirm *nm* COMPO → **electroluminescence display**
→ Elektrolumineszenzanzeige *nf*
Elektrolumineszenzdiode *nf* MICR.EL → **light emitting diode**
→ Lumineszenzdiode *nf*
Elektrolumineszenzzelle *nf* COMPO → **electroluminescent panel** (1)
→ Lumineszenzplatte *nf*
Elektrolyse PHYS **electrolysis** *n*
Elektrolyt *nn* PHYS **electrolyte** *n*
elektrolytisch PHYS **electrolytic**
elektrolytische Aufzeichnung TER&PER **electrolytic recording**
[Faksimile] [facsimile]
elektrolytische Leitung PHYS **electrolytic conduction**
elektrolytischer Lösungsdruck PHYS **electrolytic solution pressure**
elektrolytisches Bad TECH **galvanic bath**
elektrolytisches Potential PHYS **electrolytic potential**
Elektrolytkondensator *nm* COMPO **electrolytic capacitor**
= Elko *nm*
Elektrolytkupfer *nf* METAL **electrolytic copper**
Elektromagnet *nm* EL.SC **electromagnet** *n*
elektromagnetisch EL.SC **electromagnetic** *adj*
= electromagnetical *adj*
elektromagnetische Induktion EL.SC **electromagnetic induction**
elektromagnetische Kraft EL.SC **electromagnetic force**
elektromagnetische Puls INF.TEC **electromagnetic impulse**
[starke stoßartige Änderung der elektromagnatischen Umgebung] ≠ strong and rapid change of electromagnetic environment
= EMP
elektromagnetischer Festwertspeicher MICR.EL **electomagnetic read-only memory**
= EROM *nn* = EROM

elektromagnetischer Schalter COMPO **electromagnetical switch**
= electrically operated switch
elektromagnetischer Speicher HW **electromagnetic memory**
↓ Magnetkernspeicher; Magnetbandspeicher; Magnetblasenspeicher; Magnettrommelspeicher = electromagnetic storage; electromagnetic store
↓ magnetic core memory; magnetic tape memory; magnetic bubble memory; magnetic drum memory
elektromagnetischer Tonabnehmer EL.ACOU **electromagnetic pickup**
= Magnet-Tonabnehmersystem *nn*; Magnetsystem *nn* = magnetic pickup
elektromagnetischer Wandler EL.ACOU → **electromagnetic transducer**
→ Schallschnellewandler *nm*
elektromagnetisches Bauelement COMPO **electromagnetic component**
elektromagnetisches Feld EL.SC **electromagnetic field**
elektromagnetisches Moment EL.SC **electromagnetic moment**
elektromagnetisches Spektrum EL.SC **electromagnetic spectrum**
elektromagnetische Störung INF.TEC → **unwanted emission**
→ Störstrahlung *nf*
elektromagnetische Strahlung EL.SC **electromagnetic radiation**
= EMR
elektromagnetisches Umgebungsrauschen TELEC **environmental electromagnetic noise**
= EEN = EEN
elektromagnetische Transversalwelle LINE TH → **transverse electromagnetic wave**
→ transversale elektromagnetische Welle
elektromagnetische Verseuchung EL.TEC **electronic smog**
= Elektrosmog = electromagnetic pollution; electrosmog *n*
elektromagnetische Verträglichkeit INF.TEC **electromagnetic compatibility**
= EMV *nf* = EMC
↓ Störfestigkeit; Störempfindlichkeit; Störstrahlung ↓ interference immunity; interference sensibility; unwanted emission
elektromagnetische Verzögerungsleitung COMPO **electromagnetic delay line**
Elektromagnetismus *nm* EL.SC **electromagnetism**
Elektromaschine *nf* POW.EN **electrical machine**
[wandelt in elektrische Energie oder umgekehrt] [converts into mechanical energy or viceversa]
= elektrische Maschine = electric machine
Elektromaschinenbau *nm* POW.EN **electrical machines engineering**
↑ elektrische Energietechnik ↓ electrical power engineering
Elektromaterial *nn* EL.INS **electro-material**
= electrical components
Elektromechanik *nf* TECH **electromechanics**
elektromechanisch TECH **electromechanical**
elektromechanischer Wandler COMPO **electromechanical transducer**
= electromechanical converter
elektromechanischer Zähler INSTR **electromechanic counter**
elektromechanisches Filter COMPO → **mechanical filter**
→ mechanisches Filter
elektromechanisches Vermittlungssystem SWITCH **electromechanical switching system**
= elektromechanisches Wählsystem
elektromechanisches Wählsystem SWITCH → **electromechanical switching system**
→ elektromechanisches Vermittlungssystem
Elektromedizin *nf* TECH → **medical engineering**
→ Medizintechnik *nf*
Elektromesstechnik *nf* INSTR → **electrical measurement technique**
→ elektrische Messtechnik
Elektrometer *nn* INSTR **electrometer** *n*
[zur Messung von Ladungen und Spannungen] [to measure electrical charges and tensions]
Elektrometerbrücke *nf* INSTR **electrometer bridge**
Elektromigration *nf* PHYS **electromigration** *n*
Elektromotor *nm* POW.EN **electromotor** *n*
elektromotorisch EL.SC **electromotive**
elektromotorische Kraft EL.TEC → **open-circuit voltage**
→ Leerlaufspannung *nf*
Elektron *nn* PHYS **electron** *n*
= e = e
≠ Position ≠ positron
↑ Elementarteilchen ↑ elementary particle
Elektronenablösung *nf* PHYS **electron detachment**
= electron removal
Elektronenabsaugung *nf* EL.TRO **electron collection**
= electron capture
Elektronenaffinität *nf* PHYS **electron affinity**
Elektronenanregung *nf* PHYS **electronic excitation**
Elektronenbahn *nf* PHYS **electron orbit**
= electron trajectory

Elektronenbeschleuniger *nm* PHYS **electron accelerator**
Elektronenbeschuss EL.TRO **electron bombardment**
Elektronenbeugung *nf* PHYS **electron diffraction**
Elektronenbeweglichkeit *nf* PHYS **electron mobility**
Elektronenbild *nn* EL.TRO **electron image**
Elektronenbildwandler *nm* EL.TRO → **image converter tube**
→ Bildwandlerröhre *nf*
Elektronenblitz *nm* EL.TRO **electronic flash**
Elektronendichte *nf* PHYS **electron density**
≈ Elektronenkonzentration — ≈ electron concentration
Elektronendiffusion *nf* PHYS **electron diffusion**
Elektronenemission *nf* PHYS **electron emission**
Elektronenenergie *nf* PHYS **electron energy**
Elektronenentladung *nf* PHYS **electron discharge**
Elektronenfehlstelle *nf* PHYS → **hole** *n*
→ Loch *nn*
Elektronengas *nn* PHYS **electron gas**
Elektronengehirn *nn* COLL **electronic brain**
[populärer Ausdruck für Computer] — [popular expression for computer]
Elektronenhaftstelle *nf* PHYS → **semiconductor trap**
→ Halbleiterhaftstelle *nf*
Elektronenhülle *nf* PHYS **electron shell**
[Elektronenbahnen für eine gegebene Hauptquantenzahl] — [electron orbitals for a given principal quantum number]
= Elektronenschale *nf*; Atomschale *nf*; Schale *nf* — = shell
≈ Elektronenbahn — ≈ electron orbit
Elektroneninterferometrie *nf* PHYS **electron interferometry**
Elektronenkanone *nf* EL.TRO **electron gun**
↑ Elektronenquelle [PHYS] — = gun; ↑ electron source [PHYS]
Elektronenkanonenstrom *nm* EL.TRO **gun current**
Elektronenkollektor *nm* EL.TRO **electron collector**
↑ Kollektor — ↑ collector
Elektronenkonzentration *nf* PHYS **electron concentration**
≈ Elektronendichte — ≈ electron density
Elektronenkopplung *nf* EL.TRO **electron coupling**
Elektronenladung *nf* PHYS **electronic charge**
Elektronenlaufzeit *nf* PHYS **electron transit time**
Elektronenlawine *nf* PHYS **electron avalanche**
Elektronenleitfähigkeit *nf* PHYS → **n-type conductivity**
→ N-Leitfähigkeit *nf*
Elektronenleitung *nf* PHYS → **n-type conduction**
→ N-Leitung *nf*
Elektronenlinse *nf* EL.TRO **electron lens**
= elektronische Linse; elektrische Linse — = electrostatic lens; aperture lens; electronic lens; electric lens
Elektronenlücke *nf* PHYS → **hole** *n*
→ Loch *nn*
Elektronenmangel *nm* PHYS **defect of electrons**
Elektronenmasse *nf* PHYS **electron mass**
Elektronenmikroskop *nn* EL.TRO **electron microscope**
Elektronenoptik *nf* PHYS **electron OPT**
elektronenoptisch PHYS **electron optical**
= elektrooptisch — = electro-optic
elektronenoptisches Abbildungsgerät EL.TRO **electron optical image device**
Elektronenpaar-Bindung *nf* PHYS → **valence bond**
→ Valenzbindung *nf*
Elektronenpaket *nn* EL.TRO **electron group**
[Laufzeitröhren] — ≠ velocity-modulated tube
Elektronenphysik *nf* PHYS **electron physics**
Elektronenpolarisation *nf* PHYS **electronic polarization**
= electron polarization
Elektronenquelle *nf* PHYS **electron source**
↓ Elektronenkanone [EL.TRO] — ↓ electron gun [EL.TRO]
Elektronenradius *nm* PHYS **electron radius**
Elektronenrechner *nm* DAT.PR **electronic calculator**
≈ Computer — ≈ computer
≠ mechanischer Rechner — ≠ mechanical calculator
↑ Rechner (1) — ↑ calculator
Elektronenröhre *nf* EL.TRO **electron tube**
= Röhre *nf* — = thermoionic tube; tube *n*; thermoionic valve (BE); valve *n* (BE)
↓ Vakuumröhre; Gasentladungsröhre
Elektronenröhrengenerator *nm* EL.TRO **electron tube generator**
Elektronenschale *nf* PHYS → **electron shell**
→ Elektronenhülle *nf*
Elektronensonde *nf* EL.TRO **electron probe**
Elektronenspiegel *nm* EL.TRO **electron mirror**
Elektronen-Spiegelmikroskop *nn* EL.TRO **electron mirror microscope**
Elektronenspin *nm* PHYS **electron spin**
Elektronenstoß *nm* PHYS **electron impact**
Elektronenstoß-Spektrometrie *nf* PHYS **electron impact spectroscopy**
Elektronenstrahl *nm* EL.TRO **electron beam**
↓ Schreibstrahl; Lesestrahl; Bildstrahl [TV] — = electron jet; ↓ recording beam; reading beam; picture beam [TV]
Elektronenstrahl *nm* PHYS → **cathode ray**
→ Kathodenstrahl *nm*
Elektronenstrahl-Ablenksystem *nn* EL.TRO **electron beam deflection system**
= Strahlablenksystem *nn* — = beam deflection system
elektronenstrahladressierter Speicher MICR.EL **electron-beam-addressed memory**
= EBAM-Speicher *nm* — ≈ EBAM
Elektronenstrahlaufzeichnung *nf* TER&PER **electron beam recording**
= direkt auf Mikrofilm — [directly on microfilm]; = EBR
Elektronenstrahl-Belichtung *nf* MICR.EL **electron-beam writing**
Elektronenstrahl-Bildröhre *nf* EL.TRO → **picture tube**
→ Bildwiedergaberöhre *nf*
elektronenstrahlgesteuerter Speicher TER&PER **beam store**
[controlled by electronic beam]
Elektronenstrahl-Lithographie *nf* MICR.EL **electron beam lithography**
Elektronenstrahl-Oszillograf *nm* INSTR → **cathode ray oscillograph**
→ Elektronenstrahl-Oszillograph *nm*
Elektronenstrahl-Oszillograph *nm* INSTR **cathode ray oscillograph**
[registriert schnelle Größen] — [records rapidly varying magnitudes]
= Elektronenstrahl-Oszillograf *nm* — ↑ oscillograph
↑ Oszillograph
Elektronenstrahl-Oszillograph *nm* (2) INSTR → **oscilloscope** *n*
→ Oszilloskop *nn*
Elektronenstrahl-Oszilloskop *nn* INSTR **cathode ray oscilloscope**
[stellt schnelle Größen am Bildschirm dar] — [displays rapidly varying magnitudes]
= Kathodenstrahloszilloskop *nn*; Universaloszilloskop *nn* — ↑ oscilloscope
↑ Oszilloskop
Elektronenstrahlröhre *nf* EL.TRO → **cathode ray tube**
→ Kathodenstrahlröhre *nf*
Elektronenstrahl-Testverfahren *nn* MICR.EL **electron-beam testing**
Elektronenstreuung *nf* PHYS **electron scattering**
Elektronenstrom *nm* PHYS **electron current**
= electron stream
Elektronenübergang *nm* PHYS **electron transition**
= electron jump
Elektronenüberschuss PHYS **excess of electrons**
Elektronenvervielfacher *nm* EL.TRO **electron multiplier**
= Sekundäremissionsverfielfacher *nm*; Sekundärelektronenvervielfacher *nm*; Fotovervielfacher *nm*; Photovervielfacher *nm* — = photomultiplier *n*; ↓ electron multiplier tube
↓ Elektronenvervielfachungsröhre
Elektronenvervielfachungsröhre *nf* EL.TRO **electron multiplier tube**
↑ Elektronenvevielfacher — = photomultiplier tube; ↑ electron multiplier
Elektronenvolt PHYS → **electron-volt** *n*
→ Elektronvolt *nn*
Elektronenwelle *nf* PHYS **electron wave**
Elektronenwolke *nf* EL.TRO **electron cloud**
= electron sheath
Elektronenzufuhr *nf* EL.TRO **electron input**
Elektronik *nf* EQP.EN **electronics** *nplt*
[der elektronische Teil eines Geräts] — [the electronic part of an equipment]
Elektronik *nf* EL.TEC **electronics** *nplt*
[Theorie und Technik von Vorrichtungen, die mit Elektronenfluss in Halbleitern, Vakuum oder Gasen funktionieren; im wesentlichen: Elektronenröhren, Halbleiterbauelemente und integrierte Schaltungen] — [science and technology of devices working with flow of electrons through semiconductors, vacuum or gases; essentially: vacuum tubes, semiconductor devices and integrated circuits]
≈ Schwachstromtechnik
↓ Konsumelektronik; Kommunikationselektronik; Industrieelektronik; Mikroelektronik — ↓ consumer electronics; communication electronics; industrial electronics; microelectronics
Elektronikbastler *nm* EL.TRO **electronics hobbyist**
Elektroniker *nm* TECH **electronics technician**
Elektronikindustrie *nf* ECON **electronic industry**
= elektronische Industrie — = electronics industry
Elektronikingenieur TECH **electronic engineer**
Elektronikschablone *nf* ENG.DRA **electronic stencil**
Elektronik-Schrott *nm* TECH **electronic garbage**
elektronisch EL.TEC **electronic** *adj*
= electronical *adj*
elektronische Ablage DAT.MA **electronic filing**
elektronische Abstimmung ECON **e-voting**

elektronische Abtastung RAD.LO **electronic scanning**
= inertialess scanning

elektronische Anschlagtafel INTERNET → **bulletin board system**
→ Schwarzes-Brett-System *nn*

elektronische Antenne ANT → **active antenna**
→ aktive Antenne

elektronische Bankdienste ECON → **online banking**
→ Online-Banking *nn*

elektronische Banküberweisung DAT.CO **electronic funds transfer**
= EFT

elektronische Berichterstattung MEDIA **electronic news gathering**
≈ ENG

elektronische Briefbombe INTERNET **electronic letter bomb**

elektronische Briefpost INTERNET → **electronic mail**
→ E-Mail *nn*

elektronische Datenverarbeitung INF.TEC **electronic data processing**
= EDV *nf*; automatische Datenverarbeitung; ADV *nf*
↑ Datenverarbeitung
= EDP; automatic data processing; automated data processing; ADP; A.D.P.
↑ data processing

elektronische Fabriknummer MOB.CO → **ESN**
→ ESN-Nummer *nf*

elektronische Fahrzeugantenne ANT **electronic car antenna**
= electronic car aerial

elektronische Gegenmaßnahmen MIL.CO → **ECL**
→ ECL

elektronische Geldbörse ECON **e-purse**

elektronische Industrie ECON → **electronic industry**
→ Elektronikindustrie *nf*

elektronische Kampfführung MIL.CO **electronic warefare**
= elektronische Kriegsführung
= EW

elektronische Kriegsführung MIL.CO → **electronic warefare**
→ elektronische Kampfführung

elektronische Last INSTR **electronic load**

elektronische Linse EL.TRO → **electron lens**
→ Elektronenlinse *nf*

elektronische Medien MEDIA **electronic media**
↓ Online-Datenbank [DAT.MA]; Teletext; Audiotext
↓ online database [DAT.MA]; teletext; audiotext

elektronische Musik COMP.AP **electronic music**

elektronische Normalspannungsquelle INSTR **electronical standard voltage source**
= Gleichspannungsnormal *nn*

elektronische öffentliche Verwaltung ECON **e-government**

elektronische Post INTERNET → **electronic mail**
→ E-Mail *nn*

elektronischer Beleg DAT.PR **electronic document**
= elektronisches Dokument

elektronischer Bleistift TER&PER **electronic pencil**
[Handgerät zur Eingabe am Grafiktablett oder Bildschirm]
↓ Lichtgriffel
[hand-held device to input on a graphic tablet or screen]
= electronic pen; electronic stylus
↓ light pen

elektronischer Briefdienst INTERNET → **electronic mail**
→ E-Mail *nn*

elektronischer Briefkasten INTERNET → **mailbox** *n*
→ Briefkasten *nm*

elektronischer Datenaustausch DAT.CO **electronic data interchange**
= elektronisches Magazin; EDI
= EDI; electronic magazine

elektronischer Digitalverteiler TELEC → **digital cross-connect system**
→ Digital-Verteileinrichtung *nf*

elektronische Rechenanlage (1) DAT.PR → **data processing equipment** *n*
→ Datenverarbeitungsanlage *nf*

elektronische Rechenanlage (2) DAT.PR → **computer** *n*
→ Computer *nm*

elektronischer Einkauf INTERNET → **e-Commerce**
→ E-Commerce

elektronischer Farbpinsel COMP.GR **electronic paintbrush**
= Farbpinsel *nm*; elektronischer Pinsel
= paintbrush *n*

elektronischer Geschäftsverkehr INTERNET → **e-Commerce**
→ E-Commerce

elektronischer Handel INTERNET → **e-Commerce**
→ E-Commerce

elektronischer Kalender OFFICE **electronic calendar**

elektronischer Kreditkarteneinkauf INTERNET → **e-credit**
→ E-Credit

elektronischer Pinsel COMP.GR → **electronic paintbrush**
→ elektronischer Farbpinsel

elektronischer Plattenspeicher DAT.PR → **electronic disk**
→ elektronisches Laufwerk

elektronischer Programmführer BROADC **EPG**
= EPG
= Electronic Program Guide

elektronischer Regler CONTRO **electronic controller**

elektronischer Satz PRIN.ME **electronic typesetting**
= rechnergestützter Satz
↑ Kaltsatz
= computer typesetting
↑ cold type

elektronischer Schalter MICR.EL → **semiconductor switch**
→ Halbleiterschalter *nm*

elektronischer Seitenumbruch WOR.PR **electronic page make-up**
= elektronische Seitenmontage
= electronic page composition; electronic pagination; electronic paste-up

elektronischer Spannungsmesser INSTR **electronic voltmeter**

elektronischer Tonruf TER&PER **piezoelectric bell**
= Piezotonruf *nm*

elektronischer Verstärker CIRC.EN **electronic amplifier**

elektronischer Zähler INSTR **electronic counter**
[mit elektronischen Schaltungen aufgebaut]
[working with electronic circuitry]

elektronischer Zeichentisch TER&PER → **digitizing tablet** *n*
→ Digitalisiertablett

elektronisches Assistenzsystem COMP.AP **electronic assistance system**

elektronisches Bauelement COMPO **electronic device**
= electron device; electronic component

elektronisches Buch PRIN.ME **electronic book**
= E-Buch *nn*
≈ e-book

elektronisches Büro OFFICE → **electronic office**
→ automatisiertes Büro

elektronische Schreibmaschine OFFICE → **memory typewriter**
→ Speicherschreibmaschine *nf*

elektronisches Computersystem DAT.PR → **data processing equipment** *n*
→ Datenverarbeitungsanlage *nf*

elektronisches Datenverarbeitungssystem DAT.PR → **data processing equipment** *n*
→ Datenverarbeitungsanlage *nf*

elektronisches Dokument DAT.PR → **electronic document**
→ elektronischer Beleg

elektronisches Einkaufen INTERNET → **e-Commerce**
→ E-Commerce

elektronische Seitenmontage WOR.PR → **electronic page make-up**
→ elektronischer Seitenumbruch

elektronisches Geld ECON → **e-cash**
→ E-Geld *nf*

elektronisches Gerät EQP.EN **electronic equipment**

elektronische Sicherungstechnik EL.TRO **signaling engineering** (AE)
= Sicherungselektronik *nf*

elektronische Signatur COMP.AP → **digital signature**
→ digitale Signatur

elektronisches Informationssystem COMP.AP → **information system**
→ Informationssystem *nn*

elektronisches Journal DAT.CO **electronic journal**

elektronisches Laufwerk DAT.PR **electronic disk**
[im Hauptspeicher emuliert]
= elektronischer Plattenspeicher
[emulated on the main memory]

elektronisches Magazin DAT.CO → **electronic data interchange**
→ elektronischer Datenaustausch

elektronisches Messgerät INSTR **electronic measuring instrument**
= elektronisches Messinstrument
= electronic measuring equipment; electronic test equipment

elektronisches Messinstrument INSTR → **electronic measuring instrument**
→ elektronisches Messgerät

elektronisches Mitteilungssystem INTERNET → **electronic mail**
→ E-Mail *nn*

elektronisches Musikinstrument EL.TRO **electronic musical instrument**

elektronisches Notizbuch COMP.AP **electronic organizer**

elektronische Speicherung DAT.PR **electronic storage**

elektronisches Postfach INTERNET → **mailbox** *n*
→ Briefkasten *nm*

elektronisches Publizieren COMP.AP → **electronic publishing**
→ Electronic Publishing

elektronisches Rauschen TELEC → **thermal noise**
→ thermisches Rauschen

elektronisches Relais COMPO → **transistor relay**
→ Transistorrelais *nn*

elektronische Steuerung CONTRO **electronic control**

elektronisches Vermittlungssystem SWITCH **electronic switching system**
= elektronisch gesteuertes Vermittlungssystem; elektronisches Wählsystem; elektronisch gesteuertes Wählsystem
= electronically controlled switching system

elektronisches Wählsystem SWITCH → **electronic switching system**
→ elektronisches Vermittlungssystem

elektronisches Wörterbuch COMP.AP **machine-readable dictionary**
= MRD

elektronische Textübermittlung INTERNET **→ electronic mail**
→ E-Mail *nn*

elektronische Waage INSTR **electronic balance**

elektronische Zeitschrift INTERNET **electronic magazine**
= E-Zeitschrift *nf*; Webzin *nn* — = e-magazine; e-zine; Webzine

elektronische Zeitung INTERNET **electronic newspaper**
= E-Zeitung *nf* — ≈ e-newspaper

elektronisch gesteuert SWITCH **electronically controlled**

elektronisch gesteuertes Vermittlungssystem SWITCH **→ electronic switching system**
→ elektronisches Vermittlungssystem

elektronisch gesteuertes Wählsystem SWITCH **→ electronic switching system**
→ elektronisches Vermittlungssystem

elektronisch programmierbar DAT.PR **electronically programmable**

Elektronisierung *nf* TECH **electronization** *n*

Elektronvolt *nn* PHYS **electron-volt** *n*
= eV; Elektronenvolt — = eV

Elektroofen *nm* TECH **electro furnace**

elektrooptisch PHYS **→ electron optical**
→ elektronenoptisch

elektrooptische Doppelbrechung PHYS **→ Kerr effect** (1)
→ Kerr-Effekt *nm*

elektrooptische Erkennung OPT.CO **electro-optical reconnaissance**
= EOR

elektrooptischer Effekt PHYS **electro-optical effect**

Elektrophorese *nf* PHYS **electrophoresis** *n*
= Kathaphorese *nf*

Elektrophotographie *nf* OFFICE **→ electrophotography** *n*
→ Elektrofotografie *nf*

elektrophotographisch TECH **→ electrophotographic**
→ elektrofotografisch

elektrophotographische Aufzeichnung TER&PER **→ electrophotographic recording**
→ elektrofotografische Aufzeichnung

elektrophotographischer Drucker TER&PER **→ electrophotographic printer**
→ elektrofotografischer Drucker

Elektrophysik *nf* PHYS **→ electrical science** *n*
→ Elektrizitätslehre *nf*

Elektroplattierung *nf* METAL **electroplating**
= galvanische Plattierung — ↑ plating
↑ Plattierung

Elektropleochroismus *nm* PHYS **electrodiochroism**

elektropneumatisch TECH **electropneumatic**

Elektroschweißung *nf* METAL **→ arc welding**
→ Lichtbogenschweißung *nf*

elektrosensitiv TECH **electrosensitive**

elektrosensitive Aufzeichnung TER&PER **electrosensitive recording**
[Faksimile] — [facsimile]

elektrosensitiver Drucker TER&PER **electrosensitive printer**
↑ anschlagfreier Drucker — ↑ non impact printer
↓ Laserdrucker — ↓ laser printer

elektrosensitives Papier TER&PER **electrosensitive paper**

Elektrosmog EL.TEC **→ electronic smog**
→ elektromagnetische Verseuchung

Elektrostatik *nf* PHYS **electrostatics** *nplt*
↑ Elektrizitätslehre — ↑ electrical fundamentals

Elektrostatik-Plotter *nm* TER&PER **→ electrostatic plotter**
→ elektrostatischer Plotter

elektrostatisch EL.SC **electrostatic** *adj*

elektrostatische Abbildung TER&PER **electrostatic latent image**

elektrostatische Abschirmung EL.TEC **electrostatic screening**
= electrostatic shield

elektrostatische Aufladung EL.SC **static charge**
= electrostatic charge

elektrostatische Aufzeichnung TER&PER **electrostatic recording**
[Faksimile] — [facsimile]

elektrostatische Einheit EL.SC **electrostatic unit**
= e.s.u.

elektrostatische Entladung EL.SC **electrostatic discharge**
= ESD

elektrostatischer Bandgenerator PHYS **van de Graaff generator**
= Bandgenerator *nm*

elektrostatischer Drucker TER&PER **electrostatic printer**
[Spezialpapier wird durch Punktmatrixstifte elektrisch geladen] — [special paper is electrically charged by dot-matrix pins]
≈ elektrofotografischer Drucker — = electrographic printer
≈ electrophotographic printer
↑ low-impact printer

elektrostatischer Generator PHYS **electrostatic generator**
= Influenzmaschine *nf* — = influence machine

elektrostatischer Lautsprecher EL.ACOU **electrostatic loudspeaker**

elektrostatischer Plotter TER&PER **electrostatic plotter**
= Elektrostatik-Plotter *nm* — ↑ raster plotter
↑ Rasterplotter

elektrostatischer Schirm EL.TEC **electrostatic screen**

elektrostatischer Wandler EL.ACOU **electrostatic transducer**

elektrostatisches Feld PHYS **electrostatic field**

elektrostatisches Kopierverfahren OFFICE **→ electrophotography** *n*
→ Elektrofotografie *nf*

elektrostatisches Messinstrument INSTR **electrostatic measuring instrument**

elektrostatisches Messwerk INSTR **electrostatic measuring system**

elektrostatische Speicherung EL.TRO **electrostatic storage**

elektrostatisches Potential PHYS **electrostatic potential**

elektrostatische Störsicherheit INF.TEC **static noise immunity**

elektrostatisch gefährdetes Bauteil COMPO **electrostatica sensitive device**
= EGB — = ESD

Elektrostriktion *nf* PHYS **electrostriction** *n*

Elektrotechnik *nf* TECH **electrical engineering**
[Theorie und Technik elektrischer Vorgänge] — [science and technology of electical phenomena]
↑ Technik — = electrotechnology *n*; electrical technology
↓ Elektrizitätslehre; elektrische Energietechnik; Elektronik — ↑ engineering
↓ electricity (2); electrical power engineering; electronics

elektrotechnische Industrie TECH **→ electrical industry**
→ Elektroindustrie *nf*

elektrothermisch PHYS **electrothermic**
= electrothermal

elektrothermischer Drucker TER&PER **→ thermal printer**
→ Thermodrucker *nm*

Elektrotypie *nf* PRIN.ME **electrotyping**

Element *nn* CHEM **element** *n*
[chemisch nicht weiter zerlegbare Substanz, mit Atomen gleicher Anzahl von Protonen] — ≠ substance not dissolvable into components by chemical means, having atoms of same number of protons

Element *nn* POW.SY **→ galvanic cell**
→ galvanisches Element

elementar TECH **atomic** (fig) *adj*
[nicht weiter unterteilbar] — = primitive; simplex; not composite
= nicht zusammengesetzt — ≈ nondecomposable; one-part; simple-action
≈ unteilbar; einteilig; einfachwirkend
≠ zusammengesetzt

elementar COLL **elementary** *adj*
= grundlegend; grundsätzlich; prinzipiell — = elemental; fundamental; basic
≈ wesentlich; primär — ≈ essential; primary

Elementarbereich *nm* ANT **cell**

Elementardiagramm *nn* EL.TRO **elementary diagram**
[ein Verdrahtungsplan] — [a wiring diagram]

Elementardipol *nm* ANT **elementary dipole**
= Elementarstrahler *nm*; Stromelement *nn* — = current element
↓ elektrischer Elementardipol; magnetischer Elementardipol — ↓ elementary electric dipole; elementary megnatic dipole

elementare Funktion MATH **elementary function**

elementarer Befehl SW **→ microinstruction** *n*
→ Mikrobefehl *nm*

Elementarereignis *nn* MATH **elementary event**

elementares Datenelement DAT.MA **atomic data element**
≠ zusammengesetztes Datenelement — ≠ compositer data element

Elementarfarbe *nf* OPT **→ elementary color**
→ Grundfarbe *nf*

Elementarladung *nf* PHYS **elementary charge unit**

Elementarmagnet *nm* PHYS **elementary magnet**

Elementaroperation *nf* MATH **elementary operation**

Elementaroperation *nf* MATH **→ basic arithmetic operation**
→ Grundrechnungsart

Elementaroperation *nf* SW **→ microinstruction** *n*
→ Mikrobefehl *nm*

Elementarphysik *nf* PHYS **elementary physics**

Elementarquantum PHYS **elementary quantum**

Elementarschule *nf* EDUC **→ primary school** (BE)
→ Grundschule *nf*

Elementarsignal *nn* TELEC **elementary signal**

Elementarstrahler *nm* ANT **→ elementary dipole**
→ Elementardipol *nm*

Elementarteilchen *nn* PHYS **elementary particle**
≠ Antiteilchen — ≠ antiparticle
↓ Elektron; Positron; Neutron — ↓ eolectron; positron; neutron

Elementarwelle *nf* PHYS **elementary wave**

Elementarwürfel *nm* [Kristall] = Elementarzelle *nf*; Gitterbaustein *nm*	PHYS	**unit cube** [crystal] = fundamental cell
Elementarzeiteinheit *nf* [Datenübertragung zu Chipkarte]	DAT.CO	**etu** [data transmission to chip card] = elementary time unit
Elementarzelle *nf* → Elementarwürfel *nm*	PHYS	→ **unit cube**
Elementbeziehung *nf* [Mengenlehre]	MATH	**element relationship** [theory of sets]
Elementdeklaration *nf* [SGML]	INTERNET	**element declaration** [SGML]
Elementen-Batterie *nf*	POW.SY	**primary battery**
Elementeprüfer *nm* → Batterieprüfgerät *nn*	INSTR	→ **battery testing instrument**
elementfremd → durchschnittsfremd *adj*	MATH	→ **disjoint** *adj*
Elementfunktion *nf* [OOP]	SW	**member function** [OOP]
Elementhalbleiter *nm*	PHYS	**elemental semiconductor**
Elementsteuerung *nf* [TNM]	TELEC	**element manager** [TNM]
Elevation *nf*	ANT	**elevation** *n*
Elevationswinkel *nm* = Höhenwinkel *nm*; Erhebungswinkel *nm*	ANT	**elevation angle** = take-off angle; horizon angle; look angle
ELF → Megameterwelle *nf*	RADIO	→ **megametric waves**
elfenbeinschwarz *adj*	OPT	**ivory black** *adj*
Elfer-Lochung *nf* = 11er-Lochung *nf*; X-Lochung *nf*	TER&PER	**X punch** [for column 11]
elfte = 11.	MATH	**eleventh** *adj* = 11th
Elgamal-Algorithmus *nm*	CODING	**Elgamal coding**
eliassches Theorem → Theorem von Elias	INF.TH	→ **Elias theorem**
Elias'sches Theorem → Theorem von Elias	INF.TH	→ **Elias theorem**
eliminieren → beseitigen	COLL	→ **eliminate**
Eliminierung *nf* → Beseitigung *nf* (2)	COLL	→ **elimination** *n*
E-Linie *nf* → elektrische Kraftlinie	EL.SC	→ **electric field line**
Elite *nf* (1) [Schriftgröße von 12"]	PRIN.ME	**elite** (1) [12 CPI type size]
Elite *nf* (2) ↑ Schrifttyp	PRIN.ME	**elite** (2) ↓ font style
Elko *nm* → Elektrolytkondensator *nm*	COMPO	→ **electrolytic capacitor**
Ellipse *nf* ↑ Kegelschnitt	MATH	**ellipse** *n* ↑ conical section
Ellipse *nf* [meist durch ... gekennzeichnet] = Auslassung *nf*	LING	**ellipsis** *n* [(obviously understandable) word omission; generally marked by ...]
Ellipsoid *nn*	MATH	**ellipsoid** *n*
Ellipsoidantenne *nf* = Ellipsoidstrahler *nm*	ANT	**ellipsoidal antenna**
ellipsoidförmig	MATH	**ellipsoidal**
Ellipsoidkernantenne *nf*	ANT	**ellipsoidal core antenna**
Ellipsoidstrahler *nm* → Ellipsoidantenne *nf*	ANT	→ **ellipsoidal antenna**
elliptisch	MATH	**elliptic** = elliptical
elliptische Funktion	MATH	**elliptic function**
elliptische Polarisation	PHYS	**elliptic polarization**
elliptischer Flächenpunkt → Gipfelpunkt *nm*	MATH	→ **peak point**
elliptischer Hohlleiter	MICROW	**elliptical waveguide**
elliptisches Integral	MATH	**elliptic integral**
elliptisches Paraboloid	MATH	**elliptic paraboloid**
elliptisch polarisiert	PHYS	**eliptically polarized**
elliptisch polarisierte Welle	PHYS	**eliptically polarized wave**
Elliptizität *nf* [große zu kleine Achse] = Achsenverhältnis *nn*	MATH	**ellipticity** *n* [major to minor axis ratio] = axial ratio
Elmsfeuer *nn*	PHYS	**Elmos's fire**
ELOD → überschreibbare Bildplatte	TER&PER	→ **rewritable optical disk**
Elongation *nf* [Entfernung von der Ruhelage] = Ausschlag *nm*	PHYS	**elongation** *n* [distance from rest position]
Eloquenz *nf* → Redegewandtheit *nf*	COLL	→ **eloquence** *n*
Eloxalverfahren *nn*	CHEM	**anodic oxidation**
eloxieren	METAL	**eloxadize** = anodize
ELS → SWG	METAL	→ **Standard Wire Gauge**
ELSE-Regel *nf* → Sonst-Regel *nm*	SW	→ **ELSE rule**
El-Torito-Standard *nm*	DAT.PR	**El Torito standard**
EM → Ende der Aufzeichnung	DAT.CO	→ **end-of-medium**
EMA [ein Netzverwaltungskonzept von DEC]	DAT.PR	**EMA** [a network management plan by DEC] = Enterprise Management Architecture
E-Magazin *nn* = Ezin *nn*	INTERNET	**e-magazine** = E-magazine; ezine
Email *nf*	TECH	**enamel** *n*
e-Mail *nf* → E-Mail *nn*	INTERNET	→ **electronic mail**
E-Mail *nn* [Nachrichten werden von Rechnern über Datenleitungen an individuelle "Briefkästen" gesandt] = e-Mail *nf*; Mail *nf*; elektronischer Briefdienst; elektronische Briefpost; elektronische Post; elektronische Textübermittlung; elektronisches Mitteilungssystem; EMS *nn*; Rechnerpost *nf*; Rechnerkorrespondenz *nf*; Computerpost *nf*; Computerkorrespondenz *nf* ≈ Briefkasten ↓ Teletex; Telefax; Telebox	INTERNET	**electronic mail** [messages transmitted over data channels from computer to individual "mailboxes"] = E-mail; e-mail; email; electronic mail system; EMS; mailbox system; electronic text transfer; computerized mail; computer mail; computer correspondence ≈ mailbox ↓ teletex; telefax; telebox
E-Mail-Account *nm* = Account *nm*	INTERNET	**e-mail account** = E-mail account; account *n*
E-Mail-Adresse *nf* = Domainadresse *nf* ↑ Internetadresse	INTERNET	**e-mail address** = E-mail address; domain address ↑ Internet address
E-Mail-Adressenliste *nf* = Mailing-List *nf* (ANGL); Verteilerliste *nf*	INTERNET	**mailing list** = e-mail address list; E-mail address list; distribution list
E-Mail-Anlage *nf* = Attachment *nn* (ANGL)	INTERNET	**e-mail attachment** [to an E-mail] = E-mail attachment; attachment *n*
E-Mail-Beauftragter *nm* → Postmaster *nm*	INTERNET	→ **postmaster**
E-Mail-Bombe *nf* = E-Bombe *nf*	INTERNET	**e-mail bomb** = E-mail bomb; e-bomb; E-bomb
emailbomben → mailbomben	INTERNET	→ **mailbomb** *vt*
E-Mail-Client *nm*	INTERNET	**e-mail client** = E-mail client
E-Mail-Filter *nn*	INTERNET	**e-mail filter** = E-mail filter
E-Mail-Kopf *nm*	INTERNET	**e-mail header** ≈ E-mail header
emaillieren	TECH	**enamel** (*vt*; enameled or enamelled)
E-Mail-Programm *nn*	INTERNET	**e-mail program** = E-mail program
E-Mail-Reflektor *nm*	INTERNET	**e-mail reflector** = E-mail reflector
E-Mail-Server *nm* = Mail-Server *nm*	INTERNET	**e-mail server** = E-mail server; mail server
Emailüberzug *nm*	TECH	**enamel coat**
Embargo *nn*	ECON	**embargo** *n*
Emblem *nn* → Abzeichen *nn*	TECH	→ **badge** *n*
Emergenz *nf* [Auftreten neuer Qualitäten]	SCIE	**emergence** = outgrowth *n*
EMI-Empfänger *nm* → Störstrahlungsmesser *nm*	INSTR	→ **EMI receiver**
eminent → hervorragend	COLL	→ **outstanding**
Emission *nf* → Abstrahlung *nf*	PHYS	→ **irradiation** *n*
Emission *nf*	ECON	**issue** *n*
Emissionsfähigkeit *nf* → Emissionsvermögen *nn*	PHYS	→ **emittance** *n*
Emissionsgrad *nm* → Emissionsvermögen *nn*	PHYS	→ **emittance** *n*

Emissionskennlinie *nf* EL.TRO **cathode characteristic**

Emissionsmikroskop *nn* EL.TRO **emission microscope**

Emissionsschwelle *nf* MICR.EL **emission threshold**

Emissionsstrom *nm* EL.TRO **emission current**

Emissionsstromdichte *nf* EL.TRO **emission current density**

Emissionssubstanz *nf* EL.TRO **active material**

Emissionsvermögen *nn* PHYS **emittance** *n*
= Emissionsgrad *nm*; Emissionsfähigkeit *nf* — = emissivityn

Emissionswiderstand *nm* PHYS **emission resistance**

Emissionswirkungsgrad *nm* MICR.EL → **injection efficiency**
→ Injektionswirkungsgrad *nm*

Emissions-Wirkungsgrad *nm* MICR.EL **emitter efficiency**
= Ermitter-Ergiebigkeit *nf*

Emitter *nm* (1) MICR.EL **emitter** *n* (1)
[erzeugt einen von der Basis gesteuerten Ladungsträgerfluss zum Kollektor] — [generatzes a carrier flux to the collector, controled by the basis]
↑ Transistorzone — ↑ transistor region
↓ Emitterelektrode; Emitteranschluss; Emitterzone

Emitter *nm* (2) MICR.EL → **emitter terminal** *n*
→ Emitteranschluss *nm*

Emitteranschluss *nm* MICR.EL **emitter terminal** *n*
= Emitter *nm* (2) — = emitter connection; emitter (2)

Emitterbahnwiderstand *nm* MICR.EL **emitter series resistance**
= emitter bulk resistance

Emitter-Basis-Diode *nf* MICR.EL **emitter diode**
= Emitterdiode *nf*, Emitter-Basis-Strecke *nf* — = emitter-base junction

Emitter-Basis-Kapazität *nf* MICR.EL **emitter base capacitance**

Emitter-Basis-Reststrom *nm* MICR.EL **emitter-base cutoff current**

Emitter-Basis-Spannung *nf* CIRC.EN **emitter-base voltage**

Emitter-Basis-Strecke *nf* MICR.EL → **emitter diode**
→ Emitter-Basis-Diode *nf*

Emitter-Diffusionskapazität *nf* MICR.EL **emitter diffusion capacitance**

Emitter-Diffusionsleitwert *nm* MICR.EL **emitter diffusion conductance**

Emitter-Diffusionswiderstand *nm* MICR.EL **emitter diffusion resistance**

Emitterdiode *nf* MICR.EL → **emitter diode**
→ Emitter-Basis-Diode *nf*

Emitter-Dip-Effekt *nm* MICR.EL **emitter dip effect**
= Emitter-Push-Effekt *nm*

Emitter-Emissionswiderstand *nm* MICR.EL **emitter emission resistance**
= emission resistance

Emitterfolger *nm* CIRC.EN → **common collector connection** (1)
→ Kollektorschaltung *nf*

Emitterfolgerlogik *nf* MICR.EL **emitter follower logic**
= EFL — = EFL

emittergekoppelte Kippschaltung CIRC.EN **emitter-coupled multivibrator**
= emittergekoppelter Multivibrator

emittergekoppelte Logik MICR.EL **emitter-coupled logic**
= emittergekoppelte Transistorlogik; ECL; CML; ECCSL; ECTL; EEL; CSL — ≈ ECL; current-mode logic; CML; emitter-coupled transistor logic; ECTL; emitter-coupled current steered logic; ECCSL; emitter-emitter logic; EEL; current-switch logic; CSL

emittergekoppelter Multivibrator CIRC.EN → **emitter-coupled multivibrator**
→ emittergekoppelte Kippschaltung

emittergekoppelte Transistorlogik MICR.EL → **emitter-coupled logic**
→ emittergekoppelte Logik

Emitter-Grenzschicht *nf* MICR.EL → **emitter junction**
→ Emitter-Sperrschicht *nf*

Emitter-Kapazität *nf* MICR.EL **emitter capacitance**

Emitterleitwert *nm* MICR.EL **emitter conductance**

Emitterpille *nf* MICR.EL **emitter dot**

Emitter-Push-Effekt *nm* MICR.EL → **emitter dip effect**
→ Emitter-Dip-Effekt *nm*

Emitterschaltung *nf* CIRC.EN **common-emitter connection**
= Emitterschaltung vorwärts — = common emitter circuit; common emitter; grounded emitter circuit
≈ Source-Schaltung — ≈ common-source connection
↑ Transistorgrundschaltung — ↑ transistor basic connection

Emitterschaltung rückwärts CIRC.EN **Inverse common emitter connection**
= inverse common emitter circuit; inverse common emitter

Emitterschaltung vorwärts CIRC.EN → **common-emitter connection**
→ Emitterschaltung *nf*

Emitterspannung *nf* CIRC.EN **emitter voltage**

Emitter-Sperrschicht *nf* MICR.EL **emitter junction**
= Emitter-Grenzschicht *nf* — = emitter barrier; emitter depletion layer

Emittersperrschicht-Kapazität *nf* MICR.EL **emitter junction capacitance**
= emitter barrier capacitance

Emitterstrom *nm* CIRC.EN **emitter current**

Emitter-Verlustleistung *nf* MICR.EL **emitter dissipation**

Emitter-Vorwiderstand *nm* MICR.EL **emitter series resistor**

Emitterwiderstand *nm* CIRC.EN **emitter resistance**
↓ Emitter-Vorwiderstand; Emitter-Bahnwiderstand — ↓ emitter series resistance; emitter bulk resistance

Emitterwirkungsgrad *nm* MICR.EL → **injection efficiency**
→ Injektionswirkungsgrad *nm*

Emitterzone *nf* MICR.EL **emitter zone**
[Emitterbereich plus Sperrschicht] — [emitter region plus junction]

EMK EL.TEC → **open-circuit voltage**
→ Leerlaufspannung *nf*

emmentropisch OPT → **emmentropic** *adj*
→ normalsichtig

E-Modul *nm* (*pl* -n) MECH **Young's modulus**

Emotag *nn* INTERNET **emotag** *n*
[in spitze Klammer gesetzte persönliche Meinung] — [tagged personal opinion]

Emoticon *nn* INTERNET **emoticon** *n*
[Symbol zur Übermittlung von Emotionen, z.B.: :-) für "Spass"] — ≈ smiley; happy faces
= Smiley *nn* — ≠ EMOTive ICON; symbol to convey emotions, e.g. :-) for "fun"

EMP QUAL → **prototype testing**
→ Entwicklungsmusterprüfung *nf*

EMP INF.TEC → **electromagnetic impulse**
→ elektromagnetische Puls

Empfang *nm* TELEC **reception** *n*

empfangen TELEC **receive**

empfangen *adj* TELEC **received** *adj*
= RXed

Empfänger *nm* ECON **recipient** *n*

Empfänger *nm* POST **addressee** *n*
= Adressat *nm*

Empfänger *nm* TELEC **receiver** *n*
= Empfangsgerät *nn*; Empfangsapparatur *nf* — = Rx; receiving equipment
≠ Sender — ≠ transmitter

Empfänger *nm* RADIO **receiver** *n*
= E — = Rx
≠ Sender — ≠ transmitter

Empfängerbaugruppe *nf* EQP.EN → **receive module**
→ Empfangsbaugruppe *nf*

Empfängerempfindlichkeit *nf* INF.TEC **receiver sensitivity**

Empfänger-Rauschabschaltung *nf* RADIO → **squelch circuit**
→ Rauschsperre *nf*

Empfängerrauschtemperatur *nf* SAT.CO **receiver noise temperatur**

Empfängerröhre *nf* EL.TRO **receiving tube**
= Empfangsröhre *nf* — = receiving valve

Empfängerschaltung *nf* CIRC.EN → **receive circuit**
→ Empfangsschaltung *nf*

Empfänger-Sperröhre *nf* RAD.LO **transmitting-receiving**
[Radar] — = TR

Empfängersteuerung *nf* DAT.CO → **receive control**
→ Empfangssteuerung *nf*

Empfängerwelle *nf* TER&PER **receiver shaft**
[Telegraf]

Empfangsanlage *nf* TELEC **receiving plant**

Empfangsantenne *nf* ANT **receive antenna**
= receiving antenna; receive-only antenna

Empfangsapparatur *nf* TELEC → **receiver** *n*
→ Empfänger *nm*

Empfangsaufruf *nm* DAT.CO **receive call**

Empfangsausgang *nm* TRANSM **receive output**
= F2ab (DTAG) — ≈ reception output

Empfangsband *nn* RADIO **receiving band**

Empfangsbaugruppe *nf* EQP.EN **receive module**
= Empfängerbaugruppe *nf*

empfangsbereit DAT.CO **ready to receive**
= receive ready; RR

Empfangsbereitschaft *nf* DAT.CO **ready-to-receive state**
= Geräteempfangsbereitschaft *nf* — = ready for receiving; data set ready; DSR

Empfangsbestätigung *nf* DAT.CO **receipt confirmation**
= receipt notification; read confirmation; read notification

Empfangsbestätigung *nf* TELEC → **acknowledgment** *n* (AE)
→ Quittierung *nf*

Empfangsbestätigung *nf* ECON → **receipt** *n*
→ Quittung *nf*

Empfangsbetrieb *nm* DAT.CO **receive mode**
Empfangsbezugsdämpfung *nf* TELEPH **receiving reference equivalent**
= receive loudness rating; RLR
Empfangsdaten *nplt* DAT.CO **received data**
Empfangseingang *nm* TRANSM **receive input**
= F1an (DTAG) = reception input
Empfangsempfindlichkeit *nf* SAT.CO **gain-to-noise-temperature ratio**
= G/T = G/T
Empfangsfolgenummer *nf* DAT.CO **receive sequence number**
Empfangsgerät *nn* TELEC → **receiver** *n*
→ Empfänger *nm*
Empfangskanal *nm* DAT.CO **downstream channel**
≠ Rückkanal ≠ upstream channel
Empfangskette *nf* TELEC **reception chain**
Empfangsleistung *nf* RADIO **received power**
Empfangslichtleistung *nf* OPT.CO **optical receive power**
Empfangslocher *nm* TELEGR **reperforator** *n*
Empfangsmagnet *nm* TELEGR **selector magnet**
= receiver magnet
Empfangsort *nm* RADIO **locality of reception**
Empfangspegel *nm* TELEC **receive level**
= Eingangspegel *nm* = reception level
Empfangspuffer *nm* DAT.PR **capture buffer**
Empfangsquittung *nf* DAT.CO **receive acknowledgment**
Empfangsrate *nf* DAT.CO **arrival rate**
= receive rate
Empfangsraum *nm* OFFICE **reception room**
Empfangsregister *nn* DAT.CO **receive register**
Empfangsröhre *nf* EL.TRO → **receiving tube**
→ Empfängerröhre *nf*
Empfangssatz *nm* SWITCH → **signaling circuit** *n*
→ Signalisierungssatz *nm*
Empfangsschaltung *nf* CIRC.EN **receive circuit**
= Empfängerschaltung *nf*
Empfangsschrittakt *nm* DAT.CO **receiver-signal-element timing**
Empfangsseite *nf* TELEC **receiving side**
empfangsseitig TELEC **at receiving side**
= receive-side
Empfangssignal *nn* TELEC **received signal**
Empfangsspeicher *nm* DAT.CO **receive memory**
Empfangsspielraum *nm* TELEGR **receive operating margin**
[Verzerrung] [distortion]
= receiver margin
Empfangsstation *nf* RADIO **receiver station**
≈ receiving station; listening station; listener *n*
Empfangsstelle *nf* BROADC **head-end** *n*
= Kopfstelle *nf*
Empfangsstempel *nm* OFFICE **reception stamp**
Empfangssteuerung *nf* DAT.CO **receive control**
= Empfängersteuerung *nf*
Empfangstakt *nm* TELEC **receive clock**
Empfangsteil *nm* EQP.EN **receive section**
= receive part
Empfangstelegramm *nn* DAT.CO **receive telegram**
Empfangsübertragungsfaktor *nm* TELEPH **electroacoustic index**
Empfangsumsetzer *nm* RADIO **down converter**
Empfangsunterbrechung *nf* TELEC **reception interruption**
= reception gap
Empfangsverhalten *nn* TELEC **reception performance**
Empfangszeitschlitz *nm* TELEC **receive timeslot**
Empfangszentrale *nf* CIRC.EN **reception central**
[PCM]
Empfangszustand *nm* QUAL **condition as received**
≈ Auslieferungszustand ≈ delivery state
empfehlenswert COLL **recommendable**
Empfehlung *nf* TELEC **Recommendation**
[UIT-T, UIT-R] [UIT-T, UIT-R]
Empfehlungsentwurf *nm* TELEC **draft recommendation**
Empfgangsrelais *nn* TELEGR **receive relay**
empfindlich *adj* TECH **sensitive**
= sensibel; sensitiv ≈ susceptible; fragile
≈ störanfällig; zerbrechlich
Empfindlichkeit *nf* NETW.TH **sensitivity** *n*
= Sensibilität *nf* = fragility *n*
Empfindlichkeit *nf* TECH **sensitivity** *n*
= Sensibilität *nf* = sensitiveness
≈ Zerbrechlichkeit ≈ fragility
Empfindlichkeitsanalyse *nf* TECH **sensitivity analysis**
= Sensibilitätsanalyse *nf*
Empfindlichkeitsfaktor *nm* EL.TRO **sensitivity factor**
= Sensibilitätsfaktor *nm*

Empfindlichkeitsregelung *nf* EL.TRO **sensitivity control**
Empfindungswort *nn* LING → **interjection** *n*
→ Interjektion *nf*
Emphase *nf* TELEC **emphasis** *n*
[gewollte Änderung des Amplitudengangs] [intentional alteration of frequency-amplidude response]
↓ Vorverzerrung; Rückentzerrung ↓ pre-emphasis; de-emphasis
Emphase-Schaltung *nf* TELEC → **emphasizer** *n*
→ Verzerrer *nm*
empirisch SCIE **empirical**
empirische Daten SCIE → **experimental data**
→ Versuchsdaten *nplt*
EMS (MS-DOS) HW → **expanded memory** (2)
→ Expansionsspeicher *nm* (2)
EMS *nn* INTERNET → **electronic mail**
→ E-Mail *nn*
EMSI-Protokoll *nn* INTERNET **EMSI**
= Electronic Mail Standard Identification
EMS-Speicher *nm* HW → **expanded memory** (2)
→ Expansionsspeicher *nm* (2)
Emulation *nf* DAT.PR **emulation** *n*
[vom latein. "aemulari" = "nacheifern"; Simulation eines anderen Computersystems, mit Hardware- oder Softwaremitteln] [from Latin "aemulari" = "vie with"; simulation of a different computer system, by hardware or software means]
Emulationsmodus *nm* DAT.PR **emulation mode**
Emulationsprogramm *nn* SW → **emulator** *n*
→ Emulator *nm*
Emulator *nm* HW **emulator** *n*
[Hardware-Zusatz der den Maschinencode eines anderen Computertyps übersetzt] [hardware add-on translating the machine code of other computer type]
Emulator *nm* SW **emulator** *n*
[Programm zum Betreiben eines für anderen Computertyp geschriebenen Programms] [program allowing to run a program written for another type of computer]
= Emulationsprogramm *nn*
emulieren DAT.PR **emulate** *vt*
[sich datentechnisch wie ein anderes System verhalten; emulate = engl. "wetteifern"] [to have the same computing behaviour as another system]
≈ simulieren ≈ simulate
Emulsion *nf* CHEM **emulsion** *n*
Emulsions-Laserspeicher *nm* TER&PER **emulsion laser storage**
EMV *nf* INF.TEC → **electromagnetic compatibility**
→ elektromagnetische Verträglichkeit
EMV-Filter *nn* EL.TRO **EMC filter**
EMV-Norm INF.TEC → **EMC standard**
→ EMV-Vorschrift *nf*
EMV-Vorschrift *nf* INF.TEC **EMC standard**
= EMV-Norm
Enable-Signal *nn* EL.TRO → **enable signal**
→ Freigabeimpuls *nm*
enantiomorph CHEM **enantiomorphous** *adj*
[Grie. "enantíos" = gegenüberstehend; mit spiegelbildlicher Struktur] [Greek "enantíos" = "standing opposite"; mirro-image structured]
= enantiomorphic
Enantiomorphie *nf* CHEM **enantiomorphy** *n*
enantiotrop CHEM **enantiotropic**
Enantiotropie *nf* CHEM **enantiotropy** *n*
[von einer Zustandsform in andere überführbar] [ability to pass from one state into another]
Encoder *nm* CIRC.EN → **coder** *n*
→ Codierer *nm*
Encoder *nm* HW **encoder** *n*
Endabnehmer *nm* ECON → **final customer**
→ Endkunde *nm*
Endabrechnung *nf* ECON **final accounting**
Endabweichung *nf* CONTRO **final deviation**
Endamt *nn* SWITCH → **local trunk exchange**
→ Teilnehmervermittlungsstelle *nf*
Endanflugsektor *nm* RAD.NA **terminal maneuvering area**
= TMA
Endanode *nf* EL.TRO **final anode**
Endanweisung *nf* SW **trailer statement**
Endanwender *nm* TECH → **end-user**
→ Endbenutzer *nm*
Endarbeitsgang *nm* MANUF **final operation**
Endausbau *nm* TECH **maximum capacity**
= Maximalausbau *nm*; Vollausbau *nm*; Höchstausbau *nm*; Endausbaustufe *nf* = maximum configuration; ultimate configuration; final equipment; full expansion; final capacity; full capacity stage

Endausbaustufe *nf* — TECH — → **maximum capacity**
→ Endausbau *nm*

Endbenutzer *nm* — TECH — **end-user**
= Endanwender *nm* — ≈ final user

Endbenutzer-Datenverarbeitung *nf* — COMP.AP — **end-user computing**
= user-driven computing

Endbenutzer-Lizenzvertrag *nm* — SW — **end-user licence agreement**
= EULA-Vertrag *nm* — = EULA
↓ Clickwrap-Lizenz; Shrinkwrap-Lizenz — ↓ clickwrap licence agreement; shrinkwrap licence agreement

Endbenutzer-Service *nm* — DAT.PR — **end-user service**

Endbenutzersystem *nn* — DAT.PR — → **dialog system** (AE)
→ Dialogsystem *nn*

Endbit *nn* — CODING — **tail bit**

Ende *nn* — CINEMA — **The End**
[Einblendung] — [insert]

Ende *nn* (1) — TECH — **end** *n*
= Extrem *nn*; Endpunkt *nm* — = extreme *n*; final point
≈ Seite — ≈ side

Ende *nn* (2) — TECH — **ending** *n*
[das letzte Teil] — = end part
= Endteil *nn*

Ende-Adresse *nf* — SW — **end address**
= at-end address

Ende-Anweisung *nf* — SW — → **stop statement**
→ Stoppanweisung *nf*

Ende-Bedingung *nf* — SW — **end condition**
= at-end condition

Endechosperre *nf* — TELEPH — **terminal echo suppressor**

Endechoweg *nm* — TELEPH — **terminal-side echo path**

Ende der Aufzeichnung — DAT.CO — **end-of-medium**
= EM — = EM
↑ ASCII→Code — ↑ ASCII code

Ende der Übertragung *nf* — DAT.CO — → **end of text**
→ Textende *nn*

Ende des Datenübertragungsblocks — DAT.CO — **end of transmission block**
= ETB — = ETB
↑ ASCII-Code — ↑ ASCII code

Ende-Ende-Bestätigung *nf* — DAT.CO — **end-to-end acknowledgment**

Ende-Ende-Protokoll *nn* — DAT.CO — **end-to-end protocol**
= Benutzer-Benutzer-Protokoll *nn*

Endeffekt *nm* — ANT — **end effect**
= Verkürzungseffekt *nm*

Ende-Hinweiszeichen *nn* — DAT.NW — **closing flag**
[LAN] — [LAN]
≠ Beginn-Hinweiszeichen — ≠ opening flag

Endeinrichtung *nf* — DAT.CO — → **data terminal equipment**
→ Datenendeinrichtung *nf*

Endeinrichtung *nf* — TELEC — → **terminal equipment**
→ Endgerät *nn*

Endeinrichtung *nf* — OUT.PL — **terminal device**

Endekennsatz *nm* — SW — **end label**
= Endekennung *nf*; Endemarke *nf*; Endezeichen *nn*; Endekriterium *nn* — = end identifier; end mark; end flag; terminate label; terminate identifier; terminate mark; terminate flag

Endekennung *nf* — SW — → **end label**
→ Endekennsatz *nm*

Endekriterium *nn* — SW — → **end label**
→ Endekennsatz *nm*

Endemarke *nf* — SW — → **end label**
→ Endekennsatz *nm*

Ende-Marke *nf* — COMP.AP — **end cursor**
[kennzeichnet das Ende des Dokuments] — [marks the end of the document]
↑ Schreibmarke — ↑ cursor

Ende-Markierung *nf* — INTERNET — **end tag**

Endemeldung *nf* — DAT.CO — **end message**

Endempfindlichkeit *nf* — INSTR — **full-scale sensitivity**

Endenabschluss *nm* — OUT.PL — → **terminal** *n*
→ Endverschluss *nm*

End-End-Verkehr *nm* — TELECON — **point-to-point traffic**
= Punkt-zu-Punkt-Verkehr *nm*

Endergebnis *nn* — TECH — **final result**
↑ Ergebnis — = upshot *n*
≈ result

Enderoutine *nf* — SW — **termination routine**

Enderzeugnis *nn* — MANUF — → **final product**
→ Endprodukt *nn*

ENDE-Taste *nf* — TER&PER — **END key**
[versetzt die Schreibmarke zu einem programmdefinierten Punkt] — [drives the cursor to a program-defined place]
= END-Taste *nf* — ↑ cursor key
↑ Schreibmarkentaste

Ende-Trennzeichen *nn* — DAT.NW — **ending limiter**
[LAN] — [LAN]
≠ Beginn-Trennzeichen — ≠ opening limiter

Endezeichen *nn* — DAT.MA — → **terminator** *n*
→ Abschlusszeichen *nn*

Endezeichen *nn* — SW — → **end label**
→ Endekennsatz *nm*

Ende-zu-Ende-Blockierung *nf* — SWITCH — **end-to-end blocking**

Endfertigung *nf* — MANUF — **finishing** *n*

Endfertigung *nf* — MEDIA — → **post-production**
→ Nachbearbeitung *nf*

Endfläche *nf* — MEC.EN — **cutting surface**

Endgerät *nn* — TER&PER — → **data terminal**
→ Datenendgerät *nn*

Endgerät *nn* — TELEC — **terminal equipment**
= Endeinrichtung *nf*; Terminal *nn* — ≈ TE; terminal *n*
≈ Peripheriegerät [DAT.PR]; Benutzerstation — ↑ peripheral equipment [DAT.PR]; user terminal

Endgeräteanpassung *nf* — TELEC — **terminal adaptor**
[ISDN] — [ISDN]
= TA

Endgeräteauswahl-Kennziffer *nf* — TELEC — **terminal equipment code**
[ISDN] — [ISDN]
= EAZ

endgeräteorientiert — DAT.NW — **terminal-oriented**

Endgerät-Mobilität *nf* — MOB.CO — → **terminal mobility**
→ Terminal-Mobilität *nf*

Endgerätschnittstelle *nf* — HW — **terminal interface**

endgespeist — ANT — **end-fed**

endgespeiste Antenne — ANT — → **Zeppelin antenna**
→ Zeppelin-Antenne *nf*

Endgestänge — OUT.PL — **end pole**
[Freileitung] — [open wire line]
= Endmast *nm* — = dead-end pole; stayed terminal pole; strutted terminal pole

Endgröße *nf* — TECH — → **final value**
→ Endwert *nm*

endgültig — COLL — **final** *adj*
= definitiv

endgültige Abnahme — TECH — **final acceptance**

endgültiger Befehl — SW — **effective instruction**
[after modifications]
= actual instruction

endgültiger Zustand — SCIE — → **final state**
→ Definitivum *nn* (*pl* -va)

endgültiges Abnahmezertifikat — ECON — **Final Acceptance Certificate**
= engültiges Abnahmeprotokoll — = FAC

endgültige Schnittversion — IMAG.ME — → **final cut**
→ Endschnitt *nm*

endgültige Schnittversion — CINEMA — **final cut**
= Final Cut *nm*

endgültige Version — SW — **final version**
= Endversion *nf* — = shrink-wrapped version

Endicon *nn* — EL.TRO — **endicon** *n*

Endkapazität *nf* — ANT — **top load**
= Dachkapazität *nf* — = end capacitance; top-loading capacitance

Endknoten *nm* — MATH — **terminal node**
[Graphen] — [graphs]
≠ Zwischenknoten — = final node; external node; end point
≠ branch node

Endkontrolle *nf* — QUAL — **final check**

Endkunde *nm* — ECON — **final customer**
= Endabnehmer *nm* — = ultimate buyer; ultimate taker
↓ Endverbraucher; Endnutzer — ↓ final consumer; final user

Endlage *nf* — TER&PER — **stop position**
= end position

Endleistungsmesser *nm* — INSTR — → **absorption power meter**
→ Absorptionsleistungsmesser *nm*

Endleitung *nf* — SWITCH — **toll circuit**
[zwischen EVSt und KVSt] — [between end office and primary center]

Endleitungskette *nf* — SWITCH — **concatenation of toll and junction circuits**

endlich *adj* — MATH — **finite**
= finit — ≠ infinite
≠ unendlich

endliche arithmetische Reihe — MATH — → **arithmetical progression**
→ arithmetische Reihe

Endliche-Elemente-Analyse *nf* [CAD] = FEA-Analyse *nf*	COMP.AP	**finite element analysis** [CAD] = FEA
endliche Gruppe	MATH	**finite group**
endlicher Automat	COMP.SC	**mealy automat**
endliche Zahl	MATH	**finite number**
endlos ≈ kontinuierlich; stufenlos	TECH	**endless** *adj* = continuous (2) ≈ continuous (1); stepwise
Endlosband *nn*	TER&PER	**continuous loop**
Endlosbetrieb *nm* = automatische Deck-zu-Deck-Umschaltung	CONS.EL	**continuous play**
Endloscassette *nf*	TER&PER	**continuous cassette** = endless-tape cassette
Endlosdatendruck *nm*	TER&PER	**continuous data print**
Endlosdurchschreibsatz *nm*	TER&PER	**continuous copying paper**
endlose Schleife → Endlosschleife *nf*	SW	→ **endless loop**
Endlosetikette *nf*	DAT.MA	**fanfold label**
Endlosfolgeverschlüsselung *nf*	INF.TEC	**stream cipher**
Endlosformular *nn* = Endlosvordruck *nm* ≠ Einzelformular ↑ Endlospapier ↓ Rollenformular; Zickzackformular	TER&PER	**continuous form** = endless form ≠ single form ↑ continuous paper ↓ rollpaper form; fanfold form
Endlosformulareingabe *nf* → Endlosformularzuführung *nf*	TER&PER	→ **continuous form feed**
Endlosformulareinzug *nm* → Endlosformularzuführung *nf*	TER&PER	→ **continuous form feed**
Endlosformulartransport *nm* → Endlosformularzuführung *nf*	TER&PER	→ **continuous form feed**
Endlosformularvorschub *nm* → Endlosformularzuführung *nf*	TER&PER	→ **continuous form feed**
Endlosformularzuführung *nf* = Endlosvordruckzuführung *nf*; Endlosformulartransport *nm*; Endlosvordrucktransport *nm*; Endlosformulareingabe *nf*; Endlosvordruckeingabe *nf*; Endlosformulareinzug *nm*; Endlosvordruckeinzug *nm*; Endlosformularvorschub *nm*; Endlosvordruckvorschub *nm* ≠ Einzelformularzuführung ↑ Formalurzuführung	TER&PER	**continuous form feed** = continuous feed ≠ single-form feed ↑ form-feed
Endlos-Haftetikette *nf*	TER&PER	**continuous stick-on label**
Endloskarteikarte *nf*	TER&PER	**continuous file card**
Endlospapier *nn* ≠ Einzelblattpapier ↓ Leporellopapier; Rollenpapier; Endlosformular	TER&PER	**continuous paper** = continuous stationery; continuous stock; continuous-form paper; listing paper ≠ single-sheet paper ↓ fanfold paper; rollpaper; continuous form
Endlosphasenschieber *nm*	CIRC.EN	**endless phase shifter**
Endlos-Plotterpapier *nn*	TER&PER	**continuous plotter paper**
Endlosschleife *nf* = endlose Schleife	SW	**endless loop** = endless cycle; infinite loop
Endlosvordruck *nm* → Endlosformular *nn*	TER&PER	→ **continuous form**
Endlosvordruckeingabe *nf* → Endlosformularzuführung *nf*	TER&PER	→ **continuous form feed**
Endlosvordruckeinzug *nm* → Endlosformularzuführung *nf*	TER&PER	→ **continuous form feed**
Endlosvordrucktransport *nm* → Endlosformularzuführung *nf*	TER&PER	→ **continuous form feed**
Endlosvordruckvorschub *nm* → Endlosformularzuführung *nf*	TER&PER	→ **continuous form feed**
Endlosvordruckzuführung *nf* → Endlosformularzuführung *nf*	TER&PER	→ **continuous form feed**
Endmaß *nn*	MEC.EN	**gage block**
Endmast *nm* → Endgestänge	OUT.PL	→ **end pole**
Endmessung *nf* → Endprüfung *nf*	MANUF	→ **final test**
Endmontage *nf*	MANUF	**final assembly**
Endmultiplexer *nm*	TRANSM	**terminal multiplexer**
Endnebenstellenanlage *nf* = Endvermittlung *nf*	TELEPH	**terminal PBX** = originating/terminating PBX
Endnote *nf* [am Ende eines Textes] ≈ Fußnote	PRIN.ME	**endnote** *n* [at the end of a text] ≈ footnote
Endnutzer *nm* ≈ Endverbraucher ↑ Endkunde	ECON	**final user** ≈ final consumer ↑ final customer
endogen [SCIE] → intern	TECH	→ **internal** *adj*
endogene Variable → interne Variable	MOD&SI	→ **internal variable**
Endprodukt *nn* = Fertigprodukt *nn*; Enderzeugnis *nn*; Fertigerzeugnis *nn*	MANUF	**final product** ≈ finished good; end-product; finished product
Endprüfung *nf* = Endmessung *nf*; Endtest *nm* ≈ Systemprüfung	MANUF	**final test** = final inspection
Endpunkt *nm* [Vektor]	MATH	**end-point** *n* [vector] = endpoint *n*
Endpunkt *nm* → Ende *nn* (1)	TECH	→ **end** *n*
Endpunktsknoten *nm* [Graphentheorie]	MATH	**endpoint node** [theory of graphs]
Endregenerator *nm*	TRANSM	**terminal regenerator**
Endröhre *nf* = Endverstärkerröhre *nf*	EL.TRO	**output tube** = final stage tube; output valve; final stage valve
Endsatz *nm*	TELEPH	**terminating set**
Endschaltung *nf* → Gabelschaltung *nf*	TELEC	→ **termination hybrid**
Endschnitt *nm* = Feinschnitt *nm*; endgültige Schnittversion ≠ Rohschnitt	IMAG.ME	**final cut** = fine cut ≠ first cut
Endspeisung *nf*	ANT	**end feed** = end fed
Endstation *nf* → Datenstation *nf*	DAT.CO	→ **terminal station** *n*
Endstelle *nf*	TRANSM	**terminal station** = terminal *n*; terminal end
Endstelle *nf* → Station *nf*	DAT.CO	→ **station** *n*
Endstellendemodulator *nm*	RAD.RE	**terminal station demodulator**
Endstellenleitung *nf*	OUT.PL	**subscriber's service line**
Endstellenleitung *nf* → Nebenanschlussleitung *nf*	TELEPH	→ **extension line**
Endstellenmodem *nm&nn*	RAD.RE	**terminal station modem**
Endstellenmodulator *nm*	RAD.RE	**terminal station modulator**
Endstufe *nf* = Ausgangsstufe *nf* ≈ Endverstärker	CIRC.EN	**final stage** = output stage ≈ final amplifier
Endstufenmodulation *nf* → Hochpegel-Modulation *nf*	MODUL	→ **high-level modulation**
Endsystem *nn*	DAT.CO	**end system**
End-Systemteil *nm* [Software zur Verwaltung der Nachrichtenspeicherung]	DAT.CO	**user agent** ≈ UA ≠ software to manage the storage of messages
END-Taste *nf* → ENDE-Taste *nf*	TER&PER	→ **END key**
Endteil *nn* → Ende *nn* (2)	TECH	→ **ending** *n*
Endtest *nm* → Endprüfung *nf*	MANUF	→ **final test**
End-Transistor *nm* → Leistungstransistor *nm*	MICR.EL	→ **power transistor**
Endübertrag *nm* → Rückwärtsübertrag *nm*	COMP.SC	→ **end-around carry**
Endübertragungsweg *nm*	TELEPH	**end-to-tandem-PBX transmission path**
Endverbleib *nm*	ECON	**ultimate destination**
Endverbraucher *nm* = Letztverbraucher *nm* ≈ Endnutzer ↑ Endkunde	ECON	**final consumer** = ultimate consumer; end-consumer ≈ final user
Endverbraucher-zu-Endverbraucher	ECON	**consumer-to-consumer**
Endverkehr *nm* ≈ kommender Verkehr	SWITCH	**terminating traffic**
Endverkehrsregister *nn*	SWITCH	**terminating register**
Endverkleidung *nf*	EQP.EN	**end-side cover**
Endvermittlung *nf* → Endnebenstellenanlage *nf*	TELEPH	→ **terminal PBX**
Endvermittlungsstelle *nf* → Teilnehmervermittlungsstelle *nf*	SWITCH	→ **local trunk exchange**
Endverschluss *nm*	POW.SY	**pothead** *n*

Endverschluss *nm* = Endenabschluss *nm*	OUT.PL	**terminal** *n* = pothead *n*; sealing end
Endverschluss *nm* → Kabelendverschluss *nm*	OUT.PL	→ **cable end**
Endversion *nf* → endgültige Version	SW	→ **final version**
Endverstärker *nm* ≈ Endregenerator ≠ Zwischenverstärker ↑ Leitungsverstärker	TRANSM	**terminal repeater** ≈ terminal regenerator ↑ line repeater
Endverstärker *nm* → Leistungsverstärker *nm*	CIRC.EN	→ **power amplifier**
Endverstärkerröhre *nf* → Endröhre *nf*	EL.TRO	→ **output tube**
Endverstärkerstufe *nf* → Leistungsverstärker *nm*	CIRC.EN	→ **power amplifier**
Endverteiler *nm*	OUT.PL	**terminal distributor**
Endverzweiger *nm* [teilt Verzweigerkabel auf Endstellenleitungen auf] = EVz; APL [DTAG]; Abschlusspunkt Linientechnik [DTAG]	OUT.PL	**distribution point** [connects distribution cables to subscriber lines] = DP; terminal point (AE); terminal block (AE); terminal (AE); subscriber distribution interface; SDI
Endwert *nm* = Endgröße *nf*	TECH	**final value** = ultimate value; equilibrium value; accumulated value
Endwiderstand *nm* = Pull-in-Widerstand *nm*	CIRC.EN	**pull-up resistor**
Endziel *nn*	COLL	**ultimate objective** = ultimate goal
End-zu-End-Prüfung *nf*	DAT.PR	**back-to-back testing**
Endzustand *nm*	TECH	**final state** = final condition
Energie *nf* [die Fähigkeit Arbeit zu leisten]	PHYS	**energy** *n* [the capacity for doing work]
Energieabgabe *nf*	PHYS	**energy release**
Energieäquivalent	PHYS	**energy equivalent**
energiearm	PHYS	**low-energy**
Energieaufnahme *nf*	PHYS	**energy input**
Energieaufwand *nm* ≈ Energieverbrauch	TECH	**expenditure of energy** ≈ energy consumption
Energieaustausch *nm*	PHYS	**energy exchange**
Energieband *nn* [zu einem Band verschmierte Energietermen] ↓ Leitungsband; Valenzband	PHYS	**energy band** [energy levels smeared to a band] ↓ conduction band; valence band
Energiebanddichte *nf*	PHYS	**energy band density**
Energiebändermodell *nn* → Bändermodell *nn*	PHYS	→ **energy band diagram**
Energiebandkante *nf* → Bandkante *nf*	PHYS	→ **band edge**
Energiebedarf *nm*	TECH	**energy requirement** = energy demand
Energiebilanz *nf*	PHYS	**energy balance**
Energie der Bewegung → kinetische Energie	PHYS	→ **kinetic energy**
Energie der Lage → potentielle Energie	PHYS	→ **potential energy**
Energiedichte *nf*	PHYS	**energy density**
Energiedosis *nf* [SI-Einheit: Gray]	PHYS	**energy dose** [SI unit: Gray] = absorbed dose
Energieeinsparung *nf*	TECH	**energy savings** = energy economy
Energieelektronik *nf* = Leistungselektronik *nf* ↑ Elektronik	EL.TRO	**power electronics** ↓ electronics
Energieerhaltung *nf*	PHYS	**conservation of energy**
Energieerzeugung *nf*	TECH	**energy generation**
Energiefluss *nm* → Energiestrom *nm*	PHYS	→ **energy flux**
Energiegewinnung *nf*	PHYS	**power generation**
Energiekabel *nn* → Starkstromkabel *nn*	POW.EN	→ **power cable**
Energielücke *nf* → verbotenes Band	PHYS	→ **forbidden energy band**
Energieniveau *nn* = Energieterm *nm*; Term *nm* ≈ Energieband	PHYS	**energy level** ≈ energy band
Energieniveaudichte *nf* → Zustandsdichte *nf*	PHYS	→ **energy state density**
Energiequant *nn* = Energiequantum *nn*	PHYS	**energy quantum**
Energiequantum *nn* → Energiequant *nn*	PHYS	→ **energy quantum**
Energiequelle *nf*	PHYS	**energy source**
energiereich	PHYS	**high-energy**
Energiesignal *nn*	TELEC	**energy signal**
energiesparend	PHYS	**energy -saving** = energy-economizing
Energiespar-Modus *nm*	TECH	**power save mode**
Energiespeicher *nm*	PHYS	**energy storage**
Energiesprung *nf*	PHYS	**energy jump**
Energiestrom *nm* = Energiefluss *nm* ≈ Leistung	PHYS	**energy flux** = energy flow ≈ power
Energietechnik *nf* → elektrische Energietechnik	EL.TEC	→ **electrical power engineering**
Energieterm *nm* → Energieniveau *nn*	PHYS	→ **energy level**
Energietransformation *nf* → Energieumwandlung *nf*	PHYS	→ **energy conversion**
Energieübertragung *nf*	PHYS	**energy transfer** = power transmission
Energieumwandlung *nf* = Energietransformation *nf*; Energiewandlung *nf*	PHYS	**energy conversion** = energy transformation
Energieverbrauch *nm* ≈ Energieaufwand	TECH	**energy consumption** ↑ expenditure of energy
Energieverlust *nm* ≈ Energieverbrauch	PHYS	**energy loss**
Energieversorgung *nf*	TECH	**energy supply** = power generation and
Energieversorgungsunternehmen *nn* = EVU *nf*; Elektrizitätsunternehmen *nn*	ECON	**electric utility** = electric authority; electric company; electrical utility
Energieverteilung *nf*	TECH	**energy distribution**
Energieverwaltung *nf*	HW	**power management**
Energieverwischung *nf*	RADIO	**energy dispersal**
Energiewandler *nm*	PHYS	**energy convertor**
Energiewandlung *nf* → Energieumwandlung *nf*	PHYS	→ **energy conversion**
Energiewandlung *nf*	PHYS	**energy conversion** = energy supply
Energiezufuhr *nf*	PHYS	**addition of energy**
Energiezustand *nm*	PHYS	**energy state**
Energiezwischenband *nn* → verbotenes Band	PHYS	→ **forbidden energy band**
eng [räumlich eingeschränkt] ↓ schmal	COLL	**narrow** *adj* (2) [of restricted dimensions] ↓ narrow (1)
eng → schmal	PRIN.ME	→ **condensed** *adj*
engangepasst = festanliegend; festsitzend	COLL	**tight-fitting** *adj* = close-fitting
Engdruck *nm* → Schmalschrift *nf*	PRIN.ME	→ **condensed type**
eng eingerahmt	IMAG.ME	**tightly framed**
enggekoppelte Mikroprozessortechnik	MICR.EL	**tightly-coupled multiprocessing**
Engine → Maschine *nf*	SW	→ **engine** *n*
englaufend = kompakt ↑ Schriftattribut	PRIN.ME	**compact** *adj* ↑ font attribute
englischer Zoll [2,5399956 cm] ≈ Normalzoll ↑ Zoll	PHYS	**English inch** [2.5399956 cm] ≈ standard inch ↑ inch
englische Seemeile [1.853,1824 m oder 6.080 ft, nach alter Messung der Bogenlänge einer Meridian-Minute] = Knoten *nm* (1) ≈ Seemeile	PHYS	**Admirality mile** ≈ knot *n* (1) ≠ 1,853.1824 m or 6,080 ft, from old measurement of the arch length of 1' of meridian ↑ nautical mile
englischrot *adj* = caput mortuum	OPT	**english red** *adj*
engmaschig = feinmaschig	TECH	**fine-meshed** = close-meshed
engmündig	TECH	**with a narrow opening**
Engpass *nm*	GEOSC	**narrow pass**
Engpass *nm* [fig] = Flaschenhals *nm*; Nadelöhr *nn*	COLL	**bottleneck** *n* [fig] = defile *n*
engporig	TECH	**with narrow pores**

Engramm *nn* MEDIA **engramm**
= Gramma *nn*; Photogramm *nn*

engster Sitz ENG.DRA → **tightest fit**
→ Kleinstsitz *nm*

engtoleriert TECH **close-tolerance**

engültiges Abnahmeprotokoll ECON → **Final Acceptance Certificate**
→ endgültiges Abnahmezertifikat

Enhanced CD-ROM TER&PER → **CD Plus**
→ CD Plus

ENIAC DAT.PR **ENIAC**
[erster elektronische Großrechner]
[Electronic Numerical Integrator And Calculator; first electronic large-scale computer,

Enneode *nf* EL.TRO **enneode** *n*
[Paket gemeinsam ausgestrahlter Programme]
= Nonode *nf*

ENQ DAT.CO → **inquiry** *n* (AE)
→ Stationsaufforderung *nf*

Ensemble *nn* BROADC **assembly** *n*
= Multiplex *nn*
[a package of programs broadcasted together]
= multiplex *n*

Ensthaftigkeit *nf* TECH **criticality** *n*
= severity *n*

Enstörungsstelle *nf* TECH → **maintenance center**
→ Wartungszentrum *nn*

entartet MATH → **degenerated**
→ degeneriert *adj*

entartet PHYS **degenerated**

Entartung *nf* MATH → **degeneration** *n*
→ Degenerierung *nf*

Entartung *nf* PHYS **degeneracy** *n*
= degeneration *n*

Entartungskonzentration *nf* PHYS **degeneration concentration**

Entartungstemperatur *nf* PHYS **degeneracy temperature**

entblocken DAT.MA **deblock** *vt*
≠ blocken
= unblock (err)
≠ block

Entblocken *nn* DAT.MA **deblocking** *n*
= Entblockierung *nf*
= unblocking (err)

Entblocken *nn* SWITCH → **unblocking** *n*
→ Entblockierung *nf*

Entblockierung *nf* DAT.MA → **deblocking** *n*
→ Entblocken *nn*

Entblockierung *nf* SWITCH **unblocking** *n*
= Entblocken *nn*
= deblocking *n*

Entblößungstyp *nm* MICR.EL → **depletion mode**
→ Verarmungstyp *nm*

entbündeln TELEC **unbundle**

Entbündelung *nf* TELEC **unbundling**
[Deregulierung]
[deregulation]

Entcompilierung *nf* SW → **decompilation** *n*
→ Entkompilierung *nf*

Entdämpfung *nf* TELEC **deattenuation**

entdecken COLL **discover** *vt*
≈ erfinden
≈ invent

Entdeckung *nf* COLL **discovery** *n*
≈ Erfindung
≈ invention

Entdeckungsfähigkeit *nf* RAD.LO **interceptability** *n*
= Erfassungsfähigkeit *nf*

Entdeckungsreichweite *nf* RAD.LO **intercept reach**
= Erfassungsreichweite *nf*

Entdeckungswahrscheinlichkeit *nf* RAD.LO **intercept probability**
= Erfassungswahrscheinlichkeit *nf*

entdrallen TECH **untwist** *vt*

Enteignung *nf* ECON **expropriation** *n*
= Expropriation *nf*

Entelektrisierung *nf* PHYS **de-electrification**

Enterprise Server *nm* DAT.NW **enterprise server**

ENTER-Taste *nf* (IBM) TER&PER → **ENTER key** (IBM)
→ Eingabetaste *nf*

entfernbar TECH **removable** *adj*
≈ abnehmbar
≈ detachable

entfernen TECH **remove**
≈ abbauen; lösen
≈ dismantle; detach

entfernen DAT.MA → **erase** *vt*
→ unwiederbringlich löschen

Entfernen verdeckter Linien COMP.GR **hidden-line removal**

entfernt TELEC → **remote** *adj*
→ abgesetzt

entfernt RADIO → **dx**
→ dx

entfernt TECH **remote**
= entlegen
≈ abgesetzt
= distant
≈ detached

entferntes Laufwerk DAT.PR → **network file connection**
→ Netzlaufwerkverbindung *nf*

entferntes Verzeichnis DAT.NW → **network directory**
→ Netzwerkverzeichnis *nn*

Entfernung *nf* PHYS **distance** *n*
[räumlich, zeitlich]
= Distanz *nf*; Abstand *nm*
[in space or time domain]
≈ separation

Entfernungsmesser *nm* OPT **distance meter**
= Telemeter *nf* (obs)

Entfernungsmesser *nm* RAD.NA **range finder**

Entfernungsmesssystem *nn* RAD.NA **distance measuring equipment**
= DME
= DME

Entfernungsmessung *nf* OPT **distance measurement**
= Telemetrie *nf*

Entfernungsstreuung *nf* RAD.PRO **long-distance scatter**

entfernungstreu CART **equidistant**

entfetten TECH **degrease**

Entfettung *nf* TECH **degreasing** *n*

entfeuchten TECH **dessicate** *vt*
≈ trocknen
≈ dry

Entfeuchter *nm* TECH **dessicator** *n*
= Trockner *nm*
↓ Trockenmittel
= dryer *n*; drier *n*; dehydrator *n*
↓ dessicant

Entfeuchtung *nf* TECH **dissecation** *n*
≈ Trocknung; Entwässerung
↑ drying; dehydration

entflammbar TECH **flammable** *adj* (AE)
= entzündbar; entzündlich; feuergefährlich
≈ brennbar
= inflammable (BE)
≈ combustible

Entflammbarkeit *nf* TECH **inflammability** *n*
= Entzündbarkeit *nf*
= flammability *n*

entflechten TECH **unravel**

entflechten COLL **dissociate**
[fig]
[fig]

Entflechtung *nf* ECON **demerger** *n*

Entflechtung *nf* EL.TRO → **PCB artwork creation**
→ Leiterplattenentflechtung *nf*

entfragmentieren DAT.MA **defragment** *vt*
[in benachbarte Diskettencluster bringen]
= defragmentieren
[to bring into contiguous disk clusters]
= defrag *vt*

Entfragmentierung *nf* DAT.MA **defragmentation**
= Defragmentierung *nf*; Datei-Entfragmentierung *nf*
= file defragmentation

Entfragmentierungsprogramm *nn* SW **defragmentation program**
= Defragmentierer *nm*; Datei-Entfragmentierungsprogramm *nn*, plattenoptimierungsprogramm *nn*
= defragmentation utility; file defragmentation program; file defragmentation utility; defragger; disk optimizer; optimizer program; disk saver

entfritten EL.TRO **decohere**

Entfritterer *nm* EL.TRO **decoherer** *n*

ENTF-Taste *nf* TER&PER **delete key** *n*
[entfernt das rechts oder unter der Schreibmarke befindliche Zeichen, alle Zeichen rechts davon rücken nach]
= DEL-Taste *nf*; DELETE-Taste *nf*
≈ Rückschrittaste; Rücksetztaste (2)
[deletes character under or right from cursor bar, characters at the right shift by]
= DEL key
≈ return key; backspace key

entgangener Gewinn ECON → **loss of profit**
→ Gewinnausfall *nm*

Entgasung *nf* PHYS **degassing** *n*
= degasification *n*

entgegengerichtet TECH → **reverse** *adj* (2)
→ gegensinnig

entgegengesetzt TECH → **reverse** *adj* (2)
→ gegensinnig

entgegengesetztes Ereignis STATIS **complementary event**
= komplementäres Ereignis; Komplementärereignis *nn*
= complementary occurrence

entgegennehmen COLL **accept**

entgegensetzend LING → **adversative** *adj*
→ adversativ *adj*

Entgegenstellung *nf* SCIE → **antithesis** *n*
→ Antithese *nf*

entgegenwirken TECH → **counteract** *vi*
→ gegenwirken

Entgelt *nn* ECON **compensation** *n*
≈ Bezahlung; Gegenleistung
= remuneration *n*; repay *n*; requital *n*
≈ payment; consideration

entgraten	MEC.EN	**deburr** *vt*
Entgratmaschine *nf*	MEC.EN	**deburring machine**
Enthalpie *nf*	PHYS	**enthalpy** *n*
enthalten = einschließen (fig)	COLL	**contain** = include
enthalten → immanent	SCIE	→ **immanent**
enthüllen → offenbaren	COLL	→ **disclose** *vt*
Enthüllung *nf* → Offenbarung *nf*	COLL	→ **disclosure** *n*
Entionisierung *nf*	PHYS	**deionization** *n*
Entität *nf* → Objekt *nn*	SCIE	→ **object** *n*
Entität *nf* (1) [alles was in einem Programm ansprechbar ist]	SW	**entity** *n* (1) [any item of a program that can be named] ↓ data; instruction; subroutine
Entität *nf* (2) [OOP; Definitionsmerkmal einer Objektklasse, z.B. ein Attribut oder ein anwendbarer Operator] = Instanz *nf*	SW	**entity** *n* (2) [OOP; defining characteristic of a class of objects, like an attribute or appliable operator]
Entität *nf* (1) → Datensatz *nm*	DAT.MA	→ **data record**
Entität *nf* (2) → Subjekt *nn*	DAT.MA	→ **entity** *n* (2)
Entitätenaufruf *nm* [SGML]	INTERNET	**entity reference** [SGML]
Entitätendeklaration *nf* [SGML]	INTERNET	**entity declaration** [SGML]
Entitätenintegrität *nf*	DAT.MA	**entity integrity**
Entitätenverwaltung *nf* [SGML]	INTERNET	**entity management** [SGML]
Entitätenzusammenhang-Diagramm *nn*	DAT.MA	**entity-relationship diagram** = E-R diagram
Entitätenzusammenhang-Modell *nn*	DAT.MA	**entity relationship model** = ER model
Entitätsattribut *nn* [OOP]	SW	**entity attribute** [OOP]
Entitätsklasse *nf* = Entitätstyp *nm*	DAT.MA	**entity class** = entity set; entity type
Entitätstyp *nm* → Entitätsklasse *nf*	DAT.MA	→ **entity class**
entjittern	TELEC	**dejitterize**
entketten ≠ verketten	DAT.MA	**decatenate** *vt* = concatenate ≈ unchain *vt*; delink *vt*
entketten	DAT.CO	**dequeue** *vt*
entkohlen	TECH	**decarbonize**
entkompilieren [von Maschinensprache in höhere Programmiersprache übersetzen] ≠ kompilieren	SW	**decompile** *vt* [translate from machine language to high-level language] ≠ compile
Entkompilierer *nm* = Decompiler *nm* (ANGL) ≠ Kompilierer	SW	**decompiler** *n* ≠ compiler
Entkompilierung *nf* [übersetzt von maschinenorientierter Sprache in problemorientierte Programmiersprache] = Entcompilierung *nf* ≈ Disassemblierer ≠ Kompilierung	SW	**decompilation** *n* [translates from machine-oriented language into high-level programming language] ≈ disassembler ≠ compilation
entkomprimieren = dekomprimieren	DAT.PR	**decompress** *vt*
entkoppeln	PHYS	**decouple**
entkoppeln [fig]	TECH	**decouple** *vt* [fig]
entkoppeln ≈ trennen	EL.TEC	**decouple** = uncouple ≈ separate
Entkoppler *nm* → Richtungsleitung *nf*	MICROW	→ **isolator** *n*
Entkopplung *nf* [parallel ablaufende Prozesse stören sich nicht] ↑ ACID-Test	SW	**isolation** *n* [concurrent processes dont interfere each other] ↑ ACID test
Entkopplung *nf* ≈ Trennung	EL.TEC	**decoupling** *n* ≈ isolation
Entkopplung *nf*	PHYS	**decoupling** *n*
Entkopplung *nf* [fig]	TECH	**decoupling** *n* [fig]
Entkopplungskondensator *nm* = Trennkondensator *nm*	CIRC.EN	**decoupling capacitor** = isolating capacitor; isolation capacitor; neutralizing capacitor
Entkopplungs-Stumpf *nm*	ANT	**decoupling stub** = isolation stub
Entkopplungszone *nf* → Schutzzone *nf*	RAD.PRO	→ **decoupling zone**
Entladekreis *nm*	CIRC.EN	**discharging circuit**
entladen	TECH	**unload** *vt* = discharge *vt*
entladen	EL.TEC	**discharge** *vt*
Entladeschlussspannung *nf* [Akkumulator]	POW.SY	**cell-end voltage**
Entladespannung *nf*	PHYS	**discharge voltage**
Entladestrom *nm*	PHYS	**discharge current**
Entladung *nf* [einer Ware]	ECON	**unloading** *n* [of goods] = discharge *n*
Entladung *nf* [Ladungsfluss zum Ausgleich einer Potentialdifferenz zwischen voneinander isolierten Leitern] ↓ Gasentladung; Durchschlag	PHYS	**discharge** *n* [flow of charges to compensate potential differences between isolated conductors] ↓ gaseous discharge; breakdown
Entladungslampe *nf*	PHYS	**discharge lamp**
Entladungsraum *nm*	EL.SC	**discharge space**
Entladungswiderstand *nm*	POW.SY	**bleeder resistance** = bleeder *n*
entlassen *vt*	ECON	**dismiss** *vt* = lay off *vt* (AE)
Entlassung *nf*	ECON	**dismissal** *n* = layoff *n* (AE)
entlasten	TECH	**relief** *vt*
entlasten *vt*	DAT.PR	**off-load** *vt*
Entlastung *nf*	TECH	**relief** *n*
Entlastung *nf*	EL.TEC	**load reduction**
Entlastung *nf*	DAT.PR	**off-load** *n*
Entlastungskerbe *nf*	TER&PER	**relief notch**
Entlastungsseil *nn*	OUT.PL	**suspending wire**
entleeren → räumen *vt*	DAT.MA	→ **flush** *vt*
entlegen → entfernt	TECH	→ **remote**
entleihen *vt* [vorübergehend in Besitz nehmen] = ausleihen (1); borgen (2); leihen (2) ≠ verleihen	ECON	**lend** *vt* (2) [to take for temporary use] = loan *vt* (2) ≠ borrow
Entleiher *nm* = Borger *nm* (2) ≈ Schuldner ≠ Verleiher	ECON	**borrower** *n* ≈ debtor ≠ lender
entlocken = herauslocken	COLL	**elicit** *vt*
Entlockung *nf*	COLL	**elicitation** *n*
entlöten → auslöten	EL.TRO	→ **desolder** *vt*
Entlötgerät *nn* = Entlöthilfe *nf*	EL.TRO	**desoldering tool**
Entlöthilfe *nf* → Entlötgerät *nn*	EL.TRO	→ **desoldering tool**
Entlötkolben *nm*	EL.TRO	**desoldering iron**
Entlötstation *nf*	EL.TRO	**desoldering station**
entlüften ≈ lüften	TECH	**exhaust** *vt* ≈ ventilate
Entlüfter *nm* ≈ Ventilator	TECH	**exhauster** *n* ≈ ventilador
Entlüftung *nf* ≈ Absaugung	TECH	**exhaust** *n* (1) ≈ suction
entmagnetisieren = demagnetisieren; abmagnetisieren	PHYS	**demagnetize** *vt* = degauss *vt*; de-energize *vt*
Entmagnetisierer *nm* = Demagnetisierer *nm*; Abmagnetisierer *nm*; Entmagnetisiergerät *nn*	EL.TRO	**demagnetizer** *n* = degausser *n*
Entmagnetisiergerät *nn* → Entmagnetisierer *nm*	EL.TRO	→ **demagnetizer** *n*
Entmagnetisierung *nf* = Demagnetisierung *nf*; Abmagnetisierung *nf*	PHYS	**demagnetization** *n* ≈ degaussing *n*
Entmagnetisierungscassette *nf* → Entmagnetisierungskassette *nf*	TER&PER	→ **demagnetizer cassette**
Entmagnetisierungsfaktor *nm*	PHYS	**demagnetizing factor** = degaussing factor
Entmagnetisierungskassette *nf* = Entmagnetisierungscassette *nf*	TER&PER	**demagnetizer cassette**

Entmagnetisierungsspule *nf* EL.TRO **degaussing coil**
Entmagnetisierungsstrom *nm* EL.TEC **demagnetization current**
= Demagnetisierungsstrom *nm*; Abmagnetisierungsstrom *nm* — = degaussing current
Entnahme *nf* COLL **withdrawal** *n*
≈ Wegnahme — ≈ removal
Entnahme *nf* TECH **extraction** *n*
= Extraktion *nf*; Gewinnung *nf*
Entnahmeschlaufe *nf* EQP.EN **lift-out ribbon**
[z.B. in Batteriefach] — [e.g. in a battery compartment]
entnehmen TECH **extract** *vt*
= extrahieren; gewinnen; herausziehen
Entnestung *nf* SW → **unnesting** *n*
→ Entschachtelung *nf*
entnetzen TECH **dewet** *vt*
entnormierte Zahl COMP.SC **denormalized number**
Entnormierung *nf* NETW.TH **denormalizing** *n*
≠ Normierung — ≠ normalizing
entpacken TECH → **unpack** *vt*
→ auspacken
entpacken DAT.MA **unpack** *vt*
≠ packen — ≠ pack
entpackte Daten DAT.MA **unpacked data**
entpaketieren DAT.CO **depacketize**
[Paketvermittlung] — [packet switching]
= Datenpaket zerlegen; depaketieren
Entpaketisierung *nf* DAT.CO → **packet disassembly**
→ Depaketierung *nf*
entprellen EL.TRO **debounce** *vt*
Entprellen *nn* EL.TRO **debouncing** *n*
[eines Kontaktes] — ≠ of a contact
Entprellschaltung *nf* EL.TRO **debouncing circuit**
entprellte Tastatur TER&PER **debounced keyboard**
entriegeln MEC.EN **unlock** *vt*
= entsperren; auslösen — = trip
Entropie *nf* PHYS **entropy** *n*
[Verwandlungsinhalt; der in Arbeit wandelbare Teil der Energie] — [transformation content; extent to which energy can be converted to work]
Entropiecodierung *nf* CODING → **statistical encoding**
→ statistische Codierung
entrosten METAL **remove rust**
Entschachtelung *nf* SW **unnesting** *n*
= Entnestung *nf*
entschädigen LAW **compensate**
Entschädigung *nf* LAW → **compensation** *n*
→ Schadenersatz *nm*
entscheidbar MATH **decidable**
Entscheidbarkeit *nf* MATH **decidability** *n*
entscheidend COLL **decisive** *adj*
≈ maßgebend; kritisch — = crucial; ≈ relevant; critical
Entscheider *nm* CIRC.EN **discriminator** *n*
= Diskriminator *nm* — = decision circuit; decision element
Entscheidereinheit *nf* CIRC.EN **decision unit**
Entscheidung *nf* INF.TH **decision** *n*
= Arbitrierung *nf* — = arbitration *n*
Entscheidungsalgorithmus *nm* STATIS **decision algorithm**
= decisional algorithm; arbitration algorithm
Entscheidungsbasis *nf* COLL → **decision base**
→ Entscheidungsgrundlage *nf*
Entscheidungsbaum *nm* ART.IN **decision tree**
Entscheidungsbefehl *nm* SW **decision instruction**
[weist auf konditionierten Folgebefehl] — ≈ descrimination instruction; ≠ indicates conditional continuation instruction
Entscheidungsfaktor *nm* SCIE **deciding factor**
Entscheidungsfindung *nf* ECON **decision making**
Entscheidungsfunktion *nf* STATIS **decision function**
Entscheidungsgehalt *nm* INF.TH **decision content**
Entscheidungsgesetz *nf* COMP.SC **decision rule**
Entscheidungsgrundlage *nf* COLL **decision base**
= Entscheidungsbasis *nf*
Entscheidungshilfe *nf* COLL **decisional support**
Entscheidungshilfesystem *nn* ART.IN **decision support system**
Entscheidungskästchen *nn* COMP.AP → **decision symbol**
→ Entscheidungssymbol *nn*
Entscheidungslogik *nf* MATH **arbitration logic**
= decision logic
Entscheidungsmatrix *nf* INF.TEC **decision matrix**
Entscheidungsmodell *nn* SCIE **decision model**
Entscheidungsparameter *nm* SCIE **decision parameter**
Entscheidungs-Rückkopplungsfilter *nn* NETW.TH **decision feedback filter**
Entscheidungsschwelle *nf* CIRC.EN **decision threshold**
Entscheidungs-Software *nf* DAT.PR **decision-support software**
= entscheidungsunterstützende Software
Entscheidungssymbol *nn* COMP.AP **decision symbol**
[rautenförmig] — ≈ decision box; ≠ a diamond-shaped symbol
= Entscheidungskästchen *nn*
Entscheidungssystem *nn* ART.IN **decision system**
Entscheidungstabelle *nf* INF.TH **decision table**
= ET
Entscheidungstheorie *nf* SCIE **decision theory**
Entscheidungsträger *nm* ECON **decision maker**
entscheidungsunterstützend COMP.AP **decision-supporting**
entscheidungsunterstützende Software DAT.PR → **decision-support software**
→ Entscheidungs-Software *nf*
Entscheidungsvorbereitungssystem *nn* ART.IN **decision support system**
= DSS
Entscheidungsvorlage *nf* ECON **proposal for decision**
Entscheidungswert *nm* CIRC.EN **decision value**
Entscheidungszeitpunkt *nm* CODING **decision instant**
entschlüsseln INF.TEC **decode** *vt*
= decodieren; dekodieren; entziffern; dechiffrieren — = decipher *vt*; decrypt *vt*; uncode *vt*
≈ decodieren [CODING] — ≈ decode *vt* [CODING]
↓ knacken — ↑ decrypt *vt*
Entschlüsselung *nf* INF.TEC **decryption** *n*
= Decodierung *nf* — = cryptoanalysis *n*; code translation; decipherment *n*
≠ Verschlüsselung — ≠ encryption
Entschlüsselungscode *nm* INF.TEC **decryption code**
≠ Verschlüsselungscode — = decode key
↑ Schlüssel — ≠ encryption code; ↑ key
Entschlüsselungsexperte *nm* MIL.CO → **cryptoanalyst** *n*
→ Kryptoanalytiker *nm*
Entschlüsselungsmatrix *nf* CIRC.EN **decode network**
= Decodiermatrix *nf*
entschwinden COLL → **vanish** *vi*
→ schwinden
entscrambeln CODING → **descramble**
→ entwürfeln
Entsorgung *nf* TECH **disposal** *n*
≈ Rückgewinnung — = waste disposal; ≈ recycling
≠ Versorgung — ≠ supply
Entsorgungsanlage *nf* TECH **waste disposal facility**
entspannen METAL **unstress** *vt*
Entspannung *nf* METAL **unstressing** *n*
Entspannungsglühen *nn* METAL → **normalizing** *n*
→ Normalglühen *nn*
Entspannungskerbe *nf* TER&PER **alignment notch**
[Diskette] — [floppy disk]
entsperren MEC.EN → **unlock** *vt*
→ entriegeln
entsperren EL.TRO → **enable** *vt*
→ freigeben
Entsperrtaste *nf* TER&PER **unlocking key**
= Entsperrungstaste *nf* — = unlock key
Entsperrungstaste *nf* TER&PER → **unlocking key**
→ Entsperrtaste *nf*
Entspiegelung *nf* TECH **dereflection** *n*
= anti-glare *n*
Entspiegelungsfilter *nn* TER&PER **glare filter**
entspr. COLL → **as per** *praep*
→ gemäß *praep*
entsprechen *vi* (1) COLL **correspond** (with, to) *vt*
= übereinstimmen (mit); korrespondieren (2)
entsprechen *vi* (2) COLL **conform to**
= gerecht werden
entsprechend MATH → **homologous**
→ homolog
entsprechend COLL → **as per** *praep*
→ gemäß *praep*
Entsprechung *nf* LOGIC → **equivalence** *n*
→ Äquivalenz *nf*
Entsprechung *nf* COLL **correspondence** *n* (1)
= Übereinstimmung *nf* — ≈ conformance
Entsprechung *nf* TECH → **accuracy** *n*
→ Genauigkeit *nf*

entstauben TECH **dedust** *vt*
Entstaubung *nf* TECH **dedusting** *n*
Entstehungsgeschichte *nf* SCIE **genesis** *n* (*pl* geneses)
= Genese *nf*
Entstördrossel *nf* COMPO **noise choke**
entstören TECH **fault-clear** *vt*
≈ instandsetzen; Fehler suchen ≈ repair; troubleshoot
Entstörer *nm* TECH **fault-clearer**
= trouble-shooter *n*
Entstörfilter *nn* CIRC.EN **interference suppression filter**
= Entstörnetzwerk *nn*; Rauschfilter *nn*; Netzentstörfilter *nn*; Störschutzfilter *nn*; Entstörungsglied *nn* = interference trap; noise filter; noise trap; noise killer
Entstörnetzwerk *nn* CIRC.EN → **interference suppression filter**
→ Entstörfilter *nn*
Entstörung *nf* EL.TRO **interference suppression**
= Störschutz *nm* ≈ interference elimination; disturbance suppression; disturbance elimination; anti-interference
↓ Funkentstörung
Entstörung *nf* TECH **fault clearance**
= Störungsbeseitigung *nf* = fault clearing
≈ Instandsetzung; Ausbesserung ≈ repair; mending
Entstörungsdokumentation *nf* TEC.DOC → **maintenance documentation**
→ Wartungsdokumentation *nf*
Entstörungsglied *nn* CIRC.EN → **interference suppression filter**
→ Entstörfilter *nn*
Entstörungskondensator *nm* CIRC.EN **anti-interference capacitor**
= interference suppression capacitor
Entstörungsstützpunkt *nm* TECH → **maintenance center**
→ Wartungszentrum *nn*
Entstörungsunterlagen *nplt* TEC.DOC → **maintenance documentation**
→ Wartungsdokumentation *nf*
Entstörungszentrum *nn* TECH → **maintenance center**
→ Wartungszentrum *nn*
Entwärmung *nf* PHYS → **heat transfer** *n*
→ Wärmeableitung *nf*
entwässern TECH **dehydrate** *vt*
[einer Substanz Wasser entziehen] [to remove water from a substance]
= dehydratisieren
Entwässerung *nf* TECH **dehydration** *n*
[einer Substanz] [removal of water]
= Dehydratation *nf* ≈ dissecation; dissecation
≈ Entfeuchtung; Trocknung
Entwässerung *nf* CIV.EN **drainage** *n*
entweichen TECH **escape** *vi*
entwerfen TECH **design** *vt* (1)
≈ konstruieren = draft *vt* (1)
≈ design *vt* (2)
entwerten ECON **depreciate**
entwerten POST **obliterate** *vt*
[Briefmarken] [stamps]
entwickeln MATH **expand**
[einer Formel] [a formula]
entwickeln TECH **develop** *vt*
= design *vt* (3); engineer *vt*
entwickeln IMAG.ME **develop**
[einen Film] [a film]
= process *vt*
entwickeltes Land ECON → **developed country**
→ Industrieland *nn*
Entwickler *nm* TECH **designer** *n* (1)
≈ Forscher = developer *n*
↓ Entwicklungsingenieur ≈ researcher
↓ design engineer
Entwickler *nm* CHEM **developer** *n*
[Substanz] [a substance]
Entwickler-Werkbank *nf* SW **developers workbench**
= developer's toolkit
Entwicklung *nf* TECH **development** *n*
≈ engineering *n*; design *n* (3)
Entwicklung *nf* MATH **expansion** *n*
[einer Formel] [of a formula]
Entwicklung *nf* IMAG.ME → **film processing**
→ Filmentwicklung *nf*
Entwicklungsabteilung *nf* ECON **development department** *n*
= design department (2)
Entwicklungsanforderung *nf* TECH **design requirement**
Entwicklungsauftrag *nm* TECH **development order**
Entwicklungsausgaben *nplt* ECON → **development costs**
→ Entwicklungskosten *nplt*

Entwicklungsautomat *nm* IMAG.ME **automatic film processor**
Entwicklungsautomatisierung *nf* TECH → **design automation**
→ Entwurfsautomatisierung *nf*
Entwicklungsdauer *nf* TECH → **development time**
→ Entwicklungszeit *nf*
Entwicklungsfähigkeit *nf* COLL **evolution capability**
Entwicklungsgemeinkosten *nplt* ECON **R&D expenses**
= EGK
Entwicklungsingenieur *nm* TECH **design engineer** *n*
↑ Entwickler ↑ designer (1)
Entwicklungskette *nf* TECH → **design cycle**
→ Entwicklungszyklus *nm*
Entwicklungskonzept *nn* TECH **design concept**
Entwicklungskosten *nplt* ECON **development costs**
= Entwicklungsausgaben *nplt* = development expenses; design costs; design expenses
Entwicklungslabor *nn* TECH **design laboratory**
= Labor *nn*; Entwicklungsstätte *nf* = design lab; laboratory; lab
≈ Forschungslabor [SCIE] ≈ research laboratory [SCIE]
Entwicklungslabor *nn* IMAG.ME → **laboratory** *n*
→ Kopierwerk *nn*
Entwicklungsland *nn* ECON **developing country**
[mit Entwicklungsrückstand gegenüber der Westlichen Welt] [with evolutionary lag against the Western World]
↓ Schwellenland; ärmstes Land = less developed country; LDC
↓ newly industrialized country; least developed country
Entwicklungsmodul *nn* (*pl* -e) MICR.EL **evaluation module**
Entwicklungsmuster *nn* TECH **engineering prototype** *n*
[vorläufige Implementierung zur Bewertung der Systementwicklung] [a preliminary implementation to evaluate system design]
= Labormuster *nn* (HW) = engineering sample; engineering model; laboratory prototype (HW)
↑ Prototyp ↑ prototype
Entwicklungsmuster *nn* MICR.EL → **engineering sample**
→ Funktionsmuster *nn*
Entwicklungsmusterprüfung *nf* QUAL **prototype testing**
[an einem Prototyp, zur Freigabe zur Fertigung] [on a prototype, to release manufacturing]
= EMP
Entwicklungsprüfung *nf* QUAL **development testing**
Entwicklungsrückstand *nm* ECON **design gap**
Entwicklungsschritt *nm* TECH **evolutionary step**
Entwicklungssoftware *nf* SW → **development tool** *n*
→ Programmierwerkzeug *nn*
Entwicklungsspezifikation *nf* TECH **design specification**
≈ Entwicklungsziel = design parameters; design description; design document
≈ design goal
Entwicklungssphase *nf* TECH **design phase**
Entwicklungssprache *nf* COMPLG **design language**
Entwicklungsstätte *nf* TECH → **design laboratory**
→ Entwicklungslabor *nn*
Entwicklungsstrategie TECH **development strategy**
Entwicklungstendenz *nf* TECH **evolutional trend**
= Zukunftstendenz *nf* = future trend
Entwicklungsüberprüfung *nf* TECH → **design review**
→ Entwurfsüberprüfung *nf*
Entwicklungsumgebung *nf* SW **design environment**
= development environment
Entwicklungsverfahren *nn* TECH → **design method**
→ Entwurfsverfahren *nn*
Entwicklungsvorgabe *nf* TECH → **design objective**
→ Entwicklungsziel *nn*
Entwicklungswerkzeug *nn* SW → **development tool** *n*
→ Programmierwerkzeug *nn*
Entwicklungszeit *nf* TECH **development time**
= Entwicklungsdauer *nf*
Entwicklungsziel *nn* TECH **design objective**
= Entwicklungsvorgabe *nf*; Bemessungsgrundlage *nf* = design goal
≈ Entwicklungsspezifikation ≈ design specification
Entwicklungszyklus *nm* TECH **design cycle**
= Entwicklungskette *nf*
Entwurf *nm* TECH **design** *n* (1)
= Abfassung *nf* = draft *n* (1); draught *n* (1) (BE); outline *n*
≈ Entwicklung ≈ development
entwürfeln CODING **descramble**
= entscrambeln
Entwürfler *nm* CIRC.EN → **descrambler** *n*
→ Descrambler *nm*

Entwurfqualität *nf* TER&PER → **draft printing quality**
→ Konzeptdruckqualität *nf*
Entwurfsänderung *nf* TECH **design modification**
Entwurfsautomatisierung *nf* TECH **design automation**
= Entwicklungsautomatisierung *nf*
Entwurfsbetrieb *nm* TER&PER **draft mode**
[die Option schneller, aber mit Qualitätsabstrichen zu drucken] ≠ the option to print faster, but with degraded quality
= Entwurfsmodus *nm*; Draft-Modus *nm* (ANGL)
Entwurfsblatt *nn* ENG.DRA → **layout sheet**
→ Entwurfspapier *nn*
Entwurfsdaten *nplt* TECH **design data**
= Konstruktionsdaten *nplt*
Entwurfshilfe *nf* COMP.AP **EDA**
= EDA = Engineering Design Aid
↓ CAD ↓ CAD
Entwurfshilfe *nf* TECH → **design tool**
→ Entwurfswerkzeug *nn*
Entwurfskontrolle *nf* TECH → **design review**
→ Entwurfsüberprüfung *nf*
Entwurfsmodus *nm* TER&PER → **draft mode**
→ Entwurfsbetrieb *nm*
Entwurfsmuster *nn* SW **design pattern**
Entwurfspapier *nn* ENG.DRA **layout sheet**
= Entwurfsblatt *nn*
Entwurfsqualität *nf* TER&PER **draft quality**
Entwurfsregel *nf* TECH **design rule**
= Designregel *nf*
Entwurfsregelnprüfung *nf* MICR.EL **design rule check**
[ASIC] [ASIC]
Entwurfsüberprüfung *nf* TECH **design review**
= Entwurfskontrolle *nf*; Entwicklungsüberprüfung *nf* = design verification
Entwurfsverfahren *nn* TECH **design method**
= Entwicklungsverfahren *nn*
Entwurfsvollständigkeit *nf* TECH **design completeness**
Entwurfswerkzeug *nn* TECH **design tool**
= Entwurfshilfe *nf* = design aid
Entzerrer *nm* NETW.TH **equalizer** *n*
Entzerrernetzwerk *nn* CIRC.EN **equalizing network** (1)
= Entzerrungsnetzwerk *nn* [of distortions]
≈ Ausgleichsnetzwerk ≈ compensating network
Entzerrung *nf* TELEC **equalization** *n*
Entzerrungsnetzwerk *nn* CIRC.EN → **equalizing network** *n* (1)
→ Entzerrernetzwerk *nn*
Entzerrungsstufe *nf* CIRC.EN **equalization stage**
entziffern INF.TEC → **decode** *vt*
→ entschlüsseln
entzippen DAT.MA **unzip** *vt*
Entzippung *nf* DAT.MA **unzip** *n*
= Unzip *nm* (ANGL)
entzündbar TECH → **flammable** *adj* (AE)
→ entflammbar
Entzündbarkeit *nf* TECH → **inflammability** *n*
→ Entflammbarkeit *nf*
entzundern METAL **descale**
[Oberflächenbehandlung] [surface treatment]
Entzunderung *nf* METAL **decaling** *n*
[Oberflächenbehandlung]
entzündlich TECH → **flammable** *adj* (AE)
→ entflammbar
Entzündungspunkt *nm* CHEM **ignition point**
Enumerationsverfahren *nn* GIS **spatial occupancy enumeration**
Enveloppe *nf* CODING → **envelope** *n*
→ fehlergeschützte Bitgruppe
Enveloppe *nf* (ANGL) MATH → **envelope** *n*
→ Hüllkurve *nf*
en vogue COLL → **fashionable**
→ modisch *adj*
enzianblau *adj* OPT **gentian blue** *adj*
Enzyklopädie *nf* PRIN.ME **encyclopedia** *n* (AE)
[alphabetische oder thematische Ordnung des Wissenstoffes eines oder aller Fachgebiete] [alphabetic or thematic collection of knowledge of one or all branches of science]
↓ Lexikon = encyclopaedia *n* (BE)
↓ lexicon
EOA DAT.CO → **end-of-address**
→ Adressende *nn*
EOF-Zeichen *nn* DAT.MA → **EOF mark**
→ Dateiendezeichen *nn*
EOL DAT.CO → **end-of-line**
→ Datenzeilenende *nn*
EOLN DAT.CO → **end-of-line**
→ Datenzeilenende *nn*
EOL-Zeichen *nn* SW → **EOL mark**
→ Datenzeilenende-Zeichen *nn*
EOM-Zeichen *nn* DAT.CO → **end-of-message signal**
→ Nachrichtenendezeichen *nn*
EO-Platte *nf* TER&PER **EO disk**
[optische Speicherplatte die vom Benutzer geschrieben, gelesen und gelöscht werden kann] [optical disk which can be written, read and erased by the user]
= floptical disk
EOR DAT.MA → **end-of-record**
→ Datensatzende *nn*
EOT DAT.CO → **end of text**
→ Textende *nn*
EOT-Zeichen *nn* DAT.CO → **end of text**
→ Textende *nn*
EOV-Marke *nf* DAT.MA → **end-of-volume label**
→ Datenträgerende-Kennzeichen *nn*
EPG BROADC → **EPG**
→ elektronischer Programmführer
ephemer SCIE **ephemeral**
[von kurzem Bestand] [of short duration]
≈ vorübergehend ≈ transient
Ephemeriden *nplt* ASTR.PH **ephemerides** *nplt*
[Tabellen der täglichen Gestirnkonfiguration] [tables of daily firmamental configuration]
Epibasis-Transistor *nm* MICR.EL → **epi-base transistor**
→ Epitaxial-Basistransistor *nm*
EPIC-Verfahren *nn* MICR.EL **EPIC process**
[epitaxial passivated integrated circuit process]
Epik *nf* LING **epics** *nplt*
Episkop *nn* OFFICE **episcope** *n*
Episode *nf* MEDIA → **episode** *n*
→ Folge *nf*
Episodenfilm *nm* IMAG.ME **episode film**
[setzt sich aus Episoden zusammen] [composed by episodes]
≈ Fortsetzungsfilm ≈ serial film
epitaktisch MICR.EL **epitaxial**
Epitaxial-Basistransistor *nm* MICR.EL **epi-base transistor**
= Epibasis-Transistor *nm*
epitaxialer Transistor MICR.EL → **epitaxial transistor**
→ Epitaxialtransistor *nm*
Epitaxial-Planartransistor *nm* MICR.EL **epitaxial diffused-junction transistor**
= Epitaxie-Planartransistor *nm*
Epitaxialschicht *nf* MICR.EL **epitaxial layer**
Epitaxialtransistor *nm* MICR.EL **epitaxial transistor**
= epitaxialer Transistor
Epitaxie *nf* MICR.EL **epitaxy** *n*
[ein Kristall auf einen anderen aufwachsen] [grow of crystal on another]
= Aufwachstechnik *nf*
Epitaxiediode *nf* MICR.EL **epitaxial diode**
Epitaxie-Planartransistor *nm* MICR.EL → **epitaxial diffused-junction transistor**
→ Epitaxial-Planartransistor *nm*
Epitaxieverfahren *nn* MICR.EL → **epitaxial growth method**
→ Aufwachsverfahren *nn*
Epizykloid *nn* MATH **epicycloid**
Epoxyd *nn* CHEM **epoxy** *n*
Epoxydgießharz *nm* CHEM **epoxy casting resin**
Epoxydglasfaserplatte *nf* EL.TRO **epoxy glass fiber board**
↑ Leiterplatte ↑ printed circuit board
Epoxydharz *nm* CHEM **epoxy resin**
EPP-Druckerport *nm* HW **EPP printer port**
EPROM *nn* MICR.EL **EPROM**
[durch UV-Licht löschbar] [erasable with UV light]
= änderbarer programmierbarer Festwertspeicher; löschbarer programmierbarer Festwertspeicher; RPROM *nn* = erasable programmable read-only memory; MOS PROM; ultraviolet light-erasable PROM; reprogrammable read-only memory; RPROM
≈ EEPROM ≈ EEPROM
↑ Festwertspeicher ↑ read-only memory
EPROM-Brenner *nm* MICR.EL → **EPROM programmer**
→ EPROM-Programmiergerät *nn*
EPROM-Chipkarte *nf* TER&PER **EPROM chip card**
↑ Chip-Karte ↑ chip card
EPROM-Karte *nf* HW **EPROM board**
EPROM-Ladegerät *nn* MICR.EL → **EPROM programmer**
→ EPROM-Programmiergerät *nn*
EPROM-Löschgerät *nn* TER&PER **EPROM eraser**
EPROM-Programmiergerät *nn* MICR.EL **EPROM programmer**
= EPROM-Ladegerät *nn*; EPROM-Brenner *nm* ≈ EPROM burner

EPS COMP.LG **EPS**
[Encapsulated PostScript]

Epstein-Apparat *nm* INSTR **ferrometer** *n*

Eqntott-Bewertungstest *nm* DAT.PR **eqntott benchmark** *n*
[ein ganzzahlenintensives Sortierproblem] [an integer-intensive sorting problem]
↑ SPEC-Bewertungstest ↑ SPEC benchmark

Equisignal *nn* RAD.NA → **equisignal** *n*
→ Leitstrahl *nm*

Equisignalbake *nf* RAD.NA → **equisignal radio range beacon**
→ Leitstrahlbake *nf*

Equisignallinie *nf* RAD.NA → **equisignal line**
→ Leitstrahllinie *nf*

Equisignalsektor RAD.NA → **equisignal sector**
→ Leitstrahlsektor *nm*

Equisignalzone *nf* RAD.NA → **equisignal zone**
→ Leitstrahlzone *nf*

Er CHEM → **erbium** *n*
→ Erbium *nn*

Erbium *nn* CHEM **erbium** *n*
= Er = Er

Erbium-dotiert OPT.CO **erbium-doped**

Erbringer *nm* ECON **renderer** *n*

Erbschaft *nf* LAW **inheritance** *n*
↓ Vermächtnis = legacy *n*; heritage *n*
↓ bequest

Erdantenne *nf* ANT **ground antenna**
= erdnahe Antenne; Bodenantenne *nf* = near-to-ground antenna
↓ Beverage-Antenne ↓ Beverage antenna

Erdanziehung *nf* PHYS → **gravitation** *n*
→ Gravitation *nf*

Erdanziehungsfeld *nn* PHYS → **gravitational field**
→ Gravitationsfeld *nn*

Erdanziehungskonstante *nf* PHYS → **acceleration of gravity**
→ Fallbeschleunigung *nf*

Erdanziehungskraft *nf* PHYS → **gravitational force**
→ Gravitationskraft *nf*

Erdarbeiten *nplt* CIV.EN **earth work**

Erdatmosphäre *nf* METEO → **atmosphere** *n*
→ Atmosphäre *nf*

Erdbeben *nn* GEOSC **earthquake** *n*

Erdbebenschutz *nm* TECH **antisismic protection**

Erdbeschleunigungskonstante *nf* PHYS → **acceleration of gravity**
→ Fallbeschleunigung *nf*

Erdboden *nm* COLL → **earth** *n* (1)
→ Erde *nf* (1)

Erddraht *nm* ANT → **ground wire**
→ Erdleitung *nf*

Erde *nf* (1) COLL **earth** *n* (1)
= Erdboden *nm*; Erdreich *nf*

Erde *nf* (2) COLL **earth** *n* (2)
= Welt *nf* = world *n*

Erde *nf* GEOSC **earth** *n*
↑ Planet ↑ planet

Erde *nf* EL.TEC **ground** *n* (AE)
= Masse *nf* = earth *n* (BE); GND
≈ Nulleiter; Schutzerdungsleiter ≈ neutral conductor; protective earth conductor
↓ Gehäuseerde [EL.TRO]; Schrankerde [EL.TRO] ↓ chassis ground [EL.TRO]; cabinet ground [EL.TRO]

Erdefunkstelle *nf* SAT.CO → **earth station**
→ Erdfunkstelle *nf*

erden EL.TEC **earth** *vt* (AE)
≈ ground (BE)

Erder *nm* EL.TEC **earth electrode**
↓ Tiefenerder; Sternerder; Erdungsstab; Banderder; Blitzschutzerder; Hochfrequenzerder = ground system
↓ depth earth electrode; ground rod; ground ribbon; lightning ground system; RF grounding system

Erdfehler *nm* EL.TEC → **ground fault** (AE)
→ Erdschluss *nm*

Erdfeld *nn* PHYS **terrestrial field**

erdfrei EL.TEC **isolated from earth**
≠ geerdet = earth-free
≠ earthed

erdfreier Kontakt TELECON **dry loop**

Erdfunkstelle *nf* SAT.CO **earth station**
= Erdefunkstelle *nf*; Bodenstation *nf*; Satellitenbodenstation *nf* = satellite earth station; SES
↑ Bodensegment ↑ ground segment

erdgebunden TELEC **terrestrial**
= terrestrisch

erdgelegt OUT.PL → **buried**
→ erdverlegt

Erdgeschoss *nn* CIV.EN **first floor** (AE)
= ground floor

Erdhalbkugel *nf* GEOSC → **hemisphere**
→ Hemisphäre *nf*

Erdhälfte *nf* GEOSC → **hemisphere**
→ Hemisphäre *nf*

ER-Diagramm *nn* SW **ER diagram**
[OOP] [OOP]
= Entity-Relationship model

Erdimpuls *nm* TELEC **ground signal**

Erdimpulsgabe *nf* TELEC **ground signaling** (AE)

Erdinduktor *nm* PHYS **earth inductor**

Erdkabel *nn* COM.CAB **earth cable**
≈ Röhrenkabel = buried cable; underground cable (BE); direct-buried cable; directly buried cable; direct burial cable
↑ unterirdisches Kabel ≈ duct cable
↑ below-ground cable

Erdkamm *nm* EQP.EN **grounding comb**

Erdkapazität *nf* EL.TEC **capacitance to ground** (AE)
= earth capacitance (BE)

Erdklemme *nf* EL.TRO **earth terminal** (BE)
= Masseklemme *nf* = ground terminal (AE); grounding spanner

Erdleiter *nm* EL.TEC → **earth lead**
→ Erdungsleiter *nm*

Erdleitfähigkeit *nf* PHYS **earth conductivity**

Erdleitung *nf* OUT.PL **underground line**

Erdleitung *nf* ANT **ground wire**
= Erddraht *nm*

Erdleitung *nf* EQP.EN **grounding conductor**
= Masseleitung *nf* = ground lead

Erdlöschspule *nf* POW.SY **ground-fault neutralizer**
= Petersen-Spule *nf*; Erdschlusslöschspule *nf* = Petresen coil; earth leakage coil

Erdmagnetfeld *nn* PHYS **geomagnetic field**

erdmagnetisch PHYS **geomagnetic**

erdmagnetisches Feld PHYS **terrestrial magnetic field**
= magnetisches Erdfeld

Erdmagnetismus *nm* PHYS **geomagnetism** *n*
= earth magnetism

erdnah TECH → **ground-based**
→ Boden-

erdnahe Antenne; Bodenantenne *nf* ANT → **ground antenna**
→ Erdantenne *nf*

erdnaher Dukt RAD.PRO **surface duct**
= ground-based duct

erdnaher Satellit SAT.CO **LEO satellite**
= tieffliegender Satellit

erdnahe Umlaufbahn SAT.CO **LEO**
[ca. 800 km] [approx. 800 km]
= low earth orbit

Erdnetz *nn* ANT → **ground system**
→ Radialnetz *nn*

Erdoberfläche *nf* GEOSC **earth's surface**

Erdöl *nn* CHEM **petroleum** *n*
= Mineralöl *nn*; Rohöl *nn*; Petroleum *nn* (2) = crude oil; mineral oil

Erdpotential *nn* EL.TEC **earth potential**
= Massepotential *nn* = ground potential; zero potential
≈ Nullpotential ≈ neutral potential

Erdradius *nm* GEOSC **earth radius**

Erdreich *nf* COLL → **earth** *n* (1)
→ Erde *nf* (1)

Erdrückleitung *nf* TELEC **earth return circuit**
≈ ground return circuit; earth return; ground return

Erdrückstrom *nm* EL.TEC **earth return current**
= ground return current

Erdsammelschiene *nf* SYS.INS **ground bus**
= Erdschiene *nf*; Erdverteilschiene *nf*; Erdungsschiene *nf* = ground distributor
↑ Sammelschiene ↑ busbar

Erdschiene *nf* SYS.INS → **ground bus**
→ Erdsammelschiene *nf*

Erdschleife *nf* TELEC **earth loop**
= ground loop

Erdschluss *nm* EL.TEC **ground fault** (AE)
= Erdfehler *nm*; Masseschluss *nm* = earth fault (BE); contact to earth; short-circuit to earth; short-circuit

to ground; accidental ground; ground leak; shorting to earth; short to earth; short to ground

Erdschlusslöschspule *nf* POW.SY → **ground-fault neutralizer**
→ Erdlöschspule *nf*

Erdschlussstrom *nm* EL.TEC **short-circuit current to earth**
= earth leakage current

Erdsegment *nn* SAT.CO **earth segment**

Erdseil *nn* POW.EN **ground wire**
= Blitzschutzseil *nf*; Schutzleiter *nm* (2); Schutzdraht *nm*
= screen wire; guard wire; open power line ground wire; OPGW

Erdstab *nm* EL.TEC → **ground rod**
→ Erdungsstab *nm*

Erdstift *nm* EQP.EN **earth connection pin**
= earth pin

Erdstrom *nm* EL.TEC **earth current**

erdsymmetrisch EL.TEC → **balanced** *adj*
→ symmetrisch

erdsymmetrische Leitung LINE TH **balanced line**
= symmetrische Leitung
↓ verdrilltes Aderpaar [COM.CAB]
= symmetrical line
↓ twisted pair [COM.CAB]

erdsymmetrisches Kabel COM.CAB **balanced pairs cable**

Erdtaste *nf* TELEPH **grounding key**
= Signaltaste *nf*; Rückfrage-Taste *nf*; R-Taste

Erdüberhöhung *nf* RAD.PRO **earth bulge**

erdumfassend TECH → **global** *adj*
→ weltumspannend

erdumspannend TECH → **global** *adj*
→ weltumspannend

Erdung *nf* EL.TEC **earth connection**
= Erdverbindung *nf*; Masseverbindung *nf*
= ground connection; earthing; grounding

Erdungsarmband *nn* EL.TRO **antistatic wrist band**

Erdungsdrossel *nf* EL.TRO **drainage coil**

Erdungsklemme *nf* COMPO **ground clamp**

Erdungskondensator *nm* EL.TEC **earthing capacitor**

Erdungslasche *nf* COMPO **grounding strap**

Erdungsleiter *nm* EL.TEC **earth lead**
= Erdungsleitung *nf*; Erdleiter *nm*
= ground lead; grounding lead; earth wire; ground wire; grounding wire; earth conductor; ground conductor; grounding conductor

Erdungsleitung *nf* EL.TEC → **earth lead**
→ Erdungsleiter *nm*

Erdungsmesser *nm* INSTR **earth resistance meter**
= Erdungswiderstandsmesser *nm*; Erdungsprüfer *nm*
↑ Ohmmeter
↑ ohmmeter

Erdungsmuffe *nf* ANT **grounding kit**

Erdungsprüfer *nm* INSTR → **earth resistance meter**
→ Erdungsmesser *nm*

Erdungsschalter *nm* SYS.INS **earthing switch**
= grounding switch

Erdungsscheibe *nf* COMPO **grounding washer**

Erdungsschelle *nf* COMPO **earthing clamp**

Erdungsschiene *nf* SYS.INS → **ground bus**
→ Erdsammelschiene *nf*

Erdungsstab *nm* EL.TEC **ground rod**
= Erdstab *nm*; Erdungsstange *nf*; Staberder *nm*; Rohrerder *nm*
↑ Erder
= earth rod
↑ earth electrode

Erdungsstange *nf* EL.TEC → **ground rod**
→ Erdungsstab *nm*

Erdungsstreifen *nm* COMPO **earth strip**

Erdungssystem *nn* EL.TEC **earthing system**

Erdungswiderstand *nm* EL.TEC **earth resistance** (BE)
= ground resistance (AE)

Erdungswiderstandsmesser *nm* INSTR → **earth resistance meter**
→ Erdungsmesser *nm*

Erdverbindung *nf* EL.TEC → **earth connection**
→ Erdung *nf*

erdverlegt OUT.PL **buried**
= erdgelegt
= laid in earth; laid underground

Erdverlegung *nf* COM.CAB **direct burial**
= laying in earth

Erdverluste *nplt* ANT **earth current losses**
≈ ground losses

Erdverteilschiene *nf* SYS.INS → **ground bus**
→ Erdsammelschiene *nf*

Ereignis *nn* (*pl* -e) STATIS **event** *n*
= occurrence; incident

Ereignis *nn* (*pl* -e) COLL **event** *n*
= Vorfall *nm*
= incident *n*

Ereignis *nn* (*pl* -e) ECON → **event** *n*
→ Veranstaltung *nf*

Ereignisanzeige *nf* DAT.CO **event flag**

Ereignisattribut *nn* SW **event attribute**
[OOP]
[OOP]

ereignisbezogen SW → **event-driven**
→ ereignisgesteuert

ereignisgesteuert SW **event-driven**
= ereignisgetrieben; ereignisbezogen
= event-controlled; event-oriented; event-sequenced; event-associated; event-related; occurrence-driven; occurrence-controlled; occurrence-oriented;

ereignisgesteuerte Programmierung COMP.SC **event-driven programming**

ereignisgetrieben SW → **event-driven**
→ ereignisgesteuert

ereigniskompatibel TECH **event-compatible**

Ereigniskompatibilität *nf* TECH **event compatibility**

ereignislos COLL **uneventful**

Ereignismeldung *nf* TELECON **event indication**

Ereignismodell *nn* COMP.SC **desktop metaphor**

Ereignispfad *nm* SW **event path**

Ereignisregister *nn* SW **event register**

ereignisreich COLL **eventful** *adj*

Ereignisspeicher *nm* DAT.MA **history file**
= event file

Ereignissteuerung *nf* SW **event control**
≈ occurrence control

Ereignissynchronisation *nf* SW **event synchronization**

Ereignistriggerung *nf* EL.TRO **event triggering**

Ereignisverarbeitung *nf* DAT.PR **event processing**
[verhindert Verluste gleichzeitiger Ereignisse durch Führen von Ereigniswarteschlangen]
= Anreizverarbeitung *nf*
[prevents losses by event collisions, by maintenance of event queues]

Ereigniswahrscheinlichkeit *nf* COMP.SC **event probability**
= occurrence probability

Ereigniswarteschlange *nf* SW **event queue**

Ereigniszähler *nm* INSTR **totalizer** *n*

erfahren TECH **experienced** *adj*
= fachkundig; sachkundig; bewandert; versiert
≈ fachmännisch
= skilled; versed; seasoned; learned; practiced; shoppy
≈ specialistic
≠ inexperienced

Erfahrungskurve *nf* SCIE **learning curve**
= Lernkurve *nf*
= experience curve

Erfahrungsschatz *nm* COLL **accumulated experience**
= host of experience

Erfahrungswert *nm* TECH **experimental value**

erfassen DAT.MA **record** *vt*
= registrieren

Erfassung *nf* EL.TRO **capture** *n*

Erfassung *nf* DAT.MA **recording** *n*
≈ Protokollierung
≈ logging

Erfassung *nf* SW **acquisition** *n*
↑ Systementwicklungszyklus
↑ system development lifecycle

Erfassung *nf* RADIO → **radiomonitoring**
→ Funküberwachung *nf*

Erfassungsfähigkeit *nf* RAD.LO → **interceptability** *n*
→ Entdeckungsfähigkeit *nf*

Erfassungsgerät *nn* TER&PER → **data entry terminal**
→ Datenerfassungsgerät *nn*

Erfassungsmaske *nf* COMP.AP → **input mask** *n*
→ Eingabemaske *nf*

Erfassungsradar *nm&nn* (*pl* -e) RAD.LO **acquisition radar**

Erfassungsreichweite *nf* RAD.LO → **intercept reach**
→ Entdeckungsreichweite *nf*

Erfassungsstation *nf* TER&PER → **data entry terminal**
→ Datenerfassungsgerät *nn*

Erfassungstastatur *nf* TER&PER → **entry keyboard**
→ Eingabetastatur *nf*

Erfassungsterminal *nn* TER&PER → **entry terminal**
→ Eingabeterminal *nn*

Erfassungs-und Folge-Radar *nm&nn* (*pl* -e) RAD.LO **acquisition and tracking radar**

Erfassungs-und Peilanlage *nf* RAD.LO **signal interception system**

Erfassungsvorrichtung *nf* TER&PER → **data entry terminal**
→ Datenerfassungsgerät *nn*

Erfassungswahrscheinlichkeit *nf* RAD.LO → **intercept probability**
→ Entdeckungswahrscheinlichkeit *nf*

Erfassungszeit *nf* — INSTR — **acquisition time**

erfinden — COLL — **invent** *vi*
≈ entdecken — ≈ discover

Erfinder *nm* — COLL — **inventor** *n*
≈ Urheber [COLL]; Entdecker [SCIE] — ≈ originator [COLL]; discoverer [SCIE]

Erfindergeist *nm* — COLL — **inventiveness**
= Erfindungsgabe *nf* — ≈ acuity; ingeniousness
≈ Scharfsinn

erfinderisch — COLL — **inventive** *adj*

Erfindung *nf* — COLL — **invention** *n*
≈ Entdeckung — ≈ discovery

Erfindungsgabe *nf* — COLL — → **inventiveness**
→ Erfindergeist *nm*

Erfolg *nm* — STATIS — **success** *n*

erfolglos — COLL — **unsuccessful** *adj*

erfolglose Belegung — SWITCH — **unsuccessful call**

erfolglose Wahl — DAT.CO — **abandon call**
[Datenvermittlung] — [data switching]

erfolgreich — COLL — **successful**

erfolgreiche Belegung — SWITCH — **successful call**

Erfolgsquote *nf* — SWITCH — **answer-to-seize ratio**
= ASR

Erfolgswahrscheinlichkeit *nf* — STATIS — **success probability**

erforderlich — COLL — → **necessary** *adj*
→ notwendig

erfordern — COLL — **require** *vt*
= benötigen — ≈ need *vt*

Erfordernis *nf* — INF.TEC — → **requirement** *n*
→ Anforderung *nf*

erforschend — SCIE — **explorative** *adj*
= ausforschend; erkundend; exploratorisch — = exploratory

Erforschung *nf* — SCIE — **exploration** *n*
= Exploration *nf*

erfüllen — TECH — → **comply with** *vt*
→ einhalten

Erfüllung *nf* — ECON — **fulfilment** *n*
≈ Fertigstellung — = fulfillment *n*; accomplishment *n*
≈ completion

Erfüllung *nf* — TECH — → **compliance** *n*
→ Einhaltung *nf*

Erfüllungsgarantie *nf* — ECON — **performance bond**
= Vertragserfüllungsgarantie *nf*

Erfüllungsgrad *nm* — ECON — **grade of fulfilment**

Erfüllungsort *nm* — ECON — **place of delivery**
= settling place

erg — PHYS — → **erg**
→ Erg *nn*

Erg *nn* — PHYS — **erg**
[alte Einheit für Arbeit; = 1 Dyn x 1 cm] — [old unit for work; = 1 Dyn x 1 cm]
= erg

ergänzen — COLL — **supplement** *vt*
= vervollständigen; komplettieren; komplementieren — = complement; complete

ergänzend — COLL — **supplementary**
= komplettierend — = supplemental
≈ zusätzlich — ≈ additional

ergänzender Dienst — TELEC — **supplementary service**
[erweitert die Funktionalität von Basisdiensten] — [expands the functionality of basic services]
↑ Telekommunikationsdienst — ↑ telecommunications service

ergänzender Dienst — TELEC — → **special service**
→ Sonderdienst *nm*

ergänzender Hinweis — LING — → **annotation** *n*
→ Anmerkung *nf*

ergänzende SI-Einheit — PHYS — **supplementary SI unit**

Ergänzung *nf* — COLL — **addition** *n*
= Zusatz *nm*

Ergänzung *nf* — TECH — → **supplement** *n*
→ Zusatz *nm*

Ergänzunglauf *nm* — DAT.PR — → **updating run**
→ Aktualisierungslauf *nm*

Ergänzungsausstattung *nf* — TECH — **expansion equipment**
≠ Grundausstattung — ≠ standard equipment

Ergänzungsbedingung *nf* — TECH — → **supplementary condition**
→ Zusatzbedingung *nf*

Ergänzungsbefehl *nm* — SW — **open code**
[einen Makrobefehlssatz ergänzend] — [complementing a macroinstruction set]

Ergänzungsdatei *nf* — DAT.MA — → **transaction file**
→ Bewegungsdatei *nf*

Ergänzungseintrag *nm* — DAT.MA — **amendment record**
= Korrektureintrag *nm*; Aktualisierungseintrag *nm* — = update record; add record

Ergänzungsfarbe *nf* — OPT — → **complementary color**
→ Komplementärfarbe *nf*

Ergänzungskondensator *nm* — COM.CAB — **building-out capacitor**

Ergänzungsnetzwerk *nn* — CIRC.EN — **building-out network**

Ergänzungsprogramm *nn* — SW — **add-in program**

Ergänzungsspeicher *nm* — HW — **shaded memory**
[Teil des Hauptspeichers (1) für Daten geringer Zugriffszeit, vom Programm nicht abrufbar] — [sector of main memory (1) for data of quick access, not addressable by the program]
= Schattenspeicher *nm* — = shadow memory; shaded store; shadow store; shaded storage; shadow storage; shadow recording; nonaddressable memory; nonaddressable storage; nonaddressable store
↑ Hauptspeicher (1) — ↑ main memory (1)

Ergänzungstransaktion *nf* — DAT.MA — **amendment transaction**
= Aktualisierungstransaktion *nf* — = add transaction; update transaction

ergebisorientierte Simulierung — MOD&SI — **outcome-oriented simulation**

Ergebnis *nf* — COLL — **outcome** *n*
≈ Wirkung — = result *n*
≈ effect

Ergebnis *nf* — MATH — **result** *n*
= outcome *n*

Ergebnis *nf* — TECH — **result** *n*
= Resultat *nn* — = outcome *n*
↓ Endergebnis; Zwischenergebnis — ↓ final result; intermediate result

Ergebnis *nf*(1) — ECON — **result** *n*
≈ Ertrag; Erlös — ≈ yield; revenue

Ergebnis *nn* (2) — ECON — → **profit** *n*
→ Gewinn *nm*

Ergebnisbewerter *nm* — DAT.CO — **result analyzer**

Ergebnis-Durchreichung *nf* — MICR.EL — **result forwarding**
= Result-forwarding

Ergebnismeldung *nf* — SWITCH — **result message**

ergebnisorientiert — TECH — **outcome-oriented** *adj*

Ergebnisregister *nn* — SWITCH — **result register**

Ergebnisstelle *nf* — COMP.SC — **result digit**

Ergibtsymbol *nn* — MATH — **colons equal**
[Symbol: :=] — ≈ becomes symbol
= Ergibtzeichen *nn* — ≠ symbol: :=

Ergibtzeichen *nn* — MATH — → **colons equal**
→ Ergibtsymbol *nn*

Ergiebigkeit *nf* — PHYS — → **efficiency** *n*
→ Wirkungsgrad *nm*

Ergodentheorem *nn* — MATH — **ergodic theorem**

ergodisch — MATH — **ergodic** *adj*
[mit statistischen Eigenschaften zu einer Reihe vorgegebener Zeitpunkte, die sich mit dem Langzeitverhalten decken] — [having the same statistical properties at a defined sequence of points of time equal to those of a long sequence of time]
↑ stationär

Ergonometrie *nf* — ECON — **ergonometry** *n*

Ergonomie *nf* — ECON — **ergonomics** *nplt*
[Lehre von der optimalen Arbeitsbedingungen] — [science of optimum working conditions]
= Ergonomik *nf* — ≈ human engineering

Ergonomik *nf* — ECON — → **ergonomics** *nplt*
→ Ergonomie *nf*

ergonomisch — ECON — **ergonomic** *adj*

ergründen — COLL — **fathom** *vt*
= probe *vt*; sound *vt*

erhaben — TECH — **raised**
= erhöht — ≈ convex [MATH]
≈ gewölbt; konvex [MATH] — ≠ recessed; hollow
≠ vertieft; hohl

Erhaltung *nf* — PHYS — **conservation** *n*
[Energie]

Erhaltung *nf* — ECON — **preservation** *n*
≈ Wartung — ≈ maintenance

Erhaltungsladespannung *nf* — POW.SY — **compensation voltage**
[Akkumulator] — = float voltage

Erhaltungsladung *nf* — POW.SY — → **float charging**
→ Pufferung *nf*

Erhaltungssatz *nm* — PHYS — **conservation law**

erhärten — COLL — → **substantiate**
→ belegen (2)

erhärten — PHYS — → **solidify**
→ erstarren

erheblich SCIE → **significant** *adj*
→ signifikant

erheblich LAW → **material** *adj*
→ wesentlich

Erheblichkeit *nf* LAW → **materiality** *n*
→ Wesentlichkeit *nf*

Erhebung *nf* COLL **inquiry** *n* (AE)
= Ermittlung *nf*; Recherche *nf* = enquiry *n* (BE); inquest *n*; ascertainment *n*

Erhebung *nf* STATIS **census** *n*
= Ermittlung *nf* = inquiry *n*; survey *n*

Erhebungswinkel *nm* ANT → **elevation angle**
→ Elevationswinkel *nm*

erhitzen PHYS → **heat** *vt*
→ erwärmen

Erhitzer *nm* TECH **heater** *n*
= Erwärmer *nm* = warmer *n*
≈ Wärmeaustauscher ≈ heat exchanger

Erhitzung *nf* PHYS → **heating** *n*
→ Erwärmung *nf*

erhöhen SW → **increment** *vt*
→ inkrementieren

erhöht TECH → **raised**
→ erhaben

erhöhte Beanspruchung QUAL **increased stress**

Erhöhung *nf* TECH **elevation** *n*
≠ Vertiefung = recess
≈ raising *n*

Erhöhungszeichen *nn* MUSIC **sharp mark** (symbol: #)
[Symbol: #] = diesis mark
= Diesis-Zeichen *nn*; Kreuz *nn*

Erholung *nf* ECON → **recovery** *n*
→ Wiederaufschwung *nf*

Erholungsphase *nf* MICR.EL **recovery phase**

Erholungszeit *nf* CIRC.EN **recovery time**
= Erholzeit *nf*; Stabilisierungszeit *nf* = restabilization time

Erholzeit *nf* CIRC.EN → **recovery time**
→ Erholungszeit *nf*

erika *adj* OPT **heather** *adj*
[Farbe] [color]
≈ lila ≈ heliotrope

Erinnerungslampe *nf* EQP.EN **reminder lamp**

Erinnerungsposten *nm* ECON **pro memoria item**

erkalten PHYS **cool** *vi*
= abkühlen *vi*

erkennbar TECH **recognizable**
= identifizierbar = detectable; identifiable
≈ nachweisbar ≈ traceable

erkennbarer Fehler COMP.SC **detectable error**

Erkennbarkeit *nf* TECH **detectability** *n*
= Nachweisbarkeit *nf*; Identifizierbarkeit *nf* = detectivity; identifiability; traceability

Erkennbarkeitsgrenze *nf* TECH → **detectability limit**
→ Nachweisbarkeitsgrenze *nf*

erkennen INF.TEC **detect**
= identifizieren = recognize; identify

erkennen COLL **realize** *vt*
= sich darüber klar werden; sich etwas klar machen; realisieren (err) [fig]
≈ herausfinden; verstehen ≈ find out; understand

erkennend SCIE **cognitive**
= kognitiv; erkenntnismäßig

Erkenntnis *nf* SCIE **cognition** *n*
= Kognition *nf*

erkenntnismäßig SCIE → **cognitive**
→ erkennend

Erkennung *nf* INF.TEC **detection** *n*
= Identifizierung *nf* = recognition *n*; identification *n*; reconnaisance *n*

Erkennungsalgorithmus *nm* ART.IN **recognizing algorithm**

Erkennungscode *nm* SW → **signature** *n*
→ Signatur *nf*

Erkennungslogik *nf* COMP.SC **detection logic**
= recognition logic

Erkennungsmelodie *nf* MEDIA **jingle** *n*
= Jingle

Erkennungsteil SW **identification division**
↑ COBOL ↑ COBOL

Erkennungszeit *nf* INF.TEC **input-signal delay**
= recognition time

erklären COLL **explain** *vt*
= erläutern = explicate *vt*
≈ darlegen ≈ expound

erklärend COMP.LG → **declarative** *adj*
→ deklarativ

Erklärung *nf* COLL → **explanation** *n*
→ Erläuterung *nf*

erkundend SCIE → **explorative** *adj*
→ erforschend

Erkundungsfunkdienst über Satelliten SAT.CO **earth exploration satellite service**

Erl SWITCH → **erlang** *n* (1)
→ Erlang *nn*

Erlagschein *nm* (AT) ECON → **money-order form**
→ Zahlkarte *nf*

Erlang *nn* SWITCH **erlang** *n* (1)
[Maß für Belegungsdichte] [traffic unit]
= Erl = erl; Traffic Unit; TU

Erlang-B-Formel SWITCH **Erlang B formula**
= Erlangsche Verlustformel

Erlangsche Verlustformel SWITCH → **Erlang B formula**
→ Erlang-B-Formel

Erlang-Verteilung *nf* MATH **Erlang distribution**

Erlaubnis *nn* ECON → **permission** *n*
→ Genehmigung *nf*

Erlaubniserteilung *nf* LAW → **authorization** *n*
→ Autorisierung *nf*

erlaubtes Band PHYS **allowed band**

erläutern COLL → **explain** *vt*
→ erklären

Erläuterung *nf* COLL **explanation** *n*
= Erklärung *nf* = explication *n*
≈ Darlegung ≈ exposition

Erläuterung *nf* LING **explanation** *n*
= elucidation *n*; explanatory note; note *n*

Erläuterung durch Beispiel COLL **exemplification** *n*

erleichtern COLL **facilitate** *vt*
= ease

Erleichterung *nf* COLL **facilitation** *n*

erlernbar SCIE **learnable**
≈ trainable

Erlös *nm* ECON **revenue** *n*
= Einnahme *nf* = proceeds *nplt*
≈ Ertrag; Ergebnis; Rendite ≈ return

Erlöschen *nn* ECON → **expiration** *n*
→ Verfall *nm*

Erlöstreuhänder *nm* CINEMA **collection agent**

Erlösversicherung *nf* CINEMA **fall-short guarantee**

Ermächtigung *nf* LAW → **authorization** *n*
→ Autorisierung *nf*

Ermächtigung *nf* ECON → **entitlement** *n*
→ Berechtigung *nf*

ermangeln COLL **lack** *vi*
= mangeln

Ermäßigung *nf* ECON → **discount** *n*
→ Preisnachlass *nm*

ERMES MOB.CO **ERMES**
= European Radio Message Service

Ermessen *nf* COLL **discretion** *n* (2)
[nach Jemandens E.] [individual choice; "at somobody's d."]

Ermessensfrage *nf* COLL **discretional matter**
= discretionary matter

ermitteln SCIE **ascertain** *vt*
= feststellen; konstatieren = verify
≈ bestimmen ≈ determine

ermitteln MATH **determine** *vt*
[einen Betrag] [an amount]
≈ rechnen = reckon
≈ calculate

Ermitter-Ergiebigkeit *nf* MICR.EL → **emitter efficiency**
→ Emissions-Wirkungsgrad *nm*

Ermittlung *nf* COLL → **inquiry** *n* (AE)
→ Erhebung *nf*

Ermittlung *nf* SCIE **ascertainment** *n*
= Feststellung *nf*; Konstatierung *nf* ≈ determination
≈ Bestimmung

Ermittlung *nf* STATIS → **census** *n*
→ Erhebung *nf*

ER-Modell *nn* DAT.MA **ER model**
↑ Datenmodell = Entity-Relationship diagram
↑ data model

Ermüdung *nf* QUAL **fatigue** *n*

≈ Verschleiß = wear *n*; failing *n*
≈ wearout *n*

Ermüdungsausfall *nm* QUAL → **ageing failure**
→ Verschleißausfall *nm*

Ermüdungsbruch *nm* MEC.EN **fatigue fracture**

Ermüdungserkrankung *nf* COLL **repetitive strain injury**

Ermüdungsfestigkeit *nf* MECH → **endurance limit**
→ Ermüdungsgrenze *nf*

ermüdungsfrei TECH **fatigue-proof** *adj*
= ermüdungslos; ermüdungssicher = fatigue-free

Ermüdungsgrenze *nf* MECH **endurance limit**
= Ermüdungsfestigkeit *nf*, Dauerfestigkeit *nf*, Dauerwechselfestigkeit *nf*, Dauerbeanspruchungsgrenze *nf*, Dauerstandfestigkeit *nf* ≈ endurance strength; fatigue limit; fatigue strength; long-term strength; creep resistance; long-time rupture strength

ermüdungslos TECH → **fatigue-proof** *adj*
→ ermüdungsfrei

Ermüdungsphase *nf* QUAL → **wear-out period**
→ Verschleißphase *nf*

ermüdungssicher TECH → **fatigue-proof** *adj*
→ ermüdungsfrei

ernennen LAW → **designate**
→ bestimmen

Ernennung *nf* ECON → **designation** *n*
→ Bezeichnung *nf*

Erneuerung *nf* (1) TECH **renewal** *n*
[eines Gegenstandes] [of an object]
≈ Aufpolierung = renovation *n*
≈ refurbishment

Erneuerung *nf* (2) TECH → **innovation** *n*
→ Innovation *nf*

Erneuerungsfunktion *nf* MATH **replacement function**
= renewal function

Erneuerungsprozess *nm* QUAL **replacement process**
= renewal process

erneut eingeben DAT.MA → **reenter** *vt*
→ wiedereingeben

erneute Übertragung TELEC → **retransmission** *n* (1)
→ Übertragungswiederholung *nf*

erniedrigen COMP.SC → **decrement** *vt*
→ vermindern

ernsthaft COLL **in earnest**

ernten COLL **reap** *vt*
[fig] [fig]

erodieren METAL **erode**

Erodieren *nn* METAL **erosion** *n*
= Erosion *nf*

eröffnen DAT.PR **open** *vt*

Eröffnungprozedur *nf* DAT.CO → **log-on** *n*
→ Anmeldung *nf*

Eröffnungsanweisung *nf* SW **open statement**

Eröffnungsbild *nn* COMP.AP **opening screen**
[das erste Bild nach dem Einschalten des Computers] [the first display after computer start]
= Eröffnungsbildschirm *nm*; Anlaufbild *nn* = startup screen; banner screen; banner page

Eröffnungsbildschirm *nm* COMP.AP → **opening screen**
→ Eröffnungsbild *nn*

Eröffnungseinstellung *nf* CINEMA **establishing shot**

Eröffnungsfilm *nm* CINEMA **opening film**

Eröffnungsmaske *nf* COMP.AP → **input mask** *n*
→ Eingabemaske *nf*

Eröffnungsphase *nf* DAT.CO **opening phase**

Eröffnungsrede *nf* ECON **opening speech**

Eröffnungsroutine *nf* SW **open routine** (1)
= opening routine

Eröffnungssitzung *nf* ECON **opening meeting**
≈ Auftaktsitzung ≈ opening session
↑ kick-off meeting

EROM *nn* MICR.EL → **electomagnetic read-only memory**
→ elektromagnetischer Festwertspeicher

Erosion *nf* METAL → **erosion** *n*
→ Erodieren *nn*

Erosionsdrucker *nm* TER&PER **erosion printer**

Erotik *nf* COLL **erotic** *n*
[das geistig-seelische und sinnliche Liebesleben] [the spiritual and sensual love-life]

Erotikfilm *nm* CINEMA **erotic film**
≈ Liebesfilm; Sexfilm; Pornofilm ≈ love story film; sex film; pornographic film

ERP ANT → **effective radiated power**
→ äquivalente Strahlungsleistung

erproben QUAL **prooftest** *vt*
= test; trial

erprobt *adj* TECH **proven** *adj*
= eingelaufen = tried
≈ ausgereift; bewährt [COLL] ≈ mature; approved [COLL]

Erprobung *nf* QUAL **prooftesting** *n*
= trial *n*; tryout *n*

Erprobungsstelle *nf* QUAL **prooftesting center**

ERP-Software *nf* COMP.AP → **standard business software**
→ betriebswirtschaftliche Standardsoftware

erregen *vt* EL.TRO **energize**
[Relais] = excite

Erreger *nm* ANT → **primary radiator**
→ Primärstrahler *nm*

Erregerkreis *nm* CIRC.EN **energizing circuit**

Erregerspannung *nf* EL.TRO **exciting voltage**
= excitation voltage

Erregerspule *nf* EL.TRO **exciting coil**
= Relaisspule *nf* = operating coil; relay coil

Erregerstrahler *nm* ANT → **primary radiator**
→ Primärstrahler *nm*

Erregerstrom *nm* POW.EN **field current**
= Feldstrom *nm*

Erregerstromumkehr POW.EN **field current reversal**
= Feldstromumkehr *nf*

Erregung *nf* POW.SY **excitation** *n*

erreichbar TECH → **achievable**
→ erzielbar

Erreichbarkeit *nf* SWITCH **accessibility** *n*
[Zahl der Abnehmerleitungen die von einer Zubringerleitung erreicht werden können] [number of outlets which can be reached from an inlet]
= Verfügbarkeit *nf* = availability

Erreichbarkeit *nf* TECH **reachability** *n*

erreichen TECH → **achieve**
→ erzielen

erreichen COLL → **equal** (*vt*; equaled (AE); equalled (BE)
→ gleichstellen

Erreichung *nf* COLL **attainment** *n*
[fig]
= Erzielung *nf*

errichten TECH → **erect** *vt*
→ aufbauen

Errichtung *nf* TECH → **installation** *n*
→ Montage *nf*

Errungenschaft *nf* COLL **achievement** *n*
= accomplishment *n*

Ersatz *nm* TELEC **stand-by** *n*
≠ Betrieb = standby; stand by; back-up; reserve

Ersatz *nm* TECH **replacement** *n*
≈ Auswechslung ≈ exchange

Ersatz *nm* TECH → **stand-by** *n*
→ Reserve *nf*

Ersatz *nm* LAW → **compensation** *n*
→ Schadenersatz *nm*

Ersatzadresse *nf* DAT.PR **alternate address**
= Ausweichadresse *nf* = alternative address

Ersatzantenne *nf* ANT → **dummy antenna**
→ künstliche Antenne

Ersatzbaugruppe *nf* EL.TRO **spare module**

Ersatzbaugruppenlager *nn* EL.TRO → **spare module stock**
→ Ersatzbaugruppenvorrat *nm*

Ersatzbaugruppenvorrat *nm* EL.TRO **spare module stock**
= Ersatzbaugruppenlager *nn* = spare module store

Ersatzbild *nn* NETW.TH → **equivalent circuit**
→ Ersatzschaltbild *nn*

Ersatz-Computer *nm* DAT.PR → **standby computer**
→ Bereitschaftsrechner *nm*

Ersatzdämpfung *nf* TELEPH **A.E.N. value**
= A.E.N.-Wert

Ersatzfaser *nf* OPT.CO **spare fiber**

Ersatzgenerator *nm* NETW.TH → **equivalent source**
→ Ersatzstromquelle *nf*

Ersatzgerät *nn* (1) TELEC **stand-by unit**
= stand-by equipment

Ersatzgerät *nn* (2) TELEC **spare equipment**

ersatzgeschützt QUAL **protected**
= geschützt ≠ unprotected
≠ ungeschützt

Ersatzkanal *nm* TRANSM **stand-by channel**
= protection channel

Ersatzkapazität *nf* TELEC **reserve capacity**

Ersatzkapazität *nf* NETW.TH **equivalent capacitance**
[Rechengröße]
= Ersatzkondensator *nm*; Äquivalenzkapazität *nf*; Äquivalenzkondendator *nm*; Verlustkapazität *nf*; Verlustkondensator *nm*

Ersatzkondensator *nm* NETW.TH → **equivalent capacitance**
→ Ersatzkapazität *nf*

Ersatzlast *nf* NETW.TH → **dummy load**
→ Blindlast *nf*

ersatzleiten *vt* TELEC **alternate route** *vt*
≈ umleiten ↑ redirect

Ersatzleitung *nf* TELEC **back-up line**

Ersatznetzwerk *nn* NETW.TH → **equivalent circuit**
→ Ersatzschaltbild *nn*

Ersatzrechner *nm* DAT.PR → **standby computer**
→ Bereitschaftsrechner *nm*

Ersatzschaltbild *nn* NETW.TH **equivalent circuit**
= Ersatzschaltung *nf*; Ersatzbild *nn*; äquivalente Schaltung; Äquivalenzschaltung *nf*; Ersatznetzwerk *nn*; äquivalentes Netzwerk; Äquivalenznetzwerk *nn* = equivalent circuit diagram; equivalent network; equivalent network diagram; replacement scheme

Ersatzschalteinrichtung *nf* TRANSM → **protection switching equipment**
→ Schutzschalteinrichtung *nf*

Ersatzschaltgerät *nn* TRANSM → **protection switching equipment**
→ Schutzschalteinrichtung *nf*

Ersatzschaltschwelle *nf* TRANSM → **protection switching threshold**
→ Umschaltschwelle *nf*

Ersatzschalttechnik *nf* TRANSM → **protection switching technique**
→ Schutzschalttechnik *nf*

Ersatzschaltung *nf* NETW.TH → **equivalent circuit**
→ Ersatzschaltbild *nn*

Ersatzschaltung *nf* TRANSM **protection switching**
= Schutzschaltung *nf* = changeover to standby

(1:1)-Ersatzschaltung *nf* TRANSM → **1:1 protection**
→ (1:1)-Ersatz *nm*

(1:1)-Ersatzschaltung *nf* TRANSM **1:1 protection switching**
[Belegung des Ersatzkanals in störungsfreien Zeiten] [with occupation of stand-by channel in trouble-free times]

(1:1)-Ersatzschaltung *nf* TRANSM → **1+1 protection**
→ (1+1)-Ersatz *nm*

Ersatzschaltzeit *nf* EL.TRO **failover time**
[vom ausgefallenen Gerät auf das Ersatzgerät] [from failed module to standby module] ↑ switchover time

Ersatzspur *nf* TER&PER **alternate track**
= alternative track; backup track

Ersatzstromquelle *nf* POW.SY **alternative power supply**

Ersatzstromquelle *nf* NETW.TH **equivalent source**
= Ersatzgenerator *nm*

Ersatzsystem *nn* DAT.PR → **stand-by system**
→ Bereitschaftssystem *nn*

Ersatzteil *nn* TECH **spare part**
= replacement part

Ersatzteildienst *nm* ECON **spare-parts service**

Ersatzteillager *nn* TECH **spare parts stock**
= spare parts depot

Ersatzteilliste *nf* TEC.DOC **spare part list**

Ersatztyp *nm* TECH **substitutive type**

Ersatzvorrichtung *nf* TECH **stand-by device**

Ersatzweg *nm* TELEC **alternative route**
= alternate route; stand-by route

Ersatzwiderstand *nm* EL.TEC **equivalent resistance**
= Äquivalenzwiderstand *nm* ≈ Verlustwiderstand ≈ loss resistance

Ersatzzeichen *nn* SW → **wildcard** *n*
→ Stellvertreterzeichen *nn*

Ersatzzeitkonstante *nf* EL.TEC **equivalent time constant**

Erscheinung *nf* SCIE **phenomenon** *n*
[griech. "phaínomai" = "zum Vorschein kommen"] [from Greek "phaínomai" = "to appear"]
= Phänomen *nn*

Erscheinungsbild *nn* COLL **look** *n* (2)
= aspect *n*

Erscheinungsbild *nn* ECON **corporate design**
= corporate identity

Erscheinungsbild und Bedienmerkmale COMP.AP **look-and-feel** *n*

erschöpfend COLL → **exhaustive** *adj*
→ ausführlich

Erschöpfung *nf* MICR.EL → **depletion** *n*
→ Verarmung *nf*

Erschöpfungsgebiet *nn* MICR.EL **exhaustion region**

erschüttern TECH **concuss** *vt*
≈ schütteln = jar *vt* ≈ shake

Erschütterung *nf* TECH **concussion** *n*
≈ Stoß [PHYS]; Schütteln ≈ shock [PHYS]; shake

erschütterungsfrei MECH → **vibration-free**
→ schwingungsfrei

Erschütterungsprüfung *nf* QUAL → **shock test**
→ Stoßprüfung *nf*

erschweren COLL → **complicate** *vt*
→ komplizieren

Erschwernisfaktor *nm* TECH **complication factor**

erschwinglicher Preis ECON **accessible price**

ersetzbar TECH **replaceable**
≈ auswechselbar ≈ exchangeable

ersetzen ECON **recover** *vt* (1)
[Verlust] [damage]

ersetzen (durch) TECH **replace** (by) *vt*
≈ auswechseln = supersede (by) ≈ exchange

Ersetzungssystem *nn* INF.TEC **replacement system**

Ersetzungszeichen *nn* SW **replacement character**

ersinnen COLL → **devise** *vt*
→ ausdenken

erstarren PHYS **solidify**
= erhärten

Erstarren *nn* PHYS → **solidification** *n*
→ Erstarrung *nf*

Erstarrung *nf* PHYS **solidification** *n*
= Erstarren *nn*

Erstarrungspunkt *nm* PHYS **solidification point**

erstatten ECON **reimburse**
≈ zurückzahlen; vergüten ≈ repay

Erstattung *nf* ECON **reimbursement** *n*
≈ repayment; remuneration

Erstausbau *nm* EQP.EN **initial equipment**
= initial configuration; initial stage of construction

Erstausstrahlung *nf* IMAG.ME **initial broadcast**

erste MATH **first** *adj*
= 1. = 1st

erstellen TECH → **generate** *vt*
→ erzeugen

erste Näherung MATH **first-order approximation**
= first-order treatment; first cut

erste Normalform DAT.MA **first normal form**
= 1NF

erster Durchbruch MICR.EL → **first breakdown**
→ Primärdurchbruch *nm*

erster Faktor MATH → **multiplicand** *n*
→ Multiplikand *nm*

erster Fall LING → **nominative** *n*
→ Nominativ *nn*

erster Leitweg SWITCH → **primary route**
→ Erstweg *nm*

erster Summand MATH **augend** *n*
[Zahl zu der eine andere dazugezählt wird] [a number to which an addend is added]
= Augend *nm* ↑ Summand (2) ↑ addend (2)

erstes kirchhoffsches Gesetz EL.TEC **Kirchhoff's node law**
= Knotenregel *nf*

erste Spur DAT.MA **primary track**
= Erstspur *nf*; Spur 0 *nf* = track 0

erstes Zeitintervall TELEPH **initial period**
[z.B. drei Minuten] [e.g. the first three minutes]

erste Umsetzerstufe TELEC → **primary multiplexer**
→ Primärmultiplexer *nm*

erste Vergangenheit LING → **simple past**
→ Imperfekt *nn*

erste Wahl ECON **first choice**

Erstlingswerk *nn* MEDIA **first work**

Erstspur *nf* DAT.MA → **primary track**
→ erste Spur

Erstweg *nm* SWITCH **primary route**
= erster Leitweg; Regelweg *nm* ≈ Direktweg = prime route; first-choice route; first route; normal route ≈ direct route

Erstzeileneinzug *nm* PRIN.ME **first line indent**

Erstzugriffssatz *nm* DAT.MA → **owner** *n*
→ Anker *nm*

erteilen — COLL — **impart** *vt*
erteiltes Patent — LAW — **granted patent**
Ertrag *nm* — ECON — **erarnings** *nplt*
= income *n*; pay-out *n*
Ertrag *nm* — ECON — → **profit** *n*
→ Gewinn *nm*
ertragbar — COLL — → **supportable** *adj*
→ erträglich
erträglich — COLL — **supportable** *adj*
= ertragbar | = bearable; sufferable
Ertragsdarstellungsüberprüfung *nf* — ECON — **revenue recognition**
Ertragsfähigkeit *nf* — ECON — → **profitability** *n*
→ Wirtschaftlichkeit *nf*
Ertragskonto *nf* — ECON — **revenue account**
Ertragskraft *nf* — ECON — → **profitability** *n*
→ Wirtschaftlichkeit *nf*
Ertragspotential — ECON — → **profitability** *n*
→ Wirtschaftlichkeit *nf*
Ertragszentrum *nn* — ECON — **profit center**
= Profit-Center *nn* (ANGL) | = responsibility center
Erwachsenenbildung *nf* — EDUC — **adult education**
erwägen — COLL — → **consider** *vt*
→ betrachten (2)
erwägen — COLL — **consider** *vt*
Erwägung *nf* — COLL — → **consideration** *n*
→ Betrachtung *nf*
erwärmen — PHYS — **heat** *vt*
= erhitzen | = warm *vt*; heat-up *vt*
≈ aufwärmen
Erwärmer *nm* — TECH — → **heater** *n*
→ Erhitzer *nm*
Erwärmung *nf* — PHYS — **heating** *n*
= Erhitzung *nf*
Erwärmungskenngröße *nf* — MICR.EL — **heating characteristic**
erwartbares Anwenderverhalten — INF.TEC — **acceptable use policy**
erwarten — COLL — **expect** *vt*
≈ warten | = await
≈ wait
Erwartung *nf* — COLL — **expectation** *n*
Erwartung *nf* — STATIS — **expectation** *n*
Erwartungsmuster *nn* — INF.TH — **expectation pattern**
erwartungstreu — STATIS — **unbiased** *adj*
Erwartungstreue *nf* — STATIS — **unbiasedness** *n*
Erwartungswert *nm* — STATIS — **expectation value**
= expected value; expectation *n*; expectancy *n*; anticipation value; anticipated value
erweichen — COLL — **soften**
erweiterbar — TECH — → **upgradable** *adj*
→ ausbaufähig
erweiterbare Programmiersprache — COMP.LG — **extensible language**
[der Anwender kann die Syntax und Semantik verändern] | [the user can modify syntax and semantics]
Erweiterbarkeit *nf* — SW — **expandibility** *n*
[OOP] | [OOP]
Erweiterbarkeit *nf* — TECH — → **expansion capability**
→ Erweiterungsmöglichkeit *nf*
erweitern — TECH — → **expand** *vt*
→ ausbauen (1)
erweitern — PHOT — → **enlarge** *vt*
→ vergrößern *vt*
erweitert — TECH — → **extended** *adj*
→ gedehnt
erweitert — TECH — → **enhanced**
→ verbessert
erweiterte Adressierung — SW — **extended addressing**
erweiterte Arithmetik — COMP.SC — **extended arithmetic**
erweiterte Datenverwaltung — TELEC — **Extended Data Management**
[IN] | [IN]
= XDM | = XDM
erweiterte Genauigkeit — SW — → **multiple precision**
→ Mehrfachgenauigkeit *nf*
erweiterte Partition — DAT.PR — **extended partition**
erweiterte Präzision — SW — → **multiple precision**
→ Mehrfachgenauigkeit *nf*
erweiterter Apple-Macintosh-**Zeichensatz** — DAT.PR — **Apple Macintosh extended character set**
= extended Apple Macintosh character set
erweiterter ASCII-Code — CODING — **extended ASCII code**
[mit 8 Bit für 256 Zeichen] | [with 8 bit for 256 characters]
↑ ASCII-Code | = ASCII-8; USASCII-8
↑ ASCII code
erweiterter Code — CODING — **extended code**
erweiterter IBM-Zeichensatz — DAT.PR — **IBM extended character set**
≈ extended IBM character set
erweiterter Temperaturbereich — TECH — **extended temperature range**
erweiterter Zeichensatz — DAT.PR — **extended character set**
erweitertes BASIC — SW — **advanced BASIC**
[with features not encountered in standard BASIC]
erweiterte Wahlwiederholung — TELEPH — **history function**
= History-Funktion *nf*
Erweiterung *nf* — TECH — **expansion** *n*
= Ausbau *nm* (1) | = extension *n*; upgrading *n*; growth enhancement
≈ Vergrößerung | ≈ enlargement
Erweiterungeinheit *nf* — EQP.EN — → **expansion unit**
→ Ausbaueinheit *nf*
Erweiterungsbit *nn* — CODING — **extension bit**
Erweiterungsbus *nm* — HW — **expansion bus**
= channel *n*
Erweiterungsdatei *nf* — DAT.MA — **extension file**
Erweiterungsgerät *nn* — EQP.EN — → **add-on equipment**
→ Zusatzgerät *nn*
Erweiterungshandbuch *nn* — TEC.DOC — **expansion manual**
Erweiterungskarte *nf* — EQP.EN — **expansion board**
= Erweiterungsplatine *nf*, Erweiterungssteckkarte *nf*, Zusatzkarte *nf* | = expansion card; expansion PCB; expansion module; add-on board; add-on card; add-on PCB; add-on module; add-on *n*; add-in board; add-in *n*; additional board; upgrade board; upgrade card; extender board; accessory board
≠ Hauptplatine | ≈ baby board; piggy-back board; plug-in module
↑ Steckbaugruppe | ≠ main board
↓ Aufsteckkarte; Huckepack-Karte; Beschleunigerkarte; Speichererweiterungskarte | ↓ speed board; memory expansion board
Erweiterungskörper *nm* — MATH — **expansion field**
Erweiterungsmöglichkeit *nf* — TECH — **expansion capability**
= Erweiterbarkeit *nf*, Ausbaufähigkeit *nf*, Ausbaumöglichkeit *nf* | = growth capability; expandability *n*; upgradability *n*; extendability *n*; extensibility *n*
≈ Flexibilität | ≈ flexibility
Erweiterungsplatine *nf* — EQP.EN — → **expansion board**
→ Erweiterungskarte *nf*
Erweiterungsregister *nn* — HW — **extension register**
= Zusatzregister *nn*
Erweiterungsschnittstelle *nf* — HW — **expansion interface**
Erweiterungsspeicher *nm* — HW — **expanded memory** (1)
[im PC-Jargon erfordern Expansionspeicher spezielle Hilfsprogramme zu ihrer Verwaltung, Extensionsspeicher hingegen nicht] | [in PC terminology expanded memories require special software to be managed, extended memories don't]
= Expansionsspeicher *nm* (1); Extensionspeicher *nm* (1) | = expanded storage (1); expanded store (1); extended memory; extended storage; extended store; add-on memory
≈ Speichererweiterung | ≈ memory expansion
↓ Expansionsspeicher (2); Extensionsspeicher (2) | ↓ expanded memory (2); extended memory (2)
Erweiterungssteckkarte *nf* — EQP.EN — → **expansion board**
→ Erweiterungskarte *nf*
Erweiterungssteckplatz *nm* — EQP.EN — **expansion slot**
↑ Steckplatz | = peripheral slot [DAT.PR]; accessory slot; slot
↑ slot
Erweiterungstufe *nf* — TECH — → **construction stage**
→ Ausbaustufe *nf*
Erweiterungsvorrichtung *nf* — TECH — → **add-on device** *n*
→ Zusatzvorrichtung *nf*
Erweiterungszelle *nf* — MICR.EL — → **telescoping cell**
→ Teleskopzelle *nf*
Erwerb *nm* — ECON — → **purchase** *n* (1)
→ Einkauf *nm* (1)
Erz *nn* — METAL — **ore** *n*
erzählend — MEDIA — **narrative**
= narrativ
Erzähler *nm* — MEDIA — **narrator** *n*
erzählerisch — MEDIA — **narratorical**
= narratorisch

Erzählung *nf* MEDIA **narration** *n*
≈ Geschichte ≈ story

erzeugen TELEPH **originate** *vt*
[einen Anruf] [a call]
≈ anrufen = send
≈ call

erzeugen TECH **generate** *vt*
= erstellen; generieren

Erzeugende *nf* MATH **generating function**

erzeugendes Programm SW → **program generator**
→ Programmgenerator *nm*

Erzeuger *nm* EL.TRO → **generator** *n*
→ Generator *nm*

Erzeuger *nm* ECON → **manufacturer** *n*
→ Hersteller *nm*

Erzeugnis *nn* ECON → **product** *n*
→ Produkt *nn*

Erzeugung *nf* ECON **production** *n* (1)
= Produktion *nf* (1) ↓ manufacturing
≈ Herstellung
↓ Fertigung

Erzeugungsrate *nf* MICR.EL **generation rate**
= Generationsrate *nf*

Erzeugungsstrom *nm* MICR.EL **generation current**
= Generationsstrom *nm*

erzielbar TECH **achievable**
= erreichbar

erzielen TECH **achieve**
= erreichen = reach; obtain

Erzielung *nf* COLL → **attainment** *n*
→ Erreichung *nf*

erzwingen DAT.PR **force** *vt*

erzwingen TECH **force** *vt*
= constrain; compel

erzwungene Konvektion PHYS **forced convection**

erzwungene Magnetisierung PHYS **constrained magnetization**

erzwungener Seitenvorschub WOR.PR **forced page change**
= erzwungener Seitenwechsel = forced page skip; forced page break

erzwungener Seitenwechsel WOR.PR → **forced page change**
→ erzwungener Seitenvorschub

erzwungene Schwingung PHYS **forced oscillation**

Es CHEM → **einsteinium** *n*
→ Einsteinium *nn*

ESA AERON → **European Space Agency**
→ Europäische Raumfahrtbehörde

Esaki-Diode *nf* MICR.EL → **tunnel diode**
→ Tunneldiode *nf*

ESC DAT.CO → **escape** *n*
→ Codeumschaltung *nf*

Escape-codieren DAT.CO **escape coding**
= escape *vt*

Escape-Folge *nf* DAT.CO → **escape signal** *n*
→ Austrittssignal *nn*

Escape-Sequenz *nf* DAT.PR **escape sequence**
[Codewechselzeichen gefolgt von anderen Zeichen] [escape character followed by other characters]
↑ Steuerbefehl ↑ contro command

ESCAPE-Taste *nf* TER&PER **ESCAPE key**
[löst aus: Unterbrechung einer Befehlseingabe, eines Programms, Umschaltefunktionen oder Wechsel der Menüebene] [activates: interruption of an instruction, of a program, shift functions or change of menu level]
= ESC-Taste *nf*; Codeumschalttaste *nf*; Codewechseltaste *nf*; Abbruchtaste *nf*; Eingabeunterbrechungs-Taste *nf* = ESC key; entry-interruption key
↑ Funktionstaste ↑ functional key

E-Schicht RAD.PRO **E-layer**
[bei ca 110 km] [at about 110 km]
= Heaviside-Schicht *nf* = Heaviside layer
↑ Ionosphäre; aktive Schicht ≈ E-region
↑ ionosphere; active layer

ESC-Taste *nf* TER&PER → **ESCAPE key**
→ ESCAPE-Taste *nf*

ESDI-Laufwerk *nn* TER&PER **ESDI drive**
[die ESDI-Norm erfüllend] [following the ESDI standard]

ESDI-Schnittstelle *nf* HW **ESDI**
[Schnittstellennorm für IBM-Kompatibilität von Festplattenspeichern] [Enhanced Small Device Interface; standard interface for IBM-compatible disk drives]
↑ Geräteschnittstelle ↑ device interface

ESDS DAT.MA **ESDS**
↑ VSAM = Entry Sequenced Data Set
↑ VSAM

E-Sektorhorn *nn* ANT **E-plane sectorial horn**

Eselsohr *nn* COLL **dog ear**
[Buch] [book]

ESFI-Technik *nf* MICR.EL **ESFI**
[epitaxial silicon film on insulator technique]

es geht keiner dran TELEPH **there's no answer**

e-Shop *nm* ECON → **online shopping**
→ Online-Shopping *nn*

ESN-Nummer *nf* MOB.CO **ESN**
= elektronische Fabriknummer = Electronic Serial Number

ESP MEDIA **ESP**
= Entertainment Sports Pornography

Espresso-Bewertungstest *nm* DAT.PR **espresso benchmark**
[ein Optimierungsproblem einer Booleschen Funktion] ≠ a problem to optimize a Boolean function
↑ SPEC-Bewertungstest ↓ SPEC benchmark

Essay-Film *nm* CINEMA **essay movie**

Es-Schicht *nf* RAD.PRO **Es layer**
[bei 120 km] [at about 120 km]
= sporadische E-Schicht = sporadic E-layer
↑ Ionosphäre; aktive Schicht ↑ ionosphere; active layer

essential COLL → **essential** *adj*
→ wesentlich

essenzial COLL → **essential** *adj*
→ wesentlich

essenziell, essentiell COLL → **essential** *adj*
→ wesentlich

Eszett *nn* (AT) LING → **German double s**
→ scharfes S

ET INF.TH → **decision table**
→ Entscheidungstabelle *nf*

etabliert ECON → **established**
→ eingeführt

etablierter Betreiber TELEC **incumbent operator**
[incumbent = amtsinhabend] = established operator
≠ konkurrierender Betreiber ≠ competitive operator

etablierter Lieferant ECON → **traditional supplier**
→ traditioneller Lieferant

etablierter Ortsnetzbetreiber TELEC **incumbent local exchange carrier;**
= traditioneller Ortsnetzbetreiber = ILEC; established local exchange carrier; traditional local exchange carrier; incumbent local exchange carrier; incumbent local access provider

ETACS TELEC **ETACS**
= Enhanced Total Access Communications

Etage *nf* CIV.EN → **floor** *n* (of a building)
→ Stock *nn*

Etage *nf* (ex DDR) EQP.EN → **horizontal inset**
→ Horizontaleinsatz *nm*

Etagenverkabelung *nf* DAT.NW → **tertiary cabling**
→ Tertiärverkabelung *nf*

Etalon PHYS → **standard** *n*
→ Normalmaß *nn*

etappenweise COLL → **graded** *adj*
→ gestaffelt

etappenweise TECH → **stepwise** *adj*
→ schrittweise

Etat *nm* ECON **budget** *n*
[über das Franz. "etat" = "Zustand" bzw. "bougette" = "Säcklein" vom latein. "status" = "Zustand" bzw. "bulga" = "Sack"] [through French "bougette" = "little wallet" from Latin "bulga" = "bag"]
= Wirtschaftsplan *nm*; Haushaltsplan *nm*; Budget *nn*

ETB DAT.CO → **end of transmission block**
→ Ende des Datenübertragungsblocks

E-TDMA TELEC **E-TDMA**
= Enhanced TDMA

ETE-Wert SWITCH **ETE**
= Equivalent Telephone Erlangs

Ethernet *nn* DAT.NW **Ethernet** *n*
[das "himmlisch-erhabene Netz"; LAN-Protokoll; 10 Mbit/s] [ETHEReal NETwork; LAN protocol; 10 Mbit/s]
↑ LAN ↑ LAN

Ethernet-Adapter-Karte *nf* HW → **Ethernet card**
→ Ethernet-Karte *nf*

Ethernet-Kabel *nn*	COM.CAB	**Ethernet cable**
Ethernet-Karte *nf* = Ethernet-Adapter-Karte *nf*	HW	**Ethernet card** = Ethernet adapter card
Ethernet-Netz *nn* ↑ lokales Netz	DAT.NW	**Ethernet network** ↑ local area network
Ethernet-Router *nm*	DAT.NW	**Ethernet router**
Ethernet-Vermittlung *nf*	DAT.NW	**Ethernet switch**
Etikett *nn* ↓ Haftetikett; Anhängeetikett	TECH	**external label** [identifying piece of paper stuck] = coder *n*; ticket *n* ↓ adhesive label; tie-on label
Etikett *nn* [Datenblock auf Magnetschichtspeichern zur Markierung und Sicherung von Dateien] = Kennsatz *nm*; Marke *nf*; Dateietikett *nn* ≈ Vorspann ↓ Datenträger-Etikett; Dateianfangs-Etikett; Dateiend-Etikett; Abschnitts-Etikett; Fixpunkt-Etikett; Format-Etikett; Standardetikett; Benutzeretikett;	DAT.MA	**label** *n* ≈ label record; file label ≠ data block to mark and protect files on magnetic layer memories
Etikett *nn* → Kennzeichnungsschild *nn*	TECH	→ **label** *n*
Etikettendrucker *nm*	TER&PER	**label printer** = ticket printer
Etikettendruckprogramm *nn*	WOR.PR	**label print program** = ticket print program
Etikettenfeld *nn*	DAT.MA	**label field** = ticket field
Etikettenkennzeichen *nn* = Kennsatzname *nm*; Identifizierungskennzeichen *nn*	DAT.MA	**label identifier** = tag *n*; identifying character
Etikettenleser *nm*	TER&PER	**label reader** = ticket reader
Etikettenspeicher *nm*	DAT.MA	**tag memory** = tag storage
Etikettfolge *nf* = Kennsatzgruppe *nf*	DAT.MA	**label group** = tag group; identifier group
etikettieren → kennzeichnen *vt*	TECH	→ **identify** *vt*
Etikettiermaschine *nf*	TER&PER	**labeling machine**
Etikettierung *nf* → Beschriftung *nf*	TECH	→ **lettering** *n*
Etikettprüfung *nf* = Kennsatzprüfung *nf*	DAT.MA	**label check** = tag check; identifier check
etliche → mehrere	COLL	→ **several** (pron)
ETO	TELEC	**ETO** = European Telecommunication Office
ETSI	TELEC	**ETSI** = European Telecommunications Standards Institute
etwa → ungefähr	COLL	→ **approximately** *praep*
ETX → Textende *nn*	DAT.CO	→ **end of text**
Etymologie *nf* [vom griech. "etymos + logos" = "des wahren Sinns + Lehre"] = Wortstammkunde *nf*	LING	**etymology** *n* [from Greek "etymos + logos" = "of the the meaning + teaching"]
etymologisch *adj*	LING	**etymological**
Et-Zeichen *nn* → Und-Zeichen *nn*	ECON	→ **ampersand**
Eu → Europium *nn*	CHEM	→ **europium** *n*
euklidisch	MATH	**euclidean** *adj* = euclidian; Euclidean; Euclidian
euklidische Geometrie	MATH	**euclidean geometry** = euclidian geometry
EULA-Vertrag *nm* → Endbenutzer Lizenzvertrag *nm*	SW	→ **end-user licence agreement**
eulersches Integral zweiter Gattung → Gammafunktion *nf*	MATH	→ **gamma function**
Eunet *nn*	DAT.NW	**Eunet** ≈ European Network
Euphemismus *nm*	LING	**euphemism** *n*
euphemistisch	LING	**euphemistic**
Eureka *nn* → Konstantan *nn*	METAL	→ **constantan** *n*
Euro *nm* = €	ECON	**Euro** = €
Euro-AV-Steckverbinder *nm* → SCART-Steckverbinder *nm*	COMPO	→ **SCART connector**
Eurofähigkeit *nf* → Euro-Tauglichkeit *nf*	COMP.AP	→ **Euro preparadness**
Euro-ISDN *nn* = EDSS1-ISDN	TELEC	**European ISDN standard** = EDSS1 standard
Eurokarte *nf* → Europakarte *nf*	EL.TRO	→ **eurocard** *n*
Europaformat *nn* → Europakartenformat *nn*	EL.TRO	→ **eurocard size**
Europäische Luftfahrtkonferenz → ECAC	AERON	→ **ECAC**
europäische Projektion	ENG.DRA	**first-angle projection**
Europäischer Artikelnummercode → EAN-Code *nm*	TER&PER	→ **EAN code**
Europäische Raumfahrtbehörde = ESA	AERON	**European Space Agency** = ESA
Europäischer Installations-Bus = EIB	COMP.AP	**European Installation Bus** = EIB
Europäische Rundfunkunion = EBU; UER	BROADC	**European Broadcasting Union** = EBU
Europakarte *nf* = Eurokarte *nf*; Europaplatine *nf*; Europlatine *nf*	EL.TRO	**eurocard** *n*
Europakartenformat *nn* [Leiterplattenformat 160x100 mm²] = Europaformat *nn* ≈ Europakarte	EL.TRO	**eurocard size** [PCB size 63x39.4 sqinch] = European standard size ≈ eurocard
Europanorm *nf* [Stecker]	EL.INS	**European style** [connector]
Europaplatine *nf* → Europakarte *nf*	EL.TRO	→ **eurocard** *n*
europaweit ≈ gesamteuropäisch	ECON	**trans-European** *adj* ≈ pan-European
Europium *nn* = Eu	CHEM	**europium** *n* = Eu
Europlatine *nf* → Europakarte *nf*	EL.TRO	→ **eurocard** *n*
Eurostecker *nm*	EL.INS	**euro mains connector** = mains connector European style
Euro-Tauglichkeit *nf* = Euro-Verträglichkeit *nf*; Eurofähigkeit *nf*	COMP.AP	**Euro preparadness** = Euro readiness
Euro-Verträglichkeit *nf* → Euro-Tauglichkeit *nf*	COMP.AP	→ **Euro preparadness**
Eutectic-die-Bonding	MICR.EL	**eutectic die bonding**
Eutektikum *nn* [Mischung niedrigsten Schmelzpunktes]	CHEM	**eutectic** *n* [mixture of minimum melting point]
eutektisch	CHEM	**eutectic** *adj*
eV → Elektronvolt *nn*	PHYS	→ **electron-volt** *n*
evakuieren	PHYS	**evacuate**
Eventualfall *nm*	COLL	**contingency** *n*
Eventualverbindlichkeit *nf*	ECON	**contingent liability**
E-Versatz *nm*	MICROW	**TM-plane offset**
E-Verzweigung *nf*	MICROW	**TM-plane junction**
evident → offensichtlich	COLL	→ **evident** *adj*
Evolute *nf*	MATH	**evolute** *n*
evolutionäre Datenverarbeitung	DAT.PR	**evolutionary computing**
evolutionärer Algorithmus	MATH	**evolutionary algorithm**
Evolutionspfad *nm*	SCIE	**evolution path** = evolutionary path
Evolvente *nf* = Involute *nf*	MATH	**involute** *n*
Evolventenverzahnung *nf*	MEC.EN	**involute gearing**
evolvieren	SCIE	**evolve**
EVs → Kabelendverschluss *nm*	OUT.PL	→ **cable end**
EVSt *nf* → Teilnehmervermittlungsstelle *nf*	SWITCH	→ **local trunk exchange**
EVU *nf* → Energieversorgungsunternehmen *nn*	ECON	→ **electric utility**
EVz → Endverzweiger *nm*	OUT.PL	→ **distribution point**
E-Welle *nf* → transversale magnetische Welle	EL.TEC	→ **transversal magnetic wave**
EW-Empfänger *nm*	MIL.CO	**EW receiver**
exakt → genau	TECH	→ **correct** *adj*
exakter Wert → Genauwert *nm*	TECH	→ **precise value**

Exaktheit *nf* TECH → **accuracy** *n*
→ Genauigkeit *nf*

exaltiert COLL → **exaltet** *adj*
→ überspannt *adj*

examinieren TECH → **check** *vt*
→ prüfen

Exa- *praef* PHYS **exa-** *praef*
[10E18] [10E18]
= E = E

Excel *nn* SW **Excel**
[von Microsoft] [by Microsoft]
↑ Tabellenkalkulationsprogramm ↑ spreadsheet program

Excimerlaser *nm* OPTOEL **excimer laser**

Excitron *nn* POW.SY **excitron** *n*
↑ Quecksilberdampf-Gleichrichter ↑ mercury-vapour rectifier

EXCLUSIV-WEDER-NOCH-Element *nn* CIRC.EN → **equivalence gate**
→ Äquivalenzglied *nn*

EXE-Datei *nf* SW **EXE file**
[DOS-Befehlsdatei, mit relativer Adressierung] [a command file in DOS, with relative addressing]
↑ command file

Exemplar SW → **instance** *n*
→ Spezialfall *nm*

Exemplar *nn* OFFICE **copy** *n* (1)
[Original oder Kopie] [printed reproduction including the first one]
↓ Original; Kopie ↓ first copy

Exemplarstreuung *nf* MATH **sample strew**

Existenzfunktion *nf* DAT.PR **existence function**
= system management function

Existenzquantor *nm* LOGIC **existence quantor**
[Prädikatenlogik; "es gibt mindestens"; Symbole: ∃ oder V] [predicate logic; "there is at least"; symbols: ∃ or V]

existierende Daten DAT.MA → **legacy data**
→ Altdaten *nplt* (1)

existierendes System COMP.AP → **legacy system**
→ Altsystem *nn*

Exklusion *nf* INTERNET **exclusion** *n*
[SGML] [SGML]

exklusiv MATH → **exclusive**
→ ausschließend

EXKLUSIV-ODER *nn* LOGIC → **EXCLUSIVE-OR operation**
→ EXKLUSIV-ODER-Verknüpfung *nf*

EXKLUSIV-ODER-Element *nn* CIRC.EN → **EXCLUSIVE OR gate**
→ EXKLUSIV-ODER-Glied *nn*

EXKLUSIV-ODER-Funktion *nf* LOGIC → **EXCLUSIVE-OR operation**
→ EXKLUSIV-ODER-Verknüpfung *nf*

EXKLUSIV-ODER-Gatter *nn* CIRC.EN → **EXCLUSIVE OR gate**
→ EXKLUSIV-ODER-Glied *nn*

EXKLUSIV-ODER-Glied *nn* CIRC.EN **EXCLUSIVE OR gate**
= EXKLUSIV-ODER-Gatter *nn*; EXKLUSIV-ODER-Element *nn*; EXKLUSIV-ODER-Schaltung *nf*; EXKLUSIV-ODER-Tor *nn*; AUSSCHLIESSLICHES-ODER-Glied *nn*; XOR-Glied *nn*; Antivalenzglied *nn*; Antivalenzgatter *nn*; Antivalenzschaltung *nf*; Antivalenztor *nn*; Antikoinzidenzglied *nn*; Antikoinzidenzgatter *nn*; Antikoinzidenzelement *nn*; Antikoinzidenzschaltung *nf*; Antikoinzidenztor
= EXCLUSIVE OR element; EXCLUSIVE OR circuit; XOR gate; XOR element; XOR circuit; EXOR gate; EXOR element; NEQ gate; NEQ element; antivalence gate; antivalence element; anticoincidence gate; anticoincidence element; non-equivalence gate; non-equivalence element
↑ logic gate

EXKLUSIV-ODER-Schaltung *nf* CIRC.EN → **EXCLUSIVE OR gate**
→ EXKLUSIV-ODER-Glied *nn*

EXKLUSIV-ODER-Tor *nn* CIRC.EN → **EXCLUSIVE OR gate**
→ EXKLUSIV-ODER-Glied *nn*

EXKLUSIV-ODER-Verknüpfung *nf* LOGIC **EXCLUSIVE-OR operation**
[Ausgang=1 wenn P ungleich Q] [output=1 if P different to Q]
= EXKLUSIV-ODER-Funktion *nf*; EXKLUSIV-ODER *nn*; AUSSCHLIESSLICHES-ODER-Verknüpfung *nf*; AUSSCHLIESSLICHES-ODER-Funktion *nf*; AUSSCHLIESSLICHES ODER *nn*; XOR-Verknüpfung *nf*; XOR-Funktion *nf*; Antivalenz *nf*; Antikoinzidenz *nf*; ODER-ODER-Verknüpfung *nf*; ODER-ODER-Funktion *nf*; EXOR-Verknüpfung *nf*; EXOR-Funktion *nf*
≈ ODER-Verknüpfung
= EXCLUSIVE-OR function; EXCLUSIVE OR; XOR operation; XOR function; XOR; non-equivalence operation; non-equivalence function; non-equivalence *n*; NEQ; inequivalence operation; inequivalence function; inequivalence *n*; anticoincidence *n*; antivalence *n*; OR-ELSE operation; OR-ELSE function; EXOR operation; EXOR function; destructive addition; equality function; equality operation; equality; exept operation; exept function; exjunction *n*; symmetric difference; addition without carry; modulo-two sum; non-identity operation
≈ OR operation
≠ equivalence operation
↑ dyadic Boolean operation

Exklusivrecht *nn* ECON **franchise** *n* (1)
↓ Alleinverkaufsrecht
= exclusivness; exclusivity
↓ exclusive sale franchise

Exklusivsperre *nf* DAT.PR **exclusive lock**
≠ Kollektivsperre ≠ shared lock

Exklusivvertrieb *nm* ECON → **exclusive sale franchise**
→ Alleinverkaufsrecht *nn*

EXKLUSIV-WEDER-NOCH-Gatter *nn* CIRC.EN → **equivalence gate**
→ Äquivalenzglied *nn*

EXKLUSIV-WEDER-NOCH-Glied *nn* CIRC.EN → **equivalence gate**
→ Äquivalenzglied *nn*

EXKLUSIV-WEDER-NOCH-Schaltung *nf* CIRC.EN → **equivalence gate**
→ Äquivalenzglied *nn*

EXKLUSIV-WEDER-NOCH-Tor *nn* CIRC.EN → **equivalence gate**
→ Äquivalenzglied *nn*

EXKLUSIV-WEDER-NOCH-Verknüpfung *nf* LOGIC → **equivalence operation**
→ Äquivalenzverknüpfung *nf*

EXNOR-Funktion *nf* LOGIC → **equivalence operation**
→ Äquivalenzverknüpfung *nf*

EXNOR-Glied *nn* CIRC.EN → **equivalence gate**
→ Äquivalenzglied *nn*

EXNOR-Verknüpfung *nf* LOGIC → **equivalence operation**
→ Äquivalenzverknüpfung *nf*

exoderieren LOGIC → **exor** *vt*
→ mit EXKLUSIV-ODER verknüpfen

exodern LOGIC → **exor** *vt*
→ mit EXKLUSIV-ODER verknüpfen

exorbitant ECON → **exorbitant**
→ unbezahlbar

Exorciser *nm* MICR.EL **exorsiser** *n*
= exorciser *n*

EXOR-Funktion *nf* LOGIC → **EXCLUSIVE-OR operation**
→ EXKLUSIV-ODER-Verknüpfung *nf*

EXOR-Verknüpfung *nf* LOGIC → **EXCLUSIVE-OR operation**
→ EXKLUSIV-ODER-Verknüpfung *nf*

exotherm CHEM **exothermic** *adj*
[mit Wärmeentwicklung verbunden] [accompanied by evolution of heath]

Expander *nm* TELEC **expander** *n*
= Dehner *nm*

expandieren PHYS → **expand** *vi*
→ ausdehnen

Expandierung *nf* TELEC **expansion** *n*
= Dehnung *nf*

Expansion *nf* SWITCH **expansion** *n*
≠ Konzentration ≠ concentration

Expansion *nf* PHYS **expansion** *n*
[Vergrößerung des Volumens] [increase in volume]
= Ausdehnung *nf* (3)
≠ Kompression ≠ compression

Expansionsspeicher *nm* (1) HW → **expanded memory** (1)
→ Erweiterungsspeicher *nm*

Expansionsspeicher *nm* (2) HW **expanded memory** (2)
[ein kleiner reservierter Platz im Hauptspeicher (z.B. 64 kB) zum schnellen Ein-/Auslesen, wodurch eine viel größere Kapazität als 640 kB vorgetäuscht wird; erfordert spezielle Hilfsprogramme zu seiner Verwaltung] [a small reserved RAM space (e.g. 64 kB), for quick paging of requested but not resident information, thereby showing a much greater RAM than 640 kB; requires special software to be managed]
= EMS-Speicher *nm*; EMS (MS-DOS) = expanded storage (2); expanded store (2); EMS (MS-DOS)
↑ Erweiterungsspeicher ↑ expanded memory (1)

Expansionsstufe *nf* CIRC.EN **expansion gate**

Expansionsstufe *nf* SWITCH **expansion stage**

Experiment *nn* SCIE **experiment** *n*
= Versuch *nm*

Experiment *nn* TECH → **trial** *n*
→ Versuch *nm*

Experimentalfilm *nm* CINEMA **experimental film**

Experimentalphysik *nf* PHYS **experimental physics**

experimentell SCIE **experimental** *adj*

experimentelle Daten SCIE → **experimental data**
→ Versuchsdaten *nplt*

Experimentierkarte *nf* EL.TRO **breadboard** *n*
= Experimentierplatte *nf*; Laborplatte *nf* = experimental board; perforated board; perfboard; perforated sheet
≈ Brettschaltung

Experimentierkasten *nm* EL.TRO **experimental kit**
= experimental system
Experimentierplatte *nf* EL.TRO → **breadboard** *n*
→ Experimentierkarte *nf*
Experimentierschaltung *nf* EL.TRO → **breadboard circuit** *n*
→ Brettschaltung *nf*
Experimentiertrafo *nm* EL.TRO **experimental transformator**
Experimentierzweck *nm* TECH → **experimental purpose**
→ Versuchszweck *nm*
Experte *nm* ECON → **expert** *n*
→ Fachmann (*pl* Fachmänner&Fachleute)
Expertenbetrieb *nm* COMP.AP **expert mode**
≠ Normalbetrieb ≠ normal mode
Experten-stützendes System ART.IN **expert-support system**
Expertensystem *nn* ART.IN **expert system**
[das Fachwissen eines Spezialgebietes enthaltende Software]
= IKBS-System *nn*; wissensbasiertes System
↓ Wissensbasis; Inferenzmodul
≈ intelligent knowledge-based system; IKBS; knowledge-base system; intelligent assistant
≠ software with problem-solving expertise of a special field
Expertensystemschale *nf* ART.IN **expert system shell**
Expertensystem-Software *nf* SW **expert system software**
Expertentreffen *nn* ECON **expert meeting**
[Birds Of a Feather]
= BOF
Expertise *nf* ECON → **expert opinion**
→ Gutachten *nn*
Expireware *nf* SW **expireware**
[mit eingebautem Verfall] [with built-in expiration]
explizit COLL → **explicit** *adj*
→ ausdrücklich
explizite Adresse SW → **direct address**
→ direkte Adresse
explizite Adressierung SW → **direct addressing**
→ direkte Adressierung
explodieren TECH **explode** *vi*
≠ implodieren ≠ implode
explodieren COMP.GR **explode**
Exploitation-Film *nm* CINEMA **exploitation movie**
Exploration *nf* SCIE → **exploration** *n*
→ Erforschung *nf*
exploratorisch SCIE → **explorative** *adj*
→ erforschend
Explorerleiste *nf* COMP.AP **explorer bar**
Explosion *nf* TECH **explosion** *n*
= Detonation *nf* = detonation *n*
≈ Deflagration ≈ deflagration
≠ Implosion ≠ implosion
Explosionsdarstellung *nf* ENG.DRA **exploded view**
= Explosionszeichnung *nf*
explosionsgefährdet TECH **explosive** *adj*
= explosiv
Explosionsschutz *nm* TECH **explosion protection**
explosionssicher TECH **explosion-proof**
Explosionszeichnung *nf* ENG.DRA → **exploded view**
→ Explosionsdarstellung *nf*
explosiv TECH → **explosive** *adj*
→ explosionsgefährdet
Explosivlaut *nm* LING → **explosive** *n*
→ Explosivum *nn*
Explosivum *nn* LING **explosive** *n*
[p,b,t,...] [p,b,t,...]
= Explosivlaut *nm*; Verschlusslaut *nm* = stop *n*
Exponat *nn* ECON → **exposition specimen**
→ Ausstellungsstück *nn*
Exponent *nm* MATH **exponent** *n*
= Hochzahl *nf*; Potenzexponent *nm* = power exponent; superscript *n*
≠ Basis ≠ basis
↑ Potenz ↑ power
Exponentbeginn-Buchstabe *nm* DAT.MA **exponent character**
Exponentialantenne *nf* ANT **exponential antenna**
Exponentialfunktion *nf* MATH **exponential function**
Exponentialgesetz *nf* MATH **exponential law**
Exponentialglättung *nf* ART.IN **exponential smoothing**
[höchste Wichtung für jüngste Daten] [heaviest weight for most recent data]
Exponentialhorn *nn* ANT **exponential horn**
= Exponentialtrichter *nm* = logarithmic horn
Exponentialleitung *nf* LINE TH **exponential transmission line**
= exponential line
Exponentialröhre *nf* EL.TRO **antifading tube**

Exponentialschreibweise *nf* COMP.SC → **floating-point representation**
→ Gleitkommadarstellung *nf*
Exponentialtrichter *nm* ANT → **exponential horn**
→ Exponentialhorn *nn*
exponentialverteilt MATH **exponentially distributed**
Exponentialverteilung *nf* STATIS **exponential distribution**
Exponentialzeichen *nn* MATH **exponential sign**
exponentiell MATH **exponential**
exponentielle Darstellung MATH **exponential representation**
Exponentüberlauf *nm* COMP.SC → **exponent overflow**
→ Kennzifferüberlauf *nm*
Export *nm* ECON → **export** *n*
→ Ausfuhr *nf*
Exporterklärung *nf* ECON → **export declaration**
→ Ausfuhrerklärung *nf*
Exportförderung *nf* ECON → **export promotion**
→ Ausfuhrförderung *nf*
Exportgenehmigung *nf* ECON → **export permit**
→ Ausfuhrgenehmigung *nf*
exportieren DAT.MA → **export** *vt*
→ überspielen
Exportkredit *nm* ECON → **export credit**
→ Ausfuhrkredit *nm*
Exportkreditversicherung *nf* ECON **export credit insurance**
Exportvorschriften *nplt* ECON → **export regulations**
→ Ausfuhrvorschriften *nplt*
Exportzoll *nm* ECON → **export duty**
→ Ausfuhrzoll *nm*
Expressionismus *nm* ARTS **expressionism** *n*
expressis verbis COLL → **explicit** *adj*
→ ausdrücklich
Expresskanal *nm* TRANSM **express channel**
[Dienstkanal] [service channel]
Expropriation *nf* ECON → **expropriation** *n*
→ Enteignung *nf*
Extender *nm* DAT.MA → **file extension**
→ Dateikennung *nf*
Extension *nf* DAT.MA → **file extension**
→ Dateikennung *nf*
Extensionale Logik SCIE → **formal logic**
→ Formale Logik
Extensionspeicher *nm* (1) HW → **expanded memory** (1)
→ Erweiterungsspeicher *nm*
Extensionsspeicher *nm* (2) HW **extended memory** (2)
[erfordert keine spezielle Software zu seiner Verwaltung]
↑ Erweiterungsspeicher (1)
≈ extended storage (2); extended store (2)
≠ doesn't require special software for its operation
extern TECH **external** *adj*
= äußer...; auswärtig = extraneous; outside; exogeneous
≠ intern
Externbus *nm* MICR.EL **external bus**
≠ Internbus = expansion bus
↓ AT-Bus ≠ internal bus
↓ AT bus
Externdatei *nf* DAT.MA **external data file**
externe Adresse SW **external address**
= äußere Adresse
externe Datenbank DAT.MA **external data bank**
= Informationsbank *nn* = information bank
externe Datenverarbeitung DAT.PR **external data processing**
[außer Haus]
externe Entität INTERNET **external entity**
[SGML] [SGML]
externe Funktion SW **external function**
[von außen ladbar, da im System nicht vorhanden]
= XFCN-Funktion *nf*
[loadable from outside, because not available within the system]
= XFCN
externe Mischsortierung DAT.MA **external merge sort**
externe Prozedur (PL/1) SW → **program module**
→ Programmmodul *nn*
externer Befehl SW **external command** (2)
[von außen ladbar, weil im System nichtverfügbar]
= XCMD-Befehl *nm*
[loadable from outside, because not available within a system]
= XCMD
externer Cache MICR.EL **off-chip cache**
externe Referenz INTERNET **external reference**
[SGML] [SGML]
= externer Verweis = external link
externe Revision ECON **external auditing**
externer Feldversuch SW **beta testing**

[mit ausgesuchtem Teilnehmerkreis] [real-world test with selected users]
= externer Probebetrieb

externer Probebetrieb SW → **beta testing**
→ externer Feldversuch

externer Speicher HW → **external memory** *n*
→ Externspeicher *nm*

externer Takt EL.TRO **external clock**
= externe Taktzuführung = external clocking

externer Verweis INTERNET → **external reference**
→ externe Referenz

externe Schnittstelle TELEC → **external interface**
→ Externschnittstelle *nf*

externes Datenbankschema DAT.MA **external schema**
[beschreibt eine Datenbank aus Sicht einer speziellen Anwendung] [describes a database in terms of a peculiar application]
= Benutzersicht *nf* = external view; user's view; external data submodel
↑ Datenbankschema ↑ schema

externes Kommando SW → **transient command**
→ transientes Kommando

externes Symbol SW → **external symbol**
→ Externsymbol *nn*

externe Steuerung TECH **external control**

externe Synchronisierung TELEC → **external synchronization**
→ Fremdsynchronisierung *nf*

externe Taktzuführung EL.TRO → **external clock**
→ externer Takt

externe Unterbrechung DAT.PR **external interrupt**
= external interrupt signal

externe Variable DAT.MA **external variable**
= exogenous variable

Externgespräch *nn* TELEPH → **external call**
→ Amtsgespräch *nn*

Externregister *nn* DAT.PR **external register**

Externrückfrage *nf* TELEPH **outside consultation**

Externschnittstelle *nf* TELEC **external interface**
= externe Schnittstelle

Externsortierung *nf* DAT.MA **external sort**
[bedarf eines Hilfsspeichers] [requires an auxiliary storage]
≠ Internsortierung ≠ internal sort

Externspeicher *nm* HW **external memory** *n*
[nicht zur Zentraleinheit gehörend, meist größer und langsamer] [not pertaining to the main memory, generally larger and slower]
= externer Speicher; äußerer Speicher; peripherer Speicher; Peripheriespeicher *nm*; Hilfsspeicher *nm* (2) = external storage; external store; peripheral memory; peripheral storage; peripheral store; auxiliary memory; auxiliary storage; auxiliary store; backing memory (1); backing storage (1); backing store (1); data carrier memory; data carrier storage; data carrier store
≈ Hintergrundspeicher; Zubringerspeicher; Massenspeicher ≈ mass memory
≠ Hauptspeicher (1) ≠ main memory
↑ Speicher; Peripheriegerät ↑ memory; peripheral equipment
↓ Sekundärspeicher; Tertiärspeicher; Sicherungsspeicher ↓ secundary memory; tertiary memory; back-up memory

Externsymbol *nn* SW **external symbol**
= externes Symbol

Externsymbolverzeichnis *nn* DAT.MA **external symbol dictionary**
= external symbol file

Externverkehr *nm* SWITCH **external traffic**

Externverweis *nm* SW **external reference**

Externpuffer *nm* DAT.PR **external buffer**

exterrestrisch ASTR.PH → **extraterrestrial**
→ extraterrestrisch

Extinktionsschwund *nm* RAD.PRO **extinction fading**

Extinktionsverhältnis *nn* OPT.CO **extinction ratio value**

extrabreit PRIN.ME **wide** *adj*
↑ Schriftattribut ↓ font attribute

extrafein PRIN.ME **extra light**
↑ Schriftattribut ↑ font attribute

extrafett PRIN.ME **extra bold**
↑ Schriftattribut = ultrabold; heavy
↑ font attribute

extrahieren TECH → **extract** *vt*
→ entnehmen

Extraktion *nf* TECH → **extraction** *n*
→ Entnahme *nf*

Extraktionstool *nn* SW **extraction tool**

Extranet *nn* INTERNET **Extranet**
[Zusammenschaltung mehrerer Intranets über Internet] [interconnection of several intranets by Internet]

Extrapolation *nf* MATH **extrapolation** *n*
= Extrapolieren *nn* ≠ interpolation
≠ Interpolation

extrapolieren MATH **extrapolate**
≠ interpolieren ≠ interpolate

Extrapolieren *nn* MATH → **extrapolation** *n*
→ Extrapolation *nf*

extraschmal PRIN.ME **elongated**
↑ Schriftattribut ↑ font attribute

extraterrestrisch ASTR.PH **extraterrestrial**
= exterrestrisch; außerirdisch

extraterrestrisches Rauschen RADIO → **extraterrestial noise**
→ Weltraumrauschen *nn*

extrem COLL → **extremely** *adv*
→ höchst *adv*

Extrem *nn* TECH → **end** *n*
→ Ende *nn* (1)

Extremale *nf* MATH **extremal** *n*

extremate MATH → **extremize**
→ extremieren

extreme Nahaufnahme IMAG.ME → **extreme close-up**
→ Detailaufnahme *nf*

Extremfehler *nm* INSTR **extreme error**

extremieren MATH **extremize**
= extremate ↓ maximize; minimize
↓ maximieren; minimieren

Extremum *nn* MATH **extreme value**
= Extremwert *nm* ↓ maximum value; minimum value
≈ Grenzwert
↓ Größtwert; Kleinstwert

Extremwert *nm* MATH → **extreme value**
→ Extremum *nn*

Extrinsic-Halbleiter *nm* PHYS → **p-type semiconductor**
→ P-Halbleiter *nm*

Extrinsic-Leiter *nm* MICR.EL → **extrinsic conductor**
→ Störstellenleiter *nm*

Extrinsic-Leitung *nf* MICR.EL → **extrinsic conduction**
→ Störstellenleitung *nf*

Extruder *nm* TECH **extruder** *n*
[Maschine zur Kunststoffverarbeitung] [machine to process plastics]

extrudieren METAL → **extrude** *vt*
→ strangpressen

Extrudieren *nn* COMP.GR **extrusion** *n*

Extrusionskörper *nm* COMP.GR **extrusion body**

exzellent COLL → **superlative** *adj*
→ überragend

exzentrisch MATH **eccentric** *adj*

Exzentrizität *nf* MATH **eccentricity** *n*
[Abstand vom Mittelpunkt] [separation from center]

Exzentrizität *nf* ENG.DRA → **excentricity** *n*
→ Mittenversatz *nm*

exzeptionell COLL → **extraordinary**
→ außerordentlich

exzerpieren LING → **excerpt** *vt*
→ ausziehen

Exzerpt *nn* LING **excerpt** *n*
[textlich uebereinstimmender Auszug] [literal extract]

Exzess *nm* STATIS **excess** *n*

Exzess-3-Code *nm* CODING → **excess-three code**
→ Drei-Exzess-Code *nm*

Exzitron *nn* MICR.EL **excitron** *n*

Eyphone *nn* TER&PER **eyephone** *n*

E-Zahlung *nf* ECON → **e-cash**
→ E-Geld *nf*

E-Zeitschrift *nf* INTERNET → **electronic magazine**
→ elektronische Zeitschrift

E-Zeitung *nf* INTERNET → **electronic newspaper**
→ elektronische Zeitung

Ezin *nn* INTERNET → **e-magazine**
→ E-Magazin *nn*

F *f*

F COMP.SC → **binary zero**
→ Binärnull *nf*
f PHYS → **femto-** *praef*
→ Femto- *praef*
f PHYS → **frequency** *n*
→ Frequenz *nf*
F CHEM → **fluorine** *n*
→ Fluor *nn*
F EL.SC → **Farad**
→ Farad *nn*
F PHYS → **force** *n*
→ Kraft *nf* (*pl* Kräfte)
F&E ECON → **research and development**
→ Forschung und Entwicklung
f.o.b. ECON **f.o.b.**
= frei an Bord = fob; free on board
↓ f.o.a.; f.o.r.; f.o.s.; f.o.w. ↓ f.o.a.; f.o.r.; f.o.s.; f.o.w.
F1ab (DBP) TRANSM → **transmit output**
→ Sendeausgang *nm*
F1an (DTAG) TRANSM → **receive input**
→ Empfangseingang *nm*
F1-Schicht *nf* RAD.PRO **F1-layer**
[zwischen 170 und 220 km] [between 170 and 220 km]
↑ F-Schicht ↑ F-layer
F2ab (DTAG) TRANSM → **receive output**
→ Empfangsausgang *nm*
F2an (DBP) TRANSM → **transmit input**
→ Sendeeingang *nm*
F2F INTERNET **F2F**
= persönlich = face-to-face
F2-Schicht *nf* RAD.PRO **F2-layer**
[zwischen 225 und 450 km] [between 225 and 450 km]
↑ F-Schicht ↑ F-layer
Fabrik *nf* MANUF **factory** *n*
[Unternehmen zur maschinellen Massenproduktion in einer oder mehreren Produktionsstätten] [company for mechanical mass production in a plant or set of plants]
= Werk *nn*; Fertigungsbetrieb *nm*; Betrieb *nm*; Fertigungsstätte *nf* = works *nplt*; manufacturing plant; plant *n*
↓ Produktionsanlage; Werkhalle ↓ production plant; workshop
Fabrikabgabepreis *nm* ECON **price ex factory**
= Fabrikpreis *nm*; Werkpreis *nm*; Werkspreis *nm* (AT) = price ex works; ex-factory price; ex-works price
Fabrikabgleich *nm* EQP.EN → **factory setting**
→ Fabrikeinstellung *nf*
Fabrikabnahme *nf* QUAL **factory acceptance**
= Werkabnahme *nf*; Werksabnahme *nf* (AT) = factory inspection
↑ Abnahme ↑ acceptance
Fabrikabnahmemessungen *nplt* QUAL **factory acceptance test**
= Werkabnahmemessung *nf*; Werksabnahmemessungen (AT); Serienprüfung *nf*; Güteprüfung *nf* (DTAG) = factory test; factory approval test; factory inspection test; approval test; quality assurance test
≈ Fabrikabnahme ≈ factory acceptance
↑ acceptance test
Fabrikanlage *nf* MANUF → **production plant**
→ Produktionsanlage *nf*
Fabrikant *nm* ECON → **manufacturer** *n*
→ Hersteller *nm*
Fabrikat *nf* ECON → **product** *n*
→ Produkt *nn*
Fabrikation *nf* ECON → **manufacturing** *n*
→ Fertigung *nf*
Fabrikationsanlage *nf* MANUF → **production plant**
→ Produktionsanlage *nf*
Fabrikationsautomatisierung *nf* MANUF → **production automation**
→ Produktionsautomatisierung *nf*
Fabrikationscode *nm* ECON **factory code**
Fabrikationsstätte *nf* MANUF → **production plant**
→ Produktionsanlage *nf*
Fabrikationsvorschrift *nf* TEC.DOC → **construction specification**
→ Bauvorschrift *nf*
Fabrikeinstellung *nf* EQP.EN **factory setting**
= Fabrikabgleich *nm*; Werkeinstellung *nf*; Werkseinstellung *nf* (AT); Werkabgleich *nm*; Werksabgleich *nm* (AT) = factory presetting; factory-programmed option; manufacture setting; manufacture
Fabrikferien *nplt* ECON → **works holidays**
→ Werkferien *nplt*
fabrikintern ECON → **in-plant** *adj*
→ werkintern
fabrikkonfektioniertes Kabel EQP.EN → **preformed cable**
→ vorgefertigtes Kabel
Fabrikleiter *nm* MANUF → **manufacturing manager**
→ Fertigungsleiter *nm*
Fabrikmessungen *nplt* TELEC → **factory measurements**
→ Werkmessungen *nplt*
Fabriknetz *nn* TELEC **factory network**
fabrikneu TECH **factory-new** *adj*
≈ brandneu ≈ brandnew
Fabriknorm *nf* TECH → **company standard**
→ Werknorm *nf*
Fabriknummer *nf* MANUF **production number**
Fabrikpreis *nm* ECON → **price ex factory**
→ Fabrikabgabepreis *nm*
Fabrik- und Feldabnahme *nf* QUAL **factory and installation test**
= Werks- und Feldabnahme *nf* = AIT
Fabry-Perot-Interferometer *nn* PHYS **Fabry-Perot interferometer**
Fabry-Perot-Laser *nm* OPTOEL **Fabry-Perot laser**
= FP-Laser *nm* = FP laser
FACE-Baustein *nm* MICR.EL **FACE**
= field-alterable control element
Facette *nf* TECH **facet** *n*
[kleine Fläche] [small surface]
Facetten-Code *nm* CODING **faceted code**
[enthält Werte für mehrere Aspekte einer Einheit] [contains values for several aspects of an item]
Facettenfernsehen *nn* TV **FASTvision**
= FASTvision = Facets Stereo vision
Facettenhorn *nn* ANT **multicell horn**
Facettenoberfläche *nf* COMP.GR **faceted surface**
facettiert TECH **faceted**
Facettierung *nf* MICR.EL **faceting** *n*
Fach *nn* SCIE → **branch** *n*
→ Fachgebiet *nn*
Fach *nn* TECH **pocket** *n*
[Raum für Ablage] = stacker; compartment
Facharbeiter *nm* ECON **skilled worker**
= Fachkraft *nf* = specialized worker; skilled labour; specialized labour
Fachausbildung *nf* EDUC **professional education**
= professional training; curriculum *n* (*pl* -la&-lums)
Fachausdruck *nm* LING **technical term**
= Fachwort *nn*; Fachbegriff *nm*; Terminus *nm* (*pl* -ni); Fachterminus *nm* (*pl* -ni); Sachwort *nn* = term *n*; technical expression
Fachausstellung *nf* ECON → **specialized fair**
→ Fachmesse *nf*
Fachautor *nm* PRIN.ME → **technical writer**
→ technischer Fachautor
Fachbegriff *nm* LING → **technical term**
→ Fachausdruck *nm*
Fachbuch *nn* PRIN.ME **monograph** *n*
= Monographie *nf* ≈ textbook
≈ Lehrbuch
Fächer *nm* MATH **fan** *n*
[Kurvenschar] [family of curves]
Fächerantenne *nf* ANT → **curtain antenna**
→ Vorhangantenne *nf*
Fächerdipol *nm* ANT **fan dipole**
fächerförmig TECH **fanlike**
= fächerig
fächerig TECH → **fanlike**
→ fächerförmig
Fächermarkierungsbake *nf* RAD.NA **fan marker**
= fan-marker beakon
Fächerscheibe *nf* MEC.EN **fan-type lock washer**
Fachfrau *nf* TECH **female expert**
≈ Fachmann ≈ expert
Fachgebiet *nn* LING **subject field**
[Terminologie] [terminology]
= Sachgebiet *nn* = technical field; field; subject area; subject *n*
Fachgebiet *nn* SCIE **branch** *n*
= Fach *nn*; Spezialdisziplin *nf*; Spezialgebiet *nn*; Spezialfach *nn* = special branch; special subject; speciality *n*; specialty *n*; specialism
Fachgeschäft *nn* ECON **one-line shop**
Fachgrundnorm *nf* TECH **generic standard**
= Grundnorm *nf*
Fachhändler *nm* ECON **supply dealer**

Fachhochschule *nf* EDUC **technological highschool**
≈ technische Universität = polytechnic school
≈ technological university

Fachinformationssystem *nn* COMP.AP **specialist information system**
= FIS

Fachjargon *nm* LING **technical parlance** *n*
≈ Fachsprache; Fachchinesische (slang) = geekspeak *n* [INF.TEC];
↑ Sondersprache; Jargon nerdspeak*n* [INF.TEC]; nerd *n*
[INF.TEC]
≈ technical language
↑ sublanguage; parlance

Fachkenntnis *nf* SCIE **technical knowledge** *n*
= Fachwissen *nn*; Sachkenntnis *nf*; = specialized knowledge; special
Sachkunde *nf*; Fachkunde *nf*; Sachverstand *nm*; knowledge; expert knowledge;
Fachverstand *nm*; Kompetenz *nf*; Know-how *nn* know how *n*; expertness *n*;
expertise *n*; competenc *n*;

Fachkraft *nf* SCIE → **professional** *n*
→ Fachmann *nm* (*pl* Fachmänner&Fachleute)

Fachkraft *nf* ECON → **skilled worker**
→ Facharbeiter *nm*

Fachkraft *nf* ECON → **expert** *n*
→ Fachmann (*pl* Fachmänner&Fachleute)

Fachkunde *nf* SCIE → **technical knowledge** *n*
→ Fachkenntnis *nf*

fachkundig TECH → **experienced** *adj*
→ erfahren

Fachlehrer *nm* EDUC **technical instructor**

Fachlexikon *nn* PRIN.ME **specialized lexicon**

Fachmagazin *nn* PRIN.ME → **professional journal**
→ Fachzeitschrift *nf*

Fachmann (*pl* Fachmänner&Fachleute) ECON **expert** *n*
= Experte *nm*; Spezialist *nm*; Fachkraft *nf* [person knowing a lot about a
≈ Sachverständiger; Fachfrau; Fachpersonal topic]
≠ Anfänger = specialist *n*; professional *n*;
geek *n* (slang)
≈ expert witness

Fachmann *nm* SCIE **professional** *n*
(*pl* Fachmänner&Fachleute)
= Spezialist *nm*; Fachkraft *nf* = specialist *n*
≈ Fachpersonal; Sachverständiger [ECON]; ≈ expert
Fachfrau

Fachmann des Rechnungswesens ECON **accountant** *n*
[in USA und Lateinamerika ein akademischer ≈ bookkeeper
Titel]
= Bilanzbuchhalter *nm*
≈ Buchhalter

fachmännisch SCIE **specialistic**
≈ sachkundig ≈ experienced

fachmännisch COLL → **professional** *adj*
→ professionell

Fachmesse *nf* ECON **specialized fair**
= Fachausstellung *nf*; Fachschau *nf* = special fair

Fachpersonal *nn* ECON **specialized personnel**
≈ Fachmann = skilled personnel

Fachpresse *nf* PRIN.ME **technical press**
= trade press

Fachpublikation *nf* PRIN.ME **specialist publication**

Fachschau *nf* ECON → **specialized fair**
→ Fachmesse *nf*

Fachschule *nf* EDUC **trade school**

Fachsimpelei *nf* COLL **shoptalk** *n*

fachsimpeln *vi* COLL **talk shop** *vi*

Fachsprache *nf* LING **technical language**
≈ Fachjargon; Terminologie = technical terminology; shop
≠ Umgangssprache language; special language
≈ jargon; terminology
≠ colloquial

Fachterminus *nm* (*pl* -ni) LING → **technical term**
→ Fachausdruck *nm*

Fachverband *nm* ECON → **trade association**
→ Branchenverband *nm*

Fachverstand *nm* SCIE → **technical knowledge** *n*
→ Fachkenntnis *nf*

Fachwelt *nf* COLL **specialists community**

Fachwissen *nn* SCIE → **technical knowledge** *n*
→ Fachkenntnis *nf*

Fachwort *nn* LING → **technical term**
→ Fachausdruck *nm*

Fachwörterbuch *nn* PRIN.ME **technical dictionary**
= Sachwörterbuch *nn*; technisches Lexikon; = special field dictionary;
Reallexikon *nn* professional dictionary

Fachzeitschrift *nf* PRIN.ME **professional journal**
= technische Zeitschrift; Fachmagazin *nn* = professional magazine; technical
journal; technical magazine; trade
journal; trade magazine

Fachzentrum *nn* ECON **center** *n* (AE)

Factoring *nn* ECON **factoring** *n*
[Verkauf von Forderung] [sale of claims]
↑ Finanzierung ↑ financing

fädelfrei SYS.INS **no feed-through**
[Amtskabel] [office cable]

fädeln TECH → **thread** *vt*
→ einfädeln

Fädelung *nf* TECH → **threading** *n*
→ Einfädelung *nf*

Faden *nm* PHYS **fathom** *n*
[1,8288 m] [6 ft = 1.8288 m]

Faden *nm* TECH **thread** *n*
[sehr dünn, aus mehreren Fasern gebildet] [a strand of twisted filaments]
= Garn *nm* = yarn *n*
≈ Schnur; Zwirn; Faser ≈ cord; fiber
↓ Bindfaden ↓ string

Fadenelektrometer *nn* INSTR **filament electrometer**
= thread electrometer

Fadengalvanometer *nn* INSTR **filament galvanometer**

Fadenheftung *nf* PRIN.ME **smyth sewing**

Fadenkathode *nf* EL.TRO **filament cathode**
[Röhre] [tube]
= filamentary cathode

Fadenkreuz *nn* OPT **cross-lines** *n*
= cross-hairs; cross-wires; reticule *n*;
reticle *n*

Fadenkreuz *nn* TER&PER → **quadruple arrow** *n*
→ Vierfachpfeil *nm*

Fadenkreuz-Cursor *nm* TER&PER **cross-hairs cursor**
= graphics cursor [COMP.GR]

Fadennetz *nn* DAT.CO **string network**

Fadentransistor *nm* MICR.EL **filament transistor**
= filamentary transistor

Fadenzeiger *nm* INSTR **filament pointer**
↑ Zeiger ↑ pointer

Fader *nm* (ANGL) CONS.EL → **fade control**
→ Überblendregler *nm*

Fading *nn* (ANGL) RAD.PRO → **fading** *n*
→ Schwund *nm nsgt*

Fadingart *nf* (ANGL) RAD.PRO → **fading type**
→ Schwundtyp *nm*

Fadingkompensation *nf* (ANGL) RADIO → **fading compensation**
→ Schwundausgleich *nm*

Fadingreserve *nf* (ANGL) RADIO → **fading margin**
→ Schwundreserve *nf*

Fadingsimulator *nm* INSTR **fading simulator**

Fadingtiefe *nf* (ANGL) RAD.PRO → **fading depth**
→ Schwundtiefe *nf*

Fadingtyp *nf* (ANGL) RAD.PRO → **fading type**
→ Schwundtyp *nm*

Fading-Überschreitungswahrscheinlichkeit *nf* (ANGL) RAD.PRO → **fading distribution**
→ Schwund-Überschreitungswahrscheinlichkeit

Fadingverhalten *nn* (ANGL) RAD.PRO → **fading response**
→ Schwundverhalten *nn*

Fagott *nn* MUSIC **bassoon** *n*

fähig TECH **capable** *adj*
= befähigt = able
≈ leistungsfähig; geeignet ≈ powerful; suited

Fähigkeit *nf* TECH **capability** *n*
= Befähigung *nf* = ability *n*; ableness *n*
≈ Leistungsfähigkeit ≈ power

Fahne *nf* INTERNET → **banner** *n*
→ Banner *nn*

Fahne *nf* COMPO **lug** *n*
= tag

Fahne *nf* PRIN.ME → **galley proof** *n*
→ Korrekturfahne *nf*

Fahnenabzug *nm* PRIN.ME → **galley proof** *n*
→ Korrekturfahne *nf*

Fahnenanschluss *nm* MICR.EL **beamlead** *n*
= Streifenanschluss *nm*

Fahneneffekt *nm* TV **streaking** *n*

Fahneninserat INTERNET **banner advertisement**
= banner ad

Fahnenkorrektur *nf* PRIN.ME → **galley proof correction**
→ Fahnenlauf *nm*

Fahnenlauf *nm* — PRIN.ME — **galley proof correction**
= Fahnenkorrektur *nf*

fahrbar — TECH — **passable**
↑ beweglich — ↑ mobile

Fahrdienst *nm* — ECON — **craft service**

fahren — DAT.PR — → **execute** *vt*
→ ausführen (1)

Fahreneinheit-Temperatur *nf* — PHYS — **Fahrenheit temperature**
[SI-Einheit: Grad Fahrenheit] — [SI unit: degree Fahrenheit]

Fahrleitung *nf* — POW.EN — **overhead line**
= contact wire; traction line; catenary

Fahrstativ *nn* — TV — **camera dolly**
= dolly *n*

Fahrt *nf* — CINEMA — → **tracking shot**
→ Mitschwenk *nm*

Fährte *nf* — COLL — → **trail** *n*
→ Spur *nf* (1)

Fahrtest *nm* — MOB.CO — → **drive test**
→ Befahrungstest *nm*

Fahrzeug *nn* — TRANSP — **vehicle** *n*
↑ Transportmittel
↓ Landfahrzeug; Luftfahrtzeug; Wasserfahrzeug — ↓ terrestrial vehicle; aircraft; vessel

Fahrzeugantenne *nf* — ANT — **car antenna**
= Autoantenne *nf* — = car aerial; car radio antenna; car radio aerial; vehicle-mounted antenna; vehicle-mounted aerial

Fahrzeugbau *nm* — TRANSP — **vehicle engineering**

Fahrzeugbetrieb *nm* — TECH — → **car use**
→ Kfz-Betrieb *nm*

Fahrzeugelektronik *nf* — EL.TRO — **car electronics**
= Kfz-Elektronik *nf*; Autoelektronik *nf* — = automotive electronics; automobile electronics; auto electronics
↑ Konsumelektronik — ↑ consumer electronics

Fahrzeugmobilität *nf* — MOB.CO — **vehicular mobility**
[Funktionalität ist auch bei Bewegung mit Fahrzeuggeschwindigkeit gewährleistet] — [functionality granted even when moving at car speed]

Fahrzeugnavigationssystem *nn* — RAD.NA — **vehicle navigation system**

Fail-safe-Technik *nf* (ANGL) — TECH — → **fail-safe technique**
→ Sicherheitstechnik *nf*

Fairness *nf* — COMP.SC — → **fairness** *n*
→ Gerechtigkeit *nf*

Faksimile *nn* (*pl* -s) — OFFICE — **facsimile** *n*
[Kunstwort aus dem lateinischen "fac simile!" = "mache gleichartig!"; getreue, nicht maßstabgerechte Vervielfältigung] — [artificial term from Latin "fac simile" = "make similar!"; reproduction true in shape but not in scale]
≈ Pause; Duplikat — = facsimile copy; fax *n*; fac *n*

Faksimilegerät *nn* — TER&PER — **facsimile equipmemt**
= Fax-Gerät *nn*; Faxgerät *nn*; Bildtelegrafiegerät *nn* (2) — = facsimile machine; facsimile transceiver; facsimile; fax equipment; fax machine; fax transceiver; fax *n* (3); facsimile equipment
≈ Fernkopierer

Faksimilemitteilung *nf* — TELEC — **facsimile message** *n*
= Faksimilenachricht *nf*; Fax *nn* (2) — = facsimile *n*; fax *n* (2)

Faksimilenachricht *nf* — TELEC — → **facsimile message** *n*
→ Faksimilemitteilung *nf*

Faksimiletelegrafie *nf* — TELEGR — **facsimile telegraphy**
↓ Bildtelegrafie; Dokumententelegrafie; Wetterkartentelegrafie — ↓ videotelegraphy; document telegraphy; meteorological telegraphy

Faksimileübertragung *nf* — TELEC — **facsimile** *n*
[Übertragung stehender Bilder] — [transmission of fixed graphic images]
= Fax *nn* (1) — = facsimile transmission; telefax *n*; fax *n* (1)
≈ Fernkopieren — ≈ telecopying

Fakt *nm* (*pl* -en&-s) — COLL — → **fact** *n*
→ Tatsache *nf*

Faktenwissen *nn* — ART.IN — → **factual knowledge**
→ Tatsachenwissen *nn*

faktisch — COLL — → **real** *adj*
→ tatsächlich *adj*

Faktor *nm* — MATH — **factor** *n*
[Größe mit der eine andere zu multiplizieren ist] — [quantity to be multiblied with another]
↓ Koeffizient — ↓ coefficient

Faktor *nm* — SCIE — **factor** *n*
= Einflussgröße *nf* — [important and influencing thing]
≈ Parameter — ≈ parameter

Faktor *nm* [PRIN.ME] — ECON — → **foreman** *n*
→ Vorarbeiter *nm*

Faktoranalyse *nf* — STATIS — → **factor analysis**
→ Faktorenanalyse *nf*

Faktorenanalyse *nf* — STATIS — **factor analysis**
= Faktoranalyse *nf*

Faktorenzerlegung *nf* — MATH — **factorization** *n*
= Faktorisierung *nf*

Faktorgruppe *nf* — MATH — **factor group**

Faktorisierung *nf* — MATH — → **factorization** *n*
→ Faktorenzerlegung *nf*

Faktum *nn* (*pl* -ten& -ta) — COLL — → **fact** *n*
→ Tatsache *nf*

Faktur *nf* — ECON — → **commercial invoice** *n*
→ Rechnung *nf*

Faktura *nf* — ECON — → **commercial invoice** *n*
→ Rechnung *nf*

fakturieren — ECON — → **invoice** *vt*
→ verrechnen

Fakturiermaschine *nf* — OFFICE — **invoicing machine**

Fakturierung *nf* — ECON — → **invoicing** *n*
→ Inrechnungstellung *nf*

Fakultät *nf* — MATH — **factorial** *n*
[Symbol: !] — [symbol: !]
= factorial function

Fall — LING — → **case** *n*
→ Kasus *nm*

Fall *nm* — ECON — **case** *n*

Fall *nm* — PHYS — **fall** *n* (1)

Fallanweisung *nf* — COMP.LG — → **CASE statement**
→ FALL-Anweisung *nf*

FALL-Anweisung *nf* — COMP.LG — **CASE statement**
[in problemorientierten Sprachen; eine verschachtelte WENN-DANN-Anweisung] — [in high-level languages; a nested IF-THEN statement]
= Fallanweisung *nf*; CASE-Befehl *nm* — = case statement
↑ Steueranweisung — ↑ control statement

Fallbeispiel *nn* — SCIE — **instance** *n*
= illustrative case

Fallbeschleunigung *nf* — PHYS — **acceleration of gravity**
[SI-Einheit: m/s²] — [SI unit: m/s²]
= Erdanziehungskonstante *nf*; Erdbeschleunigungskonstante *nf*; g — = g
≈ Gravitationskonstante — ≈ gravitational constant

fallbezogene Schlussfolgerung — ARTIF.INTEL — **case-based reasoning**

Fallbügel *nm* — TER&PER — → **chopper bar**
→ Schreibstange *nf*

Falle *nf* — TECH — **trap** *n*
[device to catch]

Falle *nf* — PHYS — → **trap** *n*
→ Haftstelle *nf*

fallende Flanke — EL.TRO — → **trailing edge**
→ Abfallflanke *nf*

fallende Impulsflanke — EL.TRO — → **trailing pulse edge**
→ Impulsabfallflanke *nf*

fällig — ECON — **due** *adj*
≠ noch nicht fällig — = matured
≠ undue

Fälligkeit *nf* — ECON — **due time**
= Fälligkeitstag *nm*; Fälligkeitsdatum *nn*; Verfalltag *nm*; Termin *nm*; Verfalldatum *nn*; Ablauffrist *nf*; Auslaufdatum *nn* — = due date; expiry date; maturity date; term; expiration date
≈ Laufzeit; Frist (2) — ≈ appointed time [COLL]; term
↓ äußerster Termin — ↓ deadline

Fälligkeitsdatum *nn* — ECON — → **due time**
→ Fälligkeit *nf*

fälligkeitsnahe — ECON — **just-in-time** *adj*

Fälligkeitsprüfung *nf* — COMP.AP — **expiration check**

Fälligkeitstag *nm* — ECON — → **due time**
→ Fälligkeit *nf*

Fallprüfung *nf* — QUAL — **drop test**

Fallstudie *nf* — SCIE — **case study**
= case history

Falltür *nf* — DAT.MA — **trapdoor** *n*
[vorsätzlich angelegte Einstiegstelle in ein System] — [intentionally in-built acess to a system]

fallweise — COLL — **case by case**
= case to case

Fallzeit *nf* — EL.TRO — → **decay time**
→ Abfallzeit *nf*

falsch — MATH — **false** *adj*
≠ wahr — = F; 0
≠ true

falsch — COLL — **wrong** *adj*
≠ richtig — ≠ right

Falschadressierung *nf* — ECON — → **misdirection** *n*
→ Fehladressierung *nf*

Falschanwendung *nf* — COLL — → **misapplication**
→ Fehlanwendung *nf*

falschdatieren — ECON — → **misdate** *vt*
→ fehldatieren

Falschdatierung *nf* — ECON — → **misdate** *n*
→ Fehldatierung *nf*

Falscheingabe *nf* — TER&PER — → **keying error**
→ Eingabefehler *nm*

Falscheintastung *nf* — TER&PER — → **keying error**
→ Eingabefehler *nm*

fälschen — TECH — **forge** *vt*
≈ manipulieren — = falsify *vt*; fudge *vt*
≈ manipulate

Falschfarbbild *nn* — COMP.GR — → **pseudo color image**
→ Pseudofarbbild *nn*

falsch handhaben — TECH — **mishandle** *vt*
= falsch hantieren; fehlhandhaben; fehlhantieren

falsch hantieren — TECH — → **mishandle** *vt*
→ falsch handhaben

Falschinformation *nf* — TECH — → **misinformation** *n*
→ Fehlinformation *nf*

falsch informieren — TECH — → **misinform** *vt*
→ fehlinformieren

fälschlich — TECH — **incorrect** *adj*
= unrichtig — ≈ inaccurate; faulty
≈ ungenau; fehlerhaft

fälschlicher Zugriff — DAT.MA — **incorrect access**

falschlochen — TER&PER — → **mispunch** *vt*
→ fehllochen

Falschlochung *nf* — TER&PER — → **punching error**
→ Fehllochung *nf*

Falschmeldung *nf* — SIG.EN — → **false alarm**
→ Fehlalarm *nm*

Falschpolung *nf* — EL.TEC — **faulty polarization**
≈ Polaritätsumkehr — ≈ polarity inversion

falschstöpseln — EL.TRO — **misplug**

Fälschung *nf* — ECON — **forgery** *n*
= falsification *n*

Fälschungssicherheit *nf* — TECH — **falsification security**

Falschverbindung *nf* — TELEC — **wrong connection**
= Fehlverbindung *nf* — = misconnection *n*

falsch verbunden — TELEPH — **wrong number**

Falschwahl *nf* — SWITCH — **faulty selection**

Falschzählung *nf* — TECH — **false count**

Faltantenne *nf* — ANT — **folded antenna**

Faltautomat *nm* — PRIN.ME — → **folding machine**
→ Falzmaschine *nf*

Faltdipol *nm* — ANT — **folded dipole**
= Faltdipolantenne *nf*; Schleifendipol *nm* — = folded dipole antenna; skirt

Faltdipolantenne *nf* — ANT — → **folded dipole**
→ Faltdipol *nm*

Falte *nf* — COLL — **crease** *n*
= wrinkle *n*

falten — MEC.EN — → **fold** *vt*
→ abkanten (2)

falten — TECH — **fold** *vt*
= einklappen

Falt-Groundplane-Antenne *nf* — ANT — **folded ground plane**

Faltmaschine *nf* — PRIN.ME — → **folding machine**
→ Falzmaschine *nf*

Faltmonopol *nm* — ANT — **folded monopole antenna**
= Faltunipol *nm*

Faltpapier *nn* — PRIN.ME — → **fanfold paper**
→ Leporellopapier *nn*

Faltung *nf* — MEC.EN — **fold** *n*

Faltung *nf* — STATIS — **convolution**
= folding *n*; fold-over *n*

Faltung *nf* — DAT.MA — → **hash coding**
→ Hash-Codierung *nf*

Faltungscode *nm* — **convolutional code**
[CODING]

Faltungscodierung *nf* — CODING — **convolutional coding**
= sequentielle Codierung — = sequential coding

Faltungsdauer *nf* — MIL.CO — **convolution duration**

Faltungseffizienz *nf* — MIL.CO — **convolution efficiency**

Faltungsintegral — MATH — **convolution integral**

Faltungsverzerrung *nf* — MODUL — → **aliasing** *n*
→ Rückfaltung *nf*

Faltunipol *nm* — ANT — → **folded monopole antenna**
→ Faltmonopol *nm*

Falz *nm* — METAL — **seam** *n*
= fold *n*

Falz *nm* — PRIN.ME — **fold** *n*

Falz *nm* (*pl* -e) (Holz) — TECH — → **notch** *n*
→ Kerbe *nf*

Falzabstand *nm* — TER&PER — **fold spacing**

Falzautomat *nm* — PRIN.ME — → **folding machine**
→ Falzmaschine *nf*

falzen — METAL — **seam** *vt*
= fold *vt*

Falzen *nn* — METAL — **seaming** *n*

Falzlochung *nf* — TER&PER — **fold perforation**
= Falzperforation *nf*; gefaltete — = folding perforation

Falzmaschine *nf* — PRIN.ME — **folding machine**
= Faltmaschine *nf*; Falzautomat *nm*; Faltautomat *nm*

Falzperforation *nf* — TER&PER — → **fold perforation**
→ Falzlochung *nf*

Familienfilm *nm* — CINEMA — **family film**
[für die gesamte Familie geeignet und interessant] — [suited and interesting for the whole family]

Familienname *nm* — COLL — → **surname** *n*
→ Nachname *nm*

FAMOS-Transistor *nm* — MICR.EL — **FAMOST**
[durch Stoßinjektion ladbares und UV-Licht entladbares Speicherelement] — [Floating-gate Avalanche-injection Metal-Oxide Semiconductor Transistor; memory device loadable by avalanche injection, unloadable by ultraviolet radiation]

Fangauftrag *nm* — SWITCH — **call tracing order**

Fangbereich *nm* — EL.TRO — **capture range**
= lock-in range

Fangdaten *nplt* — SWITCH — **malicious call tracing data**

Fangdüse *nf* — TECH — **catching nozzle**

Fangen *nn* — TECH — **catching** *n*
= Einfangen *nn* — = trapping *n*

Fangen *nn* — SWITCH — **call tracing**
[belästigender Anrufe] — = malicious call tracing; malicious call identification; MCID; caller identification
= Anruffangen *nn*; Identifizierung böswilliger Anrufe

Fangkriterium *nn* — SWITCH — **call tracing criterion**

Fangreflektor *nm* — ANT — → **subreflector** *n*
→ Nebenreflektor *nm*

Fangschaltung *nf* — SWITCH — **tracing switch**
= annoyance call trap

Fangstelle *nf* — PHYS — → **trap** *n*
→ Haftstelle *nf*

Fangstoff *nm* — PHYS — → **getter**
→ Getter *nn*

Fangvorrichtung *nf* — SWITCH — **malicious call tracing device**
= Beobachtungseinrichtung *nf*

Fangvorrichtung *nf* — DAT.PR — **trap** *n*
[HW oder SW die Definiertes feststellt] — [HW or SW to catch something]
= Trap *nm* (ANGL)

Fan-in — MICR.EL — → **fan-in factor** *n*
→ Eingangslastfaktor *nm*

Fan-Magazin *nn* — PRIN.ME — **fan magazine**
= fanzine *n*

Fano-Bedingung *nf* — COMP.SC — **Fano condition**

Fano-Codierung *nf* — CODING — **Fano coding**

Fantasiefilm *nm* — CINEMA — **fantasy film**

Fantasiefilm *nm* — IMAG.ME — → **fantasy movie**
→ Märchenfilm *nm*

FAQ — INF.TEC — → **FAQ**
→ häufig gestellte Fragen

FAQ-Datei *nf* — INTERNET — **FAQ file**

Farad *nn* — EL.SC — **Farad**
[SI-Einheit für elektrische Kapazität; = 1 C/V] — [SI unit for electric cpacity; = 1 C/V]
= F

Faraday-Becher *nm* — EL.TRO — **Faraday collector**

Faraday-Drehung *nf* — PHYS — → **Faraday effect**
→ Faraday-Effekt *nm*

Faraday-Effekt *nm* — PHYS — **Faraday effect**
[Drehung der Polarisationsebene durch — [rotation of polarization plane by

Magnetfeld] magnetic field]
= Faraday-Drehung *nf*; Faraday-Rotation *nf*; Rotation *nf* = Faraday rotation; non-reciprocal wave rotation; rotation *n*

Faraday-Käfig PHYS **Faraday cage** = screening cage; Faraday screen; Faraday shield

Faraday-Konstante *nf* PHYS **Faraday constant** = electrolytic constant

Faraday-Richtungsleitung *nf* MICROW **wave rotation isolator**

Faraday-Rotation *nf* PHYS → **Faraday effect**
→ Faraday-Effekt *nm*

Faraday-Rotator *nm* MICROW **Faraday rotator**
= nichtreziproker Phasendreher = non-reciprocal wave rotator

Faraday-Schalter *nm* MICROW **Faraday switch**

Faraday-Scheibe *nf* EL.TEC **Faraday disk**

Faraday-Strom *nm* PHYS **Faraday current**

Faraday-Zelle *nf* OPTOEL **Faraday cell**

Faraday-Zirkulator *nm* MICROW **rotation circulator** = wave rotation circulator

Farbabschalter *nm* TV **color disabler** (AE) = colour disabler (BE); color killer

Farbabstand *nm* OPT **color distance** (AE) = colour distance (BE)

Farbabzug *nm* PHOT **color reproduction** (AE) = colour reproduction (BE)

Farbanpassung *nf* COMP.AP **color matching** (AE) = colour matching (BE)

Farbanzahl *nf* OPT → **color palette** *n* (AE)
→ Farbpalette *nf*

Farbanzeige *nf* TER&PER **color display** (AE) = colour display (BE)

Farbart *nf* OPT **chromaticity** *n*
[dominierende Farbe und deren Reinheit] [dominant color and its purity]
≈ Farbechtheit ≈ chromatic purity

Farbartsignal *nn* TV → **chrominance signal**
→ Chrominanzsignal *nn*

Farbauszug *nm* TER&PER **color separation** (AE)
[Farbanteil einer der Grundfarben]

Farbauszug-Scanner *nm* TER&PER **color separation scanner** (AE)

Farbbalance IMAG.PR **color balance** = colour balance (BE)

Farbbalken *nm* TV **color bar** (AE) = colour bar (BE)

Farbbalkensignal *nn* TV **color bar signal** (AE) = colour bar signal (BE)

Farbband *nn* TER&PER **inked ribbon**
↓ Gewebefarbband; Kohlefarbband = ink ribbon; printer ribbon; ribbon *n* ↓ cloth ribbon; carbon ribbon

Farbbandantrieb *nm* OFFICE **ribbon advance facility**
= Farbbandtransport *nm* = ribbon feed

Farbbandende-Anzeige *nf* OFFICE **end-of-ribbon indication**

Farbbandfolie *nf* TER&PER **inked ribbon foil**

Farbbandgabel *nf* OFFICE **ribbon lifter**

Farbbandhub *nm* OFFICE **ribbon lift**
[Schreibmaschine] [typewriter]

Farbbandkassette *nf* OFFICE **ribbon cartridge**

Farbbandrolle *nf* OFFICE **ribbon spool**
= Farbbandspule *nf*

Farbbandspule *nf* OFFICE → **ribbon spool**
→ Farbbandrolle *nf*

Farbbandtransport *nm* OFFICE → **ribbon advance facility**
→ Farbbandantrieb *nm*

Farbbandumkehr *nf* OFFICE **ribbon reverse**

Farbbandumschaltung *nf* OFFICE **ribbon shift**
= Farbzoneneinsteller *nm*

Farbbandzone *nf* OFFICE **ribbon zone**
[Schreibmaschine] [typewriter]

Farbbild *nn* PHOT → **color picture** (AE)
→ Farbfotografie *nf* (2)

Farbbild-Austastsynchronsignal *nn* TV → **composite color picture signal** (AM,NTSC)
→ FBAS Signal *nn*

Farbbildröhre *nf* EL.TRO **color picture tube** (AE)
= Farbbild-Wiedergaberöhre *nf* = colour picture tube (BE)

Farbbildschirm *nm* TER&PER **color monitor** (AE)
= Farbschirm *nm*; Farbmonitor *nm*; Multichrombildschirm *nm* ↓ RGB-Bildschirm; FBAS-Bildschirm = colour monitor (BE); color picture screen; colour picture screen; color screen; colour screen; chromatic monitor; chromatic screen ↓ RGB monitor; composite monitor

Farbbildsignal *nn* TV **color picture signal** (AE)
= FBA-Signal *nn* = colour picture signal (BE)

Farbbildsignalgemisch *nn* TV → **composite color picture signal** (AM,NTSC)
→ FBAS-Signal *nn*

Farbbildübertragung *nf* TV **color picture transmission** (AE) = colour picture transmission (BE)

Farbbild-Wiedergaberöhre *nf* EL.TRO → **color picture tube** (AE)
→ Farbbildröhre *nf*

Farbbit *nn* DAT.MA **color bit** (AE) = colour bit (BE)

Farbcode *nm* COMPO **color code** (AE)
= Kennfarbe *nf* = colour code (BE); color coding (AE); colour coding (BE)

Farbcode *nm* COM.CAB → **cable color code** (AE)
→ Farbkennzeichnung *nf*

Farbcoder *nm* TV **color coder** (AE) = colour coder (BE)

Farbcontour *nf* TV → **color edge** (AE)
→ Farbrand *nm*

Farbdecoder *nm* TV **color decoder** (AE) = colour decoder (BE)

Farbdiagramm *nn* TER&PER **color graph** (AE) = colour graph (BE)

Farbdifferenzsignal *nn* TV **color difference signal** (AE)
≈ Chrominanzsignal ↑ Primär-Farbartsignal = colour difference signal (BE) ≈ chrominance signal

Farbdreieck *nn* PHYS **color triangle** (AE) = colour triangle (BE); chromaticity diagram

Farbdruck *nm* PRIN.ME → **color printing** (AE)
→ Farbendruck *nm*

Farbdrucker *nm* TER&PER **color printer** (AE)
= EDV-Farbdrucker *nm*; DV-Farbdrucker *nm*; Computer-Farbdrucker *nm* ≠ Schwarz-Weiß-Drucker = colour printer (BE) ≠ monochrome printer

Farbe *nf* OPT **color** *n* (AE)
≈ Farbton; Farbnuance = colour (BE) ≈ hue; tint (2)

Farbe *nf* CHEM → **colorant** *n*
→ Färbemittel *nn*

Farbechtheit *nf* OPT **color fastness** (AE)
= Farbtreue *nf* ≈ Farbenreinheit = colour fastness (BE); color fidelity (AE); colour fidelety (BE); chroma *n* (2); orthochromaticity *n* ≈ chromatic purity

Farbeigenschaft *nf* OPT **chroma** *n* (3)
↓ Farbton; Farbstärke; Helligkeit = color attribute; colour attribute (BE) ↓ hue; color intensity; brightness

Farbelektrostat *nm* TER&PER **color electrostatic printer** (AE) = colour electrostatic printer (BE)

Färbemittel *nn* CHEM **colorant** *n*
= Farbstoff *nm*; Farbe *nf* = dye *n*

Farbempfindung *nf* PHYS **color sensation** (AE) = colour sensation (BE)

Farbempfindung *nf* OPT **color sensation** (AE) = colour sensation (BE)

Farbendruck *nm* PRIN.ME **color printing** (AE)
= Farbdruck *nm* = colour printing (BE)M chromatic printing

farbenfreudig COLL → **gaily colored** (AE)
→ farbenfroh

farbenfroh COLL **gaily colored** (AE)
= farbenfreudig; farbenprächtig ≈ farbenreich ≈ colored

Farbenlehre *nf* OPT **theory of colors** (AE)
= Farblehre *nf* = theory of colours (BE)

Farbenmetrik *nf* OPT **color metric** (AE)
= Kolorimetrie *nf*; Farbmessung *nf* = colour metric (BE); colorimetry *n*

farbenprächtig COLL → **gaily colored** (AE)
→ farbenfroh

Farbenprobe *nf* TECH → **color test** (AE)
→ Farbprobe *nf*

farbenreich COLL **colorful** (AE)
= farbreich ≈ farbenfroh = colourful (BE) ≈ gaily colored

Farbenreinheit *nf* OPT **chromatic purity**
≈ Farbechtheit ≈ color fastness

Farbenstreuung *nf* OPT → **dispersion** *n*
→ Dispersion *nf*

Farbenzerlegung *nf* OPT **color break-up** (AE) = colour break-up (BE)

Farbenzerstreuung *nf* OPT → **dispersion** *n*
→ Dispersion *nf*

Farbfehler *nm* — OPT — → **chromatic aberration**
→ chromatische Aberration

Farbfehler *nm* — IMAG.PR — **color artifact** (AE)
↑ Bildfehler
= colour artifact (BE)
↑ artifact

Farbfernsehbildröhre *nf* — EL.TRO — **color TV tube** (AE)
↑ Farbbildröhre; Fernsehbildröhre
= colour TV tube (BE)
↑ color picture tube; television picture tube

Farbfernsehen *nn* — TV — **color television** (AE)
= colour television (BE); color TV; colour TV

Farbfernseher *nm* — TV — → **color television set** (AE)
→ Farbfernsehgerät *nn*

Farbfernsehgerät *nn* — TV — **color television set** (AE)
= Farbfernseher *nm*
= colour television set (BE); color TV set (US); colour TV set (BE)

Farbfernsehkamera *nf* — TV — **color television camera** (AE)
≈ Videokamera
= colour television camera (BE); color TV camera; colour TV camera
≈ video camera

Farbfernsehnorm *nf* — TV — **color television standard** (AE)
= Farbfernsehstandard *nm*
= colour television standard (BE); color TV standard (AE); colour TV standard (BE)

Farbfernsehstandard *nm* — TV — → **color television standard** (AE)
→ Farbfernsehnorm *nf*

Farbfernsehtechnik *nf* — TV — **color television technique** (AE)
= colour television technique; color TV technique; colour TV technique; color TV engineering; colour TV engineering

Farbfilm *nm* — IMAG.ME — **color film** (AE)
[Filmmaterial für Farbaufnahmen]
[film material for color pictures]
= colour film (BE)

Farbfilm *nm* — CINEMA — **color movie** (AE)
= colour film (BE)

Farbfilmrecorder *nm* — EL.TRO — **color movie recorder** (AE)
= colour film recorder (BE)

Farbfilter *nn* — IMAG.ME — **color filter** (AE)
= colour filter (BE)

Farbfilter-Effekt *nm* — PHYS — → **Bragg effect**
→ Bragg-Effekt *nm*

Farbfleck *nm* — COMP.GR — **color spot** (AE)
= Farbkleckser *nm*; Farbklecks *nm*; Rasterpunktfarbe *nf*; Frabtupfen *nm*; Farbtupfer *nm*
= colour spot (BE); blob *n*; dauber *n*

Farbflecktrennung *nf* — PRIN.ME — **spot color separation** (AE)

Farbfoto *nf* — PHOT — → **color picture** (AE)
→ Farbfotografie *nf*(2)

Farbfotografie *nf*(1) — PHOT — **color photography** (AE)
[Technik]
= Farbphotographie *nf*(1)
= colour photography (BE); color photograph (AE); colour photograph (BE)

Farbfotografie *nf*(2) — PHOT — **color picture** (AE)
[Bild]
= Farbphotographie *nf*(2); Farbbild *nn*; Farbfoto *nf*
= colour picture (BE)

Farbgebung *nf* — TECH — **coloration** (AE)
= Farbgestaltung *nf*; Kolorierung *nf*; Kolorit *nn*
= colouration *n* (BE)

Farbgestaltung *nf* — TECH — → **coloration** (AE)
→ Farbgebung *nf*

Farbgleichempfindlichkeit *nf* — PHYS — → **isochromasy** *n*
→ Isochromasie *nf*

Farbgleichung *nf* — OPT — **color equation** (AE)
= colour equation (BE)

Farbgrafik *nf* — TER&PER — **color graphics** (AE)
= Farbgraphik *nf*; farbige Grafik; farbige Graphik
= colour graphics (BE)

Farbgrafikkarte *nf* — TER&PER — **color graphics board** (AE)
[steuert farbige Darstellung am Bildschirm]
= Farbgraphikkarte *nf*; Color-Grafik-Karte *nf*; Color-Graphik-Karte *nf*
↑ Grafikkarte
↓ CGA-Karte; EGA-Karte; VGA-Karte
[controls coloured display]
= colour graphics board (BE); color graphics card; colour graphics card
↑ graphics board
↓ CGA board; EGA board; VGA board

Farbgraphik *nf* — TER&PER — → **color graphics** (AE)
→ Farbgrafik *nf*

Farbgraphikkarte *nf* — TER&PER — → **color graphics board** (AE)
→ Farbgrafikkarte *nf*

Farbgroßbildschirm *nm* — TER&PER — **large color screen** (AE)

farbig — OPT — **colored** (AE) *adj*
= färbig (AT)
≈ chromatisch; farbenreich; farbenfroh
= coloured (BE); chromatic
≈ colorful (AE); gaily colored (AE)

färbig (AT) — OPT — → **colored** (AE) *adj*
→ farbig

farbige Grafik — TER&PER — → **color graphics** (AE)
→ Farbgrafik *nf*

farbige Graphik — TER&PER — → **color graphics** (AE)
→ Farbgrafik *nf*

farbiges Rauschen — TELEC — → **narrowband noise**
→ Schmalbandrauschen *nn*

Farbigkeit *nf* — COLL — → **colorfulness** *n* (AE)
→ Buntheit *nf*

Farbigsein *nn* — COLL — → **colorfulness** *n* (AE)
→ Buntheit *nf*

Farbindextabelle *nf* — TER&PER — → **color look-up table** (AE)
→ Farbnachschlagtabelle *nf*

Farbintensität *nf* — OPT — → **color intensity** *n* (AE)
→ Farbstärke *nf*

Farbkegel *nm* — OPT — **color cone** (AE)
= colour cone (BE)

Farbkennzeichnung *nf* — COM.CAB — **cable color code** (AE)
= Farbcode *nm*
= cable colour code (BE)

Farbkissen *nn* — OFFICE — **inking pad**

Farbklecks *nm* — COMP.GR — → **color spot** (AE)
→ Farbfleck *nm*

Farbkleckser *nm* — COMP.GR — → **color spot** (AE)
→ Farbfleck *nm*

Farbkombination *nf* — OPT — **color combination** (AE)
= Farbkomposition *nf*; Farbzusammenstellung *nf*
= colour combination (BE)

Farbkomposition *nf* — OPT — → **color combination** (AE)
→ Farbkombination *nf*

Farbkontrast *nm* — OPT — → **color intensity** *n* (AE)
→ Farbstärke *nf*

Farbkoordinate *nf* — OPT — **color coordinate** (AE)
= colour coordinate (BE)

Farbkopiergerät *nn* — OFFICE — **color copier** (AE)
= colour copier (BE)

Farblack *nm* — TECH — **lake** *n*
↑ Anstrich
↑ paint

Farblehre *nf* — OPT — → **theory of colors** (AE)
→ Farbenlehre *nf*

farblich — OPT — **color-related** (AE)
= colour-related (BE)

Farbliste *nf* — COM.CAB — **wire list**

farblos — OPT — **colorless** *n* (AE)
= unbunt; achromatisch
≈ blass
= colourless (BE); achromatic
≈ pale

Farblosigkeit *nf* — OPT — **colorlessness** *n* (AE)
≈ Blassheit
= colourlessness *n* (BE)
≈ paleness

Farbmanagement *nn* — TER&PER — **color management** (AE)
= colour management (BE)

Farbmaske *nf* — TV — **color mask** (AE)
= colour mask (BE)

Farbmatrixschaltung *nf* — TV — **color matrix unit** (AE)
= colour matrix unit (BE)

Farbmessgerät *nn* — INSTR — **colorimeter** *n*

Farbmessung *nf* — OPT — → **color metric** (AE)
→ Farbenmetrik *nf*

Farbmischung *nf* — TV — **color composition** (AE)
= colour composition (BE); color synthesis; colour sintesis

Farbmischung *nf* — OPT — **color mixture** (AE)
= colour mixture (BE)

Farbmischung *nf* — PRIN.ME — → **halftoning** *n*
→ Punktschattierung *nf*

Farbmodell *nn* — OPT — **color system** (AE)
= Farbsystem *nn*
↓ RGB-Farbmodell; CMY-Farbmodell; HSB-Farbmodell
= color model (BE)
↓ RGB color model; CMY color model; HSB color model

Farbmodulator *nm* — TV — **chrominance modulator**
= Chrominanzmodulator *nm*

Farbmonitor *nm* — TER&PER — → **color monitor** (AE)
→ Farbbildschirm *nm*

Farbnachschlagtabelle *nf* — TER&PER — **color look-up table** (AE)
= Farbindextabelle *nf*
[video adapter]
= CLUT; color table; color palette; color map; video look-up table

Farbnadeldrucker *nm* — TER&PER — **color stylus printer** (AE)
= color wire matrix printer; color wire printer

Farbnegativ *nn*	IMAG.ME	**color reverse image** (AE) = colour reverse image (BE); color negative (AE); colour negative (BE)
Farbnuance *nf* ≈ Farbton	OPT	**tint** *n* (2) [a slight variation of a color] = color tint (2) (AE); colour tint (2) (BE) ≈ hue
Farbpalette *nf* = Farbanzahl *nf*	OPT	**color palette** *n* (AE) = colour palette (BE); palette *n*; color range (AE); colour range (BE); color gamut; gamut *n*
Farbpartikel *nn* → Farbpigment *nn*	TECH	→ **pigment** *n*
Farbpenplotter *nm* → Farbstiftplotter *nm*	TER&PER	→ **color pen plotter**
Farbphotographie *nf*(1) → Farbfotografie *nf*(1)	PHOT	→ **color photography** (AE)
Farbphotographie *nf*(2) → Farbfotografie *nf*(2)	PHOT	→ **color picture** (AE)
Farbpigment *nn* = Pigment *nn*; Farbpartikel *nn*	TECH	**pigment** *n*
Farbpinsel *nm* → elektronischer Farbpinsel	COMP.GR	→ **electronic paintbrush**
Farbplotter *nm* = Farbzeichengerät *nn*	TER&PER	**color plotter** (AE) = colour plotter (BE)
Farbprobe *nf* = Farbenprobe *nf*	TECH	**color test** (AE) = colour test (BE)
Farbpuder *nm* → Toner *nm*	TER&PER	→ **toner** *n*
Farbpyrometer *nn*	PHYS	**color pyrometer** (AE) = colour pyrometer (BE)
Farbrand *nm* = Farbcontour *nf* ≈ Farbsaum	TV	**color edge** (AE) = colour edge (BE) ≈ bleeding
Farbrandfehler *nm*	TV	**color edging** (AE) = colour edging (BE)
Farbrandschärfe *nf*	TV	**color edge sharpness** (AE) = colour edge sharpness (BE)
Farbraum *nm*	OPT	**color space** (AE) = colour space (BE)
Farbreduktion *nf*	COMP.GR	**colour reduction**
Farbregister *nn*	DAT.PR	**color register** (AE) = colour register (BE)
farbreich → farbenreich	COLL	→ **colorful** (AE)
Farbreinheitsspule *nf*	TV	**purity coil**
Farbreproduktion *nf* → Farbwiedergabe *nf*	PRIN.ME	→ **color reproduction** (AE)
Farbrolle *nf*	TER&PER	**ink roller**
Farbsättigung *nf* → Farbstärke *nf*	OPT	→ **color intensity** *n* (AE)
Farbsättigungsregler *nm* → Farbstärkeregler *nm*	TV	→ **color intensity control** (AE)
Farbsaum *nm* ≈ Farbrand	TV	**bleeding** *n* = color fringing (AE)
Farb-Scanner *nm*	TER&PER	**color scanner** (AE) = colour scanner (BE)
Farbschema *nn* [vorgegebene Kombination]	COMP.AP	**color scheme** [preset combination] = colour scheme (BE)
Farbschicht *nf*	TECH	**color layer** (AE) = colour layer (BE)
Farbschirm *nm* → Farbbildschirm *nm*	TER&PER	→ **color monitor** (AE)
Farbschnitt *nm*	PRIN.ME	**colored edge** (AE) = coloured edge (BE)
Farbschriftröhre *nf* → Dunkelschriftröhre *nf*	EL.TRO	→ **dark-trace tube**
Farbseparation *nf* → Farbtrennung *nf*	PRIN.ME	→ **color separation** (AE)
Farbsignalübersprechen *nn*	TV	**chroma crosstalk**
Farbskala *nf*	OPT	**color scale** (AE) = colour scale (BE)
Farbspeicher *nm*	TER&PER	**color memory** (AE) = colour memory (BE)
Farbspritzer *nm*	TER&PER	**color splatter** = splatter *n*
Farbstärke *nf* [die Intensität (Mangel an Weiß) einer Farbe] = Farbintensität *nf*; Farbsättigung *nf*; Sättigung *nf*; Farbkontrast *nm* ≈ Farbton	OPT	**color intensity** *n* (AE) [the vividness, absence of white in a colour] = colour intensity (BE); color saturation; colour saturation (BE); saturation *n*; chroma *n* (1) ≈ hue
Farbstärkeregler *nm* = Farbsättigungsregler *nm*; Sättigungsregler *nm* ≈ Farbtonregler	TV	**color intensity control** (AE) = colour intensity control (BE); color saturation control; colour saturation control; chroma control ≈ hue control
Farbstich *nm* = Stich *nm* ↓ Blaustich; Gelbstich; Grünstich; Rotstich	OPT	**tinge** *n* [color diffused or dominating throughout] ↓ tinge of blue; tinge of yellow; tinge of green; tinge of red
Farbstift *nm* = Buntsssstift *nm*	OFFICE	**color pen** (AE) = colour pen (BE)
Farbstiftplotter *nm* = Farbpenplotter *nm*	TER&PER	**color pen plotter** = colour pen plotter (BE)
Farbstoff *nm* = Färbstoff *nm*	CHEM	**dye** *n* = dyestuff *n*; color pigment
Farbstoff *nm* → Färbemittel *nn*	CHEM	→ **colorant** *n*
Färbstoff *nm* → Farbstoff *nm*	CHEM	→ **dye** *n*
Farbstofflaser *nm*	OPTOEL	**dye laser**
Farbstrahldrucker *nm* → Tintendrucker *nm*	TER&PER	→ **ink-jet printer**
Farbstrahldruckverfahren *nn*	TER&PER	**ink-jet recording**
Farb-Synchronisier-Puls *nm* → Farbsynchronsignal *nn*	TV	→ **burst** *n*
Farbsynchronsignal *nn* = Farb-Synchronisier-Puls *nm*; Burst *nm*	TV	**burst** *n* = color burst (AE); colour burst (BE)
Farbsynchronsignal-Abtrennung *nf*	TV	**burst gate**
Farbsystem *nn* → Farbmodell *nn*	OPT	→ **color system** (AE)
Farbtabelle *nf*	COMP.GR	**colour map**
Farbtafel *nf*	TV	**chromaticity diagram**
Farbtemperatur *nf* = chromatische Temperatur; kalorimetrische Temperatur	OPT	**color temperature** (AE) = colour temperature (BE); chromatic temperature; calorimetric temperature
Farbthermotransferdrucker *nm*	TER&PER	**color thermo-transfer printer**
Farbtiefe *nf*	OPT	**color depth** (AE) = colour depth (BE)
Farbtinte *nf*	TER&PER	**color ink** (AE) = colour ink (BE)
Farbtintendrucker *nm*	TER&PER	**color ink-jet printer** = colour ink-jet printer (BE)
Farbton *nm* [die durch die Lichtwellenlänge bestimmte Farbeigenschaft] = Farbtönung *nf*; Farbwert *nm* ≈ Farbstärke; Farbnuance ↓ Dunkeltönung; Helltönung	OPT	**hue** *n* [the color property determined by the wavelength of light] = color hue (AE); colour hue (BE); color tone; colour tone; tone *n*; tincture *n*; tint *n* ≈ color intensity; tint (2) ↓ shade; tint (1)
farbtongetreu = orthochromatisch	OPT	**orthochromatic** *adj*
farbtongleich = farbtonrichtig; isochromatisch	OPT	**isochromatic** *adj*
Farbtonregler *nm* ≈ Farbstärkeregler; Phasensteuerung	TV	**hue control** ≈ color intensity control
farbtonrichtig → farbtongleich	OPT	→ **isochromatic** *adj*
Farbtönung *nf* → Farbton *nm*	OPT	→ **hue** *n*
Farbträger *nm*	TV	**chrominance carrier** = chrominance subcarrier
Farbtrennung *nf* [getrenntes Drucken der Farben] = Farbseparation *nf* ↓ Farbflecktrennung;	PRIN.ME	**color separation** (AE) [separate printing of colors] = colour separation (BE) ↓ spot color separation; process color separation
Farbtreue *nf* → Farbechtheit *nf*	OPT	→ **color fastness** (AE)
Farbtripel *nn*	TER&PER	**phosphor triple**
Farbtuch *nn*	TER&PER	**carbon silk** = ink cloth
Farbtüchtigkeit *nf*	TER&PER	**color capability** (AE) = colour capability (BE)
Farbtupfer *nm* → Farbfleck *nm*	COMP.GR	→ **color spot** (AE)

Farbübergang *nm* = Farbverlauf *nm*	OPT	**color transition** (AE) = colour transition (BE)
Farbüberzug *nm* → Anstrich *nm*	TECH	→ **paint** *n*
Farbumschlag *nm*	TER&PER	**color change** (AE) = colour change (BE)
Farbvalenz *nf*	TV	**color stimulus specification** (AE) = colour stimulus specification (BE)
Farbverfälschung *nf*	TV	**color purity error** (AE) = colour purity error (BE); color registration error; colour registration error
Farbvergrößerung *nf*	PHOT	**color picture enlargement** (AE) = colour picture enlargement (BE)
Farbverlauf *nm* → Farbübergang *nm*	OPT	→ **color transition** (AE)
Farbverschiebung *nf*	OPT	**color shift** (AE) = colour shift (BE)
Farbverschmelzung *nf*	TV	**color contamination** (AE) = colour contamination (BE)
Farbverzerrung *nf*	OPT	**color distortion** (AE) = colour distortion (BE)
Farb-Video-Signalgemisch *nn* → FBAS-Signal *nn*	TV	→ **composite color picture signal** (AM,NTSC)
Farbwalze *nf*	PRIN.ME	**inking roller**
Farbwert *nm* → Farbton *nm*	OPT	→ **hue** *n*
Farbwert *nm* [chromatische Differenz zu einer Bezugsfarbe] = Chrominanz *nf*	TV	**chrominance** *n* [colometric difference to e reference color] = tristimulus value
Farbwertanteil *nm*	OPT	**chromaticity coordinates**
Farbwertsignal *nn* → Chrominanzsignal *nn*	TV	→ **chrominance signal**
Farbwiedergabe *nf*	OPT	**color rendition** (AE) = colour rendition (BE); chromatic rendition; color rendering; colour rendering; chromatic rendering
Farbwiedergabe *nf* = Farbreproduktion *nf*	PRIN.ME	**color reproduction** (AE) = colour reproduction (BE)
Farbwürfel *nm*	COMP.AP	**color cube** (AE) = colour cube (BE)
Farbzeichengerät *nn* → Farbplotter *nm*	TER&PER	→ **color plotter** (AE)
Farbzoneneinsteller *nm* → Farbbandumschaltung *nf*	OFFICE	→ **ribbon shift**
Farbzusammenstellung *nf* → Farbkombination *nf*	OPT	→ **color combination** (AE)
Farmerleitung *nf*	OUT.PL	**farmline** *n*
FAS	DAT.CO	**FAS** = flexible access system
FAS → Rahmenkennungswort *nn*	CODING	→ **frame alignment signal**
Fase *nf* [nach innen gehende Abschrägung einer Kante] = Abfasung *nf*	MEC.EN	**chamfer** *n* [beveled edge]
fasen → abfasen	MEC.EN	→ **chamfer** *vt*
Faser *nf*	OPT.CO	**fiber** (AE) = fibre *n* BR, UIT-T)
Faser *nf* = Fiber *nf* ≈ Faden	TECH	**fiber** (AE) = fibre *n* (BE) ≈ thread
Faserband *nn* = Faserfarbband *nn*	TER&PER	**fiber ribbon** (AE) = fibre ribbon (BE)
Faser bis in Teilnehmernähe [bis zum Straßenverteiler; engl. "curb" = Bordstein] ≈ Faser bis zum Teilnehmer ↑ Faser in der Teilnehmerleitung	TELEC	**fiber near the home** = fiber to the curb; FTTC; fibre to the kerb (BE); FTTK (BE) ≈ fiber to the home ↑ fiber in the loop
Faser bis zum Arbeitsplatz	TELEC	**fiber to the desk** = FTTD
Faser bis zum Gebäude [bid zum Gebäudeverteiler] = FTTB ↑ Faser in der Teilnehmerleitung	TELEC	**fiber to the building** = FTTB ≈ fiber to the home ↑ fiber in the loop
Faser bis zum Knoten → Faser bis zur Vermittlung	TELEC	→ **fiber to the exchange**
Faser bis zum Teilnehmer ≈ Faser bis in Teilnehmernähe; Faser bis zum Gebäude ↑ Faser in der Teilnehmerleitung	TELEC	**fiber to the home** = FTTH; FTH ≈ fiber to the curb; fiber to the building ↑ fiber in the loop
Faser bis zur Nachbarschaft = FTTN (2)	TELEC	**fiber to the neighbourhood** = FTTN (2)
Faser bis zur Vermittlung = FTTX; Faser bis zum Knoten; FTTN (1)	TELEC	**fiber to the exchange** = FTTX; fiber to the node; FTTN (1)
Faserbündel *nf*	OPT.CO	**optical fiber bundle** (AE) = optical fibre bundle (BE); fiber bundle
Faserfarbband *nn* → Faserband *nn*	TER&PER	→ **fiber ribbon** (AE)
faserförmig	TECH	**fibrous** *adj* (1) [shaped like fiber]
faserig [aus vielen Fasern bestehend] = fasrig	TECH	**fibrous** *adj* (2) [consisting of fibers]
Faser im Ortsnetz = FTTx ↓ Faser im Teilnehmernetz; Faser zur Vermittlung	TELEC	**fiber in the local network** = FTTx ↓ fiber in the loop; fiber to the exchange
Faser in der Teilnehmerleitung ↓ Faser bis in Teilnehmernähe; Faser bis zum Teilnehmer; Faser	TELEC	**fiber in the loop** = FITL ↓ fiber to the curb; fiber to the
Fasermantel *nm* = LWL-Mantel	OPT.CO	**fiber cladding** (AE)
Fasermultiplex *nn* = LWL-Multiplex	OPT.CO	**fiber multiplex** (AE)
Faseroptik *nf* → Lichtwellenleitertechnik *nf*	TELEC	→ **fiber OPT**
faseroptisch = LWL-; fiberoptisch (CH); optisch	OPT.CO	**fiberotic** *adj* = optic *adj*
faseroptische Quelle ↓ faseroptische Punktquelle	OPT.CO	**fiberoptic source** ↓ fiberoptic point source
faseroptischer Leiter → Lichtwellenleiter *nm*	OPT.CO	→ **optical waveguide**
faseroptischer Wellenleiter → Lichtwellenleiter *nm*	OPT.CO	→ **optical waveguide**
faseroptisches Kabel → Lichtwellenleiterkabel *nn*	COM.CAB	→ **optical fiber cable**
faseroptisches System → Lichtwellenleitersystem *nn*	TRANSM	→ **fiber optic system**
Faserrichtkoppler *nm*	OPT.CO	**fiber directional coupler** (AE) = fibre directional coupler (BE)
Faserschreiber *nm*	OFFICE	**fiber-tip pen** (AE)
Faserschutz *nm*	OPT.CO	**fiber buffer** (AE) = fibre buffer (BE); fiber protection; fibre protection
Faser-Teilnehmerleitung *nf*	TELEC	**fiber loop** (AE) = optical subscriber line; optical loop
Fasertrennvorrichtung *nf*	OPT.CO	**fiber cutting device** (AE) = fibre cutting device (BE); fiber cleaver
Faserverstärker *nm* = optischer Nachverstärker; Booster *nm*	OPT.CO	**booster** *n*
Faserziehen *nn*	OPT.CO	**fiber drawing** (AE) = fibre drawing (BE)
FASIC	MICR.EL	**FASIC** = Function and Algorithm Specific IC
fasrig → faserig	TECH	→ **fibrous** *adj* (2)
Fass *nn* → Tonne *nf*	TECH	→ **barrel** *n*
fassbar (1) [fig; z.B. - Ergebnis] = konkret	COLL	**tangible** *adj* (2) [fig; substantially real, e.g. results] = palpable (2); concrete
fassbar (2) [fig] = begreifbar; fässlich; kapierbar	COLL	**tangible** *adj* (3) [fig; realizable by mind] = realizable
Fassbarkeit *nf* (1) = Konkretheit *nf*	COLL	**tangibility** *n* (2) [fig; by mind] = tangibleness *n* (2); concreteness *n*; palpabilityn (2)
Fassbarkeit *nf* (2) = Begreifbarkeit *nf*, Fasslichkeit *nf*	COLL	**tangibility** *n* (3) = tangibleness *n* (3); realizability *n*
fässlich → fassbar (2)	COLL	→ **tangible** *adj* (3)
Fasslichkeit *nf* → Fassbarkeit *nf* (2)	COLL	→ **tangibility** *n* (3)
Fassung *nf* = Sockel *nm* ↓ Röhrenfassung; Lampenfassung	COMPO	**socket** *n* = base *n*; female socket

Fassung *nf* MEDIA **version** *n*
= Version *nf*
Fassung *nf* SW → **release version**
→ Software-Version *nf*
Fassungsvermögen *nn* TECH → **capacity** *n*
→ Kapazität *nf*
FAST MICR.EL **FAST**
↑ Logikbaustein
[Fairchild advanced Schottky technology]
↑ logic device
Fast-Brief-Qualität *nf* TER&PER → **NLQ printing**
→ Beinahe-Schönschrift *nf*
FastCAD COMP.AP **FastCAD**
[von Evolution Computing] [by Evolution Computing]
↑ CAD-Programm ↑ CAD program
fastdirekt TECH → **semidirect** *adj*
→ halbdirekt
Fast Ethernet DAT.NW **Fast Ethernet**
fastlinear MATH → **quasilinear**
→ quasilinear
fastlogarithmisch MATH → **quasilogarithmic**
→ quasilogarithmisch
fast sicher STATIS **almost certain**
faststationär PHYS → **quasistationary**
→ quasistationär
faststatisch PHYS → **quasistatic**
→ quasistatisch
FASTvision TV → **FASTvision**
→ Facettenfernsehen *nn*
faszinierend COLL **fascinating**
fataler Fehler SW **fatal error**
[führt zu Programmunterbrechung] [leads to collaps of program]
= gravierender Fehler; schwerer Fehler
≠ nichtfataler Fehler ≠ nonfatal error
Fat Client DAT.NW → **fat client**
→ dicker Client
Fat Server *nm* DAT.NW → **fat server**
→ dicker Server
Fatware *nf* SW → **bloatware** *n*
→ aufgeblähte Software
Faustformel *nf* PHYS **rough formula**
= Daumenregel *nf*; Faustregel *nf* = rule of thumb
Faustregel *nf* PHYS → **rough formula**
→ Faustformel *nf*
Favorit *nm* INTERNET **favorite** *n*
Favoritenordner *nm* INTERNET **favorites folder**
Fax *nn* (1) TELEC → **facsimile** *n*
→ Faksimileübertragung *nf*
Fax *nn* (2) TELEC → **facsimile message** *n*
→ Faksimilemitteilung *nf*
Faxabruf *nm* TELEC **fax-back** *n*
[Anruf erzeugt einen Fax-Rückruf] [device originates an answering fax call]
≈ Faxpolling = call-and-fax-back; fax on demand
Fax-Dienst *nm* TELEC → **telecopy service**
→ Telefax-Dienst *nm*
faxen TELEC **fax** *vt*
Faxgerät *nn* TER&PER → **facsimile equipmemt**
→ Faksimilegerät *nn*
Fax-Gerät *nn* TER&PER → **facsimile equipmemt**
→ Faksimilegerät *nn*
Faxgruppe *nf* TELEC **Fax Group**
Fax-Karte *nf* HW → **fax modem**
→ Fax-Modem *nm&nn*
Fax-Modem *nm&nn* HW **fax modem**
= Fax-Karte *nf* = fax board
Faxpolling *nn* TELEC **fax polling**
[unmittelbares Zurückfaxen] [immediate fax answer]
≈ Faxabruf ≈ fax-back
Fax-Programm *nn* COMP.AP → **fax software**
→ Fax-Software *nf*
Fax-Server *nm* INTERNET **fax server**
Fax-Software *nf* COMP.AP **fax software**
= Fax-Programm *nn* = fax program
Faxtelegramm *nn* POST → **facsimile telegram**
→ Bildtelegramm *nn*
Fax-Weiche *nf* TER&PER **fax switch**
Faxzeitung *nf* TELEC **fax newspaper**
FAZ TV **film video recording**
Fazit *nn* SCIE → **conclusion** *n*
→ Schlussfolgerung *nf*

FBAS-Bildschirm *nm* TER&PER **composite monitor**
= FBAS-Monitor *nm*; Composite-Display *nn* = composite video display; composite display
≠ RGB-Monitor ≠ RGB monitor
↑ Farbbildschirm ↑ color monitor
FBA-Signal *nn* TV → **color picture signal** (AE)
→ Farbbildsignal *nn*
FBAS-Monitor *nm* TER&PER → **composite monitor**
→ FBAS-Bildschirm *nm*
FBAS-Signal *nn* TV **composite color picture signal** (AM,NTSC)
[das ausgestrahlte Gesamtsignal bei Farbfernsehen] [color-picture signal plus all synchronizing signals]
= Farbbildsignalgemisch *nn*; Farb-Video-Signalgemisch *nn*; Farbbild-Austastsynchronsignal *nn* = colour video signal (BE); composite color signal; composite video
≈ BAS-Signal
↑ Videosignal ↑ composite video signal
FCC TELEC **FCC**
[Fernmeldebebörde in USA] = Federal Communications Commission
FCFS DAT.CO **FCFS**
[wer zuerst kommt mahlt zuerst] [First Come First Served]
FCI TER&PER **FCI**
[Einheit für Beschreibungsdichte von Magnetplattenspeichern] [unit for recording density of magnetic disk stores]
= Flusswechsel pro Zoll = flix changes per inch
FC-Kondensator *nm* COMPO **FC capacitor**
FD-4-Antenne *nf* ANT **FD 4 antenna**
FDD TELEC **FDD**
= Frequency Division Duplex
FDDI DAT.NW **FDDI**
[ein Hochgeschwindigkeits-LAN des ANSI] [Fiber Distributed Data Interface; a high-speed LAN by ANSI]
↑ LAN ↑ LAN
FDDI über geschirmte Kupferpaare DAT.NW **SDDI**
[Shielded twisted pair Distributed Data Interface; a FDDI over shielded copper pair]
FDHD-Laufwerk *nn* TER&PER **FDHD drive**
[3 1/2 Zoll Laufwerk von Apple] [3 1/2 inch drive of Apple]
= super drive
FDMA TELEC → **frequency division multiple access**
→ Frequenzvielfachzugriff *nm*
FDNR CIRC.EN **FDNR**
[Schaltung mit frequenzabhängigem negativen Widerstand] [Frequency-Dependent Negative Resistor; type of circuit]
Fe CHEM → **iron** *n*
→ Eisen *nn*
FE DAT.MA → **format effector**
→ Formatsteuerung *nf*
FEA-Analyse *nf* COMP.AP → **finite element analysis**
→ Endliche-Elemente-Analyse *nf*
Featureismus *nm* COMP.AP **featureism**
FEC CODING → **forward error correction**
→ Vorwärtsfehlerkorrektur *nf*
FECN TELEC **FECN**
[ATM, FR] [ATM, FR]
= Forward Explicit Congestion Notification
FED MICR.EL → **field effect diode**
→ Feldeffektdiode *nf*
FED-Bildschirm *nm* TER&PER **FED**
= Field Emission Display
Feder MEC.EN **spring** *n*
federbelasted TECH **spring-loaded**
Federblech *nn* MEC.EN **sheet-metal spring**
Federdraht *nm* MEC.EN **spring wire**
Federdruckmesser *nm* INSTR **spring pressure gauge**
= Federmanometer *nn*
federführend ECON **leading**
Federführer *nm* ECON → **consortium leader**
→ Konsortialführer *nm*
Federführung *nf* ECON **leadership** *n*
federhart MEC.EN **spring-hard**
Federkabelschuh *nm* SYS.INS **snap-on cable lug**
Federklammer *nf* MEC.EN **spring climp**
Federklemme *nf* MEC.EN **spring clip**
Federkonstante *nf* MEC.EN **spring constant**
Federkontakt *nm* COMPO **spring contact**
Federkraft *nf* MEC.EN **spring force**
Federleiste *nf* COMPO **spring contact strip**

≠ Steckerleiste
↑ Kontaktleiste
= female terminal strip
≠ connector strip
↑ contact strip

Federmanometer *nn* INSTR → **spring pressure gauge**
→ Federdruckmesser *nm*

federnd MEC.EN **resilient**
= springy

federnder Schalter COMPO **momentary switch**
[nur solange durchschaltend als gedrückt] [only conducts while depressed]

Federring *nm* MEC.EN → **lock washer**
→ Sicherungsscheibe *nf*

Federsatz *nm* MEC.EN **spring assembly**
= springset *n*

Federscheibe *nf* MEC.EN → **lock washer**
→ Sicherungsscheibe *nf*

Federspannung *nf* MEC.EN **spring tension**
≈ Federkraft
= spring load

Federstahl *nm* METAL **spring steel**

Federstahlblech *nn* METAL **spring sheet steel**

Federstahldraht *nm* METAL **spring-steel wire**

Federsteife *nf* MEC.EN **load rate**
[Kraftzunahme mit Auslenkung] [excursion gradient of spring force]
≈ Federspannung; Federkraft

Federthermometer *nn* INSTR **flexible-tube thermometer**

Federung *nf* MEC.EN **resilience** *n*
= Nachgiebigkeit *nf*; Federungsarbeit *nf*

Federungsarbeit *nf* MEC.EN → **resilience** *n*
→ Federung *nf*

Federwerk *nn* MEC.EN **clockwork**

Feeware *nf* (ANGL) SW → **feeware** *n*
→ kommerzielle Software

FEFET *nm* MICR.EL → **FEFET**
→ Speicher-Feldeffekttransistor *nm*

FEFO-Modus *nm* DAT.MA **FEFO mode**
= first-ended first-out mode

fegen COLL **sweep** *vt*

fehlabgeschlossen EL.TEC **mismatched**
= fehlangepasst

Fehlabgleich *nm* EL.TRO → **misalignment** *n*
→ Fehlabstimmung *nf*

Fehlabstimmung *nf* EL.TRO **misalignment** *n*
= Fehlabgleich *nm*
≈ Fehleinstellung
= malalignment *n*
≈ misadjustment

Fehladressierung *nf* ECON **misdirection** *n*
= Falschadressierung *nf*; Adressfehler *nm*

Fehlalarm *nm* SIG.EN **false alarm**
= Falschmeldung *nf*
= nuisance alarm

fehlangepasst EL.TEC → **mismatched**
→ fehlabgeschlossen

fehlangepasst TECH **maladjusted**

Fehlanpassung *nf* TECH **maladjustment** *n*

Fehlanpassung *nf* EL.TEC **mismatch** *n*

Fehlanpassungsdämpfung *nf* NETW.TH → **active return loss**
→ Reflexionsdämpfung *nf*

Fehlanpassungsglied *nn* INSTR **mismatch** *n*

Fehlanwendung *nf* COLL **misapplication**
= Falschanwendung *nf*
≈ Missbrauch
≈ abuse

Fehlanzeige *nf* COLL **nil return** *n*

Fehlausrichtung *nf* TECH → **misalignment** *n*
→ Fluchtungsfehler *nm*

Fehlausrichtung *nf* ANT **misalignment**

Fehlbedienung *nf* TECH → **operator error**
→ Bedienungsfehler *nm*

Fehlbedienungszähler *nm* TER&PER **faulty operation counter**
[in Chipkarte] [in chip card]

Fehlbelegung *nf* SWITCH **mishandled call**

Fehlbestand *nm* ECON → **shortfall** *n*
→ Fehlmenge *nf*

Fehlbetrag *nm* MATH **deficit** *n*

fehlbezeichnen LING **misname** *vt*

Fehlbezeichnung *nf* LING **misnaming** *n*
≈ Spitzname
≈ nickname

Fehldarstellung *nf* TECH **misrepresentation** *n*
= erroneous representation

fehldatieren ECON **misdate** *vt*
= falschdatieren

Fehldatierung *nf* ECON **misdate** *n*
= Falschdatierung *nf*; Datumsfehler *nm*

fehldeutbar COLL → **equivocal** *adj*
→ missverständlich *adj*

Fehleingabe *nf* TER&PER → **keying error**
→ Eingabefehler *nm*

Fehleinstellung *nf* EL.TRO **misadjustment** *n*
= Einstellfehler *nm*
≈ Fehlabgleich
= maladjustment *n*
≈ misalignment

Fehleintastung *nf* TER&PER → **keying error**
→ Eingabefehler *nm*

Fehleinzug *nm* TER&PER **misfeed** *n*

Fehlen *nn* ECON → **lack** *n*
→ Mangel *nm*

fehlend COLL **missing**
= absent

Fehlentscheidung *nf* TECH **erroneous decision**
= false decision

Fehler *nm* QUAL **fault** *n*
= Defekt *nm*; Mangel *nm*
≈ Funktionsstörung; Ausfall
= defect *n*; error *n*; nonconformance *n*; deficiency *n*
≈ malfunction; failure

Fehler *nm* INSTR **error** *n*
= Unsicherheit *nf*

Fehler *nm* INF.TH **error** *n*

Fehler *nm* MATH **error** *n*

Fehler *nm* DAT.PR **bug** *n*
[bug = engl. Insekt; bei den ersten Rechnern mit (heißen) Elektronenröhren kam es öfters zu Ausfällen durch Motten und andere Insekten]
↓ Programmfehler; Hardwarefehler
[first computers with (hot) electron tubes were frequently disabled by moths and other insects; "error" is preferably used for SW-related problems, and "fault" for HW-related ones]
= error *n*; fault *n*; exception *n*; malfunction *n*; glitch *n*
↓ program error; hardware fault

Fehler *nm* TECH **fault** *n*
= Makel *nm*; Defekt *nm*; Mangel *nm*; Schwäche *nf*; fehlerhafte Stelle
= defect *n*; deficiency *n*; weakness *n*; imperfection *n*; shortcoming *n*; flaw *n* (2)
≈ malfunction; damage; disadvantage

Fehlerabfangen DAT.PR **error trapping**

Fehleralarm *nm* TELEC **failure alarm**

Fehleranalyse *nf* QUAL **fault analysis**

Fehleranalyse *nf* MATH **error analysis**

fehleranfällig QUAL **fault-prone** *adj*
= prone to errors

Fehleranfälligkeit *nf* TECH → **susceptibility** *n*
→ Störanfälligkeit *nf*

Fehleranteil *nm* QUAL **defective ratio**
= Ausschussanteil *nm*
= defective fraction

Fehleranzeige *nf* EQP.EN **failure indication**
≈ Fehlermeldung [TELECON]
≈ failure report [TELECON]

Fehlerart *nf* TECH **type of fault**
= Fehlertyp *nm*

Fehlerauflistung *nf* DAT.PR → **failure log**
→ Störungsprotokoll *nn*

Fehlerausdruck *nm* DAT.PR → **failure log**
→ Störungsprotokoll *nn*

Fehlerband *nn* DAT.MA **error tape**

Fehlerbaum *nm* TECH **fault tree**

Fehlerbaumanalyse *nf* SW **fault tree analysis**

fehlerbefreit TECH → **error-corrected** *adj*
→ fehlerbereinigt

fehlerbehaftet QUAL → **faulty** *adj*
→ fehlerhaft

fehlerbehaftet INF.TEC **erroned**
≠ fehlerfrei
= errored
≠ error-free

fehlerbehaftete Diskette TER&PER → **bad disk**
→ unbrauchbare Diskette

fehlerbehafteter Sektor TER&PER → **bad sector**
→ unbrauchbarer Sektor

fehlerbehaftetes Bit INF.TEC **erroned bit**
= gestörtes Bit
≈ Bitfehler
= errored bit; EB
≈ bit error

fehlerbehaftete Sekunde TRANSM **erroned second**
= gestörte Sekunde
= errored second; ES

fehlerbehaftete Spur TER&PER → **bad track**
→ unbrauchbare Spur

Fehler-Behandler *nm* DAT.PR **error handler**

Fehlerbehandlung *nf* SW **error handling**
= Störungsbehandlung *nf*
= error management; error trapping; fault handling; fault management; exception handling

fehlerbehebend TECH **corrective** *adj*
= fehlerbeseitigend; korrektiv = correcting
≈ ausgleichend; abhelfend ≈ compensating; remedial
Fehlerbehebung *nf* SW **bug fixing**
= bugfix *n*
Fehlerbehebung *nf* TECH → **repair** *n*
→ Instandsetzung *nf*
Fehlerbereich *nm* MATH **error range**
≈ Fehlerspanne ≈ error span
fehlerbereinigt TECH **error-corrected** *adj*
= fehlerbefreit
Fehlerbericht *nm* QUAL **failure report**
= trouble report
fehlerbeseitigend TECH → **corrective** *adj*
→ fehlerbehebend
Fehlerbeseitigung *nf* TECH → **repair** *n*
→ Instandsetzung *nf*
Fehlerbestätigung *nf* SW **persistency check**
Fehlerbewältigung *nf* DAT.PR → **error correction**
→ Fehlerkorrektur *nf*
Fehlerblockzahl *nf* TELECON **error block number**
Fehlerbündel *nf* INF.TEC **error burst**
= plötzliche Fehlerhäufung
Fehlerbyte *nn* SW **sense byte**
Fehlercode *nm* CODING **error code**
Fehlerdämpfung *nf* NETW.TH → **active return loss**
→ Reflexionsdämpfung *nf*
Fehlerdämpfungmaß *nn* NETW.TH → **composite return loss**
→ Betriebsreflexionsdämpfungsmaß *nn*
Fehlerdatei *nf* DAT.MA **error file**
= Störungsdatei *nf*; Fehlerprotokolldatei *nf* = failure history file; failure file; fault file
Fehlerdetektor *nm* CONTRO **error detector**
Fehlerdetektor *nm* INSTR **error detector**
Fehlerdiagnose *nf* QUAL → **fault diagnosis**
→ Fehlersuche *nf*
Fehlerdichte *nf* MICR.EL → **impurity density**
→ Störstellendichte *nf*
Fehlereingrenzung *nf* QUAL → **fault diagnosis**
→ Fehlersuche *nf*
Fehlereinpflanzung *nf* SW **error seeding**
[absichtlich, zu Prüfzweckwen] [intentional, for testing purpose]
= bug seeding
fehlerelastisch INF.TEC **fault-resilient** *adj*
Fehlererfassung *nf* TELECON **fault detection**
= Fehlererkennung *nf*; Störungserfassung *nf*; Störungserkennung *nf* = error detection
Fehlererfassung *nf* QUAL → **fault detection**
→ Fehlererkennung *nf*
Fehlererfassungsgrad *nm* MICR.EL **fault grade coverage**
Fehlererholung *nf* QUAL **failure recovery**
= Fehlerüberwindung *nf*
Fehlererkennbarkeit *nf* TECH **error detectability**
= Fehlernachweisbarkeit *nf*
fehlererkennend TECH **error-detecting**
fehlererkennender Code CODING → **error-detecting code**
→ selbstprüfender Code
Fehlererkennung *nf* TELECON → **fault detection**
→ Fehlererfassung *nf*
Fehlererkennung *nf* INF.TEC **error detection**
Fehlererkennung *nf* QUAL **fault detection**
= Störungserkennung *nf*; Fehlererfassung *nf*; Störungserfassung *nf* = error detection
Fehlererkennungscode *nm* CODING → **error-detecting code**
→ selbstprüfender Code
Fehlererkennungsgrad *nm* MICR.EL **test coverage**
Fehlerfach *nn* TER&PER **reject pocket**
[Sortiergerät, Lesegerät] [sorting device, reading device]
= Restfach *nn*; Aussteuerungsfach *nn* = reject stacker
Fehlerformular *nn* QUAL **trouble ticket**
= Fehlerprotokoll *nn*; Störungsprotokoll *nn*; Problembeschreibung *nf*
Fehlerfortpflanzung *nf* MATH **error propagation**
fehlerfrei TECH **fault-free** *adj*
= fehlerlos = faultless *adj*; unfaulted *adj*; error-free *adj*
≈ störungsfrei; einwandfrei; genau; vollendet ≈ trouble-free; unobjectonable; correct; perfect
≠ fehlerhaft ≠ faulty
fehlerfrei INF.TEC **error-free** *adj*
= fehlerlos = clean
≈ genau; störungsfrei ≈ correct; interference-free
≠ fehlerbehaftet ≠ erroned
fehlerfreie Sekunde TRANSM **error-free second**
= EFS
Fehlerfreiheit *nf* TECH **faultlessness** *n*
= correctness *n*
Fehlerfunktion *nf* MATH **error function**
= Fehlerverteilungsfunktion *nf* = aberration function
fehlergeschützte Bitgruppe CODING **envelope** *n*
= Enveloppe *nf* [containing error protecting bits]
= error-protected bit group
Fehlergrenze *nf* INSTR **error limit**
fehlerhaft QUAL **faulty** *adj*
= mangelhaft; defekt; schadhaft; fehlerbehaftet = defective; erroneous; flawed; out of order; O.O.O.; deficient
≈ beschädigt ≈ damaged
≠ fehlerfrei ≠ fault-free
fehlerhafte Parität CODING **out-of-parity**
fehlerhafte Stelle TECH → **fault** *n*
→ Fehler *nm*
Fehlerhäufigkeit *nf* QUAL → **failure rate**
→ Ausfallrate *nf*
Fehlerhäufigkeit *nf* INF.TEC → **bit error rate**
→ Bitfehlerrate *nf*
Fehlerhäufigkeitsüberschreitung *nf* TELEC **excessive error rate**
= ERR
Fehlerhäufung *nf* DAT.PR **swarm** *n*
[several bugs]
Fehlerhinweis *nm* SW → **error message**
→ Fehlermeldung *nf*
Fehlerhinweismeldung *nf* DAT.PR **diagnostic message**
= Fehlerursachehinweis *nm*; Diagnosemeldung *nf*; Diagnosehinweis *nm* = error diagnostics
Fehlerhinweiszeichen *nn* DAT.PR **diagnostics flag**
Fehlerintegral *nn* MATH **error integral**
= gaußsches Integral
Fehlerkatalog *nm* DAT.CO **error catalog**
Fehlerkennung *nf* TECH **misidentification** *n*
= Fehlidentifizierung *nf* = erroneous identification
Fehlerkennung *nf* IMAG.PR **misdetection** *n*
[failure to detect a pattern]
Fehlerkennzeichen *nn* DAT.PR **error flag**
[weist auf Fehler hin] [indicates an error]
↑ Merker
fehlerkompatibel HW **bug-compatible**
Fehlerkontrolle *nf* DAT.CO **error control** (1)
≈ Fehlerüberwachnung ≈ error monitoring
Fehlerkontrollzeichen *nn* DAT.PR **error control character**
= accuracy control character
Fehlerkorrektur *nf* DAT.PR **error correction**
= Fehlerbewältigung *nf* = error recovery
Fehlerkorrektur *nf* DAT.CO → **acknowledge** (1)
→ Rückmeldung *nf*
Fehlerkorrekturcode *nm* CODING → **error-correcting code**
→ fehlerkorrigierender Code
fehlerkorrigierend CODING **error-correcting**
= selbstkorrigierend = self-correcting
≈ selbstprüfend ≈ self-checking
fehlerkorrigierender Code CODING **error-correcting code**
= selbstkorrigierender Code; Fehlerkorrekturcode *nm* = ECC; self-correcting code; correcting code; error-correction code; correction code
≈ selbstprüfender Code ≈ error-detecting code
Fehlerlokalisierung *nf* QUAL → **fault diagnosis**
→ Fehlersuche *nf*
fehlerlos TECH → **fault-free** *adj*
→ fehlerfrei
fehlerlos INF.TEC → **error-free** *adj*
→ fehlerfrei
Fehlerlöschung *nf* INF.TEC **erasure of errors**
Fehlermanagement *nn* TELEC → **fault management**
→ Betriebsstörungsverwaltung *nf*
Fehlermaskierung *nf* SW **fault masking**
[ein Fehler verhindert die Erkennung anderer] [one fault prevents detection of others]
Fehlermeldung *nf* SW **error message**
[mit erklärendem Text] [explanatory line]
= Fehlerhinweis *nm* = diagnostic error message; diagnostics *nplt*; error prompt
Fehlermeldung *nf* TELECON **failure report**
= Störungsmeldung *nf* = fault report; defect report; malfunction report; disturbance
≈ Fehleranzeige [EQP.EN]

report; failure information; fault information; defect information; malfunction information; disturbance information
≈ failure indication [EQP.EN]

Fehlermessplatz *nm* — INSTR — **error measuring set**

Fehlernachweisbarkeit *nf* — TECH — → **error detectability**
→ Fehlererkennbarkeit *nf*

Fehlerortbestimmung *nf* — QUAL — → **fault diagnosis**
→ Fehlersuche *nf*

Fehlerortmessgerät *nn* — INSTR — **fault locating measuring equipment**

Fehlerortung *nf* — QUAL — → **fault diagnosis**
→ Fehlersuche *nf*

Fehlerortung *nf* — TRANSM — **fault location**

Fehlerortungseinschub *nm* — TRANSM — **fault locating unit**
= Ortungseinschub *nm*

Fehlerortungsgerät *nn* — TRANSM — **fault locating equipment**
= Ortungsgerät *nn*; Fehlerortungsvorrichtung *nf* — = fault locating device

Fehlerortungs-Messbrücke *nf* — INSTR — **fault-localizing bridge**

Fehlerortungsschleife *nf* — TRANSM — **fault locating loop**
= Ortungsschleife *nf* — = locating loop

Fehlerortungssignal *nn* — TRANSM — **fault-locating signal**
= Ortungssignal *nn* — = locating signal

Fehlerortungsverfahren *nn* — TRANSM — **fault locating mode**
= Ortungsverfahren *nn*

Fehlerortungsvorrichtung *nf* — TRANSM — → **fault locating equipment**
→ Fehlerortungsgerät *nn*

Fehlerprotokoll *nn* — QUAL — → **trouble ticket**
→ Fehlerformular *nn*

Fehlerprotokoll *nn* — DAT.PR — → **failure log**
→ Störungsprotokoll *nn*

Fehlerprotokolldatei *nf* — DAT.MA — → **error file**
→ Fehlerdatei *nf*

Fehlerprüfprogramm *nn* — SW — **error checking program**

Fehlerprüfroutine *nf* — SW — **error check routine**
= ECR

Fehlerprüfung *nf* — SW — **error checking**
≈ Fehlerkorrektur — ≈ error correction

Fehlerpuffer *nm* — DAT.CO — **error buffer**

Fehlerquadratmethode *nf* — MATH — **least square method**

Fehlerquelle *nf* — TECH — **error source**

Fehlerquote *nf* — INF.TEC — → **bit error ratio**
→ Bitfehlerquote

Fehlerrate *nf* — QUAL — → **failure rate**
→ Ausfallrate *nf*

Fehlerrate *nf* — INF.TEC — → **bit error rate**
→ Bitfehlerrate *nf*

Fehlerreaktion *nf* — DAT.CO — **error response**

Fehlerroutine *nf* — SW — **error routine**

Fehlerschutz *nm* — DAT.CO — → **error protection**
→ Übertragungssicherung *nf*

Fehlerschwelle *nf* — QUAL — **error threshold**
[maximal zulässige Zahl] — [maximum quantity]

Fehlersicherungsteil *nm* — DAT.CO — → **block check sequence**
→ Blockprüfzeichenfolge *nf*

Fehlersimulation *nf* — MICR.EL — **fault simulation**

Fehlersituation *nf* — DAT.CO — **error situation**

Fehlerspanne *nf* — MATH — **error span**
[größter minus kleinster Fehler] — [highest minus lowest value]
≈ Fehlerbereich — ≈ error range

Fehlerspannung *nf* — EL.TEC — **touch potential**
≈ Berührungsspannung

Fehlerstatistik *nf* — QUAL — **error statistics**

Fehlerstopp *nn* — DAT.PR — **error stop**

Fehlerstrom *nm* — EL.TEC — → **offset current**
→ Fehlstrom *nm*

Fehlerstrom-Schutzschalter *nm* — EL.INS — **differential-current switch**

Fehlersuche *nf* — QUAL — **fault diagnosis**
= Fehlereingrenzung *nf*; Fehlerdiagnose *nf*; Fehlerlokalisierung *nf*; Fehlerortung *nf*; Fehlerortbestimmung *nf*; Störungssuche *nf*; Störungseingrenzung *nf*; Störungsdiagnose *nf*; Störungslokalisierung *nf*; Störungsortung *nf*; Störungsortbestimmung *nf*; Problembehandlung *nf* — = trouble diagnosis; fault shooting; trouble shooting; troubleshooting *n*; fault localization; trouble localization; fault tracking; trouble tracking; fault isolation; trouble isolation; fault finding; trouble finding

Fehler suchen — TECH — **troubleshoot** *vi*
≈ enstören — ≈ fault-clear

Fehlersuchhilfe *nf* — SW — → **test aid**
→ Testhilfe *nf*

Fehlersuch-Kit — INSTR — → **troubleshooting kit**
→ Fehlersuchsatz *nm*

Fehlersuchprogramm *nn* — SW — → **diagnostic program**
→ Diagnoseprogramm *nn*

Fehlersuchregister *nn* — DAT.PR — **debug register**
[auf Mikroprozessoren] — [on microprocessors]

Fehlersuchsatz *nm* — INSTR — **troubleshooting kit**
= Fehlersuch-Kit

Fehlersuchverfahren *nn* — DAT.PR — **debugging method**
= debug method; diagnostic method

fehlertolerant — TECH — **error-tolerant**

fehlertolerant — DAT.PR — **fault-tolerant** *adj*
≈ ausfallgeschützt — = error-tolerant; tolerant
≈ fault-protected

fehlertolerante Datenverarbeitung — DAT.PR — **fault-tolerant computing**

fehlertoleranter Computer — DAT.PR — → **fault-tolerant computer**
→ fehlertoleranter Rechner

fehlertoleranter Rechner — DAT.PR — **fault-tolerant computer**
= fehlertoleranter Computer

Fehlertoleranz *nf* — QUAL — **fault tolerance**
[die Fähigkeit trotzdem zu funktionieren] — [the ability to function despite]
≈ Robustheit — ≈ robustness

Fehlertoleranz des Systems — QUAL — **system fault tolerance**
= SFT

Fehlertoleranzgrenze *nf* — DAT.PR — **margin of error**
= zulässige Fehlerzahl — [acceptable number of errors]

Fehlertyp *nm* — TECH — → **type of fault**
→ Fehlerart *nf*

Fehlerüberdeckung *nf* — MICR.EL — **fault coverage rate**
= FCG

Fehlerüberwachung *nf* — DAT.CO — **error monitoring**
= error control (2)

Fehlerüberwachungs-Software *nf* — SW — **error control software**

Fehlerüberwindung *nf* — QUAL — → **failure recovery**
→ Fehlererholung *nf*

Fehlerunterbrechung *nf* — DAT.PR — **error interrupt** (1)

Fehlerunterbrechungssignal *nn* — DAT.PR — **error interrupt signal**
= error interrupt (2)

Fehlerursache *nf* — QUAL — **fault cause**
= error cause

Fehlerursache *nf* — EL.TRO — → **interfering pulse** *n*
→ Störimpuls *nm*

Fehlerursachehinweis *nm* — DAT.PR — → **diagnostic message**
→ Fehlerhinweismeldung *nf*

fehlerverdächtig — QUAL — **suspect** *adj*
[of beeing faulty]

Fehlervererbung *nf* — SW — **bug inheritance**
[OOP] — [OOP]

Fehlervermutung *nf* — DAT.PR — **error guessing**

Fehlerverteilungsfunktion *nf* — MATH — → **error function**
→ Fehlerfunktion *nf*

Fehlerverwaltung *nf* — TELEC — → **fault management**
→ Betriebsstörungsverwaltung *nf*

Fehlervoraussage — QUAL — **failure prediction**

Fehlervorhersagemodell *nn* — SW — **error prediction model**

Fehlerwahrscheinlichkeit *nf* — DAT.CO — **error probability**

Fehlerzahl *nf* — STATIS — → **number of defects**
→ Ausschusszahl *nf*

Fehlerzählung *nf* — TELEC — **error count**

Fehlerzustand *nm* — DAT.PR — **error condition**

Fehlfunktion *nf* — TECH — → **malfunction** *n*
→ Funktionsstörung *nf*

fehlgeordnet — PHYS — **imperfect** *adj*
[Kristall] — [crystal]

fehlgeordnetes Kristall — PHYS — **imperfect crystal**

Fehlgriff *nm* — QUAL — **mistake** *n*
[ein menschlicher Fehler] — [a wrong human action]
≈ Mangel — ≈ defect

fehlhandhaben — TECH — → **mishandle** *vt*
→ falsch handhaben

Fehlhandhabung *nf* — TECH — → **handling error**
→ Hantierungsfehler *nm*

fehlhantieren — TECH — → **mishandle** *vt*
→ falsch handhaben

Fehlhantierung *nf* — TECH — → **handling error**
→ Hantierungsfehler *nm*

Fehlidentifizierung *nf* — TECH — → **misidentification** *n*
→ Fehlerkennung *nf*

Fehlidentifizierung *nf* — IMAG.PR — **misidentification** *n*
[failure to assign the correct pattern

class]
= type I error

Fehlinformation *nf* — TECH — **misinformation** *n*
= Desinformation *nf*; Falschinformation *nf* — = erroneous information

fehlinformieren — TECH — **misinform** *vt*
= falsch informieren — = inform erroneously

Fehlinterpretation *nf* — COLL — **misinterpretation** *n*

fehlinterpretieren — COLL — **misinterpret** *vt*

Fehlkalkulation *nf* — ECON — **miscalculation** *n*
≈ Rechenfehler [MATH] — ≈ calculation error

fehlleiten — COLL — **missend** *vt*
= misroute *vt*

fehlleiten — SWITCH — **misroute** *vt*

fehllochen — TER&PER — **mispunch** *vt*
= falschlochen

Fehllochung *nf* — TER&PER — **punching error**
= Lochungsfehler *nm*; Falschlochung *nf* — = mispunching *n*; off punch *n*

Fehlmeldung *nf* — DAT.PR — **false error indication**
= false error

Fehlmenge *nf* — ECON — **shortfall** *n*
= Fehlbestand *nm*; Defizit *nn* — = shortage *n*; deficiency *n*

fehlordnen — PHYS — **disorder** *vt*

Fehlordnung *nf* — PHYS — **disorder** *n*

Fehlordnung *nf* — PHYS — → **lattice imperfection**
→ Gitterfehler *nm*

Fehlordnung *nf* — PHYS — → **crystal imperfection**
→ Kristallbaufehler *nm*

Fehlpuls *nm* — EL.TRO — **faulty pulse** *n*
= missing-pulse

Fehlschluss *nm* — SCIE — **wrong inference**
≈ Trugschluss — ≈ fallacy

Fehlspannung *nf* — EL.TEC — **offset voltage**
= Offset-Spannung *nf*; Nullspannung *nf*

Fehlstelle *nf* — PHYS — → **lattice vacancy**
→ Gitterfehlstelle *nf*

Fehlstelle *nf* — MICR.EL — → **imperfection** *n*
→ Störstelle *nf*

Fehlstelle *nf* — TER&PER — → **blemish** *n*
→ Speicherschicht-Fehlstelle *nf*

Fehlstellenbeweglichkeit *nf* — MICR.EL — → **impurity mobility**
→ Störstellenbeweglichkeit *nf*

Fehlstellendichte *nf* — MICR.EL — → **impurity density**
→ Störstellendichte *nf*

Fehlstellenerschöpfung *nf* — MICR.EL — → **impurity exhaustion**
→ Störstellenerschöpfung *nf*

Fehlstellenerzeugung *nf* — MICR.EL — → **impurity generation**
→ Störstellenerzeugung *nf*

Fehlstellenhalbleiter *nm* — PHYS — → **hole semiconductor**
→ Löcherhalbleiter *nm*

Fehlstellenhalbleiter *nm* — PHYS — → **p-type semiconductor**
→ P-Halbleiter *nm*

Fehlstellenleiter *nm* — MICR.EL — → **extrinsic conductor**
→ Störstellenleiter *nm*

Fehlstellenleitung *nf* — MICR.EL — → **extrinsic conduction**
→ Störstellenleitung *nf*

Fehlstellenprofil *nn* — MICR.EL — → **impurity profile**
→ Störstellenprofil *nf*

Fehlstellenverteilung *nf* — MICR.EL — **defect distribution**

Fehlstellung *nf* — TECH — **malposition** *n*
= wrong position

Fehlstrom *nm* — EL.TEC — **offset current**
= Fehlerstrom *nm* — = fault current

Fehlsuche *nf* — DAT.MA — **false retrieval**
= false drop

Fehlszene *nf* — CINEMA — **outtake** *n*

Fehlübersetzung *nf* — LING — **mistranslation**

Fehlverbindung *nf* — TELEC — → **wrong connection**
→ Falschverbindung *nf*

Fehlverhalten *nn* — TECH — → **malfunction** *n*
→ Funktionsstörung *nf*

Fehlverhalten aufweisen — TECH — → **malfunction** *vi*
→ versagen

Fehlwinkel *nm* — TECH — **squint angle**

Fehlzündung *nf* — TECH — **misfiring** *n*
= misfire *n*

Feierlichkeit *nf* — MEDIA — → **ceremony** *n*
→ Zeremonie *nf*

Feiertag *nm* — ECON — **holiday** *n*
= Sonntag *nm* — ≈ Sunday
≠ Werktag — ≠ working day

Feile *nf* — MEC.EN — **file** *n*
↑ Werkzeug — ↑ tool *n*

Feilhärte *nf* — MEC.EN — **file hardness**

fein — PRIN.ME — **thin** *adj*
↑ Schriftattribut — = extra light
↑ font attribute

Feinabgleich *nm* — EL.TRO — **fine adjustment**
= Feinabstimmung *nf*; Lupe [RADIO] — = fine tuning *n*; mop-up *n*

Feinabgleich-Netzwerk *nn* — CIRC.EN — **mop-up network**

feinabstimmen — EL.TRO — **fine-tune** *vt*
≈ trimmen [DAT.PR] — ≈ tweak [DAT.PR]

Feinabstimmung *nf* — EL.TRO — → **fine adjustment**
→ Feinabgleich *nm*

Feinabstimmung *nf* — EL.TRO — **fine tuning**
= Scharfabstimmung *nf*

Feinabstimmung *nf* [fig] — TECH — **fine coordination**
= Feinkoordination *nf*

Feinabtastung *nf* — EL.TRO — **close scanning**

Feinantrieb *nm* — MEC.EN — **vernier drive**

Feinätztechnik *nf* — EL.TRO — **precision etching**

feinbearbeiten — MEC.EN — **finish** *vt*
= fertigbearbeiten; schlichten

Feinbearbeitung *nf* — MEC.EN — **finish** *n*
= Fertigbearbeitung *nf*

Feinblech *nn* — METAL — **fine sheet**
↑ Blech — ↑ sheet metal

feindliche Übernahme — ECON — **hostile takeover**
= unfriendly takeover

Feineinstellung *nf* — INSTR — **vernier** *n*
= Nonius *nm*

Feineinstellung *nf* — TECH — **fine adjustment**
= Präzisionseinstellung *nf*; Justierung *nf*; Justage *nf* — ≈ positioning
≈ Positionierung — ↑ adjustment
↑ Einstellung

Feineinstellungsgenauigkeit *nf* — INSTR — **vernier accuracy**
= Noniusgenauigkeit *nf*

Feinentwurf *nm* — SW — **final design**
= Detailentwurf *nm* — = detailed design

Feinfunkenstrecke *nf* — COMPO — **fine spark gap**

Feingewinde *nn* — MEC.EN — **fine thread**

Feinheit *nf* — TECH — **fineness** *n*

Feinkontrast *nm* — TV — **detail contrast**

Feinkoordination *nf* — TECH — → **fine coordination**
→ Feinabstimmung *nf*

feinkörnig — TECH — **fine-grained**
= finely grained; finely granular; fine grain

Feinlötkolben *nm* — EL.TRO — **soldering pencil**
= Lötpencil

feinmaschig — TECH — → **fine-meshed**
→ engmaschig

Feinmechanik *nf* — MEC.EN — **precision engineering**
= Feinwerktechnik *nf* — = light engineering; precision mechanics

Feinmessschraube *nf* — MEC.EN — **micrometer screw**

Feinortung *nf* — RAD.LO — **fine radiolocation**

Feinplanung *nf* — TECH — → **detailed engineering**
→ technische Feinplanung

feinpolieren — MEC.EN — **fine-polish**

Feinpolieren *nn* — MEC.EN — **finish-polishing**

Feinregler *nm* — EL.TRO — **fine-tuning control**

feinschleifen — MEC.EN — **finish-grind** *vt*

Feinschliff *nm* [Oberflächengüte] — MEC.EN — **finish-grind** *n* [surface grade]
↑ Schliff

Feinschnitt *nm* — IMAG.ME — → **final cut**
→ Endschnitt *nm*

Feinschutz *nm* — CIRC.EN — **fine protection**

Feinsicherung *nf* (1) — COMPO — **fine protection**
[schützt vor kleinen Überspannungen oder -strömen] — = fine protecting device
↓ Stromfeinsicherung

Feinsicherung *nf* (2) — COMPO — → **fine-wire fuse**
→ Stromfeinsicherung *nf*

Feinsicherung *nf* mit Zeitverzögerung *nf* — COMPO — → **slow blowing fuse**
→ träge Schmelzsicherung

Feinstanzen *nn* — MEC.EN — **precision stamp**

Feinstbearbeitung *nf* — MEC.EN — **super-finishing**

Feinstdraht *nm* — METAL — **super-fine wire**
= extra-fine wire

Feinstrahl *nm* — PHYS — **microbeam**

Feinstruktur *nf* — TECH — **fine structure**

fein unterscheiden SCIE → **differentiate**
→ differenzieren

Feinwerktechnik *nf* MEC.EN → **precision engineering**
→ Feinmechanik *nf*

Feinziehen *nn* METAL **sizing** *n*

Feld *nn* PHYS **field** *n*
↓ Kraftfeld; Gravitationsfeld; elektrisches Feld; magnetisches Feld — ↓ field of force; gravitational field; electric field; magnetic field

Feld *nn* TECH **field** *n*
[fig] — [fig]
≠ Labor — ≠ laboratory

Feld *nn* (1) DAT.MA → **data field** (1)
→ Datenfeld *nn* (1)

Feld *nn* (2) DAT.MA → **data item** *n* (*pl* data) (1)
→ Datenelement *nn* (1)

Feld *nn* (3) DAT.MA → **array** *n* (1)
→ Matrixfeld *nn*

Feld *nn* TRANSM **section** *n*
↓ Verstärkerfeld; Regeneratorfeld — ↓ repeater section

feldänderbar TECH → **field-alterable**
→ am Einsatzort änderbar

Feldanordnung *nf* DAT.MA **field arrangement**
= fielding

Feldantenne *nf* ANT **tactical antenna**

Feldaxiom *nn* MATH **field axiom**

Feldbegehung *nf* SYS.INS → **survey** *n*
→ Begehung *nf*

Feldbesichtigung *nf* SYS.INS → **survey** *n*
→ Begehung *nf*

Feldbild *nn* PHYS **field pattern**
= Kraftlinienbild *nn*

Feldblindleistung *nf* EL.TEC **field reactive power**
[nichtsinusförmiger Ströme] — [of non-sinusoidal currents]

Feldbus *nm* AUTOMA **field bus**
[vernetzt Feldgeräte] — [connects field devices]

Feldbusnorm *nf* AUTOMA **field bus standard**

Felddurchmesser *nm* OPT.CO **mode field diameter**

Feldeffekt *nm* PHYS **field effect**

Feldeffektdiode *nf* MICR.EL **field effect diode**
= FED — = FED

Feldeffekttransistor *nm* MICR.EL **field effect transistor**
= FET; Feldsteuerungstransistor *nm* — = FET
↑ Unipolartransistor — ↑ unipolar transistor

Feldeffektvaristor *nm* MICR.EL **field-effect varistor**

Feldelektronenmikroskop *nn* EL.TRO **field emission electron microscope**

Feldemission *nf* PHYS **field emission**

Feldenergie *nf* PHYS **field energy**

Felderblockname *nm* COMP.AP **range name**
[Tabellenkalkulation] — [spreadsheet calculation]

felderprobt TECH **field-proved**
= field-proven; field-tested

Felderprobung *nf* TECH → **field test**
→ Feldversuch *nm*

felderweiterbar TECH → **field-expandable**
→ am Einsatzort erweiterbar

Feldfernkabel *nn* COM.CAB **spiral-four cable** (2)
= Feldkabel *nn* — = field cable

Feldfernsprecher *nm* TELEPH **field telephone**
= Feldtelefon *nn*

Feldgerät *nn* AUTOMA **field controller**

Feldgleichung *nf* PHYS **field equation**

Feldgröße *nf* PHYS **field parameter**
= field quantity

Feldkabel *nn* COM.CAB → **spiral-four cable** (2)
→ Feldfernkabel *nn*

Feldkennzeichnung *nf* DAT.MA **field indicator**
= field label

Feldkompatibilität *nf* TRANSM **mid-span compatibility**
[fig] — = span compatibility; mid-span-meet
= Luftübergabe *nf*

Feldkomponente *nf* PHYS **field component**

Feldkonstante *nf* PHYS **field constant**

Feldkreiszeitkonstante *nf* EL.TEC **field time constant**

Feldlänge *nf* DAT.MA **field length**

Feldlänge *nf* TRANSM **section length**
↓ Verstärkerfeldlänge; Regeneratorfeldlänge — ↓ repeater spacing; regenerator spacing

Feldlinie *nf* PHYS → **line of force**
→ Kraftlinie *nf*

Feldmagnet *nm* PHYS **field magnet**

Feldmarke *nf* DAT.MA → **field separator**
→ Feldtrennzeichen *nn*

Feldmarkierung *nf* TER&PER **field marking**

Feldmessung *nf* TELEC **field test**
= in-field test

Feldmontage *nf* TELEC **field installation**

Feldname *nm* DAT.MA **field name**
= Datenfeldname *nm* — = data field name

Feldnummer *nf* SWITCH **field number**

Feldplatte *nf* COMPO → **magnetoresistor** *n*
→ Magnetwiderstand *nm*

Feldplattenpotentiometer *nn* COMPO **magnetoresistor potentiometer**

feldprogrammierbar TECH → **field-programmable**
→ am Einsatzort programmierbar

Feldrechner *nm* DAT.PR → **vector processor**
→ Vektorrechner *nm*

Feldschwächung *nf* PHYS **field weakening**

Feldspule *nf* EL.TEC **field coil**

Feldstärke *nf* PHYS **field strength**
= field intensity; intensity *n*

Feldstärkeanzeigegerät *nn* ANT **field strength indicator**

Feldstärkediagramm *nn* ANT **field strength pattern**

Feldstärkeeinbruch *nm* RAD.PRO → **fading** *n*
→ Schwund *nm nsgt*

Feldstärkemessgerät *nn* INSTR **field strength meter**

Feldstärkemessung *nf* INSTR **field strength measurement**

Feldstecher *nm* PHYS **binoculars** *nplt*

Feldsteuerungstransistor *nm* MICR.EL → **field effect transistor**
→ Feldeffekttransistor *nm*

Feldstrom *nm* POW.EN → **field current**
→ Erregerstrom *nm*

Feldstrom *nm* PHYS **drift current**
[durch ein elektrisches Feld erzeugt] — [caused by an electric field]
= Driftstrom *nm* — ↑ charge carrier current
↑ Ladungsträgerstrom

Feldstromumkehr *nf* POW.EN → **field current reversal**
→ Erregerstromumkehr

Feldtelefon *nn* TELEPH → **field telephone**
→ Feldfernsprecher *nm*

Feldtheorie *nf* PHYS **field theory**
= theory of fields

Feldtrennzeichen *nn* DAT.MA **field separator**
= Feldmarke *nf* — = field marker; field mark

Feldtyp *nm* MICROW → **waveguide mode**
→ Wellentyp *nm*

Feldübertragungsfaktor *nm* EL.ACOU **field sensitivity**

Feldvariable *nf* SW **array variable** *n*

Feld variabler Länge DAT.MA → **variable-length field**
→ Datenfeld variabler Länge

Feldversuch *nm* TECH **field test**
= Felderprobung *nf*; Einsatzerprobung *nf*; Betriebsversuch *nm*; Betriebserprobung *nf* — = field trial; field experiment; service trial; service experiment

Feldwellenwiderstand *nm* RAD.PRO **free-space impedance**
= intrinsic impedance

Feminimum *nn* LING **femininie** *n*
= weibliches Geschlecht

Femto- *praef* PHYS **femto-** *praef*
= f — = f

Femtosekunde *nf* PHYS **femtosecond** *n*
[10E-15 s] — [10E-15 s]
= fs — = fs

Fenster *nn* COMP.AP **window** *n*
[für eine Aufgabe reservierter Bildschirmsektor, meist vom Benutzer einstellbar] — [screen sector assigned to a task, generally user-settable]
= Bildschirmausschnitt *nm*; Ausschnitt *nm*; Sichtfenster *nn*; Anzeigefenster *nn*; Ausgabefenster *nn*; Bildfenster *nn*; Teil-Bildschirm *nm* — = screen window; display window
≈ Box — ≈ box
↓ nichtüberlappendes Fenster; überlappendes Fenster; aktives Fenster; Kommandofenster; Textfenster; Editierfenster — ↓ tiled window; overlaid window; active window; command windows; text

Fenster *nn* OPT.CO → **transmission window**
→ Übertragungsfenster *nn*

Fensterabbildung *nf* COMP.AP **viewpoint transformation**
= Fenstertransformation *nf* — = viewing transformation

Fensterantenne *nf* ANT **window antenna**
= window-sill antenna

fensterbasiert DAT.CO **window-based**

Fensterdetektor *nm* CIRC.EN **window comparator**

[Impulsabgabe wenn Eingangssignal im Toleranzbereich]
= Fensterdiskriminator *nm*

Fensterdiskriminator *nm* CIRC.EN → **window comparator**
→ Fensterdetektor *nm*

Fenstereinblendungstechnik *nf* COMP.AP → **window technique**
→ Fenstertechnik *nf*

Fenstergröße *nf* DAT.CO **windows width**
[Paketvermittlung] [packet switching]

Fenstergrößensymbol *nn* COMP.AP **window size symbol**
= size symbol

Fenstermechanismus *nm* DAT.CO **window mechanism**
[Paketvermittlung] [packet switching]

fensterorientiert COMP.AP **window-oriented** *adj*

Fensterprotokoll *nn* DAT.CO **window protocol**

Fenstertag *nm* ECON **mandatory leave**

Fenstertechnik *nf* COMP.AP **window technique**
[mehrere individuelle Fenster am Bildschirm] [several individual windows on the screen]
= Fenstereinblendungstechnik *nf*; Ausschnittseinblendung *nf*
= windowing environment; windowing *n*

Fenstertechnik-Software *nf* SW **windowing software**

Fensterteiler *nm* COMP.AP **window separator**

Fenstertransformation *nf* COMP.AP → **viewpoint transformation**
→ Fensterabbildung *nf*

Fensterüberlappung *nf* COMP.AP **window overlapping**
= overlapping *n*

Fensterüberwachungseinrichtung *nf* SIG.EN **window monitoring system**

Fensterumgebung *nf* COMP.AP **windowing environment**

Fensterumschlag *nm* OFFICE **window envelope**

Fepla *nf* MANUF → **manufacturing engineering** (2)
→ Fertigungsplanung *nf*

FERF DAT.CO **FERF**
= Fae End Receive Failure

Ferien *nplt* ECON → **vacation** *n* (AE)
→ Urlaub *nm*

Fermi-Dirac-Funktion *nf* PHYS **Fermi-Dirac function**
= Fermi-Dirac-Verteilung *nf*; Fermi-Funktion *nf*; Fermi-Verteilung *nf*
= Fermi-Dirac distribution; Fermi function; Fermi distribution

Fermi-Dirac-Gas *nn* PHYS **Fermi-Dirac gas**

Fermi-Dirac-Statistik *nf* PHYS → **Fermi statistics**
→ Fermi-Statistik *nf*

Fermi-Dirac-Verteilung *nf* PHYS → **Fermi-Dirac function**
→ Fermi-Dirac-Funktion *nf*

Fermi-Energie *nf* PHYS **Fermi energy**

Fermi-Entartung *nf* PHYS **Fermi degeneracy**

Fermi-Funktion *nf* PHYS → **Fermi-Dirac function**
→ Fermi-Dirac-Funktion *nf*

Fermi-Kante *nf* PHYS → **Fermi level**
→ Fermi-Niveau *nn*

Fermi-Niveau *nn* PHYS **Fermi level**
= Fermi-Kante *nf*

Fermi-Potential *nn* PHYS **Fermi potential**

Fermi-Statistik *nf* PHYS **Fermi statistics**
= Fermi-Dirac-Statistik *nf*
= Fermi-Dirac statistics

Fermi-Temperatur *nf* PHYS **Fermi temperature**

Fermium *nn* CHEM **fermium** *n*
= Fm
= Fm

Fermi-Verteilung *nf* PHYS → **Fermi-Dirac function**
→ Fermi-Dirac-Funktion *nf*

Fern- SCIE → **tele-** *praef*
→ Tele- *praef*

Fernabfrage *nf* TER&PER **remote enquiry**
= remote inquiry; trunk answering

Fernabschaltung *nf* TELECON **remote off-control**

Fernalarm *nm* TELECON → **remote alarm**
→ Fernmeldung *nf*

Fernalarmempfang *nm* TRANSM **remote alarm reception**
= RMT

Fernamt *nn* SWITCH → **toll exchange** (AE)
→ Fernvermittlungsstelle *nf*

Fernanschluss *nm* DAT.CO **remote connection**

Fernanschlussleitung *nf* TELEPH **toll line**
[Direktanschluss an Fernamt, oder mit Teilnehmern eines anderen Ortsnetzes] [direct connection to toll office or subscribers of other exchange area]
↑ Teilnehmerleitung
= toll terminal
↑ subscriber line

Fernanzeige *nf* TELECON **remote indication**

Fernanzeigen *nn* TELECON **teleindication**
[Fernüberwachen durch Größen die nur zwei Zustände annehmen können] [telesupervision by two-states magnitudes]
= Fernmelden *nn*
↑ Fernüberwachen
= remote indication
↑ telemonitoring

Fernausbreitung *nf* RAD.PRO **long-distance propagation**

Fernausgabe *nf* DAT.PR **remote output**
= Ferndatenausgabe *nf*
= remote data output

Fernbankdienst *nm* INTERNET → **telebanking** *n*
→ Tele-Banking *nn*

Fernbeamter *nm* TELEPH → **toll operator**
→ Fernbeamtin *nf*

Fernbeamtin *nf* TELEPH **toll operator**
= Fernbeamter *nm*
↑ Beamtin
↑ operator

fernbedienen TECH **operate remorely**
= fernbetätigen; fernbetreiben
= actuate remotely; teleoperate; teleactuate

Fernbedienen *nn* TELECON → **telecontrol** *n*
→ Fernwirken *nn*

fernbediente Antenne ANT → **remotely controlled antenna**
→ Motorantenne *nf*

Fernbedienung *nf* CONS.EL **remote control**

Fernbereich *nm* DAT.CO **remote area**

fernbetätigen TECH → **operate remorely**
→ fernbedienen

fernbetätigt TECH **remotely operated**
= fernbetrieben
≈ ferngesteuert
= far-end operated; remotely actuated; far-end actuated
≈ remotely controlled

fernbetreiben TECH → **operate remorely**
→ fernbedienen

Fernbetrieb *nm* TELECON **remote operation**
= remote mode

fernbetrieben TECH → **remotely operated**
→ fernbetätigt

Ferndatenausgabe *nf* DAT.PR → **remote output**
→ Fernausgabe *nf*

Ferndiagnose *nf* TECH **remote diagnosis** *n*
= Telediagnose *nf*
= telediagnosis *n* (*pl* -ses)

Ferndrucken *nn* TELEC **teleprinting** *n*

Ferndrucker *nm* TER&PER **remote printer**
[in Stapelstationen] [for batch terminals]
≈ Fernschreiber
≈ teleprinter

Ferne *nf* TECH **remoteness** *n*
≠ Nähe
≠ proximity

Ferneingabe *nf* DAT.PR **remote input**
= Datenferneingabe *nf*
= remote entry; remote data input; remote data entry

Ferneinkaufen *nn* INTERNET → **teleshopping** *n*
→ Tele-Einkauf

Ferneinloggen *nn* DAT.PR **remote log-in**
= rlogin *n*

ferneinstellen DAT.PR → **remotely configure**
→ fernkonfigurieren

ferneinstellen TECH **remotely set**

Ferneinstellen *nn* TELECON **teleadjusting** *n*
[Fernsteuern durch mehrwerige Größen] [telecommand by polyvalent magnitudes]
↑ Fernsteuern
↑ telecommand

Ferneinstellung *nf* TECH **remote setting**

Fernempfang *nm* RAD.PRO **long-distange reception**
= long-range reception

Fernentstörung *nf* RADIO **long-range interference suppression**

Fernerkundung *nf* GIS **remote sensing**

Fernerkundungsdaten *nplt* GIS **remote sensing data**
[per Satelliten- oder Luftbildern gewonnen] [acquired by aerial or satellite photography]

ferner Teilnehmer SWITCH → **called suscriber**
→ gerufener Teilnehmer

fernes Amt TELEC **remote station**

ferne Schleife TELEC **remote loop**

fernes Ende TELEC **far end**

Fernfehlerfühlung *nf* INSTR → **remote sensing**
→ Fernfühlung *nf*

Fernfehlermeldung *nf* TELEC **remote alarm indication**
= RAI

Fernfeld *nn* ANT **far-field region**
= Frauenhoferregion *nf*
= far-field; distant field

Fernfelddiagramm *nn* ANT **far-field diagram**

Fernfeldstärke *nf* ANT **far-field strength**

Fernfeldverteilung *nf* OPT.CO **far field distribution**

Fernfreileitung *nf* TRANSM → **toll open-wire line**
→ Weitverkehrsfreileitung *nf*

Fernfühlung *nf* INSTR **remote sensing**
= Fernfehlerfühlung *nf*; Fernsteuerung *nf*; Fernprogrammierung *nf*
= remote error sensing; remote control; remote programming

Ferngebühr *nf* TELEC **long-distance call fee**
= trunk charge; long-distance charge; toll *n*

Ferngebühren-Sparfunktion *nf* TELEPH **toll saver**

Ferngebührenzähler *nm* SWITCH **long-distance-call-fee meter**

ferngespeist TELEC **remotely fed**
= line-powered

Ferngespräch *nn* TELEPH **toll call** (1) (AE)
= Ferntelephonat *nn*
≈ Nahgespräch
↓ Telefongespräch
= long-distance call; trunk call (BE)

Ferngespräch *nn* TELEPH → **telephone conversation**
→ Telefongespräch *nn*

Ferngesprächspauschale *nf* TELEC **WATS**
[USA; Monatspauschale für unbegrenzte Anzahl von Ferngesprächen innerhalb eines Bereiches]
[USA; global monthly fee for an unlimited number of long distance calls within an area]
= wide area telephone service

ferngesteuert TECH **remotely controlled**
≈ fernbetätigt
= far-end controlled
≈ remotely actuated

ferngesteuerte Rufumleitung TELEPH **follow me** *n*

Ferngreifer *nm* TECH → **manipulator** *n*
→ Manipulator *nm*

Fernheizung *nf* TECH **piped heat**
= Fernwärme *nf*

Fernhörer *nm* TELEPH → **handset** *n*
→ Handapparat *nm*

Fernkabel *nn* COM.CAB **toll cable**
= Fernverbindungskabel *nn*; Weitverkehrskabel *nn*
↑ Übertragungskabel
= trunk cable (BE)
↑ transmission cable

fernkonfigurieren DAT.PR **remotely configure**
= ferneinstellen

Fernkopieren *nn* TELEC **telecopying** *n*
= Telekopieren *nf*
≈ Faksimile
≈ facsimile

Fernkopieren *nn* TELEC → **telecopy service**
→ Telefax-Dienst *nm*

fernkopieren *vt* TELEC **telecopy** *vt*
= telekopieren; telefaxen
= telefax *n*

Fernkopierer *nm* TER&PER → **telefax set**
→ Telefax-Gerät *nn*

Fernkopierer *nn* TELEC **telecopier** *n*
= Telekopierer *nm*

Fernkraft *nf* PHYS **long-range force**

Fernkurs *nm* EDUC **correspondence course**
= Fernlehrgang *nm*
≈ Fernunterricht
≈ distance learning

Fernladen *nn* DAT.CO **remote download**
= remote downline load; downline load; remote load

Fernladeprogramm *nn* DAT.CO **remote download program**
= Fernlader *nm*
= downline loader program

Fernlader *nm* DAT.CO → **remote download program**
→ Fernladeprogramm *nn*

Fernladesteuerung *nf* DAT.CO **remote loader control**

Fernlehrgang *nm* EDUC → **correspondence course**
→ Fernkurs *nm*

Fernleitung *nf* TELEC **toll trunk** *n* (AE)
= Fernverbindungsleitung *nf*; Fernlinie *nf*
= trunk circuit (BE); intercity trunk (AE); long-distance line; long-distance circuit; trunk line (1)

Fernleitungsgesellschaft *nf* TELEC → **interexchange carrier**
→ Fernnetzbetreiber *nm*

Fernleitungsnetz *nn* TELEC → **toll network** (AE)
→ Fernnetz *nn*

Fernleitungsnetz *nn* TELEC **trunk outside plant**
= Fernliniennetz *nn* (DTAG)
≠ Ortsleitungsnetz
↑ Außennetz
↓ Bezirks-Liniennetz (DTAG); Weit-Liniennetz (DTAG)
= trunk OSP
≠ local outside plant

Fernleitungsübertrager *nm* OUT.PL → **phantom coil**
→ Phantomübertrager *nm*

Fernlenken *nn* TELECON → **telecontrol** *n*
→ Fernwirken *nn*

Fernlinie *nf* TELEC → **toll trunk** *n* (AE)
→ Fernleitung *nf*

Fernliniennetz *nn* (DTAG) TELEC → **trunk outside plant**
→ Fernleitungsnetz *nn*

Fernlokalisierung *nf* TELECON **remote location**
= Fernortung *nf*

Fernmelde... TELEC **telecommunication ...**
= Telekommunikations...

Fernmeldeanlage *nf* TELEC **telecommunication facility**

Fernmelde-Anschlussdose *nf* COMPO **communications connection socket**

Fernmeldebauordnung *nf* TELEC **Telecommunication Projects Regulations**

Fernmeldebehörde *nf* TELEC **telecommunications authority**
≈ Fernmeldeverwaltung; Fernmeldefirma

Fernmeldebetreiber *nm* TELEC → **telecommunications carrier**
→ Telekommunikationsbetreiber *nm*

Fernmeldedienst *nm* TELEC → **telecommunication service**
→ Telekommunikationsdienst *nm*

Fernmeldefahrzeug *nn* TELEC **telecommunication vehicle**

Fernmeldefirma *nf* ECON → **telecommunications company**
→ Telekommunikationsfirma *nf*

Fernmelde-Freileitung *nf* OUT.PL **open-wire trunk**

Fernmeldegebühr *nf* TELEC → **telecommunication services tariff**
→ Telekommunikationsgebühr *nf*

Fernmeldegeheimnis *nn* INF.TEC → **communications confidentiality**
→ Nachrichtengeheimnis *nn*

Fernmeldegenossenschaft *nf* TELEC → **telecommunications co-operative**
→ Telekommunikationsgenossenschaft *nf*

Fernmeldegerät *nn* TELEC → **telecommunications equipment**
→ Telekommunikationsgerät *nn*

Fernmeldegesellschaft *nf* TELEC → **telecommunications carrier**
→ Telekommunikationsbetreiber *nm*

Fernmeldegesetz *nf* TELEC → **telecommunication regulations**
→ Telekommunikationsgesetz *nf*

Fernmeldeingenieur *nm* TECH **telecommunications engineer**
= Telekommunikationsingenieur *nm*

Fernmeldekabel *nn* COM.CAB → **transmission cable**
→ Übertragungskabel *nn*

Fernmeldekonzessionär *nm* TELEC **telecommunications concessionaire**
≈ Fernmeldegesellschaft
= telecommunications concessioner

Fernmeldeleitung *nf* TELEC **telecommunication circuit**
≈ Fernmeldelinie
= communications line

Fernmeldelinie *nf* TELEC **trunk** *n* (1)
[zwischen entfernten Punkten eingerichteter Verbindungsweg, mit einem oder mehreren gemeinsam auf der gleichen Trasse geführten Kanälen, über Kabel, Freileitung oder Funk]
= Linie *nf*
≈ Leitungsbündel
↓ Fernlinie; Ortslinie ; Kabellinie; Freileitungslinie; Richtfunklinie
[a single or multichannel connection, routed commonly on the same carrier system, by cable, open wire line or microwave line]
= telecommunication line; line
≈ trunk group
↓ trunk line; local line; cable line; open-wire line; line-of-sight line

Fernmeldemarkt *nm* ECON → **telecommunications market**
→ Telekommunikationsmarkt *nm*

Fernmeldemast *nm* OUT.PL **communication mast**

Fernmeldemesstechnik *nf* INSTR → **telecommunications testing**
→ Telekommunikations-Messtechnik *nf*

Fernmelden *nn* TELECON → **teleindication**
→ Fernanzeigen *nn*

Fernmeldenetz *nn* TELEC → **telecommunications network**
→ Telekommunikationsnetz *nn*

Fernmeldeordnung *nf* ECON → **telecommunications regulations**
→ Telekommunikationsordnung *nf*

Fernmelderechnung *nf* TELEC **telecommunication bill**
= Gebührenrechnung *nf*
↓ Telefonrechnung
↓ telephone bill

Fernmelderelais *nn* COMPO **telecommunications relay**
= Telekommunikationsrelais *nn*; Telekom-Relais *nn*

Fernmeldesatellit *nm* SAT.CO → **telecommunication satellite**
→ Telekommunikationssatellit *nm*

Fernmelde-Schutzschalter *nm* COMPO **automatic cutout with signal contact**
[Sicherungsautomat mit Sicherungskontakt]
↑ Sicherungsautomat
↑ automatic cutout

Fernmeldesicherung *nf* COMPO **telephone service fuse**
↑ Stromsicherung
↓ Hitzdrahtsicherung; Rücklötsicherung; Umkehrauslöser
↑ overcurrent protector
↓ heat-coil fuse; resolderable fuse; reversible fuse

Fernmelde-Stromversorgungsanlage *nf* POW.SY **telecommunication power system**
= telecommunications energy

Fernmeldetechnik *nf* INF.TEC → **communications technology**
→ Telekommunikationstechnik *nf*

fernmeldetechnisches Gerät TELEC → **telecommunications equipment**
→ Telekommunikationsgerät *nn*

Fernmeldetechnisches Zentralamt [DBP] TELEC **telecommunications engineering authority of the F.R.G**
= FTZ

Fernmeldetechnisches Zentrum TELEC → **telecommunication center** (AE)
→ Telekommunikationszentrum *nn*

Fernmeldeturm *nm* OUT.PL **communication tower**
= Telekommunikationsturm *nm*
↓ Richtfunkturm; Rundfunkturm; Fernsehturm
= telecommunication tower
↓ radio relay tower; broadcasting tower; television tower

Fernmeldeverkehr *nm* TELEC → **telecommunication traffic**
→ Telekommunikationsverkehr *nm*

Fernmeldeversorgung *nf* TELEC **communications coverage**
= telecommunications coverage

Fernmeldeversorgungsgrad *nm* TELEC **communications coverage grade**

Fernmeldeverwaltung *nf* TELEC → **telecommunications administration**
→ Telekommunikationsverwaltung *nf*

Fernmeldeverwaltungsnetz *nn* TELEC → **TMN**
→ TMN

Fernmeldewesen *nn* INF.TEC → **telecommunications** *nplt*
→ Telekommunikation *nf*

Fernmeldezentrum *nn* TELEC → **telecommunication center** (AE)
→ Telekommunikationszentrum *nn*

Fernmeldung *nf* TELECON **remote alarm**
= Fernalarm *nm*

Fernmessdaten *nplt* TELECON → **telemetry data**
→ Telemetriedaten *nplt*

fernmessen TELECON **telemeter** *vt*

Fernmessen *nn* TELECON **telemetering** *n*
[Fernübertragung von Messwerten]
= Telemetrie *nf*; Fernmessung *nf*; Fernmesstechnik *nf*
↑ Fernüberwachen
[teletransmission of measurements]
= telemetry *n*; remote measuring

Fernmesstechnik *nf* TELECON → **telemetering** *n*
→ Fernmessen *nn*

Fernmessung *nf* TELECON → **telemetering** *n*
→ Fernmessen *nn*

Fernmessvermittlungstechnik *nf* TELECON **telemetry exchange**
= TEMEX

Fernmmeldegerätehersteller *nm* INF.TEC **telecommunications equipment manufacturer**
= Telekommunikationsgeräte-Hersteller *nm*
= telecom equipment maker

fernmündlich *adj* TELEC **telephonic** *adj*
= telefonisch; telephonisch

fernmündlich *adv* TELEC **by phone** *adv*
= telefonisch; telephonisch
= by telephone; telephonically

Fernnebensprechen TRANSM **far-end crosstalk**
= Gegensprechen *nn*; Gegennebensprechen *nn*
= FEXT

Fernnetz *nn* TELEC **toll network** (AE)
= Fernleitungsnetz *nn*; Weitverkehrsnetz *nn*; Landesfernwahlnetz *nn*
= trunk network (BE); trunking network; long-haul network; long-distance network; long-range network; intercapital network; toll plant (AE); trunk plant (BE); toll transmission network (AE); backbone network

Fernnetz *nn* DAT.NW → **wide-area network**
→ weiträumiges Netz

Fernnetzbetreiber *nm* TELEC **interexchange carrier**
= Fernverkehrsgesellschaft *nf*; Fernleitungsgesellschaft *nf*; Weitverkehrsgesellschaft *nf*; Weitverkehrsbetreiber *nm*; Weitverkehrsanbieter *nm*; Fernverkehrsbetreiber *nm*; Fernverkehrsanbieter *nm*; Verbindungsnetzbetreiber *nm*
↑ Fernmeldegesellschaft
= inter-exchange carrier; IXC; interexchange operator; trunk carrier; trunk operator; long-distance carrier; long-distance operator; long-haul carrier; long-haul operator; long-range carrier; long-range operator; backbone operator
↑ telecommunications carrier

Fernnetzsystem *nn* TELEC → **long-haul system**
→ Weitverkehrssystem *nn*

Fernortung *nf* TELECON → **remote location**
→ Fernlokalisierung *nf*

Fernplatz *nm* SWITCH → **toll switchboard**
→ Fernschrank *nm*

Fern- *praef* INF.TEC **tele-** *praef*
= Tele-
= remote; long-haul

fernprogrammieren DAT.PR **teleprogram** *vt*

Fernprogrammierung *nf* DAT.PR **teleprogramming** *n*
= Teleprogrammierung *nf*
= remote programming

Fernprogrammierung *nf* INSTR → **remote sensing**
→ Fernfühlung *nf*

Fernpunkt *nm* PHYS **far point**

Fernring *nm* DAT.CO **remote ring**

Fernrohr *nn* OPT **telescope** *n*

Fernsatz *nm* PRIN.ME **teletypesetting** *n*
= TTS

Fernschalten *nn* TELECON **teleswitching** *n*
[Fernsteuern mittels zweiwertiger Größe]
↑ Fernsteuern
[telecommand by a bivalent magnitude]
↑ telecommand *n*

Fernschalter *nm* TELECON **remote control switch**

Fernschaltgerät *nn* DAT.CO **remote control unit**
[Teilnehmergerät zum Anschluss an das Fernschreib- oder Datennetz, erfüllt alle zum Aufbau und Lösen der Verbindungen erforderlichen Funktionen]
[subscriber equipment for the connection to a telex or data network, pereforms all functions to establish or dissolve a connection]
= signaling unit

Fernschrank *nm* SWITCH **toll switchboard**
= Fernplatz *nm*
= trunk switchboard; trunk position

Fernschreibalphabet CODING **teleprinter code**
= Fernschreibcode *nm*; Telegrafiecode *nm*; Telegraphiecode *nm*; Telegrafenalphabet *nn*; Telegraphenalphabet *nn*; Fernschreibercode *nm*
↓ internationales Telegraphenalphabet Nr.2; UIT-T-Alphabet Nr.1
= telegraph code; teletypewriters code; telegraph alphabet
↓ international telegraph alphabet no.2; Baudot code

Fernschreibamt *nn* TELEC → **telex office**
→ Fernschreibvermittlungsamt *nn*

Fernschreibanlage *nf* TELEGR **teleprinter installation**
= Telexanlage *nf*

Fernschreibanschluss *nm* TELEC → **telex subscriber line**
→ Telexanschluss *nm*

Fernschreibcode *nm* CODING → **teleprinter code**
→ Fernschreibalphabet

Fernschreibdienst *nm* TELEC → **telex** *n* (1)
→ Telex *nn* (1)

fernschreiben TELEC **teletype** *vt*
≈ telegrafieren
= telewrite *vt*; teleprint *vt*
≈ telegraph

Fernschreiben *nn* TELEC **telex message** *n*
[ein telegrafisch übermitteltes Schreiben]
= Fernschreibnachricht *nf*; Telex *nn* (2)
= telex *n* (2)

Fernschreibendgerät *nn* TER&PER **telegraph terminal equipment**
↑ Teilnehmergerät
↓ Fernschreiber
↑ user terminal
↓ teletypewriter

Fernschreibentzerrer *nm* TELEGR **regenerative repeater**

Fernschreiber *nm* TER&PER **teletypewriter** (AE)
[Oberbegriff für in oder aus Fernschreibcode umsetzende Endgeräte, für Telex oder als Peripheriegerät einer DVA]
= Fernschreibmaschine *nf*
↑ Fernschreibendgerät
↓ Telexfernschreiber; Funkfernschreiber
[a terminal converting from or into telegraphic code, for telex or computing]
= teleprinter (BE); teletype; TTY
↑ telegraph terminal equipment
↓ telex teleprinter; radio teletypewriter

Fernschreibercode *nm* CODING → **teleprinter code**
→ Fernschreibalphabet

Fernschreibgebühr *nf* TELEC **telex charge**
= Telexgebühr *nf*
↑ Fernmeldegebühr
= teleprinter charge
↑ telecommunications tariff

Fernschreibkanal *nm* TELEC **telegraph channel**
= Telegraphiekanal *nm*; Telegrafiekanal *nm*; Telegraphenkanal *nm*; Telegrafenkanal *nm*
≈ Fernschreibleitung
= telex channel
≈ telegraph line

Fernschreibkonferenz *nf* TELEC **teletypewriter conference**
= Telexkonferenz *nf*
≈ Computer-Konferenz [DAT.CO]
≈ computer conferencing [DAT.CO]

Fernschreibleitung *nf* TELEC **telegraph line**
= Telegrafieleitung *nf*; Telegraphieleitung *nf*; Telegrafenleitung *nf*; Telegraphenleitung *nf*
= telegraphic line
≈ telegraph channel

Fernschreibmaschine *nf* TER&PER → **teletypewriter** (AE)
→ Fernschreiber *nm*

Fernschreibmodus *nm* DAT.PR **teletype mode**
– Telexmodus *nm*

Fernschreibnachricht *nf* TELEC → **telex message** *n*
→ Fernschreiben *nn*

Fernschreibnetz *nn* (1) TELEC **telegraph network**
= Telegraphienetz *nn*

Fernschreibnetz *nn* (2) TELEC → **telex network**
→ Fernschreibwählnetz *nn*

Fernschreibnummer *nf* TELEGR → **telex number**
→ Telexnummer *nf*

Fernschreibstelle *nf* TELEGR **teleprinter station**
= Telexstelle *nf*
= telex station

Fernschreibstrom *nm* TELEGR **line current**
= Telegrafierstrom *nm*; Linienstrom *nm*
= telegraph current

Fernschreibtastatur *nf* TER&PER **teletypewriter keyboard**
= Telextastatur *nf*
= teleprinter keyboard; telegraphic keyboard; telex keyboard

Fernschreibtechnik *nf* TELEC **telegraphy** *n*
= Telegrafie *nf*; Telegraphie *nf*; Telegrafentechnik *nf*; Telegraphentechnik *nf*
= telegraph engineering

Fernschreibteilnehmer *nm* TELEC **telex subscriber**
= Telexteilnehmer *nm*

Fernschreibteilnehmer-Verzeichnis *nn* TELEC → **telex directory**
→ Telexverzeichnis *nn*

Fernschreib-Übertragungssystem *nn* TELEC **telegraph transmission system**
= Telex-Übertragungssystem *nn*

Fernschreibverkehr *nm* TELEC **telex traffic**
= Telexverkehr *nm*
= teleprinter traffic; telex communication; telegraphic traffic

Fernschreibvermittlung *nf* TELEC **telegraph switching exchange**
= Telegrafievermittlung *nf*
= telegraph exchange

Fernschreibvermittlung *nf*(1) [Funktion] TELEC **telegraph switching** [function]
= Telexvermittlung *nf*(1)

Fernschreibvermittlung *nf*(2) TELEC → **telex office**
→ Fernschreibvermittlungsamt *nn*

Fernschreibvermittlungsamt *nn* TELEC **telex office**
= Fernschreibamt *nn*; Telexamt *nn*; Telexvermittlung *nf*(2); Fernschreibvermittlung *nf*(2); Telexvermittlungsamt *nn*; Telegrafenamt *nn*; Fernschreibwählvermittlung *nf*; Fernschreib-Wählvermittlungsamt *nn*
= teleprinter exchange; telex exchange; telegraph office

Fernschreib-Vermittlungsschrank *nm* TELEGR **telegraph switchboard**
= Telex-Vermittlungsschrank *nm*
= teletypewriter switchboard

Fernschreibwählleitung *nf* TELEC → **telex line**
→ Telexleitung *nf*

Fernschreibwählnetz *nn* TELEC **telex network**
= Telexnetz *nn*; Fernschreibnetz *nn* (2)
↑ Wählnetz
= teleprinter network
↑ switched network

Fernschreibwählverbindung *nf* TELEC → **telex line**
→ Telexleitung *nf*

Fernschreibwählvermittlung *nf* TELEC → **telex office**
→ Fernschreibvermittlungsamt *nn*

Fernschreib-Wählvermittlungsamt *nn* TELEC → **telex office**
→ Fernschreibvermittlungsamt *nn*

Fernschreibzeichen *nn* CODING **teleprinter signal**
= Telegrafiezeichen *nn*
= telegraph signal

Fernschulung *nf* EDUC → **distance learning**
→ Fernunterricht *nm*

Fernsehanschlussleitung *nf* BROADC **television subscriber line**
= TV-Anschlussleitung *nf*
= TV subscriber line

Fernsehansprache *nf* IMAG.ME **television speech**

Fernsehanstalt *nf* MEDIA **television broadcasting company**
= Fernsehgesellschaft *nf*
= TV broadcasting company

Fernsehantenne *nf*(1) ANT **television antenna** (1)
= TV-Antenne *nf*(1)
↓ Fernsehsendeantenne; Fernsehempfangsantenne
= television aerial (1); TV antenna (1); TV aerial (1)
↓ TV emission antenna; TV reception antenna

Fernsehantenne *nf*(2) ANT → **television reception antenna** *n*
→ Fernsehempfangsantenne *nf*

Fernsehaufnahmekamera *nf* TV → **television camera**
→ Fernsehkamera *nf*

Fernseh-Außenübertragungsleitung *nf* BROADC → **outside television broadcast link**
→ Fernsehzubringerleitung *nf*

Fernsehaustauschleitung *nf* [für internationalen oder nationalen Programmaustausch] BROADC **television program exchange line** [for international or national program exchange]
= TV-Austauschleitung *nf*
↑ Austauschleitung
= TV program exchange line
↑ program exchange line

Fernsehband *nn* RADIO **television broadcast band**
= Fernsehbereich *nm*; TV-Band *nn*; TV-Bereich *nm*
= TV broadcast band; television band; TV band

Fernsehbereich *nm* RADIO → **television broadcast band**
→ Fernsehband *nn*

Fernsehbild *nn* TV **television picture**
= TV-Bild *nn*; Bild *nn*
= TV picture; picture

Fernsehbildempfänger *nm* TV **television picture display**
= TV-Bildempfänger *nm*; TV-Empfänger *nm*
= TV picture display

Fernsehbildröhre *nf* EL.TRO **television picture tube**
= TV-Bildröhre *nf*; Fernsehröhre *nf*; TV-Röhre
↑ Bildwiedergaberöhre
↓ Schwarz-Weiß-Fernsehbildröhre; Farb-Fernsehbildröhre
= TV picture tube; television tube; TV tube
↑ picture tube
↓ black-and-white TV tube; color TV tube

Fernsehbildschirm *nm* TV → **video screen**
→ Bildschirm *nm*

Fernseh-Bildschirmgerät *nn* TER&PER **televison terminal**
= TV-Bildschirmgerät *nn*
= TV terminal

Fernseheinkauf *nm* ECON **armchair shopping**

Fernsehempfang *nm* BROADC **television reception**
= TV-Empfang *nm*
= TV reception

Fernsehempfänger *nm* CONS.EL → **television set**
→ Fernsehgerät *nn*

Fernsehempfangsantenne *nf* ANT **television reception antenna** *n*
= TV-Empfangsantenne *nf*; Fernsehantenne *nf* (2); TV-Antenne *nf*(2)
↑ Fernsehantenne (1)
= TV reception antenna; television antenna (2); television aerial (2); TV antenna (2); TV aerial (2)
↑ television antenna (1)

fernsehen IMAG.ME **teleview** *vt*
= watch TV

Fernsehen *nn* BROADC **television** (v)
= Television *nf* (ANGL); TV *nn*
[composite term from Greek "tele" = "far" and Engl. "vision" (through the French from Latin "visio" = sight)]
= TV

Fernseher *nm* CONS.EL → **television set**
→ Fernsehgerät *nn*

Fernsehfilm *nm* [für das Fersehen produziert] IMAG.ME **television film** [produced for TV]
= television movie; TV film; TV movie; teleplay *n* (2)

Fernsehfüllsender *nm* BROADC **television fill-in transmitter**
= TV-Füllsender *nm*
= TV fill-in transmitter; TV gap filler

Fernsehgebühr *nf* IMAG.ME **television license**
= TV-Gebühr *nf*
= TV license

Fernsehgerät *nn* CONS.EL **television set**
= Fernsehempfänger *nm*; Fernseher *nm*; Fernsehheimempfänger *nm*; Fersehapparat *nm*; TV-Gerät *nn*; TV-Empfänger *nm*; TV-Apparat *nm*; Bildgerät *nn*; Bildempfangsgerät *nn*
= TV set; televisor *n*; television receiver; TV receiver; TV home receiver; video receiver (AE); image set

Fernsehgesellschaft *nf* MEDIA → **television broadcasting company**
→ Fernsehanstalt *nf*

Fernsehhaushalte *nplt* IMAG.ME **homes with TV**

Fernsehheimempfänger *nm* CONS.EL → **television set**
→ Fernsehgerät *nn*

Fernsehhörer *nm* CONS.EL → **television headphone**
→ Fernsehkopfhörer *nm*

Fernsehinstallateur *nm* TV **televison installer**
= TV-Installateur *nm*
= TV installer

Fernsehkabel-Telefonie *nf* INF.TEC **cablephony** *n* [telephony over CATV]
= TV-Kabel-Telefonie *nf*

Fernsehkamera *nf* TV **television camera**
= Fernsehaufnahmekamera *nf*; TV-Kamera *nf*
= TV camera; telecamera

Fernsehkanal *nm* RADIO **television channel**
= TV-Kanal *nm*
= TV channel

Fernsehkanalabstand *nm* RADIO **television channel spacing**
= TV-Kanalabstand *nm*

Fernsehkanalsignal *nn* BROADC **television channel signal**
= TV-Signal-Kanal *nm*
= TV channel signal

Fernsehkolleg *nn* EDUC → **course of TV lectures**
→ Telekolleg *nn*

Fernseh-Kontrolloszilloskop *nn* TV **video-frequency oscilloscope**
= TV-Kontrolloszilloskop *nn*; Videofrequenz-Oszilloskop *nn*; VF-Oszilloskop *nn*; VF-Oszillograf *nm*
= VF oscilloscope; video

Fernsehkopfhörer *nm* CONS.EL **television headphone**
= Fernsehhörer *nm*; TV-Kopfhörer *nm*
= TV headphone

Fernsehkorrespondent IMAG.ME **television correspondent**
= TV correspondent

Fernsehleitung *nf* TRANSM **television line**
= TV-Leitung *nf*
= TV line

Fernsehleitungskette *nf* BROADC **chain of television line**
= TV-Leitungskette *nf*
= chain of TV line

Fernsehleitungsnetz *nn* BROADC **television network**
= TV-Leitungsnetz *nn*
= TV network

Fernsehleitungsverbindung *nf* BROADC **television link**
= TV-Leitungsverbindung *nf*
= TV link

Fernseh-Messdemodulator *nm* INSTR → **TV demodulator**
→ TV-Messdemodulator *nm*

Fernsehmesssignal *nn* = TV-Messsignal *nn*	TV	**television measuring signal** = TV measuring signal
Fernsehmesstechnik *nf* = TV-Messtechnik *nf*	TV	**television measurement** = TV measurement
Fernsehmodulationsleitung *nf* [vom Studio zu einem Sender] = TV-Modulationsleitung *nf* ↑ Modulationsleitung	BROADC	**television transmitter feeding link** [from studio to a transmitter] = TV transmitter feeding link ↑ transmitter feeding link
Fernsehnorm *nf* = Fernsehstandard *nm*; TV-Norm *nf*; TV-Standard *nm*	TV	**television standard** = TV standard
Fernsehnormkonverter *nm* → Normwandler *nm*	TV	→ **TV standards converter**
Fernsehnormwandler *nm* → Normwandler *nm*	TV	→ **TV standards converter**
Fernsehnormwandlung *nf* → Normwandlung *nf*	TV	→ **TV standards conversion**
Fernseh-Ortsleitung *nf* = TV-Ortsleitung *nf*	BROADC	**local television link** = local TV link
Fernsehpremiere *nf* = TV-Premiere *nf*	IMAG.ME	**television premiere** = TV premiere
Fernsehprogramm *nn* = TV-Programm *nn* ≈ Fernsehsendung ↑ Rundfunkprogramm	IMAG.ME	**television broadcast program** (AE) = television program; TV broadcast program; TV program; telecast; television broadcast programme (BE); TV broadcast programme; television programme ; TV programme ≈ television broadcast transmission
Fernsehpropaganda *nf* → Fernsehwerbung *nf*	IMAG.ME	→ **television advertizing**
Fernsehprüfsignal *nn* = TV-Prüfsignal *nn*	TV	**television test signal** = TV test signal
Fernsehreklame *nf* **TV-Reklame** *nf* → Fernsehwerbung *nf*	IMAG.ME	→ **television advertizing**
Fernsehreporter *nm* = TV-Reporter *nm* ↑ Rundfunkreporter	IMAG.ME	**television broadcast reporter** = TV reporter ↑ brodcast reporter
Fernsehröhre *nf* → Fernsehbildröhre *nf*	EL.TRO	→ **television picture tube**
Fernsehrundfunk *nm* = TV-Rundfunk *nm* ↑ Rundfunk	IMAG.ME	**television broadcasting** = TV broadcasting; radiovision ↑ broadcasting
Fernsehrundfunk-Satellit *nm* = TV-Rundfunksatellit *nm*	SAT.CO	**television broadcasting satellite** = TV broadcasting satellite
Fernsehsatellit *nm* = TV-Satellit *nm* ↑ Rundfunksatellit	SAT.CO	**television broadcast satellite** = TV broadcast satellite; TV satellite
Fernsehschaltstelle *nf* = TV-Schaltsstelle *nf*	BROADC	**television program center** (AM) = TV program center (AE); television programme centre (BE); TV programme centre (BE)
Fernsehsendeanlage *nf* = TV-Sendeanlage *nf* ≈ Fernsehsender	BROADC	**television broadcast station** = TV broadcast station
Fernsehsendeantenne *nf* = TV-Sendeantenne *nf* ↓ Fernsehantenne (1)	ANT	**television transmitting antenna** = TV transmitting antenna ↑ television antenna (1)
fernsehsenden = televisionieren (Duden) ↑ rundsenden	IMAG.ME	**telecast** *vt* (AE) = TV broadcast; transmit by TV ↑ broadcast
Fernsehsender *nm* = Fernsehsendestation *nf*; TV-Sender *nm*; TV-Sendestation *nf* ≈ Fernsehsendeanlage ↑ Rundfunksender	BROADC	**television transmitter** = television emitter; television broadcast emitter; TV transmitter; TV emitter; TV broadcast emitter ↑ broadcast transmitter
Fernsehsendestation *nf* → Fernsehsender *nm*	BROADC	→ **television transmitter**
Fernsehsendung *nf* = TV-Sendung *nf*; Fernsehübertragung *nf*; TV-Übertragung *nf* ≈ Fernsehprogramm ↑ Rundfunksendung (1)	IMAG.ME	**television broadcast transmission** = television transmission; TV broadcast transmission; TV transmission ↑ broadcast transmission
Fernsehserie *nf* = Serie *nf*	IMAG.ME	**television series** = TV series; series
Fernsehsignal *nn* [Bild plus Ton] = TV-Signal *nn*	TV	**television signal** [video plus audio] = TV signal
Fernsehsignalgemisch *nn* → Videosignal *nn*	TV	→ **video signal** *n*
Fernsehspiel *nn* = TV-Spiel *nn*	IMAG.ME	**teleplay** *n* (1) = TV game show
Fernsehstandard *nm* → Fernsehnorm *nf*	TV	→ **television standard**
Fernsehstörung *nf* [Störung von TV-Empfang] = TV-Störung *nf*	RAD.PRO	**television interference** = TVI
Fernsehstudio *nn* = TV-Studio *nn*	IMAG.ME	**television studio** = TV studio
Fernseh-Taktgeber *nm* → Impulsgenerator *nm*	TV	→ **synchronization signal generator**
Fernsehtechnik *nf* = TV-Technik *nf*	TV	**television engineering** = TV engineering
Fernsehteilnehmer *nm* = TV-Teilnehmer *nm* ≈ Fernsehzuschauer ↑ Rundfunkteilnehmer	IMAG.ME	**television broadcast service user** = TV broadcast service user ≈ television spectator ↑ broadcast service user
Fernsehtext *nm* = TV-Text *nm*	TELEC	**television text** = TV text
Fernsehturm *nm* = TV-Turm *nm* ↑ Fernmeldeturm	ANT	**television tower** = TV tower
Fernsehübertragung *nf* → Fernsehsendung *nf*	IMAG.ME	→ **television broadcast transmission**
Fernsehüberwachungsanlage *nf* = TV-Überwachungsanlage *nf*	SIG.EN	**television control system** = TV control system; video monitoring system
Fernsehumlenksender *nm* [nicht umsetzender oder passiver Repeater zum Ausleuchten eines abgeschatteten Gebiets] = TV-Umlenksender *nm* ≈ Fernsehumsetzer	BROADC	**television repeater** [relays actively oder passively a TV channel signal, to illuminate a shaded region] = TV repeater; television relay transmitter; TV relay transmitter ≈ television transposer
Fernsehumsetzer *nm* [frequenzumsetzende Relaisstelle zum Ausleuchten abgeschatteter Gebiete] = Umsetzer *nm*; TV-Umsetzer *nm*; TVU ≈ Fernsehumlenksender	BROADC	**television transposer** [frequency-changing relay to illuminate a shaded region] = rebroadcast transmitter; TV transposer; transposer *n* ≈ television repeater
Fernsehversorgung *nf* = TV-Versorgung *nf*	BROADC	**television coverage** = TV coverage
Fernsehverteilanlage *nf* = TV-Verteilanlage *nf* ↓ Gemeinschaftsantennenanlage; Groß-Gemeinschaftsantennenanlage; Breitband-Kabelanlage	BROADC	**television distributing system** = TV distribution system ↓ common antenna system; CATV; broadband cable system
Fernsehverteilleitung *nf* [von der Programmzentrale (Sternpunkt ARD oder Sendezentrum ZDF) zum Quellpunkt eines regionalen Modulationsleitungsnetzes] = TV-Verteilleitung *nf*	BROADC	**television program distribution line** [in the German TV network a line from the national program center to the node of a regional transmitter feeding network] = TV program distribution line
Fernsehverteilung *nf* = TV-Verteilung *nf*	BROADC	**television signal distribution** = TV signal distribution
Fernsehwagen *nm* = TV-Wagen *nm* ↑ Übertragungswagen	BROADC	**television van** = TV van; television car; TV car ↑ outside broadcast van
Fernsehwerbung *nf* = TV-Werbung *nf*; Fernsehpropaganda *nf*; TV-Propaganda *nf*; Fernsehreklame *nf* TV-Reklame *nf*	IMAG.ME	**television advertizing** = television commercial; TV advertizing; TV commercial; TV ad
Fernsehzubringerleitung *nf* [von Außenreportage zu Studio] = TV-Zubringerleitung *nf*; Fernseh-Außenübertragungsleitung *nf*	BROADC	**outside television broadcast link** = outside TV broadcast link
Fernsehzuführungsleitung *nf* [im Netz der DBP die Leitung vom Regionalstudio zum Sternpunkt der ARD oder Sendezentrum des ZDF] = TV-Zuführungsleitung *nf*; Zuführungsleitung *nf*	BROADC	**television program contribution line** [in the network of German PTT a line from a regional studio to the program exchange center] = TV program contribution line
Fernsehzuschauer *nm* = Fernsehzuseher (AT); TV-Zuschauer *nm* ≈ Fernsehteilnehmer ↑ Rundfunkteilnehmer	IMAG.ME	**televiewer** *n* = viewer *n*; telespectator *n* ≈ television broadcast service user ↑ radio broadcast user
Fernsehzuseher (AT) → Fernsehzuschauer *nm*	IMAG.ME	→ **televiewer** *n*
Fernservice *nm* → Fernwartung *nf*	DAT.PR	→ **teleservice** *n*
Fernspeiseabschnitt *nm*	TRANSM	**remote feeding section**
Fernspeiseeinsatz *nm* = Fernspeisegerät *nn*; Fernspeisestromversorgung *nf*	TRANSM	**remote feeding unit**

Fernspeisegerät *nm* TRANSM → **remote feeding unit**
→ Fernspeiseeinsatz *nm*

Fernspeisespannung *nf* TRANSM **remote feeding voltage**
= remote power feeding voltage; line powering voltage

Fernspeisestrom *nm* TRANSM **remote feeding current**
= remote power feeding current

Fernspeisestromversorgung *nf* TRANSM → **remote feeding unit**
→ Fernspeiseeinsatz *nm*

Fernspeisung *nf* TRANSM **remote power feeding**
= remote feeding; line powering

Fernsperre *nf* SWITCH **long distance barred**

Fernsprechamt *nn* SWITCH → **central office** (AE)
→ Fernsprechvermittlungsstelle *nf*

Fernsprechanlage *nf* TELEPH **telephone equipment**
= Telefonanlage *nf*; Telephonanlage *nf*
≈ Fernsprechapparat
≈ telephone set

Fernsprechansagedienst *nm* TELEPH **telephone information service**
= Telefonansagedienst *nm*; Telephonansagedienst *nm*

Fernsprechanschluss *nm* TELEC **telephone connection** (1)
= Telefonanschluss *nm*
≈ Fernsprechleitung
= POTS line
≈ telephone line

Fernsprechapparat *nm* TELEPH **telephone set**
[Kunstwort aus dem griech. "telé + phoní" = "fern + Stimme"]
= Telefon *nn* (1); Telephon *nn* (1); Tel.; Fernsprecher *nm*
≈ Fernsprechstelle; Fernsprechanlage
↑ Teilnehmergerät; Fernsprechendgerät
[neologism from Greek "téle + phoní" = "far + voice"]
= telephone *n*; tel.; phone *n*; telephone instrument (AE); telephone station; station *n*; telephone apparatus; apparatus *n*
≈ telephonic station; telephonic equipment
↑ user terminal; telephone terminal equipment

Fernsprechapparat mit Hörverstärker TELEPH **deaf-aid telephone**
= hard-of-hearing telephone

Fernsprechauftragdienst *nm* TELEPH **telephone message service**
= Telefonauftragsdienst *nm*; Telephonauftragsdienst *nm*
↑ Fernsprechsonderdienst
↓ Abwesenheitsdienst; Weckdienst; Benachrichtigungsdienst
↑ special telephone service
↓ telephone answering service; alarm-clock calling; telephone notification service

Fernsprechauskunft *nf* TELEPH **directory assistance**
= Telefonauskunft *nf*; Telephonauskunft *nf*
↑ Fernsprechsonderdienst
= directory enquiry service; directory enquiries
↑ special telephone service

Fernsprechbuch *nn* TELEC → **telephone directory**
→ Fernsprechverzeichnis *nn*

Fernsprechdichte *nf* TELEC **telephone density**
= Telefondichte *nf*; Telephondichte *nf*
= teledensity *n*

Fernsprechdienst *nm* TELEC → **telephonic service**
→ Telefondienst *nm*

fernsprechen COLL → **telephone** *vi*
→ telefonieren *vi*

Fernsprechen *nn* TELEC → **telephony** *n*
→ Fernsprechwesen *nn*

Fernsprechen *nn* COLL → **telephoning** *n*
→ Telefonieren *nn*

Fernsprechendgerät *nn* TELEPH **telephone terminal equipment**
↑ Teilnehmergerät
↓ Fernsprechapparat; Chef-Fernsprechanlage
↑ user terminal
↓ telephone set; executive telephone system

Fernsprecher *nm* TELEPH → **telephone set**
→ Fernsprechapparat *nm*

Fernsprecher-Anschlussschnur *nf* TELEPH → **handset cord**
→ Hörerschnur *nf*

Fernsprecheranzeige *nf* TELEPH **telephone display**

Fernsprecherschaltung *nf* TELEPH **telephone circuit**
= Fernsprechschaltung *nf*; Sprechschaltung *nf*

Fernsprechertastatur *nf* TELEPH **telephone keypad**
= Fernsprechtastatur *nf*; Telefontastatur *nf*; Telephontastatur *nf*
= telephone keyboard

Fernsprechformfaktor *nm* TELEPH **telephone interference factor**

Fernsprechgabel *nf* TELEPH **telephonic hybrid**

Fernsprechgebühr *nf* TELEC **telephone charge**
= Telefongebühr *nf*; Telephongebühr *nf*
↑ Fernmeldegebühr
↑ telecommunications service tariff

Fernsprechkabine *nf* TELEPH **telephone cabin**
[kleiner abgeteilter Raum innerhalb eines Gebäudes]
= Telefonkabine *nf*; Telephonkabine *nf*
≈ Fernsprechzelle
[a compartment within a building]
≈ telephone booth

Fernsprechkanal *nm* TELEC **telephone channel**
= Telefonkanal *nm*; Telephonkanal *nm*; Sprachkanal *nm*; Sprechkanal *nm*
= voice channel; speech channel
≈ voice-grade channel [DAT.CO]

Fernsprechkonferenz *nf* TELEC **audio conferencing**
= Telefonkonferenz *nf*
↑ Telekonferenz
= telephonic conference; audio conference; audioconference
↑ teleconferencing

Fernsprechleitung *nf* TELEC **telephone line**
= Telefonleitung *nf*; Telephonleitung *nf*
≈ Fernsprechanschluss
≈ telephone connection

Fernsprechnetz *nn* TELEC **telephone network**
= Telefonnetz *nn*; Telephonnetz *nn*
↑ Fernmeldenetz
↑ telecommunications network

Fernsprechnummer *nf* TELEPH → **telephone number**
→ Telefonnummer *nf*

Fernsprechschaltung *nf* TELEPH → **telephone circuit**
→ Fernsprecherschaltung *nf*

Fernsprechsignal *nn* TELEC **telephone signal**
[für Fernmeldezwecke auf 300 Hz bis 3.400 Hz bandbreitenbegrenztes Sprachsignal]
= Telefoniesignal *nn*; Telephoniesignal *nn*; Telefonsignal *nn*; Telephonsignal *nn*
↑ Sprachsignal
[voice signal with standard band limiting from 300 Hz to 3,400 Hz for telecommunications]
= telephonic signal
↑ voice signal

Fernsprechsonderdienst *nm* TELEPH **special telephone service**
= Telefonsonderdienst *nm*; Telephonsonderdienst *nm*
↓ Fernsprechauftragsdienst; Fernsprechauskunft; Störungsannahme; Telegrammaufnahme
= telephonic special service
↓ directory assistance; fault complaint service

Fernsprechsondernetz *nn* TELEC **private telephone network**
= privates Telefonnetz

Fernsprechstatistik *nf* TELEC **telephone statistics**
= Telefonstatistik *nf*; Telephonstatistik *nf*

Fernsprechstelle *nf* TELEPH **telephonic station**
≈ Fernsprechapparat
≈ telephone set

Fernsprechtastatur *nf* TELEPH → **telephone keypad**
→ Fernsprechertastatur *nf*

Fernsprechtechnik *nf* TELEC **telephone engineering**
≈ Fernsprechwesen
↑ Telekommunikation
= telephone transmission engineering; telephone transmission technique
≈ telephony
↑ telecommunications

Fernsprechteilnehmer *nm* TELEC **telephone subscriber**
= Telephonabonnent *nm* (CH)

Fernsprech-Tischapparat *nm* TELEPH **desktop telephone**
= FeTAp; Tischfernsprecher *nm*; Tischtelefon *nn*; Tischtelephon *nn*
↑ Tischapparat
= desk telephone; table telephone; tabletop printer
↑ table set

Fernsprechübertragung *nf* TELEC **telephone transmission**
≈ Fernsprechwesen
↑ Sprachübertragung
≈ telephony
↑ voice transmission

Fernsprech-Ureichkreis *nm* TELEPH **master telephone transmission reference system**

Fernsprechverbindung *nf* TELEC **telephone communication**
= Sprechverbindung *nf*; Gesprächsverbindung *nf*; Telefonverbindung *nf*; Telephonverbindung *nf*
= telephonic communication; telephone connection (2); speech connection

Fernsprechverkehr *nm* TELEC **telephone traffic**
= Telefonieverkehr *nm*; Telefonverkehr *nm*
= telephonic traffic; speech traffic

Fernsprech-Vermittlungsschrank *nm* TELEPH **telephone console**
= telephone switchboard

Fernsprechvermittlungsstelle *nf* SWITCH **central office** (AE)
= Fernsprechamt *nn*; Fernsprechzentrale *nf*; Telefonzentrale *nf*; Telephonzentrale *nf*; Telefonamt *nn*; Telephonamt *nn*; Amt *nn*; Zentrale *nf*
↑ Vermittlungsstelle
↓ Teilnehmervermittlungsstelle
= CO; telephone central office; office *n*; telephone switching exchange; telephone exchange (BE)
↑ exchange

Fernsprechvermittlungstechnik *nf* SWITCH **telephone switching engineering**
↑ Vermittlungstechnik
↑ switching engineering

Fernsprechverwaltung *nf* TELEC **telephone administration**
= Telefonverwaltung *nf*; Telephonverwaltung *nf*
↑ Fernmeldeverwaltung
= telephone operating company; telephone company; phone company; operating telephone company (AE); OTC (AE)
↑ telecommunications administration

Fernsprechverzeichnis *nn* TELEC **telephone directory**
= Telefonverzeichnis *nn*; Telephonverzeichnis *nn*; Fernsprechbuch *nn*; Telefonbuch *nn*;
= directory *n*; telephone book; phone book

Telephonbuch *nn* — ↑ communications directory
↑ Kommunikationsverzeichnis

Fernsprechwahl *nf* — INF.TEC — → **televoting** *n*
→ Tele-Votum *nn*

Fernsprechwählleitung *nf* — TELEC — **switched telephone line**
= Fernsprechwählverbindung *nf* — = switched telephone connection
↑ Wählleitung

Fernsprechwählnetz *nn* — TELEC — **switched telephone network**
↑ Wählnetz — ≈ automatic telephone network
↑ switched network

Fernsprechwählverbindung *nf* — TELEC — → **switched telephone line**
→ Fernsprechwählleitung *nf*

Fernsprechwandapparat *nm* — TELEPH — → **wall telephone**
→ Wandtelefon *nn*

Fernsprechweg *nm* — TELEC — **voice path**
= Sprechweg *nm* — = telephonic path; speech path; talk path

Fernsprechwesen *nn* — TELEC — **telephony** *n*
= Fernsprechen *nn*; Telefonie *nf*; Telephonie *nf* — ≈ telephone engineering
≈ Fernsprechtechnik — ↑ telecommunications

Fernsprechzelle *nf* — TELEPH — **telephone booth**
[freistehendes Häuschen] — [a free standing box]
= Telefonzelle *nf*; Telephonzelle *nf*; Telefonhäuschen *nn* — = telephone kiosk; telephone call box; telephone box; phone box; call box
≈ Fernsprechkabine — ≈ telephone cabin; phone box; call box

Fernsprechzentrale *nf* — SWITCH — → **central office** (AE)
→ Fernsprechvermittlungsstelle *nf*

Fernstapelverarbeitung *nf* — DAT.CO — → **remote batch processing**
→ Stapelfernverarbeitung *nf*

Fernsteuerbarkeit *nf* — TECH — **remote control feature**

fernsteuern — TELECON — **telecommand** *vt*
= teleguide *vt*

Fernsteuern *nn* — TELECON — **telecommand** *n*
[Beeinflussen ferner Objekte] — [commanding remote objects]
↑ Fernwirken — = remote command; telecommand *n*
↓ Fernschalten; Ferneinstellen — ↑ telecontrol
↓ teleswitching; teleadjusting

Fernsteuerung *nf* — INSTR — → **remote sensing**
→ Fernfühlung *nf*

Fernsteuerung *nf* (1) — CONTRO — **remote control** (1)
[Vorgang] — [process]

Fernsteuerung *nf* (2) — CONTRO — **remote control** (2)
[Vorrichtung] — [device]

Fernsteuerungsempfänger *nm* — SAT.CO — **telecommand receiver**
= TC RX

Fernstörung *nf* — RAD.RE — **overreach interference**
= Überreichweitenstörung *nf*

Fernteilnehmer *nm* — TELEGR — **long-distance subscriber**

Fernteilnehmeranschluss-Schaltung *nf* — TELEGR — **terminal repeater circuit**

Fernteilnehmer-Anschlussschiene *nf* — TELEGR — **dc repeater panel**

Ferntelephonat *nn* — TELEPH — → **toll call** (1) (AE)
→ Ferngespräch *nn*

Ferntrasse *nf* — TELEC — **long-haul route**
= Weitverkehrstrasse *nf* — = long-range route; long-distance route; intercapital route; toll route (AE); trunking route
≈ Haupttrasse — ≈ backbone route

Fernübertragung *nf* — DAT.CO — → **remote data transmission**
→ Datenfernübertragung *nf*

Fernübertragung *nf* — TELEC — **remote transmission**
= teletransmission *n*

Fernübertragungsprozedur *nf* — DAT.CO — **remote transmission procedure**

Fernübertragungstechnik *nf* — TELEC — → **communications transmission engineering**
→ Nachrichtenübertragungstechnik *nf*

Fernüberwachen *nn* — TELECON — **telemonitoring** *n*
= Fernüberwachung *nf* — = remote monitoring; RMON; remote supervision; remote supervisory; telesupervision *n*
↑ Fernwirken — ↑ telecontrol
↓ Fernanzeigen; Fernmessen — ↓ teleindication; telemetering

Fernüberwachung *nf* — TELECON — → **telemonitoring** *n*
→ Fernüberwachen *nn*

Fernüberwachungsnetz *nn* — TELECON — **telesupervision network**
↑ Fernwirknetz — ↑ telecontrol network

Fernüberwachungstechnik *nf* — TELECON — **telemonitoring technique**

Fernunterricht *nm* — EDUC — **distance learning**
= Fernschulung *nf* — ≈ correspondence course
≈ Fernkurs

fernverarbeiten — DAT.PR — **teleprocess** *vt*
= datenfernverarbeiten

Fernverarbeitung *nf* — DAT.PR — → **remote data processing**
→ Datenfernverarbeitung *nf*

Fernverarbeitungsmonitor *nm* — DAT.PR — **teleprocessing monitor**
[Programm zur Koordination von Datenfernverarbeitung] — [program to coordinate data teleprocessing]
= TP-Monitor *nm*; Transaktionsmonitor *nm* — = TP monitor

Fernverbindung *nf* — TELEC — **long-distance connection**

Fernverbindungskabel *nn* — COM.CAB — → **toll cable**
→ Fernkabel *nn*

Fernverbindungsleitung *nf* — TELEC — → **toll trunk** *n* (AE)
→ Fernleitung *nf*

Fernverkauf *nm* — ECON — → **teleselling** *n*
→ Televertrieb *nm*

Fernverkehr *nm* — TELEC — **toll traffic**
= Weitverkehr *nm* — = long-haul traffic; long-range traffic; long-distance traffic; long-haul communications; long-range communications; long-distance communications
≠ Ortsverkehr; Nahverkehr — ≠ local traffic; short-distance traffic

Fernverkehr *nm* — RAIL.SIG — **main line transportation**

Fernverkehrsanbieter *nm* — TELEC — → **interexchange carrier**
→ Fernnetzbetreiber *nm*

Fernverkehrsbetreiber *nm* — TELEC — → **interexchange carrier**
→ Fernnetzbetreiber *nm*

Fernverkehrsgesellschaft *nf* — TELEC — → **interexchange carrier**
→ Fernnetzbetreiber *nm*

Fernverkehrssystem *nn* — TELEC — → **long-haul system**
→ Weitverkehrssystem *nn*

Fernvermittlung *nf* — TELEPH — **tandem PBX**

Fernvermittlungsplatz *nm* — SWITCH — **toll switching position**

Fernvermittlungsstelle *nf* — SWITCH — **toll exchange** (AE)
= Fernamt *nn*; Fernwählamt *nn* — = trunk exchange (BE); local trunk exchange; toll office; long-distance exchange; toll center office; toll center; TC; toll switching office; class 4 office (AE); long-distance exchange
↑ Vermittlungsstelle — ↑ exchange
↓ Endvermittlungsstelle; Knotenvermittlungsstelle; Hauptvermittlungsstelle; Zentralvermittlungsstelle; Auslandskopfvermittlungsstelle; Auslandsvermittlungsstelle; internationale Durchgangsvermittlungsstelle — ↓ local exchange; secondary exchange; primary exchange; regional exchange; international gateway exchange

Fernverriegelung *nf* — EL.TRO — **remote interlock**

Fernvertrieb *nm* — ECON — → **teleselling** *n*
→ Televertrieb *nm*

Fernwahl *nf* — SWITCH — **long-distance dialing**
= trunk dialing

Fernwählamt *nn* — SWITCH — → **toll exchange** (AE)
→ Fernvermittlungsstelle *nf*

Fernwahl-Münzfernsprecher *nm* — TER&PER — **long-distance coin telephone**

Fernwahlsperre *nf* — SWITCH — **toll restriction**

Fernwärme *nf* — TECH — → **piped heat**
→ Fernheizung *nf*

Fernwartung *nf* — DAT.PR — **teleservice** *n*
= Fernservice *nm*; Teleservice *nm* — = remote service; remote maintenance; telemaintenance *n*

Fernwirkanlage *nf* — TELECON — **telecontrol installation**
[Gesamtheit zusammenwirkender Stationen mit deren Verbindungswegen] — [totality of interworking stations with their interconnection links]

Fernwirkbefehl *nm* — TELECON — **telecontrol command**
= remote control

Fernwirkempfänger *nm* — TELECON — **telecontrol receiver**

Fernwirken *nn* — TELECON — **telecontrol** *n*
[Überwachen und Beeinflussen ferner Objekte] — [supervision and command of remote objects]
= Fernbedienen *nn*; Fernlenken *nn* — = teleguidance *n*
↓ telemonitoring; telecommand

Fernwirkfunktionseinheit *nf* — TELECON — **telecontrol functional unit**

Fernwirkinformation *nf* — TELECON — **telecontrol information**

Fernwirknetz *nn* — TELECON — **telecontrol network**
↓ Fernüberwachungsnetz — ↓ telesupervision network

Fernwirksender *nm* — TELECON — **telecontrol transmitter**

Fernwirksignal *nn* — TELECON — **telecontrol signal**

Fernwirkstation *nf* — TELECON — **telecontrol station**

Fernwirkstelle *nf* — TELECON — **telecontrol location**
[Ort mit Fernwirkstation] — [location with telecontrol station]

Fernwirkstörung *nf* — TELECON — **telecontrol malfunction**

Fernwirksystem *nn* — TELECON — **telecontrol system**

Fernwirktechnik *nf* — TELEC — **telecontrol engineering**
= remote action technique

Fernwirktelegramm *nn* — TELECON — **telecontrol telegram**
= telecontrol message

Fernwirkung *nf* TECH **remote effect**
= distant effect
Fernwirk-Unterstation *nf* TELECON → **tributary station**
→ Unterstation *nf*
Fernwirkverbindung *nf* TELECON **telecontrol link**
Fernwirkzentrale *nf* TELECON → **main station**
→ Zentrale *nf*
Fernwirk-Zentralstation *nf* TELECON → **main station**
→ Zentrale *nf*
Fernzugangsserver *nm* DAT.NW **remote access server**
Fernzugriff *nm* DAT.PR **remote access**
Ferraris-Motor *nm* POW.SY **Ferraris motor**
Ferreed-Relais *nn* COMPO **ferreed** *n*
Ferrimagnetismus *nm* EL.SC **ferrimagnetism** *n*
[Ferromagnetismus nichtleitender Stoffe] [ferromagnetism combined with non-conductivity]
↑ Ferromagnetismus ↑ ferromagnetism
Ferrit *nn* CHEM **ferrite** *n*
[ein Eisenoxydgemisch mit ferromagnetischen Eigenschaften] [iron oxide compound with ferromagnetic properties]
= ferric oxide
Ferritantenne *nf* ANT **ferrite antenna**
↓ Ferritstabantenne ↓ magnetic rod antenna
Ferritkern *nm* COMPO **ferrite core**
↑ Magnetkern ↑ magnetic core
↓ Ringkern ↓ toroidal core
Ferritkernspeicher *nm* HW → **magnetic core memory**
→ Magnetkernspeicher *nm*
Ferritschalenkern *nm* COMPO **ferrite cup core**
Ferritstab *nm* COMPO **ferrite rod**
Ferritstabantenne *nf* ANT **magnetic rod antenna**
↑ Ferritantenne = loop stick antenna
↑ ferrite antenna
Ferroelektrikum *nn* PHYS **ferroelectric** *n*
ferroelektrisch PHYS **ferroelectric** *adj*
ferroelektrische Hysterese PHYS **ferroelectric hysteresis**
ferroelektrischer Flüssigkristall OPTOEL **ferroelectric liquid crystal**
= FLC = FLC
Ferroelektrizität *nf* PHYS **ferroelectricity**
ferromagnetisch EL.SC **ferromagnetic** *adj*
↓ ferrimagnetisch ↓ ferrimagnetic
ferromagnetische Hysterese PHYS **ferromagnetic hysteresis**
ferromagnetische Resonanz PHYS **ferromagnetic resonance**
Ferromagnetismus *nm* EL.SC **ferromagnetism** *n*
[starke zum Magnetfeld gleichgerichtete, nicht proportionale Magnetisierung] [strong magnetization, codirectional but not proportional to the inducingmagnetic field]
≠ Diamagnetismus; Paramagnetismus ≠ diamagnetism; paramagnetism
↓ Ferrimagnetismus ↓ Ferrimagnetismus
Fersehapparat *nm* CONS.EL → **television set**
→ Fernsehgerät *nn*
fertigbearbeiten MEC.EN → **finish** *vt*
→ feinbearbeiten
fertigbearbeitet MEC.EN → **finished**
→ bearbeitet
Fertigbearbeitung *nf* MEC.EN → **finish** *n*
→ Feinbearbeitung *nf*
fertigbohren MEC.EN **finish-bore** *vt*
fertigen ECON **manufacture** *vt*
= herstellen; produzieren = produce *vt*
≈ verarbeiten ≈ process
fertigentwickelt TECH **full-fledged** *adj*
= voll entwickelt
Fertigerzeugnis *nn* MANUF → **final product**
→ Endprodukt *nn*
Fertigprodukt *nn* MANUF → **final product**
→ Endprodukt *nn*
Fertigstellung *nf* ECON **completion** *n*
≈ Erfüllung ≈ fulfilment
Fertigstellungsgarantie *nf* ECON **completion bond**
= completion guarantee
Fertigstellungsgrad *nm* ECON → **porcentage of completion**
→ Fertigstellungsprozentsatz *nf*
Fertigstellungsprozentsatz *nf* ECON **porcentage of completion**
= Fertigstellungsgrad *nm* = PoC
Fertigstellungstermin *nm* ECON **implementation date**
= Bereitstellungstermin *nm*; Realisierungstermin *nm*; Ausführungstermin *nm* = realization date; appointed execution time
≈ Liefertermin ≈ delivery date
Fertigteil *nn* MANUF **finished part**
Fertigung *nf* ECON **manufacturing** *n*
= Produktion *nf* (2); Herstellung *nf*; Fabrikation *nf* = manufacture *n*; production *n* (2); fabrication *n*; making *n*
↑ Erzeugung ↑ production (1)
Fertigungsablauf *nm* MANUF **production flow**
= Fertigungsdurchlauf *nm* = manufacturing flow; production sequence; manufacturing sequence
≈ Fertigungsprozess
Fertigungsanlage *nf* MANUF → **production plant**
→ Produktionsanlage *nf*
Fertigungsaufnahme *nf* MANUF **production start**
= Produktionsaufnahme *nf* = manufacturing start
Fertigungsauftrag *nm* MANUF **job order**
= Fertigungsorder *nm* = manufacturing order; production order
Fertigungsausfall *nm* MANUF → **production loss**
→ Produktionsausfall *nm*
Fertigungsautomatisierung *nf* MANUF → **production automation**
→ Produktionsautomatisierung *nf*
Fertigungsbetrieb *nm* MANUF → **factory** *n*
→ Fabrik *nf*
Fertigungsdurchlauf *nm* MANUF → **production flow**
→ Fertigungsablauf *nm*
Fertigungseinrichtung *nf* MANUF **production facility**
= Produktionseinrichtung *nf* = manufacturing facility
Fertigungsengpass *nm* MANUF **production bottleneck**
= Produktionsendpass *nm*
Fertigungsfehler *nm* QUAL **manufacturing defect**
= Herstellungsfehler *nm*
fertigungsfreundlich TECH **easy-to-manufacture** *adj*
= fertigungsgünstig; fertigungsgerecht = easy-to-produce
fertigungsfreundliches Entwickeln TECH **design to manufacturability**
Fertigungsgeheimnis *nn* ECON **manufacturing secret**
Fertigungsgelände *nn* ECON **shop floor**
Fertigungsgemeinkosten *nplt* ECON **general manufacturing costs**
= manufacturing burden (AE); indirect labor
Fertigungsgerät *nn* TECH **industrial equipment**
fertigungsgerecht TECH → **easy-to-manufacture** *adj*
→ fertigungsfreundlich
fertigungsgünstig TECH → **easy-to-manufacture** *adj*
→ fertigungsfreundlich
Fertigungshalle MANUF → **workshop**
→ Werkhalle *nf*
Fertigungsingenieur *nm* MANUF **production engineer**
= Betriebsingenieur *nm* = manufacturing engineer
Fertigungsjahr *nn* MANUF **year of manufacturing**
= Herstellungsjahr *nn* = year of production
Fertigungskapazität *nf* MANUF **production capacity**
= Produktionskapazität *nf* = producing capacity; manufacturing capacity
Fertigungskette *nf* MANUF **production chain**
= Herstellungskette *nf* = manufacturing chain
Fertigungskosten *nplt* ECON → **production costs**
→ Herstellkosten *nplt*
Fertigungslänge *nf* COM.CAB **production length**
≈ Lieferlänge = factory length
≈ delivery length
Fertigungsleiter *nm* MANUF **manufacturing manager**
= Werkleiter *nm*; Werksleiter *nm* (AT); Fabrikleiter *nm*; Produktionsleiter *nm* = production manager; works manager; works superintendent; factory manager
Fertigungsleitstand *nm* MANUF **production control post**
Fertigungsleittechnik *nf* COMP.AP → **CAM** (1)
→ CAM (1)
Fertigungslenkung *nf* MANUF **production control**
= Produktionslenkung *nf*; Fertigungssteuerung *nf*; Produktionssteuerung *nf* = manufacturing control; production scheduling; manufacturing scheduling
≈ Arbeitsvorbereitung ≈ work preparation
Fertigungslinie *nf* MANUF → **assembly line**
→ Fließband *nn*
Fertigungslos *nn* MANUF **manufacturing lot**
= Herstellungslos *nn*
Fertigungsmaterial *nn* MANUF **production material**
≈ Materialaufwand = direct material
Fertigungsmittel *nn* MANUF **production means**
= Produktionsmittel *nn* = production aid; manufacturing means; manufacturing aid
Fertigungsmuster *nn* TECH **production prototype**
= Fertigungsprototyp *nm* ↑ prototype
↑ Prototyp
Fertigungsnummer *nf* MANUF → **serial number**
→ Seriennummer *nf*

Fertigungsorder *nm* — MANUF — → **job order**
→ Fertigungsauftrag *nm*

Fertigungsplan *nm* — MANUF — **manufacturing schedule**
= production schedule

Fertigungsplaner *nm* — MANUF — **routing engineer**

Fertigungsplanung *nf* — MANUF — **manufacturing engineering** (2)
= Fepla *nf*; Produktionsplanung *nf*
= production planning; routing

Fertigungsprogramm *nn* — MANUF — **production program**
= manufacturing program

Fertigungsprototyp *nm* — TECH — → **production prototype**
→ Fertigungsmuster *nn*

Fertigungsprozess *nm* — MANUF — **productional process**
= Herstellungsprozess *nm*; Produktionsprozess *nm*; Fertigungsvorgang *nm*
≈ Fertigungsverfahren; Fertigungsablauf
= manufacturing process
≈ manufacturing method; production flow

Fertigungsschritt *nm* — MANUF — **production step**
≈ Fertigungsstufe
≈ production stage

Fertigungsspektrum *nn* — MANUF — **production range**
= Produktionsspektrum *nn*
= manufacturing range

Fertigungsstandort *nm* — MANUF — **plant site**
= manufacturing site

Fertigungsstätte *nf* — MANUF — → **factory** *n*
→ Fabrik *nf*

Fertigungsstätte *nf* — MANUF — → **production plant**
→ Produktionsanlage *nf*

Fertigungssteuerung *nf* — MANUF — → **production control**
→ Fertigungslenkung *nf*

Fertigungsstraße *nf* — MANUF — → **assembly line**
→ Fließband *nn*

Fertigungsstufe *nf* — MANUF — **production stage**
≈ Fertigungsschritt
= manufacturing stage
≈ production step

Fertigungstechnik *nf* — MANUF — **industrial engineering** *n*
[Fachgebiet]
= Produktionstechnik *nf*
[branch]
= production engineering; manufacturing engineering (1)

Fertigungstechnik *nf* — MANUF — **manufacturing technology**
= Fertigungstechnologie *nf*; Produktionstechnik *nf*; Produktionstechnologie *nf*
≈ Fertigungsverfahren
= manufacturing technique; production technology; production technique
≈ production method

Fertigungstechnologie *nf* — MANUF — → **manufacturing technology**
→ Fertigungstechnik *nf*

Fertigungsüberwachung *nf* — MANUF — **production supervision**
= Produktionsüberwachung *nf*

Fertigungsunterlage *nf* — TEC.DOC — **production documents**
= FU; Bauunterlage *nf*
= manufacturing documents

Fertigungsverfahren *nn* — MANUF — **manufacturing method**
= Herstellungsverfahren *nn*; Produktionsverfahren *nn*
≈ Fertigungsprozess; Fertigungsablauf
= production method
≈ production process

Fertigungsvorbereitung *nf* — MANUF — **manufacturing preparation**
= production preparation; manufacturing planning; production planning

Fertigungsvorgang *nm* — MANUF — → **productional process**
→ Fertigungsprozess *nm*

Fertigungsvorschrift *nf* — MANUF — **production specification**
= manufacturing specification

Fertigungszeit *nf* — MANUF — **manufacturing time**

Fertigungszelle *nf* — AUTOMA — **production cell**
= manufacturing cell

Fertigzeug *nn* — METAL — **finishes** *nplt*

Fertigzug *nm* (1) — METAL — **finishing pass**
[Reduzierziehen]
[reducing]

Fertigzug *nm* (2) — METAL — **finishing draw**
[Tiefziehen]
[deep drawing]

fest — TECH — **solid** *adj*
= massiv

fest — COLL — → **preset** *adj*
→ vorgegeben

Fest-/Wechsel-Plattenspeicher *nm* — TER&PER — **combined fixed/removable disk memory**

festabgestimmt — CIRC.EN — **fixly tuned**
= fixly syntonized

Fest-Adcock-Antenne *nf* — ANT — **fixed Adcock antenna**
≠ Dreh-Adcock-Antenne
≠ rotary Adcock antenna

Festangestellter *nm* — ECON — **permanent employee**

festanliegend — COLL — → **tight-fitting** *adj*
→ engangepasst

Festanschluss *nm* — TELEC — **permanent connection** (2)

Festantenne *nf* — ANT — **fixed antenna**

Festbasis-Schreibweise *nf* — COMP.SC — → **fixed-radix notation** *n*
→ Festradix-Schreibweise *nf*

festbelegt — TELEC — → **fixed** *adj*
→ festgeschaltet

Festbereich *nm* — DAT.MA — **fixed area**

Festbild *nn* — INF.TEC — **fixed image**
= Standbild *nn*; Stillbild *nn*
≠ Bewegtbild
= fixed frame; freeze image; still image
≠ moved picture

Festbildkommunikation *nf* — TELEC — **fixed-image communication**
= non-motion video; freeze-frame system; slow-scan system

festbinden — TECH — → **lash** *vt*
→ laschen

Festbitrate *nf* — TELEC — **fixed bit rate**

Festbitratenbetrieb *nm* — TELEC — **fixed bit rate mode**
= constant bit rate mode

festcodiert — DAT.PR — **hard-coded** *adj*
[mit für eine bestimmte Anwendung fest eingebetteten Parametern]
= festparametriert; unveränderbar
≈ festverdrahtet
[unchangeably imbedded into hardware or software, designed for specific use]
≈ hardwired
≠ generalized

Festdaten *nplt* — DAT.MA — → **static data**
→ feste Daten

feste Daten — DAT.MA — **static data**
[vom Anwender nicht veränderbar]
= Festdaten *nplt*
[cannot be altered by the user]
= fixed data

feste Informationslänge — DAT.MA — **fixed information length**
≈ feste Wortlänge
≈ fixed word length

festeingebaut — TECH — **firmly installed** *adj*
= festinstalliert
≈ ortsfest
≈ stationary

festeingestellt — TECH — **fixed** *adj* (1)
≠ veränderbar
= fixly adjusted; fixly set-up
≠ alterable

feste Kopplung — PHYS — **close coupling**

feste Länge — DAT.MA — **fixed length**

Festepoche *nf* — MODUL — **fixed epoch**

fester Bezugspunkt — TECH — → **bench mark**
→ Fixpunkt *nm*

fester Dienst — TELEC — **fixed service**

fester Funkdienst — TELEC — **fixed radio service**

fester Funkdienst über Satelliten — TELEC — **fixed satellite service**
= FSS

fester Zeichenabstand — PRIN.ME — → **fixed spacing**
→ Festzeichenabstand *nm*

fester Zeichensatz — TER&PER — → **internal font**
→ residenter Zeichensatz

festes Format — DAT.PR — **fixed format**
≠ freies Format
↓ Sektorformat [TER&PER]
[F format]
≠ free format
↓ sector format [TER&PER]

festes Leerzeichen — TER&PER — **fixed space**

feste Verkehrslenkung — SWITCH — **fixed routing**

feste virtuelle Verbindung — DAT.CO — **permanent virtual circuit**
[Datenvermittlung]
[data switching]
= permanent virtual connection; PVC; permanent virtual link

feste Wortlänge — COMP.SC — **fixed word length**

Festfrequenz-Monitor *nm* — TER&PER — **fixed-frequency monitor**
[arbeitet nur mit einem Grafikstandard]
≠ Autosync-Monitor
[works only with one graphics standard]
≠ multi-frequency monitor

Festfrequenz-Sinussignal *nn* — INSTR — **fixed sine**

Festfunkanschluss *nm* — TELEC — → **Wireless Local Loop**
→ drahtlose Anschlussleitung

Festfunktionsgenerator *nm* — CIRC.EN — **fixed function generator**

Festfunktionstaste *nf* — DAT.PR — **hardkey** *n*
= Hardkey *nf* (ANGL)

festgefahrene Unterbrechung — SW — → **abnormal end** *n*
→ Absturz *nm*

fest gekopplet — TECH — **tightly coupled**

festgeschaltet — TELEC — **fixed** *adj*
= Punkt-zu-Punkt-geschaltet; festbelegt
≈ nichtvermittelt; gemietet [ECON]
= nailed; dedicated; permanently connected; point-to-point connected
≈ non-switched; leased [ECON]

festgeschaltetes Netz — TELEC — → **fixed network**
→ Festnetz *nn*

festgeschaltete Verbindung TELEC → **fixed line** *n*
→ Standleitung *nf*
festgespeichertes Standardprogramm DAT.PR → **firmware** *n*
→ Firmware *nf*
Festhaltefeder *nf* MEC.EN **stop spring**
festhalten COLL → **sustain** *vt*
→ aufrechterhalten
festhalten DAT.PR **capture** *vt*
[eine Eingabe-, Bildschirm- oder Programmsituation] [to save an input, display or program situation]
Festhalten *nn* DAT.PR **capture** *n*
= tenure *n*
Festhalte-Schraubendreher *nm* EL.TRO **location screw driver**
Festigkeit *nf* TECH **strength** *n*
≈ Widerstandsfähigkeit; Kompatibilität; Unanfälligkeit ≈ resistance; compatibility; immunity
festinstalliert TECH → **firmly installed** *adj*
→ festeingebaut
festklammern TECH → **clip** *vt*
→ klammern
festklemmen MEC.EN **clamp** *vt* (1)
= festspannen; einspannen; aufspannen [to fix with a vise-type device]
Festkomma *nn* COMP.SC **fixed point**
[im Englischen verwendet man Dezimal-"Punkte" statt -"Kommas"] [Continental Europeans use decimal "commas" instead of "points"]
= Festpunkt *nm*; Fixkomma *nn*; Fixpunkt *nm* = fixed decimal point
≠ Gleitkomma ≠ floating decimal point
Festkommaaddition *nf* COMP.SC **fixed point addition**
= Festpunktaddition *nf*
Festkomma-Arithmetik *nf* COMP.SC **fixed-point arithmetic**
= Festpunktarithmetik *nf*
Festkomma-Binärdaten *nplt* DAT.MA **fixed-point binary data**
= fixed binary; real fixed binary data
Festkommadarstellung *nf* COMP.SC **fixed-point representation**
= Festpunktschreibweise *nf*, Festpunktdarstellung *nf*, Festkommanotierung *nf*; Festpunktnotierung *nf* = fixed-point notation
Festkommadaten *nplt* DAT.MA **fixed-point data**
Festkomma-Dezimaldaten *nplt* DAT.MA **fixed-point real data**
= fixed decimal data; fixed real data; real fixed decimal data
Festkommadivision *nf* COMP.SC **fixed point division**
= Festpunktdivision *nf*
Festkommaexponent *nm* COMP.SC **fixed point exponent**
= Festpunktexponent *nm*
Festkommakonstante *nf* COMP.SC **fixed point constant**
= Festpunktkonstante *nf*
Festkommamultiplikation *nf* COMP.SC **fixed point multiplication**
= Festpunktmultiplikation *nf*
Festkommanotierung *nf* COMP.SC → **fixed-point representation**
→ Festkommadarstellung *nf*
Festkommaoperation *nf* COMP.SC **fixed point operation**
= Festpunktoperation *nf*
Festkommaprozessor *nm* HW **fixed point processor**
= Festpunktprozessor *nm*
Festkommarechnung *nf* COMP.SC **fixed decimal point calculation**
= Fixkommarechnung *nf*, Festpunktrechnung *nf*; Fixpunktrechnung *nf* = fixed point computation
Festkommaregister *nn* DAT.PR **fixed point register**
= Festpunktregister *nn*
Festkommaroutine *nf* SW **fixed point routine**
= Festpunktroutine *nf*
Festkommasubtraktion *nf* COMP.SC **fixed point subtraction**
= Festpunktsubtraktion *nf*
Festkommateil *nm* COMP.SC **significand** *n*
≠ Gleitkommaexponent = fixed-point part; mantissa *n*
≠ biased exponent
Festkommazahl *nf* COMP.SC **fixed point number**
= Festpunktzahl *nf* ≠ floating point number
≠ Gleitkommazahl
Festkommunikation *nf* TELEC **fixed communications**
≠ Mobilkommunikation ≠ mobile communications
Festkondensator *nm* COMPO **fixed capacitor**
Festkopflaufwerk *nn* HW → **fixed-head-disk drive**
→ Festkopf-Plattenlaufwerk *nn*
Festkopf-Plattenlaufwerk *nn* HW **fixed-head-disk drive**
= Festkopflaufwerk *nn* ≠ movable-head-disk drive
≠ Bewegtkopf-Plattenlaufwerk
Festkörper *nm* PHYS **solid** *n*
= solid body
Festkörperbauelement *nn* MICR.EL → **semiconductor device**
→ Halbleiterbauelement *nn*

Festkörperbaustein *nm* MICR.EL → **semiconductor device**
→ Halbleiterbauelement *nn*
Festkörperbildsensor *nm* TV **solid-state image sensor**
= Festkörpervidikon *nn*; Halbleiter-Bildsensor *nm* = solid-state imager
Festkörperflussmittel *nn* METAL **solid flux**
Festkörperlaser *nm* OPTOEL **solid-state laser**
= solid laser
Festkörpermodell *nn* COMP.GR → **volume model** *n*
→ Volumenmodell *nn*
Festkörperphysik *nf* PHYS **solid state physics**
≈ Halbleiterphysik ≈ semiconductor physics
Festkörperschaltung *nf* MICR.EL → **semiconductor device**
→ Halbleiterbauelement *nn*
Festkörperspeicher *nm* MICR.EL → **solid state memory**
→ Halbleiterspeicher *nm*
Festkörpertechnik *nf* MICR.EL → **semiconductor technology**
→ Halbleitertechnik *nf*
Festkörpertechnologie *nf* MICR.EL → **semiconductor technology**
→ Halbleitertechnik *nf*
Festkörpervidikon *nn* TV → **solid-state image sensor**
→ Festkörperbildsensor *nm*
festlegen SW **create** *vt* (2)
[to define]
festlegen ECON **lay down** *vt*
[z.B. Richtlinien] [e.g. regulations]
Festlegung *nf* COLL → **determination** *n*
→ Bestimmung *nf*
Festlegung *nf* SW **creation** *n* (2)
Festlegung *nf* TECH **appointment** *n*
[fig] = determination *n*
= Festsetzung *nf* ≈ allocation; occupation
≈ Zuteilung; Belegung
Festleitungsnetz *nn* TELEC → **fixed network**
→ Festnetz *nn*
festmachen TECH → **fasten** *vt*
→ befestigen
Festnetz *nn* TELEC **fixed network**
= festgeschaltetes Netz; Festleitungsnetz *nn*; Standnetz *nn*; Standleitungsnetz *nn* = fixed-lines network
≠ Wählnetz ≠ switched network
Festnetzbetreiber *nm* TELEC **fixed-network operator**
= Festnetzwerkbetreiber *nm* = fixed operator; wireline network operator
≠ Mobilfunknetzbetreiber ≠ mobile telephony network operator
Festnetz-Mobilnetz-Integration *nf* TELEC **fixed-mobile integration**
= FMI
Festnetztarif *nm* TELEC **fixed network tariff**
Festnetzteilnehmer *nm* TELEC **fixed network subscriber**
Festnetzteilnehmer *nm* TELEC → **fixed subscriber**
→ Festteilnehmer *nm*
Festnetzwerkbetreiber *nm* TELEC → **fixed-network operator**
→ Festnetzbetreiber *nm*
Festonkabel *nn* COM.CAB → **daisy-chain cable**
→ Girlandenkabel *nn*
Festoptik *nf* IMAG.ME **prime lens**
festparametriert DAT.PR → **hard-coded** *adj*
→ festcodiert
Festphasen-Epitaxie *nf* MICR.EL **solid-phase epitaxy**
Festplatte *nf* HW **fixed disk**
[aus dem Laufwerk nicht ausbaubar] [not removable from disk driver]
= Fixplatte *nf* = fixed disc
≈ Hartplatte ≈ harddisk
≠ Wechselplatte ≠ removable disk
↓ Winchester-Platte ↓ Whinchester disk
Festplattenantrieb *nm* HW → **fixed-disk drive**
→ Festplattenlaufwerk *nn* (1)
Festplattenaufzeichnung *nf* COMP.AP **hard disk recording**
[Musikinformation] [musical information]
Festplatten-Cache *nm* HW **hard disk cache**
Festplattencontroller *nm* HW **hard disk controller**
[steuert Datentransfer mit dem Hauptspeicher] [controls data transfer with main memory]
= hard disc controller
Festplattenduplizierung *nf* HW **hard disk duplication**
Festplattenkarte *nf* HW **file-card**
[Festplattenspeicher als Steckbaugruppe ausgeführt] [a fixed disk memory as plug-in module]
= hard card
Festplatten-Kontrollkarte *nf* HW → **hard-disk controller card**
→ Festplatten-Steuerkarte *nf*

Festplattenkühler *nm* HW **harddisk cooler**

Festplattenlämpchen HW **hard-disk drive lamp**

Festplattenlaufwerk *nn* (1) HW **fixed-disk drive**
[für nicht auswechselbare Platten]
= Festplattenantrieb *nm*
≈ Hartplattenlaufwerk
≠ Wechselplattenlaufwerk
↑ Plattenlaufwerk
↓ Winchester-Laufwerk
[for not removable disks]
= FDD; fixed-media drive
≈ hard-disk drive
≠ removable-disk drive
↑ disk drive
↓ Winchester disk drive (1)

Festplattenlaufwerk *nn* (2) (PC) TER&PER → **hard-disk drive**
→ Hartplattenlaufwerk *nn*

Festplattenlaufwerk-Anzeige *nf* HW → **drive activity light**
→ Laufwerksanzeige *nf*

Festplattenspeicher *nm* HW **fixed-disk memory**
[mit Laufwerk fest montierte, d.h. nicht auswechselbare Platten]
≈ Hartplattenspeicher; Festplattenspeicher [DAT.PR]
≠ Wechselplattenspeicher
↑ Magnetplattenspeicher
↓ Winchester-PLattenspeicher
[disks cannot be removed from disk drive]
= fixed-disk storage; fixed-disk store
≈ hard-disk memory; hard-disk memory [DAT.PR]
≠ moving-disk memory
↑ magnetic disk memory

Festplattenspeicher *nm* HW **hard disk memory**
[im PC-Jargon angewandter stellvertretender Ausdruck für "externer nichtflüchtiger Direktzugriffspeicher großer Kapazität", da in PC's diese Funktion zumeist mit Festplattenspeichern realisiert wird; die englischsprachige Bezeichnung bezieht sich auf den Umstand, dass Festplattenspeicher mit Hartplatten ausgestattet sind]
≈ Festplattenspeicher [TER&PER]
[substitutive expression used in PC computing for "external, non-volatile, high-capacity random-access memory", as PC's employ mostly hard magnetic disks for this function; the German equivalent "fixed disk memory" refers to the fact that non-removable-disk drives are generally used]
= hard disk storage ; hard disk store

Festplatten-Steuerkarte *nf* HW **hard-disk controller card**
= Festplatten-Kontrollkarte *nf*

Festprogramm *nn* SW **fixed program**
= festverdrahtetes Programm; verdrahtetes Programm
≠ Speicherprogramm
= hardwired program; wired program
≠ stored program

Festprogrammcomputer *nm* DAT.PR → **hardwired-program computer**
→ festprogrammierter Computer

festprogrammiert SW **fixed-program** *adj*
= vorprogrammiert
≠ programmierdefiniert
= fix-programmed; preprogrammed; predefined
≠ programmer-defined

festprogrammierter Computer DAT.PR **hardwired-program computer**
= Festprogrammcomputer *nm*
= wired program computer; fixed-program computer

Festprogrammierung *nf* SW **fixed programming**
= nicht variierbar
≠ Speicherprogrammierung
≠ stored programming

Festpunkt *nm* COMP.SC → **fixed point**
→ Festkomma *nn*

Festpunktaddition *nf* COMP.SC → **fixed point addition**
→ Festkommaaddition *nf*

Festpunktarithmetik *nf* COMP.SC → **fixed-point arithmetic**
→ Festkomma-Arithmetik *nf*

Festpunktdarstellung *nf* COMP.SC → **fixed-point representation**
→ Festkommadarstellung *nf*

Festpunktdivision *nf* COMP.SC → **fixed point division**
→ Festkommadivision *nf*

Festpunktexponent *nm* COMP.SC → **fixed point exponent**
→ Festkommaexponent *nm*

Festpunktkonstante *nf* COMP.SC → **fixed point constant**
→ Festkommakonstante *nf*

Festpunktmultiplikation *nf* COMP.SC → **fixed point multiplication**
→ Festkommamultiplikation *nf*

Festpunktnotierung *nf* COMP.SC → **fixed-point representation**
→ Festkommadarstellung *nf*

Festpunktoperation *nf* COMP.SC → **fixed point operation**
→ Festkommaoperation *nf*

Festpunktprozessor *nm* HW → **fixed point processor**
→ Festkommaprozessor *nm*

Festpunktrechnung *nf* COMP.SC → **fixed decimal point calculation**
→ Festkommarechnung *nf*

Festpunktregister *nn* DAT.PR → **fixed point register**
→ Festkommaregister *nn*

Festpunktroutine *nf* SW → **fixed point routine**
→ Festkommaroutine *nf*

Festpunktschreibweise *nf* COMP.SC → **fixed-point representation**
→ Festkommadarstellung *nf*

Festpunktsubtraktion *nf* COMP.SC → **fixed point subtraction**
→ Festkommasubtraktion *nf*

Festpunktzahl *nf* COMP.SC → **fixed point number**
→ Festkommazahl *nf*

Festradix-Schreibweise *nf* COMP.SC **fixed-radix notation** *n*
[der Wert der Stelle n ist die Radix zur n-ten Potenz]
= Festbasis-Schreibweise *nf*; Radixschreibweise mit fester Basis
≠ Gemischtradix-Schreibweise
↑ Radixschreibweise
↓ Dualsystem; Quinärsystem; Oktalsystem; Dezimalsystem; Sedezimalsystem
[the weight of a digit place n is the radix to the power of n]
= fixed-base notation; fixed-radix numeration system; fixed-base numeration system; fixed-radix system; fixed-base system; fixed-radix scale; fixed-base scale; fixed radix; fixed base
↑ radix notation
↓ binary number system; quinary number system; octal number system; decimal number system; hexadecimal number system

Festrahmenantenne *nf* ANT **fixed vertical loop antenna**

festschreiben DAT.NW **commit** *vt*
[eine Transaktion]
[a transaction]

Festsenderspeicher *nm* CONS.EL → **station preset**
→ Senderspeicher *nm*

festsetzen TECH → **fasten** *vt*
→ befestigen

Festsetzung *nf* TECH → **appointment** *n*
→ Festlegung *nf*

Festsitz *nm* MEC.EN **medium force fit**

festsitzend COLL → **tight-fitting** *adj*
→ engangepasst

festspannen MEC.EN → **clamp** *vt* (1)
→ festklemmen

Festspeicher *nm* (1) HW → **read-only memory**
→ Festwertspeicher *nm*

Festspeicher *nm* (2) HW **fixed storage**
[nicht entfernbar]
[nonremovable]
= fixed memory

Festspeichercassette *nf* TER&PER → **ROM cartridge**
→ Festspeicherkassette *nf*

Festspeicherkassette *nf* TER&PER **ROM cartridge**
= Festspeichercassette *nf*; ROM-Kassette *nf*
≈ ROM-Karte
= solid-state cartridge
≈ ROM card

feststehend TECH → **stationary** *adj*
→ ortsfest

feststellbar COLL **ascertainable** *adj*
= konstatierbar

feststellbare Taste TER&PER → **stay-down key**
→ arretierbare Taste

feststellen TECH → **arrest** *vt*
→ arretieren

feststellen SCIE → **ascertain** *vt*
→ ermitteln

Feststellennummerierung nfm SWITCH **uniform numbering**
= einheitliche Nummerierung
= fixed numbering

Feststeller *nm* TER&PER → **SHIFT LOCK key**
→ Umschaltfeststelltaste *nf*

Feststellschraube *nf* MEC.EN **lock screw**
= locking screw

Feststelltaste *nf* TER&PER → **SHIFT LOCK key**
→ Umschaltfeststelltaste *nf*

Feststellung *nf* SCIE → **ascertainment** *n*
→ Ermittlung *nf*

Feststellvorrichtung *nf* TECH → **arrest** *n*
→ Hemmung *nf*

Festtaste *nf* INSTR **firmkey** *n*

Festteilnehmer *nm* TELEC **fixed subscriber**
= Festnetzteilnehmer *nm*
≠ Mobilfunkteilnehmer
= fixed-network subscriber
≠ mobile telephone subscriber

fest umrissen COLL → **definite** *adj*
→ bestimmt

Festverbindung *nf* TELEC → **fixed line** *n*
→ Standleitung *nf*

Festverbindungsgebühr *nf* TELEC **fixed connection fee**

festverdrahtet DAT.PR **hardwired** *adj*
[in Hardware "gegossen" z.B. ein Programm]
= verdrahtet
≈ festcodiert
[buit into hardware, e.g. a program]
= wired-in; wired

festverdrahtete Logik DAT.PR **hardwired logic**

festverdrahteter Speicher HW → **read-only memory**
→ Festwertspeicher *nm*

festverdrahtetes Programm SW → **fixed program**
→ Festprogramm *nn*

festverdrahtete Steuerung DAT.PR **hardwired control**

Festwert *nm* MATH **fixed value**

Festwertmultiplikator *nm* CIRC.EN **scaler** *n*
↓ Teiler; Vervielfacher
= scaling circuit
↓ reducer; multiplier

Festwertregelung *nf* CONTRO **fixed command control**
= Konstantwertregelung *nf*
= constant-value control; set-value control

Festwertspeicher *nm* HW **read-only memory**
[Inhalt nur durch Spezialeinrichtungen änderbar; meist nichtflüchtig]
= Festspeicher *nm* (1); Nur-Lese-Speicher *nm*; ROM-Speicher *nm*; ROM; ausschließlich lesbarer Speicher; Totspeicher *nm*; Permanentspeicher *nm* (2); festverdrahteter Speicher; nichtlöschbarer Speicher (2); Dauerspeicher *nm* (2)
≈ nichtflüchtiger Speicher
↑ Speicherbaustein
↓ PROM; EEPROM; EPROM; FROM
[contents only alterable with special devices; generally non-volatile]
= ROM; ROM memory; ROM storage; RO memory; RO storage; RO store; read-only RAM; read-only storage; non-erasable memory (2); non-erasable storage (2); non-erasable store (2); permanent memory (2); permanent storage (2); permanent store (2)
≈ non-volatile memory
↑ memory chip

Festwertsteuerung *nf* CONTRO **read-only-memory control**

Festwiderstand *nm* COMPO **fixed resistance**

Festwort *nm* DAT.MA **fixed-length word**
= Wort fester Länge

Festwortarithmetik *nf* COMP.SC **fixed-word-length arithmetics**
≠ Zeichenarithmetik
≠ character arithmetics

Festwortcomputer *nm* DAT.PR → **fixed-word-length computer**
→ Festwortrechner *nm*

Festwortrechner *nm* DAT.PR **fixed-word-length computer**
[mit fester Wortlänge]
= Festwortcomputer *nm*

Festzeichenabstand *nm* PRIN.ME **fixed spacing**
[unabhängig von der Breite der einzelnen Zeichen]
= fester Zeichenabstand; konstanter Zeichenabstand
≠ Proportionalzeichenabstand
↑ Zeichenabstand
[regardless of individual character width]
= monospacing; even spacing; fixed-width spacing; fixed-pitch spacing
≠ proportional spacing
↑ character spacing

Festzeichenlöschung *nf* RAD.LO → **moving target indication**
→ Festzeichenunterdrückung *nf*

Festzeichenunterdrückung *nf* RAD.LO **moving target indication**
[Radar]
= Festzeichenlöschung *nf*; MTI; Festzielunterdrückung *nf*
[radar]
= MTI

Festzeitgespräch *nn* TELEPH **fixed time call**

Festzellenübermittlung *nf* TELEC **cell relay**
[ATM; Vermittlung von Paketen einheitlicher Länge]
[ATM]
= cell switching; fixed-size packet switching; fast packet (2)

Festzielunterdrückung *nf* RAD.LO → **moving target indication**
→ Festzeichenunterdrückung *nf*

Festzyklus *nm* DAT.PR **fixed cycle**

Festzyklusbetrieb *nm* DAT.PR **fixed-cycle operation**

FET MICR.EL → **field effect transistor**
→ Feldeffekttransistor *nm*

FeTAp TELEPH → **desktop telephone**
→ Fernsprech-Tischapparat *nm*

Fetch DAT.PR → **fetch** *n*
→ Abruf *nm*

FET-Differenzverstärker *nm* CIRC.EN **FET differential amplifier**

FET-Eingang *nm* CIRC.EN **FET input**

fett PRIN.ME **bold** *adj*
= fettgedruckt; kräftig
↑ Schriftattribut
= bold-faced; bold face; black
↑ font attribute

Fett *nn* TECH **grease** *n*
[dickflüssiges Schmiermittel]
↑ Schmiermittel
[thick lubricant]
↑ lubricant

Fettblende *nf* CINEMA **grease transition**

Fettbüchse *nf* MEC.EN **grease cup**

Fettdruck *nm* PRIN.ME → **boldface printing**
→ Fettschrift *nf*

Fettdruckfunktion *nf* WOR.PR **boldprinting** *n*

fetten TECH → **grease** *vt*
→ einfetten *vt*

fetter Client DAT.NW **fat client**
[mit viel eigener Funktionalität]
[with much own functionality]

fetter Server DAT.NW **fat server**

fette Schrift PRIN.ME → **boldface printing**
→ Fettschrift *nf*

fettgedruckt PRIN.ME → **bold** *adj*
→ fett

Fettschmierung *nf* MEC.EN **grease lubrication**
↑ Schmierung

Fettschrift *nf* PRIN.ME **boldface printing**
= Fettdruck *nm*; fette Schrift
= boldface type; boldface; bold tape; bold print

feucht PHYS **humid** *adj*
≈ nass
= moist; damp; dank
≈ wet

Feuchte *nf* PHYS → **humidity** *n*
→ Feuchtigkeit *nf*

feuchtedicht TECH **moisture-repellant**
≈ feuchteunempfindlich
≈ moisture-resistant

Feuchteklasse *nf* QUAL **humidity class**

Feuchtemesser *nm* INSTR → **hygrometer**
→ Hygrometer *nn*

Feuchteschutz *nm* TECH **humidity barrier**
= Feuchtigkeitssperre *nf*
≈ Nässeschutz
≈ water blocking

Feuchtesensor *nm* COMPO **humidity sensor**
= dampness sensor

feuchteunempfindlich TECH **moisture-resistant**
= feuchtigkeitsfest
≈ feuchtedicht
= moisture-proof

Feuchtigkeit *nf* PHYS **humidity** *n*
= Feuchte *nf*
= dampness *n*; moisture *n*

feuchtigkeitsanziehend PHYS → **hygroscopic**
→ wasseranziehend

feuchtigkeitsbindend PHYS → **hygroscopic**
→ wasseranziehend

feuchtigkeitsfest TECH → **moisture-resistant**
→ feuchteunempfindlich

Feuchtigkeitssperre *nf* TECH → **humidity barrier**
→ Feuchteschutz *nm*

Feuchtraum *nm* QUAL **moist atmosphere**

Feuer *nn* AERON **light** *n*
↓ Hindernisfeuer
↓ obstruction light

feuerbeständig TECH → **fire-proof** *adj*
→ feuerfest

feuerfest TECH **fire-proof** *adj*
= feuerbeständig; flammsicher; brandsicher
≈ feuerhemmend; schlagwettergeschützt; hitzebeständig; unbrennbar
= flameproof *adj* (2)
≈ fire-resistant; flameproof (1); refractory; non flammable

feuergefährlich TECH → **flammable** *adj* (AE)
→ entflammbar

feuerhemmend TECH → **flame-retardant**
→ flammwidrig

Feuerknopf *nm* TER&PER **fire button**
[Steuerknüppel]
= Reaktionsknopf *nm*
[joystick]
= fire knob

Feuerleitradar *nm&nn* (*pl* -e) RAD.LO **artillery radar**

Feuerleitrechner *nm* RAD.LO **artillery computer**

Feuerleitsystem *nn* RAD.LO **artillery control system**

Feuermeldeanlage *nf* SIG.EN → **fire alarm system**
→ Feuermeldeeinrichtung *nf*

Feuermeldeeinrichtung *nf* SIG.EN **fire alarm system**
= Feuermeldeanlage *nf*; Brandmeldeanlage *nf*; Feuermeldesystem *nn*; Brandmeldesystem *nn* Brandmeldeeinrichtung *nf*;

Feuermelder *nm* SIG.EN **fire detector**
= Brandmelder *nm*
≈ Flammenmelder
↓ Rauchmelder; Wärmemelder; Flammenmelder
= fire alarm
≈ flame alarm system
↓ smoke detector; heat detector; flame detector

Feuermeldesystem *nn* SIG.EN → **fire alarm system**
→ Feuermeldeeinrichtung *nf*

Feuermeldung *nf* SIG.EN → **fire signaling** (AE)
→ Brandschutz *nm*

feuern ART.IN **fire** *vt*

Feuerprobe *nf* SW **smoke test**
[fig]
[fig]

Feuerschutzwand *nf* INTERNET → **firewall** *n*
→ Firewall *nm*

Feuerschweißen *nn* METAL **forge welding**
≈ Pressschweißen
= hammer welding
≈ pressure welding

Feuerverhütung *nf* TECH → **fire prevention**
→ Brandverhütung *nf*

feuerverzinken METAL **hot-galvanize**
↑ verzinken
= hot-dip galvanize
↑ zink-coat

Feuerverzinkung *nf* METAL **hot-galvanizing**

feuerverzinnen METAL **tin-coat** *vt*
↑ verzinnen

feuerverzinnt METAL **hot-tinned**
= tin-coated

Feuerverzinnung *nf* METAL **tin coating**

Feuerwache *nf* SIG.EN **fire station**

Feuerwehr *nf* COLL **fire brigade**
= fire department (AE)

feurig *adj* OPT **glowing** *adj*
[Farbe] [colour]

FeWaAp TELEPH → **wall telephone**
→ Wandtelefon *nn*

FF DAT.CO → **form feed** *n*
→ Formularvorschub *nm*

ff DAT.CO → **form feed** *n*
→ Formularvorschub *nm*

ff. PRIN.ME → **following pages**
→ Folgeseiten *nplt*

FFT-Analysator *nm* INSTR **fast-Fourier analyzer**

FH/SS RADIO **FH/SS**
= FHCDMA = FHCDMA; Frequency-Hopping Spread Spectrum

FHCDMA RADIO → **FH/SS**
→ FH/SS

FH-MFSK MODUL **FH-MFSK**
= pseudozufällig frequenzumtastende M-äre Modulation = frequency-hopped M-ary frequency-shift-keying

FIAPF CINEMA **FIAPF**
[Fédération Internationale des Associations des Producteurs des Films] [Fédération Internationale des Associations des Producteurs des Films]

Fiber *nf* TECH → **fiber** (AE)
→ Faser *nf*

fiberoptisch (CH) OPT.CO → **fiberotic** *adj*
→ faseroptisch

Fibonacci-Folge *nf* MATH → **Fibonacci series**
→ Fibonacci-Reihe *nf*

Fibonacci-Reihe *nf* MATH **Fibonacci series**
[jedes Glied ist gleich der Summe seiner zwei Vorgänger] [each integer is equal to the sum of its two predecessors]
= Fibonacci-Sequenz *nf*; Fibonacci-Folge *nf*; Fibonacci-Zahlenreihe *nf* = Fibonacci sequence; Fibonacci numbers

Fibonacci-Sequenz *nf* MATH → **Fibonacci series**
→ Fibonacci-Reihe *nf*

Fibonacci-Suche *nf* DAT.MA **Fibonacci search**
≠ Binärsuche ≠ binary search

Fibonacci-Zahl *nf* MATH **Fibonacci number**
[Summe seiner zwei Vorgänger] [sum of its two prdecessors]

Fibonacci-Zahlenreihe *nf* MATH → **Fibonacci series**
→ Fibonacci-Reihe *nf*

FIC *nm* BROADC **FIC**
= schneller Informationskanal = Fast Information Channel

Fiche *nf* (CH) OFFICE → **file card**
→ Karteikarte *nf*

ficksches Diffusionsgesetz PHYS **Fick's diffusion law**
= Fick'sches Diffusionsgesetz

Fick'sches Diffusionsgesetz PHYS → **Fick's diffusion law**
→ ficksches Diffusionsgesetz

FIDC *nm* BROADC **FIDC**
= schneller Informationsdatenkanal = Fast Information Data Channel

Fidonet *nn* INTERNET **fidonet**
[nach dem Hund des Erfinders benannt] [called by the name of the invemtor's dog]
↑ Briefkastennetz ↑ mailbox network

FIFO DAT.MA → **FIFO mode**
→ FIFO-Modus *nm*

FIFO-Liste *nf* DAT.MA **push-up list**
= FIFO list; queue

FIFO-Modus *nm* DAT.MA **FIFO mode**
= FIFO; SILO-Modus *nm*; SILO = FIFO; first-in-first-out mode; first-come mode; first-served mode
≠ LIFO-Modus ≈ FIFO store

FIFO-Speicher *nm* DAT.MA → **push-up storage**
→ Silo-Speicher *nm*

FIFO-Stapelspeicher *nm* DAT.MA → **push-up storage**
→ Silo-Speicher *nm*

fig SW → **self-defining**
→ selbstdefinierend

FIG *nm* BROADC **FIG**
= schnelle Informationsgruppe = Fast Information Group

FIGS-Sprachen *nplt* COMP.AP **FIGS**
[Französisch, Italienisch, Deutsch, Spanisch] = French, Italian, German, Spanish

Figur *nf* PRIN.ME → **illustration**
→ Abbildung *nf*

Figur *nf* TEC.DOC → **figure** *n*
→ Bild *nn*

Figur *nf* MEDIA → **role** *n*
→ Rolle *nf*

Fiktion *nf* COLL **fiction** *n*

fiktiv COLL **fictitious**
= scheinbar = fictive
≈ trügerisch ≈ specious

fiktive Adresse SW **fictitious address**
= fictive address

File *nn* (ANGL) DAT.MA → **file** *n* (1)
→ Datei *nf* (1)

File-Server *nm* DAT.NW → **file server**
→ Daten-Server *nm*

Filiale *nf* ECON **branch office**
= Niederlassung *nf*; Zweigstelle *nf*; Zweigniederlassung *nf*; Zweigwerk *nn*; Geschäftsstelle *nf*; Agentur *nf* = branch *n* (3); regional office; sales and support office; agency *n*
≈ Außenstelle ≈ off-premises

Film *nm* CINEMA **film** *n*
[bandförmiger Bildträger] [ribbon-like image carrier]
= motion picture film

Film *nm* IMAG.ME **film** *n*
↓ Spielfilm; Dokumentarfilm = movie *n* (AE); motion picture (AE); cine film; flick *n* (slang)
↓ feature film; documentary film

Film *nm* TECH → **layer** *n*
→ Schicht *nf*

Filmabrufdienst *nm* TELEC → **video on demand service**
→ Videoabrufdienst *nm*

Filmakademie *nf* CINEMA **film school**
= Filmhochschule *nf*

Filmanalyse *nf* CINEMA **film analysis**

Filmarchitekt *nm* CINEMA **art director**

Filmarchitekturabteilung *nf* CINEMA **art department**
= Dekorationsbau *nm*; Bauten *nplt*

Filmarchiv *nn* CINEMA **film archives**

Filmatelier *nn* CINEMA **film studio**
= Atelier *nn*; Filmstudio *nn*; Studio *nn* = studio *n*; film atelier; atelier *n*

Filmaufzeichungsgerät *nn* TER&PER **film recorder** (2)
[records display images]

Filmausgabegerät *nn* TER&PER **film recorder** (1)
↑ Sichtgerät ↑ display terminal

Filmbegeisterter *nm* CINEMA **film fan**
= Filmfan; Cineast *nm* (4) = movie buff (AE slang)

Filmbesprechung *nf* MEDIA → **film review**
→ Filmkritik *nf*

Filmbranche *nf* CINEMA → **film industry**
→ Filmindustrie *nf*

Filmcutter *nm* CINEMA **film cutter**
= editor *n*

Filmdatei *nf* COMP.AP **film file**

Filmdiva *nf* CINEMA **film star**
[female]

Film drehen CINEMA **shoot a film**
≈ filmen [COLL] = make a film; screen *vt*
≈ film [COLL]

Filmeanbieter *nm* TELEC → **video information provider**
→ Videoanbieter *nm*

Filme auf Abruf *nplt* TELEC → **video on demand service**
→ Videoabrufdienst *nm*

Filmemacher *nm* CINEMA → **film maker**
→ Filmschaffender *nm*

Filmemulsion *nf* IMAG.ME **film emulsion**

filmen *vt* COLL **film** *vt*
≈ Film drehen [CINEMA]

Filmentwicklung *nf* IMAG.ME **film processing**
= Entwicklung *nf* = processing *n*

Filmfan CINEMA → **film fan**
→ Filmbegeisterter *nm*

Filmfestival *nn* CINEMA **film festival**

Filmfinale *nf* CINEMA **showdown** *n*

Filmformat *nn* IMAG.ME **film format**
= film gauge; gauge *n*

Filmhersteller *nm* CINEMA → **film producer**
→ Filmproduzent *nm*

Filmhistoriker *nm* MEDIA **film historian**

Filmhochschule *nf* — CINEMA — → **film school**
→ Filmakademie *nf*

Filmhybridtechnik *nf* — MICR.EL — **film hybrid technology**

Filmindustrie *nf* — CINEMA — **film industry**
= Filmbranche *nf* — = the films

filmisch *adj* — MEDIA — **filmic** *adj*

Filmkamera *nf* — CINEMA — **cinematographic camera**
= Laufbildkamera *nf*

Filmkenner *nm* — CINEMA — **film expert**
= Cineast *nm* (3) — = cineast *n* (3)

Filmkleber *nm* — CINEMA — **film cement**

Filmkopiergerät *nn* — OFFICE — **film copier**

Filmkritik *nf* — MEDIA — **film review**
= Filmbesprechung *nf* — = film critique

Filmkritik *nf* — CINEMA — **film review**
= movie review

Filmkritiker *nm* — CINEMA — **film critic**
= Cineast *nm* (2) — = cineast *n* (2)

Filmkunde *nf* — CINEMA — **cinematics** *nplt*

Filmkunst *nf* — IMAG.ME — → **cinematography**
→ Filmphotographie *nf*

Filmkunsttheater *nn* — CINEMA — → **art house cinema**
→ Programmkino *nn*

Filmlochung *nf* — CINEMA — **film perforation**

Filmmaterial *nn* (1) — IMAG.ME — **film material**
= footage *n*

Filmmaterial *nn* (2) — IMAG.ME — **film stock**
= Rohfilm *nm* — = stock *n*

Filmmedium *nn* — MEDIA — **cinematographic medium**

Film mit Prominentenbesetzung — CINEMA — **all star cast film**

Filmmusik *nf* — IMAG.ME — **film music**

Film Noire *nm* — CINEMA — **Film Noire**

filmorientiert — COMP.AP — **cine-oriented** *adj*

Filmperforation *nf* — IMAG.ME — **sprockets** *nplt*
= Perforation *nf*

Filmphotographie *nf* — IMAG.ME — **cinematography**
= Filmkunst *nf*

Filmplakat *nn* — MEDIA — **film poster**
= movie poster (AE)

Filmprobe *nf* — CINEMA — → **casting** *n*
→ Probeaufnahme *nf*

Filmproduzent *nm* — CINEMA — **film producer**
= Filmhersteller *nm*

Filmprojekt *nn* — CINEMA — **film project**

Filmprojektor *nm* — CINEMA — **film projector**

Filmregisseur *nm* — IMAG.ME — **film director**
= Regisseur *nm*; Spielleiter *nm* (2) — = director *n*

Filmrolle *nf* (1) — CINEMA — **reel** *n*
[eine Spule]
= Rolle *nf* (1); Filmspule *nf*; Spule *nf*

Filmrolle *nf* (2) — CINEMA — **film role**
[darzustellende Gestalt] — [character played by actor]
= Rolle *nf* (2) — = movie role; role *n*; rôle *n*

Filmsatz *nm* — PRIN.ME — **filmsetting**

Filmscanner *nm* — TER&PER — **film scanner**

Filmschachtel *nf* — CINEMA — **film can**

Filmschaffender *nm* — CINEMA — **film maker**
= Filmemacher *nm*; Cineast *nm* (1) — = cineast *n* (1)

Filmschaltung *nf* — MICR.EL — → **film circuit**
→ Schichtschaltung *nf*

Filmschauspieler *nm* — CINEMA — **film actor**

Filmschauspielerin *nf* — CINEMA — **film actress**

Filmschlager *nm* — IMAG.ME — **movie song**

Filmsemiotik *nf* — MEDIA — **film semiotic**

Filmspeicher *nm* — MICR.EL — → **thin film memory**
→ Dünnfilmspeicher *nm*

Filmspielplan *nm* — CINEMA — **screening schedule**
= Spielplan *nm*

Filmsprache *nf* — MEDIA — **film language**

Filmspule *nf* — CINEMA — → **reel** *n*
→ Filmrolle *nf* (1)

Filmstar *nm* — IMAG.ME — **movie star**
= Star *nm* — = star *n*

Filmstreifen *nm* — IMAG.ME — **film strip**

Filmstudio *nn* — CINEMA — → **film studio**
→ Filmatelier *nn*

Filmtechnik *nf* — MICR.EL — **film technology**
= Schichttechnik *nf*; Schicht- und Oberflächentechnik *nf* — = film and surface technology
↓ Dickfilmtechnik; Dünnfilmtechnik — ↓ thick-film technology; thin-film technology

Filmtheorie *nf* — MEDIA — **film theory**

Filmtitel *nm* — CINEMA — **film title**
= Titel *nm* — = title *n*

Filmtonaufnahme *nf* — IMAG.ME — **movie-sound recording**

Filmträger *nm* — CINEMA — **film base**

Film-Verfahren *nn* — MICR.EL — **paint-on process**

Filmverleih *nm* — CINEMA — **film distribution**
= Filmvertrieb *nm*; Verleih *nm* — = distribution *n*

Filmvertrieb *nm* — CINEMA — → **film distribution**
→ Filmverleih *nm*

Filmvorführer — CINEMA — **projectionist** *n*

Filmvorführung *nf* — CINEMA — **cinema performance**
= Filmvorstellung *nf*; Vorführung *nf*; Vorstellung *nf* — = screening *n*

Filmvorschau *nf* (1) — CINEMA — **preview** *n*
[für Kritiker] — [for critics]

Filmvorschau *nf* (2) — CINEMA — **trailer** *n*
[Werbung] — [for publicity]
= Vorschau *nf*

Filmvorstellung *nf* — CINEMA — → **cinema performance**
→ Filmvorführung *nf*

Filmwelt *nf* — IMAG.ME — **movie world**

Filmwiderstand *nm* — COMPO — → **film resistor**
→ Schichtwiderstand *nm*

Filmwissenschaft *nf* — MEDIA — **film science**
= motion picture science (AE)

Filmzensur *nf* — CINEMA — **film censoring**

FILO-Modus *nm* — DAT.MA — → **LIFO mode**
→ LIFO-Modus *nm*

FILO-Stapelspeicher *nm* — DAT.MA — → **push-down storage**
→ Kellerspeicher *nm*

Filter *nm* — NETW.TH — **filter** *n*
= Siebschaltung *nf* — = selective circuit

Filter *nm* — TECH — **filter** *n*
≈ Sieb — ≈ sieve

Filter *nm* — OPT — **filter** *n*

Filter *nm* — SW — **filter** *n*
[bestimmte Daten selektierende Software] — [software selecting prescribed data]
= Datenfilter *nn* — = data filter
↓ Datenbankfilter

Filterbausatz *nm* — EL.TRO — **filter kit**
= coil set

Filterdose *nf* — BROADC — **filtering socket**

Filterflanke *nf* — NETW.TH — **filter slope**

Filtergehäuse *nn* — COMPO — **filter case**

Filtergrad *nm* — NETW.TH — **degree of the filter**

Filterkante *nf* — NETW.TH — **filter edge**

Filterkreuzschiene *nf* — TV — **filter crossbar**

filtern — OPT — **filter** *vt*

filtern — EL.TEC — **filter** *vt*
= sieben *vt* — = filtrate

filtern — TECH — **filter** *vt*
≈ sieben *vt* — ≈ sieve

Filterprogramm *nn* — SW — **filter program**
[entfernt oder verändert bestimmte Zeichen] — [deletes or modifies selected characters]
= filter

Filterquarz *nm* — COMPO — **filter crystal**
= resonant crystal

Filtersynthese *nf* — NETW.TH — **filter synthesis**

Filtertheorie *nf* — NETW.TH — **filter theory**
= Siebschaltungstheorie *nf*

Filterung *nf* — TECH — **filtration** *n*
= Filtrierung *nf* — = filtering *n*
≈ Siebung — ≈ sifting

Filterung *nf* — NETW.TH — → **filtering** (1)
→ Siebung *nf*

Filterweiche *nf* — TV — **notch diplexer**

Filtrierung *nf* — TECH — → **filtration** *n*
→ Filterung *nf*

Filz *nm* — TECH — **felt** *n*

Filzdichtung *nf* — MEC.EN — **felt seal**

Filzpolster *nn* — TECH — **felt pad**

Filzschreiber *nm* — OFFICE — **felt-tip pen**

Filzstift *nm* — OFFICE — **felt-tip**

Final Cut *nm* — CINEMA — → **final cut**
→ endgültige Schnittversion

Finalität *nf* — SCIE — → **finality** *n*
→ Zweckbestimmtheit *nf*

Finalsatz *nm* — LING — **purposive sentence**
= Zwecksatz *nm* — ↑ causal sentence
↑ Kausalsatz

Finanzbuchhaltung *nf* ECON **financial accountancy**
Finanzbuchhaltungsprogramm *nn* SW → **accounting program**
→ Buchhaltungsprogramm *nn*
Finanzen *nplt* ECON **finances** *nplt*
Finanzgesellschaft *nf* ECON **finance company**
finanzielle Unterstützung ECON **financial backing**
finanzieren ECON **finance** *n*
Finanzierung *nf* ECON **financing** *n*
↓ Leasing; Factoring ↓ leasing; factoring
Finanzierungskosten *nplt* ECON **financial costs**
Finanzierungstätigkeit *nf* ECON **financing activity**
Finanzminister *nm* PUB.ADM **minister of finance**
= treasury secretary (AE)
Finanzverwaltung *nf* ECON **financial management**
finden TECH **find** *vt*
= wiederfinden
Finger *nm* INTERNET → **finger program**
→ Finger-Programm *nn*
Finger *nm* MICR.EL **digit** *n*
Fingerabdruck *nm* TECH **fingerprint** *n*
= Daktylogramm *nn* = dactylogram *n*
Fingerabdruckerkennung *nf* TECH **dactyloscopy**
= Dakltyloskopie *nf* = fingerprint recognition
Fingerabdruckleser *nm* COMP.AP → **fingerprint sensor**
→ Fingerabdruckprüfer *nm*
Fingerabdruckprüfer *nm* COMP.AP **fingerprint sensor**
= Fingerabdruck-Sensor *nm*; Fingerabdruckleser *nm* = fingerprint reader
↑ biometrische Sicherheitsvorrichtung ↑ biometric security device
Fingerabdruck-Sensor *nm* COMP.AP → **fingerprint sensor**
→ Fingerabdruckprüfer *nm*
Fingeranschlag *nm* TER&PER **finger stop**
Finger-Befehl *nm* SW **finger** *n*
[Unix; zeigt die aktiven Nutzer an] [Unix command to show active users]
Fingergestik *nf* TER&PER **finger gesture**
Fingerloch *nn* TER&PER **finger hole**
Fingerlochscheibe *nf* TER&PER → **dialing disk**
→ Wählscheibe *nf*
fingern *vt* INTERNET **finger** *vt*
[mit Finger-Programmen Infos über einen Nutzer ausfindig machen] [to find out user information by finger programs]
Finger-Programm *nn* INTERNET **finger program**
= Finger *nm* = finger *n*
Fingerradschalter *nm* COMPO **thumbwheel switch**
≈ Dekadenschalter ≈ decade switch
Fingerspitzen-Tablett *nn* TER&PER **touch panel** (1)
Fingerspleiß *nm* OPT.CO **detachable optical splice**
[lösbar]
finit MATH → **finite**
→ endlich *adj*
Finite-Elemente-Methode *nf* SW **finit elements method**
finite Form LING → **personal form**
→ Personalform *nf*
FIPS-Norm *nf* INF.TEC **FIPS**
= Federal Information Processing Standard
Fire-Code *nm* CODING **Fire code**
Firewall *nm* INTERNET **firewall** *n*
[HW oder SW die gegen unbefugten Netzzugang schützt] [HW or SW protecting against unauthorized users]
= Brandschutzmauer *nf*; Brandmauer *nf*; Feuerschutzwand *nf* ↓ proxy server
↓ Proxy-Server
Firma *nf* ECON → **company** *n*
→ Gesellschaft *nf*
Firmenausweis *nm* ECON **corporate identification card**
= Werksausweis *nm* ↑ card
↑ Ausweis
Firmendesign *nn* ECON **house style**
firmeneigen TECH → **proprietary** *adj*
→ herstellerspezifisch
firmeneigene Architektur DAT.PR → **closed architecture**
→ geschlossene Architektur
firmeneigene Norm TECH **proprietary standard**
firmeneigene Schnittstelle INF.TEC **proprietary interface**
≠ offene Schnittstelle ≠ open interface
firmeneigenes Netz TELEC → **corporate network**
→ Firmennetz *nn*
Firmenfernsehen *nn* IMAG.ME **business television**
firmenfremd ECON **noncorporate** *adj*
= betriebsfremd
Firmenfremder *nm* ECON **noncorporate person**
Firmengebäude *nn* ECON **corporate building**
Firmengelände *nn* ECON **company's premises**
= corporate premises *nplt* (2)
Firmengruppe *nf* ECON **corporate group** (1)
firmenindividuell TECH → **proprietary** *adj*
→ herstellerspezifisch
firmenintern ECON **in-house** *adj*
= betriebsintern; betriebsintern; innerbetrieblich; hausintern; hauseigen; unternehmensintern = inhouse; corporate
≈ werkintern ≈ in-plant
firmeninterner Feldversuch DAT.PR **alpha testing**
= hausinterner Probebetrieb = alpha test; in-house testing
Firmenkennfaden *nm* COM.CAB **manufacturers identification thread**
Firmenkunde *nf* TELEC **corporate customer**
≈ Großteilnehmer = corporate subscriber
↑ Geschäftsteilnehmer ≈ large user
↑ business subscriber
Firmenkundennetz *nn* TELEC → **corporate network**
→ Firmennetz *nn*
firmenkundlicher Bericht ECON **company report**
Firmenlogo *nn* (ANGL) ECON → **corporate logo**
→ Firmenzeichen *nn*
Firmenmonogramm *nn* ECON → **corporate logo**
→ Firmenzeichen *nn*
Firmennetz *nn* TELEC **corporate network**
= Firmenkundennetz *nn*; firmeneigenes Netz; privates Firmennetz; Unternehmensnetz *nn*; Unternehmensnetzwerk *nn*; innerbetriebliches Netz = enterprise network; company network
≈ lokales Netz [DAT.CO] ≈ local area network [DAT.CO]
↑ Privatnetz ↑ private network
Firmenorganisation *nf* ECON **corporate organization**
Firmenportal *nn* INTERNET **enterprise portal**
Firmenschild *nn* EQP.EN **manufacturer's nameplate**
= name plate
Firmensitz *nm* ECON → **corporate site**
→ Firmenstandort *nm*
Firmensitz *nm* ECON **registered office**
≈ Firmenzentrale ≈ corporate headquarter
firmenspezifisch TECH → **proprietary** *adj*
→ herstellerspezifisch
Firmenstandard *nm* TECH → **company standard**
→ Werknorm *nf*
Firmenstandort *nm* ECON **corporate site**
= Unternehmensstandort *nm*; Firmensitz *nm*; Unternehmenssitz *nm* = corporate premises *nplt* (1); company site
Firmensymbol *nn* ECON → **corporate logo**
→ Firmenzeichen *nn*
Firmentelekommunikation *nf* TELEC **corporate telecommunications**
Firmenurheberrecht *nn* LAW **corporate intellectual property**
Firmenvernetzung *nf* INF.TEC **enterprise networking**
firmenweit ECON → **company-wide**
→ unternehmensweit
Firmenwert *nm* ECON **good will**
Firmenzeichen *nn* ECON **corporate logo**
= Firmenlogo *nn* (ANGL); Firmenmonogramm *nn*; Firmensymbol *nn* = corporate initials; sign *n*; company logo; company initials; company logotype
≈ Markenzeichen ≈ trademark; t.m.
↑ Logotype ↑ logotype
Firmenzeitschrift *nf* PRIN.ME **company magazine**
= Hauszeitschrift *nf*
Firmenzentrale *nf* ECON **corporate headquarter**
≈ Firmensitz ≈ registered office
Firmenzentrale *nf* ECON → **headquarters** *nplt*
→ Hauptverwaltung *nf*
Firmware *nf* DAT.PR **firmware** *n*
[Festwertspeicher mit vom Systemhersteller gespeicherter SW u. Daten] [ROM's with SW and data stored by the system manufacturer]
= festgespeichertes Standardprogramm
≈ Software; Hardware; PROM ≈ software; hardware; PROM
Firnis *nf* TECH **varnish** *n*
≈ Lack ≈ lacquer
First-Party-Call-Control-Applikation *nf* [CTI] TELEC **First Party Call Control Application**
FIR-System *nn* NETW.TH **FIR system**
= finite-impulse-response system
FIS COMP.AP → **specialist information system**
→ Fachinformationssystem *nn*

Fischaugenlinse *nf*	OPT	**fisheye lens**
Fischbeinantenne *nf* → Fischgrätenantenne *nf*	ANT	→ **fishbone antenna**
fischbissgeschützt	COM.CAB	**fish-bite protected**
Fischer-Verteilung *nf* → F-Verteilung *nf*	STATIS	→ **F-distribution**
Fischgrätantenne *nf* → Fischgrätenantenne *nf*	ANT	→ **fishbone antenna**
Fischgrätenantenne *nf* = Fischgrätantenne *nf*; Fischbeinantenne *nf*; logarithmisch-periodische V-Antenne; LPV-Antenne *nf*; Tannenbaumantenne *nf* ↑ Längsstrahler; Wandelwellenantenne; Dipolwand	ANT	**fishbone antenna** = christmastree antenna; Xmastree antenna ↑ end-fire antenna; travelling wave antenna
Fiskus *nm* = Staatskasse *nf*	PUB.ADM	**treasury** *n*
fit [10E-9 Ausfälle pro Stunde]	QUAL	**fit** [failure in time; 10E-9 failures per hour]
fixe Kosten → Fixkosten *nplt*	ECON	→ **fixed costs**
Fixierbad *nn*	PHOT	**fixing bath** = fixer *n*; hypo *n*
fixieren → befestigen	TECH	→ **fasten** *vt*
fixierend	DAT.MA	**locking** *adj*
Fixierstift *nm* ≈ Führungsstift	MEC.EN	**fixing pin** ≈ alignment pin
Fixierung *nf* → Befestigung *nf* (1)	TECH	→ **fastening** *n* (1)
Fixierung *nf*	MEC.EN	**fixing** *n*
Fixierung *nf* → Halterung *nf*	TECH	→ **mount** *n*
Fixiervorgang *nm*	TER&PER	**fixing process**
Fixkomma *nn* → Festkomma *nn*	COMP.SC	→ **fixed point**
Fixkommarechnung *nf* → Festkommarechnung *nf*	COMP.SC	→ **fixed decimal point calculation**
Fixkosten *nplt* = fixe Kosten	ECON	**fixed costs**
Fixplatte *nf* → Festplatte *nf*	HW	→ **fixed disk**
Fixpunkt *nm* = fester Bezugspunkt; Bezugsmarke *nf*	TECH	**bench mark** = reference mark
Fixpunkt *nm* [definierter Programmpunkt, ab dem nach einer Unterbrechung der Programmablauf wieder aufgenommen werden kann] = Wiederanlaufpunkt *nm*; Stützpunkt *nm*; Wiederanlaufkennzeichen *nn*; Wiederholpunkt *nm*; Checkpoint *nm*; Programmhaltepunkt *nm*; Anhaltepunkt *nm* ≈ Unterbrechungspunkt	SW	**checkpoint** *n* [prepared program point, from which the program can be restarted after an interrupt] = check point; restart point; rerun point ≈ breakpoint
Fixpunkt *nm* → Festkomma *nn*	COMP.SC	→ **fixed point**
Fixpunktausdruck *nm*	DAT.PR	**checkpoint dump**
Fixpunkt-Etikett *nn* [kennzeichnet Fixpunkte] = Fixpunkt-Kennsatz *nm*; Checkpoint-Etikett *nn* ≈ Fixpunktsatz ↑ Etikett	DAT.MA	**checkpoint label** [identifies checkpoints] ≈ checkpoint character ↑ label
Fixpunkt-Kennsatz *nm* → Fixpunkt-Etikett *nn*	DAT.MA	→ **checkpoint label**
Fixpunkt-Neustart *nm* = Anhaltepunkt-Neustart *nm*	SW	**checkpoint restart**
Fixpunktrechnung *nf* → Festkommarechnung *nf*	COMP.SC	→ **fixed decimal point calculation**
Fixpunktroutine *nf* ≈ Wiederanlaufroutine	SW	**checkpoint routine** = checkpointing ≈ restart routine
Fixpunktsatz *nm* [einen Fixpunkt markierender Datenblock]	DAT.MA	**checkpoint character** [data block marking a checkpoint]
Fixpunkttechnik *nf* [automatische Erstellung von Sicherungskopien des Hauptspeichers zu festen Zeitpunkten]	DAT.PR	**checkpoint technique** [automatic back-up of main memory at fixed instants]
Fixstern *nm*	ASTR.PH	**fixed star**
flach [ohne größere Welligkeit] = plan; eben ≈ glatt	TECH	**flat** *adj* [relatively smooth] = even; planar; plane; plain (obs)
Flachabtaster *nm* [Faksimile]	TELEGR	**flat scanner** [facsimile]

Flachaluminium *nn*	METAL	**flat-bar aluminum** = flat aluminium
Flachankerrelais *nn* → Flachrelais *nn*	COMPO	→ **flat relay**
Flachantenne *nf*	ANT	**flat antenna**
Flachband *nn* = Flachbandkabel *nn*	MICR.EL	**flat band** = ribbon cable
Flachbandkabel *nn* → Flachband *nn*	MICR.EL	→ **flat band**
Flachbau-Bildschirm *nm* ≈ Flachbildschirm [TER&PER]	EL.TRO	**flat technology monitor** ≈ flat screen
Flachbaugruppe *nf* ↑ Baugruppe	EQP.EN	**flat module** ↑ module
Flachbauweise *nf*	EQP.EN	**flat construction**
Flachbettabtaster *nm* [tastet flach liegende Vorlagen ab] = Flachbett-Scanner *nm*	TER&PER	**flatbed scanner** [scans from flat surface]
Flachbett-Abtastsystem *nn* [Faksimile] = Flachbettscanner *nm*	TELEGR	**flatbed scanning system** = flatbed scanner
Flachbettplotter *nm* [zeichnet auf flacher Unterlage] = Tischplotter *nm*	TER&PER	**flatbed plotter** [plots over a flat surface] = desk plotter; desktop plotter
Flachbettscanner *nm* → Flachbett-Abtastsystem *nn*	TELEGR	→ **flatbed scanning system**
Flachbett-Scanner *nm* → Flachbettabtaster *nm*	TER&PER	→ **flatbed scanner**
Flachbettzufuhr *nf*	TER&PER	**flat bed feed**
Flachbildschirm *nm* = flacher Bildschirm; Flachdisplay *nn*; Flachgasmonitor *nm* ↓ Plasmabildschirm; Flüssigkristall-Bildschirm; Elektrolumineszenzanzeige; Dünnfilmtransistor-Bildschirm	TER&PER	**flat screen** = flat-panel screen; flat display; flat-panel display; flat-panel monitor; flat monitor; flat square tube; FST ↓ plasma display; LCD; electroluminescent display;
Flachdatei *nf*	OFFICE	**flat file**
Flachdisplay *nn* → Flachbildschirm *nm*	TER&PER	→ **flat screen**
Flachdraht *nm*	METAL	**flat wire**
Flachdruck *nm* [druckende und nichtdruckende Teile in einer Ebene] ↑ Druckverfahren ↓ Lithografie; Offsetdruck	PRIN.ME	**planographic printing** [printing and non-printing parts on the same level] = planography *n* ↑ printing process ↓ lithography; offset printing
Fläche *nf* [SI-Einheit: Quadratmeter] = A; q ↓ Oberfläche	MATH	**area** [SI unit: square meter] = A; q ↓ surface
flache Adressierung	DAT.NW	**flat addressing**
Fläche höherer Ordnung → Freiformfläche *nf*	COMP.GR	→ **free-form surface**
Flacheisen *nn*	METAL	**flat-bar iron** = flat iron
Flächenanregung *nf* [einen Körper zum Strahlen anregen]	ANT	**volume excitation** [to excite a body to radiate]
Flächenantenne *nf* (1) → Aperturantenne *nf*	ANT	→ **aperture antenna**
Flächenantenne *nf* (2) [ein strahlender Körper]	ANT	**body antenna** [a radiating body]
Flächenbelastung *nf*	CIV.EN	**area load** = load per unit area
flächenbezogen	TECH	**surface-related** = per unit area
flächendeckend ≈ landesweit	TELEC	**full-coverage** *adj* = global-coverage
flächendeckende Antenne → Rundstrahlantenne *nf*	ANT	→ **omnidirectional antenna**
Flächendeckung *nf* = Flächenvollversorgung *nf*	TELEC	**global coverage** = full coverage; full area coverage; nationwide coverage; ubiquitious coverage
Flächendeckungsgrad *nm*	TELEC	**level of coverage**
Flächendiagramm *nn* → Bereichsgrafik *nf*	STATIS	→ **area chart**
Flächendichte *nf*	PHYS	**surface density** = areal density
Flächendiode *nf* → Sperrschicht-Diode *nf*	MICR.EL	→ **junction diode**
Flächendipol *nm* → Schmetterlingsantenne *nf*	ANT	→ **batwing antenna**

Flächendosisprodukt *nn*	PHYS	**area dose product**
Flächendruck *nm*	MECH	**compression** *n*
Flächenelement *nn*	MATH	**surface element**
Flächenemitter *nm*	MICR.EL	**planar emitter**
Flächenerdung *nf*	SYS.INS	**surface grounding**
Flächengewicht *nn*	PHYS	**weight per m**
Flächengleichrichter *nm*	MICR.EL	**junction rectifier**
= Sperrschichgleichrichter *nm*		= surface-contact rectifier
Flächengrafik *nf*	COMP.GR	**surface graphics**
[Flächen können als Ganzes bearbeitet werden]		[permits surfaces to be treated as units]
= Flächengraphik *nf*		
Flächengraphik *nf*	COMP.GR	→ **surface graphics**
→ Flächengrafik *nf*		
Flächenhelligkeit *nf*	OPT	→ **luminance** *n*
→ Leuchtdichte *nf*		
Flächenhologramm *nn*	OPTOEL	**surface hologram**
Flächenindizes *nplt*	PHYS	→ **Miller indices**
→ millersche Indizes		
Flächenintegral *nn*	MATH	→ **surface integral**
→ Oberflächenintegral *nn*		
Flächenintensität *nf*	PHYS	→ **radiance** *n*
→ Strahlungsdichte *nf* (1)		
Flächenkabelrost *nm*	SYS.INS	**planar cable grid**
= Flächenrost *nm*; Rostmatte *nf*; Mattenkabelrost *nm*		= overhead cable grid; cable grid; planar cable shelf; planar shelf
Flächenladungsdichte *nf*	PHYS	**surface-charge density**
Flächenlast *nf*	MECH	**uniform load**
Flächenmasse *nf*	PHYS	**area mass**
Flächenmodell *nn*	COMP.GR	**surface model**
↑ dreidimensionale Darstellung		↑ 3-D representation
Flächenmodellierung *nf*	COMP.GR	**surface modelling**
= Oberflächenmodellierung *nf*		
Flächenmosaik *nn*	CART	→ **choropeth map**
→ Choroplethenkarte *nf*		
Flächenmosaik *nn*	GIS	**choropethic map**
= Chorogramm *nn*; Choropethenkarte *nf*		
Flächenmustergenerator *nm*	COMP.GR	**pattern generator**
= Pattern Generator *nm* (ANGL)		
Flächennetz *nn*	COMP.GR	**mesh** *n*
Flächennutzungsfaktor *nm*	MICR.EL	**area utilization factor**
Flächenobjekt *nn*	COMP.GR	**surface object**
		= surface model
Flächenpunkt *nm*	MATH	**surface point**
↓ Gipfelpunkt; Sattelpunkt		↓ peak point; saddle point
Flächenreflektor *nm*	ANT	→ **aperture antenna**
→ Aperturantenne *nf*		
Flächenrost *nm*	SYS.INS	→ **planar cable grid**
→ Flächenkabelrost *nm*		
Flächenschermode *nm*	PHYS	→ **face-shear mode**
→ Flächenscherungsschwingung *nf*		
Flächenscherung *nf*	PHYS	**face shear**
Flächenscherungsschwinger *nm*	COMPO	**face shear crystal**
[Quarz]		
Flächenscherungsschwingung *nf*	PHYS	**face-shear mode**
= Flächenschermode *nm*		= face-shear vibration
Flächenschleifen *nn*	MEC.EN	**surface grinding**
Flächenschwerpunkt *nm*	PHYS	**centroid**
Flächenstrahler *nm*	ANT	→ **aperture antenna**
→ Aperturantenne *nf*		
Flächenstrichprobe *nf*	STATIS	**area sampling**
Flächentransistor *nm*	MICR.EL	**junction transistor**
= Planartransistor *nm*; Sperrschichttransistor *nm*		= planar transistor
≠ Spitzentransistor		≠ point-contact transistor
↑ Bipolartransistor		↑ bipolar transistor
↓ Legierungstransistor; Diffusionstransistor		↓ alloy-junction transistor; diffusion transistor
flächentreu	MATH	**equal-area**
= authalisch		= equivalent; authalic
flächentreue Projektion	CART	**equal-area projection**
Flächenverschneidung *nf*	GIS	**area intersection**
Flächenvollversorgung *nf*	TELEC	→ **global coverage**
→ Flächendeckung *nf*		
Flächenwiderstand *nm*	PHYS	→ **surface impedance**
→ Oberflächenwiderstand *nm*		
Flächenwirbel *nm*	PHYS	**rotational surface distribution**
flächenzentriert	MATH	**face-centered**
flächenzentriertes Gitter	PHYS	**face-centered lattice**
flacher Bildschirm	TER&PER	→ **flat screen**
→ Flachbildschirm *nm*		
flacher Schwund	RAD.PRO	→ **absorption fading**
→ Absorptionsschwund *nm*		

flaches Filter	NETW.TH	**flat filter**
Flachflanschverbinder *nm*	MICROW	**plain connector**
Flachgasmonitor *nm*	TER&PER	→ **flat screen**
→ Flachbildschirm *nm*		
Flachgehäuse *nn*	MICR.EL	**flat pack**
[mit horizontalen Anschlüssen]		[with horizontal leads]
= Flat-pack (ANGL)		
Flachgewinde *nn*	MEC.EN	**square thread**
Flachheit *nf*, **planheit** *nf*	MECH	→ **planeness** *n*
→ Ebenheit *nf* (1)		
Flachkabel *nn*	COM.CAB	→ **ribbon cable**
→ Bandkabel *nn*		
flachkantig	MEC.EN	**flatwise** *adj*
Flachkegelkopf *nm*	MEC.EN	→ **pan head**
→ Zylinderkopf *nm*		
Flachkegelkopfniet *nm*	MEC.EN	**pan-head rivet**
Flachkeil *nm*	MEC.EN	**plain taper key**
		= key on flat
Flachkupfer *nn*	METAL	**flat bar copper**
		= flat copper
Flachlaufwerk *nn*	TER&PER	**drivecard** *n*
[flach wie eine Flachbaugruppe]		[a drive as flat as a flat module]
= Flatspeaker (ANGL)		= card disk
Flachlautsprecher *nm*	EL.ACOU	**flat loudspeaker**
		= flatspeaker *n*; pancake loudspeaker
Flachleitung *nf*	COM.CAB	**flat line**
Flachmaterialfeder *nf*	MEC.EN	**flat spring**
Flachmessing *nm*	METAL	**flat-bar brass**
		= flat brass
Flachpassfeder *nf*	MEC.EN	**Pratt & Whitney key**
Flach-reed-Kontakt *nm*	COMPO	**flat reed contact**
Flachrelais *nn*	COMPO	**flat relay**
= Flachankerrelais *nn*		
Flachrundkopf *nm*	MEC.EN	**truss head**
[Schraube]		[screw]
Flachrundkopfniet *nm*	MEC.EN	**truss-head rivet**
= Rundkopfniet *nm*		
Flachrundkopfschraube *nf*	MECH	→ **truss-head screw**
→ Rundkopfschraube *nf*		
Flachrundschraube *nf*	MEC.EN	**carriage bolt**
= Schlossschraube *nf*		
Flachschattierung *nf*	COMP.GR	**flat shading**
[ein Lichtwert pro Fläche]		[one-tone per surface]
Flachschiene *nf*	METAL	**strip** *n*
Flachschwund *nm*	RAD.PRO	→ **absorption fading**
→ Absorptionsschwund *nm*		
Flachspule *nf*	COMPO	**flat coil**
		= pancake coil; slab coil
Flachspulinstrument *nn*	INSTR	**flat-coil instrument**
Flachstahl *nm*	METAL	**flat-bar steel**
		= flat steel
Flachstange *nf*	METAL	**flat bar**
flachstanzen	METAL	**planish** *vt*
Flachstanzen *nn*	METAL	**planishing** *n*
Flachstecker *nm*	COMPO	**tab** *n*
		[a flat connector]
		= flat plug
Flachtastatur *nf*	TER&PER	**flat keyboard**
		= low-profile keyboard; chicklet keyboard
Flachwasser *nn*	GEOSC	**shallow water**
Flachwasserkabel *nn*	COM.CAB	→ **shore cable**
→ Küstenkabel *nn*		
Flachzange *nf* (1)	TECH	**flat-nose tongs** *n*
[groß]		↑ tongs
↑ Zange (1)		
Flachzange *nf* (2)	TECH	**flat-nose pliers** *n*
[klein]		≈ combination pliers
= Klemmzange *nf*		↑ pliers
≈ Kombinationszange		
↑ Zange (2)		
flackerfrei	TECH	→ **flicker-free**
→ flimmerfrei		
Flackerfrequenz *nf*	EL.TRO	**flicker frequency**
= Flackertakt *nm*		
Flackerfreuenz *nf*	SIG.EN	→ **flash frequency**
→ Blinkfrequenz *nf*		
Flackerkerzen-Glühlampe *nf*	TECH	**waver neon lamp**
flackern	TECH	→ **flicker** *vi*
→ blinken		

Flackern *nn* — TECH — → **flickering** *n*
→ Blinken *nn*
flackernd — TECH — → **flickery** *adj*
→ blinkend
flackerndes Zeichen — COMP.AP — → **flashing character**
→ Flackerzeichen *nn*
Flackertakt *nm* — EL.TRO — → **flicker frequency**
→ Flackerfrequenz *nf*
Flackerzeichen *nn* — COMP.AP — **flashing character**
= Blinkzeichen *nn*; flackerndes Zeichen; blinkendes Zeichen — [with flashing intensity]
Flackerzeichen *nn* — EL.TRO — **flashing signal**
= Blinkzeichen *nn* — = flash signal
FLAD — COMPO — **FLAD**
= fluorescence activated display
Flag *nn* — DAT.CO — → **block flag** *n*
→ Blockbegrenzer *nm*
Flag *nn* (ANGL) — SW — → **flag** *n*
→ Merker *nm*
Flaggschiff *nn* — ECON — **flagship** *n*
[fig] — [fig]
Flag-Register *nn* (ANGL) — DAT.PR — → **flag register**
→ Merkerregister *nn*
Flame *nn* — INTERNET — **flame** *n*
[vom engl. "flame" = "aufbrausen"; übertrieben emotionale, provozierende oder beleidigende Nachricht] — [excessively emotional, provocative or offensive message]
Flame Bait — INTERNET — → **flame bait**
→ Flame-Köder
Flame-Köder — INTERNET — **flame bait**
[absichtlich zur Auslösung einer Polemik gestelltes Thema] — [topic placed to intentionally trigger a flame war]
= Flame Bait
Flamer *nm* — INTERNET — **flamer** *n*
[jemand der Flames von sich gibt] — [somebody sending flames]
Flame War *nm* — INTERNET — **flame war**
[Austausch von Tiraden] — [exchange of tirades]
Flammenbogen *nm* (AT) — PHYS — → **voltaic arc**
→ Lichtbogen *nm*
Flammenmelder *nm* — SIG.EN — **flame detector**
≈ Feuermelder — ≈ fire detector
Flammenschweißung *nf* — METAL — **flame welding**
Flammpunkt *nm* — TECH — **flaming point**
= flash point
flammsicher — TECH — → **fire-proof** *adj*
→ feuerfest
flammwidrig — TECH — **flame-retardant**
= feuerhemmend — = fire-inhibiting; fire-resistant
≈ unbrennbar; feuersicher — ≈ incombustible; fire-proof
Flammwidrigkeit *nf* — TECH — **flame resistance**
≈ Unbrennbarkeit — = flame retardance
≈ incombustibility
Flanke *nf* — EL.TRO — **edge** *n*
= Rampe *nf* (1) — = slope *n*; ramp *n*; skirt *n*
↓ Impulsflanke
Flanke *nf* — MEC.EN — → **flank** *n*
→ Gewindeflanke *nf*
Flankenabfall *nm* — NETW.TH — **roll-off** *n*
= Abfall *nm*; Roll-off *nm* (ANGL); Frequenzgangabsenkung *nf*; Absenkung *nf* — [a smooth variation of frequency response]
Flankenabfall *nm* — EL.TRO — → **pulse tail**
→ Impulsschwanz *nm*
Flankenanstiegzeit *nf* — EL.TRO — → **rise time**
→ Anstiegzeit *nf*
Flankenauslösung *nf* — EL.TRO — → **signal edge triggering**
→ Signalflankenauslösung *nf*
Flankendämpfung *nf* — RADIO — **shoulder attenuation**
Flankendiskriminator *nm* — CIRC.EN — **slope detector**
≈ Resonanzkreisumformer
Flankendurchmesser *nm* — MEC.EN — **pitch diameter** (1)
flankengesteuert — EL.TRO — **edge triggered**
= flankenmoduliert — = edge controlled
flankengesteuerte Kippschaltung — CIRC.EN — → **edge triggered flip-flop**
→ dynamische Kippschaltung
flankenmoduliert — EL.TRO — → **edge triggered**
→ flankengesteuert
flankenmodulierter Puls — EL.TRO — **edge-modulated pulse train**
Flankenspiel *nn* — MEC.EN — **backlash** *n*
= mechanisches Spiel; Hystereseeffekt *nm*
Flankensteilheit *nf* — NETW.TH — **edge steepness**
= rate of change

Flankensteuerung *nf* — CIRC.EN — **edge triggering**
[Digitalsteuerung]
Flankensuchfunktion *nf* — INSTR — **edge finder**
Flankentriggerung *nf* — EL.TRO — → **signal edge triggering**
→ Signalflankenauslösung *nf*
Flankenzeit *nf* — EL.TRO — **slope time**
Flansch *nm* — MEC.EN — **flange** *n*
Flanschbefestigung *nf* — COMPO — **flange mounting**
[von Einbausteckverbindern] — ≠ circular mounting
≠ Zentralbefestigung
Flanschbuchse *nf* — COMPO — **flanged panel socket**
≠ Einbaubuchse mit Zentralbefestigung
↑ Einbaubuchse
Flanschkopplung *nf* — MICROW — → **flange joint**
→ Flanschverbindung *nf*
Flanschkupplung *nf* — MICROW — → **flange joint**
→ Flanschverbindung *nf*
Flanschlager *nn* — MEC.EN — **flange-type bearing**
Flanschmuffe *nf* — OUT.PL — **flange sleeve**
Flanschstecker *nm* — COMPO — **flanged panel plug**
≠ Einbaustecker mit Zentralbefestigung
↑ Einbaustecker
Flanschverbindung *nf* — MICROW — **flange joint**
= Flanschkopplung *nf*; Flanschkupplung *nf*; Scheibenkupplung *nf* — = flange coupling; flanged connector; disk clitch
Flasche *nf* — TECH — **bottle** *n*
= flask *n*
Flaschenhals *nm* — COLL — → **bottleneck** *n*
→ Engpass *nm*
Flaschenzug *nm* — MEC.EN — **tackle** *n*
= treble block; pulley *n* (2)
Flash-EPROM *nn* — MICR.EL — **flash EPROM**
[nur teilweise mehrmals beschreibbar] — [partially alterable several times]
= Blitz-EPROM *nn* — ↑ memory chip; flash memory
↑ Speicherbaustein; Flash-Speicher
Flash-Speicher *nm* — MICR.EL — **flash memory**
[blitzartig schnell] — [fast as a flash]
Flat-line — ANT — → **matched feeder**
→ angepasste Speiseleitung
Flat-pack (ANGL) — MICR.EL — → **flat pack**
→ Flachgehäuse *nn*
Flatspeaker (ANGL) — TER&PER — → **drivecard** *n*
→ Flachlaufwerk *nn*
Flatterfading *nn* — RAD.PRO — → **flutter fading**
→ Flatterschwund *nm*
Flattern *nn* — EL.TRO — → **jitter** *n*
→ Jitter *nm*
Flattern *nn* — INSTR — → **jitter** *n*
→ Zittern *nn*
Flattersatz *nm* — PRIN.ME — **ragged typesetting**
[nur einseitig bündiges Druckbild] — [print format flush only on one side]
≈ Rauhsatz — = ragged setting; ragged type; ragged composition; ragged text; unjustified typesetting; unjustified setting; unjustified type; ragged print; unjustified print; unjustified composition; unjustified text
≠ Blocksatz — ≈ ragged typesetting with hyphenation
Flatterschwund *nm* — RAD.PRO — **flutter fading**
= Flatterfading *nn*
Flat-top-Antenne *nf* — ANT — → **aperture antenna**
→ Aperturantenne *nf*
flauer Kontrast — IMAG.ME — **low contrast**
FLC — OPTOEL — → **ferroelectric liquid crystal**
→ ferroelektrischer Flüssigkristall
FLC-SLM — OPTOEL — **FLC-SLM**
[räumlicher Lichtmodulator mit ferroelektrischen Flüssigkristallen] — [SLM using FLC]
Fleck *nm* — COLL — **spot** *n*
= Flecken *nm* — = stain *n*
≈ Klecks — ≈ blot
↑ Verschmutzung
Fleck *nm* — PRIN.ME — → **halftone spot** *n*
→ Halbtonfleck *nm*
Flecken *nm* — COLL — → **spot** *n*
→ Fleck *nm*
Fleckfarbe *nf* — PRIN.ME — **spot color** *n* (AE)
[Halbtontechnik] — [halftone imaging]
= spot colour (BE)
Fleckfunktion *nf* — PRIN.ME — → **spot function**
→ Bildfleckfunktion *nf*

Fledermausantenne *nf* ANT → **batwing antenna**
→ Schmetterlingsantenne *nf*

fleischfarbe hell *adj* OPT **light flesh tint** *adj*

fleischfarben OPT **flesh colored**

Flex/Twist-Stück *nn* MICROW **flex-twist section**

flexibel MECH → **flexible** *adj*
→ biegsam

Flexibilität *nf* MECH → **flexibility** *n*
→ Biegsamkeit *nf*

Flexibilität *nf* TECH **flexibility** *n*
[fig]
≈ Anpassbarkeit
[fig]
≈ adaptability

flexible Fertigungszelle AUTOMA **flexible manufacturing cell**
[besteht aus CNC-Maschine, Werzeug- und Werkstückspeicher]
= FMC
[consists of a CNC controller, tool storage and workpiece storage]
= FMC

flexible Leiterplatte EL.TRO **flexible PCB**
= flexible board

flexible Magnetplatte TER&PER → **floppy disk**
→ Diskette *nf*

flexibler Hohlleiter MICROW **flexible waveguide**

flexibler Multiplexer TRANSM → **FMUX**
→ FMUX

flexibles Kabel COM.CAB **flexible cable**

flexibles Teilnehmerzugangssystem TELEC **flexible network acess system**
= FNAS

Flexion *nf* LING **inflection** *n*
= Beugung *nf*
↑ Morphologie
↓ Deklination; Konjugation
= inflexion *n*
↑ morphology
↓ declination; conjugation

flicken COLL **patch** *vt*
≈ instandsetzen
≈ repair

Flickern *nn* TECH → **flickering** *n*
→ Blinken *nn*

Flickerrauschen *nn* TELEC → **semiconductor noise**
→ Funkelrauschen *nn*

Flickschusterei *nf* DAT.PR **kludge** *n*
[behelfsmäßige Korrektur einer mangelhaften Software oder Hardware]
= Notkonstruktion *nf*; schneller Hack; Hack
[provisional correction of deficient software or hardware]
= kluge; makeshift; fast hack; hack

Flickwerk *nn* COLL **patchwork** *n*
= sloppy job; hack [DAT.PR]

flieder *adj* OPT **lilac** *adj*

fliegend (1) TECH **flying** (1)
= airborne

fliegend (2) TECH **flying** (2)
[fig]
≈ beweglich
[fig]
≈ mobile

fliegend (3) TECH **on the fly** *adj*
[fig; ohne einen Prozess zu unterbrechen]
= im Fluge
[fig; withou stopping a process]

Fliegenddrucker *nm* TER&PER **on-the-fly printer**
[Druckband bleibt nicht stehen]
↑ Anschlagdrucker
[type band or slug doesn't stop]
= hit-on-the-fly printer
↑ impact printer

fliegender Akzent TER&PER **floating accent**
[unabhängig vom Umlaut behandelt]
[handled independently from vocals]
= flying accent

fliegender Druck TER&PER **on-the-fly printing**
= anhaltloser Druck

fliegendes Funkfeuer RAD.NA **airborne beacon**

Fliegengitter *nn* TECH **fly screen**

Fliehkraft *nf* MECH **centrifugal force**
= Zentrifugalkraft *nf*; Schwungkraft *nf*
≠ Anstrebkraft
≠ centripetal force

Fliehkraftkupplung *nf* MEC.EN **centrifugal clutch**

Fliehkraftschalter *nm* POW.EN **centrifugal switch**

fliesen COMP.GR → **tile** *vt*
→ verfliesen

Fließband *nn* MANUF **assembly line**
= Fertigungslinie *nf*; Fertigungsstraße *nf*, Montagelinie *nf*; Montagestraße *nf*
= production line; manufacturing line; pipeline

Fließbandarbeiter *nm* MANUF **assembler** *n*

Fließbandprinzip *nn* SW → **pipeline processing**
→ Fließband-Verarbeitung *nf*

Fließbandprozessor *nm* DAT.PR **pipeline processor**

Fließband-Verarbeitung *nf* SW **pipeline processing**
[gleichzeitige Verarbeitung mehrerer Befehle durch eine Serie spezialisierter Prozessoreinheiten, wobei jede Einheit für jeden Befehl gerade eine andere Ausführungsphase bearbeitet]
= Fließbandprinzip *nn*; Pipeline-Verarbeitung *nf*, Pipeline-Verfahren *nn*; Pipelining *nn*
[simultaneous processing of several instructions by a series of specialized processing units, where every unit is executing a different segment for every instruction]
= pipeline mode; instruction pipelining; pipelining

fließen MECH **yield** *vt*
[Festkörper]
[of a solid]

fließen MECH **flow** *vi*
[Flüssigkeit, Gas]
= strömen
[liquid, gas]

fließen PHYS → **flow** *vi*
→ strömen

Fließfertigung *nf* MANUF **flow production**

Fließfestigkeit *nf* MECH **yield strength**

Fließgrenze *nf* MECH **flow point**
= Fließpunkt *nm*
≈ Streckgrenze
= flow limit
≈ yield point

Fließkomma *nf* COMP.SC → **floating decimal point**
→ Gleitkomma *nn*

Fließkomma-Addition *nf* COMP.SC → **floating-point addition**
→ Gleitkomma-Addition *nf*

Fließkomma-Arithmetik *nf* COMP.SC → **floating-point arithmetic**
→ Gleitkomma-Arithmetik *nf*

Fließkommadarstellung *nf* COMP.SC → **floating-point representation**
→ Gleitkommadarstellung *nf*

Fließkommadivision *nf* COMP.SC → **floating-point division**
→ Gleitkommadivision *nf*

Fließkommakonstante *nf* COMP.SC → **floating-point constant**
→ Gleitkommakonstante *nf*

Fließkommamultiplikation *nf* COMP.SC → **floating-point multiplication**
→ Gleitkommamultiplikation *nf*

Fließkommaoperation *nf* COMP.SC → **floating-point operation**
→ Gleitkommaoperation *nf*

Fließkommaprozessor *nm* COMP.SC → **floating point processor**
→ Gleitpunktprozessor *nm*

Fließkommarechnung *nf* COMP.SC → **floating-point calculation**
→ Gleitkommarechnung *nf*

Fließkommaregister *nn* COMP.SC → **floating-point register**
→ Gleitkommaregister *nn*

Fließkommaroutine *nf* COMP.SC → **floating-point routine**
→ Gleitkommaroutine *nf*

Fließkommaschreibweise *nf* COMP.SC → **floating-point representation**
→ Gleitkommadarstellung *nf*

Fließkommasubtraktion *nf* COMP.SC → **floating-point subtraction**
→ Gleitkommasubtraktion *nf*

Fließkommaüberlauf *nm* COMP.SC → **floating-point overflow**
→ Gleitkommaüberlauf *nm*

Fließkommaunterlauf *nm* COMP.SC → **floating-point underflow**
→ Gleitkommaunterlauf *nm*

Fließkommazahl *nf* COMP.SC → **floating-point number**
→ Gleitkommazahl *nf*

Fließlaut *nm* LING → **liquid** *n*
→ Liquidum *nn*

Fließlöten *nn* MANUF → **flow soldering**
→ Schwallbadlötung *nf*

Fließplan *nm* TEC.DOC → **flowchart** *n*
→ Ablaufdiagramm *nn*

Fließpressen *nn* METAL **cold forging**
= Kaltschlagen *nn*
= swaging; impact molding

Fließpunkt *nm* MECH → **flow point**
→ Fließgrenze *nf*

Fließpunkt *nm* COMP.SC → **floating decimal point**
→ Gleitkomma *nn*

Fließpunktaddition *nf* COMP.SC → **floating-point addition**
→ Gleitkomma-Addition *nf*

Fließpunktarithmetik *nf* COMP.SC → **floating-point arithmetic**
→ Gleitkomma-Arithmetik *nf*

Fließpunktdarstellung *nf* COMP.SC → **floating-point representation**
→ Gleitkommadarstellung *nf*

Fließpunktdivision *nf* COMP.SC → **floating-point division**
→ Gleitkommadivision *nf*

Fließpunktkonstante *nf* COMP.SC → **floating-point constant**
→ Gleitkommakonstante *nf*

Fließpunktmultiplikation *nf* COMP.SC → **floating-point multiplication**
→ Gleitkommamultiplikation *nf*

Fließpunktoperation *nf* COMP.SC → **floating-point operation**
→ Gleitkommaoperation *nf*

Fließpunktprozessor *nm* COMP.SC → **floating point processor**
→ Gleitpunktprozessor *nm*

Fließpunktrechnung *nf* COMP.SC → **floating-point calculation**
→ Gleitkommarechnung *nf*

Fließpunktregister *nn* COMP.SC → **floating-point register**
→ Gleitkommaregister *nn*

Fließpunktroutine *nf* COMP.SC → **floating-point routine**
→ Gleitkommaroutine *nf*

Fließpunktschreibweise *nf* COMP.SC → **floating-point representation**
→ Gleitkommadarstellung *nf*

Fließpunktsubtraktion *nf* COMP.SC → **floating-point subtraction**
→ Gleitkommasubtraktion *nf*

Fließpunktüberlauf *nm* COMP.SC → **floating-point overflow**
→ Gleitkommaüberlauf *nm*

Fließpunktunterlauf *nm* COMP.SC → **floating-point underflow**
→ Gleitkommaunterlauf *nm*

Fließpunktzahl *nf* COMP.SC → **floating-point number**
→ Gleitkommazahl *nf*

Fließtext *nm* PRIN.ME **flow text**
[Haupttext mit einheitlicher Schriftgestaltung, ohne manuelle Trennungszeichen] — [body of a text, with uniform font, w/o manual hyphenation]
= continuous text; run around; run round

Fließziehen *nn* METAL **ironing** *n*

Fliesung *nf* COMP.GR → **tiling** *n*
→ Verfliesung *nf*

flimmerfrei TECH **flicker-free**
= flackerfrei — = flickerless

flimmerfreies Bild TER&PER **flicker-free image**

Flimmerfreiheit *nf* TER&PER **image stability**
= Bildstabilität *nf*

Flimmerfrequenz *nf* SIG.EN → **flash frequency**
→ Blinkfrequenz *nf*

Flimmergrenze *nf* TV **critical flicker frequency**

flimmern TECH → **flicker** *vi*
→ blinken

Flimmern *nn* TECH → **flickering** *n*
→ Blinken *nn*

flimmernd TECH → **flickery** *adj*
→ blinkend

flinke Schmelzsicherung COMPO **fast blowing melting fuse**
↑ Stromfeinsicherung — = fast blowing fuse; quick reacting fuse
↑ fine-wire fuse

Flintglas *nn* OPT **flint glass**

Flipchart *nn* OFFICE → **flip chart** *n*
→ Schreibblocktafel *nn*

Flip-chip *nm* MICR.EL **flip-chip** *n* (1)
[Halbleiterchip mit Anschlüssen auf der Rückseite, zur Aufbringung auf hybriden Schichtschaltungen] — [chip with terminals on its back, to apply on hybrid film circuits]
≈ Chip

Flip-chip-Kontaktierung *nf* MICR.EL **flip-chip bonding**
[drahtlose Kontaktierung zwischen Chip und Substrat] — [leadless bonding of chips with substrate]
= Kopfüber-Kontaktierung *nf* — = flip-chip (2); face bonding

Flipflop *nm* CIRC.EN → **flip-flop**
→ bistabile Kippschaltung

Flippy *nf* (ANGL) TER&PER → **5 1/4 in. floppy disk**
→ Minidiskette *nf*

Fliptop (ANGL) EQP.EN → **fliptop case**
→ Klappgehäuse *nn*

Floating-gate-Struktur *nf* MICR.EL **gate floating**

FLOP COMP.SC → **floating-point operation**
→ Gleitkommaoperation *nf*

Floppy-disk *nm* TER&PER → **floppy disk**
→ Diskette *nf*

Floppy-disk-Laufwerk *nn* HW → **floppy disk drive**
→ Diskettenlaufwerk *nn*

Floppy-Lader *nm* HW **floppy loader**

Floppy-Laufwerk *nn* HW → **floppy disk drive**
→ Diskettenlaufwerk *nn*

Floppy-Streamer *nm* HW **floppy streamer**
[von Diskettenlaufwerk gesteuertes Bandlaufwerk] — [controlled by floppy drive]

Flops *nm* SW **flops** *nplt*
[eine Gleitpunktoperation pro Sekunde] — = floating point operations per second; FLOP/s

Floptical-Diskette *nf* TER&PER **floptical disk**
[opt. geführte magnetische Speicherung] — [optic. controlled magnetic storage]

Flossenantenne *nf* ANT **fin antenna**

Flöte *nf* MUSIC **flute** *n*

Flötenspieler *nm* MUSIC **flutist** *n* (1)
[male]

Flötenspielerin *nf* MUSIC **flutist** *n* (2)
[female]

Flottenmanagement *nn* MOB.CO **fleet management**

fluchten TECH → **align** *vt*
→ ausrichten

fluchtend TECH → **flush** *adj*
→ bündig

flüchtig PHYS **volatile**
≠ nichtflüchtig — ≠ non-volatile

flüchtig DAT.PR **volatile** *adj*
≠ nichtflüchtig — ≠ non-volatile

flüchtig ECON **volatile** *adj*
= volatil

flüchtig TECH → **temporary** *adj*
→ vorübergehend

flüchtige Anzeige *nf* DAT.PR → **soft copy**
→ Bildschirmausgabe *nf*

flüchtiger Halbleiterspeicher MICR.EL **volatile solid state memory**
[Inhalt geht bei Abschalten der Stromversorgung verloren] — [looses its content when power is turned off]
↑ flüchtiger Speicher — = volatile semiconductor memory
↑ volatile memory

flüchtiger Speicher HW **volatile memory**
[Information geht bei Abschalten der Betriebsspannung verloren] — [information is lost if operating power is switched off]
≈ dynamischer Speicher — = volatile storage; volatile store
≠ nichtflüchtiger Speicher — ≈ dynanmic memory
↑ Lese-Schreib-Speicher — ≠ non-volatile memory
↓ flüchtiger Halbleiterspeicher; statischer Speicher; dynamischer Speicher — ↑ read/write memory
↓ volatile solid state memory

flüchtiges Bild DAT.PR → **soft copy**
→ Bildschirmausgabe *nf*

flüchtiges Lesen DAT.MA **transient read**
[während einer Veränderung der Daten] — [while data being modified]
≈ Lesefehler — = dirty read
≈ read error

Flüchtigkeit *nf* PHYS → **volatilization** *n*
→ Verdunstung *nf*

Fluchtleitsystem *nn* SIG.EN **escape instruction system**

Fluchtlinie *nf* MATH **convergence line**
= alignment line

Fluchtpunkt *nm* MATH **convergence point**
= Konvergenzpunkt *nm* — = alignment point

Fluchtsymbol *nn* DAT.PR → **escape symbol**
→ Austrittssymbol *nn*

Fluchtungsfehler *nm* TECH **misalignment** *n*
= Fehlausrichtung *nf* — = angular misalignmemt
≈ Versatz — ≈ offset

Flufzeugtelefon *nn* TELEPH **air telephone**
= Flugzeugtelephon *nn*; Flugzeugfernsprecher *nm* — = aircraft telephone; airplane telephone

Flug *nm* AERON **flight** *n*

Flugabwehr *nf* MIL.CO → **air defense**
→ Luftabwehr *nf*

Flugabwehrsystem *nn* RAD.LO **air defense system**

Flugbahn *nf* PHYS **trajectory** *n*

Flugbahn *nf* AERON **flight path**
= Flugweg *nm*; Flugspur *nf* — = flight track; flight trayectory
≈ Kurs

Flugblatt *nn* ECON **flier** *n* (AE)
[massenweis verteilt (nicht unbedingt von Flugzeugen aus)] — [ad circular for mass distribution (not necessarily from airplane)]
= Werbeblatt *nn* — = flyer (BE); handbill
≈ Prospekt — ≈ prospectus

Flügel *nm* MEC.EN → **vane** *n*
→ Blatt *nn*

Flügelmutter *nf* MEC.EN **wring nut**

Flügelrad *nn* MEC.EN **impeller** *n*

Flügelschraube *nf* MEC.EN **wing screw**

flugfähiges Entwicklungsmuster SAT.CO **prototype flight model**
= PFM

flugfähiges Modell SAT.CO **flight model**
= FM

Flugfunk *nm* RADIO **aeronautical radio**

Flugfunkdienst *nm* TELEC **aeronautical radio service**

Flugfunkfrequenz *nf* RADIO **aeronautical frequency**

Flugfunkgerät *nn* RAD.NA **aircraft transceiver**

Flugfunkkanal *nm* RADIO **aeronautical channel**

Fluggast *nm* AERON **passenger** *n*
= Flugpassagier *nm*; Passagier *nm*

Fluggesellschaft *nf* AERON **airline** *n*
= Fluglinie *nf*

Flughafen *nm* AERON **airport** *n*
≈ Rollfeld — = aerodrome *n* (BE)
≈ airfield

Flughafenbake *nf* = Flugplatzbake *nf*	RAD.NA	**airport beacon** = aerodrome beacon; aerophore *n*
Flughafen-Befeuerung *nf*	RAD.NA	**airport beaconing**
Flughafenbefeuerungs-Kabel *nn*	COM.CAB	**airport lighting cable**
Flughafen-Oberflächenradar *nm&nn* (*pl* -e)	RAD.LO	**airport surface detection equipment**
Flughafen-Überwachungsradar *nm&nn*(*pl* -e) = ASR	RAD.NA	**ASR** = airport surveillance radar; aerodrome surveillance radar
Flughöhe *nf* [Abstand Magnetkopf von Platte] = Luftspalt *nm*	TER&PER	**head distance** [separation of magnetic head from disk] = head-to-disk distance; head gap; air gap; flying height
Fluglinie *nf* → Fluggesellschaft *nf*	AERON	→ **airline** *n*
Fluglotse *nm* = Lotse *nm*	RAD.NA	**air traffic controller**
Flugnavigationsfunkdienst *nm*	RAD.NA	**aeronautical radionavigation system**
Flugpassagier *nm* → Fluggast *nm*	AERON	→ **passenger** *n*
Flugplatzbake *nf* → Flughafenbake *nf*	RAD.NA	→ **airport beacon**
Flugschein *nm*	ECON	**air ticket**
Flugschreiber *nm*	AERON	**flight recoder** = black box
Flugsicherheit *nf*	AERON	**air safety**
Flugsicherung *nf* ≈ Luftverkehrsmanagement	RAD.NA	**air traffic control** = ATC ≈ air traffic management
Flugsicherungsfunk *nm*	TELEC	**aeronautical safety service**
Flugsimulator *nm*	RAD.NA	**flight simulator**
Flugspur *nf* → Flugbahn *nf*	AERON	→ **flight path**
Flugtelemetrie *nf*	TELEC	**aeronautical telemetry**
Flugverkehr *nm* → Luftverkehr *nm*	AERON	→ **air traffic**
Flugwarnlichter *nplt*	AERON	**baconing lights**
Flugweg *nm* → Flugbahn *nf*	AERON	→ **flight path**
Flugwegrechner *nm*	RAD.NA	**flight-path computer**
Flugwegschreiber *nm*	RAD.NA	**flight log** = flight analyzer
Flugwegwinkel *nm*	RAD.NA	**flight path angle**
Flugzeug *nn*	AERON	**aircraft** *n* = airplane *n* (AE)
Flugzeug-	AERON	**airborne**
Flugzeugabstellplatz *nm* → Vorfeld *nn*	AERON	→ **apron** *n*
Flugzeugantenne *nf*	ANT	**aircraft antenna** = airplane antenna; airborne antenna
Flugzeugbordsender *nm*	RAD.NA	**aircraft transmitter** = airplane transmitter; airborne transmitter
Flugzeugfernsprecher *nm* → Flufzeugtelefon *nn*	TELEPH	→ **air telephone**
Flugzeugpilot *nm* = Pilot *nm*	AERON	**aircraft pilot** = airplane pilot; pilot *n*
Flugzeugradar *nm*	RAD.LO	**aircraft radar** = airplane radar; airborne radar
Flugzeugstation *nf* [TFTS]	MOB.CO	**AS** [TFTS] = Aircraft Station
Flugzeugstörung *nf*	AERON	**airplane flutter**
Flugzeugtelephon *nn* → Flufzeugtelefon *nn*	TELEPH	→ **air telephone**
Flugziel *nn*	RAD.LO	**flight target**
Flugzieldaten *nplt*	RAD.LO	**flight target data**
Fluidik *nf* [Realisierung logischer Verknüpfungen mit hydraulischen Vorrichtungen]	HW	**fluidics** *nplt* [realization of logic connections with hydraulic devices]
fluidisches Schaltelement [Fluidik] = hydraulisches Schaltelement; pneumatisches Schaltelement	HW	**fluidic gate** [fluidics] = hydraulic gate; pneumatic gate
Fluktuationsrate *nf* (err) → Bewegungsindex *nm*	DAT.MA	→ **activity ratio**
Fluor *nn* = F ↑ Halogen	CHEM	**fluorine** *n* = F ↑ halogen
Fluoreszenz *nf* [durch Erregungsenergie mit anderer Wellenlänge erzeugte Eigenstrahlung, erlischt sofort mit der Erregung] ≈ Phosphoreszenz ↑ Lumineszenz	PHYS	**fluorescence** *n* [characteristic radiation externally excited, stops instantaneously with the excitation] ≈ phosphorescence ↑ luminescence
Fluoreszenzschirm *nm* → Leuchtschirm *nm*	EL.TRO	→ **luminescent screen**
Fluoreszenzstrahlung *nf*	PHYS	**fluorescence radiation**
Fluorid *nn*	CHEM	**fluoride** *n*
Flush-Antenne *nf*	ANT	**flush-mounted antenna**
Flush-disc-Antenne *nf*	ANT	**flush-disc antenna**
Fluss *nm* (1) [elektrisch, magnetisch]	PHYS	**flux** *n* [electric, magnetic]
Fluss *nm* (2) → Strömung *nf*	PHYS	→ **flow** *n* (1)
Flussanalyse *nf* → Datenflussanalyse *nf*	DAT.MA	→ **data flow analysis**
Flussbett *nn*	CIV.EN	**channel** *n* [bed of a natural waterway]
Flussdiagramm *nn* → Ablaufdiagramm *nn*	TEC.DOC	→ **flowchart** *n*
Flussdiagramm-Programm *nn*	SW	**flowcharter** *n* [a software producing flowcharts]
Flussdiagrammschablone *nf*	TEC.DOC	**flowchart template**
Flussdiagrammsymbol *nn*	TEC.DOC	**flowchart symbol**
Flussdichte *nf* → Kraftflussdichte *nf*	PHYS	→ **flux density**
Flussdurchquerung *nf*	OUT.PL	**river crossing**
Flusseisen *nn* → Flussstahl *nm*	METAL	→ **mild steel**
flüssig	PHYS	**liquid** *adj* = fluid *adj*
flüssiger Halbleiter	PHYS	**liquid semiconductor**
Flüssigkeit *nf*	PHYS	**liquid** *n* = fluid *n*
Flüssigkeitslaser *nm*	OPTOEL	**fluid laser**
Flüssigkeitsmaß *nn* ≠ Trockenmaß ↑ Raummaß	PHYS	**liquid measure** ≠ dry measure ↑ volumetric measure
Flüssigkeitsstrahl *nm*	TECH	**liquid jet**
Flüssigkeitsstrahl-Oszillograf *nm* → Flüssigkeitsstrahlschreiber *nm*	INSTR	→ **ink-jet oscillograph**
Flüssigkeitsstrahl-Oszillograph *nm* → Flüssigkeitsstrahlschreiber *nm*	INSTR	→ **ink-jet oscillograph**
Flüssigkeitsstrahlschreiber *nm* = Strahlschreiber *nm*; Tinten-Schnellschreiber *nm*; Tintenschreiber *nm*; Flüssigkeitsstrahl-Oszillograph *nm*; Flüssigkeitsstrahl-Oszillograf *nm* ↑ Oszillograph	INSTR	**ink-jet oscillograph** = ink-jet recorder; ink-vapor recorder ↑ oscillograph
Flüssigkristall *nm*	PHYS	**liquid crystal** = fluid crystal
Flüssigkristallanzeige *nf* = LCD-Anzeige *nf*; LCD	COMPO	**LCD display** = LCD; liquid crystal display
Flüssigkristall-Bildschirm *nm* = LCD-Bildschirm *nm* ↑ Flachbildschirm	TER&PER	**liquid-crystal display monitor** = liquid-crystal screen; LCD screen ↑ flat screen
Flüssigkristallblenden-Drucker *nm* → LCD-Drucker *nm*	TER&PER	→ **LCD printer**
Flüssigmittel *nn* → Bargeld *nn*	ECON	→ **cash** *n*
Flüssigphase *nf*	PHYS	**liquid state**
Flüssigphasenepitaxie *nf*	MICR.EL	**liquid phase epitaxy**
Flusskabel *nn* ↑ Unterwasserkabel	COM.CAB	**subfluvial cable** = river cable ↑ underwater cable
Flusslinie *nf*	PHYS	**flux line**
Flusslinie *nf* [zeigt in Datenflussplänen die Richtung an] = Ablauflinie *nf*	SW	**flowline** *n* [indicates direction in data flowcharts]
Flussmarke *nf*	DAT.NW	**flow mark**
Flussmittel *nn* (1) [Löten]	METAL	**soldering flux** *n* = flux *n* (1); resin *n*
Flussmittel *nn* (2) [Schweißen]	METAL	**welding flux** *n* = fluxing *n*; flux *n* (2)
flussmittelfrei	METAL	**fluxless**
Flussmittelseele *nf*	METAL	**resin core**
Flussmündung *nf*	GEOSC	**river-mouth**
Flussregelung *nf* = Flusssteuerung *nf* ↑ Überlastabwehr	DAT.CO	**flow control** ↑ congestion control

Flussregelungsparameter *nm* DAT.CO **flow control parameter**

Flusssensor *nm* COMPO **flow sensor**
= flow detector

Flussspat *nm* CHEM **fluorite** *n*
= flour spar

Flussstahl *nm* METAL **mild steel**
[im Flüssigzustand erzeugt] [produced in liquid phase]
= Flusseisen *nn* = ingot steel

Flusssteuerung *nf* DAT.CO → **flow control**
→ Flussregelung *nf*

Flusssteuerung *nf* PHYS → **flux leakage**
→ Kraftlinienzerstreuung *nf*

Flusssteuerung *nf* DAT.CO → **handshaking** *n*
→ Quittungsaustausch *nm*

Flussstrom *nm* EL.TRO → **forward current**
→ Durchlassstrom *nm*

Flussumkehr *nf* EL.SC → **magnetic flux reversal**
→ Magnetflusswechsel *nm*

Flussverkettung *nf* PHYS → **flux linkage**
→ Kraftlinienverkettung *nf*

Flusswechsel *nm* EL.SC → **magnetic flux reversal**
→ Magnetflusswechsel *nm*

Flusswechsel pro Millimeter TER&PER → **ftpmm**
→ ftpmm

Flusswechsel pro Radian TER&PER → **ftprad**
→ ftprad

Flusswechsel pro Zoll TER&PER → **FCI**
→ FCI

Flussweg *nm* PHYS → **flux path**
→ Kraftlinienweg *nm*

Fluten *nn* SWITCH **flooding** *n*

Flutlicht *nn* TECH **floodlight** *n*

Fluxmeter *nn* INSTR **flux meter**
≈ Kriechgalvanometer ≈ creeping galvanometer
↑ Drehspulgalvanometer ↑ moving-coil galvanometer

Flying-spot-Abtastung *nf* (ANGL) TER&PER → **flying-spot scanning**
→ Lichtpunktabtastung *nf*

FM MODUL → **frequency modulation**
→ Frequenzmodulation *nf*

Fm CHEM → **fermium** *n*
→ Fermium *nn*

FMC AUTOMA → **flexible manufacturing cell**
→ flexible Fertigungszelle

FM-Code *nm* TER&PER → **two-frequency recording**
→ Wechseltaktschrift *nf*

FM-CW-Radar *nm&nn* (*pl* -e) RAD.LO → **frequency modulated continuous wave radar**
→ frequenzmodulierter Dauerstrichradar

FMFB MODUL → **frequency modulation feedback**
→ Frequenz-Gegenkopplungs-Demodulation *nf*

FM-Rundfunksender *nm* BROADC **FM broadcast transmitter**

FM-Schwelle *nf* RAD.RE **FM threshold**
[Analog-Richtfunk]
= Mindestempfangspegel *nm*

FMUX TRANSM **FMUX**
[SDH] = flexible multiplexer
= flexibler Multiplexer

Fn-Taste *nf* TER&PER **Fn key**
≈ Funktionstaste [FuNction key; produces special action in conjunction with other keys]
≈ function key

Focal-plane-Antenne *nf* ANT **focal plane antenna**

föderierte Datenbank DAT.MA **federated database**

Fogging *nn* COMP.GR **fogging** *n*
[Darstellbarkeit transparenter Objekte] [ability to display transparent objects]

Foilware *nf* COMP.AP **foilware** *n*
[nur auf Präsentationsfolien existierendes Produkt] [product existing only on presentation foils]
= Slideware *nf* (ANGL) = slideware *n*
≈ Vaporware ≈ vaporware

Fokus *nm* OPT → **focal point**
→ Brennpunkt *nm*

fokusgespeist ANT **focus-fed**

Fokussiereinrichtung *nf* EL.TRO **focussing device**

Fokussierelektrode *nf* EL.TRO **focusing electrode**
= Fokussierungselektrode *nf*; Bündelungselektrode *nf* = focussing electrode

fokussieren OPT **focus** (*vt*; focused, focussed; focusing, focussing)
= scharfeinstellen; scharfstellen

Fokussierspule *nf* EL.TRO **focusing coil**
= Fokussierungsspule *nf*; Abbildungsspule *nf* = focussing coil; focus coil

Fokussierung *nf* OPT **focusing** *n*
= Bündelung *nf*; Strahlungskonzentrierung *nf* = focussing *n*

Fokussierungsanode *nf* EL.TRO **focusing anode**
= Bündelungsanode *nf* = focussing anode

Fokussierungselektrode *nf* EL.TRO → **focusing electrode**
→ Fokussierelektrode *nf*

Fokussierungsschwund *nm* RAD.PRO **focusing fading**
= focussing fading

Fokussierungsspule *nf* EL.TRO → **focusing coil**
→ Fokussierspule *nf*

Fokustiefe *nf* OPT → **focus depth**
→ Schärfentiefe *nf*

Folge *nf* (1) COLL → **sequence** *n*
→ Reihenfolge *nf*

Folge *nf* (2) COLL → **succession** *n*
→ Aufeinanderfolge *nf*

Folge *nf* (3) COLL **consequence**
= Konsequenz *nf* ≈ repercussion
≈ Auswirkung

Folge *nf* MATH → **series** *nplt*
→ Reihe *nf*

Folge *nf* SCIE → **sequence** *n*
→ Sequenz *nf*

Folge *nf* MEDIA **episode** *n*
= Episode *nf*

Folge *nf* (1) COMP.SC → **string** *n* (1)
→ Kette *nf*

Folge *nf* (2) COMP.SC → **character string** *n*
→ Zeichenkette *nf*

Folgeadresse *nf* DAT.MA → **reference address**
→ Verweisadresse *nf*

Folgealarm *nm* EQP.EN **sequence alarm**
= Sekundäralarm *nm* = consequential alarm; secondary alarm

Folgeanweisungregister *nn* HW → **instruction counter**
→ Befehlszähler *nm*

Folge-Arbeits-Ruhekontakt *nm* COMPO → **make-before-breake contact**
→ Folgeumschaltekontakt *nm*

Folgeauftrag *nm* ECON **repeat order**

Folgeausfall *nm* QUAL **secondary failure**
= dependent failure; sequence failure; secondary defect

Folgebefehl *nm* SW **sequential instruction**
= continuation instruction

Folgebefehlsregister *nn* HW → **instruction counter**
→ Befehlszähler *nm*

Folgefehler *nm* MATH **sequence error**
= Reihenfolgefehler *nm*; Reihungsfehler *nm*

Folgefrequenz *nf* EL.TRO → **repetition frequency**
→ Wiederholungsgeschwindigkeit *nf*

folgegebunden TECH **sequenced** *adj*
≈ hintereinander ≈ in-line
↑ geordnet ↑ ordered

Folgegenauigkeit *nf* RAD.LO **tracking accuracy**

folgegesteuert CONTRO **sequence-controlled**

Folgekarte *nf* DAT.MA → **trailer card**
→ Fortsetzungskarte *nf*

Folgekontakt *nm* COMPO **make-break contact**
[Relais] [relay]
= sequence contact; trailing contact

Folgekontakt Öffnen-vor-Schließen COMPO **break-before-make contact**
[Relais] ≠ make-before-break contact
≠ Folgeumschaltekontakt

Folgekontakt Schließen-vor-Öffnen *nm* COMPO → **make-before-breake contact**
→ Folgeumschaltekontakt *nm*

Folgemenü *nn* COMP.AP **sequential menu**

Folgemodell *nn* ECON **daughter model**

folgen COLL **suceed** *vt*
= nachfolgen = follow *vt*; ensue *vt*

Folgenbildung *nf* DAT.MA → **string formation**
→ Zeichenkettenbildung *nf*

folgenorientiert DAT.MA → **string-oriented** *adj*
→ zeichenkettenorientiert

folgenschwer COLL **consequential** *adj*
≈ schwerwiegend ≈ grave

Folgenummer *nf* MATH → **sequential number**
→ laufende Zahl

Folgenverarbeitung *nf* DAT.MA → **string processing**
→ Zeichenkettenverarbeitung *nf*

Folgenverarbeitungssprache *nf* COMP.LG → **string processing language**
→ Kettenverarbeitungssprache *nf*

Folgeoperator *nm* SW **sequential operator**

Folgepaket *nn* [Paketvermittlung] — DAT.CO — **more data** [packet switching]
Folgeprodukt *nn* — ECON — **daughter product**
Folgeprogramm *nn* — SW — **successor program**
Folgeprüfung *nf* ↑ Datenüberprüfung — DAT.MA — **sequence check** ↑ data validation
Folgeradar *nm&nn* (*pl* -e) → Zielverfolgungsradar *nm&nn* (*pl* -e) — RAD.LO — → **tracking radar**
Folgeregelung *nf* = Nachlaufregelung *nf* ≈ Servomechanismus *nm* — CONTRO — **follow-up control** = tracking control ≈ servomerchanism
folgerichtig = konsistent — MATH — **consistent** *adj*
Folgerichtigkeit *nf* = Konsistenz *nf* — MATH — **consistency** *n* = consistence *n*
Folgerung *nf* → Schlussfolgerung *nf* — SCIE — → **conclusion** *n*
Folgesatz *nm* → Konsekutivsatz *nm* — LING — → **consecutive sentence**
Folgeschaden *nm* = Mangelfolgeschaden *nm* — ECON — **sequential damage**
Folgeschaltung *nf* — MICR.EL — **sequential circuit** = sequence circuit
Folgeseite *nf* — PRIN.ME — **continuation page** = next page
Folgeseiten *nplt* = ff. — PRIN.ME — **following pages**
Folgesteuerung *nf* = Ablaufsteuerung *nf*; sequentielle Steuerung; Kaskadenregelung *nf*; Kaskadensteuerung *nf* — CONTRO — **sequence control** = cascade control
Folgestrom *nm* [Spannungssicherung] — COMPO — **sequencial current** [overvoltage protector]
Folgeumkehrfunktion *nf* — DAT.PR — **reverse function**
Folgeumschaltekontakt *nm* [Schließen vor Öffnen] = unterbrechungsloser Umschaltekontakt; Folgewechsler *nm*; Folge-Arbeits-Ruhekontakt *nm*; Schleppkontakt *nm*; Folgekontakt Schließen-vor-Öffnen *nm* ≠ Folgekontakt Öffnen-vor-Schließen — COMPO — **make-before-breake contact** ≠ breake-before-make contact ↑ relay contact
Folgeunterlage *nf* — TEC.DOC — **follow-up document**
Folgevariable *nf* → Kettenvariable *nf* — DAT.MA — → **string variable**
Folgewechsler *nm* → Folgeumschaltekontakt *nm* — COMPO — → **make-before-breake contact**
Folgeweg *nm* [Kontakt] — COMPO — **contact follow**
Folgezahl *nf* → laufende Zahl — MATH — → **sequential number**
Folgezeile *nf* — DAT.CO — **next line**
Folie *nf* — TECH — **foil** *n*
Folie *nf* → Transparentfolie *nf* — OFFICE — → **transparency** *n*
Foliendrucker *nm* → Transparentfoliendrucker *nm* — TER&PER — → **slide printer**
foliengeschirmt — COM.CAB — **foil shielded** *adj* = foil-screened
foliengeschirmtes Aderpaar — COM.CAB — **foil-shielded pair** = Shielded Field Twisted Pair; SFTP; Common Foil-Screen Twisted
Folienkaschierung *nf* — PRIN.ME — **lamination** *n*
Folienprojektor *nm* = Tageslichtprojektor *nm* — OFFICE — **overhead projector**
Folienschirm *nm* — COM.CAB — **foil shield** = foil screen
Folientastatur *nf* ≈ Berührungstastatur ≠ Einzeltasten-Tastatur — TER&PER — **membrane keyboard** = pressure-sensitive keyboard ≈ touch-sensitive keyboard ≠ single-key keyboard
Folientöner *nm* — EL.ACOU — **air motion transformer**
Folioformat *nn* — PRIN.ME — **folio** *n* = folio format
Font *nm* (ANGL) [TER&PER] → Schriftzeichensatz *nm* — PRIN.ME — → **font** *n* (1)
Font-Diskette *nf* → Zeichensatz-Diskette *nf* — TER&PER — → **font disk**
Font-Editor *nm* → Zeichensatz-Editor *nm* — SW — → **font editor**
Font-Karte *nf* → Schriftartkassette *nf* — TER&PER — → **font cartridge**
Font-Kassette *nf* → Schriftartkassette *nf* — TER&PER — → **font cartridge**
Font-Seite *nf* → Zeichensatzseite *nf* — DAT.PR — → **font page**
Foo *nm* [Platzhalter für Provisorien oder Beispiele; vom Akronym FUBAR] = foobar — INTERNET — **foo** *n* [joker used for temporary designations or examples; from acronym FUBAR]
foobar → Foo *nm* — INTERNET — → **foo** *n*
foppen ≈ verkohlen — COLL — **hoax** *vt* ≈ spoof
Fopperei *nf* — COLL — **hoax** *n*
FOR-Anweisung *nf* (ALGOL) → LAUF-Anweisung *nf* — COMP.LG — → **RUN statement**
Förderanlage *nf* → Förderband *nn* — TECH — → **conveyer belt**
Förderband *nn* = Förderanlage *nf* — TECH — **conveyer belt** = belt conveyer; conveyor *n*
fördern → befördern — TECH — → **convey** *vt*
fördern [fig] = vorwärtsbringen ≈ begünstigen — COLL — **further** *vt* = promote *vt*; foster *vt* ≈ favour
fördernd — COLL — **beneficial**
Förderschnecke *nf* — MECH — **screw conveyor**
Forderung *nf* ≈ Schuld — ECON — **claim** *n* (3) = demand *n*; requirement *n* ≈ debt
Förderung *nf* — COLL — **promotion** *n*
Forderungen aus Lieferungen und Leistungen — ECON — **trade accounts receivables** (AE) = accounts receivable; A/R; trade debtors (BE)
Forderungen *nplt* = Debitoren *nplt* — ECON — **accounts receivables** (AM) *nplt* = receivables *nplt* (AE); debtors *nplt* (BE)
Forderungsaufkauf *nn* — ECON — **factoring** *n*
Forderungshaftung *nf* → Delkredere *nn* (1) — ECON — → **collection liability**
Forderungsmanagement *nm* — ECON — **receivables claim management**
Forderungsrückstellung *nf* → Delkredere *nn* (2) — ECON — → **collection risk allowance**
Forderungsverfolgung *nf* — ECON — **credit collection** (1)
Form → Metasprache *nf* — COMP.LG — → **metalanguage** *n*
Form *nf* [ein Gegenstand zum Formen] — TECH — **form** *n* [a device to make forms]
Form *nf* ≈ Gestalt ≠ Inhalt — COLL — **form** *n* ≈ shape ≠ content
Form *nf* → Gussform *nf* — METAL — → **mold** *n* (AE)
Formale Logik [Lehre der formalen Aussagen] = Mathematische Logik; Theoretische Logik; Axiomatische Logik; Symbolische Logik; Extensionale Logik; Moderne Logik; Logistik *nf* — SCIE — **formal logic** [theory of formal propositions] = mathematical logic; theoretical logic; axiomatic logic; symbolic logic; extensional logic ↓ propositional calculus; predicate logic
formaler Parameter = Platzhaltesymbol *nn* — SW — **formal parameter**
Formale Semantik ↑ Theoretische Informatik — COMP.SC — **formal semantics** ↑ theoretical informatics
formale Sprache ≠ natürliche Sprache [INF.TEC] ↓ Programmiersprache — COMP.SC — **formal language** ≠ natural language [INF.TEC] ↓ programming language
Formalisierung *nf* — ECON — **formalization** *n*
Formalismus *nm* — SCIE — **formalism** *n*
Formalparameter *nm* → Blindvariable *nf* — SW — → **dummy argument**
Formänderung *nf* → Verformung *nf* — TECH — → **deformation** *n*
Formans *nn* — LING — **formans** *n*
Formant *nn* — ACOUS — **characteristic frequency** = formant *n*; fundamental frequency
Format *nn* [vom latein. "forma" = "Form"] ≈ Dimensionen — TECH — **format** *n* [from Latin "forma" = "form"] ≈ dimensions
Format *nn* [Art der Anordnung von Daten] — DAT.MA — **format** *n* [way of arranging data]
Format 16x13 Zoll — PRIN.ME — **foolscap** *n*

[paper size 16x13"]
= foo's cap; F'cap

Formatanweisung *nf*[FORTRAN] — COMP.LG — → **format specification** *n*
→ Formatbestimmung *nf*

Formatbeschreibung *nf* — COMP.LG — → **format specification** *n*
→ Formatbestimmung *nf*

Formatbestimmung *nf* — COMP.LG — **format specification** *n*
= Formatanweisung *nf*[FORTRAN]; Formatbeschreibung *nf*
= picture *n*

Formateinblendung *nf* — COMP.AP — → **display mask**
→ Bildschirmmaske *nf*

Formatetikett *nf* — DAT.MA — **format label**
= Format-Kennsatz *nm*

formatfrei — DAT.MA — **unformatted** *adj*
= unformatiert; nichtformatiert
≠ formatiert
= nonformatted; free-form
≠ formatted

formatfreie Eingabe — DAT.MA — **nonformatted input**
= unformatted input

formatgebunden — DAT.MA — → **formatted**
→ formatiert

formatieren — DAT.MA — **format** *vt*
[einen magnetischen Datenträger strukturieren]
= initialisieren (Apple Macintosh)
[to structure a magnetic data carrier]
= initialize (Apple Macintosh)

Formatieren *nn* — DAT.MA — → **formatting** *n*
→ Formatierung *nf*

Formatierer *nm* — SW — **formatter**

formatiert — DAT.MA — **formatted**
= formatgebunden
≠ unformatiert
≠ unformatted

formatierte Bildschirmanzeige — DAT.PR — **formatted display**

formatierte Eingabe — DAT.MA — **formatted input**

Formatierung *nf* — DAT.MA — **formatting** *n*
= Formatieren *nn*; Initialisierung *nf*
= initialization *n*

Format-Kennsatz *nm* — DAT.MA — → **format label**
→ Formatetikett *nf*

Formatkontrolle *nf* — DAT.MA — **format check**

Format Letter — TEC.DOC — → **Letter format**
→ Letter-Format *nn*

Formatpalette *nf* — COMP.AP — **format bar**

Formatsteuerung *nf* — DAT.MA — **format effector**
[Code]
= FE
= FE

Formatsteuerzeichen *nn* — DAT.MA — **format control character**
= format character; format effector character; FE; layout character

Formatvereinbarung *nf* — SW — **format declaration**

Formatverwalter *nm* — DAT.MA — **format manager**

Formatvorlage *nf* — SW — **style sheet**

Formatvorschrift *nf* — SW — **format requirement**

formatzeichenfreie Eingabe — COMP.AP — **free-form typing**

Formatzustandszeile *nf* — COMP.AP — **format status line**

formbar — TECH — → **plastic** *adj*
→ plastisch

Formbarkeit *nf* — TECH — **plasticity** *n*
≈ Verformbarkeit
≈ workability

formbeständig — TECH — **rigid** *adj* (2)
≈ starr
= form-permanent; form-stable; deformation-resistant
≈ stiff

Formbrief *nm* — OFFICE — **form letter**

Formel *nf* — CHEM — → **chemical formula**
→ chemische Formel

Formel *nf* — MATH — **formula** *n* (*pl* -las&-lae)
[Symbole oder Ziffern zur Darstellung eines mathematischen Zusammenhangs]
≈ Gleichung; Term
[symbols or digits representing a mathematical relation]
≈ equation; term

formelle Generalunternehmerschaft — ECON — → **silent consortium**
→ stilles Konsortium

Formelsammlung *nf* — MATH — **compendium of formulas**

Formelübertragbarkeit *nf* — COMP.AP — **formula portability**
[Tabellenkalkulation]
[spreadsheet calculation]

Formelzeichen *nn* — MATH — → **symbol** *n*
→ Symbol *nn*

Formenlehre *nf* — LING — → **morphology** *n*
→ Morphologie *nf*

Former *nm* — CIRC.EN — → **shaper** *n*
→ Formungsschaltung *nf*

Formfaktor *nm* — EL.TEC — **form factor**

Formfaktor *nm* — TECH — → **form factor**
→ Länge-/Breite-Verhältnis *nn*

Formfaktormessung *nf* — INSTR — **shape factor measurement**

Formfaktorschwankung *nf* — EL.TEC — **form factor fluctuation**

Formfehler *nm* — SW — → **syntactic error**
→ syntaktischer Fehler

Formfräsen *nn* — METAL — **profile milling**

formgebende Bearbeitung — MEC.EN — **shaping treatment**
= shaping work

Formgebung *nf* — TECH — → **shaping** *n*
→ Formung *nf*

formgenau — MEC.EN — → **true to shape**
→ formgerecht

Formgenauigkeit *nf* — MEC.EN — **shape accuracy**

formgerecht — MEC.EN — **true to shape**
= formgenau
= shape-accurate

formgestalten — TECH — → **style** *vt*
→ gestalten

Formgestaltung *nf* — TECH — → **styling** *n*
→ Gestaltung *nf*(1)

Formierung *nf* — PHYS — **forming** *n*
[Elektrolyse]
[electrolysis]

formlos — ECON — → **informal**
→ informell

Formparameter *nm* — TECH — **shape factor**

Formsatz *nm* — PRIN.ME — **runaround** *n*
[Umrandung einer Grafik mit Text]
[to fit text around a graphic]
= run around

Formschwingung *nf* — MECH — **contour vibration**

Formsignal *nn* — RAIL.SIG — **form signal**

formstanzen — METAL — **stamp** *vt*

Formstanzen *nn* — METAL — **stamping** *n* (1)
= Stanzen *nn*

Formstein *nm* — OUT.PL — **duct block**

Formteilätzen *nn* — METAL — **chemical machining**

Formtoleranz *nf* — ENG.DRA — **tolerance of form**
= form tolerance

formtreu — TECH — **undeformable**
= unverformbar

Formtreue *nf* — TECH — **form fidelity**
= contour fidelity

Formtreueprüfung *nf* — MEC.EN — **contour control**

Formular *nf* — OFFICE — **standard form**
= Vordruck *nm*; Formularvordruck *nm*
= preprinted form; printed form; form *n*; worksheet *n*; blank *n*

Formular *nf* — TER&PER — **form** *n*
[strukturiertes Dokument mit freien Stellen zum Ausfüllen]
= Vordruck *nm*
↓ Endlosformular; Einzelformular; Beleg; Programmvordruck [DAT.PR]; Testvordruck [DAT.PR]; Bildschirmformular
[structured document with free spaces to enter information]
= preprinted form; printed form; formular; preprinted stationery
↓ continuous form; single form; document; coding form [DAT.PR]; test plan [DAT.PR]; display form

Formularanfang *nm* — COMP.AP — → **head of form**
→ Formularkopf *nm*

Formularblattschreiber *nm* — TER&PER — **standard form pageprinter**
= Blattschreiber mit Formulardruck

Formulardrucker *nm* — TER&PER — **form printer**

Formulareinblendung *nf* — COMP.AP — **form flash**
= form overlay

Formulareingabe *nf* — TER&PER — → **form feed**
→ Formularzuführung *nf*

Formulareinzug *nm* — TER&PER — → **form feed**
→ Formularzuführung *nf*

Formularende *nn* — TER&PER — **bottom edge of form**
≈ Druckerüberlauf
≈ printer overflow

Formularformatspeicher *nm* — TER&PER — **vertical format buffer**
= format buffer

Formularhantierungsgerät *nn* — TER&PER — **form handling equipment**
↓ Trennmaschine
↓ decollator

Formularkopf *nm* — COMP.AP — **head of form**
= Formularanfang *nm*
= HOF

Formular-Manager *nm* — SW — **form manager**
= Formular-Verwalter *nm*

Formularmaske *nf* — COMP.AP — **form mask**

Formularpapier *nn* — TER&PER — **forms paper**

Formular-Software *nf* — SW — **forms software**
= e-forms

Formularspeicherung *nf* — COMP.AP — **format storage**

Formularstapler *nm* — TER&PER — **forms stacker**
↑ Papierstapler; Ablagefach
= forms ejection
↑ paper stacker; stacker

Formulartraktor *nm* — TER&PER — → **paper tractor**
→ Vorschubraupe *nf*

Formulartransport *nm* TER&PER → **form feed**
→ Formularzuführung *nf*

Formulartrenner *nm* TER&PER → **form decollator**
→ Formulartrennmaschine *nf*

Formulartrennmaschine *nf* TER&PER **form decollator**
[trennt Endlospapier in Einzelblätter] — [separates continuous paper]
= Formulartrennvorrichtung *nf*; Formulartrenner *nm* — = form separator; form burster; tie decollator
↑ Formularhantierungsgerät; Trennvorrichtung — ↑ form handling equipment; separator

Formulartrennvorrichtung *nf* TER&PER → **form decollator**
→ Formulartrennmaschine *nf*

Formular-Verwalter *nm* SW → **form manager**
→ Formular-Manager *nm*

Formularvordruck *nm* OFFICE → **standard form**
→ Formular *nf*

Formularvorschub *nm* DAT.CO **form feed** *n*
[ein Code] — [a code]
= FF; ff — = formular feed; FF; ff
↑ ASCII-Code — ↑ ASCII code

Formularvorschub *nm* TER&PER → **form feed**
→ Formularzuführung *nf*

Formularzufuhr *nf* TER&PER → **form feed**
→ Formularzuführung *nf*

Formularzuführung *nf* TER&PER **form feed**
= Formularzufuhr *nf*; Formulartransport *nm*; Formulareingabe *nf*; Formulareinzug *nm*; Formularvorschub *nm*; Vordruckzuführung *nf*; Vordruckzufuhr *nf*; Vordrucktransport *nm*; Vordruckeingabe *nf*; Vordruckeinzug *nm*; Vordruckvorschub *nm* — = form feeding; form feeder; FF; form transport; form advance; form drive; page eject
≈ Belegzufuhr — ≈ document feed
↑ Papiervorschub — ↑ paper feed
↓ Endlosformularzuführung; Einzelformularzuführung — ↓ continuous form feeding; single form feeding

Formularzuführungszeichen *nn* DAT.MA **form feed character**
= Papierauswurfzeichen *nn* — = FF; page eject character; paper throw character

Formung *nf* TECH **shaping** *n*
= Formgebung *nf* — = profiling *n*

Formungsfilter *nn* TELEC **shaping filter**

Formungsschaltung *nf* CIRC.EN **shaper** *n*
= Former *nm* — = shaping circuit
≈ Entzerrer — ≈ equalizer

Formvorschrift *nf* ECON **formal requirement**

FOR-NEXT-Schleife *nf* COMP.LG **FOR-NEXT loop**
[wiederholt eine Operation bis zu einer Endbedingung] — [repetition till a limit condition]

Forscher *nm* SCIE **researcher** *n*
≈ Entwickler; Entdecker — = investigator
≈ developer; discoverer

FOR-Schleife *nf* COMP.LG **FOR loop**
[in problemorientierten Sprachen, z.B. ALGOL; Wiederholung eine vorgegebene Anzahl von Malen] — [in high-level languages, e.g. ALGOL; repeats a number of times]
≈ DO-Schleife — ≈ DO loop
↑ iterarative Anweisung; Programmschleife — ↑ iterative statement; program loop

Forschung *nf* SCIE **research** *n*

Forschungsanstalt *nf* SCIE → **research institute**
→ Forschungsinstitut *nn*

Forschungsassistent *nm* SCIE **research assistant**

Forschungsgebiet *nn* SCIE **field of research**

Forschungsinstitut *nn* SCIE **research institute**
= Forschungsanstalt *nf* — = research station
≈ Versuchsanstalt

Forschungslabor *nn* SCIE **research laboratory**
= Laboratorium *nn*; Labor *nn*; Forschungsstätte *nf* — = research lab; laboratory; lab
≈ Entwicklungslabor [TECH] — ≈ design laboratory [TECH]

Forschungsnetz *nn* INTERNET **research network**
= Wissenschaftsnetz *nn*

Forschungsprogramm *nn* SCIE **research program**

Forschungssatellit *nm* SAT.CO **research satellite**

Forschungsstätte *nf* SCIE → **research laboratory**
→ Forschungslabor *nn*

Forschungstätigkeit *nf* SCIE **research activity**

Forschungszentrum *nn* SCIE **research center**

Forschungsziel *nn* SCIE **research target**

Forschung und Entwicklung ECON **research and development**
= F&E — = R&D

Forschung und Industrie ECON **academia and industry**

Förstersonde *nf* INSTR **Foerster probe**

Forstwirtschaft *nf* ECON **forestry** *n*

Fortbewegung *nf* PHYS **translation**
= Translation *nf*

Fortbildung *nf* EDUC → **further education**
→ Weiterbildung *nf*

fortführen TECH → **update** *vt*
→ aktualisieren

Fortführungsaufwand *nm* TECH → **update effort**
→ Aktualisierungsaufwand *nm*

fortgepflanzter Fehler MATH → **inherent error**
→ mitgeschleppter Fehler

fortgeschritten TECH **advanced** *adj*
= hochentwickelt — ≈ progressive (2); sophisticated
≈ fortschrittlich; hochwertig

fortgeschrittener Programmnutzer COMP.AP → **power user** *n*
→ Intensivnutzer *nm*

fortgeschrittene Technik TECH → **advanced technology**
→ hochentwickelte Technik

fortgesetzter Fehler MATH → **inherent error**
→ mitgeschleppter Fehler

FORTH COMP.LG **FORTH**
[eine Programmiersprache] — [from "FOuRTH"; a programming language]

fortlaufend TECH → **consecutive** *adj*
→ aufeinander folgend

fortlaufend SCIE → **serial** *adj*
→ seriell

fortlaufende Datenstruktur DAT.MA **contiguous data structure**

fortlaufende Nummerierung SWITCH **serial numbering**
= consecutive numbering

fortlaufend gesetzt PRIN.ME **run-on** *adj*

fortpflanzen, sich TECH → **propagate** *vt*
→ ausbreiten, sich *vr*

Fortpflanzung *nf* PHYS → **propagation** *n*
→ Ausbreitung *nf*

Fortpflanzung *nf* SW **propagation** *n*
[OOP] — [OOP]

Fortpflanzungskonstante *nf* LINE TH **propagation coefficient**
= Fortpflanzungsmaß *nn*; Übertragungskonstante *nf*; Übertragungsmaß *nn*; Ausbreitungskonstante *nf*; Ausbreitungskoeffizient *nm*; Ausbreitungszahl *nf* — = propagation constant

Fortpflanzungsmaß *nn* LINE TH → **propagation coefficient**
→ Fortpflanzungskonstante *nf*

Fortplanzungsgeschwindigkeit *nf* PHYS **speed of propagation**
= propagation speed; propagation velocity

FORTRAN COMP.LG **FORTRAN**
[die 1. problemorientierte Programmiersprache] — [FORmula TRANslator; 1st high-level progr. language]
↑ problemorientierte Programmiersprache — ↑ high-level programming language

fortschaltend EL.TRO **incremental**
= inkrementell; inkrementierend; inkremental; vorrückend — ≠ absolute
≠ absolut

Fortschaltrelais *nn* COMPO → **notching relay**
→ Stromstoßrelais *nn*

Fortschaltung *nf* EL.TRO **advance** *n*
= advancing *n*; increment *n*

Fortschaltungsadressierung *nf* SW → **one-ahead addressing**
→ implizierte Adressierung

Fortschaltzeit *nf* MICR.EL **increment time**
[Speicher] — [memory]

fortschreiben TECH → **update** *vt*
→ aktualisieren

fortschreibende Daten DAT.MA → **variable data**
→ Bewegungsdaten *nplt*

Fortschreibung *nf* TECH → **update** *n*
→ Aktualisierung *nf*

fortschreitend TECH **progressive** *adj* (1)
= progressing; forefront

fortschreitende Welle PHYS **travelling wave**
= wandernde Welle; Wanderwelle *nf*; laufende Welle — = running wave

Fortschritt *nm* TECH **progress** *n*
≈ Errungenschaft; zeitlicher Verlauf — = progression *n*; advance *n*; advancement *n*
≈ achievement; temporal course

Fortschritte machen COLL **progress** *vi*
= vorankommen — = make progresses; advance

fortschrittlich TECH **progressive** *adj*(2)
≈ zukunftsorientiert; modern; innovativ; fortgeschritten
= evolutionary
≈ future-oriented; modern; innovative; advanced

Fortschrittsbalken *nm* COMP.AP **progress bar**

Fortschrittsgegner *nm* COLL **progress opponent**
= Luddit *nm* (ANGL)
= luddit *n*

fortsetzen COLL **continue** *vi*

Fortsetzung *nf* COLL **continuation** *n*
= con't

Fortsetzung folgt IMAG.ME **to be continued**
[Einblendung]
[insert]

Fortsetzungsfilm *nm* IMAG.ME **serial film**
≈ Episodenfilm
= serial movie; serial *n*

Fortsetzungskarte *nf* DAT.MA **trailer card**
= Folgekarte *nf*

Fortsetzungsprogramm *nn* IMAG.ME **serial program**
= soap opera (US slang)

Fortsetzungsroman *nm* PRIN.ME **serial romance**

Forum *nn* INTERNET **forum** *n*
[themenspezifische Informationsbörse im Internet]

FOSDISC TER&PER **FOSDISC**
[liest von Mikrofilm und speichert magnetisch]
[Film Optical Scanning Device for Input on diSC or tape;]

fostersches Theorem NETW.TH → **Foster reactance theorem**
→ Reaktanztheorem *nn*

Foster'sches Theorem NETW.TH → **Foster reactance theorem**
→ Reaktanztheorem *nn*

FOT HF **FOT**
[fréquence optimale de traffique]

Foto *nn* PHOT → **photograph** *n*
→ Fotografie *nf*(2)

Fotoabdeckung *nf* MICR.EL → **photoresist** *n*
→ Photolack *nm*

Fotoalbum *nn* COLL **photographic album**
= photograph album; photo album

Fotoalbumkarton *nm* PRIN.ME **album paper**
= Albumkarton *nm*

Fotoapparat *nm* PHOT **photographic camera**
= Fotokamera *nf*; Photoapparat *nm*; Photokamera *nf*; Kamera *nf*
= camera *n*

Foto-Array MICR.EL → **photoarray** *n*
→ Photo-Array

Fotoartikel *nm* PHOT **photographic material**
= Photoartikel *nm*

Fotoätzverfahren *nn* CHEM → **photo etching**
→ Photoätzverfahren *nn*

Fotochemie *nf* CHEM → **photochemics** *nplt*
→ Photochemie *nf*

fotochemisch CHEM → **photochemic**
→ photochemisch *adj*

Fotochopper *nm* (ANGL) COMPO → **photochopper** *n*
→ Photozerhacker *nm*

Foto-Darlington-Transistor *nm* MICR.EL → **photo-Darlington transistor**
→ Photo-Darlington-Transistor *nm*

Fotodetektion *nf* PHYS → **photodetection** *n*
→ Photodetektion *nf*

Fotodetektor *nm* COMPO → **photodetector** *n*
→ Photodetektor *nm*

fotodielektrischer Effekt PHYS → **photodielectric effect**
→ photodielektrischer Effekt

Fotodiode *nf* MICR.EL → **photodiode** *n*
→ Photodiode *nf*

Fotoeditor *nm* COMP.AP → **image editor**
→ Bildaufbereitungsprogramm *nn*

Fotoeffekt *nm* PHYS → **photo effect**
→ Photoeffekt *nm*

fotoelektrisch PHYS → **photoelectric**
→ lichtelektrisch

fotoelektrische Emission PHYS → **photoelectric emission**
→ photoelektrische Emission

fotoelektrischer Abtaster TER&PER → **photoelectric scanner**
→ photoelektrischer Abtaster

fotoelektrischer Effekt PHYS → **photo effect**
→ Photoeffekt *nm*

fotoelektrischer Lochkartenleser TER&PER → **photoelectric scanner**
→ photoelektrischer Abtaster

fotoelektrischer Strom PHYS → **photocurrent**
→ Photostrom *nm*

fotoelektrische Zelle MICR.EL → **photocell** *n*
→ Photozelle *nf*

Fotoelektron *nn* PHYS → **photoelectron** *n*
→ Photoelektron (*nn*)

Fotoelement *nn* MICR.EL → **photovoltaic cell**
→ Photoelement *nn*

Fotoemission *nf* PHYS → **photoemission** *n*
→ Photoemission *nf*

fotoempfindlich PHYS → **photosensitive**
→ lichtempfindlich

Fotoempfindlichkeit *nf* PHYS → **photosensitivity**
→ Lichtempfindlichkeit *nf*

fotogalvanischer Effekt OPTOEL → **photogalvanic effect**
→ Dember-Effekt *nm*

fotogen *adj* PHOT **photogenic**

Fotograf *nm* PHOT **photographer**
= Photograph *nm*

Fotografie *nf*(1) PHOT **photography**
[Technik des Fotographierens]
= Photographie *nf*

Fotografie *nf*(2) PHOT **photograph** *n*
[Bild]
= Photographie *nf*; fotografische Aufnahme; photographische Aufnahme; Aufnahmen *nf*; Foto *nn*; Photo *nn*; Lichtbild *nn*
= photographic picture; photographic image; photo *n*

Fotografie-Fernübertragung *nf* TELEGR **telephotography**
= Photographie-Fernübertragung *nf*; Telefotografie *nf*; Telephotographie *nf*
= facsimile telegraphy

fotografieren *vt* PHOT **photograph** *vt*
= photographieren; eine Aufnahme machen
= take a picture

fotografisch PHOT **photographic**
= photographisch

fotografische Aufnahme PHOT → **photograph** *n*
→ Fotografie *nf*(2)

fotografische Emulsion PHOT **photographic emulsion**
= photographische Emulsion

fotografisches Material PRIN.ME **photographic material**
= photographisches Material; Fotomaterial *nn*; Photomaterial *nn*
↑ Bildmaterial

Fotohalbleiter *nm* MICR.EL → **photo semiconductor**
→ Photohalbleiter *nm*

Fotokamera *nf* PHOT → **photographic camera**
→ Fotoapparat *nm*

fotokapazitiver Effekt PHYS → **photocapacitive effect**
→ photokapazitiver Effekt

Fotokathode *nf* PHYS → **photo cathode**
→ Photokathode *nf*

Fotokopie *nf* OFFICE **photocopy** *n*
= Photokopie *nf*; Ablichtung *nf*
≈ Lichtpause
↑ Pause

fotokopieren OFFICE **photocopy** *vt*
= kopieren
= copy *n*; photostat *n*

Fotolack *nm* MICR.EL → **photoresist** *n*
→ Photolack *nm*

Fotoleitertrommel *nf* TER&PER **photosentive drum**
[Laserdrucker]
= Photoleitertrommel *nf*; PC-Trommel *nf*; OPC-Trommel *nf*
[laser printer]
= photoconductor drum; PC drum; organic photoconductor drum; OPC drum

Fotoleitung *nf* PHYS → **photoconduction** *n*
→ Photoleitung *nf*

Fotolithografie *nf* MICR.EL **photolithography**
= Photolithographie *nf*; optische Lithografie

fotolithografisch MICR.EL **photolithographic**
= photolithographisch

Fotolumineszenz *nf* PHYS → **photoluminescence**
→ Photolumineszenz *nf*

fotomagnetisch PHYS **photomagnetic**
= photomagnetisch

Fotomaske *nf* MICR.EL **photomask** *n*
= Photomaske *nf*

Fotomaskierung *nf* MICR.EL **photomasking** *n*
= Photomaskierung *nf*

Fotomaterial *nn* IMAG.ME → **imagery** *n*
→ Bildmaterial *nn*

Fotomaterial *nn* PRIN.ME → **photographic material**
→ fotografisches Material

Fotometrie *nf* PHYS → **photometry** *n*
→ Photometrie *nf*

Fotomontage *nf* PRIN.ME **photographic layout**
= Photomontage *nf*

Foton *nn* PHYS → **photon** *n*
→ Photon *nn*
Fotonenabsorption *nf* PHYS → **photon absorption**
→ Photonenabsorption *nf*
Fotonenenergie *nf* PHYS → **photon energy**
→ Photonenenergie *nf*
Fotonengas *nn* PHYS → **photon gas**
→ Photonengas *nn*
Fotonik *nf* TELEC → **fiber OPT**
→ Lichtwellenleitertechnik *nf*
Fotonik *nf* MICR.EL → **optoelectronics** *nplt*
→ Optoelektronik *nf*
Fotopapier *nn* PHOT **photographic paper**
= Photopapier *nn*
Fotopapier *nn* TER&PER → **photosensitive paper**
→ Photopapier *nn*
Fotoplotter *nm* TER&PER → **photoplotter** *n*
→ Lichtzeichenmaschine *nf*
Fotorealismus *nm* COMP.GR **photorealism** *n*
[der fotografischen Realität nahekommen] [close to photographic quality]
fotorefraktiver Effekt PHYS → **photorefractive effect**
→ photorefraktiver Effekt
Fotorelais *nn* COMPO → **photorelay** *n*
→ Lichtrelais *nn*
Fotosatz *nm* PRIN.ME **phototypesetting** *n*
= Photosatz *nm*; Lichtsatz *nm* = photocomposition *n*; automatic typesetting
↑ Kaltsatz ↑ cold type
Fotosetzanlage *nf* PRIN.ME **phototypesetting equipment**
= Photosetzanlage *nf*; Fotosetzgerät *nn*; Photosetzgerät *nn* = phototypesetter *n*; photocomposing equipment
≈ Lichtsatzgerät ≈ filmsetting equipment
Fotosetzgerät *nn* PRIN.ME → **phototypesetting equipment**
→ Fotosetzanlage *nf*
Fotospannung *nf* PHYS → **photovoltage** *n*
→ Photospannung *nf*
Fotostativ *nn* PHOT **tripod** *n*
Fotostrom *nm* PHYS → **photocurrent**
→ Photostrom *nm*
Fototelegrafie *nf* TELEGR → **videotelegraphy**
→ Bildtelegrafie *nf*
Fototelegraphie *nf* TELEC → **phototelegraphy** *n*
→ Bildfunk *nm*
Fototermin *nm* IMAG.ME **photo session**
Fotothek *nf* SCIE **photo collection**
= Photothek *nf*
Fotothyristor *nm* MICR.EL → **photothyristor** *n*
→ Photothyristor *nm*
Fototransistor *nm* MICR.EL → **phototransistor** *n*
→ Phototransistor *nm*
fototrop PHYS → **phototropic**
→ phototrop
Fototropie *nf* PHYS → **phototropy** *n*
→ Phototropie *nf*
Fotovaristor *nm* COMPO → **photoresistor** *n*
→ Photowiderstand *nm*
Fotoverfielfacher *nm* EL.TRO → **photo-multiplier**
→ Photoverfielfacher *nm*
Fotovervielfacher *nm* EL.TRO → **electron multiplier**
→ Elektronenvervielfacher *nm*
Fotovoltaik *nf* PHYS → **photovoltaics** *nplt*
→ Photovoltaik *nf*
fotovoltaischer Effekt PHYS → **pn photo effect**
→ Sperrschicht-Photoeffekt *nm*
Foto-Volumeneffekt *nm*, **Photo-Volumeneffekt** *nm* PHYS → **intrinsic photoelectric effect**
→ innerer Fotoeffekt
Fotowiderstand *nm* COMPO → **photoresistor** *n*
→ Photowiderstand *nm*
Fotowiderstandszelle *nf* COMPO → **photoresistor** *n*
→ Photowiderstand *nm*
Fotozelle *nf* MICR.EL → **photocell** *n*
→ Photozelle *nf*
Fotozerhacker *nm* COMPO → **photochopper** *n*
→ Photozerhacker *nm*
Foucaultscher Strom EL.TEC → **eddy current**
→ Wirbelstrom *nm*
Fourier-Analysator *nm* INSTR **Fourier analyzer**
↑ Signalanalysator ↑ signal analyzer
Fourier-Analyse *nf* MATH **Fourier analysis**
= harmonische Analyse; Fourier-Zerlegung *nf* = harmonic analysis

Fourier-Reihe *nf* MATH **Fourier series**
= trigonometrische Reihe
Fourier-Transformation *nf* MATH **Fourier transformation**
= Fourier transform (2)
Fourier-Transformierte *nf* MATH **Fourier transform** (1)
Fourier-Zerlegung *nf* MATH → **Fourier analysis**
→ Fourier-Analyse *nf*
Fournier *nn* TECH **veneer** *n*
[Holz] [wood]
Four-up-Funktion *nf* COMP.GR **four-up function**
Fox-Code *nm* TELEGR **fox message**
[alle Zeichen der Fernschreibtastatur enthaltender Prüftext] [test message containing all alphanumerics of a teletype keyboard]
= fox
FP-Analytiker *nm* SW **FP analyst**
FPD TER&PER → **full-page display**
→ Ganzseitendarstellung *nf*
FPGA MICR.EL → **FPLA**
→ FPLA
FPLA MICR.EL **FPLA**
= frei programmierbare logische Anordnung *nf*; FPGA = field-programmable logic array; FPGA; field-programmable gate array
↑ PLA ↑ PLA
FP-Laser *nm* OPTOEL → **Fabry-Perot laser**
→ Fabry-Perot-Laser *nm*
FPP COMP.SC → **floating point processor**
→ Gleitpunktprozessor *nm*
Fpppp-Bewertungstest *nm* DAT.PR **fpppp benchmark**
[ein Problem der Quantenchemie] [a problem from quantum chemistry]
↑ SPEC-Bewertungstest ↑ SPEC benchmark
FPR COMP.SC → **floating-point register**
→ Gleitkommaregister *nn*
fps COMP.GR → **frames per second**
→ Bildrahmen pro Sekunde
FQDN-Adresse *nf* INTERNET **FQDN address**
[vollständiger Domänenname] [complete domain name of a host]
= Fully Qualified Domain Name
Fr CHEM → **francium** *n*
→ Francium *nn*
Fr. OFFICE **Mrs** (*pl* Mesdames)
= Frau *nf* [for a married woman]
= Mrs.; Mistress
↑ Anrede ↑ address
Frabtupfen *nm* COMP.GR → **color spot** (AE)
→ Farbfleck *nm*
Fracht *nf* (1) ECON **freight** *n* (2)
= Frachtgut *nn*; Frachtladung *nf* = cargo *n*; carriage *n* (2)
Fracht *nf* (2) ECON → **freight** *n* (1)
→ Frachtkosten *nplt*
Frachtart *nf* ECON → **transportation mode** (AE)
→ Transportart *nf*
Frachtbehälter *nm* ECON **container** *n*
= Container *nm*; Warenbehälter *nm*
Frachtbrief *nm* ECON **way bill**
= Versandanzeige *nf*; Versandavis *nn*; Avis *nn*; Bordero *nm&nn*; Frachtkarte *nf*; Verladungsschein *nm*; Konnossement *nn* = W.B.; bill of lading; B/L; advice note
Frachtflugzeug *nn* AERON **air freighter**
= Transpurtflugzeug *nn* = cargo plane
Frachtgut *nn* ECON → **freight** *n* (2)
→ Fracht *nf* (1)
Frachtkarte *nf* ECON → **way bill**
→ Frachtbrief *nm*
Frachtkosten *nplt* ECON **freight** *n* (1)
= Fracht *nf* (2); Transportkosten *nplt* = carriage *n* 3); freight charges; freightage *n* AE); transport costs; transportation costs; forwarding charges
≈ Frachtarif ≈ freight rate
Frachtladung *nf* ECON → **freight** *n* (2)
→ Fracht *nf* (1)
Frachtschiff *nn* TECH **cargo ship**
= Transportschiff *nn*
Frachtstück *nn* ECON **package** *n*
= Collo *nn*
Frachtversicherung *nf* ECON → **transport insurance**
→ Transportversicherung *nf*
Fractionally-Spaced-Filter *nn* NETW.TH **fractionally spaced filter**
Frage-/Antwort- TELEC **inquiry/response**

Frageanhängsel *nn* — LING — **question tag**

Frage-Antwort-Spiel *nn* — TECH — **question-answer mode**
= enquiry/response; query/response; query/reply

Frage-Antwort-Spiel *nn* — IMAG.ME — → **quiz** *n*
→ Quiz *nn*

Fragebogen *nm* — STATIS — **questionary** *n*
= questionnaire *n*

Fragebox *nf* — COMP.AP — **requester box**
= Requester *nm* — = requester *n*

Fragefürwort *nn* — LING — → **interrogative pronoun**
→ Interrogativpronomen *nn*

Frageumstandswort *nn* — LING — → **interrogative adverb**
→ Interrogativadverb *nn*

Fragewort *nn* — LING — → **interrogative pronoun**
→ Interrogativpronomen *nn*

Fragezeichen *nn* — LING — **question mark**
[Symbol: ?] — [symbol: ?]
↑ Satzzeichen; Satzschlusszeichen — = interrogation point; interrogation mark
↑ punctuation mark; end punctuation mark

fraglich *adj* — COLL — **questionable** *adj*
= fragwürdig; zweifelhaft; dubios; dubiös — = doubtful; dubious
≈ ungewiss — ≈ uncertain

fraglos *adj* — COLL — **unquestionable** *adj*

Fragment *nn* — DAT.CO — → **packet remnant**
→ Paketfragment *nn*

Fragmentierung *nf* — DAT.PR — → **disk fragmentation**
→ Plattenfragmentierung *nf*

fragwürdig — COLL — → **questionable** *adj*
→ fraglich *adj*

Fraktal *nn* — MATH — **fractal** *n*
[unregelmäßige Form die aber bei jeder Vergrößerung ähnliche Formen aufweist] — [irregular shape repeating similar shapes if magnified]
≈ Graftal [COMP.GR] — ≈ graftal [COMP.GR]

fraktale Codierung — CODING — **fractal coding**

fraktale Fabrik — MANUF — **fractal factory**
[mit selbst-organisierenden / -optimierenden Zellen] — [with self-regulating and -optimizing cells]

fraktale Geometrie — MATH — **fractal geometry**

fraktales Büro — OFFICE — **fractal office**

Fraktalfilter *nn* — COMP.GR — **fractal filter**

fraktioniert — TECH — → **subdivided** *adj*
→ unterteilt

Fraktionierung *nf* — TECH — → **subdivision** *n*
→ Unterteilung *nf*

Fraktur *nf* — PRIN.ME — → **fraktur** *n*
→ Fraktur-Schrift *nf*

Fraktur-Schrift *nf* — PRIN.ME — **fraktur** *n*
[mittelalterliche Schrift imitierend] — [imitating medieval writing]
= Fraktur *nf*; Bruchschrift *nf*; deutsche Schrift — = German type
↑ Schriftart — ↑ typeface (1)
↓ Gregorian — ↓ Gregorian

Frame-relay — DAT.NW — **Frame Relay**
[Übertragungsverfahren bis 1,544 Mbit/s mit Paketen variabale Länge] — [variable-packet-based transport method, up to 1.544 Mb/s]
= FR

Frame-Relay-Zugangsgerät *nn* — DAT.NW — → **FRAD**
→ FR-Zugangsgerät *nn*

Frame-Support *nm* — INTERNET — **frame support**

Frame Switching — DAT.NW — → **frame switching**
→ Frame-Vermittlung *nf*

Frame-Vermittlung *nf* — DAT.NW — **frame switching**
= Frame Switching

Francium *nn* — CHEM — **francium** *n*
= Fr — = Fr

franco — POST — → **prepaid** *adj*
→ franko *adj*

Frankatur *nn* — POST — **prepaid postage**
= Freivermerk *nm* — = postage paid; p.pd.; pre-payment; notice of payment

frankieren — POST — **post-pay** *vt*
= prepay *vt*

Frankiermaschine *nf* — OFFICE — **franking machine**

frankiert — POST — **post-paid** *adj*
= stamped

Frankierung *nf* — POST — → **postage** *n*
→ Postgebühr *nf*

Franklin-Antenne *nf* — ANT — → **Marconi-Franklin antenna**
→ Marconi-Franklin-Antenne *nf*

franko *adj* — POST — **prepaid** *adj*
= franco; portofrei — = reply paid; r.p.; RP

französischer Art — COLL — **French style**

französische Tastatur — TER&PER — **French keyboard**
= AZERTY-Tastatur *nf* — = AZERTY keyboard

fräsen — METAL — **mill** *vt*

Fräsen *nn* — METAL — **milling** *n*
= Fräsung *nf*

Fräsmaschine *nf* — METAL — **milling machine**
= mill *n*

Fräsung *nf* — METAL — → **milling** *n*
→ Fräsen *nn*

Frau *nf* — OFFICE — → **Mrs** (*pl* Mesdames)
→ Fr.

Frauenfilm *nm* — IMAG.ME — **woman's picture**

Frauenhoferregion *nf* — ANT — → **far-field region**
→ Fernfeld *nn*

Frauenhofer'sche Beugung — OPT — → **Fraunhofer diffraction**
→ fraunhofersche Beugung

Fräulein *nn* — OFFICE — → **Miss**
→ Frl.

fraunhofersche Beugung — OPT — **Fraunhofer diffraction**
= Frauenhofer'sche Beugung

Freak *nm* — DAT.PR — → **freak** *n*
→ Hobby-Informatiker *nm*

Freemailer *nm* — INTERNET — **freemailer** *n*

Freeware *nf* — SW — **freeware** *n*
[darf kostenlos verwendet, nicht weiter kopiert oder verteilt werden] — [can be used free of charge, but cannot be copied and distributed further]
= freie Software — = free software
≈ Public-domain-Software — ≈ public-domain software
↑ Software — ↑ software

frei — SWITCH — → **idle** *adj*
→ unbelegt

frei *adj* — COLL — **free** *adj* (1)
≈ verfügbar; unbeschränkt — = clear *adj* (3)
≈ available; unrestricted

frei *adv* — COLL — **freely** *adv*

frei an Bord — ECON — → **f.o.b.**
→ f.o.b.

freiberuflich *adj* — ECON — **freelance** *adj*
= self-employed

freibeweglich *adj* — TECH — **free-mooving** *adj*

frei bleibend — ECON — → **non-binding**
→ unverbindlich

frei definierbares Zeichen — COMP.SC — → **DRCS**
→ DRCS-Zeichen *nn*

freie Ausbreitung — RAD.PRO — **line-of-sight propagation**
≈ Sichtverbindung — = LOS propagation
≈ line-of-sight connection

freie Daten — DAT.MA — **unrestricted data**

freie Informationsentropie — INF.TH — **free information entropy**

freie Leitung — TELEC — **idle line**

freier Beruf — ECON — **free-lance occupation**

freier Datensatz — DAT.MA — **vacant data record**

freier Markt — ECON — **free market**

freier Mitarbeiter — ECON — **freelancer** *n*

freier Parameter — SW — **arbitrary parameter**

freier Text — TECH — **narrative** *n*
[in einem Formular, Datenmaske u.dgl.] — [explanatory notes or comments in a form, data mask etc.]

freier Zugriff — DAT.MA — **open access** *n*
= free access

freie Schwingung — PHYS — **free vibration**

freies Format — SW — **free format**
≠ festes Format — ≠ fixed format

freie Software — SW — → **freeware** *n*
→ Freeware *nf*

Freiexemplar *nn* — PRIN.ME — **complimentary copy**
= Belegexemplar *nn* — = free copy

Freifeld *nn* — RAD.PRO — **free-field**
= free air; open air

Freifernsehen *nn* — IMAG.ME — **free TV**
≠ Bezahlfernsehen — = free television
≠ pay TV

Freiform-Datenbank *nf* — DAT.MA — **free-form database**

Freiformfläche *nf* — COMP.GR — **free-form surface**
[nicht durch mathematische Formeln geschlossen beschreibbar] — [unregular shape not specifyable by a mathematical formula]
= Fläche höherer Ordnung
↓ Spline-Fläche; Bezier-Fläche — ↓ spline area; Bezier surface

Freiformgrafik *nf* COMP.GR **free-form graphic**
[nicht auf geometrische Figuren beschränkte Grafik] [a graphic not limited to geometrical figures]
= Freiformgraphik *nf*

Freiformgraphik *nf* COMP.GR → **free-form graphic**
→ Freiformgrafik *nf*

Freiformsprache *nf* COMP.LG **free-form language**
[mit nicht eingeschränkter Syntax] [with unconstrained syntax]

Freigabe *nf* EL.TRO → **enabling** *n*
→ Einschaltung *nf*

Freigabe *nf* TEC.DOC **release** *n*

Freigabe *nf* SW **release** *n*
[eine für den Vertrieb freigegebene Software-Version] [a version of software released to market]
≈ Software-Version
= enable *n*
≈ release version

Freigabe *nf* QUAL **approval** *n*
= Zulassung *nf*
≈ Abnahme
= release *n*

Freigabe *nf* TECH **deallocation** *n*
≠ Zuweisung
≠ allocation

Freigabeakte *nf* QUAL → **acceptance certificate**
→ Abnahmeprotokoll *nn*

Freigabeankündigung *nf* SW **release announcement**
= release notice

Freigabe aufheben EL.TRO → **disable** *vt*
→ sperren

Freigabeimpuls *nm* EL.TRO **enable signal**
= Freigabesignal *nn*; Enable-Signal *nn*
= enabling signal; enable pulse; enabling pulse; enable *n*; bus enable; strobe *n* (1)

Freigabemitteilung *nf* DAT.PR **release notice**

Freigabeprotokoll *nn* QUAL → **acceptance certificate**
→ Abnahmeprotokoll *nn*

Freigabeprüfung *nf* QUAL → **acceptance test**
→ Abnahmeprüfung *nf*

Freigabesignal *nn* EL.TRO → **enable signal**
→ Freigabeimpuls *nm*

Freigabesignal *nn* HW → **strobe** *n*
→ Hinweissignal *nn*

Freigabetaste *nf* TER&PER → **ENTER key** (IBM)
→ Eingabetaste *nf*

Freigabetest *nm* QUAL → **acceptance test**
→ Abnahmeprüfung *nf*

Freigabevermerk *nm* PRIN.ME **authorization** *n*

freigeben TELEC **release** *vt*

freigeben DAT.PR **strobe** *vt*
= bestätigen
≈ Zuweisung aufheben
≈ deallocate

freigeben EL.TRO **enable** *vt*
[einen Vorgang durch elektrisches Signal] [a process by an electonic signal]
= entsperren; wirksam schalten
≈ auslösen
≠ sperren
≈ trigger
≠ disable

Freigelände- TECH → **outdoor** *adj*
→ Außen- *adj*

freihalten TECH → **reserve** *vt*
→ reservieren

freihändig TECH **free-hand** *adj*
= freehand *adj*; free; hands off

Freihandillustration *nf* ENG.DRA → **freehand drawing**
→ Freihandzeichnung *nf*

Freihandskizze *nf* ENG.DRA → **freehand drawing**
→ Freihandzeichnung *nf*

Freihandsprechen *nn* TELEPH → **handsfree talking**
→ Freisprechen *nn*

Freihandswahl *nf* MOB.CO **handsfree dialling**

Freihandswahl *nf* TELEPH **on-hook dialing**
[mit aufgelegtem Hörer]
= Wahl bei aufgelegtem Hörer
≈ Freihandsprechen
≈ handsfree talking

Freihandzeichnen *nn* COMP.GR **inking** *n*
[mit der Schreibmarke] [freehand drawing with the cursor]
= Inking *nn* (ANGL)

Freihandzeichnung *nf* ENG.DRA **freehand drawing**
= Freihandillustration *nf*; Freihandskizze *nf*
= freehand illustration; freehand sketch

Freiheit *nf* TECH **freedom** *n*

Freiheitsgrad *nm* PHYS **degree of freedom**

Freilandaufbau *nm* EQP.EN → **outdoor mounting**
→ Außenmontage *nf*

Freilandgehäuse *nn* EQP.EN → **weatherproof housing**
→ Wettergehäuse *nn*

Freilandklima *nn* QUAL → **outdoor climate**
→ Außenraumklima *nn*

Freilandmontage *nf* EQP.EN → **outdoor mounting**
→ Außenmontage *nf*

Freilandschrank *nm* EQP.EN → **weatherproof housing**
→ Wettergehäuse *nn*

Freilandüberwachungsanlage *nf* SIG.EN **outdoor monitoring system**

Freilauf *nm* TECH **free running** *n*
= free run; free wheeling; holdover *n*

Freilaufbetrieb *nm* EL.TRO **free-running mode**
= holdover mode

Freilaufdiode *nf* EL.TRO **free-wheeling diode**
= Löschdiode *nf*
↑ Schutzdiode
↑ protecting diode

freilaufend TECH **free-running** *adj*
= free-wheeling; overrunning *n*

freilaufende Prozedur DAT.CO **ready/busy protocol**
= Ready/Busy-Protokoll *nn*

Freilaufkupplung *nf* MEC.EN **overrunning clutch**

Freilaufprozedur-Protokoll *nn* DAT.CO → **RDY/BSY protocol**
→ RDY/BSY-Protokoll *nn*

Freilaufthyristor *nm* POW.SY **free-wheeling thyristor**

Freilaufventil *nn* POW.SY → **free-wheeling rectifier**
→ Nullanode *nf*

Freilaufvermögen *nn* EL.TRO **holdover capability**
= free-running capability

Freilaufzweig *nm* CIRC.EN **free-wheeling path**

Freileitung *nf* OUT.PL **open-wire line**
= Freileitungslinie *nf*; oberirdische Linie
= overhead line

Freileitung *nf* POW.EN → **transmission line**
→ Starkstrom-Freileitung *nf*

Freileitungslinie *nf* OUT.PL → **open-wire line**
→ Freileitung *nf*

Freileitungsmast *nm* OUT.PL **open-wire pole**
= Stange *nf*

Freileitungssystem *nn* TRANSM **open-wire carrier equipment**

Freilicht- COLL **open-air**

Freiliste *nf* DAT.PR **availability table**

Freilochung *nf* EL.TRO **nonconducting hole**
[Leiterplatte] [PCB]

Freiluft- TECH → **weather-protected** *adj*
→ wettergeschützt

Freiluftapparatur *nf* TECH **outdoor apparatus**

Freiluftaufbau *nm* EQP.EN → **outdoor mounting**
→ Außenmontage *nf*

Freiluftgehäuse *nn* EQP.EN → **weatherproof housing**
→ Wettergehäuse *nn*

Freiluftklima *nn* QUAL → **outdoor climate**
→ Außenraumklima *nn*

Freiluftmontage *nf* EQP.EN → **outdoor mounting**
→ Außenmontage *nf*

Freiluftschrank *nm* EQP.EN → **weatherproof housing**
→ Wettergehäuse *nn*

Freilufttelefon *nn* TELEPH **outdoor telephone**
= Außentelefon *nn*

Freilufttemperatur *nf* QUAL → **outdoor temperature**
→ Außentemperatur *nf*

freimachen COLL → **clear** *vt*
→ räumen *vt*

freimachen DAT.MA → **flush** *vt*
→ räumen *vt*

freimachen *vt* TECH **set free** *vt*
= freisetzen
= vacate *vt*

freimachen *vt* COMP.SC **deallocate**
= deallozieren
≠ reservieren
≠ allocate

Freimachung *nf* COMP.SC **deallocation** *n*
= Deallozierung *nf*

Freimaßtoleranz *nf* ENG.DRA **general tolerance**

freiprogrammierbar SW → **user-definable**
→ anwenderdefinierbar

frei programmierbare logische Anordnung *nf* MICR.EL → **FPLA**
→ FPLA

Freiraum *nm* PHYS **free space**

Freiraum- TECH → **outdoor** *adj*
→ Außen- *adj*

Freiraumaufbau *nm* EQP.EN → **outdoor mounting**
→ Außenmontage *nf*

Freiraumausbreitung *nf* — RAD.PRO — **free-space propagation** = free-space transmission

Freiraumdämpfung *nf* = Grundübertragungsdämpfung *nf* — RAD.PRO — **free-space attenuation** = free-space loss; basic transmission loss; spreading loss

Freiraumgehäuse *nn* → Wettergehäuse *nn* — EQP.EN — → **weatherproof housing**

Freiraumimpedanz *nf* — RAD.PRO — **intrinsic free space impedance**

Freiraumklima *nn* → Außenraumklima *nn* — QUAL — → **outdoor climate**

Freiraummontage *nf* → Außenmontage *nf* — EQP.EN — → **outdoor mounting**

Freiraumschrank *nm* → Wettergehäuse *nn* — EQP.EN — → **weatherproof housing**

freischalten — SWITCH — **clearing** = trunk release

Freischneiden *nn* [Stanzen] — METAL — **punching** *n*

freischneiden *vt* [Stanzen] — METAL — **cut free** *vt* [stamping] = punch *vt*

freischwingend — EL.TRO — **free-running**

freischwingender Oszillator — CIRC.EN — **free-running oscillator**

freisetzen → freimachen *vt* — TECH — → **set free** *vt*

freisetzen — COLL — **unleash** *vt*

Freispeicherliste *nf* — DAT.MA — **uncommited storage list** [list of free memory areas]

Freisprechanlage *nf* → Freisprechtelefon *nn* — TELEPH — → **handsfree telephone**

Freisprecheinrichtung *nf* → Freisprechtelefon *nn* — TELEPH — → **handsfree telephone**

Freisprechen *nn* [ohne den Hörer abzunehmen] = Freihandsprechen *nn* — TELEPH — **handsfree talking** = handsfree operation; freephone (1); on-hook talking; on-hook operation

Freisprechgerät *nn* → Freisprechtelefon *nn* — TELEPH — → **handsfree telephone**

Freisprechtelefon *nn* = Freisprechtelephon *nn*; Freisprechanlage *nf*; Freisprechgerät *nn*; Freisprecheinrichtung *nf* — TELEPH — **handsfree telephone** = handsfree equipment; loudspeaker telephone; loudspeaker equipment

Freisprechtelephon *nn* → Freisprechtelefon *nn* — TELEPH — → **handsfree telephone**

freistehend → selbsttragend — TECH — → **self-supporting**

freistehender Antennenmast — ANT — **self-supporting antenna mast**

freistehender Mast = selbsttragender Mast; freistehender Turm; selbsttragender Turm — CIV.EN — **self-supporting mast** = self-supporting tower

freistehender Turm → freistehender Mast — CIV.EN — → **self-supporting mast**

freistellen → beschneiden — COMP.GR — → **crop** *vt*

Freistellung *nf* — ECON — **exemption** *n* = release *n*

Freiton *nm* [der gewählte Anschluss ist frei u. wird gerufen] = Freizeichen *nn*; Rufton *nm*; Rufzeichen *nn*; Signalton *nm*; Signalzeichen *nn* ≈ Wählton ≠ Besetztton ↑ Hörton — TELEPH — **idle tone** [subscriber is idle and beeing called] = ringing tone; calling tone; signal tone ≈ dial tone ≠ busy tone

freitragend → selbsttragend — COM.CAB — → **self-supporting**

freitragender Träger — CIV.EN — **cantilever** *n*

Freivermerk *nm* → Frankatur *nn* — POST — → **prepaid postage**

freiwerden — TELEC — **to be released**

Freiwerdezeit *nf* → Ausschaltezeit *nf* — EL.TRO — → **turn-off time**

Freiwerdezeit *nf* — SWITCH — **release time**

freiwillig *adj* — COLL — **voluntary** *adj* = self-imposed; spontaneous; free *adj* (2)

Freizeichen *nn* → Freiton *nm* — TELEPH — → **idle tone**

Freizeichen *nn* [Patentwesen] — ECON — **common trademark**

Freizeichen *nn* [Datenvermittlung] = Verbunden-Kennzeichen *nn*; Verbundensignal *nn* — DAT.CO — **call connected signal** [data switching]

Freizeitkleidung *nf* — COLL — **casual wear** = casual outfit

Freizustand *nm* — MOB.CO — **call delivered**

Freizustand *nm* → Ruhezustand *nm* — TELEGR — → **rest condition**

Freizustand *nm* → Ruhezustand *nm* — SWITCH — → **idle state**

fremd *adj* — TECH — **alien** *adj* = foreign *adj*

Fremdanschaltung *nf* — TELEPH — **remote access** = indirect connection

Fremdatom *nn* = Störatom *nn* [MICOEL] ↑ Störstelle [MICR.EL] — PHYS — **foreign atom** = impurity atom; doping atom [MICR.EL] ↑ imperfection [MICR.EL]

Fremdatomzusatz *nm* — MICR.EL — **impurity addition**

Fremdbelegung *nf* — SWITCH — **line seizure by other station**

Fremdbelüftung *nf* → Zwangsbelüftung *nf* — TECH — → **forced ventilation**

fremdbezogene Ware → Fremdfabrikat *nn* — ECON — → **purchased part** *n*

Fremdbezug *nm* = Außer-Haus-Beschaffung *nf* — ECON — **outsourcing** *n*

Fremddatei *nf* — MOB.CO — **host file**

Fremddatei *nf* — DAT.MA — **foreign data file** = foreign file; foreign dataset; alien data file; alien file; alien dataset

Fremddaten *nplt* — DAT.MA — **foreign data**

fremder Kennbegriff = fremder Suchbegriff — DAT.MA — **foreign key** = foreign attribute

Fremderregung *nf* — EL.TRO — **external excitation** = independent excitation; separate excitation

fremder Suchbegriff → fremder Kennbegriff — DAT.MA — → **foreign key**

fremde Software → Fremdsoftware *nf* — SW — → **extraneous software**

fremdes Vermittlungsamt — SWITCH — **remote exchange**

Fremdfabrikat *nn* = Fremdhandelsware *nf*; Fremdprodukt *nn*; fremdbezogene Ware; Handelsware *nf*; Kaufteil *nn*; Zukaufteil *nn*; Mitvertriebsprodukt *nf* ≈ OEM-Produkt — ECON — **purchased part** *n* = alien part; third-party part; purchased product; alien product; third-party product; purchase *n* (2); extraneous product; merchant product; outsourced product ≈ OEM product

Fremdfertigung *nf* = Fremdherstellung *nf* — MANUF — **custom production** = alien production; extraneous production

Fremdfinanzierung *nf* — ECON — **debt financing**

fremdgefertigt — MANUF — **custom-made**

fremdgeführter Stromrichter — POW.SY — **externally commutated converter**

fremdgeheizt — EL.TRO — **externally heated**

Fremdgerät *nn* — EQP.EN — **OEM device**

fremdgesteuert — EL.TRO — **driven**

fremdgesteuerte Kippschaltung → stabile Kippschaltung — CIRC.EN — → **one-shot multivibrator**

fremdgesteuerter Multivibrator → stabile Kippschaltung — CIRC.EN — → **one-shot multivibrator**

fremdgesteuerter Sender — RADIO — **driven transmitter**

Fremdhandelsware *nf* → Fremdfabrikat *nn* — ECON — → **purchased part** *n*

Fremdherstellung *nf* → Fremdfertigung *nf* — MANUF — → **custom production**

Fremdkapital *nn* — ECON — **borrowed capital**

Fremdkörper *nm* ≈ Fremdstoff — TECH — **foreign body** ≈ impurity

Fremdkühlung *nf* — TECH — **forced cooling**

Fremdlieferant *nm* — ECON — **outside supplier** = outside vendor; third party

Fremdlüftung *nf* → Zwangsbelüftung *nf* — TECH — → **forced ventilation**

Fremdplatte *nf* [in nicht lesbarem Format] — DAT.MA — **alien disk** [in a non-readable format]

Fremdplattenleser *nm* — DAT.PR — **alien disk reader**

Fremdprodukt *nn* → Fremdfabrikat *nn* — ECON — → **purchased part** *n*

Fremdschicht *nf* — MICR.EL — **impurity layer** = pollution layer

Fremdschichtwiderstand *nm* — MICR.EL — **impurity-film resistance**

Fremdsignalanteil *nm* TELEC → **interfering voltage content**
→ Fremdspannungsanteil *nm*

Fremdsoftware *nf* SW **extraneous software**
= fremde Software

Fremdspannung *nf* TELEC **unweighted noise voltage**
≈ Fremdstörung = external noise voltage
≈ external interference

Fremdspannung *nf* INF.TEC → **interfering voltage**
→ Störspannung *nf*

Fremdspannungsanteil *nm* TELEC **interfering voltage content**
= Fremdsignalanteil *nm*; Störspannungsanteil *nm* = extraneous signal content; disturbing voltage content

Fremdsprache *nf* LING **foreign language**

Fremdsprachendienst *nm* ECON → **translations department**
→ Übersetzungsdienst *nm*

Fremdsprachensekretärin *nf* OFFICE **foreign language secretary**

Fremdsprachenübersetzung *nf* LING → **translation** *n*
→ Übersetzung *nf*

Fremdstoff *nm* TECH **impurity** *n*

Fremdstörung *nf* RAD.PRO **interference** *n*
= Einstreuung *nf*

Fremdstörung *nf* TELEC **external interference**
≈ Fremdspannung ≈ external noise
↑ Störung ↑ interference

Fremdstrom *nm* EL.TEC → **interfering current**
→ Störstrom *nm*

Fremdstrombuchse *nf* EQP.EN → **power supply jack**
→ Stromversorgungsbuchse *nf*

Fremdsynchronisierung *nf* TELEC **external synchronization**
= externe Synchronisierung

Fremdsystem *nn* INF.TEC **strange system**

Fremdwährung *nf* ECON **foreign currency**
= ausländische Währung *nf*; Devisen *nplt* (1) = foreign exchange; FX

Fremdwort *nn* LING **foreign word**

Frenkel-Defekt *nm* PHYS → **Frenkel defect**
→ Frenkel-Fehlstelle *nf*

Frenkel-Fehlstelle *nf* PHYS **Frenkel defect**
= Frenkel-Defekt *nm*

Frequenz *nf* PHYS **frequency** *n*
[vom latein. "frequens" = "häufig"; Schwingungszahl pro Zeiteinheit; SI-Maßeinheit: Hertz] [from Latin "frequens" = "happening often"; oscillations in a unit of time; SI unit: Hertz]
= f; Schwingungszahl *nf* = f

Frequenz *nf* STATIS → **frequency** *n*
→ Häufigkeit *nf*

Frequenzabdeckung *nf* INSTR **frequency coverage**
= Frequenzbereich *nm*

frequenzabhängig PHYS **frequency dependent**

frequenzabhängiger Voltmeter INSTR → **selective voltmeter**
→ Selektivspannungsmesser *nm*

Frequenzabhängigkeit *nf* PHYS **frequency dependence**

Frequenzabhängigkeit *nf* PHYS → **frequency response**
→ Frequenzgang *nm*

Frequenzablage *nf* EL.TEC → **frequency offset**
→ Frequenzversatz *nm*

Frequenzablauf *nm* INSTR **frequency curve**

Frequenzabstand *nm* RADIO **frequency spacing**
≈ Frequenzversatz = frequency separation
≈ frequency offset

Frequenzabstimmelement *nn* MICROW **tuning device**
= Abstimmelement *nn* ↓ tuning screw
↓ Abgleichschraube

Frequenzabwanderung *nf* EL.TRO **frequency drift**
= Frequenzinkonstanz *nf* = frequency sliding

Frequenzabweichung *nf* EL.TEC → **frequency offset**
→ Frequenzversatz *nm*

frequenzagil MIL.CO **frequency-agile**

frequenzagiler Signalsimulator INSTR **frequency-agile signal simulator**

Frequenzagilität *nf* MIL.CO **frequency agility**

Frequenzanalysator *nm* INSTR → **spectrum analyzer**
→ Spektrumanalysator *nm*

Frequenzanalyse *nf* TELEC **frequency analysis**
[Signaltheorie] = wave analysis
≠ Frequenzsynthese ≠ frecuency synthesis

Frequenzanzeige *nf* INSTR **frequency indication**

Frequenzausgleich *nm* CIRC.EN → **frequency compensation**
→ Frequenzkompensation *nf*

Frequenzband *nn* PHYS **frequency band**

Frequenzband *nn* RADIO **frequency band**
= Frequenzbereich *nm*; Wellenbereich *nm*; Band *nn*; Radiofrequenzbereich *nm* (2); RF-Bereich *nm* (2); RF-Band *nn*; Bereich *nm* = frequency range; waveband; wavelength band; band *n*; wave range; radio frequency band; RF band; radio-frequency range (2); RF range (2); range *n*; airwave spectrum

Frequenzbandanalyse *nf* INSTR **frequency band analysis**

Frequenzbandbelegungs-Registrieranlage *nf* RAD.LO **spectrum occupancy recording system**

Frequenzbandmitbenutzung *nf* RADIO **frequency sharing**

Frequenzbandplan *nm* RADIO **frequency band plan**
= band Plan

Frequenzbandschreiber *nm* RAD.LO **radio monitoring recorder**

Frequenzbereich *nm* RADIO → **frequency band**
→ Frequenzband *nn*

Frequenzbereich *nm* INSTR → **frequency coverage**
→ Frequenzabdeckung *nf*

Frequenzbereich *nm* TELEC **frequency domain**
≠ Zeitbereich *nm* ≠ time domain

Frequenzbereich *nm* PHYS → **time domain**
→ Zeitbereich *nm*

Frequenzbereichdarstellung *nf* TELEC **frequency domain analysis**

Frequenzbereichsentzerrer *nm* NETW.TH **frequency-domain equalizer**
= FDE

Frequenzbereichserweiterung *nf* INSTR **frequency extension**

frequenzbestimmend EL.TRO **frequency-fixing**

Frequenzblock *nm* RADIO **frequency block**

Frequenzbrücke *nf* INSTR → **frequency measuring bridge**
→ Frequenzmessbrücke *nf*

Frequenzcodemodulation *nf* TELEGR **frequency-code modulation**

Frequenzdekade *nf* INSTR **frequency decade**

Frequenzdiskriminator *nm* MODUL **frequency discriminator**

Frequenzdiversity *nn* RADIO **frequency diversity**

Frequenzdividierer *nm* CIRC.EN → **frequency divider**
→ Frequenzteiler *nm*

Frequenzdoppler *nm* CIRC.EN → **frequency doubler**
→ Frequenzverdoppler *nm*

Frequenzeichung *nf* INSTR **frequency calibration**

Frequenzeinrastung *nf* EL.TRO **frequency locking**

Frequenzeinstellbarkeit *nf* INSTR **frequency settability**

Frequenzeinstellung *nf* EL.TRO **frequency setting**

frequenzempfindlich PHYS **frequency-sensitive**

Frequenzempfindlichkeit *nf* PHYS **frequency sensitivity**

Frequenzfehler *nm* PHYS **frequency error**
= Frequenzunsicherheit *nf* ≈ frequency offset
≈ Frequenzversatz

Frequenzfeineinstellung *nf* INSTR **frequency vernier**

Frequenzformung *nf* INSTR **frequency profiling**

Frequenzfunktion *nf* STATIS → **frequency function**
→ Häufigkeitsfunktion *nf*

Frequenzgang *nm* PHYS **frequency response**
= Frequenzabhängigkeit *nf* = frequency dependence; level flatness [INSTR]; flatness *n* [INSTR]; spectral response [OPT]

Frequenzgangabsenkung *nf* NETW.TH → **roll-off** *n*
→ Flankenabfall *nm*

Frequenzgangsynthese INSTR **frequency-response synthesis**

Frequenz-Gegenkopplungs-Demodulation *nf* MODUL **frequency modulation feedback**
= FMFB = FMFB

Frequenzgemisch *nn* TELEC **frequency mix**

Frequenzgenauigkeit *nf* EL.TRO **frequency accuracy**

Frequenzgenerator *nm* INSTR **frequency generator**

frequenzgerade EL.TRO **frequency-flat** *adj*
= flat

frequenzgestufte Wobbelung INSTR **frequency-stepped sweep**

Frequenzgetrenntlage-Verfahren *nn* TRANSM **frequency-division mode**

Frequenzhub *nm* MODUL **frequency shift**
= frequency swing; frequency deviation; frequency sweep; frequency span

Frequenzhüpfen *nn* RADIO → **frequency hopping**
→ Frequenzspringen *nn*

Frequenzinkonstanz *nf* EL.TRO → **frequency drift**
→ Frequenzabwanderung *nf*

Frequenzkennlinie *nf* TELEC **frequency characteristic**
= Bode diagram

Frequenzknappheit *nf* RADIO **scarcity of frequency**
= Frequenzmangel *nm*

Frequenzkompensation *nf* CIRC.EN **frequency compensation**
= Frequenzausgleich *nm*

Frequenzkonstanz *nf* PHYS → **frequency stability**
→ Frequenzstabilität *nf*

Frequenzlinearität *nf* EL.TRO **frequency linearity**

Frequenzmangel *nm* RADIO → **scarcity of frequency**
→ Frequenzknappheit *nf*

Frequenzmarke *nf* INSTR **frequency mark**

Frequenzmehrfachnutzung *nf* RADIO → **frequency reuse**
→ Frequenzwiederbenutzung *nf*

Frequenzmessbrücke *nf* INSTR **frequency measuring bridge**
= Frequenzbrücke *nf* = frequency bridge

Frequenzmesser *nm* INSTR → **frequency counter**
→ Frequenzzähler *nm*

Frequenzmessung *nf* INSTR **frequency measurement**

Frequenzmitnahme *nf* EL.TRO **frequency entrainment**

Frequenzmodulation *nf* MODUL **frequency modulation**
= FM = FM
↑ Winkelmodulation

Frequenzmodulator *nm* MODUL **frequency modulator**

frequenzmoduliert MODUL **frequency modulated**

frequenzmodulierter Dauerstrichradar RAD.LO **frequency modulated continuous wave radar**
= FM-CW-Radar *nm&nn* (*pl* -e) = FM-CW-Radar

Frequenzmonitor *nm* RADIO **frequency monitor**

Frequenzmultiplex *nn* TELEC **frequency division multiplex**
= Frequenzvielfach *nn* = FDM
≈ Trägerfrequenztechnik

Frequenznachregelung *nf* CIRC.EN **automatic frequency control**
= automatische Frequenznachsteuerung; automatische Frequenznachstellung; automatische Frequenzregelung; AFC; Abstimmautomatik *nf*; Abstimmungsregelung *nf* = AFC

Frequenznachstellung *nf* CIRC.EN → **frequency control**
→ Frequenznachsteuerung *nf*

Frequenznachsteuerung *nf* CIRC.EN **frequency control**
= Frequenznachstellung *nf*; Frequenznachstimmung *nf* = frequency tuning

Frequenznachstimmung *nf* CIRC.EN → **frequency control**
→ Frequenznachsteuerung *nf*

Frequenzneufestlegung *nf* MOB.CO **frequency redefinition**

Frequenznormal *nn* INSTR **frequency standard**
= Frequenzstandard *nm*

Frequenznormierung *nf* NETW.TH **frequency normalization**

Frequenznutzungsplan *nm* RADIO **frequency usage plan**

Frequenzoffset *nn* EL.TEC → **frequency offset**
→ Frequenzversatz *nm*

Frequenzökonomie RADIO **frequency economy**
↓ Frequenzbandökonomie

Frequenzplan *nm* MODUL → **frequency allocation scheme**
→ Frequenzschema *nn*

Frequenzplanung *nf* RADIO **frequency planning**

Frequenzraster *nn* RADIO → **radio-frequency pattern**
→ Radiofrequenzraster *nn*

Frequenzregelung *nf* POW.SY **frequency control**
↑ Netzregelung

Frequenzrückgewinnungsfehler *nm* TELEC **frequency recovery offset**
≈ Frequenzversatz ≈ frequency offset

Frequenzschema *nn* MODUL **frequency allocation scheme**
[Trägerfrequenztechnik] [FDM]
= Frequenzplan *nm*

Frequenzschritt *nm* MODUL **frequency step**
= Frequenzstufe *nf*

Frequenzschwankung *nf* PHYS **frequency fluctuation**

frequenzselektiv OPTOEL **dichroic**

frequenzselektiv EL.TEC → **selective** *adj*
→ selektiv

Frequenz-Spannungs-Wandler *nm* COMPO **frequency-to-voltage converter**

Frequenzspektrometer *nn* INSTR → **spectrum analyzer**
→ Spektrumanalysator *nm*

Frequenzspektrum *nn* PHYS **frequency spectrum**

Frequenzspringen *nn* EL.TRO **moding** *n*
[Oszillator] [frequency hopping of an oscillator]

Frequenzspringen *nn* RADIO **frequency hopping**
= Frequenzsprungverfahren *nn*; Frequenzhüpfen *nn* = FH

Frequenzsprung *nf* PHYS **frequency jump**
= frequency hop

Frequenzsprungsequenz *nf* MOB.CO **hopping sequence**
= Sprungsequenz *nf*

Frequenzsprungverfahren *nn* RADIO → **frequency hopping**
→ Frequenzspringen *nn*

frequenzstabilisieren PHYS **frequency-stabilize**

Frequenzstabilität *nf* PHYS **frequency stability**
= Frequenzkonstanz *nf* = frequency constancy

Frequenzstandard *nm* INSTR → **frequency standard**
→ Frequenznormal *nn*

frequenzstarr EL.TRO **constant-frequency**

Frequenzstufe *nf* MODUL → **frequency step**
→ Frequenzschritt *nm*

Frequenzsynthese *nf* TELEC **frequency synthesis**
[Signaltheorie] = wave synthesis
≠ Frequenzanalyse ≠ frequency analysis

Frequenzsynthesizer *nm* CIRC.EN **frequency synthesizer**
= Synthesizer *nm* = synthesizer *n*

Frequenztastung *nf* MODUL → **frequency shift keying**
→ Frequenzumtastung *nf*

Frequenztausch *nm* TRANSM → **frequency frogging**
→ Bandtausch *nm*

Frequenzteiler *nm* CIRC.EN **frequency divider**
= Frequenzdividierer *nm*; Frequenzuntersetzer *nm* ↑ divider
↑ Teiler

Frequenzthyristor *nm* COMPO **frequency thyristor**
= T-Thyristor *nm*

Frequenztoleranz *nf* PHYS **frequency tolerance**

Frequenztransformation *nf* NETW.TH **frequency transformation**

Frequenzumformer *nm* CIRC.EN → **frequency converter**
→ Frequenzumsetzer *nm*

Frequenzumrichter *nm* POW.SY **frequency converter**
= Periodenumformer *nm* = frequency convertor; frequency changer
↑ Stromrichter; Umrichter ↑ static power converter; voltage system converter

Frequenzumrichter *nm* CIRC.EN → **frequency converter**
→ Frequenzumsetzer *nm*

Frequenzumsetzer *nm* CIRC.EN **frequency converter**
= Frequenzumrichter *nm*; Frequenzwandler *nm*; Frequenzumformer *nm* = frequency translator; frequency changer

Frequenzumsetzer *nm* HF → **mixer** *n*
→ Mischer *nm*

Frequenzumsetzung *nf* MODUL **frequency conversion**
= frequency translation

Frequenzumsetzung *nf* SAT.CO → **transposition** *n*
→ Transponierung *nf*

Frequenzumtastung *nf* MODUL **frequency shift keying**
= Frequenztastung *nf*; FSK; Trägerverschiebung *nf* = FSK; frequency shift modulation; carrier shift; frequency keying

frequenzunabhängig PHYS **frequency-independent**

frequenzunabhängige Antenne ANT **frequency-independent antenna**
↑ Breitbandantenne ↑ broadband antenna
↓ logarithmisch-periodische Antenne; Spiralantenne ↓ logarithmically periodic antenna; spiral antenna

Frequenzunsicherheit *nf* PHYS → **frequency error**
→ Frequenzfehler *nm*

Frequenzuntersetzer *nm* CIRC.EN → **frequency divider**
→ Frequenzteiler *nm*

Frequenzverdoppler *nm* CIRC.EN **frequency doubler**
= Frequenzdoppler *nm* ↑ frequency multiplier; doubler circuit
↑ Frequenzvervielfacher; Verdopplerschaltung

Frequenzverdoppler *nm* OPTOEL **frequency doubler**

Frequenzverdreifacher *nm* CIRC.EN **frequency tripler**
↑ Frequnzvervielfacher ↑ frequency multiplier

Frequenzverfahren *nn* INSTR **frequency method**

Frequenzvergleichspilot *nm* TRANSM **frequency control pilot**
[TF-Technik] [FDM]

Frequenzversatz *nm* TV **field offset**

Frequenzversatz *nm* EL.TEC **frequency offset**
= Frequenzablage *nf*; Frequenzverschiebung *nf*; Frequenzabweichung *nf*; Frequenzoffset *nn*; Frequenzverwerfung *nf*; = frequency deviation; frequency departure; frequency shift
≈ Frequenzfehler; Frequenzrückgewinnungsfehler ≈ frequency error; frequency recovery offset

Frequenzverschachtelung *nf* TELEC **frequency interlace**

Frequenzverschiebung *nf* EL.TEC → **frequency offset**
→ Frequenzversatz *nm*

frequenzversetzt EL.TEC **frequency-shifted**

Frequenzverteilung *nf* RADIO → **frequency assignment**
→ Frequenzzuteilung *nf*

Frequenzvervielfacher *nm* CIRC.EN **frequency multiplier**
↑ Vervielfacher ↑ multiplier

Frequenzvervielfachung *nf* EL.TEC **harmonic generation**
= harmonics generation; frequency multiplication

Frequenzverwaltung *nf* RADIO **frequency administration**

Frequenzverwerfung *nf* EL.TEC → **frequency offset**
→ Frequenzversatz *nm*

Frequenzvielfach *nn* TELEC → **frequency division multiplex**
→ Frequenzmultiplex *nn*

Frequenzvielfachzugriff *nm* TELEC **frequency division multiple access**
= Vielfachzugriff in der Frequenzebene; FDMA = FDMA
↑ fixed assignment multiple access

Frequenzvorrat *nm* RADIO **frequency set**

Frequenzwandler *nm* CIRC.EN → **frequency converter**
→ Frequenzumsetzer *nm*

Frequenzwechsel *nm* TELEC **frequency change**

Frequenzweiche *nf* EL.ACOU **crossover filter**
= crossover network

Frequenzweiche *nf* TELEGR **frequency separating filter**

Frequenzweiche *nf* RAD.RE **frequency diplexer**

Frequenzwiederbenutzung *nf* RADIO **frequency reuse**
= Frequenzwiederverwendung *nf*; Frequenzmehrfachnutzung *nf*; Frequenzwiederholung *nf*
↓ Gleichkanalbetrieb [RAD.RE] ↓ cochannel operation [RAD.RE]

Frequenzwiederbenutzungsabstand *nm* RADIO **frequency reuse distance**
= Wiederbenutzungsabstand *nm* = reuse distance

Frequenzwiederholung *nf* RADIO → **frequency reuse**
→ Frequenzwiederbenutzung *nf*

Frequenzwiederverwendung *nf* RADIO → **frequency reuse**
→ Frequenzwiederbenutzung *nf*

Frequenzwobbelung *nf* INSTR **frequency sweep**

Frequenzzähler *nm* INSTR **frequency counter**
= Frequenzmesser *nm* = frequency meter

Frequenz-Zeit-Transformation *nf* TELEC **frequency-time-domain transformation**

Frequenzzuteilung *nf* RADIO **frequency assignment**
= Frequenzzuweisung *nf*; Frequenzverteilung *nf* = frequency allotment

Frequenzzuweisung *nf* RADIO → **frequency assignment**
→ Frequenzzuteilung *nf*

Fresnelellipsoid *nn* RAD.PRO **Fresnel ellipsoid**

Fresnel-Linsen-Antenne *nf* ANT **Fresnel lens antenna**

fresnelsche Beugung OPT **Fresnel diffraction**
= Fresnel'sche Beugung

Fresnel'sche Beugung OPT → **Fresnel diffraction**
→ fresnelsche Beugung

Fresnelsche Ringlinse OPT → **annular lens**
→ Ringlinse *nf*

Fresnelzone *nf* RAD.PRO **Fresnel zone**

Freunde und Bekannte INTERNET **buddies** *nplt*
= Buddy

Freunde-und-Bekannte-Film **buddy film**
= Buddy-Film

Freunde-und-Bekannte-Liste *nf* INTERNET **buddy list**
= Buddyliste *nf*

Freund-Feind-Erkennung *nf* MIL.CO **identification friend or foe**
= IFF = IFF

freundliche Genehmigung von MEDIA **courtesy of**

Friedrich Wilhelm *nm* (slang) OFFICE → **signature** *n*
→ Unterschrift *nf*

Frigistor *nm* MICR.EL **frigistor** *n*
= Halbleiterkühlelement *nn*

Friktion *nf* PHYS → **friction** *n*
→ Reibung *nf*

Friktionsantrieb *nm* TER&PER **friction feed**
≠ Raupenvorschub ≠ tractor feed
↑ Papiervorschub ↑ paper feed

Fringeware *nf* COMP.AP **fringeware**

Friseur *nm* IMAG.ME **hair stylist**

Frist *nf* ECON **term** *n*
[festgesetzte Zeitdauer] [established duration]
≈ Termin = period of time
≈ appointed time

fristgemäß ECON → **on time**
→ fristgerecht

fristgerecht ECON **on time**
= fristgemäß; termingerecht; termingemäß; pünktlich = timely; on schedule; on due time; punctual

Fristigkeit *nf* ECON → **term** *n*
→ Laufzeit *nf*

fristlos ECON **without notice**

Fristverlängerung *nf* COLL **extension** *n*
≈ Aufschub [of a term]
≈ postponemet

Fristverlängerung *nf* ECON → **schedule extension**
→ Terminverlängerung *nf*

fritten COMPO **wet** *vt*

Fritter *nm* HF **coherer** *n*
= Kohärer *nm*

Frittspannung *nf* COMPO **wetting voltage**
= fritting voltage

Frittung *nf* COMPO **wetting** *n*
[Unterlagerung mit Gleichstrom] [superposition of direct current]
≈ Gleichstromunterlegung [EL.TRO] = fritting *n*
≈ dc underlay [EL.TRO]

Frittwiderstand *nm* COMPO **wetting resistance**
= fritting resistance

Frl. OFFICE **Miss**
[für eine unverheiratete Frau] [for an unmarried woman]
= Fräulein *nn*
↑ Anrede

FROM *nn* (1) MICR.EL **FROM** (1)
[nur im Werk veränderbarer Festwertspeicher] [Factory ROM; can be reprogrammed only in factory]
↑ ROM

FROM *nn* (2) MICR.EL → **fusible-link PROM**
→ Fusible-link-PROM *nn*

Frontabdeckung *nf* EQP.EN **front panel**
= Frontplatte *nf*; Frontblende *nf* = front cover; front plate; face plate; fascia plate [DAT.PR]
≠ rückseitige Abdeckung ≠ rear panel
↑ Abdeckung ↑ panel
↓ Baugruppenabdeckung ↓ module front panel

frontal TECH → **frontal** *adj*
→ frontseitig

Frontalausleuchtung *nf* IMAG.ME **broad lighting**

Frontalwelle *nf* PHYS **frontal wave**

Frontanschluss *nm* EQP.EN **frontal connection**

Frontblende *nf* EQP.EN → **front panel**
→ Frontabdeckung *nf*

Fronteinbau *nm* EQP.EN → **front mounting**
→ Frontmontage *nf*

Fronteinzug *nm* TER&PER **front feed**

Front-end-Prozessor *nm* DAT.CO → **terminal computer**
→ Datenstationsrechner *nm*

Front-end-Rechner *nm* DAT.CO → **communications front-end processor**
→ Datenübertragungsvorrechner *nm*

Front-end-Tool *nn* COMP.AP **front-end tool**

Frontgriff *nm* EQP.EN **front handle**
= front-panel handle

Frontlader *nm* EQP.EN **front loader**

Frontmontage *nf* EQP.EN **front mounting**
= Fronteinbau *nm* = frontal mounting
≠ Rückseitenmontage ≠ rear mounting

Frontplatte *nf* EQP.EN → **front panel**
→ Frontabdeckung *nf*

Frontplattenanschluss *nm* EQP.EN **front-panel connection**

Frontrahmen *nm* COMPO **bezel** *n*
[LCD] [LCD]

Frontrechner *nm* DAT.CO → **communications front-end processor**
→ Datenübertragungsvorrechner *nm*

Frontscheibenantenne *nf* ANT **windshield mounting aerial**

Frontseite *nf* TECH → **front side**
→ Vorderseite *nf*

frontseitig TECH **frontal** *adj*
= frontal; vorderer = front *adj*
≠ rückseitig ≠ rear

Frontstecker *nm* EQP.EN **front-facing connector**

Frontware *nf* SW **frontware** *n*
[fügt eine GUI hinzu] [adds a GUI]
= Screenscraper *nm* = screen scraper

Frontzuführung *nf* TER&PER **frontal feed**
≠ Seitenzuführung = serial feed
≠ sideway feed

Froschperspektive CINEMA **low-angle shot**
[vom Boden aus] [from the floor]
= below shot; worm's eye shot

Frost *nm* (*pl* Fröste) METEO **frost** *n*
≈ Kälte ↑ coldness

frostig *adj* METEO **frosty** *adj*
= frostkalt; frostklirrend

frostkalt METEO → **frosty** *adj*
→ frostig *adj*

frostklirrend METEO → **frosty** *adj*
→ frostig *adj*

Frostschaden *nm* TECH **frost damage**

Frostschutzmittel *nn* TECH **anti-freeze protection** *n*

Frostschutzmittel *nn* TECH **anti-freeze** *n*

Frosttemperatur *nf* METEO **frost** *n* (2)
= frost temperature

Frostwetter *nn* METEO **frosty weather**

FR-Rate MOB.CO → **full rate**
→ volle Übertragungsrate

früh COLL → **early** *adj*
→ frühzeitig *adj*

Frühausfall *nm* QUAL **early failure**
= infant mortality

Frühausfallphase *nf* QUAL → **burn-in period**
→ Einlaufphase *nf*

Frühbinden *nn* SW **early binding** (2)
[OOP; Funktions- u. Verfahrensadressen beim Kompilieren bekannt] [OOP; functions and procedures are addressed when the program is compiled]

Früherkennung *nf* RAD.RE **early warning**

Frühindikator *nm* SCIE **early indicator**

Frühschicht *nf* ECON **early shift**
≠ Spätschicht ≠ late shift
↑ Schicht ↑ shift

Frühvorstellung *nf* CINEMA **afternoon showing**
= Nachmittagsvorstellung *nf*

frühzeitig *adj* COLL **early** *adj*
= früh ≈ premature
≈ vorzeitig

FR-Zugangsgerät *nn* DAT.NW **FRAD**
= Frame-Relay-Zugangsgerät *nn* = Frame Relay Access Device

fs PHYS → **femtosecond** *n*
→ Femtosekunde *nf*

FS DAT.CO → **file separator**
→ Hauptgruppentrennung *nf*

F-Schicht *nf* RAD.PRO **F-layer**
[zwischen 170 und 450 km] [between 170 and 450 km]
= F-region
↑ Ionosphäre; aktive Schicht ↑ ionosphere; active layer
↓ F1-Schicht; F2-Schicht ↓ F1-layer; F2-layer

FSK MODUL → **frequency shift keying**
→ Frequenzumtastung *nf*

FSL TELEC **Flexible Service Logic**
[IN] [IN]
= FSL

FSOQM MODUL **FSOQM**
= Frequency Shift Offset Quadrature Modulation

F-Stecker *nm* COMPO **F connector**
↑ Koaxialstecker ↑ coaxial connector

FTAM-Standard *nm* DAT.PR **FTAM standard**
[File Transfer Access and Management]

FTP-Client DAT.NW **FTP client**

ftpmm TER&PER **ftpmm**
= Flusswechsel pro Millimeter = flux transitions per millimeter
↑ physikalische Speicherdichte ↑ physical recording density

FTP-Protokoll *nn* DAT.NW **FTP**
= File Transfer Protocol

ftprad TER&PER **ftprad**
= Flusswechsel pro Radian = flux transitions per radian
↑ physikalische Speicherdichte ↑ physical recording density

FTP-Server *nm* DAT.NW **FTP server**

FTTB TELEC → **fiber to the building**
→ Faser bis zum Gebäude

FTTN (1) TELEC → **fiber to the exchange**
→ Faser bis zur Vermittlung

FTTN (2) TELEC → **fiber to the neighbourhood**
→ Faser bis zur Nachbarschaft

FTTX TELEC → **fiber to the exchange**
→ Faser bis zur Vermittlung

FTTx TELEC → **fiber in the local network**
→ Faser im Ortsnetz

FTZ TELEC → **telecommunications engineering authority of the F.R.G**
→ Fernmeldetechnisches Zentralamt

FU TEC.DOC → **production documents**
→ Fertigungsunterlage *nf*

FUBAR INTERNET **FUBAR**
[bis zur Unkenntlichkeit entstellt] = Fouled Beyond All Recognition

Fuchsantenne *nf* ANT → **Zeppelin antenna**
→ Zeppelin-Antenne *nf*

FuFSt MOB.CO → **radio base station**
→ Funk-Basisstation *nf*

Fuge *nf* MEC.EN **joint** *n* (3)
= Trennfuge *nf* = groove *n*; join *n*

füge Klausel hinzu SW **add clause**
= ADDCL

Fugennaht *nn* METAL **groove weld**
[Schweißen]

Fügeverbindung *nf* OPT.CO **plug-in joint**

Fügewort *nn* LING → **subjunction** *n*
→ Subjunktion *nf*

füglich COLL → **legitimately** *adv*
→ berechtigterweise *adv*

Fühler *nm* AUTOMA **sensor** *n*
↑ Prozesssteuerungsgerät ↑ process control equipment

Fühler *nm* COMPO → **sensor** *n*
→ Sensor *nm*

Fühlerleitung *nf* EL.TRO **sense lead**

Fühlerschaltung *nf* CIRC.EN **sensing circuit**

Fühlstift *nm* TER&PER → **digitizing pen**
→ Digitalisierstift *nm*

führend COMP.SC → **highest-order** *adj*
→ höchstwertig

führend ECON → **market-leading** *adj*
→ marktführend

führende Null COMP.SC **high-order zero**
[vor der höchstwertigen Ziffer stehende Null, z.B. in 007] [zeros in front of the highest ranking digit, e.g. in 007]
= leading zero; left-hand zero

führende Rolle COLL → **leading role**
→ Führungsrolle *nf*

Führen durch Zielvereinbarungen ECON **management by objectives**

Fuhrpark *nm* ECON **vehicle fleet**
= vehicle pool

Führung *nf* MEC.EN **guide** *n*

Führung *nf* TECH **tracking**
[Beeinflussung oder Auslegung eines Verlaufs] [influencing and shaping of a course]
= routing *n*

Führung *nf* ECON → **management** *n* (2)
→ Leitung *nf* (2)

Führungsbahn *nf* MEC.EN **guide way**

Führungsbolzen *nm* MEC.EN **guide bolt**

Führungsbuchse *nf* MEC.EN **guide bushing**

Führungsdenken *nn* ECON **management thinking**

führungsgelocht TER&PER **sprocketed** *adj*
= perforiert

Führungsgröße *nf* CONTRO **reference magnitude**
[eine vorgegebene Größe, der die Regelgröße folgen soll] [a magnitude preset as reference, whom the controlled magnitude has to follow]
≠ Regelgröße
= reference variable; reference input; reference input signal
≠ controlled magnitude

Führungshülse *nf* MEC.EN **guide sleeve**

Führungskante *nf* TER&PER → **pin-feed edge**
→ Führungsstreifen *nm*

Führungskante *nf* TER&PER **aligning edge**

Führungskräfteseminar EDUC **seminar for management personnel**

Führungsleiste *nf* MEC.EN **guide strip**

Führungslicht *nf* IMAG.ME **key light**

Führungslinie *nf* ENG.DRA → **datum line**
→ Bezugslinie *nf* (1)

Führungsloch *nn* MEC.EN **guide hole**
= pilot hole

Führungsloch *nn* TER&PER → **feed hole**
→ Transportloch *nn*

Führungslochrand *nm* TER&PER → **pin-feed edge**
→ Führungsstreifen *nm*

Führungslochung *nf* TER&PER → **feed holes**
→ Transportlochung *nf*

Führungsnut *nf* MEC.EN **guide slot**

Führungspunkt *nm* TECH → **reference point**
→ Bezugspunkt *nm*

Führungspunkt *nm* PRIN.ME **leading dot** *n*
= leader *n*

Führungspunkte *nplt* ENG.DRA → **dotted line** (1)
→ punktierte Linie

Führungsrand *nm* TER&PER → **pin-feed edge**
→ Führungsstreifen *nm*

Führungsring *nm* MEC.EN **guide ring**

Führungsrolle *nf* MEC.EN **guide roller**
= Leitrolle *nf*

Führungsrolle *nf* COLL **leading role**
[fig] [fig]
= führende Rolle

Führungsscheibe *nf* MEC.EN **guide pulley**
= Leitscheibe *nf*

Führungsschiene *nf* MEC.EN **guide rail**

Führungsspur *nf* — TV — → **control track**
→ Steuerspur *nf*

Führungsstab *nm* — MEC.EN — **guide rod**

Führungssteuerung *nf* — CONTRO — **master control**

Führungsstift *nm* — MEC.EN — **guide pin**
= Passstift *nm* — = aligning plug; spigot *n*
≈ Fixierstift — ≈ fixing pin

Führungsstreifen *nm* — TER&PER — **pin-feed edge**
= Führungslochrand *nm*; Führungsrand *nm*; Führungskante *nf*; perforierter Randstreifen — = guide edge; guide margin; sprocket margin; sprockered margin; sprocket edge; sprockered edge; perfory *n*; tractor edge; tractor margin; feed hole margin

Führungsstreifen-Abtrenner — TER&PER — **edge cutter**
≈ Schlagschere — = edge trimmer
≈ burster

Führungstakt *nm* — EL.TRO — → **timing clock**
→ Zeittakt *nm*

Führungsübertragungsfunktion *nf* — CONTRO — **reference transfer function**

Führungsvariable *nf* — MOD&SI — **lead variable**
[gives a basis for predictions]

FuKo *nm* — MOB.CO — → **mobile switching center**
→ Funkvermittlungsstelle *nf*

Füllbit *nn* — CODING — → **stuffing bit**
→ Stopfbit *nn*

Füllbyte *nn* — DAT.CO — **filler byte**
= slack byte

Full-custom *nm* (ANGL) — MICR.EL — → **full custom IC**
→ Vollkundenschaltung *nf*

Fülle *nf* — COLL — **wealth** *n*
[fig] — = abundance *n*; affluence *n*
= Abundanz *nf* [SCIE]

Fülle *nf* — COLL — → **excess** *n*
→ Überfluss *nm*

Füllelement *nn* — COM.CAB — **dummy element**
= Blindelement *nn*; Trense *nf*

Füllelement *nn* — CODING — **gap element**
= gap digit

füllen — COMP.GR — **fill** *vt*
[innen ausmalen] — [to paint inside]

füllen — TECH — **fill** *vt*
= einfüllen

Füllen *nn* — DAT.PR — **filling** *n*

Füller *nm* — DAT.MA — **filler** *n*
↓ Füllzeichen; Füllfeld — ↓ filler character; filler field

Füller *nm* — MICR.EL — **pad** *n* (2)

Füller *nm* — OFFICE — → **fountain-pen**
→ Füllfederhalter *nm*

Füllfaktor *nm* — COMPO — **space factor**
[Spule] — [coil]

Füllfaktor *nm* — POW.SY — **fill factor**
[Solarzellen] — [solar panel]

Füllfarbe *nf* — COMP.GR — **fill color**
= paint

Füllfeder *nf* — OFFICE — → **fountain-pen**
→ Füllfederhalter *nm*

Füllfederhalter *nm* — OFFICE — **fountain-pen**
= Füller *nm*; Füllfeder *nf* — = stylographic pen; pen *n*; stylograph *n*

Füllfeld *nn* — DAT.MA — **filler field**
↑ Füller — ↑ filler

Füllgrad *nm* — SWITCH — **occupancy level**

Füllimpuls *nm* — CODING — **fill-in pulse**

Füllinformation *nf* — CODING — → **justification service bit**
→ Stopfinformationsbit *nn*

Füllkennung *nf* — CODING — → **stuffing identification**
→ Stopfkennung *nf*

Fülllänge *nf* — DAT.MA — **padding length**
= PL

Fülllicht *nf* — IMAG.ME — **fill light**
= Aufhelllicht *nf*

Füllmasse *nf* — COM.CAB — **filling compound**
= Abstopfmasse *nf* — = filling *n*

Füllmaterial *nn* — ECON — **dunnage** *n*
= Zwischenpackmaterial *nn* — ≈ packing material
≈ Verpackungsmaterial

Füllmerker *nm* — DAT.CO — **fill flag**

Füllmuster *nn* — COMP.GR — **fill pattern**

Füllposition *nf* — DAT.PR — **filler item**

Füllrahmen *nm* — INF.TEC — **fill frame**

Füllsender *nm* — BROADC — **fill-in transmitter**
[für Versorgungslücken] — = complementary transmitter; gap filler
= Lückenfüller *nm*; Gap-Filler *nm* (ANGL)
↓ Fersehfüllsender — ↓ TV fill-in transmitter

Füllsignal *nn* — DAT.PR — **dummy signal**
= Leersignal *nn*; Blindsignal *nn* — = dummy *n*

Füllstand *nm* — TECH — **filling level**
= supply level

Füllstandsensor *nm* — AUTOMA — **liquid level sensor**

Füllung *nf* — TECH — → **replenishment** *n* (1)
→ Auffüllung *nf*

Füllwort *nn* — LING — **stop word**

Füllzeichen *nn* — PRIN.ME — **leader character**
↓ Führungspunkt — = leader *n*
↓ leading dot

Füllzeichen *nn* — CODING — **filler character**
= Auffüllzeichen *nn* — = filler *n*; filling character; fill character; padding signal; pad signal; padding character; pad character; gap character; null character; null *n*; leader *n*
≈ Leerzeichen; Leerstelle — ≈ blank character; blank
↓ Zeitfüllzeichen; Datenträgerfüllzeichen — ↓ time-fill character; media-fill character

Function Generator *nm* (ANGL) — CIRC.EN — → **function generator**
→ Funktionsgenerator *nm*

Function Point — SW — **function point**
[Funktionalitätseinheit] — [functionality element]
= FP

Fundament *nn* — CIV.EN — **foundation**
= footing *n*

fundiert — COLL — **well-founded**

fünf — MATH — **five**
= 5 — = 5

fünfadrig — TELEC — → **five-wire** *adj*
→ fünfdrähtig

Fünf-Bit-Byte — CODING — → **quintet** *n*
→ Quintett *nf*

fünfdrähtig — TELEC — **five-wire** *adj*
= fünfadrig

Fünfeck *nn* — MATH — **pentagon** *n*
= 5-Eck *nn*; Pentagon *nn* — [with five angles]

fünfeckig — MATH — **pentagonal** *adj*
= fünfseitig

Fünfer *nm* — COM.CAB — **five-wire element**

Fünferalphabet *nn* — TELEGR — **five-unit alphabet**
[mit 5 Informationsschritten] — [with 5 information pulses]
= Fünfschrittcode *nm*; Fünf-Schritt-Code *nm*; 5-Schritt-Code *nm*; 5er-Code *nm* — = five-unit code
↓ Fernschreibalphabet — ↓ telegraph code

fünffach — MATH — **quintuple** *adj*

Fünfflach *nn* — MATH — → **pentahedron** *n* (*pl* -drons&-dra)
→ Pentaeder *nn*

fünfflächig — MATH — **pentahedral**

Fünfflächner *nm* — MATH — → **pentahedron** *n* (*pl* -drons&-dra)
→ Pentaeder *nn*

Fünfgitterröhre *nf* — EL.TRO — → **pentode** *n*
→ Pentode *nf*

Fünfkant *nm* — MEC.EN — **pentagon head**

Fünfkantmutter *nf* — MEC.EN — **pentagon nut**

Fünfkreis- — NETW.TH — **five-circuit-**

fünflagig — TECH — **five-layer** *adj*
= fünfschichtig — = five-part *adj* (2)

fünfpolig — EL.TEC — **five-pole** *adj*
= five-pin *adj*

Fünfschenkeltransformator *nm* — EL.TEC — **five-arm transformer**

Fünfschichtdiode *nf* — MICR.EL — → **trigger diode**
→ Triggerdiode *nf*

fünfschichtig — TECH — → **five-layer** *adj*
→ fünflagig

Fünfschrittcode *nm* — TELEGR — → **five-unit alphabet**
→ Fünferalphabet *nn*

Fünf-Schritt-Code *nm* — TELEGR — → **five-unit alphabet**
→ Fünferalphabet *nn*

fünfseitig — MATH — → **pentagonal** *adj*
→ fünfeckig

fünfspurig — TER&PER — **five-track** *adj*
= five-channel *adj*

fünfstellig — MATH — **five-place** *adj*
↑ mehrstellig — = five-figure *adj*; five-digit *adj*
↑ of many places

fünfte — MATH — **fifth** *adj*
= 5. — = 5th

fünfteilig *adj* TECH **five-part** *adj* (1)
↑ mehrteilig ↑ multisectional
Fünftelgeviert *nn* PRIN.ME **thin space**
= schmales Leerzeichen = thin leading
fünfte Normalform DAT.MA **fifth normal form**
= 5NF; projection-join normal form; PJ/NF
fünfzehn MATH **fifteen**
= 15 = 15
fünfzehn Minuten PHYS → **quarter hour**
→ Viertelstunde *nf*
fünfzehnt MATH **fifteenth**
= 15. = 15th
fünfzig MATH **fifty**
= 5 = 50
Fünfzig-Überschuss-Code *nm* CODING **excess-fifty code**
= excess-fifty representation
Funk *nm* TELEC **radio** *n*
= wireless (BE)
Funkamateur *nm* RADIO **radio amateur**
= Amateurfunker *nm* = amateur radio operator;
≈ Radiobastler amateur *n*; ham *n*
Funkamateuranlage *nf* RADIO → **radio amateur installation**
→ Amateurfunkanlage *nf*
Funkamateurband *nn* RADIO → **radio amateur band**
→ Amateurfunkband *nn*
Funkamateurempfänger *nm* RADIO → **radio amateur receiver**
→ Amateurfunkempfänger *nm*
Funkamateurlizenz *nf* RADIO → **radio amateur licence**
→ Amateurfunklizenz *nf*
Funkamateursender *nm* RADIO → **radio amateur transmitter**
→ Amateurfunksender *nm*
Funkanlage *nf* RADIO **radio installation**
= wireless plant
Funkausbreitung *nf* RAD.PRO → **radio wave propagation**
→ Funkwellenausbreitung *nf*
Funk-Basisstation *nf* MOB.CO **radio base station**
= Basisstation *nf*; ortsfeste Funkstelle; Funkfeststation *nf*; FuFSt; RBS; BTS = RBS; base station; base transceiver station; BTS
Funk-Basisstation-Antenne *nf* MOB.CO **radio base station antenna**
= Basisstationsantenne *nf*; Funkfeststation-Antenne *nf*; RBS-Antenne *nf*; = RBS antenna; base station antenna; base transceiver station antenna; BTS antenna; base station antenna; BSA
Funkbild *nn* RADIO **radio photogram**
Funkcodenummer *nf* RADIO **Radio Identity Code**
= RIC
Funkdienst *nm* TELEC **radiocommunication service**
= radio service
Funkdiensten, mit anderen RADIO **inter-service**
Funkdiensten, mit gleichen RADIO **intra-service**
Funke *nm* PHYS **spark** *n*
Funkeleffekt *nm* PHYS **flicker effect**
funkeln TECH → **glitter** *vi*
→ glitzern
Funkeln *nn* TECH → **glitter** *n*
→ Glitzern *nn*
funkelnagelneu COLL **brand-new** *adj*
= nagelneu; brandneu; nigelnagelneu (CH) = virgin
≈ fabrikneu ≈ factory-new
Funkelrauschen *nn* TELEC **semiconductor noise**
= Halbleiterrauschen *nn*; Flickerrauschen *nn* = flicker noise; popcorn noise (AE)
Funkempfang *nm* RADIO **radio reception**
= radio receiving
Funkempfänger *nm* RADIO **radio receiver**
= Funkempfangsgerät *nn* ↑ radio equipment
↑ Funkgerät
Funkempfangsgerät *nn* RADIO → **radio receiver**
→ Funkempfänger *nm*
Funkempfangsstation *nf* RADIO **radio receiving station**
Funkendpunkt *nm* TELEC **radio endpoint**
= REP
Funkendrucker *nm* TER&PER **spark printer**
↑ Thermodrucker ↑ thermal printer
Funkenentladung *nf* PHYS **spark discharge**
Funkeninduktor *nm* EL.SC → **inductance coil**
→ Induktionsspule *nf*
Funkenlöscher *nm* PHYS **spark extinguisher**
Funkenlöschstrecke *nf* PHYS → **quenched spark-gap**
→ Löschfunkenstrecke *nf*
Funkenlöschung *nf* PHYS **spark extinction**
= spark quenching; quenching *n*; spark quench; quench *n*
Funkenschlagweite *nf* PHYS **sparking distance**
= Schlagweite *nf*
Funkensender *nm* RADIO **spark transmitter**
Funkenstörungsbauelement *nn* COMPO **interference suppression component**
Funkenstrecke *nf* PHYS **spark gap**
Funkenstrecke *nf* COMPO → **discharger** *n*
→ Schutzfunkenstrecke *nf*
Funkentstörkondensator *nm* COMPO **suppression capacitor**
≈ Durchführungskondensator ≈ feed-through capacitor
Funkentstörung *nf* RADIO **radio interference suppression**
↑ Entstörung
Funkenüberschlag *nm* PHYS **spark-over** *n*
[Entladung durch leitend gewordene Luft, längs der Oberfläche eines festen oder flüssigen Isolierstoffes] [breadown through gas, along the surface of a solid or liquid isolator]
= Überschlag *nm* = flash-over; arc-over
↑ Durchschlag ↑ breakdown
Funker *nm* RADIO **radio operator**
= operator *n*
Funkerfassung *nf* RADIO → **radiomonitoring**
→ Funküberwachung *nf*
Funkerfassungspeiler *nm* RAD.LO → **radio direction finder**
→ Funkpeiler *nm*
Funkfeld *nn* RAD.PRO **hop** *n*
↓ Richtfunkfunkfeld = radiolink hop
↓ microwave hop
Funkfeldbeeinflussung *nf* RAD.RE **hop interference**
Funkfelddämpfung *nf* RAD.PRO **path loss**
Funkfeldlänge *nf* RAD.PRO **hop length**
= path length
Funkfeldmessung *nf* RAD.PRO **hop test**
Funkfeldtyp *nm* RAD.PRO **path type**
Funkfernamt *nn* HF **radio exchange**
Funkfernschreiben *nn* TELEGR → **radiotelegraphy** *n*
→ Funktelegrafie *nf*
Funkfernschreiber *nm* TELEGR **radio teletypewriter**
= radio teleprinter
Funkfernschreibsender *nm* RADIO **radioteletype transmitter**
= RTTY-Sender *nm*
Funkfernschreib-Verkehr *nm* RADIO **radioteletype traffic**
Funkfernsprechen *nn* MOB.CO → **radiotelephony** *n*
→ Funktelefonie *nf*
Funkfernsprechnetz *nn* TELEC → **radiotelephony network**
→ Funktelefonnetz *nn*
Funkfernsteuerung *nf* (1) RADIO **radio telecontrol**
= Funksteuerung *nf* = radio control
Funkfernsteuerung *nf* (2) RADIO **radio model control**
[Modellbau]
Funkfeststation *nf* MOB.CO → **radio base station**
→ Funk-Basisstation *nf*
Funkfeststation *nf* RADIO **fixed radio station**
Funkfeststation-Antenne *nf* MOB.CO → **radio base station antenna**
→ Funk-Basisstation-Antenne *nf*
Funkfeuer *nn* RAD.NA **radio beacon**
= Radiobake *nf* = radiophare *n*; radioguiding *n*; range *n*
Funkfrequenz *nf* RADIO → **radio frequency**
→ Radiofrequenz *nf*
Funkgerät *nn* RAD.RE **transceiver**
= RF-Gerät *nn*; Sender-Empfänger *nm*; S/E *nm* = TRX; radio equipment
Funkgerät *nn* RADIO **radio equipment**
↓ Transceiver; Funkempfänger; Funksender = radio set
Funkgeräte-Messplatz *nm* INSTR → **radiocommunication tester**
→ Funkmessplatz *nm*
Funkgeräusch *nn* RADIO **radio noise**
Funkgestell *nn* RAD.RE **transceiver rack**
Funkgitter-Navigationssystem *nn* RAD.NA **radio-mesh**
= Radio-mailles = radio-web
Funkhöhenmesser *nm* RAD.NA **radio altimeter**
Funkhorizont *nm* RAD.PRO → **radio horizon**
→ Radiohorizont *nm*
Funkhorizont des Empfängers RAD.PRO → **receiver horizon**
→ Radiohorizont des Empfängers
Funkhorizont des Senders RAD.PRO → **transmitter horizon**
→ Radiohorizont des Senders
Funkkanal *nm* RADIO **radiofrequency channel**
= Radiofrequenzkanal *nm*; RF-Kanal *nm* = RF channel; radio frequency channel; radio channel

Funkkanalmodell *nn* RAD.PRO **radio channel sounder**
= channel sounder

Funkkonferenz *nf* RADIO **radio conference**

Funkkontrollmessdienst *nm* RADIO **radio monitoring service**

Funkkonzentrator *nm* MOB.CO → **mobile switching center**
→ Funkvermittlungsstelle *nf*

Funk-LAN *nn* DAT.NW **local-area wireless network**
= kabelloses LAN; drahtloses LAN; W-LAN *nn*; WLAN *nn*; LAWN *nn*
↑ lokales Netz
= LAWN; wireless LAN; W-LAN
↑ local area network

Funkmessplatz *nm* INSTR **radiocommunication tester**
= Funkgeräte-Messplatz *nm*
= transceiver test equipment; radiocommunication service monitor; CMS

Funkmesswagen *nm* RADIO **radio car**
= Funkwagen *nm*

Funkmodem *nm&nn* DAT.CO **radio modem**

Funknavigation *nf* RADIO **radio navigation**
= Radionavigation *nf*

Funknavigationshilfe *nf* RAD.NA **radio navigation aid**

Funknetz *nn* TELEC **radio communications network**
≠ Leitungsnetz
= wireless network
≠ line network

Funknetzbetreiber *nm* TELEC **radio network operator**
≠ Leitungsnetzbetreiber
= radio common carrier (AE); RCC (AE)
≠ line network operator

Funknetzplanung *nf* RADIO **radio network design**
= radio network planning

Funkortung *nf* RADIO **radio location**
= Ortungsfunk *nm*
↓ Radar
= radiolocation; radiodetermination; radio orientation
↓ radar

Funkpeiler *nm* RAD.LO **radio direction finder**
= Peiler *nm*; Peilempfänger *nm*; Funkerfassungspeiler *nm*
= direction finder; DF
↓ automatic direction finder

Funkpeilstelle *nf* RAD.LO **direction finding station**
= direction finder station

Funkpeilung *nf* RADIO **radio direction finding**
↑ Peilung
= radio bearing

Funkpersonenruf *nm* MOB.CO → **radio paging**
→ Funkruf *nm*

Funkpilot *nm* RAD.RE **radio continuity pilot**

Funkprognose HF **radiopropagation forecast**
= Funkwetter *nn*
= HF propagation forecast

Funkraum *nm* RAD.LO **radio room**
[Schiff]
[ship]

Funkreichweite *nf* RADIO **radio reach**
= radio range

Funkruf *nm* MOB.CO **radio paging**
[einseitig gerichtete Nachrichtenübermittlung über Funk]
= Funkpersonenruf *nm*; Personenruf *nm*; Personensuchsystem *nn*
↓ Sprechfunkruf; Tonfunkruf; Anzeigefunkruf; öffentlicher Funkruf; privater Funkruf
[through "page" = "bell-boy of a hotel" from Ital. "paggio" = "boy trained for knight"; unidireccional transmission of messages by radio]
= radiopaging; paging; radio messaging; beeper
↓ voice paging; tone-only paging; display paging; off-site paging; on-site paging

Funkrufdienst *nm* TELEC **radio paging service**
= radio call service

Funkrufzone *nf* MOB.CO **paging area**

Funkschatten RAD.PRO **dead spot**
= radio shadow; shadow *n*

Funkschnittstelle *nf* RADIO → **air interface**
→ Luftschnittstelle *nf*

Funksender *nm* RADIO **radio transmitter**
= radiotransmitter *n*

Funksondernetz *nn* TELEC **special services radio network**
= dedicated radio network

Funkspektrum *nn* RADIO → **radiofrequencies spectrum**
→ Funkwellenspektrum *nn*

Funksprechdienst *nm* MOB.CO → **radiotelephony** *n*
→ Funktelefonie *nf*

Funksprechen *nn* MOB.CO → **radiotelephony** *n*
→ Funktelefonie *nf*

Funksprechgerät *nn* RADIO **radiotelephone** *n*
= Sprechfunkgerät *nn*; Funksprechstelle *nf*
≈ schnurloser Fernsprechapparat [TELEPH]
↓ Mobiltelefon [MOB.CO]; Handfunksprechgerät; Bündelfunkgerät [MOB.CO]
= radiophone set; radiotelephony terminal
≈ cordless telephone [TELEPH]
↓ mobile telephone [MOB.CO]; walkie-talkie; trunked radio terminal [MOB.CO]

Funksprechmessplatz *nm* INSTR **radiotelephonic measuring set**

Funksprechnetz *nn* TELEC → **radiotelephony network**
→ Funktelefonnetz *nn*

Funksprechstelle *nf* RADIO → **radiotelephone** *n*
→ Funksprechgerät *nn*

Funksprechverkehr *nm* RADIO → **radio traffic**
→ Funkverkehr *nm*

Funksprechwesen *nn* TELEC **radiotelephony** *n*
= Radiotelephonie *nf*; Radiotelefonie *nf*; Sprechfunk *nm*
≈ Funktelefonie [MOB.CO]
↓ Betriebsfunk
= RT; voice radio
≈ radiotelephony [MOB.CO]
↓ commercial radiotelephony

Funkspruch *nm* TELEC **radio message**
= wireless message

Funkstation *nf* RADIO **radio station**
= Funkstelle *nf*
= radiostation *n*

Funkstelle *nf* RADIO → **radio station**
→ Funkstation *nf*

Funksteuerung *nf* RADIO → **radio telecontrol**
→ Funkfernsteuerung *nf* (1)

Funkstille *nf* RADIO **radio silence**
= silent period

Funkstörfeldstärke *nf* RADIO **radio noise field strength**

Funkstörfeldstärke *nf* INF.TEC → **radiated interfering voltage**
→ gestrahlte Störspannung

Funkstörgrad *nm* RADIO **radio interference level**
= RIL; RFI level

Funkstörleistung *nf* RADIO **radio interference power**
= RIP

Funkstörmessempfänger *nm* INSTR **radio interference measuring receiver**
= Störmessempfänger *nm*

Funkstörmesstechnik *nf* INSTR **radio interference measuring technique**

Funkstörspannung *nf* RADIO **radio noise voltage**
= RNV; emitted radio interference; emitted RFI

Funkstörspannung *nf* INF.TEC → **radiated interfering voltage**
→ gestrahlte Störspannung

Funkstörung *nf* RADIO **radio interference**
= HF-Störung *nf*; HF-Einstrahlung *nf*
= radio disturbance; radiofrequency interference; RFI

Funkstörungsmessung *nf* RADIO **radio interference test**
= radio disturbance test; radiofrequency interference test; RFI test

Funkstrahl *nm* RADIO **radio beam**
= radio ray beam

Funkstrecke *nf* RADIO → **radio link**
→ Funkverbindung *nf*

Funkstrecke *nf* RAD.PRO → **ray path**
→ Strahlenweg *nm*

Funktechnik *nf* TELEC **radio engineering**
= radio technique; radio technology

Funktechniken *nplt* RADIO **radio disciplines**
[Spezialzweige der Funktechnik]

Funkteilnehmer *nm* TELEC **radiocommunications subscriber**

Funktelefon *nn* MOB.CO → **mobile telephone** *n*
→ Mobiltelefon *nn*

Funktelefonanschluss *nm* TELEC **mobile telephone connection**
= mobile radio access

Funktelefongerät *nn* MOB.CO → **mobile telephone** *n*
→ Mobiltelefon *nn*

Funktelefonie *nf* MOB.CO **radiotelephony** *n*
[zweiseitig gerichtet]
= Funksprechen *nn*; Funkfernsprechen *nn*; Sprechfunk *nm*; Funksprechdienst *nm*
↑ Mobilfunk
↓ Zellularfunk
[bidirectional]
= mobile telephone service
↑ mobile radiocommunications
↓ cellular telephony

Funktelefonnetz *nn* TELEC **radiotelephony network**
= Funksprechnetz *nn*; Funkfernsprechnetz *nn*; landgestützter Mobilfunk; Landmobilfunk *nm*
= mobile telephony network; public land mobile network; PLMN

Funktelefonnummer *nf* TELEC **mobile telephone number**

Funktelegrafie *nf* TELEGR **radiotelegraphy** *n*
= Funkfernschreiben *nn*; Radiotelegrafie *nf*
= radio teleprinting; radio teletyping; teleprinting over radio; TOR

Funktelegramm *nn* TELEC **radiogram** *n*
= Radiotelegramm *nn*
= radio-telegram; wireless message (2)

Funktion *nf* [Programmteil für eine bestimmte Aufgabe] ≈ Prozedur; Routine	SW	**function** *n* [program section for a specific task]
Funktion *nf* [vom latein. "functio" = "Verrichtung, Ausführung"] = mathematische Funktion	MATH	**function** *n* [from Latin "functio" = "execution"]
Funktion *nf* ≈ Funktionalität; Aufgabe; Fähighkeit	TECH	**function** *n* ≈ functionality; task; capability
Funktion *nf* → Verknüpfung *nf*	CIRC.EN	→ **operation** *n*
Funktional	MATH	**functional** *n*
funktional [Funktion betreffend] = funktionsbezogen	TECH	**function-related** *adj* = functional (*adj* 1)
Funktionaldeterminante	MATH	**functional determinant**
funktionale Dienstmodellierung [IN] = DFP	TELEC	**Distributed Functional Plane** [IN] = DFP
Funktionale Phonetik → Phonologie *nf*	LING	→ **phonemics** *nplt*
funktionale Programmiersprache [formuliert Befehle als Funktionsaufrufe] = funktionale Sprache ↓ LISP	COMP.LG	**functional programming language** [formulates commands as function calls] = functional language ↓ LISP
funktionale Relation → Einschränkung *nf*	SW	→ **restriction** *n*
funktionales Bit → Merker *nm*	SW	→ **flag** *n*
funktionales Byte → Zustandsbyte *nn*	SW	→ **status byte**
funktionale Sprache → funktionale Programmiersprache	COMP.LG	→ **functional programming language**
funktionales Programmieren [Programme als Sequenzen von Funktionsabrufen strukturieren]	COMP.SC	**functional programming** [structuring of programs as sequences of function calls]
Funktionalität *nf* = Funktionsbezogenheit *nf* ≈ Funktion; Fähigkeit; Leisatungsfähigkeit	TECH	**functionality** *n* ≈ function; capability; power
funktionell [Funktion erfüllend] ≈ funktional	TECH	**functional** *adj* (2) [performing a function] ≈ functional (1)
funktionelle Abhängigkeit	DAT.MA	**functional dependency**
Funktionenbeschreibung *nf* → Funktionsbeschreibung *nf*	TEC.DOC	→ **functional description**
funktionieren = arbeiten ≈ verhalten (v.r.)	TECH	**function** *vi* = operate *vi* (3); work *vi* ≈ behave
funktionierend → funktionstüchtig	TECH	→ **working** *adj*
Funktion komplexer Variable → komplexwertige Funktion	MATH	→ **function of complex variables**
Funktionmuster *nn* → Prototyp *nm*	TECH	→ **prototype** *n*
Funktionsablauf *nm*	TECH	**functional flow**
Funktionsanalyse *nf*	TECH	**functional analysis**
Funktionsaufruf *nm* → Funktionsprozeduraufruf *nm*	COMP.LG	→ **function procedure call**
Funktionsautomatik *nf*	EL.TRO	**automatic function**
funktionsbedingt	TECH	**functional** *adj* (3) [conditioned by a function]
funktionsbedingte Beanspruchung	QUAL	**functional stress**
Funktionsbeschreibung *nf* = Funktionenbeschreibung *nf*	TEC.DOC	**functional description** = functional specification; theory of operation
funktionsbezogen → funktional	TECH	→ **function-related** *adj*
Funktionsbezogenheit *nf* → Funktionalität *nf*	TECH	→ **functionality** *n*
Funktionsbibliothek *nf* = Routinenbibliothek *nf*	SW	**function library** = routine library
Funktionsbild *nn* → Blockdiagramm *nn*	TEC.DOC	→ **block diagram**
Funktionsblock *nm*	MICR.EL	**functional block**
Funktionscode *nm* [zum Steuern von Peripheriegeräten, z.B. "Bildschirminhalt löschen"]	SW	**function code** [to control peripheral devices, e.g. "clear display"] = function digit
Funktionseinheit *nf* = Makro *nn*	MICR.EL	**macro** *n*
Funktionseinheit *nf* = Einheit *nf*; Modul *nn* (*pl* -e)	TECH	**functional unit** = unit *n*; module *n*
Funktionsentwurf *nm*	DAT.PR	**functional design**
Funktionserweiterung *nf*	TECH	**function expansion**
funktionsfähig → funktionstüchtig	TECH	→ **working** *adj*
Funktionsfähigkeit *nf* → Betriebsfähigkeit *nf*	TECH	→ **operability** *n*
Funktionsgeber *nm* → Funktionsgenerator *nm*	CIRC.EN	→ **function generator**
Funktionsgenerator *nm* = Funktionsgeber *nm*; Function Generator *nm* (ANGL)	CIRC.EN	**function generator** = functional generator
Funktionsgenerator *nm* → Signalformgenerator *nm*	INSTR	→ **waveform generator**
funktionsgleich	TECH	**functionally equivalent**
Funktionsindikator *nm*	DAT.MA	**role indicator**
Funktionsmakro	MICR.EL	**function macro** = soft macro
Funktionsmehrfachbelegung *nf* [wenn mehrere gleichnamige Routinen für unterschiedliche Parametertypen definiert sind] = Funktionsüberlastung *nf* ≈ Operatormehrfachbelegung	SW	**function overloading** [if several routines with the same name are defined for different parameter types] ≈ operator overloading
Funktionsmeldung *nf* = Betriebsmeldung *nf*; Funktionsüberwachungsmeldung *nf*; Kennmeldung *nf*	TELECON	**functional parameter information**
Funktionsmuster *nn* = Entwicklungsmuster *nn*	MICR.EL	**engineering sample**
Funktionsnetzwerk *nn*	CIRC.EN	**function network**
funktionsorientiert	TECH	**function-oriented**
Funktionspotentiometer *nn* → Koeffizientenpotentiometer *nn*	COMPO	→ **coefficient setting potentiometer**
Funktionsprinzip *nn* ≈ Funktionsweise	TECH	**functional principle**
Funktionsprozedur *nf*	COMP.LG	**function procedure**
Funktionsprozeduraufruf *nm* = Funktionsaufruf *nm*	COMP.LG	**function procedure call** = function call
Funktionsprüfung *nf* = Funktionstest *nm*	TECH	**function test** = functional test; performance test; verification and validation; V&V; blackbox testing
Funktionsroutine *nf* → Funktionsunterprogramm *nn*	SW	→ **function subprogram**
Funktionssimulation *nf*	MICR.EL	**functional simulation**
Funktionssimulator *nm*	MICR.EL	**function simulator**
Funktionsstörung *nf* = Störung *nf*; Fehlfunktion *nf*; Fehlverhalten *nn*; Versagen *nn* ≈ Fehler; Ausfall	TECH	**malfunction** *n* = malfunctioning *n*; maloperation *n*; trouble *n* ≈ fault; failure
Funktionstafel *nf*	SW	**function table**
Funktionstastatur *nf* → Funktionstastenblock *nm*	TER&PER	→ **function keyboard**
Funktionstaste *nf* [per Programmm bestimmten Funktionen zuordenbar; i.a. mit F1, F2 usf. bezeichnet] = Steuertaste *nf* (2); Programmsteuertaste *nf*; Soft-key; programmierbare Taste *nf* ≈ Steuerungstaste; Auslösetaste; Fn-Taste ↓ Kommandotaste; Editiertaste; HILFE-Taste	TER&PER	**function key** [assignable by program to special function; generally labeled F1, F2,...] = programmable function key; program key; programmable key; control key (2); soft key (1) ≈ control key (1); release key; Fn key
Funktionstasten-Beschriftungsstreifen *nm* → Tastaturschablone *nf*	TER&PER	→ **key overlay**
Funktionstastenblock *nm* = Funktionstastatur *nf*	TER&PER	**function keyboard** = functional keyboard
Funktionsteilung *nf* → Aufgabenteilung *nf*	TECH	→ **functions sharing**
Funktionsteilung *nf* = Funktionsverbund *nm*	SWITCH	**function sharing**
Funktionstest *nm* → Funktionsprüfung *nf*	TECH	→ **function test**
Funktionsträger *nm*	TECH	**function carrier**
funktionstüchtig = funktionsfähig; funktionierend ≈ funktionell; betriebsfähig	TECH	**working** *adj* = operating ≈ functional (2); operational
funktionstüchtiges Muster	TECH	**functional sample**
Funktionstüchtigkeit *nf* → Betriebsfähigkeit *nf*	TECH	→ **operability** *n*
Funktionsüberlastung *nf* → Funktionsmehrfachbelegung *nf*	SW	→ **function overloading**

Funktionsüberwachungsmeldung *nf* TELECON →**functional parameter information**
→Funktionsmeldung *nf*
Funktionsumfang *nm* TECH **performance range**
=function range
funktionsunfähig TECH →**inoperable** *adj*
→betriebsunfähig
Funktionsunfähigkeit *nf* TECH →**inoperability** *n*
→Betriebsunfähigkeit *nf*
Funktionsunterprogramm *nn* SW **function subprogram**
=Funktionsroutine *nf* =function routine
Funktionsverbund *nm* SWITCH →**function sharing**
→Funktionsteilung *nf*
Funktionsverbund *nm* DAT.CO **functional sharing**
Funktionsverbund *nm* DAT.NW →**multi-computer system**
→Mehrrechnersystem *nn*
Funktionsverteilungsschicht *nf* DAT.NW **function distribution layer**
[in der SNA-Architektur] [in the SNA architecture]
funktionswichtig TECH **functionally essential**
Funktionszeichnung *nf* ENG.DRA **functional drawing**
Funktionszeit *nf* TECH **action time**
=Besetztzeit *nf*; Belegtzeit *nf* =action period
Funktor *nm* LOGIC **functor** *n*
[Symbolzeichen für Wahrheitsfunktion] [symbol for truth function]
Funkübertragung *nf* RADIO **radiotransmission**
Funkübertragungsnorm *nf* RADIO →**radiotransmission standard**
→Funkübertragungsstandard *nm*
Funkübertragungsstandard *nm* RADIO **radiotransmission standard**
=Funkübertragungsnorm *nf*
Funküberwachung *nf* RADIO **radiomonitoring**
=Funkerfassung *nf*; Erfassung *nf*; Abhören
≈Funkverwaltung
Funkuhr *nf* RADIO **radio clock**
Funkuhrkarte *nf* HW **standard-time board**
=Normalzeitkarte *nf*
Funkverbindung *nf* RADIO **radio link**
=Funkstrecke *nf* =radiolink; radio circuit; radio communication; radio connection
↓Kurzwellenverbindung; Richtfunkverbindung ↓line-of-sight radio link
Funkverkehr *nm* RADIO **radio traffic**
=Funksprechverkehr *nm* =radio communications
Funkvermittlungsbereich *nm* MOB.CO **service area of a mobile switching center**
Funkvermittlungsstelle *nf* MOB.CO **mobile switching center**
=Funkkonzentrator *nm*; FuKo *nm*; Mobilfunk-Vermittlungsstelle *nf*; Mobil-Vermittlungsstelle *nf*; Mobilkommunikations-Vermittlungsstelle *nf* =MSC; mobile service switching center
↓verteilte F. ↓DMSC
Funkversorgung *nf* RADIO **radioelectric coverage**
=radio coverage
Funkversorgungsgebiet *nn* RADIO **radio coverage area**
Funkverträglichkeitsentfernung *nf* RAD.NA **compatibility distance**
Funkverwaltung *nf* RADIO **frequency management**
≈Funküberwachung
Funk-Vollzugsordnung *nf* RADIO **Radio Regulations**
[UIT] [UIT]
=Funkvorschriften *nplt*
Funkvorschriften *nplt* RADIO →**Radio Regulations**
→Funk-Vollzugsordnung *nf*
Funkwagen *nm* RADIO →**radio car**
→Funkmesswagen *nm*
Funkweg *nm* RAD.PRO **radiopropagation path**
Funkwelle *nf* RADIO **radio wave**
=Radiowelle *nf* =radioelectric wave
Funkwellenausbreitung *nf* RAD.PRO **radio wave propagation**
=Wellenausbreitung *nf*; Funkausbreitung *nf* =radiopropagation
Funkwellenspektrum *nn* RADIO **radiofrequencies spectrum**
=Funkspektrum *nn* =radio spectrum
Funkwesen *nn* TELEC **radio communications**
Funkwetter *nn* HF →**radiopropagation forecast**
→Funkprognose
Funkzelle *nf* MOB.CO **radio cell**
=Zelle *nf*; Funkzone *nf* =cell
Funkzelle *nf* MOB.CO →**cell** *n*
→Zelle *nf*
Funkzellencluster *nm* MOB.CO →**cluster** *n*
→Funkzellengruppe *nf*
Funkzellengruppe *nf* MOB.CO **cluster** *n*
[funktionelle Gruppierung von Zellen] [functional grouping of cells]
=Zellengruppe *nf*; Funkzellencluster *nm*; Cluster *nm* =cell group

Funkzellenplanung *nf* RADIO **radiocell design**
=radiocell planning
Funkzellgrenze *nf* MOB.CO **radio cell boundary**
=Zellgrenze *nf*; Zellengrenze *nf*; Funkzonengrenze *nf* =cell boundary; cell limit
Funkzone *nf* MOB.CO →**radio cell**
→Funkzelle *nf*
Funkzonengrenze *nf* MOB.CO →**radio cell boundary**
→Funkzellgrenze *nf*
Funware *nf* COMP.AP →**funware** *n*
→Unterhaltungssoftware *nf*
für Bodenaufstellung TECH →**ground mounted**
→am Boden aufgestellt
Furche *nf* TECH **groove** *n* (2)
[linienmäßige keilförmige Vertiefung] [a linear V-shaped depression]
≈Rille ≈groove (1)
Furchenbildung *nf* TECH →**striation** *n*
→Riefelung *nf*
Furchung *nf* TECH →**striation** *n*
→Riefelung *nf*
für den Menschen lesbar TER&PER →**human-readable** *adj*
→visuell lesbar
für Laboreinsatz INSTR **for laboratory use**
=for bench use; laboratory-bench
für Mastbefestigung TECH →**pole-mounted** *adj*
→an Mast befestigt
Fürwort *nn* LING →**pronoun** *n*
→Pronomen *nn*
Fusible-link-PROM *nn* MICR.EL **fusible-link PROM**
=FROM *nn* (2) =fusible ROM; FROM (2)
Fusion *nf* ECON →**merger** *n*
→Unternehmenszusammenschluss *nm*
Fuß *nm* PRIN.ME **foot** *n*
Fuß *nm* PHYS **foot** *n* (*pl* feet)
[angloamerikanisches Längenmaß; =0,3048 m] [=12 inches; =0.3048 m]
Fuß *nm* EQP.EN **stand** *n*
=Gerätefuß *nm*; Aufstellstütze *nf* =base *n*; foot *n*
≈Sockel ≈socket
↓Standfuß; Drehfuß; Schwenkfuß; Dreh-Schwenk-Fuß ↓floor stand; swivel stand; tilt stand; tilt-swivel stand
Fußboden *nm* CIV.EN **floor** *n*
=Boden *nm*
Fußgängermobilität *nf* MOB.CO **pedestrian mobility**
=statische Mobilität =static mobility
Fußgängerübergang *nm* CIV.EN **walkway**
Fußkreis *nm* MEC.EN **root** *n*
[Zahnrad] [gear]
Fußkreis *nm* ENG.DRA **root circle**
Fußlinie *nf* PRIN.ME **foot line**
=footline *n*; foot rule
Fußnote *nf* PRIN.ME **footnote** *n*
≈Fußzeile; Endnote ≈footer; endnote
Fußnotenzeichen *nn* PRIN.ME **footnote reference mark**
Fußpumpe *nf* TECH **foot pump**
Fußpunkt *nm* ANT **base** *n*
=Aufpunkt *nm* =terminal base; lower end
fußpunktgespeiste Antenne ANT **series-fed antenna**
=series-fed aerial
Fußpunktkapazität *nf* ANT **terminal base capacity**
Fußpunktspeisung *nf* ANT **base feed**
=series feed
Fußpunktspule *nf* ANT **base loading coil**
=base coil; base loading
Fußpunktwiderstand *nm* ANT **antenna input impedance**
=Antenneneingangswiderstand *nm*; Speisepunktwiderstand *nm* =aerial input impedance; antenna base impedance; aerial base impedance
↑Antennenwiderstand ↑antenna impedance
Fußschalter *nm* COMPO **foot switch**
=floor switch ; pedal switch
Fußschiene *nf* EQP.EN **foot rail**
Fußschienenalarmsystem *nn* SIG.EN **foot rail alarm device**
Fußsteg *nm* PRIN.ME **foot margin**
Fußzeile *nf* PRIN.ME **footer line** *n*
[sich wiederholende Fußnote] [repetitive footnote]
=lebende Fußzeile =footer *n*; footing *n*; running foot
≈Fußnote ≈footnote
≠Kopfzeile ≠header line
Futur *nn* LING **future tense**
=Zukunft *nf*; Zukunftsform *nf*
↓erstes Futur; zweites Futur

Fuzzy-Abfrage *nf* = Fuzzy-Suche *nf*; unscharfe Suche	DAT.MA	**fuzzy search**
Fuzzy-Computer *nm*	DAT.PR	**fuzzy computer**
Fuzzy-Datenverarbeitung *nf*	DAT.PR	**fuzzy computing** = soft computing
Fuzzyfizierung *nf*	ART.IN	**fuzzification**
Fuzzy-Inferenz *nf*	ART.IN	**fuzzy inference**
Fuzzy-logic-Regelung *nf* → Fuzzy-Regelung *nf*	AUTOMA	→ **fuzzy control**
Fuzzy-logic-Regler *nm* → Fuzzy-Regler *nm*	AUTOMA	→ **fuzzy controller**
Fuzzy-logic-System *nn* → Fuzzy-System *nn*	COMP.AP	→ **fuzzy system**
Fuzzy-logic-Technik *nf* → Fuzzy-Technik *nf*	COMP.AP	→ **fuzzy technology**
Fuzzy-Logik *nf* → Qualitativaussagenlogik *nf*	LOGIC	→ **fuzzy logic**
Fuzzy-Menge *nf*	ART.IN	**fuzzy quantity**
Fuzzy-Prozessor *nm*	ART.IN	**fuzzy processor**
Fuzzy-Quantisierung *nf*	ART.IN	**fuzzy quantization**
Fuzzy-Regelung *nf* = Fuzzy-logic-Regelung *nf*	AUTOMA	**fuzzy control** = fuzzy logic control
Fuzzy-Regler *nm* = Fuzzy-logic-Regler *nm*	AUTOMA	**fuzzy controller** = fuzzy logic controller
Fuzzy-Relation *nf*	ART.IN	**fuzzy relation**
Fuzzy-Suche *nf* → Fuzzy-Abfrage *nf*	DAT.MA	→ **fuzzy search**
Fuzzy-System *nn* = Fuzzy-logic-System *nn*	COMP.AP	**fuzzy system** = fuzzy logic system
Fuzzy-Technik *nf* = Fuzzy-logic-Technik *nf*	COMP.AP	**fuzzy technology** = fuzzy logic technology; fuzzyness *n*
F-Verteilung *nf* = Fischer-Verteilung *nf*	STATIS	**F-distribution** = variance-ratio distribution

G *g*

G — EL.SC — → **electric conductivity** *n* (2)
→ elektrischer Leitwert

g — PHYS — → **acceleration of gravity**
→ Fallbeschleunigung *nf*

G — EL.SC — → **Gauss**
→ Gauß *nn*

G — PHYS — → **giga** *praef*
→ Giga- *praef*

G — PHYS — → **weight** *n*
→ Gewicht *nn*

g — PHYS — → **gram**
→ Gramm *nn*

g/cm — OFFICE — → **grams per square meter**
→ Gramm/Quadratmeter

G/T — SAT.CO — → **gain-to-noise-temperature ratio**
→ Empfangsempfindlichkeit *nf*

Ga — CHEM — → **gallium** *n*
→ Gallium *nn*

GA — BROADC — → **community antenna installation**
→ Gemeinschaftsantennenanlage *nf*

GaAs — CHEM — → **gallium arsenide**
→ Gallium-Arsenid *nn*

GaAs-Substrat *nn* — OPTOEL — **GaAs substrate**

Gabel *nf* — TECH — **fork** *n*

Gabel *nf* — TELEPH — **cradle** *n*
[Hörerauflage]
= Gabelachse *nf*; Keile *nf*; Haken *nm*
= receiver rest; cradle hook; hook *n*

Gabel *nf* — TELEC — → **termination hybrid**
→ Gabelschaltung *nf*

Gabelachse *nf* — TELEPH — → **cradle** *n*
→ Gabel *nf*

Gabeldämpfung *nf* — TELEC — **hybrid attenuation**
= hybrid loss

Gabelgelenk *nn* — MEC.EN — → **knuckle joint**
→ Kniegelenk *nn*

Gabelkontakt *nm* — COMPO — **bifurcated contact**

Gabellichtkoppler *nm* — OPTOEL — → **light fork coupler**
→ Lichtgabelkoppler *nm*

Gabellichtschranke *nf* — COMPO — **hybrid light barrier**

Gabelpunkt *nm* — TELEC — **two-to-four-wire transition point**

Gabelschaltung *nf* — TELEC — **termination hybrid**
[Übergang von Zweidraht auf Vierdraht]
= Gabel *nf*; Endschaltung *nf*
≈ Gabelübertrager
= hybrid circuit; hybrid; terminating set; four-to-two-wire

Gabelsperrdämpfung *nf* — TELEC — → **transhybrid loss**
→ Gabelübergangsdämpfung *nf*

Gabelstapler *nm* — TECH — **fork truck**

Gabelübergangsdämpfung *nf* — TELEC — **transhybrid loss**
= Gabelsperrdämpfung *nf*

Gabelübertrager *nm* — TELEC — **hybrid transformer**
= Brückenübertrager *nm*; Übertragergabel *nf*
= hybrid coil

Gabelumschaltekontakt *nm* — TELEPH — **hookswitch contact**

Gabelumschalter *nm* — TELEPH — **hookswitch** *n*
= Hakenumschalter *nm*
≈ Gabel
= switchhook *n*; cradle switch
≈ cradle (1)

Gabelung *nf* — TECH — **bifurcation** *n*
= Bifurkation *nf*
≈ Abzweigung
≈ branching

Gabelverstärker *nm* — TRANSM — **hybrid amplifier**
= termination amplifier

Gadolinium *nn* — CHEM — **gadolonium** *n*
= Gd
= Gd

Gage *nf* — MEDIA — → **salary** *n*
→ Künstlerhonorar *nn*

GAIT-Standard *nm* — MOB.CO — **GAIT**
= Adaptive Automatic Interoperability Standard

GAL — MICR.EL — **GAL**
[Generic Array Logic]

gal — PHYS — → **gallon** *n*
→ Gallone *nf*

galaktisches Rauschen — RADIO — → **cosmic noise**
→ kosmisches Rauschen

Galaxie *nf* — ASTR.PH — **galaxy** *n*

Galgen *nm* — IMAG.ME — **boom** *n*
= Angel

Gall — PHYS — → **gallon** *n*
→ Gallone *nf*

Gallium *nn* — CHEM — **gallium** *n*
= Ga
= Ga

Gallium-Antimonid *nn* — CHEM — **gallium antimonide**
= GaSb
= GaSb

Gallium-Arsenid *nn* — CHEM — **gallium arsenide**
= GaAs
= GaAs

Gallium-Phosphid *nn* — CHEM — **gallium phosphide**
= GaP
= GaP

Gallone *nf* — PHYS — **gallon** *n*
[in England =4,545 Liter; in USA =3,785 Liter]
= gal; Gall
↑ Hohlmaß
[in England a liquid and dry measure, 4 quarts, =4.545 liters; in USA a liquid measure, =4 quarts, =3.785 liters]
= gal
↑ capacity measure

galoissche Gruppe — MATH — **Galois group**
= Galois'sche Gruppe

Galois'sche Gruppe — MATH — → **Galois group**
→ galoissche Gruppe

galvanisch — PHYS — **galvanic**

galvanische Batterie — POW.SY — → **battery** *n*
→ Batterie *nf* (1)

galvanische Entkopplung — EL.TEC — → **dc decoupling** *n*
→ galvanische Trennung

galvanische Kopplung — EL.TEC — **dc coupling**
= Gleichspannungskopplung *nf*; Gleichstromkopplung *nf*; direkte Kopplung
≠ galvanische Trennung
= conductive coupling; direct coupling; resistance coupling
≠ dc isolation

galvanische Plattierung — METAL — → **electroplating**
→ Elektroplattierung *nf*

galvanischer Kontakt — EL.TEC — **metallic contact**
≈ ohmscher Kontakt
= galvanic contact
≈ ohmic contact

galvanisches Element — POW.SY — **galvanic cell**
[Kombination dreier Leiter, davon ein Elektrolyt]
= Element *nn*
≈ Batterie
↓ Akkumulator; Primärelement
[combination of three types of conductors, one of them an electrolyte]
= voltaic cell; cell *n*; voltaic couple; element *n*
≈ battery
↓ accumulator

galvanische Spannung — PHYS — **galvanic tension**
= elektrochemische Spannung

galvanische Trennung — EL.TEC — **dc decoupling** *n*
= galvanische Entkopplung
≠ galvanische Kopplung
= metallic isolation; electrical isolation
≠ dc coupling

galvanisch gekoppelt — EL.TEC — **dc-coupled**
= gleichspannungsgekoppelt
= electrically coupled

galvanisch getrennt — EL.TEC — **dc-insulated**
= gleichspannungsgetrennt
= galvanically separated; galvanic separated; electrically insulated

galvanisch plattieren — METAL — → **electroplate** *vt*
→ galvanisieren

galvanisch verbunden — EL.TEC — **galvanically connected**
= galvanic connected

galvanisch verzinken — METAL — **electro-galvanize**
↑ verzinken
= galavanize

galvanisieren — METAL — **electroplate** *vt*
= plattieren (2); galvanisch plattieren; metallbeschichten
↑ metallisieren
= galvanize *vt*; plate *vt*
↑ metallize

galvanisiert — METAL — **electroplated**
= E.P.

Galvanisierung *nf* — METAL — **galvanization** *n*
= Plattierung *nf* (2)

Galvanispannung *nf* — PHYS — → **contact-potencial difference**
→ Kontaktpotentialdifferenz *nf*

galvanomagnetisch — PHYS — **galvanomagnetic**

galvanomagnetischer Effekt — PHYS — **galvanomagnetic effect**
↓ magnetoresistiver Effekt; Magnetokonzentrations-Effekt
↓ magnetoresistive effect; magnetoconcentration effect

Galvanometer *nn* — INSTR — **galvanometer** *n*
[zur Messung elektrischer Spannungen und Ströme]
[to measure electrical voltages and currents]

Galvanoplastik *nf* — METAL — **galvanoplastics**

Game-Designer *nm* (ANGL) — COMP.AP — → **game developer**
→ Spielentwickler *nm*

Game-port *nm* (ANGL) — HW — → **game port**
→ Spielanschluss *nm*

Gamma-Anpassung *nf* — ANT — **gamma matching**

Gammafaktor *nm* → Längenexponent *nm*	OPT.CO	→ **gamma factor**
Gammafunktion *nf* = eulersches Integral zweiter Gattung	MATH	**gamma function**
Gammakorrektur *nf* → Wiedergabekorrektur *nf*	TER&PER	→ **gamma correction**
Gammastrahlung *nf*	PHYS	**gamma radiation**
Gammaverteilung *nf*	MATH	**gamma distribution**
GAN [ein Datennetz über Satelliten] ↑WAN	DAT.NW	**GAN** [a data network over satellite] = Global Area Network ↑WAN
Gang *nm* [Gewinde]	MEC.EN	**thread** *n* (2)
Gang *nm*	CIV.EN	**corridor** *n*
Gang *nm* [fig] ↓Temperaturgang; Frequenzgang	PHYS	**response** *n* ↓thermal response; frequency response
Gang *nm* [zwischen Gestellreihen]	SYS.INS	**corridor** *n* [between rack rows]
Ganggenauigkeit *nf*	EL.TRO	**cycle accuracy** = cycle precision
Ganghöhe *nf* [Gewinde]	MEC.EN	**pitch** *n* [thread]
gängig → gewöhnlich	COLL	→ **general** *adj*
Gangsterfilm *nm* ≈ Kriminalfilm	CINEMA	**gangster film** ≈ crime film
Gangzahl *nf* [Gewinde]	MEC.EN	**number of threads**
Gänsefüßchen *nplt* → Anführungsstriche *nplt* (1)	LING	→ **double quotes** (1)
Gantt-Diagramm *nn*	SW	**Gantt chart**
Ganzbrief *nm* → Standardbrief *nm*	WOR.PR	→ **boilerplate letter**
ganze Zahl → Ganzzahl *nf*	MATH	→ **integer** *n*
ganzheitlich → holistisch	SCIE	→ **holistic** *adj*
ganzjährig	COLL	**year-round** *adj*
gänzlich → völlig *adv*	COLL	→ **fully** *adv*
Ganzmetall-	METAL	**all-metal**
ganzoptisch	INF.TEC	**all-optical**
Ganzseiten-Bildschirm *nm* → Ganzseitenmonitor *nm*	EL.TRO	→ **full-page monitor**
Ganzseitendarstellung *nf* [21x28 cm²] = FPD	TER&PER	**full-page display** [21x28 cm²] = FPD
Ganzseitengrafik *nf* = Ganzseitengraphik *nf*	TER&PER	**full-page graphic**
Ganzseitengraphik *nf* → Ganzseitengrafik *nf*	TER&PER	→ **full-page graphic**
Ganzseitenmonitor *nm* [größer als 16 Zoll diagonal] = Ganzseiten-Bildschirm *nm*	EL.TRO	**full-page monitor** [greater 16" diagonally] = full-screen monitor; full-size display
ganzseitig	PRIN.ME	**full-page** *adj*
ganzseitige Anzeige	ECON	**spread** *n* = full-page advertisement
ganztägig ≠ halbtägig	ECON	**diurnal** = whole-time ≠ semidiurnal
ganztägige Welle → Tagwelle *nf*	RAD.PRO	→ **diurnal wave**
Ganztextsuche *nf* = Volltextsuche *nf* ≠ Schlüsselwortsuche	WOR.PR	**full-text searching** [by strings of actual text] = full-text search ≠ keyword search
Ganzwellendipol *nm* = Lambdadipol *nm* ↑geometrisch dicke Antenne	ANT	**full-wave dipole** = lambda dipole ↑geometrically thick antenna
Ganzwellenschleife *nf*	ANT	**full-wave loop**
Ganzwellen-Zepp → Ganzwellen-Zeppelinantenne *nf*	ANT	→ **full-wave Zeppelin antenna**
Ganzwellen-Zeppelinantenne *nf* = Ganzwellen-Zepp	ANT	**full-wave Zeppelin antenna** = full-wave zepp antenna
Ganzzahl *nf* [kann positiv, null oder negativ sein] = ganze Zahl; Integer *nn*	MATH	**integer** *n* [can be positive, zero or negative] = integer number; integral number; whole number

ganzzahlenintensiv	COMP.SC	**integer-intensive** *adj*
ganzzahlig = integral ≠ gebrochen	MATH	**integral** *adj* = integer; whole-numbered; non-fractional ≠ fractional
ganzzahlige Arithmetik	COMP.SC	**integer arithmetics** = integer mathematics
ganzzahlige Daten	COMP.SC	**integer data**
ganzzahlige Programmierung	SW	**integer programming** = discrete programming
ganzzahliger Datentyp	SW	**integer type**
ganzzahliger Teil	COMP.SC	**integer part**
ganzzahliger Wert	MATH	**integer value**
ganzzahliges Vielfach	MATH	**integer multiple** = integral multiple
ganzzahlige Variable → Integralvariable *nf*	SW	→ **integer variable**
Ganzzeichendrucker *nm* → Typendrucker *nm*	TER&PER	→ **type printer**
GaP → Gallium-Phosphid *nn*	CHEM	→ **gallium phosphide**
Gap-Filler *nm* (ANGL) → Füllsender *nm*	BROADC	→ **fill-in transmitter**
Garagenfertigung *nf* [pej]	TECH	**cottage industry** [pej]
Garantie *nf* = Gewährleistung *nf*; Zusicherung *nf*	ECON	**guaranty** *n* (1) = guarantee *n* (1); warranty *n*
Garantieausschluss *nm*	ECON	**exclusion of warranty** = non-warranty
Garantiefall *nm* → Gewährleistungsfall *nm*	ECON	→ **warranty case**
garantieren	ECON	**guarantee** *vt* = guaranty *vt*; warrant *vt*
garantierte Datenrate	DAT.NW	**committed information rate** = CIR
garantierte Spitzenrate	DAT.NW	**commited burst size** = Bc
Garantieversicherung *nf*	ECON	**warranty insurance**
Garantiewert *nm*	TECH	**warranted performance**
Garderobe *nf*	IMAG.ME	**wardrobe** *n*
Garderobier *nm* → Ankleider *nm*	IMAG.ME	→ **dresser** *n*
Garn *nm* → Faden *nm*	TECH	→ **thread** *n*
Garnitur *nf* → Satz *nm*	TECH	→ **set** *n*
Garnituren *nplt*	OUT.PL	**accessories** *nplt*
Gartenbau *nm*	ECON	**horticulture** *n*
Gas *nn* = gasförmiger Stoff ≈ Dampf	PHYS	**gas** *n* ≈ vapor
Gasableiter *nm* → Gasentladungsableiter *nm*	COMPO	→ **gas-discharge protector**
Gasätzung *nf*	MICR.EL	**gas etching**
GaSb → Gallium-Antimonid *nn*	CHEM	→ **gallium antimonide**
Gasbabsorptionsdämpfung *nf*	RAD.PRO	**gas attenuation**
gasdicht = gasundurchlässig ↓luftdicht	TECH	**gastight** = sealed
Gasdichtigkeit *nf* = Gasundurchlässigkeit *nf*	TECH	**gas tightness** = gas impermeability
Gasentladung *nf* ↑Entladung ↓Kanalentladung; Glimmentladung; Bogenentladung	PHYS	**gaseous discharge** = gas discharge ↑discharge ↓glow discharge; arc discharge
Gasentladungsableiter *nm* = Gasableiter *nm* ↑Spannungsfeinsicherung	COMPO	**gas-discharge protector** = gas arrester; gas arrestor; gas-filled arrester; gas-tube surge arrester
Gasentladungsanzeige *nf* → Plasmaanzeige *nf*	TER&PER	→ **plasma display** (1)
Gasentladungsbildschirm *nm* → Plasma-Bildschirm *nm*	TER&PER	→ **plasma screen**
Gasentladungsgleichrichter *nm* ↑Bogenentladungsröhre	EL.TRO	**gas discharge rectifier** ↑arc discharge tube
Gasentladungsröhre *nf* ↑Elektronenröhre; Ionenröhre ↓Glimmentladungsröhre; Bogenentladungsröhre	EL.TRO	**gas-discharge tube** = gas tube ↑electronic tube; ionic tube ↓glow-discharge tube
gasförmig	PHYS	**gaseous**

gasförmiger Stoff PHYS → **gas** *n*
→ Gas *nn*
Gasfühler *nm* COMPO → **gas sensor**
→ Gassensor *nm*
gasgefüllt TECH **gas-filled**
Gaslaser *nm* OPTOEL **gas laser**
gasleer PHYS → **vacuum** *adj*
→ luftleer
Gaslötstift *nm* EL.TRO **gas soldering iron**
Gasphase *nf* PHYS **gaseous phase**
Gasphasenabscheidung *nf* OPT.CO **gaseous deposition**
Gasphasenepitaxie *nf* MICR.EL **gaseous epitaxy**
Gasplasma-Anzeige *nf* TER&PER → **plasma display** (1)
→ Plasmaanzeige *nf*
Gasplasma-Bildschirm *nm* TER&PER → **plasma screen**
→ Plasma-Bildschirm *nm*
Gasplasma-Monitor *nm* TER&PER → **plasma screen**
→ Plasma-Bildschirm *nm*
Gasplasma-Paneel *nn* TER&PER → **plasma screen**
→ Plasma-Bildschirm *nm*
Gasreinigung *nf* PHYS **gas scrubbing**
Gasschneiden *nn* METAL **gas cutting**
Gasschweißung *nf* METAL **gas welding**
gassenbesetzt SWITCH **congested**
[wegen belegter Leitungen]
= with congestion; with all trunks busy
Gassenbesetztton *nm* TELEPH **all-trunks-busy tone**
Gassenbesetztzustand *nm* SWITCH **congestion** *n*
= all-trunks-busy condition
Gassensor *nm* COMPO **gas sensor**
= Gasfühler *nm*
= gas detector
Gassperre *nf* MICROW **gas barrier**
Gasspürgerät *nn* OUT.PL **gas sniffler**
Gastauftritt *nm* IMAG.ME **cameo** *n*
= Gastrolle *nf*; Cameo-Auftritt *nn*
Gästekantine *nf* ECON → **visitors' restaurant**
→ Gästekasino *nn*
Gästekasino *nn* ECON **visitors' restaurant**
= Gästekantine *nf*
= visitors' canteen; visitors' casino; visitors' cafeteria (AE); customer lounge
Gastgeber *nm* COLL **host** *n*
= Wirt *nm*
Gasthaus *nn* ECON **boarding house**
= Gasthof *nm*
= inn
Gasthermometer *nn* PHYS **gas thermometer**
Gasthof *nm* ECON → **boarding house**
→ Gasthaus *nn*
Gasthörer *nm* EDUC **occasional student** (BE)
Gastprofessor *nm* EDUC **visiting lecturer**
Gastrolle *nf* IMAG.ME → **cameo** *n*
→ Gastauftritt *nm*
Gastronomie *nf* ECON → **catering** *n*
→ Gaststättengewerbe *nn*
Gastsprache *nf* COMP.LG **host language**
= Wirtssprache *nf*; Untersprache *nf*
= sublanguage *n*
Gaststättengewerbe *nn* ECON **catering** *n*
= Gastronomie *nf*
= gastronomy *n*
Gastteilnehmer *nm* MOB.CO **roamer** *n*
[aus einem fremden Versorgungsgebiet]
[user outside his home service area]
Gast-Wirt-Effekt *nm* OPTOEL **guest-host effect**
gasundurchlässig TECH → **gastight**
→ gasdicht
Gasundurchlässigkeit *nf* TECH → **gas tightness**
→ Gasdichtigkeit *nf*
Gate (ANGL) MICR.EL → **gate terminal**
→ Steueranschluss *nm*
Gate *nn* (ANGL) CIRC.EN → **logic gate**
→ Verknüpfungsglied *nn*
Gate-Anschluss *nm* MICR.EL → **gate terminal**
→ Steueranschluss *nm*
Gate Array *nm* MICR.EL **gate array**
[anwendungsspezifisch "verdrahtbare" Standard-Anordnung von Gattern]
= ULA; Gatter-Anordnung *nf*; Logikanordnung *nf*
≈ Logikbaustein
↑ ASIC
[application-specific "wireable" standard array of gates]
= uncommited logic array; ULA; logic array
≈ logic chip
↑ ASIC
Gate-Array-Master *nm* MICR.EL **gate array master**
= vorgefertigter Halbleiterbaustein
= master *n*
Gate-Elektrode *nf* MICR.EL → **gate terminal**
→ Steueranschluss *nm*
Gate-Länge *nf* MICR.EL **gate length**
Gate-Oxid *nm* MICR.EL **gate oxide**
Gate-Rauschen *nn* MICR.EL **gate noise**
Gate-Schaltung *nf* CIRC.EN **common gate**
[FET]
[FET]
Gate-Schutz *nm* CIRC.EN **gate protection**
Gate-Spannung *nf* MICR.EL → **gate voltage**
→ Torspannung *nf*
Gate-Steilheit *nf* CIRC.EN **forward transconductance**
[FET]
[FET]
Gate-Steuerung *nf* CIRC.EN **gate control**
[FET]
[FET]
Gateway DAT.NW → **gateway** *n*
→ Überleiteinrichtung *nf*
Gateway *nn* TELEC → **gateway** *n*
→ Netzübergang *nm*
Gate-Zone *nf* MICR.EL **gate region**
[FET]
[FET]
Gatter *nn* CIRC.EN → **logic gate**
→ Verknüpfungsglied *nn*
Gatter-Anordnung *nf* MICR.EL → **gate array**
→ Gate Array *nm*
Gatterebenen-Simulator *nm* MICR.EL **gate-level simulator**
Gatterfunktion *nf* MICR.EL **gate function**
= gate equivalent
Gatterlaufzeit *nf* MICR.EL **gate delay**
= gate propagation delay
Gatterschaltung *nf* CIRC.EN → **logic gate**
→ Verknüpfungsglied *nn*
Gattersymbol *nn* LOGIC **gate symbol**
Gattung *nf* MEDIA **style** *n*
= Genre *nn*; Spezies *nf*
= kind *n*; genre *n*; species *n*
Gattungskennzeichner *nm* INTERNET **generic identifier**
[SGML]
= Markierungsname *nm*
[SGML]
= tag name
Gau *nm* PUB.ADM → **district** *n*
→ Bezirk *nm*
Gaube *nf* CIV.EN **dormer** *n*
= Gaupe *nf*; Dachgaube *nf*
[vertical window on roof]
Gaumenlaut *nm* LING → **palatal sound**
→ Palatal *nn*
Gaumensegellaut *nm* LING → **velar sound**
→ Velar *nn*
Gaupe *nf* CIV.EN → **dormer** *n*
→ Gaube *nf*
Gauß *nn* EL.SC **Gauss**
[Einheit für magnetische Flussdichte; = 0,0001 T]
= G
[unit for magnetic flux density; = 0,0001 T]
= G
Gauß-Filter *nn* NETW.TH **Gaussian filter**
gaußsche Fehlerquadratmethode MATH **Gaussian method of square of error**
= Gauß'sche Fehlerquadratmethode
Gauß'sche Fehlerquadratmethode MATH → **Gaussian method of square of error**
→ gaußsche Fehlerquadratmethode
gaußsche Glocke MATH **Gaussian hump**
= Gauß'sche Glocke
Gauß'sche Glocke MATH → **Gaussian hump**
→ gaußsche Glocke
gaußscher Tiefpass NETW.TH **Gauss type lowpass**
= Gauß'scher Tiefpaß
= Gaussian lowpass filter
Gauß'scher Tiefpaß NETW.TH → **Gauss type lowpass**
→ gaußscher Tiefpass
gaußsches FSK MODUL → **GFSK**
→ GFSK
Gauß'sches FSK MODUL → **GFSK**
→ GFSK
gaußsches Integral MATH → **error integral**
→ Fehlerintegral *nn*
Gauß-Verteilung *nf* STATIS → **normal distribution**
→ Normalverteilung *nf*
Gaze *nf* TECH **gauze** *n*
Gb TELEC → **gigabit** *n*
→ Gigabit *nn*
GB DAT.PR → **Gigabit**
→ Gigabit *nn*
Gb DAT.PR → **Gigabit**
→ Gigabit *nn*
GBG DAT.CO → **closed user group**
→ geschlossene Teilnehmerbetriebsklasse
Gbit TELEC → **gigabit** *n*
→ Gigabit *nn*

Gbit DAT.PR → **Gigabit**
→ Gigabit *nn*

Gbyte DAT.PR → **gigabyte**
→ Gigabyte *nn*

GCA-Schnittstelle *nf* HW **GCA interface**
[für IBM-kompatible PC's] [Game Control Adapter; for IBM-compatible PC's]
↑ Spieleanschluss ↑ game port

GCR-Aufzeichnung *nf* TER&PER → **group-coded recording**
→ gruppencodierte Aufzeichnung

GCR-Codierung *nf* TER&PER → **group-coded recording**
→ gruppencodierte Aufzeichnung

GCR-Verfahren *nn* TER&PER → **group-coded recording**
→ gruppencodierte Aufzeichnung

Gd CHEM → **gadolonium** *n*
→ Gadolinium *nn*

GDSS SAT.CO → **GDSS**
→ satellitengestütztes Notrufsystem

GDV *nf* DAT.PR → **graphical processing**
→ grafische Datenverarbeitung

Ge CHEM → **germanium** *n*
→ Germanium *nn*

geachtet COLL → **esteemed** *adj*
→ geschätzt

gealtert QUAL **aged**

geätzt CHEM **etched**

Gebahrungsjahr *nn* (AT) ECON → **fiscal year** (AE)
→ Geschäftsjahr *nn*

Gebärdensprache *nf* LING **sign language**

Gebäude *nn* CIV.EN **building** *n*
= Bauwerk *nn*; Bau *nm* = edifice *n*; fabric *n*; facility *n*
↓ Haus ≈ premises
↓ house

Gebäudeautomation *nf* INF.TEC **building automation**
= Gebäudeautomatisierung *nf* = intelligent building

Gebäudeautomatisierung *nf* INF.TEC → **building automation**
→ Gebäudeautomation *nf*

Gebäudedämpfung *nf* RAD.PRO **building penetration loss**

gebäudeintern TECH → **indoors** *adv*
→ im Inneren *adv*

Gebäudekommunikation *nf* TELEC **in-building communication**

Gebäudekomplex *nm* CIV.EN **buildings complex**

Gebäudeleittechnik *nf* COMP.AP → **CAFM**
→ rechnergestützte Haustechnik

Gebäudesicherheitsanlage *nf* SIG.EN **building security system**

Gebäudeverwaltungssystem *nn* COMP.AP **FMS**
= Facility Management System

gebeizt TECH **pickled**
[Reinigung]

Geber *nm* TELEGR **key** *n*
= Taster *nm*

gebeugt PHYS **diffracted**

Gebiet *nn* COLL **region** *n*
= Region *nf*; Zone *nf* = zone *n*

Gebiet *nn* DAT.NW **zone** *n*

Gebiet *nn* MICR.EL → **zone** *n*
→ Zone *nf*

Gebietskontrollradar *nm&nn* (*pl* -e) RAD.LO **area control radar**

Gebietssperre *nf* GIS **area locking**

Gebilde *nn* SCIE **construct** *n*
[eine gedankliche Konstruktion] [something constructed by mental synthesis]
= Konstrukt *nm*

gebildet EDUC **educated**
≈ belesen ≈ read

Gebläse *nn* TECH **blast** *n*
= Hochdrucklüfter *nm* = high-pressure fan ; blower *n*
↑ Ventilator ↑ fan

geblättert TECH → **stratified**
→ geschichtet

geblockt DAT.MA **blocked**
= blockiert

geblockter Satz DAT.MA **blocked record**

gebogen TECH **bent**
≈ gekrümmt ≈ curved

gebohrt MECH **drilled**
= aufgebohrt = bored

gebördelt MEC.EN **flanged**

gebrannt *adj* OPT **burnt**
[Farbe] [colour]

Gebrauch *nm* TECH → **use** *n*
→ Benutzung *nf*

Gebrauchsanleitung *nf* TEC.DOC → **use instruction** (1)
→ Bedienungsanleitung *nf*

Gebrauchsanweisung *nf* TEC.DOC → **use instruction** (1)
→ Bedienungsanleitung *nf*

gebrauchsfreundlich TECH **easy-to-use** *adj*

Gebrauchsgut *nn* ECON **durable consumer good**

Gebrauchslebensdauer *nf* QUAL → **useful life**
→ Betriebsbrauchbarkeitsdauer *nf*

Gebrauchsmuster *nn* LAW **registered design**
↑ Industrieeigentumsrecht = industrial design; registered utility model (AE); utility model; utility patent
↑ industry property right

Gebrauchsmusterzeichen *nn* ECON **registered sign**

Gebrauchsnormal *nn* INSTR **secondary standard**
= Sekundärnormal *nn*

Gebrauchsunterlage *nf* TEC.DOC **operating documentation**
= Anwendungshandbuch *nn* [DAT.PR]; Bedienhandbuch *nn*; Bedienungshandbuch *nn*
≈ Gerätehandbuch; Anwendungsrichtlinie; Benutzerdokumentation
= operating manual; operations manual; operator manual; instruction manual; instruction booklet; user's manual; technical information; run manual [DAT.PR]; application manual [DAT.PR]
≈ equipment manual; application instruction; user documentation

Gebrauchsvorschrift *nf* TEC.DOC → **use instruction** (1)
→ Bedienungsanleitung *nf*

gebraucht COLL **second-hand** ... *adj*
= Gebraucht-... = second-user...

Gebraucht-... COLL → **second-hand** ... *adj*
→ gebraucht

gebrochen MATH **fractional** *adj*
≠ ganzzahlig ≠ integer

Gebühr *nf* ECON **charge** *n* (2)
= Abgabe *nf* (1); Tarif *nm* [imposed pecunary burden]
≈ Honorar; Steuer = duty *n*; rate *n* (proportional to measured service); levy *n*; fee *n* (a fixed charge); tariff *n* (a schedule of charges or rates); rental *n* (a fixed periodical pecunary burden)
↓ Zollgebühr; Maut ≈ tax
↓ customs fee; toll

Gebührenabtretungsmodell *nn* TELEC **build-operate-transfer mode**
= BOT mode; revenue-sharing model

Gebührenansage *nf* TELEPH **tariff announcement**

Gebührenanzeige *nf* TER&PER **charge indicator**
= Gebührenanzeiger *nm* = call-charge meter (AE); call fee indicator (BE); advice of charge

Gebührenanzeiger *nm* TER&PER → **charge indicator**
→ Gebührenanzeige *nf*

Gebührenausdruck *nm* SWITCH **tax printing**
= rate printing; charge printing; fee printing

Gebührenbefreiung *nf* ECON **remission** *n*
= tariff exemption

Gebührenbehandlung *nf* SWITCH **tariff administration**

Gebührencomputer *nm* SWITCH → **tax computer**
→ Gebührenrechner *nm*

Gebührendaten *nplt* SWITCH **call-charge data**
= Gebühreninformation *nf* = billing data; charging information

Gebührendatenverwaltung *nf* SWITCH **billing administration**

Gebühreneinheit *nf* SWITCH **unit-fee** *n*
= Gesprächseinheit *nf* = charging unit; charge unit; call unit

Gebühreneinzugszentrale *nf* MEDIA **radio licence collecting center**

Gebührenerfassung *nf* SWITCH → **tax metering**
→ Gebührenzählung *nf*

Gebührenermäßigung *nf* ECON **allowance of charge**
= Gebührenvergünstigung *nf* = reduction of charge; tariff discount; reduced tariff

gebührenfrei TELEC **toll-free**
= without charge; no-charge; nonchargeable; free-code; free of charge

gebührenfreier Anruf TELEPH **free call**
= gebührenfreies Gespräch = toll-free service; freephone call; freephone (2); green number service; GNS; Green Line; GL; toll-free service; free-code call

gebührenfreies Gespräch TELEPH → **free call**
→ gebührenfreier Anruf

gebührengünstig ECON **low-tariff** *adj*
= low-charge

Gebührenimpuls *nm* SWITCH **tax-metering pulse**
= call-charge pulse

Gebühreninformation *nf* SWITCH → **call-charge data**
→ Gebührendaten *nplt*

Gebührenmanagement *nn* TELEC **billing management**

gebührenpflichtig TELEC **chargeable** *adj*
↑ kostenplichtig
= billable; subject to fee; toll-
↑ chargeable

gebührenpflichtige Anmeldung INTERNET **paid submission**

gebührenpflichtiger Eintrag INTERNET **page impression** (1)
= paid listing

Gebührenpolitik *nf* TELEC **charging policy**

Gebührenprotokoll *nn* TELEC **billing record**

Gebührenrechner *nm* SWITCH **tax computer**
= Gebührencomputer *nm*
= charge computer; call-charge computer

Gebührenrechnung *nf* TELEC → **telecommunication bill**
→ Fernmelderechnung *nf*

Gebührenspeicherung *nf* SWITCH **call-charge registration**

Gebührenstand *nm* TELEC **charge accumulation**

Gebührentakt *nm* SWITCH **tariff rate**
= Taktzeit *nf*; Takt *nm*

Gebührenteilung *nf* TELEC **Shared Billing**
= SB

Gebührenübernahme *nf* TELEC **reverse charging**
[durch Gerufenen]
= Gebührenumkehr *nf*
≈ R-Gespräch
[charge taken over by the called subscriber]

Gebührenumkehr *nf* TELEC → **reverse charging**
→ Gebührenübernahme *nf*

Gebührenvergünstigung *nf* ECON → **allowance of charge**
→ Gebührenermäßigung *nf*

Gebührenverrechnung *nf* TELEC **tax charging**
= Vergebührung *nf*
= billing *n*

Gebührenzähler *nm* SWITCH **tax meter**
= Zeitimpulszähler *nm*; Zeittaktzähler *nm*; Einheitenzähler *nm*
= rate meter; rate counter; charge meter; time pulse counter

Gebührenzählung *nf* SWITCH **tax metering**
= Gebührenerfassung *nf*; Zählung *nf*; Tarifierung *nf*; Vergebührung *nf*
≈ Rechnungserstellung
= call metering; charging; message accounting; metering *n*; tarification *n*
≈ billing

Gebührenzählzeichen *nn* SWITCH → **metering signal**
→ Zählzeichen *nn*

Gebührenzone *nf* SWITCH **metering zone**
= Tarifzone *nf*
= tariff zone; charging area; charging zone

Gebührenzuschreiben *nn* DAT.CO **charging information**
[Datenvermittlung: Mitteilung der Gebühr nach Verbindungsende]
[data switching]

Gebühr für überschießende Minute TELEC **overtime charge**

gebündelte Darstellung COMP.SC → **additive notation**
→ Additionssystem *nn*

gebündelte Schreibweise COMP.SC → **additive notation**
→ Additionssystem *nn*

gebündeltes Signal TELEC → **multiplex signal**
→ Multiplexsignal *nn*

gebündeltes System COMP.SC → **additive notation**
→ Additionssystem *nn*

gebündeltes Zahlensystem COMP.SC → **additive notation**
→ Additionssystem *nn*

gebunden TECH **bound**
[fig]
= belegt
[fig]

gebunden ECON → **tied** *adj*
→ zweckgebunden

Gebundenheit *nf* SW **locality** *n*
[die Tendenz von Programmen, Daten u. Befehle in unmittelbarer Nähe aufzurufen]
↓ Ortsgebundenheit; Zeitgebundenheit
[tendency of programs to reference data and instructions in near proximity]
↓ spatial locality; temporal locality

Geburtsname *nm* COLL → **surname** *n*
→ Nachname *nm*

gedächtnisloser Kanal INF.TEC **memoryless channel**

gedächtnisunterstützend SW → **mnemonic** *adj*
→ mnemotechnisch

gedächtnisunterstützende Technik SW → **mnemonic** *n*
→ Mnemotechnik *nf*

gedämpft PHYS **damped**

gedämpfte Farbe OPT **subdued color** (AE)
= Mattfarbe *nf*
= subdued colour (BE)

gedämpfte Schwingung PHYS **damped oscillation**

Gedanken austauschen COLL **share ideas**

Gedankenstrich *nm* LING **em dash** *n*
[markiert i.a. einen Gedankenwechsel]
= Vollgeviertstrich *nm*
≈ Bindestrich
↑ Satzzeichen
[from the typographic unit of measure "em"; generally marks a discontinuity of thought]
= dash *n*
≈ hyphen
↑ punctuation mark

Gedankenverbindung *nf* SCIE → **association** *n*
→ Assoziation *nf*

gedehnt TECH **extended** *adj*
= erweitert
= expanded

Ge-Diode *nf* MICR.EL **Ge diode**
= Germanium-Diode *nf*
= germanium diode

gedoppelt EQP.EN **duplicated**
= redundant
= redundant

gedrallt TECH → **twisted**
→ verdrillt

gedrängt TECH **compact** *adj*
= dicht (1); kompakt

gedrängt LING → **concise** *adj*
→ konzis

gedrehte Ansicht ENG.DRA **revolved view**

gedruckt PRIN.ME **printed**
= abgedruckt; ausgedruckt

gedruckte Leiterplatte EL.TRO → **printed circuit board**
→ Leiterplatte *nf*

gedruckter Randkontakt COMPO **PCB edge contact**

gedruckte Schaltkarte EL.TRO → **printed circuit board**
→ Leiterplatte *nf*

gedruckte Schaltung EL.TRO → **printed circuit board**
→ Leiterplatte *nf*

gedruckte Verdrahtung EL.TRO **printed wiring**

geerdet EL.TEC **earthed** (BE)
≠ ungeerdet
= grounded (AE)
≠ unearthed

geerdeter Schutzleiter POW.EN → **protective earth conductor**
→ Schutzerdungsleiter *nm*

Gefahr *nf* COLL **peril** *n*
≈ Risiko
= hazard *n*
≈ risk

Gefährdungsgrad *nm* TECH **hazard level**

Gefahrengut *nn* TECH **dangerous good**

gefahrenlos TECH **secure** *adj*
= sicher
≈ selbstschützend
≈ fail-safe

Gefahrenmeldeanlage *nf* SIG.EN **danger detection system**
= Warnanlage *nf*
↓ Einbruchmeldeanlage; Notrufanlage; Brandmeldeanlage; Geländeüberwachungsanlage
= warning system; alerting system
↓ intrusion detection system; emergency call system; fire detection system; premises supervision system

Gefahrenmeldetechnik *nf* SIG.EN **danger alarm engineering**

Gefahrenmeldung *nf* TELECON **danger point**

Gefahrenpunkt *nm* ECON **danger alarm**

Gefahrenschild *nn* TECH → **danger notice**
→ Warntafel *nf*

Gefahrenübergang *nm* ECON **risk transfer**
= Risikoübergang *nm*

Gefahrenzone *nf* ECON **danger area**
= danger zone

Gefahrenzulage *nf* ECON **hazard bonus**
= danger money

gefährlich COLL **dangerous** *adj*
≈ riskant; unsicher (1)
= perilous; hazardous; unsafe
≈ risky; insecure

Gefälle *nn* TECH **descent** *n*
≠ Anstieg
↑ Neigung
≠ rise
↑ inclination

gefälscht COLL **forged** *adj*
= gezinkt
– bogus

gefaltet TECH **folded**

gefaltete Blattperforation TER&PER → **fold perforation**
→ Falzlochung *nf*

gefalteter Doppel-T-Dipol ANT → **double-T dipole**
→ Doppel-T-Dipol *nm*

gefaltete T-Antenne ANT **folded T antenna**

gefalzt MEC.EN **seamed** *adj*

Gefäß *nn* TECH **receptacle** *n*
≈ Behälter
≈ vessel

gefeilt MEC.EN **filed**

gefettet MEC.EN **greased**

Geflecht *nn* TECH **netting** *n*
= Beflechtung *nf*; Umflechtung *nf*; Umklöppelung *nf*; Verflechtung *nf* — = braiding; braid; plexus; interwoven structure

geflechtgeschirmt COM.CAB **braid shielded**

Geflechtschirm *nm* COM.CAB → **braided shield**
→ Schirmgeflecht *nn*

geformt TECH **formed**
= shaped

gefräst MEC.EN **milled** *adj* (1)

gefrieren PHYS **freeze** *vi*

Gefrierpunkt *nm* PHYS **freezing point**

Gefrierung *nf* PHYS **frost** *n* (1)
= Gefriervorgang *nm* — = freezing process

Gefriervorgang *nm* PHYS → **frost** *n* (1)
→ Gefrierung *nf*

gefritteter Kontakt COMPO **wetted contact** (1)
[mit Gleichstromüberlagerung] — [with superimposed dc]

Gefüge *nn* TECH → **configuration** *n*
→ Konfiguration *nf*

Gefüge *nn* SCIE → **structure** *n*
→ Struktur *nf*

gefüllt TECH → **full** *adj*
→ voll *adj*

gefülltes Kabel COM.CAB **jelly-filled cable**
= abgestopftes Kabel — = filled cable

gegen COLL **versus**
= vs.

Gegenakkreditiv ECON **back-to-back credit**

Gegenamt *nn* SWITCH → **opposite exchange**
→ Gegenvermittlung *nf*

Gegenangebot *nf* ECON **counter-offer**

Gegenbeispiel *nn* COLL **counter-example**

Gegenbetrieb *nm* TELEC → **duplex operation**
→ Duplexbetrieb *nm*

Gegenbewegung *nf* MECH **countermovement**

Gegendeckung *nf* ECON **hedge** *n*
= Risikoreduzierung *nf* — = hedging

gegen den Uhrzeigersinn TECH → **counterclockweise**
→ linksdrehend

gegendotieren MICR.EL **contra-dope** *vt*

Gegendrehmoment *nn* PHYS **reactive torque**

Gegendruck *nm* PHYS **back pressure**
= counterpressure *n*

Gegeneinstellung *nf* CINEMA **reaction shot**
= reverse-angle shot

Gegenfarbe *nf* OPT **opponent color**

Gegenfeld *nn* PHYS **opposite field**
= opposing field; counter field

Gegengabelschaltung *nf* TELEPH **counterconnected hybrid**

gegengekoppelt CIRC.EN **negatively coupled**

gegengekoppelter Verstärker CIRC.EN **negative feedback amplifier**

Gegengeschäft *nn* ECON **countertrade** *n*

Gegengewicht *nn* MECH **counterbalance** *n*
= counterweight *n*; counterpoise *n*

Gegengewicht *nn* ANT **counterpoise** *n*
= Bodenfläche *nf* — = ground plane; ground screen; radial *n* (3)

Gegenhypothese STATIS → **alternative hypothesis** *n*
→ Alternativhypothese

Gegeninduktion *nf* EL.TEC **mutual induction**
= gegenseitige Induktion

Gegeninduktivität *nf* EL.TEC **mutual inductance**
= mutual inductivity

Gegeninduktivitäts-Koeffizient *nm* EL.TEC **mutual inductance coefficient**

Gegenkapazität *nf* EL.TEC **mutual capacitance**

Gegenkopplung *nf* CIRC.EN **negative feedback**
= negative Rückkopplung — = reverse feedback; degenerative feedback
↑ Rückkopplung — ↑ feedback

Gegenkopplungsnetzwerk *nn* CIRC.EN **negative feedback network**

gegenläufig TECH **countermoving**
≈ rückläufig; gegensinnig — = contra-rotating
≈ retrogade; reverse

gegenläufig gewendelt TECH **contrahelical**

Gegenleistung *nf* ECON **consideration** *n*
= Vergütung *nf*

Gegenleitwert *nm* EL.TRO → **transconductance**
→ Steilheit *nf*

Gegenlicht *nn* IMAG.ME **counter-light** *n*
= Rückenlicht *nf* — = backlight *n*

Gegenmagnetisierung *nf* EL.TEC **reverse magnetization**

Gegenmaßnahme *nf* TECH **countermeasure** *n*
= Korrekturmaßnahme *nf* — = corrective measure; remedy *n*; mitigation technique

Gegenmoment *nn* MECH **counter-torque**

Gegenmutter *nf* MEC.EN → **lock nut**
→ Sicherungsmutter *nf*

Gegennebenschluss *nm* POW.EN **differential shunt**

Gegennebensprechen *nn* TRANSM → **far-end crosstalk**
→ Fernnebensprechen

gegen Null gehen MATH → **tend to zero**
→ gegen Null streben

gegen Null streben MATH **tend to zero**
= gegen Null gehen

Gegenparallelschaltung *nf* CIRC.EN **anti-parallel connection**
= Antiparallelschaltung *nf*

Gegenphase *nf* PHYS **opposition** *n*
= paraphase *n*

gegenphasig PHYS **in opposition**
≠ gleichphasig — = quadrature-phase
≠ in-phase

Gegenposten ausgleichen ECON → **balance** *vt*
→ ausziffern

Gegenreihenschluss *nm* POW.EN **differential series**

Gegenrichtung *nf* TELEC → **return direction**
→ Rückrichtung *nf*

Gegensatz *nm* SCIE → **antithesis** *n*
→ Antithese *nf*

gegensätzlich SCIE **contrary** *adj*
= konträr — ≈ reverse
≈ entgegengesetzt

Gegensatzwort *nn* LING → **antonym** *n*
→ Antonym *nn*

Gegenscheinleitwert *nm* NETW.TH → **transadmittance**
→ Transadmittanz *nf*

Gegenschlag *nm* COM.CAB → **reversed lay**
→ Wechselschlag *nm*

Gegenschlagverseilung *nf* COM.CAB **reverse lay starnding**

Gegenschrägstrich *nm* LING **backslash** *n*
[Symbol: \] — [symbol: \]
= verkehrter Schrägstrich; umgekehrter Schrägstrich; gespiegelter Schrägstrich; Rückstrich *nm*; Backslash *nm* (ANGL); inverser Schrägstrich; Schrägstrich nach links; Schrägstrich rückwärts — = reverse solidus; reverse slant; inverse solidus; inverse slant; reversed virgule
≠ Schrägstrich — ≠ slash

Gegenschreibauswertung *nf* DAT.CO **break-in detection**

Gegenschreibbetrieb *nm* TELEGR **duplex telegraphy**
= Gegenschreibverkehr *nm*; Gegenschreiben *nn* — = full-duplex telegraphy
↑ Duplexbetrieb [TELEC] — ↑ duplex operation [TELEC]

Gegenschreiben *nn* TELEGR → **duplex telegraphy**
→ Gegenschreibbetrieb *nm*

Gegenschreiben *nn* DAT.CO **break-in** *n*

Gegenschreibverkehr *nm* TELEGR → **duplex telegraphy**
→ Gegenschreibbetrieb *nm*

Gegenschuss *nm* (1) IMAG.ME **reverse shot**
= Reaktionsaufnahme *nf* — = reaction shot

Gegenschuss *nm* (2) IMAG.ME **reverse angle**

Gegenseite *nf* TECH **opposite side**
= gegenüberliegende Seite — = other side

Gegenseite *nf* DAT.CO **peer entity**

gegenseitig COLL **mutual**
= wechselseitig

gegenseitig ausrichten TECH **aim at each other**

gegenseitig ausschließend MATH → **mutually exclusive**
→ einander ausschließend

gegenseitig bezogen SCIE → **interrelated**
→ interreliert

gegenseitige Induktion EL.TEC → **mutual induction**
→ Gegeninduktion *nf*

gegenseitiger Ausschluss SW **mutual exclusion**
[Programmtechnik zur Sicherstellung dass jeweils nur ein Programm ein Betriebsmittel in Anspruch nimmt] — [programming technique granting that only one programme at a time accesses a ressource]

gegenseitige Synchronisierung TELEC **mutual synchronization**

Gegenseitigkeit *nf* COLL **reciprocity** *n*
= Reziprozität *nf*; Wechselseitigkeit *nf*; Wechselbezüglichkeit *nf* — = mutuality *n*

gegensinnig TECH **reverse** *adj* (2)
= umgekehrt; rückwärtsgerichtet; — = contradirectional *adj*; reversed *adj*

entgegengesetzt; entgegengerichtet; invers ≈ antiparallel [MATH]; gegenläufig; rückläufig ≠ gleichsinnig — (2); reverse-acting *adj*; inverse *adj* (2); inverted *adj* (2) ≈ anti-parallel [MATH]; countermoving; retrograde ≠ codirectional

gegensinnige Durchquerung DAT.MA **postorder traversal**
= endorder traversal

Gegenspannung *nf* EL.TEC **reverse voltage**
= inverse voltage

Gegenspannungsschutz *nm* POW.SY **reverse voltage protection**
= inverse voltage protection

Gegenspeisung *nf* CIRC.EN **reverse feeding**

Gegenspieler *nm* MEDIA → **antagonist** *n*
→ Antagonist *nm*

Gegensprechanlage *nf* TELEPH **duplex intercommunication system**
↑ Hausrufanlage
= talk-back system; talk-back; duplex intercom system
↑ intercommunication system

Gegensprechbetrieb *nm* TELEPH **duplex telephony**
= Gegensprechverkehr *nm*; Gegensprechen *nn*
= double talking; double talk; full-duplex speech; talk-back operation; talk-back mode
↑ duplex operation [TELEC]

Gegensprechen *nn* TRANSM → **far-end crosstalk**
→ Fernnebensprechen

Gegensprechen *nn* TELEPH → **duplex telephony**
→ Gegensprechbetrieb *nm*

Gegensprechschaltung *nf* TELEPH **duplex telephony circuit**
= talk-back circuit

Gegensprechverkehr *nm* TELEPH → **duplex telephony**
→ Gegensprechbetrieb *nm*

Gegenstand *nm* ECON → **item** *n*
→ Position *nf*

Gegenstand *nm* COLL → **theme** *n*
→ Thema *nn*

Gegenstandsebene *nf* OPT **object plane**
= Dingebene *nf*

Gegenstandsnummer *nf* TEC.DOC → **item number**
→ Positionsnummer *nf*

Gegenstandsweite *nf* OPT **object distance**
[Abstand zwischen Gegenstand und optischem System]
[between object and optical

Gegenstandswort *nn* LING → **concrete word**
→ Konkretum *nn*

Gegenstecker *nm* COMPO **mating connector**

Gegenstelle *nf* TELEC **distant terminal**
= opposite terminal

Gegenstrom *nm* PHYS **countercurrent** *n*

Gegenstrombremsung *nf* POW.EN **plugging break**
= plugging *n*

Gegenstück *nn* TECH **counterpart** *n*
= mating part; mating component

Gegentakt *nm* CIRC.EN **push-pull** *n*

Gegentakt-AB-Betrieb *nm* CIRC.EN **class AB push-pull operation**

Gegentaktausgang *nm* MICR.EL **push-pull output**

Gegentakt-B-Betrieb *nm* CIRC.EN **class B push-pull operation**

Gegentaktbetrieb *nm* CIRC.EN **push-pull operation**

Gegentakt-B-Verstärker *nm* CIRC.EN → **class B amplifier**
→ Klasse-B-Verstärker *nm*

Gegentaktdiskriminator *nm* CIRC.EN → **differential discriminator**
→ Differenzdiskriminator *nm*

Gegentakteingang *nm* MICR.EL **push-pull input**

Gegentaktflankendiskriminator *nm* CIRC.EN → **differential discriminator**
→ Differenzdiskriminator *nm*

Gegentaktgleichrichter *nm* POW.SY **push-pull rectifier**
= Mittelpunktgleichrichter *nm*

Gegentaktkollektorschaltung *nf* CIRC.EN **push-pull collector circuit**

Gegentakt-Komplementärkollektorschaltung *nf* CIRC.EN **push-pull complementary collector circuit**

Gegentaktmischer *nm* MICROW **balanced mixer**
= Brückenmischer *nm*
= push pull mixer

Gegentaktmodulator *nm* CIRC.EN **balanced modulator**
= Gegentaktumsetzer *nm*
= push-pull modulator

Gegentaktoszillator *nm* CIRC.EN **push-pull oscillator**

Gegentaktschaltung *nf* CIRC.EN **push-pull circuit**
= push-pull arrangement

Gegentaktspannungswandler *nm* CIRC.EN **push-pull voltage transformer**

Gegentaktspeisung *nf* ANT **symmetrical feeding**

Gegentaktstufe *nf* CIRC.EN **push-pull stage**

Gegentakttransistor *nm* MICR.EL **balanced transistor**

Gegentakt-Übertrager *nm* COMPO **push-pull transformer**

Gegentaktumsetzer *nm* CIRC.EN → **balanced modulator**
→ Gegentaktmodulator *nm*

Gegentaktverstärker *nm* CIRC.EN **push-pull amplifier**
= Push-pull-Verstärker *nm* (ANGL)
= balanced amplifier; paraphase amplifier

Gegenteil *nn* SCIE **inverse** *n*
≈ Gegensatz

gegenüber COLL **versus**
= im Gegensatz zu
= vs.

gegenüberliegend TECH **opposite** *adj*

gegenüberliegende Seite TECH → **opposite side**
→ Gegenseite *nf*

Gegenübersprechen COM.CAB **side-to-side far-end crosstalk**

gegenüberstellen TECH **confront** *vt*
= oppose

Gegenvermittlung *nf* SWITCH **opposite exchange**
= Gegenvermittlungsstelle *nf*; Gegenamt *nn*
= distant exchange; opposite office; distant office

Gegenvermittlungsstelle *nf* SWITCH → **opposite exchange**
→ Gegenvermittlung *nf*

Gegenversuch *nm* PHYS **control experiment**

Gegenwart *nf* LING → **present tense**
→ Präsens *nm*

gegenwärtig COLL **present** *adj*

Gegenwartswert *nm* ECON → **present value**
→ Barwert *nm*

Gegenwert *nm* ECON **equivalent** *n*

Gegenwicklung *nf* EL.TEC → **differential winding**
→ Differenzialwindung *nf*

gegenwirken TECH **counteract** *vi*
= entgegenwirken; reagieren
≈ ansprechen
= react
≈ respond

Gegenwort *nn* LING → **antonym** *n*
→ Antonym *nn*

gegenzeichnen *vt* ECON **countersign** *vt*

Gegenzeichnung *nf* ECON **countersignature** *n*
= countersign *n*

Gegenzelle *nf* POW.SY **counter cell**
[Fernmeldestromversorgung]
= counter EMF cell; counter electromotive cell

geglättet TECH **smoothed**

geglättete Kurve MATH **smoothed curve**

gegliedert SCIE → **structured**
→ strukturiert

geglüht METAL **annealed**

gegossen TECH **molded** (AE)
[Kunststoff]
= moulded (BE)

gegossen METAL **cast**
= cast-metal

gegossener Bleisatz PRIN.ME → **hot type**
→ Bleisatz *nm*

gegossener Hartbleisatz PRIN.ME → **hot type**
→ Bleisatz *nm*

Gehalt *nn* ECON **salary** *n*
≈ Bezahlung; Lohn
↑ Verdienst
↓ Monatsgehalt; Jahresgehalt
[a regular fixed pay for work]
= compensation *n*
≈ wage
↑ earnings (1)
↓ monthly salary; annual salary

Gehaltsabrechnungsprogramm *nn* SW **payroll program**
↑ Anwenderprogramm; Geschäftssoftware
↑ applications program; business software

Gehaltsempfänger *nm* ECON **salaried employee**
≈ Lohnempfänger
= salary-earner

Gehaltskürzung *nf* ECON **salary cut**

gehämmert METAL **hammered**

gehärtet METAL **hardened**

Gehäuse *nn* TECH **case** *n*
≈ Umhüllung
= housing *n*; chassis *n*; frame *n*
≈ cladding

Gehäuse *nn* EQP.EN **case** *n*
≈ Schrank
= enclosure *n*; housing *n*
≈ cabinet

Gehäuse *nn* COMPO **case** *n*
= Verpackung *nf*
= holder *n*; package *n*; enclosure *n*; can *n*; encasement *n*

Gehäuseabstrahlung *nf* EL.TRO **cabinet irradiation**

Gehäuseantenne *nf* ANT **built-in antenna**
= Einbauantenne *nf*

Gehäusebeleuchtung *nf* EQP.EN **chassis illumination**

Gehäuseerde *nf* EQP.EN **frame grounding**
= chassis grounding

Gehäuseerde *nf* — EL.TRO **chassis ground** (AE)
= Gehäusemasse *nf* — = chassis earth (BE); frame ground (AE); frame earth (BE)
↑ Erde [EL.TEC] — ↑ ground [EL.TEC]

Gehäuseform *nf* — COMPO **package style**
= package type

Gehäusekontakt *nm* — SIG.EN **tamper switch**

Gehäusekuppler *nm* — COMPO → **mounting jack**
→ Einbaubuchse *nf*

Gehäusemasse *nf* — EL.TRO → **chassis ground** (AE)
→ Gehäuseerde *nf*

Gehäuseöffner *nm* — TER&PER **case cracker**

Gehäuseöffnungsmelder *nm* — SIG.EN **tamper device**

Gehäusetemperatur *nf* — COMPO **case temperature**

Gehäuseverdrahtung *nf* — EQP.EN **house wiring**

geheim — OFFICE **secret** *adj*
≈ vertraulich — ≈ confidential

Geheimhaltung *nf* — INF.TEC **secrecy** *n*
≈ Vertraulichkeit; Fernmeldegeheimnis; Privatsphäre — ≈ confidentiality; communications confidentiality; privacy

Geheimschrift *nf* — INF.TEC → **cryptography** *n*
→ Kryptographie *nf*

gehend — TELEC → **outgoing**
→ abgehend

gehende Belegung — SWITCH → **outgoing seizure**
→ abgehende Belegung

gehende Multiplexleitung — SWITCH → **outgoing highway**
→ Abnehmer-Multiplexleitung *nf*

gehender Leitungssatz — SWITCH → **outgoing trunk circuit**
→ abgehender Leitungssatz

gehender Mobilfunkruf — MOB.CO → **mobile originated call**
→ abgehender Mobilfunkruf

gehender Satz — SWITCH → **outgoing circuit**
→ abgehender Satz

gehender Verkehr — SWITCH → **outgoing traffic**
→ abgehender Verkehr

gehender Zähler — SWITCH → **outgoing counter**
→ abgehender Zähler

gehendes Gespräch — SWITCH → **outgoing call**
→ abgehendes Gespräch

gehendes Signal — TELEC → **outgoing signal**
→ abgehendes Signal

gehirngeschädigt — COLL → **braindamaged** *adj*
→ hirnrissig

Gehirnschmalz *nn* — INF.TEC **wetware** *n* (2)
[slang] — [slang; human intelligence to write software]
= Wetware *nf* (2)

gehont — METAL **honed**
[extrem fein geglättet] — [polished to extremly high precision]

Gehörschutz *nm* — TELEPH **click absorption**

Gehörschutzgleichrichter *nm* — TELEPH **click absorber**

Gehrstoß *nm* — COMP.GR **miter join** (AE)
[zweier Linien] — [of two lines]
= mitre join (BE)

Gehrung *nf* — MEC.EN **miter** *n*
[schräger Zuschnitt] — [oblique cut]

Geige *nf* — MUSIC **violin** *n*
= Violine *nf*

Geigenspieler *nm* — MUSIC → **violinist** *n*
→ Geiger *nm*

Geiger *nm* — MUSIC **violinist** *n*
= Geigenspieler *nm*; Violinist *nm*

Geiger-Müller-Zähler *nm* — PHYS **Geiger-Müller counter**

Geigerzähler *nm* — PHYS **Geiger counter**

Geisterbild *nn* — TV **ghost image**
= double image; ghost; multiple image; phantom image; fold-over; multipath effect

geistiges Eigentum — LAW **intellectual property**
↓ Urheberrecht; Patent; Markenzeichen — ↓ copyright; patent; trademark

gekapselt — TECH **encapsulated**
= verkappt — = capsulated; enclosed

gekennzeichnet — TECH **labeled** (AE) *adj*
= markiert — = labelled (BE); marked
≠ ungekennzeichnet — ≠ unlabeled
↓ beschriftet — ↓ lettered

gekerbt — MEC.EN **milled** *adj* (2)

gekettet — DAT.MA → **chained**
→ verkettet

gekettete Adresse — SW **chained address**
= Kettadresse *nf* — = chain address

gekittet — TECH **cemented**
= geklebt — = bonded

geklebt — TECH → **cemented**
→ gekittet

geknickte Rhombusantenne — ANT **buckled rhombic antenna**

gekoppelt — PHYS **coupled**

gekoppelter Parallelschwingkreis — NETW.TH **coupled parallel resonant circuit**

gekratzte Animation — CINEMA **scratched animation**

Gekritzel *nn* — COLL **scratch** *n*

gekröpft — METAL **cranked**

gekrümmt — TECH **curved**
[nach einer Regelkurve] — [by a regular shape]
≈ gebogen; krumm — ≈ bent; crooked

gekrümmte Linie — MATH → **curve** *n*
→ Kurve *nf*

Gelände *nn* — ECON **premises** *nplt* (1)
[peace of landwith the buildings thereon]

Gelände *nn* — COLL **terrain** *n*

Geländeabschattung *nf* — RAD.PRO **terrain shielding**

Geländeabschirmung *nf* — RAD.PRO **site shielding**

Geländedämpfung *nf* — RAD.PRO → **diffraction loss**
→ Beugungsdämpfung *nf*

Geländeeigenschaft *nf* — GEOSC **terrain feature**
= Geländegegebenheit *nf*

Geländefaktor *nm* — RAD.PRO **terrain factor**

Geländeformation *nf* — GEOSC → **orography** *n*
→ Orographie *nf*

geländegängig — TECH **all-terrain**

Geländegegebenheit *nf* — GEOSC → **terrain feature**
→ Geländeeigenschaft *nf*

Gelände-LAN *nn* — DAT.NW **campus LAN**

Geländemodell *nn* — GIS **terrain model**
= GM; Landschaftsmodell *nn* — = TM

Geländer *nn* — CIV.EN **railing** *n*
= rail

Geländerauhigkeit *nf* — RAD.PRO **terrain roughness**

Geländeschnitt *nm* — RAD.PRO **path profile**
= terrain profile

Geländeschnittkarte *nf* — RAD.RE → **earth profile chart**
→ Schnittrahmen *nm*

Geländetopographie *nf* — GEOSC → **orography** *n*
→ Orographie *nf*

Geländeüberwachungsanlage *nf* — SIG.EN **premises surveillance system**
= premises protection system

Geländeunregelmäßigkeit *nf* — RAD.PRO **terrain irregularity**
= path irregularity

geläppt — MEC.EN **lapped**

gelb *adj* — OPT **yellow** *adj*
[entspricht ca. 590 nm] — [corresponds to approx. 590 nm]

gelbbraun — OPT → **ocher**
→ ocker

gelbchromatisieren — METAL **yellow-passivize**

gelbe Post — POST → **postal administration**
→ Postverwaltung *nf*

Gelbe Seiten *nplt* — TELEPH → **Yellow Pages**
→ Branchenverzeichnis *nn*

gelbes Kabel — DAT.CO **yellow cable**
[spezielles Koaxialkabel für LAN] — [a special coaxial cable for LAN]

gelblich — OPT **yellowish**

gelblichgrau — OPT **drab** *adj*
[ligt olive brown]

gelborange *adj* — OPT **yellow orange** *adj*

Gelbstich *nm* — OPT **tinge of yellow**

Geld *nn* — ECON **money** *n*
= jack *n* (US slang)
↑ Zahlungsmittel — ↑ payment means
↓ Zentralbankgeld; Giralgeld; Quasigeld — ↓ central bank money; bank money; demand deposit

Geldausgabeautomat *nm* — TER&PER **automatic cash dispenser**
= Geldautomat *nm*; Bankautomat *nm* — = cash dispenser; automated teller machine; ATM; customer bank communications terminal

Geldautomat *nm* — TER&PER → **automatic cash dispenser**
→ Geldausgabeautomat *nm*

Geldbörse *nf* — COLL **purse** *n*
= Börse *nf*

Geldbündel *nf* — ECON **wad** *n*
[fig]

Geldeingang *nm* — ECON → **cash-in** *n*
→ Inkasso *nn*

Geldeinwurf *nm* — TER&PER — → **coin slot**
→ Münzeinwurfschlitz *nm*

Geldempfänger *nm* — ECON — → **remittee** *n*
→ Überweisungsempfänger *nm*

Geldinstitut *nn* — ECON — **financial institution**
↓ Bank — ↓ bank

Geldmarktpapier *nn* — ECON — → **security** *n* (3)
→ Wertpapier *nn*

Geldmittel *nn* — ECON — **funds** *nplt* (1)
↑ Ressourcen — = assets *nplt*; ↑ resources

Geldprüfgerät *nn* — OFFICE — **money testing equipment**
= cash testing equipment

Geldquellen *nplt* — ECON — **funds** *nplt* (3)

Geldsaldo *nn* — ECON — **cash flow** *n*
= Geldumlauf *nm*; Liquidität *nf*

Geldschein *nm* — ECON — → **paper currency** *n*
→ Banknote *nf*

Geldsumme *nf* — ECON — → **amount** *n*
→ Betrag *nm*

Geldüberweisung *nf* — ECON — → **remittance** *n*
→ Überweisung *nf*

Geldumlauf *nm* — ECON — → **cash flow** *n*
→ Geldsaldo *nn*

Geldwechsler *nm* — AUTOMA — **coin changer**

geldwert — ECON — **valuable** *adj*

gelegentlich — COLL — → **now and then** *adv*
→ dann und wann *adv*

gelegentlich *adj* — COLL — **occasional** *adj*
= sporadisch; ≈ selten — = sporadical *adj*; ≈ seldom

gelegentlicher Anwender — TECH — → **occasional user**
→ Wenigbenutzer *nm*

gelegentlicher Benutzer — TECH — → **occasional user**
→ Wenigbenutzer *nm*

Geleise *nplt* — RAIL.SIG — **track** *n* (1)
= Gleis *nn* (AT); Bahngleis *nn* — = railway track

Gelenk *nn* — MEC.EN — **joint** *n* (4)
↓ Scharniergelenk; Gabelgelenk; Kardangelenk; Kugelgelenk — ↓ hinge joint; knuckle joint; universal joint; ball-and-socket

Gelenkbolzen *nm* — MEC.EN — **knuckle pin**
= toggle spacer

Gelenkgabel *nf* — MECH — **knuckle yoke**

Gelenkglied *nn* — MEC.EN — **link** *n*
= Glied *nn*

Gelenkkette *nf* — MEC.EN — **roller chain**

gelierend — TECH — **gelatinized**

gelocht — TECH — **perforated** *adj*
= durchlocht

gelötet — METAL — **soldered**
≈ geschweißt

Geltungsbereich *nm* — COLL — **scope of validity**
= Gültigkeitsbereich *nm* — = scope of application

Geltungsdauer *nf* — ECON — **period of validity**

GEMA — MEDIA — **GEMA**
= Gesellschaft für musikalische Aufführungs- und mechanische Vervielfältigungsrechte — [German trust company for musical copyrights]

gemapptes Laufwerk — DAT.PR — **mapped drive**

gemäß *praep* — COLL — **as per** *praep*
= entsprechend; entspr.

Gemeinde *nf* — PUB.ADM — **municipality** *n*
= Kommune *nf*

Gemeinde- — ECON — → **municipal** *adj*
→ kommunal

Gemeindeverwaltung *nf* — PUB.ADM — **municipal administration**
= Kommunalverwaltung *nf*
↓ Stadtverwaltung

Gemeine *nm* — PRIN.ME — → **small character**
→ Kleinbuchstabe *nm*

gemeiner Bruch — MATH — **common fraction**

Gemeinkosten *nplt* — ECON — **indirect costs**
= GK — = overhead costs *nplt*; overhead *n*; oncosts *nplt*; burden *n* (AE); general expenses *nplt*

Gemeinkostenumlage *nf* — ECON — **allocation of overheads**

gemeinnützig — ECON — **non-profit**
= nichtprofitorientiert

gemeinsam benutzen — TECH — → **share** *vt*
→ gemeinsam nutzen

gemeinsame Abnehmerleitung — SWITCH — **common trunk**
= common highway

gemeinsame Datei — DAT.MA — → **shared file**
→ Gemeinschaftsdatei *nf*

gemeinsame Dateinutzung — DAT.MA — → **file sharing**
→ Datei-Mehrfachnutzung *nf*

gemeinsame Daten — DAT.MA — → **shared data**
→ Gemeinschaftsdaten *nplt*

gemeinsame Hardware-Nutzung — DAT.PR — → **hardware sharing**
→ Hardware-Mehrfachnutzung *nf*

gemeinsame Nutzung der Rechnerleistung — DAT.PR — → **computing power sharing**
→ Mehrfachnutzung der Rechnerleistung

gemeinsamer Bereich — DAT.PR — → **shared area**
→ Gemeinschaftsbereich *nm*

gemeinsamer Drucker — DAT.NW — **shared printer**

Gemeinsamer Europäischer Markt — ECON — **Single European Market**

gemeinsamer Nenner — MATH — **common denominator**
= Generalnenner *nm*

gemeinsamer Ordner — DAT.PR — → **shared folder**
→ Gemeinschaftsordner *nm*

gemeinsamer Ordner — DAT.NW — → **network directory**
→ Netzwerkverzeichnis *nn*

gemeinsamer Speicher — DAT.PR — → **shared memory**
→ Gemeinschaftsspeicher *nm*

gemeinsamer Speicherbereich — DAT.PR — **common storage** *n* (1)
[a common storage area]; = common area; common block

gemeinsamer Speicherinhalt — DAT.PR — **common storage** *n* (2)
[für alle Programme zugänglich] — [accessible to all programs]

gemeinsames Datenfeld — DAT.MA — **join field**
[mehrerer Datenbanken] — [common to several databases]

gemeinsames Gerät — DAT.PR — → **shared device**
→ Gemeinschaftsvorrichtung *nf*

gemeinsame Software — SW — → **common software**
→ Allgemein-Software *nf*

gemeinsame Sprache — DAT.PR — **common language**

gemeinsame Vorrichtung — DAT.PR — → **shared device**
→ Gemeinschaftsvorrichtung *nf*

Gemeinsamkeit *nf* — TECH — **commonality** *n*
= commonalty *n*; commonness *n*

Gemeinsamkeitsabfrage *nf* — DAT.MA — **inner join**
≠ Nichtgemeinsamkeitsabfrage; ↑ Verknüpfungsabfrage — ≠ outer join; ↑ join operation

gemeinsam nutzen — TECH — **share** *vt*
= gemeinsam benutzen; teilen (fig); ≈ teilen — ≈ divide

Gemeinschaft *nf* — COLL — **community** *n*

gemeinschaftliche Bandnutzung — RADIO — **band sharing**

gemeinschaftliche Dokumentenbearbeitung — COMP.AP — **joint editing**
= Joint Editing *nn*

Gemeinschaftsanschluss *nm* — TELEC — **party line**
[mehrere Teilnehmer über ein Leiterpaar] — [serves several users over a single pair]
= Gemeinschaftsleitung *nf*; Gesellschaftsanschluss *nm*; Mehrfachanschluss *nm*; Omnibusleitung *nf* — = multiparty line; multi-access line; shared-service line (BE)
↓ Zweieranschluss; Doppelanschluss — ↓ two-party line with selective ringing; two-party omnibus line

Gemeinschaftsantenne *nf* — BROADC — **MATV**
[Master Antenna Television]; = common antenna; community antenna; block antenna

Gemeinschaftsantennenanlage *nf* — BROADC — **community antenna installation**
[versogt Mehrfamilienhäuser]; = GA; ↑ Fernsehverteilanlage — [covers a multi-family house]; ↑ TV distribution system

Gemeinschaftsarbeit *nf* — COLL — **team work**
= Teamarbeit *nf*; Teamwork *nn*

Gemeinschaftsbereich *nm* — DAT.PR — **shared area**
= gemeinsamer Bereich

Gemeinschaftsbus *nm* — HW — **shared bus**

Gemeinschaftsdatei *nf* — DAT.MA — **shared file**
= gemeinsame Datei

Gemeinschaftsdateiensystem *nn* — DAT.MA — **shared-files system**

Gemeinschaftsdaten *nplt* — DAT.MA — **shared data**
= gemeinsame Daten

Gemeinschaftseinrichtung *nf* — TELEPH — **party-line equipment**

Gemeinschaftsentwicklung *nf* — TECH — **joint design**

Gemeinschaftsgerät *nn* — DAT.PR — → **shared device**
→ Gemeinschaftsvorrichtung *nf*

Gemeinschaftsleitung *nf* — TELEC — → **party line**
→ Gemeinschaftsanschluss *nm*

Gemeinschaftsnutzung *nf* — DAT.PR — → **shared access**
→ Gemeinschaftszugriff *nm*

Gemeinschaftsordner *nm* — DAT.PR — **shared folder**
= gemeinsamer Ordner

Gemeinschaftsproduktion *nf* — CINEMA — → **coproduction** *n*
→ Koproduktion *nf*

Gemeinschaftsrechner *nm* — DAT.PR — → **multi-user system**
→ Mehrplatzsystem *nn* (1)

Gemeinschaftsschalter *nm* — COMPON — → **group switch**
→ Gruppenschalter *nm*

Gemeinschafts-Schutzschaltung *nf* — TRANSM — **shared protection**
= Verbundschutzschaltung *nf*

Gemeinschaftsspeicher *nm* — DAT.PR — **shared memory**
= gemeinsamer Speicher
= shared storage; shared store

Gemeinschaftsunternehmen *nn* — ECON — **joint venture**
= Joint Venture *nn*
≈ Beteiligungsgesellschaft
= participation *n*
≈ associated company

Gemeinschaftsverkehr *nm* — TELECON — **multi-point traffic**

Gemeinschaftsvorrichtung *nf* — DAT.PR — **shared device**
= Gemeinschaftsgerät *nn*; gemeinsame Vorrichtung; gemeinsames Gerät

Gemeinschaftswerbung *nf* — ECON — **co-operative advertising**

Gemeinschaftszugriff *nm* — DAT.PR — **shared access**
[für mehr als ein Benutzer oder System]
= Gemeinschaftsnutzung *nf*
↓ Teilnehmerbetrieb; Mehrbenutzerbetrieb
[by more than one user or system]
= resources sharing; sharing *n*
↓ time sharing operation; multi-user mode

Gemeinsschaftsmedium *nn* — DAT.NW — **Shared Medium**
[LAN]
[LAN]

gemessen — MEC.EN — → **measured**
→ abgemessen

gemessene Regelgröße — CONTRO — **feedback signal**
≠ an den Eingang der Vergleichsstelle angepasst
[input signal to the summing point; derived from the directly controlled variable]

gemessener Wert — INSTR — → **test result**
→ Messwert *nm*

gemietete Standverbindung — TELEC — → **leased line**
→ Mietleitung *nf*

Gemisch *nn* — CHEM — **mixture** *n*
≈ Zusammensetzung
≈ composition

Gemisch *nn* — TECH — → **mix** *n*
→ Mischung *nf*

Gemischtbasis-Schreibweise *nf* — COMP.SC — → **mixed-radix notation**
→ Gemischtradix-Schreibweise *nf*

Gemischtdruck *nm* — PRIN.ME — **intermix printing**

gemischter Multiplexer — DAT.CO — **heterogeneous multiplexer**
= heterogener Multiplexer
= heterogeneous multiplexor

gemischter Verkehr — DAT.CO — **mixed traffic**
= batch-conversational mode

gemischter Zellbezug — DAT.PR — **mixed cell reference**

gemischtes Netz — DAT.CO — → **hybrid network**
→ hybrides Netz

gemischtpaariges Kabel — COM.CAB — **composite cable** (2)
↑ Verbundkabel
[with different types of pairs]
= combination cable (2)
↑ composite cable (1)

Gemischtradix-Schreibweise *nf* — COMP.SC — **mixed-radix notation**
[die Zifferstellen haben unterschiedliche Radixwerte]
= Gemischtbasis-Schreibweise *nf*, Radixschreibweise mit gemischter Basis
≠ Festradix-Schreibweise
↑ Radixschreibweise
[the digit positions have different radix values]
= mixed-base notation; mixed-radix numeration system; mixed-base numeration system; mixed-radix system; mixed-base system; mixed-radix scale; mixed-basis scale; mixed radix; mixed base; mixed scale
≠ fixed-radix notation
↑ radix notation

gemittelt — STATIS — **averaged** *adj*

gemittelte Messung — INSTR — → **averaged measurement**
→ Messung mit Mittelwertbildung *nf*

gemultiplext — TELEC — **multiplexed**
= multiplexiert

gemurkst — COLL — → **clumpsy** *adj*
→ stümperhaft

genagelt — MEC.EN — **nailed**

genau — TECH — **correct** *adj*
= korrekt; exakt; präzise; präzis (AT)
≈ fehlerfrei; sorgfältig; minuziös
= accurate *adj*; right *adj*; precise *adj*

Genau-Dann-Wenn *nn* — LOGIC — → **equivalence** *n*
→ Äquivalenz *nf*

genau durchlesen — COLL — → **peruse** *vt*
→ genau durchsehen

genau durchsehen — COLL — **peruse** *vt*
= genau durchlesen; durchsehen (1)
[to examine, read in detail]

genaue Durchsicht — COLL — **perusal**
[detailed examination]

genaue Prüfung — SCIE — **scrutiny** *n*
= eingehende Analyse
↑ Prüfung
= detailed examination
↑ check

Genauigkeit *nf* — TECH — **accuracy** *n*
= Präzision *nf*; Exaktheit *nf*; Treue *nf*; Entsprechung *nf*
≈ Minuziösität
= precision *n*; exactness *n*; fidelity *n*; correspondence *n*
≈ minuteness

Genauigkeitsfenster *nn* — INSTR — **accuracy window**

Genauigkeitsguss *nm* — METAL — **precision casting**

genau prüfen — TECH — **scrutinize** *vt*
↑ prüfen
↑ check

Genauwert *nm* — TECH — **precise value**
= exakter Wert

genehmigen — ECON — **approve**
= absegnen (slang)

Genehmigung *nf* — ECON — **permission** *n*
= Erlaubnis *nn*; Absegnung *nf* (slang)
≈ Berechtigung
= licence *n*
≈ entitlement

genehmigungspflichtig — ECON — **subject to authorization**

geneigt — TECH — **inclined** *adj*
[von Horizontale abweichend]
= schräg abfallend; abfallend; schief (2)
≈ schief (1)
[deviating from horizontal]
= sloping *adj*; tilt *adj*; down-going; negative-going
≈ skew

geneigt — TER&PER — **slanted** *adj*
↑ Schriftattribut; Schriftneigung
↓ kursiv; linksgeneigt
↑ font attribute; typeface inclination

geneigte Antenne — ANT — **tilted antenna**
= tilted aerial

geneigte Aufnahme — IMAG.ME — **tilt shot**

geneigt zu — COLL — **prone to**
[fig]
[fig]

Generalabfragebefehl *nm* — TELECON — **general interrogation command**
= Gruppenabfragebefehl *nm*

Generaladresse *nf* — DAT.CO — **global address**

Generalausschalter *nm* — POW.SY — → **master switch**
→ Generalschalter *nm*

generalbevollmächtigt — ECON — **with general authorization**

Generalisierung *nf* — CART — **generalization**
[Pläne von großen auf kleinen Maßstab ableiten]
[derive small scale maps from large scale]
= generalisation

Generalisierung *nf* — SW — **generalization**

Generalisierung *nf* — SCIE — → **generalization** *n*
→ Verallgemeinerung *nf*

Generalnenner *nm* — MATH — → **common denominator**
→ gemeinsamer Nenner

Generalplan *nm* — ECON — **master plan**
= Leitplan *nm*

Generalschalter *nm* — POW.SY — **master switch**
= Generalausschalter *nm*

Generalunternehmer *nm* — ECON — **main contractor**
= Hauptunternehmer *nm*
= prime contractos

Generalversammlung *nf* — ECON — → **plenary assembly**
→ Vollversammlung *nf*

Generalvertretung *nf* — ECON — **general agency**

Generation *nf* — DAT.MA — **generation** *n*

Generation *nf* — TECH — **generation** *n* (2)
≈ Entwicklungsstand
↓ Systemgeneration; Rechnergeneration
↓ system generation; computer generation

Generationen-Prinzip *nn* — DAT.MA — **generation principle**
[Dateiensicherung durch Führen von Großvater-, Vater- und Sohn-Kopien]
= Generations-Prinzip *nn*; Großvater-Vater-Sohn-Prinzip *nn*
[backup by maintaining a grandfather, father and son copy of files]
= grandfather-father-son concept; grandfather file; ancestral file

Generations-Prinzip *nn* — DAT.MA — → **generation principle**
→ Generationen-Prinzip *nn*

Generationsrate *nf* — MICR.EL — → **generation rate**
→ Erzeugungsrate *nf*

Generationsstrom *nm* — MICR.EL — → **generation current**
→ Erzeugungsstrom *nm*

Generationsverlust *nm* — IMAG.PR — **generation loss**

Generator *nm* — INSTR — **generator** *n*
= Quelle *nf*
= source *n*

Generator *nm* EL.TRO **generator** *n*
= Erzeuger *nm*

Generator *nm* SW → **program generator**
→ Programmgenerator *nm*

Generator *nm* POW.EN → **generator** *n*
→ Stromgenerator *nm*

Generator für pseudozufällige Daten INSTR **PRBS generator**

generatorischer Messfühler INSTR → **electrodynamical pick-up**
→ elektrodynamischer Messfühler

Generatormatrix *nf* CODING **generator matrix**

Generatorprogramm *nn* SW → **program generator**
→ Programmgenerator *nm*

generieren TECH → **generate** *vt*
→ erzeugen

generierendes Programm SW → **program generator**
→ Programmgenerator *nm*

generierter Fehler DAT.PR **generated error**

generierter Text INTERNET **generated text**

generierter Verkehr SWITCH → **traffic intensity**
→ Verkehrswert *nm*

Generierung *nf* COMP.SC → **data generation**
→ Datengenerierung *nf*

Generikum *nn* DAT.PR **generic** *n*
[mit einer Software- oder Hardware-Linie eines Herstellers kompatibel] [compatible with the software or the hardware line of a vendor]

generisch SCIE **generic** *adj*
[eine Gattung betreffend]
≈ allgemeingültig ≈ generally valid

generische Einheit SW **generic unit**
[kann in ein spezielle Einheit gewandelt werden] [can be transformed in a special unit]
≈ Makrodefinition ≈ macro-definition

generische Klasse SW **generic class** (OOP)
[OOP]
= parametrisierte Klasse = parametrized class

generische Klasse SW → **parametric class**
→ parametrische Klasse

Generisches Semantisches Modell SW → **GSM**
→ GSM *nn*

Genese *nf* SCIE → **genesis** *n* (*pl* geneses)
→ Entstehungsgeschichte *nf*

Genetik *nf* SCIE **genetics** *nplt*

Genetiv *nm* LING → **genitive** *n*
→ Genitiv *nn*

genietet METAL **riveted**
↓ meißelgenietet = grooved

Genitiv *nn* LING **genitive** *n*
= Genetiv *nm*; Wesfall *nm*; 2. Fall *nm*; zweiter Fall

Genlock TER&PER **genlock** *n*
[Gerät zum Mischen von Computer- und Videobildern] [equipment to mix graphics with video]
= Bildmischer *nm*

Genomik *nf* SCIE **genomics** *n*

Genre *nn* MEDIA → **style** *n*
→ Gattung *nf*

Genre *nn* MEDIA **genre** *n*

Genrefilm *nm* CINEMA **genre film**

Gentex TELEC **gentex**
[Telegrammwähldienst in USA] [USA]
= general telegraph exchange service

Genus *nn* (*pl*.-era) LING **gender** *n*
= grammatisches Geschlecht; Geschlecht *nm* ↓ masculine; feminine; neuter
↓ Maskulinum; Femininum; Neutrum

geocodieren GIS **geocode** *n*
[Daten einem Koordinatensystem zuordnen] [assign data to a coordinate system]

Geodaten *nplt* GIS **geodata** *nplt*
[räumlich referenzierte Daten] [referenceable in space]
= geografische Daten; geographische Daten; raumbezogene Daten; Grafikdaten *nplt* (obs); Graphikdaten *nplt* (obs) = geographic data; spatially referenced data; graphical data (obs)
↓ Geometriedaten; Topologiedaten; Grafikdaten; Sachdaten ↓ geometric data; topologic data; graphic data; object data

geöffnete Datei DAT.PR **open file**

Geografie *nf* GEOSC → **geography** *n*
→ Geographie *nf*

geografische Breite CART → **latitude** *n*
→ geographische Breite

geografische Darstellung COMP.GR → **geographic representation** *n*
→ geographische Darstellung

geografische Daten GIS → **geodata** *nplt*
→ Geodaten *nplt*

geografische Datenbank DAT.MA → **geographic database**
→ geographische Datenbank

geografische Länge CART → **longitude** *n*
→ geographische Länge

Geographie *nf* GEOSC **geography** *n*
= Geografie *nf*

geographische Breite CART **latitude** *n*
= geografische Breite; Breite *nf*

geographische Darstellung COMP.GR **geographic representation** *n*
[von Daten] [display of data on geographic areas]
= geografische Darstellung
≈ Geocodierung ≈ geocoding

geographische Daten GIS → **geodata** *nplt*
→ Geodaten *nplt*

geographische Datenbank DAT.MA **geographic database**
= geografische Datenbank = GDB

geographische Länge CART **longitude** *n*
= geografische Länge; Länge *nf*

Geographisches Informations-System COMP.AP → **GIS**
→ GIS *nn*

Geoinformatik *nf* COMP.AP **geoinformatics**
= Geomatik *nf* = geomatics *nplt*

Geologie *nf* SCIE **geology** *n*
↑ Geowissenschaften ↑ earth sciences

Geomatik *nf* COMP.AP → **geoinformatics**
→ Geoinformatik *nf*

Geometrie *nf* MATH **geometry** *n*
= Raumlehre *nf*

Geometriedaten *nplt* GIS **geometric data**
= Positionsdaten *nplt*; Ortsdaten *nplt* = positonal data; location data
↑ Geodaten ↑ geodata
↓ Rasterdaten; Vektordaten ↓ raster data; vector data

Geometriefehler *nm* TV **geometric distortion**

geometrisch MATH **geometrical**
= geometric

geometrisch dicke Antenne ANT **geometrically thick antenna**
↓ Breitbandreuse; Reusendipol; Disconeantenne; Doppelkonusantenne; Ganzwellendipol; Kelchantenne ↓ cage antenna; cage dipole; discone antenna; biconical antenna; full-wave dipole; cup antenna

geometrische Darstellung MATH **geometrical representation**

geometrische Progression MATH → **geometric progression**
→ geometrische Reihe

geometrischer Abfrageraum GIS **geometric query space**

geometrische Reihe MATH **geometric progression**
= geometrische Progression = geometrical progression; geometric series; geometrical series

geometrischer Horizont RAD.PRO **geometric horizon**

geometrischer Ort MATH **locus** *n* (*pl* loci)

geometrisches Mittel STATIS **geometric mean**
[n-te Wurzel des Produktes A1 mal … An] [n-th root of the product A1 times … An]
= mittlere Proportionale = geometrical mean

geometrische Verteilung PHYS **spatial distribution**
= räumliche Verteilung = geometric distribution

geometrische Verwandschaft MATH → **similarity** *n*
→ Ähnlichkeit *nf*

Geometrisch-kongruent-Zeichen *nn* MATH **congruent sign**
↑ mathematisches Zeichen ↑ mathematical symbol

Geoobjekt *nn* GIS **geo-object**
[Objekt mit mindestens Geometrie als Attribut] [object with at least geometry as attribute]

Geophysik *nf* PHYS **geophysics** *nplt*

geordnet TECH **orderly** *adj*
≠ ungeordnet = ordered
↓ aufgereiht ≠ unordered
↓ sequenced

geordnet MATH **ordered**
= sequenced

geordnete Liste DAT.MA **ordered list**

geordnete Menge MATH **ordered set**

geordneter Baum DAT.MA **ordered tree**

geoschematisch CART → **similar to position**
→ lageähnlich

geostationär SAT.CO **geostationary**
= geosynchron = geosynchronous

geostationärer Satellit SAT.CO **geostationary satellite**
↑ Telekommunikatinssatellit ↑ telecommunications satellite

geostationärer Satellit SAT.CO → **synchronous satellite**
→ Synchronsatellit *nm*

geostationäre Umlaufbahn ASTR.PH → **synchronous orbit**
→ Synchronlaufbahn *nf*

geosynchron SAT.CO → **geostationary**
→ geostationär
Geotechnik *nf* TECH **geotechnical engineering**
Geowissenschaften *nplt* SCIE **geosciences** *nplt*
≈ Geologie = earth sciences
↑ Naturwissenschaft ≈ geology
↓ Geophysik; Meteorologie; Ozeanografie; Geologie ↑ natural science
↓ geophysics; meteorology; oceanography; geology
geozentrisch PHYS **geocentric**
gepaart TECH **paired** *adj*
= twin
gepaarter Widerstand COMPO **pair resistor**
[auf Minimalabweichung ausgesucht] [selected to minimum difference]
gepackt DAT.CO **packed**
gepackte Binärdaten DAT.MA **packed binary data**
gepackte Daten DAT.MA **packed data**
gepackte Dezimaldaten DAT.MA **packed decimal data**
gepackte Dezimale COMP.SC **packed decimal**
[zwei (mit je vier Bits codierte) Dezimalziffern in einem Byte] [two binary coded (with four bits each) decimal digits in one byte]
gepackte Formatdarstellung CODING **format packed**
gepacktes Format CODING **packed format**
[zwei binärcodierte Ziffern in einem Byte] [two binary coded digits in one
gepfeilte Linie DAT.PR → **arrowed line**
→ Pfeillinie *nf*
Gepflogenheit *nf* COLL **usage** *n*
= Usance *nf* = custom *n*; practice *n*
gepfuscht COLL → **clumpsy** *adj*
→ stümperhaft
gephaste Monomodeantenne ANT **phased monopole antenna**
geplant TECH → **planned**
→ Plan-
Geplauder *nf* INTERNET → **chat** *n*
→ Chat *nm*
gepollte Station TELECON → **polled station**
→ zyklisch abgefragte Station
gepolter Randstecker COMPO **polarized edge connector**
gepolter Stecker COMPO **polarized plug**
[verhindert Fehlsteckung] [avoids false plugging]
= polarized connector
gepolte Steckverbindung COMPO **polarized connection**
geprägter Lochstreifen TER&PER → **chadless tape**
→ Schuppenlochstreifen *nm*
gepresst TECH **pressed**
geprüft TECH **checked** *adj*
≈ erprobt; kontrolliert = proved; proven
≠ ungeprüft ≈ tested; controlled
≠ unchecked
Geprüfte-Sicherheit-Zeichen *nn* QUAL → **GS seal**
→ GS-Zeichen *nn*
gepuffert POW.SY **buffered**
gepufferte Batterie POW.SY **buffered battery**
gepufferte Multiplexierung DAT.CO **statistical multiplexing**
gepufferter Computer DAT.PR **buffered computer**
= gepufferter Rechner
gepufferter Rechner DAT.PR → **buffered computer**
→ gepufferter Computer
gepufferter Speicher HW **buffered memory**
= buffered storage; buffered store
gepufferte Stromversorgung POW.SY **buffered power supply**
gepulst EL.TRO **pulsed**
≈ impulsförmig ≈ impulsive
gepulstes Wobbeln INSTR **pulsed sweep**
gepunktet ENG.DRA **dotted** *adj* (1)
[...] [...]
gequetscht TECH **crushed**
= squeezed
gerade PRIN.ME → **upright** *adj*
→ geradstehend
Gerade *nf* MATH **straight line** *n*
gerade (1) MATH → **even** *adj*
→ geradzahlig
gerade (2) MATH → **rectilinear** *adj*
→ geradlinig
Geradeausempfang *nm* HF → **homodyne reception**
→ Homodynempfang *nm*
Geradeausempfänger *nm* RADIO **straight receiver**
Geradeausentfernung *nf* RAD.PRO **slant distance**
[direkte Entfernung zweier Punkte unterschiedlicher Elevation] [direct ddistance between two point of different elevation]
= Luftlinienentfernung *nf* = line-of-sight distance
≠ Bodenentfernung ≠ ground distance
Geradeausprogramm *nn* SW → **sequential program**
→ lineares Programm
Geradeausprogramm *nn* SW → **loopless program**
→ schleifenfreies Programm
Geradeausstecker *nm* COMPO **straight plug**
Geradeausverstärkung *nf* CIRC.EN **straightforward amplification**
= straight-through amplification
geradebiegen METAL → **straighten**
→ recken
gerade Parität CODING → **parity** *n*
→ Parität *nf*
gerader Kreiszylinder MATH → **cylinder of revolution**
→ Rotationszylinder *nm*
gerades Rechteckhohlleiterstück MICROW **straight section**
Geradewohl-Verarbeitung *nf* DAT.PR **in-line processing** (1)
[Daten werden so wie sie anfallen sofort verarbeitet] [data are processed when and as they appear]
= unmittelbare Verarbeitung; Sofortverarbeitung *nf* = demand processing
≈ Echtzeitbetrieb ≈ real-time operation
gerade Zahl MATH **even number**
Geradheit *nf* (1) MATH → **evenness** *n*
→ Geradzahligkeit *nf*
Geradheit *nf* (2) MATH → **linearity** *n* (1)
→ Geradlinigkeit *nf*
geradläufig MATH → **rectilinear** *adj*
→ geradlinig
Geradläufigkeit *nf* MATH → **linearity** *n* (1)
→ Geradlinigkeit *nf*
geradlinig MATH **rectilinear** *adj*
= gerade (2); geradläufig = straight-lined; straight; colinear
geradlinig COLL **straight-line**
[fig] [fig]
geradlinig PRIN.ME → **upright** *adj*
→ geradstehend
geradlinige Bewegung MECH **straight line motion**
geradlinige Programmierung SW → **straight-line programming**
→ gestreckte Programmierung
geradliniger Code SW → **straight-line program**
→ gestrecktes Programm
geradliniges Programm SW → **straight-line program**
→ gestrecktes Programm
geradliniges Programm SW → **loopless program**
→ schleifenfreies Programm
Geradlinigkeit *nf* MATH **linearity** *n* (1)
= Geradläufigkeit *nf*; Geradheit *nf* (2) = straightness *n*
geradseitige Fußnote WOR.PR **even footer**
geradseitige Kopfzeile WOR.PR **even header**
[only on even-numbered pages]
geradstehend PRIN.ME **upright** *adj*
= geradlinig; gerade; aufrecht = roman *adj* (3)
≠ kursiv ≠ italic
↑ Schriftattribut; Schriftneigung ↑ font attribute; typeface
geradstirnig MEC.EN **plain** *adj*
geradstirnige Flachpassfeder MEC.EN **flat key**
geradzahlig MATH **even** *adj*
= gerade (1) = even-numbered
≠ ungeradzahlig ≠ uneven
geradzahlige Seite PRIN.ME → **rear page** *n*
→ Rückseite *nf*
Geradzahligkeit *nf* MATH **evenness** *n*
= Geradheit *nf* (1)
GERAN MOB.CO **GERAN**
= GSM/EDGE Radio Access Network
gerändelt MEC.EN **knurled**
geraniumrot *adj* OPT **geranium red** *adj*
gerastert TER&PER **screened**
= abgerastert
gerasterter Text COMP.GR **dithered text**
Gerät *nn* (1) TECH **equipment** *n* (2)
[Gegenstand zur Durchführung eines Prozesses] [an implement to execute a process]
≈ Gerätschaften; Vorrichtung = rig *n*
↓ Apparat ≈ set of equipment; device
Gerät *nn* (2) *nsgt* TECH → **set of equipment**
→ Gerätschaften *nplt*
Gerät *nn* (3) TECH → **tool** *n*
→ Werkzeug *nn*
Gerät *nn* TER&PER **set** *n*
= Apparat *nm* = subset *n*; apparatus *n*
↓ Fernsprechapparat ↓ telephone set

Gerät *nn* = Einheit *nf* ≈ Peripheriegerät	HW	**device** *n* = computer subsystem ≈ peripheral
geräteabhängig	DAT.PR	**device-dependent**
Geräteabhängigkeit *nf*	DAT.PR	**device dependence**
Geräteadresse *nf*	DAT.CO	**device address**
Geräteanschlussleitung *nf* [vor allem mit unlösbaren Steckern]	EQP.EN	**cordset** *n* [mostly with non-rewireble connectors]
Geräteaufbau *nm* → Konstruktion *nf*	EQP.EN	→ **mechanical design** *n*
Geräteaufnahme *nf* ≈ Baugruppenrahmen	EQP.EN	**equipment mounting device** ≈ module frame
Geräteaufwand *nm*	EL.TRO	**equipment expenditure**
Geräteausführung *nf* → Gerätevariante *nf*	EQP.EN	→ **device version** *n*
Gerätebeschreibungssprache *nf*	COMP.LG	**device media control language**
Gerätebestandsdaten *nplt*	DAT.MA	**device inventory data** = equipment inventory data
Gerätebestückung *nf* = Bestückung *nf*; Gerätekonfiguration *nf*	EQP.EN	**equipping** *n* = packaging *n*; equipment configuration
Gerätebezeichnung *nf* → Gerätename *nm*	HW	→ **device name**
Gerätebuchse *nf* → Einbaubuchse *nf*	COMPO	→ **mounting jack**
Gerätecode *nm*	HW	**device code**
Gerätedatei *nf* [Linux]	SW	**device file** [Linux]
Gerätedose *nf* → Einbaubuchse *nf*	COMPO	→ **mounting jack**
Geräteeditor *nm*	DAT.PR	**device editor**
Geräteeinsatz *nm* = Einsatz *nm* ≈ Baugruppenrahmen ↑ konstruktive Einheit	EQP.EN	**inset** *n* = unit *n*; subrack *n* ≈ module frame ↑ constructional unit
Geräteeinsatz-Bestückung *nf* → Baugruppenträgerbestückung *nf*	EQP.EN	→ **module frame packaging**
Geräteempfangsbereitschaft *nf* → Empfangsbereitschaft *nf*	DAT.CO	→ **ready-to-receive state**
Geräteentwickler *nm*	TECH	**equipment designer**
Geräteersatz *nm* → Heißersatz *nm*	QUAL	→ **hot stand-by**
Geräteersatz *nm* = Hot-Stand-By (ANGL)	RAD.RE	**hot standby**
Gerätefehler *nm*	INF.TEC	**device failure** = equipment failure
Gerätefuß *nm* → Fuß *nm*	EQP.EN	→ **stand** *n*
Gerätegeneration *nf*	EQP.EN	**equipment generation**
gerätegesteuert	DAT.PR	**device-controlled**
Gerätegruppe *nf* [am selben Controller] = Peripheriegerätegruppe *nf*	HW	**device cluster** [group of peripherals with a common controller]
Gerätehandbuch *nn* ≈ Gebrauchsunterlage; Anwendungsrichtlinie	TEC.DOC	**equipment manual**
Gerätehersteller *nm*	TECH	**equipment manufacturer** = device manufacturer [DAT.PR]
Gerätehinweiszeichen *nn* → Gerätezustandsregister *nn*	DAT.PR	→ **device flag**
Geräteidentifizierungsdatei *nf*	MOB.CO	**equipment identification register** = EIR
Geräteidentifizierungszentrum *nn*	MOB.CO	**equipment identification center**
Geräteinnenraumklima *nn*	QUAL	**equipment internal climate**
Geräteintelligenz *nf* = dezentrale Intelligenz	DAT.PR	**device intelligence** = peripheral intelligence
Gerätekennung *nf* [Code] = DA	DAT.CO	**device attributes** = DA
Gerätekennung *nf*	INF.TEC	**equipment identity** = equipment ID; device identity; device ID
Gerätekennzeichnungsblock *nm*	DAT.PR	**device header** [block of decriptive information]
Geräteklasse *nf*	TECH	**device class**
Geräteknopf *nm* → Knopf *nm*	EL.TRO	→ **knob** *n*
Gerätekoffer *nm*	EQP.EN	**equipment case**
Gerätekonfiguration *nf* → Gerätebestückung *nf*	EQP.EN	→ **equipping** *n*
Gerätekonkurrenz *nf* [wenn mehrere Programme gleichzeitig ein Gerät benutzen wollen]	DAT.PR	**device competition** [if several applications want to use simultaneously a device]
Gerätekoordinate *nf*	DAT.PR	**device coordinate**
Gerätelieferant *nm*	TECH	**equipment supplier** = equipment vendor
Gerätename *nm* = Gerätebezeichnung *nf*	HW	**device name**
Gerätenorm *nf* → Baunorm *nf*	EQP.EN	→ **construction standard**
Gerätenummer *nf*	HW	**device number**
geräteorientiert	DAT.PR	**device-oriented**
Gerätepriorität *nf*	DAT.PR	**device priority** = peripherals priority
Geräteraum *nm* = Gerätesaal *nm*	SYS.INS	**electronic equipment room**
Geräterealisierung *nf* ≈ Hardware-Realisierung [DAT.PR]	EL.TRO	**equipment implementation** ≈ hardware implementation [DAT.PR]
Geräteredundanz *nf*	QUAL	**equipment redundancy**
Gerätesaal *nm* → Geräteraum *nm*	SYS.INS	→ **electronic equipment room**
Geräteschlange *nf* = Peripheriegeräteschlange *nf*	DAT.PR	**device queue**
Geräteschnittstelle *nf* = Peripheriegeräte-Schnittstelle *nf* ↓ ESDI-Schnittstelle; SCSI-Schnittstelle; eingebettete Schnittstelle; ST-506-Schnittstelle	HW	**device interface** ↓ ESDI; SCSI; embedded interface; ST-505 interface
Geräteseite *nf* ≠ Leitungsseite	TELEC	**equipment side** ≠ line side
Gerätesendebereitschaft *nf* = Datenendgerät-Bereitschaftssignal *nn*	DAT.PR	**DTR** [Data Terminal Ready; to send] = data terminal ready signal
Gerätesicherung *nf*	EQP.EN	**equipment fuse**
Gerätespezifikation *nf*	TEC.DOC	**equipment specifications**
Gerätestatusmeldung *nf* [Code] = DSR	DAT.CO	**DSR** = device status report
Gerätestatuswort *nn* = Gerätezustandswort *nn*	DAT.PR	**device status word** = DSW
Gerätesteckdose *nf*	EL.INS	**appliance connector**
Gerätestecker *nm* → Einbaustecker *nm*	COMPO	→ **mounting plug**
Gerätestecker *nm*	HW	**device connector**
Gerätesteuerung *nf* = DC ↑ ASCII-Code	DAT.CO	**device control** = DC ↑ ASCII code
Gerätesteuerzeichen *nn*	DAT.CO	**device control character**
Gerätestörung *nf*	EQP.EN	**equipment failure**
Gerätestörungsalarm *nm*	EQP.EN	**equipment failure alarm**
Gerätetechnik *nf* ≈ Bauweise; Konstruktion; Geräteaufbau	EQP.EN	**equipment engineering** = hardware technology [DAT.PR] ≈ mechanical design
Gerätetreiber *nm* → Treiber *nm*	SW	→ **driver software**
Geräteübersicht *nf*	TEC.DOC	**overall equipment list** = equipment summary
geräteunabhängig	DAT.PR	**device-independent**
Geräteunabhängigkeit *nf*	DAT.PR	**device independence**
Gerätevariante *nf* = Variante *nf*; Geräteausführung *nf*; Ausführung *nf* ≈ Option	EQP.EN	**device version** *n* = equipment version; version *n*; device version; device variant; variant *n* ≈ option
Geräteverbund *nm*	DAT.PR	**multi-equipment system**
Geräteverwalter *nm*	DAT.PR	**device manager** = device controller
Geräteverwaltung *nf*	DAT.PR	**device management** = device control
Gerätezulassungsmuster *nn*	SAT.CO	**equipment qualification model** = EQM
Gerätezuordnung *nf*	DAT.PR	**equipment allocation** = device allocation; equipment assignment; device assignment
Gerätezustandsmerker *nm* → Gerätezustandsregister *nn*	DAT.PR	→ **device flag**
Gerätezustandsprüfung *nf*	SAT.CO	**equipment status review** = EQSR
Gerätezustandsregister *nn* = Gerätehinweiszeichen *nn*; Gerätezustandsmerker *nm*	DAT.PR	**device flag**

Gerätezustandsüberprüfung *nf* SAT.CO **equipment status review**
= EQSR

Gerätezustandswort *nn* DAT.PR → **device status word**
→ Gerätestatuswort *nn*

Gerätschaften *nplt* DAT.PR → **hardware** *n*
→ Hardware *nf*

Gerätschaften *nplt* TECH **set of equipment**
[Satz zusammengehöriger Geräte] [set of related equipment]
= Gerät *nn* (2) *nsgt* = equipment
≈ Apparatur ≈ apparatus

Gerät zur manuellen Eingabe TER&PER → **manual input device**
→ Handeingabegerät *nn*

geräumig COLL **spacious** *adj*
= voluminös = roomy; voluminous
≈ raumaufwendig ≈ space-consuming
↑ groß ↑ large

Geräumigkeit *nf* COLL **spaciousness** *n*
= roominess *n*; voluminosity *n*; voluminousness *n*

Geräusch *nn* TELEC **weighted noise**
[psofometrisch bewertetes Rauschen] = psophometric noise
↑ Rauschen ↑ noise

Geräusch *nn* ACOUS **noise** *n*
= Hörgeräusch *nn* = audible noise
≈ Lärm ≈ din

Geräuschabstand *nm* TELEC **signal-to-psophometric-noise ratio**
≈ Rauschabstand ≈ signal-to-noise ratio

Geräuschanalyse *nf* TELEC → **noise analysis**
→ Rauschanalyse *nf*

geräuscharm TELEC **low noise**
= rauscharm; lärmarm ≈ noiseless
≈ geräuschlos

geräuscharme Antenne ANT **antistatic antenna**
= Anti-QRN-Antenne *nf* = antistatic aerial

Geräuschbeitrag *nm* TELEC **noise contribution**

Geräuschbüschelsignal *nn* DAT.NW **noise burst signal**
[zeigt einen ungültigen Rahmen an] [indicates unvalid frame]

Geräuscheinblendung *nf* TELEPH → **comfort noise**
→ künstliches Geräusch

Geräuschemacher *nm* CINEMA → **foley artist**
→ Geräuschtonmeister *nm*

Geräuschemischer *nm* CINEMA **foley mixer**

geräuschempfindlich TELEC **noise sensitive**
= rauschempfindlich ≈ interference sensitive
≈ störempfindlichkeit

Geräuschempfindlichkeit *nf* TELEC → **noise sensitivity**
→ Rauschempfindlichkeit *nf*

Geräuscheschnitt *nm* CINEMA **foley edition**

Geräuschfeldstärke *nf* RADIO **nuisance field strength**

Geräuschfestigkeit *nf* TELEC → **noise immunity**
→ Rauschfestigkeit *nf*

geräuschfrei TELEC **noiseless**
= quiet

Geräuschglocke *nf* TER&PER → **noise-absorbing cover**
→ Schallschluckhaube *nf*

Geräuschhaube *nf* TER&PER → **noise-absorbing cover**
→ Schallschluckhaube *nf*

Geräuschimmission *nf* ACOUS **noise reception**
= Schallimmission *nf*

Geräuschkontrast *nm* TELEC → **noise contrast**
→ Geräuschunterschied

Geräuschleistungsabstand *nm* TELEC → **noise power ratio**
→ Geräuschleistungsverhältnis *nn*

Geräuschleistungsverhältnis *nn* TELEC **noise power ratio**
= Geräuschleistungsabstand *nm*; Störleistungsverhältnis *nn*; Störleistungsabstand *nm*; Rauschleistungsverhältnis *nn*; Rauschleistungsabstand *nm* = NPR

geräuschlos TECH **noiseless**
= leise = soundless; quiet
≈ lärmarm ≈ low-noise

Geräuschlosbetrieb *nm* TER&PER → **quiet mode**
→ Leisebetrieb *nm*

Geräuschlosigkeit *nf* TECH **noiselessness** *n*
= quietness *n*

Geräuschmeldesystem *nn* SIG.EN **sound sensing detector system**
= audio detection system

Geräuschmesser *nm* INSTR **noise level meter**
= Geräuschpegelmesser *nm* = noise meter

Geräuschpegel *nm* TELEC **noise level**

Geräuschpegelmesser *nm* INSTR → **noise level meter**
→ Geräuschmesser *nm*

Geräuschpegelmessung *nf* INSTR **noise level measurement**

Geräuschquelle *nf* TECH **noise source**

Geräuschsignal *nn* TELEC → **noise signal**
→ Rauschsignal *nn*

Geräuschspannung *nf* TELEC **psophometric noise voltage**
= weighted noise voltage

Geräuschspannungsmesser *nm* INSTR **psophometer** *n*
= Psophometer *nn*

Geräuschspitze *nf* EL.TRO → **interfering pulse** *n*
→ Störimpuls *nm*

Geräuschspur *nf* CINEMA **effects track**

Geräuschtonmeister *nm* CINEMA **foley artist**
= Geräuschemacher *nm* = foley recordist

Geräuschunempfindlichkeit *nf* TELEC → **noise immunity**
→ Rauschfestigkeit *nf*

Geräuschunterschied TELEC **noise contrast**
= Geräuschkontrast *nm*

geräuschvoll TECH **noisy**
= rauschig ≠ noiseless
≠ geräuschlos

gerechnete Kurve TECH **calculated curve**
= theoretische Kurve

Gerechtigkeit *nf* COMP.SC **fairness** *n*
[parallel ablaufende Prozesse werden gleichberechtigt an den Betriebsmitteln beteiligt] [parallel processes can access resources with equal priority]
= Fairness *nf*

gerecht werden COLL → **conform to**
→ entsprechen *vi* (2)

geregelter Nachlauf CIRC.EN **closed-loop tracking**

geregelte Stromversorgung POW.SY → **stabilized power supply**
→ stabilisierte Stromversorgung

gereihter Code SW **threaded code**
[aus unabhängig voneinander ablaufenden Unterprogrammen bestehendes Programm] [program composed by independent subroutines]
= single-threaded code; thread *n* (1)

gereinigt TECH → **clean** *adj*
→ sauber

gerichtet TECH **directional**
= orientiert = directed; vectored; oriented

gerichtete Kommunikation TELEC → **distributive communication**
→ Verteilkommunikation *nf*

gerichteter Empfang RADIO → **directive reception**
→ Richtempfang *nm*

gerichteter Graph MATH **directed graph**
= Einweg-Graph = digraph *n*; unidirectional graph

gerichtetes Erstarren PHYS **directional solidification**

gerichtete Unterbrechung SW → **vectored interrupt**
→ Vektorunterbrechung *nf*

Gerichtsfernsehen *nn* IMAG.ME **court TV**

Gerichtsstand *nm* LAW **legal domicile**

Gerichtsverfahren *nn* LAW → **lawsuit** *n*
→ Prozess *nm*

geriffelt ENG.DRA **checkered**

geriffelt MEC.EN **checkered**
= corrugated

geringe Datenmengen schreiben DAT.MA **put** *vt*

geringer Qualität QUAL → **low-quality** *adj*
→ minderwertig

geringfügig COLL **slight** *adj*
≈ vernachlässigbar = trifling
≈ negligible

Geringfügigkeit *nf* COLL **littleness** *n*
≈ Wenigkeit; Bedeutungslosigkeit ≈ paucity; insignificance

Gerippe *nn* TECH **skeleton** *n*
≈ Gerüst ≈ framework

gerippt TECH **ribbed**
= finned

gerissen TECH **torn** *adj*
= zerrissen

Germanium *nn* CHEM **germanium** *n*
= Ge; Eca-Silizium [MICR.EL] = Ge; eca silicon [MICR.EL]

Germanium-Diode *nf* MICR.EL → **Ge diode**
→ Ge-Diode *nf*

Germanium-Transistor *nm* MICR.EL → **Ge transistor**
→ Ge-Transistor *nm*

gerollt TECH **curled**

gerostet CHEM → **rusty** *adj*
→ rostig

geruchsarm COLL **low-odour**
Gerüchteküche *nf* COLL **rumour mill**
Gerüchtemacher COLL **rumour monge**
gerufener Fernsprechteilnehmer SWITCH **called telephone subscriber**
↑ gerufener Teilnehmer
= telephonee *n*
↑ called subscriber
gerufener Teilnehmer DAT.CO → **called station**
→ gerufene Station
gerufener Teilnehmer SWITCH **called suscriber**
= B-Teilnehmer *nm*; ferner Teilnehmer; Angerufener *nm*
↓ gerufener Fernsprechteilnehmer
= called party; B subscriber; called number; terminating station
↓ called telephonic subscriber
gerufene Station DAT.CO **called station**
= gerufener Teilnehmer
= called subscriber; called user
gerundet MEC.EN → **rounded**
→ abgerundet
Gerundium *nn* LING **gerund** *n*
[gebeugter Infinitiv zum Ausdruck einer Verallgemeinerung oder Dauerhaftigkeit; z.B. arbeitend]
≈ Gerundiv; Partizip
[infinitive with adverbial qualities to express generalization or continuance; e.g. working]
≈ gerundive; participle
Gerundiv *nn* LING **gerundive** *n*
[Notwendigkeit ausdrückendes Partizip des Passivs des Futur; (z.B. lat. "amanda" = "in Zukunft geliebt werden Müssende")]
= Gerundivum
≈ Gerundium
[future passive participle expressing necessity; (e.g. in Latin "amanda" = "which has to be loved in future")]
≈ gerund
Gerundivum LING → **gerundive** *n*
→ Gerundiv *nn*
Gerüst *nn* SCIE **framework** *n*
[fig]
= Grundstruktur *nf*
[fig]
= basic structure
Gerüst *nn* TECH **framework** *n*
≈ Gerippe
≈ skeleton
Gerüst *nn* CIV.EN **scaffold** *n* (1)
≈ Plattform
Gerüst *nn* TELEC **framework** *n*
[alle Knoten eines Netzgraphen enthaltender Baum]
[a tree containing all nodes of a network graph]
Gerüstbauer CINEMA **rigging grip**
Gerüstebau *nm* CIV.EN **scaffolding** *n*
Gesamt- TECH **overall** *adj*
= Global-; umfassend
= total; global
Gesamtanlage *nf* TECH → **turn key system**
→ schlüsselfertige Anlage
Gesamtbetriebskosten *nplt* ECON **total cost of ownership**
= TCO
Gesamtbezugsdämpfung *nf* TELEPH **total loss reference equivalent**
= overall loudness rating; OLR
Gesamtbitrate *nf* TELEC → **transmission rate**
→ Übertragungsgeschwindigkeit *nf*
Gesamtdurchsatz *nm* TECH **total throughput**
= total thruput
Gesamtempfindlichkeit *nf* INSTR **overall sensitivity**
Gesamtfehler *nm* TECH **total error**
Gesamtgüte *nf* CIRC.EN **Q loaded**
Gesamtheit *nf* COLL **totality** *n*
Gesamtheit *nf* STATIS **population** *n*
= Bevölkerung *nf*
↓ Grundgesamtheit
= universe *n*
↓ parent population
Gesamtkatalog *nm* ECON **full-line catalog** (AE)
= Hauptkatalog *nm*
= full-line catalogue (BE); general catalog (AE); general catalogue (BE)
Gesamtlösungsanbieter *nm* ECON **full-solution provider**
= Komplettanbieter
Gesamtmaß *nn* ENG.DRA **overall dimension**
Gesamtmessbereich *nm* INSTR → **full scale**
→ Vollausschlag *nm*
Gesamtschule *nm* EDUC **comprehensive school** (BE)
[Integration von Hauptschule, Realschule und Gymnasium]
Gesamtsumme *nf* MATH **grand total**
= Gesamtwert *nm*
= sum total; total amount; total *n*
Gesamtübertragungsfaktor *nm* TELEPH **overall transmission index**
Gesamtverzögerung *nf* TELEC **overall delay**
Gesamtwert *nm* MATH → **grand total**
→ Gesamtsumme *nf*
Gesamtzahl *nf* COLL → **number** *n*
→ Anzahl *nf*
Gesamtzeit *nf* TECH **total time**
= total duration

Gesang *nm* MUSIC **singing** *n*
= song *n*; canto *n*
Gesangsfilm *nm* CINEMA **all-singing film**
gesättigte Logik MICR.EL **saturated logic circuit**
= Sättigungslogik *nf*
≈ TTL
gesättigte Lösung CHEM **saturated solution**
gesättigter Dampf PHYS **saturated vapor**
= Sattdampf *nm*
geschachtelt SW → **nested** *adj*
→ verschachtelt
geschachtelt TECH → **interleaved** *adj*
→ verschachtelt
geschachtelte Programmschleife SW → **inner loop**
→ verschachtelte Programmschleife
geschachtelte Prozedur SW → **nested procedure**
→ verschachtelte Prozedur
geschachtelter Datensatz DAT.MA → **nested record**
→ verschachtelter Datensatz
geschachtelte Relation DAT.MA **nested relation**
geschachtelte Routine SW → **nested routine**
→ verschachtelte Routine
geschachtelter Programmblock SW → **nested programm block**
→ verschachtelter Programmblock
geschachtelte Schleife SW → **inner loop**
→ verschachtelte Programmschleife
geschachteltes Element INTERNET **nested element**
[enthält sich selbst]
[contains itself]
geschachteltes Unterprogramm SW → **nested routine**
→ verschachtelte Routine
geschachtelte Tabelle COMP.AP → **nested table**
→ verschachtelte Tabelle
Geschäft *nn* ECON **business** *n* (*pl* -es)
= deal *n*; transaction *n*; trading *n*
Geschäft, das große ECON **big business** (1)
geschäftlich ECON **business-related** *adj*
= business-
Geschäftsabschluss *nm* ECON **business transaction** (2)
[conclusion of a business]
= transaction *n* (2)
Geschäftsanschluss *nm* TELEPH **business telephone**
≠ Privatanschluss
= commercial telephone
≠ private telephone
Geschäftsaussichten *nplt* ECON **business prospects** *nplt*
Geschäftsbereich *nm* ECON **business area**
= Geschäftsfeld *nn*
= business unit
Geschäftsbereich *nm* ECON → **corporate division** (1)
→ Unternehmensbereich *nm*
Geschäftsbrief *nm* OFFICE **business letter**
Geschäftscomputer *nm* DAT.PR **business computer**
= kommerzieller Rechner
= commercial-use computer
Geschäftsdatenverarbeitung *nf* COMP.AP **business data processing**
= BDP
Geschäftseinheit *nf* ECON **business unit** (1)
≠ Wohneinheit
≠ residential unit
Geschäftserfolg *nm* ECON **business success**
Geschäftsergebnis *nn* ECON → **profit** *n*
→ Gewinn *nm*
Geschäftsergebnis nach Steuer ECON **NOPAT**
= NOPAT
= Net Operational Profit After Taxes
Geschäftsergebnis vor Zinsen und Steuern ECON **EBIT**
= EBIT
= Earnings Before Interest and
Geschäftsfeld *nn* ECON → **business area**
→ Geschäftsbereich *nm*
Geschäftsfernsehen *nn* TELEC **business TV**
Geschäftsfrau *nf* ECON **businesswoman** *n*
[*pl.* Geschäftsleute]
geschäftsführend ECON **managing**
Geschäftsführer *nm* ECON → **officer** *n*
→ Leiter *nm*
Geschäftsführung *nf* ECON **management** *n* (1)
[Institution]
= Management *nn*; Direktion *nf* (1); Leitung *nf* (1)
[institution]
= direction *n* (1)
≈ head office
Geschäftsgebiet *nn* ECON **corporate subdivision**
= subdivision *n*
Geschäftsgebiet *nn* ECON → **corporate division** (1)
→ Unternehmensbereich *nm*
Geschäftsgrafik *nf* COMP.AP **business graphics**
= Geschäftsgraphik *nf*; Bürografik *nf*;
= management graphics; business

Bürographik *nf*
↑ Präsentationsgrafik | presentation graphics
↑ presentation graphics

Geschäftsgraphik *nf* COMP.AP → **business graphics**
→ Geschäftsgrafik *nf*

Geschäfts-Informationssystem *nn* COMP.AP **business information system**
= Betriebsinformationssystem *nn*; BIS | = BIS

Geschäftsjahr *nn* ECON **fiscal year** (AE)
= Gebahrungsjahr *nn* (AT) | = trading year; financial year; business year
≠ Kalenderjahr | ≠ legal year

Geschäftskarte *nf* ECON **business card**

Geschäftskommunikation *nf* TELEC **business communication**

Geschäftskommunikation *nf* TELEC → **corporate communications**
→ Unternehmenskommunikation *nf*

Geschäftskorrespondenz *nf* OFFICE **business correspondence**

geschäftskritisch ECON **business-critical** *adj*

Geschäftskunde *nm* TELEC → **business subscriber**
→ Geschäftsteilnehmer *nm*

Geschäftsleute *nplt* ECON **businesspeople** *nplt*
[sing. Geschäftsmann; Geschäftsfrau]

Geschäftsmann *nm* ECON **businessman** *n* (1)
[*pl.* Geschäftsleute] | [*pl.* businesspeople]

Geschäftsnetz *nn* TELEC → **private network** *n*
→ Privatnetz *nn*

Geschäftspartner *nm* ECON **business partner**

Geschäftsperson *nf* ECON **businessperson** *n*
↓ Geschäftsmann; Geschäftsfrau | ↓ businessman; businesswoman

Geschäftsprozess *nm* ECON **business process**

Geschäftsprozessanalytiker *nm* ECON **business analyst**

Geschäftsprozess-Umgestaltung *nf* ECON **business process reengineering**
= BPR

Geschäftsräume *nplt* ECON **business premises**

Geschäftsreise *nf* ECON **business trip**

Geschäftssoftware *nf* SW **business software**
= kaufmännische Software
↓ Textverarbeitungsprogramm; Tabellenkalkulationsprogramm; Buchhaltungsprogramm; Lagerverwaltungsprogramm; Gehaltsabrechnungsprogramm | ↓ word processing program; spreadsheet calculation program; accounting program; stockkeeping program; payroll program

Geschäftssprache *nf* ECON **business glossary**

Geschäftsstelle *nf* ECON → **branch office**
→ Filiale *nf*

Geschäftsstrategie *nf* ECON **business strategy**

Geschäftsstunden *nplt* ECON → **business hours**
→ Geschäftszeit *nf*

Geschäftsteilnehmer *nm* TELEC **business subscriber**
= Geschäftskunde *nm* | = business customer; business user
≈ Großteilnehmer | ≈ large user
≠ Privatteilnehmer | ≠ private subscriber
↓ Firmenkunde | ↓ corporate customer

Geschäftsverkehr *nm* TELEC **commercial traffic**

Geschäftsvermögen *nn* ECON **business assets**

Geschäftsvermögen *nn* ECON → **capital** *n* (1)
→ Kapital *nn*

Geschäftsvermögen-Zins *nm* ECON → **capital interest**
→ Kapitalzins *nm*

Geschäftsvolumen *nn* ECON **business volume**

Geschäftsvorgang *nm* ECON **business transaction** *n* (1)
[a movement in a business]
= transaction *n* (1)

Geschäftswelt *nf* ECON **business community**
= business world

Geschäftswertbeitrag *nm* ECON **Economic Value Addede**
= GWB | = EVA

Geschäftszeit *nf* ECON **business hours**
= Geschäftsstunden *nplt*

Geschäftszentrum *nn* ECON **downtown** *n*
= Innenstadt *nf* | = city *n* (BE)

Geschäftszyklus *nm* ECON **operating cycle**

geschaltet POW.SY → **switched**
→ getaktet

geschalteter DC-Wandler POW.SY → **switched mode dc converter**
→ getakteter Gleichspannungswandler

geschätzt COLL **esteemed** *adj*
= geachtet | = worthful; worthy

geschätzte Ausfallrate QUAL → **failure rate**
→ Ausfallrate *nf*

geschätztes Mittel STATIS → **assumed mean**
→ provisorisches Mittel

geschehen COLL → **occur** *vi*
→ vorkommen *vi*

Geschehen *nn* MEDIA → **action** *n*
→ Handlung *nf*

Geschehen *nn* COLL → **occurence** *n*
→ Vorkommnis *nn*

gescherte Permeabilität PHYS → **effective permeability**
→ effektive Permeabilität

Geschichte *nf* MEDIA **story** *n*
= Story *nf* (ANGL)

geschichtet TECH **stratified**
= geblättert | = laminated; layered

geschichtete Antenne ANT **laminated antenna**
= laminated aerial

geschichtete Oberfläche DAT.PR → **layered interface**
→ mehrschichtige Oberfläche

geschichtete Schnittstelle SW **layered interface**

geschirmt PHYS **shielded**

geschirmtes Adernpaar COM.CAB → **shielded pair**
→ geschirmtes Aderpaar

geschirmtes Aderpaar COM.CAB **shielded pair**
[Paare In MetallFolie] | = shielded twisted pair; STP; screened pair
= geschirmtes Adernpaar; geschirmtes Paar; PiMF

geschirmtes Kabel COM.CAB **shielded cable**
= geschirmtes Kabel; abgeschirmtes Kabel | = screened cable

geschirmtes Kabel COM.CAB → **shielded cable**
→ geschirmtes Kabel

geschirmtes Paar COM.CAB → **shielded pair**
→ geschirmtes Aderpaar

geschirmtes Paarkabel COM.CAB **shielded pair cable**
= screened pair cable; twisted pair cable

geschirmtes Viererkabel COM.CAB **shielded quart**

Geschirr *nn* TECH **equipment** *n* (3)

geschlängelt TECH **sinuous** *adj*
= gewunden | = tortuous; winding; serpentine
≈ mäanderförmig | ≈ meandrous

Geschlecht *nm* LING → **gender** *n*
→ Genus *nn*

Geschlechtswort *nn* LING → **article** *n*
→ Artikel *nm*

geschliffen MEC.EN **ground** *adj*

geschlitzt MEC.EN **slit** *adj*

geschlossen INF.TEC **closed** *adj*
[z.B. eine Schnittstelle] | [e.g. an interface]
≈ firmeneigen [TECH] | = proprietary [TECH]
≠ offen | ≠ open

geschlossene Architektur DAT.PR **closed architecture**
= firmeneigene Architektur | = proprietary architecture
≈ geschlossene Architektur | ≈ closed environment
≠ offene Architektur | ≠ open architecture

geschlossene Benutzergruppe DAT.CO → **closed user group**
→ geschlossene Teilnehmerbetriebsklasse

geschlossene Codierung TV **composite encoding**
= direkte Codierung | ≠ component encoding
≠ Komponentencodierung

geschlossene Datei DAT.MA **closed file**
[von einem Anwenderprogramm gerade nicht benutzt] | [not being used by an application]
= unzugängliche Datei

geschlossene Kurve MATH **closed curve**

geschlossener Aufbau EQP.EN **self-contained construction**

geschlossene Regelschleife CONTRO → **closed loop**
→ geschlossener Regelkreis

geschlossene Routine DAT.PR **closed routine**

geschlossener Regelkreis CONTRO **closed loop**
= geschlossene Regelschleife

geschlossene Schleife TELEC **closed loop**

geschlossenes Teilnehmernetz TELEC **closed user network**
[auf bestimmte Teilnehmer beschränkte, vermittelte Dienste eines öffentlichen Netzes, z.B. Btx] | [services of a public switched network, accesible to a limited group of subscribers]
= CUN
≈ Privatnetz | ≈ private network

geschlossenes Unterprogramm SW **closed subroutine**
[in einem bestimmten Speicherplatz kopierbar] | [stored at one given location]
= linked subroutine
≠ offenes Unterprogramm | ≠ open subroutine

geschlossene Teilnehmerbetriebsklasse DAT.CO **closed user group**
= geschlossene Benutzergruppe; GBG | = CUG

geschlossene Umgebung DAT.PR **closed environment**

≈ offene Architektur — ≈ closed architecture
≠ offene Umgebung — ≠ open environment

geschlossen prozessgekoppelter Betrieb DAT.PR **closed-loop mode**
[Prozesssteuerung] — [process control]
= Closed-loop-Betrieb *nm* — = closed-loop operation

Geschmacksmuster *nn* ECON **design patent**

geschmeidig TECH **pliable**
≈ biegsam — = supple; ≈ flexible

Geschmeidigkeit *nf* TECH **pliability** *n*
≈ Biegsamkeit — = suppleness *n*; ≈ flexibility

geschmiedet METAL **forged**
= wrought

Geschnatter *nn* DAT.CO **jabber** *n*
[durch einen Defekt verursachte Zufallsfolge von Sendezeichen] — [a random sequence of transmit signals caused by defect]
≈ Datensalat [DAT.PR] — ≈ garbage [DAT.PR]

Geschnattersperre *nf* DAT.CO **jabber control**
[interrupts jabber]

Geschoss *nn* CIV.EN → **floor** *n* (of a building)
→ Stock *nn*

Geschoß *nn* (AT) CIV.EN → **floor** *n* (of a building)
→ Stock *nn*

geschränkt TECH → **twisted**
→ verdrillt

geschraubt (1) MEC.EN **screwed** *adj*
[ohne Mutter]
= verschraubt

geschraubt (2) MEC.EN **bolted**
[mit Mutter]

geschruppt METAL **pre-machined**

geschult EDUC **trained** *adj*
= ausgebildet

geschützt QUAL → **protected**
→ ersatzgeschützt

geschützt DAT.PR **protected**
≈ gesichert — ≈ saved

geschützt TECH → **protected**
→ gesichert

geschützte Datei DAT.MA **protected file**
= gesicherte Datei — = saved file; secured file

geschützter Betrieb DAT.PR **protected mode**
[parallel laufende Programme werden vor gegenseitiger Störung geschützt] — [prevents parallel running programs from interfering with one another]
≠ Realbetrieb — ≠ real mode

geschützter Bindestrich WOR.PR → **non-breaking hyphen**
→ Nichttrennungs-Bindestrich *nm*

geschützter Kontakt COMPO → **sealed contact**
→ Schutzrohrkontakt *nm*

geschützter Speicherbereich DAT.MA → **protected memory area**
→ Speicherschutzbereich *nm*

geschütztes Feld TER&PER **protected field**

geschütztes Leerzeichen WOR.PR **non-breaking space**

geschweifte Klammer MATH **curly bracket**
[Symbol: {}] — [symbols: {}]
↑ Klammer — = brace *n*; ↑ bracket (1)

geschweifte Klammer auf MATH **left curly bracket**
[{] — [{]

geschweifte Klammer zu MATH **right curly bracket**
[}] — [}]

geschweißt METAL **welded**

geschwind TECH → **fast** *adj*
→ schnell

Geschwindigkeit *nf* MECH **velocity** *n*
[Länge pro Zeiteinheit; SI-Einheit: Meter durch Sekunde] — [distance per unit of time; SI unit: meter per second]
= v — = v; speed *n* (2)

Geschwindigkeit *nf* COLL → **fastness**
→ Schnelligkeit *nf*

Geschwindigkeitsanpassung *nf* DAT.CO **speed adaptation**

Geschwindigkeitsausgleich *nm* DAT.CO **speed matching**

Geschwindigkeitseffekt *nm* MICR.EL **rate effect**

Geschwindigkeitsklasse *nf* DAT.CO **class of data signalling rate**

Geschwindigkeitsmodulation *nf* EL.TRO **velocity modulation**

Geschwindigkeitsumsetzer *nm* DAT.CO → **subrate multiplexer**
→ Subratenmultiplexer *nm*

Geschwindigkeitsumsetzung *nf* DAT.CO **speed conversion**

Geschwindigkeitsverdopplung *nf* MICR.EL **speed doubling**

Geschwister *nplt* COMP.SC **sibling** *n*
[Abkömmling desselben Knotens oder Prozesses] — [children of the same parent node or process]
= sib *n*

Geselle *nm* ECON **journeyman** *n*
≈ Lehrling

Gesellschaft *nf* ECON **company** *n*
= Firma *nf*; Betrieb *nm*; Unternehmen *nn* (1); Unternehmung *nf* (2); Wirtschaftsunternehmen *nn*; Haus *nn* — [association for economic purposes] = firm; business; enterprise; business enterprise; society; undertaking; house
↓ Kommanditgesellschaft; GmbH; Aktiengesellschaft — ↓ limited partnership; patnership;

Gesellschaft für musikalische Aufführungs- und mechanische Vervielfältigungsrechte MEDIA → **GEMA**
→ GEMA

Gesellschaft mit beschränkter Haftung ECON → **company with limited liability**
→ GmbH *nf*

Gesellschaftsanschluss *nm* TELEC → **party line**
→ Gemeinschaftsanschluss *nm*

Gesellschaftsstatuten *nplt* ECON **bylaw** *n*

Gesenk *nn* METAL **die** *n* (2)

Gesenkpressen *nn* METAL **die pressing**

Gesenkschmieden METAL **drop forging**

Gesetz *nn* SCIE **law** *n*
= Gesetzmäßigkeit *nf* — = rule *n*

Gesetz *nn* LAW **law** *n* (1)
≈ Recht (2) — [a specific legal disposition]; ≈ law (2)

Gesetz der großen Zahlen STATIS **law of large numbers**

gesetzlicher Feiertag ECON **legal holiday**

gesetzliches Zahlungsmittel ECON **legal tender**

Gesetzmäßigkeit *nf* SCIE → **law** *n*
→ Gesetz *nn*

Gesetz von Grosch DAT.PR **Grosch's law**
[Rechenleistung eines Computers wächst quadratisch mit den Kosten] — [computing power proportional to the square of the costs]

Gesetz von Moore MICR.EL **Moore's law**
[Verdoppelung der Ts-Funktionen eines IC alle 2 Jahre] — [doubling of transistor functions on an IC every 2 years]
= mooresches Gesetz; Moore'sches Gesetz

gesichert DAT.PR **saved**
≈ geschützt — ≈ protected

gesichert TECH **protected**
= geschützt — = secured; guarded; saved
≈ gefahrenlos — ≈ secure
≠ ungesichert — ≠ unprotected

gesicherte Datei DAT.MA → **protected file**
→ geschützte Datei

gesicherter Bereich INTERNET → **walled garden**
→ eingezäunter Garten

gesicherter Betrieb TELEC **assured mode**
[ATM] — ↑ connection-oriented service
↑ verbindungsorientierter Betrieb

gesicherter Transfer-Server DAT.NW **reliable transfer server**
= RTS

Gesichtsfeld *nn* OPT **visual field**
= Blickfeld *nn* — = field of vision; field of view; field

Gesichtskreis *nm* GEOSC → **horizon** *n*
→ Horizont *nm*

Gesichtspunkt *nm* COLL **standpoint** *n*
[fig] — [fig]
= Aspekt *nm*; Standpunkt *nm* — = viewpoint *n*; point of view; aspect *n*; prospective *n*

Gesichtswinkel *nm* PHYS → **angle of sight**
→ Sehwinkel *nm*

gesickt METAL **beaded**

gesockelt COMPO **socketed**
[auf Sockel aufgesteckt] — [inserted on a socket]; = mounted

gesondert TECH → **separated** *adj*
→ getrennt

gespannt (1) MEC.EN **tense** *adj*

gespannt (2) MEC.EN → **tight** *adj*
→ straff

gespeichert EL.TRO **stored** *adj*
≈ registriert

gespeicherte Beschriftung DAT.MA **internal label**
[recorded on the data medium]

gespeist EL.TEC → **supplied** *adj*
→ versorgt

gespeistes aktives Element ANT → **primary radiator**
→ Primärstrahler *nm*
gespeistes Element ANT → **primary radiator**
→ Primärstrahler *nm*
gesperrt TECH → **inoperable** *adj*
→ betriebsunfähig
gesperrt EL.TRO **disabled**
= blockiert
= inhibited; blocked
gesperrte Datei DAT.MA **locked file**
[kann nicht verändert werden]
[cannot be altered]
gesperrter Datenträger DAT.MA **locked volume**
gesperrter Ordner DAT.MA **locked folder**
gesperrte Tastatur SW **locked-up keyboard**
= Tastatusperrung *nf*
gespiegelt TECH **mirrored**
≈ reflektiert
≈ reflected
gespiegelter Schrägstrich LING → **backslash** *n*
→ Gegenschrägstrich *nm*
gespiegeltes E LOGIC **mirrored E**
Gespräch *nn* TELEPH **conversation**
≈ Anruf; Verbindung [TELEC]; Sprechen
≈ call; connection [TELEC]; speech
Gespräch in Wartestellung TELEPH **camped-on call**
Gesprächsabbau *nm* TELEPH **call tear-down**
≠ Gesprächsaufbau
↑ Verbindungsabbau [SWITCH]
= call release; call take-down
≠ call set-up
↑ connection tear-down [SWITCH]
Gesprächsabwicklung *nf* SWITCH → **call processing**
→ Verbindungsabwicklung *nf*
Gesprächsanmeldung *nf* SWITCH **call booking**
= booking *n*
Gesprächsaufbau *nm* TELEPH **call set-up** *n*
= Rufaufbau *nm*
≠ Gesprächsabbau
↑ Verbindungsaufbau [SWITCH]
≠ call tear-down
↑ connection set-up [SWITCH]
Gesprächsaufkommen *nn* [TELEPH] SWITCH → **traffic volume**
→ Verkehrsmenge *nf*
Gesprächsaufzeichnung *nf* TELEPH **call recording**
Gesprächsaufzeichnungsgerät *nn* TELEPH **call recording equipment**
Gesprächsausführungsrate *nf* SWITCH **call completion rate**
= call completion ratio; completion rate; completion ratio
Gesprächsbeginn *nm* SWITCH **beginning of conversation**
= start of conversation; time-on
Gesprächsdaten-Aufzeichnung *nf* TELEC **call data records**
= CDR
Gesprächsdaten *nplt* SWITCH → **call data**
→ Verbindungsdaten *nplt*
Gesprächsdauer *nf* TELEPH **conversation time**
= Gesprächszeit *nf*
≈ Luftbelegungsdauer [MOB.CO]
↑ Verbindungsdauer [TELEC]
= speech time
≈ air time [MOB.CO]
↑ call duration [TELEC]
Gesprächseinheit *nf* SWITCH → **unit-fee** *n*
→ Gebühreneinheit *nf*
Gesprächsende *nn* SWITCH **end of conversation**
Gesprächsführer *nm* OFFICE → **moderator** *n*
→ Moderator *nm*
Gesprächsgebühr *nf* [TELEPH] TELEC → **connection fee** (2)
→ Verbindungsgebühr *nf*
Gesprächsleitung *nf* OFFICE → **moderation**
→ Moderation *nf*
Gesprächspartner *nm* COLL **conversation partner**
= dialogist *n*
Gesprächspause *nf* TELEPH **conversation pause**
= Pause *nf*
= silence *n*
Gesprächspausenerkennung *nf* TELEC **silence detection**
Gesprächsstoff *nm* COLL → **conversation topic**
→ Gesprächsthema *nn*
Gesprächsthema *nn* COLL **conversation topic**
= Gesprächsstoff *nm*
Gesprächsübergabe *nf* MOB.CO → **roaming**
→ Roaming *nn*
Gesprächsübergabeabkommen *nn* MOB.CO → **roaming agreement**
→ Roaming-Abkommen *nn*
Gesprächsübergabe-Betrieb *nm* TELEC **push-to-talk operation**
[Teilnehmer sendet nach Empfang des Übergabewortes]
[speaker transmits after reception of the concluding word]
Gesprächsumleitung *nf* TELEPH → **call forwarding**
→ Rufumleitung *nf*
Gesprächsumleitung zur Beamtin SWITCH **service intercept**
Gesprächsumlenkung *nf* TELEPH → **call forwarding**
→ Rufumleitung *nf*

Gesprächsumschaltung *nf* MOB.CO **hand-off** *n* (1)
= Gesprächsweiterreichung *nf*; Weiterreichvorgang *nm*
↓ Kanalwechsel; Verbindungsumschaltung
= hand-over *n* (1); call transfer
↓ channel change; connection handover
Gesprächsverbindung *nf* TELEC → **telephone communication**
→ Fernsprechverbindung *nf*
gesprächsweise Netzbetreiberwahl TELEC **call-by-call selection**
= Call-by-call-Verfahren *nn* (ANGL)
≠ grunsätzliche Netzbetreiberwahl
[of the network carrier]
≠ preselection
Gesprächsweitergabe *nf* TELEPH **call transfer**
= Gesprächszuweisung *nf*
Gesprächsweiterleitung *nf* TELEPH → **call forwarding**
→ Rufumleitung *nf*
Gesprächsweiterreichung *nf* MOB.CO → **hand-off** *n* (1)
→ Gesprächsumschaltung *nf*
Gesprächsweiterschaltung *nf* TELEPH → **call forwarding**
→ Rufumleitung *nf*
Gesprächszähler *nm* TELEPH **call meter**
Gesprächszählung *nf* SWITCH **call counting**
Gesprächszeit *nf* TELEPH → **conversation time**
→ Gesprächsdauer *nf*
Gesprächszeitbegrenzer *nm* SWITCH **speech-time limiter**
Gesprächszeitmesser *nm* SWITCH **timing register**
= timing device; chargeable-time device
Gesprächszustand *nm* SWITCH → **call state**
→ Verbindungszustand *nm*
Gesprächszuweisung *nf* TELEPH → **call transfer**
→ Gesprächsweitergabe *nf*
Gesprächszuweisung *nf* TELEPH → **call forwarding**
→ Rufumleitung *nf*
gesprochene Sprache LING **spoken language**
↑ Sprache
gesprochene Sprache INF.TEC → **voice** *n*
→ Sprache *nf*
gestaffelt COLL **graded** *adj*
= etappenweise
= graduated; staggered; staged
gestaffelte Auswahlsortierung DAT.MA **repeated selection sort**
gestalten TECH **style** *vt*
= formgestalten
= design *vt* 4); fashion *vt*; shape *vt*
Gestaltsänderung *nf* TECH → **deformation** *n*
→ Verformung *nf*
Gestaltung *nf* (1) TECH **styling** *n*
= Formgestaltung *nf*; Design *nn*
= design *n* 4); fashioning *n*
Gestaltung *nf* (2) TECH → **lay-out** *n*
→ Auslegung *nf*
Gestänge *nn* CIV.EN **strutting** *n*
Gestänge *nn* OUT.PL → **pole line**
→ Mastlinie *nf*
gestanzt MEC.EN **stamped**
gestaucht METAL **upset** *adj*
Gestehungspreis *nm* ECON → **cost** *n*
→ Kosten *nplt* (Singular: Kostenpunkt *nm*)
Gestell *nn* EQP.EN **rack** *n*
= Bucht *nf*
= bay *n*; frame *n*
Gestell *nn* TECH → **rack** *n*
→ Regal *nn*
Gestellansichtsplan *nm* TELEC **rack layout**
= bay layout; frame layout; bay face
Gestellaufbau *nm* EQP.EN **rack construction**
= rack mounting
Gestellaufsatz *nm* EQP.EN **rack extension**
Gestellbauweise *nf* EQP.EN **rack design**
Gestellbelegung *nf* EQP.EN **rack equipment**
= Gestellbestückung *nf*
= rack profile; rack arrangement
Gestellbestückung *nf* EQP.EN → **rack equipment**
→ Gestellbelegung *nf*
Gestelleinbau-Option *nf* EQP.EN **rack-mount option**
Gestelleinbausatz *nm* INSTR **rack-mount kit**
= rack flange kit
Gestelleinschubrahmen *nm* EQP.EN **rack-mountable shelf unit**
Gestellfuß *nm* EQP.EN **rack foot**
Gestellglocke *nf* TELEC **rack bell**
= Gestellwecker *nm*
= bay bell
Gestellholm *nm* EQP.EN **rack spar**
Gestellkabel *nn* EQP.EN **rack cable**
Gestellkopf *nm* EQP.EN → **rack top**
→ Gestelloberteil *nn*
gestellmontiert EQP.EN **rack-mounted**
= schrankmontiert; rahmenmontiert
Gestelloberteil *nn* EQP.EN **rack top**
= Gestellkopf *nm*

Gestellrahmen *nm* EQP.EN **rack panel**
= rack frame

Gestellreihe *nf* SYS.INS **rack row**
= Gestellzeile *nf*; Reihe *nf*; Zeile *nf*
= equipment row; row *n*; rack suite; equipment suite; suite *n*; rack line; bay line; line *n*

Gestellreihenaufbau *nm* SYS.INS **rack suite construction**
= rack row arrangement

Gestellreihenverkabelung *nf* SYS.INS **inter-shelf cabling**

Gestellschrank *nm* EQP.EN **rack cabinet**

Gestellverdrahtung *nf* EQP.EN **rack wiring**
= Gestellverkabelung *nf*
= shelf cabling

Gestellverkabelung *nf* EQP.EN → **rack wiring**
→ Gestellverdrahtung *nf*

Gestellwecker *nm* TELEC → **rack bell**
→ Gestellglocke *nf*

Gestellzeile *nf* SYS.INS → **rack row**
→ Gestellreihe *nf*

gesteuerte Erreichbarkeit SWITCH **controlled accessibility**
= controlled availability

gesteuerte Messeinrichtung INSTR → **measuring responder**
→ Messresponder *nm*

gesteuerte Quelle NETW.TH **controlled source**

gesteuerter Messgleichrichter INSTR → **phase selective measuring rectifier**
→ phasenabhängiger Messgleichrichter

gesteuerte Spannungsquelle NETW.TH **controlled voltage source**

gesteuerte Stromquelle NETW.TH **controlled current source**

Gestik *nf* COMP.AP **gesture** *n*

Gestik-Computer *nm* DAT.PR **gesture computer**

gestikgesteuert COMP.AP **gesture-controlled**

Gestiksteuerung *nf* COMP.AP **gesture control system**

gestochen scharf OPT → **crisp** *adj*
→ scharf

gestockte Cubical-quad-Antenne ANT **twin quad**
= twin square

gestockter Dipol ANT → **broadside array**
→ Dipolebene *nf*

gestört TECH → **inoperable** *adj*
→ betriebsunfähig

gestört RADIO **interfered**
= garbled

gestörtes Bit INF.TEC → **erroned bit**
→ fehlerbehaftetes Bit

gestörte Sekunde TRANSM → **erroned second**
→ fehlerbehaftete Sekunde

gestrahlte Störspannung INF.TEC **radiated interfering voltage**
= Funkstörspannung *nf*; Funkstörfeldstärke *nf*
= radiated spurious emission; radiated emission

gestreckt METAL **streched**

gestreckte Antenne ANT → **linear antenna**
→ Linearantenne *nf*

gestreckte Programmierung SW **straight-line programming**
[ohne Programmschleifen]
= geradlinige Programmierung
≠ zyklische Programmierung
[without program loops]
= straight-line coding; in-line programming; in-line coding
≠ cyclic programming

gestrecktes Programm SW **straight-line program**
= geradliniges Programm; geradliniger Code
= straight-line code

gestrehlt METAL **chased**

gestreift TECH **striated** *adj*
= streifig
= striped; streaked

gestreute Datei DAT.MA → **direct access file**
→ Direktzugriffsdatei *nf*

gestreutes Laden DAT.MA **scatter load**
[in nicht benachbarte Speicherplätzte]
[into non-contiguous memory locations]
= scattered loading

gestreutes Lesen DAT.MA **scatter read**
[sequentielles Lesen aus verstreuten Speicherplätzen]
[to read sequential data stored in scattered memory locations]
= scattred reading

gestreutes Speichern DAT.MA **scattered writing**
= scatter writing

gestrichelt ENG.DRA **dotted** *adj* (2) (AE)
[---]
[---]
= broken

gestrichelte Linie ENG.DRA **dotted line** (2) (AE)
[------]
= gestrichtelte Kurve
[------]
= broken line

gestrichenes Papier PRIN.ME → **art paper**
→ Kunstdruckpapier *nn*

gestrichtelte Kurve ENG.DRA → **dotted line** (2) (AE)
→ gestrichelte Linie

gestuft TECH **stepped** *adj*
≈ schrittweise
≠ stufenlos
= staged
≈ stepwise
≠ stepless

gestufte Gruppenantenne ANT **space-tapered array**

gestufte Wobbelung INSTR **stepped sweep**
= Stufenwobbelung *nf*

gestzwidrig LAW → **illegal**
→ illegal

Gesuch *nn* ECON → **application** *n*
→ Antrag *nm*

gesunder Menschenverstand ART.IN **common sense reasoning**
= CSR

getaktet POW.SY **switched**
= geschaltet
= switched mode ...

getaktet CIRC.EN → **clock-pulse controlled**
→ taktgesteuert

getaktet TECH → **timed**
→ zeitlich vorbestimmt

getaktete Datensicherung DAT.MA **timed backup**
[in vorbestimmten Zeitabständen]
[at specified intervals]

getakteter Flipflop CIRC.EN → **delay element**
→ Verzögerungsglied *nn*

getakteter Gleichspannungswandler POW.SY **switched mode dc converter**
[Fernmeldestromversorgung]
= geschalteter DC-Wandler

getaktetes Netzgerät POW.SY → **switched mode mains power supply**
→ Schaltnetzteil *nn*

getaktete Stromversorgung POW.SY → **switched mode power supply**
→ Schaltstromversorgung *nf*

getastete Regelung CONTRO → **keyed control**
→ Tastregelung *nf*

getasteter Messgleichrichter INSTR → **phase selective measuring rectifier**
→ phasenabhängiger Messgleichrichter

getastete Steuerung CONTRO → **keyed control**
→ Tastregelung *nf*

geteert CIV.EN **tarred**

geteilte Logik CIRC.EN **shared logic**

geteilter Bildschirm COMP.AP **split screen**
= screen splitting; split window

Geteilter-Ring-Betrieb *nm* DAT.NW **slotted ring mode**
[ein LAN-Zugriffsverfahren]
↑ bedarfsgesteuerter Vielfachzugriff
[a LAN acces mode]
= slotted-ring access
↑ demand-assignment multiple access

Geteilter-Ring-Netz *nn* DAT.NW **slotted ring network**

getempert METAL **malleablized**

getipptes Manuskript OFFICE **typescript** *n*

getränkt TECH → **soaked** *adj*
→ imprägniert

Ge-Transistor *nm* MICR.EL **Ge transistor**
= Germanium-Transistor *nm*
= germanium transistor

getrennt COMPO → **discrete**
→ diskret

getrennt TECH **separated** *adj*
= gesondert; separiert
≈ abgesetzt
= separate; several; disjoint; disjointed; disconnected
≈ detached

getrennte Post OFFICE **separate cover**

Getrenntkanalsignalisierung *nf* TELEC **separate channel signalling**

Getrenntlageverfahren *nn* TRANSM **transposed band mode**
≠ Gleichlageverfahren
≠ equal band mode

getrennt verrechnet DAT.PR → **unbundled**
→ nicht im Preis einbegriffen

Getriebe *nf* MEC.EN **gearing** *n* (1)

Getter *nn* PHYS **getter**
= Fangstoff *nm*

Getterung *nf* PHYS **gettering** *n*

Geviert *nn* PRIN.ME **em** *n*
[Leertype bzw. Leerstelle mit der Breite/Dicke eines m]
= Vollgeviert *nn*; Quadrat *nn*
≈ Halbgeviert
[dummy type or blank space with the width of an m]
= em quad; em space
≈ en

Gewährleistung *nf* ECON → **guaranty** *n* (1)
→ Garantie *nf*

Gewährleistung *nf* ECON **warranty** *n*
= Mängelhaftung *nf*
≈ Garantie
≈ guarantee

Gewährleistungsfall *nm* ECON **warranty case**
= Garantiefall *nm*

Gewährleistungsgarantie *nf* ECON **warranty bond**
= warranty guarantee

Gewährleistungsrückstellung *nf* ECON **accrual for warranty**

Gewahrsam *nm* ECON → **deposit** *n* (1)
→ Verwahrung *nf*

gewaltsam COLL **violent** *adj*
= forcible

Gewaltspirale *nf* COLL → **spiral of violence**
→ Spirale der Gewalt

gewalzt METAL **rolled**

gewartet TECH **maintained**
≈ bemannt | ≈ staffed

Gewebe *nn* TECH **tissue** *n*

Gewebeband *nn* POW.SY **fabric tape**
= woven tape

Gewebedraht *nm* TECH → **wire netting**
→ Drahtgeflecht

Gewebefarbband *nn* TER&PER **cloth ribbon**
= Textilfarbband *nn* | = textile ribbon; fabric ribbon; cloth ribbon
↑ Farbband | ↑ inked ribbon

gewellt MEC.EN **corrugated**

gewendelt TECH **coiled**

Gewerbe *nn* ECON **business** *n*
≈ Handel; Industrie | = trade *n* (1)
≈ commerce; industry

Gewerbekunde TECH → **technology** *n* (2)
→ Technologie *nf*

gewerblich ECON **trade** *adj*
≈ industriell | ≈ industrial

gewerbsmäßig ECON **professionally**
= professioniert

Gewerkschaft *nf* ECON **union** *n*
= labor union (AE); labour union (BE); trade union; trades union

Gewicht *nn* PHYS **weight** *n*
[von der Erdanziehung auf Massen wirkende Kraft; Maßeinheiten: Dyn, Pond, Kilogramm-Kraft] | [force acting on masses by gravity; units: dyn, pond, kilogramm-force]
= Gewichtskraft *nf*; G | = force due to gravity; G
≈ Gravitationskraft | ≈ gravitational force; avoirdupois
↑ Kraft | ↑ force

Gewicht *nn* MATH → **weighting** *n*
→ Wichtung *nf*

gewichten TECH **weight** *vt*

gewichtet MATH → **weighted** *adj*
→ bewertet

gewichtet TECH **weighted** *adj*

gewichteter Code CODING **weighted code**

gewichtetes Mittel STATIS → **weighted average**
→ gewogenes Mittel

gewichtig TECH **weighty** *adj*
≈ schwer [PHYS] | ≈ heavy [PHYS]

gewichtig LAW → **material** *adj*
→ wesentlich

Gewichtigkeit *nf* LAW → **materiality** *n*
→ Wesentlichkeit *nf*

Gewichtsanalyse *nf* CHEM **gravimetrical analysis**

Gewichtsfunktion *nf* MATH **impulse response**

Gewichtsgramm *nn* (obs) PHYS → **pond** *n*
→ Pond *nn*

Gewichtskraft *nf* PHYS → **weight** *n*
→ Gewicht *nn*

gewichtsparend TECH **weight-saving**
≈ leicht [PHYS] | ≈ light [PHYS]

Gewichtung *nf* TECH **weighting** *n*

gewickelter Kontakt EL.TRO → **wrapped connection**
→ Wickelverbindung *nf*

Gewinde *nn* MEC.EN **screw thread** *n*
= Schraubgewinde *nn* | = thread *n* (1)

gewindebohren MEC.EN **tap** *vt*
[to make a threaded hole]

Gewindebohren *nn* MEC.EN **tapping**

Gewindebohrer *nm* MEC.EN **tap** *n*

Gewindebolzen *nm* MEC.EN **stud bolt**
= threaded bolt

Gewindebuchse *nf* MEC.EN **threaded bushing**

Gewindedarstellung *nf* ENG.DRA **thread representation**

Gewindeflanke *nf* MEC.EN **flank** *n*
= Flanke *nf*

Gewindeklasse *nf* MEC.EN **thread class**

Gewindelehre *nf* MEC.EN **thread gauge**

Gewindeloch *nn* MEC.EN **tapped hole**
= threaded hole

Gewindeplatte *nf* MEC.EN **threaded plate**

Gewindereihe *nf* MEC.EN **thread series**

Gewindering *nm* MEC.EN **thread ring**

gewindeschneiden MEC.EN **thread** *vt*

Gewindeschneiden *nn* MEC.EN **threading** *n*

Gewindeschneider *nm* MEC.EN **threading die**

Gewindeschraube *nf* MEC.EN → **setscrew** *n*
→ Stellschraube *nf*

Gewindespindel *nf* MEC.EN **threaded spindle**

Gewindestopfen *nn* MEC.EN **screw plug**

gewindestrehlen METAL **chase** *vt*
= strehlen

Gewinn *nm* ECON **profit** *n*
= Geschäftsergebnis *nn*; Profit *nm*; Ertrag *nm*; Ergebnis *nn* (2) | = gain *n*; earnings *n* (2); yield *n*; return *n*
≈ Verdienst | ≈ earnings (1)
↑ Abschluss | ↑ financial statement

Gewinn *nm* ANT **gain** *n*
[Verhältnis der effektiven zur isotrop verteilten Strahlstärke] | [relation of effective to isotropic distributed radiation intensity]
= effektiver Gewinn; Antennengewinn *nm*; Richtfaktor *nm*; Strahlungsgewinn *nm* | = antenna gain; directive gain; directivity factor; directivity *n* (2)
≈ Richtwirkung | ≈ directivity

Gewinn *nm* NETW.TH → **gain** *n* (1)
→ Verstärkung *nf*

Gewinnabschätzung *nf* ANT **gain estimate**

Gewinnausfall *nm* ECON **loss of profit**
= entgangener Gewinn

gewinnbringend ECON → **profitable** *adj*
→ rentabel

gewinnen TECH → **extract** *vt*
→ entnehmen

gewinngeführter Laser OPTOEL **gain-controlled laser diode**
= GLD | = GLD

Gewinnschwelle *nf* ECON **break-even point**

Gewinnschwelle *nf* ECON → **break-even point**
→ Nutzenschwelle *nf*

Gewinnträchtigkeit *nf* ECON → **profitability** *n*
→ Wirtschaftlichkeit *nf*

Gewinn- und Verlustrechnung *nf* ECON **income statement**
= profit and loss account; earnings report

Gewinnung *nf* TECH → **extraction** *n*
→ Entnahme *nf*

Gewitter *nn* METEO **thunderstorm**
= Gewittersturm *nm* | = thundergust *n*; tempest *n*
≈ Sturm; Unwetter; atmosphärische Entladung | ≈ storm; thunderstroke

gewitterhaft METEO → **thundreous**
→ gewittrig

gewitterig METEO → **thundreous**
→ gewittrig

Gewittersturm *nm* METEO → **thunderstorm**
→ Gewitter *nn*

Gewittertag *nm* METEO **thunderstorm day**

Gewitterwolke *nf* METEO **thundercloud**

gewittrig METEO **thundreous**
= gewitterig; gewitterhaft | = thundery

gewobbelt INSTR **swept**

gewobbelte Frequenzabstimmung INSTR **swept-tuned frequency mode**

gewobbelter Sinusbetrieb INSTR **swept-sine mode**

gewogen MATH → **weighted** *adj*
→ bewertet

gewogenes Mittel STATIS **weighted average**
= bewertetes Mittel; gewichtetes Mittel

gewöhnlich COLL **general** *adj*
= gängig; alltäglich | = ordinary; common; everyday (2)
≠ speziell | ≠ special

gewöhnlich COLL → **usual** *adj*
→ üblich

gewöhnlicher Logarithmus MATH → **common logarithm**
→ dekadischer Logarithmus

Gewöhnung *nf* COLL **habituation**

gewöhnungsbedürftig COLL **requiring habituation** *adj*

gewölbt MEC.EN **cambered**
= konvex | = convex
≈ erhaben

gewunden TECH → **sinuous** *adj*
→ geschlängelt

gewünschtes Kleinstspiel ENG.DRA **positive allowance**

gez. OFFICE → **signed**
→ gezeichnet

gezahnt MEC.EN **toothed**
= serrate

gezeichnet OFFICE **signed**
[Brief] [corrspondence]
= gez. = sgd.

gezielt eingeblendeter Banner INTERNET → **targeted banner**
→ gezielte Werbeeinblendung

gezielte Werbeeinblendung INTERNET **targeted banner**
= gezielt eingeblendeter Banner

gezinkt COLL → **forged** *adj*
→ gefälscht

gezippte Datei DAT.MA **zipped file**

gezogen MICR.EL **rate grown**

gezogene Diode MICR.EL **grown diode**

gezogener Wechsel ECON → **promissory note**
→ Eigenwechsel *nm*

gezonte Antenne ANT **zoned antenna**

GFK TECH → **glass fiber reinforced plastic**
→ glasfaserverstärkter Kunststoff

GFP TELEC → **Global Functional Plane**
→ Dienstmodellierungsebene *nf*

GFSK MODUL **GFSK**
= gaußsches FSK; Gauß'sches FSK = Gaussian FSK

GGA BROADC → **CATV**
→ Großgemeinschaftsanlage *nf*

GGSN MOB.CO **GGSN**
= Gateway GSN

GHz PHYS → **gigahertz**
→ Gigahertz *nn*

Giacoletto-Ersatzschaltung *nf* MICR.EL **Giacoletto equivalent circuit**

Gibson-Mix *nm* DAT.PR **Gibson benchmark**
= Gibson mix

Giebel *nm* CIV.EN **gable** *n*
= Dachgiebel *nm*

Gierachse *nf* MECH **yaw axis**

gieren MECH **yaw** *vi*
[um Vertikalachse schwingen] [angular oscillation along vertical axis]

Gierwinkel *nm* MECH **jaw angle**

gießen METAL **found** *vt*
= cast *vt*

Gießerei METAL **foundry** *n*

Gießharz CHEM **casting resin**

Gießharztransformator *nm* POW.EN **cast-resin transformer**

GIF-Format *nn* INTERNET **GIF format**
= Graphics Interchange Format

Gigabit *nn* TELEC **gigabit** *n*
[10E9 Bit] [10E9 bits]
= Gbit; Gb = Gbit; Gb; G-bit
≈ Gigabit [DAT.PR] ≈ gigabit [DAT.PR]

Gigabit *nn* DAT.PR **Gigabit**
[2E30 Bits = 1.073.741.824 Bits] [2E30 bits = 1,073,741,824 bits]
= Gbit; GB; Gb = Gbit; GB; Gb
≈ Gigabit [TELEC] ≈ Gigabit [TELEC]

Gigabit-Ethernet DAT.NW **Gigabit Ethernet**
≈ Fast Ethernet

Gigabus *nm* HW **gigabus** *n*

Gigabyte *nn* DAT.PR **gigabyte**
[10E30 = 1.073.741.824 Bytes] [10E30 = 1,073,741,824 bytes]
= Gbyte = Gigabyte; GB; Gb; G; GByte;

Gigaflop *nn* DAT.PR **gigaflop** *n*
[10E9 Fließkommaoperationen] [10E9 FLOPs]
= Gflop; GFLOP

Gigahertz *nn* PHYS **gigahertz**
[10E9 Hertz] [10E9 hertz]
= GHz = GHz

Gigamultiplexer *nm* TRANSM **giga multiplexer**
= GMX = GMX

Giga-Operationen *nplt* DAT.PR **giga-operations** *nplt*
[10E9 Operationen] [10E9 operations]
= GO = GO

Giga- *praef* PHYS **giga** *praef*
[10E9; in der Datentechnik = 2E30 = 1.073.741.824; vom griech. "gigas" = "riesig"] [10E9; in computing = 2E30 = 1,073,741,824; from Greek "gigas" = "giant"]
= G = G; billi- (AE); thousand mega
≈ giga- [DAT.PR]

GIGO COMP.SC **GIGO**
[so unbrauchbare Daten man eingibt, so unbrauchbare Ergebnisse kommen heraus] [Garbage-in-Garbage-Out]
= Müll-rein-Müll-raus

GIMOS-Technik *nf* MICR.EL **GIMOS**
= gate injection MOS

Gipfelpunkt *nm* MATH **peak point**
= elliptischer Flächenpunkt
↑ Flächenpunkt ↑ surface point

Gips *nm* CHEM **gypsum** *n*

Giralgeld *nn* ECON **bank money**
= Buchgeld *nn* = credit money

Girant *nm* ECON → **bill endorser**
→ Wechselgirant *nm*

Girat *nm* ECON → **endorsee** *n*
→ Indossatar *nm*

Giratar *nm* ECON → **endorsee** *n*
→ Indossatar *nm*

Girlandenkabel *nn* COM.CAB **daisy-chain cable**
[LWL-Seekabel mit ausschließlich auf Land installierten Regeneratoren] [submarine optical cable with only land-based repeaters]
= Festonkabel *nn* = festoon *nsgt*; scallop coastal cable; single-span system
↑ repeaterloses Kabel ↑ repeaterless cable
↓ Minisub-Kabel (SIEMENS) ↓ minisub cable (SIEMENS)

GIS *nn* COMP.AP **GIS**
[SW zur Behandlung von Geodaten] [software handling geodata]
= Geographisches Informations-System = Geographic Information System
↓ KIS; LIS; NIS; UIS; RIS

Gitarre *nf* MUSIC **guitar** *n*

Gitarre-Mikrofon *nn* EL.ACOU **guitar microphone**

Gitarrenspieler *nm* MUSIC → **guitar player** (1)
→ Gitarrist *nm*

Gitarrenspielerin *nf* MUSIC → **guitar player** (2)
→ Gitarristin *nf*

Gitarrist *nm* MUSIC **guitar player** (1)
= Gitarrenspieler *nm* [male]
= guitarrist *n* (1)

Gitarristin *nf* MUSIC **guitar player** (2)
= Gitarrenspielerin *nf* [female]
= guitarrist *n* (2)

Gitter *nn* EL.TRO **gitter** *n*
[Elektronenröhre] [vacuum tube]

Gitter *nn* TECH **grating** *n*
= Rost *nm* = grate *n*; trellis *n*; grille *n*; grill *n*
≈ Raster *nn*; Gatter *nn* ≈ grid

Gitter *nn* (1) PHYS **lattice** *n*
[Festkörper] [solid state]

Gitter *nn* (2) PHYS **grating** *n*
[Optik]

Gitterableitkondensator *nm* EL.TRO **grid leak capacitor**

Gitterableitung *nf* EL.TRO **grid leak**

Gitterableitwiderstand *nm* EL.TRO **gread leak resistor**

Gitterablenkröhre *nf* EL.TRO **chromatron tube**
= Chromatron-Röhre *nf*; Chromatron *nn* = chromatron; Lawrence tube

Gitterabstand *nm* PHYS **lattice distance**
[Festkörper] [solid state]

Gitter-Anoden-Kapazität *nf* EL.TRO **grid-plate capacitance**

gitterartig TECH → **reticular** *adj*
→ netzförmig

Gitterbasisschaltung *nf* CIRC.EN **grounded-grid circuit**
= current follower; grid-separation circuit

Gitterbasisverstärker *nm* CIRC.EN **grounded-grid amplifier**
= ground-grid amplifier

Gitterbaustein *nm* PHYS → **unit cube**
→ Elementarwürfel *nm*

Gitterbindung *nf* PHYS **lattice bond**
= lattice binding

Gitterelektron *nn* PHYS **lattice electron**

Gitteremission *nf* EL.TRO **grid emission**

Gitterenergieband *nn* PHYS **lattice energy band**

Gitterfehler *nm* PHYS **lattice imperfection**
= Gitterstörstelle *nf*; Fehlordnung *nf* = lattice defect (1); lattice dislocation

Gitterfehlstelle *nf* PHYS **lattice vacancy**
= Fehlstelle *nf*; Gitterlücke *nf*; Gitterleerstelle *nf*; Lücke *nf*; Gitterleerstelle *nf*; Leerstelle *nf* = vacancy *n*; lattice void; void *n*; lattice dislocation; dislocation *n*; lattice disorder; disorder lattice defect (2); defect *n*
↑ Kristallbaufehler; Störstelle [MICR.EL] ↑ lattice imperfection; imperfection [MICR.EL]

Gitterfehlstrom *nm*	PHYS	**grid leakage current**
gitterförmig → netzförmig	TECH	→ **reticular** *adj*
Gittergegenspannung *nf*	EL.TRO	**reverse grid voltage**
Gittergruppe *nf*	ANT	**grid array**
Gitterkapazität *nf*	EL.TRO	**grid capacitance**
Gitterkonstante *nf* [Festkörper]	PHYS	**lattice constant** [solid state] = lattice parameter; grating constant
Gitterleerstelle *nf* → Gitterfehlstelle *nf*	PHYS	→ **lattice vacancy**
Gitterleerstelle *nf* → Gitterfehlstelle *nf*	PHYS	→ **lattice vacancy**
Gitterleitfähigkeit *nf* [Festkörper]	PHYS	**lattice conductivity** [solid state]
Gitterlücke *nf* → Gitterfehlstelle *nf*	PHYS	→ **lattice vacancy**
Gittermast *nm* ≈ Gitterturm ↓ Stahlgittermast	CIV.EN	**lattice mast** = lattice work mast; derrick-style mast; lattice pylon ≈ lattice tower ↓ steel lattice mast
Gittermuster *nn*	TV	**grid test pattern**
Gitternetz *nn*	TELEC	**grid network**
Gitterparabolantenne *nf*	ANT	**parabolic grid antenna**
Gitterplan *nm*	STATIS	**lattice design**
Gitterplan *nm*	RADIO	**lattice plan**
Gitterplatte *nf* [Akkumulator] = OGi-Platte *nf*	POW.SY	**grid plate** = pasted plate; flat plate
Gitterpolarisation *nf* [Festkörper]	PHYS	**orientational polarization** (2) [solid state]
Gitterraster *nn* → Raster *nn*	TECH	→ **grid** *n*
Gitterreflektor *nm*	ANT	**grid reflector**
Gitterrückstrom *nm*	EL.TRO	**backlash** *n*
Gitterschwingung *nf*	PHYS	**lattice vibration**
Gitterspannung *nf* [Elektronenröhre] ↓ Gittervorspannung	EL.TRO	**grid voltage** [electron tube] ↓ grid polarization voltage
Gittersteuerung *nf*	EL.TRO	**grid control**
Gitterstörstelle *nf* → Gitterfehler *nm*	PHYS	→ **lattice imperfection**
Gitterstrom *nm*	EL.TRO	**grid current**
Gitterstruktur *nf*	PHYS	**lattice structure** = reticular structure
Gitterturm *nm* ≈ Gittermast ↓ Stahlgitterturm	CIV.EN	**lattice tower** ≈ lattice mast ↓ steel lattice tower
Gittervorspannung *nf* ↑ Gitterspannung	EL.TRO	**grid polarization voltage** = grid bias ↑ grid voltage
Gitterzwischenplatz *nm* = Zwischengitterplatz *nm*	PHYS	**lattice interstitial** = interstice *n*
GK → Gemeinkosten *nplt*	ECON	→ **indirect costs**
GKS → grafische Kernroutinen	COMP.GR	→ **Graphical Kernel System**
GKS-3D [die Erweiterung von GKS auf dreidimensionale Grafiken]	COMP.GR	**GKS-3-D** [the extension of GKS to three-dimensional graphics]
GKS-Norm *nf* → grafische Kernroutinen	COMP.GR	→ **Graphical Kernel System**
Glanz *nm*	TECH	**brightness** *n* = radiosity *n*
glänzend = strahlend ≈ hell	TECH	**shiny** *adj* = shining; lustrous; brillant; glossy; glittering; sparkling; gleaming; radiant ≈ bright
glänzende Farbe = Glanzfarbe *nf*	OPT	**brillant color** (AE) = brillant colour
Glanzfarbe *nf* → glänzende Farbe	OPT	→ **brillant color** (AE)
Glanzlicht *nf*	COLL	**highlight** *n*
Glanzlicht *nf*	OPT	**specular highlight**
glanzlos → matt	OPT	→ **mat** *adj*
Glanzpapier *nn*	OFFICE	**sticking glossy paper**
glanzvoll [fig] = brillant	COLL	**brillant** [fig]
Glas *nn*	TECH	**glass** *n*
Glasbruchmelder *nm* → Scheibenbruchmelder *nm*	SIG.EN	→ **glassbreak vibration detector**
gläsern	TECH	**vitreous** = glassy
Glasfaser *nf*	TECH	**glass fiber** (AE) = fiber glass
Glasfaser *nf* = Lichtleiterfaser *nf* ≈ Lichtwellenleiter	OPT.CO	**glass fiber** (AE) = glass fibre (BE); lightwave fiber ≈ optical waveguide
Glasfaserkabel *nn* → Lichtwellenleiterkabel *nn*	COM.CAB	→ **optical fiber cable**
Glasfaserkunststoff *nm*	TECH	**glas-fiber reinforced synthetic**
Glasfasertechnik *nf* → Lichtwellenleitertechnik *nf*	TELEC	→ **fiber OPT**
glasfaserverstärkt	TECH	**glass fiber reinforced** = fiber reinforced
glasfaserverstärkte Leiterplatte	EL.TRO	**fiber-reinforced PCB** = fiber-reinforced board
glasfaserverstärkter Kunststoff = GFK	TECH	**glass fiber reinforced plastic** = GRP; fiber reinforced plastic
Glashalbleiter *nm*	MICR.EL	**glass semiconductor**
glasieren	TECH	**glaze** *vt*
Glasierung *nf*	TECH	**glassivation** *n*
Glasisolator *nm* [Freileitung]	OUT.PL	**glass insulator**
Glaskolben *nm*	TECH	**glass bulb**
Glaskondensator *nm*	COMPO	**glass capacitor**
Glasröhrensicherung *nf* → Glasrohr-Feinsicherung *nf*	COMPO	→ **cartridge fuse**
Glasrohr-Feinsicherung *nf* = G-Sicherung *nf*; Glasröhrensicherung *nf* ↑ Stromfeinsicherung	COMPO	**cartridge fuse** = fuse cartridge
Glasthermometer *nn*	INSTR	**glass thermometer**
Glastropfendurchführung *nf* = Tropfendurchführung *nf*	COMPO	**bead seal**
Glasur *nf* → Lasur *nf*	TECH	→ **glaze** *n*
Glaswolle *nf*	TECH	**glass wool**
glatt → stufenlos	TECH	→ **stepless** *adj*
Glätte *nf*	TECH	**smoothness** *n*
glätten = abflachen	EL.TEC	**smooth** *vt* = equalize
glätten = bügeln ≈ ebnen	TECH	**smooth** *vt* = iron *vt*
glätten	STATIS	**smooth** *vt*
Glattheitsprüfer *nm*	MEC.EN	**surface analyzer**
Glattstoßgerät *nn*	OFFICE	**jogging equipment**
Glättung *nf* = Ebnung *nf*; Abflachung *nf*	EL.TEC	**smoothing** *n* = equalization *n*
Glättungsdrossel *nf*	EL.TEC	**smoothing choke** = smoothing reactor
Glättungsfaktor *nm*	EL.TEC	**smoothing factor**
Glättungsfilter *nn* = Abflachungsfilter *nn*	CIRC.EN	**smoothing filter**
Glättungskreis *nm* = Glättungsschaltung *nf*; Abflachungsschaltung *nf*	CIRC.EN	**smoothing circuit**
Glättungsschaltung *nf* → Glättungskreis *nm*	CIRC.EN	→ **smoothing circuit**
Glättungswiderstand *nm*	CIRC.EN	**smoothing resistor**
glauben *vt* (1)	COLL	**believe** *vt*
glauben *vt* (2) → meinen *vt*	COLL	→ **mean** *vi*
glaub' es oder nicht	COLL	**believe it or not** = bion
Gläubiger *nm* = Kreditgeber *nm*; Kreditor *nm*; Darlehensgeber *nm* ≈ Verleiher ≠ Schuldner	ECON	**creditor** *n* ≈ lender ≠ debtor
Glaubwürdigkeit *nf* = Vertrauenswürdigkeit *nf*	COLL	**credibility** *n*
GLD → gewinngeführter Laser	OPTOEL	→ **gain-controlled laser diode**
gleich ≠ ungleich	MATH	**equal** *adj* ≠ unequal

Gleichabstandslinie *nf* — ENG.DRA — → **equidistant line**
→ Äquidistante *nf*

gleichartig — SCIE — → **homogeneous** *adj*
→ homogen

gleichartig — COLL — **equal-type**
= artgleich
≈ homogen; ähnlich
≈ homogeneous; similar

gleichaussehend — TECH — **look-alike** *adj*

gleichberechtigt — TELEC — **equal-access** *adj*
= with equality of access; peer-to-peer

gleichberechtigter Spontanbetrieb — DAT.CO — **asynchronous balanced mode**
= ABM
= balanced mode; ABM

gleich beschaffen — SCIE — → **homogeneous** *adj*
→ homogen

Gleichbewertung *nf* — MATH — **equiponderation** *n*

gleich bleibend — PRIN.ME — → **fixed-pitch**
→ dicktengleich

gleich bleibend — TECH — → **invariable** *adj*
→ unveränderlich

gleicher Bereich — COMP.LG — **same area**
[COBOL]
[COBOL]

gleicher Wert — SCIE — → **equivalent** *n*
→ Äquivalent *nn*

Gleichfeld *nn* — PHYS — **constant field**

gleichförmig — COLL — → **uniform** *adj*
→ einförmig

gleichförmig — MATH — → **continuous** *adj*
→ stetig

gleichförmig — TECH — → **stepless** *adj*
→ stufenlos

gleichförmige Quantisierung — CODING — **uniform quantization**
= gleichmäßige Quantisierung

gleichförmige Verteilung — STATIS — → **uniform distribution**
→ Gleichverteilung *nf*

Gleichförmigkeit *nf* — SCIE — → **monotony** *n*
→ Monotonie *nf*

Gleichfrequenznetz *nn* — MOB.CO — → **SFN**
→ Einzelfrequenznetz *nn*

gleichgerichteter Strom — EL.TEC — → **rectified current**
→ Richtstrom *nm*

gleichgerichtete Spannung — EL.SC — → **rectified voltage**
→ Richtspannung *nf*

Gleichgewicht *nn* — PHYS — **equilibrium** *n*

gleichgewichtiger Code — CODING — **constant ratio code**
= constant weight code

Gleichgewichtsbedingung *nf* — PHYS — **steady-state condition**
= Beharrungsbedingung *nf*

Gleichgewichtslage *nf* — PHYS — **equilibrium position**
= Beharrungslage *nf*

Gleichgewichtszustand *nm* — PHYS — → **steady state** *n*
→ eingeschwungener Zustand

Gleichgewichtszustand *nm* — SCIE — **balanced state**
= equilibrium state

gleichgroß — TECH — **equal in size**

Gleichheit *nf* — MATH — **equality** *n*
≠ Ungleichheit
≠ inequality

gleichheitsprüfen — DAT.MA — → **match** *vt* (1)
→ auf Gleichheit prüfen

Gleichheitsprüfung *nf* — DAT.MA — **matching** *n*
= Paarigkeitsvergleich *nm*

Gleichheitszeichen *nn* — MATH — **equal sign**
[=]
↑ mathematisches Zeichen
[=]
= equal symbol; equals *nplt*
↑ mathematical symbol

Gleichkanalbeeinflussung *nf* — RADIO — → **cochannel interference**
→ Gleichkanalstörung *nf*

Gleichkanalbetrieb *nm* — RADIO — **cochannel operation**
[Wiederbelegung eines RF-Kanals in relativ kurzer Entfernung]
[reuse of same RF in relatively short distance]

Gleichkanalbetrieb *nm* — RAD.RE — **cochannel operation**
= Gleichkanalübertragung *nf*; Gleichkanalverfahren *nn*; gleichpolarer Nachbarkanalbetrieb
≠ kreuzpolarer Nachbarkanalbetrieb
↑ Frequenzwiederbenutzung [RADIO]
= orthogonal co-channel operation; frequency reuse; cochannel transmission; orthogonal co-channel transmission; dually polarized operation; dually polarized transmission; dual-pol operation; dual-pol transmission
≠ interleaved operation
↑ frequency reuse [RADIO]

Gleichkanalinterferenz *nf* — RADIO — → **cochannel interference**
→ Gleichkanalstörung *nf*

Gleichkanalraster *nn* — RAD.RE — **cochannel pattern**

Gleichkanalsender *nm* — BROADC — **cochannel transmitter**

Gleichkanal-Störfestigkeit *nf* — RADIO — **cochannel interference immunity**

Gleichkanalstörung *nf* — RADIO — **cochannel interference**
= Gleichkanalbeeinflussung *nf*; Gleichkanalinterferenz *nf*
= common channel interference

Gleichkanalübertragung *nf* — RAD.RE — → **cochannel operation**
→ Gleichkanalbetrieb *nm*

Gleichkanalunterdrückung *nf* — RADIO — **co-channel suppression**
= co-channel rejection

Gleichkanalverfahren *nn* — RAD.RE — → **cochannel operation**
→ Gleichkanalbetrieb *nm*

Gleichlagebetrieb *nm* — TRANSM — → **equal band mode**
→ Gleichlageverfahren *nn*

Gleichlageverfahren *nn* — TRANSM — **equal band mode**
= Gleichlagebetrieb *nm*
≠ Getrenntlageverfahren
= common band mode; co-band mode
≠ transposed band mode

Gleichlauf *nm* — COMPO — **ganging** *n*

Gleichlauf *nm* — EL.TRO — → **synchronization** *n*
→ Synchronismus *nm*

Gleichlauf *nm* — TECH — → **synchronism** *n*
→ Synchronismus *nm*

Gleichlaufausfall *nm* — TECH — → **loss of synchronism**
→ Gleichlaufstörung *nf*

gleichlaufend — COMPO — **ganged**

gleichlaufend — COLL — **matching**
[fig]

gleichlaufend — TELEC — → **synchronous** *adj*
→ synchron

Gleichlaufinformation *nf* — TELECON — **synchronizing information**

Gleichlaufprüfung *nf* — TELEGR — **synchronous check**

Gleichlaufschwankung *nf* — TER&PER — **flutter** *n*
= Gleichlaufstörung *nf*
[unwanted speed fluctuations]
≈ wow

Gleichlaufstörung *nf* — TER&PER — → **flutter** *n*
→ Gleichlaufschwankung *nf*

Gleichlaufstörung *nf* — TECH — **loss of synchronism**
= Synchronisationsausfall *nm*; Gleichlaufausfall *nm*; Desynchronisation *nf*
= synchronisation error; synchronisation trouble

Gleichlichtschranke *nf* — EL.TRO — **constant light barrier**

gleichmächtig — MATH — **equipotent**

Gleichmaß *nn* — MATH — → **symmetry** *n*
→ Symmetrie *nf*

gleichmäßig — COLL — → **uniform** *adj*
→ einförmig

gleichmäßige Näherung — MATH — **uniform approximation**

gleichmäßige Quantisierung — CODING — → **uniform quantization**
→ gleichförmige Quantisierung

Gleichmäßigkeit *nf* — MECH — → **evenness** *n*
→ Ebenheit *nf* (2)

gleichnamig — LING — **homonymous**

Gleichphase *nf* — PHYS — **equiphase** *n*
≈ Phasengleichheit

gleichphasig — PHYS — **in-phase**
= phasengleich
≠ gegenphasig
= cophasal; common-mode
≠ in opposition

gleichpolarer Nachbarkanalbetrieb — RAD.RE — → **cochannel operation**
→ Gleichkanalbetrieb *nm*

Gleichpolarisation *nf* — RADIO — → **co-polarization** *n*
→ Kopolarisation *nf*

Gleichrangiger *nm* — COLL — **peer** *n*
= Seinesgleichen *nn*
≈ Kollege
[via Old French "per" from Latin "par" = "equal"]
= equal *n*
≈ colleague

gleichrangiger Computer — DAT.NW — → **peer computer**
→ gleichrangiger Rechner

gleichrangiger Rechner — DAT.NW — **peer computer**
= gleichrangiger Computer

gleichrichten — EL.TEC — **rectify**

Gleichrichter *nm* — EL.TEC — **rectifier** *n*
= current changer

Gleichrichter *nm* — POW.SY — **rectifier** *n*
[Wechselstrom in Gleichstrom]
↑ Stromrichter
[AC into DC]
↑ static power converter

Gleichrichterdiode *nf* — MICR.EL — **rectifier diode**
= Kristallgleichrichter *nm*
≠ Signaldiode
↑ Halbleiterdidoe
≠ signal diode
↑ diode

Gleichrichtermessgerät *nn* — INSTR — **rectifier instrument**

Gleichrichterröhre *nf* EL.TRO **rectifier tube**
= Röhrendiode *nf* = rectifier valve; detector tube; detector valve; valve detector

Gleichrichterschaltung *nf* CIRC.EN **rectifier circuit**
= rectifier connection; rectifying circuit

Gleichrichterübergang *nm* MICR.EL **rectifying transition**

Gleichrichtung *nf* HF **detection** *n*

Gleichrichtung *nf* EL.TEC **rectification** *n*
[von Wechselstrom in Gleichstrom] [from AC into DC]
≠ Wechselrichtung ≠ inversion

gleichschenkelig MATH → **isosceles**
→ gleichschenklig

gleichschenklig MATH **isosceles**
= gleichschenkelig

gleichschenkliges Dreieck MATH **isosceles triangle**

gleichschichtig DAT.NW **peer** *adj*
[in derselben Protokollschicht operierend] [operating in the same protocol layer]

Gleichschlag *nm* COM.CAB **same lay**

Gleichschlagverseilung *nf* COM.CAB **helical stranding**

gleichseitig MATH **equilateral**

gleichseitiges Dreieck MATH **equilateral triangle**

gleichseitiges Rechteck MATH → **square** *n* (1)
→ Quadrat *nn*

gleichsetzen MATH **equate**

Gleichsetzung *nf* COLL **equation** *n*
= Gleichstellung *nf*; Ineinssetzung *nf*

Gleichsetzungsnominativ *nn* LING → **predicative** *n*
→ Prädikativ *nn*

gleichsinnig TECH **codirectional**
≈ parallel [MATH]; ausgerichtet = favourably oriented; co-operative
≠ gegensinnig ≈ parallel [MATH]; collimated

Gleichspannung *nf* EL.TEC **direct voltage**
≈ Richtspannung = dc voltage; dc; d.c. voltage (IEC);
≠ Wechselspannung d-c voltage; DC voltage; direct current voltage; direct tension; dc tension; d-c- tension; DC tension; dcv
≈ rectified voltage
≠ alternating voltage

Gleichspannungsausgang *nm* CIRC.EN **dc output**

gleichspannungsgekoppelt EL.TEC → **dc-coupled**
→ galvanisch gekoppelt

Gleichspannungsgenerator *nm* INSTR **constant-voltage generator**

gleichspannungsgetrennt EL.TEC → **dc-insulated**
→ galvanisch getrennt

Gleichspannungskomponente *nf* EL.TEC → **dc component**
→ Gleichstromkomponente *nf*

Gleichspannungskopplung *nf* EL.TEC → **dc coupling**
→ galvanische Kopplung

Gleichspannungsmesser *nm* INSTR **dc tester**
= dc voltmeter; direct current voltmeter

Gleichspannungs-Messverstärker *nm* INSTR **dc measuring amplifier**

Gleichspannungsnormal *nn* INSTR → **electronical standard voltage source**
→ elektronische Normalspannungsquelle

Gleichspannungs-Offset *nn* CIRC.EN **dc voltage offset**

Gleichspannungspegel *nm* EL.TRO **dc level**
= direct current level

Gleichspannungsverstärker *nm* CIRC.EN **direct current amplifier**
= Gleichstromverstärker *nm* = dc amplifier

Gleichspannungswandler *nm* POW.SY → **dc convertor** (IEC)
→ Gleichstromumrichter *nm*

gleichstellen COLL **equal** (*vt*; equaled (AE); equalled (BE)
= gleichziehen; erreichen = equate

Gleichstellung *nf* COLL → **equation** *n*
→ Gleichsetzung *nf*

Gleichstrom *nm* EL.SC **direct current**
≠ Wechselstrom = dc current; dc (IEEE); d.c. (IEC); d-c; DC; unidirectional current; rectified current; dci
≠ alternating current

Gleichstromanteil *nm* EL.TEC → **dc component**
→ Gleichstromkomponente *nf*

Gleichstrombetrieb *nm* EL.TEC **dc mode**

Gleichstrombremsung *nf* POW.EN **dc breaking**

Gleichstromdrehmelder *nm* COMPO **dc resolver**

Gleichstromfehlerortung *nf* TRANSM **dc fault locating**

Gleichstromfernspeisung *nf* TRANSM **dc remote power feeding**

gleichstromfrei EL.TEC **dc-free**

Gleichstromgenerator *nm* POW.SY **direct-current generator**
↑ Stromgenerator = dc generator
↓ Lichtmaschine ↑ generator
↓ dynamo

Gleichstrom-Gleichstrom-Einankerumformer *nm* POW.SY **dynamotor** *n*
= Dynamotor *nm*

Gleichstromimpulswahl *nf* SWITCH **dc impulse dialing**

Gleichstromkabel *nn* POW.SY **dc cable**

Gleichstromkomponente *nf* EL.TEC **dc component**
= Gleichspannungskomponente *nf*; Gleichstromanteil *nm*; Nullkomponente *nf* = d.c. component; d-c component
≠ Wechselstromkomponente ≠ ac component
↑ Gleichwert ↑ continuous value

Gleichstromkopplung *nf* EL.TEC → **dc coupling**
→ galvanische Kopplung

Gleichstromlast *nf* EL.TEC → **dc load**
→ Gleichstromverbraucher *nm*

Gleichstrommaschine *nf* POW.SY **dc machine**
= Compoundmaschine *nf* (Duden)

Gleichstrom-Messbrücke *nf* INSTR **dc measuring bridge**
= direct current measuring bridge

Gleichstrommesser *nm* INSTR **dc ammeter**

Gleichstrommessung *nf* INSTR **dc measurement**

Gleichstrommotor *nm* POW.EN **dc motor**
= direct current motor

Gleichstromreihenspeisung *nf* TRANSM **serial dc power feeding**

Gleichstromrelais *nn* COMPO **dc relay**

Gleichstromschalter *nm* COMPO **dc switch**

Gleichstromsignalisierung *nf* SWITCH **dc signaling** (AE)

Gleichstromsteller *nm* POW.SY **direct d.c. convertor** (IEC)
↑ Gleichstromumrichter = d.c. chopper convertor; dc chopper

Gleichstromtastwahl *nf* SWITCH **dc push-button dialing**

Gleichstromtelegrafie *nf* TELEGR **direct current telegraphy**
= continuous current telegraphy; dc telegraphy

Gleichstromumrichter *nm* POW.SY **dc convertor** (IEC)
[Gleichstrom in Gleichstrom] = dc converter; dc-dc converter;
= Gleichspannungswandler *nm*; DC-Wandler *nm*; DC-DC-Wandler *nm*; DC-Umrichter *nm*; DC-DC-Umrichter *nm* direct current converter; dc voltage transducer; dc transducer
↑ Stromrichter ↑ static power convertor
↓ Gleichstromsteller ↓ direct dc convertor

Gleichstromumrichtung *nf* POW.SY **dc conversion**
[Gleichstrom in Gleichstrom]

Gleichstromunterlegung *nf* EL.TRO **dc underlay**
≈ Frittung [COMPO] ≈ wetting (1) [COMPO]

Gleichstromverbraucher *nm* EL.TEC **dc load**
= Gleichstromlast *nf*; DC-Last *nf*

Gleichstromverhältnis *nn* EL.TRO **forward current transfer ratio**

Gleichstrom-Verlustleistung *nf* MICR.EL **dc dissipation**

Gleichstromversorgung *nf* EQP.EN **dc power supply**

Gleichstromverstärker *nm* CIRC.EN → **direct current amplifier**
→ Gleichspannungsverstärker *nm*

Gleichstromverstärkung *nf* MICR.EL **dc current gain**
= dc current amplification

Gleichstromwandler *nm* INSTR **dc converter**

Gleichstromwecker *nm* COMPO **dc bell**
= trembler bell

Gleichstromwiderstand *nm* EL.TEC **dc resistance**
[elektrischer Widerstand für Gleichstrom]
≈ Wirkwiderstand; ohmscher Widerstand

Gleichstromwiderstand rückwärts *nm* EL.TRO → **reverse dc resistance**
→ Sperrwiderstand *nm*

Gleichstromwiderstand vorwärts *nm* MICR.EL → **forward resistance**
→ Durchlasswiderstand *nm*

Gleichstrom-Wiederherstellung *nf* MODUL **dc recovery**

Gleichstromzange *nf* INSTR **clamp-on dc current probe**

Gleichstromzuschaltung *nf* TV **dc restorer**

Gleichstromzwischenkreis *nm* POW.SY **dc link**

Gleichtakt *nm* EL.TRO **common mode**

Gleichtakt-Eingangswiderstand *nm* CIRC.EN **common mode input resistance**

Gleichtaktspannung *nf* CIRC.EN **common mode voltage**
[unerwünschtes Ausgangssignal] [unwanted output signal]

Gleichtaktspeisung *nf* ANT **asymmetrical feeding**

Gleichtaktsteuerung *nf* CIRC.EN **common mode driving**

Gleichtaktstörung *nf* EL.TEC **common mode interference**

Gleichtaktunterdrückung *nf* CIRC.EN **common mode rejection**

Gleichtaktverstärkung *nf* CIRC.EN **common mode voltage gain**

Gleichtaktverzerrung *nf* CIRC.EN **common mode distortion**

Gleichtaste *nf* TER&PER **equals key**
= Resultatstarttaste *nf*; IST-GLEICH-Taste *nf*

gleichtönend ACOUS **unisonous** *adj*
= unisonal; unisonant

Gleichung *nf* MATH **equation** *n*
[Gleichsetzung zweier mathematischer Ausdrücke] [equality of two mathematical expressions]
≈ Formel = relation
≈ formula

Gleichungssystem *nn* MATH **system of equations**

Gleichverteilung *nf* STATIS **uniform distribution**
= gleichförmige Verteilung; Rechteckverteilung *nf* = equipartition *n*

gleichwahrscheinlich STATIS **equiprobable**

gleichwahrscheinlicher Fehler TECH **balanced error**
[Mittelwert = 0] [with average value = 0]
≠ systematische Abweichung ≠ bias

Gleichwahrscheinlichkeit *nf* STATIS **equiprobability**

Gleichwahrscheinlichkeitskurve *nf* STATIS **equiprobability curve**

Gleichwelle *nf* BROADC **common wave**
[Flächendeckung mit Sendern gleicher Frequenz] [global coverage with the same frequency]
= single frequency

Gleichwellenmodulation *nf* MODUL **continuous wave modulation**
= CW modulation

Gleichwellennetz *nn* BROADC **single-frequency network**
≠ Mehrfrequenznetz = SFN
≠ multi-frequency network

Gleichwellensender *nm* BROADC **SFN transmitter**
= single-frequency-network transmitter

Gleichwert *nm* EL.TEC **continuous value**
≠ Wechselanteil ≠ alternating component
↓ Gleichstromkomponente ↓ dc component

gleichwertig SCIE → **equivalent** *adj*
→ äquivalent *adj*

Gleichwertigkeit *nf* SCIE **equivalence** *n*
= Äquivalenz *nf*

Gleichwinkelantenne *nf* ANT **isogonal antenna**

gleichwinklig MATH **isogonal** *adj* (1)
= isogonal (1) = isogonic; equiangular

gleichwinklige Spiralantenne ANT → **logarithmic spiral antenna**
→ logarithmische Spiralantenne

gleichzeitig COLL **simultaneous** *adj*
= simultan ≈ concurrent (1); chronologically
≈ zusammenfallend; zeitlich verschachtelt interleaved

gleichzeitig SCIE → **parallel** *adj*
→ parallel

gleichzeitiger Sende- und Empfangsbetrieb TELEC → **duplex operation**
→ Duplexbetrieb *nm*

Gleichzeitigkeit *nf* COLL **simultaneity** *n*
= Simultaneität *nf*; Simultanität *nf* ≈ contemporaneity

gleichziehen COLL → **equal** (*vt*; equaled (AE); equalled (BE)
→ gleichstellen

Gleikommaschreibweise *nf* COMP.SC → **floating-point representation**
→ Gleitkommadarstellung *nf*

Gleis *nn* (AT) RAIL.SIG → **track** *n* (1)
→ Geleise *nplt*

Gleiskontakt *nm* RAIL.SIG **rail contact**

Gleitdraht *nm* COM.CAB **skid wire**

Gleitebene *nf* RAD.NA **glide path**

gleiten *vi* TECH **slide** *vt*
= rutschen; ausgleiten; ausrutschen = glide *vi*; slip *vi*; skid *vi* (2)

gleitende Mittelwertbildung COMP.SC **moving average**

gleitende Reibung PHYS → **sliding friction**
→ Gleitreibung *nf*

gleitender Übergang TECH **phased transition**
= phased change-over

Gleiter *nm* TER&PER **slider** *n*

Gleitfensterprotokoll *nn* DAT.CO **sliding windows protocol**
= Sliding-Window-Protokoll *nn*

Gleitfett *nn* TECH **lubricating grease**

Gleitklausel *nf* ECON → **price escalation clause**
→ Preisgleitformel *nf*

Gleitkomma *nn* COMP.SC **floating decimal point**
[im Englischen verwendet man Dezimal-"Punkte" statt -"Kommas"] [Continental Europeans use decimal "commas" instead of "points"]
= Fließkomma *nf*; Gleitpunkt *nm*; Fließpunkt *nm* = floating point
≠ Festkomma ≠ fixed decimal point

Gleitkomma-Addition *nf* COMP.SC **floating-point addition**
= Gleitpunktaddition *nf*; Fließkomma-Addition *nf*; Fließpunktaddition

Gleitkomma-Arithmetik *nf* COMP.SC **floating-point arithmetic**
= Gleitpunktarithmetik *nf*; Fließkomma-Arithmetik *nf*;

Gleitkomma-Automatik *nf* DAT.PR **automatic floating point feature**

Gleitkomma-Chip *nm* HW **floating-point unit**
= FPU chip; FPU

Gleitkommadarstellung *nf* COMP.SC **floating-point representation**
[halblogarithmische Darstellung, bei der Mantisse und Exponent als Dualzahlen dargestellt sind; 43E-3 for 0,043] [semilogarithmic representation where manissa and exponent are represented as dual numbers; 43E-3 for 0.043]
= Gleitpunktdarstellung *nf*; Fließkommadarstellung *nf*; Fließpunktdarstellung *nf*; Gleikommaschreibweise *nf*; Gleitpunktschreibweise *nf*; Fließkommaschreibweise *nf*; Fließpunktschreibweise *nf*; Exponentialschreibweise *nf*; wissenschaftliche Schreibweise = floating point notation; exponential notation; e-notation *n*; scientific notation

Gleitkommadaten *nplt* DAT.MA **floating-point data**

Gleitkommadivision *nf* COMP.SC **floating-point division**
= Gleitpunktdivision *nf*; Fließkommadivision *nf*; Fließpunktdivision *nf*

Gleitkommaexponent *nm* COMP.SC **biased exponent**
= Gleitpunktexponent *nm* = floating-point-number exponent; floating-point exponent; exponent *n*; floating point coefficient; characteristic *n*; exrad *n*
≠ Festkommateil ≠ significand

Gleitkommaexponenten-Unterlauf *nm* COMP.SC → **characteristic underflow**
→ Kennzifferunterlauf *nm*

Gleitkommakonstante *nf* COMP.SC **floating-point constant**
= Gleitpunktkonstante *nf*; Fließkommakonstante *nf*; Fließpunktkonstante *nf* = floating point base; floating point radix

Gleitkommamultiplikation *nf* COMP.SC **floating-point multiplication**
= Gleitpunktmultiplikation *nf*; Fließkommamultiplikation *nf*; Fließpunktmultiplikation *nf*

Gleitkommanormalisierung mit Einser-Anhängung COMP.SC **noisy mode**
[floating point normalization with a "one" added to the last significant position]

Gleitkommanotation *nf* COMP.SC **floating-point notation**

Gleitkommaoperation *nf* COMP.SC **floating-point operation**
= Gleitpunktoperation *nf*; Fließkommaoperation *nf*; Fließpunktoperation *nf*; FLOP = FLOP *nslt*

Gleitkommaprozessor *nm* COMP.SC → **floating point processor**
→ Gleitpunktprozessor *nm*

Gleitkommaprozessor *nm* COMP.SC **floating-point processor**

Gleitkommarechnung *nf* COMP.SC **floating-point calculation**
= Gleitpunktrechnung *nf*; Fließkommarechnung *nf*; Fließpunktrechnung *nf*

Gleitkommaregister *nn* COMP.SC **floating-point register**
= Gleitpunktregister *nn*; FPR; Fließkommaregister *nn*; Fließpunktregister *nn* = floating register; FPR

Gleitkommaroutine *nf* COMP.SC **floating-point routine**
= Gleitpunktroutine *nf*; Fließkommaroutine *nf*; Fließpunktroutine *nf*

Gleitkommasubtraktion *nf* COMP.SC **floating-point subtraction**
= Gleitpunktsubtraktion *nf*; Fließkommasubtraktion *nf*; Fließpunktsubtraktion *nf* = floating subtract

Gleitkommaüberlauf *nm* COMP.SC **floating-point overflow**
= Gleitpunktüberlauf *nm*; Fließkommaüberlauf *nm*; Fließpunktüberlauf *nm*

Gleitkommaunterlauf *nm* COMP.SC **floating-point underflow**
= Gleitpunktunterlauf *nm*; Fließkommaunterlauf *nm*; Fließpunktunterlauf *nm*

Gleitkommaunterlauf *nm* COMP.SC → **characteristic underflow**
→ Kennzifferunterlauf *nm*

Gleitkommazahl *nf* COMP.SC **floating-point number**
= Gleitpunktzahl *nf*; Fließkommazahl *nf*; Fließpunktzahl *nf* ≠ fixed-point number
≠ Festkommazahl

Gleitkontakt *nm* COMPO **sliding contact**
= Schleifkontakt *nm*

Gleitkopf-Plattenlaufwerk *nn* TER&PER → **movable-head disk unit**
→ Bewegtkopf-Plattenlaufwerk *nn*

Gleitlager *nn* MEC.EN **gliding-surface bearing**
Gleitlaut *nm* LING **glide** *n*
Gleitmittel *nn* TECH → **lubricant** *n*
→ Schmiermittel *nn*
Gleitmittelbeständigkeit *nf* TECH **glow stability**
= corona stability
Gleitmutter *nf* MEC.EN **sliding nut**
Gleitpunkt *nm* COMP.SC → **floating decimal point**
→ Gleitkomma *nn*
Gleitpunktaddition *nf* COMP.SC → **floating-point addition**
→ Gleitkomma-Addition *nf*
Gleitpunktarithmetik *nf* COMP.SC → **floating-point arithmetic**
→ Gleitkomma-Arithmetik *nf*
Gleitpunktdarstellung *nf* COMP.SC → **floating-point representation**
→ Gleitkommadarstellung *nf*
Gleitpunktdivision *nf* COMP.SC → **floating-point division**
→ Gleitkommadivision *nf*
Gleitpunktexponent *nm* COMP.SC → **biased exponent**
→ Gleitkommaexponent *nm*
Gleitpunktexponent *nm* MATH → **characteristic** *n*
→ Kennziffer *nf*
Gleitpunktexponent-Überlauf *nm* COMP.SC → **exponent overflow**
→ Kennzifferüberlauf *nm*
Gleitpunktkonstante *nf* COMP.SC → **floating-point constant**
→ Gleitkommakonstante *nf*
Gleitpunktmultiplikation *nf* COMP.SC → **floating-point multiplication**
→ Gleitkommamultiplikation *nf*
Gleitpunktoperation *nf* COMP.SC → **floating-point operation**
→ Gleitkommaoperation *nf*
Gleitpunktprozessor *nm* COMP.SC **floating point processor**
= FPP; numeric coprocessor
= Gleitkommaprozessor *nm*; Fließpunktprozessor *nm*; FPP; Fließkommaprozessor *nm*; numerischer Koprozessor
Gleitpunktrechnung *nf* COMP.SC → **floating-point calculation**
→ Gleitkommarechnung *nf*
Gleitpunktregister *nn* COMP.SC → **floating-point register**
→ Gleitkommaregister *nn*
Gleitpunktroutine *nf* COMP.SC → **floating-point routine**
→ Gleitkommaroutine *nf*
Gleitpunktsausgleich-Ziffer *nf* COMP.SC **noisy digit**
[added during normalization of a floating point operation]
Gleitpunktschreibweise *nf* COMP.SC → **floating-point representation**
→ Gleitkommadarstellung *nf*
Gleitpunktsubtraktion *nf* COMP.SC → **floating-point subtraction**
→ Gleitkommasubtraktion *nf*
Gleitpunktüberlauf *nm* COMP.SC → **floating-point overflow**
→ Gleitkommaüberlauf *nm*
Gleitpunktunterlauf *nm* COMP.SC → **floating-point underflow**
→ Gleitkommaunterlauf *nm*
Gleitpunktzahl *nf* COMP.SC → **floating-point number**
→ Gleitkommazahl *nf*
Gleitreibung *nf* PHYS **sliding friction**
= slipping friction
= gleitende Reibung
G-Leitung *nf* LINE TH → **surface wave transmission line**
→ Oberflächenwellenleitung *nf*
Gleitweg *nm* RAD.NA **glide path**
Gleitwegsender *nm* RAD.NA **glide slope**
= GS; glide path transmitter
Gleitzeichen *nn* COMP.SC **floating character**
[above the most significant
Gleitzeit *nf* ECON **flexible working time**
= flexy time; flextime *n*; floating time
Glied *nn* NETW.TH **section** *n*
Glied *nn* MEC.EN → **link** *n*
→ Gelenkglied *nn*
Glied *nn* MATH → **term** *n*
→ Term *nm*
Glied *nn* CONTRO → **transfer element**
→ Übertragungsglied *nn*
Glied *nn* CIRC.EN → **logic gate**
→ Verknüpfungsglied *nn*
Gliedermaßstab *nm* INSTR → **yardstick** *n*
→ Zollstock *nm*
gliedern SCIE → **structure** *vt*
→ strukturieren
Gliederung *nf* SCIE → **structure** *n*
→ Struktur *nf*
Gliederungsfunktion *nf* WOR.PR **outliner** *n*

Gliedsatz *nm* LING → **subordinate clause**
→ Nebensatz *nm*
Gliedteil *nm* LING → **attribute** *n*
→ Attribut *nn*
Glimmanzeigeröhre *nf* COMPO **glow display tube**
= glow indicating tube
glimmen TECH → **smolder** *vi*
→ schwelen *vi*
Glimmen *nn* PHYS **corona** *n* (1)
= glow *n*
[Leuchten durch elektrische Entladung]
= Korona *nf*
Glimmentladung *nf* PHYS **glow discharge**
= luminous discharge
↑ gaseous discharge
↑ Gasentladung
Glimmentladungsröhre *nf* EL.TRO **glow discharge tube**
↑ gas discharge tube
= Glimmröhre *nf*
↑ Gasentladungsröhre
Glimmer *nm* CHEM **mica** *n*
Glimmer-Kondensator *nm* COMPO **mica capacitor**
glimmern TECH **glimmer** *vi*
= schimmern
glimmfrei PHYS **corona-free**
Glimmgleichrichter *nm* EL.TRO **glow rectifier**
Glimmlampe *nf* COMPO **glow lamp**
= glow tube; discharge tube
↓ neon lamp
↓ Neonlampe
Glimmlampen-Relaissender *nm* TELEGR **stroboscopic relay tester**
Glimmlicht *nf* PHYS **glow light**
= blue glow
Glimmrelais *nn* COMPO → **gas discharge relay**
→ Glimmrelaisröhre *nf*
Glimmrelaisröhre *nf* COMPO **gas discharge relay**
↑ glow discharge tube
= Glimmschaltröhre *nf*; Glimmrelais *nn*
↑ Glimmentladungsröhre
Glimmröhre *nf* EL.TRO → **glow discharge tube**
→ Glimmentladungsröhre *nf*
Glimmschaltdiode *nf* EL.TRO **glow discharge diode**
Glimmschaltröhre *nf* COMPO → **gas discharge relay**
→ Glimmrelaisröhre *nf*
Glimmstabilisatorröhre *nf* EL.TRO **glow stabilizing tube**
Glitzer *nm* (obs) TECH → **glitter** *n*
→ Glitzern *nn*
glitzern TECH **glitter** *vi*
= sparkle *vi*; glint *vi*
= funkeln
Glitzern *nn* TECH **glitter** *n*
= glint *n*
= Glitzer *nm* (obs); Funkeln *nn*
Glixon-Code *nm* CODING **Glixon code**
global TECH → **global** *adj*
→ allgemeingültig
global TECH → **global** *adj*
→ weltumspannend
global COLL → **worldwide** *adj*
→ weltweit
Global- TECH → **overall** *adj*
→ Gesamt-
Globalantenne *nf* SAT.CO → **global beam antenna**
→ Globalstrahlantenne *nf*
Globalausleuchtung *nf* SAT.CO **global beam**
Globalaustausch *nm* WOR.PR **global exchange**
[e.g. of a word throughout a text]
[z.B. eines Wortes im ganzen Text]
Globalbefehl *nm* SW → **macroinstruction** *n* (1)
→ Makrobefehl *nm* (1)
globale Bedeckung SAT.CO **global coverage**
= earth coverage
globale Daten DAT.PR **global data**
[valid for and accessible by the whole program]
≠ local data
[für das gesamte Programm gültig und zugänglich]
≠ lokale Daten
globale Formatierung WOR.PR **global format**
[refers to format and text as well]
[betrifft sowohl Format als auch Text]
globaler Gültigkeitsbereich COMP.SC **global scope**
globaler Personenruf MOB.CO **WAP** (1)
= Wide Area Paging
globales Netzmanagementsystem TELEC → **umbrella network management system**
→ übergeordnetes Netzmanagementsystem
globale Telekommunikation TELEC → **global telecommunications**
→ weltweite Telekommunikation
globale Variable SW **global variable**
[valid for and accessible by the whole program]
≠ local variable
[für das gesamte Programm gültig und zugänglich]
≠ lokale Variable

Global Functional Plane TELEC → **Global Functional Plane**
→ Dienstmodellierungsebene *nf*
Globalisierung *nf* TELEC **globalization** *n*
Globallöschung *nf* DAT.MA → **bulk erase**
→ Totallöschung *nf*
Globalsicherung *nf* DAT.MA → **full backup**
→ Vollsicherung *nf*
Globalstrahlantenne *nf* SAT.CO **global beam antenna**
= Globalantenne *nf*
Globalvereinbarung *nf* ECON **blanket agreement**
Global Village *nn* INTERNET **Global Village**
[nach McLuhan; "dank Internet wird die ganze Welt zu einem Dorf"] [by McLuhan; "thanks to Internet the Globe becoms a village"]
Glocke *nf* TELEPH → **bell** *n*
→ Wecker *nm*
glockenförmig MATH **bell shaped**
Glockenimpuls *nm* EL.TRO → **sine-squared pulse**
→ sin-Impuls *nm*
Glockenklöppel *nm* TECH **bell hammer**
= Klöppel *nm*; Glockenschwengel *nm*; Schwengel *nm* = hammer *n*
Glockenkurve *nf* STATIS **bell-shaped curve**
Glockenschale *nf* COMPO **bell gong**
Glockenschwengel *nm* TECH → **bell hammer**
→ Glockenklöppel *nm*
Glossar *nn* LING → **glossary** *n*
→ Begriffserklärung *nf*
Glückstreffer *nm* COLL **stroke of luck**
= one-shot
Glühbirne *nf* COMPO **electric bulb**
Glühbirne *nf* EL.INS → **incandescent lamp**
→ Glühlampe *nf*
glühelektrischer Effekt PHYS → **thermoelectric effect**
→ thermoelektrischer Effekt
Glühelektrode *nf* EL.TRO **incandescent electrode**
= hot electrode
Glühemission *nf* PHYS **thermoionic emission**
= thermische Emission = thermic emission
glühen TECH **glow** *vi*
glühen METAL **anneal** *vt*
[Warmbehandlung] [heat treatment]
= ausglühen
Glühfaden *nm* EL.TRO → **filament**
→ Heizfaden *nm*
glühfrischen METAL **malleabilize**
[Wärmebehandlung]
Glühkathode *nf* EL.TRO **thermoionic cathode**
= thermische Kathode = hot cathode; incandescent cathode
Glühlampe *nf* EL.INS **incandescent lamp**
= Glühbirne *nf* = incandescent bulb; bulb
Glühlampenanzeige *nf* COMPO **electric bulb display**
Glühlampenindikator *nm* ANT **pilot lamp**
Glühung *nf* METAL **anneal** *n*
[Warmbehandlung] [heat treatment]
= Ausglühung *nf* = annealing *n*
glutrot TECH **red-hot**
= rotglühend
Glyzerin *nn* CHEM **glycerine** *n*
GM GIS → **terrain model**
→ Geländemodell *nn*
GmbH *nf* ECON **company with limited liability**
= Gesellschaft mit beschränkter Haftung = limited-liability company; Ltd; partnership *n*
↑ Gesellschaft ↑ company
GMSC MOB.CO → **GMSC**
→ Netzübergangs-Funkvermittlung *nf*
GMSK MODUL **GMSK**
= Gaussian Minimum Shift Keying
GMX TRANSM → **giga multiplexer**
→ Gigamultiplexer *nm*
Gnomon *nm* COMP.GR **gnomon** *n*
[Behelf zur Darstellung von 3 auf 2 Dimensionen] [aid to represent 3 in 2 dimensions]
Gnomon *nm* GEOSC **gnomon** *n*
= Sonnenuhrstab *nm* = sundial style
Gnomon *nm* MATH **gnomon** *n*
[Rest nach Ausschneiden eines ähnlichen Teilparallelogramms] [remainder after removal of similar partial parallelogram]
gnomonische Projektion CART **gnomonic projection**
= central projection

GNSS SAT.CO **GNSS**
[civil successor of military GPS]
= Global Navigation Satellite System
GNU-C-compiler-gcc-Bewertungstest *nm* DAT.PR **GNU C compiler gcc benchmark**
[ein Assemlierungsproblem; ganzzahlenintensiv, in C] [an assembbling problem; integer-intensive, in C]
↑ SPEC-Bewertungstest ↑ SPEC benchmark
GO DAT.PR → **giga-operations** *nplt*
→ Giga-Operationen *nplt*
Gobo CINEMA **gobo** *n*
[Plane zum Abhalten von Licht] [a panel]
Golay-Zelle *nf* INSTR **Golay cell**
Gold *nn* CHEM **gold** *n*
= Au = Au
Goldbahn *nf* MICR.EL **goldbeam**
Golddotierung *nf* MICR.EL **gold doping**
Golddrahtdiode *nf* MICR.EL **gold-bonded diode**
golden *adj* (1) PHYS **golden** *adj* (1)
[aus Gold] [of gold]
golden *adj* (2) PHYS → **golden** *adj* (2)
→ goldfarben *adj*
Goldesel *nm* ECON **cash cow**
goldfarben *adj* PHYS **golden** *adj* (2)
= goldfarbig *adj*; golden *adj* (2) [with the color of gold]
goldfarbig PHYS → **golden** *adj* (2)
→ goldfarben *adj*
goldgelb *adj* OPT **canary yellow** *adj*
= golden yellow
Goldkontakt *nm* COMPO **gold contact**
= gold-plated contact
goldkontaktiert MICR.EL **gold bonded**
goldocker *adj* OPT **yellow ocher** *adj*
= yellow ochre; golden ocher; golden ochre
goldperl *adj* OPT **gold pearl** *adj*
goldplattieren METAL **gold-clad**
goldplattiert METAL **gold-plated**
↑ vergoldet = gold-cladded
Goldplattierung *nf* METAL **gold plating** (1)
↑ Vergoldung ↑ gold cladding
Golf *nm* GEOSC **gulf** *n*
≈ Bucht ≈ bay
Gon *nn* MATH **gon** *n*
[Winkelmaß, ein Vollwinkel/400] [angular measuring unit; complete angle/400]
= Neugrad *nm* = new degree
Gong *nm* EL.ACOU → **single-stroke bell**
→ Einschlagwecker *nm*
Goniometer *nn* INSTR → **protractor** *n*
→ Winkelmaß *nn*
Goniometer *nn* ENG.DRA → **protractor** *n*
→ Winkelmaß *nn*
Goniometerpeiler *nm* RAD.LO **goniometric direction finder**
Goniospektrophotometrie *nf* PHYS **goniospectrophotometry**
Gopher *nm* INTERNET → **gopher** *n*
→ Suchprogramm *nn*
GOPS HW **GOPS**
[10E9 Operationen/s] [10E9 operations/s]
= Giga Operations Per Second
GOSIP DAT.NW **GOSIP**
[eine OSI-Version im Netz der US-Regierung] [Government Open System Interconnection Profile; an OSI version in the network of U.S.Government]
Gotisch *nn* PRIN.ME → **black letter**
→ gotische Schrift
gotische Schrift PRIN.ME **black letter**
= Gotisch *nn* [a font with heavy face and angular outline]
= Gothic
GO-TO-Einrichtung *nf* SW **GO-TO feature**
= GOTO feature
GO-TO-freie Programmierung SW → **top-down programming**
→ absteigende Programmierung
Goubeau-Leitung *nf* LINE TH → **surface wave transmission line**
→ Oberflächenwellenleitung *nf*
Gouraud-Schattierung *nf* COMP.GR **Gouraud shading**
[interpoliert Nachbarwerte] [interpolates neighboring values]
GPIB-Bus *nm* HW → **IEC bus**
→ IEC-Bus *nm*

gpm TER&PER → **graphic pages per minute**
→ Grafikseiten pro Minute

G-Pol MICR.EL → **gate terminal**
→ Steueranschluss *nm*

gppm TER&PER **gppm**
[Druckleistung bei grafikreichen Seiten] [print speed with graphics-intensive pages]

GPRS MOB.CO **GPRS**
[IP-Übertragung über GSM] [IP transmission over GSM]
= allgemeiner Datenpaket-Funkdienst = General Packet Radio Service

GPS SAT.CO **GPS**
[Koordinatenbestimmung durch Triangulation von Satellitensignalen] = Global Positioning System

GQL-Sprache *nf* DAT.MA **Geographic Query Language**
[auf räumliche Operatoren und Funktionen erweitertes SQL] [an SQL expanded to spatial operators and functions]
= GQL

Grabarbeit *nf* CIV.EN **dig-up** *n*

Grabber *nm* (ANGL) COMP.AP → **grabber hand**
→ Greifhand *nn*

Graben *nm* MICR.EL **trench** *n*

Graben *nm* CIV.EN **trench** *n*
↓ Kabelgraben = ditch *n*

Grabenöffnung *nf* CIV.EN **trenching** *n*

Grabmaschine *nf* CIV.EN **trencher** *n*

Grad *nm* PHYS **degree** *n*
[Messeinheit für Temperatur; Symbol: °] [measuring unit for temperature; symbol: °]

Grad *nm* MATH **degree** *n*
[Vollwinkel/360] [complete angle/360]
= Altgrad *nm* = old degree
↑ Gradmaß; Winkelmaß

Gradationsfehler *nm* TV **gradation distortion**
= gradation error

Gradationskeil *nm* TV → **gray wedge**
→ Graukeil *nm*

Gradationskurve *nf* IMAG.PR **gradation curve**

Gradationsstufe *nf* IMAG.PR **gradation step**

Grad Celsius (1) PHYS **degree Celsius**
[absolute Temperaturangabe] = degree C; ° C
= ° C

Grad Celsius (2) PHYS **degree** *n*
[Maßeinheit für Temperaturdifferenz; alte Bezeichnung für Kelvin] [unit for temperature difference; old name for Kelvin]
≈ Kelvin = centigrade *n*; Cent.; cent.

Gradeinteilung *nf* INSTR **graduation** (1)
↑ Skaleneinteilung ↑ scale

Grad Fahrenheit PHYS **degree Fahrenheit**
= ° F = ° F

Gradient *nm* MATH **gradient** *n*
[Vektorrechnung]

Gradientenfaser *nf* OPT.CO **gradient fiber** (AE)
≈ Mehrmodenfaser = gradient fibre (BE) (UIT-T)
≈ multimode fiber

Gradientenindex *nm* OPT.CO **graded index**

Gradientenmikrofon *nn* EL.ACOU **gradient microphone**
= Gradientenmikrophon *nn*

Gradientenmikrophon *nn* EL.ACOU → **gradient microphone**
→ Gradientenmikrofon *nn*

Gradmaß *nn* MATH **angular measure**
≈ Bogenmaß ≈ radian measure
↑ Winkelmaß
↓ Grad

graduell TECH → **stepwise** *adj*
→ schrittweise

gradueller Übergang TECH → **staged changeover**
→ stufenloser Übergang

graduieren TECH → **graduate** *vt*
→ abstufen

Graduierter *nm* EDUC → **graduate** *n*
→ Akademiker *nm*

Grad-Zeichen *nn* PHYS **degree sign**
[Symbol: °] [symbol: °]

Graetz-Schaltung *nf* CIRC.EN **rectifier bridge circuit**
= Graetz connection

Grafik *nf* TEC.DOC → **diagram** *n*
→ Diagramm *nn*

Grafik *nf* TEC.DOC **graphic** *n*
= Graphik *nf*; grafische Darstellung; graphische Darstellung = graphical representation; graphic representation; pictorial representation; chart *n*; plot *n*
≈ Diagramm ≈ diagram
↑ Darstellung ↑ representation

Grafikadapter *nm* HW **graphic adapter**
= Graphikadapter *nm* = graphics adapter
↑ Videoadapter ↑ video adapter

Grafikadapterkarte *nf* TER&PER → **graphics board** *n* (1)
→ Grafikkarte *nf*

Grafikanker *nm* WOR.PR **anchor** *n*
= Graphikanker *nm*

Grafikanwendung *nf* COMP.AP **graphics application**
= Graphikanwendung *nf*

Grafikanzeige *nf* INSTR **graphics display**
= Graphikanzeige *nf*

Grafik-Arbeitsstation *nf* DAT.PR → **graphic workstation**
→ grafisches Arbeitsplatzsystem

Grafikauflösung *nf* TER&PER **graphic resolution**
[maximale Bildpunktdichte] [maximum pixel density]
= Graphikauflösung *nf*; grafische Auflösung; graphische Auflösung

Grafikausgabegerät *nn* TER&PER **graphics output hardware**
= Graphikausgabegerät *nn*; Grafikterminal *nn*; Graphikterminal *nn* = graphics output device; graphics terminal
≈ grafisches Arbeitsplatzsystem ≈ graphic workstation
↓ Plotter; Grafikdrucker ↓ plotter; graphics printer

Grafikbeschleuniger *nm* HW **graphics accelerator**
= Graphikbeschleuniger *nm*

grafikbeschreibende Daten GIS → **graphic data**
→ Grafikdaten *nplt*

Grafikbibliothek *nf* DAT.MA **graphics library**
= Graphikbibliotek *nf*

Grafikbildschirm *nm* TER&PER **graphics screen**
= Graphikbildschirm *nm*; Grafikmonitor *nm*; Graphikmonitor *nm* = graphics display; graphics monitor
↑ Sichtgerät ↑ display terminal
↓ Rasterbildschirm; Vektorbildschirm

Grafik-Cursor *nm* COMP.GR **graphic cursor**
= Graphik-Cursor *nm*

Grafikdatei *nf* SW **graphics file**
= Graphikdatei *nf*

Grafikdateiformat *nn* DAT.MA **graphics file format**
= Graphikdateiformat *nn*

Grafikdatenbank *nf* COMP.GR **graphic data base**
= Graphikdatenbank *nf*

Grafikdaten *nplt* DAT.MA **graphical data**
= Graphikdaten *nplt* = graphic data
≈ Geodaten ≈ geodata
↓ Rasterdaten; Vektordaten ↓ raster data; vector data

Grafikdaten *nplt* GIS **graphic data**
[beschreiben die Darstellungsart (Farbe, Symbol, ...)] [describe the presentation (color, hatching, ...)]
= Graphikdaten *nplt*; grafikbeschreibende Daten; graphikbeschreibende Daten; Präsentationsdaten *nplt*; Objektidentifikationsdaten *nplt* = presentational data
↑ Geodaten ↑ geodata

Grafikdaten *nplt* (obs) GIS → **geodata** *nplt*
→ Geodaten *nplt*

Grafikdrucker *nm* TER&PER **graphics printer**
[Drucker der, mit geringer Auflösung, ein Zeichengerät simulieren kann] [printer able to mimic, with degraded quality, a plotter]
= Graphikdrucker *nm*; grafikfähiger Drucker; graphikfähiger Drucker; hochauflösender Drucker = high-resolution printer; printer-plotter
≈ Plotter *nm*; Text-und-Grafik-Drucker *nm* ≈ plotter; text-and-graphics printer
≠ Zeichendrucker ≠ character printer
↑ Sichtgerät ↑ display terminal

Grafikeinbindung *nf* WOR.PR **graphics integration**
= Graphikeneinbindung *nf*

Grafikeingabegerät *nn* TER&PER **graphics input hardware**
= Graphikeingabegerät *nn* = graphics input device; graphics device
↓ Digitalisiertablett; Lichtgriffel ↓ digitizing tablet; light pen

Grafikenpositionierung *nf* COMP.GR **graphic placement**
= Graphikpositionierung *nf*

Grafik-Equalizer *nm* CONS.EL → **graphic equalizer**
→ Graphic-Equalizer

Grafiker *nm* PRIN.ME **graphicist** *n*
= Graphiker *nm*

grafikfähiger Drucker TER&PER → **graphics printer**
→ Grafikdrucker *nm*

Grafikfähigkeit *nf* TER&PER **graphic capability**
= Graphikfähigkeit *nf*

Grafikformat *nn* DAT.MA **graphics format**
= Graphikformat *nn*

Grafikgriffel *nm* TER&PER → **graphics light pen**
→ Grafikstift *nm*

Grafik-Hardware *nf* COMP.GR **graphic hardware**
= Graphik-Hardware *nf*; Grafik-HW; Graphik-HW

Grafik-HW COMP.GR → **graphic hardware**
→ Grafik-Hardware *nf*

grafikintensiv SW **graphics-intensive** *adj*
= graphikintensiv
≈ bildreich

Grafikkarte *nf* TER&PER **graphics board** *n* (1)
[steuert die Bildschirmdarstellung von Zeichen und/oder Grafiken] [controls the video display of characters and/or graphics]
= Graphikkarte *nf*; Grafikadapterkarte *nf*; Graphikadapterkarte *nf*; Bildschirmkarte *nf*; Bildschirmadapter *nm*; Videokarte *nf*; Videoadapter *nm*; Videocontroller *nm* = graphics card; video board; video card; video adapter; display adapter; video display board; display board; display card; video controller
↑ Erweiterungskarte ↑ expansion board
↓ Monochrom-Grafikkarte; MGA-Karte; Hercules-Karte; Farbgrafikkarte; CGA-Karte; AGA-Karte; EGA-Karte; VGA-Karte; PGA-Karte ↓ monochrome graphics board; MGA board; Hercules board; color graphics board; CGA board; AGA board; EGA board; VGA board; PGA board

Grafikmodus *nm* SW **graphic display mode**
= Graphikmodus *nm* = graphic mode; graphics mode; plot mode
≈ grafikorientiertes Programm; grafikorientiertes Programm ≈ graphics-based program
≠ Zeichenmodus ≠ character mode
↑ Videomodus ↑ video mode

Grafikmonitor *nm* TER&PER → **graphics screen**
→ Grafikbildschirm *nm*

grafikorientiert SW **graphics-based** *adj*
= graphikorientiert = graphics-oriented
≠ zeichenorientiert ≠ character-based

grafikorientiertes Programm SW **graphics-based program**
= graphikorientiertes Programm = graphics-oriented program
≈ Grafikmodus ≈ graphic mode
≠ zeichenorientiertes Programm ≠ character-based program

Grafikpinsel *nm* COMP.GR **brush** *n*
= Graphikpinsel *nm*; Pinsel *nm*; Brush *nm* (ANGL)

Grafikprogramm *nn* COMP.GR **graphics program**
= Graphikprogramm *nn* = graphic program; plot program
≈ Grafik-Software ≈ graphics software
↑ Anwendungssoftware ↑ applications software
↓ Zeichenprogramm; Malprogramm ↓ drawing program; painting program

Grafikprogrammierung *nf* SW **graphics programming**
= Graphikprogrammierung *nf* = graphic programming

Grafikprozessor *nm* HW **graphics processor**
[entlastet den Hauptprozessor bei Grafikprogrammen] [supports the main processor for graphic programs]
= Graphikprozessor *nm*; Bildschirmprozessor *nm*; Bildpunktprozessor *nm*; Pixelprozessor *nm*; grafischer Coprozessor; graphischer Coprozessor; grafischer Koprozessor; graphischer Koprozessor = graphics coprocessor; pixel processor; graphics engine

Grafikseite *nf* COMP.AP **graphic page**
= Graphikseite *nf*

Grafikseiten pro Minute TER&PER **graphic pages per minute**
= Graphikseiten pro Minute; gpm = gpm

Grafiksoftware *nf* COMP.GR **graphics software**
= Graphiksoftware *nf* ≈ graphics programm
≈ Grafikprogramm

Grafikspeicher *nm* DAT.PR **graphics memory** *n*
= Graphikspeicher *nm*; Videospeicher *nm* = video memory; frame buffer; bit map (1)

Grafiksprache *nf* COMP.LG **graphics language**
= Graphiksprache *nf*; grafische Programmiersprache; graphische Programmiersprache = graphic language; graphics programming language; graphic programming language

Grafikstandard *nm* TER&PER **graphics standard**
= Graphikstandard *nm*
↓ MGA; Hercules; CGA; EGA; VGA; PGA ↓ MGA; Hercules; CGA; EGA; VGA; PGA

Grafikstation *nf* DAT.PR **graphics VDU**
= Graphikstation *nf*; grafisches Datensichtgerät; graphisches Datensichtgerät

Grafikstift *nm* TER&PER **graphics light pen**
= Graphikstift *nm*; Grafikgriffel *nm*; Graphikgriffel *nm*

Grafiksystem-Prozessor *nm* COMP.AP **graphics system processor**
[für militärische Anwendungen] [for military applications]
= Graphiksystem-Prozessor *nm*; GSP = GSP
↑ Grafikprozessor ↑ graphics processor

Grafiktableau *nn* TER&PER → **digitizing tablet** *n*
→ Digitalisiertablett

Grafiktablett *nn* TER&PER → **digitizing tablet** *n*
→ Digitalisiertablett

Grafikterminal *nn* TER&PER → **graphics output hardware**
→ Grafikausgabegerät *nn*

Grafik-Tool *nn* COMP.AP **graphics tool**
= Graphik-Tool *nn*

Grafik-Workstation *nf* DAT.PR → **graphic workstation**
→ grafisches Arbeitsplatzsystem

Grafikzeichen *nn* COMP.GR **graphics character**
[Grafikelement das zu Grafiken zusammengesetzt werden kann] [graphic element which can be combined to graphics]
= Graphikzeichen *nn* ≈ graphic character [TER&PER]
≈ grafisches Zeichen [TER&PER]

grafisch *adj* DAT.PR **graphical** *adj*
[vom Griechischen "graphein" (verwandt mit Althochdeutsch "kerfan" = kerben) = ritzen → zeichnen, malen, schreiben] [from Greek "graphein" (akin to "grave" and "carve") = "scratch → draw, paint, write"]
= graphisch = graphic

grafisch *adv* DAT.PR **graphically** *adv*
= graphisch

grafisch darstellen TECH **plot** *vt*
= graphisch darstellen = represent graphically; graph; map

grafische Arbeitsstation DAT.PR → **graphic workstation**
→ grafisches Arbeitsplatzsystem

grafische Auflösung TER&PER → **graphic resolution**
→ Grafikauflösung *nf*

grafische Begrenzungslinie COMP.GR **graphic limits**
= graphische Begrenzungslinie = graphic boundary; bounding rectangle; bounding box

grafische Benutzeroberfläche COMP.AP **graphical user interface**
[ein Satz mausgesteuerter Menüs, Piktogramme u.dgl. zur Erleichterung der PC-Bedienung] [a set of mouse-controlled menues, icons etc. to ease computer operation]
= graphische Benutzeroberfläche = GUI; graphic user surface; graphical interface; graphics interface; visual interface; gooey (slang); widget set (slang)
≠ Kommandozeilenoberfläche; zeichengebundene Bedieneroberfläche ≠ command-line interface; character user interface

grafische Bildschirmauflösung TER&PER **graphic display resolution**
= graphische Bildschirmaufstellung

grafische Darstellung TEC.DOC → **graphic** *n*
→ Grafik *nf*

grafische Darstellung TEC.DOC **plot** *n*
= graphische Darstellung = graphic representation; pictorial representation
≈ Diagramm ≈ diagram
↑ Darstellung ↑ representation

grafische Datenstruktur DAT.MA **graphics data structure**
= graphische Datenstruktur

grafische Datenverarbeitung DAT.PR **graphical processing**
= graphische Datenverarbeitung; GDV *nf* ≈ computer graphics
≈ Computergrafik

grafische Eingabe COMP.AP **graphic input**
= graphische Eingabe

grafische Integration MATH **graphical integration**
= graphische Integration

grafische Kernroutinen COMP.GR **Graphical Kernel System**
[ANSI- und ISO-Norm zur Programmierung und Handhabung von Grafiken] [ANSI and ISO standard for programming and handling of graphical interfaces]
= graphische Kernroutinen; grafisches Kernsystem; graphisches Kernsystem; GKS-Norm *nf*; GKS = GKS
↓ GKS-3D ↓ GKS-3-D

grafische Programmiersprache COMP.LG → **graphics language**
→ Grafiksprache *nf*

grafischer Anschluss HW **graphics port**
= graphischer Anschluss; grafPort (Apple) = grafPort (Apple)

grafischer Arbeitsplatz DAT.PR → **graphic workstation**
→ grafisches Arbeitsplatzsystem

grafischer Bildschirm TER&PER **graphic display**
= graphischer Bildschirm = graphic display screen; graphic CRT display

grafischer Coprozessor HW → **graphics processor**
→ Grafikprozessor *nm*

grafischer Equalizer CONS.EL → **graphic equalizer**
→ Graphic-Equalizer

grafischer Koprozessor HW → **graphics processor**
→ Grafikprozessor *nm*

grafisches Arbeitsplatzsystem DAT.PR **graphic workstation**
= graphisches Arbeitsplatzsystem; Grafik-Arbeitsstation *nf*; Graphik-Arbeitsstation *nf*; grafischer Arbeitsplatz; graphischer Arbeitsplatz; grafische Arbeitsstation; graphische Arbeitsstation; Grafik-Workstation *nf*; Graphik-Workstation *nf*
≈ graphics output hardware

grafisches Betriebsmittelverwaltungssystem GIS **AM/FM**
[System zur GIS-Behandlung von Betriebsmitteln]
= graphisches Betriebsmittelverwaltungssystem; AM/FM-System *nn*
= Automated Mapping / Facility Management

grafisches Datensichtgerät DAT.PR → **graphics VDU**
→ Grafikstation *nf*

grafisches Hilfsmittel TEC.DOC **graphical tool**
= graphisches Hilsmittel

grafisches Kernsystem COMP.GR → **Graphical Kernel System**
→ grafische Kernroutinen

grafisches Symbol PRIN.ME **graphic symbol**
= graphisches Symbol

grafisches Zeichen TER&PER **graphic character**
[die graphische Darstellung eines Zeichens]
= graphisches Zeichen
≈ Grafikzeichen [COMP.GR]
[graphical representation of a character]
≈ graphics character [COMP.GR]

grafische Umgebung COMP.AP **graphic environment**
= graphische Umgebung

grafPort (Apple) HW → **graphics port**
→ grafischer Anschluss

Graftal *nn* COMP.GR **graftal** *n*
[vereinfachte Form eines Fraktals]
≈ Fraktal [MATH]
[simplified form of fractals]
≈ fractal [MATH]

Gramm *nn* PHYS **gram**
[= 0,001 kg]
= g
[= 0.001 kg]
= g; gramme BR); gm (BE)

Gramm/Quadratmeter OFFICE **grams per square meter**
[Maßeinheit für Papierstärke]
= g/cm²; GSM; gsm
[grading unit for paper weight]
= g/cm²; GSM; gsm

Gramma *nn* MEDIA → **engramm**
→ Engramm *nn*

Grammatik *nf* LING **grammar** *n*
[Regeln der Aussprache, Wortformen und Satzaufbauten; vom griech. "gramma" = "Eingeritztes" = Buchstabe]
= Sprachlehre *nf*
↑ Sprachwissenschaft
↓ Phonetik; Morphologie; Syntax
[rules for pronunciation, words and sentence formation; from Greek "gramma" = "carved" (letter on a stone)]
↑ linguistics
↓ phonetics: morphology; syntax

Grammatik *nf* SW → **syntax** *n*
→ Syntax *nf*

Grammatikprüfprogramm *nn* WOR.PR **grammar checker**

grammatischer Fehler SW → **syntactic error**
→ syntaktischer Fehler

grammatisches Geschlecht LING → **gender** *n*
→ Genus *nn*

Grammatom *nn* PHYS **gram-atomic weight**

Granat *nm* CHEM **garnet** *n*
↑ Silikat
↑ silicate

granatrot *adj* OPT **garnet red** *adj*

Grand Prix MEDIA → **Grand Prize**
→ Großer Preis

Granularität *nf* INF.TEC **granularity** *n*
[Normalgröße]
[standard size]

Granularität *nf* TRANSM → **switching layer**
→ Schaltebene *nf*

Granulat *nn* TECH **granulate** *n*
= granulesnplt ; pellets *nplt*

Graph *nm* NETW.TH **graph** *n*

Graph *nm* TEC.DOC **graph** *n*
[ein Diagramm mit Knoten und Verbindungslinien]
[diagram with nodes and internode connections]

Graph *nm* MATH **graph** *n*
[Graphentheorie; zeichnerische Darstellung von Strukturen, mir Knoten und Kanten]
[theory of graphs; graphical representation of structures, with nodes and edges]

Graph *nm* INF.TEC **state diagram**
= Zustandsfolgediagramm *nn*

Graph *nm* TELEC → **network graph**
→ Netzgraph *nm*

Graphentheorie *nf* MATH **graph theory**

Graphic-Equalizer CONS.EL **graphic equalizer**
= Grafik-Equalizer *nm*; graphischer Equalizer; grafischer Equalizer

Graphics Controller *nm* HW **Graphics Controller**
[Teilfunktion des EGA von IBM]
↑ Videoadapter
[part of IBM EGA]

Graphik *nf* TEC.DOC → **diagram** *n*
→ Diagramm *nn*

Graphik *nf* TEC.DOC → **graphic** *n*
→ Grafik *nf*

Graphikadapter *nm* HW → **graphic adapter**
→ Grafikadapter *nm*

Graphikadapterkarte *nf* TER&PER → **graphics board** *n* (1)
→ Grafikkarte *nf*

Graphikanker *nm* WOR.PR → **anchor** *n*
→ Grafikanker *nm*

Graphikanwendung *nf* COMP.AP → **graphics application**
→ Grafikanwendung *nf*

Graphikanzeige *nf* INSTR → **graphics display**
→ Grafikanzeige *nf*

Graphik-Arbeitsstation *nf* DAT.PR → **graphic workstation**
→ grafisches Arbeitsplatzsystem

Graphikauflösung *nf* TER&PER → **graphic resolution**
→ Grafikauflösung *nf*

Graphikausgabegerät *nn* TER&PER → **graphics output hardware**
→ Grafikausgabegerät *nn*

Graphikbeschleuniger *nm* HW → **graphics accelerator**
→ Grafikbeschleuniger *nm*

graphikbeschreibende Daten GIS → **graphic data**
→ Grafikdaten *nplt*

Graphikbibliotek *nf* DAT.MA → **graphics library**
→ Grafikbibliothek *nf*

Graphikbildschirm *nm* TER&PER → **graphics screen**
→ Grafikbildschirm *nm*

Graphik-Cursor *nm* COMP.GR → **graphic cursor**
→ Grafik-Cursor *nm*

Graphikdatei *nf* SW → **graphics file**
→ Grafikdatei *nf*

Graphikdateiformat *nn* DAT.MA → **graphics file format**
→ Grafikdateiformat *nn*

Graphikdatenbank *nf* COMP.GR → **graphic data base**
→ Grafikdatenbank *nf*

Graphikdaten *nplt* DAT.MA → **graphical data**
→ Grafikdaten *nplt*

Graphikdaten *nplt* GIS → **graphic data**
→ Grafikdaten *nplt*

Graphikdaten *nplt* (obs) GIS → **geodata** *nplt*
→ Geodaten *nplt*

Graphikdrucker *nm* TER&PER → **graphics printer**
→ Grafikdrucker *nm*

Graphikeingabegerät *nn* TER&PER → **graphics input hardware**
→ Grafikeingabegerät *nn*

Graphikeneinbindung *nf* WOR.PR → **graphics integration**
→ Grafikeinbindung *nf*

Graphiker *nm* PRIN.ME → **graphicist** *n*
→ Grafiker *nm*

graphikfähiger Drucker TER&PER → **graphics printer**
→ Grafikdrucker *nm*

Graphikfähigkeit *nf* TER&PER → **graphic capability**
→ Grafikfähigkeit *nf*

Graphikformat *nn* DAT.MA → **graphics format**
→ Grafikformat *nn*

Graphikgriffel *nm* TER&PER → **graphics light pen**
→ Grafikstift *nm*

Graphik-Hardware *nf* COMP.GR → **graphic hardware**
→ Grafik-Hardware *nf*

Graphik-HW COMP.GR → **graphic hardware**
→ Grafik-Hardware *nf*

graphikintensiv SW → **graphics-intensive** *adj*
→ grafikintensiv

Graphikkarte *nf* TER&PER → **graphics board** *n* (1)
→ Grafikkarte *nf*

Graphikmodus *nm* SW → **graphic display mode**
→ Grafikmodus *nm*

Graphikmonitor *nm* TER&PER → **graphics screen**
→ Grafikbildschirm *nm*

graphikorientiert SW → **graphics-based** *adj*
→ grafikorientiert

graphikorientiertes Programm SW → **graphics-based program**
→ grafikorientiertes Programm
Graphikpinsel *nm* COMP.GR → **brush** *n*
→ Grafikpinsel *nm*
Graphikpositionierung *nf* COMP.GR → **graphic placement**
→ Grafikenpositionierung *nf*
Graphikprogramm *nn* COMP.GR → **graphics program**
→ Grafikprogramm *nn*
Graphikprogrammierung *nf* SW → **graphics programming**
→ Grafikprogrammierung *nf*
Graphikprozessor *nm* HW → **graphics processor**
→ Grafikprozessor *nm*
Graphikseite *nf* COMP.AP → **graphic page**
→ Grafikseite *nf*
Graphikseiten pro Minute TER&PER → **graphic pages per minute**
→ Grafikseiten pro Minute
Graphiksoftware *nf* COMP.GR → **graphics software**
→ Grafiksoftware *nf*
Graphikspeicher *nm* DAT.PR → **graphics memory** *n*
→ Grafikspeicher *nm*
Graphiksprache *nf* COMP.LG → **graphics language**
→ Grafiksprache *nf*
Graphikstandard *nm* TER&PER → **graphics standard**
→ Grafikstandard *nm*
Graphikstation *nf* DAT.PR → **graphics VDU**
→ Grafikstation *nf*
Graphikstift *nm* TER&PER → **graphics light pen**
→ Grafikstift *nm*
Graphiksystem-Prozessor *nm* COMP.AP → **graphics system processor**
→ Grafiksystem-Prozessor *nm*
Graphiktableau *nn* TER&PER → **digitizing tablet** *n*
→ Digitalisiertablett
Graphiktablett *nn* TER&PER → **digitizing tablet** *n*
→ Digitalisiertablett
Graphikterminal *nn* TER&PER → **graphics output hardware**
→ Grafikausgabegerät *nn*
Graphik-Tool *nn* COMP.AP → **graphics tool**
→ Grafik-Tool *nn*
Graphik-Workstation *nf* DAT.PR → **graphic workstation**
→ grafisches Arbeitsplatzsystem
Graphikzeichen *nn* COMP.GR → **graphics character**
→ Grafikzeichen *nn*
graphisch DAT.PR → **graphical** *adj*
→ grafisch *adj*
graphisch DAT.PR → **graphically** *adv*
→ grafisch *adv*
graphisch darstellen TECH → **plot** *vt*
→ grafisch darstellen
graphische Arbeitsstation DAT.PR → **graphic workstation**
→ grafisches Arbeitsplatzsystem
graphische Auflösung TER&PER → **graphic resolution**
→ Grafikauflösung *nf*
graphische Begrenzungslinie COMP.GR → **graphic limits**
→ grafische Begrenzungslinie
graphische Benutzeroberfläche COMP.AP → **graphical user interface**
→ grafische Benutzeroberfläche
graphische Bildschirmaufstellung TER&PER → **graphic display resolution**
→ grafische Bildschirmauflösung
graphische Darstellung TEC.DOC → **graphic** *n*
→ Grafik *nf*
graphische Darstellung TEC.DOC → **plot** *n*
→ grafische Darstellung
graphische Datenstruktur DAT.MA → **graphics data structure**
→ grafische Datenstruktur
graphische Datenverarbeitung DAT.PR → **graphical processing**
→ grafische Datenverarbeitung
graphische Editierfähigkeit COMP.GR → **stretching** *n*
→ Stretchen *nn*
graphische Eingabe COMP.AP → **graphic input**
→ grafische Eingabe
graphische Einheit COMP.GR → **object** *n*
→ Objekt *nn*
graphische Integration MATH → **graphical integration**
→ grafische Integration
graphische Kernroutinen COMP.GR → **Graphical Kernel System**
→ grafische Kernroutinen
graphische Programmiersprache COMP.LG → **graphics language**
→ Grafiksprache *nf*
graphischer Anschluss HW → **graphics port**
→ grafischer Anschluss
graphischer Arbeitsplatz DAT.PR → **graphic workstation**
→ grafisches Arbeitsplatzsystem

graphischer Bildschirm TER&PER → **graphic display**
→ grafischer Bildschirm
graphischer Coprozessor HW → **graphics processor**
→ Grafikprozessor *nm*
graphischer Equalizer CONS.EL → **graphic equalizer**
→ Graphic-Equalizer
graphischer Koprozessor HW → **graphics processor**
→ Grafikprozessor *nm*
graphisches Arbeitsplatzsystem DAT.PR → **graphic workstation**
→ grafisches Arbeitsplatzsystem
graphisches Betriebsmittelverwaltungssystem GIS → **AM/FM**
→ grafisches Betriebsmittelverwaltungssystem
graphisches Datensichtgerät DAT.PR → **graphics VDU**
→ Grafikstation *nf*
graphisches Grundsymbol COMP.GR → **drawing element** *n*
→ Zeichenelement *nn*
graphisches Hilsmittel TEC.DOC → **graphical tool**
→ grafisches Hilfsmittel
graphisches Kernsystem COMP.GR → **Graphical Kernel System**
→ grafische Kernroutinen
graphisches Symbol PRIN.ME → **graphic symbol**
→ grafisches Symbol
graphisches Zeichen TER&PER → **graphic character**
→ grafisches Zeichen
graphisches Zeichenelement COMP.GR → **drawing element** *n*
→ Zeichenelement *nn*
graphische Umgebung COMP.AP → **graphic environment**
→ grafische Umgebung
Graphit *nn* CHEM **graphite** *n*
graphitgrau OPT **graphite grey**
[RAL 7024]
Grat *nm* MEC.EN **burr** *n*
gratis ECON → **free of charge** *adj*
→ kostenlos *adj*
Gratismuster *nn* ECON **free sample**
grau OPT **gray** *adj* (AE)
≈ aschgrau
= grey *adj* (BE)
graues Rauschen INF.TEC → **pseudo-random noise**
→ pseudoweißes Rauschen
Grauglut *nf* PHYS **gray heat**
Grauguss *nm* METAL **gray cast iron**
Graukeil *nm* TV **gray wedge**
= Gradationskeil *nm*; Grautreppe *nf*
= gray scale
Graupel *nn* METEO **sleet** *n*
[gefrohrener Regentropfen]
[frozen rain]
≈ Hagelkorn
Grauschattierung *nf* PRIN.ME **gray shading** (AE)
[durch Veränderung der Graustufung der Farbflecken]
[by varying the gray level of the dots]
≈ Punktschattierung
= grey shading
≈ halftoning
Grauscheibe *nf* TV **black screen**
Grauscheibenfehlerfall *nm* COMP.AP **Black Screen**
[besonders schwerer Fehlerfall, auf den mit einer Vollbildanzeige auf grauem Hintergrund hingewiesen wird]
[especially serious fault, evidenced by a full page on green background]
= Black Screen of Death (Windows
Graustufe *nf* PHYS **gray level**
= Grauwert *nm*; Grauton *nm*; Grautönung *nf*; Graustufung *nf*; Halbton *nm*
= gray shade; gray tone; gray scale; half tone; screen *n* [TV]
Graustufung *nf* PHYS → **gray level**
→ Graustufe *nf*
Grauton *nm* PHYS → **gray level**
→ Graustufe *nf*
Grautönung *nf* PHYS → **gray level**
→ Graustufe *nf*
Grautreppe *nf* TV → **gray wedge**
→ Graukeil *nm*
grauweiß OPT **polar grey**
[RAL 9002]
Grauwert *nm* PHYS → **gray level**
→ Graustufe *nf*
Grauwertbild *nn* COMP.GR **gray value picture**
Grauwertmonitor *nm* EL.TRO **gray-scale monitor**
= gray-scale display; grey-scale monitor; grey-scale screen
Grauwertübertragung *nf* TELEGR **gray-tone transmission**
= half-tone transmission
Grauzone *nf* COLL **gray area**
[fig]
[fig]
gravieren MEC.EN **engrave** *vt*

gravierender Fehler → fataler Fehler	SW	→ **fatal error**
Gravis *nm* [Symbol:' (von oben links)] = Accent grave ↑ diakritisches Zeichen; Akzent	LING	**grave accent** [symbol:' (slopes upwards to the left)] = accent grave ↑ diacritic mark; accent
Gravitation *nf* = Erdanziehung *nf*	PHYS	**gravitation** *n* = gravity *n*
Gravitationsfeld *nn* = Schwerefeld *nn*; Erdanziehungsfeld *nn*	PHYS	**gravitational field** = gravity field
Gravitationsgesetz *nf*	PHYS	**law of gravity**
Gravitationskonstante *nf* [Anziehungskraft zweier Massen von 1 g im Abstand von 1 cm] ≈ Fallbeschleunigung	MECH	**gravitational constant** [attraction of two masses of 1 g at distance of 1 cm] ≈ acceleration of gravity
Gravitationskraft *nf* = Schwerkraft *nf*; Erdanziehungskraft *nf*; Anziehungskraft der Erde ≈ Gewicht	PHYS	**gravitational force** = gravity force ≈ weight
Gravitationspotential *nn*	PHYS	**gravitational potential**
Gravitationswelle *nf* = Schwerewelle *nf*	PHYS	**gravitational wave**
Gray *nn* [SI-Einheit für Energiedosis] = Gy	PHYS	**Gray** [SI unit for energy dosis] = Gy
Gray-Code *nm* [binärer Code bei dem sich nur ein Bit von Wert zu Wert ändert] = zyklisch permutierter binärer Code; reflektierter binärer Code; zyklischer binärer Code ↑ zyklischer Code	CODING	**Gray code** [a binary code with only one bit changing between sequential numbers] = cyclic binary code; reflected binary code; reflected binary unit-distance code ↑ cyclic code
Greenwicher Zeit → Weltzeit *nf*	GEOSC	→ **mean Greewich time** *n*
gregorianische Antenne (err) → Gregory-Antenne *nf*	ANT	→ **Gregorian reflector antenna**
gregorianischer Kalender [wurde 1582 von Papst Gregor XIII als Ersatz des julianischen Kalenders eingeführt (in Großbritannien und Nordamerika erst 1752); mit einem zusätzlichen Schaltjahr alle 400 Jahre ab 1600]	PHYS	**Gregorian Calendar** [introduced 1582 by Pope Gregory XIII, replacing the Julian calendar (in Great Britain and its American colonies only in 1752); with additional leap year every 400 years starting from 1600]
Gregory-Antenne *nf* = gregorysche Antenne; Gregory'sche Antenne; gregorianische Antenne (err)	ANT	**Gregorian reflector antenna**
gregorysche Antenne → Gregory-Antenne *nf*	ANT	→ **Gregorian reflector antenna**
Gregory'sche Antenne → Gregory-Antenne *nf*	ANT	→ **Gregorian reflector antenna**
Gregory-System *nn*	ANT	**Gregory system**
Greifarm *nm*	TECH	**gripper arm**
greifen → klemmen *vt* (1)	TECH	→ **jam** *vt*
greifen *vt* ≈ klemmen (1)	TECH	**grip** *vt* = gripe *vt* ≈ jam
Greifer *nm* = Greifvorrichtung *nf* ≈ Klaue	TECH	**grip** *n* (3) = claw gripping device ≈ jaw
Greiferrand *nm*	PRIN.ME	**grippers margin**
Greifhand *nn* [HyperCard] = Grabber *nm* (ANGL) ↑ Schreibmarke	COMP.AP	**grabber hand** [HyperCard] ↑ cursor (1)
Greifklemme *nf*	EL.TRO	**extractor** *n*
Greifvorrichtung *nf* → Greifer *nm*	TECH	→ **grip** *n* (3)
Greinacher-Schaltung *nf* → Delon-Schaltung *nf*	INSTR	→ **Delon rectifier circuit**
Gremium *nn*	ECON	**body** *n* = board *n* (1)
Gremmelmaier-Verfahren *nn*	MICR.EL	**Gremmelmaier process**
Grenzabmessungen	TECH	**critical dimensions**
Grenzadresse *nf*	SWITCH	**boundary address**
Grenzauflösung *nf*	TER&PER	**limiting resolution**
Grenzbeanspruchung *nf*	QUAL	**maximum limited stress** = tolerated stress
Grenzbedingung *nf* → Randbedingung *nf*	MATH	→ **boundary condition**
Grenzbedingungsprüfung *nf* ↑ Prüfung mit Arbeitspunktversatz	QUAL	**marginal testing** ↑ biased testing
Grenzbelastung *nf* → Belastungsgrenze *nf*	TECH	→ **loading limit**
Grenzbereichserkennung *nf*	TELEC	**border area indication** = BAI
Grenzdaten *nplt* = Grenzwerte *nplt*	COMPO	**absolute maximum ratings**
Grenze *nf* = Limit *nn* ≈ Rand; Begrenzung; Beschränkung ↓ Untergrenze; Obergrenze	TECH	**limit** *n* = bound *n*; boundary *n*; borderline *n* ≈ margin; limitation; restriction ↓ lower limit; upper limit
Grenzempfindlichkeit *nf*	ANT	**noise figure**
grenzenlos → unbeschränkt	COLL	→ **unrestricted** *adj*
Grenzfall *nm* ↓ bester Fall; schlimmster Fall	COLL	**borderline case** = borderline *n* ↓ best case; worst case
Grenzfläche *nf*	MATH	**boundary surface** = interface *n*
Grenzfrequenz *nf* ≈ Grenzwellenlänge	MICROW	**cutoff frequency** = cut-off frequency; waveguide cutoff; critical frequency ≈ cutoff wavelength
Grenzfrequenz *nf*	EL.TEC	**cutoff frequency** = cut-off frequency; cutoff; cut-off; limiting frequency
Grenzfrequenz *nf*	RADIO	**critical frequency** = cutoff frequency
Grenzfunkbake *nf* → Platz-Einflugzeichen *nn*	RAD.NA	→ **boundary marker beacon**
Grenzgeschwindigkeit *nf* = kritische Geschwindigkeit	PHYS	**critical velocity**
Grenzkopplung *nf*	EL.TEC	**critical coupling**
Grenzkosten *nplt* = Marginalkosten *nplt*	ECON	**marginal costs** = incremental costs *nplt*; differential costs *nplt*
Grenzkurve *nf* = Toleranzkurve *nf* ≈ Toleranzmaske	TECH	**tolerance characteristic**
Grenzlehre *nf*	MEC.EN	**limit gage**
Grenzlichtbake *nf*	RAD.NA	**boundary light**
Grenzmarkierungs-Funkfeuer *nn* → Platz-Einflugzeichen *nn*	RAD.NA	→ **boundary marker beacon**
Grenzmaß *nn*	ENG.DRA	**limit dimension**
Grenzpegel *nm*	TELEC	**limit level**
Grenzschicht *nf* = Unstetigkeitsschicht *nf*	PHYS	**boundary layer**
Grenzschicht *nf* → Randschicht *nf*	MICR.EL	→ **surface layer**
Grenzspannung *nf*	MICR.EL	**limiting voltage**
Grenzstrom *nm*	EL.TEC	**critical current**
Grenztemperatur *nf* ↓ Höchsttemperatur; Tiefsttemperatur	PHYS	**limit temperature** ↓ maximum temperature; minimum temperature
Grenztermin *nm* → äußerster Termin	ECON	→ **deadline** *n*
grenzüberschreitend = transnational ≈ international	ECON	**cross-border** *adj* = transborder; transfrontier; transnational ≈ international
grenzüberschreitender Verkehr = internationaler Verkehr	SWITCH	**international traffic**
Grenzverteilung *nf*	STATIS	**asymptotic distribution**
Grenzwellenempfänger *nm*	RADIO	**MF/HF receiver**
Grenzwellenlänge *nf* ≈ Grenzfrequenz	MICR.EL	**cutoff wavelength** = cut-off wavelength; critical wavelength; boundary wavelength
Grenzwert *nm*	COMPO	**limiting value**
Grenzwert *nm* = Limes *nm* (*pl* -) ↓ Höchstwert; Tiefstwert	MATH	**limit value** = limit *n*
Grenzwerteinstellung *nf*	CONTRO	**limit setting**
Grenzwerte *nplt* → Grenzdaten *nplt*	COMPO	→ **absolute maximum ratings**
Grenzwertmelder *nm*	INSTR	**limit indicator**
Grenzwertprüfung *nf* [unter Grenzwertbedingungen]	TECH	**marginal test** [at limit conditions] = marginal checking; marginal check
Grenzwertsatz *nm*	MATH	**limit theorem**

Grenzwiderstand *nm* EL.TEC **critical resistance**

Grenzwinkel *nm* TECH **limiting angle**
= limit angle; critical angle

Grid-Antenne *nf* ANT **grid antenna**

Gridding *nn* (ANGL) GIS → **gridding** *n*
→ Rasterung *nf*

Grid-Dip-Meter INSTR **grid-dip meter**

griechischer Buchstabe LING **Greek character**

Griff TECH → **handle** *n* (1)
→ Handgriff *nm* (1)

Griff, in den - bekommen [fig] COLL **grips, get to** (fig)

Griffblende *nf* EQP.EN **handle cover**
≈ Frontabdeckung
= handle strip
≈ face plate

griffig TECH **gripping**
= griffleicht
= easy-to-grip

Griffkörper *nm* COMPO **body** *n*
[Stecker]
[connector]

griffleicht TECH → **gripping**
→ griffig

Griffmulde *nf* TECH **recessed grip**
= Grifftasche *nf*; Griffschale *nf*
↑ Vertiefung
= pickup recess; handle recess
↑ recess

Griffschale *nf* TECH → **recessed grip**
→ Griffmulde *nf*

Grifftasche *nf* TECH → **recessed grip**
→ Griffmulde *nf*

grob TECH **coarse**
≈ rauh
≠ fein
≠ fine

grob MATH → **approximate** *adj*
→ näherungsweise

Grobabgleich *nm* EL.TRO **coarse tuning**
= Hauptabstimmung *nf*
= main tuning

Grobabtastung *nf* EL.TRO **coarse scanning**

Grobblech *nn* METAL **plate** *n*

Grobdraht *nm* METAL **redraw rod**

Grobeinstellung *nf* EL.TRO **coarse adjustment**
= rough adjustment

Grobentwurf *nm* SW **preliminary design**
= global design

Grobentwurf *nm* TEC.DOC → **preliminary draft**
→ Vorentwurf *nm*

grobe Rechnung MATH → **rough calculation**
→ Überschlagsrechnung *nf*

grobe Schätzung MATH **rough estimate**
= Grobschätzung *nf*
≈ Überschlagsrechnung
≈ rough calculation

grobe Vereinfachung COLL → **oversimplification**
→ Simplifizierung *nf*

Grobfunkenstrecke *nf* COMPO **coarse spark gap**

Grobgewinde *nn* MEC.EN **coarse thread**

Grobklassifizierung *nf* DAT.MA → **area search**
→ Grobrecherche *nf*

Grobkonzept *nn* TECH **rough conception**
≈ Vorentwurf
≈ preliminary draft

grobkörnig TECH **coarse-grained** *adj*
= large-grained

Grobortung *nf* RAD.LO **coarse radiolocation**

Grobrecherche *nf* DAT.MA **area search**
= Grobklassifizierung *nf*; Vorselektierung *nf*
≈ Stöbern
= area searching; coarse search; coarse searching
≈ browsing

Grobschätzung *nf* MATH → **rough estimate**
→ grobe Schätzung

Grobschliff *nm* MEC.EN **rough grind**
[Oberflächengüte]
[surface grade]

Grobschutz *nm* CIRC.EN **coarse protection**

Grobsicherung *nf* COMPO **primary fuse**

Grobskizze *nf* COLL **thumbnail sketch**

Grobspezifikation *nf* TECH → **general specification**
→ Rahmenpflichtenheft *nn*

groß TECH **large** *adj*
≠ klein
↓ übergroß; lang; hoch; tief; großflächig; geräumig
= tall; big
≠ small
↓ ultragroß; long; high; low; large-area; spacious

Groß-/Kleinschreibung-unterscheidend DAT.MA → **case-sensitive** *adj*
→ Groß-/Kleinschrift-empfindlich

Groß-/Kleinschreibung-Unterscheidung *nf* DAT.MA **case sensitivity**
= Groß-/Kleinschrift-Empfindlichkeit *nf*
[ability to distinguish between upper and lower case letters]
= case distinction; case discrimination

Groß-/Kleinschrift-empfindlich DAT.MA **case-sensitive** *adj*
[zwischen Groß- und Kleinschreibung unterscheidend]
= Groß-/Kleinschreibung-unterscheidend
[discriminating between upper and lower case]

Groß-/Kleinschrift-Empfindlichkeit *nf* DAT.MA → **case sensitivity**
→ Groß-/Kleinschreibung-Unterscheidung *nf*

Groß-/Kleinschrift-unempfindlich DAT.MA **case insensitive**
[zwische Groß- und Kleinschreibung nicht unterscheidend]
[not distinguishing between upper and lower case]

Großaufnahme *nf* CINEMA **close-up** *n*
[ab den Schultern aufwärts]
≈ Nahaufnahme
[shows e.g. the face of a person]
≈ medium close-up

Großauftrag *nm* ECON **bulk order**
= Riesenauftrag *nm*
= volume order

Großbasis-Dopplerpeiler *nm* RAD.LO **wide-aperture Doppler direction finder**

Großbasispeiler *nm* RAD.LO **wide-aperture direction finder**
≈ Wullenweverantenne
= large base direction finder
≈ wullenwever antenna

Großbasisverfahren *nn* RAD.LO **wide-aperture principle**
= large-base principle

Großbetrieb *nm* ECON **large enterprise**
= Großfirma *nf*
= large business

Großbildschirm *nm* TER&PER **large screen**

Großbildschirm-Terminal *nn* TER&PER **large-screen terminal**

Großbuchstabe *nm* PRIN.ME **capital character**
= Versalbuchstabe *nm*; Versal *nm* (*pl* -ien); Versalie *nf* (*pl* -n); Majuskel *nf*; Blockbuchstabe *nm*
≈ Anfangsbuchstabe
= capital letter; uppercase character; uppercase letter; cap *n*; majuscule; block letter; block capital

Großbuchstabenumschaltung *nf* TER&PER → **case shift**
→ Groß-Klein-Umschaltung *nf*

GROSSBUCHSTABEN verwenden INTERNET **to use CAPITALS**
= schreien
= shout *vi*

Großcomputer *nm* DAT.PR → **mainframe computer**
→ Großrechner *nm*

Größe *nf* TECH **size** *n*

Größe *nf* PHYS **quantity** *n*
[quantitatives Attribut]
= Dimension *nf* (2); Maßzahl *nf*
↓ Basisgröße; abgeleitete Größe; Messgröße
[quantitative attribute]
= dimension *n* (2); magnitude *n*
↓ basic quantity; derived quantity; measurand

Große Konferenz TELEC → **conference call**
→ Konferenzverbindung *nf*

große Menge COLL → **bulk** *n*
→ Unmenge *nf*

große Nachleuchtdauer PHYS **high persistence**

Größenangabe *nf* SW **dimensional information**
= Dimensionsangabe *nf*

Größengleichung *nf* PHYS **dimensional equation**
≠ Zahlenwertgleichung
= quantity equation
≠ numerical-value equation

Größenordnung *nf* MATH **order of magnitude**
= scale *n*

Größenvergleicher *nm* CIRC.EN → **magnitude comparator**
→ Wertevergleicher *nm*

Größenwert *nm* PHYS **quantity value**

größer als MATH **greater than**

Größer-als-Zeichen *nn* MATH → **greater-than sign**
→ Größerzeichen *nn*

Größer-Beziehung *nf* MATH **greater relation**
= Größer-Relation *nf*

größer der beiden MATH **whichever is greater**

Großereignis *nn* ECON → **mega event**
→ Großveranstaltung *nf*

größer-gleich MATH **greater or equal**

Größer-gleich-Zeichen *nn* MATH **greater-or-equal sign**
[Symbol: ≥]
[symbol: ≥]
= greater-or-equal symbol

Großer Preis MEDIA **Grand Prize**
= Grand Prix

Größer-Relation *nf* MATH → **greater relation**
→ Größer-Beziehung *nf*

Größerzeichen *nn* MATH **greater-than sign**
[Symbol: >]
= Größer-als-Zeichen *nn*
↑ mathematisches Zeichen
[symbol: >]
= greater-than symbol; more-than sign; more-than symbol
↑ mathematical symbol

Großfirma *nf* ECON → **large enterprise**
→ Großbetrieb *nm*

großflächig TECH **large-area** *adj*
= ausgedehnt
↑ groß
↑ large

Großformat *nn* TECH **large format**
= übergroßes Format
= kingsize *n*

Großformatdrucker *nm* TER&PER **large-format printer**
= wide-format printer

großformatig TECH **large-sized** *adj*
= large-format

Großformat-Plotter *nm* TER&PER **large-format drafting plotter**

Großformat-Scanner *nm* TER&PER **large-format scanner**

Großforschung *nf* SCIE **big science**

Großgemeinschaftsanlage *nf* BROADC **CATV**
= GGA; Groß-Gemeinschaftsantennen-Anlage *nf*
≈ Kabelfernsehen
↑ Fernsehverteilanlage
= community antenna television
≈ cable TV
↑ television distribution system

Groß-Gemeinschaftsantennen-Anlage *nf* BROADC → **CATV**
→ Großgemeinschaftsanlage *nf*

großgeschrieben WOR.PR **uppercased** *adj*

Großhandel *nm* ECON **wholesale trade** *n*

Großhändler *nm* ECON **wholesale dealer**
= Grossist *nm*
≠ Einzelhändler
= jobber *n* (AE)
≠ retailer

Großindustrie *nf* ECON **large-scale industry**
= big business (2)

Großintegration *nf* MICR.EL **LSI**
[500 bis 10.000 Komponenten pro IC]
= LSI; hoher Integrationsgrad; Gruppenintegration *nf*
[500 to 10,000 components per IC's]

Grossist *nm* ECON → **wholesale dealer**
→ Großhändler *nm*

Großkaufhaus *nn* ECON **multistore** *n*
= one-stop-shopping

Großkino *nn* IMAG.ME **multiplex** *n*

Groß-Klein-Umschaltung *nf* TER&PER **case shift**
= Klein-Groß-Umschaltung *nf*; Umschaltung *nf*; Zeichenwechsel *nm*; Großbuchstabenumschaltung *nf*
≈ Umschaltetaste
= upper/lower case shift; uppercase shift; shift *n*; case change; upper/lower case change; upper/lower change; change *n*
≈ shift key

Großkreis *nm* MATH **greater circle**

Großkreisabstand *nm* MATH **greater circle distance**
= Großkreisentfernung *nf*
= great circle distance

Großkreisentfernung *nf* MATH → **greater circle distance**
→ Großkreisabstand *nm*

Großkreisrichtung *nf* HF **great circle direction**

Großkunde *nm* ECON **large customer**
= Hauptkunde *nm*
= key account

Großkundenbetreuer *nm* ECON **key account manager**
= Hauptkundenbetreuer *nm*; Key Account Manager *nm* (ANGL)

Großlautsprecher *nm* EL.ACOU **high-power speaker**

großmaßstäbliche Karte CART **large-scale map**
[mit geringer Verkleinerung, z.B. 1:500]
[with small reduction, e.g. 1:500]

Großmenge *nf* COLL → **bulk** *n*
→ Unmenge *nf*

Großoberflächenplatte *nf* POW.SY **Plante plate**
[Akkumulator]
= Plante cell

Großraumbüro *nn* OFFICE **open-plan office**
= large area office; landscaped office

Großraumkernspeicher *nm* HW **bulk core memory**
= bulk core storage

Großraumspeicher *nm* HW → **mass memory**
→ Massenspeicher *nm*

Großrechner *nm* DAT.PR **mainframe computer**
[größer als ein Supermini-, kleiner als ein Minisuper- u. Supercomputer]
= Großcomputer *nm*; Mainframe *nm* (ANGL); Host *nm* (ANGL)
≈ Universalrechner; Größtrechner
[from "main frame (cabinet)"; more powerful tham a superminic. but less than a minisuperc. and a superc.]
= mainframe *n*; large scale computer; large computer; number cruncher; big iron (slang)
≈ general-purpose computer; supercomputer

Großrechneranbindung *nf* DAT.NW **mainframe computer linking**
= mainfram linking; mainframe computer networking; mainframe networking

Großrechnerhersteller *nm* DAT.PR **mainframe manufacturer**
= mainframer *n*

Großrechnerspeicher *nm* HW → **mainframe memory**
→ Hauptspeicher *nm* (2)

Großrundsichtradar *nm&nn* (*pl* -e) RAD.LO **wide-coverage panoramic radar**

Großschaltkreis *nm* MICR.EL → **large-scale integrated circuit**
→ hochintegrierte Schaltung

großschreiben PRIN.ME **capitalize** *vt*

Großschreibtaste *nf* TER&PER → **SHIFT LOCK key**
→ Umschaltfeststelltaste *nf*

Großschreibung *nf* PRIN.ME **capitalization** *n*
= capital case printing

Großserienfertigung *nf* MANUF **large-scale manufacturing**

Großsignal *nn* EL.TRO **large signal**
= high level signal

Großsignalverhalten *nn* EL.TRO **large-signal response**

Großsignalverstärker *nm* CIRC.EN **large-signal amplifier**

Großsignalverstärkung *nf* CIRC.EN **large-signal amplification**

Großspeicher *nm* HW **bulk RAM**
[Direktzugriffsspeicher großer Kapazität]
[a RAM with high storage capacity]

Großstadt *nf* GEOSC **large city**
≈ Metropole
≈ metropolis

Großstadtbereich *nm* GEOSC → **metropolitan area**
→ Ballungsgebiet *nn*

Großstadtlegende *nf* INTERNET **urban legend**

Großstadtnetz *nn* TELEC **metropolitan area network**
= MAN; Metropolennetz *nn*
≈ Stadtnetz; Hochgeschwindigkeitsnetz [DAT.NW]
↑ WAN
= MAN; metropolitan network
≈ urban network; high-speed network [DAT.NW]
↑ WAN

größt TECH → **ultralarge** *adj*
→ übergroß

Größtdatenbank *nf* DAT.MA **VLDB**
= very large data base

Größtdurchmesser *nm* MECH **maximum diameter**

größte Durchdringung ENG.DRA → **tightest fit**
→ Kleinstsitz *nm*

Großteilnehmer *nm* TELEC **large user**
≈ Geschäftsteilnehmer
≈ business subscriber

größter gemeinsamer Teiler MATH **greatest common divisor**
= g.c.d.

größte Übertragungseinheit DAT.CO **maximum transfer unit**
[max. zul. Paketlänge]
[max. perm. packet length]
= MTU

Größtintegration *nf* MICR.EL **VLSI**
[10.000 bis 100.000 Komponenten pro IC]
= Höchstintegration *nf*; sehr hoher Integrationsgrad; VLSI
[10,000 to 100,000 components per IC]
= very large scale integration

Größtmaß *nn* ENG.DRA **high limit**
= maximum dimension

Größtmaß *nn* TECH → **greatest measure**
→ Höchstmaß *nn*

Größtrechner *nm* DAT.PR **supercomputer** *n*
= Supercomputer *nm*

Größtspiel *nn* ENG.DRA **maximum clearance**

Größtwert *nm* MATH **maximum value**
= Maximalwert *nm*; Spitzenwert *nm*; Höchstwert *nm*; Scheitelwert *nm*; Maximum *nn*
↑ Grenzwert; Extremum
= peak value
↑ extreme value

Großunternehmen ECON **large corporation**
[i.a. mit > 3000 Mitarbeitern]
[generalle with > 3000 employees]

Großvaterband *nm* DAT.MA **grandfather tape**
[Generationen-Prinzip]
[generations principle]
= grandparent tape

Großvater-Vater-Sohn-Prinzip *nn* DAT.MA → **generation principle**
→ Generationen-Prinzip *nn*

Großvaterzyklus *nm* DAT.MA **grandfather cycle**
= grandparent cycle

Großveranstaltung *nf* ECON **mega event**
= Großereignis *nn*

Großversuch *nm* TECH **large-scale trial**
= large-scale test

Grotesk *nn* PRIN.ME → **sans serif font** *n*
→ serifenlose Schrift

Groteskschrift *nf* PRIN.ME → **sans serif font** *n*
→ serifenlose Schrift

Grotesk-Schrift *nf* PRIN.ME → **sans serif font** *n*
→ serifenlose Schrift

Groundplane-Antenne *nf* ANT **ground plane antenna**

↑ Vertikalantenne; Monopol		↑ vertical antenna; monopole antenna
GroupMail *nn* [mit einem Moderator]	INTERNET	**GroupMail** [with a moderator]
Groupware *nf* → Arbeitsgruppen-Software *nf*	COMP.AP	→ **groupware** *n*
Grover-Suche *nn*	MATH	**Grover search**
Grow Back	MICR.EL	**grow back**
Grübchen *nn* → Einbrenngrube *nf*	TER&PER	→ **pit** *n*
Grubentelefon *nn*	TER&PER	**mine telephone** = intrinsically safe telephone
grün *adj* [entspricht ca. 530 nm]	OPT	**green** *adj* [corresponds to approx. 530 nm]
Grund *nm* → Ursache *nf*	TECH	→ **cause** *n*
Grundadresse *nf* [der Teil einer absoluten Adresse, der den festen Bezugspunkt definiert] = Basisadresse *nf*; Bezugsadresse *nf*; Referenzadresse *nf* ≠ Distanzadresse	SW	**base address** [the part of an absolute address which gives the fixed reference point] = basic address; main address; reference address; referential address; segment address (IBM) ≠ displacement address
Grundanwendung *nf* = Basisanwendung *nf*	TECH	**basic application**
Grundaufbau *nm* = Grundausführung *nf*; Grundausbau *nm*	EQP.EN	**basic configuration**
Grundausbau *nm* → Grundaufbau *nm*	EQP.EN	→ **basic configuration**
Grundausführung *nf* → Grundaufbau *nm*	EQP.EN	→ **basic configuration**
Grundausführung *nf* [in Qualität und Ausstattung] = Standardausführung *nf* ≈ Grundbauform	TECH	**standard finish** ≈ standard version
Grundausrüstung *nf* → Grundausstattung *nf*	TECH	→ **standard equipment**
Grundausstattung *nf* = Grundbestückung *nf*; Regelausstattung *nf*; Grundausrüstung *nf*; Regelausrüstung *nf*; Basisbestückung *nf*; Basisaustattung *nf* ≠ Ergänzungsausstattung	TECH	**standard equipment** = basic configuration; basic features
Grundbauform *nf* = Standardbauform *nf*; Grundversion *nf*; Standardversion *nf* ≈ Seriengerät; Standardausführung	TECH	**basic model** = basic version; standard model; standard version; plain vanilla (slang) ≈ serial model; standard finish
Grundbaustein *nm* → Grundelement *nn*	SCIE	→ **basic element**
Grundbedingung *nf* [die Grundbedingung einer Abfrage: Datenname, logische Verknüpfung und Wert]	DAT.MA	**atomic condition** [the basic condition of an enquiry: name, logical operation and value]
Grundbefehl *nm*	SW	**basic instruction**
Grundbefehlstaste *nf*	TER&PER	**basic instruction key**
Grundbestückung *nf* → Grundausstattung *nf*	TECH	→ **standard equipment**
Grundbetriebssystem *nn* [Grundausstattung] = Basisbetriebssystem *nn*	SW	**basic operating system** [basic version] = BOS
Grundbitfehlerquote *nf* → Grundbitfehlerrate *nf*	TELEC	→ **background bit error rate**
Grundbitfehlerrate *nf* = Grundbitfehlerquote *nf*; Grundfehlerquote *nf*	TELEC	**background bit error rate** = background BER; residual bit error rate; residual bit error ratio; residual BER
Grundbündel *nf*	TELEC	**basic bundle**
Grundbündel *nf*	COM.CAB	**primary-unit core**
Grundcharakteristik *nf* → Grundeigenschaft *nf*	TECH	→ **fundamental property**
Grundcode *nm* [der die Zentraleinheit direkt steuernde Code]	SW	**basic code** [the code operating directly a CPU]
Grunddaten *nplt* = Basisdaten *nplt*	DAT.MA	**basic data** = master data
Grunddatenverarbeitung *nf* = Basisdatenverarbeitung *nf*	DAT.PR	**basic data processing**
Grunddienst *nm* [Transport- u. Vermittlung von Informationen zwischen zwei Orten] = Basisdienst *nm*; Telekom-Basisdienst *nm* ≠ Mehrwertdienst; ergänzender Dienst ↓ Übermittlungsdienst; Teledienst	TELEC	**basic service** [transport and switching of information between zu locations] = fundamental service; bearer service (2) ≠ value-added service; supplementary service ↓ bearer service (1); teleservice
Grunddienstbetreiber *nm* ≠ Mehrwertdienstebetreiber ↑ Fernmeldegesellschaft	TELEC	**basic service provider** = VASP ≠ value added service provider ↑ telecommunications carrier
Grundebene *nf* [es gelten die unteren Zeichen einer doppelt belegten Tastatur] ≈ primäre Belegung ≠ Umschaltebene	TER&PER	**lower mode** [the lower symbols of a double assigned keyboard are valid] ≈ primary occupation ≠ upper mode
Grundeigenschaft *nf* = Hauptcharakteristik *nf*; Grundcharakteristik *nf*	TECH	**fundamental property** = fundamental characteristic; basic property; basic characteristic
Grundeinheit *nf*	PHYS	**basic unit**
Grundeinstellung *nf*	EL.TRO	**basic setting** = basic setup
Grundeintrag *nm* [Wörterbuch] = Haupteintrag *nm*	LING	**basic entry** [dictionary] = main entry
Grundelement *nn* [kleinste Befehlseinheit auf tiefstem Sprachniveau]	COMP.SC	**primitive** *n* [lowest unit of programming language] = basic unit; fundamental unit
Grundelement *nn* = Grundbaustein *nm*	SCIE	**basic element** = basic module
Grundempfänger *nm* ≠ Diversityempfänger	RAD.RE	**main receiver** ≠ diversity receiver
Grunderziehung *nf*	SCIE	**literacy** *n*
Grundfarbe *nf* = Primärfarbe *nf*; Elementarfarbe *nf*; Einzelfarbe *nf*; Unterfarbe *nf*	OPT	**elementary color** = primary color; primary *n*
Grundfarbenanteile *nplt*	COMP.GR	**tristimulus values**
Grundfarbenzerlegung *nf* = Primärfarbenzerlegung *nf*; Primärfarbenseparation *nf*	COMP.GR	**elementary color separation** = primary color separation
Grundfehlerquote *nf* → Grundbitfehlerrate *nf*	TELEC	→ **background bit error rate**
Grundfläche *nf*	MATH	**base** *n* (1)
Grundfläche *nf*	TECH	**base** *n*
Grundform des Verbs → Infinitiv *nm*	LING	→ **infinitive mood** *n*
Grundfrequenz *nf* ≈ Grundschwingung ≠ Oberfrequenz	PHYS	**fundamental frequency** = basic frequency ≈ fundamental oscillation ≠ harmonic frequency
Grundfunktion *nf* = Basisfunktion *nf*	TECH	**basic function**
Grundgebühr *nf* [meist monatlich fällig] ≠ Anschlussgebühr; Verbindungsgebühr ↑ Fernmeldegebühr	TELEC	**basic rental** (AE) [mostly mensually due] = rental charge; basic rate; basic subscription price; unit charge; monthly fee; flat rate ≠ subscription fee; connection fee ↑ telecommunication tariff
Grundgedanke	SCIE	**basic idea** = fundamental idea; keynote *n*
Grundgerät *nn*	INSTR	**mainframe**
Grundgerät *nn*	EQP.EN	**basic equipment** = mainframe *n*
Grundgeräusch *nn* = Wärmegeräusch *nn* ≈ thermisches Rauschen; Verstärkerrauschen [CIRC.EN]; Eigenrauschen; Störpegel	TELEC	**basic noise** = idle noise; intrinsic noise; load-invariant noise; background noise; self-noise *n* ≈ thermal noise; amplifier noise [CIRC.EN]; intrinsic noise; noise floor
Grundgesamtheit *nf* ↑ Gesamtheit	STATIS	**parent population** ↑ population
Grundgeschwindigkeit *nf* = Bodengeschwindigkeit *nf*	AERON	**ground speed** = G.S.
Grundglied *nn*	NETW.TH	**basic section**
Grundgröße *nf*	PHYS	**fundamental unit**
Grundgröße *nf*	TECH	**basic item** = base item
Grundgruppe *nf* → Grund-Primärgruppe *nf*	TRANSM	→ **basic group**
Grundharmonische *nf* → Grundschwingung *nf*	PHYS	→ **fundamental wave**
Grundhelligkeit *nf*	TV	**background brightness**
grundieren	TECH	**flat coat** *vt*

Grundierfarbe *nf* TECH **flat color**

Grundierung *nf* TECH **flat coat** *n*

Grundinformation *nf* INF.TEC **basic information**
= Basisinformation *nf*

Grundkapital *nn* ECON → **ordinary share capital**
→ Stammkapital *nn*

Grundkarte *nf* CART **basemap**
[geographische Hintergrundskarte für thematische Einträge] [geographic backgound map for thematic data]
= Basiskarte *nf* = landbase map

Grundkenntnis *nf* SCIE **basic knowledge**
≈ allgemeines Verständnis ≈ general understanding

Grundkörper *nm* COMP.GR **basic solid**

Grundkristall *nm* PHYS **host crystal**
= Wirtskristall *nm*

Grundlagen der Informatik INF.TEC **basic informatics**

Grundlagen-Elektronik *nf* PHYS **basic electronics**

Grundlagenforschung *nf* SCIE **fundamental research**
≈ Grundsatzentwicklung [TECH] = basic research
≈ basic R&D [TECH]

Grundlagen *nplt* SCIE **principles** *nplt*
= fundamentals *nplt*; basics *nplt*

Grundlast *nf* TECH **base load**

Grundlastantenne *nf* ANT **base-load antenna**

grundlegend COLL → **elementary** *adj*
→ elementar

grundlegende Vermittlungsfunktion SWITCH → **call control function**
→ Verbindungssteuerungsfunktion *nf*

Grundleistungsmerkmal *nn* TECH → **basic feature** *n*
→ Kernleistungsmerkmal *nn*

Grundleiterplatte *nf* HW → **main board**
→ Hauptplatine *nf*

Grundleitung *nf* TELEC **line path**
↓ TF-Grundleitung; Richtfunkgrundleitung ↓ carrier link line; radio relay line path

gründlich *adj* COLL **thorough** *adj*

gründlich *adv* COLL **thoroughly** *adv*

Grundlinie *nf* PRIN.ME **baseline** *n*

Grundlinie *nf* PRIN.ME → **base line**
→ Schriftlinie *nf*

Grundlinien-Offset *nn* EL.TRO **baseline offset**

Grundmagnetisierung *nf* EL.SC → **premagnetization** *n*
→ Vormagnetisierung *nf*

Grundmagnetisierungsschrift *nf* CODING → **return-to-bias recording**
→ RB-Schrift *nf*

Grundmaß *nn* ENG.DRA **basic size**
= Passungsgrundmaß *nn* = basic dimension; basic value

Grundmaterial *nn* MICR.EL → **substrate** *n*
→ Substrat *nn*

Grundmenge MATH **basic set**

Grundmodell *nn* SCIE **basic model**
= fundamental model

grundmodiert MICROW **ground-moded**
≠ Übermodiert ≠ overmoded

Grundmodus *nm* DAT.CO **basic mode**
= Basismodus *nm*

Grundnetzsender *nm* BROADC **basic-coverage transmitter**

Grundniveau *nn* PHYS **ground state**
= Grundzustand *nm*

Grundnorm *nf* TECH → **generic standard**
→ Fachgrundnorm *nf*

Grundplatine *nf* HW → **main board**
→ Hauptplatine *nf*

Grundplatinen-Speicher *nm* HW → **on-board memory**
→ Hauptplatinen-Speicher *nm*

Grundplatte *nf* MECH **base plate**
= Trägerplatte *nf*; Bodenplatte *nf* = bottom plate; mounting plate

Grund-Primärgruppe *nf* TRANSM **basic group**
[TF-Technik] [FDM]
= Grundgruppe *nf* = basic primary group; L group (AE)
≈ Primärgruppe ≈ primary group

Grundprinzip *nn* SCIE **basic concept**

Grundprodukt *nn* ECON → **main product**
→ Hauptprodukt *nn*

Grund-Quartärgruppe *nf* TRANSM **basic supermastergroup**
[TF-Technik] [FDM]

Grundraster *nn* RAD.RE **basic pattern**

Grundrechenart *nf* MATH → **basic arithmetic operation**
→ Grundrechnungsart

Grundrechenoperation *nf* MATH → **basic arithmetic operation**
→ Grundrechnungsart

Grundrechnungsart MATH **basic arithmetic operation**
= Grundrechenart *nf*; Grundrechenoperation *nf*; Elementaroperation *nf*; Spezies *nf* = arithmetic first rule operation; first rule of arithmetics; elementary operation
↓ Addition; Subtraktion; Multiplikation; Division ↓ addition; subtraction; multiplication; division

Grundregelkreis *nm* CONTRO **basic control loop**
= basic loop

Grundrelation *nf* DAT.MA **base relation**
≠ abgeleitete Relation ≠ derived relation

Grundriss *nm* ENG.DRA **plan view**
= Grundrisszeichnung *nf* = layout *n*; layout drawing; plan; planform *n*

Grundrisszeichnung *nf* ENG.DRA → **plan view**
→ Grundriss *nm*

Grundsatz *nm* COLL **principle** *n*
= Prinzip *nn*

Grundsatzentwicklung *nf* TECH **basic R&D**
= vorwettbewerbliche FuE ≈ basic research [SCIE]
≈ Grundlagenforschung [SCIE]

grundsätzlich COLL → **elementary** *adj*
→ elementar

grundsätzlich *adv* COLL **basically** *adv*
= im Grunde; prinzipiell = principally
≈ fundamental ≈ fundamentally

Grundschaltung *nf* CIRC.EN → **basic amplifier connection**
→ Verstärkergrundschaltung *nf*

Grundschrift *nf* PRIN.ME **body type**
[für den Haupttext verwendeter Zeichensatz, meist ein serifenhaltiger] [font used for the main text, mostly a serif font]
= Textschrift *nf*; Brotschrift *nf* (slang) = body text type; body face
≠ Titelschrift ≠ display type

Grundschrifttext *nm* PRIN.ME **body text**
= Textkörper *nm* = body copy; body *n*

Grundschule *nf* EDUC **primary school** (BE)
= Volksschule *nf*; Elementarschule *nf*; Primarschule *nf* = elementary school; first schools (BE); grade school (AE)
↑ Lehranstalt ↑ school

Grundschwingung *nf* PHYS **fundamental wave**
= Grundharmonische *nf*; Grundwelle *nf* = first harmonic; fundamental oscillation; main oscillation; basic oscillation
≈ Grundfrequenz ≈ fundamental frequency
≠ Oberwelle ≠ harmonic wave

Grundschwingungs-Blindleistung *nf* NETW.TH **fundamental reactive power**
[Komponente der Blindleistung]

Grundschwingungsgehalt *nm* PHYS **fundamental wave content**

Grundschwingungsleistung *nf* NETW.TH **fundamental power**

Grundschwingungsquarz *nm* COMPO **fundamental crystal**

Grund-Sekundärgruppe *nf* TRANSM **basic supergroup**
[TF-Technik] [FDM]

Grundsoftware *nf* SW → **system software** *n*
→ Systemsoftware *nf*

Grundspezifikation *nf* TECH **baseline** *n*
= basic specification

grundssätzliche Netzbetreiberwahl TELEC **preselection** *n*
≠ gesprächsweise Netzbetreiberwahl [of network operation "once for a while"]
≠ call-by-call selection

Grundstellung *nf* CIRC.EN **initial state**
= original state; normal position

Grundstellung *nf* TECH → **normal position**
→ Normalstellung *nf*

Grundstoff *nm* MANUF → **raw material**
→ Rohstoff *nm*

Grundstruktur *nf* SCIE → **framework** *n*
→ Gerüst *nn*

Grundstück *nn* ECON **parcel** *n*
↓ Parzelle = land parcel

Grundstücks-Funkruf *nm* MOB.CO **on-site paging**
= Grundstückspersonenruf *nm*; privater Funkruf ↑ radio paging

Grundstücksnetz *nn* TELEC → **campus network**
→ Standortnetz *nn*

Grundstückspersonenruf *nm* MOB.CO → **on-site paging**
→ Grundstücks-Funkruf *nm*

grundstücksüberschreitender Funkruf MOB.CO **trans-site paging**
= wide area paging

Grundstufe *nf* LING → **positive** *n*
→ Positiv *nn*

Grundsystem *nn* TECH **basic system**
= Basissystem *nn*

Grundtakt *nm* TELEC **basic clock**
= basic clock rate

Grund-Tertiärgruppe *nf* TRANSM **basic mastergroup**
[TF-Technik] [FDM]

Grundton *nm* MUSIC **keynote** *n*

Grundton *nm* COLL **keynote** *n*
[fig] [fig]

Grundton *nm* EL.ACOU **fundamental tone**

Grundübertragungsdämpfung *nf* RAD.PRO → **free-space attenuation**
→ Freiraumdämpfung *nf*

Grundverbindungssteuerung *nf* DAT.CO **basic mode link control**

Grundverknüpfungsarten *nplt* LOGIC **basic logic operations**

Grundversion *nf* TECH → **basic model**
→ Grundbauform *nf*

Grundwasser *nn* GEOSC **ground water**
= underground water; subsoil water

Grundwasserspiegel *nm* CIV.EN **water table depth**

Grundwelle *nf* RAD.PRO → **direct wave**
→ Bodenwelle *nf*

Grundwelle *nf* PHYS → **fundamental wave**
→ Grundschwingung *nf*

Grundwelle *nf* MICROW **fundamental mode**
= Haupttyp *nm*; Hauptwelle *nf*; Basismodus *nm*
= fundamental wave; dominant mode; dominant wave

Grundwert *nm* SW → **default** *n*
→ Vorgabe *nf*

Grundwert des Nebensprechens TELEC **signal-to-crosstalk ratio**

Grundwort *nn* LING **primary word**

Grundwortschatz *nm* LING **basic vocabulary**

Grundzahl *nf* COMP.SC → **radix** *n*
→ Radix *nf* (*pl* Radizes)

Grundzahl *nf* (1) MATH → **cardinal number** (1)
→ Kardinalzahl *nf* (1)

Grundzahl *nf* (2) MATH → **base** *n* (2)
→ Basis *nf*

Grundzeichenelement *nn* COMP.GR → **drawing element** *n*
→ Zeichenelement *nn*

Grundzeichensatz *nm* WOR.PR **base character set**

Grundzelle *nf* MICR.EL → **core cell**
→ Kernzelle *nf*

Grundzustand *nm* PHYS → **ground state**
→ Grundniveau *nn*

grünerde *adj* OPT **earth green** *adj*

grüne Wiese TECH **greenfield site**
[fig] [fig]

grünlack *adj* OPT **green lake** *adj*

grünlich *adj* OPT **greenish** *adj*
= greeny

Grünmonitor *nm* TER&PER **green monitor**
= green phosphor monitor

Grünstich OPT **tinge of green**

Gruppe *nf* MATH **group** *n*
≈ Klumpen
≈ cluster

Gruppe *nf* TECH **group** *n*
= Komplex *nm*
≈ Anordnung; System
= cluster *n*
≈ array; system

Gruppe 3 *nf* TELEC **Group 3**
[UIT-T-Norm für Faksimileübertragung auf analogen Fernsprechkanälen, mit max. 19,2 kBaud]
[a UIT-T standard for facsimile transmission over analog telephone channels, at a maximum of 19.2 kbaud]

Gruppe 4 *nf* TELEC **Group 4**
[UIT-T-Standard für Faksimileübertragung auf 64 kBit/s-Kanälen]
[UIT-T standard for facsimile transmission over 64 kb/s channels]

Gruppe *nf* ANT → **array antenna**
→ Strahlerfeld *nn*

Gruppe *nf* (1) TRANSM **group** (1)
[TF-Technik]
↓ Primärgruppe; Sekundärgruppr
[FDM]
↓ primary group; secundary group

Gruppe *nf* (2) TRANSM → **primary group** *n*
→ Primärgruppe *nf*

Gruppenabfrage *nf* DAT.MA **group poll**

Gruppenabfragebefehl *nm* TELECON → **general interrogation command**
→ Generalabfragebefehl *nm*

Gruppenadresse *nf* DAT.CO **group address**
↓ Rundruf-Adresse
↓ multicast address

Gruppenadressierung *nf* DAT.CO **multicasting**
[Verteilung an mehrere Empfängeradressen]
↑ Paketrundsenden
↓ Anycasting; Multicasting
[distribution to several addressees]
↑ packet broadcasting

Gruppenanruf *nm* TELEPH → **group call**
→ Gruppenruf *nm*

Gruppenantenne *nf* ANT → **array antenna**
→ Strahlerfeld *nn*

Gruppenbrechzahl *nf* PHYS **phase refractive index**
= Phasenbrechzahl *nf*
= phase refraction index; group index

Gruppencharakteristik *nf* ANT **space factor**
= Gruppenfaktor *nm*
= array factor

Gruppencode *nm* CODING **group code**

gruppencodierte Aufzeichnung TER&PER **group-coded recording**
= GCR-Aufzeichnung *nf*; GCR-Codierung *nf*; GCR-Verfahren *nn*; Gruppencodierung *nf*; linearcodierte Aufzeichnung
↑ Magnetaufzeichnungsmethode
= GCR
↑ magnetic recording mode

Gruppencodierung *nf* TER&PER → **group-coded recording**
→ gruppencodierte Aufzeichnung

Gruppenfaktor *nm* ANT → **space factor**
→ Gruppencharakteristik *nf*

Gruppenfenster *nn* COMP.AP → **program group window**
→ Programmgruppenfenster *nn*

Gruppenführer ECON **group leader**

Gruppengeschwindigkeit *nf* EL.TEC **group velocity**
= envelope velocity

gruppengesteuert SWITCH **group-controlled**
[elektromechanische Wählsysteme]
[electromechanic switching system]

gruppengesteuertes Vermittlungssystem SWITCH **group-controlled switching system**
[elektromechanisches Vermittlungssystem]
= gruppengesteuertes Wählsystem
[electromechanical switching system]

gruppengesteuertes Wählsystem SWITCH → **group-controlled switching system**
→ gruppengesteuertes Vermittlungssystem

Gruppenintegration *nf* MICR.EL → **LSI**
→ Großintegration *nf*

gruppenintegrierter Schaltkreis MICR.EL → **large-scale integrated circuit**
→ hochintegrierte Schaltung

gruppenintegrierte Schaltung MICR.EL → **large-scale integrated circuit**
→ hochintegrierte Schaltung

Gruppenkennzeichenwahl *nf* DAT.CO **group address code**
[Datenvermittlung]
[data switching]

Gruppenkommunikationssystem *nn* DAT.CO **group communication system**

Gruppenkoppler *nm* SWITCH → **group selector**
→ Gruppenwähler *nm*

Gruppenlaufzeit *nf* TELEC **group delay**
= Signallaufzeit *nf*
= envelope delay; group delay time

Gruppenlaufzeit-Messgerät *nn* INSTR **group delay measuring set**

Gruppenlaufzeitverzerrung *nf* TELEC **group delay distortion**
= envelope delay distortion

Gruppenmarke *nf* DAT.MA **grouping mark**
= group mark; group marker

Gruppenpilot *nm* TRANSM **group pilot**
[TF-Technik]
↓ Primärgruppenpilot; Sekundärgruppenpilot
[FDM]
↓ primary grpou pilot; supergroup pilot

Gruppenprozessor *nm* SWITCH **group processor**

Gruppenrahmen *nm* SYS.INS **group frame**
= combining frame

Gruppenruf *nm* TELEPH **group call**
= Gruppenanruf *nm*

Gruppenschalter *nm* COMPON **group switch**
= Gemeinschaftsschalter *nm*; GUM

Gruppensymbol *nn* COMP.AP → **program group symbol**
→ Programmgruppensymbol *nn*

Gruppentaktgenerator *nm* SWITCH **group clock generator**

Gruppentheorie *nf* MATH **group theory**
[Algebra]
[algebra]

Gruppentrennung *nf* DAT.CO **group separator**
= GS
↑ ASCII-Code
= GS
↑ ASCII code

Gruppenverbindung *nf* DAT.CO **multidrop line**

Gruppenverbindung *nf* SWITCH **group interconnection**

Gruppenverbindung *nf* TRANSM → **multipoint connection**
→ Mehrpunktverbindung *nf*

Gruppenverbindungsplan *nm* SWITCH → **group interconnection plan**
→ Gruppierungsübersicht *nf*

Gruppenvermittlungsstelle *nf* (DBP) SWITCH → **local tandem exchange**
→ Orts-Durchgangsvermittlungsstelle *nf*

Gruppenwahl *nf* SWITCH **group selection**
[Richtungswahl]

Gruppenwähler *nm* SWITCH **group selector**
[Richtungswahl, durch Rufnummerstellen direkt gesteuert]
= Richtungskoppelfeld *nn*; Gruppenkoppler *nm*
[direction directly controlled by digits of the called number]
= group switch; group switching unit

Gruppenwahlstufe *nf* → Richtungswahlstufe *nf*	SWITCH	→ **group-selection stage**
Gruppenwechsel *nm*	SWITCH	**group change**
gruppieren	TECH	**group** *vt* = cluster *vt*
gruppieren	DAT.MA	**cluster** *vt* [to group similar things]
gruppieren	COMP.GR	**group** *vt*
Gruppierung *nf*	DAT.MA	**clustering** *n* = grouping *n*
Gruppierung *nf*	TECH	**grouping** *n* = group *n*; cluster *n*; clustering *n*
Gruppierung *nf* → Klasseneinteilung *nf*	STATIS	→ **grouping** *n*
Gruppierungsübersicht *nf* = Gruppenverbindungsplan *nm*	SWITCH	**group interconnection plan**
Gruselfilm *nm* = Horrorfilm *nm*	IMAG.ME	**horror film** = horror movie
Grußadresse *nf* [schriftliche Grußbotschaft]	ECON	**welcome message** *n* [in written form]
GS → Gruppentrennung *nf*	DAT.CO	→ **group separator**
GS/s [Giga Abtastungen pro Sekunde]	INSTR	**GS/s** [Gigab samples per second]
GSA *nn*	MOB.CO	**GSA** = Global Mobile Suppliers Association
G-Schicht	RAD.PRO	**G layer** = G region
G-Sicherung *nf* → Glasrohr-Feinsicherung *nf*	COMPO	→ **cartridge fuse**
GSM → Gramm/Quadratmeter	OFFICE	→ **grams per square meter**
gsm → Gramm/Quadratmeter	OFFICE	→ **grams per square meter**
GSM *nn* = Generisches Semantisches Modell	SW	**GSM** = Generic Semantic Model
GSM *nn* [paneuropäische Norm für digitalen Mobilfunk; von der CEPT-Arbeitsgruppe "Groupe Spécial Mobile"] = GSM-Standard *nm*	MOB.CO	**GSM** [Pan-European digital cellular standard; from the CEPT working group "Groupe Spécial Mobile"] = GSM standard; Global System for Mobile Communications
GSM-Netz *nn*	MOB.CO	**GSM network**
GSM-R	MOB.CO	**GSM-R** = GSM-Railway
GSM-Standard *nm* → GSM *nn*	MOB.CO	→ **GSM**
GSN	MOB.CO	**GSN** = GPRS Support Node
GSP → Grafiksystem-Prozessor *nm*	COMP.AP	→ **graphics system processor**
GS-Zeichen *nn* = Geprüfte-Sicherheit-Zeichen *nn*	QUAL	**GS seal** [German seal for certified safety]
GTO → Abschaltthyristor *nm*	MICR.EL	→ **gate-turn-off thyristor**
GTO-Thyristor *nm* → Abschaltthyristor *nm*	MICR.EL	→ **gate-turn-off thyristor**
Guanella-Übertrager *nm*	ANT	**bifilar coil balun**
Guerilla-Marketing *nn* → inoffizielle Werbung	CINEMA	→ **guerilla marketing**
Guerilla-Teleworking [Mitarbeiter nur noch unterwegs]	INF.TEC	**guerrilla teleworking** = guerilla teleworking
Guiltware *nf* [appelliert an die "Schuldgefühle" des Nutzers, noch nicht bezahlt zu haben]	SW	**guiltware** *n* [appeals to user's "sense of guilt" for not having payed yet]
gültig ≠ ungültig	MATH	**valid** *adj* ≠ invalid
gültig → zulässig *adj*	INF.TEC	→ **valid** *adj*
gültige Datei	DAT.MA	**active file** (2) [not yet expired]
Gültigkeit *nf*	MATH	**validity** *n*
Gültigkeit *nf* → Zulässigkeit *nf*	INF.TEC	→ **validity** *n*
Gültigkeit feststellen	INF.TEC	**validate** *vt* (2) [to check validity]
Gültigkeitsbereich *nm* = Bereich *nm*	MATH	**validity range** = domain *n*
Gültigkeitsbereich *nm* ↓ globaler Gültigkeitsbereich; lokaler Gültigkeitsbereich	COMP.SC	**scope** *n* ↓ global scope; local scope
Gültigkeitsbereich *nm* → Geltungsbereich *nm*	COLL	→ **scope of validity**
Gültigkeitsprüfung *nf* → Zulässigkeitsprüfung *nf*	DAT.MA	→ **validity check** *n*
gültig setzen	TECH	**validate** *vt* (1) [to make valid]
GUM → Gruppenschalter *nm*	COMPON	→ **group switch**
Gummi	CHEM	**rubber** *n*
Gummiband *nn*	TECH	**elastic band**
Gummibandverfahren *nn* [ein Bildsegment samt Verbindungen per Cursor verlagern] = Dehnlinienverfahren *nn*	COMP.GR	**rubber banding** [to dislocate a picture element and its connections per cursor] = elasic banding
Gummidichtung *nf*	TECH	**rubber seal**
Gummidraht *nm*	EL.INS	**rubber-covered wire**
Gummieffekt *nm*	COMP.GR	**rubber effect**
gummiert	TECH	**gummed** = rubber-coated; proofed
Gummierung *nf* = Gummiüberzug *nm*	TECH	**rubber coating**
Gummifuß *nm*	EQP.EN	**rubber feet**
Gummikabel *nn*	EL.INS	**rubber-covered cable** = rubber-insulated cable
Gummilinse *nf* = Varioptic	TV	**zoom lens**
Gummimantel *nm*	COM.CAB	**rubber sheath**
Gummiüberzug *nm* → Gummierung *nf*	TECH	→ **rubber coating**
Gunndiode *nf*	MICR.EL	**Gunn diode**
Gunn-Effekt *nm*	PHYS	**Gunn effect**
Gunnoszillator *nm*	MICROW	**Gunn oscillator**
günstig → billig *adj*	COLL	→ **cheap** *adj*
günstig *adj* = vorteilhaft ≠ ungünstig	COLL	**favorable** (AE) = favourable (BE) ≠ unfavorable
günstigster Fall → bester Fall	SCIE	→ **best case**
günstigste Verkehrsfrequenz	HF	**optimum working frequency** = OWF
Gurt *nm* ≈ Riemen	TECH	**belt** *n* = girth *n*; girdle *n* ≈ strap
Gurtrolle *nf*	MANUF	**banderole** *n*
Gurtung *nf* [von Bauteilen]	MANUF	**belting** *n* [of components]
Guru *nm* (slang) → Betriebssystemfachmann *nm*	SW	→ **operating system expert**
Guss *nm*	METAL	**casting** *n* (1) [the process of]
Gussaluminium *nn*	METAL	**cast aluminum**
Gusseisen *nn*	METAL	**cast iron** *n*
gusseisern	METAL	**cast-iron** ... = cast-metal ...
Gussform *nf* = Form *nf*	METAL	**mold** *n* (AE) = mould *n* (BE)
Gusslegierung *nf*	METAL	**cast alloy**
Gussstahl *nm*	METAL	**cast steel**
Gussstück *nn*	METAL	**casting** (2) [a casted piece]
Gut *nn* [Seil oder Draht eines Antennenaufbaus]	ANT	**rope** *n*
Gut *nn* → Ware *nf*	ECON	→ **good** *n*
Gutachten *nn* = Expertise *nf*	ECON	**expert opinion** = expert witness; judgement *n*
Gutachter *nm* ≈ Schätzer	ECON	**designated expert** ≈ appraiser
gutartiger Virus	INTERNET	**benign virus**
Güte → Gütefaktor *nm*	EL.TEC	→ **factor of quality**
Güte *nf* → Antennengüte *nf*	ANT	→ **factor Q**
Güte *nf* → Qualität *nf*	TECH	→ **quality** *n*
Gütefaktor *nm* [Schwingkreis] = Güte; Q-Wert ≠ Verlustwiderstand ↑ Gütewert [PHYS]	EL.TEC	**factor of quality** [of an oscillating circuit] = factor Q; factor of merit; Q value; storage factor; figure of merit; quality factor; magnification factor

German	Field	English
		≠ loss resistance
		↑ factor of merit [PHYS]
Gütefaktormessgerät *nn*	INSTR	**Q meter**
= Q-Messer *nm*		= quality factor meter
Gütefunktion *nf*	STATIS	**power function**
Gütegrad *nm*	QUAL	**grade** *n*
≈ Ausführung; Qualität		≈ type; quality
Güteklasse *nf*	QUAL	**quality grade**
		= grade *n*
Gütekriterium *nn*	CONTRO	**control criterion**
Gute-Nacht-Geschichte *nf*	MEDIA	**bedtime story**
Güteprüfung *nf*	QUAL	→ **quality test**
→ Qualitätsprüfung *nf*		
Güteprüfung *nf* (DTAG)	QUAL	→ **factory acceptance test**
→ Fabrikabnahmemessungen *nplt*		
Güterfluss *nm*	ECON	→ **flow of goods**
→ Warenfluss *nm*		
Güteschalter *nm*	OPTOEL	**Q-switch**
Gütesicherung *nf*	QUAL	→ **quality assurance**
→ Qualitätssicherung *nf*		
Gütesiegel *nn*	QUAL	→ **guaranty seal**
→ Gütezeichen *nn*		
Gütetest *nm*	QUAL	→ **quality test**
→ Qualitätsprüfung *nf*		
Güteverlust *nm*	QUAL	→ **quality deterioration**
→ Qualitätsverschlechterung *nf*		
Gütevorschrift *nf*	QUAL	→ **quality specification**
→ Qualitätsvorschrift *nf*		
Gütewert *nm*	PHYS	**factor of merit**
[Kennzahl eines Energiespeichers oder Schwingkreises]		[characteristic of an energy store or resonant circuit]
= Gütezahl *nf*		= Q value; quality value;
≈ Gütefaktor [EL.TEC]		magnification factor; storage factor
Gütezahl *nf*	TECH	**figure of merit**
≈ Kenngröße		≈ variable
Gütezahl *nf*	PHYS	→ **factor of merit**
→ Gütewert *nm*		
Gütezeichen *nn*	QUAL	**guaranty seal**
= Gütesiegel *nn*		= hallmark *n*
Gutfall *nm*	TECH	**positive case**
≠ Schlechtfall		≠ negative case
gut geeignet für	COLL	**well suited to**
Guthaben *nn*	ECON	**credit** *n* (1)
		[balance in favour]
Guthabenanzeige *nf*	TER&PER	**credit indication**
[Münzfernsprecher]		[coinbox telephone]
Guthabenkarte *nf*	TER&PER	**prepaid phonecard**
[beim Kauf vorausbezahlt]		= prepaid card; PPC; debit card;
= Kaufkarte *nf*; Debit-Karte *nf*		cash-card
↑ Telefon-Chipkarte		↑ chip phonecard
↓ Chip-Karte; Zahlungskarte		↓ chip card; payment card
Gutmeldung *nf*	DAT.CO	**positive acknowledgment**
= Gutquittung *nf*		
Gutmeldung *nf*	DAT.CO	→ **positive acknowledge** *n*
→ positive Rückmeldung		
Gutquittung *nf*	DAT.CO	→ **positive acknowledgment**
→ Gutmeldung *nf*		
Gutquittung *nf*	DAT.CO	→ **positive acknowledge** *n*
→ positive Rückmeldung		
Gutschein *nm*	ECON	**coupon** *n* (2)
Gut-Schlecht-Prüfung *nf*	QUAL	**pass-fail testing**
Gutschrift *nf*	ECON	**allowance** *n* (3)
		= credit entry
Guttapercha *nn*	TECH	**gutta-percha** *n*
Gutzahl *nf*	QUAL	→ **acceptance number**
→ Annahmezahl *nf*		
GWB	ECON	→ **Economic Value Addede**
→ Geschäftswertbeitrag *nm*		
Gy	PHYS	→ **Gray**
→ Gray *nn*		
Gymnasium *nn*	EDUC	**grammar school** (BE)
		= high school (AE)
Gyrator *nm*	NETW.TH	**gyrator** *n*
= Dualübersetzer *nm*		
Gyrator *nm*	MICROW	**gyrator** *n*
gyromagnetischer Effekt	PHYS	**gyromagnetic effect**
gyromagnetisches Verhältnis	PHYS	**gyromagnetic ratio**
		= gyromagnetic relation

H *h*

H MICR.EL → **high level**
→ Hochpegelzustand *nm*

H EL.SC → **Henry**
→ Henry *nn*

h PHYS → **hour** *n*
→ Stunde *nf*

h- PHYS → **hecto-** *praef*
→ Hekto- *praef*

H. OFFICE → **Mr**
→ Hr.

H/H-Mount CONS.EL **H/H mount**
[Satellitendirektempfang] [direct satellite reception]

ha PHYS → **hectare** *n*
→ Hektar *nn*

Ha CHEM → **hahnium** *n*
→ Hahnium *nn*

Haarfunktion *nf* MATH **hair function**
↑ Sequenzfunktion ↑ sequence function

haargenau bestimmen TECH **pinpoint** *vt*
≈ eingrenzen ≈ delimit (2)

Haarlinie *nf* PRIN.ME **hairline** *n*

Haarnadelanpassung *nf* ANT → **L match**
→ L-Anpassung *nf*

haarnadelförmig TECH → **U-shaped**
→ U-förmig

Haarnadelschleife *nf* LINE TH **hairpin loop**

Haarriss *nm* TECH **flake** *n*
= hairline crack

Haarspalterei *nf* COLL → **subtleness** *n* (2)
→ Spitzfindigkeit *nf*

haarspalterisch COLL → **cavilled** *adj*
→ spitzfindig

Habensaldo *nn* ECON **credit balance**

Hab und Gut COLL **goods and chattels**

Hácek LING → **caron** *n*
→ Caron *nn*

Hack *nm* DAT.PR → **kludge** *n*
→ Flickschusterei *nf*

Hacker *nm* (1) INF.TEC → **computer fan** *n*
→ Computernarr *nm*

Hacker *nm* (2) INF.TEC **hacker** *n* (2)
[jemand der per Datenübertragung arglistig in fremde Datenbanken eindringt] [person breaking into computer systems via data communication]
≈ Cracker; Wizard ≈ cracker; wizard

Häcksel *nn* COLL **chaff** *n*

H-Adcock-Antenne *nf* ANT **H Adcock antenna**

Hadernpapier *nn* PRIN.ME **rag paper**
= Lumpenpapier *nn*

Hafen *nm* GEOSC **port** *n*
= harbour *n*

Hafenradar *nm&nn* (*pl* -e) RAD.LO **port radar**

Hafnium *nn* CHEM **hafnium** *n*
= Hf = Hf

haften TECH **adhere** *vi*
= anhaften
≈ kleben

haftend TECH → **adhesive** *adj*
→ klebend

Haftetikett *nn* TECH → **adhesive label**
→ Klebeschild *nn*

Haftfestigkeit *nf* TECH **adhesion** *n*
= Klebefestigkeit *nf*

Haftpflicht *nf* ECON **third party liability**
= liability *n*

Haftreibung *nf* PHYS **frictional grip**

Haftrelais *nn* COMPO **remanent relay**
[funktioniert mit einem Dauermagnet] [works with a permanent relay]
= Remanenzrelais *nn*; Halterelais *nn*; Einklinkrelais *nn*; Verklinkrelais *nn*; Einrastrelais *nn* = latching relay; locking relay; mechanical latching relais
↑ Schutzrohrkontakt-Relais ↑ reed relay

Haftschild *nn* TECH → **adhesive label**
→ Klebeschild *nn*

Haftschildchen *nn* TECH → **adhesive label**
→ Klebeschild *nn*

Haftstelle *nf* PHYS **trap** *n*
= Falle *nf*; Einfangstelle *nf*; Fangstelle *nf*; Trap (ANGL)

Hafttafel *nf* OFFICE → **magnetic board**
→ Magnettafel *nf*

Haftung *nf* PHYS → **adhesion**
→ Adhäsion *nf*

Haftung *nf* ECON **liability** *n*
≈ Sicherheit = security *n* (2)

Haftungsausschluss *nm* ECON **exclusion of liability**
= non-liability *n*

Haftungsausschlussklausel *nf* ECON **disclaimer** *n*

Haftungsausschlussnachsatz *nm* INTERNET **standard disclaimer**

Haftungsgrenze *nf* ECON **limit of liability**

Haftvermögen *nn* TECH **adhesive power**
= adhesivity *n*; tackiness *n*

Hahn *nm* TECH **cock** *n*
↓ Wasserhahn = faucet *n* (AE); tap *n* (BE)
↓ water-tap

Hahnium *nn* CHEM **hahnium** *n*
= Ha = Ha

Hairline *nn* COMP.GR **hairline** *n*
[dünnste Strichstärke] [the finest stroke width]

Häkchen *nn* LING → **cedilla** *n*
→ Cedille *nf*

Haken *nm* TELEPH → **cradle** *n*
→ Gabel *nf*

Haken *nm* TEC.DOC **check mark**
= tick mark

Haken *nm* TECH **hook** *n*

Hakenbolzen *nm* MEC.EN → **T-head bolt**
→ Hammerkopfschraube *nf*

hakenförmig TECH **hooked** *adj*

Hakenkopfschraube *nf* MEC.EN **hook bolt**
= Hakenschraube *nf* = clip bolt

Hakenkreuzantenne *nf* ANT **swastika antenna**
= Swastika *nf* (ANGL) = swastika *n*

Hakenschraube *nf* MEC.EN → **hook bolt**
→ Hakenkopfschraube *nf*

Hakenspitzenadapter *nm* INSTR **hook tip adapter**

Hakentransistor *nm* MICR.EL → **hook transistor**
→ Vierschicht-Transistor *nm*

Hakenumschalter *nm* TELEPH → **hookswitch** *n*
→ Gabelumschalter *nm*

Halbachse *nf* MATH **semiaxis** *n*

Halbadder *nm* (ANGL) CIRC.EN → **half-adder** *n*
→ Halbaddierer *nm*

Halbaddierer *nm* CIRC.EN **half-adder** *n*
[vernachlässigt Überträge] [neglects carries]
= Halbadder *nm* (ANGL); einstelliges Addierwerk = one-digit adder; two-input adder
≠ Volladdierer

Halbamplitude *nf* MATH **semi-amplitude** *n*

halbamtsberechtigt TELEPH **outward-restricted**
[kann das Amt nicht direkt anwählen] [cannot place outward calls directly]
≠ vollamtsberechtigt = toll-restricted

Halbamtsberechtigung *nf* TELEPH **outward restriction**

halbaufgelöst MANUF **semi-knocked-down**

Halbaufnahme *nf* CINEMA → **full shot** *n*
→ Halbnahaufnahme *nf*

halbautomatisch TECH **semiautomatic**
= halbselbsttätig = semi-automatic

halbbearbeitet MANUF → **semimanufactured**
→ halbfertig

halbbearbeitet MEC.EN → **semi-finished**
→ teilweise bearbeitet

Halbbild *nn* TV **field** *n*
[Teilbild des Zeilensprungverfahrens, besteht aus halbem Vollbild] [one half of a complete picture i.e. frame]
= Halbraster *nn* ≠ frame
≠ Vollbild
↑ Teilbild

Halbbildbetrieb *nm* TER&PER **interlaced mode**

Halbbilddauer *nf* TV **field duration**
≈ Vollbilddauer ≈ frame frquency

Halbbildverfahren *nn* TV → **interlacing**
→ Zeilensprungverfahren *nn*

Halbbrücke *nf* CIRC.EN **half bridge**

Halbbyte *nn* CODING → **tetrad** *n*
→ Tetrade *nf*

Halbdicke *nf* GEOSC **half-thickness**
[Schichtdicke bei der Elektronendichte die Hälfte des Maximums erreicht] [layer thickness at which electron density drops to half its maximum]

halbdigital INF.TEC **semidigital** *adj*

Halbdipol *nm* ANT **half dipole**
halbdirekt TECH **semidirect** *adj*
= fastdirekt
halbdokumentarisch *adj* MEDIA **semi-documentary** *adj*
Halbduplex *nn* TELEC → **half duplex**
→ Halbduplexbetrieb *nm*
Halbduplexbetrieb *nm* TELEC **half duplex**
[Übertragung in beiden Richtungen möglich, jedoch nicht gleichzeitig] [communication possible in either direction, but not simultaneously]
= Halbduplex *nn*; HDX; Wechselverkehr *nm*; wechselseitiger Betrieb; wechselseitige Übertragung; absatzweise Sende- und Empfangsbetrieb = HDX; half-duplex operation; half-duplex transmission; half-duplex mode; either-way operation; either-way transmission; either-way mode; two-way alternate operation; two-way alternate transmission; two-way alternate mode; simplex operation [TELEPH]; local echo
≈ Semiduplexbetrieb ≈ semi-duplex
halbdurchlässig TECH **semipermeable**
halbdurchlässig OPT → **semitransparent** *adj*
→ teildurchsichtig
halbdurchsichtig OPT → **semitransparent** *adj*
→ teildurchsichtig
halbdynamisch TECH → **semidynamic**
→ semidynamisch
Halbebene *nf* MATH **half-plane**
Halbebeneunterteilung *nf* GIS **binary space partitioning**
= BSP
Halbechosperre *nf* TELEPH **half echo suppressor**
Halbe-Halbe COLL **fifty-fifty**
halbempirisch TECH **semiempirical**
halbe Rhombusantenne ANT **vertical half rhombic antenna**
halbe Übertragungsrate MOB.CO **half rate**
[6,5 kbit/s] [6.5 kbitps]
= HR-Rate *nf* = HR
Halbfabrikat *nn* MANUF → **semifinished good**
→ halbfertiges Erzeugnis
halbfertig MANUF **semimanufactured**
= halbbearbeitet; teilweise bearbeitet = semi-finished
halbfertig TECH → **raw** *adj*
→ roh
halbfertiges Erzeugnis MANUF **semifinished good**
= H-Erzeugnis *nn*; Halbzeug *nn*; Halbfertigfabrikat *nn*; Halbfabrikat *nn* = semifinished product; semifinished *n*; semimanufactured good; semimanufactured product; stock *n*
≈ unfertiges Erzeugnis
Halbfertigfabrikat *nn* MANUF → **semifinished good**
→ halbfertiges Erzeugnis
halbfett PRIN.ME **semibold** *adj*
= bold = semi bold; demi; medium
↑ Schriftattribut ↑ font attribute
halbfett kursiv PRIN.ME **semi bold italic**
↑ Schriftattribut = medium italic
↑ font attribute
Halbgeviert *nn* PRIN.ME **en**
[Leertype bzw. Leerstelle mit der halben Breite/Dickte eines Gevierts, in etwa der des *n*] [dymmy type or blank space with half the width of an em, corresponds approximately to the width of an *n*]
= Halbgeviertstärke *nf* = en quad; en space
≈ em
Halbgeviertstärke *nf* PRIN.ME → **en**
→ Halbgeviert *nn*
Halbglied *nn* NETW.TH **half-section**
Halbgrafik *nf* COMP.GR **semigraphic** *n*
[Computergrafik] [computer graphics]
= Halbgraphik *nf*; Semigrafik *nf*; Semigraphik *nf*
Halbgraphik *nf* COMP.GR → **semigraphic** *n*
→ Halbgrafik *nf*
halbgroß MATH **half-sized**
≈ mittelgroß ≈ medium-sized
Halbgruppe *nf* MATH **semi-group**
halbhart TECH **semi-hard**
halbhoch TECH **half-height** *adj*
halbieren TECH **halve** *vt*
= zweiteilen = bisect
≈ trennen
Halbierung *nf* TECH **halving**
≈ Zweiteilung ≈ bisection
Halbierungssuchverfahren *nn* DAT.MA → **binary search**
→ Binärsuche *nf*

Halbierungswinkel *nm* MATH **bipartition angle**
Halbinsel *nf* GEOSC **peninsula** *n*
halbjährlich COLL **semiannual**
= half-yearly; semestral; semestrial
halbkompiliert SW **semicompiled**
= semikompiliert
Halbkreis *nm* MATH **semicircle** *n*
halbkreisartig MATH → **semicircular**
→ halbkreisförmig
halbkreisförmig MATH **semicircular**
= halbkreisartig
Halbkugel *nf* MATH **hemisphere** *n*
= Hemisphäre *nf*
halbkugelförmig MATH **hemispheric**
= hemisphärisch = hemispherical
halbkundenspezifische Schaltung MICR.EL → **semicustom IC**
→ Semikundenschaltung *nf*
halblange Leiterplatte EL.TRO **half-card** *n*
↑ Kurzkarte [half the normal length]
↑ short-card
halbleitend PHYS **semiconducting**
halbleitend MICR.EL → **solid-state** *adj*
→ Halbleiter-
Halbleiter *nm* PHYS **semiconductor** *n*
[spezif.elektri.Widerstand zwischen 0,5 und 10E10 Ohm m] [specif.electric resistance between 0.5 to 10E10 ohm m]
≈ Leiter; Nichtleiter ≈ conductor; non-conductor
Halbleiter- MICR.EL **solid-state** *adj*
= halbleitend = semiconductor
Halbleiterbauelement *nn* MICR.EL **semiconductor device**
= Halbleiterbaustein *nm*; Halbleiterschaltung *nf*; Festkörperbauelement *nn*; Festkörperbaustein *nm*; Festkörperschaltung *nf* = semiconductor component; solid state device; solid-state component
≈ Chip
Halbleiterbaustein *nm* MICR.EL → **semiconductor device**
→ Halbleiterbauelement *nn*
Halbleiter-Bildsensor *nm* TV → **solid-state image sensor**
→ Festkörperbildsensor *nm*
Halbleiterblocktechnik *nf* (ex DDR) MICR.EL → **monolithic integrated circuit**
→ monolithische integrierte Schaltung
Halbleiterchip *nm* MICR.EL → **chip** *n*
→ Chip *nm*
Halbleiter-Dehnmessstreifen *nm* INSTR **semiconductor resistance strain gage**
= semiconductor resistance strain gauge
Halbleiterdetektor *nm* MICR.EL **semiconductor detector**
Halbleiterdiode *nf* MICR.EL → **diode** *n*
→ Diode *nf*
Halbleiter-Drucksensor *nm* INSTR **semiconductor pressure sensor**
Halbleiterelektronik *nf* EL.TRO **semiconductor electronics**
= solid state electronics
Halbleiterfertigung *nf* MICR.EL **semiconductor production**
Halbleiterfestplatte *nf* TER&PER **solid-state disk**
≈ SSD = SSD
Halbleiterfilmtechnik *nf* MICR.EL **semiconductor film technology**
↓ SOS ↓ SOS
Halbleiter-Flächenstrahler *nm* COMPO → **electroluminescent panel** (1)
→ Lumineszenzplatte *nf*
Halbleiter-Gleichrichterdiode *nf* MICR.EL **semiconductor rectifier diode**
Halbleiterhaftstelle *nf* PHYS **semiconductor trap**
= Elektronenhaftstelle *nf*
Halbleiterindustrie *nf* ECON **semiconductor industry**
Halbleiterkristall *nm* PHYS **semiconductor crystal**
Halbleiterkühlelement *nn* MICR.EL → **frigistor** *n*
→ Frigistor *nm*
Halbleiterlaser *nm* OPTOEL **semiconductor laser**
Halbleiterlaser-Verstärker *nm* OPTOEL **SLA**
= semiconductor laser amplifier
Halbleiterlaufwerk *nn* HW **solid state disk drive**
= SSD-Laufwerk *nn* = SSD drive
Halbleiterleistungsverstärker *nm* MICR.EL **solid-state power amplifier**
= SSPA
Halbleitermaske *nf* MICR.EL → **diffusion mask**
→ Diffusionsmaske *nf*
Halbleitermesstechnik *nf* INSTR **semiconductor measurements**
= semiconductor testing
Halbleiteroszillator *nm* MICROW **semiconductor oscillator**
Halbleiterparameter-Analysator *nm* INSTR **semiconductor parameter analyzer**

Halbleiterparameter-Prüfsystem *nn* INSTR → **semiconductor tester**
→ Halbleiter-Tester *nm*

Halbleiterphysik *nf* PHYS **semiconductor physics**
≈ Festkörperphysik
≈ solid state physics

Halbleiterplättchen *nn* MICR.EL → **chip** *n*
→ Chip *nm*

Halbleiterrauschen *nn* TELEC → **semiconductor noise**
→ Funkelrauschen *nn*

Halbleiterrelais *nn* COMPO → **transistor relay**
→ Transistorrelais *nn*

Halbleiterschalter *nm* MICR.EL **semiconductor switch**
= kontaktloser Schalter; elektronischer Schalter
= electronic switch

Halbleiterschaltung *nf* MICR.EL → **semiconductor device**
→ Halbleiterbauelement *nn*

Halbleiterscheibe *nf* MICR.EL → **wafer crystal**
→ Kristallscheibe *nf*

Halbleitersensor *nm* MICR.EL **semiconductor sensor**
= solid state sensor

Halbleitersicherung *nf* COMPO **semiconductor protection**
[Schutz von Halbleitern]

Halbleitersilizium *nn* MICR.EL **semiconductor-quality silicon**

Halbleiterspeicher *nm* MICR.EL **solid state memory**
= Festkörperspeicher *nm*; mikroelektronischer Speicher; IC-Speicher *nm*
↑ Speicher
↓ RAM; ROM; PROM; EPROM; dynamischer Halbleiterspeicher; flüchtiger Halbleiterspeicher; nichtflüchtiger Halbleiterspeicher
= semiconductor memory; semiconductor storage; IC memory; IC storage; IC store; integrated circuit memory
↑ memory
↓ RAM; ROM; PROM; EPROM; dynamic solid state memory; volatile solid state memory; non-volatile solid state memory

Halbleiterspeicherchip *nm* MICR.EL **solid state memory chip**
= semiconductor memory chip

Halbleitersperrschicht *nf* MICR.EL → **depletion layer**
→ Sperrschicht *nf*

Halbleiter-Stromrichterventil *nn* MICR.EL → **semiconductor gate**
→ Halbleiterventil *nn*

Halbleitertechnik *nf* MICR.EL **semiconductor technology**
= Halbleitertechnologie *nf*; Festkörpertechnik *nf*; Festkörpertechnologie *nf*
= semiconductor technique

Halbleitertechnologie *nf* MICR.EL → **semiconductor technology**
→ Halbleitertechnik *nf*

Halbleiter-Tester *nm* INSTR **semiconductor tester**
= Halbleiterparameter-Prüfsystem *nn*
= semiconductor parameter test set

Halbleitertopologie *nf* MICR.EL **semiconductor topology**

Halbleiterventil *nn* MICR.EL **semiconductor gate**
= Halbleiter-Stromrichterventil *nn*
↑ Diode
↓ Thyristor
↑ semiconductor diode
↓ thyristor

Halbleiterverstärker *nm* CIRC.EN **solid state amplifier**
= semiconductor amplifier

Halbleiter-Wafer *nm* MICR.EL → **wafer crystal**
→ Kristallscheibe *nf*

Halbleiterwerkstoff *nm* MICR.EL **semiconductor material**

Halbleiterzone *nf* PHYS **semiconductor region**

Halblinse *nf* OPT **split lens**

halblogarithmisch MATH → **semilogarithmic**
→ semilogarithmisch

halbmatt OPT **half-mat**
= half-matt; half-matte; semi-mat; semi-matt; semi-matte

Halbmesser *nm* MATH → **radius** (*pl* radii & radiuses)
→ Radius *nm* (*pl* Radien)

Halbmetall *nn* CHEM **semimetal** *n*

Halbnahaufnahme *nf* CINEMA **full shot** *n*
[zeigt den Menschen von der Hüfte aufwärts]
= Halbaufnahme *nf*
≈ amerikanische Aufnahme
[shows a person from ankles upside]

Halbperiode *nf* PHYS **half period**
≈ Halbwelle
≈ half wave

Halb- *praef* TECH **semi-** *praef*
= semi-
≈ teil...
≈ partly

halbprofessionell ECON **semiprofessional**
= semiprofessionell

Halbrahmen *nm* CODING **half frame**

Halbraster *nn* TV → **field** *n*
→ Halbbild *nn*

Halbratencodec *nm* MOB.CO **half-rate codec**

Halbraum *nm* MATH **half-space**

halbrund TECH **half-round**

Halbrundholzschraube *nf* MECH **round-head-wood screw**

Halbrundkopf *nm* (1) MEC.EN **button head**
[Niet]

Halbrundkopf *nm* (2) MEC.EN **round head**
[Schraube]

Halbrundkopfschraube *nf* MEC.EN **round-head screw**
= halfround-head screw; button-headed screw

Halbschale *nf* TECH **half-shell**

Halbschalenmuffe *nf* OUT.PL **half-shell sleeve**

Halbschalensymmetrierglied *nn* ANT **split tube balun**
= Schlitzübertrager *nm*
↑ Symmetrietransformator
↑ balun

Halbschatten *nm* OPT **penumbra**

Halbschnitt *nm* ENG.DRA **full section**

halb Schnitt - halb Ansicht ENG.DRA **half section**

Halbschwingungsmittelwert *nm* PHYS **average total value**

halbselbsttätig TECH → **semiautomatic**
→ halbautomatisch

Halb-Sloper ANT **quarter-wave half sloper antenna**
= half sloper

halbstaatlich ECON **parastatal** *adj*

halbstabil TECH → **semistable**
→ semistabil

halbstatisch TECH → **semistatic**
→ semistatisch

Halbsubtrahierer *nm* CIRC.EN **half subtracter**
≠ Vollsubtrahierer
= one-digit subtracter; half subtractor
≠ full subtracter

halbtägig ECON **semidiurnal**
≠ ganztägig
≠ diurnal

Halbton *nm* ACOUS **halftone**

Halbton *nm* PRIN.ME **continuous tone**
[Wiedergabe von kontinuierlichen Grautonübergängen durch gleichmäßig verteilte schwarzer Flecken variabler Größe]
[reproduction of continuous tone patterns by evenly spaced spots of variable diameter]
= contone; halftone

Halbton *nm* PHYS → **gray level**
→ Graustufe *nf*

Halbtonbild *nn* PRIN.ME → **continuous-tone image**
→ echtes Halbtonbild

Halbtonbild *nn* PRIN.ME **halftone** *n*
[mit Punkten verschiedener Größe und Abstands]
[image made by dots of varying size and spacing]
= halftone image

Halbtonfleck *nm* PRIN.ME **halftone spot** *n*
[für Halbtondarstellungen erzeugtes Bildelement variabler Größe, bestehend aus Punkten]
= Bildfleck *nm*; Fleck *nm*; Halbtonzelle *nf*
[in halftone representations the image element of varying size, composed of a dot pattern]
= spot; halftone cell

Halbtonvorlage *nf* PRIN.ME **half-tone master**
= half-tone original

Halbtonzelle *nf* PRIN.ME → **halftone spot** *n*
→ Halbtonfleck *nm*

Halbtotale *nf* CINEMA **medium long shot**
[Mensch als Teil der Umgebung von Kopf bis Fuß sichtbar]
[persons visible intergrally as part of a surrounding]

Halbübertrag *nm* MATH **half-carry**

halbunendlich MATH **semi-infinite** *adj*

Halbwegbake *nf* RAD.NA → **main entrance signal**
→ Haupteinflugzeichen *nn*

Halbwelle *nf* PHYS **half wave**
≈ Halbperiode; Wechsel
≈ half period; alternation

Halbwellen-Anpassleitung *nf* NETW.TH → **half-wavelength transformer**
→ Lambda-Halbe-Transformator *nm*

Halbwellen-Anpassungsglied *nn* NETW.TH → **half-wavelength transformer**
→ Lambda-Halbe-Transformator *nm*

Halbwellenantenne *nf* ANT **half-wave antenna**
= Halbwellendipol *nm*
= half-wavelength antenna; half-wavelength dipole

Halbwellendipol *nm* ANT → **half-wave antenna**
→ Halbwellenantenne *nf*

Halbwellendipol *nm* ANT **half wave dipole**
= Lambdahalbedipol *nm*

Halbwellenfaltdipol *nm* ANT **half wave folded dipole**

Halbwellenlänge *nf* PHYS **half wavelength**

Halbwellenleitung *nf* NETW.TH → **half-wavelength transformer**
→ Lambda-Halbe-Transformator *nm*

Halbwellen-Sperrtopfantenne *nf* ANT **bazooka dipole antenna**

Halbwellenstrahler *nm* ANT **half-wave radiator**
↓ Halbwellendipol
↓ half-wave dipole

Halbwellenstromversorgung *nf* POW.SY **half-wave power supply**

Halbwellen-Symmetriertopf ANT **colinear balun**

Halbwellentransformator *nm* EL.TEC **half wave transformer**

Halbwellentransformator *nm* NETW.TH → **half-wavelength transformer**
→ Lambda-Halbe-Transformator *nm*

Halbwellen-Vertikaldipol *nm* ANT **vertical half-wave dipole**

Halbwellen-Zepp ANT → **half-wave end-fed antenna**
→ Halbwellen-Zeppelinantenne *nf*

Halbwellen-Zeppelinantenne *nf* ANT **half-wave end-fed antenna**
= Halbwellen-Zepp
= half-wave Zeppelin antenna

Halbwert *nm* MATH **half value**
= half height

Halbwertsbreite *nf* PHYS **half width**

Halbwertsbreite *nf* ANT **half-power beamwidth**
= antenna beamwidth; half power width

Halbwertsleistung *nf* PHYS **half power**

Halbwertswinkel *nm* ANT **half-power angle**

Halbwertszeit *nf* PHYS **half-life**
[Kernzerfall]
= half-life period; half-time period

Halbwort *nn* DAT.PR **half-word**
[mit halber Maschinenwortlänge]
[with half computer word length]

Halbwortkonstante *nf* COMP.SC **half-word constant**

Halbzeug *nn* MANUF → **semifinished good**
→ halbfertiges Erzeugnis

Halbzoll- TECH **half-inch** *adj*

Half-square-Antenne *nf* ANT **half-square antenna**

Hälfte *nf* MATH **half** *n* (*pl* halves)

Hälfte *nf* TECH **half** *n* (*pl* halves)
[halber Gegenstand]
[of a piece]

Hall-Beweglichkeit *nf* PHYS **Hall mobility**

Hall-Detektor *nm* COMPO → **Hall effect sensor**
→ Hall-Magnetfeldsensor *nm*

Halle *nf* CIV.EN **hall** *n* (1)
[großes Gebäude aus einem großen Raum, oder ein solcher großer Raum für öffentliche oder kommerzielle Zwecke]
≈ Saalbau; Saal
[a large building consisting of one large room, or such a large room for public or economic activities]
≈ hall (2)

Hall-Effekt *nm* PHYS **Hall effect**

Hall-Element *nn* COMPO → **Hall generator**
→ Hall-Generator *nm*

Hall-Generator *nm* COMPO **Hall generator**
= Hall-Sonde *nf*; Hall-Element *nn*; Hall-Multiplikator *nm*

Hall-Koeffizient *nm* PHYS → **Hall constant**
→ Hall-Konstante *nf*

Hall-Konstante *nf* PHYS **Hall constant**
= Hall-Koeffizient *nm*

Hall-Magnetfeldsensor *nm* COMPO **Hall effect sensor**
= Hall-Sensor *nm*; Hall-Detektor *nm*
= Hall sensor; Hall-effect detector

Hall-Magnetgabelschranke *nf* COMPO **Hall-effect vane switch**
= Magnetschraube *nf*
= Hall magnet barrier

Hall-Multiplikator *nm* COMPO → **Hall generator**
→ Hall-Generator *nm*

Hallo! TELEPH **hello**

Hall-Sensor *nm* COMPO → **Hall effect sensor**
→ Hall-Magnetfeldsensor *nm*

Hall-Sonde *nf* COMPO → **Hall generator**
→ Hall-Generator *nm*

Hall-Spannung *nf* PHYS **Hall voltage**

Hallway-Seite INTERNET **Hallway page**

Halo *nn* (*pl* -nen) OPT → **halo** (*pl* -os&-oes)
→ Lichthof *nm*

Halo-Antenne *nf* ANT **half-wave loop antenna**
≈ Ringdipol
↑ Faltdipol
= halo antenna
≈ circular dipole
↑ folded dipole

Halogen *nn* CHEM **halogen** *n*

halogenfrei TECH **halogen-free**

Halogen-Metalldampflampe *nf* EL.INS **metal halide lamp**

Hals *nm* TELEPH **sleeve** *n*
[einer der Pole des Klinkensteckers, mit C-Ader verbunden]
≈ Ring; Spitze; Masse
[one of the contacts of telephone jack connector, connected to the sleeve wire]
≈ ring; tip; ground

Hals *nm* MEC.EN **neck** *n*

halsbrecherisch COLL **breakneck** *adj*
[fig]
[fig]

Halsschraube *nf* MEC.EN **recessed collar head-screw**

halsstarrig COLL → **stubborn** *adj*
→ stur

Halt *nm* RAIL.SIG **stop** *n*

Halt *nm* (1) SW **halt** *n* (1)
[Beendigung einer Programmausführung]
= Programmhalt *nm* (1); Stopp *nm*; Programmstopp *nm*
≈ Pause; Haltanweisung (1)
[termination of a program execution]
= program halt (1); stop *n*; program stop
≈ pause; halt instruction (1)

Halt *nm* (2) SW → **pause** *n*
→ Pause *nf*

Haltanweisung *nf* SW → **halt instruction** (1)
→ Haltebefehl *nm*

haltbar TECH → **permanent** *adj*
→ dauerhaft

Haltbarkeit *nf* TECH → **durability** *n*
→ Dauerhaftigkeit *nf*

Haltbedingung *nf* SW **stop condition**
= halt condition

Haltbefehl *nm* (1) SW → **halt instruction** (1)
→ Haltebefehl *nm* (1)

Haltbefehl *nm* (2) SW → **pause instruction**
→ Pausebefehl *nm*

Halteanode *nf* EL.TRO **keep-alive electrode**

Halteanweisung *nf* SW → **halt instruction** (1)
→ Haltebefehl *nm* (1)

Haltebefehl *nm* (1) SW **halt instruction** (1)
[für Programmbeendigung]
= Haltbefehl *nm* (1); Halteanweisung *nf*; Haltanweisung *nf*; Stoppbefehl *nm*
≈ Pauseanweisung
[for program termination]
= halt code (1); stop instruction; stop code
≈ pause instruction

Haltebefehl *nm* (2) SW → **pause instruction**
→ Pausebefehl *nm*

Haltebereich *nm* CIRC.EN **hold range**

Haltebügel TECH **bail** *n*

Haltefeder *nf* MEC.EN **retention spring**

Halteglied *nn* CIRC.EN **hold circuit**
= Halteschaltung *nf*
= keep-alive circuit

Halteglied nullter Ordnung *nf* CIRC.EN **zero order hold circuit**

Halteklammer *nf* MEC.EN **retaining clip**

Haltekraft *nf* MEC.EN **retention force**

halten COLL **hold** *vt*
≈ festhalten

Halten *nn* DAT.MA **hold** *n*
= Haltezustand *nm*; Hold-Zustand *nm*
= hold state; halt condition

Halten *nn* EL.TRO → **inhibition** *n*
→ Sperrung *nf*

Halten einer Verbindung *nf* TELEPH **call hold**
= HOLD

Haltepotential *nn* PHYS **stopping potential**

Halteproblem *nn* COMP.SC **halting problem**
[ein klassisches nichtberechenbarers Problem]
[a classic non-computable problem]

Haltepunkt *nm* COMP.GR → **handle** *n*
→ Handgriff *nm*

Haltepunkt *nm* SW → **breakpoint** *n*
→ Unterbrechungspunkt *nm*

Haltepunktanweisung *nf* SW **breakpoint interruption**

Haltepunktsymbol *nn* SW **breakpoint symbol**
[markiert Programmstopps für Fehlereingrenzung]
[marks halts of a program for debugging]

Halter *nm* MEC.EN **holder** *n*
= Träger
≈ Stütze
≈ support

Halterelais *nn* COMPO → **remanent relay**
→ Haftrelais *nn*

Halterung *nf* TECH **mount** *n*
[Vorrichtung]
= Befestigung *nf* (2); Fixierung *nf*; Befestigungselement *nn*
≈ Stütze
[device]
= fixing element; fastening *n* (2); fastener; holding piece; holder *n*
≈ support

Halteschaltung *nf* CIRC.EN → **hold circuit**
→ Halteglied *nn*

Halteschleife *nf* SW **holding loop**
≈ Warteschleife
≈ waiting loop

Haltesignal *nn* HW **hold signal**
= hold input signal

Haltespeicher *nm* SWITCH **control memory**

Haltespule *nf* EL.TRO **holding coil**

Haltestrom *nm* EL.TRO **holding current**
= hold current

Haltestromkreis *nm* EL.TRO **holding circuit**

Haltevorrichtung *nf* TECH **holding appliance**
Haltewendel *nf* COM.CAB **holding helix**
Haltewicklung *nf* EL.TRO **holding winding**
Haltezeit *nf* EL.TRO **hold time**
≈ Nachwirkzeit
Haltezustand *nm* DAT.MA → **hold** *n*
→ Halten *nn*
Haltung *nf* ECON **keeping** *n*
Hamiltonoperator *nm* MATH → **vector operator**
→ Nablaoperator *nm*
Hammer *nm* INSTR **hammer** *n*
[für Modenanalyse] [for modal analysis]
Hammer *nm* TECH **hammer** *n*
↑ Werkzeug ↑ tool
Hammerbank *nf* TER&PER **hammer bank**
[Typenwalzendrucker] [drum printer]
Hammerkopfschraube *nf* MEC.EN **T-head bolt**
= Hammerschraube *nf*; Hakenbolzen *nm*
hämmern METAL **hammer** *vt*
Hammerschlaglack *nm* TECH **hammer-effect varnish**
Hammerschraube *nf* MEC.EN → **T-head bolt**
→ Hammerkopfschraube *nf*
Hammingabstand *nm* CODING → **Hamming distance**
→ Hammingdistanz *nf*
Hammingcode *nm* CODING **Hamming code**
[1950 von R.W.Hamming an den Bell Labs] [1950 by R.W.Hamming at Bell Labs]
Hammingdistanz *nf* CODING **Hamming distance**
[Anzahl von Codeelementen die zwei Symbole unterscheiden] [number of digits differentiating two symbols]
= Hammingabstand *nm* = signal distance; code distance
≈ Stellendistanz
Hamming-Grenze CODING **Hamming limit**
HAN DAT.NW → **Home Area Network**
→ Heimbereichsnetz *nn*
Hand-... EQP.EN **hand-held** ...
= handgehalten
Handabstimmung *nf* EL.TRO **manual tuning**
Handanlegen TECH **hands-on** *n*
Handantrieb *nm* TECH **manual drive**
= hand drive
Handapparat *nm* TELEPH **handset** *n*
= Hörer *nm*; Fernhörer *nm*; Telefonhörer *nm*; Telephonhörer *nm*; Mikrotelefon *nm* = French telephone (obs)
Handapparateschnur *nf* TELEPH → **handset cord**
→ Hörerschnur *nf*
handaufgebracht TECH **hand-applied**
Handballenauflage *nf* TER&PER **wrist rest**
= wrist support
Handbediengerät *nn* EQP.EN **hand-held terminal**
handbedient TECH → **manual** *adj*
→ manuell *adj*
Handbedienung *nf* TECH → **manual operation**
→ manueller Betrieb
Handbestückung *nf* MANUF **manual insertion**
[Leiterplattenfertigung] [PCB]
Handbestückungsplatz *nm* MANUF **manual insertion desk**
handbetätigt TECH → **manual** *adj*
→ manuell *adj*
Handbetätigung *nf* TECH → **manual operation**
→ manueller Betrieb
Handbetrieb *nm* TECH → **manual operation**
→ manueller Betrieb
handbetrieben TECH → **manual** *adj*
→ manuell *adj*
Handbuch *nn* TEC.DOC **handbook** *n*
= manual *n*; reference manual; reference book
Handcomputer *nm* DAT.PR → **wearable computer**
→ Wearable Computer *nm*
Handdiktiergerät *nn* OFFICE **hand dictating set**
= Reisediktiergerät *nn*; Taschendiktiergerät = hand dictating equipment
Handeingabe *nf* DAT.MA → **manual input**
→ manuelle Eingabe
Handeingabegerät *nn* TER&PER **manual input device**
= Gerät zur manuellen Eingabe
Handel *nm* ECON **commerce** *n*
= Wirtschaftsverkehr *nm* = business transaction
≈ Gewerbe ≈ trade (1)
↓ Fachhandel; Großhandel; Einzelhandel ↓ specialized trade; wholesale trade; retail trade
Handelnder *nm* COLL → **player** *n*
→ Akteur *nm*
Handelsartikel *nm* ECON → **good** *n*
→ Ware *nf*
Handelsbilanz *nf* ECON **commercial balance sheet**
≠ Steuerbilanz ≠ tax balance sheet
Handelsbrauch *nm* ECON **commercial use**
Handelsfirma *nf* ECON **trading company**
= Handelsunternehmen *nn* ≈ dealer
≈ Händler ↓ retail distribution company; wholesale distribution company
↓ Einzelhandelsunternehmen; Großhandelsunternehmen
Handelsgericht *nn* LAW **industrial court**
Handelsgut *nn* ECON → **good** *n*
→ Ware *nf*
Handelshaus *nn* ECON → **distributor** *n*
→ Vertreiber *nm* (2)
Handelsmann *nm* ECON → **dealer** *n*
→ Händler *nm*
Handelsmesse *nf* ECON **trade fair**
≈ Produktveranstaltung ≈ trade show
↑ Austellung ↑ exposition
Handelsname *nm* ECON **trade name**
Handelsrecht *nn* LAW **Commercial Code**
Handelsregister *nn* LAW **trade register**
= commercial register
Handelsstrichcode *nm* TER&PER → **article number code**
→ Artikelnummercode *nm*
handelsüblich (1) ECON **commercial** *adj*
[im Handel vorhanden] = commercially available
= kommerziell
handelsüblich (2) ECON **accepted in the trade**
[im Handel üblich] = as per commercial use
Handelsunternehmen *nn* ECON → **trading company**
→ Handelsfirma *nf*
Handelsware *nf* ECON → **purchased part** *n*
→ Fremdfabrikat *nn*
Handelsware *nf* ECON → **good** *n*
→ Ware *nf*
Handelswert *nm* ECON → **market value**
→ Marktwert *nm*
Handfernsprecher *nm* TELEPH → **dial-in handset**
→ Kompakttelefon *nn*
Handflächen-Computer *nm* DAT.PR → **slate PC**
→ Slate-PC *nm*
Handflächen-PC *nm* DAT.PR → **slate PC**
→ Slate-PC *nm*
Handflächen-Rechner *nm* DAT.PR → **slate PC**
→ Slate-PC *nm*
Handfunkgerät *nn* RADIO → **walkie-talkie**
→ Handfunksprechgerät *nn*
Handfunksprechgerät *nn* RADIO **walkie-talkie**
= Handfunkgerät *nn*; Handsprechfunkgerät *nn* = handheld radiotelephone; handheld transceiver; handi-talkie
Handfunktelefon *nn* MOB.CO **handheld mobile telephone**
↑ Zellulartelefon ↑ cellular phone
handgefertigt TECH → **handmade**
→ handgemacht
handgeführt TECH → **manual** *adj*
→ manuell *adj*
handgefürtes Eingabemittel TER&PER **manual input medium**
handgehalten EQP.EN → **hand-held** ...
→ Hand-...
handgemacht TECH **handmade**
= handgefertigt = manmade
Handgeometrieprüfer *nm* COMP.AP **hand geometry verifier**
↑ biometrische Sicherheitsvorrichtung ↑ biometric security device
handgeschrieben LING → **handwritten**
→ handschriftlich
Handgriff *nm* COMP.GR **handle** *n*
[Endpunkt oder Umrahmung mit der man eine Grafik verändern kann] [end point or an outline that permits to change a graphics]
= Handle *nm* (ANGL); Anfasser *nm*; Haltepunkt *nm*; Ziehpunkt *nm* = graphics handle
Handgriff *nm* (1) TECH **handle** *n* (1)
[Vorrichtung zum Anfassen] [device to be grasped by hand]
= Griff = haft *n*; helve *n*
↓ Tragegriff; Klappgriff; Stiel; Henkel; Knopf ↓ carrying handle; clasp handle; stick; handle (2); knob
Handgriff *nm* (2) TECH **grip** *n* (1)
[Tätigkeit] [action]
= manipulation *n* (1)
handhabbar TECH **handable** *adj*

= behandelbar — = tractable
≈ lenkbar — ≈ steerable

Handhabung *nf* TECH **handling** *n*
= Bedienung *nf*; Hantierung *nf*; Umgang *nm* — = manipulation *n* (2); actuation *n*
≈ Betrieb; Steuerung — ≈ operation; control

Handhabungsautomat *nm* AUTOMA → **robot** *n*
→ Roboter *nm*

Handhabungseinrichtung *nf* AUTOMA → **robot** *n*
→ Roboter *nm*

Handhabungsfehler *nm* TECH → **handling error**
→ Hantierungsfehler *nm*

Handhabungsgerät *nn* TECH → **manipulator** *n*
→ Manipulator *nm*

Handhabungsgerät *nn* AUTOMA → **robot** *n*
→ Roboter *nm*

Handheld-Computer *nm* DAT.PR → **pocket computer**
→ Taschencomputer *nm*

händisch *adj* (AT) TECH → **manual** *adj*
→ manuell *adj*

Handkamera *nf* CINEMA **portable camera**

Handkameraaufnahme *nf* CINEMA **hand-held shot**

Hand-Layout *nn* MICR.EL **manual layout**

Handle *nm* (ANGL) COMP.GR → **handle** *n*
→ Handgriff *nm*

Handleitstelle *nf* CONTRO → **manual control**
→ Handsteuerung *nf*

Händler *nm* ECON **dealer** *n*
[handelt in eigener Regie] — [acts on own account]
= Handelsmann *nm*; Vertreiber *nm* — = vendor *n* (3); trader *n*; merchant *n*
≈ Handelsunternehmen; Lieferant; Vertreiber; Verkäufer; Kaufmann — ≈ trading company; supplier (1)

Handler *nm* (1) SW → **handler** *n* (1)
→ Bedienprogramm *nn*

Handler *nm* (2) SW → **driver software**
→ Treiber *nm*

Händlerrabatt *nm* ECON **trade discount**

Handlesegerät *nn* TER&PER → **hand-held reader**
→ Handleser *nm*

Handleser *nm* TER&PER **hand-held reader**
= Handlesegerät *nn*; Handscanner *nm* — = hand reader; hand-held scanner; hand scanner; manual reader; manual scanner
≠ stationärer Belegleser — ≠ stationary document reader
↑ Belegleser — ↑ document reader
↓ Lesestift; Lesepistole — ↓ code pen; scanning pistol

Handleuchte *nf* EL.INS **handlamp** *n*

handlich TECH **handy** *adj*

Handlichkeit *nf* TECH **handiness** *n*

Handloch *nn* OUT.PL **handhole** *n*
[nichtbegehbar]

Handlocher *nm* TER&PER → **card puncher**
→ Kartenlocher *nm*

Handlöten *nn* MANUF **manual soldering**

Handlung *nf* MEDIA **action** *n*
= Geschehen *nn* — = story *n*
≈ Plot — ≈ plpt

Handlungkosten *nplt* ECON → **operating costs**
→ Betriebskosten *nplt*

Handlungsachse *nf* CINEMA **action angle**

Handlungsbedarf *nm* COLL **need for action**
— = to do's

Handlungsbogen *nm* MEDIA **arc** *n*

Handlungsentwicklung *nf* MEDIA **development of action**

Handlungsobjekt *nn* DAT.PR **action object**

Handlungsort *nm* MEDIA **narrative location**
— = location *n*

Handlungsübersicht *nf* CINEMA **plot summary**

Handlungsvollmacht LAW **authorization as per German Commercial Code**
↑ Vollmacht

Handlungsvorgriff *nm* CINEMA **spoiler plot**

Handmarke *nf* PRIN.ME → **thumb index**
→ Daumenregister *nn*

Handmessgerät *nn* INSTR **hand-held test equipment**
— = hand-held tester

Handmessung *nf* INSTR **manual measurement**

Handmikrofon *nn* EL.ACOU **hand microphone**
= Handmikrophon (*nn*) — = close-talking micriphone

Handmikrophon (*nn*) EL.ACOU → **hand microphone**
→ Handmikrofon *nn*

Handover *nn* (ANGL) MOB.CO → **channel change** *n*
→ Kanalwechsel *nm*

Handpeiler *nm* RAD.LO **manual direction finder**

Handsäge *nf* TECH **ripsaw** *n*
↑ Säge — = hand saw
— ↑ saw

Handsatz *nm* PRIN.ME **hand-set type**

Handscanner *nm* TER&PER → **hand-held reader**
→ Handleser *nm*

Handschrift *nf* (1) LING **handwriting** *n* (1)
≈ Manuskript — ≈ manuscript

Handschrift *nf* (2) LING **handwriting** *n* (2)
[persönliche Schreibschrift] — [personal script]
↑ Schreibschrift — = handwritten lettering
— ↑ script

Handschriftenerkennung *nf* TER&PER → **handwriting recognition**
→ Handschriftenlesen *nn*

Handschriftenlesen *nn* TER&PER **handwriting recognition**
= Handschriftenerkennung *nf* — = handwriting reading

Handschriftenleser *nm* TER&PER **handwriting reader**
= Handschriftleser *nm* — = handwritten document reader
↓ Druckschriftenleser — ↓ print reader

Handschriftenübertragung *nf* TELEGR → **telewriting** *n*
→ Bildfernschreiben *nn*

Handschriften-Übertragungsgerät *nn* TELEGR **telewriter** *n*
— = teleautograph *n* (AE)

Handschriftleser *nm* TER&PER → **handwriting reader**
→ Handschriftenleser *nm*

Handschrift-Lesevorrichtung *nf* TER&PER **writing pad**
— [permits machine-reading of handwriting]

handschriftlich LING **handwritten**
= handgeschrieben

Handsendung *nf* TELEGR **keyboard transmission**

Handshake-Betrieb *nm* DAT.CO → **handshaking** *n*
→ Quittungsaustausch *nm*

Handshake-Verfahren *nn* DAT.CO → **handshaking** *n*
→ Quittungsaustausch *nm*

Handsprechfunkgerät *nn* RADIO → **walkie-talkie**
→ Handfunksprechgerät *nn*

Handspuler *nm* TER&PER **hand turner**
[Cassette] — [for cassettes]

Handsteuerung *nf* CONTRO **manual control**
= Handleitstelle *nf*

Handtelefon *nn* TELEPH → **dial-in handset**
→ Kompakttelefon *nn*

Handtelephon *nn* TELEPH → **dial-in handset**
→ Kompakttelefon *nn*

handvermittelt SWITCH **operator-assisted**
= mit Platzbeteiligung

handvermitteltes Gespräch TELEPH **operator-assisted call**
≠ Wählgespräch — ≠ switched call
↑ handvermittelte Verbindung [TELEC] — ↑ operator-assisted communication [TELEC]

handvermittelte Verbindung TELEC **operator-assisted communication**
≠ Wählverbindung — ≠ switched communication
↓ handvermitteltes Gespräch [TELEPH] — ↓ operator-assisted call [TELEPH]

Handvermittlung *nf* (1) SWITCH **manual switching**
[Vorgang] — [operation]

Handvermittlung *nf* (2) SWITCH → **manual switching position**
→ Handvermittlungsplatz *nm*

Handvermittlungsnetz *nn* DAT.CO **manual network**
[Datenvermittlung] — [data switching]

Handvermittlungsplatz *nm* SWITCH **manual switching position**
= Handvermittlung *nf* (2); Vermittlungsplatz *nm*; Vermittlungsschrank *nm*; Aufsichtsplatz *nm* — = manual exchange (2); operator's console; console *n*; operator's position; switching position; manual switchboard position (AE); switchboard position (AE); switchboard exchange (AE); switchboard *n* (AE); supervisor position; attendant's position
— ↑ manual exchange

Handvermittlungssystem *nn* SWITCH **operator service system**
— = OSS; manual switching system

Handwerk *nn* ECON **skilled crafts**
— = handicraft *n* (1)

Handwerker *nm* ECON **craftsman** *n*
≈ Techniker — = handicraftsman *n*; handicrafter *n*; handicraft *n* (2) (obs)
— ≈ technician

Handwerkskunst *nf* ECON **workmanship** *n*
— = craftmanship *n*

Handwerksmeister *nm* ECON **master craftsman** *n*
= Meister *nm* (1) = master *n*

Handwerkzeug *nn* TECH **hand tool**

Handwörterbuch *nn* PRIN.ME **hand dictionary**

Handy *nn* MOB.CO → **mobile telephone** *n*
→ Mobiltelefon *nn*

Handy-Software *nf* MOB.CO **handset software**

Handythek *nf* ECON **handset store**

Handzettel *nm* ECON **handbill** *n*
↑ Werbemittel = dodger *n*

Handzufuhr *nf* TER&PER → **manual feed**
→ manuelle Zufuhr

Hanf *nm* TECH **hemp** *n*

Hanfseil *nn* TECH **hemp rope**

Hängeisolator *nm* OUT.PL **suspension insulator**

Hängeklemme *nf* OUT.PL **suspension clamp**

hängen bleiben DAT.PR **hang** *vi*
[der Rechner bleibt stehen und reagiert auf keine Eingabe mehr] [the computer stops and doesn't respond anymore to inputs]

hängender Einzug PRIN.ME **hanging indentation**
[Einzug eines Zeilenblocks gegenüber dem Absatzanfang oder der ersten Zeile] [of a line block with respect to the begin of the chapter or the first line]
= hanging indent; hanging

Hänger *nm* SW → **hangup** *n*
→ nichtprogrammierter Schleifenstopp

Hängeregister *nn* OFFICE **suspended pocket file**

Hängeregistraturschrank *nm* OFFICE **suspended pocket file cabinet**

Hängewerk *nn* CIV.EN **truss** *n*

hängig (CH) COLL → **pending** *adj*
→ schwebend

Hanhabbarkeit *nf* TECH **handleability** *n*
≈ Lenkbarkeit = tractability *n*
≈ steerability

hantelförmig TECH **dumb-bell shaped**

Hantierer *nm* SW → **driver software**
→ Treiber *nm*

Hantierung *nf* TECH → **handling** *n*
→ Handhabung *nf*

Hantierungsfehler *nm* TECH **handling error**
= Handhabungsfehler *nm*; Fehlhantierung *nf*; Fehlhandhabung *nf* = mishandling *n*

Happy End *nn* MEDIA **happy end**
= Happyend *nn*

Happyend *nn* MEDIA → **happy end**
→ Happy End *nn*

Haptik *nf* TER&PER **haptics** *nplt*
= Tastwahrnehmung *nf*

haptisch SCIE → **haptic** *adj*
→ taktil

Hardcopy *nf* DAT.MA → **screen dump**
→ Bildschirmausdruck *nm*

Hardcopygerät *nn* TER&PER **hardcopy printer** *n*
[zum Ausdrucken von Bildschirminhalten vorgesehener Drucker] [to print screen contents]
= Kopiendrucker *nm* (1)

Hard Disk *nf* (ANGL) TER&PER → **hard disk**
→ Hartplatte *nf*

Hardkey *nf* (ANGL) DAT.PR → **hardkey** *n*
→ Festfunktionstaste *nf*

Hardlink DAT.MA **hardlink** *n*
[Linux; zeigt auf Inode] [Linux; points an inode]

Hard-lock CODING **hard lock**

Hardmaske *nf* TER&PER **hard mask**
[Chipkarten; gesamter Programmcode im ROM] [chipcards; the whole program code in the ROM]
≠ Softmaske ≠ soft mask

Hardware *nf* DAT.PR **hardware** *n*
[die materiellen Bestandteile eines Computers, einschließlich seiner Peripheriegeräte] [the material components of a computer, including its peripherals]
= Gerätschaften *nplt* ≠ software; firmware
≠ Software; Firmware
↓ Zentraleinheit; Peripheriegerät

Hardware-Absicherung *nf* DAT.PR **hardware security**
= HW-Absicherung *nf*

Hardware-Baum *nm* DAT.PR **hardware tree**
= HW-Baum *nm*

hardwarebedingter Fehler DAT.PR **hard error** (2)
= HW-bedingter Fehler [caused by hardware]
≈ Hardwarefehler ≈ hardware fault
≠ soft error (2)

Hardware-bedingtes Unterbrechungszeichen DAT.PR → **hardware interrupt**
→ Hardware-Interrupt *nn*

Hardware-Beschleuniger DAT.PR **hardware accelerator**
= HW-Beschleuniger *nm*

Hardware-Beschreibungssprache *nf* MICR.EL **hardware description language**
= HW-Beschreibungssprache *nf* = HDL

Hardware-Emulationsroutine *nf* SW **extracode** *n*
= HW-Emulationsroutine *nf* [routine emulating hardware]

Hardware-Entwickler *nm* DAT.PR **hardware developer**
= HW-Entwickler *nm*

Hardware-Ersatz *nm* HW → **duplexing** *n*
→ Hardware-Redundanz *nf*

Hardware-Fehler *nm* DAT.PR **hardware fault**
= HW-Fehler *nm* = hardware failure; hard failure; machine error
≈ hardwarebedingter Fehler ≈ hard error
↑ Fehler ↑ bug

Hardware-Hersteller *nm* DAT.PR **hardware manufacturer**
= HW-Hersteller *nm*

Hardware-Hochrüstung *nf* DAT.PR **hardware upgrade**
= Hardware-Upgrade *nn* (ANGL); HW-Hochrüstung *nf*; HW-Upgrade *nn* (ANGL)

Hardware-Imitation *nf* HW → **clone** *n*
→ Klon *nm*

Hardware-Interrupt *nn* DAT.PR **hardware interrupt**
[durch Betätigen oder auf Veranlassung einer HW] [by activating a piece of HW ("external interrupt") or generated internally by HW ("internal interrupt")]
= Hardware-bedingtes Unterbrechungszeichen; HW-Interrupt *nn*
≠ Software-Interrupt ≠ software interrupt
↑ Programmunterbrechung ↑ program interrupt
↓ nichtmaskierbare Unterbrechung ↓ non-maskable interrupt

Hardware-Kennung *nf* DAT.PR **hardware identification**
= HW-Kennung *nf*

hardwarekompatibel DAT.PR **hardware-compatible**
= HW-kompatibel = HW-compatible

Hardware-Kompatibilität *nf* DAT.PR **hardware compatibility**
= HW-Kompatibilität *nf*

Hardware-Konfiguration *nf* DAT.PR **hardware configuration**
= HW-Konfiguration *nf*

Hardware-Kontrolle *nf* DAT.PR → **hardware check**
→ Hardware-Prüfung *nf*

Hardware-Konvertierung *nf* DAT.PR **hardware conversion**
= HW-Konevertierung *nf*

Hardware-Mehrfachnutzung *nf* DAT.PR **hardware sharing**
= HW-Mehrfachnutzung *nf*; gemeinsame Hardware-Nutzung

Hardware-Möglichkeiten *nplt* DAT.PR → **hardware resources**
→ Hardware-Ressourcen *nplt*

hardwarenah SW → **computer-oriented** *adj*
→ maschinenorientiert

hardwareorientiert SW → **computer-oriented** *adj*
→ maschinenorientiert

Hardware-Piraterie *nf* DAT.PR **hardware piracy**
= HW-Piraterie *nf* ↑ piracy
↑ Piraterie

Hardware-Plagiat *nn*, **plagiat** *nn* HW → **clone** *n*
→ Klon *nm*

Hardware-Plattform *nf* DAT.PR **hardware platform**
= HW-Plattform *nf* = HW platform
↑ Plattform ↑ platform

Hardware-Protokoll *nn* DAT.PR **hardware dump**
= HW-Protokoll *nn* = hard dump

Hardware-Prüfung *nf* DAT.PR **hardware check**
= Hardware-Kontrolle *nf*; HW-Prüfung *nf*; HW-Kontrolle *nf*

Hardware-Redundanz *nf* HW **duplexing** *n*
= Hardware-Ersatz *nm*; HW-Redundanz *nf*; HW-Ersatz *nm* = hardware redundancy

Hardware-Ressourcen *nplt* DAT.PR **hardware resources**
= Hardware-Möglichkeiten *nplt*; HW-Ressourcen *nplt*; HW-Möglichkeiten *nplt*

Hardware-Schloss *nn* HW → **hardware key**
→ Hardware-Schlüssel *nm*

Hardware-Schlüssel *nm* HW **hardware key**
= Hardware-Schloss *nn*; HW-Schlüssel *nm*; HW-Schloss *nn*

Hardware-Spezialist *nm* DAT.PR **hardware specialist**
= HW-Spezialist *nm*

Hardware-Stapelspeicher *nm* DAT.PR **hardware stack storage**
= HW-Stapelspeicher *nm* = nesting store

Hardware-Treiber *nm* = HW-Treiber *nm*	DAT.PR	**hardware driver**
Hardware-Überwachung *nf* = HW-Überwachung *nf*	DAT.PR	**hardware control**
Hardware-Uhr *nf* = HW-Uhr *nf*	DAT.PR	**hardware clock**
Hardware-Umrüstung *nf* = Hardware-Umstellung *nf*; HW-Umrüstung *nf*; HW-Umstellung *nf*	HW	**hardware conversion**
Hardware-Umstellung *nf* → Hardware-Umrüstung *nf*	HW	→ **hardware conversion**
hardwareunabhängig = HW-unabhängig; maschinenunabhängig; computerunabhängig; rechnerunabhängig ≈ geräteunabhängig	DAT.PR	**hardware-independent** *adj* = machine-independent; computer-independent; architecture-neutral
Hardware-Upgrade *nn* (ANGL) → Hardware-Hochrüstung *nf*	DAT.PR	→ **hardware upgrade**
Hardware-Verbund *nm* = HW-Verbund *nm*	DAT.PR	**hardware interlocking**
Harmonie *nf*	MUSIC	**harmony** *n*
Harmonische *nf* → Oberschwingung *nf*	ACOUS	→ **harmonic** *n*
Harmonische *nf* → Oberwelle *nf*	PHYS	→ **harmonic wave** *n*
harmonische Analyse → Fourier-Analyse *nf*	MATH	→ **Fourier analysis**
harmonische Frequenz → Oberfrequenz *nf*	PHYS	→ **harmonic frequency**
harmonische Gesamtverzerrung → Oberwellengehalt *nm*	EL.TEC	→ **harmonic content**
harmonischer Mischer	HF	**harmonic mixer** = harmonics mixer
harmonische Schwingung → Oberschwingung *nf*	ACOUS	→ **harmonic** *n*
harmonische Schwingung → Sinusschwingung *nf*	PHYS	→ **sinusoidal oscillation**
harmonisches Mittel [*n* durch die Summe von 1/A1 bis 1/An]	STATIS	**harmonic mean** [*n* divided by the sum of 1/A1 to 1/An]
harmonische Verzerrung	TELEGR	**harmonic distortion**
hart	TECH	**hard**
Hartanschlagdruck *nm*	TER&PER	**hard-contact printing**
Härte *nf*	TECH	**hardness** *n*
harte Forderung	TECH	**mandatory requirement**
harte KI = theoretische KI ≠ weiche KI	ART.IN	**strong AI** ≠ weak AI
harte Leerstelle [angrenzende Wörter werden beim Zeilenumbruch nicht getrennt] = nichttrennbarer Wortzwischenraum	WOR.PR	**hard blank** [adjoining words are not separated by line breaks] = hard space
härten → aushärten	METAL	→ **temper** *vt*
härten → aushärten	CHEM	→ **polymerize**
härten	METAL	**harden**
harter Fehler [erzeugt einen Systemzusammenbruch] ≠ weicher Fehler	SW	**hard failure** [results in complete shutdown] = hard error ≠ soft failure
harter Kontrast	IMAG.ME	**high contrast**
harter Seitenumbruch → Zwangsseitenumbruch *nm*	WOR.PR	→ **hard page break**
harter Zeilenvorschub	WOR.PR	**hard return**
harter Zeilenwechsel → Zwangszeilenwechsel *nm*	WOR.PR	→ **hard return**
hartes Licht	PHOT	**hard light** = specular light
hartgelötet	METAL	**hard-soldered**
Hartglas *nn*	CHEM	**hard glass**
Hartgummi *nm*	CHEM	**hard rubber**
Hartkupfer *nn*	METAL	**hard copper**
Hartley [logN; Maßeinheit für Informationsgehalt]	INF.TH	**hartley** [logN; measuring unit for information content]
Hartley-Oszillator *nm* = Hartley-Schaltung *nf* ↑ LC-Oszillator	CIRC.EN	**Hartley oscillator** ↑ LC oscillator
Hartley-Schaltung *nf* → Hartley-Oszillator *nm*	CIRC.EN	→ **Hartley oscillator**
Hartlot *nn* ↓ Messinghartlot	METAL	**hard solder** *n* = higher-melting-point solder ↓ brazing solder
hartlöten ↓ messinghartlöten	METAL	**hard-solder** *vt* = braze *vt* (2)
Hartlötpaste *nf*	METAL	**brazing paste**
Hartlötung *nf* ↓ Messinghartlötung	METAL	**hard soldering** ↓ brazing
hartmagnetisch [hohe Remanenz und Koerzitivkraft] = magnetisch hart	PHYS	**magnetically hard** = hard magnetic
Hartmetall *nn*	METAL	**carbide metal**
Hartmetallbohrer *nm*	METAL	**carbide drill**
Hartpapier *nn*	EL.TRO	**laminated paper** = bakelized paper; phenolic paper
Hartplatte *nf* [aus steifem Material und in einem Schutzgehäuse untergebracht] = starre Magnetplatte; Hard Disk *nf* (ANGL); HD *nf* (1) (ANGL) ≈ Festplatte ≠ Diskette ↑ Magnetplatte	TER&PER	**hard disk** [a rigid disk enclosed in a protective case] = hard disc; rigid disk; rigid disc; HD (1) ≈ fixed disk ≠ floppy disk ↑ magnetic disk
Hartplatteneinheit *nf* → Hartplattenlaufwerk *nn*	TER&PER	→ **hard-disk drive**
Hartplattenkassette *nf* [als Einheit auswechselbar, z.U. zum Wechselplattenlaufwerk ohne Laufwerk] ≈ Wechselplattenlaufwerk	TER&PER	**removable hard disk cartridge** [in contrast to the removable hard disk drive w/o drive mechanism] = removable cartridge
Hartplattenlaufwerk *nn* [im deutschen PC-Jargon bevorzugt man den Begriff "Festplattenlaufwerk"] = Hartplatteneinheit *nf*; Festplattenlaufwerk *nn* (2) (PC) ≈ Festplattenlaufwerk (1) ↑ Plattenlaufwerk	TER&PER	**hard-disk drive** [in German PC terminology the equivalent to "fixed-disk drive" is preferred] = hard-disk unit ≈ fixed-disk drive ↑ disk drive
Hartrücksetzung *nf* [zum Startpunkt] ≠ Weichrücksetzung	HW	**hard reset** [to system's initial state] ≠ soft reset
Hartschaum *nm*	CHEM	**rigid foam plastic**
Hartsektor *nm*	TER&PER	**hard sector**
hartsektoriert [Diskette; durch physikalische Markierungen] ≠ weichsektoriert	TER&PER	**hard sectored** [floppy disk; by physical marks] ≠ soft-sectored
hartsektorierte Diskette [Anfang jedes Sektors durch ein Loch markiert]	TER&PER	**hard-sectored diskette** [beginning of every sector marked by a hole] = hard-sectored floppy disk; hard-sectored disc
Hartsektorierung *nf* [Diskette; durch physikalische Marken]	TER&PER	**hard sectoring** [diskette; by physical marks]
Harttastung *nf*	MODUL	**hard keying** = click *n*
Hartumpolung *nf*	TELEPH	**line reversal**
Härtung *nf* = Verhärtung *nf*	METAL	**hardening**
Hartverchromung *nf*	METAL	**hard chrome plating**
Hartvergoldung *nf*	METAL	**hard gold plating**
hartwerden → verhärten	TECH	→ **harden**
Harvard-Architektur *nf* [Trennung von Adressbus von Datenbus]	HW	**Harvard architecture** [separation of address bus from data bus]
Harvard Mark I [ein elektromechanischer Rechner der 1944 in Betrieb ging] = Mark I	DAT.PR	**Harvard Mark I** [an electromechanic calculator set into operation in 1944] = Mark I; Automatic Sequence Controlled Calculator
Harz *nn*	CHEM	**resin** *n* (1)
harzfrei	CHEM	**resin-free**
harzhaltig	CHEM	**resinous**
Hash-Adresse *nf* = Hash-Wert *nm*; Hash-Index *nm*	DAT.MA	**hash address** = hash value; hash index
Hash-Code *nm* → Hash-Codierung *nf*	DAT.MA	→ **hash coding**
Hash-Codierung *nf* [physikalische Adresse wird aus einem dem Datensatz inhärenten Ordnungsbegriff abgeleitet] = Hash-Code *nm*; Faltung *nf*	DAT.MA	**hash coding** [physical store address is derived from an ordering argument inherent to the data set] = hash code; hashing; hash-addressing; randomizing *n*; scatter-storage; key-to-address

Hash-Datei *nf* DAT.MA **hash file**
[mit Hash-Codierung] [with hashing]

Hash-Funktion *nf* DAT.MA **hash function**
= H-Funktion *nf* = calc algorithm; key transformation function

Hash-Index *nm* DAT.MA → **hash address**
→ Hash-Adresse *nf*

Hash-Suche *nf* DAT.MA **hash search**
= Hash-Tabellen-Suche *nf* = hash table search
↑ Suchalgorithmus ↑ search algorithm

Hash-Tabelle *nf* DAT.MA **hash table**

Hash-Tabellen-Suche *nf* DAT.MA → **hash search**
→ Hash-Suche *nf*

Hash-Wert *nm* DAT.MA → **hash address**
→ Hash-Adresse *nf*

Haspel *nn* TECH **reel** *n*
[zylinderförmige Vorrichtung zum Aufwickeln] [cylindrical device to reel]
≈ Winde ≈ windlass

Hatschek LING → **caron** *n*
→ Caron *nn*

Haube *nn* TECH **hood** *n*
= Kappe *nf* = cap *n*
↑ Abdeckung ↑ cover
↓ Schutzhaube ↓ protective hood

Haufen *nm* COLL **heap** *n*

Haufen *nm* DAT.MA **heap** *n*
[vorübergehend und vorsorglich reservierte Speicherplatzmenge] [temporarily and providentially reserved portion of memory]
≈ Datenkeller; Datenstapel ≈ data stack

Haufen *nm* TECH **stack** *n*
≈ Stapel = heap *n*
≈ pile

häufen TECH **stack** *vt*
≈ stapeln = heap *n*
≈ pile

Haufendiagramm *nn* STATIS → **scatter diagram**
→ Streudiagramm *nn*

Haufensortierung *nf* DAT.MA **heapsort** *n*
≈ Binärbaumsortierung = heap sort
≈ binary tree sort

häufig *adj* COLL **frequent** *adj*

häufig *adv* COLL **frequently** *adv*
= often; oftentimes; ofttimes

häufig gestellte Fragen INF.TEC **FAQ**
= HGF; FAQ = Frequently Asked Question

Häufigkeit *nf* COLL **frequency** *n*
≠ Seltenheit ≠ rarity

Häufigkeit *nf* STATIS **frequency** *n*
= Frequenz *nf*

Häufigkeitsanzeiger *nm* INTERNET **occurence indicator**
[SGML] [SGML]

Häufigkeitsfunktion *nf* STATIS **frequency function**
= Frequenzfunktion *nf*

Häufigkeitskurve *nf* STATIS **frequency curve**

Häufigkeitspolygon *nn* STATIS **frequency polygon**
[graphische Darstellung von Häufigkeitsverteilungen, bei der benachbarte Punkte mit Geraden verbunden werden] [graphical representation of frequency distributions, where lines are drawn between neighbouring points]

Häufigkeitstabelle *nf* STATIS **frequency table**

Häufigkeitsverteilung *nf* STATIS **frequency distribution**
↑ Verteilung ↑ distribution

häufigster Wert STATIS **mode** *n*
= Modalwert *nm*

Häufung *nf* POW.EN **grouping of cables**

Häufungsstelle *nf* STATIS → **cluster** *n*
→ Klumpen *nm*

Haupt- COLL → **principal** *adj*
→ hauptsächlich *adj*

Haupt-/Neben-Rechnersystem *nn* DAT.PR **master-slave computer system**
= Haupt-/Satelliten-Rechnersystem *nn*; Master-slave-Rechnersystem *nn*

Haupt-/Satelliten-Rechnersystem *nn* DAT.PR → **master-slave computer system**
→ Haupt-/Neben-Rechnersystem *nn*

Hauptabstimmung *nf* EL.TRO → **coarse tuning**
→ Grobabgleich *nm*

Hauptachse *nf* MATH **principal axis**
= main axis

Hauptachsentransformation *nf* MATH **main axis transformation**

Hauptakteur *nm* COLL **dominant player**

Hauptamt *nn* TELEGR **district exchange**

Hauptamt *nn* SWITCH → **parent exchange**
→ Mutteramt *nn*

Hauptanflugbake *nf* RAD.NA **inner marker beacon**

Hauptanschluss *nm* TELEPH **main line**
= Hauptstelle *nf*; Hauptanschlussleitung *nf* = main station line; main station

Hauptanschluss für Direktruf SWITCH **direct-call line**
= HfD

Hauptanschlussleitung *nf* TELEPH → **main line**
→ Hauptanschluss *nm*

Hauptansicht *nf* ENG.DRA → **front view**
→ Vorderansicht *nf*

Hauptanwendung *nf* TECH → **main application**
→ Einsatzschwerpunkt *nm*

Hauptarbeitsbereich *nm* DAT.MA → **main directory**
→ Hauptverzeichnis *nn*

Hauptarterie *nf* TRANSM → **backbone route**
→ Haupttrasse *nf*

Hauptattribut *nn* DAT.MA **prime attribute**
= Primärattribut *nn* = main attribute; primary attribute
≠ Nebenattribut

Hauptautor *nm* IMAG.ME **headwriter** *n*

Hauptberuf *nm* ECON **main profession**
= Kernberuf *nm*

Hauptbeschreiber *nm* DAT.MA **main descriptor**
= Hauptdeskriptor *nm*

Haupt-Browser *nm* INTERNET **master browser**

Hauptbuch *nn* ECON **general ledger**
[Buchhaltung] [a book containing accounts]
= Kontenbuch *nn* = ledger *n*

Hauptbündel *nf* COM.CAB **main-core unit**

Hauptcharakteristik *nf* TECH → **fundamental property**
→ Grundeigenschaft *nf*

Hauptdarsteller *nm* MEDIA **main actor**
= Protagonist *nm* = protagonist

Hauptdatei *nf* DAT.MA → **master file**
→ Stammdatei *nf*

Hauptdateiverzeichnis *nn* DAT.MA → **main directory**
→ Hauptverzeichnis *nn*

Hauptdatenstation *nf* DAT.PR **master terminal**
≠ Nebendatenstation ≠ slave terminal

Hauptdeskriptor *nm* DAT.MA → **main descriptor**
→ Hauptbeschreiber *nm*

Hauptdiagonale *nf* NETW.TH **main diagonal**

Hauptdiagonalelement *nn* NETW.TH **main diagonal element**

Haupteinflugzeichen *nn* RAD.NA **main entrance signal**
= Halbwegbake *nf* = middle marker

Haupteintrag *nm* LING → **basic entry**
→ Grundeintrag *nm*

Hauptempfangsrichtung *nf* ANT **main receiving direction**

Hauptfilm *nm* CINEMA **feature presentation**

Hauptfluss *nm* PHYS **main flux**
[Magnetismus] [magnetism]

Hauptfrage *nf* COLL → **central question**
→ Kernfrage *nf*

Hauptfunktion *nf* TECH **main function**
= wichtigste Funktion = chief function

Hauptfunktion *nf* SW **main function**

Hauptgang *nm* SYS.INS **main corridor**
[zwischen Gestellreihen] [between rack rows]

Hauptgebäude *nn* ECON **main building**

Hauptgruppentrennung *nf* DAT.CO **file separator**
= FS = FS
↑ ASCII-Code ↑ ASCII code

Haupthandlung *nf* MEDIA **main story**
≠ Rahmenhandlung ≠ frame story

Hauptindex *nm* DAT.MA **master index**

Hauptinhaltsverzeichnis *nn* DAT.MA → **main directory**
→ Hauptverzeichnis *nn*

Hauptkabel *nn* OUT.PL **main cable** (BE)
[vom Vermittlungsamt zum ersten Vetrzweigungspunkt] [from exchange to first branching point]
= Primärkabel *nn*; Zuleitungskabel *nn* = primary cable; feeder cable (AE); feeder *n* (AE)
≈ Verteilkabel ≈ branch feeder cable

Hauptkameramann *nm* IMAG.ME **director of photography**
= DoP

Hauptkanal *nm* TELEC **main channel**
≠ Rückkanal = forward channel
≠ backward channel

Hauptkarte *nf* DAT.MA **master card**
↑ Lochkarte ↑ punched card

Hauptkarte *nf* HW → **main board**
→ Hauptplatine *nf*

Hauptkatalog *nm* DAT.MA → **main directory**
→ Hauptverzeichnis *nn*

Hauptkatalog *nm* ECON → **full-line catalog** (AE)
→ Gesamtkatalog *nm*

Hauptkeule *nf* ANT **mayor lobe**
= Hauptstrahlbereich *nm*; Hauptstrahlungskeule *nf*; Hauptmaximum *nn* — = main lobe; front lobe
≠ Nebenzipfel — ≠ side lobe

Hauptkeulenüberlappung *nf* RAD.LO **sequentail lobing**

Hauptknoten *nm* DAT.NW **host node**

Hauptkonstrast *nm* IMAG.ME **dominant contrast**

Hauptkopie *nf* OFFICE → **master copy**
→ Stammkopie *nf*

Hauptkostenstelle *nf* ECON **main cost center**

Hauptkunde *nm* ECON → **large customer**
→ Großkunde *nm*

Hauptkundenbetreuer *nm* ECON → **key account manager**
→ Großkundenbetreuer *nm*

Hauptleistungsmerkmal *nn* TECH → **basic feature** *n*
→ Kernleistungsmerkmal *nn*

Hauptleiterplatte *nf* HW → **main board**
→ Hauptplatine *nf*

Hauptleitung *nf* TELEC **main line**
[Leitung zwischen Vermittlung und Vorfeldeinrichtung] — [line between switching center and front-end equipment]
≈ Zweigleitung — ≈ branch line

Hauptlieferant *nm* ECON **main supplier**
= first supplier

Hauptlöschschalter *nm* HW **master clear**

Hauptmaximum *nn* ANT → **mayor lobe**
→ Hauptkeule *nf*

Hauptmenü *nn* COMP.AP **main menu**
[erste Ebene der Auswahlmöglichkeiten eines Menüs] — [list of primary options]
= master menu

Hauptnachrichtensprecher *nm* IMAG.ME **anchorman**

Hauptnachrichtensprecherin *nf* IMAG.ME **anchorwoman** *n*

Hauptnetz *nn* POW.EN → **mains** *nplt*
→ Starkstromnetz *nn*

Hauptoszillator *nm* CIRC.EN **master oscillator**

Hauptplatine *nf* HW **main board**
[eines Mikrokomputers, mit Steckern zum Anschluss weiterer Platinen] — [of a microcomputer, with connectors for other boards]
= Grundplatine *nf*; Hauptleiterplatte *nf*; Hauptkarte *nf*; Grundleiterplatte *nf* — = main card; mother board; mother card; system board
≈ Logikkarte — ≈ logic board
≠ Erweiterungskarte — ≠ expansion board

Hauptplatinen-Speicher *nm* HW **on-board memory**
= Grundplatinen-Speicher *nm* — [on the motherboard]

Hauptprodukt *nn* ECON **main product**
= Grundprodukt *nn* — = basic product

Hauptprogramm *nn* SW **main program**
≈ Hintergrundprogramm — = main routine
≠ Unterprogramm — ≈ background program
≠ subroutine

Hauptprozessor *nm* MICR.EL **main processor**
= master processor

Hauptprozessor *nm* HW → **central processing unit** *n*
→ Zentraleinheit *nf*

Hauptpunkt *nm* COLL **gist** *n*
= Kernpunkt *nm*; springender Punkt — = main point; key point
≈ Quintessenz — ≈ quintessence

Hauptquantenzahl *nf* PHYS **main quantum number**
↑ Quantenzahl — = principal quantum number
↑ quantum number

Hauptraster *nn* RAD.RE **main pattern**

Hauptrechner *nm* DAT.NW **host computer**
[erfüllt in einem Mehrrechnersystem zentrale Betriebsfunktionen] — [performs central operation functions in a computer network]
= Zentralrechner *nm*; Leitrechner *nm*; Verarbeitungsrechner *nm*; Dienstleistungsrechner *nm*; Steuerrechner *nm*; Wirtsrechner *nm*; Host-Rechner *nm*; Host *nm*; Master *nm* — = host processor; host system; host; main computer; central computer; master computer; master processor; master; main computer; main processor; central processor; back end
≈ Vorrechner; Großrechner [DAT.PR]; — ≈ front-end computer; mainframe computer [DAT.PR]
≠ Nebenrechner — ≠ slave computer

Hauptredner *nm* ECON **keynote speaker**
= Hauptreferent *nm*

Hauptreferent *nm* ECON → **keynote speaker**
→ Hauptredner *nm*

Hauptreflektor *nm* ANT **main reflector**
≠ Nebenreflektor — ≠ subreflector

Hauptregelkreis *nm* CONTRO **main control loop**

Hauptroutine *nf* SW **main routine**

hauptsächlich *adj* COLL **principal** *adj*
= Haupt- — = major; main; primal
≈ primär — ≈ primary

hauptsächlich *adj* COLL **main** *adj*
≈ primär; vorrangig — = prime
≈ primary; eminent

Hauptsatz *nm* LING **main clause**
= Matrixsatz *nm* — = main sentence

Hauptschale *nf* PHYS **main shell**

Hauptschalter *nm* EL.INS **master switch**
= main switch

Hauptschleife *nf* SW **main loop**
[in the main body of a program]

Hauptschlüssel *nm* DAT.MA → **primary key**
→ primärer Kennbegriff

Hauptschlussmotor *nm* POW.SY → **series-wound motor**
→ Reihenschlussmotor *nm*

Hauptsegment *nn* SW **main segment**
[Apple] — [Apple]

Hauptseitenband *nn* MODUL **transmitted sideband**

Hauptsender *nm* BROADC **main transmitter**

Hauptsender *nm* RAD.NA **master transmitter**
= main transmitter

Hauptsendezeit *nf* MEDIA **prime time**

Hauptsicherung *nf* EL.INS **main fuse**
= line fuse

Hauptsignal *nn* RAIL.SIG **home signal**

Hauptsitz *nm* ECON → **headquarters** *nplt*
→ Hauptverwaltung *nf*

Hauptsitz *nm* ECON **base** *n*
= Hauptstandort *nm* — [main place of a company]
≈ Hauptverwaltung — ≈ headquarters; H.Q.

Hauptskalenteilung *nf* INSTR **major graduation**

Hauptsortierschlüssel *nm* DAT.MA **major sorting key**
= Hauptsortierungsschlüssel *nm*

Hauptsortierungsschlüssel *nm* DAT.MA → **major sorting key**
→ Hauptsortierschlüssel *nm*

Hauptspeicher *nm* (1) HW **main memory** (1)
[für die Daten u. Programme der Zentraleinheit; meist mit RAM-Bausteinen realisiert, daher vielfach als RAM bezeichnet] — [for the data and programs of CPU; generally implemented with RAM chips, therefore often named RAM]
= Arbeitsspeicher *nm* (1); Zentralspeicher *nm*; Primärspeicher *nm*; Speicherwerk *nn*; Speichersystem *nn*; Internspeicher *nm*; interner Speicher; innerer Speicher; RAM *nn* (2) — = main storage (1); main store (1); central memory; central storage; central store; primary memory; primary storage; prime memory; core memory; core *n*; internal memory; RAM (2); immediate access memory; immediate inherent memory
≠ externer Speicher — ≠ external memory
↑ Zentraleinheit (1) — ↑ central processing unit (1)
↓ Hauptspeicher (2); Arbeitsspeicher (2); Ergänzungsspeicher

Hauptspeicher *nm* (2) HW **mainframe memory**
[Speicher eines Großrechners] — = main memory (2); main store (2); main storage (2)
= Großrechnerspeicher *nm*

Hauptspeicherabzug *nm* DAT.PR **main memory dump**
= Arbeitsspeicherabzug *nm*; Hauptspeicherauszug *nm*; Arbeitsspeicherauszug *nm* — = main storage dump; main store dump; RAM dump; core dump; hard copy

Hauptspeicheradresse *nf* SW **main memory address**
= Arbeitsspeicheradresse *nf*; Zentralspeicheradresse *nf*; Primärspeicheradresse *nf*; Speicherwerkadresse *nf* — = main storage address; central memory address; primary storage address

Hauptspeicherauszug *nm* DAT.PR → **main memory dump**
→ Hauptspeicherabzug *nm*

Hauptspeicherkassette *nf* HW **main memory bric**
= Arbeitsspeicherkassette *nf* — = bric

Hauptspeicher-Ladeprogramm *nn* SW **main memory loading program**
= Arbeitsspeicher-Ladeprogramm *nn*; RAM-Lader *nm* — = main memory loader; RAM loader

hauptspeicherresident SW → **memory-resident** *adj*
→ speicherresident

hauptspeicherresidentes Dienstprogramm SW → **memory-resident program**
→ speicherresidentes Programm

hauptspeicherresidente Software SW → **resident software**
→ residente Software

hauptspeicherresidentes Programm SW → **memory-resident program**
→ speicherresidentes Programm

Hauptspeicherzuweisung *nf* SW → **main memory allocation**
→ Arbeitsspeicherzuweisung *nf*
Hauptstadt *nf* GEOSC **capital** *n* (2)
= Metropole; Metropolis (obs) = capital city; metropolis *n*
Hauptstandort *nm* ECON → **base** *n*
→ Hauptsitz *nm*
Hauptstelle *nf* TELEGR **master station**
Hauptstelle *nf* TELEPH → **main line**
→ Hauptanschluss *nm*
Hauptsteuerprogramm *nn* SW **executive program**
= Ablaufteil *nm*; Monitorprogramm *nn* (1); Monitor *nm* (1) (ANGL) = executive routine; executive *n*; execution monitor; monitor program (1); monitor system; monitor (1); supervisory program; supervisor *n*; superprogram *n*; control program
≈ Ablaufsteuerung ≈ sequence control
↑ Organisationsprogramm ↑ control program
Hauptstrahlbereich *nm* ANT → **mayor lobe**
→ Hauptkeule *nf*
Hauptstrahlrichtung *nf* ANT **boresight** *n*
= Keulenachse *nf* = bore sight; maximum-radiation direction; main-radiation direction; beam axis
≈ Zielrichtung ≈ reference boresight
Hauptstrahlungskeule *nf* ANT → **mayor lobe**
→ Hauptkeule *nf*
Hauptstrom *nm* MICR.EL **principal current**
= main current
Hauptstromanschluss *nm* MICR.EL **main terminal**
= principal terminal
Hauptstudio *nn* MEDIA **main studio**
= central studio; majors *nplt*
Haupttakt *nm* TELEC **master clock pulse**
= Mastertakt *nm* (ANGL)
Haupttakt *nm* EL.TRO **main clock**
= Haupttaktgeber *nm* = master clock; timing master
Haupttaktgeber *nm* EL.TRO → **main clock**
→ Haupttakt *nm*
Haupttaste *nf* TER&PER **main key**
Hauptteil *nm* DAT.CO **body** *n*
[einer Mitteilung, ohne Zustellungsinformation] [payload part of a message, without the delivery information]
= Nutzinformationsteil *nm* ≠ address part
≠ Adressteil
Hauptträger *nm* MODUL **main carrier**
≠ Hilfsträger ≠ subcarrier
Haupttrasse *nf* TRANSM **backbone route**
= Hauptarterie *nf* = backbone artery; backbone *n*
≈ Ferntrasse ≈ long-haul route
Haupttyp *nm* MICROW → **fundamental mode**
→ Grundwelle *nf*
Hauptuhr *nf* INSTR **master clock**
[für Standardzeit] [for Standard Time]
Hauptunternehmer *nm* ECON → **main contractor**
→ Generalunternehmer *nm*
Hauptverkehrsstraße *nf* CIV.EN **main highway**
≈ Schnellverkehrsstraße = highway *n*
≈ dual-carriage way
Hauptverkehrsstunde *nf* TELEC **busy hour**
= HVSt *nf*; Verkehrsspitzenzeit *nf*; Tageshauptverkehrsstunde *nf* = BH; peak busy hour; peak-traffic hour; main traffic hour
≈ Höchstnetzlastzeit ≈ peak time
Hauptvermittlung *nf* TELEPH **secondary tandem PBX**
Hauptvermittlung *nf* SWITCH → **secondary switching center** (AE)
→ Hauptvermittlungsstelle *nf*
Hauptvermittlungsstelle *nf* SWITCH **secondary switching center** (AE)
[Wählvermittlung der 3. Netzbene bzw. 2. Fernnetzebene, zw. KVSt u. ZVSt] [exchange at 2nd level in the national trunk switching hierarchy, above primary switching centers]
= HVSt *nf*; Hauptvermittlung *nf*; Sekundärvermittlungsstelle *nf* = secondary exchange; secondary centre (BE); sectional toll center (AE); class 2 office (AE)
Hauptverteiler *nm* TELEC **main distribution frame**
= HVT = MDF; master distributor; main distributor
Hauptverwaltung *nf* ECON **headquarters** *nplt*
= Zentralverwaltung *nf*; Firmenzentrale *nf*; Hauptsitz *nm*; Sitz *nm* = administrative headquartes; domicile *n*; base *n*
Hauptverzeichnis *nn* DAT.MA **main directory**
[oberstes Dateiverzeichnis] [the top directory]
= Hauptinhaltsverzeichnis *nn*; Hauptkatalog *nm*; Hauptdateiverzeichnis *nn*; Hauptarbeitsbereich *nm*; Wurzelverzeichnis *nn* = root *n*; root directory; main catalog
≈ Stammverzeichnis ≈ parent directory
≠ Unterverzeichnis ≠ subdirectory
↑ directory
Hauptvorteil *nm* TECH **principal benefit**
Hauptwelle *nf* MICROW → **fundamental mode**
→ Grundwelle *nf*
Hauptwort *nn* LING → **substantive** *n*
→ Substantiv *nn*
Hauptzyklus *nm* HW **major cycle**
↑ Mindestzugriffszeit ↑ minimum access time
Haus *nn* CIV.EN **house** *n*
[Gebäude zum Wohnen] [building to live in]
= Wohnhaus *nn*; Wohngebäude *nn* = dwelling-house; dwelling *n*; residential building
↑ Gebäude ↑ building
↓ Zweifamilienhaus; Mehrfamilienhaus ↓ two-family house; multi-dwelling unit
Haus *nn* ECON → **company** *n*
→ Gesellschaft *nf*
Hausadresse *nf* POST → **street address**
→ Hausanschrift *nf*
Hausanschlusskabel *nn* OUT.PL → **drop cable**
→ Hauseinführungskabel *nn*
Hausanschlussverstärker *nm* CATV **distribution amplifier**
= Stammverstärkerstelle *nf*
Hausanschrift *nf* POST **street address**
= Hausadresse *nf* ≠ postal address; POB address
≈ Besucheradresse ↑ adresse
≠ Postanschrift; Postfachanschrift
↑ Adresse
Hausaufgabe *nf* EDUC **homework** *n* (BE)
= assignment *n* (AE)
Häuschen *nn* CIV.EN **hut** *n*
hauseigen ECON → **in-house** *adj*
→ firmenintern
Hauseinführung *nf* OUT.PL **lead-in** *n*
Hauseinführungskabel *nn* OUT.PL **drop cable**
= Hausanschlusskabel *nn* = drop *n*; subscriber's drop; branch cable
Hauseinführungsrohr *nn* OUT.PL **break-in pipe**
Häuserblock *nm* CIV.EN → **block auf houses**
→ Wohnblock *nm*
Hausfernsprechapparat *nm* TELEPH → **interphone** *n*
→ Haustelefon *nn*
Haushalt *nm* (1) ECON → **housekeeping**
→ Haushaltung *nf*
Haushalt *nm* (2) ECON **household** *n*
[Personengruppe] [group of persons]
= Privathaushalt *nm* = home unit; residence *n*
Haushaltselektronik *nf* EL.TRO **household electronics**
≈ Unterhaltungselektronik ≈ entertainment electronics
↑ Konsumelektronik ↑ consumer electronics
Haushaltsfernsehen *nn* TV **household television**
Haushaltsführung *nf* ECON → **housekeeping**
→ Haushaltung *nf*
Haushaltsgerät *nn* TECH **home appliance**
= household appliance
Haushaltsplan *nm* ECON → **budget** *n*
→ Etat *nm*
Haushaltung *nf* ECON **housekeeping**
= Haushaltsführung *nf*; Haushalt *nm* (1); Wirtschaftsführung *nf*
Hausinstallation *nf* EL.INS → **domestic wiring**
→ Hausverkabelung *nf*
hausintern ECON → **in-house** *adj*
→ firmenintern
hausintern TECH → **indoors** *adv*
→ im Inneren *adv*
hausinterner Probebetrieb DAT.PR → **alpha testing**
→ firmeninterner Feldversuch
Hausnetz *nn* TELEC **in-building network**
Hauspost *nf* OFFICE **corporate mail**
Hausrufanlage *nf* TELEPH **intercommunication system**
↓ Gegensprechanlage; Wechselsprechanlage = intercom system
↓ simplex intercommunication system; duplex intercommunication system
Haustechnik *nf* TECH **domestic engineering**
Haustelefon *nn* TELEPH **interphone** *n*
= Haustelephon *nn*; Hausfernsprechapparat *nm*

Haustelephon *nn* TELEPH → **interphone** *n*
→ Haustelefon *nn*
Haustürverkauf *nm* ECON → **field marketing**
→ Hausverkauf *nm*
Hausübergabepunkt *nm* BROADC **domestic point of termination**
= HÜP
= domestic delivery point; in-premises termination point
Hausübergabepunkt *nm* TELEC → **subscriber delivery point**
→ Teilnehmerübergabepunkt *nm*
Hausverkabelung *nf* EL.INS **domestic wiring**
= Hausinstallation *nf*
= house wiring
Hausverkauf *nm* ECON **field marketing**
= Haustürverkauf *nm*
Hausverteilanlage *nf* BROADC **in-premises distribution system**
= domestic distribution system
Hausverteilverstärker *nm* BROADC **in-premises distribution amplifier**
= HVV
= domestic distribution amplifier
Hauszähler *nm* TELEPH **subsriber-premises counter**
Hauszeitschrift *nf* PRIN.ME → **company magazine**
→ Firmenzeitschrift *nf*
Hauszuführungsleitung *nf* OUT.PL → **drop wire**
→ Einführungsleitung *nf*
Hauteffekt *nm* EL.TEC → **skin effect**
→ Skineffekt *nm*
Havarie *nf* ECON **average** *n*
= Schaden
= damage *n*
Hay-Brücke *nf* INSTR **Hay bridge**
Hayes-kompatibel DAT.CO **Hayes-compatible**
Hayes-Kompatibilität *nf* DAT.CO **Hayes compatibility**
[ein De-facto-Standard für Modems]
[a de-facto standard for modems]
Hayes-Modem *nm&nn* DAT.CO **Hayes modem**
HB9CV-Gruppenstrahler *nm* ANT **HB9CV array**
HB9-Multiband-delta-loop-Antenne *nf* ANT **HB9 multiband delta loop antenna**
HBCI-Schnittstelle *nf* INTERNET **HBCI**
[Norm für deutsche Banken]
[standard for German banks]
= Homebanking Computer Interface
H-Bogen 90° *nm* MICROW **90° H-plane elbow**
HBT MICR.EL **HBT**
= Hetero-Bipolar-Transistor *nm*
= hetero-bipolar transistor
HCMOS MICR.EL **HCMOS**
= high-performance CMOS
HD *nf* (1) TER&PER → **hard disk**
→ Hartplatte *nf*
HD (2) TER&PER **high-density**
[Diskette]
[diskette]
= HD (2)
HDB3 CODING **HDB3**
= high density bipolar of order 3
HDBMS DAT.MA → **hierarchical database management system**
→ hierarchisches Datenbankverwaltungssystem
HD-Diskette *nf* TER&PER **HD disk**
[3.795 Bit/cm, 38 Spuren/cm]
[9,640 bpi, 96 tpi]
= High-Density-Diskette *nf*
= high-density disk; HD floppy disk; high-density floppy disk; HD diskette; high-density diskette; high-coercitivity diskette
HDDR TER&PER **high density digital magnetic recording**
= HDDR
H-Diagramm *nn* ANT **H-plane pattern**
= H-Ebenen-Diagramm *nn*
= H pattern; H diagram
HDK COMPO **high permittivity**
= hohe Dielektrizitätskonstante
HDKK-Kondensator *nm* COMPO **high-permittivity capacitor**
HD-Laufwerk *nn* TER&PER → **high-density drive**
→ High-Density-Laufwerk *nn*
HDLC-Prozedur *nf* DAT.CO **HDLC procedure**
[ein ISO-Standard für die Datenverbindungssteuerung in der (2.) Sicherungsschicht]
[a standard by ISO for the data connection control of the (2nd) data link layer]
= HDLC-Verfahren *nn*; codeunabhängiges Steuerungsverfahren
= High Level Data Link Control
↑ Übertragungsprozedur
↑ transmission procedure
HDLC-Verfahren *nn* DAT.CO → **HDLC procedure**
→ HDLC-Prozedur *nf*
HDML DAT.NW **HDML**
= Handheld Device Markup Language
HDSL TELEC **HDSL**
[2 Mbit/s auf 2 normalen Kupferpaaren]
[High bitrate Digital Subscriber Line; 2 Mbit/s over a 2 conventional coper pairs]
↑ xDSL
↑ xDSL
HDTV TV → **high-definition TV**
→ hochauflösendes Fernsehen
HDX TELEC → **half duplex**
→ Halbduplexbetrieb *nm*
He CHEM → **helium** *n*
→ Helium *nn*
Header *nm* (ANGL) TELEC → **header** *n*
→ Anfangsblock *nm*
Header *nm* (ANGL) DAT.MA → **zone header** *n*
→ Speicherblocketikett *nf*
Header-Etikett *nn* (ANGL) DAT.MA → **header label**
→ Dateianfangs-Etikett *nn*
Header-Kennsatz *nn* (ANGL) DAT.MA → **header label**
→ Dateianfangs-Etikett *nn*
Heat-pipe-Wärmeableiter *nm* COMPO → **heat pipe**
→ Wärmeleitrohr *nn*
Heaviside-Campbell-Induktivitätsbrücke *nf* INSTR **Heaviside-Campbell inductance bridge**
Heaviside-Gegeninduktivitätsbrücke *nf* INSTR **mutual-inductance Heaviside bridge**
Heaviside-Schicht *nf* RAD.PRO → **E-layer**
→ E-Schicht
Hebbewegung *nf* MEC.EN **vertical motion**
Hebdrehwähler *nm* SWITCH **two-motion selector**
= Koordinatenwähler *nm*
= two-motion switch
Hebel *nm* MEC.EN **lever** *n*
Hebelkraft *nf* MEC.EN **lever force**
= lever power
Hebelschalter *nm* COMPO **lever switch**
≈ Kippschalter
= lever key; paddle switch
≈ toggle switch
Hebelwirkung *nf* MEC.EN **leverage** *n*
heben COLL **lift** *vt*
≈ hochheben
≈ elevate
H-Ebene *nf* ANT **H plane**
H-Ebenen-Diagramm *nn* ANT → **H-plane pattern**
→ H-Diagramm *nn*
Hebeseil *nn* TECH **hoisting rope**
↑ Zugseil
= hoist line
↑ traction rope
Hebevorrichtung *nf* MEC.EN **hoist** *n*
= Hebezeug *nn*
= hoisting gear; hoisting equipment; lifting apparatus
Hebezeug *nn* MEC.EN → **hoist** *n*
→ Hebevorrichtung *nf*
Hebezug *nm* OUT.PL **pull-lift**
Hebschritt *nm* SWITCH **vertical step**
Hede *nf* TECH → **oakumn**
→ Werg *nn*
Heer *nf* MILIT **army** *n* (1)
[für Landkrieg]
[for land warfare]
= Landstreitkräfte *nplt*; Armee *nf* (2)
≈ armed forces
↑ Wehrmacht
Hefnerkerze *nf* OPT **Hefner candle**
[Maßeinheit für Lichtstärke; = 0,903 cd]
[SI unit for luminous density; = 0,903 cd]
= HK
= HK
Hefter *nm* OFFICE → **file** *n*
→ Aktenordner *nm*
Heftgerät *nn* OFFICE **stapler** *n*
Heftklammer *nf* OFFICE → **paper clip**
→ Büroklammer *nf*
Heftklammer *nf* TECH **staple** *n*
[mit einer Heftmaschine anzubringende U-förmige Drahtklammer]
[U-shaped metal loop to be applied by a stapling machine]
≈ Büroklammer [OFFICE]
≈ paper clip [OFFICE]
Heftmappe *nf* OFFICE **binder file**
Heftmaschine *nf* OFFICE **stapling machine**
Heftrand *nm* PRIN.ME **binding margin**
= binding *n*
Heftschweißnaht *nf* METAL **tack weld**
Heftzwecke *nf* OFFICE → **thumb tack**
→ Reißzwecke *nf*
heikle Angelegenheit COLL **precarious affair**
Heiliger Krieg INTERNET **holy war**
[heiße Debatte]
[hot debate]
Heimadresse *nf* MOB.CO **home address**
= local address

Heimarbeit *nf*	ECON	**outwork** *n*
Heimarbeiter *nm* ↓ Telearbeiter	ECON	**outworker** *n* = cottage key people ↓ teleworker
Heimarbeiter *nm* → Telearbeiter *nm*	ECON	→ **teleworker** *n*
Heimat-Betreiber *nm* → Heimat-Netzbetreiber *nm*	MOB.CO	→ **home network operator**
Heimatdatei *nf*	MOB.CO	**home data base** = HDB
Heimatdatei *nf* → Heimatregister *nn*	MOB.CO	→ **home location register**
Heimatfilm *nm*	CINEMA	**regional film**
Heimatmarkt *nm* = Heimmarkt *nm*; Binnenmarkt *nm*	ECON	**home market** = domestic market
Heimatnetz *nn*	MOB.CO	**home network**
Heimat-Netzbetreiber *nm* = Heimat-Betreiber *nm*	MOB.CO	**home network operator** = home operator
Heimatregister *nn* = HLR; Heimatdatei *nf* ≠ Besucherdatei	MOB.CO	**home location register** = HLR; home file ≠ visitor location register
Heimbereichsnetz *nn* = HAN	DAT.NW	**Home Area Network** = HAN
Heimbüro *nn*	ECON	**home office**
Heimcomputer *nm* [für Anwendungen im Privathaushalt] = Heimrechner *nm*; Home-Computer *nm* (ANGL) ≈ Hobbycomputer ↑ Mikrocomputer	DAT.PR	**home computer** [designed for home uses] ≈ hobby computer ↑ microcomputer
Heimempfänger *nm*	BROADC	**home receiver**
Heimflug *nm* → Zielanflug *nm*	RAD.NA	→ **homing** *n*
Heimkino *nn*	IMAG.ME	**home cinema**
Heimlauf *nm* → Rücklauf *nm*	EL.TRO	→ **retrace** *n*
heimlich → verdeckt	COLL	→ **covert** *adj*
Heimmarkt *nm* → Heimatmarkt *nm*	ECON	→ **home market**
Heimrechner *nm* → Heimcomputer *nm*	DAT.PR	→ **home computer**
Heinzelmännchen → Wizard	COMP.AP	→ **wizard**
Heischeform *nf* → Konjunktiv *nm*	LING	→ **subjunctive mood** *n*
heiß ≈ warm	PHYS	**hot** ≈ worm
heiß = aktiv ≠ kalt ↓ stromführend; spannungsführend	EL.TEC	**live** *adj* = alive; energized; power-on; hot ≠ dead ↓ current-carrying; voltage-carrying
heiße Daten [die gerade zu verarbeitenden] = Lebenddaten *nplt*	DAT.PR	**live data** [the actual data to be processed]
Heiße-Kartoffel-Verkehrslenkung *nf*	SWITCH	**hot-potato routing**
heißer Draht [zwischen Programmen, sodass Änderungen automatisch überall berücksichtigt werden]	SW	**hot link** *n* [between programs, whererby changes are automatically considered everywhere]
heißer Punkt [der wirksame Bildpunkt eines Mauszeigers]	COMP.AP	**hot point** [the pixel of a mouse pointer effectivating the mouse action]
heißer Punkt → Überhitzungspunkt *nm*	MICR.EL	→ **hot spot**
Heißersatz *nm* = Geräteersatz *nm* ≠ Kaltersatz	QUAL	**hot stand-by** ≠ cold stand-by
heißes Ende	EL.TRO	**hot end**
heiße Taste [benutzerdefiniert, um residente ("warmgelaufene" = betriebsbereite) Programme abzurufen]	COMP.AP	**hot key** [user-defined to call memory-resident ("hot" = "ready for use") programs like TSR's]
heißlaufen → überhitzen *vt&vi*	TECH	→ **overheat** *vt&vi*
Heißleiter *nm* = NTC-Widerstand *nm*; Kaltwiderstand *nm*; TN-Halbleiterwiderstand *nm* (ex DDR); Thernewid; Sensistor *nm*; Newi (obs) ↑ Thermistor	COMPO	**NTC thermistor** = negative temperature coefficient thermistor; negative temperature coefficient resistor; sensistor
Heißluft *nf*	TECH	**hot air**
Heißluftverzinnung *nf*	METAL	**hot air levelling** [tin-coating by hot air]
Heißpunkt *nm* → Überhitzungspunkt *nm*	MICR.EL	→ **hot spot**
Heisswassergerät *nn* → Durchlauferhitzer *nm*	TECH	→ **boiler** *n*
heizbar → beheizbar	TECH	→ **heatable**
Heizbatterie *nf*	EL.TRO	**heater battery**
Heizdraht *nm* → Heizfaden *nm*	EL.TRO	→ **filament**
Heizelement *nn* [Thermodrucker] ↓ Heizkopf; Heizleiste	TER&PER	**heating element** [thermal printer] ↓ heating head; heating strip
Heizfaden *nm* = Heizdraht *nm*; Glühfaden *nm*	EL.TRO	**filament** = heating wire
Heizkopf *nm* [Thermodrucker] ↑ Heizelement	TER&PER	**heating head** [thermal printer] ↑ heating element
Heizkreis *nm*	EL.TRO	**filament heater circuit** = filament circuit
Heizleiste *nf* [Thermodrucker] ↑ Heizelement	TER&PER	**heating strip** [thermal printer] ↑ heating element
Heizleistung *nf*	EL.TEC	**heating power**
Heizspannung *nf*	EL.TRO	**heater voltage**
Heizspirale *nf* → Wendel *nf*	EL.TRO	→ **helical filament**
Heizstrom *nm*	EL.TRO	**heater current** = filament current
Heiztransformator *nm*	EL.TRO	**filament transformer**
Heizung *nf*	TECH	**heating** *n*
Heizwicklung *nf*	EL.TEC	**heating coil**
Heizzeiger *nm*	INSTR	**thermic pointer**
Hektar *nn* [Maß für Grundstücksflächen; = 100 AR = 10.000 m²] = ha; Hektare *nf* (CH)	PHYS	**hectare** *n* [unit for land areas; = 100 a = 10,000 m²] = ha
Hektare *nf* (CH) → Hektar *nn*	PHYS	→ **hectare** *n*
Hektoliter *nm* [100 Liter] = hl	PHYS	**hectoliter** *n* (AE) [100 liter] = hectolitre *n* (BE); hl
Hektometerwellen *nplt* [1000 m - 100 m; 300 MHz - 3000 MHz] = Mittelwellen *nplt*; MW; LF (ANGL); Band Nr.6 (UIT); B.hm	RADIO	**hectometric waves** [1000 m - 100 m; 300 MHz - 3000 MHz] = medium waves; low frequency; Band Number 6 (ITU); B.hm
Hekto- *praef* [10E2; vom griech. "hekatón" = "hundert"] = h-	PHYS	**hecto-** *praef* [10E2; from Greek "hekatón" = "hundred"] = h-; hekto-
Helikopter *nm* → Hubschrauber *nm*	AERON	→ **helicopter** *n*
Heliografie *nf* [Tiefdruck mit in Photoätztechnik hergestellten Platten] = Heliographie *nf*; Heliogravüre *nf* ↑ Tiefdruck	PRIN.ME	**photogravure** *n* [intaglio printing with plates produced by photoetching] = heliogravure *n* ↑ intaglio printing
Heliographie *nf* → Heliografie *nf*	PRIN.ME	→ **photogravure** *n*
Heliogravüre *nf* → Heliografie *nf*	PRIN.ME	→ **photogravure** *n*
Heliogravüre *nf* = Photogravüre *nf*	PRIN.ME	**heliogravure** *n*
heliosynchrone Umlaufbahn	SAT.CO	**heliosynchronous orbit**
Helipot *nn* → Wendelpotentiometer *nn*	COMPO	→ **helicoidal potentiometer**
Helium *nn* = He	CHEM	**helium** *n* = He
Helixantenne *nf* → Wendelantenne *nf*	ANT	→ **helix antenna**
Helix-Filter *nn*	NETW.TH	**helix filter**
hell ↑ Bildschirmdarstellung	TER&PER	**highlight** *adj* ↑ screen mode
hell ≈ klar; glänzend ≠ dunkel	OPT	**bright** *adj* = light ≈ clear (1); shiny ≠ dark
hellblau	OPT	**ice blue** = light blue

hellbraun *adj* OPT **pale brown** *adj*
= light brown

hell-dunkel OPT **dim-bright** *adj*

Hell-Dunkelstrom-Verhältnis *nn* COMPO **light/dark current ratio**

hellelfenbein OPT **ivory**
[RAL 1015]

heller Farbton OPT → **tint** *n* (1)
→ Helltönung *nf*

hellgelb *adj* OPT **pale yellow** *adj*
= light yellow

hellgetönte Farbe OPT → **tint** *n* (1)
→ Helltönung *nf*

hellgrau *adj* OPT **pale grey** *adj*

hellgrün *adj* OPT **pale green** *adj*
= lichtgrün = light green

Helligkeit *nf* OPT **brightness** *n*
[Hell-/Dunkel-Grad bei gegebenem Farbton und Farbstärke] [difference in lightness/darkness with same hue and color intensity]
= luminosity *n*; luminance *n*

Helligkeit *nf* OPT → **luminance** *n*
→ Leuchtdichte *nf*

Helligkeitsflimmern TV **luminosity flicker**

Helligkeitsregler *nm* EL.INS **dimmer** *n*
= Dimmer *nm* = light regulator

Helligkeitsregler *nm* TV **brightness control**
= Bildhelligkeitsregler *nm*

Helligkeitssignal *nn* TV → **luminance signal**
→ Leuchtdichtesignal *nn*

hellrot OPT **pale red**
≈ rosa = light red

Hell-Schreiber *nm* TELEGR **Hell printer**

Helltönung *nf* OPT **tint** *n* (1)
= hellgetönte Farbe; heller Farbton [a light tone of a color]
= color tint (1) (AE); colour tint (1) (BE)

Helmholtz-Resonator *nm* EL.ACOU **Helmholtz resonator**

helmholtzscher Satz NETW.TH **Helmholtz equivalent-source theorem**
= Helmholtz'scher Satz; Satz von der Zweipolquelle
↓ Theorem von Thevenin; Theorem von Norton ↓ Thevenin's theorem; Norton's theorem

Helmholtz'scher Satz NETW.TH → **Helmholtz equivalent-source theorem**
→ helmholtzscher Satz

Helpdesk *nn* TELEPH **help desk**
↑ telephonische Schellberatung ↑ hotline service

HELP-Funktion *nf* COMP.AP → **HELP function** *n*
→ Hilfe-Funktion *nf*

HELP-Taste *nf* TER&PER → **HELP key**
→ Hilfe-Taste *nf*

Helvetica PRIN.ME **helvetica**
[serifenlos] [sans-serif]
↑ Schriftart ↑ typeface (1)

Hemisphäre *nf* MATH → **hemisphere** *n*
→ Halbkugel *nf*

Hemisphäre *nf* GEOSC **hemisphere**
= Erdhalbkugel *nf*; Erdhälfte *nf* = half of earth surface

Hemisphäre *nf* ASTR.PH **hemisphere**
= Himmelshalbkugel [celestial]

hemisphärisch MATH → **hemispheric**
→ halbkugelförmig

hemisphärische Ausleuchtung SAT.CO **hemispherical beam**
= hemisphärischer Strahl = hemispheric beam

hemisphärischer Strahl SAT.CO → **hemispherical beam**
→ hemisphärische Ausleuchtung

hemmen TECH → **brake** *vt&vi*
→ bremsen

Hemmkopfschraube *nf* MEC.EN **binding-head screw**

Hemmschuh *nm* (fig) TECH → **obstacle** *n*
→ Hindernis *nn*

Hemmung *nf* TECH **arrest** *n*
= Arretierung *nf*; Arretiervorrichtung *nf*; Feststellvorrichtung *nf*; Sperrvorrichtung *nf*
≈ Klemmvorrichtung, Spannvorrichtung; Raste; Sperrung
= arresting device; binding *n*; hesitation *n*; locking device
≈ clamping device; detent *n*; inhibition

HEMT MICR.EL **HEMT**
[Transistortechnologie mit GaAs- und AlGaAs-Schichten, von Fujitsu] [High Electron Mobility Transistor; with GaAs and AlGaAs layers]

Henkel *nm* TECH **handle** *n* (2)
↑ Handgriff (1) ↑ handle (1)

Henry *nn* EL.SC **Henry**
[SI-Einheit für Induktivität und Permeanz; = 1 Wb/A] [SI unit for inductance and permeance; = 1 Wb/A]
= H = H

Hentay *nn* CINEMA **hentai**
[japaniscer Pornotrickfilm] [Japanese porno cartoon]

HEO-Umlaufbahn *nf* SAT.CO **HEO**
= High Ellioptical Orbit

Heptaeder *nn* MATH **heptahedron** *n* (*pl* -drons&-dra)

Heptagon *nn* MATH → **heptagon** *n*
→ Siebeneck *nn*

Heptode *nf* EL.TRO **heptode** *n*

Herabschaltbetrieb *nm* EL.TRO **power-down mode**

Herabsetzung *nf* COLL **disparagement**
= Verunglimpfung *nf*

Heranholen *nn* TELEPH **call pick-up** (2)
[aus beliebigem Apparat in einem Raum] [from any set in a room]

herausdrehen MEC.EN **unscrew** *vt*
= ausschrauben; abschrauben; herausschrauben = screw-out *vt*

Herausforderung *nf* TECH **challenge** *n*

Herausgeber *nm* (Herausgeberin *nf*) PRIN.ME **redactor** *n*
= Redakteur *nm* (Redakteurin *nf*); Redaktor *nm* (Redaktorin *nf*) (CH)
≈ Verleger *nm* (Verlegerin *nf*) ≈ editor *n*

herausgegeben von TEC.DOC **published by**
= edited by

herauslocken COLL → **elicit** *vt*
→ entlocken

herauspflücken DAT.MA **sift** *vt*
[von Daten aus einem großen Bestand] [to extract data from a large amount]

herausragen TECH **protrude** *vi*
= project *vi*

herausragend COLL → **outstanding**
→ hervorragend

herausschrauben MEC.EN → **unscrew** *vt*
→ herausdrehen

herausschreiben LING → **excerpt** *vt*
→ ausziehen

herausziehen TECH → **extract** *vt*
→ entnehmen

Hercules TER&PER **Hercules**
[Grafikstandard] [graphics standard]
= HGA; HMA; HGC = Hercules Graphics Adapter; Hercules Graphics Card; HGC; HGA; Hercules Monochrome Adapter; HMA

Hercules-Adapter *nm* TER&PER → **Hercules board**
→ Hercules-Karte *nf*

Hercules-Karte *nf* TER&PER **Hercules board**
= HGA-Karte *nf*; Hercules-Adapter *nm*; HGA-Adapter *nm*; HGC-Karte *nf*; HGC-Adapter *nm*
↑ MGA-Karte; Monochrom-Grafikkarte;
= HGA board; Hercules card; HGC board; HGC card
↑ MGA board; monochrome graphics board; graphics board

Herdschraube *nf* MEC.EN **stove bolt**

hereinkommend TELEC → **incoming**
→ ankommend

Hergang *nm* COLL **course of events** *n*
≈ Umstand; Protokoll ≈ circumstance; proceedings

Heritage-Movie *nn* CINEMA **heritage movie**

herkömmlich COLL → **usual** *adj*
→ üblich

Herkon COMPO → **sealed contact**
→ Schutzrohrkontakt *nm*

Herkon-Relais *nn* COMPO → **reed relay**
→ Schutzrohrkontakt-Relais *nn*

Herkunft *nf* COLL **origin** *n*
[einer Sache] [of a person]
≈ Ableitung = provenance *n*
≈ derivation

hermetisch TECH → **airtight**
→ luftdicht

Herr *nm* OFFICE → **Mr**
→ Hr.

Herrschaftsbereich *nm* COLL **domain** *n*
= Domäne *nf*

herstellen ECON → **manufacture** *vt*
→ fertigen

Hersteller *nm* ECON **manufacturer** *n*
= Fabrikant *nm*; Produzent *nm*; Erzeuger *nm*
≈ Lieferant
= producer *n*; fabricant *n*; fabricator *n*; maker *n*
≈ vendor (1)

Herstellerangabe *nf* ECON **manufacturer's indication**

Herstellercode *nm* CODING → **manufacturer code**
→ Herstellerkennungscode *nm*

herstellereigen TECH → **proprietary** *adj*
→ herstellerspezifisch

herstellerindividuell TECH → **proprietary** *adj*
→ herstellerspezifisch

Herstellerkennung *nf* MOB.CO **equipment manufacturer's code**
= EMC

Herstellerkennungscode *nm* CODING **manufacturer code**
= Herstellercode *nm*

herstellerkompatibel DAT.PR **generic** *adj*
[mit Produkten eines Herstellers] [compatible with a product family]

Herstellerlogo *nn* ECON → **manufacturer's logo**
→ Herstellerzeichen *nn*

Herstellermonogramm *nn* ECON → **manufacturer's logo**
→ Herstellerzeichen *nn*

herstellerneutral TECH **non-proprietary** *adj*
= herstellerunabhängig; herstellerübergreifend = multi-vendor
≈ produktneutral; offen [INF.TEC] ≈ product-independent; open [INF.TEC]
≠ herstellerspezifisch ≠ proprietary
↓ standardisiert ↓ standard-based

Herstellerplakette *nf* TECH **escutcheon** *n*
= Herstellerschild *nn*; Markenschild *nn*

herstellerprogrammierbares Datensichtgerät TER&PER **smart terminal** (2)
= factory-programmable terminal

Herstellerschild *nn* TECH → **escutcheon** *n*
→ Herstellerplakette *nf*

Herstellersoftware *nf* SW **manufacturer's software**
[Programmierhilfen] [programming aids]

herstellerspezifisch TECH **proprietary** *adj*
= herstellerindividuell; herstellereigen; firmenspezifisch; firmenindividuell; firmeneigen; betriebseigen; proprietär = corporate *adj*; vendor-specific [INF.TEC]
≈ produktspezifisch; patentiert; geschlossen [INF.TEC] ≈ product-specific; patented; closed [INF.TEC]
≠ herstellerneutral; offen [INF.TEC] ≠ non-proprietary; open [INF.TEC]

herstellerübergreifend TECH → **non-proprietary** *adj*
→ herstellerneutral

herstellerunabhängig TECH → **non-proprietary** *adj*
→ herstellerneutral

Herstellerzeichen *nn* ECON **manufacturer's logo**
= Herstellermonogramm *nn*; Herstellerlogo *nn*

Herstellkosten *nplt* ECON **production costs**
= Herstellungskosten *nplt*; HL; Fertigungskosten *nplt*; Produktionskosten = manufacturing costs

Herstellung *nf* ECON → **manufacturing** *n*
→ Fertigung *nf*

Herstellungsautomatisierung *nf* MANUF → **production automation**
→ Produktionsautomatisierung *nf*

Herstellungsfehler *nm* QUAL → **manufacturing defect**
→ Fertigungsfehler *nm*

Herstellungsjahr *nn* MANUF → **year of manufacturing**
→ Fertigungsjahr *nn*

Herstellungskette *nf* MANUF → **production chain**
→ Fertigungskette *nf*

Herstellungskosten *nplt* ECON → **production costs**
→ Herstellkosten *nplt*

Herstellungslos *nn* MANUF → **manufacturing lot**
→ Fertigungslos *nn*

Herstellungsprozess *nm* MANUF → **productional process**
→ Fertigungsprozess *nm*

Herstellungsverfahren *nn* MANUF → **manufacturing method**
→ Fertigungsverfahren *nn*

Hertz *nn* PHYS **cycles per second**
[SI-Einheit für Frequenz; = 1 Schwingung pro Sekunde] [SI unit for frequency; = one oscillation per second]
= Hz; 1/s = Hz; hertz; c.p.s.; 1/s

Hertz-Effekt *nm* PHYS **Hertz effect**
↑ Fotoeffekt ↑ photo effect

hertzscher Dipol ANT **elementary electric dipole**
= Hertz'scher Dipol; elektrischer Elementardipol = Hertzian dipole; infinitesimal electric dipole; Hertzian doublet; electric doublet
≈ Kurzdipol
↑ Dipol ↑ dipole

Hertz'scher Dipol ANT → **elementary electric dipole**
→ hertzscher Dipol

hertzscher Oszillator PHYS **Hertzian oscillator**
= Hertz'scher Oszillator

Hertz'scher Oszillator PHYS → **Hertzian oscillator**
→ hertzscher Oszillator

herumfahren COMP.AP **frob** *vt*
[mit einem Eingabegerät] [to fiddle with a picking device]

herumirrendes Sendeberechtigungszeichen DAT.NW **stuck token**

herumwickeln TECH → **wrap** *vt*
→ wickeln *vt*

herunterfahren DAT.PR **run down** *vt*

herunterladen DAT.PR **download** *vt*
[Daten auf kleineren Rechner oder ein Peripheriegerät transferieren] [to transfer data to a smaller computer or a peripheral]
= downloaden *vt* (ANGL) ≠ upload *vt*
≠ hinaufladen

Herunterladen *nn* DAT.PR **download** *n*
= Download *nm* (ANGL) ≠ upload *vt*
≠ Hochladen

herunterregeln CONTRO **down-regulate** *vt*
≠ hochregeln ≠ up-regulate

hervorgehoben COMP.AP → **highlighted** *adj*
→ markiert

hervorheben COLL → **emphasize** *vt*
→ betonen

hervorheben LING **emphasize** *vt*
[fig] = highlight *vt*; punctuate *vt*
= betonen

hervorheben COMP.AP **highlight** *vt*
[auf einem Bildschirm] [on a display]
= markieren = mark *vt*

Hervorhebung *nf* COLL → **emphasis** *n*
→ Betonung *nf*

Hervorhebung *nf* LING **emphasis** *n*
[fig] [fig]
= Betonung *nf* = punctuation

Hervorhebung *nf* COMP.AP **highlight** *n*
[am Bildschirm, z.B. durch Fettschrift] [emphasis of an an object on a display, e.g. by bold type]
= Markierung *nf* = highlightning *n*; display highlight; marking *n*

Hervorhebungsfilter *nn* COMP.GR **highlight filter**

Hervorhebungsmerkmal *nn* COMP.AP **enhancer** *n*

hervorragend COLL **outstanding**
= herausragend; eminent = eminent; first-rate; overtop

Herzcharakteristik *nf* PHYS → **cardioid pattern**
→ Kardioidendiagramm *nn*

H-Erzeugnis *nn* MANUF → **semifinished good**
→ halbfertiges Erzeugnis

herzförmig *adj* MATH **cardioid** *adj*
= kardioid *adj*

Herzkurve *nf* MATH → **cardioid** *n*
→ Kardioide *nf*

Herzkurve *nf* PHYS → **cardioid pattern**
→ Kardioidendiagramm *nn*

Herzkurvendiagramm *nn* PHYS → **cardioid pattern**
→ Kardioidendiagramm *nn*

Hetero-Bipolar-Transistor *nm* MICR.EL → **HBT**
→ HBT

Heterodiode *nf* MICR.EL **heterodiode** *n*

Heterodynempfang *nm* HF → **beat reception**
→ Überlagerungsempfang *nm*

Heterodynempfänger *nm* RADIO → **heterodyne receiver**
→ Überlagerungsempfänger *nm*

Heterodyn-Frequenzmesser *nm* INSTR → **heterodyne frequency meter**
→ Überlagerungs-Frequenzmesser *nm*

Heteroepitaxie *nf* MICR.EL **heteroepitaxy** *n*

heterogen SCIE **heterogeneous** *adj*
[Kunstwort aus griech. "héteros + geneá" = "anderer + Entstehung"] [artificial word from Greek "héteros + geneá" = "other + origin"]
= inhomogen; leichartig = inhomogeneous
≠ homogen ≠ homogeneous

heterogener Multiplexer DAT.CO → **heterogeneous multiplexer**
→ gemischter Multiplexer

heteropolar PHYS **heteropolar**

heteropolare Bindung CHEM **heteropolar bond**
= Ionenbindung *nf* = ionic bond; electrovalence *n*

Heterostruktur *nf* MICR.EL **heterostructure** *n*

Heteroübergang *nm* MICR.EL **heterojunction** *n*

Heuristik *nf* SCIE **heuristic** *n*
[Theorie und Praxis methodischer Problemlösung] [theory and practise of methodical problem solution]

heuristisch ART.IN **heuristic** *adj*
[aus Erfahrung lernend] [learning from experience]
≠ algorithmisch ≠ algorithmic

heuristisch SCIE **heuristic** *adj*
[vom Griechischen "heuriskein" = finden was [from Greek "heuriskein" = "to find

man sucht; eine methodische Problemlösung betreffend] — what one is looking for"; relative to a methodical problem solution]

heuslersche Legierung METAL **Heusler alloy**
= Heusler'sche Legierung

Heusler'sche Legierung METAL → **Heusler alloy**
→ heuslersche Legierung

heute ECON **today**
= dato

heutig *adj* COLL **today's** *adj*
[den heutigen Tag betreffend] — [related to today]
= hodiernal
≈ modern

hexadekadisch MATH → **hexadecimal** *adj*
→ hexadezimal

hexadekadische Zahl COMP.SC → **hexadecimal number**
→ Hexadezimalzahl *nf*

hexadezimal MATH **hexadecimal** *adj*
[vom griech. "hex" = "sechs" und latein. "decem" = "zehn"; vom latein. "sedecim" = "sechzehn"; die Zahl 16 betreffend] — [from Greek "hex" = "six" and Latin "decem" = "ten"; from Latin "sedecim" = "sixteen"; related to the number 16]
= sedezimal; hexadekadisch; hexadisch — = hex; sexadecimal; base 16

Hexadezimal-Ausdruck *nm* DAT.PR **hexadecimal dump**
[für Fehlersuche] — [for troubleshooting]
= hex dump

Hexadezimalcode *nm* CODING **hexadecimal code**
= Hex-Code *nm* — = hex code

hexadezimale Darstellung COMP.SC → **hexadecimal number system**
→ Hexadezimalsystem *nn*

hexadezimales Zahlensystem COMP.SC → **hexadecimal number system**
→ Hexadezimalsystem *nn*

hexadezimales Zahlwort MATH → **hexadecimal numeral**
→ hexadezimales Zahlzeichen

hexadezimales Zahlzeichen MATH **hexadecimal numeral**
= Hexadezimalziffer *nf*; sedezimales Zahlzeichen; Sedezimalziffer *nf*; hexadezimale Ziffer; sedezimale Ziffer; hexadezimales Zahlwort; sedezimales Zahlwort — = sexadecimal numeral; hexadecimal digit; sedecimal digit
↑ Zahlzeichen — ↑ numeral

hexadezimale Ziffer MATH → **hexadecimal numeral**
→ hexadezimales Zahlzeichen

Hexadezimalpunkt *nm* COMP.SC **hexadecimal point**
= Sedezimalpunkt *nm* — = sexadecimal point

Hexadezimalsystem *nn* COMP.SC **hexadecimal number system**
[Zahlendarstellung mit 16 Ziffern codes] — = hexadecimal notation; hexadecimal system; sexadecimal number system; sexadecimal notation; sexadecimal system
= hexadezimales Zahlensystem; hexadezimale Darstellung; Hexazimaldarstellung *nf*; Sedezimalsystem *nn*; sedezimales Zahlensystem; sedezimale Darstellung; Sedezimaldarstellung *nf*
↑ Stellenwertsystem — ↑ denominational number system

Hexadezimaltastatur *nf* TER&PER **hexadecimal pad**
= Sedezimaltastatur *nf* — = hex pad; sexadecimal pad

Hexadezimalumrechnung *nf* COMP.SC **hexadecimal conversion**

Hexadezimalzahl *nf* COMP.SC **hexadecimal number**
= Sedezimalzahl *nf*; hexadekadische Zahl; hexadische Zahl — = sexadecimal number

Hexadezimalziffer *nf* MATH → **hexadecimal numeral**
→ hexadezimales Zahlzeichen

hexadisch MATH → **hexadecimal** *adj*
→ hexadezimal

hexadische Zahl COMP.SC → **hexadecimal number**
→ Hexadezimalzahl *nf*

Hexaeder *nn* MATH → **cube** *n* (2)
→ Würfel *nm*

Hexagon *nn* MATH → **hexagon** *n*
→ Sechseck *nn*

hexagonal MATH → **hexagonal** *adj*
→ sechseckig *adj*

hexavalent MATH **hexavalent**

Hexazimaldarstellung *nf* COMP.SC → **hexadecimal number system**
→ Hexadezimalsystem *nn*

Hex-Code *nm* CODING → **hexadecimal code**
→ Hexadezimalcode *nm*

Hexode *nf* EL.TRO **hexode** *n*

HF RADIO → **decametric waves**
→ Dekameterwellen *nplt*

HF EL.TEC → **high frequency** *n*
→ Hochfrequenz *nf*

Hf CHEM → **hafnium** *n*
→ Hafnium *nn*

HF-Abschirmung *nf* EL.TEC **RF shielding**

HFC-Netz *nn* TELEC → **hybrid fiber coax network**
→ hybrides Faser-/Koaxnetz

HfD SWITCH → **direct-call line**
→ Hauptanschluss für Direktruf

HF-Detektortastkopf *nm* INSTR **RF detector probe**

HF-dicht EL.TEC **RF radiation proof**
= RF-proof; RFI-proof; HF-radiation proof; HF-proof

HF-Drossel *nf* EL.TEC **RF choke**

HF-Einstrahlung *nf* RADIO → **radio interference**
→ Funkstörung *nf*

HF-Erder EL.TEC → **RF earthing electrode**
→ Hochfrequenzerder *nm*

HF-Funk *nm* RADIO → **high frequency radio**
→ Kurzwellenfunk *nm*

HF-Heizung *nf* POW.EN **HF heating**
= Hochfrequenzheizung *nf* — = high-frequency heating

HF-Leitung *nf* HF **HF line**
= Hochfrequenzleitung *nf* — = high frequency line

HF-Modulator *nm* MODUL **RF modulator**

HF-Netzwerkanalysator *nm* INSTR **RF network analyzer**

HF-Preselector *nm* INSTR **RF preselector**

H-Frequenz *nf* TV → **line frequency**
→ Horizontalfrequenz *nf*

HFS DAT.MA **HFS**
[von Apple] — [of Apple]
= Hierarchical File System
↑ Dateisysytem — ↑ file system

HF-Spannungsmesser *nm* INSTR **RF voltmeter**
= radio frequency voltmeter

HF-Spitze *nf* INSTR **RF pip**
= Hochfrequenzspitze *nf*

HF-Stecker *nm* COMPO **RF connector**

HF-Störung *nf* RADIO → **radio interference**
→ Funkstörung *nf*

HF-Tapete HF → **reactance chart**
→ Hochfrequenztapete *nf*

HF-Tastkopf *nm* INSTR **RF probe**
= HF probe; high-frequency probe; RF detection probe

HF-Technik *nf* EL.TEC → **high-frequency engineering**
→ Hochfrequenztechnik *nf*

HF-Transceiver *nm* HF **HF transceiver**
= Transceiver *nm* — = high-frequency transceiver; transceiver *n*

HF-Transistor *nm* COMPO **HF transistor**
= Hochfrequenztransistor *nm* — = high-frequency transistor

HF-Trenntransformator *nm* ANT **RF blocking transformer**
= braid breaker

H-Funktion *nf* DAT.MA → **hash function**
→ Hash-Funktion *nf*

HF-Verstärker *nm* HF **HF amplifier**
= Hochfrequenzverstärker *nm* — = high-frequency amplifier
≈ RF-Verstärker — ≈ RF amplifier

HF-Wattmeter *nn* INSTR **HF wattmeter**

HF-Widerstand *nm* EL.TEC **HF resistance**
= Hochfrequenzwiderstand *nm* — = high-frequency resistance

HF-Widerstandsmessbrücke *nf* INSTR **HF resistance bridge**
= Hochfrequenz-Widerstandsbrücke *nf* — = high-frequency resistance bridge; RF resistance bridge; radio frequency bridge

Hg CHEM → **mercury** *n*
→ Quecksilber *nn*

HGA TER&PER → **Hercules**
→ Hercules

HGA-Adapter *nm* TER&PER → **Hercules board**
→ Hercules-Karte *nf*

HGA-Karte *nf* TER&PER → **Hercules board**
→ Hercules-Karte *nf*

HGC TER&PER → **Hercules**
→ Hercules

HGC-Adapter *nm* TER&PER → **Hercules board**
→ Hercules-Karte *nf*

HGC-Karte *nf* TER&PER → **Hercules board**
→ Hercules-Karte *nf*

HGF INF.TEC → **FAQ**
→ häufig gestellte Fragen

H-Glied *nn* NETW.TH → **balanced T section**
→ Viereckschaltung *nf*

HiColor-Codierung *nf* TER&PER **HiColor**

[65.536 Farben mit 16 Bits,] — [65,536 colors by 16 bits]
= RealColor

HID-Treiber *nm* COMP.AP **HID**
= Human Interface Device

Hierarchie *nf* TELEC **hierarchy** *n*
↓ Multiplexhierarchie; Netzhierarchie — ↓ multiplex hierarchy; network hierarchy

Hierarchie *nf* SCIE **hierarchy** *n*
[vom mittelalterlichen griechischen Kunstwort "hierarchos" = "religiöser Führer", aus "hieros + archon" = "heilig (religiös) + Anführer"] — [from medieval artificial Greek term "hierarchos" = "religious leader", formed by "hiéros + archon" = "holy (religious) + leader"]
= Rangfolge *nf*; Rangordnung *nf* — = rating

Hierarchie-Browser *nm* DAT.MA **hierarchy browser**

Hierarchieebene *nf* TRANSM → **hierarchical order**
→ Hierarchiestufe *nf*

Hierarchiestufe *nf* TRANSM **hierarchical order**
= Hierarchieebene *nf*; Multiplexstufe *nf*; Stufe *nf* — ≈ translation stage
≈ Umsetzerstufe

hierarchisch SCIE **hierarchical** *adj*
≠ anarchisch — = hierarchic
≠ anarchical

hierarchisch TELEC → **despotic**
→ zwangssynchronisiert

hierarchische Datei DAT.MA **hierarchic file**
≠ zweidimensionale Datei — = hierarchical file
≠ flat file

hierarchische Datenbank DAT.MA **hierarchical database**
[die Einträge sind nur einfach verknüpft] — [entries are only singly linked]
≠ Netzwerk-Datenbank — = hierarchical file system; sequential precedential database
≠ network database

hierarchischer Direktzugriff DAT.MA **hierarchical direct access method**
= HDAM

hierarchisches Dateisystem DAT.MA **hierarchical file system**
≠ einstufiges Dateisystem — ≠ flat file system

hierarchisches Datenbankverwaltungssystem DAT.MA **hierarchical database management system**
= HDBMS — = HDBMS

hierarchisches Menü COMP.AP **hierarchical menu**

hierarchisches Modell DAT.MA **hierarchical model**

hierarchisches Netz TELEC **hierarchical network**
= zwangssynchronisiertes Netz — = despotic network

hierarchisches Netz DAT.NW **hierarchical network**
≠ nicht-hierarchisches Netz — = client-server network
≠ non-hierarchical network

hierarchische Struktur INF.TEC → **tree topology**
→ Baumstruktur *nf*

hierarchisches Verzeichnis DAT.MA **hierarchical directory**

hierarchische Topologie INF.TEC → **tree topology**
→ Baumstruktur *nf*

hierarchisch indexierter sequentieller Direktzugriff DAT.MA **hierarchical indexed sequential access method**
= HISAM

hierarchisch indexitierter Direktzugriff DAT.MA **hierarchical indexed direct access method**
= HIDAM

hierarchisch sequentieller Zugriff DAT.MA **hierarchical sequential acces method**
= HSAM

hie und da (1) COLL **here and there**
[örtlich] — [in space]
↑ verschiedentlich — ↑ passim

hie und da (2) COLL → **now and then** *adv*
→ dann und wann *adv*

Hifi EL.ACOU → **high fidelity**
→ hohe Wiedergabetreue

High-Density-Diskette *nf* TER&PER → **HD disk**
→ HD-Diskette *nf*

High-Density-Laufwerk *nn* TER&PER **high-density drive**
= HD-Laufwerk *nn*

High-Key-Ausleuchtung *nf* IMAG.ME **high-key lighting**
[mit dominantem Führungslicht] — [with a dominant key light]

High-Signal *nn* (ANGL) MICR.EL → **high level**
→ Hochpegelzustand *nm*

Highway *nf* (ANGL) SWITCH → **highway** *n*
→ Multiplexleitung *nf*

High-Zustand *nm* (ANGL) MICR.EL → **high level**
→ Hochpegelzustand *nm*

Hilbert-Transformation *nf* MATH **Hilbert transformation**

Hilfe-Anweisung *nf* SW **HELP command**

Hilfe-Bildschirm *nm* COMP.AP **HELP screen**
= HILFE-Schirmbild *nn*

Hilfedatei *nf* DAT.MA → **help file**
→ Hilfe-Datei *nf*

Hilfe-Datei *nf* DAT.MA **help file**
= Hilfedatei *nf*

Hilfe-Funktion *nf* COMP.AP **HELP function** *n*
[Bedienerhilfe] — [user assistance]
= HELP-Funktion *nf*; Online-Hilfe *nf* — = help facility; online help; help *n*

Hilfe-Information *nf* COMP.AP **help information**

Hilfe-Menü *nn* COMP.AP **HELP menu**

HILFE-Schirmbild *nn* COMP.AP → **HELP screen**
→ Hilfe-Bildschirm *nm*

Hilfe-Taste *nf* TER&PER **HELP key**
= HELP-Taste *nf* — ↑ function key
↑ Funktionstaste

Hilfe-Thema *nn* COMP.AP **HELP topic**

Hilfs- TECH **auxiliary**
≈ Neben- — = ancillary; subsidiary; tributary
≈ secundary

Hilfsader *nf* EL.TRO → **test conductor**
→ Prüfader *nf*

Hilfsadressregister *nn* SWITCH **auxiliary address register**

Hilfsakkumulator *nm* HW **reserve accumulator**
[ein Hilfsregister] — [an auxiliary register]
= alternativer Akkumulator

Hilfsansicht *nf* ENG.DRA **auxiliary view**

Hilfsantenne *nf* ANT **auxiliary antenna**
≈ Behelfsantenne — ≈ provisional antenna

Hilfsarbeiter *nm* ECON **unskilled worker**
= ungelernter Arbeiter

Hilfsbit *nn* INF.TEC **auxiliary bit**

Hilfsbrücke *nf* INSTR **auxiliary bridge**

Hilfsdatei *nf* DAT.MA → **scratch file** *n*
→ Arbeitsdatei *nf*

Hilfsdatei *nf* DAT.MA → **subfile** *n*
→ Unterdatei *nf*

Hilfselektrode *nf* EL.TRO **auxiliary electrode**

Hilfsfunktion *nf* TECH **auxiliary function**

Hilfsgerät *nn* EQP.EN **auxiliary equipment**
≈ Zusatzgerät — ≈ add-on equipment

Hilfsgröße *nf* PHYS **auxiliary quantity**

Hilfsinformation *nf* TELECON **auxiliary information**

Hilfskanal *nm* TELEC **auxiliary channel** *n*
= Sekundärkanal *nm* — = secondary channel
≈ Unterkanal; Rückkanal — ≈ subchannel; backward channel

Hilfskreis *nm* EL.TEC → **auxiliary circuit**
→ Hilfsstromkreis *nm*

Hilfskreis *nm* CIRC.EN **auxiliary circuit**
= fall-back circuit

Hilfsluft *nf* TECH **auxiliary air**
= supplementary air

Hilfsmast *nm* ANT **gin pole**

Hilfsmittel *nn* TECH **aid** *n*
= tool *n*

Hilfsoszillator *nm* CIRC.EN → **control oscillator**
→ Steueroszillator *nm*

Hilfsprofessor *nm* EDUC **adjunct professor**

Hilfsprogramm *nn* SW → **utility program** *n*
→ Dienstprogramm *nn*

Hilfsprozessor *nm* HW → **coprocessor** *n* (1)
→ Koprozessor *nm* (1)

Hilfsprozessor *nm* HW → **coprocessor** *n* (2)
→ Koprozessor *nm* (2)

Hilfsreflektor *nm* ANT → **subreflector** *n*
→ Nebenreflektor *nm*

Hilfsregelgröße *nf* CONTRO **objective variable**
= auxiliary controlled variable

Hilfsregister *nn* DAT.MA **auxiliary register**
≈ Notizblockspeicher — = scratch pad
≈ scratch pad memory

Hilfsroutine *nf* SW **help routine**
= aid routine

Hilfsseil *nn* OUT.PL **auxiliary rope**

Hilfssortierschlüssel *nm* DAT.MA **minor sorting key**
= Hilfssortierungsschlüssel *nm*

Hilfssortierungsschlüssel *nm* DAT.MA → **minor sorting key**
→ Hilfssortierschlüssel *nm*

Hilfsspannung *nf* EL.TRO **auxiliary voltage**

Hilfsspannungsquelle *nf* CIRC.EN **auxiliary voltage source**
= auxiliary voltage supply

Hilfsspeicher *nm* (1) HW → **scratchpad memory**
→ Notizblockspeicher *nm*
Hilfsspeicher *nm* (2) HW → **external memory** *n*
→ Externspeicher *nm*
Hilfsstoff *nm* MANUF **auxiliary material**
[geht nebensächlich ins Produkt ein] [enters secondarily into the product]
Hilfsstromkreis *nm* EL.TEC **auxiliary circuit**
= Hilfskreis *nm*
Hilfsstromquelle *nf* CIRC.EN **auxiliary supply**
Hilfssystem *nn* TECH **ancillary system**
≈ Untersystem = auxiliary system ≈ subsystem
Hilfsträger *nm* MODUL **subcarrier** *n*
= Nebenträger *nm*; Unterträger *nm*; Zwischenträger *nm* ≠ main carrier
≠ Hauptträger
Hilfsträger-Multiplex CATV **SCM**
= Sub-Carrier Multiplexing
Hilfsverb *nf* LING **auxiliary verb**
= Hilfszeitwort *nn* = auxiliary *n*
≠ Vollverb
Hilfsverstärker *nm* CIRC.EN **auxiliary amplifier**
Hilfsvorrichtung *nf* TECH **auxiliary device**
≈ Zusatzvorrichtung ≈ add-on device
Hilfswelle *nf* MEC.EN **auxiliary shaft**
Hilfszeitwort *nn* LING → **auxiliary verb**
→ Hilfsverb *nf*
HILI-Schnittestelle *nf* DAT.NW **High-Level Interface**
= HILI
himmelblau OPT → **azur blue** *adj*
→ azurblau *adj*
Himmelkuppel *nf* ASTR.PH **celestial sphere**
Himmelshalbkugel ASTR.PH → **hemisphere**
→ Hemisphäre *nf*
Himmelsrauschen *nn* SAT.CO **sky noise**
= external noise
H-Impuls *nm* TV → **horizontal synchronizing pulse**
→ Horizontal-Synchronimpuls *nm*
Hin-/Rückrichtungs-Abstand *nm* RADIO **go/return separation**
hinaufladen DAT.PR **upload** *vt*
[auf einen größeren Computer transferieren] [transfer to a larger computer]
= uploaden *vt* (ANGL) ≠ download
≠ herunterladen
Hinaufladen *nn* DAT.PR **upload** *n*
= Upload *nm* (ANGL)
Hinauswahl *nf* SWITCH **dial-out** *n*
hinauswählen SWITCH **dial-out** *vt*
hinausziehen COLL **protract** *vt*
[mutwillig zeitlich verlängern] [to prolong deliberately in time]
≈ verlängern = delay ≈ prolong
hinausziehen TECH → **delay** *vt*
→ verzögern
hindern COLL **hinder** *vt*
= behindern = hamper; obstruct
≈ verhindern ≈ prevent
Hindernis *nn* TECH **obstacle** *n*
= Hürde *nf*; Hemmschuh *nm* (fig) = hindrance *n*
Hindernisdämpfung *nf* RAD.PRO → **diffraction loss**
→ Beugungsdämpfung *nf*
Hindernisfeuer *nn* AERON **obstruction light**
= obstacle light
hindernisfrei RAD.PRO **unobstructed**
Hindernisfreiheit *nf* RAD.PRO **path clearance**
= clearance *n*
Hindernisschwund *nm* RAD.PRO → **obstruction fading**
→ Beugungsschwund *nm*
Hinderungsgrund *nm* COLL **impediment** *n*
hindurchklicken INTERNET **click-through** *vi*
hineinführen COLL → **introduce** *vt*
→ einführen
Hinlauf *nm* EL.TRO **trace** *n* (1)
[Bildschirm] [beam on a display]
≠ Rücklauf ≠ reverse action
Hin-Richtung *nf* TELEC **go direction**
≠ Rück-Richtung = near-to-far direction
↑ Übertragungsrichtung ≠ return direction ↑ transmission direction
Hinteransicht *nf* ENG.DRA → **rear view**
→ Rückansicht *nf*
hinter den Kulissen COLL **behind the scenes**

hintere Flanke EL.TRO → **trailing edge**
→ Abfallflanke *nf*
hintere Impulsflanke EL.TRO → **trailing pulse edge**
→ Impulsabfallflanke *nf*
hintereinander TECH **in-line** *adj*
[örtlich] = tandem
= aufgereiht; eingereiht ≈ sequenced
≈ folgegebunden ↑ ordered
↑ geordnet
hintereinanderschalten EL.TEC **cascade** *vt*
= in Reihe schalten; kaskadieren
Hintereinanderschaltung *nf* NETW.TH → **series connection**
→ Reihenschaltung *nf*
hinterer Buchdeckel PRIN.ME → **back cover**
→ hinterer Einbanddeckel
hinterer Einbanddeckel PRIN.ME **back cover**
= hinterer Buchdeckel; Rückendeckel *nm* = back board
hintere Schwarzschulter TV **back porch**
Hinterflanke *nf* EL.TRO → **trailing edge**
→ Abfallflanke *nf*
Hinterglied *nn* MATH **postcedent** *n*
Hintergrund *nm* TECH **background** *n*
≠ Vordergrund ≠ foreground
Hintergrund *nm* TER&PER **background** *n*
= Bildschirmhintergrund *nm* = display background
Hintergrundanwendung *nf* COMP.AP **background application**
[in Ausführung befindlich aber nicht im aktiven Fenster ansprechbar] [in execution but not handable by the active window]
Hintergrundaufgabe *nf* DAT.PR **background task**
hintergrundbeleuchtet TECH **back-lit**
Hintergrundbeleuchtung *nf* TECH **back-lighting**
= bias lightning; backlit
Hintergrund-Benutzerservice *nm* TELEC **second-level support**
= back-desk support; back-office support; follow-up support
Hintergrundbild *nn* COMP.AP → **wall paper**
→ Hintergrundmuster *nn*
Hintergrundbild *nn* COMP.AP **background image**
Hintergrundfarbe *nf* TECH **background colour**
Hintergrundfenster *nn* COMP.AP → **inactive window**
→ inaktives Fenster
Hintergrundgeräuschzugabe *nf* CINEMA **foley** *n*
[zur Realitätssteigerung] [added background noises to heighten relalism]
Hintergrundinformation *nf* COLL **background information**
Hintergrundmaler *nm* CINEMA **matte painter**
Hintergrundmusik *nf* MEDIA **background music**
Hintergrundmuster *nn* COMP.AP **wall paper**
= Hintergrundbild *nn*
Hintergrundprogramm *nn* SW **background program**
[Programm niedrigster Priorität, oder vom Anwender unbemerkt ablaufend] [a program with low priority, or running unperceivable to the user]
= Hintergrundprozess *nm*; nachrangiges Programm; nachrangiger Prozess = low priority program
≈ Hauptprogramm ≠ priority program
≠ Prioritätsprogramm
Hintergrundprogrammspeicher *nm* DAT.PR **background program memory**
[Bereich des Hauptspeichers] [section of main memory]
Hintergrundprozess *nm* SW → **background program**
→ Hintergrundprogramm *nn*
Hintergrundrauschen *nn* TELEPH **background noise**
Hintergrundreflexion *nf* OPT **background reflectance**
Hintergrundspeicher *nm* (1) DAT.PR → **virtual memory** *n*
→ virtueller Speicher
Hintergrundspeicher *nm* (2) DAT.PR → **cache memory** *n*
→ Cache-Speicher *nm*
Hintergrundsprecher *nm* IMAG.ME **off-speaker**
Hintergrundsystem *nn* DAT.PR **background system**
Hintergrundverarbeitung *nf* SW **background processing**
[findet statt wenn Programme höchster Priorität inaktiv sind] [takes place when priority programs are inactive]
≈ Spool (1) = background operations
≠ Vordergrundverarbeitung ≈ spool (1) ≠ foreground processing
Hinterher-Speichern DAT.NW **write-behind operation**
[später, wenn der Netzbetrieb abnimmt] [later, when network activity is low]
hinterherziehen COLL → **trail** *vt*
→ nachziehen
Hinterkante *nf* TER&PER **trailing edge**
[Lochkarte] [punched card]

Hinterkeule *nf* ANT → **back lobe**
→ Rückwärtskeule *nf*
hinterlegen *vt* COLL **post** *vt*
hinterleuchtet TECH **backlit** *adj*
Hinterseite *nf* TECH → **rear side**
→ Rückseite *nf*
hinterster COLL **rearmost**
Hinterteil *nn* TECH **rear part** *n*
≈ Rückseite = back *n* (1); rear *n* (1)
≠ Vorderteil ≈ rear side
≠ front part
Hintertür *nf* SW **back door**
hin- und herbewegen TECH **reciprocate** *vi*
= schaukeln; wiegen = rock *vi*
≈ pendeln ≈ swing
Hin- und Herbewegung *nf* TECH **reciprocating motion**
= reciprocation *n*
hin- und herschalten EL.TRO **toggle** *vt*
hinunterhangeln *vr* INTERNET **drill down**
[bis zur untersten Detailinformationsebene] [to the lowest detail information level]
Hinweis *nm* LING → **note** *n*
→ Vermerk *nm*
Hinweis *nm* COMP.LG → **reference** *n*
→ Verweis *nm*
Hinweisadresse *nf* MICR.EL **pointer** *n*
[Mikroprozessor] [microprocessor]
= Absolutzeiger *nm*; Zeiger *nm*
Hinweisadresse *nf* DAT.MA → **reference address**
→ Verweisadresse *nf*
Hinweisanzeige *nf* COMP.AP **reference display**
= Verweisanzeige *nf*
Hinweisaussage TELEPH **intercept announcement**
Hinweiscode *nm* DAT.CO **flag code**
Hinweiseinblendung *nf* COMP.AP **baloon help**
hinweisen COLL **point out** *vt*
[fig]
hinweisendes Fürwort LING → **demonstrative pronoun**
→ Demonstrativpronomen *nn*
Hinweisereignis *nn* DAT.PR **flag event**
Hinweisschild *nn* TECH → **label** *n*
→ Kennzeichnungsschild *nn*
Hinweissignal *nn* HW **strobe** *n*
[bestätigt einen Signalinhalt, der geräde auf einem Bus übertragen wird] [signal confirming some content beeing transmitted on a bus]
= Freigabesignal *nn*; Aktivierungssignal *nn*; Übernahmesignal *nn*; Auswahlsignal *nn* ↓ address strobe; data strobe
↓ Adresshinweissignal; Datenhinweissignal
Hinweisspur *nf* TER&PER **library track**
[auf Magnetplatten oder -bänder mit Inhaltshinweisen] [on magnetic disc or tape for data on content]
Hinweiston *nm* TELEPH **special information tone**
[fragen Sie die Auskunft oder achten Sie auf den Text] [ask the operator or observe the written explanations]
Hinweiston *nm* MOB.CO **reminder beep**
Hinweiszeichen *nn* PRIN.ME **fist** *n*
[eine Hand mit ausgestrecktem Zeigefinger] [a fist as indicating symbol]
= index *n*
Hinweiszeichen *nn* SW → **flag** *n*
→ Merker *nm*
Hinweiszeichen *nn* TECH → **pointer** *n*
→ Marke *nf*
Hinweiszeichensetzung *nf* SW **flagging** *n*
= Kennzeichensetzung *nf*; Markierung *nf* (2) = marking *n*
hinzufügen COLL **aggregate** *vt*
= beifügen = add; subjoin
≈ anhängen ≈ annex
hinzukommend TECH → **additional** *adj*
→ zusätzlich
HiPPI-Schnittstelle *nf* DAT.NW **HiPPI**
= High-Performance Parallel Interface
hirnrissig COLL **braindamaged** *adj*
= gehirngeschädigt ≈ brainless
≈ hirnlos
Histogramm *nn* STATIS **histogram** *n*
[Balkendiagramm dessen Balkenbreite proportional, zum Häufigkeitsintervall ist] [a bar chart with bar widths proportional to class intervalls]
= Staffelbild *nn*; Treppendiagramm *nn* = frequency bar chart
↑ Balkendiagramm ↑ bar chart
historisches Material MEDIA **historical material**

History-Funktion *nf* TELEPH → **history function**
→ erweiterte Wahlwiederholung
Hitzdraht-Instrument *nn* INSTR **expansion instrument**
= Hitzdrahtstrommesser *nm* = hot-wire instrument; hot-wire ammeter
Hitzdrahtmesswerk *nn* INSTR **hot-wire movement**
= hot-wire expansion
Hitzdrahtmikrofon *nn* EL.ACOU **hot wire microphone**
= Hitzdrahtmikrophon *nn*
Hitzdrahtmikrophon *nn* EL.ACOU → **hot wire microphone**
→ Hitzdrahtmikrofon *nn*
Hitzdrahtsicherung *nf* COMPO **heat-coil fuse**
[Fernmeldesicherung] [for telecommunication equipment]
≈ Rücklotsicherung; Umkehrauslöser
Hitzdrahtstrommesser *nm* INSTR → **expansion instrument**
→ Hitzdraht-Instrument *nn*
Hitze *nf* [TECH] PHYS → **heat** *n*
→ Wärme *nf*
hitzebeständig TECH **heat-resistant** *adj*
= hitzefest; wärmebeständig; wärmefest; thermostabil = resistant to heat; heat-proof; refractory; thermostable
≈ feuerfest ≈ fire-proof
Hitzebeständigkeit *nf* TECH → **thermal stability**
→ Wärmebeständigkeit *nf*
hitzefest TECH → **heat-resistant** *adj*
→ hitzebeständig
Hitzeschild *nn* TECH → **heat shield**
→ Wärmeschild *nn*
HK OPT → **Hefner candle**
→ Hefnerkerze *nf*
hl PHYS → **hectoliter** *n* (AE)
→ Hektoliter *nm*
HL ECON → **production costs**
→ Herstellkosten *nplt*
HLCO-Darstellung *nf* STATIS **HLCO chart**
[High/Low/Close/Open]
HLDLC DAT.NW **HLDLC**
[UIT-T] [by UIT-T]
↑ Datenübertragungsprotokoll = High-Level Data Link Control
↑ data link protocol
HLL MICR.EL → **high-level logic**
→ Hochpegel-Logik *nf*
HLR MOB.CO → **home location register**
→ Heimatregister *nn*
HLS TER&PER **HLS**
[Farbdefinitionsverfahren auf der Basis Farbe, Helligkeit und Sättigung] [color definition by Hue, Lightness and Saturation]
HLS-Farbmodell *nn* OPT → **HSB color model**
→ HSB-Farbmodell *nn*
HL-Weiche *nf* RAD.RE → **waveguide filter**
→ Hohlleiterweiche *nf*
HMA TER&PER → **Hercules**
→ Hercules
HMA-Bereich *nm* DAT.PR → **high memory**
→ oberer Speicherbereich
H-Matrix *nf* MICR.EL **h-matrix**
HMD-Wiedergabe *nf* MOD&SI **HMD**
= Head Mounted Display
HMI-Lampe *nf* CINEMA **HMI lamp**
HMON-Protokoll *nn* DAT.NW **HMON**
= HyperMedia Object Manager
HMOS-Technologie *nf* MICR.EL **HMOS technology**
[High performance Metal-Oxide Semiconductor]
HNIL MICR.EL **HNIL**
= high-noise-immunity logic
Ho CHEM → **holmium** *n*
→ Holmium *nn*
Hoax *nm* INTERNET **hoax** *n*
[absichtliche Falschwarnung]
Hobby *nn* COLL **hobby** *n*
= Liebhaberei *nf*
Hobbybastler *nm* TECH → **tinker** *n*
→ Bastler *nm*
Hobbycomputer *nm* DAT.PR **hobby computer**
= Hobbyrechner *nm* ≈ home computer
≈ Heimcomputer ↑ microcomputer
↑ Mikrocomputer
Hobby-Elektroniker *nm* EL.TRO **electronics amateur**
Hobby-Informatiker *nm* DAT.PR **freak** *n*
[English "freak" = Monstrum; der sich [from "freak" = monster; an amateur

hobbymäßig intensiv mit Computertechnik befasst] — dealing intensively with computing]
= Freak *nm*; Computer-Freak *nm* — = computer freak; computernik *n*; power user; terminal junky; TJ; propeller head; techie *n*
≈ Computerfachmann — ≈ computer professional

Hobbyrechner *nm* DAT.PR **→ hobby computer**
→ Hobbycomputer *nm*

Hobel *nf* TECH **plane** *n*

hobeln TECH **plane** *vt*
= shape *vt*

hoch MATH **to the power of**

hoch TECH **high** *adj*
≠ tief — ≠ deep
↑ groß — ↑ large

Hochachtungsvoll OFFICE **Sincerely yours** (AE)
[neutraler Briefschluss] — [neutral complimentary close]
= Mit vorzüglicher Hochachtung; Mit freundlichen Grüßen — = Yours faithfully (BE); Yours very truly (BE); Yours truly (BE); Very truly yours (AE)
≈ Mit freundlichen Grüßen Ihr — ≈ Yours sincerely

Hochantenne *nf* ANT **elevated antenna**

hochauflösend TV **high-definition** *adj*
= with high definition

hochauflösend TER&PER **high-resolution** *adj*
≠ niedrigauflösend — = high-res; high-definition *adj*; high-def
≠ low-resolution

hochauflösende Grafik COMP.GR **high-resolution graphics**
= hochauflösende Graphik — = high-res graphics; HRG

hochauflösende Graphik COMP.GR **→ high-resolution graphics**
→ hochauflösende Grafik

hochauflösender Drucker TER&PER **→ graphics printer**
→ Grafikdrucker *nm*

hochauflösendes Fernsehen TV **high-definition TV**
[1250 Zeilen, 480 000 Bildpunkte] — [1250 lines, 480 000 pixels]
= HDTV; Hochzeilenfernsehen *nn* — = HDTV; high-definition television

Hochbau *nm* CIV.EN **building technology**
↑ Bauwesen — = building construction
↑ civil engineering

hochbeansprucht TECH **heavily stressed**
= hochbelastet — = highly stressed

hochbelastbar TECH **→ resistant** *adj*
→ widerstandsfähig

hochbelastet TECH **→ heavily stressed**
→ hochbeansprucht

hochbitratig TELEC **high-bit-rate** *adj*

hochbitratige Teilnehmerleitung TELEC **→ VDSL**
→ VDSL

hochdotiert MICR.EL **high-doped** *adj*

Hoch-Drei-Zahl *nf* MATH **→ cube** *n* (1)
→ Kubikzahl *nf*

Hochdruck *nm* TER&PER **high-pressure jet**
[hoher Druck der Tinte]

Hochdruck *nm* PHYS **high pressure**

Hochdruck *nm* PRIN.ME **letterpress** *n*
[druckende Teile liegen höher als nicht druckende] — [printing parts hihger than non printing ones]
≠ Tiefduck — = letterprint; relief printing
↑ Druckverfahren — ≠ intaglio printing
↓ Typendruck — ↑ printing process
↓ type printing

Hochdrucklüfter *nm* TECH **→ blast** *n*
→ Gebläse *nn*

Hochebene *nf* GEOSC **plateau** *n* (*pl* -s&-x)
= high plain

hocheffizient TECH **→ highly efficient**
→ hochergiebig

hochempfindlich TECH **highly sensitive**
= high-sensitive

Hochempfindlichkeitsmesskopf *nm* INSTR **high-sensitivity power sensor**

hochentwickelt TECH **→ advanced** *adj*
→ fortgeschritten

hochentwickelt ECON **highly developed**

hochentwickelte Technik TECH **advanced technology**
= hochentwickelte Technologie; fortgeschrittene Technik

hochentwickelte Technologie TECH **→ advanced technology**
→ hochentwickelte Technik

hochergiebig TECH **highly efficient**
= hocheffizient

hochfahren DAT.PR **start-up** *vt*
[einschalten und Betriebsbereitschaft herstellen] — [to power-up and establish operating readiness]
≈ hochlaufen — = power-up *vt*; run up *vt*

Hochfahren *nn* DAT.PR **start-up** *n*
= Hochlauf *nm* — = startup *n*; power-up *n*; running up *n*

hochfest TECH **high-strength**

Hochformat *nn* PRIN.ME **portrait format**
≠ Querformat — = portrait orientation; portrait *n*; upright format; comic-strip-oriented image
↑ Seitenausrichtung — ≠ landscape format
↓ page orientation

Hochformatbildschirm *nm* TER&PER **portrait monitor**
= Hochformatmonitor *nm* — [higher than wide]

Hochformatdruck *nm* TER&PER **portait printing**

Hochformatmonitor *nm* TER&PER **→ portrait monitor**
→ Hochformatbildschirm *nm*

hochfrequent EL.TEC **high-frequency** *adj*
= HF

Hochfrequenz *nf* POW.EN **high frequency**
[ab 10 kHz] — [above 10 kHz]

Hochfrequenz *nf* EL.TEC **high frequency** *n*
[im engeren Sinne: 20 kHz bis 100 MHz; im weiteren Sinne: 20 kHz bis 100 GHz; im Englischen wird oft die "Radiofrequenz" bevorzugt] — [in a narrow sense: 20 kHz to 100 MHz; in a broader sense: 20 kHz to 100 GHz; the quasi-synonym "radiofrequency" is often preferred in English, but its use is resticted to radio-related topics in German]
= HF — = HF; H.F.
≈ Radiofrequenz; Höchstfrequenz — ≈ radiofrequency; super high frequency

Hochfrequenzdrossel *nf* COMPO **HF choke coil**

Hochfrequenzeisenkern *nm* COMPO **→ dust core**
→ Pulverkern *nm*

Hochfrequenzerder *nm* EL.TEC **RF earthing electrode**
= HF-Erder

Hochfrequenzheizung *nf* POW.EN **→ HF heating**
→ HF-Heizung *nf*

Hochfrequenzleitung *nf* HF **→ HF line**
→ HF-Leitung *nf*

Hochfrequenz-Signalgenerator *nm* INSTR **→ measuring transmitter**
→ Messsender *nm* (2)

Hochfrequenz-Spektroskopie *nf* PHYS **radio frequency spectroscopy**

Hochfrequenzspitze *nf* INSTR **→ RF pip**
→ HF-Spitze *nf*

Hochfrequenztapete *nf* HF **reactance chart**
= HF-Tapete

Hochfrequenztechnik *nf* EL.TEC **high-frequency engineering**
= HF-Technik *nf* — = HF engineering
↑ Elektrizitätslehre — ↑ electrical fundamentals

Hochfrequenztransistor *nm* COMPO **→ HF transistor**
→ HF-Transistor *nm*

Hochfrequenzverstärker *nm* HF **→ HF amplifier**
→ HF-Verstärker *nm*

Hochfrequenzwiderstand *nm* EL.TEC **→ HF resistance**
→ HF-Widerstand *nm*

Hochfrequenz-Widerstandsbrücke *nf* INSTR **→ HF resistance bridge**
→ HF-Widerstandsmessbrücke *nf*

Hochführung *nf* EL.INS **vertical installation**

Hochführungsschacht *nm* CIV.EN **vertical wall duct**

Hochgeschwindigkeit *nf* TECH **high speed** *n*

Hochgeschwindigkeits-Bitstrom *nm* TELEC **high-speed digital stream**

Hochgeschwindigkeits-CMOS MICR.EL **→ HSCMOS**
→ HSCMOS

Hochgeschwindigkeits-Datenkanal *nm* DAT.CO **→ fast line**
→ Hochgeschwindigkeitskanal *nm*

Hochgeschwindigkeits-DRAM *nn* DAT.PR **burst DRAM**
= burst EDO

Hochgeschwindigkeits-Filmaufnahme *nf* CINEMA **high-speed cinematography**

Hochgeschwindigkeits-Haupttrasse *nf* TELEC **high-speed backbone**
= Hochleistungs-Haupttrasse *nf*

Hochgeschwindigkeitskanal *nm* DAT.CO **fast line**
= Hochgeschwindigkeits-Datenkanal *nm*; Hochgeschwindigkeitsleitung *nf*

Hochgeschwindigkeits-LAN *nn* DAT.NW **HSLAN**
= HSLAN *nn* — = High-Speed LAN

Hochgeschwindigkeitsleitung *nf* DAT.CO **→ fast line**
→ Hochgeschwindigkeitskanal *nm*

Hochgeschwindigkeitsnetz *nn* TELEC **high-speed network**

Hochgeschwindigkeits-Paketvermittlung *nf* — TELEC — **high speed packet switching**
= fast packet switching; fast packet (1)

Hochgeschwindigkeits-Satelliten-Datenübertragung *nf* — TELEC — **high-speed data transmission by satellite**
= HSDS — = HSDS

Hochgeschwindigkeitssignal *nn* — MIL.CO — **agil signal**
= agiles Signal — [changing its parameters with high speed]

Hochgeschwindigkeitssignal-Generator *nm* — INSTR — → **agile signal generator**
→ Agil-Signal-Generator *nm*

Hochgeschwindigkeitsübertrag *nm* — COMP.SC — **high-speed carry**

Hochgeschwindigkeitsverschluss *nm* — OPT — **high-speed shutter**

hochgesetzt — MATH — **superscripted** *adj*
= hochgestellt; hochstehend — ≠ subscripted
≠ tiefgesetzt — ↑ indexed
↑ indexiert

hochgesetztes Zeichen — PRIN.ME — → **superscript** *n*
→ Hochstellung *nf*

hochgespannte Erwartungen — COLL — **great expectations**

hochgestellt — MATH — → **superscripted** *adj*
→ hochgesetzt

hochgestelltes Zeichen — PRIN.ME — → **superscript** *n*
→ Hochstellung *nf*

Hochglanz *nm* — TECH — **gloss** *n*
= highlight *n*

hochglänzend — TECH — **glossy** *adj*

hochglanzpolieren — TECH — **mirror-finish** *vt*

Hochglanzpolitur *nf* — TECH — **mirror finish** *n*

hochheben — TECH — **elevate** *vt*
= anheben — = raise *vt*; jack *vt*
≈ heben — ≈ lift

hochintegriert — MICR.EL — **large-scale integrated**
= highly integrated

hochintegrierter Schaltkreis — MICR.EL — → **large-scale integrated circuit**
→ hochintegrierte Schaltung

hochintegrierte Schaltung — MICR.EL — **large-scale integrated circuit**
= LSIC; hochintegrierter Schaltkreis; gruppenintegrierte Schaltung; gruppenintegrierter Schaltkreis; Großschaltkreis *nm* — = LSIC; highly-integrated circuit; large-scale IC; highly integrated IC

hochkant — MEC.EN — **edge-wise** *adv*
= on end

hochkapazitiv — EL.SC — **high-capacity** *adj*

Hochkegelkopf *nm* — MEC.EN — **cone head**

Hochkegelkopfniet *nm* — MEC.EN — **cone-head rivet**

Hochkomma *nn* — LING — **inverted comma**
[Symbol:'] — [symbol:']
≈ Anführungszeichen — = quote *n*; single quote
≈ quote mark

Hochkonjunktur *nf* — ECON — **economic boom**
≈ Konjunkturaufschwung — = boom *n*

Hochkontrast-Bildschirm *nm* — TER&PER — **page-white display**

Hochladen *nn* — DAT.PR — **upload** *n*
≠ Herunterladen — ≠ download

hochladen *vt* — DAT.PR — **upload** *vt*
≠ herunterladen — ≠ download

Hochland *nn* — GEOSC — **upland** *n*
= Oberland *nn*

Hochlast *nf* — TECH — **high load**

Hochlauf *nm* — DAT.PR — → **start-up** *n*
→ Hochfahren *nn*

hochlaufen — TECH — → **start-up** *vi*
→ anlaufen

Hochleistungs- — TECH — **high-performance ...**
[mit hervorragenden Eigenschaften] — = high-capacity...; heavy-duty...; large-power-; performance-

Hochleistungsabschwächer *nm* — INSTR — **high power attenuator**
= Hochleistungsdämpfungsglied *nn*; Leistungs-Dämpfungsglied *nn*

Hochleistungs-Antenne *nf* — ANT — **high-performance antenna**
[hervorragender Eigenschaften]

Hochleistungschip *nm* — MICR.EL — **high-performance chip**
[hevorragender Eigenschaften]

Hochleistungscomputer *nm* — DAT.PR — → **high-performance computer**
→ Hochleistungsrechner *nm*

Hochleistungsdämpfungsglied *nn* — INSTR — → **high power attenuator**
→ Hochleistungsabschwächer *nm*

Hochleistungsdrucker *nm* — TER&PER — **high-speed printer**
= Schnelldrucker *nm*; Schnellschreiber *nm* — = fast printer
≈ Zeilendrucker — ≈ line printer

Hochleistungsgerät *nn* — TECH — **high-performance equipment**

Hochleistungs-Haupttrasse *nf* — TELEC — → **high-speed backbone**
→ Hochgeschwindigkeits-Haupttrasse *nf*

Hochleistungshindernisfeuer *nn* — AERON — **high-intensity obstruction light**

Hochleistungsmesskopf *nm* — INSTR — **high-power sensor**

Hochleistungsrechner *nm* — DAT.PR — **high-performance computer**
= Hochleistungscomputer *nm*

Hochleistungsuniversalzähler *nm* — INSTR — **performance universal counter**

Hochleitaluminium *nn* — METAL — → **EC-grade aluminum**
→ Leitaluminium *nn*

hochleitfähig — PHYS — **highly conductive**
= high-conductivity *adj*

Hochleitkupfer *nn* — METAL — → **EC-grade copper**
→ Leitkupfer *nn*

hochmodern — TECH — **ultra-modern**
= supermodern; ultramodern

hochohmig — EL.TEC — **high-impedance** *adj*
= high-ohmic; high-resistance; high-resistive

Hochohmübertrager *nm* — COMPO — **high-voltage transformer**

Hochohmwiderstand *nm* — COMPO — **high-value resistor**

hochpaarig — COM.CAB — **multi-pair**
= multipaired; large-capacity

hochpaariges Kabel — COM.CAB — **high-capacity cable**
= large-size cable

Hochpass *nm* — NETW.TH — → **high pass filter**
→ Hochpassfilter *nn*

Hochpassfilter *nn* — NETW.TH — **high pass filter**
= Hochpass *nm* — = high pass

hochpass-gefiltert — INF.TEC — **high-pass filtered**

Hochpegel *nm* — MICR.EL — → **high level**
→ Hochpegelzustand *nm*

Hochpegel-Logik *nf* — MICR.EL — **high-level logic**
= HLL; störsichere Logik — = HLL
≠ Tiefpegellogik — ≠ low-level logic

Hochpegel-Modulation *nf* — MODUL — **high-level modulation**
= Endstufenmodulation *nf*

Hochpegel-Programiersprache *nf* — COMP.LG — → **high-level programming language**
→ problemorientierte Programmiersprache

Hochpegelsignal *nn* — MICR.EL — → **high level**
→ Hochpegelzustand *nm*

Hochpegelsignalisierung *nf* — TRANSM — **high-level signaling** (AE)
[TF-Technik] — [FDM]
= Hochpegelwahl *nf* — = high-level selection

Hochpegelsprache *nf* — COMP.LG — → **high-level programming language**
→ problemorientierte Programmiersprache

Hochpegelwahl *nf* — TRANSM — → **high-level signaling** (AE)
→ Hochpegelsignalisierung *nf*

Hochpegelzustand *nm* — MICR.EL — **high level**
[positives Potential bei positiver Logik; Nullpotential bei negativer Logik] — [a positive potential by positive logic; neutral potential with negative logic]
= Hochpegelsignal *nn*; Hochpegel *nm*; H-Zustand *nm*; H-Pegel *nm*; H-Signal *nn*; High-Zustand *nm* (ANGL); Signal-high-Pegel *nm* (ANGL); High-Signal *nn* (ANGL); H — = high signal; H level; H signal; H; logical high; signal high; high
≠ Tiefpegelzustand — ≠ low level
↑ Impulspegel — ↑ pulse level

Hochpfeil *nm* — LING — **angled circumflex**
[Zeichen ^] — [sign ^]
= Caret *nn* — ≈ caret [PRIN.ME]
≈ Winkelzeichen [PRIN.ME] — ↑ circumflex

hochpolig — EL.TEC — → **multipolar** *adj*
→ vielpolig

Hochprägung *nf* — METAL — **embossing** *n*

hochqualifiziert — TECH — **highly qualified**

hochrangig — COLL — **high-profile** *adj*

hochratig — TELEC — **high-rate**

hochregeln — CONTRO — **up-regulate** *vt*
≠ herunterregeln — ≠ down-regulate

Hochrundkopf *nm* — MEC.EN — **high button head**

Hochrundkopfniet *nm* — MEC.EN — **high button head rivet**

hochrüsten — DAT.PR — **upgrade** *vt*
= upgraden *vt* (ANGL) — ≈ update
≈ aktualisieren

hochrüsten — SW — → **upgrade** *vt*
→ upgraden *vt*

Hochrüstung *nf* — DAT.PR — **upgrade** *n*
[die Leistungsfähigkeit eines DV-Systems durch zusätzliche oder aktuellere Ressourcen — [to enhance a computer system by additional or more updated

steigern] — resources]
≈ Aktualisierung — ≈ update
↓ Hardware-Hochrüstung; Software-Hochrüstung; Programmerweiterung — ↓ hardware upgrade; software upgrade; program upgarde

Hochschulabgänger *nm* SCIE → **graduate** (AE)
→ Absolvent *nm*

Hochschulabsolvent *nm* EDUC **fresh graduate**
[kurz nach oder vor dem Abschluss] — ↑ graduate
= Universitätsabsolvent
↑ Akademiker

Hochschule *nf* EDUC **tertiary school**
↑ Lehranstalt — ↓ university; academy
↓ Universität; Fachhochschule; Akademie

Hochschulgelände *nn* EDUC **campus** *n*
= Universitätsgelände

Hochschulingenieur *nm* EDUC **academic engineer**
= Diplom-Ingenieur; Dipl.-Ing. — = graduated engineer

Hochschulreife *nf* EDUC **academic maturity**

Hochschulreifeprüfung *nf* EDUC → **advanced level exam** (BE)
→ Abitur *nn*

Hochspannung *nf* POW.EN **high voltage**
[über 1 kV (650 V in GrBr)] — [above 1 kV (650 V in GB)]
= HV; high tension; HT; supervoltage *n*

Hochspannungsanlage *nf* POW.EN **high-voltage installation**

Hochspannungsbatterie *nf* POW.SY **high-voltage battery**

hochspannungsfest EL.TRO **shock-proof**
= hochspannungssicher — = shock-resistant

Hochspannungs-FET *nm* MICR.EL **high-voltage FET**

Hochspannungs-Freileitung *nf* POW.EN **high-voltage transmission line**
↑ Starkstrom-Freileitung — ↑ transmission line

Hochspannungsgleichrichter *nm* POW.EN **high-voltage rectifier**

Hochspannungsinstrument *nn* INSTR → **high-voltage instrument**
→ Hochspannungs-Messinstrument *nn*

Hochspannungskabel *nn* POW.EN → **power cable**
→ Starkstromkabel *nn*

Hochspannungsleitung *nf* POW.EN **high-tension line**
↑ Starkstromleitung — ↑ power line

Hochspannungsmast *nm* POW.EN **power line tower**

Hochspannungs-Messinstrument *nn* INSTR **high-voltage instrument**
= Hochspannungsinstrument *nn* — = high-tension instrument

Hochspannungs-Messkopf *nm* INSTR **high-tension probe**
= Hochspannungstastkopf *nm* — = high-voltage probe

Hochspannungs-Messtechnik *nf* INSTR **high-tension measurement**

Hochspannungsnetzteil *nn* EQP.EN → **high-voltage power supply**
→ Hochspannungs-Stromversorgung *nf*

Hochspannungsschutz *nm* POW.EN **high-tension protection**

hochspannungssicher EL.TRO → **shock-proof**
→ hochspannungsfest

Hochspannungs-Stromversorgung *nf* EQP.EN **high-voltage power supply**
= Hochspannungsnetzteil *nn*

Hochspannungstastkopf *nm* INSTR → **high-tension probe**
→ Hochspannungs-Messkopf *nm*

Hochspannungstechnik *nf* POW.EN **high-voltage engineering**

Hochspannungswiderstand *nm* COMPO **high-voltage resistor**

hochspezialisiert ECON **highly specialized**

Hochsprache *nf* LING **standard language**
≠ Umgangssprache — ≠ colloquial

Hochsprache *nf* COMP.LG → **high-level programming language**
→ problemorientierte Programmiersprache

höchst *adv* COLL **extremely** *adv*
= extrem

Höchst- COLL **maximum** ... *praep*
= maximal-; Maximal-; Höchst- — = top-; maximal-; highest

Höchst- COLL → **maximum** ... *praep*
→ Höchst-

hochstabil TECH **highly-stable**

Höchstausbau *nm* TECH → **maximum capacity**
→ Endausbau *nm*

Höchstbelastung *nf* TECH → **peak load**
→ Belastungsspitze *nf*

Höchstbetrag *nm* ECON **maximum amount**
= Maximalbetrag *nm*

Höchstburstlänge *nf* TELEC **maximum burst rate**
[ATM] — [ATM]
= maximale Burstlänge

hochstehend MATH → **superscripted** *adj*
→ hochgesetzt

hochstehendes Zeichen PRIN.ME → **superscript** *n*
→ Hochstellung *nf*

Hochstellen *nn* PRIN.ME → **superscript** *n*
→ Hochstellung *nf*

Hochstellung *nf* PRIN.ME **superscript** *n*
= hochgestelltes Zeichen; hochgesetztes Zeichen; hochstehendes Zeichen; Hochstellen *nn* — = superscripted character; superscripting *n*; superior figure; superior *n*
≠ Tiefstellung — ≠ subscript

höchstempfindlich TECH **extremely sensitive**
= supersensitive

höchste Stimme MUSIC → **treble** *n*
→ Oberstimme *nf*

Höchstfrequenz *nf* EL.TEC **super high frequency**
[100 MHz - 100 GHz; oft als oberer Teilbereich der Hochfrequenz betrachtet] — [100 MHz - 100 GHz; often considered as the upper subrange of high frequencies]
= Mikrowelle *nf* — = SHF; microwave *n*
≈ Hochfrequenz; Zentimeterwellen — ≈ high frequency; centrimetric waves

Höchstfrequenzbereich *nm* RADIO → **centimetric waves**
→ Zentimeterwellen *nplt*

Höchstfrequenzgenerator *nm* MICROW → **microwave generator**
→ Mikrowellengenerator *nm*

Höchstfrequenz-Messtechnik *nf* INSTR → **microwave measurement**
→ Mikrowellen-Messtechnik *nf*

Höchstfrequenzoszillator *nm* MICROW → **microwave oscillator**
→ Mikrowellenoszillator *nm*

Höchstfrequenztechnik *nf* EL.TEC → **microwave engineering**
→ Mikrowellentechnik *nf*

Höchstintegration *nf* MICR.EL → **VLSI**
→ Größtintegration *nf*

Höchstlast *nf* TECH → **peak load**
→ Belastungsspitze *nf*

Höchstleistung *nf* COLL **top performance**

Höchstleistung *nf* TECH **peak output**

Höchstleistungs-Computer *nm* → **very high performance computer**
→ Höchstleistungsrechner *nm*

Höchstleistungsrechner *nm* **very high performance computer**
= Höchstleistungs-Computer *nm*

Höchstmaß *nn* TECH **greatest measure**
= Größtmaß *nn*

Höchstnetzlastzeit *nf* TELEC **peak time**
≈ Hauptverkehrsstunde — ≈ busy hour

Hochstromkontakt *nm* EL.TRO **heavy-duty contact**

Höchstspannung *nf* EL.TEC **extra-high voltage**
= EHV

Höchststufe *nf* LING → **superlative** *n*
→ Superlativ *nm*

Höchsttemperatur *nf* PHYS **maximum temperature**
= Maximaltemperatur *nf*
↑ Grenztemperatur

Höchstvakuum *nn* PHYS **extra-high vacuum**

Höchstverfügbarkeit *nf* QUAL **highest reliability**
= Maximalverfügbarkeit *nf* — = maximum reliability

Höchstwellenröhre *nf* EL.TRO → **microwave tube**
→ Mikrowellen-Elektronenröhre *nf*

Höchstwert *nm* MATH → **maximum value**
→ Größtwert *nm*

Höchstwertbegrenzer *nm* EL.TRO **peak-value limiter**
= Maximalwertbegrenzer *nm* — = maximum-value limiter

höchstwertig COMP.SC **highest-order** *adj*
[linksaußen stehend] — [at the leftmost position]
= werthöchst; führend — = high-order; most significant; leftmost

höchstwertiges Bit COMP.SC **most significant bit**
[meist das am weitesten links befindliche] — [generally the furthest to the left]
= werthöchstes Bit; MSB — = MSB; msb

höchstwertiges Byte COMP.SC **most significant byte**
= werthöchstes Byte

höchstwertiges Zeichen COMP.SC **most significant digit**
= werthöchstes Zeichen — = MSD; msd; most significant character

Hochtechnik *nf* TECH → **high technology**
→ Hochtechnologie *nf*

Hochtechnologie *nf* TECH **high technology**
= Hochtechnik *nf* — ≈ top technology
≈ Spitzentechnologie

Hochtemperatursensor *nm* AUTOMA **high-temperature sensor**

Hochtemperatur-Supraleiter *nm* PHYS **high-temperature superconductor**

Hochtöner *nm* EL.ACOU → **tweeter** *n*
→ Hochtonlautsprecher *nm*

Hochtonhorn *nn* EL.ACOU **horn tweeter**

Hochtonlautsprecher *nm* EL.ACOU **tweeter** *n*
= Hochtöner *nm*

hochtrabend	COLL	**high-flown**
hochtreiben [fig]	COLL	**boost** *vt*
Hochvakuum *nn*	PHYS	**high vacuum**
Hochvakuum- ≠Gasentladungs-	EL.TRO	**hard** *adj* ≠gas-discharge
Hochvakuumdiode *nf* =Vakuumdiode *nf*	EL.TRO	**diode vacuum tube**
Hochvakuumröhre *nf*	EL.TRO	**high vacuum tube**
Hochvakuumtriode *nf* →Triode *nf*	EL.TRO	→**triode vacuum tube**
Hochvakuumzelle *nf* →Vakuumphotozelle *nf*	EL.TRO	→**phototube** *n*
hochverdünnt	TECH	**highly diluted**
Hochverfügbarkeit *nf*	QUAL	**high availability**
Hochvolt-Elko *nm*	COMPO	**electrolytic high-voltage capacitor**
Hochvoltumrichter *nm*	POW.EN	**high-voltage convertor**
hochwertig =raffiniert ≈ausgeklügelt; fortgeschritten	TECH	**sophisticated** =high-grade; premium-grade; fine ≈ingenious; advanced
Hochwertigkeit *nf* =Raffiniertheit *nf*; Rafinesse *nf*	TECH	**sophistication** *n*
Hochwiderstandsmesser *nm*	INSTR	**high-resistance meter**
Hochzahl *nf* →Exponent *nm*	MATH	→**exponent** *n*
Hochzeilenfernsehen *nn* →hochauflösendes Fernsehen	TV	→**high-definition TV**
hochzugfest	MECH	**high-tensile** *adj*
Hoch-Zwei-Zahl *nf* →Quadrahtzahl *nf*	MATH	→**square** *n* (2)
Höcker *nm* [in Kurve]	MATH	**peak** *n* (1) [in a curve]
Höckerfrequenz *nf*	NETW.TH	**peak frequency**
Höckerpunkt *nm* [Tunneldiode]	MICR.EL	**peak point** [tunnel diode]
Höckerspannung *nf* [Tunneldiode]	MICR.EL	**peak-point voltage** [tunnel diode] =isohypse voltage
Höckerstrom *nm* [Tunneldiode]	MICR.EL	**peak-point current** [tunnel diode]
Höcker-Tal-Verhältnis *nn*	MICR.EL	**peak-to-valley ratio** =drop ratio
Hodograph *nm*	PHYS	**hodograph** *n*
Hof *nm* =Kranz *nm* ≈Lichthof	OPT	**corona** *n* ≈halo
Höflichkeitsruf *nm*	TELEC	**courtesy call**
Hoflieferant *nm* →traditioneller Lieferant	ECON	→**traditional supplier**
Höhe *nf* →Betrag *nm*	ECON	→**amount** *n*
Höhe *nf* [Winkelabstand vom Horizont]	ASTR.PH	**altitude** *n* [angular elevation above horizon] =elevation
Höhe *nf* [Entfernung über Meeresspiegel] =Höhenlage *nf*; Kote *nf*	GEOSC	**altitude** *n* [vertical elevation above sea level]
Höhe *nf* [Geometrie; vertikaler Abstand] ↑Dimension	MATH	**height** *n* [geometry; perpendicular distance] =altitude ↑dimension
hohe Dielektrizitätskonstante →HDK	COMPO	→**high permittivity**
höhenabhängig	PHYS	**hight dependent**
Höhenabstand *nm* →Höhenunterschied	TECH	→**vertical interval**
Höhenanhebung *nf*	EL.ACOU	**treble correction** =pre-emphasis *n*
höheneinstellbar →höhenverstellbar	TECH	→**adjustable in height**
Höheneinstellung *nf* =Höhenverstellung *nf*	TECH	**height adjustment**
Höhenlage *nf* →Höhe *nf*	GEOSC	→**altitude** *n*
Höhenlinie *nf* →Isohypse *nf*	CART	→**isohypse** *n*
Höhenmesser *nm*	INSTR	**altimeter** *n*
Höhenmodell *nn*	GIS	**elevation model**
Höhen *nplt*	EL.ACOU	**treble** *n*
Höhenstrahlung *nf* =kosmische Strahlung	GEOSC	**cosmic radiation** =cosmic rays
Höhenunterschied =Höhenabstand *nm*	TECH	**vertical interval** =height interval; hight difference
höhenverstellbar =höheneinstellbar	TECH	**adjustable in height** =height-adjustable; vertically adjustable
Höhenverstellschraube *nf*	EQP.EN	**height-adjusting screw**
Höhenverstellung *nf* →Höheneinstellung *nf*	TECH	→**height adjustment**
Höhenverstellung *nf*	ANT	**elevation adjustment** =vertical adjustment
Höhenwinkel *nm* →Elevationswinkel *nm*	ANT	→**elevation angle**
Höhepunkt *nm* =Klimax *nf*	MEDIA	**climax** *n*
Höhepunkt erreichen, den	COLL	**peak** *vi*
höherbitratig	TELEC	**higher-bit-rate**
höhere Gewalt ↓höhere Naturgewalt	LAW	**force majeure** ↓act of God
Höhere Mathematik	MATH	**higher mathematics** =advanced mathematics
höhere Naturgewalt ↑höhere Gewalt	LAW	**act of God** ↑force majeure
höhere Programmiersprache →problemorientierte Programmiersprache	COMP.LG	→**high-level programming language**
höhere Sprache →problemorientierte Programmiersprache	COMP.LG	→**high-level programming language**
hoher Integrationsgrad →Großintegration *nf*	MICR.EL	→**LSI**
hoher Speicherbereich =UMA-Speicher *nm*	DAT.PR	**upper memory area** =UMA
Höherstufe *nf* →Komparativ *nm*	LING	→**comparative** *n*
höherstufig	MODUL	**higher-level** ...
höherwertig =signifikanter	CODING	**higher-order** *adj* =higher significant; higher-level
höherwertig →verbessert	TECH	→**enhanced**
höherwertige Adresse	SW	**high address** =higher-order address
höherwertiger Dienst →Mehrwertdienst *nm*	TELEC	→**value added service** *n*
höherwertiges Byte	COMP.SC	**high byte** [containing the most significant digits]
Höhe- und Entfernungsgeber *nm*	RAD.NA	**height-range indicator** =HRI
Höhe- und Ortsgeber *nm*	RAD.NA	**height-position indicator** =HPI
hohe Widerstände messen	INSTR	**meg** *vt*
hohe Wiedergabetreue =Hifi	EL.ACOU	**high fidelity** =HiFi
hohl ≈konkav [MATH]; vertieft ≠erhaben	TECH	**hollow** *adj* ≈concave [MATH]; recessed ≠raised
Hohlader *nf* =Schutzhülle *nf* ≠Vollader	OPT.CO	**buffer loose tube** =buffer tube; buffer jacket; single fiber loose buffer ≠tight buffer tube
Hohladerkabel *nn*	COM.CAB	**loose tube cable**
Hohlanode *nf*	EL.TRO	**hollow anode**
hohlerhaben →konvex-konkav	OPT	→**convexo-concave** *adj*
Hohlerhabenheit *nf* →Konvexität *nf*	OPT	→**convexity** *n*
Hohlkabel *nn*	MICROW	**low-loss circular waveguide**
Hohlkathode *nf* =Hohlspiegelkathode *nf*	EL.TRO	**hollow cathode** =concave cathode
Hohlkegelantenne *nf*	ANT	**hollow-conical antenna**
Hohlkeil *nm*	MEC.EN	**saddle key**
Hohlklang *nm*	TELEPH	**rain barrel hollowness**
Hohlleiter *nm* =Wellenleiter *nm* [PHYS]; Leiter *nm*	MICROW	**waveguide** =W/G
Hohlleiterabschwächer *nm* →Hohlleiter-Dämpfungsglied *nn*	MICROW	→**waveguide attenuator**
Hohlleiteranschluss *nm*	MICROW	**waveguide port**
Hohlleiterblende *nf*	MICROW	**waveguide shutter**
Hohlleiterbrücke *nf*	ANT	**waveguide bridge**
Hohlleiter-Dämpfungsglied *nn* =Hohlleiterabschwächer *nm*	MICROW	**waveguide attenuator**
Hohlleiterdurchführung *nf* →Hohlleiterfenster *nn*	MICROW	→**waveguide window**

Hohlleiterelement *nn*	MICROW	**waveguide component**
Hohlleiterfenster *nn*	MICROW	**waveguide window**
= Hohlleiterdurchführung *nf*		
Hohlleiterfilter *nn*	MICROW	→ **mode filter**
→ Modenfilter *nn*		
Hohlleiterflansch *nm*	MICROW	**waveguide flange**
Hohlleitergabel *nf*	MICROW	**microwave hybrid**
Hohlleiterisolator *nm*	MICROW	**microwave isolator**
Hohlleiterkrümmung *nf*	MICROW	**waveguide bend**
		= waveguide elbow
Hohlleiterkurzschluss *nm*	MICROW	**waveguide short**
Hohlleiterlinse *nf*	MICROW	**waveguide lens**
Hohlleitermodus *nm*	MICROW	→ **waveguide mode**
→ Wellentyp *nm*		
Hohlleiter-Phasenschieber *nm*	MICROW	**waveguide phase shifter**
Hohlleiter-Resonanzkreis *nm*	MICROW	→ **waveguide resonator**
→ Hohlleiterresonator *nm*		
Hohlleiterresonator *nm*	MICROW	**waveguide resonator**
= Hohlleiter-Resonanzkreis *nm*		
Hohlleiter-Richtkoppler *nm*	MICROW	**waveguide directional coupler**
Hohlleiterschalter *nm*	MICROW	**waveguide switch**
= Wellenleiterschalter *nm*		
Hohlleitersonde *nf*	MICROW	**waveguide probe**
Hohlleitersperre *nf*	MICROW	**waveguide band-rejection filter**
Hohlleiter-Stichleitung *nf*	MICROW	**waveguide stub**
Hohlleiterstrahler *nm*	ANT	**waveguide radiator**
↓ Hornstrahler		= waveguide antenna
		↓ horn radiator
Hohlleitersystem *nn*	ANT	**waveguide system**
Hohlleitertransformator *nm*	MICROW	**waveguide transformer**
= Wellenleitertransformator *nm*		
Hohlleiterübergang *nm*	MICROW	**waveguide transition**
= Übergang *nm*		= waveguide junction
Hohlleiterweiche *nf*	RAD.RE	**waveguide filter**
= HL-Weiche *nf*; DR-Weiche *nf*		= dielectric resonator filter
Hohlleiterzirkulator *nm*	MICROW	**waveguide circulator**
Hohlleiterzug *nm*	RAD.RE	**waveguide run**
Hohlmaß *nn*	PHYS	→ **volumetric measure**
→ Raummaß *nn*		
Hohlmast *nm*	OUT.PL	**tubular pole**
Hohlniet *nm*	MEC.EN	**hollow rivet**
Hohlraum *nm*	MICROW	**cavity** *n*
= Kammer *nf*		
Hohlraum *nm*	TECH	**cavity** *n*
= Höhlung *nf*; Hohlstelle *nf*		= cavitation *n*; hollow *n*; void *n*
hohlraumabgestimmt	MICROW	**cavity-tuned**
hohlraumabgestimmter Oszillator	CIRC.EN	**cavity-tuned oscillator**
Hohlraumdosis *nf*	PHYS	**cavity ion dose**
Hohlraumfeld *nn*	MICROW	**cavity field**
hohlraumgekoppelt	MICROW	**cavity-coupled**
hohlraumgekoppelter Laser	OPTOEL	**cavity-coupled laser**
hohlraumisoliert	MICROW	**air-spaced**
hohlraumisoliertes Koaxialkabel	COM.CAB	**air-spaced coaxial cable**
Hohlraumresonanz *nf*	MICROW	**cavity resonance**
Hohlraumresonator *nm*	MICROW	→ **coaxial cavity resonator**
→ Topfkreis *nm*		
Hohlseil *nn*	ANT	**hollow leading rope**
Hohlspiegel *nm*	PHYS	**concave mirror**
Hohlspiegelkathode *nf*	EL.TRO	→ **hollow cathode**
→ Hohlkathode *nf*		
Hohlstelle *nf*	TECH	→ **cavity** *n*
→ Hohlraum *nm*		
Höhlung *nf*	TECH	→ **cavity** *n*
→ Hohlraum *nm*		
Hohlwellen-Winkelcodierer *nm*	AUTOMA	**hollow-shaft encoder**
Hohlzylinder *nm*	MATH	**hollow cylinder**
Hohlzylinderantenne *nf*	ANT	**hollow cylindrical antenna**
Holanweisung *nf*	SW	**GET statement**
		= GET instruction
Holdinggesellschaft *nf*	ECON	**holding company**
= Dachgesellschaft *nf*;		= holding *n*
Beteiligungsgesellschaft *nf*		≈ parent company
≈ Stammhaus		
Hold-Zustand *nm*	DAT.MA	→ **hold** *n*
→ Halten *nn*		
Hold-Zustand *nm*	SWITCH	**hold** *n*
		= hold state
holen	SW	→ **load** *vt*
→ laden		
holistisch	SCIE	**holistic** *adj*
[vom griech. "hólos" = "ganz"]		[from Greek "hólos" = "whole"]
= ganzheitlich		≠ atomistic
≠ atomistisch		
Hollerith-Code *nm*	CODING	**Hollerith code**
Hollerith-Lochkarte *nf*	TER&PER	**Hollerith card**
Hollerith-Maschine *nf*	DAT.PR	**Hollerith machine**
[lochkartengesteuert, 1890]		[controlled by punched cards; 1890]
		= Hollerith tabulating/recording
Holm *nm*	MEC.EN	**spar** *n*
		= upright
Holmium *nn*	CHEM	**holmium** *n*
= Ho		= Ho
holografische Interferometrie	TECH	**holographic interferometry**
Hologramm *nn*	OPTOEL	**hologram** *n*
[dreidimensionale Abbildung]		[a three-dimensional image]
↓ Flächenhologramm; Volumenhologramm		↓ surface hologram; volume hologram
Hologrammabtaster *nm*	TER&PER	**hologram scanner**
[Anwendung in Strichcodelesern]		[application in bar code scanning]
Hologrammspeicher *nm*	TER&PER	→ **holographic memory**
→ holographischer Speicher		
Hologrammspeicherung *nf*	TER&PER	**holographic storage** (1)
= holographische Speicherung		
Holographie *nf*	OPTOEL	**holography** *n*
[dreidimensionale Abbildung durch gespeicherte Interferenzbilder]		[a three-dimensional reproduction by recorded interference patterns]
holographischer Speicher	TER&PER	**holographic memory**
= Hologrammspeicher *nm*		= holographic store; holographic storage (2)
↑ optischer Speicher		↑ optical memory
holographische Speicherung	TER&PER	→ **holographic storage** (1)
→ Hologrammspeicherung *nf*		
holomorphe Funktion	MATH	**holomorph function**
= differenzierbare Funktion; monogene Funktion		
Holphase *nf*	DAT.PR	→ **fetch cycle**
→ Abrufzyklus *nm*		
Holphase *nf*	DAT.PR	→ **instruction fetch** *n*
→ Befehlsabruf *nm*		
Holz *nn*	TECH	**wood** *n*
		= lumber *n*
Holzeit *nf*	DAT.PR	**recovery time**
holzfreies Papier	PRIN.ME	**wood-free paper**
holzhaltig	TECH	**ligneous** *adj*
≠ holzfrei		≠ wood-free
holzhaltiges Papier	PRIN.ME	**ligneous paper**
Holzhammer *nm*	TECH	**mallet** *n*
Holzkiste *nf*	TECH	**wooden crate**
Holzmast *nm*	OUT.PL	**wooden pool**
		= wooden mast
Holzschliff *nm*	TECH	→ **woodpulp** *n*
→ Holzstoff *nm*		
Holzschnitt *nm*	PRIN.ME	**woodcut** *n*
= Xylographie *nf*		= wood block; xylography *n*
Holzschraube *nf*	MEC.EN	**wood screw**
Holzstoff *nm*	TECH	**woodpulp** *n*
= Holzschliff *nm*		↑ paper raw material
↑ Papierausgangsmaterial		
Holzwolle *nf*	TECH	**wood wool**
		= excelsior *n* (AE)
Holzyklus *nm*	DAT.PR	→ **fetch cycle**
→ Abrufzyklus *nm*		
Home-Computer *nm* (ANGL)	DAT.PR	→ **home computer**
→ Heimcomputer *nm*		
Homepage *nf* (1)	INTERNET	**homepage** *n* (1)
[die Titelseite eines WWW-Eintrags]		[the 1st page of a WWW site]
= Startseite *nf*; Basisseite *nf*		↑ web site
↑ Webseite		
Homepage *nf* (2)	INTERNET	→ **Web page**
→ Web-Seite *nf*		
Home Position *nf* (ANGL)	EL.TRO	→ **home position** *n*
→ Ausgangsstellung *nf*		
HOME-Taste *nf*	TER&PER	→ **HOME key**
→ POS1-Taste *nf*		
Home-Working *nn* (ANGL)	ECON	→ **telecommuting** *n*
→ Telearbeit *nf*		
Hommage *nf*	MEDIA	→ **tribute** *n*
→ Huldigung *nf*		
homochron	TELEC	**homochronous**
[mit fester Phasendifferenz der Kennzeitpunkte]		[with constant phase difference at significant instants]
≈ synchron		

Homodynempfang *nm* HF **homodyne reception**
= Direktempfang *nm*; Geradeausempfang *nm* = homodyne detection; straight reception; straight detection; direct reception

homogen SCIE **homogeneous** *adj*
[Kunstwort aus dem griech. "homos + geneá" = "derselbe + Entstehung"] [artificial word from Greek "hómos + geneá" = "same + origin"]
= gleichartig; gleich beschaffen
≠ heterogen ≠ heterogeneous

homogen PHYS **homogeneous** *adj*
≠ inhomogen ≠ inhomogeneous
↓ isotrop ↓ isotropic

homogene Leitung LINE TH **homogeneous line**

homogene Mischung SWITCH **homogeneous grading**

homogene Multiplexierung DAT.CO **homogeneous multiplexing**
[of equal protocol and rate signals]

homogener Multiplexer DAT.CO **homogeneous multiplexer**
= homogeneous multiplexor

homogenes Feld PHYS **homogeneous field**

homolog MATH **homologous**
= entsprechend

homolog SCIE → **homologous**
→ übereinstimmend

Homologation *nf* TECH → **type approval**
→ Typenabnahme *nf*

Homologationsprüfung *nf* QUAL → **type acceptance test**
→ Typprüfung *nf*

homologiertes Bauteil QUAL → **qualified component**
→ zugelassenes Bauteil

homomorph MATH **homomorphic**

Homomorphie *nf* MATH **homomorphism**
= Homomorphismus *nm*

Homomorphismus *nm* MATH → **homomorphism**
→ Homomorphie *nf*

Homonym *nn* LING **homograph** *n*
[gleichgeschriebenes Wort unterschiedlicher Bedeutung] [word written in the same form but with different meaning]
= homonym (2)
≈ Homophon

Homöoepitaxie *nf* MICR.EL **homoepitaxy**

homöopolare Bindung CHEM → **covalent bond**
→ kovalente Bindung

Homophon *nn* LING **homophone** *n*
[Wort gleicher Aussprache aber unterschiedlicher Schreibweise] [word with same pronounciation but different spelling]
= homonym *n* (1)
≈ Homonym

homotop MATH **homotope**

homozentrisch PHYS **homocentric**

honen METAL **hone** *vt*
[eine Oberfläche extrem fein bearbeiten] [to work a surface with extreme precision]

Honeycomb EL.ACOU **honeycomb** *n*
= Bienenwabe *nf*

Hong-Kong-Film *nm* IMAG.PR → **eastern** *n*
→ Eastern *nm*

Honigwabenspule *nf* COMPO **honeycomb coil** *n*
≈ Kreuzwickelspule = duolateral coil

Honorar *nn* ECON **fee** *n*
[für profissionelle Leistung] [charge for professional service]
= royalty *n*

Honorarabrechnung *nf* ECON **royalty statement**

Hookemware *nf* SW **hookemware** *n*
[absichtlich "verkrüppelte" SW-Version für Demozwecke] [intentionally "crippled" SW version for demo purposes]
= Crippleware *nf* = crippleware *n*

Hook-Kollektor-Transistor *nm* MICR.EL → **hook transistor**
→ Vierschicht-Transistor *nm*

Hook-Transistor *nm* MICR.EL → **hook transistor**
→ Vierschicht-Transistor *nm*

hörbar ACOUS **audible** *adj*
= vernehmbar

Hörbarkeit *nf* ACOUS **audibility** *n*

Hörbarkeitsbereich *nm* ACOUS **audibility range**
= Hörbereich *nm* = audible range

Hörbarkeitsschwelle *nf* ACOUS **audibility threshold**
= Hörschwelle *nf*; Schallschwelle *nf* = threshold of hearing

Hörbereich *nm* ACOUS → **audibility range**
→ Hörbarkeitsbereich *nm*

Hörbuch *nn* PRIN.ME **audio book**

Hörer *nm* TELEPH → **handset** *n*
→ Handapparat *nm*

Hörer *nm* COLL **listener** *n*
[Person]
= Zuhörer *nm*

Hörer *nm* EL.ACOU → **headphone** *n*
→ Kopfhörer *nm*

Hörer *nm* MEDIA → **radio broadcast listener**
→ Rundfunkhörer *nm*

Hörerauflegesignal *nn* TELEPH **on-hook signal**

Hörerausgang *nm* CIRC.EN **headphone output**

Hörerecho *nn* TELEPH **listener echo**

Hörerschnur *nf* TELEPH **handset cord**
= Handapparateschnur *nf*; Anschlussschnur *nf*; Fernsprecher-Anschlussschnur *nf*; Telefon-Anschlussschnur *nf* = telephon cord; telephone cable
↑ Anschlussschnur [EQP.EN] ↑ connecting cord [EQP.EN]

Hörfunk *nm* MEDIA **sound broadcasting**
= Tonrundfunk *nm*; Hörrundfunk *nm*; Rundspruch *nm* (CH) = radio broadcasting; audio broadcasting; radiophony *n*
≈ Tonrundsenden ≈ audiocasting
↑ Rundfunk ↑ broadcasting

Hörfunkempfänger *nm* BROADC **radio broadcasting receiver**
= Hörfunkgerät *nn* = radio receiver

Hörfunkgerät *nn* BROADC → **radio broadcasting receiver**
→ Hörfunkempfänger *nm*

Hörfunkprogramm *nn* MEDIA **sound broadcast program**
↑ Rundfunkprogramm ↑ broadcast program

Hörfunkreporter *nm* MEDIA **sound broadcast reporter**
↑ Rundfunkreporter ↑ broadcast reporter

Hörfunksatellit *nm* SAT.CO **sound broadcast satellite**
↑ Rundfunksatellit ↑ broadcast satellite

Hörfunksender *nm* BROADC **sound broadcast transmitter**
= Tonsender *nm* = sound transmitter
↑ Rundfunksender ↑ broadcast transmitter

Hörfunksendung *nf* MEDIA **sound broadcast transmission**
= Rundfunksendung *nf* (2) = sound broadcast
≈ Hörfunkprogramm ≈ sound broadcast program
↑ Rundfunksendung (1) ↑ broadcast transmission

Hörfunkteilnehmer *nm* MEDIA **sound broadcast user**
≈ Rundfunkhörer = radio broadcast user
↑ Rundfunkteilnehmer ≈ sound broadcast listener
↑ broadcast service user

Hörgerät *nn* EL.ACOU **hearing aid**

Hörgeräusch *nn* ACOUS → **noise** *n*
→ Geräusch *nn*

Hörgrenze *nf* ACOUS **limit of audibility**
[bei ca. 20 kHz] [at about 20 kHz]

Horizont *nm* GEOSC **horizon** *n*
= Gesichtskreis *nm*

horizontal MATH → **horizontal** *adj*
→ waagrecht

Horizontalablenkplatte *nf* EL.TRO **X plate**

Horizontal-Ablenktransformator *nm* TV **line scan transformer**
= Zeilentransformator *nm*; Zeilentrafo *nm*; Zeilenübertrager *nm*; Horizontal-Ausgangstransformator *nm*; Zeilenablenktransformator *nm* = line transformer; flyback transformer; horizontal sweep transformer; horizontal output transformer

Horizontalablenkung *nf* TV **horizontal deflection**
= horizontal sweep

Horizontalabtastung *nf* EL.TRO → **line scanning**
→ Zeilenabtastung *nf*

Horizontalauflösung *nf* TV **horizontal resolution**

Horizontal-Ausgangstransformator *nm* TV → **line scan transformer**
→ Horizontal-Ablenktransformator *nm*

Horizontalaustastimpuls *nm* TV **horizontal blanking pulse**

Horizontalaustastung *nf* TV → **horizontal blanking**
→ Zeilenaustastung *nf*

Horizontalaustastzeit *nf* TV **horizontal blanking time**

Horizontalbauweise *nf* EQP.EN **horizontal construction practice**
= Längsaufbau *nm*; horizontale Bauweise; quergestreifte Bauweise = horizontal design; horizontal equipment practice
≠ Vertikalbauweise

Horizontaldiagramm *nn* ANT **horizontal diagram**
≈ E-Diagramm = horizontal pattern; horizontal radiation pattern
≈ E pattern

Horizontaldipol *nm* ANT **horizontal dipole**
= horizontal half-wave pattern

horizontale Bauweise EQP.EN → **horizontal construction practice**
→ Horizontalbauweise *nf*

horizontale Datenverdichtung DAT.MA → **string-oriented data compression**
→ zeichenkettenorientierte Datenverdichtung

Horizontaleinsatz *nm* EQP.EN **horizontal inset**
= Etage *nf* (ex DDR)

horizontale Polarisation PHYS → **horizontal polarization**
→ Horizontalpolarisation *nf*

horizontale Richtung TECH **horizontal direction**
= Horizontalrichtung *nf*; X-Richtung *nf* = X direction

horizontales Rollen COMP.AP → **side-scrolling**
→ seitliches Rollen

Horizontalfokussierung *nf* TV **horizontal focus**

Horizontalfrequenz *nf* TV **line frequency**
= H-Frequenz *nf*; Zeilenfrequenz *nf*; Abtastfrequenz *nf* = horizontal frequency

Horizontalfrequenzoszillator *nm* TV **line frequency oscillator**
= Zeilenfrequenzoszillator *nm*; Zeilenoszillator *nm*; Zeilenkipposzillator *nm* = line sweep oscillator; horizontal oscillator

Horizontalkontrolle *nf* DAT.CO → **horizontal parity check**
→ Längsparitätsprüfung *nf*

Horizontalparität *nf* CODING → **horizontal parity**
→ Längsparität *nf*

Horizontal-Paritätskontrolle *nf* DAT.CO → **horizontal parity check**
→ Längsparitätsprüfung *nf*

Horizontal-Paritätsprüfung *nf* DAT.CO → **horizontal parity check**
→ Längsparitätsprüfung *nf*

Horizontalpolarisation *nf* PHYS **horizontal polarization**
= horizontale Polarisation

Horizontalprüfung *nf* DAT.CO → **horizontal parity check**
→ Längsparitätsprüfung *nf*

Horizontalregelung *nf* TV **horizontal centering control**
= horizontal centering

Horizontalrichtung *nf* TECH → **horizontal direction**
→ horizontale Richtung

Horizontalrücklauf *nm* TV → **horizontal retrace**
→ Zeilenrücklauf *nm*

Horizontalsteuerung *nf* EL.TRO **horizontal drive control**
[Thyratron] [thyratron]
= horizontal drive

Horizontalsumme *nf* MATH → **horizontal sum**
→ Quersumme *nf*

Horizontalsummenprüfung *nf* DAT.CO → **horizontal parity check**
→ Längsparitätsprüfung *nf*

Horizontal-Synchronimpuls *nm* TV **horizontal synchronizing pulse**
= H-Synchronimpuls *nm*; H-Impuls *nm*

Horizontalsynchronisierung *nf* TV → **line synchronization**
→ Zeilensynchronisierung *nf*

Horizontal-Tabulator *nm* DAT.CO **horizontal tabulation** *n*
= HT = horizontal tab; HT
↑ ASCII-Code ↑ ASCII code

Horizontalverstärker *nm* EL.TRO **X amplifier**
= X-Verstärker *nm*; X-Ablenkverstärker *nm* = horizontal amplifier

Horizontalverstärkung *nf* EL.TRO **horizontal gain**
= X-Verstärkung *nf* = X gain

Hörkapsel *nf* TELEPH → **receiver inset** *n*
→ Telefonkapsel *nf*

Hörmuschel *nf* TELEPH **ear piece**
= receiver cap

Horn *nn* ANT → **horn radiator**
→ Hornstrahler *nm*

Hornantenne *nf* ANT **horn antenna**
= Trichterantenne *nf* = horn aerial; funnel antenna

Hörnerblitzableiter *nm* ANT **horn spark gap**
= Hörnerfunkenstrecke *nf*

Hörnerfunkenstrecke *nf* ANT → **horn spark gap**
→ Hörnerblitzableiter *nm*

Hornklausel *nf* LING **definite clause**

Hornklausel-Grammatik *nf* COMP.AP **Definite-Clause Grammar**
[Computerlinguistik] [computational linguistics]

Hornlautsprecher *nm* EL.ACOU → **horn louspeaker**
→ Druckkammerlautsprecher *nm*

Hornparabolantenne *nf* ANT **horn-reflector antenna**
= Hornreflektorantenne *nf* = horn-parabolic antenna

Hornparabolspeisung *nf* ANT **horn-parabolic feed**

Hornparabolstrahler *nm* ANT **horn-parabolic radiator**

Hornreflektorantenne *nf* ANT → **horn-reflector antenna**
→ Hornparabolantenne *nf*

Hornspeisung *nf* ANT **horn feed**

Hornstrahler *nm* ANT **horn radiator**
= Horn *nn*; Trichterstrahler *nm* = horn *n*
≈ Hornantenne
↑ Hohlleiterstrahler ↑ waveguide radiator
↓ Pyramidenhorn; Sektorhorn; Diagonalhorn; Konushorn; Potterhorn; Rillenhorn ↓ pyramidal horn; sectorial horn; diagonal horn; conical horn; Potter horn; corrugated horn

Hörprobe *nf* MEDIA **audition** *n*

Hörraum *nm* SOUN.ME → **audio room**
→ Tonraum *nm*

Horrorfilm *nm* IMAG.ME → **horror film**
→ Gruselfilm *nm*

Horrorfilm *nm* IMAG.ME **horror movie**
= horror film

Hörrundfunk *nm* MEDIA → **sound broadcasting**
→ Hörfunk *nm*

Hörschall *nm* ACOUS **sound** *n* (2)
[von 16 Hz bis 24 kHz] [from 16 Hz to 24 kHz]
= Schall *nm* (2); Laut *nm* = audible sound
↑ Schall (1) ↑ sound (1)
↓ Klang; Ton ↓ sound (3); tone

Hörschärfe *nf* ACOUS **audibility acuity**

Hörschwelle *nf* ACOUS → **audibility threshold**
→ Hörbarkeitsschwelle *nf*

Hörton *nm* TELEPH **audible signal**
= Hörzeichen *nn* = audible tone; tonality *n*
↓ Wählton; Freiton; Besetztton; Hinweiston ↓ dial tone; idle tone; busy tone; special information tone; woo-woo tone

Hörtonempfänger *nm* TELEPH **tone receiver**

hör- und sichtbar INF.TEC → **audio-visual** *adj*
→ audiovisuell

Hörverstärker *nm* TELEPH **deaf-aid amplifier**

Hörweite *nf* ACOUS **earshot** *n*
[Reichweite der natürlichen Hörbarkeit] [range of unaided sound perception]

Hörzeichen *nn* TELEPH → **audible signal**
→ Hörton *nm*

Host *nm* INTERNET **host** *n*
[Dienste bereitstellender Rechner oder Server] [computer or server providing services]

Host *nm* DAT.NW → **host computer**
→ Hauptrechner *nm*

Host *nm* (ANGL) DAT.PR → **mainframe computer**
→ Großrechner *nm*

Host-Adapter *nm* HW **host adapter**
= controller *n*

Host-Cluster-Betrieb *nm* DAT.NW **host-cluster mode**

Hostid *nf* INTERNET **hostid** *n*
[Hauptrechner-Kennzeichen in Internet-Adresse] [host identification in Internet address]

Hosting *nn* DAT.PR → **hosting** *n*
→ Wirtsfunktion *nf*

Hosting *nn* INTERNET → **Web server hosting**
→ Web-Server-Hosting *nn*

Host-Name *nm* INTERNET **host name**
[z.B.: www] [e.g.: www]
= hostname *n*

Host-Rechner *nm* DAT.NW → **host computer**
→ Hauptrechner *nm*

Hot-Carrier-Diode *nf* MICR.EL → **Schottky barrier diode**
→ Schottky-Diode *nf*

Hotelfernsprecher *nm* TELEPH **hotel telephone**

Hotelgewerbe *nn* ECON **hotel industry**
= hospitality industry

Hot-line *nf* (ANGL) TELEPH → **automatic connection**
→ automatischer Verbindungsaufbau

Hotlist *nf* INTERNET **hotlist** *n*
[Adressenliste in Menüform] [address list like a menue]

Hotspot *nm* (ANGL) DAT.PR → **hot spot**
→ sensibler Bildschirmbereich

Hotspot *nn* (ANGL) MOB.CO → **densleyly populated ares**
→ dichtbesiedeltes Gebiet

Hot-Stand-By (ANGL) RAD.RE → **hot standby**
→ Geräteersatz *nm*

Hoyer-Brücke *nf* INSTR **Hoyer bridge**

Hoyt-Nachbildung *nf* TELEPH **Hoyt balancing network**
= special balancing network

h-Parameter *nm* MICR.EL **h parameter**
= Hybridparameter *nm*; h-Vierpol-Parameter *nm*; Kleinsignalparameter *nm* = hybrid parameter
↑ Transistorkenngröße

H-Pegel *nm* MICR.EL → **high level**
→ Hochpegelzustand *nm*

HPGL COMP.LG **HPGL**
[zur Speicherung von Grafiken] [High Performance Hewlett-Packard Graphics Language; to store

HPIB HW → **IEC bus**
→ IEC-Bus *nm*

HP-IB-Bus *nm* HW → **IEC bus**
→ IEC-Bus *nm*

HP-kompatibel TER&PER **HP-compatible**
[Laserdrucker] [laser printer]

Hr. OFFICE **Mr**
= H.; Herr *nm* = Mr.; Mister
↑ Anrede ↑ address

HR-Rate *nf* MOB.CO → **half rate**
→ halbe Übertragungsrate

HSB-Farbmodell *nn* OPT **HSB color model**
= HSV-Farbmodell *nn*; HLS-Farbmodell *nn* [Hue-Saturation-Brightness; Hue-Saturation-Value; Hue-Lightness-Saturation]
= HSV color model; HLS color model

HSC-Einheit *nf* SWITCH **HCS**
[Zeit je 100 Anrufe] = Hundred Calls Seconds

H-Schaltung *nf* NETW.TH → **balanced T section**
→ Viereckschaltung *nf*

HSCMOS MICR.EL **HSCMOS**
= Hochgeschwindigkeits-CMOS = high-speed CMOS

HSCSD TELEC **HSCSD**
= High-Speed Circuit-Switched

HSDPA MOB.CO **HSSPA**
= High Speed Downlink Packet Access

HSDS TELEC → **high-speed data transmission by satellite**
→ Hochgeschwindigkeits-Satelliten-Datenübertragung

H-Sektorhorn *nn* ANT **H shaped sectorial horn**

H-Signal *nn* MICR.EL → **high level**
→ Hochpegelzustand *nm*

HSLAN *nn* DAT.NW → **HSLAN**
→ Hochgeschwindigkeits-LAN *nn*

HSP-Protokoll *nn* DAT.CO **HSP**
= High-Speed Interface

H-Störabstand *nm* EL.TRO **H-noise margin**

HST-Standard *nm* DAT.CO **HST**
= High-Speed Technology

HSTTL MICR.EL **HSTTL**
= HTTL = high speed transistor-transistor logic ; HTTL

HSV-Farbmodell *nn* OPT → **HSB color model**
→ HSB-Farbmodell *nn*

H-Synchronimpuls *nm* TV → **horizontal synchronizing pulse**
→ Horizontal-Synchronimpuls *nm*

HT DAT.CO → **horizontal tabulation** *n*
→ Horizontal-Tabulator *nm*

HTL MICR.EL **HTL**
= high threshold logic

HTML INTERNET **HTML**
[Sprache zur Beschreibung von Web-Seiten, integriert Grafiken in Textdateien] [language to describe Web pages, edits graphics into text files]
= HTML-Sprache *nf* = HyperText Markup Language
↑ Auszeichnungssprache ↑ declarative language

HTML-Datei *nf* INTERNET **HTML file**

HTML-Dokument *nn* INTERNET **HTML document**
≈ Webseite ≈ Web Page

HTML-Editor *nm* INTERNET **HTML-Editor**

HTML-Marke *nf* INTERNET **HTML tag**
= HTML-Tag

HTML-Spezifikation *nf* INTERNET **HTML specification**

HTML-Sprache *nf* INTERNET → **HTML**
→ HTML

HTML-Standard *nm* INTERNET **HTML standard**

HTML-Tag INTERNET → **HTML tag**
→ HTML-Marke *nf*

HTML-Validierungsservice *nm* INTERNET **HTML validation service**

HTTL MICR.EL → **HSTTL**
→ HSTTL

HTTP-Protokoll *nn* INTERNET **HTTP**
[Client-/Server-Protokoll des WWW zum Austausch von HTML-Dokumenten] [client/server protocol of WWW to exchenge HTML documents]
= HyperText Transfer Protocol; Hypertext Transport Protocol

HTTP-Server *nm* DAT.NW **HTTP server**

Hub *nm* MECH **stroke** *n* (2)
= travel

Hub *nm* MODUL **excursion** *n*
= deviation *n*; swing *n*; shift *n*; sweep *n*

Hub *nm* TER&PER **upstroke** *n*
[Farbband] [ink ribbon]

Hubgerät *nn* TECH **lifting equipment**

Hubrelais *nn* COMPO **plunger relay**

Hubring *nm* TER&PER → **hardhole** *n*
→ Verstärkungsring *nm*

hübsch COLL → **attractive** *adj*
→ attraktiv

Hubschrauber *nm* AERON **helicopter** *n*
= Helikopter *nm*

Hubschrauberantenne *nf* ANT **helicopter antenna**

Hubtastatur *nf* TER&PER **stroke keyboard**

Hubtransistor *nm* CIRC.EN **gain transistor**

Hubverhältnis *nn* MODUL **deviation ratio**

Huckepack-Baugruppe *nf* EQP.EN → **piggy-back board**
→ Huckepack-Karte *nf*

Huckepack-Karte *nf* EQP.EN **piggy-back board**
[auf eine Aufsteckkarte aufsteckbar] [plugs onto a baby board]
= Huckepack-Platine *nf*; Huckepack-Baugruppe *nf* ≈ baby board
≈ Aufsteckkarte ↑ expansion board
↑ Erweiterungskarte

Huckepack-Platine *nf* EQP.EN → **piggy-back board**
→ Huckepack-Karte *nf*

Huckepack-Quittierung *nf* DAT.CO **piggy-back acknowledgment**

Huffman-Code *nm* CODING **Huffman code**
[Datenkompression mit Zeichenlängen die desto kürzer je häufiger die Zeichen] [a data compression using lengths of character the shorter the more frequent the character]

Hügel *nm* GEOSC **hill** *n*

hügeliges Gelände GEOSC **hilly terrain**

Hula-hoop-Antenne *nf* ANT → **DDRR antenna**
→ DDRR-Antenne *nf*

Huldigung *nf* MEDIA **tribute** *n*
= Hommage *nf*

Hülldetektor *nm* MODUL → **envelope demodulator**
→ Hüllkurvendemodulator *nm*

Hülle *nf* (1) TECH **casing** *n*
[festes Gebilde] [solid protective box]
≈ Gehäuse = case *n*
↓ Schutzhülle

Hülle *nf* (2) TECH **wrapping** *n* (3)
[aus faltbarem Material] [something covering]
= Umhüllung *nf* ≈ cladding
≈ Kaschierung ↓ protective wrapping
↓ Schutzhülle (2)

Hüllenelektron *nn* PHYS **orbital electron**

Hüllfläche *nf* MATH **envelope surface**

Hüllkurve *nf* MATH **envelope** *n*
= Enveloppe *nf* (ANGL); Einhüllende *nf*

Hüllkurvendemodulator *nm* MODUL **envelope demodulator**
= Hülldetektor *nm*; Einhüllendendetektor *nm* = envelope detection

Hüllkurvensynchronisation *nf* MODUL **envelope synchronization**
= Einhüllendensynchronisation *nf*

Hülse *nf* MEC.EN **shell** *n*
[Gleitlager] [gliding-surface bearing]

Hülse *nf* TECH **sleeve** *n*
[röhrenförmige Hülle] [tubular casing]
= Tülle *nf* = can *n*; shell *n* (2); gommet *n*
≈ Schutzhülle; Schale ≈ jacket *n*; shell *n* (1)
↓ Patrone ↓ cartridge

Hülsenklemme *nf* COMPO **sleeve terminal**

hunderdst COLL **hundredth**
= 100. = 100th

Hunderstel *nn* MATH **hundredth**
[1/100] [1/100]

Hunderstelsekunde *nf* PHYS **centisecond** *n*
[10E-2 s] [10E-2 s]

hundert MATH **hundred**
[100]

Hunderter *nm* COLL **hundred** *n*

hundertfach COLL **hundredfold**
= hundertfältig

hundertfältig COLL → **hundredfold**
→ hundertfach

Hundertprozentprüfung *nf* QUAL → **total inpection**
→ Vollprüfung *nf*

Hundertsatz *nm* MATH → **percentage** *n*
→ Prozentsatz *nm*

hundertweise COLL **by hundreds**

HÜP BROADC → **domestic point of termination**
→ Hausübergabepunkt *nm*

Hupe *nf* (1) EL.ACOU **horn** *n*
[Vorrichtung] = buzzer *n*; hooter *n*; klaxon *n*

Hupe *nf* (2) [Signal] ↑ Schallsignal	EL.ACOU	**hooter signal** ↑ audible signal
Hürde *nf* → Hindernis *nn*	TECH	→ **obstacle** *n*
Hurenkind → Überhangzeile *nf*	PRIN.ME	→ **widow** *n*
Hurwitz-Kriterium *nn*	NETW.TH	**Hurwitz criterion**
Hurwitz-Polynom	NETW.TH	**Hurwitz polynomial**
Huth-Kühn-Oszillator *nm* ↑ LC-Oszillator	CIRC.EN	**tuned-plate tuned-grid oscillator** = tuned-grid tuned-anode oscillator
Hutmutter *nf*	MEC.EN	**acorn nut**
Hüttenwerk *nn*	METAL	**smelting works** = metallurgical plant
Huygens-Fresnel-Prinzip *nn*	PHYS	**Huygen's principle**
h-Vierpol-Parameter *nm* → h-Parameter *nm*	MICR.EL	→ **h parameter**
HVSt *nf* → Hauptverkehrsstunde *nf*	TELEC	→ **busy hour**
HVSt *nf* → Hauptvermittlungsstelle *nf*	SWITCH	→ **secondary switching center** (AE)
HVT → Hauptverteiler *nm*	TELEC	→ **main distribution frame**
HVV → Hausverteilverstärker *nm*	BROADC	→ **in-premises distribution amplifier**
HW → Zustandsregister *nn*	SW	→ **status register**
HW-Absicherung *nf* → Hardware-Absicherung *nf*	DAT.PR	→ **hardware security**
HW-Baum *nm* → Hardware-Baum *nm*	DAT.PR	→ **hardware tree**
HW-bedingter Fehler → hardwarebedingter Fehler	DAT.PR	→ **hard error** (2)
HW-Beschleuniger *nm* → Hardware-Beschleuniger	DAT.PR	→ **hardware accelerator**
HW-Beschreibungssprache *nf* → Hardware-Beschreibungssprache *nf*	MICR.EL	→ **hardware description language**
H-Welle *nf* → transversale elektrische Welle	LINE TH	→ **transverse electric wave**
HW-Emulationsroutine *nf* → Hardware-Emulationsroutine *nf*	SW	→ **extracode** *n*
HW-Entwickler *nm* → Hardware-Entwickler *nm*	DAT.PR	→ **hardware developer**
HW-Ersatz *nm* → Hardware-Redundanz *nf*	HW	→ **duplexing** *n*
HW-Fehler *nm* → Hardware-Fehler *nm*	DAT.PR	→ **hardware fault**
HW-Hersteller *nm* → Hardware-Hersteller *nm*	DAT.PR	→ **hardware manufacturer**
HW-Hochrüstung *nf* → Hardware-Hochrüstung *nf*	DAT.PR	→ **hardware upgrade**
HW-Interrupt *nn* → Hardware-Interrupt *nn*	DAT.PR	→ **hardware interrupt**
HW-Kennung *nf* → Hardware-Kennung *nf*	DAT.PR	→ **hardware identification**
HW-kompatibel → hardwarekompatibel	DAT.PR	→ **hardware-compatible**
HW-Kompatibilität *nf* → Hardware-Kompatibilität *nf*	DAT.PR	→ **hardware compatibility**
HW-Konevertierung *nf* → Hardware-Konvertierung *nf*	DAT.PR	→ **hardware conversion**
HW-Konfiguration *nf* → Hardware-Konfiguration *nf*	DAT.PR	→ **hardware configuration**
HW-Kontrolle *nf* → Hardware-Prüfung *nf*	DAT.PR	→ **hardware check**
HW-Mehrfachnutzung *nf* → Hardware-Mehrfachnutzung *nf*	DAT.PR	→ **hardware sharing**
HW-Möglichkeiten *nplt* → Hardware-Ressourcen *nplt*	DAT.PR	→ **hardware resources**
HW-Piraterie *nf* → Hardware-Piraterie *nf*	DAT.PR	→ **hardware piracy**
HW-Plattform *nf* → Hardware-Plattform *nf*	DAT.PR	→ **hardware platform**
HW-Protokoll *nn* → Hardware-Protokoll *nn*	DAT.PR	→ **hardware dump**
HW-Prüfung *nf* → Hardware-Prüfung *nf*	DAT.PR	→ **hardware check**
HW-Redundanz *nf* → Hardware-Redundanz *nf*	HW	→ **duplexing** *n*
HW-Ressourcen *nplt* → Hardware-Ressourcen *nplt*	DAT.PR	→ **hardware resources**
HW-Schloss *nn* → Hardware-Schlüssel *nm*	HW	→ **hardware key**
HW-Schlüssel *nm* → Hardware-Schlüssel *nm*	HW	→ **hardware key**
HW-Spezialist *nm* → Hardware-Spezialist *nm*	DAT.PR	→ **hardware specialist**
HW-Stapelspeicher *nm* → Hardware-Stapelspeicher *nm*	DAT.PR	→ **hardware stack storage**
HW-Treiber *nm* → Hardware-Treiber *nm*	DAT.PR	→ **hardware driver**
HW-Überwachung *nf* → Hardware-Überwachung *nf*	DAT.PR	→ **hardware control**
HW-Uhr *nf* → Hardware-Uhr *nf*	DAT.PR	→ **hardware clock**
HW-Umrüstung *nf* → Hardware-Umrüstung *nf*	HW	→ **hardware conversion**
HW-Umstellung *nf* → Hardware-Umrüstung *nf*	HW	→ **hardware conversion**
HW-unabhängig → hardwareunabhängig	DAT.PR	→ **hardware-independent** *adj*
HW-Upgrade *nn* (ANGL) → Hardware-Hochrüstung *nf*	DAT.PR	→ **hardware upgrade**
HW-Verbund *nm* → Hardware-Verbund *nm*	DAT.PR	→ **hardware interlocking**
hybrid ≠ monobrid	MICR.EL	**hybrid** *adj* ≠ monobrid
hybrid [über das latein. "hybrida" = "Mischling" vom griech. "hybris" = "Frevel"; uneinheitlich in Zusammensetzung oder Herkunft]	SCIE	**hybrid** *adj* [via Latin "hybrida" = bastard from Greek "hybris" = "presumption, outrage"; heterogeneous in origin or composition]
Hybrid-CD-ROM *nf* [für MS-DOS- u. Apple-Macintosh-Daten]	TER&PER	**hybrid CD-ROM** [for data from MS-DOS and Apple-Macintosh]
Hybrid-Doppelquad-Antenne *nf*	ANT	**hybrid twin quad antenna**
hybrides Faser-/Koaxnetz = HFC-Netz *nn*	TELEC	**hybrid fiber coax network** = HFC network
hybride Simulation = Hybridsimulation *nf*	MOD&SI	**hybrid simulation**
hybrides Netz = gemischtes Netz	DAT.CO	**hybrid network**
hybrides Rechnersystem = hybrides System	DAT.PR	**hybrid computer system** = hybrid system
hybrides System → hybrides Rechnersystem	DAT.PR	→ **hybrid computer system**
hybride Technik → Hybridtechnologie *nf*	MICR.EL	→ **hybrid technology**
Hybridkarte *nf* [Chipkarte mit mehr als einer Kartentechnologie]	TER&PER	**hybrid catd** [chipcard with more than one card technology]
Hybridkoppler *nm*	MICROW	**hybrid divider**
Hybridparameter *nm* → h-Parameter *nm*	MICR.EL	→ **h parameter**
Hybridrechner *nm* [digital und analog] = Kombinationsrechner *nm*	DAT.PR	**hybrid computer** [analog and digital] = combined computer
Hybridschaltung *nf*	MICR.EL	**hybrid IC** = hybrid integrated circuit; hybrid microcircuit; hybrid circuit
Hybridsimulation *nf* → hybride Simulation	MOD&SI	→ **hybrid simulation**
Hybridstation *nf*	DAT.CO	**balanced station** = combined station
Hybridstecker *nm*	COMPO	**hybrid connector**
Hybridtechnologie *nf* = hybride Technik	MICR.EL	**hybrid technology**
Hybridwelle *nf*	MICROW	**hybrid mode**
hydratiert [chemisch gebundenes Wasser enthaltend] ≈ wässrig	CHEM	**hydrated** [containing chemically bonded water] ≈ hydrous
hydraulisch	PHYS	**hydraulic**
hydraulische Energie	PHYS	**hydraulic energy**
hydraulisches Schaltelement → fluidisches Schaltelement	HW	→ **fluidic gate**
Hydroakustik *nf*	ACOUS	**hydroacoustics** *nplt*
Hydrodynamik *nf*	PHYS	**hydrodynamics** *nplt*
Hydrogen *nn* → Wasserstoff *nm*	CHEM	→ **hydrogen** *n*
Hydrogenium *nn* → Wasserstoff *nm*	CHEM	→ **hydrogen** *n*

Hydromechanik *nf*	PHYS	**fluid mechanics** *nplt*
Hydrometer *nn*	PHYS	**hydrometer** *n*
Hydroxylgruppe *nf*	CHEM	**hydroxyl** *n*
= Hydroxyl-ion; OH-Gruppe *nf*; OH		= OH
Hydroxyl-ion	CHEM	→ **hydroxyl** *n*
→ Hydroxylgruppe *nf*		
Hygensche Quelle	ANT	→ **Hygens source**
→ Hygens-Strahler *nm*		
Hygens-Strahler *nm*	ANT	**Hygens source**
= Hygensche Quelle		
Hygrometer *nn*	INSTR	**hygrometer**
= Feuchtemesser *nm*		= moisture meter
hygroskopisch	PHYS	→ **hygroscopic**
→ wasseranziehend		
hyl	PHYS	→ **hyl**
→ Hyl *nn*		
Hyl *nn*	PHYS	**hyl**
[= 9,806650 g]		[= 9.806650 g]
= hyl		
Hymne *nf*	COLL	**anthem** *n*
		= hymn *n*
Hyperabrupt-Varakterdiode *nf*	MICROW	**hyperabrupt varactor diode**
		= HVD
Hyperband *nn*	CATV	**hyperband** *n*
[302-450 MHz]		[302-450 MHz]
Hyperbel *nf*	MATH	**hyperbola** *n*
↑ Kegelschnitt		↑ conical section
Hyperbelbahn *nf*	PHYS	**hyperbolic orbit**
Hyperbelcotangens *nm*	MATH	→ **hyperbolic cotangent**
→ Cotangens hyperbolicus *nm*		
Hyperbelkosekans *nm*	MATH	→ **hyperbolic cosecant**
→ Cosecans hyperbolicus *nm*		
Hyperbelkosinus *nm*	MATH	→ **hyperbolic cosine**
→ Cosinus hyperbolicus *nm*		
Hyperbelkotangens *nm*	MATH	→ **hyperbolic cotangent**
→ Cotangens hyperbolicus *nm*		
Hyperbel-Navigationsverfahren *nn*	RAD.NA	**hyperbolic navigation system**
Hyperbelsekans	MATH	→ **hyperbolic secant**
→ Secans hyperbolicus		
Hyperbelsinus	MATH	→ **hyperbolic sine**
→ Sinus hyperbolicus		
Hyperbeltangens	MATH	→ **hyperbolic tangent**
→ Tangens hyperbolicus		
hyperbolisch	MATH	**hyperbolic**
hyperbolischer Logarithmus	MATH	→ **natural logarithm**
→ natürlicher Logarithmus		
hyperbolischer Punkt	MATH	→ **saddle point**
→ Sattelpunkt *nm*		
hyperbolisches Paraboloid	MATH	**hyperbolic paraboloid**
hyperbolische Spirale	MATH	**hyperbolic spiral**
Hyperboloid *nn*	MATH	**hyperboloid** *n*
HyperCard	SW	**HyperCard**
[Betriebssystem von Apple Macintosh]		[operating system of Apple Macintosh]
hypergeometrisch	MATH	**hypergeometric**
hypergeometrische Verteilung	STATIS	**hypergeometric distribution**
Hypergrafik *nf*	INTERNET	**hypergraphics**
[Verknüphung zw. einer Grafik u. anderen Web-Seiten]		[linkage between a graphic and another Web site]
= Hypergraphik *nf*		↑ hyperlink
↑ Hyperlink		
Hypergraphik *nf*	INTERNET	→ **hypergraphics**
→ Hypergrafik *nf*		
HYPERLAN *nn*	DAT.NW	**HYPERLAN**
		= High Performance Radio Local Area Networks
Hyperlink *nm*	INTERNET	**hyperlink** *n*
[elektron. Querverweis zw. Web-Sites]		[linkage between Web sites]
↓ Hypertext; Hypergrafik		↓ hypertext; hypergraphics
Hyperlink-Beliebtheit *nf*	INTERNET	**hyperlink popularity**
Hypermedia *nplt*	INTERNET	**hypermedia** *nplt*
[elektronische Dokumente mit Hyperlinks]		[electronic documents with hyperlinks]
Hypermedia *nplt*	INF.TEC	→ **multimedia** *nplt*
→ Multimedia (*n* plt)		
Hypermedien *nplt*	INF.TEC	→ **multimedia** *nplt*
→ Multimedia (*n* plt)		
Hyperonym *nn*	LING	→ **generic term**
→ Oberbegriff *nm*		
Hyperspace *nm*	INTERNET	**hyperspace** *n*
Hypertext *nm*	WOR.PR	**hypertext** *n*
[ein nichtsequenzielles Verfahren zur Textsuche]		[a nonsequential procedure for text search]
Hypertext *nm*	TER&PER	**hypertext** *n*
[am Bildschirm anklickbar]		[clickable on a display]
= sensibler Textbereich		
Hypertext *nm*	WOR.PR	**hypertext** *n*
[mit Text, Bilder oder Ton verknüpfte Textstelle]		[text element linked to text, images and sound]
↑ Hyperlink		↑ hyperlink
Hypertext *nm*	INTERNET	**hypertext** *n*
[mit Hyperlinks ausgestattet]		[contains hyperlinks]
Hypertext-Datei *nf*	DAT.MA	**hypertext database**
[Einträge sind verkettbar]		[entries are inter-linkable]
Hypertext-Dokument *nn*	WOR.PR	**hypertext document**
↓ HTML-Dokument		↓ HTML document
Hypertext-Produkt *nn*	INTERNET	**hypertext product**
= Hyperware *nf*		= hyperware *n*
Hypervapotron *nn*	EL.TRO	**hypervapotron**
[Dampfkühlungsverfahren für Leistungsröhren]		[vapour cooling method for power tubes]
≈ Vapotron; Supervapotron		≈ vapotron; supervapotron
Hyperware *nf*	INTERNET	→ **hypertext product**
→ Hypertext-Produkt *nn*		
Hyphenation *nf*	WOR.PR	→ **hyphenation** *n*
→ automatische Trennhilfe		
Hypoid *nn*	MATH	**hypoid** *n*
Hyponym *nn*	LING	→ **derivative term**
→ Unterbegriff *nm*		
Hypotenuse *nf*	MATH	**hypotenuse** *n*
		= hypothenuse *n*
Hypothese *nf*	SCIE	→ **supposition** *n*
→ Annahme *nf*		
hypothetischer Bezugskreis	TELEC	**hypothetical reference circuit**
hypothetischer digitaler Bezugskreis	TELEC	**hypothetical digital reference circuit**
Hysterese *nf*	PHYS	**hysteresis** *n*
= Hysteresis *nf*		
Hystereseeffekt *nm*	MEC.EN	→ **backlash** *n*
→ Flankenspiel *nn*		
Hysterese-Effekt *nm*	PHYS	→ **bistability effect**
→ Bistabilitätseffekt *nm*		
Hysteresekurve *nf*	PHYS	→ **hysteresis loop**
→ Hystereseschleife *nf*		
Hystereseschleife *nf*	PHYS	**hysteresis loop**
= Hysteresekurve *nf*		= hysteresis curve
Hystereseverlust *nm*	PHYS	**hysteretic loss**
= Hysteresewärme *nf*		= hysteresis loss
Hysteresewärme *nf*	PHYS	→ **hysteretic loss**
→ Hystereseverlust *nm*		
Hysteresis *nf*	PHYS	→ **hysteresis** *n*
→ Hysterese *nf*		
Hz	PHYS	→ **cycles per second**
→ Hertz *nn*		
H-Zustand *nm*	MICR.EL	→ **high level**
→ Hochpegelzustand *nm*		

I *i*

I MATH **I**
[römische Ziffer für 1] [Roman numeral for 1]

I OPT → **luminous flux**
→ Lichtstrom *nm*

I EL.TEC → **current intensity**
→ Stromstärke *nf*

I/O-Register *nn* HW → **input/output register**
→ Ein-/Ausgabe-Register *nn*

I/O-Zelle *nf* MICR.EL → **input/output cell**
→ Ein-/Ausgabe-Zelle *nf*

I/Q-Verstärkung *nf* MODUL **I/Q gain**

I/Q-Verstärkungsassymetrie *nf* MODUL **I/Q gain unbalance**

i286 MICR.EL → **Intel 80286**
→ Intel 80286

I²L MICR.EL → **integrated injection logic**
→ IIL

I2O-Spezifikation *nf* SW **I2O specification**
= Intelligent Input/Output

i386 MICR.EL → **Intel 80386**
→ Intel 80386

i486 MICR.EL → **Intel 80486**
→ Intel 80486

IA5 TELEGR → **intenational alphabet no.5**
→ internationales Alphabet Nr.5

IAC SCIE **IAC**
= Information Analysis Center

IACS METAL **IACS**
[IEC] [IEC]
= International Annealed Copper Standard

IAL COMP.LG → **ALGOL**
→ ALGOL *nn*

IANA INTERNET **IANA**
= Internet Assigned Number Authority

I-Balken *nm* COMP.AP → **I-beam pointer**
→ I-Schreibmarke *nf*

I-Block *nm* DAT.NW **ITB**
= information transfer block

IBM-AT-Tastatur *nf* TER&PER → **AT keyboard**
→ AT-Tastatur *nf*

IBM-kompatibel DAT.PR **IBM-compatible**

IBM-kompatibler PC DAT.PR **IBM-compatible PC** *n*
≈ IBM-PC
= IBM-compatible computer; IBM compatible; IBM clone
≈ IBM PC

IBM-Lochkarte *nf* TER&PER **IBM format card**
[187,3 x 82,5 mm, 80 Spalten, 12 Zeilen] [187.3 x 82.5 mm, 80 columns, 12 lines]

IBM-PC DAT.PR **IBM PC**
[PC-Familie von IBM; vielfach für IBM-kompatible PC's] [family of PC's of IBM; sometimes extended to IBM-compatible PC's]
≈ IBM-kompatibler PC
↓ PC; PC/XT; XT; PC/AT; PS/2
= IBM Personal Computer
≈ IBM compatible PC
↓ PC; PC/XT; XT; PC/AT; PS/2

ICAM AUTOMA → **integrated computer-aided manufacturing**
→ integrierte rechnergestützte Fertigung

ICANN INTERNET **ICANN**
= Inet Corporation for Assigned Names and Numbers

IC-Baustein *nm* MICR.EL **IC chip**
= IC-Chip *nm*
↑ Chip
↑ chip

IC-Bus *nm* MICR.EL **IC bus**
= Inter-IC-Bus *nm*
= inter-IC bus

IC-Chip *nm* MICR.EL → **IC chip**
→ IC-Baustein *nm*

ICE MICR.EL → **in-circuit emulator**
→ Echtzeit-Testadapter *nm*

ICE DAT.NW **ICE**
= Intrusion Countermeasure Electronics

IC-Entwicklung *nf* MICR.EL **IC design**
= IC-Entwurf *nm*

IC-Entwurf *nm* MICR.EL → **IC design**
→ IC-Entwicklung *nf*

IC-Fassung *nf* MICR.EL **IC socket**

IC-Greifklemme *nf* EL.TRO **IC extractor**
= IC-Ziehwerkzeug *nn*

Ichform *nf* MEDIA **first person**

ich verbinde TELEPH **I am pulling through**
= I'll put you through

IC-Montagewerkzeug *nn* EL.TRO **IC inserter**

ICMP-Protokoll *nn* INTERNET **ICMP**
= Internet Control Message Protocol

IC *n* (*pl* ICs) MICR.EL → **integrated circuit**
→ integrierte Schaltung

Icon *nn* COMP.AP → **icon** *n*
→ Piktogramm *nn*

ICO-Umlaufbahn *nf* SAT.CO → **MEO**
→ MEO-Umlaufbahn *nf*

ICP-Protokoll *nn* INTERNET **ICP**
= Internet Cache Protocol

IC-Speicher *nm* MICR.EL → **solid state memory**
→ Halbleiterspeicher *nm*

I-Cursor *nm* COMP.AP → **I-beam pointer**
→ I-Schreibmarke *nf*

IC-Ziehwerkzeug *nn* EL.TRO → **IC extractor**
→ IC-Greifklemme *nf*

ID-1-Format *nn* TER&PER **ID-1 format**
[für Chipkarten: BxHxD = 85,6x54x0,76 mm] [for chip cards: LxWxT = 85.6x54x0.76 mm]

IDA TELEC **IDA**
[britische Variante des ISDN-Protokolls] [British variant of ISDN protocol]

IDC INTERNET **IDC**
= Internet Database Connector

IDC-Technik *nf* COMPO → **insulation piercing connection**
→ Schneidklemmverbindung *nf*

IDEA-Algorithmus *nm* CODING **IDEA**
= International Data Encryption Algorithm

ideale Abtastung EL.TRO → **ideal sampling**
→ punktförmige Abtastung

idealer Transformator EL.TEC **ideal transformer**
= idealer Übertrager [COMPO]

idealer Übertrager [COMPO] EL.TEC → **ideal transformer**
→ idealer Transformator

ideales Filter NETW.TH **ideal filter**

Ideensammlung *nf* SCIE → **brain storming**
→ Brainstorming *nn*

Idempotenz *nf* MATH **idempotent** *n*

Identifikation *nf* CONTRO **identification** *n*
= Parameterschätzung *nf*; Parameteridentifikation *nf*; Zustandsschätzung *nf*
= state estimation; parameter identification

Identifikation *nf* COLL **identification** *n*
= Identifikation *nf*

Identifikation *nf* COLL → **identification** *n*
→ Identifikation *nf*

Identifikation *nf* TELEC → **identification** *n*
→ Kennung *nf*

Identifikationsfeld *nn* SW → **identification field**
→ Kennungsfeld *nn*

Identifikationsmißbrauch *nm* DAT.MA **masquerading** *n*
= Maskerade *nf*
[misuse of access authorization]

Identifikationssystem *nn* TER&PER **identification system**

identifizierbar TECH → **recognizable**
→ erkennbar

Identifizierbarkeit *nf* TECH → **detectability** *n*
→ Erkennbarkeit *nf*

identifizieren INF.TEC → **detect**
→ erkennen

Identifizieren SWITCH **identifying** *n*

Identifiziergerät *nn* TER&PER **pick device** *n*
↑ Eingabegerät
= picker *n*
↑ input device

Identifizierung *nf* INF.TEC → **detection** *n*
→ Erkennung *nf*

Identifizierung *nf* TELEC → **identification** *n*
→ Kennung *nf*

Identifizierung *nf* DAT.CO → **station identification**
→ Stationskennung *nf*

Identifizierung böswilliger Anrufe SWITCH → **call tracing**
→ Fangen *nn*

Identifizierungskarte *nf* TER&PER **identification card**
= ID-Karte *nf*
↑ Chip-Karte
↓ Zugangskarte; Zugriffskarte
= ID card
↑ chip card
↓ premises access card; device access card

Identifizierungskennzeichen *nn* → Etikettenkennzeichen *nn* — DAT.MA — → **label identifier**

Identifizierungsverfahren *nn* — INF.TEC — **identification procedure**

Identifizierungsweg *nm* — DAT.CO — **identification path** = ID path

identisch — COLL — **identical** *adj*

identische Abbildung [Mengenlehre] — MATH — **identical mapping** [set theory]

Identität *nf* → Äquivalenzverknüpfung *nf* — LOGIC — → **equivalence operation**

Identität *nf* — COLL — **identity** *n*

Identität *nf* [OOP] — SW — **identity** *n* [OOP]

Identität mit der ersten Variable [Ausgang = 1 wenn und nur wenn A = 1] ≠ Negation der ersten Variable ↑ dyadische Boolesche Verknüpfung — LOGIC — **first variable operation** [output = 1 if and only if A = 1] ≠ negation of first variable ↑ dyadic Boolean operation

Identität mit der zweiten Variable [Ausgang = 1 wenn und nur wenn Q = 1] ≠ Negation der zweiten Variable ↑ dyadische Boolesche Verknüpfung — LOGIC — **second variable operation** [output = 1 if and only if Q = 1] ≠ negation of the second variable ↑ dyadic Boolean operation

Identitätselement *nn* → Äquivalenzglied *nn* — CIRC.EN — → **equivalence gate**

Identitätsgatter *nn* → Äquivalenzglied *nn* — CIRC.EN — → **equivalence gate**

Identitätsglied *nn* → Äquivalenzglied *nn* — CIRC.EN — → **equivalence gate**

Identitätskarte *nf* (AT,CH) → Personalausweis *nm* — ECON — → **identity card**

Identitätsschaltung *nf* → Äquivalenzglied *nn* — CIRC.EN — → **equivalence gate**

Identitätsverknüpfung *nf* → Äquivalenzverknüpfung *nf* — LOGIC — → **equivalence operation**

Identitätszeichen *nn* [Symbol: ≡] = Kongruenzzeichen *nn* — MATH — **identical sign** [symbol: ≡]

Ideogramm *nn* [einen Begriff darstellendes Schriftzeichen] = Begriffszeichen *nn* — LING — **ideogram** *n* [a character symbolizing a concept] = ideograph

Ideographie *nf* [Schrift aus Ideogrammen] — LING — **ideography** *n* [a writing by ideograms]

IDE-Schnittstelle *nf* — HW — **IDE interface** [Integrated Drive Electronics; Intelligent Drive Electronics]

IDE-Umgebung *nf* — SW — **IDE** = Integrated Development Environment

Idiomatik *nf* → Redewendung *nf* — LING — → **idiom** *n*

idiostatische Schaltung — PHYS — **idiostatic circuit**

idiotensicher [fig] = narrensicher ≈ kinderleicht — COLL — **foolproof** *adj*

ID-Karte *nf* → Identifizierungskarte *nf* — TER&PER — → **identification card**

IDL [OOP] — COMP.LG — **IDL** [OOP] = Interface Description Language

IDN → integriertes digitales Netz — DAT.CO — → **integrated digital network**

IDRP-Protokoll *nn* — DAT.NW — **IDPR** = Inter Domain Routing Protocol

IDSL [1,1 Mbit/s über Telefonleitung] — DAT.NW — **IDSL** [1.1.Mbps over telephone line] = Internet Digital Subscriber Line

IDTV [höhere Bildqualität durch 100 Hz] — TV — **IDTV** [Improved Definition TV; by 100 Hz]

IEC [internationale Organisation zur Vereinheitlichung nationaler elektrotechnischer Normen; franz. "Commission Electrotechnique Internationale"] = CEI — EL.TEC — **IEC** [international organization for the uniformization of national electrotechnical standards; in French "Commission Electrotechnique Internationale"] = International Electrotechnical Commission; CEI

IEC-Bus *nm* = IEEE-488-Bus *nm*; HP-IB-Bus *nm*; HPIB; GPIB-Bus *nm* — HW — **IEC bus** = IEEE-488 bus; hp-IB bus; HPIB; GPIB bus; general-purpose interface bus

IEE [Verband der Elektrotechniker Großbritanniens] — TECH — **IEE** [of UK] = Institution of Electrical Engineers

IEEE [Verein der Elektrotechniker und Elektroniker der USA; im Englischen mit "ai triple i" ausgesprochen] — EL.TEC — **IEEE** [USA] = Institute of Electrical and Electronic Engineers

IEEE-488-Bus *nm* → IEC-Bus *nm* — HW — → **IEC bus**

IEEE-802-Normen *nplt* [für LAN's] — DAT.NW — **IEEE 802 standards** [for LAN]

IEMP → interner elektromagnetischer Puls — INF.TEC — → **internal electromagnetic pulse**

IEPG — INTERNET — **IEPG** = Internet Engineering and Planning Group

IETF — INTERNET — **IETF** = Internet Engineering Task Force

IFAC — AUTOMA — **IFAC** = International Federation of Automatic Control

IF-Anweisung *nf* → WENN-Anweisung *nf* — COMP.LG — → **IF statement**

IFF → Freund-Feind-Erkennung *nf* — MIL.CO — → **identification friend or foe**

IFF-Format *nn* — DAT.NW — **IFF format** = Interchange File Format

IF-Format *nn* → Zeilensprungformat *nn* — COMP.GR — → **interlaced format**

IFIP [internationaler Verband für Informationsverarbeitung] — DAT.PR — **IFIP** [pron."eye-fip"] = International Federation for Information Processing

IF-THEN-Anweisung *nf* → WENN-DANN-Anweisung *nf* — COMP.LG — → **IF-THEN statement**

IF-THEN-ELSE-Anweisung *nf* → WENN-DANN-SONST-Anweisung *nf* — COMP.LG — → **IF-THEN-ELSE statement**

Igel → Schildkröte *nf* — TER&PER — → **floor turtle**

Igel → Schildkröte *nf* — COMP.AP — → **turtle** *n*

Igelgrafik *nf* → Schildkrötengrafik *nf* — COMP.GR — → **turtle graphics**

Igelgraphik *nf* → Schildkrötengrafik *nf* — COMP.GR — → **turtle graphics**

IGES [ein von ANSI genormtes Format für Grafikdateien] — DAT.MA — **IGES** [Initial Graphics Exchange Specification; an ANSI graphics file format]

IGFET = Isolierschicht-Feldeffekttransistor *nm* — MICR.EL — **insulated gate field-effect transistor** = IGFET

I-Glied *nn* = Integrierglied *nn*; Integralglied *nn*; integrales Übertragungsglied — CONTRO — **I element**

Ignitron *nn* = Zündstiftröhre *nf* ↑ steuerbarer Quecksilber-Gleichrichter — POW.SY — **ignitron** *n*

Ignitrongleichrichter *nm* — POW.SY — **ignitron rectifier**

ignorieren → übergehen — COLL — → **ignore**

ignorieren → überspringen *vt* — SW — → **skip** *vt*

Ignorierzeichen *nn* → Ungültigkeitszeichen *nn* — DAT.CO — → **ignore character**

IGRP-Protokoll *nn* — DAT.NW — **IGRP** = Interior Gateway Routing Protocol

IIL [eine IC-Technologie] = I²L; MTL; integrierte Injektionslogik — MICR.EL — **integrated injection logic** [an IC technology] = IIL; I²L; merged-transistor logic; MTL

IIPA [internationaler Schutzverband von Urheberrechten] — LAW — **IIPA** = International Intellectual Property Alliance

IIR — NETW.TH — **infinite impulse response** = IIR

IIS — INTERNET — **IIS** = Internet Information Server

IKBS-System *nn* → Expertensystem *nn* — ART.IN — → **expert system**

Ikon *nn* → Piktogramm *nn* — COMP.AP — → **icon** *n*

Ikone *nf* COMP.AP → **icon** *n*
→ Piktogramm *nn*
ikonisches Zeichen COMP.AP → **icon** *n*
→ Piktogramm *nn*
ikonographisch IMAG.ME **iconographic**
Ikonoskop *nn* EL.TRO **iconoscope** *n*
Ikosaeder *nn* MATH **icosahedron** *n* (*pl* -drons&-dra)
= Zwanzigflächner *nm* ↑ polyhedron
↑ Polyeder
IKT *nf* EL.TEC → **information technology** (1)
→ Informationstechnik *nf*(1)
IKZ SWITCH → **pulse signaling** (AE)
→ Impulskennzeichenverfahren *nn*
ILD OPTOEL → **injection laser diode**
→ Injektionslaserdiode *nf*
i-leitend MICR.EL → **intrinsic** *adj*
→ eigenleitend
illegal LAW **illegal**
= gestzwidrig = lawless
illegal LAW → **unlawful** *adj*
→ unerlaubt
illegale Diskussionsgruppe INTERNET → **bogus** *n*
→ Bogus
Illustration *nf* PRIN.ME → **illustration** *n*
→ Bebilderung *nf*
Illustration *nf* COLL → **illustration** *n*
→ Veranschaulichung *nf*
Illustrator *nm* IMAG.ME **illustration artist**
illustrieren PRIN.ME → **illustrate** *vt*
→ bebildern
illustrieren COLL → **illustrate**
→ veranschaulichen
Illustrierte *nf* PRIN.ME **magazine** *n*
↑ Zeitschrift [with pictures]
↑ periodical
ILS RAD.NA → **instrument landing system**
→ Instrumentenlandesystem *nn*
ILS-System *nn* RAD.NA → **instrument landing system**
→ Instrumentenlandesystem *nn*
Imagemap *nf* INTERNET → **clickable graphics**
→ anklickbare Grafik
Imagesetter *nm* PRIN.ME **imagesetter** *n*
[eine datengesteuerte Drucksetzmaschine, meist mit PostScript kompatibel] [a data controlled typesetting device, generally PostScdipt-compatible]
imaginär MATH **imaginary**
≠ real ≠ real
imaginäre Einheit MATH **imaginary unit**
[Quadratwurzel von -1] [square root of -1]
imaginärer Widerstand NETW.TH → **reactance** *n*
→ Blindwiderstand *nm*
imaginäre Zahl MATH **imaginary number**
= rein imaginäre Zahl ≠ real number
≠ reelle Zahl
Imaginärteil *nm* MATH **imaginary part**
= imaginary component; imag
IMAP INTERNET **IMAP**
= Internet Message Access Protocol
im Aushängezustand TELEPH → **off-hook**
→ abgehoben
IMBE-Kompression *nf* TELEC **IMBE**
= Improved Multi-Band Excitation
Im-Betrieb-Fehlerbehebung *nf* SW **hot fix**
[during operation]
IMEI-Kennzahl *nf* MOB.CO **IMEI code**
= International Mobile Equipment Identity
IMF *nn* MOB.CO **IMF**
= IP-Inter-Media Subsystem
im Fluge TECH → **on the fly** *adj*
→ fliegend (3)
im Freien *adv* TECH **outdoors** *adv*
= im Freigelände; draußen = open-air; open-site
≠ im Inneren ≠ indoors
im Freigelände TECH → **outdoors** *adv*
→ im Freien *adv*
im Gange COLL **in progress**
im Gegensatz zu COLL → **versus**
→ gegenüber
im Gleichlauf TECH → **synchronized**
→ synchronisiert
im Gleichtakt TECH → **synchronized**
→ synchronisiert
im Grunde COLL → **basically** *adv*
→ grundsätzlich *adv*
im Hemdtaschenformat TECH **shirt-pocketable**
im Inneren *adv* TECH **indoors** *adv*
= gebäudeintern; hausintern = in-building
≠ im Freien ≠ outdoors
Imitation *nf* HW → **clone** *n*
→ Klon *nm*
Imitation *nf* TECH → **copy** *n*
→ Nachbildung *nf*
imitieren TECH → **imitate** *vt*
→ nachbilden
im Kommen befindlich COLL → **approaching** *adj*
→ bevorstehend
im Laufe der Zeit COLL **over the course of time**
im Leerlauf EL.TEC **in open circuit**
= open-circuited
im Lieferumfang enthalten ECON **supplied**
[included in a scope of supply]
immanent SCIE **immanent**
= enthalten; einbegriffen = inherent
≈ inhärent
immateriell SCIE **immaterial**
= unkörperlich; unstofflich; nicht greifbar = intangible
immateriell ECON **intangible**
immaterielle Dateneingabe DAT.MA → **remote data entry**
→ Datenferneingabe *nf*
immaterielle Vermögensgegenstände ECON **intangible assets**
immaterielle Ware DAT.PR → **software** (nslt; *pl* pieces of software)
→ Software *nf* (*pl* -s)
Immersionsflüssigkeit *nf* OPT.CO **index matching fluid**
Immersionslinse *nf* EL.TRO → **acceleration lens**
→ Beschleunigungslinse *nf*
Immersive Imaging MOD&SI **immersive imaging**
= bildbasiertes Rendering
Immitanz *nf* NETW.TH → **input quantity**
→ Eingangsgröße *nf*
Immitanzkonverter *nm* NETW.TH → **impedance converter**
→ Impedanzkonverter *nm*
Immobilie *nf* ECON **immovable** *n*
≠ Mobilien = real estate; dead stock
≠ movables
Immunität *nf* TECH → **immunity** *n*
→ Unanfälligkeit *nf*
Immunologie *nf* SCIE **immunology** *n*
IMOS-Technik *nf* MICR.EL **IMOS**
[ion-implanted metal-oxide semiconductor technology]
imp. PRIN.ME → **imprimatur** *n*
→ Imprimatur *nn*&(AT)*nf*
Impaktdrucker *nm* TER&PER → **impact printer**
→ Anschlagdrucker *nm*
Imparität *nf* CODING → **odd parity**
→ ungerade Parität
Imparitätskontrolle *nf* CODING **odd parity check**
≠ Paritätskontrolle = unparity check; odd parity control; unparity control
≠ parity check
Impatt-Diode *nf* MICR.EL **impact avalanche transit diode**
= NPIP-Diode *nf*, Lawinenlaufzeitdiode *nf* = impatt diode; avalanche transit time diode
↑ Lawinenlaufzeitdiode ↑ avalanche photodiode
Impedanz *nf* NETW.TH → **impedance** *n*
→ komplexer Scheinwiderstand
Impedanzanalysator *nm* INSTR **impedance analyzer**
Impedanzanpassung *nf* NETW.TH → **matching** *n* (1)
→ Anpassung *nf*(1)
Impedanzanpassungsglied *nn* NETW.TH → **impedance matching section**
→ Transformationsglied *nn*
impedanzarm EL.TEC → **low-impedance**
→ niederohmig
Impedanzinverter *nm* NETW.TH **impedance inverter**
= Inveter *nm*
Impedanzkonverter *nm* NETW.TH **impedance converter**
= Immitanzkonverter *nm*; Konveter *nm* = immitance converter; converter *n*
Impedanzmatrix *nf* NETW.TH → **impedance matrix**
→ Widerstandsmatrix *nf*
Impedanzmessbrücke *nf* INSTR **impedance measuring bridge**
= Scheinwiderstands-Messbrücke *nf*, = impedance test set

Impedanzmessplatz *nm* ↓ LCR meter; impedance analyzer
↓ LCR-Messer; Impedanzanalysator

Impedanzmessplatz *nm* INSTR → **impedance measuring bridge**
→ Impedanzmessbrücke *nf*

Impedanzmessung *nf* INSTR → **impedance measuring**
→ Scheinwiderstandsmessung *nf*

Impedanznormung *nf* NETW.TH **impedance normalizing**

Impedanzprüfung *nf* INSTR → **impedance test**
→ Scheinwiderstandsprüfung *nf*

Impedanztransformation *nf* NETW.TH → **impedance transformation**
→ Impedanzwandlung *nf*

Impedanztransformator *nm* NETW.TH → **impedance transformer**
→ Impedanzwandler *nm*

Impedanzwandler *nm* NETW.TH **impedance transformer**
= Impedanztransformator *nm* | = impedance matching device; IMD

Impedanzwandlung *nf* NETW.TH **impedance transformation**
= Impedanztransformation *nf*

Imperativ *nm* LING **imperative mood**
= Befehlsform *nf*; Aufforderungsform *nf* | = imperative *n*
↑ Modus | ↑ verbal mode

imperative Programmiersprache COMP.LG **imperative programming language**

imperativ-prozedurale Programmiersprache COMP.LG **imperative-procedural programming language**

Imperfekt *nn* LING **simple past**
[z.B. ich hörte, ich wurde gehört] | [e.g. I heard, I was heard]
= Präteritum *nn*; 1. Vergangenheit *nf*; erste Vergangenheit; Mitvergangenheit *nf* | = preterite *n*; preterit *n*; imperfect *n*
↑ Vergangenheit

Impersonale *nn* LING **impersonal verb**
= unpersönliches Zeitwort

Impf-Einkristall *nm* MICR.EL **seed single-crystal**

impfen MICR.EL **seed** *vt*

Impfkristall *nm* MICR.EL → **seed crystal**
→ Kristallkeim *nm*

Impfprogramm *nn* SW **vaccine** *n*
[Programm zum Schutz gegen Viren] | [program to protect against viruses]
↓ Virenvorbeugungsprogramm; Virenerkennungsprogramm; Virenbeseitigungsprogramm | ↓ virus prevention program; virus detection program; virus removal

Implantation *nf* MICR.EL **implantation** *n*

implementieren SW **implement** *vt*
[vom latein. "implere" = "füllen"; einen Programmentwurf ablauffähig machen, durch Übersetzung oder Ergänzung] | [from Latin "implere" = "fill"; to bring a software design into an executable form, by translation or complementation]
= realisieren
≈ programmieren | ≈ program

implementieren TECH → **realize** *vt*
→ realisieren

Implementierung *nf* DAT.PR **implementation** *n*
[Inbetriebnahme von Geräten oder Programmen] | [to put hardware and software operative]
= Realisierung *nf*; Verwirklichung *nf*
↑ Systementwicklungszyklus | ↑ system development lifecycle

Implementierung *nf* TECH → **realization** *n*
→ Realisierung *nf*

Implementierungssprache *nf* COMP.LG **implementation language**
= Systemprogrammiersprache *nf*; Systemsprache *nf* | = system programming language; system language
↓ Sprache C

Implementierungsteil *nm* SW **implementation** *n*
[Teil des Programmmoduls der die eigentliche Programmierung enthält] | [part of a program module containing the program code]

Implikation *nf* SCIE **implication** *n*

Implikation *nf* LOGIC **implication** *n*
[Prädikatenlogik; Symbol: →] | [operator of predicate logic; symbol: →]
= Materiale Implikation; Konditionale Implikation; Konditional *nm*; Subjunktion *nf*; Inklusion *nf*; Wenn-Dann *nn*; logische Folgerung | = material implication; conditional implication; subjunction *n*; entailment *n*; inclusion *n*; If-Then

Implikation *nf*(1) LOGIC → **implication operation** (1)
→ Implikationsverknüpfung *nf*(1)

Implikation *nf*(2) LOGIC → **Q-implies-P operation**
→ Q-impliziert-P-Verknüpfung *nf*

Implikation *nf*(3) LOGIC → **P-implies-Q operation**
→ P-impliziert-Q-Verknüpfung *nf*

Implikationselement *nn* CIRC.EN → **implication gate**
→ Implikationsglied *nn*

Implikationsfunktion *nf*(1) LOGIC → **implication operation** (1)
→ Implikationsverknüpfung *nf*(1)

Implikationsfunktion *nf*(2) LOGIC → **Q-implies-P operation**
→ Q-impliziert-P-Verknüpfung *nf*

Implikationsfunktion *nf*(3) LOGIC → **P-implies-Q operation**
→ P-impliziert-Q-Verknüpfung *nf*

Implikationsgatter *nn* CIRC.EN → **implication gate**
→ Implikationsglied *nn*

Implikationsglied *nn* CIRC.EN **implication gate**
= Implikationsgatter *nn*; Implikationselement *nn*; Implikationsschaltung *nf*; Implikationstor *nn*; WENN-DANN-Glied *nn*; WENN-DANN-Gatter *nn*; WENN-DANN-Element *nn*; WENN-DANN-Schaltung *nf* | = implication element; implication circuit; IF-THEN gate; IF-THEN element; IF-THEN circuit
↑ logic gate

Implikationsoperation *nf*(1) LOGIC → **implication operation** (1)
→ Implikationsverknüpfung *nf*(1)

Implikationsoperation *nf*(2) LOGIC → **Q-implies-P operation**
→ Q-impliziert-P-Verknüpfung *nf*

Implikationsoperation *nf*(3) LOGIC → **P-implies-Q operation**
→ P-impliziert-Q-Verknüpfung *nf*

Implikationsschaltung *nf* CIRC.EN → **implication gate**
→ Implikationsglied *nn*

Implikationstor *nn* CIRC.EN → **implication gate**
→ Implikationsglied *nn*

Implikationsverknüpfung *nf*(1) LOGIC **implication operation** (1)
[Ausgang = 0 nur wenn von P und Q einer = 0 u. der andere = 1 ist] | [output=0 only if among P and Q one is = 0 and the other is = 1]
= Implikationsoperation *nf*(1); Implikationsfunktion *nf*(1); Implikation *nf*(1); WENN-DANN-Verknüpfung *nf*(1); WENN-DANN-Operation *nf*(1); WENN-DANN-Funktion *nf*(1); WENN-DANN *nn*(1) | = implication function (1); material implication; implication *n* 1); conditional implication operation (1); conditional implication (1); inclusion operation (1); inclusion function (1); inclusion *n* (1); IF-THEN operation (1); IF-THEN function (1); IF THEN (1)
≠ Inhibitionsverknüpfung (1) | ≠ exclusion operation (1)
↑ dyadische Boolesche Verknüpfung | ↑ dyadic Boolean operation
↓ P-impliziert-Q-Verknüpfung; | ↓ P-implies-Q operation; Q-implies-P operation

Implikationsverknüpfung *nf*(2) LOGIC → **Q-implies-P operation**
→ Q-impliziert-P-Verknüpfung *nf*

Implikationsverknüpfung *nf*(3) LOGIC → **P-implies-Q operation**
→ P-impliziert-Q-Verknüpfung *nf*

implizieren COLL **imply** *vt*
= einbegreifen; einbeziehen | ≈ entail; contain
≈ zur Folge haben; enthalten | ≠ implicate

implizierte Adressierung SW **one-ahead addressing**
= Fortschaltungsadressierung *nf* | ≠ repetitive addressing
≠ Wiederholungsadressierung

implizit COLL → **implicit** *adj*
→ unausgesprochen

implizite Adresse SW → **indirect address**
→ indirekte Adresse

implizite Adressierung SW → **indirect addressing**
→ indirekte Adressierung

implizite Vereinbarung SW **implicit declaration**

implodieren TECH **implode** *vt*
[Kunstwort aus dem latein. "in + plodere" = "hinein + klatschend schlagen"] | [neologism from Latin "in + plodere" = "inward + clap", i.e. to burst inward]
≠ explodieren | ≠ explode

Implosion *nf* TECH **implosion** *n*
≠ Explosion | ≠ explosion

Import *nm* ECON → **import** *n*
→ Einfuhr *nf*

Importbescheinigung *nf* ECON → **import certificate**
→ Einfuhrbescheinigung *nf*

Importbestätigung *nf* ECON → **import certificate**
→ Einfuhrbescheinigung *nf*

importieren DAT.MA → **import** *vt*
→ einspielen

Importlizenz *nf* ECON **import licence**
= Einfuhrlizenz *nf*

Importpapiere *nplt* ECON **import documents**
= Einfuhrpapiere *nplt*

Importvorgang *nm* ECON **importation** *n*
= Einfuhrvorgang *nm*

impr. PRIN.ME → **imprimatur** *n*
→ Imprimatur *nn*&(AT)*nf*

imprägnieren TECH **impregnate** *vt*
= tränken | = soak *vt*

imprägniert TECH **soaked** *adj*
= getränkt

Imprägnierung *nf* TECH **impregnation** *n*
≈ Tränkung | = soak *n*; soakage *n*

impraktikabel COLL → **impracticable** *adj*
→ undurchführbar

im Preis inbegriffen DAT.PR **bundled**
= included in the price

Impressum *nn* PRIN.ME **imprint** *n*

Imprimatur *nn*&(AT)*nf* PRIN.ME **imprimatur** *n*
[vom latein. "imprimatur!" = "es werde gedruckt!"] [license to print; from Latin "imprimatur" = "it should be printed"]
= impr.; imp.; Druckerlaubnis *nf*; Druckgenehmigung *nf*

improvisiert TECH → **makeshift** *adj*
→ behelfsmäßig

Impuls *nm* PHYS **momentum** *n*
[Masse x Geschwindigkeit] [mass x velocity]
= Bewegungsgröße *nf*

Impuls *nm* (1) EL.TRO **impulse** *n*
[vom latein. "impellere" = "anstoßen"; kurzzeitiger aperiodischer Vorgang] [from Latin "impellere" = "knock"; non-repetitive surge]
= Stromstoß *nm*
≈ Impuls (2); Puls ≈ pulse; pulse train

Impuls *nm* (2) EL.TRO **pulse** *n*
[Element eines Pulses] [element of a periodic sequence]
≈ Impuls (1) ≈ impulse

Impulsabfallflanke *nf* EL.TRO **trailing pulse edge**
= hintere Impulsflanke; fallende Impulsflanke; Impulsrückflanke *nf*; Pulsabfallflanke *nf*; Pulsrückflanke *nf* = negative pulse edge; falling pulse edge; decaying pulse edge
≈ Impulsschwanz ≈ pulse tail
≠ Impulsanstiegflanke ≠ leding pulse edge

Impulsabfallzeit *nf* EL.TRO → **decay time**
→ Abfallzeit *nf*

Impulsabstand *nm* MODUL → **sampling cycle**
→ Abtastintervall *nn*

Impulsabstand *nm* (1) EL.TRO → **pulse separation** *n*
→ Impulspause *nf*

Impulsabstand *nm* (2) EL.TRO → **pulse interval**
→ Impulsperiodendauer *nf*

Impulsamplitude *nf* EL.TRO **pulse amplitude**
= Impulshöhe *nf* ≈ pulse train amplitude
≈ Pulsamplitude

Impulsanstiegflanke *nf* EL.TRO **rising pulse edge**
= Impulsvorderflanke *nf*; steigende Impulsflanke; vordere Impulsflanke; Pulsvorderflanke *nf*; Pulsanstiegsflanke *nf*; steigende Pulsflanke = leading pulse edge; positive pulse edge
≠ Impulsabfallflanke ≠ trailing pulse edge

Impulsantwort *nn* EL.TRO **pulse response**
= Pulsantwort *nn*; Impulssprungverhalten *nn*; Pulssprungverhalten *nn*; Stoßantwort *nn* = impulse response; pulse behaviour; impulse behaviour

Impulsantwortmessung *nf* INSTR **pulse response measurement**
= pulse response testing

Impulsausblendung *nf* EL.TRO **strobing** *n*
= Impulsaustastung *nf*; Strobing *nn* [to sample a long signal by a pulse]

Impulsaustastung *nf* EL.TRO → **strobing** *n*
→ Impulsausblendung *nf*

Impulsbefehl *nm* TELECON **pulse command**
= impulse command

Impulsbetrieb *nm* EL.TRO **pulse operation**
≈ Pulsbetrieb ≈ pulsed operation

Impulsbewertung *nf* INSTR **pulse characterization**

Impulsbreite *nf* EL.TRO → **pulse duration** *n*
→ Impulsdauer *nf*

Impulsbreiten-Aufzeichnung *nf* TER&PER → **two-frequency recording**
→ Wechseltaktschrift *nf*

Impulsdach *nn* EL.TRO **pulse top**
= Pulsdach *nn* = impulse top; topline *n*
≈ Impulsspitze ≈ pulse peak

Impulsdauer *nf* EL.TRO **pulse duration** *n*
= Impulslänge *nf*; Impulsbreite *nf*; Impulsweite *nf*; Pulsdauer *nf* (2) = pulse length; pulse width (1); impulse duration
≈ Pulsdauer (1); Pulsweite; Impulsperiodendauer ≈ pulse-train duration; pulse width (2); pulse interval

Impulsdauerflattern *nn* EL.TRO **pulse duration jitter**
= Impulsdauer-Jitter *nm* = impulse duration jitter

Impulsdauer-Jitter *nm* EL.TRO → **pulse duration jitter**
→ Impulsdauerflattern *nn*

Impulsdehnung *nf* EL.TRO → **pulse broadening**
→ Impulsverbreiterung *nf*

Impulsechometer *nn* INSTR **impulse echo meter**
= pulse echometer

Impulsenergie *nf* EL.TRO **pulse energy**
= impulse energy

Impulserhaltung *nf* PHYS **conservation of momentum**

Impulserneuerung *nf* TV **sync regeneration**

Impulserneuerung *nf* EL.TRO → **pulse regeneration**
→ Impulsregenerierung *nf*

Impulserregung *nf* EL.TRO **pulse excitation**
= impulse excitation

Impulserzeuger *nm* CIRC.EN → **impulse generator**
→ Impulsgenerator *nm* (1)

Impulsfehlerortung *nf* TRANSM **pulse fault location**
= Pulsfehlerortung *nf*

Impulsflanke *nf* EL.TRO **pulse edge**
↓ Impulsanstiegflanke; Impulsabfallflanke = pulse slope; impulse edge; impulse slope

Impulsfolge *nf* EL.TRO → **pulse train**
→ Puls *nm*

Impulsfolgefrequenz *nf* EL.TRO → **pulse repetition rate**
→ Pulsrate *nf*

Impulsfolge-Frequenzteilung *nf* EL.TRO **skip keying**

Impulsform *nf* EL.TRO **pulse form**
= Pulsform *nf* = pulse shape; impulse form: impulse shape

impulsformendes Netzwerk CIRC.EN **pulse-forming network**

Impulsformer *nm* CIRC.EN **pulse shaper**
= Pulsformer *nm* = impulse shaper

impulsförmig EL.TRO **impulsive**
≈ gepulst = impulse-shaped; pulse-shaped
≈ pulsed

impulsförmiges Störsignal EL.TRO → **interfering pulse** *n*
→ Störimpuls *nm*

Impulsformung *nf* CIRC.EN **pulse shaping**
= Pulsformung *nf* = impulse shaping; pulse profiling; impulse profiling

Impulsfrequenz *nf* EL.TRO → **pulse repetition rate**
→ Pulsrate *nf*

Impulsfrequenzmesser *nm* INSTR → **pulse rate meter**
→ Pulsfrequenzmesser *nm*

Impulsfunktion *nf* MATH **impulse function**
= Stoßfunktion *nf* = pulse function

Impulsgatter *nn* CIRC.EN **impulse gate**

Impulsgeber *nm* TV → **synchronization signal generator**
→ Impulsgenerator *nm*

Impulsgenerator *nm* TV **synchronization signal generator**
= Impulsgeber *nm*; Fernseh-Taktgeber *nm*; Taktgeber *nm* = synchronization clock system

Impulsgenerator *nm* INSTR **pulse generator**
= Pulsgenerator *nm*; Impulsquelle *nf*; Pulsquelle *nf* = pulse source

Impulsgenerator *nm* (1) CIRC.EN **impulse generator**
[erzeugt Einzelimpulse] [produces single surges]
= Impulserzeuger *nm* = impulse exciter; impulse sender; impulse emitter

Impulsgenerator *nm* (2) CIRC.EN → **pulse generator**
→ Pulsgenerator *nm*

Impulsgeräusch *nn* TELEC **impulsive noise**
= kurzzeitiges Geräusch = impulse noise; pulse noise; click *n*
≈ Störimpuls [EL.TRO]

Impulsgruppe *nf* TELEC → **burst interference**
→ Büschelstörung *nf*

Impulshöhe *nf* EL.TRO → **pulse amplitude**
→ Impulsamplitude *nf*

Impulsintensität *nf* EL.TRO **pulse intensity**
= impulse intensity

Impulsinterferenz *nf* INF.TEC **impulse interference**

Impulskennlinie *nf* EL.TRO → **pulse characteristic**
→ Pulskennlinie *nf*

Impulskennzeichen *nn* SWITCH **pulse signal**

Impulskennzeichengabe *nf* SWITCH → **pulse signaling** (AE)
→ Impulskennzeichenverfahren *nn*

Impulskennzeichenverfahren *nn* SWITCH **pulse signaling** (AE)
= Impulskennzeichengabe *nf*; IKZ

Impulskondensator *nm* COMPO **pulse capacitor**

Impulskuppe *nf* EL.TRO → **pulse peak**
→ Impulsspitze *nf*

Impulslänge *nf* EL.TRO → **pulse duration** *n*
→ Impulsdauer *nf*

Impulslaser *nm* OPTOEL **pulsed laser**
≠ Dauerstrichlaser ≠ continuous-wave laser

Impulsleistung *nf* EL.TRO **pulsed power**
= Pulsleistung *nf* = pulsating power
≠ Dauerstrichleistung ≠ continuous-wave power

Impulsmagnetisierung *nf* PHYS **impulse magnetization**
= Pulsmagnetisierung *nf*

Impulsmesser *nm* INSTR **pulse time meter**
Impulsmoment *nn* MECH → **angular momentum**
→ Drehimpuls *nm*
Impulsmultiplikator *nm* EL.TRO **pulse multiplier**
= impulse meter
Impulsmuster *nn* EL.TRO **impulse pattern**
≈ Puls ≈ pulse train
Impulsnebensprechen *nn* CODING → **inter-symbol interference**
→ Intersymbolstörung *nf*
Impulsortung *nf* TRANSM **impulse localization**
Impulsoszillator *nm* MICROW **pulsed oscillator**
Impulsoszilloskop *nn* INSTR → **surge oscilloscope**
→ Stoßspannungsoszilloskop *nn*
Impulspause *nf* EL.TRO **pulse separation** *n*
= Pulspause *nf*; Impulsabstand *nm* (1); Skew (ANGL) [separation of consecutive pulses] = intertrain pause; non-pulse period; impulse separation; skew *n* (2); pulse-digit spacing
Impulspegel *nm* MICR.EL **pulse level**
↓ Hochpegel; Tiefpegel ↓ high level; low level
Impulsperiodendauer *nf* EL.TRO **pulse interval**
[Impulsdauer + Impulspause] [pulse duration + pulse separation]
= Pulsperiodendauer *nf*; Taktintervall *nn*; Impulsabstand *nm* (2)
Impulspermeabilität *nf* PHYS **impulse permeability**
Impulsplan *nm* EL.TRO **timing diagram**
Impulsquelle *nf* INSTR → **pulse generator**
→ Impulsgenerator *nm*
Impulsradar *nm&nn* (*pl* -e) RAD.LO → **pulsed radar**
→ Pulsradar *nm&nn* (*pl* -e)
Impulsrate *nf* EL.TRO → **pulse repetition rate**
→ Pulsrate *nf*
Impulsratenmesser *nm* INSTR → **pulse rate meter**
→ Pulsfrequenzmesser *nm*
Impulsreflektometer *nn* INSTR **impulse reflectometer**
= Time-Domain-Reflektometer *nn* = time-domain reflectometer
Impulsregenerierung *nf* EL.TRO **pulse regeneration**
= Impulserneuerung *nf*; Pulsregenerierung *nf*; Pulserneuerung *nf* = impulse regeneration
Impulsreihe *nf* EL.TRO → **pulse train**
→ Puls *nm*
Impulsrelais *nn* COMPO **impulse relay**
= impulsing relay; pulse relay
Impulsrückflanke *nf* EL.TRO → **trailing pulse edge**
→ Impulsabfallflanke *nf*
Impulsschallpegelmesser *nm* INSTR **impulse sound-level meter**
Impulsschaltung *nf* CIRC.EN **pulse circuit**
= impulse circuit
Impulsschwanz *nm* EL.TRO **pulse tail**
= Flankenabfall *nm* = impulse tail; tail *n*
≈ Impulsabfallflanke ≈ trailing pulse edge
Impulssender *nm* RADIO **pulse transmitter**
[Funkstörmessung]
Impulsserie *nf* EL.TRO → **pulse train**
→ Puls *nm*
Impulssignalisierung *nf* SWITCH → **impulse signaling** (AE)
→ Impulszeichengabe *nf*
Impulsspitze *nf* EL.TRO **pulse peak**
= Impulskuppe *nf* = pulse crest; impulse peak; impulse crest
≈ Impulsdach ≈ pulse top
Impulsspitzenleistung *nf* EL.TRO **pulse peak power**
Impulssprungverhalten *nn* EL.TRO → **pulse response**
→ Impulsantwort *nn*
Impulsstaffelung *nf* RAD.LO **stagger** *n*
Impulsstopfen *nn* CODING → **pulse stuffing**
→ Stopfen *nn*
Impulstaktgeber *nm* TELEC **metering pulse generator**
Impulstastverhältnis *nn* TELEGR → **mark-to-space ratio**
→ Zeichen-Pausen-Verhältnis *nn*
Impulstechnik *nf* EL.TRO **pulse technique**
[Erzeugung, Verarbeitung und Übertragung impulsförmiger Signale] [generation, processing and transfer of pulse-shaped signals]
= Pulstechnik *nf* ≠ sinusoidal signal technique
≠ Sinustechnik
↓ lineare Impulstechnik; nichtlineare Impulstechnuk
Impulstelegrafie *nf* TELEGR → **impulse telegraphy**
→ Impulstelegraphie *nf*
Impulstelegramm *nn* TELECON **pulse telegram**
Impulstelegraphie *nf* TELEGR **impulse telegraphy**
= Impulstelegrafie *nf*

Impulstor *nn* CIRC.EN **pulse gate**
[lässt Impulse nur während definierter Zeitintervalle durch] [allows passage of pulses only during definite time intervals]
= Zeichentor
Impulstreue *nf* EL.ACOU **transients fidelity**
impulsüberlagerte Modulation EL.TRO **modulation-on-pulse**
Impulsüberlagerung *nf* EL.TRO **pulse overlapping**
Impulsübertrager *nm* EL.TRO **pulse transformer**
[ein breitbandiger Übertrager] [a broadband transformer]
= impulse transformer
Impulsuhr *nf* SIG.EN **pulse clock**
Impulsverbreiterung *nf* EL.TRO **pulse broadening**
= Impulsverlängerung *nf*; Impulsdehnung *nf* = pulse lengthening
≈ Pulsverbreiterung ≈ pulse train spreading
Impulsverflechtung *nf* EL.TRO **pulse interleaving**
Impulsverlängerung *nf* EL.TRO → **pulse broadening**
→ Impulsverbreiterung *nf*
Impulsverstärker *nm* CIRC.EN **pulse amplifier**
= Pulsverstärker *nm*
Impuls-Verstärkerleistung *nf* CONS.EL → **music power**
→ Musikleistung *nf*
Impulsverteiler *nm* TV **synchronizing pulse distribution amplifier**
Impulsverzerrung *nf* EL.TRO **pulse distortion**
Impulsverzögerer *nm* TV **synchronizing pulse delay circuit**
Impulsverzögerung *nf* EL.TRO **pulse delay**
= Impulsverzug *nm*; Pulsverzögerung *nf* = impulse delay
Impulsverzögerungszeit *nf* EL.TRO **pulse delay time**
Impulsverzögerungszeit-Jitter *nm* EL.TRO **pulse-delay-time jitter**
= Pulsverzögerungszeit-Jitter *nm*
Impulsverzug *nm* EL.TRO → **pulse delay**
→ Impulsverzögerung *nf*
Impulsvorderflanke *nf* EL.TRO → **rising pulse edge**
→ Impulsanstiegflanke *nf*
Impulswahl *nf* SWITCH **pulse dialing**
= Impulswahlverfahren *nn*; IWV; Pulswahl *nf* = loop-disconnect signaling; impulse dialing; rotary dialling
≈ Impulssignalisierung ≈ pulse signaling
Impulswahlsender *nm* SWITCH **pulse dialing transmitter**
Impulswahlverfahren *nn* SWITCH → **pulse dialing**
→ Impulswahl *nf*
Impulsweite *nf* EL.TRO → **pulse duration** *n*
→ Impulsdauer *nf*
Impulszähler *nm* CIRC.EN **pulse counter**
= impulse counter
Impulszählung *nf* EL.TRO **pulse metering**
= impulse counting
Impulszeichengabe *nf* SWITCH **impulse signaling** (AE)
= Impulssignalisierung *nf* = discontinuous signaling
≈ Impulswahl ≈ impulse dialing
Impulszug *nm* EL.TRO → **pulse train**
→ Puls *nm*
Imref PHYS → **quasi-Fermi level**
→ Quasi-Fermi-Niveau *nn*
IMS DAT.MA → **information management system**
→ Informationsverwaltungssystem *nn*
IMSI MOB.CO → **IMSI**
→ internationale Mobilfunknummer
IMSI MOB.CO **IMSI**
= International Mobile Subscriber Identification
im Uhrzeigersinn TECH → **clockwise**
→ rechtsdrehend
Imviererkopplung *nf* COM.CAB **internal quad coupling**
im Warteschlangenmodus verketten DAT.CO → **daisy-chain** *vt*
→ prioritätisch verketten
im Wobbeltakt EL.TRO **sweep-synchronized**
IN TELEC → **Intelligent Network**
→ Intelligentes Netz
In CHEM → **indium** *n*
→ Indium *nn*
in PHYS → **inch** *n*
→ Zoll *nm*
inadäquat TECH → **unfit** *adj*
→ ungeeignet
inaktiv DAT.PR **inactive** *adj*
≠ aktiv = not working; not running; nut running
≠ active
inaktiv TECH **inactive** *adj*
= ruhend; untätig; passiv = not working; dormant; quiescent;

≠ aktiv		passive; idle; resting ≠ active
inaktives Fenster = Hintergrundfenster *nn*	COMP.AP	**inactive window** = dormant window
inaktives Zeichen → nichtaktives Zeichen	DAT.CO	→ **inactive character**
Inaktivität *nf* = Untätigkeit *nf*	TECH	**inactivity** *n* = quiescence *n*
inakzeptabel → unannehmbar	COLL	→ **unacceptable** *adj*
IN-Amt *nn* = Intelligentes-Netz-Amt	SWITCH	**IN central** = intelligent-network office
INAP [SS7]	SWITCH	**INAP** [SS7] = Intelligent Network Application Part
INAP (1) [IN]	TELEC	**INAP** (1) = IN Application Protocol
INAP (2) [IN]	TELEC	**IN Application Part** = INAP (2)
InAs → Indium-Arsenid *nn*	CHEM	→ **indium arsenide**
in Bälde → in Kürze	COLL	→ **shortly**
Inbandenergie *nf*	CIRC.EN	**in-band energy**
Inbandsignalisierung *nf* = Tonwahl *nf*; Inbandzeichengabe *nf*	TRANSM	**inband signaling** (AE) = in-band signaling; speech-plus signaling; in-slot signalling
Inbandstörer *nm*	TELEC	**inband interferer**
Inbandtelegraphie *nf*	TELEGR	**inband telegraphy** = speech-plus telegraphy
Inbandübertragung *nf* [innerhalb des normalen Nutzbandes]	TELEC	**DIV** [within the normal service band] = data-in-voice
Inbandzeichengabe *nf* → Inbandsignalisierung *nf*	TRANSM	→ **inband signaling** (AE)
in Betrieb = ungestört ≠ außer Betrieb	TECH	**in service** *adv* = operational; up ≠ out of service
in Betrieb	TELEC	**on-line** *adj* = operating; working; in operation; in service
in Betrieb befindlich → aktiv	TECH	→ **active** *adj*
Inbetriebnahme *nf* → Einschaltung *nf*	TELEC	→ **commissioning** *n*
Inbetriebnahme *nf*	TECH	**putting into service**
Inbetriebnahme *nf* → Installation *nf*	SW	→ **installation** *n*
Inbetriebnahmeprogramm *nn* [bei Apple üblich]	SW	**startup application** [application program in Apple computers]
Inbetriebnahmetest *nm*	TELEC	**commissioning test** = start-up test
in Betrieb nehmen → einschalten	TELEC	→ **commission** *vt*
In-Betrieb-Überwachung *nf* = In-Service-Monitoring *nn*; ISM	TRANSM	**in-service monitoring** = ISM
In-Betrieb-Überwachung *nf* → unterbrechungsfreie Überwachung	TELEC	→ **non-intrusive monitoring**
in Beziehung setzen (mit) = in Verbindung bringen	COLL	**relate** (to, with) *vt* = bring into relationship (with)
in Bodennähe → bodennah	RADIO	→ **close to surface**
in Breifwechsel stehen = korrespondieren (1)	COLL	**correspond** *vt* (1) [to exchange letters]
Inbusschlüssel *nm* [Innensechskantschlüssel der Firma Bauer und Schnaurte] ↑ Innensechskantschlüssel	MECH	**L-shaped hexagon key** ↑ Allen wrench
Inbusschraube *nf* ↑ Innensechskantschraube	MEC.EN	**socket-head cap screw**
In-circuit-tester *nm* (ANGL) → Schaltkreisprüfgerät *nn*	INSTR	→ **in-circuit tester**
INCLUDE-Anweisung *nf* [löst auf der Stelle das Einlesen einer anderen Datei aus]	SW	**INCLUDE directive** [causes on-spot-lecture of another file]
indefinit [SCIE] → unbestimmt	COLL	→ **uncertain** *adj* (1)
Indefinitpronomen *nn* = unbestimmtes Pronomen; unbestimmtes Fürwort	LING	**indefinite pronoun**
in den Ruhezustand bringen	DAT.PR	**quiesce** *vt* [to put in an inactive state]
Indeo = Intel Video	IMAG.PR	**Indeo** *n* = Intel video
in der Anlage → beiliegend	OFFICE	→ **annexed**
Indetermination *nf* → Unbestimmtheit *nf*	COLL	→ **uncertainity** *n* (1)
indeterminiert [SCIE] → unbestimmt	COLL	→ **uncertain** *adj* (1)
Index *nm* → Tiefstellung *nf*	PRIN.ME	→ **subscript** *n*
Index *nm* (*pl* Indexe&Indizes) [vom latein. "index" = "Kennzeichen"]	MATH	**index** *n* (*pl* indexes&indices) [from Latin "index" = "characteristic sign"]
Index-/Sektorloch *nn* → Indexloch *nn*	TER&PER	→ **index hole**
Indexausdruck *nm*	DAT.MA	**subscript expression**
Indexbuchstabe *nm*	MATH	**index letter**
Indexdatei *nf*	DAT.MA	**index file** = index *n* (2)
Indexformel *nf* → Preisgleitformel *nf*	ECON	→ **price escalation clause**
Indexführung *nf*	DAT.MA	**indexing** *n*
Indexfunktion *nf*	SW	**index function**
indexgeführter Laser [Laserdiode mit eingebautem Wellenleiter]	OPTOEL	**index-controlled laser**
Indexgenerierung *nf*	WOR.PR	**index generation**
indexgestützte Dateiverarbeitung	DAT.MA	**indexed file processing** = IFP
indexieren	MATH	**index** *vt*
Indexierprogramm *nn*	WOR.PR	**indexer** *n* = indexing programm
indexiert [mit einem Index (= Hinweiszeichen) versehen; indiziert als Synonym zwar gebräuchlich aber nicht korrekt, da dies im Deutschen auf einen Index gesetzt bedeutet] = indiziert (err)	MATH	**indexed** *adj* ↓ superscripted; subscripted
indexierte Adresse = variable Adresse	SW	**indexed address** = variable address
indexierte Adressierung = indizierte Adressierung	SW	**indexed addressing**
indexierte Anweisung	COMP.SC	**indexed instruction**
indexierte Datei = indizierte Datei	DAT.MA	**indexed file**
indexierte Daten	DAT.MA	**indexed data**
indexierter Zugriff → Indexzugriff *nm*	DAT.MA	→ **indexed access**
indexierte Suche = Indexsuche *nf*	DAT.MA	**indexed search**
indexierte Variable = indizierte Variable	SW	**indexed variable** = subscripted variable
indexierte Verarbeitung	DAT.PR	**indexed processing**
indexiert-sequentieller Zugriff → indexsequentieller Zugriff	DAT.MA	→ **index-sequential access**
indexiert-sequentielle Zugriffsmethode → indexsequentieller Zugriff	DAT.MA	→ **index-sequential access**
Indexierung *nf*	SCIE	**indexing** *n*
indexikalischer Ausdruck → deiktischer Ausdruck	LOGIC	→ **indexical expression**
Indexklammer	SW	**index bracket** = subscript bracket
Indexloch *nn* [Loch auf Diskette, zur Sektorierung] = Sektor-/Indexloch *nn*; Index-/Sektorloch *nn*	TER&PER	**index hole** [hole on floppy disk, for sectoring] = index gap; indexing hole; disk index hole; timing hole/index ↑ index mark
Indexmarke *nf* → Indexmarkierung *nf*	TER&PER	→ **index mark**
Indexmarkierung *nf* = Indexmarke *nf* ↓ Indexloch	TER&PER	**index mark** ↓ index hole
Index *n* (*pl* Indexe&Indizes) [kennzeichnet ein Datenfeldelement]	DAT.MA	**subscript** *n* [identifies an array element]
Indexname *nm*	SW	**index name**
Indexprofil *nn*	OPT.CO	**index profile**
Indexregister *nn* [erlaubt Operandenadressen während der Befehlsausführung zu verändern] = IR ↑ Register	HW	**index register** [allows to modify operand address during instruction execution] = IR; modifier register ↑ register

Indexröhre *nf* EL.TRO **index tube**

Indexseite *nf* TELEC **index page**
[Bildschirmtext] — [videotext]

indexsequentiell MATH → **indexed-sequential** *adj*
→ index-sequentiell

index-sequentiell MATH **indexed-sequential** *adj*
= indexsequentiell — = index-sequential

index-sequentielle Basiszugriffsmethode DAT.MA **basic indexed sequential access method**
= BISAM-Methode *nf* — = BISAM

indexsequentieller Dateizugriff DAT.MA → **index-sequential access**
→ indexsequentieller Zugriff

indexsequentieller Zugriff DAT.MA **index-sequential access**
[Kombination von Indexzugriff und sequentiellem Zugriff] — [combination of indexed access and sequential access]
= indexiert-sequentieller Zugriff; indexiert-sequentielle Zugriffsmethode; indexsequentielle Zugriffsmethode; ISZM; ISAM; indexsequentieller Dateizugriff; indiziert-sequentieller Zugriff (err) — = indexed-sequential access method; index-sequential access mode; ISAM (pron. "eye-sam"); basic-sequential access; basic-sequential access method; basic-sequential access mode; virtual-sequential access; virtual-sequential access method; virtual-sequential access mode; sequential access; sequential access method; sequential mode

indexsequentielle Speicherung DAT.MA **index-sequential storage**

indexsequentielle Zugriffsmethode DAT.MA → **index-sequential access**
→ indexsequentieller Zugriff

Indexsortierung *nf* DAT.MA **index sorting**

Indexspur *nf* TER&PER **index track**

Indexsuche *nf* DAT.MA → **indexed search**
→ indexierte Suche

Indexvariable *nf* SW **index variable**
↑ Laufvariable — ↑ control variable

indexverkettet DAT.MA **index-chained**

Indexwort *nn* DAT.MA **index value word**
= index word

Indexzahl *nf* MATH **index number**

Indexzugriff *nm* DAT.MA **indexed access**
[funktioniert mit einer Indexliste, die für jeden Datensatz den physikalischen Speicherplatz angibt] — [works with an index list, where the physical store site is indicated for every data record]
= indexierter Zugriff — = indexed access method; keyed access
≈ idexiert sequentieller Zugriff — ≈ indexed sequential access method

IN-Dienst *nm* TELEC **IN service**

in die Warteschlange einordnen DAT.MA **queue** *vt*
= rückstellen — [to line up into a queue]

indigo *adj* OPT **indigo** *adj*
= indigoblau

indigoblau OPT → **indigo** *adj*
→ indigo *adj*

Indikativ *nn* LING **indicative mood**
= Wirklichkeitsform *nf* — = indicative *n*
↑ Modus — ↑ mood

Indikator *nm* INSTR → **indicator** *n*
→ Anzeiger *nm*

Indikator *nm* LOGIC → **indexical expression**
→ deiktischer Ausdruck

Indikator *nm* CHEM **tracer** *n*

Indikator *nm* SCIE **indicator** *n*

Indikator *nm* SW → **flag** *n*
→ Merker *nm*

Indikatorbit *nn* SWITCH **indicator bit**

Indikatorröhre *nf* EL.TRO → **display tube**
→ Anzeigeröhre *nf*

indirekt COLL **indirect** *adj*
= mittelbar — = mediate *adj*

Indirektbefehl *nm* SW **indirect instruction**

indirekte Adresse SW **indirect address**
[gibt Speicherplatz an, wo die eigentliche Adresse zu finden ist] — [indicates memory location, where the proper address can be found]
= mittelbare Adresse; implizite Adresse; inhärente Adresse; aufgeschobene Addresse — = deferred address; implied address; inherent address; multilevel address
≈ relative Adresse — ≈ relative address
≠ direkte Adresse — ≠ direct address

indirekte Adressierung SW **indirect addressing**
[Angabe der Adresse für die eigentliche Adresse] — [indication of address for proper address]
= mittelbare Adressierung; implizite Adressierung; inhärente Adressierung — = indirect addressing mode; deferred addressing; deferred addressing mode; multilevel addressing; multilevel addressing mode; implied addressing; inherent addressing; second-level addressing
≠ direkte Adressierung

indirekte Aufzeichnung TER&PER **indirect recording**
[Faksimile] — [facsimile]

indirekte Bezugnahme SW **indirect referencing**

indirekte Datenerfassung DAT.PR **indirect data recording**
= indirect data acquisition

indirekte Datenfernverarbeitung DAT.PR **off-line teleprocessing**
= Offline-Datenfernverarbeitung *nf*; rechnerunabhängige Datenfernverarbeitung

indirekte Datenverarbeitung DAT.PR **indirect data processing**

indirekte Datenverarbeitung DAT.PR **off-line data processing**
= Offline-Datenverarbeitung *nf*; Offline-Verarbeitung *nf*; rechnerunabhängige Datenverarbeitung; rechnerunabhängige Verarbeitung — = off-line processing

indirekte Heizung EL.TRO **indirect heating**

indirekte Programmierung SW **indirect programming**

indirekte Rede LING **indirect speech**

indirekter Steckverbinder COMPO **indirect plug connector**

indirektes Signal RAD.PRO → **indirect signal**
→ Umwegsignal *nn*

indirekte Steuerung SWITCH **indirect control**

indirekt geheizte Kathode EL.TRO **indirectly heated cathode**
= indirekt geheizte Katode

indirekt geheizte Katode EL.TRO → **indirectly heated cathode**
→ indirekt geheizte Kathode

indirektgespeiste Antenne ANT **indirect-feed antenna**
= doppelreflektierende Antenne — = double reflecting antenna; indirect-feed aerial; double reflecting aerial

indirekt gesteuert SWITCH **indirect-controlled**

indirekt gesteuertes Vermittlungssystem SWITCH **indirect control switching system**
[Ansteuerung der Koppelanordnungen erfolgt nach Zwischenspeicherung und Auswertung der Rufnummer] — [switch networks are controlled after temporary store and processing of dial pulses]
= indirekt gesteuertes Wählsystem
↓ Registerwählsystem; speicherprogrammiertes Vermittlungssystem; Koordinatenschaltersystem; Maschinenwählsystem — ↓ register system; switching system with stored program; crossbar switching system

indirekt gesteuertes Wählsystem SWITCH → **indirect control switching system**
→ indirekt gesteuertes Vermittlungssystem

indischgelb *adj* OPT **indian yellow** *adj*

indisch rot *adj* OPT **indian red** *adj*

Indium *nn* CHEM **indium** *n*
= In — = In

Indium-Antimonid *nn* CHEM **indium antimonide**
= InSb — = InSb

Indium-Arsenid *nn* CHEM **indium arsenide**
= InAs — = InAs

Indium-Phosphid *nn* CHEM **indium phosphide**
= InP — = InP

Indium-Zinn-Oxyd *nn* CHEM **indium tin oxide**
= ITO — ≠ ITO

Individualkommunikation TELEC → **interactive communication**
→ Dialogkommunikation *nf*

Individualnomen *nn* LING **count noun**
= Individuativum *nn* — ≠ mass noun
≠ Massennomen

Individualsoftware *nf* SW → **custom software**
→ kundenspezifische Software

Individuativum *nn* LING → **count noun**
→ Individualnomen *nn*

individuelle Abnehmerleitung SWITCH **individual trunk**

individuelle Ansage TELEPH **individual announcement**

individuelle Ansicht TELEC **view per person**
[ohne Blickfehlwinkel]

individuelle Geheimnummer INF.TEC → **personal identification number**
→ Personen-Kennzeichennummer *nf*

individueller Filmabruf TELEC → **interactive television**
→ interaktives Fernsehen

individuelle Verzerrung TELEGR **individual distortion**

Individuum *nn* COLL → **person** *n*
→ Person *nf*

Indiz *nn* DAT.PR **symptom** *n*
[vom latein. "indicium" = "Anzeige"] = diagnostic fact
= Symptom *nn*

indiziert (err) MATH → **indexed** *adj*
→ indexiert

indizierte Adressierung SW → **indexed addressing**
→ indexierte Adressierung

indizierte Datei DAT.MA → **indexed file**
→ indexierte Datei

indizierte Variable SW → **indexed variable**
→ indexierte Variable

indiziert-sequentieller Zugriff (err) DAT.MA → **index-sequential access**
→ indexsequentieller Zugriff

Indossant *nm* ECON → **bill endorser**
→ Wechselgirant *nm*

Indossat *nm* ECON → **endorsee** *n*
→ Indossatar *nm*

Indossatar *nm* ECON **endorsee** *n*
[auf den beim Indossament alle Rechte übergehen] [who receives all the rirhts by the endorsement]
= Indossat *nm*; Girat *nm*; Giratar *nm*

Indossent *nm* ECON → **bill endorser**
→ Wechselgirant *nm*

Induktanz *nf* NETW.TH → **inductive reactance**
→ induktiver Widerstand

Induktion *nf* SCIE **inductive reasoning**
[Logik; Schluss vom Besondern auf das Allgemeine] [logics; reasoning from particulars to generals]
= Induktionsschluss *nm*; induktiver Schluss = inductive conclusion; inductive inference
≠ Deduktion ≠ deduction

Induktion *nf* (1) EL.SC → **influence** *n*
→ Beeinflussung *nf*

Induktion *nf* (2) EL.SC → **magnetic flux density**
→ magnetische Flussdichte

Induktionsbelag *nm* LINE TH → **distributed inductance**
→ Induktivitätsbelag *nm*

induktionsfrei EL.SC **non-reactive**
= non-inductive

Induktionsgesetz *nf* EL.SC **law of induction**

induktionshärten METAL **induction-harden**

Induktionshärtung *nf* METAL **induction hardening**

Induktionsinstrument *nn* INSTR **induction instrument**
= Wendelfeldinstrument *nn*; Induktionsmesswerk *nn*

Induktionskonstante *nf* EL.SC **free-space permeability**

Induktionsmagnetisierung *nf* EL.SC → **induced magnetism**
→ induzierter Magnetismus (1)

Induktionsmaschine *nf* POW.SY **induction machine**
= Asynchronmaschine *nf* = asynchronous machine; induction motor; asynchronous motor

Induktionsmessbrücke *nf* INSTR **inductance measuring bridge**

Induktionsmessfühler *nm* INSTR → **electrodynamical pick-up**
→ elektrodynamischer Messfühler

Induktionsmesswerk *nn* INSTR → **induction instrument**
→ Induktionsinstrument *nn*

Induktionsofen *nm* TECH **induction furnace**

Induktionsrolle *nf* EL.SC → **inductance coil**
→ Induktionsspule *nf*

Induktionsschluss *nm* MATH **mathematical induction**

Induktionsschluss *nm* SCIE → **inductive reasoning**
→ Induktion *nf*

Induktionsspannung *nf* EL.SC **induction voltage**
= induzierte Spannung = induces voltage

Induktionsspule *nf* EL.SC **inductance coil**
= Funkeninduktor *nm*; Induktionsrolle *nf* = induction coil; Ruhmkorff coil

Induktionsspule *nf* EL.TEC → **inductor** *n* (1)
→ Induktor *nm*

Induktionsstörung *nf* TELEC **induced interference**

Induktionsstrom *nm* EL.SC **induction current**
= induced current

induktiv EL.SC **inductive** *adj*

induktive Dreipunktschaltung CIRC.EN **Hartley oscillator circuit**

induktive Erwärmung PHYS **inductive heating**

induktive Kompensation CIRC.EN **inductive neutralization**
= induktive Neutralisierung = inductive compensation

induktive Kontrollaussage SW **inductive assertion**

induktive Kopplung EL.TEC **inductive coupling**
= magnetic coupling

induktive Last EL.TEC **inductive load**

induktive Messsonde INSTR → **inductive pick-up**
→ induktiver Messfühler

induktive Neutralisierung CIRC.EN → **inductive neutralization**
→ induktive Kompensation

induktiver Blindwiderstand NETW.TH → **inductive reactance**
→ induktiver Widerstand

induktiver Messfühler INSTR **inductive pick-up**
= induktive Messsonde

induktiver Schluss SCIE → **inductive reasoning**
→ Induktion *nf*

induktiver Widerstand NETW.TH **inductive reactance**
[ω] [ω]
= induktiver Blindwiderstand; Induktanz *nf* = inductance *n*; inductive resistance

induktives Bauelement COMPO **inductor** *n* (1)
= Induktor *nm* [device used because of its inductance (IEC)]
↓ Spule; Übertrager; Drossel ↓ coil; transformator; choke

induktives Potentiometer COMPO → **inductive potentiometer**
→ Spulenpotentiometer *nn*

induktive Zugsicherung RAIL.SIG **automatic track control**
= Indusi *nf*, automatische Zugsicherung

Induktivität *nf* EL.SC **inductance** *n*
[SI-Einheit: Henry; die Fähigkeit magnetische Energie zu speichern] [SI unit: Henry; the ability to store magnetic energy]
↓ Selbstinduktivität = inductivity

Induktivitätsbelag *nm* LINE TH **distributed inductance**
[Induktivität pro Längeneinheit] = inductance per unit length
= Induktionsbelag *nm* ↑ transmission-line constant
↑ Leitungskonstante

Induktivitätsfaktor *nm* EL.TEC **AL value**
= AL-Wert *nm*

Induktivitätsmesser *nm* INSTR **inductance meter**

Induktivitätsmessung *nf* INSTR **inductance measurement**

Induktivwahl *nf* SWITCH **inductive selection**

Indukto-Match *nm* (ANGL) ANT → **L match**
→ L-Anpassung *nf*

Induktor *nm* COMPO → **inductor** *n* (1)
→ induktives Bauelement

Induktor *nm* EL.TEC **inductor** *n* (1)
= Induktionsspule *nf* = induction coil

Induktormaschine *nf* TELEPH → **magneto generator**
→ Kurbelinduktor *nm*

in Durchsicht TECH **through view** *n*

Indusi *nf* RAIL.SIG → **automatic track control**
→ induktive Zugsicherung

industrialisieren ECON **industrialize**

Industrialisierung *nf* ECON **industrialization** *n*
[einer ökonomischen Prozesses]

Industrie *nf* ECON **industry** *n*
≈ Gewerbe ≈ trade

Industrieausstellung *nf* ECON → **industrial fair**
→ Industriemesse *nf*

Industrieautomatisierung *nf* TECH **industrial automation**

Industrie-Computer *nm* DAT.PR → **industrial computer**
→ Industrierechner *nm*

Industrieeigentumsrechte *nplt* LAW **industry property rights**
↓ Patent; Gebrauchsmuster; Firmenname; Markenname ↓ patent; utility model; company name; trademark

Industrieelektronik *nf* EL.TRO **industrial electronics**
= industrielle Elektronik

Industriefachmann *nm* ECON **industrialist**

Industriefernsehen *nn* TV **industrial TV**
↑ nichtöffentliches Fernsehen ↑ closed circuit TV

Industriefilm *nm* CINEMA **industry film**

Industriegeheimnis *nn* ECON **trade secret**

Industriekabel *nn* COM.CAB **industrial cable**

Industrieland *nn* ECON **developed country**
= entwickeltes Land = industrial country

industriell ECON **industrial** *adj*
≈ gewerblich ≈ trade

Industrielle Chemie SCIE **Industrial Chemistry**

industrielle Elektronik EL.TRO → **industrial electronics**
→ Industrieelektronik *nf*

Industriemesse *nf* ECON **Industrial fair**
= Industrieausstellung *nf* = industrial exposition; industry show

Industrienetz *nn* POW.SY **industrial power system**

Industrienorm *nf* ECON **industrial standard**
= Industriestandard *nm*

Industrie-PC *nm* DAT.PR **industrial PC**
[für rauhe Einsatzbedingungen] [for severe operating conditions]
= IPC (2) = IPC (2)

Industrierechner *nm* DAT.PR **industrial computer**
= Industrie-Computer *nm*

Industrieroboter *nm* AUTOMA **industrial roboter**
[programmierbares Handhabungsgerät] [programmable manipulator]

Industrierobotertechnik *nf* AUTOMA **industrial robotics**
= Industrierobotik *nf*

Industrierobotik *nf* AUTOMA → **industrial robotics**
→ Industrierobotertechnik *nf*

Industriespionage *nf* ECON → **industrial espionage**
→ Werkspionage *nf*

Industriestandard *nm* ECON → **industrial standard**
→ Industrienorm *nf*

Industriestörungen *nplt* RADIO **man-made noise**
= technische Störstrahlung; Störung durch elektrische Maschinen und Anlagen
= man-made interference

industrietauglich INF.TEC **industry-proof**

Industrietauglichkeit *nf* INF.TEC **industrial strength**

Industrieunternehmen *nn* ECON **industrial enterprise**

Industrieverband *nm* ECON **industry federation** (BE)

Industriezentrum *nn* ECON **industrial center**
≈ Technologiezentrum
≈ technological center

induzieren PHYS **induce**

induzierte Emission PHYS **stimulated emission**
= stimulierte Emission

induzierte Ladung PHYS **induced charge**

induzierter Fehler QUAL **induced failure**

induzierter Magnetismus (1) EL.SC **induced magnetism**
= Induktionsmagnetisierung *nf*

induzierter Magnetismus (2) EL.SC → **magnetic induction**
→ magnetische Beeinflussung

induzierte Spannung EL.SC → **induction voltage**
→ Induktionsspannung *nf*

ineffizient TECH → **ineffective** *adj*
→ unwirksam

Ineffizienz *nf* TECH → **ineffectiveness** *n*
→ Unwirksamkeit *nf*

ineinanderdrehen TECH **interturn** *vi*

ineinandergeschachtelt TECH → **interleaved** *adj*
→ verschachtelt

ineinandergreifen TECH **mesh** *vt*

ineinanderschachteln TECH → **interleave** *vt*
→ verschachteln *vt*

Ineinanderschachtelung *nf* TECH → **interleaving** *n*
→ Verschachtelung *nf*

In-einem-Rutsch-Schreibmodus *nm* TER&PER **session-at-once write mode**

in einem Zug COLL **in one go**

Ineinssetzung *nf* COLL → **equation** *n*
→ Gleichsetzung *nf*

Inertgas *nn* CHEM → **noble gas**
→ Edelgas *nn*

Inertialsystem *nn* PHYS **inertial system**

in Erwägung ziehen COLL → **consider** *vt*
→ betrachten (2)

inetd INTERNET → **Internet daemon**
→ Internet-Dämon *nm*

inexistent SCIE **nonexistent** *adj*
= nicht vorhanden
= inexistent

Inexistenz *nf* SCIE **nonexistence** *n*

IN-fähige Vermittlungsstelle TELEC → **Service Switching Point**
→ Dienstevermittlungsstelle *nf*

in Faktoren zerlegen MATH **factorize** *vt*

Inferenz *nf* LOGIC **logical inference**
[vom latein. "inferre" = "hineintragen, folgern"; Schlussfolgerung auf der Basis vorliegender Fakten]
= logische Inferenz; logische Folgerung; Schlussfolgerung *nf*; Schluss *nm*; Ableitung *nf*
[from Latin "inferre" = "carry into, conclude"; conclusion from given facts]
= logic inference; inference *n*

Inferenzmaschine *nf* ART.IN **inference machine**

Inferenzmechanismus *nm* ART.IN → **logical inference program**
→ Inferenzprogramm *nn*

Inferenzmodul *nn* (*pl* -e) ART.IN → **logical inference program**
→ Inferenzprogramm *nn*

Inferenzprogramm *nn* ART.IN **logical inference program**
[Algorithmen eines Expertensystems]
= Inferenzmodul *nn* (*pl* -e); Problemlöser *nm*; Inferenzmechanismus *nm*; Schlussfolgerungsprogramm *nn*
[set of algorithms of an expert system]
= logic inference program; inference program; inference module; inference engine; inference machine

Inferenzsystem *nn* ART.IN **inference system**
= inference engine; rule-based system; production system

Infiltrant *nm* COMP.AP **watchdog** *n*
[für Manipulationen eingeschleustes Programm]
[program inffiltrated for manipulation purrposes]

infinitesimal *adj* MATH **infinitesimal** *adj*
= unendlich klein

Infinitesimalrechnung *nf* MATH **calculus** *n* (*pl* -li&-lusses)
↑ Analysis
↓ Differentialrechnung; Integralrechnung
= infinitesimal calculus
↑ analysis
↓ differential calculus; integral calculus

Infinitiv *nm* LING **infinitive mood** *n*
[z.B.: hören]
= Nennform *nm*; Grundform des Verbs
↑ Modus
[e.g.: to be]
= infinite
↑ mood

Infixdarstellung *nf* COMP.SC → **infix notation**
→ Infixschreibweise *nf*

Infixnotation *nf* COMP.SC → **infix notation**
→ Infixschreibweise *nf*

Infixschreibweise *nf* COMP.SC **infix notation**
[vom latein. "infixus" = "hineingestoßen, eingeprägt"; der Operator wird zwischen den Operanden geschrieben, z.B. A&B]
= Infixnotation *nf*; Infixdarstellung *nf*
≠ Präfixschreibweise; Postfixschreibweise
↑ klammerfreie Schreibweise
[from Latin "infixus" = "plunged, impressed"; operator is written between operands, e.g. A&B]
≠ prefix notation; postfix notation
↑ parenthesis-free notation

infizieren *vt* COLL **infect** *vt*

Infizierung *nf* SW **infection** *n*
[durch Virus o.dgl.]
= Verseuchung *nf*
[e.g. by a virus]

Infizierung *nf* COLL **infection** *n*

Inflation *nf* ECON **inflation** *n*

Inflationsrate *nf* ECON **inflation rate**

Influenz *nf* (1) EL.SC → **influence** *n*
→ Beeinflussung *nf*

Influenz *nf* (2) EL.SC → **electrostatic induction**
→ elektrische Beeinflussung

Influenzkonstante *nf* EL.SC → **dielectric constant** (2)
→ elektrische Feldkonstante

Influenzmaschine *nf* PHYS → **electrostatic generator**
→ elektrostatischer Generator

Infobahn *nf* INTERNET **infobahn** *n*
[Informations-Autobahn; ohne Geschwindigkeitsbegrenzung]
↑ Datenautobahn
[without limits of speed]
↑ information highway

Infografik *nf* COMP.AP **infographics** *nplt*
= Infographik *nf*

Infographik *nf* COMP.AP → **infographics** *nplt*
→ Infografik *nf*

Infomodell *nn* INF.TEC → **information model**
→ Informationsmodell *nn*

Informatik *nf* EL.TEC **computer science**
[Wissenschaft, Technik u. Anwendung der Informationsverarbeitung; "Informatik" ist ein Kunstwort aus "Informa(tion)" und "-tik" in Anlehnung an Mathematik; nur in Europa gebräuchlich;]
= Kerninformatik *nf*; Computerwesen *nn*; Datenwesen *nn*; Rechnerwesen *nn*; Informationstechnik *nf* (3); Informationstechnologie *nf* (err) (3); IT *nf* (3)
≈ Informationstheorie; Telematik; Informationsverarbeitung (2); Datentechnik
↑ Informationstechnik (1)
↓ theoretische Informatik; technische Informatik; praktische Informatik; angewandte Informatik
[science, technology and application of information processing; "informatics", a neologism from "informa(tion)" and "-tics (in analogy to mathematics), is more used in Europe; in the US the term "information technology" is frequently used, limiting it to thegeneration, processing and storage of information, thereby excluding the transfer of information (telecommunications)]
= computing science (BE); informatics *n*; information technology (3); information technique (3); IT (3)
≈ information science; telematics; data technology
↑ information technology (1)
↓ theoretical informatics; technical informatics; practical informatics; applied informatics

Informatik-Direktor *nm* ECON **Chief Information Officer**
= IT-Direktor *nm*; CIO *nm* (ANGL)
= CIO

Informatiker *nm* INF.TEC **computer scientist**
= Computer-Wissenschaftler *nm*

Informatikindustrie *nf* ECON **informatics industry**

Informatik-Manager *nm* DAT.PR → **information manager**
→ Informationsmanager *nm*

Informatikzeitalter *nn* SCIE → **computer era**
→ Computerzeitalter *nn*

Information *nf* (*pl* -en) INF.TH **information** *n*
[vom lateinischen "in-formare" = "formen,
[from Latin "in-formare" = "to put in

ausbilden, unterrichten" → "informatio" = Darlegung, Erläuterung; der in einer Nachricht enthaltene Wissenszuwachs; verringert Unsicherheiten des Empfängers] ≈ Nachricht		form, shape, educate, teach" → "informatio" = "exposition, explanation"; the knowledge-increasing content of a message; reduces the uncertainity of the receiver] ≈ message
Information Broker *nm* [recherchiert im Auftrag]	INTERNET	**information broker** [investigates upon request]
informationell *adj* [die Information betreffend]	INF.TH	**information-related**
Informationsabruf *nm* = Informationswiedergewinnung *nf*	DAT.MA	**information retrieval** = IR
Informationsanalyse *nf*	INF.TH	**information analysis**
Informationsanbieter *nm* → Informationslieferant	INF.TEC	→ **information provider**
Informationsarme *nplt* = Informationsproletariat *nn*; Informationssklaven *nplt*	INF.TEC	**information poor** *nplt* = information slaves; know-nots *nplt*
Informationsaufrufsystem *nn*	DAT.MA	**information retrieval system** = IRS; automated storage and retrieval system; AS/RS
Informationsaufzeichnung *nf*	TER&PER	**information recording**
Informationsausgabe *nf*	DAT.PR	**information output**
Informationsaustausch *nm* ↑ Kommunikation	TELEC	**information exchange** = information interchange ↑ communication
Informationsautobahn *nf* = Datenhighway *nf* (ANGL)	INF.TEC	**information highway** = information superhighway; broadband information highway
Informationsbank *nn* → externe Datenbank	DAT.MA	→ **external data bank**
Informationsbaustein *nm* [Satz zusammenhängender Informationen]	INF.TEC	**information module** [a set of correlated information]
Informationsbedürfnis *nn* = Informationsbegehren *nn*	COLL	**information desire**
Informationsbegehren *nn* → Informationsbedürfnis *nn*	COLL	→ **information desire**
Informationsbelag *nm* → Informationsentropie *nf*	INF.TH	→ **information entropy**
Informationsbenutzer *nm* [Btx]	DAT.CO	**information user** [videotex]
informationsbezogen	INF.TEC	**information-related**
Informationsbit *nn*	DAT.CO	**information bit**
Informationsbroschüre *nf*	PRIN.ME	**information booklet**
Informationsbüro *nn*	ECON	**information bureau**
Informationsdatenbank *nf* → Datenbank *nf* (*pl* -en)	DAT.MA	→ **database** *n*
Informationsdienst *nm*	TELEPH	**information service**
Informationsdienstgerät *nn* = Dienstgerät *nn* ↓ Set-Top-Box	COMP.AP	**information appliance** ↓ set-top box
Informationseingabe *nf* → Informationszufluss *nm*	DAT.PR	→ **information input**
Informationseinheit *nf* [bei logischen oder physikalischen Vorgängen als Einheit behandelter Satz von Zeichen oder Daten] ↓ Bit; Byte; Datensatz; Datenfeld; Datenblock	COMP.SC	**information unit** [set of characters or data treated as a unit in logic or physical processes] ↓ bit; Byte; data record; data field
Informationselement *nn* → Informationsschritt *nm*	TELEGR	→ **information pulse**
Informationselite *nf* → Informationsreiche *nplt*	INF.TEC	→ **information rich** *nplt*
Informationsempfänger *nm* = Informationsverbraucher *nm* ≈ Nachrichtenempfänger	INF.TH	**information user** ≈ message receiver
Informationsentropie *nf* = Negentropie *nf*; mittlerer Informationsgehalt; durchschnittlicher Informationsgehalt; mittlerer Informationsgehalt; Informationsbelag *nm*	INF.TH	**information entropy** = entropy; mean information content
Informationsexplosion *nf*	COLL	**information explosion**
Informationsfeld *nn* [ATM] = Nutzinformationsfeld *nn* ≠ Anfangsblock	TELEC	**information field** = cell information field; payload field; segment ≠ header
Informationsfeld *nn* = Daten-/Textfeld *nn*	DAT.CO	**information field** = data/text field; data field
Informationsfeldverlust *nm* → Segmentverlust *nm*	TELEC	→ **segment loss**
Informationsfluss *nm* ≈ Nachrichtenfluss	INF.TH	**information stream** = information rate; flow of information; information traffic ≈ message flow
Informationsflut *nf*	MEDIA	**information flood** = information torrent
Informationsfülle *nf*	MEDIA	**wealth of information**
Informationsgehalt *nm* = Informationsinhalt *nm*; Informationswert *nm*	INF.TH	**information content**
Informationsgesellschaft *nf*	ECON	**information society**
Informationsgrafik *nf* [geringer Qualität, für Kollegenkreise] = Informationsgraphik *nf* ≈ Präsentationsgrafik	COMP.AP	**information graphics** [low quality, for peer groups] = peer graphics ≈ presentation graphics
Informationsgraphik *nf* → Informationsgrafik *nf*	COMP.AP	→ **information graphics**
Informationsherrscher *nplt* → Informationsreiche *nplt*	INF.TEC	→ **information rich** *nplt*
informationshungrig *adj*	COLL	**information-hungry**
Informationsinhalt *nm* → Informationsgehalt *nm*	INF.TH	→ **information content**
Informationskanal *nm* → Übertragungskanal *nm*	INF.TH	→ **communication channel**
Informationskarte *nf* ↑ Chip-Karte	TER&PER	**information card** ↑ chip card
Informationskopie *nf*	INTERNET	**courtesy copy**
Informationskopie *nf* → Informationspause *nf*	OFFICE	→ **unofficial print**
Informationskopie-Empfänger *nm* = cc-Empfänger *nm*	INTERNET	**courtesy copy receiver** = cc receiver
Informationskrieg *nm*	INTERNET	**information war**
Informationslänge *nf* [Speicherplatz für eine Informationskategorie einer Datenbank, z.B. "Beruf"] ≈ Wortlänge	DAT.MA	**information length** [storage space for an information category of a data base, e.g. "profession"] ≈ word length
Informationslieferant = Informationsanbieter *nm*	INF.TEC	**information provider** = IP; information service provider; ISP
Informationslinguistik *nf* → Computerlinguistik *nf*	COMP.AP	→ **computational linguistics**
Informationslochung *nf* ≠ Transportlochung	TER&PER	**code holes** ≠ feed holes
informationslogisch	INF.TEC	**infological**
Informationslücke *nf*	COLL	**information gap**
Informationsmanager *nm* [Person] = Informatik-Manager *nm*	DAT.PR	**information manager** [person] = informatics manager
Informationsmaß *nn*	ENG.DRA	**reference dimension**
Informationsmaterial *nn*	ECON	**information material**
Informationsmenge *nf* ≈ Nachrichtenmenge	INF.TH	**information quantity** = information volume ≈ message volume
Informationsmodell *nn* = Infomodell *nn*	INF.TEC	**information model** = info model
Informationsmüll *nm*	INF.TEC	**information junk**
Informationsnetz *nn*	DAT.NW	**information network**
Informationspaket *nn* → Datenpaket *nn*	DAT.CO	→ **data packet**
Informationsparameter *nm*	INF.TH	**information parameter**
Informationspause *nf* = Informationskopie *nf*	OFFICE	**unofficial print** = courtesy copy
Informationspflicht *nf* → Auskunftspflicht *nf*	ECON	→ **obligation to information**
Informationsplatz *nm*	TER&PER	**point of information** = POI
Informationsprogramm *nn* → Informationssendung *nf*	MEDIA	→ **information program**
Informationsproletariat *nn* → Informationsarme *nplt*	INF.TEC	→ **information poor** *nplt*
Informationsquelle *nf*	COLL	**information source**
Informationsquelle *nf* ≈ Nachrichtenquelle	INF.TH	**information source** ≈ message source
Informationsrecht *nn*	LAW	**law of information**
Informationsreiche *nplt* = Informationselite *nf*; Informationsherrscher *nplt*	INF.TEC	**information rich** *nplt* = information elite
Informationsressourcenverwaltung *nf*	DAT.PR	**information ressources management**
Informationsrevolution *nf*	MEDIA	**information revolution**
Informationssatz *nm*	OFFICE	**informative set**
Informationsschiene *nf*	TELEC	**information bar**

Informationsschritt *nm* TELEGR **information pulse**
= Kombinationsschritt *nm*; Nutzschritt *nm*; Informationselement *nn*; Nutzelement *nn*; Informationszeichen *nn*; Nutzzeichen *nn*
≠ Anlaufschritt; Sperrschritt
↑ Zeichenelement
= information signal; information element; information bit; information unit
≠ start pulse; stop pulse
↑ unit interval

Informationssendung *nf* MEDIA **information program**
= Informationsprogramm *nn*
= information broadcast

Informationssenke *nf* INF.TH **information sink**
= Informationssinke *nf*
≈ Nachrichtensenke
= information drain
≈ message sink

Informationssicherheit *nf* INF.TEC **information security**
= information assurance; IS

Informationssicherung *nf* INF.TEC **information securing**

Informationssignal *nn* INF.TH → **signal** *n*
→ Signal *nn* (*pl* -e)

Informationssinke *nf* INF.TH → **information sink**
→ Informationssenke *nf*

Informationssklaven *nplt* INF.TEC → **information poor** *nplt*
→ Informationsarme *nplt*

Informationsspeicher *nm* INF.TH **information memory**
≈ Nachrichtenspeicher
≈ message memory

Informationsspeicherung *nf* DAT.PR **information storage**

Informationsspeicherung und Wiedergewinnung DAT.PR **information storage and retrieval**
= ISR

Informationsspur *nf* TER&PER **information track**
≈ Lesespur
↑ Spur
↓ Bitspur; Bytespur
= logical track
≈ reading track
↑ track
↓ bit track; byte track

Informationsstand *nm* COLL **information state**

Informationssystem *nn* COMP.AP **information system**
= elektronisches Informationssystem
↓ Management-I.; betriebswirtsch. I; Netz-I.
= information storage and retrieval system; EIS (1); Electronic Information System
↓ management i.s.; business administration i.s.; network i.s.

Informationstechnik *nf* (1) EL.TEC **information technology** (1)
[Technik der elektronischen Erzeugung, Verarbeitung, Speicherung und Übermittlung von Informationen; viele Informatiker, v.a. in den USA beanspruchen den Terminus "Informationstechnik" für das Teilgebiet der "Datentechnik"]
= Informationstechnologie *nf* (err) (1); IT *nf* (1); Nachrichtentechnik *nf*; elektrische Nachrichtentechnik; Informations- u. Kommunikationstechnik *nf*; Informations- und Kommunikationstechnologie *nf* (err); IuK *nf*; IKT *nf*
≈ angewandte Informatik; Telematik
↓ Datentechnik; Kommunikationstechnik
[engineering of creation, processing, storage and transfer of informations by electronic means; many computer scientist (esp. in the US) use the term "information technology" for its partial field "data communications"]
= information technique (1); information engineering (1); information and communication technology; ICT
≈ applied informatics; telematics
↓ data technology; communication technology

Informationstechnik *nf* (2) EL.TEC → **data technology**
→ Datentechnik *nf*

Informationstechnik *nf* (3) EL.TEC → **computer science**
→ Informatik *nf*

Informationstechnologie *nf* (err) (1) EL.TEC → **information technology** (1)
→ Informationstechnik *nf* (1)

Informationstechnologie *nf* (err) (2) EL.TEC → **data technology**
→ Datentechnik *nf*

Informationstechnologie *nf* (err) (3) EL.TEC → **computer science**
→ Informatik *nf*

informationstheoretisch INF.TEC **information-theoretical**

Informationstheorie *nf* INF.TEC **information theory**
≈ Informatik
≈ informatics

Informationsträger *nm* DAT.PR **information carrier**
≈ Datenträger
= information bearer
≈ data medium

Informationstransfer *nm* INF.TEC → **information transfer**
→ Informationsübermittlung *nf*

Informationstransfer *nm* DAT.CO → **message transfer**
→ Nachrichtenübermittlung *nf*

Informationstrennung *nf* DAT.CO **information separator**
[Code]
= IS
= IS

Informationstyp *nm* TELEC **information type**
[ATM]
[ATM]
= IT

Informations- u. Kommunikationstechnik *nf* EL.TEC → **information technology** (1)
→ Informationstechnik *nf* (1)

Informationsübermittlung *nf* INF.TEC **information transfer**
= Informationsübertragung *nf*; Informationstransfer *nm*
≈ Kommunikation; Nachrichtentransfer [DAT.CO]
= information transmission
≈ message transfer [DAT.CO]

Informationsübermittlungstechnik *nf* INF.TEC → **communications technology**
→ Telekommunikationstechnik *nf*

Informationsübertragung *nf* INF.TEC → **information transfer**
→ Informationsübermittlung *nf*

Informations- und Kommunikationsgesellschaft *nf* ECON **information and communication society**

Informations- und Kommunikationstechnologie *nf* (err) EL.TEC → **information technology** (1)
→ Informationstechnik *nf* (1)

informationsverarbeitende Maschine DAT.PR **information processor**
↓ Computer
= information processing machine
↓ computer

Informationsverarbeitung *nf* (1) INF.TEC → **data processing**
→ Datenverarbeitung *nf*

Informationsverarbeitung *nf* (2) INF.TEC **information processing** (2)
[Verarbeitung von Informationen durch den Menschen]
≈ Nachrichtenverarbeitung; Datenverarbeitung
[human processing of information]
≈ message processing; data processing

Informationsverbraucher *nm* INF.TH → **information user**
→ Informationsempfänger *nm*

Informationsverdeckung *nf* SW **information hiding**
[Details über Daten oder Algorithmen den benutzenden Routinen "vorenthalten" um Änderungsfreiheiten zu behalten]
[hiding of details od data and algorithms from routines using them, in order to mantain the freedom of changes]

Informationsverlust *nm* INF.TH **information loss**

Informationsvermittler *nm* DAT.NW **broker** *n*
= Broker *nm* (ANGL)

Informationsverwaltungssystem *nn* DAT.MA **information management system**
= IMS
= IMS

Informationswert *nm* INF.TH → **information content**
→ Informationsgehalt *nm*

Informationswert *nm* COLL **information value**

Informationswiedergewinnung *nf* DAT.MA → **information retrieval**
→ Informationsabruf *nm*

Informationswirtschaft *nf* ECON **information economy**

Informationswulst *nf* INTERNET **brain dump**

Informationszeichen *nn* TELEGR → **information pulse**
→ Informationsschritt *nm*

Informationszeichen *nn* INF.TH **information signal**

Informationszeile *nf* COMP.AP **information line**
[auf einem Bildschirm]
[across a screen]

Informationszeitalter *nn* SCIE **information age**

Informationszeitschlitz *nm* CODING **information time slot**

Informationszentrum *nn* DAT.PR **information center**
= Infozentrum *nn*
= info center

Informationszufluss *nm* DAT.PR **information input**
= Informationseingabe *nf*

Informationszugangskontrolle *nf* DAT.MA **information access control**
= information flow control

Informatisierung *nf* INF.TEC **informatization** *n*

informativ COLL **informative**
= informatory

Informativangebot *nf* ECON **informative offer**
≈ Budgetangebot
≈ budgetary offer

Informator *nm* COLL **informator** *n*
= informer *n*

informatorisch SCIE **informatory**

informell ECON **informal**
= formlos
≈ unverbindlich
≈ non-binding

informieren COLL **inform** *vt*
≈ mitteilen
≈ message

Infotainment *nn* INF.TEC **infotainment** *n*
[Kunstwort für die Integration der Infomationstechnik mit der Unterhaltungselektronik]
[information & entertainment]

Infoware *nf* SW **infoware** *n*
[elektonisch vermarktete Information]
[electronically sold information]

Infozentrum *nn* DAT.PR → **information center**
→ Informationszentrum *nn*

in Frage stellen COLL → **question** *vt*
→ infragestellen *vt*

infragestellen *vt* COLL **question** *vt*
= in Frage stellen

infrarot PHYS **infrared** *adj*
= IR; ultrarot
= IR; ultrared

Infrarotdetektor *nm* COMPO **infrared detector**
[Sensor]
= IR-Detektor *nm*
= infrared sensor; IR detector; IR sensor

infrarote Strahlung PHYS → **infrared radiation**
→ Infrarotstrahlung *nf*

Infrarotfernbedienung *nf* TER&PER **infrared remote control**

Infrarotfilter *nn* PHYS **infrared filter**

Infrarotlicht *nf* PHYS **infrared light**

Infrarot-Lichtschranke *nf* SIG.EN **infrared light barrier**

Infrarotsteuerungssystem *nn* CONTRO **infrared control system**

Infrarotstrahler *nm* COMPO **infrared emitter**

Infrarotstrahlung *nf* PHYS **infrared radiation**
[Wellenbereich größer 0,8 µ]
= infrarote Strahlung; IR-Strahlung *nf*; Ultrarotstrahlung *nf*; ultrarote Strahlung; UR-Strahlung *nf*
[wavelength greater than 0.8 µ]
= ultrared radiation

Infrarot-Tonempfänger *nm* EL.ACOU **infrared head-phone**

Infrarotübertragung *nf* EL.TRO **infrared transmission**

Infraschall *nm* ACOUS **infrasound** *n*
[Schwingungen unter 16 Hz]
= Unterschall *nm*
≠ Ultraschall
↑ Schall (1)
[oscillations below 16 Hz]
= subsound; subaudio
≠ ultrasound
↑ sound (1)

Infraschall- *praep* PHYS **infrasonic**

Infraschallfrequenz *nf* ACOUS **infrasound frequency**
= Unterschallfrequenz *nf*
= subsound frequency; subaudio frequency

Infrastruktur *nf* TECH **infrastructure** *n*

Infrastrukturlageplan *nm* CATV **strand map**

in Gang befindlich TECH → **ongoing** *adj*
→ laufend (1)

in Gang bringen TECH **initiate**
= in Gang setzen
= launch

in Gang setzen TECH → **initiate**
→ in Gang bringen

Ingangsetzen *nn* TECH **setting in motion**
= Ingangsetzung *nf*

Ingangsetzung *nf* TECH → **setting in motion**
→ Ingangsetzen *nn*

Ingenieur *nm* EDUC **engineer** *n*
[vom latein. "ingenierus" = "Festungsbaumeister"]
≈ Techniker
↓ Hochschulingenieur
[from Latin "ingenierus" = "fortifications engineer"]
= engr.
≈ technician
↓ academic engineer

Ingenieurakademie *nf* EDUC → **school of engineering**
→ Ingenieurschule *nf*

Ingenieurbüro *nn* ECON **consulting engineer firm**

Ingenieurschule *nf* EDUC **school of engineering**
= Ingenieurakademie *nf*

Ingenieursverband *nm* ECON **engineering society**

Ingenieurswissenschaften *nplt* SCIE **technical sciences**
= technological sciences; technics *nplt*

Ingrediens *nn* COLL → **ingredient** *n*
→ Zutat *nf*

Ingredienz *nf* COLL → **ingredient** *n*
→ Zutat *nf*

Inhalt *nm* COLL **contents** *nplt*

Inhaltanbieter *nm* TELEC **content provider**
= Inhaltlieferant *nm*
≠ Inhaltsanbieter; Diensteanbieter
≠ service provider

Inhaltindustrie *nf* TELEC **content industry**

Inhaltlieferant *nm* TELEC → **content provider**
→ Inhaltanbieter *nm*

inhaltsadressiert DAT.MA **content-addressed** *adj*
= datenadressiert
≈ inhaltsorientiert
= content-addressable; data-addressed; data-addressable
≈ content-oriented

inhaltsadressierter Speicher HW → **associative storage**
→ Assoziativspeicher *nm*

Inhaltsangabe *nf* MEDIA **table of contents**
≈ Zusammenschau
= summary *n*
≈ synopsis

inhaltsangepasst INF.TEC **content-tailored**

Inhaltsbaum *nm* INTERNET **content tree**
[SGML]
[SGML]

inhaltsbezogen INF.TEC **content-related**

inhaltsbezogener Speicher HW → **associative storage**
→ Assoziativspeicher *nm*

Inhaltsmodell *nn* INTERNET **content model**

inhaltsorientiert INF.TEC **content-oriented** *adj*
= datenorientiert; assoziativ
≈ inhaltsadressiert
= data-oriented; associative
≈ content-addressed

Inhaltsübersicht *nf* PRIN.ME → **contents** *n*
→ Inhaltsverzeichnis *nn*

Inhaltsverzeichnis *nn* PRIN.ME **contents** *n*
= Inhaltsübersicht *nf*
= table of contents; TOC

Inhaltsverzeichnis *nn* DAT.MA **directory listing**
[listet die Dateien eines Dateiverzeichnisses auf]
≈ Verzeichnis
[lists the files of a directory]
≈ directory

inhaltvariabel SW → **content-changeable**
→ inhaltveränderbar

inhaltveränderbar SW **content-changeable**
= inhaltvariabel
= content-variable

inhärent TECH → **inherent** *adj*
→ Eigen- *adj*

inhärent SCIE **inherent**
= anhaftend; innewohnend
≈ immanent
≈ immanent

inhärente Adresse SW → **indirect address**
→ indirekte Adresse

inhärente Adressierung SW → **indirect addressing**
→ indirekte Adressierung

inhärenter Fehler MATH → **inherent error**
→ mitgeschleppter Fehler

In-Haus-Verlegung *nf* COM.CAB → **indoor laying**
→ Innenverlegung *nf*

Inhibitdraht *nm* HW **inhibit wire**
[Kernspeicher]
= Sperrdraht *nm*
[magnetic core memory]

Inhibit-Eingang *nm* (ANGL) CIRC.EN → **inhibit input**
→ Sperreingang *nm*

Inhibit-Gatter *nn* (ANGL) CIRC.EN → **inhibit gate**
→ Sperrgatter *nn*

Inhibition *nf* (1) LOGIC → **exclusion operation** (1)
→ Inhibitionsverknüpfung *nf* (1)

Inhibition *nf* (2) LOGIC → **P-excludes-Q operation**
→ P-ausschließt-Q-Verknüpfung *nf*

Inhibition *nf* (3) LOGIC → **Q-excludes-P operation**
→ Q-ausschließt-P-Verknüpfung *nf*

Inhibitionselement *nn* CIRC.EN → **exclusion gate**
→ Inhibitionsglied *nn*

Inhibitionsfunktion *nf* (1) LOGIC → **exclusion operation** (1)
→ Inhibitionsverknüpfung *nf* (1)

Inhibitionsfunktion *nf* (2) LOGIC → **P-excludes-Q operation**
→ P-ausschließt-Q-Verknüpfung *nf*

Inhibitionsfunktion *nf* (3) LOGIC → **Q-excludes-P operation**
→ Q-ausschließt-P-Verknüpfung *nf*

Inhibitionsgatter *nn* CIRC.EN → **exclusion gate**
→ Inhibitionsglied *nn*

Inhibitionsglied *nn* CIRC.EN **exclusion gate**
= Inhibitionsgatter *nn*; Inhibitionselement *nn*; Inhibitionsschaltung *nf*; Inhibitionstor *nn*
↑ Verknüpfungsglied
= exclusion element; exclusion circuit; NOT-IF-THEN gate; NOT-IF-THEN element; NOT-IF-THEN circuit

Inhibitionsoperation *nf* (1) LOGIC → **exclusion operation** (1)
→ Inhibitionsverknüpfung *nf* (1)

Inhibitionsoperation *nf* (2) LOGIC → **P-excludes-Q operation**
→ P-ausschließt-Q-Verknüpfung *nf*

Inhibitionsoperation *nf* (3) LOGIC → **Q-excludes-P operation**
→ Q-ausschließt-P-Verknüpfung *nf*

Inhibitionsschaltung *nf* CIRC.EN → **exclusion gate**
→ Inhibitionsglied *nn*

Inhibitionstor *nn* CIRC.EN → **exclusion gate**
→ Inhibitionsglied *nn*

Inhibitionsverknüpfung *nf* (1) LOGIC **exclusion operation** (1)
[Ausgang=1, wenn P=1 und Q=0 bzw. in der alternativen Definition, wenn P=0 und Q=1]
= Inhibitionsoperation *nf* (1); Inhibitionsfunktion *nf* (1); Inhibition *nf* (1); NICHT-WENN-DANN-Verknüpfung *nf* (1); NICHT-WENN-DANN-Operation *nf* (1); NICHT WENN DANN Funktion *nf* (1); NICHT WENN DANN *nn* (1); UND-NICHT-Verknüpfung *nf* (1); UND-NICHT-Operation *nf* (1); UND-NICHT-Funktion *nf* (1); UND NICHT *nn* (1)
≠ Implikationsverknüpfung (1)
↑ dyadische Boolesche Verknüpfung
↓ P-ausschließt-Q-Verknüpfung;
[output=1, if P=1 and Q=0, resp. in the alternative definition, if P=0 and Q=1]
= exclusion function (1); exclusion *n* (1); NOT-IF-THEN operation (1); NOT-IF-THEN function (1); NOT-IF-THEN (1); AND-NOT operation (1); AND-NOT function (1); AND NOT (1)
≠ implication operation (1)
↑ dyadic Boolean operation
↓ P-excludes-Q operation;

Inhibitionsverknüpfung *nf* (2) LOGIC → **P-excludes-Q operation**
→ P-ausschließt-Q-Verknüpfung *nf*

Inhibitionsverknüpfung *nf* (3) LOGIC → **Q-excludes-P operation**
→ Q-ausschließt-P-Verknüpfung *nf*

inhomogen → heterogen	SCIE	→ **heterogeneous** *adj*
inhomogen ≠ homogen ↓ isotrop	PHYS	**inhomogeneous** *adj* = nonhomogeneous ≠ homogeneous ↓ isotropic
Inhomogenität *nf*	SCIE	**inhomogeneity** *n* = nonhomogemity
In-house-System *nn* [betriebsinternes Btx]	TELEC	**in-house system** [corporate videotex]
Init [Dienstprogramm in der Macintosh-SW]	COMP.LG	**init** *n* [utility in Macintosh SW]
Initial *nn* → Anfangsbuchstabe *nm*	PRIN.ME	→ **initial** *n*
Initialaufwand *nm* → Anfangsaufwand *nm*	ECON	→ **initial effort**
Initialbuchstabe *nm* → Anfangsbuchstabe *nm*	PRIN.ME	→ **initial** *n*
Initiale *nf* (AT) → Anfangsbuchstabe *nm*	PRIN.ME	→ **initial** *n*
initialisieren [Parameter auf Anfangwerte stellen; den Startzustand herstellen; betriebsbereit machen]	SW	**initialize** *vt* [to set parameters to starting values; to establish start conditions; to prepare for use] = preset
initialisieren (Apple Macintosh) → formatieren	DAT.MA	→ **format** *vt*
Initialisierer *nm*	SW	**initializer** *n*
Initialisierer *nm* → Vorbereiter *nm*	SW	→ **job initiator**
Initialisierung *nf* → Formatierung *nf*	DAT.MA	→ **formatting** *n*
Initialisierung *nf* [Parameteranfangswerte einstellen] = Vorbereitung *nf* ≈ Anlauf; Einleitung	SW	**initialization** *n* [to put parameters to initial value] = initializing; presetting; job initialization; job preparation; preparation
Initialisierung *nf* [von Chipkarten: Laden der personenunabhängigen Daten] = Vorpersonalisierung *nf*	TER&PER	**initialization** *n* [of chip cards: loading of person-independent data]
Initialisierungsbetrieb *nm* → Vorbereitungsbetrieb *nm*	DAT.CO	→ **intilialization mode**
Initialisierungsdatei *nf*	SW	**initialization file**
Initialisierungssteuerung *nf*	MICR.EL	**initialization logic**
Initialwort *nn* → Akronym *nn*	LING	→ **acronym** *n*
Initiator *nm* ≠ Target	HW	**initiator** *n* ≠ target
Inizialisierungszeit *nf* → Vorbereitungszeit *nf*	DAT.PR	→ **set-up time**
Injektion *nf*	MICR.EL	**injection** *n*
Injektion *nf* [Mengenlehre]	MATH	**injection** *n* [set theory]
Injektionslaserdiode *nf* = ILD	OPTOEL	**injection laser diode** = ILD
Injektionslogik *nf*	MICR.EL	**injection logic**
Injektionsluminiszenz *nf*	MICR.EL	**injection luminiscence**
Injektionsstrom *nm*	MICR.EL	**injection current**
Injektionswirkungsgrad *nm* = Emitterwirkungsgrad *nm*; Emissionswirkungsgrad *nm*	MICR.EL	**injection efficiency**
Injektor *nm* [Binistor]	MICR.EL	**injector** *n* [binistor]
injizieren [Ladungsträger einspeisen]	MICR.EL	**inject** *vt* [charge carriers]
Inkasso *nn* = Geldeingang *nm*	ECON	**cash-in** *n* = credit collection (2)
Inken	MICR.EL	**ink point marking**
Inking *nn* (ANGL) → Freihandzeichnen *nn*	COMP.GR	→ **inking** *n*
in (runde) **Klammern setzen**	MATH	**parenthesize** *vt*
Inklination *nf*	PHYS	**inclination** *n*
Inklusion *nf* → Implikation *nf*	LOGIC	→ **implication** *n*
Inklusion *nf*	MATH	**inclusion** *n*
Inklusion *nf* [SGML]	INTERNET	**inclusion** *n* [SGML]
inklusiv → einschließlich	COLL	→ **inclusive** *adj*
Inklusiv-	ECON	**all-in**
INKLUSIVES ODER → ODER-Verknüpfung *nf*	LOGIC	→ **OR operation**
INKLUSIV-ODER-Glied *nn* → ODER-Glied *nn*	CIRC.EN	→ **OR gate**
inkohärent	PHYS	**incoherent**
inkohärente Abtastung = zufällige Abtastung *nf*; inkohärentes Sampling; zufälliges Sampling; Random-Sampling	INSTR	**random sampling** = incoherent sampling; random scanning; incoherent scanning
inkohärentes Sampling → inkohärente Abtastung	INSTR	→ **random sampling**
inkommensurabel [ohne gemeinsamen Teiler] ≠ kommensurabel	MATH	**incommensurable** *adj* [not divisible by common divisor] ≠ commensurable
inkompatibel → unverträglich	TECH	→ **incompatible** *adj*
Inkompatibilität *nf* = Unverträglichkeit *nf*; Unvereinbarkeit *nf*	TECH	**incompatibility** *n*
inkompetent	COLL	**incompetent** *adj* = noncompetent
inkomplett → unvollständig	COLL	→ **incomplete** *adj*
Inkonsistenz *nf* → Unvereinbarkeit *nf*	SCIE	→ **inconsistency** *n*
inkonstant → veränderlich	TECH	→ **variable** *adj*
Inkonstanz *nf* → Veränderlichkeit *nf*	TECH	→ **variability** *n*
inkorporieren → integrieren	TECH	→ **integrate** *vt*
inkrafttreten	ECON	**come into force** = take effect
Inkrafttreten *nn*	ECON	**entry into force**
Inkrement *nn* [vom latein. "increscere" = "wachsen, zunehmen"] ≠ Dekrement	MATH	**increment** *n* [vom Latin "increscere" = "to grow, increase"] ≠ decrement
Inkrement *nn* → Schrittweite *nf*	SW	→ **increment** *n*
Inkrement *nn* → Zunahme *nf*	TECH	→ **increase** *n* (1)
inkremental → fortschaltend	EL.TRO	→ **incremental**
Inkrementalcompiler *nm* → Inkrementalkompilierer *nm*	SW	→ **incremental compiler**
Inkrementaldarstellung *nf* ↓ binäre Inkrementaldarstellung; ternäre Inkrementaldarstellung	COMP.SC	**incremental representation** ↓ binary incremental representation; ternary incremental representation
inkrementale Daten → Inkrementdaten *nplt*	DAT.MA	→ **incremental data**
Inkrementalkompiler *nm* → Inkrementalkompilierer *nm*	SW	→ **incremental compiler**
Inkrementalkompilierer *nm* = Inkrementalkompiler *nm*; Inkrementalcompiler *nm*; Dialogkompilierer *nm*; Dialogkompiler *nm*; Dialogcompiler *nm*; konversationeller Kompilierer	SW	**incremental compiler** = conversational compiler; interactive compiler; on-line compiler
Inkrementalkoordinate *nf* → Zuwachskoordinate *nf*	MATH	→ **incremental coordinate**
Inkrementalplotter *nm* [arbeitet mit Zuwachsdaten]	TER&PER	**incremental plotter** [operates with increment data]
Inkrementalrechner *nm* [speichert Veränderungen zum Anfangswert] = digitaler Integrator ≠ Absolutwertrechner	DAT.PR	**incremental computer** [stores differences to start value] ≠ absolute value computer
Inkrementalsicherung *nf* [nur geänderte Dateien werden neu gesichert] = inkrementelle Sicherung ≈ Differentialsicherung	DAT.MA	**incremental backup** [backup limited to modified files] = archival backup ≈ differential backup ≠ full backup
Inkrementalsortierung *nf*	DAT.MA	**incremental sort**
Inkrementalvektor *nm*	MATH	**incremental vector**
Inkrementdaten *nplt* [den Unterschied zum Ausgangswert betreffend] = inkrementale Daten	DAT.MA	**incremental data** [differences to start value]
inkrementell → fortschaltend	EL.TRO	→ **incremental**
inkrementelle Sicherung → Inkrementalsicherung *nf*	DAT.MA	→ **incremental backup**

inkrementelles Schreiben DAT.PR **incremental writing**
inkrementieren SW **increment** *vt*
= erhöhen ≠ decrement
≠ vermindern
inkrementierend EL.TRO → **incremental**
→ fortschaltend
in Kürze COLL **shortly**
= in Bälde = before long
≈ bald ≈ soon
Inlandsferngespräch *nn* TELEC **inland toll call** (AE)
= inland trunk call (BE); national long-distance call; domestic call
Inlandstarif *nm* ECON **domestic tariff**
= Binnentarif *nm*
Inlandsverkehr *nm* TELEC **domestic traffic**
Inlandsvertrieb *nm* ECON **domestic sales**
[an activity or organization]
Inlandsvorwahlnummer *nf* SWITCH **STD code**
[Verkehrsausscheidungszahl + Ortskennzahl, z.B. 089 für München] [trunk prefix + trunk code]
Inlay *nn* CONS.EL **inlay** *n*
[rückseitige Werbekarte einer CD-Kassette] [backside inlet of a CD cassette]
Inlay-Verfahren *nn* TV **inlay mode**
= inlay
Inline MICR.EL → **in-line** *n*
→ In-line
In-line MICR.EL **in-line** *n*
= Inline; Reihenaschluss *nm* [pin arrangement in row(s)]
↓ DIL = inline
↓ DIL
Inline-Abbildung *nf* INTERNET → **inline image**
→ eingefügtes Bild
Inlinecode *nm* SW **inline code**
Inlinegrafik *nf* INTERNET **inline graphics**
Inlineverarbeitung *nf* DAT.PR **inline processing**
INMARSAT SAT.CO **INMARSAT**
= International Maritime Satellite Organization
Inmarsat-Funktelefon *nn* MOB.CO **Inmarsat mobile telephone**
Innen- *adj* TECH **indoor** *adj*
= Innenraum- = inside; room-
≠ Außen- ≠ outdoor
Innenantenne *nf* ANT **indoor antenna**
= Zimmerantenne *nf* = indoor aerial; room antenna; room aerial; inside antenna; inside aerial
Innenaufbau *nm* EQP.EN → **indoor mounting**
→ Innenmontage *nf*
Innenaufnahme *nf* CINEMA **indoor shot**
= Studioaufnahme *nf* = studio shot
Innendienst *nm* ECON **office service**
≠ Außendienst ≠ field service
Innendurchmesser *nm* TECH **inside diameter**
= i.d.
Innenfinanzierung *nf* ECON **internal financing**
Innenform *nf* MEC.EN → **boss** *n*
→ Punze *nf*
Innengewinde *nn* MEC.EN **internal thread**
= female thread
Inneninstallation *nf* EQP.EN → **indoor mounting**
→ Innenmontage *nf*
Innenkabel *nn* COM.CAB → **indoor cable**
→ Innenraumkabel *nn*
Innenkanal *nm* RADIO **inboard channel**
[nearest to carrier]
Innenkreis *nm* MATH **interior circle**
= incircle *n*
Innenleiter *nm* COM.CAB **inner conductor**
= Mittelleiter *nm* = center conductor; centre conductor
Innenleitung *nf* COM.CAB → **indoor cable**
→ Innenraumkabel *nn*
Innenmantel *nm* COM.CAB **inner sheath**
= inner cladding
Innenmaß *nn* MEC.EN **inside dimension**
Innenmontage *nf* EQP.EN **indoor mounting**
= Innenraummontage *nf*; Innenaufbau *nm*; Innenraumaufbau *nm*; Inneninstallation *nf*; Innenrauminstallation *nf* = indoor installation
≠ Außenmontage ≠ outdoor mounting
↓ Stationsaufbau ↓ office installation
Innennetz *nn* TELEC **internal plant**
≠ Außennetz = ISP
≠ outside plant
Innenrand *nm* TECH **inside margin**
Innenraum- TECH → **indoor** *adj*
→ Innen- *adj*
Innenraumabdeckung *nf* RAD.PRO **in-building coverage**
Innenraumaufbau *nm* EQP.EN → **indoor mounting**
→ Innenmontage *nf*
Innenraum-Endverschluss *nm* OUT.PL **indoor termination**
Innenraumgehäuse *nn* EQP.EN **indoor box**
Innenrauminstallation *nf* EQP.EN → **indoor mounting**
→ Innenmontage *nf*
Innenraumkabel *nn* COM.CAB **indoor cable**
= Innenkabel *nn*; Innenraumleitung *nf*; Innenleitung *nf* = house cable; internal cable
Innenraumklima *nn* QUAL **room climate**
= indoor climate
Innenraumleitung *nf* COM.CAB → **indoor cable**
→ Innenraumkabel *nn*
Innenraummontage *nf* EQP.EN → **indoor mounting**
→ Innenmontage *nf*
Innenraumschutz *nm* SIG.EN **area protection**
Innenraum-Verlegung *nf* COM.CAB → **indoor laying**
→ Innenverlegung *nf*
Innensechskant *nm* MEC.EN **hexagon socket**
Innensechskantschlüssel *nm* MEC.EN **Allen wrench**
↓ Inbusschlüssel ↓ L-shaped hexagon key
Innensechskantschraube *nf* MEC.EN **Allen screw**
↓ Inbusschraube
Innenseite *nf* TECH **inside** *n*
= internal side
Innenstadt *nf* ECON → **downtown** *n*
→ Geschäftszentrum *nn*
Innenstadt *nf* GEOSC → **city center** (AM)
→ Stadtzentrum *nn*
Innenteil *nn* ENG.DRA **internal member**
Innenverbindung *nf* EL.TRO **internal connection**
= intraconnection
Innenverbindung sperren TELEPH **intrusion guard**
Innenverlegung *nf* COM.CAB **indoor laying**
= Innenraum-Verlegung *nf*; In-Haus-Verlegung *nf* ≈ indoor installation
≈ Innenmontage
Innenwand *nf* TECH **inside wall**
Innenwiderstand *nm* NETW.TH **intrinsic resistance**
= Quellenwiderstand *nm* = internal resistance; source impedance
≠ Lastwiderstand ≠ load resistance
inner *adj* COLL **interior** *adj*
= inwendig = inside
inner... *praep* TECH → **internal** *adj*
→ intern
innerbetrieblich ECON → **in-house** *adj*
→ firmenintern
innerbetriebliches Netz TELEC → **corporate network**
→ Firmennetz *nn*
Innerbild *nn* TV → **intermediate image**
→ Zwischenbild *nn*
Innerbild-Prädiktion *nf* TV → **intrafield prediction**
→ Zwischenbild-Prädiktion *nf*
innere Hystereseschleife PHYS **minor hysteresis loop**
Innereien *nplt* COLL **innards** *nplt*
[fig] [fig]
innerer Basispunkt MICR.EL **internal base point**
innerer Emitterpunkt MICR.EL **internal emitter point**
innerer Fotoeffekt PHYS **intrinsic photoelectric effect**
= innerer Photoeffekt; Foto-Volumeneffekt *nm*, Photo-Volumeneffekt *nm*
innerer Photoeffekt PHYS → **intrinsic photoelectric effect**
→ innerer Fotoeffekt
innerer Speicher HW → **main memory** (1)
→ Hauptspeicher *nm* (1)
innerer Transistor MICR.EL **intrinsic transistor**
= Intrinsic-Transistor *nm*
innerer Wärmewiderstand MICR.EL **internal thermal resistance**
[zwischen Sperrschicht und Gehäuse] [between junction and case]
= Wärmeinnenwiderstand *nm*
inneres Produkt MATH **inner product**
innermolekular CHEM **intramolecular**
= intramolekular
innewohnend SCIE → **inherent**
→ inhärent

Innovation *nf* TECH **innovation** *n*
= Neuerung *nf*; Erneuerung *nf* (2)
Innovationsanstoß *nm* TECH → **innovative drive**
→ Innovationsschub *nm*
Innovationsberatung *nf* ECON **innovation consultancy**
Innovationsdruck *nm* TECH → **innovative drive**
→ Innovationsschub *nm*
Innovationsimpuls *nm* TECH → **innovative drive**
→ Innovationsschub *nm*
Innovationsrate *nf* TECH **innovation rate**
Innovationsschub *nm* TECH **innovative drive**
= Innovationsanstoß *nm*; Innovationsimpuls *nm*; Innovationsdruck *nm* = innovative advance
Innovationstreiber *nm* ECON **innovation driver**
Innovationszyklus *nm* TECH **innovation cycle**
innovativ TECH **innovative** *adj*
≈ fortschrittlich; modern ≈ progressive (2); modern
Inode *nf* SW **inode** *n*
[Eintrag mit Zugriffsrechten u. Zeiger zu einer Datei] [i(dentification)node; contains authorization and pointer to file]
inoffizielle Werbung CINEMA **guerilla marketing**
= Guerilla-Marketing *nn*
InP CHEM → **indium phosphide**
→ Indium-Phosphid *nn*
in Phase bringen PHYS → **phase** *vt*
→ einphasen
in Programmiersprache formulieren SW **code** *vt* (2)
≈ programmieren [formulate in a programming language, thereby generating source code]
≈ program
IN-Punkt *nm* CINEMA **track in**
[Zeitcode für Beginn] [time code for start]
Input-Manager *nm* SW → **input manager**
→ Eingabe-Manager *nm*
Input-Verwalter *nm* SW → **input manager**
→ Eingabe-Manager *nm*
in rauhen Mengen COLL **in bulk**
Inrechnungstellung *nf* ECON **invoicing** *n*
= Rechnungserteilung *nf*; Fakturierung *nf*
in Reihe schalten EL.TEC → **cascade** *vt*
→ hintereinanderschalten
in Reih' und Glied *adv* COLL **in rank and file** *adv*
in Ruhestellung bringen TER&PER → **park** *vt*
→ parken
in runden Zahlen COLL → **in round figures** *adv*
→ rund *adv*
InSb CHEM → **indium antimonide**
→ Indium-Antimonid *nn*
in Schachtel verpackt TECH **boxed**
in Schleife TELEC **in loop-back condition**
= looped
Insekten-Sensor *nm* COMPO **bug sensor**
= bug detector
insektensicher QUAL **insects-proof** *adj*
Insektensicherheit *nf* QUAL **insects-proof** *n*
Insel *nf* GEOSC **island** *n*
Insel *nf* MICR.EL **island** *n*
Inselbildung *nf* EL.TRO **island effect**
[Röhre] [tube]
Inselchen *nn* GEOSC **islet** *n*
Inselgruppe *nf* GEOSC → **archipelago** *n* (*pl* -es&-s)
→ Archipel *nn*
Inselkette *nf* GEOSC **chain of islands**
Insellösung *nf* TECH **spot solution**
= isolierte Lösung = isolated solution; insular solution; spot application; isolated application; insular application
Inserat *nn* ECON **advertisement**
= Anzeige *nf*; Annonce *nf* = advert *n* (BE) (slang); ad (AE) (slang)
Inserat *nn* PRIN.ME → **advertisement** *n*
→ Zeitungsinserat *nn*
Inserent *nm* ECON **advertiser** *n*
= Werbungstreibender *nm*
in Serie geschaltet EL.SC → **series-connected**
→ seriengeschaltet
in serielle Form bringen CODING **serialize**
= serialisieren
inserieren ECON **advertise**
= annoncieren

Insert *nn* TV → **caption** *n*
→ Kennung *nf*
Insert-Modus *nm* WOR.PR → **insert mode**
→ Einfügebetrieb *nm*
INSERT-Taste *nf* TER&PER → **INSERT key**
→ Einfügetaste *nf*
In-Service-Monitoring *nn* TRANSM → **in-service monitoring**
→ In-Betrieb-Überwachung *nf*
in sich abgeschlossen COLL **self-contained** *adj*
= eigenständig ≈ complete
≈ vollständig
Insider *nm* ECON → **insider** *n*
→ Eingeweihter *nm*
Insidestory *nf* MEDIA **inside story**
insignifikant SCIE → **insignificant**
→ bedeutungslos
Inspektion *nf* TECH → **check** *n*
→ Prüfung *nf*
in Sperrichtung betrieben EL.TRO **reverse biased**
inspizieren TECH → **check** *vt*
→ prüfen
ins Protokoll aufnehmen ECON → **protocol** *vt*
→ protokollieren
ins Schwarze treffen COLL **to hit the bull's eye**
[fig]
ins Spiel bringen COLL **bring into play**
≈ einschalten ≈ call in
INST/DEL-Taste *nf* TER&PER → **backspace key** *n*
→ Rücksetztaste *nf* (2)
instabil TECH **unstable** *adj*
= labil; unbeständig; vergänglich = instable; labile; impermanent; nondurable
≈ veränderlich ≈ variable
instabiler Zustand CIRC.EN **instable state**
Instabilität *nf* TECH **instability** *n*
= Labilität *nf*; Unstabilität *nf*; Unbeständigkeit *nf* = unstableness *n*; lability *n*
≈ Veränderlichkeit; Unregelmäßigkeit ≈ variability; irregularity
Installateur *nm* TECH **plumber** *n*
Installation *nf* SW **installation** *n*
= Installierung *nf*; Einrichtung *nf*; Inbetriebnahme *nf* = setup *n*
Installation *nf* TECH → **installation** *n*
→ Montage *nf*
Installation *nf* (1) TECH → **plant** *n*
→ Anlage *nn*
Installation *nf* (2) TECH → **installation** *n*
→ Installierung *nf*
Installationsanleitung *nf* INF.TEC **installation instruction**
Installationsdiskette *nf* SW **installation disk**
= Einrichtungsdiskette *nf* = set-up disk
Installationsdraht *nm* TECH **installation wire**
Installationshandbuch *nn* TEC.DOC → **installation manual**
→ Montagehandbuch *nn*
Installationskabel *nn* COM.CAB **installation cable**
= building cable
Installationskabel *nn* EL.INS → **building wire**
→ Installationsleitung *nf*
Installationskanal *nm* EL.INS **raceway** *n*
= Kabelkanal *nm*; Leitungskanal *nm*
Installationsleitung *nf* EL.INS **building wire**
= Installationskabel *nn* = house wiring cable
Installationsmaterial *nn* TECH → **installation material**
→ Montagematerial *nn*
Installationsort *nm* TECH → **setup site**
→ Aufstellungsort *nm*
Installationsprogramm *nn* SW **setup program**
= Einrichtungsprogramm *nn*; Setup-Assistent *nm* (ANGL) = installation program; setup wizard
↑ Dienstprogramm
Installationsroutine *nf* SW **installation routine**
= Einrichtungsroutine *nf*
Installations-Software *nf* SW **installation software**
Installationstechnik *nf* POW.SY **electrical installation engineering**
Installationszeit *nf* TECH → **setup time**
→ Aufstellungszeit *nf*
installierbar DAT.PR **installable** *adj*
installieren TECH **install** *vt*
= einrichten (2) ≈ mount; assemble; set-up
≈ montieren; zusammenbauen
installieren SW **install** *vt*

[ein Programm auf die Gegebenheiten einer spezifischen Computereinlage einstellen] — [to customize a program to a specific computer configuration]

Installierung *nf* TECH **installation** *n*
= Einrichtung *nf* (2); Installation *nf* (2) — ≈ mounting; assembly; set up (1); mounting (2)
≈ Montage; Zusammenbau; Errichtung; Aufstellung (3)

Installierung *nf* SW → **installation** *n*
→ Installation *nf*

instandhalten TECH → **maintain** *vt*
→ warten

Instandhaltung *nf* TECH → **maintenance** *n*
→ Wartung *nf*

instandsetzbar TECH → **repairable** *adj*
→ reparierbar *nm*

Instandsetzbarkeit *nf* QUAL **restorability** *n*

Instandsetzbarkeit *nf* TECH → **maintainability** *n*
→ Wartungsfreundlichkeit *nf*

in Stand setzen TECH → **repair** *vt*
→ instandsetzen

instandsetzen TECH **repair** *vt*
= in Stand setzen; reparieren; wiederinstandsetzen — = recondition
≈ ausbessern; entstören; wiederherstellen; überarbeiten; flicken — ≈ mend; fault-clear; restore; rework; patch
↑ warten — ↑ maintain

Instandsetzung *nf* TECH **repair** *n*
= Wiederinstandsetzung *nf*; Reparatur *nf*; Fehlerbehebung *nf*; Fehlerbeseitigung *nf* — = fault recovery; reconditioning; debugging *n*; overhauling *n*
≈ Ausbesserung; Entstörung; korrigierende Wartung [QUAL]; Wiederherstellung; Überarbeitung — ≈ mending; fault clearance; corrective maintenance [QUAL]; restoration; overhaul

Instandsetzungsanleitung *nf* TEC.DOC → **repair instruction**
→ Reparaturanweisung *nf*

Instandsetzungsdauer *nf* QUAL **active repair time**
= Reparaturdauer *nf*

Instandsetzungsvorschrift *nf* TEC.DOC → **repair instruction**
→ Reparaturanweisung *nf*

instantan TECH → **instantaneous** *adj*
→ sofortig

Instantandruck *nm* DAT.PR **instant print**

Instantanspeicherausdruck *nm* DAT.MA → **snapshot dump** *n*
→ Schnappschuss

Instantanzugriff *nm* DAT.PR → **immediate access**
→ Sofortzugriff *nm*

Instanz *nf* SW → **entity** *n* (2)
→ Entität *nf* (2)

Instanz *nf* SW **instance** *n*
[OOP; individuelles Exemplar einer Klasse] — [OPP; an individual member of a class]

Instanz *nf* INTERNET **instance** *n*
[SGML] — [SGML]
= Dokumentinstanz *nf*

Instanz *nf* (err) SW → **instance** *n*
→ Spezialfall *nm*

Instanz des End-Systemteils DAT.CO **user agent entity**
[tauscht Steuerinformationen für die Nachrichtenübermittlung aus] — [exchanges control information for message transfer]
= UAE

Instanz des Transport-Systemteils DAT.CO **message transfer agent entity**
= MTAE

instanzieren SW **instantiate** *vt*
[OOP; Generisches durch Spezialfälle ersetzen] — [OOP; to substitute generic by specific "instances"]

Instanzierung *nf* SW **instantiation** *n*
[OOP; aus Klassen Instanzen erzeugen] — [OOP; generate instances from classes]
= Spezialisierung *nf*

instanzspezifisch SW **instance-specific**

Instanzvariable *nf* (err) SW → **instance variable**
→ Objektkomponente *nf*

Institut *nn* SCIE **institute** *n*
≈ Anstalt [ECON] — ≈ institution [ECON]
↓ Hochschulinstitut; Forschungsinstitut — ↓ university institute; research institute

Institution *nf* ECON → **institution** *n*
→ Anstalt *nn*

institutionelle Werbung ECON → **institutional advertising**
→ Repräsentativwerbung *nf*

in Streifen schneiden TECH → **slit** *vt* (2)
→ längs trennen

Instruktion *nf* (1) SW → **instruction** *n* (1)
→ Befehl *nm* (1)

Instruktion *nf* (2) SW → **microinstruction** *n*
→ Mikrobefehl *nm*

Instruktionsregister *nn* HW → **instruction register**
→ Befehlsregister *nn*

Instruktionssatz *nm* SW → **instruction set**
→ Befehlsvorrat *nm*

Instrument *nn* INSTR **instrument** *n*
↓ Messgerät — ↓ measuring instrument

Instrument *nn* MUSIC → **instrument** *n*
→ Musikinstrument *nn*

Instrument *nn* TECH → **tool** *n*
→ Werkzeug *nn*

instrumental LING **instrumental** *adj*

Instrumentalsatz *nm* LING **instrumental sentence**
= Satz des Mittels oder Werkzeugs — ↑ causal sentence
↑ Kausalsatz

Instrumentenfeld *nn* INSTR **instrument panel**

Instrumentenlandesystem *nn* RAD.NA **instrument landing system**
= ILS-System *nn*; ILS; Blindlandesystem *nn* — = ILS; blind landing system

Instrumentennavigation *nf* RAD.NA **instrument navigation**
= Blindnavigation *nf*; Blindflug *nm* — = blind navigation; blind flying

Instrumentierung *nf* TECH **instrumentation** *n*

Instrumentierung *nf* MUSIC **score** *n*
[die Partitur jedes Instruments im Orchester] — [the notes to played by an instrument in an orchestra]
≈ Arrangement — ≈ arrangement

inszenieren *vt* IMAG.ME **stage** *vt*
= arrangieren — = stage-manage

Inszenierung *nf* IMAG.ME **staging** *n*

Inszenierungsposition *nf* IMAG.ME **staging position**

intakt ECON → **undamaged**
→ unversehrt

in Taschenformat TECH → **pocketable** *adj*
→ einsteckbar

Integer *nn* MATH → **integer** *n*
→ Ganzzahl *nf*

Integerausdruck *nm* DAT.PR **integer expression**

Integer-BASIC COMP.LG **integer BASIC**

integral MATH → **integral** *adj*
→ ganzzahlig

Integral *nn* (1) MATH **integral** *n*
≠ Ableitung — ≠ derivative
↓ unbestimmtes Integral; bestimmtes Integral; Kurvenintegral; Doppelintegral; dreifaches Integral; Oberflächenintegral; — ↓ undefined integral; defined integral; line integral; surface integral; volume integral; time integral

Integral *nn* (2) MATH → **integral sign**
→ Integralzeichen *nn*

Integralcosinus *nm* MATH → **integral cosine**
→ Integralkosinus

integraler Regler CONTRO → **I controller**
→ I-Regler *nm*

integrales Übertragungsglied CONTRO → **I element**
→ I-Glied *nn*

integrale Thermokraft PHYS → **thermoelectric force**
→ Thermospannung *nf*

Integralform *nf* MATH **integral form**

Integralgleichung *nf* MATH **integral equation**

Integralglied *nn* CONTRO → **I element**
→ I-Glied *nn*

Integralkern *nm* MATH **kernel** *n*

Integralkosinus MATH **integral cosine**
= Integralcosinus *nm*

Integralrechnung *nf* MATH **integral calculus**
↑ Analysis; Infinitesimalrechnung — ↑ analysis; calculus

Integralregelung *nf* CONTRO **integral control**

Integralregler *nm* CONTRO → **I controller**
→ I-Regler *nm*

Integralsinus MATH **integral sinus**

Integraltransformation *nf* MATH **integral transform**

Integralvariable *nf* SW **integer variable**
= ganzzahlige Variable — ≠ real variable
≠ Realvariable — ↑ numeric variable
↑ numerische Variable

Integralwert *nm* TELECON **integrated measurand**

integralwirkend CONTRO → **astatic**
→ astatisch

Integralzeichen *nn* MATH **integral sign**
[Symbol: ∫] — [symbol: ∫]
= Integral *nn* (2) — = integer symbol
↑ mathematisches Zeichen — ↑ mathematical symbol

Integrand *nm* MATH **integrand** *n*

Integration *nf* MATH **integration** *n*
≠ Differentiation | ≠ differentiation

Integration *nf* MICR.EL **integration** *n*
= Integrationsgrad *nm*; Packungsdichte *nf* | = integration scale; level of integration
↓ Kleinstintegration; mittlerer Integrationsgrad; Großintegration; Größtintegration; Ultrahöchstintegration | ↓ small-scale integration; medium-scale integration; large-scale integration; very-large-scale integration; ultra-large-scale integration

Integration *nf* TECH **integration** *n*
[vom latein. "integrare" = "wieder ganz machen, wiederherstellen"] | [from Latin "integrare" = "restore"]
= Integrierung *nf*; Einbindung *nf*; Einbinden *nn*; Zusammenfügung *nf* (2); Zusammenfügen *nn*
≈ Zusammenbau | ≈ asseembly

Integration *nf* SW → **software integration** *n*
→ Software-Integration *nf*

Integration *nf* DAT.PR → **system integration**
→ Systemintegration *nf*

Integration nach Teilen MATH → **partial integration**
→ partielle Integration

Integrationsfläche *nf* MATH **integration surface**

Integrationsglied *nn* CIRC.EN → **integrating network**
→ Integrierglied *nn*

Integrationsgrad *nm* MICR.EL → **integration** *n*
→ Integration *nf*

Integrationsgrenze *nf* MATH **integration limit**

Integrationsintervall *nn* MATH **integration interval**
= region of integration

Integrationsnetz *nn* DAT.NW **integrating network**

Integrationsschaltung *nf* CIRC.EN → **integrating network**
→ Integrierglied *nn*

Integrationstest *nm* INF.TEC **integration test**

Integrationsweg *nm* MATH **integration path**

Integrator *nm* CIRC.EN → **integrating network**
→ Integrierglied *nn*

Integrator *nm* DAT.PR → **system integrator**
→ Systemintegrator *nm*

integrieren TECH **integrate** *vt*
= einbinden; einfügen; zusammenfügen; inkorporieren; eingliedern | = incorporate *vt*
≈ montieren | ≈ mount

integrieren MATH **integrate** *vt*
≠ differenzieren | ≠ differentiate

integrierender Umsetzer INSTR **integrating converter**

integrierendes Netzwerk CIRC.EN → **integrating network**
→ Integrierglied *nn*

Integrierer *nm* CIRC.EN → **integrating network**
→ Integrierglied *nn*

Integrierglied *nn* CONTRO → **I element**
→ I-Glied *nn*

Integrierglied *nn* CIRC.EN **integrating network**
[impulsformendes lineares Netzwerk] | [pulse shaping network]
= Integrationsglied *nn*; Integrierschaltung *nf*; Integrationsschaltung *nf*; Integrator *nm*; Integrierer *nm*; integrierendes Netzwerk | = integrating circuit; integrator
≈ Addierer | ≈ adder
≠ Differenzierglied | ≠ differentiating network

Integrierschaltung *nf* CIRC.EN → **integrating network**
→ Integrierglied *nn*

integriert TECH → **built-in** *adj*
→ eingebaut

integrierte Analogschaltung MICR.EL **linear integrated circuit**
= integrierte Linearschaltung *nf*; lineares IC | = linear IC

integrierte Applikation SW → **integrated application**
→ integriertes Anwenderprogramm

integrierte Architektur COMP.SC **integrated architecture**
≠ modulare Architektur | ≠ modular architecture

integrierte Bauweise EQP.EN **integrated design**
= integrierter Aufbau; integrierte Konstruktion | = monolithic construction [HW]
≈ compact design

integrierte Datenübertragungseinheit DAT.CO **integral communications control unit**
= integral controller

integrierte Datenverarbeitung DAT.PR **integrated data processing**
= IDP

integrierte Diode MICR.EL **integrated diode**

integrierte Halbleiterschaltung MICR.EL → **integrated circuit**
→ integrierte Schaltung

integrierte Injektionslogik MICR.EL → **integrated injection logic**
→ IIL

integrierte Konstruktion EQP.EN → **integrated design**
→ integrierte Bauweise

integrierte Linearschaltung *nf* MICR.EL → **linear integrated circuit**
→ integrierte Analogschaltung

integrierte Optik OPTOEL **integrated OPT**

integrierte optische Schaltung OPTOEL **integrated optical circuit**
= IOC

integrierter Aufbau EQP.EN → **integrated design**
→ integrierte Bauweise

integrierter Computer HW → **onboard computer**
→ integrierter Rechner

integrierte rechnergestützte Fertigung AUTOMA **integrated computer-aided manufacturing**
= ICAM | = ICAM

integrierter Kondensator MICR.EL **integrated capacitor**

integrierter Mikrowellenschaltkreis MICR.EL **microwave integrated circuit**
= MIC | = MIC

integrierter Rechner HW **onboard computer**
= integrierter Computer | [integrated in a system]
= integrated computer

integrierter Schaltkreis MICR.EL → **integrated circuit**
→ integrierte Schaltung

integrierter Sperrschichtkondensator MICR.EL **integrated junction capacitor**

integrierter Widerstand MICR.EL **integrated resistor**

integrierter Zeichensatz TER&PER → **internal font**
→ residenter Zeichensatz

integriertes Anwenderprogramm SW **integrated application**
= integrierte Applikation

integriertes Buchhaltungspaket SW **integrated accounting package**

integrierte Schaltung MICR.EL **integrated circuit**
[komplette Schaltungen auf kleinem Siliziumplättchen] | [complete circuits on a piece of silicon]
= integrierter Schaltkreis; integrierte Halbleiterschaltung; IC *n* (*pl* ICs); IS; Mikromodul *nn* (*pl* -e) | = IC *n* (*pl* ICs); micromodule *n*; miniaturized circuit; solid-state circuit
≈ Chip | ≈ chip
↓ Monolithschaltung; Kleinintegration; Mittelintegration; Großintegration; Größtintegration; Ultrahöchstintegration | ↓ monolithic IC; SSI; MSI; LSI; VLSI; ULSI

integrierte Schrift TER&PER → **internal font**
→ residenter Zeichensatz

integriertes digitales Netz DAT.CO **integrated digital network**
= integriertes Text-und Datennetz; integriertes Digitalnetz; IDN | = integrated text and data network; IDN

integriertes Digitalnetz DAT.CO → **integrated digital network**
→ integriertes digitales Netz

integriertes Modem HW **integral modem**
= eingebauter Modem | = internal modem; built-in modem

integrierte Software SW **integrated software**
[kombiniert verschiedene Applikationsprogramme wie Textverarbeitung, Tabellenkalkulation u.s.f.] | [combines different types of application SW like word processing, spreadsheet etc.]

integriertes Paket SW → **integrated software package**
→ integriertes Softwarepaket

integriertes Softwarepaket SW **integrated software package**
= integriertes SW-Paket; integriertes Paket | = integrated SW package; integrated package; integrated program

integriertes SW-Paket SW → **integrated software package**
→ integriertes Softwarepaket

integriertes Text-und Datennetz DAT.CO → **integrated digital network**
→ integriertes digitales Netz

Integrierung *nf* TECH → **integration** *n*
→ Integration *nf*

Integrierzeit *nf* EL.TRO **integration time**

Integrität *nf* TECH **integrity** *n*
= Unversehrtheit *nf*; Unverfälschtheit *nf*

Integrität *nf* DAT.PR **integrity** *n*
= Unverfälschtheit *nf*; Integrität *nf* | [state of no corruption]

Integrität *nf* DAT.PR → **integrity** *n*
→ Integrität *nf*

Integritätssicherung *nf* DAT.MA **integrity assurance**

Intel 80286 MICR.EL **Intel 80286**
= i286; 80286; 286; Zweisechsundachziger *nm* | = i286; 80286; 286; two-eighty six
↑ microprocessor

Intel 80386 MICR.EL **Intel 80386**
= i386; 80386; 386; Dreisechsundachziger | = i386; 80386; 386; three-eighty six
↑ Mikroprozessor

Intel 80486 MICR.EL **Intel 80486**

= i486; 80486; 486; Viersechsundachziger
↑ Mikroprozessor | = i486; 80486; 486; four-eighty six
↑ microprocessor

Intel 8088 MICR.EL **Intel 8088**
= Achzig-Achtundachziger
↑ Mikroprozessor | = eighty eighty-eight
↑ microprocessor

Intellektik *nf* COMP.AP → **artificial intelligence**
→ künstliche Intelligenz

intelligent INF.TEC **intelligent** *adj*
≈ programmierbar
≠ unintelligent | = smart
≈ programmable
≠ unintelligent

intelligente Datenbank DAT.MA **intelligent database**

intelligente Datenstation TER&PER → **intelligent terminal**
→ programmierbare Datenstation

intelligente Maschine AUTOMA **smart machine**
= mikroprozessorgesteuerte Maschine | = microprocessor-controlled machine

intelligente Programmiersprache COMP.LG **intelligent programing language**

intelligente Pufferspeicherung DAT.PR **smart caching**

intelligenter Agent INTERNET **intelligent agent**
[sucht WWW automatisch nach Informationen ab]
= Spider *nm*; Crawler *nm*; Robo *nm*; Knowbot *nm*; Bot *nm* | [searches automatically for information in WWW]
= spider *n*; spider program; robot *n*; knowbot *n*; bot *n*; crawler *n*

intelligenter Briefdienst TELEC **intelligent mail**
= I-mail

intelligenter Konzentrator DAT.NW **intelligent concentrator**

intelligenter Linker SW **smart linker**

intelligenter Multiplexer TRANSM → **cross-connect multiplexer**
→ Verteilmultiplexer *nm*

intelligenter Sensor COMPO **intelligent sensor**

intelligentes Heim COMP.AP **intelligent home**

intelligentes Kabel DAT.PR → **intelligent cable**
→ intelligentes Verbindungskabel

intelligentes Laufwerk TER&PER **intelligent drive**
= smart drive

Intelligentes Netz TELEC **Intelligent Network**
[überlagerte Dienstesteuerung öffentl. Netze über zentrale Rechner]
= IN | [overlay control of service delivery in PSTN by central server]
= IN

Intelligentes-Netz-Amt SWITCH → **IN central**
→ IN-Amt *nn*

intelligente Speicherkarte TER&PER **intelligent memory card**
[mit erweiterter Logik] | [with extended logic]

intelligentes Teilnehmergerät TELEC **Intelligent Peripheral**
[IN]
= IP-Gerät *nn* | [IN]
= IP

intelligentes Terminal TER&PER → **intelligent terminal**
→ programmierbare Datenstation

intelligentes Verbindungskabel DAT.PR **intelligent cable**
[mit in den Steckverbindern eingebauten Schaltkreisen]
= intelligentes Kabel | [with circuitry inbuilt into its connectors]
= smart cable

intelligente Tastatur TER&PER **intelligent keyboard**
[die Bedeutung der Tasten variiert je nach Aufgabe]
= alternative Tastatur; programmierbare Tastatur | [significance of keys varying with the type of task]
= alternate keyboard; programmable keyboard

Intelligenz *nf* INF.TEC **intelligence** *n*
[Fähigkeit Informationen zu verarbeiten]
≈ Programmierbarkeit | [ability to process information]
≈ programmability

Intel-Mikropozessor *nm* MICR.EL **Intel microprocessor**

Intel Video IMAG.PR → **Indeo** *n*
→ Indeo

Intensität *nf* PHYS → **radiance** *n*
→ Strahlungsdichte *nf* (1)

Intensitätsmodulation *nf* OPT.CO **intensity modulation**

Intensitätspegel *nm* PHYS **intensity level**

Intensitätspunkt *nm* INSTR **intensity dot**

Intensivnutzer *nm* COMP.AP **power user** *n*
[eines Anwenderprogramms]
= fortgeschrittener Programmnutzer | [of an application program]
= advanced user

interactives Handlungsspiel COMP.AP **interactive fiction**
≈ Abenteuerspiel | ≈ adventure game

interagieren TECH → **interwork** *vi*
→ zusammenwirken

Interaktion INF.TEC → **dialog** *n* (AE)
→ Dialog *nm*

Interaktion *nf* DAT.PR → **transaction** *n*
→ Transaktion *nf*

Interaktionselement *nn* TER&PER **interaction element**

Interaktionsnetz *nn* TELEC → **interactive network**
→ interaktives Netz

interaktiv INF.TEC **interactive** *adj*
[mit Benutzer-Dialog]
= dialoggeführt; dialogorientiert; dialogfähig; dialogbezogen; Dialog-; Dialogverkehrs-; konversational
≠ nicht interaktiv | [with user-interaction]
= conversational
≠ non-interactive

interaktive Abfrage COMP.AP → **interactive inquiry**
→ Dialogabfrage *nf*

interaktive Bildplatte TER&PER **interactive video disk**
= interaktive Videoplatte

interaktive Grafik COMP.GR → **interactive graphics**
→ Dialoggrafik *nf*

interaktive grafische Datenverarbeitung COMP.AP **interactive computer graphics**

interaktive Graphik COMP.GR → **interactive graphics**
→ Dialoggrafik *nf*

interaktive graphische Datenverarbeitung COMP.GR → **interactive graphics**
→ Dialoggrafik *nf*

interaktiver Computer DAT.PR → **interactive computer**
→ Dialogrechner *nm*

interaktiver Dienst TELEC **interactive service**
= Dialogdienst *nm*
≠ Verteildienst | ≠ distribution service

interaktiver Rechner DAT.PR → **interactive computer**
→ Dialogrechner *nm*

interaktives Video COMP.AP **interactive video**

interaktives Fernsehen TELEC **interactive television**
= individueller Filmabruf
↓ Videoabrufdienst | ↓ video on demand service

interaktive Sitzung DAT.PR **interactive session**

interaktives Netz TELEC **interactive network**
= Interaktionsnetz *nn*
≠ Verteilnetz | ≠ distributive network

interaktives Programm SW → **dialog program** (AE)
→ Dialogprogramm *nn*

interaktives System DAT.PR → **dialog system** (AE)
→ Dialogsystem *nn*

interaktive Tastatur TER&PER **interactive keyboard**

interaktive Videoplatte TER&PER → **interactive video disk**
→ interaktive Bildplatte

Interaktivität *nf* TECH → **compatibility** *n*
→ Kompatibilität *nf*

Inter-carrier-Brumm *nm* (ANGL) TV → **intercarrier noise**
→ Trägerwechselwirkungsbrumm *nm*

Intercarrierverfahren *nn* TV → **intercarrier system**
→ Differenzträgerverfahren *nn*

Intercept-Punkt dritter Ordnung TELEC **third-order intercept**
= TOI

Intercom-Verbindung *nf* TELEPH **intercom link**
[zw. Mobil- u. Festteil] | [btw. mobile and fixed part]

Interdependenz *nf* SCIE **interdependence** *n*
= wechlelseitige Abhängigkeit

Interdigitalfilter *nn* MICROW **interdigital filter**
= Striplinefilter *nn*
≈ Kammfilter | = strip line filter

Interdigitalkoppler *nm* MICROW **interdigital coupler**

interdisziplinär SCIE → **interdisciplinary** *adj*
→ bereichsüberschreitend

Interessenfaktor *nm* SWITCH **interest factor**

Interessengemeinschaft *nf* ECON **community of interests**

Interessengruppe *nf* ECON **pressure group**

Interessent *nm* ECON **interested party**

Interface *nf* (ANGL) EL.TRO → **interface** *n*
→ Schnittstelle *nf*

Interface-Konverter *nm* DAT.CO → **interface converter**
→ Schnittstellenwandler *nm*

Interferenz *nf* PHYS **interference** *n*

Interferenz *nf* INF.TEC → **interference** *n*
→ Störung *nf*

Interferenzanalyse *nf* TELEC **interference analysis**
= Störanalyse *nf*

Interferenzauslöschung *nf* PHYS **interference cancellation**

Interferenzfaktor *nm* TELEC → **interference factor**
→ Störfaktor *nm*

Interferenzfilter *nn* OPT **interference filter**

Interferenzmikroskop *nn* OPT **interference microscope**

Interferenzmittlung *nf* TELEC **interference averaging**

Interferenzmuster *nn* PHYS **interference pattern**

Interferenzschwund *nm* RAD.PRO → **selective fading**
→ Selektivschwund *nm*
Interferenzspektroskopie *nf* OPT **interference spectroscopy**
Interferenzstreifen *nm* PHYS **interference fringe**
Interferenzunterdrücker *nm* RAD.RE **interference canceller**
Interferenz-Unterdrückungsfaktor *nm* RADIO **interference reduction factor**
= IRF
Interferenzwirkung *nf* TELEC → **interference effect**
→ Störwirkung *nf*
Interferometer *nn* RAD.LO **interferometer** *n*
Interferometer *nn* OPT **interferometer** *n*
Interferometeranflug RAD.NA **interferometer homing**
Interferometer-Antenne *nf* ANT **interferometer antenna**
Interferometrie *nf* TECH **interferometry** *n*
Interferricum *nn* EL.SC → **magnetic gap**
→ Magnetluftspalt *nm*
Interframe-Prädiktion TV → **interframe prediction**
→ Bild-zu-Bild-Prädiktion *nf*
Inter-IC-Bus *nm* MICR.EL → **IC bus**
→ IC-Bus *nm*
Interimslösung *nf* TECH → **intermediate solution**
→ Zwischenlösung *nf*
Interjektion *nf* LING **interjection** *n*
[z.B. ah!]
= Ausrufewort *nn*; Empfindungswort *nn*
= ejaculatory word
interkontinentales Gespräch TELEPH → **intercontinental call**
→ Überseegespräch *nn*
interkristallin PHYS **intercrystalline**
Interleave-Faktor *nm* TER&PER → **interleave factor**
→ Versetzungsfaktor *nm*
intermetallisch PHYS **intermetallic**
intermittierend TECH **intermittent** *adj*
= aussetzend; sporadisch; unstetig
= sporadic *adj*; erratic *adj* (1)
intermittierender Betrieb TECH **intermittent operation**
= Aussetzbetrieb *nm*
= intermittent duty
intermittierender Fehler QUAL **intermittent fault**
= sporadischer Fehler
= sporadic fault
intermittierender Kontakt EL.TRO → **loose contact**
→ Wackelkontakt *nm*
Intermodulation *nf* MODUL **intermodulation** *n*
= Kombinationsschwingung *nf*
Intermodulationrauschen *nn* TELEC → **intermodulation noise**
→ Intermodulationsgeräusch *nn*
Intermodulationsabstand *nm* EL.ACOU **signal-to-intermodulation ratio**
Intermodulationsdämpfung *nf* MODUL → **intermodulation rejection**
→ Intermodulationsunterdrückung *nf*
Intermodulationsfaktor *nm* MODUL **intermodulation factor**
= Differenztonfaktor *nm*
Intermodulationsgeräusch *nn* TELEC **intermodulation noise**
= Intermodulationrauschen *nn*
Intermodulationsprodukt *nn* MODUL **intermodulation product**
Intermodulationsunterdrückung *nf* MODUL **intermodulation rejection**
= Intermodulationsdämpfung *nf*
= intermodulation suppression
Intermodulationsverzerrung *nf* TRANSM **intermodulation distortion**
intermolekular CHEM → **intermolecular**
→ zwischenmolekular
intern TECH **internal** *adj*
= inner...*praep*; endogen [SCIE]
≠ extern
= endogenous
≠ external
Internanweisung *nf* SW → **internal command**
→ interner Befehl
international ECON **international** *adj*
= zwischenstaatlich
≈ grenzüberschreitend
≈ cross-border; intergovernmental
internationale Buchnummer PRIN.ME → **ISBN**
→ ISBN
internationale Fernverbindung TELEPH → **international call**
→ Auslandsgespräch *nn*
internationale Fernwahl TELEC → **international direct distance dialing**
→ internationaler Selbstwählferndienst
internationale Kennzahl SWITCH **international code**
[Weltnumerierungszone + Landeskennzahl, z.B. 49 für BRD]
≈ Landesvorwahl
[regional identity code + country code, e.g. 44 for Great Britain and Northern Ireland; not appliable when dialing North American subscribers from outside]
= international access code
≈ country prefix
internationale Kerze OPT **international candle**
[Maßeinheit für Lichtstärke; = 1,019 cd]
[unit for luminous intensity; = 1,019 cd]

internationale Leitung TELEC → **international circuit**
→ Auslandsleitung *nf*
internationale Mobilfunknummer MOB.CO **IMSI**
= internationale Mobilfunk-Teilnehmerkennung; IMSI
= International Mobile Subscriber Identity; international mobile subscriber number
internationale Mobilfunk-Teilnehmerkennung MOB.CO → **IMSI**
→ internationale Mobilfunknummer
internationale Nummer SWITCH → **international number**
→ internationale Rufnummer
internationaler Handel ECON → **world trade**
→ Welthandel *nm*
internationaler Konzern ECON → **international corporation**
→ Weltfirma *nf*
internationaler Markt ECON → **world market**
→ Weltmarkt *nm*
internationaler Netzbetreiber TELEC **international service carrier**
[i.a. für Nicht-Sprache-Dienste]
↓ ITT; WUI; RCA Globecom; Cable and Wireless
[generally for non-voice services]
= international record carrier; IRC
↓ ITT; WUI; RCA Globecom; Cable and Wireless
internationaler Selbstwählferndienst TELEC **international direct distance dialing**
= internationale Fernwahl
= IDDD
internationale Rufnummer SWITCH **international number**
[nationale Rufnummer + internationale Kennzahl]
= internationale Nummer
[national number + international code]
internationaler Verkehr SWITCH → **international traffic**
→ grenzüberschreitender Verkehr
Internationaler Währungsfond ECON → **International Monetary Fund**
→ Weltwährungsfond *nm*
internationaler Zusammenschluss von 90 nationalen Normungsausschüssen TECH → **ISO**
→ ISO
internationales Alphabet Nr.5 TELEGR **intenational alphabet no.5**
[enthält 7 Informationsbits u. ein Paritätsbit]
= IA5; ISO-8-Bit-Code *nm*
[contains 7 information bits and one parity bit]
= IA5; ISO 8-bit code
internationales Antwortschein RADIO **international reply coupon**
[Amateurfunk]
[amateur radio]
= IRC
internationales Fernamt SWITCH → **international gateway exchange**
→ Auslands-Kopfvermittlungsstelle *nf*
internationales Roaming MOB.CO **international roaming**
internationales Telegrafenalfabet Nr.2 TELEGR → **international telegraph alphabet no.2**
→ internationales Telegraphenalphabet Nr.2
internationales Telegraphenalphabet Nr.2 TELEGR **international telegraph alphabet no.2**
[ein Fünf-Schritt-Code mit Anlauf- u. Sperrschritt; der in USA gebräuchliche Baudot-Code (2) hat Sperrschrittlänge 1,42 statt 1,5]
= internationales Telegrafenalfabet Nr.2; ITA Nr.2; UIT-T Nr.2; Baudot-Code *nm* (2)
≈ Baudot-Code (1)
[a 5-bit code with start and stop element; the stop element length of Baudot code (2) used in USA is 1.42 instead of 1.5]
= ITA code no.2; ITA no.2; international telegraph code no. 2; Baudot code (2)
≈ Baudot code (1)
↑ telegraph code
internationales Unternehmen ECON → **international corporation**
→ Weltfirma *nf*
internationale Verkehrsausscheidungszahl SWITCH **international prefix**
[im Netz der DBP: 00]
= Auslandsvorwählnummer *nf*
[digits to access to international gateway exchange]
internationale Wirtschaft ECON → **world economy**
→ Weltwirtschaft *nf*
Internaut *nm* INTERNET → **Internet user**
→ Internet-Nutzer *nm*
Internbefehl *nm* SW → **internal command**
→ interner Befehl
Internbus *nm* MICR.EL **internal bus**
[vom Mikroprozessor zu seiner Versorgungsektronik]
= Lokalbus *nm*
≠ Externbus
[from a microprocessor to its support electronics]
= local bus
≠ external bus
Interncode *nm* SW → **machine code** *n* (1)
→ Maschinencode *nm*
Interndatei *nf* DAT.MA → **internal file**
→ interne Datei
interne Anweisung SW → **internal command**
→ interner Befehl

interne Blockierung SWITCH **internal blocking**
= matching loss
interne Datei DAT.MA **internal file**
= Interndatei *nf*
interne Datendarstellungsweise DAT.MA **internal data representation**
interne Datenverarbeitung DAT.PR **internal data processing**
[im Hause]
= in-house data processing
interne Mischsortierung DAT.MA **internal merge sort**
interne Mitteilung OFFICE **interoffice memorandum**
interner Befehl SW **internal command**
= Internbefehl *nm*; interne Anweisung; Internanweisung *nf*
= internal instruction
interner Cache MICR.EL **on-chip cache**
interner Code SW → **machine code** *n* (1)
→ Maschinencode *nm*
interner elektromagnetischer Puls INF.TEC **internal electromagnetic pulse**
= IEMP
= internal EMP; IEMP
interner Satz SWITCH → **intra-exchange circuit**
→ Internsatz *nm*
interner Speicher HW → **main memory** (1)
→ Hauptspeicher *nm* (1)
interner Verkehr SWITCH → **internal traffic**
→ Internverkehr *nm*
interner Zeichencode SW **internal character code**
internes Berichtswesen ECON **internal reporting**
interne Schnittstelle TELEC → **internal interface**
→ Internschnittstelle *nf*
interne Schrift TER&PER → **internal font**
→ residenter Zeichensatz
internes Datenbankschema DAT.MA **internal schema**
[definiert den physischen Aufbau einer Datenbank]
[defines physical format and layout of a database]
↑ Datenbankschema
↑ schema
internes Format SW **internal format**
interne Sicht DAT.MA **internal view**
internes Modem HW **internal modem**
interne Sortierung DAT.MA → **internal sort**
→ Internsortierung *nf*
interne Sprache COMP.LG **internal language**
Internet *nn* DAT.NW **Internet**
[Datennetzverbund der mit dem Internet-Adressschema und dem TC/IP-Protokoll betrieben wird]
= Net
[from "International Network"; set of interconnected data networks operating with the Internet address scheme and the TCP/IP protocol; Internet is the largest internet of the world]
= net (1)
Internet-Adresse *nf* INTERNET **Internet address**
[im Internet verwendete Adresse, im w.s. sind es zwei Typen]
↓ E-Mail-Adresse; URL-Adresse
[address used in Internet, basically two types]
↓ e-mai address; URL
Internetanbieter *nm* INTERNET → **Internet service provider**
→ Internet-Dienste-Anbieter *nm*
Internet-Anbieter *nm* INTERNET → **Internet service provider**
→ Internet-Dienste-Anbieter *nm*
Internet-Anbindung *nf* INTERNET **Internet connection**
Internet-Anfänger INTERNET → **network novice** *n*
→ Netzwerkanfänger *nm*
Internet-Auftritt *nm* INTERNET **Internet presence**
↓ Web-Auftritt
↓ Web presence
Internet-Auftrittanbieter *nm* INTERNET **IPP**
= IPP
= Internet Presence Provider
Internet-Banking *nn* INTERNET **Internet banking**
internetbasiert INF.TEC → **Internet-based**
→ Internet-basiert
Internet-basiert INF.TEC **Internet-based**
= internetbasiert
Internet-Benimmregeln *nplt* DAT.NW → **netiquette** *n*
→ Netzwerketikette *nf*
Internet-Bürger *nm* INTERNET **netizen** *n*
= Netizen *nm* (ANGL)
[network + citizen]
Internet-Café *nn* INTERNET → **Internetcafé**
→ Internet-Kaffee *nn*
Internet-Commerce *nm* (ANGL) INTERNET → **Internet commerce**
→ Internet-Geschäft *nn*
Internet-Computer *nm* INTERNET **Internet computer**
= Netzcomputer *nm*
= network computer; net computer; NC
Internet-Computer *nm* TELEC → **network computer**
→ Netzrechner *nm*
Internet Counter INTERNET → **Internet counter**
→ Internet-Zähler *nm*

Internet-Dämon *nm* INTERNET **Internet daemon**
= inetd
= inetd
Internet-Datagramm *nn* INTERNET **Internet datagram**
Internet-Dienste-Anbieter *nm* INTERNET **Internet service provider**
= Internet-Zugangsanbieter *nm*; Internet-Anbieter *nm*; Internetanbieter *nm*; Internet Provider *nm* (ANGL); Internetprovider *nm* (ANGL)
= ISP; Internet provider
Internet-Dienstprogramm *nn* INTERNET **Internet utility**
Internet-Domänenname *nm* INTERNET → **domain name**
→ Domänenname *nm*
Interneteinkauf *nm* ECON → **online shopping**
→ Online-Shopping *nn*
Internet-Einkauf *nm* INTERNET **Internet shopping**
Internet-Einkaufsportal *nn* INTERNET → **shopping portal**
→ Einkaufsportal *nn*
Internet-Englisch INTERNET → **netspeak**
→ Netspeak *nn*
Internet Explorer *nm* INTERNET **Internet Explorer**
Internetfähig INTERNET **Internetable**
Internet-Fax *nn* INTERNET **Internet fax**
= IP-Fax *nn*; Computer-Fax *nn*
= IP fax; fax over Internet; Fax over IP; FoIP
Internetfilter *nn* INTERNET → **Web filter**
→ Web-Filter *nn*
Internet-Filter *nn* INTERNET → **Web filter**
→ Web-Filter *nn*
Internetfirma *nf* ECON → **dot.com enterprise**
→ Dot.com-Unternehmen
Internet-Gateway *nn* DAT.NW **Internet gateway**
Internet-Gerät *nn* INTERNET **Internet appliance**
= Web-Gerät *nn*
= Internet box; Web appliance; Web box
Internet-Geschäft *nn* INTERNET **Internet commerce**
= Internet-Handel *nm*; Internet-Commerce *nm* (ANGL)
↑ E-Commerce
↑ e-commerce
Internet-Handel *nm* INTERNET → **Internet commerce**
→ Internet-Geschäft *nn*
Internet-Inhaltanbieter *nm* INTERNET **Internet content provider**
Internet-Jargon *nm* INTERNET **Internet slang**
[www.ccil.org/jargon/]
[www.ccil.org/jargon/]
Internet-Kaffee *nn* INTERNET **Internetcafé**
= Internet-Café *nn*; Cyber-Kaffee *nn*; Cyber-Café *nn*; Cyber-Bar *nf*
= cybercafé *n*; cyberbar *n*
Internet-Käufer *nm* INTERNET **Internet shopper**
Internet-Keyword *nn* (ANGL) INTERNET → **Internet keyword**
→ Internet-Schlüsselwort *nn*
Internet-Knoten *nm* INTERNET **Internet node**
Internet-Konto *nn* INTERNET **Internet account**
Internet-Nanny INTERNET → **Internet restriction**
→ Internet-Sperre *nf*
Internet-Neuling INTERNET → **network novice** *n*
→ Netzwerkanfänger *nm*
Internet-Nutzer *nm* INTERNET **Internet user**
= Internaut *nm*
= Internaut *n*
Internet-PC TELEC → **network computer**
→ Netzrechner *nm*
Internet-PC DAT.PR → **network PC**
→ Netz-PC
Internet-PC *nm* INTERNET **Internet PC**
Internet-Protokoll *nn* INTERNET **Internet roaming**
= IP-Protokoll *nn*; IP
≈ TC/IP-Protokoll
= IP
≈ TC/IP
Internet Provider *nm* (ANGL) INTERNET → **Internet service provider**
→ Internet-Dienste-Anbieter *nm*
Internetprovider *nm* (ANGL) INTERNET → **Internet service provider**
→ Internet-Dienste-Anbieter *nm*
Internet-Rechner *nm* TELEC → **network computer**
→ Netzrechner *nm*
Internet-Roaming *nn* INTERNET **Internet protocol**
Internet-Router *nm* DAT.NW **Internet router**
Internet-Schlüsselwort *nn* INTERNET **Internet keyword**
[ersetzt die komplette URL]
= Internet-Keyword *nn* (ANGL)
[substitutes the complete URL]
Internet-Sicherheit *nf* INTERNET **Internet security**
Internet-Sperre *nf* INTERNET **Internet restriction**
= Internet-Nanny
= Internet nanny
Internet-Süchtiger *nm* INTERNET **netter** *n*
[übertreibt]
[person exagerating in Internet use]
Internet-Tastatur *nf* TER&PER **Internet keyboard**
Internet-Telefon *nn* INTERNET **Internet phone**
= Webtelefon *nn*
= Web phone

Internet-Telefonie *nf* — INTERNET — **Internet telephony**
= IP-Telefonie *nf*; VoIP
↑ Computer-Telephonie
= IP telephony; voice over Internet; voice over IP; VoIP; Internet Voice Chat
↑ computer telephony

Internet-Telefonie-Anbieter *nm* — TELEC — **Internet telephony provider**
= ITSP

Internet-Terminal *nn* — INTERNET — **Internet terminal**
= Web-Terminal *nn*; Netzwerkcomputer *nm*
= Web terminal

Internet-TV *nn* — INTERNET — **Internet TV**

Internet über ATM — INTERNET — **IP over ATM**
= IP über ATM

Internet über Kabefernsehen — INTERNET — **cable Internet**
[over CATV]

Internet-Vandale *nm* — INTERNET — **Internet vandal**

Internet-Vandalismus *nm* — INTERNET — **Internet vandalism**

Internet-Verbrechen *nn* — INTERNET — **Internet crime**
= Cyberverbrechen *nn*
= cybercrime *n*

Internet-Vernetzung *nf* — INTERNET — **Internetworking**

Internet-Verzeichnis *nn* — INTERNET — **Internet directory**

Internet-Video *nn* — INTERNET — **Internet video**
= IP-Video *nn*
= IP video; video over Internet; video over IP

Internet-Virus *nm* — INTERNET — **Internet virus**

Internet-Weitverkehrsnetz *nn* — DAT.NW — **Internet backbones**

Internet-Wertpapierhandel *nm* — ECON — → **online trading**
→ Online-Wertpapierhandel *nm*

Internet-Wirtschaft *nf* — ECON — **Internet economy**

Internetwork *nn* — INTERNET — **Internetwork**

Internet-Zähler *nm* — INTERNET — **Internet counter**
= Internet Counter

Internet-Zone *nf* — TER&PER — **Internet zone**

Internet-Zugang *nm* — INTERNET — **Internet access**

Internet-Zugangsanbieter *nm* — INTERNET — → **Internet service provider**
→ Internet-Dienste-Anbieter *nm*

Internet-Zugangs-Betreiber *nm* — INTERNET — **Internet access provider**

Internet-Zugangs-Router — INTERNET — **Internet access router**

interne Uhr — HW — **internal clock**

interne Unterbrechung — DAT.PR — **internal interrupt**
= Internunterbrechung *nf*

interne Variable — MOD&SI — **internal variable**
= endogene Variable
= endogenous variable

interne Verarbeitung — DAT.PR — **internal processing**
= Internverarbeitung *nf*

Interngesprächsweitergabe *nf* — TELEPH — **inside call transfer**

InterNic — INTERNET — **InterNic**
[regiestriert die US-Domänennamen]
[registers the US domain names]
= Internet Network Information Center

Internrückfrage *nf* — TELEPH — → **call-back** *n*
→ Rückfrage *nf*

Internsatz *nm* — SWITCH — **intra-exchange circuit**
= interner Satz
↑ Verbindungssatz
↑ junctor

Internschnittstelle *nf* — TELEC — **internal interface**
= interne Schnittstelle

Internsortierung *nf* — DAT.MA — **internal sort**
[im Hauptspeicher ablaufend]
= interne Sortierung; Speichersortierung *nf*
≠ Externsortierung
[using main memory only]
= internal sorting; in-core sort
≠ external sort

Internspeicher *nm* — HW — → **main memory** (1)
→ Hauptspeicher *nm* (1)

Internunterbrechung *nf* — DAT.PR — → **internal interrupt**
→ interne Unterbrechung

Internverarbeitung *nf* — DAT.PR — → **internal processing**
→ interne Verarbeitung

Internverbindung *nf* — TELEPH — **internal link**

Internverkabelung *nf* — EQP.EN — **internal cabling**

Internverkehr *nm* — SWITCH — **internal traffic**
= interner Verkehr

Internverweis *nm* — INTERNET — **internal reference**
[SGML]
[SGML]

Interoperabilität *nf* — TECH — → **compatibility** *n*
→ Kompatibilität *nf*

Interpolation *nf* — MATH — **interpolation**
≠ Extrapolation
≠ extrapolation

Interpolationsstufe *nf* — INSTR — **interpolation stage**

Interpolationssuche *nf* — DAT.MA — **interpolation search**
= estimated entry search; external entry search

Interpolator *nm* — CIRC.EN — **interpolator** *n*

interpolieren — MATH — **interpolate**
≠ extrapolieren
≠ extrapolate

Interpretation *nf* — SW — → **interpretation** *n*
→ Interpretierung *nf*

Interpreter *nm* (1) (ANGL) — SW — → **interpreter** *n* (1)
→ Interpretierer *nm* (1)

Interpreter *nm* (2) (ANGL) — SW — → **interpreter** *n* (2)
→ Interpretierer *nm* (2)

Interpretersprache *nf* — COMP.LG — **interpreter language** *n*
[Programmiersprache die per Interpretierer in Maschinensprache übersetzt werden muss]
= Interpretiererspache *nf*; Sprachinterpretierer *nm*
≠ Kompilersprache
↑ problemorientierte Programmiersprache
[language subject to translation into machine code by interpreter]
= interpreted language; interpretive code
≈ interpreter (1)
≠ compiler language
↑ high-level programming language

interpretieren — SW — **interpret** *vt*
[einen Befehl in eine lesbare Form bringen und ausführen]
≈ kompilieren
[decode statements into interpretable code and execute it]
= recognize
≈ compile

interpretierend — SCIE — **interpretive** *adj*
= interpretative

interpretierendes Programm — SW — → **interpreter** *n* (2)
→ Interpretierer *nm* (2)

interpretierendes Programmieren — SW — **interpretive programing**

Interpretierer *nm* (1) — SW — **interpreter** *n* (1)
[übersetzt ein Quellprogramm befehlsweise in Maschinensprache und führt jeden Befehl sofort aus]
= Interpreter *nm* (1) (ANGL)
≠ Kompilierer
↑ Übersetzer
[translates source language into machine code, statement by statement, executing them immediately]
= language interpreter
≠ compiler
↑ translator

Interpretierer *nm* (2) — SW — **interpreter** *n* (2)
[adaptiert ein Grundprogramm für eine ähnlich gelagerte spezielle Aufgabe]
= Interpretierprogramm *nn*; Interpreter *nm* (2) (ANGL); interpretierendes Programm
≈ Programmgenerator
[adapts a basic program for a similar special task]
= interpretative programm
≈ programm generator

Interpretiererspache *nf* — COMP.LG — → **interpreter language** *n*
→ Interpretersprache *nf*

Interpretierprogramm *nn* — SW — → **interpreter** *n* (2)
→ Interpretierer *nm* (2)

Interpretierroutine *nf* — SW — **interpretive routine**

Interpretierung *nf* — SW — **interpretation** *n*
= Interpretation *nf*; Deutung *nf*
↑ Programmübersetzung
↑ program translation

Interpunktion *nf* — LING — → **punctuation**
→ Zeichensetzung *nf*

Interpunktionsprogramm *nn* — WOR.PR — **punctuation program**

Interpunktionsregel *nf* — LING — **punctuation rule**

Interpunktionszeichen *nn* — LING — → **punctuation mark**
→ Satzzeichen *nn*

Interrelation *nf* — SCIE — **interrelation** *n*
= Wechselbeziehung *nf*
= interrelationship *n*

interrelational — DAT.MA — **inter-relational**

interreliert — SCIE — **interrelated**
= wechselbezogen; gegenseitig bezogen

Interrogativadverb *nn* — LING — **interrogative adverb**
[z.B. wo, wann]
= Frageumstandswort *nn*
[e.g. where, when]

Interrogativpronomen *nn* — LING — **interrogative pronoun**
[z.B. wer, was]
= Fragefürwort *nn*; Fragewort *nn*
[e.g. who, what]
= question word

Interrogator *nm* — RAD.NA — → **interrogator**
→ Abfragesender *nm*

Interrupt *nn* — SW — → **program interrupt** *n*
→ Programmunterbrechung *nf*

Interrupt-Anforderung *nf* — SW — → **program interrupt** *n*
→ Programmunterbrechung *nf*

Interrupt-Behandlung *nf* — SW — → **interrupt handling**
→ Unterbrechungsbehandlung *nf*

Interrupt-Bus *nm* — HW — → **interrupt bus**
→ Unterbrechungsbus *nm*

Interrupt-intensiv — SW — → **interrupt-driven** *adj*
→ unterbrechungsgesteuert

Interrupt-Kennzeichen *nn* — SW — → **interrupt signal** *n*
→ Unterbrechungskennzeichen *nn*

Interruptleitung *nf* — DAT.PR — → **IRQ**
→ Programmunterbrechungsleitung *nf*

Interrupt-Leitung *nf* — HW — → **interrupt line**
→ Unterbrechungsleitung *nf*

Interrupt-Maske *nf* SW → **interrupt mask**
→ Unterbrechungsmaske *nf*
Interrupt-Masken-Register *nn* SW → **interrupt mask register**
→ Unterbrechungsmaskenregister *nn*
Interrupt-Priorität *nf* SW → **interrupt priority**
→ Unterbrechungspriorität *nf*
Interrupt-Programm *nn* SW → **interrupt program**
→ Unterbrechungsprogramm *nn*
Interrupt-Prozedur *nf* DAT.CO → **interrupt procedure**
→ Unterbrechungsprozedur *nf*
Interrupt-Punkt *nm* SW → **breakpoint** *n*
→ Unterbrechungspunkt *nm*
Interrupt-Regel *nf* DAT.CO → **interrupt procedure**
→ Unterbrechungsprozedur *nf*
Interrupt-Register *nn* HW → **interrupt register**
→ Unterbrechungsregister *nn*
Interrupt-Routine *nf* SW → **interrupt program**
→ Unterbrechungsprogramm *nn*
Interrupt-Signal *nn* SW → **interrupt signal** *n*
→ Unterbrechungskennzeichen *nn*
Interrupt-Steuerung *nf* DAT.CO → **interrupt control**
→ Unterbrechungssteuerung *nf*
Interrupt-Technik *nf* SW → **interrupt technique**
→ Unterbrechungstechnik *nf*
Interrupt-Vektor *nm* SW → **interrupt vector**
→ Unterbrechungsvektor *nm*
Interrupt-Vektor-Tabelle *nf* DAT.PR → **dispatch table**
→ Abwicklungstabelle *nf*
Interrupt-Zustand *nm* SW → **interrupt state**
→ Unterbrechungszustand *nm*
Intersatellitenfunkdienst *nm* SAT.CO **intersatellite service**
= ISL
Intersymbolinterferenz *nf* CODING → **inter-symbol interference**
→ Intersymbolstörung *nf*
Intersymbolstörung *nf* CODING **inter-symbol interference**
= Intersymbolinterferenz *nf*; Impulsnebensprechen *nn*; Zwischenzeicheninterferenz *nf* = ISI
Intervall *nn* PHYS **interval** *n*
= Abschnitt *nm* ↓ time interval
↓ Zeitintervall
Intervallschätzung *nf* STATIS **interval estimation**
Intervalltaktgeber *nm* HW → **interval timer**
→ Intervallzeitgeber *nm*
Intervallzeitgeber *nm* HW **interval timer**
= Intervallzeitregister *nn*; Intervalltaktgeber *nm*
Intervallzeitregister *nn* HW → **interval timer**
→ Intervallzeitgeber *nm*
Intervention *nf* TECH → **intervention** *n*
→ Eingriff *nm*
Interview *nn* MEDIA **interview** *n*
interviewen MEDIA **interview** *vt*
Interviewkandidat *nm* MEDIA **interviewee** *n*
Interzellenverdrahtung *nf* MICR.EL **intercell wiring**
interzellular MOB.CO **inter-cellular**
interzellularer Kanalwechsel MOB.CO **inter-cellular channel change**
= inter-cell channel change; inter-cellular handover; inter-cell handover; inter-cellular hand-off; inter-cell hand-off
Interzession *nf* SW **intercession**
= Selbstveränderung *nf* [modification of a system by itself]
Intonation *nf* MUSIC **intonation** *n*
= Tongebung *nf*
Intonation *nf* LING **intonation** *n*
= Stimmführung *nf*; Sprechmelodie *nf*; Tongebung *nf*
Intrafield-Prädiktion *nf* TV → **intrafield prediction**
→ Zwischenbild-Prädiktion *nf*
intramolekular CHEM → **intramolecular**
→ innermolekular
Intranet *nn* INTERNET **intranet** *n*
[privates Netz über Internet] [a private network over Internet]
intransitiv LING **intransitive** *adj*
= nichtzielend
intrarelational DAT.MA **intrarelational**
Intraware *nn* COMP.AP **intraware** *n*
Intrazellenverdrahtung *nf* MICR.EL **intracell wiring**
intrazellular MOB.CO **intra-cellular**
intrazellularer Kanalwechsel MOB.CO **intra-cellular channel change**
= intra-cell channel change; intra-cellular handover; intra-cell handover; intra-cellular hand-off; intra-cell hand-off
in Trennstrich-Schreibweise LING → **hyphenated** *adj*
→ mit Tennstrichen geschrieben
Intrinsic-Halbleiter *nm* PHYS → **intrinsic semiconductor**
→ Eigenhalbleiter *nm*
Intrinsic-Leitfähigkeit *nf* PHYS → **intrinsic conductivity**
→ Eigenleitfähigkeit *nf*
Intrinsic-Schicht *nf* MICR.EL **intrinsic layer**
= i-Schicht; i-Zone *nf*; Eigenleitfähigkeitsschicht *nf* = intrinsic region; intrinsic zone; i layer; i region; i zone
Intrinsic-Transistor *nm* MICR.EL → **intrinsic transistor**
→ innerer Transistor
Intrinsic-Zahl *nf* MICR.EL **intrinsic number**
= Inversionsdichte *nf*; Inversionskonzentration *nf* = inversion density
Introspektion *nf* SW **introspection**
= Selbstüberprüfung *nf* [inspection of the system by itself]
Intrusion *nf* SIG.EN **intrusion** *n*
[unbefugter Eintritt]
Intrusionsalarm *nm* SIG.EN → **burglar alarm**
→ Einbruchalarm *nm*
Intrusionsmeldeanlage *nf* SIG.EN → **intrusion detection system**
→ Einbruchmeldeanlage *nf*
Intrusionsschutz *nm* SIG.EN **anti-intrusion protection**
= Einbruchschutz *nm* = intrusion protection
Intrusionssicherung *nf* SIG.EN → **intrusion detection**
→ Einbruchsicherung *nf*
intuitives Hintergrundwissen ART.IN **deep knowledge**
In-Umlaufbahn-Test *nm* SAT.CO **in-orbit test**
= IOT
invariant [SCIE] COLL → **invariant** *adj*
→ unveränderlich
Invariante *nf* MATH **invariant** *n*
≈ Konstante ≈ constant
Invariante *nf* SW **invariant** *n*
[eine immer WAHR ergebende Kontrollaussage] [an allways true assertion]
↑ Kontrollaussage ↑ assertion
Invariantentheorie *nf* MATH **theory of invariants**
Invarianz *nf* SCIE **invariance** *n*
= Unveränderlichkeit *nf*
Inventar *nn* ECON **inventory list**
[eine Auflistung]
Inventardaten *nplt* DAT.MA → **legacy data**
→ Altdaten *nplt* (1)
Inventur *nf* ECON **inventory** *n* (AE)
[eine Aktion] [an action]
= Bestandsaufnahme *nf* = stocktaking *n* (BE)
↓ Lagerbestandsaufnahme ↓ stocktaking
in Verbindung bringen COLL → **relate** (to, with) *vt*
→ in Beziehung setzen (mit)
invers TECH → **reverse** *adj* (2)
→ gegensinnig
invers TECH → **reverse** *adj* (1)
→ umgekehrt
invers PRIN.ME → **reverse** *adj*
→ umgekehrt *adj*
Inversbetrieb *nm* EL.TRO **inverse operation**
[Transistor] = inverse action
= inverser Betrieb
inverse Abbildung MATH **inverse mapping** *n*
[Mengenlehre] [set theory]
= Umkehrabbildung *nf*; inverse Funktion (2); Umkehrfunktion *nf* (2) = inverse function (2)
inverse Datei GIS **inverse file**
inverse Funktion (1) MATH → **inverse function** *n* (1)
→ Umkehrfunktion *nf* (1)
inverse Funktion (2) MATH → **inverse mapping** *n*
→ inverse Abbildung
inverse Kinematik COMP.GR **inverse kinematic**
inverse Matrix MATH **inverted matrix**
inverse Multiplexierung TELEC **inverse multiplexing**
[teilt Datenstrom in kleiner Bündel auf] [spits a data stream into smaller bundles]
inverser Bereich MICR.EL **inverse region**
inverser Betrieb EL.TRO → **inverse operation**
→ Inversbetrieb *nm*
inverser Fotoeffekt PHYS **inverse photoelectric effect**
= inverser Photoeffekt

inverser Multiplexer	TELEC	**inverse multiplexer**
inverser Photoeffekt → inverser Fotoeffekt	PHYS	→ **inverse photoelectric effect**
inverser Schrägstrich → Gegenschrägstrich *nm*	LING	→ **backslash** *n*
inversibel → umkehrbar	MATH	→ **inversible** *adj*
Inversion → Temperaturinversion *nf*	METEO	→ **temperature inversion**
Inversion *nf* = Kehrwertbildung *nf*	MATH	**inversion** *n* [taking the reciprocal]
Inversion *nf* [Veränderung der gewohnten Wortfolge zur Hervorhebung eines Wortes] = Umstellung *nf*	LING	**inversion** *n* [alteration of the usual word sequence to emphasize a word]
Inversion *nf* [Übergang von *n* zu p]	MICR.EL	**inversion** *n* [transition from *n* to p]
Inversion *nf* → Umkehrung *nf*	TECH	→ **reversion** *n*
Inversionsdichte *nf* → Intrinsic-Zahl *nf*	MICR.EL	→ **intrinsic number**
Inversionsfläche *nf*	MICR.EL	**inversion area**
Inversionsgebiet *nn* → Inversionsschicht *nf*	MICR.EL	→ **inversion layer**
Inversionskonzentration *nf* → Intrinsic-Zahl *nf*	MICR.EL	→ **intrinsic number**
Inversionsschicht *nf*	METEO	**inversion layer**
Inversionsschicht *nf* = Inversionsgebiet *nn*	MICR.EL	**inversion layer** = inversion region
Invers-Schrift *nf* → Negativschrift *nf*	TER&PER	→ **negative type**
Inverter *nm* → NICHT-Glied *nn*	CIRC.EN	→ **NOT gate**
Inverter *nm* → Wechselrichter *nm*	POW.SY	→ **inverter** *n*
Inverter-Chip *nm*	MICR.EL	**inversion chip**
Inverter-Glied *nn* → NICHT-Glied *nn*	CIRC.EN	→ **NOT gate**
Invertieradapter *nm* → Übergangsstecker *nm* (1)	COMPO	→ **adapter** *n* (1)
invertierbar → reversibel	PHYS	→ **reversible** *adj*
invertierbar → umkehrbar	MATH	→ **inversible** *adj*
invertieren	LOGIC	**invert** *vt*
invertieren = negieren; umkehren	CIRC.EN	**invert** *vt* = revert; negate
invertieren → reziprozieren	MATH	→ **invert** *vt*
invertieren → umkehren	TECH	→ **invert** *vt*
invertieren → umkehren	SW	→ **turnaround** *vt*
invertierender Eingang	CIRC.EN	**inverting input**
invertierender Verstärker → Phasenumkehrverstärker *nm*	CIRC.EN	→ **phase inverting amplifier**
Invertierer *nm* → NICHT-Glied *nn*	CIRC.EN	→ **NOT gate**
invertiert → negativ	TER&PER	→ **negative** *adj*
invertierte Bauform	COMPO	**inverted style**
invertierte Darstellung → Umkehrschrift *nf*	TER&PER	→ **reverse type**
invertierte Datei	DAT.MA	**inverted file**
invertierte Gruppenwahl	SWITCH	**inverted group selection**
invertierte Liste	DAT.MA	**inverted list**
invertierter Druck → Umkehrschrift *nf*	TER&PER	→ **reverse type**
invertierte Schrift → Negativschrift *nf*	TER&PER	→ **negative type**
invertierte Sprache	TELEC	**inverted voice** = inverted speech
Inverttiertransformator *nm*	POW.SY	**inverting transformer**
Invertierung *nf*	CIRC.EN	**negation** *n* = sign reversing
Invertierung *nf* → NICHT-Verknüpfung *nf*	LOGIC	→ **NOT operation**
Investition *nf* ≈ Kapitalausgabe	ECON	**investment** *n* ≈ capital expenditure
Investitionsgüter *nplt*	ECON	**capital goods**
Investitionskosten *nplt*	ECON	**capital expenditures** = CAPEX; capital investment

Investor *nm*	ECON	**investor** *n*
Inveter *nm* → Impedanzinverter *nm*	NETW.TH	→ **impedance inverter**
Involute *nf* → Evolvente *nf*	MATH	→ **involute** *n*
in Vorbereitung	COLL	**in preparation** = in the works (AE)
inwendig → inner *adj*	COLL	→ **interior** *adj*
in Worte fassen → verbalisieren	LING	→ **verbalize** *vt*
Inzidenz *nf*	MATH	**incidence** *n*
in Zufallszahlen verwandeln	COMP.SC	**randomize** *vt*
IOC → Bell-unabhängige Betreibergesellschaft	TELEC	→ **Independent Operating Company**
IOC-Betreiber *nm* → Bell-unabhängige Betreibergesellschaft	TELEC	→ **Independent Operating Company**
IOC-Betreibergesellschaft → Bell-unabhängige Betreibergesellschaft	TELEC	→ **Independent Operating Company**
IOCS → Ein-/Ausgabe-Werk *nn*	HW	→ **input/output controller**
I ohne Punkt → türkisches I	LING	→ **dotless i**
Ion *nn* (*pl* Ionen) ↓ Kation; Anion	PHYS	**ion** *n* ↓ cation; anion
Ionenablagerung *nf*	PHYS	**ion deposition**
Ionenablagerungsdrucker *nm* → Ionenstrahldrucker *nm*	TER&PER	→ **ion-deposition printer**
Ionenätzung *nf*	MICR.EL	**ion etching**
Ionenausbeute *nf*	PHYS	**ion yield**
Ionenaustausch *nm*	PHYS	**ion exchange**
Ionenbeschussdrucker *nm* → Ionenstrahldrucker *nm*	TER&PER	→ **ion-deposition printer**
Ionenbeweglichkeit *nf*	PHYS	**ionic mobility** = ion mobility
Ionenbindung *nf* → heteropolare Bindung	CHEM	→ **heteropolar bond**
Ionendosis *nf*	PHYS	**ion dose**
Ionenfalle *nf*	PHYS	**ion trap**
Ionenfleck *nm* [Kathodenstrahlröhre]	EL.TRO	**ion spot** = ion burn
Ionenfokussierung *nf*	PHYS	**ionic focussing**
Ionengitter *nn*	PHYS	**ion lattice**
Ionenhalbleiter *nm*	PHYS	**ionic semiconductor**
Ionenimplantation *nf*	MICR.EL	**ion implantation**
Ionenkanone *nf* → Ionenquelle *nf*	PHYS	→ **ion source**
Ionenkristall *nm*	PHYS	**ion crystal**
Ionenladung *nf*	PHYS	**ion charge**
Ionenlautsprecher *nm* = Ionophon-Lautsprecher *nm*	EL.ACOU	**ion loudspeaker** = ionophone *n*
Ionenlawine *nf*	PHYS	**ion avalanche**
Ionenleiter *nm*	PHYS	**electrolytic conductor**
Ionenleitung *nf*	PHYS	**ion conduction**
Ionenmagnetron *nn*	MICROW	**ion magnetron**
Ionenpaar *nn*	PHYS	**ion pair**
Ionenplattierung *nf*	METAL	**ion plating**
Ionenpolarisation *nf*	PHYS	**ion polarisation**
Ionenpumpe *nf*	PHYS	**ion pump**
Ionenquelle *nf* = Ionenkanone *nf*	PHYS	**ion source** = ion gun
Ionenreflektor *nm*	EL.TRO	**ion repeller**
Ionenröhre *nf* ↓ Gasentladungsröhre; Blitzröhre; Thyratron; Ignitron	EL.TRO	**ion tube** ↓ gas-discgarge tube; flash tube; thyratron; ignitron
Ionenstrahl *nm*	PHYS	**ion beam**
Ionenstrahldrucker *nm* [die Trommel wird mit einem Ionenstrahl aufgeladen; höhere Druckgeschwindigkeit, jedoch mit geringerer Qualität als Laserdrucker] = Ionenablagerungsdrucker *nm*; Ionenbeschussdrucker *nm* ↑ xerografischer Drucker	TER&PER	**ion-deposition printer** [the drum is charged by an ion beam; higher spedd and lower quality as laser printer] ↑ xerographic printer
Ionenstrahlzerstäubung *nf*	EL.TRO	**ion beam sputtering**
Ionenwanderung *nf*	PHYS	**ion migration** = ion drift; ion moving
Ionenwolke *nf*	PHYS	**ion cloud**
Ionisation *nf* → Ionisierung *nf*	PHYS	→ **ionization** *n*
Ionisationsarbeit *nf* → Ionisierungsenergie *nf*	PHYS	→ **ionization energy**

Ionisationsenergie *nf* PHYS → **ionization energy**
→ Ionisierungsenergie *nf*
Ionisations-Feuermelder *nm* SIG.EN **ionic fire detector**
Ionisationskammer *nf* PHYS **ionization chamber**
Ionisationsrate *nf* PHYS **ionization rate**
Ionisationsstrom *nm* PHYS **ionization current**
= Ionisierungsstrom *nm*
ionisierbar PHYS **ionizable**
ionisieren PHYS **ionize** *vt*
ionisierend PHYS **ionizing**
ionisiert PHYS **ionized**
ionisiertes Akzeptor-Atom PHYS → **acceptor ion**
→ Akzeptor-Ion *nn*
ionisierte Schicht GEOSC **ionized layer**
ionisiertes Donator-Atom PHYS → **donor ion**
→ Donator-Ion *nn*
Ionisierung *nf* PHYS **ionization** *n*
= Ionisation *nf* = ionizing *n*
Ionisierungsarbeit *nf* PHYS → **ionization energy**
→ Ionisierungsenergie *nf*
Ionisierungsenergie *nf* PHYS **ionization energy**
= Ionisationsenergie *nf*; Ionisierungsarbeit *nf*; Ionisationsarbeit *nf* ≈ activation energy; work function
≈ Anregungsenergie; Ablösearbeit
Ionisierungspotential *nn* PHYS **ionization potential**
Ionisierungsspannung *nf* PHYS **ionization voltage**
= Dissoziationsspannung *nf* = dissociation voltage
Ionisierungsstrom *nm* PHYS → **ionization current**
→ Ionisationsstrom *nm*
Ionogramm *nn* RAD.PRO **ionogram** *n*
Ionophon-Lautsprecher *nm* EL.ACOU → **ion loudspeaker**
→ Ionenlautsprecher *nm*
Ionosphäre *nf* GEOSC **ionosphere**
[zwischen 50 und 400 km] [between 50 and 400 km]
= Ionosphärenschicht *nf* = ionospheric layer; ionized layer
≈ Thermosphäre ≈ thermosphere
↓ D-Schicht; E-Schicht; F-Schicht ↓ D-layer; E-layer; F-layer
Ionosphärenreflexion *nf* RAD.PRO **ionospheric reflection**
Ionosphärenschicht *nf* GEOSC → **ionosphere**
→ Ionosphäre *nf*
Ionosphärensturm *nm* RAD.PRO **ionospheric storm**
Ionosphärenwelle *nf* RAD.PRO → **sky wave**
→ Raumwelle *nf*
ionosphärisch GEOSCI **ionospheric**
ionosphärische Streuausbreitung RAD.PRO **ionospheric scatter**
= ionospheric forward scatter; IFS; forward-propagation ionospheric scatter; FPIS
IOP HW → **input/output controller**
→ Ein-/Ausgabe-Werk *nn*
IP INTERNET → **Internet roaming**
→ Internet-Protokoll *nn*
IP-Adresse *nf* INTERNET **IP address**
[z.B. "315.282.75.3"] [e.g. "315.282.75.3"]
IP-Adressfälschung *nf* INTERNET **IP spoofing**
= Adressenfälschung *nf*
IPC (1) DAT.PR **IPC** (1)
[erlaubt Interaktion verschiedener Prozesse] [permits interaction between different processes]
= interprocess communication
IPC (2) DAT.PR → **industrial PC**
→ Industrie-PC *nm*
IPEI MOB.CO **IPEI**
= International Portable Equipment Identity
IP-Fax *nn* INTERNET → **Internet fax**
→ Internet-Fax *nn*
IP-Gerät *nn* TELEC → **Intelligent Peripheral**
→ intelligentes Teilnehmergerät
IPO-Diagramm *nn* SW → **input-process-output chart**
→ Eingabe-/Verarbeitung-/Ausgabe-Diagramm *nn*
IPOS-Verfahren *nn* MICR.EL **IPOS process**
= insulation by oxidated porous silicon process
IPP INTERNET → **IPP**
→ Internet-Auftrittanbieter *nm*
IP-Protokoll *nn* INTERNET → **Internet roaming**
→ Internet-Protokoll *nn*
IP-Router *nm* DAT.NW **IP router**
IP-Routing *nn* DAT.NW **IP routing**

IPS TER&PER → **inches-per-second**
→ Zoll pro Sekunde
ips TER&PER → **inches-per-second**
→ Zoll pro Sekunde
IP-Switching *nn* TELEC → **IP switching**
→ IP-Vermittlungstechnik *nf*
IP-Telefonie *nf* INTERNET → **Internet telephony**
→ Internet-Telefonie *nf*
IP über ATM INTERNET → **IP over ATM**
→ Internet über ATM
IPUI MOB.CO **IPUI**
= International Portable User Identity
IP-Vermittlung *nf* DAT.NW **IP switch**
IP-Vermittlungstechnik *nf* TELEC **IP switching**
= IP-Switching *nn*
IP-Video *nn* INTERNET → **Internet video**
→ Internet-Video *nn*
IP-VPN TELEC **IP-VPN**
[virtuelle Privatnetze über Internet] = private network over Internet
IPX-Protokoll *nn* DAT.NW **IPX protocol**
= Internetwork Packet Exchange protocol
IR HW → **index register**
→ Indexregister *nn*
IR INTERNET **IR**
[vergibt IP-Adressen] [emits IP addresses]
= Internet Registry
IR PHYS → **infrared** *adj*
→ infrarot
iRAM *nn* MICR.EL **integrated RAM**
[RAM und Steuer-/Auffrischschaltung auf einem Chip] [RAM and control/refresh circuits on a chip]
= iRAM
IRC INTERNET **IRC**
[ein Protokoll zur Online-Kommuniaktion über Tastatur] [protocol for online communication via keyboard]
= Internet Relay Chat
IRDATA AUTOMA **IRDATA**
[Normvorschlag für Roboter-Steuercode] [Industrial Robot Data; a proposed standard for roboter control]
IrDA-Verband *nm* HW **IrDA**
= Infrafed Data Association
IR-Detektor *nm* COMPO → **infrared detector**
→ Infrarotdetektor *nm*
IRED MICR.EL **IRED**
= infrared light emitting diode
I-Regler *nm* CONTRO **I controller**
[integral wirkend] [integral action]
= Integralregler *nm*; integraler Regler = integral controller
↑ stetiger Regler ↑ continuous-action controller
Irisblende *nf* IMAG.MED **iris**
Irisdruck *nm* PRIN.ME **iris printing**
IRL INTERNET **IRL**
IRMA-Karte *nf* HW **IRMA board**
[zur Emulation von IBM-Großrechnern auf PC's] [emulates IBM mainframes on PC's]
IRQ-Leitung *nf* HW **IRQ line**
[für Unterbrechungsanforderungen] [for interrupt requests]
irrationale Zahl MATH → **irrational number**
→ Irrationalzahl *nf*
Irrationalzahl *nf* MATH **irrational number**
[nicht als Bruch ganzer Zahlen ausdrückbar] [not expressable as ratio of integers]
= irrationale Zahl = surd
≠ Rationalzahl
irreführen COLL **mislead** *vt*
= täuschen = lead astray
≈ verleiten ≈ entice
irreführend COLL **misleading**
= täuschend
≈ verleiten
Irrelevanz *nf* INF.TH **Irrelevance** *n*
[nicht zur Sache gehörende Störinformation] [interfering "not relevant" information]
= Störinformationsentropie *nf*; Belanglosigkeit *nf* = prevarication
irreparabel TECH **irreparable** *adj*
= nicht reparierbar; nicht behebbar = unrecoverable; irrecoverable
≠ reparierbar ≠ repairable
irreparabler Fehler DAT.PR **permanent error**
= irreparable error
irreversibel SCIE **irreversible** *adj*
= nicht umkehrbar; nicht invertierbar = nonreversible; uninvertible

irreversibler Wandler EL.ACOU **irreversible transducer**
Irrstrom *nm* EL.TEC → **stray current**
→ Streustrom *nm*
Irrtümer vorbehalten ECON → **E.& O.E.**
→ Irrtum vorbehalten
irrtümlich COLL **mistaken**
Irrtum vorbehalten ECON **E.& O.E.**
= Irrtümer vorbehalten
= errors and omissions excepted; errors excepted
Irrungszeichen *nn* SW **erasure character**
= Korrekturzeichen *nn*
= invalidation character
IR-Strahlung *nf* PHYS → **infrared radiation**
→ Infrarotstrahlung *nf*
IS DAT.CO → **information separator**
→ Informationstrennung *nf*
IS MICR.EL → **integrated circuit**
→ integrierte Schaltung
IS TECH **IS**
= Interim Standard
ISA INSTR **ISA**
= Instrument Society of America
ISA DAT.PR **ISA**
[der IBM PC/XT Bus]
[Industry Standard Architecture; for the IBM PC/XT bus]
ISA-Bus *nm* HW **ISA bus**
[US-genormte 8-MHz-Busse]
= Standard-PC-Bus *nm*
↑ PC-Bus
↓ XT-Bus; AT-Bus
[US standard for 8 MHz busses]
= Industry Standard Architecture bus; PC standard bus
↑ PC bus
↓ XT bus; AT bus
ISAM DAT.MA → **index-sequential access**
→ indexsequentieller Zugriff
ISAPI INTERNET **ISAPI**
= Internet Server Application Programming Interface
ISBN PRIN.ME **ISBN**
= internationale Buchnummer
= International Standard Book Number
ISB-System *nn* BROADC **ISB system**
= independent sideband system
i-Schicht MICR.EL → **intrinsic layer**
→ Intrinsic-Schicht *nf*
I-Schreibmarke *nf* COMP.AP **I-beam pointer**
= I-Cursor *nm*; I-Balken *nm*; Balken-Cursor *nm* (1)
≈ Auswahl-Cursor
↑ Schreibmarke
[like capital I]
= I-beam; insertion point (Macintosh, Windows)
≈ selection pointer
↑ cursor (1)
ISDN TELEC → **Integrated-Services Digital Network**
→ Diensteintegrierendes Digitales Nachrichtennetz
ISDN-Adresse *nf* TELEC **ISDN address**
ISDN-Basisanschluss *nm* TELEC **ISDN basic access**
[zwei 64-kbit/s-Nutzkanäle ("B-Kanäle") u. ein 16-kbit/s-Signalkanal ("D-Kanal")]
= Basisanschluss *nm*; BRA-ISDN
≈ Basiskanal
[two 64 kbit/s payload channels ("channels B") and one 16 kbit/s service channel ("channel D")]
= basic rate access ISDN; BRA-ISDN; basic access; BA
≈ basic channel
ISDN-Bildfernsprecher *nm* TER&PER → **IDDN video telephone**
→ ISDN-Bildtelefon *nn*
ISDN-Bildtelefon *nn* TER&PER **IDDN video telephone**
= ISDN-Bildfernsprecher *nm*
ISDN-Endgerät *nn* TER&PER **ISDN terminal**
ISDN-Fähigkeit *nf* TELEC **ISDN capability**
= ISDN functionality
ISDN-Fernsprecher *nm* TER&PER **ISDN telephone**
= ISDN-Telefon *nn*
ISDN-Kommunikationsserver *nm* DAT.NW **ISDN communication server**
= ISDN-Router; ISDN-kompatibler Router
= ISDN router
ISDN-kompatibler Router DAT.NW → **ISDN communication server**
→ ISDN-Kommunikationsserver *nm*
ISDN-Netz *nn* TELEC → **Integrated-Services Digital Network**
→ Diensteintegrierendes Digitales Nachrichtennetz
ISDN-Primäranschluss *nm* TELEC **ISDN primary access**
[30 Kanäle à 64-kbit/s über 2 Mbit/s (ETSI), bzw. 24 über 1,4 Mbit/s (ANSI)]
= Primäranschluss *nm*; PRA-ISDN
[30 channels 64 kbit/s over a 2 Mbit/s group (ETSI), resp. 24 over 1.4 Mbit/s (ANSI)]
= primary rate access ISDN; PRA-ISDN; primary access

ISDN-Router DAT.NW → **ISDN communication server**
→ ISDN-Kommunikationsserver *nm*
ISDN-Stecker *nm* TELEC **Western plug**
[vierpolig]
= S0-Stecker *nm*; Western-Stecker *nm*; RJ11-Stecker *nm*
[two-port]
= ISDN plug
ISDN-Telefon *nn* TER&PER → **ISDN telephone**
→ ISDN-Fernsprecher *nm*
ISDN-Uko-Analysator *nm* INSTR **ISDN Uko analyzer**
ISDN-Vermittlung *nf* SWITCH **ISDN switch**
isentrop PHYS → **isentropic**
→ isentropisch *adj*
isentropisch *adj* PHYS **isentropic**
[bei gleicher Entropie]
= isentrop
≈ adiabatisch
[with constant isentropy]
≈ adiabatisch
ISFET MICR.EL **ISFET**
[ion-selective field effect transistor]
ISI INTERNET **ISI**
[in der Univ. of S.Calif., betreibt die IANA]
[at Univ. of S.Calif., operates IANA]
= Information Science Institute
ISL SAT.CO → **intersatellite service**
→ Intersatellitenfunkdienst *nm*
ISL-Technik *nf* MICR.EL **ISL**
= integrated Schottky logic
ISM TRANSM → **in-service monitoring**
→ In-Betrieb-Überwachung *nf*
ISM INF.TEC **ISM**
[Gerätekategorie besonderer elektromagnetischer Verträglichkeit]
[Industrial, Scientific, Medical; a special standard of electromagnetic compatibility]
ISM-Band RADIO **ISM band**
[ohne Lizenz nutzbar]
[Industrial, Scientific, Medical; can be used without licence]
ISO TECH **ISO**
= internationaler Zusammenschluss von 90 nationalen Normungsausschüsse
[union of 90 national standardization committees]
= International Organization for Standardization
ISO/OSI-Modell *nn* DAT.CO → **ISO reference model**
→ ISO-Referenzmodell *nn*
ISO-6-Bit-Code *nm* TELEGR **ISO 6-bit code**
ISO-7-Bit-Code *nm* TELEGR **ISO 7-bit code**
ISO-8-Bit-Code *nm* TELEGR → **intenational alphabet no.5**
→ internationales Alphabet Nr.5
isobar *adj* (1) PHYS **isobaric** *adj* (1)
[gleichen Drucks]
[of equal pressure]
isobar *adj* (2) PHYS **isobaric** *adj* (2)
[mit gleicher Anzahl von Neutronen]
= isoton
[having same number of neutrons]
Isobare *nf* PHYS **isobar** *n*
[Verbindungslinie von Punkten gleichen Drucks]
[line connecting points of equal pressure]
ISOC *nf* INTERNET **ISOC**
= Internet Society
isochor *adj* PHYS **isochorous**
[konstanten Volumens]
[of constant volume]
isochrom *adj* PHYS **isochromatic**
[für alle Farben gleich empfindlich]
= isochromatisch
[equal response to all colours]
Isochromasie *nf* PHOT **isochromasy** *n*
[alle Farben gleich behandelnd]
[equal treatment of all colors]
Isochromasie *nf* PHYS **isochromasy** *n*
= Farbgleichempfindlichkeit *nf*
[equal sensitivity to all colors]
isochromatisch OPT → **isochromatic** *adj*
→ farbtongleich
isochromatisch PHYS → **isochromatic**
→ isochrom *adj*
isochron *adj* PHYS **isochronous**
[gleich lang dauernd]
≈ synchron
[of same duration]
= isochrone
≈ synchronous
Isochrone *nf* TECH **isochrone** *n*
[Verbindungslinie von Orten gleichzeitigen Auftretens (z.B. eines Erdbebens)]
[line connecting sites of simultaneity (e.g. of an
Isochronsignal *nn* DAT.CO **isochronous signal**
Isochron-Verzerrung *nf* TELEGR **isochronous distortion**
ISO-Code *nm* CODING **ISO code**
[für 6,7 oder 8 Bits]
[for 6, 7 or 8 bits]
ISO-Datenübertragungsmodell *nn* DAT.CO → **ISO reference model**
→ ISO-Referenzmodell *nn*

Isodyname *nf* CART **isodynamic line**
[Verbindungslinie zwischen Punkten gleicher (horizontaler) magnetischer Stärke] [line connecting points of equal (horizontal) magnetic intensity]
= isodynamic

Isodyne *nf* PHYS **isodyn** *n*
[Verbindungslinie zwischen Punkten gleicher Kraft] [line connecting points of equal force]

isoelektronisch PHYS **isoelectronic**
[mit gleicher Anzahl von Valenzelektronen] [with the same number of valence electrons]

ISO-Empfindlichkeit *nf* PHOT → **ISO sensitivity**
→ ISO-Lichtempfindlichkeit *nf*

Isogon *nn* MATH **isogon** *n*
= regelmäßiges Vieleck [polygon having equal angles]

isogonal (1) MATH → **isogonal** *adj* (1)
→ gleichwinklig

isogonal (2) MATH → **angle-preserving** *adj*
→ winkelgetreu

Isogone *nf* CART **isogonic line**
[Verbindungslinie von Orten gleicher magnetischer Deklination] [line connecting points of equal magnetic declination]
= isogonic; isogonal

Isohelie *nf* CART **isohel** *n*
[Verbindung von Punkten gleich langer Sonneneinstrahlung] [connection of point with equal duration of sunshine]

Isohyete *nf* CART **isohyet** *n*
[Verbindungslinie zwischen Orten gleicher Niederschlagsmenge] [line connecting points of equal rainfall]
= isohyetal line

Isohypse *nf* CART **isohypse** *n*
[Verbindungslinie von Orten gleicher Meereshöhe] [line connecting points of equal hight above sea level]
= Höhenlinie *nf* = level line

isokeraunischer Pegel CART **isokeraunic level**
[Gewittertage pro Jahr] [days with thunderstorms per year]

Isokline *nf* CART **isoclinic line**
[Verbindungslinie zwischen Punkten gleicher magnetischer Inklination] [line connecting points of equal magnetic inclination]
= isoclinal

Isolation *nf* PHYS **insulation** *n*
= Isolierung *nf* ≈ non-conductivity
≈ Nichtleitung

Isolationsdiffusion *nf* MICR.EL **isolation process**
= isolating diffusion

Isolationsdurchschlag *nm* PHYS **disruption of insulation**

Isolationsfehler *nm* PHYS **insulating fault**

Isolationsfehlerschutz *nm* EL.TEC **leakage protection**

Isolationsinsel *nf* MICR.EL **isolated region**

Isolationskranz *nm* MICR.EL **isolating ring**

Isolationsmesser *nm* INSTR **insulation tester**
= Isolationsprüfer *nm* ↑ ohmmeter
↑ Ohmmeter

Isolationsprüfer *nm* INSTR → **insulation tester**
→ Isolationsmesser *nm*

Isolationsprüfung *nf* INSTR **insulation test**

Isolationswanne *nf* MICR.EL **isolation well**

Isolationswiderstand *nm* LINE TH **leak resistance**
= insulation resistance

Isolator *nm* OUT.PL → **insulator** *n*
→ Isolierkörper *nm*

Isolator *nm* NETW.TH **isolator** *n*

Isolator *nm* PHYS → **nonconductor** *n*
→ Nichtleiter *nn*

Isolator *nm* MICROW → **isolator** *n*
→ Richtungsleitung *nf*

Isolatorelektronik *nf* EL.TRO **isolator electronics**

Isolatorstütze OUT.PL **insulator pin**

ISO-Lichtempfindlichkeit *nf* PHOT **ISO sensitivity**
= ISO-Empfindlichkeit *nf*

Isolierabdeckung *nf* EQP.EN **insulating cover**

Isolierband *nn* EL.INS **insulating tape**

Isolierbuchse *nf* COMPO **insulating bush**
= Isoliernippel *nm*

Isolierdraht *nm* EL.TEC **insulated wire**

Isoliereigenschaft *nf* EL.TEC **insulating characteristic**
= Isoliervermögen *nn* = insulating property

isolieren TECH → **isolate** *vt*
→ absondern

isolieren PHYS **insulate**

Isolierfolie *nf* EQP.EN **insulating sheet**
= insulating foil

Isoliergehäuse *nn* EQP.EN **insulating housing**

Isolierhülle *nf* COM.CAB → **insulating covering**
→ Isolierhülse *nf*

Isolierhülse *nf* COM.CAB **insulating covering**
= Isolierhülle *nf* = insulating bushing; insulating sleeve

Isolierkappe *nf* COMPO **cover** *n*

Isolierklemme *nf* COMPO **insulating clamp**

Isolierkörper *nm* OUT.PL **insulator** *n*
[Freileitung]
= Isolator *nm*
↓ Abspannisolator

Isolierlack *nm* TECH **insulating varnish**

Isoliernippel *nm* COMPO → **insulating bush**
→ Isolierbuchse *nf*

Isolierpapier *nn* EL.TEC **insulating paper**

Isolierperle *nf* COMPO **insulating bead**
≈ grommet

Isolierplatte *nf* TECH **insulating plate**

Isolierscheibe *nf* TECH **insulating washer**

Isolierscheibe *nf* COMPO **pad** *n*
↓ transistor pad

Isolierschicht *nf* MICR.EL **insulating layer**

Isolierschicht-Feldeffekttransistor *nm* MICR.EL → **insulated gate field-effect transistor**
→ IGFET

Isolierschlauch *nm* COM.CAB **insulating sheet**

Isolierstoff *nm* PHYS → **nonconductor** *n*
→ Nichtleiter *nn*

isoliert PHYS **isolated**
[thermisch, elektrisch, magnetisch] [thermically, electrically, magnetically]
= insulated

isolierte Lösung TECH → **spot solution**
→ Insellösung *nf*

Isolierung *nf* PHYS → **insulation** *n*
→ Isolation *nf*

Isoliervermögen *nn* EL.TEC → **insulating characteristic**
→ Isoliereigenschaft *nf*

Isolierwachs *nn* TECH **insulating wax**

Isolierwendel *nf* COM.CAB **insulating helix**

Isolinie *nf* CART **isogram**
[Verbindungslinie zwischen Punkten gleichen Wertes] [line connecting points of equal value]
= isometric line

Isomaterial *nn* PHYS → **nonconductor** *n*
→ Nichtleiter *nn*

isomer CHEM **isomeric**
[aus gleichen Bestandteilen aber unterschiedlicher Eigenschaften] [of equal composition but with different properties]

Isomerie *nf* CHEM **isomerism** *n*

Isometrie *nf* CART **isometrism** *n*
= Längengleichheit *nf*; Längentreue *nf*

isometrische Ansicht COMP.GR → **isometric view**
→ isometrische Darstellung

isometrische Darstellung COMP.GR **isometric view**
[ohne perspektivische Verkürzungen] [without perspective shortenings]
= isometrische Ansicht ≠ perspective view
≠ perspektivische Darstellung

isomorph MATH **isomorph** *adj*
[strukturell völlig gleich] [of identical structure]
= strukturgleich

Isomorphie *nf* MATH **isomorphism** *n*
= Isomorphismus *nm*; Strukturgleichheit *nf*

Isomorphie *nf* PHYS → **isomorphism** *n*
→ Mischkristallbildung *nf*

Isomorphismus *nm* MATH → **isomorphism** *n*
→ Isomorphie *nf*

isoperimetrisch MATH **isoperimetric**
[gleichen Umfangs] [of equal circumference]

isoplanar MATH **isoplanar**
[der gleichen Ebene] [of same plane]

Isoplanarverfahren *nn* MICR.EL **isoplanar technology**
= LOCOS-Verfahren *nn*

Isopykne *nf* METEO **isopycnic line**
[Verbindungslinie von Punkten gleicher Luftdichte] [line connecting points of equal atmospheric density]

ISO-Referenzmodell *nn* DAT.CO **ISO reference model**
= ISO/OSI-Modell *nn*; OSI-Referenzmodell *nn*; OSI-Modell *nn*; ISO-Schichtenmodell *nn*; ISO-Datenübertragungsmodell *nn*; OSI-7-Schichten-Modell *nn*
= ISO layer model; ISO/OSI model; OSI model
↑ layer model
↓ physical layer; link layer; network

↑ Schichtenmodell
↓ Bitübertragungsschicht; Sicherungsschicht; Vermittlungsschicht; Transportschicht; Kommunikationssteuerungsschicht; Darstellungsschicht; Verarbeitungsschicht — layer; transportation layer; session layer; presentation layer; application layer

ISO-Schichtenmodell *nn* DAT.CO → **ISO reference model**
→ ISO-Referenzmodell *nn*

Isoseiste *nf* CART **isoseismal line**
[Verbindungslinie von Punkten gleicher Erdbebenstärke] [line connecting points of equal earthquake]

isotherm PHYS **isotherm**
= isothermic

Isotherme *nf* CART **isothermal line**
[Verbindungslinie zwischen Orten gleicher Temperatur] [between points of equal temperature]
= isotherm *n*

Isotherme *nf* PHYS **isothermal line**
[Linie gleicher Temperatur] [line of equal temperature]
= isotherm; isothermal *n*

isoton PHYS → **isobaric** *adj* (2)
→ isobar *adj* (2)

Isotop *nn* PHYS **isotope** *n*

isotopisch PHYS **isotopic**
[mit gleicher Atomnummer aber unterschiedlicher Massenzahl] [with equal atomic number but different mass number]

Isotopstrahler *nm* ANT → **isotropic radiator**
→ Kugelstrahler *nm*

isotrop PHYS **isotropic** *adj*
[nach allen Richtungen gleiche Eigenschaften] [equal properties in all directions]
≠ anisotrop ≠ anisotropic
↑ homogeneous

Isotropantenne *nf* ANT → **isotropic radiator**
→ Kugelstrahler *nm*

isotrope Antenne ANT → **isotropic radiator**
→ Kugelstrahler *nm*

isotroper Strahler ANT → **isotropic radiator**
→ Kugelstrahler *nm*

isotropes Ätzen MICR.EL **isotropic etching**

Isotropie *nf* PHYS **isotropy** *n*

ISSAE SWITCH **ISSAE**
[SS7] [SS7]
= ISDN Supplementary Services Application Entitity

Istabweichung *nf* CONTRO **actual deviation** *n*
= Ist-Abweichung *nf* = skew *n*

Ist-Abweichung *nf* CONTRO → **actual deviation** *n*
→ Istabweichung *nf*

Istanalyse *nf* SCIE → **actual state analysis**
→ Istzustandsanalyse *nf*

Ist-Analyse *nf* SCIE → **actual state analysis**
→ Istzustandsanalyse *nf*

Istaufnahme *nf* SCIE **actual state inventory**
= Ist-Aufnahme *nf*

Ist-Aufnahme *nf* SCIE → **actual state inventory**
→ Istaufnahme *nf*

IST-GLEICH-Taste *nf* TER&PER → **equals key**
→ Gleichtaste *nf*

ist kein Thema COLL **is a nonissue**

Ist-Kosten ECON → **actual costs**
→ Istkosten *nplt*

Istkosten *nplt* ECON **actual costs**
= Ist-Kosten; effektive Kosten

Istmaß *nn* MEC.EN **actual size**
= Ist-Maß *nn*

Ist-Maß *nn* MEC.EN → **actual size**
→ Istmaß *nn*

Istsignal *nn* CONTRO **actual signal**
= Ist-Signal *nn*

Ist-Signal *nn* CONTRO → **actual signal**
→ Istsignal *nn*

Istwert *nm* CONTRO **actual value**
= Ist-Wert = real value

Istwert *nm* ECON **year-to-date**
[tatsächlich aufgelaufen] [accrued figure]
= Ist-Wert = YTD

Ist-Wert CONTRO → **actual value**
→ Istwert *nm*

Ist-Wert ECON → **year-to-date**
→ Istwert *nm*

Istwertanzeige *nf* INSTR **actual indication**

Istwertsignal *nn* EL.TRO **actual-value signal**

Ist-Zeit *nf* INF.TEC → **real time**
→ Echtzeit *nf*

Istzustand *nm* TECH **actual state**
= Ist-Zustand *nm* = actual condition; real state; real condition

Ist-Zustand *nm* TECH → **actual state**
→ Istzustand *nm*

Istzustandsanalyse *nf* SCIE **actual state analysis**
= Ist-Zustandsanalyse *nf*; Istanalyse *nf*; Ist-Analyse *nf*

Ist-Zustandsanalyse *nf* SCIE → **actual state analysis**
→ Istzustandsanalyse *nf*

ISUP SWITCH **ISUP**
[SS7] [SS7]
= ISDN User Part

ISZM DAT.MA → **index-sequential access**
→ indexsequentieller Zugriff

IT *nf*(1) EL.TEC → **information technology** (1)
→ Informationstechnik *nf*(1)

IT *nf*(2) EL.TEC → **data technology**
→ Datentechnik *nf*

IT *nf*(3) EL.TEC → **computer science**
→ Informatik *nf*

italienischer Art COLL **Italian style**

Italienische Raumfahrtbehörde AERON **Italian Space Agency**
[Agenzia Spaziale Italiana] [Agenzia Spaziale Italiana]
= ASI = ASI

Italique *nn* PRIN.ME → **italic face**
→ Kursivschrift *nf*

Italowestern *nm* CINEMA **Italian western**
= Spaghetti-Western (pej) = spaghetti western (pej)

ITA Nr.2 TELEGR → **international telegraph alphabet no.2**
→ internationales Telegraphenalphabet Nr.2

IT-Direktor *nm* ECON → **Chief Information Officer**
→ Informatik-Direktor *nm*

Item *nn* ECON → **item** *n*
→ Position *nf*

Iteration *nf* MATH **iteration** *n*
[vom latein. "iterare" = "wiederholen"] [from Latin "iterare" = "repeat"]

Iterationsalgorithmus *nm* MATH **iteration algorithm**
= iterativer Algorithmus = iterative algorithm

Iterationsindex *nm* SW → **cycle index**
→ Zyklenindex *nm*

Iterationslauf *nm* SW **iterative run**

Iterationslemma *nn* INF.TEC → **pumping lemma**
→ Schleifensatz *nm*

Iterationsschleife *nf* SW **iterative loop**
= iterative Schleife

Iterationsverfahren *nn* MATH **iterative procedure**
= iterative method

iterativ MATH **iterative** *adj*

Iterativanweisung *nf* COMP.LG → **iterative statement**
→ iterative Anweisung

iterative Anweisung COMP.LG **iterative statement**
[in problemorientierten Sprachen; löst Wiederholungen von Anweisungen aus] [in high-level programming languages; causes repetition of statements]
= Iterativanweisung *nf*
≈ Programmschleife ≈ program loop
↑ Steueranweisung (1) ↑ control statement (1)
↓ FOR; DO, ↓ FOR; DO

iterativer Algorithmus MATH → **iteration algorithm**
→ Iterationsalgorithmus *nm*

iterative Schleife SW → **iterative loop**
→ Iterationsschleife *nf*

Iterator *nm* SW **iterator** *n*
[OOP] [OOP]
= Durchsucher *nm*

IT-Experte *nm* ECON → **IT professional**
→ IT-Fachmann *nm*

IT-Fachmann *nm* ECON **IT professional**
= IT-Experte *nm*; IT-Spezialist *nm* = IT expert; IT specialist

ITF-Code *nm* TER&PER **ITF code**
[von 5 Strichen sind 2 länger] [two of five bars are longer]
↑ Zwei-aus-Fünf-Code [CODING] = Interleaved Two of Five
↑ two-out-of-five code [CODING]

IT-Glied *nn* CONTRO **integrating device with time lag**

IT-Landschaft *nf* DAT.CO **IT landscape**

IT-Leiter *nm* ECON → **IT manager**
→ IT-Manager

IT-Manager ECON **IT manager**
= IT-Leiter *nm*; IT-Verantwortlicher *nm*

ITO CHEM → **indium tin oxide**
→ Indium-Zinn-Oxyd *nn*

ITSEC INF.TEC **ITSEC**
= Information Technique System Evaluation Criteria

IT-Spezialist *nm* ECON → **IT professional**
→ IT-Fachmann *nm*

ITU TELEC → **ITU**
→ UIT

ITU-R TELEC → **UIT-RR**
→ UIT-R

ITU-T TELEC → **UIT-T**
→ UIT-T

IT-Verantwortlicher *nm* ECON → **IT manager**
→ IT-Manager

IuK *nf* EL.TEC → **information technology** (1)
→ Informationstechnik *nf*(1)

IV-Controlling ECON **IP controlling**
[berät für rationellen Einsatz von IV in einem Unternehmen]
[cosultancy for rational use of information processing in enterprises]

IVD-Verfahren *nn* OPT.CO **IVD method**
[Inside Vapour Deposition]

I-Verhalten *nn* CONTRO **integral action**

IWG METAL → **Standard Wire Gauge**
→ SWG

IWM HW **IWM**
[IC zur Diskettenlaufwerksteuerung von Macintosh]
[Intergrated Woz(niak) Machine; a chip for floppy disk control by Macintosh]

IWV SWITCH → **pulse dialing**
→ Impulswahl *nf*

IYFEG (AE) INTERNET **IYFEG**
[spasshafter Platzhalter für "fügen Sie hier Ihre bevorzugte ethnische Gruppe ein"]
= JEDR (BE)
[a joking placeholder]
= Insert Your Favorite Ethnical Group; JEDR; Joke Ethnic/Denomination/Race

i-Zone *nf* MICR.EL → **intrinsic layer**
→ Intrinsic-Schicht *nf*

J *j*

J → Jod *nn*	CHEM	→ **iodine** *n*
J → Joule *nn*	PHYS	→ **Joule** *n*
jacquardscher Webstuhl [1801, erste lochkartengesteuerte Maschine] = Jacquard'scher Webstuhl	DAT.PR	**Jacquard loom** [first machine controlled by punched cards]
Jacquard'scher Webstuhl → jacquardscher Webstuhl	DAT.PR	→ **Jacquard loom**
Jahr *nn* [8.765,8 h] = a	PHYS	**year** *n* [8,765.8 h] = a
Jahr, pro = pro anno; p.a.	OFFICE	**year, per** = per annum; p.a.
Jahr-2000-Tauglichkeit *nf* = Jahr-2000-Verträglichkeit *nf*	COMP.AP	**year-2000 preparadness** = Y2K preparedness; year-2000 readiness; YeK readiness; millennium preparedness; milennium readiness
Jahr-2000-Verträglichkeit *nf* → Jahr-2000-Tauglichkeit *nf*	COMP.AP	→ **year-2000 preparadness**
Jahres- → jährlich *adj*	COLL	→ **annual** *adj*
Jahresabschluss *nm* = Abschluss *nm* ≈ Bilanz; Gewinn- und Verlustrechnung; Geschäftsbericht	ECON	**annual financial statement** (AE) = financial statement (AE); annual accounts (BE)
Jahresausstoß *nm* = Jahresproduktion *nf*	MANUF	**annual output** = annual production
Jahresbedarf *nm*	ECON	**annual requirement** = annual demand
Jahresbeitrag *nm* [für eine Mitgliedschaft]	ECON	**annual fee** (1) (for a membership)
Jahreseinkommen	ECON	**annual income**
Jahresgebühr *nf* [für eine Dienstleistung]	ECON	**annual fee** (2) (for a service)
Jahresgehalt *nm*	ECON	**annual salary**
Jahresgewinn *nm*	ECON	**annual profit**
Jahreshauptversammlung *nf* = Jahresversammlung *nf*	ECON	**annual meeting**
Jahresproduktion *nf* → Jahresausstoß *nm*	MANUF	→ **annual output**
Jahresumsatz *nm*	ECON	**annual turnover**
Jahresversammlung *nf* → Jahreshauptversammlung *nf*	ECON	→ **annual meeting**
Jahreszyklus *nm*	COLL	**annual cycle** = yearly cycle
Jahr für Jahr → jährlich *adv*	COLL	→ **annually** *adv*
Jahrgang *nm* [Zeitschrift]	PRIN.ME	**volume** *n* (2) [magazine]
jährlich *adj* = alljährlich; Jahres-	COLL	**annual** *adj* = ann.; yearly
jährlich *adv* = alljährlich; Jahr für Jahr	COLL	**annually** *adv* = yearly
jahrzehntealt	COLL	**decades-old** *adj*
Jalousie *nf* → Rollladen *nm*	TECH	→ **tambour** *n*
Jalousieblende *nf* [Wechsel mit Streifen]	CINEMA	**Venetian blind** [transition by stripes]
Jalousienschrank *nm* → Rollschrank *nm*	TECH	→ **roll-front cabinet**
Jane-Lampe *nf*	CINEMA	**Jane lamp**
Janet-System *nn*	RADIO	**Janet system**
JAN-Strichcode *nm* [in Japan] ↑ Artikelnummercode	TER&PER	**JAN code** [in Japan] ↑ article number code
J-Antenne *nf*	ANT	**J antenna** = J pole antenna
Jargon *nm* [Wortprägungen bestimmter soziologischer Gruppen] ≈ Fachsprache; Slang ↑ Sondersprache; Soziosprache ↓ Fachjargon	LING	**jargon** *n* [words coined by special social groups] = argot *n*; parlance *n* ≈ technical language; slang ↑ sublanguage ↓ technical parlance
Jaulen *nn* [schnelle Schwankungen der Tonhöhe]	EL.ACOU	**wow** *n* [fast pitch fluctuations]
Jaulen und Zittern	EL.ACOU	**wow and flutter**
Java *nn* [vom US-amer. Slang für "Kaffee"; durch Sun von C++ für vernetzte Anwendungen abgeleitete Programmiersprache]	COMP.LG	**Java** [from the US slang for "coffee"; programming language derived by Sun from C++ for networked applications]
Java-Agent *nm* → Java-Applet	DAT.NW	→ **Java applet**
Java-Applet = Java-Agent *nm* ↑ Applet	DAT.NW	**Java applet** = Java agent ↑ applet
JavaBean *nn*	SW	**JavaBean**
Java-Chip *nm*	MICR.EL	**Java chip**
Java geschrieben, in	SW	**Java, written in** = caffeine based
Java-Kompilierer *nm*	SW	**Java compiler**
Java-Maschine *nf*	DAT.NW	**Java engine**
JavaScript [Makrosparace für Web-Browser] = Jscript	INTERNET	**JavaScript** [macrolanguage for Web browsers] = Jscript
Java-Terminal *nn*	HW	**Java terminal**
Jazz *nm* → Jazzmusik *nf*	MUSIC	→ **jazz music**
Jazzmusik *nf* = Jazz *nm*	MUSIC	**jazz music** = jazz *n*
JDC (obs) → PDC	MOB.CO	→ **PDC**
je *praep* = pro	COLL	**per** *praep*
jeder Art	COLL	**of any kind** = of every description
jede Sekunde → sekündlich	COLL	→ **every second**
jede Stunde → stündlich	COLL	→ **hourly**
JEDR (BE) → IYFEG (AE)	INTERNET	→ **IYFEG**
Jefferson-Karte *nf*	RAD.NA	**Jefferson map**
jemanden telefonisch erreichen	TELEPH	**get a person on the phone**
je nach Anwendungsfall	TEC.DOC	**depending on application**
Jewel Case [mit Platz für Broschüre oder 2 CD's] ↑ CD-Kassette	CONS.EL	**jewel case** [can house a booklet or 2 CDs] ↑ CD cassette
JFET = Sperrschicht-FET *nm*; Sperrschicht-Feldeffekttransistor *nm*	MICR.EL	**JFET** = junction FET; junction field effect transistor
Jg,Kg-Flipflop *nn* → Speicherglied *nn*	CIRC.EN	→ **storage circuit**
Jingle → Erkennungsmelodie *nf*	MEDIA	→ **jingle** *n*
Jini *nf*	SW	**Jini**
Jitter *nm* [unerwünschte, kleine, schnelle Schwankungen in Zeit oder Amplitude, mit > 0,01 Hz] = Zittern *nn*; Flattern *nn*; Signalschwankung *nf*	EL.TRO	**jitter** *n* [unwanted, small, rapid aberration in time or size, with >0.01 Hz] ↓ phase jitter; wander
Jitter *nm* → Zittern *nn*	INSTR	→ **jitter** *n*
jitterfrei	EL.TRO	**jitter-free**
jittergestört	EL.TRO	**jitter-disturbed** = jitter-interfered
Jitter-Messplatz *nm*	INSTR	**jitter test set**
Jitter-Spektrum *nn*	EL.TRO	**jitter spectrum**
Jitter-Spitzenwert *nm*	EL.TRO	**jitter peak**
Jitter-Sprung *nf*	EL.TRO	**jitter hit**
Jitter-Unterdrückung *nf*	EL.TRO	**jitter suppression**
Jitter-Unterdrückungsfaktor *nm*	EL.TRO	**jitter suppression factor**
Jitter-Verträglichkeit *nf*	EL.TRO	**jitter immunity**
JK-Flipflop *nm* ↑ bistabile Kippschaltung	CIRC.EN	**JK flipflop** = Jeckles-Jordan flipflop
Job *nm* → Auftrag *nm*	DAT.PR	→ **job** *n*
Job-Betriebssprache *nf* → Auftragssprache *nf*	COMP.LG	→ **job control language**
Job-Ferneingabe *nf* → Auftragsferneingabe *nf*	DAT.PR	→ **remote job entry**
Job-Fernverarbeitung *nf* → Auftragsferneingabe *nf*	DAT.PR	→ **remote job entry**
Job-Kontrollsprache *nf* → Auftragssprache *nf*	COMP.LG	→ **job control language**
Job Management *nn* (ANGL) → Auftragsverwaltung *nf*	DAT.PR	→ **job management**

Jobschleife *nf* DAT.PR → **input job stream**
→ Auftragseingabefluss *nm*

Joch *nn* EL.TEC **yoke** *n*
[schließt den magnetischen Kreis eines Transformators] [closes the magnetic loop of a transformer]

Joch *nn* EL.TEC → **magnet yoke**
→ Magnetjoch *nn*

Jod *nn* CHEM **iodine** *n*
= J = J

Jodid *nn* CHEM **iodide** *n*

Johnson-Zähler *nm* CIRC.EN **Johnson counter**

Joint Editing *nn* COMP.AP → **joint editing**
→ gemeinschaftliche Dokumentenbearbeitung

Joint Venture *nn* ECON → **joint venture**
→ Gemeinschaftsunternehmen *nn*

Joker *nm* SW → **wildcard** *n*
→ Stellvertreterzeichen *nn*

Joker-Zeichen *nn* SW → **wildcard** *n*
→ Stellvertreterzeichen *nn*

Joliet-File-System *nn* TER&PER **Joliet file system**

Josephson-Effekt *nm* PHYS **Josephson effect**

Josephson-Element *nn* MICR.EL **Josephson junction circuit**

Jota-Operator *nm* LOGIC **J operator**
[das jenige Element x für das gilt] [that element x for which applies]

Joule *nn* PHYS **Joule** *n*
[SI-Einheit für Arbeit, Energie und Wärmemenge; = 1 N m = 1 W s] [SI unit for work, energy and heat quantity; = 1 N m = 1 W s]
= J = J

Joule-Effekt *nm* PHYS **Joule-Thomson effect**
= Joule effect

joulesches Gesetz PHYS **Joule's law**
= Joule'sches Gesetz

Joule'sches Gesetz PHYS → **Joule's law**
→ joulesches Gesetz

joulesche Wärme PHYS **Joule's heat**
= Joule'sche Wärme

Joule'sche Wärme PHYS → **Joule's heat**
→ joulesche Wärme

Journal *nn* INF.TEC **journal** *n*
[eine vollständige chronologische Aufzeichnung für Kontrollzwecke] [complete chronological record for control purposes]
= Protokoll *nn*

Journal *nn* ECON → **journal** *n*
→ Nebenbuch *nn*

Journal *nn* DAT.PR → **listing** *n*
→ Protokoll *nn*

Journaldatei *nf* DAT.MA **journal file**
= Protokolldatei *nf* = log file

Journaldienst *nm* (AT) TECH → **on-call service**
→ Bereitschaftsdienst *nm*

Journaldrucker *nm* TER&PER **journal printer**

Journalismus *nm* PRIN.ME **journalism** *n*

Journalrolle *nf* TER&PER **journal roll**

Journalstreifenleser *nm* TER&PER **journal reader**
= journal scanner

Joystick *nm* (ANGL) TER&PER → **joystick** *n*
→ Steuerknüppel *nm*

JPEG-Format *nn* DAT.MA **JPEG format**
[Joint Photographic Experts Group]

Jscript INTERNET → **JavaScript**
→ JavaScript

Jukebox *nf* TER&PER **jukebox** *n*
[für CD-ROM's] [for CD-ROM's]

julianische Datierung DAT.PR → **Julian date**
→ julianische Datumsangabe

julianische Datumsangabe DAT.PR **Julian date**
[z.B. "032-94" für 1. Februar 1994] [e.g. "032-94" for February 1st, 1994]
= julianisches Datum; julianische Datierung

julianischer Kalender PHYS **Julian calendar**
[von Julius Cäsar im Jahre -46 eingeführt; fügte ein Schaltjahr mit 366 Tagen in jedem 4. Jahr ein (mittlere Jahresdauer 365,25 Tage)] [introduced by Julius Caesar in the yer -46; inserts a leap year of 366 day every 4 years (average year with 365.25 days)]

julianisches Datum DAT.PR → **Julian date**
→ julianische Datumsangabe

Jumbochip *nm* MICR.EL **jumbo chip**
[belegt eine ganze Siliziumscheibe] [making use of a whole wafer]

Jumbofiche OFFICE **jumbofiche**
[18x24 cm] [18x24 cm]
↑ Mikroplanfilm ↑ microfiche

Jumbogruppe *nf* TRANSM **jumbogroup**
[TF-Technik, 3600-Kanal-Bündel nach US-Norm] [FDM, 3600 channels]

Jumper *nm* EL.TRO **jumper** *n*
[flexibler Leiterplattenverbinder] [flexible wire connection on a PCB]
≈ Drahtbrücke ≈ wire link

Junet SW **Junet** *n*
= Japan Unix Network

jungfräuliche Kurve PHYS → **initial magnetization curve**
→ Neukurve *nf*

Jury *nf* MEDIA **jury** *n*

juryfrei MEDIA **without jury**

Justage *nf* TECH → **fine adjustment**
→ Feineinstellung *nf*

Justiermarke *nf* MICR.EL **alignment mark**

Justierschiene *nf* TER&PER **aligner** *n*

Justierschraubendreher *nm* EL.TRO **adjustment screwdriver**

Justierung *nf* TECH → **fine adjustment**
→ Feineinstellung *nf*

Justierzange *nf* EL.TRO **adjusting pliers**
= snipe nose pliers

Just-in-time-Compiler *nm* SW **just-in-time compiler**

Jute *nf* TECH **jute** *n*

Juteumwicklung *nf* COM.CAB **jute serving**

Juxtaposition *nf* SCIE **juxtaposition** *n*
= Nebeneinanderstellung *nf*; Zusammenrückung *nf*
≈ Vergleich [COLL] ≈ comparison [COLL]

K *k*

K CHEM → **potassium**
→ Kalium *nn*

K PHYS → **Kelvin**
→ Kelvin *nn*

k- PHYS → **kilo-** *praef*
→ Kilo- *praef*

K&R COMP.LG **K&R**
[eine Version der Sprache C, von Kernighan und Ritchie] [a version of C by Kernighan and Ritchie]

Kabel *nn* (*pl* -n) TECH **cable** *n*
[dickes Tau] [a strong rope]
≈ Leine; Seil; Strick; Tau ≈ cord; rope

Kabel *nn* (*pl* -n) COM.CAB **cable** *n*
↓ Erdkabel; Röhrenkabel; Seekabel; Luftkabel; Paarkabel; Lichtwellenleiterkabel ↓ earth cable; duct cable; submarine cable; aerial cable; paired cable; optical fiber cable

Kabelabfangung *nf* TECH → **cable clamp**
→ Kabelschelle *nf*

Kabelabschlusseinrichtung *nf* OUT.PL → **cable end**
→ Kabelendverschluss *nm*

Kabelabschnitt *nm* OUT.PL → **cable section**
→ Kabelstück *nn*

Kabeladapter *nm* EQP.EN → **cable matcher**
→ Kabelübergang *nm*

Kabelader *nf* COM.CAB → **wire** *n*
→ Ader *nf*

Kabelanlage *nf* OUT.PL **cable plant**
= cable installation; cable system

Kabelanordnung *nf* SYS.INS **cable arrangement**

Kabelanschluss *nm* TELEC **cable connection**

Kabelanschluss *nm* BROADC **cable access**
= Kabelfernsehanschluss *nm* = CATV access; cable connection; CATV connection

Kabelaufbau *nm* COM.CAB **cable construction**
= Kabelausführung *nf* = cable design; cable make-up; cable build-up

Kabelaufteilung *nf* OUT.PL **cable distribution**

Kabelaufteilungsgestell *nn* OUT.PL **cable distribution rack**
≈ Kabelendgestell

Kabelaufteilungskeller *nm* OUT.PL → **cable vault**
→ Kabelkeller *nm*

Kabelaufteilungsraum *nm* OUT.PL **cable distribution cellar**

Kabelausformung *nf* COM.CAB **cable-end forming**

Kabelausführung *nf* COM.CAB → **cable construction**
→ Kabelaufbau *nm*

Kabelband *nn* COMPO → **cable fastener**
→ Kabelbinder *nm*

Kabelbaum *nm* EQP.EN → **cable harness**
→ Kabelform *nf*

Kabelbelegung *nf* EQP.EN **cable assignment**
= cabling code; cable code

Kabelbewehrung *nf* COM.CAB **cable armoring**

Kabelbewehrungsmaschine *nf* COM.CAB **armoring machine**

Kabelbinder *nm* COMPO **cable fastener**
= Kabelband *nn* = cable strap; cable ties

Kabelbruch *nm* OUT.PL **cable disruption**
= cable cut; backhoe fading (sl.)

Kabelbrücke *nf* SYS.INS **cable bridge**

Kabelbuchse *nf* COMPO **cable jack**
= Kabelkupplung *nf*; Kabeldose *nf* = female cable connector; free socket (BE)
≠ Einbaubuchse; Kabelstecker

Kabeldirektverbindung *nf* HW **direct cable connection**
↓ Nullmodem ↓ null modem

Kabeldose *nf* COMPO → **cable jack**
→ Kabelbuchse *nf*

Kabeldurchführung *nf* SYS.INS **cable feed-trough**

Kabeldurchlass *nm* COMPO **cable entry**
[Stecker] [connector]

Kabeleinfall *nm* EQP.EN **cable entry**

Kabeleinführstutzen *nm* OUT.PL **leading-in tube**

Kabeleinführung *nf* OUT.PL **cable inlet**
= Leitungseinführung *nf* = cable entrance

Kabeleinziehlänge *nf* OUT.PL → **pulling length**
→ Einziehlänge *nf*

Kabeleinziehvorrichtung *nf* OUT.PL **cable puller**

Kabelendgestell *nn* OUT.PL **cable support rack**
= Kabelgestell *nn* = cable terminating rack; cable rack; terminal rack
≈ Kabelaufteilungsgestell

Kabelendverschluss *nm* OUT.PL **cable end**
[Bauteil für den luftdichten Abschluss von Außenkabeln] [component to seal outside cables]
= Endverschluss *nm*; EVs; Kabelabschlusseinrichtung *nf* = cable termination; cable terminal

Kabelendverstärker *nm* TRANSM → **line terminal amplifier**
→ Leitungsendverstärker *nm*

Kabelfabrik *nf* MANUF **cable factory**
= Kabelwerk *nn* = cable works

Kabelfehler *nm* COM.CAB **cable fault**
= cable defect

Kabelfernsehanlage *nf* BROADC **cable television system**
= cable TV system; CATV system

Kabelfernsehanschluss *nm* BROADC → **cable access**
→ Kabelanschluss *nm*

Kabelfernsehen *nn* BROADC **cable TV**
= KTV; Drahtfernsehen *nn* = cable television
≈ Großgemeinschaftsanlage ≈ CATV

Kabelfernsehnetz *nn* TELEC → **broadband cable network**
→ Breitband-Kabelnetz *nn*

Kabelfernsehnetz-Betreiber *nm* TELEC **CATV operator**
= Kabelnetzbetreiber *nm* = cable operator (AE)

Kabelfestlegung *nf* OUT.PL **cable anchorage**

Kabelform *nf* EQP.EN **cable harness**
= Kabelbaum *nm*; Kabelstamm *nm*; Leitersystem *nn* = cable form

Kabelformbrett *nn* MANUF **forming board**
= lacing board

Kabelformplan *nm* EL.TRO **cable forming plan**
= harness wiring plan

kabelfrei TELEC → **wireless** *adj*
→ drahtlos *adj*

Kabelführung *nf* SYS.INS **cable run**
= cable routing; running of cables

Kabelführungsplan *nm* SYS.INS **cable layout**
= Kabellaufplan *nm*; Kabelplan *nm*; Verkabelungsplan *nm* = cable routing plan; cable diagram

Kabelführungsrolle *nf* OUT.PL **guide pulley**

Kabelgarnitur *nf* COM.CAB **cable fittings**

Kabelgestell *nn* OUT.PL → **cable support rack**
→ Kabelendgestell *nn*

Kabelgraben *nm* OUT.PL **cable trench**
= cable ditch

Kabelhalter *nm* SYS.INS **cable holder**
= Kabelhalterung *nf* = cable support

Kabelhalterung *nf* SYS.INS → **cable holder**
→ Kabelhalter *nm*

Kabelhersteller *nm* ECON **cable manufacturer**

Kabelhörfunk *nm* SOUN.ME **wired sound broadcasting**
↑ Kabelrundfunk ↑ wired broadcasting

Kabelhülle *nf* COM.CAB **cable sheathing**

Kabelkamm *nm* EQP.EN **cable comb**

Kabelkanal *nm* EL.INS → **raceway** *n*
→ Installationskanal *nm*

Kabelkanal *nm* OUT.PL **cable conduit**
[ein oder mehrere Kabelkanalzüge auf derselben Trasse] [one or more ducts in the same trench]
= Kanal *nm*; KK; Kabelkanalverband *nm*; Kabelkanalanlage *nf*; Röhrenzug *nm*; Rohrstrang *nm*; Einzugskanalisation *nf* (CH); Rohrzug *nm* = conduits; duct system; duct nest; duct run; duct bank; conduit run
≈ Kabelkanalzug ≈ cable duct
↓ Einrohrkanal; Mehrröhrenkanal ↓ single-duct conduit; multiple-duct conduit

Kabelkanal *nm* SYS.INS **cable channel**
= raceway *n*

Kabelkanalanlage *nf* OUT.PL → **cable conduit**
→ Kabelkanal *nm*

Kabelkanalverband *nm* OUT.PL → **cable conduit**
→ Kabelkanal *nm*

Kabelkanalzug *nm* OUT.PL **cable duct**
[einzelne durchlaufende Röhre] [a single pipe]
≈ Kabelkanal; Einrohrkanal ≈ cable conduit; single-duct conduit

Kabelkasten *nm* OUT.PL **junction box**

Kabelkeller *nm* OUT.PL **cable vault**
[Raum unter dem Hauptverteiler, wo die Außenkabel eintreten] [room under main distribution frame, where outside plant cables enter]
= Kabelaufteilungskeller *nm* = splicing chamber (AE)

Kabelkern *nm* COM.CAB → **cable core**
→ Kabelseele *nf*

Kabel-Kilometer *nm* TELEC **sheath-kilometers**

Kabelklemme *nf* TECH →**cable clamp**
→Kabelschelle *nf*
Kabelkommunikation *nf* INF.TEC **cable communication**
Kabelkopfstation *nf* BROADC **CATV head station**
Kabelkraftwinde *nf* OUT.PL **motor winch**
= Spillwinde *nf*
Kabelkupplung *nf* COMPO →**cable jack**
→Kabelbuchse *nf*
Kabellänge *nf* COM.CAB **cable length**
Kabellaufplan *nm* SYS.INS →**cable layout**
→Kabelführungsplan *nm*
Kabellegeliste *nf* OUT.PL **cabling list**
= Kabelliste *nf*
Kabelleger *nm* TELEC →**cable ship**
→Kabellegeschiff *nn*
Kabellegerolle *nf* OUT.PL **cable-laying roller**
Kabellegeschiff *nn* TELEC **cable ship**
= Kabelschiff *nn*; Kabelleger *nm*; Verlegeschiff *nn*; Legeschiff *nn*
= cable layer; laying ship
Kabellegung *nf* OUT.PL →**cable laying**
→Kabelverlegung *nf*
Kabelleiter *nm* ANT **cable run**
[Gittermast] [lattice mast]
Kabellieferant *nm* TELEC **cable supplier**
= cable vendor
Kabelliste *nf* OUT.PL →**cabling list**
→Kabellegeliste *nf*
Kabellitze *nf* COM.CAB **cable strand**
kabellos TELEC →**wireless** *adj*
→drahtlos *adj*
kabellos EQP.EN →**cordless** *adj*
→schnurlos
kabelloser Lötkolben EL.TRO **cordless soldering iron**
kabelloses LAN DAT.NW →**local-area wireless network**
→Funk-LAN *nn*
Kabelmantel *nm* COM.CAB **cable sheath**
= Mantel *nm*
= cable jacket; cable cladding; sheath *n*; cladding *n*
Kabelmantelpresse *nf* MANUF **cable sheathing press**
Kabelmarke *nf* EL.TRO **cable marker**
Kabelmerkstein *nm* OUT.PL **buried cable marker**
= Merkstein *nm*
= marking post; marker *n*
Kabelmesser *nm* OUT.PL **cable-stripping knife**
= chipping knife
Kabelmessgerät *nn* INSTR **cable measuring equipment**
= cable test equipment
Kabelmesswagen *nm* OUT.PL **testing van**
Kabelmodem *nm&nn* DAT.CO **cable modem**
[Datenübertragung auf Kabelfernsehnetzen] [data transm. on CATV networks]
Kabelmonteur *nm* OUT.PL **cableman**
= cable splicer
Kabelnetz *nn* TELEC **cable network**
Kabelnetzbetreiber *nm* TELEC →**CATV operator**
→Kabelfernsehnetz-Betreiber *nm*
Kabelortungssystem *nn* OUT.PL **cable locator system**
= cable locating system
Kabelpaket *nn* SYS.INS **cable harness**
Kabelpflug *nm* OUT.PL **cable plow** (AE)
= Kabelverlegepflug *nm*
↓Unterwasserkabelpflug
= cable laying plow (AE); cable layer; cable plough (BE); cable laying plough (BE)
↓submarine cable plow
Kabelplan *nm* SYS.INS →**cable layout**
→Kabelführungsplan *nm*
Kabelplan *nm* EQP.EN **cable layout**
Kabelplanung *nf* OUT.PL **cable proyect**
Kabelpritsche *nf* SYS.INS →**cable rack**
→Kabelrost *nm*
Kabelrinne *nf* SYS.INS →**cable trough**
→Kabelwanne *nf*
Kabelrolle *nf* OUT.PL **cable reel**
= cable roller
Kabelrost *nm* SYS.INS **cable rack**
= Kabelpritsche *nf*
≈Kabelwanne
= rack *n* (2) (IEC); cable shelf; cable runway; cable ladder; cable tray; cable grate
≈cable trough
Kabelrundfunk *nm* SOUN.ME **wired broadcasting**
= Drahtfunk *nm*
↓Kabelfernsehen; Kabelhörfunk
= wire broadcasting; line broadcasting; wired radio
↓cable TV; wired sound broadcasting

Kabelsalat *nm* TECH **cable entanglement**
[slang]
= Kabelverhau *nm*
= cable jam
Kabelschacht *nm* OUT.PL **cable jointing chamber**
= cable chamber; jointing chamber (BE); splicing chamber (BE); cable vault; cable pit
Kabelschacht *nm* EQP.EN **cable compartment**
Kabelschelle *nf* TECH **cable clamp**
= Kabelabfangung *nf*; Kabelklemme *nf*; Leitungsschelle *nf*; Bügelschelle *nf*
= cable clamping; cable clip; cable grip
Kabelschiff *nn* TELEC →**cable ship**
→Kabellegeschiff *nn*
Kabelschirm *nm* COM.CAB **cable screen**
= Schirm *nm*
= screen *n*
Kabelschrank *nm* OUT.PL **cable cabinet**
Kabelschrank *nm* EL.INS **wiring cabinet**
= wiring closet
Kabelschritt *nm* COM.CAB →**lay** *n*
→Schlaglänge *nf*
Kabelschuh *nm* COMPO **thimble** *n*
↓Quetschkabelschuh
= cable socket; cable lug; cable grip; cable shoe
Kabelschuhzange *nf* TECH **crimping tool**
= Quetschzange *nf*; Presszange *nf*; Crimpwerkzeug *nn*
Kabelschutzrohr *nn* SYS.INS **cable protection tube**
= Schutzrohr *nn*
Kabelschwanz *nm* OUT.PL **cable tail**
Kabelseele *nf* COM.CAB **cable core**
[Verseilelemente mit deren Bewicklung]
= Kabelkern *nm*
= core
Kabelspleiß *nm* COM.CAB **cable splice**
= Spleiß *nm*; Spleißung *nf*
= splice *n*; splicing *n*; cable joint; joint; cable junction; junction *n*
Kabelsprosse *nf* SYS.INS **cable rung**
Kabelstamm *nm* EQP.EN →**cable harness**
→Kabelform *nf*
Kabelstecker *nm* COMPO **cable plug**
≠Kabelbuchse; Einbaustecker
= cable connector; free plug (BE)
Kabelstrang *nm* OUT.PL →**cable section**
→Kabelstück *nn*
Kabelstrecke *nf* OUT.PL →**cable route**
→Kabeltrasse *nf*
Kabelstück *nn* OUT.PL **cable section**
[Länge zwischen Muffen] [between sleeves]
= Kabelstrang *nm*; Kabelabschnitt *nm*
Kabelsuchgerät *nn* OUT.PL **cable detector**
= Trassensuchgerät *nn*
Kabeltechnik *nf* EL.TEC **cable technology**
= cable engineering
Kabeltext *nm* TELEC **cable text**
Kabeltrasse *nf* OUT.PL **cable route**
= Kabelstrecke *nf*
Kabeltrichter *nm* OUT.PL **cable funnel**
Kabeltrommel *nf* COM.CAB **cable drum**
= Trommel *nf*
= cable reel; cable spool; drum *n*; reel *n*
Kabeltrommelanhänger *nm* OUT.PL **drum carrying trailer**
Kabeltülle *nf* COMPO **cable sleeve**
Kabeltuner *nm* BROADC **cable tuner**
Kabeltunnel *nm* OUT.PL →**cable subway**
→begehbarer Kabelkanal
Kabelübergang *nm* EQP.EN **cable matcher**
= Kabeladapter *nm*
Kabelumkehrrohr *nn* EQP.EN **cable rerouting tube**
Kabelverbinder *nm* EQP.EN **cable connector**
Kabelverhau *nm* TECH →**cable entanglement**
→Kabelsalat *nm*
Kabelverlauf *nm* OUT.PL **cable run**
Kabelverlegemaschine *nf* OUT.PL **cable laying machine**
= Auslegemaschine *nf*
Kabelverlegepflug *nm* OUT.PL →**cable plow** (AE)
→Kabelpflug *nm*
Kabelverlegung *nf* OUT.PL **cable laying**
= Verlegung *nf*; Kabellegung *nf*; Legung *nf*
= laying; cable running
Kabelverschraubung *nf* SYS.INS **cable gland**
Kabelverstärker *nm* RADIO **line booster**
Kabelverteilerschrank *nm* OUT.PL **cable distribution cabinet**
Kabelverzweiger *nm* OUT.PL **distributing box**
[Verteiler zw. Primär- u. Sekundärkabel] [distributor between primary and

= KVz; Verteilerkasten *nm* ≈ Abzweigkasten		secondary cable] = street distribution cabinet; SDC; cross-connect cabinet; cross-connect; cabinet; cross-connecting box; connecting box; dividing box; serving area interface (USA); SAI (USA) ≈ branch box
Kabelverzweigergehäuse *nn* [Gehäuse auf Sockel] = KVz-Gehäuse *nn*; Kabelverzweigerschrank *nm*; KVz-Schrank *nm*; Verteilerkasten *nm*; Abzweigkasten *nm*	OUT.PL	**distribution cabinet** [pedestal-mounted cabinet] = cross connecting terminal; cross connecting distributor; cross-connect box; CCB; cable distribution box; wiring closet; branch joint; branch box; connecting
Kabelverzweigerschrank *nm* → Kabelverzweigergehäuse *nn*	OUT.PL	→ **distribution cabinet**
Kabelverzweigertechnik *nf*	OUT.PL	**dedicated plant system** = dedicated outside plant
Kabelwagen *nm*	OUT.PL	**cable trailer** = cable trolley
Kabelwanne *nf* = Kabelrinne *nf* ≈ Kabelrost	SYS.INS	**cable trough** = cable protector ≈ cable rack
Kabelwerk *nn* → Kabelfabrik *nf*	MANUF	→ **cable factory**
Kabelwinde *nf* = Kabelziehwinde *nf*; KZW	OUT.PL	**cable drum** = cable winch
Kabelwinde *nf* → Kabelziehwinde *nf*	OUT.PL	→ **cable winch**
Kabelziehkopf *nm*	OUT.PL	**mandrel** *n*
Kabelziehschlauch *nm*	OUT.PL	**shackle** *n* = split cable grip
Kabelziehstrumpf *nm* → Ziehstrumpf *nm*	OUT.PL	→ **cable grip**
Kabelziehwinde *nf* → Kabelwinde *nf*	OUT.PL	→ **cable drum**
Kabelziehwinde *nf* = Kabelwinde *nf*	OUT.PL	**cable winch**
Kabine *nf* → Zelle *nf*	CIV.EN	→ **booth**
Kachel *nf* → Seitenrahmen *nf*	DAT.MA	→ **page frame**
kacheln → verfliesen	COMP.GR	→ **tile** *vt*
Kadenz *nf* [regelmäßige Abfolge]	TECH	**cadence** *n* [regular sequence]
Kadenz *nf* → Takt *nm*	EL.TRO	→ **clock** *n*
kadmieren	METAL	**cadmium-plate**
Kadmierung *nf*	METAL	**cadmium plating**
Kadmium *nn* = Cadmium *nn*; Cd	CHEM	**cadmium** *n* = Cd
kadmiumgelb *adj* = cadmiumgelb	OPT	**cadmium yellow** *adj*
kadmiumgrün *adj* = cadmiumgrün	OPT	**cadmium green** *adj*
kadmiumrot *adj* = cadmiumrot	OPT	**cadmium red** *adj*
Kadmiumsulfid-Zelle *nf* = Cadmiumsulfid-Zelle *nf*	POW.SY	**cadmium sulfide cell**
Kadrage *nf* → Einstellungsauswahl *nf*	CINEMA	→ **cadrage** *n*
Käfig *nm* [Kugellager]	MEC.EN	**cage** *n* [ball bearing] = card cage
Käfiganker *nm*	PHYS	**squirrel cage**
Käfigantenne *nf*	ANT	**cage antenna** = cage aerial; squirrel cage antenna
Käfigdipol *nm* → Reusendipol *nm*	ANT	→ **cage dipole**
Käfigmagnetron *nn*	MICROW	**squirrel-cage magnetron**
Käfigmutter *nf*	MEC.EN	**captive nut**
Käfigwicklung *nf*	EL.TEC	**squirrel cage winding** = cage winding
Kaftstecker *nm* → Starkstromstecker *nm*	COMPO	→ **power connector**
Kalander *nm* [Maschine zum Glätten oder Prägen von Papier, Stoff, Folien] = Satiniermaschine *nf*	TECH	**calender** *n* [maschine to smooth] = calendering machine; glazing rollers
kalandern → satinieren	TECH	→ **calender** *vt*
kalandrieren → satinieren	TECH	→ **calender** *vt*
Kalender *nm* ↓ Mondkalender; julianischer Kalender; gregorianischer Kalender	PHYS	**calendar** *n* ↓ lunar calendar; Julian calendar; Gregorian Calendar
Kalendereintragung *nf*	COLL	**calendaring** *n*
Kalenderjahr *nn* ≠ Geschäftsjahr	ECON	**legal year** = calendar year ≠ fiscal year
Kalenderprogramm *nn* ≈ Terminkalenderprogramm	COMP.AP	**calendaring program** = calendar program; electronic calendar; calendar *n* ≈ calendar/scheduler program
kalendertäglich → täglich *adj*	COLL	→ **daily** *adj* (1)
Kalender-Taste *nf*	COMP.AP	**calendar key**
Kaliber *nn* [ein Durchmesser, meist innerer]	TECH	**caliber** *n* [a diameter, mostly internal] = calibre *n* (BE)
Kalibrator *nm* = Kalibriereinrichtung *nf*; Kalibrierschaltung *nf*	INSTR	**calibrator** *n*
Kalibrierbereich *nm*	INSTR	**calibration range**
Kalibrierdienst *nm*	QUAL	**calibration service**
Kalibriereinrichtung *nf* → Kalibrator *nm*	INSTR	→ **calibrator** *n*
Kalibriereinstellung *nf*	INSTR	**calibration adjustment** = cal *adj*
kalibrieren → eichen	INSTR	→ **gauge** *vt*
kalibrieren [auf exaktes Maß bringen]	MECH	**size** *vt* [to give exact size]
Kalibrierfaktor *nm* = Messgerätekorrektur *nf*	INSTR	**calibration factor** = cal factor; instrumentation correction
Kalibrierlaboratorium *nn*	QUAL	**calibration laboratory**
Kalibrier-Normal *nn*	INSTR	**calibration standard**
Kalibrierplakette *nf*	QUAL	**calibration label**
Kalibriersatz *nm*	INSTR	**calibration kit**
Kalibrierschaltung *nf* → Kalibrator *nm*	INSTR	→ **calibrator** *n*
Kalibrierschein *nm*	QUAL	**calibration certificate**
Kalibrierstatus *nm*	QUAL	**calibration status**
Kalibrierung *nf* → Eichung *nf*	INSTR	→ **gauging** *n*
Kalibrierung *nf*	MECH	**sizing** *n*
Kalibrierunsicherheit *nf*	INSTR	**calibration uncertainity** = calibratot uncertainity
Kalibrierwerkzeug *nn*	MEC.EN	**sizing die**
Kalium *nn* = K	CHEM	**potassium** = K
Kaliumchlorid *nn* = Sylvin *nn*	CHEM	**potassium chloride** = sylvine *n*
Kaliumniobat *nn*	CHEM	**potassium niobate**
Kaliumtantalat *nn*	CHEM	**potassium tantalate**
Kalkierung *nf* → Lehnprägung *nf*	LING	→ **calque** *n*
Kalkspat *nm*	CHEM	**calcite** *n*
Kalkül *nm* → Rechenvorschrift *nf*	MATH	→ **calculation rule**
Kalkulation *nf* = Kostenberechnung *nf* ↓ Vorkalkulation; Mitkalkulation; Nachkalkulation	ECON	**cost calculation** = costing *n*; calculation *n* ↓ pre-calculation; concurrent calculation; post-calculation
Kalkulationstabelle *nf* → Arbeitsblatt *nn*	OFFICE	→ **worksheet** *n*
Kalkulationsunterlage *nf*	ECON	**calculation sheets**
kalkulatorisch	ECON	**calculated**
kalkulierbar → berechenbar	SCIE	→ **calculable** *adj*
Kalkulierbarkeit *nf* → Berechenbarkeit *nf*	SCIE	→ **calculability** *n*
kalkulieren	ECON	**calculate costs**
kalkuliertes Datenfeld → berechnetes Datenfeld	COMP.AP	→ **calculated data field**
kalkuliertes Feld → berechnetes Datenfeld	COMP.AP	→ **calculated data field**
Kalman-Filterung *nf*	CONTRO	**Kalman filtering**
Kalorie *nf* [alte Einheit für Wärmemenge; = 4,1868	PHYS	**calory** *n* [old unit for heat quantity; = 4.1868

Joule] = cal		Joule] = cal
kalorimetrische Temperatur → Farbtemperatur *nf*	OPT	→ **color temperature** (AE)
kalorisches Kraftwerk (AT) → Wärmekraftwerk *nn*	TECH	→ **thermal power station**
Kalotte *nf* → Kugelkalotte *nf*	MATH	→ **spherical cup**
Kalottenlautsprecher *nm* = Kugelkappenlautsprecher *nm*	EL.ACOU	**sphere cap loudspeaker**
Kalottenmembran *nf* = Kugelkappenmembrane *nf*	EL.ACOU	**sphere cap diaphragm**
kalt ≠ heiß ↓ stromlos; spannungslos	EL.TEC	**dead** *adj* = power-off; de-energized; cold ≠ live ↓ current-free; voltage-free
kaltanstauchen = kaltstauchen	METAL	**cold-upset** *vt* = cold-head
kalt aushärtend	METAL	**cold-hardening**
kaltbrüchig	TECH	**low-temperature brittle**
Kälte *nf* ≈ Frost	METEO	**coldness** *n* ≈ frost
kältebeständig	TECH	**cold-resistant** = cold-resisting
Kältebeständigkeit *nf*	TECH	**cold resistance** *n*
kalte Lötstelle	EL.TRO	**cold soldering point** = cold solder joint; cold joint; dry joint; dry contact; bad soldering point; faulty soldering point
Kälteregler *nm* = Kryostat *nm*	TECH	**cryostat** *n*
kalter Pufferbereich	DAT.MA	**cold buffer**
Kaltersatz *nm* ≠ Heißersatz	QUAL	**cold stand-by** ≠ hot-stand-by
Kälteverhalten *nn*	TECH	**low-temperature performance**
kaltgehärtet	METAL	**cold-hardened**
kaltgereckt → kaltgezogen	METAL	→ **cold-drawn**
kaltgewalzt	METAL	**cold-rolled**
kaltgezogen = kaltgereckt	METAL	**cold-drawn** = cold-strained
kaltgrau *adj*	OPT	**bluish grey** *adj*
Kaltkathode *nf*	EL.TRO	**cold cathode** = dull emitter
Kaltkathodenröhre *nf* ↓ Gasentladungsröhre; Blitzröhre	EL.TRO	**cold-cathode tube** ↓ gas-discharge tube; flash tube
Kaltleiter *nm* = PTC-Widerstand *nm*; TP-Halbleiterwiderstand *nm* (ex DDR) ↑ Thermistor	COMPO	**PTC thermistor** = positive temperature coefficient thermistor
Kaltlichtspiegellampe *nf*	TECH	**cool light reflector lamp**
Kaltlötstelle *nf* = Vergleichstelle *nf*	INSTR	**cold junction**
kaltpressen	METAL	**cold-press**
Kaltpressen *nn*	METAL	**cold pressing** = cold moulding
Kaltpressschweißung *nf*	METAL	**cold-press welding**
kaltrecken → kaltziehen	METAL	→ **cold-draw** *vt*
kaltreduzieren	METAL	**cold-reduce**
Kaltreduzieren *nn*	METAL	**cold reducing**
Kaltsatz *nm* ≠ Bleisatz ↓ Fotosatz; elektronischer Satz	PRIN.ME	**cold type** ≠ hot type ↓ phototypesetting; electronic typesetting
kaltschlagen	METAL	**cold-forge**
Kaltschlagen *nn* → Fließpressen *nn*	METAL	→ **cold forging**
kaltschweißen	METAL	**cold-weld** *vt*
Kaltschweißung *nf*	METAL	**cold welding** = cold shunt
kaltspritzen → strangpressen	METAL	→ **extrude** *vt*
Kaltstart *nm*	TECH	**cold start** *n*
Kaltstart *nm* [Starten eines Computers von Null an, durch Einschalten oder Betätigen von Tasten] ≠ Warmstart	DAT.PR	**cold start** [activate a computer from its starting point, by power-on or pressing keys] = cold boot ≠ warm start
kaltstauchen → kaltanstauchen	METAL	→ **cold-upset** *vt*

Kaltstauchen	METAL	**cold upsetting** *n*
kaltverfestigen	METAL	**strain hardening** = cold setting; work hardening
kaltverformen	METAL	**cold-work** *vt*
Kaltverformung *nf*	METAL	**cold work** *n*
kaltwalzen	METAL	**cold-roll**
Kaltwalzen *nn*	METAL	**cold rolling** = cold lamination
Kaltwalzwerk *nn*	METAL	**cold rolling mill**
Kaltwiderstand *nm* → Anfangswiderstand *nm*	EL.TRO	→ **initial resistance**
Kaltwiderstand *nm* → Heißleiter *nm*	COMPO	→ **NTC thermistor**
kaltziehen = kaltrecken	METAL	**cold-draw** *vt*
Kaltziehen *nn*	METAL	**cold drawing**
Kalzium *nn* = Calcium; Ca	CHEM	**calcium** *n* = Ca
KAM → Key Account Manager	ECON	→ **key account manager**
Kamera *nf* → Fotoapparat *nm*	PHOT	→ **photographic camera**
Kamera *nf*	IMAG.ME	**camera** *n*
Kameraachse *nf*	CINEMA	**camera axis** = axis *n*; camera angle
Kamerabericht *nm*	CINEMA	**camera sheet**
Kamerabewegung *nf*	CINEMA	**camera movement**
Kamerabühne *nf*	CINEMA	**dolly grip**
Kameraeinstellwinkel *nm*	CINEMA	**camera angle**
Kamerafahrt *nf*	CINEMA	**tracking**
Kamerafahrt mit Schwenk	CINEMA	**cabiria movement**
kamerafertig [aufnahmebereit für die Druckplattenherstellung] = reprofähig; reproreif	PRIN.ME	**camera-ready** *adj* [ready to be filmed for printing plates]
Kameramann *nm*	CINEMA	**cameraman** = cinematographer *n*; camera operator
Kameraperspektive *nf*	CINEMA	**camera angle**
Kamerapraktikant *nm*	CINEMA	**camera apprentice**
Kameraröhre *nf* → Bildaufnahmeröhre *nf*	EL.TRO	→ **camera tube**
Kameraschwenk *nm* = Schwenk *nm*	CINEMA	**panning** *n*
Kamerasichtfeld *nn*	COMP.GR	**field view**
Kamerastativ *nn*	CINEMA	**legs** *nplt*
Kameraüberwachungssystem *nn*	SIG.EN	**camera monitoring system**
Kamera- und Lichtinstallation *nf*	IMAG.ME	**setup** *n*
Kamerawagen *nm* = Dolly *nn* (ANGL)	CINEMA	**dolly** *n*
Kamkorder *nm* → Camera Recorder *nm*	CONS.EL	→ **camera recorder**
Kamm *nm* (1) [mit Zinken versehenes Gerät]	TECH	**comb** *n*
Kamm *nm* (2) [oberster Teil einer Erhebung]	TECH	**crest** *n*
Kammantenne *nf*	ANT	**comb antenna**
Kammer *nf* → Hohlraum *nm*	MICROW	→ **cavity** *n*
Kammer *nf* ↑ Raum	CIV.EN	**chamber** *n* ↑ room (1)
Kammerkabel *nn*	COM.CAB	**slotted core cable**
Kammerwicklung *nf* → Scheibenwicklung *nf*	EL.TEC	→ **interleaved winding**
Kammfilter *nn* = Comb-Filter *nn* (ANGL)	MICROW	**comb filter**
Kammgenerator *nm*	INSTR	**comb generator**
Kammrelais *nn*	COMPO	**cradle relay**
Kammzugriff *nm* → Magnetplattenstapel-Zugriff *nm*	HW	→ **magnetic-disk-pack access**
Kanal *nm* → Kabelkanal *nm*	OUT.PL	→ **cable conduit**
Kanal *nm*	MICR.EL	**channel** *n*
Kanal *nm* [künstlicher Wasserweg] = Wasserkanal *nm*	GEOSC	**canal** *n* [artificial waterway]
Kanal *nm* [Übertragungsweg zwischen Zentraleinheit und Peripheriegeräten] ↓ Datenkanal; Eingabekanal; Ausgabekanal; Selektorkanal; Multiplexkanal; Steuerkanal;	HW	**channel** *n* [transmission path between CPU and peripherals] ↓ data channel; input channel; output channel; selector channel;

Hauptkanal; Hilfskanal — multiplex channel; control channel; main channel; auxiliary channel

Kanal *nm* TELEC **channel** *n*
[vom latein. "canalis" (von "canna" = "Schilfrohr"; über das Griechische aus dem Semitischen) = "Röhre, Rinne"; kleinste Unterteilung eines Übertragungsweges in einer Übertragungsrichtung] — [from Latin "canalis" (from "canna" = "reed"; through the Greek from the Semitic) = "tube, drain"; smallest subdivision of a transmission path in one sense of transmission]
≈ Übertragungsweg — ≈ transmission path
↓ Datenkanal — ↓ data channel

Kanal *nm* TER&PER → **track** *n*
→ Spur *nf*

Kanalabschnürung *nf* MICR.EL **pinch-off** *n*

Kanalabstand *nm* TRANSM **channel separation**
= channel spacing

Kanalabstand *nm* RADIO → **channel separation**
→ Rasterabstand *nm*

Kanaladapter *nm* DAT.CO **channel adapter**

Kanaladresse *nf* SWITCH **channel address**

Kanaladressierung *nf* SWITCH **channel addressing**

Kanaladressregister *nn* HW **channel address register**

Kanalanforderung *nf* MOB.CO **channel request**

Kanalanordnung *nf* RADIO → **channel configuration**
→ Kanalraster *nn*

Kanalanschaltung *nf* TELEC **channel connection**

Kanalart *nf* INF.TH **channel type**

Kanalaufteilungsplan *nm* TELEC **channel allocation plan**

Kanalausfall *nm* TRANSM **loss of channel**
= Kanalunterbrechung *nf* — = LOC

Kanalauswahl *nf* TELEC **channel selection**

Kanalbefehl *nm* SW **channel command**

Kanalbefehlsadresse *nf* SW **channel command address**

Kanalbefehlswort *nn* DAT.PR **channel command word**
[zur Steuerung von Datenein- und ausgabe] — [to control data input and output]
= CCW

Kanalbelegung *nf* TELEC **channel occupancy**
≈ Kanalzuteilung — = channel loading; usage of channels; erlang *n* (2) [SWITCH]
≈ channel assignment

Kanalbelegung in der Hauptverkehrsstunde SWITCH **busy-hour erlang**

Kanalbelegungsplan *nm* TELEC **channel arrangement plan**
= Kanalplan *nm* (1); Kanalisierungsplan *nm* — = channelization plan; channeling plan
≈ Kanalführungsplan — ≈ channel routing plan

Kanalbestätigung *nf* MOB.CO **channel confirmation**

Kanalblock *nm* SWITCH **channel command block**
= channel block

Kanalblockregister *nn* DAT.CO **channel block register**

Kanalbreite *nf* MICR.EL **channel width**

Kanalbreite *nf* TELEC **channel width**

Kanalbündelung *nf* TELEC **channel packing**
= Kanalgruppierung *nf* — = channel bundling; channel grouping

Kanalcharakteristik *nf* INF.TH → **channel characteristic**
→ Kanaleigenschaft *nf*

Kanalcodierung *nf* TV **channel coding**

Kanalcodierung *nf* INF.TH **channel encoding**
[Codierung erfolgt im Signalkanal] — [coding occurs in the transmission channel]
≠ Quellencodierung — ≠ primary encoding

Kanaleigenschaft *nf* INF.TH **channel characteristic**
= Kanalcharakteristik *nf*

Kanalelektronenvervielfacher *nm* INSTR **channel electron multiplier**

Kanalentkopplung *nf* TELEC **channel isolation**
= channel decoupling

Kanalentladung *nf* PHYS **channel discharge**
↑ Gasentladung — ↑ gaseous discharge

Kanalfehler *nm* SW **channel error**

Kanalfilter *nn* RAD.RE → **channel filter**
→ Kanalweiche *nf*

Kanalfilter *nn* TRANSM **channel filter**
[TF-Technik] — [FDM]

Kanalfreigabe *nf* MOB.CO **channel release**

Kanalführung *nf* TELEC **channel routing**
= channelization *n* (1)

Kanalführungsplan *nm* TELEC **channel routing plan**
= Kanalplan *nm* (2) — ≈ channel arrangement plan
≈ Kanalbelegungsplan

kanalgebunden TELEC **channel-associated**
≈ kanalindividuell

kanalgebundene Signalisierung SWITCH → **channel-oriented signaling** (AE)
→ kanalgebundene Zeichengabe

kanalgebundene Zeichengabe SWITCH **channel-oriented signaling** (AE)
= kanalgebundene Signalisierung; kanalzugehörige Signalisierung — = channel-oriented signalling (BE); channel-oriented mode; channel-assigned signaling; CAS

kanalgerastert RADIO **channeled**
= Kanalraster, mit

Kanalgerät *nn* TELECON **line control unit**

Kanalgeräusch *nn* TELEC → **idle channel noise**
→ Leerkanalgeräusch *nn*

Kanalgruppennummer *nf* DAT.CO **channel group number**

Kanalgruppierung *nf* TELEC → **channel packing**
→ Kanalbündelung *nf*

kanalindividuell TELEC **channel-specific**
= kanalspezifisch; kanalzugehörig — ≈ channel-associated
≈ kanalgebunden

Kanalinformation *nf* CODING **channel sample**

Kanalisierungsplan *nm* TELEC → **channel arrangement plan**
→ Kanalbelegungsplan *nm*

Kanalkapazität *nf* INF.TH **channel capacity**

Kanalkarte *nf* TRANSM **channel unit card**
= channel board

Kanalkennung *nf* RAD.RE **RF channel identification**

Kanallänge *nf* MICR.EL **channel length**

Kanalmanagement *nn* DAT.PR → **channel management**
→ Kanalverwaltung *nf*

Kanalmodus *nm* MOB.CO **channel mode**

Kanalnummer *nf* RADIO **channel number**

Kanalpegel *nm* TRANSM **channel level**

Kanalpegel *nm* TV **signal level**

Kanalpegeleinstellung *nf* TRANSM **channel level adjustment**

Kanalplan *nm* (1) TELEC → **channel arrangement plan**
→ Kanalbelegungsplan *nm*

Kanalplan *nm* (2) TELEC → **channel routing plan**
→ Kanalführungsplan *nm*

Kanalprogramm *nn* SW **channel program**

Kanalprogramm-Startadresse *nf* DAT.CO **channel program start address**

Kanalpuffer *nm* DAT.PR **channel buffer**
= Kanalspeicher *nm*

Kanalraster *nn* RADIO **channel configuration**
= Kanalanordnung *nf* — = channel arrangement; channel pattern; channeling raster
≈ Radiofrequenzraster — ≈ radio frequency pattern

Kanalraster, mit RADIO → **channeled**
→ kanalgerastert

Kanalrauschen *nn* INF.TH **channel noise**

Kanalsbefehlskette *nf* DAT.CO **channel command word sequence**

Kanalschlange *nf* DAT.CO **channel queue**

Kanalspeicher *nm* DAT.PR → **channel buffer**
→ Kanalpuffer *nm*

kanalspezifisch TELEC → **channel-specific**
→ kanalindividuell

Kanalspringen *nn* INTERNET **channel hopping**

Kanalsteuereinheit *nf* DAT.PR **channel control unit**
= channel controller

Kanalsteuerung *nf* DAT.PR **channel control**

Kanalstopper *nm* MICR.EL **channel stop**

Kanalstrahl *nm* EL.TRO **canal ray**
= positive ray

Kanalstrom *nm* MICR.EL **channel current**
[FET] — [FET]

Kanalsuchlauf *nm* CONS.EL → **automatic station finder**
→ Suchlaufautomatik *nf*

Kanalsynchronisiereinrichtung *nf* HW **channel synchronizer**

Kanaltrennung *nf* EL.ACOU → **stereo separation**
→ Stereo-Übersprechdämpfung *nf*

Kanalüberlastung *nf* DAT.CO **channel oveload**

Kanalüberwachung *nf* TELEC **channel monitoring**
= channel supervision

Kanalumleitung *nf* TELEC **channel rerouting**
= Kanalumlenkung *nf* — = channel redirection

Kanalumlenkung *nf* TELEC → **channel rerouting**
→ Kanalumleitung *nf*

Kanalumschaltung *nf* MOB.CO **channel switching**

Kanalumsetzer *nm* TRANSM **channel modulator**
[TF-Technik] — [FDM]
↑ Primärmultiplexer — = channel bank (AE); channel translator; channel converter
↑ primary multiplexer

Kanalunterbrechung *nf* TRANSM → **loss of channel**
→ Kanalausfall *nm*

Kanalverwaltung *nf* DAT.PR **channel management**
= Kanalmanagement *nn* — = channel scheduling

Kanalwähler *nm* — CONS.EL — **channel selector**
= Tuner *nm* (2) — = tuner *n* (2)

Kanalwechsel *nm* — MOB.CO — **channel change** *n*
[bestende Verbindung auf einen anderen Funkkanal umlegen] — [to switch a call in progress to another radio channel]
= Trägerkanalwechsel *nm*; Handover *nn* (ANGL) — = bearer handover; handover *n* (2); hand-off *n* (2)
↑ Gesprächsumschaltung — ↑ hand-off (1)
↓ interzellularer K.; intrazellularer K. — ↓ inter-c.c.; intra-cell c.c.

Kanalweiche *nf* — RAD.RE — **channel filter**
= Kanalfilter *nn*; Kanalweichenfilter *nn*

Kanalweiche *nf* — TV — **channel filter**

Kanalweichenfilter *nn* — RAD.RE — → **channel filter**
→ Kanalweiche *nf*

Kanalweichenkette *nf* — RAD.RE — **channel filter chain**

kanalzugehörig — TELEC — → **channel-specific**
→ kanalindividuell

kanalzugehörige Signalisierung — SWITCH — → **channel-oriented signaling** (AE)
→ kanalgebundene Zeichengabe

Kanalzugriff *nm* — TELEC — **channel access mode**
↑ Zugriffsverfahren — ↑ access mode

Kanalzugriffsverfahren *nn* — TELEC — **channel access**

Kanal-zu-Kanal-Verbindung *nf* — HW — **channel-to-channel connection**

Kanalzuordnung *nf* — TELEC — → **channel assignment**
→ Kanalzuteilung *nf*

Kanalzustandstabelle *nf* — DAT.PR — **channel status table**

Kanalzuteilung *nf* — TELEC — **channel assignment**
= Kanalzuordnung *nf*; Kanalzuweisung *nf* — = channel allocation
≈ Kanalbelegung — ≈ channel occupancy

Kanalzuweisung *nf* — TELEC — → **channel assignment**
→ Kanalzuteilung *nf*

Kanister *nm* — TECH — **can** *n*
= metal container

Kanji — TER&PER — **Kanji**
[japan. Zeichensatz] — [Japanese character set]

Kanon *nm* — MATH — **canon** *n*
[über das latein. "canon" = "Regel", vom griech. "kanón" = "Rohrstab, Maßstab"; allgemeine Regel zur Problemlösung] — [via Latin "canon" = "rule", from Greek "kánon" = "reed, ruler"; general rule for the solution of a problem]
≈ Algorithmus *nm* — ≈ algorithm

kanonisch — MATH — **canonical**

kanonisch — NETW.TH — **canonic**

kanonische Adresse — TELEC — **canonical address**
[weltweit anwendbar. z.B. +49 (89) 10101010 für einen Teilnehmer in München] — [universally applicable, e.g. +49 (89) 10101010 for a subscriber in Munich, Germany]

kanonischer Vierpol — NETW.TH — **canonic two-port**
[mit einem Minimum von Schaltelementen] — [with the minimum of circuit elements]
= canonic quadripole

kanonisches Modell — DAT.PR — → **canonical schema**
→ kanonisches Schema

kanonisches Schema — DAT.PR — **canonical schema**
[von HW und SW unabhängig] — [independent of HW or SW]
= kanonisches Modell — = canonical model

kanonische Synthese — DAT.MA — **canonical synthesis**

kanonische Transformation — MATH — **canonical transformation**

Kante *nf* — MEC.EN — **edge** *n*

Kante *nf* — ENG.DRA — **outline** *n*
↓ Bruchkante — ↓ break

Kante *nf* — IMAG.PR — **edge** *n*
[in einem Bild] — [a line on a grey level discontinuity]

Kante *nf* — MATH — **edge** *n*
[Graphentheorie; Verbindungslinie zwischen Knoten] — [theory of graphs; connecting line of nodes]
≠ Knoten — ≠ node

Kantenbildpunkt *nm* — IMAG.PR — **edge pixel**

Kanten brechen — MEC.EN — → **round-off** *vt*
→ abkanten (1)

kantenbrechen — MEC.EN — → **round-off** *vt*
→ abkanten (1)

kantendisjunkt — TELEC — **edge-disjoint**

Kantendisjunkte *nf* — SWITCH — **link disjoint**

Kantenerkennung *nf* — IMAG.PR — **edge detection**

Kantenglättung *nf* — COMP.GR — → **anti-aliasing** *n*
→ Bildglättung *nf*

Kantenkontrastierung *nf* — COMP.GR — **edge sharpening**
= edge enhancement

Kantenmodell *nn* — COMP.GR — → **wire frame model** *n*
→ Drahtmodell *nn*

Kantorovich-Baum *nm* — COMP.SC — **Kantorovich tree**

Kanzleisprache *nf* — LING — → **officialese** *n*
→ Behördensprache *nf*

Kanzleistiel *nm* — LING — → **officialese** *n*
→ Behördensprache *nf*

Kap *nn* — GEOSC — **cape** *n*

Kapazitanz *nf* — NETW.TH — **capacitance** *n*
= Kondensanz *nf* — = condensance *n*

Kapazität *nf* — EL.SC — → **electric capacitance**
→ elektrische Kapazität

Kapazität *nf* — TECH — **capacity** *n*
= Fassungsvermögen *nn*

Kapazität *nf* — PHYS — **capacitance** *n*
↓ elektrische Kapazität; Wärmekapazität — = capacity *n*
↓ electric capacitance; heat capacity

Kapazitätsabbau *nm* — MANUF — **capacity reduction**
= Kapazitätsverringerung *nf* — = capacity cutback

kapazitätsarm — EL.TEC — **low-capacitance** *adj*
= anticapacitance *adj*

Kapazitätsausgleich *nm* — EL.TEC — **capacity balancing**

Kapazitätsauslastung *nf* — TECH — **capacity usage**
≈ Auslastungsgrad — = capacity utilization
↑ Auslastung — ≈ usage factor
↑ usage

Kapazitätsbelag *nm* — LINE TH — **distributed capacitance**
[Kapazität pro Längeneinheit] — = capacitance per unit length
↑ Leitungskonstante — ↑ transmission-line constant

Kapazitätsdekade *nf* — INSTR — **decade capacitor**

Kapazitätsdiode *nf* — MICR.EL — → **varactor diode**
→ Varaktordiode *nf*

Kapazitätsdioden-Modulator *nm* — MODUL — **tuning diode modulator**
= varicap modulator

Kapazitätseinheit *nf* — BRADC — **capacity unit**
[DAB Multiplex] — = CU
= CU *nf* — ≠ DAB multiplex

Kapazitätsengpass *nm* — MANUF — **capacity bottleneck**

kapazitätsgerade — EL.TEC — **capacity-flat**

Kapazitätsmessbrücke *nf* — INSTR — **capacitance bridge**

Kapazitätsmesser *nm* — INSTR — **capacitance meter**

Kapazitätsmessung *nf* — INSTR — **capacitance measurement**

Kapazitätsnormal *nn* — INSTR — → **standard capacitor**
→ Normalkondensator *nm*

Kapazitätsüberschreitung *nf* — TECH — **capacity transgression**
= capacity overflow

Kapazitätsunsymmetrie *nf* — EL.TEC — **capacity unbalance**

Kapazitätsvariations-Diode *nf* — MICR.EL — → **varactor diode**
→ Varaktordiode *nf*

Kapazitätsverringerung *nf* — MANUF — → **capacity reduction**
→ Kapazitätsabbau *nm*

kapazitiv — EL.TEC — **capacitive**
= capacitative

kapazitive Antenne — ANT — **capacitor antenna**
= capacitor aerial

kapazitive Dreipunktschaltung — CIRC.EN — **Colpitts oscillator circuit**

kapazitive Kopplung — EL.TEC — **capacitive coupling**
= Kondensatorkopplung *nf*

kapazitive Last — EL.TEC — **capacitive load**
= Kapazitivlast *nf*

kapazitiver Messfühler — INSTR — **capacitive pick-up**

kapazitiver Speicher — TER&PER — **capacitor storage**
= capacitor memory

kapazitiver Widerstand — NETW.TH — **capacitive reactance**
[1/ω] — [1/ω]
= capacitive resistance

Kapazitivlast *nf* — EL.TEC — → **capacitive load**
→ kapazitive Last

kapierbar — COLL — → **tangible** *adj* (3)
→ fassbar (2)

kapillar *adj* — TECH — **capillary**

Kapillarelektrometer *nn* — INSTR — **capillary electrometer**

Kapillarität *nf* — TECH — **cpillarity** *n*

Kapillarrohr *nn* — TECH — **capillary tube**

Kapillarschweißung *nf* — METAL — **capillary jointing**

Kapital *nn* — ECON — **capital** *n* (1)
= Geschäftsvermögen *nn*

Kapitalanlage *nf* — ECON — **capital investment**

Kapitalanlagegesellschaft *nf* — ECON — **investment trust**

Kapitalaufwand *nm* — ECON — **capital expenditure**
≈ Investition — = CAPEX
≈ investment

Kapitalband *nn* — PRIN.ME — **headband** *n*

[dekorative(r) Streifen am Buchrücken] — [decorative strip(s) on the back of a book]
= Kapitalbändchen *nn*; Kaptalband *nn*

Kapitalbändchen *nn* — PRIN.ME — → **headband** *n*
→ Kapitalband *nn*

Kapitalbeteiligung *nf* — ECON — **shareholding** *n*
↓ Aktienbeteiligung — = equity participation; interest
↓ stockholding

Kapitälchen *nn* — PRIN.ME — **small capitals**
[auf die Größe von Kleinbuchstaben verkleinerte Großbuchstaben] — [capitals with the size of small characters]
= small cap

Kapitalhilfe *nf* — ECON — **soft loan**

kapitalisieren — ECON — **capitalize**
= aktivieren

Kapitalkosten *nplt* — ECON — **capital cost**

Kapitalwert *nm* — ECON — → **present value**
→ Barwert *nm*

Kapitalzins *nm* — ECON — **capital interest**
= Geschäftsvermögen-Zins *nm*

Kapitel — LING — → **section** *n*
→ Abschnitt *nm*

Kapitel *nn* — LING — **chapter** *n*
= chap.

Kapitelname *nm* — DAT.MA — → **section name**
→ Abschnittsname *nm*

Kapitelüberschrift *nf* — DAT.MA — → **section name**
→ Abschnittsname *nm*

Kapitelüberschrift *nf* — PRIN.ME — → **heading** *n*
→ Überschrift *nf*

Kappdiode *nf* — EL.TRO — **clamping diode** (1)
[kappt Impulsspitzen] — [levels pulse peaks]
= Abfangdiode *nf* — ≈ limiter diode
≈ Begrenzerdiode — ↑ protective diode
↑ Schutzdiode

Kappe *nf* — TECH — → **hood** *n*
→ Haube *nn*

Kappe *nf* — MATH — → **spherical cup**
→ Kugelkalotte *nf*

Kapsel *nf* — TECH — **capsule** *n*

kapseln — TECH — → **encapsulate**
→ verkapseln

Kapselung *nf* — SW — **encapsulation** *n* (2)
[OOP; Trenung von Implementierungsdetails von externen Aspekten] — [OOP; isolate internal implemnetation details from external aspects]
= information hiding

Kapselung *nf* — TECH — → **encapsulation** *n*
→ Verkapselung *nf*

Kaptalband *nn* — PRIN.ME — → **headband** *n*
→ Kapitalband *nn*

Karat *nn* — PHYS — **carat** *n*
[Gewichtseinheit (0,2 g) für Edelsteine; vom griech. "kerátion" = "Johannisbrotbaum-Samenkorn"] — [weight unit (0.2 g) for precious stones; from Greek "kerátion" = "seed grain of carob-bean"]
= ct.

Karat *nn* — CHEM — **carat** *n*
[Einheit einer 24-stufigen Skala für den Goldgehalt einer Legierung] — [unit of 24-step skale for the gold content of an alloy]

Karbid *nn* — CHEM — **carbide** *n*
= Carbid *nn*

Karbonat *nn* — CHEM — **carbonate** *n*
= Carbonat *nn*

Karbonband *nn* — TER&PER — → **carbon ribbon**
→ Kohlefarbband *nn*

Karbonbandvernichter *nm* — OFFICE — **carbon ribbon shredder**
= Carbonbandvernichter *nm* — = carbon tape shredder

Karbonfarbband *nn* — TER&PER — → **carbon ribbon**
→ Kohlefarbband *nn*

Kardangelenk *nn* — MEC.EN — **universal joint**
= Kreuzgelenk *nn*

Kardinalzahl *nf* (1) — MATH — **cardinal number** (1)
[jede aus 1 durch Addition von 1 erhältliche Zahl; häufig einschließlich der Zahl Null] — [any number obtainable by addition of 1 to 1; frequently including the number zero]
= Grundzahl *nf* (1) — = nonnegative integer
≈ Ordinalzahl — ≈ ordinal number
↑ natürliche Zahl — ↑ natural number

Kardinalzahl *nf* (2) — MATH — **cardinal number** (2)
[Mengenlehre: die Elementanzahl einer Menge] — [set theory: the number of elements of a set]

kardioid *adj* — MATH — → **cardioid** *adj*
→ herzförmig *adj*

Kardioid-Antenne *nf* — ANT — **cardioid antenna**

Kardioide *nf* — MATH — **cardioid** *n*
= Herzkurve *nf*

Kardioide *nf* — PHYS — → **cardioid pattern**
→ Kardioidendiagramm *nn*

Kardioidendiagramm *nn* — PHYS — **cardioid pattern**
= Herzkurvendiagramm *nn*; Kardioide *nf*; Herzkurve *nf*; Herzcharakteristik *nf* — = cardioid diagram; cardioid *n*

Kardioidenmikrofon *nn* — EL.ACOU — **cardioide microphone**

Karikaturstreifen *nm* — PRIN.ME — → **comic-strip** *n*
→ Comicstrip *nm*

karmin gebrannt *adj* — OPT — **burnt carmin** *adj*

karminrot *adj* — OPT — **carmine red** *adj*
= carminrot

Karnaugh-Plan — LOGIC — → **Karnaugh map**
→ Karnaugh-Veitch-Diagramm *nn*

Karnaugh-Veitch-Diagramm *nn* — LOGIC — **Karnaugh map**
= KV-Diagramm *nn*; Karnaugh-Veitch-Tafel; KV-Tafel; Karnaugh-Plan

Karnaugh-Veitch-Tafel — LOGIC — → **Karnaugh map**
→ Karnaugh-Veitch-Diagramm *nn*

Karriere *nf* — ECON — **carreer** *n*
= Laufbahn *nf*

Karriere *nf* — ECON — → **career** *n*
→ Laufbahn *nf*

Karte *nf* — TER&PER — **card** *n*
↓ Lochkarte; Magnetkarte; Chipkarte; Zahlungskarte; Telefonkarte — ↓ punched card; magnetic card; chip card; payment card; telephone card

Karte *nf* — GEOSC — **map** *n*
[maßstabsgebundene räumliche Darstellung] — [true to scale spatial representation]
↓ topografische K.; thematische K.

Karte *nf* — EL.TRO — → **printed circuit board**
→ Leiterplatte *nf*

Karte *nf* — CART — → **geographical map**
→ Landkarte *nf*

Kartei *nf* — OFFICE — **card file**
↓ Steilkartei; Staffelkartei — = card-index

Karteikarte *nf* — OFFICE — **file card**
= Fiche *nf* (CH) — = index card; record card

Karteikasten *nm* — OFFICE — **card-index cabinet**
= filing cabinet (2); cardfiler *n*

Karteiregister *nn* — OFFICE — **card-index file**

Karteireiter *nm* — OFFICE — **rider** *n*
[für Karteikarten] — [for file cards]
= Reiter *nm* — = card-index tab; tab *n*

Kartei-Taste *nf* — COMP.AP — **file key**

Karteitisch *nm* — OFFICE — **card-index table**

Karteitrog *nm* — OFFICE — **card-index tray**

Kartenabbild *nn* — DAT.MA — **card image**
[in einem Speicher ein exaktes Abbild eines Karteninhalts] — [exact card-content image in a memory]

Kartenablesung *nf* — TER&PER — → **card sensing**
→ Lochkartenablesung *nf*

Kartenabtaster *nm* — TER&PER — → **punched card scanner**
→ Lochkartenleser *nm*

Kartenakzeptanz *nf* — ECON — **card acceptancy**
[z.B. von Kreditkarten] — [e.g. of credit cards]

Kartenanschlag *nm* — TER&PER — **card aligner**
= Lochkartenanschlag *nm*; Kartenausrichter *nm*; Lochkartenausrichter *nm*

Kartenanstoß *nm* — TER&PER — → **card wreck**
→ Lochkartenanstoß *nm*

Kartenaufnehmer *nm* — TER&PER — **card picker**
= Lochkartenaufnehmer *nm*; Kartengreifer *nm*; Lochkartengreifer *nm* — = card gripper

Kartenausgabe *nf* — TER&PER — **card output**
= Lochkartenausgabe *nf*

Kartenausrichter *nm* — TER&PER — → **card aligner**
→ Kartenanschlag *nm*

Kartenautorisierung *nf* — TER&PER — **card authorization**

Kartenbahn *nf* — TER&PER — → **card track**
→ Lochkartenbahn *nf*

Kartenbenutzer *nm* — ECON — **card user**
[z.B. von Kreditkarten] — [e.g. of credit cards]

Kartenbetrüger *nm* — ECON — **carder**

Kartenbogen *nm* — CART — **map plate**

Kartenbügler *nm* — TER&PER — **card reconditioner**
= Lochkartenbügler *nm* — = carditioner *n*

Kartencode *nm* — TER&PER — → **card code**
→ Lochkartencode *nm*

Kartendoppler *nm* — TER&PER — → **punched card reproducer**
→ Lochkartendoppler *nm*

Kartendurchlauf *nm* — TER&PER — **card run**
= Lochkartendurchlauf *nm*

Kartenerstellung *nf* — CART — **map production**

Kartenfach *nn* — EQP.EN — **card container**
= Kartentasche *nf* — = card compartment

Kartenformat *nn* — TER&PER — **card format**
↓ Lochkartenformat — ↓ punched card format

Kartengang *nm* — TER&PER — → **card cycle**
→ Kartenzyklus *nm*

kartengesteuert — DAT.PR — → **card controlled**
→ lochkartengesteuert

Kartengreifer *nm* — TER&PER — → **card picker**
→ Kartenaufnehmer *nm*

Kartengriff *nm* — EQP.EN — **card handle**

Karteninhaber *nm* — ECON — **cardholder** *n*
↓ Kreditkarteninhaber — ↓ credit card holder

Kartenkasten *nm* — TER&PER — **card box**
= Lochkartenkasten *nm* — = card rack

Kartenlader *nm* — SW — **card loader**
[ein Programm] — [a program]

Kartenleser *nm* — TER&PER — → **credit card reader**
→ Kreditkartenleser *nm*

Kartenleser *nm* — TER&PER — → **punched card scanner**
→ Lochkartenleser *nm*

Kartenlocher *nm* — TER&PER — **card puncher**
= Lochkartenlocher *nm*; Kartenstanzer *nm*; Lochkartenstanzer *nm*; Tastenlocher *nm*; Handlocher *nm*; Tastaturlocher *nm* — = card punch; punch card machine; keyboard punch; keyboard perforator; keypunch; handpunch *n*

Kartenmaßstab *nm* — CART — **map scale**
= Maßstab *nm* — = scale *n*

Kartenmischer *nm* — TER&PER — → **punched card collator**
→ Lochkartenmischer *nm*

Kartenmontage *nf* — CART — **map composition**

Kartenpersonalisierung *nf* — TER&PER — **card personalization**

Kartenprojektion *nf* — CART — **map projection**

Kartenprüfer *nm* — TER&PER — → **punched card verifier**
→ Lochkartenprüfer *nm*

Kartenprüfung *nf* — TER&PER — → **card verification**
→ Lochkartenprüfung *nf*

Kartenrelais *nn* — COMPO — **PCB relay**
= Printrelais *nn* (ANGL)

Kartenrückseite *nf* — TER&PER — → **card back**
→ Lochkartenrückseite *nf*

Kartensalat *nm* — TER&PER — → **card jam** (1)
→ Lochkartenstau *nm*

Kartenspalte *nf* — TER&PER — → **card column**
→ Lochkartenspalte *nf*

Kartenstanzer *nm* — TER&PER — → **card puncher**
→ Kartenlocher *nm*

Kartenstapel *nm* — TER&PER — → **punched card deck**
→ Lochkartenstapel *nm*

Kartenstapler *nm* — TER&PER — → **card stacker**
→ Lochkartenstapler *nm*

Kartenstau *nm* — TER&PER — → **card jam** (1)
→ Lochkartenstau *nm*

Kartentasche *nf* — EQP.EN — → **card container**
→ Kartenfach *nn*

Kartentausch-Garantie *nf* — DAT.PR — **board-exchange warranty**

Kartentechnologie *nf* — TER&PER — → **chip card technology**
→ Chipkartentechnologie *nf*

Kartentelefon *nn* — TELEPH — **cardphone** *n*
↓ Chipkartentelefon — = card telephone; ↓ chip-card telephone

Kartentransport *nm* — TER&PER — → **card feed**
→ Kartenvorschub *nm*

Kartenvorderseite *nf* — TER&PER — → **card face** *n*
→ Lochkartenvorderseite *nf*

Kartenvorschub *nm* — TER&PER — **card feed**
= Lochkartenvorschub *nm*; Kartentransport *nm*; Lochkartentransport *nm* — = card transport

Kartenweg *nm* — TER&PER — **card path**
= Lochkartenweg *nm*

Kartenwender *nm* — TER&PER — **card reverser**
= Lochkartenwender *nm* — = reverser *n*

Kartenzähler *nm* — TER&PER — **card counter**
= Lochkartenzähler *nm*

Kartenzeile *nf* — TER&PER — → **punched card row**
→ Lochkartenzeile *nf*

Kartenzyklus *nm* — TER&PER — **card cycle**
[Transport und Bearbeitung] — [for transport and processing]
= Lochkartenzyklus *nm*; Kartengang *nm*; Lochkartengang *nm*

Kartesianisches Produkt — MATH — → **Cartesian product**
→ kartesisches Produkt

kartesische Koordinate — MATH — **Cartesian coordinate**
= rechtwinklige Parallelkoordinate — = rectangular coordinate

kartesischer Raum — MATH — **Cartesian space**

kartesisches Koordinatensystem — MATH — **Cartesian coordinate system**
= X-Y-Z-Koordinatensystem *nn* — = rectangular coordinate system

kartesisches Produkt — MATH — **Cartesian product**
[Mengenlehre] — [set theory]
= Kartesianisches Produkt; Kreuzprodukt *nn*; Produktmenge *nf*; Produkt *nn* — = product

Kartiersystem *nn* — GIS — **mapping system**
= AM system; Automated Mapping System

Kartogramm *nn* — CART — **CARTam**
[raumtreue, lageähnliche Darstellung]

Kartographie *nf* — GEOSC — **CARTaphy**
[Lehre und Technik der Kartenerstellung] — [theory and technique of map production]

Karton *nm* (1) — TECH — → **cardboard**
→ Pappe *nf*

Karton *nm* (2) — TECH — → **cardboard box** *n*
→ Pappschachtel *nf*

Kartonschachtel *nf* — TECH — → **cardboard box** *n*
→ Pappschachtel *nf*

Kartusche *nf* — TECH — → **cartridge** *n*
→ Patrone *nf*

kaschieren — TECH — **clad** *vt*
[mit einem Überzug eines anderen, meist metallischen, Materials versehen] — [to cover with a film of another material, most metallic]
↑ beschichten — ↑ coat

kaschiert — TECH — **cladded** *adj*
↑ beschichted — ↑ coated

kaschierte Leiterplatte — EL.TRO — **clad PCB**
= clad board

Kaschierung *nf* — TECH — **cladding** *n*
≈ Umhüllung — = clad *n*
↑ Beschichtung — ≈ wrapping; ↑ coating

Käseanetenne *nf* — ANT — **cheese antenna**
= Cheese-Antenne *nf* (ANGL) — = cheese *n*
↑ Segment-Antenne — ↑ segment antenna

Kaskade *nf* — NETW.TH — → **series connection**
→ Reihenschaltung *nf*

Kaskadenanreihung *nf* — CIRC.EN — **cascade of cascades**

Kaskadengenerator *nm* — CIRC.EN — **cascade generator**

Kaskadengleichrichter *nm* — CIRC.EN — **cascade rectifier**

Kaskadengleichung *nf* — MATH — **cascade equation**

Kaskadenmenü *nn* — COMP.AP — **cascading menu**
= überlappendes Menü — [opening a submenu when selecting an option]

Kaskadenmischsortierung *nf* — DAT.MA — **cascade merge sort**

Kaskadennetz *nn* — TELEC — **cascade network**
[sternförmig zusammengefasste Sternnetze] — [star-connected star networks]

Kaskadenregelung *nf* — CONTRO — → **sequence control**
→ Folgesteuerung *nf*

Kaskadenröhre *nf* — EL.TRO — **cascade tube**

Kaskadenschaltung *nf* — NETW.TH — → **series connection**
→ Reihenschaltung *nf*

Kaskadensortieren *nn* — DAT.MA — **cascade sorting**
↑ Sortieren — ↑ sorting

Kaskadensteuerung *nf* — CONTRO — → **sequence control**
→ Folgesteuerung *nf*

Kaskadenübertrag *nm* — COMP.SC — **cascade carry**
= cascaded carry

Kaskadenumformer *nm* (IEC) — POW.SY — **motor convertor** (IEC)

Kaskadenverbindung *nf* — NETW.TH — → **series connection**
→ Reihenschaltung *nf*

Kaskadenverstärker *nm* — CIRC.EN — **cascade amplifier**
= Kettenverstärker *nm*; mehrstufiger Verstärker; Loftin-White-Verstärker *nm* — = multistage amplifier; distributed amplifier

kaskadierbarer Mikroprozessor — MICR.EL — **cascadable microprocessor**

kaskadieren — EL.TEC — → **cascade** *vt*
→ hintereinanderschalten

kaskadierend — TECH — → **cascaded**
→ kaskadiert

kaskadiert — TECH — **cascaded**
= kaskadierend

Kaskode *nf* — EL.TRO — **cascode** *n*
= Cascode *nf*

Kaskode-Differenzverstärker *nm* — CIRC.EN — **cascode difference amplifier**
↑ Gleichspannungsverstärker — ↑ direct current amplifier

Kaskode-FET-Stromquelle *nf* CIRC.EN **cascode FET current source**
↑ Konstantstromquelle ↑ constant current power supply

Kaskodenschaltung *nf* CIRC.EN → **cascode circuit**
→ Kaskode-Schaltung *nf*

Kaskode-Schaltung *nf* CIRC.EN **cascode circuit**
= Cascode-Schaltung *nf*; Kaskodenschaltung *nf*; Cascodenschaltung *nf* ↑ amplifier circuit
↑ Verstärkerschaltung

Kassa *nf* (AT,CH) TER&PER → **point-of-sale**
→ Kassenplatz *nm*

Kasse *nf* (1) TER&PER → **point-of-sale**
→ Kassenplatz *nm*

Kasse *nf* (2) TER&PER → **cash register**
→ Registrierkasse *nf*

Kassenbeleg *nm* ECON → **receipt** *n*
→ Quittung *nf*

Kassenbelegdrucker *nm* TER&PER → **document printer**
→ Belegdrucker *nm*

Kassenplatz *nm* TER&PER **point-of-sale**
= Kasse *nf* (1); Kassa *nf* (AT,CH); Verkaufsplatz *nm*; POS-System *nn* = POS

Kassenschlager *nm* MEDIA **box office hit** *n*
[engl. "blockbuster" = Straßenfeger] = hit *n*; blockbuster *n*

Kassensystem *nn* TER&PER → **point-of-sale terminal**
→ Kassenterminal *nn*

Kassenterminal *nn* TER&PER **point-of-sale terminal**
= Kassensystem *nn*; POS-Kasse *nf* = POS terminal

Kassenterminalsystem *nn* TER&PER **electronic point-of-sale**
= EPOS

Kassenverbundsystem *nn* TER&PER **integrated cash register**

Kassenzettel *nm* ECON → **receipt** *n*
→ Quittung *nf*

Kassenzetteldrucker *nm* TER&PER → **document printer**
→ Belegdrucker *nm*

Kassette *nf* EQP.EN → **module** *n*
→ Baugruppe *nf*

Kassette *nf* [EL.TRO] TECH → **cartridge** *n*
→ Patrone *nf*

Kassette *nf* (1) TER&PER → **magnetic tape cassette**
→ Magnetbandkassette *nf*

Kassette *nf* (2) TER&PER → **cartridge** *n* (2)
→ Einschubkassette *nf*

Kassettenausschub *nm* CONS.EL **eject** *n*
= Cassettenausschub *nm*; Kassettenauswurf *nm*; Cassettenauswurf *nm* = cassette ejection

Kassettenauswurf *nm* CONS.EL → **eject** *n*
→ Kassettenausschub *nm*

Kassetten-Autoradio CONS.EL **cassette car radio**
= Cassetten-Autoradio *nn* = cassette autoradio

Kassettenband *nn* TER&PER **cassette tape**
= Kassetten-Magnetband *nn* = cassette magnetic tape; cartridge tape

Kassettendeck *nn* CONS.EL **cassette deck**
[Kassettenrecorder ohne Verstärker] [cassette recorder without amplifier]
= Cassettendeck *nn*
≈ Kassettenrecorder

Kassettenfach *nn* CONS.EL **cassette receptacle**
= Cassettenfach *nn*

Kassettenfarbband *nn* TER&PER **cartridge ribbon**

Kassetten-Füllgerät *nn* OFFICE **cartridge loader**

Kassettengerät *nn* TER&PER → **cassette tape recorder**
→ Kassettenrecorder *nm*

Kassettenlaufwerk *nn* TER&PER **cartridge drive**

Kassetten-Magnetband *nn* TER&PER → **cassette tape**
→ Kassettenband *nn*

Kassetten-Magnetband *nn* TER&PER **cassette magnetic tape**

Kassettenrecorder *nm* TER&PER **cassette tape recorder**
= Kassettengerät *nn*; Cassettenrecorder *nm*; Cassettengerät *nn*; Datasette *nf* (2); Magnetkassettenstation *nf* = magnetic tape cassette recorder; audio cassette recorder; ACR

Kassettenrecorder *nm* CONS.EL **cassette recorder**
[zum Abspielen und Bespielen] [for record and play]
= Cassettenrecorder *nm* ≈ cassette deck
≈ Kassettendeck
↓ Kassettenspieler

Kassettenschriftart TER&PER **cartridge font** (1)
≈ Schriftartkassette ≈ font cartridge
≠ residenter Zeichensatz ≠ internal font
↑ zuladbarer Zeichensatz ↑ downloadable font

Kassettenspieler *nm* CONS.EL **cassette player**
[nur zum Abspielen] [permits playing only]
= Cassettenspieler *nm*
↑ Kassettenrecorder

Kassettenwechsler *nm* TER&PER **stacker** (2)
[of tape cartdridges]

Kassierer *nm* ECON **teller** *n*
= cashier *n*

Kästchen *nn* PRIN.ME **frame** *n*
= box *n*

Kasten *nm* TECH **box** *n*
= Kiste *nf* ≈ light box
≈ Schachtel ↑ vessel
↑ Behälter

Kasus *nm* LING **case** *n*
[Beugungsform eines Nomens (2)] [inflectional form of a noun (2)]
= Fall ↓ nominative; genitive; dative; accusative; vocative; locative; instrumental
↓ Nominativ; Genitiv; Dativ; Akkusativ; Vokativ; Lokativ; Instrumental

Katalog *nm* ECON **catalog** *n* (AE)
[geordnete Liste verfügbarer Produkte oder Dienstleistungen] [list in order of available products or services]
= catalogue *n* (BE)

Katalog *nm* PRIN.ME **catalog** *n* (AE)
[vom griech. "katálogos" = "Liste"; systematisch geordnetes Verzeichnis] [from Greek "katálogos" = "list"; a systematically ordered list]
= catalogue *n* (BE)

Katalog *nm* DAT.MA → **directory** *n*
→ Verzeichnis *nf*

katalogisieren DAT.PR **catalog** *vt* (AE)
= catalogue *n* (BE)

Katalogspeicher *nm* DAT.PR **catalog memory**
= catalogue memory; catalog store; catalogue store; catalog storage; catalogue storage

Katalogverwaltung *nf* DAT.MA **catalog management**
= catalogue management

Katasterkarte *nf* CART **cadastral map**

Katastrophenfilm *nm* CINEM **catastrophy film**
↓ Trümmerfilm = disaster film
↑ wreckage film

katastrophensicher QUAL **disaster-proof** *adj*

Katastrophentheorie *nf* MATH **theory of catastrophes**
[zur Beschreibung sprunghafter Systemänderungen] [to describe abrupt system changes]

Kategorie *nf* SCIE **category** *n*

kategorisieren SCIE **categorize** *vt*
[in Kategorien einordnen] [to assign to categories]
≈ katalogisieren; klassifizieren ≈ catalogize; classify

Kathaphorese *nf* PHYS → **electrophoresis** *n*
→ Elektrophorese *nf*

Kathete *nf* MATH **cathete** *n*
[einen rechten Winkel bildende Seite] [side of a right angle]
↓ Ankathete; Gegenkathete

Kathode *nf* PHYS **cathode** *n*
= Katode *nf*; negative Elektrode = negative electrode
↑ Elektrode ↑ electrode

Kathodenbasisschaltung *nf* CIRC.EN **cathode base circuit**
= Katodenbasisschaltung *nf*; Kathodenschaltung *nf*; Katodenschaltung *nf*; KB-Schaltung *nf*; Kathodengrundschaltung *nf*; Katodengrundschaltung *nf*; Kathodenbasisverstärker *nm*; Katodenbasisverstärker *nm* = grounded cathode circuit; grounded cathode amplifier

Kathodenbasisverstärker *nm* CIRC.EN → **cathode base circuit**
→ Kathodenbasisschaltung *nf*

Kathodenbecher *nm* EL.TRO **cathode cup**
= Katodenbecher *nm*

Kathodenfall *nm* PHYS **cathode fall**
= Katodenfall *nm*

Kathodenfleck *nm* EL.TRO **cathode spot**
= Katodenfleck *nm*

Kathodenfolger *nm* CIRC.EN → **grounded-anode circuit**
→ Anoden-Basis-Schaltung *nf*

Kathodengrundschaltung *nf* CIRC.EN → **cathode base circuit**
→ Kathodenbasisschaltung *nf*

Kathodenheizung *nf* EL.TRO **cathode heating**
= Katodenheizung *nf*

Kathodenlumineszenz *nf* PHYS → **cathodoluminescence**
→ Kathodolumineszenz *nf*

Kathodenrauschen *nn* EL.TRO **cathode hum**
= Katodenrauschen *nn* = filament hum

Kathodenschaltung *nf* CIRC.EN → **cathode base circuit**
→ Kathodenbasisschaltung *nf*

kathodenseitig steuerbarer Thyristor MICR.EL **p-gate thyristor**

Kathodenstrahl *nm* PHYS **cathode ray**
= Katodenstrahl *nm*; Elektronenstrahl *nm* — = electron ray

Kathodenstrahl-Bildröhre *nf* EL.TRO → **picture tube**
→ Bildwiedergaberöhre *nf*

Kathodenstrahlbildschirm *nm* TER&PER **cathode ray display**
↓ Speicherbildschirm; Bildwiederholschirm — ↓ image store display; image repeat display

Kathodenstrahloszilloskop *nn* INSTR → **cathode ray oscilloscope**
→ Elektronenstrahl-Oszilloskop *nn*

Kathodenstrahlröhre *nf* EL.TRO **cathode ray tube**
= Katodenstrahlröhre *nf*; Elektronenstrahlröhre *nf*; Braun'sche Röhre — = CRT; C.R.T.; Braun tube; video display tube
↓ Bildwiedergaberöhre; Bildaufnahmeröhre; Laufzeitröhre — ↓ picture tube; camera tube; velocity-modulated tube

Kathodenstrom *nm* EL.TRO **cathode current**
= Katodenstrom *nm*

Kathodenvergiftung *nf* PHYS **cathode poisoning**
= Katodenvergiftung *nf*

Kathodenverstärker *nm* CIRC.EN → **grounded-anode circuit**
→ Anoden-Basis-Schaltung *nf*

Kathodenvorspannung *nf* EL.TRO **cathode bias**
= Katodenvorspannung *nf*

Kathodenzerstäubung *nf* EL.TRO **cathode sputtering**
= Katodenzerstäubung *nf* — = sputtering; cathode desintegration; cathode

Kathodolumineszenz *nf* PHYS **cathodoluminescence**
[durch Elektronenaufprall induziert] — [induced by impact of electrons]
= Katodolumineszenz *nf*; Kathodenlumineszenz *nf*; Katodenlumineszenz *nf*

Kathodophosphoreszenz *nf* PHYS **cathodophosphorescence**
= Katodophosphoreszenz *nf*

Kathodynschaltung *nf* EL.TRO **phase inverter tube**
= Katodynschaltung *nf*; Phasenumkehrröhre *nf*

Kation *nm* PHYS **cation** *n*
[positiv geladenes Ion] — [positively charged ion]
≠ Anion — ≠ anion
↑ Ion — ↑ ion

Katode *nf* PHYS → **cathode** *n*
→ Kathode *nf*

Katodenbasisschaltung *nf* CIRC.EN → **cathode base circuit**
→ Kathodenbasisschaltung *nf*

Katodenbasisverstärker *nm* CIRC.EN → **cathode base circuit**
→ Kathodenbasisschaltung *nf*

Katodenbecher *nm* EL.TRO → **cathode cup**
→ Kathodenbecher *nm*

Katodenfall *nm* PHYS → **cathode fall**
→ Kathodenfall *nm*

Katodenfleck *nm* EL.TRO → **cathode spot**
→ Kathodenfleck *nm*

Katodengrundschaltung *nf* CIRC.EN → **cathode base circuit**
→ Kathodenbasisschaltung *nf*

Katodenheizung *nf* EL.TRO → **cathode heating**
→ Kathodenheizung *nf*

Katodenlumineszenz *nf* PHYS → **cathodoluminescence**
→ Kathodolumineszenz *nf*

Katodenrauschen *nn* EL.TRO → **cathode hum**
→ Kathodenrauschen *nn*

Katodenschaltung *nf* CIRC.EN → **cathode base circuit**
→ Kathodenbasisschaltung *nf*

Katodenstrahl *nm* PHYS → **cathode ray**
→ Kathodenstrahl *nm*

Katodenstrahlröhre *nf* EL.TRO → **cathode ray tube**
→ Kathodenstrahlröhre *nf*

Katodenstrom *nm* EL.TRO → **cathode current**
→ Kathodenstrom *nm*

Katodenvergiftung *nf* PHYS → **cathode poisoning**
→ Kathodenvergiftung *nf*

Katodenvorspannung *nf* EL.TRO → **cathode bias**
→ Kathodenvorspannung *nf*

Katodenzerstäubung *nf* EL.TRO → **cathode sputtering**
→ Kathodenzerstäubung *nf*

Katodolumineszenz *nf* PHYS → **cathodoluminescence**
→ Kathodolumineszenz *nf*

Katodophosphoreszenz *nf* PHYS → **cathodophosphorescence**
→ Kathodophosphoreszenz *nf*

Katodynschaltung *nf* EL.TRO → **phase inverter tube**
→ Kathodynschaltung *nf*

Katzenauge *nn* TECH **cat's eye**

Kauderwelsch *nn* LING **gibberish** *n*
[durch Fremd- oder Fachwörter schwer verständliche Sprache] — [speech difficult oder impossible to understand due to excess of foreign or specialist language]
— = double Dutch
↓ Denglisch — ↓ English German

Kauf *nm* ECON → **purchase** *n* (1)
→ Einkauf *nm* (1)

Kaufabsichtserklärung *nf* ECON → **letter of intent**
→ Absichtserklärung *nf*

Käufer *nm* ECON **purchaser** *n*
= Abnehmer *nm* (1) — = buyer *n*; vendee *n*; taker *n*
≈ Kunde; Verbraucher — ≈ customer; consumer

Kaufkarte *nf* TER&PER → **prepaid phonecard**
→ Guthabenkarte *nf*

Kaufmann ECON **commercial executive**
(*nm*; *nf* Kauffrau, plt Kaufleute)
[berufliche Tätigkeit] — [professional activity]
— = financial business administrator
≈ Händler — ≈ dealer

kaufmännisch abrunden MATH → **round-down** *vt*
→ abrunden (2)

kaufmännische Abteilung ECON **commercial department**
— = business administration (BE)

Kaufmännische Gemeinsame Aufgaben ECON **Business Planning and Controlling**
= KGA

kaufmännischer Leiter ECON **chief financial officer**
— = CFO

kaufmännische Software SW → **business software**
→ Geschäftssoftware *nf*

kaufmännische Software COMP.AP **financial software**
— = business software

kaufmännische Standardsoftware COMP.AP → **standard business software**
→ betriebswirtschaftliche Standardsoftware

kaufmännisches Und ECON → **ampersand**
→ Und-Zeichen *nn*

Kaufoption *nf* ECON **call option**

Kaufpreis *nm* ECON **purchase price**

Kaufteil *nn* ECON → **purchased part** *n*
→ Fremdfabrikat *nn*

kausal SCIE **causal** *adj*
= ursächlich — = causative *adj*

Kausalsatz *nm* LING **causal sentence**
= Begründungssatz *nm* — ↑ conjunctional sentence
↓ Konditionalsatz; Konsekutivsatz; Finalsatz; Konzessivsatz; Instrumentalsatz — ↓ conditional sentence; consecutive sentence; purposive sentence; concessive sentence

Kausch *nf* TECH **thimble** *n*
[rinnenförmiger Ring zur Verstärkung einer Seilschlaufe] — [grooved ring to protect a rope loop]
= Kausche *nf*

Kausche *nf* TECH → **thimble** *n*
→ Kausch *nf*

kaustische Fläche OPT → **caustic surface**
→ Brennfläche *nf*

Kaution *nf* LAW **bail** *n*
— = caution money

Kaution *nf* ECON **security** *n* (1)
— = guaranty *n*

kbit INF.TEC → **kilobit** *n*
→ Kilobit *nn*

kbit/s TELEC **kbit/s**
[10E3 Bit/Sek] — [10E3 bits/sec]
— = Kbit/s (err); kbits/sec; Kbit/sec (err); kbps; Kbps (err), kb/s; Kb/s (err)

KB-Schaltung *nf* CIRC.EN → **cathode base circuit**
→ Kathodenbasisschaltung *nf*

KByte DAT.PR → **kilobyte**
→ Kilobyte *nn*

KC-Kondensator *nm* COMPO → **plastic-film capacitor**
→ Kunststoffolien-Kondensator *nm*

k-dimensionaler Würfel COMP.SC **k-cube**
— = hypercube *n*

Kegel *nm* PRIN.ME **body height**
[maximale Spannweite einer Schriftart, von größter Unter- zu größter Oberlänge] — [maximum vertical span of a typefont, from maximum descender to maximum ascender]
= Schriftkegel *nm*; Kegelmaß *nn*; Kegelgröße *nf*; Kegelhöhe *nf* — = body size
≈ Punktgröße — ≈ point size

Kegel *nm* MATH **cone** *n*
= Konus *nm* — ≈ taper
≈ Verjüngung

Kegelantenne *nf* ANT → **conical antenna**
→ Konusantenne *nf*

kegelförmig MATH **conical** *adj*
= konisch; kegelig ≈ tapered
≈ verjüngt

kegelförmige Schraubenfeder MEC.EN **conical helical spring**

Kegelgröße *nf* PRIN.ME → **body height**
→ Kegel *nm*

Kegelhöhe *nf* PRIN.ME → **body height**
→ Kegel *nm*

Kegelhorn *nn* ANT → **conical horn**
→ Konushorn *nn*

Kegelhornantenne *nf* ANT → **conical horn antenna**
→ Konushornantenne *nf*

kegelig MATH → **conical** *adj*
→ kegelförmig

kegeliges Gewinde MEC.EN **taper thread**

kegeliges Rohrgewinde MEC.EN **taper pipe thread**

Kegelkerbstift *nm* MEC.EN **notched taper pin**

Kegelkuppe *nf* MEC.EN **flat point**
[Gewindestift]

Kegelmaß *nn* PRIN.ME → **body height**
→ Kegel *nm*

Kegelrad *nn* MEC.EN **bevel gear**
[Zahnrad] [gear; bevel wheel]
↑ Kegelrad

Kegelradtrieb *nm* MEC.EN **bevel gear drive**

Kegelrollenlager *nn* MEC.EN **tapered roller bearing**

Kegelschnitt *nm* MATH **conical section**
↓ Kreis; Ellipse; Hyperbel; Parabel ↓ circle; ellipse; hyperbola; parabola

Kegelstift *nm* MEC.EN **taper pin**

Kegelstumpf *nm* MATH → **frustum** *n* (*pl* -tums&-ta)
→ Stumpf *nm*

Kegelstumpffeder *nf* MEC.EN **conical spring**

Kehrbild *nn* TV **inverted image**

Kehrlage *nf* TRANSM **reverse frequency position**
↑ Übertragungslage = inverted position
↑ transmission position

Kehrreim *nm* MEDIA **refrain** *n*
= Refrain *nm* = chorus *n*

Kehrseite (fig) COLL → **disadvantage** *n*
→ Nachteil *nm*

Kehrseite *nf* TECH → **rear side**
→ Rückseite *nf*

Kehrtwendung *nf* COLL **turnabout** *n*
[fig] [fig]
= about-face; U-turn

Kehrwert *nm* MATH **reciprocal** *n*
≈ reziproker Wert = reciprocal value

Kehrwert *nm* COMP.SC → **complement** *n*
→ Komplement *nn*

Kehrwertbildung *nf* MATH → **inversion** *n*
→ Inversion *nf*

Kehrwertintegration *nf* MATH **reciprocal integration**

Keil *nm* MEC.EN **wedge** *n*
↓ Wellenkeil; Querkeil = spline *n*

Keilbondierung *nf* MICR.EL **wedge bonding**
= Keilschweißen *nn*; Schneidenkontaktierung *nf*

Keile *nf* TELEPH → **cradle** *n*
→ Gabel *nf*

keilförmig MEC.EN **wedge shaped**

Keilnabe *nf* MEC.EN **spline hub**

Keilnut *nf* MEC.EN → **keyway** *n*
→ Nabennut *nf*

Keilriemen *nm* MEC.EN **V belt**
↑ Treibriemen ↑ driving belt

Keilriemenantrieb *nm* MEC.EN **V-belt drive**

Keilring *nm* MEC.EN **wedge ring**

Keilschweißen *nn* MICR.EL → **wedge bonding**
→ Keilbondierung *nf*

Keimling *nm* MICR.EL → **seed crystal**
→ Kristallkeim *nm*

kein Anschluss unter dieser Nummer TELEPH **number unobtainable**

Kein-Anschluss-unter-dieser-Nummer-Ton TELEPH **woo-woo tone**
= unobtainable-number tone; no-such-tone tone; number-unobtainable tone
↑ audible signal

keine Auslösung SWITCH **no release**
= keine Trennung

keine Trennung SWITCH → **no release**
→ keine Auslösung

keine Zahl COMP.SC **not a number**
= NaN

Kein-Strom-Schritt *nm* TELEGR → **spacing pulse**
→ Pausenschritt *nm*

Kelchantenne *nf* ANT → **cup antenna**
→ Kelchstrahler *nm*

Kelchstrahler *nm* ANT **cup antenna**
= Kelchantenne *nf* ↑ geometrically antenna
↑ geometrisch dicke Antenne

Keller *nm* CIV.EN **cellar** *n*
= Kellergeschoss *nn*; Untergeschoss *nn* = basement *n*

Kellerbefehl *nm* SW **stack instruction**

Kellergeschoss *nn* CIV.EN → **cellar** *n*
→ Keller *nm*

Kellerspeicher *nm* DAT.MA **push-down storage**
[nach dem LIFO-Prinzip] [in the LIFO mode]
= LIFO-Stapelspeicher *nm*; FILO-Stapelspeicher *nm* = push-down store; push-down memory; push-down list; push-down stack; LIFO stack; FILO stack; cellar *n*; pop stack
≈ LIFO-Adressregister ≈ push-pop stack
≠ Silospeicher ≠ push-up storage
↑ Stapelspeicher ↑ stack storage

Kellerungsverfahren *nn* DAT.MA **stack mode**

Kellerzähler *nm* DAT.MA → **stack pointer**
→ Stapelzeiger *nm*

Kellerzeiger *nm* DAT.MA → **stack pointer**
→ Stapelzeiger *nm*

Kellfaktor *nm* TV **kell factor**

Kelvin *nn* PHYS **Kelvin**
[SI-Einheit für thermodynamische Temperatur] [SI unit for thermodynamic temperature]
= K = K
≈ Grad Celsius

Kelvin-Brücke *nf* INSTR → **Thomson bridge**
→ Thomson-Messbrücke *nf*

Kelvin-Klemme *nf* INSTR **Kelvin probe set**

Kelvin-Temperatur *nf* PHYS → **thermodynamic temperature**
→ thermodynamische Temperatur

Kelvin-Varley-Teiler *nm* CIRC.EN **Kelvin-Varley divider**

Kennabschnitt *nm* TELEGR → **unit interval**
→ Zeichenelement *nn*

Kennader *nf* COM.CAB **tracer wire**

Kennbake *nf* RAD.NA **identification beacon**

Kennbegriff *nm* DAT.MA **key** *n*
[identifizierender Teil eines Datensatzes] [identifying part of a record]
= Suchargument *nn*; Suchkriterium *nn*; Suchbegriff *nm*; Suchschlüssel *nm*; Schlüsselwort *nn* (1) = search word; search key; search argument; control field
≈ Sortierschlüssel; Kennbegriff ≈ sorting key; key

Kennbegriff-Vollstopfen *nn* INTERNET **keyword stuffing**
= Suchbegriff-Vollstopfen *nn*

Kennbitfolge *nf* DAT.CO **identity burst**

Kennblatt *nn* TEC.DOC → **data sheet**
→ Datenblatt *nn*

Kennblock *nm* DAT.MA **control block** (1)
= Steuerblock *nm*

Kennbuchstabe *nm* DAT.MA **classification letter**

Kennbügelhörer *nm* EL.ACOU **stethoset type phone**

Kennbyte *nn* INF.TEC **identification byte**
= identifier byte

Kenncode *nm* DAT.PR → **identification code**
→ Kennungscode *nm*

Kenndaten *nplt* TECH **characteristics** *nplt*
= Kennwerte *nplt* = characteristic data

Kenndosisleistung *nf* PHYS **characteristic dose rate**

Kennely-Heavyside-Schicht GEOSC **Kennelly-Heavyside layer**

kennenlernen COLL → **become acquainted with**
→ vertraut werden mit

Kennfaden *nm* COM.CAB **marker thread**
= Markierungsfaden *nm* = tracer thread; identification thread

Kennfarbe *nf* COMPO → **color code** (AE)
→ Farbcode *nm*

Kennfrequenz *nf* TRANSM **identification frequency**
= characteristic frequency

Kennfrequenzortung *nf* TRANSM **identification frequency locating**

Kenngröße *nf* TECH **characteristic quantity** *n*
= Kennwert *nm* = characteristic *n* (2); variable *n*
≈ Gütezahl; Parameter; Kenndaten ≈ figure of merit; parameter; characteristics

Kennintervall *nn* TELEGR → **unit interval**
→ Zeichenelement *nn*

Kennlinie *nf* TECH **characteristic** *n* (3)
= characteristic curve; diagram *n*; graph *n*

Kennlinienschreiber *nm* INSTR **curve tracer**

Kennliniensteilheit *nf* EL.TRO **transconductance of characteristic**

Kennlochung *nf* TER&PER **identifying punch**
= detection punch

Kennmarke *nf* TECH → **badge** *n*
→ Abzeichen *nn*

Kennmeldeplättchen *nn* COMPO **indicator plate**
[Schmelzsicherung] [melting fuse]

Kennmeldung *nf* TELECON → **functional parameter information**
→ Funktionsmeldung *nf*

Kennsatz *nm* DAT.MA → **label** *n*
→ Etikett *nn*

Kennsatzgruppe *nf* DAT.MA → **label group**
→ Etikettfolge *nf*

Kennsatzname *nm* DAT.MA → **label identifier**
→ Etikettenkennzeichen *nn*

Kennsatzprüfung *nf* DAT.MA → **label check**
→ Etikettprüfung *nf*

Kennsatzsektor *nm* TER&PER **label sector**

Kennummer *nf* DAT.CO → **identity number**
→ Kennungsnummer *nf*

Kennummer *nf* TECH → **identification number**
→ Kennzahl *nf* (1)

Kennung *nf* TV **caption** *n*
= Insert *nn*; Caption *nf*

Kennung *nf* INSTR **tagging** *n*
= Kennzeichnung *nf*

Kennung *nf* TELEC **identification** *n*
= Identifizierung *nf*; Identifikation *nf* = identity

Kennung *nf* SW **handle** *n*
[auch als Zugriffsberechtigung verwendet] [from slang "handle" = name; can be also a token permitting access to ressources]
↓ Dateikennung ↓ file handle

Kennung *nf* COMP.AP **label** *n*
[in Tabellenkalkulationsprogrammen der Name für eine Zellengruppe, einen benannten Wert oder eine Formel] [descriptive name for a group of cells, a named value, or a formula in a spreadsheet]
≠ Wert; Formel; Funktion ≠ value; formula; function

Kennung *nf* DAT.CO → **station identification**
→ Stationskennung *nf*

Kennungsabfrage *nf* DAT.CO **station identification request**
= Kennungsanforderung *nf* = answerback code request

Kennungsanforderung *nf* DAT.CO → **station identification request**
→ Kennungsabfrage *nf*

Kennungsaustausch *nm* DAT.CO → **answerback exchange**
→ Kennungstausch *nm*

Kennungscode *nm* DAT.PR **identification code**
= Kenncode *nm* = ID code; significant code
≈ Kennungsnummer ≈ identification number

Kennungsfeld *nn* SW **identification field**
= Identifikationsfeld *nn*

Kennungsgeber *nm* DAT.CO **answerback generator**
= Namengeber *nm* = identifier generator; answerback device; answer generator

Kennungsname *nm* DAT.PR **log-in name**

Kennungsnummer *nf* DAT.CO **identity number**
= Kennummer *nf*; Kennziffer *nf* = ID number; identity digits; ID digits; code number; code digits
≈ Kennungscode ≈ identity code

Kennungsspeicher *nm* DAT.CO **answerback code storage**
= answer code storage; identifier storage

Kennungstausch *nm* DAT.CO **answerback exchange**
= Kennungsaustausch *nm* = answer code exchange

Kennungswort *nn* DAT.MA → **keyword** *n* (1)
→ Passwort *nn*

Kennwert *nm* TECH → **characteristic quantity** *n*
→ Kenngröße *nf*

Kennwerte *nplt* TECH → **characteristics** *nplt*
→ Kenndaten *nplt*

Kennwiderstand *nm* EL.TEC **image resistance**

Kennwort *nn* DAT.MA → **keyword** *n* (1)
→ Passwort *nn*

Kennwortindex *nm* DAT.MA → **keyword index**
→ Passwortindex *nm*

Kennwortkopf *nm* DAT.CO **password header**

Kennwort-Makro *nn* SW → **keyword macro**
→ Schlüsselwort-Makro *nn*

Kennwortschutz *nm* DAT.MA → **password protection**
→ Passwortschutz *nm*

Kennzahl *nf* SWITCH **code number** *n*
[Ziffernfolge zur Kennzeichnung des Vermittlungsamtes oder des Netzes] = code *n* (1); identification number
≈ Vorwahlnummer; Nummer ≈ prefix plus code number; number
↓ Ortskennzahl; Landeskennzahl; internationale Kennzahl ↓ trunk code; country code; regional identity code

Kennzahl *nf* ECON **performance figure**
= performance measure; ratio

Kennzahl *nf* (1) TECH **identification number**
= Kennummer *nf*

Kennzahl *nf* (2) TECH **performance figure**

Kennzahl der Vermittlungsstelle SWITCH **exchange code**

Kennzahlsperre *nf* SWITCH **blocking code**

Kennzahlweg *nm* SWITCH **hierarchical route**
≈ Letztweg ≈ final route

Kennzeichen *nf* TECH → **characteristic** *n* (1)
→ Merkmal *nn*

Kennzeichen *nn* SWITCH **switching signal**
[Steuersignal für Schaltvorgänge in Vermittlungen] [control signal for switching operations]
= Schaltkennzeichen *nn*; Vermittlungskennzeichen *nn*; vermittlungstechnisches Zeichen; Zeichen *nn* = signal *n*; signal mark
≈ Zählzeichen ≈ metering signal
↓ Leitungszeichen; Registerzeichen; Vorwärtszeichen; Rückwärtszeichen; Quittierungszeichen; Impulskennzeichen; Dauerkennzeichen ↓ line signal; register signal; forward signal; backward signal; acknowledgment signal; pulse signal; continuous signal

Kennzeichen *nn* SW → **flag** *n*
→ Merker *nm*

Kennzeichen *nn* DAT.CO → **station identification**
→ Stationskennung *nf*

Kennzeichenaustausch *nm* SWITCH **switching signal exchange**
= Zeichenaustausch *nm*

Kennzeichenbit *nn* SW → **flag** *n*
→ Merker *nm*

Kennzeichenblock *nm* DAT.CO **signaling message** (AE)

Kennzeichengenerator *nm* SWITCH **signal mark generator**

Kennzeichensetzung *nf* SW → **flagging** *n*
→ Hinweiszeichensetzung *nf*

Kennzeichentransfer-Teil SWITCH **MTP**
[SS7] [SS7]
= MTP = message transfer part

Kennzeichenumsetzer *nm* TRANSM **signaling converter** (A)
[PCM] [PCM]
= KZU; Signalisierungsumsetzer *nm*

Kennzeichenumsetzung *nf* TRANSM **signaling conversion** (AE)
[PCM] [PCM]

kennzeichnen (fig) TECH → **characterize** *vt*
→ charakterisieren

kennzeichnen *vt* TECH **identify** *vt*
= etikettieren = mark *vt*; label *vt*; letter *vt*

kennzeichnend TECH → **typical** *adj*
→ typisch *adj*

kennzeichnender Ruf TELEPH **distinctive ringing**

Kennzeichner COMP.LG → **identifier** *n*
→ Bezeichner *nm*

Kennzeichnung *nf* TECH → **lettering** *n*
→ Beschriftung *nf*

Kennzeichnung *nf* TECH **identification** *n*
≈ Bezeichnung = identity *n*; marking *n*; lettering *n*; labeling *n*
≈ description

Kennzeichnung *nf* SW **qualification** *n*
[z.B. "B OF A" in COBOL] [e.g. "B OF A" in COBOL]

Kennzeichnung *nf* INSTR → **tagging** *n*
→ Kennung *nf*

Kennzeichnungsbit *nn* SW → **flag** *n*
→ Merker *nm*

Kennzeichnungsbyte *nn* DAT.PR **label byte**
= Markenbyte *nn*

Kennzeichnungsschild *nn* TECH **label** *n*
= Hinweisschild *nn*; Etikett *nn*; Schild *nn*; Kennzeichnungsschild *nn*; Schildchen *nn* Bezeichnungsschild *nn*; Beschriftungsschild *nn*; Auszeichungsschild *nn*; Typenschild *nn*; = ticket *n*; designation label; marking label; lettering label; type label; nameplate *n*; designation plate
↓ Anhängeschild; Klebeschild ↓ tie-on label; stick-on label

Kennzeichnungsschild *nn* TECH → **label** *n*
→ Kennzeichnungsschild *nn*
Kennzeitpunkt *nm* TELEGR **significant instant**
= Schritteinsatz *nm*
Kennziffer *nf* DAT.CO → **identity number**
→ Kennungsnummer *nf*
Kennziffer *nf* SWITCH **identification digit**
Kennziffer *nf* MATH **characteristic** *n*
[Exponent einer Gleitkommazahl, z.B. die 2 in 1,57x10²] [exponent in floating point number; e.g. the 2 in 1.57x10²]
= Charakteristik *nf*; Gleitpunktexponent *nm* ≠ mantissa
≠ Mantisse
Kennzifferüberlauf *nm* COMP.SC **exponent overflow**
= Gleitpunktexponent-Überlauf *nm*; Exponentüberlauf *nm* = characteristic overflow
Kennzifferunterlauf *nm* COMP.SC **characteristic underflow**
= Gleitkommaexponenten-Unterlauf *nm*; Gleitkommaunterlauf *nm*
Kennzustand *nm* TELEGR **significant condition**
= significant state

Keramik *nf* CHEM **ceramic** *n*
Keramik-Chip-Kondensator *nm* COMPO **ceramic chip capacitor**
Keramikfilter *nn* COMPO → **ceramic filter**
→ keramisches Filter
Keramikgehäuse *nn* MICR.EL **ceramic package**
Keramikkondensator *nm* COMPO **ceramic capacitor**
Keramikkondensator *nm* **Typ 3** COMPO → **junction capacitor**
→ Sperrschichtkondensator *nm*
Keramikmikrofon *nn* EL.ACOU **ceramic microphone**
= Keramikmikrophon *nn*
Keramikmikrophon *nn* EL.ACOU → **ceramic microphone**
→ Keramikmikrofon *nn*
Keramiksubstrat *nf* MICR.EL **ceramic substrate**
Keramik-Trimmwiderstand *nm* COMPO **ceramic trimmer**
keramisch CHEM **ceramic** *adj*
keramisches Filter COMPO **ceramic filter**
= Keramikfilter *nn* ↑ piezoelectric filter
↑ piezoelektrisches Filter
Kerb *nm* (*pl* -e) TECH → **notch** *n*
→ Kerbe *nf*
Kerbantenne *nf* ANT **notch antenna**
= Nutantenne *nf*; Notch-Antenne *nf*
Kerbe *nf* TECH **notch** *n*
[kurze, V-förmige Vertiefung] [an angular short cut]
= Kerb *nm* (*pl* -e); Falz *nm* (*pl* -e) (Holz); Einkerbung *nf* = indentation *n*
≈ cleft; gap; split; groove (3); dent; incision
≈ Schlitz; Spalt; Spalte; Nut; Delle; Einschnitt
kerben TECH → **notch** *vt*
→ einkerben
kerbfrei abisolieren EL.TEC **strip without notching**
Kerblochkarte *nf* TER&PER → **marginal punched card**
→ Randlochkarte *nf*
Kerblochkartengerät *nn* TER&PER → **edge-noched card unit**
→ Randlochkartengerät *nn*
Kerblochkartenleser *nm* TER&PER → **edge-noched card reader**
→ Randlochkartenleser *nm*
Kerblochkartenstanzer *nm* TER&PER → **edge-notched card puncher**
→ Randlochkartenstanzer *nm*
Kerbstift *nm* MEC.EN **grooved pin**
Kerbverzahnung *nf* MEC.EN **serrations** *nplt*
Kerbzahnwelle *nf* MEC.EN **serration shaft**
Kermit DAT.CO **Kermit**
[ein Protokoll zur Datenübertragung auf Fernsprechkanälen] [a protocol by Columbia University to transmit data over telephone channels]

Kern *nm* PHYS → **atomic core**
→ Atomkern *nm*
Kern *nm* EL.TEC **core** *n*
[Transformator] [transformer]
Kern *nm* TECH **core** *n*
= Seele *nf* = nucleus *n*; kernel *n*
Kern *nm* (1) COMPO → **coil core**
→ Spulenkern *nm*
Kern *nm* (2) COMPO → **magnetic core** *n*
→ Magnetkern *nm*
Kernanlage *nf* POW.EN **nuclear plant**
= nuclear installation

Kernanlauf *nm* SW → **bootstrap** *n*
→ Ureingabe *nf*
Kernbereich *nm* OUT.PL **network core**
Kernberuf *nm* ECON → **main profession**
→ Hauptberuf *nm*

Kernel SW → **kernel routines**
→ Kernroutinen *nplt*
Kernenergie *nf* PHYS **nuclear energy**
= Atomenergie *nf* = atomic energy
Kernforderung *nf* TEC.DOC **bullet requirement**
Kernforschung *nf* PHYS **nuclear research**
Kernfrage *nf* COLL **central question**
= Hauptfrage *nf* = master question; central issue
kernfremd PHYS **extranuclear**
= außerhalb des Kernes
Kerngebiet *nn* SCIE **core area**
Kerngeschäft *nn* ECON **core business**
Kernglas *nn* OPT.CO **core glass**
Kerninformatik *nf* EL.TEC → **computer science**
→ Informatik *nf*
Kernkraft *nf* POW.EN **nuclear power**
= Atomkraft *nf* = atomic power
Kernkraftanlage *nf* POW.EN **nuclear power station**
= Kernkraftwerk *nn*; Atomkraftanlage *nf*; Atomkraftwerk *nn*
Kernkraftwerk *nn* POW.EN → **nuclear power station**
→ Kernkraftanlage *nf*
Kernladungszahl *nf* PHYS → **atomic number**
→ Atomnummer *nf*
Kernleistungsmerkmal *nn* TECH **basic feature** *n*
= Hauptleistungsmerkmal *nn*; Grundleistungsmerkmal *nn* = core feature; primitive
Kernleitwert *nm* NETW.TH **mutual admittance**
[Strom am Ausgang zu Spannung am Eingang] [current at output to voltage at input]
= Übertragungsleitwert *nm*; Koppelleitwert *nm*; Übergangsleitwert *nm* = transfer admittance; coupling admittance
↑ transmission coefficient
Kernleitwert rückwärts MICR.EL → **short-circuit reverse-transfer admittance**
→ Kurzschluss-Rückwärtssteilheit *nf*
Kernleitwert vorwärts MICR.EL → **short-circuit transconductance**
→ Transmittanz *nf*
Kernmagnetmesswerk *nn* INSTR **magnetic core measuring system**
Kernmagneton *nn* PHYS **nuclear magneton**
[Konstante] [constant]
Kern-Mantel-Wellenleiter *nm* OPT.CO → **step-index fiber**
→ Stufenindexfaser *nf*
Kernmasse *nf* PHYS **nuclear mass**
Kernmatrix *nf* EL.TRO **core matrix**
Kernmodus *nm* OPT.CO **core mode**
= bound mode; guided mode
Kernphysik *nf* PHYS **nuclear physics**
≈ Atomphysik ≈ atomic physics
Kernprogramm *nn* SW **core program**
Kernpunkt *nm* COLL → **gist** *n*
→ Hauptpunkt *nm*
Kernresonanz *nf* PHYS **nuclear magnetic resonance**
Kernresonanzfluoreszenz *nf* PHYS **nuclear-resonance fluorescence**
Kernroutinen *nplt* SW **kernel routines**
[grundlegender Befehlssatz, bildet den Kern eines Betriebssystems] [set of basic commands forming the core of an operating system]
= Kernel = kernel system; kernel *n*
Kernschatten *nm* OPT **umbra** *n*
[core area of a shadow]
Kernspeicher *nm* HW → **magnetic core memory**
→ Magnetkernspeicher *nm*
Kernspeicherabbild *nn* SW **core memory image**
= core image
kernspeicherresident SW **core-resident** *adj*
↑ speicherresident ↑ memory-resident
Kernspin *nm* PHYS **nuclear spin**
kernsymmetrisch NETW.TH → **reciprocal** *adj*
→ übertragungssymmetrisch
kernsymmetrischer Vierpol NETW.TH **reciprocal two-port**
= übertragungssymmetrischer Vierpol; kopplungssymmetrischer Vierpol; reziproker Vierpol = reciprocal quadripole
Kerntransformator *nm* EL.TEC **core-type transformer**
Kernvermittlung *nf* SWITCH **switching core**
Kernwiderstand *nm* NETW.TH **mutual impedance**
[Spannung am Ausgang zu Strom am Eingang] [voltage at output to current at input]
= Übertragungswiderstand *nm*; Kopplungswiderstand *nm*; Übergangswiderstand *nm* = transfer impedance; coupling impedance
↑ transmission coefficient
Kernwiderstand rückwärts *nm* NETW.TH **mutual backward impedance**
Kernwiderstand vorwärts *nm* NETW.TH **mutual forward impedance**
Kernzelle *nf* MICR.EL **core cell**
= Grundzelle *nf* = array cell; basic cell

Kerr-Effekt *nm* PHYS **Kerr effect** (1)
= elektrooptische Doppelbrechung — = electro-optic birefrigence; electro-optical effect

Kerr-Zelle *nf* PHYS **Kerr cell**

Kesselbau *nm* MEC.EN **boiler work**

Kesselblech *nn* METAL **boiler plate**

Kesselpauke *nf* MUSIC → **bass drum**
→ Pauke *nf*

Kettadresse *nf* SW → **chained address**
→ gekettete Adresse

Kettbefehl *nm* SW → **chain instruction**
→ Kettenbefehl *nm*

Kette *nf* TECH **chain** *n*

Kette *nf* COMP.SC **string** *n* (1)
[Folge von Datensätzen entsprechend einem Ordnungskriterium oder Schlüssel] — [data sequenced according some order or key]
= Sequenz *nf*; Folge *nf* (1); sortierte Kette; sortierte Sequenz; sortierte Folge; vorsortierte Folge; String *nm* (1) (ANGL) — = sequence *n*

Kette *nf* DAT.MA → **chained list**
→ verkettete Liste

Kette *nf* (2) COMP.SC → **character string** *n*
→ Zeichenkette *nf*

ketten DAT.PR **link** *vt* (1)
[Rechner HW- oder SW-mäßig verknüpfen] — [to connect hardware or software of computers]
= verknüpfen — = chain; ≈ import

Kettenantrieb *nm* MEC.EN **chain drive**
= Kettentrieb *nm*

Kettenbefehl *nm* SW **chain instruction**
= Kettbefehl *nm*

Kettenbildung *nf* DAT.MA → **string formation**
→ Zeichenkettenbildung *nf*

Kettenbruch *nm* MATH **continued fraction**

Kettenbruchschaltung *nf* NETW.TH **continued fractions arrangement**

Kettencode *nm* CODING **chain code**
= rekurrenter Code — = recurrent code

Kettendämpfung *nf* NETW.TH **iterative attenuation constant**
= Kettendämpfungsfaktor *nm* — = attenuation constant

Kettendämpfungsfaktor *nm* NETW.TH → **iterative attenuation constant**
→ Kettendämpfung *nf*

Kettendruck *nm* DAT.PR **chained printing**

Kettendrucker *nm* TER&PER **chain printer**
[bis zu 2000 Zeilen/Min.] — [up to 2000 lpm]
↑ Anschlagdrucker; Typendrucker; Zeilendrucker — ↑ impact printer; type printer; line printer

Kettenfilter *nn* NETW.TH **chain parameter filter**

Kettenform *nf* NETW.TH **chain parameter matrix form**

Kettengleichungen NETW.TH **chain parameter relations**
= Primärgleichungen *nplt*

Kettenkoeffizient *nm* NETW.TH → **chain parameter**
→ Kettenparameter *nm*

Kettenleiter *nm* NETW.TH **recurrent network**
= Vierpolkette *nf* — = recurrent two-pole; recurrent four-terminal; lattice network

Kettenlinie *nf* MATH **catenary** *n*

Kettenmaß *nn* CONTRO **incremental dimension**

Kettenmatrix *nf* NETW.TH **chain parameter matrix**

Kettenname *nm* DAT.MA **chain name**

Kettennetz *nn* TRANSM → **multipoint connection**
→ Mehrpunktverbindung *nf*

Kettennummer *nf* DAT.MA **chain number**

kettenorientiert DAT.MA → **string-oriented** *adj*
→ zeichenkettenorientiert

Kettenparameter *nm* NETW.TH **chain parameter**
= Kettenkoeffizient *nm* — = abcd parameter

Ketten-Pfeilsystem *nn* NETW.TH **chained arrow system**

Kettenrad *nn* MEC.EN **sprocket wheel**
= sprocket *n*

Kettenreaktion *nf* PHYS **chain reaction**

Kettenschaltung *nf* NETW.TH **ladder network**
= Abzweigschaltung *nf*; Leiternetzwerk *nn*

Kettenschaltung *nf* NETW.TH → **series connection**
→ Reihenschaltung *nf*

Kettensuche *nf* DAT.MA **chaining search**
= verkettete Suche — = chained list search

Kettentrieb *nm* MEC.EN → **chain drive**
→ Kettenantrieb *nm*

Kettenübertragungsmaß *nn* NETW.TH **iterative propagation constant**
= propagation coefficient

Kettenvariable *nf* DAT.MA **string variable**
= Folgevariable *nf*; Sequenzvariable *nf*; String-Variable *nf*

Kettenverarbeitung *nf* DAT.MA → **string processing**
→ Zeichenkettenverarbeitung *nf*

Kettenverarbeitungssprache *nf* COMP.LG **string processing language**
= Folgenverarbeitungssprache *nf*; Stringverarbeitungssprache *nf* — = SPL

Kettenverstärker *nm* CIRC.EN → **cascade amplifier**
→ Kaskadenverstärker *nm*

Kettenwahl *nf* TELEC **chain dialling**

Kettenwiderstand *nm* NETW.TH **iterative impedance**
= iterative resistance

Kettenwinkelmaß *nn* NETW.TH **iterative phase constant**

Kettenzählpfeil *nm* NETW.TH **chain numbering arrow**

Kettenzählpfeil *nm* NETW.TH → **count arrow**
→ Zählpfeil *nm*

Kettfeld *nn* DAT.MA **chain field**
[Datenfeld welches die Adresse logisch zusammenhängender Datensätze enthält] — [data field containing the address of logically related data records]
= Zeiger *nm* — = pointer *n*; link field

Kettung *nf* SW **chaining** *n*
[von Daten oder Programmen] — [linking of records or programs]
= Verkettung *nf*; Verknüpfung *nf* — = concatenation; catenation; linkage; linking; link
≈ Kette; Abruffrequenz; Verweis — ≈ chain; calling sequence; reference
↓ Einfachkettung; Mehrfachkettung; Vorwärtskettung; Rückwärtskettung; Datenverkettung — ↓ simple chaining; multiple chaining; forward chaining;

Kettungsadresse *nf* DAT.MA → **reference address**
→ Verweisadresse *nf*

Keule *nf* ANT **lobe** *n*
= Zipfel *nm*; Lappen *nm*
↓ Hauptkeule; Nebenkeule — ↓ main lobe; side lobe

Keulenachse *nf* ANT → **boresight** *n*
→ Hauptstrahlrichtung *nf*

Keulenbreite *nf* ANT **beam width**

Keulenschulter *nf* ANT **lobe shoulder**

Keulenschwenkung *nf* ANT **beam steering**
[Modifikation der Hauptkeule mit elektrischen Mitteln] — [main lobe modelling by electric means]

Keulenumschaltung *nf* ANT **lobe switching**

Key Account Manager ECON **key account manager**
= KAM — = KAM

Key Account Manager *nm* (ANGL) ECON → **key account manager**
→ Großkundenbetreuer *nm*

Key-Anlage *nf* TELEPH → **key system**
→ Reihenanlage *nf*

Keyboard *nn* (ANGL) TER&PER → **keyboard** *n*
→ Tastatur *nf*

Keyboardablage *nf* OFFICE → **keyboard stowage**
→ Tastaturablage *nf*

Keyboard-Schublade *nf* OFFICE → **keyboard drawer**
→ Tastatur-Schublade *nf*

Key-frame-Animation *nf* COMP.GR **keyframe animation**

K-Faktor *nm* ANT → **antenna factor**
→ Antennenfaktor *nm*

k-Faktor *nm* RAD.PRO → **K-factor**
→ Krümmungsfaktor k

Kfz *nn* TECH → **motor vehicle**
→ Kraftfahrzeug *nn*

Kfz-Betrieb *nm* TECH **car use**
[Betrieb in Fahrzeugen]
= Fahrzeugbetrieb *nm* — = use in car

Kfz-Elektronik *nf* EL.TRO → **car electronics**
→ Fahrzeugelektronik *nf*

Kfz-Sicherung *nf* SIG.EN **automobile protection**

KG ECON → **limited partnership**
→ Kommanditgesellschaft *nf*

kg PHYS → **kilogram** *n*
→ Kilogramm *nn*

KGA ECON → **Business Planning and Controlling**
→ Kaufmännische Gemeinsame Aufgaben

Khornerstone-Bewertungstest *nm* DAT.PR **Khornerstone benchmark**
[Abwandlung des engl.Wortes "whetstone"; für Unix-Maschinen] — [neologism from "whetstone"; to test Unix machines]

kHz PHYS → **kilocycle/s**
→ Kilohertz *nn*

KI COMP.AP → **artificial intelligence**
→ künstliche Intelligenz

Kicking *nn* DAT.NW **kicking** *n*
[eine Art Verwarnung]

Kick-off-Meeting (ANGL) ECON → **kick-off meeting**
→ Auftaktsitzung *nf*
Kies *nn* CIV.EN **gravel** *n*
Kieselgel CHEM → **silicon gel**
→ Silicagel *nn*
Kieselglas *nn* CHEM → **silica glass**
→ Quarzglas *nn*
kieselgrau PHYS **pebble gray**
Kill-Befehl *nm* (Linux) SW → **halt command**
→ Abbruchbefehl *nm*
Killeranwendung *nf* COMP.AP **killer application**
= Killer Application *nf* (ANGL); Renner-Anwendung *nf*; Renner-Applikation *nf*; markterobernde Anwendung
Killer Application *nf* (ANGL) COMP.AP → **killer application**
→ Killeranwendung *nf*
Killer-Software *nf* SW → **killer software**
→ Zerstörungs-Software *nf*
Killfile *nn* (ANGL) INTERNET → **bozo filter**
→ Bozo-Filter *nn*
Kilobit *nn* INF.TEC **kilobit** *n*
[10E3 bit] | [10E3 bits]
= kbit | = kbit; Kilobit *n*; kb; Kb
Kilobyte *nn* DAT.PR **kilobyte**
[zwei hoch zehn = 1.024 Bytes] | [2E10 = 1,024 bytes]
= KByte | = kByte; Kbyte; KB; kB, K
Kilogramm *nn* PHYS **kilogram** *n*
[SI-Basiseinheit für Masse] | [SI unit for mass]
= kg | = kg
Kilohertz *nn* PHYS **kilocycle/s**
= kHz | = kilohertz *n*; kHz
Kilometer *nm* PHYS **kilometer** *n* (AE)
[1.000 m] | [1,000 m]
= km | = kilometre *n* (BE); km
Kilometer pro Stunde PHYS → **kilometers per hour**
→ Stundenkilometer *nm*
Kilometerwellen *nplt* RADIO **kilometric waves**
[10 km -1 km; 30 kHz -300 kHz] | [10 km -1 km; 30 kHz -300 kHz]
= Langwellen *nplt*; LW; MF; Band Nr.5 (UIT); B.km | = medium frequencies; MF; long waves; LW; Band Number 5 (ITU); B.km
Kilopond *nn* PHYS **kilopond** *n*
[Einheit für Gewicht; = 9,80665 N] | [unit for weight; = 9.80665 N]
= kp | = kp
Kilopondmeter *nm* PHYS **kilopond-meter** *n*
= kp m | = kp m
Kilo- *praef* PHYS **kilo-** *praef*
[vom griech. "chílioi" = "tausend"; 10E3; in der Datentechnik = 2E10 = 1.024] | [from Greek "chílioi" = "thousand"; 10E3; in computing = 2E10 = 1,024]
= k-
Kilowatt *nn* PHYS **kilowatt** *n*
[1,359621 PS] | [1.359621 PS]
= kW
Kilowattstunde *nf* PHYS **kilowatt-hour** *n*
[= 3,6 Megajoule] | [= 3.6 Megajoule]
= kWh | = kWh
Kiloworte *nplt* DAT.PR **kiloword** *n*
[1.024 Worte] | [1,026 words]
= kW | = kW
Kilozeichen *nn* DAT.PR → **kilo character**
→ tausend Zeichen
Kinderdarsteller *nm* CINEMA **child actor**
Kinderfilm *nm* CINEMA **children's film**
Kinderruf *nm* (slang) TELEC → **direct call**
→ Direktruf *nm*
Kindersicherung *nf* CONS.EL **child protection**
[Verschlüsselung] | [coding]
Kinematik *nf* PHYS **kinematics** *nplt*
[Theorie der Bewegungen in Abängigkeit der Zeit] | [theory of time-dependence of movements]
= Phoronomie *nf* | ≈ kinetics
≈ Kinetik
Kinematikmodell *nn* MOD&SI **kinematic model**
kinematische Viskosität PHYS **kinematic viscosity**
[SI-Einheit: m^2/s] | [SI unit: m^2/s]
Kinematographie *nf* IMAG.ME **cinematography** *n*
[Filmtechnik, -wissenschaft u. -kunst] | [technology, science and art or movie making]
kinematographisch *adj* IMAG.ME **cinematographic** *adj*
Kinesik *nf* SCIE **kinemics** *nplt*
= nonverbale Kommunikation | = nonverbal communications
Kinesistastatur *nf* TER&PER **kinesis ergonomic keyboard**

Kinetik *nf* PHYS **cinetics** *nplt*
[Theorie der Bewegungen in Abhängigkeit der Kräfte] | [theory of force-dependence of movements]
≈ Kinematik | ≈ cinematics
kinetische Energie PHYS **kinetic energy**
= Energie der Bewegung; aktuelle Energie; Wucht *nf*
Kink *nm* TECH **kink** *n*
[unerwünschter Knoten] | [undesired knot]
≈ Knick
kinken TECH **kink** *vt*
Kino *nn* CINEMA **cinema** *n*
= Lichtspieltheater *nn* | = cine *n*; movie theatre (BE)
Kinobesucher *nm* CINEMA **picture-goer**
Kinokasse *nf* CINEMA **box office**
Kinovorstellung *nf* CINEMA **cinema show**
= cinema performance
Kippanordnung *nf* CIRC.EN → **multivibrator** *n* (1)
→ Kippschaltung *nf*
Kippdiode *nf* MICR.EL → **trigger diode**
→ Triggerdiode *nf*
kippen (1) TECH → **topple** *vi*
→ umkippen *vt*
kippen (2) TECH → **incline** *vt*
→ schrägstellen
Kippgenerator *nm* CIRC.EN **toggle generator**
↑ Relaxationsoszillator | ↑ relaxation oscillator
Kippglied *nn* CIRC.EN → **multivibrator** *n* (1)
→ Kippschaltung *nf*
Kipphebel *nm* TECH → **rocker arm**
→ Schwinghebel *nm*
Kipprahmen *nm* TECH → **gimbal ring**
→ Kompassring *nm*
Kippschalter *nm* COMPO **toggle switch**
≈ Kipptaste; Hebelschalter | = toggle *n*; snap switch; flip switch; paddle switch
≈ toggle key; lever switch
Kippschaltung *nf* CIRC.EN **multivibrator** *n* (1)
[Schaltung mit diskreten Ausgangssignalen, die nicht nur vom Augenblickswert am Eingang abhängen] | [circuit with discrete output signals depending not only from the instant value at the input]
= Multivibrator *nm*; Kippstufe *nf*; Kippglied *nn*; Kippanordnung *nf* | = sweep circuit
≈ Triggerschaltung | ≈ trigger circuit
↓ JK-Flipflop; bistabile Kippschaltung | ↓ one-shot multivibrator; flip-flop
Kippschwinger *nm* CIRC.EN → **astable multivibrator**
→ astabile Kippschaltung
Kippschwingung *nf* EL.TEC **relaxation oscillation**
= Relaxationsschwingung *nf* | ↓ sawtooth wave; square wave
↓ Sägezahnschwingung; Rechtecksignal
Kippspannung *nf* MICR.EL **breakover voltage**
[Thyristor] | [thyristor]
= Schaltspannung *nf*
Kippstufe *nf* CIRC.EN → **multivibrator** *n* (1)
→ Kippschaltung *nf*
Kippstufenkette *nf* CIRC.EN **flip-flop chain**
Kipptaste *nf* COMPO **toggle key**
≈ Kippschalter | = nonlocking toggle switch
≈ toggle switch
Kipptriode *nf* MICR.EL **sweep triode**
= Vierschichttriode *nf* | ≈ thyristor
≈ Thyristor
Kippunkt *nm* MICR.EL **breakover point**
[Thyristor] | [thyristor]
= Schaltpunkt *nm*
Kippwinkel *nm* MEC.EN **tilt angle**
= Neigungswinkel *nm*
KIPS DAT.PR **KIPS**
[1000 Anweisungen pro Sekunde; Maß für Computerleistung] | [Kilo Instructions Per Second; measure of computer power]
Kirchenansprache *nf* LING → **preach** *n*
→ Predigt *nm*
kirchhoffsche Regeln EL.TEC → **Kirchhoff's laws**
→ kirchhoffsches Gesetz
Kirchhoff'sche Regeln EL.TEC → **Kirchhoff's laws**
→ kirchhoffsches Gesetz
kirchhoffsche Sätze EL.TEC → **Kirchhoff's laws**
→ kirchhoffsches Gesetz
Kirchhoff'sche Sätze EL.TEC → **Kirchhoff's laws**
→ kirchhoffsches Gesetz
kirchhoffsches Gesetz EL.TEC **Kirchhoff's laws**

= kirchhoffsche Sätze; kirchhoffsche Regeln; Kirchhoff'sches Gesetz; Kirchhoff'sche Sätze; Kirchhoff'sche Regeln — = Kirchhoff's rules

Kirchhoff'sches Gesetz — EL.TEC — → **Kirchhoff's laws**
→ kirchhoffsches Gesetz

KI-Sprache *nf* — COMP.LG — **AI language**
[Programmiersprache] — [program language]

kissenförmige Verzeichnung — OPT — **pincushion distortion**
= Nadelkissenverzerrung *nf*; Kissenverzeichnung *nf* — = pincushioning *n*; negative distortion

Kissenverzeichnung *nf* — OPT — → **pincushion distortion**
→ kissenförmige Verzeichnung

Kiste *nf* — TECH — → **box** *n*
→ Kasten *nm*

Kistensignierung *nf* — ECON — **box marking**
= box label

K-I-System *nn* — COMP.AP — → **office communication system**
→ Bürokommunikationssystem *nn*

Kit — EL.TRO — → **kit** *n*
→ Bausatz *nm*

Kitt *nm* — TECH — **cement** *n*
≈ Kleber — ≈ adhesive

kitten — WOR.PR — → **paste** *vt*
→ einfügen

kitten — TECH — **cement** *vt*
≈ kleben — ≈ bond

KK — OUT.PL — → **cable conduit**
→ Kabelkanal *nm*

klacken — WOR.PR — → **paste** *vt*
→ einfügen

Klamaukfilm *nm* — CINEMA — **splatter film**
= Radaufilm *nm* — = slapstick film

Klamaukkomödie *nf* — IMAG.ME — **slapstick comedy**
= Radaukomödie *nf*

Klamm *nf* — GEOSC — **ravine** *n*

Klammer *nf* — TECH — **clip** *n*

Klammer *nf* — MATH — **bracket** *n* (1)
= Einschlusszeichen *nn*
↓ runde Klammer; eckige Klammer; spitze Klammer; geschweifte Klammer — ↓ parenthesis; square bracket; angle bracket; curly bracking

Klammeraffe *nm* — ECON — **AT sign** (symbol @)
[Symbol: @]
= Pro-Stück-Zeichen *nn*; Das-Stück-Zeichen *nn*; at-Zeichen *nn*; @-Symbol *nn* — = AT symbol; EACH sign; EACH symbol; @ symbol
≈ à — ≈ à

Klammer auf — MATH — **left bracket**
[Symbole: (oder [oder < oder {] — [symbols: (or [or < or {]
= linke Klammer — = open bracket; left parenthesis; open parenthesis

Klammerausdruck *nm* — MATH — **bracket relation**
= bracket term; bracket expression; parenthesis aggregation; parenthesized relation; parenthesized term; parenthesized expression

Klammerdiode *nf* — CIRC.EN — → **clamping diode** (2)
→ Klemmdiode *nf*

klammerfrei — COMP.SC — → **parenthesis-free** *adj*
→ klammerlos

klammerfreie Darstellung — COMP.SC — → **parenthesis-free notation**
→ klammerfreie Schreibweise

klammerfreie Notation — COMP.SC — → **parenthesis-free notation**
→ klammerfreie Schreibweise

klammerfreie Schreibweise — COMP.SC — **parenthesis-free notation**
= klammerfreie Notation; klammerfreie Darstellung; klammerlose Schreibweise; klammerlose Notation; klammerlose Darstellung — = parenthesis-free representation
↓ Präfixschreibweise; Infixschreibweise; Postfixschreibweise — ↓ praefix notation; infix notation; postfix notation

klammerlos — COMP.SC — **parenthesis-free** *adj*
= klammerfrei — = bracketfree; bracketless

klammerlose Darstellung — COMP.SC — → **parenthesis-free notation**
→ klammerfreie Schreibweise

klammerlose Notation — COMP.SC — → **parenthesis-free notation**
→ klammerfreie Schreibweise

klammerlose Schreibweise — COMP.SC — → **parenthesis-free notation**
→ klammerfreie Schreibweise

klammern — TECH — **clip** *vt*
= anklammern; festklammern

Klammern setzen — MATH — → **enclose in brackets** *vt*
→ einklammern

Klammerschaltung *nf* — CIRC.EN — → **clamping circuit**
→ Klemmschaltung *nf*

Klammer zu — MATH — **right bracket**
[Symbole:) oder] oder > oder }] — [symbols:) or] or > or }]
= rechte Klammer — = close bracket; right parenthesis; close parenthesis

Klang *nm* — ACOUS — **sound** *n* (3)
[Empfindung durch nichtsinusförmige Schwingung] — [sensation by non-sinus acoustic wave]
≈ Ton — ≈ tone

Klangbild *nn* — ACOUS — **tonal response**
= Klangwiedergabe *nf*

Klangdatei *nf* — COMP.AP — **sound file**
= Tondatei *nf*; Sounddatei *nf* (ANGL)

Klangeffekt *nm* — ACOUS — **sound effect**

Klangfarbe *nf* — ACOUS — **timbre** *n*
= pitch *n* (1)

Klangfilter *nn* — EL.ACOU — **sound filter**

Klangrecorder-Datei *nf* — COMP.AP — **sound recorder file**

Klangregler *nm* — EL.ACOU — **sound control**
= sound corrector; tone control

Klangumfang *nm* — ACOUS — **sound volume**

Klangverzerrung *nf* — ACOUS — **sound distortion**

Klangwiedergabe *nf* — ACOUS — → **tonal response**
→ Klangbild *nn*

Klappankermagnet *nm* — COMPO — **hinged-armature magnet**
= clapper armature magnet

Klappankerrelais *nn* — COMPO — **hinged-armature relay**
= clapper armature relay

klappbar — TECH — → **hinged** *adj*
→ schwenkbar

Klappbild *nn* — TEC.DOC — **foldout** *n*
= Aufklappbild *nn*

Klappblende *nf* — CINEMA — **wipe fade**
[nächste Einstellung erscheint von oben] — [next shot appears from the top]
= wipe *n*

Klappe *nf* — TELEPH — **drop** *n*
[indicator in a manual exchange]

Klappe *nf* — TECH — **flap** *n*
≈ Deckel — = door *n* (2)
≈ lid

Klappe *nf* — TER&PER — **tape gate**
[Locher] — [puncher]

Klappe *nf* — CINEMA — **clapperboard** *n*
= number board; slate *n*

Klappenschrank *nm* — TELEPH — **drop-type switchboard**

Klappgehäuse *nn* — EQP.EN — **fliptop case**
[mit Scharnieren] — [hinged]
= Fliptop (ANGL)

Klappgriff *nm* — MEC.EN — **clasp handle**
↑ Handgriff (1) — = hinged handle; fold-in handle
↑ handle (1)

Klappschelle *nf* — MEC.EN — **hinged clamp**

klar (1) — COLL — **clear** *adj* (1)
≈ hell — ≈ bright

klar (2) — COLL — **clear** *adj* (2)
[fig]

Klarinette *nf* — MUSIC — **clarinet** *n*

Klarinettist *nm* — MUSIC — **clarinetist** *n* (2)
[female]

Klarinettistin *nf* — MUSIC — **clarinetist** *n* (1)
[male]

klarmachen — TECH — **make clear**
= betriebsbereit machen; einsatzbereit machen — = make ready

Klarscheibe *nf* — TECH — → **anti-dim glass**
→ Klarsichtscheibe *nf*

Klarschrift *nf* — TER&PER — **optical character**
[vom menschlichen Auge lesbare (Druck- oder Hand-)Schrift, jedoch nach bestimmten Regeln um ein Lesen durch Maschinen zu ermöglichen] — [(handwritten or printed) character detectable by human eye, however according to special rules permitting lecture by machines]
≈ Klartext — = plain text
≠ Maschinenschrift — ≈ plain writing
≠ machine-readable character

Klarschriftanzeige *nf* — TER&PER — **optical character display**

Klarschriftbeleg *nm* — DAT.MA — → **plain-text document**
→ Klartextbeleg *nm*

Klarschriftlesen — TER&PER — **character recognition**
= Zeichenerkennung *nf*; Zeichenlesung *nf*; Schrifterkennung *nf*; Texterkennung *nf* — = symbol recognition; text recognition; font recognition

↑ Mustererkennung
↓ optische Zeichenerkennung; universelle Schrifterkennung; Einschriftlesen; Mehrschriftlesen
↑ pattern recognition
↓ optical character recognition; omnifont character recognition; single-font character recognition; omni-font character recognition

Klarschriftleser *nm* | TER&PER | **character reader**
[liest für das menschliche Auge lesbare Schrift] | [reads characters perceivables to the human eye]
= Schriftleser *nm*; Schriftenleser *nm*; Zeichenleser *nm* | = character scanner; symbol reader; symbol scanner
↑ Eingabegerät | ↑ input device
↓ optical character reader; magnetic character reader

Klarschrift-Papierrolle *nf* | TER&PER | **optical character paper roll**

Klarsichtfolie *nf* | OFFICE | → **transparency** *n*
→ Transparentfolie *nf*

Klarsichtfoliendrucker *nm* | TER&PER | → **slide printer**
→ Transparentfoliendrucker *nm*

Klarsichtfolienverpackung *nf* | ECON | **blister** *n*

Klarsichtscheibe *nf* | TECH | **anti-dim glass**
= Klarscheibe *nf*

Klarsichttasche *nf* | TECH | **transparent pocket**

Klartext *nm* | INF.TEC | **plaintext** *n*
= unverschlüsselter Text | = plain writing; uncoded text; clear text
≈ Klarschrift [TER&PER] | ≈ optical character [TER&PER]
≠ verschlüsselter Text | ≠ ciphertext
↑ natürliche Sprache | ↑ plain language

Klartextbefehl *nm* | SW | **plain text instruction**
= plain text command

Klartextbeleg *nm* | DAT.MA | **plain-text document**
= Klarschriftbeleg *nm*

Klartextbelegdrucker *nm* | TER&PER | **plain-text printer**

Klartextbelegleser *nm* | TER&PER | **plain-text document reader**

Klartextkommentar *nm* | SW | **comments** (*n* plt)
= Textkommentar *nm*

klar umrissen | COLL | → **definite** *adj*
→ bestimmt

Klasse *nf* | STATIS | **class** *n*
[Gesamtheit der Stichprobenwerte in einem Teilintervall] | [population of sample values within a partial intervall]

Klasse *nf* | SW | **class** *n*
[OOP; Objekten mit gemeinsamen Satz von Entitäten (Attribute und Operationen)] | [OOP; objects with a common set of entities (attributes and

Klasse-AB-Verstärker *nm* | CIRC.EN | **class AB amplifier**
= AB-Verstärker *nm*

Klasse-A-Netz *nn* | INTERNET | **class A network**
[mit bis zu 16,7 Mio. Computer] | [with upt to 16.7 computers]

Klasse-A-Verstärker *nm* | CIRC.EN | **class A amplifier**
= A-Verstärker *nm*; Eintakt-A-Verstärker *nm*

Klasse-B-Netz *nn* | INTERNET | **class B network**
[mit bis zu 65.000 Computer] | [with upt to 65,000 computers]

Klasse-B-Verstärker *nm* | CIRC.EN | **class B amplifier**
= B-Verstärker *nm*; Gegentakt-B-Verstärker *nm*

Klasse-C-Netz *nn* | INTERNET | **class C network**
[mit bis zu 256 Computer] | [with upt to 256 computers]

Klasse-C-Verstärker *nm* | CIRC.EN | **class C amplifier**
= C-Verstärker *nm*

Klasse-D-Verstärker *nm* | CIRC.EN | **class D amplifier**
= D-Verstärker *nm*

klassenbasiert | INF.TEC | **class-cased**

klassenbasierter Schlangenbetrieb | DAT.NET | **class-based queing**
= CBQ-Betrieb *nm* | [CBQ]

Klassenbester | ECON | **best in class**
= best of class; best of breed

Klassenbibliothek *nf* | SW | **class library**
[OOP] | [OOP]

Klassenbildung *nf* | STATIS | → **grouping** *n*
→ Klasseneinteilung *nf*

Klasseneinteilung *nf* | STATIS | **grouping** *n*
= Klassifizierung *nf*; Klassenbildung *nf*; Gruppierung *nf*

Klassenhäufigkeit *nf* | STATIS | **class frequency**

Klassenhierarchie *nf* | SW | **class hierarchy**
[OOP] | [OOP]

Klasseninstanz *nf* (err) | SW | → **instance** *n*
→ Spezialfall *nm*

Klassenintervall *nn* | STATIS | **class interval**
= cell *n*

Klassenkennung *nf* | MOB.CO | **classmark**

Klassenmethode *nf* | SW | **class method**

Klassenmitte *nf* | STATIS | **class midpoint**
= class mark

Klassenraum *nm* | EDUC | → **classroom** *n*
→ Schulungsraum *nm*

Klassenvariable *nf* | SW | **class variable**
[OOP] | [OOP]

Klasse-S-Verstärker *nm* | CIRC.EN | **class S amplifier**
= S-Verstärker *nm*

klassifizieren | SCIE | **classify** *vt*
[nach Klassen einteilen] | [to assign to classes]
= einstufen
≈ kategorisieren; katalogisieren; subsumieren; einordnen | ≈ categorize; catalogize; subsume; pigeonhole
↓ subsumieren

Klassifizierung *nf* | SCIE | **classification** *n*
= Einstufung *nf* | ≈ catalogization
≈ Kategorisierung

Klassifizierung *nf* | IMAG.PRC | **classification** *n*
[Ermittlung von Flächen gleicher Eigenschaften] | [determination of areas with equal attributes]

Klassifizierung *nf* | STATIS | → **grouping** *n*
→ Klasseneinteilung *nf*

Klassik *nf* | MUSIC | → **classical music**
→ klassische Musik

klassische Logik | MATH | **classical logic**

klassische Musik | MUSIC | **classical music**
= Klassik *nf* | = classic *n*

klassische Physik | PHYS | **classical physics**

Klaue *nf* | TECH | **jaw** *n*
= Klemmbake *nf*; Backe *nf* | ≈ grip
≈ Greifer

Klauenkupplung *nf* | MECH | **jaw clutch**

Klause *nf* | GEOSC | **defile** *n*

Klausel *nf* | ECON | **clause** *n*

Klavier *nn* | MUSIC | **piano** *n*
= Piano *nn*; Pianoforte *nn*

Klavierspieler *nm* | MUSIC | **pianist** *n* (2)
= Pianistin *nf* | [female]
= piano player (2)

Klavierspielerin *nf* | MUSIC | **pianist** *n* (1)
= Pianist *nm* | [male]
= piano player (1)

Klebeband *nn* | OUT.PL | **splicing tape**

Klebeband *nn* | TECH | **adhesive tape**
↓ Selbstklebeband | ↓ self-adhesive tape

Klebebindung *nf* | PRIN.ME | **perfect binding**

Klebeetikett *nn* | TECH | → **adhesive label**
→ Klebeschild *nn*

Klebefestigkeit *nf* | TECH | → **adhesion** *n*
→ Haftfestigkeit *nf*

Klebefolie *nf* | TECH | **adhesive film**
= Selbstklebefolie *nf* | = adhesive foil

Klebemittel *nn* | TECH | → **adhesive** *n*
→ Kleber *nm*

kleben | TECH | **bond** *vt*
≈ kitten | = glue *vt*; paste *vt*
≈ cement

kleben | EL.TRO | **stick** *vt*
[Kontakt] | [contact]

klebend | TECH | **adhesive** *adj*
= haftend | ↓ self-adhesive
↓ selbstklebend

Kleber *nm* | TECH | **adhesive** *n*
= Klebstoff *nm*; Klebemittel *nn*; Leim *nm* | = glue *n*; bonding agent
≈ Kitt | ≈ cement
↓ Alleskleber; Schmelzkleber | ↓ rubber cement; hot melt adhesive

Klebeschild *nn* | TECH | **adhesive label**
= Haftschild *nn*; Klebeschildchen *nn*; Haftschildchen *nn*; Aufkleber *nm*; Klebeetikett *nn*; Haftetikett *nn* | = gummed label; stick-on label; sticker *n*
↑ Kennzeichnungsschild | ↑ label

Klebeschildchen *nn* | TECH | → **adhesive label**
→ Klebeschild *nn*

Klebespleiß *nm* | OPT.CO | → **mechanical splice**
→ mechanischer Spleiß

Klebestelle *nf* | CINEMA | **splice** *n* (1)

Klebestellenruck *nm* | CINEMA | **splice** *n* (2)
[discontinuity]

Klebestreifen *nm* | TECH | **sticky tape**
= glue strip

Klebestreifenspender | OFFICE | **adhesive tape dispenser**

Klebevorrichtung *nf* | MANUF | **bonding device**

klebrig | TECH | **sticky**
≈ dickflüssig | ≈ viscous

Klebrigkeit *nf* ≈ Dickflüssigkeit	TECH	**stickiness** *n* ≈ vicosity
Klebstellengeräusch *nn*	EL.ACOU	**bloop** *n* [unpleasing sound caused by a tape splice]
Klebstoff *nm* → Kleber *nm*	TECH	→ **adhesive** *n*
Klecks *nm* = Kleckser *nm*; Tolggen *nm* (CH) ≈ Fleck	COLL	**blot** *n* = blotch *n*; stain *n* ≈ spot
Kleckser *nm* → Klecks *nm*	COLL	→ **blot** *n*
Kleeblattantenne *nf*	ANT	**clover leaf antenna**
Kleeblattdiagramm *nn*	ANT	**clover leaf pattern**
Kleiderordnung *nf*	COLL	**dress code**
klein = Klein- ≈ Kleinst- ≠ Massen-	TECH	**small** *adj* = small-scale ≈ mini- ≠ large-scale
klein ≈ winzig	COLL	**small** *adj* = little; small-sized ≈ tiny
Klein- → klein	TECH	→ **small** *adj*
Kleinakkumulator *nm*	POW.SY	**miniature accumulator**
Kleinanzeige *nf*	ECON	**classified advertisement**
Kleinbasispeiler *nm*	RAD.LO	**low-aperture direction finder** = small-base direction finder
Kleinbetrieb *nm* = Kleinfirma *nf*	ECON	**small enterprise** = small business
kleinbitratig → niedrigbitratig	CODING	→ **low-bit-rate** *adj*
Kleinbuchstabe *nm* = Minuskel *nf*; Gemeine *nm*	PRIN.ME	**small character** = small letter; lower case letter; minuscule *n*
Kleincomputer *nm* → Kleinrechner *nm*	DAT.PR	→ **small computer**
Kleindarsteller *nm*	IMAG.ME	**bit player**
Kleindrehschalter *nm*	COMPO	**miniature rotary switch**
Kleindruck *nm* = Kleingedrucktes *nn*	PRIN.ME	**fine print**
kleine Aktiengesellschaft [nach britischem Recht, mit beschränkter Haftung]	ECON	**private company** [by british law, with limited
kleine Kasse	ECON	**petty cash** (AE)
kleiner als	MATH	**less than**
Kleiner-als-Zeichen *nn* → Kleinerzeichen *nn*	MATH	→ **less-than sign**
kleiner Geschäftscomputer	DAT.PR	**small business computer** = SBC
kleiner-gleich	MATH	**less or equal**
Kleiner-gleich-Zeichen *nn* [Symbol: ≤]	MATH	**less-or-equal sign** [symbol: ≤] = less-or-equal symbol
Kleinerzeichen *nn* [Symbol: <] = Kleiner-als-Zeichen *nn*	MATH	**less-than sign** [symbol: <] = less-than symbol
kleine und mittlere Unternehmen = KMU	ECON	**small and medium enterprises** = SME
Kleinfirma *nf* → Kleinbetrieb *nm*	ECON	→ **small enterprise**
Kleinflugplatz *nm*	AERON	**airfield** *n*
Kleingedrucktes *nn* → Kleindruck *nm*	PRIN.ME	→ **fine print**
Kleingehäuse *nn*	EQP.EN	**small case**
kleingeschrieben	WOR.PR	**lowercased** *adj*
Klein-Groß-Umschaltung *nf* → Groß-Klein-Umschaltung *nf*	TER&PER	→ **case shift**
Kleinhandel *nm* → Einzelhandel *nm*	ECON	→ **retail trade**
Kleinkanalstrecke *nf* = Schmalbandstrecke *nf*	TRANSM	**low-capacity link** = low-capacity route; light route
Kleinkanalsystem *nn* = Schmalbandsystem *nn* ≠ Breitbandsystem	TRANSM	**low-capacity system** = small-band system; narrow-band system; low-density carrier ≠ high-capacity system
Kleinlautsprecher *nm*	EL.ACOU	**miniature speaker**
Kleinleistungslaser *nm*	OPTOEL	**low-power laser**
kleinlich → spitzfindig	COLL	→ **cavilled** *adj*
Kleinlochkarte *nf*	TER&PER	**small punched card**
kleinmaßstäbliche Karte [mit starker Verkleinerung, z.B. 1:1.000.000]	CART	**small-scale map** [with high reduction, e.g. 1:1,000,000]
Kleinpeiler *nm*	RAD.LO	**small direction finder** = small DF
Kleinrechner *nm* = Kleincomputer *nm* ≈ Minicomputer; Kompaktrechner	DAT.PR	**small computer** ≈ minicomputer; compact computer
Kleinrelais *nn*	COMPO	**small relay**
Kleinschreibung *nf*	PRIN.ME	**lower case printing**
Kleinserienfertigung *nf*	MANUF	**small-scale production**
Kleinsignal *nn*	EL.TRO	**small signal**
Kleinsignalanalyse *nf*	EL.TRO	**small-signal analysis**
Kleinsignal-Kurzschlussstromverstärkung *nf* → Kurzschluss-Stromverstärkung *nf*	MICR.EL	→ **small-signal short-circuit forward transfer ratio**
Kleinsignalmodell *nn*	EL.TRO	**small-signal equivalent circuit**
Kleinsignalparameter *nm* → h-Parameter *nm*	MICR.EL	→ **h parameter**
Kleinsignal-Permittivität *nf* [Ferroelektrikum]	EL.TRO	**small-signal permittivity** [ferroelectric]
Kleinsignalschaltung *nf*	CIRC.EN	**small-signal circuit** = micropower circuit
Kleinsignalsteuerung *nf*	EL.TRO	**small-signal driving**
Kleinsignalstörungsmethode *nf*	RAD.PRO	**small perturbation method** = SPM
Kleinsignal-Stromverstärkungsfaktor *nm*	EL.TRO	**small-signal amplification factor**
Kleinsignal-Transadmittanz *nf*	EL.TRO	**small-signal transadmittance**
Kleinsignaltransistor *nm* = Vorstufentransistor *nm*	MICR.EL	**small-signal transistor** = low-level signal transistor
Kleinsignalverhalten *nn*	EL.TRO	**small-signal response**
Kleinsignalverstärker *nm*	CIRC.EN	**small-signal amplifier**
Kleinsignalverstärkung *nf*	EL.TRO	**small-signal amplification**
Kleinsignalwiderstand *nm* [Halbleitergleichrichter]	POW.SY	**small-signal resistance**
Kleinst- ≈ Mindest-	TECH	**miniature** *adj* = midget; subminiature ≈ minimum
Kleinstbohrmaschine *nf*	TECH	**miniature electric drill**
Kleinstdurchmesser *nm*	ENG.DRA	**minimum diameter**
Kleinstempfänger *nm*	RADIO	**midget set**
Kleinstintegration *nf* [1 bis 10 Komponenten pro IC] = niedriger Integrationsgrad; niedrige Integrationsdichte	MICR.EL	**SSI** [1 to 10 components per IC] = small scale integration
Kleinstmaß *nn*	ENG.DRA	**low limit** = minimum dimension
Kleinst- *praef* = Mini- ≈ klein; Mindest-	TECH	**mini-** *praef* = miniature; subminiature; midget; very small ≈ small; minimum
Kleinströhre *nf*	EL.TRO	**acorn tube** = subminiature tube
Kleinstrolle *nf*	IMAGE.ME	**bit**
Kleinstsitz *nm* = engster Sitz; Kleinstspiel *nn*; größte Durchdringung	ENG.DRA	**tightest fit** = minimum clerarance; negative allowance; allowance *n*
Kleinstspiel *nn* → Kleinstsitz *nm*	ENG.DRA	→ **tightest fit**
Kleinstunterbrechung *nf* = Mikrounterbrechung *nf*	INF.TEC	**microinterruption** *n*
Kleinstwert *nm* = Minimalwert *nm*; Minimum *nn*; Mindestwert *nm* ↑ Extremum	MATH	**minimum value** ↑ extreme value
Kleintastatur *nf*	TER&PER	**keypad** *n* (1) = small keyboard
Kleinteilebehälter *nm* → Schubladenmagazin *nn*	TECH	→ **drawer storage cabinet**
Kleinteilemagazin *nn* → Schubladenmagazin *nn*	TECH	→ **drawer storage cabinet**
Kleintube *nf* [1,2/4,4 mm] = Zwergtube *nf* ↑ Koaxialtube	COM.CAB	**small tube** ↑ coaxial tube
Kleinunternehmen *nn* [i.a. mit < 100 Angestellten]	ECON	**small company** [generally with < 100 employees] = small business
Kleinvermittlung *nf* = Kleinzentrale *nf*	SWITCH	**small exchange**

Kleinwohnung *nf* — CIV.EN — **flatlet** *n*
= Appartement *nn* — = small flat
↑ Wohnung — ↑ apartment

Kleinzellen- — MOB.CO — → **microcellular** *adj*
→ mikrozellular

Kleinzellenbildung *nf* — MOB.CO — **cell splitting**

Kleinzentrale *nf* — SWITCH — → **small exchange**
→ Kleinvermittlung *nf*

Kleinzonentechnik *nf* — MOB.CO — → **cellular radio**
→ Zellenfunk *nm*

Klemmbake *nf* — TECH — → **jaw** *n*
→ Klaue *nf*

Klemmbrett *nn* — EQP.EN — **terminal board**

Klemmdiode *nf* — CIRC.EN — **clamping diode** (2)
[stellt Gleichstromanteil wieder her] — [restores dc component]
= Klammerdiode *nf*; Clamping-Diode *nf* (ANGL)

Klemme *nf* — COMPO — → **terminal** *n*
→ Anschlussklemme *nf*

Klemme *nf* — EL.INS — **pressure clamp**
≈ Klemmleiste — = tweezer *n*; clip *n*; clamp *n*; cleat *n*; grip *n*

Klemme *nf* — MEC.EN — → **chuck** *n*
→ Spannkopf *nm*

klemmen *vt* (1) — TECH — **jam** *vt*
= greifen; einklemmen — = clamp *vt*
≈ quetschen — ≈ grip; crush

klemmen *vi* (2) — TECH — **stick** *vt*
= get stuck

klemmen — EL.TEC — **clamp** *vt*

Klemmenanschluss *nm* — COMPO — **snap-in termination**

Klemmenleiste *nf* — EL.INS — → **terminal strip**
→ Klemmleiste *nf*

Klemmenspannung *nf* — EL.TEC — **terminal voltage**

Klemmenstreifen *nm* — EL.INS — → **terminal strip**
→ Klemmleiste *nf*

Klemmfeder *nf* — MEC.EN — **clamping spring**

Klemmimpuls *nm* — TV — **clamping pulse**

Klemmleiste *nf* — EL.INS — **terminal strip**
= Lüsterklemme *nf*; Anschlussklemmleiste *nf*; Klemmenleiste *nf*; Klemmenstreifen *nm* — = terminal block; connection block
≈ Klemme — ≈ pressure clamp

Klemmmappe *nf* — OFFICE — **spring-back file**

Klemm-Muffe *nf* — COM.CAB — **clamping sleeve**

Klemmring *nm* — MEC.EN — **clamping ring**

Klemmschalenkupplung *nf* — MEC.EN — **clamp coupling**

Klemmschaltung *nf* — CIRC.EN — **clamping circuit**
= Klammerschaltung *nf*; Clamping-Schaltung *nf* — = clamper *n*

Klemmschraube *nf* — MEC.EN — **clamping screw**
= Spannschraube *nf*

Klemmtülle *nf* — EL.INS — **clamping collar**
[Kabel] — [for a cable]

Klemmung *nf* — TV — **clamping** *n*

Klemmverbindung *nf* — COMPO — **snap-in connection**

Klemmverstärker *nm* — CIRC.EN — **clamped amplifier**

Klemmverzerrung *nf* — TV — **clamping distortion**

Klemmvorrichtung *nf* — MEC.EN — → **clamping device**
→ Spannelement *nn*

Klemmzange *nf* — TECH — → **flat-nose pliers** *n*
→ Flachzange *nf* (2)

Klemmzapfen *nm* — MEC.EN — **dog** *n*
[Stellschrauben] — [fixing element of a setscrew]

Klempner *nm* — TECH — **tinner**

Klettervorrichtung *nf* — OUT.PL — **climbing facility**

klicken — WOR.PR — → **cut** *vt*
→ ausschneiden

klicken — COMP.AP — **click** *vt*
[z.B. mit einer Maus] — [e.g. with a mouse]
= anklicken; Maustaste drücken; drücken — = click on; press
↓ doppelklicken — ↓ double-click

Klicken *nn* — COMP.AP — **click** *n*
[kurzes Drücken der Mausetaste] — [short depression of mouse key]
= Anklicken *nn*; Mausklick *nm* — = clicking-on; clicking; mouse click
≈ Drücken — ≈ pressing
↓ Doppelklicken — ↓ double klick

Klicken und Klacken *nn* — WOR.PR — → **cut-and-paste**
→ Ausschneiden und Einfügen

Klickgeschwindigkeit *nf* — TER&PER — **clicking speed**

Klickpieps *nm* — TER&PER — **clicking beep**
= Klickton *nm* — = clicking bleep; clicking feep; clicking pip; clicking tone

Klicksequenz *nf* — INTERNET — **clicking sequence**
= clickstream (slang)

Klickton *nm* — TER&PER — → **clicking beep**
→ Klickpieps *nm*

Klient *nm* — DAT.NW — → **client** *n*
→ Client *nm*

Klientel *nf* — ECON — → **clientele** *n*
→ Kundschaft *nf*

Klima *nn* — QUAL — **clima** *n*
= Klimabedingungen *nplt* — = climatic conditions

Klima *nn* — METEO — **climate** *n*
[typischer Jahresverlauf der Witterung in einem Gebiet] — [typical yearly course of weather conditions in a region]
≈ Wetter; Witterung — ≈ weather; weather conditions

Klimaanlage *nf* — TECH — **air conditioner**
= air conditioning (2); air-condition equipment

Klimabedingungen *nplt* — QUAL — → **clima** *n*
→ Klima *nn*

klimabeständig — QUAL — **climate resistant**
= klimafest — = climate-proof
↓ tropenfest — ↓ tropicalized

Klimafaktor *nm* — RAD.PRO — **climatic factor**

klimafest — QUAL — → **climate resistant**
→ klimabeständig

Klimakammer *nf* — QUAL — **climatic test chamber**
= environmental chamber

Klimaprüfung *nf* — QUAL — **climatic test**

Klimaschrank *nm* — QUAL — **climatic box**

Klimatechnik *nf* — TECH — **air conditioning engineering**
= Versorgungstechnik *nf*

klimatisiert — TECH — **airconditioned**
= with controlled ambient

Klimatisierung *nf* — TECH — **air conditioning** (1)

Klimatogramm *nn* — QUAL — **climatogram** *n*

Klimax *nf* — MEDIA — → **climax** *n*
→ Höhepunkt *nm*

Klimbim *nn* — TECH — → **bells and whistles** (NA)
→ Schnickschnack *nm*

Klinge *nf* — TECH — **blade** *n*

Klingel *nf* — DAT.CO — → **bell character**
→ Klingel-Zeichen *nn*

Klingel *nf* — TELEPH — → **bell** *n*
→ Wecker *nm*

Klingeldraht *nm* — EL.INS — **bell wire**

Klingeltransformator *nm* — EL.INS — **clock transformer**
= bell transformer

Klingel-Zeichen *nn* — DAT.CO — **bell character**
= Klingel *nf* — [character to call attention]
↑ ASCII-Code — = bell *n*; BEL
↑ ASCII code

Klingenantenne *nf* — ANT — **blade antenna**
= Blattantenne *nf* — ↑ monopole antenna
↑ Monopolantenne

Klinke *nf* — MEC.EN — **pawl** *n*
≈ Schnapper; Anschlag

Klinke *nf* — SWITCH — **pawl** *n*
[steuert Bewegungen eines elektromechanischen Wählers] — [controls movement of electromechanical switch]
↓ Schaltklinke; Sperrklinke — ↓ stepping pawl; holding pawl

Klinke *nf* — TELEPH — **jack** *n*
[Spezialbuchse der Fernsprechtechnik, zur wiederholten Herstellung mehrpoliger Kontakte] — [special jack of telephony, for repetitive multipolar connexions]
= Klinkenbuchse *nf*; Steckbuchse *nf* — = switchboard jack
≠ Klinkenstecker — ≠ jack connector
↓ Klinkenkupplung; Klinken-Einbaubuchse

Klinkenbuchse *nf* — TELEPH — → **jack** *n*
→ Klinke *nf*

Klinken-Einbaubuchse *nf* — TELEPH — **mounting jack**
≈ Klinkenkupplung
↑ Klinke

Klinkenfeld *nn* — TELEPH — **jack panel**
= jack field; concentrator panel

Klinkenkupplung *nf* — TELEPH — **cord jack**
≈ Klinken-Einbaubuchse
↑ Klinke

Klinkenstecker *nm* — TELEPH — **jack connector**
[Spezialstecker der Fernsprechtechnik, Gegenstück zur Klinke] — [male counterpart of jack]
= Stöpsel *nm* — = switchboard plug; telephone plug; phone plug; phono connector
≠ Klinke — ≠ jack

Klinkenstreifen *nm* TELEPH **jack strip**
≠ Einzelklinke ≠ individual jack
Klirranalysator *nm* INSTR → **distortion analyzer**
→ Verzerrungsanalysator *nm*
klirrarm EL.TEC **low-distortion** *adj*
Klirrdämpfung *nf* EL.TEC **harmonic distortion attenuation**
[Logarithmus des Klirrfaktors] [logarithm of harmonic content]
= distortion attenuation; harmonic distortion (2)
Klirren *nn* EL.TEC **harmonic distortion** (1)
Klirrfaktor *nm* EL.TEC → **harmonic content**
→ Oberwellengehalt *nm*
Klirrfaktor *nm* EL.ACOU → **harmonic content**
→ Oberschwingungsgehalt *nm*
Klirrfaktorkoeffizient *nm* EL.TEC → **harmonic content**
→ Oberwellengehalt *nm*
Klirrfaktormessbrücke *nf* INSTR **distortion measuring bridge**
= Klirrgradmessbrücke *nf*, Verzerrungsmessbrücke *nf*; Klirrfaktormesser *nm*; Klirrgradmesser *nm*; Verzerrungsmesser *nm* = distortion bridge; distortion factor meter; distortion meter; distortion measuring set
Klirrfaktormesser *nm* INSTR → **distortion measuring bridge**
→ Klirrfaktormessbrücke *nf*
Klirrgrad *nm* EL.ACOU → **harmonic content**
→ Oberschwingungsgehalt *nm*
Klirrgradmessbrücke *nf* INSTR → **distortion measuring bridge**
→ Klirrfaktormessbrücke *nf*
Klirrgradmesser *nm* INSTR → **distortion measuring bridge**
→ Klirrfaktormessbrücke *nf*
Klischee *nn* MEDIA **cliché** *n*
klobig (1) COLL → **deformed**
→ unförmig
klobig (2) COLL → **awkward**
→ unbeholfen
Klon *nm* HW **clone** *n*
[völlig kompatible Hardware-Imitation; von "Klon" = "ungeschlechtlich vermehrtes Lebewesen", was vom griechischen "klon" = "Zweig" stammt] [fully compatible hardware imitation; from "clone" = "asexually procreated living being", which derives from Greek "klon" = "twig"]
= Clonus *nm*; Clone *nm*; Hardware-Imitation *nf*; Imitation *nf*; Hardware-Plagiat *nn*, plagiat *nn*; Nachbau *nm*
≈ Noname
klopffest QUAL **antiknock**
≈ schlagfest [TECH] = knockresistant
≈ impact-resistant [TECH]
Klopffestigkeit *nf* QUAL **antiknocking characteristic**
Klöppel *nm* TECH → **bell hammer**
→ Glockenklöppel *nm*
Klothoide *nf* MATH **clothoid** *n*
= Spiralkurve *nf*
Klotz *nm* TECH **block** *n*
= log *n*; chunk *n*
Kluft *nf* TER&PER → **interblock gap**
→ Blocklücke *nf*
Kluft *nf* TECH **crevasse** *n*
[tiefer Riss oder große Spalte] [a deep crevice or fissure]
≈ Sprung ≈ crack
Klumpen *nm* STATIS **cluster** *n*
= Häufungsstelle *nf* ≈ cluster
≈ Gruppe
Klystron *nn* MICROW **klystron** *n*
↑ Triftröhre ≠ linear-beam tube
↓ Reflexklystron ↓ reflex klystron
km PHYS → **kilometer** *n* (AE)
→ Kilometer *nm*
km/h PHYS → **kilometers per hour**
→ Stundenkilometer *nm*
KMU ECON → **small and medium enterprises**
→ kleine und mittlere Unternehmen
knacken CODING **break** *vt*
[einen schwierigen Code *nm*] [a difficult code]
↑ entziffern ↑ decipher
Knacken *nn* TELEPH → **click** *n*
→ Knackgeräusch *nn*
Knackfilter *nn* TELEPH **click filter**
Knackgeräusch *nn* TELEPH **click** *n*
= Knacken *nn*; Knackstörung *nf* = click interference; crackle; crackle interference
Knackprogramm *nn* COMP.AP **copy program**
Knackstörung *nf* TELEPH → **click** *n*
→ Knackgeräusch *nn*

Knallgasvoltameter *nn* INSTR **oxyhydrogen voltmeter**
knapp LING → **concise** *adj*
→ konzis
knapp gefasst LING → **brief** (on) *adj*
→ kurzgefasst
Knappheit *nf* ECON **shortage** *n*
= Verknappung *nf*, Spärlichkeit *nf* = tightness *n*; stringency *n*; scarceness *n*; scarcity *n*
≈ Mangel ≈ lack
Knarrstimme *nf* LING **creaky voice**
= laryngalisierter Laut; Pressstimme *nf*
Knebel *nm* MEC.EN **clamp handle**
kneifen TECH → **nick** *vt*
→ zwicken
Kneifzange *nf* TECH → **nipper pliers**
→ Beißzange *nf*
Knetlegierung *nf* METAL **wrought alloy**
Knick *nm* MICROW **bend** *n*
Knick *nm* TECH **bend** *n*
= Knickung *nf* = knee *n*; buckling *n*; jog *n*; knuckle *n*
knicken TECH **bend** *vt* (2)
≈ biegen [to bend irrevirsibly a stiff object]
= bent *vt* (2); crease *vi*; buckle *vi*
≈ bend (1)
Knickfestigkeit *nf* MEC.EN **buckling strength**
Knickfrequenz *nf* NETW.TH → **limit frequency**
→ Eckfrequenz *nf*
Knicklast *nf* MEC.EN **buckling load**
Knickpunkt *nm* MATH **break point**
[Kurve ändert sprunghaft den Sinn, Kurventangenten verschieden] [where a curve changes abruptly its sense, the tangents beeing different]
≈ Rückkehrpunkt ≈ invertive point
↑ Singularität ↑ singularity
Knickspannung *nf* MEC.EN **buckling stress**
Knickung *nf* TECH → **bend** *n*
→ Knick *nm*
Kniegelenk *nn* MEC.EN **knuckle joint**
= Gabelgelenk *nn*
Kniehebel *nm* MEC.EN **toggle joint**
Kniehebelklemme *nf* MEC.EN **draw tongs**
Kniehebelpresse *nf* MEC.EN **toggle press**
Knierohr *nn* TECH **pipe bend**
= Krümmer *nm* = conduit bend; pipe knee; conduit knee; pipe elbow; conduit elbow
Kniespannung *nf* MICR.EL **knee voltage**
= Kollektor-Restspannung *nf* = collector saturation voltage
Knopf *nm* TECH **knob** *n*
↑ Handgriff (1) ↑ handle
Knopf *nm* EL.TRO **knob** *n*
= Bedienungsknopf *nm*; Bedienknopf *nm*; Geräteknopf *nm* = control knob
↓ Drehknopf ↓ rotary knob
Knopflochmikrofon *nn* EL.ACOU **lapel microphone**
= Knopflochmikrophon *nn* = button microphone
Knopflochmikrophon *nn* EL.ACOU → **lapel microphone**
→ Knopflochmikrofon *nn*
Knopfröhre *nf* EL.TRO **doorknob tube**
Knopfskala *nf* COMPO **knob dial**
Knopfzelle *nn* POW.SY **button cell**
Knoten *nm* TECH **knot** *n*
[in einer Schleife] ≈ node [MATH]
≈ Knoten [MATH]
Knoten *nm* MATH **node** *n*
[Graphentheorie] [theory of graphs]
= Knotenpunkt *nm* ≠ edge
≠ Kante ↓ root (3); leaf
↓ Wurzel (3); Blatt
Knoten *nm* (1) PHYS → **Admirality mile**
→ englische Seemeile
Knoten *nm* (2) PHYS → **nautical mile**
→ Seemeile *nf*
Knoten *nm* (3) PHYS **knot** *n*
[1 Seemeile / h] [1 nautical mile p.h.]
= kn.
Knoten *nm* PHYS → **node** *n*
→ Schwingungsknoten *nm*
Knoten *nm* NETW.TH **node** *n*
= Verzweigungspunkt *nm*
Knoten *nm* DAT.NW **node** *n*
[Mini-Computer für Ad-hoc-Vernetzung] [minicomputer for ad-hoc networking]

Knotenamt *nn* SWITCH → **primary switching center** (AE)
→ Knotenvermittlungsstelle *nf*

Knotenanalyse *nf* NETW.TH **node analysis**

Knotenbetrieb *nm* RAD.RE **nodal operation**

knotendisjunkt TELEC **node-disjoint**

Knotendisjunkte *nf* SWITCH **mode disjoint**

Knotenebene *nf* PHYS **nodal plane**

Knotengleichung *nf* EL.TEC **nodal equation**

knotenlokal DAT.CO **node local**

Knotennetz *nn* DAT.NW → **multipoint network**
→ Mehrpunktnetz *nn*

Knotenpunkt *nm* EL.TEC **nodal point**
= node *n*

Knotenpunkt *nm* MATH → **node** *n*
→ Knoten *nm*

Knotenpunkt *nm* DAT.CO → **multidrop** *n*
→ Mehrpunkt *nm*

Knotenrechner *nm* DAT.CO → **network-node computer**
→ Netzknotenrechner *nm*

Knotenregel *nf* EL.TEC → **Kirchhoff's node law**
→ erstes kirchhoffsches Gesetz

Knotenregister *nn* SWITCH **toll register**

Knotentabelle *nf* TELEC **node table**

knotenübergreifend TELEC **internodal**

Knotenverbindung *nf* DAT.CO → **multipoint circuit**
→ Mehrpunktleitung *nf*

Knotenvermittlungsstelle *nf* SWITCH **primary switching center** (AE)
[der ersten Fernnetzebene] [exchange at the first level of the national trunk switching hierarchy]
= KVSt *nf*; Knotenamt *nn*; Primärvermittlungsstelle *nf* = primary exchange; junction center; sector exchange; sectional center (AE); class 3 office (AE)
↑ Fernvermittlungsstelle ↑ trunk exchange

Knowbot *nm* INTERNET → **intelligent agent**
→ intelligenter Agent

Knowbot *nm* ART.IN → **knowbot** *n*
→ Wissensrobot *nm*

Know-how *nn* SCIE → **technical knowledge** *n*
→ Fachkenntnis *nf*

Know-how-Vertrag *nm* ECON **know-how agreement**
≈ Lizenzvertrag

Knüppel *nm* METAL **billet** *n*

Koalition *nf* MATH **coalition** *n*
[Spieltheorie] [theory of games]

Koautor *nm* PRIN.ME → **coauthor** *n*
→ Mitautor *nm*

koaxial MATH **coaxial** *adj*
≈ konzentrisch ≈ concentrical

koaxial LINE TH **coaxial** *adj*

Koaxialantenne *nf* ANT **coaxial-fed antenna**
= coaxial antenna

Koaxialdipol *nm* ANT **sleeve antenna**
= Koaxialdipolantenne *nf*; Vertikaldipol *nm*; Dipolantenne mit koaxialem Schirm; Sleeve-Antenne *nf*; koaxiale Monopolantenne = sleeve dipole antenna

Koaxialdipolantenne *nf* ANT → **sleeve antenna**
→ Koaxialdipol *nm*

koaxiale Leitung LINE TH → **coaxial line**
→ Koaxialleitung *nf*

koaxiale Monopolantenne ANT → **sleeve antenna**
→ Koaxialdipol *nm*

koaxiales Kabel COM.CAB → **coaxial cable**
→ Koaxialkabel *nn*

Koaxialfilter *nn* MICROW **coaxial filter**

Koaxial-Hohlleiter-Übergang *nm* MICROW **coax-waveguide transition**

Koaxialkabel *nn* COM.CAB **coaxial cable**
= koaxiales Kabel

Koaxialkreis *nm* MICROW **coaxial circuit**

Koaxialleitung *nf* LINE TH **coaxial line**
= koaxiale Leitung = concentric line

Koaxialpaar *nn* COM.CAB **coaxial pair**
[Innen- und Außenleiter] [inner plus outer conductor]
= Koxialtube *nf*, Tube *nf* = coaxial tube; tube *n*
↑ Verseilelement ↑ stranding element

Koaxialrelais *nn* COMPO **coaxial relay**

Koaxialresonator *nm* MICROW → **coaxial cavity resonator**
→ Topfkreis *nm*

Koaxialschalter *nm* COMPO **coaxial switch**

Koaxialstecker *nm* COMPO **coaxial connector**
= Koaxstecker *nm*

Koaxial-Trap ANT **coaxial trap**

Koaxialverteiler *nm* SYS.INS **coaxial distributor**
= Koaxverteiler *nm*

Koaxstecker *nm* COMPO → **coaxial connector**
→ Koaxialstecker *nm*

Koaxverteiler *nm* SYS.INS → **coaxial distributor**
→ Koaxialverteiler *nm*

Kobalt *nn* CHEM **cobalt** *n*
= Cobaltum *nn*; Co = Co

kobaltblau *adj* OPT **cobalt blue** *adj*

kobaltviolett *adj* OPT **cobalt violet** *adj*

Kochbuch *nn* (slang) TEC.DOC **cookbook** (slang)

kochen PHYS → **boil**
→ sieden

Kode *nm* (DUDEN) INF.TH → **code** *n*
→ Code *nm* (*pl* -s)

kodieren (Duden) INF.TH → **encode** *vt*
→ codieren

Kodierer (Duden) *nm* CIRC.EN → **coder** *n*
→ Codierer *nm*

Kodiernase *nf* COMPO **coding lug**

Kodiervordruck *nm* SW **coding form**
= Codiervordruck *nm*

Kodizill *nn* LAW **codicile** *n*
= Testamentsnachtrag *nm* [addendum to a will]

Koeffizient *nm* PHYS → **coefficient** *n*
→ Beiwert *nm*

Koeffizient *nm* MATH **coefficient**
[konstanter Faktor einer Variablen] [a constant factor to a variable]
↑ Faktor ↑ factor

Koeffizientenpotentiometer *nn* COMPO **coefficient setting potentiometer**
= Funktionspotentiometer *nn* = coefficient potentiometer

Koeffizientenstellspannung *nf* CIRC.EN **coefficient setting voltage**

Koeffizientensteuerung *nf* CIRC.EN **coefficient control**

Koerzimeter *nn* INSTR **coercimeter** *n*

Koerzitivfeldstärke *nf* PHYS → **coercive force**
→ Koerzitivkraft *nf*

Koerzitivkraft *nf* PHYS **coercive force**
[Ferromagnetismus, Magnetisierungskurve] [ferromagnetism]
= Koerzitivfeldstärke *nf* = coercitivity *n* (IEC)

Koffer *nm* EQP.EN **portable case**
= Traggehäuse *nn* = case *n*

Kofferadio *nn* CONS.EL **portable radio receiver**
= portable receiver

Kofferantenne *nf* ANT **case antenna**

Kognition *nf* SCIE → **cognition** *n*
→ Erkenntnis *nf*

Kognitionswissenschaft *nf* ART.IN **cognitive science**

kognitiv SCIE → **cognitive**
→ erkennend

kognitive Simulation ART.IN **cognitive simulation**
= CS

kohärent SCIE **coherent** *adj*
≈ konsistent ≈ consistent

kohärent PHYS **coherent** *adj*

kohärente Abtastung INSTR **sequential sampling**
= sequentielles Sampling = coherent sampling; sequential scanning; coherent scanning

kohärente Festzeichenunterdrückung RAD.LO **coherent MTI**
[Radar] [radar]

kohärente optische Übertragung OPT.CO **coherent optical communications**

kohärenter Empfang HF **coherent detection**

kohärentes Licht OPT **coherent light**

kohärente Strahlung OPT → **coherent radiation**
→ Kohärenzstrahlung *nf*

kohärente Streuung OPT **coherent scattering**

Kohärenz *nf* INF.TEC **coherence** *n*
[Annahme gleichen Wertes für Nachbarpunkte] [assumption of equal values for adjacent points]

Kohärenz *nf* TER&PER **coherence** *n*
[dem benachbarten Bildpunkt denselben Wert zuweisen] [to assign the same value to the adjacent pixel]

Kohärenz *nf* PHYS **coherence** *n*
[konstante Phasenbeziehung] [fixed phase relation]

Kohärenz *nf* SCIE **coherence** *n*
[systematischer logischer Zusammenhang] [systematic logic connection]
≈ Konsistenz ≈ consistent
↑ Zusammenhang ↑ connection

Kohärenz *nf* SW **coherence** *n*
[OOP; gemeinsame Zielausrichtung] [OOP]

Köhärenzlänge *nf* OPT.CO **coherence length**

Kohärenzoszillator *nm* RAD.LO **coherent oscillator**

[Radar]		[radar]
= Coho		= coho *n*
Kohärenzradar *nm&nn* (*pl* -e)	RAD.LO	**coherent radar**
Kohärenzstrahlung *nf*	OPT	**coherent radiation**
= kohärente Strahlung		
Kohärer *nm*	HF	→ **coherer** *n*
→ Fritter *nm*		
Kohäsion *nf*	PHYS	**cohesion** *n*
[zwischen Molekülen desselben Körpers]		[between molecules of the same body]
= Kohäsionskraft *nf*		
Kohäsionskraft *nf*	PHYS	→ **cohesion** *n*
→ Kohäsion *nf*		
Kohle *nf*	CHEM	**coal** *n*
Kohleband *nn*	TER&PER	→ **carbon ribbon**
→ Kohlefarbband *nn*		
Kohlebogen *nm*	PHYS	**carbon arc**
Kohlefaden *nm*	PHYS	**carbon filament**
Kohlefarbband *nn*	TER&PER	**carbon ribbon**
= Kohleband *nn*; Karbonfarbband *nn*; Karbonband *nn*; Carbonfarbband *nn*; Carbonband *nn*		= carbon tape; film ribbon; film tape; Mylar ribbon
↑ Farbband		↑ inked ribbon
Kohlefilter *nn*	TECH	→ **charcoal filter**
→ Aktivkohlefilter *nn*		
Kohlekörnermikrofon *nn*	EL.ACOU	→ **carbon microphone**
→ Kohlemikrofon *nn*		
Kohlekörnermikrophon *nn*	EL.ACOU	→ **carbon microphone**
→ Kohlemikrofon *nn*		
Kohlekraftwerk *nn*	POW.SY	**coal power station**
Kohlemikrofon *nn*	EL.ACOU	**carbon microphone**
= Kohlemikrophon *nn*; Kohlekörnermikrofon *nn*; Kohlekörnermikrophon *nn*		
Kohlemikrophon *nn*	EL.ACOU	→ **carbon microphone**
→ Kohlemikrofon *nn*		
Kohlemikrophon *nn*	TELEPH	→ **carbon microphone**
→ Kohlesprechkapsel *nf*		
Kohlenstoff *nm*	CHEM	**carbon** *n*
= Carboneum *nn*; C		= C
Kohlenstofflichtbogenlampe *nf*	TECH	**carbon arc lamp**
Kohlepapier *nn*	OFFICE	**carbon paper**
= Durchschlagpapier *nn*		= flimsy paper; typing paper
Kohleschicht-Festwiderstand *nm*	COMPO	**fixed carbon film resistor**
Kohleschichtpotentiometer *nn*	COMPO	**carbon film potentiometer**
Kohleschichtwiderstand *nm*	COMPO	**carbon film resistor**
= Kohlewiderstand *nm*		= carbon resistor
Kohlespannungsableiter *nm*	COMPO	**carbon** *n*
↑ Spannungsfeinsicherung		↑ fine overvoltage protection
Kohlesprechkapsel *nf*	TELEPH	**carbon microphone**
= Kohlemikrophon *nn*		
Kohlewiderstand *nm*	COMPO	→ **carbon film resistor**
→ Kohleschichtwiderstand *nm*		
koinzident	COLL	→ **concurrent** *adj*
→ zusammenfallend		
Koinzidenz *nf*	PHYS	**coincidence** *n*
Koinzidenz *nf*	COLL	**coincidence** *n*
= Zusammenfallen *nn*		
Koinzidenz *nf*	LOGIC	→ **AND operation**
→ UND-Verknüpfung *nf*		
Koinzidenzdemodulator *nm*	CIRC.EN	→ **product demodulator**
→ Phasendemodulator *nm*		
Koinzidenzfunktion *nf*	LOGIC	→ **AND operation**
→ UND-Verknüpfung *nf*		
Koinzidenzgatter *nn*	CIRC.EN	→ **AND gate**
→ UND-Glied *nn*		
Koinzidenzglied *nn*	CIRC.EN	→ **AND gate**
→ UND-Glied *nn*		
Koinzidenzschaltung *nf*	CIRC.EN	→ **AND gate**
→ UND-Glied *nn*		
Koinzidenzspeicher *nm*	DAT.PR	**coincidence memory**
Koinzidenzunterdrückung *nf*	EL.TRO	**coincidence suppression**
Koinzidenzverknüpfung *nf*	LOGIC	→ **AND operation**
→ UND-Verknüpfung *nf*		
Koinzididenztor *nn*	CIRC.EN	→ **AND gate**
→ UND-Glied *nn*		
Kolben *nm*	EL.TRO	**bulb** *n*
[Elektronenröhre]		[electronic tube]
Kolben *nm*	MEC.EN	**piston** *n*
Kolbenhals *nm*	EL.TRO	**bulb neck**
[Bildröhre]		[electron tube]
Kolbenlöten *nn*	METAL	**iron soldering**
		= bit soldering
Kolbenmembran *nf*	EL.ACOU	**piston diaphragm**
Kolbenschwärzung *nf*	EL.TRO	**bulb blackening**
Kolbenspitze *nf*	METAL	**soldering bit**
kollabieren	TECH	→ **collapse** *vi*
→ zusammenbrechen *vi*		
Kollabieren *nn*	OPT.CO	**consolidation** *n*
[Schrumpfung eines innenbeschichteten Rohres zur Vorform]		[shrinking of an inside-coated tube to a preform]
Kollabierung *nf*	TECH	→ **collapse** *n*
→ Zusammenbruch *nm*		
kollateral	TECH	→ **side-by-side** *adj*
→ nebeneinander		
Kollation *nf*	DAT.MA	→ **collation** *n* (1)
→ Sortiermischen *nm*		
kollationieren	DAT.MA	→ **collate** *vt* (1)
→ sortiermischen		
Kolleg *nn* (*pl* -ien)	EDUC	**course of lectures**
= Kollegium *nn*		= lectures *nplt*
Kollegenkreis *nm*	ECON	**peer group**
Kollegium *nn*	EDUC	→ **course of lectures**
→ Kolleg *nn* (*pl* -ien)		
kollektive Terminkalenderführung	COMP.AP	**group calendaring**
Kollektivferien *nplt*	ECON	→ **works holidays**
→ Werkferien *nplt*		
Kollektivprogrammierung *nf*	SW	**ego-less programming**
[mit verteilter Verantwortung]		[based on a concept of teamwork to enhance objectivity]
Kollektivsperre *nf*	DAT.PR	**shared lock**
≠ Exklusivsperre		≠ exclusive lock
Kollektivum *nn*	LING	**collective word** *n*
[z.B. "Herde"]		[e.g. "flock"]
= Sammelwort *nn*		
Kollektivum *nn*	LING	→ **mass noun**
→ Massennomen *nplt*		
Kollektivurlaub *nm*	ECON	→ **works holidays**
→ Werkferien *nplt*		
Kollektor *nm*	MICR.EL	**collector** *n*
[Sammler; nimmt den vom Emitter eingespeisten u. von der Basis gesteuerten Ladungsträgerfluss auf]		[collects the carrier stream injected by the emitter and controled by the basis]
= Collector *nm*		↓ collector zone; collector region ; collector terminal
↓ Kollektorzone; Kollektorbereich; Kollektoranschluss		
Kollektor *nm*	EL.TRO	**collector** *n*
[Elektronenröhren]		[electron tubes]
= Kollektorelektrode *nf*; Auffangelektrode *nf*; Auffangelektronik *nf*; Auffänger *nm*; Sammelelektrode *nf*		= collector electrode; collecting electrode; pick-up electrode; electron collector; collector *n*
↑ Elektrode		↑ electrode
↓ Elektronenkollektor		↓ electron collector
Kollektor *nm*	POW.EN	**collector** *n*
= Kommutator *nm*		= commutator *n*
Kollektoranschluss *nm*	MICR.EL	**collector terminal**
Kollektorbahnwiderstand *nm*	MICR.EL	**collector series resistance**
Kollektor-Basis-Diode *nf*	MICR.EL	→ **collector diode**
→ Kollektordiode *nf*		
Kollektor-Basis-Kapazität *nf*	MICR.EL	→ **collector capacitance**
→ Kollektorkapazität *nf*		
Kollektor-Basis-Reststrom *nm*	MICR.EL	**collector-base cut-off current**
= Kollektor-Reststrom *nm*		= cutoff collector current, emitter open
Kollektor-Basis-Spannung *nf*	MICR.EL	**collector-base voltage**
Kollektorbereich *nm*	MICR.EL	**collector region**
[Kollektorzone minus Sperrschicht]		[collector zone without junction]
Kollektordiffusionsisolation *nf*	MICR.EL	**collector diffusion insulation**
= CDI		= CDI
Kollektordiode *nf*	MICR.EL	**collector diode**
= Kollektor-Basis-Diode *nf*		= collector-basis diode
Kollektor-Durchbruchspannung *nf*	MICR.EL	**collector breakdown voltage**
Kollektorelektrode *nf*	EL.TRO	→ **collector** *n*
→ Kollektor *nm*		
Kollektor-Emitter-Reststrom *nm*	MICR.EL	**collector-emitter cut-off current**
		= cut-off collector current; base open
Kollektor-Emitter-Spannung *nf*	MICR.EL	**collector-emitter voltage**
Kollektor-Grenzschicht *nf*	MICR.EL	→ **collector depletion layer**
→ Kollektor-Sperrschicht *nf*		
Kollektorkapazität *nf*	MICR.EL	**collector capacitance**
= Kollektor-Basis-Kapazität *nf*, Kollektor-Rückwirkungskapazität *nf*		= collector feedback capacitance
Kollektormodulation *nf*	EL.TRO	**collector modulation**

Kollektormotor *nm* POW.SY **commutator motor**

Kollektorpille *nf* MICR.EL **collector dot**

Kollektor-Restspannung *nf* MICR.EL → **knee voltage**
→ Kniespannung *nf*

Kollektor-Reststrom *nm* MICR.EL → **collector-base cut-off current**
→ Kollektor-Basis-Reststrom *nm*

Kollektor-Rückwirkungskapazität *nf* MICR.EL → **collector capacitance**
→ Kollektorkapazität *nf*

Kollektorschaltung *nf* CIRC.EN **common collector connection** (1)
= Emitterfolger *nm*
↑ Transistorgrundschaltung
= common collector circuit (1); common collector
↑ transisitor basic connection

Kollektorschaltung rückwärts CIRC.EN **inverse common collector connection**
= inverse common collector circuit

Kollektorschaltung vorwärts CIRC.EN **common collector connection** (2)
= common collector circuit (2)

Kollektorspannung *nf* CIRC.EN **collector voltage**
[Kollektor gegen andere Elektrode]
↓ Kollektor-Emitter-Spannung; Kollektor-Basis-Spannung
[collector to other electrode]

Kollektor-Sperrschicht *nf* MICR.EL **collector depletion layer**
[Grenzschicht zwischen Kollektor- und Basiszone]
= Kollektorübergang *nm*; Kollektor-Grenzschicht *nf*
= collector junction; collector barrier

Kollektor-Sperrschichtkapazität *nf* MICR.EL **collector transition capacitance**
= collector depletion layer capacitance; collector barrier capacitance

Kollektor-Sperrschichttemperatur *nf* MICR.EL **collector junction temperature**
= collector barrier temperature

Kollektorsperrstrom *nm* MICR.EL **collector inverse current**

Kollektorstrom *nm* MICR.EL **collector current**

Kollektorübergang *nm* MICR.EL → **collector depletion layer**
→ Kollektor-Sperrschicht *nf*

Kollektorverlustleistung *nf* MICR.EL **collector dissipation power**

Kollektorwiderstand *nm* EL.TRO **collector resistance**

Kollektor-Zeitkonstante *nf* MICR.EL **collector time constant**

Kollektorzone *nf* MICR.EL **collector zone**
[Kollektorbereich plus Sperrschicht]
≈ Kollektorbereich *nm*
[collector region plus junction]
≈ collector region

Kollimation *nf* OPT **collimation** *n*
[Ausrichten durch Überdecken zweier Linien]
[to adjust by fitting two lines]

Kollimator *nm* TECH **collimator** *n*

kollinear MATH **collinear** *adj*

Kollinearantenne *nf* ANT **collinear antenna**

kollineare Abbildung OPT **collinear mapping**

Kollision *nf* SWITCH **double seizure**
= glare *n*

Kollision *nf* DAT.MA **collision** *n*
[das Auftreten gleicher Hash-Adresse]
[occurrence of same hash address]
= hash clash

Kollision *nf* MECH → **collision** *n*
→ Zusammenstoß *nm*

Kollisionsanalyse *nf* DAT.MA **crash analysis**
= Kollisionsuntersuchung *nf*

Kollisionsbehebung *nf* DAT.MA **collision resolution** *n*
= Kollisionsregelung *nf*; Rehash (ANGL)
= rehash *n*; rehashing *n*

Kollisionserkennung *nf* COMP.GR **collision detection**
[dargestellter Objekte]
[of displayed images]

Kollisionserkennung *nf* TELEC **collision detection**
[Vielfachzugriff]
[multiple access]

Kollisionserkennung *nf* DAT.MA **collision detection**

kollisionsfrei INF.TEC **collision-free**

Kollisionsregelung *nf* DAT.MA → **collision resolution** *n*
→ Kollisionsbehebung *nf*

Kollisionsschutzradar *nm&nn* (*pl* -e) RAD.LO **anticollision radar**

Kollisionssimulation *nf* DAT.MA **crash simulation**

Kollisionsstrategie *nf* DAT.MA **collision strategy**

Kollisionsuntersuchung *nf* DAT.MA → **crash analysis**
→ Kollisionsanalyse *nf*

kolloidal PHYS **colloidal**

Kollokation *nf* (DUDEN) TELEC **colocation** *n*
[räumliche Unterbringung bei anderem Betreiber]
= Kolokation *nf* (ANGL)
[placing at other carriers facilities]
= co-location; co-siting

Kolokation *nf* (ANGL) TELEC → **colocation** *n*
→ Kollokation *nf* (DUDEN)

Kolon *nn* (*pl* Kolons&Kola) LING → **colons** *nplt*
→ Doppelpunkt *nm*

Kolonne *nf* PRIN.ME → **column** *n*
→ Spalte *nf*

Kolophonium *nn* CHEM **rosin** *n*
↑ Harz
= resin *n* (2)
↑ resin *n* (1)

Kolorierung *nf* TECH → **coloration** (AE)
→ Farbgebung *nf*

Kolorimetrie *nf* OPT → **color metric** (AE)
→ Farbenmetrik *nf*

Kolorit *nn* TECH → **coloration** (AE)
→ Farbgebung *nf*

Kolossalfilm *nm* IMAG.ME → **epic film**
→ Monumentalfilm *nm*

Kolumnentitel *nm* PRIN.ME **running headline**
[mit dem Seiteninhalt variierend]
↓ Paginierung; lebender Kolumnentitel
[varying with page content]
= running head
↓ paging; catchword

Kolumnenziffer *nf* PRIN.ME → **page number** *n*
→ Seitenzahl *nf* (2)

Koma *nn* PHYS **coma** *n* (*pl* comae)
[Optik, kometenschweifartiger Abbildungsfehler]
[OPT, comet-shaped blur]

Kombigestell *nn* EQP.EN **combi rack**
= Mischgestell *nn*

Kombi-Kabelschuhzange *nf* EL.INS **crimp tool for push-on connectors**

Kombikopf *nm* TER&PER → **read/write head**
→ Schreib-/Lese-Kopf

Kombination *nf* TELEGR → **code combination**
→ Codekombination *nf*

Kombination *nf* COLL **combination** *n*
↑ Zusammenstellung; Kombination; Komposition
= composition *n*

Kombination *nf* (1) STATIS **combination** (1)
[Zusammenstellung von n Elementen aus m Elementen]
↓ Variation; Kombination (2)
[grouping of n elements out of m elements]
↓ variation; combination (2)

Kombination *nf* (2) STATIS **combination** *n* (2)
= Kombination ohne Berücksichtigung der Anordnung
↑ Kombination (1)
[with consideration of sequence]
↑ combination (1)

Kombination mit Berücksichtigung der Anordnung *nf* STATIS → **variation** *n*
→ Variation *nf*

Kombination ohne Berücksichtigung der Anordnung STATIS → **combination** *n* (2)
→ Kombination *nf* (2)

Kombinations- TECH **combinational** *adj*
= Verknüpfungs-
= combinatorial

Kombinationsdiversity *nf* RAD.RE **combiner diversity**

Kombinationsexplosion *nf* STATIS **combinatorial explosion**
[Anzahl der Kombinationen nimmt exponentiell zu]
[the number of combinations increases in an exponential way]

Kombinationsfeld *nn* COMP.AP **combo box**
[combination of text and list box]

Kombinationsfrequenz *nf* ACOUS → **combination tone**
→ Kombinationston *nm*

Kombinationslogik *nf* LOGIC **combinatorial logic**
= combinational logic

Kombinations-Mikrofon *nn* EL.ACOU **combination microphone**
= Kombinations-Mikrophon *nn*

Kombinations-Mikrophon *nn* EL.ACOU → **combination microphone**
→ Kombinations-Mikrofon *nn*

Kombinationsnetz *nn* TELEC → **combined network**
→ Mischnetz *nn*

Kombinations-Plattenspeicher *nm* TER&PER **FEDS**
[Fixed and Exchangeable Disk Storage]

Kombinationsrechner *nm* DAT.PR → **hybrid computer**
→ Hybridrechner *nm*

Kombinationsschaltung *nf* CIRC.EN → **combinatorial circuit**
→ Schaltnetz *nn*

Kombinationsschritt *nm* TELEGR → **information pulse**
→ Informationsschritt *nm*

Kombinationsschwingung *nf* MODUL → **intermodulation** *n*
→ Intermodulation *nf*

Kombinationsstufe *nf* SWITCH **time-space switch**
= Kombinationsvielfach *nn*
= time-space stage

Kombinationstastatur *nf* TER&PER **combination keyboard**

Kombinationstechnik *nf* MICR.EL **combined technology**

Kombinationston *nm* ACOUS **combination tone**
= Kombinationsfrequenz *nf*
= complex tone; combination frequency

Kombinationsvielfach *nn* SWITCH **→ time-space switch**
→ Kombinationsstufe *nf*

Kombinations-Widerstand *nm* COMPO **combination resistor**

Kombinationszange *nf* TECH **combination pliers**
= Kombizange *nf*

Kombinator *nm* RAD.RE **combiner** *n*

Kombinatorik *nf* STATIS **combinatorics** *nplt*

kombinatorisches Schaltwerk CIRC.EN **→ combinatorial circuit**
→ Schaltnetz *nn*

kombinatorisches Suchproblem COMP.SC **combinatoric search problem**
[Problemmodell des Durchsuchens einer großen Anzahl von Fällen]
↓ Problem des Handelsreisenden; Rucksackproblem
[problem model for the search of great number of cases]
↓ travelling salesman problem; knapsack problem

kombinieren SCIE **combinate** *vt*

kombinieren COLL **combinate** *vt*
↑ zusammenstellen

kombinierte Programmverzweigung SW **combined program branch**
= kombinierte Verzweigung
= combined branch

kombinierte Reprovorlage PRIN.ME **composite artwork** *n*
= composite *n*; comp *n*

kombinierter Programmsprung SW **combined program jump**
= kombinierter Sprung
= combined jump

kombinierter Sprung SW **→ combined program jump**
→ kombinierter Programmsprung

kombinierte Vermittlung TELEC **→ combi switch**
→ Kombi-Switch *nm*

kombinierte Verzweigung SW **→ combined program branch**
→ kombinierte Programmverzweigung

kombinierte Wicklung EL.TEC **combined winding**

Kombi-Switch *nm* TELEC **combi switch**
[Fest- und Mobilnetz]
= kombinierte Vermittlung
[fixed and mobile]

Kombizange *nf* TECH **→ combination pliers**
→ Kombinationszange *nf*

Komfort *nm* TECH **comfort** *n*
= Bequemlichkeit *nf*
= convenience *n*
≈ special feature; added feature

komfortabel TECH **comfortable** *adj*
= bequem
= convenient

Komfortfernsprecher *nm* TELEPH **added-feature telephone**
= Comforttelefon *nn*
= special-feature telephone

Komfortleistungsmerkmal *nn* TER&PER **→ added feature**
→ Sonderfunktion *nf*

Komfortleistungsmerkmal *nn* TECH **→ additional feature**
→ Zusatzmerkmal *nn*

Komforttastatur *nf* TER&PER **added-feature keyboard**
↑ Spezialtastatur
↑ special keyboard

Komiker *nm* MUSIC **comic** *n*

komische Oper IMAG.ME **comic opera**
= Opera buffa
= opéra bouffe

Komitee *nn* ECON **→ committee** *n*
→ Ausschuss *nm*

Komma *nn* (*pl* -s&-tas) LING **comma** *n*
[Symbol: ,]
= Beistrich *nm*
↑ Satzzeichen
[symbol: ,]
↑ punctuation mark

Komma *nn* (*pl* -s&-tas) MATH **point** *n*
[zur Abtrennung von Dezimalstellen; Hinweis: im angelsächsischem Sprachraum verwendet man dafür den Punkt, daher mit "point" zu übersetzen]
= Dezimalkomma *nn*; Dezimalpunkt *nm*; Radixpunkt *nm*
[to separate decimal fractions; observation: in German speaking countries the punctuation mark used therefor is the comma, consequently the correct translation is "Komma"]
= decimal point; radix point

Kommaabgrenzung *nf* DAT.MA **comma separation**
= Kommatrennung *nf*

Kommaausrichtung *nf* COMP.AP **decimal point alignment**
= decimal alignment

Komma-Automatik *nf* COMP.AP **automatic decimal point capability**

Kommafehler *nm* LING **comma fault**

kommagetrennt DAT.MA **comma-delimited**
= CSV; Comma Separated Value

Kommanditgesellschaft *nf* ECON **limited partnership**
= KG
↑ Gesellschaft
↑ company

Kommando *nn* SW **command** *n* (2)
[Anweisung eines Benutzers zum Starten oder Beenden einer Computeroperation, z.B. RUN; früher synonym zu Befehl]
≈ Anweisung (1); Befehl
[instruction of a user to start or terminate a computer action, e.g. RUN; formerly synonym with instruction]
= directive
≈ statement (1); instruction

Kommando-APDU DAT.CO **command APDU**
[Chipkartendienst]
[chip card service]

Kommando-Aufforderungszeichen *nn* COMP.AP **command prompt**

Kommandoblock *nm* SW **→ instruction block**
→ Befehlsblock *nm*

Kommando-Cache *nm* HW **→ instruction cache**
→ Befehls-Cache-Speicher *nm*

Kommando-Cache-Speicher *nm* HW **→ instruction cache**
→ Befehls-Cache-Speicher *nm*

Kommandocode *nm* SW **→ operation code**
→ Operationscode *nm*

Kommandodatei *nf* DAT.MA **→ instruction file**
→ Befehlsdatei *nf*

Kommandodateiprozessor *nm* HW **command file processor**

Kommandodecodierer *nm* SW **→ instruction decoder**
→ Befehlsdecodierer *nm*

Kommandodecodierung *nf* SW **→ instruction decoding**
→ Befehlsentschlüsselung *nf*

Kommandoebene *nf* DAT.PR **→ command mode**
→ Befehlsmodus *nm*

Kommandoeingabe *nf* SW **command input**

Kommandoentschlüssler *nm* SW **→ instruction decoder**
→ Befehlsdecodierer *nm*

Kommandofenster *nn* COMP.AP **command window**

Kommandofolge *nf* SW **→ instruction chain**
→ Befehlskette *nf*

Kommandoformat *nn* SW **→ instruction format**
→ Befehlsformat *nn*

Kommandofunktion *nf* SW **command function**

kommandogesteuert SW **command-driven**
≠ menügesteuert
≠ menu-driven

kommandogesteuerte Software SW **command-driven software**

kommandogesteuertes Programm SW **command-driven program**
≠ menügesteuertes Programm
≠ menu-driven program

Kommandointerpretierer *nm* SW **→ command interpreter**
→ Befehlsinterpretierer *nm*

Kommandokette *nf* SW **→ instruction chain**
→ Befehlskette *nf*

Kommandolänge *nf* SW **→ instruction length**
→ Befehlslänge *nf*

Kommandoliste *nf* SW **→ instruction list**
→ Befehlsliste *nf*

Kommandomodus *nm* DAT.PR **→ command mode**
→ Befehlsmodus *nm*

Kommandonormalisierung *nf* SW **→ instruction normalization**
→ Befehlsnormalisierung *nf*

Kommandonummer *nf* SW **→ instruction number**
→ Befehlsnummer *nf*

Kommando-Oberfläche *nf* COMP.AP **command interface** *n*
= Kommando-Schnittstelle *nf*
↑ Benutzeroberfläche
↓ Shell (2)
↑ user intreface
↓ shell (2)

Kommandoprozedur *nf* SW **command procedure**

Kommandoprozessor *nm* SW **→ command interpreter**
→ Befehlsinterpretierer *nm*

Kommandopuffer *nm* DAT.PR **command buffer**
= template *n* (DOS)

Kommandoregister *nn* HW **→ instruction register**
→ Befehlsregister *nn*

Kommandorückweisung *nf* SW **→ instruction reject**
→ Befehlsrückweisung *nf*

Kommandoschlüssel *nm* SW **→ operation code**
→ Operationscode *nm*

Kommando-Schnittstelle *nf* COMP.AP **→ command interface** *n*
→ Kommando-Oberfläche *nf*

Kommandosequenz *nf* SW **→ instruction chain**
→ Befehlskette *nf*

Kommandosprache *nf* COMP.LG **command control language**
= Befehlssprache *nf*; Steuersprache *nf*; Betriebssprache *nf*; Befehlssprache *nf*; Skript-Sprache *nf*; Script-Sprache *nf*
↓ Auftragssprache
= system control language; SCL; control language; command language; script language; operating language
↓ job control language

Kommandostapel *nm* SW **command stack**

Kommandotaste *nf* TER&PER **command key**
= Befehlstaste *nf*
≈ Steuertaste
↑ Funktionstaste
= propeller *n* (Apple); puppy foot (Apple)
≈ control key
↑ function key

Kommandoverarbeitung *nf* SW → **instruction processing**
→ Befehlsverarbeitung *nf*
Kommandoverarbeitungzeit *nf* DAT.PR → **instruction processing time**
→ Befehlsverarbeitungszeit *nf*
Kommandoverkettung *nf* SW → **instruction chaining**
→ Befehlsverkettung *nf*
Kommandovorauslesen *nn* SW → **instruction prefetch**
→ Befehlsvorauslesen *nn*
Kommandovorrat *nm* SW → **instruction set**
→ Befehlsvorrat *nm*
Kommandowarteliste *nf* SW → **instruction wait list**
→ Befehlswarteliste *nf*
Kommandowerk *nn* HW → **control unit**
→ Steuerwerk *nn*
Kommandowiederholung *nf* SW → **instruction retry**
→ Befehlswiederholung *nf*
Kommandowort *nn* SW → **instruction word**
→ Befehlswort *nn*
Kommandozahl *nf* SW → **instruction character**
→ Befehlszeichen *nn*
Kommandozähler *nm* HW → **instruction counter**
→ Befehlszähler *nm*
Kommandozeile *nf* SW → **instruction line**
→ Befehlszeile *nf*
Kommandozeilennummer *nf* SW → **instruction line number**
→ Befehlszeilennummer *nf*
Kommandozyklus *nm* DAT.PR → **instruction cycle**
→ Befehlszyklus *nm*
Kommandozykluszeit *nf* DAT.PR → **instruction cycle time**
→ Befehlszykluszeit *nf*
Kommastellung *nf* **point position**
[COMP.SC]
Kommatrennung *nf* DAT.MA → **comma separation**
→ Kommaabgrenzung *nf*
Kommaverschiebung *nf* COMP.SC **point shifting**
kommend TELEC → **incoming**
→ ankommend
kommend COLL → **approaching** *adj*
→ bevorstehend
kommende Abnehmerleitung SWITCH → **incoming highway**
→ Zubringermultiplexleitung *nf*
kommende Belegung SWITCH → **incoming seizure**
→ ankommende Belegung
kommender Verkehr SWITCH → **incoming traffic**
→ ankommender Verkehr
kommensurabel MATH **commensurable** *adj*
[mit gemeinsamen Teiler] [divisible by common divisor]
≠ inkommensurabel ≠ incommensurable
Kommentar *nm* LING → **annotation** *n*
→ Anmerkung *nf*
Kommentar *nm* MEDIA **comment** *n*
[Meinungsäußerung]
Kommentar *nm* IMAG.ME **narration** *n*
≈ voice-over *n*
Kommentar *nm* COMP.LG **comment** (ALGOL) *n*
[in ein Programm eingebaute Erläuterung die nicht weiter verarbeitet wird] [non processed clarifying note embedded in a program]
= note sentence (COBOL); annotation *n*; narrative *n*; remark *n*
Kommentaraufforderung *nf* DAT.NW **request for comments**
= Diskussionsaufforderung *nf* = RFC
Kommentarfeld *nn* SW **comment field**
= Memofeld *nn* = annotation field; memo field
Kommentarleitung *nf* BROADC **commentator line**
[Ton- oder Fernsprechleitung]
Kommentarsymbol *nn* SW **comment symbol**
= annotation symbol
Kommentarzeile *nf* SW **comment line**
= annotation line
Kommentierung *nf* PRIN.ME **commentation**
kommerziell ECON → **commercial** *adj*
→ handelsüblich (1)
kommerzielle Bedingung ECON → **condition** *n*
→ Kondition *nf*
kommerzielle Datenverarbveitung DAT.PR **commercial data processing**
kommerzielle Fernmeldedienste TELEC **commercial communications**
[öffentliche + private] [common carrier + private]
kommerzielle Programmiersprache COMP.LG **commercial language**
kommerzieller Betrieb TELEC **commercial operation**
kommerzieller Code ECON **commercial code**
kommerzieller öffentlicher Mobilfunk MOB.CO **CMRS**
= Commercial Mobile Radio Services

kommerzieller Rechner DAT.PR → **business computer**
→ Geschäftscomputer *nm*
kommerzielle Software SW **feeware** *n*
= Feeware *nf* (ANGL); Payware *nf* (ANGL) = payware
≠ Public-domain-Software ≠ public-domain software
kommerzielles Und ECON → **ampersand**
→ Und-Zeichen *nn*
kommerzielles Zeichen DAT.MA **commercial character**
kommissarisch ECON **acting**
[Organisation] [organisation]
Kommission *nf* ECON → **committee** *n*
→ Ausschuss *nm*
Kommissionär *nm* ECON → **consignee** *n*
→ Lieferungsempfänger *nm*
Kommittent *nm* ECON → **consigner** *n*
→ Absender *nm*
kommunal ECON **municipal** *adj*
= Gemeinde-
Kommunalverwaltung *nf* PUB.ADM → **municipal administration**
→ Gemeindeverwaltung *nf*
Kommune *nf* PUB.ADM → **municipality** *n*
→ Gemeinde *nf*
Kommunikation *nf* INF.TEC **communications** *nplt*
[vom lateinischen "communicare" = "mitteilen" (von "com-munis" = "mit gemeinsamen Schutzmauern" → gemeinschaftlich); Theorie, Technik u. Anwendung der Informationsverarbeitung u. -übermittlung] [from Latin "communicare" = "to communicate" (from "com-munis" = "with joint defense walls" → collective); theory, technology and application of information processing and transfer]
= Kommunikationswesen *nn*; Nachrichtenwesen *nn* = communication
↓ Informationsaustausch; Informationsübermittlung; Telekommunikation; Informatik; Telematik; Verteilkommunikation; Dialogkommunikation; Aufrufkommunikation ↓ information transfer; telecommunications; informatics; telematics; dialog communication; distribution communication; request communication
Kommunikation offener Systeme DAT.NW → **open system interconnection**
→ offenes Kommunikationssystem
Kommunikationsbaustein *nm* MICR.EL → **telecommunications device**
→ Telekommunikationsbaustein *nm*
Kommunikationsadapter *nm* HW **communications adapter**
Kommunikationsära *nf* ECON → **Communications Age**
→ Kommunikationszeitalter *nn*
Kommunikations-Ausführungs-programm *nn* DAT.CO **communications executive**
Kommunikationsbereich *nm* INF.TEC → **communication area**
→ Verständigungsbereich *nm*
Kommunikationsdienst *nm* TELEC **communications service**
= communication service
Kommunikationselektronik *nf* INF.TEC → **communications technology**
→ Telekommunikationstechnik *nf*
Kommunikationsendgerät *nn* TER&PER **communications terminal equipment**
= communication terminal equipment
Kommunikations-IC MICR.EL → **telecommunications device**
→ Telekommunikationsbaustein *nm*
Kommunikationskabel *nn* COM.CAB → **communication cable**
→ Nachrichtenkabel *nn*
Kommunikationskabelnetz *nn* TELEC **communication cable network**
= Telekommunikations-Kabelnetz *nn*; Nachrichtenkabelnetz *nn* = telecommunication cable
Kommunikationsknoten *nm* DAT.NW **communications node**
= communication node
Kommunikationsknotenrechner *nm* DAT.CO **communications node computer**
= communication node computer; communications node processor; communication node processor
Kommunikationsmedium *nn* TELEC **communication medium** *nplt*
= Kommunikationsmittel *nn*; Medium = medium *n*
↓ Druckmedien; elektronische Medien; auddiovisuelle Medien ↓ print media; electronic media; audio-visual media
Kommunikationsmittel *nn* TELEC → **communication medium** *nplt*
→ Kommunikationsmedium *nn*
Kommunikationsnetz *nn* TELEC **communications network**
= Nachrichtennetz *nn* = communication network
≈ Fernmeldenetz ≈ telecommunication network
Kommunikationsparameter *nm* DAT.PR **communications parameter**
↓ Modemgeschwindigkeit ↓ modem speed
Kommunikationsprogramm *nn* SW **communications program**
[für Rechnerkommunikation über das [for computer communication over

öffentliche Fernsprechnetz] = Übertragungsprogramm *nn*		the publich switched telephone network] = communication program; transmission program
Kommunikationsprotokoll *nn* = Übertragungsprotokoll *nn*; Datenkommunikationsprotokoll *nn*; Datenfernübertragungsprotokoll *nn*; Datenübertragungsprotokoll *nn* ↓ ISO-Referenzmodell	DAT.CO	**communications protocol** = communication protocol; transmission protocol; data communication protocol; data communications protocol; data transmission protocol ↓ ISO reference model
Kommunikationsprozessor *nm* → Kommunikationsrechner *nm*	DAT.CO	→ **communications computer**
Kommunikationspuffer *nm* → Datenübertragungspuffer *nm*	DAT.CO	→ **data communications buffer**
Kommunikationsrechner *nm* = Kommunikationsprozessor *nm* ↑ Vorrechner	DAT.CO	**communications computer** = communication computer; communications processor; communication processor ↑ front-end processor
Kommunikationssatellit *nm* → Telekommunikationssatellit *nm*	SAT.CO	→ **telecommunication satellite**
Kommunikationsschnittstelle *nf*	INF.TEC	**communication interface**
Kommunikations-Server *nm* [verwaltet die Kommunikation eines Rechnerverbunds] = Netzwerk-Server *nm*; Netz-Server *nm*; Router *nm* (1) ↓ Router	DAT.NW	**communication server** [manages traffic of a computer network] = communications server; network server; router *n* (1)
Kommunikations-Software *nf* = Übertragungs-Software *nf* ↑ Anwendungs-Software	SW	**communications software** = communication software; transmission software ↑ applications software
Kommunikationssteckdose *nf*	TELEC	**communication socket** = communication outlet
Kommunikationssteuerung *nf* = Leitzentrale *nf*	DAT.CO	**communications controller** = communication controller
Kommunikationssteuerungsebene *nf* → Kommunikationssteuerungsschicht *nf*	DAT.CO	→ **session layer**
Kommunikationssteuerungsschicht *nf* [5. Schicht im OSI-Referenzmodell; betrifft Festlegungen zur Herstellung logischer End-zu-End-Verbindungen] = Kommunikationssteuerungsebene *nf* ↑ ISO-Referenzmodell	DAT.CO	**session layer** [5th layer in the OSI model; refers to appointments to establish logical links between end-users] = session service ↑ ISO reference model
Kommunikationssystem *nn*	TELEC	**communication system**
Kommunikationssystem *nn* → Nebenstellenanlage *nf*	TELEC	→ **private branch exchange**
Kommunikationstechnik *nf* → Telekommunikationstechnik *nf*	INF.TEC	→ **communications technology**
Kommunikations-und Informationsverarbeitungssystem *nn* → Bürokommunikationssystem *nn*	COMP.AP	→ **office communication system**
Kommunikationsverbund *nm*	DAT.NW	**communication interlocking** = communications interlocking
Kommunikationsverzeichnis *nn* ≈ Teilnehmerverzeichnis	TELEC	**communications directory** ≈ subscriber directory
Kommunikationsvorrechner *nm*	DAT.CO	**communication front-end computer** = communications front-end computer
Kommunikationswesen *nn* → Kommunikation *nf*	INF.TEC	→ **communications** *nplt*
Kommunikationszeitalter *nn* = Kommunikationsära *nf*	ECON	**Communications Age** = Communications Era
Kommunikationszentrum *nn* → Telekommunikationszentrum *nn*	TELEC	→ **telecommunication center** (AE)
kommunizierender Prozess	COMP.SC	**communicative process**
kommutative Gruppe = Abelsche Gruppe	MATH	**commutative group**
Kommutator *nm* → Kollektor *nm*	POW.EN	→ **collector** *n*
Kommutierung *nf*	POW.SY	**commutation** *n*
Kommutierungsinduktivität *nf*	POW.SY	**commutating inductance**
Kommutierungskondensator *nm* → Löschkondensator *nm*	POW.SY	→ **surge-absorbing capacitor**
Kommutierungskurve *nf* [Ferromagnetismus, Magnetisierungskurve]	PHYS	**normal magnetization curve** [magnetization] = commutation curve
Kommutierungszahl *nf*	POW.SY	**commutating number**
Kommutierungszeit *nf*	POW.SY	**commutating period**
Komödie *nf* = Lustspiel *nn*; Schwank *nm*	MEDIA	**comedy** *n*
Kömödienfilm *nm*	CINEMA	**comedy film**
kompakt → englaufend	PRIN.ME	→ **compact** *adj*
kompakt → gedrängt	TECH	→ **compact** *adj*
Kompaktader *nf*	OPT.CO	**composite buffered fiber**
Kompaktbausteintechnik *nf* → Bündelholzbauweise *nf*	EQP.EN	→ **cord wood technique**
Kompaktbauweise *nf* = kompakte Konstruktion; kompakter Aufbau	EQP.EN	**compact design** = compact structure ≈ integrated design
Kompaktcomputer *nm* → Kompaktrechner *nm*	DAT.PR	→ **compact computer**
kompakte Konstruktion → Kompaktbauweise *nf*	EQP.EN	→ **compact design**
kompakter Aufbau → Kompaktbauweise *nf*	EQP.EN	→ **compact design**
Kompaktfernsprecher *nm* → Kompakttelefon *nn*	TELEPH	→ **dial-in handset**
Kompaktheit *nf*	TECH	**compactness** *n*
Kompaktheit *nf* → Packungsdichte *nf*	EQP.EN	→ **packaging density**
Kompaktierung *nf* → Verdichtung *nf*	DAT.MA	→ **compression** *n*
Kompaktierungsalgorithmus *nm* = Verdichtungsalgorithmus *nm*	SW	**compacting algorithm**
Kompaktkassette *nf*	TER&PER	**compact cassette**
Kompaktpeiler *nm*	RAD.LO	**compact direction finder**
Kompaktplatte *nf* → CD-Platte *nf*	TER&PER	→ **compact disc** *n*
Kompaktrechner *nm* = Kompaktcomputer *nm* ≈ Kleinrechner	DAT.PR	**compact computer** ≈ small computer
Kompakttelefon *nn* = Kompakttelephon *nn*; Kompaktfernsprecher *nm*; Handtelefon *nn*; Handtelephon *nn*; Handfernsprecher *nm*	TELEPH	**dial-in handset** = compact handset; compact telephone
Kompakttelephon *nn* → Kompakttelefon *nn*	TELEPH	→ **dial-in handset**
Kompaktversion *nf*	TECH	**compact version**
Kompander *nm* [Kompressor + Expander]	TELEC	**compander** *n* [compressor + expander]
Kompandergewinn *nm* = Kompandierungsgewinn *nm*	TELEC	**compander gain**
kompandierter Code	CODING	**companded code**
Kompandierung *nf*	TELEC	**companding** *n*
Kompandierungsgewinn *nm* → Kompandergewinn *nm*	TELEC	→ **compander gain**
Kompandierungskennlinie *nf*	TELEC	**companding characteristic**
komparabel → vergleichbar	COLL	→ **comparable** *adj*
Komparativ *nm* = Höherstufe *nf*; Steigerungsstufe *nf*	LING	**comparative** *n*
Komparator *nm* → Vergleicher *nm*	CIRC.EN	→ **comparator** *n*
Komparse *nf*	CINEMA	**mute actor**
Komparserie *nf*	CINEMA	**supers** *n* = extras *nplt*
Kompass *nm*	GEOSC	**compass** *n*
Kompassnadel	GEOSC	**compass needle**
Kompassring *nm* = Kipprahmen *nm*	TECH	**gimbal ring** = gimbal *n*
Kompassrose	GEOSC	**compass-card**
Kompassrose *nf* → Radiokompassrose *nf*	RAD.LO	→ **radio magnetic indicator**
Kompassstrich *nm*	GEOSC	**compass bearing** = rhumb line
kompatibel = verträglich	TECH	**compatible**
Kompatibilität *nf* → Datenkompatibilität *nf*	DAT.MA	→ **data compatibility** *n*
Kompatibilität *nf* = Verträglichkeit *nf*; Interoperabilität *nf*; Interaktivität *nf*; übergreifende Funktionalität	TECH	**compatibility** *n* = interoperability *n*; interactivity *n* ≈ strength
Kompatibilität *nf* → Software-Kompatibilität *nf*	SW	→ **software compatibility** *n*
Kompatibilitätsbetrieb *nm*	DAT.PR	**compatibility mode**
Kompatibilitätsdienst *nm*	DAT.CO	**compatibility service**
Kompatibilitätspaket *nn*	SW	**compatibility box**

[permits to run MS-DOS on OS/2] [ermöglicht MS-DOS auf OS/2 ablaufen zu lassen]
= DOS box

Kompatibilitätsprüfung *nf* TECH **compatibility test**
= interoperability test

kompatible Software SW **compatible software**

Kompendium *nn* LING → **compendium** *n* (*pl*-diums&-dia)
→ Abriss *nm*

Kompensation *nf* INSTR **compensation**

Kompensation *nf* LAW → **compensation** *n*
→ Schadenersatz *nm*

Kompensationsgeschäft *nn* ECON → **barter business**
→ Tauschgeschäft *nn*

Kompensationshalbleiter *nm* MICR.EL **compensated semiconductor**

Kompensationsheißleiter *nm* MICR.EL **compensation thermistor**
= Ausgleichheißleiter *nm*

Kompensationskondensator *nm* COM.CAB → **equalizing capacitor**
→ Ausgleichkondensator *nm*

Kompensationsleitfähigkeit *nf* PHYS **compensation conductivity**

Kompensationsmagnet *nm* EL.TRO **compensating magnet**
= Korrekturmagnet *nm* = correcting magnet

Kompensationsmethode *nf* INSTR **compensation method**
= Kompensationsverfahren *nn*; Ausgleichmethode *nf*; Ausgleichverfahren *nn*

Kompensationsnetzwerk *nn* CIRC.EN → **correcting network** *n*
→ Ausgleichsnetzwerk *nn*

Kompensationsschaltung *nf* CIRC.EN → **compensating circuit**
→ Ausgleichsschaltung *nf* (1)

Kompensationsschreiber *nm* INSTR **compensating recorder**
= Kompensograph *nm*; Y-t-Schreiber *nm*; Potentiometerschreiber *nm*

Kompensationsspule *nf* POW.EN **compensating coil**

Kompensationstheorem *nn* NETW.TH **compensation theorem**
= Ausgleichtheorem *nn*

Kompensationsverfahren *nn* INSTR → **compensation method**
→ Kompensationsmethode *nf*

Kompensationswicklung *nf* EL.TRO → **compensation winding**
→ Ausgleichswicklung *nf*

Kompensationswiderstand *nm* COM.CAB → **correcting resistor**
→ Ausgleichswiderstand *nm*

Kompensationswiderstand *nm* MICR.EL **compensation resistor**

Kompensationswindung *nf* EL.TRO → **compensating turn**
→ Ausgleichswindung *nf*

Kompensationszone *nf* MICR.EL **compensation zone**

Kompensator *nm* INSTR **compensator** *n*

kompensierte Antenne ANT **compensated antenna**

kompensiertes magisches T MICROW → **magic T**
→ magisches T

Kompensograph *nm* INSTR → **compensating recorder**
→ Kompensationsschreiber *nm*

kompetent ECON → **competent** *adj*
→ zuständig

Kompetenz *nf* SCIE → **technical knowledge** *n*
→ Fachkenntnis *nf*

Kompetenz *nf* ECON → **competence** *n*
→ Zuständigkeit *nf*

Kompiler *nm* SW → **compiler** *n*
→ Kompilierer *nm*

Kompilerdiagnose *nf* SW **compiler diagnostics**
= Compilerdiagnose *nf*

Kompilerfehler *nm* SW → **compilation error**
→ Kompilierungsfehler *nm*

Kompilersprache *nf* COMP.LG **compiler-level language**
[jede problemorientierte Programmiersprache, die per Kompilierer direkt in Maschinensprache übersetzt werden kann; z.B. ALGOL, C, COBOL, FORTRAN, PASCAL] [any high level language which can be converted into machine code by a compiler, e.g. ALGOL, C, COBOL, FORTRAN, PASCAL]
= Kompilierersprache *nf*; Compilersprache *nf*; Compiliersprache *nf* = compiler language; compiled language
≠ Interpretersprache ≠ interpreter language
↑ problemorientierte Programmiersprache ↑ high-level programming language

kompilieren SW **compile** *vt*
[über das Engl. "compile" = "zusammentragen" aus dem Lat. "com-pilare" = "enthaaren → ausplündern", im übertragenen Sinn "aus anderen Werken zusammenstellen"; von problemorientierter Programmiersprache in Maschinensprache übersetzen] [from Latin "com-pilare" = "depilate → plunder → compose from other documents"; to translate from high-level into machine language]
= compilieren
≈ interpretieren ≈ interprete
≠ entkompilieren ≠ decompile
↑ übersetzen ↑ translate

Kompilieren *nn* DAT.PR → **compiling** *n*
→ Kompilierung *nf*

kompilierendes Programm SW → **compiler** *n*
→ Kompilierer *nm*

kompilieren und starten DAT.PR **compile-and-go**
[ohne Bedienereingriff] [without operator interaction]
= compile-and-launch

Kompilierer *nm* SW **compiler** *n*
[übersetzt Hochsprache; das Programm wird dabei gänzlich übersetzt bevor es ausgeführt wird] [translates high-level programming language; the whole program is translated before its execution]
= Kompiler *nm*; Compiler *nm* (ANGL); Kompilierprogramm *nn*; Compilierprogramm *nn* (ANGL); kompilierendes Programm; compilierendes Programm = compiler program; compiling program; compiler routine; compiling routine
≠ Interpretierer (1) ≠ interpreter (1)
↑ Übersetzer ↑ translator

Kompilierercode *nm* SW **compiler code**

Kompilierer-Erzeugungsprogramm *nn* SW **compiler-compiler**

Kompilierer-Generator *nm* SW **compiler generator**
= compiler compiler

Kompiliererprotokoll *nn* SW **compiler listing**
↑ Übersetzungsprotokoll ↑ translator listing

Kompilierersprache *nf* COMP.LG → **compiler-level language**
→ Kompilersprache *nf*

Kompiliermanager *nm* SW **compiler manager**

Kompilierprogramm *nn* SW → **compiler** *n*
→ Kompilierer *nm*

Kompilierung *nf* DAT.PR **compiling** *n*
[Übersetzung in die Maschinen-, Assembler- oder Zwischensprache, des gesamten Programms vor dessen Ausführung] [translation into machine, assembler or intermediate language, of the whole program before execution]
= Kompilieren *nn*; Compilierung *nf*; Compilieren *nn*; Programmkompilierung *nf*; Programmcompilierung *nf* = compilation *n*; program compilation
≠ Entkompilierung ≠ decompilation
↑ Datenverarbeitung [INF.TEC]; Programmübersetzung ↑ data processing [INF.TEC]; program translation

Kompilierungsfehler *nm* SW **compilation error**
= Compilierungsfehler *nm*; Kompilerfehler *nm*; Compilerfehler *nm* = compiling error

Kompilierungsphase *nf* SW **compiling phase**
= compilation phase

Kompilierungsphase-Fehler *nm* SW **compile time error**
[tritt während der Kompilierung auf] [occurs during compiling]
≠ Asführungsphase-Fehler ≠ ruintime error

Kompilierungszeit *nf* DAT.PR **compiling time**
= Compilierungszeit *nf*; Kompilierzeit *nf*; Compilierzeit *nf* = compilation time; compile time; compilation speed; compile speed
↑ Übersetzungszeit ↑ translation time

Kompilierzeit *nf* DAT.PR → **compiling time**
→ Kompilierungszeit *nf*

Komplement *nn* MATH **complement** *n*
↓ algebraisches Komplement ↓ algebraic complement

Komplement *nn* COMP.SC **complement** *n*
[zur Darstellung von Negativwerten oder für Subtraktionen gebildete Hilfszahl] [auxiliary number to represent negative values and to subtract]
= Kehrwert *nm*
↓ Basiskomplement; Basis-minus-Eins-Komplement ↓ radix complement; radix-minus-one complement

komplementär MATH **complementary** *adj*
= complemented

Komplementär-Darlington-Schaltung *nf* CIRC.EN **complementary Darlington pair circuit**

Komplementärdarstellung *nf* MATH **complementation representation**
= complemented representation

komplementärer BCD-Code CODING **complementary BCD code**

Komplementärereignis *nn* STATIS → **complementary event**
→ entgegengesetztes Ereignis

komplementäres Ereignis STATIS → **complementary event**
→ entgegengesetztes Ereignis

komplementäres Kanalpaar SWITCH **complementary channel pair**

Komplementärfarbe *nf* OPT **complementary color**
= Ergänzungsfarbe *nf*

Komplementär-Gegentaktverstärker *nm* CIRC.EN **complementary push-pull amplifier**

Komplementärglied *nn* CIRC.EN → **complement gate**
→ Komplementgatter *nn*

Komplementär-MOS MICR.EL **complementary MOS**

Komplementäroperation *nf* — LOGIC — **complementary operation**

Komplementärschaltung *nf* — CIRC.EN — → **complement gate**
→ Komplementgatter *nn*

Komplementärtechnik *nf* — MICR.EL — **complementary technology**

Komplementärtransistor *nm* — MICR.EL — **complementary transistor**

Komplementärverstärker *nm* — CIRC.EN — **complementary transistor amplifier**

Komplementation *nf* — MATH — → **complementation** *n*
→ Komplementierung *nf*

Komplementbilder *nplt* — HW — **complementer** *n*
[forms complements]

Komplementbildung *nf* — COMP.SC — **complementing**
= Komplementierung *nf* — = complementation *n*

Komplementgatter *nn* — CIRC.EN — **complement gate**
= Komplementärglied *nn*; Komplementärschaltung *nf* — = complement circuit

komplementieren — COLL — → **supplement** *vt*
→ ergänzen

komplementieren — MATH — **complement** *vt*
= append *vt*

Komplementierung *nf* — COMP.SC — → **complementing**
→ Komplementbildung *nf*

Komplementierung *nf* — MATH — **complementation** *n*
= Komplementation *nf* — = complementing *n*

Komplementmenge *nf* — MATH — **complement set**
[Mengenlehre] — [set theory]

komplett — COLL — → **complete** *adj*
→ vollständig

Komplettanbieter — ECON — → **full-solution provider**
→ Gesamtlösungsanbieter *nm*

Komplettgerät *nn* — INSTR — **off-the-shelf instrument**

Komplettheit *nf* — COLL — → **completeness** *n*
→ Vollständigkeit *nf*

komplettieren — COLL — → **supplement** *vt*
→ ergänzen

komplettierend — COLL — → **supplementary**
→ ergänzend

Komplettierung *nf* — COLL — → **completion** *n* (1)
→ Vervollständigung *nf*

Komplettlösung *nf* — COMP.AP — **complete solution**
= integral solution

Komplettrechner *nm* — HW — **all-in-one computer**

komplex — COLL — → **complicated** *adj*
→ kompliziert

komplex — MATH — **complex** *adj*

komplex — TECH — → **composite** *adj*
→ zusammengesetzt *adj*

Komplex *nm* — TECH — → **group** *n*
→ Gruppe *nf*

komplexe Daten — DAT.MA — **complex data**
[stellen komplexe Zahlen dar] — [represent complex numbers]

komplexe Dielektrizitätskonstante — PHYS — **complex permittivity**

komplexe Frequenz — PHYS — **complex frequency**

komplexe Leistung — EL.TEC — → **complex power** *n* (1)
→ komplexe Wechselleistung

komplexe Nullstelle — NETW.TH — **complex zero point**

komplexe Permeabilität — PHYS — **complex permeability**

komplexe Rechnung — MATH — **complex calculus**
= symbolische Rechnung

komplexer Echofaktor — NETW.TH — → **complex return current coefficient**
→ komplexer Reflexionsfaktor

komplexer Korrelationsleitwert — NETW.TH — → **correlation admittance**
→ Korrelationsadmittanz *nf*

komplexer Leitwert — NETW.TH — → **admittance** *n*
→ komplexer Scheinleitwert

komplexer Pol — NETW.TH — **complex pole**

komplexer Reflexionsfaktor — NETW.TH — **complex return current coefficient**
= komplexer Echofaktor — = complex mismatch factor

komplexer Satz — LING — → **complex sentence**
→ Satzgefüge *nn*

komplexer Schaltkreis — CIRC.EN — **composite circuit**
= komplexe Schaltung

komplexer Scheinleitwert — NETW.TH — **admittance** *n*
[Kehrwert des komplexen Scheinwiderstandes; Realteil=Wirkleitwert, Imaginärteil=Blindleitwert; SI-Einheit: Siemens] — [reciprocal of impedance; vectorial sum of conductance and susceptance; SI unit: Siemens]
= Admittanz *nf*; Scheinleitwert *nm* (1); Leitwert *nm*; komplexer Leitwert; Y — = Y

komplexer Scheinwiderstand — NETW.TH — **impedance** *n*
[komplexe Spannung zu komplexem Strom; Realteil=Wirkwiderstand, Imaginärteil=Blindwiderstand] — [reciprocal of admittance; vector sum of resistance and reactance]
= elektrische Impedanz; Impedanz *nf*; komplexer Widerstand; Scheinwiderstand *nm* (1); Wechselstromwiderstand *nm*; Z — = variational resistance; ac resistance; apparent resistance; Z; vector impedance

komplexer Wechselstrom — EL.SC — **complex alternating current**
= vector alternating current

komplexer Widerstand — NETW.TH — → **impedance** *n*
→ komplexer Scheinwiderstand

komplexes Anpassungsdämpfungsmaß — NETW.TH — → **complex composite return loss**
→ komplexes Betriebsreflexionsdämpfungsmaß

komplexes Betriebsdämpfungsmaß — NETW.TH — **complex effective attenuation constant**
[komplexes Dämpfungsmaß unter Betriebsbedingungen; Negativwert des komplexen Betriebsübertragungsmaßes; Realteil = Betriebsdämpfungsmaß, Imaginärteil = Betriebsdämpfungswinkel] — [effective attenuation constant under operational matching conditions; negative value of complex effective transfer constant; real part = effective attenuation constant, imaginary part = effective phase angle]
≈ komplexes Betriebsübertragungsmaß; Betriebsdämpfungsmaß — ≈ complex effective transfer constant; effective attenuation constant
↑ komplexes Dämpfungsmaß — ↑ complex attenuation constant

komplexes Betriebsreflexionsdämpfungsmaß — NETW.TH — **complex composite return loss**
= komplexes Fehlerdämpfungsmaß; komplexes Anpassungsdämpfungsmaß — = complex balance return loss

komplexes Betriebsübertragungsmaß — NETW.TH — **complex effective transfer constant**
[komplexes Übertragungsmaß unter Betriebsbedingungen; Negativwert des komplexen Betriebsdämpfungsmaßes] — [complex transfer constant under operational matching conditions; negative value of complex effective attenuation constant]
≈ komplexes Betriebsdämpfungsmaß — = composite gain constant
↑ komplexes Übertragungsmaß — ≈ complex effective attenuation constant
↓ Betriebsübertragungsmaß — ↑ complex transfer constant
↓ effective transfer constant

komplexe Schaltung — CIRC.EN — → **composite circuit**
→ komplexer Schaltkreis

komplexes Dämpfungsmaß — NETW.TH — **complex attenuation constant**
[Logarithmus des Dämpfungsfaktors; Negativwert des komplexen Übertragungsmaßes; Realteil = Dämpfungsmaß, Imaginärteil = Dämpfungswinkel] — [logarithm of attenuation factor; negative value of the complex transfer constant; real part = attenuation constant, imaginary part = phase angle]
↓ komplexes Wellendämpfungsmaß; komplexes Betriebsdämpfungsmaß — ↓ complex image attenuation constant; complex effective attenuation constant

komplexes Echodämpfungsmaß — NETW.TH — **structural balance return loss**
= komplexes Rückflussdämpfungsmaß — = active balance return loss

komplexes Fehlerdämpfungsmaß — NETW.TH — → **complex composite return loss**
→ komplexes Betriebsreflexionsdämpfungsmaß

komplexes Polarisationsverhältnis — RAD.PRO — **complex polarization ratio**

komplexes Rückflussdämpfungsmaß — NETW.TH — → **structural balance return loss**
→ komplexes Echodämpfungsmaß

komplexes Übertragungsmaß — NETW.TH — **complex transfer constant**
[Logarithmus des Übertragungsfaktors; Realteil = Übertragungsmaß, Imaginärteil = Phasenmaß; Negativwert des komplexen Dämpfungsmaßes] — [logarithm of the transmission coefficient; the real component is the transfer constant, the imaginary one is the phase angle factor; negative value of the complex attenuation constant]
≈ komplexes Dämpfungsmaß — = complex transfer coefficient
↓ komplexes Wellenübertragungsmaß; komplexes Betriebsübertragungsmaß — ≈ complex attenuation constant
↓ complex image transfer constant; complex effective transfer constant

komplexes Wellenübertragungsmaß — NETW.TH — **complex image transfer constant**
[komplexes Übertragungsmaß bei beiseitiger Wellenanpassung, Negativwert des komplexen Wellenanpassungsmaßes] — [complex transfer constant with impedance matching on both sides; negativ value of the complex image attenuation constant]
≈ komplexes Wellendämpfungsmaßes — = complex image transfer coefficient
↑ Übertragungsmaß — ≈ complex image attenuation constant
↑ complex transfer constant

komplexe Wechselleistung — EL.TEC — **complex power** *n* (1)
[komplexe Wechselspannung mal komplexer Wechselstrom] — [complex voltage multiplied by complex current]
= Wechselleistung *nf*; komplexe Leistung — = phasor power

komplexe Wechselspannung EL.TEC **complex alternating voltage**
= vector alternating voltage
komplexe Zahl MATH **complex number**
[Summe einer realen und einer rein imaginären Zahl] [sum of a real and an imaginary number]
komplexe Zelle MICR.EL **complex cell**
Komplexität *nf* COLL **complexity** *n*
= Kompliziertheit *nf*; Verzwicktheit *nf* = intricacy *n*
Komplexitätstheorie *nf* COMP.SC **complexity theory**
↑ Theoretische Informatik ↑ theoretical informatics
komplex-konjugiert MATH → **conjugate**
→ konjugiert-komplex
komplexwertige Funktion MATH **function of complex variables**
= Funktion komplexer Variable
komplizieren COLL **complicate** *vt*
= erschweren ≠ simplify
≠ vereinfachen
kompliziert COLL **complicated** *adj*
= umständlich (2); komplex; verzwickt = cumbersome *adj*; complex *adj*; intricate *adj*
≈ verworren; umständlich; mühsam ≈ involved; circumstantial; laborious
Kompliziertheit *nf* COLL → **complexity** *n*
→ Komplexität *nf*
Komponente *nf* MANUF → **component** *n*
→ Bauteil *nn*
Komponente *nf* SCIE **component** *n*
≈ Beitrag ≈ contribution
Komponentenanalyse *nf* MATH **component analysis**
Komponentencodierung *nf* TV **component encoding**
= komponentenweise Codierung ≠ composite encoding
≠ geschlossene Codierung
Komponentensoftware *nf* SW **component software**
= Modulbibliothek *nf*
komponentenweise Codierung TV → **component encoding**
→ Komponentencodierung *nf*
Komponist *nm* MUSIC **composer** *n*
Komposition *nf* IMAG.ME **composition** *n*
= Bildzusammenstellung *nf*
Komposition *nf* MUSIC **composition** *n*
Kompositum *nn* LING → **compound word**
→ zusammengesetztes Wort
Kompressdruck *nm* PRIN.ME → **condensed type**
→ Schmalschrift *nf*
Kompresser *nm* TELEC → **compressor** *n*
→ Kompressor *nm*
Kompressibilität *nf* PHYS **compressibility** *n*
Kompression *nf* TELEC **compression** *n*
Kompression *nf* PHYS **compression** *n*
= Verdichtung *nf* ≠ expansion
≠ Expansion
Kompression *nf* DAT.MA → **compression** *n*
→ Verdichtung *nf*
Kompression *nf* SCIE → **condensation** *n*
→ Verdichtung *nf*
Kompressionskarte *nf* HW **compression board**
= Komprimierungskarte *nf*; Datenverdichtungskarte *nf*; Verdichtungskarte *nf*
Kompressionsmodul *nm* (*pl* -n) PHYS **bulk modulus**
Kompressionsprogramm *nn* SW **compression program**
= Komprimierer *nm*; Packprogramm *nn*; Packer *nm* = compression utility; packer *n*
Kompressionsradarempfänger *nm* RAD.LO **compression radar receiver**
Kompressionswelle *nf* PHYS → **compressional wave**
→ Druckwelle *nf* (1)
Kompressor *nm* TELEC **compressor** *n*
= Kompresser *nm*; Presser *nm* ≠ expander
≠ Dehner
Kompressor *nm* COMP.AP **compressor** *n*
[Musikinformation] [musical information]
Kompressschrift *nf* PRIN.ME → **condensed type**
→ Schmalschrift *nf*
komprimieren SCIE → **compress** *vt*
→ verdichten *vt*
komprimieren DAT.MA → **compack** *vt*
→ verdichten *vt*
komprimieren *vt* PRIN.ME **compress** *vt*
= schmallegen = condense
komprimieren *vt* DAT.MA **compress** *vt*
↓ zippen ↓ zip
Komprimierer *nm* SW → **compression program**
→ Kompressionsprogramm *nn*
komprimierte Datei DAT.MA **packed file**
↓ gezippte Datei = data-compressed file
↓ zipped file
Komprimierungskarte *nf* HW → **compression board**
→ Kompressionskarte *nf*
Kompromissentzerrer *nm* TELEC **compromise equalizer**
Kompromissnachbildung *nf* TELEC **compromise network**
= compromize balance
Kondensanz *nf* NETW.TH → **capacitance** *n*
→ Kapazitanz *nf*
Kondensat *nn* CHEM **condensate** *n*
Kondensation *nf* PHYS **condensation** *n*
= Kondensierung *nf*
Kondensationstemperatur *nf* PHYS **condensation temperature**
Kondensator *nm* COMPO **capacitor** *n*
≈ Kapazität = condenser *n* (BE)
↓ Festkondensator; einstellbarer Kondensator ≈ capacitance
↓ fixed capacitor; variable capacitor
Kondensatorantenne *nf* ANT **condenser antenna**
Kondensatoraufladung *nf* PHYS **charging of capacitor**
Kondensatorbatterie *nf* EL.TEC **capacitor bank**
Kondensatorentladung *nf* PHYS **discharge of capacitor**
Kondensatorkopplung *nf* EL.TEC → **capacitive coupling**
→ kapazitive Kopplung
Kondensator-Lautsprecher *nm* EL.ACOU **capacitor loudspeaker**
= condenser loudspeaker
Kondensatorleistung *nf* EL.TEC **capacitor rating**
Kondensatorlöschung *nf* PHYS **capacitor quenching**
Kondensatormikrofon *nn* EL.ACOU **capacitor microphone**
= Kondensatormikrophon *nn* = condenser microphone; electrostatic microphone
Kondensatormikrophon *nn* EL.ACOU → **capacitor microphone**
→ Kondensatormikrofon *nn*
Kondensator-Tonabnehmer *nm* EL.ACOU **capacitor pickup**
Kondensatorverlustwinkel *nm* EL.TEC **capacitor loss angle**
kondensieren TECH → **condense** *vt*
→ verdichten *vt*
kondensieren DAT.MA → **compack** *vt*
→ verdichten *vt*
Kondensierung *nf* PHYS → **condensation** *n*
→ Kondensation *nf*
Kondensierung *nf* DAT.MA → **compression** *n*
→ Verdichtung *nf*
Kondensierung *nf* SCIE → **condensation** *n*
→ Verdichtung *nf*
Kondensor *nm* OPT **condenser** *n*
Kondenswasser *nn* TECH **condensed water**
= Schwitzwasser *nn*
Kondition *nf* ECON **condition** *n*
= kommerzielle Bedingung; Bedingung *nf* = commercial condition
Konditional *nm* LOGIC → **implication** *n*
→ Implikation *nf*
Konditional *nn* LING **conditional** *n*
[z.B. ich würde hören, wenn] ≈ subjunctive
= Konditionalis *nm*; Bedingungsform *nf*
≈ Konkunktiv
Konditionale Implikation LOGIC → **implication** *n*
→ Implikation *nf*
Konditionalis *nm* LING → **conditional** *n*
→ Konditional *nn*
Konditionalsatz *nm* LING **conditional sentence**
= Bedingungssatz *nm* ↑ causal sentence; conjunctional sentence
↑ Kausalsatz; Konjunktionalsatz
Konditionen *nplt* ECON **terms** *nplt*
= conditions *nplt*
Konduktanz *nf* EL.SC → **electric conductivity** *n* (2)
→ elektrischer Leitwert
Konduktanz *nf* NETW.TH → **conductance**
→ Wirkleitwert *nm*
konfektioniert TECH **canned** *adj*
[fig] [fig]
= seriengefertigt; aus Massenproduktion = precanned; ready-made
konfektioniertes Kabel EQP.EN → **preformed cable**
→ vorgefertigtes Kabel
Konferenz *nf* ECON → **conference** *n*
→ Besprechung *nf*
Konferenzbetrieb *nm* TELEC **conference operation**
= conference mode
Konferenzort *nm* ECON → **venue** *n*
→ Tagungsort *nm*
Konferenzraum *nm* OFFICE **conference room**

Konferenzschaltung *nf* TELEC → **conference call**
→ Konferenzverbindung *nf*
Konferenzstudio *nn* TELEC **conference studio**
Konferenzteilnehmer *nm* ECON → **conference participant**
→ Tagungsteilnehmer *nm*
Konferenztisch *nm* ECON → **conference table**
→ Verhandlungstisch *nm*
Konferenzverbindung *nf* TELEC **conference call**
[mit > 3 Teiln.] [with > 3 parties]
= Konferenzschaltung *nf*; Große Konferenz; Rundgesprächsverbindung *nf*; Sammelruf *nm*; Sammelverbindung *nf*; Sammelgesprächsverbindung *nf* [TELEPH]; Rundschreibverbindung *nf* [DAT.CO] ≠ Selektivruf
= conference connection; conference circuit; conference *n*; CONF; multiaddress call; multiaddress circuit ≠ selective call
Konferenzverkehr *nm* TELECON **conference traffic**
Konfidenzbereich *nm* STATIS → **confidence intervall**
→ Vertrauensbereich *nm*
Konfidenzgrenze *nf* STATIS → **confidence limit**
→ Vertrauensgrenze *nf*
Konfidenzgürtel *nm* STATIS → **confidence intervall**
→ Vertrauensbereich *nm*
Konfidenzintervall *nn* STATIS → **confidence intervall**
→ Vertrauensbereich *nm*
Konfidenzzahl *nf* STATIS → **confidence level**
→ Vertrauensgrad *nm*
Konfiguration *nf* TECH → **type** *n*
→ Ausführung *nf* (1)
Konfiguration *nf* SCIE **configuration** *n*
Konfiguration *nf* DAT.PR **configuration**
[Gruppe von Geräten und Programmen die aufeinander abgestimmt sind um als System zu arbeiten] [assembly of equipment and programs adjusted to operate as a system]
= Anlagenkonfiguration *nf*; Konfigurierung *nf*; Ausführung *nf* (1); Ausbau *nm*
Konfiguration *nf* TECH **configuration** *n*
= Aufbau *nm* (2); Struktur *nf*; Gefüge *nn* ≈ Ausbaustufe; räumliche Anordnung
= layout *n*; design *n*; structure *n*; fabric *n*; construct *n*; construction *n*; make-up *n*; build-up *n* ≈ construction stage; spatial configuration
Konfiguration *nf* TELEC → **network architecture**
→ Netzarchitektur *nf*
Konfigurationsdatei *nf* DAT.MA **configuration file**
[speichert Einstellungen zur Konfigurierung des PC's] [stores settings for the configuration of the PC]
= Konfigurierungsdatei *nf*
Konfigurationsgerät *nn* DAT.PR **configuration device**
= Einstellgerät *nn*
Konfigurationskontrolle *nf* SW **configuration control**
≈ Änderungskontrolle ≈ change control
Konfigurationskontrollkommission *nf* SW **configuration control board**
= change control board; CCB
Konfigurationsmanagement *nn* DAT.PR → **configuration management**
→ Ausführungsverwaltung *nf*
Konfigurationsmanagement *nn* TELEC **configuration management**
[TMN] [TMN]
Konfigurationsmenü *nn* COMP.AP **configuration menu**
= Konfigurierungsmenü *nn*; System-Konfigurationsmenü *nn*; System-Konfigurierungsmenü *nn*;
= system configuration menu; set-up menu
Konfigurationsprogramm *nn* SW **configuration program**
= Konfigurierungsprogramm *nn*; System-Konfigurationsprogramm *nn*; System-Konfigurierungsprogramm *nn*
= system configuration program
Konfigurationsregel *nf* EQP.EN → **assembly rule**
→ Einbauregel *nf*
Konfigurationstabelle *nf* DAT.PR **configuration table**
Konfigurationsverwaltung *nf* DAT.PR → **configuration management**
→ Ausführungsverwaltung *nf*
Konfigurationszustand *nm* DAT.PR **configuration state**
Konfigurator *nm* COMP.AP **configurator** *n*
konfigurierbar SW → **configurable**
→ einstellbar
Konfigurierbarkeit *nf* TECH **configurability** *n*
konfigurieren DAT.PR **configure** *vt*
[eine spezielle Hardware- und Softwarekombination auswählen und in Betrieb nehmen] [to select and make up a hardware and software configuration]
= ausführen (2); einstellen; ausbauen
= configurate *vt*; set *vt*
Konfigurierung *nf* DAT.PR → **configuration**
→ Konfiguration *nf*

Konfigurierungsbefehl *nm* SW **configuration command**
Konfigurierungsdatei *nf* DAT.MA → **configuration file**
→ Konfigurationsdatei *nf*
Konfigurierungsmenü *nn* COMP.AP → **configuration menu**
→ Konfigurationsmenü *nn*
Konfigurierungsprogramm *nn* SW → **configuration program**
→ Konfigurationsprogramm *nn*
Konfigurierungsverwaltung *nf* DAT.PR → **configuration management**
→ Ausführungsverwaltung *nf*
Konflikt *nm* COLL **conflict** *n*
-konform TECH **-compliant** *adj*
[*adj*]
Konformantenne *nf* ANT **conformal antenna**
= conformal array
konforme Abbildung MATH **conformal mapping**
konforme Projektion CART **conformal projection**
= orthomorphe Projektion = orthomorphic projection
Konformitätsprüfung *nf* QUAL → **type acceptance test**
→ Typprüfung *nf*
Konformitätstest *nm* QUAL → **type acceptance test**
→ Typprüfung *nf*
konfus COLL → **involved** *adj*
→ verworren
Kongress *nm* ECON → **meeting** *n* (1)
→ Tagung *nf*
Kongressbericht *nm* ECON → **transactions** *nplt*
→ Tagungsbericht *nm*
Kongressort *nm* ECON → **venue** *n*
→ Tagungsort *nm*
Kongressteilnehmer *nm* ECON → **conference participant**
→ Tagungsteilnehmer *nm*
Kongresszentrum *nm* ECON → **conference center** (AE)
→ Tagungszentrum *nn*
kongruent MATH **congruent**
= deckungsgleich = superposable
Kongruenz *nf* MATH **congruence** *n*
= Deckungsgleichheit *nf* = superposability *n*
Kongruenzieren IMAG.PR **congruencing**
[zwei Bilder in Übereinstimmung bringen] [to bring two images to congruence]
Kongruenzzeichen *nn* MATH → **identical sign**
→ Identitätszeichen *nn*
konisch MATH → **conical** *adj*
→ kegelförmig
konische Abtastung EL.TRO **conical scanning**
= conical scan
konische Refraktion OPT **conical refraction**
konischer Trichter ANT → **conical horn**
→ Konushorn *nn*
konische Spiralantenne ANT **conical spiral antenna**
konisches Sucherverfahren RAD.LO → **conical-scan tracking**
→ Quirlen *nn*
Konjugation *nf* LING **conjugation**
[Beugung des Verbs] [inflection of verbs]
↑ Flexion; Morphologie ↑ flection; morphology
konjugiert MATH → **conjugate**
→ konjugiert-komplex
konjugiert-komplex MATH **conjugate**
= komplex-konjugiert; konjugiert = complex-conjugated
konjugiert-komplexe Dämpfung LINE TH **conjugate attenuation constant**
konjugiert komplexe Phasenkonstante LINE TH **conjugate phase constant**
konjugiert komplexer Scheinwiderstand NETW.TH **conjugate impedance**
= konjugiert komplexer Widerstand
konjugiert komplexer Widerstand NETW.TH → **conjugate impedance**
→ konjugiert komplexer Scheinwiderstand
Konjunktion *nf* LOGIC **conjunction** *n*
[Prädikatenlogik; Symbole: eckige Klammer nach oben oder & oder +] [predicate logic; symbols: upside angle bracket; &; +]
= UND-Verknüfung *nf*
Konjunktion *nf* LING **conjunction** *n*
[verbindet Wörter oder Sätze; z.B. und, weil] [connects words or sentences; e.g. and; because]
= Bindewort *nn* = connector *n*
Konjunktion *nf* LOGIC → **AND operation**
→ UND-Verknüpfung *nf*
Konjunktionalsatz *nm* LING **conjunctional sentence**
[stellvertredend für Adverb]
↓ Temporalsatz; Modalsatz; Kausalsatz
Konjunktionsabfrage *nf* DAT.MA **conjunctive query**
[verwendet die Verknüpfungen UND und ODER] [uses the operators AND and OR]
= conjunctive inquiry; conjunctive enquiry

Konjunktionsfunktion *nf* LOGIC → **AND operation**
→ UND-Verknüpfung *nf*

Konjunktionsgatter *nn* CIRC.EN → **AND gate**
→ UND-Glied *nn*

Konjunktionsglied *nn* CIRC.EN → **AND gate**
→ UND-Glied *nn*

Konjunktionsoperation *nf* LOGIC → **AND operation**
→ UND-Verknüpfung *nf*

Konjunktions-Operator *nm* LOGIC → **AND operator**
→ UND-Operator *nm*

Konjunktionsschaltung *nf* CIRC.EN → **AND gate**
→ UND-Glied *nn*

Konjunktionstor *nn* CIRC.EN → **AND gate**
→ UND-Glied *nn*

Konjunktionsverknüpfung *nf* LOGIC → **AND operation**
→ UND-Verknüpfung *nf*

Konjunktiv *nm* LING **subjunctive mood** *n*
[z.B. er gehe; er ginge] [e.g.: if he go]
= Möglichkeitsform *nf*; Heischeform *nf* = subjunctive *n*
≈ Konditional ≈ conditional mood
≠ Indikativ
↑ Modus ↑ mood
↓ Konjunktiv I; Konjunktiv II

Konjunktur *nf* ECON **business cycle**

konkav MATH **concave**
[nach innen gewölbt] [hollowed inward]
≈ hohl [TECH] ≈ hollow [TECH]
≠ konvex ≠ convex

Konkavität *nf* MATH **concavity** *n*

konkav-konvex OPT → **convexo-concave** *adj*
→ konvex-konkav

Konklusion *nf* SCIE → **conclusion** *n*
→ Schlussfolgerung *nf*

Konkordanz *nf* SCIE **concordance** *n*
= Übereinstimmung *nf* = homology *n*

Konkordanz *nf* COMP.SC **concordance** *n*

Konkordanzdatei *nf* DAT.MA **concordance file**

konkret COLL → **tangible** *adj* (2)
→ fassbar (1)

konkrete Klasse SW **concrete class**

konkreter Datentyp SW **concrete data type**
[programmsprachenspezifisch] [specific for a program language]

konkrete Syntax INTERNET **concrete syntax**
[SGML] [SGML]

Konkretheit *nf* COLL → **tangibility** *n* (2)
→ Fassbarkeit *nf* (1)

konkretisieren TECH → **realize** *vt*
→ realisieren

Konkretisierung *nf* TECH → **realization** *n*
→ Realisierung *nf*

Konkretum *nn* LING **concrete word**
= Gegenstandswort *nn* ≠ abstract word
≠ Abstraktum

Konkurrent *nm* ECON → **competitor** *n*
(*pl* Konkurrenten & Konkurrenz)
→ Mitbewerber *nm*

Konkurrentenfeld *nn* ECON → **vendors arena**
→ Mitbewerberfeld *nn*

Konkurrenz *nf* DAT.NW **contention** *n*
[Wettbewerb von Signalquellen zur Benutzung limitierter Ressourcen] [competition of sources to use limited ressources]
= Konkurrenzsituation *nf*; Simultananforderung *nf* ≈ request mode
≈ Konkurrenzbetrieb

Konkurrenz *nf* ECON → **competition** *n*
→ Wettbewerb *nm*

Konkurrenzanalyse *nf* ECON **competitor analysis**

Konkurrenzbereinigung *nf* INF.TEC **arbitration** *n*
= Arbritation *nf* = contention management

Konkurrenzbetrieb *nm* DAT.CO → **request mode**
→ Anforderungsbetrieb *nm*

Konkurrenzbus *nm* HW **contention bus**

Konkurrenzerzeugnis *nn* ECON → **rival product**
→ Konkurrenzprodukt *nn*

konkurrenzfähig ECON → **competitive**
→ wettbewerbsfähig

Konkurrenzfähigkeit *nf* ECON → **competitiveness** *n*
→ Wettbewerbsfähigkeit *nf*

konkurrenzfreier Vielfachzugriff TELEC **contention-free multiple access**
↓ Vielfachzugriff mit fester Zuteilung; bedarfsgesteuerter Vielfachzugriff; Vielfachzugriff mit Reservierung ↓ fixed assignment multiple access; demand assignment multiple access; reservation mode multiple access

konkurrenzlos (1) ECON **unrivalled** *adj*
[überlegen] = unrivaled; unequaled; unmatched

konkurrenzlos (2) ECON **without competition**
[ohne Wettbewerb]

Konkurrenzprodukt *nn* ECON **rival product**
= Konkurrenzerzeugnis *nn*; Wettbewerbsfabrikat *nn*

Konkurrenzpunkt *nm* DAT.CO **contention point**

Konkurrenzring *nm* TELEC **contention ring**
↑ Vielfachzugriff mit Konkurrenzminimierung ↑ multiple access with contention minimization

konkurrenzschädlich ECON → **anticompetitive**
→ wettbewerbsschädlich

Konkurrenzsituation *nf* DAT.NW → **contention** *n*
→ Konkurrenz *nf*

Konkurrenzverzug *nm* DAT.CO **contention delay**

konkurrieren COLL **compete** *vt*

konkurrierender Betreiber TELEC **competitive operator**
≠ etablierter Betreiber ≠ incumbent operator

konkurrierender Ortsnetzbetreiber TELEC → **competitive access provider**
→ neuer Ortsnetzbetreiber

Konkurs *nm* LAW **bankruptcy** *n*
= Bankrott *nm*, pleite *nf* = liquidation *n*; insolvency *n*; failure *n*

Konkursverfahren *nn* LAW **bankruptcy proceedings**
= liquidation proceedings

Konnektor *nm* SW → **connector symbol** *n*
→ Verknüpfungssymbol *nn*

Konnossement *nn* ECON → **way bill**
→ Frachtbrief *nm*

Konnotation *nf* LING **connotation** *n*
[Andeutung, emotionale Nebenbedeutung] [suggested emotional meaning]

konsekutiv LING **consecutive**

Konsekutivdolmetscher *nm* LING **consecutive interpreter**
[abschnittsweise] [dephased by sentences]
≈ Simultandolmetscher ≈ simultaneous interpreter

Konsekutivsatz *nm* LING **consecutive sentence**
= Folgesatz *nm* ↑ causal sentence
↑ Kausalsatz

Konsens *nm* COLL **consent** *n*

Konsequenz *nf* COLL → **consequence**
→ Folge *nf* (3)

Konsequenzen findendes Programm SW **consequence finding program**

Konsignant *nm* ECON → **consigner** *n*
→ Absender *nm*

Konsignatär *nm* ECON → **consignee** *n*
→ Lieferungsempfänger *nm*

Konsignationslager *nn* ECON **consignment stock**

konsistent MATH → **consistent** *adj*
→ folgerichtig

Konsistenz *nf* DAT.MA → **data consistency**
→ Datenkonsistenz *nf*

Konsistenz *nf* MATH → **consistency** *n*
→ Folgerichtigkeit *nf*

Konsistenz *nf* SW **consistency** *n*
[die Fähigkeit ein System oder eine Datenbank zwischen gültigen Zuständen zu wechseln] [the capability to change the valid state of a system or database]
↑ ACID-Test ↑ ACID test

Konsistenzprüfung *nf* DAT.MA → **data consistency check**
→ Datenkonsistenzprüfung *nf*

Konsistenzprüfung *nf* SW **consistency check**

Konsol *nf* (AT) EQP.EN → **console** *n*
→ Pult *nn*

Konsolblattschreiber *nm* TER&PER **console typewriter**

Konsole *nf* BROADC → **control board**
→ Kontrollpult *nn*

Konsole *nf* TECH **console table**
[an der Wand aufgestellte tischartige Konstruktion] [a table type construction designed to fit against a wall]
≈ Pult; Tisch = bracket *n* (2)
≈ pulpit; desk

Konsole *nf* HW **console** *n*
[meist aus Tastatur, Bildschirm und Drucker bestehende Bedieneinheit] [peripheral mostly composed by a keyboard, monitor and printer]
= Konsole *nf*; Ein-/Ausgabe-Einheit *nf* = CON; control console
≈ Datenendgerät ≈ terminal

Konsole *nf* HW → **console** *n*
→ Konsole *nf*

Konsole *nf* EQP.EN → **console** *n*
→ Pult *nn*

Konsolebediener *nm* DAT.PR → **computer operator** *n*
→ Rechnerbediener *nm*
Konsolenbildschirm *nm* TER&PER **console screen**
Konsolen-Umschalter *nm* HW **console switch**
[mehrere PC's an einer Peripheriegerätschaft] [several PC's on one set of peripherals]
Konsolidierung *nf* ECON **consolidation** *n*
= aggregation *n*
Konsonant *nm* LING → **consonant** *n*
→ Konsonante *nf*
Konsonante *nf* LING **consonant** *n*
= Konsonant *nm*; Mitlaut *nm* ↑ sound
↑ Laut
Konsonantenverständlichkeit *nf* TELEPH **consonant articulation**
Konsortialführer *nm* ECON **consortium leader**
= Federführer *nm*
Konsortialvereinbarung *nf* ECON **collaboration agreement**
Konsortialvertrag *nm* ECON **consortium agreement**
Konsortium *nn* (*pl* -tien) ECON **consortium** *n*
= Bietergemeinschaft *nf*; Arbeitsgemeinschaft *nf* = syndicate *n*
konstant MATH **constant** *adj*
[vom latein. "constans" = "fest, beständig"] [from Latin "constans" = "firm, steady"]
≠ variabel ≠ variable
konstant TECH → **invariable** *adj*
→ unveränderlich
Konstantan *nn* METAL **constantan** *n*
= Eureka *nn*; Advance *nn* = eureka *n*; advance *n*
Konstantausfallratenzeit *nf* QUAL **constant-failure-rate period**
= Konstantfehlerzeit *nf* = constant-failure period
Konstante *nf* MATH **constant** *n*
≈ Invariante ≈ invariable
≠ Variable ≠ variable
Konstante *nf* (1) SW **constant** *n* (1)
[in einem Rechnerlauf unveränderte Datengröße] [data item unchange during a run]
↓ Literalkonstante ↓ literal constant
Konstante *nf* (2) SW → **literal constant**
→ Literalkonstante *nf*
Konstante der Physik PHYS **physical constant**
= physikalische Konstante
konstante Erreichbarkeit SWITCH **constant accessibility**
= konstante Verfügbarkeit = constant availability
konstante Lineargeschwindigkeit TER&PER **constant linear velocity**
= CLV
Konstantenausdruck *nm* SW **constant expression**
Konstantenbereich *nm* DAT.PR **constant area**
Konstantenfunktion *nf* OFFICE **constant function**
[Taschenrechner] [pocket calculator]
Konstanter *nm* CIRC.EN → **stabilizer** *n*
→ Konstanthalter *nm*
konstanter Zeichenabstand PRIN.ME → **fixed spacing**
→ Festzeichenabstand *nm*
konstante Verfügbarkeit SWITCH → **constant accessibility**
→ konstante Erreichbarkeit
Konstantfehlerzeit *nf* QUAL → **constant-failure-rate period**
→ Konstantausfallratenzeit *nf*
Konstanthalter *nm* CIRC.EN **stabilizer** *n*
= Stabilisator *nm*; Konstanter *nm*
↓ Spannungsstabilisator; Stromstabilisator
Konstantschrift *nf* PRIN.ME **constant-width font**
[alle Buchstaben gleich breit] = constant-pitch font; constant-width print; constant-pitch print; constant-width printing; constant-pitch printing; monospaced font; monospace font; monospacing; fixed pitch font; fixed pitch; fixed width font; fixed width
= Nichtproportionalschrift *nf*; dicktengleiche Schrift; nichtproportionale Schrift; Rationalschrift *nf*
≠ Proportionalschrift
Konstantspannung *nf* EL.TEC **constant voltage**
Konstantspannungs-/Strom-begrenzungs-Stromversorgung *nf* POW.SY **constant-voltage/current-limiting power supply**
= CV/CL power supply
Konstantspannungsbetrieb *nm* NETW.TH **constant voltage operation**
Konstantspannungsquelle *nf* POW.EN → **voltage stabilizer**
→ Spannungsstabilisator *nm*
Konstantspannungs-Stromversorgung *nf* POW.EN → **voltage stabilizer**
→ Spannungsstabilisator *nm*
Konstantspannungs-Überkreuzung *nf* POW.SY **constant-voltage crossover**
Konstantstrom *nm* EL.TEC **constant current**

Konstantstrombetrieb *nm* NETW.TH **constant current operation**
Konstantstrom-Messbrücke *nf* INSTR **constant-current measuring bridge**
Konstantstromquelle *nf* CIRC.EN → **stabilized current regulator**
→ Stromstabilisator *nm*
Konstantstrom-Stromversorgung *nf* CIRC.EN → **stabilized current regulator**
→ Stromstabilisator *nm*
Konstantstrom-Überkreuzung *nf* POW.SY **constant-current crossover**
Konstantwertregelung *nf* CONTRO → **fixed command control**
→ Festwertregelung *nf*
Konstanz *nf* COLL **constancy** *n*
= Beständigkeit *nf*; Beharrungsvermögen *nn* = fortitude *n*
≈ Dauerhaftigkeit ≈ durability
konstatierbar COLL → **ascertainable** *adj*
→ feststellbar
konstatieren SCIE → **ascertain** *vt*
→ ermitteln
Konstatierung *nf* SCIE → **ascertainment** *n*
→ Ermittlung *nf*
Konstellation *nf* INF.TEC → **signal constellation**
→ Signalkonstellation *nf*
Konstellationsanalysator *nm* INSTR **constellation analyzer**
= digital radio constellation analyzer
Konstellationsanalyse *nf* INSTR **constellation analysis**
Konstellationsanzeige *nf* INSTR **constellation display**
Konstellationsdiagramm *nn* MODUL **constellation diagram**
Konstituente *nf* LING **constituent** *n*
Konstituentensatz *nm* LING → **subordinate clause**
→ Nebensatz *nm*
konstruieren TECH **design** *vt* (2)
≈ entwerfen; entwickeln = draft *vt* (2)
≈ develop *vt*
Konstrukt *nm* SCIE → **construct** *n*
→ Gebilde *nn*
Konstrukteur *nm* TECH **draftsman** *n*
↓ Teilkonstrukteur = design engineer; designer *n* (2); construction engineer
↓ detailer
Konstruktgitter-Verfahren *nn* ART.IN **repertory grid**
Konstruktion *nf* EQP.EN **mechanical design** *n*
= konstruktiver Aufbau; Geräteaufbau *nm* = construction *n*; packaging *n*; design *n*
≈ Bauweise; Aufbau (2) ≈ construction practice
Konstruktionsbüro *nn* ECON **design department** (1)
= drawing department; engineering department
Konstruktionsdaten *nplt* TECH → **design data**
→ Entwurfsdaten *nplt*
Konstruktionsfehler *nm* TECH **design mistake**
= faulty design
Konstruktionsteil *nn* EQP.EN **mechanical component**
= structural part
Konstruktionsunterlage *nf* TEC.DOC **construction document**
Konstruktionszeichnung *nf* ENG.DRA **design drawing**
= technische Zeichnung = engineering drawing; construction drawing
konstruktive Einheit EQP.EN **constructional unit** *n*
= Einheit *nf* = unit *n*
↓ Baugruppenrahmen; Geräteeinsatz ↓ module frame; inset
konstruktive Entwicklung EQP.EN **engineering design**
konstruktiver Aufbau EQP.EN → **mechanical design** *n*
→ Konstruktion *nf*
konstruktives Merkmal TECH **mechanical characteristic**
= mechanical feature; constructional characteristic; constructional feature; design characteristic
Konstruktor *nm* SW **constructor** *n*
[OOP; autom. aufgeruf. Initialisierung] [OOP; automat. invoked initialization]
konsultieren COLL **consult** *vt*
Konsum *nm* TECH → **consumption** *n*
→ Verbrauch *nm*
Konsumelektronik *nf* EL.TRO **consumer electronics**
↓ Unterhaltungselektronik; Haushaltselektronik; Fahrzeugelektronik ↓ entertainment electronics; household electronics; car electronics
Konsumerbatterie *nf* POW.SY **consumer battery**
Konsumgut *nn* ECON **consumption good**
≠ Industriegut; Investitionsgut = consumer good

		≠ industrial product; investment good
konsumieren → verbrauchen	ECON	→ **consume**
Kontakt *nm* = Berührung *nf*	PHYS	**contact** *n* = touch *n*
Kontaktabbrand *nm* → Kontakterosion *nf*	COMPO	→ **contact erosion**
Kontaktabfragesignal *nn*	TELECON	**contact interrogation signal**
Kontaktabstand *nm*	COMPO	**contact clearance** = contact separation
Kontaktalgebra *nf* → Schaltalgebra *nf*	INF.TEC	→ **digital logic**
Kontaktanordnung *nf* = Kontaktaufbau *nm*	COMPO	**contact arrangement**
Kontaktarm *nm* = Schaltarm *nm*	SWITCH	**contact wiper**
Kontaktaufbau *nm* → Kontaktanordnung *nf*	COMPO	→ **contact arrangement**
Kontaktbank *nf*	EQP.EN	**contact bank**
Kontaktbelastbarkeit *nf*	EL.TRO	**contact rating** ↓ contact current-carrying rating; contact current-closing rating; contact interrupting rating
Kontaktbelichtung *nf*	MICR.EL	**contact printing**
Kontaktbildschirm *nm* → Berührungsbildschirm *nm*	TER&PER	→ **touch screen**
Kontaktbuckel *nm* → Kontakthöcker *nm*	MICR.EL	→ **pillar** *n*
Kontaktdruck *nm* → Kontaktkraft *nf*	COMPO	→ **contact force**
Kontakteingabe *nf*	TELECON	**contact input**
Kontaktelektrizität *nf* → Berührungselektrizität *nf*	EL.TEC	→ **contact electricity**
Kontaktelement *nn* ↓ Kontaktstift; Kontaktfeder	COMPO	**contact element** ↓ contact pin; contact spring
Kontakte-Manager *nm*	COMP.AP	**contact manager**
kontaktempfindlich → berührungsempfindlich	TECH	→ **touch-sensitive**
Kontakterosion *nf* = Kontaktabbrand *nm*	COMPO	**contact erosion**
Kontaktfahne *nf*	COMPO	**connecting lug**
Kontaktfeder *nf* ↑ Kontaktelement	COMPO	**contact spring** = contact clip ↑ contact element
Kontaktfläche *nf* ≈ Kontaktpunkt	PHYS	**contact surface** = contact area ≈ contact point
Kontaktfleck *nm* = Anschlussfleck *nm*	MICR.EL	**land** *n* = terminal pad; bonding pad; pad *n* (1)
Kontaktfrei → berührungslos	PHYS	→ **contactless** *adj*
Kontaktfühler *nm* → Berührungssensor *nm*	COMPO	→ **contact sensor**
Kontaktgeräusch *nn*	TELEPH	**contact noise**
Kontaktgitter *nn*	MICR.EL	**contact grid**
Kontaktgleichrichter *nm*	POW.SY	**commutator rectifier**
Kontakthöcker *nm* = Kontaktbuckel *nm*	MICR.EL	**pillar** *n*
Kontakthub *nm*	COMPO	**contact travel** = contact stroke; contact excursion
kontaktieren = bonden	MICR.EL	**bond** *vt*
Kontaktierung *nf* = Bonden *nn*	MICR.EL	**bonding** *n*
Kontaktierungsverfahren *nn*	MICR.EL	**bonding method**
Kontaktkorrosion *nf*	METAL	**galvanic corrosion**
Kontaktkraft *nf* = Kontaktdruck *nm*	COMPO	**contact force** = contact pressure
Kontaktlast *nf*	COMPO	**contact load**
Kontaktleiste *nf* ↓ Federleiste; Stiftleiste	COMPO	**contact strip** ↓ spring contact strip; pin contact strip
kontaktlos → berührungslos	PHYS	→ **contactless** *adj*
kontaktloser Schalter → Halbleiterschalter *nm*	MICR.EL	→ **semiconductor switch**
Kontaktmatte *nf* [Tastatur]	TER&PER	**contact mattress** [key pad]
Kontaktmesser *nm*	COMPO	**contact blade**
Kontaktniet *nm*	COMPO	**contact rivet**
Kontaktpapier *nn*	TER&PER	**contact paper**
Kontaktperson *nf* → Ansprechpartner *nm*	COLL	→ **contact person**
Kontaktplan *nm* [graphische Programmiersprache] = KOP	AUTOMA	**ladder diagram** [graphic programming language] = LD; LAD
Kontaktpotential *nn* → Berührungspotential *nn*	EL.TEC	→ **contact potential**
Kontaktpotentialdifferenz *nf* = Kontaktspannung *nf*; Galvanispannung *nf*	PHYS	**contact-potencial difference**
Kontaktprellen *nn* = Prellen *nn*	COMPO	**contact bounce** = bounce *n*; contact chatter; chatter *n*; contact rebound
Kontaktpunkt *nm* → Kontaktstelle *nf*	PHYS	→ **contact point**
Kontaktreinigungsmittel *nn*	EL.TRO	**burnisher** *n*
Kontaktsatz *nm* [Relais]	COMPO	**contact set** [relay]
Kontaktschalter *nm*	COMPO	**touch-sensitive switch**
Kontaktschiene *nf*	COMPO	**contact bar**
Kontaktschließung *nf*	COMPO	**contact closure**
Kontaktschutz *nm*	EL.TRO	**contact protection**
Kontaktsensor *nm* → Berührungssensor *nm*	COMPO	→ **contact sensor**
kontaktsicher	COMPO	**reliable connecting**
Kontaktsicherheit *nf*	COMPO	**contact reliability**
Kontaktspannung *nf* → Berührungsspannung *nf*	EL.TEC	→ **contact voltage**
Kontaktspannung *nf* → Kontaktpotentialdifferenz *nf*	PHYS	→ **contact-potencial difference**
Kontaktspiel *nn*	COMPO	**contact float**
Kontaktstelle *nf* = Kontaktpunkt *nm* ≈ Kontaktfläche	PHYS	**contact point** ≈ contact surface
Kontaktstelle *nf* → Übergang *nm*	MICR.EL	→ **junction** *n*
Kontaktstift *nm* ↑ Kontaktelement	COMPO	**contact pin** = wiring pin ↑ contact element
Kontaktthermometer *nn*	INSTR	**contact thermometer**
Kontaktträger *nm*	COMPO	**contact base**
Kontaktträgerwerkstoff *nm* = Leiterwerkstoff *nm*	COMPO	**contact material**
Kontaktübergangswiderstand *nm* = Kontaktwiderstand *nm*; Übergangswiderstand *nm*; Durchgangswiderstand *nm*	COMPO	**contact resistance**
Kontaktwiderstand *nm* → Kontaktübergangswiderstand *nm*	COMPO	→ **contact resistance**
Kontaktzunge *nf* [Relais]	COMPO	**contact reed** [relay] = reed *n*
Kontenbuch *nn* → Hauptbuch *nn*	ECON	→ **general ledger**
Kontenplan *nm*	ECON	**chart of accounts**
Kontenrahmen *nm*	ECON	**standard accounting system**
Kontermutter *nf*	MEC.EN	**jam nut**
Kontermutter *nf* → Sicherungsmutter *nf*	MEC.EN	→ **lock nut**
kontern	MEC.EN	**jam** *vt*
kontern	PRIN.ME	**invert**
Kontext *nm* = Sinnzusammenhang *nm*; Zusammenhang *nm*	SCIE	**context** *n* = cohesion *n*
kontextabhängig = zusammenhangabhängig	COMP.AP	**context-dependent**
kontextbezogen	COMP.AP	**context-sensitive** = contextual
kontextbezogen → kontextempfindlich	COMP.AP	→ **context-sensitive** *adj*
kontextbezogene Hilfe	COMP.AP	**context-sensitive help** [automatically displayed information on process in course]
kontextempfindlich = kontextbezogen; kontextsensitiv; zusammenhangempfindlich; zusammenhangbezogen; zusammenhangsensitiv ≈ kontextabhängig	COMP.AP	**context-sensitive** *adj* = context-dependent
kontextfrei	SW	**context-free** *adj*

[ohne verbale Ergänzung] = kontextlos		[without verbal explanations]
kontextlos → kontextfrei	SW	→ **context-free** *adj*
Kontextmenü *nn*	COMP.AP	**context menu** = pop-up menu
kontextsensitiv → kontextempfindlich	COMP.AP	→ **context-sensitive** *adj*
kontextual = kontextuell	LING	**contextual** *adj*
Kontextualisierung *nf*	LING	**contextualization**
kontextuell → kontextual	LING	→ **contextual** *adj*
kontextuelles Editieren	COMP.AP	**context editing** = contextual editing
Kontierungscode *nm*	DAT.CO	**account code** = account *n*
Kontinentaleuropa *nn*	GEOSC	**mainland Europe**
kontinentaleuropäischer Punkt [0,376 mm] ≈ Pica (1)	PRIN.ME	**Didot point** *n* [0.376 mm] ≈ pica (1)
Kontingenz *nf*	MATH	**contingency** *n*
Kontinuativum *nn* → Massennomen *nplt*	LING	→ **mass noun**
kontinuierlich = unaufhörlich ≠ diskontinuierlich	TELEC	**streamy** *adj* = sustained; incessant; non-intermittent ≠ bursty
kontinuierlich [zeitlich] = ununterbrochen; unterbrechungsfrei; unterbrechungslos; pausenlos; lückenlos (fig) ≈ stufenlos; endlos; wiederholt	TECH	**continuous** *adj* (1) [in time domain] = uninterrupted; interruption-free; continual (1); non-intermittent; incessant; constant ≈ stepless; endless; repetitive
kontinuierliche Informationsquelle	INF.TH	**continuous information source**
kontinuierlicher Regler ≠ Abtastregler	CONTRO	**continuous controller** ≠ sampled-data controller
kontinuierliches Spektrum	PHYS	**continuous spectrum**
kontinuierliches System ≠ diskretes System	SYS.TH	**continuous system** ≠ discrete system
Kontinuität *nf* ≈ Stetigkeit	SCIE	**continuity** *n* ≈ steadiness
Kontinuitätsbedingung *nf*	SCIE	**continuity condition** = continuity state
Kontinuitätsgleichung *nf*	MATH	**continuity equation**
Kontinuitätsprüfung *nf* → Durchschalteprüfung *nf*	SWITCH	→ **continuity check**
Kontinuum *nn*	PHYS	**continuum** *n* (*pl* -nua&-nuums)
Konto *nn* (*pl* Konten)	ECON	**account** *n*
Kontoauszug *nm*	ECON	**account statement** *n* = statement *n*
Kontoauszugdrucker *nm* = Kontoauszugsdrucker *nm*	TER&PER	**account statement printer**
Kontoauszugsautomat *nm*	TER&PER	**credit information automat**
Kontoauszugsdrucker *nm* → Kontoauszugdrucker *nm*	TER&PER	→ **account statement printer**
Kontobuch *nn*	ECON	**account book**
Kontonummer *nf*	ECON	**account code**
Kontosaldo *nn*	ECON	**account balance**
Kontostand-Abfrageterminal *nn*	TER&PER	**bank balance equiry terminal**
Kontrabass *nm* ↑ Instrument	MUSIC	**double bass** ↑ instrument
Kontradiktion *nf* → Widerspruch *nm*	SCIE	→ **contradiction** *n*
kontradiktorisch → widersprüchlich	SCIE	→ **contradictory**
kontragrediente Matrix	MATH	**contragredient matrix**
Kontrahent *nm* → Vertragspartner *nm*	LAW	→ **contract party** *n*
Kontrahierungszwang *nm* → Universaldienstverpflichtung *nf*	TELEC	→ **USO**
Kontrakt *nm* → Vertrag *nm*	LAW	→ **contract** *n*
Kontraposition *nf* [negative Aussage aus positiver] ≈ Antithese	SCIE	**contraposition** *n* [negative proposition derived from a positive one] = opposition *n* ≈ antithesis
konträr → gegensätzlich	SCIE	→ **contrary** *adj*
Kontrast *nm*	OPT	**contrast** *n*
kontrastarm	OPT	**low-contrast** *adj*
Kontrastierung *nf*	COMP.GR	**sharpening** *n*
Kontrastregler *nm*	TV	**contrast control**
kontrastreich	OPT	**high-contrast** *adj*
Kontrastumfang *nm*	TV	**contrast range**
Kontrastverstärkung *nf*	TER&PER	**contrast enhancement**
Kontrastwiedergabe *nf*	TV	**contrast rendition** = contrast fidelity
Kontravalenz *nf* = Antivalenz *nf*; Aussschließliches Oder	LOGIC	**antivalence** *n* = inequivalence; non-equivalence; exclusive or; exclusive disjunction
kontravariant	MATH	**contravariant** *adj*
Kontravarianz *nf*	MATH	**contravariance** *n*
Kontrollauf *nm* → Testlauf *nm*	DAT.PR	→ **test run**
Kontrollaussage [logische Verknüpfungsaussage die an einer Programmstelle gilt; für Prüfzwecke] = Prüfaussage *nf* ↓ Eingabekontrollaussage; Schleifenkontrollaussage; Ausgabekontrollaussage; Invariante	SW	**assertion** *n* [Boolean statement valid at a point of a program; for testing] ↓ input assertion; loop assertion; output assertion; invariant
Kontrollbehörde → Überwachungsbehörde *nf*	PUB.ADM	→ **regulatory authority**
Kontrollbus *nm* → Steuerbus *nm*	HW	→ **control bus**
Kontrollbyte *nn* → Prüfbyte *nn*	DAT.CO	→ **test byte**
Kontrollcode *nm*	TELEGR	**control code**
Kontrolldatengenerator *nm* → Testdatengenerator *nm*	DAT.PR	→ **test data generator**
Kontrolldaten *nplt* → Testdaten *nplt*	SW	→ **test data** *n*
Kontrolldatensatz *nm* → Testdatensatz *nm*	SW	→ **test data set**
Kontrolldruck *nm*	TELEGR	**monitoring printing**
Kontrolle *nf* → Prüfung *nf*	TECH	→ **check** *n*
Kontrollebene *nf* [ATM] = C-Ebene *nf*	TELEC	**control plane** [ATM] = C-plane
Kontrolleinrichtung *nf* = Kontrollvorrichtung *nf* ≈ Prüfvorrichtung [INSTR]	TECH	**checking device** = checking facility ≈ testing device [INSTR]
Kontrollempfänger *nm* = Monitor *nm*	BROADC	**monitor** *n*
Kontrollempfänger *nm* → Monitor *nm*	TER&PER	→ **monitor** *n*
Kontroller *nm* = Controller *nm*	INSTR	**controller** *n*
Kontroller *nm* [Hardware oder Software die Geräteteile eines Copmputers steuert, z.B. Peripheriegeräte] = Controller *nm*	DAT.PR	**controller** *n* [HW or SW controlling computer parts or peripherals]
Kontrollertest *nm*	DAT.PR	**controlled test**
kontrollesen → prüflesen	DAT.PR	→ **check-read** *vt*
Kontrollfeld *nn* [Speicherbereich] ≈ Steuerfeld; Kontrollregister; Steuerregister; Befehlsfeld; Befehlsregister	DAT.PR	**control field** [memory field] ≈ instruction register; control register
kontrollieren → prüfen	TECH	→ **check** *vt*
kontrolliert ≈ geprüft	TECH	**controlled** ≈ checked
Kontrollkästchen *nn* → Ankreuzbox *nf*	COMP.AP	→ **check box** *n*
Kontrolllampe *nf* = Kontrollleuchte *nf*	EQP.EN	**pilot lamp** = check lamp
Kontrolllesen *nn*	OFFICE	**read control** = read-after-write; read check
Kontrollleseprüfung *nf*	DAT.CO	**read-back ckeck**
Kontrollleuchte *nf* → Kontrolllampe *nf*	EQP.EN	→ **pilot lamp**
Kontrollliste *nf* → Prüfliste *nf*	TEC.DOC	→ **checklist** *n*
Kontrollnummer *nf* → Kontrollziffer *nf*	CODING	→ **check digit**
Kontrollpfad *nm* → Steuerbus *nm*	HW	→ **control bus**

Kontrollprogramm *nn* — SW — → **test program** *n*
→ Testprogramm *nn*

Kontrollpult *nn* — BROADC — **control board**
= Regiepult *nn*; Konsole *nf* — = control console; master console; console *n*

Kontrollpult *nn* — TECH — **control desk**
= Schaltpult *nn*; Steuerpult *nn*; Bedienpult *nn*; Bedienungspult *nn*; Bedienungskonsole *nf*; Systemkonsole *nf*; Überwachungsplatz *nm* — = operating desk; switch-desk; control board; control console; console; operator's console; operator's desk; attendant's console; attendant's desk; administrator's console; administrator's desk; supervisor's desk; supervisor's board; supervisor's console
≈ Bedienungsfeld — ≈ service panel
↑ Bedienplatz — ↑ operator's position

Kontrollroutine *nf* — SW — → **test program** *n*
→ Testprogramm *nn*

Kontrollschaltung *nf* — CIRC.EN — → **control circuit** *n* (2)
→ Überwachungsschaltung *nf*

Kontrollschlüssel *nm* — DAT.CO — **check key**

Kontrollstelle *nf* — TELECON — → **main station**
→ Zentrale *nf*

Kontrollstrang *nm* — DAT.PR — → **control string**
→ Steuerzeichenfolge *nf*

Kontrollsumme *nf* — ECON — **control total**
= proof total; control sum; proof sum

Kontrollsumme *nf* — INF.TEC — → **hash total**
→ Prüfsumme *nf*

Kontrollsystem *nn* — INF.TEC — → **supervisory system**
→ Überwachungssystem *nn*

Kontrolltaste *nf* — TER&PER — → **control key** (1)
→ Steuerungstaste *nf*

Kontrollturm *nm* — AERON — **control tower**

Kontrollumfeld *nn* — DAT.PR — → **test environment**
→ Testumgebung *nf*

Kontrollumgebung *nf* — DAT.PR — → **test environment**
→ Testumgebung *nf*

Kontrollunterbrechung *nf* — SW — **control break** *n*
[benutzergesteuert] — [user-initiated]
= control change; comparing control change

Kontrollunterbrechungspunkt *nm* — SW — **control breakpoint**
= code breakpoint

Kontrollvorrichtung *nf* — TECH — → **checking device**
→ Kontrolleinrichtung *nf*

Kontrollwort *nn* — SW — **control word** (1)

Kontrollzahl *nf* — CODING — → **check digit**
→ Kontrollziffer *nf*

Kontrollzeichen *nn* — INF.TEC — **check character**
= Sicherungszeichen *nn*; Prüfzeichen *nn* — = control character (1)
≈ Steuerzeichen — ≈ control character (2)
↓ Paritätszeichen — ↓ parity character

Kontrollzentrum *nn* — TELECON — → **main station**
→ Zentrale *nf*

Kontrollziffer *nf* — CODING — **check digit**
= Kontrollzahl *nf*; Kontrollnummer *nf*; Sicherheitsziffer *nf*; Prüfziffer *nf* — = self-checking digit; control digit; check number; self-checking number

kontrovers — COLL — → **controversial** *adj*
→ strittig

Kontur *nf* — DAT.PR — **contour** *n*

Kontur *nf* — TECH — → **outline** *n*
→ Umriss *nm*

Konturbuchstabe *nm* — PRIN.ME — **outline type**
= umstochener Buchstabe — = outline character; outlined character
≈ Konturschrift — ≈ outline typefont

Konturenanalyse *nf* — IMAG.PR — **contour analysis**

Konturencodierung *nf* — IMAG.PR — **contour encoding**

Konturensatz *nm* — COMP.GR — **contoured typesetting**
[Schrift schmiegt sich um eine Grafik]

Konturenschärfe *nf* — INF.TEC — **acutance** *n*
[sharpness of edges in an image]

Konturgenauigkeit *nf* — TECH — **surface error**

konturieren — TECH — → **outline** *vt*
→ umreißen

konturiert — PRIN.ME — **outlined** *adj*
[aus Konturen gebildet] — [formed by contoures]
= outline-; inline-
↑ Schriftattribut — ↑ font attribute

Konturkorrektur *nf* — ANT — **contouring** *n*
[zur Veränderung von Nebenzipfeln] — [to modify side lobes]

Konturschrift *nf* — PRIN.ME — **outline typefont**
[nur mit Umrisslinien gezeichnete Buchstaben] — [with characters designed only by contour lines]
= umstochene Schrift — = outline font
≈ outline type

Konturzeichnen — COMP.GR — **contouring** (1)
[representation of outlines]

Konus *nm* — MATH — → **cone** *n*
→ Kegel *nm*

Konusantenne *nf* — ANT — **conical antenna**
= Kegelantenne *nf* — = cone antenna

Konushorn *nn* — ANT — **conical horn**
= konischer Trichter; Trichterhorn *nn*; Trichter *nm*; Kegelhorn *nn* — = taper *n*
↑ Hornstrahler — ↑ horn radiator

Konushornantenne *nf* — ANT — **conical horn antenna**
= Kegelhornantenne *nf*; Trichterhornantenne *nf*

Konuslautsprecher *nm* — EL.ACOU — **cone loudspeaker**
= cone system

Konusschneider — TECH — **penciling tool**

Konvektion *nf* — PHYS — → **convection current**
→ Konvektionsstrom *nm*

Konvektionsstrom *nm* — PHYS — **convection current**
= Konvektion *nf*

Konvektionsstrom *nm* — RAD.PRO — **convection current**
[durch die Erde fließender HF-Strom] — [RF current flowing through the earth]
≠ elektrischer Verschiebungsstrom [EL.SC] — ≠ dielectric current [EL.SC]

Konvention *nf* — COLL — **convention** *n*

Konvention *nf* — SW — → **declaration** *n*
→ Vereinbarung *nf*

Konventionalstrafe — ECON — **contractual penalty**
= Vertragsstrafe *nf*; Pönale *nf* — = agreed penalty; penalty
↓ Verzugsstrafe — ↓ penalty for delay

konventionell — COLL — → **usual** *adj*
→ üblich

konventionelle Belastung — TELEC — **conventional load**

konventionelle Programmierung — SW — **conventional programming**

konventioneller Fernsprechdienst — TELEC — → **telephonic service**
→ Telefondienst *nm*

konventioneller Speicher — DAT.PR — **conventional memory**
[normalen Programmen zugänglicher Teil des Hauptspeichers, z.B. 640 kB] — [part of main memory accessible to normal programs, e.g. 640 kB]
= benutzerzugänglicher Hauptspeicher; Basisspeicher *nm* — = base memory; user-accesible memory; user memory
≠ Erweiterungspeicher — ≠ expanded memory

konvergent — MATH — **convergent**
= konvergierend — = converging

konvergentes Integral — MATH — **convergent integral**

Konvergenz *nf* — MATH — **convergence** *n*

Konvergenz *nf* — OPT — **convergence** *n*
[von Strahlen] — [of rays]

Konvergenzebene *nf* — TV — **convergence plane**
= Konvergenzfläche *nf* — = convergence surface

Konvergenzelektrode *nf* — EL.TRO — **convergence electrode**
[Bildröhren] — [image tube]

Konvergenzfehler *nm* — TV — **convergence error**

Konvergenzfläche *nf* — TV — → **convergence plane**
→ Konvergenzebene *nf*

Konvergenzkriterium *nn* — MATH — **convergence criterion**

Konvergenzmagnet *nm* — EL.TRO — **convergence magnet**
[Bildröhren]

Konvergenzpunkt *nm* — MATH — → **convergence point**
→ Fluchtpunkt *nm*

Konvergenzpunkt *nm* — TV — **convergence point**

Konvergenz-Teilschicht *nf* — TELEC — **convergence sublayer**
[ATM] — [ATM]
= CS-Teilschicht *nf* — = CS
↑ ATM-Anpassungsschicht — ↑ ATM adaptation layer

Konvergenzzeit *nf* — CIRC.EN — **convergence time**
[z.B. bei Digitalfiltern] — [e.g. of digital filters]

konvergieren — MATH — **converge**

konvergierend — COLL — **converging** *adj*
[fig] — [fig]
= zusammenlaufend — = concurrent *adj*

konvergierend — MATH — → **convergent**
→ konvergent

konvergierende Welle — PHYS — **converging wave**

konversational INF.TEC → **interactive** *adj*
→ interaktiv
konversationeller Kompilierer SW → **incremental compiler**
→ Inkrementalkompilierer *nm*
konversationelles Informationssystem DAT.MA → **conversational information system**
→ passives Informationssystem
Konversion *nf* PHYS **conversion** *n*
= Umwandlung *nf*; Transformation *nf*; Transformierung *nf* = transformation *n*
Konversion *nf* TECH → **transformation** *n*
→ Umwandlung *nf*
Konversion *nf* MATH → **conversion** *n*
→ Umrechnung *nf*
Konversionskoeffizient *nm* PHYS **conversion coefficient**
Konversionslinse *nf* PHOT → **conversion objective**
→ Konvertierungsobjektiv *nn*
Konversionsobjektiv *nn* PHOT → **conversion objective**
→ Konvertierungsobjektiv *nn*
Konversionssteilheit *nf* HF → **mixer transconductance**
→ Mischsteilheit *nf*
Konverter *nm* DAT.MA → **data converter**
→ Datenkonverter *nm*
Konverter *nm* DAT.PR **converter** *n*
[Hardware oder Software zur Datenwandlung] [hardware or software to convert data]
= convertor *n*
Konverter *nm* BROADC **converter** *n*
konvertierbar TECH → **convertible** *adj*
→ umrüstbar
Konvertierbarkeit *nf* TECH **convertibility** *n*
= Umformbarkeit *nf*
konvertieren DAT.MA **convert** *vt*
= wandeln; umwandeln
konvertieren TECH → **transform** *vt*
→ umwandeln
konvertierter Vierpol NETW.TH **converted two-port**
[beidseitig mit Impedanzwandler] [with impedance transformers on both sides]
= converted quadripole
Konvertierung *nf* DAT.MA → **data conversion**
→ Datenkonvertierung *nf*
Konvertierung *nf* INF.TEC → **conversion** *n*
→ Umwandlung *nf*
Konvertierungslinse *nf* PHOT → **conversion objective**
→ Konvertierungsobjektiv *nn*
Konvertierungsobjektiv *nn* PHOT **conversion objective**
= Konversionsobjektiv *nn*; Konvertierungslinse *nf*; Konversionslinse *nf* = conversion lens
Konvertierungsprogramm *nn* SW → **conversion program**
→ Umsetzprogramm *nn*
Konvertierungsroutine *nf* SW → **conversion program**
→ Umsetzprogramm *nn*
Konvertierungstabelle *nf* CODING **conversion table**
Konveter *nm* NETW.TH → **impedance converter**
→ Impedanzkonverter *nm*
konvex MEC.EN → **cambered**
→ gewölbt
konvex OPT **convex** *adj*
[nach außen gewölbt] [hollowed outward]
≈ erhaben [TECH] ≈ raised [TECH]
≠ konkav ≠ concave
Konvexität *nf* OPT **convexity** *n*
= Hohlerhabenheit *nf* ≠ concavity
≠ Konkavität
konvex-konkav OPT **convexo-concave** *adj*
= konkav-konvex; hohlerhaben = concavo-convex
Konzentration *nf* SCIE **concentration** *n*
= Ansammlung *nf*
Konzentration *nf* CHEM **concentration** *n*
= Anreicherung *nf*
Konzentration *nf* SWITCH **concentration** *n*
[Bedienung einer größeren Anzahl von Teilnehmern durch eine geringere Anzahl von Einrichtungen] [serving a larger number of users by a smaller number of facilities]
≠ Expansion ≠ expansion
Konzentration *nf* SWITCH → **busy-hour to day ratio**
→ Konzentrationsgrad *nm*
Konzentration *nf* DAT.MA → **compression** *n*
→ Verdichtung *nf*
Konzentrationselement *nn* PHYS **concentration cell**
Konzentrationsgefälle *nn* PHYS → **concentration gradient**
→ Konzentrationsgradient *nm*
Konzentrationsgrad *nm* SWITCH **busy-hour to day ratio**
= Konzentration *nf*
Konzentrationsgradient *nm* PHYS **concentration gradient**
= Konzentrationsgefälle *nn*
Konzentrationspunkt *nm* OUT.PL **concentration point**
Konzentrationsstufe *nf* SWITCH **concentration stage**
Konzentrator *nm* DAT.CO → **network-node computer**
→ Netzknotenrechner *nm*
Konzentrator *nm* (1) SWITCH **concentrator** *n*
[Vorrichtung zur Bedienung einer Anzahl von Eingängen mit einer kleineren Anzahl von Ausgängen] [device to serve a number of inlets with a smaller number of outlets]
↓ Leitungskonzentrator; Verkehrskonzentrator ↓ line concentrator; traffic concentrator
Konzentrator *nm* (2) SWITCH **remote concentrator**
[eine zur Einsparung von Anschlussleitungen, am Teilnehmerende abgesetzte Konzentrationsstufe einer Vermittlung] [a concentrating device of a switch, dislocated to the subscriber end for pair saving purposes]
= Leitungskonzentrator *nm* (2); Verkehrskonzentrator *nm*; abgesetzter Konzentrator = remote concentrator unit; RCU; remote access concentrator
≈ Wählsterneinrichtung ≈ stand-alone concentrator
↑ Vorfeldeinrichtung ↑ front-end equipment
konzentrieren CHEM **concentrate** *vt*
= anreichern
konzentrieren SWITCH **concentrate**
[eine größere Anzahl von Teinehmern mit einer kleineren Anzahl von Einrichtungen bedienen] [to serve a larger number of users by a smaller number of facilities]
≠ expandieren ≠ expand
↓ concentrar
konzentriertes Schaltkreiselement NETW.TH **lumped circuit element**
= lumped device
konzentrisch MATH **concentric**
≈ koaxial = concentrical
≈ coaxial
Konzentrizität *nf* MATH **concentricity** *n*
Konzentrizitätsfehler *nm* MECH **concentricity error**
Konzept *nn* COLL → **philosophy** *n* (*pl* -phies)
→ Betrachtungsweise *nf*
Konzept *nn* COLL **concept** *n*
[klarer Plan] = action plan
= Aktionsplan *nm* ≈ strategy
≈ Strategie
Konzept *nn* OFFICE → **copy** *n* (3)
→ Vorlage *nf* (1)
Konzeptablage *nf* TER&PER **original stacker**
= Vorlaganablage *nf*
Konzeptdruckqualität *nf* TER&PER **draft printing quality**
= EDV-Qualität *nf*; Entwurfqualität *nf* = draft quality; DQ
≈ Beinahe-Schönschrift ≈ NLQ printing
≠ Schönschrift ≠ letter quality
Konzepthalter *nm* TER&PER **original holder**
= Vorlagenhalter *nm*; Manuskripthalter *nm*; Blatthalter *nm* = manuscript holder; copy holder
konzeptionell SCIE → **conceptual** *adj*
→ begrifflich
konzeptionelle Datenbeschreibungssprache DAT.MA **conceptual data definition language**
konzeptionelle Entwicklung DAT.MA **conceptual design**
konzeptionelles IN-Modell TELEC **IN Conceptual Model**
= INCM
Konzeptphase *nf* SW **concept phase**
= Konzipierungsphase *nf* = conceptual phase
konzeptuale Sicht DAT.MA → **conceptual schema**
→ logisches Datenbankschema
Konzeptüberprüfung *nf* TECH **walkthough** *n*
konzeptuelles Datenbankschema DAT.MA → **conceptual schema**
→ logisches Datenbankschema
konzeptuelles Schema DAT.MA → **conceptual schema**
→ logisches Datenbankschema
Konzern *nm* ECON **combination** *n* (AE)
= combine *n* (BE)
Konzernabschluss *nm* ECON **group statements**
= consolidated financial statements
Konzession *nf* ECON **concession** *n*
Konzessionär *nm* ECON **concessionaire** *n*
= concessioner *n*
Konzessionsgesellschaft *nf* ECON **concessionaire company**
konzessiv LING **concessive**
= einräumend
Konzessivsatz *nm* LING **concessive sentence**
= Einräumungssatz *nm* ↑ causal sentence
↑ Kausalsatz

Konzipierung *nf* — SCIE — **conception** *n*
≈ Begriffsbildung — ≈ conceptualization

Konzipierungsphase *nf* — SW — → **concept phase**
→ Konzeptphase *nf*

konzis — LING — **concise** *adj*
= lapidar; gedrängt; kurz und bündig; knapp — = succint; lapidary; terse

Kooperation *nf* — COLL — → **cooperation** *n*
→ Mitwirkung *nf*

Kooperation *nf* — ECON — → **cooperation** *n*
→ Zusammenarbeit *nf*

kooperative Datenverarbeitung — DAT.PR — **cooperative data processing**
[zwei oder mehr Rechner führen simultan verschiedene Teile eines Programms aus] — [two or more computers execute simultaneously different parts of a program]
= kooperative Informationsverarbeitung; kooperative Verarbeitung — = cooperative information processing; cooperative processing; true distributed data processing; true distributed information processing; true distributed processing
↑ verteilte Datenverarbeitung — ↑ distributed data processing

kooperative Informationsverarbeitung — DAT.PR — → **cooperative data processing**
→ kooperative Datenverarbeitung

kooperativer Mehrprogrammbetrieb — DAT.PR — **cooperative multiprogramming**
[Hintergrundprogramme werden während Stillstandzeiten der Vordergrundprogramme ausgeführt] — [background tasks are executed during idle times of foreground tasks]
= cooperative multitasking

kooperative Verarbeitung — DAT.PR — → **cooperative data processing**
→ kooperative Datenverarbeitung

kooperieren — ECON — → **cooperate** (AE) *vi*
→ zusammenarbeiten

kooperieren — TECH — → **interwork** *vi*
→ zusammenwirken

Koordinate *nf* — MATH — **coordinate** *n*
[Zahl zur Ortsbestimmung] — [number to specify a location]
↓ kartesische Koordinate; Abszisse; Ordinate; Polarkoordinate — ↓ Cartesian coordinate; abcissa; ordinate; polar coordinate

Koordinatenachse *nf* — MATH — **coordinate axis**

Koordinatenebene *nf* — MATH — **coordinate plane**

Koordinatenfeld *nn* — MATH — **coordinate field**
= Koordinatenraster *nn*; Koordinatennetz *nn* — = coordinate lattice; coordinate frame
≈ Raster [TECH] — ≈ grid [TECH]

Koordinatengitter *nn* — CART — **graticule** *n*

Koordinatengrafik *nf* — COMP.GR — **cooordinate graphics**
= Koordinatengraphik *nf*

Koordinatengrafik *nf* — COMP.GR — → **line plot**
→ Liniengrafik *nf*

Koordinatengraph *nm* — MICR.EL — → **coordinatograph**
→ Koordinatenschreiber *nm*

Koordinatengraphik *nf* — COMP.GR — → **cooordinate graphics**
→ Koordinatengrafik *nf*

Koordinatengraphik *nf* — COMP.GR — → **line plot**
→ Liniengrafik *nf*

Koordinatennetz *nn* — MATH — → **coordinate field**
→ Koordinatenfeld *nn*

Koordinatenpapier *nn* — ENG.DRA — **coordinate paper**
= Rasterpapier *nn* — = gridsheet *n*

Koordinatenraster *nn* — MATH — → **coordinate field**
→ Koordinatenfeld *nn*

Koordinatenraster *nn* — ENG.DRA — **coordinate lattice**

Koordinatenraum *nm* — MATH — **coordinate space**

Koordinatenschalter *nm* — SWITCH — → **crossbar switch**
→ Kreuzschienenschalter *nm*

Koordinatenschreiber *nm* — MICR.EL — **coordinatograph**
= Koordinatengraph *nm*; Koordinatograph *nm*

Koordinatenschreiber *nm* — TER&PER — **X-Y plotter**
= X-Y-Schreiber *nm*; X-Y-Recorder *nm* — = graph plotter
↑ Plotter

Koordinatensystem *nn* — MATH — **coordinate system**

Koordinatenumrechner *nm* — AUTOMA — **resolver** *n*
[transforms coordinates]

Koordinatenwähler *nm* — SWITCH — → **two-motion selector**
→ Hebdrehwähler *nm*

Koordinatenwandler *nm* — AUTOMA — → **rotary resolver**
→ Drehmelder *nm*

Koordinatenwert *nm* — MATH — **coordinate value**

Koordination *nf* — COLL — → **coordination**
→ Abstimmung *nf*

Koordinationsprozessor *nm* — SWITCH — **coordination processor**

Koordinatograph *nm* — MICR.EL — → **coordinatograph**
→ Koordinatenschreiber *nm*

koordinieren — COLL — → **coordinate** *vt*
→ abstimmen

Koordinierung *nf* — COLL — → **coordination**
→ Abstimmung *nf*

Koordinierungsentfernung *nf* — RADIO — **coordination distance**

Koordinierungsfunktion *nf* — DAT.CO — **coordination function**

Koordinierungsgebiet *nn* — RADIO — **coordination area**

KOP — AUTOMA — → **ladder diagram**
→ Kontaktplan *nm*

Kopf — DAT.CO — → **message header**
→ Nachrichtenkopf *nm*

Kopf *nm* — TER&PER — **head** *n*
[zum Lesen und/oder Schreiben auf Magnetbändern oder auf Platten] — [to read and/or write on magnetic tapes or on disks]
↓ Lesekopf; Schreibkopf; Schreib-/Lesekopf; Magnetkopf — ↓ read head; write head; read/write head; magnetic head

Kopf *nm* — MEC.EN — → **screw head**
→ Schraubenkopf *nm*

Kopfabstand *nm* — TER&PER — **head separation**

Kopfamt *nf* — SWITCH — → **gateway exchange**
→ Kopfvermittlungsstelle *nf*

Kopfanfang *nm* — DAT.CO — → **start of heading**
→ Anfang des Kopfes

Kopfanstauchen *nn* — METAL — **heading** *n*

Kopfarbeit *nf* — ECON — **brain work**

Kopfband *nn* — EL.ACOU — → **headband** *n*
→ Kopfhörerbügel *nm*

Kopfbit *nn* — DAT.CO — **header bit**

Kopfblende *nf* — EQP.EN — **top panel**

Kopf-Byte *nn* — TRANSM — **heading byte**
[SDH] — [SDH]

Kopfdatei *nf* — SW — **header file**

Kopfende *nn* — TECH — → **top** *n*
→ Kopfteil

Kopffenster *nn* — TER&PER — → **head window**
→ Schreib-/Lese-Öffnung *nf*

Kopffläche *nf* — MEC.EN — **top surface**
[Schraube]

Kopfhörer *nm* — EL.ACOU — **headphone** *n*
= Hörer *nm* — = earphone *n*; head receiver; phones *nplt*
≈ Kopfsprechhörer [TELEPH] — ≈ headset [TELEPH]

Kopfhöreranschluss *nm* — EQP.EN — **headphone terminal**
= earphone socket

Kopfhörerbügel *nm* — EL.ACOU — **headband** *n*
= Kopfband *nn* — [headphone]

Kopfhörergarnitur *nf* — EL.ACOU — **headset** *n*

Kopfinduktivität *nf* — TER&PER — **head inductance**

Kopfkreis *nm* — ENG.DRA — **ourside circle**

Kopfkreisdurchmesser *nm* — MEC.EN — **outside diameter**
[Zahnrad] — [cogwheel]

kopflastig — MEC.EN — → **top-heavy**
→ oberlastig

Kopfpositionierung *nf* — TER&PER — **head positioning**

Kopfpositionierungsbereich *nm* — TER&PER — **head loading zone**

Kopfrad *nn* — TV — → **video head**
→ Videokopf *nm*

Kopfrechnen — MATH — **mental arithmetic**

Kopfreiniger — TER&PER — **head cleaning device**
= head cleaner

Kopfschlitz *nm* — TER&PER — → **head window**
→ Schreib-/Lese-Öffnung *nf*

Kopfschraube *nf* — MEC.EN — **head screw**
= headscrew; cap screw

Kopfschuh *nm* — TV — → **vacuum guide**
→ Bandführungssegment *nn*

Kopfspiel *nn* — MEC.EN — **crest clearance**
[Gewinde] — [thread]

Kopfsprechhörer *nm* — TELEPH — **headset** *n*
= Sprechgarnitur *nf*; Abfragegarnitur *nf* — ≈ headphone [EL.ACOU]
≈ Kopfhörer [EL.ACOU]

Kopfsteg — PRIN.ME — **top margin**
= head margin

Kopfstelle *nf* — BROADC — → **head-end** *n*
→ Empfangsstelle *nf*

Kopfstelle *nf* — DAT.CO — **head-end**

Kopfteil — TECH — **top** *n*
= Kopfende *nn*

Kopfteillader *nm* — EQP.EN — **top loader**

Kopftext *nm* WOR.PR **heading captions**
[z.B. einer Spalte] [e.g. of a column]

Kopftrommel *nf* TV **head drum**
[Videorecorder] [video recorder]
= head cylinder

Kopfüber-Kontaktierung *nf* MICR.EL → **flip-chip bonding**
→ Flip-chip-Kontaktierung *nf*

Kopfüberstand *nm* TV **head tip projection**

Kopfumschalter *nm* TV **head switch**
[Videorecorder] = headswitch *n*

Kopfvermittlung *nf* SWITCH → **gateway exchange**
→ Kopfvermittlungsstelle *nf*

Kopfvermittlungsstelle *nf* SWITCH **gateway exchange**
= Kopfvermittlung *nf*; Kopfamt *nf* = gateway center; gateway office (AE)
↓ Auslands-Kopfvermittlungsstelle ↓ ionternational gateway exchange

Kopfzahl *nf* ECON **headcount** *n*
≈ Personalbestand ≈ workforce

Kopfzeile *nf* PRIN.ME **header line** *n*
= Überschriftzeile *nf* = heading line; headline *n*; header *n*; heading *n*; running head
≠ Fußzeile ≠ footer line

Kopie *nf* CONS.EL **dub** *n*
= copy

Kopie *nf* TECH → **copy** *n*
→ Nachbildung *nf*

Kopie *nf* OFFICE → **copy** *n* (2)
→ Pause *nf*

Kopiendrucker *nm* (1) TER&PER → **hardcopy printer** *n*
→ Hardcopygerät *nn*

Kopiendrucker *nm* (2) TER&PER **copy impact printer**
[mit ausreichendem Anschlag für Durchschläge] [with sufficient impact for copies]

Kopiereffekt *nm* TER&PER **print-through** *n*
[unerwünschte Übertragung auf andere Teile eines magnet. Datenträgers] [undiseride transfer of records to other part of a magnetic medium]

kopieren OFFICE → **photocopy** *vt*
→ fotokopieren

kopieren DAT.MA **copy** *vt*
[Daten ohne Änderung des Inhalts, jedoch eventuell der physikalischen Speicherungsform, vervielfältigen] [to reproduce data without change of content, however possibly of their physical form of storage]
≈ duplizieren ≈ duplicate *vt*
≠ umsetzen ≠ move

kopieren OFFICE → **print** *vt*
→ pausen

kopieren CONS.EL → **dub** *vt*
→ überspielen

Kopieren *nn* CONS.EL → **dubbing** *n*
→ Überspielen *nn*

Kopieren und Einfügen WOR.PR **copy-and-paste**

Kopierer *nm* OFFICE → **copying machine**
→ Kopiergerät *nn*

kopierfräsen MEC.EN **copy-mill**

Kopiergerät *nn* OFFICE **copying machine**
= Kopierer *nm*; Vervielfältigungsmaschine *nf*; Dupliziergerät *nn* = copier *n*; duplicator *n*; duplicating equipment
↓ Tischkopierer; Standkopierer ↓ desk copier; pedestal copier

kopiergeschützt SW **copy-protected** *adj*

Kopierpapier *nn* OFFICE **copy paper**

Kopierprogramm *nn* SW **copy program**

kopierschleifen MEC.EN **copy-grind**

Kopierschutz *nm* SW **copy protection**
= Schlüsselsperre *nf* = copy protect
↓ Kopierschutzschaltung ↓ dongle

Kopierschutzschaltung *nf* HW **dongle** *n*
[für den Betrieb einer geschützen Software erforderlich] [a circuit or chip necessary to run a protected program]
= Dongle *nm*; Schutzstecker *nm* = server key
↑ copy protection

Kopierstift *nm* OFFICE → **ink pencil**
→ Tintenstift *nm*

Kopiertor *nn* TER&PER **replicate gate**
[Magnetblasenspeicher] [magnetic bubble memory]

Kopierwerk *nn* IMAG.ME **laboratory** *n*
= Entwicklungslabor *nn*

kopolar RADIO **co-polar**
≠ kreuzpolar ≠ cross-polar

Kopolarisation *nf* RADIO **co-polarization** *n*
= Gleichpolarisation *nf* ≈ working polarization
≈ Nutzpolarisation ≠ cross-polarization
≠ Kreuzpolarisation

Kopolarisationsdiagramm *nn* ANT **co-polarization pattern**

Koppelabschnitt *nm* SWITCH **switching section**

Koppelader *nf* SWITCH **matrix wire**

Koppelanordnung *nf* SWITCH **switching network** (1)
[Raumvielfach aus Koppelelementen zum wahlweisen und gleichzeitigen Verbinden mehrerer Eingänge mit mehreren Ausgängen oder umgekehrt] [space-multiplex arrangement of crosspoints to connect, on demand and simultaneously, many inputs with many outputs or viceversa]
= Koppeleinrichtung *nf* = connecting network (1)
↓ Koppelreihe; Koppelvielfach; Koppelstufe; Koppelfeld; Koppelnetz ↓ switching row; switching matrix; switching stage; switching unit; switching network (2)

Koppelbaugruppe *nf* SWITCH **switching module**

Koppeldämpfung *nf* COMPO **coupling attenuation**

Koppeldiode *nf* CIRC.EN **coupling diode**

Koppeleinheit *nf* TER&PER → **docking station**
→ Dockstation *nf*

Koppeleinrichtung *nf* SWITCH → **switching network** (1)
→ Koppelanordnung *nf*

Koppelelement *nn* CIRC.EN **coupling element**

Koppelelement *nn* SWITCH **switching element**
[Elementarschaltung von Koppelanordnungen] ≈ switching component [COMPO]
= Koppelglied *nn* ↓ crosspoint
≈ Schaltelement (2) [COMPO]
↓ Koppelanordnung

Koppelfeld *nn* SWITCH **switching unit**
[strukturell zusammenhängende Teile des Koppelnetzes einer Vermittlung] [functional unit of a switching networw array, formed by several switching stages]
↑ Koppelanordnung
↓ Teilnehmerkoppelfeld; Richtungskoppelfeld ↓ subscriber switching unit; group switching unit

Koppelfeld *nn* CIRC.EN **switching matrix**

Koppelfeldweg *nm* SWITCH **matrix switch path**

koppelfreier Vierpol NETW.TH → **uncoupled two-port**
→ kopplungsfreier Vierpol

Koppelgeschäft *nn* ECON **package deal**

Koppelglied *nn* SWITCH → **switching element**
→ Koppelelement *nn*

Koppelgruppe *nf* SWITCH **switch group**

Koppelgruppensteuerung *nf* SWITCH **switch group control**

Koppelimpedanz *nf* MICROW **interaction impedance**

Koppelkapazität *nf* EL.TEC → **coupling capacitor**
→ Kopplungskondensator *nm*

Koppelkondensator *nm* EL.TEC → **coupling capacitor**
→ Kopplungskondensator *nm*

Koppelleitwert *nm* NETW.TH → **mutual admittance**
→ Kernleitwert *nm*

Koppelloch *nn* MICROW → **coupling hole**
→ Koppelöffnung *nf*

koppeln PHYS **couple** *vt*

Koppelnetz *nn* SWITCH **switching network** (2)
[Gesamtheit der Koppelanordnungen einer Vermittlung] [the totality of switching facilities of a central office]
= Koppelnetzwerk *nn*; mehrstufige Koppelanordnung = SN (2); connecting network (2); switching network array

Koppelnetz-Erweiterung *nf* SWITCH **switching-network extension**

Koppelnetztakt *nm* SWITCH **switching network clock**

Koppelnetzwerk *nn* SWITCH → **switching network** (2)
→ Koppelnetz *nn*

Koppelnetzwerk *nn* NETW.TH **coupling network**

Koppelöffnung *nf* MICROW **coupling hole**
= Koppelloch *nn*

Koppelpunkt *nm* SWITCH **crosspoint**
↓ Koppelelement ↓ switching element

Koppelpunktschalter *nm* SWITCH **crosspoint switch**
= Crosspoint-Schalter *nm* (ANGL)

Koppelraum *nm* MICR.EL **interaction space**

Koppel-RC-Glied *nn* CIRC.EN **coupling RC**

Koppelreihe *nf* SWITCH **switching row**
[Reihung von Koppelpunkten] [a row of crosspoints]
↑ Koppelanordnung = connecting row
↑ switching network

Koppelrelais *nn* SWITCH **switching relay**
= matrix switching relay

Koppelschleife *nf* MICROW **coupling loop**
= Kopplungsschleife *nf*

Koppelschleife *nf* HF **inductive link**

Koppelspalt *nm* MICROW **interaction gap**

Koppelstrahler *nm* ANT **coupling radiator**

Koppelstufe *nf* SWITCH **switching stage**
[strukturell zusammenhängende [structurally relatedswitch stages,

Koppelvielfache] — serving a definite function]
= connecting stage
↑ Koppelanordnung — ↑ switching network
↓ Wahlstufe — ↓ selection stage

Koppelvielfach *nn* SWITCH **switching matrix**
[Vielfachschaltung von Koppelreihen in Form einer Matrix, jeder Eingang mit jedem Ausgang verbindbar] — [a simple switching network, arranged by switching rows in matrix array, any input connectable to any output]
= Schaltmatrix *nf* — = connecting matrix; matrix *n*
↑ Koppelanordnung — ↑ switching network

Koppelweg *nm* SWITCH **switching path**
Koppler *nm* EL.TRO **coupler** *n*
= branching *n*

Kopplung *nf* PHYS **coupling network**
Kopplungsdämpfung *nf* EL.TEC **coupling loss**
= cross-coupling ratio

Kopplungsfaktor *nm* PHYS → **coupling coefficient**
→ Kopplungskoeffizient *nm*
Kopplungsfilter *nn* NETW.TH **coupling filter**
kopplungsfreier Vierpol NETW.TH **uncoupled two-port**
= koppelfreier Vierpol
Kopplungsgrad *nm* NETW.TH **degree of coupling**
Kopplungsgüte *nf* OPT.CO **coupling efficiency**
Kopplungskoeffizient *nm* PHYS **coupling coefficient**
= Kopplungsfaktor *nm*; Kopplungskonstante *nf* — = coupling factor; coupling constant
Kopplungskondensator *nm* EL.TEC **coupling capacitor**
= Koppelkapazität *nf*; Koppelkondensator *nm* — = coupling condenser
Kopplungskonstante *nf* PHYS → **coupling coefficient**
→ Kopplungskoeffizient *nm*
Kopplungsschleife *nf* MICROW → **coupling loop**
→ Koppelschleife *nf*
Kopplungsschwingung *nf* CIRC.EN **coupled-circuit oscillation**
Kopplungssonde *nf* MICROW **coupling probe**
kopplungssymmetrisch NETW.TH → **reciprocal** *adj*
→ übertragungssymmetrisch
kopplungssymmetrischer Vierpol NETW.TH → **reciprocal two-port**
→ kernsymmetrischer Vierpol
Kopplungswiderstand *nm* NETW.TH → **mutual impedance**
→ Kernwiderstand *nm*
Kopplungswiderstand *nm* EL.TEC **coupling resistance**
Koproduktion *nf* CINEMA **coproduction** *n*
= Gemeinschaftsproduktion *nf*
Koproduzent *nm* CINEMA **coproducer** *n*
Koprozessor *nm* (1) HW **coprocessor** *n* (1)
[spezialisierter Prozessor zur Entlastung Hauptprozessors] — [specialized processor to free main processor]
= Coprozessor *nm*; Hilfsprozessor *nm* — = auxiliary processor
≠ Hauptprozessor — ≠ main processor
↓ Grafik-Koprozessor; mathematischer Koprozessor; Spezialhilfsprozessor — ↓ graphics coprocessor; maths coprocessor; back-eend processor
Koprozessor *nm* (2) HW **coprocessor** *n* (2)
[parallel arbeitende Zentraleinheit] — [a CPU working in tandem]
= Hilfsprozessor *nm*
Koprozessorbertrieb DAT.PR **coprocessing** *n*
[ein spezialisierter Koprozessor entlastet den Prozessor für besondere Aufgaben] — [a specialized coprocessor relieves the procressor from special tasks]
Koprozessor-Register *nn* HW **coprocessor register**
KOPS DAT.PR **KOPS**
[1000 Operationen pro Sekunde] — [1000 operations per second]
Korbbodenspule *nf* COMPO **spider-web coil**
= Spinngewebespule *nf*; Spinnennetzspule *nf*
Kordel *nf* TECH → **cord** *n*
→ Schnur *nf*
Kordic-Algorithmus *nm* COMP.SC **Kordic algorithm**
[für trigonometrische Funktionen] — [for trigonometric functions]
koresident DAT.PR **coresident**
[gleichzeitig im Hauptspeicher] — [simultaneously in main memory]
Kork *nm* (*pl* -e) TECH **cork** *n*
Korkenzieherantenne *nf* ANT → **helix antenna**
→ Wendelantenne *nf*
Korkenzieherregel *nf* EL.TEC → **three-fingers rule**
→ Dreifingerregel *nf*
Korktafel *nf* OFFICE **corkboard**
Korngrenze *nf* PHYS **grain boundary**
[Kristall] — [crystals]
Korngröße *nf* TECH **grain size**
= particle size

körnig TECH **granulous**
= grained; granular

Körnigkeit *nf* TECH **graniness**
= granularity *n*

kornorientiert METAL **grain-oriented**
Kornrauschen *nn* EL.TRO **grain noise**
Körnung *nf* TECH **granulation**
Korona *nf* PHYS → **corona** *n* (1)
→ Glimmen *nn*
Koronadraht *nm* POW.SY **corona discharge**
= Büschelentladung *nf* [PHYS] — = brush discharge [PHYS]
Koronaentladung *nf* TER&PER **corona wire**
Koronaentladung *nf* [POW.EN] PHYS → **brush discharge**
→ Büschelentladung *nf*
Koroutine *nf* SW → **coroutine** *n*
→ Coroutine *nf*
Körper *nm* MATH **field** *n*
[Körperaxiome erfüllende Elementemenge] — [set of elements obeying the field axioms]
↑ algebraische Struktur — ↑ algebraic stucture
Körperdosis *nf* PHYS **body dose**
Körpererweiterung *nf* MATH **field expansion**
körpergeformt TECH **body-shaped**
körpergetragen TECH **body-worn**
körperlich TECH → **material** *adj*
→ materiell
Körpermodell *nn* COMP.GR → **volume model** *n*
→ Volumenmodell *nn*
Körperschaft *nf* ECON **corporation** *n* (1)
Körperschall *nm* EL.ACOU **handling noise**
Körperschallmelder *nm* SIG.EN **structure-borne sound detector**
Körperschwingung *nf* MECH **bulk vibration**
↑ mechanische Schwingung — ↑ mechanical vibration
Körpersprache *nf* LING **corporal language**
Körpertragen, am- TECH **bodywear** *n*
Körperwärmemelder *nm* SIG.EN **body heat detector**
Körperwelle *nf* PHYS **bulk wave**
Korpuskel *nn* PHYS → **particle** *n*
→ Teilchen *nn*
Korpuskularstrahlung *nf* PHYS **corpuscular radiation**
= particle radiation

korrekt TECH → **correct** *adj*
→ genau
korrekt *adv* COLL **correctly** *adv*
= richtig — = properly
Korrektion *nf* SCIE → **correction** *n*
→ Korrektur *nf*
Korrektionskondensator *nm* COMPO → **trimming capacitor** *n*
→ Trimmerkondensator *nm*
korrektiv TECH → **corrective** *adj*
→ fehlerbehebend
Korrektur *nf* COLL → **correction** *n*
→ Berichtigung *nf*
Korrektur *nf* SCIE **correction** *n*
= Verbesserung *nf*; Korrektion *nf*
Korrekturabzug *nm* PRIN.ME → **galley proof** *n*
→ Korrekturfahne *nf*
Korrekturanweisung *nf* SW **correction instruction**
= Korrekturbefehl *nm* — = patch *n* (3)
Korrekturautomatismus *nm* INF.TEC → **self-correction**
→ Selbstkorrektur *nf*
Korrekturbefehl *nm* SW → **correction instruction**
→ Korrekturanweisung *nf*
Korrekturbogen *nm* PRIN.ME → **galley proof** *n*
→ Korrekturfahne *nf*
Korrekturdatei *nf* DAT.MA → **transaction file**
→ Bewegungsdatei *nf*
Korrektureintrag *nm* DAT.MA → **amendment record**
→ Ergänzungseintrag *nm*
Korrekturfahne *nf* PRIN.ME **galley proof** *n*
= Korrekturabzug *nm*; Korrekturbogen *nm*; Probedruck *nm*; Fahnenabzug *nm*; Fahne *nf* — = galleyproof *n*; galley *n*; proof *n*
Korrekturfaktor *nm* MATH **correction factor**
Korrekturglied *nn* MATH **correcting term**
Korrekturkarte *nf* DAT.PR **patch card**
= Patch-Karte *nf* (ANGL)
Korrekturlauf *nm* DAT.PR **correction run**
korrekturlesen PRIN.ME **proofread** *vt*
Korrekturlesen *nn* PRIN.ME → **proofreading** *n*
→ Korrekturlesung *nf*
Korrekturlesung *nf* PRIN.ME **proofreading** *n*
= Korrekturlesen *nn*; Prüflesen *nn*
Korrekturmagnet *nm* EL.TRO → **compensating magnet**
→ Kompensationsmagnet *nm*
Korrekturmaßnahme *nf* TECH → **countermeasure** *n*
→ Gegenmaßnahme *nf*

Korrekturprogramm *nn* SW **patch** *n* (2)
= Korrekturroutine *nf* = patch routine

Korrekturprogramm *nn* PRIN.ME **correction program**
↓ Rechtschreibkorrektur-Programm ↓ spelling check program

Korrekturroutine *nf* SW → **patch** *n* (2)
→ Korrekturprogramm *nn*

Korrekturspule *nf* EL.TRO **correction coil**

Korrekturstreifen *nm* OFFICE **correction ribbon**

Korrekturtaste *nf* TER&PER **correction key**
≈ Löschtaste; Rücksetztaste ≈ cancel key; reset key

Korrekturwert *nm* MATH **correction value** *n*
↓ Vermehrungswert; Verminderungswert ↓ augmenter; subtracter

Korrekturzeichen *nn* SW → **erasure character**
→ Irrungszeichen *nn*

Korrekturzeichen *nn* PRIN.ME **proofreaders' mark**
↑ Zeichen = proofreaders' sign; correction sign; correction mark; editing sign; editing mark
↑ sign

Korrelation *nf* STATIS **correlation** *n*

Korrelationsadmittanz *nf* NETW.TH **correlation admittance**
= komplexer Korrelationsleitwert

Korrelationsalgorithmus *nm* STATIS **correlation algorithm**

Korrelationsanalysator *nm* CIRC.EN **correlator** *n*
= Korrelator *nm*

Korrelationsanalyse *nf* INF.TEC **correlation analysis**

Korrelations-Eigengeräusch *nn* TELEC **correlation self noise**

Korrelationselektronik *nf* INF.TEC **correlation electronics**
= statistical communication theory

Korrelationsempfänger *nm* MIL.CO **correlation receiver**

Korrelationsfaktor *nm* INF.TEC **correlation factor**

Korrelationsfunktion *nf* INF.TEC **correlation function**

Korrelationskoeffizient *nm* STATIS **correlation coefficient**

Korrelationsmatrix *nf* STATIS **correlation matrix**

Korrelationsmodulator *nm* MODUL **correlation modulation**

Korrelationssignal *nn* INF.TEC **correlation signal**

Korrelator *nm* CIRC.EN → **correlator** *n*
→ Korrelationsanalysator *nm*

korreliert STATIS **correlated** *adj*

korrelierte Variable STATIS **correlated variable**

Korrespondent *nm* MEDIA **correspondent** *n*

Korrespondentenbericht *nm* MEDIA **correspondents report**

Korrespondenz *nf* COLL → **correspondence** *n* (1)
→ Schriftverkehr *nm*

Korrespondenz *nf* (1) MATH **correspondence** *n* (1)
[Laplace-Transformation] [Laplace transformation]

Korrespondenz *nf* (2) MATH **correspondence** *n* (2)
[Mengenlehre] [set theory]
= mehrdeutige Abbildung = non-unique mapping

Korrespondenzdrucker *nm* TER&PER → **letter-quality printer**
→ Schönschreibdrucker *nm*

Korrespondenzqualität *nf* TER&PER → **letter quality**
→ Schönschrift *nf*

korrespondieren (1) COLL → **correspond** *vt* (1)
→ in Breifwechsel stehen

korrespondieren (2) COLL → **correspond** (with, to) *vt*
→ entsprechen *vi* (1)

korrigierbar SCIE **correctable** *adj*

korrigieren COLL → **correct** *vt*
→ berichtigen

korrigieren SW **patch** *vt*

korrigierende Leertaste TER&PER **correcting space bar**
= correcting spacing key

korrigierende Wartung TECH **corrective maintenance**
= Bedarfswartung *nf* = remedial maintenance
≈ Instandsetzung ≈ repair

korrodieren CHEM **corrode** *vt*
≈ ätzen ≠ etch

Korrosion *nf* CHEM **corrosion** *n*
≈ Ätzung ≈ etching

korrosionsbeständig TECH → **noncorrodible** *adj*
→ korrosionsfest

Korrosionsbeständigkeit *nf* TECH → **corrosion resistance**
→ Korrosionsfestigkeit *nf*

korrosionsfest TECH **noncorrodible** *adj*
= korrosionsbeständig; korrosionsgeschützt = corrosion-proof; corrosion-protected; corrosion-resistant
≈ rostfrei; säurebeständig; nichtkorrodierend ≈ stainless; acid-resistant;

Korrosionsfestigkeit *nf* TECH **corrosion resistance**
= Korrosionsbeständigkeit *nf* ≈ corrosion protection
≈ Korrosionsschutz

korrosionsgeschützt TECH → **noncorrodible** *adj*
→ korrosionsfest

korrosionsgeschütztes Kabel COM.CAB **corrosion-proof cable**

Korrosionsschutz *nm* TECH **corrosion protection**
≈ Korrosionsfestigkeit ≈ corrosion resistance

Kosekans *nm* MATH **cosecant** *n*
[Hypothenuse zu Gegenkathete] = cosec
= cosec ↑ trigonometric function
↑ trigonometrische Funktion

Kosekans hyperbolikus MATH → **hyperbolic cosecant**
→ Cosecans hyperbolicus *nm*

Kosinus *nm* (Duden) MATH **cosine** *n*
= cos; Cosinus *nm* = cos
↑ trigonometrische Funktion ↑ trigonometric function

Kosinusentzerrer *nm* CIRC.EN **cosine equalizer**
= cos-Entzerrer *nm*

Kosinus hyperbolikus MATH → **hyperbolic cosine**
→ Cosinus hyperbolicus *nm*

Kosinus-Phi-Messer *nm* INSTR → **power-ratio meter**
→ Leistungsfaktormesser *nm*

Kosinus-roll-off *nm* MODUL **cosinusoidal roll-off**
= cosinus roll-off

Kosinus-roll-off-Charakteristik *nf* MODUL **cosinus roll-off shape**

Kosinus-roll-off-Faktor *nm* MODUL **cosinus roll-off factor**
= Roll-off-Faktor *nm* = roll-off factor

Kosinustransformation *nf* MATH **cosine transformation**
= Cosinustransformation *nf* = cosine transform

kosmischer Nebel ASTR.PH **nebulum** *n*

kosmisches Rauschen RADIO **cosmic noise**
= galaktisches Rauschen; Radiorauschen *nn* = galactic noise

kosmische Strahlung GEOSC → **cosmic radiation**
→ Höhenstrahlung *nf*

kosten *vi* ECON **cost** *vi*

Kosten, Versicherung und Fracht ECON → **CIF**
→ CIF

Kostenanalyse *nf* ECON **cost analysis**

Kostenaufteilungsmethode *nf* ECON → **mark-up costing**
→ Kostenzuschlagsmethode *nf*

Kostenaufwand *nm* ECON **cost expenditure**
↑ Aufwand ↑ effort

Kostenauswertung *nf* ECON → **cost ascertainment**
→ Kostenermittlung *nf*

Kostenberechnung *nf* ECON → **cost calculation**
→ Kalkulation *nf*

Kostenbeteiligung *nf* ECON **cost sharing**
= Kostenteilung *nf*

kostenbewusst ECON **cost-conscious** *adj*
≈ sparsam [COLL] ≈ economical [COLL]

kostenbewusstes Entwickeln TECH **design to cost**
= kostenorientiertes Entwickeln; kostenoptimiertes Entwickeln

kostendämpfend ECON **cost dumping** *adj*

kostendeckend ECON **cost-covering**

Kostendeckung *nf* ECON **cost recovery**

Kostendegression *nf* ECON **cost degression**

Kosteneinflussfaktor *nm* ECON → **cost driver**
→ Kostentreiber *nm*

Kostenerfassungsgerät *nn* SWITCH **cost recording equipment**
[Nebenstellenanlage] [PABX]

Kostenerhöhung *nf* ECON → **cost increase**
→ Kostensteigerung *nf*

Kostenermittlung *nf* ECON **cost ascertainment**
= Kostenauswertung *nf* = cost evaluation

Kostenerstattung *nf* ECON → **refund** *n*
→ Rückerstattung *nf*

kostenfrei ECON → **free of charge** *adj*
→ kostenlos *adj*

kostengerecht ECON **cost-conforming**
[den Kosten angemessen] = cost-adequate

kostengünstig ECON **low-cost** (2)
[mit geringen Kosten verbunden] ≈ cheap [COLL]
≈ billig [COLL]

kostengünstig nutzbarer Aufstellungsort MOB.CO **friendly site**

kostenintensiv ECON **cost-intensive**

kostenlos *adj* ECON **free of charge** *adj*
= gratis; kostenfrei; unentgeltlich; zum Nulltarif = gratis; without costs

Kostenmanagement *nn* ECON **cost management**

kostenminimiert ECON → **minimum-cost** *adj*
→ kostenoptimiert

kostenneutral ECON **cost-neutral**
[ohne zusätzliche Kosten] [not causing additional costs]
Kosten *nplt* (Singular: Kostenpunkt *nm*) ECON **cost** *n*
= Einstandspreis *nm*; Gestehungspreis *nm* ≈ expenses
≈ Ausgaben
kostenoptimiert ECON **minimum-cost** *adj*
= kostenminimiert
kostenoptimierter Verbindungsaufbau SWITCH → **least-cost routing**
→ Minimalkostenlenkung *nf*
kostenoptimiertes Entwickeln TECH → **design to cost**
→ kostenbewusstes Entwickeln
kostenoptimierte Wegeführung SWITCH → **least-cost routing**
→ Minimalkostenlenkung *nf*
kostenorientiertes Entwickeln TECH → **design to cost**
→ kostenbewusstes Entwickeln
kostenpflichtig ECON **chargeable**
= with costs
kostenpflichtiger Inhalt TELEC **chargeable content**
= Bezahlinhalt *nm*
Kostenpunkt *nm* (*pl* Kosten) ECON **cost item** *n* (*pl* costs)
Kostenrechnung *nf* ECON **cost accounting**
↑ Buchhaltungs- und Bilanzwesen ↑ accounting
Kostenreduktion *nf* ECON → **cost reduction**
→ Kostensenkung *nf*
Kostenreduzierung *nf* ECON → **cost reduction**
→ Kostensenkung *nf*
Kostensenkung *nf* ECON **cost reduction**
= Kostenreduktion *nf*; Kostenreduzierung *nf* = cost curtailment
≈ Kosteneinsparung ≈ cost economy
Kostensteigerung *nf* ECON **cost increase**
= Kostenerhöhung *nf*
Kostenstelle *nf* ECON **cost center**
Kostenteilung *nf* ECON → **cost sharing**
→ Kostenbeteiligung *nf*
Kostenträger *nm* ECON **cost unit**
= cost object
Kostentreiber *nm* ECON **cost driver**
= Kosteneinflussfaktor *nm*
Kostenübernahme *nf* ECON **defrayal** *n*
= defraying of costs
Kostenumlage *nf* ECON **cost allocation**
= prorated cost charge
Kosten und Fracht ECON → **c.f.**
→ c.f.
Kostenvoranschlag *nm* ECON **quotation** *n*
kostenwirksam ECON **cost-effective** *adj* (2)
[having effect on costs]
Kostenzähler *nm* TELEC **on-line counter**
Kostenzuschlagsmethode *nf* ECON **mark-up costing**
= Kostenaufteilungsmethode *nf* = absorption costing
kostspielig ECON → **expensive** *adj*
→ teuer
Kostüm *nn* IMAG.ME **costume** *n*
Kostümanfertigung *nf* IMAG.ME **tailor** *n*
Kostümassistenz *nf* CINEMA **assitant costume designer**
Kostümbild *nn* IMAG.ME **costume design**
= Kostümentwürfe *nplt*
Kostümbildner IMAG.ME **costume designer**
Kostümentwürfe *nplt* IMAG.ME → **costume design**
→ Kostümbild *nn*
Kostümfilm *nm* CINEMA **costume film**
Kostümliste *nf* IMAG.ME **costume list**
Kotagens hyperbolikus MATH → **hyperbolic cotangent**
→ Cotangens hyperbolicus *nm*
Kotangens *nm* MATH **cotangent** *n*
= Cotangens *nm*; cot; cotg; ctg = cot; cotg; ctg
↑ trigonometrische Funktion ↑ trigonometric function
Kote *nf* GEOSC → **altitude** *n*
→ Höhe *nf*
Kotrabassist *nm* MUSIC **double bass**
= Bassist *nm* = bass *n*
↑ Sänger ↑ singer
kovalente Bindung CHEM **covalent bond**
= homöopolare Bindung
Kovalenz *nf* PHYS → **covalence** *n*
→ Atombindung *nf*
Kovar METAL **kovar** *n*
kovariant STATIS **covariant** *adj*
Kovarianz *nf* STATIS **covariance** *n*
[Maß für gegenseitige Abhängigkeit] [a measure of mutual dependence]
Kovarianzanalyse *nf* STATIS **covariance analysis**

Koxialtube *nf* COM.CAB → **coaxial pair**
→ Koaxialpaar *nn*
kp PHYS → **kilopond** *n*
→ Kilopond *nn*
KP-Kondensator *nm* COMPO **KP capacitor**
= polypropylene capacitor
kp m PHYS → **kilopond-meter** *n*
→ Kilopondmeter *nm*
Kr CHEM → **crypton** *n*
→ Krypton *nn*
Krach *nm* ACOUS → **din** *n*
→ Lärm *nm*
Kraft *nf* (*pl* Kräfte) PHYS **force** *n*
[Masse mal Beschleunigung; SI-Einheit: Newton] [product of mass and acceleration; SI unit: Newton]
= F = F
↓ Gewicht ↓ weight
Kraftbelag *nm* POW.EN **force density per unit length**
Kraftdicke *nf* PHYS **force density**
Kräftepaar *nn* PHYS **couple of forces**
= Drehzwilling *nm* = couple *n*
Kräftezerlegung *nf* PHYS **resolution of forces**
Kraftfahrzeug *nn* TECH **motor vehicle**
= Kraftwagen *nm*; Kfz *nn* = automobile *n*
Kraftfahrzeugtechnik *nf* TECH **automotive engineering**
Kraftfeld *nn* PHYS **field of force**
= Kraftlinienfeld *nn*
Kraftfluss *nm* EL.SC → **magnetic flux** (1)
→ magnetischer Induktionsfluss
Kraftflussdichte *nf* PHYS **flux density**
= Flussdichte *nf*; Kraftliniendichte *nf*
kräftig PRIN.ME → **bold** *adj*
→ fett
kräftig TECH → **resistant** *adj*
→ widerstandsfähig
Kraftlautsprecher *nm* EL.ACOU **power loudspeaker**
Kraftlinie *nf* PHYS **line of force**
= Feldlinie *nf*; Stromlinie *nf* = line of flux; line of flux and force; streamline
≈ Potentiallinie ≈ potential line
Kraftlinienbild *nn* PHYS → **field pattern**
→ Feldbild *nn*
Kraftliniendichte *nf* PHYS → **flux density**
→ Kraftflussdichte *nf*
Kraftlinienfeld *nn* PHYS → **field of force**
→ Kraftfeld *nn*
Kraftlinienröhre *nf* PHYS **tube of force**
Kraftlinienverkettung *nf* PHYS **flux linkage**
= Flussverkettung *nf*
Kraftlinienweg *nm* PHYS **flux path**
= Flussweg *nm*
Kraftlinienzerstreuung *nf* PHYS **flux leakage**
= Flusssteuerung *nf* = flux dispersion
Kraftmaschine *nf* MEC.EN **prime mover**
kraftschlüssig TECH **friction-locked**
= solid
Kraftstoff *nm* TECH → **combustible** *n*
→ Brennstoff *nm*
Kraftstoffbehälter *nm* TECH → **fuel tank**
→ Brennstoffbehälter *nm*
Kraftstoffilter *nn* TECH **fuel filter**
Kraftstofftank *nm* TECH → **fuel tank**
→ Brennstoffbehälter *nm*
Kraftstrom *nm* POW.SY → **heavy current**
→ Starkstrom *nm*
Kraftübertragung *nf* MECH **power transmission**
Kraftvektor *nm* PHYS **force vector**
Kraftwagen *nm* TECH → **motor vehicle**
→ Kraftfahrzeug *nn*
Kraftwerk *nn* POW.EN **power station**
↓ Wasserkraftwerk; Kohlekraftwerk; Atomkraftwerk = power plant; power generating plant; generating station
Kraftwirkung *nf* PHYS **dynamic effect**
Kragen *nm* (*pl* Kragen&(AT)Krägen) TECH **collar** *n*
= Bund *nm* (1)
Kragen *nm* (*pl* Kragen&(AT)Krägen) ANT **shroud** *n*
= Antennenkragen *nm*; Randblende *nf* = shield *n*
Krähenfuß-Antenne *nf* ANT **crowfoot antenna**
Kran *nm* (*pl* Kräne) CINEMA **crane** *n*
Kran *nm* (*pl* Kräne) TECH **crane** *n*
Kranaufnahme *nf* CINEMA **crane shot**
= Krankamerafahrt *nf*; Aufzugsfahrt *nf*

Krankamerafahrt *nf* CINEMA → **crane shot**
→ Kranaufnahme *nf*

Krankenhaus ECON **hospital** *n*

Krankenversicherung *nf* ECON **health insurance**

Krankenversorgung *nf* ECON **health care**

Kranz *nm* OPT → **corona** *n*
→ Hof *nm*

Kranz *nm* (*pl* Kränze) MEC.EN **rim** *n*
↓ Radkranz

krapplack *adj* OPT **madder lake**

krapprosa *adj* OPT **rose madder** *adj*

krapprot *adj* OPT **madder red** *adj*

Krarupisierung *nf* COM.CAB **continuous loading**
[gleichmäßige Umwicklung mit Eisendraht]
= uniform loading; Krarup loading

Krarup-Kabel *nn* COM.CAB **continuously loaded cable**
= Krarup cable

kratzen TECH → **scratch** *vt*
→ ritzen

Kratzer *nm* TECH **scratch** *n*
= Ritz *nm*; Schramme *nf*

Kratzgeräusch *nn* EL.ACOU **contact noise**
= frying noise; frying *n*; cracking noise; line scratches (BE)

Kraus-Formel ANT **Kraus formula**

kreativ SCIE **creative** *adj*
= schöpferisch
= originative

Kredit *nm* ECON **credit** *n* (2)
[amount of money placed at disposal by a bank]
= loan *n* (2)

Kreditbrief *nm* ECON → **letter of credit**
→ Akkreditiv *nf*

kreditfähig ECON **solvent**

Kreditgeber *nm* ECON → **creditor** *n*
→ Gläubiger *nm*

Kreditinstitut *nn* ECON **credit institution**

Kreditkarte *nf* TER&PER **credit card**
[mit Verfügungsrahmen; Bezahlung erfolgt zeitversetzt]
[with a disposal credit; payment is time delayed ("pay now, pay later")]
≠ Debitkarte
≠ debit card
↑ Zahlungskarte

Kreditkartenleser *nm* TER&PER **credit card reader**
= Kartenleser *nm*
= card reader

Kreditkartenruf *nm* TELEC **credit card call**

Kreditnehmer *nm* ECON → **debtor** *n*
→ Schuldner *nm*

Kreditor *nm* ECON → **creditor** *n*
→ Gläubiger *nm*

Kreditoren *nplt* ECON → **liabilities** *nplt*
→ Verbindlichkeiten

Kreditprüfterminal *nn* TER&PER **credit check terminal**

Kreditrahmen *nm* ECON **credit line**

Kreditsicherheit *nf* ECON → **pawn** *n*
→ Pfand *nn*

Kredit-Telefonkarte *nf* TER&PER → **credit phonecard**
→ Buchungskarte *nf*

Kreditwirtschaft *nf* ECON → **banking** *n*
→ Bankwesen *nn*

kreditwürdig ECON **creditable**
= credit-worthy

Kreditwürdigkeit *nf* ECON **creditability**
= creditableness *n*; credit standing; credit worthiness

Kreditwürdigkeitsbeurteilung *nf* ECON **credit risk evaluation**

Kreis *nm* MATH **circle** *n*
= Zirkel *nm*
↑ Kegelschnitt
↑ conical section

Kreis *nm* NETW.TH → **circuit** *n*
→ Schaltkreis *nm*

Kreisabschnitt *nm* MATH → **segment** *n*
→ Segment *nn*

Kreisabtastung *nf* EL.TRO **circular scanning**

kreisartig MATH → **circular**
→ kreisförmig

Kreisausschnitt *nm* MATH → **sector** *n*
→ Sektor *nm*

Kreisbahn *nf* PHYS **circular orbit**
= Kreisumlaufbahn *nf*
= circular path
↑ Bahn
↑ trajectory

Kreisbewegung *nf* PHYS **circular movement**
= Rotation *nf*; Rotationsbewegung *nf*
= circular motion; circulation *n*; gyration *n*
≈ Drehbewegung
≈ rotary movement
↓ Drall
↓ twist (1)

Kreisblatt *nn* NETW.TH **circular chart**
= round chart

Kreisblattdiagramm *nn* NETW.TH **circular chart diagram**
= round chart diagram

Kreisblatt-Schreiber *nm* INSTR **pie recorder**
= circular chart recorder

Kreisblende *nf* OPT **circular aperture**

Kreisblende *nf* CINEMA **circular fade**

Kreisbogen *nm* MATH **circular arc**
[umfasst 360°]
[embraces 360°]
= Bogen *nm*; Arcus *nm*
= arc

Kreischarakteristik *nf* EL.ACOU **circular characteristic**

Kreisdiagramm *nn* TEC.DOC **pie chart**
= Kreisgrafik *nf*; Kreisgraphik *nf*; Tortendiagramm *nn*; Tortengrafik *nf*; Tortengraphik *nf*; Kuchendiagramm *nn*; Kuchengrafik *nf*; Kuchengraphik *nf*
= pie graph

Kreisdiagramm *nn* LINE TH → **transmission line chart**
→ Leitungsdiagramm *nn*

Kreisel *nm* PHYS **gyroscope** *n*

kreiseln PHYS **nutate**

kreisen PHYS **circulate**
[sich im Kreis bewegen]
[to move in a circle]
= zirkulieren
≈ drehen; rotieren
≈ turn (2); rotate

kreisen SCIE → **circulate** *vi*
→ umlaufen

kreisend PHYS → **circulating**
→ umlaufend

Kreisfläche *nf* MATH **circular area**

Kreisform *nf* MATH **circularity** *n*
= Zirkularität *nf*

kreisförmig MATH **circular**
= kreisartig; kreisrund; zirkular; zirkulär
↑ rund
↑ round

kreisförmige Blockade PRIN.ME **bullet** *n*
[ein dicker schwarzer Punkt zur Hervorhebung eines Textabschnittes]
[a large dot to mark a text section; from Middle French "boulette" = "small ball"]
= Aufzählungspunkt *nm*
↑ Blockade
↑ eye-catcher

kreisförmiger Hohlleiter MICROW → **circular waveguide**
→ Rundhohlleiter *nm*

Kreisfrequenz *nf* PHYS **angular frequency**
[Zahl der in 2π Sekunden ausgeführten Schwingungen]
[number of oscillations per 2π seconds]
= Schwingungsfrequenz *nf*; Pulsation *nf*; Winkelgeschwindigkeit *nf* (2)
= angular velocity (2); radian frequency; radial frequency; circular frequency; pulsation; gyrofrequency *n*

Kreisfrequenzhub *nm* MODUL **angular frequency shift**
= Schwingungsfrequenzhub *nm*; Pulsationshub *nm*
= angular frequency swing; angular frequency deviation; angular frequency sweep; radian frequency swing; radian frequency deviation; radian frequency sweep; radial frequency swing; radial frequency deviation; radial frequency sweep

Kreisfunkfeuer *nn* RAD.NA → **omnidirectional radiobeacon**
→ Rundstrahlbake *nf*

Kreisgrafik *nf* TEC.DOC → **pie chart**
→ Kreisdiagramm *nn*

Kreisgraphik *nf* TEC.DOC → **pie chart**
→ Kreisdiagramm *nn*

Kreisgruppe *nf* ANT → **circular array antenna**
→ Kreisgruppenantenne *nf*

Kreisgruppenantenne *nf* ANT **circular array antenna**
= Kreisgruppe *nf*
= circular array; ring array
↓ Wullenweber-Antenne
↑ planar array

Kreisgüte *nf* PHYS **Q factor**

Kreishohlleiter *nm* MICROW → **circular waveguide**
→ Rundhohlleiter *nm*

Kreislauf *nm* PHYS **circulation** *n*
= Zirkulation *nf*

Kreislochblende *nf* TV **circular aperture**

Kreismuster *nn* TV **circular test pattern**
≈ circular test chart

Kreisplattenschnitt *nm* COMPO **circular plate shape**
[Plattenkondensator]
[plate capacitor]

Kreispolarisation *nf* PHYS → **circular polarization**
→ zirkulare Polarisation

Kreisquerschnitt *nm* MATH **circular cross section**

Kreisring *nm* MATH **annulus** *n* (*pl* annuli&annuluses)
[durch 2 konzentrische Kreise begrenzte Fläche]
≈ Torus
[surface bound by two concentric circles]
= ring *n* (3)
≈ torus

Kreisringfläche *nf* MATH → **torus** *n* (*pl* tori)
→ Torus *nm* (*pl* Tori)

kreisrund MATH → **circular**
→ kreisförmig

Kreissäge *nf* TECH **circular saw**
= buzz saw

Kreisschlitzantenne *nf* ANT → **annular slot**
→ Ringspaltantenne *nf*

Kreisschneider *nm* TECH **circle cutter**

Kreissektor *nm* MATH → **sector** *n*
→ Sektor *nm*

Kreissektorzahn-Antenne *nf* ANT → **aperture antenna**
→ Aperturantenne *nf*

kreissroutenfrei SWITCH **turnaround-free**

Kreisstrom *nm* POW.EN **ring current**
= circulating current

Kreisstromdrossel *nf* POW.EN **ring-current reactor**

Kreisteilung *nf* MEC.EN **circular pitch**

Kreisumfang *nm* MATH **circumference** *n* (1)
= Zirkumferenz *nf*
↑ Umfang
[of a circle]
↑ circumference (2)

Kreisumlaufbahn *nf* PHYS → **circular orbit**
→ Kreisbahn *nf*

Kreisverkehrsbeleg *nm* TER&PER **turnaround form**
= turnaround document

Kreisverschiebung *nf* DAT.MA **circular shift**

Kreisverstärkung *nf* CIRC.EN → **loop gain**
→ Schleifenverstärkung *nf*

Kreisvierer *nm* COM.CAB → **phantom circuit**
→ Phantomkreis *nm*

Kreiswelle *nf* PHYS **circular wave**
= Zirkularwelle *nf*

Kreiswulst *nf* MATH → **torus** *n* (*pl* tori)
→ Torus *nm* (*pl* Tori)

Kreiszylinder *nm* MATH → **circular cylinder**
→ Walze *nf*

kreiszylindrisch MATH **circular cylindrical**

Kreppapier *nn* TECH **crepe paper**

Kreuz *nn* MUSIC → **sharp mark** (symbol: #)
→ Erhöhungszeichen *nn*

Kreuz *nn* COLL **cross** *n*

Kreuz *nn* PRIN.ME → **dagger** *n*
→ Kreuzzeichen *nn*

Kreuzabtastung *nf* RAD.LO **two-dimensional scanning**

Kreuzassembler *nm* SW **cross assembler**
[übersetzt in die Maschinensprache eines anderen Computertyps]
= Kreuzassemblierer *nm*; Cross-Assembler *nm*
[generates machine code for a different computer]

Kreuzassemblierer *nm* SW → **cross assembler**
→ Kreuzassembler *nm*

Kreuzassemblierung *nf* SW **cross-assembling**
= Cross-Assemblierung *nf* (ANGL)

Kreuzbalkenübergang *nm* MICROW **crossbar transition**

Kreuzblende *nf* CINEMA **cross fade**

Kreuzcompiler *nm* SW → **cross compiler**
→ Kreuzkompilierer *nm*

Kreuzdipol *nm* ANT → **turnstile antenna**
→ Drehkreuzantenne *nf*

Kreuzdipolantenne *nf* ANT → **turnstile antenna**
→ Drehkreuzantenne *nf*

kreuzen TECH **cross** *vt* (1)
[fig]
= überschneiden; schneiden
≈ durchqueren; überlappen
[fig]
= intersect
≈ traverse; overlap

Kreuzentwicklung *nf* SW **cross development**
[unter Verwendung einer anderen (i.a. leistungsfähigeren) Plattform]
[using another (generally more powerful) platform]

Kreuzfadenmikrometer *nn* INSTR **crossbar micrometer**

Kreuzfeldverstärker *nm* MICROW **cross field amplifier**

Kreuzgelenk *nn* MEC.EN → **universal joint**
→ Kardangelenk *nn*

Kreuzgitter *nn* PHYS **cross grating**

Kreuzkompiler *nm* SW → **cross compiler**
→ Kreuzkompilierer *nm*

Kreuzkompilierer *nm* SW **cross compiler**
[übersetzt in die Maschinensprache eines anderen Computertyps]
= Kreuzkompiler *nm*; Kreuzcompiler *nm*; Cross-Compiler *nm*
≠ systemspezifischer Kompilierer
[translates into machine code of a different computer]
≠ native compiler

Kreuzkompilierung *nf* SW **cross-compiling**
= Cross-Compilierung *nf* (ANGL)

Kreuzkopplung *nf* TELEC **cross-coupling**

Kreuzkopplung *nf* COM.CAB → **side-to-side coupling**
→ Übersprechkopplung *nf*

Kreuzkorrelation *nf* TELEC **cross correlation**

Kreuzkorrelationsanalyse *nf* TELEC **cross-correlation analysis**

Kreuzkorrelationsfunktion *nf* INF.TEC **cross-correlation function**

Kreuzloch *nn* MEC.EN **cross hole**

Kreuzlochmutter *nf* MEC.EN **cross-drilled nut**

Kreuzlochschraube *nf* MEC.EN **cross-drilled headscrew**

Kreuzmodulation *nf* MODUL **cross modulation**
[unerwün. Modulationsprodukte bei AM]
[unwanted modulation product with AM]
= x modulation

Kreuzmodulationsabstand *nm* MODUL **signal-to-cross-modulation ratio**
= signal-to-x-modulation ratio

Kreuzpinzette *nf* TECH **reversed action tweezers**
[öffnet sich beim Drehen]

kreuzpolar RADIO **cross-polar** *adj*
≠ kopolar
≠ co-polar

Kreuzpolarbelegung *nf* RAD.RE → **alternated pattern**
→ kreuzpolare Nachbarkanalbelegung

Kreuzpolarbetrieb *nm* RAD.RE → **alternated pattern**
→ kreuzpolare Nachbarkanalbelegung

kreuzpolare Belegung RAD.RE → **alternated pattern**
→ kreuzpolare Nachbarkanalbelegung

kreuzpolare Nachbarkanalbelegung RAD.RE **alternated pattern**
[die Nachbarkanäle sind jeweils orthogonal polarisiert]
= kreuzpolare Belegung; Kreuzpolarbetrieb *nm*; Kreuzpolarbelegung *nf*; kreuzpolarer Nachbarkanalbetrieb
≈ versetzte Rasterbelegung
≠ Gleichkanalbelegung
[adjacent channels are cross-polarized]
= alternated operation
≈ interleaved pattern
≠ cochannel pattern

kreuzpolarer Nachbarkanalbetrieb RAD.RE → **alternated pattern**
→ kreuzpolare Nachbarkanalbelegung

Kreuzpolarisation *nf* RADIO **cross polarization**
≠ Kopolarisation
≠ co-polarization

Kreuzpolarisationsentkopplung *nf* RADIO **cross-polar discrimination**
= XPD
= XPD

Kreuzprodukt *nn* MATH → **Cartesian product**
→ kartesisches Produkt

Kreuzrahmenantenne *nf* ANT **cross-coil antenna**
= crossed-loop antenna

Kreuzschalter *nm* DAT.PR **X-switch**

Kreuzschaltung *nf* POW.EN **cross connection** (1)

Kreuzschienenschalter *nm* SWITCH **crossbar switch**
= Koordinatenschalter *nm*; Crossbarschalter *nm* (ANGL); Kreuzschienenwähler *nm*; Crossbarwähler *nm* (ANGL)
↑ Wähler
= crossbar selector

Kreuzschienenverteiler *nm* EL.TRO **crossbar distributor**

Kreuzschienenwähler *nm* SWITCH → **crossbar switch**
→ Kreuzschienenschalter *nm*

Kreuzschienenwählsystem *nn* SWITCH **crossbar switching system**
↑ indirekt gesteuertes Vermittlungssystem
↑ indirect-control switching system

Kreuzschlag *nm* COM.CAB → **reversed lay**
→ Wechselschlag *nm*

Kreuzschlagverseilung *nf* COM.CAB **reverse-lay stranding**

Kreuzschlitz *nm* MEC.EN **indented cross**
= cross recess

Kreuzschlitzschraube *nf* MEC.EN **cross-recessed screw**
= Phillips screw

Kreuzschlüssel *nm* MEC.EN **spider spanner**

Kreuzschnitt *nm* IMAG.ME **cross-cutting**

kreuzschraffieren ENG.DRA **cross-hatch** *vt*

Kreuzschraffierung *nf* ENG.DRA **cross-hatch** *n*
= Kreuzschraffur *nf*
= cross-hatching

Kreuzschraffur *nf* ENG.DRA → **cross-hatch** *n*
→ Kreuzschraffierung *nf*

Kreuzsicherung *nf* CODING **cross check**
[gleichzeitig mit Längs- und Querparität]
[concurrently with horizontal and longitudinal parity]
= cross checking

Kreuz-Software *nf* SW **cross software**
[auf anderem Computertyp eingesetzt als entwicklelt worden] [used on other computer than developed for]
= crossware *n*

Kreuzspule *nf* EL.TEC **cross coil**
= crossed coil

Kreuzspulinstrument *nn* INSTR **cross-coil instrument**

Kreuzspulmesswerk *nn* INSTR **cross-coil measuring system**
= cross-coil mechanism

Kreuzstrahler *nm* ANT → **turnstile antenna**
→ Drehkreuzantenne *nf*

kreuz und quer COLL **criss-cross** *adv*

Kreuzung *nf* OUT.PL **transposition**
[Freileitung] [open-wire line]
= Kreuzungsausgleich *nm* = crossing *n*

Kreuzung *nf* CIV.EN → **intersection** *n*
→ Straßenkreuzung *nf*

Kreuzungsausgleich *nm* OUT.PL → **transposition**
→ Kreuzung *nf*

Kreuzungsfeld *nn* OUT.PL **transposition section**
[Freileitung] [open-wire line]
= transposition interval

Kreuzungsgestänge OUT.PL **transposition pole**

Kreuzungsisolator *nm* OUT.PL **transposition insulator**

Kreuzungspunkt *nm* OUT.PL **transposition point**
[Freileitung] [open-wire line]

Kreuzungsschema OUT.PL **transposition system**
= rolled transposition

Kreuzverstrebung *nf* MEC.EN **diagonal cross brace**
= cross bracing

Kreuz-Virus *nm* SW **cross virus**
[wirkt über mehrere Applikationen] [acts on several applications]
= Cross-Virus (ANGL)

kreuzweise TECH **crosswise**
≈ gekreuzt

Kreuzwickelspule *nf* COMPO **universal-wound coil**
≈ Honigwabenspule

Kreuz-Yagi-Antenne *nf* ANT **crossed Yagi array**
= cross polarized Yagi antenna

Kreuzzeichen *nn* PRIN.ME **dagger** *n*
= Kreuz *nn* [a cross-like sign]

Kreuzzeigerinstrument *nn* INSTR **cross-pointer instrument**

Kriechboden *nm* SYS.INS → **raised floor**
→ Doppelboden *nm*

Kriechen *nn* MEC.EN **creep** *n*
[langsame Verformung unter Dauerbelastung] [slow deformation under load]

Kriechfestigkeit *nf* MEC.EN **creeping strength**

Kriechgalvanometer *nn* INSTR **creeping galvanometer**
≈ Fluxmeter ≈ flux meter
↑ Drehspulvanometer ↑ moving-coil galvanometer

Kriechstrecke *nf* EL.TEC **tracking distance**
= creeping distance

Kriechstrom *nm* EL.TEC **tracking current**
[oberflächlicher Leckstrom] [a superficial leakage current]
= Oberflächenverluste *nplt* = creeping current; superficial leakage current; creepage *n*
↑ Streustrom

Kriechstromfestigkeit *nf* EL.TEC **tracking current resistance**
= tracking resistance

Kriechweg *nm* EL.TEC **leakage path**

Kriegsfilm *nm* CINEMA **war film**

Kriegsmarine *nf* MILIT **navy** *n*
= Marine *nf* ↑ armed forces
↑ Wehrmacht

Kriegsministerium *nn* (obs) PUB.ADM → **Ministry of Defense** (AE)
→ Verteidigungsministerium *nn*

Krimi *nm* CINEMA → **crime film**
→ Kriminalfilm *nm*

Kriminalfilm *nm* CINEMA **crime film**
= Krimi *nm* = crime *n*; heist movie; detective film; detective *n*
≈ Gangsterfilm ≈ gangster film

Krise *nf* COLL **crisis** *n*

Kristall *nm* PHYS **crystal** *n*
= Kristallkörper *nm*

Kristallanisotropie *nf* PHYS **crystal anisotropy**
= crystalline anisotropy

Kristallautsprecher *nm* EL.ACOU → **piezoelectric loudspeaker**
→ piezoelektrischer Lautsprecher

Kristallbaufehler *nm* PHYS **crystal imperfection**
= Fehlordnung *nf* = lattice imperfection; lattice defect (2)
↓ Kristallversetzung; Gitterfehlstelle ↓ crystal dislocation; lattice vacancy

Kristallbereich *nm* PHYS **domain** *n*
= Domäne *nf* (1) [of a crystal]

Kristalldetektor *nm* COMPO **crystal detector**

Kristalldiode *nf* PHYS **crystal diode**

Kristallebene *nf* PHYS **crystal plane**

Kristallgitter *nn* PHYS **crystal lattice**
= Raumgitter *nn* = space lattice

Kristallgleichrichter *nm* MICR.EL → **rectifier diode**
→ Gleichrichterdiode *nf*

kristallin PHYS **cristalline** *adj*

kristalliner Halbleiter PHYS **crystalline semiconductor**

Kristallinität *nf* PHYS **crystallinity** *n*

kristallisieren PHYS **crystallize**

Kristallisieren *nn* PHYS **crystallization** *n*

Kristallkeim *nm* MICR.EL **seed crystal**
= Keimling *nm*; Sämling *nm*; Impfkristall *nm*

Kristallklasse *nf* PHYS **crystal class**
= Symmetrieklasse *nf*

Kristallkörper *nm* PHYS → **crystal** *n*
→ Kristall *nm*

Kristallmikrofon *nn* EL.ACOU **crystal microphone**
= Kristallmikrophon *nn*; piezoelektrisches Mikrofon; Piezomikrofon *nn*; Piezomikrophon *nn* = piezoelectric microphone

Kristallmikrophon *nn* EL.ACOU → **crystal microphone**
→ Kristallmikrofon *nn*

Kristallographie *nf* SCIE **crystallography** *n*

kristallographische Gitterkonstante PHYS **crystallographic lattice constant**

kristallographische Punktgruppe PHYS → **cristallization system**
→ Kristallsystem *nn*

Kristallorientierung *nf* PHYS **crystal orientation**

Kristallpotential *nn* PHYS **crystal potential**

Kristallscheibe *nf* MICR.EL **wafer crystal**
[mit aufdiffundierten Schaltungen, die nach Zerteilen Chips genannt werden] [with circuits diffused on it, which are called chips when cutted into pieces]
= Halbleiterscheibe *nf*; Siliziumscheibe *nf*; Scheibe *nf*; Ladungsträgerplatte *nf*; Trägerplatte *nf*; Halbleiter-Wafer *nm*; Wafer *nm* = silicon wafer; semiconductor wafer; wafer *n*; silicon slice; slice *n*
≈ Chip ≈ chip

Kristallschnitt *nm* PHYS **crystal cut** (1)

Kristallstruktur *nf* PHYS **crystal structure**

Kristallsystem *nn* PHYS **cristallization system**
= kristallographische Punktgruppe

Kristalltemperatur *nf* PHYS **crystal temperature**

Kristallversetzung *nf* PHYS **crystal dislocation**
↑ Kristallbaufehler ↑ crystal imperfection

Kristallwachstum *nn* MICR.EL **crystal growth**
≈ Kristallzüchtung ≈ crystal pulling

Kristallziehen *nn* MICR.EL → **crystal pulling**
→ Kristallzüchtung *nf*

kristallzüchten MICR.EL **pull** *vt*
= züchten [crystals]
= breed

Kristallzüchtung *nf* MICR.EL **crystal pulling**
= Kristallziehen *nn* = pulling *n*; crystal breeding; breeding *n*
≈ Kristallwachstum ≈ crystal growth

Kriterium *nn* (*pl* -rien) EL.TRO **bin** *n*

Kriterium *nn* (*pl* -rien) SCIE **criterion** *n* (*pl* -ria)

Kritik *nf* COLL **criticism** *n*
= critique *n*

Kritik *nf* MEDIA **critics** *nplt*
= Besprechung *nf*; Rezension *nf* = review *n*; recension *n*

Kritiker *nm* PRIN.ME **critic** *n*

kritisch TECH **critical**

kritische Entwicklungsüberprüfung SW **critical design review**
= CDR

Kritische-Fehler-Manager SW **critical errors handler**

kritische Geschwindigkeit PHYS → **critical velocity**
→ Grenzgeschwindigkeit *nf*

kritischer Fehler DAT.PR **critical error**
[unterbricht die Verarbeitung] [suspends processing]

kritischer Pfad SCIE **critical path**

Kritischer-Pfad-Methode *nf* SCIE **critical-path method**
= CPM

kritischer Punkt PHYS → **Curie point**
→ Curie-Punkt *nm*

Kritischer-Teil-zuerst-Methode *nf* SW **critical-piece-first approach**

kritischer Weg ECON **critical path**

kritische Stromdichte PHYS **critical current density**
[Supraleitung] [superconductivity]

kritzeln COLL **scratch** *vt*

Krokodilklemme *nf* → Abgreifklemme *nf* EL.TRO → **crocodil clip**

Kronenmutter *nf* MEC.EN **castle nut**

Kronglas *nn* PHYS **crown glass**

kröpfen MEC.EN **cranck** *vt*

Kruithof-Methode *nf* = Doppelfaktormethode *nf* SWITCH **Kruithof method**

krumm ≈ gekrümmt; krummlinig TECH **crooked** *adj* ≈ curved; curvilinear

krümmen ≈ biegen TECH **curve** *vt* ≈ bend

Krümmer *nm* → Knierohr *nn* TECH → **pipe bend**

Krümmer *nm* = Winkelstück *nn* MEC.EN **elbow** *n*

krummlinig = kurvenförmig ≈ krumm; nichtlinear MATH **curvilinear** *adj* ≈ crooked; nonlinear

Krümmung *nf* → Biegung *nf* MATH → **bend** *n*

Krümmungsfaktor k = k-Faktor *nm* RAD.PRO **K-factor** = effective-earth-radius factor; geoclimatic factor K

Krümmungsgleichung *nf* MATH **curvature equation**

Krümmungskreis *nm* MATH **circle of curvature** = osculating circle

Krümmungslinie *nf* MATH **line of curvature**

Krümmungsmittelpunkt *nm* MATH **center of curvature**

Krümmungsradius *nm* → Biegeradius *nm* MATH → **bend radius**

kryogener Speicher → Tieftemperaturspeicher *nm* COMPO → **cryogenic memory**

Kryokühler *nm* COMPO **cryocooler** *n*

Kryospeicher *nm* → Tieftemperaturspeicher *nm* COMPO → **cryogenic memory**

Kryostat *nm* COMPO **cryostat** *n*

Kryostat *nm* → Kälteregler *nm* TECH → **cryostat** *n*

Kryotron *nn* [bei Tiefsttemperatur arbeitendes Schaltelement] = Cryotron *nn* COMPO **cryotron** *n* [superconductive device]

Kryptoanalyse *nf* [Technik des Aufbrechens von Verschlüsselungen] ↑ Kryptologie INF.TEC **cryptoanalysis** *n* [technology of breaking codes] ↑ cryptology

Kryptoanalytiker *nm* = Entschlüsselungsexperte *nm* MIL.CO **cryptoanalyst** *n*

Kryptocontrollkarte *nf* → Mikroprozessor-Chipkarte *nf* TER&PER → **microprocessor chip card**

Kryptographie *nf* [Technik des Verschlüsselns] = Geheimschrift *nf* ↑ Kryptologie ↓ Sprachverschlüsselung INF.TEC **cryptography** *n* [technology of encoding] ↑ cryptology ↓ speech encryption

Kryptographiegerät *nn* → Verschlüsselungsgerät *nn* INF.TEC → **encryption equipment**

kryptographische Prüfsumme INF.TEC **cryptographic check sum**

kryptographischer Algorithmus CODING **cryptographic algorithm**

Kryptokanal *nm* → Schlüsselkanal *nm* MIL.CO → **cryptochannel**

Kryptokarte *nf* → Mikroprozessor-Chipkarte *nf* TER&PER → **microprocessor chip card**

Kryptokommunikation *nf* MIL.CO **cryptocommunication**

Kryptologie *nf* ↓ Kryptografie; Kryptoanalyse INF.TEC **cryptology** *n* ↓ cryptography; cryptology

Krypton *nn* = Kr CHEM **crypton** *n* = Kr

Kryptotechnik *nf* → Verschlüsselungstechnik *nf* INF.TEC → **encryption technology**

Kryptozentrale *nf* → Schlüsselzentrale *nf* MIL.CO → **cryptocenter** *n*

K-Schale *nf* → 1. Schale *nf* PHYS → **first shell**

KSDS ↑ VSAM DAT.MA **KSDS** = Key Sequenced Data Set ↑ VSAM

KS-Kondensator *nm* ↑ Polystyrolkondensator COMPO **KS capacitor** ↑ polystyrene capacitor

Kt → metrisches Karat PHYS → **metric carat**

KT → Telekommunikationstechnik *nf* INF.TEC → **communications technology**

KT-Kondensator *nm* COMPO **KT capacitor**

KTV → Kabelfernsehen *nn* BROADC → **cable TV**

Ku → Kurtschatowium *nn* CHEM → **Kurchatovium** *n*

Ku-Band [für Radardienste, zwischen 12 GHz und 18 GHz] RADIO **Ku band** [for radar services, between 12 GHz and 18 GHz]

Kubik- PHYS **cubic** *adj* = cu.; cub.

Kubikmeter *nm* [SI-Einheit für Volumen] = cbm (obs) PHYS **cubic meter** (AE) [SI unit for volume] = cubic metre (BE); cbm (obs)

Kubikwurzel = dritte Wurzel MATH **cube root** = third root

Kubikzahl *nf* = Hoch-Drei-Zahl *nf* MATH **cube** *n* (1) = power of three

Kubikzentimeter *nm* PHYS **cubic centimeter** (AE) = cubic centimetre (BE); cc; c.c.

kubisch MATH **cubic** *adj*

kubisch → regulär PHYS → **regular**

kubische Kennlinie EL.TRO **cubic characteristic**

kubisches Gitter PHYS **cubic lattice**

Kubus *nm* → Würfel *nm* MATH → **cube** *n* (2)

Kuchendiagramm *nn* → Kreisdiagramm *nn* TEC.DOC → **pie chart**

Kuchengrafik *nf* → Kreisdiagramm *nn* TEC.DOC → **pie chart**

Kuchengraphik *nf* → Kreisdiagramm *nn* TEC.DOC → **pie chart**

Küferniet *nm* = Böttcherniet *nm* MEC.EN **coopers rivet**

KüFu-Stelle *nf* → Küstenfunkstelle *nf* RAD.NA → **coastal radio station**

Kugel *nf* TECH **ball** *n* = sphere *n*; globe *n*

Kugel *nf* [von einer Kugeloberfläche begrenzter Raum] MATH **sphere** *n* [volume delimited by a sheric surface] = globe *n*; ball *n*

Kugelabschnitt *nm* → Kugelsegment *nn* MATH → **spherical segment**

kugelähnlich → sphäroid *adj* MATH → **spheroidal** *adj*

Kugelankerkontakt *nm* ↑ Schutzrohrkontakt COMPO **spherical armature contact**

Kugelantenne *nf* → Kugelstrahler *nm* ANT → **isotropic radiator**

Kugelausschnitt *nm* → Kugelsektor *nm* MATH → **spherical sector**

Kugelcharakteristik *nf* EL.ACOU **omnidirectional characteristic**

Kugelcharakteristik *nf* ANT **isotropic pattern**

Kügelchen *nn* = Perlenkugel *nf*; Schrotkorn *nn* TECH **bead** *n* [tiny ball] = pearl *n*; pellet *n*

kugelförmig → sphärisch MATH → **spherical** *adj*

Kugelfunktion *nf* = legendresches Polynom; Legendre'sches Polynom MATH **spherical function**

Kugelgelenk *nn* MEC.EN **ball-and-socket joint**

Kugelgeometrie *nf* MATH **spherical geometry**

Kugelgruppenantenne *nf* = sphärische Gruppenantenne; sphärische Gruppe ANT **spherical array**

kugelig → sphärisch MATH → **spherical** *adj*

Kugelkalotte *nf* = Kugelkappe *nf*; Kappe *nf*; Kalotte *nf* MATH **spherical cup** = sphere cap

Kugelkappe *nf* → Kugelkalotte *nf* MATH → **spherical cup**

Kugelkappenlautsprecher *nm* → Kalottenlautsprecher *nm* EL.ACOU → **sphere cap loudspeaker**

Kugelkappenmembrane *nf* → Kalottenmembran *nf* EL.ACOU → **sphere cap diaphragm**

Kugelkondensator *nm* PHYS **spherical capacitor**

Kugelkoordinate *nf* → Polarkoordinate *nf* MATH → **polar coordinate**

Kugelkopf *nm* TER&PER **print ball** *n*
= Kugelschreibkopf *nm*
↑ Typenträger; Druckkopf
= type ball; spherical print head; spherical type head; golf ball
↑ type carrier; print head

Kugelkopfdrucker *nm* TER&PER **print-ball printer**
↑ Anschlagdrucker
= type-ball printer; golf-ball printer; ball printer
↑ impact printer

Kugellager *nn* MEC.EN **ball bearing**

Kugellinse *nf* OPT → **spherical lens**
→ sphärische Linse

Kugelmikrofon *nn* EL.ACOU **omnidirectional microphone**
= Kugelmikrophon *nn*; Allrichtungsmikrofon *nn*; Allrichtungsmikrophon *nn*
= non-directional microphone

Kugelmikrophon *nn* EL.ACOU → **omnidirectional microphone**
→ Kugelmikrofon *nn*

Kugeloberfläche *nf* MATH **spherical surface**

Kugelpassfeder *nf* MEC.EN **ball key**

kugelpolieren MEC.EN **ball burnish**

Kugelresonator *nm* MICROW **spherical cavity resonator**

Kugelschalen-Reflektor *nm* ANT **spherical reflector**

Kugelschicht *nf* MATH **spherical slice**
[mit zwei parallelen Schnittflächen]
[with two parallel surfaces]

Kugelschreiber *nm* OFFICE **biro** *n*
= Kugelstift *nm*
= ball-point pen; ball-point; ball

Kugelschreibkopf *nm* TER&PER → **print ball** *n*
→ Kugelkopf *nm*

Kugelsegment *nn* MATH **spherical segment**
[durch Kugelkappe und ebene Fläche begrenzt]
= Kugelabschnitt *nm*
[delimited by a sphere cap and a plain]

Kugelsektor *nm* MATH **spherical sector**
= Kugelausschnitt *nm*

kugelsicher TECH **bullet-proof**
= schusssicher

Kugelstift *nm* OFFICE → **biro** *n*
→ Kugelschreiber *nm*

Kugelstrahler *nm* ANT **isotropic radiator**
[in allen Richtungen gleiche Strahlungscharakteristik]
= Isotopstrahler *nm*; isotroper Strahler; Isotropantenne *nf*; isotrope Antenne; Kugelantenne *nf*
≈ Rundstrahlantenne
[equal radiation characteristic in all directions]
= isotropic antenna; spherical antenna; isotrop
≈ omnidirectional antenna

kugelsymmetrisch MATH **spherical symmetric**

Kugelventil *nn* MECH **globe valve**

Kugelwelle *nf* PHYS **spherical wave**
= sphärische Welle
= spheric wave

Kugelwellentrichter *nm* EL.ACOU **spherical waves horn**

Kühlblech *nn* TECH **cooling sheet**
≈ Kühlplatte
≈ cooling plate

kühlen TECH **cool** *vt*
= abkühlen *vt*
= refrigerate

kühlend TECH **refrigerant** *adj*
= cooling

Kühler *nm* TECH **refrigerator** *n*
= Kühlvorrichtung *nf*
≈ Wärmeaustauscher
= cooler *n*; cooling device
≈ heat exchanger

Kühler *nm* COMPO → **heat sink**
→ Wärmesenke *nf*

Kühlfahne *nf* COMPO **cooling vane**
= ventilating vane; cooling fin

Kühlfläche *nf* PHYS **cooling surface**

Kühlflansch *nm* TECH **cooling flange**

Kühlflüssigkeit *nf* TECH **cooling liquid**
↑ Kühlmittel
= coolant liquid; coolant *n*
↑ refrigerant

Kühlgebläse *nn* TECH → **fan** *n*
→ Ventilator *nm*

Kühlkörper *nm* COMPO → **heat sink**
→ Wärmesenke *nf*

Kühlkreislauf *nm* TECH **cooling circuit**

Kühlluft *nf* TECH **cooling air**
↑ Kühlmittel
= coolant air
↑ refrigerant

Kühlluftgebläse *nn* TECH → **fan** *n*
→ Ventilator *nm*

Kühlmantel *nm* TECH **cooling jacket**

Kühlmittel *nn* TECH **refrigerant** *n*
↓ Kühlflüssigkeit; Kühlwasser; Kühlluft
= coolant *n*; cooling medium; cooling agent
↓ cooling liquid; cooling water; cooling air

Kühlplatte *nf* TECH **cooling plate**
≈ Kühlblech
≈ cooling sheet

Kühlpumpe *nf* TECH **coolant pump**

Kühlrippe *nf* EQP.EN **cooling fin**
= cooling rib; gill *n*

Kühlschelle *nf* MICR.EL **cooling clamp**

Kühlschlange *nf* TECH **cooling coil**

Kühlsystem *nn* TECH **cooling system**

Kühlturm *nm* TECH **cooling tower**
= cooling column

Kühlung *nf* TECH **cooling** *n*
= Abkühlung *nf*
= refrigeration *n*

Kühlvorrichtung *nf* TECH → **refrigerator** *n*
→ Kühler *nm*

Kühlwasser *nn* TECH **cooling water**
↑ Kühlmittel
↑ refrigerant

Kuleschow-Effekt *nm* CINEMA **Culeschov effect**

Kult *nm* (1) COLL **cult** *n* (1)
[feste Form religiöser Verehrung]
[a fixed form of religious veneration]

Kult *nm* (2) COLL **cult** *n* (2)
[fig; übertriebene Verehrung]
[exaggerated veneration]

Kultfilm *nm* CINEMA **cult film**

Kulturprogramm *nn* MEDIA → **cultural broadcast**
→ Kultursendung *nf*

Kultursendung *nf* MEDIA **cultural broadcast**
= Kulturprogramm *nn*
= cultural program

Kumulante *nf* STATIS **cumulant** *n*

kumulativ MATH **cumulative** *adj*
[vom latein. "cumulare" = "häufen"]
= anhäufend
[from Latin "cumulare" = "to heap"]

kumuliert ECON **accumulated**

Kunde (*nm*; *nf*: Kundin) ECON **client** *n*
= customer *n*

Kunde *nm* DAT.NW → **client** *n*
→ Client *nm*

Kundenanforderung *nf* ECON **customer requirement**

Kundenanfrage *nf* ECON **customer demand**
= Kundennachfrage *nf*

kundenanpassen TECH → **customize** *vt*
→ kundenspezifisch anpassen

Kundenanpassung *nf* TECH → **customization** *n*
→ kundenspezifische Anpassung

Kundenanpassungsentwicklung *nf* TECH → **customization** *n*
→ kundenspezifische Anpassung

Kundenaudit QUAL **customer audit**

Kundenbearbeiter *nm* ECON **customer account**
= Kundenbetreuer *nm*

Kunden-Bediener-Architektur *nf* DAT.NW → **client-server architecture**
→ Client-Server-Architektur *nf*

Kundenbereich *nm* TELEC → **suscriber premises**
→ Teilnehmerbereich *nm*

Kundenbetreuer *nm* ECON → **customer account**
→ Kundenbearbeiter *nm*

Kundenbetreuung *nf* ECON → **customer support**
→ Kundendienst *nm*

kundenbewusst ECON **customer-conscious**

Kundendatenbank *nf* ECON **customer database**

Kundendependance *nf* TELEC → **suscriber premises**
→ Teilnehmerbereich *nm*

Kundendienst *nm* ECON **customer support**
[nicht im Auftrag enthalten, nach Verkauf bzw. Übergabe erbracht]
= Service *nm*; Kundenbetreuung *nf*; Nachkaufbetreuung *nf*; Betreuung *nf*; Support *nm* (ANGL)
↓ Wartungsdienst
= customer service; customer care; service; after-sales service; support service; suppor *n*; service *n*; assistance *n*
≠ after-sales service
↓ maintenance service

Kundendienstingenieur *nm* ECON **customer service engineer**
≈ Kundendiensttechniker; Wartungsingenieur
= field engineer
≈ customer service technician

Kundendiensttechniker *nm* ECON **customs service technician**
= Servicetechniker *nm*; Außendiensttechniker *nm*
≈ Kundendienstingenieur; Wartungstechniker
= field technician
≈ field service engineer

Kundendokumentation *nf* TEC.DOC **customer documentation**

Kundenempfangsraum *nm* ECON **customer lounge**

Kundengelände *nn* TELEC → **suscriber premises**
→ Teilnehmerbereich *nm*

kundengerichtet ECON **customer-facing** *adj*

Kundengrundstück *nn* TELEC → **suscriber premises**
→ Teilnehmerbereich *nm*

kundenindividuell TECH → **custom-designed** *adj*
→ kundenspezifisch
Kundenkonto *nn* ECON **customer account**
Kundenlokalität *nf* (CH) TELEC → **suscriber premises**
→ Teilnehmerbereich *nm*
Kundennachfrage *nf* ECON → **customer demand**
→ Kundenanfrage *nf*
kundennah ECON **within customer reach**
Kundennähe *nf* ECON **customer reach**
Kundennetz *nn* TELEC → **private network** *n*
→ Privatnetz *nn*
Kundenräumlichkeiten *nplt* TELEC → **suscriber premises**
→ Teilnehmerbereich *nm*
Kundenschulung *nf* ECON **customer training**
kundenspezifisch TECH **custom-designed** *adj*
= kundenindividuell
≈ anwenderspezifisch; anwendungsspezifisch; anwenderdefiniert; maßgeschneidert
= custom-tailored; custom-made; custom-build; customized; custom (1); dedicated (2); tailored
≈ user-specific; application-specific; user-defined; tailor-made
kundenspezifisch anpassen TECH **customize** *vt*
= kundenanpassen
≈ personalisieren
≈ personalize
kundenspezifische Anpassung TECH **customization** *n*
= Kundenanpassung *nf*, Kundenanpassungsentwicklung *nf*, anwenderspezifische Anpassung *nf*, Anwenderanpassung *nf*
= customizing *n*; custom-specific adaptation
kundenspezifische integrierte Schaltung MICR.EL **custom IC**
= kundenspezifische Schaltung; kundenspezifischer IC; Kundenwunschschaltung *nf*
≈ anwendungsspezifische integrierte Schaltung
↓ Vollkundenschaltung
= custom circuit
≈ application-specific IC
↓ full custom IC
kundenspezifischer Entwurf MICR.EL **custom design**
= Custom-Design *nn* (ANGL)
kundenspezifischer IC MICR.EL → **custom IC**
→ kundenspezifische integrierte Schaltung
kundenspezifische Schaltung MICR.EL → **custom IC**
→ kundenspezifische integrierte Schaltung
kundenspezifische Software SW **custom software**
= maßgeschneiderte Software; Individualsoftware *nf*
≠ Massensoftware
= individual software
≠ canned software
Kundenstamm *nm* ECON → **clientele** *n*
→ Kundschaft *nf*
Kundenstamm *nn* ECON **client base**
Kundenstandort *nm* TELEC → **suscriber premises**
→ Teilnehmerbereich *nm*
Kundenwunschschaltung *nf* MICR.EL → **custom IC**
→ kundenspezifische integrierte Schaltung
Kundenzufriedenheit *nf* ECON **customer satisfaction**
kündigen (1) ECON **denounce**
[einen Vertrag] [a contract]
kündigen (2) ECON **give notice**
[einer Person] [to a person]
Kündigung *nf* (1) ECON → **contract denuntiation**
→ Vertragskündigung *nf*
Kündigung *nf* (2) ECON **notice** *n*
[einer Person] [to person]
Kundschaft *nf* ECON **clientele** *n*
= Klientel *nf*, Kundenstamm *nm*
Kunst *nf* (*pl* Künste) COLL **arts** *nplt*
↓ bildende Kunst; darstellende Kunst; Musik
↓ fine arts; performing arts; music
Kunstantenne *nf* ANT → **dummy antenna**
→ künstliche Antenne
Kunstdruckpapier *nn* PRIN.ME **art paper**
= gestrichenes Papier
= coated paper
Kunstfaser *nf* CHEM **synthetic fiber**
= synthetic *n*
kunstfertig TECH **skillful** (AE)
= skilful (BE)
Kunstfertigkeit *nf* TECH **skill** *n*
≈ Tüchtigkeit
= workmanship *n* (2)
≈ proficiency
Kunstfilm *nm* CINEMA **art film**
= Autorenfilm *nm*
Kunstgewerbe ECON **arts and crafts**
Kunstgriff *nm* TECH **artifice** *n*
= Trick *nm*
= trick *n*
Kunstharz *nm* CHEM **synthetic resin**
Kunstharzlack *nm* TECH **synthetic resin varnish**
Kunstleder *nn* TECH **leather imitation**
= Ledersatz *nm*
= leatherette *n*
Kunstleitung *nf* TELEC **artificial line**
Künstleragentur *nf* MEDIA **agency** *n*
= Künstlervermittlung *nf*
Künstlerhonorar *nn* MEDIA **salary** *n*
= Gage *nf*
künstlerische Aufbereitung COMP.GR → **rendering** *n*
→ Bildaufbereitung *nf* (2)
künstlerischer Beitrag MEDIA **artistic contribution**
künstlerischer Leiter MEDIA **art director** (1)
Künstlername *nm* ECON **stage name**
Künstlervermittlung *nf* MEDIA → **agency** *n*
→ Künstleragentur *nf*
Künstlerwerkstatt *nf* COLL → **atelier** *n*
→ Atelier *nn*
künstlich TECH **artificial**
≈ synthetisch
≈ synthetic
künstlich belüften TECH → **force-ventilate**
→ zwangsbelüften
künstliche Antenne ANT **dummy antenna**
= Kunstantenne *nf*, Antennennachbildung *nf*, Ersatzantenne *nf*, Blindantenne *nf*
≈ Abschlusswiderstand
= dummy aerial; artificial antenna; artificial aerial; mute antenna; mute aerial; phantom antenna; phantom aerial
≈ dummy load
künstliche Belüftung TECH → **forced ventilation**
→ Zwangsbelüftung *nf*
künstliche Intelligenz COMP.AP **artificial intelligence**
[Emulation von Aspekten der menschlichen Intelligenz, wie Spracherkennung, Lernen aus Erfahrung]
= KI; Intellektik *nf*, künstlicher Verstand; KV; artifizielle Intelligenz
[emulation of aspects of human intelligence, as speech recognition, learning from experience]
= AI; general intelligence; GI
künstlicher Horizont AERON **artificial horizon**
künstlicher Mund TELEPH **artificial mouth**
künstlicher Verkehr SWITCH **artificial traffic**
künstlicher Verstand COMP.AP → **artificial intelligence**
→ künstliche Intelligenz
künstliches Dielektrikum ANT **artificial dielectric**
künstliches Geräusch TELEPH **comfort noise**
= Geräuscheinblendung *nf*
[injected during silence]
künstliches Ohr TELEPH **artificial ear**
künstliche Sprache INF.TEC **artificial language**
= künstliche Stimme
= artificial voice
künstliches Schwarz TELEGR **artificial black signal**
= nominal black signal
künstliches Sehen IMAG.PR → **image recognition**
→ Bilderkennung *nf*
künstliche Stimme INF.TEC → **artificial language**
→ künstliche Sprache
künstliches Weiß TELEGR **artificial white signal**
= nominal white signal
Kunstmond *nm* SAT.CO **artificial moon**
Kunststoff *nm* CHEM **synthetic material**
= Plastik *nf*, plast (ex DDR)
= synthetic *n*; plastic material; plastic *n*
kunststoffbeschichtet TECH **plastic-coated**
Kunststoffbox *nf* TECH → **plastic box**
→ Kunststoffschachtel *nf*
Kunststoffchemie *nf* CHEM **plastics chemistry**
Kunststoffgehäuse *nn* COMPO **plastic housing**
= Plastikgehäuse *nn*
= plastic package
kunststoffgekapselt COMPO **plastic-encapsulated**
kunststoffisoliert COM.CAB **plastic-insulated**
kunststoffisoliertes Kabel COM.CAB **plastic-insulant cable**
= Kunststoffkabel *nn* (2)
= plastic cable (2)
Kunststoffisolierung *nf* COM.CAB **plastic insulation**
Kunststoffkabel *nn* (1) COM.CAB → **plastic-sheathed cable**
→ Kunststoffmantel-Kabel *nn*
Kunststoffkabel *nn* (2) COM.CAB → **plastic-insulant cable**
→ kunststoffisoliertes Kabel
kunststoffkaschiert TECH **plastic-cladded**
Kunststoffkondensator *nm* COMPO → **plastic-film capacitor**
→ Kunststoffolien-Kondensator *nm*
Kunststoffmantel *nm* COM.CAB **plastic sheath**
Kunststoffmantel-Kabel *nn* COM.CAB **plastic-sheathed cable**
= Kunststoffkabel *nn* (1)
= plastic cable (1)
Kunststoffmuffe *nf* OUT.PL **plastic sleeve**
= Plastikmuffe *nf*

Kunststofffolien-Kondensator *nm* COMPO **plastic-film capacitor**
= Kunststoffkondensator *nm*; Metallfolienkondensator *nm*; Metall-Kunststoff-Kondensator *nm*; KC-Kondensator *nm*; Belagfolienkondensator
= plastic-foil capacitor

Kunststoffschachtel *nf* TECH **plastic box**
= Kunststoffbox *nf*

Kunststofftechnik *nf* TECH **plastic technology**

Kunststoffteil TECH **plastic part**

Kunststoffverarbeitung *nf* TECH **plastic processing**

Kunstwort *nn* LING **artificial term**
↓ Akronym; Schachtelwort
↓ acronym; portmanteau word

Kupfer *nn* CHEM **copper** *n*
= Cu
= Cu

Kupferader *nf* COM.CAB **copper wire**
= Kupferdraht *nm*

Kupferadernpaar *nn* COM.CAB → **copper pair**
→ Kupferaderpaar *nn*

Kupferaderpaar *nn* COM.CAB **copper pair**
= Kupferadernpaar *nn*; Kupferdoppelader *nf*
= copper wire pair

Kupferband *nn* METAL **copper strip**
= strip copper; copper tape

Kupferblech *nn* METAL **sheet copper**

Kupfer-Chip *nm* MICR.EL **copper chip**

Kupferdoppelader *nf* COM.CAB → **copper pair**
→ Kupferaderpaar *nn*

Kupferdoppelader *nf* TELEC → **subscriber line**
→ Teilnehmerleitung *nf*

Kupferdraht *nm* COM.CAB → **copper wire**
→ Kupferader *nf*

Kupferdraht *nm* METAL **copper wire**

Kupfer-FDDI DAT.NW → **TP-FDDI**
→ Kupferpaar-FDDI

Kupfer für Leitzwecke METAL **high-conductivity copper**

kupferkaschieren METAL **copper-clad** *vt*
= kupferplattieren

Kupferlackdraht *nm* COM.CAB **enameled copper wire**
= insulated copper wire

Kupferlegierung *nf* METAL **copper-base alloy**

Kupferleiter *nm* PHYS **copper conductor**

Kupfermanteldraht *nm* COM.CAB → **copper-clad wire**
→ Stahlkupferdraht *nm*

Kupferoxydul-Gleichrichter *nm* COMPO **copper oxide rectifier**

Kupferpaar-FDDI DAT.NW **TP-FDDI**
[ein Hochgeschwindigkeits-LAN mit 100 Mbit/s]
= Kupfer-FDDI
[a high-speed LAN with 100 Mbit/s]

kupferplattieren METAL → **copper-clad** *vt*
→ kupferkaschieren

Kupferplattierung *nf* METAL **copper cladding**

Kupferschirm *nm* EL.TEC **copper screen**

Kupferstich PRIN.ME **copperplate engraving** *n*
= copperplate *n*

Kupferverlust *nm* EL.TEC → **ohmic loss**
→ ohmscher Verlust

Kuppe *nf* MEC.EN **point** *n*
[einer Schraube]
≠ Schraubenkopf
[of a screw or bolt]
≠ screw head

Kuppe *nf* GEOSC → **peak** *n*
→ Spitze *nf*

Kuppler *nm* COMPO → **jack** *n*
→ Buchse *nf*

Kupplung *nf* MEC.EN **clutch** *n*
= coupling *n*

Kupplung *nf* (1) COMPO **in-series adapter**
[Übergang für Anschlüsse derselben Steckerfamilie]
= Übergangsverbinder *nm* (2)
↑ Übergangsstecker
↓ Doppelstecker; Doppelkupplung
= within-series adapter; intra-series adapter; gender changer
↑ adapter (2)
↓ male-male adapter; female-female adapter

Kupplung *nf* (2) COMPO → **jack** *n*
→ Buchse *nf*

Kupplungssteckverbinder *nm* COMPO **connector coupling**

Kupplungsstück *nn* COMPO → **female-to-female adapter**
→ Doppelkupplung *nf*

Kurbel *nf* MEC.EN **crank** *n*

Kurbelantenne *nf* ANT → **telescopic mast antenna**
→ Teleskopmast-Antenne *nf*

Kurbelinduktor *nm* TELEPH **magneto generator**
= Induktormaschine *nf*
= magneto-inductor; magneto *n*; inductor generator

Kurbelmast *nm* ANT → **telescopic mast**
→ Teleskopmast *nm*

Kurbelwelle *nf* MEC.EN **cranck shaft**

Kurbelwiderstand *nm* INSTR **crank resistance**
= lever type decade resistance; rotary rheostat

Kurierdienst *nm* ECON **courier service**

Kurrentschrift *nf* LING → **script** *n* (1)
→ Schreibschrift *nf*

Kurs *nm* EDUC **course** *n*
[Schulung]
= Lehrgang *nm*
≈ Seminar
↓ Grundkurs; Aufbaukurs
[training]
≈ seminar
↓ basic course; advanced course

Kurs *nm* TECH **course** *n* (1)
[räumlich]
≈ Bahn [PHYS]
[spatial]
= route *n*
≈ trayectory [PHYS]

Kursanzeigegerät *nn* SIG.EN **exchange rate display**

Kursfunkbake *nf* RAD.NA **radio range beacon**
= Kursfunkfeuer *nn*
= RNG

Kursfunkfeuer *nn* RAD.NA → **radio range beacon**
→ Kursfunkbake *nf*

Kursgeber *nm* RAD.NA **autopilot** *n*

kursiv PRIN.ME **italic** *adj*
[handschriftartig etwas nach rechts geneigt]
≠ geradstehend; linksgeneigt
↑ Schriftattribut; Schriftneigung; rechtsgeneigt
[slightly inclined to the right similar to handwriting]
= cursive
≠ roman; backslanted
↑ font attribute; typeface inclination; rightslanted

Kursivbuchstabe *nm* PRIN.ME **italic letter**
= Schrägbuchstabe *nm*
= slant letter

Kursive *nn* PRIN.ME → **italic face**
→ Kursivschrift *nf*

kursiv legen PRIN.ME **italicize**

Kursivschrift *nf* PRIN.ME **italic face**
= Kursive *nn*; Italique *nn*
= italic mode; italic *n*; ital.; cursive face

Kursivzeichen *nn* PRIN.ME **italic character**
= Schrägzeichen *nn*
= slant character

Kursklausel *nf* ECON → **currency clause**
→ Währungsklausel *nf*

Kursprogramm *nn* EDUC **course syllabus**

Kursradar *nm&nn* (*pl* -e) RADIO **true motion radar**

Kursrechner *nm* RAD.NA **course line computer**
= course computer; course calculator

Kursrisiko *nn* ECON → **currency risk**
→ Währungskursrisiko *nn*

Kursrisiko *nn* ECON → **foreign exchange risk**
→ Wechselkursrisiko *nn*

Kursschreiber *nm* RAD.NA **odograph** *n*

Kurssicherung *nf* ECON → **exchange rate hedging**
→ Währungssicherung *nf*

Kursunterlage *nf* ECON → **course material**
→ Schulungsunterlage *nf*

Kursziel *nn* EDUC **course aim**

Kurtschatowium *nn* CHEM **Kurchatovium** *n*
= Ku
= Ku

Kurve *nf* INSTR **trace** *n*
[einer Messanzeige]
[of measurement display]
= curve *n*

Kurve *nf* MATH **curve** *n*
= gekrümmte Linie
= curved line

Kurvenabfall *nm* MATH **decline** *n*
= Abfall *nm*

Kurvenbild *nn* TEC.DOC → **diagram** *n*
→ Diagramm *nn*

Kurvenblatt *nn* SCIE **graph** *n*
= chart *n*

Kurvendeckungsanalyse *nf* MATH → **curve fitting**
→ Kurvenermittlung *nf*

Kurvenermittlung *nf* MATH **curve fitting**
[numerische Mathematik]
= Kurvendeckungsanalyse *nf*
[numeric mathematics]
= curve fit; best-fit analysis; fitting

kurvenförmig MATH → **curvilinear** *adj*
→ krummlinig

Kurvengenerator *nm* TER&PER **curve generator**

Kurvenglättung *nf* COMP.GR **dejagging** *n*
↑ anti-aliasing

Kurvenintegral *nn* MATH **line integral**

[Integration über ein Stück einer ebenen oder räumlichen Kurve] — [integration over a segment of a planar or spacial curve]
= Linienintegral *nn* — ≈ undefined integral
≈ bestimmtes Integral — ↓ circulation
↓ Umlaufintegral

Kurvenknick *nm* — MATH — **jog** *n*
Kurvenleser *nm* — TER&PER — **curve follower**
Kurvenlineal *nf* — ENG.DRA — **French curve**
= Kurvenschablone *nf* — = irregular curve; curve templet
≈ Zeichenschablone — ≈ drawing templet
Kurvenlinienfeld *nn* — MATH — → **family of curves**
→ Kurvenschar *nf*
Kurvenoperation *nf* — INSTR — **trace operation**
Kurvenschablone *nf* — ENG.DRA — → **French curve**
→ Kurvenlineal *nf*
Kurvenschar *nf* — MATH — **family of curves**
= Kurvenlinienfeld *nn* — = family of characteristics
Kurvenscheibe *nf* — MEC.EN — **cam disk** (1)
Kurvenschreiber *nm* — INSTR — **curve recorder**
= curve plotter; track recorder; track plotter
Kurvenschreiber *nm* — TER&PER — → **plotter** *n*
→ Plotter *nm*
Kurvenverlauf *nm* — MATH — **curse of curve**
= characteristic of curve
kurz *adj* — COLL — **short** *adj*
≠ lang — ≠ long
Kurzadresse *nf* — INF.TEC — **short address**
= abbreviated address
Kurzadressierung *nf* — SW — → **abbreviated addressing**
→ verkürzte Adressierung
Kurzanleitung *nf* — TEC.DOC — **primer** *n*
= Kurzbedienungsanleitung *nf*
Kurzarbeit *nf* — ECON — **short-time working**
Kurzbedienungsanleitung *nf* — TEC.DOC — → **primer** *n*
→ Kurzanleitung *nf*
Kurzbefehl *nm* — SW — **short instruction**
Kurzbericht *nm* — OFFICE — **briefing** *n*
= Kurzmitteilung *nf*; Kurzeinweisung *nf*
Kurzbeschreibung *nf* — LING — → **compendium** *n* (*pl* -diums&-dia)
→ Abriss *nm*
Kurzbeschreibung *nf* — TEC.DOC — → **data sheet**
→ Datenblatt *nn*
Kurzbezeichnung *nf* — LING — → **abbreviation** *n*
→ Abkürzung *nf*
Kurzdipol *nm* — ANT — → **short dipole**
→ verkürzter Dipol
Kurzdistanzmodem *nm&nn* — DAT.CO — → **baseband modem**
→ Basisbandmodem *nm*
Kürze *nf* — COLL — **shortness** *n*
≠ Länge — ≠ longness
kurze Antenne — ANT — **short antenna**
kurze Backfire-Antenne — ANT — **short backfire antenna**
= Short-backfire-Antenne *nf*
Kurzeinweisung *nf* — OFFICE — → **briefing** *n*
→ Kurzbericht *nm*
kürzen — LING — **abridge**
≈ abkürzen; zusammenfassen — = abbreviate; condense
≈ summarize
kürzen — ECON — **cut** *vt*
= reduzieren; beschneiden — = reduce; abridge
kürzen — TECH — → **lower** *vt*
→ senken
kürzen *vt* — TECH — → **decrease** *vi&vt*
→ vermindern *vt*
kurzen Prozess machen — COLL — **make short work of** (US slang)
[fig] — = go to town (US slang)
= wenig Geschichten machen
Kurzerläuterung *nf* — LING — **gloss** *n*
Kürzeste-Wege-Algorithmus *nm* — MATH — **shortest path tree algorithm**
Kürzezeichen *nn* — LING — **breve** *n*
[kleines konkaves Zeichen auf einem Buchstaben] — [small concave sign on top of a character, to mark shortness]
↑ diakritisches Zeichen — ↑ diacritical mark
kurzfassen *vt* — LING — **abstract** *vt*
Kurzfassung *nf* — LING — → **compendium** *n* (*pl* -diums&-dia)
→ Abriss *nm*
Kurzfilm *nm* — CIMEMA — **short film**
= clip *n* (1); two-reeler
Kurzfilm-Wettbewerb — CIMEMA — **short film competition**
Kurzfristangebot *nn* — ECON — **last-minute offer**
= Torschlussangebot *nn*; Last-Minute-Angebot *nn* (ANGL)
kurzfristig — COLL — **short-term** *adj*
= short-dated; near-term; last-minute
kurzfristig — ECON — **current** *adj*
kurzfristiger Konfliktalarm — RAD.NA — **short-term conflict alerts**
= STCA
kurzfristiger Plan — ECON — **short-term plan**
kurzgefasst — LING — **brief** (on) *adj*
= kurzgehalten; knapp gefasst; wortkarg — = concise; succint; briefly worded
kurzgehalten — LING — → **brief** (on) *adj*
→ kurzgefasst
Kurzgeschichte *nf* — MEDIA — **short story**
[kurze Novelle] — [a short novelette]
≈ Novelle — ≈ novelette
Kurzhubtastatur *nf* — TER&PER — **short-stroke keypad**
Kurzhubtaste *nf* — TER&PER — **short-stroke key**
Kurzimpuls *nm* — TELEGR — **short duration pulse**
Kurzkarte *nf* — EL.TRO — **short card**
= Kurzleiterplatte *nf* — = short PCB
↓ halblange Leiterplatte — ↓ half-card
Kurzkatalog *nm* — ECON — **short-form catalog** (AE)
= short-form catalogue (BE)
Kurzlebenslauf *nm* — ECON — **personal data sheet**
kurzlebig — COLL — **shortlived**
= nondurable
Kurzleiterplatte *nf* — EL.TRO — → **short card**
→ Kurzkarte *nf*
Kurzlochkarte *nf* — TER&PER — **stub card**
Kurzmeldung *nf* — TELECON — **short message**
= Kurztelegramm *nn*
Kurzmitteilung *nf* — OFFICE — → **briefing** *n*
→ Kurzbericht *nm*
Kurznotiz *nf* — OFFICE — **short memorandum**
Kurzprüfung *nf* — MANUF — **short test**
kurzreichweitig — TECH — **short-range** *adj*
= short-haul
Kurzrufnummer *nf* — SWITCH — **abbreviated number**
≈ verkürzte Kennzahl — = abbreviated code (1); short code
≈ abbreviated code (2)
Kurzrufnummern-Geber *nm* — SWITCH — **abbreviated-number generator**
Kurzrufnummernwahl *nf* — SWITCH — → **abbreviated dialing** (AE)
→ Kurzwahl *nf*
kurzschließen — EL.TEC — **short-circuit** *vt*
= short *vt*
Kurzschluss *nm* — EL.TEC — **short-circuit** *n*
= short *n*
Kurzschluss-Ausgangsadmittanz *nf* — NETW.TH — **short-circuit output admittance**
= Kurzschluss-Ausgangsleitwert *nm* — = output admittance, input shorted
Kurzschluss-Ausgangsimpedanz *nf* — NETW.TH — **short-cicuit output impedance**
= Kurzschluss-Ausgangswiderstand *nm*
Kurzschluss-Ausgangsleitwert *nm* — NETW.TH — → **short-circuit output admittance**
→ Kurzschluss-Ausgangsadmittanz *nf*
Kurzschluss-Ausgangswiderstand *nm* — NETW.TH — → **short-cicuit output impedance**
→ Kurzschluss-Ausgangsimpedanz *nf*
kurzschlussbelastbar — EL.TEC — → **short-circuit proof**
→ kurzschlussfest
Kurzschlussbelastbarkeit *nf* — EL.TEC — → **short-circuit proofness**
→ Kurzschlussfestigkeit *nf*
Kurzschlussdämpfung *nf* — NETW.TH — **short-circuit loss**
Kurzschlussdauer *nf* — EL.TEC — **short-circuit time**
Kurzschluss-Eingangsadmittanz *nf* — NETW.TH — **short-circuit input admittance**
= Kurzschluss-Eingangsleitwert *nm* — = input admittance, output shorted
Kurzschluss-Eingangsimpedanz *nf* — NETW.TH — **short-circuit input impedance**
= Kurzschluss-Eingangswiderstand *nm*
Kurzschluss-Eingangsleitwert *nm* — NETW.TH — → **short-circuit input admittance**
→ Kurzschluss-Eingangsadmittanz *nf*
Kurzschluss-Eingangswiderstand *nm* — NETW.TH — → **short-circuit input impedance**
→ Kurzschluss-Eingangsimpedanz *nf*
kurzschlussfest — EL.TEC — **short-circuit proof**
= kurzschlusssicher; kurzschlussbelastbar — = short-circuit protected; short-circuit resistant
Kurzschlussfestigkeit *nf* — EL.TEC — **short-circuit proofness**
= Kurzschlussbelastbarkeit *nf*; Kurzschlusssicherheit *nf* — = short-circuit strength; short-circuit rating; short-circuit protection
Kurzschlussimpedanz *nf* — NETW.TH — **short-circuit impedance**
= Kurzschlusswiderstand *nm*
Kurzschlussläufer *nm* — POW.SY — **squirrel-cage rotor**
Kurzschlussleistung *nf* — POW.EN — **short-circuit power**
= fault power

Kurzschlussnebenschluss *nm*	INSTR	**short** *n*
Kurzschluss-Reststrom *nm*	MICR.EL	**residual short-circuit current** = cutoff collector current, base and emitter shorted
Kurzschluss-Rückwärtssteilheit *nf* [Transistorkenngröße] = Remittanz *nf*; Kernleitwert rückwärts; Kurzschluss-Übertragungsadmittanz *nf*	MICR.EL	**short-circuit reverse-transfer admittance** = reverse-transfer admittance; remittance
Kurzschluss-Rückwärts-Stromverstärkung *nf*	MICR.EL	**reverse current transfer ratio**
kurzschlusssicher → kurzschlussfest	EL.TEC	→ **short-circuit proof**
Kurzschlusssicherheit *nf* → Kurzschlussfestigkeit *nf*	EL.TEC	→ **short-circuit proofness**
Kurzschlussspeisung *nf* → Anzapfspeisung *nf*	ANT	→ **shunt-fed system**
Kurzschlussstecker *nm*	COMPO	**short-circuit plug** = male short
Kurzschlusssteilheit *nf*	MICR.EL	**mutual admittance**
Kurzschlussstrom *nm* = Einströmung *nf*; Urstrom *nm*	EL.TEC	**short-circuit current**
Kurzschlussstrom-Rückregelung *nf*	POW.SY	**foldback current limiting** = cutback current limiting; foldback mode; cutback mode
Kurzschluss-Stromverstärkung *nf* = Kleinsignal-Kurzschlussstromverstärkung *nf*; Stromverstärkungsfaktor *nm*	MICR.EL	**small-signal short-circuit forward transfer ratio** = short-circuit forward current transfer ratio; current transfer ratio; current gain, output shorted
Kurzschluss-Transadmittanz *nf*	NETW.TH	**short-circuit transadmittance**
Kurzschluss-Übertragungsadmittanz *nf* → Kurzschluss-Rückwärtssteilheit *nf*	MICR.EL	→ **short-circuit reverse-transfer admittance**
Kurzschluss-Übertragungsfaktor *nm*	NETW.TH	**forward current transfer ratio**
Kurzschluss-Verknüpfung *nf* → Einskonstante *nf*	LOGIC	→ **one constant** *n*
Kurzschluss-Vorwärtssteilheit *nf* → Transmittanz *nf*	MICR.EL	→ **short-circuit transconductance**
Kurzschlusswicklung *nf* = Kurzschlusswindung *nf*	EL.TEC	**short-circuited winding** = slug
Kurzschlusswiderstand *nm* → Kurzschlussimpedanz *nf*	NETW.TH	→ **short-circuit impedance**
Kurzschlusswindung *nf* → Kurzschlusswicklung *nf*	EL.TEC	→ **short-circuited winding**
Kurzschlusszeit *nf*	EL.TEC	**short-circuit duration**
Kurzschnitt *nm* = verkürzter Schnitt	IMAG.ME	**jump cut**
Kurzschrift *nf* → Stenografie *nf*	OFFICE	→ **stenography** *n*
Kurzschritt *nm*	TELEGR	**short-duration signal element**
kurzsichtig	OPT	**myopic** *adj*
Kurzspezifikation *nf*	TEC.DOC	**abbreviated specification** = short spec
Kurzstabantenne *nf*	ANT	**short style antenna**
Kurzstart und -landung = STOL	RAD.NA	**short take-off and landing** = STOL
Kurzstreckenfunk *nm*	RADIO	**short-range radio** = SRR
Kurzstreckenmodem *nm&nn* → Basisbandmodem *nm*	DAT.CO	→ **baseband modem**
Kurztelegramm *nn* → Kurzmeldung *nf*	TELECON	→ **short message**
kurz und bündig → konzis	LING	→ **concise** *adj*
Kürzung *nf* = Reduzierung *nf*	ECON	**cut** *n* = abridgment *n*; reduction *n*
Kürzung *nf*	LING	**abridgment** *n* (AE) = abridgement *n* (BE); condensation *n*
Kurzwahl *nf* = Kurzrufnummernwahl *nf*; Schnellwahl *nf*	SWITCH	**abbreviated dialing** (AE) = abbreviated dialling (BE); abbreviated calling; instant dialing; instant dialling (BE); abbreviated code dialing; short code dialing; abbreviated address calling; speed calling
Kurzweg *nm*	SWITCH	**short path**
Kurzwelle → Dekameterwellen *nplt*	RADIO	→ **decametric waves**
Kurzwellenantenne *nf* = KW-Antenne *nf*	ANT	**short-wave antenna** = SW antenna
Kurzwellenfunk *nm* = KW-Funk *nm*; HF-Funk *nm*	RADIO	**high frequency radio** = HF radio
Kurzwellensender *nm* = KW-Sender *nm*	RADIO	**short-wave transmitter** = SW transmitter
Kurzwellenverbindung *nf* = KW-Verbindung *nf*	TELEC	**short-wave link** = SW link; short-wave connection; SW connection
kurzwellig	MATH	**short-wave** [*adj*]
Kurzwort *nn* [i.a. 2 Bytes lang]	COMP.SC	**short word** [usually 2 bytes long]
Kurzwort *nn* [z.B. Uni für Universität] ↓ Kopfwort; Schwanzwort	LING	**clipped word** [e.g. phone for telephone]
Kurzzeitbetrieb *nm*	TECH	**short-time operation**
Kurzzeitgedächtnis *nf*	SCIE	**short-term memory**
Kurzzeitgedächtnis *nn* → Kurzzeitspeicher *nm*	HW	→ **short-term storage**
Kurzzeitglied *nn*	CIRC.EN	**short timer**
kurzzeitig → vorübergehend	TECH	→ **temporary** *adj*
kurzzeitiges Geräusch → Impulsgeräusch *nn*	TELEC	→ **impulsive noise**
kurzzeitige Unterbrechung → Kurzzeitunterbrechung *nf*	TELEC	→ **brief interruption**
Kurzzeitmeldung *nf* ≈ Wischermeldung	TELECON	**fleeting information** ≈ transient information
Kurzzeitplanung *nf*	ECON	**short-term planning**
Kurzzeitschwund *nm*	RAD.PRO	**short-term fading**
Kurzzeitspeicher *nm* = Kurzzeitgedächtnis *nn*	HW	**short-term storage** = short-term memory; short-term store
Kurzzeitspeicherung *nf*	DAT.MA	**short-term storage** [the process of]
Kurzzeitstörung *nf*	TELEC	**short interference**
Kurzzeitunterbrechung *nf* = kurzzeitige Unterbrechung	TELEC	**brief interruption** = drop-out *n*
Kurzzeitverhalten *nn*	TECH	**short-time performance**
Küstenfunkstelle *nf* = KüFu-Stelle *nf*; Küstenstation *nf*	RAD.NA	**coastal radio station** = shore-based station
Küstengebiet *nn*	GEOSC	**coastal region**
Küstengirlande [optische Seekabelverbindung ohne Unterseeregeneratoren]	OPT.CO	**coastal festoon** [submarine optical link without submarine regenerators]
Küstenkabel *nn* = Flachwasserkabel *nn*	COM.CAB	**shore cable** = shelf cable; shallow-water cable
Küstenlinie *nf*	GEOSC	**shorelinen** = coastal line
Küstenradar *nm&nn* (*pl* -e)	RAD.LO	**shore-based radar**
Küstenstation *nf* → Küstenfunkstelle *nf*	RAD.NA	→ **coastal radio station**
Kuvert *nf* → Briefumschlag *nm*	OFFICE	→ **envelop** *n* (AE)
Kuvertiermaschine *nf* = Einlegemaschine *nf*; Briefschließmaschine *nf*; Briefschließgerät *nn*	OFFICE	**enveloping machine** = letter enveloping machine; letter closing device
KV → künstliche Intelligenz	COMP.AP	→ **artificial intelligence**
KV-Diagramm *nn* → Karnaugh-Veitch-Diagramm *nn*	LOGIC	→ **Karnaugh map**
KVSt *nf* → Knotenvermittlungsstelle *nf*	SWITCH	→ **primary switching center** (AE)
KV-Tafel → Karnaugh-Veitch-Diagramm *nn*	LOGIC	→ **Karnaugh map**
KVz → Kabelverzweiger *nm*	OUT.PL	→ **distributing box**
KVz-Gehäuse *nn* → Kabelverzweigergehäuse *nn*	OUT.PL	→ **distribution cabinet**
KVz-Schrank *nm* → Kabelverzweigergehäuse *nn*	OUT.PL	→ **distribution cabinet**
KW → Dekameterwellen *nplt*	RADIO	→ **decametric waves**
kW → Kiloworte *nplt*	DAT.PR	→ **kiloword** *n*
KW-Antenne *nf* → Kurzwellenantenne *nf*	ANT	→ **short-wave antenna**
KW-Ferrit *nn*	METAL	**short-wave ferrite**
KW-Funk *nm* → Kurzwellenfunk *nm*	RADIO	→ **high frequency radio**
kWh → Kilowattstunde *nf*	PHYS	→ **kilowatt-hour** *n*
KW-Lupe *nf*	RADIO	**short-wave fine tuning**
KW-Sender *nm* → Kurzwellensender *nm*	RADIO	→ **short-wave transmitter**

KWT → Zwischenkanal-WT	TELEGR	→ **speech-plus duplex**
KW-Verbindung *nf* → Kurzwellenverbindung *nf*	TELEC	→ **short-wave link**
Kybernetik *nf* [vom Griechischen "kybernitis" = Steuermann; Theorie der Regelungsmechanismen]	CONTRO	**cybernetics** *nplt* [from Greek "kybernitis" = "steersman"; theory of automatic control mechanisms]
kybernetisch	CONTRO	**cybernetical** = cybernetic
kyrillisch	LING	**cyrillic**
KZU → Kennzeichenumsetzer *nm*	TRANSM	→ **signaling converter** (A)
KZW → Kabelwinde *nf*	OUT.PL	→ **cable drum**

L *l*

L [römische Ziffer für 50]	MATH	**L** [Roman numeral for 50]
L → Leuchtdichte *nf*	OPT	→ **luminance** *n*
l → Länge *nf* (1)	PHYS	→ **length** *n*
L → Lambert *nn*	OPT	→ **Lambert** *n*
l → Liter *nm*	PHYS	→ **liter** *n*
L → Liter *nm*	PHYS	→ **liter** *n*
L → Tiefpegelzustand *nm*	MICR.EL	→ **low level**
L/C *nn* → Akkreditiv *nf*	ECON	→ **letter of credit**
La → Lanthan *nn*	CHEM	→ **lanthanum** *n*
labil → instabil	TECH	→ **unstable** *adj*
labil ≠ stabil	PHYS	**labile** *adj* ≠ stable
Labilität *nf* → Instabilität *nf*	TECH	→ **instability** *n*
Labor *nn* → Entwicklungslabor *nn*	TECH	→ **design laboratory**
Labor *nn* → Forschungslabor *nn*	SCIE	→ **research laboratory**
Laborant *nm* ≈ Laborantin	SCIE	**laboratory technician**
Laboranwendung *nf*	TECH	**bench application** = laboratory application
Laboratorium *nn* → Forschungslabor *nn*	SCIE	→ **research laboratory**
Laboratorium *nn* ≈ Labor	SCIE	**laboratory**
Laborautomation *nf*	COMP.AP	**laboratory automation**
Laboringenieur *nm*	TECH	**laboratory engineer**
Labormessfühler *nm*	INSTR	**laboratory probe**
Labormesssender *nm* → Messsender *nm* (2)	INSTR	→ **measuring transmitter**
Labormuster *nn* (HW) → Entwicklungsmuster *nn*	TECH	→ **engineering prototype** *n*
Laborplatte *nf* → Experimentierkarte *nf*	EL.TRO	→ **breadboard** *n*
Laborqualität *nf* → Metrologie-Güteklasse *nf*	QUAL	→ **metrology grade**
Laborschaltung *nf* → Brettschaltung *nf*	EL.TRO	→ **breadboard circuit** *n*
Labortechnik *nf*	TECH	**laboratory technique**
Labortisch *nm*	TECH	**laboratory bench** = lab bench; bench *n*
Laborversuch *nm* [SCIE]		**laboratory experiment** = lab experiment
Lack *nm* ≈ Firnis	CHEM	**lacquer** *n* = varnish *n* (2) ≈ varnish (1)
Lackabdeckung *nf* → Lötstopplack *nm*	MANUF	→ **solder resist**
Lackabkratzer *nm* → Blankmacher *nm*	EL.TRO	→ **wire scraper tool**
Lackdraht *nm*	COM.CAB	**varnished wire** = enameled wire
Lackfarbe *nf*	TECH	**varnish color** = paint *n*
Lackfolien-Kondensator *nm* → MKU-Kondensator *nm*	COMPO	→ **MKU capacitor**
lackfrei	TECH	**lacquer-free**
lackiert	TECH	**lacquered** = varnished
Lackkabel *nn*	COM.CAB	**enameled cable**
Lackpapier *nn*	TECH	**varnished paper**
Lacksicherung *nf*	TECH	**lacquer seal**
Lackstempel *nm*	TECH	**lacquer stamp**
Lacküberzg *nm*	TECH	**varnish-color coat**
ladbar → transient	SW	→ **transient** *adj*
ladbar → wiederaufladbar	POW.SY	→ **rechargeable** *adj*
ladbarer Zeichensatz → zuladbarer Zeichensatz	TER&PER	→ **downloadable font**
ladbare Schriftart → zuladbarer Zeichensatz	TER&PER	→ **downloadable font**
Ladeadresse *nf*	SW	**load address** = loading address
Ladeanweisung *nf* = Ladebefehl *nm*; Ladeinstruktion *nf*	SW	**load instruction** = load statement
Ladebefehl *nm* → Ladeanweisung *nf*	SW	→ **load instruction**
Ladebuchse *nf*	EQP.EN	**charge jack**
Ladecharakteristik *nf* [Akkumulator] = Ladekennlinie *nf*	POW.SY	**loading characteristic** [accumulator]
Lade-Coroton *nn* ↑ Lasedrucker	TER&PER	**loading corotron** ↑ lase printer
Ladedatei *nf* = Ladedatendatei *nf*	DAT.CO	**load data file**
Ladedatendatei *nf* → Ladedatei *nf*	DAT.CO	→ **load data file**
Ladedaten *nplt*	DAT.CO	**load data**
ladefähig → transient	SW	→ **transient** *adj*
Ladefreigabe *nf*	SW	**load enable**
Ladegerät *nn* → Brenner *nm*	TER&PER	→ **burner** *n*
Ladegerät *nn* [Akkumulatoren] = Batterieladegerät *nn*; Ladegleichrichter *nm*	POW.SY	**charger** *n* [accumulator] = charging set; battery charger; charging rectifier
Ladegleichrichter *nm* → Ladegerät *nn*	POW.SY	→ **charger** *n*
Ladehaltestrom *nm* [für einen Akkumulator]	POW.SY	**charge maintaining current** [for an accumulator]
Ladeimpuls *nm*	EL.TRO	**load pulse**
Ladeinstruktion *nf* → Ladeanweisung *nf*	SW	→ **load instruction**
Ladekarte *nf*	DAT.PR	**load card**
Ladekennlinie *nf* → Ladecharakteristik *nf*	POW.SY	→ **loading characteristic**
Ladekondensator *nm*	POW.SY	**filter capacitor**
Lademodul *nn* (*pl* -e)	SW	**load module**
Lademodus *nm*	DAT.PR	**load mode**
laden [von Externspeicher auf Hauptspeicher] = holen ≈ eingeben	SW	**load** *vt* [from external to main memory] = get ≈ input
Ladenhüter *nm* → Shelfware *nf*	SW	→ **shelfware** *n*
Ladenkasse *nf* → Registrierkasse *nf*	TER&PER	→ **cash register**
Ladenpreis *nm* → Einzelhandelspreis *nm*	ECON	→ **retail price**
Ladenpreis *nm*	ECON	**retail price**
laden-und-ausführen → selbststartend	SW	→ **self-triggering**
Ladenwaage	TER&PER	**shop scale**
Ladenzeile *nf*	ECON	**storefront** *n*
Ladeprogramm *nn* → Programmlader *nm*	SW	→ **loader programm**
Ladepunkt *nm*	TER&PER	**loadpoint** *n*
Lader *nm* → Programmlader *nm*	SW	→ **loader programm**
Laderampe *nf* = Rampe *nf*	CIV.EN	**loading ramp**
Laderegler *nm* [Akkumulatoren]	POW.SY	**charge regulator** [accumulator]
Laderoutine *nf* → Programmlader *nm*	SW	→ **loader programm**
Ladeschlussanzeige *nf*	POW.SY	**end-of-charging indication**
Ladeschlussspannung *nf* [Akkumulator]	POW.SY	**end-of-charging voltage** [accumulator]
Ladespannung *nf* [Akkumulator]	POW.SY	**charging voltage** [accumulator]
Ladespule *nf* → Belastungsspule *nf*	ANT	→ **loading coil**
Ladestrom *nm* [Akkumulator]	POW.SY	**charging current** [accumulator]
Ladestromkreis *nm*	POW.SY	**charging circuit**

Ladeumschaltung *nf* [Akkumulator]	POW.SY	**load transfer switch** [accumulator]
Ladezeit *nf*	POW.SY	**charging time**
Ladezeit *nf*	TECH	**load time** = loading time
Ladung *nf* → Belastung *nf*	TECH	→ **load** *n*
Ladung *nf*	PHYS	**charge** *n*
Ladung *nf* ≈ Fracht	ECON	**cargo** *n* = load *n* ≈ freight
Ladung *nf* [Vorgang]	POW.SY	**charge** *n* [process of charge transfer]
Ladungsatom *nn*	PHYS	**charged atom**
Ladungsaustausch *nm* → Umladung *nf*	PHYS	→ **charge exchange**
Ladungsdichte *nf*	PHYS	**charge density**
Ladungsdreieck *nn* → Diffusionsdreieck *nn*	MICR.EL	→ **diffusion triangle**
Ladungseinheit *nf*	PHYS	**unit charge**
Ladungserhaltung *nf*	EL.TEC	**charge retention**
Ladungserhaltungszeit *nf*	POW.SY	**charge retention time** = shelf life
ladungsgekoppelter Baustein → ladungsgekoppelte Schaltung	MICR.EL	→ **charge coupled device**
ladungsgekoppeltes Bauelement → ladungsgekoppelte Schaltung	MICR.EL	→ **charge coupled device**
ladungsgekoppelte Schaltung = ladungsgekoppeltes Bauelement; CCD; ladungsgekoppelter Baustein; Ladungsspeicherbaustein *nm* ↑ Ladungstransferelement	MICR.EL	**charge coupled device** = CCD
Ladungskopplung *nf*	MICR.EL	**charge coupling**
Ladungsmesser *nm* = Coulombmeter *nn*; Voltameter *nn*	INSTR	**coulometer** *n*
Ladungsspeicherbaustein *nm* → ladungsgekoppelte Schaltung	MICR.EL	→ **charge coupled device**
Ladungsspeicherdiode *nf* → Speicherschaltdiode *nf*	MICR.EL	→ **charge storage diode**
Ladungsspeicherröhre *nf* → Speicherröhre *nf*	EL.TRO	→ **storage tube**
Ladungsspeicherung *nf*	MICR.EL	**charge storage**
Ladungsträger *nm*	PHYS	**charge carrier**
Ladungsträgerauffüllung *nf* = Trägerauffüllung *nf*	MICR.EL	**charge carrier replenishment** = charge carrier support; carrier replenishment; carrier support
Ladungsträgerbeweglichkeit *nf* = Trägerbeweglichkeit *nf*	PHYS	**charge carrier mobility** = carrier mobility
Ladungsträgerdichte *nf* = Trägerdichte *nf*	MICR.EL	**charge carrier density** = carrier density
Ladungsträgerdiffusion *nf* = Trägerdiffusion *nf*	PHYS	**charge carrier diffusion** = carrier diffusion
Ladungsträgerinjektion *nf* = Trägerinjektion *nf*	MICR.EL	**charge carrier injection** = carrier injection
Ladungsträgerlawine *nf* → Trägerlawine *nf*	MICR.EL	→ **carrier avalanche**
Ladungsträgerlebensdauer *nf* → Trägerlebensdauer *nf*	MICR.EL	→ **carrier lifetime**
Ladungsträgermaterial *nn* → Substrat *nn*	MICR.EL	→ **substrate** *n*
Ladungsträgermultiplikation *nf* → Ladungsträger-Vervielfachung *nf*	MICR.EL	→ **carrier multiplication**
Ladungsträgerpaar *nn* = Trägerpaar *nn*	MICR.EL	**carrier pair** = charge carrier pair
Ladungsträgerplatte *nf* → Kristallscheibe *nf*	MICR.EL	→ **wafer crystal**
Ladungsträger-Staueffekt *nm* → Trägerstaueffekt *nm*	MICR.EL	→ **hole-storage effect**
Ladungsträgerstrom *nm* = Trägerstrom *nm* ↓ Feldstrom; Diffusionsstrom	MICR.EL	**charge carrier current** = carrier current ↓ drift current; diffusion current
Ladungsträgertransport *nm* → Ladungstransport *nm*	PHYS	→ **charge transport**
Ladungsträger-Vervielfachung *nf* = Trägervervielfachung *nf*; Ladungsträgermultiplikation *nf*; Trägermultiplikation *nf*	MICR.EL	**carrier multiplication** = charge carrier multiplication
Ladungstransfer *nm* ≈ Ladungstransport; Ladungsverschiebung	PHYS	**charge transfer** ≈ charge transport; charge shifting
Ladungstransferelement *nn* = Ladungsverschiebeschaltung *nf* ↓ ladungsgekoppelte Schaltung; Eimerkettenschaltung	MICR.EL	**charge transfer device** = CTD ↓ charge coupled device; bucked brigade device
Ladungstransport *nm* = Ladungsträgertransport *nm* ≈ Ladungstransfer; Ladungsverschiebung	PHYS	**charge transport** = charge carrier transport ≈ charge transfer; charge shifting
Ladungsverschiebeschaltung *nf* → Ladungstransferelement *nn*	MICR.EL	→ **charge transfer device**
Ladungsverschiebung *nf* ≈ Ladungstransfer; Ladungstransport	PHYS	**charge shifting** ≈ charge transfer; charge transport
Ladungsverteilung *nf*	PHYS	**charge distribution**
Lage *nf*	COM.CAB	**layer** *n*
Lage *nf* = Position *nf*; Stelle *nf*; Ort *nm* ≈ Stellung	TECH	**position** *n* (1) = location *n*; place *n*; attitude *n* ≈ spot
Lage *nf* [Leiterplatte]	COMPO	**layer** *n* [PCB]
lageähnlich = positionsähnlich; geoschematisch	CART	**similar to position** = geoschematic
Lagebestimmungsgerät *nn* = Positionsbestimmungsgerät *nn*	RAD.NA	**air-position indicator**
lagegerecht = lagegetreu; positionsgerecht; positionstreu	CART	**true to position**
lagegetreu → lagegerecht	CART	→ **true to position**
Lage-Lage-Kopplung *nf*	COM.CAB	**intra-layer coupling**
Lagendrall *nm*	COM.CAB	**layer twist**
Lagenkabel *nn*	COM.CAB	**layer cable**
Lagennummer *nf*	TEC.DOC	**equipment number**
lagenverseilt	COM.CAB	**layer-stranded** = layer-twisted
Lagenverseilung *nf*	COM.CAB	**layer stranding** = layer twisting
Lagenwicklung *nf* → Zylinderwicklung *nf*	EL.TEC	→ **layer winding**
Lageplan *nm* [lagegetreu] = Situationsplan *nm* ≠ Schemaplan	TEC.DOC	**location map** [true to location] = situation map ≠ schematic plan
Lager *nn* (*pl* Lager&Läger)	MEC.EN	**bearing** *n*
Lager *nn* (*pl* Lager&Läger) = Depot *nn* ↑ Verwahrungsort [ECON]	ECON	**deposit** *n* (2) [a place to store] = store *n* ↑ depository [ECON]
Lagerbestand *nm* → Vorrat *nm*	ECON	→ **stock** *n*
Lagerbestandsbewertung *nf* ≈ Lagerbestandsaufnahme	ECON	**stock valuation** ≈ stocktaking ↑ inventory valuation
Lagerbuchse *nf* [Gleitlager]	MECH	**bearing shell**
Lageregelung *nf* = Positionsregelung *nf*	CONTRO	**position control**
Lagerengpass *nm*	ECON	**sock-out**
lagerfähig	TECH	**storable**
Lagerhaltung *nf*	ECON	**stockkeeping** *n* = stockholding; warehousing
Lagerhaus *nn*	ECON	**warehouse** *n* = storehouse *n*
Lagerhöhe *nf* → Lagerungshöhe *nf*	TECH	→ **storage altitude**
lagerichtig	TECH	**in correct position**
Lagerraum *nm* = Abstellraum *nm*	TECH	**store-room** = storage room
Lagertemperatur *nf* → Lagerungstemperatur *nf*	TECH	→ **storage temperature**
Lagerumschlag *nm*	ECON	**stockturn** *n*
Lagerung *nf* = Einlagerung *nf* ≈ Verwahrung; Ansammeln; Hortung	ECON	**storage** *n* ≈ deposit (1); accumulation; hoarding
Lagerungsbedingung *nf*	TECH	**storage condition** = store condition
Lagerungshöhe *nf* = Lagerhöhe *nf*	TECH	**storage altitude**
Lagerungstemperatur *nf* = Lagertemperatur *nf*	TECH	**storage temperature**
Lagerversicherung *nf*	ECON	**storage insurance**
Lagerverwaltungsprogramm *nn* ↑ Anwenderprogramm; Geschäftssoftware	SW	**stockkeeping programm** = stock control program ↑ applications program; business software
Lagerwirtschaft *nf*	ECON	**warehouse management**

Lagerzapfen *nm* [eines Gleitlagers] — MEC.EN — **journal** *n* [of a gliding-surface bearing]

Lagerzeit *nf* — TECH — **storage life** = shelf life

Lagetoleranz *nf* — ENG.DRA — **position tolerance** = locational tolerance

Lageüberwachung *nf* → Positionsüberwachung *nf* — AUTOMA — → **position monitoring**

Lagevorschrift *nf* — TEC.DOC — **positioning requirement** = locational requirement

lahmlegen = außerkraftsetzen; unwirksam machen; ausschalten — TECH — **override** *vt* = annul; nullify

Lahnlitze *nf* [Spiralschnur [TER&PER]] = Lahnlitzenleiter *nm* — COM.CAB — **tinsel conductor** [tinsel cord] ≈ retractile cord [TER&PER]

Lahnlitzendraht *nm* [Spiralschnur] — COM.CAB — **tinsel wire** [a ribbon wire used for flexible telephone cords]

Lahnlitzenleiter *nm* → Lahnlitze *nf* — COM.CAB — → **tinsel conductor**

Laie *nm* = Nichtfachmann *nm*; Otto Normalverbraucher *nm* (slang); Normalverbraucher *nm* (slang) — TECH — **layperson** *n* = layman *n*; nonspecialist *n*

laienhaft = amateurhaft; dilettantisch ≈ stümperhaft ≠ professionell — COLL — **lay** *adj* = unprofessional; amateurish ≈ clupsy ≠ professional

Lambda *nn* — LING — **lambda** *n*

Lambdadipol *nm* → Ganzwellendipol *nm* — ANT — → **full-wave dipole**

Lambda-Halbe-Anpassungsglied *nn* → Lambda-Halbe-Transformator *nm* — NETW.TH — → **half-wavelength transformer**

Lambdahalbedipol *nm* → Halbwellendipol *nm* — ANT — → **half wave dipole**

Lambda-Halbe-Leitung *nf* → Lambda-Halbe-Transformator *nm* — NETW.TH — → **half-wavelength transformer**

Lambda-Halbe-Transformator *nm* = Lambda-Halbe-Anpassungsglied *nn*; Lambda-Halbe-Leitung *nf*; Halbwellen-Anpassungsglied *nn*; Halbwellentransformator *nm*; Halbwellenleitung *nf*; Halbwellen-Anpassleitung *nf* — NETW.TH — **half-wavelength transformer** = half-wavelength section; half-wave transformer; half-wave section; half-wave matching line

Lambda-Kalkül *nm* — MATH — **lambda calculus**

Lambda-Operator *nm* [diejenigen x, für die gilt] — LOGIC — **lambda operator** [those elements x to whom applies]

Lambda-Viertel-Leitung *nf* → Lambda-Viertel-Transformator *nm* — NETW.TH — → **quarter-wave transformer**

Lambda-Viertel-Transformator *nm* = Viertelwellen-Anpassungsglied *nn*; Viertelwellentransformator *nm*; Viertelwellenleitung *nf*; Lambda-Viertel-Leitung *nf*; Q-Anpassung *nf* — NETW.TH — **quarter-wave transformer** = quarter-wave section; quarter-wave line; Q match

Lambert *nn* [Maßeinheit für Leuchtdichte; $1/\pi$] = L — OPT — **Lambert** *n* [unit for brightness; $1/\pi$] = L

Lambsche-Verschiebung *nf* — PHYS — **Lamb shift**

Lamelle *nf* — TECH — **lamella** *n* = lamina *n*; sheet *n*

Lamellen- → Raster- — TECH — → **louvered** *adj*

lamellieren → schichten — METAL — → **laminate** *vt*

laminar ≠ turbulent — PHYS — **laminar** ≠ turbulent

Laminarbox *nf* — MANUF — **laminar box**

laminare Schicht = Laminarschicht *nf* — PHYS — **laminar layer**

laminare Strömung = Laminarströmung *nf* — PHYS — **laminar flow**

Laminarschicht *nf* → laminare Schicht — PHYS — → **laminar layer**

Laminarströmung *nf* → laminare Strömung — PHYS — → **laminar flow**

laminieren → beschichten — TECH — → **coat** *vt*

laminieren *vt* [unter Druck und Hitze Schichten verkleben] — TECH — **laminate** *vt* [to stick together layers under pressure and heat]

Laminierung *nf* — TECH — **lamination** *n*

Lampe *nf* — COMPO — **lamp** *n*

Lampenanzeige *nf* ≈ Anzeigelampe — EQP.EN — **lamp indication** ≈ indication lamp

Lampenfassung *nf* — COMPO — **lamp socket** = lamp holder; clamp *n*

Lampenfeld *nn* — EQP.EN — **lamp panel**

Lampenkappe *nf* — COMPO — **lamp cap**

Lampenleistung *nf* — EL.TEC — **lamp rating**

Lampenstreifen *nm* — COMPO — **lamp strip**

Lampentaste *nf* → Leuchttaste *nf* — COMPO — → **luminous key**

Lampenzieher *nm* — COMPO — **lamp extractor**

LAN *nn* → lokales Datennetz — DAT.NW — → **local area network**

Land *nn* (1) ≈ Nation — PUB.ADM — **country** *n* ≈ nation

Land *nn* (2) → Bundesland *nn* — PUB.ADM — → **federal state**

Landausbreitungsweg *nm* = Landweg *nm* — RAD.PRO — **land path** = terrestrial path

Landeanflug *nm* — AERON — **landing approach**

Landebake *nf* — RAD.NA — **approach radiobacon** = landing beacon

Landeerlaubnis *nn* — AERON — **landing permission**

Landé-Faktor *nm* — PHYS — **Landé factor**

Landekurssender *nm* = Ansteuerungssender *nm* — RAD.NA — **localizer** *n* = LOC

Landelicht *nf* — AERON — **approach light**

Länderanpassung *nf* = Lokalisierung *nf* — COMP.AP — **localization** *n*

Ländercode *nm* — INTERNET — **country code** = geographic domain

Länderdelkredere *nn* → Länderrisiko *nn* — ECON — → **country risk**

Länderdomäne *nf* = Zwei-Buchstaben-Domäne *nf* — INTERNET — **country domain** = two-letter domain

Ländereinstellung *nf* [für länderspezifische Darstellung] — COMP.AP — **country setting** [for country-specific display]

Länderrisiko *nn* = Landesrisiko *nn*; Länderdelkredere *nn*; Landesdelkredere *nn* — ECON — **country risk**

Landesanpassung *nf* — SW — **localization** *n* [to adapt to national pecularities]

Landesdelkredere *nn* → Länderrisiko *nn* — ECON — → **country risk**

Landesfernwahl *nf* → Selbstwählferndienst *nm* — SWITCH — → **direct distance dialing** (AE)

Landesfernwahlnetz *nn* → Fernnetz *nn* — TELEC — → **toll network** (AE)

Landesgesellschaft *nf* — ECON — **local company** = foreign subsidiary

Landesgrenze *nf* — ECON — **country boundary**

Landeskenner *nm* [Amateurfunk] — RADIO — **prefix** *n* [amateur radio]

Landeskennzahl *nf* [nach der Verkehrsausscheidungszahl und nach der Weltnumerierungszone, ein bis drei Ziffern zur Kennzeichnung des Landes, z.B. 9 für BRD] ≈ Länderkennzahl; LKZ; Landesvorwahl; internationale Kennzahl — SWITCH — **country code** [up to three digits to mark the country, follows the prefix and the regional identity code, e.g. 4 for Great Britain and Northern Ireland] = CC ≈ international code; country prefix

Landesnetz *nn* — TELEC — **national network**

Landesrisiko *nn* → Länderrisiko *nn* — ECON — → **country risk**

Landestreifen *nm* ≈ Landebahn — AERON — **airstrip** *n* [runway without further airport facilities] ≈ runway

Landesvorwahl *nf* [internationale Verkehrsausscheidungszahl + internationale Kennzahl, z.B. 01049 für BRD von Großbritannien aus; bei nordamerikanischen Teilnehmernummern nicht anwendbar] ≈ Landeskennzahl; internationale Kennzahl; internationale Rufnummer — SWITCH — **country prefix** [international prefix + international code; e.g. 0044 for Great Britain and Northern Ireland when dialing from Germany; not appliable when dialing North American subscribers] ≈ country code; international code; international number

landesweit ≈ flächendeckend — TELEC — **nationwide** = country-wide; with global coverage; nationally *adv*

Landesystem *nn* — RAD.NA — **landing system**

Landeverbot *nn*	AERON	**landing prohibition**
Landeweg *nm* = Anflugweg *nm*	AERON	**landing path** = approach path
Landezone *nf* [Leerspur zum Parken eines Magnetkopfes]	TER&PER	**landing zone** [blank track to park a magnetic head]
Landfahrzeug *nn*	TECH	**land transportation vehicle**
Landfunkdienst *nm*	TELEC	**land radio service**
Landfunkstelle *nf* = Bodenstation *nf* ↓ Erdfunkstelle [SAT.CO]	RADIO	**earth station** ↓ earth station [SAT.CO]
landgestützter Mobilfunk → Funktelefonnetz *nn*	TELEC	→ **radiotelephony network**
Landkabel *nn* ≠ Unterwasserkabel	COM.CAB	**terrestial cable** ≠ underwater cable
Landkarte *nf* = Karte *nf*	CART	**geographical map** = map *n*
ländliches Gebiet	ECON	**rural area**
Landmaschinenbau *nm*	TECH	**agricultural machine engineering**
Landmeile → Meile *nf*	PHYS	→ **mile** *n*
Landmobilfunk *nm* → Funktelefonnetz *nn*	TELEC	→ **radiotelephony network**
Landschaft *nf*	COLL	**landscape** *n*
Landschaft *nf* [die zur Verfügung stehenden Ressourcen] = Umgebung *nf*; Umfeld *nn*	DAT.PR	**environment** *n* [set of resources]
Landschaftsmaler *nm*	CINEMA	**scenic artist**
Landschaftsmodell *nn* → Geländemodell *nn*	GIS	→ **terrain model**
Landstraße *nf* ↑ Straße	CIV.EN	**road** *n* = Rd. ↑ street
Landstrecke *nf*	RAD.PRO	**over-land path**
Landstreitkräfte *nplt* → Heer *nf*	MILIT	→ **army** *n* (1)
Landung *nf* → Bauchlandung *nf*	TER&PER	→ **head crash** *n*
Landung *nf*	AERON	**landing** *n*
Landungsanweisung *nf*	RAD.NA	**landing aid**
Landweg *nm* → Landausbreitungsweg *nm*	RAD.PRO	→ **land path**
Landwirtschaft *nf*	ECON	**agriculture** *n*
Landzentrale *nf* = Ruralzentrale *nf*	SWITCH	**rural exchange**
LAN-Einzeladresse *nf*	DAT.NW	**LAN individual address**
lang	PHYS	**long** *adj*
LAN-Gateway *nn* → LAN-Überleiteinrichtung *nf*	DAT.NW	→ **LAN gateway**
Langdrahtantenne *nf* ↑ Wanderwellenantenne	ANT	**long-wire antenna** = long-wire aerial ↑ travelling-wave antenna
Länge *nf* → geographische Länge	CART	→ **longitude** *n*
Länge-/Breite-Verhältnis *nn* = Formfaktor *nm*	TECH	**form factor**
Länge *nf* (1) [räumlich; SI-Einheit: Meter] = l ≈ Längsabmessung ↑ Dimension	PHYS	**length** *n* [spacial; SI unit: meter] = l; footage *n* ≈ longitudinal dimension ↑ dimension
Länge *nf* (2) → Dauer *nf*	PHYS	→ **duration** *n*
Langeinstellung *nf*	IMAG.ME	**lengthy take**
Längenabhängigkeit *nf*	PHYS	**length dependence**
Längenausdehnung *nf*	PHYS	**linear expansion**
Längenausdehnungskoeffizient *nm*	PHYS	**linear expansion coefficient**
Längenausgleich *nm*	TRANSM	**length compensation**
Längenexponent *nm* = Gammafaktor *nm*	OPT.CO	**gamma factor**
Längengleichheit *nf* → Isometrie *nf*	CART	→ **isometrism** *n*
Längengrad *nm*	CART	**degree of longitud**
Längenindikator *nm* = Längenkennung *nf*, Längenkennzeichnung *nf*	SWITCH	**length indicator**
Längenkennung *nf* → Längenindikator *nm*	SWITCH	→ **length indicator**
Längenkennung *nf* [ATM] = LI-Kennung *nf*	TELEC	**length indicator** [ATM] = LI
Längenkennzeichnung *nf* → Längenindikator *nm*	SWITCH	→ **length indicator**
Längenmaß *nn*	PHYS	**linear measure**
Längenspielraum *nm*	MEC.EN	**longitudinal play**
längentreu	TECH	**length-preserving**
Längentreue *nf* → Isometrie *nf*	CART	→ **isometrism** *n*
langer Dateiname	DAT.MA	**long file name**
langerprobt	COLL	**long-tested** *adj* = time-tested
langerwartet	COLL	**long-awaited**
langes Instruktionswort = VLIW	MICR.EL	**VLIW** = Very Long Instruction Word
Längezeichen *nn* → Makron *nn*	LING	→ **macron** *n*
Langform *nf* [eines Namens]	LING	**long name** = long form
langfristig	COLL	**long-term** *adj* = long-dated
langfristig	ECON	**long-term** *adj* = noncurrent
langfristiger Plan	ECON	**long-term plan**
Langimpuls *nm*	TELECON	**long duration pulse**
Langlebigkeit *nf*	COLL	**longevity** *n*
Langleitungseffekt *nm* → Long-Line-Effekt *nm*	RAD.PRO	→ **long-line effect**
länglich	TECH	**longish** = oblong; elongated
Langloch *nn*	MEC.EN	**oblong hole** = elongated hole
Langloch *nn*	CINEMA	**long pitch**
langreichweitig	TECH	**long-range** *adj* = long-haul; long-distance
LAN-Gruppenadresse *nf*	DAT.NW	**LAN group address**
Längs- → longitudinal	TECH	→ **longitudinal** *adj*
Längsaberration *nf*	OPT	**longitudinal aberration**
Längsabspannung *nf* = Linienanker *nm* ↑ Abspannseil	OUT.PL	**head guy** [in line with the pole line]
Längsachse *nf*	MATH	**longitudinal axis**
Längsachsenplotten	TER&PER	**long-axis plotting**
langsam ≠ schnell	TECH	**slow** *adj* = tardy ≠ fast
langsam abfallendes Relais	COMPO	**slow-releasing relay** = slow relay
langsame Daten	TELEC	**low-speed data**
langsamer Datenkanal	DAT.CO	**low-speed data channel**
langsames Frequenzspringen	RADIO	**slow frequency hopping** = slow hopping
Langsamfahrt	RAIL.SIG	**slow** *n*
Langsamkeit *nf* ≠ Schnelligkeit	TECH	**slowness** *n* = tardiness *n* ≠ fastness
langsamlaufend	TECH	**low-speed** *adj*
langsamwirkend → träge	TECH	→ **slow-reacting** *adj*
Längsaufbau *nm* → Horizontalbauweise *nf*	EQP.EN	→ **horizontal construction practice**
Längsaufbringung *nf*	TECH	**longitudinal application**
Längsbewegung *nf*	MECH	**longitudinal motion**
Langschnabelzange *nf*	TECH	**long-nose pliers**
Langschritt *nm*	TELEGR	**long-duration signal element**
Längsdämpfung *nf*	TELEC	**longitudinal attenuation**
Längsdichtigkeit *nf*	COM.CAB	**longitudinal tightness**
längsgerichtet → longitudinal	TECH	→ **longitudinal** *adj*
längsgestelltes Bild [Mikrofilm] ≠ quergestelltes Bild	OFFICE	**cine-oriented image** [top edge of image perpendicular to the long edge of the film] = motion-picture display; portrait image ≠ comic-strip oriented image
Längsglied *nn*	NETW.TH	**longitudinal section**
Längskontrolle *nf* → Längsparitätsprüfung *nf*	DAT.CO	→ **horizontal parity check**
längslaufend → longitudinal	TECH	→ **longitudinal** *adj*
Längslochung *nf* = Längsperforation *nf*	TER&PER	**longitudinal perforation** = vertical perforation
Längsparität *nf* [blockweise eingefügtes Längsparitätsbit]	CODING	**horizontal parity** [longitudinal check bit inserted

= Horizontalparität *nf*; Quersummenparität *nf*; Blockparität *nf* [DAT.CO]
≠ Querparität
↓ Blockparität
— after a block]
= longitudinal parity; horizontal check parity; block parity [DAT.CO]
≠ vertical parity
↓ block parity

Längsparitätskontrolle *nf* — CODING — → **block check**
→ Blockprüfung *nf*

Längsparitätskontrolle *nf* — DAT.CO — → **horizontal parity check**
→ Längsparitätsprüfung *nf*

Längsparitätsprüfung *nf* — CODING — → **block check**
→ Blockprüfung *nf*

Längsparitätsprüfung *nf* — DAT.CO — **horizontal parity check**
= Längsparitätskontrolle *nf*; Längsprüfung *nf*; Längssummenprüfung *nf*; Längskontrolle *nf*; Längsprüfverfahren *nn*; Horizontal-Paritätsprüfung *nf*; Horizontal-Paritätskontrolle *nf*; Horizontalprüfung *nf*; Horizontalkontrolle *nf*; Horizontalsummenprüfung *nf*; Quersummenprüfung *nf*; Querprüfung *nf*; Quersummenkontrolle *nf*; Querkontrolle *nf*; Longitudinalprüfung *nf*
↓ Blockprüfung; Neunerprüfung
= horizontal redundancy check; HRC; horizontal check sum; horizontal check; longitudinal parity check; longitudinal redundancy check; LRC; longitudinal check; longitudinal check sum; longitudinal check
↓ block check; casting-out-nines

Längsparitätszeichen *nn* — DAT.CO — **horizontal parity character**
[aus Längsparitätsbits bestehendes eingefügtes Zeichen]
= LRC-Zeichen *nn*
↓ Blockprüfzeichen
[inserted character of horizontal parity bits]
= horizontal parity check character; longitudinal parity character; longitudinal parity check character; longitudinal redundancy check character; LRC character
↓ block check character

Längsperforation *nf* — TER&PER — → **longitudinal perforation**
→ Längslochung *nf*

Langspielplatte *nf* — CONS.EL — **long playing record**
↑ Spielplatte
= long play

Längsprüfung *nf* — CODING — → **block check**
→ Blockprüfung *nf*

Längsprüfung *nf* — DAT.CO — → **horizontal parity check**
→ Längsparitätsprüfung *nf*

Längsprüfverfahren *nn* — DAT.CO — → **horizontal parity check**
→ Längsparitätsprüfung *nf*

Längsredundanzprüfung *nf* — CODING — → **block check**
→ Blockprüfung *nf*

Längsregler *nm* — POW.SY — **longitudinal controller**

Längsrichtung *nf* — TECH — **longitudinal direction**
≈ axiale Richtung
≈ axial direction

Längsrichtung *nf* — PRIN.ME — → **direction** (of paper)
→ Laufrichtung *nf*

Längsrippe *nf* — MEC.EN — **longitudinal fin**
= longitudinal rib

Längsschlag *nm* — COM.CAB — **long lay**

Längsschnitt *nm* — ENG.DRA — **longitudinal section**

Längsschriftaufzeichnung *nf* — TV — → **longitudinal recording**
→ Längsspurverfahren *nn*

Längsschwingung *nf* — PHYS — **longitudinal oscillation**
= extensional mode

Längsspannung *nf* — EL.TEC — **longitudinal voltage**

Längsspurverfahren *nn* — TV — **longitudinal recording**
= Längsschriftaufzeichnung *nf*

längsstabil — TECH — **longitudinally stable**

längsstrahlende Dipolanordnung — ANT — → **end-fire antenna**
→ Längsstrahler *nm*

Längsstrahler *nm* — ANT — **end-fire antenna**
= längsstrahlende Dipolanordnung
↓ Mäanderantenne; Fischgrätenantenne; Yagi-Uda-Antenne
= end-fire array; end-fire array antenna
↓ meander antenna; fishbone antenna; Yagi-Uda antenna

Längssummenparität *nf* — CODING — → **vertical parity**
→ Querparität *nf*

Längssummenprüfung *nf* — DAT.CO — → **horizontal parity check**
→ Längsparitätsprüfung *nf*

Längssymmetrie *nf* — MATH — **longitudinal symmetry**

längssymmetrisch — MATH — **longitudinally symmetric**

längssymmetrischer Vierpol — NETW.TH — **longitudinally symmetric two-port**
= longitudinally symmetric quadripole

Längsträger *nm* — ANT — **boom**
[Yagi-Uda-Antenne]
= Boom *nm* (ANGL)
[yagi antenna]
= longitudinal support

Langstreckeninterferometer *nn* — RAD.LO — **long-range interferometer**

Langstreckennavigation *nf* — RAD.NA — → **long-range navigation**
→ Weitbereichsnavigation *nf*

längs trennen — TECH — **slit** *vt* (2)
= in Streifen schneiden
[to cut into strips]

Längstrennung *nf* — TECH — **slitting** *n*

Längstwellenantenne *nf* — ANT — **VLF antenna**

Längstwellen *nplt* — RADIO — → **myriametric waves**
→ Myriameter-Wellen *nplt*

Längstwellenstrahlen *nplt* — RADIO — **VLF radiation**
= Myriameterwellenstrahlen *nplt*; VLF-Strahlen *nplt* (ANGL)

Längswelle *nf* — PHYS — → **longitudinal wave**
→ Longitudinalwelle *nf*

Längswiderstand *nm* — NETW.TH — **series resistance**
= Reihenwiderstand *nm*; Serienwiderstand *nm*
= series resistor

Langwellen *nplt* — RADIO — → **kilometric waves**
→ Kilometerwellen *nplt*

Langwellensender *nm* — RADIO — **LF transmitter**

langwellig — MATH — **long-wave** ...

Langwort *nn* — COMP.SC — **long word**
[i.a. 4 Bytes lang]
[usually 4 bytes long]

Lang-Yagi-Antenne *nf* — ANT — **long Yagi antenna**

Langzeit- — TECH — **long-term** ... *adj*
= langzeitig
= long-time; longtime

Langzeitdrift *nm* — TECH — **long-time drift**

Langzeitecho *nn* — TELEPH — **long echo**

Langzeitgeber *nm* — CIRC.EN — → **long timer**
→ Langzeitglied *nn*

Langzeitgedächtnis *nf* — SCIE — **long-term memory**

Langzeitgedächtnis *nn* — HW — → **long-term storage**
→ Langzeitspeicher *nm*

Langzeitglied *nn* — CIRC.EN — **long timer**
= Langzeitgeber *nm*
= gross timer

langzeitig — TECH — → **long-term** ... *adj*
→ Langzeit-

Langzeitkonstanz *nf* — TECH — **long-term constancy**

Langzeitplanung *nf* — ECON — **long-term planning**

Langzeitprüfung *nf* — QUAL — **endurance testing**
= Dauerversuch *nm*
= long-time test; continuous test

Langzeitschwund *nm* — RAD.PRO — **long-term fading**

Langzeitspeicher *nm* — HW — **long-term storage**
[bleibt auch nach Ausschalten des PC erhalten, z.B. ein Festplattenspeicher]
= Langzeitgedächtnis *nn*
≈ Externspeicher
[maintains after powering-off the PC, e.g. a hard disk memory]
≈ external memory

Langzeitspeicherbarkeit *nf* — DAT.MA — **archival quality**
= Speicherlebensdauer *nf*

Langzeitspeicherbarkeit betreffend — DAT.MA — → **archival** *adj*
→ Archivierungs-

Langzeitspeicherung *nf* — DAT.MA — → **archival** *n*
→ Archivierung *nf*

Langzeitspeicherung *nf* — DAT.MA — **long-term storage**
[Vorgang]
[the process of]

Langzeitstabilität *nf* — TECH — **long-term stability**

Langzeitstörung *nf* — RADIO — **long-time interference**

Langzeittrend *nm* — TECH — **long-term trend**
= long-term tendency

Langzeituntersuchung *nf* — TECH — **long-term analysis**

Langzeitverbindung *nf* — TELEC — → **nailed-up connection**
→ semipermanente Durchschaltung

Langzeitverhalten *nn* — TECH — **long-term behaviour**
= long-term response

LAN Manager *nm* — DAT.NW — **LAN Manager**
[ein Software-Produkt von Microsoft]
= OS/2 LAN Manager *nm*
[a software product of Microsoft]
= OS/2 LAN Manager

L-Anpassung *nf* — ANT — **L match**
= Haarnadelanpassung *nf*; Indukto-Match *nm* (ANGL)

L-Anpassung *nf* — NETW.TH — **L matching**
↑ Beta-Anpassung
↑ beta matching

LAN-Rundschreibadresse *nf* — DAT.NW — **LAN broadcast address**

LAN-Rundschreiben *nn* — DAT.NW — → **LAN broadcast**
→ LAN-Rundsenden *nn*

LAN-Rundsenden *nn* — DAT.NW — **LAN broadcast**
= LAN-Rundschreiben *nn*
≈ LAN-Sammelsenden
≈ LAN multicast

LAN-Sammelsendeadresse *nf* — DAT.NW — **LAN multicast address**

LAN-Sammelsendung *nf* — DAT.NW — **LAN multicast** *n*
≈ LAN-Rundsendung
≈ LAN broadcast

LAN-Server *nm* — DAT.NW — **LAN server**

L-Antenne *nf* — ANT — **L antenna**

Lanthan *nn* — CHEM — **lanthanum** *n*
= La
= La

LAN-Überleiteinrichtung *nf* DAT.NW **LAN gateway**
= LAN-Gateway *nn*

Lanzenzeiger *nm* INSTR **lance pointer**
↑ Zeiger ↑ pointer

Lapheld *nm* DAT.PR → **laptop computer**
→ Aktentaschen-Computer *nm*

Lapheld Computer *nm* DAT.PR → **laptop computer**
→ Aktentaschen-Computer *nm*

lapidar LING → **concise** *adj*
→ konzis

Laplace-Differentialgleichung *nf* PHYS → **Laplace's equation**
→ Laplace-Potentialgleichung *nf*

Laplace-Operator *nm* MATH **laplacian**
[Vektorrechnung] [vector calculus]
= laplacescher Operator; Laplace'scher Operator

Laplace-Potentialgleichung *nf* PHYS **Laplace's equation**
= Laplace-Differentialgleichung *nf* = Laplace differential equation

laplacescher Grenzwertsatz STATIS **limit theorem of Laplace**

laplacescher Operator MATH → **laplacian**
→ Laplace-Operator *nm*

Laplace'scher Operator MATH → **laplacian**
→ Laplace-Operator *nm*

Laplace-Transformation *nf* MATH **Laplace transform**

Lappen *nm* ANT → **lobe** *n*
→ Keule *nf*

Lappen *nm* MEC.EN **lug** *n*
= Ansatz *nm* (1); Ohr; Nase

läppen MEC.EN **lap** *vt*
= polieren = polish *vt*

Läppen *nn* MEC.EN **lapping** *n*
= Polieren

Lapsus calami LING → **writing mistake** *n*
→ Schreibfehler *nm* (1)

Laptop *nm* DAT.PR → **laptop computer**
→ Aktentaschen-Computer *nm*

Laptop-Computer *nm* DAT.PR → **laptop computer**
→ Aktentaschen-Computer *nm*

LARAM *nn* MICR.EL **LARAM**
= line-addressable random-access memory

Lärm *nm* ACOUS **din** *n*
[störende laute Geräusche] [a loud noise]
= Krach *nm* ↑ noise
↑ Geräusch

lärmarm TELEC → **low noise**
→ geräuscharm

Larmorfrequenz *nf* PHYS **Larmor frequency**

lärmschluckend ACOUS → **sound-absorptive**
→ schallschluckend

Lärmschluckglocke *nf* TER&PER → **noise-absorbing cover**
→ Schallschluckhaube *nf*

Lärmschluckhaube *nf* TER&PER → **noise-absorbing cover**
→ Schallschluckhaube *nf*

Lärmschutz *nm* ACOUS → **sound insulation**
→ Schalldämmung *nf*

Lärmschutzgehäuse *nf* TER&PER → **noise-absorbing cover**
→ Schallschluckhaube *nf*

Lärmschutzglocke *nf* TER&PER → **noise-absorbing cover**
→ Schallschluckhaube *nf*

Lärmschutzhaube *nf* TER&PER **acoustic hood**

Lärmschutzhaube *nf* TER&PER → **noise-absorbing cover**
→ Schallschluckhaube *nf*

lärmsicher ACOUS → **sound-proof**
→ schalldicht

laryngalisierter Laut LING → **creaky voice**
→ Knarrstimme *nf*

Laschdraht *nm* OUT.PL **lashing wire**
= Anwendeldraht *nm*

Lasche *nf* TECH **strap** *n* (2)
[verschraubt, vernietet oder verschweißt] [bolted, riveted or welded on]
= Verbindungsstück *nn* = lug *n*; uniting piece

laschen TECH **lash** *vt*
= festbinden
↓ anwendeln

Laschennietung *nf* MEC.EN **butt-joint riveting**

Laschung *nf* TECH **strapping** *n*
= lashing *n*

Laschvorrichtung *nf* OUT.PL **cable lasher**

Laser *nm* OPTOEL **laser** *n*
[erzeugt kohärentes Licht durch Quanteneffekte] [Light Amplification by Stimulated Emission of Radiation; originally spelled LASER; generates coherent light by quantum effects]
= Quanten-Generator *nm* (ex DDR); optischer Maser; Lichtverstärker *nm*
↓ Kleinleistungslaser; Hochleistungslaser ↓ low-power laser; high-power laser

Laserabgleich *nm* MANUF **laser calibration**
= Lasertrimmen *nn* = laser trimming

Laserabschaltung *nf* CIRC.EN **laser cut-off**
= laser shutdown

Laseranemometer *nn* INSTR **laser anemometer**

Laserbelichter *nm* PRIN.ME **laser typesetter**
[Lichtsatz] [photocomposition]
= Lasersatzanlage *nf*; Laserstrahlbelichter *nm* = laser imager

Laser-Bildplatte *nf* TER&PER → **laser display**
→ Laserbildschirm *nm*

Laserbildschirm *nm* TER&PER **laser display**
= Laser-Bildplatte *nf*

Laserbohrer *nm* TECH **laser drill**

Laserchirpen *nn* OPTOEL **laser chirping**

Laserdiode *nf* OPTOEL **laser diode**

Laserdiodenquelle *nf* INSTR **laser diode source**
= LD source

LaserDisc *nm* TER&PER **LaserDisc**
[doppelseitig bespielbare CD in Schallplattengröße] [two-faced CD with the size of a longplay]
= LaserVision = LaserVision

Laserdrucker *nm* TER&PER **laser printer**
↑ anschlagfreier Drucker; xerografischer Drucker; elektrofotografischer Drucker ↑ non impact printer; xerografic printer; electrophotographic printer

Laserdrucker-Papier *nf* TER&PER **laser printer paper**

Laser-Etikette *nf* TER&PER **laser label**

Laser-Faksimilegerät *nn* TER&PER **laser facsimile equipment**
= Laserfax *nn* = laser fax

Laserfax *nn* TER&PER → **laser facsimile equipment**
→ Laser-Faksimilegerät *nn*

Lasergravur *nf* TECH **laser engraving**

lasergrevieren *vt* TECH **laser engrave**
= lasern *vt* (slang)

Lasergyroskop *nn* INSTR **laser gyroscope**

Laser-Höhenmesser *nm* INSTR **laser altimeter**

Laser-Kalorimeter *nn* INSTR **laser calorimeter**

Laserklasse *nf* OPT.CO **laser class**

Laserkopf *nm* INSTR **laser head**

Laserkristall *nm* OPTOEL **laser crystal**

Laserlicht *nn* OPTOEL **laser light**

Lasermesssystem *nn* INSTR **laser measuring system**

Lasermodul *nn* (*pl* -e) OPTOEL **laser module**

lasern *vt* (slang) TECH → **laser engrave**
→ lasergrevieren *vt*

Laseroptik *nf* TER&PER **optical laser unit**
[Laserdrucker; Laser mit dazugehöriger Optik] [laser printer; assembly with the laser and associated OPT]

Laseroszillator *nm* OPTOEL **laser oscillator**

Laserplatte *nf* TER&PER → **optical disk**
→ Bildplatte *nf*

Laser-Positionsgebersystem *nn* INSTR **laser position transducer**

Laser-Qualität-Drucker *nm* TER&PER **laser-class printer**

Lasersatzanlage *nf* PRIN.ME → **laser typesetter**
→ Laserbelichter *nm*

Laser-Schwellstrom *nm* OPTOEL **threshold laser current**

Laserspeicher *nm* TER&PER **laser storage**

Laserstrahl *nm* OPTOEL **laser beam**

Laserstrahlbelichter *nm* PRIN.ME → **laser typesetter**
→ Laserbelichter *nm*

Lasertechnik *nf* OPTOEL **laser technology**
= Lasertechnologie *nf*

Lasertechnologie *nf* OPTOEL → **laser technology**
→ Lasertechnik *nf*

Lasertrimmen *nn* MANUF → **laser calibration**
→ Laserabgleich *nm*

Laserverstärker *nm* OPTOEL **laser amplifier**

LaserVision TER&PER → **LaserDisc**
→ LaserDisc *nm*

Laserzwangseinschaltung *nf* OPT.CO **forced laser activation**
= forced laser powering

lasierend (Farbe) OPT → **translucide**
→ durchscheinend *adj*

Lasso *nn* COMP.GR **sweep** *n*
[Einbindung mehrerer Grafikelemente zwecks einheitlicher Bearbeitung] [clustering of several graphical elements for common processing]

Last *nf* TECH → **load** *n*
→ Belastung *nf*

Last *nf* = Belastung *nf* ≈ Verbraucher; Stromverbraucher	EL.TEC	**load** *n* = power load ≈ power absorber
Last *nf* → Lastwiderstand *nm*	NETW.TH	→ **load resistance**
Last *nf* ≈ Gewicht	MECH	**load** *n* ≈ weight
Last *nf* → Verkehrswert *nm*	SWITCH	→ **traffic intensity**
lastabhängige Verkehrslenkung = dynamisches Routen	SWITCH	**dynamic routing**
Lastabstoß *nm*	EL.TEC	**load shedding**
Lastanpassung *nf*	NETW.TH	**load matching**
Lastenheft *nn* [kommerzielle und technische Bedingungen] = Ausschreibungsbedingungen *nplt* ≈ Spezifikation	TECH	**specification** *n* (2) [commercial and technical terms] = spec *n* (2) ≈ specification (1)
lastenheftgerecht → spezifikationskonform	TECH	→ **specification-compliant** *adj*
lastenheftskonform → spezifikationskonform	TECH	→ **specification-compliant** *adj*
Lastfaktor *nm*	EL.TEC	**load factor**
Lastfaktorverhältnis *nn*	MICR.EL	**fan-in/fan-out ratio**
Lastflussrechner *nm* [für Starkstromnetz]	COMP.AP	**power-flow computer** [for power sypply]
lastgeführt	POW.SY	**load commutated**
lastgeführter Stromrichter	POW.SY	**load commutated converter**
Lastgüte *nf*	HF	**Q external**
Lastkondensator *nm*	EL.TEC	**load capacitor**
Lastkraftwagen *nm* = Lkw *nm*; LKW *nm*	TRANSP	**truck** *n* = lorry *n* (BE)
Lastkreis *nm* = Belastungskreis *nm*	EL.TEC	**load circuit**
Last-look-Verfahren *nn*	TELEPH	**last look mode**
Lastluss *nm*	POW.SY	**power flow**
Last-Minute-Angebot *nn* (ANGL) → Kurzfristangebot *nn*	ECON	→ **last-minute offer**
lastproportionale Verkehrslenkung	SWITCH	**load-proportional routing**
Lastregelung *nf*	POW.SY	**load regulation** = load effect
Lastregelung *nf* ↑ Überlastabwehr	DAT.CO	**load control** ↑ congestion control
Lastrelais *nn*	COMPO	**load relay**
Lastschrift *nf*	ECON	**debit note** = D/N
Lastschwankung *nf*	PHYS	**load fluctuation**
Lastspannung *nf*	EL.TEC	**load voltage**
Lastspule *nf*	CIRC.EN	**loading coil**
laststark	INF.TEC	**heavy-load** *adj*
Laststrom *nm*	EL.TEC	**load current** = drain current; drain
Lastteilung *nf* → Lastverteilung *nf*	SWITCH	→ **load sharing**
Lastumkehrung *nf* ≈ Lastwechsel	MECH	**load reversion**
Lastverbund *nm* ↑ Mehrrechnersystem	DAT.NW	**load sharing** = load interlocking ↑ multi-computer system
Lastverbund *nm* → Lastverteilung *nf*	SWITCH	→ **load sharing**
Lastverteiler *nm*	POW.EN	**load dispatching station**
Lastverteiler *nm* → Leistungsteiler *nm*	ANT	→ **power divider**
Lastverteilung *nf* = Lastverbund *nm*; Lastteilung *nf*; Belastungsteilung *nf*	SWITCH	**load sharing** = load distribution; load balancing
Lastwechsel *nm* ≈ Lastumkehrung	PHYS	**load alternation**
Lastwiderstand *nm* = Arbeitswiderstand *nm*; Außenwiderstand *nm*; äußerer Widerstand; äußere Last; Last *nf* ≈ Abschlusswiderstand ≠ Innenwiderstand	NETW.TH	**load resistance** = load resistor; loading resistor; load ≈ terminating resistance
Lasur *nf* [durchsichtige Farbe] = Glasur *nf* ≈ Lack; Firnis	TECH	**glaze** *n* [transparent coating]
LATA-Bereich [Gebiet in dem ein LEC auch Ferndienste anbieten darf]	TELEC	**LATA** [area where a LEC can offer also trunk services] = Local Access and Transport Area
Latch [Klinke; eine Art Kippschaltung um einen Zustand aufrechtzuerhalten]	CIRC.EN	**latch** *n* [type of trigger circuit to maintain a particular state]
Latch-up-Effekt *nm* [unerwünschtes Klemmen von Halbleiterbausteinen] = Einklink-Effekt *nm*	MICR.EL	**latch-up effect** [undesired holding of semiconductor devices]
lateinisches Alphabet	LING	**Latin alphabet**
lateinische Schriftart → Antiquaschrift *nf*	PRIN.ME	→ **roman** *n*
lateinisches Quadrat	STATIS	**Latin square**
latent	SCIE	**latent**
latentes Bild	TER&PER	**latent image**
Latenz *nf* [vom latein. "latere" = "verborgen sein"; Vorhandensein eines nicht Erscheinenden]	SCIE	**latency** *n* [from Latin "later" = "to remain out of sight"]
Latenz *nf* [Zeitraum zw. Empfang u. Senden]	TELEC	**latency** *n* [time lag between recption and transmission]
Latenzzeit *nf* = Umdrehungswartezeit *nf* ↑ Zugriffszeit	TER&PER	**latency time** = latency *n* ↑ access time
Lateralmagnet *nm* = Blau-Lateralmagnet *nm*; Blau-Schiebemagnet *nm*	TV	**lateral correction magnet**
Lateral-Transistor *nm*	MICR.EL	**lateral transistor**
LaTeX	COMP.LG	**LaTeX** [by L. Lamport in TeX]
Lattenkiste *nf*	TECH	**crate** *n*
laubgrün *adj*	OPT	**leaf green** *adj*
Laubwald *nm*	GEOSC	**deciduous woodland** = deciduous forest
Laue-Diagramm *nn*	PHYS	**Laue pattern**
Lauf *nm* [Maschine]	MEC.EN	**run** *n* [of an engine]
Lauf *nm* [Sequenz gleichwertiger Bildelemente]	COMP.GR	**run** *n* [sequence of consecutive equal pixels]
Lauf *nm* [Dateisegment mot vorgegebener Sortierfolge] = sortierter Abschnitt	DAT.MA	**run** *n* [a file segment with a given sorting sequence] = sorted segment
Lauf *nm* → Programmlauf *nm*	DAT.PR	→ **program run** *n*
Lauf *nm* → zeitlicher Verlauf	TECH	→ **temporal course** *n*
Laufanweisung *nf* → LAUF-Anweisung *nf*	COMP.LG	→ **RUN statement**
LAUF-Anweisung *nf* [in problemorientierten Sprachen] = Laufanweisung *nf*; FOR-Anweisung *nf* (ALGOL); Schleifenanweisung *nf* (FORTRAN); DO-Befehl (FORTRAN, BASIC); DO-Anweisung *nf* (FORTRAN, BASIC); TU-Anweisung *nf*; PERFORM-Befehl (COBOL); PERFORM-Anweisung *nf* (COBOL) ↑ iterative Anweisung	COMP.LG	**RUN statement** [in high-level languages] = RUN instruction; FOR statement (ALGOL); FOR instruction (ALGOL); DO statement (FORTRAN, BASIC); DO instruction (FORTRAN, BASIC); DO clause; PERFORM statement (COBOL); PERFORM instruction (COBOL)
Laufanzeiger *nm*	HW	**run indicator** [bit or LED indicating that the computer is running]
Laufbahn *nf* → Karriere *nf*	ECON	→ **carreer** *n*
Laufbahn *nf* = Karriere *nf*	ECON	**career** *n*
Laufbeendigungsroutine *nf*	SW	**end-of-run routine**
Laufbild *nn* = Bewegtbild *nn* ≠ Standbild	PHOT	**moving picture sequence** ≠ still
Laufbildkamera *nf* → Filmkamera *nf*	CINEMA	→ **cinematographic camera**
Laufbühne	TECH	**catwalk** *n*
laufend → aktiv	TECH	→ **active** *adj*
laufend = wiedervorkommend ≈ kurzfristig ≠ einmalig	ECON	**recurring** ≈ current ≠ non-recurring
laufend (1) = in Gang befindlich	TECH	**ongoing** *adj* = current; undergoing; underway
laufend (2) → aufeinander folgend	TECH	→ **consecutive** *adj*

laufende Eichung EL.TRO → **self-calibration** *n*
→ Selbsteichung *nf*

laufende Fertigung MANUF **steady production**

laufende Folge TECH **sequential order**
= sequentielle Folge

laufende Nummer MATH → **sequential number**
→ laufende Zahl

laufende Nummer TEC.DOC → **item number**
→ Positionsnummer *nf*

laufendes Gespräch TELEPH **call in progress**

laufendes Gut ANT → **hoist rope**
→ bewegliches Gut

laufende Welle PHYS → **travelling wave**
→ fortschreitende Welle

laufende Zahl MATH **sequential number**
= sequentielle Zahl; Folgezahl *nf*; laufende Nummer; sequentielle Nummer; Folgenummer *nf*; Laufnummer *nf*
= sequence number; consecutive number; serial number

Läufer *nm* POW.SY **rotor** *n*
[beweglicher Teil eines Elektromotors] [the moving part of an electric engine]
= Rotor *nm*
≠ Ständer ≠ stator

Läufer *nm* COMP.AP → **cursor** *n*
→ Schreibmarke *nf*

lauffähig DAT.PR → **executable** *adj*
→ ablauffähig

lauffähige Datei DAT.PR → **executable file**
→ ablauffähige Datei

Lauffeldelektrode *nf* EL.TRO **travelling-wave electrode**
= Wanderwellenelektrode *nf*

Lauffeldmagnetron *nn* MICROW → **travelling-wave magnetron**
→ Wanderfeldmagnetron *nn*

Lauffeldröhre *nf* MICR.EL **travelling-field tube**
↑ Laufzeitröhre ↑ velocity-modulated tube
↓ Wanderfeldröhre ↓ travelling-wave tube

Laufkatze *nf* TECH **trolley** *n*
= Transportkarren *nm*

Lauflänge *nf* COMP.GR **run length**
[Anzahl gleicher aufeinander folgender Bildelemente] [number of consecutive equal pixels]

lauflängenbegrenzte Codierung TER&PER **run-length limited encoding**
[für Magnetplattenspeicherung] [for magnetic disk storing]
= RLL-Codierung *nf*; RLL-Aufzeichnung *nf*; RLL-Verfahren *nn*
= run-length limited coding; run-length limited recording; RLL encoding; RLL encoding; RLL recording

Lauflängencodierung *nf* CODING **run-length coding**
[Codierung der Anzahl aufeinander folgender gleicher Bildpunkte; z.B. beim Faxsimile angewandt] [coding of the number of consecutive identical picture elements; applied e.g. in facsimile]
↓ MHC
= run-length encoding; RLE

Laufliste *nf* DAT.MA **FOR list**

Laufnummer *nf* MATH → **sequential number**
→ laufende Zahl

Laufphase DAT.PR → **execution cycle**
→ Ausführungszyklus *nm*

Laufraum *nm* MICROW → **drift space**
→ Triftraum *nm*

Laufraumelektrode *nf* MICR.EL **drift tunnel**

Laufrichtung *nf* PRIN.ME **direction** (of paper)
[von Papier]
= Maschinenrichtung *nf*; Längsrichtung *nf*
= grain *n*

Laufrolle *nf* (1) MEC.EN **castor** *n*
[Transportuntersatz mit Rollen]

Laufrolle *nf* (2) MEC.EN → **sheave** *n*
→ Seilscheibe *nf*

Laufschiene *nf* EQP.EN **slide** *n*
= guide rail

Laufsitz *nm* MEC.EN **medium fit**

Laufsteg *nm* TECH **walkway** *n*

Lauftext *nm* PRIN.ME **current text**
= main text; body; matter

Laufvariable *nf* SW **control variable**
[Variable einer Steueranweisung] [variable in a control statement]
↓ Indexvariable; Schaltvariable
= controlled variable
↓ index variable; switch variable

Laufweite *nf* PRIN.ME **set size**
= Buchstabenabstand *nm*
≈ Zeichendichte
≈ character density

Laufwerk *nn* HW **drive** *n*
= Antrieb *nm*
↓ Plattenlaufwerk; Magnetbandantrieb
= driving mechanism
↓ disk drive; magnetic tape drive

Laufwerkbuchstabe *nm* HW → **drive letter**
→ Laufwerkskennung *nf*

Laufwerkdefekt *nm* HW **disk drive crash**
↓ Bauchlandung
= disk crash; disc drive crash; disc crash
↓ head crash

Laufwerksanzeige *nf* HW **drive activity light**
= Diskettenlaufwerksanzeige *nf*; Festplattenlaufwerk-Anzeige *nf*

Laufwerksbezeichnung *nf* HW **drive designation**
= drive designator

Laufwerksduplizierung *nf* HW **drive duplexing**
[die gleichen Daten werden auf zwei Partitionen eines Laufwerks mit getrennter Steuerung geführt] [identical data on two partitions of the same disk with separate drives]

Laufwerks-Einbauplatz *nm* HW **drive bay**
= Laufwerksschacht *nm*
[space in a PC to install disk drives]

Laufwerkskennung *nf* HW **drive letter**
[z.B. A] [e.g. A]
= Laufwerkbuchstabe *nm*; Laufwerkszuordnung *nf*
= drive mapping

laufwerkslos HW **diskless** *adj*
= plattenlos
= discless

laufwerksloser Arbeitsplatzrechner DAT.NW **diskless workstation**
[aus Gründen der Datensicherheit] [for data security reasons]
= plattenloser Arbeitsplatzrechner
= discless workstation

laufwerksloser PC DAT.NW **diskless PC**
= plattenloser PC
= discless PC

Laufwerksnummer *nf* HW **drive number**

Laufwerksschacht *nm* HW → **drive bay**
→ Laufwerks-Einbauplatz *nm*

Laufwerksspiegelung *nf* HW **drive mirroring**
[die gleichen Daten werden auf Partitionen verschiedener Platten unter einer Laufwerksteuerung geführt] [the sa me data are hold on several partitions of different disks, using the same drive controller]

Laufwerksverriegelung *nf* HW → **drive lock**
→ Laufwerkverriegelung *nf*

Laufwerksymbol *nn* COMP.AP **drive symbol**
[in einem Verzeichnisfenster] [in a directory window]

Laufwerkszuordnung *nf* HW → **drive letter**
→ Laufwerkskennung *nf*

Laufwerkverriegelung *nf* HW **drive lock**
= Laufwerksverriegelung *nf*; Laufwerschloss
= door lock

Laufwerschloss HW → **drive lock**
→ Laufwerkverriegelung *nf*

Laufzahl *nf* TELEC **sequence number**
[ATM] [ATM]
= SN

Laufzahlschutz *nm* TELEC **sequence number protection**
[ATM] [ATM]
= SNP

Laufzeichen *nn* COMP.AP → **cursor** *n*
→ Schreibmarke *nf*

Laufzeit *nf* DAT.PR → **execution time**
→ Ausführungszeit *nf* (1)

Laufzeit *nf* PHYS **propagation time**
≈ Verzug
= transit time; travel time; runtime; propagation delay; delay *n*

Laufzeit *nf* ECON **term** *n*
= Fristigkeit *nf*
≈ Termin

Laufzeit *nf* CINEMA **running time**
= Spiellänge *nf*

laufzeitarm EL.TEC **with low runtime**

Laufzeitausgleich *nm* TELEC **propagation-time compensation**
≈ Laufzeitentzerrung
≈ delay ecualization

laufzeitbedingtes Fehlverhalten CIRC.EN **race** *n*
[timing-dependent malfunction]

Laufzeitbilanz *nf* TELEC **progation time budget**
[ATM] [ATM]

Laufzeitcharakteristik *nf* TELEC **delay-time characteristic**
= Laufzeitgang *nm*
= delay vs. frequency characteristic

Laufzeitdemodulator *nm* TV **delay-time colour decoder**
[PAL] [PAL]

Laufzeiteffekt *nm* EL.TRO **transit-time effect**

Laufzeitentzerrer *nm* TELEC **delay equalizer** *n*
≈ Laufzeitnachbildung
= delay compensator (1)
≈ phase equalizer; phase compensator (2)

Laufzeitentzerrung *nf* TELEC **delay equalization**
≈ Laufzeitausgleich
≈ phase equalization; delay compensation

Laufzeitfilter *nn* NETW.TH **delay filter**

Laufzeitgang *nm* TELEC → **delay-time characteristic**
→ Laufzeitcharakteristik *nf*

laufzeitgestört CIRC.EN **raced** *adj*
[erroned due to timing problems]

Laufzeitglied *nn* NETW.TH **delay element**
[Transversalfilter] [transversal filter]

Laufzeitleitung *nf* LINE TH **delay line**
= Verzögerungsleitung *nf*

Laufzeitnachbildung *nf* TELEC **delay compensator** (2)
≈ Laufzeitentzerrer ≈ delay equalizer

Laufzeitneigungsregler *nm* TELEC **delay-slope equalizer**

Laufzeitnetzwerk *nn* CIRC.EN → **delay circuit**
→ Verzögerungsschaltung *nf*

Laufzeitröhre *nf* MICROW **velocity-modulated tube**
↑ Kathodenstrahlröhre = transit-time tube; v.m. tube
↓ Triftröhre; Lauffeldröhre ↑ cathode ray tube
↓ linear-beam tube

Laufzeitschräglage *nf* TELEC **transit-time distortion**

Laufzeitspeicher *nm* HW **delay-line memory**
= Verzögerungsleitungsspeicher *nm* = delay-line storage; delay-line store

Laufzeitstufe *nf* CIRC.EN → **time-delay stage**
→ Verzögerungsstufe *nf*

Laufzeit-System *nn* SW → **runtime system**
→ Ablaufsystem *nn*

Laufzeitunterschied *nm* TELEC **delay difference**

Laufzeitunterschied *nm* EL.TRO → **skew** *n* (1)
→ Zeitversatz *nm*

Laufzeitverzerrung *nf* TELEC **delay distortion**

Laufzyklus *nm* DAT.PR → **execution cycle**
→ Ausführungszyklus *nm*

Lauge *nf* CHEM **lye** *n*
= causting solution

Laurent-Transformation *nf* MATH **Laurent transform**
= zweiseitige Z-Transformation

Lauscher *nm* INTERNET → **lurker** *n*
→ Schmarotzer *nm*

Laustärkesteller *nm* EL.ACOU → **level controller**
→ Pegelregler *nm*

laut ACOUS **loud** *adj*

Laut *nm* ACOUS → **sound** *n* (2)
→ Hörschall *nm*

Laut *nm* LING **sound** *n*
↓ Vokale; Konsonante ↓ vowel; consonant

Lautbild *nn* LING **acoustic image**

Lautbildung *nf* LING → **articulation** *n*
→ Artikulation *nf*

Laute *nf* MUSIC **lute** *n*

Lautheit *nf* ACOUS **loudness** *n*
= Lautstärke *nf*

Lautheitsgrad *nm* TELEPH **loudness rating**

Lauthörapparat *nm* TELEPH → **loudspeaker telephone set**
→ Lauthörtelefon *nn*

Lauthören *nn* TELEPH **open listening**

Lauthörfernsprecher *nm* TELEPH → **loudspeaker telephone set**
→ Lauthörtelefon *nn*

Lauthörgerät *nn* TELEPH → **loudspeaker telephone set**
→ Lauthörtelefon *nn*

Lauthörtelefon *nn* TELEPH **loudspeaker telephone set**
= Lauthörfernsprecher *nm*; Lauthörapparat *nm*; Lauthörgerät *nn* = loudspeaker telephone
≈ hands-free telephone

lautkonform LING → **transcribed**
→ transkribiert

Lautlehre *nf* PHYS → **acoustics** *nplt*
→ Akustik *nf*

Lautlehre *nf* LING → **phonetics** *nplt*
→ Phonetik *nf*

Lautschrift *nf* LING **phonetic spelling**
= phonetic transcription; phonetic alphabet

Lautsprecher *nm* EL.ACOU **loudspeaker** *n*
↑ Schallwandler = speaker *n*
↑ electroacoustic transducer

Lautsprecher-Abdeckung *nf* EL.ACOU **loudspeaker baffle** (1)
= Lautsprecher-Schallwand *nn* = speaker baffle

Lautsprecher-Bespannungsgewebe *nn* EL.ACOU **loudspeaker textile**
= Lautsprecherseide *nf* = speaker textile

Lautsprecherbox *nf* EL.ACOU **loudspeaker box**
= speaker box; loudspeaker cabinet (2); loudspeaker box

Lautsprecherchassis *nn* EL.ACOU → **loudspeaker cabinet** (1)
→ Lautsprecher-Leergehäuse *nn*

Lautsprechergehäuse *nn* EL.ACOU → **loudspeaker cabinet** (1)
→ Lautsprecher-Leergehäuse *nn*

Lautsprecherkabel *nn* COM.CAB **speaker wire**

Lautsprecherkombination *nf* EL.ACOU **composite loudspeaker**
= multichannel loudspeaker

Lautsprecherkondensator *nm* EL.ACOU **loudspeaker capacitor**

Lautsprecher-Leergehäuse *nn* EL.ACOU **loudspeaker cabinet** (1)
= Lautsprechergehäuse *nn*; Lautsprecherchassis *nn* = loudspeaker chassis; loudspeaker case

Lautsprecher-Leistungsregler *nm* EL.ACOU → **L-pad**
→ L-Regler *nm*

Lautsprecher-Pegelregler *nm* EL.ACOU → **L-pad**
→ L-Regler *nm*

Lautsprecher-Schallwand *nn* EL.ACOU → **loudspeaker baffle** (1)
→ Lautsprecher-Abdeckung *nf*

Lautsprecherschirm *nm* EL.ACOU **louver** *n*

Lautsprecher-Schutzschalter *nm* EL.ACOU **loudspeaker protector**
= speaker protector

Lautsprecher-Schwingspule *nf* EL.ACOU → **voice coil**
→ Schwingspule *nf*

Lautsprecherseide *nf* EL.ACOU → **loudspeaker textile**
→ Lautsprecher-Bespannungsgewebe *nn*

Lautsprecher-Set *nn* EL.ACOU **loudspeaker set**
= speaker set

Lautsprecher-Stecker *nm* EL.ACOU **loudspeaker connector**
= connector speaker

Lautsprechersystem *nn* EL.ACOU **loudspeaker system**
= speaker system

Lautsprecherwand *nf* EL.ACOU **loudspeaker baffle** (2)

Lautstärke *nf* ACOUS → **loudness** *n*
→ Lautheit *nf*

Lautstärkebegrenzer *nm* EL.ACOU **volume limiter**
≈ limiter

Lautstärkemesser *nm* EL.ACOU **volume meter**
= phonometer; volumen indicator

Lautstärkepegel *nm* ACOUS **volume of sound**
= loudness level; volume *n*

Lautstärkeregelung *nf* EL.ACOU → **level controller**
→ Pegelregler *nm*

Lautstärkeregler *nm* EL.ACOU → **level controller**
→ Pegelregler *nm*

Lautzeichen *nn* LING **phonogram**
[symbol of a phonetic spelling]

lava OPT **lava**
[Farbe] [color]

lävogyr PHYS → **levorotatory**
→ linksdrehend

Lawine *nf* PHYS **avalanche** *n*

Lawinendiode *nf* MICR.EL → **avalanche photodiode**
→ Lawinenfotodiode *nf*

Lawinendurchbruch *nm* MICR.EL **avalanche breakdown**
= Avalanche-Durchbruch *nm*

Lawinendurchbruch-Spannung *nf* MICR.EL **avalanche voltage**
↑ Durchbruchspannung = avalanche breakdown voltage
↑ breakdown voltage

Lawineneffekt *nm* PHYS **avalanche effect**
= Avalanche-Effekt *nm*

Lawineneinspritzung *nf* MICR.EL **avalanche injection**
= Stoßinjektion *nf*

Lawinenfotodiode *nf* MICR.EL **avalanche photodiode**
= Lawinenphotodiode *nf*; Avalanche-Fotodiode *nf*; Avalanche-Photodiode *nf*; Lawinendiode *nf*; Avalanche-Diode *nf*; APD-Diode *nf* = APD; avalanche diode
↓ Impatt-Diode; Trapatt-Diode ↓ impatt diode; trapatt diode

Lawinenlaufzeitdiode *nf* MICR.EL → **impact avalanche transit diode**
→ Impatt-Diode *nf*

Lawinenmultiplikation *nf* PHYS **avalanche multiplication**

Lawinenphotodiode *nf* MICR.EL → **avalanche photodiode**
→ Lawinenfotodiode *nf*

Lawinentransistor *nm* MICR.EL **avalanche transistor**

Lawinenverstärkung *nf* PHYS **avalanche amplification**

LAWN *nn* DAT.NW → **local-area wireless network**
→ Funk-LAN *nn*

Lawrencium *nn* CHEM **lawrencium** *n*
= Lr = Lr

Layback *nn* IMAG.ME **layback** *n*
[die endgültige Tonspur auf das Mutter-Video-Band übertragen] [transferring the final audio track to the master video tape]

Layout *nn* = Satzskizze *nf*	PRIN.ME	**layout** *n*
Layout *nn* → Seitenumbruch *nm*	PRIN.ME	→ **page make-up** *n*
Layout *nn* → Strukturentwurf *nm*	MICR.EL	→ **structural layout** *n*
Layout-Darstellungsfunktion *nf* → Seitenansichtsfunktion *nf*	COMP.AP	→ **preview function**
Layout-Folie *nf*	EL.TRO	**layout foil**
Layout-Programm *nn* [seitengestaltend] = Layout-Software *nf*	WOR.PR	**layout program** [page making] = layout software
Layout-Software *nf* → Layout-Programm *nn*	WOR.PR	→ **layout program**
Layout-Struktur *nf* [Verkleinerung für Kontrollzwecke]	PRIN.ME	**thumb-nail** [layout reduction for control purposes]
L-Band *nn* [1452 Mhz -1492 MHz] = 1,5-GHz-Band *nn*	RADIO	**L band** [1452 MHz -1492 MHz] = 1.5 GHz band
LBA-Verfahren *nn*	HW	**LBA** = Logical Block Addressing
LBS-Dienste *nplt* → ortsbezogene Dienste	MOB.CO	→ **Location Based Services**
LCA [umprogrammierbares Gate Array in CMOS-SRAM]	MICR.EL	**LCA** [Logic Cell Array; reprogrammable gate array in CMOS-SRAM]
LCC [anschlussstiftlose Bauform für Oberflächenmontage]	MICR.EL	**LCC** [Leadless Chip Carrier; leadless package for surface mounting]
LCD → Flüssigkristallanzeige *nf*	COMPO	→ **LCD display**
LCD-Anzeige *nf* → Flüssigkristallanzeige *nf*	COMPO	→ **LCD display**
LCD-Bildschirm *nm* → Flüssigkristall-Bildschirm *nm*	TER&PER	→ **liquid-crystal display monitor**
LCD-Drucker *nm* [ähnlich einem Laserdrucker, jedoch mit einer konventionellen Lichtquelle] = LCS-Drucker *nm*; Flüssigkristallblenden-Drucker *nm* ↑ elektrophotografischer Drucker	TER&PER	**LCD printer** [works like a laser printer, but with a conventional light source] = liquid crystal display printer; liquid crystal shutter printer; LCS printer ↑ electrophotographic printer
LCD-Projektor *nm* ↑ Datenprojektor	TER&PER	**LCD projector** ↑ data projector
LCDTL	MICR.EL	**LCDTL** = load-compensated diode-transistor logic
LCD-Treiber *nm*	TER&PER	**LCD driver**
LC-Filter *nn* = Reaktanzfilter *nn*	NETW.TH	**LC filter**
LC-Generator *nm* = LC-Oszillator *nm*	CIRC.EN	**LC generator** = LC oscillator
LC-Glied *nn*	NETW.TH	**LC section**
LC-Messgenerator *nm* = LC-Signalgenerator *nm*	INSTR	**LC measuring generator**
LCN → lokales Kommunikationssystem	DAT.NW	→ **local communication network**
LC-Oszillator *nm* → LC-Generator *nm*	CIRC.EN	→ **LC generator**
LCR-Funktion *nf* → Minimalkostenlenkung *nf*	SWITCH	→ **least-cost routing**
LCR-Messbrücke *nf* = LCR-Messgerät *nn* ↑ Impedanz-Messbrücke	INSTR	**LCR measuring bridge** = LCR meter ↑ impedance measuring bridge
LCR-Messgerät *nn* → LCR-Messbrücke *nf*	INSTR	→ **LCR measuring bridge**
LCS-Drucker *nm* → LCD-Drucker *nm*	TER&PER	→ **LCD printer**
LC-Siebung *nf*	NETW.TH	**LC filtering**
LC-Signalgenerator *nm* → LC-Messgenerator *nm*	INSTR	→ **LC measuring generator**
LCZ-Messer *nm*	INSTR	**LCZ meter**
LC-Zweipol *nm*	NETW.TH	**LC network**
ld → dyadischer Logarithmus	MATH	→ **logarithm to the base of 2**
LD-Diskette *nf* → DD-Diskette *nf*	TER&PER	→ **DD disk**
LE → Leitungsendgerät *nn*	TRANSM	→ **line terminal equipment**
Lead-in [Startbereich einer Session]	TER&PER	**lead-in** *n* [marks the start domain of a

Lead-in *nn* → Vorspann *nm*	SOUN.ME	→ **lead-in** *n*
Lead-out [Endbereich einer Session]	TER&PER	**lead-out** *n* [marks the final domain of a
Lead-out *nn* → Nachspann *nm*	SOUN.ME	→ **lead-ou** *n*
Leaky-Bucket-Verfahren *nn* [ATM; "undichter Auffangbehälter"]	TELEC	**leaky-bucket procedure** [ATM]
Leapfrog-Filter *nn*	NETW.TH	**leapfrog filter**
Leasing *nn* [Vermieten von Anlagengegenständen mit Serviceleistung] ↑ Finanzierung	ECON	**leasing** *n* (2) ↑ financing
Leasinggeber *nm*	ECON	**lessor** *n*
Leasingnehmer *nm*	ECON	**leassee** *n*
Lebenddaten *nplt* → heiße Daten	DAT.PR	→ **live data**
lebende Fußzeile → Fußzeile *nf*	PRIN.ME	→ **footer line** *n*
lebender Kolumnentitel [Hinweis auf Inhalt am Kopf oder Fuß einer Spalte oder Seite]	PRIN.ME	**catchword** *n* [reference to content on top of bottom of a column or page]
lebender Nullpunkt	INSTR	**life zero**
lebenerhaltendes System	MED.EN	**life support system**
Lebensdauer *nf* [bis zum Ende der Funktionsfähigkeit] = Betriebslebensdauer *nf* ≈ Nutzungsdauer; Gebrauchslebensdauer	QUAL	**life time** [till the end of operability] = operation life; life ≈ utilization life; useful life
Lebensdauerkalkulation *nf*	ECON	**life-cycle costing**
Lebensdauerprüfung *nf* = Lebensdauertest *nm*	QUAL	**life test**
Lebensdauertest *nm* → Lebensdauerprüfung *nf*	QUAL	→ **life test**
Lebensdauerverteilung *nf*	QUAL	**life-time distribution**
Lebenserwartung *nf*	QUAL	**life expectation** = lifetime expectancy
Lebenslauf *nm* = beruflicher Werdegang	ECON	**resumé** *n* = curriculum vitae; personal record
Lebensmitteltechnik *nf*	TECH	**food technology**
Lebenszyklus *nm*	TECH	**life cycle**
Lebenszykluskosten *nplt*	ECON	**life cycle cost** = LCC
lebhafte Farbe	OPT	**vivid color** (AE) = vivid colour (BE)
Lecher-Leitung *nf* = Doppelleitung *nf*; Paralleldrahtleitung *nf*	LINE TH	**two-wire line** = Lecher line; Lecher wires; parallel-wire line
Lecher-Welle *nf* → transversale elektromagnetische Welle	LINE TH	→ **transverse electromagnetic wave**
leck → undicht	TECH	→ **leak** *adj*
Leck *nn* → Undichtigkeit *nf*	TECH	→ **leak** *n*
lecken ≈ durchsickern	TECH	**leak** *vi* ≈ ooze
Leckkorrekturwert *nm*	TER&PER	**real ear correction**
Leckleitung *nf*	MOB.CO	**leaky feeder**
Leckleitwert *nm*	PHYS	**leakage conductance**
Leckring *nm*	TELEPH	**lip ring**
lecksicher = auslaufsicher ≈ dicht (1)	TECH	**leakproof** *adj* = leaktight ≈ spillproof
Lecksicherheit *nf* ≈ Dichtigkeit	TECH	**leakproofness** ≈ tightness
Leckstelle *nf* = Undichtigkeitsstelle *nf*	TECH	**leakage point**
Leckstrom *nm* = Ableitstrom *nm* ≈ Streustrom; Sperrstrom [EL.TRO] ↓ Kriechstrom	EL.TEC	**leak current** = leakage current ≈ stray current; reverse current [EL.TRO] ↓ tracking current
Leckstrom *nm* → Reststrom *nm*	MICR.EL	→ **cutoff current** (2)
Leckstromrauschen *nn* [MOS-Transistor]	MICR.EL	**leakage-current noise** [MOS transistor]
Leckverlust *nm* ≈ Undichtigkeit	TECH	**leakage** *n* ≈ leak
Leckwelle *nf*	OPT.CO	**leaky mode**
Leckwellenantenne *nf*	ANT	**leaky-wave antenna**
Leckwiderstand *nm* → Ableitungswiderstand *nm*	EL.TEC	→ **leck resistance**

Leclanché-Element *nn* POW.SY **Leclanché cell**
= Leclanché element
↑ Primärelement ↑ primary cell
↓ Trockenelement ↓ dry cell

LED MICR.EL → **light emitting diode**
→ Lumineszenzdiode *nf*

LED-Anzeige *nf* COMPO **LED display**

Leddicon *nn* EL.TRO → **plumbicon**
→ Plumbikon

LED-Drucker *nm* TER&PER **LED printer**
[funktioniert wie ein Laserdrucker, jedoch mit einem LED als Lichtquelle und einer Flüssigkristallmaske] [works lika a laser printer, but using a LED as light source and a liquid crystal mask]
↑ elektrofotografischer Drucker ↑ electrophotographic printer

Ledersatz *nm* TECH → **leather imitation**
→ Kunstleder *nn*

ledergebunden PRIN.ME **leather-bound** *adj*

Lederrücken *nm* PRIN.ME **leather back**

LED-Fassung *nf* COMPO **LED clip**

LED-Quelle *nf* INSTR **LED source**

leer TER&PER **empty** *adj*
= unbeschriftet = void; blank

leer *adj* COLL **empty** *adj*
= void; vacuous

Leer- TECH → **dummy** *adj*
→ Schein-

Leerabdeckung *nf* EQP.EN **blank cover**
= blank panel

Leeradresse *nf* SW **blank address**

Leeranschluss *nm* DAT.CO **dummy line**

Leeranweisung *nf* SW **blank instruction**
[löst nichts aus] [does nothing]
= Blindanweisung *nf*; Scheinanweisung *nf*; Leerbefehl *nm*; Blindbefehl *nm*; Scheinbefehl *nm*; Nulloperationsanweisung *nf*; Nulloperationsbefehl *nm*; Nulloperation *nf*; NOP; No-Operation-Befehl *nm* = DO-NOTHING instruction; dummy instruction; SKIP instruction; null instruction; NO-operation instruction; NO-OP instruction; NOP instruction; NOP; NO-OP; blank instruction; WASTE instruction; blank command; skip command; null command; EXIT statement (COBOL)

Leerband *nn* DAT.MA **void tape**
= empty tape

Leerbaugruppe *nf* EQP.EN → **dummy module**
→ Blindbaugruppe *nf*

Leerbefehl *nm* SW → **blank instruction**
→ Leeranweisung *nf*

Leerbit *nn* CODING **dummy bit**
= blank bit; null bit

Leerblock *nm* SW **dummy block**

Leercassette *nf* TER&PER → **virgin cassette**
→ Leerkassette *nf*

Leerdatei *nf* DAT.MA **dummy file**
= Blinddatei *nf*

Leerdaten *nplt* DAT.MA **null data**
[mit zugewiesenem Platz aber momentan ohne Werte] [with allocated space but currently without value]
= Blinddaten *nplt* = dummy data

Leerdiskette *nf* DAT.MA **blank diskette**
= empty diskette; clean diskette

Leerdruck *nm* PRIN.ME → **blank line**
→ Leerzeile *nf*

Leere *nf* COLL **emptiness** *n*
= void *n*; vacuousness *n*

leere Liste DAT.MA → **empty list**
→ Leerliste *nf*

leerer Datensatz DAT.MA **dummy data record**
= Leersatz *nm* = dummy record

leerer Datenträger DAT.MA **empty medium**
= blank medium

Leerfolge *nf* DAT.MA → **null string**
→ Leerkette *nf*

Leerformular *nn* TER&PER **blank form**
= Blankoformular *nn* = blank medium

Leergang *nm* PRIN.ME → **blank line**
→ Leerzeile *nf*

Leergestell *nn* EQP.EN **empty rack**

Leergut *nn* ECON **empties** *nplt*

Leerkanalgeräusch *nn* TELEC **idle channel noise**
= Kanalgeräusch *nn*

Leerkarte *nf* TER&PER **virgin card**
[noch ohne Chip, noch nicht personalisiert] [still w/o chip and not yet personalized]
= Virginalkarte *nf* (ANGL)

Leerkassette *nf* TER&PER **virgin cassette**
= unbeschriebene Kassette; Leercassette *nf*

Leerkette *nf* DAT.MA **null string**
= Leersequenz *nf*; Leerfolge *nf* = blank string; vacancy chain [DAT.CO]

Leerlauf *nm* MEC.EN **idle motion**
= idling *n*; lost motion

Leerlauf *nm* EL.TEC **open-circuit operation**
= offener Stromkreis = open circuit; no-load operation

Leerlaufabschluss *nm* INSTR **open** *n*

Leerlaufadmittanz *nf* NETW.TH **open-circuit admittance**

Leerlauf-Ausgangsadmittanz *nf* NETW.TH **open-circuit output admittance**
= Leerlauf-Ausgangsleitwert *nm*

Leerlauf-Ausgangsimpedanz *nf* NETW.TH **open-circuit output impedance**
= Leerlauf-Ausgangswiderstand *nm*

Leerlauf-Ausgangsleitwert *nm* NETW.TH → **open-circuit output admittance**
→ Leerlauf-Ausgangsadmittanz *nf*

Leerlauf-Ausgangswiderstand *nm* NETW.TH → **open-circuit output impedance**
→ Leerlauf-Ausgangsimpedanz *nf*

Leerlaufbetrieb *nm* EL.SC **no-load operation**
= no-load mode

Leerlaufcode *nm* TELEC **idle code**

Leerlaufdämpfung *nf* NETW.TH **open-circuit attenuation**

Leerlauf-Eingangsadmittanz *nf* NETW.TH **open-circuit input admittance**
= Leerlauf-Eingangsleitwert *nm*

Leerlauf-Eingangsimpedanz *nf* NETW.TH **open-circuit input impedance**

Leerlauf-Eingangsleitwert *nm* NETW.TH → **open-circuit input admittance**
→ Leerlauf-Eingangsadmittanz *nf*

Leerlauf-Erreichbarkeit *nf* SWITCH **idle accessibility**
= idle availability

Leerlaufgleichspannung *nf* EL.SC **non-load dc**

Leerlaufgleichspannung *nf* CIRC.EN **floating voltage**
= Schwebespannung *nf*

Leerlaufgüte *nf* EL.TRO **Q unloaded**

Leerlaufimpedanz *nf* NETW.TH **open-circuit impedance**
= Leerlaufscheinwiderstand *nm*; Leerlaufwiderstand *nm*

Leerlauf-Interrupt *nn* (ANGL) SW → **idle interrupt**
→ Leerlauf-Unterbrechungszeichen *nn*

Leerlaufscheinwiderstand *nm* NETW.TH → **open-circuit impedance**
→ Leerlaufimpedanz *nf*

Leerlaufspannung *nf* EL.TEC **open-circuit voltage**
= Quellenspannung *nf*; Urspannung *nf*; elektromotorische Kraft; EMK; eingeprägte Kraft = no-load voltage; electromotive voltage; electromotive force; emf

Leerlaufspannung *nf* POW.SY **nominal voltage**
[Akkumulator] [accumulator]
= Ruhespannung *nf*

Leerlauf-Spannungsrückwirkung *nf* MICR.EL **open-circuit reverse voltage transfer ratio**

Leerlauf-Spannungsverstärkung *nf* CIRC.EN **open-circuit voltage gain**
= Leerlaufverstärkung *nf* = open-loop gain

Leerlaufstrom *nm* EL.TEC **open-circuit current**
= open-loop current; no-load current

Leerlauf-Übertragungsfaktor *nm* NETW.TH **open-circuit transmission factor**

Leerlauf-Unterbrechungszeichen *nn* SW **idle interrupt**
= Leerlauf-Interrupt *nn* (ANGL)

Leerlaufverknüpfung *nf* LOGIC → **zero constant** *n*
→ Nullkonstante *nf*

Leerlauf-Verlust *nm* EL.TEC **open-circuit loss**

Leerlaufverstärkung *nf* CIRC.EN → **open-circuit voltage gain**
→ Leerlauf-Spannungsverstärkung *nf*

Leerlauf-Verstärkungsfaktor *nm* CIRC.EN **open-circuit gain factor**

Leerlaufwechselspannung *nf* EL.SC **no-load ac**

Leerlaufwiderstand *nm* NETW.TH → **open-circuit impedance**
→ Leerlaufimpedanz *nf*

Leerlaufzeit *nf* TECH **idle time**

Leerlaufzeitschlitz *nm* DAT.NW **empty time slot**
[when an empty packet is received]

Leerliste *nf* DAT.MA **null list**

Leerliste *nf* DAT.MA **empty list**
= leere Liste; Nullliste (*nf*) = void list

Leermeldung *nf* DAT.PR → **nil signal**
→ Nullmeldung *nf*

Leermenge *nf* MATH **empty set**
= Nullmenge *nf* = blank set; null set

Leerpaket *nn* DAT.NW **empty packet**

Leerplatine *nf* EL.TRO **bare board**

Leerplatte *nf* [ohne Daten]	DAT.MA	**blank disk** [with no data] = empty disk
Leerplatz *nm*	EQP.EN	**blank space** = vacant position
Leerquittung *nf*	DAT.CO	**dummy acknowledgment** = dummy ACK
Leerraum *nm* = Leerstelle *nf*; Wortzwischenraum *nm*; Zwischenraum *nm*; Blank *nn* ↓ Vorbreite; Nachbreite; nichttrennbarer Wortzwischenraum [WOR.PR]	PRIN.ME	**blank space** = space *n*; blank *n* ↓ left blank; right blank; hard space [WOR.PR]
Leerrohr *nn*	OUT.PL	**vacant pipe**
Leerroutine *nf* = Dummy-Routine *nf* (ANGL)	SW	**dummy routine** = stub *n*
Leersatz *nm* → leerer Datensatz	DAT.MA	→ **dummy data record**
Leerschritt *nm*	DAT.CO	**space pulse**
Leerseite *nf* = Vakatseite *nf*	PRIN.ME	**blank page**
Leersequenz *nf* → Leerkette *nf*	DAT.MA	→ **null string**
Leersignal *nn* → Füllsignal *nn*	DAT.PR	→ **dummy signal**
Leerspule *nf* → Spule *nf*	TER&PER	→ **reel** *n*
Leerspur *nf*	TER&PER	**blank track**
Leerstehen *nn*	ECON	**otiosity** *n*
Leerstelle *nf* → Gitterfehlstelle *nf*	PHYS	→ **lattice vacancy**
Leerstelle *nf* → Leerraum *nm*	PRIN.ME	→ **blank space**
Leerstelle *nf* = Zwischenraum *nm*; Blank *nn* ≈ Leerzeichen	CODING	**blank** *n* = void *n*; space *n*; whitespace *n* ≈ blank character
Leertaste *nf* [erzeugt eine Leerstelle] = Zwischenraumtaste *nf*	TER&PER	**space bar** [generates a blank space] = spacebar; space key; spacing key
Leertransaktion *nf*	COMP.AP	**null transaction**
Leerwort *nn*	DAT.CO	**dummy word** = space word
Leerzeichen *nn* ≈ Füllzeichen	CODING	**blank character** = blank *n*; idle character; space character; space *n* ≈ filler
Leerzeichen *nn* ≈ Leerstelle; Füllzeichen	DAT.CO	**blank character** = idle character ≈ blank; filler character
Leerzeichen *nn* → Zwischenraumzeichen *nn*	TELEGR	→ **space character**
Leerzeichenausgleich *nm* → Mikroausschluss *nm*	WOR.PR	→ **microjustification** *n*
Leerzeiger *nm* [zeigt nirgendhin] = Nullzeiger *nm*	DAT.MA	**null pointer** [points to nothing] = nil pointer
Leerzeile *nf* = Blindzeile *nf*; Leergang *nm*; Leerdruck *nm*	PRIN.ME	**blank line** = space line
Leerzeilensprung *nf* [Fax]	TELEGR	**blank line skipping** [fax]
Leerzelle *nf* [ATM]	TELEC	**void cell** [ATM]
Legal-Format *nn* [8,5"x14"]	TEC.DOC	**Legal format** [8.5"x14"]
Legalisierung *nf*	ECON	**validation** *n* = legalization *n*
Legat *nn* → Vermächtnis *nn*	LAW	→ **bequest** *n*
Legelänge *nf* → Verlegelänge *nf*	OUT.PL	→ **laying length**
legen → verlegen	OUT.PL	→ **lay** *vt*
Legende *nf* → Zeichenerklärung *nf*	PRIN.ME	→ **legend** *n*
Legendre-Filter *nn*	NETW.TH	**Legendre filter**
legendresches Polynom → Kugelfunktion *nf*	MATH	→ **spherical function**
Legendre'sches Polynom → Kugelfunktion *nf*	MATH	→ **spherical function**
Legeschiff *nn* → Kabellegeschiff *nn*	TELEC	→ **cable ship**
Legetechnik *nf* → Verlegetechnik *nf*	OUT.PL	→ **laying technique**
Legetiefe *nf* → Verlegetiefe *nf*	OUT.PL	→ **laying depth**
Legeverhältnisse *nplt*	OUT.PL	**laying conditions**
legieren	METAL	**alloy** *vt*
legierte Batterie	POW.SY	**alloyed battery**
legierte Diode	MICR.EL	**alloyed diode**
legierter Transistor → Legierungstransistor *nm*	MICR.EL	→ **alloy-junction transistor**
Legierung *nf*	METAL	**alloy** *n*
Legierungsfront *nf*	PHYS	**alloy front**
Legierungsschicht *nf*	MICR.EL	**alloy junction**
Legierungstechnik *nf* = Legierungsverfahren *nn*	MICR.EL	**alloying technique** = alloying process
Legierungstransistor *nm* = legierter Transistor ↑ Bipolartransistor; Flächentransistor	MICR.EL	**alloy-junction transistor** = alloy-diffused transistor; alloyed transistor ↑ bipolar transistor; junction transistor
Legierungsverfahren *nn* → Legierungstechnik *nf*	MICR.EL	→ **alloying technique**
Legitimationszeichen *nn* → Sendeberechtigungszeichen *nn*	DAT.NW	→ **token** *n*
Legung *nf* → Kabelverlegung *nf*	OUT.PL	→ **cable laying**
Legungstiefe *nf* → Verlegetiefe *nf*	OUT.PL	→ **laying depth**
Lehnbedeutung *nf*	LING	**borrowed meaning**
Lehnprägung *nf* = Abklatsch *nm*; Kalkierung *nf*; Calque	LING	**calque** *n*
Lehnschöpfung *nf*	LING	**loan creation**
Lehnübersetzung *nf*	LING	**loan translation**
Lehnwort *nn*	LING	**loan word**
Lehranstalt *nf* = Schule *nf* ↓ Grundschule; Oberschule; Hochschule	EDUC	**school** *n* ↓ primary school; secundary school; tertiary school
Lehrberuf *nm* → Lehrfach *nn* (2)	EDUC	→ **teaching profession**
Lehrbuch *nn* ≈ Schulbuch; Fachbuch	EDUC	**textbook** *n* ≈ tutorial; schoolbook; monograph
Lehrdorn	MEC.EN	**plug gauge** = plug gage; gauge plug; gage plug
Lehre → Theorie *nf*	SCIE	→ **theory** *n*
Lehre *nf* = praktische Berufsausbildung	EDUC	**apprenticeship** *n*
Lehre *nf* = Unterricht *nm* ≈ Theorie	EDUC	**instruction** *n* = tuition *n* (1) ≈ theory
Lehre *nf* = Eichmaß *nn* ≈ Schablone ↓ Messlehre; Prüflehre; Montagelehre	MEC.EN	**gauge** *n* = gage *n*; jig *n*; appliance *n* ↓ measuring gage; checking appliance; assembly appliance
lehren → unterrichten	EDUC	→ **instruct** *vt*
Lehrensatz *nm*	MEC.EN	**gauge kit** = gage kit
Lehrer *nm* (1) = Volksschullehrer *nm*	EDUC	**teacher** *n* = primary school teacher
Lehrer *nm* (2) = Ausbilder *nm*; Ausbildner *nm* (AT)	EDUC	**instructor**
Lehrfach *nn* (1) [des gelehrte Fach]	EDUC	**subject** *n* = branch of instruction
Lehrfach *nn* (2) = Lehrberuf *nm*	EDUC	**teaching profession**
Lehrfilm *nm*	CINEMA	**educational film**
Lehrgang *nm* → Kurs *nm*	EDUC	→ **course** *n*
Lehrgebiet *nn*	EDUC	**teaching field**
Lehrgeld *nn* = Schulgeld *nn*	EDUC	**tuition** *n* (2) [charge fore instruction service]
Lehrhandbuch *nn*	PRIN.ME	**training manual** = tutorial *n*
Lehrling *nm* = Anlernling *nm*; Auszubildender *nm*; Azubi *nm* (slang)	EDUC	**apprentice** *n* = trainee *n* (1)
Lehrring *nm* → Passring *nm*	MEC.EN	→ **gauge ring**
Lehrsatz *nm* → Theorem *nn*	SCIE	→ **theorem** *n*
Lehrschritt *nm* ≈ Lernschritt	EDUC	**teaching step** ≈ learning step

Lehrsignal *nn* — COMP.AP — **teacher signal**

Lehrsimulation *nf* — SCIE — **instructional simulation**
= academic simulation; tutorial simulation

Lehrsystem *nn* — EDUC — **teaching system**

Lehrzahnrad *nn* — MEC.EN — **master gear**

leichartig — SCIE — → **heterogeneous** *adj*
→ heterogen

leicht — PHYS — **light** *adj*
[Gewicht] — [weight]
≈ gewichtsparend — = lightweight; ≈ weight-saving

leicht — COLL — **easy** *adj*
[fig] — = facile
≈ einfach — ≈ simple

Leichtbau *nm* — TECH — **lightweight** *n*

Leichtbauweise *nf* — TECH — **lightweight construction**

leichtbeweglich — TECH — **easy movable**

leichte Bespulung — OUT.PL — **light loading**

leichte Kamera — CINEMA — **leightweight camera**
= Leichtgewichtkamera *nf*

Leichtgewichtkamera *nf* — CINEMA — → **leightweight camera**
→ leichte Kamera

Leichtigkeit *nf* — COLL — **easiness** *n*
[geringe Schwierigkeit] — [low grade of difficulty]

Leichtigkeit *nf* — PHYS — **lightness** *n*
[low weight]

Leichtmetall *nn* — METAL — **light metal**

Leichtversion *nf* — TECH — **light version**
[weniger aufwendig] — [less demanding]

leichtwelliges Gelände — RAD.PRO — **gently rolling terrain**
= slightly ondulating terrain

leicht zugänglich — TECH — **readily accessible**

Leideform *nf* — LING — → **passive voice**
→ Passiv *nn*

leihen (1) — ECON — → **lend** *vt* (1)
→ verleihen *vt*

leihen (2) — ECON — → **lend** *vt* (2)
→ entleihen *vt*

Leiher *nm* — ECON — → **lender** *n* (1)
→ Verleiher *nm*

Leihziffer *nf* — COMP.SC — **borrow digit**

Leim *nm* — TECH — → **adhesive** *n*
→ Kleber *nm*

leimartig — TECH — → **viscous** *adj*
→ dickflüssig

Leine *nf* — TECH — **line** *n*
[dünnes Seil] — [a slender cord]
≈ Seil; Strick; Tau; Kabel — ≈ cord; rope; cable

Leinwand *nf* — IMAG.ME — **screen** *n*

leise — TECH — → **noiseless**
→ geräuschlos

leise — MUSIC — → **piano** *adv*
→ piano *adv*

Leisebetrieb *nm* — TER&PER — **quiet mode**
= Geräuschlosbetrieb *nm* — = quiet operation

Leisstungsstärke *nf* — TECH — → **power** *n*
→ Leistungsfähigkeit *nf*

Leiste *nf* — TECH — **strip** *n* (2)
↓ Abdeckleiste; Zierleiste — = strap *n* (1); ↓ dummy strip; ornamental strip

Leistenkörper *nm* — COMPO — **connector-strip body**

Leistung *nf* — TECH — **performance** *n*

Leistung *nf* — PHYS — **power** *n*
[Arbeit pro Zeiteinheit; SI-Einheit: Watt] — [work per unit time; SI unit: Watt]
≈ Energiestrom — ≈ energy flow

Leistungsabfall *nm* — PHYS — **power drop**
= power decrease

Leistungsabfall *nm* — TECH — **degradation** *n*

leistungsabhängige Kosten — ECON — → **variable costs**
→ variable Kosten

Leistungsaddition *nf* — PHYS — **power sum**
= Leistungssummierung *nf* — = power addition

Leistungsanforderung *nf* — TECH — **performance requirement**

Leistungsanpassung *nf* — NETW.TH — **power matching**
[Innenwiderstand gleich Außenwiderstand, maximale Leistungsübertragung auf den Verbraucher, jedoch mit gleich großer Innenverlustleistung der Quelle] — [load resistance equal to intrinsic resistance; maximum energy transfer to load, but with equal internal dissipation of the energy source]
= Anpassung *nf* (2) — = power match; matching *n* (2); match *n* (2); adaptation *n* (2)
↑ Anpassung (1) — ↑ matching (1)

Leistungsanstieg *nm* — EL.TEC — **power rise**
= power set-up

Leistungsaufnahme *nf* — EL.TEC — **power input**
= Leistungsverbrauch *nm* — = absorbed power; power consumption; power drain; current drain; wattage
≈ Stomaufnahme; Stromverbrauch; Leistungsbedarf; Strombedarf — ≈ current input; current consumption; power demand; current demand

Leistungsbandbreite *nf* — EL.ACOU — **power bandwidth**
[HiFi] — [hifi]

Leistungsbedarf *nm* — EL.TEC — **power demand**
≈ Leistungsaufnahme; Strombedarf; Stromaufnahme — = required power; ≈ power consumption; current demand; current consumption

Leistungsbedeckung *nf* — PHYS — → **radiance** *n*
→ Strahlungsdichte *nf* (1)

leistungsbegrenzt — EL.SC — **power-limited** *adj*

Leistungsbeschreibung *nf* — TEC.DOC — **performance specification**
= Leistungsspezifikation *nf*

Leistungsbewertung *nf* — TECH — **performance evaluation**

Leistungsbilanz *nf* — SAT.CO — **link budget analysis**

Leistungsbilanz *nf* — TRANSM — **transmission budget**

Leistungsdämpfungsfaktor *nm* — NETW.TH — **power attenuation factor**
[Leistung am Eingang zu Leistung am Ausgang] — [power at input to power at output]
= Leistungsdämpfungsmaß *nn*

Leistungs-Dämpfungsglied *nn* — INSTR — → **high power attenuator**
→ Hochleistungsabschwächer *nm*

Leistungsdämpfungsmaß *nn* — NETW.TH — → **power attenuation factor**
→ Leistungsdämpfungsfaktor *nm*

Leistungsdichte *nf* (1) — PHYS — **power density**

Leistungsdichte *nf* (2) — PHYS — → **Poynting's vector**
→ Poynting-Vektor *nm*

Leistungsdiode *nf* — MICR.EL — **power diode**

Leistungselektronik *nf* — EL.TRO — → **power electronics**
→ Energieelektronik *nf*

Leistungsempfänger *nm* — ECON — **recipient of a service**

Leistungsendstufe *nf* — CIRC.EN — → **power amplifier**
→ Leistungsverstärker *nm*

Leistungsendverstärker *nm* — CIRC.EN — → **power amplifier**
→ Leistungsverstärker *nm*

Leistungsendverstärkerstufe *nf* — CIRC.EN — → **power amplifier**
→ Leistungsverstärker *nm*

leistungsfähig — TECH — **powerful** *adj*
= leistungsstark; mächtig — = mighty
≈ fähig; wirkungsvoll — ≈ capable; efficient

Leistungsfähigkeit *nf* — TECH — **power** *n*
= Leisstungsstärke *nf*, Mächtigkeit *nf* — = mightiness *n*; performance *n*; functionality *n*
≈ Fähigkeit; Eignung; Brauchbarkeit — ≈ capability; suiteableness; serviceableness

Leistungsfaktor *nm* — EL.TEC — **power factor**
[Kosinus des Phasenwinkels zwischen Spannung und Strom]

Leistungsfaktormesser *nm* — INSTR — **power-ratio meter**
= Kosinus-Phi-Messer *nm*

Leistungsfluss *nm* — PHYS — **power flow**

Leistungs-Frequenz-Regelung *nf* — POW.EN — **load-frequency control**

Leistungsgarantie *nf* — TECH — **performance guaranty**

Leistungsgleichrichter *nm* — MICR.EL — **power rectifier**

Leistungsglied *nn* — EL.TRO — **power element**

Leistungsgrenze *nf* — TECH — **performance limit**
= record *n*

Leistungsgrenzwert *nm* — DAT.PR — **performance limit**
= Parachor — = parachor *n*

Leistungshalbleiter *nm* — MICR.EL — **power semiconductor**

Leistungshyperbel — MICR.EL — **power dissipation curve**

Leistungsindikator *nm* — ECON — **performance indicator**

Leistungsindikator *nm* — EL.ACOU — **power indicator**

Leistungsklasse *nf* — TECH — **performance category**

Leistungskombinator *nm* — RADIO — → **power combiner**
→ Leistungssummierer *nm*

Leistungskriterium *nn* — TECH — **performance criterion**

Leistungslohn *nm* — ECON — **incentive wage**

Leistungslussdichte *nf* — PHYS — → **Poynting's vector**
→ Poynting-Vektor *nm*

Leistungsmanagement *nn* — TELEC — **performance management**
[TMN] — [TMN]
= Leistungsverwaltung *nf*

Leistungsmerkmal *nn* — TECH — **feature** *n* (2)

= Leistungsparameter *nm*
↑ Merkmal
= performance parameter; user facility; facility *n*; utility *n*
↑ characteristic (1)

Leistungsmerkmalanforderung *nf* INF.TEC **feature request sheet**
= LM-Anforderung *nf*

Leistungsmerkmalekatalog *nm* TECH **features catalogue**

Leistungsmerkmalpaket *nn* INF.TEC **feature package**
= LM-Paket *nn*

Leistungsmerkmalsanforderung *nf* DAT.CO **facility request**
= Merkmalsanforderung *nf*

Leistungsmesser *nm* INSTR **power meter**
= Wattmeter *nn*; Leistungsmessgerät *nn*
↓ Wirkleistungsmesser; Blindleistungsmesser; Scheinleistungsmesser
= wattmeter *n*

Leistungsmessgerät *nn* INSTR → **power meter**
→ Leistungsmesser *nm*

Leistungsmesskopf *nm* INSTR **power sensor**

Leistungsmessschaltung *nf* CIRC.EN **power measuring circuit**

Leistungsmessung *nf* INSTR **power measurement**
= power testing; power metering

Leistungsminderung *nf* EL.TRO → **back-off** *n*
→ Unteraussteuerung *nf*

Leistungsniveau *nn* ECON **standard of service**

Leistungsoszillator *nm* CIRC.EN **power oscillator**

Leistungsparameter *nm* TECH → **feature** *n* (2)
→ Leistungsmerkmal *nn*

Leistungspegel *nm* TELEC **power level**
≠ Spannungspegel
≠ voltage level

Leistungspegelgang *nm* INSTR **power flatness**

Leistungsqualität *nf* TECH **performance quality**

Leistungsquelle *nf* EL.TEC **power source**

Leistungsreduzierung *nf* EL.TRO → **back-off** *n*
→ Unteraussteuerung *nf*

Leistungsregelung *nf* POW.EN **load control**
↑ Netzregelung

Leistungsrelais *nn* COMPO **power relay**

Leistungsröhre *nf* EL.TRO **power tube**
= power valve

Leistungsschalter *nm* POW.EN → **power switch**
→ Trennschalter *nm*

Leistungsschild *nn* TECH **rating plate**

Leistungsschütz *nm* POW.EN **power contactor**

Leistungsschwankung *nf* EL.TEC **power fluctuation**
= power sway; power swing

Leistungsspektralfunktion *nf* TELEC **power density spectrum**

Leistungsspektrum *nn* PHYS **power spectrum**

Leistungsspezifikation *nf* TEC.DOC → **performance specification**
→ Leistungsbeschreibung *nf*

leistungsstark TECH → **powerful** *adj*
→ leistungsfähig

Leistungssteigerungsprodukt *nn* DAT.PR → **enhancer** *n*
→ Verbesserungsprodukt *nn*

Leistungssteuerkreis *nm* CIRC.EN **power control circuit**

Leistungsstufe *nf* CIRC.EN → **power amplifier**
→ Leistungsverstärker *nm*

Leistungssummierer *nm* RADIO **power combiner**
= Leistungskombinator *nm*

Leistungssummierung *nf* PHYS → **power sum**
→ Leistungsaddition *nf*

leistungssymmetrischer Vierpol NETW.TH **revertible two-port**
[mit gleichem Verhalten in beiden Richtungen]
[with equal performance in both directions]
= revertible quadripole

Leistungsteiler *nm* MICROW **power splitter**
= power divider

Leistungsteiler *nm* RADIO → **power splitter**
→ Leistungsverteiler *nm*

Leistungsteiler *nm* ANT **power divider**
= Lastverteiler *nm*

Leistungstetrode *nf* EL.TRO **power tetrode**
= Sendetetrode *nf*
↑ Leistungsröhre
↑ power tube

Leistungsthyristor *nm* MICR.EL **power thyristor**

Leistungstransformator *nm* POW.EN **power transformer**

Leistungstransistor *nm* MICR.EL **power transistor**
= End-Transistor *nm*

Leistungstreiber *nm* CIRC.EN → **driver** *n*
→ Treiber *nm*

Leistungstriode *nf* EL.TRO **power triode**
↑ Leistungsröhre
↑ power tube

Leistungsübertrager *nm* COMPO **power transformer**

Leistungsübertragung *nf* ANT **power transfer**

Leistungsübertragungsfaktor *nm* TELEPH **transducer sensitivity**
= Wandlerempfindlichkeit *nf*

Leistungsübertragungsfaktor *nm* NETW.TH **power transmission factor**
[Leistung am Ausgang zu Leistung am Eingang]
≠ Leistungsdämpfungsfaktor
↓ Wellenleistungs-Übertragungsfaktor; Betriebsleistungs-Übertragungsfaktor
[power output/input ratio]
= power transmission coefficient
≠ power attenuation factor
↓ image power transmission factor; effective power transmission factor

Leistungsüberwachung *nf* TELEC **performance monitoring**

Leistungsüberwachungsprogramm *nn* SW **performance monitor**
= Systemmonitor *nm*
[a program]

Leistungsumfang *nm* ECON **scope of work**
= Projektumfang *nm*; Leistungsverzeichnis *nn*
≈ scope of supply

Leistungsverbrauch *nm* EL.TEC → **power input**
→ Leistungsaufnahme *nf*

Leistungsvergleich *nm* TECH **performance comparison**

Leistungsvergleichsaufgabe *nf* SW → **benchmark problem**
→ Bewertungsaufgabe *nf*

Leistungsvergleichsprogramm *nn* SW → **benchmark program** *n*
→ Bewertungsprogramm *nn*

Leistungsvergleichstest *nm* SW → **benchmark test**
→ Bewertungstest *nm*

Leistungsverlust *nm* TECH **power loss**

Leistungsverstärker *nm* CIRC.EN **power amplifier**
= Leistungsendverstärker *nm*; Leistungsendverstärkerstufe *nf*; Leistungsendstufe *nf*; Leistungsstufe *nf*; Endverstärker *nm*; Endverstärkerstufe *nf*
≈ Endstufe; Ausgangsverstärker
= final amplifier
≈ final stage; output amplifier

Leistungsverstärkung *nf* NETW.TH **power gain**
↑ Verstärkung
= power amplification

Leistungsverteiler *nm* RADIO **power splitter**
= Leistungsteiler *nm*
= power divider

Leistungsverwaltung *nf* TELEC → **performance management**
→ Leistungsmanagement *nn*

Leistungsverzeichnis *nn* ECON → **scope of work**
→ Leistungsumfang *nm*

Leistungswobbelung *nf* INSTR **power sweep**

Leistungszahl *nf* HF **figure of merit**

Leistungszulage *nf* ECON **incentive bonus**

Leitaluminium *nn* METAL **EC-grade aluminum**
= EC-Aluminium *nn*; Hochleitaluminium *nn*
= EC aluminum; electrical-conductor-grade aluminum; high-conductivity

Leitartikel *nm* PRIN.ME **editorial** *n*
= leading article; leader *n*

Leitblock *nm* DAT.NW → **control frame**
→ Steuerrahmen *nm*

leitend PHYS **conductive** *adj*
= leitfähig
≠ isolierend
↓ wärmeleitend; stromleitend [EL.TEC]
= conducting; carrying
≠ insulating
↓ heat conducting; conductive [EL.TEC]

leitend EL.TEC → **conductive** *adj*
→ stromleitend

leitende Schicht PHYS **conducting layer**

Leiter *nm* EL.TEC → **wire** *n*
→ Draht *nm*

Leiter *nm* MICROW → **waveguide**
→ Hohlleiter *nm*

Leiter *nm* PHYS **conductor** *n*
≠ Isolator
↓ Elektrizitätsleiter; Wärmeleiter
≠ insulator
↓ electrical conductor; thermal conductor

Leiter *nm* TECH **ladder** *n*
↑ Steiggerät

Leiter *nm* ECON **officer** *n*
[Funktion]
= Direktor *nm* (2); Geschäftsführer *nm*; Chef *nm*
[position of authority]
= director *n* (2); manager *n* (1); managing director; chief *n*; head *n*; business executive

Leiterantenne *nf* ANT **ladder antenna**

Leiterbahn *nf* EL.TRO **track conductor** *n*
= Leiterstreifen *nm*
= PCB track; path conductor; printed wire; conduction path; conductor path; conducting track; conduxtor track; track; trace (2)

Leiterbahnführung *nf* EL.TRO **conductor track routing**
= conducting track routing

Leiterbahnschluss *nm* EL.TRO **conductor short**

Leiterbilddatei *nf* MANUF **pattern file** [PCB]

Leiterbruch *nm* EL.TEC **conductor break**

Leiterbündel *nf* COM.CAB **conductor bundle** = conductor unit

Leiter der Standortdienste ECON **facility manager**

Leiterdraht *nm* SYS.INS → **strap** *n*
→ Rangierdraht *nm*

leitergebunden TELEC **conducted**
= leitungsgebunden; leitergeführt; leitungsgeführt = conductor-bound; line-bound
≠ drahtlos ≠ wireless
↓ drahtgebunden ↓ wire-bound

leitergebundene Störspannung INF.TEC → **conducted interfering voltage**
→ leitungsgeführte Störspannung

leitergebundene Übertragung TRANSM → **line transmission**
→ Leitungsübertragung *nf*

leitergebundene Übertragungstechnik TRANSM **line transmission technique**
[auf metallischen oder optischen Leitern] [on metallic or optical lines]
= Leitungsübertragungstechnik *nf* ↓ metallic-line transmission technique
↓ drahtgebundene Übertragungstechnik

leitergeführt TELEC → **conducted**
→ leitergebunden

Leiternetzwerk *nn* NETW.TH → **ladder network**
→ Kettenschaltung *nf*

Leiterplatte *nf* EL.TRO **printed circuit board**
= gedruckte Schaltung; gedruckte Leiterplatte; Schaltungsplatine *nf*; Printplatte *nf*; Trägerplatine *nf*, platine *nf*; gedruckte Schaltkarte; Schaltkarte *nf*; Steckkarte *nf*; Karte *nf*
= PCB; printed wiring board; PWB; printed board; board; printed circuit; PC; circuit board; circuit card; card module; card; perf-board [HW]

Leiterplattenauflösung *nf* EL.TRO → **PCB artwork creation**
→ Leiterplattenentflechtung *nf*

Leiterplattenaufnahme *nf* EQP.EN → **module frame**
→ Baugruppenrahmen *nm*

Leiterplattenbestückung *nf* MANUF **insertion of components**
= Baugruppenbestückung *nf* = printed board assembly; PCB assembly; module mounting

Leiterplattendruckvorlage *nf* MANUF → **artwork master**
→ Druckvorlage *nf*

leiterplatteneigene Stromversorgung EQP.EN → **on-board power supply**
→ leiterplattenintegrierte Stromversorgung

Leiterplattenentflechtung *nf* EL.TRO **PCB artwork creation**
= Leiterplattenauflösung *nf*, Strukturentflechtung *nf*; Entflechtung *nf*
= printed circuit drafting; PCB artwork generation; PCB artwork production; PCB design; PCB drafting and design; routing *n*

Leiterplattenfertigung *nf* MANUF **PCB production**
= PCB manufacture

Leiterplattengehäuse *nn* EQP.EN → **module frame**
→ Baugruppenrahmen *nm*

Leiterplattenherstellung *nf* MANUF **PCB manufacturing**

leiterplattenintegriert EQP.EN **on-board** *adj*
= platinenintegriert [contained on a PCB]

leiterplattenintegrierte Stromversorgung EQP.EN **on-board power supply**
= leiterplatteneigene Stromversorgung, platinenintegrierte Stromversorgung; On-board-Stromversorgung *nf* [on a PCB]
↑ dezentrale Stromversorgung

Leiterplatten-Prüfsystem *nn* INSTR **board test system**
= PCB test system

Leiterplattenrahmen *nm* EQP.EN → **module frame**
→ Baugruppenrahmen *nm*

Leiterplatten-Stecker *nm* COMPO → **edge connector**
→ Randstecker *nm*

Leiterplatten-Testgerät *nn* MANUF **board tester**

Leiterplattenträger *nm* EL.TRO **PCB base**
= printed circuit base

Leiterseil *nn* COM.CAB **conductor strand**

Leiter-Sternpunkt-Spannung *nf* POW.SY → **phase voltage**
→ Phasenspannung *nf*

Leiterstreifen *nm* EL.TRO → **track conductor** *n*
→ Leiterbahn *nf*

Leitersystem *nn* EQP.EN → **cable harness**
→ Kabelform *nf*

Leiterverseilung *nf* COM.CAB → **twisting** *n*
→ Verseilung *nf*

Leiterwerkstoff *nm* COMPO → **contact material**
→ Kontaktträgerwerkstoff *nm*

Leiterwiderstand *nm* EL.TRO **conductor resistance**

Leitfaden *nm* COLL **guide** *n*
= Vademekum *nn* = vade mecum

leitfähig PHYS → **conductive** *adj*
→ leitend

Leitfähigkeit *nf* PHYS **conductivity** *n*
= Leitungsfähigkeit *nf*; Leitungseigenschaft *nf*; Leitvermögen *nn* = conductance *n*
↓ Wärmeleitfähigkeit; elektrische ↓ heat conductivity; electric conductivity

Leitfähigkeitsmodulation *nf* MICR.EL **conductivity modulation**

Leitfähigkeitstyp *nm* PHYS **conductivity type**

Leitfigur *nf* COLL **leading figure**

Leitgummi *nm* TECH **semiconducting rubber**

Leitkasse *nf* TER&PER **master cashbox**

Leitkunde *nm* ECON **trend setting customer**
= leading customer

Leitkupfer *nn* METAL **EC-grade copper**
= EC-Kupfer *nn*; Hochleitkupfer *nn* = EC copper; electrical-conductor-grade copper; high-conductivity copper

Leitlinie *nf* TECH → **guideline** *n* (1)
→ Richtlinie *nf*

Leitplan *nm* ECON → **master plan**
→ Generalplan *nm*

Leitprodukt *nn* ECON **pilot product**
= flagship product

Leitprogramm *nn* SW **master control program**
= MCP

Leitprozessor *nm* COMPO **management processor**

Leitpunktierung *nf* PRIN.ME → **leader dots** *nplt*
→ Auspunktierung *nf*

Leitrechner *nm* DAT.NW → **host computer**
→ Hauptrechner *nm*

Leitrechner *nm* DAT.PR **master computer**
[Hauptrechner in einem Mehrrechnersystem] [main computer in a multiprocessor system]
≈ Hauptrechner [DAT.NW] ≈ host computer [DAT.NW]

Leitregister *nn* OFFICE **card-index set**

Leitregister *nn* SWITCH **originating register**

Leitrolle *nf* MEC.EN → **guide roller**
→ Führungsrolle *nf*

Leitscheibe *nf* MEC.EN → **guide pulley**
→ Führungsscheibe *nf*

Leitschnitt *nm* MATH **directrix** *n*
[Kegelschnitt] [conic section]

Leitseite *nf* TELEC **leading videotext page**
[Btx]

Leitspindel *nf* MEC.EN **lead screw**

Leitsprache *nf* LING → **source language**
→ Ursprungssprache *nf*

Leitspur *nf* CONS.EL → **pre-groove** *n*
→ Vorspur *nf*

Leitstand *nm* CONTRO **control post**
≈ Leitzentrale ≈ control center

Leitstation *nf* TELECON → **polling station**
→ zyklisch abfragende Station

Leitstation *nf* TELECON → **main station**
→ Zentrale *nf*

Leitstelle *nf* TELECON → **main station**
→ Zentrale *nf*

Leitsteuerung *nf* SWITCH **primary control**

Leitstrahl *nm* RAD.NA **equisignal** *n*
= Equisignal *nn*

Leitstrahlbake *nf* RAD.NA **equisignal radio range beacon**
= Equisignalbake *nf*

Leitstrahldrehung *nf* RAD.NA **equisignal lobing**

Leitstrahllinie *nf* RAD.NA **equisignal line**
= Equisignallinie *nf*

Leitstrahlortungsgerät *nn* RAD.LO **equisignal localizer**

Leitstrahlsektor *nm* RAD.NA **equisignal sector**
= Equisignalsektor

Leitstrahlverfahren *nn* RAD.NA **equisignal system**

Leitstrahlzone *nf* RAD.NA **equisignal zone**
= Equisignalzone *nf*

Leittechnik *nf* AUTOMA **instrumentation and control**
= I&C; control and instrumentation

Leittechnik *nf* TECH → **control engineering**
→ Steuer-und Regelungstechnik *nf*

Leitung *nf* EQP.EN → **connecting cord**
→ Anschlussschnur *nf*

Leitung *nf* PHYS **conduction** *n*
↓ Elektrizitätsleitung; Wärmeleitung; Lichtwellenleitung ↓ electric conduction; thermal conduction

German	Field	English
Leitung *nf*	LINE TH	**line** *n*
Leitung *nf* ≈Verbindung	TELEC	**line** *n* =link *n*; circuit *n* ≈connection
Leitung *nf* →Übertragungsstrecke *nf*	TRANSM	→**transmission link** *n*
Leitung *nf* (1) →Geschäftsführung *nf*	ECON	→**management** *n* (1)
Leitung *nf* (2) [Funktion] =Führung *nf*; Direktion *nf* (2)	ECON	**management** *n* (2) [function] =direction *n* (2)
Leitungeinheit *nf* →Beschaltungseinheit *nf*	SWITCH	→**connection unit**
Leitungsabfrage *nf*	TELEPH	**line request**
Leitungsabfrage *nf*	DAT.CO	**line scan** =LS
Leitungsabruf *nm*	DAT.CO	**line polling** =circuit polling
Leitungsabrufbetrieb *nm*	DAT.CO	**line-polling operation** =circuit-polling operation; polled-line operation; polled-circuit operation
Leitungsabschluss *nm* [ISDN]	TELEC	**line termination** [ISDN] =LT
Leitungsabschluss *nm*	LINE TH	**line termination**
Leitungsabschlusseinheit *nf* →Leitungsabschlusseinrichtung *nf*	DAT.CO	→**line terminating unit**
Leitungsabschlusseinrichtung *nf* =Leitungsabschlusseinheit *nf*; LTU	DAT.CO	**line terminating unit** =LTU; line terminating equipment; line connecting equipment; circuit terminating equipment
Leitungsabschnitt *nm* →Streckenabschnitt *nm*	TRANSM	→**line section**
Leitungsadapter *nm*	HW	**line adapter**
Leitungsalarm *nm*	SWITCH	**faulty-line alarm**
Leitungsanalysator *nm* =Verbindungsanalysator *nm*	DAT.CO	**line analyzer** =link analyzer
Leitungsanschaltesatz *nm*	SWITCH	**line connection unit**
Leitungsanzapfung *nf*	TELEC	**wiretapping** *n*
Leitungsaufseher *nm* [Betrieb und Wartung von Freileitungen]	OUT.PL	**lineman** *n* [working on pole routes]
Leitungsauftrennung *nf*	SWITCH	**link sectioning**
Leitungsauslastung *nf*	TELEC	**line load**
Leitungsausnutzung *nf*	TELEC	**line utilization**
Leitungsausrüstung *nf* →Leitungsgerät *nn*	TRANSM	→**line equipment**
Leitungsband *nn* [unterstes leeres Energieband] ↑Energieband	PHYS	**conduction band** [lowest empty energy band] ↑energy band
Leitungsbau *nm*	OUT.PL	**line engineering**
Leitungsbelag *nm* →Leitungskonstante *nf*	LINE TH	→**transmission-line constant**
Leitungsbelastung *nf*	EL.TRO	**line load**
Leitungsbelegung *nf*	TELEC	**line holding** =line occupancy; line seizure
Leitungsberührung *nf* =Leitungsschluss *nm*	EL.TEC	**contact between lines**
Leitungsbetrieb *nm*	DAT.CO	**on-line operation** =line working; on-line mode; line mode
leitungsbezogen	TELEC	**circuit-related**
Leitungsbitrate *nf* →Leitungstakt *nm*	TRANSM	→**line bit rate**
Leitungsbündel *nf* [Leitungsbündel zwischen gleichen Endpunkten] =Bündel *nn*	SWITCH	**trunk group** [group of trunks between equal end-points] =bunch (AE); trunking; group of trunks; group *n*
Leitungscode *nm* =Übertragungscode *nm*	CODING	**line code** =transmission code
Leitungsdämpfung *nf*	LINE TH	**line attenuation**
Leitungsdiagramm *nn* [zur graphischen Bestimmung von Leitungsimpedanzen] =Kreisdiagramm *nn* ↓Schmidt-Buschbeck-Diagramm; Smith-Diagramm; Carter-Diagramm	LINE TH	**transmission line chart** [for graphical determination of line impedances] =impedance chart; line chart; circle chart; circular chart ↓rectangular impedance chart; Smith chart; Carter chart
Leitungsdraht *nm*	OUT.PL	**line wire**
Leitungsdurchsatz *nm*	TELEC	**line throughput**
Leitungsdurchschalter *nm* →Wählsterneinrichtung *nf*	SWITCH	→**stand-alone concentrator** *n*
Leitungseigenschaft *nf* →Leitfähigkeit *nf*	PHYS	→**conductivity** *n*
Leitungseinführung *nf* →Kabeleinführung *nf*	OUT.PL	→**cable inlet**
Leitungselektron *nn*	PHYS	**conduction electron** =conducting electron; free electron
Leitungsemulierungsdienst *nm* [ATM]	TELEC	**circuit emulation service** [ATM] =CES
Leitungsende *nn*	TELEC	**circuit end** =line end
Leitungsendeinrichtung *nf* →Leitungsendgerät *nn*	TRANSM	→**line terminal equipment**
Leitungsendgerät *nn* =Leitungsendeinrichtung *nf*; LE ↑Leitungsgerät	TRANSM	**line terminal equipment** =line terminating equipment; line interface unit; terminal equipment; line terminating unit; LTU ↑line equipment
Leitungsendprozessor *nm*	DAT.CO	**down-line processor**
Leitungsendverstärker *nm* =Kabelendverstärker *nm*	TRANSM	**line terminal amplifier**
Leitungsentzerrer *nm*	TRANSM	**line equalizer**
Leitungsersatzschaltbild *nn*	NETW.TH	**equivalent line circuit**
Leitungsfähigkeit *nf* →Leitfähigkeit *nf*	PHYS	→**conductivity** *n*
Leitungsfeld *nn* →Spannweite *nf*	OUT.PL	→**span length**
Leitungsfreigabe *nf*	TELEC	**line enabling** =line enable
Leitungsführung *nf* =Leitungsverlauf *nm*	TELEC	**line tracing** =line tracking; line routing
leitungsgebunden →leitergebunden	TELEC	→**conducted**
leitungsgebundene Störfestigkeit	TELEC	**conducted susceptibility**
leitungsgebundene Störspannung →leitungsgeführte Störspannung	INF.TEC	→**conducted interfering voltage**
leitungsgeführt →leitergebunden	TELEC	→**conducted**
leitungsgeführte Störspannung =leitungsgebundene Störspannung; leitergebundene Störspannung	INF.TEC	**conducted interfering voltage** =conducted spurious emission; conducted emission
Leitungsgerät *nn* =Leitungsausrüstung *nf* ↓Leitungsendgerät; Leitungsverstärker	TRANSM	**line equipment** ↓line terminating equipment; line repeater
Leitungsgeräusch *nn* =Leitungsrauschen *nn*	TELEC	**line noise** =circuit noise; random circuit noise
Leitungsgeschwindigkeit *nf* =Verbindungsgeschwindigkeit *nf*	DAT.CO	**line speed** =channel speed
Leitungsgleichung *nf* =Telegrafengleichung *nf*	LINE TH	**transmission equation** =telegraphic equation
Leitungsgruppenwähler *nm* =LGW ↑Leitungswähler	SWITCH	**final group selector** =final group switch ↑line selector
Leitungsinterferenz *nf* →Leitungssprung *nf*	TELEC	→**line hit**
Leitungskanal *nm* →Installationskanal *nm*	EL.INS	→**raceway** *n*
Leitungskennzeichnungs-Code *nm*	DAT.CO	**circuit identification code** =CIC
Leitungskonstante *nf* =Leitungsbelag *nm* ↓Ableitungsbelag; Induktivitätsbelag; Kapazitätsbelag; Widerstandsbelag	LINE TH	**transmission-line constant** =electrical primary constants ↓distributed leakage; distributed inductance; distributed capacitance; distributed resistance
Leitungskonzentration *nf*	SWITCH	**line concentration**
Leitungskonzentrator *nm* (1) ≈Wählsterneinrichtung	SWITCH	**line concentrator** (1) =trunk concentrator (1) ≈stand-alone concentrator
Leitungskonzentrator *nm* (2) →Konzentrator *nm* (2)	SWITCH	→**remote concentrator**
Leitungsmechanismus *nm*	PHYS	**conduction mechanism** =carrier-transport mechanism
Leitungsmessung *nf* ≈Leitungsprüfung	SWITCH	**line measuring** ≈line check
Leitungsmodul *nn* (*pl* -e)	SWITCH	**line module**
Leitungsmultiplexer *nm*	TELEC	**line multiplexer**
Leitungsnachbildung *nf* =Nachbildung *nf*; Nachbildimpedanz *nf* ≈Leitungsverlängerung	TELEC	**line-balancing network** =balancing network; artificial network; simulation network;

artificial line; balancing circuit; simulation circuit
≈ line build-out

Leitungsnamenliste *nf* SWITCH **cable assembly list**

Leitungsnetz *nn* TELEC **line network**
[Netz der leitergebundenen Verbindungswege]
≠ Funknetz
↑ Liniennetz
= line plant; wireline network
≠ radio network
↑ outside plant network

Leitungsnetzbetreiber *nm* TELEC **line network operator**
≠ Funknetzbetreiber
= wireline common carrier (AE); WCC (AE)
≠ radio network operator

Leitungsnummer *nf* SWITCH **line number**

Leitungspegel *nm* TRANSM **line level**

Leitungspilot *nm* TRANSM **line pilot**

Leitungsplan *nm* EL.TEC **line plan**

Leitungsprüfung *nf* SWITCH **line check**
≈ Leitungsmessung
≈ line measuring

Leitungspuffer *nm* SWITCH **trunk buffer**

Leitungspuffer *nm* DAT.CO **line buffer**

Leitungsrauschen *nn* TELEC → **line noise**
→ Leitungsgeräusch *nn*

Leitungsresonator *nm* MICROW → **coaxial cavity resonator**
→ Topfkreis *nm*

Leitungssatz *nm* SWITCH **trunk circuit**
[Schnittstelleneinheit zu Verbindungsleitungen]
↑ Satz
[interface unit to trunk lines]
= TC; line supplement
↑ circuit

Leitungssatzbaugruppe *nf* SWITCH **trunk module**

Leitungsschelle *nf* TECH → **cable clamp**
→ Kabelschelle *nf*

Leitungsschluss *nm* EL.TEC → **contact between lines**
→ Leitungsberührung *nf*

Leitungsschnittstelle *nf* TELEC **line interface**

Leitungsseite *nf* TELEC **line side**
≠ Geräteseite
≠ equipment side

Leitungssignalisierung *nf* SWITCH **line signaling** (AE)
= Leitungszeichengabe *nf*

Leitungsspannung *nf* POW.EN → **line voltage**
→ Netzspannung *nf*

Leitungssprung *nf* TELEC **line hit**
[sprungartige Veränderung]
= Leitungsinterferenz *nf*
↑ Leitungsstörung
↓ Leitungsunterbrechung; Phasensprung; Verstärkungssprung
= line jump
↑ line interference
↓ line interruption; phase jump; gain jump

Leitungsstatus *nm* DAT.CO **circuit state**

Leitungssteuerung *nf* DAT.CO **layer link**
[Protokollschicht]
[protocol layer]

Leitungssteuerungsblock *nm* DAT.CO **line control block**
= LCB

Leitungsstörung *nf* TELEC **line failure**
= line fault

Leitungsstrom *nm* EL.TEC **conduction current**
≈ Verschiebungsstrom
≈ dielectric current

Leitungsstrom *nm* POW.EN → **mains current**
→ Netzstrom *nm*

Leitungssystem *nn* TRANSM **line system**
[überträgt auf verlegten Leitern, wie Kupferklabeln, Freileitungen oder LWL-Kabeln]
[uses physical means as copper cables, open wire or optical cables]

Leitungstakt *nm* TRANSM **line bit rate**
= Leitungsbitrate *nf*

Leitungstechnik *nf* SWITCH **signaling control** (2) (AE)

Leitungstheorie *nf* EL.TEC **line theory**
↑ Elektrizitätslehre
↑ electrical fundamentals

Leitungstreiber *nm* CIRC.EN **line driver**

Leitungstrosse *nf* OUT.PL → **trailing cable**
→ Schleppleitung *nf*

Leitungsübergabe *nf* TELEC **line turnaround**
[beim Halbduplexbetrieb]
[on halfduplex operation]
= turnaround *n*; line handover; handover *n*

Leitungsübergabezeit *nf* TELEC **turnaround time**
[beim Halbduplexbetrieb]
[time needed to reverse in half-duplex operation]
= handovrer time

Leitungsübertrager *nm* TELEC **line transformer**

Leitungsübertragung *nf* TRANSM **line transmission**
[Übertragung auf velegten Leitern wie Kupferkabeln, Freileitungen oder LWL-Kabeln]
[on physical lines as copper cables, open-wire lines or optical cables]
= line communications

Leitungsübertragungstechnik *nf* TRANSM → **line transmission technique**
→ leitergebundene Übertragungstechnik

Leitungsüberwachung *nf* SWITCH **line supervision**

Leitungsunterbrechung *nf* TELEC **line interruption**
↑ Leitungssprung
= line break *n*; drop-out *n*
↑ line hit

Leitungsverbesserung *nf* DAT.CO **line conditioning**
= conditioning *n*

Leitungsverlängerung *nf* TRANSM **line build-out**
≈ Leitungsnachbildung
≈ line-balancing network

Leitungsverlauf *nm* TELEC → **line tracing**
→ Leitungsführung *nf*

Leitungsverlust *nm* LINE TH **line loss**

leitungsvermittelt SWITCH **circuit switched**

leitungsvermitteltes Datennetz DAT.CO **circuit switched data network**
= durchschaltevermitteltes Datennetz; Durchschalte-Datennetz *nn*
= CSDN

leitungsvermitteltes öffentliches Datennetz TELEC **circuit-switched public data network**
↑ öffentliches Datennetz
= CSPDN
↑ public data network

Leitungsvermittlung *nf* DAT.CO → **circuit switching**
→ Durchschaltevermittlung *nf*

Leitungsverstärker *nm* TRANSM **line repeater**
= Verstärker *nm*
≈ Regenerator
↑ Leitungsgerät
↓ Endverstärker; Zwischenverstärker
= repeater *n* (1); line amplifier; amplifier *n*; line driver
≈ regenerator
↑ line equipment
↓ terminal repeater; intermediate repeater

Leitungsverstärkerstelle *nf* TRANSM **line repeater station**
= Verstärkerstelle *nf*; Verstärkeramt *nn*
↑ Zwischenstelle
↑ repeater station

Leitungsvervielfachungssystem *nn* TELEC → **digital loop carrier system**
→ digitales Teilnehmermultiplexsystem

Leitungswähler *nm* SWITCH **final selector**
[schaltet in Direktwahlsystemen den gewünschten Teilnehmer an]
= LW
[connects in step-by-step switching systems the desired user line]
= line selector; primary lineswitch; lineswitch

Leitungswahlregister *nn* SWITCH **line selection register**

Leitungswahlstufe *nf* SWITCH **line selection stage**
= Punktwahlstufe *nf*; Anrufsucher-Wahlstufe *nf*; Mischwahlstufe *nf*

Leitungsweg *nm* OUT.PL **line path**
↓ cable path

Leitungsweiche *nf* TRANSM **line separating filter**

Leitungswelle *nf* LINE TH → **transverse electromagnetic wave**
→ transversale elektromagnetische Welle

Leitungszeichen *nn* SWITCH **line signal**
[für leitungsindividuelle Signalisierung]
↑ Kennzeichen
↑ switching signal

Leitungszeichengabe *nf* SWITCH → **line signaling** (AE)
→ Leitungssignalisierung *nf*

Leitungszeitüberschreitung *nf* DAT.CO **line timeout**

Leitungszugang *nm* DAT.CO **line access**

Leitungszugangsverfahren *nn* DAT.CO **link access procedure**
= LAP

Leitvermögen *nn* PHYS → **conductivity** *n*
→ Leitfähigkeit *nf*

Leitweg *nm* SWITCH **route** *n*
[günstigster Weg]
[most favorable path]
= routing *n* (2); routeing *n* (2) (BE)

Leitwegabsuche *nf* SWITCH **route search**
= Leitwegsuche *nf*

Leitwegangaben *nplt* SWITCH **routing data**
= Leitweglenkungsdaten *nplt*

Leitweglenkung *nf* SWITCH **routing** (1)
[Ansteuern des günstigsten Vermittlungsweges, unter Berücksichtigung des Belegungszustandes der Alternativen]
= Wegewahl *nf*; Wegesuche *nf*; Verkehrslenkung *nf*; Lenkung *nf*
[assignment of most favourable route, taking into account the occupation of the alternatives]
= routeing *n* (1) (BE); alternate routing; traffic routing; alternative routing; route selection; route administration; automatic routing

Leitweglenkungsdaten *nplt* SWITCH → **routing data**
→ Leitwegangaben *nplt*

Leitwegliste *nf* SWITCH **route list**

Leitwegplan *nm* SWITCH **routing map**

Leitwegspeicher *nm* SWITCH **route store**

Leitwegsuche *nf* SWITCH → **route search**
→ Leitwegabsuche *nf*

Leitwegtabelle *nf* = Richtungsauswahltabelle *nf*	SWITCH	**routing table** = routeing table
Leitwegzusatz *nm* [ATM]	TELEC	**routing overhead** [ATM]
Leitwerk *nn* → Steuerwerk *nn*	HW	→ **control unit**
Leitwert *nm* → elektrischer Leitwert	EL.SC	→ **electric conductivity** *n* (2)
Leitwert *nm* → komplexer Scheinleitwert	NETW.TH	→ **admittance** *n*
Leitwertgleichung *nf* ↑ Vierpolgleichung	NETW.TH	**admittance equation**
Leitwertmatrix *nf* = y-Matrix *nf*; Admittanz-Matrix *nf*	NETW.TH	**admittance matrix** = Y matrix
Leitwertmesser *nm*	INSTR	**conductometer**
Leitwertmessung *nf*	INSTR	**conductance measurement**
Leitwertparameter *nm* = y-Parameter *nm*; y-Vierpolparameter *nm*; Admittanzparameter *nm*	NETW.TH	**conductance parameter** = admittance parameter; y parameter
Leitwertsbelag *nm* → Ableitungsbelag *nm*	LINE TH	→ **distributed leakage**
Leitzentrale *nf* → Kommunikationssteuerung *nf*	DAT.CO	→ **communications controller**
Leitzentrale *nf* → Zentrale *nf*	TELECON	→ **main station**
Leitzentrum *nn* → Zentrale *nf*	TELECON	→ **main station**
Lektor *nm*	PRIN.ME	**copyreader** = reader *n*
Lektüre *nf* [Tätigkeit]	COLL	**reading** *n* [action]
Lemma *nm* (in Lexikas) → Stichwort *nn*	PRIN.ME	→ **headword** *n*
Lemma *nn* [Spitzmarke eines Nachschlagewerks]	PRIN.ME	**lemma** *n* [entry heading of a reference book]
Lenard-Fenster *nn*	PHYS	**Lenard window**
lenkbar ≈ handhabbar; einstellbar; schwenkbar	TECH	**steerable** ≈ handable; adjustable; hinged
lenken = steuern ≈ handhaben; schwenken	TECH	**steer** *vt* = guide ≈ handle; swivel
Lenker *nm* → Lenkstange *nf*	TECH	→ **handlebar**
Lenkstange *nf* = Lenker *nm*	TECH	**handlebar**
Lenkung *nf* ≈ Steuerung	TECH	**guidance** *n* ≈ control
Lenkung *nf* → Leitweglenkung *nf*	SWITCH	→ **routing** (1)
Lenkung *nf* → Steuerung *nf*	TECH	→ **control** *n*
Lenkungsausschuss = Steuerungsausschuss *nm*; Lenkungsgremium *nn*; Steuerungsgremium *nn*	ECON	**steering committee**
Lenkungsgremium *nn* → Lenkungsausschuss	ECON	→ **steering committee**
Lentoform *nf* ≠ Allegroform	LING	**regular mode** ≠ contracted mode
lenzsche Regel = Lenz'sche Regel	EL.TEC	**Lenz's law**
Lenz'sche Regel → lenzsche Regel	EL.TEC	→ **Lenz's law**
Leonard-Satz *nm* [Stellglied für Gleichstromantrieb]	POW.EN	**Ward-Leonard drive** [DC drive actuator]
Leporello → Leporellofalzung *nf*	PRIN.ME	→ **fan folding** *n*
Leporellofaltung *nf* → Leporellofalzung *nf*	PRIN.ME	→ **fan folding** *n*
Leporellofalz *nm* → Leporellofalzung *nf*	PRIN.ME	→ **fan folding** *n*
Leporellofalzung *nf* [nach der langen gefalteten Liste der Geliebten des Don Juan, die sein Diener Leporello in Mozart's "Don Juan" angelegt hat] = Leporellofalz *nm*; Leporellofaltung *nf*; Leporello; Zickzackfalzung *nf*; Zickzackfaltung	PRIN.ME	**fan folding** *n* [from the long folded list of Don Juan's lovers, made by his servant Leporello in Mozart's opera "Don Juan"] = leporello folding; fanfold *n*; accordion fold; concertina fold; Z folding; Z fold
Leporelloformular *nn* → Zickzackformular *nn*	TER&PER	→ **fanfold form**
leporellogefalzt → zickzackgefaltet	TER&PER	→ **fanfold** *adj*
Leporellopapier *nn* = Faltpapier *nn*; Zickzackpapier *nn*; zick-zack-gefalztes Endlospapier ↑ Endlospapier	PRIN.ME	**fanfold paper** = fanfold web; z-fold paper ↑ continuous paper
Leporellovordruck *nm* → Zickzackformular *nn*	TER&PER	→ **fanfold form**
Lernalgorithmus *nm*	SW	**learning algorithm**
Lernautomat *nm* = lernender Automat	INF.TH	**learning machine**
Lernbetrieb *nm* → Lernmodus *nm*	SW	→ **learn mode**
Lernbrücke *nf* = lernende Brücke	DAT.NW	**learning bridge** = transparent spanning tree bridge
Lernen *nn*	EDUC	**learning** *n*
Lernen am Erfolg → Trial-and-error	SCIE	→ **trial and error**
lernende Brücke → Lernbrücke *nf*	DAT.NW	→ **learning bridge**
lernender Automat → Lernautomat *nm*	INF.TH	→ **learning machine**
Lernkurve *nf* → Erfahrungskurve *nf*	SCIE	→ **learning curve**
Lernmatrix *nf*	INF.TH	**learning matrix**
Lernmodus *nm* = Lernbetrieb *nm*	SW	**learn mode**
Lernprogramm *nn* = Tutorial *nn* (ANGL)	SW	**tutorial program** [a training program] = tutorial *n*; learn program
Lernschritt *nm* ≈ Lehrschritt	EDUC	**learning step** ≈ teaching step
Lern-Software *nf* = CBT-Software *nf*	COMP.AP	**learning software** = CBT software
Lernspiel *nn*	SCIE	**instructional game**
Lernsystem *nn*	INF.TEC	**learning system**
lesbar → ablesbar	INSTR	→ **readable** *adj*
lesbar ≈ leserlich	COLL	**readable** *adj* ≈ legible
lesbar ≈ leserlich [COLL] ↓ visuell lesbar; maschinenlesbar	TER&PER	**readable** *adj* ≈ legible [COLL] ↓ human-readable; machine-readable
Lesbarkeit *nf* → Ablesbarkeit *nf*	INSTR	→ **readability**
Lesbarkeit *nf* ≈ Leserlichkeit [COLL] ↓ visuelle Lesbarkeit; Maschinenlesbarkeit	TER&PER	**readability** *n* = legibility *n* ≈ legibility [COLL] ↓ human readability; machine readibility
Lese-/Schreib- → Schreib-/Lese-	TER&PER	→ **read/write ...**
Lese-/Schreib-Draht → Schreib-/Lese-Draht	HW	→ **read/write wire**
Lese-/Schreib-Fenster *nn* → Schreib-/Lese-Öffnung *nf*	TER&PER	→ **head window**
Lese-/Schreib-Geschwindigkeit *nf* → Schreib-/Lese-Geschwindigkeit *nf*	TER&PER	→ **read/write velocity**
Lese-/Schreib-Kanal *nm* → Schreib-/Lese-Kanal *nm*	DAT.PR	→ **read/write channel**
Lese-/Schreib-Kopf *nm* → Schreib-/Lese-Kopf	TER&PER	→ **read/write head**
Lese-/Schreib-Öffnung *nf* → Schreib-/Lese-Öffnung *nf*	TER&PER	→ **head window**
Lese-/Schreib-Speicher *nm* → Schreib-/Lese-Speicher	HW	→ **read/write memory**
Lesebefehl *nm* = Lesekommando *nn*	DAT.PR	**read instruction** = read statement
Leseberechtigung *nf*	DAT.MA	**read authorization**
Lesebetrieb *nm* = Lesemodus *nm*	DAT.PR	**read mode**
Lesedraht *nm* [Magnetkernspeicher] ≈ Schreib-Lese-Draht ≠ Schreibdraht	HW	**read wire** [magnetic core memory] = sense wire; read line; sense line ≈ read-write wire ≠ write wire
Lesefehler *nm* ≈ flüchtiges Lesen	TER&PER	**read error** = transient read ≈ transient read
Lesegerät *nn* [tastet Zeichen (z.B. Schriften) ab] = Leser *nm*	TER&PER	**reading device** *n* [scans characters, e.g. graphic characters]

↑ Eingabegerät; Abtaster
↓ Klarschriftleser | = reader *n*
↑ input device; scanner
↓ character reader

Lesegeschwindigkeit *nf* DAT.PR → **read-out speed**
→ Auslesegeschwindigkeit *nf*

Lesegeschwindigkeit *nf* TER&PER **reading rate**
= reading speed

Lesekommando *nn* DAT.PR → **read instruction**
→ Lesebefehl *nm*

Lesekopf *nm* TER&PER **reading head**
= Magnetlesekopf *nm*
≠ Schreibkopf (2); Löschkopf
↑ Magnetkopf
= read head; magnetic reading head; magnetic read head; playback head
≠ write head; erase head
↑ magnetic head

Leseleitung *nf* DAT.CO **read line**
[Bus]
[bus]

Lesemodus *nm* DAT.PR → **read mode**
→ Lesebetrieb *nm*

lesen SW **read** *vt*
[auf gespeicherte Daten zugreifen]
≠ schreiben
[to access stored data]
≠ write

lesen DAT.MA **read** *vt*
≈ ausspeichern
≠ schreiben
↓ einlesen; auslesen
≈ roll out
≠ write
↓ read-in; read-out

Lesen *nn* TER&PER **reading** *n*

Lesen *nn* DAT.MA **read** *n*
↓ Einlesen; Auslesen
= reading *n*
↓ read-in; read-out

Lesepistole *nf* TER&PER **scanning pistol**
↑ Handleser; Belegleser
= reader pistol
↑ hand-held reader; document reader

Leser *nm* TER&PER → **reading device** *n*
→ Lesegerät *nn*

Leserate *nf* DAT.PR → **read-out speed**
→ Auslesegeschwindigkeit *nf*

Leseregister *nn* DAT.MA **read register**

Leserkreis *nm* PRIN.ME **readers** *nplt*
= Leserpublikum *nn*
= readership; public *n*

leserlich COLL **legible**
[Handschrift]
≈ lesbar
[handwriting]
≈ readable

Leserlichkeit *nf* COLL **legibility** *n*
≈ Lesbarkeit [TER&PER]
≈ readability [TER&PER]

Leserpublikum *nn* PRIN.ME → **readers** *nplt*
→ Leserkreis *nm*

Lesesignal *nn* EL.TRO **read signal**
= sense signal

Lesespannung *nf* EL.TRO **read voltage**
= reading voltage

Lesespannung der ungestörten Eins HW → **undisturbed one output signal**
→ volle Eins-Lesespannung

Lesespannung der ungestörten Null HW → **undisturbed zero output signal**
→ volle Null-Lesespannung

Lesespannung eines ungestörten Speicherelements HW → **undisturbed output signal**
→ volle Lesespannung

Lesespeicher *nm* DAT.MA **read memory**

Lesesperre *nf* DAT.PR **read lock**
= read lockout

Lesespule *nf* TER&PER **read coil**

Lesespur *nf* TER&PER **reading track**
≈ Informationsspur
≈ information track

Lesestanzer *nm* TER&PER → **taper** *n*
→ Lochstreifengerät *nn*

Lesestift *nm* TER&PER **code pen**
≈ Lesepistole
↑ Handleser; Belegleser
= data pen; reading wand; wand *n*
≈ scanning pistol
↑ hand-held reader; document

Lesestrahl *nm* EL.TRO **reading beam**
↑ Elektronenstrahl
↑ electron beam

Lesestrom *nm* EL.TRO **read current**
= reading current

Leseverstärker *nm* MICR.EL **sense amplifier**
= memory sense amplifier

Lesevorgang *nm* DAT.PR **read operation**

Lesewicklung *nf* TER&PER **read winding**
= sense winding

Lesewiederholung *nf* DAT.PR **rereading** *n*

Lesezeichen *nn* INTERNET **bookmark** *n*
= Bookmark *nn*; bevorzugte Netzadresse
= preferred network address

Lesezeichen *nn* PRIN.ME **bookmark** *n*

Lesezeichendatei *nf* INTERNET **bookmark file**

Lesezugriff *nm* DAT.PR **read access**

Lesezwang *nm* DAT.MA **forced-read** *n*

Lesezyklus *nm* SW **read cycle**
= Auslesezyklus *nm*
= reading cycle

Lesezykluszeit *nf* TER&PER **read cycle time**

Letter *nf* PRIN.ME → **type** *n*
→ Drucktype *nf*

Letter-Format *nn* TEC.DOC **Letter format**
[8,5"x11"]
= Format Letter
[8.5"x11"]

letzte Anweisung SW **terminal statement**

letzte Meile (slang) TELEC **last mile** (slang)
≈ Teilnehmerleitung
≈ subscriber line

letzte Meldung MEDIA **breaking news**

Letztempfänger *nm* DAT.CO **destinator** *n*

letzter COLL **last** *adj*
= spätester

letzter Dreh des Tages CINEMA **Martini shot**

letzter Tag ECON → **last day**
→ Ultimo *nn*

letzter Wille LAW → **testament** *n*
→ Testament *nn*

Letztverbraucher *nm* ECON → **final consumer**
→ Endverbraucher *nm*

Letztweg *nm* SWITCH **last-choice route**
≈ Kennzahlweg
= final route
≈ hierarquical route

Letztwegbündel *nf* SWITCH **last-choice trunk group**

Leuchtastenfeld *nn* EQP.EN **illuminated keypad**

Leuchtbildwarte *nf* EQP.EN → **luminous board**
→ Leuchtschrifttafel *nf*

Leuchtdichte *nf* OPT **luminance** *n*
[SI-Einheit: Candela/m²]
= photometrische Helligkeit; Helligkeit *nf*; Flächenhelligkeit *nf*; L
[SI unit: candela/m²]
= photometric brightness; brightness *n*; luminosity *n*; L; lightness *n*

Leuchtdichteinformation *nf* INF.TEC **luminance content**

Leuchtdichtesignal *nn* TV **luminance signal**
= Helligkeitssignal *nn*; Bildinhaltssignal *nn*; Luminanzsignal *nn*; Y-Signal *nn*

Leuchtdiode *nf* MICR.EL → **light emitting diode**
→ Lumineszenzdiode *nf*

Leuchtdruckschalter *nm* COMPO **illuminated push button switch**

Leuchte *nf* EL.INS **light fixture**
= Beleuchtungskörper *nm*
= fixture *n*

Leuchte *nf* TECH **luminary** *n*

Leuchtelektron *nn* PHYS → **photoelectron** *n*
→ Photoelektron (*nn*)

leuchtend OPT **lucent** *adj*
= luminous

leuchtendblau OPT → **azur blue** *adj*
→ azurblau *adj*

Leuchtfleck *nm* EL.TRO **spot** *n*

Leuchtgas *nn* CHEM **coal gas**

Leuchtkondensator *nm* COMPO → **electroluminescent panel** (1)
→ Lumineszenzplatte *nf*

Leuchtkraft *nf* OPT **lucency** *n*

Leuchtkraft *nf* OPT → **luminance** *n*
→ Luminanz *nf*

Leuchtmarke *nf* EL.TRO → **luminous pointer**
→ Lichtmarke *nf*

Leuchtmarke *nf* COMP.AP → **cursor** *n*
→ Schreibmarke *nf*

Leuchtmelder *nm* EQP.EN **light signaling unit** (AE)

Leuchtquarz *nm* PHYS **luminator crystal**
= luminous crystal

Leuchtschirm *nm* EL.TRO **luminescent screen**
= Fluoreszenzschirm *nm*
↓ Bildschirm [TER&PER]; Bildschirm [TV]
= luminous screen; fluorescent screen
↓ display screen [TER&PER]; video screen [TV]

Leuchtschrifttafel *nf* EQP.EN **luminous board**
= Leuchtbildwarte *nf*
= luminous control panel

Leuchtstoff *nm* PHYS **luminescent material** *n*
= phosphor *n*

Leuchtstofflampe *nf* EL.INS **fluorescent lamp**

Leuchtstoffpunkt *nm* EL.TRO **phosphor dot**
[Farbbildröhre]
[color tube]

Leuchttaste *nf* COMPO **luminous key**
= Lampentaste *nf* = lamp key; illumunated key
Leuchttechnik *nf* TECH **illumination engineering**
Leuchtturm *nm* SIG.EN **lighthouse** *n*
Leuchtzeiger *nm* COMP.AP → **cursor** *n*
→ Schreibmarke *nf*
Lexem *nn* LING **lexeme** *n*
[Grundeinheit des Wortschatzes; Morphem das für sich einen Gegenstand oder Sachverhalt darstellt; z.B. "Haus" oder "Weißes Haus"] [Basic unit of a vocabulary; a morpheme designing by itself an object or topic; e.g. "house" or "White House"]
↓ Einzelwortlexem; Wortgruppenlexem; Idiom ↓ single-word lexeme; word-cluster lexeme; idiomatic expression
lexikalisch LING **lexical** *adj*
lexikalische Analyse SW → **parsing** *n* (2)
→ lexikalische Zerlegung
lexikalische Einheit COMP.LG **lexical unit**
[stellt vereinbarungsgemäß eine Sinneinheit dar] [represents by convention a unit of meaning]
lexikalischer Analysator COMP.AP → **parser** *n*
→ Analysealgorithmus *nm*
lexikalisches Element WOR.PR → **token** *n* (1)
→ Textelement *nn*
lexikalische Untergliederung *nf* SW → **parsing** *n* (2)
→ lexikalische Zerlegung
lexikalische Zerlegung SW **parsing** *n* (2)
[eine Zeichenfolge in leichter verarbeitbare Teile zerlegen] [to brak down character strings into processable units]
= lexikalische Untergliederung *nf*; lexikalische Analyse; Parsing *nn* (2)
lexikalisch untergliedern SW **parse** *vt* (2)
[in lexikalische Einheiten aufteilen] [from Latin "pars orationis" = "part of speech"; to break into processable units]
lexikografischer Code CODING **lexicographic code**
lexikographisch LING **lexicographic** *adj*
lexikographische Sortierung LING **lexicographical sorting**
[wertet Leerstelle kleiner als Komma, Komma kleiner als a] [considers space lower as comma, comma lower as a; puts numbers as if written in letters]
Lexikon *nn* (*pl* -ka&-ken) (1) PRIN.ME **lexicon** *n* (*pl* lexica&lexicons)
[alphabetisch geordnete Enzyklopädie] [alphabetically arranged encyclopedia]
↑ Enzyklopädie ↑ encyclopedia
↓ Universallexikon; Fachlexikon ↓ universal lexicon; special field lexicon
Lexikon *nn* (*pl* -ka&-ken) (2) (obs) PRIN.ME → **dictionary** *n*
→ Wörterbuch *nn*
Lexikon *nn* (*pl* -ka&-ken) COMP.LG **lexicon** *n*
[die Bezeichner, Passwörter, Konstanten ("das Vokabular") einer Rechnersprache] [the identifiers, keywords, constants ("vocabulary") of a computer language]
≈ Syntax ≈ syntax
LF DAT.CO → **line feed**
→ Zeilenvorschub *nm*
LF (ANGL) RADIO → **hectometric waves**
→ Hektometerwellen *nplt*
LF-Taste *nf* TER&PER → **LF key**
→ Zeilenvorschubtaste *nf*
L-Glied *nn* NETW.TH → **L-section**
→ L-Schaltung *nf*
LGW SWITCH → **final group selector**
→ Leitungsgruppenwähler *nm*
Li CHEM → **lithium** *n*
→ Lithium *nn*
Libraw-Craig-Code *nm* CODING **Libraw-Craig code**
= switched tailring counter code
Licht *nn* CINEMA → **lights** *nplt*
→ Beleuchtung *nf*
Licht *nn* PHYS **light** *n*
Lichtäquivalent *nn* PHYS **mechanical equivalent of light**
Lichtausbeute *nf* PHYS **luminous efficiency**
= luminous efficacy
Lichtausbreitung *nf* OPT **light propagation**
Lichtbalken *nm* COMP.AP **light bar**
lichtbeständig TECH → **lightfast**
→ lichtfest
Lichtbeständigkeit *nf* TECH → **lightfastness** *n*
→ Lichtfestigkeit *nf*
Lichtbild *nn* PHOT → **photograph** *n*
→ Fotografie *nf* (2)
lichtblau *adj* OPT **light blue** *adj*
Lichtblitz *nm* TECH **flash** *n*
Lichtbogen *nm* PHYS **voltaic arc**
= Flammenbogen *nm* (AT)
Lichtbogenbildung *nf* PHYS **arcing**
Lichtbogenlampe *nf* TECH **arc lamp**
lichtbogenschweißen METAL **arc-weld** *vt*
Lichtbogenschweißung *nf* METAL **arc welding**
= Bogenschweißung *nf*; Elektroschweißung *nf* = spark welding
lichtbrechend OPT **refractive**
= brechend = refracting
Lichtbrechung *nf* OPT → **refraction** *n*
→ Brechung *nf*
lichtdicht TECH **light-tight**
lichtdurchlässig OPT → **translucide**
→ durchscheinend *adj*
lichtecht TECH → **lightfast**
→ lichtfest
Lichtechtheit *nf* TECH → **lightfastness** *n*
→ Lichtfestigkeit *nf*
Lichteffekt *nm* IMAG.ME **light effect**
= LFX
Lichteinfall *nm* OPT → **incident light**
→ Auflicht *nn*
Lichteinkopplung *nf* OPT.CO **light coupling**
lichtelektrisch PHYS **photoelectric**
= photoelektrisch; fotoelektrisch
lichtelektrischer Effekt PHYS → **photo effect**
→ Photoeffekt *nm*
lichtelektrische Zelle MICR.EL → **photocell** *n*
→ Photozelle *nf*
lichtemittierende Diode MICR.EL → **light emitting diode**
→ Lumineszenzdiode *nf*
Lichtempfänger *nm* OPT **photo detector**
= photo receiver
lichtempfindlich PHYS **photosensitive**
= photoempfindlich; fotoempfindlich = light sensitive
lichtempfindlicher Rohfilm IMAG.ME **fast stock**
lichtempfindliches Papier TER&PER → **photosensitive paper**
→ Photopapier *nn*
Lichtempfindlichkeit *nf* PHYS **photosensitivity**
= Fotoempfindlichkeit *nf*; Photoempfindlichkeit *nf*; Photosensibilität *nf* = luminous sensitivity
Lichter *nplt* PRIN.ME **tones** *nplt*
[helle Tonwerte]
≠ Tiefe
lichte Weite TECH **inside width**
Lichtfalle *nf* OPT **light trap**
lichtfest TECH **lightfast**
[Farbe] [color not changing under light exposure]
= lichtecht; lichtbeständig = light-resistant; light-stable
Lichtfestigkeit *nf* TECH **lightfastness** *n*
= Lichtechtheit *nf*; Lichtbeständigkeit *nf* = light resistance; light stability
Lichtfrequenz *nf* PHYS **light frequency**
≈ Lichtwellenlänge = light wavelength
Lichtfrequenzwandler *nm* OPTOEL **light-frequency converter**
Lichtfühler *nm* COMPO → **optical sensor**
→ Lichtsensor *nm*
Lichtführung *nf* IMAG.ME **lightning key**
Lichtgabelkoppler *nm* OPTOEL **light fork coupler**
= Gabellichtkoppler *nm* = optoelectronic fork coupled device
Lichtgeschwindigkeit *nf* PHYS **light velocity**
= light speed
Lichtgestaltung *nf* CINEMA **light design**
Lichtgriffel *nm* TER&PER **light pen**
[tastet Bildelemente am Bildschirm ab] [detects pixels on a screen]
= Lichtstift *nm*; Lichtschreiber *nm*; Auswahlstift *nm*; Lightpen *nm* (ANGL) = selector pen
↑ elektronischer Bleistift; Schreibmarkensteuergerät ↑ electronic pencil; pointing device; pick device
lichtgrün OPT → **pale green** *adj*
→ hellgrün *adj*
Lichthof *nm* OPT **halo** (*pl* -os&-oes)
= Halo *nn* (*pl* -nen) ≈ corona
≈ Hof
Lichthofbildung *nf* OPT **halation** *n*
lichthydraulischer Effekt PHYS **light-hydraulic effect**
Lichtimpuls *nm* PHYS **light pulse**
Lichtkoppler *nm* OPTOEL → **optical coupling device**
→ Optokoppler *nm*

Lichtleistung *nf* OPT **optical power**
= luminous power
≈ light efficiency

Lichtleiter *nm* OPT.CO → **optical waveguide**
→ Lichtwellenleiter *nm*

Lichtleiterbauteil OPT.CO **lightwave component**
= LWL-Bauteil *nn*; Lichtwellenleiter-Bauteil *nn*; Lichtwellenkomponente *nf*
= in-fiber component

Lichtleiterbauteile-Analysator *nm* INSTR **lightwave component analyzer**
= Lichtwellenkomponenten-Analysator *nm*

Lichtleiterfaser *nf* OPT.CO → **glass fiber** (AE)
→ Glasfaser *nf*

Lichtleiterkabel *nn* COM.CAB → **optical fiber cable**
→ Lichtwellenleiterkabel *nn*

Lichtleiter-Messgerät *nn* INSTR **lightwave test equipment**
= LWL-Messgerät *nn*
= fiber optic test equipment

Lichtmarke *nf* EL.TRO **luminous pointer**
= Leuchtmarke *nf*; optische Marke
≈ Lichtpunkt
= optical pointer
≈ flying spot

Lichtmarke *nf* COMP.AP → **cursor** *n*
→ Schreibmarke *nf*

Lichtmarken-Galvanometer *nn* INSTR **luminous-pointer galvanometer**

Lichtmaschine *nf* POW.EN **dynamo** *n*
= Dynamo *nm*
↑ Gleichstromgenerator

Lichtmaskenverfahren *nn* MICR.EL **photo-pattern generation**

Lichtmenge *nf* PHYS **light quantity**

Lichtmessschaltung *nf* CIRC.EN **light-measuring circuit**

Lichtmessung *nf* PHYS → **photometry** *n*
→ Photometrie *nf*

Lichtmodulator *nm* OPTOEL **light modulator**

Lichtpaus-Belichtungsanlage *nf* OFFICE **diazo print exposure system**

Lichtpause *nf* OFFICE **blueprint** *n*
[Pause einer Transparentvorlage, auf fotoempfindlichem Papier]
= Blaupause *nf*
↑ Pause
[copy on photosensitive paper, from transparent original]
= diazo print; ammonia process print; heliographic print
↑ copy (N.)

Lichtpaus-Entwicklungsgerät *nn* OFFICE **diazo print developing equipment**

Lichtpunkt *nm* OPT **luminous spot**
= light spot

Lichtpunkt *nm* EL.TRO **flying spot**
≈ Lichtmarke
= optical spot; optical dot
≈ optical pointer

Lichtpunktabtaster *nm* TER&PER **flying-spot scanner**

Lichtpunktabtastung *nf* TER&PER **flying-spot scanning**
= Flying-spot-Abtastung *nf* (ANGL)

Lichtpunkt-Linienschreiber *nm* INSTR → **light-beam oscillograph**
→ Lichtstrahl-Oszillograph *nm*

Lichtpunktschreiber *nm* INSTR → **light-beam oscillograph**
→ Lichtstrahl-Oszillograph *nm*

Lichtquant *nn* (*pl* -en) PHYS → **photon** *n*
→ Photon *nn*

Lichtquelle *nf* OPT **light source**
= luminous source

Lichtreflexion *nf* OPT **light reflexion**

Lichtrelais *nn* COMPO **photorelay** *n*
= Fotorelais *nn*; Photorelais *nn*

Lichtrelais *nn* TELEGR → **tone control aperture**
→ Tonwertblende *nf*

Lichtsäge *nf* MICR.EL **lase-beam saw**

Lichtsäge *nf* TELEGR **light chopper**
= Lochscheibe *nf*

Lichtsatz *nm* PRIN.ME → **phototypesetting** *n*
→ Fotosatz *nm*

Lichtsatz *nm* PRIN.ME **photocomposition**

Lichtsatzanlage *nf* PRIN.ME **photocomposition system**
= Lichtsetzanlage *nf*
= photocomposition device; photocomposition machine; photocomp system; photocomp device; photocomp machine;

Lichtschalter *nm* EL.INS **light switch**
= lightswitch *n*

lichtschluckend OPT **light-absorptive** *adj*

Lichtschranke *nf* SIG.EN **light barrier**
↑ Strahlenschranke

Lichtschreiber *nm* TER&PER → **light pen**
→ Lichtgriffel *nm*

Lichtsensor *nm* COMPO **optical sensor**
= Lichtfühler *nm*; optischer Sensor

Lichtsetzanlage *nf* PRIN.ME → **photocomposition system**
→ Lichtsatzanlage *nf*

Lichtsetzgerät *nn* PRIN.ME **filmsetting apparatus**
≈ Fotosetzgerät
≈ photo-composing equipment

Lichtsignal *nn* RAIL.SIG **light signal**

Lichtsimulation *nf* TECH **light simulation**

Lichtspalt *nm* PHYS **luminous slit**

Lichtspieltheater *nn* CINEMA → **cinema** *n*
→ Kino *nn*

Lichtstärke *nf* OPT **luminous intensity**
[Lichtstrom pro Raumwinkel; SI-Einheit: Candela]
[luminous flux per solid angle; SI unit: candela]

Lichtstift *nm* TER&PER → **light pen**
→ Lichtgriffel *nm*

Lichtstrahl *nm* OPT **light beam**
↑ Strahl
= light ray; luminous ray
↑ ray

Lichtstrahlinstrument *nn* INSTR **light-beam instrument**

Lichtstrahl-Oszillograf *nm* INSTR → **light-beam oscillograph**
→ Lichtstrahl-Oszillograph *nm*

Lichtstrahl-Oszillograph *nm* INSTR **light-beam oscillograph**
= Lichtstrahl-Oszillograf *nm*; Lichtpunkt-Linienschreiber *nm*;

Lichtstrahlung *nf* OPT **light radiation**

Lichtstreuung *nf* OPT **light scattering**
↑ Streuung
↑ scattering

Lichtstrom *nm* OPT **luminous flux**
[SI-Einheit: Lumen]
= I
[SI unit: lumen]
= light flux; I

Lichtstromkabel *nn* EL.INS **fixture raceway**

Lichttaste *nf* TER&PER **light button**

Lichttechnik *nf* POW.EN **lighting engineering**
= Beleuchtungstechnik *nf*

Lichttechniker *nm* CINEMA **lightning technitian**

Lichtton *nm* CINEMA **optical soundtrack**

Lichttonkopierer *nm* CINEMA **optical printer**

Lichttonnegativ *nn* CINEMA **optical soundtrack negative**

lichtundurchsichtig OPT → **opaque** *adj*
→ undurchsichtig

lichtunempfindlich PHYS **insensitive to light**
= light-insensitive

Lichtverstärker *nm* OPTOEL → **laser** *n*
→ Laser *nm*

Lichtweg *nm* OPT **light path**

Lichtwelle *nf* OPT **light wave**
= lightwave *n*; optical wave

Lichtwellenempfänger *nm* INSTR **lightwave receiver**
= LWL-Empfänger *nm*; optischer Empfänger
= optical receiver

Lichtwellenkomponente *nf* OPT.CO → **lightwave component**
→ Lichtleiterbauteil

Lichtwellenkomponenten-Analysator *nm* INSTR → **lightwave component analyzer**
→ Lichtleiterbauteile-Analysator *nm*

Lichtwellenkoppler *nm* OPTOEL → **optical coupling device**
→ Optokoppler *nm*

Lichtwellenleiter *nm* OPT.CO **optical waveguide**
= optischer Wellenleiter; Lichtleiter *nm*; faseroptischer Wellenleiter; faseroptischer Leiter; optische Faser
≈ Glasfaser
= OWG; lightguide; optical fiber; optic fiber; optical fibre (BE); optic fibre (BE)
≈ glass fiber

Lichtwellenleiter-Bauteil *nn* OPT.CO → **lightwave component**
→ Lichtleiterbauteil

Lichtwellenleiter-Endgerät *nn* TRANSM → **fiber optic terminal**
→ LWL-Leitungsendgerät *nn*

Lichtwellenleiterkabel *nn* COM.CAB **optical fiber cable**
= LWL-Kabel *nn*; Lichtleiterkabel *nn*; Glasfaserkabel *nn*; optisches Kabel; faseroptisches Kabel
= lightwave cable; optical waveguide cable; optical cable; fiber cable

Lichtwellenleiter-Seekabel *nn* COM.CAB → **submarine fiber cable**
→ optisches Seekabel

Lichtwellenleiter-Spleißgerät *nn* OPT.CO → **optical fiber splicing device**
→ LWL-Spleißgerät *nn*

Lichtwellenleitersystem *nn* TRANSM **fiber optic system**
= LWL-System *nn*; faseroptisches System
= fiber line system; lightwave system

Lichtwellenleitertechnik *nf* TELEC **fiber OPT**
= LWL-Technik *nf*; Glasfasertechnik *nf*; Faseroptik *nf*; Fotonik *nf*; Photonik *nf*
= fiber optic technology; optic fiber technology; fiber optic technique; fiber optic engineering; lightwave technique; lightwave technology; lightwave engineering; optical waveguide technology; OWG technology; photonics *nplt*

Lichtzeichen *nn* EQP.EN → **visual alarm**
→ optischer Alarm

Lichtzeichenmaschine *nf* TER&PER **photoplotter** *n*
= Fotoplotter *nm*

Lichtzeiger *nm* COMP.AP → **cursor** *n*
→ Schreibmarke *nf*

Lichtzelle *nf* MICR.EL → **photocell** *n*
→ Photozelle *nf*

Lichtzerhacker *nm* COMPO → **photochopper** *n*
→ Photozerhacker *nm*

LIDAR OPTOEL **LIDAR**
[light detecting and ranging]

Liebesfilm *nm* CINEMA **love story film**
≈ Erotikfilm
= romance filmromance
≈ erotic film

Liebesgedicht *nn* PRIN.ME **love-poem**

Liebesgott *nm* IMAG.ME **cupid** *n*
[Ausstattungsgegenstand]
= Cupido *nm*; Amor *nm*
[a prop]
= amor

Liebespaar *nn* COLL **lovers** *nplt*

Liebesroman *nm* PRIN.ME **love-story romace**

Liebesszene *nf* MEDIA **love-scene**

Liebhaberei *nf* COLL → **hobby** *n*
→ Hobby *nn*

Lieblingsfilm *nm* CINEMA **favorite film** (AE)
= favorite movie (AE); favourite film (BE); favourite movie (BE)

Lied *nn* MUSIC **song** *n*
= Song *nm*

Lieferant *nm* ECON **supplier** *n* (1)
= Bezugsquelle *nf* (2); Zulieferant *nm*; Zulieferer *nm*; Lieferer *nm*
≈ Händler; Unterauftragnehmer; Hersteller; Verkäufer
= vendor *n* (2); purveyor *n*; provider *n*; caterer *n*
≈ dealer; subcontractor; manufacturer; seller

Lieferantenkredit ECON **supplier's credit**

Lieferanweisung *nf* ECON **delivery order**
= Auslieferanweisung *nf*

lieferbar ECON **deliverable**
= available (for delivery)

Lieferbedingungen *nplt* ECON **terms of delivery**

Lieferbeginn *nm* ECON **rollout** *n*
= Auslieferbeginn *nm*; Liefereinsatz *nm*

Liefereinsatz *nm* ECON → **rollout** *n*
→ Lieferbeginn *nm*

Lieferer *nm* ECON → **supplier** *n* (1)
→ Lieferant *nm*

Lieferfähigkeit *nf* ECON **delivery capacity**

Lieferfrist *nf* ECON **delivery time**
= Liefertermin *nm*; Lieferzeit *nf*
= delivery term; delivery date; date of delivery; specified time

Liefergarantie *nf* ECON **commitment of supply**

Liefergeschäft *nn* ECON **standard products business**
= Produktgeschäft *nn*; Breitengeschäft *nn*
≠ Anlagengeschäft
≠ systems business

Lieferhafen *nm* ECON **port of delivery**

Lieferkette *nf* ECON **supply chain**
= food chain (AE)

Lieferlänge *nf* COM.CAB **delivery length**
≈ Fertigungslänge
= supply length; shipping length; despatch length
≈ production length

Lieferliste *nf* ECON **bill of materials**
= Stückliste *nf*; Materialliste *nf*
≈ Stückliste [TEC.DOC]
= BoM; bill of quantities; BoQ; parts list
≈ parts list [TEC.DOC]

Lieferlos *nn* ECON **delivery lot**

Liefermenge *nf* ECON **quantity supplied**

liefern *vt* ECON **deliver** *vt*
= ausliefern (2); zustellen
↓ ausliefern (1)
= hand over *vt*; consign *vt*; supply *vt*; furnish *vt*
↓ hand over to retail sale

Lieferschein *nm* ECON **delivery note**
= Sendschein *nm*; Versandanweisung *nf*; Auslieferungsschein *nm*
= dispatch note; shipping instruction

Lieferspektrum *nn* ECON **delivery range**
= Produktspektrum *nn*; Vertriebsprogramm *nn*
= product range; deliverables *nplt*

Liefertermin *nm* ECON → **delivery time**
→ Lieferfrist *nf*

Liefertreue *nf* ECON **delivery-term fidelity**

Lieferumfang *nm* ECON **scope of supply**
≈ Leistungsumfang
= SoS; scope of delivery
≈ scope of work

Lieferung *nf* ECON **delivery** *n*
= Übergabe *nf*; Abgabe *nf* (2); Auslieferung *nf*; Zustellung *nf*
≈ Versand
= handing over; handover *n*; shipment *n*; consignment *n*
≈ dispatch

Lieferungsausfall *nm* ECON → **nondelivery** *n*
→ Nichtlieferung *nf*

Lieferungsempfänger *nm* ECON **consignee** *n*
= Adressat *nm*; Konsignatär *nm*; Kommissionär *nm*
[of a delivery]
= recipient *n*

Liefervertrag *nm* ECON **supply contract**

Lieferverzug *nm* ECON **supply delay**

Liefervorschrift *nf* ECON **delivery specification**
= supply specification

Lieferzeit *nf* ECON → **delivery time**
→ Lieferfrist *nf*

Lieferzustand *nm* QUAL → **delivery state**
→ Auslieferungszustand *nm*

Liegegeld *nn* ECON **demurrage** *n*

liesche Gruppe MATH **Lie group**
= Lie'sche Gruppe

Lie'sche Gruppe MATH → **Lie group**
→ liesche Gruppe

lies das verdammte Handbuch INTERNET **read the fucky manual**
= RTFM

LIFO-Adressregister *nn* DAT.MA **push-pop stack**
≈ Kellerspeicher
[LIFO register storing address registers]
≈ push-down store

LIFO-Modus *nm* DAT.MA **LIFO mode**
[Auslesen des zuletzt Eingeschriebenen]
= FILO-Modus *nm*
≠ FIFO-Modus
[pron "lie-foe"]
= last-in-first-out mode; FILO mode; first-in-last-out mode
≠ FIFO mode

LIFO-Stapelspeicher *nm* DAT.MA → **push-down storage**
→ Kellerspeicher *nm*

Lift *nm* CIV.EN → **elevator** *n* (AE)
→ Aufzug *nm*

Ligatur *nf* PRIN.ME **ligature** *n*
[vom latein. "ligare" = "binden"; Verbindung zweier Buchstaben auf einer Type, z.B. Æ]
[from Latin "ligare" = "tie"; union of two letters in one type, e.g. Æ]

Lightpen *nm* (ANGL) TER&PER → **light pen**
→ Lichtgriffel *nm*

Lijapunow-Stabilität *nf* CONTRO **Liupanow stability**

Likelihood-Funktion *nf* STATIS → **likelihood function**
→ Mutmaßlichkeitsfunktion *nf*

Likelihood-Gleichung *nf* STATIS → **likelihood equation**
→ Mutmaßlichkeitsgleichung *nf*

Likelihood-Quotiententest *nm* STATIS → **likelihood ratio test**
→ Mutmaßlichkeits-Quotiententest *nm*

LI-Kennung *nf* TELEC → **length indicator**
→ Längenkennung *nf*

lila *adj* OPT **heliotrope** *adj*
≈ erika; flieder
≈ heather; lilac

LIM-4.0-Speicher *nm* DAT.PR → **LIM memory**
→ LIM-Speicher *nm*

LIM-EMS-Spezifikation *nf* DAT.PR **Lotus-Intel-Microsoft Expanded Memory Specification**
[um DOS auf 32 MByte Hauptspeicher zu erweitern]
[to expand DOS to 32 Mbyte RAM]
= LIM EMS specification; LIM EMS

Limes *nm* (*pl* -) MATH → **limit value**
→ Grenzwert *nm*

Limit *nn* TECH → **limit** *n*
→ Grenze *nf*

limitieren TECH → **limit** *vt*
→ begrenzen

Limitierung *nf* TECH → **limitation** *n*
→ Begrenzung *nf*

LIM-Speicher *nm* DAT.PR **LIM memory**
= LIM-4.0-Speicher *nm*
≈ Erweiterungsspeicher
[Lotus-Intel-Microsoft]
= LIM 4.0 memory
≈ expanded memory

Lindenblad-Antenne *nf* ANT **Lindenblad antenna**

lindengrün *adj* OPT **linden green** *adj*

Lineal *nn* OFFICE **ruler** *n*
≈ Zeichendreieck
≈ straightedge

linear MATH **linear** *adj*
= straight-line

Linearadressierungsarchitektur *nf* SW **linear addressing architecture**

Linearadressraum *nm* DAT.MA **linear address space**
= linearer Adressraum
= flat address space

Linearalgebra *nf* MATH → **linear algebra**
→ lineare Algebra

Linearantenne *nf* ANT **linear antenna**
= gestreckte Antenne
↓ Halbwellendipol; Ganzwellendipol; Langdrahtantenne — ↓ half-wave dipole; full-wave dipole; long-wire antenna

linearcodierte Aufzeichnung TER&PER → **group-coded recording**
→ gruppencodierte Aufzeichnung

lineare Abschreibung ECON **straight-line method**

lineare Algebra MATH **linear algebra**
= Linearalgebra *nf*

lineare Aufzeichnungedichte HW → **magnetic disk recording density**
→ Magnetplattenspeicherdichte *nf*

lineare Auswahl DAT.MA **linear selection**

lineare Gruppe ANT **linear array**
= lineare Gruppenantenne; Lineargruppe *nf* — = linear antenna array; linear array antenna

lineare Gruppenantenne ANT → **linear array**
→ lineare Gruppe

lineare Impulstechnik EL.TRO **linear pulse technique**

lineare Interpolation MATH → **linear interpolation**
→ Linearinterpolation *nf*

lineare Kennlinie EL.TRO **linear characteristic**

lineare Korrelation STATIS **linear correlation**

Linearelektronik *nf* EL.TRO **linear electronics**

lineare Liste DAT.MA → **sequential list**
→ sequentielle Liste

lineare Modulation MODUL **linear modulation**

lineare Optimierung ECON → **linear programming**
→ lineare Programmierung

lineare Planungsrechnung ECON → **linear programming**
→ lineare Programmierung

lineare Polarisation PHYS → **lineal polarization**
→ Linearpolarisation *nf*

lineare Programmierung ECON **linear programming**
[Unternehmensforschung: Optimierung eines Systems über lineare Zusammenhänge] — [operations research: optimization of a system with linear functions]
= lineare Optimierung; lineare Planungsrechnung; LP; Operationsforschung *nf* — = linear coding; LP
↓ Simplexmethode; Distributionsmethode; — ↓ simplex mode; distributive move

lineare Quantisierung CODING **linear quantizing**
= equal-interval quantizing

linearer Adressraum DAT.MA → **linear address space**
→ Linearadressraum *nm*

lineare Regression MATH **linear regression**

linearer Regler CONTRO **linear controller**

linearer Speicher HW → **linear memory**
→ Linearspeicher *nm*

linearer Verstärker CIRC.EN **linear amplifier**
= Linearverstärker *nm*

linearer Vierpol NETW.TH **linear two-port**
= linear quadripole

linearer Widerstand EL.TEC → **ohmic resistance**
→ ohmscher Widerstand

linearer Widerstand COMPO → **ohmic resistor**
→ ohmscher Widerstand

linearer Zweipol NETW.TH **linear two-terminal network**
[I proportional zu U] — [I proportional to U]
= linear two-terminal

lineare Schreibdichte TER&PER **constant-density recording**
[Magnetspeicher] — [magnetic store]
= CDR

lineares Dateisystem DAT.MA **linear file system**
= flat file system

lineares Datenfeld DAT.MA **linear array**
= eindimensionales Datenfeld

lineares IC MICR.EL → **linear integrated circuit**
→ integrierte Analogschaltung

lineares Mittel STATIS → **arithmetic mean**
→ arithmetisches Mittel

lineares Netz NETW.TH → **linear network**
→ lineares Netzwerk

lineares Netz TELEC **linear network**
= Linearnetz *nn*

lineares Netzwerk NETW.TH **linear network**
= lineares Netz

lineare Sortierung DAT.MA → **linear sort**
→ Linearsortierung *nf*

lineares Programm SW **sequential program**
[ohne Verzweigungen oder Schleifen] — [without branches or loops]
= sequentielles Programm; Geradeausprogramm *nn*; schleifenfreies Programm — = linear program; stright-in-line program; loopless program
≠ paralleles Programm — ≠ parallel program

lineares System SYS.TH **linear system**

lineare Strömung PHYS **linear flow**
= Linearstömung *nf*

lineare Struktur DAT.MA **linear structure**

lineares Übertragungsglied CONTRO **linear transfer element**

lineare Suche DAT.MA → **linear search**
→ lineare Suchmethode

lineare Suchmethode DAT.MA **linear search**
= lineare Suche; Linearsuche *nf*; sequentielle Suchmethode; sequentielles Suchen — = sequential search

lineares Verzeichnis DAT.MA → **linear file directory**
→ Linearverzeichnis *nn*

lineare Verzerrung TELEC **linear distortion**

lineare Welle PHYS **linear wave**
[breitet sich nur in eine Richtung aus] — [propagates only in one direction]
= Linearwelle *nf*

lineare Wobbelung INSTR → **linear sweep**
→ Linearwobbelung *nf*

Lineargruppe *nf* ANT → **linear array**
→ lineare Gruppe

Linearinterpolation *nf* MATH **linear interpolation**
= lineare Interpolation

linearisieren EL.TRO **linearize**

Linearisierung *nf* EL.TRO **linearization** *n*

Linearisierungsschaltung *nf* CIRC.EN **linearization circuit**

Linearität *nf* MATH **linearity** *n* (2)

Linearitätsfehler *nm* INSTR **linearity error**

Linearitätsfehler *nm* TV **nonlinear distortion**

Linearitätsregelung *nf* TV **linearity control**

Linearmikrophon *nn* TELEPH → **transistorized microphone**
→ Transistorsprechkapsel *nf*

Linearmotor *nm* POW.EN **linear motor**
= voice coil [TER&PER]

Linearnetz *nn* TELEC → **linear network**
→ lineares Netz

Linearpolarisation *nf* RADIO **linear polarization**

Linearpolarisation *nf* PHYS **lineal polarization**
= lineare Polarisation

linear polarisiert PHYS **linear polarized**

linear polarisierte Welle PHYS **linear polarized wave**

Linearrechner *nm* DAT.PR **sequential computer**
[führt immer nur einen Befehl aus] — [executes only one instruction at a time]
= von-Neumann-Rechner *nm*; sequentieller Computer; sequentieller Rechner; serieller Rechner; serieller Computer — = serial computer
≠ Parallelrechner — ≠ parallel computer

Linearregler *nm* POW.EN **linear regulator**

Linearsortierung *nf* DAT.MA **linear sort**
= lineare Sortierung — = stright-line sort

Linearspeicher *nm* HW **linear memory**
= linearer Speicher — = flat memory

Linearstömung *nf* PHYS → **linear flow**
→ lineare Strömung

Linearstruktur *nf* COMP.SC **linear topopology**
[jedes Element ist mit einem Nachfolger verbunden] — [each elememt is linked to a next]
= Lineartopologie *nf* — = linear structure

Linearsuche *nf* DAT.MA → **linear search**
→ lineare Suchmethode

Lineartopologie *nf* COMP.SC → **linear topopology**
→ Linearstruktur *nf*

Linearverstärker *nm* CIRC.EN → **linear amplifier**
→ linearer Verstärker

Linearverzeichnis *nn* DAT.MA **linear file directory**
= lineares Verzeichnis — = flat file directory

Linearwelle *nf* PHYS → **linear wave**
→ lineare Welle

Linearwiderstand *nm* COMPO → **ohmic resistor**
→ ohmscher Widerstand

Linearwobbelung *nf* INSTR **linear sweep**
= lineare Wobbelung

Linearzugriff *nm* DAT.MA → **sequential access**
→ sequentieller Zugriff

Lineingraphik *nf* COMP.GR → **line plot**
→ Liniengrafik *nf*

Line-Receiver *nm* CIRC.EN **line receiver**

Linguist *nm* SCIE → **linguist** *n*
→ Sprachwissenschaftler *nm*

Linguistik *nf* SCIE → **linguistics** *nplt*
→ Sprachwissenschaft *nf*

linguistisch SCIE → **linguistic** *adj*
→ sprachwissenschaftlich *adj*

linguistische Datenverarbeitung COMP.AP → **computational linguistics**
→ Computerlinguistik *nf*

linguistische Informationswissenschaft COMP.AP → **computational linguistics**
→ Computerlinguistik *nf*

Linie *nf* TELEC → **trunk** *n* (1)
→ Fernmeldelinie *nf*

Linie *nf* ENG.DRA **line** *n*
= Strich *nm*
↓ Zeilenstrich
↓ guideline

Linie *nf* PRIN.ME **rule** *n*
= Strich *nm*; Trennstrich *nm*
[a straigt separating line]

Linie *nf* PHYS → **spectral line**
→ Spektrallinie *nf*

Linie gleicher Feldstärke MOB.CO → **Carey curve**
→ Carey-Kurve *nf*

Linienanker *nm* OUT.PL → **head guy**
→ Längsabspannung *nf*

Linienart *nf* PRIN.ME **line style**

Linienarten *nplt* ENG.DRA **alphabet of lines**

Linienaufspaltung *nf* PHYS **line splitting**

Linienbreite *nf* PHYS **line width**

Liniendiagramm *nn* COMP.GR → **line plot**
→ Liniengrafik *nf*

Liniendiagramm *nn* TEC.DOC **line chart**

Linienendung *nf* COMP.GR → **line cap**
→ Linienkappung *nf*

Linienersatz *nm* TELEC → **path diversity**
→ Mehrwegeführung *nf*

Linienflug *nm* AERON **schedule flight**

Linienflugverkehr *nm* AERON **line air traffic**
= Linienluftverkehr *nm*
↑ Luftverkehr
↑ air traffic

Linienflugzeugführer *nm* AERON **airline pilot**

linienförmiges Netz TELEC **line-type network**
= Liniennetz *nn* (2)

Linienführung *nf* TELEC → **route tracing**
→ Streckenführung *nf*

Liniengenerator *nm* COMP.GR **line generator**
[Hardware oder Software]
[hardware or software]

Liniengrafik *nf* COMP.GR **line plot**
= Lineingraphik *nf*; Koordinatengrafik *nf*; Koordinatengraphik *nf*; Liniendiagramm *nn*
= coordinate graphic; line diagram; line graph

Linienintegral *nn* MATH → **line integral**
→ Kurvenintegral *nn*

Linienkappung *nf* COMP.GR **line cap**
= Linienendung *nf*

Linienluftverkehr *nm* AERON → **line air traffic**
→ Linienflugverkehr *nm*

Linienmodell *nn* COMP.GR → **wire frame model** *n*
→ Drahtmodell *nn*

Liniennetz *nn* TRANSM → **multipoint connection**
→ Mehrpunktverbindung *nf*

Liniennetz *nn* (DTAG) TELEC → **outside plant** (1)
→ Außennetz *nn*

Liniennetz *nn* (1) TELEC **outside plant network**
[Gesamtheit der Kabel-, Freileitungs- oder Funklinien]
↓ Leitungsnetz; Richtfunknetz
= external plant network; communication lines network
↓ line plant; microwave link plant

Liniennetz *nn* (2) TELEC → **line-type network**
→ linienförmiges Netz

Linienpapier *nn* OFFICE → **lined paper**
→ liniiertes Papier

Linienquelle *nf* ANT **line source**

Linienraster *nn* TECH **lattice** *n*
[regular array of lines]

Linienschreiber *nm* INSTR **line recorder**

Liniensegment *nn* COMP.GR **line segment**

Linienspektrum *nn* PHYS **line spectrum**
= diskontinuierliches Spektrum

Linienstil *nm* PRIN.ME **line style**

Linienstoß *nm* COMP.GR **line join**
↓ Gehrstoß; Rundstoß; Schrägschnittstoß
↓ miter join (AE); round join; beveled join

Linienstrom *nm* TELEGR → **line current**
→ Fernschreibstrom *nm*

Linientechnik *nf* TELEC **outside plant technique**
= external plant technique; communication line technique

Linienverbindung *nf* COMP.GR **line join**

Linienverbreiterung *nf* PHYS **line broadening**

Linienverfolgung *nf* GIS **line tracing**

Linienverkehr *nm* DAT.NW **party-line mode**
= Partyline-Verkehr *nm*; Multipoint-Verkehr *nm*

Linienverzweiger *nm* OUT.PL **line branch**

Linienzahl *nf* TELEGR **scanning density**
[Faksimile]
[facsimile]

liniieren ENG.DRA **line** *vt*

liniiertes Papier OFFICE **lined paper**
= Linienpapier *nn*
= ruled paper

link... *adj* COLL **left** *adj*
≠ recht...
≠ right

Linkage-Editor *nm* (ANGL) SW → **linkage editor**
→ Binderprogramm *nn*

Linkanordnung *nf* SWITCH → **link system**
→ Linksystem *nn*

linke Buchseite PRIN.ME **left-hand side**
= linke Seite; Verso *nn*
= verso *n*

Linke-Hand-Regel *nf* EL.TEC **left-hand rule**

linke Klammer MATH → **left bracket**
→ Klammer auf

Linker *nm* (ANGL) SW → **linkage editor**
→ Binderprogramm *nn*

linker Rand PRIN.ME **left margin**
= linksseitiger Rand
= left-hand margin

linke Seite PRIN.ME → **left-hand side**
→ linke Buchseite

linke Seite PRIN.ME → **rear page** *n*
→ Rückseite *nf*

Link-Management *nn* INTERNET → **link management**
→ Verweisverwaltung *nf*

links ausrichten PRIN.ME → **range left** *vt*
→ links fluchten

linksaußen COLL **leftmost** *adj*

linksbündig CODING **left-justified**

linksbündig TECH **flush left** *adj*

linksbündig PRIN.ME **left aligned**
= left justified; left flush; flush left; left-hand justified

linksbündiger Flattersatz PRIN.ME **ragged-right typesetting**
[Zeilen links bündig und somit rechts "flatternd"]
= rechtsseitiger Flattersatz
[lines aligned to the left, leaving the right side ragged]
= ragged-right setting; ragged-right type; ragged-right print; ragged-right composition; ragged-right alignment; ragged-right; left justification

Linksdrall *nm* PHYS **left-hand twist**

linksdrehend PHYS **levorotatory**
= lävogyr
≠ dextrogyr
≠ dextrorotatory

linksdrehend TECH **counterclockweise**
= gegen den Uhrzeigersinn
≠ rechtsdrehend
= anticlockwise; levorotatory; left-hand; left-threaded
≠ clockwise

Linksdrehung *nf* TECH **counterclockwise rotation**
= left-hand rotation

links fluchten PRIN.ME **range left** *vt*
= links ausrichten

linksgängiges Gewinde MEC.EN → **left-hand thread**
→ Linksgewinde *nn*

linksgeneigt PRIN.ME **backslanted** *adj*
≠ kursiv
↑ geneigt
= slanted
≠ italic

linksgeneigte Schrägschrift PRIN.ME **backslant**
≠ Schrägschrift
≠ slant

linksgerichtet TECH **left-pointing** *adj*
= linksweisend; nach links gerichtet; nach links weisend

linksgerichtete spitze Klammer MATH → **left angle bracket**
→ spitze Klammer auf

Linksgewinde *nn* MEC.EN **left-hand thread**
= linksgängiges Gewinde

Linkshand-Verseilung *nf* COM.CAB **left-hand stranding**

Linksklick *nm* COMP.AP **left click**

Linkspfeil *nm* PRIN.ME → **leftward arrow**
→ Pfeil nach links

Linkspfeiltaste *nf* TER&PER → **LEFTWARD key**
→ NACH-LINKS-Taste *nf*

Linksschraube *nf* MEC.EN **left-hand helix**

linksseitiger Flattersatz PRIN.ME → **ragged-left typesetting**
→ rechtsbündiger Flattersatz

linksseitiger Rand PRIN.ME → **left margin**
→ linker Rand

linkssteigend MEC.EN **left-hand** *adj*
[Gewinde] [thread]

LINKS-Taste *nf* TER&PER → **LEFTWARD key**
→ NACH-LINKS-Taste *nf*

linksverschieben CODING **shift left** *vt*
[z.B.0110 zu 1100] [e.g.0110 to 1100]

Linksverschiebung *nf* CODING **left shift**

linksweisend TECH → **left-pointing** *adj*
→ linksgerichtet

Linksystem *nn* DAT.MA **link system**
[jeder Dateieintrag enthält die Adresse seines Nachfolgers] [each file entry contains the address of its successor]

Linksystem *nn* SWITCH **link system**
[durch Zwischenleitungen vermaschte Anordnung von Koppelvielfachen, geeignet für bedingte Wegesuche] [array of switching matrices, intermeshed by intermediate links, suited for conjugate selection]
= Zwischenleitungsanordnung *nf*; Linkanordnung *nf* = conjugate selection system; conditional selection system

Link-Virus *nm* SW **link virus**
[hängt sich an Programmdateien an] [appends itself to program files]

Linkzeit *nf* SW → **link time** (1)
→ Bindezeit *nf*

Linoleum *nn* TECH **linoleum** *n*

Linoleumschnitt *nm* PRIN.ME → **lino cut**
→ Linolschnitt *nm*

Linolschnitt *nm* PRIN.ME **lino cut**
= Linoleumschnitt *nm*

Linotronic PRIN.ME **Lionotronic**
[Setzanlage mit Auflösungen bis 2540 dpi] [typesetting devive with resolutions up to 2540 dpi]

Linpack DAT.PR **Linepack**
↑ Bewertungsprogramm ↑ benchmark program

Linse *nf* ANT **electromagnetic lens**

Linse *nf* OPT **lens** *n*
[durchlässiger, gekrümmter Körper zur Beeinflussung der Lichtausbreitung für Abbildungszwecke] [transparent, curved body to shape light propagation for immaging purposes]
↓ sphärische Linse; asphärische Linse; Sammellinse; Zerstreuungslinse ↓ spherical lens; aspherical lens; converging lens; diverging lens

Linsenadapter *nm* PHOT **lens adapter**

Linsenantenne *nf* ANT **lens antenna**
= Verzögerungslinse *nf* = delay lens

Linsen-Effekt *nm* OPTOEL **lens effect**

Linsenformel *nf* PHYS **lens equation**
= Linsengleichung *nf*

Linsengleichung *nf* PHYS → **lens equation**
→ Linsenformel *nf*

Linsenkopf *nm* MEC.EN **fillister head**
[Schraube]

Linsenkopfniet *nm* MEC.EN **round-top counter-sunk rivet**

Linsenkopfschraube *nf* MEC.EN **fillister-head screw**
= Linsenschraube *nf*

Linsenkopplung *nf* OPT.CO **lens connector**

Linsenschraube *nf* MEC.EN → **fillister-head screw**
→ Linsenkopfschraube *nf*

Linsensenkkopf *nm* MEC.EN **oval head**
[Schrauben] = lentil head

Linsensenkkopfschraube *nf* MEC.EN **oval-head screw**
= lentil-head screw

Linux *nn* SW **Linux**
[ein Freeware-Betriebssystem von Linus Torvalds] [a freeware operating system of Linus Torvalds]

Linvill-Ersatzschaltung *nf* MICR.EL **Linvill model**

lippensynchron CINEMA **lip synchronous**

Lippensynchronisierung *nf* CINEMA **lip sync**

LIPS ART.IN **LIPS**
[Maßeinheit für Expertensysteme] [measuring unit for expert systems]
= logische Verknüpfungen pro Sekunde = logical inferences per second

Liquidation *nf* ECON **liquidation** *n*

liquidieren ECON **liquidate**
= auflösen

Liquidität *nf* ECON → **cash flow** *n*
→ Geldsaldo *nn*

Liquidität *nf* ECON **liquidity** *n*

Liquidum *nn* LING **liquid** *n*
[l,r,...] [l,r,...]
= Fließlaut *nm*; Dauerlaut *nm*

Liquidus-Kurve *nf* PHYS **liquidus line**

Lisa DAT.PR → **Apple Lisa**
→ Apple Lisa

LISP COMP.LG **LISP**
[eine listenorientierte Programmiersprache] [LISt Processing language; a list-oriented language]
↑ höhere Programmiersprache ↑ high-level programing language

LISP-interpreter-Bewertungstest *nm* DAT.PR **LISP interpreter benchmark**
[das Problem der 8 Königinnen; zentraleinheitintensiv, in C] [the problem of the 8 queens; CPU-intensive, in C]
↑ SPEC-Bewertungstest ↑ SPEC benchmark

Lissajous-Figur PHYS **Lissajous pattern**
= Lissajus figure

Liste *nf* COMP.LG **list** *n*
= Meldung *nf* [ALGOL, FORTRAN]
= report (COBOL)

Liste *nf* OFFICE **list** *n*
= Auflistung *nf*; Aufstellung *nf* = record *n* (2); listing *n*; statement *n*
≈ Katalog ≈ catalogue
↓ Verzeichnis

Listenabschlusszeichen *nn* DAT.MA → **terminator** *n*
→ Abschlusszeichen *nn*

Listenausdruck *nm* DAT.PR **list printout**
↑ Ausdruck ↑ printout

Listenausdruck *nm* DAT.PR → **listing** *n*
→ Protokoll *nn*

Listenbild *nn* OFFICE **list layout**
= Listenformat *nn* = list format

Listenbox *nf* COMP.AP → **list box**
→ Auswahllistenfenster *nn*

Listencode *nm* CODING **list code**

Listendatei *nf* DAT.MA **report file**

Listenende-Markierung *nf* DAT.MA **tail** *n*
= end-of-list mark

Listenendezeichen *nn* DAT.MA → **terminator** *n*
→ Abschlusszeichen *nn*

Listenfeld *nn* COMP.AP → **list box**
→ Auswahllistenfenster *nn*

Listenformat *nn* OFFICE → **list layout**
→ Listenbild *nn*

Listengenerator *nm* SW **report generator**
[Programm zum Auslesen und Darstellen von Daten aus Datenbanksystemen] [program to retrieve and represent data from databases]
= Listenprogrammgenerator *nm*; LPG; RPG = report program generator; RPG; report writer; list generator
≈ RPG [COMP.LG] ≈ RPG [COMP.LG]

Listenkopf *nm* OFFICE **list header**

listenorientiert DAT.PR **list-oriented**

Listenprogramm *nn* SW **report programm**
[Programm für individuelle Listenausdrucke] [program for individual list printouts]

Listenprogrammgenerator *nm* SW → **report generator**
→ Listengenerator *nm*

Listensortierung *nf* DAT.MA **list sorting**

Listenverarbeitung *nf* DAT.MA **list processing**

Listenverarbeitungssprache *nf* COMP.LG **list processing language**
[LISP; PROLOG] [LISP; PROLOG]

Liter *nm* PHYS **liter** *n*
[1 Kubikdezimeter] [1 cubic decimeter]
= l; L = litre *n*; L (AE)
↑ Volumeneinheit

Literal *nm* SW → **literal constant**
→ Literalkonstante *nf*

Literaladresse *nf* SW → **immediate address**
→ unmittelbare Adresse

Literaladressierung *nf* SW → **immediate addressing**
→ unmittelbare Adressierung

Literalkonstante *nf* SW **literal constant**
[Befehlsoperand der den Wert einer Konstante direkt angibt, statt eine Adresse oder einen Datennamen über den dieser Wert gefunden werden könnte] [operand of instruction, containing actual value of a constant rather than an address or dataname leading to that value]
= Literaloperand *nm*; Literal *nm*; Befehlskonstante *nf*; Konstante *nf* (2) = literal operand; literal *n*; self-defining constant; constant *n*
≠ Variable

Literaloperand *nm* SW → **literal constant**
→ Literalkonstante *nf*

literarischer Agent PRIN.ME **literary agent**

Literatur *nf* PRIN.ME → **references** *nplt*
→ Literaturverzeichnis *nn*

Literatur *nf* MEDIA **literature** *n*

Literaturhinweis *nm* PRIN.ME **reference** *n*
= Bezug *nm*; Bezugnahme *nf* = referencing *n*
≈ Literaturverzeichnis ≈ references

Literaturkritik *nf* PRIN.ME **literature critics**

Literaturverzeichnis *nn* PRIN.ME **references** *nplt*
= Literatur *nf*; Bibliographie *nf*; Schriftum-Verzeichnis *nn*, Schrifttum *nn* = literature *n*; bibliography *n*

Lithium *nn* CHEM **lithium** *n*
= Li = Li

Lithiumakku *nm* POW.SY → **lithium ions battery**
→ Lithiumionen-Batterie *nf*

Lithium-Batterie *nf* POW.SY **lithium battery**

Lithiumionen-Batterie *nf* POW.SY **lithium ions battery**
= Lithiumakku *nm*

Lithium-Mangan-Batterie *nf* POW.SY **lithium-manganese battery**

Lithiumniobat *nn* CHEM **lithium niobate**

Lithografie *nf* MICR.EL **litography** *n*

Lithographie *nf* PRIN.ME **lithography** *n*
[nur druckenden Teile nehmen Tinte auf] [only the printing parts absorb ink]
= Steindruck *nm* = lithograph *n*
↑ Flachdruck ↑ planographic printing

Little-Endian MICR.EL **little endian**
[mit dem niedrigswertigen Byte oder Ziffer links beginnend] [with the lowest-ranking byte or digit on the left]

Litze *nf* COM.CAB → **stranded wire** *n*
→ Litzendraht *nm*

Litzendraht *nm* COM.CAB **stranded wire** *n*
= Litze *nf* = strand *n* (2); braided conductor; litz wire; flexible *n*; flex *n*

Litzenschnur *nf* TER&PER → **retractile cord**
→ Spiralschnur *nf*

Livechat *nn* INTERNET **live chat**

LiveScript *nn* INTERNET **live script**

Livesendung *nf* (DUDEN) MEDIA → **live broadcast**
→ Direktübertragung *nf*

Liveshow *nf* (DUDEN) IMAG.ME → **live show**
→ Direkt-Unterhaltungssschau

Liveübertragung *nf* (ANGL) MEDIA → **live broadcast**
→ Direktübertragung *nf*

Liveware *nf* DAT.PR → **computer personnel**
→ DV-Personal *nn*

lizensiert ECON → **licensed** *adj*
→ zugelassen

Lizensschlüssel *nm* COMP.AP **licencing key**

Lizenz *nf* ECON **license** *n* (AE)
= licence *n* (BE)

Lizenz *nf* ECON → **admission** *n*
→ Zulassung *nf* (1)

Lizenzabkommen *nn* ECON → **license agreement**
→ Lizenzvertrag *nm*

Lizenzerteilung *nf* ECON → **licensing** *n*
→ Lizenzierung *nf*

Lizenzgeber *nm* ECON **licenser** *n*
= licensor *n*; license granter

Lizenzgebühr *nf* ECON **license fee**
= licence fee; royalty *n*

Lizenzierung *nf* ECON **licensing** *n*
= Lizenzvergabe *nf*, Lizenzerteilung *nf* = licencing *n*

Lizenzinhaber *nm* ECON **licence holder**

Lizenznehmer *nm* ECON **licensee** *n*
= franchisee

Lizenzvereinbarung *nf* ECON → **license agreement**
→ Lizenzvertrag *nm*

Lizenzvergabe *nf* ECON → **licensing** *n*
→ Lizenzierung *nf*

Lizenzvertrag *nm* ECON **license agreement**
= Lizenzabkommen *nn*; Lizenzvereinbarung *nf* = licence agreement

Lkw *nm* TRANSP → **truck** *n*
→ Lastkraftwagen *nm*

LKW *nm* TRANSP → **truck** *n*
→ Lastkraftwagen *nm*

LLC DAT.NW → **logical link control**
→ Steuerung der logischen Verbindung

LLC-Protokoll *nn* DAT.NW → **logical link control protocol**
→ Steuerungsprotokoll der logischen Verbindung

LLC-Teilschicht *nf* DAT.NW → **logical link control sublayer**
→ Teilschicht der logischen Verbindungssteuerung

LLC-Typ *nm* DAT.NW → **logical link control type**
→ logischer Verbindungssteuerungstyp

LLL MICR.EL → **low-level logic**
→ Tiefpegellogik *nf*

LLRR-Brücke *nf* INSTR → **Maxwell bridge**
→ Maxwell-Brücke *nf*

lm OPT → **lumen** *n*
→ Lumen *nn*

LM-Anforderung *nf* INF.TEC → **feature request sheet**
→ Leistungsmerkmalanforderung *nf*

LMDS-System *nn* TELEC **LMDS**
↑ PMP-System = Local Multipoint Distribution System (AE)
↑ PMP

LM-Paket *nn* INF.TEC → **feature package**
→ Leistungsmerkmalpaket *nn*

ln MATH → **natural logarithm**
→ natürlicher Logarithmus

LNB CONS.EL **LNB**
[Satellitendirektempfang] [direct satellite reception]
= rauscharmer Verstärker = Low Noise Block

LO HF → **mixing oscillator**
→ Mischoszillator *nm*

Load-forwarding *nn* MICR.EL → **load forwarding**
→ Eingabe-Durchreichung *nf*

Loadpulling *nm* CIRC.EN **load pulling**
[Variation der Scheinwiderstandsanpassung zur Verringerung der Nichtlinearitäten] [variation of impedance matching in order to minimize ditortions]

Load-Store-Architektur *nf* DAT.PR **load-store architecture**
[RISC] [RISC]

Loch *nn* PHYS **hole** *n*
= Defektelektron *nn*; Elektronenlücke *nf*, Elektronenfehlstelle *nf*; Mangelelektron *nn* [in valence band]
= defect electron; p hole; electron vacancy; negativ-ion vacancy

Loch *nn* (1) TECH **hole** *n* (1)
[offene Stelle] = opening *n*

Loch *nn* (2) TECH **hole** *n* (2)
[Vertiefung] = pit *n*; depression *n*

Lochabstand *nm* TER&PER **feed hole pitch**
= Lochspurteilung *nf* = feed pitch; dot pitch

Lochabstand *nm* MEC.EN **hole pitch**
= hole center distance

Lochätzen *nn* MICR.EL **hole etching**

Lochband *nn* TER&PER **punched tape** (2)
[ein breiter Lochstreifen] [a punched tape with mayor width]
↑ Lochstreifen

Lochbild *nn* EL.TRO **PCB layout pattern**
[Leiterplatte]

Lochblende *nf* OPT **pinhole plate**

Lochblende *nf* MEC.EN **hole metal plate**

Lochdurchmesser *nm* MEC.EN **bore** *n* (2)
= Bohrungsdurchmesser *nm*

Locheisen *nn* MEC.EN **hollow punch**

lochen METAL **pierce** *vt*
= durchstechen = perforate; lance
↑ stanzen ↑ stamp

Lochen *nn* METAL **piercing** *n*
= perforating *n*
↑ stamping

Lochen *nn* TER&PER → **perforation** *n*
→ Lochung *nf*

Locher *nm* OFFICE **punch** *n*

Löcherbeweglichkeit *nf* PHYS **hole mobility**
= Defektelektronen-Beweglichkeit *nf*, Mangelelektronen-Beweglichkeit *nf*

Löcherdichte *nf* PHYS **hole density**
= Defektelektronendichte *nf*

Löchergas *nn* PHYS **hole gas**
= Defektelektronengas *nn*

Löcherhalbleiter *nm* PHYS **hole semiconductor**
= P-Halbleiter *nm*; P-Typ-Halbleiter *nm*; Fehlstellenhalbleiter *nm*; P-Material *nn* = p-type semiconductor

Löcherkonzentration *nf* PHYS **hole concentration**
= Defektelektronen-Konzentration *nf*, Mangelelektronen-Konzentration *nf*

löcherleitend PHYS → **hole conducting**
→ mangelleitend

Löcherleiter *nm* PHYS → **p-type conductor**
→ P-Leiter *nm*

Löcherleitfähigkeit *nf* PHYS **hole-type conductivity**
= Defektelektronen-Leitfähigkeit *nf*, P-Leitfähigkeit *nf*, Mangelelektronen-Leitfähigkeit *nf* = p-type conductivity

Löcherleitung *nf* PHYS **hole conduction**
= Defektlelektronenleitung *nf*, P-Leitung *nf*, Defektleitung *nf*, Mangelelektronenleitung *nf*, Mangelleitung *nf*, Störleitung *nf* = defect conduction; p-type conduction; impurity conduction

Lochernagel *nm* TER&PER **perforating pin**

Löcherstrom *nm* PHYS **hole current**
= Defektelektronenstrom *nm*; Mangelelektronenstrom *nm*; P-Strom *nm*

Lochetikett *nf* TER&PER **punched tag**
= punched label

Lochkarte *nf* TER&PER **punched card**
↑ Karte
= punch card; 80-column manila card; card
↑ card

Lochkartenablesung *nf* TER&PER **card sensing**
= Kartenablesung *nf*

Lochkartenabtaster *nm* TER&PER → **punched card scanner**
→ Lochkartenleser *nm*

Lochkartenanschlag *nm* TER&PER → **card aligner**
→ Kartenanschlag *nm*

Lochkartenanstoß *nm* TER&PER **card wreck**
[eine Wand]
= Kartenanstoß *nm*
[a stopping wall]
= punched card wreck; card jam (2)

Lochkartenaufnehmer *nm* TER&PER → **card picker**
→ Kartenaufnehmer *nm*

Lochkartenausgabe *nf* TER&PER → **card output**
→ Kartenausgabe *nf*

Lochkartenausrichter *nm* TER&PER → **card aligner**
→ Kartenanschlag *nm*

Lochkartenbahn *nf* TER&PER **card track**
= Kartenbahn *nf*
= card bed

Lochkartenbügler *nm* TER&PER → **card reconditioner**
→ Kartenbügler *nm*

Lochkartencode *nm* TER&PER **card code**
= Kartencode *nm*

Lochkartendoppler *nm* TER&PER **punched card reproducer**
= Kartendoppler *nm*
= punch card reproducer; card reproducer; reproducer; reproducing punch; duplicating card punch

Lochkartendurchlauf *nm* TER&PER → **card run**
→ Kartendurchlauf *nm*

Lochkartenerfassungsgerät *nn* TER&PER **card-based data entry terminal**

Lochkartenfeld *nn* TER&PER **card field**

Lochkartenformat *nn* TER&PER **punched card format**
↑ Kartenformat
= punch card format
↑ card format

Lochkartengang *nm* TER&PER → **card cycle**
→ Kartenzyklus *nm*

Lochkartengerät *nn* TER&PER → **punched card machine**
→ Lochkartenmaschine *nf*

lochkartengesteuert DAT.PR **card controlled**
= kartengesteuert

Lochkartengreifer *nm* TER&PER → **card picker**
→ Kartenaufnehmer *nm*

Lochkartenkasten *nm* TER&PER → **card box**
→ Kartenkasten *nm*

Lochkartenleser *nm* TER&PER **punched card scanner**
= Kartenleser *nm*; Lochkartenabtaster *nm*; Kartenabtaster *nm*
↓ Bürstenabtaster; photoelektrischer Abtaster
= punch card scanner; card scanner; punched card reader; punch card reader; card reader; punched card interpreter; punch card interpreter; card interpreter
↓ brush reader; photoelectric reader

Lochkartenlocher *nm* TER&PER → **card puncher**
→ Kartenlocher *nm*

Lochkartenmaschine *nf* TER&PER **punched card machine**
= Lochkartengerät *nn*
= punched card equipment; punch card machine; punch card equipment; card machine; card equipment

Lochkartenmischer *nm* TER&PER **punched card collator**
= Kartenmischer *nm*
= punch card collator; card collator; collator *n*; interpolator *n*

Lochkartenprüfer *nm* TER&PER **punched card verifier**
= Kartenprüfer *nm*; Prüflocher *nm*
= punch card verifier; card verifier; verifier; key-verifying unit

Lochkartenprüfung *nf* TER&PER **card verification**
= Kartenprüfung *nf*
= card verifying

Lochkartenrückseite *nf* TER&PER **card back**
= Kartenrückseite *nf*
≠ Lochkartenvorderseite
≠ card face

Lochkartensalat *nm* TER&PER → **card jam** (1)
→ Lochkartenstau *nm*

Lochkartenspalte *nf* TER&PER **card column**
[senkrecht, parallel zur Kartenschmalseite]
= Kartenspalte *nf*
[vertical, parallel to the narrow card side]

Lochkartenstanzer *nm* TER&PER → **card puncher**
→ Kartenlocher *nm*

Lochkartenstapel *nm* TER&PER **punched card deck**
= Kartenstapel *nm*
= punch card deck; card deck; deck

Lochkartenstapler *nm* TER&PER **card stacker**
= Kartenstapler *nm*
≠ Eingabemagazin
↑ Stapler
= card ejection; pocket *n*
≠ card hopper
↑ stacker

Lochkartenstau *nm* TER&PER **card jam** (1)
= Kartenstau *nm*; Lochkartensalat *nm*; Kartensalat *nm*
[a crash]
= card wreck

Lochkartentransport *nm* TER&PER → **card feed**
→ Kartenvorschub *nm*

Lochkartenvorderseite *nf* TER&PER **card face** *n*
= Kartenvorderseite *nf*
≠ Lochkartenrückseite
= face *n*
≠ card back

Lochkartenvorschub *nm* TER&PER → **card feed**
→ Kartenvorschub *nm*

Lochkartenweg *nm* TER&PER → **card path**
→ Kartenweg *nm*

Lochkartenwender *nm* TER&PER → **card reverser**
→ Kartenwender *nm*

Lochkartenzähler *nm* TER&PER → **card counter**
→ Kartenzähler *nm*

Lochkartenzeile *nf* TER&PER **punched card row**
= Kartenzeile *nf*
= punch card row; card row

Lochkartenzyklus *nm* TER&PER → **card cycle**
→ Kartenzyklus *nm*

Lochkathode *nf* EL.TRO **perforated cathode**

Lochkombination *nf* TER&PER **punch combination**
= hole combination; hole combination

Lochmaske *nf* TV **shadow mask**
= Schattenmaske *nf*; Schlitzmaske *nf*; Deltamaske *nf*; Maske *nf*

Lochmaskenabstand *nm* TER&PER **dot pitch** (1)
= Pixelabstand *nm*

Lochmaskenröhre *nf* TV **shadow mask tube**
= Maskenröhre *nf*; Deltaröhre *nf*

Lochplatte *nf* MICR.EL **perforated screen**
= disk

Lochplattenlinse *nf* ANT **perforated screen lens**

Lochrasterplatte *nf* EL.TRO **drilled board**

Lochreihe *nf* TER&PER **hole row** *n*
↓ Sprosse (1); Lochspur
= row
↓ row frame; channel

Lochscheibe *nf* TELEGR → **light chopper**
→ Lichtsäge *nf*

Lochschiene *nf* MEC.EN **pre-drilled rail**

Lochspur *nf* TER&PER **paper tape channel**
[in Streifenrichtung]
= Lochstreifenspur *nf*
↑ Lochreihe; Spur
[longitudinal row of perforations]
= feed track
↑ hole row; track

Lochspurteilung *nf* TER&PER → **feed hole pitch**
→ Lochabstand *nm*

Lochstation *nf* TER&PER **punched card station**
= punch station

Lochstelle *nf* TER&PER **hole site**
= hole position; punch position; punching position; punch site

Lochstreifen *nm* TER&PER **perforated tape**
↑ Streifen
= punched tape (1); punched paper tape; papertape *n*
↑ tape

Lochstreifen-/Lochkarten-Umsetzer *nm* TER&PER **tape-to-card converter**
= Streifen-/Karten-Umsetzer *nm*

Lochstreifenabtaster *nm* TER&PER → **punched tape reader**
→ Lochstreifenleser *nm*

Lochstreifenausgabe *nf* DAT.PR **punched tape output**
= paper tape output; tape output

Lochstreifencode *nm* TER&PER **paper tape code**
= tape code

Lochstreifendoppler *nm* TER&PER **reperforator** *n* (1)
= Streifendoppler *nm*; Lochstreifenübertrager *nm*
↑ Lochstreifengerät
= paper tape reproducer; tape reproducer
↑ taper

Lochstreifeneingabe *nf* DAT.PR **punched tape input**
= paper tape input; tape input (1)

Lochstreifengerät *nn* TER&PER **taper** *n*
[Leser und/oder Stanzer]
= Lochstreifenlesestanzer *nm*; Lesestanzer *nm*; Taper *nm* (ANGL)
[reader and/or puncher]
= paper tape punch/reader

Lochstreifengerät *nn* TELEGR **perforated-tape teleprinter**
[Fernschreiber mit Lochstreifenzusatz] = perforated-tape equipment

Lochstreifenkarte *nf* TER&PER → **marginal punched card**
→ Randlochkarte *nf*

Lochstreifenlehre *nf* TER&PER **tape jig**

Lochstreifenleser *nm* TER&PER **punched tape reader**
= Streifenleser *nm* (1); Lochstreifenabtaster *nm*
↑ Lochstreifengerät
= peforated tape reader; paper taper reader; PTR; tape reader; reperforator *n* (2)
↑ taper

Lochstreifenlesestanzer *nm* TER&PER → **taper** *n*
→ Lochstreifengerät *nn*

Lochstreifenlocher *nm* TER&PER → **tape punch**
→ Lochstreifenstanzer *nm*

Lochstreifenprüfer *nm* TER&PER **punched tape verifier**
= paper tape verifier; tape verifier

Lochstreifenrolle *nf* TER&PER **punched tape roll**
= paper tape roll; tape roll

Lochstreifen-Schreibmaschine *nf* TER&PER **perforated tape typewriter**
= tape typewriter

Lochstreifensender *nm* TELEGR **tape transmitter**

Lochstreifensendung *nf* TELEGR **tape transmission**

Lochstreifenspule *nf* TER&PER **tape reel**
↑ Spule
= tape spool
↑ reel

Lochstreifenspur *nf* TER&PER → **paper tape channel**
→ Lochspur *nf*

Lochstreifenstanzer *nm* TER&PER **tape punch**
= Lochstreifenlocher *nm*; Streifenlocher *nm*; Perforator *nm*
= paper tape punch; tape perforator; perforator *n*

Lochstreifentasche *nf* TER&PER **punched tape pocket**
= tape pocket

Lochstreifenübertrager *nm* TER&PER → **reperforator** *n* (1)
→ Lochstreifendoppler *nm*

Lochtafel *nf* OFFICE **perforated board**

Lochteilung *nf* TER&PER **hole spacing**

Lochticket *nn* TER&PER **punched ticket**

Lochung *nf* EL.TRO **hole** *n*
[Leiterplatte]
[PCB]

Lochung *nf* TER&PER **perforation** *n*
= Lochen *nn*; Perforation *nf*
↓ Längslochung; Querlochung
= punching; perfs *nplt*
↓ longitudinal perforation; cross perforation

Lochungsfehler *nm* TER&PER → **punching error**
→ Fehllochung *nf*

Lochungszone *nf* TER&PER **curtate** *n*

Lochwandung *nf* TECH **interior hole surface**

Lochzange *nf* TER&PER **spot punch**

locker TECH → **unmounted** *adj*
→ lose

lockern TECH → **undue** *vt*
→ lösen (2)

Lockerung *nf* TECH **loosening** *n*

Lock-in-Verstärker *nm* INSTR **lock-in amplifier**

LOCOS-Verfahren *nn* MICR.EL → **isoplanar technology**
→ Isoplanarverfahren *nn*

lodern TECH **blaze** *vi*
= auflodern

Loftin-White-Verstärker *nm* CIRC.EN → **cascade amplifier**
→ Kaskadenverstärker *nm*

Logarithmenpapier *nn* OFFICE → **logarithmic graph paper**
→ Logarithmierpapier *nn*

Logarithmen-Plattenschnitt *nm* COMPO **logaritmic cut**

Logarithmensystem *nn* MATH **logarithmic system**

Logarithmentafel *nf* MATH **table of logarithms**

Logarithmierer *nm* CIRC.EN → **logarithmic amplifier**
→ logarithmischer Verstärker

Logarithmierpapier *nn* OFFICE **logarithmic graph paper**
= Logarithmenpapier *nn*
= logarithmic paper

Logarithmierverstärker *nm* CIRC.EN → **logarithmic amplifier**
→ logarithmischer Verstärker

logarithmisch MATH **logarithmic** *adj*
= log

logarithmische Normalverteilung STATIS **log-normal distribution**
= Log-Normal-Verteilung *nf*

logarithmischer Verstärker CIRC.EN **logarithmic amplifier**
= Logarithmierverstärker *nm*; Logarithmierer *nm*

logarithmisches Dekrement PHYS **logarithmic decrement**

logarithmische Spiralantenne ANT **logarithmic spiral antenna**
= gleichwinklige Spiralantenne
= logspiral antenna; equiangular spiral antenna

logarithmische Spirale MATH **logarithmic spiral**

logarithmisch-normal MATH **logarithmico-normal**
= log-normal

logarithmisch-periodisch MATH **logarithmic-periodic**
= log-periodic

logarithmisch-periodische Antenne ANT **logarithmically periodic antenna**
= LPC-Antenne *nf*
↑ frequenzunabhängige Antenne
= log-periodic antenna; logarithmically periodic aerial; log-periodic aerial; coaxial-fed log-periodic antenna
↑ frequency-independent antenna

logarithmisch-periodische Dipolantenne ANT **log-periodic dipole antenna**
= LPD-Antenne *nf*

logarithmisch-periodische Leiterantenne ANT **log-periodic ladder antenna**
= LPL-Antenne *nf*

logarithmisch-periodische Unipolantenne ANT **log-periodic unipole**
= LPU-Antenne *nf*
= LP-unipole

logarithmisch-periodische V-Antenne ANT → **fishbone antenna**
→ Fischgrätenantenne *nf*

logarithmisch-periodische Yagi-Antenne ANT **log-periodic Yagi antenna**
= LPY-Antenne *nf*

logarithmitisch-periodische Faltdipol-Antenne ANT **LPFD antenna**
= LPFD-Antenne *nf*
= log-periodic folded dipole antenna

Logarithmus *nm* MATH **logarithm** *n*
[Kunstwort aus dem griech. "lóg(os)" = "Sagen, Rechnen, Vernunft" + "arithmós" = "Zahl, Maß", also "Rechenzahl"; Zahl, mit der die Basis potenziert, den Numerus ergibt]
↓ natürlicher Logarithmus; dekadischer Logarithmus
[artificial word from Greek "lóg(os)" = "saying, calculating, reasoning" + "arithmós" = "number, measure", i.e. "calculation number"; power to which a basis must be raised to produce a given number]
= log.
↓ natural logarithm; common logarithm

Logarithmus dualis MATH → **logarithm to the base of 2**
→ dyadischer Logarithmus

Logarithmus naturalis MATH → **natural logarithm**
→ natürlicher Logarithmus

Logarithmus zur Basis 10 MATH → **common logarithm**
→ dekadischer Logarithmus

Logarithmus zur Basis 2 MATH → **logarithm to the base of 2**
→ dyadischer Logarithmus

Logarithmus zur Basis e MATH → **natural logarithm**
→ natürlicher Logarithmus

Logatom *nn* TELEPH **logatom** *n*
[Kunstwort für Verständlichkeitstests]
[artificial word for intelligibility tests]

Logatomverständlichkeit *nf* TELEPH **articulation for logatomes**

Logbuch *nn* TECH **logbook** *n*
= log *n*

Logbuch *nn* DAT.MA → **logging file**
→ Logdatei *nf*

Logdatei *nf* DAT.MA **logging file**
= Logbuch *nn*

Logic Generator *nm* INSTR **logic generator**

Logigsynthese *nf* MICR.EL **logic synthesis**

Logigverstärker *nm* CIRC.EN → **logic amplifier**
→ logischer Verstärker

Logik *nf* MATH **logics** *n*
[über das latein. "logica" = "Logik" aus dem griech. "logikós" = "die Rede oder Vernunft betreffend"; Lehre des folgerichtigen Denkens]
↓ klassische Logik; mehrwertige Logik
[via the Latin ("logica" = "logics") from Greek "logikós" = "relative to saying, reason"; science of formal reasoning]
= logic
↓ classical logic; multivalid logic; modal logic; temporal logic

Logik *nf* CIRC.EN → **logic circuit**
→ Logikschaltung *nf*

Logikanalysator *nm* INSTR **logic analyzer**
[testet komplexe Logikschaltungen]
= logischer Analysator
[tests complex logic circuits]
= logic state analyzer

Logikanalyse *nf* SW → **logic analysis**
→ logische Analyse

Logikanordnung *nf* MICR.EL → **gate array**
→ Gate Array *nm*

Logikanweisung *nf* SW → **logic instruction**
→ logischer Befehl

Logikbaum *nm* SW **logic tree**
= logischer Baum

Logikbaustein *nm* MICR.EL **logic chip**
= Logik-Chip *nm*
= logic device; logic unit; logical chip; logical device; logical unit

Logikbefehl *nm* SW → **logic instruction**
→ logischer Befehl

Logikboard *nn* (ANGL) HW → **logic board**
→ Logikkarte *nf*

Logikbombe *nf* SW **logic bomb** *n*
[mutwillige Programmierung eines Programmabsturzes bei Eintreten einer logischen Bedingung]
= Bombe
≈ Zeitbombe; Virus
[intentional coding of a program crash triggered by a set of conditions]
= bomb *n*
≈ time bomb; virus

Logik-Chip *nm* MICR.EL → **logic chip**
→ Logikbaustein *nm*

Logikclip *nm* INSTR **logic clip**

Logikdaten *nplt* DAT.MA → **logic data**
→ logische Daten

Logikdiagramm *nn* CIRC.EN → **logic diagram**
→ Signalflussplan *nm*

Logikelement *nn* CIRC.EN → **logic gate**
→ Verknüpfungsglied *nn*

Logikentwurf *nm* SW **logic design**
= logischer Entwurf
= logical design

Logikfamilie *nf* MICR.EL **logic family**
= Schaltkreisfamilie *nf*; Schaltungsfamilie *nf*
= family *n*

Logikfehler *nm* SW **logical error**
= logischer Fehler
= logic error

Logikflussplan *nm* SW → **logic flowchart**
→ logischer Flussplan

Logikfunktion *nf* INF.TH **logic function**
= logical function

Logikgatter *nn* CIRC.EN → **logic gate**
→ Verknüpfungsglied *nn*

Logikgerät *nn* DAT.PR → **logical device**
→ logisches Gerät

Logikkarte *nf* HW **logic board**
= Logikboard *nn* (ANGL)
≈ Hauptplatine
= logic card
≈ main board

Logikkomparator *nm* INSTR **logic comparator**

Logikpegel *nm* CIRC.EN **logic level**
= logischer Pegel
≈ logischer Zustand [LOGIC]
↓ Hochpegelzustand; Tiefpegelzustand
= logical level
≈ logic state [LOGIC]
↓ high level; low level

Logik-Probe *nf* INSTR → **logic tester**
→ Logiktester *nm*

Logikprogrammierung *nf* SW **logic programming**

Logikprozedur *nf* INF.TH **logic procedure**
= logical procedure

Logikrahmen *nm* CODING **logical frame**

Logikschaltung *nf* CIRC.EN **logic circuit**
[realisiert komplexe Operationen der Schaltalgebra]
= logischer Schaltkreis; logische Schaltung; Logik *nf*
≈ Verknüpfungsglied
↓ Schaltnetz; Schaltwerk; Verknüpfungsglied
[executes complex logical operations]
= logical circuit; logic; decision-making network
≈ logic gate
↓ combinatorial circuit; sequential logic; logic gate

Logiksimulation *nf* MICR.EL **logic simulation**
= logical simulation

Logiksimulator *nm* SW **logic simulator**

Logiksymbol *nn* LOGIC **logical symbol**
= logisches Symbol
= logic symbol

Logiksystem *nn* INF.TH **logic system**
= logical system

Logiktastkopf *nm* INSTR → **logic tester**
→ Logiktester *nm*

Logiktastkopf-Anzeige *nf* INSTR **logic probe indicator**

Logiktester *nm* INSTR **logic tester**
[zur Feststellung logischer Pegel]
= Logik-Probe *nf*; Logiktastkopf *nm*
≈ Prüfspitze
[to detect logic levels]
= logic probe; logical tester; logical probe
≈ test probe

Logikzustand *nm* LOGIC → **logic state**
→ logischer Zustand

Log-in *nn* DAT.CO → **log-on** *n*
→ Anmeldung *nf*

logisch DAT.PR **logical** *adj*
≠ physikalisch
≠ physical

logische Addition LOGIC → **OR operation**
→ ODER-Verknüpfung *nf*

logische Adresse SW → **virtual address**
→ virtuelle Adresse

logische Algebra LOGIC → **Boolean algebra**
→ boolesche Algebra

logische Analyse SW **logic analysis**
= Logikanalyse *nf*
= logical analysis

logische Anweisung SW → **logic instruction**
→ logischer Befehl

logische Äquivalenz LOGIC **logic equivalence**

logische Darstellung LOGIC **logical representation**
= logic representation

logische Datei DAT.MA **logic file**
= logical file

logische Daten DAT.MA **logic data**
[stellen das Ergebnis einer logischen Operation dar]
= Logikdaten *nplt*
[represent the result of some logical operation]
= logical data

logische Datenbank DAT.MA **logical database**

logische Datenbanksicht DAT.MA → **conceptual schema**
→ logisches Datenbankschema

logische Entscheidung SW **logical decision**
= logic decision

logische Folgerung LOGIC → **logical inference**
→ Inferenz *nf*

logische Folgerung LOGIC → **implication** *n*
→ Implikation *nf*

Logische Folgerung LOGIC **entailment**
= logical conclusion

logische Funktion LOGIC → **logical operation**
→ logische Verknüpfung

logische Gerätenummer SW **logical device number**
= logical unit number

logische Grundschaltung CIRC.EN → **logic gate**
→ Verknüpfungsglied *nn*

logische Inferenz LOGIC → **logical inference**
→ Inferenz *nf*

Logische Konzequenz LOGIC **logical consequence**
[Formale Logik]
[Formal Logik]

logische Operation LOGIC → **logical operation**
→ logische Verknüpfung

logische Programmiersprache COMP.LG **logic programming language**

logische Programmierung ART.IN **logical programming**
= logic programming

logischer Ablauf DAT.MA → **logical sequence**
→ logische Reihenfolge

logischer Analysator DAT.PR **logical analyzer**
= logical analyser

logischer Analysator INSTR → **logic analyzer**
→ Logikanalysator *nm*

logischer Ausdruck LOGIC → **Boolean operation**
→ boolesche Verknüpfung

logischer Ausdruck LOGIC **logic expression**

logischer Baum SW → **logic tree**
→ Logikbaum *nm*

logischer Befehl SW **logic instruction**
= logische Anweisung; Verknüpfungsbefehl *nm*; Verknüpfungsanweisung *nf*; Logikbefehl *nm*; Logikanweisung *nf*
≠ arithmetischer Befehl
↓ Vergleichsbefehl; Boole'scher Befehl
= logical instruction
≠ arithmetic instruction
↓ comparing instruction; Boolean instruction

logischer Datentyp SW **logical type**
↑ data type

logische Reihenfolge DAT.MA **logical sequence**
= logische Sequenz; logischer Ablauf
= logic sequence

logischer Entwurf SW → **logic design**
→ Logikentwurf *nm*

logischer Fehler SW → **logical error**
→ Logikfehler *nm*

logischer Flussplan SW **logic flowchart**
= logisches Flussdiagramm; Logikflussplan *nm*
= logical flowchart; logic map; logical map; logic flow diagram; logical flow diagram

logischer Gerätename SW **logical device name**
= logic unit name

logischer Hub MICR.EL **logical swing**
[Differenz H-Pegel zu L-Pegel]
= logic swing; logical gain

logischer Operator COMP.SC **logical operator**

= Vergleichsoperator *nm*; Verknüpfungsoperator *nm*
↓ Vergleichsoperator; Verknüpfungsoperator
= logic operator; logical connector; logical connective
↓ relational operator; Boolean operator

logischer Pegel CIRC.EN → **logic level**
→ Logikpegel *nm*

logischer Ring DAT.NW **logical ring**
= logic ring

logischer Schaltkreis CIRC.EN → **logic circuit**
→ Logikschaltung *nf*

logischer Verbindungssteuerungstyp DAT.NW **logical link control type**
= Typ der logischen Verbindungssteuerung; Steuerungstyp der logischen Verbindung; LLC-Typ *nm*
= LLC type

logischer Vergleich DAT.MA **logical comparison**
= logic comparison

logischer Verstärker CIRC.EN **logic amplifier**
= Logigverstärker *nm*

logischer Wert LOGIC **logical value**
= logic value

logischer Wert LOGIC → **truth variable**
→ Wahrheitsvariable *nf*

logischer Zusammenhang SCIE **logical cohesion**

logischer Zustand LOGIC **logic state**
= Logikzustand *nm*
≈ Logikpegel [MICR.EL]
= logical state
≈ logic level [MICR.EL]

logische Schaltung CIRC.EN → **logic circuit**
→ Logikschaltung *nf*

logisches Datenbankschema DAT.MA **conceptual schema**
[definiert logische Struktur, Format und Aufbau einer Datenbank]
= logisches Schema; logische Sicht; logische Datenbanksicht; konzeptuelles Datenbankschema; konzeptuelles Schema; konzeptuale Sicht
↑ Datenbankschema
[defines logical structure, format and layout of a database]
= conceptual model; conceptual view; logical schema; logic schema; logical view; logic view; enterprise view
↑ schema

logisches Diagramm CIRC.EN → **logic diagram**
→ Signalflussplan *nm*

logische Sequenz DAT.MA → **logical sequence**
→ logische Reihenfolge

logisches Flussdiagramm SW → **logic flowchart**
→ logischer Flussplan

logisches Gerät DAT.PR **logical device**
[durch Software definiert]
= Logikgerät *nn*
[defined by logic]
= logic device

logische Sicht DAT.MA → **conceptual schema**
→ logisches Datenbankschema

logisches Laufwerk DAT.MA → **partition** *n*
→ Partition *nf*

logisches Netz DAT.CO → **virtual network**
→ virtuelles Netz

logisches Netzwerk DAT.CO → **virtual network**
→ virtuelles Netz

logisches Schaltbild CIRC.EN → **logic diagram**
→ Signalflussplan *nm*

logisches Schema DAT.MA → **conceptual schema**
→ logisches Datenbankschema

logisches Suchen DAT.MA **logical search**
= logic search

logisches Symbol LOGIC → **logical symbol**
→ Logiksymbol *nn*

logische Struktur DAT.MA → **data structure**
→ Datenstruktur *nf*

logische Subtraktion LOGIC **logical difference**
= logic difference

logisches Verbindungssteuerungsprotokoll DAT.NW → **logical link control protocol**
→ Steuerungsprotokoll der logischen Verbindung

logisches Verschieben COMP.SC → **logical shift**
→ logische Verschiebung

logische Verbindung DAT.NW **logical connection**
[unabhängig vom Übertragungsmittel]
≠ physikalische Verbindung
[medium-independent]
= logic connection
≠ physical connection

logische Verbindungssteuerung *nf* DAT.NW → **logical link control**
→ Steuerung der logischen Verbindung

logische Verknüpfung LOGIC → **Boolean operation**
→ boolesche Verknüpfung

logische Verknüpfung LOGIC **logical operation**
[eine logische Verarbeitung von logischen Variablen]
= logische Operation; logische Funktion
↓ Boolesche Verknüpfung
[an operation involving logical variables and operators]
= logic operation; logical function; logic function
↓ Boolean operation

logische Verknüpfungen pro Sekunde ART.IN → **LIPS**
→ LIPS

logische Verschiebung COMP.SC **logical shift**
[verschiebt alle Stellen einschl. des Vorzeichens]
= logisches Verschieben
≈ Ringschieben
≠ numerisches Verschieben
[affect all positions including the sign position]
= logic shift; non-arithmetic shift
≈ end-around shift
≠ numerical shift

logische Zweideutigkeit LOGIC **amphiboly** *n*
[logical expression with two meanings]

logisch gelöscht COMP.AP **logically deleted**
≈ physisch gelöscht
≈ physically deleted

logisch neutraler Zustand CIRC.EN **high-impedance status**

Logistigunternehmen *nn* ECON **logistics company**

Logistik *nf* SCIE → **formal logic**
→ Formale Logik

Logistik *nf* ECON **logistics** *nplt*

logistisch ECON **logistical**
= logistic

Lognormalverteilung *nf* STATIS **logarithmic-normal distribution**

Log-Normal-Verteilung *nf* STATIS → **log-normal distribution**
→ logarithmische Normalverteilung

Logo *nn* COMP.LG **Logo** *n*
[eine pädagogische Programmiersprache, von S.Paepert (MIT) in 1968]
[an educational programming language by S.Paepert (MIT) in 1968]

Logo *nn* ECON → **logotype** *n*
→ Logotype *nf*

Logoff *nn* DAT.CO → **log-off** *n*
→ Abmeldung *nf*

Log-off *nn* DAT.CO → **log-off** *n*
→ Abmeldung *nf*

Logon *nn* DAT.CO → **log-on** *n*
→ Anmeldung *nf*

Log-on *nn* DAT.CO → **log-on** *n*
→ Anmeldung *nf*

Logotype *nf* ECON **logotype** *n*
= Signet *nn*; Logo *nn*
↓ Firmenzeichen; Markenzeichen
= logo
↓ corporate logo; trademark

Log-Yag-Antenne *nf* ANT **log-Yag array**
= LPDA Yagi antenna

Lohn *nm* ECON **wage** *n*
= Arbeitsentgelt *nn*
≈ Gehalt; Bezahlung
↑ Verdienst
↓ Stundenlohn
[pay for work done]
= pay
≈ salary; payment
↑ earnings (1)
↓ hourly wage

Lohnempfänger *nm* ECON **wage-earner**

lokal DAT.CO → **local** *adj*
→ örtlich

lokal COLL → **local** *adj*
→ örtlich

lokal SW → **local** *adj*
→ singulär

Lokaladverb *nn* LING **adverb of place**

Lokalbetrieb *nm* TELEGR **local-loop operation**
= Ortsbetrieb *nm*; Nahbetrieb *nm*
= local mode

Lokalbetrieb *nm* DAT.PR **local mode**
= Ortsbetrieb *nm*
≈ Offline-Betrieb
= local operation
≈ offline operation

Lokalbus *nm* MICR.EL → **internal bus**
→ Internbus *nm*

lokale Adressenverwaltung DAT.NW **local address administration**
[LAN]
[LAN]
= local administration

lokale Auslösung MOB.CO **local release**

lokale Daten DAT.PR **local data**
[nur für bestimmte Programmteile gültig und zugänglich]
≠ globale Daten
[valid for and accessible only by certain programm sections]
≠ global data

lokale Gruppe DAT.PR **local group**

lokale Intelligenz TER&PER **local intelligence**

lokale Mobilität MOB.CO **local mobility**
≈ Terminal-Mobilität
≈ terminal mobility

lokaler Anteil ECON → **local content**
→ lokale Wertschöpfung

lokaler Drucker ≠ Netzwerkdrucker	DAT.NW	**local printer** ≠ network printer
lokaler Gültigkeitsbereich	COMP.SC	**local scope**
lokaler Speicher → Lokalspeicher *nm*	DAT.PR	→ **local memory**
lokaler Teilnehmer → Ortsteilnehmer *nm*	TELEC	→ **local subscriber**
lokale Schleife → Teilnehmerleitung *nf*	TELEC	→ **subscriber line**
lokales Datennetz [ein räumlich begrenztes privates Datennetz] = lokales Netz; örtliches Netz; Ortsnetz *nn*; LAN *nn*; Lokalnetz *nn*; lokales Netzwerk ≈ Firmennetz [TELEC]; Standortnetz ↓ Ethernet; FDDI; FC; Funk-LAN; Sendeberechtigungsring	DAT.NW	**local area network** [a locally restricted private data network] = LAN; in-house network ≈ corporate network [TELEC]; campus network ↓ Ethernet; FDDI; FC; LAWN; token ring
lokales Kommunikationsnetz → lokales Kommunikationssystem	DAT.NW	→ **local communication network**
lokales Kommunikationssystem = lokales Kommunikationsnetz; LCN	DAT.NW	**local communication network** = LCN
lokales Netz → lokales Datennetz	DAT.NW	→ **local area network**
lokales Netzwerk → lokales Datennetz	DAT.NW	→ **local area network**
lokale Stabilität	CONTRO	**local stability**
lokale Variable [nur für bestimmte Programmteile gültig und zugänglich] = Bereichsvariable *nf* ≠ globale Variable	SW	**local variable** [valid for and accesible only by certain program sections] = area variable ≠ global variable
lokale Vereinbarung	SW	**local declaration**
lokale Verzonung	SWITCH	**local zoning**
lokale Wertschöpfung = lokaler Anteil	ECON	**local content**
lokal gehandhabte Dokumentation = Onscreen-Dokumentation *nf*	DAT.MA	**on-screen documentation** = locally handled documentation
lokalisieren [Fehler] = eingrenzen	QUAL	**isolate** *vt* = pinpoint
Lokalisierer *nm* → Digitalisiertablett	TER&PER	→ **digitizing tablet** *n*
Lokalisierer *nm*	DAT.PR	**locator** *n* [finds a location]
Lokalisierung *nf* → Länderanpassung *nf*	COMP.AP	→ **localization** *n*
Lokalnetz *nn* → lokales Datennetz	DAT.NW	→ **local area network**
Lokaloszillator *nm*	MICROW	**local oscillator**
Lokaloszillator *nm* → Mischoszillator *nm*	HF	→ **mixing oscillator**
Lokalspeicher *nm* = lokaler Speicher	DAT.PR	**local memory** = local storage; local store
Lokalspeisung *nf* → Ortsspeisung *nf*	TELEC	→ **local powering**
Lokalwährung *nf*	ECON	**local currency**
Lombardsatz *nm*	ECON	**prime rate**
LON	DAT.NW	**LON** = Local Operating Network
longitudinal = Longitudinal-; Längs-; längslaufend; längsgerichtet	TECH	**longitudinal** *adj* = lengthwise
Longitudinal- → longitudinal	TECH	→ **longitudinal** *adj*
Longitudinalaufzeichnung *nf* [das ältere Verfahren] ≠ Transversalaufzeichnung	TER&PER	**longitudinal recording** [the traditional method] ≠ transversal recording
longitudinale Welle → Longitudinalwelle *nf*	PHYS	→ **longitudinal wave**
Longitudinalmode *nm*	PHYS	**longitudinal mode**
Longitudinalprüfung *nf* → Blockprüfung *nf*	CODING	→ **block check**
Longitudinalprüfung *nf* → Längsparitätsprüfung *nf*	DAT.CO	→ **horizontal parity check**
Longitudinalwelle *nf* = longitudinale Welle; Längswelle *nf*	PHYS	**longitudinal wave**
Long-Line-Effekt *nm*	CIRC.EN	**long-line effect**
Long-Line-Effekt *nm* = Langleitungseffekt *nm*	RAD.PRO	**long-line effect**
Loopback-Adresse *nf*	DAT.NW	**loopback address**
Loopback-Test *nm*	DAT.NW	**loopback test**
LOP → Nutzsignalverlust *nm*	TRANSM	→ **LOP**
LORAN → Weitbereichsnavigation *nf*	RAD.NA	→ **long-range navigation**
Lorentz-Kraft *nf*	PHYS	**Lorentz force**
Los *nn* ↓ Lieferlos	ECON	**lot** *n* (1) = batch *n* ↓ delivery lot
Los *nn* = Prüflos *nn*	STATIS	**lot** *n*
Losabnahme *nf*	QUAL	**lot acceptance**
Losabnahmeprüfung *nf*	QUAL	**lot acceptance test** = LAT
lösbar → abnehmbar	TECH	→ **detachable** *adj*
lösbar → löslich	PHYS	→ **soluble**
lösbar	MATH	**soluble** *adj* = resoluble; solvable; resolvable
lösbare Verbindung	EL.TEC	**detachable connection**
losbinden = aufbinden ≈ lösen	TECH	**untie** *vt* ≈ undo
Löschanweisung *nf* = Löschauftrag *nm*; Löschkommando *nn*; Löschbefehl *nm*; Annullierungsanweisung *nf*; Annullierungsauftrag *nm*; Annullierungskommando *nn*; Annullierungsbefehl *nm*	SW	**delete statement** = delete instruction; delete command; delete job; cancel statement; cancel instruction; cancel command; erase statement; erase instruction; erase command; clear statement; clear instruction; clear command; rub-out statement; rub-out instruction; rub-out command
Löschauftrag *nm* → Löschanweisung *nf*	SW	→ **delete statement**
löschbar	DAT.MA	**erasable** = clearable
löschbare Bildplatte → überschreibbare Bildplatte	TER&PER	→ **rewritable optical disk**
löschbare optische Speicherung ↓ magneto-optische Speicherung; Phasensprungspeicherung; photochromische Speicherung; photodichroitische Speicherung	TER&PER	**erasable optical recording** ↓ magneto-optic recording; phase transition recording; photochromic recording; photodichroic recording
löschbarer optischer Speicher → überschreibbare Bildplatte	TER&PER	→ **rewritable optical disk**
löschbarer programmierbarer Festwertspeicher → EPROM *nn*	MICR.EL	→ **EPROM**
löschbarer Speicher = überschreibbarer Festwertspeicher ↓ EPROM; REPROM	HW	**erasable memory** = erasable storage; erasable store ↓ EPROM; REPROM
Löschbefehl *nm* → Löschanweisung *nf*	SW	→ **delete statement**
Löschdiode *nf* → Freilaufdiode *nf*	EL.TRO	→ **free-wheeling diode**
Löscheingang *nm*	CIRC.EN	**erase input** = delete input; cancel input; clear input
Löscheintrag *nm* → Überschreibeintrag *nm*	DAT.MA	→ **deletion record**
löschen → annullieren	INF.TEC	→ **invalidate**
löschen	PHYS	**quench** *vt*
löschen [Band]	TER&PER	**clear** *vt* (1) [tape] = wipe
löschen = tilgen ≈ rücksetzen; nullen ≠ setzen	EL.TRO	**erase** *vt* = clear; delete; cancel; unmark; destroy; purge; nuke ≈ reset; zero ≠ set
löschen → unwiederbringlich löschen	DAT.MA	→ **erase** *vt*
Löschen *nn* [Code] = DEL; Ausfügen *nn*	DAT.CO	**delete** *n* [code] = DL
Löschen *nn* → Löschung *nf*	EL.TRO	→ **erasing** *n*
Löschen *nn* → Löschung *nf*	DAT.PR	→ **deletion** *n*
löschend = zerstörend	DAT.PR	**erasing** = destructive
löschende Addition	COMP.SC	**destructive addition**

[das Ergebnis überschreibt einen der Operanden] | [result overwrites an operand]
löschender Cursor COMP.AP → **destructive cursor**
→ löschende Schreibmarke
löschender Rückwärtsschritt TER&PER **destructive backspace**
löschende Schreibmarke COMP.AP **destructive cursor**
= löschender Cursor
löschendes Lesen DAT.PR **destructive reading**
[beim Lesen aus einem Speicher geht die dort gespeicherte Information verloren] | [the copy in the memory is lost by the process of reading]
= zerstörendes Lesen | = destructive read; destructive readout; DRO
löschende Subtraktion COMP.SC **destructive subtraction**
[das Ergebnis überschreibt einen der Operanden] | [result overwrites one operand]
löschende Transaktion COMP.AP **delete transaction**
[löscht aus einer Stammdatei] | [deletes from a master file]
Löschforderungszeichen *nn* DAT.CO → **cancellation-request signal**
→ Löschungsanforderungszeichen *nn*
Löschfunke *nm* PHYS **quenched spark**
Löschfunkenstrecke *nf* PHYS **quenched spark-gap**
= Funkenlöschstrecke *nf* | = quenched gap
Löschgerät *nn* MICR.EL **eraser** *n*
[für EPROM u.dgl] | [for EPROM and similars]
≠ Programmiergerät | ≠ programmer
Löschimpuls *nm* EL.TRO → **reset pulse**
→ Rücksetzimpuls *nm*
Löschkommando *nn* SW → **delete statement**
→ Löschanweisung *nf*
Löschkondensator *nm* POW.SY **surge-absorbing capacitor**
= Kommutierungskondensator *nm* | = commutating capacitance
Löschkopf *nm* TER&PER **erase head**
≠ Lesekopf; Schreibkopf (2) | = erasing head
↑ Magnetkopf | ≠ read head; write head
| ↑ magnetic head
Löschlauf *nm* TER&PER **erase pass**
Loschmidtsche Zahl (1) CHEM **Loschmidt number**
[Anzahl Atome pro qcm Normalgas] | [number of atoms per qcm standard gas]
= Avogadro-Konstante *nf*(2); Avogadro-Zahl *nf*(2) | = Avogadro number (2)
Loschmidtsche Zahl (2) CHEM → **Avogadro constant** (1)
→ Avogadro-Konstante *nf*(1)
Löschröhre *nf* EL.TRO **quench tube**
= Quenchröhre *nf*
Löschschaltung *nf* POW.SY **quenching circuit**
Löschschutz *nm* TER&PER → **write protect** *n*
→ Schreibschutz *nm*
Löschspannung *nf* MICR.EL **gate turn-off voltage**
Löschspannung *nf* PHYS **extinction voltage**
Löschstrom *nm* PHYS **extinction current**
[Gasentladung]
Löschstrom *nm* MICR.EL **gate turn-off current**
Löschtaste *nf* TER&PER → **backspace key** *n*
→ Rücksetztaste *nf*(2)
Löschung *nf* PHYS **quenching** *n*
[Gasentladung] | [discharge]
Löschung *nf* EL.TRO **erasing** *n*
= Löschen *nn*; Tilgung *nf* | = erasure *n*; erase *n*; deletion *n*; elimination *n*
≈ Nullung; Rücksetzen | ≈ zeroing; reset
Löschung *nf* DAT.PR **deletion** *n*
= Löschen *nn*; Tilgung *nf* | = erasure
≈ Überschreiben | ≈ overwriting
Löschungsanforderung *nf* DAT.CO **cancellation request**
= Annulllierungsanforderung *nf*
Löschungsanforderungszeichen *nn* DAT.CO **cancellation-request signal**
= Löschforderungszeichen *nn*; Annullierungsanforderungszeichen *nn*
Löschungsvollzug *nm* DAT.CO **cancellation completed**
= Annullierungsvollzug *nm*
Löschungsvollzugzeichen *nn* DAT.CO **cancellation completed signal**
= Annullierungsvollzugszeichen *nn*
Löschzeichen *nn* DAT.CO **cancel character**
= Cancelzeichen *nn* (ANGL); CAN | = CAN; erase character; delete character; DEL; rub-out character
Löschzeit *nf* EL.TRO → **turn-off time**
→ Ausschaltezeit *nf*
lose TECH **unmounted** *adj*
= locker; nicht montiert; nicht fixiert | = loose; unattached; slack
Loseblattausgabe *nf* PRIN.ME **loose-leaf edition**
Lose-Blatt-Bindesystem *nn* OFFICE **loose-sheet binding system**
Loseblattbuch *nn* OFFICE **loose-leaf book**
lose gekoppelt INF.TEC **loosely coupled**
lose mitgeliefert ECON **supplied unmounted**
lösen CHEM **dissolve**
= auflösen
lösen MATH **solve** *vt*
| = solute
lösen *vt* (1) TECH → **separate** *vt*
→ abtrennen
lösen *vt* (2) TECH **undue** *vt*
= lockern | = loose
≈ losbinden | ≈ untie
loser Aufbau OPT.CO **loose packaged structure**
| = loose-tube construction; loose-tube structure; loose buffer; loose tube
Losgröße *nf* QUAL **lot size**
= Losumfang *nm* | = batch size
Loslassschwelle *nf* EL.TEC **let-go threshold**
Loslassstrom *nm* EL.TEC **let-go current**
löslich CHEM **soluble**
= lösbar | = dissolvable
↓ wasserlöslich | ↓ water-soluble
Löslichkeit *nf* CHEM **solubility** *n*
LOSOS-Technik *nf* MICR.EL **LOSOS technology**
| = local oxidation of silicon and sapphire technology
Losumfang *nm* QUAL → **lot size**
→ Losgröße *nf*
Lösung *nf* MATH **solution** *n*
Lösung *nf*(1) CHEM **solution** *n*
[Substanz] | [substance]
Lösung *nf*(2) CHEM **dissolution** *n*
[Vorgang] | [process]
= Auflösung *nf*
Lösungsalgorithmus *nm* MATH **solution algorithm**
Lösungsansatz *nm* SCIE **solution approach** *n*
= Ansatz *nm* | = solution handle
Lösungsdruck *nm* PHYS **solution pressure**
Lösungsmittel *nn* CHEM **solvent** *n*
≈ Reinigungsmittel; Verdünnungsmittel | ≈ detergent; diluent
Lösungsprinzip *nn* MATH **solution principle**
Lösungsszenario *nn* TECH **solution scenario**
Lösungsweg *nm* SCIE → **method** *n*
→ Methode *nf*
Lot *nn* TECH **lead** *n*
[vertikal] | [vertical reference]
Lot *nn* METAL **solder** *n*
= Lotmittel *nn*; Lötmetall *nn* | ↓ tin solder; soft solder; hard solder; brazing solder
↓ Lotzinn; Weichlot; Hartlot; Messinghartlot
Lot *nn* RAD.LO **sonde** *n*
= Lotung *nf*
Lötabdecklack *nm* MANUF → **solder resist**
→ Lötstopplack *nm*
Lötabdeckschicht *nf* MANUF → **solder resist**
→ Lötstopplack *nm*
Lotanhäufung *nf* MANUF **solder aggregation**
Lötanschluss *nm* (1) EL.TRO → **solder terminal**
→ Lötanschlusspunkt *nm*
Lötanschluss *nm* (2) EL.TRO **soldered connection**
Lötanschlussfahne *nf* EL.TRO → **soldering lug**
→ Lötfahne *nf*
Lötanschlusshülse *nf* COMPO → **solder tag**
→ Löthülse *nf*
Lötanschlusspunkt *nm* EL.TRO **solder terminal**
= Lötanschluss *nm* (1); Lötstützpunkt *nm* | = solder post; turred tag
↓ Lötfahne; Löthülse; Lötöse; Lötstift | ↓ soldering lug; solder tag (1); soldering eyelet; solder pin
Lötanschlussstift *nm* EL.TRO → **solder pin**
→ Lötstift *nm*
Lotanstieg *nm* MANUF **solder-up flow**
[Schwallbad]
Lötauge *nn* EL.TRO **soldering land**
[Leiterplatte] | [PCB]
| = land *n*; soldering pad; pad *n*; terminal pad; eyelit *n*
Lötaugenbild *nn* EL.TRO **land pattern**
[Leiterplatte] | [PCB]
| = pad pattern
Lötaugenloch *nn* EL.TRO **landed hole**
[Leiterplatte] | [PCB]

Lötaugenmuster *nn* EL.TRO **land pattern**
Lötaugenschablone *nf* MANUF **pad master**
[Leiterplatten] [PCB]
= Lötaugenvorlage *nf*
Lötaugenvorlage *nf* MANUF → **pad master**
→ Lötaugenschablone *nf*
Lötautomat *nm* MANUF **solder automat**
Lotbad *nn* MANUF **molten solder**
≈ Lötbad
Lötbad *nn* MANUF **solder bath**
[Leiterplatten] [PCB]
≈ Lotbad = solder pot
↓ Schwallbad ↓ flow-soldering bath
Lötbadwelle *nf* MANUF **solder bath wave**
[Leiterplatten] [PCB]
lötbar METAL **solderable**
Lötbarkeit *nf* METAL **solderability**
= Lötfähigkeit *nf*
Lotbenetzung *nf* METAL **solder wetting**
Lotbeständigkeit *nf* METAL **solder resistance**
Lotblase *nf* METAL **solder void**
Lotbrücke *nf* MANUF **solder bridge**
Lötbrücke *nf* EL.TRO **solder strap**
= wiring strap
Lötbrückeneinstellung *nf* EL.TRO **solder-strap option**
= strapping option
loten INSTR **sound** *vt*
[die Tiefe bestimmen] [to measure the depth]
loten CIV.EN **plumb** *vt*
[die Senkrechte einstellen] [to adjust the vertical]
löten METAL **solder** *vt*
[Verbindung durch Benetzung der Teile mit niedriger schmelzendem Lot] [union of parts by wetting them with lower melting solder]
≈ schweißen ≈ weld
Löten *nn* METAL **soldering**
= Lötung *nf*
Löter *nm* METAL → **soldering iron**
→ Lötkolben *nm*
Lötfähigkeit *nf* METAL → **solderability**
→ Lötbarkeit *nf*
Lötfahne *nf* EL.TRO **soldering lug**
= Lötanschlussfahne *nf* = soldering tag; soldering tail
↑ Lötanschlusspunkt ↑ solder terminal
Lötfehler *nm* MANUF **soldering defect**
Lötfett METAL **soldering grease**
Lötfläche *nf* METAL **solder surface**
lötfrei EL.TRO **solderless**
= nichtverlötet
lötfreie Anschlusstechnik EQP.EN **solderless termination**
lötfreie Verbindung EL.TEC **solderless connection**
Lötgerät *nn* METAL → **soldering iron**
→ Lötkolben *nm*
Löthilfe *nf* METAL **soldering tool**
= soldering aid
Löthilfsmittel *nn* METAL **solder product**
Löthülse *nf* COM.CAB **soldering sleeve**
Löthülse *nf* COMPO **solder tag**
= Lötanschlusshülse *nf* ↑ solder terminal
↑ Lötanschlusspunkt
Lotkegel *nm* MANUF **fillet** *n*
= solder cup
Lötklemmleiste *nf* EL.INS **solder and terminal block**
Lötkolben *nm* METAL **soldering iron**
= Lötgerät *nn*; Löter *nm*
Lötkolbenständer *nm* EL.TRO **soldering iron holder**
Lötkontakt *nm* EL.TRO **solder contact**
Lötlack *nm* METAL **soldering varnish**
= soldering fluid
Lötlampe *nf* METAL **blow torch**
Lötlasche *nf* EL.TRO **soldering tab**
Lötleiste *nf* EL.TRO **soldering-tag terminal strip**
= tag block; tag-end terminal block
Lötliste *nf* MANUF **soldering list**
Lötlitze *nf* MANUF **solder braid**
Lötmaske *nf* MANUF **solder mask**
= Lötmittelmaske *nf*
Lötmetall *nn* METAL → **solder** *n*
→ Lot *nn*
Lotmittel *nn* METAL → **solder** *n*
→ Lot *nn*
Lötmittelmaske *nf* MANUF → **solder mask**
→ Lötmaske *nf*

Lötmittelrückfluss *nm* MANUF **solder reflow**
Lötmittelrückstand *nm* MANUF **soldering residues**
Lötmittelschleuder MANUF **solder slinger**
= Lotschleuder *nf*
Lötofen *nm* MANUF **furnace** *n*
Lötöse *nf* EL.TRO **soldering eyelet**
↑ Lötanschlusspunkt = soldering eye; eyelet *n*
↑ solder terminal
Lötösenfahne *nf* EL.TRO **solder-eyelet tail**
Lötösenleiste *nf* EL.TRO **eyelet terminal board**
Lötösenmaschine *nf* MANUF **eyeletting machine**
Lötösenplatte *nf* EL.TRO **soldering plate**
Lötösenring *nm* COMPO **soder-eyelet ring**
Lötpaste *nf* MANUF **soldering paste**
= solder paste; paste solder
Lötpencil EL.TRO → **soldering pencil**
→ Feinlötkolben *nm*
Lötpistole *nf* EL.TRO **soldering gun**
= Schnellöter *nm*
Lötprozess *nm* METAL → **soldering process**
→ Lötverfahren *nn*
Lötpunkt *nm* EL.TRO → **soldering point**
→ Lötstelle *nf*
lotrecht TECH **plumb** *adj*
≈ senkrecht [MATH] ≈ vertical [MATH]
Lötresist *nm* MANUF → **solder resist**
→ Lötstopplack *nm*
Lötsauglitze *nf* EL.TRO **desoldering braid**
Lötschicht *nf* EL.TRO **solder layer**
Lotschleuder *nf* MANUF → **solder slinger**
→ Lötmittelschleuder
Lötschuh *nm* EL.INS **soldering lug**
= solder lug
Lotse *nm* RAD.NA → **air traffic controller**
→ Fluglotse *nm*
Lötseite *nf* EL.TRO **solder side**
[Leiterplatte] = soldering side; opposite side; non-component side; side two
= Schwallseite *nf*; Verdrahtungsseite *nf* ≠ component side
≠ Bauteileseite
Lötsicherung *nf* COMPO **solder fuse**
Lötspitze *nf* EL.TRO **soldering tip**
Lötspitzenreiniger EL.TRO **soldering-tip cleaner**
Lotspritzer *nm* EL.TRO **solder splash**
= Lötspritzer *nm* ↓ tin splash
↓ Zinnspritzer
Lötspritzer *nm* EL.TRO → **solder splash**
→ Lotspritzer *nm*
Lötstation *nf* EL.TRO **soldering station**
Lötstelle *nf* EL.TRO **soldering point**
= Lötpunkt *nm* = soldering spot; solder point; solder joint; soldered joint
Lötstift *nm* EL.TRO **solder pin**
= Lötanschlussstift *nm* = soldering pin; dip solder
↑ Lötanschlusspunkt ↑ solder terminal
Lötstopplack *nm* MANUF **solder resist**
[Leiterplattenfertigung] [PCB assembly]
= Lötabdeckschicht *nf*; Lötabdecklack *nm*; Lötresist *nm*; Lackabdeckung *nf* = solder stop-off
Lötstoppmaske *nf* MANUF **solder-resist mask**
Lötstützpunkt *nm* EL.TRO → **solder terminal**
→ Lötanschlusspunkt *nm*
Löttechnik *nf* METAL **soldering technique**
Löttemperatur *nf* METAL **soldering temperature**
Lotüberzug *nm* METAL **solder coating**
Lotung *nf* RAD.LO → **sonde** *n*
→ Lot *nn*
Lötung *nf* METAL → **soldering**
→ Löten *nn*
Lotus *nn* SW **Lotus**
[ein Software-Hersteller, z.B. von Lotus 1-2-3, Symphony] [a software house, released e.g. Lotus 1-2-3, Symphony]
Lötverbindung *nf* METAL **soldered connection**
= soldered joint; soldering joint
Lötverfahren *nn* METAL **soldering process**
= Lötprozess *nm*
Lötverhalten *nn* METAL **soldering behaviour**
Lotvorsprung *nf* MANUF **solder projection**
Lotwelle *nf* MANUF **solder wave**
Lötzeit *nf* METAL **soldering period**
Lötzinn *nn* METAL **soldering tin**
≈ Zinnlot = solder tin
≈ tin solder

Lötzinn-Abroller *nm* EL.TRO **solder-tin dispenser**
= solder-tin holder

Lötzubehör *nn* EL.TRO **soldering accessories**

Lowband-Verfahren *nn* TV **low-band system**

Low-Density-Diskette *nf* TER&PER → **DD disk**
→ DD-Diskette *nf*

Low-Key-Ausleuchtung *nf* IMAG.ME **low-key lightning**
[ohne dominantes Führungslicht] [with no dominant key light]

Low-Pegel *nm* MICR.EL → **low level**
→ Tiefpegelzustand *nm*

Low-power-Schottky-TTL MICR.EL **low-power Schottky transistor-transistor logic**
= LSTTL; LPTTL = LSTTL; LPTTL

Low-Signal *nn* MICR.EL → **low level**
→ Tiefpegelzustand *nm*

Low-Zustand *nm* MICR.EL → **low level**
→ Tiefpegelzustand *nm*

Loxodrome *nf* CART **loxodrome** *n*
[schneidet Meriadiane unter gleichem Winkel] = line of equal bearing

LP ECON → **linear programming**
→ lineare Programmierung

LP- COMPO **PCB-**
[für Leiterplattenmontage] [for mounting on PCB]

LPC-Antenne *nf* ANT → **logarithmically periodic antenna**
→ logarithmisch-periodische Antenne

LPC-Codierung *nf* CODING **linear predictive coding**
= LPC

LPC-Kompression *nf* CODING **LPC compression**
[Linear Predictive Coding]

LPD-Antenne *nf* ANT → **log-periodic dipole antenna**
→ logarithmisch-periodische Dipolantenne

LPDTL MICR.EL **low-power diode-transistor logic**
= LPDTL

L-Pegel *nm* MICR.EL → **low level**
→ Tiefpegelzustand *nm*

LPFD-Antenne *nf* ANT → **LPFD antenna**
→ logarithmitisch-periodische Faltdipol-Antenne

LPG SW → **report generator**
→ Listengenerator *nm*

LPL-Antenne *nf* ANT → **log-periodic ladder antenna**
→ logarithmisch-periodische Leiterantenne

LPS MICR.EL **LPS**
= low-power Schottky

LP-Stecker *nm* COMPO → **edge connector**
→ Randstecker *nm*

LPT-Anschluss *nm* DAT.PR **LPT port**
[Line Print Terminal]

LPTTL MICR.EL → **low-power Schottky transistor-transistor logic**
→ Low-power-Schottky-TTL

LPU-Antenne *nf* ANT → **log-periodic unipole**
→ logarithmisch-periodische Unipolantenne

LPV-Antenne *nf* ANT → **fishbone antenna**
→ Fischgrätenantenne *nf*

LPY-Antenne *nf* ANT → **log-periodic Yagi antenna**
→ logarithmisch-periodische Yagi-Antenne

Lr CHEM → **lawrencium** *n*
→ Lawrencium *nn*

LR03 (IEC) POW.SY → **AAA cell**
→ AAA-Zelle *nf*

LR6 (IEC) POW.SY → **AA cell**
→ AA-Zelle *nf*

LRC-Zeichen *nn* DAT.CO → **horizontal parity character**
→ Längsparitätszeichen *nn*

L-Regler *nm* EL.ACOU **L-pad**
= Lautsprecher-Leistungsregler *nm*; Lautsprecher-Pegelregler *nm* = loudspeaker volume control

LRRC-Brücke *nf* INSTR → **Maxwell-Wien bridge**
→ Maxwell-Wien-Brücke *nf*

LSB COMP.SC → **least significant bit**
→ niedrigstwertiges Bit

L-Schale *nf* PHYS → **second shell**
→ 2. Schale *nf*

L-Schaltung *nf* NETW.TH **L-section**
= L-Glied *nn*; Spannungsteiler *nm* = L-network
↑ Dämpfungsglied ↑ attenuator

LSD MICR.EL **limited saturation device**
= LSD

LSD COMP.SC → **least significant digit**
→ niedrigstwertige Stelle

LSI MICR.EL → **LSI**
→ Großintegration *nf*

LSIC MICR.EL → **large-scale integrated circuit**
→ hochintegrierte Schaltung

L-Signal *nn* MICR.EL → **low level**
→ Tiefpegelzustand *nm*

LSI-Prüfsystem *nn* INSTR **LSI test system**

LSL MICR.EL **LSL**
= low-speed logic with high noise immunity

L-Störabstand *nm* EL.TRO **L-noise margin**

LSTTL MICR.EL → **low-power Schottky transistor-transistor logic**
→ Low-power-Schottky-TTL

LTG SWITCH → **line trunk group**
→ Anschlussgruppe *nf*

LTG SWITCH **LTG**
= Line Trunk Group

LTTL MICR.EL **LTTL**
= low-power transistor-transistor logic

LTU DAT.CO → **line terminating unit**
→ Leitungsabschlusseinrichtung *nf*

Lu CHEM → **lutecium** *n*
→ Lutetium *nn*

Lückbetrieb *nm* POW.SY **intermittent DC flow**

Lücke *nf* TER&PER → **interblock gap**
→ Blocklücke *nf*

Lücke *nf* PHYS → **lattice vacancy**
→ Gitterfehlstelle *nf*

Lücke *nf* CODING **gap** *n*
= Nennmarkierung *nf*

Lücke *nf* TECH → **gap** *n*
→ Spalt *nm*

Lückenfüller *nm* BROADC → **fill-in transmitter**
→ Füllsender *nm*

Lückenfüller *nm* MEDIA **gap stopper**

Lückenfüllung *nf* COM.CAB → **filler** *n*
→ Beilauf *nm*

lückenlos TECH → **splitless** *adj*
→ spaltlos

lückenlos (fig) TECH → **continuous** *adj* (1)
→ kontinuierlich

Lückentakt *nm* CODING **gap clock**
= gapped clock

Lückenzeichen *nn* CODING **gap character**

Luddit *nm* (ANGL) COLL → **progress opponent**
→ Fortschrittsgegner *nm*

Luft *nf* PHYS **air** *n*

Luftablenkblech *nn* EQP.EN **air conducting sheet**
= Wärmeleitblech *nn* = airflow sheet

Luftabwehr *nf* MIL.CO **air defense**
= Flugabwehr *nf*

Luftansaugung *nf* TECH **air aspiration**
≈ Lufteinlass = air input

Luftaufnahme *nf* IMAG.ME **aerial shot**

Luftauslass *nm* TECH **air outlet**
= Luftaustritt

Luftaustritt TECH → **air outlet**
→ Luftauslass *nm*

Luftbelegungsdauer *nf* MOB.CO → **airtime** *n*
→ Luftbenutzungsdauer *nf*

Luftbelegungszeit *nf* MOB.CO → **airtime** *n*
→ Luftbenutzungsdauer *nf*

Luftbenutzungsdauer *nf* MOB.CO **airtime** *n*
= Luftbelegungsdauer *nf*; Luftbenutzungszeit *nf*; Luftbelegungszeit *nf* = air time
≈ Gesprächszeit ≈ conversation time

Luftbenutzungsgebühr *nf* MOB.CO **airtime rate**
= airtime charge

Luftbenutzungszeit *nf* MOB.CO → **airtime** *n*
→ Luftbenutzungsdauer *nf*

Luftbild *nn* CART **aerial image**
= aerial photograph

Luftblitzableiter *nm* COMPO **air-gap lightning arrestor**

Luft-Boden-Luft-System *nn* TELEC **air-ground-air system**

Luftdämpfung *nf* INSTR **air brake**

Luftdämpfung *nf* TECH **pneumatic damping**
= pneumatische Dämpfung = air damping; air-friction damping

luftdicht TECH **airtight**
= hermetisch = hermetic
↑ gasdicht

Luftdichte *nf* PHYS **air density**

luftdichte Verpackung TECH **airtight packing**

Luftdraht *nm* (obs) RADIO → **antenna** *n* (*pl* -as&-ae)
→ Antenne *nf*
Luftdruck *nm* PHYS **atmospheric pressure**
= barometric pressure; air pressure
Luftdurchlässigkeit *nf* TECH **air permeability**
Luftdurchsatz *nm* TECH **air throughput** *n*
= air flow *n* (2)
Lufteinfüllstück *nn* TECH → **air inlet**
→ Lufteinlass *nm*
Lufteinlass *nm* TECH **air inlet**
= Luftzuführung *nf*; Lufteintitt *nm*; Lufteinfüllstück *nn* = air intake
≈ Luftansaugung
Lufteintitt *nm* TECH → **air inlet**
→ Lufteinlass *nm*
lüften TECH **ventilate** *vt*
= belüften = vent
≈ entlüften ≈ exhaust
Luftentfeuchter *nm* MICROW **dessicator** *n*
= Lufttrockner *nm*
Luftentladung *nf* PHYS **air discharge**
Lüfter *nm* TECH → **fan** *n*
→ Ventilator *nm*
Lufterneuerung *nf* TECH **air extraction**
Luftfahrt *nf* TECH **aeronautics** *nplt*
Luftfahrtelektronik *nf* EL.TRO **avionics** *nplt*
= Avionik *nf* [AVIation and electrONICS]
Luftfahrtgesellschaft *nf* ECON **air carrier**
Luftfahrttechnik *nf* AERON **aeronautical engineering**
↑ Luft- und Raumfahrttechnik ↑ aerospace engineering
Luftfeuchte *nf* PHYS → **air humidity**
→ Luftfeuchtigkeit *nf*
Luftfeuchtigkeit *nf* PHYS **air humidity**
= Luftfeuchte *nf* = atmosferic humidity
Luftfilter *nn* TECH **air filter** (1)
= air cleaner
Luftfilterung *nf* TECH **air filtering**
Luftfluss *nm* TECH **air flow** *n* (1)
= Luftstrom *nm* = airflow *n* (1)
Luftfracht *nf* ECON **air freight**
= air cargo
Luftfrachtbrief *nm* ECON **airway bill**
= AWB
luftgekühlt TECH **air cooled**
luftgetrocknet TECH **air-dried**
Lufthülle *nf* METEO → **atmosphere** *n*
→ Atmosphäre *nf*
Luftkabel *nn* COM.CAB **aerial cable**
= overhead cable
Luftkabellinie *nf* OUT.PL **aerial cable line**
= cable line
Luftkabel-Tragseil *nn* OUT.PL → **messenger wire**
→ Tragseil *nn*
Luftkanal *nm* TECH **air duct**
Luftkondensator *nm* COMPO **air capacitor**
= air-spaced capacitor
Luftkühlung *nf* TECH **air cooling**
luftleer PHYS **vacuum** *adj*
= gasleer; Vakuum- = vacuous
Luftleitblech *nn* EQP.EN **baffle** *n*
Luftleiter *nm* PHYS **aerial conductor**
Luftleiter *nm* (obs) RADIO → **antenna** *n* (*pl* -as&-ae)
→ Antenne *nf*
Luftlinie *nf* TECH **bee line**
≈ Sichtlinie ≈ line of sight
Luftlinienentfernung *nf* RAD.PRO → **slant distance**
→ Geradeausentfernung *nf*
Luftpinsel *nm* TECH **airbrush** *n*
Luftpolster *nn* TECH **air bearing**
= air cushion
Luftpost *nf* POST **airmail** *n*
Luftpostbrief *nm* POST **air letter**
Luftpostleitstelle *nf* POST **air mail distribution center**
Luftpumpe *nf* TECH **air pump**
↓ Vakuumpumpe
Luftraum *nm* AERON **air space**
Luftraum-Kontroll-und-Warndienst *nm* RAD.LO **aircraft control and warning service**
= ACW
Luftraumüberwachung *nf* RAD.LO **air space surveillance**
Luftschacht *nm* TECH **air duct**
= Belüftungsschacht *nm*; Lüftungsschacht *nm* = ventilating duct
Luftschleuse *nf* TECH **air lock**
Luftschnittstelle *nf* RADIO **air interface**
= Funkschnittstelle *nf* = radio interface
Luftsog *nm* PHYS → **wake** *n*
→ Sog *nm*
Luftspalt *nm* TER&PER → **head distance**
→ Flughöhe *nf*
Luftspalt *nm* TECH **air-gap**
Luftspalt *nm* EL.SC → **magnetic gap**
→ Magnetluftspalt *nm*
Luftspaltinduktion *nf* EL.TEC **air-gap induction**
Luftspule *nf* COMPO **air core coil**
= air core choke
Luftspülung *nf* TECH **air purging**
Luftstation *nf* MOB.CO **air station**
= AS
Luftstrom *nm* TECH → **air flow** *n* (1)
→ Luftfluss *nm*
Lufttank *nm* TECH **air tank**
Lufttemperatur *nf* PHYS **air temperature**
= A.T.
Lufttrimmer *nm* COMPO **air dielectric trimmer**
= air trimmer
Lufttrockner *nm* MICROW → **dessicator** *n*
→ Luftentfeuchter *nm*
Luftübergabe *nf* TRANSM → **mid-span compatibility**
→ Feldkompatibilität *nf*
Luft- und Raumfahrttechnik *nf* TECH **aerospace engineering**
↓ Luftfahrttechnik; Raumfahrttechnik ↓ aeronautical engineering; space-flight engineering
Lüftung *nf* TECH **ventilation** *n*
= Belüftung *nf* = aeration *n*
≈ Entlüftung ≈ exhaust
Lüftungsloch *nn* TECH **cooling hole**
= Belüftungsloch *nn*; Ventilationsloch *nn* = ventilation hole
Lüftungsöffnung *nf* TECH **cooling opening**
= Belüftungsöffnung *nf* = ventilation opening; cooling vent
Lüftungsschacht *nm* TECH → **air duct**
→ Luftschacht *nm*
Lüftungsschlitz *nm* TECH **ventilation slit**
= Ventilationsschlitz *nm*; Belüftungsschlitz *nm* = cooling slit; vent hole
Luftventil *nn* TECH **air valve**
Luftverkehr *nm* AERON **air traffic**
= Flugverkehr *nm* = flight traffic
↓ Linienluftverkehr; Bedarfsluftverkehr; Militärluftverkehr ↓ line air traffic; charter air traffic; military air traffic
Luftverkehrsmanagement *nn* RAD.NA **air traffic management**
≈ Flugsicherung = ATM
≈ air traffic control
Luftvermessung *nf* TECH **aerial survey**
Luftverunreinigung *nf* TECH **air pollution**
= air contamination
Luftwaffe *nf* MILIT **air force**
↑ Wehrmacht ↑ armed forces
Luftwiderstand *nm* TECH **air resistance**
Luftzirkulation *nf* TECH **air circulation**
≈ Umluft ≈ air recycling
Luftzuführung *nf* TECH → **air inlet**
→ Lufteinlass *nm*
Luftzug *nm* TECH **draft** *n* (2)
= Zug = draught *n* (2) (BE); current of air
Luftzug *nm* METEO → **current of air**
→ Zug *nm*
Luftzug-Sensor *nm* COMPO **air-flow sensor**
= air-flow detector
Lukasiewicz-Schreibweise *nf* COMP.SC → **prefix notation**
→ Präfixschreibweise *nf*
lukrativ ECON → **profitable** *adj*
→ rentabel
Lukrativität *nf* ECON → **profitability** *n*
→ Wirtschaftlichkeit *nf*
Lumen *nn* OPT **lumen** *n*
[SI-Einheit für Lichtstrom; = 1 cd sr] [unit for luminous flux; = 1 cd sr]
= lm = lm
Luminanz *nf* OPT **luminance** *n*
= Leuchtkraft *nf*
Luminanz/Chrominanz-Verzögerung *nf* TV **luminance-to-chrominance delay**
Luminanzsignal *nn* TV → **luminance signal**
→ Leuchtdichtesignal *nn*
Lumineszenz *nf* PHYS **luminescence** *n*

[angeregte Eigenstrahlung] = Nachleuchten *nn* ↓ Fluoreszenz; Phosphoreszenz; Photolumineszenz; Thermolumineszenz; Chemolumineszenz; Elektrolumineszenz; Radiolumineszenz; Biolumineszenz; Tribolumineszenz; Kathodolumineszenz — [externally excited radiation] ↓ fluorescence; phosphorescence; photoluminescence; thermoluminescence; chemoluminescence; electroluminescence; radioluminescence; bioluminescence; triboluminescence; catodoluminescence

Lumineszenzanzeige *nf* COMPO → **electroluminescence display**
→ Elektrolumineszenzanzeige *nf*

Lumineszenzbildschirm *nm* COMPO → **electroluminescence display**
→ Elektrolumineszenzanzeige *nf*

Lumineszenzdiode *nf* MICR.EL **light emitting diode**
= Leuchtdiode *nf*; lichtemittierende Diode; LED; Elektrolumineszenzdiode *nf* ≈ Fotodiode — [pron. "el-ee-dee"] = LED ≈ photodiode

Lumineszenzplatte *nf* COMPO **electroluminescent panel** (1)
= Halbleiter-Flächenstrahler *nm*; Lumineszenzzelle *nf*; Leuchtkondensator *nm*; Elektrolumineszenzzelle *nf*

Lumineszenzzelle *nf* COMPO → **electroluminescent panel** (1)
→ Lumineszenzplatte *nf*

lumineszieren PHYS **luminesce** *vi*
= nachleuchten

Luminophor *nm* CHEM **luminophor** *n*
[bei Raumtemperatur lichtemittierende Substanz] — [substance emitting light at room temperature]

Lumpenpapier *nn* PRIN.ME → **rag paper**
→ Hadernpapier *nn*

Luneberg-Linsenantenne *nf* ANT **Luneberg lens antenna**

Lunker *nm* METAL **cavity** *n*
= shrinkhole *n*

Lupe *nf* OPT **magnifying glass**
= Vergrößerungsglas *nn* — = loupe *n*

Lupe [RADIO] EL.TRO → **fine adjustment**
→ Feinabgleich *nm*

Lupenleuchte *nf* EL.TRO **magnifier lamp**

Luppe *nf* METAL → **bloom**
→ Vorblock *nm*

Luppenwalzwerk *nn* METAL → **blooming mill**
→ Vorwalzwerk *nn*

Lurker *nm* (ANGL) INTERNET → **lurker** *n*
→ Schmarotzer *nm*

Lüsterklemme *nf* EL.INS → **terminal strip**
→ Klemmleiste *nf*

Lustspiel *nn* MEDIA → **comedy** *n*
→ Komödie *nf*

Lutetium *nn* CHEM **lutecium** *n*
= Lu — = Lu

Luxemburg-Effekt *nm* RADIO **Luxemburg effect**

Luxus-Klasse *nf* ECON **luxury class**

LW RADIO → **kilometric waves**
→ Kilometerwellen *nplt*

LW SWITCH → **final selector**
→ Leitungswähler *nm*

LWC-Papier *nf* PRIN.ME **light-weight coated paper**

L-Welle *nf* LINE TH → **transverse electromagnetic wave**
→ transversale elektromagnetische Welle

LWL- OPT.CO → **fiberotic** *adj*
→ faseroptisch

LWL-Bauteil *nn* OPT.CO → **lightwave component**
→ Lichtleiterbauteil

LWL-Drehübertrager *nm* OPTOEL **fiber optic rotary joint**

LWL-Empfänger *nm* INSTR → **lightwave receiver**
→ Lichtwellenempfänger *nm*

LWL-Endgerät *nn* TRANSM → **fiber optic terminal**
→ LWL-Leitungsendgerät *nn*

LWL-Interferometer *nn* INSTR **fiber optic interferometer**

LWL-Kabel *nn* COM.CAB → **optical fiber cable**
→ Lichtwellenleiterkabel *nn*

LWL-Koppler *nm* OPTOEL → **optical coupling device**
→ Optokoppler *nm*

LWL-Leitungsendgerät *nn* TRANSM **fiber optic terminal**
= Lichtwellenleiter-Endgerät *nn*; LWL-Endgerät *nn* — = F.O. terminal; fiber optic terminal equipment; F.O. terminal equipment; lightwave fiber terminal (AE); lightwave terminating equipment; LTE; lightwave terminal

LWL-Mantel OPT.CO → **fiber cladding** (AE)
→ Fasermantel *nm*

LWL-Messgerät *nn* INSTR → **lightwave test equipment**
→ Lichtleiter-Messgerät *nn*

LWL-Messtechnik *nf* INSTR **fiber optic measuring technique**
= optical fiber test technique

LWL-Multiplex OPT.CO → **fiber multiplex** (AE)
→ Fasermultiplex *nn*

LWL-Rückstreumessgerät *nn* INSTR → **optical time domain reflectometer**
→ Rückstreumessplatz *nm*

LWL-Schalter *nm* OPTOEL → **opto-switch**
→ Optoschalter *nm*

LWL-Seekabel *nn* COM.CAB → **submarine fiber cable**
→ optisches Seekabel

LWL-Spleißgerät *nn* OPT.CO **optical fiber splicing device**
= Lichtwellenleiter-Spleißgerät *nn*

LWL-System *nn* TRANSM → **fiber optic system**
→ Lichtwellenleitersystem *nn*

LWL-Technik *nf* TELEC → **fiber OPT**
→ Lichtwellenleitertechnik *nf*

LWL-Transatlantikkabel *nn* TELEC **transatlantic fiber optic cable**

LWL-Transportsystem *nn* TRANSM **optical feeder loop**
= fiber feeder

LWL-Verzweiger *nm* OPT.CO **fiber coupler**

LWL-Winkelcodierer *nm* AUTOMA **fiber optic encoder**

LWL-Zwischenregenerator *nm* TRANSM **fiber optic repeater**
= F.O. repeater; lightwave fiber repeater; lightwave regenerator equipment; LRE

Lyman-Serie *nf* PHYS **Lyman series**

Lyrik *nf* LING **lyrics** *nplt*

lyrisch LING **lyrical** *adj*

L-Zustand *nm* MICR.EL → **low level**
→ Tiefpegelzustand *nm*

LZW-Codierung *nf* CODING **LZW coding**
[nach Lempel, Ziv u. Welch] — [by Lempel, Ziv and Welch]

M *m*

M MATH **M**
[römische Ziffer für 1000]
[Roman numeral for 1000]

M INF.TEC → **megabyte**
→ Megabyte *nn*

m PHYS → **mass** *n*
→ Masse *nf*

m PHYS → **meter** *n* (AE)
→ Meter *nm&nn*

M MECH → **torque** *n*
→ Drehmoment *nn*

m- PHYS → **milli-** *praef*
→ Milli- *praef*

M- PHYS → **mega-** *praef*
→ Mega- *praef*

m/s PHYS → **meter per second** (AE)
→ Meter durch Sekunde

m PHYS → **square meter** (AE)
→ Quadratmeter *nm*

MFM-Code *nm* DAT.PR **MFM code**

Ma PHYS → **Mach**
→ Mach *nn*

Mäander *nm* TECH **meander**
[dicht aneinander liegende Windungen]
≈ Schlange
[sequence of tightly contiguous windings]
≈ coil

Mäander *nm* EL.TRO → **square-wave reversals**
→ Rechteckwelle *nf*

Mäanderantenne *nf* ANT **meander-line antenna**
≈ Bruce-Antenne; Sterba-Antenne
≈ Bruce antenna; Sterba array

mäanderförmig TECH **meandrous** *adj*
≈ geschlängelt
≈ sinous

MAC MICR.EL → **multiplier accumulator**
→ Multiplizier-Akkumulator *nm*

Mac DAT.PR → **Apple Macintosh**
→ Apple Macintosh

MAC (1) DAT.CO **MAC** (1)
[eine kryptogtaphische Prüfsumme]
[a cryptographic check sum]
= Message Authentication Code

MAC (2) DAT.CO **MAC** (2)
[ein Protokoll]
[a protocol]
= Medium Access Control

Mach *nn* COMP.LG **Mach**
[eine Variante von UNIX]
[a variant of UNIX]

Mach *nn* PHYS **Mach**
[Verhältnis zur Schallgeschwindigkeit]
= Ma
[relation to sound speed]
= Ma

Machbarkeit *nf* ECON **feasibility** *n*

Machbarkeit *nf* TECH → **viability** *n*
→ Durchführbarkeit *nf*

Machbarkeitsstudie *nf* ECON **feasibility study**

Macht *nf* STATIS **power** *n*
[Wahrscheinlichkeit Fehler 2.Art zu vermeiden]
[probability to avoid errors of type 2]

mächtig TECH → **powerful** *adj*
→ leistungsfähig

Mächtigkeit *nf* TECH → **power** *n*
→ Leistungsfähigkeit *nf*

Macintosh DAT.PR → **Apple Macintosh**
→ Apple Macintosh

Mädchenname *nm* COLL **maiden name**

Mädchen vom Amt *nn* (slang, obs) TELEPH → **operator** *n*
→ Dienstperson *nf*

Madenschraube *nf* MEC.EN **headless setscrew**
= grub screw

Madistor *nm* MICR.EL **madistor** *n*
[bei Tieftemperaturen betrieben, Kennlinie durch externes Magnetfeld gesteuert]
↓ Magnet-Diode; Madistor-Transistor
[operated at low temperature, characteristic controlled by external magnetic field]
↓ magnetodiode; madistor transistor

Madistor-Transistor *nm* MICR.EL **madistor-transistor**
↑ Madistor
↑ madistor

MADT MICR.EL → **MADT**
→ MADT-Transistor *nm*

MADT-Transistor *nm* MICR.EL **MADT**
= MADT; Mikro-alloy-Diffusionstransistor *nm*
= micro-alloy diffused-base transistor

Magazin *nn* DAT.MA **magazine** *n*
[reservierter Speicherplatz]
↓ Eingabemagazin; Ausgabemagazin
[reserved memory location]
↓ input magazine; output magazine

Magazin *nn* ECON **magazine** *n*

Magazin *nn* TECH → **drawer storage cabinet**
→ Schubladenmagazin *nn*

Magazin *nn* PRIN.ME → **periodical** *n*
→ Zeitschrift *nf*

magenta *adj* OPT **magenta** *adj*
[vom ital. Ort Magenta]
= dunkel karminrot
[from Italian town Magenta; deep purplish red]

mager PRIN.ME **light** *adj*
= zart; dünn
≈ besonders dünn
↑ Schriftattribut
≈ hairline
↑ font attribute

Maggi-Effekt *nm* PHYS → **extrinsic photoelectric effect**
→ äußerer Photoeffekt

magisches Auge COMPO **magic eye**

magisches T MICROW **magic T**
= kompensiertes magisches T; Doppel-T-Verzweigung *nf*
= magic tee; hybrid T; hybrid tee
↑ parallel-T network

magische Zahl MATH **magic number**

Magister *nm* EDUC **master** *n*

Magnesium *nn* CHEM **magnesium** *n*
= Mg
= Mg

Magnet *nm* PHYS **magnet** *n*
↓ Dauermagnet; Elektromagnet [EL.TEC]
↓ permanent magnet; electromagnet [EL.TEC]

Magnetablesung *nf* TER&PER **magnetic reading**
≈ Magnetabtastung
≈ magnetic scanning

Magnetabtaster *nm* TER&PER **magnetic scanner**
= magnetischer Abtatster
= magnetical scanner

Magnetabtastung *nf* TER&PER **magnetic scanning**
= magnetische Abtastung
≈ Magnetablesung
= magnetical scanning
≈ magnetic reading

Magnetanker *nm* PHYS **magnet armature**
≈ Magnetjoch
≈ magnet yoke

Magnetanker *nm* COMPO → **armature** *n*
→ Anker *nm*

Magnetaufzeichnung *nf* EL.TRO **magnetic recording**
= MAZ
↓ Magnetbandaufzeichnung; Tonbandaufzeichnung [EL.ACOU]; Magnetband-Fernsehaufzeichnung [TV]
= magnetical recording
↓ tape recording; sound tape recording [EL.ACOU]; video tape recording [TV]

Magnetaufzeichnungsverfahren *nn* TER&PER **magnetic recording mode**
[auf Magnetschichtspeichern]
= Aufzeichnungsverfahren *nn*; Aufzeichnungsmethode *nf*
↓ Wechselschrift; Wechseltaktschrift; Richtungstaktschrift; gruppencodierte Aufzeichnung; Bezugsmagnetisierungsschrift; RZ-Schrift; RB-Schrift
[on magnetic layer memories]
= recording mode; recording method; recording technique
↓ NRZ recording; two-frequency recording; phase encoding; group-coded recording; return-to-reference recording; return-to-zero recording;

Magnetband *nn* EL.TRO **magnetic tape**
↓ Datenband [TER&PER]; Tonband [EL.ACOU]; Videoband [TV]
= recording tape; ferrous coated tape; megtape *n*
↓ data tape [TER&PER]; sound tape [EL.ACOU]; video tape [TV]

Magnetbandantrieb *nm* TER&PER **magnetic tape drive**
= Magnetbandtransport *nm*; Bandantrieb *nm*; Bandtransport *nm*; Magnetbandlaufwerk *nn*; Bandlaufwerk *nn*
↑ Laufwerk
= magnetic tape transport; tape drive; tape transport; magnetic tape drive servo; tape drive servo
↑ drive

Magnetbandarchiv *nn* DAT.MA **tape library**
= Bandarchiv *nn*; Magnetbandbiliothek *nf*; Bandbibliothek *nf*
= magnetic tape library

Magnetbandaufzeichnung *nf* EL.TRO **magnetic tape recording**
= Bandaufzeichnung *nf*
↑ Magnetaufzeichnung
↓ Tonbandaufzeichnung [EL.ACOU]; Fernsehaufzeichnung [TV]
= tape recording
↑ magnetic recording
↓ sound tape recording [EL.ACOU]; video tape recording [TV]

Magnetband-Aufzeichnunggerät *nn* TER&PER → **tape recorder**
→ Bandaufzeichnungsgerät *nn*

Magnetband-Aufzeichnungsdichte *nf* TER&PER **magnetic tape density**

Magnetbandausgabe *nf* DAT.PR **magnetic tape output**
= Bandausgabe *nf*
= tape output (2)

Magnetbandauszug *nm* DAT.MA **magnetic tape dump**
= Bandauszug *nm*
= tape dump; band edit

Magnetbandbefehl *nm* DAT.PR **magnetic tape instruction**
= magnetic tape command

Magnetband-Beschriftungsgerät *nn* TER&PER **key-to-tape device**
[Daten werden als Magnetisierungsflecken auf das Band aufgebracht, nach dem Muster eines Streifenlochers]
[data are applied as magnetic spots, in analogy to card punchers]

Magnetband-Betriebssystem *nn* SW **tape operating system**
= Bandbetriebssystem *nn*
= TOS

Magnetbandbibliothek *nf* DAT.MA → **tape library**
→ Magnetbandarchiv *nn*

Magnetbanddatei *nf* DAT.PR **magnetic tape file**
= Banddatei *nf* = tape file

Magnetbanddaten *nplt* DAT.MA **magnetic tape data**
= Banddaten *nplt* = tape data

Magnetbandduplikat *nn* DAT.MA **magnetic tape duplicate**
= Bandduplikat = tape duplicate

Magnetbanddurchlauf *nm* DAT.PR **magnetic tape pass**
= Banddurchlauf *nm* = tape pass; magnetic tape passage; tape passage

Magnetbandeingabe *nf* DAT.PR **magnetic tape input**
= Bandeingabe *nf* = tape input (2)

Magnetbandeinheit *nf* TER&PER → **magnetic tape device**
→ Magnetbandgerät *nn*

Magnetband-Eintastgerät *nn* TER&PER **keyboard-to-tape unit**
= Magnetband-Eintastsystem *nn*; Magnetband-Erfassungsstation *nf* = key-to-tape unit; keyboard-to-tape system;

Magnetband-Eintastsystem *nn* TER&PER → **keyboard-to-tape unit**
→ Magnetband-Eintastgerät *nn*

Magnetband-Erfassungsstation *nf* TER&PER → **keyboard-to-tape unit**
→ Magnetband-Eintastgerät *nn*

Magnetbänderverwalter *nm* DAT.MA **tape librarian**
= Bänderverwalter *nm* = magnetic tape librarian

Magnetbandfehler *nm* TER&PER **magnetic tape error**
↓ Signalausfall; Störsignal = tape error; magnetic tape fault; tape fault ↓ drop-out; drop-in

Magnetband-Fernsehaufzeichnung *nf* TV **video tape recording**
= magnetische Videosignalaufzeichnung ↑ Magnetaufzeichnung [EL.TRO] = VTR ↑ magnetic recording [EL.TRO]

Magnetbandformat *nn* DAT.MA **magnetic tape format**
= Bandformat *nn* ↑ Datenformat = tape format ↑ data format

Magnetbandgerät *nn* TER&PER **magnetic tape device**
[Laufwerk und Magnetkopf] = Bandgerät *nn*; Magnetbandeinheit *nf* ≈ Tonbandgerät [EL.ACOU] ↓ Magnetbandlaufwerk; Streamer-Magnetbandgerät; Spulen-Magnetbandgerät;
[drive mechanism and magnetic head] = tape device; magnetic tape deck; tape deck; magnetic tape unit; tape unit; magnetic tape station; tape station; magnetic tape handler; tape handler ≈ tape recorder [EL.ACOU]; drive ↓ magnetic tape drive; streamer; magnetic tape coil system; magnetic tape cartridge system

Magnetbandgeräte-Gruppe *nf* TER&PER **magnetic tape group**
= magnetic tape cluster; tape cluster; cluster *n*

Magnetbandgeschwindigkeit *nf* TER&PER → **tape speed**
→ Bandgeschwindigkeit *nf*

magnetbandgesteuert TER&PER → **tape-operated** *adj*
→ bandgesteuert

Magnetbandkassette *nf* TER&PER **magnetic tape cassette**
= Magnetkassette *nf*; Bandkassette *nf*; Kassette *nf* (1); Cassette *nf* (1) ↑ Einschubkassette ↓ Tonbandkassette; Datenkassette; Recorderkassette
= magnetic tape cartridge; magnetic cartridge; tape cartridge; cartridge *n* (1); magnetic cassette; tape cassette; cassette *n* (1) ↑ cartridge ↓ audio cassette; data cassette; recorder cassette

Magnetbandkassetten-Beschriftungsgerät *nn* TER&PER **key-to-cassette device**
[Daten werden als "Magnetflecken≈ gespeichert, nach dem Muster eines Bandlochers] [data are applied as magnetized spots, in analogy to card punches]

Magnetbandkassetten-Gerät *nn* TER&PER **magnetic tape cartridge system**

Magnetbandkassetten-Laufwerk *nn* TER&PER **magnetic tape cassette drive**
= Magnetkassetten-Laufwerk *nn* = magnetic cartridge drive; cartridge tape drive

Magnetbandkassetten-Speicher *nm* TER&PER **cassette tape memory**
↑ Magnetbandspeicher = cassette tape storage ↑ magnetic tape memory

Magnetbandkopf *nm* TER&PER **magnetic tape head**
↑ Magnetkopf ↑ magnetic head

Magnetbandkopf *nm* EL.ACOU → **sound head**
→ Tonkopf *nm*

Magnetband-Ladepunkt *nm* TER&PER **magnetic tape loadpoint**
= Bandladepunkt *nm* = tape loadpoint

Magnetbandlänge *nf* TER&PER **magnetic tape length**
[Magnetband] = Bandlänge *nf* [magnetic tape] = tape length

Magnetbandlaufwerk *nn* TER&PER → **magnetic tape drive**
→ Magnetbandantrieb *nm*

Magnetbandleser *nm* TER&PER **magnetic tape reader**
↓ cassette tape reader

magnetbandorientiert SW **tape-oriented** *adj*
= bandorientiert

Magnetband-Pflegegerät *nn* TER&PER **magnetic disk maintenance equipment**

Magnetbandrand *nm* TER&PER **magnetic tape edge**
= Bandrand *nm* = tape edge

Magnetbandrolle *nf* TER&PER **magnetic tape reel**
[mit aufgespultem Band] = Bandrolle *nf* ≈ Magnetbandspule ↑ Bandrolle; Rolle
[spool with tape] = tape reel (2) ≈ magnetic tape spool ↑ tape reel; reel

Magnetbandrückspulung *nf* TER&PER → **magnetic tape rewind** *n*
→ Bandrückspulung *nf*

Magnetbandsicherung *nf* DAT.MA **magnetic tape backup**
= Bandsicherung *nf* = tape backup

Magnetbandsortierung *nf* DAT.MA → **magnetic tape sorting**
→ magnetbandunterstütztes Sortieren

Magnetbandspannung *nf* TER&PER → **tape tension**
→ Bandspannung *nf*

Magnetbandspeicher *nm* TER&PER **magnetic tape memory**
= MBsp; Bandspeicher *nm* ↑ Magnetschichtspeicher ↓ Streamer; Magnetband-Kassettenspeicher
= tape memory; magnetic tape storage; tape storage ↑ magnetic layer memory ↓ streamer; cassette tape memory

Magnetbandspeicherdichte *nf* TER&PER **magnetic tape recording density**
= Bandspeicherdichte *nf* ↑ Speicherdichte = magnetic tape density; tape density

Magnetbandspule *nf* TER&PER **magnetic tape spool**
[leere Spule] ≈ Magnetbandrolle ↑ Bandspule; Spule
[a flanged spool without tape] ≈ magnetic tape reel ↑ tape spool; spool

Magnetbandspur *nf* TER&PER **magnetic tape track**
= Bandspur *nf* ↑ Streifenspur; Magnetspur ↑ tape track; magnetic track

Magnetbandsteuerung *nf* TER&PER **magnetic tape controller**
= Bandsteuerung *nf* = magnetic tape control; tape controller; tape control

Magnetbandtransport *nm* TER&PER → **magnetic tape drive**
→ Magnetbandantrieb *nm*

magnetbandunterstütztes Sortieren DAT.MA **magnetic tape sorting**
= Magnetbandsortierung *nf*

Magnetbandvorschub *nm* TER&PER → **tape feed** *n* (1)
→ Bandvorschub *nm*

Magnetbandwechsel *nm* TER&PER → **tape change**
→ Bandwechsel *nm*

Magnetbeschriftung *nf* TER&PER **magnetic lettering**
= Magnettintenbeschriftung *nf*; magnetische Beschriftung; magnetische Auszeichnung = magnetic labeling; magnetic marking; magnetic inscription

Magnetbildplatte *nf* TER&PER **magnetic video disk**

Magnetblase *nf* PHYS **magnetic bubble**
= magnetische Blase; Magnetdomäne *nf*; Domäne *nf* (2); Bubble = bubble *n*

Magnetblasenspeicher *nm* TER&PER **magnetic bubble memory**
[mit Magnetisierungsflächen auf Dünnfilm] = Blasenspeicher *nm*; Magnetdomänenspeicher *nm*; Domänentransportspeicher *nm* ↑ Magnetschichtspeicher
[uses magnetized areas in thin film] = bubble memory ↑ magnetic layer memory

Magnetdatenträger *nm* TER&PER → **magnetic data carrier**
→ magnetischer Datenträger

Magnetdiode *nf* MICR.EL **magnetodiode** *n*
↑ Madistor ↑ madistor

Magnetdiskette *nf* TER&PER → **floppy disk**
→ Diskette *nf*

Magnetdisketten-Eintastgerät *nn* TER&PER → **keyboard-to-diskette unit**
→ Disketten-Eintastgerät *nn*

Magnetdisketten-Eintastsystem *nn* TER&PER → **keyboard-to-diskette unit**
→ Disketten-Eintastgerät *nn*

Magnetdisketten-Erfassungsstation *nf* TER&PER → **keyboard-to-diskette unit**
→ Disketten-Eintastgerät *nn*

Magnetdomäne *nf* PHYS → **magnetic bubble**
→ Magnetblase *nf*

Magnetdomänenspeicher *nm* TER&PER → **magnetic bubble memory**
→ Magnetblasenspeicher *nm*

Magnetdraht *nm* METAL **magnetic wire**
= plated wire

Magnetdrahtspeicher *nm* TER&PER **magnetic wire memory**

= Drahtspeicher *nm* — = plated wire memory; magnetic wire storage; plated wire storage

Magnetdrucker *nm* TER&PER → **magnetographic printer**
→ magnetographischer Drucker

Magneteisenstein *nm* PHYS **magnetite** *n*
= Magnetit *nm*

magnetempfindlich PHYS **magnetosensitive**
= magnetfeldabhängig

Magnetfarbe *nf* TER&PER → **magnetic ink**
→ Magnettinte *nf*

Magnetfeld *nn* EL.SC **magnetic field**
= magnetisches Feld

magnetfeldabhängig PHYS → **magnetosensitive**
→ magnetempfindlich

magnetfeldabhängiger Widerstand COMPO **magnetic resistor**
[Sensor] — [sensor]
= magnetic resistance

magnetfeldabhängiger Widerstand PHYS → **magnetoresistance**
→ Magnetowiderstand *nm*

magnetfeldabhängiger Widerstand COMPO → **magnetoresistor** *n*
→ Magnetwiderstand *nm*

Magnetfeldfühler *nm* INSTR **magnetic field probe**
= Magnetfühler *nm*; Magnetfeldsonde *nf* — ↓ magnistor [MICR.EL]
↓ Magnistor [MICR.EL]

Magnetfeldröhre *nf* MICROW → **magnetron** *n*
→ Magnetron *nn*

Magnetfeldsonde *nf* INSTR → **magnetic field probe**
→ Magnetfeldfühler *nm*

Magnetfilm *nm* CINEMA **magnetic film**
= Perfoband *nn*; Perfo, Cord — = perforated band; perfo *n*; cord *n*

Magnetfilmspeicher *nm* MICR.EL → **thin film memory**
→ Dünnfilmspeicher *nm*

Magnetfluss *nm* EL.SC → **magnetic flux** (1)
→ magnetischer Induktionsfluss

Magnetflusswechsel *nm* EL.SC **magnetic flux reversal**
= Flusswechsel *nm*; Flussumkehr *nf* — = flux reversal

Magnetfühler *nm* INSTR → **magnetic field probe**
→ Magnetfeldfühler *nm*

Magnetgabelschranke *nf* COMPO **vane switch**

magnetisch PHYS **magnetic** *adj*
= mag

magnetische Abschirmung EL.TEC **magnetic screening**
= magnetic shield

magnetische Abtastung TER&PER → **magnetic scanning**
→ Magnetabtastung *nf*

magnetische Achse EL.SC **magnetic axis**

magnetische Auszeichnung TER&PER → **magnetic lettering**
→ Magnetbeschriftung *nf*

magnetische Beeinflussung EL.SC **magnetic induction**
= magnetische Influenz; induzierter Magnetismus (2) — = magnetic influence
↑ Beeinflussung

magnetische Beschriftung TER&PER → **magnetic lettering**
→ Magnetbeschriftung *nf*

magnetische Blase PHYS → **magnetic bubble**
→ Magnetblase *nf*

magnetische Deklination PHYS → **declination** *n*
→ Missweisung *nf*

magnetische Durchflutung EL.SC → **linkage flux**
→ Verkettungsfluss *nm*

magnetische Energie EL.SC **magnetic energy**

magnetische Energiedichte EL.SC **magnetic energy density**

magnetische Erregung EL.SC → **magnetic field strength**
→ magnetische Feldstärke

magnetische Farbe TER&PER → **magnetic ink**
→ Magnettinte *nf*

magnetische Feldkonstante EL.SC **coefficient of self-inductance**
= coefficient of self-induction; permeability of vacuum; magnetic space constant

magnetische Feldstärke EL.SC **magnetic field strength**
[SI-Einheit: Ampere/ Meter] — [SI unit: ampere/meter]
= magnetische Erregung — = magnetizing force

magnetische Flussdichte EL.SC **magnetic flux density**
[magnetischer Fluss pro Querschnittsfläche; abgeleitete SI-Einheit: Tesla] — [magnetic flux per cross-sectional area; derived SI unit: Tesla]
= magnetische Kraftflussdichte; Induktion *nf* (2); magnetische Induktion — = magnetic flux (2); magnetic induction

magnetische Induktion EL.SC → **magnetic flux density**
→ magnetische Flussdichte

magnetische Influenz EL.SC → **magnetic induction**
→ magnetische Beeinflussung

magnetische Kraft EL.SC **magnetic force**
= Magnetkraft *nf*

magnetische Kraftflussdichte EL.SC → **magnetic flux density**
→ magnetische Flussdichte

magnetische Kristallanisotropie PHYS **magneto-crystaline anisotropy**

magnetische Leitfähigkeit EL.SC → **permeability** *n*
→ Permeabilität *nf*

magnetische Linse EL.SC **magnetic lens**
= Magnetlinse *nf*

magnetische Permanenz EL.SC **permanence**
[Relation von magnetischer Flussdichte zu magnetischer Feldstärke; bei Linearität gleich mit remanter Induktion] — [relation of magnetic flux density and magnetic field strength; equal to remanence when characteristic is linear]
= Permanenz *nf*
≈ remanente Induktion — ≈ residual induction

magnetische Polarisation EL.SC **magnetic polarization** (1)

magnetische Polarität EL.SC **magnetic polarity**

magnetische Quantenzahl PHYS **magnetic quantum number**

magnetischer Abtatster TER&PER → **magnetic scanner**
→ Magnetabtaster *nm*

magnetischer Auslöser POW.EN **magnetic cut-out**
= Magnetschütz *nm*

magnetischer Belegleser TER&PER → **magnetic character reader**
→ Magnetschriftleser *nm*

magnetischer Datenträger TER&PER **magnetic data carrier**
= Magnetdatenträger *nm* — = magnetic data medium; magnetic medium

magnetischer Dipol EL.SC **magnetic dipole**

magnetischer Drahtspeicher COMPO → **twistor** *n*
→ Twistor *nm*

magnetischer Elementardipol ANT **elementary magnetic dipole**
= magnetisches Stromelement — = infinitesimal magnetic current element
↑ Elementardipol — ↑ elementaey dipole

magnetische Resonanz PHYS **magnetic resonance**

magnetischer Fluss EL.SC → **magnetic flux** (1)
→ magnetischer Induktionsfluss

magnetischer Induktionsfluss EL.SC **magnetic flux** (1)
[Flächenintegral der magnetischen Flussdichte; SI-Einheit: Weber] — [surface integral of magnetic flux density; SI unit: Weber]
= magnetischer Fluss; Magnetfluss *nm*; Kraftfluss *nm* — = magnetic induction flux; induction flux

magnetischer Kreis EL.SC → **magnetic circuit**
→ Magnetkreis *nm*

magnetischer Leitwert EL.SC → **permeance** *n*
→ Permeanz *nf*

magnetischer Pol PHYS → **magnetic pole**
→ Magnetpol *nm*

magnetischer Rücklaufverstärker CIRC.EN → **Ramey amplifier**
→ Ramey-Verstärker *nm*

magnetischer Schirm EL.TEC **magnetic screen**

magnetischer Spannungskonstanthalter EL.TRO **constant voltage transformer**

magnetischer Spannungsmesser INSTR **magnetic voltmeter**

magnetischer Speicher HW → **magnetic memory**
→ Magnetspeicher *nm*

magnetischer Spiegel EL.TRO **magnetic mirror**

magnetischer Verstärker CIRC.EN → **transductor amplifier**
→ Transduktorverstärker *nm*

magnetischer Widerstand EL.SC **magnetic reluctance**
[magnetische Kraft zu magnetischem Fluss] — [ratio of magnetomotive force to magnetic flux]
= Reluktanz *nf*, Magnetwiderstand *nm* — = reluctance; magnetic resistance 1; magneto-resistance

magnetisches Dipolmoment EL.SC **magnetic dipole moment**

magnetisches Erdfeld PHYS → **terrestrial magnetic field**
→ erdmagnetisches Feld

magnetisches Feld EL.SC → **magnetic field**
→ Magnetfeld *nn*

magnetisches Flussquant EL.SC **magnetic flux quantum**
[Konstante]

magnetisches Gewitter GEOSC **magnetic storm**

magnetisches Moment EL.SC **magnetic moment**

magnetische Spannung EL.SC → **magnetomotive force**
→ magnetische Umlaufspannung

magnetisches Speicherelement HW **magnetic cell**

magnetisches Stromelement ANT → **elementary magnetic dipole**
→ magnetischer Elementardipol

magnetische Suszeptibilität EL.SC **magnetic susceptibility**

magnetische Tinte TER&PER → **magnetic ink**
→ Magnettinte *nf*

magnetische Transversalwelle EL.TEC → **transversal magnetic wave**
→ transversale magnetische Welle
magnetische Umlaufspannung EL.SC **magnetomotive force**
[SI-Einheit: Ampere; Linienintegral der magnetischen Feldstärke] [SI unit: Ampere; line integral of magnetic field strength]
= magnetomotorische Kraft; MMK; magnetische Spannung = MMF; magnetic boundary potential; magnetic potential difference
≈ elektrische Durchflutung ≈ electric loading
magnetische Verstärkung PHYS **magnetic amplification**
magnetische Videosignalaufzeichnung TV → **video tape recording**
→ Magnetband-Fernsehaufzeichnung *nf*
magnetisch hart PHYS → **magnetically hard**
→ hartmagnetisch
magnetisch weich PHYS → **magnetically soft**
→ weichmagnetisch
magnetisierbar EL.SC **magnetizable**
magnetisieren EL.SC **magnetize**
Magnetisierung *nf* EL.SC **magnetization** *n*
= magnetizing *n*
Magnetisierungsbereich *nm* EL.SC **magnetic domain**
= ferromagnetic domain
Magnetisierungskonstante *nf* EL.SC → **permeability** *n*
→ Permeabilität *nf*
Magnetisierungskurve *nf* EL.SC **magnetization curve**
Magnetisierungsstärke *nf* EL.SC **magnetization intensity**
Magnetisierungswärme *nf* EL.SC **magnetization heat**
Magnetisierungswechsel *nm* EL.SC **magnetization reversal**
Magnetismus *nm* PHYS **magnetism** *n*
[vom Griechischen "magnisios líthos" = Stein aus Magnesia] [from the Greek "magnisios líthos" = "stone from Magnesia"]
Magnetit *nm* PHYS → **magnetite** *n*
→ Magneteisenstein *nm*
Magnetjoch *nn* EL.TEC **magnet yoke**
= Joch *nn* = yoke *n*
≈ Anker ≈ armature
↓ Transformatorjoch ↓ transformator yoke
Magnetkarte *nf* TER&PER → **magnetic strip card**
→ Magnetstreifenkarte *nf*
Magnetkartenberechtigung *nf* TER&PER **magnetic card authorization**
Magnetkartenfernsprecher *nm* TER&PER → **magnetic card telephone**
→ Magnetkartentelefon *nn*
Magnetkartenleser *nm* TER&PER **magnetic card reader**
Magnetkartenspeicher *nm* TER&PER **magnetic card storage**
≈ Magnetstreifenspeicher ≈ magnetic strip meory
Magnetkartentelefon *nn* TER&PER **magnetic card telephone**
= Magnetkartenfernsprecher *nm*
Magnetkassette *nf* TER&PER → **magnetic tape cassette**
→ Magnetbandkassette *nf*
Magnetkassetten-Laufwerk *nn* TER&PER → **magnetic tape cassette drive**
→ Magnetbandkassetten-Laufwerk *nn*
Magnetkassettenstation *nf* TER&PER → **cassette tape recorder**
→ Kassettenrecorder *nm*
Magnetkern *nm* COMPO **magnetic core** *n*
= Kern *nm* (2) = core *n* (2)
↓ Ferritkern; Ringkern ↓ ferrite core; toroidal core
Magnetkernabstimmung *nf* EL.TRO **slug tuning**
Magnetkernantenne *nf* ANT **magnetic core antenna**
Magnetkernspeicher *nm* HW **magnetic core memory**
= Kernspeicher *nm*; Ferritkernspeicher *nm*; Ringkernspeicher *nm* = magnetic core storage; magnetic core store; core memory; core storage; core store; ferrite core memory; ferrite core storage; ferrite core store
↑ Magnetspeicher ↑ magnetic memory
Magnetkompass *nm* INSTR **magnetic compass**
Magnetkonto *nn* DAT.PR **magnetic ledger**
Magnetkontokarte *nf* TER&PER **magnetic accounting card**
Magnetkopf *nm* TER&PER **magnetic head**
≈ Tonkopf [EL.ACOU] = ferrite head
↓ Schreib-/Lese-Kopf; Lesekopf; Schreibkopf; Magnetbandkopf ≈ sound head [EL.ACOU]
↓ read/write head; read head; write head; magnetic tape head
Magnetkopfjustierung *nf* TER&PER **head alignment**
Magnetkraft *nf* EL.SC → **magnetic force**
→ magnetische Kraft
Magnetkreis *nm* EL.SC **magnetic circuit**
= magnetischer Kreis; Eisenkreis *nm*
Magnetkupplung *nf* POW.EN **magnetic clutch**
Magnetlesekopf *nm* TER&PER → **reading head**
→ Lesekopf *nm*
Magnetlinse *nf* EL.SC → **magnetic lens**
→ magnetische Linse

Magnetluftspalt *nm* EL.SC **magnetic gap**
= Magnetspalt *nm*; Luftspalt *nm*; Eisenspalt *nm*; Spalt *nm*; Interferricum *nn* = air gap; pole gap; gap *n*
Magnetmaterial *nn* EL.SC **magnetic material**
= magnetic medium
Magnetmikrofon *nn* EL.ACOU **magnetic microphone**
= Magnetmikrophon *nn*
Magnetmikrophon *nn* EL.ACOU → **magnetic microphone**
→ Magnetmikrofon *nn*
Magnetnadel *nf* EL.SC **magnetic needle**
Magnetodynamik *nf* EL.SC **magnetodynamics**
magnetodynamisch EL.SC **magnetodynamic** *adj*
magnetoelastisch EL.SC **magnetoelastic**
Magnetofluid EL.ACOU **magnetofluid** *n*
Magnetograf *nm* TER&PER → **magnetographic printer**
→ magnetographischer Drucker
magnetografischer Drucker TER&PER → **magnetographic printer**
→ magnetographischer Drucker
magnetographischer Drucker TER&PER **magnetographic printer**
= magnetografischer Drucker; Magnetograf *nm*; Magnetdrucker *nm* = electromagnetic printer; magnetic printer; magnetograph *n*
↑ xerografischer Drucker ↑ xerographic printer
Magnetohydrodynamik *nf* PHYS **magnetohydrodynamics** *nplt*
Magnetokonzentrations-Effekt *nm* EL.SC **magnetoconcentration effect**
↑ galvanomagnetischer Effekt ↑ galvanomagnetic effect
magnetomechanischer Wandler COMPO **magnetomechanic transducer**
Magnetometer *nn* INSTR **magnetic anomaly detector**
= MAD; magnetometer *n*
magnetomotorische Kraft EL.SC → **magnetomotive force**
→ magnetische Umlaufspannung
magnetomotorischer Speicher HW **magnetomotoric memory**
[erfordert zum Speichern und Lesen eine Bewegung] [requires mechanical movement for storage and retrieval]
↓ Magnettrommelspeicher; Magnetbandspeicher = magnetomotoric storage
↓ magnetic drum memory; magnetic tape memory
Magneton *nn* PHYS **magneton** *n*
[Einheit für magnetisches Moment] [unit for magnetic momentum]
Magnetooptik *nf* EL.SC **magneto-OPT**
magnetooptisch *adj* EL.SC **magneto-optical**
= floptical [TER&PER]
magneto-optische Platte HW **magneto-optic disk**
[Prinzip: punktweise Erwärmung durch Laser u. gleichzeitige Polarisierung; bis ca. 1 Gbit / Platte] [mode of operation: spotwise heating by laser beam and concurrent magnetization; up to aprox. 1 Gbytes / disk]
= magneto-optischer Speicher = magneto-optic disc; magneto-optic memory; magneto-optic storage; magneto-optic store; magneto-optical memory; magneto-optical storage
↑ Datenträger; löschbarer optischer Speicher ↑ data carrier; erasable optical
magnetooptischer Effekt PHYS **magneto-optical effect**
= Kerr effect (2)
magneto-optischer Speicher HW → **magneto-optic disk**
→ magneto-optische Platte
magneto-optische Speicherung TER&PER **magneto-optic recording**
↑ löschbare optische Speicherung ↑ erasable optic recording
magnetoresistiv *adj* EL.SC **magnetoresistive** *adj*
[mit magnetfeldabhängigem Widerstand] [with a resistance dependent of magnetic field]
magnetoresistiver Effekt PHYS **magnetoresistive effect**
= Magnetowiderstandseffekt *nm* ↑ galvanomagnetic effect
↑ galvanomagnetischer Effekt
magnetorestriktiver Speicher HW **magnetorestrictive memory**
↑ Laufzeitspeicher = magnetorestrictive storage; magnetorestrictive store
↑ delay-line memory
Magnetosphäre *nf* GEOSC **magnetosphere** *n*
Magnetostatik *nf* EL.SC **magnetostatics** *nplt*
magnetostatisch *adj* PHYS **magnetostatic**
magnetostatisches Feld EL.SC **magnetostatic field**
magnetostatisches Potential EL.SC **magnetic potential**
Magnetostriktion *nf* PHYS **magnetostriction** *n*
[elastische Verformung durch Magnetisierung] [elastic deformation by magnetization]
magnetostriktiv *adj* PHYS **magnetostrictive**
magnetostriktive Hysterese PHYS **magnetostrictive hysteresis**
magnetostriktiver Lautsprecher EL.ACOU **magnetostriction loudspeaker**
magnetostriktiver Oszillator CIRC.EN **magnetostriction oscillator**

magnetostriktiver Wandler ↑ Schallwandler	EL.ACOU	**magnetostrictive transducer** ↑ electroacoustic transducer
magnetostriktives Mikriphon	EL.ACOU	**magnetostriction microphone**
magnetostriktives Relais	COMPO	**magnetostrictive relay**
Magnetowiderstand *nm* = magnetfeldabhängiger Widerstand	PHYS	**magnetoresistance**
Magnetowiderstandseffekt *nm* → magnetoresistiver Effekt	PHYS	→ **magnetoresistive effect**
Magnetpartikel *nm* → Magnetteilchen *nn*	TER&PER	→ **magnetic particle**
Magnetplatte *nf* = Platte *nf* (2) ↑ Platte (1) ↓ Hartplatte; Diskette	TER&PER	**magnetic disk** = disk *n* (2); disc *n* (2) (AE) ↑ disk (1) ↓ hard disk; floppy disk
Magnetplattenantrieb *nm* → Plattenlaufwerk *nn*	TER&PER	→ **disk drive** *n* (1)
Magnetplattenarchiv *nn* = Plattenarchiv *nn*	DAT.MA	**disk library** = disc library; magnetic disk library; magnetic disc library
Magnetplattenaufzeichnung *nf* ↑ Plattenaufzeichnung	TER&PER	**magnetic disk recording** ↑ disk recording
Magnetplattenaufzeichnungsdichte *nf* → Magnetplattenspeicherdichte *nf*	HW	→ **magnetic disk recording density**
Magnetplatten-Beschriftungsgerät *nn* [Daten werden als "Magnetflecken" gespeichert, in der Art von Kartenlochern]	TER&PER	**key-to-disk device** [data are recorded as magnetic spots, in analogy to card puncher]
Magnetplattencode *nm* = Plattencode *nm*	DAT.PR	**magnetic disk code** = disk code
Magnetplattendatei *nf* = Plattendatei *nf*	SW	**magnetic disk file** = disk file; magnetic disc file; disc file
Magnetplattenduplikat *nn* → Plattenduplikat *nn*	DAT.PR	→ **disk duplicate**
Magnetplatteneinheit *nf* → Magnetplattenspeicher *nm*	HW	→ **magnetic disk memory**
Magnetplatten-Eintastgerät *nn* = Magnetplatten-Eintastsystem *nn*; Magnetplatten-Erfassungsstation *nf*	TER&PER	**keyboard-to-disk unit** = key-to-disk unit; keyboard-to-disk system
Magnetplatten-Eintastsystem *nn* → Magnetplatten-Eintastgerät *nn*	TER&PER	→ **keyboard-to-disk unit**
Magnetplatten-Erfassungsstation *nf* → Magnetplatten-Eintastgerät *nn*	TER&PER	→ **keyboard-to-disk unit**
Magnetplattengerät *nn* → Magnetplattenspeicher *nm*	HW	→ **magnetic disk memory**
Magnetplattenkassette *nf*	TER&PER	**magnetic disk cartridge**
Magnetplattenkopie *nf* → Plattenduplikat *nn*	DAT.PR	→ **disk duplicate**
Magnetplattenlaufwerk *nn* → Plattenlaufwerk *nn*	TER&PER	→ **disk drive** *n* (1)
Magnetplattenlaufwerk-Steuerung *nf* = Plattenlaufwerkssteuerung *nf* (2); Plattensteuerung *nf* (2)	HW	**magnetic disk control** = disk drive control (2); disk control (2)
Magnetplattenspeicher *nm* = Plattenspeicher *nm*; Magnetplattengerät *nn* Magnetscheibenspeicher *nm*; Magnetplatteneinheit *nf*; Magnetplattengerät *nn* ≈ Plattenlaufwerk ↑ Magnetschichtspeicher ↓ Festplattenspeicher; Wechselplattenspeicher	HW	**magnetic disk memory** = magnetic disc memory; disk memory; disc memory; magnetic disk storage; magnetic disc storage; disk storage; disc storage; magnetic disk device; magnetic disc device ≈ disk drive (1) ↑ magnetic layer memory ↓ fixed-disk memory; moving-disk memory
Magnetplattenspeicher-Abzug *nm* → Plattenspeicherabzug *nm*	DAT.MA	→ **disk dump**
Magnetplattenspeicherdichte *nf* = Magnetplattenaufzeichnungsdichte *nf*; lineare Aufzeichnungedichte ↑ Aufzeichnungsdichte	HW	**magnetic disk recording density** = magnetic disk density; linear recording density; linear density ↑ recording density
Magnetplattenstapel *nm* = Plattenstapel *nm*, plattenturm *nm*, plattensatz *nm*	TER&PER	**magnetic disk pack** = disk pack
Magnetplattenstapel-Zugriff *nm* = Schreib-/Lesekammzugriff *nm*; Kammzugriff *nm*	HW	**magnetic-disk-pack access**
Magnetplattenzugriff *nm* → Plattenzugriff *nm*	DAT.MA	→ **disk access**
Magnetpol *nm* = magnetischer Pol	PHYS	**magnetic pole**
Magnetresonanzsystem *nn*	MED.EN	**magnetic resonance system**
Magnetrommeladresse *nf* → Trommeladresse *nf*	DAT.PR	→ **drum address**
Magnetron *nn*	MICROW	**magnetron** *n*
= Magnetfeldröhre *nf* ↑ Wanderfeldröhre		↑ travelling wave tube
Magnetschalter *nm* → Schütz *nm*	POW.EN	→ **contactor** *n*
Magnetscheibenspeicher *nm* → Magnetplattenspeicher *nm*	HW	→ **magnetic disk memory**
Magnetschicht *nf*	EL.TEC	**magnetic layer** = magnetic coat
Magnetschichtspeicher *nm* [Speicherung der Information in magnetisierbarer Schicht] ↑ Magnetspeicher ↓ Magnetbandspeicher; Magnetplattenspeicher; Diskettenspeicher	HW	**magnetic layer memory** [information stored in a magnetic layer] = magnetic layer storage; magnetic layer store; magnetic film memory; magnetic film storage; magnetic film store; magnetic coating memory; magnetic coating storage; magnetic coating store ↑ magnetic memory ↓ magnetic tape memory; magnetic disk memory; diskette memory
Magnetschichttechnologie *nf*	EL.TEC	**magnetic layer technology** = magnetic coating technology
Magnetschraube *nf* → Hall-Magnetgabelschranke *nf*	COMPO	→ **Hall-effect vane switch**
Magnetschrift *nf* [Klarschrift mit magnetischer Farbe] ↓ Analogschrift; Digitalschrift	TER&PER	**magnetic font** [optical character with magnetic ink] = magnetic ink font; magnetic characters; magnetic writing ↓ analog magnetic font; digital
Magnetschriftbeleg *nm*	TER&PER	**magnetic ink document** = magnetic font document
Magnetschriftbelegleser *nm* → Magnetschriftleser *nm*	TER&PER	→ **magnetic character reader**
Magnetschriftbeleg-Sortierer *nm* → Magnetschriftsortierer *nm*	TER&PER	→ **magnetic document sorter**
Magnetschriftdrucker *nm* = Magnettintendrucker *nm*	TER&PER	**magnetic character printer** = magnetic ink character printer; magnetic ink printer; magnetic font printer
Magnetschrifterkennung *nf* → Magnetschrift-Zeichenerkennung *nf*	TER&PER	→ **magnetic character recognition**
Magnetschrift-Lesegerät *nn* → Magnetschriftleser *nm*	TER&PER	→ **magnetic character reader**
Magnetschriftleser *nm* [liest mit magnetisierter Tinte gedruckte Klarschriftzeichen] = Magnetschrift-Lesegerät *nn*; Magnetschriftbelegleser *nm*; magnetischer Belegleser ↑ Klarschriftleser; Belegleser	TER&PER	**magnetic character reader** [reads visual characters impressed with magnetic ink] = magnetic ink character reader; MICR; magnetic document reader; magnetic ink scanner; magnetic font reader ↑ character reader; document reader
Magnetschriftsortierer *nm* = Magnetschriftbeleg-Sortierer *nm*	TER&PER	**magnetic document sorter** = magnetic ink document sorter; magnetic font character reader
Magnetschriftzeichen *nn*	TER&PER	**magnetic character** = magnetic ink character
Magnetschrift-Zeichenerkennung *nf* = Magnetschrifterkennung *nf*	TER&PER	**magnetic character recognition** = magnetic ink character recognition; MICR
Magnetschütz *nm* → magnetischer Auslöser	POW.EN	→ **magnetic cut-out**
Magnetspalt *nm* → Magnetluftspalt *nm*	EL.SC	→ **magnetic gap**
Magnetspeicher *nm* = magnetischer Speicher ↓ Magnetschichtspeicher; Magnetkernspeicher	HW	**magnetic memory** = magnetic storage ↓ magnetic layer memory; magnetic core memory
Magnetspeicheraufnahme *nf*	TER&PER	**disk unit enclosure** = disc unit enclosure
Magnetspeicherkern *nm* → Speicherkern *nm*	HW	→ **storage core**
Magnetspule *nf* = Solenoid *nn*	COMPO	**magnet coil** = solenoid *n*
Magnetspulenlöschgerät *nn*	TER&PER	**bulk eraser**
Magnetspur *nf* ↑ Spur ↓ Magnetbandspur	TER&PER	**magnetic track** ↑ track ↓ magnetic tape track
Magnetstahl *nm*	METAL	**magnet steel**
Magnetstreifen *nm*	TER&PER	**magnetic strip** = magnetic stripe; magstripe *n*
Magnetstreifencodierer *nm*	TER&PER	**magnetic strip encoder**

Magnetstreifenkarte *nf* TER&PER **magnetic strip card**
= Magnetkarte *nf* = magnetic card; magnetic badge card
≠ Chipkarte ≠ chip card
↑ Karte; Plastikkarte ↑ card; plastic card
↓ Telefon-Magnetkarte ↓ telephone magnetic card

Magnetstreifenleser *nm* TER&PER **magnetic strip reader**

Magnetstreifenspeicher *nm* HW **magnetic strip memory**
≈ Magnetkartenspeicher = magstripe memory; magnetic strip storage ≈ magnetic card storage

Magnetsystem *nn* EL.ACOU **magnetic system**

Magnetsystem *nn* EL.ACOU → **electromagnetic pickup**
→ elektromagnetischer Tonabnehmer

Magnettafel *nf* OFFICE **magnetic board**
= Hafttafel *nf* = speedboard; white board

Magnettaste *nf* COMPO **magnetic pushbutton key**

Magnetteilchen *nn* TER&PER **magnetic particle**
= Magnetpartikel *nm*

Magnettinte *nf* TER&PER **magnetic ink**
= magnetische Tinte; Magnetfarbe *nf*, magnetische Farbe

Magnettintenbeschriftung *nf* TER&PER → **magnetic lettering**
→ Magnetbeschriftung *nf*

Magnettintendrucker *nm* TER&PER → **magnetic character printer**
→ Magnetschriftdrucker *nm*

Magnet-Tonabnehmersystem *nn* EL.ACOU → **electromagnetic pickup**
→ elektromagnetischer Tonabnehmer

Magnettrommel *nf* TER&PER **magnetic drum**

Magnettrommeleinheit *nf* TER&PER **magnetic drum unit**
= Trommeleinheit *nf* = drum unit

Magnettrommelspeicher *nm* HW **magnetic drum storage**
= Trommelspeicher *nm* = drum storage

Magnettrommel-unterstützte Sortierung DAT.MA **drum sorting**
= magnetic drum sorting

Magnettrommelzugriff *nm* TER&PER → **drum access**
→ Trommelzugriff *nm*

Magnetventil *nn* COMPO **solenoid valve**

Magnetverstärker *nm* CIRC.EN → **transductor amplifier**
→ Transduktorverstärker *nm*

Magnetwiderstand *nm* EL.SC → **magnetic reluctance**
→ magnetischer Widerstand

Magnetwiderstand *nm* COMPO **magnetoresistor** *n*
= magnetfeldabhängiger Widerstand; Feldplatte *nf* = field plate

Magnistor *nm* MICR.EL **magnistor** *n*
↑ Magnetfeldfühler [INSTR] ↑ magnetic field probe [INSTR]

magnto-optische Kompaktplatte TER&PER → **CD-MO**
→ CD-MO

magoptisch CINEMA **magoptical**
[mit optischem und magnetischen Tonträgern] [with optical and magnetic sound tracks]

Mahnung *nf* ECON **dun** *n*
= reminder *n*

Mahnungsschreiben *nn* ECON **dunning letter**

Mahoney-Diagramm *nn* COMP.SC **Mahoney map**

maigrün *adj* OPT **may green** *adj*

Mail *nf* INTERNET → **electronic mail**
→ E-Mail *nn*

mailbomben INTERNET **mailbomb** *vt*
= emailbomben = emailbomb

Mailbot INTERNET **mailbot**
[email robot]

Mailbox *nf* (1) INTERNET → **mailbox** *n*
→ Briefkasten *nm*

Mailbox *nf* (2) (err) INTERNET → **bulletin board system**
→ Schwarzes-Brett-System *nn*

Mailboxnetz *nn* INTERNET → **mailbox network**
→ Briefkastennetz *nn*

Maildämon *nm* INTERNET **mailer-daemon**

Mailer *nm* INTERNET **mailer** *n*
[versendet Mails] [emits emails]

Mailing-List *nf* (ANGL) INTERNET → **mailing list**
→ E-Mail-Adressenliste *nf*

Mailinglist-Manager *nm* INTERNET **mailing-list manager**

Mail-Robot INTERNET **mail robot**

Mail-Server *nm* INTERNET → **e-mail server**
→ E-Mail-Server *nm*

Mail Slot INTERNET **mail slot**

Mail Transport Agent *nm* INTERNET → **message transfer agent**
→ Message Transfer Agent *nm*

Mainframe *nm* (ANGL) DAT.PR → **mainframe computer**
→ Großrechner *nm*

Majorana-Effekt *nm* PHYS **Majorana effect**

Majorante *nf* MATH **majorant** *n*
[Vergleichsreihe dessen Glieder nicht kleiner sind] [referencial series whoes elements are not less]
= Oberreihe *nf*
≠ Minorante ≠ minorant

Majordomo *nm* INTERNET **majordomo** *n*

Majorität *nf* SCIE **majority** *n*
= Mehrheit *nf*

Majoritätsentscheidung *nf* MATH **majority decision**

Majoritätsfunktion *nf* LOGIC **majority function**
[nimmt Wert 1 an, wenn Mehrzahl der Operanden = 1] [takes value 1 if majority of operands are = 1]
= Majoritätsoperation *nf* = majority operation

Majoritätsgatter *nn* CIRC.EN **majority gate**
= Majoritätsschaltung *nf*; Majoritätsglied *nn* = majority circuit

Majoritätsglied *nn* CIRC.EN → **majority gate**
→ Majoritätsgatter *nn*

Majoritätsladungsträger *nm* PHYS → **majority charge carrier**
→ Majoritätsträger *nm*

Majoritätslogik *nf* MATH **majority logic**

Majoritätsoperation *nf* LOGIC → **majority function**
→ Majoritätsfunktion *nf*

Majoritätsschaltung *nf* CIRC.EN → **majority gate**
→ Majoritätsgatter *nn*

Majoritätsträger *nm* PHYS **majority charge carrier**
= Majoritätsladungsträger *nm* = majority carrier

Majoritätsträgerdichte *nf* PHYS **majority carrier density**

Majoritätsträgerstrom *nm* PHYS **majority carrier current**

Majuskel *nf* PRIN.ME → **capital character**
→ Großbuchstabe *nm*

Makel *nm* TECH → **fault** *n*
→ Fehler *nm*

makeln TELEPH **alternate** *vt*
= split

Makeln *nn* TELEPH **alternation between lines**
[beliebiges Umschalten zwischen rückgefragtem Teilnehmer und wartendem, ursprünglich angerufenem Teilnehmer] [discretionary swith-over between consuted and waiting, first called station]
≈ Rückfragen = alternation *n*; alternating *n*; two-way splitting; splitting *n*; broker's call

Makleranlage *nf* TELEPH **splitting set**

Maklergebühr *nf* ECON **brokerage** *n* (2)

Makro *nn* MICR.EL → **macro** *n*
→ Funktionseinheit *nf*

Makro *nn* (1) SW → **macroinstruction** *n* (1)
→ Makrobefehl *nm* (1)

Makro *nn* (2) SW **macro** *n* (2)
[standardisierte Befehlsfolge in Maschinensprache, die einem Makrobefehl in der Quellsprache entspricht] [standardized sequence of machine code instructions, corresponding to a single source code macro instruction]
= Makrobefehl *nm* (2); Makroanweisung *nf*, Makroinstruktion *nf* = macrostatement *n* (2); general macroinstruction *n* (2); general instruction
≈ Makrobefehl (1); Makrodefinition; Makroaufruf ≈ macro instruction (1); macro call

Makro *nn* (3) SW → **macro call** *n*
→ Makroaufruf *nm*

Makroanweisung *nf* SW → **macro** *n* (2)
→ Makro *nn* (2)

Makroassembler *nm* SW **macroassembler** *n*
= Makroassemblierer *nm* = macro assembler; macro assembly program

Makroassemblierer *nm* SW → **macroassembler** *n*
→ Makroassembler *nm*

Makroaufruf *nm* SW **macro call** *n*
[ein Befehl einer Quellsprache, der eine vorgegebene Sequenz von Befehlen derselben Quellsprache entspricht] [a source code statementrepresenting a defined sequence of statements in the same source language]
= Makrorekorder *nm*; Makro *nn* (3) = macro *n* (3)
≈ Makrobefehl (1) ≈ macro instruction (1)

Makroaufzeichner *nm* SW **macro recorder**
[erlaubt Speicherung und Abruf von Makros über Tastenkombinationen] [allows storage and call of macros by combination of keys]

Makrobefehl *nm* (1) SW **macroinstruction** *n* (1)
[Befehl einer Quellsprache dem in der Maschinensprache eine vorgegebene Befehlssequenz entspricht] [source code instruction representing a predifined sequence of instructions in the machine code]

= Makrocode *nm*; Makro *nn* (1); Globalbefehl *nm* ≈ Makro (2); Stapeldatei		= macro instruction (1); macrostatement (1); macro statement; macrocode *n*; macro code; macrocommand; macro command; macro *n* (1); programmed instruction; script *n* ≈ macro *n* (2); function instruction; batch file
Makrobefehl *nm* (2) → Makro *nn* (2)	SW	→ **macro** *n* (2)
Makrobefehlsspeicher *nm*	DAT.PR	**macroinstruction memory** = macroinstruction storage; macroinstruction store
Makrobibliothek *nf*	SW	**macro library**
Makrobiegung *nf*	OPT.CO	**macrobending** *n*
Makrocode *nm* → Makrobefehl *nm* (1)	SW	→ **macroinstruction** *n* (1)
Makrocodierung *nf* [Zusammenfassung mehrerer Befehle unter einem Namen]	SW	**macro coding** [labeling of several instructions by one name]
Makrodefinition *nf* [eine Spezifikation einer Anweisungssequenz] ≈ generische Einheit	SW	**macro-definition** *n* [a specification for a statement sequence] ≈ generic unit
Makroelement *nn*	SW	**macroelement** *n*
Makrogenerator *nm* = Makroumwandler *nm*	SW	**macrogenerator** *n* = macro generator; macro generating program; macro expansion program
makrogestützt	DAT.PR	**macro-aided** = macro-supported
Makrohandbuch *nn*	SW	**macro manual**
Makroinstruktion *nf* → Makro *nn* (2)	SW	→ **macro** *n* (2)
Makron *nn* [ein kurzer horizontaler Strich oberhalb eines Buchstabens] = Längezeichen *nn* ↑ diakritisches Zeichen	LING	**macron** *n* [a short horizontal line on top of a character, to mark prolongation] ↑ diacritical mark
Makrooperand *nm*	SW	**macro operand**
Makroplasma *nn*	PHYS	**macroplasma** *n*
Makroprogrammierung *nf*	SW	**macroprogramming** *n* = macro programming
Makroprozessor *nm* [ein Programm zur Makroexpansion]	SW	**macroprocessor** *n* [a program performing macro expansion] = macro processor
Makrorekorder *nm* → Makroaufruf *nm*	SW	→ **macro call** *n*
Makroroutine *nf*	SW	**macroroutine** *n* = macro routine
makroskopisch	PHYS	**macroscopic**
makroskopische Untersuchung → Sichtprüfung *nf*	QUAL	→ **visual inspection**
Makrosprache *nf*	SW	**macro language**
Makro-Übersetzer *nm* → Makro-Verwalter *nm*	SW	→ **macro processor**
Makroübersetzung *nf*	SW	**macro processing** = macroprocessing *n*
Makroumwandler *nm* → Makrogenerator *nm*	SW	→ **macrogenerator** *n*
Makroumwandlung *nf*	SW	**macro generation** = macro expansion; macrogeneration; macro substitution
Makro-Verwalter *nm* = Makro-Übersetzer *nm*	SW	**macro processor** [supports handling of macros]
Makroverzeichnis *nn*	SW	**macro directory**
Makrovirus *nm*	SW	**macro virus**
Makrozelle *nf*	MICR.EL	**macrocell** *n*
Makrozelle *nf* [1 km Radius] = Schirmzelle *nf*; Umbrella-Zelle *nf*	MOB.CO	**macrocell** *n* [radius of 1 km] = umbrella cell
Makulatur *nf* [beim Druck schlecht geratener Bogen]	PRIN.ME	**wastepaper** *n* [printed sheet not fit for use] = spoilage *n*; makeover *n* (AE)
makulieren = einstampfen	PRIN.ME	**make to wastepaper**
Makulierung *nf* = Einstampfung *nf*	PRIN.ME	**wasting** *n*
mal [Multiplikation]	MATH	**times** [multiplication]
malerisch	IMAG.ME	**painterly**
Malhilfsmittel *nn*	COMP.AP	**paint tool**
malnehmen → multiplizieren	MATH	→ **multiply**
Malnehmen *nn* → Multiplikation *nf*	MATH	→ **multiplication** *n* (2)
Malprogramm *nn* [pixelorientiert; besonders für Freihandzeichnungen geeignet] = pixelorientiertes Zeichenprogramm ≈ Zeichenprogramm	SW	**paint program** [pixel-oriented; appropriate for freehand drawing] ≈ draw program
Malteserkreuz-Antenne *nf* ≈ Quadratantenne	ANT	**maltese cross antenna** ≈ square loop antenna
Maltron-Tastatur *nf* [eine ergonomische Tastatur]	TER&PER	**Maltron keyboard** [an ergonomic keyboard]
Malzeichen *nn* → Multiplikationszeichen *nn*	MATH	→ **multiply sign**
Mammographie *nf*	MED.EN	**mammography** *n*
MAN → Großstadtnetz *nn*	TELEC	→ **metropolitan area network**
Management *nn* → Geschäftsführung *nf*	ECON	→ **management** *n* (1)
Management-Ebene *nf* → Verwaltungsebene *nf*	TELEC	→ **management plane**
Management-Informationssystem *nn* = MIS	COMP.AP	**management information system** = MIS; business information system; executive information system
Managementspiel *nn* → Unternehmensspiel *nn*	MOD&SI	→ **management game**
Manchester-Code *nm* [verbindet Daten- mit Synchronisiersignalen]	DAT.CO	**Manchester code** [combines data and timing signals] = Manchester encoding
Manchester-Codierung *nf*	CODING	**Manchester coding**
Mandantenprogrammsystem *nn* = Mandantensystem *nn*	SW	**clientele program system** = clientele system
Mandantensystem *nn* → Mandantenprogrammsystem *nn*	SW	→ **clientele program system**
Manga *nn* [japanisches Comics]	PRIN.ME	**manga** *n* [japanese comics]
Mangan *nn* = Mn	CHEM	**manganese** = Mn
Mangandioxyd *nn* → Braunstein *nm*	CHEM	→ **manganese dioxide**
Mangel *nm* = Fehlen *nn* ≈ Knappheit	ECON	**lack** *n* = fault ≈ shortage
Mangel *nm* → Fehler *nm*	QUAL	→ **fault** *n*
Mangel *nm* → Fehler *nm*	TECH	→ **fault** *n*
Mangelelektron *nn* → Loch *nn*	PHYS	→ **hole** *n*
Mangelelektronen-Beweglichkeit *nf* → Löcherbeweglichkeit *nf*	PHYS	→ **hole mobility**
Mangelelektronen-Konzentration *nf* → Löcherkonzentration *nf*	PHYS	→ **hole concentration**
Mangelelektronenleiter *nm* → P-Leiter *nm*	PHYS	→ **p-type conductor**
Mangelelektronen-Leitfähigkeit *nf* → Löcherleitfähigkeit *nf*	PHYS	→ **hole-type conductivity**
Mangelelektronenleitung *nf* → Löcherleitung *nf*	PHYS	→ **hole conduction**
Mangelelektronenstrom *nm* → Löcherstrom *nm*	PHYS	→ **hole current**
Mangelfolgeschaden *nm* → Folgeschaden *nm*	ECON	→ **sequential damage**
mangelhaft → fehlerhaft	QUAL	→ **faulty** *adj*
Mängelhaftung *nf* → Gewährleistung *nf*	ECON	→ **warranty** *n*
mangelleitend – löcherleitend; P-leitend	PHYS	**hole conducting** – p-type
Mangelleitung *nf* → Löcherleitung *nf*	PHYS	→ **hole conduction**
mangeln → ermangeln	COLL	→ **lack** *vi*
Mängelrüge *nf*	ECON	**notice of defects**
Mangelware *nf*	ECON	**scarse commodity**
Mangin-Linse *nf* = Spiegellinse *nf*	OPT	**Mangin's lens**
Manipulationssprache *nf* → Abfragesprache *nf*	COMP.LG	→ **query language**

Manipulator *nm* = Handhabungsgerät *nn*; Ferngreifer *nm*	TECH	**manipulator** *n*
manipulieren = unsachgemäß behandeln ≈ fälschen	TECH	**tamper** *vt* = manipulate *vt* ≈ forge
manngroß	TECH	**man-sized**
mannigfaltig *adj* [vielzählig und verschiedenartig zugleich] = vielerlei; allerlei ≈ vielfältig; vielfach (1); verschieden	COLL	**manifold** *adj* (1) [with great variety and quantity] = multifold *adj* (1); multifarious *adj*; sundry *adj* ≈ various; multiple; different
Mannigfaltigkeit *nf*	MATH	**manifold** *n*
Mannigfaltigkeit *nf* ≈ Vielfalt; Vielfältigkeit; Verschiedenartigkeit	COLL	**manifoldness** *n* = manifold *n*; multifariousness *n* ≈ variety; variousness; dofference
Mann-Jahr *nn* = Arbeitsjahr *nn*	ECON	**man-year** = work-year; staff-year
männliches Geschlecht → Maskulinum *nn* (2)	LING	→ **masculine** *n*
männliches Substantiv → Maskulinum *nn* (1)	LING	→ **masculine substantive** *n*
Mannloch *nn* = Einstiegöffnung *nf*; begehbarer Schacht ≈ Schacht	OUT.PL	**manhole** *n* = manhole opening; entrance *n* ≈ chamber
Mann-Monat = Arbeitsmonat *nm*	ECON	**man-month**
Mannschaft *nf*	ECON	**team**
Mann-Stunde *nf* → Arbeitsstunde *nf*	ECON	→ **man-hour**
Mann-Tag	ECON	**man-day**
Manometer *nn* = Druckmesser *nm*; Druckmessgerät *nn*	INSTR	**manometer** *n* = pressure gage
Manöver *nn* [sorgfältige Bewegung]	TECH	**maneuver** *n* [controlled displacement] = manoeuvre *n*
Man-Page-Befehl *nm* [Unix, Linux]	SW	**man page command** [MANual page; Unix, Linux]
Mantel *nm* = Ummantelung *nf*; Schutzhülle *nf* (2); Außenhaut *nf* ≈ Umhüllung	TECH	**coat** *n* = jacket *n*; coating *n*; sheath *n*; sheathing *n*; protective wrapping ≈ cladding
Mantel *nm* → Kabelmantel *nm*	COM.CAB	→ **cable sheath**
Mantelabstreifung *nf*	COM.CAB	**sheath stripping**
Mantelglas *nn*	OPT.CO	**cladding glass**
mantellos	COM.CAB	**unjacketed** *adj* = unsheathed
Mantelmode *nm*	OPT.CO	**peripheral mode**
Manteltransformator *nm*	PHYS	**shell type transformator**
Mantel-und-Degenfilm *nm* = Säbelrasslerfilm *nm* (pej)	CINEMA	**cloack and dagger film** = swashbuckling film (pej)
Mantelwelle *nf*	LINE TH	**sheet current**
Mantelwellendrossel *nf* ↓ Kabeldrossel	ANT	**cable choke** ↓ coiled-up cable choke
M-Antenne *nf* → Mastantenne *nf*	ANT	→ **tower antenna**
Mantisse *nf* [vom latein. "mantissa" = "Zugabe"; die Bruchzahl eines Logarithmus] = Signifikand *nm* ≠ Kennziffer	MATH	**mantissa** *n* [from Latin "mantissa" = "makeweight"; the fractional part of a logarithm] ≠ characteristic
manuell *adj* [vom latein. "manus" = "Hand"] = handgeführt; handbetrieben; handbedient; handbetätigt; von Hand; mit der Hand; händisch *adj* (AT) ≠ maschinell; automatisch	TECH	**manual** *adj* [vom Latin "manus" = "hand"] = hand-operated; by hand; nonautomatic ≠ mechanical; automatic
manuelle Eingabe = Handeingabe *nf*	DAT.MA	**manual input**
manueller Antwortbetrieb	DAT.CO	**manual answering**
manueller Betrieb → manuelle Verarbeitung	DAT.PR	→ **manual processing**
manueller Betrieb = Handbetrieb *nm*; Handbetätigung *nf*; Handbedienung *nf*	TECH	**manual operation** = hand operation
manueller Eingriff	TECH	**manual intervention**
manueller Suchlauf [Videorecorder]	CONS.EL	**jog** *n* [video recorder]
manuelles Wählen [Datenvermittlung] = manuelle Wahl	DAT.CO	**manual dialing** [data switching] = manual calling
manuelle Verarbeitung = manueller Betrieb	DAT.PR	**manual processing** = manual operation
manuelle Verknüpfung	DAT.NW	**cold link**
manuelle Wahl → manuelles Wählen	DAT.CO	→ **manual dialing**
manuelle Zufuhr = Handzufuhr *nf*	TER&PER	**manual feed**
Manuskript *nn* = Niederschrift *nf*	PRIN.ME	**manuscript** *n* = scripture *n*; script *n*
Manuskripthalter *nm* → Konzepthalter *nm*	TER&PER	→ **original holder**
MAP [SS7]	SWITCH	**MAP** [SS7] = Mobile Application Part
Mapper *nm* (ANGL) → Digitalhierarchieumsetzer *nm*	TELEC	→ **mapper** *n*
MAP-Protokoll *nn* [für vernetzte Fertigungssteuerung]	DAT.CO	**MAP protocol** [for networed manufacturing control] = Manufacturing Message
MAR → Speicheradressregister *nn*	SW	→ **memory address register**
Märchenfilm *nm* = Fantasiefilm *nm*	IMAG.ME	**fantasy movie** = fantasy film; phantasie movie; phantasy film
Marconi-Antenne *nf* ↑ Monopol; Vertikalantenne	ANT	**Marconi antenna** ↑ monopole; vertical antenna
Marconi-Franklin-Antenne *nf* = Franklin-Antenne *nf*	ANT	**Marconi-Franklin antenna** = Franklin antenna
Marge *nf* → Spanne *nf*	ECON	→ **margin** *n*
Marginalie *nf* [Randeintrag außerhalb der Spalte] = Randglosse *nf*	PRIN.ME	**marginalia** *nplt* = marginal notes; side note; sidebar
Marginalkosten *nplt* → Grenzkosten *nplt*	ECON	→ **marginal costs**
Marginalrendite *nf*	ECON	**marginal ROI**
Marginaltitel *nm*	PRIN.ME	**side head**
Maria-maluca-Antenne *nf* [Dreiband-TV-Empfangsantenne]	ANT	**Maria maluca antenna** [triband TV receive antenna]
Marine *nf* → Kriegsmarine *nf*	MILIT	→ **navy** *n*
Marke *nf* → Markenname *nm*	LAW	→ **brand name**
Marke *nf* = Zeiger *nm*; Hinweiszeichen *nn*	TECH	**pointer** *n* = marker *n*
Marke *nf*	MICR.EL	**mark** *n*
Marke *nf* = Anzeigenmarke *nf*; Anzeigenmarkierung *nf*	INSTR	**marker** = display marker
Marke *nf* [ein Symbol das einen Beginn oder ein Ende kennzeichnet] ≈ Etikett ↓ Bandmarke; Blockmarke	DAT.MA	**mark** *n* [a symbol indicating a beginning or end] ≈ label ↓ tape mark; block mark
Marke *nf* = Warenzeichen *nn* (obs) ↑ Industrieeigentumsrecht	LAW	**trademark** *n* = brand *n* ↑ industrial property right
Marke *nf* → Bandmarke *nf*	TER&PER	→ **tape mark**
Marke *nf* → Balken *nm*	COMP.SC	→ **token** *n*
Marke *nf* → Etikett *nn*	DAT.MA	→ **label** *n*
Markenamplitude *nf*	INSTR	**marker amplitude**
Markenanmeldung *nf* = Warenzeichenanmeldung *nf* (obs)	LAW	**application for trademark**
Markenbyte *nn* → Kennzeichnungsbyte *nn*	DAT.PR	→ **label byte**
Markeneinstellung *nf* = Markensetzung *nf*	INSTR	**marker setting**
Markeneintragung *nf* = Warenzeicheneintragung *nf* (obs)	LAW	**registration of trademark**
Markenfrequenz *nf*	INSTR	**marker frequency**
Markenfunktion *nf*	INSTR	**marker function**
Markeninhaber *nm* = Warenzeicheninhaber *nm* (obs)	LAW	**trademark owner**
Markenname *nm* = Marke *nf* ≈ Markenzeichen	LAW	**brand name** = brand *n* ≈ trademark
Markenpolitik *nf*	ECON	**brand policy**
Markenposition *nf* = Markenstellung *nf*	INSTR	**marker position**

Markenschild *nn* TECH → **escutcheon** *n*
→ Herstellerplakette *nf*
Markenschutzzeichen *nn* LAW **registered-trademark sign**
Markensetzung *nf* INSTR → **marker setting**
→ Markeneinstellung *nf*
Markenstellung *nf* INSTR → **marker position**
→ Markenposition *nf*
Markenware *nf* ECON **brandname merchandise**
= brandname product
Markenwert *nm* INSTR **marker value**
Markenwobbelung *nf* INSTR **marker sweep**
Markenzeichen *nn* LAW **trademark** *n*
= Warenzeichen *nn* (obs); Schutzmarke *nf*; Zeichen *nn* = brand *n*
≈ Markenname ≈ brand name
↑ geistiges Eigentum; Logotype ↑ intellectual property; logotype
Marker *nm* RAD.NA → **marker beacon**
→ Markierungsfunkfeuer *nn*
Marketing *nn* ECON **marketing** *n*
= Vermarktung *nf* ≈ sales; sale
≈ Vertrieb; Verkauf (1)
Mark I DAT.PR → **Harvard Mark I**
→ Harvard Mark I
Markierbeleg *nm* TER&PER → **mark sheet**
→ Markierungsbeleg *nm*
Markierbelegleser *nm* TER&PER → **mark reader**
→ Markierungsleser *nm*
Markierbit *nn* SW **marker bit**
markieren ECON **mark** *vt*
[eine Ware] [a merchandise]
= signieren
markieren COMP.AP → **highlight** *vt*
→ hervorheben
Markieren *nn* SWITCH **marking** *n*
markierender Stift TER&PER → **marking pen**
→ Markierstift *nm*
Markierer *nm* SWITCH **marker** *n*
[zentrale Steuereinrichtung zur Wegsuche und Durchschaltung] [central control device for pathfinding and throughconnection]
Markierfeder *nf* SWITCH **marking spring**
[Kreuzschienenschalter] [crossbar switch]
Markierlochkarte *nf* TER&PER → **mark sense card** (2)
→ Markierungslochkarte *nf*
Markierstift *nm* TER&PER **marking pen**
= markierender Stift
markiert COMP.AP **highlighted** *adj*
= hervorgehoben
markiert TECH → **labeled** (AE) *adj*
→ gekennzeichnet
markierter Abschnitt INTERNET **marked section**
[SGML] [SGML]
Markierung *nf* COMP.LG **tag** *n*
[in Auszeichnungssprachen; meist eine Winkelklammer] [in mark-uplanguages; mostly angle brackets]
Markierung *nf* AERON **marking** *n*
≈ Befeuerung ≈ lightning
Markierung *nf* COMP.AP → **highlight** *n*
→ Hervorhebung *nf*
Markierung *nf* (1) SW → **flag** *n*
→ Merker *nm*
Markierung *nf* (2) SW → **flagging** *n*
→ Hinweiszeichensetzung *nf*
Markierungfeld *nn* COMP.AP → **check box** *n*
→ Ankreuzbox *nf*
Markierungsabfühlung *nf* TER&PER → **mark scanning**
→ Markierungslesen
Markierungsabtaster *nm* TER&PER → **mark reader**
→ Markierungsleser *nm*
Markierungsabtastung *nf* TER&PER → **mark scanning**
→ Markierungslesen
Markierungsbake *nf* RAD.NA → **marker beacon**
→ Markierungsfunkfeuer *nn*
Markierungsbeleg *nm* TER&PER **mark sheet**
[zum Anstreichen von Kästchen] [with boxes to be marked]
= Markierbeleg *nm*; Strichmarkierungsbeleg *nm* = marked sheet; mark scanning document; mark page
Markierungsbelegleser *nm* TER&PER → **mark reader**
→ Markierungsleser *nm*
Markierungserkennung *nf* TER&PER → **optical mark recognition**
→ optische Markierungserkennung
Markierungsfaden *nm* COM.CAB → **marker thread**
→ Kennfaden *nm*

Markierungsfunkfeuer *nn* RAD.NA **marker beacon**
= Markierungsbake *nf*; Marker *nm*; Einflugzeichen *nn* = marker *n*
↑ Bake ↑ beacon
Markierungskreuz *nn* TER&PER → **tracking cross**
→ Spurkreuz *nn*
Markierungslesen TER&PER **mark scanning**
[auf optischen Wege] [by optical means]
= Markierungsabtastung *nf*; Markierungsabfühlung *nf* = optical mark detection; optical mark sensing; optical mark recognition
≈ Zeichentastung ≈ mark sensing
Markierungsleser *nm* TER&PER **mark reader**
[liest Striche oder andere Markierungen auf Markierungsbelegen] [reads strokes or other marks on documents called mark sheets]
= Markierungsbelegleser *nm*; Markierbelegleser *nm*; optischer Markierungsleser; Markierungsabtaster *nm* = mark sensing device; mark sheet reader; optical mark reader; OMR; mark scanner
≈ Strichcodeleser ≈ bar-code reader; optical character reader
↑ Belegleser; optischer Leser ↑ document reader
Markierungslochkarte *nf* TER&PER **mark sense card** (2)
[mit leitenden Markierungen] [with conductive marks]
= Markierlochkarte *nf* = marked card
Markierungsname *nm* INTERNET → **generic identifier**
→ Gattungskennzeichner *nm*
Markierungsystem *nn* SIG.EN → **marking system**
→ Auszeichnungssystem *nn*
Markierungszeichen *nn* TER&PER **mark sense character**
Markow-Kette *nf* INF.TH **Markov chain**
= Markow-Modell *nn* = Markov model
Markow-Modell *nn* INF.TH → **Markov chain**
→ Markow-Kette *nf*
Markow-Prozess *nm* MATH **Markov process**
Markt *nm* ECON **market** *n*
= marketplace *n*
Marktabrede *nf* ECON → **market agreement**
→ Marktabsprache *nf*
Marktabsprache *nf* ECON **market agreement**
= Marktabrede *nf*
Marktanalyse *nf* ECON **market analysis**
= Marktuntersuchung *nf* ≈ marketing analysis
≈ Absatzanalyse
marktbeherrschend ECON **market dominating**
= market controlling
Markteindringung *nf* ECON **market penetration**
Markteinführungszeit *nf* ECON **time to market**
Markteinsteiger *nm* ECON **market entrant**
Marktentwicklung *nf* ECON **market evolution**
= market development
markterobernde Anwendung COMP.AP → **killer application**
→ Killeranwendung *nf*
Marktfenster *nn* ECON **market window**
Marktforscher *nm* ECON **market analyst**
= market researcher
Marktforschung *nf* ECON **market research**
= marketing research; market investigation
Marktforschungsunternehmen *nn* ECON **market research company**
marktführend ECON **market-leading** *adj*
= führend = leading-edge; leading
Marktführer *nm* ECON **market leader**
marktgesteuert ECON **market-driven**
Marktnische *nf* ECON **market niche**
marktorientiert ECON **market-oriented**
Marktorientierung *nf* ECON **market orientation**
Marktplatz *nm* INTERNET **marketplace** *n*
Marktpreis *nm* ECON **market price**
marktschreierisch ECON **quack** *adj*
= puffing; showy; cheap-jack
Marktsegment *nn* ECON **market segment**
Markttransparenz *nf* ECON **market transparency**
Marktübersicht *nf* ECON **market overview**
Marktuntersuchung *nf* ECON → **market analysis**
→ Marktanalyse *nf*
Marktwachstum *nn* ECON **market growth**
Marktwahrnehmung *nf* ECON **market perception**
Marktwert *nm* ECON **market value**
= Handelswert *nm*; Verkehrswert *nm* = commercial value
Marktzersplitterung *nf* ECON **market fragmentation**
Marktzulassung *nf* ECON **market qualification**
= market licence

Marmor *nm* CHEM **marble** *n*

martensitischer Stahl METAL **martensite**
= martensitic steel

Martial Arts *nplt* IMAG.PR → **eastern** *n*
→ Eastern *nm*

Masche *nf* NETW.TH **mesh** *n*
[keine weiteren Schleifen enthaltende Schleife]
[a loop witch contains no further loops]

Masche *nf* TECH **mesh** *n*

Maschenanalyse *nf* NETW.TH → **mesh analysis**
→ Schleifenanalyse *nf*

Maschenbemusterung *nf* COMP.GR **tessellation** *n*
= Tessellierung *nf*

Maschendraht-Linsenantenne *nf* ANT **wire-grid lens antenna**

Maschengleichung *nf* EL.TEC **mesh equation**

Maschenmuster *nn* COMP.GR **mesh pattern**

Maschennetz *nn* TELEC **intermeshed network**
= Maschennetzwerk *nn*; vermaschtes Netz
= meshed network; mesh network

Maschennetzwerk *nn* TELEC → **intermeshed network**
→ Maschennetz *nn*

Maschenregel *nf* EL.TEC → **Kichhoff's loop law**
→ zweites kirchhoffsches Gesetz

Maschenstruktur *nf* TELEC **mesh topolgy**
= vermaschte Topologie

Maschenweite *nf* TECH **mesh size**

Maschine *nf* SW **engine** *n*
[Teil eines Programms der die Werkzeuge zur Datenbehandlung enthält]
= Engine
↓ Datenbankmaschine
[part of the program which contains the tools to manage data]
↓ database engine

Maschine *nf* TECH **engine** *n*
[über das latein. "máchina" = "Bewegungsvorrichtung", vom Giech.-Dorischen "machaná" = "künstl. Vorrichtung"]
↓ Motor
[through Latin "ingenium" = "talent, clever intention"; from Greek-Doric "machaná" = "artificial device"]
= machine *n*
↓ motor

Maschine *nf* DAT.PR → **computer** *n*
→ Computer *nm*

Maschine endlicher Zustände SW **finite state machine**

Maschinefunktion *nf* COMP.SC → **machine equation**
→ Rechnergleichung *nf*

Maschinegleichung *nf* COMP.SC → **machine equation**
→ Rechnergleichung *nf*

maschinell TECH **mechanical** *adj*
= mechanisch
≈ automatisch
≠ manuell
= machine-
≈ automatic
≠ manual

maschinell bearbeitbar MECH **machinable** *adj*
= maschinell herstellbar; zerspanbar; maschinisierbar
= machineable

maschinelle Bearbeitbarkeit MEC.EN **machinability** *n*
= Zerspanbarkeit *nf*

maschinelle Bearbeitung MEC.EN **machining** *n* (1)

maschinelle Bilderkennung ART.IN **machine vision**
↑ Bildverarbeitung
↑ image processing

maschinelle Eingabe DAT.PR **instrumental input**

maschinelle Feinbearbeitung MEC.EN **finish machining**

maschinelles Lesen TER&PER **mechanical reading**
= instrumental reading

maschinelle Sprachverarbeitung COMP.AP → **automatic language processing**
→ automatische Sprachverarbeitung

maschinelle Übersetzung WOR.PR **machine-aided translation**
= automatische Übersetzung; rechnerunterstützte Übersetzung; computergestützte Übersetzung
= MAT; machine translation; mechanical translation

maschinell feinbearbeiten MEC.EN **finish-machine**

maschinell herstellbar MECH → **machinable** *adj*
→ maschinell bearbeitbar

maschinell schlichten MEC.EN **smooth-machine** *vt*

maschinell schruppen MEC.EN **rough-machine** *vt*

Maschine-Maschine-Kommunikation INF.TEC **machine-machine communication**

Maschine mit wahlfreiem Zugriff COMP.SC **random access machine**

maschinenabhängig COMP.AP **machine-dependent**

maschinenabhängig SW → **computer-oriented** *adj*
→ maschinenorientiert

Maschinenadresse *nf* SW → **absolute address**
→ absolute Adresse

Maschinenadressierung *nf* SW → **absolute addressing**
→ absolute Adressierung

maschinenangtriebener Drehwähler SWITCH → **brush selector**
→ Bürstenwähler *nm*

Maschinenanweisung *nf* SW → **microinstruction** *n*
→ Mikrobefehl *nm*

Maschinenanweisungscode *nm* COMP.LG **computer instruction code**

Maschinenausfall *nm* TECH **machine failure**
= Maschinendefekt *nm*

maschinenauswertbar DAT.PR **machine-evaluable**
= rechnerauswertbar; computerauswertbar
= computer-evaluable

maschinenbasiert COMP.AP **machine-centered** *adj*
= rechnerbasiert
≠ maschinenbasiert
= computer-centered
≠ man-centered

Maschinenbau *nm* TECH **mechanical engineering**
↑ Technik
↑ engineering

Maschinenbauingenieur TECH **mechanical engineer**

Maschinenbauzeichnen ENG.DRA **mechanical drawing**
↑ technisches Zeichen
↑ engineering drawing (1)

Maschinenbefehl *nm* SW → **microinstruction** *n*
→ Mikrobefehl *nm*

Maschinenbefehlszyklus *nm* DAT.PR **machine instruction cycle**

Maschinenbeleg *nm* TER&PER **machine-readable document**
= maschinenlesbarer Beleg
= machine-sensible document

Maschinencode *nm* SW → **machine language** *n*
→ Maschinensprache *nf*

Maschinencode *nm* SW **machine code** *n* (1)
[maschinenspezifischer Befehlscode, steuert den Computer ohne weitere Übersetzung]
= maschineninterner Code; anlageninterner Code; interner Code; Interncode *nm*; Maschinenprogrammcode *nm*
≈ Maschinensprache; Objektcode; Absolutcode
[machine-specific instruction code, controls the computer without further translation]
= machine format (1); native code; computer code; instruction code; instruction set; order code
≈ machine language; object code; absolute code

Maschinencodeleser *nm* SW **viewer** *n*
↑ Dienstprogramm
[enables to read in machine code]
↑ utility program

Maschinendefekt *nm* TECH → **machine failure**
→ Maschinenausfall *nm*

maschineneigen DAT.PR → **system-specific** *adj*
→ systemspezifisch

Maschineneinrichten MANUF **tool setting**

Maschinenelement *nn* MEC.EN **machine element**

maschinenerzeugt DAT.PR → **computer-generated**
→ computererzeugt

Maschinenfunktion *nf* COMP.SC → **machine equation**
→ Rechnergleichung *nf*

maschinengeführt COMP.AP → **computer-controlled**
→ rechnergeführt

maschinengerecht TECH **machine-oriented**

maschinengesteuert COMP.AP → **computer-controlled**
→ rechnergeführt

maschinengestützt COMP.AP → **computer-aided** *adj*
→ rechnergestützt

maschinengestützte Software-Entwicklung SW → **machine-aided programming**
→ automatische Programmierung

Maschinenglättung *nf* PRIN.ME **mill glazing**
[Papier]
[paper]

Maschinengleichung *nf* COMP.SC → **machine equation**
→ Rechnergleichung *nf*

Maschineninstruktion *nf* SW → **microinstruction** *n*
→ Mikrobefehl *nm*

Maschinenintelligenz *nf* ART.IN **machine intelligence**

maschineninterner Code SW → **machine code** *n* (1)
→ Maschinencode *nm*

Maschinenkennung *nf* DAT.PR **machine identification**
↓ Rechnerkennung
↓ computer identification

Maschinenkomma *nn* COMP.SC **machine point**
= Maschinenpunkt *nm*

maschinenlesbar TER&PER **machine-readable** *adj*
= computerlesbar; rechnerlesbar
≈ automatisiert
≠ visuell lesbar
↑ lesbar
= computer-readable; machine-sensible; computer-sensible
≈ automated
≠ human-readable

maschinenlesbarer Beleg TER&PER → **machine-readable document**
→ Maschinenbeleg *nm*

maschinenlesbarer Datenträger TER&PER **machine-readable medium**
= rechnerlesbarer Datenträger; computerlesbarer Datenträger
= computer-readable medium; automated medium

maschinenlesbare Schrift TER&PER → **machine-readable character**
→ Maschinenschrift *nf*

Maschinenlesbarkeit *nf* DAT.PR **machine readability**
≠ visuelle Lesbarkeit
= machine legibility
≠ human readability

maschinennah SW → **computer-oriented** *adj*
→ maschinenorientiert

maschinennahe Programmiersprache COMP.LG → **machine-oriented programming language**
→ maschinenorientierte Programmiersprache

maschinennahe Sprache COMP.LG → **machine-oriented programming language**
→ maschinenorientierte Programmiersprache

maschinenorientiert SW **computer-oriented** *adj*
= maschinennah; maschinenabhängig; hardwareorientiert; hardwarenah; rechnerorientiert; rechnernah; rechnerabhängig; computerorientiert; computernah; computerabhängig
≈ prozessorgebunden; geräteabhängig
= hardware-oriented; machine-oriented; computer-dependent; hardware-dependent; machine-dependent

maschinenorientierte Programmiersprache COMP.LG **machine-oriented programming language**
[an die Maschinensprache angelehnte, rechnerspezifische Programmiersprache; die Sprachen der 2. Generation]
= maschinenorientierte Sprache; maschinennahe Programmiersprache; maschinennahe Sprache
≈ Maschinensprache
≠ problemorientierte Maschinensprache
↑ symbolische Programmiersprache; prozedurorientierte Programmiersprache
↓ Assemblersprache
[programming language matched to the machine language, i.e.computer-specific; the languages of seccond generation]
= machine-orientated language (BE); machine-oriented language; machine-orientated language (BE); computer-oriented programming language; computer-orientated language (BE); computer-oriented language; computer-orintated language (BE); computer-dependent programming language; computer-dependent language
≈ machine language
≠ problem-oriented programming language
↑ symbolic programming language; procedure-oriented programming language
↓ assembler language

maschinenorientierte Sprache COMP.LG → **machine-oriented programming language**
→ maschinenorientierte Programmiersprache

maschinenorientiertes Programm SW **machine-dependent program**
[in Maschinensprache oder Assemblierer geschrieben]
[written in machine code or assembler]

Maschinenprogramm *nn* SW **machine programm**
[in Maschinensprache geschriebenes oder in die Maschinensprache übersetztes Programm]
↓ Absolutprogramm; Objektprogramm
[program written in or translated into machine language]
↓ absolute program; object program

Maschinenprogrammcode *nm* SW → **machine code** *n* (1)
→ Maschinencode *nm*

Maschinenpunkt *nm* COMP.SC → **machine point**
→ Maschinenkomma *nn*

Maschinenraum *nm* SYS.INS → **computer room**
→ Rechnerraum *nm*

Maschinenrichtung *nf* PRIN.ME → **direction** (of paper)
→ Laufrichtung *nf*

Maschinenschaden *nm* TECH **engine trouble**

maschinenschreiben OFFICE **type** *vt*
= maschinschreiben *vi* (AT)

Maschinenschreiberin *nf* OFFICE → **female typist** *n*
→ Typistin *nf*

Maschinenschreibkraft *nf* OFFICE → **female typist** *n*
→ Typistin *nf*

Maschinenschrift *nf* TER&PER **machine-readable character**
[nur durch Maschinen lesbar]
= maschinenlesbare Schrift; rechnerlesbares Zeichen; computerlesbares Zeichen
≠ KLarschrift
[readable only by machines]
= computer-readable character
≠ optical character

maschinenspezifisch DAT.PR → **system-specific** *adj*
→ systemspezifisch

maschinenspezifischer Kompilierer SW → **native compiler**
→ systemspezifischer Kompilierer

Maschinensprache *nf* SW **machine language** *n*
[maschinenspezifische Programmiersprache, besteht aus in Maschinencode formulierten Befehlen]
= Computersprache *nf*; Rechnersprache *nf*; Maschinencode *nm*
≈ maschinenorientierte Programmiersprache; Maschinencode (1); Zielsprache; Programmiersprache der ersten Generation
≠ symbolische Programmiersprache
↑ Zielsprache; Programmiersprache; niedere Programmiersprache
[computer-specific programming language, consists of instructions formulated in machine code]
= computer language (2); machine format (2); machine code (2)
≈ machine-oriented programming language; machine code (1); first-generation language
≠ symbolic program language
↑ object language; programming language; low-level programming language

Maschinensteuerungselektronik *nf* EL.TRO **machine control electronic**

Maschinenteil *nm* COMP.LG **environmental division**
[COBOL]
[COBOL]

Maschinentest *nm* DAT.PR **machine test**
[von Software]
[of software]

Maschinenumformer *nm* POW.EN **mechanical converter**

maschinenunabhängig COMP.AP **machine-independent**

maschinenunabhängig DAT.PR → **hardware-independent** *adj*
→ hardwareunabhängig

maschinenunterstützt DAT.PR **machine-aided**
≈ automatisch
≈ automatic

maschinenunterstützt COMP.AP → **computer-aided** *adj*
→ rechnergestützt

maschinenunterstützte Programmierung SW → **machine-aided programming**
→ automatische Programmierung

Maschinenwortlänge *nf* DAT.PR **machine word length**
[Anzahl der von einer Zentraleinheit in einem Maschienezyklus gleichzeitig behandelten Bits (meist 8, 16 oder 32)]
[number of bits operated on by the CPU simultaneously in one machine cycle (generally 8, 16 or 32)]
= computer word length; machine word size; computer word size

Maschinenzeit *nf* DAT.PR **computer time**
= Rechnerzeit *nf*; Computerzeit *nf*
≈ Rechenzeit
= machine time
≈ computing time

Maschinenzyklus *nm* DAT.PR **machine cycle**
[einer Zentraleinheit zur Durchführung einer Operation]
[time interval in which a CPU executes a unit operation]

Maschinerie *nf* TECH **machinery** *n*

Maschinestopp *nm* DAT.PR → **system crash**
→ Systemabsturz *nm*

maschinisierbar MECH → **machinable** *adj*
→ maschinell bearbeitbar

maschinschreiben *vi* (AT) OFFICE → **type** *vt*
→ maschinenschreiben

Maser *nm* MICROW **maser** *n*
= Molekularverstärker *nm*
[microwave amplification by stimulated emission of radiation]

MASFET MICR.EL **MASFET**
= metal alumina silicon field-effect transistor

Maske *nf* TECH **mask** *n*
≈ Schablone
≈ template

Maske *nf* MEDIA **masking** *n*

Maske *nf* SW **mask** *n*
[Software zum Ausblenden bestimmter Zeichenfolgen]
[software to filter character patterns]

Maske *nf* QUAL → **tolerance mask**
→ Toleranzmaske *nf*

Maske *nf* MICR.EL → **diffusion mask**
→ Diffusionsmaske *nf*

Maske *nf* TV → **shadow mask**
→ Lochmaske *nf*

Maske *nf* (1) COMP.AP → **input mask** *n*
→ Eingabemaske *nf*

Maske *nf* (2) COMP.AP → **display mask**
→ Bildschirmmaske *nf*

Maskenassistent *nm* CINEMA **assistant make-up artist**

Maskenauswahl *nf* COMP.AP **mask selection**

Maskenbetrieb *nm* COMP.AP **form mode**
[mit eingeblendeter Formularmaske]
[data can be entered in a dispayed form]
= format mode

Maskenbildner *nm* MEDIA **make-up artist**

Maskenbit *nn* SW **mask bit**

Maskenbyte *nn* SW **mask byte**

Maskenentwurf *nm* MICR.EL **mask design**

Maskenerstellung *nf* MICR.EL → **mask making**
→ Maskenherstellung *nf*

maskengesteuert SW **mask-based**
= maskenorientiert
= mask-controlled; mask-oriented

maskengesteuerte Bedienerführung SW **mask-based user guidance**

Maskenhantierung *nf* COMP.AP **mask handling**

Maskenherstellung *nf* MICR.EL **mask making**
= Maskenerstellung *nf*

Maskenjustierung *nf* MICR.EL **mask alignment**

Maskenoperator *nm* SW **display mask generator**
= Bildschirmmaskenoperator *nm*; Bildschirmformgenerator *nm*
= screen format generator; display background generator; mapper *n*

maskenorientiert SW → **mask-based**
→ maskengesteuert

maskenprogrammiert SW **mask-programmed**
maskenprogrammiert MICR.EL **masked**
maskenprogrammierter Festwertspeicher MICR.EL **masked read-only memory**
= masked ROM
Maskenprogrammierung *nf* MICR.EL → **mask programming**
→ Anwenderprogrammierung *nf*
Maskenregister *nn* DAT.PR **mask register**
Maskenröhre *nf* TV → **shadow mask tube**
→ Lochmaskenröhre *nf*
Maskensatz *nm* MICR.EL **mask set**
Maskensteuerband *nn* MICR.EL **pattern generator tape**
maskenunterdrückbare Unterbrechung SW → **maskable interrupt**
→ maskierbare Unterbrechung
Maskenwort *nn* DAT.MA **mask word** *n*
[um andere Wörter festzuhalten oder zu eliminieren] [to retain or eliminate other words]
= mask
Maskerade *nf* DAT.MA → **masquerading** *n*
→ Identifikationsmißbrauch *nm*
maskierbar SW **maskable**
maskierbares Interrupt SW → **maskable interrupt**
→ maskierbare Unterbrechung
maskierbare Unterbrechung SW **maskable interrupt**
[kann vorübergehend außer Kraft gesetzt ("maskiert") werden] [can be temporarily disabled ("masked")]
= maskierbares Interrupt; maskenunterdrückbare Unterbrechung
↓ interrupción mascarable
maskieren SW **mask** *vt*
[andere Prozesse am Zugriff hindern] [to overrule other processes]
= mask-off
Maskierschritt *nm* MICR.EL **masking step**
Maskierung *nf* ACOUS **masking** *n*
Maskierung *nf* MICR.EL **masking** *n*
Maskierung *nf* DAT.PR **masking** *n*
Maskierungsschicht *nf* MICR.EL **masking layer**
Maskierverfahren *nn* MICR.EL **masking procedure**
Maskulinum *nn* (1) LING **masculine substantive** *n*
= männliches Substantiv
Maskulinum *nn* (2) LING **masculine** *n*
= männliches Geschlecht
= masculine gender
Mason-Formel *nf* MICR.EL **Mason formula**
Maß *nf* ENG.DRA **dimension** *n*
Maß *nf* PHYS **measure** *n*
≈ Größe
≈ size
↓ Längenmaß; Raummaß; Zeitmaß
↓ linear measure; volumetric measure; time measure
Maßabweichung *nf* MEC.EN **deviation** *n*
= Abmaß *nn*
≈ tolerance
≈ Toleranz
Maßband *nn* TECH **measuring tape**
= Bandmaß *nn*
Maßbeständigkeit *nf* TECH **size permanency**
= Maßhaltigkeit *nf*
= accuracy to size; size consistency
Maßbild *nn* ENG.DRA **simplified drawing**
Masse *nf* PHYS **mass** *n*
[SI-Einheit: Kilogramm] [SI unit: kilogram]
= m
= m
≈ Gewicht
≈ weight
Masse *nf* EL.TEC → **ground** *n* (AE)
→ Erde *nf*
Massefestwiderstand *nm* COMPO → **composition resistor**
→ Massewiderstand *nm*
massegetränkt COM.CAB **mass-impregnated**
= compound-impregnated
Maßeinheit *nf* PHYS **measurement unit**
= Messeinheit *nf*
Maßeinteilung *nf* INSTR → **scale** *n*
→ Skala *nf*
Massekern *nm* COMPO → **dust core**
→ Pulverkern *nm*
Massekernspule *nf* COMPO → **dust-core coil**
→ Presskernspule *nf*
Masseklemme *nf* EL.TRO → **earth terminal** (BE)
→ Erdklemme *nf*
Masseleitung *nf* EQP.EN → **grounding conductor**
→ Erdleitung *nf*
Massen- TECH **large-scale** *adj*
≠ Klein-
≠ small-scale
Massenanruf *nm* SWITCH **mass calling**
Massenanwendung *nf* TECH **large-scale application**
Massendaten *nplt* DAT.MA **mass data**
Massendefekt *nm* PHYS **mass defect**
Massendichte *nf* PHYS **mass density**
= Dichte (2)
= density *n* (2)
Massenfertigung *nf* MANUF → **mass production**
→ Massenproduktion *nf*
Massengut *nn* MANUF **mass-production good**
Massengüterverkehr *nm* ECON **bulk haulage**
Massenherstellung *nf* MANUF → **mass production**
→ Massenproduktion *nf*
Massenkommunikation *nf* INF.TEC **mass communication**
Massenkommunikationsmittel *nplt* ECON → **mass communication media**
→ Massenmedien *nplt*
Massenmedien *nplt* ECON **mass communication media**
= Massenkommunikationsmittel *nplt*
= mass media
Massenmittelpunkt *nm* PHYS → **center of gravity**
→ Schwerpunkt *nm*
Massennomen *nplt* LING **mass noun**
= Sammelname *nm*; Kontinuativum *nn*; Kollektivum *nn*; Singularetantum *nn*
≠ Individualnomen
= mass term
Massen-Parallel-Prozessor *nm* DAT.PR **MPP**
= MPP-Prozessor *nm*
= Massive Parallel Processor
Massenproduktion *nf* MANUF **mass production**
= Massenfertigung *nf*; Massenherstellung *nf*
= large-scale production
Massen-Programm *nn* SW → **standard program**
→ Standard-Programm *nn*
Massenpunkt *nm* PHYS **mass point**
Massen-Software *nf* SW → **standard software**
→ Standard-Software *nf*
Massenspeicher *nm* HW **mass memory**
= Großraumspeicher *nm*
≈ Magnetplattenspeicher
↑ externer Speicher
= bulk memory; bulk storage; storage memory; mass storage; mass storage device
≈ magnetic disk memory
↑ external memory
Massenspeichersystem *nn* DAT.MA **mass storage system**
Massenspektrograph *nm* PHYS **mass spectrograph**
= mass spectrometer
Massenträgkeit *nf* PHYS → **inertia** *n*
→ Trägheit *nf*
Massenumschaltung *nf* SWITCH **large-scale changeover**
= bulk changeover
Massenwirkungsgesetz *nf* PHYS **law of mass action**
Massenzahl *nf* PHYS **atomic mass number**
[Anzahl Protonen plus Neutronen eines Kerns] [number of protons plus neutrons]
= mass number; nuclear number; nucleon number
Massepotential *nn* EL.TEC → **earth potential**
→ Erdpotential *nn*
Masseschiene *nf* EQP.EN **chassis ground bus**
Masseschluss *nm* EL.TEC → **ground fault** (AE)
→ Erdschluss *nm*
Masseverbindung *nf* EL.TEC → **earth connection**
→ Erdung *nf*
Massewiderstand *nm* COMPO **composition resistor**
= Massefestwiderstand *nm*
maßgebend COLL **determinative** *adj*
= maßgeblich
≈ entscheident
≈ decisive
maßgeblich COLL → **determinative** *adj*
→ maßgebend
maßgerecht TECH **true to size**
= true to gage; accurate to size; accurate to gage
maßgeschneidert TECH **tailor-made** *adj*
= zugeschnitten auf
≈ kundenspezifisch
= tailored to
≈ custom-designed
maßgeschneiderte Software SW → **custom software**
→ kundenspezifische Software
Maßhaltigkeit *nf* TECH → **size permanency**
→ Maßbeständigkeit *nf*
Maßhilfslinie *nf* ENG.DRA **extension line**
massiv TECH → **solid** *adj*
→ fest
Massivdraht *nm* METAL → **solid wire**
→ Volldraht *nm*
massiver Einsatz TECH **volume deployment**
massiv-parallel DAT.PR **massive parallel**
= massively parallel
Massiv-Parallel-Verarbeitung *nf* DAT.PR **massive-parallel processing**
= MPP-Verarbeitung *nf*

Maßlinie *nf* ENG.DRA **dimension line**
Maßlinienbegrenzer *nm* COMP.GR **arrowhead** *n*
Maßnahme *nf* COLL **measure** *n*
≈ Vorkehrung ≈ precaution
Maßregel *nf* COLL **precept** *n*
≈ Vorschrift ≈ prescription
Maßstab *nm* ENG.DRA **scale** *n*
Maßstab *nm* CART → **map scale**
→ Kartenmaßstab *nm*
Maßstab 1:1 ENG.DRA **full size**
= natürlicher Maßstab = scale 1:1
Maßstab 1:2 ENG.DRA **half size**
= scale 1:2
Maßstab 1:4 ENG.DRA **quarter size**
= scale 1:4
Maßstab 2:1 ENG.DRA **double size**
= scale 2:1
Maßstab ändern COMP.GR **reseize** *vt*
≈ skalieren ≈ scale
maßstabgerecht ENG.DRA **true to scale**
= maßstabsgerecht; maßstabgetreu; maßstabsgetreu ≈ scaled
≈ maßstäblich
maßstabgetreu ENG.DRA → **true to scale**
→ maßstabgerecht
maßstäblich ENG.DRA **scaled** *adj*
[in einem angegebenen Maßstab dargestellt] [represented conforming a given scale]
≈ maßstabgerecht ≈ true to scale
maßstäblich zeichnen ENG.DRA **draw to scale**
Maßstabsänderung *nf* COMP.GR → **scaling** *n*
→ Skalierung *nf*
maßstabsgerecht ENG.DRA → **true to scale**
→ maßstabgerecht
maßstabsgetreu ENG.DRA → **true to scale**
→ maßstabgerecht
Maßsystem *nn* PHYS **measurement system**
= system of units
Maßteilung *nf* ENG.DRA **graduation** *n*
Maßtoleranz *nf* ENG.DRA **tolerance** *n*
≈ Maßabweichung ≈ deviation
Maßverkörperung *nf* INSTR → **working standard**
→ Arbeitseichgröße *nf*
Maßzahl *nf* STATIS **sample statistic** *n*
[kennzeichnet eine Stichprobe] [characterizes a sample]
= Stichprobenmaßzahl *nf* = statistic *n*
≈ Moment ≈ moment
↓ Mittel; Varianz ↓ mean; variance
Maßzahl *nf* PHYS → **quantity** *n*
→ Größe *nf*
Mast *nm* OUT.PL **mast** *n*
↓ Freileitungsmast; Antennenmast = pole *n*
↓ fixture; antenna mast
Mast *nm* CIV.EN **mast** *n*
[hochragende Stange oder Struktur, zur Befestigung] [high pole or structure, to mount]
≈ Turm; Pfeiler ≈ tower; pillar
↓ mastil
Mastantenne *nf* ANT **tower antenna**
= M-Antenne *nf*; Pylon-Antenne *nf* = pylon antenna
≈ Zylinderantenne ≈ cylindrical antenna
mastbefestigt TECH → **pole-mounted** *adj*
→ an Mast befestigt
Mastbehälter *nm* OUT.PL **pole-mounted container**
Mast-Endverschluss *nm* OUT.PL **pole-monted termination**
Master *nm* DAT.NW → **host computer**
→ Hauptrechner *nm*
Masterband *nn* TV **master tape**
Master-Band *nn* DAT.MA → **master tape** (2)
→ System-Urband *nn*
Masterdiskette *nf* TER&PER **master floppy disk**
= Mutterdiskette *nf* = master diskette
Master-EPROM *nn* MICR.EL **master EPROM**
Mastergruppe *nf* TRANSM **mastergroup** *n* (1)
[TF-Technik, 600-Kanal-Gruppe nach US-Norm] [FDM, 600 channel group by US standard]
Masterplan *nm* TELEC **master plan**
Masterplatte *nf* TER&PER **master disk**
[mit Masterfassungen von Programmen] [with masters of programs]
Master-slave-Flipflop *nm* CIRC.EN **master-slave flipflop**
Master-slave-JK-Flipflop *nm* CIRC.EN **master-slave JK flipflop**
Master-slave-Rechnersystem *nn* DAT.PR → **master-slave computer system**
→ Haupt-/Neben-Rechnersystem *nn*

Master-slave-Synchronisierung *nf* TELEC → **master-slave synchronization**
→ despotische Synchronisierung
Master-slice-Baustein *nm* MICR.EL → **master slice IC**
→ Zellenbaustein *nm*
Mastertakt *nm* (ANGL) TELEC → **master clock pulse**
→ Haupttakt *nm*
Master-Videoband *nn* IMAG.ME **master video band**
Mastfundament *nn* CIV.EN **mast fundament**
≈ Turmfundament ≈ tower fundament
Mastfuß *nm* OUT.PL **concrete pole base**
[Betonzylinder zum Befestigen eines Holzmastes] [to support wooden pole]
Mastlinie *nf* OUT.PL **pole line**
= Gestänge *nn*; Stangenlinie *nf*
Mastmontage *nf* EQP.EN **pole mounting**
Mastspannweite *nf* OUT.PL → **span length**
→ Spannweite *nf*
Mastverlängerung *nf* OUT.PL **pole extension**
Match-Code *nm* COMP.SC **match code**
= Abgleichcode *nm*
Matchmaker *nm* ANT **match maker**
[für Wirkwiderstandsmessungen] [to measure active resistance]
Material *nn* COLL **material** *n*
= stuff *n*
Material *nn* TECH → **material** *n*
→ Werkstoff *nm*
Materialanalyse *nf* TECH **materials analysis**
≈ Materialprüfung ≈ material testing
Materialanforderung *nf* MANUF **material requirement**
Materialdispersion *nf* OPT.CO **material dispersion**
Materiale Implikation LOGIC → **implication** *n*
→ Implikation *nf*
Materialeinsatz *nm* ECON **material deployment**
≈ Materialverbrauch ≈ material consumption
Materialentnahme *nf* MANUF **materials requisition**
Materialermüdung *nf* QUAL **material fatigue**
Materialfehler *nm* QUAL **material defect**
Materialfluss *nm* MANUF **material flow**
Materialfluss *nm* PHYS → **material migration**
→ Materialwanderung *nf*
Materialforschung *nf* TECH **materials research**
Materialgemeinkosten *nplt* ECON **materials overhead**
= indirect material
Materialkonstante *nf* PHYS → **modulus** *n*
→ Modul *nm* (*pl* -n)
Materiallager *nn* MANUF **material store**
Materialliste *nf* TEC.DOC → **parts list**
→ Stückliste *nf*
Materialliste *nf* ECON → **bill of materials**
→ Lieferliste *nf*
Materialprüfung *nf* TECH **material testing**
= Werkstoffprüfung *nf* ≈ material analysis
≈ Materialanalyse
Materialschaden *nm* LAW → **material damage**
→ Sachschaden *nm*
Materialverbrauch *nm* ECON **material consumption**
≈ Materialeinsatz = material usage
≈ material deployment
Materialwanderung *nf* PHYS **material migration**
= Materialfluss *nm* = material flow
Materialwelle *nf* PHYS **de Broglie wave**
= Materiewelle *nf*; de-Broglie-Welle *nf* = matter wave; particle wave
Materialwirtschaft *nf* MANUF **materials administration**
= materials management
Materie *nf* PHYS **matter** *n*
≈ Substanz ≈ substance
materiell TECH **material** *adj*
= körperlich
Materiewelle *nf* PHYS → **de Broglie wave**
→ Materialwelle *nf*
Mathematik *nf* SCIE **mathematics** *nplt*
[vom Griechischen "mathematikós" = lernbegierig] [from Greek "mathematikós" = "eager to learn"]
Mathematiker *nm* SCIE **mathematician** *n*
mathematisch *adj* MATH **mathematical** *adj*
mathematische Funktion MATH **mathematical function**
mathematische Funktion MATH → **function** *n*
→ Funktion *nf*
mathematische Kontrolle COMP.SC → **arithmetic check**
→ arithmetische Kontrolle
mathematische Kurvenoperation INSTR **trace math operation**

Mathematische Logik SCIE → **formal logic**
→ Formale Logik

mathematische Operation MATH → **operation** *n*
→ Operation *nf*

mathematische Physik PHYS **mathematical physics**

mathematischer Ausdruck MATH **mathematical expression**

mathematischer Coprozessor HW → **maths coprocessor**
→ mathematischer Koprozessor

mathematischer Hilfsprozessor HW → **maths coprocessor**
→ mathematischer Koprozessor

mathematischer Koprozessor HW **maths coprocessor**
= mathematischer Coprozessor; mathematischer Hilfsprozessor; Numerikprozessor *nm*; Arithmetik-Prozessor *nm*
= maths chip; mathematics coprocessor; number cruncher; numeric coprocessor; floating point coprocessor
↑ microprocessor

mathematisches Hilfsmittel SCIE **mathematical tool**

mathematisches Modell SCIE **mathematical model**
≈ Algorithmus *nm* [MATH]
≈ algorithm [MATH]

mathematische Software SW **mathematical software**

mathematisches Zeichen MATH **mathematical symbol**
↑ Zeichen
↓ Pluszeichen; Minuszeichen; Plus-Minus-Zeichen; Multiplikationszeichen; Divisionszeichen; Gleichheitszeichen; Identitätszeichen; Ungefähr-gleich-Zeichen; Größerzeichen; Größer-gleich-Zeichen; Wesentlic-größer-Zeichen; Kleinerzeichen; Kleiner-gleich-Zeichen; Wesentlich-kleiner-Zeichen; Integralzeichen; Wurzelzeichen; Unendlichzeichen; Summenzeichen; Produktzeichen
↓ plus sign; minus sign; plus-minus sign; multiply sign; division sign; equal sign; identical sign; approximately-equal sign; greater-than sign; greater-or-equal sign; lees-than sign; less-or-equal sign; integral sign; root symbol; infinity sign; sum sign; product sign

Matratzenfeder-Antenne *nf* ANT **bedspring antenna**
= Bettgestellantenne *nf*

Matrix *nf* (*pl* Matrizen&Matrizes) SWITCH **matrix** *n* (*pl* matrices&matrixes)

Matrix *nf* (*pl* Matrizen&Matrizes) MATH **matrix** *n* (*pl* matrices&matrixes)
[über das spätlateinische "matrix" = 2Verzeichnis2, vom lateinischen "matrix" = 2Gebärmutter2; zweidimensionale Anordnung mathematischer Größen]
[through the Late Latin "matrix" = "list", from the Latin "matrix" = "womb"; the two-dimensional array of mathematical entities]

Matrix300-Bewertungstest *nm* DAT.PR **matrix300 benchmark**
[eine Matrixmultiplikationsaufgabe; in FORTRAN]
[a matrix multiplication problem; in FORTRAN]
↑ SPEC-Bewertungstest
↑ SPEC benchmark

Matrixantenne *nf* ANT **matrix array**

Matrixbildschirm *nm* TER&PER → **raster screen** *n*
→ Rasterbildschirm *nm*

Matrixcode *nm* SW **matrix code**

Matrix-Code *nm* TER&PER → **raster code**
→ Mosaik-Code *nm*

Matrixdarstellung *nf* MATH **matrix representation**
= Matrizenschreibweise *nf*
= matrix notation

Matrixdecodierer *nm* CIRC.EN **matrix decoder**

Matrixdrehung *nf* MATH **matrix rotation**
= Matrixrotation *nf*

Matrixdrucker *nm* TER&PER → **dot-matrix printer**
→ Rasterdrucker *nm*

Matrix-Druckverfahren *nn* TER&PER → **dot-matrix printing**
→ Rasterdruckverfahren *nn*

Matrixelement *nn* MATH **matrix element**

Matrixelement *nn* DAT.MA **array element**
[auf ein Matrixelement wird über einen Index zugegriffen, auf einen Datensatz über Namen]
[an array element is accessed by index, a data record by name]
≈ Datensatz
≈ data record

Matrixfeld *nn* DAT.MA **array** *n* (1)
[geordnete Anordnung von indizierten Elementen desselben Typs]
[ordered arrangement of indexed elements of same type]
= Feld *nn* (3)
= matrix; vector
≈ verkettete Liste
≈ chained list
↑ strukturierter Datentyp
↑ structured data type
↓ Vektor; Matrix
↓ vector; matrix

Matrixfunktion *nf* MATH **matrix function**

Matrixmultiplikation *nf* MATH **matrix multiplication**

Matrixprozessor *nm* HW **array processor**
[ein Satz zusammengeschalteter gleicher Prozessoren]
[a connected set of identical processors]

Matrixrotation *nf* MATH → **matrix rotation**
→ Matrixdrehung *nf*

Matrixsatz *nm* LING → **main clause**
→ Hauptsatz *nm*

Matrixschaltkreis *nm* CIRC.EN **matrix circuit**

Matrixspeicher *nm* HW **matrix memory**
= matrix storage

Matrixtransformation *nf* MATH **matrix transformation**

Matrixvereinbarung *nf* SW **array declaration**
= Bereichsvereinbarung *nf*
= area declaration

Matrixzeichen *nn* TER&PER **matrix character**

Matrize *nf* MEC.EN **female die**
= bottom die

Matrize *nf* PRIN.ME **die** *n*
= matrix *n*; mat *n*

Matrizengleichung *nf* MATH **matrix equation**

Matrizenrechner *nm* DAT.PR → **vector processor**
→ Vektorrechner *nm*

Matrizenrechnung *nf* MATH **matrix calculus**

Matrizenschreibweise *nf* MATH → **matrix representation**
→ Matrixdarstellung *nf*

matt OPT **mat** *adj*
= glanzlos; stumpf (fig)
= matt; matte; lusterless; dull (1); tarnished
≈ trübe
≈ turbid

Matte *nf* TECH **mat** *n*

Mattenkabelrost *nm* SYS.INS → **planar cable grid**
→ Flächenkabelrost *nm*

Mattenverdrahtung *nf* EQP.EN **mattress wiring**

Mattfarbe *nf* OPT → **subdued color** (AE)
→ gedämpfte Farbe

mattglänzend TECH **dull-bright**

Mattglas *nn* TECH **frosted glass**
= Milchglas *nn*
= milky glass; opalescent glass; opal glass

mattieren TECH **mat** *vt*

Mattscheibe *nf* PHYS **frosted plate**
= ground glass

mattschwarz TECH **mat black**

Matura *nf* (AT,CH) EDUC → **advanced level exam** (BE)
→ Abitur *nn*

Mauer *nf* CIV.EN **wall** *n*

Mauerwerk *nn* CIV.EN **masonry** *n*

Maus *nf* (*pl* Mäuse) TER&PER **mouse** *n* (*pl* mice&mouses)
[handgeführtes Gerät zur Steuerung der Schreibmarkenposition auf einem Bildschirm]
[hand-held device to control cursor position on a screen]
= Computermaus *nf*; Rollkugeleingabegerät *nn*
= computer mouse; control mouse
≈ Rollkugel
≈ track ball
↑ Abrollgerät; Schreibmarkensteuergerät
↑ rollover device; pointing device
↓ mechanische Maus; optische Maus
↓ mechanical mouse; optical mouse; optomechanical mouse

Mausanschluss *nm* HW **mouse connector**

Mäuseklavier *nf* (slang) COMPO → **DIP switch**
→ DIP-Schalter *nm*

Mausempfindlichkeit *nf* TER&PER **mouse sensitivity**
= mouse scaling; mouse tracking

Mausgarage *nf* TER&PER **mouse rest**

mausgesteuert SW **mouse-controlled**
= mausgestützt
= mouse-driven; mouse-based

mausgestützt SW → **mouse-controlled**
→ mausgesteuert

Mausklick *nm* COMP.AP **mouse click**

Mausklick *nm* COMP.AP → **click** *n*
→ Klicken *nn*

Mausknopf *nm* TER&PER **mouse button**
= Maustaste *nf*

Mausmatte TER&PER → **mouse pad**
→ Mausunterlage *nf*

m-aus-*n*-Code *nm* CODING **m-out-of-*n* code**
[ein Zeichen aus n Elementen muss m Einser enthalten]
[a character of n elements must contain m binary "one" bits]

MausNet *nn* INTERNET **MausNet**
[ein deutsches Netz]
[a german network]

Mauspad *nn* (ANGL) TER&PER → **mouse pad**
→ Mausunterlage *nf*

Mausport *nm* HW **mouse port**

Mausspur *nf* COMP.AP **mouse trail**

Maussteuerung *nf* TER&PER **mouse control**

Maustaste *nf* TER&PER → **mouse button**
→ Mausknopf *nm*

Maustaste drücken COMP.AP → **click** *vt*
→ klicken

Maustreiber *nm* SW **mouse driver**

Mausunterlage *nf* TER&PER **mouse pad**
= Mausmatte; Mauspad *nn* (ANGL)

Mauszeiger *nm* COMP.AP **mouse pointer**
↑ Schreibmarke
↑ pointer (1)

Maut *nf* (AT) PUB.ADM → **toll** *n*
→ Zoll *nm* (2)

Maxidiskette *nf* TER&PER → **eight-inch floppy disk**
→ Normaldiskette *nf*

maximal- COLL → **maximum** … *praep*
→ Höchst-

Maximal- COLL → **maximum** … *praep*
→ Höchst-

Maximalabweichung *nf* CONTRO **maximal deviation**
= peak deviation; crest deviation

Maximalausbau *nm* TECH → **maximum capacity**
→ Endausbau *nm*

Maximalbelastung *nf* TECH → **peak load**
→ Belastungsspitze *nf*

Maximalbetrag *nm* ECON → **maximum amount**
→ Höchstbetrag *nm*

maximale Burstlänge TELEC → **maximum burst rate**
→ Höchstburstlänge *nf*

maximal erlaubt TECH → **maximum permissible**
→ maximal zulässig

maximal flaches Filter NETW.TH → **maximally flat filter**
→ Potenzfilter *nn*

Maximaltemperatur *nf* PHYS → **maximum temperature**
→ Höchsttemperatur *nf*

Maximalverfügbarkeit *nf* QUAL → **highest reliability**
→ Höchstverfügbarkeit *nf*

Maximalwert *nm* MATH → **maximum value**
→ Größtwert *nm*

Maximalwertbegrenzer *nm* EL.TRO → **peak-value limiter**
→ Höchstwertbegrenzer *nm*

maximal zulässig TECH **maximum permissible**
= maximal erlaubt
= maximum allowable; maximum *adj*

maximierbar SCIE **maximable**

maximieren *vt* MATH **maximize**
↑ extremieren
↑ extremize

Maximierung *nf* COMP.AP **maximizing** *n*
[ein Fenster von Ikonengröße auf Normalgröße zurückführen]
≠ Minimierung
[restore a window from icon size to normal size]
= restoring *n*

Maximierung *nf* MATH **maximizing** *n*
≠ Minimierung
≠ minimizing

Maximierungsproblem *nn* SCIE **maximization problem**

Maximum *nn* MATH → **maximum value**
→ Größtwert *nm*

Maximum-Funkpeiler *nm* RAD.LO → **maximum radio direction finder**
→ Maximumpeiler *nm*

Maximum-likelihood-Methode *nf* STATIS **maximum likelihood method**
= Methode der maximalen Mutmaßlichkeit

Maximum minimieren MATH **minimax** *vt*
[to minimize the maximum]

Maximum-Minimierung *nf* MATH **minimax** *n*

Maximumpeiler *nm* RAD.LO **maximum radio direction finder**
= Maximum-Funkpeiler *nm*

Maximumpeilung *nf* RAD.LO **maximum steering**
≠ Nullpeilung
≠ null steering

Maximumprinzip *nn* CONTRO **maximum principle**

Max-Min-Inferenz *nf* ART.IN **max-min inference**

Max-Prod-Inferenz *nf* ART.IN **max-prod inference**

Maxterm *nm* LOGIC → **maxterm** *n*
→ Volldisjunktion *nf*

Maxwell *nn* EL.SC **Maxwell**
[Einheit für magnetischen Fluss]
[unit for magnetic flux]

Maxwell-Boltzmann-Statistik *nf* PHYS **Maxwell-Boltzmann statistics**

Maxwell-Boltzmann-Verteilung *nf* PHYS **Maxwell-Boltzmann distribution**

Maxwell-Brücke *nf* INSTR **Maxwell bridge**
= maxwellsche Induktivitätsbrücke; LLRR-Brücke *nf*
= Maxwell inductance bridge

Maxwell-Gleichungen PHYS **Maxwell's equations**
= maxwellsche Gleichungen; Maxwell'sche Gleichungen

maxwellsche Gegeninduktivitätsbrücke INSTR **Maxwell mutual inductance bridge**

maxwellsche Geschwindigkeitsverteilung PHYS **Maxwellian velocity distribution**
= Maxwellian distribution

maxwellsche Gleichungen PHYS → **Maxwell's equations**
→ Maxwell-Gleichungen

Maxwell'sche Gleichungen PHYS → **Maxwell's equations**
→ Maxwell-Gleichungen

maxwellsche Induktivitätsbrücke INSTR → **Maxwell bridge**
→ Maxwell-Brücke *nf*

maxwellsche Kommutatorbrücke INSTR **Maxwell DC commutator bridge**

maxwellsche Relation PHYS **Maxwell's law**
= Maxwell'sche Relation

Maxwell'sche Relation PHYS → **Maxwell's law**
→ maxwellsche Relation

maxwellsche Theorie PHYS **Maxwellian theory**
= Maxwell'sche Theorie

Maxwell'sche Theorie PHYS → **Maxwellian theory**
→ maxwellsche Theorie

Maxwell-Wien-Brücke *nf* INSTR **Maxwell-Wien bridge**
= LRRC-Brücke *nf*

MAZ EL.TRO → **magnetic recording**
→ Magnetaufzeichnung *nf*

MB INF.TEC → **megabyte**
→ Megabyte *nn*

mb PHYS → **millibar** *n*
→ Millibar *nn*

MBE MICR.EL → **molecular beam epitaxy**
→ Molekularstrahlepitaxie *nf*

Mbit DAT.PR → **megabit**
→ Megabit *nn*

Mbit TELEC → **megabit**
→ Megabit *nn*

Mbit/s TELEC → **megabit/s**
→ Megabit/s

MBK ECON → **installation overhead costs**
→ Montage-Betriebskosten *nplt*

M-Bone *nm* DAT.NW **M-Bone**
= Multicast Backbone

MBR HW **MBR**
= Master Boot Record

MBsp TER&PER → **magnetic tape memory**
→ Magnetbandspeicher *nm*

M-Business *nn* INTERNET **M business**

MByte INF.TEC → **megabyte**
→ Megabyte *nn*

MCA-Bus *nm* HW **MCA bus**
↑ PC-Bus
[Micro Channel Architecture]
↑ PC bus

MCC MOB.CO → **MCC**
→ Mobilfunk-Länderkennung *nf*

MCGA-Adapter *nm* TER&PER **MCGA**
[ein Grafikstandard]
[MultiColor Graphics Array; a graphics standards]

MCI-Schnittstelle *nf* COMP.AP **MCI**
= Media Control Interface

m-Commerce INTERNET → **M-Commerce**
→ M-Commerce *nm*

M-Commerce *nm* INTERNET **M-Commerce**
[mit Mitteln der Mobilkommunikation]
= m-Commerce
[with mobile communication support]
= m commerce

MCUPS DAT.PR **MCUPS**
[10E6 Verbindungsaktualisierungen pro Sekunde; Messgröße für Neurocomputer]
= MegaCUPS
[10E6 connection updates per second; a measuring unit for neurocomputers]
= MegaCUPS

MCVD-Verfahren *nn* OPT.CO **MCVD process**
[Faserherstellung]
[Modified Chemical Vapour Deposition]

Md CHEM → **mendelevium** *n*
→ Mendelevium *nn*

MD TER&PER → **minidisc** *n* (2)
→ Minidisk *nf* (2)

Md. MATH → **billion** (AE)
→ Milliarde *nf*

MDA-Adapter *nm* TER&PER **MDA**
[Standard für Videokarten]
= MDA-Karte *nf*; MDPA (IBM)
[Monochrome Display Adapter; a standard for video boards]
= MDA board; MDPA (IBM)

MDA-Karte *nf* TER&PER → **MDA**
→ MDA-Adapter *nm*

MDI-Schnittstelle *nf* COMP.AP **MDI**
= Multiple-Document Interface

MD-Laser *nm* TER&PER **MD laser**

MDPA (IBM) TER&PER → **MDA**
→ MDA-Adapter *nm*

MDR HW → **memory data register**
→ Speicherdatenregister *nn*

MDR-SYSTEM TV **MDR system**
= magnetic disc recorder system

MDT QUAL → **mean down time**
→ mittlere Ausfalldauer

M-Ebene *nf* TELEC → **management plane**
→ Verwaltungsebene *nf*
Mechanik *nf* PHYS **mechanics** *nplt*
Mechaniker *nm* TECH → **mechanic** *n*
→ Monteur *nm*
Mechanikerzange *nf* TECH **mechanical pliers**
mechanisch PHYS **mechanical** *adj*
mechanisch TECH → **mechanical** *adj*
→ maschinell
mechanisch abstimmbar INSTR **mechanically tunable**
mechanische Abtastung TER&PER **mechanical scanning**
mechanische Energie PHYS **mechanical energy**
mechanische Impedanz MECH → **mechanical impedance**
→ Standwert *nm*
mechanische Maus TER&PER **mechanical mouse**
≠ optische Maus — ≠ optical mouse
mechanische Plattierung METAL **cladding** *n*
↑ Plattierung — ↑ plating
mechanischer Drucker TER&PER → **impact printer**
→ Anschlagdrucker *nm*
mechanische Resistanz MECH **mechanical resistance**
[Realteil des Standwertes] — [real component of mechanical impedance]
mechanischer Spleiß OPT.CO **mechanical splice**
= Klebespleiß *nm* — ≠ fused splice
≠ thermischer Spleiß
mechanische Schwingung MECH **vibration** *n*
= Schwingung *nf*; Vibration *nf* — = mechanical oscillation; oscillation; undulation; swing
↓ Formschwingung; Körperschwingung — ↓ contour vibration; bulk vibration
mechanisches Filter COMPO **mechanical filter**
= elektromechanisches Filter — = electro-mechanical filter
mechanische Spannung MECH → **mechanical stress**
→ Spannung *nf*
mechanisches Relais COMPO **mechanical relay**
mechanisches Spiel MEC.EN → **backlash** *n*
→ Flankenspiel *nn*
mechanische Werkstatt TECH **mechanical workshop**
Mechanisierung *nf* TECH **mechanization** *n*
Mechanismus *nm* TECH **mechanism** *n*
= Werk
Mechatronik *nf* TECH **mechatronics** *nplt*
[Zusammenführung von Mechanik und Elektronik] — [convergeence of mechanical and elctronic engineering]
Mechatroniker *nm* TECH **mechatronics technician**
Media *nplt* MEDIEN → **media** *nplt*
→ Medien *nplt*
Mediafilter *nn* DAT.NW **media filter**
[adaptiert verschiedene Übertragungsmedien] — [adapts different transmission media]
Mediane *nf* MATH → **median** *n*
→ Seitenhalbierende *nf*
Medianwert *nm* STATIS **median** *n*
[in einer steigenden Reihung in der Mitte liegend] — [stays in the center of a growing sequence of samples]
= Zentralwert *nm*; Mittenwert *nm* — = medium value; midpoint value
≈ Mittelwert
Mediävalziffer *nf* PRIN.ME **old style figure**
[mit Unterschreitung der Schriftlinie] — = non lining figure
= Minuskelziffer *nf*
Medien *nplt* MEDIEN **media** *nplt*
[sämtliche natürliche oder technische Mittel zur Vermittlung von Botschaften, von der Gestik zum Internet] — [all natural ot technical means to convey messages, from gesture to Internet]
= Media *nplt* — ↓ sound media; image media; print media
↓ Tonmedien; Bildmedien; Druckmedien
Medienbruch *nm* INF.TEC **discontinuity of media**
= media crush
Mediendatei *nf* COMP.AP **media file**
Medienersatz *nm* TRANSM **media protection**
Medienforschung *nf* MEDIA **media research**
Medienkonverter *nm* DAT.NW **media converter**
Medienlandschaft *nf* MEDIA **media landscape**
Medienmarkt *nm* MEDIA **media market**
Medienpolitik *nf* MEDIA **media policy**
Medienportal *nn* INTERNET **media portal**
Medienrummel *nm* MEDIA **media hype**
Medienschicht *nf* INTERNET **media layer**
Medienspektakel *nn* MEDIA **hyper-event**
Medienunternehmen *nn* ECON **media company**
= media enterprise; media corporation

Medium HW → **data carrier**
→ Datenträger *nm*
Medium TELEC → **communication medium** *nplt*
→ Kommunikationsmedium *nn*
Medium (*nn*; *pl* -Medien,Media) SCIE **medium** *n* (*pl* media&mediums)
[vom latein. "medium" = "das Dazwischenliegende"] — [from Latin "medium" = "the beeing in the middle"]
Medium *nn* TELEC → **transmission medium** *n*
→ Übertragungsmedium *nn*
Medizininformatik *nf* INF.TEC → **medical informatics**
→ medizinische Informatik
medizinische Informatik INF.TEC **medical informatics**
= Medizininformatik *nf* — ↑ applied informatics
↑ angewandte Informatik
medizinische Software COMP.AP → **medical software**
→ Medizin-Software *nf*
medizinische Technik TECH → **medical engineering**
→ Medizintechnik *nf*
medizinische Telemetrie MED.EN **medical telemetry**
Medizin-Software *nf* COMP.AP **medical software**
= medizinische Software
Medizintechnik *nf* TECH **medical engineering**
= medizinische Technik; Elektromedizin *nf* — = electromedicine *n*
Meereshöhe *nf* GEOSC → **sea level**
→ Meeresspiegel *nm*
Meereskunde *nf* SCIE → **oceanography**
→ Ozeanographie *nf*
Meeresspiegel *nm* GEOSC **sea level**
[Mittelwert zwischen Tidehochwasser und Tideniedrigwasser] — ≈ altitude
= Meereshöhe *nf*; Normalpegel Null *nm*; Normalnull *nf*; NN; N.N.
≈ Höhenlage
meergrün *adj* OPT **sea green** *adj*
Megabit *nn* DAT.PR **megabit**
[1.048.575 Bit] — [1,048,575 bit]
= Mbit — = Mbit; Mb
Megabit *nn* TELEC **megabit**
[10E6 Bit] — [10E6 bit]
= Mbit — = Mbit
Megabit/s TELEC **megabit/s**
= Mbit/s — = Mbit/s; Mbps
Megabyte *nn* INF.TEC **megabyte**
[1.024 kByte = 1.048.576 Byte = 10E20 Byte] — [1,024 kbyte = 1,048.576 byte = 10E20 byte]
= MByte; MB; M — = Mbyte; MB; M; Mb; mega; meg
MegaCUPS DAT.PR → **MCUPS**
→ MCUPS
Megaflops *nplt* DAT.PR **megaflops**
[eine Million Gleitpunktoperationen pro Sekunde; Maß für Computerleistung] — [one Million Floating Point Operations Per Second; measure of computing power; pron. "em-flop"]
= MFLOPS; MFlops — = MFLOPS; MFlops
Megahertz *nn* PHYS **megahertz**
[10E6 Hz] — [10E6 Hz]
= MHz — = MHz; MC; mc/s
Megameterwelle *nf* RADIO **megametric waves**
[10.000 km -1.000 km; 300 Hz -30 Hz] — [10,000 km -1,000 km; 300 Hz -30 Hz]
= ELF; Band Nr.2 (UIT) — = extremely low frequency; ELF; Band
Mega-Mini DAT.PR → **superminicomputer** *n*
→ Superminicomputer *nm*
Megaphon *nn* EL.ACOU **megaphone**
Megapixel *nn* TER&PER **megapixel**
[10E6 Bildpunkte] — [10E6 pixels]
Megapixel-Bildschirm *nm* TER&PER **megapixel display**
[mit mindestens 10E6 Bildpunkte] — [with at least one million pixels]
= Megapixel-Display *nn* (ANGL)
Megapixel-Display *nn* (ANGL) TER&PER → **megapixel display**
→ Megapixel-Bildschirm *nm*
Megapond *nn* PHYS **megapond**
[= 9.806,650 N] — [= 9,806.650 N]
= Mp — = Mp
Mega- *praef* PHYS **mega-** *praef*
[10E6; in der Datentechnik = 2E20 = 1.048.576; vom griech. "mégas" = groß] — [10E6; in computing = 2E20 = 1,048,576; from Greek "mégas" = "great"]
= M- — = M-
Megawatt *nn* PHYS **megawatt**
[10E6 Watt] — [10E6 watts]
= MW — = MW

Mehraderleitung *nf* POW.EN **multi-core cable**

Mehr-Adress-Befehl *nm* SW **multi-address instruction**
= n-Adress-Befehl *nm* = multiple address instruction; multiple-address code; n-address instruction
≠ Ein-Adress-Befehl ≠ single-address instruction
↓ Zwei-Adress-Befehl; Drei-Adress-Befehl ↓ two-address instruction; three-address instruction

Mehr-Adress-Computer *nm* DAT.PR → **multi-address computer**
→ Mehr-Adress-Rechner *nm*

Mehradresse *nf* TELECON **multiple address**

Mehr-Adress-Maschine *nf* DAT.PR → **multi-address computer**
→ Mehr-Adress-Rechner *nm*

Mehr-Adress-Rechner *nm* DAT.PR **multi-address computer**
= Mehr-Adress-Computer *nm*; Mehr-Adress-Maschine *nf*; Mehr-Register-Rechner *nm*; Mehr-Register-Computer *nm*; Mehr-Register-Maschine *nf* = multi-address machine; multiple-address computer; multiple-address machine; multi-register computer; multi-register machine; multiple-register computer; multiple-register machine
↓ Zwei-Adress-Rechner; Drei-Adress-Rechner; ↓ two-address computer; three-address computer; four-address

mehradrig COM.CAB **multiconductor** *adj*
= vielpolig = multicore; multiwire

Mehramplitudenmodulation *nf* MODUL **multilevel modulation**

mehraufgabenfähig SW → **multitasking** *adj*
→ mehrprogrammfähig *adj*

Mehrauftragbetrieb *nm* DAT.PR **multi-job operation**
= Vielfachauftragbetrieb *nm*

Mehrauftragverarbeitung *nf* DAT.PR **multi-job processing**

Mehraufwand *nm* ECON **additional expenses**
= additional expenditure

Mehraufwandszuschlag *nm* TECH **penalty** *n*

mehrbahniger Drucker TER&PER **multi-web printer**

Mehrbandantenne *nf* ANT **multiband antenna**
= Allbandantenne *nf*; Multibandantenne *nf*

Mehrbandbetrieb *nm* ANT **multiband operation**

Mehrband-delta-loop-Antenne *nf* ANT **multiband delta loop antenna**

Mehrbandelement *nn* ANT **multiband element**

Mehrbandfilter *nn* NETW.TH **multiband filter**

Mehrband-groundplane-Antenne *nf* ANT **multiband groundplane antenna**

mehrbändig PRIN.ME **multivolume** *adj*

Mehrbandrichtstrahler *nm* ANT **multiband beam antenna**

Mehrband-Windom-Antenne *nf* ANT **VS1AA antenna**

Mehrbedarf *nm* ECON **additional need**

Mehrbefehlszeile *nf* SW **multi-instruction line**
= Mehrbefehl-Zeile *nf* = multi-statement line

Mehrbefehl-Zeile *nf* SW → **multi-instruction line**
→ Mehrbefehlszeile *nf*

Mehrbelastung *nf* TECH **surplus load**
≈ Überlastung ≈ overload

mehrbenutzbar SW → **reentrant** *adj*
→ ablaufinvariant

Mehrbenutzbarkeit *nf* DAT.PR **multiuse capability**
= Simultanbenutzbarkeit *nf*; Multi-user-Fähigkeit *nf* = shareability *n*

Mehrbenutzeranlage *nf* DAT.PR **workbench** *n*

Mehrbenutzerbetrieb *nm* (1) DAT.PR **multi-user mode**
= Mehrbenutzerzugriff *nm*; Mehrfachbenutzung *nf*; Vielfachzugriff *nm* = MU mode; multi-user access; multiusing; shared logic
↑ Gemeinschaftszugriff ↑ shared access
↓ Teilnehmerbetrieb; Mehrplatzsystem ↓ time-sharing operation; multi-user system

Mehrbenutzerbetrieb *nm* (2) DAT.PR → **time sharing operation**
→ Teilnehmerbetrieb *nm*

Mehrbenutzersystem *nn* DAT.PR → **multi-user system**
→ Mehrplatzsystem *nn* (1)

Mehrbenutzerzugriff *nm* DAT.PR → **multi-user mode**
→ Mehrbenutzerbetrieb *nm* (1)

Mehrbereichsinstrument *nn* INSTR → **multimeter**
→ Universalmessgerät *nn*

Mehrbetreibersystem *nn* TELEC **multi-carrier system**

Mehrbitfehler *nm* CODING **multiple-bit error**

mehrblättrig MATH **multileaf** *adj*

Mehrbreitencode *nm* TER&PER **multi-width code**
↑ Strichcode ↑ bar code

Mehrbündelantenne *nf* ANT **multi-beam antenna**
= Mehrkeulenantenne *nf*

Mehr-Bus-System *nn* HW **multiple-bus system**
= multi-bus system

Mehrbytebefehl *nm* SW **multiple-byte instruction**
= variable-length instruction

Mehrbytefehler *nm* CODING **multiple-byte error**

Mehr-Chip-Technik *nf* MICR.EL → **multi-chip technology**
→ Multichiptechnik *nf*

Mehrdateiensortierung *nf* DAT.MA **multiple sorting**
= Multidateisortierung *nf* = multifile sorting

Mehrdateienverarbeitung *nf* DAT.PR **multifile processing**

Mehr-Daten-Kennzeichen *nn* DAT.CO **more data mark**

mehrdeutig MATH **ambiguous**
= vieldeutig = many-valued
↓ zweideutig

mehrdeutig COLL **ambiguous** *adj* (2)
= ambig (2); ambigue (2) [with several senses]
≈ missverständlich ≈ equivocal
↓ zweideutig ↓ ambiguous (1)

mehrdeutige Abbildung MATH → **correspondence** *n* (2)
→ Korrespondenz *nf* (2)

mehrdeutige Funktion MATH **ambiguous function**

Mehrdeutigkeit *nf* COLL **ambiguity** *n*

Mehrdeutigkeit *nf* MATH **equivocality** *n*
= Vieldeutigkeit *nf* = ambiguity *n*
↓ Zweideutigkeit

Mehrdienstbetrieb *nm* TELEC → **multiservice operation**
→ Mehrfachnutzung *nf* (1)

Mehrdienste- TELEC **multiservice** *adj*
= dienstneutral

Mehrdienste-Endgerät *nn* TER&PER **multifunctional terminal**
= Multifunktions-Endgerät *nn*; Multifunktionsterminal *nn* = multifunctional peripheral; MFP

Mehrdienstenetz *nn* TELEC **multipurpose network**
= Mehrfachnutzungsnetz *nn* = multifunction network; multiservice network

mehrdimensional MATH **multidimensional**
= vieldimensional = multivariate

mehrdimensionale Normalverteilung STATIS **multivariate normal distribution**

mehrdimensionale Sprache COMP.LG **multidimensional language**

Mehrdisketten- TER&PER **multi-disk** *adj*
= multi-disc

Mehrdiskettenleser *nm* TER&PER **multi-disk reader**
= multi-disc reader

Mehrdomänennetz *nn* DAT.CO **multi-domain network**

Mehrdrahtantenne *nf* ANT **multiple-wire antenna**
= multiwire antenna

Mehrdraht-Element *nn* ANT **multiwire element**

mehrdrähtig EL.INS **stranded**

Mehr-Ebenen-Architektur *nf* TELEC **multi-tier architecture**
= n-tier architecture

Mehrebenenleiterplatte *nf* EL.TRO → **multilayer printed circuit board**
→ Mehrlagenleiterplatte *nf*

Mehrebenennetz *nn* TELEC **multilayer network**
= multi-tier network

Mehrebenenverdrahtung *nf* EQP.EN → **multilayer wiring**
→ Mehrlagenverdrahtung *nf*

mehreckig MATH → **polygonal** *adj*
→ vieleckig

Mehrelektrodenröhre *nf* EL.TRO → **multielectrode tube**
→ Mehrgitterröhre *nf*

Mehremitter-Transistor *nm* MICR.EL **multi-emitter transistor**
= Multiemitter-Transistor *nm*

mehrere COLL **several** (pron)
= etliche [more than two but fewer than many]

mehrfach COLL → **multiple** *adj*
→ vielfach (1)

Mehrfach- COLL → **multiple** *adj*
→ vielfach (1)

mehrfach abgestimmte Antenne ANT → **multiple-tuned antenna 1**
→ Mehrfachresonanz-Antenne *nf*

mehrfach abrufbar SW **reusable**
= eintrittsinvariant ≈ reentrant
≈ ablaufinvariant

Mehrfachanforderung *nf* DAT.CO **multiple request**

Mehrfachanpassung *nf* ANT **multiple matching**

Mehrfachanschluss *nm* DAT.CO **multiplex link**

Mehrfachanschluss *nm* TELEC → **party line**
→ Gemeinschaftsanschluss *nm*

Mehrfachantenne *nf* ANT **multiple antenna**

Mehrfachanweisung *nf* SW **compound statement**
= zusammengesetzte Anweisung

Mehrfacharithmetik *nf* COMP.SC **multiple arithmetic**

mehrfach aufrufbare Routine SW **reusable routine**

Mehrfachausgang *nm* EL.TRO **multiple output**
= mehrfacher Ausgang = multi-output *n*

Mehrfachausnutzung *nf* TELEC → **multiplex** *n*
→ Multiplex *nn*

Mehrfachauswahl *nf* COMP.AP **multiple selection**
= mehrfache Alternative

Mehrfachbelegung *nf* INF.TEC **multiple occupation**
= multiple assignation

Mehrfachbelichtung *nf* IMAG.ME **multiple exposure**

Mehrfachbenutzung *nf* DAT.PR → **multi-user mode**
→ Mehrbenutzerbetrieb *nm* (1)

mehrfachbeschreibbar TER&PER **with multiple recording**

Mehrfachbeschriftung *nf* TER&PER **multiple recording**

Mehrfachbild *nn* CINEMA **split screen** (1)
[compsed by more then one images]

Mehrfachbildschirm *nm* TER&PER **multiviewport** *n*

Mehrfachbuchse *nf* COMPO **multiple jack**
= Vielfachbuchse *nf* = multi-way jack
≠ Mehrfachstecker ≠ multiple plug
↑ multiple connector

Mehrfachdiode *nf* MICR.EL **multiple diode**

Mehrfachdipol *nm* ANT **multiple dipole antenna**
= multiple dipole

Mehrfachdrehkondensator *nm* COMPO **multiple rotatable condensator**

Mehrfachdruck *nm* TER&PER **multiple-pass printing**
[zur Erzielung eines besonderen Druckbildes] [to reach print quality]
= Mehrschrittdruck *nm* = overstriking *n*; overwriting *n*; multiple striking
↓ versetzter Mehrfachdruck ↓ multipass overlap

Mehrfachdruck-Band *nm* TER&PER → **multi-strike inked ribbon**
→ Mehrfachdruck-Farbband *nn*

Mehrfachdrucken *nn* TER&PER **multiple printing**

Mehrfachdruck-Farbband *nn* TER&PER **multi-strike inked ribbon**
= Mehrfachdruck-Band *nm* = multi-strike ribbon
≠ Einfachdruck-Farbband ≠ single-strike inked ribbon

Mehrfachdurchgang *nm* DAT.PR **multipassing** *n*
= multipass *n*

Mehrfachdurchlauf-Programm *nn* SW **multiphase program**
[execution requires more than one fetch]

mehrfache Alternative COMP.AP → **multiple selection**
→ Mehrfachauswahl *nf*

Mehrfachecho *nn* TELEC **multiple echo**
= flutter echo

Mehrfacheingang *nm* EL.TRO **multiple input**
= mehrfacher Eingang = multi-input

Mehrfachempfang *nm* RADIO → **diversity reception**
→ Diversityempfang *nm*

Mehrfachempfänger *nplt* INTERNET **multiple recipients**

mehrfacher Ausgang EL.TRO → **multiple output**
→ Mehrfachausgang *nm*

mehrfacher Eingang EL.TRO → **multiple input**
→ Mehrfacheingang *nm*

mehrfaches Integral MATH **multiple integral**
= Mehrfachintegral *nn* ↓ double integral; triple integral
↓ Doppelintegral; dreifaches Integral

Mehrfachfehler *nm* DAT.PR **multiple fault**

Mehrfachfunktion *nf* TECH → **multifunction** *n*
→ Multifunktion *nf*

Mehrfachgebührenzählung *nf* SWITCH **multi-fee metering**
[differenzierte Gebührenzählung für Gespräche innerhalb der eigenen Vermittlung] [differentiated metering for own-exchange calls]
= Mehrfachzählung *nf* = multimetering *n*

mehrfach geerdete Antenne ANT → **multiple-tuned antenna 1**
→ Mehrfachresonanz-Antenne *nf*

Mehrfachgenauigkeit *nf* SW **multiple precision**
= Mehrfachpräzision *nf*; erweiterte Genauigkeit; erweiterte Präzision = multiprecision *n*; extended precision
↓ Doppelgenauigkeit; Dreifachgenauigkeit

mehrfachgenutzte Teilnehmerleitung TELEC → **multiple subsriber line**
→ Mehrfachteilnehmerleitung *nf*

Mehrfachintegral *nn* MATH → **multiple integral**
→ mehrfaches Integral

Mehrfachkettung *nf* SW **multiple chaining**
= Mehrfachverkettung *nf* = multiple chain; multiple concatenation

Mehrfachkoaxialdipol *nm* ANT **sleeve antenna array**

Mehrfachkommutierung *nf* POW.SY **multiple commutating**

Mehrfachkondensator *nm* COMPO **tapped capacitor**
= gang-condenser (BE)

Mehrfachkontakt *nm* COMPO **multiple contact**
= hunting contact

Mehrfachlademöglichkeit *nf* DAT.PR **dual boot**
= Dual-boot

mehrfachladendes Betriebssystem DAT.PR **multi-loading operating system**
[aber nur eines der geladenen Anwenderprogramme kann jeweils ablaufen] [but only one of the loaded applications kann work at a time]
≈ Mehrprogrammbetrieb ≈ multiprogramming

Mehrfachleiterplatte *nf* EL.TRO → **multilayer printed circuit board**
→ Mehrlagenleiterplatte *nf*

Mehrfachleitung *nf* TELEC **multiple line**
= Mehrleitersystem *nn* = multilink system

Mehrfachmeldung *nf* TELECON → **status signal**
→ Zustandsmeldung *nf*

Mehrfach-Mischsortieren *nn* DAT.MA **multiway merge sort**

Mehrfachmodulation *nf* MODUL **multiple modulation** (1)
[TF-Technik] [FDM]

Mehrfachnebensprechen *nn* TELEC **multiple crosstalk**

Mehrfachnebenwiderstand *nm* INSTR → **Ayrton shunt**
→ Ayrton-Nebenwiderstand *nm*

Mehrfachnummer *nf* TELEPH → **multiple subscriber number**
→ Mehrfachrufnummer *nf*

Mehrfachnutzung *nf* TECH **multiple exploitation**
= Vielfachnutzung *nf* = multiple use

Mehrfachnutzung *nf* (1) TELEC **multiservice operation**
= Vielfachnutzung *nf*; Mehrdienstbetrieb *nm*

Mehrfachnutzung *nf* (2) TELEC → **multiplex** *n*
→ Multiplex *nn*

Mehrfachnutzung der Rechnerleistung DAT.PR **computing power sharing**
= gemeinsame Nutzung der Rechnerleistung = power sharing

Mehrfachnutzungsnetz *nn* TELEC → **multipurpose network**
→ Mehrdienstenetz *nn*

Mehrfachpapier *nn* TER&PER **multi-sheet paper**

Mehrfachpotentiometer *nn* COMPO **ganged potentiometer**

Mehrfachpräzision *nf* SW → **multiple precision**
→ Mehrfachgenauigkeit *nf*

mehrfach programmierbar MICR.EL → **reprogrammable**
→ wiederprogrammierbar

mehrfach programmierbarer Festwertspeicher MICR.EL → **REPROM**
→ REPROM *nn*

Mehrfachpulsrahmen *nm* CODING → **multiframe** *n*
→ Mehrfachrahmen *nm*

Mehrfachrahmen *nm* CODING **multiframe** *n*
= Überrahmen *nm*; Mehrfachpulsrahmen *nm* = superframe *n*

Mehrfachreflexion *nf* OPT **multiple reflection**
= Vielfachreflexion *nf*; Mehrfachspiegelung *nf*; Vielfachspiegelung *nf*

Mehrfachregelung *nf* CONTRO **multiple control**
[mit mehreren Führungs- und Regelgrößen] [with several reference and controlled magnitudes]
↓ Zweifachregelung ↓ double control

Mehrfachregression *nf* STATIS **multiple regression**

Mehrfachresonanz-Antenne *nf* ANT **multiple-tuned antenna 1**
= mehrfach abgestimmte Antenne; mehrfach geerdete Antenne ≈ multiple-tuned antenna 2
≈ Alexanderson-Antenne

Mehrfachrufnummer *nf* TELEPH **multiple subscriber number**
[mehrere Rufnummern zu einem Anschluss] [several numbers to one terminal connection]
= Mehrfachnummer *nf* = MSN

Mehrfachschalter *nm* COMPO → **ganged switch**
→ Paketschalter *nm*

Mehrfachsitzung *nf* COMP.AP **multisession**

Mehrfachspiegelung *nf* OPT → **multiple reflection**
→ Mehrfachreflexion *nf*

Mehrfachspleiß *nm* OPT.CO **multiple splice**

Mehrfachstation *nf* DAT.CO **cluster station**

Mehrfachstecker *nm* COMPO **multiple plug**
[stellt mehrere Kontakte gleichzeitig her; männlicher Teil] [male connector with several contacts]
= Vielfachstecker *nm* = multi-way plug
≠ Mehrfachbuchse ≠ multiple jack
↑ Mehrfachsteckverbinder ↑ multiple connector

Mehrfachsteckverbinder *nm* COMPO **multiple connector**
= Vielfachsteckverbinder *nm* [pair of multiple plugs and multiple jacks]
↓ Mehrfachstecker; Mehrfachbuchse ↓ multiple plug; multiple jack

Mehrfachsteckverbindung *nf* COMPO **multiple connection**
= Vielfachsteckverbindung *nf* = multi-way connection

Mehrfach-Stichprobenprüfung *nf* QUAL **multiple sampling inspection**

Mehrfachstörer *nm* TELEC **multiple interferer**

Mehrfachstreuung *nf* PHYS **multiple scattering**
= Vielfachstreuung *nf* = plural scattering

Mehrfachsubtrahierer *nm* CIRC.EN **multiple subtracter**

Mehrfachteilnehmerleitung *nf* TELEC **multiple subsriber line**
= mehrfachgenutzte Teilnehmerleitung = derived-run line
≠ Einfachteilnehmerleitung ≠ home-run line

Mehrfach-Telegrafie *nf* TELEGR **multiplex telegraphy**

Mehrfach-Übermittlungsabschnitt *nm* DAT.CO **multilink** *n*

Mehrfachumlauf *nm* TELEC **multiple reflection**

Mehrfachverbindung *nf* TELEC **multiple connection**
↓ Konferenzverbindung = multi-call; multi-party call [TELEPH]

Mehrfachverdrahtungsplatte *nf* EL.TRO → **multilayer printed circuit board**
→ Mehrlagenleiterplatte *nf*

Mehrfachvererbung *nf* SW **multiple inheritance**
[objektorientierte Programmierung] [object-oriented programming]

mehrfachverkettete Liste DAT.MA **multilist** *n*
= multiple threaded list; multiple linked list

Mehrfachverkettung *nf* SW → **multiple chaining**
→ Mehrfachkettung *nf*

mehrfach verknüpfte Liste DAT.MA **multilinked list**

Mehrfachverknüpfung *nf* DAT.PR **multilinking** *n*

Mehrfachverseilung *nf* COM.CAB **multiple stranding**
= multiple laying

Mehrfachverzweigung *nf* CIRC.EN **multiple branch**

Mehrfachwahlfrage *nf* SCIE **multiple-choice question**

Mehrfachwendelpotentiometer *nn* COMPO **multiple-helix potentiometer**

Mehrfachwerkzeug *nn* TECH **multiple die**

mehrfachwirkend TECH **multiple-acting** *adj*
= multiple-action

Mehrfachzählung *nf* SWITCH → **multi-fee metering**
→ Mehrfachgebührenzählung *nf*

Mehrfachzugriff *nm* TELEC → **multiple access**
→ Vielfachzugriff *nm*

Mehrfachzugriff-Funksystem *nn* TRANSM → **multiple access radio system**
→ Vielfachzugriff-Funksystem *nn*

Mehrfamilienhaus *nn* CIV.EN **multi-dwelling unit**
= MDU; multitenant building; multi-tenant building; multitenant unit; multi-tenant unit; MTU

Mehrfarbendruck *nm* PRIN.ME **multicolor print**
↓ Zweifarbendruck; Dreifarbendruck = multicolour print; multicolored printing
↓ two-color print; three-color print

mehrfarbig OPT **multi-coloured** *adj*
= vielfarbig; polychrom = multicoloured; multicolor; multicolour; colored; coloured; polychromatic; polychrome; varicolored; varicoloured
≈ bunt ≈ particolored
≠ einfarbig ≠ monochrome
↓ zweifarbig ↓ bichrome

Mehrfarbigkeit *nf* OPT **polychromaticity** *n*
≈ Buntheit [COLL] ≈ colorfulness [COLL]

Mehrfensteranzeige *nf* COMP.AP **multi-window display**
= Mehrfenstertechnik *nf* = multi-window technique

Mehrfenstertechnik *nf* COMP.AP → **multi-window display**
→ Mehrfensteranzeige *nf*

Mehr-Firmen-Austauschbarkeit *nf* TECH → **intervendor compatibility**
→ Mehr-Firmen-Kompatibilität *nf*

Mehr-Firmen-Kompatibilität *nf* TECH **intervendor compatibility**
= Mehr-Firmen-Austauschbarkeit *nf*

Mehrfrequenzcode *nm* CODING **multifrequency code**
= MFC = MFC

Mehrfrequenzmodulation *nf* MODUL **multifrequency modulation**

Mehrfrequenznetz *nn* BROADC **multi-frequency network**
≠ Gleichwellennetz ≠ single-frequency network

Mehrfrequenzsender *nm* RADIO **multifrequency transmitter**

Mehrfrequenzsignalisierung *nf* SWITCH → **MFC signaling**
→ MFC-Signalisierung *nf*

Mehrfrequenztastung *nf* MODUL **multiple frequency keying**

Mehrfrequenzwahl *nf* SWITCH → **MFC dialing**
→ MFC-Wahl

Mehrfunktion- TECH → **multifunction** *adj*
→ multifunktional

mehrfunktional TECH → **multifunction** *adj*
→ multifunktional

Mehrfunktionsplatz *nm* TER&PER **multifunction workstation**

mehrgängig MEC.EN **multiple**
[Gewinde] [thread]

mehrgängiges Gewinde MEC.EN **multiple thread**

Mehrgangspotentiometer *nn* COMPO → **helicoidal potentiometer**
→ Wendelpotentiometer *nn*

Mehrgeräteanschluss *nm* TELEC **multiple connection**
[ISDN] [ISDN]
= Punkt-zu-Mehrpunkt- Konfiguration *nf* = multi-device connection

Mehrgitterröhre *nf* EL.TRO **multielectrode tube**
= Mehrelektrodenröhre *nf* = multigrid tube; multielectrode valve; multigrid valve

mehrgliedrig MATH → **polynomial** *adj*
→ polynomisch

mehrgliedriger Ausdruck MATH → **polynomial** *n*
→ Polynom *nn*

Mehrgrößen- CONTRO **multivariate**

Mehrheit *nf* SCIE → **majority** *n*
→ Majorität *nf*

Mehr-Kamera-Aufstellung *nf* CINEMA **multiple camera set-up**

Mehr-Kamera-Übertragung *nf* BROADC **multichannel feed**

Mehrkammerklystron *nn* MICROW → **multicavity klystron**
→ Vielkammerklystron *nn*

Mehrkanal- TELEC **multichannel ...**
= Vielkanal-

Mehrkanalaufzeichnung *nf* TER&PER → **multi-track recording**
→ Mehrspuraufzeichnung *nf*

Mehrkanalmodem *nm&nn* DAT.CO **multiport modem**

Mehrkanal-Rundfunksender *nm* BROADC **multichannel transmitter**

Mehrkanalschalter *nm* HW **multichannel switch**

Mehrkanalsystem *nn* TELEC **multichannel system**
= Vielkanalsystem *nn*

Mehrkanalübertragung *nf* TELEC **multichannel transmission**
= Vielkanalübertragung *nf* = channelization *n* (2)

Mehrkanalverbindung *nf* TELEC **multichannel link**
= Vielkanalverbindung *nf* = multichannel connection

Mehrkartencomputer *nm* HW → **multi-board computer**
→ Mehrkartenrechner *nm*

Mehrkartenrechner *nm* HW **multi-board computer**
= Mehrplatinenrechner *nm*; Mehrkartencomputer *nm*; Mehrplatinencomputer *nm*

Mehrkeulenantenne *nf* ANT → **multi-beam antenna**
→ Mehrbündelantenne *nf*

Mehrkollektor-Transistor *nm* MICR.EL **multi-collector transistor**

Mehrkomponentenglas *nn* OPT.CO **compound glass**

Mehrkosten *nplt* ECON **added costs** *nplt*
= Zusatzkosten *nplt* = added expenses *nplt*; additional costs *nplt*; additional expenses *nplt*

mehrkreisig NETW.TH **multi-circuit** *adj*

mehrkreisiges Filter NETW.TH **multi-circuit filter**

Mehrkreis-Triftröhre *nf* MICR.EL **multicavity v.m. tube**

Mehrlagenleiterplatte *nf* EL.TRO **multilayer printed circuit board**
= Mehrlagenplatte *nf*; Mehrschichtleiterplatte *nf*; Mehrebenenleiterplatte *nf*; Mehrfachleiterplatte *nf*; Mehrfachverdrahtungsplatte *nf*; Multilayer *nn* (ANGL) = multilayer PCB; multilayer board; multilayer; multiple board; multiple PCB

Mehrlagenmetallisierung *nf* MICR.EL **multilayer metallization**

Mehrlagenplatte *nf* EL.TRO → **multilayer printed circuit board**
→ Mehrlagenleiterplatte *nf*

Mehrlagentechnik *nf* MICR.EL **multilayer technique**
= Multilayer-Technik *nf*; Mehrschichtverfahren *nn*

Mehrlagentrenner *nm* TER&PER **collator** *n*
[separates multipart forms]

Mehrlagenverdrahtung *nf* EQP.EN **multilayer wiring**
= Mehrebenenverdrahtung *nf*; Multilayer *nn* (ANGL) = multilayer *n*

mehrlagig TECH **multilayer** *adj*
= mehrschichtig; vielschichtig = multi-part; multilayered

mehrlagiges Formular OFFICE → **multipart form**
→ Durchschreibformular *nn*

mehrlagiges Papier TER&PER **multipart paper**
= multipart stationery

mehrlagiges Papier OFFICE → **multipart form**
→ Durchschreibformular *nn*

Mehrländer-Kennzahl *nf* SWITCH **multiple-country code**

Mehrleiter-Groundplane ANT **multiband vertical antenna**

Mehrleiterkabel *nn* COM.CAB **multi-conductor cable**

Mehrleitersystem *nn* TELEC → **multiple line**
→ Mehrfachleitung *nf*

Mehrlochkoppler *nm* MICR.EL **multi-hole coupler**

Mehrmedienführung *nf* TRANSM **media diversity**

Mehrmedien-Kommunikation *nf* INF.TEC → **multimedia communications**
→ Multimedia-Kommunikation *nf*

Mehrmodenfaser *nf* OPT.CO **multi-mode fiber**

= Multimode-Faser *nf* (ANGL)		= multimode fiber
↓ Gradientenfaser; Stufenindexfaser		
Mehrnachrichtengruppen-Versand	INTERNET	**cross posting**
= Crossposting *nn* (ANGL)		[same message to several newsgroups]
Mehrnormen-	TECH	**multi-standard** *adj*
Mehrnormen-CD-ROM-Laufwerk *nn*	TER&PER	**multi-standarad CD-ROM drive**
= Multiread-CD-ROM-Laufwerk *nn*		= multi-read CD-ROM drive
Mehrnormenempfang *nm*	TV	**multi-standard reception**
mehrpaariges Kabel	COM.CAB	→ **multipair cable**
→ vielpaariges Kabel		
Mehrpfadbetrieb *nm*	DAT.PR	**multithreading** *n*
[mehrere Teilprozesse schnell nacheinander ablaufend]		[several tasks running in rapid sequence]
= Multithreading *nn* (ANGL)		↑ multitasking
↑ Mehrprogrammbetrieb		
Mehrphasenstrom *nm*	POW.EN	**polyphase current**
= Mehrphasenwechselstrom *nm*		= multiphase current
↑ Wechselstrom		↑ alternating current
↓ Drehstrom		↓ three-phase current
Mehrphasensystem *nn*	POW.SY	**polyphase system**
		= multiphase system
Mehrphasenwechselstrom *nm*	POW.EN	→ **polyphase current**
→ Mehrphasenstrom *nm*		
mehrphasig	POW.EN	**polyphase**
		= multiphase
Mehrplatinencomputer *nm*	HW	→ **multi-board computer**
→ Mehrkartenrechner *nm*		
Mehrplatinenrechner *nm*	HW	→ **multi-board computer**
→ Mehrkartenrechner *nm*		
Mehrplatten-	DAT.MA	**multi-disk** *adj*
		= multi-disc
Mehrplattendatei *nf*	DAT.MA	**multi-disk file**
		= multi-disc file
Mehrplatz-	DAT.PR	**multiterminal** *adj*
= mehrplatzfähig		= multiconsole; multistation
Mehrplatzbedienung *nf*	TER&PER	**multi-terminal service**
		= multi-terminal operation
mehrplatzfähig	DAT.PR	→ **multiterminal** *adj*
→ Mehrplatz-		
Mehrplatz-Mikrocomputer *nm*	DAT.PR	**multiterminal microcomputer**
= Mehrplatz-Mikrorechner *nm*		
Mehrplatz-Mikrorechner *nm*	DAT.PR	→ **multiterminal microcomputer**
→ Mehrplatz-Mikrocomputer *nm*		
Mehrplatz-Minicomputer *nm*	DAT.PR	**multiterminal minicomputer**
= Mehrplatz-Minirechner *nm*		
Mehrplatz-Minirechner *nm*	DAT.PR	→ **multiterminal minicomputer**
→ Mehrplatz-Minicomputer *nm*		
Mehrplatzrechner *nm*	DAT.PR	→ **multi-user system**
→ Mehrplatzsystem *nn* (1)		
Mehrplatzsystem *nn* (1)	DAT.PR	**multi-user system**
[erlaubt gleichzeitiges Arbeiten am selben Rechner und Programmsystem]		[allows simultaneous work on the same computer and programm system]
= Mehrbenutzersystem *nn* (1); Mehrplatzrechner *nm*; Vielfachzugriffssystem *nn*; Gemeinschaftsrechner *nm*; Multi-user-System *nn*		= multi-user computer; multi-station system; multi-position system; multiple-user system
≈ Teilnehmerbetrieb; Mehrplatzsystem (2)		≈ time-sharing operation; multi-terminal system
≠ Einplatzsystem		≠ single-user system
↑ Mehrbenutzerbetrieb		↑ multi-user mode
Mehrplatzsystem *nn* (2)	DAT.PR	**multiterminal system**
[mehrere Endgeräte an einer Zentraleinheit]		[several terminals on one CPU]
≈ Mehrplatzsystem (1)		≈ multi-user system
mehrpolig	EL.TEC	→ **multipolar** *adj*
→ vielpolig		
mehrpoliger Schalter	COMPO	**multi-pole switch**
Mehrpreis *nm*	ECON	→ **addition price**
→ Aufpreis *nm*		
Mehrprogrammbetrieb *nm*	DAT.PR	**multiprogramming** *n*
[gleichzeitige oder verschachtelte Verarbeitung mehrerer Programme durch eine Zentraleinheit]		[simultaneous or interleaved processing of several programms by the same CPU]
= Mehrprogrammverarbeitung *nf*; Multiprogrammverarbeitung *nf*; Multiprogramming *nn* (ANGL); Multiprocessing *nn* (ANGL); Parallelbetrieb *nm*; Parallelverarbeitung *nf*; Paralleldatenverarbeitung *nf*; Multitasking *nn* (ANGL)		= multitasking; parallel processing; PP; parallel mode; parallel working; parallel operation
≈ Mehrprozessorbetrieb; Mehrplatzsystem; mehrfachladendes Betriebssystem		≈ multiprocessing; multi-user system; multi-loading operating system
≠ Einprogrammbetrieb; Serienverarbeitung		≠ single programming; serial processing
↓ Simultanverarbeitung; verzahnte Verarbeitung; Aufgabenumschaltung; Teilnehmerbetrieb; Echtzeit-Mehrprogrammbetrieb; kooperativer Mehrprogrammbetrieb; Aufgabenumschaltung		↓ simultaneous processing; concurrent processing; context switching; time sharing processing; real time multiprogramming; cooperative multitasking; context switching
mehrprogrammfähig *adj*	SW	**multitasking** *adj*
= mehraufgabenfähig		= multiprogramming
Mehrprogrammverarbeitung *nf*	DAT.PR	→ **multiprogramming** *n*
→ Mehrprogrammbetrieb *nm*		
Mehrprozessorbetrieb *nm*	DAT.PR	**multiprocessing** *n*
[gleichzeitige Bearbeitung mehrerer Aufgaben durch mehrere Zentraleinheiten, wobei jeder Prozessor andere Teilaufgaben wahrnimmt]		[parallel processing of several tasks by several CPU, where each processor performs different partial tasks]
		= multiprocessor interleaving
≈ Mehrprogrammverarbeitung; Koprozessorbetrieb		≈ multiprogramming; coprocessing
↑ Parallelverarbeitung		↑ parallel processing
Mehrprozessorsystem *nn*	DAT.PR	**multi-processor system**
[Rechner mit mehreren zentral gesteuerten Prozessoren]		[a computer with various processors under common control]
= Multiprozessorsystem *nn*; Multiprozessor *nm*		= multiprocessor *n*
≠ Einprozessorsystem		≠ single-processor system
↓ Zweiprozessorsystem; Vektorrechner		↓ vector procesor
Mehrpunkt *nm*	DAT.CO	**multidrop** *n*
= Knotenpunkt *nm*		
Mehrpunktanordnung *nf*	TELEC	→ **multipoint configuration**
→ Mehrpunktkonfiguration *nf*		
Mehrpunktbetrieb *nm*	DAT.CO	**multipoint operation**
= Multipoint-Betrieb *nm* (ANGL)		
Mehrpunktkonfiguration *nf*	TELEC	**multipoint configuration**
= Mehrpunktanordnung *nf*; Multipointkonfiguration *nf*		
Mehrpunktleitung *nf*	DAT.CO	**multipoint circuit**
= Mehrpunktschaltung *nf*; Mehrpunktverbindung *nf*; Knotenverbindung *nf*		= multipoint connection; multi-endpoint connection
Mehrpunktnetz *nn*	DAT.NW	**multipoint network**
= Knotennetz *nn*; Multipointnetz *nn*		
Mehrpunktnetz *nn*	TRANSM	→ **multipoint connection**
→ Mehrpunktverbindung *nf*		
Mehrpunkt- *praef*	TECH	**multipoint-** *praef*
Mehrpunktregler *nm*	CONTRO	**multipoint controller**
Mehrpunktschaltung *nf*	DAT.CO	→ **multipoint circuit**
→ Mehrpunktleitung *nf*		
Mehrpunktverbindung *nf*	DAT.CO	→ **multipoint circuit**
→ Mehrpunktleitung *nf*		
Mehrpunktverbindung *nf*	TRANSM	**multipoint connection**
= Gruppenverbindung *nf*; Multipointverbindung *nf*; Mehrpunktnetz *nn*; Liniennetz *nn*; Kettennetz *nn*		= multipoint line; multipoint; series line; series network; party line
Mehrraten-ISDN *nn*	TELEC	**multirate ISDN**
Mehrratenvermittlung *nf*	SWITCH	**multirate switching**
Mehrrechnersystem *nn*	DAT.NW	**multi-computer system**
[Kopplung mehrerer Rechner zu einer gemeinsamen Aufgabe]		[interaction of various computers for a common task]
= Rechnerverbund *nm*; Computerverbund *nm*; Rechnerkopplung *nf*; Funktionsverbund *nm*; Verbundsystem *nf*; Rechnernetz *nn*; Computernetz *nn*; Verbundschaltung *nf*; Multicomputersystem *nn*		= computer network; interlocked network
≈ Mehrprozessorsystem; Netzwerk [DAT.CO]		≈ multi-processor system; network [DAT.CO]
↓ Lastverbund; Datenverbund; Vorrechnersystem; Doppelsystem; Parallelsystem; Duplexsystem		↓ load sharing; data sharing; front-end computer system; dual computer system; parallel computer system; duplex computer system
Mehr-Register-Computer *nm*	DAT.PR	→ **multi-address computer**
→ Mehr-Adress-Rechner *nm*		
Mehr-Register-Maschine *nf*	DAT.PR	→ **multi-address computer**
→ Mehr-Adress-Rechner *nm*		
Mehr-Register-Rechner *nm*	DAT.PR	→ **multi-address computer**
→ Mehr-Adress-Rechner *nm*		
Mehrröhrenkanal *nm*	OUT.PL	**multi-duct conduit**
↑ Kabelkanal		↑ cable conduit
Mehrschachteinzug *nm*	TER&PER	**multi-chute device**
Mehrscheibenkupplung *nf*	MEC.EN	**multiple-disc clutch**
Mehrschicht *nf*	TECH	**multilayer** *n*
Mehrschichtbetrieb *nm*	ECON	→ **shift operation**
→ Schichtbetrieb *nm*		
Mehrschichtenaufbau *nm*	TECH	**layered structure**
= Mehrschichtstruktur *nf*; Sandwich-Struktur *nf*; Schichtstruktur *nf*		= sandwich structure; sandwich *n*
Mehrschichtenoberfläche *nf*	DAT.PR	→ **layered interface**
→ mehrschichtige Oberfläche		

Mehrschichtenprotokoll *nn* DAT.CO **layered protocol**
= multi-layer protocol

mehrschichtig TECH → **multilayer** *adj*
→ mehrlagig

mehrschichtige Oberfläche DAT.PR **layered interface**
[eine oder mehr Softwareschichten zwischen dem Anwenderprogramm und der Hardware]
= Mehrschichtenoberfläche *nf*; geschichtete Oberfläche
[one or more software levels between the application program and the hardware]

Mehrschichtleiterplatte *nf* EL.TRO → **multilayer printed circuit board**
→ Mehrlagenleiterplatte *nf*

Mehrschichtstruktur *nf* TECH → **layered structure**
→ Mehrschichtenaufbau *nm*

Mehrschichtstruktur *nf* MICR.EL → **sandwich structure**
→ Sandwich-Struktur *nf*

Mehrschichtverfahren *nn* MICR.EL → **multilayer technique**
→ Mehrlagentechnik *nf*

mehrschleifig CONTRO **multiloop** *adj*

Mehrschlitzstrahler *nm* ANT **multiple-slot antenna**

Mehrschlitz-TDM *nn* TELEC → **multi-slot TDM**
→ Mehrzeitschlitz-TDM

Mehrschriftendrucker *nm* TER&PER **multifont printer**

Mehrschriftenerkennung *nf* TER&PER **multi-font recognition**
≈ Allschriftenerkennung
≈ omni-font recognition

Mehrschriftenleser *nm* TER&PER **multi-font reader**
= Multifontleser *nm*
≈ Allschriftenleser
↑ Klarschriftenleser
= multi-font scanner
≈ omni-font reader
↑ character reader

Mehrschriftlesen *nn* TER&PER **omni-font character recognition**
= Allschriftenerkennung *nf*
↑ Klarschriftlesen
↑ character recognition

Mehrschrittdruck *nm* TER&PER → **multiple-pass printing**
→ Mehrfachdruck *nm*

Mehrschritt- *praef* TECH **multiple-pass**
= multipass *n*

Mehrschrittsortierung *nf* DAT.MA **multipass sort**

mehrseitig PRIN.ME **multi-page**

Mehrsichtfenster *nn* COMP.AP **multi-window** *n*
= Multisichtfenster *nn*

Mehrsichtfenster-Editor *nm* COMP.AP **multi-window editor**

mehrspaltig PRIN.ME **multi-column** *adj*

mehrsprachig LING **multilingual**
= vielsprachig; polyglott; multilingual
= polyglott *n*

mehrsprachige Ausgabe PRIN.ME → **multilingual edition**
→ Polyglotte *nf*

mehrsprachige Begrüßung TELEPH **multilingual greeting**

Mehrsprungverbindung *nf* RADIO **multi-hop link**
[Kurzwellenverbindung]

Mehrspulendatei *nf* DAT.MA **multi-reel file**
[hat auf einer Spule nicht Platz]
[exceeds the capacity of one reel]

Mehrspuraufzeichnung *nf* TER&PER **multi-track recording**
= Mehrkanalaufzeichnung *nf*

mehrstellig MATH **of many places**
= vielstellig
↓ zweistellig; dreistellig; vierstellig
↓ two-place; three-place; four-place

Mehr-Stern-Topologie *nf* TELEC → **multi-star topology**
→ Vielfach-Stern-Topologie *nf*

mehrstimmig ACOUS **multitimbral**

Mehrstimmigkeit *nf* ACOUS **polyphony** *n*
= Polyphonie *nf*

Mehrstufenmodulation *nf* (1) MODUL **multi-level modulation**
[mit mehrstufigen Kennzuständen]

Mehrstufenmodulation *nf* (2) MODUL **multiple modulation** (2)
[Modulation vormodulierter Signale]
↓ Zweistufenmodulation
[modulation of premodulated signals]

Mehrstufenschalter *nm* COMPO **multi-throw switch**

Mehrstufen-Stichprobenverfahren *nn* STATIS **multi-stage sampling**

mehrstufig TECH **multi-level** *adj*
= vielstufig
≠ einstufig
≠ single-level

mehrstufig CIRC.EN **multistage**
= vielstufig
≠ einstufig
= polystage
≠ single-stage

mehrstufig INF.TEC → **value-discrete** *adj*
→ wertdiskret

mehrstufige Koppelanordnung SWITCH → **switching network** (2)
→ Koppelnetz *nn*

mehrstufiger Code CODING → **multivalid code**
→ mehrwertiger Code

mehrstufiger Verstärker CIRC.EN → **cascade amplifier**
→ Kaskadenverstärker *nm*

Mehrsystemnetz *nn* DAT.NW **multisystem network**
[mit mehr als einen Hauptrechner]
= Multisystemnetzwerk *nn*
[with more than one host computer]

Mehr-Tasten-Betätigung *nf* TER&PER **chord keying**
[pressing several keys simultaneously]

mehrteilig SCIE **polychotomous**
[consisting of several parts]

mehrteilig TECH **multisectional** *adj*
= vielteilig
↓ zweiteilig; dreiteilig; vierteilig; fünfteilig
= multipartite; multipart
↓ two-part; three-part; four-part; five-part

Mehr-Teilnehmer-Anruf *nm* TELEPH **multi-party calling**

Mehrteilnehmerstation *nf* TELEC **multiple-line station**
≠ Einzelteilnehmerstation
≠ single-line station

Mehrtonstörsignal *nn* TELEC **multitone jamming signal**

Mehrtor *nn* NETW.TH **multiport** *n*

Mehrtorverzweiger *nm* OPTOEL **multiport coupler**
↓ Dreitorverzweiger; Viertorverzweiger
↓ three-port coupler; four-port coupler

Mehrträgerdatei *nf* DAT.MA **multi-volume file**

Mehrverbrauch *nm* MANUF **production scrap**
= additional consumption

mehrverzweigt TECH **multibranched**
= mehrzweigig; vielzweigig; vielverzweigt

Mehrwege- TELEC **multipath ...**

Mehrwegeausbreitung *nf* RAD.PRO **multipath propagation**
= multipath transmission

Mehrwegeecho *nn* RAD.PRO **multipath echo**

Mehrwegeempfang *nm* RADIO **multipath reception**

Mehrwegeführung *nf* TELEC **path diversity**
= Mehrwegeübertragung *nf*; Streckenersatz *nm*; Linienersatz *nm*
≠ Einwegeführung
= multiple routing; multipath routing; multipath transmission; line diversity; route diversity
≠ single-path routing

Mehrwegeinterferenz *nf* RAD.PRO → **multipath interference**
→ Mehrwegestörung *nf*

Mehrwege-Lautsprecher *nm* EL.ACOU **multiple-way loudspeaker**

Mehrwege-Reduktionsfaktor *nm* RAD.PRO **multipath transmission factor**
[Kurzwellenübertragung]
= MRF-Wert
[shortwave transmission]
= MRF

Mehrwegeschwund *nm* RAD.PRO → **selective fading**
→ Selektivschwund *nm*

Mehrwegesignal *nn* RAD.PRO **multipath signal**

Mehrwegesortieren *nn* DAT.MA **multipath sorting**
↑ Sortieren
↑ sorting

Mehrwegestörung *nf* RAD.PRO **multipath interference**
= Mehrwegeinterferenz *nf*

Mehrwegeübertragung *nf* TELEC → **path diversity**
→ Mehrwegeführung *nf*

Mehrwellenempfänger *nm* RADIO → **all-wave receiver**
→ Allwellenempfänger *nm*

Mehrwert *nm* ECON → **added value**
→ Wertschöpfung *nf*

Mehrwertdienst *nm* TELEC **value added service** *n*
[bietet zusätzlich Speicher- u. Verarbeitungsfunktionen]
= Zusatznutzendienst *nm*; höherwertiger Dienst
≠ Grunddienst
[offers also storage and processing functions]
= VAS; value added network service; VANS
≠ basic service
↓ teleservice (2)

Mehrwertdiensteanbieter TELEC **VAS supplier**
= Mehrwertdienstebetreiber *nm*
[Value-Added-Services]
= VAS carrier

Mehrwertdienste-Anbieter *nm* TELEC → **value-added carrier**
→ Mehrwertdienste-Betreiber *nm*

Mehrwertdienstebetreiber *nm* TELEC → **VAS supplier**
→ Mehrwertdiensteanbieter

Mehrwertdienste-Betreiber *nm* TELEC **value-added carrier**
= Mehrwertdienste-Anbieter *nm*; VAS-Betreiber *nm*; VAN-Betreiber *nm*
≠ Grunddienstbetreiber
↑ Fernmeldegesellschaft
= value-added-service carrier; VAS carrier; value-added-service provider; VASP; VAN carrier; specialized common carrier; SCC
≠ basic service provider
↑ telecommunications carrier

Mehrwertdienste-Netzbetreiber *nm* TELEC **VACC**
= Value-Added Common Carrier

Mehrwertdienstnetz *nn* TELEC **value added network**
[Standleitungen besonderer Leistungsmerkmale]
= Mehrwertnetzwerk *nn*; Zusatznutzen-Netz *nn*
[common carrier lines leased with enhancements]
= VAN

Mehrwertdienstnummer *nf* SWITCH **national service code**
= NSC

mehrwertig TECH **multivalent** *n*
= vielwertig
= polyvalent; multivalid

mehrwertige Logik MATH **multivalid logic**
= multiple-valued logic

mehrwertiger Code CODING **multivalid code**
= mehrstufiger Code
= multilevel code

Mehrwertigkeit *nf* MATH **polyvalence** *n*
= Polyvalenz *nf*

Mehrwertnetzwerk *nn* TELEC → **value added network**
→ Mehrwertdienstnetz *nn*

Mehrwertsteuer ECON **value-added tax** *n*
= VAT

Mehrwertvertreiber *nm* TELEC **value-added reseller** *n*
[acquires everything and resells services]
= VAR

Mehrwortbefehl *nm* SW **multiword instruction**
= multibyte instruction

Mehrzahl *nf* LING → **plural** *n*
→ Plural *nn*

mehrzeilig PRIN.ME **multi-line** *adj*

Mehrzeitschlitz-TDM TELEC **multi-slot TDM**
= Mehrschlitz-TDM *nn*

Mehrzellenhorn *nn* ANT → **sectorial horn**
→ Sektor-Horn *nn*

mehrzügiger Kabelkanal OUT.PL **multiple-duct cable conduit**
= mehrzügiger Röhrenzug

mehrzügiger Röhrenzug OUT.PL → **multiple-duct cable conduit**
→ mehrzügiger Kabelkanal

Mehrzustands- CIRC.EN **multi-state** *adj*

Mehrzustandsmodulation *nf* MODUL **multi-state modulation**

Mehrzweckcomputer *nm* DAT.PR → **general-purpose computer**
→ Universalrechner *nm*

Mehrzweck-Controller *nm* HW **multi-purpose controller**
= general-purpose controller

Mehrzweck-Datensichtgerät *nn* TER&PER **multi-purpose video terminal**
= general-purpose video terminal

Mehrzweckendgerät *nn* TER&PER **multi-purpose terminal**
≠ Spezialendgerät
≠ applications terminal

Mehrzweck- *praef* TECH **multi-purpose** *adj*
= Vielzweck-; vielverwendbar
≈ universell
= general-purpose (3); multiple-use
≈ universal

Mehrzweckprogramm *nn* SW → **general-purpose programm**
→ Universalprogramm *nn*

Mehrzweckrechner *nm* DAT.PR → **general-purpose computer**
→ Universalrechner *nm*

Mehrzweckregister *nn* MICR.EL **multi-purpose register**
= general-purpose register

Mehrzweckregister *nn* DAT.PR → **general register**
→ allgemeines Register

Mehrzweckroutine *nf* SW **generalized routine**

Mehrzwecksprache *nf* COMP.LG **general-purpose language**

mehrzweigig TECH → **multibranched**
→ mehrverzweigt

Meile *nf* PHYS **mile** *n*
[1 609,344 m; ursprünglich tausend (lat. "milia") Doppelschritte]
= mil; Landmeile
≈ Seemeile
↓ keltische Meile; römische Meile; altdeutsche Meile
[5 280 ft = 1 609,344 m; originally 1,000 (Latin "milia" = "thousand") double steps]
= mi; mil; m.
≈ nautical mile
↓ Celtic mile; Roman mile, Old German mile

Meilenlänge *nf* PHYS → **milage** *n* (AE)
→ Meilenzahl *nf*

Meilen pro Stunde PHYS **mph**
≈ Stundenkilometer
= miles per hour
≈ kilometers per hour

Meilenstein *nm* COLL **milestone** *n*
[fig]
[fig]

Meilenzahl *nf* PHYS **milage** *n* (AE)
= Meilenlänge *nf*
= mileage (BE)

meinen COLL → **signify** *vt*
→ bedeuten

meinen *vt* COLL **mean** *vi*
= der Meinung sein; glauben *vt* (2)
= be of the opinion; believe *vt*; think *vt* (2); reckon *vt* (2) (AE)

meiner bescheidenen Meinung nach INTERNET **in my humble opinion**
= IMHO

meiner Meinung nach INTERNET **in my opinion**
= IMO

Meinungsmacher *nm* ECON **opinion maker**
= opinion leader

Meinungsumfrage *nf* ECON **poll** *n*
≈ Meinungsuntersuchung
≈ opinion test

Meinungsuntersuchung *nf* TECH **opinion test**

Meißel *nm* TECH **chisel** *n*

meißelgenietet METAL **staked**

meißelnieten MEC.EN → **stake** *vt*
→ vernieten *vt* (2)

Meißelnieten *nn* METAL **staking** *n*

Meißner-Oszillator *nm* CIRC.EN **Meissner oscillator**
↑ LC-Oszillator
↑ LC oscillator

Meistbegünstigungsklausel *nf* ECON **best preference clause**

Meister *nm* (1) ECON → **master craftsman** *n*
→ Handwerksmeister *nm*

Meister *nm* (2) ECON → **foreman** *n*
→ Vorarbeiter *nm*

Meisterei *nf* ECON **operational entity**

meistern COLL → **manage**
→ bewältigen

meistverkauft ECON **best-selling**

Meldebox *nf* COMP.AP → **message box**
→ Meldetafel *nf*

Meldefenster *nn* COMP.AP → **message box**
→ Meldetafel *nf*

Meldekontakt *nm* EQP.EN **indicator contact**

Meldeleitung *nf* TELEC **record circuit**
= recording circuit; recording trunk; cue circuit; monitoring line

Melden *nn* SWITCH **answering** *n*
[Anschließen der gerufenen Gegenstelle an die aufgebaute Leitung]
[connection of called terminal to the upset circuit]

Meldepflicht *nf* ECON **obligation to registration**
= Registrierungspflicht *nf*

Melder *nm* SIG.EN **sensor** *n*
= Detektor *nm*
= detector *n*

Meldetafel *nf* COMP.AP **message box**
= Meldebox *nf*, Meldefenster *nn*
↓ Dialogtafel; Warntafel
↓ dialog box; alert box

Meldetechnik *nf* SIG.EN **signaling technology** (AE)

Meldetechnik *nf* EL.TRO → **signal engineering**
→ Signal- und Sicherungstechnik *nf*

Meldetelegramm *nn* DAT.CO **indicating telegram**

Meldewort *nn* TRANSM **service word**
= SW
= SW

Meldezeitraum *nm* ECON → **reporting period**
→ Berichtszeitraum *nm*

Meldung *nf* TELECON **message** *n*
= indication *n*; report *n*; monitored binary information

Meldung *nf* COMP.LG → **list** *n*
→ Liste *nf*

Meldungsart TELECON **type of monitored binary information**

Meldungsaufkommen TELECON **information incidence**

Meldungsbeginnzeichen *nn* DAT.CO **start-of-message signal**

Meldungsdauer *nf* TELECON **duration of binary information**

Meldungsformat *nn* TELECON **message format**

Meldungsinhalt *nm* TELECON **binary information meaning**

Meldungslenkung *nf* SWITCH **message routing**

Meldungsschlitz *nm* DAT.CO **message slot**

Meldungsunterscheidung *nf* SWITCH **message discrimination**

Meldungsverteiler *nm* SWITCH **message distributor**

Meldungsverteilung *nf* SWITCH **message distribution**

Meldungswarteschlange *nf* DAT.CO **message queue**

Meldungswarteschlangen-Betrieb *nm* DAT.MA **message queing**

Meldungsweitergabe *nf* DAT.PR **message passing**

Meldungszeile *nf* SW **status line**

Melk-Diskette *nf* DAT.MA **milk disk**
[für den Datentransfer von einem kleinen zu einem großen Rechner verwendet]
[used to trasfer data from a small to a large computer]

Melkmaschine *nf* DAT.PR **milking machine**
[fig; tragbarer Rechner zum Einsammeln von Daten aus kleinen Anlagen und Eingabe in eine Großanlage]
[fig; computer to collect data from small computers and transfer them to a large computer]

Meltdown *nm* DAT.NW → **network collapse**
→ Netzwerkzusammenbruch *nm*

Membran *nf* TECH **membrane** *n*
= Membrane *nf*, Scheidewand *nf*
= diaphragm *n*; septum *n*

Membrane *nf* EL.ACOU **diaphragm** *n*
= membrane *n*

Membrane *nf* TECH → **membrane** *n*
→ Membran *nf*
Membranstrahler *nm* EL.ACOU **diaphragm source**
Memofeld *nn* SW → **comment field**
→ Kommentarfeld *nn*
memorieren COLL → **memorize** *vt*
→ auswendig lernen
MEMS-Technologie *nf* TECH **MEM**
= Micro-Electro-Mechanical
Mendelevium *nn* CHEM **mendelevium** *n*
= Md | = Md
Menge *nf* SCIE **quantity** *n*
= Quantität *nf* | = amount *n*; quantum *n*
Menge *nf* MATH **set** *n*
[Zusammenfassung wohlunterschiedener Objekte zu einem Ganzen] | [collection of distinguishable items to a unit]
= Satz
↓ Teilmenge; Schnittmenge; Punktmenge; Vereinigungsmenge | ↓ subset; cut set; set of points; union of sets
Menge aller Teilmengen MATH → **power set**
→ Potenzmenge *nf*
Mengenangabe *nf* LING **quantifier** *n*
[z.B. etwas, kein] | [e.g. some, lots of]
Mengenangaben *nplt* TECH → **quantity data**
→ Mengendaten *nplt*
Mengendaten *nplt* TECH **quantity data**
= Mengenangaben *nplt*; quantitative Daten
Mengengerüst *nf* ECON **quantity structure**
= quantity listing
Mengen-Klammer *nf* MATH **set brackets**
[meist [ ]] | [generally [ ]]
Mengenlehre *nf* MATH **set theory**
mengenmäßig SCIE → **quantitative** *adj*
→ quantitativ
Mengenrabatt *nm* ECON **quantity discount**
= quantity rebate; volume discount
Mennige *nf* METAL **minium** *n*
= red lead
Mensch-/Maschinensprache-Umsetzer *nm* COMP.AP **man-machine interpreter**
= MML-Umsetzer *nm* | = human machine interpreter
menschliche Sprache LING **human language**
menschliches Versagen COLL **human failure**
= human error
Mensch-Maschine-... DAT.PR **man-machine ...**
= human-machine ...; computer-human ...
Mensch-Maschine-Dialog DAT.PR **human-machine interaction**
= HMI
Mensch-Maschine-Kommunikation *nf* INF.TEC **man-machine communication**
Mensch-Maschine-Schnittstelle *nf* INF.TEC **man-machine interface**
= MMI; human-machine interface; man-computer interface; human-computer interface; HMI; human interface
Mensch-Maschine-Simulation *nf* MOD&SI **man-machine simulation**
= human-machine simulation
Mensch-Maschine-Sprache *nf* COMP.LG **man-machine language**
= Bedienersprache *nf*, MML | = MML
mensurabel PHYS → **measurable**
→ messbar
Mensurabilität *nf* PHYS → **measurability** *n*
→ Messbarkeit *nf*
Menü *nn* COMP.AP **menu** *n*
[am Bildschirm dem Benutzer angebotene Auswahlliste; vom Franz. "menu" = Detail → Speisekarte] | [list of options presented on a display; from French "menu" = detail → list of dishes]
= Menüfenster *nn*; Menüliste *nf*, Benutzermenü *nn*; Auswahlfenster *nn*; Auswahlliste *nf*
↓ Hauptmenü; Folgemenü; Untermenü; Hilfe-Menü | ↓ main menu; sequential menu; submenu; help menu
Menüauswahl *nf* COMP.AP **menu selection**
Menüauswahlknopf *nm* COMP.AP → **radio button**
→ Wahlknopf *nm*
Menübalken *nm* COMP.AP → **menu bar**
→ Menüleiste *nf*
Menübaum *nm* COMP.AP **menu tree**
Menüblatt *nn* COMP.AP **menu form**
Menüebene *nf* COMP.AP **menu level**
Menüeintrag *nm* COMP.AP → **menu item**
→ Menüpunkt *nm*

Menüfenster *nn* COMP.AP → **menu** *n*
→ Menü *nn*
Menüführung *nf* COMP.AP → **menu mode**
→ Menütechnik *nf*
menügeführt COMP.AP → **menu-driven** *adj*
→ menügesteuert
menügeführtes Programm SW **menu driven program**
= menügesteuertes Programm; selbsterklärendes Programm
≠ kommandogesteuertes Programm | ≠ command-driven program
Menügenerator *nm* SW **menu generator**
= Menümaskengenerator *nm* | [for menu displays]
menügesteuert COMP.AP **menu-driven** *adj*
= menügeführt; selbsterklärend | = under menu control
≠ kommandogeteuert | ≠ command-driven
menügesteuerte Benutzeroberfläche COMP.AP **menu-driven user interface**
= menu-based interface
menügesteuerte Software SW **menu-driven software**
menügesteuertes Programm SW → **menu driven program**
→ menügeführtes Programm
Menüleiste *nf* COMP.AP **menu bar**
= Menübalken *nm*; Aktionsleiste *nf*, Aktionsbalken *nm*
↑ Symbolleiste | ↑ symbol bar
Menüliste *nf* COMP.AP → **menu** *n*
→ Menü *nn*
Menü-Manager *nm* SW **menu manager**
= Menü-Verwalter *nm*
Menümaske *nf* COMP.AP **menu mask**
= menu display
Menümaskengenerator *nm* SW → **menu generator**
→ Menügenerator *nm*
Menüoption *nf* COMP.AP → **menu option**
→ Auswahlposition *nf*
Menüposition *nf* COMP.AP → **menu option**
→ Auswahlposition *nf*
Menüprogramm *nn* SW **menu program**
Menüpunkt *nm* COMP.AP **menu item**
= Menüeintrag *nm* | = menu feature; menu position
Menüsteuerung *nf* COMP.AP → **menu mode**
→ Menütechnik *nf*
Menütaste *nf* COMP.AP **menu key**
[bewegt das Menü] | [activates the menu]
Menütechnik *nf* COMP.AP **menu mode**
= Menüsteuerung *nf*, Menüführung *nf* | = menu prompt; menu logic
↑ Bedienerführung | ↑ user guidance
Menü-Umgehung *nf* COMP.AP **menu by-pass**
Menü-Verwalter *nm* SW → **menu manager**
→ Menü-Manager *nm*
Menüzeile *nf* SW **menu line**
MEO-Umlaufbahn *nf* SAT.CO **MEO**
[10.000 bis 18.000 km] | [10,000 to 18,000 km]
= ICO-Umlaufbahn *nf* | = Medium Earth Orbit; ICO; Intermediate Circular Orbit
Mercator-Projektion *nf* CART **Mercator projection**
Merhwegeverzögerung *nf* RAD.PRO **multipath delay**
Meridian *nm* CART **meridian** *n*
merkbar COLL → **noticeably** *adj*
→ spürbar
Merkbit *nn* DAT.CO **note bit**
Merkbuch *nn* OFFICE **notebook** *n*
= Notizbuch *nn*; Agenda *nf* (1) | = agenda *n* (1)
Merken *nn* TELEPH **saved number redial**
merken *vt* COLL **memorize**
Merker *nm* SW **flag** *n*
[Zeichen zur Signalisierung bestimmter Zustände oder Datenstellen] | [variable to indicate prescribed conditions or data positions]
= Kennzeichen *nn*; Hinweiszeichen *nn*; Flag *nn* (ANGL); Kennzeichenbit *nn*; Markierung *nf* (1); Kennzeichnungsbit *nn*; Zustandsbit *nn*; Statusbit *nn*; funktionales Bit; Indikator *nm* | = indicator flag; flag bit; condition bit (2); tatus bit; functional bit; sentinel *n*
↓ Fehlerkennzeichen; Semaphor | ↓ error flag; semaphore
Merkerfunktion *nf* TER&PER **flag function**
Merkerregister *nn* DAT.PR **flag register**
= Flag-Register *nn* (ANGL)
Merkerspeicher *nm* TER&PER **flag memory**
merkfähig SW → **mnemonic** *adj*
→ mnemotechnisch
Merkmal *nn* TECH **characteristic** *n* (1)
= charakteristisches Merkmal; Eigenschaft *nf*, Charakteristik *nf*, Kennzeichen *nf* | = feature *n* (1); property *n*; identification mark; mark *n*; sign *n*

≈ Besonderheit ≈ pecularity
↓ Leistungsmerkmal ↓ feature (2)

Merkmalanalyse *nf* COMP.GR → **feature extraction**
→ Merkmalextraktion *nf*

Merkmalerhebung *nf* COMP.GR → **feature extraction**
→ Merkmalextraktion *nf*

Merkmalextraktion *nf* COMP.GR **feature extraction**
[Bildverarbeitung] [image processing]
= Merkmalerhebung *nf*; Merkmalanalyse *nf* = feature analysis

Merkmalraum *nm* IMAG.PR **feature space**

Merkmalsanforderung *nf* DAT.CO → **facility request**
→ Leistungsmerkmalsanforderung *nf*

Merkstein *nm* OUT.PL → **buried cable marker**
→ Kabelmerkstein *nm*

Mesa-Diode *nf* MICR.EL **mesa diode**

Mesa-Struktur *nf* MICR.EL **mesa structure**

Mesa-Technik *nf* MICR.EL **mesa technology**

Mesa-Tetrode *nf* MICR.EL **mesa tetrode**

Mesa-Transistor *nm* MICR.EL **mesa transistor**
↑ Bipolartransistor; Diffusionstransistor ↑ bipolar transistor; diffusion transistor

MESFET MICR.EL **MESFET**
[FET mit Metall-Halbleiterkontakt als Steueranschluss] [FET with a metal-semiconductor contact as gate terminal]
= Metall-Halbleiter-Feldeffekttransistor *nm* = metal semiconductor field-effect transistor

mesialer Leistungspegel OPT.CO **mesial power level**
[50% Amplitudenpegel] [50% amplitude level]

mesochron TELEC **mesochronous**
[mit gleichem Mittelwert der Kennzeitpunkt-Abstände] [with equal average distance between significant instants]
≈ synchron ≈ synchronous

mesochrones Netz TELEC **mesochronous network**

Meson *nn* PHYS **meson**

Mesosphäre *nf* GEOSC **mesosphere** *n*
[zwischen 50 und 85 km] [between 50 and 85 km]
↑ Atmosphere ↑ atmosphere

Messadapter *nm* INSTR → **measuring adapter**
→ Messvorsatz *nm*

Message Transfer Agent *nm* INTERNET **message transfer agent**
= Mail Transport Agent *nm* = mail transport agent; MTA

Messanforderung *nf* INSTR **measurement requirement**

Messanordnung *nf* INSTR → **test setup**
→ Messaufbau *nm*

Messanschluss *nm* EL.TRO → **test port**
→ Messausgang *nm*

Messantenne *nf* ANT **standard antenna**
= Normalantenne *nf*; Normalstrahler *nm* = standard radiator
≈ Bezugsantenne ↓ reference dipole
↓ Normdipol

Messapparatur *nf* INSTR **measurement equipment**
≈ Messgerät; Prüfapparatur ≈ measurement instrument; test equipment

Messaufbau *nm* INSTR **test setup**
= Messanordnung *nf*; Prüfaufbau *nm*; Prüfanordnung *nf* = test arrangement; test bench; measurement setup; measurement arrangement; measurement bench

Messaufgabe *nf* INSTR **measurement task**

Messaufnehmer *nm* INSTR **transducer** *n*
= Messwertaufnehmer *nm*; Aufnehmer *nm*; Messgeber *nm* = primary detector; primary element
≈ Wandler [PHYS]; Sensor [COMPO] ≈ sensor [PHYS]; sensor [COMPO]

Messauftrag *nm* TELEC **measurement requirement**
= test requirement

Messausgang *nm* EL.TRO **test port**
= Messanschluss *nm*; Testanschluss *nm*; Testausgang *nm*; Prüfanschluss *nm*; Prüfausgang *nm* = test output
≈ Messpunkt ≈ test point

Messautomat *nm* INSTR **automatic measuring equipment**
= measuring automat

messbar PHYS **measurable**
= mensurabel = mensurable

Messbarkeit *nf* PHYS **measurability** *n*
= Mensurabilität *nf* = mensurability *n*; measurableness *n*; mensurableness *n*

Messbereich *nm* INSTR **measurement range**
= measuring range; instrument range

Messbereichswahlschalter *nm* INSTR **measuring range selector**

Messbild *nn* CART → **photogram**
→ Photogramm *nn*

Messbrücke *nf* INSTR **measuring bridge**

Messbuchse *nf* EQP.EN **test jack**

Messbus *nm* AUTOMA **meter bus**

Messdaten *nplt* INSTR **measurement data**
= Messwerte *nplt* = measured data

Messdatenerfasssung *nf* INSTR → **test value recording**
→ Messwerterfassung *nf*

Messdetektor *nm* INSTR → **test probe**
→ Prüfspitze *nf*

Messdiode *nf* EL.TRO **measuring diode**

Messdirektor *nm* INSTR **measuring director**
= steuernde Messeinrichtung

Messdorn *nm* MEC.EN **measuring mandrel**

Messdurchsatz *nm* INSTR **measurement throughput**

Messe *nf* ECON → **exposition** *n*
→ Ausstellung *nf*

Messehalle *nf* ECON **exhibition hall**

Messeinheit *nf* PHYS → **measurement unit**
→ Maßeinheit *nf*

Messeinrichtung *nf* INSTR → **measuring set**
→ Messplatz *nm*

Messelektrode *nf* INSTR **measuring electrode**
= test electrode

Messempfänger *nm* INSTR **test receiver**
= measuring receiver

Messen PHYS → **measurement** *n*
→ Messung *nf*

messen PHYS **measure** *vt*
≈ prüfen ≈ test

Messer *nm* INSTR → **measuring instrument**
→ Messgerät *nn*

Messer *nm* TECH **knife** *n*
↑ Schneidewerkzeug ↑ cutting tool

Messergebnis *nn* INSTR → **test result**
→ Messwert *nm*

Messergebnis *nn* PHYS **measurement result**
≈ Prüfergebnis; Messwert ≈ test result; measured value

Messerkantenbeugung *nf* RAD.PRO **knife-edge diffraction**
= knife-edge effect

Messerkontakt *nm* COMPO **knife-blade contact**
= blade contact

Messerleiste *nf* COMPO **blade-connector strip**
= blade-contact strip

Messersteckverbinder *nm* COMPO **knife-blade connector**

Messerzeiger *nm* INSTR **blade type pointer**
↑ Zeiger ↑ pointer

Messestand *nm* ECON **booth** *n*
= Ausstellungsstand *nm*; Stand *nm* = exhibition stand; stand *n*; stall *n*

Messfahrzeug *nn* RADIO **measuring vehicle**
= channel sounder [MOB.CO]

Messfehler *nm* PHYS **measuring error**

Messfeld *nn* EQP.EN **measuring panel**
= metering panel

Messfrequenz *nf* INSTR **measuring frequency**
≈ Prüffrequenz ≈ test frequency

Messfühler *nm* INSTR → **test probe**
→ Prüfspitze *nf*

Messfunktion *nf* INSTR **measuring function**
= personality *n*

Messgeber *nm* INSTR → **transducer** *n*
→ Messaufnehmer *nm*

Messgegenstand *nm* INSTR → **unit under measurement**
→ Messobjekt *nn*

Messgenauigkeit *nf* INSTR **measuring precision**
= measurement accuracy; meter accuracy

Messgenerator *nm* INSTR → **signal generator** *n* (1)
→ Universal-Messsender *nm*

Messgerät *nn* INSTR **measuring instrument**
= Messinstrument *nn*; Messer *nm* = meter *n*
≈ Messapparatur; Messvorrichtung; Prüfgerät; Prüfapparatur; Messplatz ≈ measurement equipment; measuring set; test instrument; test equipment; measuring set
↑ Instrument ↑ instrument

Messgeräteeichung *nf* INSTR **instrument calibration**

Messgeräte-Güteklasse *nf* QUAL **instrument grade**

Messgerätekorrektur *nf* INSTR → **calibration factor**
→ Kalibrierfaktor *nm*

Messgleichrichter *nm* INSTR **measuring rectifier**

Messgröße *nf* ECON **indicator**

Messgröße *nf* PHYS **measurand** *n*

= Beobachtungsgröße *nf* | = quantity under test; measured quantity; measurable variable; measurable quantity
≈ Messwert

Messgrößenumformer *nm* INSTR → **measurand transducer**
→ Messumformer *nm*

Messheißleiter *nm* COMPO **measuring thermistor**
= Messthermistor *nm*

Messhilfe *nf* SW → **test aid**
→ Testhilfe *nf*

Messing *nn* METAL **brass** *n*

Messingblech *nn* METAL **sheet brass**

Messingdraht *nm* METAL **brass wire**

Messingguss *nm* METAL **brass casting**

Messinghartlot *nn* METAL **brazing solder**
= Schlaglot *nn*; Messinglot *nn* | = brazing alloy; brazing spelter

messinghartlöten METAL **braze** *vt* (1)
= messinglöten | ↑ hard-solder
↑ hartlöten

Messinghartlötung *nf* METAL **brazing** *n*
↑ Hartlötung | ↑ hard soldering

Messinglot *nn* METAL → **brazing solder**
→ Messinghartlot *nn*

messinglöten METAL → **braze** *vt* (1)
→ messinghartlöten

Messinstrument *nn* INSTR → **measuring instrument**
→ Messgerät *nn*

Messkette *nf* INSTR **measuring chain**

Messklima *nn* QUAL **measuring climate**

Messkoffer *nm* INSTR **test case**
≈ Messgerät | ≈ test instrument

Messkondensator *nm* INSTR **measuring capacitance**

Messkopf *nm* INSTR → **test probe**
→ Prüfspitze *nf*

Messkurve *nf* PHYS **measured curve**

Messlehre *nf* MECH **measuring gauge** *n*
≈ Prüflehre | = measuring gage; measuring appliance
≈ checking appliance

Messleitung *nf* ANT **slotted line**

Messleitung *nf* INSTR **measuring line**
= Messzuleitung *nf*; Prüfleitung *nf*; Prüfschnur *nf*; Messschnur *nf* | = test lead wire; test lead; measuring lead; test line

Messleitungshalter *nm* INSTR **test lead holder**

Messling *nm* INSTR → **unit under measurement**
→ Messobjekt *nn*

Messmethode *nf* INSTR → **measurement procedure**
→ Messverfahren *nn*

Messmikrofon *nn* EL.ACOU **standard microphone**
= Messmikrophon *nn*; Eichmikrofon *nn*; Eichmikrophon *nn* | = measuring microphone

Messmikrophon *nn* EL.ACOU → **standard microphone**
→ Messmikrofon *nn*

Messmittel *nn* TECH **measuring tool**

Messnormal *nn* INSTR → **standard measure**
→ Eichnormal *nn*

Messobjekt *nn* INSTR **unit under measurement**
= Messgegenstand *nm*; Messling *nm*; Probe *nf* | = unit under test; device under test; specimen *n*
≈ Prüfling [QUAL] | ≈ test specimen [QUAL]

Messpegel *nm* TRANSM **test level**
= through level

Messplatz *nm* SWITCH **measuring console**

Messplatz *nm* INSTR **measuring set**
[Gerät mit mehreren zusammenwirkenden Messfunktionen] | [equipment with several measurement functions]
= Messvorrichtung *nf* (1); Messeinrichtung *nf* | = test position; measuring equipment; measuring facility; measuring device (2); instrumentation tool
≈ Messgerät; Prüfplatz; Messeinrichtung; Prüfeinrichtung; Messaufbau | ≈ measuring instrument; test set; testinq device; test tools; test arrangement

Messpotentiometer *nn* INSTR **measuring potentiometer**

Messprinzip *nn* INSTR **measuring principle**

Messprotokoll *nn* INSTR **measurements record**
= test record

Messpunkt *nm* EL.TRO **test point**
= Prüfpunkt *nm*; Testpunkt *nm*; Messstelle *nf*; Prüfstelle *nf*; Teststelle *nf* | = test access point; checkpoint; measuring point; measuring access point
≈ Überwachungspunkt; Messausgang | ≈ monitoring point; test port

Messrad *nn* OUT.PL **odometer** *n*
= Odometer *nn*

Messrate *nf* INSTR **reading rate**

Messraum *nm* INSTR **measuring chamber**
≈ Prüfraum (QUAL) | ≈ test room (QUAL)

Messresponder *nm* INSTR **measuring responder**
= gesteuerte Messeinrichtung | = controlled measuring device

Messschablone *nf* TECH **measuring template**

Messschaltung *nf* CIRC.EN **measuring circuit**

Messschleife *nf* EL.TRO **measuring loop**
≈ Prüfschleife | ≈ test loop

Messschnur *nf* INSTR → **measuring line**
→ Messleitung *nf*

Messschritt *nm* INSTR **measuring step**

Messsender *nm* (1) INSTR **test signal generator**

Messsender *nm* (2) INSTR **measuring transmitter**
= Hochfrequenz-Signalgenerator *nm*; Labormesssender *nm*

Messsensor *nm* INSTR → **test probe**
→ Prüfspitze *nf*

Messsignal *nn* EL.TRO → **test signal**
→ Testsignal *nn*

Messskala *nf* INSTR **measuring scale**

Messsonde *nf* INSTR → **test probe**
→ Prüfspitze *nf*

Messspannung *nf* INSTR **measuring voltage**
≈ Prüfspannung [EL.TRO] | ≈ test voltage [EL.TRO]

Messspannungsquelle *nf* INSTR → **measuring current source**
→ Messstromquelle *nf*

Messspule *nf* INSTR **measuring coil**

Messstelle *nf* EL.TRO → **test point**
→ Messpunkt *nm*

Messstellenwahlschalter *nm* EQP.EN **test point selector**
= checkpoint selector

Messstift *nm* CIRC.EN **test pin**

Messstochastik *nf* INSTR **measurement probability**

Messstrom *nm* INSTR **measurement current**
= current through unknown

Messstromquelle *nf* INSTR **measuring current source**
= Messspannungsquelle *nf*

Messtaster *nm* INSTR → **test probe**
→ Prüfspitze *nf*

Messtechnik *nf* INSTR → **measurement procedure**
→ Messverfahren *nn*

messtechnisch INSTR **metrological**

Messthermistor *nm* COMPO → **measuring thermistor**
→ Messheißleiter *nm*

Messtoleranz *nf* QUAL **test tolerance**
= Prüftoleranz *nf* | ≈ measuring inaccuracy
≈ Messunsicherheit

Messton *nm* TELEPH **test tone**

Messtransformator *nm* COMPO → **measuring transducer**
→ Messwandler *nm*

Messtrupp *nm* SYS.INS **testing crew**

Messuhr *nf* INSTR **dial micrometer**

Messumformer *nm* INSTR **measurand transducer**
= Messgrößenumformer *nm*; Messwertumformer *nm* | = transmitter *n*

Messung *nf* INSTR **measuring** *n*
= Prüfung *nf* | = measurement *n*; test *n*; tetsting *n*

Messung *nf* PHYS **measurement** *n*
= Messen | = measure *n*; measuring *n*; test *n* [INSTR]
≈ Prüfung [QUAL] | ≈ test [QUAL]

Messung *nf* INSTR **measurement** *n*
= test *n*; metering *n*

Messung mit Mittelwertbildung *nf* INSTR **averaged measurement**
= gemittelte Messung | = averaged mode

Messung ohne Mittelwertsbildung *nf* INSTR **unaveraged measurement**
= unaveraged mode

Messunsicherheit *nf* INSTR **measuring inaccuracy**
≈ Messtoleranz | = measurement uncertainity
≈ measuring tolerance

Messverfahren *nn* INSTR **measurement procedure**
= Messmethode *nf*; Messtechnik *nf* | = measurement practice; measurement technique; measurement method; measuring technique; measuring practice; measuring procedure; measuring method
≈ Prüfverfahren [QUAL] | ≈ test procedure [QUAL]

Messverstärker *nm* INSTR **measurement amplifier**
= measuring amplifier; instrumentation amplifier

Messvorrichtung *nf*(1) INSTR → **measuring set**
→ Messplatz *nm*

Messvorrichtung *nf*(2) INSTR **measuring device** (1)
≈ Messgerät; Messinstrument; Messapparat; Prüfvorrichtung
≈ testing device

Messvorsatz *nm* INSTR **measuring adapter**
= Messadapter *nm*; Prüfadapter *nm*; Testadapter *nm*
= test adapter; test fixture

Messwagen *nm* INSTR **testmobile** *n*
= Testwagen *nm*

Messwandler *nm* COMPO **measuring transducer**
= Messtransformator *nm*
≈ Wandler
= instrument transformer

Messwandlerzange *nf* INSTR **clamp** *n*

Messwarte *nf* CONTRO **measuring watch tower**

Messwerk *nn* INSTR **measuring system**

Messwert *nm* PHYS **measured value**
= Wert
≈ Messgröße: Messergebnis
= experimental value; value *n*
≈ measurand; measurement result

Messwert *nm* INSTR **test result**
= Prüfwert *nm*; Messergebnis *nn*; Prüfergebnis *nn*; gemessener Wert
= measurement result; measuring result; measured value

Messwertanzeige *nf* INSTR **measurement indication**
≈ Messgerätanzeige
≈ tester indication

Messwertaufnehmer *nm* INSTR → **transducer** *n*
→ Messaufnehmer *nm*

Messwertdrucker *nm* INSTR **logger** *n*
= Mitschreiber *nm*
= printing recorder

Messwerte *nplt* INSTR → **measurement data**
→ Messdaten *nplt*

Messwerterfassung *nf* INSTR **test value recording**
= Messdatenerfasssung *nf*
= test results recording; measured data acquisition

Messwertgeber *nm* INSTR → **test probe**
→ Prüfspitze *nf*

Messwertraum *nm* IMAG.PR **measurement space**
[Mustererkennung]
[pattern recognition]

Messwertspeicher *nm* INSTR **test-values memory**
= test results memory

Messwertübertragung *nf* TELECON **test-value transmission**
= test result transmission

Messwertumformer *nm* INSTR → **measurand transducer**
→ Messumformer *nm*

Messwertverarbeitung *nf* INSTR **measured-value processing**
= measured-data processing; test-value processing; test result processing

Messwesen *nn* PHYS **metrology** *n*
= Metrologie *nf*

Messwiderstand *nm* COMPO → **precision resistor**
→ Normalwiderstand *nm*

Messzahlen *nplt* STATIS **relatives** *nplt*

Messzeit *nf* INSTR **measurement time**
≈ Prüfzeit
≈ test time

Messzeug *nn* TECH **measurement gear**

Messzuleitung *nf* INSTR → **measuring line**
→ Messleitung *nf*

Messzweck *nm* TECH → **testing purpose**
→ Prüfzweck *nm*

Messzweig *nm* CIRC.EN **measuring branch**

Metaanweisung *nf* SW **meta statement**

Metaassembler *nm* COMP.LG **metaassembler**

Metabetriebssystem *nn* SW **metaoperating system**
[koordiniert mehrere Betriebssysteme]
= Supervisor *nm*
[coordinates several operating systems]
= supervisor *n*

Metacompilierung *nf* SW → **metacompiler** *n*
→ Metakompiler *nm*

Metacompilierung *nf* SW → **metacompilation** *n*
→ Metakompilierung *nf*

Metadatei *nf* DAT.MA → **metafile** *n*
→ Überdatei *nf*

Metadaten *nplt* SW **metadata** *n*
[OOP; "Daten über Daten"]
[OOP; "data on data"]
= meta data

Metadatenbank *nf* DAT.MA **metadata base**

Metadatenverwaltung *nf* DAT.MA **metadata management**

Metaklasse *nf* SW **metaclass** *n*
[OOP; beschreibt andere Klassen]
[OOP; describes sother clases]

Metakompiler *nm* SW **metacompiler** *n*
[kompiliert einen Kompilierer]
= Metacompilierung *nf*
[compiles a compiler]

Metakompilierung *nf* SW **metacompilation** *n*
[Kompilierung eines Kompilierers]
= Metacompilierung *nf*
[compilation of a compiler]

Metall (*nn*) CHEM **metal** *n*

Metallackkondensator *nm* COMPO → **MKU capacitor**
→ MKU-Kondensator *nm*

Metallatom *nn* CHEM **metallic atom**

Metallaustrittsarbeit *nf* PHYS → **work function**
→ Ablösearbeit *nf*

Metallband *nn* METAL **metal strip**

Metallbandwiderstand *nm* COMPO **metal band resistor**

Metallbau *nm* TECH **metal construction**

Metallbelag *nm* METAL → **metal film**
→ Metallschicht *nf*

metallbeschichten METAL → **metallize** *vt*
→ metallisieren

metallbeschichten METAL → **electroplate** *vt*
→ galvanisieren

metallbeschichtet METAL **metal-clad**
= metallgekapselt; metallumhüllt
≈ metallisiert
≈ metallized

Metallbewehrung *nf* COM.CAB **metal armouring**

Metallbindung *nf* CHEM **metallic bond**
= metallische Bindung

Metalldatenträger *nm* TER&PER **metallic data medium**
= metallic medium; plated medium

Metalldehnmessstreifen *nm* INSTR **metal-resistance strain gauge**

Metalldetektor *nm* OUT.PL → **metal detector**
→ Metallsuchgerät *nn*

Metalldrücken METAL **spinning** *n*
= Drücken *nn*

Metalleiterkabel *nn* COM.CAB **metallic cable**
≠ metallfreies Kabel
≠ metal-free cable

Metallfilm *nm* METAL → **metal film**
→ Metallschicht *nf*

Metallfilm-Dehnmessstreifen *nm* INSTR **metal-film strain gauge**

Metallfilm-Festwiderstand *nm* COMPO **fixed metal-film resistor**
= Metallschicht-Festwiderstand *nm*
↑ Metallfilmwiderstand
↑ metal-film resistor

Metallfilmwiderstand *nm* COMPO **metallic film resistor**
= Metallschichtwiderstand *nm*
= metal film resistor

Metallfolie *nf* TECH **metal foil**

Metallfolienkondensator *nm* COMPO → **plastic-film capacitor**
→ Kunststoffolien-Kondensator *nm*

metallfrei TECH **metal-free**

metallfreies Kabel COM.CAB **metal-free cable**
≠ Metalleiterkabel
= dielectric cable
≠ metallic cable

Metall-gate-Technik *nf* MICR.EL **metal gate technology**

Metallgehäuse *nn* COMPO **metallic package**
= metal case

metallgekapselt METAL → **metal-clad**
→ metallbeschichtet

Metallgießen *nn* METAL **metal casting**

Metallgitter *nn* PHYS **metal lattice**
[Festkörperphysik]
[solid state physics]

Metallglanz *nm* TECH **metallic luster**

Metallglasur-Festwiderstand *nm* COMPO → **cermet resistor**
→ Cermet-Widerstand *nm*

Metall-Halbleiter-Diode *nf* MICR.EL → **Schottky barrier diode**
→ Schottky-Diode *nf*

Metall-Halbleiter-Feldeffekttransistor *nm* MICR.EL → **MESFET**
→ MESFET

Metall-Halbleiter-Kontakt *nm* MICR.EL **metal-semiconductor contact**
= Schottky-Kontakt *nm*
= Schottky contact

metallisch PHYS **metallic**

metallische Bindung CHEM → **metallic bond**
→ Metallbindung *nf*

metallisieren METAL **metallize** *vt*
= metallbeschichten
↓ plattieren; galvanisieren
= metalize *vt*
↓ plate; galvanize

metallisierter Kunststoffolien-Kondensator COMPO → **metalliozed plastic-film capacitor**
→ MK-Kondensator *nm*

Metallisierung *nf*(1) METAL **metallization** *n* (1)
↓ Plattierung; Galvanisierung
= metalization *n* (1); metallizing *n*
↓ plating; galvanization

Metallisierung *nf*(2) METAL → **metal film**
→ Metallschicht *nf*

Metallkeramik *nf* METAL → **cermet** *n*
→ Pulvermetall *nn*

Metall-Kunststoff-Kondensator *nm* COMPO → **plastic-film capacitor**
→ Kunststoffolien-Kondensator *nm*

Metall-Leerspule *nf* TER&PER **metal reel**

Metalllinse *nf* ANT → **path-length lens**
→ Weglängenlinse *nf*

Metallmantel *nm* COM.CAB **metal sheath**

Metallographie *nf* METAL **metallography**

metallographisch METAL **metallographic**

Metalloid *nn* CHEM **non-metal** *n*
≈ Nichtmetall | = metalloid *n*

metallorganisch-chemische Gasphasen-Epitaxie MICR.EL → **MOVPE**
→ MOVPE

Metalloxid CHEM **metal oxide**

Metalloxid-Halbleiter *nm* MICR.EL **MOS**
= MOS | = metal-oxide semiconductor
↓ PMOS; NMOS; CMOS | ↓ PMOS; NMOS; CMOS

Metalloxidschicht-Festwiderstand *nm* COMPO **fixed metal-oxide-film resistor**
↑ Metalloxidschicht-Widerstand | = metal-oxide-film resistor; ↑ metal oxide resistor

Metallpapier *nn* TECH **metallized paper**

Metallpapierkondensator *nm* COMPO **metallized paper capacitor**
= MP-Kondensator *nm* | = metallized capacitor

Metallpapierschrift *nf* INSTR **metallized paper recording**

Metallschicht *nf* METAL **metal film**
= Metallbelag *nm*; Metallisierung *nf* (2); Metallfilm *nm* | = metallization *n* (2); metalization *n* (2)

Metallschichtband *nn* TER&PER **metal tape**

Metallschicht-Festwiderstand *nm* COMPO → **fixed metal-film resistor**
→ Metallfilm-Festwiderstand *nm*

Metallschichtwiderstand *nm* COMPO → **metallic film resistor**
→ Metallfilmwiderstand *nm*

Metallschirm *nm* EL.TEC **metal screen**

Metallschutzkappe *nf* TECH **metal cover**

Metallsuchgerät *nn* OUT.PL **metal detector**
= Metalldetektor *nm* | = line detector

metallumhüllt METAL → **metal-clad**
→ metallbeschichtet

Metallwanderung *nf* PHYS **metal migration**
↑ Materialwanderung | ↑ material migration

Metallzwischenschicht-Transistor *nm* MICR.EL **metal interface transistor**
= MI-Transistor *nm* | = MI transistor

Metamagnetismus *nm* PHYS **metamagnetism** *n*

Metamathematik *nf* MATH **metamathematics** *n*
[Untersuchung der Mathematik]

Metamaus *nf* TER&PER **metamouse** *n*

Meta-Metasprache *nf* COMP.LG **meta-meta language**

Meta- *praef* SCIE **meta-** *praef*
[vom griech. "metá" = "zwischen, hinter, nach"] | [from Greek "metá" = "between, behind"; after]

Metasprache *nf* LING **metalanguage** *n*
≠ natürliche Sprache | = meta language; ≠ natural language

Metasprache *nf* COMP.LG **metalanguage** *n*
[eine Sprache zur Beschreibung anderer Sprachen] | [a language to describe other languages]
= Sprachbeschreibungssprache *nf*; Form | = language-description language; form
≠ Programmiersprache | ≠ programming language
↓ Backus-Naur-Form | ↓ Backus-Naur form

metastabil PHYS **metastable**

metastabiles Energieniveau PHYS **metastable energy level**

Metastabilität *nf* CIRC.EN **metastability** *n*
[unerwünschte eng begrenzte Stabilität] | [unwanted narrow-bound stability]

Meta-Suchmaschine *nf* INTERNET **meta search engine**
= meta browser

Meta-Tag INTERNET **metatag**
[vom Browser nicht angezeigte Kopfteile] | [header not displayed by browsers]

Metawissen *nn* ART.IN **meta-knowledge** *n*
[wie man Wissen aus Wissen ableitet] | [on how new knowledge can be derived from knowledge]

Metazeichen *nn* COMP.LG **metacharacter** *n*
[enthält Informationen über andere Zeichen] | [conveys information about other characters]

Meteorologie *nf* GEOSC **meteorology** *n*
= Wetterkunde *nf* | ↑ earth sciences
↑ Geowissenschaften

meteorologischer Satellit SAT.CO → **weather satellite**
→ Wettersatellit *nm*

Meteorscatter *nm* RAD.PRO **meteor scatter**
= meteoric scatter; meteor burst scatter

Meteorscatterverbindung *nf* RADIO **meteoric scatter link**
= meteor burst link

Meter *nm&nn* PHYS **meter** *n* (AE)
[vom griech. "metrón" = "Maß"; SI-Basiseinheit für räumliche Länge] | [from Greek "metrón" = "measure"; SI unit for physical length]
= m | = metre (BE); m

Meter durch Sekunde PHYS **meter per second** (AE)
[SI-Einheit für Geschwindigkeit] | [SI unit for velocity]
= m/s | = metre per second (BE); m/s

metereologisch METEO **meteorological**

metereologischer Dienst METEO → **meteorological service**
→ Wetterdienst *nm*

Meterware *nf* ECON **yard good**
= Schnittware *nf*

Meterwellen *nplt* RADIO **metric waves**
[10 m - 1 m; 30MHz - 300 MHz] | [10 m - 1 m; 30 MHz - 300 MHz]
= Ultrakurzwellen *nplt*; UKW; VHF; Band Nr.8 (UIT); B.m | = very high frequency; VHF; ultra-short waves; Band Number 8 (UIT); B.m

Methode *nf* SW **method** *n*
[objektorientierte Programmierung; eine Art Prozedur oder Operation] | [object-oriented programming; a sort of procedure or operation]

Methode *nf* SCIE **method** *n*
= Lösungsweg *nm* | = approach *n*
≈ Verfahren | ≈ procedure

Methode der bewachten Fallunterscheidung SW → **Dijkstra method**
→ Dijkstra-Methode *nf*

Methode der endlichen Elemente MATH **finite element method**
[Numerische Mathematik] | [Numerical Mathematics]
= Methode der finiten Elemente | = FEM

Methode der finiten Elemente MATH → **finite element method**
→ Methode der endlichen Elemente

Methode der maximalen Mutmaßlichkeit STATIS → **maximum likelihood method**
→ Maximum-likelihood-Methode *nf*

Methode der rohen Kraft ART.IN **method of brute force**

Methode der schrittweisen Verfeinerung SW → **top-down design** *n*
→ absteigender Entwurf

Methodiknorm *nf* TECH **method standard**

methodisch SCIE **methodic** *adj*
≈ systematisch | ≈ systematic

Methodologie *nf* SCIE **methodology** *n*

Metrik *nf* SCIE **metrics** *nplt*

metrisch PHYS **metric**
= metrical

metrischer Zentner PHYS → **metric hundredweight**
→ Zentner *nm* (1)

metrisches Karat PHYS **metric carat**
[= 0,2 g] | [= 0.2 g]
= Kt | = ct

metrisches Maßsystem PHYS **metric system**
[System dezimaler Maßeinheiten] | [system of decimal units]

Metrologie *nf* PHYS → **metrology** *n*
→ Messwesen *nn*

Metrologie-Güteklasse *nf* QUAL **metrology grade**
= Laborqualität *nf*

Metropole GEOSC → **capital** *n* (2)
→ Hauptstadt *nf*

Metropole *nf* COLL **metropolis** *n*
[eine bedeutende Stadt] | [a principal city]
≈ Hauptstadt; Großstadt | ≈ capital city; large city

Metropolennetz *nn* TELEC → **metropolitan area network**
→ Großstadtnetz *nn*

Metropolis (obs) GEOSC → **capital** *n* (2)
→ Hauptstadt *nf*

MEZ PHYS → **Central European Time**
→ mitteleuropäische Zeit

MF RADIO → **kilometric waves**
→ Kilometerwellen *nplt*

MFC CODING → **multifrequency code**
→ Mehrfrequenzcode *nm*

MFC-Signalisierung *nf* SWITCH **MFC signaling**
= Mehrfrequenzsignalisierung *nf* | = multi-frequency signaling

MFC-Wahl SWITCH **MFC dialing**
= Mehrfrequenzwahl *nf* | = multi-frequency-code dialing; multi-frequency dialing

MFLOPS DAT.PR → **megaflops**
→ Megaflops *nplt*

MFlops DAT.PR → **megaflops**
→ Megaflops *nplt*

MFM-Code *nm* TER&PER → **modified FM code**
→ modifizierte Wechseltaktschrift

MFM-Codierung *nf* TER&PER → **modified FM code**
→ modifizierte Wechseltaktschrift

MF-Tastatur *nf* TER&PER → **enhanced keyboard**
→ Multifunktionstastatur *nf*

Mg CHEM → **magnesium** *n*
→ Magnesium *nn*

MGA TER&PER **MGA**
[monochromer Grafikstandard] — [Monochrome Graphics Adapter]
↓ Hercules

MGA-Adapter *nm* TER&PER → **MGA board**
→ MGA-Karte *nf*

MGA-Karte *nf* TER&PER **MGA board**
= MGA-Adapter *nm* — = monochrome graphics adapter
↑ Grafikkarte — ↑ graphics board
↓ Hercules-Karte — ↓ Hercules board

mget-Befehl *nm* INTERNET **mget command**
[multiple get]

m-Glied *nn* NETW.TH → **m-derived section**
→ Versteilerungsglied *nn*

MHP BROADC **MHP**
= Multimedia Home Platform

MHz PHYS → **megahertz**
→ Megahertz *nn*

MIC MICR.EL → **microwave integrated circuit**
→ integrierter Mikrowellenschaltkreis

Mickey *nm* TER&PER **mickey** *n*
[0,13 mm Mausbewegung] — [1/200 inch mouse dislocation]

Mickeymatch ANT **mickey-match** *n*
[behelsmäßiger Reflektometer] — [primitive reflectometer]

mickeymausen *vt* IMAG.ME **mickey-mouse** *n*

Microbrowser *nm* MOB.CO **microbrowswe** *n*

Microfiche *nf* TER&PER → **microfiche** *n*
→ Mikrofiche *nm&nn*

Microsoft Windows *nn* COMP.AP **Microsoft Windows**
[ein mehrprogrammfähige graphische Benutzeroberfläche von Microsoft] — [a multitasking graphical interface by Microsoft]
= MS Windows; Windows — = MS Windows; Windows

Middleware *nf* DAT.PR **middleware** *n*
[HW u. SW zum Betreiben eines Programms auf anderem Computermodell] — [SW and HW to run a program on other computer types]
↓ Emulator; Simulierer — ↓ emulator; simulator program

Middleware *nf* SW **middleware** *n*
[zw. Betriebssystem u. Applikation, oder unterschiedlichen Plattformen] — [between OS and application, or between different platforms]
≈ Plattform — ≈ platform

MIDI COMP.AP **MIDI**
[eine genormte serielle Schnittstelle zum Anschließen von Musikgeräten] — [Musical Instrument Digital Interface; a serial interface standard to connect musical equipment to PC's]
↑ Standard-Kommunikationsschnittstelle — ↑ standard communication interface

MIDI-Anschlussbuchse *nf* HW **MIDI port**

MIDI-Datei *nf* COMP.AP **MIDI file**

MIDI-Format *nn* DAT.MA **MIDI format**

MIDI-Gerät *nn* HW **MIDI device**

MIDI-Kabel *nn* HW **MIDI cable**

MIDI-Nachricht *nf* COMP.AP **MIDI message**

MID-Kennung *nf* TELEC → **multiplex identifier**
→ Multiplexkennung *nf*

MIDP-Schnittstelle *nf* MOB.CO **MIDP**
= Mobile Information Device Profile

Midrangecomputer *nm* DAT.PR **midrange Computer**
= mittelgroßer Computer

MID-Technologie *nf* TECH **MID technology**

MID-Träger *nm* TECH **MID**
[Molded Interconnected Device]

Miete ECON → **rental tariff** *n*
→ Mietgebühr *nf*

mieten ECON **give on rent** *vt*
[gegen Entgelt vorübergehend in Gebrauch nehmen] — [to take into temporary use for a fixed pay]
≈ entleihen; pachten — = rent *vt* (1); hire *vt* (2)
≠ vermieten — ≈ lend; take on lease
≠ take on rent

Mieter *nm* ECON **tenant** *n*
≠ Vermieter — = lessee *n*
≠ letter

Mietgebühr *nf* ECON **rental tariff** *n*
= Miete; Mietzins *nm* (AT,CH) — = rental charge; rental *n* (2); hire *n*

Mietleitung *nf* TELEC **leased line**
= gemietete Standverbindung — = private line; leased circuit; private circuit (BE)
≈ Standleitung — ≈ fixed line

Mietzins *nm* (AT,CH) ECON → **rental tariff** *n*
→ Mietgebühr *nf*

MIF (1) DAT.MA **MIF** (1)
= Maker Interchange Format

MIF (2) DAT.MA **MIF** (2)
= Management Information File

Mignon *nn* POW.SY **mignon** *n*
[Akkumulator mit ca. 14x50 mm²] — [accumulator cell 14x50 mm²]
= Mignonzelle *nf*

Mignonzelle *nf* POW.SY → **mignon** *n*
→ Mignon *nn*

Migration *nf* TECH **migration** *n*
[fig] — [fig]
≈ Evolution — ≈ evolution

Migrationspfad *nm* TECH **migration path**

Migrationsstrategie TECH **migration strategy**

migrieren TECH **migrate**

Mikafolium *nn* CHEM **mica-foil**

Mikro *nm* (slang) MICR.EL → **microcomputer** *n*
→ Mikrocomputer *nm*

Mikro- *praep* PHYS **micro** *praep*
[10E-6; vom griech. "míkros" = "klein, wenig"] — [10E-6; from Greek "míkros" = "small, not much"]
= µ- — = µ-

Mikroabstand *nm* TER&PER **microspacing** *n*
[adjusting by very small increments]
= incremental spacing

Mikroadressregister *nn* SWITCH **microaddress register**

Mikroadresswandler *nm* SW **microaddress converter**

Mikroakustik *nf* MICR.EL **microacoustics** *nplt*

Mikro-alloy-Diffusionstransistor *nm* MICR.EL → **MADT**
→ MADT-Transistor *nm*

Mikro-alloy-Transistor *nm* MICR.EL **micro-alloy transistor**

Mikroampere *nn* PHYS **microampere** *n*
[10E-6 A] — [10E-6 ampere]

Mikroampermeter *nn* INSTR **microammeter** *n*

Mikroassembler *nm* SW **microassembler** *n*

Mikroausschluss *nm* WOR.PR **microjustification** *n*
[Erhöhung der Buchstabenzwischenräume zur Auffüllung einer Zeile] — [increase of inter-character spaces to fill out a line]
= Leerzeichenausgleich *nm* — = microspace justification

Mikrobauelement *nn* MICR.EL → **microdevice** *n*
→ Mikrobaustein *nm*

Mikrobaustein *nm* MICR.EL **microdevice** *n*
= Mikrobauelement *nn* — = microcomponent *n*
↓ Chip — ↓ chip

Mikrobefehl *nm* SW **microinstruction** *n*
[elementarste Anweisungseinheit eines Programms, in Maschinencode] — [elementary instruction of a program, in machine code]
= Maschinenbefehl *nm*; Maschinenanweisung *nf*; Maschineninstruktion *nf*; elementarer Befehl; Elementaroperation *nf*; Befehl *nm* (2); Mikroinstruktion *nf*; Mikrocode *nm*; Instruktion *nf* (2) — = micro code; microinstruction *n*; instruction *n* (2); machine instruction; computer instruction
≈ Mikroprogramm; Programmschritt — ≈ microprogram; program step
≠ Programmanweisung — ≠ program instruction
↑ Befehl; Anweisung (1) — ↑ instruction; statement (1)

Mikrobefehlssequenz *nf* SW **microsequence** *n*
= Mikrosequenz *nf* — [sequence of microinstruction]

Mikrobefehlszähler *nm* MICR.EL **microinstruction counter**

Mikrobefehlszyklus *nm* MICR.EL **microinstruction cycle**

Mikrobiegung *nf* OPT.CO → **microbending** *n*
→ Mikrokrümmung *nf*

Mikrobild *nn* INF.TEC **microimage** *n*
[vom menschlichen Auge nicht mehr lesbar] — [too small to be read by human eye]

Mikrobild *nn* TER&PER **microimage** *n*
[nur mit Vergrößerung lesbar] — [only readable by magnification]

Mikrobildspeicher *nm* TER&PER **microform** *n*
= Mikrobildträger *nm*; Mikroform *nf* — [medium for microimages]
↓ Mikrofilm; Mikrofiche — ↓ microfilm; microfiche

Mikrobildträger *nm* TER&PER → **microform** *n*
→ Mikrobildspeicher *nm*

Mikrochip *nm* MICR.EL → **chip** *n*
→ Chip *nm*

Mikrochipkarte *nf* TER&PER **microchip card**

Mikrochipkartendecodierer *nm* TER&PER **microchip card coder**
= Mikrochipkartendekodierer *nm*

Mikrochipkartendekodierer *nm* TER&PER → **microchip card coder**
→ Mikrochipkartendecodierer *nm*

Mikrochipkartenleser *nm* TER&PER **microchip card reader**

Mikrochipkarten-Terminal *nn* TER&PER **microchip card terminal**

Mikrocode *nm* SW **microcode** *n*
[läuft auf Mikroprozessorebene]
= Mikrocode *nm*
[runs on microprocessor level]

Mikrocode *nm* SW → **microcode** *n*
→ Mikrocode *nm*

Mikrocode *nm* SW → **microinstruction** *n*
→ Mikrobefehl *nm*

Mikrocode *nm* SW → **microcode** *n*
→ Mikroprogrammcode *nm*

Mikrocode-Assembler *nm* SW **microcode assembler**
= Mikrocode-Assemblierer *nm*

Mikrocode-Assemblierer *nm* SW → **microcode assembler**
→ Mikrocode-Assembler *nm*

Mikrocodierung *nf* SW → **microprogramming** *n*
→ Mikroprogrammierung *nf*

Mikrocomputer *nm* MICR.EL **microcomputer** *n*
[als Computer funktionsfähige integrierte Schaltung]
= Mikroprozessor *nm* (2); Ein-Chip-Computer *nm*; Mikrorechner *nm* (1); Mikroprozessorsystem *nn*; Mikro *nm* (slang)
[a chip with full computer functionality with CPU]
= single-chip computer; microprocessor system; microprocessor *n* (2); micro *n*

Mikrocomputer *nm* DAT.PR **microcomputer** *n*
[als Zentraleinheit ein Mikroprozessor]
= Mikrorechner *nm*; Mikroprozessorsystem *nn*
↑ Computer
↓ Personal Computer; Heimcomputer; Hobbycomputer
[with a microprocessor as CPU]
= micro
↑ computer
↓ personal computer; home computer; hobby computer

Mikrocomputer-Beauftragter *nm* DAT.PR **micro manager**
[Person die den Einkauf, Betrieb und Wartung der PC's einer Organisation koordiniert]
[a person coordinating the purchase, operation and maintenance of the PC's of an organization]

Mikrocomputerbus *nm* HW **microcomputer bus**

Mikrocomputerindustrie *nf* ECON **microcomputer industry**

Mikrocomputerwesen *nn* DAT.PR **microcomputing** *n*

Mikrocontent INTERNET **microcontent** *n*

Mikrocontroller *nm* MICR.EL **microcontroller** *n*
[ein Mikroprozessor für spezifische Steueraufgaben]
[a microprocessor for specific control functions]

Mikrodiskette *nf* TER&PER **3 1/2 in. floppy disk**
[von Sony entwickelt]
= 3 1/2-Zoll-Diskette *nf*
↑ Diskette
[developed by Sony]
= 3.5-inch floppy disk; microfloppy disk; micro-diskette *n*; 3 1/2 in. compact floppy disk; 3.5-inch compact floppy disk; 3 1/2 in. diskette; 3.5-inch diskette
↑ floppy disk

Mikrodisplay *nn* TER&PER **microdisplay**

Mikrodruck *nm* TER&PER **microprint** *n*
[a printed microcopy]

Mikroelektronik *nf* EL.TRO **microelectronics** *nplt*
[Technik der Realisierung von Schaltkreisen auf Halbleiterplättchen]
≈ Miniaturelektronik
↑ Elektronik
↓ Halbleitertechnik; Filmtechnik; Optoelektronik; Mikroakustik; Quantenmikroelektronik; Isolatorelektronik; Neuristorelektronik
[technology of circuits on semiconductor chips]
↑ electronics
↓ semiconductor technology; film technology; optoelectronics; microacoustics; quantum microelectronics; insulator electronics; neuristor electronics

mikroelektronischer Speicher MICR.EL → **solid state memory**
→ Halbleiterspeicher *nm*

Mikrofaksimileübertragung *nf* TELEC **microfacsimile** *n*
[Mikrobilder über Fax]
= Mikrofax *nn*
[microimages via fax]

Mikrofax *nn* TELEC → **microfacsimile** *n*
→ Mikrofaksimileübertragung *nf*

Mikrofiche *nf* OFFICE → **microfiche** *n*
→ Mikroplanfilm *nm*

Mikrofiche *nm&nn* TER&PER **microfiche** *n*
[Milkrofilm mit Anreihung von Mikrokopien]
= Microfiche *nf*
↑ Mikrofilm; Mikrobildspeicher
[sheet of many mirofilms]
= fiche
↑ microfilm; microform

Mikrofiche-Leser TER&PER **microfiche reader**

Mikrofiche-Speicher *nm* TER&PER **microfiche store**

Mikrofilm *nm* TER&PER **microfilm** *n*
↑ Mikrobildspeicher
↓ Mikrofiche
↑ microform
↓ microfiche

Mikrofilm-Aufzeichnungsgerät *nn* TER&PER **microfilmer** *n*

Mikrofilmbetrachter *nm* TER&PER → **microfilm reader**
→ Mikrofilm-Lesegerät *nn*

Mikrofilm-Durchlaufkamera *nf* OFFICE **microfilm rotary camera**

Mikrofilmeingabe *nf* TER&PER **CIM**
= CIM
= computer input from microfilm

Mikrofilm-Handlesegerät *nn* OFFICE → **microfilm hand viewers**
→ Mikrofilm-Leselupe *nf*

Mikrofilm-Lesegerät *nn* TER&PER **microfilm reader**
= Mikrofilmbetrachter *nm*
= microfilm viewer

Mikrofilm-Leselupe *nf* OFFICE **microfilm hand viewers**
= Mikrofilm-Handlesegerät *nn*

Mikrofilm-Plotter *nm* TER&PER **microfilm plotter**

Mikrofilm-Projektor *nm* OFFICE **microfilm projector**

Mikrofilmschrank *nm* OFFICE **microfilm cabinet**

Mikrofilm-Schrittschaltkamera *nf* OFFICE **microfilm planetary camera**

Mikrofilm-Speicher *nm* TER&PER **microfilm storage**

Mikrofilmtechnik *nf* OFFICE **micrographics** *nplt*
= Mikrophotographie *nf*; Mikrographie *nf*
[techniques of microfilm recording]
= microphotographics *nplt*

Mikrofilmvernichter *nm* OFFICE **microfilm shredder**

Mikroflamme *nf* PHYS **microflame** *n*

Mikrofon *nn* TELEPH **microphone** *n*
≠ Mikrophon *nn*
= transmitter *n*

Mikrofon *nn* EL.ACOU **microphone** *n*
≈ Schallempfänger
≠ Mikrophon *nn*
↑ Schallwandler
↑ electroacoustic transducer

Mikrofonanlage *nf* EL.ACOU **microphone system**
≠ Mikrophonanlage *nf*

Mikrofonbecher *nm* EL.ACOU **mouthpiece** *n*
= Sprechmuschel *nf*
≠ Mikrophonbecher *nm*

Mikrofongalgen *nm* CINEMA **boom** *n*

Mikrofongalgen-Bediener *nm* CINEMA **boom operator**
= Tonangler *nm* (slang); Mikromann *nm*

Mikrofongeräusch *nn* TELEPH **transmitter noise**
≠ Mikrophongeräusch *nn*
= microphone noise; frying *n* (BE)

Mikrofonieeffekt *nm* EL.TRO **microphonic effect**
[unerwünschte Änderung elektrischer Eigenschaften durch Erschütterungen]
= Mikrophonie *nf*
≠ Mikrophonieeffekt *nm*
= microphony *n*; microphonics *nplt*; microphonism *nplt*

Mikrofonlautsprecher *nm* TER&PER **talk-back loudspeaker**
≠ Mikrophonlautsprecher *nm*

Mikrofonspeisung *nf* TELEPH **transmitter current supply**
≠ Mikrophonspeisung *nf*

Mikroform *nf* TER&PER → **microform** *n*
→ Mikrobildspeicher *nm*

Mikroformspeicher *nm* TER&PER **microform storage**
= microform memory; microform store

Mikrographie *nf* OFFICE → **micrographics** *nplt*
→ Mikrofilmtechnik *nf*

Mikroinstruktion *nf* SW → **microinstruction** *n*
→ Mikrobefehl *nm*

Mikrokapsel *nf* TER&PER **microcapsule** *n*

Mikrokassette *nf* EL.ACOU **microcassette** *n*

Mikrokernel SW **microkernel** *n*

Mikroklima *nn* QUAL **microclimate** *n*

Mikrokopie *nf* OFFICE **microcopy** *n*

Mikrokristall *nm* PHYS **microcrystal** *n*

Mikrokrümmung *nf* OPT.CO **microbending** *n*
= Mikrobiegung *nf*

Mikrolaser *nm* OPTOEL **microlaser** *n*

Mikrologik *nf* MICR.EL **micrologic** *n*
[Hardware und Firmware eines Mikropozessors die ihn steuert]
[hardware and firmware of a microprocessor contolling it]

Mikromanipulator *nm* TECH **micromanipulator** *n*

Mikromann *nm* CINEMA → **boom operator**
→ Mikrofongalgen-Bediener *nm*

Mikromatch ANT **micromatch** *n*

Mikromechanik *nf* MEC.EN **micromechanics** *nplt*

Mikrometer *nn* MEC.EN → **micrometer caliper**
→ Mikrometerschraube *nf*

Mikrometer *nm&nn* PHYS **micrometer** *n* (AE)
[10E-6 m]
= μ; Mikron (obs)
[10E-6 m]
= micrometre *n* (BE); μ; micron

Mikrometerschraube *nf* MEC.EN **micrometer caliper**
= Mikrometer *nn*

Mikrometerwellen *nplt* RADIO **micrometric waves**
[1-0,1μ; 30-300 THz]
↑ Submillimeterwellen
[1-0.1μ; 30-300 THz]
↑ submillimetric waves

Mikrominiatur *nf* CIRC.EN **microminiature** *n*
Mikrominiaturisierung *nf* TECH **micro-miniaturization**
Mikromodul *nn* (*pl* -e) MICR.EL → **integrated circuit**
→ integrierte Schaltung
Mikron (obs) PHYS → **micrometer** *n* (AE)
→ Mikrometer *nm&nn*
Mikrooperation *nf* SW **microoperation** *n*
[eine Grundoperation eines Mikroprogrammbefehls] [a basic operation of a microinstruction]
mikroperforiert TER&PER **micro-perforated**
Mikrophonie *nf* EL.TRO → **microphonic effect**
→ Mikrofonieeffekt *nm*
Mikrophonkapsel *nf* TELEPH → **transmission capsule**
→ Sprechkapsel *nf*
Mikrophotographie *nf* OFFICE → **micrographics** *nplt*
→ Mikrofilmtechnik *nf*
mikrophysikalisch PHYS **microphysical**
Mikroplanfilm *nm* OFFICE **microfiche** *n*
= Planfilm *nm*; Mikrofiche *nf* ↑ microfilm
↑ Mikrofilm
Mikroplanfilm-Kamera *nf* OFFICE **microfiche step-and-repeat camera**
Mikroplasma *nn* PHYS **micro-plasma** *n*
Mikropositionierung *nf* PRIN.ME **microspacing** *n*
mikroprogammiert SW **microprogrammed**
Mikroprogammsteuerung *nf* MICR.EL **microprogram control**
Mikroprogramm *nn* SW **microprogram** *n*
[Befehlselement, bestehend aus einer Folge von Mikrobefehlen] [instruction element, composed of a sequence of micro-instructions]
Mikroprogrammarchitektur *nf* SW **microarchitecture** *n*
Mikroprogramm-Assemblierer *nm* DAT.PR **microprogram assembly language**
Mikroprogramm-Befehlssatz *nm* DAT.PR **microprogram instruction set**
Mikroprogrammcode *nm* SW **microcode** *n*
= Mikrocode *nm*
mikroprogrammierbar MICR.EL **microprogrammable**
mikroprogrammierbarer Computer DAT.PR → **microprogrammable computer**
→ mikroprogrammierbarer Rechner
mikroprogrammierbarer Rechner DAT.PR **microprogrammable computer**
[vom Anwender] [by the user]
= mikroprogrammierbarer Computer
Mikroprogrammierbarkeit *nf* DAT.PR **microprogrammability** *n*
mikroprogrammierter Computer DAT.PR → **microprogrammed computer**
→ mikroprogrammierter Rechner
mikroprogrammierter Rechner DAT.PR **microprogrammed computer**
[mit Maschinenbefehlen die mittels Mikroprogrammen, statt verdrahteter Logik, ausgeführt sind] [with machine code instructions implemented by microprograms rather than by hardwired logic]
= mikroprogrammierter Computer
Mikroprogrammierung *nf* SW **microprogramming** *n*
[Programmierung der Elementaroperationen] [programming of the elementary instructions]
= Mikrocodierung *nf* = microcoding *n*
Mikroprogrammspeicher *nm* DAT.PR **microprogram storage**
= microprogram memory; microprogram store
Mikroprogrammzähler *nm* DAT.PR **microprogram counter**
≈ Speicheradressregister ≈ memory address register
Mikroprozessor *nm* (1) MICR.EL **microprocessor** *n* (1)
[integrierte Schaltung mit den Funktionen einer Zentraleinheit; erstmals 1969 durch Intel] [an IC with the functions of a CPU; first developed in 1969 by Intel]
= Mikrorechner *nm* (2); Mikroprozessor-Chip *nm* Mikrorechner-Chip *nm*; = microprocessor chip ≈ microcomputer
Mikroprozessor *nm* (2) MICR.EL → **microcomputer** *n*
→ Mikrocomputer *nm*
Mikroprozessorarchitektur *nf* DAT.PR **microprocessor architecture**
Mikroprozessor-Chip *nm* MICR.EL → **microprocessor** *n* (1)
→ Mikroprozessor *nm* (1)
Mikroprozessor-Chipkarte *nf* TER&PER **microprocessor chip card**
[mit eingebautem Kleinrechner (CPU, RAM, ROM, EEPROM, NPU)] [with in-built minicomputer (CPU, RAM, ROM, EEPROM, NPU)]
= Mikroprozessorkarte *nf*; µP-Karte *nf*; Prozessorkarte *nf*; Kryptokarte *nf*; Kryptocontrollkarte *nf*; Smartcard *nf* = microprocessor card; µP card; cryptocard; crypto control card; smart card
↑ Chip-Karte ↑ chip card
Mikroprozessor-Einbettung *nf* AUTOMA **embedded microprocessor system**
= embedded system
Mikroprozessoreinheit *nf* DAT.PR **microprocessor unit**
= MPU
mikroprozessorgesteuerte Maschine AUTOMA → **smart machine**
→ intelligente Maschine
mikroprozessorgesteuerte Selbstprüfung INF.TEC **microprocessor-based self test**
= MPBST

Mikroprozessorkarte *nf* TER&PER → **microprocessor chip card**
→ Mikroprozessor-Chipkarte *nf*
Mikroprozessorsystem *nn* MICR.EL → **microcomputer** *n*
→ Mikrocomputer *nm*
Mikroprozessorsystem *nn* DAT.PR → **microcomputer** *n*
→ Mikrocomputer *nm*
Mikroprozessortechnik *nf* DAT.PR **microprocessor technique**
Mikroprozessor-Überwachungsschaltung *nf* CIRC.EN **microprocessor-supervisory circuit**
Mikropublikation *nf* PRIN.ME **micropublication** *n*
[in Form von Mikrofilmen] [by microfilms]
Mikrorechner *nm* DAT.PR → **microcomputer** *n*
→ Mikrocomputer *nm*
Mikrorechner *nm* (1) MICR.EL → **microcomputer** *n*
→ Mikrocomputer *nm*
Mikrorechner *nm* (2) MICR.EL → **microprocessor** *n* (1)
→ Mikroprozessor *nm* (1)
Mikrorechner-Chip *nm* MICR.EL → **microprocessor** *n* (1)
→ Mikroprozessor *nm* (1)
Mikroriss *nm* TECH **microcrack** *n*
Mikro-Rollfilm *nm* OFFICE **micro roll film**
Mikro-Scanner *nm* TER&PER **micro-scanner**
Mikroschalter *nm* COMPO **microswitch** *n*
Mikroschalter-Relais *nn* COMPO **microswitch relay**
Mikroschaltung *nf* EL.TRO **microcircuit** *n*
[auf IC realisierte Schaltung] [circuit realized on a IC]
Mikroschweißen *nn* MICR.EL → **ultrasonic bonding**
→ Ultraschallkontaktierung *nf*
Mikrosekunde *nf* PHYS **microsecond** *n*
[10E-6 s] [10E-6 s]
= µs = µs; us
Mikrosequenz *nf* SW → **microsequence** *n*
→ Mikrobefehlssequenz *nf*
Mikroskop *nn* OPT **microscope** *n*
mikroskopisch PHYS **microscopic**
Mikrostopp *nm* SWITCH **microstop** *n*
Mikrostreifen *nm* MICROW **microstrip** *n*
Mikrostreifengruppe *nf* ANT → **microstrip array**
→ Mikrostrip-Gruppe *nf*
Mikrostreifenleiter *nm* MICROW **microstrip line**
= Mikrostripleitung *nf*
Mikrostreifenleitungs-Antenne *nf* ANT → **microstrip antenna**
→ Mikrostrip-Antenne *nf*
Mikrostrip-Antenne *nf* ANT **microstrip antenna**
= Platinen-Antenne *nf*; Mikrostreifenleitungs-Antenne *nf* = printed-circuit antenna
Mikrostrip-Dipol *nm* ANT **microstrip dipole**
Mikrostrip-Gruppe *nf* ANT **microstrip array**
= Mikrostreifengruppe *nf*
Mikrostripleitung *nf* MICROW → **microstrip line**
→ Mikrostreifenleiter *nm*
Mikrostruktur *nf* PHYS **microstructure** *n*
Mikrosynchronbetrieb *nm* SWITCH **microsynchronization** *n*
Mikrosystemtechnik *nf* TECH → **microtechnologist** *n*
→ Mikrotechnologe *nf*
Mikrosystemtechnik *nf* TECH **microsystem technology**
[Intergration von mikroelektronischen, -mechanischen, -optischen und sonstigen Bausteinen] [combination of microelectronic, -mechanic, -optic and other
Mikrotechnik *nf* TECH → **microtechnologist** *n*
→ Mikrotechnologe *nf*
Mikrotechnologe *nf* TECH **microtechnologist** *n*
= Mikrotechnik *nf*; Mikrosystemtechnik *nf*
Mikrotechnologie *nf* TECH **microtechnology** *n*
Mikrotelefon *nm* TELEPH → **handset** *n*
→ Handapparat *nm*
Mikrotropfenverfahren *nn* TER&PER **microdot method**
Mikrounterbrechung *nf* INF.TEC → **microinterruption** *n*
→ Kleinstunterbrechung *nf*
Mikrovoltmeter *nn* INSTR **microvoltmeter** *n*
Mikrowelle *nf* EL.TEC → **super high frequency**
→ Höchstfrequenz *nf*
Mikrowellen *nplt* RADIO → **centimetric waves**
→ Zentimeterwellen *nplt*
Mikrowellenantenne *nf* ANT **microwave antenna** (1)
↓ Radarantenne; Richtfunkantenne = SHF antenna ↓ radar antenna; radiolink antenna
Mikrowellenbegrenzer *nm* MICROW **microwave limiter**
Mikrowellendiode *nf* MICR.EL **microwave diode**
Mikrowellen-Elektronenröhre *nf* EL.TRO **microwave tube**
= Mikrowellenröhre *nf*; Höchstwellenröhre *nf* = microwave valve

Mikrowellen-Frequenzzähler *nm* INSTR → **microwave counter**
→ Mikrowellenzähler *nm*
Mikrowellengenerator *nm* MICROW **microwave generator**
= Höchstfrequenzgenerator *nm* = micro source
Mikrowellengenerator *nm* INSTR **microwave source**
= microwave generator
Mikrowellenhalbleiter *nm* MICR.EL **microwave semiconductor**
Mikrowellen-Landesystem *nn* RAD.NA → **microwave landing system**
→ MLS
Mikrowellen-Leistungsmesser *nm* INSTR **microwave power meter**
Mikrowellen-Leistungstransistor *nm* MICR.EL **microwave power transistor**
Mikrowellen-Messgerät *nn* INSTR **microwave test equipment**
Mikrowellen-Messtechnik *nf* INSTR **microwave measurement**
= Höchstfrequenz-Messtechnik *nf*
Mikrowellenmischer *nm* MICR.EL **microwave mixer**
Mikrowellen-Modulationsanalysator *nm* INSTR **microwave modulation analyzer**
↑ Signalanalysator ↑ signal analizer
Mikrowellen-Netzwerkanalysator *nm* INSTR **microwave network analyzer**
Mikrowellenoszillator *nm* MICROW **microwave oscillator**
= Höchstfrequenzoszillator *nm*
Mikrowellen-Oszillatordiode *nf* MICR.EL **microwave-oscillator diode**
Mikrowellenröhre *nf* EL.TRO → **microwave tube**
→ Mikrowellen-Elektronenröhre *nf*
Mikrowellensensor *nm* INSTR **microwave sensor**
Mikrowellenspektrometer *nn* INSTR **microwave spectrometer**
Mikrowellen-Spektrumanalysator *nm* INSTR **microwave spectrum analyzer**
Mikrowellentechnik *nf* EL.TEC **microwave engineering**
= Höchstfrequenztechnik *nf* = microwave technique
Mikrowellen-Trägerversorgung *nf* MICROW **microwave carrier supply**
Mikrowellentransistor *nm* MICROW **microwave transistor**
Mikrowellen-Vorverstärker *nm* INSTR **microwave preamplifier**
Mikrowellenzähler *nm* INSTR **microwave counter**
= Mikrowellen-Frequenzzähler *nm* = microwave frequency counter
Mikrowort *nn* DAT.PR **microword** *n*
Mikrozeichen *nn* PHYS **micro sign**
Mikrozeile *nf* TER&PER **microline** *n*
Mikrozelle *nf* MOB.CO **microcell** *n*
mikrozellular MOB.CO **microcellular** *adj*
= Kleinzellen-
Mikrozyklus *nm* MICR.EL **microcycle** *n*
mil PHYS → **mile** *n*
→ Meile *nf*
Milchglas *nn* TECH → **frosted glass**
→ Mattglas *nn*
Milderung *nf* ECON **mitigation** *n*
Militär *nn* COLL **military** *n*
Militärelektronik *nf* EL.TRO → **defense electronics** (AE)
→ Verteidigungselektronik *nf*
Militärflughafen *nm* AERON **airbase** *n*
= Militätflugplatz *nm*
militärisch COLL **military** *adj*
militärische Beschaffungsbehörde MILIT → **ordnance department** *n*
→ Zeugamt *nn*
militärischer beweglicher Funkdienst RADIO **military mobile service**
militärischer fester Funkdienst RADIO **military fixed service**
militärisches Netz TELEC → **military network**
→ Militärnetz *nn*
Militärkommunikation *nf* TELEC **military communications**
Militärnetz *nn* TELEC **military network**
= militärisches Netz = milnet
↑ Privatnetz ↑ private network
Militärnorm *nf* MIL.CO **military standard**
= MIL-Standard *nm* = MIL
Militärperson *nf* MIL.CO **serviceman** *n*
Militärpersonal *nn* MIL.CO **servicemen** *nplt*
= military personnel
Militärtechnik *nf* TECH **military technology**
= Wehrtechnik *nf* = defense technology (AE); defence technology (BE)
Militätflugplatz *nm* AERON → **airbase** *n*
→ Militärflughafen *nm*
Mill. MATH → **million** *n*
→ Million *nf*
Miller-Effekt *nm* EL.TRO **Miller effect**
Miller-Index *nm* MICR.EL **Miller index**
Miller-Integrator *nm* CIRC.EN **Miller integrator**
= Bootstrap-Generator *nm* = bootstrap generator
↑ Sägezahn-Generator ↑ sawtooth generator
Miller-Kapazität *nf* EL.TRO **Miller capacitance**
Miller-Kompensation *nf* EL.TRO **Miller compensation**
millersche Indizes PHYS **Miller indices**
= Miller'sche Indizes *nplt*; Flächenindizes *nplt*

Miller'sche Indizes *nplt* PHYS → **Miller indices**
→ millersche Indizes
Milli- *praef* PHYS **milli-** *praef*
[10E-3; vom latein. "mille" = "tausend"] [10E-3; from Latin "mille" = "thousand"]
= m- = m-
Milliarde *nf* MATH **billion** (AE)
[10E9] [10E9]
= Md.; Mrd. = bn(AE); milliard (BE); thousand millions
≈ billion (BE)
Millibar *nn* PHYS **millibar** *n*
= mb = mb.
Millimeter *nm&nn* PHYS **millimeter** (AE)
[0,001 m] [0.001 m]
= mm = millimetre *n* (BE); mm
Millimeterpapier *nn* OFFICE **millimeter paper**
= rectilinear graph paper; rectilinear paper; scale paper
Millimeter Quecksilbersäule PHYS **millimeter mercury**
[133,322 Pascal] [= 133,322 Pascal]
= mm Hg = mm Hg
Millimeterwellen *nplt* RADIO **millimetric waves**
[0,01-0,001 m; 30-300 GHz] [0.01-0.001 m; 30-300 GHz]
= EHF; Band Nr.11 (UIT); B.mm = extremely high frequency; EHF; Band Number 11; B.mm
Millimeterwellen-Messung *nf* INSTR **millimeter wave measurement**
= millimeter measurement
Millimikrosekunde *nf* PHYS → **nanosecond** *n*
→ Nanosekunde *nf*
Milliohmmeter *nn* INSTR **milliohmmeter** *n*
Million *nf* MATH **million** *n*
[10E6; vom italien. "millione" = "großer Tausender"] [10E6; from Italian "millione" = "big thousand"]
= Mio.; Mill.
Millionstel *nn* MATH **millionth** *n*
[1/10E6] [1/10E6]
Millisekunde *nf* PHYS **millisecond** *n*
[10E-3 s] [10E-3 s]
= ms; Tausendstelsekunde *nf* = ms; msec
Millivolt *nn* EL.SC **millivolt** *n*
[10E-6 Volt] [10E-6 volt]
= mV = mV
Millivoltmeter *nn* INSTR **millivoltmeter** *n*
MIL-Standard *nm* MIL.CO → **military standard**
→ Militärnorm *nf*
MIMD-Prozessor *nm* HW **MIMD processor**
[mehrere Datenfelder werden nach individuellen Anweisungen gleichzeitig bearbeitet] [Multiple Instruction, Multiple Data; processes simultaneously several data fields by individual instructions]
↑ Feldrechner
MIME INTERNET **MIME**
= Multi-Purpose Internet Mail Extensions
Mimesis *nf* MEDIA **mimesis** *n*
[Nachahmung von Realität] [imitation of reality]
min PHYS → **minute** *n*
→ Minute *nf*
Mindergewicht *nn* ECON → **underweight** *n*
→ Untergewicht *nn*
Mindermengenzuschlag *nm* ECON **markup for reduced quantities**
mindern *vt* TECH → **decrease** *vi&vt*
→ vermindern *vt*
Minderpreis *nm* ECON **reduced price**
Minderung *nf* TECH → **reduction** *n* (1)
→ Verminderung *nf*
Minderung *nf* TECH → **decrease** *n*
→ Abnahme *nf*
minderwertig QUAL **low-quality** *adj*
= niedriger Qualität; geringer Qualität = inferior quality; inferior; substandard; off-grade; junk (slang)
minderwertige Qualität QUAL → **poor quality**
→ schlechte Qualität
Mindest- TECH **minimum** *adj*
= Minimal-; Minimum- = minimal
Mindestabnahme *nf* ECON **minimum purchase**
Mindestabstand *nm* TECH **minimum distance**
= Minimalabstand *nm*; minimaler Abstand = minimum clearance
Mindest-Abstands-Code *nm* CODING **minimum-distance code**
[Code der einen vorgegebenen Hammingabstand immer einhält] [code maintaining a given minimum Hamming distance]

Mindestausbau *nm* TECH → **minimum capacity**
→ Minimalausbau *nm*

Mindestbestückung *nf* TECH → **minimum capacity**
→ Minimalausbau *nm*

Mindestbetrag *nm* ECON **minimum amount**

Mindestempfangspegel *nm* RAD.RE → **FM threshold**
→ FM-Schwelle *nf*

Mindestgebühr *nf* TELEC **initial period charge**
[Gebühr für erstes Zeitintervall]

Mindestnutzfeldstärke *nf* RADIO **minimum useful field strength**

Mindestphasen-Vierpol *nm* NETW.TH → **minimum-phase network**
→ Minimalphasen-Vierpol

Mindestwert *nm* MATH → **minimum value**
→ Kleinstwert *nm*

Mindestzellrate *nf* TELEC **minimum cell rate**
[ATM] — [ATM]
= MCR

Mindshare *nf* ECON **mindshare** *n*

Mineralogie *nf* SCIE **mineralogy** *n*
≈ Petrografie *nf* — ≈ petrogrphy

Mineralöl *nn* CHEM → **petroleum** *n*
→ Erdöl *nn*

Mini DAT.PR → **minicomputer** *n*
→ Minicomputer *nm*

Mini- TECH → **mini-** *praef*
→ Kleinst- *praef*

Miniaturansicht *nf* COMP.GR **thumbnail** *n*

Miniatur-Ansteckmikrofon *nn* EL.ACOU **miniature lavalier clip-on microphone**

Miniaturelektronik *nf* EL.TRO **miniature electronics**
≈ Mikroelektronik — ≈ microelectronics

Miniaturisierung *nf* EL.TRO **miniaturization** *n*

Miniaturisierungstechnik *nf* EL.TRO **miniaturization electronics**

Miniatur-Kippschalter *nm* COMPO **miniature toggle switch**
= miniature switch

Miniaturröhre *nf* EL.TRO **bantam tube**

Miniatur-Tastenschalter *nm* COMPO **miniature pushbutton**

Miniaturtastkopf *nm* INSTR **miniprobe** *n*

Minibeam ANT **minibeam**
↑ Richtantenne — ↑ directional antenna

Minibündel *nf* OPT.CO **minibeam**

Minicomputer *nm* DAT.PR **minicomputer** *n*
[ein mittelgroßer Rechner zwischen Mikrocomputer und Großrechner, typischerweise mit 16- oder 32-Bit-Bus]
= Minirechner *nm*; Mini
≈ Mikrocomputer; Kleinrechner
↑ Computer
— [a mid-level computer between a microcomputer and a mainframe computer, typically with 16- or 32-bit bus]
= mini
≈ microcomputer; small computer
↑ computer

Minidisk *nf* (1) TER&PER → **5 1/4 in. floppy disk**
→ Minidiskette *nf*

Minidisk *nf* (2) TER&PER **minidisc** *n* (2)
[magneto-optischer Speicher]
= MD
— [magneto-optical storage medium]
= minidisk *n* (2); MD

Minidiskette *nf* TER&PER **5 1/4 in. floppy disk**
= Minidisk *nf* (1); Flippy *nf*; 5 1/4-Zoll-Diskette *nf*; Minifloppy *nf*
↑ Diskette
— = mini-floppy disk; minifloppy *n*; minidisk *n* (1); minidisc *n* (1); 5 1/4 in. diskette
↑ floppy disk

Minifloppy *nf* TER&PER → **5 1/4 in. floppy disk**
→ Minidiskette *nf*

Minikassette *nf* TER&PER **minicassette** *n*
= minicartridge *n*

Minimal- TECH → **minimum** *adj*
→ Mindest-

Minimalabstand *nm* TECH → **minimum distance**
→ Mindestabstand *nm*

Minimalabweichung *nf* CONTRO **minimum deviation**

Minimalausbau *nm* TECH **minimum capacity**
= Mindestausbau *nm*; Mindestbestückung *nf*; Minimalkonfiguration *nf*
— = minimum equipment; minimum configuration

Minimalbaum-Algorithmus *nm* MATH **minimum spanning tree algorithm**
[Graphen] — [graph theory]

minimale Empfindlichkeit INSTR **minimum discernable sensitivity**

minimaler Abstand TECH → **minimum distance**
→ Mindestabstand *nm*

Minimalfenster *nn* COMP.SC → **null window**
→ Nullfenster *nn*

Minimalismus *nm* ECON **lessness** *n*

Minimalkonfiguration *nf* TECH → **minimum capacity**
→ Minimalausbau *nm*

Minimalkosten *nplt* ECON **least costs**

Minimalkostenlenkung *nf* SWITCH **least-cost routing**
= kostenoptimierte Wegeführung; kostenoptimierter Verbindungsaufbau; LCR-Funktion *nf*
— = LCR; automatic route selection

Minimalphasen-Vierpol NETW.TH **minimum-phase network**
= Mindestphasen-Vierpol *nm*; allpassfreier Vierpol

minimalphasig NETW.TH **minimal-phase ...**

Minimaltemperatur *nf* PHYS → **minimum temperature**
→ Tiefsttemperatur *nf*

Minimalverzugsprogrammierung *nf* SW **minimum delay programming**

Minimalwert *nm* MATH → **minimum value**
→ Kleinstwert *nm*

Minimalwertbegrenzer *nm* CIRC.EN **minimum-value limiter**

Minimalzeitcode *nm* SW → **minimum delay code**
→ Bestzeitcode *nm*

Minimalzeitprogrammierung *nf* SW → **minimum access programming**
→ Bestzeitprogrammierung *nf*

minimierbar SCIE **minimable**

minimieren MATH **minimize**
= minimisieren
↑ extremieren
— ↑ extremize

Minimierung *nf* COMP.AP **minimizing** *n*
[ein Fensterinhalt auf Ikonengröße]
≠ Maximierung
— [a window to icon size]
≠ maximizing

Minimierung *nf* MATH **minimization** *n*
= Minimisierung *nf*
≠ Maximierung
— ≠ maximizing

Minimierungsproblem *nn* SCIE **minimization problem**

minimisieren MATH → **minimize**
→ minimieren

Minimisierung *nf* MATH → **minimization** *n*
→ Minimierung *nf*

Minimum *nn* SCIE **minimum** *n*

Minimum *nn* MATH → **minimum value**
→ Kleinstwert *nm*

Minimum- TECH → **minimum** *adj*
→ Mindest-

Minimum-Funkpeiler *nm* RAD.LO → **minimum radio direction finder**
→ Minimumpeiler *nm*

Minimum-Funkpeilung *nf* RAD.LO → **minimum steering**
→ Minimumpeilung *nf*

Minimumpeiler *nm* RAD.LO **minimum radio direction finder**
= Minimum-Funkpeiler *nm*

Minimumpeilung *nf* RAD.LO **minimum steering**
= Minimum-Funkpeilung *nf*

Mini-Notizbuch-Computer *nm* DAT.PR **sub-notebook computer**

Miniporttreiber *nm* SW **miniport driver**

Minirechner *nm* DAT.PR → **minicomputer** *n*
→ Minicomputer *nm*

Mini-Schraubstock *nm* MEC.EN **mini vise**
= mini vice (BE)

Miniserie *nf* MANUF **small series**

Ministatus-Zeile *nf* SW **mini status line**
[Norton Commander] — [Norton Commander]

Minister *nm* PUB.ADM **minister** *n*
[female]
= Secretary *n* (AE) (1)

Ministerin *nf* PUB.ADM **minister** *n*
[male]
= Secretary *n* (AE) (2)

Ministerium *nn* PUB.ADM **ministry** *n*
= State Department (AE)

Minisupercomputer *nm* DAT.PR **minisupercomputer** *n*
[leistungsfähiger als ein Großrechner, weniger als ein Größtrechner; von ca. 50 bis zu 100 Megaflops]
↑ Computer
— [more powerful than a mainframe computer but less than a supercomputer; from aprox. 50 to 100 MFLOPS]
= minisuper
↑ computer

Miniterminal *nn* TER&PER **microwriter** *n*
[portable keyboard and display]

Minitower HW **minitower** *n*

Miniverteiler *nm* SYS.INS **mini-distributor**

Minmax-Methode *nf* SCIE **minmax method**

Minorante *nf* MATH **minorant** *n*
[Vergleichsreihe deren Glieder nicht größer sind]
= Unterreihe *nf*
≠ Majorante
— [a referential series whoes elemnts are not greater]
≠ minorant

Minoritätsladungsträger *nm* MICR.EL → **minority carrier**
→ Minoritätsträger *nm*

Minoritätsträger *nm* MICR.EL **minority carrier**
= Minoritätsladungsträger *nm* = minority charge carrier

Minoritätsträgerdichte *nf* PHYS **minority carrier density**

Minoritätsträgerstrom *nm* PHYS **minority carrier current**

Minterm *nm* LOGIC → **minterm** *n*
→ Vollkonjunktion *nf*

Minuend *nm* MATH **minuend** *n*
[um den Subtrahenden zu verringernde Zahl] [number to reduced by the subtrahend]
≠ Subtrahend ≠ subtrahend

minus MATH **minus**

Minusader *nf* EL.TEC **negative wire**
= Minusleiter *nm* = negative conductor; negative line; negative lead

Minusanzeige *nf* SW **minus flag**

Minuskel *nf* PRIN.ME → **small character**
→ Kleinbuchstabe *nm*

Minuskelziffer *nf* PRIN.ME → **old style figure**
→ Mediävalziffer *nf*

Minusleiter *nm* EL.TEC → **negative wire**
→ Minusader *nf*

Minuspotential *nn* PHYS **minus potential**
= negatives Potential

Minuszeichen *nn* MATH **minus sign**
[Symbol: -] [symbol: -]
= Wenigerzeichen *nn*; Negativzeichen *nn* = negative sign

Minute *nf* PHYS **minute** *n*
[= 60 s] [= 60 s]
= min;' = min; min.; m;'
↑ Zeitmaß ↑ unit of time

Minute *nf* MATH **minute** *n*
[1° /60; Symbol:'] [1° /60; symbol:']
↑ Gradmaß

Minutenton *nm* MOB.CO **one-minute beep**

minuziös COLL **minutely** *adj*
≈ genau; spitzfindig ≈ precisely; cavilling

Minuziösität *nf* COLL **minuteness** *n*
≈ Genauigkeit ≈ accuracy

Mio. MATH → **million** *n*
→ Million *nf*

MIP-Mapping *nn* COMP.GR **MIP mapping**
[from Latin "multum in parvo" ("much in little")]

MIPS SW **MIPS**
[Millionen Anweisungen pro Sekunde] [mega instructions per second]

MIS MICR.EL **metal-insulator semiconductor**
= MIS

MIS COMP.AP → **management information system**
→ Management-Informationssystem *nn*

Mischbauweise *nf* TECH **hybrid design**

Mischbelegung *nf* RADIO **mixed loading**

Mischbetrieb *nm* TECH **mixed operation**

Mischbild-Entfernungsmesser *nm* RAD.LO **double-image range finder**

Mischdämpfung *nf* HF **conversion loss**

Mischdiode *nf* MICR.EL **mixer diode**

Mischen *nn* TV **mix** *n*

Mischen *nn* DAT.MA **merging** *n*
= Mischung *nf*; Zusammenlegung *nf*; Abgleich *nm*; Vereinigung *nf* = collation *n* (2); collating *n* (2)
≈ Sortiermischen ≈ collation (1)
↑ Datenverarbeitung [INF.TEC] ↑ data processing [INF.TEC]

mischen *vt* TECH **mix** *vt*

mischen *vt* TV **mix** *vt*
[Sprache, Musik, Geräusche und Bild aufeinander abstimmen] [to combine voice, music, noise and picture]
↓ überblenden ↓ lap-dissolve

mischen *vt* DAT.MA **merge** *vt*
[gleich sortierte Daten vergleichen u. in der Reihenfolge der ursprünglichen Sätze zusammenfügen; "merge" und "collate" werden mitunter auch als Synonyme angewandt oder sogar mit vertauschter Definition gegenüber der hier gegebenen, welche eine IEEE-Norm befolgt] [to compare equally sorted data and combine them in the sequence of the original sets; "merge" and "collate" are sometimes used synonymously or sometimes in a reverse manner as in the definition given here, which follows an IEEE standard]
= zusammenlegen; abgleichen; vereinigen = coalesce *vt*; reassemble *vt*; collate *vt* (2)
≈ mischsortieren; verketten ≈ collate (1); concatenate

Mischer *nm* HF **mixer** *n*
= Mischerschaltung *nf*; Frequenzumsetzer *nm*; Modulator *nm* = first detector

Mischer *nm* TV **mixer** *n*
= Bildmischer *nm*

Mischerschaltung *nf* HF → **mixer** *n*
→ Mischer *nm*

Mischfarbe *nf* OPT **mixed color**
= composite color

Mischfrequenz *nf* HF **mixture frequency**

Mischgatter *nn* CIRC.EN → **OR gate**
→ ODER-Glied *nn*

Mischgestell *nn* EQP.EN → **combi rack**
→ Kombigestell *nn*

Mischgitter *nn* PHYS **mixed lattice**

Mischglied *nn* CIRC.EN → **OR gate**
→ ODER-Glied *nn*

Mischgröße *nf* EL.TEC **hybrid value**
[Gleich- plus Wechselanteil] [DC plus AC components]

Mischkommunikation *nf* TELEC **combined communications**
= mixed communications

Mischkristall *nm* PHYS **mixed crystal**

Mischkristallbildung *nf* PHYS **isomorphism** *n*
= Isomorphie *nf*

Mischlast *nf* DAT.CO **mixed load**
[Ruf + Daten] [call + data]

Mischlauf *nm* DAT.MA **merging run**
[Sortieren] [sorting]

Mischleiste *nf* COMPO **multipurpose connector**
[Steckverbinder]

Mischmasch *nm* COLL → **medley** *n*
→ Allerlei *nn*

Mischmultiplexierung *nf* DAT.CO **heterogeneous multiplexing**

Mischnetz *nn* TELEC **combined network**
= Kombinationsnetz *nn*

Mischoszillator *nm* HF **mixing oscillator**
= Überlagerungsoszillator *nm*; Lokaloszillator *nm*; LO = local oscillator; LO; beating oscillator

Mischprogramm *nn* SW **merge program**

Mischpult *nn* BROADC **mixing console**
= audio mixer

Mischröhre *nf* EL.TRO **mixer tube**
= mixer valve; mixing tube; mixing valve

Mischschwarz TER&PER **component black**

Mischsignal-Video *nn* TV **composite video**

Mischsortieralgorithmus *nm* DAT.MA **merge sorting algorithm**

Mischsortieren *nn* DAT.MA **merge sorting**
[Sortiervefahren mit Vorsortierungen (nach vorgegebenem Kriterium) und anschließenden Mischläufen] [sorting procedure with presorting (according specified key) and merging runs]
= Mischsortierung *nf*; Mischverteilen *nn* = merge sort; merging sort; sort by merging; sequence by merging; collating sort; sort by collating
≈ Sortiermischen ≈ collation (1)
≠ Polyphasensortieren ≠ polyphase sorting
↑ Sortieren ↑ sorting

Mischsortierfolge *nf* DAT.MA **collating sequence** (1)
≈ Sortierfolge [established by a collating sort]
= collation sequence (1); collating order (1); collation order (1)
≈ sorting sequence

Mischsortierung *nf* DAT.MA → **merge sorting**
→ Mischsortieren *nn*

Mischspannung *nf* EL.TEC **rippled dc voltage**
[mit Wechselspannung überlagerte Gleichspannung] [dc voltage superposed with ac voltage]

Mischsteilheit *nf* HF **mixer transconductance**
= Konversionssteilheit *nf*

Mischstrom *nm* EL.TEC **rippled dc**
[mit Wechselstrom überlagerter Gleichstrom] [dc with superimposed ac]

Mischstufe *nf* HF **mixer stage**
= mixing stage

Mischsuche *nf* DAT.MA **merge search**
↑ sequentielle Suche ↑ sequential search

Mischtonmeister *nm* CINEMA **re-recording mixer**
= sound re-recordist

Mischtyp *nm* DAT.PR **mixed type**

Mischung *nf* DAT.MA → **merging** *n*
→ Mischen *nn*

Mischung *nf* TECH **mix** *n*
= Gemisch *nn*; Mix *nm* (slang)

Mischung *nf* HF **mixing** *n*
[Frequenzumsetzung mit Ausfilterung des interessierenden Mischproduktes] [frequency conversion with filtering of useful products]
= conversion *n*
↓ Aufwärtsmischung; Abwärtsmischung ↓ up-conversion; down-conversion

Mischung *nf* SWITCH **grading** *n*
[Koppelpunkte sparendes Verdrahtungsprinzip, mit Einschränkung der Erreichbarkeit] [interconnection scheme to economize crosspoints, with limited accessibility to outlets]
↓ Staffeln; Übergreifen; Verschränken = mixing ↓ skipping; slipping

Mischung *nf* COLL **mixture** *n*
↓ Allerlei = mix *n* ↓ medley

Mischungsverhältnis *nn* SWITCH **mean interconnecting number**
Mischungsverhältnis *nn* COLL **components ratio**
Mischventil *nn* TECH **mixing valve** = blending valve
Mischverstärker *nm* CIRC.EN **mixing amplifier**
[Summierung niederfrequenter Signale]
Mischverteilen *nn* DAT.MA → **merge sorting**
→ Mischsortieren *nn*
Mischwähler *nm* SWITCH **secondary line switch**
Mischwahlstufe *nf* SWITCH → **line selection stage**
→ Leitungswahlstufe *nf*
Mischwald *nm* GEOSC **mixed woodland** = mixed forest
MISD-Prozessor *nm* DAT.PR **MISD processor**
[Parallelrechner mit nur einem Rechenwerk] [Multiple Instruction Single Data stream; parallel computer with a single arithmetic-logic unit]
MISFET MICR.EL **MISFET**
[Metall-Isolator-Halbleiter-Feldeffekttransistor] = metal-insulator semiconductor FET
Missbrauch *nm* COLL **abuse** *n* = misuse *n*
missbrauchen COLL **abuse** *vt*
Missbrauchsschutz *nm* DAT.MA **misuse protection**
Misserfolg *nm* STATIS **failure** *n*
Misserfolg *nm* COLL **failure** *n* = nonsuccess *n*
Mißgeschick *nn* COLL → **misfortune** *n*
→ Panne *nf*
Missverhältnis *nn* COLL **imbalance** *n*
missverständlich *adj* COLL **equivocal** *adj*
= fehldeutbar = misunderstandable; mistakable
≈ mehrdeutig; zweideutig ≈ ambiguous (2); ambiguous (1)
Missweisung *nf* PHYS **declination** *n*
= Deklination *nf*; magnetische Deklination = magnetic declination
Missweisungsdämpfung *nf* SAT.CO **pointing loss**
Misswirtschaft *nf* ECON **mismanagement** *n*
mistelgrün *adj* OPT **misteltoe green** *adj*
MIS-Tetrode *nf* MICR.EL **metal-oxide semiconductor tetrode**
MIS-Varactor MICR.EL → **MIS varactor**
→ MIS-Varaktor *nm*
MIS-Varaktor *nm* MICR.EL **MIS varactor**
= MIS-Varactor [metal-insulator semiconductor varactor]
↑ Varaktor ↑ varactor
mit Anschlussstift MICR.EL **leaded** *adj*
≠ ohne Anschlussstift ≠ leadless
Mitarbeit *nf* ECON **collaboration** *n* = co-operation *n*; co-work *n*
mitarbeiten *vi* ECON **collaborate** *vi* = co-operate; co-work
Mitarbeiter *nm* ECON **staff member**
≈ Angestellter = staff *n* (2) ≈ employee
Mitarbeiterrufanlage *nf* TELEPH **staff locator**
Mitarbeiterzahl *nf* ECON → **workforce** *n*
→ Belegschaft *nf*
mit Asterisk versehen LING → **asterisk** *vt*
→ besternen *vt*
mit Auszeichnung EDUC → **summa cum laude**
→ summa cum laude
Mitautor *nm* PRIN.ME **coauthor** *n*
= Koautor *nm* = joint author; associate author
mit Band umwickeln TECH **tape** *vt*
↑ wickeln ↑ wrap
Mitbestimmung *nf* ECON **codetermination** *n*
Mitbewerber *nm* ECON **competitor** *n*
= Wettbewerber *nm*; Wettbewerbsteilnehmer *nm*; Konkurrent *nm* (*pl* Konkurrenten&Konkurrenz) = rival t
Mitbewerberfeld *nn* ECON **vendors arena**
= Wettbewerberfeld *nn*; Konkurrentenfeld *nn*
≈ Anbieterfeld

mit Daten manipulieren DAT.PR **diddle** *vt*
= mittels Daten betrügen
mit Daumenregister PRIN.ME **thumb-indexed** *adj* ≠ plain-edged
mit den höchsten Zuwachsraten TECH **fastest-growing**
mit der Hand TECH → **manual** *adj*
→ manuell *adj*
mit Drahtbrücke einstellbar EL.TRO **jumper-selectable** *n* (1)
miteinbegriffen COLL → **inclusive**
→ einbegriffen
mit Einzelbits darstellen SW **bit-map** *vt* [to represent by single bits]
Miterfinder *nm* TECH **co-inventor** *n*
mit EXKLUSIV-ODER verknüpfen LOGIC **exor** *vt*
= exoderieren; exodern = submit to an EXOR operation
mit Firmensitz in ECON → **domiciled** *adj*
→ ansässig
Mit freundlichen Grüßen OFFICE → **Sincerely yours** (AE)
→ Hochachtungsvoll
Mit freundlichen Grüßen Ihr OFFICE **Very sincerely yours** (AE)
[verbindlicher Briefschluss] [personal form of complimentary close]
= Beste Grüße von Ihrem; Mit freundschaftlichen Grüßen = Yours sincerely (BE); Sincerely (AE); Cordially yours (AE)
≈ Hochachtungsvoll ≈ Sincerely yours
Mit freundschaftlichen Grüßen OFFICE → **Very sincerely yours** (AE)
→ Mit freundlichen Grüßen Ihr
mitführen TECH **drag along** *vt*
= mitreißen = carry along
≈ mitschleppen ≈ entrain
Mitführung *nf* TECH **dragging** *n*
mitgeliefert ECON **supplied with** = furnished with
mitgeliefertes Zubehör TECH **accessories furnished** = accesories supplied
mitgeschleppter Fehler MATH **inherent error**
= mitlaufender Fehler; inhärenter Fehler; übernommener Fehler; fortgepflanzter Fehler; fortgesetzter Fehler = propagated error
Mitglied *nn* SW **member** *n*
[objektorientierte Programmierung] [object-oriented programming]
Mitgliederbeitrag *nm* (CH) ECON → **membership subscription**
→ Mitgliedsbeitrag *nm*
Mitgliederpreis *nm* ECON → **member price**
→ Mitgliedspreis *nm*
Mitgliedsaufnahme *nf* ECON **affiliation** *n*
Mitgliedsbeitrag *nm* ECON **membership subscription**
= Mitgliederbeitrag *nm* (CH) = dues *nplt* (AE)
Mitgliedschaft *nf* ECON **membership** *n*
Mitgliedspreis *nm* ECON **member price**
= Mitgliederpreis *nm*
mit hartem Einband PRIN.ME **hardbound**
mithören TELEPH **monitor** *vt*
≈ abhören ≈ eavesdrop
Mithören *nn* TELEPH **monitoring** *n* = listening *n*; listening-in *n*
mithörende Zentrale TELECON **listening master station** = listener *n*
Mithörer *nm* TELEPH **fellow listener**
Mithörklinke *nf* TELEPH **listening jack**
Mithörschalter *nm* TELEPH **listening switch**
Mithörtaste *nf* TELEPH **listening key**
Mitkalkulation *nf* ECON **concurrent calculation**
Mitkopplung *nf* CIRC.EN **positive feedback**
[Teil des Ausgangssignals wird gleichphasig an den Eingang gelegt] [part of output signal is fed in-phase to the input]
= positive Rückkopplung ↑ feedback
↑ Rückkopplung ↓ positive voltage feedback; positive current feedback
↓ Spannungsmitkopplung; Strommitkopplung
Mitlaufausgang *nm* INSTR **trackink output**
mitlaufender Fehler MATH → **inherent error**
→ mitgeschleppter Fehler
Mitlaufgenerator *nm* INSTR **tracking generator**
Mitlaufkabel *nn* OUT.PL **fellow cable**
Mitlauf-Syntheziser *nm* INSTR **tracking synthesizer**
Mitlaufüberwachung *nf* EL.TRO → **self-supervision**
→ Selbstüberwachung *nf*
Mitlaufwähler *nm* SWITCH **selector-repeater**
Mitlaut *nm* LING → **consonant** *n*
→ Konsonante *nf*
Mitlesemaschine *nf* TER&PER **monitoring terminal**

mit Lötbrücke einstellbar	EL.TRO	**solder-strappable**
mit mehreren Bussen	HW	**multibus** *adj*
mit Mustern versehen	TECH	→ **patterned** *adj*
→ bemustert		
Mitnahme *nf*	TECH	→ **entrainment** *n*
→ Mitschleppung *nf*		
mit Namensprägung	OFFICE	**personalized**
mit Namen versehen	COLL	→ **named** *adj*
→ benannt		
Mitnehmer *nm*	MEC.EN	**tappet** *n*
= Auslöser *nm*		= driver *n*; trippet *n*
Mitnehmerkeil *nm*	MEC.EN	**driving key**
Mitnehmerloch *nn*	MEC.EN	**drive-in hole**
Mitnehmerscheibe *nf*	MEC.EN	**driving disk**
Mitnehmerstift *nm*	MEC.EN	→ **driving pin**
→ Antriebsstift *nm*		
mit niedriger Bitrate	CODING	→ **low-bit-rate** *adj*
→ niedrigbitratig		
mit ODER verknüpfen	LOGIC	**or** *vt*
= oderieren; odern		= submit to an OR operation
mit Platzbeteiligung	SWITCH	→ **operator-assisted**
→ handvermittelt		
MI-Transistor *nm*	MICR.EL	→ **metal interface transistor**
→ Metallzwischenschicht-Transistor *nm*		
mit Rast	TECH	→ **locking** *adj*
→ rastend		
mit Rechnern ausstatten	INF.TEC	→ **computerize** (2)
→ computerisieren (2)		
mitreißen	TECH	→ **drag along** *vt*
→ mitführen		
Mitreißfehler *nm*	TER&PER	**drag-along error**
mit Richtwirkung	PHYS	→ **directive** *adj*
→ bündelnd		
mitrotierend	TECH	**co-rotational**
mitschleppen	TECH	**entrain**
Mitschleppung *nf*	TECH	**entrainment** *n*
= Mitnahme *nf*		
Mitschreiber *nm*	INSTR	→ **logger** *n*
→ Messwertdrucker *nm*		
mit Schwebepotential	EL.TEC	→ **floating**
→ schwebend		
Mitschwenk *nm*	CINEMA	**tracking shot**
= Fahrt *nf*		= track *n*
mitschwingen	PHYS	**resonate**
Mitschwingen *nn*	PHYS	→ **resonance** *n*
→ Resonanz *nf*		
mit Seitenzahl versehen	PRIN.ME	→ **page** *vt*
→ paginieren		
mit Sitz in	ECON	**based in**
Mitsprechen	COM.CAB	**side-to-phantom crosstalk**
[Nebensprechen von Phantomkreis zu Stammleitung oder umgekehrt]		[crosstalk between side and phantom circuits or viceversa]
≠ Übersprechen		≠ side-to-side crosstalk
↑ Nebensprechen [TELEC]		↑ crosstalk [TELEC]
mit Steckbrücke einstellbar	EL.TRO	**jumper-selectable** *adj* (2)
		[by a pluggable jumper]
mit Sternchen versehen *adj*	PRIN.ME	**asterisked** *adj*
		= stared
mit Sternchen versehen *vt*	PRIN.ME	**asterisk** *vt*
		= star *vt*
mit Stiften anheften	TECH	**pin** *vt*
Mitte *nf*	MATH	**center** *n* (AE)
= Zentrum *nn* (*pl* -tren); Mittelpunkt *nm* (1)		= centre *n* (BE)
mitteilen	COLL	**message** *vt*
≈ informieren; ausrichten		≈ inform; pass a message
Mitteilung *nf*	INF.TH	→ **message** *n*
→ Nachricht *nf*		
Mitteilungsblatt *nn*	PRIN.ME	**newsletter** *n*
Mitteilungscode *nm*	DAT.CO	**message code**
Mitteilungslaufzeit *nf*	DAT.CO	→ **message delay**
→ Mitteilungsverzug *nm*		
Mitteilungsmaildienst *nm*	INTERNET	**newsletter** *n*
[abonnierbar]		[subscribable]
= Newsletter		
Mitteilungsseite *nf*	TELEC	**communication page**
[Bildschirmtext]		[videotex]
Mitteilungsspeicher *nm*	INTERNET	→ **mailbox** *n*
→ Briefkasten *nm*		
Mitteilungssystem *nn*	DAT.CO	→ **message handling system**
→ Mitteilungsübermittlungssystem *nn*		
Mitteilungssystem für Sprache	TELEC	→ **voice mail**
→ Sprachkommunikationssystem *nn*		

Mitteilungssystem für Texte	TELEC	**text mail**
Mitteilungssystem für Text und Sprache	TELEC	**multimedia mail**
≈ Sprachanmerkung		≈ voice annotation
Mitteilungstext *nm*	DAT.CO	**message text**
Mitteilungstransfer *nm*	DAT.CO	→ **message transfer**
→ Nachrichtenübermittlung *nf*		
Mitteilungsübermittlung *nf*	DAT.CO	**messaging** *n*
= Mitteilungsverarbeitung *nf*		= message handling
Mitteilungsübermittlungssystem *nn*	DAT.CO	**message handling system**
= Mitteilungssystem *nn*		= MHS; computer-based message system; CBMS
Mitteilungsverarbeitung *nf*	DAT.CO	→ **messaging** *n*
→ Mitteilungsübermittlung *nf*		
Mitteilungsverzögerung *nf*	DAT.CO	→ **message delay**
→ Mitteilungsverzug *nm*		
Mitteilungsverzug *nm*	DAT.CO	**message delay**
= Mitteilungsverzögerung *nf*; Mitteilungslaufzeit *nf*; Nachrichtenverzug; Nachrichtenverzögerung *nf*; Nachrichtenlaufzeit *nf*		
mittel	STATIS	**middle** *adj*
= durchschnittlich		= average; medium
Mittel *nn*	CHEM	**agent** *n* (1)
= Agens *nm*		
Mittel *nn*	STATIS	**average** *n*
= Mittelwert *nm*; Durchschnitt *nm*; Durchschnittswert *nm*; Schnitt *nm*		= average value; mean value; mean
≈ Medianwert; Mittelwert		≈ midpoint
↑ Maßzahl; Moment		↑ sample statistic; moment
↓ arithmetisches Mittel; geometrisches Mittel		
Mittel *nn*	ECON	→ **resource** *nplt*
→ Ressource *nf*		
Mittelabgriff *nm*	EL.TEC	**center tap**
= Mittelanzapfung *nf*; Mittenanzapfung *nf*		= center-tap connection; center tapping; electrical midpoint
Mittelachse *nf*	TECH	**center axis**
		= center line
Mittelanzapfung *nf*	EL.TEC	→ **center tap**
→ Mittelabgriff *nm*		
Mittelband *nn*	RADIO	**midband** *n* (1)
≈ Bandmitte		≈ band center
Mittelbandsystem *nn*	TRANSM	**medium-capacity system**
mittelbar	COLL	→ **indirect** *adj*
→ indirekt		
mittelbare Adresse	SW	→ **indirect address**
→ indirekte Adresse		
mittelbare Adressierung	SW	→ **indirect addressing**
→ indirekte Adressierung		
Mittelbasis-Richtstrahlantenne *nf*	ANT	**medium base directional antenna**
Mittelbindung *nf*	ECON	**commitment of funds**
Mittelblindader *nf*	COM.CAB	**center filler**
		= center blind core
Mittelebene *nf*	ENG.DRA	**central plane**
		= midplane *n*; bisectional plane
mitteleuropäische Zeit	PHYS	**Central European Time**
= MEZ		= C.E.T.
Mittelfluss *nm*	ECON	→ **cash inflow**
→ Mittelzufluss *nm*		
Mittelfrequenz *nf*	POW.SY	**mid frequency**
[von 150 Hz bis 10 kHz]		[from 150 Hz to 10 kHz]
Mittelfrequenztelegraphie *nf*	TELEGR	**midband telegraph system**
= MT		
Mittelfrequenzumrichter *nm*	POW.EN	**medium-frequency convertor**
mittelfristig	ECON	**medium-term**
mittelfristiger Plan	ECON	**medium-term plan**
mittelgrau *adj*	OPT	**light grey** *adj*
mittelgroß	TECH	**medium-sized** *adj*
≈ halbgroß		= medium-size; midsized; midrange; middle-sized; medium-scale; medium-level; medium
		≈ half-sized
mittelgroßer Computer	DAT.PR	→ **midrange Computer**
→ Midrangecomputer *nm*		
mittelhoch	COLL	**medium-high** *adj*
Mittel-Hochton-Horn *nn*	EL.ACOU	**mid-range horn loudspeaker**
Mittelintegration *nf*	MICR.EL	**MSI**
[10 bis 500 Komponenten pro IC]		[10 to 500 components per IC]
= MSI; mittlerer Integrationsgrad		= medium scale integration
Mittellänge *nf*	PRIN.ME	**x height**
[Höhe eines Kleinbuchstabens ohne Unter- oder Oberlängen]		[distance between top and bottom of a character, without ascender or descender]
= x-Höhe		

Mittelleiter *nm* POW.SY **mid-wire**
[Leiter eines Gleichstromnetzes] [conductor of a dc system]
↓ Nulleiter ↓ neutral conductor

Mittelleiter *nm* COM.CAB → **inner conductor**
→ Innenleiter *nm*

Mittellinie *nf* ENG.DRA **center line** (AE)
= centre line (BE); bisector *n*; bisectrix *n*; bisectional line

Mittelloch *nn* TER&PER → **drive hole**
→ Antriebsloch *nn*

Mittellücke *nf* RAD.RE **central gap**
[Frequenzabstand zwischen oberer und unterer Bandgrenze von Unterband und Unterband] [frequency difference between upper and lower channel edge of the go and return halves of a band]
= Zwischenbandlücke *nf* = center gap (AE); centre gap (BE)

Mittellückenentkopplung *nf* RAD.RE **central gap decoupling**

Mittellückenkanal *nm* RAD.RE **center-gap channel** (AE)
= centre-gap channel (BE)

mittelmäßig TECH **middling**
≈ mittelgroß ≈ medium-size

mittelmäßig COLL **mediocre** *adj*
[pej] [of moderate quality]
≈ zweitklassig; gewöhnlich = middling
≈ second grade; ordinary

Mittelmast *nm* ANT **central tower**

mitteln STATIS **average** *vt*
= Mittelwert bilden; Mittelwert bestimmen; Durchschnitt bilden; Durchschnitt bestimmen

Mitteloberfläche *nf* MEC.EN **mean surface**
[Oberflächengüte]

Mittelpunkt *nm* (1) MATH → **center** *n* (AE)
→ Mitte *nf*

Mittelpunkt *nm* (2) MATH **middle dot**
= Punkt in der Mitte

Mittelpunktgleichrichter *nm* POW.SY → **push-pull rectifier**
→ Gegentaktgleichrichter *nm*

Mittelpunktschaltung *nf* POW.SY **midpoint connection**

Mittelpunktsleiter *nm* POW.EN → **neutral conductor** (AC)
→ Nulleiter *nm*

Mittelpunktspeisung *nf* ANT **center feed** (AE)
[Mittelanschluss] = centre feed (BE); apex drive; center drive (AE); centre drive (BE); symmetrical feed
= Mittenspeisung *nf*

mittels COLL → **via** *praep*
→ über

Mittelschall *nm* EL.ACOU **central sound**

mittelschnell TECH **medium-speed**

mittelschneller Speicher HW → **intermediate access memory**
→ Speicher mittlerer Zugriffsgeschwindigkeit

Mittelschrift *nf* PRIN.ME **medium lettering**

Mittelschule *nf* EDUC **middle school** (BE)

Mittelschule Oberstufe EDUC **high schools** (BE)

mittelschwer COLL **medium-heavy** *adj*

mittelschwere Bespulung OUT.PL **medium-heavy loading**

mittels Daten betrügen DAT.PR → **diddle** *vt*
→ mit Daten manipulieren

Mittelspannung *nf* POW.EN **medium-high voltage**
[250 bis 1.000 V] [250 to 1.000 V]
= medium-high tension; medium voltage; medium tension

mittelständisches Unternehmen ECON **medium-size company**
[i.a. mit 100 bis 3000 Angestellten] [generally with 100 to 3000 employees]

Mittelstellung *nf* TECH **middle position**
= central position

Mittelstreckennavigation *nf* RAD.NA **medium-range navigation**

Mittelteil *nn* TECH **intermediate part**
= middle part
≈ central part

Mitteltöner *nm* EL.ACOU → **mid-range** *n*
→ Mitteltonlautsprecher *nm*

Mitteltonlautsprecher *nm* EL.ACOU **mid-range** *n*
= Mitteltöner *nm*

mittelträge Feinsicherung COMPO → **melting fuse**
→ Schmelzsicherung *nf*

Mittelungszeitraum *nm* STATIS **averaging period**

Mittelwellen *nplt* RADIO → **hectometric waves**
→ Hektometerwellen *nplt*

Mittelwert *nm* STATIS → **average** *n*
→ Mittel *nn*

Mittelwert bestimmen STATIS → **average** *vt*
→ mitteln

Mittelwertbestimmung *nf* STATIS → **averaging** *n*
→ Mittelwertbildung *nf*

Mittelwert bilden STATIS → **average** *vt*
→ mitteln

mittelwertbildend STATIS **averaging** *adj*
= durchschnittbildend

Mittelwertbildung *nf* STATIS **averaging** *n*
= Mittelwertbestimmung *nf*; Durchschnittsbildung *nf*

Mittelwertgleichrichter *nm* CIRC.EN **average rectifier**

Mittelwertmesser *nm* INSTR **average meter**

Mittelwert-Offset *nn* EL.TRO **median offset**

Mittelwort *nn* LING → **participle** *n*
→ Partizip *nn*

Mittelwort der Gegenwart *nn* LING → **present participle**
→ Partizip I *nn*

Mittelwort der Vergangenheit *nn* LING → **past participle**
→ Partizip II *nn*

Mittelzufluss *nm* ECON **cash inflow**
= Mittelfluss *nm* = net cash

Mittenabstand *nm* ENG.DRA **center distance** (AE)
= centre distance (BE)

Mittenabweichung *nf* ENG.DRA **center deviation** (AE)
≈ centre deviation (BE)

Mittenanzapfung *nf* EL.TEC → **center tap**
→ Mittelabgriff *nm*

Mittenfrequenz *nf* TELEC **mid frequency**
= center frequency (AE); centre frequency (BE)

Mittenfrequenz *nf* PHYS **central frequency**
= center frequency (AE); centre frequency (BE)

Mittenfrequenz *nf* RADIO **center frequency** (AE)
= centre frequency (BE)

Mittenfrequenz *nf* NETW.TH **center frequency** (AE)
≠ Eckfrequenz = centre frequency (BE)
≠ limit frequency

Mittenfrequenznachführung *nf* INSTR **center frequency tracking** (AE)
≈ Signalgleichlauf = centre frequency tracking (BE); signal track
≈ signal track

Mittenimpuls *nm* CODING **central pulse**

Mittenlochstreifen *nm* TER&PER **center-feed tape** (AE)
= centre-feed tape (BE)

mit Tennstrichen geschrieben LING **hyphenated** *adj*
= in Trennstrich-Schreibweise

Mittensender *nm* RADIO **central transmitter**

Mittenspeisung *nf* ANT → **center feed** (AE)
→ Mittelpunktspeisung *nf*

Mittentoleranz *nf* ENG.DRA **center tolerance** (AE)

Mittenversatz *nm* ENG.DRA **excentricity** *n*
= Exzentrizität *nf* ≈ stroke (1)
≈ Schlag

Mittenwert *nm* STATIS → **median** *n*
→ Medianwert *nm*

mittig MATH → **symmetric** *adj*
→ symmetrisch

mittig TECH → **centric** *adj*
→ zentrisch

Mittigkeit *nf* MATH → **symmetry** *n*
→ Symmetrie *nf*

Mittigkeit *nf* MATH → **centricity** *n*
→ Zentrizität *nf*

mittlere Ausfalldauer QUAL **mean down time**
= MDT = MDT
≈ MTTR ≈ MTTR

mittlere ausfallfreie Zeit QUAL → **mean time between failures**
→ mittlerer Ausfallabstand

mittlere Auslieferqualität QUAL **average outgoing quality**
= AOQ; Durchschlupf *nm* = AOQ; outgoing fraction defective

mittlere Belegungsdauer SWITCH **mean call time**

mittlere Datentechnik COMP.AP **small business system**

mittlere Einnahmen pro Teilnehmer MOB.CO **average revenue per user**
= ARPU-Wert = ARPU

mittlere Fehlerbehebungszeit QUAL → **MTTSR**
→ MTTSR

mittlere Fehlerbeseitigungszeit QUAL → **MTTSR**
→ MTTSR

mittlere freie Weglänge PHYS **mean free path**

mittlere Führungskraft ECON **middle manager**

mittlere Führungsschicht ECON → **medium-level management**
→ mittlerer Führungskreis

mittlere Größe TECH **medium size** *n*
= medium level

mittlere Instandssetzungsdauer QUAL → **MTTR**
→ MTTR

mittlere Lebensdauer QUAL **mean life** (IEC)
[Summe aller Lebensdauer durch Anzahl] [sum of all life times divided by quantity]
= mean life span

mittlere Leistung EL.TEC → **active power**
→ Wirkleistung *nf*

mittlere Proportionale STATIS → **geometric mean**
→ geometrisches Mittel

mittlere quadratische Abweichung STATIS → **standard deviation** *n*
→ Standardabweichung *nf*

mittlerer MATH → **mean** *adj*
→ durchschnittlich *adj*

mittlerer Ausfallabstand QUAL **mean time between failures**
= MTBF *nf*; mittlerer Fehlerabstand; mittlere ausfallfreie Zeit = MTBF

mittlerer Dienstausfallabstand QUAL **MTBSO**
= MTBSO = mean time between service outages

mittlere Reparaturdauer QUAL → **MTTR**
→ MTTR

mittlerer Fehler MATH **standard error**

mittlerer Fehlerabstand QUAL → **mean time between failures**
→ mittlerer Ausfallabstand

mittlerer Führungskreis ECON **medium-level management**
= mittleres Management; mittlere Führungsschicht = middle-level management; middle management

mittlerer Informationsgehalt INF.TH → **information entropy**
→ Informationsentropie *nf*

mittlerer Informationsgehalt INF.TH → **information entropy**
→ Informationsentropie *nf*

mittlerer Integrationsgrad MICR.EL → **MSI**
→ Mittelintegration *nf*

mittlerer quadratischer Fehler STATIS → **standard deviation** *n*
→ Standardabweichung *nf*

mittlerer Verbrauch TECH → **mean consumption**
→ Durchschnittsverbrauch *nm*

mittleres Management ECON → **medium-level management**
→ mittlerer Führungskreis

mittlere Suchzeit TER&PER **average seek time**

mittlere Übertragungsgeschwindigkeit DAT.CO **mean date rate**
= average transmission rate

mittlere Zugriffszeit DAT.PR **mean access time**

mit Tragseil versehen COM.CAB **messengered**

Mitvergangenheit *nf* LING → **simple past**
→ Imperfekt *nn*

Mitvertriebsprodukt *nf* ECON → **purchased part** *n*
→ Fremdfabrikat *nn*

mit Verweisen versehen LING **reference** *vt*

mit Vorzeichen MATH → **signed** *adj*
→ vorzeichenbehaftet

Mit vorzüglicher Hochachtung OFFICE → **Sincerely yours** (AE)
→ Hochachtungsvoll

mit weißem Rauschen behaftet INF.TEC **AWGN**
= AWGN = added white Gaussian noise

Mitwirkung *nf* COLL **cooperation** *n*
= Kooperation *nf* = participation *n*

Mix *nm* DAT.PR **mix** *n*
[Mischung von Befehlen zur Ermittlung der Leistungsfähigkeit von Computern] [a set of instructions to evaluate the performance of computers]

Mix *nm* (slang) TECH → **mix** *n*
→ Mischung *nf*

Mixed-Media-Veranstaltung *nf* MEDIA → **multi media event**
→ Multimediaveranstaltung *nf*

Mixed-Mode-CD TER&PER **Mixed Mode CD**
[für Audio- u. Computer-daten] [for audio and computer data]
= Mixed Mode Disc

Mixmode *nm* DAT.NW **promiscuous mode**

MJ-Stecker *nm* COMPO **MJ**
[US-Norm] = modular jack

MKC-Kondensator *nm* COMPO **metallized polycarbonate capacitor**
= MKC capacitor

MK-Kondensator *nm* COMPO **metalliozed plastic-film capacitor**
= metallisierter Kunststoffolien-Kondensator

MKP-Kondensator *nm* COMPO **MKP capacitor**

MKS-Kondensator *nm* COMPO **MKS capacitor**

MKT-Kondensator *nm* COMPO **MKT capacitor**
= metallized polyethylene thereptalate capacitor

MKU-Kondensator *nm* COMPO **MKU capacitor**
= Lackfolien-Kondensator *nm*; Metallackkondensator *nm*

MLP-Prozedur *nf* DAT.NW **MLP**
= Multi-Link Procedure

MLS RAD.NA **microwave landing system**
= Mikrowellen-Landesystem *nn* = MLS

mm PHYS → **millimeter** (AE)
→ Millimeter *nm&nn*

MMDS-System *nn* TELEC **MMDS**
↑ PMP-System = Multichannel Multipoint Distribution System
↑ PMP

mm Hg PHYS → **millimeter mercury**
→ Millimeter Quecksilbersäule

MMIC MICR.EL → **MMIC**
→ monolithische integrierte Mikrowellenschaltung

MMJ-Stecker *nm* COMPO **MMJ**
[US-Norm] = Modified Modular Jack

MMK EL.SC → **magnetomotive force**
→ magnetische Umlaufspannung

MML COMP.LG → **man-machine language**
→ Mensch-Maschine-Sprache *nf*

MML-Umsetzer *nm* COMP.AP → **man-machine interpreter**
→ Mensch-/Maschinensprache-Umsetzer *nm*

MMS MOB.CO **MMS**
= Multimedia Messaging System

MMU HW → **memory management unit**
→ Speicherverwaltungseinheit *nf*

MMVF-Format *nn* TER&PER **MMVF**
= Multi Media EXtension

Mn CHEM → **manganese**
→ Mangan *nn*

MNC MOB.CO → **MNC**
→ Mobilfunknetzkennung *nf*

mnemonisch SW → **mnemonic** *adj*
→ mnemotechnisch

mnemonische Adresse SW → **symbolic address**
→ symbolische Adresse

mnemonischer Code CODING **mnemonic code**

Mnemotechnik *nf* SW **mnemonic** *n*
= gedächtnisunterstützende Technik
≈ Mnemonik

Mnemotechnik *nf* TECH **mnemonic** *n*

mnemotechnisch SW **mnemonic** *adj*
= mnemonisch; merkfähig; gedächtnisunterstützend = mnemotechnic

mnemotechnische Adresse SW → **symbolic address**
→ symbolische Adresse

mnemotechnischer Operationscode COMP.LG **mnemonic operation code**
= assembler mnemonic

mnemotechnische Sprache COMP.LG **mnemonic language**
≈ natürliche Programmiersprache ≈ conversational programming language

MNOS MICR.EL **MNOS**
= metal-nitride oxide semiconductor

MNOSFET MICR.EL **MNOFET**
= metal-nitride-oxide-semiconductor FET

MNP-Protokoll *nn* DAT.CO **MNP protocol**
= Microcom Networking Protocol

MNSFET MICR.EL **MNSFET**
= metal-nitride-semiconductor FET

Mo CHEM → **molybdenum**
→ Molybdän *nn*

Möbel *nn* (*pl* Möbel&(AT,CH)Möbeln) COLL **piece of forniture**
= Einrichtungsgegenstand *nm*

mobil TECH → **non-steady**
→ nichtstationär

Mobilantenne *nf* ANT → **mobile antenna** (1)
→ mobile Antenne

mobile Antenne ANT **mobile antenna** (1)
= Mobilantenne *nf* = mobile aerial

mobile Datenkommunikation TELEC **mobile data communication**
= MODACOM

mobile Datenverarbeitung DAT.PR **mobile computing**
= mobile DV-Technik

mobile DV-Technik DAT.PR → **mobile computing**
→ mobile Datenverarbeitung

mobile Fernsehverbindung BROADC **mobile TV link**
= mobile TV-Verbindung

mobile Güter LAW → **movables** *nplt*
→ Mobilien *nplt*

mobile Kommunikation TELEC → **mobile communications**
→ Mobilkommunikation *nf*

mobiles Datenfunknetz TELEC **radio data network**
= RDN; mobile data network; MDN

mobiles Videokonferenzsystem TELEC **mobile video conference system; roll-about**

mobile TV-Verbindung BROADC → **mobile TV link**
→ mobile Fernsehverbindung

mobile Uhr INSTR **flying clock**
[Zeitnormal] [Standard Time]

Mobilfunk *nm* TELEC **mobile radiocommunications**
= beweglicher Funkdienst = mobile radio service; mobile radio; MR
↓ Funktelefonie; Funkruf; Bündelfunk; Zugfunk ↓ radiotelephony; radio paging; trunking; railway radio communications

Mobilfunk-Betreibergesellschaft *nf* MOB.CO **cellular carrier company**

Mobilfunkdienst *nm* TELEC **mobile service**

Mobilfunkendgerät *nn* MOB.CO **mobile equipment**
= ME

Mobilfunkkonzession *nf* TELEC **cellular licence**

Mobilfunk-Länderkennung *nf* MOB.CO **MCC**
= MCC = Mobile Country Code

Mobilfunknetz *nn* TELEC **mobile telephony network**
= Mobiltelefonnetz *nn*; Mobiltelephonnetz *nn* ≈ cellular network
≈ Zellularnetz

Mobilfunknetzbetreiber *nm* TELEC **mobile telephony operator**
≠ Festnetzbetreiber ≠ fixed network operator

Mobilfunknetzkennung *nf* MOB.CO **MNC**
= MNC = Mobile Network Code

Mobilfunkstandard *nm* MOB.CO **mobile telephony standard**

Mobilfunktechnik *nf* TELEC **mobile telecommunications**

mobilfunktechnische Teilnehmeranschlussleitung MOB.CO **CLL**
[using mobile technology for fixed lines]
= Cellular Local Loop
↑ Wireless Local Loop

Mobilfunkteilnehmer *nm* TELEC **mobile telephone subscriber**
= beweglicher Teilnehmer ≠ fixed subscriber
≠ Festteilnehmer

Mobilfunkteilnehmerkennung *nf* MOB.CO **mobile subscriber identity**

Mobilfunkteilnehmer-Strecke *nf* MOB.CO **mobile user link**
[zum Satelliten] = MUL

Mobilfunk-Vermittlungsstelle *nf* MOB.CO → **mobile switching center**
→ Funkvermittlungsstelle *nf*

Mobilfunkzelle *nf* MOB.CO → **cell** *n*
→ Zelle *nf*

Mobiliar *nn* IMAG.ME → **furniture** *n*
→ Einrichtung *nf*

Mobilien *nplt* LAW **movables** *nplt*
= mobile Güter; bewegliche Güter = chattel *n*
≠ Immobilien ≠ immovables

Mobilität *nf* PHYS → **mobility** *n*
→ Beweglichkeit *nf*

Mobilitätsverwaltung *nf* MOB.CO **mobility management**
= MM

Mobilkommunikation *nf* TELEC **mobile communications**
= mobile Kommunikation ≠ fixed communications
≠ Festkommunikation

Mobilkommunikations-Vermittlungsstelle *nf* MOB.CO → **mobile switching center**
→ Funkvermittlungsstelle *nf*

Mobilstation *nf* MOB.CO → **mobile telephone** *n*
→ Mobiltelefon *nn*

Mobiltelefon *nn* MOB.CO **mobile telephone** *n*
= Mobilstation *nf*; Funktelefon *nn*; Funktelefongerät *nn*; Handy *nn* = mobile phone; mobile station; MS; mobile; radiotelephone; portable phone; portable; SIM; Subscriber Identity Module
≈ schnurloser Fernsprechapparat [TELEPH] ≈ cordless telephone [TELEPH]
↑ Funkspechgerät [RADIO] ↑ radiotelephone [RADIO]
↓ Zellulartelefon; Autotelefon ↓ cellular phone; car phone

Mobiltelefonnetz *nn* TELEC → **mobile telephony network**
→ Mobilfunknetz *nn*

Mobiltelephonnetz *nn* TELEC → **mobile telephony network**
→ Mobilfunknetz *nn*

Mobil-Vermittlungsstelle *nf* MOB.CO → **mobile switching center**
→ Funkvermittlungsstelle *nf*

Mobitex MOB.CO **Mobitex**

möchten Sie eine Nachricht hinterlassen? TELEPH **would you like to leave a message?**

MOCVD MICR.EL **MOCVD**
[Metal Organic Chemical Vapour Deposition]

mod MATH → **modulo** *praep*
→ modulo

Modalanalyse *nf* INSTR **modal analysis**

modale Logik MATH **modal logic**

modales Hilfsverb LING **modal auxiliary**

Modalsatz *nm* LING **modal sentence**
= Satz der Art und Weise ↑ conjunctional sentence
↑ Konjunktionalsatz

Modalverb LING **modal verb**
= modal

Modalwert *nm* STATIS → **mode** *n*
→ häufigster Wert

Mode *nm* (ANGL) MICROW → **waveguide mode**
→ Wellentyp *nm*

Modec *nn* HW **modec** *n*
[Modem + Codec] [modem + codec]

Modell *nn* MATH **model** *n*

Modell *nn* TECH **model** *n* (1)
[maßstabgerechte Ausführung oder Darstellung eines Gegenstands] [scaled reproduction or representation of an object]
≈ Muster; Nachbildung; Bauform ≈ model (2); copy; model (3)
↓ Attrappe; Ausführungsmuster ↓ mock-up; type model

Modell *nn* ECON → **type** *n*
→ Typ *nm*

Modell-A-Antenne *nf* ANT **model A antenna**

Modellanimation *nf* CINEMA **model animation**

Modell-B-Antenne *nf* ANT **model B antenna**

Modell-C-Antenne *nf* ANT **model C antenna**

Modell-D-Antenne *nf* ANT **model D antenna**

Modellgültigkeitsprüfung *nf* MOD&SI **model validation**

Modellgüteprüfung *nf* MOD&SI **model verification**

modellierbar TECH **modelable**

Modellierbarkeit *nf* TECH **modelability** *n*

Modellierung *nf* SCIE **modeling** *n* (AE)
[Verwendung von Mathematik für Beschreibungszwecke] [use of mathematics to describe]
= modelling (BE)

Modellierungssprache *nf* COMP.LG **modeling language**

Modellsimulation *nf* TECH → **model simulation**
→ Modellsimulierung *nf*

Modellsimulierung *nf* TECH **model simulation**
= Modellsimulation *nf*

Modelltheorie *nf* MATH **model theory**

Modelltischler *nm* TECH **pattern maker**

Modem *nn* RAD.RE → **modem equipmemt**
→ Modulationsgerät *nn*

Modem *nm&nn* DAT.CO **data modem**
[passt Datenströme an Fernsprechkanäle an] [adapts data streams to voice channels]
= Datenmodem *nm&nn*; Datenübertragungsmodem *nm&nn* = modem *n*; modulator-demodulator *n*; dataset *n* (AE)
↓ serielles Modem; Basisbandmodem; Sprachbandmodem ↓ serial modem; baseband modem; audio modem

Modemanschluss *nm* DAT.CO **modem attachment**

Modembank *nf* DAT.NW **modem bank**

Modem-Eliminator *nm* DAT.CO **modem eliminator**
[erlaubt ohne Modem zu arbeiten] [allows to operate without modem]

Modemfilter *nn* TRANSM **modem filter**

modemlose Verbindung DAT.CO **modemless connection**

Modem-Norm *nf* DAT.CO → **modem standard**
→ Modem-Standard *nm*

Modem-Pool *nn* MOB.CO **modem pool**

Modemport *nm* HW **modem port**

Modem-Standard *nm* DAT.CO **modem standard**
= Modem-Norm *nf*

Modenabstreifer *nm* OPT.CO **mode stripper**

Modendispersion *nf* OPT.CO **modal dipersion**

Modenfelddurchmesser *nm* OPT.CO **mode field diameter**
[im Kern] [in the core]

Modenfilter *nn* MICROW **mode filter**
= Wellentypfilter *nn*; Wellenfilter *nn*; Hohlleiterfilter *nn* = waveguide filter

Modenfilter *nn* OPT.CO **mode filter**

Modenmischer *nm* MICROW **mode scrambler**
= Modenscrambler *nm* (ANGL) = mode mixer

Modenmischer *nm* OPT.CO **mode scrambler**
= mode mixer

Modenmischung *nf* OPT.CO **mode mixing**
= mode scrambling

Modenrauschen *nn* OPT.CO **modal noise**
= speckle noise

Modenscrambler *nm* (ANGL) MICROW → **mode scrambler**
→ Modenmischer *nm*

Modensperre *nf* MICROW **mode suppressor**

Modensprung *nf* MICROW **mode jump**
= Schwingungsartsprung *nf*

Modenvolumen *nn* OPT.CO **mode volume**

Modenwandler *nm* MICROW **mode transformer**
= Wellenformwandler *nm*; Wellentypwandler *nm* = mode transducer; mode changer; transducer *n*

Modenwandlung *nf* MICROW **wave-mode conversion**
= Wellenumwandlung *nf* = wave-mode transformation

Modenwechsel *nm* MICROW **mode shift**

Moderation *nf* OFFICE **moderation**
= Gesprächsleitung *nf*; Diskussionsleitung *nf*

Moderator *nm* MEDIA **showmaster** *n*

Moderator *nm* OFFICE **moderator** *n*
= Gesprächsführer *nm*; Diskussionsleiter *nm*

Moderator *nm* INTERNET **moderator** *n*

modern *adj* TECH **modern** *adj*
= neuzeitlich; zeitgemäß = up-to-date; state-of-the-art; timely; present-day
≈ fortschrittlich; zukunftsorientiert; heutig ≈ progressive; future-oriented;

Moderne Logik SCIE → **formal logic**
→ Formale Logik

Modernisierung *nf* TECH **modernization** *n*

Modernität *nf* TECH **modernity** *n*
= Neuzeitlichkeit *nf*; Zeitgemäßheit *nf* = moderness *n*
≈ Fortschrittlichkeit; Zukunftsorientiertheit

Modezeitschrift *nf* PRIN.ME **fashion magazine**

MODFET *nn* MICR.EL **MODFET**
= modulationsdotierter Feldeffekttransistor = modulation-doped FET

Modifikation *nf* TECH → **remodelling** *n*
→ Umbau *nm*

Modifikation *nf* SW → **modification** *n*
→ Änderung *nf*

Modifikation *nf* TECH → **change** *n*
→ Änderung *nf*

Modifikationsanweisung *nf* TEC.DOC → **modification instruction**
→ Umbauanweisung *nf*

Modifikationsanweisung *nf* SW → **modification command**
→ Änderungsbefehl *nm*

Modifikationsband *nn* DAT.MA → **change tape**
→ Änderungsband *nn*

Modifikationsbefehl *nm* SW → **modification command**
→ Änderungsbefehl *nm*

Modifikationsblock *nm* DAT.MA → **modification block**
→ Änderungsblock *nm*

Modifikationsdatei *nf* DAT.MA → **transaction file**
→ Bewegungsdatei *nf*

Modifikationsdaten *nplt* DAT.MA → **variable data**
→ Bewegungsdaten *nplt*

Modifikationseintrag *nm* DAT.MA → **modification entry**
→ Änderungseintrag *nm*

Modifikationslauf *nm* DAT.PR → **updating run**
→ Aktualisierungslauf *nm*

Modifikationsmodus *nm* DAT.MA → **modification mode**
→ Änderungsmodus *nm*

Modifikationsparameter *nm* DAT.MA → **modification parameter**
→ Änderungsparameter *nm*

Modifikationsprotokoll *nn* DAT.MA → **modification log**
→ Änderungsprotokoll *nn*

Modifikationssatz *nm* DAT.MA → **addition record**
→ Bewegungssatz *nm*

Modifikator *nm* SW **modifier** *n*
= Änderungsparameter *nm* [parameter to change an instruction]

modifizierbar TECH → **alterable** *adj*
→ veränderbar

modifizieren TECH → **change** *vt*
→ ändern

modifizierte Wechseltaktschrift TER&PER **modified FM code**
= MFM-Code *nm*; MFM-Codierung *nf* = modified frequency modulation code; MFM code; MFM encoding; modified two-frequency recording; ST-506 code

Modifizierung *nf* TECH → **change** *n*
→ Änderung *nf*

modisch *adj* COLL **fashionable**
= en vogue = stylish
≈ aktuell ≈ actual

Modul *nm* (*pl* -n) COMP.SC **modulus** *n*
[Anzahl der in einem Nummernsystem darstellbaren ganzen Zahlen] [number of integers representables in a numeration system]

Modul *nm* (*pl* -n) PHYS **modulus** *n*
= Materialkonstante *nf*

Modul *nn* (*pl* -e) COMPO **module** *n*

Modul *nn* (*pl* -e) SW → **program module**
→ Programmmodul *nn*

Modul *nn* (*pl* -e) MANUF → **component** *n*
→ Bauteil *nn*

Modul *nn* (*pl* -e) EQP.EN → **module** *n*
→ Baugruppe *nf*

Modul *nn* (*pl* -e) TECH → **functional unit**
→ Funktionseinheit *nf*

Modul *nm* (*pl* -n) (1) MATH **modulus** *n* (2)
[Umrechnungsfaktor zwischen Logarithmiersystemen] [factor to convert logarithmic systems]

Modul *nm* (*pl* -n) (2) MATH **modulus** *n* (1)
[Divisor der für einen Satz von Dividenden denselben Restwert ergibt] [divisor giving the same remainder for a set of dividends]

Modula-2 COMP.LG **Modula-2**
↑ problemorientierte Programmiersprache ↑ high-level programming language

modular EQP.EN **modular** *adj*
= bausteinartig; bausteinförmig ≈ upgradable
≈ ausbaufähig

Modularbauweise *nf* EQP.EN **modular design**
= Modulartechnik *nf*; Modulbauweise *nf*; modulare Bauweise; modulare Technik; modularer Aufbau; modulares Design; Baukastenprinzip *nn* = modular construction
≈ Modularität [TECH] ≈ modularity [TECH]

modulare Architektur DAT.PR **modular architecture**
≠ integrierte Architektur ≠ integrated architecture

modulare Bauweise EQP.EN → **modular design**
→ Modularbauweise *nf*

modulare Programmierung SW **modular coding**
= modulares Programmieren = modular programming

modularer Aufbau EQP.EN → **modular design**
→ Modularbauweise *nf*

modulares Design EQP.EN → **modular design**
→ Modularbauweise *nf*

modulares Programm SW **modular program**

modulares Programmieren SW → **modular coding**
→ modulare Programmierung

modulares System DAT.PR → **modular system**
→ Modularsystem *nn*

modulare Technik EQP.EN → **modular design**
→ Modularbauweise *nf*

Modularisierung *nf* TECH **modularization** *n*
= Zerlegung in Module = modular decomposition

Modularität *nf* TECH **modularity**

Modularsystem *nn* DAT.PR **modular system**
= modulares System
↓ modulares Hardwaresystem; modulares Softwaresystem ↓ modular hardware system; modular software system

Modulartechnik *nf* EQP.EN → **modular design**
→ Modularbauweise *nf*

Modulation *nf* TELEC **modulation** *n*
[Veränderung der Parameter eines Trägersignals mittels eines Nutzsignals] [modification of parameters of a carrier signal with a useful signal]
↓ Schwingungsmodulation; Amplitudenmodulation; Winkelmodulation; Frequenzmodulation; Phasenmodulation; Pulsmodulation; Pulsamplitudenmodulation; Pulszeitmodulation; Pulsdauermodulation; Pulslagenmodulation; Pulsfrequenzmodulation ↓ wave-carrier modulation; amplitude modulation; angle modulation; frequency modulation; phase modulation; pulse modulation; pulse amplitude modulation; pulse time modulation; pulse duration modulation; pulse position modulation; pulse frequency modulation

Modulationsanalysator *nm* INSTR **modulation analyzer**
[mißt Kennwerte von Amplituden-, Frequenz- und Phasenmodulation] [indicates characteristic ratios of AM, FM and PM]

modulationsangepasste Codierung CODING → **underlaying coding**
→ unterlegte Codierung

Modulationsbereich *nm* MODUL **modulation domain**

modulationsdotierter Feldeffekttransistor MICR.EL → **MODFET**
→ MODFET *nn*

Modulationseinrichtung *nf* RAD.RE → **modem equipmemt**
→ Modulationsgerät *nn*

Modulationsfaktor *nm* MODUL → **modulation depth**
→ Modulationsgrad *nm*

Modulationsfaktor *nm* TELEC **modulation factor**
[Nichtlinearitätsmaß] [nonlinearity index]

Modulationsfrequenz *nf* MODUL **modulating frequency**
[Frequenz des modulierenden Signals] = modulation frequency
≈ Modulationsschwingung ≈ modulating wave

Modulationsgerät *nn* RAD.RE **modem equipmemt**
[Modulator + Demodulator] [modulator + demodulator]
= Modulationseinrichtung *nf*; Modem *nn* = modem *n*

Modulationsgeräusch *nn* MODUL **modulation noise**

Modulationsgeschwindigkeit *nf* TELEC → **telegraph speed**
→ Schrittgeschwindigkeit *nf*

Modulationsgestell *nn* RAD.RE **modulation rack**
= modem rack

Modulationsgrad *nm* MODUL **modulation depth**
= Modulationstiefe *nf*; Modulationsfaktor *nm* = modulation factor; modulation percentage; modulation ratio; degree of modulation

Modulationshüllkurve *nf* MODUL **modulation envelope**

Modulationsindex *nm* MODUL **modulation index**
[Gesamthub / Symbolrate] [total excursion / symbol rate]

Modulationskennlinie *nf* MODUL **modulation characteristic**

Modulationsklirrgrad *nm* MODUL **modulation distortion degree**

Modulationsleitung *nf* BROADC **transmitter feeding link**
[von Schaltpunkt zu Fernsehsender] [from distibution node to transmitter]
↓ Fernsehmodulationsleitung

Modulationsleitungsnetz *nn* BROADC **transmitter feeding network**
[DBP, Studio-Sender]

Modulationsplan *nm* TRANSM **modulation plan**
[TF-Technik]

Modulationsquelle *nf* INSTR **modulation source**

Modulationsrate *nf* MODUL **modulation rate**

Modulationsrauschen *nn* EL.ACOU **modulation noise**

Modulationsschema *nn* MODUL **modulation scheme**

Modulationsschwingung *nf* MODUL **modulating wave**
= modulierende Schwingung; Signalschwingung *nf* = modulation wave
≈ Modulationsfrequenz ≈ modulating frequency
≠ Trägerschwingung ≠ carrier wave

Modulationsspannung *nf* MODUL **modulation voltage**

Modulationssteilheit *nf* MODUL **modulation slope**

Modulationsstufe *nf* MODUL **modulation stage**

Modulationstiefe *nf* MODUL → **modulation depth**
→ Modulationsgrad *nm*

Modulationsträger *nm* MODUL → **carrier wave**
→ Trägerschwingung *nf*

Modulations-Übertragungsfunktion *nf* MODUL **modulation transfer function**

Modulationsverfahren *nn* MODUL **modulation method**

Modulationsverstärker *nm* RADIO **modulation amplifier**
= aktiver Modulator

Modulationsverstärkung *nf* CONTRO **envelope gain**

Modulationsverzerrung *nf* TELEC **modulation distortion**

Modulator *nm* DAT.CO **modulator** *n*
[ein A/D-Wandler von Datensignalen] [converts data signals from A/D]

Modulator *nm* CIRC.EN **modulator** *n*

Modulator *nm* RADIO **modulator** *n*

Modulator *nm* HF → **mixer** *n*
→ Mischer *nm*

Modulatorschaltung *nf* CIRC.EN **modulator circuit**

Modulbauweise *nf* EQP.EN → **modular design**
→ Modularbauweise *nf*

Modulbibliothek *nf* SW **module library**
= Programmodul-Bibliothek *nf* = program module library

Modulbibliothek *nf* SW → **component software**
→ Komponentensoftware *nf*

Modulbinder *nm* SW → **linkage editor**
→ Binderprogramm *nn*

Modulgehäuse *nn* COMPO **module case**

Modulierbarkeit *nf* MODUL **modulability** *n*

modulieren TELEC **modulate** *vt*

modulierende Schwingung MODUL → **modulating wave**
→ Modulationsschwingung *nf*

modulo MATH **modulo** *praep*
[auf ein Modul bezogen] [with respect to a modulus]
= mod = mod

Moduloadressierung *nf* COMP.SC **modulo addressing**

Modulo-Arithmetik *nf* MATH **modulo arithmetic**
= Restwertverfahren *nn*

Modulo-N-Probe *nf* COMP.SC **modulo-*n* check**

Modulo-N-Restwert COMP.SC **modulo-*n* residue**

Modulo-N-Zähler *nm* CIRC.EN **modulo-*n* counter**
[beginnt nach zehn Einheiten von vorne und addiert die Modulo-*n*-Einheiten] [resets after every *n* units and counts the modulo *n* units]

Modulo-Operation *nf* MATH → **modulo operation**
→ Restwertoperation *nf*

Modulposition *nf* EQP.EN → **board position**
→ Baugruppenposition *nf*

Modulspleiß *nm* OPT.CO **modular splice**

Modulvariante *nf* EQP.EN → **board variant**
→ Baugruppenvariante *nf*

Modus *nm* LING **mood** *n*
= Aussageart *nf*; Aussageweise *nf* ↓ indicative mood; subjunctive mood; imperative mood
↓ Indikativ; Konjunktiv; Imperativ

Modus *nm* MICROW → **waveguide mode**
→ Wellentyp *nm*

Modus *nm* EL.TRO → **class of operation**
→ Betriebsart *nf*

Modus *nm* TECH → **operating mode** *n*
→ Betriebsart *nf*

Moduskonverter *nm* DAT.CO **modus converter**

Moduswähltaste *nf* TER&PER **mode selection key**

möglich COLL **possible**
≈ machbar; wahrscheinlich ≈ feasible; probable

Möglichkeit *nf* COLL **possibility** *n*

Möglichkeitsform *nf* LING → **subjunctive mood** *n*
→ Konjunktiv *nm*

Möglichkeitsoperator *nm* LOGIC **possibility operator**
[es ist möglich, dass] [it is possible that]

Mohssche Härteskala PHYS → **Mohs scale**
→ Ritzhärteskala *nf*

Moiré *nn* TV **moiré** *n*
[optisches Flackern] [optical flickering]
= Moire-Effekt *nm*; Moiré-Verzerrung *nf* = moiré effect; moiré distortion

Moirédämpfung *nf* TV **signal-to-intermodulation ratio**

Moire-Effekt *nm* TV → **moiré** *n*
→ Moiré *nn*

Moiré-Verzerrung *nf* TV → **moiré** *n*
→ Moiré *nn*

mol PHYS → **mole** *n*
→ Mol *nn*

Mol *nn* PHYS **mole** *n*
[SI-Einheit für Stoffmenge] [SI unit for quantity of substance]
= mol = mol *n*

molare Gaskonstante PHYS **molar gas constant**

molare Masse PHYS → **molar mass**
→ Molarmasse *nf*

molares Normvolumen PHYS **standard molar volume**

Molarmasse *nf* PHYS **molar mass**
= molare Masse

Molch *nm* OUT.PL → **go-devil**
→ Reinigungsmolch *nm*

Molekel *nf* PHYS → **molecule** *n*
→ Molekül *nn*

Molekül *nn* PHYS **molecule** *n*
= Molekel *nf*

molekular CHEM **molecular**

Molekularbewegung *nf* PHYS **molecular movement**
= molecular motion

Molekulargewicht *nn* PHYS **molecular weight**
= mol wt.

Molekularmagnet *nm* PHYS **molecular magnet**

Molekularresonanz *nf* PHYS **molecular resonance**

Molekularstrahl *nm* PHYS **molecular beam**
= molecular ray

Molekularstrahlepitaxie *nf* MICR.EL **molecular beam epitaxy**
= MBE = MBE

Molekularverstärker *nm* MICROW → **maser** *n*
→ Maser *nm*

Molekülbindung *nf* CHEM **molecular bond**

Molekülspektrum *nn* PHYS **molecular spectrum**

Molerkularelektronik *nf* EL.TRO **molecular electronics**

Moll *nn* MUSIC **minor** *n*

Molybdän *nn* CHEM **molybdenum**
= Mo = Mo

Moment *nm* PHYS → **instant**
→ Zeitpunkt *nm*

Moment *nn* MATH **momentum** *n*
[Vektorrechnung] [vectorial calculus]

Moment *nn* STATIS **moment** *n*

Moment *nn* MECH → **torque** *n*
→ Drehmoment *nn*

momentan (1) TECH → **instantaneous** *adj*
→ sofortig

momentan (2) TECH → **temporary** *adj*
→ vorübergehend

Momentanadresse *nf* SW **current address** *n*
= momentane Adresse; aktuelle Adresse = actual address (1)
≈ absolute Adresse ≈ absolute address

Momentanadressenregister *nn* DAT.PR **current address register**
= CAR

Momentanadresszähler *nm* DAT.PR **current location counter**

Momentanbefehlsregister *nn* HW **current instruction register**
= momentanes Befehlsregister; CIR = CIR

momentane Adresse SW → **current address** *n*
→ Momentanadresse *nf*

Momentanepoche TELEC **instantaneous epoch**

momentanes Befehlsregister HW → **current instruction register**
→ Momentanbefehlsregister *nn*

Momentanschalter *nm* COMPO **quick-action switch**
= Momentschalter *nm* = quick-rupture switch

Momentanspeicherausdruck *nm* DAT.MA → **snapshot dump** *n*
→ Schnappschuss

Momentanübertragungsgeschwindigkeit *nf* TER&PER **instantaneous tranfer rate**
[eines über einen Plattensektor streichenden Kopfes] [by a head passing a disk sector]
= drive instantaneous transfer rate

Momentanwert *nm* TELECON **instantaneous measurand**

Momentanwert *nm* PHYS → **instant value**
→ Augenblickswert *nm*

Momentanwertspeicher *nm* CIRC.EN **instantaneous-value store**
↓ Abtast-Halte-Glied ↓ sample-hold circuit

Momentanwertumsetzer *nm* INSTR **instantaneous value converter**

Momentaufnahme *nf* DAT.PR **bitmap** *n*
[eines Bildschirminhalts] [of a screen content]

momenterzeugende Funktion STATIS **moment generating function**

Momentschalter *nm* COMPO → **quick-action switch**
→ Momentanschalter *nm*

Momentunterbrecher *nm* COMPO → **quick-break fuse**
→ Schnellsicherung *nf*

monadisch COMP.SC **monadic** *adj*
[mit einem Operanden] [with only one operand]
≠ dyadisch = unary
≠ dyadic

monadische Operation COMP.SC **monadic operation**
= monadic Boolean operation; unadic operation

monadischer Operator COMP.SC **monadic operator**
≠ Binäroperator = monadic Boolean operator; unadic operator
≠ binary operator

Monat *nm* PHYS **month** *n*
= mo.; mth.

monatliche Grundgebühr ECON → **monthly access fee**
→ Monatsgebühr *nf*

Monats, des kommenden OFFICE **proximo**
= nächsten Monats; n. M. [of the next month]
= prox.

Monats, des laufenden OFFICE **instant**
[of the present month]
= inst.

Monats, des vergangenen OFFICE **ultimo**
= vorigen Monats; v. M. [of the last month]
= ult.

Monatsende *nn* ECON **end of month**
= E.O.M.

Monatsgebühr *nf* ECON **monthly access fee**
= monatliche Grundgebühr = monthly charge

Monatsheft *nn* PRIN.ME → **monthly magazine** *n*
→ Monatszeitschrift *nf*

Monatslohn *nm* ECON **monthly wage**
≈ Monatsgehalt ≈ monthly salary
↑ Lohn ↑ wage

Monatsschrift *nf* PRIN.ME → **monthly magazine** *n*
→ Monatszeitschrift *nf*

Monatszeitschrift *nf* PRIN.ME **monthly magazine** *n*
= Monatsschrift *nf*; Monatsheft *nn* = monthly
↑ Zeitschrift ↑ magazine

Monatszyklus *nm* COLL **monthly cycle**

Monicker SW → **moniker** *n*
→ Moniker *nm*

Moniker *nm* SW **moniker** *n*
[OOP; Objekt aus dem man Instanzen anderer Objekte ableitet; engl. "moniker" = Spitzname] [object from which instances of other objects are created]
= monicker *n*

Monimatch ANT **monimatch** *n*
[zur Dauerüberwachung des Stehwellenverhältnisses] [for VSWR monitoring]

Monitor *nm* CONTRO **monitor** *n*
[Grenzwertüberwachung] [control of thresholds]

Monitor *nm* DAT.PR **monitor** *n*
[Hardware oder Software zur Überwachung und Registrierung eines Systems während dessen Betriebes] [hardware or software to supervise and record a system during its operation]
= Ausführungsmonitor *nm* = execution monitor
↓ Hauptsteuerprogramm; Hardware-Monitor; Software-Monitor ↓ executive routine; hardware monitor; software monitor

Monitor *nm* TER&PER **monitor** *n*
[vom latein. "monere" = "erinnern, aufmerksam machen"; Sichtgerät für Kontrollzwecke] [from Latin "monere" = "remind, call attention"]
= Bildkontrollempfänger *nm*; Bildmonitor *nm*; Kontrollempfänger *nm* = picture monitor; picture and waveform monitor
≈ Sichtgerät ≈ display terminal
↑ Ausgabeeinheit ↑ output device

Monitor *nm* BROADC → **monitor** *n*
→ Kontrollempfänger *nm*

Monitor *nm* (1) SW → **executive program**
→ Hauptsteuerprogramm *nn*

Monitor *nm* (2) SW → **trace program** *n*
→ Ablaufverfolgungsprogramm *nn*

Monitorbetrieb *nm* DAT.PR → **batch processing**
→ Stapelverarbeitung *nf*

Monitordiode *nf* EL.TRO **monitor diode**

Monitorprogramm *nn* (1) SW → **executive program**
→ Hauptsteuerprogramm *nn*

Monitorprogramm *nn* (2) SW → **trace program** *n*
→ Ablaufverfolgungsprogramm *nn*

Monitorröhre *nf* EL.TRO **monitor tube**
↑ Kathodenstrahlröhre; Bildwiedergaberöhre ↑ cathode ray tube; picture tube

Monitor-Splitter *nm* TV **monitor splitter**

Mono- TECH → **single** *adj*
→ einzeln *adj*

Monoapplication *nf* (ANGL) COMP.AP → **mono-application** *n*
→ Einzelanwendung *nf*

Monoapplikations-Chipkarte *nf* TER&PER **monoapplication chip card**
= monofunktionale Chipkarte ≠ monofunctional chip card

monoaural ACOUS **monaural**
= einohrig = monoaural
≈ monophon [EL.ACOU] ≈ monophonic [EL.ACOU]
≠ zweiohrig ≠ binaural

Monobandantenne *nf* ANT → **single-range antenna**
→ Einbandantenne *nf*

Monoband-Dipol *nm* ANT → **monoband dipole**
→ Einbanddipol *nm*

monobrid MICR.EL **monobrid** *adj*
≠ hybrid ≠ hybrid

Monobridtechnik *nf* MICR.EL **monobrid technology**
≠ Hybridtechnik ≠ hybrid technology

Monochip- MICR.EL → **monochip ...**
→ Ein-Chip-

Monochiptechnik *nf* MICR.EL **single-chip technology**
= Ein-Chip-Technik *nf*

monochrom OPT → **monochrome** *adj*
→ einfarbig

Monochromadapter *nm* HW **monochrome adapter**
= Einfarbenadapter *nm*

monochromatisch OPT → **monochrome** *adj*
→ einfarbig

monochromatischer Plotter TER&PER → **monochrome plotter**
→ Einfarb-Plotter *nm*

monochromatisches Licht PHYS **monochromatic light**

monochromatische Strahlung PHYS **monochromatic radiation**

monochrome Bildröhre EL.TRO **monochrome tube**
= monochromer Bildschirm = monochrome display
↓ Schwarz-Weiß-Bildröhre ↓ black-and-white tube

monochromer Bildschirm EL.TRO → **monochrome tube**
→ monochrome Bildröhre

monochromer Drucker TER&PER → **monochrome printer**
→ Schwarz-Weiß-Drucker *nm*

monochromer Monitor TER&PER → **monochrome monitor**
→ Schwarz-Weiß-Monitor *nm*

Monochrom-Grafikkarte *nf* TER&PER **monochrome graphics board**
= Monochrom-Graphikkarte ↑ graphics board
↑ Grafikkarte ↓ MGA board; Hercules board
↓ MGA-Karte; Hercules-Karte

Monochrom-Graphikkarte TER&PER → **monochrome graphics board**
→ Monochrom-Grafikkarte *nf*
Monochrom-Plotter *nm* TER&PER → **monochrome plotter**
→ Einfarb-Plotter *nm*
Monodienstnetz *nn* TELEC **single-service network**
monodimensional MATH → **one-dimensional** *adj*
→ eindimensional
Monoflop *nm* CIRC.EN → **monostable multivibrator**
→ monostabile Kippstufe
monofunktional INF.TEC **monofunctional**
monofunktionale Chipkarte TER&PER → **monoapplication chip card**
→ Monoapplikations-Chipkarte *nf*
monogene Funktion MATH → **holomorph function**
→ holomorphe Funktion
Monographie *nf* PRIN.ME → **monograph** *n*
→ Fachbuch *nn*
monoklin PHYS **monoclinic**
[Kristall]
Monokristall *nm* PHYS → **single crystal**
→ Einkristall *nm*
monolithische integrierte Mikrowellenschaltung MICR.EL **MMIC**
= MMIC
= Monilithic microwave intergrated circuit
monolithische integrierte Schaltung MICR.EL **monolithic integrated circuit**
= monolithischer Schaltkreis; Halbleiterblocktechnik *nf* (ex DDR)
= semiconductor block technology; monolothic IC; MIC
monolithischer Schaltkreis MICR.EL → **monolithic integrated circuit**
→ monolithische integrierte Schaltung
monolithisches Filter MICR.EL **monolithic filter**
monolitisch MICR.EL **monolithic**
Monom *nn* MATH **monomial** *n*
[eingliedriger mathematischer Ausdruck]
[a single-term expression]
= Monomon *nn*
monomisch MATH **monomial** *adj*
[aus nur einem Glied bestehend]
[composed by a single term]
= mononomisch
Monomode-Faser *nf* OPT.CO → **single-mode fiber**
→ Einmodenfaser *nf*
Monomon *nn* MATH → **monomial** *n*
→ Monom *nn*
mononomisch MATH → **monomial** *adj*
→ monomisch
monophon EL.ACOU **monophonic**
≈ monoaural [ACOUS]
≈ monaural [ACOUS]
≠ stereophon
≠ stereophonic
monophone Übertragung TELEC **monophonic transmission**
≠ Stereoübertragung
≠ stereophonic transmission
Monopol *nn* ANT **monopole** *n*
= Monopolantenne *nf*; Unipol *nm*; Unipolantenne *nf*; einpolige Antenne
= monopole antenna; monopole aereal; unipole *n*
≈ Vertikalantenne
≈ vertical antenna
≠ Dipol
≠ dipole
↓ Marconi-Antenne; Faltmonopol
↓ Marconi antenna; folded monopole
Monopolantenne *nf* ANT → **monopole** *n*
→ Monopol *nn*
Monopolbetreiber *nm* TELEC **monopolistic operator**
Monopuls-Antenne *nf* ANT **monopulse antenna**
Monopulse-Verfahren *nn* RAD.LO **monopulse mode**
Mono-Rille *nf* EL.ACOU **monophonic groove**
Monoskop *nn* EL.TRO **monoscope** *n*
monoskopisch OPT **monoscopic** *adj*
= einäugig
≠ stereoskopisch
≠ stereoscopic
monostabil TECH **monostable**
monostabile Kippstufe CIRC.EN **monostable multivibrator**
[kippt aus einem quasistabilen Zustand in seinen einzigen stabilen Zustand am Ausgang zurück]
[returns to its sole stable output condition]
= Monoflop *nm*; Univibrator *nm*; Monovibrator *nm*
= monostable trigger circuit; monoflop *n*; univibrator *n*
↑ stabile Kippstufe
↑ one-shot multivibrator
monostatische Reflexionsfläche RAD.LO **monostatic cross section**
[strahlt zur Antenne zurück]
[scatters back to sending antenna]
monoton MATH **monotone** *adj*
[immer wachsend oder immer fallend]
[steadily increasing or steadily decreasing]
= echt monoton; eigentlich monoton
= monotonic
↓ monoton wachsend; monoton fallend
Monotonie *nf* MATH **monotony** *n*
= monotonicity *n*
Monotonie *nf* SCIE **monotony** *n*
= Gleichförmigkeit *nf*
= uniformity

monovalent MATH → **unary** *adj*
→ unär
Monovibrator *nm* CIRC.EN → **monostable multivibrator**
→ monostabile Kippstufe
Monozelle *nf* POW.SY **mono** *n*
[Zellengröße ca. 33x61 mm²]
[battery of approx. size 13x24"]
Montage *nf* MICR.EL **packaging** *n*
= assembly
Montage *nf* TECH **installation** *n*
= Aufbau *nm* (1); Errichtung *nf*; Aufstellung *nf* (1); Aufstellen *nn* (1); Installation *nf*; Zusammenbau *nm*
= erection *n*; mounting *n* (3); setup *n* (1); setting up *n* (1); assembly *n*
≠ Abbau
≠ dismantlement (1)
↓ Bodenaufstellung; Wandmontage; Dachmontage
↓ floor installation; wall mounting; roof mounting
Montage *nf* CINEMA **montage** *n*
[Zusammenfügen von Einstellungen zu Szenen]
[aggregation of takes to scenes]
Montageanweisung *nf* TEC.DOC → **installation specification**
→ Montagevorschrift *nf*
Montageaufwand *nm* TECH **installation expenses**
Montage-Betriebskosten *nplt* ECON **installation overhead costs**
= MBK
= installation operating costs
Montageboden *nm* SYS.INS → **raised floor**
→ Doppelboden *nm*
Montagehandbuch *nn* TEC.DOC **installation manual**
= Aufbauhandbuch *nn*; Installationshandbuch *nn*
↑ Projektunterlagen
Montagekoffer *nm* TECH **installation toolbox**
↑ Werkzeugkoffer
↑ toolbox
Montagelehre *nf* MANUF **assembly appliance**
= Montagevorrichtung *nf*; Einbauvorrichtung *nf*; Zusammenbaulehre *nf*
= assembly jig
≈ Montagerahmen
≈ mounting frame
Montageleiter *nm* SYS.INS **installation manager**
Montagelinie *nf* MANUF → **assembly line**
→ Fließband *nn*
Montagemaß *nn* ENG.DRA **mounting dimension**
Montagematerial *nn* TECH **installation material**
= Installationsmaterial *nn*
Montageort *nm* TECH → **setup site**
→ Aufstellungsort *nm*
Montagepersonal *nn* SYS.INS **installation staff**
Montageplan *nm* TEC.DOC **assembly plan**
Montageplanung *nf* SYS.INS → **installation planning**
→ Aufbauplanung *nf*
Montagepreis *nm* ECON **installation cost**
Montagerahmen *nm* MANUF **mounting frame**
≈ Montagelehre
≈ assembly appliance
Montagesatz *nm* TECH **mounting kit**
≈ Bausatz [EL.TRO]
= installation kit
≈ kit [EL.TRO]
Montageschaltbild *nn* EL.TEC → **wiring diagram**
→ Bauschaltplan *nm*
Montageschaltplan *nm* EL.TEC → **wiring diagram**
→ Bauschaltplan *nm*
Montagestraße *nf* MANUF → **assembly line**
→ Fließband *nn*
Montagestromlauf *nm* EL.TEC → **wiring diagram**
→ Bauschaltplan *nm*
Montageteil *nn* COMPO **fastener** *n*
Montage und Einschaltung SYS.INS **installation and cutover** [SWITCH]
= installation and commissioning [TRANSM]
Montageversicherung *nf* ECON **installation insurance**
Montagevorrichtung *nf* MANUF → **assembly appliance**
→ Montagelehre *nf*
Montagevorschrift *nf* TEC.DOC **installation specification**
= Aufbauvorschrift *nf*; Montageanweisung *nf*
= mounting instructions
≈ Bauvorschrift; Zusammenbauvorschrift
≈ assembly instructions
Montagewerkzeug *nn* EL.TRO **inserter** *n*
Montagewinkel *nm* EQP.EN **mounting bracket**
Montagezeichnung *nf* ENG.DRA **installation drawing**
= Aufbauzeichnung *nf*; Aufstellungszeichnung *nf*
= erection drawing
≈ Zusammenbbauzeichnung
≈ assembly drawing
Montagezeit *nf* TECH → **setup time**
→ Aufstellungszeit *nf*
Monte-Carlo-Methode *nf* MATH **Monte-Carlo method**
[verwendet statistischer Stichproben für numerische Lösungen]
[uses statistical sampling for numerical solutions]
= random-walk method

Monteur *nm* TECH **mechanic** *n*
= Mechaniker *nm*
= fitter; assembler; installer; erector; jointer

montieren TECH **mount** *vt*
≈ zusammenbauen; installieren; einbauen
≈ assemble; install; encase

montieren TECH → **erect** *vt*
→ aufbauen

Monumentalfilm *nm* IMAG.ME **epic film**
= Monumentalschinken *nm* (pej); Kolossalfilm *nm*; Ausstattungsfilm *nm*
= epic *n*

Monumentalschinken *nm* (pej) IMAG.ME → **epic film**
→ Monumentalfilm *nm*

Moor *nn* GEOSC **moor** *n*
≈ Sumpf
= fen *n*
≈ marsh

mooresches Gesetz MICR.EL → **Moore's law**
→ Gesetz von Moore

Moore'sches Gesetz MICR.EL → **Moore's law**
→ Gesetz von Moore

moos OPT → **moss** *adj*
→ moosfarben

moosfarben OPT **moss** *adj*
= moos
[color]

MOO-Spiel INTERNET **MOO game**
[in OOP ausgeführt]
↑ MUD-Spiel
[implemented by OOP;]
↑ MUD game

Morgan-Schaltung *nf* POW.SY **Morgan connection**
= Tröger-Schaltung *nf*
= Troeger connection

Morphem *nn* LING **morpheme** *n*
[kleinstes bedeutungtragendes Wortelement, wie "er", "bau" oder "en" in "erbauen"; typisch 10.000 pro Sprache]
= Phonemfolge *nf*
≈ Morph
[smallest meaning-bearing word element, as "car" or "s" in "cars"; typically 10,000 per language]

Morphologie *nf* LING **morphology** *n*
[Regeln der Formenbildung von Wörtern]
= Formenlehre *nf*
↑ Grammatik
↓ Deklination; Konjugation
[rules for word formation]
↑ grammar
↓ declination; conjugation

morphologische Klasse COMP.AP **clutter class**
= morphological class

Morse-Alphabet *nn* CODING → **Morse code**
→ Morse-Code *nm*

Morse-Code *nm* CODING **Morse code**
= Morse-Alphabet *nn*
= Morse telegraph code

Morsepunkt *nm* TELEGR **Morse dot**

Morsestrich *nm* TELEGR **Morse dash**

Morsetaste *nf* TELEGR **Morse key**

Morse-Telegraph *nm* TELEGR **Morse telegraph**

Morse-Telegraphie *nf* TELEGR **Morse telegraphy**

MOS MICR.EL → **MOS**
→ Metalloxid-Halbleiter *nm*

Mosaikbildung *nf* IMAG.PR **mosaicking**

Mosaik-Code *nm* TER&PER **raster code**
[Punktraster zur Darstellung eines Zeichens, z.B. 5x7]
= Raster-Code *nm*; Matrix-Code *nm*
[dot matrix to reproduce a character, e.g. 5x7]

Mosaikdrucker *nm* TER&PER → **dot-matrix printer**
→ Rasterdrucker *nm*

Mosaikelektrode *nf* EL.TRO **mosaic electrode**

Mosaikgrafik *nf* TELEC **mosaic graphic**
[Btx]
= Mosaikgraphik *nf*
[videotex]

Mosaikgraphik *nf* TELEC → **mosaic graphic**
→ Mosaikgrafik *nf*

Mosaikschaubild *nn* TER&PER **mosaic panel**

Mosaikspeicherung *nf* DAT.MA **checkerboarding** *n*
[Speicherverschwendung mit unbrauchbaren Lücken]
[waisting memory by unusable gaps]

MOSFET *nn* MICR.EL **MOSFET**
= MOS-Transistor *nm*
↑ Unipolartransistor
= MOS transistor; metal-oxide-semiconductor field-effect transistor

MOSFET-Speicher *nm* MICR.EL → **MOS memory**
→ MOS-Speicher *nm*

MOS-Kondensator *nm* MICR.EL **MOS capacitor**

MOS-Speicher *nm* MICR.EL **MOS memory**
= MOSFET-Speicher *nm*
= MOSFET memory

MOS-Transistor *nm* MICR.EL → **MOSFET**
→ MOSFET *nn*

MOT *nn* MEDIA **MOT**
= Multimedia Object Transfer

Motif-Bibliothek *nf* COMP.GR **Motif library**

Motiv *nn* MEDIA **motive** *n*

Motor *nm* TECH **motor** *n*
↑ Maschine
↓ Verbrennungsmotor; Elektromotor
= engine *n*
↑ machine
↓ combustion machine; electric machine

motorangetrieben TECH **motor-driven**
= motorbetrieben; motorisiert; motorisch
= motor-operated; motorized

Motorantenne *nf* ANT **remotely controlled antenna**
= fernbediente Antenne
= remote antenna

motorbetrieben TECH → **motor-driven**
→ motorangetrieben

Motordrehzahl *nf* TECH **motor speed**

Motorgenerator *nm* POW.SY **motor-generator set**
↑ Umformer (1)
↓ Dieselaggregat
= motor genset
↓ diesel generating set

motorisch TECH → **motor-driven**
→ motorangetrieben

motorisiert TECH → **motor-driven**
→ motorangetrieben

Motorkondensator *nm* POW.SY **motor starting capacitor**
= motor capacitor

Motorleistung *nf* TECH **engine output**

Motorola 040 MICR.EL → **Motorola 68040**
→ Motorola 68040

Motorola 68000 MICR.EL **Motorola 68000**
= Sechs-Achttausender *nm*
↑ Mikroprozessor
= sixty-eight thousand
↑ microprocessor

Motorola 68020 MICR.EL **Motorola 68020**
= Achtundsechzig-Zwanziger
↑ Mikroprozessor
= sixty-eight twenty
↑ microprocessor

Motorola 68030 MICR.EL **Motorola 68030**
= Achtundsechzig-Dreißiger
↑ Mikroprozessor
= sixty-eight thirty
↑ microprocessor

Motorola 68040 MICR.EL **Motorola 68040**
= Motorola 040; 40
↑ Mikroprozessor
= Motorola 040; 040
↑ microprocessor

Motorständer *nm* TECH → **stand** *n*
→ Ständer *nm*

Mousetrapping INTERNET **mouse trapping**

MOVPE MICR.EL **MOVPE**
= metallorganisch-chemische Gasphasen-Epitaxie
= metall-organic vapor-phase

Mp PHYS → **megapond**
→ Megapond *nn*

MPEG-Format *nn* DAT.MA **MPEG**
[dig. Codierungsstandard]
[digi. code standard of the Moving Picture Expert Group]

MPK-Kondensator *nm* COMPO **metallized-paper capacitor with plastic film dielectric**

MP-Kondensator *nm* COMPO → **metallized paper capacitor**
→ Metallpapierkondensator *nm*

MPLS-Betrieb *nm* DAT.NW **Multiprotocol Label Switching**
= MPLS

MPOA DAT.NW **MPOA**
= MultiProtocol Over ATM

MPP-Prozessor *nm* DAT.PR → **MPP**
→ Massen-Parallel-Prozessor *nm*

MPP-Rechner *nm* DAT.PR **MPP computer**

MPP-Verarbeitung *nf* DAT.PR → **massive-parallel processing**
→ Massiv-Parallel-Verarbeitung *nf*

MPR QUAL **MPR**
[Statens Mät-och Provrad (Schweden)]
[Swedisch Board for Measurements and Tests]

MPSL DAT.NW **MPSL**
= Multi Protocol Label Switching

MPX-Kanal *nm* HW → **multiplex channel**
→ Multiplexkanal *nm*

MQW-Laser *nm* OPTOEL **MQF laser**
[Multiple Quantum Well]

MQW-Laserdiode *nf* OPTOEL **MQW laser diode**

MQWS MICR.EL **MQWS**
[mit nur wenige Atome dicke Schichten, dadurch extrem schnell]
[with layers only few atoms thick, thereby extremely fast]
= multiple-quantum-well structure

Mrd. MATH → **billion** (AE)
→ Milliarde *nf*

MRF-Wert RAD.PRO → **multipath transmission factor**
→ Mehrwege-Reduktionsfaktor *nm*

ms PHYS → **millisecond** *n*
→ Millisekunde *nf*

MS → Bauschaltplan *nm*	EL.TEC	→ **wiring diagram**
MS/s [Millionen Abtastungen pro Sekunde]	INSTR	**MS/s** [millions of samples per second]
MSB → höchstwertiges Bit	COMP.SC	→ **most significant bit**
MSC-Dienst *nm*	TELEC	**MSC** = Multipoint Communication Service
M-Schale *nf* → 3. Schale *nf*	PHYS	→ **third shell**
MSC-Kanal *nm*	BROADC	**Main Service Channel** = MSC
MS-DOS [Festplatten-Betriebssystem von Microsoft] ≈ PC-DOS ↑ DOS	SW	**MS-DOS** [MicroSoft-Disk Operating System; pronounced "emm-ess doss"] ≈ PC-DOS ↑ DOS
MSFET	MICR.EL	**MSFET** = metal semiconductor FET
MSI → Mittelintegration *nf*	MICR.EL	→ **MSI**
MS Windows → Microsoft Windows *nn*	COMP.AP	→ **Microsoft Windows**
MSX [ein Betriebssystem für Heimcomputer]	SW	**MSX** [an operating system for home computers]
MT → Mittelfrequenztelegraphie *nf*	TELEGR	→ **midband telegraph system**
MTBF *nf* → mittlerer Ausfallabstand	QUAL	→ **mean time between failures**
MTBSO → mittlerer Dienstausfallabstand	QUAL	→ **MTBSO**
MTI → Festzeichenunterdrückung *nf*	RAD.LO	→ **moving target indication**
MTL → IIL	MICR.EL	→ **integrated injection logic**
MTOS	MICR.EL	**MTOS** = metal thick oxide semiconductor
MTP → Kennzeichentransfer-Teil	SWITCH	→ **MTP**
MTTR [mittlere reine Reparaturzeit, ohne Fehlererkennung und Fehlereingrenzung] = mittlere Instandssetzungsdauer; mittlere Reparaturdauer ≈ mittlere Ausfalldauer; MTTSR	QUAL	**MTTR** [average time for the pure corrective action, not fault detection, fault location] = mean time to repair ≈ mean down time; MTTSR
MTTSR [mittlere Zeit zwischen Ausfall und Wiederherstellung der vollen Betriebsfähigkeit] = mittlere Fehlerbehebungszeit; mittlere Fehlerbeseitigungszeit	QUAL	**MTTSR** [the time mean from failure till normal service restoration] = mean time to service restoral ≈ MTTR; mean down time
Mü [griechischer Buchstabe für "m"; Kürzel für 10E-6] = µ; u	PHYS	**mu** [Greek letter for "m"; abbreviation for 10E-6] = µ; u
MUCK-Spiel *nn* [textbasiert] ↑ MUD-Spiel	INTERNET	**MUCK game** [text-based; Multi-User Construction Kit] ↑ MUD game
MUD-Spiel *nn* [für mehrere Tln.] ↓ MOO-Spiel; MUCK-Spiel; MUSEE-Spiel; MUSH-Spiel	INTERNET	**MUD game** [game for several partecipants] = Multi-User Dungeon; Multi-User Dimension; Multi-User Dialogue ↓ MOO game; MUCK game; MUSEE game; MUSH game
MUF → obere Grenzfrequenz	RADIO	→ **maximum usable frequency**
Muffe *nf*	MEC.EN	**sleeve** *n* = coupling; union; fitting
Muffe *nf*	OUT.PL	**sleeve** *n* = joint *n*
Muffenbunker *nm*	OUT.PL	**jointing chamber** = jointing manhole
Muffengehäuse *nn*	OUT.PL	**joint box**
mühsam = mühselig ≈ umständlich; kompliziert	COLL	**laborious** *adj* ≈ circumstancial; complicated
mühselig → mühsam	COLL	→ **laborious** *adj*
Mulde *nf* → Vertiefung *nf*	TECH	→ **recess** *n*
Muldex *nn* [Multiplexer + Demultiplexer]	TRANSM	**muldex** *n* [multiplexer + demultiplexer]
Muldex-Einschub *nm*	TRANSM	**muldex slide-unit**
Muldipol-Antenne *nf*	ANT	**muldipol antenna**
Müll *nm* ≈ Abfall; Unrat; Schrott; Schutt	COLL	**garbage** *n* = refuse *n*; dust *n* (BE); sweepings *nplt*; food waste
Müllabfuhr *nf*	ECON	**garbage collection** = scavenging *n* (BE)
Mülleimer *nm* = Abfalleimer *nm*	COLL	**garbage can** (AE) = garbage pail (AE); dust bin (BE)
Müll-E-Mail = Müllpost *nf* ↑ Datenmüll	INTERNET	**junk mail** = spam mail; UCE; Unsolicited Electronic Mail; cold mailing ↑ spam
Müllpost *nf* → Müll-E-Mail	INTERNET	→ **junk mail**
Müll-rein-Müll-raus → GIGO	COMP.SC	→ **GIGO**
Multee-Zweibandantenne *nf*	ANT	**multee two-band antenna**
Multi- → vielfach (1)	COLL	→ **multiple** *adj*
Multiagentensystem *nn*	DAT.NW	**multi agent system** = MAS
Multiapplikations-Chipkarte *nf* [z.B. mit Kreditkarte und Meilenkonto] = multifunktionale Chipkarte	TER&PER	**multiapplication chip card** [e.g. With credit card and mileage account] = multifunctional chip card
Multibandantenne *nf* → Mehrbandantenne *nf*	ANT	→ **multiband antenna**
Multiboot	DAT.PR	**multi-boot** *n*
Multiburst	TV	**multiburst signal**
Multicasting *nn* ≈ Anycasting ↑ Paketrundsenden; Gruppensenden	DAT.CO	**multicasting** *n* = packet broadcasting ≈ anycasting
Multicast-Trasse	DAT.CO	**multicast backbone** = M-bone
Multichip-Hybridtechnik *nf*	MICR.EL	**multi-chip hybrid technology**
Multichiptechnik *nf* [mehrere Chips in einem Gehäuse] = Mehr-Chip-Technik *nf*	MICR.EL	**multi-chip technology** [several chips in a case]
Multichrombildschirm *nm* → Farbbildschirm *nm*	TER&PER	→ **color monitor** (AE)
Multicomputersystem *nn* → Mehrrechnersystem *nn*	DAT.NW	→ **multi-computer system**
Multidateisortierung *nf* → Mehrdateiensortierung *nf*	DAT.MA	→ **multiple sorting**
Multielement *nn*	DAT.MA	**multi-element** *n*
Multiemitter-Transistor *nm* → Mehremitter-Transistor *nm*	MICR.EL	→ **multi-emitter transistor**
Multifeed-Empfang *nm* [Satellitendirektempfang: mehrere Satellitenpositionen über eine Antenne]	CONS.EL	**multi-feed reception** [direct satellite reception: several satellite positions by one antenna]
Multifontleser *nm* → Mehrschriftenleser *nm*	TER&PER	→ **multi-font reader**
Multifrequenz-Monitor *nm* → Autosync-Monitor *nm*	TER&PER	→ **multi-frequency monitor**
Multifunktion *nf* = Mehrfachfunktion *nf*	TECH	**multifunction** *n*
Multifunktion- → multifunktional	TECH	→ **multifunction** *adj*
multifunktional = Multifunktion-; mehrfunktional; Mehrfunktion-	TECH	**multifunction** *adj* = multifunctional
multifunktionale Chipkarte → Multiapplikations-Chipkarte *nf*	TER&PER	→ **multiapplication chip card**
Multifunktionalität *nf*	TECH	**multifunctionality** *n*
Multifunktions-Chipkarte *nf*	TER&PER	**multifunctional chip card** = multifunction chip card
Multifunktionsdrucker *nm*	TER&PER	**multifunctional printer** = multifunction printer
Multifunktions-Endgerät *nn* → Mehrdienste-Endgerät *nn*	TER&PER	→ **multifunctional terminal**
Multifunktionsgerät *nn*	TECH	**multifunctional device** = all-in-one device
Multifunktionskarte *nf*	HW	**multifunctional board** = multifunction board; multifunctional card; multifunction card
Multifunktionsperipherie *nf*	DAT.CO	**multi-functions peripherie**
Multifunktions-Synthesizer *nm*	INSTR	**multifunction synthesizer**
Multifunktionstastatur *nf*	TER&PER	**enhanced keyboard**

[mit 12 Funktionstatsten am Kopf, sowie getrenntem Ziffern- und Cursorblock]
= MF-Tastatur *nf*
[with 12 function keys on top and separate numeric keypad and cursor pad]
= Advanced Keyboard (IBM)

Multifunktionsterminal *nn* TER&PER → **multifunctional terminal**
→ Mehrdienste-Endgerät *nn*

Multilayer *nn* (ANGL) EL.TRO → **multilayer printed circuit board**
→ Mehrlagenleiterplatte *nf*

Multilayer *nn* (ANGL) EQP.EN → **multilayer wiring**
→ Mehrlagenverdrahtung *nf*

Multilayer-Technik *nf* MICR.EL → **multilayer technique**
→ Mehrlagentechnik *nf*

multilineare Algebra MATH **multilinear algebra**

multilingual LING → **multilingual**
→ mehrsprachig

Multi-master-System *nn* DAT.NW **multi-master system**
[Netzkontrolle auf mehrere Hauptstationen aufteilbar]
[network control can be shared by several master stations]

Multimedia (*n* plt) INF.TEC **multimedia** *nplt*
[rechnergestützter kombinierter Einsatz von Ton, Text, Bild und Daten]
= Multimedien *nplt*; Hypermedia *nplt*; Hypermedien *nplt*
[computer-aided combined application of sound, text, video and data]
= hypermedia

Multimedia-Arbeitsplatz *nm* TER&PER **multi-media workstation**

Multimediabox *nf* INF.TEC **multi-media box**

Multimedia-Kommunikation *nf* INF.TEC **multimedia communications**
= Mehrmedien-Kommunikation *nf*; multimediale Kommunikation
= multi-media communications

multimedial *adj* MEDIA **multi-media** *adj*

multimediale Kommunikation INF.TEC → **multimedia communications**
→ Multimedia-Kommunikation *nf*

multimediales Zusatzgerät BROADC → **set-top box**
→ Set-top-Box *nf*

Multimedia-PC HW **multimedia PC**

Multimediashow *nf* MEDIA → **multi media event**
→ Multimediaveranstaltung *nf*

Multimediaveranstaltung *nf* MEDIA **multi media event**
= Mixed-Media-Veranstaltung *nf*; Multimediashow *nf*
= mixed media event; multi media show

Multimedien *nplt* INF.TEC → **multimedia** *nplt*
→ Multimedia *nplt*

Multimegabit- *praef* INF.TEC **multimegabit** *adj*

Multimeter *nn* INSTR → **multimeter**
→ Universalmessgerät *nn*

Multimode-Faser *nf* (ANGL) OPT.CO → **multi-mode fiber**
→ Mehrmodenfaser *nf*

Multimodenlaser *nm* OPTOEL **multimode laser**

Multimodewellenleiter *nm* MICROW **multimode waveguide**

multinationales Unternehmen ECON **multinational** *n*

Multinomialverteilung *nf* STATIS **multinomial distribution**

Multioktavenband *nn* MICROW **multi-octave band**

Multioktav-Verstärker *nm* MICROW **multi-octave amplifier**

Multipack *nn* ECON **multi-pack** *n*
[mehrere gleichartige Waren in einer Verpackung]
[several equal items in one pack]

Multipartite-Virus SW **multipartite virus**

Multiphasenmodulation *nf* MODUL **multiphase modulation**

Multiplex *nn* IMAG.ME **multiplex** *n*
[Kinozentrum mit mehreren Projektionssälen]
[movie center with several projection roooms]

Multiplex *nn* TELEC **multiplex** *n*
[das lateinische Wort "simplex" = "einfach" imitierendes Kunstwort, gebildet aus "multus" = viel und "-plex" (aus "plectere" = flechten), also eigentlich "Vielfachverflochtenheit"]
= Multiplexierung *nf*; Mehrfachnutzung *nf* (2); Mehrfachausnutzung *nf*
↓ Raummultiplex; Frequenzmultiplex; Zeitmultiplex; Codemultiplex
[an artificial term from Latin "multus" = "many" and "-plex" (from "plectere" = plait), imitating Latin "simplex" = "simple, not composed"]
= multiplexing *n*; multiple use

Multiplex *nn* BROADC → **assembly** *n*
→ Ensemble *nn*

Multiplexbetrieb *nm* TELEC **multiplex operation**
= Multiplexverfahren *nn*
= multiplex mode; multiplexing *n*

Multiplexbetrieb *nm* DAT.PR → **concurrent processing**
→ verzahnte Verarbeitung

Multiplexbündel *nf* TRANSM → **tributary** *n*
→ Unterbündel *nf*

Multiplex-Bus *nm* MICR.EL **multiplexed bus**
= Zeitmultiplex-Bus *nm*
= time-multiplexed bus

multiplexen TELEC → **multiplex** *vt*
→ multiplexieren

Multiplexer *nm* DAT.CO **multiplexor** *n*
[Vorrichtung zur Mehrfachnutzung eines Datenkanals]
= Muxer *nm*
[device allowing to share a computer channel; pron.: "em-you-ex"]
= multiplexer *n*; MUX; MPX

Multiplexer *nm* TRANSM → **multiplexer** *n*
→ Multiplexgerät *nn*

Multiplexgerät *nn* TRANSM **multiplexer** *n*
= Multiplexer *nm*; Muxer *nm*
= multiplex equipment; multiplexor *n* (BE); MUX

Multiplexgewinn *nm* TELEC → **multiplexing gain**
→ Bündelungsgewinn *nm*

Multiplexhierarchie *nf* TRANSM **multiplex hierarchy**

multiplexieren TELEC **multiplex** *vt*
= multiplexen
≈ bündeln
≈ bundle

multiplexierende Steuerung HW **multiplexing controller**

multiplexiert TELEC → **multiplexed**
→ gemultiplext

multiplexiertes Signal TELEC → **multiplex signal**
→ Multiplexsignal *nn*

Multiplexierung *nf* TELEC → **multiplex** *n*
→ Multiplex *nn*

Multiplexkanal *nm* HW **multiplex channel**
[Datenkanal zur gleichzeitigen Anbindung mehrerer Peripheriegeräte an einen Computer]
= MPX-Kanal *nm*
≠ Selektorkanal
↓ Blockmultiplexkanal; Bytemultiplexkanal
[data channel for simultaneous interconnect a computer with several peripheral equipment]
= multiplexer channel
≠ selector channel
↓ block multiplex channel; byte multiplex channel

Multiplexkennung *nf* TELEC **multiplex identifier**
[ATM]
= MID-Kennung *nf*
[ATM]
= MID

Multiplexleitung *nf* SWITCH **highway** *n*
[im Zeitvielfach]
= Zeitmultiplexleitung *nf*; Vielfachleitung *nf*; Highway *nf* (ANGL)
[path multiply used by time division]

Multiplexplan *nm* TRANSM → **multiplex scheme**
→ Multiplexschema *nn*

Multiplexrahmen *nm* TELEC **multiplex frame**

Multiplexschema *nn* TRANSM **multiplex scheme**
[TF-Technik]
= Multiplexplan *nm*
[FDM]

Multiplexschiene *nf* SWITCH **multiplex highway**

Multiplexseite *nf* TELEC **aggregate side**
≠ Zubringerseite
= multiplex side; high side
≠ tributary side

Multiplexsignal *nn* TELEC **multiplex signal**
= multiplexiertes Signal; gebündeltes Signal
≠ Zubringersignal
≠ tributary signal

Multiplexstufe *nf* TRANSM → **hierarchical order**
→ Hierarchiestufe *nf*

Multiplexverfahren *nn* TELEC → **multiplex operation**
→ Multiplexbetrieb *nm*

Multiplexvorschrift *nf* TELEC **multiplex rule**
= multiplex convention

Multiplikand *nm* MATH **multiplicand** *n*
[Zahl die mit dem Multiplikator multipliziert werden soll]
= erster Faktor
≠ Multiplikator
[number multiplied by the multiplier]
= icand

Multiplikandenregister *nn* HW **multiplicand register**
[ein Register des Rechenwerks in der Zentraleinheit, zur Asführung von Multiplikationen]
↑ Rechenwerk
[a register of the arithmetic and logic unit of the CPU, to execute multiplications]
↑ arithmetic and logic unit

Multiplikation *nf* MATH **multiplication** *n* (2)
= Malnehmen *nn*; Vervielfachung *nf*; Vervielfachen *nn*
≈ Produkt
↓ Verdoppelung; Verdreifachung; Vervierfachung; Verfünffachung; Versechsfachung; Verzehnfachung
≈ product
↓ duplication; triplication; quadruplication; quintuplication; sextuplication; multiplication by ten

Multiplikationsfaktor *nm* ANT **ground-reflection multiplier**

Multiplikationsfaktor *nm* MATH → **multiplication factor**
→ Vervielfachungsfaktor *nm*

Multiplikationsschaltung *nf* CIRC.EN → **multiplier** *n*
→ Vervielfacher *nm*

Multiplikationszeichen *nn* MATH **multiply sign**
[x oder ein Punkt auf halber Höhe]
= Malzeichen *nn*
[x or a dot on half hight]
= multiply symbol; multiplication sign; multiplication symbol

multiplikativ MATH **multiplicative** *adj*

multiplikative Mischung HF **multiplicative mixing**

Multiplikator *nm* MATH **multiplier** *n*
[Zahl mit der der Multiplikand multipliziert wird]
= zweiter Faktor
≠ Multiplikand
[number by which the multiplicand is multiplied]
= ier
≠ multiplicand

Multiplikator-Quotienten-Register *nn* HW **multiplier-quotient register**
[eim Hilfsregister des Rechenwerks der Zentraleinheit, zur Zwischenspeicherung von Produkten oder Quotienten]
↑ Rechenwerk
[an auxiliary register of the arithmetic and logic unit of a CPU, to store temporarily multiplication and division results]
↑ arithmetic and logic unit

Multiplikatorrauschen *nn* INSTR **multiplicator noise**

Multiplizier-Akkumulator *nm* MICR.EL **multiplier accumulator**
= MAC
= MAC

multiplizieren MATH **multiply**
= malnehmen; vervielfachen
= multiplicate

Multiplizierer *nm* CIRC.EN → **multiplier** *n*
→ Vervielfacher *nm*

Multiplizierglied *nn* LOGIC **multiplier element**

Multiplizität *nf* SCIE **multiplicity** *n*
= Vielfältigkeit *nf*
= variousness *n*

Multipoint-Betrieb *nm* (ANGL) DAT.CO → **multipoint operation**
→ Mehrpunktbetrieb *nm*

Multipointkonfiguration *nf* TELEC → **multipoint configuration**
→ Mehrpunktkonfiguration *nf*

Multipointnetz *nn* DAT.NW → **multipoint network**
→ Mehrpunktnetz *nn*

Multipointverbindung *nf* TRANSM → **multipoint connection**
→ Mehrpunktverbindung *nf*

Multipoint-Verkehr *nm* DAT.NW → **party-line mode**
→ Linienverkehr *nm*

Multipol *nm* COMP.LG **multipole** *n*

Multipole ANT **multipole** *n*
↓ Tripol; Quadrupol
↓ tripole; quadripole

Multiport-Repeater *nm* DAT.NW **multiport repeater**

Multiprocessing *nn* (ANGL) DAT.PR → **multiprogramming** *n*
→ Mehrprogrammbetrieb *nm*

Multiprogramming *nn* (ANGL) DAT.PR → **multiprogramming** *n*
→ Mehrprogrammbetrieb *nm*

Multiprogrammverarbeitung *nf* DAT.PR → **multiprogramming** *n*
→ Mehrprogrammbetrieb *nm*

Multiprotokoll-Netzkoppler *nm* DAT.NW → **multi-protocol router**
→ Multiprotokoll-Router *nm*

Multiprotokoll-Router *nm* DAT.NW **multi-protocol router**
= Multiprotokoll-Netzkoppler *nm*
↑ Überleiteinrichtung
↑ gateway

Multiprozessor *nm* DAT.PR → **multi-processor system**
→ Mehrprozessorsystem *nn*

Multiprozessorsystem *nn* DAT.PR → **multi-processor system**
→ Mehrprozessorsystem *nn*

Multiread-CD-ROM-Laufwerk *nn* TER&PER → **multi-standarad CD-ROM drive**
→ Mehrnormen-CD-ROM-Laufwerk *nn*

multiredundant INF.TEC **multiredundant**

Multireed-Kontakt *nm* COMPO **multi-reed contact**

Multisäge *nf* TECH → **general-.purpose saw**
→ Universalsäge *nf*

Multiscan-Bildschirm *nm* TER&PER → **multi-frequency monitor**
→ Autosync-Monitor *nm*

Multiscan-Monitor *nm* TER&PER → **multi-frequency monitor**
→ Autosync-Monitor *nm*

Multischalter *nm* CONS.EL **multiswitch** *n*
[Satellitendirektempfang]
= Multiswitch *nm* (ANGL)
[direct satellite reception]

Multi-server-Architektur *nf* DAT.NW **multi-server architecture**

Multisession-Laufwerk *nn* TER&PER **multisession drive**

Multisichtfenster *nn* COMP.AP → **multi-window** *n*
→ Mehrsichtfenster *nn*

Multi-Signalform-Generator *nm* INSTR **multi-waveform generator**

multispectral OPT **multispectral**

multistabil TECH **multistable**
[hat mehrere stabile Zustände]
≠ monostabil
[has serveral stable states]
≠ monostable

Multiswitch *nm* (ANGL) CONS.EL → **multiswitch** *n*
→ Multischalter *nm*

Multisync-Bildschirm *nm* TER&PER → **multi-frequency monitor**
→ Autosync-Monitor *nm*

Multisync-Monitor *nm* TER&PER → **multi-frequency monitor**
→ Autosync-Monitor *nm*

Multisystemnetzwerk *nn* DAT.NW → **multisystem network**
→ Mehrsystemnetz *nn*

Multitasking *nn* (ANGL) DAT.PR → **multiprogramming** *n*
→ Mehrprogrammbetrieb *nm*

Multithreading *nn* (ANGL) DAT.PR → **multithreading** *n*
→ Mehrpfadbetrieb *nm*

Multi-user-Fähigkeit *nf* DAT.PR → **multiuse capability**
→ Mehrbenutzbarkeit *nf*

Multi-user-System *nn* DAT.PR → **multi-user system**
→ Mehrplatzsystem *nn* (1)

Multivendor-Schau *nf* ECON **multivendor show**
= Multi-vendor-Schau
= multi-vendor show

Multi-vendor-Schau ECON → **multivendor show**
→ Multivendor-Schau *nf*

Multi-vendor-System *nn* DAT.PR **multi-vendor system**
[aus Geräten verschiedener Hersteller zusammengefügt, oder mit Systemen anderer Hersteller kompatibel]
[assembled with system components of several manufacturers, or compatibel with systems of other manufacturers]

Multivibrator *nm* CIRC.EN → **multivibrator** *n* (1)
→ Kippschaltung *nf*

Multi-wire-Technik *nf* EL.TRO **multi-wire technique**
[Leiterplatte mit Drähten statt Kupferkaschierung]
[PCB with wires instead of cladding]

Mumetall *nn* METAL **mu metal**
≈ Permalloy

Mummelschaltung *nf* NETW.TH **90° phase displacement circuit**

Mundbezugspunkt *nm* TELEC **mouth reference point**
= MRP

mündlich LING **oral** *adj*
= verbal
≠ schriftlich
= verbal
≠ written

Münzautomat *nm* TECH **slot machine**

Münzbehälter *nm* TELEPH **coin box** (1)
= coin collector

Münze *nf* TER&PER **coin** *n*
[gesetzliches Zahlungsmittel]
≈ Einwurfmünze
[token money]
≈ token

Münzeinwurfschlitz *nm* TER&PER **coin slot**
= Einwurfschlitz *nm*; Geldeinwurf *nm*; Schlitz *nm*
= slot *n*

Münzer *nm* TELEPH → **coin telephone** (AE)
→ Münzfernsprecher *nm*

Münzfernsehen *nn* TELEC → **video on demand service**
→ Videoabrufdienst *nm*

Münzfernsprecher *nm* TELEPH **coin telephone** (AE)
= Münzer *nm*; Münztelefon *nn*
= pay phone (AE); coin phone; coinbox telephone (BE); coin collecting box (BE); coin box (2) (BE); paystation (AE); coin-operated telephone; pay telephone

Münzfernsprecher mit Nachzahlung TELEPH **postpay coin telephone** (AE)
= postpay paystation (AE)

Münzfernsprecher mit Vorauszahlung TELEPH **prepay coin telephone** (AE)
= prepay paystation (AE)

Münzgeld *nn* ECON **coin** *n*
= metal money; hard cash

münzprägen METAL **coin** *vt*
↑ prägen
↑ emboss

Münzprüfer *nm* TER&PER **coin checking device**

Münzrückgeber *nm* TER&PER **coin returner**

Münzsortiermaschine *nf* OFFICE **coin sorting machine**

Münztelefon *nn* TELEPH → **coin telephone** (AE)
→ Münzfernsprecher *nm*

Münzverpackungsmaschine *nf* OFFICE **coin wrapping machine**

Münzzählmaschine *nf* OFFICE **coin counting machine**

Murks *nm* TECH **bungling** *n*
= Pfuscherei *nf*; Pfusch *nm*
= fluff *n*

murksen *vi* TECH **bungle** *vt*
= pfuschen
≈ basteln
= botch; fluff
≈ tinker

Murkser *nm* TECH **bungler** *n*
≈ Bastler
≈ tinker

Murray-Code *nm* CODING **Murray code**

MUSA-Antenne *nf* ANT **MUSA**
= multiple unit steerable array

Muschelantenne *nf* ANT **shell antenna**

MUSE-Spiel *nn* INTERNET **MUSE game**
[für Kinder im Schulater ausgelegt]
↑ MUD-Spiel
[for children in school age; Multi-Shared Environments]
↑ MUD game

MUSH-Spiel *nf* INTERNET **MUSH game**
[erlaubt neue Szenen zu gestalten]
[allows tro create new scenarios;

↑MUD-Spiel — Multi-User Shared Hallucination] ↑MUD game

Musical *nn* MUSIC **musical** *n*
MUSICAM-Format *nn* SOUN.ME **MUSICAM format**
Musikant *nm* MUSIC **occasional musiciants**
[ein zu einer Gelegenheit aufspielender Musiker] [a musician performing on a special occasion]
Musikaufnahme *nf* MEDIA **music recording**
Musik bei Warten TELEPH **music on hold**
Musikcassette *nf* CONS.EL →**audio cassette**
→Tonbandkassette *nf*
Musik-Chip *nm* MICR.EL **music chip**
Musiker *nm* MUSIC **musician** *n*
Musikermikrofon *nn* EL.ACOU **musician's microphone**
=Musikermikrophon *nn*
Musikermikrophon *nn* EL.ACOU →**musician's microphone**
→Musikermikrofon *nn*
Musikinstrument *nn* MUSIC **instrument** *n*
=Instrument *nn*
Musikkassette *nf* CONS.EL →**audio cassette**
→Tonbandkassette *nf*
Musikleistung *nf* CONS.EL **music power**
=Impuls-Verstärkerleistung *nf* ≈nominal power
≈Nennleistung
Musikproduzent *nm* MUSIC **music producer**
Musikprogramm *nn* SOUN.ME **music program**
Musikprogrammiersprache *nf* COMP.LG **musical language**
Musiksoftware *nf* COMP.AP **music software**
Musikspur *nf* CINEMA **music track**
Musikstunde *nf* MUSIC →**music lesson**
→Musikunterricht *nm*
Musiksynthesizer *nm* HW **music processor**
Musikübertragung *nf* SOUN.ME **music broadcast**
Musik-und Geräuschspur *nf* CINEMA **music and effects track**
Musikuntermalung *nf* IMAG.ME **underscore** *n*
=Untermalung *nf*
Musikunterricht *nm* MUSIC **music lesson**
=Musikstunde *nf*
Muss-Anweisung *nf* SW →**mandatory instruction**
→obligate Anweisung
Muss-Feld *nn* DAT.MA →**mandatory field**
→obligates Feld
Muss-Leerstelle *nf* DAT.MA →**mandatory blank**
→obligate Leerstelle
muss man gesehen haben COLL **must see**
Muster *nn* MATH **pattern** *n*
Muster *nn* (1) TECH **model** *n* (2)
[als Vorlage dienende Form oder Modell] [form or model for imitation]
≈Modell =pattern *n* (1)
↓Schnittmuster ↓pattern (2)
Muster *nn* (2) TECH **pattern** *n* (2)
[regelmäßige Verzierung] [a regular decorative design]
≈Raster ≈raster
Muster *nn* (3) TECH →**prototype** *n*
→Prototyp *nm*
musterabhängiger Fehler SW **pattern-sensitive fault**
Musteranalyse *nf* INF.TEC **pattern analysis**
[Signalverarbeitung] [signal processing]
Musteranweisung *nf* SW **prototype statement**
Musteranwendung *nf* TECH **exemplary application**
Musteranwendungsverfahren *nn* SW **prototyping** *n*
[SW-Entwurfsmethode bei der man Erfahrungen an vereinfachtem Prototyp sammelt] [SW development by exemplary applications]
=Prototyping *nn* (ANGL)
Musterbau *nm* (1) MANUF **prototyping** *n*
=Prototypenbau *nm*
Musterbau *nm* (2) MANUF **model shop**
[Organisationseinheit] =prototyping department
Musterbeispiel *nn* SCIE →**paradigm** *n* (1)
→Paradigma *nn* (1)
Musterdeckung *nf* IMAG.PR →**pattern matching**
→Musterübereinstimmung *nf*
Mustererkennung *nf* IMAG.PR **pattern recognition**
↓Zeichenerkennung ↓character recognition
Mustergenerator *nm* INSTR →**pattern generator**
→Bitmustergenerator *nm*
Muster-Klasse *nf* IMAG.PR **pattern class**
[Mustererkennung] [pattern recognition]
=category *n*
Mustermesse *nf* ECON **samples fair**
Muster ohne Wert POST **no-value sample**
=pattern-post

musterorientierte Software SW **pattern-orieneted software**
Musterübereinstimmung *nf* IMAG.PR **pattern matching**
=Musterdeckung *nf*
Musterverarbeitung *nf* IMAG.PR **pattern processing**
Musterzuordnung *nf* IMAG.PR **pattern classification**
=pattern identification
Muting *nn* (ANGL) CONS.EL →**muting** *n*
→Stummschaltung *nf*
mutmaßlich COLL **presumtive** *adj*
=angenommen =supposed
Mutmaßlichkeit *nf* STATIS **likelihood** *n*
≈Wahrscheinlichkeit ≈probability
Mutmaßlichkeitsfunktion *nf* STATIS **likelihood function**
=Likelihood-Funktion *nf*
Mutmaßlichkeitsgleichung *nf* STATIS **likelihood equation**
=Likelihood-Gleichung *nf*
Mutmaßlichkeits-Quotiententest *nm* STATIS **likelihood ratio test**
=Likelihood-Quotiententest *nm*
Mutmaßung *nf* COLL **presumption** *n*
[schwach begründete Annahme] [from incomplete evidence]
≈Annahme =surmise *n*; guess *n* (2); conjecture *n*
MUTOS COMP.LG **MUTOS**
↑Betriebssystem [Multi User Task Operating System]
↑operating system
Mutter *nf* MEC.EN **nut** *n*
=Schraubenmutter *nf* =screw nut
≠Schraube (2) ≠bolt
Mutter *nf* COMPO →**jack** *n*
→Buchse *nf*
Mutteramt *nn* SWITCH **parent exchange**
=Hauptamt *nn* =master exchange; parent office; master office; parent switch; master switch
Mutterband *nn* DAT.MA →**master tape** (1)
→Stammband *nn*
Mutterdiskette *nf* TER&PER →**master floppy disk**
→Masterdiskette *nf*
Muttergesellschaft *nf* ECON →**parent company**
→Stammhaus *nn*
Mutterkassette *nf* DAT.MA **master cassette**
Muttermaske *nf* MICR.EL **master mask**
Muttersender *nm* BROADC →**master transmitter**
→Bezugssender *nm*
Muttersprache *nf* LING **mother tongue**
=native language
Muttersprachler *nm* LING **native speaker**
Mutterteil *nn* COMPO →**jack** *n*
→Buchse *nf*
Mutterverzeichnis *nn* DAT.MA →**parent directory**
→Stammverzeichnis *nn*
Mutungsgrenze *nf* STATIS →**confidence limit**
→Vertrauensgrenze *nf*
Muxer *nm* DAT.CO →**multiplexor** *n*
→Multiplexer *nm*
Muxer *nm* TRANSM →**multiplexer** *n*
→Multiplexgerät *nn*
mV EL.SC →**millivolt** *n*
→Millivolt *nn*
MVIP-Protokoll *nn* DAT.NW **MVIP**
=Multi-Vendor Integration Protocol
MVS SW **MVS**
[Betriebssystem von IBM] [OS of IBM]
=Multiple Virtual Storage
MW PHYS →**megawatt**
→Megawatt *nn*
MW RADIO →**hectometric waves**
→Hektometerwellen *nplt*
m-wertig MATH **m-ary**
MW-Ferrit *nn* METAL **medium-wave ferrite**
my PHYS →**myria-** *praef*
→Myria- *praef*
mym PHYS →**myriameter** *n*
→Myriameter *nm*
MYOB INTERNET **MYOB**
[kümmere Dich um Deinen eigenen Kram] =Mind Your Own Business
Myon *nn* PHYS **muon** *n*
=μ-Meson *nn*
Myriameter *nm* PHYS **myriameter** *n*
[10.000 m] [10,000 m (6.2 miles)]
=mym =mym
Myriameter-Wellen *nplt* RADIO **myriametric waves**

[100 km -10 km; 3 kHz -30 kHz] = Längstwellen *nplt*; VLF; Zentimegameterwellen *nplt*; Band Nr.4 (UIT); B.Mam; B.mym		[100 km -10 km; 3 kHz -30 kHz] = very low frequencies; VLF; centimegametric waves; Band Number 4 (ITU); B.Mam; B.mym
Myriameterwellenstrahlen *nplt* → Längstwellenstrahlen *nplt*	RADIO	→ **VLF radiation**
Myria- *praef* [10E4; vom griech. "myrios" = "unzählig, zehntausend"] = my	PHYS	**myria-** *praef* [10E4; from Greek "myrios" = "innumerable", ten thousand] = my

N *n*

n PHYS → **nano-** *praef*
→ Nano- *praef*
N CHEM → **nitrogen** *n*
→ Stickstoff *nm*
n. MATH → **nth** *adj*
→ n-t…
n.Chr. SCIE **A.D.**
= n.Chr.G.; nach Christi Geburt; unserer Zeitrechnung = anno Domini
n.Chr.G. SCIE → **A.D.**
→ **n.Chr.**
n. M. OFFICE → **proximo**
→ Monats, des kommenden
N.N. GEOSC → **sea level**
→ Meeresspiegel *nm*
N.O.L.-Schirmantenne *nf* ANT **N.O.L. top loaded antenna**
N/M-Baum *nm* DAT.MA **n-m tree**
N° ECON → **numero**
→ Nummer *nm*
Na CHEM → **sodium** *n*
→ Natrium *nn*
Nabe *nf* MEC.EN **hub** *n*
[Mittelstück eines drehbaren Gegenstandes] [central piece of a revolving object]
↓ Radnabe = key
↓ wheel hub
Nabelpunkt *nm* PHYS **umbilical point**
Nabennut *nf* MEC.EN **keyway** *n*
= Keilnut *nf*
Nablaoperator *nm* MATH **vector operator**
[Vektorrechnung] [vector analysis]
= Hamiltonoperator *nm* = Hamilton operator
nach MEDIA **based on**
Nachabgleich *nm* TECH → **readjustment** *n*
→ Nachregelung *nf*
nachahmen TECH → **imitate** *vt*
→ nachbilden
Nachahmung *nf* TECH → **copy** *n*
→ Nachbildung *nf*
nacharbeiten TECH → **rework** *vt*
→ überarbeiten *vt*
Nachbar- TECH → **adjacent** *adj*
→ benachbart
Nachbaratom *nn* PHYS **neighboring atom**
Nachbarband *nn* RADIO **adjacent band**
= near band
Nachbarbenachrichtigung *nf* DAT.NW **neighbor notification**
Nachbarbildfalle *nf* TV → **adjacent video carrier trap**
→ Bildträgersperre *nf*
Nachbarbildträger *nm* TV **adjacent picture carrier**
Nachbardatei *nf* DAT.MA **contiguous file**
Nachbarkanal *nm* TELEC **adjacent channel**
Nachbarkanalbeeinflussung *nf* MODUL **adjacent-channel interference**
= Nachbarkanalstörung *nf* = near-channel interference
Nachbarkanalbetrieb *nm* RADIO **adjacent-channel operation**
= near-channel operation
Nachbarkanalentkopplung *nf* MODUL **adjacent-channel selection**
= Nachbarkanalselektion *nf*; Nahselektion *nf*; Trennschärfe *nf* [RADIO] = near-channel selection; adjacent-channel selectivity; near-channel selectivity
Nachbarkanal-Leistungsmesser *nm* INSTR **adjacent-channel power meter**
Nachbarkanalselektion *nf* MODUL → **adjacent-channel selection**
→ Nachbarkanalentkopplung *nf*
Nachbarkanalstörer *nm* RADIO **adjacent channel interferer**
Nachbarkanalstörung *nf* MODUL → **adjacent-channel interference**
→ Nachbarkanalbeeinflussung *nf*
Nachbarkanalumsetzung *nf* BROADC **adjacent channel translation**
Nachbarkanalunterdrückung *nf* MODUL **adjacent-channel rejection**
Nachbarschaft *nf* COLL **neighborhood** *n* (AE)
= Umgebung *nf* = neighbourhood *n* (BE)
≈ Nähe ≈ proximity
Nachbarverkettungsliste *nf* DAT.MA → **doubly-linked list**
→ zweiseitig verkettete Liste
Nachbau *nm* ECON **manufacturing under licence**
Nachbau *nm* HW → **clone** *n*
→ Klon *nm*
nachbearbeiten MEC.EN **re-tool** *vt*
= re-machine *vt*
Nachbearbeitung *nf* MEDIA **post-production**
= Nachverarbeitung *nf*; Endfertigung *nf*; Postproduktion *nf* = post-processing
↓ Nachvertonung ↓ post-sound-tracking
nach Bedarf ECON → **optional** *adj*
→ wahlweise *adj*
Nachbedingung *nf* SW **postcondition** *n*
Nachbeschleunigung *nf* EL.TRO **post-acceleration**
Nachbeschleunigungselektrode *nf* EL.TRO **post-accelerating electrode**
= intensifying electrode
Nachbestellung *nf* ECON **repeat order**
= Nachorder *nf* = reorder *n*
Nachbestellungsschwelle *nf* MANUF **reorder point**
nach bestem Wissen und Gewissen COLL **to the best knowledge and belief**
nachbestücken TECH → **retrofit** *vt*
→ nachrüsten
Nachbestückung *nf* TECH → **retrofitting** *n*
→ Umrüstung *nf*
Nachbild *nn* TER&PER → **afterimage** *n*
→ nachleuchtendes Bild
nachbilden TECH **imitate** *vt*
= nachahmen; imitieren = copy *vt*; replicate *vt*
nachbilden TELEC **simulate** *vt*
Nachbilden *nn* MOD&SI → **computer simulation** (1)
→ Computersimulation *nf* (1)
Nachbildfehlerdämpfung *nf* [TELEPH] NETW.TH → **active return loss**
→ Reflexionsdämpfung *nf*
Nachbildimpedanz *nf* TELEC → **line-balancing network**
→ Leitungsnachbildung *nf*
Nachbildung *nf* CIRC.EN **simulation network**
= balancing circuit
Nachbildung *nf* TECH **copy** *n*
= Kopie *nf*; Nachahmung *nf*; Imitation *nf*; Replikation *nf* = simulation *n*; imitation *n*; replication *n*; look-alike *n*
≈ Modell ≈ model
Nachbildung *nf* TELEC → **line-balancing network**
→ Leitungsnachbildung *nf*
Nachbildwirkung *nf* CINEMA **persistence** *n*
Nachbreite *nf* PRIN.ME **right blank**
[Leerraum rechts des Zeichens]
Nach-Byte *nn* DAT.PR **post-byte** *n*
nach Christi Geburt SCIE → **A.D.**
→ *n*.Chr.
Nachdreh *nm* CINEMA **re-shoot** *n*
Nachdruck *nm* PRIN.ME **reprint** *n*
= Neudruck *nm* ≈ reissue
≈ Neuauflage
Nachdruck *nm* TER&PER → **reprint** *n*
→ Reprint *nm*
nachdrucken PRIN.ME **reprint** *vt*
Nacheditierung *nf* SW **post-editing**
= post edit
nacheichen INSTR **recalibrate**
Nacheichung *nf* INSTR **recalibration** *n*
nacheilen TECH **lag** *vi*
nacheilend TECH **trailing**
≠ voreilend = lagging
≠ leading
nacheilende Null DAT.MA **trailing zero**
nacheilender Kontakt COMPO **retarded contact**
nacheilender Winkel PHYS → **trailing angle**
→ Nacheilwinkel *nm*
Nacheilung *nf* TECH **time-lag** *n*
= Nachlauf *nm* = lag *n*
≈ Verzug ≈ delay
≠ Voreilung ≠ time-lead
Nacheilwinkel *nm* PHYS **trailing angle**
= nacheilender Winkel = lag angle; lagging angle
nacheinender SCIE → **serial** *adj*
→ seriell
nacheinstellen TECH → **readjust**
→ nachregeln
Nacheinstellung *nf* TECH → **readjustment** *n*
→ Nachregelung *nf*
Nachentzerrung *nf* TRANSM **post-equalization**
Nachfahrenklasse *nf* SW **descendant class**
[OOP] [OOP]
Nachfassbrief *nm* ECON **follow-up letter**
nachfassen (fig) COLL **follow-up** *vt*
[in einer Angelegenheit] [an issue]
= nachgehen *vt*; verfolgen *vt*
Nachfolge *nf* COLL → **succession** *n*
→ Aufeinanderfolge *nf*

nachfolgen → folgen	COLL	→ **suceed** *vt*
nachfolgend ≈ aufeinander folgend; später	COLL	**succeeding** *adj* = subsequent (1) ≈ consecutive; posterior
Nachfolger *nm* [Graphentheorie]	MATH	**successor** *n* [theory of graphs]
nachformatiert	DAT.PR	**post-formatted** *adj*
Nachformfehler *nm*	METAL	**contour error**
Nachfrage *nf*	ECON	**demand** *n*
nachfragegesteuert → bedarfsgesteuert	TECH	→ **demand-driven**
Nachfragesog *nm*	ECON	**pull of demand**
Nachfrist *nf*	ECON	**extended term**
Nachführung *nf* [einer Schreibmarke]	COMP.AP	**tracking** *n* [of a cursor]
Nachführung *nf* → automatische Nachführung	CONTRO	→ **autotracking** *n*
Nachführungsmarke *nf* → Nachführungssymbol *nn*	COMP.AP	→ **tracking symbol**
Nachführungssymbol *nn* = Nachführungsmarke *nf* ≈ Schreibmarke	COMP.AP	**tracking symbol** ≈ cursor
Nachführzeichen *nf* → Schreibmarke *nf*	COMP.AP	→ **cursor** *n*
nachfüllbar	TECH	**refillable**
nachfüllen *vt* = wiederauffüllen ↑ auffüllen	TECH	**replenish** *vt* (2) = refill *vt*; fill up again ↓ replenish (1)
Nachfüllpackung *nf*	TECH	**refill pack**
Nachgebeglied *nn* = DT1-Glied *nn*	CONTRO	**elastic control element** = elastic actuator
nachgeben *vi*	MEC.EN	**yield** *vi*
nachgebende Rückkopplung	CIRC.EN	**adaptive feedback**
nachgehen *vt* → nachfassen (fig)	COLL	→ **follow-up** *vt*
nachgeschaltet	EL.TEC	**post-connected**
Nachgiebigkeit *nf* → Federung *nf*	MEC.EN	→ **resilience** *n*
Nachglimmen *nn*	PHYS	**afterglow** *n*
Nachhall *nm* [überlagerte und abklingende Schallreflexion] ≈ Echo ↑ Schallreflexion	ACOUS	**reverberation** *n* [overlapping and fading-out sound reflection] = double echo ≈ echo ↑ sound reflection
nachhallfrei → schalltot	ACOUS	→ **dead** *adj*
Nachhallgerät *nn*	EL.ACOU	**reverberator** *n* = reverberation amplifier
Nachhallkammer *nf* → Nachhallraum *nm*	ACOUS	→ **reverberation room**
Nachhallraum *nm* = Nachhallkammer *nf* ≠ schalltoter Raum	ACOUS	**reverberation room** = reverberation chamber ≠ anechoic room
Nachhallspirale *nf*	EL.ACOU	**spring reverb**
Nachhallzeit *nf*	ACOUS	**reverberation time**
nachhinken (fig)	COLL	**lag behind** (fig)
Nachholbedarf *nm*	ECON	**backlog demand**
Nachimpuls *nm*	EL.TRO	**afterpulse** *n*
nachjustieren → nachregeln	TECH	→ **readjust**
Nachjustierung *nf* → Nachregelung *nf*	TECH	→ **readjustment** *n*
Nachkalkulation *nf*	ECON	**post-calculation**
Nachkaufbetreuung *nf* → Kundendienst *nm*	ECON	→ **customer support**
Nachkommastelle *nf*	MATH	**fractional digit**
Nachkömmling *nm* → Abkömmling *nm*	SW	→ **descendant** *n*
nachladbar → wiederaufladbar	POW.SY	→ **rechargeable** *adj*
nachladbare Batterie → wiederaufladbare Batterie	POW.SY	→ **rechargeable battery**
Nachladen *nn*	DAT.PR	**reloading** *n* (2) = reload *n* (2)
nachladen *vt*	POW.SY	**recharge** *vt*
nachladen *vt*	DAT.PR	**reload** *vt* (2)
Nachladesperre *nf*	DAT.PR	**reload lockout**
Nachladung *nf*	POW.SY	**recharge** *n*
Nachlass *nm* → Preisnachlass *nm*	ECON	→ **discount** *n*
Nachlauf *nm* → Nacheilung *nf*	TECH	→ **time-lag** *n*
Nachlauf *nm* → Regelschwingung *nf*	CONTRO	→ **hunting** *n*
nachlaufender Unterschwinger → Nachschwingung *nf*	EL.TRO	→ **baseline overshoot**
Nachlauffehler *nm* = Spurfehler *nm*	EL.TRO	**tracking error**
Nachlauffrequenz *nf*	EL.TRO	**tracking rate**
Nachlaufgeschwindigkeit *nf*	EL.TRO	**tracking speed**
Nachlaufradar *nm&nn* (*pl* -e) → Zielverfolgungsradar *nm&nn* (*pl* -e)	RAD.LO	→ **tracking radar**
Nachlaufregelung *nf* → Folgeregelung *nf*	CONTRO	→ **follow-up control**
Nachlaufsteuerung *nf*	ANT	**adaptive scanning**
Nachleuchtcharakteristik *nf*	PHYS	**persistence characteristic** = decay characteristic
Nachleuchtdauer *nf*	OPT	**persistence** *n* = luminance decay
Nachleuchteffekt *nm* → Nachleuchten *nn*	TV	→ **afterglow** *n*
nachleuchten → lumineszieren	PHYS	→ **luminesce** *vi*
Nachleuchten *nn* = Nachleuchteffekt *nm*	TV	**afterglow** *n* = afterglow persistence; after image; screen persistence
Nachleuchten *nn* → Lumineszenz *nf*	PHYS	→ **luminescence** *n*
nachleuchtender Bildschirm	TER&PER	**persistent screen** = afterglow screen
nachleuchtendes Bild = Nachbild *nn*	TER&PER	**afterimage** *n*
Nachleuchtschicht *nf*	TER&PER	**high-persistence phosphor**
nachleutend	PHYS	**long-persistence** *adj*
Nachlieferung *nf*	ECON	**subsequent delivery**
Nachlieferung *nf* [Vorratskathode]	EL.TRO	**dispensation** *n* [dispenser cathode]
nach links gerichtet → linksgerichtet	TECH	→ **left-pointing** *adj*
NACH-LINKS-Taste *nf* = LINKS-Taste *nf*; Linkspfeiltaste *nf* ↑ Schreibmarkentaste	TER&PER	**LEFTWARD key** = LEFT key ↑ cursor key
nach links weisend → linksgerichtet	TECH	→ **left-pointing** *adj*
nachmalig → später *adj*	COLL	→ **posterior** *adj*
nachmals; späterhin → später *adv*	COLL	→ **afterwards** *adv*
nachmessen	TECH	**retest** *vt*
Nachmittag *nm*	COLL	**aftrenoon** *n*
nachmittags	COLL	**in the aftrenoon** = p.m.
Nachmittagsvorstellung *nf* → Frühvorstellung *nf*	CINEMA	→ **afternoon showing**
Nachnahme *nf*	POST	**collect on delivery** = COD
Nachname *nm* = Familienname *nm*; Geburtsname *nm*	COLL	**surname** *n* = family name
nach oben gerichtet → aufwärts gerichtet	TECH	→ **upward-pointed** *adj*
nach oben rollen → vorrollen	COMP.AP	→ **scroll up** *vt*
NACH-OBEN-Taste *nf* = OBEN-Taste *nf*; Aufwärtspfeiltaste *nf* ↑ Schreibmarkentaste	TER&PER	**UPWARD key** = UP key ↑ cursor key
nach oben weisend → aufwärts gerichtet	TECH	→ **upward-pointed** *adj*
Nachorder *nf* → Nachbestellung *nf*	ECON	→ **repeat order**
Nachpendeln *nn* → Regelschwingung *nf*	CONTRO	→ **hunting** *n*
nach Prioritäten einteilen → triagieren	DAT.PR	→ **triage** *n*
nachprüfbar = verifizierbar	COLL	**verifiable** *adj*
Nachprüfbarkeit *nf* = Verifizierbarkeit *nf*	COLL	**verifiableness** *n*
nachprüfen [nochmals prüfen] = überprüfen ≈ prüfen; bestätigen	TECH	**re-check** *vt* = review *vt*; revise *vt*; re-examine *vt*; audit *vt* ≈ check; verify

Nachprüfung *nf* = Überprüfung *nf* ≈ Prüfung	TECH	**re-check** *n* = revision *n*; re-examination *n*; revisal *n*; audit *n*; verification *n*; validation *n* ≈ check
nachrangig ≠ vorrangig ↓ zweitrangig	COLL	**lower-ranking** = with lower priority ≠ prior-ranking ↓ second-ranking
nachrangig → zweitrangig	COLL	→ **second-order** *adj*
nachrangiger Prozess → Hintergrundprogramm *nn*	SW	→ **background program**
nachrangiges Programm → Hintergrundprogramm *nn*	SW	→ **background program**
nachrechnen	MATH	**recalculate** = check a calculation
Nachrechnen *nn* [Tabellenkalkulation]	COMP.AP	**recalculation** *n* [spreadsheet analysis]
Nachrechnen *nn* = Nachrechnung *nf*	MATH	**recalculation** *n* = calculation check
Nachrechner *nm*	DAT.CO	**back-end computer**
Nachrechnung *nf* → Nachrechnen *nn*	MATH	→ **recalculation** *n*
nach rechts gerichtet → rechtsgerichtet	TECH	→ **right-pointing** *adj*
NACH-RECHTS-Taste *nf* = RECHTS-Taste *nf*; Rechtspfeiltaste *nf* ↑ Schreibmarkentaste	TER&PER	**RIGHTWARD key** = RIGHT key ↑ cursor key
nach rechts weisend → rechtsgerichtet	TECH	→ **right-pointing** *adj*
nachregeln = nachjustieren; nacheinstellen; neuabgleichen	TECH	**readjust**
Nachregelung *nf* = Neuregelung *nf*; Nachabgleich *nm*; Neuabgleich *nm*; Nacheinstellung *nf*; Neueinstellung *nf*; Nachjustierung *nf*; Neujustierung *nf*	TECH	**readjustment** *n*
Nachregler *nm*	CONTRO	**secondary regulator**
Nachricht *nf* [auf Sinnesorgane einwirkendes, Informationen übermittelndes, Signal; eine Nachricht muss nicht unbedingt eine (neue) Information enthalten] = Mitteilung *nf* ≈ Information ↑ Signal	INF.TH	**message** *n* [signal acting on sense organs, conveying information; a message doesn't forcibly contain a (new) information] = communication *n* ≈ information ↑ signal
Nachrichten *nplt*	MEDIA	**news** *nplt*
Nachrichtenagentur *nf* → Presseagentur *nf*	PRIN.ME	→ **news agency**
Nachrichtenaufbau *nm* = Nachrichtenformat *nn*	DAT.CO	**message structure** = message format
Nachrichtenbeginn *nm*	DAT.CO	**start of message** = SOM
Nachrichtenbegrenzer *nm*	DAT.CO	**message delimiter**
Nachrichtenblock *nm*	DAT.CO	**message block**
Nachrichtendetektion *nf*	TELEC	**message detection**
Nachrichtendienst *nm*	TELEC	**messaging service**
Nachrichtendurchsatz *nm*	INF.TH	**message throughput**
Nachrichtenelement *nn*	INF.TH	**message element**
Nachrichtenempfänger *nm*	INF.TH	**message receiver**
Nachrichtenende *nn*	DAT.CO	**end of message** = EOM
Nachrichtenendezeichen *nn* = EOM-Zeichen *nn*	DAT.CO	**end-of-message signal** = EOM signal
Nachrichtenfluss *nm* ≈ Datenübertragungsgeschwindigkeit	DAT.CO	**message flow** = information flow
Nachrichtenformat *nn* → Nachrichtenaufbau *nm*	DAT.CO	→ **message structure**
Nachrichtenforum *nn* → Nachrichtengruppe *nf*	INTERNET	→ **newsgroup** *n*
Nachrichtengeheimnis *nn* = Fernmeldegeheimnis *nn* ≈ Geheimhaltung	INF.TEC	**communications confidentiality** ≈ privacy
Nachrichtengruppe *nf* [Diskussionsforum; in Usenet ein Schwarzes Brett zu bestimmten Themen] = Nachrichtenforum *nn*; Newsgoup *nf*; Diskussionsgruppe *nf*; Diskussionsforum *nn*	INTERNET	**newsgroup** *n* [discussion forum; in Usenet a bulletin board on specific topic] = message board
Nachrichteninhalt *nm*	INF.TH	**message content**
Nachrichtenkabel *nn* = Kommunikationskabel *nn* ↓ Signal- und Messkabel; Übertragungskabel; Schaltkabel	COM.CAB	**communication cable** = communications cable ↓ signal and metering cable; transmission cable; connecting cable
Nachrichtenkabelnetz *nn* → Kommunikationskabelnetz *nn*	TELEC	→ **communication cable network**
Nachrichtenkanal *nm*	SWITCH	**message channel**
Nachrichtenkanal *nm* → Übertragungskanal *nm*	INF.TH	→ **communication channel**
Nachrichtenkopf *nm* [ein Datenblock mit Kontrollinformationen] = Nachrichtenvorsatz *nm*; Kopf	DAT.CO	**message header** [block of bytes with control information] = header *n*; message heading; heading *n*
Nachrichtenlaufzeit *nf* → Mitteilungsverzug *nm*	DAT.CO	→ **message delay**
Nachrichtenlenkung *nf*	INF.TEC	**message routing**
Nachrichtenmenge *nf* ≈ Informationsmenge	INF.TH	**message volume** ≈ information volume
Nachrichtennetz *nn* → Kommunikationsnetz *nn*	TELEC	→ **communications network**
Nachrichtenquelle *nf* ≈ Informationsquelle	INF.TH	**message source** = originator *n* [DAT.CO] ≈ information source
Nachrichtenrahmen *nm*	INF.TEC	**message frame**
Nachrichtensatellit *nm* ≈ Weltraumfunkstelle ↓ Fernmeldesatellit	SAT.CO	**communications satellite** ≈ space radio station ↓ telecommunication satellite
Nachrichtensenke *nf* = Nachrichtensinke *nf* ≈ Informationssenke	INF.TH	**message drain** = message sink ≈ information sink
Nachrichtensinke *nf* → Nachrichtensenke *nf*	INF.TH	→ **message drain**
Nachrichtenspeicher *nm* ≈ Informationsspeicher	INF.TH	**message memory** = message store ≈ information memory
Nachrichtenspeicher *nm* → Sprachbriefkasten *nm*	TELEPH	→ **voice mailbox**
Nachrichtensprecher *nm*	MEDIA	**newscaster** *n* = news-reader *n*; communicator *n*
Nachrichtentechnik *nf* → Informationstechnik *nf* (1)	EL.TEC	→ **information technology** (1)
Nachrichtentransfer *nm* → Nachrichtenübermittlung *nf*	DAT.CO	→ **message transfer**
Nachrichtenübergabepunkt *nm* [SS7]	TELEC	**message transfer point** [SS7] = MTP
Nachrichtenübermittlung *nf* = Nachrichtentransfer *nm*; Mitteilungstransfer *nm*; Informationstransfer *nm*	DAT.CO	**message transfer** = information transfer
Nachrichtenübermittlung *nf* [Überbegriff für Übertragung und Vermittlung] = Übermittlung *nf* ↓ Übertragung; Vermittlung	TELEC	**communication** *n* [general term for transmission plus switching] ↓ transmission; switching
Nachrichtenübermittlungstechnik *nf* → Telekommunikationstechnik *nf*	INF.TEC	→ **communications technology**
Nachrichtenübertragung *nf* → Übertragung *nf*	TELEC	→ **transmission** *n*
Nachrichtenübertragungstechnik *nf* = Übertragungstechnik *nf*; Fernübertragungstechnik *nf* ↑ Telekommunikationstechnik ↓ Weitverkehrstechnik	TELEC	**communications transmission engineering** = communications transmission technique; transmission engineering; transmission technique; trunk transmission engineering ↑ telecommunication engineering ↓ long-haul communications engineering
Nachrichtenverarbeitung *nf* ≈ Informatik; Informationsverarbeitung ↑ Kommunikation ↓ Datenverarbeitung	INF.TEC	**message processing** ≈ informatics; information processing ↑ communications
Nachrichtenverbindung *nf* ≈ Nachrichtenweg; Anruf [TELEPH] ↑ Verbindung	TELEC	**communication link** = communications link ≈ communication path; call [TELEPH]
Nachrichtenverkehrstheorie *nf* → Verkehrstheorie *nf*	TELEC	→ **traffic theory**
Nachrichtenvermittlung *nf* → Sendungsvermittlung *nf*	DAT.CO	→ **message switching**
Nachrichtenvermittlung *nf* → Vermittlung *nf*	TELEC	→ **switching** *n*
Nachrichtenverteiler *nm*	SWITCH	**message buffer**
Nachrichtenverzögerung *nf* → Mitteilungsverzug *nm*	DAT.CO	→ **message delay**

Nachrichtenverzug DAT.CO → **message delay**
→ Mitteilungsverzug *nm*

Nachrichtenvorsatz *nm* DAT.CO → **message header**
→ Nachrichtenkopf *nm*

Nachrichtenweg *nm* TELEC **communication path**
= Verbindungsweg *nm* = connection path; connecting path; path
≈ Nachrichtenverbindung ≈ communication link

Nachrichtenwesen *nn* INF.TEC → **communications** *nplt*
→ Kommunikation *nf*

Nachrichtenwiedergewinnung *nf* DAT.PR **message retrieval**

Nachrichtenzuteiler *nm* SWITCH **message handler**

nachrücken TECH **follow-up** *vt*

Nachrufen *nn* SWITCH **rering** *n*

Nachrufzeichen *nn* SWITCH **reringing signal**
= reringing *n*; recall signal

Nachrüstbausatz *nm* EQP.EN → **retrofit kit**
→ Nachrüstsatz *nm*

nachrüsten TECH **retrofit** *vt*
= nachbestücken = add-on

Nachrüstsatz *nm* EQP.EN **retrofit kit**
= Nachrüstbausatz *nm* = add-on kit

Nachrüstung *nf* TECH → **retrofitting** *n*
→ Umrüstung *nf*

Nachrüstzubehör *nn* DAT.PR **add-on** *n*

Nachsatz *nm* OFFICE **postscript**
= Postskriptum *nn*; PS = P.S.

Nachsatz *nm* DAT.MA → **trailer label**
→ Dateiend-Etikett *nn*

Nachschlagebuch *nn* PRIN.ME → **reference book**
→ Nachschlagewerk (m)

nachschlagen LING **look up** *vt*

Nachschlagewerk (m) PRIN.ME **reference book**
= Nachschlagebuch *nn* = sourcebook *n*; reference work; work of reference
↓ Enzyklopädie; Lexikon; Wörterbuch ↓ encyclopedia; lexicon; dictionary

Nachschlagfunktion *nf* COMP.AP → **lookup function**
→ Verweisfunktion *nf*

Nachschlagtabelle *nf* TEC.DOC **lookup table**
= look-up table

Nachschlagtabelle *nf* DAT.MA → **lookup table**
→ Verweistabelle *nf*

Nachschlagverzug *nm* HW **look-up delay**
= look-up penalty

Nachschmelzverfahren *nn* MICR.EL **remelt process**
= melt-back technique

Nachschneiden *nn* METAL **shaving** *n*

Nachschub *nm* MILIT **ordnance** *n* (1)
≈ Versorgung ≈ supply

Nachschwinger *nm* EL.TRO → **baseline overshoot**
→ Nachschwingung *nf*

Nachschwingung *nf* EL.TRO **baseline overshoot**
= Nachschwinger *nm*; Unterschwingung *nf*, Unterschwinger; nachlaufender Unterschwinger = trailing-edge overshoot; undershoot *n*
↑ transient

Nachsendeadresse *nf* POST **forwarding address**

nach sich ziehen COLL → **entail** *vt*
→ zur Folge haben

Nachsilbe *nf* LING → **suffix** *n*
→ Suffix *nn*

Nachspann *nm* CINEMA **closing credits**
= Abspann *nm* = credits *nplt*

Nachspann *nm* SOUN.ME **lead-ou** *n*
[einer CD] [of a CD]
= Lead-out *nn*

Nachspann *nm* DAT.MA → **trailer label**
→ Dateiend-Etikett *nn*

nachspüren COLL **trace** *vt* (1)
[to follow a trace]

nachstanzen TER&PER **repunch** *vt*

nachstehend OFFICE **stated below**
[in Geschäftsbrief] [in business letter]
= hereinafter

Nachstellzeit *nf* CONTRO **reset time**

nächsten Monats OFFICE → **proximo**
→ Monats, des kommenden

nachsynchronisieren CINEMA **post-dub** *vt*
↑ synchronisieren ↑ dub

Nachsynchronisierung *nf* CINEMA **post-dubbing** *n*
↑ Synchronisierung ↑ dubbing

Nachsynchronisierung *nf* DAT.CO **intermediate synchronization**

Nachtabfrage *nf* SWITCH **night answer**

Nachteffekt *nm* RAD.LO **night effect**
[Peilstörung durch nächtliche Raumwellen] [bearing errors due to nocturnal sky waves]

Nachteil *nm* COLL **disadvantage** *n*
= Kehrseite (fig) = detriment *n*; adverse consequence; prejudice *n*; drawback *n*; shortcoming *n*
≈ Mangel ≈ deficiency

Nachtgebühr *nf* TELEC → **nocturnal tariff**
→ Nachttarif *nm*

nächtlich COLL **nocturnal** *adj*
≠ tageszeitlich [TECH] = nightly
≠ diurnal

Nachtrag *nm* LING **supplement** *n*
= postscript *n*; addendum *n* (*pl* addenda)

nachträglich COLL → **posterior** *adj*
→ später *adj*

nachträglicher Einfall COLL **afterthought** *n*

Nachtransformation *nf* COMP.GR **post-transformation**
[automatische Korrektur von Konturlinien, Bemaßung, Schraffur etc.] [automatic correction of contour lines, dimensions, hatching etc.]
≈ Stretching ≈ streching

Nachtreichweite *nf* RAD.PRO **nocturnal range**
= nighttime range

Nachtriggerung *nf* INSTR **post-triggering**

Nachtriggerverzögerung *nf* INSTR **post-trigger delay**

Nachtrufnummer *nf* SWITCH **night answering number**

Nachtschalter *nm* SIG.EN **night-alarm switch**

Nachtschaltung *nf* SWITCH **night answer connection**

Nachtschicht *nf* MANUF **night shift**
≈ Spätschicht ≈ late shift
↑ Schicht ↑ shift

Nachtsichtsystem *nn* EL.TRO **night vision system**

Nachttarif *nm* TELEC **nocturnal tariff**
= Nachtgebühr *nf* = overnight rate
≠ Taggebühr ≠ daytime tariff
↑ Sondertarif ↑ special rate

Nachübersetzer *nm* DAT.PR → **postprocessor** *n*
→ Postprozessor *nm*

nach und nach COLL → **successive** *adj*
→ sukzessiv *adj*

nach unten gerichtet TECH → **downward-pointing** *adj*
→ abwärts gerichtet

nach unten rollen COMP.AP → **scroll down** *vt*
→ zurückrollen

NACH-UNTEN-Taste *nf* TER&PER **DOWNWARD key**
= UNTEN-Taste *nf*, Abwärtspfeiltaste *nf* = DOWN key
↑ Schreibmarkentaste ↑ cursor key

nach unten weisend TECH → **downward-pointing** *adj*
→ abwärts gerichtet

Nachverarbeiter *nm* DAT.PR → **postprocessor** *n*
→ Postprozessor *nm*

Nachverarbeitung *nf* SWITCH **post-processing**
↓ Rufdatennachbearbeitung ↓ call data post-processing

Nachverarbeitung *nf* MEDIA → **post-production**
→ Nachbearbeitung *nf*

Nachverhandlung *nf* ECON **subsequent negotiation**
≈ Neuverhandlung ≈ renegotiation

Nachverstärker *nm* CATV **post-amplifier** *n*

Nachvertonung *nf* CONS.EL **audio dub**
[Videorecorder] [video recorder]

Nachwahl *nf* SWITCH **suffix dialing**
= suffix dialling; post-selection

Nachwahltaste *nf* TER&PER **suffix key**

nachweisbar COLL **provable**
= belegbar

nachweisbar TECH **traceable** *adj*

Nachweisbarkeit *nf* TECH → **detectability** *n*
→ Erkennbarkeit *nf*

Nachweisbarkeitsgrenze *nf* TECH **detectability limit**
= Nachweisgrenze *nf*, Erkennbarkeitsgrenze *nf* = detectable limit

Nachweisgrenze *nf* TECH → **detectability limit**
→ Nachweisbarkeitsgrenze *nf*

Nachweisvorschrift *nf* DAT.CO **qualification specification**

Nachwirkung *nf* TECH **aftereffect** *n*

Nachwirkungsbild *nn* EL.TRO **retained image**

Nachwirkungsstrom *nm* EL.TEC **transient decay current**

Nachwirkzeit *nf* EL.TRO **hangover time**
≈ Haltezeit

Nachwort *nn* PRIN.ME **afterword** *n*
nachzählen COLL **recount** *vt*
Nachzieheffekt *nm* TV **smearing** *n*
nachziehen COLL **trail** *vt*
= hinterherziehen
Nadel *nf* TECH **needle** *n*
= stylus *n*
Nadel *nf* EL.ACOU **needle** *n*
= Abtastnadel *nf* = stylus *n*
Nadel *nf* INSTR → **pointer** *n*
→ Zeiger *nm*
Nadelausschlag *nm* INSTR → **pointer throw**
→ Zeigerausschlag *nm*
Nadelbank *nf* TER&PER **stylus bank**
[Pendelmatrixdrucker] [shuttle matrix printer]
Nadeldruck *nm* EL.ACOU **needle pressure**
Nadeldrucker *nm* TER&PER **stylus printer**
= Drahtdrucker *nm*; Punktdrucker *nm* = wire matrix printer; wire printer
↑ Anschlagdrucker; Rasterdrucker; Zeichendrucker ↑ impact printer; matrix printer; character printer
Nadeldruckkopf *nm* TER&PER → **wire matrix printing mechanism**
→ Nadeldruckwerk *nn*
Nadeldruckwerk *nn* TER&PER **wire matrix printing mechanism**
= Nadeldruckkopf *nm*
Nadelelektrometer *nn* INSTR **needle electrometer**
Nadelflattern *nn* EL.ACOU **needle chatter**
Nadelgalvanometer *nn* INSTR **moving-needle galvanometer**
Nadelkarte *nf* MICR.EL **probe card**
Nadelkissenverzerrung *nf* OPT → **pincushion distortion**
→ kissenförmige Verzeichnung
Nadelkratzen *nn* EL.ACOU **needle scratch**
Nadelöhr *nn* COLL → **bottleneck** *n*
→ Engpass *nm*
Nadelschaltung *nf* EL.TEC **symmetrical heterostatic circuit**
Nadelwald *nm* GEOSC **coniferous woodland**
= coniferous forest
Nadir *nm* CART **Nadir**
[vom Arab. "gegenüber"] [from Arabic "opposite"]
n-adisch LOGIC **n-adic** *adj*
[mit n Operanden] [with n operands]
= n-ary
n-Adress-Befehl *nm* SW → **multi-address instruction**
→ Mehr-Adress-Befehl *nm*
Nagel *nm* TECH **nail** *n*
↓ Zwecke ↓ tack
Nagelbrett *nn* MANUF **nail bed**
Nagelkopfbondierung *nf* MICR.EL **nailhead bonding**
= Nagelkopfschweißen *nn*; Nagelkopfkontaktieren *nn*; Nagelkopfverfahren *nn*; Ball-Bonden *nn* (ANGL) = ball bonding
Nagelkopfkontaktieren *nn* MICR.EL → **nailhead bonding**
→ Nagelkopfbondierung *nf*
Nagelkopfschweißen *nn* MICR.EL → **nailhead bonding**
→ Nagelkopfbondierung *nf*
Nagelkopfverfahren *nn* MICR.EL → **nailhead bonding**
→ Nagelkopfbondierung *nf*
nageln TECH **nail** *vt*
nagelneu COLL → **brand-new** *adj*
→ funkelnagelneu
Nagetier *nf* COLL **rodent** *n*
= gopher *n* (AE)
Nagetierbau *nm* COMP.AP **rat's nest**
[Darstellung der rechnerbestimmten Leiterbahnen] [display of computer-determined conductor tracks]
Nagetierfraß *nm* TECH **rodent attack**
= gopher attack
nagetiergeschütztes Kabel COM.CAB **gopher-protected cable** (AE)
= rodent-protected cable
Nagetierschutz *nm* COM.CAB **rodent protection**
= gopher protection (AE)
Nagware *nf* COMP.AP **nagware** *n*
[SW mit Einblendung von Quengelfenstern] [SW popping-up nag screens]
nah COLL **near** *adj*
= nahegelegen; naheliegend = close; close-in; proximal; proximate
≈ unmittelbar
Nahanschluss *nm* SWITCH **local connection**
Nahaufnahme *nf* IMAG.ME **medium close-up** *n*
[zeigt z.B. Kopf u. Oberkörper] [shows e.g. head and trunk]
≈ Großaufnahme = medium close shot; bust *n*
≈ close-up
Nahbereich *nm* SWITCH → **local exchange area**
→ Ortsanschlussbereich *nm*

Nahbereichsmodem *nm&nn* DAT.CO → **baseband modem**
→ Basisbandmodem *nm*
Nahbereichsradar *n&nn* (*pl*-e) RAD.NA **short-range radar**
Nahbereichsrichtfunk *nm* RAD.RE **short-distance microwave**
= Nahverkehrsrichtfunk *nm* = short-range microwave; short-range radio relay;
Nahbereichssystem *nn* TELEC **short-range system**
= short-distance system
Nahbetrieb *nm* TELEGR → **local-loop operation**
→ Lokalbetrieb *nm*
Nähe *nf* TECH **proximity** *n*
= Näherung *nf* = nearness; closeness
≈ Nachbarschaft; Annäherung ≈ neighborhood; approximation
≠ Ferne ≠ remoteness
Nahecho *nn* TELEC **near echo**
nahegelegen COLL → **near** *adj*
→ nah
naheliegend COLL → **near** *adj*
→ nah
Näherung *nf* TECH → **proximity** *n*
→ Nähe *nf*
Näherung *nf* MATH **approximation** *n*
= Annäherung *nf*; Approximation *nf*
Näherungfunktion *nf* MATH → **approximation function**
→ Approximationsfunktion *nf*
Näherungsbereich *nm* OUT.PL **proximity area**
[Näherung von Fernmeldefreileitung an Starkstromfreileitung] [approximation of open-wire communications to power lines]
Näherungsschalter *nm* SIG.EN → **proximity switch**
→ Annäherungsschalter *nm*
Näherungsfehler *nm* MATH **approximation error**
= Approximationsfehler *nm*
Näherungsformel *nf* MATH **approximation formula**
= Approximationsformel *nf* = simplified formula
Näherungsgenauigkeit *nf* MATH **approximation accuracy**
= Approximationsgenauigkeit *nf* = approximation precision
Näherungsgleichung *nf* MATH **approximation equation**
= Approximationsgleichung *nf* = simplified equation
Näherungslösung *nf* MATH **approximate solution**
Näherungsmethode *nf* MATH → **approximation method**
→ Näherungsverfahren *nn*
Näherungsmuster *nn* IMAG.ME **proxemic pattern**
Näherungsrechnung *nf* MATH **approximation calculus**
= Approximationsrechnung *nf* = simplified calculus
Näherungstheorie *nf* MATH **approximate theory**
Näherungsverfahren *nn* MATH **approximation method**
= Näherungsmethode *nf*; Approximationsverfahren *nn*; Approximationsmethode *nf* = approximate method
näherungsweise MATH **approximate** *adj*
= angenähert; überschlägig; grob = approximating; rough
≈ ungenau ≈ inaccurate
Näherungswert *nm* MATH **approximation value**
= Approximationswert *nm* = approximate value
nahes Ende TELEC **near end**
Nahewirkung *nf* PHYS **close-range action**
Nahezu-Korrespondenzqualität *nf* TER&PER → **NLQ printing**
→ Beinahe-Schönschrift *nf*
Nahfading *nn* (ANGL) RAD.PRO → **near-field fading**
→ Nahschwund *nm*
Nahfeld *nn* RAD.PRO **near-field region**
= Nahfeldbereich *nm* = proximity zone
Nahfeld-Aufzeichnung *nf* TER&PER **NFR**
= NFR-Aufzeichnung *nf* = Near Field Recording
Nahfeldbereich *nm* RAD.PRO → **near-field region**
→ Nahfeld *nn*
Nahfelddiagramm *nn* ANT **near-field diagram**
= near-field pattern
Nahfeld-EMV-Analysator *nm* INSTR **close-field EMC analyzer**
Nahfeldfading *nn* (ANGL) RAD.PRO → **near-field fading**
→ Nahschwund *nm*
Nahfeld-Optik *nf* TER&PER **near field OPT**
Nahfeldschwund *nm* RAD.PRO → **near-field fading**
→ Nahschwund *nm*
Nahfeldsonde *nf* INSTR **close-field probe**
Nah-Fern-Effekt *nm* MOB.CO **near-far effect**
[führt zu ungewünschter Leistungshochregelung] [causes unwanted up-regulation of power]
Nahgespräch *nn* TELEPH **interzone call** *n* (AE)
≈ Ortsgespräch [call between zones of a large metropolitan area]
≠ Ferngespräch

= toll call (2) (BE); city call
≠ toll call (1) (AE)

Nahgesprächsbereich *nm* | TELEPH | → **near zone** (AE)
→ Nahzone *nf*

Nahgesprächszone | TELEPH | → **near zone** (AE)
→ Nahzone *nf*

nahgesteuert | TELEC | **near-end operated**

Nahnebensprechen *nn* | TELEC | **near-end crosstalk**
= NEXT

Nahordnung *nf* | PHYS | **short-range order**

Nahschwund *nm* | RAD.PRO | **near-field fading**
= Nahfeldschwund *nm*; Nahfading *nn* (ANGL); Nahfeldfading *nn* (ANGL)

Nahselektion *nf* | MODUL | → **adjacent-channel selection**
→ Nachbarkanalentkopplung *nf*

Naht *nf* | METAL | **seam** *n*

nahtlos | METAL | **seamless** *adj*

nahtlos [fig] | COLL | **seamless** *adj* [fig]

nahtloser Übergang | TECH | **failover** *n*

nahtlose Speicherung [Speicherzuweisung] | DAT.MA | **contiguous allocation** [storage allocation]
≠ seitenweise Speicherung | ≠ paging (1)

nahtloses Rohr | METAL | **seamless tube**

Nahtschweißung *nf* | METAL | **seam welding**
= Wiederstandsnahtschweißen *nn* | = continuous welding

Nahtstelle *nf* | EL.TRO | → **interface** *n*
→ Schnittstelle *nf*

Nahverkehr *nm* | RAIL.SIG | **mass transportation**

Nahverkehr *nm* | TELEC | **short-distance traffic**
≈ Ortsverkehr
≠ Fernverkehr
= short-haul traffic
≈ local traffic
≠ toll traffic

Nahverkehrsbereich *nm* | SWITCH | → **local exchange area**
→ Ortsanschlussbereich *nm*

Nahverkehrsrichtfunk *nm* | RAD.RE | → **short-distance microwave**
→ Nahbereichsrichtfunk *nm*

Nahzone *nf* | TELEPH | **near zone** (AE)
= Nahgesprächsbereich *nm*; Nahgesprächszone | = toll area (BE)

NAK | DAT.CO | → **negative acknowledge**
→ negative Rückmeldung

Name *nm* | DAT.MA | **name** *n*
↓ Dateiname; Feldname; Satzname | ↓ file name; field name; record name

Name *nm* | TECH | → **description** *n*
→ Bezeichnung *nf*

Name *nm* | LING | → **proper name**
→ Eigenname *nm*

Namendefinition *nf* | SW | **name definition**

Nameneintrag *nm* | DAT.MA | **name entry**

Namengeber *nm* | DAT.CO | → **answerback generator**
→ Kennungsgeber *nm*

Namengebung *nf* | SW | → **name forming**
→ Namensbildung *nf*

namenlos | COLL | **innominate** *adj*
≈ unbekannt; anonym
= unnamed
≈ unknown; anonymous

Namensaufruf *nm* | SW | **call by name**

Namensbildung *nf* | SW | **name forming**
= Namengebung *nf*

Namenserver *nm* | INTERNET | **name server**
[übersetzt Domännennamen in TCP/IP-Zahlenadressen] | [translates domain names in TCP/IP number adresses]
= Name-Server *nm*

Namenserweiterung *nf* | DAT.MA | → **file extension**
→ Dateikennung *nf*

namensgesteuerte Zuweisung | SW | **assignment by name**

Namenspapier *nn* | ECON | **registered security**
= Rektapaier *nn*

Namensprägung *nf* | ECON | → **branding** *n*
→ Warenbezeichnung *nf*

Namensschild *nn* | OFFICE | **name tag**
= shingle *n* (AE) (slang)

Namentaste *nf* | TER&PER | **name key**

Namentaster *nm* | TER&PER | **repertory dialer**

namentlich | COLL | → **named** *adj*
→ benannt

Name-Server *nm* | INTERNET | → **name server**
→ Namenserver *nm*

namhaft | COLL | **well-known**
= reputable

N-AMPS | MOB.CO | **N-AMPS**
[10 kHz spacing]
= Narrowband AMPS

NAND-Element *nn* | CIRC.EN | → **NAND gate**
→ NAND-Glied *nn*

NAND-Funktion *nf* | LOGIC | → **NAND operation**
→ NAND-Verknüpfung *nf*

NAND-Gatter *nn* | CIRC.EN | → **NAND gate**
→ NAND-Glied *nn*

NAND-Glied *nn* | CIRC.EN | **NAND gate**
= NAND-Gatter *nn*; NAND-Element *nn*; NAND-Schaltung *nf*; NAND-Tor *nn*; NICHT-UND-Glied *nn*; NICHT-UND-Gatter *nn*; NICHT-UND-Element *nn*; NICHT-UND-Schaltung *nf*; NICHT-UND-Tor *nn*; Sheffer-Gatter *nn*; Sheffer-Element *nn*; Sheffer-Schaltung *nf*; Sheffer-Tor *nn*
= NAND element; NAND circuit; NOT-AND gate; NOT-AND element; NOT-AND circuit; nonconjunction gate; nonconjunction element; nonconjunction circuit; Sheffer gate; Sheffer element; Sheffer circuit
↑ logic gate

NAND-Schaltung *nf* | CIRC.EN | → **NAND gate**
→ NAND-Glied *nn*

NAND-Tor *nn* | CIRC.EN | → **NAND gate**
→ NAND-Glied *nn*

NAND-Verknüpfung *nf* | LOGIC | **NAND operation**
[Ausgang nur dann =0 wenn gleichzeitig P=1 und Q=1] | [output =0 only if simultaneously P=1 and Q=1]
= NAND-Funktion *nf*; NICHT-UND-Verknüpfung *nf*; NICHT-UND-Funktion *nf*; Sheffer-Verknüpfung *nf*; Sheffer-Funktion *nf*; Alternativverneinung *nf*
≠ AND-Verknüpfung
↑ dyadische Boolesche Verknüpfung
= NAND function; NOT-AND operation; NOT-AND function; nonconjunction *n*; Sheffer operation; Sheffer function; Sheffer stroke; NOT-BOTH operation; NOT-BOTH function; alternative denial; dispersion *n*
≠ AND operation

Nanobefehl *nm* | SW | **nanoinstruction** *n*
[eine Grundoperation für einen Mikrobefehl] | [a basic operation to perform a microinstruction]

Nanobus *nm* | HW | **nanobus** *n*
[mit einem Durchsatz von 10E9 Bytes/s] | [operates at 10E6 bytes/s]

Nanocode *nm* | SW | **nanocode** *n*
[Satz von Nanobefehlen] | [set of nanoinstructions]

Nanoelektronik *nf* | EL.TRO | **nanoelectronics** *nplt*

Nanometer *nm* | PHYS | **nanometer** *n* (AE)
[0,000 001 m]
= nm
= nanometre *n* (BE); nm

Nano- *praef* | PHYS | **nano-** *praef*
[10E-9; vom latein. "nanus" = "Zwerg"] | [10E-9; from Latin "nanus" = "dwarf"]
= n

Nanoprogramm *nn* | SW | **nanoprogramm** *n*

nanoprogrammieren | SW | **nanoprogram** *vt*

Nanoprogrammierung *nf* | SW | **nanoprogramming**

Nanosekunde *nf* | PHYS | **nanosecond** *n*
[10E-9 s] | [10E-9 s]
= ns; Millimikrosekunde *nf* | = ns; millimicrosecond *n*; billisecond *n*

Nanosekunden-Computer *nm* | DAT.PR | **nanocomputer** *n*
[processing in nanoseconds]

Nanosekundenschaltung *nf* | CIRC.EN | **nanosecond circuit**
= nanocircuit *n*

Nanospeicher *nm* | DAT.PR | **nanostore** *n*

Nanotechnik *nf* | TECH | → **nanotechnology** *n*
→ Nanotechnologie *nf*

Nanotechnologie *nf* | TECH | **nanotechnology** *n*
[unterhalb Mikrometerbereich] | [below micrometer range]
= Nanotechnik *nf*

narrativ | MEDIA | → **narrative**
→ erzählend

Narrativik *nf* | SCIE | **narrative theory**
[Lehre der Erzählkunst]

narratorisch | MEDIA | → **narratorical**
→ erzählerisch

narrensicher | COLL | → **foolproof** *adj*
→ idiotensicher

Narrowcasting *nn* | MEDIA | **narrowcasting** *n*
[Sendung für beschränkten Teilnehmerkreis] | [casting to a limited user circle]

Narrowcasting *nn* | INTERNET | **narrowcasting** *n*
↑ Web-Casting | ↑ webcasting

Nasa7-Bewertungstest *nm* | DAT.PR | **nasa7 benchmark**
[besteht aus 7 grundlegenden Betriebsroutinen] | [consists of 7 essential operating routines]
↑ SPEC benchmark

Nasal *nn* | LING | **nasal** *n*
= Nasallaut *nm*; Nasenlaut *nm*

Nasallaut *nm* | LING | → **nasal** *n*
→ Nasal *nn*

NASC = amerikanische Flugzeugnorm	TECH	**NASC** (USA) = National Aircraft Standard
Nase → Lappen *nm*	MEC.EN	→ **lug** *n*
Nase (vulg.) → Vorderteil *nm*	TECH	→ **front part**
Nasenkeil *nm*	MEC.EN	**gib-head key**
Nasenlaut *nm* → Nasal *nn*	LING	→ **nasal** *n*
nass ≈ feucht	PHYS	**wet** *adj* ≈ humid
nässen [m] = benetzen ≈ anfeuchten	TECH	**wet** *vt* ≈ dampen
nasser Zungenkontakt → Quecksilberkontakt *nm*	COMPO	→ **mercury contact**
Nässeschutz *nm* ≈ Feuchteschutz	TECH	**water blocking** ≈ humidity barrier
Nassi-Schneidermann-Diagramm *nn* → Struktogramm *nn*	SW	→ **structogram** *n*
Nassschleifen	METAL	**wet grinding**
Nässung *nf* [mit Flüssigkeit] = Benetzung *nf*	TECH	**wetting** *n*
NAT [setzt lokale in offizielle IP-Adressen um]	INTERNET	**NAT** (**converts local in official IP adresses**) = Network Address Translation
Nation *nf* ≈ Staat	PUB.ADM	**nation** *n* ≈ country
nationale Kennzahl → Ortskennzahl *nf*	SWITCH	→ **area code** (AE)
nationaler Nummerierungsplan	SWITCH	**national numbering scheme** = NNS
nationale Rufnummer [Teilnehmerrufnummer + Ortskennzahl]	SWITCH	**national number** [suscriber number + trunk code]
nationale Verkehrsausscheidungszahl [im Netz der DBP: 0]	SWITCH	**trunk prefix** [digit to provide access to trunk exchange]
Nationalökonomie *nf* → Volkswirtschaftslehre *nf*	ECON	→ **political economy**
natives Programm	MICR.EL	**native program**
Natrium *nn* = Na	CHEM	**sodium** *n* = Na
Natriumdampf-Hochdrucklampe *nf*	EL.INS	**high-pressure sodium vapour lamp**
Natronlauge *nf*	CHEM	**soda lye**
natur *adj* [Farbe]	OPT	**raw** *adj* [colour]
naturbasierte Datenverarbeitung [der Natur abgeguckt]	DAT.PR	**natural computing** [gleaned from nature]
Naturfarbe *nf* = natürliche Farben	TECH	**natural color**
natürlich = rein	TECH	**natural** *adj*
natürliche Farben → Naturfarbe *nf*	TECH	→ **natural color**
natürliche Kühlung	TECH	**natural cooling**
natürliche Programmiersprache [die Befehle lehnen sich an die Umgangssprache an, z.B. COBOL] ≈ mnemotechnische Sprache	COMP.LG	**conversational programming language** [the instructions are formulated in a colloquial-like manner, e.g. COBOL] = conversational language ≈ mnemonic language
natürlicher Logarithmus = ln; Neperscher Logarithmus; Logarithmus zur Basis e; hyperbolischer Logarithmus; Logarithmus naturalis	MATH	**natural logarithm** = ln; hyperbolic logarithm; neperian logarithm; logarithm to the basis of e
natürlicher Magnet	PHYS	**natural magnet**
natürlicher Maßstab → Maßstab 1:1	ENG.DRA	→ **full size**
natürliches Licht [Tageslicht, Kerzen, Lampen aber keine Schenwerfer]	CINEMA	**available light** [daylight, candel light, lamp light but no spotlights]
natürliche Sprache = Objektsprache *nf* ≠ Metasprache	LING	**natural language** ≠ metalanguage
natürliche Sprache [unverschlüsselte Stimme oder Text] ≠ verschlüsselte Sprache; synthetische Sprache; formale Sprache [COMP.SC] ↓ Klartext	INF.TEC	**plain language** [uncoded voice or text] = natural language ≠ coded language; synthetized language; formal language [COMP.SC] ↓ plaintext

natürliche Zahl ↓ Kardinalzahl; Ordinalzahl	MATH	**natural number** ↓ cardinal number; ordinal number
natürlichsprachlich	INF.TEC	**natural-language** *adj* = plain-language
natürlichsprachliche Software	ART.IN	**natural language software** = NLS
nautisch *adj*	RAD.NA	**nautical**
nautische Meile → Seemeile *nf*	PHYS	→ **nautical mile**
nautischer Strich [11° 15']	PHYS	**nautical point** [11° 15']
Navigation *nf* = Navigieren *nn*	COLL	**navigation** *n*
Navigation *nf*	INTERNET	**navigation** *n*
Navigationscomputer *nm* → Navigationsrechner *nm*	COLL	→ **navigation computer**
Navigationsdienst über Satelliten	SAT.CO	**radionavigation-satellite system**
Navigationsfunkdienst *nm*	RAD.NA	**radionavigation service**
Navigationshilfe *nf*	INTERNET	**navigation aid** = bread crumbs (slang)
Navigationsleiste *nf*	INTERNET	**navigation bar**
Navigationsrechner *nm* = Navigationscomputer *nm*	COLL	**navigation computer**
Navigationssatellit *nm*	SAT.CO	**navigation satellite**
Navigationstaste *nf*	TER&PER	**navigation key**
Navigator *nm*	AERON	**navigator** *n*
Navigator *nm* [ein Inhaltsverzeichnis]	INTERNET	**navigator** *n* [an index]
navigieren	AERON	**navigate** *vt*
Navigieren *nn* → Navigation *nf*	COLL	→ **navigation** *n*
navigieren *vi*	INTERNET	**navigate** *vt*
Nb → Niob *nn*	CHEM	→ **niobium** *n*
NB = notabene; wohlgemerkt ≈ übrigens	LING	**nb** = notabene ≈ by the way
NBS [ehemalige US-amerikanische Normungsbehörde; durch NITS abgelöst]	TECH	**NBS** = National Bureau of Standards; superseded by the NITS
NBS → SWG	METAL	→ **Standard Wire Gauge**
NC → Netz-PC	DAT.PR	→ **network PC**
NC-gesteuerte Maschine = NC-Maschine *nf*	AUTOMA	**numerical control machine** = NC machine; numerical control tool; NC tool
NC-Maschine *nf* → NC-gesteuerte Maschine	AUTOMA	→ **numerical control machine**
NC-Postprozessor *nm* [Zusatzprogramm zur Steuerung einer externen Maschine] ↑ Postprozessor [DAT.PR]	AUTOMA	**NC postprocessor** [complementing program to drive an external machine]
NCP-Protokoll *nn*	DAT.NW	**NCP** = NetWare Control Protokol
NC-Programmierung *nf*	MANUF	**NC programming**
NC-Rechner *nm*	AUTOMA	**NC computer** = numerical control computer
NCR-Papier *nn* → Ohne-Kohle-Papier *nn*	TER&PER	→ **NCR paper**
NCS [Regierungsbehörde in USA für Kommunikationsnormen]	INF.TEC	**NCS** [responsible for communications standards of US Government agencies] = National Communications System
NCSA	INF.TEC	**NCSA** = National Center for Supercomputing Applications
NC-Steuerung *nf* → numerische Steuerung	CONTRO	→ **numerical control**
NC-Technik *nf* → numerische Steuerung	CONTRO	→ **numerical control**
Nd → Neodym *nn*	CHEM	→ **neodymium** *n*
NDIS-Spezifikation *nf*	DAT.NW	**NDIS** = Network Device Interface Specification
NDMP-Protokoll *nn*	DAT.NW	**NDMP**

= Network Data Management Protocol

N-dotiert — MICR.EL — **n doped**

N-Dotierung *nf* — MICR.EL — **n doping**
= n-type doping

NDS — DAT.NW — **NDS**
= Netware Directory Service

Ne — CHEM — → **neon** *n*
→ Neon *nn*

neapelgelb *adj* — OPT — **naples yellow** *adj*
≈ ocker; ≈ ocher

nebeinanderstellen — SCIE — **juxtapose** *vt*
≈ vergleichen; ≈ compare

Nebel *nm* — METEO — **fog** *n*
= mist *n*

nebelig — METEO — → **foggy** *adj*
→ neblig

Nebelkammer *nf* — PHYS — **cloud chamber**
= expansion chamber

Nebelmaterial *nn* — COMP.GR — **fogging map**

Neben- — TECH — **secondary** *adj*
= sekundär; Sekundär-; ≈ auxiliary
≈ Hilfs-

Nebenabrede *nf* — ECON — **side agreement**

Nebenalarm *nm* — EQP.EN — → **non-urgent alarm**
→ nicht dringender Alarm

Nebenanschluss *nm* — SWITCH — → **extension station**
→ Nebenstelle *nf*

Nebenanschlussleitung *nf* — TELEPH — **extension line**
= Endstellenleitung *nf*; = PABX line

Nebenattribut *nn* — DAT.MA — **nonprime attribute**
≠ Hauptattribut; ≠ prime attribute

Nebenaussendung *nf* — MODUL — **spurious emission**
= Nebenwelle *nf*; parasitäre Aussendung

Nebenaussendung *nf* — INF.TEC — → **unwanted emission**
→ Störstrahlung *nf*

Nebenausstrahlung *nf* — INF.TEC — → **unwanted emission**
→ Störstrahlung *nf*

Nebenbedingung *nf* — MATH — → **boundary condition**
→ Randbedingung *nf*

Nebenbegriff *nm* — LING — **related term**
≈ Quasisynonym; ≈ quasisynonym

nebenbei bemerkt — COLL — → **by the way** *adv*
→ übrigens *adv*

Nebenbuch *nn* — ECON — **journal** *n*
= Journal *nn*

nebenbuchen — ECON — **journalize**

Nebencomputer *nm* — DAT.CO — → **slave computer**
→ Nebenrechner *nm*

Nebendiagonale *nf* — NETW.TH — **secondary diagonal**

Nebendiagonalelement *nn* — NETW.TH — **secondary diagonal element**

Nebeneffekt *nm* — TECH — → **secondary effect**
→ Nebenwirkung *nf*

nebeneinander — TECH — **side-by-side** *adj*
= kollateral; seitlich angeordnet

Nebeneinanderstellung *nf* — SCIE — → **juxtaposition** *n*
→ Juxtaposition *nf*

Nebenfrage *nf* — COLL — **side issue**
= Nebenproblem *nn*; = side problem

Nebengang *nm* — SYS.INS — **secondary corridor**

Nebengebäude *nn* — CIV.EN — → **sidebuilding** *n*
→ Anbau *nm*

nebengeschlossen — EL.TEC — **shunted**
= parallelgeschaltet

nebenher sich ergeben — COLL — → **occurr** *vi*
→ anfallen

Nebenkeule *nf* — ANT — → **side lobe**
→ Nebenzipfel *nm*

Nebenkeulendämpfung *nf* — ANT — → **side lobe attenuation**
→ Nebenzipfeldämpfung *nf*

Nebenkeulen-Richtfaktor *nm* — ANT — **side-lobe level**
≈ Rückstrahldämpfung; ≈ side-lobe level

Nebenkeulenunterdrückung *nf* — ANT — → **side lobe attenuation**
→ Nebenzipfeldämpfung *nf*

Nebenklasse *nf* — MATH — **coset** *n*
= secondary set

Nebenkontrast *nm* — IMAG.ME — **subsidiary contrast**

Nebenkosten *nplt* — ECON — **ancillary costs**

Nebenlappen *nm* — ANT — → **side lobe**
→ Nebenzipfel *nm*

nebenläufig — COLL — → **concurrent** *adj*
→ zusammenfallend

Nebenluft *nf* — TECH — **admixed air**

Nebenmaximum *nn* — ANT — → **side lobe**
→ Nebenzipfel *nm*

Nebenmaximum *nn* — MATH — **secondary maximum**

Nebenproblem *nn* — COLL — → **side issue**
→ Nebenfrage *nf*

Nebenprodukt *nn* — TECH — → **byproduct**
→ Abfallprodukt *nn*

Nebenprozessor *nm* — DAT.CO — → **slave computer**
→ Nebenrechner *nm*

Nebenquantenzahl *nf* — PHYS — **secondary quantum number**
= Bahndrehimpuls-Quantenzahl *nf*; azimutale Quantenzahl; = angular momentum quantum number
↑ Quantenzahl; ↑ quantum number

Nebenrechner *nm* — DAT.CO — **slave computer**
= Satellitenrechner *nm*; Nebencomputer *nm*; Satellitencomputer *nm*; Nebenprozessor *nm*; = satellite processor; guest computer
≈ Vorrechner; ≈ front-end processor
≠ Hauptrechner

Nebenreflektor *nm* — ANT — **subreflector** *n*
= Subreflektor *nm*; Hilfsreflektor *nm*; Fangreflektor *nm*; ≠ main reflector
≠ Hauptreflektor

Nebenregenbogen *nm* — METEO — **secondary rainbow**

Nebenresonanz *nf* — COMPO — → **unwanted response**
→ Störresonanz *nf*

Nebensatz *nm* — LING — **subordinate clause**
= Gliedsatz *nm*; Konstituentensatz *nm*; Teilsatz *nm*; = dependent clause; clause *n*

nebenschließen — EL.TEC — → **connect in parallel** *vt*
→ parallelschalten

Nebenschluss *nm* — EL.TEC — **shunt** *n*
= Stromnebenschluss *nm*; = current shunt
≈ Parallelschaltung; ≈ parallel connection

Nebenschlussdiode *nf* — CIRC.EN — **shunt diode**
= Querdiode *nf*

Nebenschlusserregung *nf* — POW.EN — **shunt excitation**

Nebenschlussfeld *nn* — POW.EN — **shunt field**

Nebenschlussgenerator *nm* — POW.EN — **shunt-wound generator**
↑ Gleichstrom-Nebenschlussmaschine

nebenschlussgespeist — ANT — **shunt-fed**
= parallelgespeist; = parralel-fed

Nebenschlusskondensator *nm* — NETW.TH — → **bypass capacitor**
→ Überbrückungskondensator *nm*

Nebenschlussmaschine *nf* — POW.EN — **shunt-wound machine**
↑ Gleichstrommaschine; = shunt machine

Nebenschlussrelais *nn* — COMPO — **shunt relay**

Nebenschlussschaltung *nf* — EL.TEC — **shunt circuit**
= Nebenstromkreis *nm*

Nebenschlussspeisung *nf* — ANT — **shunt feeding**
= shunt exciting

Nebenschlusswicklung *nf* — POW.EN — **shunt winding**
= parallel winding

Nebenschlusswiderstand *nm* — POW.EN — **shunt resistor**
= Nebenwiderstand *nm*; Shunt *nm* (ANGL)

Nebenschwingung *nf* — PHYS — **spurious oscillation**
= Parasitärschwingung *nf*; unerwünschte Schwingung; Parasitäreffekt *nm*; = parasitic oscillation; parasitic effect

Nebensender *nm* — RAD.NA — **secondary transmitter**

Nebenskalenteilung *nf* — INSTR — **minor graduation**

Nebenspeicher *nm* — DAT.PR — **slave store**
= slave storage; slave memory; slave cache

Nebensprechdämpfung *nf* — TELEC — **crosstalk attenuation**

Nebensprechen — TELEC — **crosstalk** *n*
[gegenseitige Beinflussung von Nachrichtenleitungen]; [interference between communication lines]
= XT
↓ Nahnebensprechen; Fernnebensprechen; Übersprechen [COM.CAB]; Mitsprechen [COM.CAB]; ↓ near-end crosstalk; far-end crosstalk; side-to-side crosstalk [COM.CAB]; side-to-phantom crosstalk [COM.CAB]

nebensprechfrei — TELEC — **crosstalk-free**

Nebensprechkopplung *nf* — COM.CAB — **crosstalk coupling**

Nebensprechsperre *nf* — TELEC — **crosstalk suppression filter**
[Codec]

Nebenstation *nf* — TELECON — → **tributary station**
→ Unterstation *nf*

Nebenstelle *nf* — SWITCH — **extension station**
= Nebenanschluss *nm*; = extension *n*

Nebenstellenanlage *nf* — TELEC — **private branch exchange**

= NStA *nf*; Teilnehmerzentrale *nf*; Telekommunikationsanlage *nf*; TK-Anlage *nf*; privates Kommunikationssystem; Kommunikationssystem *nn*; PBX *nf* (*pl* -es)
≠ öffentliche Vermittlung
= PBX; branch exchange; corporate switch; corporate communication system
≠ public switch

Nebenstellenfernsprecher *nm* TELEPH **extension telephone**

Nebenstellennetz *nn* TELEC **private branch network**
= private branch net

Nebenstellennummer *nf* SWITCH **extension number**

Nebenstellenteilnehmer *nm* SWITCH **extension user**

Nebenstromkreis *nm* EL.TEC → **shunt circuit**
→ Nebenschlussschaltung *nf*

Nebenstudio *nn* BROADC **secondary studio**

Nebenstudioleitung *nf* BROADC **secondary-to-main-studio line**
[DBP/ARD, von Nebenstudio zu Hauptstudio]

Nebentakt *nm* INF.TEC **slave clock**

Nebentätigkeit *nf* ECON **casual work**
≈ Teilzeitbeschäftigung
≈ part-time work

Nebenterminal *nn* DAT.PR **slave terminal**
≠ Hauptdatenstation
≠ master terminal

Nebenton *nm* TELEPH **sidetone** *n* (2)
= secondary tone

Nebenträger *nm* MODUL → **subcarrier** *n*
→ Hilfsträger *nm*

Nebentür *nf* CIV.EN → **side door**
→ Seitentür *nf*

Nebenunternehmer *nm* ECON → **subcontractor** *n*
→ Unterauftragnehmer *nm*

Nebenwelle *nf* MODUL → **spurious emission**
→ Nebenaussendung *nf*

Nebenwellendämpfung *nf* MODUL **spurious emission attenuation**

Nebenwiderstand *nm* POW.EN → **shunt resistor**
→ Nebenschlusswiderstand *nm*

Nebenwiderstand *nm* INSTR **shunt** *n*

Nebenwinkel *nm* ENG.DRA **adjacent angle**

Nebenwirkung *nf* TECH **secondary effect**
= Nebeneffekt *nm*
= secondary action; side effect; collateral effect; spin-off *n*

Nebenziel *nn* COLL **secondary objective**
[fig]

Nebenzipfel *nm* ANT **side lobe**
= Nebenkeule *nf*, Nebenlappen *nm*; Nebenmaximum *nn*
≠ Hauptkeule
↓ Rückwärtskeule
= sidelobe; minor lobe; secondary lobe; secondary main lobe; secondary peak
≠ mayor lobe
↓ back lobe

Nebenzipfeldämpfung *nf* ANT **side lobe attenuation**
= Nebenkeulendämpfung *nf*, Nebenzipfelunterdrückung *nf*, Nebenkeulenunterdrückung *nf*
= side lobe suppression

Nebenzipfelunterdrückung *nf* ANT → **side lobe attenuation**
→ Nebenzipfeldämpfung *nf*

neblig METEO **foggy** *adj*
= nebelig
≈ dunstig
= misty
≈ hazy

nebulös COLL → **vague** *adj*
→ verschwommen

Neél-Temperatur *nf* PHYS **Neél temperature**

Negation *nf* LING **negation** *n*
= Verneinung *nf*

Negation *nf* LOGIC → **NOT operation**
→ NICHT-Verknüpfung *nf*

Negation *nf* LOGIC **negation** *n*
= Nicht

Negation der ersten Variable LOGIC **negation of the first variable**
[Ausgang = 1 wenn und nur wenn P = 1]
≠ Identität mit der ersten Variable
↑ dyadische Boolesche Verknüpfung
[output = 1 if and only if P = 1]
≠ first variable operation
↑ dyadic Boolean operation

Negation der zweiten Variable LOGIC **negation of the second variable** *n*
[Ausgang = 1 wenn und nur wenn Q = 0]
≠ Identität der zweiten Variable
↑ dyadische Boolesche Verknüpfung
[output = 1 if and only if Q = 0]
≠ second variable operation
↑ dyadic Boolean operation

Negationselement *nn* CIRC.EN → **NOT gate**
→ NICHT-Glied *nn*

Negationsfunktion *nf* LOGIC → **NOT operation**
→ NICHT-Verknüpfung *nf*

Negationsfunktor *nm* LOGIC **tilde** *n*

Negationsgatter *nn* CIRC.EN → **NOT gate**
→ NICHT-Glied *nn*

Negationsglied *nn* CIRC.EN → **NOT gate**
→ NICHT-Glied *nn*

Negationsschaltung *nf* CIRC.EN → **NOT gate**
→ NICHT-Glied *nn*

Negationsverknüpfung *nf* LOGIC → **NOT operation**
→ NICHT-Verknüpfung *nf*

negativ PHYS **negative** *adj*
= an Minuspol
≠ positiv
= at negative pole
≠ positive

negativ MATH **negative** *adj*
≠ positiv
≠ positive

negativ TER&PER **negative** *adj*
[Bildschirmdarstellung]
= invertiert
↑ Bildschirmdarstellung
[screen mode]
= reverse *adj*

negativ PRIN.ME **negative** *adj*
≈ umgekehrt
↑ Schriftattribut
= inverse *adj*
≈ reverse
↑ font attribute

negativ *adj* COLL **negative** *adj*
[fig]
≠ positiv
[fig]
≠ positive

Negativ *nn* IMAG.ME → **reverse image**
→ Negativbild *nn*

Negativ-Amplitudenmodulation *nf* TV **negative amplitude modulation**

Negativanzeige *nf* TER&PER **negative display**
[hell auf dunklem Hintergrund]
= Negativdarstellung *nf*
≠ Positivanzeige
[in bright on dark background]
= negative presentation
≠ positive display

Negativbild *nn* IMAG.ME **reverse image**
= Negativ *nn*
= reversed image; negative image

Negativdarstellung *nf* TER&PER → **negative display**
→ Negativanzeige *nf*

negativ differentieller Widerstand EL.TRO **negative differential resistance**
[Kennlinie mit abnehmendem Strom bei zunehmender Spannung]
[characteristic of decreasing current with increasing voltage]

negative Elektrode PHYS → **cathode** *n*
→ Kathode *nf*

negative Erstzeileneinrückung WOR.PR **negative indentation**
[erste Zeile ragt weiter nach links als die restlichen]
[all but first line indented]
≈ hanging paragraph

negative Korrelation MATH **inverse correlation**

negative Logik CIRC.EN **negative logic**
[ordnet positive oder hohe Spannung dem Zustand 0 zu]
≠ positive Logik
[uses positive or high voltage for state 0]
= negative true logic
≠ positive logic

negative Quittung DAT.CO → **negative acknowledge**
→ negative Rückmeldung

negativer Fall COLL → **defective case**
→ Negativfall *nm*

negativer Gradient MATH **negative gradient**
= Antigradient (nmn)
= antigradient *n*

negativer Logarithmus MATH **cologarithm**

negativer Sperrstrom MICR.EL → **reverse current**
→ Rückwärtsstrom *nm*

negative Rückkopplung CIRC.EN → **negative feedback**
→ Gegenkopplung *nf*

negative Rückmeldung DAT.CO **negative acknowledge**
[Code]
= negative Quittung; Negativrückmeldung *nf*, Negativmeldung *nf*, Schlechtquittung *nf*, NAK; Schlechtmeldung *nf*
↑ ASCII-Code
[code]
= negative acknowledgement; NAK; negative message
↑ ASCII code

negativer Widerstand EL.TEC **negative resistance**

negative Sperrspannung MICR.EL → **reverse voltage**
→ Rückwärtsspannung *nf*

negative Sperrspannung EL.TRO → **reverse voltage**
→ Sperrspannung *nf*

negatives Potential PHYS → **minus potential**
→ Minuspotential *nn*

negatives Stopfen CODING **negative justification**
= Negativstopfen *nn*
= negative stuffing

Negativfall *nm* COLL **defective case**
= negativer Fall

Negativ-Frequenzmodulation *nf* TV **negative frequency modulation**

Negativgyrator *nm* NETW.TH **negative gyrator**

Negativ-Impedanzkonverter *nm* NETW.TH **negative impedance converter**
= Negativübersetzer *nm*; Negativ-Impedanzwandler *nm*
↑ Impedanzkonverter
= NIC
↑ impedance converter

Negativ-Impedanzwandler *nm* NETW.TH → **negative impedance converter**
→ Negativ-Impedanzkonverter *nm*

Negativlack *nm* MICR.EL **negative resist**

Negativmeldung *nf* DAT.CO → **negative acknowledge**
→ negative Rückmeldung

Negativmodulation *nf* MODUL **downward modulation**

Negativrückmeldung *nf* DAT.CO → **negative acknowledge**
→ negative Rückmeldung

Negativschnitt *nm* CINEMA **negative cut**

Negativschrift *nf* TER&PER **negative type**
[helle Schrift auf dunklem Hintergrund]
= Weißschreibtechnik *nf*; invertierte Schrift; Invers-Schrift *nf*; Revers-Schrift *nf*
≈ Umkehrschrift
≠ Positivschrift
[white characters on dark background]
= reverse type; inverse type
≈ reverse type
≠ positive type

Negativstopfen *nn* CODING → **negative justification**
→ negatives Stopfen

Negativübersetzer *nm* NETW.TH → **negative impedance converter**
→ Negativ-Impedanzkonverter *nm*

Negativzeichen *nn* MATH → **minus sign**
→ Minuszeichen *nn*

Negativzeichenanzeige *nf* HW **negative indication**
[indicates negative sign]

Negator *nm* CIRC.EN → **NOT gate**
→ NICHT-Glied *nn*

Negatorglied *nn* CIRC.EN → **NOT gate**
→ NICHT-Glied *nn*

Negentropie *nf* INF.TH → **information entropy**
→ Informationsentropie *nf*

negieren LOGIC **negate** *vt*

negieren CIRC.EN → **invert** *vt*
→ invertieren

neigen TECH → **incline** *vt*
→ schrägstellen

neigen COLL → **tend** *n*
→ tendieren

Neigung *nf* TECH **inclination** *n*
[Abweichung von der Horizontalen]
= Schräglage *nf*
↑ Schräge
↓ Gefälle; Anstieg
[deviation from horizontal]
= slope *n*; tilt *n*
↓ descent; rise

Neigung *nf* MATH **slope** *n*
[Kurvenverlauf]
= Steigung *nf*
≈ Steiheit
[of a curve]
= inclination *n*
≈ steepness

Neigung *nf* STATIS → **tendency** *n*
→ Tendenz *nf*

Neigungsentzerrer *nm* TRANSM **slope equalizer**
= Schräglagenentzerrer *nm*
= tilt equalizer

Neigungsregler *nm* TRANSM **slope regulator**
= Schräglagenregler *nm*
= tilt regulator

Neigungswinkel *nm* MATH **angle of inclination**

Neigungswinkel *nm* MEC.EN → **bevel** *n* (1)
→ Schrägungswinkel *nm*

Neigungswinkel *nm* MEC.EN → **tilt angle**
→ Kippwinkel *nm*

NEIN-Glied *nn* CIRC.EN → **NOT gate**
→ NICHT-Glied *nn*

N-Einheit *nf* RAD.PRO **refractivity N**

nematisch PHYS **nematic** *adj*
[parallel aufgereiht]
≈ parallelgeschichtet
[oriented in parallel lines]
≈ smectic

NE-Metall *nn* METAL **non-ferrous metal**
= Nicht-Eisen-Metall *nn*; Buntmetall *nn*

NEMP INF.TEC → **nuclear electromagnetic pulse**
→ nuklearer elektromagnetischer Puls

NEMP-Festigkeit *nf* EL.TRO **NEMP strength**
[nuclear electromagnetic pulse]

Nenn- TECH **nominal** *adj*
= nominell
≈ Soll-; Plan-
= duty-rated; rated; desired
≈ scheduled; planned

Nennbelastbarkeit *nf* TECH **nominal load capacity**
= Nennbelastung *nf*; Nennlast *nf*; Baulast *nf*; Bemessungslast *nf*; Bemessungsbelastung *nf*; Bemessungslast *nf*; Planlast *nf*
≈ Nennleistung
↑ Belastbarkeit
= nominal load; nominal duty; rated load; rated duty; design rating
≈ nominal power
↑ load capacity

Nennbelastung *nf* TECH → **nominal load capacity**
→ Nennbelastbarkeit *nf*

Nennbeleuchtungsstärke *nf* EL.INS **nominal illuminance**

Nennbetrag *nm* ECON → **nominal amount**
→ Nominalbetrag *nm*

Nenndrehmoment *nn* MEC.EN **rated torque**

Nenndrehzahl *nf* MEC.EN **nominal speed**
= Bemessungsdrehzahl *nf*
= rated speed

Nenndurchmesser *nm* MEC.EN **nominal diameter**

Nenndurchsatz *nm* TECH **rated throughput**
= nomineller Durchsatz

Nenner *nn* MATH → **divisor** *n* (2)
→ Divisor *nm* (2)

Nennform *nm* LING → **infinitive mood** *n*
→ Infinitiv *nm*

Nennfrequenz *nf* EL.TEC **nominal frequency**
= Sollfrequenz *nf*; Bemessungsfrequenz *nf*
= characteristic frequency

Nenngröße *nf* ENG.DRA → **nominal size**
→ Nennmaß *nn*

Nennkapazität *nf* DAT.PR **formatted capacity**
[eines Speichers]
= Nettospeicherkapazität *nf*; Nettokapazität *nf*
[of a memory]

Nennlage *nf* TECH → **normal position**
→ Normalstellung *nf*

Nennlast *nf* TECH → **nominal load capacity**
→ Nennbelastbarkeit *nf*

Nennleistung *nf* CONS.EL **nominal power**
= Sinusleistung *nf*; Sinusdauertonleistung *nf*; Bemessungsleistung *nf*
≈ Musikleistung
= rated power
≈ music power

Nennleistung *nf* TECH **nominal power**
= Solleistung *nf*; Bemessungsleistung *nf*; Bauleistung *nf*
≈ Nennbelastbarkeit
= rated power; power rating; wattage rating; design rating (2)
≈ nominal load capacity

Nennmarkierung *nf* CODING → **gap** *n*
→ Lücke *nf*

Nennmaß *nn* ENG.DRA **nominal size**
= Passungsnennmaß *nn*; Nenngröße *nf*; Bemessungsmaß *nn*
≈ Sollmaß
= nominal dimension
≈ prescribed dimension

Nennpegel *nm* TELEC **nominal level**
= Sollpegel *nm*

Nennquerschnitt *nm* MECH **nominal cross-section**
= rated cross-section

Nennspannung *nf* EL.TEC **nominal voltage**
= Sollspannung *nf*; Bemessungsspannung *nf*
= rated voltage; voltage rating

Nenn-Steh-Blitzstoßspannung *nf* POW.EN **rated lightning impulse withstand voltage**

Nenn-Steh-Schaltstoßspannung *nf* POW.EN **rated switching impulse withstand voltage**

Nenn-Steh-Wechselspannung *nf* POW.EN **rated power-frequency withstand voltage**

Nennstrom *nm* EL.TEC **nominal current**
= Sollstrom *nm*; Bemessungsstrom *nm*
= rated current

Nenntemperatur *nf* TECH **nominal temperature**
= Bemessungstemperatur *nf*
≈ Betriebstemperatur
≈ operating temperature

Nennwert *nm* TECH **nominal value**
= Bemessungswert *nm*
≈ Richtwert
= rated value; desired value; reference value (3); rating *n* (1)
≈ reference value (1)

Nennwert *nm* ECON **nominal value**
= Nominalwert *nm*
= face value; par value; stated value

Nennwort *nn* LING → **substantive** *n*
→ Substantiv *nn*

Nennzuverlässigkeit *nf* QUAL **rated reliability**
= Bemessungszuverlässigkeit *nf*

Neodym *nn* CHEM **neodymium** *n*
= Nd
= Nd

Neologismus *nm* LING **neologism** *n*
= Wortneubildung *nf*; Neubildung *nf*; Wortneuprägung *nf*; Neuprägung *nf*; Wortneuschöpfung *nf*; Neuschöpfung *nf*
↓ Kunstwort
↓ artificial term

Neon *nn* CHEM **neon** *n*
= Ne
= Ne

Neonlampe *nf* EL.INS → **neon lamp**
→ Neonröhre *nf*

Neonröhre *nf* EL.INS **neon lamp**
= Neonlampe *nf*

Neon-Signalleuchte *nf* COMPO **neon indicator**

Neorealismus *nm* IMAG.ME **neorealism** *n*

Neper *nn* TELEC **neper** *n*
[8,686 dB]
[8.686 dB]

Neperscher Logarithmus MATH → **natural logarithm**
→ natürlicher Logarithmus

Neptunium *nn* CHEM **neptunium** *n*
= Np
= Np

Nerd *nm* (slang) INF.TEC → **computer fan** *n*
→ Computernarr *nm*
nernstsche Gleichung PHYS **Nernst-Einstein relation**
= Nernst'sche Gleichung
Nernst'sche Gleichung PHYS → **Nernst-Einstein relation**
→ nernstsche Gleichung
Nernstspannung *nf* PHYS **Nernst voltage**
Nesting *nn* SW → **nesting** *n*
→ Verschachtelung *nf*
Nestung *nf* SW → **nesting** *n*
→ Verschachtelung *nf*
Net DAT.NW → **usenet**
→ Usenet *nn*
Net DAT.NW → **Internet**
→ Internet *nn*
NetBEUI-Protokoll *nn* DAT.NW **NetBEUI protocol**
= Net-BIOS Extended User Interface
NetBIOS-Schnittstelle *nf* SW **NetBIOS**
Netbrowser *nm* INTERNET → **network browser**
→ Netz-Browser *nm*
Netid *nn* INTERNET **netid** *n*
[Netzkennzeichen in der Internetadresse] [network identification in the Internet address]
Netikette *nf* DAT.NW → **netiquette** *n*
→ Netzwerketikette *nf*
Netiquette *nf* DAT.NW → **netiquette** *n*
→ Netzwerketikette *nf*
Netizen *nm* (ANGL) INTERNET → **netizen** *n*
→ Internet-Bürger *nm*
NetNews DAT.NW → **usenet**
→ Usenet *nn*
Netphone *nn* INTERNET **netphone**
[SW zum Telephonieren über Internet] [SW for phone calls over Internet]
Netscape Navigator *nm* INTERNET **Netscape Navigator**
[das Produkt hatte einen Alligator ("Mozilla") als Maskottchen] [the mascot of the NN was an alligator]
= Mozilla (slang)
Netspeak *nn* INTERNET **netspeak**
= Internet-Englisch
nett COLL → **attractive** *adj*
→ attraktiv
Nettikette *nf* DAT.NW → **netiquette** *n*
→ Netzwerketikette *nf*
netto *adj* ECON **net**
Nettobarwert *nm* ECON **net present value**
= NPV
Nettobetrag *nm* ECON **net amount**
Nettobuchwert *nm* ECON **net book value**
Nettodurchsatz *nm* DAT.CO **net throughput**
Nettoerlös *nm* ECON **net sales**
Nettogewicht *nn* ECON **net weight**
= Reingewicht *nn* = n. wt.
Nettogewinn nach Steuern ECON → **NOPAT**
→ NOPAT
Nettokapazität *nf* DAT.PR → **formatted capacity**
→ Nennkapazität *nf*
Net-Top-Box TELEC → **network computer**
→ Netzrechner *nm*
Net-top-Box *nf* HW **net-top box**
[auf Internetfunktionen abgemagerter PC] [PC reduced to Internet applications]
Nettopreis *nm* ECON **net price**
Nettospeicherkapazität *nf* DAT.PR → **formatted capacity**
→ Nennkapazität *nf*
Network Computer *nm* (ANGL) DAT.PR → **network PC**
→ Netz-PC
Netz *nn* DAT.CO → **network** *n*
→ Netzwerk *nf*
Netz *nn* TELEC **network** *n*
= Netzwerk *nn* [DAT.CO]
↓ öffentliches Fernsprechwählnetz; Netzwerk [DAT.CO]; Privatnetz
↓ public switched telephone network; network [DAT.CO]; private network
Netz *nn* POW.EN → **mains** *nplt*
→ Starkstromnetz *nn*
Netzabdeckung *nf* TELEC **network coverage**
netzabhängig TELEC **network-dependent**
= netzwerkabhängig [DAT.CO, DAT.NW]
Netzabschluss *nm* TELEC → **network termination**
→ Netzabschlusseinrichtung *nf*
Netzabschlusseinrichtung *nf* TELEC **network termination**
[ISDN] = NT
= NT-Gerät *nn*; Netzabschluss *nm*

netzabwärts TELEC **downstream** *adv*
Netzadapter *nm* HW **network adapter**
= Netzwerkadapter *nm*
Netzadministrator *nm* DAT.NW → **network administrator**
→ Netzverwalter *nm*
Netzadresse *nf* DAT.NW **network address**
= Netzwerkadresse *nf* = network terminal number; NTN; terminal identification
≈ Rufnummer
↑ Teilnehmerrufnummer [TELEC] ↑ subscriber number [TELEC]
Netzanfänger INTERNET → **network novice** *n*
→ Netzwerkanfänger *nm*
Netzangriff *nm* DAT.NW **network attack**
= Netzwerkangriff *nm*; Netzattacke *nf*
Netzanpassungsgerät *nn* DAT.NW **interworking unit**
≈ Netzübergangsfunktion; Überleiteinrichtung; Brücke; IWF
= IWU; interworking function; IWF
≈ gateway; bridge
Netzanschluss *nm* POW.SY **ac power supply**
= mains power connection; mains connection; mains supply; power connection; line connection
Netzanschlussgerät *nn* EQP.EN → **mains power supply**
→ Netzstromversorgungsgerät *nn*
Netzanschlusskabel *nn* EQP.EN **power cable**
= Netzkabel *nn*; Netzleitung *nf*; Netzschnur *nf*; Stromversorgungskabel *nn*; Versorgungskabel *nn*
= mains cable; mains lead; AC-line-supply cable; electrical-power cord; power supply cord
↑ Anschlusskabel ↑ connecting cable
↓ Netzkabel
Netzanschlusskarte *nf* DAT.NW → **network interface card**
→ Netzwerk-Schnittstellenkarte *nf*
Netzanschlussleitung *nf* POW.SY **mains feeder**
Netzanschlusstransformator *nm* POW.EN → **mains transformer**
→ Netztransformator *nm*
Netzantenne *nf* ANT **mains line antenna**
Netzanwender *nm* TELEC → **network user**
→ Netzbenutzer *nm*
Netzarchitektur *nf* TELEC **network architecture**
= Netzwerkarchitektur *nf* [DAT.CO]; Netzstruktur *nf*; Netzwerkstruktur *nf* [DAT.CO]; Netztopologie *nf*; Netzwerktopologie *nf* [DAT.CO]; Netzform *nf*; Netzwerkform *nf* [DAT.CO]; Netzaufbau *nm*; Netzwerkaufbau *nm* [DAT.CO]; Netzkonfiguration *nf*; Netzwerkkonfiguration *nf* [DAT.CO]; Architektur *nf*; Topologie *nf*; Konfiguration *nf*; Aufbau *nm* (1)
= network structure; network topology; network configuration; architecture *n*; structure *n*; topology *n*; configuration *n*
netzartig TECH → **reticular** *adj*
→ netzförmig
Netzattacke *nf* DAT.NW → **network attack**
→ Netzangriff *nm*
Netzätzung *nf* PRIN.ME → **autotype** *n*
→ Autotypie *nf*
Netzaufbau *nm* TELEC → **network architecture**
→ Netzarchitektur *nf*
Netzaufbau *nm* INF.TEC → **topology** *n*
→ Topologie *nf*
netzaufwärts TELEC **upstream** *adv*
Netzausbau *nm* TELEC **network expansion**
Netzausfall *nm* POW.SY **mains failure**
= Netzspannungsausfall *nm* = mains interruption
↑ Spannungsausfall; Stromausfall ↑ mains failure; power failure
Netzausfallschutz *nm* EL.TEC **mains failure protection**
= mains interruption protection; power failure protection
Netzausfallsicherung *nf* POW.SY **power failure protection**
Netzausführungsverwaltung *nf* TELEC → **configuration management**
→ Beschaltungsverwaltung *nf*
Netzausläufer *nm* TELEC **network periphery**
= Netzwerkausläufer *nm* [DAT.CO]; Netzperipherie *nf*; Netzwerkperipherie *nf* [DAT.CO]
Netzbefehlssprache *nf* COMP.LG **netware** *n*
Netzbelastung *nf* TELEC → **network occupancy**
→ Netzbelegung *nf*
Netzbelegung *nf* TELEC **network occupancy**
= Netzwerkbelegung *nf* [DAT.CO]; Netzbelastung *nf*; Netzwerkbelastung *nf* [DAT.CO]
= network load
Netzbenutzer *nm* TELEC **network user**
= Netzwerkbenutzer *nm* [DAT.CO]; Netzanwender *nm*; Netzwerkanwender *nm*
≠ network operator

[DATA COM]
≠ Netzbetreiber

Netzbenutzeradresse *nf* DAT.NW **network user address**
= Netzwerkbenutzeradresse *nf* = NUA

Netzbenutzerkennung *nf* DAT.NW **network user identification**
= Netzwerkbenutzerkennung *nf*; Benutzerkennung *nf*; Benutzeridentifizierung *nf*; Netzteilnehmerkennung *nf*; Netzwerkteilnehmerkennung *nf*; Teilnehmerkennung *nf* = NUI

Netzbeobachtungsplatz *nm* TELEC **network monitoring desk**

Netzberechnung *nf* TECH **network calculation**
= Versorgungsnetzberechnung *nf*

Netzbereich *nm* TELEC **network area**
= Netzwerkbereich *nm* [DAT.CO] = network domain

Netzberührung *nf* EL.TEC **power cross**

Netzbetreiber *nm* TELEC **network operator**
= Netzwerkbetreiber *nm*; Betreiber *nm*; Betreiberfirma *nf* = operator *n*

Netzbetreiber *nm* TELEC → **telecommunications carrier**
→ Telekommunikationsbetreiber *nm*

Netzbetreiber für Netzbetreiber TELEC **carriers' carrier**

Netzbetreibergesellschaft *nf* TELEC → **telecommunications carrier**
→ Telekommunikationsbetreiber *nm*

Netzbetrieb *nm* EL.TEC **mains operation**
= Netzspeisung *nf* = line operation

netzbetrieben EL.TEC → **mains powered**
→ netzgespeist

Netzbetriebssystem *nn* DAT.NW → **network operating system**
→ Netzwerkbetriebssystem *nn*

Netzbild *nn* TELEC → **network diagram**
→ Netzdiagramm *nn*

Netz-Browser *nm* INTERNET **network browser**
= Netzwek-Browser *nm*; Netbrowser *nm* = netbrowser *n*

Netzbrumm *nm* TELEC **mains hum**
= Netzgeräusch *nn*; Netzrauschen *nn*; Netzspannungsbrumm *nm* = mains noise; power-line hum; power-line noise; induced power noise

Netzcomputer *nm* TELEC → **network computer**
→ Netzrechner *nm*

Netzcomputer *nm* INTERNET → **Internet computer**
→ Internet-Computer *nm*

Netz-Computer *nm* DAT.PR → **network PC**
→ Netz-PC

Netz-Datenbank *nf* DAT.MA → **network database**
→ Netzwerk-Datenbank *nf*

Netzdiagramm *nn* TELEC **network diagram**
= Netzbild *nn*

Netzdiagramm *nn* TEC.DOC **net graph**
= net diagram

Netzdienste *nplt* TELEC **network services**
= Netzwerkdienste *nplt* [DAT.NW]

Netzdose *nf* EL.INS → **mains socket**
→ Netzsteckdose *nf*

Netzdrossel *nf* POW.SY **line reactor**
= Drosselspule *nf*

Netzebene *nf* PHYS **lattice plane**
= net plane

Netzebene *nf* TELEC **network level** *n*
= tier

Netzebene *nf* DAT.CO → **network layer**
→ Vermittlungsschicht *nf*

Netzeinheit *nf* TELEC **network unit**
= Netzwerkeinheit *nf* [DAT.CO] ≈ network area
≈ Netzbereich

Netzeintegration *nf* TELEC → **network integration** (2)
→ Netzwerkverbund *nm*

netzelastisch TELEC **network resilient**

Netzelastizität *nf* TELEC **network resilience**

Netzelement *nn* TELEC **network element**
[TMN] [TMN]
= NE

Netzelementsteuerung *nf* TELEC **network element controller**

Netzelementverwaltung *nf* TELEC **network element management**

Netzendpunkt *nm* TELEC **network endpoint**

Netzentkopplungsrechner *nm* DAT.NW **relay host**

Netzentstörfilter *nn* CIRC.EN → **interference suppression filter**
→ Entstörfilter *nn*

Netzentstörgerät *nn* EL.TRO **line conditioner**
↓ Spannungsspitzenfilter = LC; power cleaner;
↓ spike arrestor

Netzersatzanlage *nf* POW.SY → **emergency power supply**
→ Notstromversorgung *nf*

Netzfeld *nn* POW.EN → **mains distribution rack**
→ Netzschaltfeld *nn*

Netzfilter *nn* CIRC.EN **line filter**
= Stromfilter *nn* = power line filter; line conditioner
↑ Überspannungsschutz [EL.TEC] ↑ overvoltage protection [EL.TEC]

Netzflexibilität *nf* TELEC **networking flexibility**
= Netzwerkflexibilität *nf* [DAT.CO]

Netzform *nf* TELEC → **network architecture**
→ Netzarchitektur *nf*

netzförmig TECH **reticular** *adj*
= netzartig; gitterförmig; gitterartig = reticulate

netzfremd DAT.NW **network-external**

Netzfrequenz *nf* POW.SY **mains frequency**
= Netzversorgungsspannung *nf* = ac line frequency; commercial-line frequency; commercial frequency; power frequency; Hertz rate; supply frequency

Netzführung *nf* TELEC → **network management**
→ Netzverwaltung *nf*

Netz für persönliche Kommunikation *nn* TELEC → **personal communications network**
→ Personalkommunikationsnetz *nn*

netzgeführt POW.SY **line-commutated**

netzgeführter Stromrichter POW.SY **line-commutated converter**

Netzgeplauder *nn* INTERNET → **chat** *n*
→ Chat *nm*

netzgepuffert POW.SY **buffered from mains**

netzgepufferte Batterie POW.SY **buffered from mains battery**

netzgepufferter Betrieb POW.SY **buffered from mains operation**

Netzgerät *nn* EQP.EN → **mains power supply**
→ Netzstromversorgungsgerät *nn*

Netzgeräusch *nn* TELEC → **mains hum**
→ Netzbrumm *nm*

netzgespeist EL.TEC **mains powered**
= netzbetrieben; netzversogt = mains operated; line-operated

Netzgleichrichter *nm* POW.SY **line rectifier**
= power rectifier

Netzgraph *nm* TELEC **network graph**
= Graph *nm* = graph

Netz-Hardware *nf* DAT.NW → **network hardware**
→ Netzwerk-Hardware *nf*

Netzhaut *nf* OPT **retina** *n*

Netzhautprüfer *nm* COMP.AP **retinal scan verifier**
↑ biometrische Sicherheitsvorrichtung ↑ biometric security device

Netzhoheit *nf* TELEC **network autarchy**

Netzinformation *nf* TELEC **network information**
= Netzwerkinformation *nf* [DAT.CO]

Netz-Informations-Datenbank *nf* TELEC **Network Information Database**
[IN] [IN]
= NID

Netzinformationssystem *nn* COMP.AP **network information system**
= NIS-System *nn* = NIS

Netzinformationszentrum *nn* INTERNET **network information center**
= Netzwerk-Informationszentrum *nn*; NIC *nn* = NIC

Netzintegration *nf* (1) TELEC **network integration** (1)
[in ein Netz] [into a network]

Netzintegration *nf* (2) TELEC → **network integration** (2)
→ Netzwerkverbund *nm*

Netzinterferenz *nf* EL.TEC → **mains-borne interference**
→ Netzstörung *nf*

Netzkabel *nn* EQP.EN → **power cable**
→ Netzanschlusskabel *nn*

Netzkarte *nf* HW → **network board**
→ Netzwerkkarte *nf*

Netzkennung *nf* DAT.CO **network identification signal**
= Netzkennzahl *nf* = network identify; network identification utilities; network code number

Netzkennzahl *nf* DAT.CO → **network identification signal**
→ Netzkennung *nf*

Netzklasse *nf* INTERNET **network class**

Netzknoten *nm* POW.SY **system node**

Netzknoten *nm* TELEC **network node** *n*
= Netzwerkknoten *nm* [DAT.CO] = node; hub
≈ Überleiteinrichtung ≈ gateway

Netzknotenrechner *nm* DAT.CO **network-node computer**
= Knotenrechner *nm*; Konzentrator *nm* = network node processor; network node controller; remote communication computer; remote front-end processor; concentrator

Netzknotenschnittstelle *nf* TELEC **network node interface**
[zwischen Vermittlung und Übertragung] [between switching and transmission]
= NNI

Netzkommunikation *nf* TELEC **network communication**
≠ Punkt-zu-Punkt-Kommunikation ≠ point-to-point communiaction

Netzkompatibilität *nf* TELEC **network compatibility**

Netzkomponente *nf* TELEC **network component**

Netzkonfiguration *nf* TELEC → **network architecture**
→ Netzarchitektur *nf*

Netzkontrollzentrum *nn* TELEC **network control center**

Netzkoppler *nm* DAT.NW → **gateway** *n*
→ Überleiteinrichtung *nf*

Netzkupplung *nf* POW.EN **interconnection** *n*

Netzlast *nf* SWITCH → **traffic intensity**
→ Verkehrswert *nm*

Netzlaufwerk *nn* DAT.NW **network file**
[steht Netzteilnehmern zentral zur Verfügung] [serves centrally the network clients]
≈ Netzwerkverzeichnis

Netzlaufwerkverbindung *nf* DAT.PR **network file connection**
= entferntes Laufwerk

Netzleitung *nf* POW.EN **mains power line**
≠ AC power line

Netzleitung *nf* EQP.EN → **power cable**
→ Netzanschlusskabel *nn*

Netzleitzentrale *nf* TELEC **network operations center**
≈ Netzbeobachtungsplatz
= NOC
≈ network monitoring desk

Netzliste *nf* MICR.EL **netlist** *n*

Netzmanagement *nn* TELEC → **network management**
→ Netzverwaltung *nf*

Netzmanagement-Station *nf* DAT.NW → **network management station**
→ Netzwerkmanagement-Station *nf*

Netzmeldung *nf* DAT.CO → **service signal**
→ Dienstsignal *nn*

Netzmerkmal *nn* TELEC **network feature**
= Netzwerkmerkmal *nn* [DAT.CO]
= network characteristics; network utility

Netzmessgerät *nn* INSTR **network measurement equipment**

Netzmodell *nn* INF.TEC **network model**

Netzmodem *nm&nn* DAT.NW → **network modem**
→ Netzwerkmodem *nm&nn*

Netzmonopol *nn* TELEC **network monopoly**

Netznachbildung *nf* INSTR **network simulation**

Netznutzzugang *nm* TELEC → **network access** *n*
→ Teilnehmerzugang *nm*

netzorientiert DAT.PR **network-oriented** *adj*
= netzwerkorientiert [DAT.CO]

Netz-PC TELEC → **network computer**
→ Netzrechner *nm*

Netz-PC DAT.PR **network PC**
[hat keinen Massenspeicher, keine residente SW, lädt sie bedarfsweise aus dem Netz] [has no mass storage, no resident SW, loads it on demand from the network]
= Netz-Computer *nm*; Network Computer *nm* (ANGL); NC; Web-PC; Internet-PC
= netPC; NC; WebPC; Internet PC

Netzperipherie *nf* TELEC → **network periphery**
→ Netzausläufer *nm*

Netzplan *nm* TEC.DOC **network layout**

Netzplan *nm* ECON **network plan**
[Netzplantechnik]
= network chart

Netzplantechnik *nf* ECON **project network technique**
= NPT; network analysis

Netzplanung *nf* TELEC **network planning**

Netzprotokoll *nn* TELEC **network protocol**
= Netzwerkprotokoll *nn*

Netzprozessor *nm* DAT.NW → **network processor**
→ Netzwerkprozessor *nm*

Netzrauschen *nn* TELEC → **mains hum**
→ Netzbrumm *nm*

Netzreaktanz *nf* POW.EN **system reactance**

Netzrechner *nm* TELEC **network computer**
= Netzcomputer *nm*; Internet-Rechner *nm*; Internet-Computer *nm*; Web-Rechner *nm*; Web-Computer *nm*; Netz-PC; Internet-PC; Browser-Box; Net-Top-Box; Netzwerkrechner *nm* [DAT.CO]; Netzwerkcomputer *nm* [DAT.CO]
= NC; Web computer

Netzredundanz *nf* TELEC **network redundancy**
= Netzwerkredundanz *nf* [DAT.CO]
= networking redundancy

Netzregelung *nf* POW.EN **mains control**
↓ Frequenzregelung; Leistungsregelung; Leistungs-Frequenzregelung
= source regulation
↓ frequency control; load control; load-frequency control

Netzrückwirkung *nf* POW.EN **system reaction**

Netzschalter *nm* EL.INS **mains switch**
= power switch

Netzschalter *nm* POW.EN → **power switch**
→ Trennschalter *nm*

Netzschaltfeld *nn* POW.EN **mains distribution rack**
= Netzfeld *nn*
= cubicle *n*

Netzschicht *nf* DAT.CO → **network layer**
→ Vermittlungsschicht *nf*

Netzschnittstellenkarte *nf* DAT.NW → **network interface card**
→ Netzwerk-Schnittstellenkarte *nf*

Netzschnittstellenkarte *nf* HW → **network board**
→ Netzwerkkarte *nf*

Netzschnur *nf* EQP.EN → **power cable**
→ Netzanschlusskabel *nn*

Netz-Server *nm* DAT.NW → **communication server**
→ Kommunikations-Server *nm*

Netzsicherheitsgremium *nn* INTERNET **CERT**
= CERT
= Computer Emergency Response Team

Netzsicherung *nf* EL.INS **mains circuit braker**
= power circuit breaker

Netz-Software *nf* TELEC **network software**
= Netzwerk-Software [DAT.CO]
= networking software

Netzspannung *nf* POW.EN **line voltage**
[z.B. 220 V in Deutschland] [e.g. 115 V in North America]
= Leitungsspannung *nf*
= AC line voltage; mains voltage; supply voltage

Netzspannungsausfall *nm* POW.SY → **mains failure**
→ Netzausfall *nm*

Netzspannungsbrumm *nm* TELEC → **mains hum**
→ Netzbrumm *nm*

Netzspannungseinstreuung *nf* CIRC.EN **line feedthrough**

Netzspannungsperiode *nf* EL.TEC **power-line cycle**
= PLC

Netzspannungsquelle *nf* EQP.EN → **mains power supply**
→ Netzstromversorgungsgerät *nn*

Netzspeisung *nf* EL.TEC → **mains operation**
→ Netzbetrieb *nm*

Netzspeisung *nf* TELEC → **network powering**
→ Amtsspeisung *nf*

Netzspionage *nf* INTERNET **network spionage**
= netspionage *n*

Netzssicherheit *nf* TELEC **network security**

Netzsteckdose *nf* EL.INS **mains socket**
= Netzdose *nf*; Steckdose *nf*; Anschlussdose *nf*; Dose *nf*
≠ Netzstecker
↑ Steckverbindung
= power socket; utility socket; plug contact; power outlet; outlet *n*; socket *n*; convenience outlet
≠ mains plug

Netzstecker *nm* EL.INS **mains plug**
≠ Netzsteckdose
↑ Steckverbindung
= power plug
≠ mains socket

Netzsteuercode *nm* TELEC **network control code**

Netzsteuerung *nf* TELEC **network control**
≈ Netzverwaltung
≈ network management

Netzsteuerung *nf* DAT.CO → **network layer**
→ Vermittlungsschicht *nf*

Netzsteuerungsebene *nf* TELEC **network control level**
[TNM] [TNM]

Netzsteuerungsinformation *nf* DAT.CO → **network control information**
→ Netzwerksteuerungsinformation *nf*

Netzsteuerungsprogramm *nn* DAT.CO → **network control program**
→ Netzwerksteuerprogramm *nn*

Netzstörung *nf* TELEC **network failure**
= Netzwerkstörung *nf* [DAT.CO]

Netzstörung *nf* EL.TEC **mains-borne interference**
[vom Netz kommend]
= Netzinterferenz *nf*

Netzstoß *nm* EL.TRO **line surge**

Netzstrom *nm* POW.EN **mains current**
= Leitungsstrom *nm*
= line current; supply current; wall outlet electricity

Netzstromversorgung *nf* POW.SY **mains power supply**
= Netzversorgung *nf*
= commercial power supply; mains supply; commercial supply

Netzstromversorgung *nf* EQP.EN → **mains power supply**
→ Netzstromversorgungsgerät *nn*

Netzstromversorgungsgerät *nn* EQP.EN **mains power supply**
= Netzstromversorgung *nf*; Netzversorgung *nf*; Netzanschlussgerät *nn*; Netzgerät *nn*; Netzteil *nn*; Netzspannungsquelle *nf*; Wechselstromversorgung *nf*
= mains supply; ac power supply; ac power source; power pack

Netzstruktur *nf* NETW.TH → **network structure**
→ Netzwerkstruktur *nf*

Netzstruktur *nf* TELEC → **network architecture**
→ Netzarchitektur *nf*

Netzstruktur *nf* NETW.TH → **network topology**
→ Netzwerktopologie *nf*

Netzsynchronisation *nf* TELEC **network synchronization**
= Netzwerksynchronisation *nf* [DAT.CO] — = network timing

Netztakt *nm* TELEC **network timing**
= network clock

Netzteil *nn* EQP.EN → **mains power supply**
→ Netzstromversorgungsgerät *nn*

Netzteiladapter *nm* HW **AC adapter**
[ein externes Netzstromversorgungsgerät]
= AC-Adapter *nm*

Netzteilnehmerkennung *nf* DAT.NW → **network user identification**
→ Netzbenutzerkennung *nf*

Netzteilnehmerkonto *nn* DAT.NW → **account** *n* (1)
→ Account *nm*

Netzthyristor *nm* MICR.EL **line thyristor**

Netztopologie *nf* TELEC → **network architecture**
→ Netzarchitektur *nf*

Netztopologie *nf* DAT.NW → **network topology**
→ Netzwerktopologie *nf*

Netztrafo *nm* POW.EN → **mains transformer**
→ Netztransformator *nm*

Netzträger *nm* TELEC → **telecommunications carrier**
→ Telekommunikationsbetreiber *nm*

Netztransformator *nm* POW.EN **mains transformer**
= Netzanschlusstransformator *nm*; Netztrafo *nm* — = line transformer; power transformer; supply transformer

Netztteiladapter *nm* POW.SY **lead adapter**

Netzübergang *nm* TELEC **gateway** *n*
[Vorrichtung zur Verbindung unterschiedlicher Netze] — [device used to interconnect dissimilar networks]
= Gateway *nn* — = interphace message processor; IMP; packet switch node; PSN; network interworking facility
≈ Netzanpassungsgerät [DAT.NW] — ≈ interworking unit [DAT.NW]
↓ Verbindungsrechner [DAT.NW]; Überleiteinrichtung [DAT.NW] — ↓ Internetworking processor [DAT.NW]; gateway [DAT.NW]

Netzübergangs-Funkvermittlung *nf* MOB.CO **GMSC**
= GMSC — [links to fixed network]
= Gateway Mobile Switching Center

Netzüberlastung *nf* TELEC **network congestion**

Netzuhr *nf* HW **frequency clock**

Netzumrangierung *nf* TELEC **network reconfiguration**

netzunabhängig EL.TEC **mains-independent**

netzunabhängig TELEC **network-independent**
= netzwerkunabhängig [DAT.CO]

Netzunterdrückung *nf* EL.TRO → **power supply rejection**
→ Netzunterdrückungsfaktor *nm*

Netzunterdrückungsfaktor *nm* EL.TRO **power supply rejection**
= Netzunterdrückung *nf*

Netzverband *nm* TELEC → **internetwork** *n*
→ Netzverbund *nm*

Netzverbund *nm* TELEC **internetwork** *n*
= Netzwerkverbund *nm*; Netzverband *nm*; Netzwerkverband *nm* — = internet *n*

Netzverbund *nm* TELEC → **network integration** (2)
→ Netzwerkverbund *nm*

Netzverbundleitung *nf* TELEC **Internetwork line**

Netzverfolgung *nf* GIS **network tracing**

Netzverkabelung *nf* DAT.NW **network cabling**
= Netzwerkverkabelung *nf*

netzversogt EL.TEC → **mains powered**
→ netzgespeist

Netzversorgung *nf* POW.SY → **mains power supply**
→ Netzstromversorgung *nf*

Netzversorgung *nf* EQP.EN → **mains power supply**
→ Netzstromversorgungsgerät *nn*

Netzversorgungsspannung *nf* POW.SY → **mains frequency**
→ Netzfrequenz *nf*

Netzverteilertafel *nf* POW.EN **ac power distribution panel**

Netzverwalter *nm* DAT.NW **network administrator**
= Netzwerkverwalter *nm*; Netzadministrator *nm*; Netzwerkadministrator *nm* — = network manager
≈ Systemverwalter [INF.TEC] — ≈ system administrator [INF.TEC]

Netzverwaltung *nf* TELEC **network management**
= Netzführung *nf*; Netzmanagement *nn*; Netzwerkverwaltung *nf* — = network administration
≈ Systemverwaltung [INF.TEC] — ≈ system administration [INF.TEC]

netzweit TELEC **network-wide** *adj*
= netzwerkweit [DAT.CO]

netzweite Erreichbarkeit MOB.CO **anywhere call pickup**

netzweites Centrex TELEC **WAC**
= Wide Area Centrex

Netzwek-Browser *nm* INTERNET → **network browser**
→ Netz-Browser *nm*

Netzwerk *nf* NETW.TH **electric network**
[Zusammenschaltung mehrerer Bauelemente] — [interconnection of several circuit elements]
↓ Schaltkreis; Zweipol; Vierpol; Viertor — = network *n*; system *n*
↓ circuit; two-terminal network; two-port network; four-port network

Netzwerk *nf* DAT.CO **network** *n*
= Netz *nn* — ≈ multi-computer system
≈ Mehrrechnersystem — ↓ local area network; wide area network
↓ lokales Netz; weiträumiges Netz

Netzwerk *nn* [DAT.CO] TELEC → **network** *n*
→ Netz *nn*

netzwerkabhängig [DAT.CO, DAT.NW] TELEC → **network-dependent**
→ netzabhängig

Netzwerkadapter *nm* HW → **network adapter**
→ Netzadapter *nm*

Netzwerkadministrator *nm* DAT.NW → **network administrator**
→ Netzverwalter *nm*

Netzwerkadresse *nf* DAT.NW → **network address**
→ Netzadresse *nf*

Netzwerkanalysator *nm* INSTR **network analysator**
[misst Frequenzgänge von linearen Netzwerken] — [measures frequency-response of linear networks]
= network analyzer

Netzwerkanalyse *nf* NETW.TH **network analysis**
↑ Netzwerktheorie — ↑ network theory
↓ Knotenanalyse; Schleifenanalyse

Netzwerkanfänger *nm* INTERNET **network novice** *n*
= Netzanfänger; Internet-Anfänger; Internet-Neuling — [a novice network user]
= newbie *n*

Netzwerkangriff *nm* DAT.NW → **network attack**
→ Netzangriff *nm*

Netzwerkanwender *nm* [DATA COM] TELEC → **network user**
→ Netzbenutzer *nm*

Netzwerkarchitektur *nf* [DAT.CO] TELEC → **network architecture**
→ Netzarchitektur *nf*

Netzwerkaufbau *nm* [DAT.CO] TELEC → **network architecture**
→ Netzarchitektur *nf*

Netzwerkausläufer *nm* [DAT.CO] TELEC → **network periphery**
→ Netzausläufer *nm*

Netzwerkbelastung *nf* [DAT.CO] TELEC → **network occupancy**
→ Netzbelegung *nf*

Netzwerkbelegung *nf* [DAT.CO] TELEC → **network occupancy**
→ Netzbelegung *nf*

Netzwerkbenutzer *nm* [DAT.CO] TELEC → **network user**
→ Netzbenutzer *nm*

Netzwerkbenutzeradresse *nf* DAT.NW → **network user address**
→ Netzbenutzeradresse *nf*

Netzwerkbenutzerkennung *nf* DAT.NW → **network user identification**
→ Netzbenutzerkennung *nf*

Netzwerkbereich *nm* [DAT.CO] TELEC → **network area**
→ Netzbereich *nm*

Netzwerkbetreiber *nm* TELEC → **network operator**
→ Netzbetreiber *nm*

Netzwerkbetriebssystem *nn* DAT.NW **network operating system**
= NOS; Netzbetriebssystem *nn* — = NOS

Netzwerkcomputer *nm* INTERNET → **Internet terminal**
→ Internet-Terminal *nn*

Netzwerk-Computer *nm* DAT.NW **network computer**

Netzwerkcomputer *nm* [DAT.CO] TELEC → **network computer**
→ Netzrechner *nm*

Netzwerk-Datenbank *nf* DAT.MA **network database**
[die Einträge können auf vielfache Weise verknüpft werden] — [records can be linked in more than one way]
= Netz-Datenbank *nf*; vernetzte Datenbank — = meshed database
≠ relationale Datenbank; hierarchische Datenbank — ≠ relational database; hierarchical database
↓ CODASYL-Datenbank — ↓ CODASYL database

Netzwerkdienste *nplt* [DAT.NW] TELEC → **network services**
→ Netzdienste *nplt*

Netzwerkdrucker *nm* DAT.NW **network printer**
≠ lokaler Drucker — ≠ local printer

Netzwerkebene *nf* DAT.CO → **network layer**
→ Vermittlungsschicht *nf*

Netzwerkeinheit *nf* [DAT.CO] TELEC → **network unit**
→ Netzeinheit *nf*

Netzwerketikette *nf* DAT.NW **netiquette** *n*
[Verhaltensregeln für Netzwerk-Anwender] [NETwork ettIQUETTE; rules for network users]
= Netzwerkregeln *nplt*; Netikette *nf*; Netiquette *nf*; Nettikette *nf*;

Netzwerkflexibilität *nf* [DAT.CO] TELEC → **networking flexibility**
→ Netzflexibilität *nf*

Netzwerkform *nf* [DAT.CO] TELEC → **network architecture**
→ Netzarchitektur *nf*

Netzwerkfunktion *nf* NETW.TH **network function**

Netzwerk-Hardware *nf* DAT.NW **network hardware**
= Netz-Hardware *nf* = networking hardware

Netzwerkinformation *nf* [DAT.CO] TELEC → **network information**
→ Netzinformation *nf*

Netzwerk-Informationszentrum *nn* INTERNET → **network information center**
→ Netzinformationszentrum *nn*

Netzwerk-Kabel *nn* COM.CAB **network cable**

Netzwerkkarte *nf* HW **network board**
[Anschluss an ein Computernetz] [connects to a computer network]
= Netzschnittstellenkarte *nf*; Netzkarte *nf* = network interface card; NIC

Netzwerkknoten *nm* [DAT.CO] TELEC → **network node** *n*
→ Netzknoten *nm*

Netzwerkkonfiguration *nf* [DAT.CO] TELEC → **network architecture**
→ Netzarchitektur *nf*

Netzwerkmanagement-Station *nf* DAT.NW **network management station**
= Netzmanagement-Station *nf*; NMS = NMS

Netzwerkmerkmal *nn* [DAT.CO] TELEC → **network feature**
→ Netzmerkmal *nn*

Netzwerkmodem *nm&nn* DAT.NW **network modem**
= Netzmodem *nm&nn*

Netzwerkname *nm* DAT.NW **network name**

Netzwerkoption *nf* COMP.AP **network option**

netzwerkorientiert [DAT.CO] DAT.PR → **network-oriented** *adj*
→ netzorientiert

Netzwerkperipherie *nf* [DAT.CO] TELEC → **network periphery**
→ Netzausläufer *nm*

Netzwerkprotokoll *nn* TELEC → **network protocol**
→ Netzprotokoll *nn*

Netzwerkprozessor *nm* DAT.NW **network processor**
= Netzprozessor *nm*

Netzwerkrechner *nm* [DAT.CO] TELEC → **network computer**
→ Netzrechner *nm*

Netzwerkredundanz *nf* [DAT.CO] TELEC → **network redundancy**
→ Netzredundanz *nf*

Netzwerkregeln *nplt* DAT.NW → **netiquette** *n*
→ Netzwerketikette *nf*

Netzwerkschicht *nf* DAT.CO → **network layer**
→ Vermittlungsschicht *nf*

Netzwerkschlange *nf* DAT.NW → **network queue**
→ Netzwerkwarteschlange *nf*

Netzwerk-Schnittstellenkarte *nf* DAT.NW **network interface card**
= Netzschnittstellenkarte *nf*; NIC-Karte *nf*; Netzanschlusskarte *nf* = NIC

Netzwerk-Server *nm* DAT.NW → **communication server**
→ Kommunikations-Server *nm*

Netzwerk-Software [DAT.CO] TELEC → **network software**
→ Netz-Software *nf*

Netzwerksteuerprogramm *nn* DAT.CO **network control program**
= Netzsteuerungsprogramm *nn*

Netzwerksteuerung *nf* DAT.CO → **network layer**
→ Vermittlungsschicht *nf*

Netzwerksteuerungsinformation *nf* DAT.CO **network control information**
= Netzsteuerungsinformation *nf*

Netzwerkstörung *nf* [DAT.CO] TELEC → **network failure**
→ Netzstörung *nf*

Netzwerkstruktur *nf* NETW.TH **network structure**
= Netzstruktur *nf*

Netzwerkstruktur *nf* [DAT.CO] TELEC → **network architecture**
→ Netzarchitektur *nf*

Netzwerksynchronisation *nf* [DAT.CO] TELEC → **network synchronization**
→ Netzsynchronisation *nf*

Netzwerksynthese *nf* EL.TEC **network synthesis**
= Schaltungssynthese ≠ network analysis
≠ Netzwerkanalyse ↑ network theory
↑ Netzwerktheorie

Netzwerkteilnehmerkennung *nf* DAT.NW → **network user identification**
→ Netzbenutzerkennung *nf*

Netzwerktheorie *nf* EL.TEC **network theory**
↑ Elektrizitätslehre = electrical network theory
↓ Netzwerkanalyse; Netzwerksynthese ↑ electrical fundamentals
↓ network analysis; network

Netzwerktopologie *nf* NETW.TH **network topology**
= Netzstruktur *nf* = network structure; topology *n*

Netzwerktopologie *nf* DAT.NW **network topology**
= Netztopologie *nf*; Topologie *nf* = topology *n*

Netzwerktopologie *nf* [DAT.CO] TELEC → **network architecture**
→ Netzarchitektur *nf*

Netzwerkumwandlung *nf* NETW.TH **network conversion**
= network transformation

netzwerkunabhängig [DAT.CO] TELEC → **network-independent**
→ netzunabhängig

Netzwerkverband *nm* TELEC → **internetwork** *n*
→ Netzverbund *nm*

Netzwerkverbund *nm* TELEC → **internetwork** *n*
→ Netzverbund *nm*

Netzwerkverbund *nm* TELEC **network integration** (2)
= Netzverbund *nm*; Netzeintegration *nf*; Netzintegration *nf* (2) = network interlocking

Netzwerkverkabelung *nf* DAT.NW → **network cabling**
→ Netzverkabelung *nf*

Netzwerkverwalter *nm* DAT.NW → **network administrator**
→ Netzverwalter *nm*

Netzwerkverwaltung *nf* TELEC → **network management**
→ Netzverwaltung *nf*

Netzwerkverzeichnis *nn* DAT.NW **network directory**
= entferntes Verzeichnis; gemeinsamer Ordner = remote directory; shared folder
≈ N etzlaufwerk ≈ network file

Netzwerkwarteschlange *nf* DAT.NW **network queue**
= Netzwerkschlange *nf*

netzwerkweit [DAT.CO] TELEC → **network-wide** *adj*
→ netzweit

netzwerkzentral DAT.PR → **network-centric**
→ netzzentriert

netzwerkzentriert DAT.PR → **network-centric**
→ netzzentriert

Netzwerkzusammenbruch *nm* DAT.NW **network collapse**
= Netzzusammenbruch *nm*; Meltdown *nm* = network meltdown; meltdown *n*

Netzwischer *nm* POW.EN **quick break**
[short mains interruption]

netzzentral DAT.PR → **network-centric**
→ netzzentriert

netzzentriert DAT.PR **network-centric**
= netzwerkzentriert; netzzentral; netzwerkzentral

netzzentrierte Datenverarbeitung DAT.PR **network-centric computing**
= netzzentriertes Rechnen

netzzentriertes Rechnen DAT.PR → **network-centric computing**
→ netzzentrierte Datenverarbeitung

Netzzugang *nm* TELEC → **network access** *n*
→ Teilnehmerzugang *nm*

Netzzugangsbereich *nm* TELEC → **subsriber access area**
→ Teilnehmeranschlussbereich *nm*

Netzzugangsfunktion *nf* TELEC **Call Control Agent Function**
[IN] [IN]
= CCAF = Call Control Access Function; CCAF

Netzzugangssicherung *nf* TELEC **network access protection**

Netzzugangssystem *nn* TELEC → **network access system**
→ Teilnehmerzugangssystem *nn*

Netzzugriff *nm* TELEC → **network access** *n*
→ Teilnehmerzugang *nm*

Netzzulassung *nf* TELEC **acceptance for network use**
= ANU

Netzzuleitung *nf* POW.SY **power line**

Netzzusammenbruch *nm* DAT.NW → **network collapse**
→ Netzwerkzusammenbruch *nm*

Netzzusammenführung *nf* TELEC **network convergence**

Netz-Zusammenschaltpunkt *nm* TELEC **point of interconnection**
[zwischen Betreibern] [between carriers]
= Zusammenschaltpunkt *nm* = POI

Netzzusammenschaltung *nf* TELEC **interconnection** *n*
= Durchleitung *nf*

neu COLL **new** *adj*
≈ neuartig; modern – recent
≈ novel; modern

Neuabgleich *nm* TECH → **readjustment** *n*
→ Nachregelung *nf*

neuabgleichen TECH → **readjust**
→ nachregeln

neuadressieren DAT.PR **readdress**

neuanlegen SW **create** *vt* (1)

Neuanlegung *nf* SW **creation** *n* (1)

neuanordnen COMP.AP **tile**
[neubekacheln]

Neuanschaffung *nf* ECON **new purchase**
= neuerwerbung *nf*

Neuanschließung *nf* TELEC → **first connection**
→ Neuanschluss *nm*

Neuanschluss *nm* TELEC **first connection**
= Neuanschließung *nf*

neuartig COLL **novel** *adj*
≈ neu; innovativ; beispiellos
= unexampled; unprecedented
≈ new; innovative; unexampled

Neuartigkeit *nf* COLL → **novelty** *n*
→ Neuheit *nf*

Neuauflage *nf* PRIN.ME **reissue** *n*
≈ Neudruck
≈ reprint

neu auflegen PRIN.ME **reissue** *vt*
≈ neu drucken
≈ reprint

Neuausgabe *nf* DAT.PR **reissue** *n*

neu benennen TECH → **rename** *vt*
→ umbenennen

Neubeschaffung *nf* ECON → **reposition** *n*
→ Wiederbeschaffung *nf*

neu bewerten COLL **revaluate** *vt*

Neubildung *nf* LING → **neologism** *n*
→ Neologismus *nm*

neudefinierbar SW → **redefinable**
→ redefinierbar

neu definieren SW → **redefine**
→ redefinieren

Neudeutsch *nn* LING **New German**
[mit übertrieben vielen neuen Fremdwörtern]
[with excess of new foreign words]
≈ Denglisch
≈ English German

Neudruck *nm* PRIN.ME → **reprint** *n*
→ Nachdruck *nm*

Neudruck *nm* TER&PER → **reprint** *n*
→ Reprint *nm*

neue Dienste TELEC **new services**

Neueingang *nm* ECON **accession**
= Akzession *nf*

neueinschreiben DAT.MA → **refresh** *vt*
→ auffrischen

Neueinspielung *nf* SOUND.ME **cover version**
= Coverversion *nf* (DUDEN)

Neueinstellung *nf* DAT.CO **retrain** *n*
[Modem]
[modems]

Neueinstellung *nf* TECH → **readjustment** *n*
→ Nachregelung *nf*

neuentwickelt TECH **new developed**

neuer Netzbetreiber TELEC **new network provider**
↓ neuer Ortsnetzbetreiber
= new common carrier; NCC; competitive network provider; CNP
↓ competitive access provider

neuer Ortsnetzbetreiber TELEC **competitive access provider**
= konkurrierender Ortsnetzbetreiber; alternativer Ortsnetzbetreiber
≠ etablierter Ortsnetzbetreiber
= CAP; alternative access provider; competitive local exchange provider; CLEC; alternative local access provider; alternative local transport provider; ALT
≠ traditional access provider

Neuerung *nf* TECH → **innovation** *n*
→ Innovation *nf*

neuerwerbung *nf* ECON → **new purchase**
→ Neuanschaffung *nf*

Neue Welle MEDIA **New Wave**

neue Zeile PRIN.ME **new line**

neufassen MEDIA → **rewrite** *n*
→ überarbeiten *vt*

Neufassung *nf* MEDIA → **rewrite** *n*
→ Überarbeitung *nf*

Neufestlegung *nf* COLL **redetermination** *n*
= Neufestsetzung *nf*

Neufestsetzung *nf* COLL → **redetermination** *n*
→ Neufestlegung *nf*

Neugrad *nm* MATH → **gon** *n*
→ Gon *nn*

Neuheit *nf* COLL **novelty** *n*
= Neuartigkeit *nf*; Novum *nn*; Novität *nf*
= recency *n*

neuinitialisieren DAT.PR **reinitialize**
= reinitialisieren; wiederinitialisieren
= reinitiate

Neuinitialisierung *nf* DAT.PR **reinitialization** *n*
= Reinitialisierung *nf*, Wiederinitialisierung *nf*

Neuinstallatation *nf* DAT.PR **reinstallation** *n*

Neujustierung *nf* TECH → **readjustment** *n*
→ Nachregelung *nf*

Neukonstruktion *nf* TECH **new design**

Neukunde *nm* ECON **new customer**
≠ Altkunde
≠ old customer

Neukurve *nf* PHYS **initial magnetization curve**
[Ferromagnetismus]
[ferromagnetism]
= jungfräuliche Kurve
= normal magnetization curve; virgin curve; neutral curve; rise path

neuladen DAT.PR → **restart** *vt*
→ neustarten

neu machen TECH → **redo** *vt*
→ wieder machen

Neuminute *nf* PHYS **new minute**
[0,01 gon]
[0.01 gon]

Neuneck *nn* MATH **nonagon** *n*
= Nonagon *nn*
↑ Vieleck
↑ polygon

neuneckig MATH **nonagonal**

Neunerbande *nf* DAT.PR **Gang of Nine**
[saloppe Bezeichnung für eine 1989 gegründete Arbeitsgemeinschaft von neun Firmen]
[informal designation for a working group of nine companies founded in 1989]

Neunerkantenzuführung *nf* TER&PER → **nine-edge leading**
→ Unterkantenzuführung *nf*

Neunerkomplement *nn* COMP.SC **complement to nine**
[von Dezimalzahlen]
[of decimal numbers]
↑ Basis-minus-Eins-Komplement
= complement on nine; nine's complement
↑ radix-minus-one complement

Neunerprobe *nf* CODING → **casting-out-nines**
→ Neunerprüfung *nf*

Neunerprüfung *nf* CODING **casting-out-nines**
[Längsparitätskontrolle bei Dezimalzahlen]
[longitudinal parity check with decimal numbers]
= Neunerprobe *nf*
↓ nine proof; nines check

Neunersprung *nf* COMP.SC **standing-on-nine carry**

neunflächig MATH **with nine faces**

neunlagig TECH **nine-layer** *adj*
= neunschichtig
= nine-part

neunpolig EL.TEC **nine-pole** *adj*
= nine-pin

neunschichtig TECH → **nine-layer** *adj*
→ neunlagig

neunspurig TECH **nine-track** *adj*
= 9-spurig
= 9-tack; nine-channel; 9-channel

neunstellig MATH **nine-place** *adj*
↑ mehrstellig
= nine-figure; nine-digit
↑ of many places

neunte MATH **nineth** *adj*
= 9.
= 9th

neunumerieren (obs) TECH → **renumber** *vt*
→ umnummerieren

neunummerieren TECH → **renumber** *vt*
→ umnummerieren

neuordnen COLL **reorder** *vt*
= umordnen

neu organisieren ECON → **reorganize** *vt*
→ umorganisieren

Neuprägung *nf* LING → **neologism** *n*
→ Neologismus *nm*

Neuregelung *nf* TECH → **readjustment** *n*
→ Nachregelung *nf*

Neuristor *nm* MICR.EL **neuristor** *n*

Neuristorelektronik *nf* MICR.EL **neuristor electronics**

Neurocomputer *nm* DAT.PR **neurocomputer**
[leistungsfähig wie das menschliche Gehirn; stärker als ein Größtrechner; mit optoelektr. Bauteilen]
[powerful as human brain; more powerful than a supercomputer; works with optoelectronic components]
= Neurorechner *nm*; optischer Neurocomputer; optischer Neurorechner; Neuronennetz *nn*; ONC
= neuro computer; neuronal computer; optical neurocomputer; ONC; neuronal network
↑ computer; optical computer

Neurocomputing *nn* DAT.PR **neurocomputing**
= neural computing

Neuro-Fuzzy-Netz *nn* ART.IN **neuro-fuzzy network**

Neuroinformatik *nf* ART.IN **neuroinformatics** *nplt*

Neuron *nn* ART.IN **neuron** *n*
[lernfähiges Verarbeitungselement]
[processing element with learning capabilities]

neuronal ART.IN **neural**
= neuronal

neuronaler Algorithmus ART.IN **neural algorithm** = neuronal algorithm

neuronales Netz → Neuronennetz *nn* ART.IN → **neural network**

Neuronennetz *nn* [Vernetzung von lernfähigen Verarbeitungselementen] = neuronales Netz ART.IN **neural network** [interconnection of processing elements with learning capability] = neuronal network; neuronic network

Neuronennetz *nn* → Neurocomputer *nm* DAT.PR → **neurocomputer**

Neurorechner *nm* → Neurocomputer *nm* DAT.PR → **neurocomputer**

Neuschöpfung *nf* → Neologismus *nm* LING → **neologism** *n*

Neusekunde *nf* [0,0001 gon] PHYS **new second** [0.0001 gon]

neusetzen PRIN.ME **recompose** *vt*

neu sichern = wieder sichern DAT.MA **resave** *vt*

Neusilber *nf* METAL **German silver** = nickel-silver

Neustart *nm* [Neuladen des Arbeitsspeichers] = Wiederanlauf *nm*; Restart *nm* ≈ Warmstart DAT.PR **restart** *n* [reloading of the main memory] = recovery *n* (2); rerun *n* (2); reloading *n* (1); reload *n* (1); rebooting *n*; new start ≈ warm start

neustarten = neuladen; rebooten (ANGL) DAT.PR **restart** *vt* = reload *vt* (1); reboot *vt*

Neustartfunktion *nf* COMP.AP **auto-restart** *n* = recovery function

neu tippen → umschreiben TER&PER → **retype** *vt*

neutral TECH **neutral**

neutrale Lösung CHEM **neutral solution**

neutrales Relais COMPO **non-polarized relay**

neutrale Zone PHYS **neutral zone**

Neutralisation *nf* [der Rückkopplung Ausgang auf Eingang] ↑ Kompensationsmaßnahme CIRC.EN **neutralization** [of an output-to-input feedback]

Neutralisationsnetzwerk *nn* CIRC.EN **neutralization network**

neutralisieren TECH **neutralize**

Neutralisieren *nn* → Neutralisierung *nf* TECH → **neutralization** *n*

Neutralisierung *nf* = Neutralisieren *nn* TECH **neutralization** *n* = neutralizing *n*

Neutralleiter *nm* [Wechselstromnetz] POW.SY **neutral** [conductor of ac systems]

Neutron *nn* PHYS **neutron**

Neutronenbeugung *nf* PHYS **neutron diffraction**

Neutronenfluss *nm* PHYS **neutron flux**

Neutrum *nn* = sächliches Substantiv LING **neuter** *n* = neuter gender

neu umbrechen PRIN.ME **remake** *vt* [the layout]

Neuverfilmung *nf* CINEMA **remake** *n*

Neuverhandlung *nf* ≈ Nachverhandlung ECON **renegotiation** *n* ≈ subsequent negotiation

Neuwahl *nf* → Wiederwahl *nf* TELEC → **redial** *n*

neuwählen → wiederwählen TELEC → **re-dial** *vi*

neu zeichnen = wieder zeichnen TECH **redraw** *vt*

Neuzeichnen *nn* [OOP] SW **redraw** *n* [OOP]

neuzeitlich → modern *adj* TECH → **modern** *adj*

Neuzeitlichkeit *nf* → Modernität *nf* TECH → **modernity** *n*

neuzuordnen COLL **reassign**

Neuzuordnung *nf* COLL **reassignment** *n*

New Century Schoolbook [für Kinderlehrbücher] ↑ Schriftart PRIN.ME **New Century Schoolbook** [for children's textbooks] ↑ typeface (1)

Newi (obs) → Heißleiter *nm* COMPO → **NTC thermistor**

News *nplt* [thematische Offline-Diskussionsforen] INTERNET **news** [thematic off-line news groups]

Newsgoup *nf* → Nachrichtengruppe *nf* INTERNET → **newsgroup** *n*

Newsletter → Mitteilungsmaildienst *nm* INTERNET → **newsletter** *n*

Newsmaster *nm* INTERNET **newsmaster** *n*

Newsreader *nm* [SW zu Lesen von Mitteilungen im Usenet] INTERNET **newsreader** *n* [SW to read messages in the usenet]

Newsserver *nm* [für Usenet-Nachrichten] INTERNET **news server** [for Usenet messages]

Newvicon → Sperrschicht-Vidikon *nn* TV → **newvicon** *n*

NF → Niederfrequenz *nf* EL.TEC → **audiofrequency** *n*

NF → Niederfrequenz *nf* TELEC → **voice frequency**

NF-Elektronik *nf* = Niederfrequenzelektronik *nf* EL.TRO **audio frequency electronics** = audio electronics

NF-Endsatz *nm* = Niederfrequenzendsatz *nm* TELEPH **VF terminating set**

NF-Endverstärker *nm* = Niederfrequenz-Endverstärker *nm* CIRC.EN **audiofrequency power amplifier** = audio power amplifier

NFET *nn* MICR.EL **NFET** = n-channel field-effect transistor

NF-Ferrit *nn* METAL **low-frequency ferrite**

NF-Generator *nm* = Niederfrequenz-Generator *nm* INSTR **audio frequency generator** = audio generator

NF-Impedanzwandler *nm* = Niederfrequenz-Impedanzwandler *nm* CIRC.EN **audio frequency impedance converter**

NF-Kabel *nn* = Niederfrequenzkabel *nn* COM.CAB **audio frequency cable** = VF cable; microphone cable

NF-Kanal *nm* = Niederfrequenzkanal *nm* TELEC **VF channel** = voice frequency channel

NF-Korrelator *nm* EL.ACOU **audio correlator**

NF-Leistungsmesser *nm* = Niederfrequenz-Leistungsmesser *nm*; NF-Wattmeter *nn* INSTR **audio wattmeter**

NF-Leistungs-Steuerschaltkreis *nm* CIRC.EN **audio power control circuit**

NF-Leitung *nf* = Niederfrequenzleitung *nf* TELEC **voice-frequency circuit** = VF circuit; VF link

NF-Messtechnik *nf* INSTR **low frequency measuring technique**

NF-Millivolmeter *nn* = Niederfrequenz-Millivoltmeter *nn* INSTR **audio frequency millivoltmeter**

NF-Pegel *nm* = Niederfrequenzpegel *nm* TELEC **voice-frequency level** = VF level; audio frequency level

NF-Pegelanzeige *nf* EL.ACOU **audio level indication**

NFR-Aufzeichnung *nf* → Nahfeld-Aufzeichnung *nf* TER&PER → **NFR**

NF-Signal *nn* = Niederfrequenzsignal *nn*; Tonfrequenzsignal *nn* TELEC **voice frequency signal** = VF signal; audio frequency signal

NF-Squelch BROADC **audio squelch**

NF-Steckverbinder *nm* = Niederfrequenz-Steckverbinder *nm*; Diodenstecker *nm* COMPO **audio connector**

NF-Technik *nf* = Niederfrequenztechnik *nf* TELEC **voice-frequency engineering** = VF engineering; audio frequency engineering

NF-Transistor *nm* [Grenzfrequenz < 100 kHz] = Niederfrequenztransistor *nm* MICR.EL **audio transistor** [cutoff frequency < 100 kHz] = audiofrequency transistor

NF-Übertrager *nm* = Niederfrequenzübertrager *nm* COMPO **audio transformer**

NF-Verbindungskabel *nn* = Niederfrequenz-Verbindungskabel *nn* CONS.EL **audio connecting cable**

NF-Verstärker *nm* = Niederfrequenzverstärker *nm* TRANSM **voice frequency amplifier** = VF amplifier; audio frequency amplifier; audio amplifier; telephone repeater

NF-Verzögerung *nf* BROADC **audio delay**

NF-Vorverstärker *nm* = Niederfrequenz-Vorverstärker *nm* CIRC.EN **audio frequency preamplifier**

NF-Wattmeter *nn* → NF-Leistungsmesser *nm* INSTR → **audio wattmeter**

NF-Zwischenverstärker *nm* TRANSM **booster amplifier** = voice frequency amplifier; VF amplifier

N-Halbleiter *nm* = N-Typ-Halbleiter *nm*; N-Material *nn*; Überschuss-Halbleiter *nm* PHYS **n-type semiconductor** = n-type material; excess semiconductor

NHRIC [Sanitätsartikelcode in USA] ↑ UPC-Strichcode TER&PER **NHRIC** [National Health Related Item Code]

NI SWITCH **NI**
[SS7] [SS7]
= Network Indicator

Ni CHEM → **nickel**
→ Nickel *nn*

Nibble CODING → **tetrad** *n*
→ Tetrade *nf*

NIC *nn* INTERNET → **network information center**
→ Netzinformationszentrum *nn*

NiCd-Batterie POW.SY → **nickel-cadmium battery**
→ Nickel-Cadmium-Batterie

NiCd-Zelle *nf* POW.SY → **nickel-cadmium cell**
→ Nickel-Cadmium-Zelle *nf*

Nichols-Diagramm *nn* CONTRO **Nichols diagram**

Nicht LOGIC → **negation** *n*
→ Negation *nf*

nicht ablauffähiger Befehl SW **nonexecutable instruction**
= nonoperable instruction

nicht absetzbar ECON → **unsalable** *adj*
→ unverkäuflich

Nichtabstreitbarkeit *nf* INF.TEC **non-repudiation** *n*
[des Empfangs einer Nachricht] [of the receipt of a message]

nicht additiv PHYS **non-additive**

nicht adressierbarer Hilfsspeicher DAT.MA **bump**
= Bump *nm* (ANGL)

nichtaktives Zeichen DAT.CO **inactive character**
= inaktives Zeichen

nichtalgorithmische Programmiersprache COMP.LG → **declarative programming language**
→ deklarative Programmiersprache

nichtalgorithmische Sprache COMP.LG → **declarative programming language**
→ deklarative Programmiersprache

nicht alphabetisch INF.TEC **nonalphabetic** *adj*

nichtamtsberechtigt TELEPH **fully restricted**
[kann nur intern, nicht mit dem Amt, verbunden werden] [allows only internal calls]

Nichtamtsberechtigung *nf* TELEPH **full restriction**

nichtassoziierte Signalisierung SWITCH → **non-associated signaling** (AE)
→ nichtassoziierte Zeichengabe

nichtassoziierte Zeichengabe SWITCH **non-associated signaling** (AE)
= nichtassoziierte Signalisierung
= non-associated signalling (BE); non-associated mode

nicht aufbereitet DAT.PR → **unedited** *adj*
→ unediitiert

nichtausführbar COLL → **impracticable** *adj*
→ undurchführbar

nichtausführbare Anweisung SW **nonexecutable statement** (AE)

nicht ausgebaut TECH → **unequipped**
→ unbestückt

nicht ausgerichtet PRIN.ME **unjustified** *adj*

Nichtbeachtung *nf* COLL **nonobservance** *n*

nichtbedingt COLL → **unconditional** *adj*
→ unbedingt

nicht beeinträchtigt TECH → **unimpaired** *adj*
→ unbeeinträchtigt

nicht behandelt INF.TEC **unhandled**

nicht behebbar INF.TEC **unrecoverable**

nicht behebbar TECH → **irreparable** *adj*
→ irreparabel

nichtbenachbart TECH **noncontiguous** *adj*
= nonadjacent

nicht benützt TECH → **unused** *adj* (1)
→ unbenutzt

nichtberechenbar MATH → **incalculable** *adj*
→ unberechenbar

nicht bereit COLL **unready** *adj*
= nicht fertig

nichtberücksichtigen TECH → **neglect** *vt*
→ vernachlässigen *vt*

NICHT BERÜHREN ! TECH **DON'T TOUCH !**
[Warnschild] [warning]
= NOLI ME TANGERE

nicht betriebsbereit nicht betriebsklar TECH → **inoperable** *adj*
→ betriebsunfähig

nicht betriebsfähig TECH → **inoperable** *adj*
→ betriebsunfähig

nicht betroffen TECH → **unimpaired** *adj*
→ unbeeinträchtigt

nicht brennbar TECH **non flammable**
≈ feuerfest
= non flam
≈ fire-proof

nichtcodierte Information COMP.SC **noncoded information**
= uncodierte Information
= NCI
≈ bit mapped information

nichtdediziert TECH **nonspecialized** *adj*
= nichtspezialisiert
= nondedicated

nichtdedizierter Server DAT.NW **non-dedicated server**

nicht-deklarativ COMP.LG → **procedural** *adj*
→ prozedural

nicht-deskriptiv COMP.LG → **procedural** *adj*
→ prozedural

nichtdeterministisches Signal INF.TH → **random signal**
→ Zufallssignal *nn*

nicht-dialogfähig DAT.PR **non-interactive**

nicht-dialogfähig INF.TEC → **non-interactive** *adj*
→ nicht interaktiv

nichtdokumentär OFFICE → **nondocumentary** *adj*
→ beleglos

nicht dokumentiert TECH **undocumented**

nicht dringender Alarm EQP.EN **non-urgent alarm**
= Nebenalarm *nm*
= deferred alarm; minor alarm; secondary alarm

nicht druckbar TER&PER **unprintable** *adj*
≈ unbedruckt; nicht druckend
= nonprinted (2)
≈ unprinted; nonprinting

nichtdruckend TER&PER **nonprinting** *adj*
≈ nicht druckbar
≈ unprintable

nichtdruckender Befehl SW **nonprinting code**

nichtdruckender Betrieb TER&PER **nonprint function**

Nichteinhaltung *nf* TECH **noncompliance** *n*
= Nichterfüllung *nf*

nicht einleuchtend COLL **implausible**
[fig]
= unplausibel

nicht einstellbar TECH **nonadjustable** *adj*

Nicht-Eisen-Metall *nn* METAL → **non-ferrous metal**
→ NE-Metall *nn*

nichtelektrisch PHYS **nonelectrical** *adj*

NICHT-Element *nn* CIRC.EN → **NOT gate**
→ NICHT-Glied *nn*

nicht empfangsbereit DAT.CO **receive not ready**
= RNR

nicht entfernbar TECH **nonremovable** *adj*

nichterfasster Fehler DAT.PR **undetected error**

nichterfüllend TECH **noncomplying** *adj*

Nichterfüllung *nf* TECH → **noncompliance** *n*
→ Nichteinhaltung *nf*

Nichterfüllung *nf* ECON **non-fulfillment** *n*
= non-performance; non-conformance

nicht erreichbar DAT.CO **not obtainable**

nicht erwartungstreu STATIS **biased** *adj*
= vorgepolt

nichteuklidisch MATH **non-euclidean**

Nichtfachmann *nm* TECH → **layperson** *n*
→ Laie *nm*

nichtfataler Fehler DAT.PR **nonfatal error**
[Programm läuft weiter, wennauch mit Einschränkungen] [program continues, although not correctly]
≈ behebbarer Fehler
≠ fataler Fehler
≈ recoverable error
≠ fatal error

Nichtfernsprechdienst *nm* TELEC → **non-voice communication**
→ Nicht-Sprache-Kommunikation *nf*

nicht fertig COLL → **unready** *adj*
→ nicht bereit

nichtfixierend DAT.MA **nonlocking** *adj*

nicht fixiert TECH → **unmounted** *adj*
→ lose

nichtflüchtig TECH **nonvolatile** *adj*
≠ flüchtig
≠ volatile

nichtflüchtig HW **nonvolatile** *adj*
= permanent
≠ flüchtig
= permanent
≠ volatile

nichtflüchtiger Direktzugriffsspeicher HW **non-volatile RAM**
= NV-RAM *nn*
= NV-RAM

nichtflüchtiger Halbleiterspeicher MICR.EL **nonvolatile solid state memory**
[erhält den Inhalt auch ohne Stromversorgung] [maintains its content when power is turned off]
= nonvolatile semiconductor memory

nichtflüchtiger Speicher HW **nonvolatile memory**
[bewahrt Speicherinhalt auch nach Abschalten der Betriebsspannung] [maintains content even after removing operational power]
= Permanentspeicher *nm* (1);
= NVM; nonvolatile storage;

Dauerspeicher *nm* (1)
≈ nichtlöschbarer Speicher; statischer Speicher
≠ flüchtiger Speicher
↓ Festwertspeicher; nichtflüchtiger Halbleiterspeicher
nonvolatile store; permanent memory (1); permanent storage (1); permanent store (1)
≈ non-erasable memory (1); static memory
≠ volatile memory
↓ ROM; non-volatile solid state memory

nichtformatiert DAT.MA → **unformatted** *adj*
→ formatfrei

nicht freigegeben MEDIA **banned**

NICHT-Funktion *nf* LOGIC → **NOT operation**
→ NICHT-Verknüpfung *nf*

nicht funktionell TECH **nonfunctional** *adj*

NICHT-Gatter *nn* CIRC.EN → **NOT gate**
→ NICHT-Glied *nn*

nicht gelesen INF.TEC **unread** *adj*

Nichtgemeinsamkeitsabfrage *nf* DAT.MA **outer join**
[z.B. aus Dateien "Produkt A" u. "Kunden" Datei "Noch-Nicht Produkt-A-Kunden" generieren]
≠ Gemeinsamkeitsabfrage
↑ Verknüpfungsabfrage
[to generate e.g. from files "product A" and "clients" the file "not yet product A clients"]
≠ inner join
↑ join operation

nicht genormt TECH **non-standardized** *adj*
= nicht standardisiert; nicht normiert; ungenormt; unstandardisiert
≈ nicht normgerecht
≠ standardisiert; standardbasiert
= non-normalized; unnormalized
≈ non-standard-conforming
≠ standardized; standard-based

nichtgeometrische Daten GIS → **object data**
→ Sachdaten *nplt*

nicht gerecht werden, einer Anforderung COLL **underact** *vi*
= underdo

nichtgleichförmig TECH → **nonuniform** *adj*
→ ungleichförmig

nichtgleichförmige Quantisierung CODING **nonuniform quantification**
= nichtgleichmäßige Quantisierung

nichtgleichmäßig TECH → **nonuniform** *adj*
→ ungleichförmig

nichtgleichmäßige Codierung CODING **nonuniform coding**

nichtgleichmäßige Quantisierung CODING → **nonuniform quantification**
→ nichtgleichförmige Quantisierung

NICHT-Glied *nn* CIRC.EN **NOT gate**
= NICHT-Gatter *nn*; NICHT-Element *nn*; NICHT-Schaltung *nf*; NICHT-Tor *nn*; Negationsglied *nn*; Negationsgatter *nn*; Negationselement *nn*; Negationsschaltung *nf*; Negatorglied *nn*; Negator *nm*; Inverter-Glied *nn*; Inverter *nm*; Invertierer *nm*; NEIN-Glied *nn*
↑ Verknüpfungsglied
= NOT element; NOT circuit; inverter (2); negator
↑ logic gate

nichtgraphisches Zeichen TER&PER **nongraphic character**

nicht greifbar SCIE → **immaterial**
→ immateriell

nichthaftend TECH → **nonadhesive** *adj*
→ nichtklebend

nicht handhabbar MATH **intractable**

nichtharmonisch PHYS **anharmonic** *adj*
= unharmonisch
= nonharmonic

nicht-hierarchisches Netz DAT.NW **non-hierarchical network**
= demokratisches Netz; Per-to-peer-Netz *nn* (ANGL)
≠ hierarchisches Netz
= democratic network; peer-to-peer network
≠ hierarchical network

nicht identisch COLL **nonidentical** *adj*

nicht im Preis einbegriffen DAT.PR **unbundled**
= getrennt verrechnet
= not included in the price

nicht indexiert MATH **not indexed** *adj*
= nicht indiziert (err)

nicht indiziert (err) MATH → **not indexed** *adj*
→ nicht indexiert

nicht industriell TECH **nonindustrial** *adj*

nichtindustriell ECON **non-industrial**

nicht interaktiv INF.TEC **non-interactive** *adj*
[ohne Dialog mit dem Benutzer]
= nicht-dialogfähig
≠ interaktiv
[without user interaction]
≠ interactive

nicht invertierbar SCIE → **irreversible** *adj*
→ irreversibel

nichtklebend TECH **nonadhesive** *adj*
= nichthaftend

nichtkohärent PHYS **noncoherent** *adj*
= noncoherent

nichtkomplementär MATH **noncomplementary** *adj*

nicht komprimierbar TECH **noncompressible** *adj*

nicht kontinuierlich TECH **noncontinuous** *adj*

nichtkonventionelle Datentechnik DAT.PR **unconventional computing**

nichtkorrodierend CHEM **noncorrosive** *adj*
≈ korrosionsfest
= noncorroding
≈ noncorrodible

nicht kreisrund TECH → **noncircular** *adj*
→ unrund

nicht kristallin PHYS **noncrystalline** *adj*

nicht kumulativ MATH **noncumulative** *adj*

nichtleitend PHYS **nonconducting** *adj*
≈ isolierend
= nonconductive
≈ insulating

Nichtleiter *nn* PHYS **nonconductor** *n*
[spezif. elektr. Widerstand > 10E10 Ohm m]
= Isolator *nm*; Isolierstoff *nm*; Isomaterial *nn*
≈ Halbleiter
≠ Leiter
[specif. electr. resistance > 10E10 ohm m]
= insulator; insulant; insulating material
≈ semiconductor
≠ conductor

Nichtleitung *nf* PHYS **nonconductivity** *n*
≈ Isolation
≈ insulation

Nichtlieferung *nf* ECON **nondelivery** *n*
= Lieferungsausfall *nm*

nichtlinear MATH **nonlinear**
≈ krummlinig
= non-linear
≈ curvilinear

nichtlineare Impulstechnik EL.TRO **non-linear pulse technique**

nichtlineare Korrelation MATH **curvilinear correlation**

nichtlineare Optik OPT **nonlinear OPT**

nichtlineare Programmierung ECON **nonlinear programming**
[Unternehmensforschung]
[operations research]
= nonlinear optimization

nichtlinearer Widerstand EL.TEC **nonlinear resistance**
[physikalische Größe]
≠ ohmscher Widerstand
[physical magnitude]
≠ ohmic resistance

nichtlinearer Widerstand COMPO **nonlinear resistor**
[Bauelement]
≠ ohmscher Widerstand
↓ Thermistor; Varistor
[component]
≠ ohmic resistor
↓ termistor; varistor

nichtlineare Skala INSTR **nonlinear scale**

nichtlineares Übertragungsglied CONTRO **non-linear transfer element**

nichtlineare Verzerrung TELEC **nonlinear distortion**

Nichtlinearität *nf* MATH **nonlinearity** *n*

nichtlöschbarer Speicher (1) HW **non-erasable memory** (1)
[Inhalt kann weder geändert noch gelöscht werden]
= Dauerspeicher *nm* (3); Permanentspeicher *nm* (3)
≈ Festwertspeicher; nichtflüchtiger Speicher
[content cannot be changed nor erased]
= non-erasable storage (1); non-erasable store (1); permanent memory (3); permanent storage (3)
≈ read-only memory; non-volatile memory

nichtlöschbarer Speicher (2) HW → **read-only memory**
→ Festwertspeicher *nm*

nichtlöschend DAT.PR **nondestructive** *adj*
= zerstörungsfrei
= nonerasing

nichtlöschende Adittion COMP.SC **nondestructive addition**

nichtlöschender Lesespeicher HW **nondestructive readout memory**
= NDR memory; NDRO memory; NDRM

nichtlöschendes Auslesen DAT.MA → **nondestructive reading**
→ nichtlöschendes Lesen

nichtlöschendes Auslesen DAT.MA → **nondestructive reading**
→ nichtlöschendes Lesen

nichtlöschende Schreibmarke COMP.AP **nondestructive cursor**

nichtlöschendes Lesen DAT.MA **nondestructive reading**
= nichtlöschendes Auslesen; nichtlöschendes Auslesen; zerstörungsfreies Lesen
= nondestructive readout; NDR; NDRO

nichtmagnetisch PHYS **nonmagnetic** *adj*
= unmagnetisch

Nicht-Markenartikel *nm* ECON **offbrand** *n*

nicht markierender Stift TER&PER **non-marking pen**

nicht maskierbar INF.TEC **non-maskable**

nichtmaskierbares Interrupt *nn* (ANGL) SW → **non-maskable interrupt**
→ nichtmaskierbare Unterbrechung

nichtmaskierbare Unterbrechung SW **non-maskable interrupt**
[eine priorisierende Anforderung von Hardwarenutzung]
= nichtunterdrückbare Unterbrechung *nf*; nichtmaskierbares Interrupt *nn* (ANGL)
[a piority hardware service request]
= NMI

nicht maßstabgerecht ENG.DRA **out of scale**

nicht materielle Bestandeile DAT.PR → **software** (*nslt; pl* pieces of software)
→ Software *nf* (*pl* -s)

nicht mechanisch TECH **nonmechanical** *adj*

nichtmechanisch TER&PER → **non-impact** *adj*
→ anschlagfrei

nichtmechanischer Drucker TER&PER → **non-impact printer**
→ anschlagfreier Drucker

Nichtmelden *nn* TELEPH **no reply**

nichtmetallisch TECH **non metallic**

Nichtmitglied *nn* ECON **nonmember** *adj*

nicht moderiert INTERNET **unmoderated** *adj*

nicht montiert TECH → **unmounted** *adj*
→ lose

nicht normalisierte Form DAT.MA **unnormalized form**
≠ Normalform | ≠ normal form

nicht normgerecht TECH **nonstandard** *adj*
= nicht standardgerecht | = nonconforming
≈ nicht normiert | ≈ nonnormalized

nicht normiert TECH → **non-standardized** *adj*
→ nicht genormt

nichtnumerisch COMP.SC **nonnumeric** *adj*

nichtnumerische Programmierung SW **nonnumeric programming**

nicht numerische Variable COMP.SC → **character string** *n*
→ Zeichenkette *nf*

nicht obligatorisch ECON **nonobligatory** *adj*

nicht öffentlich ECON **nonpublic** *adj*

nichtöffentliches Fernsehen TV **closed-circuit television**
↓ Betriebsfernsehen; Industriefernsehen | = CCTV
↓ plant TV; industrial TV

nichtöffentliches Netz TELEC → **private network** *n*
→ Privatnetz *nn*

NICHT-Operator *nm* LOGIC **NOT operator**
[Prädikatenlogik] | [predicate logic]

nicht parallel MATH **nonparallel** *adj*

nicht pegelgeregelt CIRC.EN **unleveled**

nicht praktikabel COLL → **impracticable** *adj*
→ undurchführbar

nicht praktizierbar COLL → **impracticable** *adj*
→ undurchführbar

nichtprofitorientiert ECON → **non-profit**
→ gemeinnützig

nicht programmbegleitende Datendienste BROADC → **NPAD**
→ NPAD

nichtprogrammierbar DAT.PR **nonprogrammable** *adj*

nicht programmierbare Datenstation TER&PER **dumb terminal**
[Engl. "dumb" ist verwandt mit "stumm" u. heißt "stumm", im übertragenen Sinne auch "dumm, blöd, doof"] | [from "dumb" in its figurative sense "stupid"; with no processing capability]
= Einfachterminal *nn*; nicht programmierbares Datensichtgerät; unintelligente Datenstation; unintelligentes Datensichtgerät | = non-intelligent terminal; unintelligent terminal; non-pollable terminal
≈ Stapelstation [DAT.CO] | ≈ batch terminal [DAT.CO]
≠ programmierbare Datenstation | ≠ intelligent terminal

nicht programmierbares Datensichtgerät TER&PER → **dumb terminal**
→ nicht programmierbare Datenstation

nichtprogrammierter Programmsprung SW → **software interrupt** (2)
→ Software-Programmunterbrechung *nf*

nichtprogrammierter Schleifenstopp SW **hangup** *n*
= Hänger *nm*

nichtprogrammierter Sprung SW → **software interrupt** (2)
→ Software-Programmunterbrechung *nf*

nichtproportionale Schrift PRIN.ME → **constant-width font**
→ Konstantschrift *nf*

Nichtproportionalschrift *nf* PRIN.ME → **constant-width font**
→ Konstantschrift *nf*

nicht prozedural SW **non-procedural**

nicht prozedurale Programmiersprache COMP.LG → **nonprocedural programming language**
→ nicht verfahrensorientierte Programmiersprache

nicht prozedurale Sprache COMP.LG → **nonprocedural programming language**
→ nicht verfahrensorientierte Programmiersprache

nicht-prozedurorientiert COMP.LG → **declarative** *adj*
→ deklarativ

nicht prozedurorientierte Programmiersprache COMP.LG → **nonprocedural programming language**
→ nicht verfahrensorientierte Programmiersprache

nicht prozedurorientierte Sprache COMP.LG → **nonprocedural programming language**
→ nicht verfahrensorientierte Programmiersprache

nichtrastend COMPO **nonlocking** *adj*
= ohne Rast; unverriegelbar

nichtrastender Tastschalter TER&PER **nonlocking pushbutton key**
= Tastschalter ohne Rast

nichtreflektierend PHYS → **nonreflecting** *adj*
→ reflexionsfrei

nichtreflektierende Farbe TER&PER **nonreflective ink**
= read ink

nichtrekursives Digitalfilter NETW.TH → **transversal filter**
→ Transversalfilter *nn*

nichtrekursives Filter NETW.TH → **transversal filter**
→ Transversalfilter *nn*

nichtrelativierbar DAT.PR **non-relocatable**
[nicht auf beliebigem Speicherplatz betreibbar] | [not executable on any memory region]
= unverschiebbar; unverschieblich;

nicht relativierbares Programm SW **non-relocatable program**
= unverschiebbares Programm; unverschiebliches Programm; absolutes Programm; nicht relozierbares Programm

nicht relozierbares Programm SW → **non-relocatable program**
→ nicht relativierbares Programm

nicht reparierbar TECH → **irreparable** *adj*
→ irreparabel

nichtresident DAT.PR **non-resident**

nichtresidentes Programm SW **non-resident program**
≠ speicherresidentes Programm | ≠ memory-resident program

nichtreziprok MATH **nonreciprocal** *adj*

nichtreziproker Phasendreher MICROW → **Faraday rotator**
→ Faraday-Rotator *nm*

nicht rollbar COMP.AP **non-scrollable** *adj*

nichtrostend CHEM → **rustless**
→ rostfrei

nichts COLL **nothing** *adj*
= naught; nought

nichtsächliches Hauptwort LING → **utrum** *n*
→ Utrum *nn*

nichtsaugend TECH **nonabsorbent** *adj*

NICHT-Schaltung *nf* CIRC.EN → **NOT gate**
→ NICHT-Glied *nn*

nichtschneidend TECH **non-cutting**

nicht schrumpfend TECH **nonshrinkable** *adj*
= schrupffest

nicht selektiv TECH **nonselective** *adj*

nichtsequentielle Datenstruktur DAT.MA **nonsequential data structure**
= noncontiguous data structure

nichtsignifikant INF.TEC **nonsignificant** *adj*

nichtsinusförmig MATH **nonsinusoidal** *adj*

nichtspezialisiert TECH → **nonspecialized** *adj*
→ nichtdediziert

nicht spezifisch COLL **nonspecific** *adj*
= unspezifisch

nicht spezifiziert TECH **nonspecified** *adj*
= unspezifiziert | = unspecified

Nichtsprachdienst *nm* TELEC → **non-voice communication**
→ Nicht-Sprache-Kommunikation *nf*

Nicht-Sprache-Dienst *nm* TELEC → **non-voice communication**
→ Nicht-Sprache-Kommunikation *nf*

Nicht-Sprache-Kommunikation *nf* TELEC **non-voice communication**
= Nicht-Sprache-Dienst *nm*; Nichtsprachdienst *nm*; Nichttelefondienst *nm*; Nichtfernsprechdienst *nm* | = nonverbal communication; non-telephone communication; non-voice service; nonverbal service; non-telephone service; non-speech communication; non-PSTN service
≠ Sprachkommunikation | ≠ voice communication
↓ Datenkommunikation

nichtssagend, platt SCIE → **trivial** *adj*
→ trivial

nicht standardgerecht TECH → **nonstandard** *adj*
→ nicht normgerecht

nicht standardisiert TECH → **non-standardized** *adj*
→ nicht genormt

nichtstationär TECH **non-steady**
= mobil | = non-stationary; unsteady; mobile

nichtsynchron TELEC → **asynchronous** *adj*
→ asynchron

Nichtsynchronbetrieb *nm* TELEGR → **asynchronous operation**
→ Asynchronbetrieb *nm*

nichtsynchrone Empfangsstörung RAD.LO **fruit** *n*
[a grapefruit-shaped radar display]

nichtsynchrones Netz TELEC → **asynchronous network**
→ asynchrones Netz

Nichtsynchronübertragung *nf* TELEGR → **asynchronous operation**
→ Asynchronbetrieb *nm*

nichttechnisch TECH **nontechnical** *adj*

Nichttelefondienst *nm* TELEC → **non-voice communication**
→ Nicht-Sprache-Kommunikation *nf*

NICHT-Tor *nn* CIRC.EN → **NOT gate**
→ NICHT-Glied *nn*

nicht transferierbar ECON **nontransferable** *adj*

nicht-transitiv SW **nontransitive** *adj*

nichttrennbarer Wortzwischenraum WOR.PR → **hard blank**
→ harte Leerstelle

Nichttrennungs-Bindestrich *nm* WOR.PR **non-breaking hyphen**
[sichtbarer Bindestich der angigt, dass die zwei durch ihn verbundenen Wörter (z.B. in Siemens-Nixdorf) niemals getrennt werden sollten] [visible hyphen of a compund word, indicating that two words (e.g. in Hewlett-Packard) should not be separated]
= geschützter Bindestrich ≈ hard hyphen

nicht trivial SCIE **nontrivial** *adj*

Nichtübereinstimmung *nf* TECH **unconformity**
= non-conformity

Nichtübergabe-Anzeige *nf* DAT.CO **nondelivery indication**

nichtüberlappendes Fenster COMP.AP **tiled window**
≠ überlappendes Fenster ≠ overlaid window

nichtüberlappende Verarbeitung DAT.PR **nonoverlapping processing**

nicht übertragbar DAT.PR **not importable**
= untransferable

nicht umkehrbar SCIE → **irreversible** *adj*
→ irreversibel

nichtumkehrbar TECH **non-invertible**

nicht umrüstbar TECH **nonconvertible** *adj*

nicht umsetzbar DAT.PR → **non-relocatable**
→ nichtrelativierbar

NICHT-UND-Element *nn* CIRC.EN → **NAND gate**
→ NAND-Glied *nn*

NICHT-UND-Funktion *nf* LOGIC → **NAND operation**
→ NAND-Verknüpfung *nf*

NICHT-UND-Gatter *nn* CIRC.EN → **NAND gate**
→ NAND-Glied *nn*

NICHT-UND-Glied *nn* CIRC.EN → **NAND gate**
→ NAND-Glied *nn*

NICHT-UND-Schaltung *nf* CIRC.EN → **NAND gate**
→ NAND-Glied *nn*

NICHT-UND-Tor *nn* CIRC.EN → **NAND gate**
→ NAND-Glied *nn*

NICHT-UND-Verknüpfung *nf* LOGIC → **NAND operation**
→ NAND-Verknüpfung *nf*

nicht unterbrechbar TECH **uninterruptible** *adj*
≈ kontinuierlich ≈ continuous (1)

nicht unterbrechbarer Betrieb DAT.PR **uninterruptable operation**
= unteilbarer Betrieb = atomic operation

nichtunterbrechende Priorität SWITCH **non-preemtive priority**

nichtunterdrückbare Unterbrechung *nf* SW → **non-maskable interrupt**
→ nichtmaskierbare Unterbrechung

nicht variierbar SW → **fixed programming**
→ Festprogrammierung *nf*

nicht-verfahrensorientiert COMP.LG → **declarative** *adj*
→ deklarativ

nicht verfahrensorientierte Programmiersprache COMP.LG **nonprocedural programming language**
[der Benutzer braucht nur das gewünschte Endergebnis zu nennen, nicht aber die Schritte die dazu führen; die Sprachen der 4.Generation] [the user states what is to be achieved, but not the steps to get it; the languages of the 4th generation]
= nicht verfahrensorientierte Sprache; nicht prozedurorientierte Programmiersprache; nicht prozedurorientierte Sprache; nicht prozedurale Programmiersprache; nicht prozedurale Sprache; Programmiersprache der 4. Generation; Sprache der 4.Generation = nonprocedural language; non-procedure-oriented programming language; non-procedure-oriented language; 4th generation language; 4GL
≠ prozedurorientierte Programmiersprache ≠ procedure-oriented programming language
↓ deklarative Sprache; Dialogsprache ↓ declarative language; interactive language

nicht verfahrensorientierte Sprache COMP.LG → **nonprocedural programming language**
→ nicht verfahrensorientierte Programmiersprache

Nichtverfügbarkeit *nf* QUAL **non-availability**
= down-time ratio; DTR

nicht vergleichbar COLL → **incomparable**
→ unvergleichbar

NICHT-Verknüpfung *nf* LOGIC **NOT operation**
[Ausgang=1 wenn Eingang=0, und umgekehrt] [output=1 if input=0, and viceversa]
= NICHT-Funktion *nf*; Negationsverknüpfung *nf*; Negationsfunktion *nf*; Negation *nf*; Invertierung *nf* = NOT function; NO operation; NO function; inversion operation; inversion function; inversion; negation; Boolean complementation; complementary operator
↑ logic operation

nichtverlötet EL.TRO → **solderless**
→ lötfrei

nichtvermittelt TELEC **nonswitched**
≈ festgeschaltet ≈ fixed

nicht versetzter Verbindungsaufbau SWITCH **direct call set-up**
= nicht versetzte Verbindungsherstellung = direct connection set-up; direct link set-up

nicht versetzte Verbindungsherstellung SWITCH → **direct call set-up**
→ nicht versetzter Verbindungsaufbau

nichtverstärkend TELEC **gainless**

nicht vertagbar COLL → **nondeferrable** *adj*
→ unaufschiebbar

Nicht-von-Neumann-Architektur *nf* COMP.SC **non-von Neumann architecture**

Nicht-von-Neumann-Rechner *nm* COMP.SC **non-von-Neumann computer**
= Non-von-Neumann-Rechner *nm* (ANGL); Non-von (ANGL) = no-von

nicht vorhanden SCIE → **nonexistent** *adj*
→ inexistent

nichtwählverbindungsberechtigt TELEPH **not permitted for switched connections**

nicht wahrnehmbar COLL **imperceivable**
= imperceptible

NICHT WENN DANN *nn* (1) LOGIC → **exclusion operation** (1)
→ Inhibitionsverknüpfung *nf*(1)

NICHT-WENN-DANN *nn* (2) LOGIC → **P-excludes-Q operation**
→ P-ausschließt-Q-Verknüpfung *nf*

NICHT-WENN-DANN-Funktion *nf* (1) LOGIC → **exclusion operation** (1)
→ Inhibitionsverknüpfung *nf*(1)

NICHT-WENN-DANN-Funktion *nf* (2) LOGIC → **P-excludes-Q operation**
→ P-ausschließt-Q-Verknüpfung *nf*

NICHT-WENN-DANN-Funktion *nf* (3) LOGIC → **Q-excludes-P operation**
→ Q-ausschließt-P-Verknüpfung *nf*

NICHT-WENN-DANN-Operation *nf* (1) LOGIC → **exclusion operation** (1)
→ Inhibitionsverknüpfung *nf*(1)

NICHT-WENN-DANN-Operation *nf* (2) LOGIC → **P-excludes-Q operation**
→ P-ausschließt-Q-Verknüpfung *nf*

NICHT-WENN-DANN-Operation *nf* (3) LOGIC → **Q-excludes-P operation**
→ Q-ausschließt-P-Verknüpfung *nf*

NICHT-WENN-DANN-Verknüpfung *nf* (1) LOGIC → **exclusion operation** (1)
→ Inhibitionsverknüpfung *nf*(1)

NICHT-WENN-DANN-Verknüpfung *nf* (2) LOGIC → **P-excludes-Q operation**
→ P-ausschließt-Q-Verknüpfung *nf*

NICHT-WENN-DANN-Verknüpfung *nf* (3) LOGIC → **Q-excludes-P operation**
→ Q-ausschließt-P-Verknüpfung *nf*

nichtwiederholend ECON **nonrecurrent** *adj*
≈ einmalig = nonrecurring
≈ one-time

Nicht-Windows-Anwendung *nf* SW **non-Windows application**
= Non-Windows-Anwendung *nf*

nichtzahlend ECON **nonpaying** *adj*

nichtzielend LING → **intransitive** *adj*
→ intransitiv

Nichtzulassung *nf* COLL **nonadmission** *n*

nichtzündend EL.TRO **non-trigger**

nicht zusammengesetzt TECH → **atomic** (fig) *adj*
→ elementar

nicht zustellbar DAT.CO **undeliverable**

nicht zweckgebunden ECON **uncommited**
= ungebunden

nicht zwingend COLL **noncoercive** *adj*

Nickachse *nf* TECH → **pitch axis**
→ Stampfachse *nf*

NIC-Karte *nf* DAT.NW → **network interface card**
→ Netzwerk-Schnittstellenkarte *nf*

Nickel *nn* CHEM **nickel**
= Ni = Ni

Nickelakkumulator *nm* POW.SY **Edison cell**

Nickelbronze *nf* METAL **nickel bronze**

Nickel-Cadmium-Akkumulator *nm* POW.SY → **nickel-cadmium battery**
→ Nickel-Cadmium-Batterie

Nickel-Cadmium-Batterie POW.SY **nickel-cadmium battery**
= NiCd-Batterie; Nickel-Cadmium-Akkumulator *nm*

Nickel-Cadmium-Zelle *nf* POW.SY **nickel-cadmium cell**

= NiCd-Zelle *nf*
↑ Stahlakkumulator

Nickel-Eisen-Batterie *nf* POW.SY **nickel-iron battery**
= NiFe-Batterie *nf*

Nickel-Eisen-Zelle *nf* POW.SY **nickel-iron cell**
= NiFe-Zelle *nf*
↑ Stahlakkumulator

Nickelhydrid-Akkumulator *nm* POW.SY → **nickel metal-hydride battery**
→ Nickelhydrid-Batterie *nf*

Nickelhydrid-Batterie *nf* POW.SY **nickel metal-hydride battery**
= Nickelhydrid-Akkumulator *nm*

Nickelstahl *nm* METAL **nickel steel**

Nickname *nm* INTERNET **nickname** *n*

Niederdruck *nm* TECH **low pressure**
≠ Hochdruck
≠ high pressure

niederdrücken TECH → **depress**
→ drücken

niedere Programmiersprache COMP.LG **low-level programming language**
[mehr auf Verarbeitungsgeschwindigkeit als auf schnelle Erlernbarkeit ausgerichtet]
= Tiefsprache *nf*
≠ problemorientierte Programmiersprache
↓ Maschinensprache; Assemblersprache
[aiming at velocity of processing rather than of human learning]
= low-level language; LLL; basic language; autocode *n* (1) (obs)
≠ high-level programming language
↓ machine language; assembler

niederfrequent TELEC **low-frequency** *adj*

Niederfrequenz *nf* POW.SY **low frequency** *n*
[bis 150 Hz]
[up to 150 Hz]

Niederfrequenz *nf* EL.TEC **audiofrequency** *n*
[Bereich von Frequenzen die hörbar sind, wenn in akustische Wellen gewandelt; von 30 Hz bis 20 kHz]
= NF
[range of frequencies which are audible when converted to acoustic waves; from 30 Hz to 20 kHz]
= audio frequnecy
≈ voice frequency [TELEC]

Niederfrequenz *nf* TELEC **voice frequency**
[Frequenzbereich für Spachsignalübertragung in der öffentlichen Telekommunikation, meist 300 Hz bis 3400 Hz]
= NF; Tonfrequenz *nf*; Sprachfrequenz *nf*
[frequency range for voice signal transmission in public telecommunications, usually 300 Hz to 3400 Hz]
= VF; audio frequency; AF; low frequency; LF; speech frequency

Niederfrequenzelektronik *nf* EL.TRO → **audio frequency electronics**
→ NF-Elektronik *nf*

Niederfrequenzendsatz *nm* TELEPH → **VF terminating set**
→ NF-Endsatz *nm*

Niederfrequenz-Endverstärker *nm* CIRC.EN → **audiofrequency power amplifier**
→ NF-Endverstärker *nm*

Niederfrequenz-Generator *nm* INSTR → **audio frequency generator**
→ NF-Generator *nm*

Niederfrequenz-Impedanzwandler *nm* CIRC.EN → **audio frequency impedance converter**
→ NF-Impedanzwandler *nm*

Niederfrequenzkabel *nn* COM.CAB → **audio frequency cable**
→ NF-Kabel *nn*

Niederfrequenzkanal *nm* TELEC → **VF channel**
→ NF-Kanal *nm*

Niederfrequenz-Leistungsmesser *nm* INSTR → **audio wattmeter**
→ NF-Leistungsmesser *nm*

Niederfrequenzleitung *nf* TELEC → **voice-frequency circuit**
→ NF-Leitung *nf*

Niederfrequenz-Millivoltmeter *nn* INSTR → **audio frequency millivoltmeter**
→ NF-Millivolmeter *nn*

Niederfrequenzpegel *nm* TELEC → **voice-frequency level**
→ NF-Pegel *nm*

Niederfrequenzsignal *nn* TELEC → **voice frequency signal**
→ NF-Signal *nn*

Niederfrequenz-Signalisierung *nf* TELEC → **voice frequency signaling**
→ Tonfrequenz-Signalisierung *nf*

Niederfrequenz-Steckverbinder *nm* COMPO → **audio connector**
→ NF-Steckverbinder *nm*

Niederfrequenztechnik *nf* TELEC → **voice-frequency engineering**
→ NF-Technik *nf*

Niederfrequenztransistor *nm* MICR.EL → **audio transistor**
→ NF-Transistor *nm*

Niederfrequenzübertrager *nm* COMPO → **audio transformer**
→ NF-Übertrager *nm*

Niederfrequenz-Verbindungskabel *nn* CONS.EL → **audio connecting cable**
→ NF-Verbindungskabel *nn*

Niederfrequenzverstärker *nm* TRANSM → **voice frequency amplifier**
→ NF-Verstärker *nm*

Niederfrequenz-Vorverstärker *nm* CIRC.EN → **audio frequency preamplifier**
→ NF-Vorverstärker *nm*

Niederführung *nf* ANT → **drop cable**
→ Zuführungskabel *nn*

Niederlassung *nf* ECON → **branch office**
→ Filiale *nf*

niederohmig EL.TEC **low-impedance**
= impedanzarm
≠ hochohmig
= low-resistance
≠ high-impedance

Niederohmwiderstand *nm* COMPO **low-ohmic value resistor**

Niederschlag *nm* METEO → **atmospheric precipitation**
→ atmosphärischer Niederschlag

Niederschlag *nm* TECH → **deposition** *n*
→ Ablagerung *nf*

Niederschlagsdämpfung *nf* RAD.PRO **precipitation attenuation**
↓ Regendämpfung
↓ rain attenuation

Niederschrift *nf* PRIN.ME → **manuscript** *n*
→ Manuskript *nn*

Niederschrift *nf*; **Aufzeichnung** *nf* LING → **report** *n*
→ Bericht *nm*

Niederspannung *nf* POW.EN **low voltage**
[unter 250 V]
[below 250 V]
= LV; low tension

Niederspannungsschaltgerät *nn* POW.EN **low-voltage switchgear**

niederstwertig SCIE → **lowest-order**
→ niederwertigst

Niederstwertprinzip *nn* ECON **lowest value principle**

niederwertig SCIE **low-order**
= low

niederwertiges Byte COMP.SC **low byte**
[containing the least sigificant digits]

niederwertigst SCIE **lowest-order**
= niedrigstwertig; niederstwertig;
= least significant

niedrigauflösend TER&PER **low-resolution** *adj*
≠ hochauflösend
= low-res; lo-res
≠ high-resolution

niedrigauflösende Grafik COMP.GR **low-resolution graphics**
= niedrigauflösende Graphik
= low-res graphics

niedrigauflösende Graphik COMP.GR → **low-resolution graphics**
→ niedrigauflösende Grafik

niedrigbitratig CODING **low-bit-rate** *adj*
= kleinbitratig; mit niedriger Bitrate
= LBR; low-data rate; LDR; low-rate

niedrigbitratige Codierung CODING **low rate encoding**
= Codierung mit niedriger Bitrate
= LRE

niedrige Auflösung TER&PER **low resolution** *n*
= low definition

niedrige Integrationsdichte MICR.EL → **SSI**
→ Kleinstintegration *nf*

niedriger Integrationsgrad MICR.EL → **SSI**
→ Kleinstintegration *nf*

niedriger Qualität QUAL → **low-quality** *adj*
→ minderwertig

niedriglegiert METAL **alloy-treated**

niedrigpaarig COM.CAB **small-capacity**

niedrigsprachige Verarbeitung DAT.PR **in-line processing** (2)
[um Geschwindigkeit oder Speicherbedarf zu optimieren]
[with low-level code to optimize speed or storage]

Niedrigstgebührenschaltung *nf* TELEC **least-cost router**

niedrigstwertig COMP.SC **low-order** *adj*
[rechtsaußen stehend]
= wertniedrigst
[at the rightmost position]
= lower-order; lower significant; least-significant

niedrigstwertig SCIE → **lowest-order**
→ niederwertigst

niedrigstwertiges Bit COMP.SC **least significant bit**
= LSB
= LSB

niedrigstwertige Stelle COMP.SC **least significant digit**
= LSD
= LSD; rightmost position

niedrigstwertiges Zeichen COMP.SC **least significant digit**
= LSD; lsd; least significant character; LSC; lsc

Nierencharakteristik *nf* EL.ACOU → **cardioid characteristic**
→ Nieren-Richtcharakteristik *nf*

Nierenplattenschnitt *nm* COMPO **cardioid shape**

Nieren-Richtcharakteristik *nf* EL.ACOU **cardioid characteristic**
= Nierencharakteristik *nf*

Nieselregen METEO **drizzle** *n*

Nießbrauch *nm* ECON → **usufruct** *n*
→ Nutznießung *nf*

Niet *nm* METAL **rivet** *n*

nieten MEC.EN → **rivet** *vt*
→ vernieten *vt* (3)

Nieten *nn* METAL **riveting** *n*
↓ Meißelnieten

Nietkopf *nm* METAL **rivet head**

Nietmaschine *nf* METAL **riveting machine**
= riveter *n*

Nietstift *nm* METAL **riveting pin**

Nietverbindung *nf* METAL **rivet joint**

Nietzapfen *nm* METAL **peen end**

NiFe-Batterie *nf* POW.SY → **nickel-iron battery**
→ Nickel-Eisen-Batterie *nf*

NiFe-Zelle *nf* POW.SY → **nickel-iron cell**
→ Nickel-Eisen-Zelle *nf*

nigelnagelneu (CH) COLL → **brand-new** *adj*
→ funkelnagelneu

NIGFET MICR.EL **NIGFET**
= non-isolated-gate field effect transistor

Nintendo-Generation *nf* INF.TEC → **sreenager** *n*
→ Screenager *nm*

Niob *nn* CHEM **niobium** *n*
= Niobium *nn*; Nb — = Nb

Niobit *nn* CHEM **niobite** *n*

Niobium *nn* CHEM → **niobium** *n*
→ Niob *nn*

Nippel *nm* MEC.EN **nipple** *n*
≈ Pimpel

Nischenprodukt *nn* ECON **niche product**

NIS-System *nn* COMP.AP → **network information system**
→ Netzinformationssystem *nn*

NIST TECH **NIST**
[die Normungsbehörde der US-Regierung, löste das NBS ab; www.nist.gov] — [superseded the NBS; www.nist.gov]
= The United States Governement's

Nit *nn* OPT **nit** *n*
[Maßeinheit für Leuchtdichte; = 1 cd/m²] — [unit for brightness; = 1 cd/m²]
= nt — = nt

Nitrat *nn* CHEM **nitrate** *n*

Nitrierhärtung *nf* METAL **nitriding** *n*

Nitrolack *nm* CHEM **nitrocellulose laquer**

NI-Übergang *nm* MICR.EL **ni-junction**

Niveau *nn* TECH → **level** *n*
→ Pegel *nm*

Niveaufläche *nf* PHYS → **equipotential surface**
→ Äquipotentialfläche *nf*

Niveaulinie *nf* PHYS → **potential line**
→ Potentiallinie *nf*

Niveauschema *nn* PHYS → **energy band diagram**
→ Bändermodell *nn*

Niveauübergang *nm* RAIL.SIG → **rail crossing**
→ Bahnübergang *nm*

Nixie-Röhre *nf* EL.TRO **Nixie tube**
[Burroughs Corp. USA] — [Burroughs Corp. USA]
= nixie *n*

N-Kanal-MOS MICR.EL → **NMOS**
→ NMOS

N-Kanal-MOSFET MICR.EL **n-channel MOSFET**
= N-Kanal-MOS-Transistor *nm*

N-Kanal-MOS-Transistor *nm* MICR.EL → **n-channel MOSFET**
→ N-Kanal-MOSFET

N-Kanal-Transistor *nm* MICR.EL **n-channel transistor**

N-leitend PHYS **n-conducting**
= n-type

N-Leiter *nm* PHYS **n-type conductor**

N-Leitfähigkeit *nf* PHYS **n-type conductivity**
= Elektronenleitfähigkeit *nf* — = electron conductivity

N-Leitung *nf* PHYS **n-type conduction**
= Überschussleitung *nf*; Elektronenleitung *nf* — = electron conduction

NLQ-Schrift *nf* TER&PER → **NLQ printing**
→ Beinahe-Schönschrift *nf*

NLT-Verstärker *nm* TRANSM **NLT amplifier**
[Negative Leitung mit Transistor]
= negative impedance booster; negative impedance repeater; negative repeater; negative line amplifier

nm PHYS → **nanometer** *n* (AE)
→ Nanometer *nm*

N-Material *nn* PHYS → **n-type semiconductor**
→ N-Halbleiter *nm*

NMOS MICR.EL **NMOS**
[MOS mit negativ dotiertem Kanal] — [N-channel Metal-Oxide Semiconductor]
= N-Kanal-MOS — = N-MOS; n-MOS; N-channel MOS
↑ Metalloxid-Halbleiter — ↑ MOS

NMOS-IC MICR.EL **NMOS IC**

NMOS-Leistungstransistor *nm* MICR.EL **NMOS power transistor**

NMS DAT.NW → **network management station**
→ Netzwerkmanagement-Station *nf*

NMT MOB.CO **NMT**
= Nordic Mobile Telephone

NN GEOSC → **sea level**
→ Meeresspiegel *nm*

NNTP-Protokoll *nn* DAT.NW **NNTP**
= Network News Transfer Protocol

No CHEM → **nobelium** *n*
→ Nobelium *nn*

No. ECON → **numero**
→ Nummer *nm*

Nobelium *nn* CHEM **nobelium** *n*
= No — = No

nochmalige Übertragung TELEC → **retransmission** *n* (1)
→ Übertragungswiederholung *nf*

noch nicht fällig ECON **undue** *adj*
≠ fällig — = due

Nocken *nm* MEC.EN **cam** *n*

nockenbetätigt MEC.EN → **cam-operated**
→ nockengesteuert

nockengesteuert MEC.EN **cam-operated**
= nockenbetätigt — = cam-controlled

Nockengetriebe *nn* MEC.EN **cam gearing**

Nockenhebel *nm* MEC.EN **cam-follower lever**

Nockenkontakt *nm* POW.SY **cam contact**

Nockenschalter *nm* COMPO **cam switch**

Nockenscheibe *nf* MEC.EN **jumping cam**
= cam disk (2)

Nockensteuerung *nf* MEC.EN **cam control**

Nockenwelle *nf* MEC.EN **camshaft** *n*
= Steuerwelle *nf*

Nomande *nm* INTERNET **nomad** *n*
[zielloser Surfer] — [purposeless surfer]

Nomen *nn* (1) LING → **substantive** *n*
→ Substantiv *nn*

Nomen *nn* (2) LING **noun** *n* (2)
[deklinierbares Wort] — [declinable word]
↓ Substantiv; Pronom; Adjektiv — ↓ noun (1); pronoun; adjective

Nomenklatur *nf* SW **nomenclature** *n*
[bevorzugte Bezeichnungen und Symbole] — [preferred designations or symbols]

Nomenklatur *nf* SCIE **nomenclature** *n*
[System von Fachbezeichnungen eines Sachgebietes] — [system of technical terms of a subject field]

Nomenklatur *nf* LING → **terminology** *n*
→ Terminologie *nf*

Nomenklatur *nf* PUB.ADM → **customs nomenclature**
→ Zollnomenklatur *nf*

Nomen proprium *nn* LING → **proper name**
→ Eigenname *nm*

Nominalbetrag *nm* ECON **nominal amount**
= Nennbetrag *nm* — = face value
≈ Nominalwert — ≈ nominal value

Nominalwert *nm* ECON → **nominal value**
→ Nennwert *nm*

Nominativ *nn* LING **nominative** *n*
= Werfall *nm*; 1. Fall *nm*; erster Fall

nominell TECH → **nominal** *adj*
→ Nenn-

nominelle Leistungsfähigkeit TECH **duty rate**
≈ Nennleistung — = rated performance

nomineller Durchsatz TECH → **rated throughput**
→ Nenndurchsatz *nm*

Nomogramm *nn* NETW.TH **nomogram** *n*
= nomograph *n*

Nomographie *nf* NETW.TH **nomography** *n*

Nonagon *nn* MATH → **nonagon** *n*
→ Neuneck *nn*

Noname *nm* DAT.PR **no-name** *n*
[markenloses kompatibles Produkt] — [compatible product of unknown producer]
= No-name *nm*
≈ Clone — ≈ clone

No-name *nm* DAT.PR → **no-name** *n*
→ Noname *nm*

Nonius *nm* INSTR → **vernier** *n*
→ Feineinstellung *nf*

Nonius *nm* (*pl* Nonien) MEC.EN **vernier** *n*
= Vernier

Noniusgenauigkeit *nf* INSTR → **vernier accuracy**
→ Feineinstellungsgenauigkeit *nf*

Noniusskala *nf* INSTR **vernier dial**

Non-Karbon-Papier *nn* TER&PER → **pressure-sensitive paper**
→ druckempfindliches Papier

Nonode *nf* EL.TRO → **enneode** *n*
→ Enneode *nf*

Non-return-to-zero-Schrift *nf* TER&PER → **NRZ recording**
→ Wechselschrift *nf*

Nonstop- COLL → **non-stop** *adj*
→ durchgehend

Nontillion *nn* MATH **septendecillion** *n* (AE)
[10E54] [10E54]
= nontillion *n* (BE)

nonverbale Kommunikation SCIE → **kinemics** *nplt*
→ Kinesik *nf*

Non-von (ANGL) COMP.SC → **non-von-Neumann computer**
→ Nicht-von-Neumann-Rechner *nm*

Non-von-Neumann-Rechner *nm* (ANGL) COMP.SC → **non-von-Neumann computer**
→ Nicht-von-Neumann-Rechner *nm*

Non-Windows-Anwendung *nf* SW → **non-Windows application**
→ Nicht-Windows-Anwendung *nf*

No-Operation-Befehl *nm* SW → **blank instruction**
→ Leeranweisung *nf*

NOP SW → **blank instruction**
→ Leeranweisung *nf*

NOPAT ECON **NOPAT**
= Nettogewinn nach Steuern = Net Operating Profit after Taxes

NOPAT ECON → **NOPAT**
→ Geschäftsergebnis nach Steuer

Noppe *nf* TECH **burl** *n*
[knotenartige Verdickung eines Fadens oder kleine höckerartige Erhebung] [a lump in thread or a small protuberance]
= nap

Norator *nm* NETW.TH **norator** *n*

nordamerikanische Hierarchie TELEC **North American hierarchy**
= Bell hierarchy

NORD-Antenne *nf* ANT **NORD antenna**

Nordlicht *nf* GEOSC **northern light**
= aurora borealis

Nordpol *nm* GEOSC **north pole**

nordwärts COLL **northbound** *adv*

NOR-Element *nn* CIRC.EN → **NOR gate**
→ NOR-Glied *nn*

NOR-Funktion *nf* LOGIC → **NOR operation**
→ NOR-Verknüpfung *nf*

NOR-Gatter *nn* CIRC.EN → **NOR gate**
→ NOR-Glied *nn*

NOR-Glied *nn* CIRC.EN **NOR gate**
= NOR-Gatter *nn*; NOR-Element *nn*; NOR-Schaltung *nf*; NOR-Tor *nn*; WEDER-NOCH-Glied *nn*; WEDER-NOCH-Gatter *nn*; WEDER-NOCH-Element *nn*; WEDER-NOCH-Schaltung *nf*; WEDER-NOCH-Tor *nn*; Peirce-Gatte nnr; Peirce-Element *nn*;
= NOR element; NOR circuit; nondisjunction gate; nondisjunction element; nondisjunction circuit; Peirce gate; Peirce element; Peirce circuit
↑ logic gate

Norm *nf* TECH **standard** *n*
[eine "Norm" wird i.a. von einem Normungsgremium herausgegeben, unter einem "Standard" versteht man meist eine inoffizillie De-facto-Norm] [in German a "Norm" is generally understood as an official standard, emitted by a national or international standardizing body, whereas the term "Standard" has generally the connotation of an unofficial de-facto standard]
= Standard *nm* = norm *n*
↓ offizielle Norm; öffentliche Norm; firmeneigene Norm ↓ formal standard; public standard; proprietary standard

normal TECH **normal** *adj*
≈ usual ≈ gewöhnlich

normal PRIN.ME **standard** *adj*
↑ Schriftattribut = regular *adj*; roman *adj* (1); normal *adj*; medium *adj*; book *adj*
↑ font attribute

Normal *nn* PHYS → **standard** *n*
→ Normalmaß *nn*

Normal *nn* INSTR **standard** *n*

Normalantenne *nf* ANT → **standard antenna**
→ Messantenne *nf*

Normalatmosphäre *nf* METEO **standard atmosphere**
= Standardatmosphäre *nf*

Normalätztechnik *nf* MANUF **standard etching**

Normalausbreitung *nf* RAD.PRO **normal propagation**

Normalausgabe *nf* DAT.PR **standard output**

Normalbatterie *nf* POW.SY → **standard cell**
→ Normalelement *nn*

Normalbetrieb *nm* TECH **normal operation**

Normalbetrieb *nm* COMP.AP **normal mode**
≠ Expertenbetrieb ≠ expert mode

Normaldipol *nm* ANT **standard dipole**

Normaldiskette *nf* TER&PER **eight-inch floppy disk**
= 8-Zoll-Diskette *nf*; Acht-Zoll-Diskette *nf*; Maxidiskette *nf* = eight-inch disk; 8-in. floppy disk; 8-in. disk; maxidisk

Normaldiskettenlaufwerk *nn* TER&PER **eight-inch drive**
= Acht-Zoll-Disketten-Laufwerk *nn*

Normaldispersion *nf* OPT **normal dispersion**
= normale Dispersion

Normale *nf* MATH → **perpendicular** *n*
→ Senkrechte *nf*

normale Dispersion OPT → **normal dispersion**
→ Normaldispersion *nf*

normale Geschwindigkeit PHYS → **normal velocity**
→ Normalgeschwindigkeit *nf*

normale Hystereseschleife PHYS **normal hysteresis loop**

Normaleingabe *nf* DAT.PR **standard input**

Normalelement *nn* POW.SY **standard cell**
= Normalbatterie *nf*; Normalzelle *nf*

Normalenfläche *nf* PHYS **normal-velocity surface**

normale Post POST **surface mail**

normaler Bereich MICR.EL → **active region**
→ aktiver Bereich

normales Papier TER&PER → **normal paper**
→ Normalpapier *nn*

Normalfernsprecher *nm* TELEPH **standard telephone set**
= Standardfernsprecher *nm*; Normaltelephon *nn*

Normalfilm *nm* CINEMA **standard size stock**
[35 mm] [25 mm]

Normalform *nf* MATH **standard form**

Normalform *nf* DAT.MA **normal form**
= normierte Form = normalized form
≠ nicht normalisierte Form ≠ unnormalized form

Normalfrequenz *nf* INSTR **standard frequency**
= Standardfrequenz *nf*; Eichfrequenz *nf*; Normfrequenz *nf*; Vergleichsfrequenz *nf*; Bezugsfrequenz *nf* = reference frequency

Normalfrequenzeinrichtung *nf* TELEC **standard frequency equipment**

Normalfrequenzempfänger *nm* RADIO **standard frequency receiver**
= Standardfrequenzempfänger *nm*

Normalfrequenzgenerator *nm* INSTR **standard frequency generator** (1)
= Normalgenerator *nm* (1); Standardfrequenzgenerator *nm*

Normalfrequenzsender *nm* RADIO **standard frequency emitter**
= Standardfrequenzsender *nm*

Normalgenerator *nm* (1) INSTR → **standard frequency generator** (1)
→ Normalfrequenzgenerator *nm*

Normalgenerator *nm* (2) INSTR **standard generator**
↑ Pegelsender = one-milliwatt generator

Normalgeschwindigkeit *nf* PHYS **normal velocity**
= normale Geschwindigkeit

Normalgleichung *nf* MATH **normal equation**

normalglühen METAL **normalize**
= normalisieren

Normalglühen *nn* METAL **normalizing** *n*
= Normalisieren *nn*; Entspannungsglühen *nn* = stress-relieving anneal

Normalglühlampe *nf* INSTR **standard lamp**
= Normallampe *nf*

normalisieren METAL → **normalize**
→ normalglühen

normalisieren COMP.SC **normalize** *vt*
[bei einer Gleitkommazahl die Mantisse in einen gewünschten Bereich bringen] [to put the mantissa in a desired range]
= normieren = standardize

Normalisieren *nn* METAL → **normalizing** *n*
→ Normalglühen *nn*

Normalisierungsroutine *nf* SW **normalization routine**

Normalität *nf* TECH → **normal condition**
→ Normalzustand *nm*

Normalkassette *nf* TER&PER **normal cassette**

Normalklima *nn* QUAL **standard climate**

Normalkondensator *nm* INSTR **standard capacitor**
= Eichkondensator *nm*; Kapazitätsnormal *nn*

Normalkosten *nplt* ECON **normal costs**

Normalkristall *nm* PHYS **normal crystal**

Normalladezeit *nf* POW.SY **normal charging time**
[Akkumulator] [accumulator]

Normallage *nf* TECH → **normal position**
→ Normalstellung *nf*

Normallage *nf* → Ruhelage *nf*	SWITCH	→ **home position**
Normallampe *nf* → Normalglühlampe *nf*	INSTR	→ **standard lamp**
Normallast *nf*	SWITCH	**normal load** = regular load
Normalleistung *nf*	TECH	**standard performance**
Normallichtquelle *nf*	OPT	**standard light source**
Normalmaß *nn* = Normal *nn*; Eichmaß *nn*; Etalon	PHYS	**standard** *n*
Normalnull *nf* → Meeresspiegel *nm*	GEOSC	→ **sea level**
Normaloffset *nn*	BROADC	**normal offset**
Normalpapier *nn* = normales Papier ≠ Spezialpapier	TER&PER	**normal paper** = standard paper; plain paper ≠ special paper
Normalpapier-Standkopierer *nm*	OFFICE	**plain paper pedestal copier**
Normalpapier-Tischkopierer *nm*	OFFICE	**plain paper desk copier**
Normalpegel Null *nm* → Meeresspiegel *nm*	GEOSC	→ **sea level**
Normalpreis *nm*	ECON	**normal price** = standard price
Normalschicht *nf*	MANUF	**primary shift**
Normalschrift *nf*	TER&PER	**normal type** = normal style
Normalsicht *nf* = Augenhöhe *nf*	CINEMA	**eye-level shot** = normal camera hight; straight-on angle
normalsichtig = emmentropisch	OPT	**emmentropic** *adj* [with normal sight]
Normalspektrum *nn*	PHYS	**normal spectrum**
Normalsprache *nf* → Umgangssprache *nf*	LING	→ **colloquial speech** *n*
Normalstahl *nm* → Normstahl *nm*	METAL	→ **standard steel**
Normalstellung *nf* = Normallage *nf*; Nennlage *nf*; Regelstellung *nf*; Regellage *nf*; Vorzugsstellung *nf*; Grundstellung *nf*; Vorzugslage *nf*	TECH	**normal position** = preferred position; standard position; home position; home
Normalstrahler *nm* → Messantenne *nf*	ANT	→ **standard antenna**
Normaltarif *nm*	TELEC	**normal tariff** = normal rate
Normalteilnehmer *nm*	TELEC	**ordinary subscriber** = normal subscriber
Normaltelephon *nn* → Normalfernsprecher *nm*	TELEPH	→ **standard telephone set**
Normaltemperatur *nf*	PHYS	**standard temperature**
Normalton *nm*	TELEC	**reference tone** = reftone *n*
Normalverbraucher *nm* (slang) → Laie *nm*	TECH	→ **layperson** *n*
normalverteilte Zahl	STATIS	**normal random number**
Normalverteilung *nf* = Gauß-Verteilung *nf*	STATIS	**normal distribution** = standard distribution; Gauss distribution
Normalwasserstoff-Elektrode *nf*	PHYS	**standard hydrogen electrode**
Normalwerkzeug *nn*	MANUF	**standard tool**
Normalwiderstand *nm* [Verbrauchswiderstand höchster Ansprüche] = Widerstandsnormal *nn*; Messwiderstand *nm*; Präzisionswiderstand *nm* ≈ Eichwiderstand [INSTR]	COMPO	**precision resistor** [commercial resistor with maximum precision and stability] = standard resistor (2); precision resistance; standard resistance (2); measuring resistor; measuring resistance ≈ standard resistance (1) [INSTR]
Normalzeit *nf* → Standardzeit *nf*	GEOSC	→ **Standard Time**
Normalzeitkarte *nf* → Funkuhrkarte *nf*	HW	→ **standard-time board**
Normalzelle *nf* → Normalelement *nn*	POW.SY	→ **standard cell**
Normalzoll *nm* [2,540 cm] = amerikanischer Zoll ≈ englischer Zoll ↑ Zoll	PHYS	**standard inch** [2.540 cm] ≈ English inch ↑ inch
Normalzustand *nm* = Normalität *nf*	TECH	**normal condition** = normality *n*
normativ	SCIE	**normative** *adj*
Normbauweise *nf* → Standardbauweise *nf*	EQP.EN	→ **standard construction practice**
Normdipol *nm* = Referenzdipol *nm*; Bezugsdipol *nm* ↑ Messantenne	ANT	**reference dipole** ↑ standard antenna
normen → standardisieren	TECH	→ **normalize**
Normenausschuss → Standardisierungsgremium *nn*	TECH	→ **standardization body**
Normengremium → Standardisierungsgremium *nn*	TECH	→ **standardization body**
Normenüberprüfer *nm*	SW	**standards enforcer**
normergänzend	COMPO	**standard supplemetary**
Normfrequenz *nf* → Normalfrequenz *nf*	INSTR	→ **standard frequency**
Normgehäuse *nn*	EQP.EN	**standard case**
normgerecht = standardgerecht ≈ genormt	TECH	**standard-compliant** *adj* = standard-conformed ≈ standardized
Normgerechtigkeit *nf* = Standardgerechtigkeit *nf*	TECH	**standard compliance** = standard conformance; compliance; conformance
normieren	NETW.TH	**normalize**
normieren → normalisieren	COMP.SC	→ **normalize** *vt*
normieren → standardisieren	TECH	→ **normalize**
normierte Bandbreite → relative Bandbreite	NETW.TH	→ **relative bandwidth**
normierte Form → Normalform *nf*	DAT.MA	→ **normal form**
normierte Frequenz	NETW.TH	**normalized frequency**
normierte Gleichung	MATH	**normalized equation**
normierte Programmierung	SW	**standardized programming**
Normierung *nf*	COMP.SC	**normalization** *n*
Normierung *nf* [Vereinfachung von Formeln] ≠ Entnormierung ↓ Frequenznormierung; Impedanznormierung; Skalierung; Zeitnormierung	NETW.TH	**normalizing** *n* [simplification of formulas] ≠ denormalizing ↓ frequency normalizing; impedance normalizing; scaling; time normalizing
Normierung *nf* → Standardisierung *nf*	TECH	→ **standardization**
Normierungsfrequenz *nf* [fo in f/fo]	NETW.TH	**normalizing frequency** [fo in f/fo]
Normierungsinstitut *nn*	TECH	**regulatory agency** = standards agency
Normkonverter *nm* → Normwandler *nm*	TV	→ **TV standards converter**
Normkonverter *nm* → Normwandler *nm*	INF.TEC	→ **standards converter**
Normreihe *nf* → Normwertreihe *nf*	COMPO	→ **standard** *n*
Normschrift *nf*	PRIN.ME	**standardized type style** = normalized type style
Normstahl *nm* = Normalstahl *nm*	METAL	**standard steel**
Normsteckverbindung *nf*	COMPO	**standardized plug connection**
Normstimmton *nm* → Stimmton *nm*	ACOUS	→ **standard tuning tone** *n*
Normteil *nn*	MANUF	**standard part**
Normtext *nm* [kann mit geringen Modifikationen wiederverwendet werden] = Standardtext *nm*; Textbaustein *nm*; vorformulierter Text; Textkonserve *nf* ≈ Textschablone	WOR.PR	**standard text** [can be reused with slight modifications] = boilerplate; prerecorded text element; standard paragraph; stored paragraph ≈ template
Normung *nf* → Standardisierung *nf*	TECH	→ **standardization**
Normungsausschusses → Standardisierungsgremium *nn*	TECH	→ **standardization body**
Normungsgremium → Standardisierungsgremium *nn*	TECH	→ **standardization body**
Normungsinstitution *nf*	TECH	**standardization institution** = standards institution
Normvolumen *nn*	PHYS	**standard volumen**
Normwandler *nm* = Fernsehnormwandler *nm*; Normkonverter *nm*; Fernsehnormkonverter *nm*; Transcoder *nm*	TV	**TV standards converter** = TV system converter; standards converter; transcoder *n*
Normwandler *nm* = Normkonverter *nm*	INF.TEC	**standards converter**
Normwandler *nm* = Transcoder *nm*	TELEC	**standard converter** = transcoder *n*

Normwandlung *nf* TV **TV standards conversion**
= Fernsehnormwandlung *nf* = standards conversion; TV system conversion

Normwertreihe *nf* COMPO **standard** *n*
= Normreihe *nf*

Normzahl-Grundreihe *nf* TECH **standard number progression**
[mit Stufensprüngen "n-te Wurzel von 10"] [with increments of "n-th root of 10"]
= Normzahlreihe *nf*; dezimalgeometrische Folge [MATH]

Normzahlreihe *nf* TECH → **standard number progression**
→ Normzahl-Grundreihe *nf*

Normzeichnung *nf* ENG.DRA **standard drawings**

Norm-Zwischenfrequenz *nf* BROADC **standard intermediate frequency**

NOR-Schaltung *nf* CIRC.EN → **NOR gate**
→ NOR-Glied *nn*

Norton-Faktor *nm* DAT.PR **Norton factor**

Nortonsches Theorem NETW.TH → **Norton's theorem**
→ Theorem von Norton

Norton'sches Theorem NETW.TH → **Norton's theorem**
→ Theorem von Norton

Norton-Transformation *nf* NETW.TH **Norton transformation**

Norton Utilities *nplt* SW **Norton Utilities**
↑ Dienstprogramm ↑ utility

Norton-Verstärker *nm* CIRC.EN **Norton amplifier**

NOR-Tor *nn* CIRC.EN → **NOR gate**
→ NOR-Glied *nn*

NOR-Verknüpfung *nf* LOGIC **NOR operation**
[Ausgang=1 wenn gleichzeitig P=0 und Q=0, Ausgang=0 wenn mindestens ein Eingang=1] [output=1 if simultaneously P=0 and Q=0, output=0 if at least one input =1]
= NOR-Funktion *nf*; WEDER-NOCH-Verknüpfung *nf*; WEDER-NOCH-Funktion *nf*; Peirce-Verknüpfung *nf*; Peirce-Funktion *nf* = NOR function; NEITHER-NOR operation; NEITHER-NOR function; NOT-OR opersation; NOT-OR function; nondisjunction *n*; Peirce operation; Peirce function; joint denial; rejection *n*; dagger operation
≠ ODER-Verknüpfung ≠ OR operation
↑ dyadische Boolesche Verknüpfung

NOS DAT.NW → **network operating system**
→ Netzwerkbetriebssystem *nn*

NOSFER TELEPH **NOSFER**
[von UIT-T genormter Eichkreis für subjektive Messungen der Bezugsdämpfung]

Not- TECH → **makeshift** *adj*
→ behelfsmäßig

notabene LING → **nb**
→ NB

Notabschaltung *nf* EL.TEC **emergency shutdown**
= Notausschaltung *nf* = emergency cutout

Notar *nm* LAW **notary** *n*

notariell beglaubigt LAW **attested by notary**

Notation *nf* INTERNET **notation** *n*
[SGML] [SGML]

Notation *nf* MATH → **notation** *n*
→ Schreibweise *nf*

Notausschalter *nm* EL.INS **emergency switch**
= panic switch; off emergency

Notausschaltung *nf* EL.TEC → **emergency shutdown**
→ Notabschaltung *nf*

Notbehelf *nm* TECH **expedient** *n*
= Provisorium *nn*; Behelfslösung *nf*; Notlösung *nf*; Übergangslösung *nf*; Zwischenlösung *nf* = makeshift *n*; temporary solution; provisional solution; interim solution; resource *n*

Notbehelf *nm* TELEC → **makeshift** *n*
→ Behelf *nm*

Notbeleuchtung *nf* EL.INS **trouble light**

Notbetrieb *nm* TECH → **emergency service**
→ Notdienst *nm*

Notch-Antenne *nf* ANT → **notch antenna**
→ Kerbantenne *nf*

Notch-Filter *nn* NETW.TH → **twin-T-filter**
→ Doppel-T-Filter *nn*

Notch-Frequenz *nf* RAD.RE **notch frequency**

Notdienst *nm* TECH **emergency service**
= Notbetrieb *nm* = emergency mode; emergency operation; crippled mode
≈ Bereitschaftsdienst ≈ on-call service

Note *nf* MUSIC **music note**
= Notenzeichen *nn*; Tonzeichen *nn*

Notebook *nn* HW → **notebook computer**
→ Notizbuch-Computer *nm*

Notebook-Computer *nm* HW → **notebook computer**
→ Notizbuch-Computer *nm*

Notenblatt *nn* MUSIC **sheet of music**

Notenstich *nm* PRIN.ME **music engraving**

Notenzeichen *nn* MUSIC → **music note**
→ Note *nf*

Notepad *nm* HW → **scratchpad memory**
→ Notizblockspeicher *nm*

Notfall-CD *nf* DAT.PR **emergency CD**

Notfalldiskette *nf* DAT.PR **emergency disk**

Notfallunterstützung *nf* TECH **emergency assistance**

Notfunkbake *nf* RAD.LO → **distress beacon**
→ Notrufbake *nf*

Notgespräch *nn* TELEPH → **emergency call**
→ Notruf *nm*

Notiz *nf* OFFICE **memorandum** *n*
[informelle schriftliche Aufzeichnung] [informal written record]
= Aktenvermerk *nm*; Aktennotiz *nf* = memo *n*; note *n*

Notizblock *nm* OFFICE **note pad**
= Block *nm*; Schreibblock *nm*; Schmierblock *nm* = memo pad; pad; copy block; scribbling block; block; scratch pad; sketch pad

Notizblock *nm* HW → **scratchpad memory**
→ Notizblockspeicher *nm*

Notizblockdatei *nf* DAT.MA → **scratch file** *n*
→ Arbeitsdatei *nf*

Notizblockspeicher *nm* HW **scratchpad memory**
[kleiner schneller Zwischenspeicher] [small fast store for temporarily needed data]
= Zwischenspeicher *nm* (2); Notizblock *nm*; Hilfsspeicher *nm* (1); Arbeitsspeicher *nm* (3); Notepad *nm*; Scratch-Pad-Speicher *nm* = scratchpad area; SPA; note pad; backing memory (2); backing store (2); backing storage (2); sketch pad
≈ Hilfsregister ≈ scratchpad

Notizbrett *nn* COLL → **pin board**
→ Aushangtafel *nf*

Notizbuch *nn* OFFICE → **notebook** *n*
→ Merkbuch *nn*

Notizbuch-Computer *nm* HW **notebook computer**
[i.a. 1-4 kg schwer] [generally weighting 1-4 kg]
= Notebook-Computer *nm*; Notebook *nn*; ultraleichter tragbarer Computer = notebook *n*; ultralight portable computer
≈ Aktentaschen-Computer ≈ laptop computer
↑ Personal-Computer; tragbarer Computer; ultraleichter Computer ↑ personal computer; portable computer; ultralight computer

Notizbuchfunktion *nf* TELEPH **notebook function**

Notkonstruktion *nf* SW → **workaround** *n*
→ Behelfslösung *nf*

Notkonstruktion *nf* DAT.PR → **kludge** *n*
→ Flickschusterei *nf*

Notlösung *nf* TECH → **expedient** *n*
→ Notbehelf *nm*

Notplan *nm* TECH **contingency plan**
= emergency plan

Notprozedur *nf* SW **contingency procedure**

Notruf *nm* TELEPH **emergency call**
= Notgespräch *nn* = distress message; SOS emergency call

Notrufanlage *nf* SIG.EN **emergency call system**
↑ Gefahrenmeldeanlage = duress alarm system
↑ danger detection system

Notrufbake *nf* RAD.LO **distress beacon**
= Notfunkbake *nf*; Rettungsbake *nf* = emergency beacon; emergency location beacon; ELBA

Notrufdienst *nm* TELEPH **emergency call service**
= emergency service; helpline *n*

Notrufeinrichtung *nf* TELEC **emergency call equipment**

Notruffrequenz *nf* RADIO **distress frecuency**
= Seenotfrequenz *nf*

Notrufmeldeeinrichtung *nf* TELEC **emergency call alarm equipment**

Notrufmelder *nm* SIG.EN **emergency alarm box**

Notrufnummer *nf* TELEPH **emergency call number**

Notrufsäule *nf* TELEC **emergency telephone**
= emergency reporting system (AE); ERS (AE)

Notschaltung *nf* POW.SY **emergency circuit**

Notsignal *nn* RADIO **distress signal**

Not-Speicherabzug *nm* DAT.PR **disaster dump**
= Post-mortem-Speicherabzug *nm* = post-mortem dump

Notstopp *nm* TECH → **alarm stop**
→ Alarmstopp *nm*

Notstromaggregat *nn* POW.SY → **emergency power supply**
→ Notstromversorgung *nf*

Notstromanhänger *nm* POW.SY **power restoration trailer**

Notstromanlage *nf* POW.SY → **emergency power supply**
→ Notstromversorgung *nf*

Notstrombatterie *nf* POW.SY **emergency battery**

notstromberechtigt TELEC **designated for emergency feeding**

Notstromversorgung *nf* POW.SY **emergency power supply**
= Notstromaggregat *nn*; Notstromanlage *nf*; Netzersatzanlage *nf*; Notstromzentrale *nf*
= stand-by power supply; mains failure supply; emergency power plant; backup power plant; stand-by set; stand-by power plant; auto mains failure system

Notstromzentrale *nf* POW.SY → **emergency power supply**
→ Notstromversorgung *nf*

Not- und Sicherheitsfrequenz *nf* RADIO **distress and safety frequency**

Notversorgung *nf* TECH **emergency provision**

notwendig COLL **necessary** *adj*
= erforderlich
≈ unerläßlich; zwingend; unvermeidbar
≈ indispensable; coercive; unavoidable

Notwendigkeit *nf* COLL **necessity** *n*
≈ Unerlässlichkeit
≈ indispensability

Notwendigkeitsoperator *nm* LOGIC **necessity operator**
[es ist notwendig, dass]
[it is necessary that]

Novelle *nf* MEDIA **novelette** *n*
[Roman mittleren oder kleineren Umfangs]
≈ Roman; Kurzgeschichte
[medium-sized or brief novel, a long short story]
≈ novel; short story

Novell-Netz *nn* DAT.NW → **Novell network**
→ Novell-Netzwerk *nn*

Novell-Netzwerk *nn* DAT.NW **Novell network**
= Novell-Netz *nn*

novenär MATH **novenary** *adj*
[auf Neun bezogen]
[related to nine]

novendenär MATH **nevendenary** *adj*
[auf Neunzehn bezogen]
[related to nineteen]

Novität *nf* COLL → **novelty** *n*
→ Neuheit *nf*

Novum *nn* COLL → **novelty** *n*
→ Neuheit *nf*

Np CHEM → **neptunium** *n*
→ Neptunium *nn*

NPAD BROADC **NPAD**
= nicht programmbegleitende Datendienste
= Not Programm Associated Data

N-PCS MOB.CO **N-PCS**
= Narrowband PCS

NPIN-Transistor *nm* MICR.EL **NPIN transistor**

NPIP-Diode *nf* MICR.EL → **impact avalanche transit diode**
→ Impatt-Diode *nf*

N-plus-Eins-Adress-Anweisung *nf* SW **n-plus-one address instruction**
= N-plus-Eins-Anweisung *nf*
= n-plus-one instruction

N-plus-Eins-Anweisung *nf* SW → **n-plus-one address instruction**
→ N-plus-Eins-Adress-Anweisung *nf*

NPN-Transistor *nm* MICR.EL **npn transistor**

NP-Übergang *nm* MICR.EL **np junction**
= NP-Übergangszone *nf*; NP-Übergangsbereich *nm*
= n-p junction; negative-positive junction; np transition; np transition region; np transition zone

NP-Übergangsbereich *nm* MICR.EL → **np junction**
→ NP-Übergang *nm*

NP-Übergangszone *nf* MICR.EL → **np junction**
→ NP-Übergang *nm*

n-QAM MODUL **n-QAM**

Nr. ECON → **numero**
→ Nummer *nm*

NRZ-Code *nm* CODING **NRZ code**
= non-return-to-zero code

NRZI-Code *nm* CODING **NRZI code**
[Non Return to Zero Inverted]

NRZ-Schrift *nf* TER&PER → **NRZ recording**
→ Wechselschrift *nf*

ns PHYS → **nanosecond** *n*
→ Nanosekunde *nf*

NS MOB.CO **NS**
= Network Subsystem

NStA *nf* TELEC → **private branch exchange**
→ Nebenstellenanlage *nf*

n-stellig MATH **n-ary** *adj*
= n-adic

n-stufig TECH **n-level**
= n-stage

n-stufige Adresse SW **n-level address**

n-stufige Logikschaltung CIRC.EN **n-level logic**

nt OPT → **nit** *n*
→ Nit *nn*

n-t... MATH **nth** *adj*
= n.

NTC-Widerstand *nm* COMPO → **NTC thermistor**
→ Heißleiter *nm*

n-te Wurzel MATH **n-th root**

NTFS COMP.AP **NTFS**
= NT File System

NT-Gerät *nn* TELEC → **network termination**
→ Netzabschlusseinrichtung *nf*

n-Tor NETW.TH **n-port**

n-Tor-Thyristor *nm* MICR.EL **n-gate thyristor**
= anodenseitig steuerbarer Thyristor

NTP-Protokoll *nn* DAT.NW **NTP**
= Network Time Protocol

NTSC TV **NTSC**
[US-Norm, mit 60 Hz, 525 Zeilen]
[National Television Systems Committee]

n-Tupel *nn* MATH **n-tuple**
[mathematische Größe aus n Elementen]
↓ Tupel; Tripel; Quadrupel; Quintupel
[mathematical quantity of n elements]
↓ tuple; triple; quadruple; quintuple

N-Typ-Halbleiter *nm* PHYS → **n-type semiconductor**
→ N-Halbleiter *nm*

Nu COLL **trice** *n*
[im Nu]
≈ Augenblick
[in a trice]
≈ instant

Nuke-Site *nf* INTERNET → **Post-Nuke site**
→ Post-Nuke-Site *nf*

nuklearer elektromagnetischer Puls INF.TEC **nuclear electromagnetic pulse**
= NEMP
= NEMP

Nuklearmedizin *nf* MED.EN **nuclear medicine**

Nuklearreaktor *nm* POW.SY **nuclear reactor**
= Reaktor *nm*
= reactor *n*

Nukleartechnik *nf* PHYS **nuclear technology**

Nukleon *nn* PHYS **nucleon**

Nukleus *nm* DAT.MA **nucleus** *n*
[unerlässlicher, dauernd im Arbeitsspeicher residenter Teil des Organisationsprogramms]
≠ Übergangsbereich
[indispensable part of the executive routine permanently resident in the main memory]
= kernel *n*; resident control program
≠ transient program area

NUL DAT.CO → **nil**
→ Null *nf*

Null *nf* DAT.CO **nil**
[Code]
= NUL
[code]
= NL

Null *nf* MATH **zero** *n*
[in Indien um 800 *n*.Chr. als Ziffer erfunden]
[invented as numeral in India by 800 A.D.]
= nil *n*; null *n*; naught *n*; nought *n*

Nullabgleich *nm* EL.TRO **zero balancing**
= Nullpunkteinstellung *nf*; Nulleinstellung *nf*; Nullung *nf*
= zero adjustment; nulling

Null-Adress-Befehl *nm* SW **zero-address instruction**
= adressenloser Befehl
= zero-operand instruction; addressless instruction; no-address instruction; no-address operation

Nulladresse *nf* SW **zero address**

Nullanode *nf* POW.SY **free-wheeling rectifier**
= Nullventil *nn*; Freilaufventil *nn*
= free-wheeling valve

Nullator *nm* NETW.TH **nullator**
≈ Nullor
≈ nullor

Nullbaum *nm* DAT.MA **null tree**
[with one root and one node]

Nullbit *nn* SW **zero bit**

Nullbyte *nn* SW **zero byte**

Nulldetektor *nm* CIRC.EN **null detector**

nulldimensional MATH **zero-dimensional** *adj*

Nulldivision *nf* MATH **zero division** *n*
= Nullteilung *nf*; Division durch Null; Teilung durch Null
= division by zero; zero divide

Nulldurchgang *nm* MATH **zero crossing**
≈ Nullstelle
≈ zero point

Nulldurchgang *nm* INF.TEC **zero crossing**
= Zeichenwechsel *nm*

Nulleichung *nf* INSTR **zero adjust** *n*

Nulleinfügen *nn* DAT.CO **zero bit insertion**

Nulleinstellung *nf* EL.TRO → **zero balancing**
→ Nullabgleich *nm*

Nullleiter *nm* [Mittelleiter mit Schutzfunktion] = Mittelpunktsleiter *nm*; Sternpunktleiter *nm* ≈ Schutzerdungsleiter; Erde ↑ Mitteleiter	POW.EN	**neutral conductor** (AC) [mid-wire with protective function] = return conductor (DC); third wire; zero conductor; earthed neutral ≈ protective earth conductor; earth ↑ mid-wire
nullen → auf Null setzen	DAT.MA	→ **zero out** *vt*
Nullenprüfung *nf*	CODING	**zero check**
Nullenüberhang *nm*	CODING	**excess zeros**
Nullenzirkel *nm* ↑ Zirkel	ENG.DRA	**drop pen** = bow compass
Null-Fehler-Prinzip *nn*	QUAL	**zero-defects principle**
Nullfenster *nn* [auf Null reduziertes Suchintervall] = Minimalfenster *nn*	COMP.SC	**null window** [search intervall reduced to zero] = minimal window
Nullfrequenz *nf*	TRANSM	**zero frequency**
Null-Hinweiszeichen *nn* = Zeroflag *nn* (ANGL)	COMP.SC	**zero flag**
Nullhypothese *nf*	STATIS	**null hypothesis**
Nullindikator *nm* → Nullinstrument *nn*	INSTR	→ **zero instrument**
Nullinie *nf*	MATH	**zero line**
Nullinstrument *nn* = Nullindikator *nm*	INSTR	**zero instrument** = null indicator; null detector
Nullkippspannung *nf*	EL.TRO	**maximum forward blocking voltage**
Nullkomponente *nf* → Gleichstromkomponente *nf*	EL.TEC	→ **dc component**
Nullkonstante *nf* [Ausgang ist immer = 0] = Leerlaufverknüpfung *nf* ≠ Einskonstante ↑ dyadische Boolesche Verknüpfung	LOGIC	**zero constant** *n* [output is always = 0] ≠ one constant ↑ dyadic Boolean operation
Nullliste (*nf*) → Leerliste *nf*	DAT.MA	→ **empty list**
Nullmatrix *nf*	MATH	**null matrix**
Nullmeldung *nf* = Leermeldung *nf*	DAT.PR	**nil signal**
Nullmenge *nf* [Mengentheorie]	MATH	**empty set** (theory of sets)
Nullmenge *nf* → Leermenge *nf*	MATH	→ **empty set**
Nullmethode *nf*	INSTR	**zero method** = null method
Nullmodem *nm&nn* [ein Kabel zur direkten Verbindung zweier Computer] = Nullmodem-Kabel *nf*	DAT.CO	**null modem** [a cable to connect directly two computers] = null-modem cable
Nullmodem-Kabel *nf* → Nullmodem *nm&nn*	DAT.CO	→ **null modem**
Nullmotor *nm*	POW.EN	**zero balancing motor**
Nullnachricht	DAT.CO	**dummy message**
Nullode *nf*	EL.TRO	**nullode** *n*
Nulloperation *nf* → Leeranweisung *nf*	SW	→ **blank instruction**
Nulloperationsanweisung *nf* → Leeranweisung *nf*	SW	→ **blank instruction**
Nulloperationsbefehl *nm* → Leeranweisung *nf*	SW	→ **blank instruction**
Nullor *nm* [Nullator + Norator]	NETW.TH	**nullor** *n* [nullator + norator]
Nullpegel *nm*	TELEC	**zero level**
Nullpeilantenne *nf* = nullsteuernde Antenne	ANT	**null-steering antenna**
Nullpeilung *nf* ≠ Maximumpeilung	RAD.LO	**null steering** ≠ maximum steering
Nullphase *nf* → Nullphasenwinkel *nm*	EL.TEC	→ **zero phase angle**
Nullphasenwinkel *nm* = Nullphase *nf*; Anfangsphasenwinkel *nm*	EL.TEC	**zero phase angle**
Nullpotential *nn* ≈ Erdpotential	EL.TEC	**neutral potential** ≈ earth potential
Nullprobe *nf*	COMP.SC	**zero proof**
Nullpunkt *nm* → Nullstelle *nf*	MATH	→ **zero point**
Nullpunkt *nm*	EL.TRO	**zero mark**
Nullpunktabweichung *nf* → Nullpunktfehler *nm*	INSTR	→ **balance error**
Nullpunktdrift *nm* = Nullpunktwanderung *nf*	EL.TRO	**zero drift**
Nullpunkteinsteller *nm* = Nullsteller *nm*	INSTR	**zero adjuster**
Nullpunkteinstellung *nf* → Nullabgleich *nm*	EL.TRO	→ **zero balancing**
Nullpunktfehler *nm* = Nullpunktabweichung *nf*	INSTR	**balance error** = zero error; zero deviation; zero variation
Nullpunktkorrektur *nf*	INSTR	**zero-point correction** = zero correction
Nullpunktstabilität *nf*	INSTR	**zero stability**
Nullpunktunterdrückung *nf*	INSTR	**zero suppression**
Nullpunktverschiebung *nf*	INSTR	**zero shift** = zero offset
Nullpunktwanderung *nf* → Nullpunktdrift *nm*	EL.TRO	→ **zero drift**
Nullpunktwiderstand *nm*	MICR.EL	**zero mark resistance**
Nullseite *nf* [die erste Datenseite in einem Speicher]	DAT.MA	**page zero** [the first data page in a memory]
Nullsetzung *nf*	DAT.PR	**to-zero fill** *n*
Nullspannung *nf*	POW.EN	**zero voltage** = zero potential
Nullspannung *nf* → Offset-Spannung *nf*	CIRC.EN	→ **offset voltage**
Nullspannung *nf* → Fehlspannung *nf*	EL.TEC	→ **offset voltage**
Nullstelle *nf*	NETW.TH	**zero point**
Nullstelle *nf* = Nullwert *nm*; Richtungsnull *nf* ≠ Keule	ANT	**directional null** = null *n*; zero point ≠ lobe
Nullstelle *nf* = Nullpunkt *nm* ≈ Nulldurchgang	MATH	**zero point** = null ≈ zero crossing
Nullstellenausblendung *nf*	INSTR	**ripple blanking**
Nullsteller *nm* → Nullpunkteinsteller *nm*	INSTR	→ **zero adjuster**
Nullstellung *nf*	INSTR	**zero position**
nullsteuernde Antenne → Nullpeilantenne *nf*	ANT	→ **null-steering antenna**
nullsteuernde Antenne	ANT	**nullstearing antenna**
Nullstopfen *nn*	CODING	**zero stuffing**
Nullstrich *nm* [Symbol: ,-]	ECON	**zero-fraction sign** [symbol: ,-]
Nullstromregler *nm*	INSTR	**automatic zero-current controller**
Nullstromverstärker *nm* = Nullverstärker *nm*	CIRC.EN	**zero-current amplifier**
Null-Substitution *nf*	MICR.EL	**zero substitution**
Nullsymbol *nn* → durchgestrichene Null	COMP.SC	→ **barred zero** *n*
Nulltarif *nm*	ECON	**free fares**
Nulltaste *nf*	TER&PER	**zero key**
Nullteiler *nm*	MATH	**zero divisor**
Nullteilung *nf* → Nulldivision *nf*	MATH	→ **zero division** *n*
Null-Toleranz-Prinzip *nn*	ECON	**broken windows**
Nullübertrag *nm*	MATH	**zero carryover**
Nullung *nf* → Nullabgleich *nm*	EL.TRO	→ **zero balancing**
Nullung *nf*	EL.TEC	**protective multiple earthing**
Nullungsimpuls *nm* → Rücksetzimpuls *nm*	EL.TRO	→ **reset pulse**
Nullunterdrückung *nf* [Entfernen führender Nullen]	COMP.SC	**zero compression** [suppression of leading zeros] = zero suppression; ripple blanking; zero elimination
Nullventil *nn* → Nullanode *nf*	POW.SY	→ **free-wheeling rectifier**
Nullvergleich *nm*	TELEGR	**zero balance**
Nullverstärker *nm* → Nullstromverstärker *nm*	CIRC.EN	→ **zero-current amplifier**
Nullwert *nm* → Nullstelle *nf*	ANT	→ **directional null**
Nullwertsbreite *nf*	ANT	**zero-point beamwidth**
Nullwertswinkel *nm* [zwischen Maximum und Nullstelle]	ANT	**zero-point angle** [between maximum and null]
Nullwiderstand *nm*	INSTR	**zero resistivity**
Nullwobbelung *nf*	EL.TRO	**zero span**
Nullzeichen *nn*	CODING	**zero character** = nil *n*
Nullzeichen *nn* [Symbol: 0] ≈ Null	MATH	**nil** *n* [symbol: 0] ≈ zero

Null-Zeichen *nn* INF.TEC **null character**
[mit lauter Null-Bits]
[with all bits equal zero]
= NUL character; NUL

Nullzeichenunterdrückung *nf* SW **null suppression**

Nullzeiger *nm* DAT.MA → **null pointer**
→ Leerzeiger *nm*

Nullzustand *nm* EL.TRO **zero state**
= zero condition

Nullzweig *nm* EL.TEC **zero branch**

Nullzyklus *nm* DAT.PR **null cycle**
[Programmlaufzeit mit unveränderten Daten]
[run time without introducing new data]

Numerale *nn* LING **numeral** *n*
= Zahlenwort *nn*; Zahlwort *nn*
↓ Grundzahl; Ordnungszahl
= number *n*
↓ cardinal number; ordinal number

Numeralisierung *nf* CODING → **numeralization** *n*
→ Zifferndarstellung *nf*

Numerieren (obs) COLL → **numbering** *n*
→ Nummerieren *nn*

numerieren (obs) COLL → **number** *vt*
→ nummerieren *vt*

Numerierung *nf*(obs) COLL → **numbering** *n*
→ Nummerieren *nn*

Numerierung *nf*(obs) SWITCH → **numbering** *n*
→ Nummerierung *nf*

Numerierung *nf*(obs) MATH → **numbering** *n*
→ Zählfolge *nf*

Numerierungsbereich *nm* (obs) SWITCH → **numbering area**
→ Nummerierungsbereich *nm*

Numerierungsplan *nm* (obs) SWITCH → **numbering plan**
→ Nummerierungsplan *nm*

Numerik *nf* MATH **numeric** *n*

Numerikprozessor *nm* HW → **maths coprocessor**
→ mathematischer Koprozessor

numerisch MATH **numeric** *adj*
= zahlenmäßig
= numerical

numerisch CODING **numeric**
≈ alphanumerisch
≠ alphabetisch
= numerical
≈ alphanumerical
≠ alphabetic

numerische Adresse SW → **numerical address**
→ Ziffernadresse *nf*

numerische Analyse MATH → **numerical mathematics**
→ numerische Mathematik

numerische Anzeige INSTR → **numeric display**
→ Ziffernanzeige *nf*

numerische Apertur OPT **numerical aperture**
= Blendenzahl *nf*

numerische Berechnung MATH **numerical calculation**

numerische Darstellung MATH **numeric representation**
= numerical representation

numerische Daten COMP.SC **numeric data**
= numerical data

numerische Direktsteuerung AUTOMA **direct numerical control**
[einer Maschine durch einen Prozessrechner, on-line]
= direkte numerische Steuerung; DNC-Steuerung *nf*
[of a machine by a process computer, on-line]
= direct numeric control; DNC

numerische Entfernung ANT **numerical distance**

numerische Folge MATH → **numeric progression**
→ numerische Reihe

numerische Konstante PHYS → **numerical constant**
→ Zahlenkonstante *nf*

numerische Lochstelle TER&PER **numeric punch**
[Zeilen 0 bis 9]
[rows 0 to 9]

numerische Maschinensteuerung CONTRO → **numerical control**
→ numerische Steuerung

numerische Mathematik MATH **numerical mathematics**
[Lehre der äherungsweise Lösung komplexer Probleme]
= numerische Analyse
[study of approximative solution of complex problems]
= numerical analysis

numerische Progression MATH → **numeric progression**
→ numerische Reihe

numerischer Ausdruck MATH **numeric expression**
= numerical expression

numerischer Code CODING → **numerical code**
→ Nummernschlüssel *nm*

numerische Reihe MATH **numeric progression**
= numerische Progression; numerische Folge
= numerical progression; numeric series; numerical series

numerischer Koprozessor COMP.SC → **floating point processor**
→ Gleitpunktprozessor *nm*

numerischer Operand COMP.SC **numeric operand**

numerischer Prozessor ART.IN **numeric processor**
[verarbeitet Daten, z.B. ein konventioneller Rechner]
≠ symbolischer Prozessor
[manipulates data, e.g. a conventional computer]
≠ symbolic processor

numerischer Tastenblock TER&PER → **numeric keypad**
→ Zifferntastenblock *nm*

numerischer Wert MATH → **numerical value**
→ Zahlenwert *nm*

numerischer Zeichensatz DAT.MA **numeric character set**
[enthält keine Buchstaben]
[with no letters]

numerisches Eingabeformat DAT.MA **numeric format**

numerische Simulation MOD&SI → **simulation technique**
→ Simulationstechnik *nf*

numerisches Modell MOD&SI **numerical model**

numerische Sortierung DAT.MA **numeric sorting**
= numerical sorting; numeric sort; numerical sort

numerisches Tastenfeld TER&PER → **numeric keypad**
→ Zifferntastenblock *nm*

numerische Stelle MATH → **digit position**
→ Ziffernstelle *nf*

numerische Steuerung CONTRO **numerical control**
= NC-Steuerung *nf*; NC-Technik *nf*; numerische Maschinensteuerung
↓ numerische Werkzeugmaschinensteuerung
= numeric control; NC; N/C
↓ numerical machine tool control

numerisches Wort COMP.SC **numeric word**
[besteht nur aus Ziffern]
[consists only of digits]

numerisches Zeichen MATH → **numeral** *n*
→ Zahlzeichen *nn*

numerische Tastatur TER&PER → **numeric keypad**
→ Zifferntastenblock *nm*

numerische Variable SW **numeric variable**
≠ Zeichenfolge
↓ Integralvariable; Realvariable
≠ character string
↓ integer variable; real variable

numerische Werkzeugmaschinensteuerung CONTRO **numerical machine tool control**
↑ numerische Steuerung
↑ numeric control

numerisch gesteuerte Werkzeugmaschine MEC.EN **NC machine tool**
= numerically controlled machine tool

Numerum (obs) ECON → **numero**
→ Nummer *nm*

Numerus *nm* MATH **logarithmic number**
[Zahl die sich aus der Potenzierung einer Basis mit einem Loraithmus ergibt]
[number resulting from raising the base by the logarithm]

Numerus *nm* LING **number** *n*
= Zahl
↓ Singular; Plural
↓ singular form; plural form

NUMLOCK *nf* TER&PER → **NUMLOCK key**
→ NUM-Taste *nf*

NUMLOCK-Taste *nf* TER&PER → **NUMLOCK key**
→ NUM-Taste *nf*

Nummer *nf* MATH → **number** *n* (1)
→ Zahl *nf* (1)

Nummer *nm* SWITCH **number** *n*
≈ Kennzahl
↓ Vorwahlnummer; Teilnehmernummer
= code *n* (2)
≈ code number
↓ preifix plus code number; subscriber number

Nummer *nm* ECON **numero**
[Aufzählung]
= Numerum (obs); No.; Nr.; N°
[enumeration]
= no.; no; #

Nummerieren *nn* COLL **numbering** *n*
= Numerieren (obs); Nummerierung *nf*; Numerierung *nf*(obs)

nummerieren *vt* COLL **number** *vt*
= numerieren (obs)

Nummerierung *nf* COLL → **numbering** *n*
→ Nummerieren *nn*

Nummerierung *nf* SWITCH **numbering** *n*
= Numerierung *nf*(obs)

Nummerierung *nf* MATH → **numbering** *n*
→ Zählfolge *nf*

Nummerierungsbereich *nm* SWITCH **numbering area**
= Numerierungsbereich *nm* (obs)

Nummerierungsplan *nm* SWITCH **numbering plan**
= Numerierungsplan *nm* (obs)
= numbering scheme

Nummerncode *nm* CODING → **numerical code**
→ Nummernschlüssel *nm*

Nummerndarstellung *nf* COMP.SC → **number system**
→ Zahlensystem *nn*

Nummernende *nn* SWITCH **end of pulsing**

Nummerngeber *nm* TER&PER → **call-number generator**
→ Rufnummerngeber *nm*

Nummernportabilität *nf* TELEC → **number portability** (BE)
→ Nummerübertragbarkeit *nf*

Nummernportabilität *nf* TELEC → **call number portability**
→ Rufnummernportabilität *nf*

Nummernprüfgerät *nn* TER&PER **number checking equipment**

Nummernschalter *nm* TER&PER **rotary dial switch** *n*
= Drehnummernschalter *nm* — = dial switch; dial *n* (1); loop-disconnect dial
≈ Wählscheibe; Ziffernring — ≈ dialling disk; number plate

Nummernschalterwahl *nf* SWITCH **dial pulsing**
= Nummernscheibenwahl *nf* — = dialing; rotary dial selection; rotary dial

Nummernscheibe *nf* TER&PER → **dialing disk**
→ Wählscheibe *nf*

Nummernscheibenwahl *nf* SWITCH → **dial pulsing**
→ Nummernschalterwahl *nf*

Nummernschlüssel *nm* CODING **numerical code**
= Nummerncode *nm*; numerischer Code; Zifferncode *nm*; Zahlencode *nm* — = numeric code

Nummernspeicher *nm* TER&PER → **call-number generator**
→ Rufnummerngeber *nm*

Nummernspeicher *nm* TER&PER → **calling-number memory**
→ Rufnummernspeicher *nm*

Nummernsystem *nn* COMP.SC → **number system**
→ Zahlensystem *nn*

Nummerntaste *nf* CONS.EL **digital button**

Nummernzeichen *nn* ECON → **hash mark** (symbol: #)
→ Doppelkreuz *nn*

Nummerübertragbarkeit *nf* TELEC **number portability** (BE)
[der Teilnehmer behält beim Wechsel zu andern Betreiber seine Nummer bei] — [ability to change operator retaining directory number]
= Rufnummernportabilität *nf*; Nummernportabilität *nf* — = NP (BE); local number portability (AE); LNP (AE)
≈ personal numbering

NUM-Taste *nf* TER&PER **NUMLOCK key**
[schaltet zwischen primärer und sekundärer Belegung des Ziffernblocks um] — [changes from primary to secondary allocation of numeric keyboard]
= Taste NUM *nf*; NUMLOCK-Taste *nf*; NUMLOCK *nf* — = NUMLOCK; Numeric Lock key

NUM-Zustandsanzeige *nf* TER&PER **NUM-status indicator**
↑ Tastenzustandsanzeige — = number-lock indicator
↑ key status indicator

Nur-Antwort-Modem *nn* DAT.CO → **answer-only modem**
→ Nur-Empfangs-Modem *nm&nn*

nur empfangend TER&PER **receive-only** *adj*
= Nur-Empfangs-

Nur-Empfangs- TER&PER → **receive-only** *adj*
→ nur empfangend

Nur-Empfangs-Endgerät *nn* TER&PER **receive-only terminal**
= Nur-Empfangs-Terminal *nn*; Nur-Lese-Endgerät *nn* — = read-only terminal; RO terminal

Nur-Empfangs-Modem *nm&nn* DAT.CO **answer-only modem**
= Nur-Antwort-Modem *nn* — [can only receive]

Nur-Empfangs-Terminal *nn* TER&PER → **receive-only terminal**
→ Nur-Empfangs-Endgerät *nn*

Nur-Leitrechner-System *nn* DAT.PR **master/master computer system**

Nur-Lese-Bildplatte *nf* TER&PER **read-only optical disk**
↓ CD-ROM; CD-I; DVD-ROM — = read-only store
↓ CD-ROM; CD-I; DVD-ROM

Nur-Lese-Cash HW **write-through cash**
[lädt zur Sicherheit die für Schreib-Operationen benötigten Daten nicht in den Cash-Speicher] — [doesn't cash data for write operations for security reasons]
= write-thru cash

Nur-Lese-Dateiattribut *nn* DAT.MA **read-only attribute**

Nur-Lese-Daten *nplt* DAT.MA **read-only file**
= RO file

Nur-Lese-Endgerät *nn* TER&PER → **receive-only terminal**
→ Nur-Empfangs-Endgerät *nn*

Nur-Lese-Speicher *nm* HW → **read-only memory**
→ Festwertspeicher *nm*

Nur-Lese-Terminal *nn* DAT.CO **read-only terminal**
= RO-Terminal *nn* — = RO terminal

Nur-Lese-Zugriff *nm* DAT.MA **read-only access**
≈ fixed

Nur-See-Strecke *nf* RAD.PRO **all-sea path**
= vollkommene Seestrecke

Nur-Sende-Gerät *nn* TER&PER **send-only device**
[cannot receive]

Nur-Text-Drucker *nm* TER&PER **text-only printer**
≠ Grafikdrucker; Text-und-Grafik-Drucker — ≠ graphic printer; text-and-graphic printer
↓ Typenraddrucker — ↑ type-wheel printer

Nur-Überland-Strecke *nf* RAD.PRO **all-land path**
= vollständige Landstrecke

Nußelt-Zahl *nf* PHYS **Nusselt number**

Nut *nf* (*pl* -en) TECH **groove** *n* (3)
[längliche Vertiefung zur Aufnahme eines Gegenstücks] — [a narrow channel to fit with a counterpiece]
= Nute *nf* — ≈ notch
≈ Kerbe
≠ Feder (Holz)

Nutantenne *nf* ANT → **notch antenna**
→ Kerbantenne *nf*

Nute *nf* TECH → **groove** *n* (3)
→ Nut *nf* (*pl* -en)

Nutek QUAL **Nutek**
[schwedischer Energiesparstandard] — [Swedish energy saving standard]

nuten MEC.EN **groove** *vt*

Nutzanwendung *nf* TECH **useful application**
= nutzbringende Anwendung — ≈ serviceableness
≈ Brauchbarkeit

Nutzausgangsleistung *nf* BROADC **power output**

Nutzaussendung *nf* RADIO **wanted emission**

Nutzband *nn* TELEC **wanted band**

nutzbar TECH → **serviceable** *adj*
→ brauchbar

Nutzbarkeit *nf* TECH **usability** *n*
≈ Brauchbarkeit; Nützlichkeit

Nutzbarkeitsprüfung *nf* QUAL **usability test**
= Brauchbarkeitsprüfung *nf*

Nutzbit *nn* CODING **useful bit**
= payload bit; data bit

Nutzbitrate *nf* TELEC **payload rate**

nutzbringende Anwendung TECH → **useful application**
→ Nutzanwendung *nf*

Nutzbyte *nn* CODING **useful byte**
= data byte

Nutzdaten *nplt* DAT.CO **payload data**
≠ Verwaltungsdaten — = useful data
≠ management data

Nutzeffekt *nm* PHYS → **efficiency** *n*
→ Wirkungsgrad *nm*

Nutzelement *nn* TELEGR → **information pulse**
→ Informationsschritt *nm*

Nutzen *nm* COLL **benefit** *n*
≈ Vorteil — ≈ advantage

Nutzen *nm* PRIN.ME **up** *n*
[gleichzeitig gedruckte (ev. auch gebundener) Exemplare] — [copies printed (and sometimes also bound) at a time]

Nutzen *nm* (1) TER&PER **copy capability**
[Anzahl der Kopien eines Ausdrucks] — [of a printer]
= Nutzenzahl *nf* — = number of copies of a printout

Nutzen *nm* (2) TER&PER **number of sheets**
[Anzahl der Blätter eines Mehrfachpapiers] — [of a multi-sheet paper]

Nutzen-Kosten-Analyse *nf* ECON **cost-benefit analysis**

Nutzenmontage *nf* MANUF **panelization** *n*

Nutzenschwelle *nf* ECON **break-even point**
= Gewinnschwelle *nf*

Nutzenzahl *nf* TER&PER → **copy capability**
→ Nutzen *nm* (1)

Nutzer *nm* TECH → **user** *n*
→ Benutzer *nm*

Nutzerakzeptanz *nf* TECH → **user acceptance**
→ Benutzerakzeptanz *nf*

Nutzeranforderung *nf* TECH → **user requirement**
→ Benutzeranforderung *nf*

Nutzerbereich *nm* COMP.AP → **user area**
→ Benutzerbereich *nm*

Nutzerbewegung *nf* INTERNET **user move**
= Userbewegung *nf* (ANGL)

Nutzerbewegungsverfolgung *nf* INTERNET **user move tracking**
= Userbewegungsverfolgung *nf* (ANGL) — = tracking

Nutzercode *nm* DAT.PR → **user code**
→ Benutzercode *nm*

Nutzerdaten *nplt* DAT.PR → **user data**
→ Benutzerdaten *nplt*

Nutzerfreundlichkeit *nf* TECH → **user friendliness**
→ Benutzerfreundlichkeit *nf*

nutzergesteuert TECH → **user-driven** *adj*
→ benutzergesteuert

Nutzergruppe *nf* COMP.AP → **user group**
→ Benutzergruppe *nf*

Nutzeroberfläche *nf* COMP.AP → **user interface**
→ Benutzeroberfläche *nf*

nutzerorientiert TECH → **user-oriented**
→ benutzerorientiert

Nutzerprofil *nn* TECH → **user profile**
→ Benutzerprofil *nn*

Nutzerstation *nf* TER&PER → **user terminal**
→ Benutzerstation *nf*

Nutzertreffen *nn* INF.TEC **user feedback meeting**

Nutzerverband *nm* INF.TEC → **user association**
→ Benutzervereinigung *nf*

Nutzfeld *nn* EL.TEC **useful field**

Nutzfeldstärke *nf* RADIO **useful field strength**
= usable field strength

Nutzflächenüberschreitung *nf* IMAG.ME **overscan** *n*

Nutzholz *nn* TECH **timber** *n*

Nutzinformation *nf* INF.TH **useful information**
= Nutznachricht *nf* = wanted signal; payload *n*; data *n*

Nutzinformationsfeld *nn* TELEC **payload field**
[ATM] [ATM]

Nutzinformationsfeld *nn* TELEC → **information field**
→ Informationsfeld *nn*

Nutzinformationsteil *nm* DAT.CO → **body** *n*
→ Hauptteil *nm*

Nutzkanal *nm* TELEC → **basic channel**
→ Basiskanal *nm*

Nutzkanalsteuerung *nf* TELEC **bearer control**

Nutzkanalverkehr *nm* SWITCH **payload traffic**
= Nutzlastverkehr *nm*; Nutzverkehr *nm*

Nutzlast *nf* ECON **payload** *n*

Nutzlasttyp *nm* TELEC **payload type**
[ATM] [ATM]
= PT

Nutzlastverkehr *nm* SWITCH → **payload traffic**
→ Nutzkanalverkehr *nm*

Nutzleistung *nf* TECH **effective power**

nützlich TECH **useful**
≈ brauchbar; nutzbar = helpful; utile

Nützlichkeit *nf* TECH **usefulness** *n*
= Nutzwert *nm* = utility *n*
≈ Brauchbarkeit; Nutzbarkeit

nutzlos TECH → **useless** *adj*
→ unbrauchbar

nutzlos DAT.PR → **unwanted** *adj*
→ unnütz

Nutzlosigkeit *nf* TECH **uselessness** *n*
= Unbrauchbarkeit *nf*

Nutznachricht *nf* INF.TH → **useful information**
→ Nutzinformation *nf*

Nutznießung *nf* ECON **usufruct** *n*
= Nießbrauch *nm*

Nutzpegel *nm* TELEC **useful level**

Nutzpolarisation *nf* RADIO **working polarization**
= Arbeitspolarisation *nf* ≈ co-polarization
≈ Kopolarisation

Nutzsatellit *nm* SAT.CO **commercial satellite**

Nutzschritt *nm* TELEGR → **information pulse**
→ Informationsschritt *nm*

Nutzseite *nf* INTERNET **content page**
= Content Page

Nutzsender *nm* TELEC **wanted transmitter**

Nutzsignal *nn* TELEC **wanted signal**
= useful signal; desired signal

Nutzsignalausfall *nm* TELEC **loss of payload**
= LOP

Nutzsignalquelle *nf* TELEC **wanted signal source**
= wanted source

Nutzsignalverlust *nm* TRANSM **LOP**
= LOP = Loss Of Payload

Nutzung *nf* TECH → **use** *n*
→ Benutzung *nf*

Nutzungsdauer *nf* QUAL **utilization time**
[bis zur Außerdienststellung] = service life
= Verwendungsdauer *nf* ≈ useful life; life time
≈ Gebrauchslebensdauer; Lebensdauer

Nutzungsdichte *nf* TELEC **utilization density**

Nutzungsgebühr *nf* TELEC **usage fee**
[nutzungsabhängig] [usage-dependent]
≠ Anschlussgebühr; Grundgebühr ≠ subscription fee; basic rental
↑ Fernmeldgebühr ↑ telecommunication tariff

Nutzungshinweise *nf* TEC.DOC → **application instruction**
→ Anwendungsrichtlinie *nf*

nutzungsunabhängig TELEC **flat**

Nutzverkehr *nm* SWITCH → **payload traffic**
→ Nutzkanalverkehr *nm*

Nutzwegnetz *nn* TELEC **payload network**
≠ Zeichengabenetz ≠ signaling network

Nutzwert *nm* TECH → **usefulness** *n*
→ Nützlichkeit *nf*

Nutzzeichen *nn* TELEGR → **information pulse**
→ Informationsschritt *nm*

Nutzzeit *nf* TECH → **productive time**
→ Produktivzeit *nf*

Nutzzelle *nf* TELEC **payload cell**
[ATM] [ATM]

NV-RAM *nn* HW → **non-volatile RAM**
→ nichtflüchtiger Direktzugriffsspeicher

N-Wanne MICR.EL **n-well**

N-Wannen-Technik *nf* MICR.EL **n-well technology**

Nybble CODING → **tetrad** *n*
→ Tetrade *nf*

Nyquist-Charakteristik *nf* MODUL **Nyquist slope**
= Nyquist-Flanke *nf* = Nyquist characteristic

Nyquist-Flanke *nf* MODUL → **Nyquist slope**
→ Nyquist-Charakteristik *nf*

Nyquist-Frequenz *nf* INF.TEC **Nyquist frequency**

Nyquist-Kriterium *nn* CONTRO **Nyquist criterion**

Nyquist-Messmodulator *nm* INSTR **Nyquist measuring modulator**

Nyquist-Rauschen *nn* TELEC **Nyquist noise**

O *o*

O CHEM → **oxygen** *n*
→ Sauerstoff *nm*

O&M TELEC → **operation and maintenance**
→ Betrieb und Wartung

O&M-Zentrum *nn* TELEC **O&M center**
= Betrieb- und Wartungszentrum *nn*

O-4PSK MODUL → **OQPSK**
→ OQPSK

OAMP SWITCH **OAMP**
[SS7] — [SS7]
= O&M Application Part

OB TELEPH → **local battery**
→ Ortsbatterie *nf*

OBDM TELEPH **OREM**
[objektiver Bezugsdämpfungsmessplatz] — [objective reference equivalent measurement]

obengespeiste Antenne ANT **top-fed antenna**
= top-fed aerial

Obenspeisung *nf* ANT **top feed**
= shunt feed

OBEN-Taste *nf* TER&PER → **UPWARD key**
→ NACH-OBEN-Taste *nf*

ober… *adj* COLL **upper** *adj*
≠ unter… — ≠ lower

Oberaufseher *nm* ECON → **foreman** *n*
→ Vorarbeiter *nm*

Oberband *nn* RADIO **upper band**
≠ Unterband — ≠ lower band

Oberbau *nm* TECH **superstructure** *n*
= Aufbau *nm* (3); Aufsatz *nm* — [vertical extension of a structure]
≠ Unterbau — = extension *n*
↑ Bau — ≠ substructure
↑ structure

Oberbegriff *nm* LING **generic term**
= Hyperonym *nn*; Supernym *nn* — = umbrella term
≠ Unterbegriff — ≠ derivative term

Oberbeleuchter *nm* CINEMA → **gaffer**
→ Chefbeleuchter *nm*

obere Grenze TECH → **upper limit**
→ Obergrenze *nf*

obere Grenzfrequenz RADIO **maximum usable frequency**
[HF-Funk] — [HF communications]
= MUF — = maximum useful frequency; MUF

obere Kante TECH → **top edge**
→ Oberkante *nf*

oberer Papierrand PRIN.ME **head** *n*
[portion of page above first line]

oberer Speicherbereich DAT.PR **high memory**
[bei IBM-kompatilblen PC's: oberhalb 640 KByte] — [in IBM-compatible PC's: above 640 kByte]
= HMA-Bereich *nm* — = high memory locations; high memory area; HMA

oberer Wert, plafond *nm* [ECON] TECH → **upper limit**
→ Obergrenze *nf*

obere Seite TECH → **top side**
→ Oberseite *nf*

oberes Seitenband MODUL **upper sideband**
= upright sideband

Oberfläche *nf* (*pl* -en) PHYS **surface** *n*
↑ Fläche — ↑ area

Oberflächenätzung *nf* MICR.EL **surface etching**

Oberflächenausführung *nf* ENG.DRA **surface grade**
= Oberflächengüte *nf* — = surface quality

Oberflächenbearbeitung *nf* TECH → **surface termination**
→ Oberflächenbehandlung *nf*

Oberflächenbehandlung *nf* TECH **surface termination**
= Oberflächenbearbeitung *nf*; Oberflächenveredelung *nf* — = surface finish; surface treatment; surface refinement; surface preparation
≈ Fertigbearbeitung — ≈ finish

Oberflächenbeschädigung *nf* TECH **surface damage**

Oberflächendarstellung *nf* COMP.GR → **contouring** *n* (2)
→ Oberflächenwiedergabe *nf*

Oberflächendiagramm *nf* TEC.DOC **surface graph**
= surface diagram

Oberflächendiffusion *nf* MICR.EL **surface diffusion**

Oberflächenerder *nm* SYS.INS **surface earth**

Oberflächenfilm *nm* PHYS → **surface layer**
→ Oberflächenschicht *nf*

Oberflächengüte *nf* ENG.DRA → **surface grade**
→ Oberflächenausführung *nf*

Oberflächenhärte *nf* TECH **surface hardness**

Oberflächeninhalt *nm* MATH **surface area**

Oberflächenintegral *nn* MATH **surface integral**
[Integration über ein Stück einer beliebigen Fläche] — [integration over a piece of any surface]
= Flächenintegral *nn* — ≈ double integral
≈ Doppelintegral

Oberflächenionisation *nf* PHYS **surface ionization**

Oberflächenkoppler *nm* PHYS **surface coupler**

Oberflächenkorrosion *nf* CHEM **superficial corrosion**
= crevice *n*

Oberflächenladung *nf* PHYS **surface charge**

Oberflächenladungstransistor *nm* MICR.EL **surface-charge transistor**
= SCT — = SCT

Öberflächen-Lebensdauer *nf* PHYS **surface life time**

Oberflächenleckstrom *nm* PHYS **surface leakage current**
= Oberflächenleckstrom *nm*

Oberflächenleckstrom *nm* PHYS → **surface leakage current**
→ Oberflächenleckstrom *nm*

Oberflächenleitfähigkeit *nf* PHYS **surface conductivity**

Oberflächenleitung *nf* PHYS **surface conduction**

Oberflächenmodellierung *nf* COMP.GR → **surface modelling**
→ Flächenmodellierung *nf*

Oberflächenmontage *nf* EL.TRO **surface mounting**
≈ SMD-Technik — ≈ SMD-technology

oberflächenmontierbar EL.TRO **surface-mountable**

oberflächenmontiert EL.TRO **surface mounted**

oberflächenmontiertes Bauelement COMPO → **surface mounted device**
→ SMD-Bauelement *nn*

Oberflächenpassivierung *nf* METAL **surface passivation**
= Oberflächenstabilisierung *nf* — = passivation *n*; surface stabilization

Oberflächenpotential *nn* MICR.EL **surface potential**

Oberflächenrauhigkeit *nf* TECH **surface roughness**

Oberflächenrekombination *nf* PHYS **surface recombination**

Oberflächenschicht *nf* PHYS **surface layer**
= Oberflächenfilm *nm* — = surface film

Oberflächenschwingung *nf* PHYS **surface oscillation**

Oberflächenspannung *nf* PHYS **surface tension**

Oberflächensperrschicht-Transistor *nm* MICR.EL → **surface layer transistor**
→ Randschichttransistor *nm*

Oberflächenstabilisierung *nf* METAL → **surface passivation**
→ Oberflächenpassivierung *nf*

Oberflächenstrom *nm* PHYS **surface current**

Oberflächentechnik *nf* METAL **surface technology**

Oberflächentemperatur *nf* PHYS **surface temperature**

Oberflächenveredelung *nf* TECH → **surface termination**
→ Oberflächenbehandlung *nf*

Oberflächenverluste *nplt* EL.TEC → **tracking current**
→ Kriechstrom *nm*

Oberflächenverunreinigung *nf* PHYS **surface contamination**

Oberflächenwanderung *nf* PHYS **surface migration**

Oberflächenwelle *nf* PHYS **surface wave**
↑ Transversalwelle — ↑ transversal wave

Oberflächenwellenantenne *nf* ANT **surface-wave antenna**

Oberflächenwellenfilter *nn* COMPO **surface-acoustic-wave filter**
= OFW-Filter *nn*; SAW-Filter *nn* — = surface-wave filter; SAW filter

Oberflächenwellenleitung *nf* LINE TH **surface wave transmission line**
= Drahtwellenleitung *nf*; Goubeau-Leitung *nf*; G-Leitung *nf* — = G line; single-wire

Oberflächenwellenverstärker *nm* COMPO **surface wave acoustic amplifier**

Oberflächenwiderstand *nm* PHYS **surface impedance**
= Flächenwiderstand *nm* — = resistance per square; surface electric resistance

Oberflächenwiedergabe *nf* COMP.GR **contouring** *n* (2)
= Oberflächendarstellung *nf* — [representation of surfaces]

Oberflächenzeichen *nn* ENG.DRA **surface mark**

Oberflächenzeichnung *nf* ENG.DRA **lay** *n*

Oberfläche wiederherstellen OUT.PL **resurface** *vt*

oberflächlich TECH **superficial**

Oberflächnenrekombinations-Geschwindigkeit *nf* PHYS **surface recombination velocity**
= SRV

Oberfrequenz *nf* PHYS **harmonic frequency**
= harmonische Frequenz — ≈ harmonic wave
≈ Oberschwingung — ≠ fundamental frequency
≠ Grundfrequenz

Obergrenze *nf* TECH **upper limit**
= obere Grenze; Oberwert *nm*; oberer Wert, plafond *nm* [ECON] — = ceiling *n*; high end; high limit; upper bound; plafond *n* [ECON]

oberirdisch *adj* OUT.PL **aerial** *adj*
[Leitung] [line]
oberirdisch *adj* TECH **above ground**
= overhead *adj*
oberirdische Kabelanlage OUT.PL **aerial cable system**
oberirdische Linie OUT.PL → **open-wire line**
→ Freileitung *nf*
oberirdisches Netz OUT.PL **overhead network**
Oberkante *nf* TECH **top edge**
= obere Kante = upper edge
Oberklasse *nf* SW **upper class**
[OOP] [OOP]
Oberland *nn* GEOSC → **upland** *n*
→ Hochland *nn*
Oberlänge *nf* PRIN.ME **ascender** *n* (1)
[Teil eines Buchstabens der über die Oberkante des Buchstabens x hinausragt] [part of character above x-height]
≠ descender
= Überlänge *nf*
≠ Unterlänge
Oberlängenbuchstabe *nm* PRIN.ME **ascender** *n* (2)
oberlastig MEC.EN **top-heavy**
= kopflastig
Oberleitungsomnibus *nm* TECH → **trolleybus** *n*
→ Obus *nm*
Oberlinie *nf* PRIN.ME **cap line**
[immaginäre obere Begrenzungslinie der Buchstaben] [the immaginary upper limiting line of the characters]
≠ Schriftlinie ≠ base line
Oberreihe *nf* MATH → **majorant** *n*
→ Majorante *nf*
Oberschule *nf* EDUC **secondary school**
= Sekundarschule *nf* ↑ school
↑ Schule ↓ college; highschool
↓ Hauptschule; Realschule; Gymnasium
Oberschulreife *nf* EDUC → **advanced level exam** (BE)
→ Abitur *nn*
Oberschwingung *nf* ACOUS **harmonic** *n*
= Oberton *nm*; Harmonische *nf*; harmonische Schwingung = overtone *n*
Oberschwingung *nf* PHYS → **harmonic wave** *n*
→ Oberwelle *nf*
Oberschwingungsblindleistung *nf* NETW.TH → **harmonic reactive power**
→ Oberwellenblindleistung *nf*
Oberschwingungsgehalt *nm* EL.TEC → **harmonic content**
→ Oberwellengehalt *nm*
Oberschwingungsgehalt *nm* EL.ACOU **harmonic content**
= Oberwellengehalt *nm*; Klirrfaktor *nm*; Klirrgrad *nm* = distortion factor; total harmonic distortion; THD
Oberschwingungsleistung *nf* EL.TEC → **harmonic power**
→ Oberwellenleistung *nf*
Oberschwingungsquarz *nm* COMPO **overtone crystal**
= Oberwellenschwinger *nm*; Obertonquarz *nm* = harmonic mode crystal
Oberseite *nf* TECH **top side**
= obere Seite = upside *n*; upper side
oberst *adj* COLL **uppermost** *adj*
≠ unterst = topmost
≠ undermost
Oberstimme *nf* MUSIC **treble** *n*
= höchste Stimme
Oberteil (*nn*; *nm*) TECH **upper part**
≠ Unterteil = upper section; top part; top section
Oberton *nm* ACOUS → **harmonic** *n*
→ Oberschwingung *nf*
Obertonquarz *nm* COMPO → **overtone crystal**
→ Oberschwingungsquarz *nm*
Oberwelle *nf* MODUL **harmonic** *n*
= envelope *n*
Oberwelle *nf* PHYS **harmonic wave** *n*
= Oberschwingung *nf*; Harmonische *nf* = harmonic *n*
≈ Oberfrequenz ≈ harmonic frequency
≠ Grundwelle ≠ fundamental wave
Oberwellenabstand *nm* MODUL **signal-harmonics ratio**
Oberwellenantenne *nf* ANT **harmonic antenna**
Oberwellenblindleistung *nf* NETW.TH **harmonic reactive power**
[Komponente der Blindleistung] = distortive power
= Verzerrungsleistung *nf*; Oberschwingungsblindleistung *nf*
Oberwellendipol *nm* ANT **harmonic dipole**
Oberwellenfilter *nn* NETW.TH **harmonic filter**
= harmonics filter
Oberwellenfilterung *nf* NETW.TH **harmonic filtering**
= harmonics filtering

Oberwellengehalt *nm* EL.TEC **harmonic content**
[Effektivwerte aller Oberwellen zu Effektivwert des Gesamtsignals] [effective value of all harmonics to effective value of composite signal]
= Oberschwingungsgehalt *nm*; Klirrfaktor *nm*; Klirrfaktorkoeffizient *nm*; harmonische Gesamtverzerrung = harmonics content; ripple content; k-rating; distortion factor; total harmonic distortion; THD
Oberwellengehalt *nm* EL.ACOU → **harmonic content**
→ Oberschwingungsgehalt *nm*
Oberwellengenerator *nm* CIRC.EN **harmonics generator**
Oberwellenleistung *nf* EL.TEC **harmonic power**
= Oberschwingungsleistung *nf*
Oberwellenschwinger *nm* COMPO → **overtone crystal**
→ Oberschwingungsquarz *nm*
Oberwert *nm* TECH → **upper limit**
→ Obergrenze *nf*
OB-Fernsprecher *nm* TELEPH **local battery telephone**
= Ortsbatterie-Fernsprecher *nm*
Objective-C COMP.LG **Objective-C**
[eine objectorientierte Version von C] [an object-oriented version of C]
Object Wrapper *nm* COMP.AP **object wrapper**
Objekt *nn* SW **object** *n*
[Variable für als Einheit behandelte Daten und/oder Operationen] [variable for data and/or operations treated as entity]
↑ Klasse = instance
↑ class
Objekt *nn* SCIE **object** *n*
= Entität *nf* = entity *n*
Objekt *nn* LING **object** *n*
= Satzergänzung *nf*
Objekt *nn* COMP.GR **object** *n*
= graphische Einheit = drawing element; entity; graphical unit
Objekt *nn* LOGIC **object** *n*
[Prädikatenlogik] [predicate logic]
Objekt- COMP.LG **object** *adj*
[das Ergebnis einer Programmübersetzung betreffend] [pertaining to the outcome of a program translation]
Objektbeleuchtungsstärke *nf* TV **object illumination**
Objektbewegung *nf* CINEMA **object movement**
= subject movement
objektbezogen SW → **object-oriented**
→ objektorientiert
Objektcode *nm* COMP.LG → **object language**
→ Zielsprache *nf*
Objektcomputer *nm* HW **object computer**
Objektdatei *nf* DAT.PR **object file**
[der Inhalt ist in Zielsprache verfasst] [contains object code]
Objektdiagramm *nn* SW **object diagram**
Objektidentifikationsdaten *nplt* GIS → **graphic data**
→ Grafikdaten *nplt*
objektiv SCIE **objective** *adj*
≠ subjektiv ≠ subjective
objektiv COLL **impartial** *adj*
= vorurteilsfrei = unbiased; objective
objektiv COLL → **objective** *adj*
→ sachlich
Objektiv *nn* PHOT **objective** *n*
[Linse oder System von Linsen zur Abbildung eines Objektes auf einen photographischen Film] [single lens or system of lenses to map an object on a photographic film]
≈ Linse = object lens
≈ lens
Objektivdeckel *nm* PHOT **objective cap**
Objektivität *nf* COLL **objectivity** *n*
= Vorurteilsfreiheit *nf*; Sachlichkeit *nf*
Objektivverschluß *nm* PHOT **instantaneous shutter**
Objektkomponente *nf* SW **instance variable**
[objektorientierte Programmierung] [object-oriented programming; associated with an object]
= Instanzvariable *nf* (err)
Objektmodell *nn* SW **object model**
Objektmodellierung *nf* MOD&SI **object modelling**
Objektmodul *nn* SW **object module**
[ein in Zielsprache übersetztes Programmodul] [a program module translated into object code]
= Bindemodul *nn* (*pl* -e)
≈ Objektprogramm ≈ object program
objektorientiert SW **object-oriented**
[auf Objekte bezogen, die ihrerseits mittels Deskriptoren sowie Relationen charakterisiert werden] [in terms of objects, which are characterized by descriptors and interrelations]
= objektbezogen = OO; object-related
≠ pixelorientiert (Computergrafik) ≠ pixel oriented (computer graphics)

objektorientierte Analyse SW **object-oriented analysis**
objektorientierte Architektur SW **object-oriented architecture**
objektorientierte Bedieneroberfläche COMP.AP **object-oriented user interface**
[verwendet Bildschirmsymbole] [uses icons]
= objektorientierte Schnittstelle = object-oriented interface
objektorientierte Datenbank DAT.MA **object-related database**
objektorientierte Entwicklungsmethodologie SW **OMT**
= Object Modelling Technique
objektorientierte Grafik COMP.GR **object-oriented graphics**
objektorientierte Grafik COMP.GR → **vector graphics**
→ Vektorgrafik *nf*
objektorientierte Graphik COMP.GR → **vector graphics**
→ Vektorgrafik *nf*
objektorientierte Programmiersprache COMP.LG → **object-oriented language**
→ objektorientierte Sprache
objektorientierte Programmierung SW **object-oriented programming**
[operiert (zwecks Vereinheitlichung der Programmierung) mit in sich geschlossenen Software-Komponenten ("Objekten"), die aus Daten und darauf anwendbaren Operationen bestehen und unter sich kommunizieren] [operates (to reduce programming effort) with self-contained software components ("objects"), which are composed of data and appliable operators and communicate with each other]
= OOP = OOP; object-related programming
objektorientierter Entwurf SW **object-oriented design**
↑ strukturierter Entwurf = object-related design
↑ structured design
objektorientierter Zeichensatz SW → **vector font**
→ Vektorschrift *nf*
objektorientiertes Betriebssystem SW **object-oriented operation system**
↑ strukturierter Entwurf
objektorientierte Schnittstelle COMP.AP → **object-oriented user interface**
→ objektorientierte Bedieneroberfläche
objektorientiertes Datenbanksystem DAT.MA **object-oriented database system**
= OODBS; object-oriented database management system; OODBMS
objektorientierte Sprache COMP.LG **object-oriented language**
[z.B. Smalltalk, LOGO] [e.g. Smalltalk, LOGO]
= objektorientierte Programmiersprache = object-related language; object-oriented programming language; object-related programming language; OOPL
Objektprogramm *nn* SW **object program**
[in Zielsprache/Maschinensprache übersetztes Quellprogramm] [source program translated into object/machine code]
= Zielprogramm *nn*; übersetztes Programm; Sekundärprogramm *nn* = object language program; target program; translated program; secondary program; destination program
≈ Absolutprogramm ≈ absolute program
≠ Quellprogramm ≠ source program
↑ Maschinenprogramm ↑ machine program
Objektprogramm-Computer *nm* DAT.PR **object computer** *n*
[zum Ablaufen eines Programms] [used to run a program]
= Programmablauf-Computer *nm*; Ablaufcomputer *nm*; Programmablaufrechner *nm*; Ablaufrechner *nm*; Programmablaufmaschine *nf*; Ablaufmaschine *nf* = object machine
≠ Übersetzungs-Computer ≠ source computer (1)
Objektprogramm-Kartenstapel *nm* DAT.MA **object deck**
[punched cards deck containing a deck program]
Objektrechner *nm* DAT.CO **object computer**
[das Ziel eines Kommunikationsversuchs] [target of communications attempt]
objektrelational DAT.MA **object-relational**
objektrelationaler Server DAT.NW **object-relational server**
Objektschutz *nm* SIG.EN **object protection**
= spot protection; point protection
Objektsicherung *nf* SIG.EN **object safeguarding**
Objektsperre *nf* GIS **object locking**
Objektsprache *nf* LING → **natural language**
→ natürliche Sprache
obligat COLL → **mandatory** *adj*
→ zwingend
obligate Anweisung SW **mandatory instruction**
= obligatorische Anweisung; Muss-Anweisung *nf*
obligate Leerstelle DAT.MA **mandatory blank**
= obligatorische Leerstelle; Muss-Leerstelle *nf*
obligates Feld DAT.MA **mandatory field**
= obligatorisches Feld; Muss-Feld *nn*

Obligation *nf* ECON **debenture** *n*
obligatorisch COLL → **mandatory** *adj*
→ zwingend
obligatorische Anweisung SW → **mandatory instruction**
→ obligate Anweisung
obligatorische Leerstelle DAT.MA → **mandatory blank**
→ obligate Leerstelle
obligatorisches Feld DAT.MA → **mandatory field**
→ obligates Feld
Obligo *nn* ECON **liability** *n*
= obligation to pay; commitment
Oblong-Antenne *nf* ANT **oblong antenna**
Oboe *nf* MUSIC **oboe** *n*
obsolet COLL → **obsolete** *adj*
→ veraltet
Obus *nm* TECH **trolleybus** *n*
= Oberleitungsomnibus *nm* ≈ tramway
≈ Straßenbahn
OC SW → **operation code**
→ Operationscode *nm*
OC DAT.PR → **optical computer**
→ optischer Computer
OCCAM COMP.LG **OCCAM**
[zu Ehren von William Occam (1285-1349); Programmiersprache für Parallelverarbeitung] [in honour of William Occam (1285-1349); computer language for parallel processing]
↑ Programmiersprache ↑ programming language
ocker OPT **ocher**
= ockerfarben; ockerfarbig; gelbbraun; ockerbraun = ochre
≈ neapelgelb; ockergelb ≈ naples yellow; ocher yellow
ockerbraun OPT → **ocher**
→ ocker
ockerfarben OPT → **ocher**
→ ocker
ockerfarbig OPT → **ocher**
→ ocker
ockergelb OPT **ocher yellow**
= bräunlichgelb = brownish yellow
≈ ocker; neapelgelb ≈ ocher; naples yellow
OC-Kurve *nf* STATIS → **operating characteristic**
→ Betriebscharakteristik *nf*
OC-N TELEC **OC-N**
[optisches Normsignal nach SONET] [Optical Carrier level N; optical standard signal by SONET]
OCR TER&PER → **optical character recognition**
→ optische Zeichenerkennung
OCR-A-Schrift *nf* TER&PER **OCR-A**
[ANSI-Norm] [ANSI standard]
↑ OCR-Schrift = OCR letter type A
↑ OCR letter
OCR-B-Schrift *nf* TER&PER **OCR-B**
↑ OCR-Schrift = OCR letter type B
↑ OCR letter
OCR-Einheit *nf* TER&PER **OCR unit**
OCR-Konstantencodierer *nm* TER&PER **OCR constant coders**
= OCR-Konstantenkodierer *nm*
OCR-Konstantenkodierer *nm* TER&PER → **OCR constant coders**
→ OCR-Konstantencodierer *nm*
OCR-Leser *nm* TER&PER → **optical character reader**
→ optischer Leser
OCR-Lesestation *nf* TER&PER → **optical character reader**
→ optischer Leser
OCR-Nachcodierer *nm* TER&PER **OCR post-coders**
= OCR-Nachkodierer *nm*
OCR-Nachkodierer *nm* TER&PER → **OCR post-coders**
→ OCR-Nachcodierer *nm*
OCR-Schrift *nf* TER&PER **OCR letter**
[international genormte, durch optische Leser erfassbare Schrift] [letter alphabet standardized internationally to be scannable by optical readers]
↑ optische Schrift = OCR font; optical character recognition letter
↓ OCR-A-Schrift; OCR-B-Schrift ↑ optical font
↓ OCR letter type A; OCR letter type B
OCR-Schriftleser *nm* TER&PER → **optical character reader**
→ optischer Leser
OCR-Vorcodierer *nm* TER&PER **OCR precoders**
= OCR-Vorkodierer *nm*
OCR-Vorkodierer *nm* TER&PER → **OCR precoders**
→ OCR-Vorcodierer *nm*

Octet *nn* CODING → **octet** *n*
→ Oktett *nn*

OCX SW **OCX**
= OLE Control EXtension

ODBC-Schnittstelle *nf* DAT.MA **ODBC interface**
= Open Data Base Connectivity

Oder LOGIC → **disjunction** *n*
→ Disjunktion *nn*

ODER-Funktion *nf* LOGIC → **OR operation**
→ ODER-Verknüpfung *nf*

ODER-Gatter *nn* CIRC.EN → **OR gate**
→ ODER-Glied *nn*

ODER-Glied *nn* CIRC.EN **OR gate**
= ODER-Gatter *nn*; ODER-Schaltung *nf*; ODER-Tor *nn*; Disjunktionsglied *nn*; Disjunktionsgatter *nn*; Disjunktionsschaltung *nf*; Disjunktionstor *nn*; INKLUSIV-ODER-Glied *nn*; Adjunktionsglied *nn*; Adjunktionsgatter *nn*; Adjunktionstor *nf*; Alternator *nm*; Alternativ-Gatter *nn*; Mischglied *nn*; Mischgatter *nn*;
= OR element; OR circuit; disjunction gate; disjunction element; disjunction circuit; INCLUSIVE-OR gate; INCLUSIVE-OR element; INCLUSIVE-OR circuit; adjunction gate; adjunction element; adjunction circuit
↑ logic gate

oderieren LOGIC → **or** *vt*
→ mit ODER verknüpfen

odern LOGIC → **or** *vt*
→ mit ODER verknüpfen

ODER-ODER-Funktion *nf* LOGIC → **EXCLUSIVE-OR operation**
→ EXKLUSIV-ODER-Verknüpfung *nf*

ODER-ODER-Verknüpfung *nf* LOGIC → **EXCLUSIVE-OR operation**
→ EXKLUSIV-ODER-Verknüpfung *nf*

ODER-Operator *nm* LOGIC **OR operator**
[Prädikatenlogik]
= Disjunktions-Operator *nm*
[predicate logic]
= disjunction operator

ODER-Schaltung *nf* CIRC.EN → **OR gate**
→ ODER-Glied *nn*

ODER-Tor *nn* CIRC.EN → **OR gate**
→ ODER-Glied *nn*

ODER-Verknüpfung *nf* LOGIC **OR operation**
[Ausgang = 1 wenn mindestens ein Eingang = 1; Symbole: + oder v oder vel]
= ODER-Funktion *nf*; INKLUSIVES ODER; EINSCHLIESSLICHES ODER; logische Addition; Disjunktion *nf*; Alternative *nf*; Adjunktion *nf*
≈ EXKLUSIV-ODER-Verknüpfung
≠ NOR-Verknüpfung
↑ dyadische Boolesche Verknüpfung
[output = 1 if at least one input = 1; symbols: + or v or vel]
= OR function; INCLUSIVE-OR operation; disjunction *n*; logical addition; adjunction *n*; logical sum; alternation *n*; EITHER-OR operation; Boolean add; false add; OR-ELSE; union *n*; join operation; join *n*; one element
≈ EXCLUSIVE OR operation
≠ NOR operation
↑ dyadic Boolean operation

ODI-Schnittstelle *nf* DAT.NW **ODI**
= Open Datalink Interface

Odometer *nn* OUT.PL → **odometer** *n*
→ Messrad *nn*

OEIC-Baustein *nm* OPTOEL → **opto-electronic integrated circuit**
→ optoelektronischer IC

OEM-Gerät *nn* ECON **OEM equipment**

OEM-Lieferant *nm* ECON **OEM**
[liefert Systemkomponenten die von anderen zu Endprodukten zusammengefügt werden]
[assembles pieces customized by others]
= original equipment manufacturer; original equipment supplier

OEM-Produkt *nn* ECON **OEM product**
≈ Fremdfabrikat
≈ purchased part

Oersted EL.SC **Oersted**
[alte Einheit für magnetische Feldstärke; = $10/4\pi$ A/cm]
[old unit for magnetic field strength; = $10/4\pi$ A/m]

OFDM BROADC **OFDM**
= Orthogonal Frequency Deviation Multiplex

OFDM OPT.CO → **wavelength division multiplex**
→ Wellenlängenmultiplex *nn*

Ofen *nm* TECH **stove** *n*
↓ Schmelzofen
= furnace *n*
↓ smelter

ofenlöten METAL **sweat** *vt*
↑ löten

Ofenlötung *nf* TECH **sweating**
↑ Lötung
↑ soldering

offen INF.TEC **open** *adj*
[z.B. eine Schnittstelle]
≈ herstellerneutral [TECH]
≠ geschlossen; firmeneigen [TECH]
[e.g. an interface]
≈ non-proprietary [TECH]
≠ closed; proprietary [TECH]

offen (fig) COLL → **outstanding** *adj*
→ unerledigt

offen (1) TECH **open** *adj*
≠ geschlossen
≠ closed

offen (2) (fig) TECH → **upgradable** *adj*
→ ausbaufähig

offenbaren COLL **disclose** *vt*
= enthüllen; offen legen
≈ mitteilen; ankündigen
= reveal; unveil
≈ message; announce

Offenbarung *nf* COLL **disclosure** *n*
= Offenlegung *nf*; Enthüllung *nf*
≈ Mitteilung
= revelation *n*
≈ message

offene Architektur DAT.PR **open architecture**
[mit allgemein zugänglicher Spezifikation]
≈ offene Umgebung
≠ geschlossene Architektur
[with a public specification]
≈ open environment
≠ closed architecture

offene Kennzahl SWITCH **non-linked code**
[zusätzlich zu Teilnehmernummer ist die Kennzahl der Vermittlung zu wählen]
[exchange code separated from subscriber's number]
= open code

offene Netzarchitektur DAT.CO **open network architecture**
= ONA

offene Nummerierung SWITCH **open numbering**
= non-linked numbering; prefix numbering

offene Posten ECON **open items**
= offen stehende Beträge

offener Computerverbund DAT.NW → **open system interconnection**
→ offenes Kommunikationssystem

offener Kollektor MICR.EL **open collector**

offener Kontakt COMPO → **unprotected contact**
→ ungeschützter Kontakt

offene Routine SW → **open subroutine**
→ offenes Unterprogramm

offener Rechenzentrumsbetrieb DAT.PR **open shop operation**
[Anwender hat Zugang zur DVA]
= Open-shop-Betrieb *nm* (ANGL)
≠ Closed-shop-Betrieb
[user can operate the computer]
= open shop
≠ closed shop operation

offener Rechnerverbund DAT.NW → **open system interconnection**
→ offenes Kommunikationssystem

offener Regelkreis CONTRO **open loop**
= Steuerkette *nf*

offener Schwingungskreis CIRC.EN **tank circuit**
= Tankkreis *nm*
= open oscillatory circuit

offener Stromkreis EL.TEC → **open-circuit operation**
→ Leerlauf *nm*

offene Schnittstelle INF.TEC **open interface**
≠ firmeneigene Schnittstelle
≠ proprietary interface

offenes Computersystem DAT.NW → **open system interconnection**
→ offenes Kommunikationssystem

offenes Kommunikationssystem DAT.NW **open system interconnection**
= OSI *nn*; offener Computerverbund; offener Rechnerverbund; offenes Verbundnetz; offenes Computersystem; offenes Rechnersystem; offenes System; Kommunikation offener Systeme; offene Systemverbindung
= OSI; open system

offenes Konsortium ECON **open consortium**
= Arbeitsgemeinschaft *nf*
= disclosed consortium; proper consortium; external consortium

offenes Netz DAT.NW **open network**
≠ geschlossenes Netz
≠ closed network

offenes Rechnersystem DAT.NW → **open system interconnection**
→ offenes Kommunikationssystem

offenes Relais COMPO **nonsealed relay**
≠ hermetically sealed relay

offenes System DAT.NW → **open system interconnection**
→ offenes Kommunikationssystem

offenes Unterprogramm SW **open subroutine**
[in jeden aufgerufenen Speicherplatz kopierbar]
= offene Routine
[copied at each called place]
= direct-insert subroutine; open routine (2); direct-insert routine
≠ closed subroutine

offenes Verbundnetz DAT.NW → **open system interconnection**
→ offenes Kommunikationssystem

offene Systemverbindung DAT.NW → **open system interconnection**
→ offenes Kommunikationssystem

offene Umgebung DAT.PR **open environment**
≈ offene Architektur
≠ geschlossene Umgebung
≈ open architecture
≠ closed environment

offenkundig COLL → **evident** *adj*
→ offensichtlich

Offenkundigkeit *nf* — COLL — → **obviousness** *n*
→ Offensichtlichkeit *nf*

offen legen — COLL — → **disclose** *vt*
→ offenbaren

Offenlegung *nf* — COLL — → **disclosure** *n*
→ Offenbarung *nf*

offen prozessgekoppelter Betrieb — DAT.PR — **open-loop mode**
[Prozesssteuerung]
= Open-loop-Betrieb *nm* (ANGL)
[process control]
= open-loop operation

offensichtlich — COLL — **evident** *adj*
= sichtlich; offenkundig; augenscheinlich; augenfällig; evident
≈ eindeutig
= obvious; overt; manifest; ocular; apparent
≈ unequivocal

Offensichtlichkeit *nf* — COLL — **obviousness** *n*
= Offenkundigkeit *nf*

offen stehend — ECON — → **unpaid** *adj*
→ unbezahlt

offen stehende Beträge — ECON — → **open items**
→ offene Posten

öffentlich — ECON — **public** *adj*
= general

öffentliche Ausschreibung — ECON — **public tender**

öffentliche Bibliothek — SCIE — **public library**

öffentliche Datei — DAT.MA — **public file**

öffentliche Fernmeldegesellschaft — TELEC — **telecommunications common carrier**
= öffentlicher Netzbetreiber; öffentlicher Betreiber
≠ Privatnetzbetreiber
↑ Fernmeldegesellschaft
= communications common carrier; public carrier
↑ telecommunications carrier

öffentliche Fernsprechstelle — TELEC — **public telephone station**

öffentliche Meinung — ECON — **public opinion**

öffentliche Nachrichtentechnik — TELEC — **public communications engineering**
= public telecommunications engineering; common carrier communications engineering

öffentlichen Hand, der — ECON — **publicly owned**

öffentliche Norm — TECH — **public standard**
≈ offizielle Norm
≈ formal standard

öffentliche Programme *nplt* — MEDIA — **PEG**
= Public, Educational, Governmental

öffentlicher Betreiber — TELEC — → **telecommunications common carrier**
→ öffentliche Fernmeldegesellschaft

öffentlicher Bündelfunk — MOB.CO — **publik trunking**

öffentliches Dienstleistungsunternehmen — ECON — **public services company**
↓ öffentliches Versorgungsunternehmen
↓ public utility

öffentlicher Fernsprechnetz-Betreiber — TELEC — **public telephone operator**
= PTO

öffentlicher Flugfunk — MOB.CO — → **TFTS**
→ terrestrisches Flug-Telekommunikationssystem

öffentlicher Funkruf — MOB.CO — **off-site paging**
↑ radio paging

öffentlicher Mobilfunk — TELEC — **public mobile radiocommunications**
= PAMR; Public Access Mobile Radio

öffentlicher Name — INTERNET — **public identifier**

öffentlicher Netzbetreiber — TELEC — → **telecommunications common carrier**
→ öffentliche Fernmeldegesellschaft

öffentlicher Ordner — DAT.NW — **public folder**

öffentlicher Schlüssel — DAT.NW — **public key**

öffentliches Bündelfunknetz — RADIO — **public trunking network**
= Chekker-Netz *nn* (ANGL)

öffentliches Datenendgerät — COMP.AP — **public access terminal**
[entsprechend einem öffentl. Fernsprecher]
[in the manner of a public telephpone]
= PAT

öffentliches Datenmobilfunknetz — TELEC — **public access mobile data network**
= PAMD network

öffentliches Datennetz — TELEC — **public data network**
↓ öffentliches paketveremitteltes Datennetz; öffentliches leitungsvermitteltes Datennetz; digitales öffentliches Daten-Festverbindungsnetz
= PDN
↓ PSPDN; CSPDN; DFPDN

öffentliches Datennetz — DAT.CO — → **digital fixed public data network**
→ öffentliches digitales Daten-Festverbindungsnetz

öffentliches Datenpaketnetz — TELEC — **public switched packet data network**
= öffentliches paketvermitteltes Datennetz
↑ öffentliches Datennetz
= PSPDN
↑ public data network

öffentliches digitales Daten-Festverbindungsnetz — DAT.CO — **digital fixed public data network**
= öffentliches Datennetz
= DFPDN
↑ public data network

öffentliches Fernsprechwählnetz — TELEC — **public switched telephone network**
= öffentliches Telefonnetz
≠ öffentliches Datenwählnetz
↑ öffentliches Wählnetz
= general switched telephone network; PSTN; basic telephony network; BTN
≠ public switched data network
↑ public switched network

öffentliches Landfunknetz — TELEC — **public land mobile network**
= öffentliches landgestütztes Mobilfunknetz
= PLMN

öffentliches landgestütztes Mobilfunknetz — TELEC — → **public land mobile network**
→ öffentliches Landfunknetz

öffentliches Nachrichtenwesen — TELEC — → **public communications**
→ öffentliche Telekommunikation

öffentliches Netz — TELEC — **public network**
≈ postalisches Netz
≠ Privatnetz
= common carrier network; carrier network
≈ PTT network
≠ private network

öffentliches Netz — POW.EN — → **mains** *nplt*
→ Starkstromnetz *nn*

öffentliches paketvermitteltes Datennetz — TELEC — → **public switched packet data network**
→ öffentliches Datenpaketnetz

öffentliche Sprechstelle — TELEC — **public call station**

öffentliches Telefonnetz — TELEC — → **public switched telephone network**
→ öffentliches Fernsprechwählnetz

öffentliches Verkehrsmittel — TRANSM — **public service vehicle**
= P.S.V.

öffentliches Verzeichnis — DAT.NW — **public directory**

öffentliches Wählnetz — TELEC — **public switched network**
↓ öffentliches Fernsprechwählnetz; öffentliches Datenwählnetz
↓ public switched telephone network; public switched data network

öffentliche Telekommunikation — TELEC — **public communications**
= öffentliches Nachrichtenwesen
= public telecommunications; common carrier communications

öffentliche Vermittlung — TELEC — **public switch**
≠ Nebenstellenanlage
= public branch exchange
≠ private switch

öffentliche Vermittlungstechnik — SWITCH — **public switching**
≠ private Vermittlungstechnik
= central-office switching
≠ private switching

Öffentlichkeit *nf* — MEDIA — **public** *n*

Öffentlichkeitsarbeit *nf* — MEDIA — **public relations**
= Public Relations *nplt* (ANGL)

öffentlich-rechtliche Institution — PUB.ADM — **public authority**

Offerent *nm* — ECON — → **bidder** *n* (AE)
→ Anbieter *nm*

Offerte *nf* — ECON — → **offer** *n*
→ Angebot *nn*

offiziell — PUB.ADM — → **official** *adj*
→ amtlich

offizielle Norm — TECH — **formal standard**
≈ öffentliche Norm
≈ public standard

offizielle Pause — OFFICE — **official print**

offline — SW — **off-line** *adj*
[mit der Zentraleinheit nicht direkt verbunden]
= abgetrennt; rechnerunabhängig
[not in direct communication with CPU]
= offline
≠ on-line

Offline-Betrieb *nm* — SW — **off-line operation**
[getrennt von einer DVA betrieben]
= rechnerunabhängiger Betrieb
≈ Lokalbetrieb
= off-line mode; off-line processing; off-line working

Offline-Browser *nm* — DAT.NW — → **off-line reader**
→ Offline-Leser *nm*

Offline-Datenfernverarbeitung *nf* — DAT.PR — → **off-line teleprocessing**
→ indirekte Datenfernverarbeitung

Offline-Datenverarbeitung *nf* — DAT.PR — → **off-line data processing**
→ indirekte Datenverarbeitung

Offline-Druck — DAT.PR — → **off-line printing**
→ rechnerunabhängiges Drucken

Offline-Leser *nm* — DAT.NW — **off-line reader**
= Offline-Reader *nm*; Offline-Browser *nm*
= off-line browser; off-line navigator

Offline-Peripheriegerät *nn* — DAT.PR — **off-line peripheral equipment**
= rechnerunabhängiges Peripheriegerät
= off-line equipment; off-line unit

Offline-Reader *nm* — DAT.NW — → **off-line reader**
→ Offline-Leser *nm*

Offline-Speicher *nm* DAT.NW **off-line storage**

Offline-Speicher *nm* DAT.PR → **off-line storage**
→ rechnerunabhängiger Speicher

Offline-Verarbeitung *nf* DAT.PR → **off-line data processing**
→ indirekte Datenverarbeitung

Offline-Wartung *nf* DAT.PR **off-line maintenance**

öffnen TECH **open** *vt*
≈ entriegeln ≈ unlock

öffnendes Anführungzeichen LING → **quote mark** (2)
→ Anführung *nf*

Öffner *nm* COMPO → **break contact**
→ Ruhekontakt *nm*

Öffnerkontakt *nm* COMPO → **break contact**
→ Ruhekontakt *nm*

Öffner-Öffner COMPO **double-break contact**
[Relais]

Öffnung *nf* COLL **opening** *n*
[Vorgang des Öffnens] [act of opening]

Öffnung *nf* TECH **opening** *n*
[offene Stelle] [aperture]
≈ Loch; Zwischenraum; Durchbruch; Schlitz; Spalt; Düse ≈ hole; interstice; cutout; slot; gap; nozzle

Öffnung *nf* OPT → **aperture** *n*
→ Apertur *nf*

Öffnungsbreite *nf* ANT **aperture angle**

Öffnungsfläche *nf* ANT → **aperture** *n*
→ Strahlaustrittsfläche *nf*

Öffnungswinkel *nm* OPT → **aperture** *n*
→ Apertur *nf*

Öffnungswinkel *nm* EL.TRO → **acceptance angle**
→ Einfangwinkel *nm*

Öffnungszeiten ECON **opening hours**
= shop hours

Offset *nn* EL.TRO **offset** *n*

Offset *nn* SW → **displacement address**
→ Distanzadresse *nf*

Offset-Antenne *nf* ANT **offset antenna**

Offsetbetrieb *nm* RADIO **carrier offset**

Offsetdiode *nf* CIRC.EN **offset diode**
= Potentialverschieberdiode *nf*

Offsetdruck *nm* PRIN.ME **offset printing**
[die Tinte wird zuerst auf eine mit Gummi überzogene Fläche aufgebracht, und von dort aufs Papier] [the ink is first applied to a rubber-blanked surface, and than transferred to paper]
↑ Flachdruck = offset
↑ planographic printing

Offsetdrucker *nm* OFFICE **offset printer**

Offsetkopierer *nm* OFFICE **offset copier**

Offsetmessung *nf* INSTR → **relative measurement**
→ Relativmessung *nf*

Offsetpapier *nn* OFFICE **offset paper**

Offset-Parabolantenne *nf* ANT **offset parabolic antenna**
= offset paraboloidal reflector antenna

Offset-Parabolspiegel *nm* ANT **offset parabolic reflector**

Offset-Spannung *nf* CIRC.EN **offset voltage**
[Operationsverstärker] [operational amplifier]
= Nullspannung *nf*

Offset-Spannung *nf* EL.TEC → **offset voltage**
→ Fehlspannung *nf*

Offset-Strom *nm* CIRC.EN **offset current**
[Operationsverstärker] [operarional amplifier]

Off-Voice *nf* CINEMA **off-voice**
[Stimme einer Person außerhalb des Bildausschnitts] [voice of a person outside the

OFW-Filter *nn* COMPO → **surface-acoustic-wave filter**
→ Oberflächenwellenfilter *nn*

OGi-Platte *nf* POW.SY → **grid plate**
→ Gitterplatte *nf*

Ogonek *nn* LING **ogonek** *n*
[Cedille-artiges Zeichen unter einem Buchstaben] [cedilla-type sign below a character]
↑ diakritisches Zeichen

OH CHEM → **hydroxyl** *n*
→ Hydroxylgruppe *nf*

OH-Absorptionsspitze *nf* OPT.CO **OH absorption peak**

OH-Gruppe *nf* CHEM → **hydroxyl** *n*
→ Hydroxylgruppe *nf*

Ohm *nn* PHYS **ohm**
[SI-Einheit für elektrischen Widerstand, Blindwiderstand, Scheinwiderstand und Wellenwiderstand] [SI unit for electric resistance, reactance, impedance and characteristic impedance]
= Ω = Ω

Ohmmeter *nn* INSTR **ohmmeter** *n*
[nur für Widerstandsmessungen ausgelegtes Instrument] [instrument exclusively designed for resistance measurements]
↑ Widerstandsmesser ↑ resistance meter; insulation tester; earth resistance meter
↓ Teraohmmeter; Isolationsmesser; Erdungsmesser ↓ teraohmmeter;

ohmsch PHYS **ohmic**
= Ohm'sch

Ohm'sch PHYS → **ohmic**
→ ohmsch

ohmscher Kontakt MICR.EL **galvanic contact**
= sperrschichtfreier Kontakt

ohmscher Kontakt EL.TEC **ohmic contact**
[hat dem Strom proportionalen Spannungsabfall] [voltage drop proportional to current]
≈ galvanischer Kontakt

ohmscher Messfühler INSTR → **resistive pickup**
→ Widerstandsmessfühler *nm*

ohmscher Spannungsabfall EL.TEC **ohmic voltage drop**
= ohmic drop

ohmsche Rückkopplung CIRC.EN **resistive feedback**

ohmscher Verlust EL.TEC **ohmic loss**
[in einem Wirkwiderstand umgesetzte Verlustwärme] [power dissipated in an active resistance]
= Kupferverlust *nm* = wattful loss; copper loss

ohmscher Widerstand EL.TEC **ohmic resistance**
[physikalische Größe, linearer Abhängigkeit des Stroms von der Spannung] [physical magnitude, linear relation between current and voltage]
= linearer Widerstand = linear resistance
≠ nichtlinearer Widerstand ≠ nonlinear resistance

ohmscher Widerstand COMPO **ohmic resistor**
[Bauteil] [component]
= linearer Widerstand; Linearwiderstand *nm* = linear resistor; ohmic resistance; linear resistance
≠ nichtlinearer Widerstand ≠ nonlinear resistor
↑ Widerstand ↑ resistor

ohmsches Gesetz PHYS **Ohm's law**
= Ohm'sches Gesetz

Ohm'sches Gesetz PHYS → **Ohm's law**
→ ohmsches Gesetz

Ohm-Zeichen *nn* PHYS **ohm sign**
[Ω] [Ω]

ohne Anschlussstift MICR.EL **leadless** *adj*
= pinlos = pinless
≠ mit Anschlussstift ≠ leaded

ohne Anspruch auf Vollständigkeit COLL **without claiming completeness**

ohne Eisenkern EL.TEC **coreless**

Ohne-Kohle-Papier *nn* TER&PER **NCR paper**
[verfärbt sich an Druckstellen, für Mehfachformulare verwendet] [No Carbon Required; darkens under pressure, used for multicopy forms]
= NCR-Papier *nn*

ohne Last TECH → **unloaded** *adj*
→ unbelastet

ohne Obligo ECON **without recourse**

ohne Rast COMPO → **nonlocking** *adj*
→ nichtrastend

Ohr MEC.EN → **lug** *n*
→ Lappen *nm*

Ohrbezugspunkt *nm* TELEC **ear reference point**
= ERP

Ohrkurve *nf* EL.ACOU **ear response characteristic**
= psophonetic curve

Ohrmikrofon *nn* EL.ACOU **ear microphone**
= Ohrmikrophon *nn*

Ohrmikrophon *nn* EL.ACOU → **ear microphone**
→ Ohrmikrofon *nn*

Ohrmulde *nf* EL.ACOU **ear inset**

Ohrpolster *nn* EL.ACOU **ear cushion**

Okarina *nf* MUSIC **ocarina** *n*

Ökologie *nf* SCIE **ecology** *n*

Ökonomie *nf* ECON → **economy** *n* (2)
→ Wirtschaft *nf*

ökonomisch ECON → **cost-effective** *adj* (1)
→ wirtschaftlich (2)

Oktade *nf* COMP.SC **octad** *n*
[Gruppe von drei Bits] [group of three bits]
= octade *n*

Oktaeder *nn* MATH **octahedron** *n* (*pl* -drons&-dra)
= Achtflächner *nm* ↑ polyhedron
↑ Polyeder ↓ polygon

oktaedrisch	MATH	**octahedral**
= achtflächig		
Oktagon *nn*	MATH	→ **octagon** *n*
→ Achteck *nf*		
oktal	COMP.SC	**octal** *adj*
[vom latein. "octo" = "acht"; mit der Basis 8]		[from Latin "octo" = "eight"; with the base 8]
		= base 8
Oktal-/Binär-Umsetzung *nf*	COMP.SC	**octal-to-binary conversion**
Oktal-/Dezimal-Umsetzung *nf*	COMP.SC	**octal-to-decimal conversion**
Oktalcodierer *nm*	CODING	**octal encoder**
Oktaldarstellung *nf*	COMP.SC	→ **octal notation**
→ Oktalsystem *nn*		
oktale Darstellung	COMP.SC	→ **octal notation**
→ Oktalsystem *nn*		
oktaler Stellenwert	COMP.SC	**octal scale**
oktale Schreibweise	COMP.SC	→ **octal notation**
→ Oktalsystem *nn*		
oktales System	COMP.SC	→ **octal notation**
→ Oktalsystem *nn*		
oktales Zahlensystem	COMP.SC	→ **octal notation**
→ Oktalsystem *nn*		
oktales Zahlzeichen	COMP.SC	**octal number**
[0,1,2,3,4,5,6,7]		[0,1,2,3,4,5,6,7]
= Oktalziffer *nf*; oktale Ziffer		= octal digit
↑ Zahlzeichen		↑ numeral
oktale Zahlendarstellung	COMP.SC	→ **octal notation**
→ Oktalsystem *nn*		
oktale Ziffer	COMP.SC	→ **octal number**
→ oktales Zahlzeichen		
Oktalpunkt *nm*	COMP.SC	**octal point**
Oktalschreibweise *nf*	COMP.SC	→ **octal notation**
→ Oktalsystem *nn*		
Oktalsystem *nn*	COMP.SC	**octal notation**
[mit Radix 8 und den Ziffern 0,1,2,3,4,5,6,7]		[with radix 8 and digits 0,1,2,3,4,5,6,7]
= oktales System; oktales Zahlensystem; Oktalzahlensystem *nn*; oktale Zahlendarstellung; oktale Darstellung; Oktaldarstellung *nf*; oktale Schreibweise; Oktalschreibweise *nf*; Achtersystem *nn*		= octal number system; octal numeration system; octal number representation; octal representation; octal system; octal notation; octal counting
↑ Stellenwertssystem; Festradix-Schreibweise		↑ positional notation; fixed-radix notation
Oktalzahl *nf*	COMP.SC	**octal number**
		= octal numeral
Oktalzahlensystem *nn*	COMP.SC	→ **octal notation**
→ Oktalsystem *nn*		
Oktalziffer *nf*	COMP.SC	→ **octal number**
→ oktales Zahlzeichen		
Oktant *nm*	MATH	**octant** *n*
[1/8 Kreisfläche]		[1/8 of circle area]
Oktavband *nn*	MICROW	**octave band**
Oktavbandpass *nm*	NETW.TH	**octave filter**
Oktave *nf*	MATH	**octave** *n*
= Oktett *nn*; Achtergruppe *nf*		[a group of eight]
		= octet *n*
Oktavenanalyse *nf*	INSTR	**octave analysis**
Oktav-Verstärker *nm*	MICROW	**octave amplifier**
Oktett *nn*	MATH	→ **octave** *n*
→ Oktave *nf*		
Oktett *nn*	CODING	**octet** *n*
[als Einheit behandelte 8 Ziffern oder Bits]		[8 digits or bits handled as unit]
= Octet *nn*; Acht-Bit-Byte *nn*; Acht-Bit-Zeichen *nn*		= eight-bit byte
↑ Byte		↑ byte
Oktett *nn*	MATH	**octet** *n*
oktettweise	TECH	**octet-by-octet**
Oktillion *nf*	MATH	**quindecillion** *n* (AE)
[10E48]		[10E48]
		= octillion *n* (BE)
Oktode *nf*	EL.TRO	**octode** *n*
oktodenär	COMP.SC	**octodenary** *adj*
[die Zahl 18 betreffend]		[referring to the number 18]
Oktogon *nn*	MATH	→ **octagon** *n*
→ Achteck *nf*		
oktogonal	MATH	→ **octagonal** *adj*
→ achteckig		
oktonär	COMP.SC	**octonary** *adj*
		= octary
Oktonärbaum *nm*	DAT.MA	**octonary tree**
		= octary tree; octtree *n*
Oktupel *nn*	MATH	**octuple** *n*
↑ n-Tupel		↑ n-tuple
Okular *nn*	OPT	**eyepiece** *n*
Öl *nn*	CHEM	**oil** *n*
OLAP	SW	**OLAP**
↑ Entscheidungs-Software		[OnLine Analytical Processing]
		↑ decision support software
OLAP-Kubus *nm*	COMP.AP	**OLAP cube**
OLAP-Tool *nn*	COMP.AP	**OLAP tool**
Öldichtung *nf*	TECH	**oil retainer**
Öldruckwächter *nm*	TECH	**lube-oil pressure controller**
OLE	COMP.AP	**OLE**
		= Object Linking and Embedding
OLE	COMP.AP	→ **OLE**
→ Einbetten und Verknüpfen		
ölen	TECH	**oil** *vt*
↑ schmieren		↑ lubrication
Ölfarbe *nf*	TECH	**oil paint**
ölgefüllter Transformator	POW.EN	**oil-filled transformer**
= Öltransformator *nm*		
ölgetränkt	TECH	**soaked in oil**
Ölhärtung *nf*	METAL	**oil hardening**
oliv	OPT	→ **olivegreen** *adj*
→ olivgrün		
olivgrau	OPT	**olive gray**
		= olive drab
olivgrün	OPT	**olivegreen** *adj*
= oliv; olivgrün		= olive
olivgrün	OPT	→ **olivegreen** *adj*
→ olivgrün		
Ölkühlung *nf*	TECH	**oil cooling**
Ölpapier *nn*	TECH	**oiled paper**
Ölschmierung *nf*	TECH	**oil lubrication**
↑ Schmierung		
Ölstand *nm*	TECH	**oil level**
OLTP-System *nn*	COMP.AP	→ **online transaction system**
→ Online-Transaktionssystem *nn*		
Öltransformator *nm*	POW.EN	→ **oil-filled transformer**
→ ölgefüllter Transformator		
OMC	TELEC	→ **operation and maintenance center**
→ Betrieb-und-Wartungszentrum *nn*		
Omega-Anpassung *nf*	ANT	**omega match**
Omnibusleitung *nf*	TELEC	→ **party line**
→ Gemeinschaftsanschluss *nm*		
Onboardcomputer *nm* (ANGL)	COMP.AP	→ **onboard computer**
→ Bordcomputer *nm*		
Onboardrechner *nm* (ANGL)	COMP.AP	→ **onboard computer**
→ Bordcomputer *nm*		
On-board-Stromversorgung *nf*	EQP.EN	→ **on-board power supply**
→ leiterplattenintegrierte Stromversorgung		
ONC	DAT.PR	→ **neurocomputer**
→ Neurocomputer *nm*		
Onkologie *nf*	SCIE	**oncology** *n*
[Lehre der Geschwülste]		[theory of tumors]
ONKZ	SWITCH	→ **area code** (AE)
→ Ortskennzahl *nf*		
online	DAT.PR	→ **on-line** *adj*
→ direkt prozessgekoppelt		
Online-Auftritt *nm*	DAT.NW	**online presence**
Online-Banking *nn*	ECON	**online banking**
= elektronische Bankdienste; E-Bankverkehr		= on-line banking; e-banking
Online-Betrieb *nm*	DAT.PR	→ **online processing**
→ Online-Verarbeitung *nf*		
Online-Datenbank *nf*	DAT.MA	**online database**
= direkt prozessorgekoppelte Datenbank		= on-line database
Online-Datenbank *nf*	DAT.NW	**online database**
[per Netz erreichbar]		[loggable by network]
		= on-line database
Online-Datenfernverarbeitung *nf*	DAT.PR	→ **direct teleprocessing**
→ direkte Datenfernverarbeitung		
Online-Dialog *nm*	DAT.CO	**online dialog**
= rechnergebundener Dialog		= on-line dialog
Online-Dienst *nm*	DAT.NW	**online service**
[Netzzugang u. Mehrwertdienste aus einer Hand]		[net access and VAS from one provider]
= Online-Service *nm*		= on-line service
Online-Gemeinde *nf*	DAT.NW	**online community**
		= on-line community
Online-Händler mit Filialnetz	DAT.NW	**clicks and mortar**
Online-Hilfe *nf*	COMP.AP	→ **HELP function** *n*
→ Hilfe-Funktion *nf*		

Online-Informationssystem *nn* — DAT.NW — **online information system** = on-line information system

Online-Kassenverkehr *nm* = rechnergebundener Kassenverkehr — DAT.PR — **online teller transaction** = on-line teller transaction

Online-Konferenz *nf* = chat — DAT.NW — **online conference** = on-line conference; chat

Online-Kopplung *nf* [Prozessrechner] = rechnergebundener Betrieb — CONTRO — **online operation** = on-line operation

Online-Peripherie *nf* = rechnerabhängige Peripherie — HW — **online peripherals** = online devices; online equipment; on-line devices; on-line equipment

Online-Programmierung *nf* — SW — **online programming** = on-line programming

Online-Reserve *nf* — DAT.PR — **online backup** = on-line backup

Online-Service *nm* → Online-Dienst *nm* — DAT.NW — → **online service**

Onlineshopping *nn* (ANGL) → Tele-Einkauf — INTERNET — → **teleshopping** *n*

Online-Shopping *nn* [über Internet] = e-Shop *nm*; Interneteinkauf *nm* — ECON — **online shopping** [over Internet] = on-line shopping; e-shop; Internet shopping

Online-Software *nf* — SW — **online software** = on-line software

Online-Speicher *nm* = rechergebundener Speicher — DAT.PR — **online status** = on-line status

Online-Status *nm* — DAT.NW — **online storage** = on-line storage

Online-System *nn* — DAT.PR — **online system** = on-line system

Online-Transaktionssystem *nn* [aktualisiert automatisch und löst Folgeaktion aus (z.B. Nachbestellung)] = OLTP-System *nn* ↑ Datenbanksystem — COMP.AP — **online transaction system** [updates automatically and activates cosequent action (e.g. re-ordering)] = on-line transaction system; OLTP system; OLTP ↑ database management system

Online-Verarbeitung *nf* = rechnerabhängige Verarbeitung; rechnergebundene Verarbeitung; Online-Betrieb *nm*; rechnerabhängiger Betrieb; rechnergebundener Betrieb — DAT.PR — **online processing** = online working; online mode; online operation; on-line processing; on-line working; on-line mode; on-line operation

Online-Wartung *nf* = betriebsunterbrechungsfreie Wartung; unterbrechungsfreie Wartung — DAT.PR — **online maintenance** = on-line maintenance

On-line-Welt → Cyberspace *nm* — INTERNET — → **cyberspace** *n*

Online-Werbung *nf* — ECON — **online advertising** = on-line advertising

Online-Wertpapierhandel *nm* = Internet-Wertpapierhandel *nm* — ECON — **online trading** = on-line trading

onscreen → am Bildschirm — DAT.PR — → **on-screen** *adj*

Onscreen-Dokumentation *nf* → lokal gehandhabte Dokumentation — DAT.MA — → **on-screen documentation**

Onset-Antenne *nf* — ANT — **onset antenna**

OOP → objektorientierte Programmierung — SW — → **object-oriented programming**

OPAC — COMP.AP — **OPAC** = Online Public Access Catalog

opak → undurchsichtig — OPT — → **opaque** *adj*

opake Darstellung ≠ transparente Darstellung — COMP.GR — **opaque representation** ≠ transparent representation

Opazität *nf* [Nichtdurchscheinen auf Blattrückseite] — PRIN.ME — **opacity** *n* [non-transparency to the rear side]

OPC-Adresse *nf* → Ursprungsvermittlungsadresse *nf* — SWITCH — → **OPC**

OPC-Kassette *nf* [in Laserdruckern] — TER&PER — **OPC cartridge** [in laser printer]

Op-Code *nm* → Operationscode *nm* — SW — → **operation code**

OPC-Trommel *nf* → Fotoleitertrommel *nf* — TER&PER — → **photosentive drum**

Open-Kollektor-Ausgang *nm* — MICR.EL — **open-collector output**

Open-loop-Betrieb *nm* (ANGL) → offen prozessgekoppelter Betrieb — DAT.PR — → **open-loop mode**

Open-shop-Betrieb *nm* (ANGL) → offener Rechenzentrumsbetrieb — DAT.PR — → **open shop operation**

Oper *nf* — MUSIC — **opera** *n*

Opera buffa → komische Oper — IMAG.ME — → **comic opera**

Operand *nm* [Information die Gegenstand eines Befehles ist] — COMP.SC — **operand** *n* [information operated upon]

Operand *nm* [vom latein. "operandus" = "der zu Bearbeitende"; Gegenstand einer Operation] = Rechengröße *nf* — MATH — **operand** *n* [from Latin "operandus" = "the one who should be worked"; parameter operated upon]

Operandenabholphase *nf* → Operandenabruf *nm* — DAT.PR — → **operand fetch**

Operandenabruf *nm* = Operandenabholphase *nf* — DAT.PR — **operand fetch**

Operandenadresse *nf* — COMP.SC — **operand address**

operandenlos — COMP.SC — **niladic** *adj* [without specified operand]

Operandenregister *nn* → arithmetisches Register — DAT.PR — → **arithmetic register**

Operandenteil *nm* [Adressteil eines Befehls] ↓ Operandenadresse; Sprungadresse — SW — **operand part** [part of command indicating address]

Operateur *nm* → Rechnerbediener *nm* — DAT.PR — → **computer operator** *n*

Operation *nf* = mathematische Operation — MATH — **operation** *n* = mathematical operation

Operation *nf* → Vorgang *nm* — TECH — → **operation** *n* (2)

Operation *nf* (1) → Befehl *nm* (1) — SW — → **instruction** *n* (1)

Operation *nf* (2) → Programmschritt *nm* — SW — → **program step** *n*

Operationen-Steuerung *nf* — DAT.PR — **operations controller**

Operations-Charakteristik *nf* → Betriebsdaten *nplt* (1) — TECH — → **operating characteristics** (2)

Operationscode *nm* [Teil des Befehlscodes der die Operationsart definiert] = OC; Op-Code *nm*; Operationsschlüssel *nm*; Befehlsschlüssel *nm*; Befehlscode *nm*; Operationsteil *nm*; Kommandocode *nm*; Kommandoschlüssel *nm* ≠ Adressfeld — SW — **operation code** [part of machine-code instruction defining the type of operation] = operating code; op-code; opcode; OC; instruction code; operation part; operation field; function field; command code; order code ≠ address field

operationscodebedingte Ablaufunterbrechung [wegen unzulässigem Operationscode] — DAT.PR — **operation exception** [interruption because of undue operation code]

Operationscode-Falle → Operationscode-Fangvorrichtung *nf* — SW — → **operation code trap**

Operationscode-Fangvorrichtung *nf* = Operationscode-Falle — SW — **operation code trap** [replaces part of OC to cause an interrupt]

Operationscode-Prozessor *nm* = Befehlscode-Prozessor *nm* — DAT.PR — **operation code processor** = order code processor; OC processor; OCP

Operationscode-Register *nn* = Operationsregister *nn* — DAT.PR — **operation code register** = operation register; op register

Operationsfolge *nf* = Rechensequenz *nf* — SW — **operation precedence** = precedence *n*; order of operations

Operationsforschung *nf* → lineare Programmierung — ECON — → **linear programming**

Operationspfad *nm* — SW — **operation path**

Operationsregister *nn* → Operationscode-Register *nn* — DAT.PR — → **operation code register**

Operationsschlüssel *nm* → Operationscode *nm* — SW — → **operation code**

Operationsspeicher *nm* — DAT.PR — **operation memory** = operation store

Operationssteuerung *nf* [Steuerung der Befehlsausführung, im Steuerwerk der Zentraleinheit] — DAT.PR — **operation control** [in the CPU]

Operationssystem *nn* → Betriebsführungssystem *nn* — TELEC — → **operations system**

Operationstabelle *nf* [beschreibt eine logische Funktion] — LOGIC — **operation table** [describes a logic function]

Operationsteil *nm* → Operationscode *nm* — SW — → **operation code**

Operationsumwandler *nm* [eine Vorrichtung die Maschinenbefehle in Vorgänge umsetzt] — DAT.PR — **operation decoder** [device converting machine code into action]

Operationsverstärker *nm* [für spezifische Übertragungs- oder Rechenfunktion ausgelegter — CIRC.EN — **operational amplifier** [dc amplifier designed to perform a specific computing or transfer

Gleichspannungsverstärker] function]
= OPV; Rechenverstärker *nm* = op-amp
↓ Integrationsverstärker; Summenintegrator ↓ integrating amplifier; summing integrator

Operationsvorrat *nm* DAT.PR **operation set**

Operationszeit *nf* DAT.PR **operation time**
= command execution time

Operationszyklus *nm* DAT.PR → **instruction cycle**
→ Befehlszyklus *nm*

Operationszykluszeit *nf* DAT.PR → **instruction cycle time**
→ Befehlszykluszeit *nf*

operatives Ergebnis ECON **operational result**

operatives Geschäft ECON **operations** *nplt*

Operativspeicher *nm* DAT.PR **operative memory**

Operator *nm* LOGIC **operator** *n*
[Prädikatenlogik; Symbol einer Operation; vom latein. "operari" = "an etwas arbeiten"] [predicate logic; symbol of an operation; from Latin "operari" = "to work on something"]
= Verknüpfungssymbol *nn* = operation symbol
↓ UND-Operator; ODER-Operator; NICHT-Operator; Implikation ↓ AND operator; OR operator; NOT operator; implication

Operator *nm* COMP.LG **operator** *n*
[ALGOL, COBOL; Befehlsteil, die Operationsart kennzeichnend] [ALGOL, COBOL; part of address, defining type of operation]

Operator *nm* SW **operator** *n*
[Symbol das eine Operation kennzeichnet] [symbol representing an operation]

Operator *nm* DAT.PR → **computer operator** *n*
→ Rechnerbediener *nm*

Operator *nm* TELEPH → **operator** *n*
→ Dienstperson *nf*

Operatorassoziativität *nf* COMP.SC → **operator associativity**
→ Operatororientierung *nf*

Operatordienst *nm* TELEC **operator service**
↓ Rufnummernauskunft; Handvermittlung ↓ call number information; operator-assisted call

Operatormehrfachbelegung *nf* SW **operator overloading**
[mehrere Funktionen eines Operatornamens, die je nach Parametertyp bestimmt werden; Leistungsmerkmal von z.B. Ada und C++] [several functions are given to an operator name, and are defined case by case depending on parameter type; feature of e.g. Ada and C++]
≈ Funktionsmehrfachbelegung ≈ function overloading

Operatororientierung *nf* COMP.SC **operator associativity**
[die Richtung in die er wirkt (rechts oder links)] [the side he operates on (right or left)]
= associativity

Operatorplatz *nm* TELEPH → **PBX operator desk**
→ Vermittlung *nf*

Operatorpriorität *nf* COMP.SC → **operator precedence**
→ Operatorvorrang *nm*

Operatorrangfolge *nf* COMP.SC **operator precedence**

Operatorvorrang *nm* COMP.SC **operator precedence**
= Operatorpriorität *nf* = precedence *n*

Operette *nf* MUSIC **opereta** *n*

Operettenmusik *nf* MUSIC **opereta music**

Opernhaus *nn* MUSIC **opera house**

Opernmusik *nf* MUSIC **opera music**

Ophtalmometer *nn* OPT **ophtalmometer**
[zur optischen Abstandsmessung] [for optical measurement of distance]

OPM SYS.TH **OPM**
[Funktion, Struktur und Verhanlten in einem Modell] [function, structure and behaviour in a single model]
= Object-Process Methodology

Opportunitätskosten *nplt* ECON **opportunity costs**

Oppositionswort *nn* LING → **antonym** *n*
→ Antonym *nn*

Optik *nf* PHYS **OPT** *nplt*
[vom griech. "opiptéin" = "mit den Augen treffen, gaffen"; Lehre vom Licht] [from Greek "opiptéin" = "to hit with the eys, gape"; science of light]
↑ Physik ↑ physics

optimal TECH **optimal** *adj*
= bestmöglich

Optimalcode *nm* CODING → **optimal code**
→ redundanzsparender Code

optimales Filter INF.TEC → **optimum matched filter**
→ Optimalfilter *nn*

optimale Steuerung CONTRO **optimal control**

Optimalfilter *nn* INF.TEC **optimum matched filter**
[Korrelationselektronik] [correlation electronics]
= optimales Filter = analog matched filter

optimieren TECH **optimize**

optimierender Algorithmus MATH → **optimizing algorithm**
→ Optimierungsalgorithmus *nm*

optimierender Compiler SW → **optimizing compiler**
→ optimierender Kompilierer

optimierender Kompiler SW → **optimizing compiler**
→ optimierender Kompilierer

optimierender Kompilierer SW **optimizing compiler**
= optimierender Kompiler; optimierender Compiler

optimiertes Programm SW **optimized program**
[mittels eines Optimierungsprogramm] [passed threough an optimizer]
= optimized code

optimierte T-Antenne ANT **improved T antenna**

Optimierung *nf* TECH **optimization**

Optimierungsalgorithmus *nm* MATH **optimizing algorithm**
= optimierender Algorithmus = optimization algorithm

Optimierungsproblem *nn* SCIE **optimization problem**

Optimierungsprogramm *nn* SW **optimizer** *n*
= Optimizer *nm* = optimizing program

Optimizer *nm* SW → **optimizer** *n*
→ Optimierungsprogramm *nn*

Optimum *nn* TECH **optimum** *n*

Optimum *nn* SCIE **optimum** *n*
↓ Bestgrößtes; Bestmeistes

Option *nf* ECON **otion** *n*

Option *nf* SW **option** *n*
[in DOS nach /] [in DOS after /]
= switch *n* (2)

Option *nf* ECON → **option** *n*
→ Auswahlposition *nf*

optional ECON → **optional** *adj*
→ wahlweise *adj*

optional *adv* ECON **optionally** *adv*
≈ bei Bedarf ≈ on demand

Optionenkatalog *nm* TEC.DOC **options catalog**

Optionsfeld *nn* COMP.AP **option button**
= Optionsschaltfläche *nf* = radio button
↑ Dialogfeld ↑ dialog field

Options-Ikon *nn* (ANGL) COMP.AP → **option icon**
→ Auswahlbildzeichen *nn*

Optionsschaltfläche *nf* COMP.AP → **option button**
→ Optionsfeld *nn*

Optionstaste *nf* TER&PER **option key**

Optionstaste *nf* TER&PER → **option key** *n*
→ Umschalttaste *nf* (2)

optisch PHYS **optical** *adj*
≈ sichtbar ≈ visible

optisch OPT.CO → **fiberotic** *adj*
→ faseroptisch

optisch-akustischer Leitstrahlsender RAD.NA **visual/aural range**
= VAR = VAR

optische Abtastung TER&PER **optical scanning**
= photoelektrische Abtastung = photoelectric scanning

optische Arbeiten CINEMA **opticals** *n*

optische Aufzeichnung TER&PER → **optical recording**
→ optische Speicherung

optische Ausweiskarte TER&PER **optical card**
= optical identity card; optical badge card

optische Bibliothek DAT.MA **optical library**
[eine Maschine zur Handhabung vieler Bildplatten] [a machine to handle a large number of optical disks]
= optische Musikbox = optical jukebox

optische Bildplatte TER&PER → **optical disk**
→ Bildplatte *nf*

optische Dämpfung OPT.CO **optical loss**
= optical attenuation

optische Datenleitung DAT.CO **optical data link**

optische Datenverarbeitung DAT.PR **optical data processing**

optische Dispersion PHYS **optical dispersion**

optische Effekte IMAG.ME **visual effects**

optische Faser OPT.CO → **optical waveguide**
→ Lichtwellenleiter *nm*

optische Fehlersuche QUAL → **visual fault inspection**
→ visuelle Fehlersuche

optische Leistungsbilanz OPT.CO **optical power budget**

optische Leitung TELEC **optical link**

optische Lithografie MICR.EL → **photolithography**
→ Fotolithografie *nf*

optische Marke EL.TRO → **luminous pointer**
→ Lichtmarke *nf*

optische Markierung TER&PER **optical mark** *n*
= Blip = blip

optische Markierungserkennung = Markierungserkennung *nf* ↑ optische Abtastung	TER&PER	**optical mark recognition** = OMR; mark recognition ↑ optical scanning
optische Maus ≠ mechanische Maus	TER&PER	**optical mouse** ≠ mechanical mouse
optische Musikbox → optische Bibliothek	DAT.MA	→ **optical library**
optische Nachrichtentechnik	TELEC	**optical communications**
optische Nachrichtenübertragung = optische Übertragung	TELEC	**optical communications transmission** = optical-fiber transmission; optical transmission; optical telecomunications
optische Platte → Bildplatte *nf*	TER&PER	→ **optical disk**
optischer Abschwächer → optisches Dämpfungsglied	OPT.CO	→ **optical attenuator**
optischer Abtaster → Abtaster *nm*	TER&PER	→ **scanner** *n*
optischer Alarm = Lichtzeichen *nn* ↑ Alarmanzeige	EQP.EN	**visual alarm** ↑ alarm indication
optischer Belegleser ↑ Belegleser	TER&PER	**optical document reader** ↑ document reader
optischer Codierzeilenleser → optischer Leser	TER&PER	→ **optical character reader**
optischer Computer = optoelektronischer Computer; OC ↓ optischer Neurocomputer	DAT.PR	**optical computer** = optoelectronic computer; OC ↓ optical neurocomputer
optischer Datenträger	TER&PER	**optical data carrier** = optical medium; optical volume
optischer Empfänger → Lichtwellenempfänger *nm*	INSTR	→ **lightwave receiver**
optischer Faserverstärker	OPT.CO	**optical fiber amplifier** = OFA
optischer Horizont	RAD.PRO	**optical horizon**
optischer Koppler → Optokoppler *nm*	OPTOEL	→ **optical coupling device**
optischer Leistungsmesser → optischer Pegelmesser	INSTR	→ **optical power meter**
optischer Leistungsteiler	OPTOEL	**optical power splitter**
optischer Leser [liest genormte optische Schriftzeichen] = OCR-Schriftleser *nm*; OCR-Leser *nm*; OCR-Lesestation *nf*; optisches Lesegerät; optischer Codierzeilenleser ≈ Abtaster ↑ Eingabegerät; Klarschriftleser ↓ Lesegerät; Allschriftenleser; Mehrschriftenleser; Streifenleser; Blattleser; Belegleder; Strichcodeleser; Markierungsleser	TER&PER	**optical character reader** [reads standardized characters] = OCR document reader; OCR reader; optical reader; OCR terminal; optical character scanner; visual character scanner ≈ scanner ↑ scanner; character reader ↓ omni-font reader; multi-font reader; strip reader; page reader; document reader; bar-code reader; mark reader
optischer Markierungsleser → Markierungsleser *nm*	TER&PER	→ **mark reader**
optischer Maser → Laser *nm*	OPTOEL	→ **laser** *n*
optischer Messkopf	INSTR	**optical head**
optischer Nachverstärker → Faserverstärker *nm*	OPT.CO	→ **booster** *n*
optischer Neurocomputer → Neurocomputer *nm*	DAT.PR	→ **neurocomputer**
optischer Neurorechner → Neurocomputer *nm*	DAT.PR	→ **neurocomputer**
optischer Pegelmesser = optischer Leistungsmesser	INSTR	**optical power meter**
optischer Pegelsender	INSTR	**optical power source**
optischer Resonator	OPTOEL	**optical resonator**
optischer Richtfunk	RAD.RE	**optical line-of-sight radio**
optischer Scanner → Abtaster *nm*	TER&PER	→ **scanner** *n*
optischer Schalter → Optoschalter *nm*	OPTOEL	→ **opto-switch**
optischer Seitenleser	TER&PER	**optical page reader**
optischer Sensor → Lichtsensor *nm*	COMPO	→ **optical sensor**
optischer Signalanalysator	INSTR	**optical signal analysator** = lightwave signal analyzer
optischer Signalgenerator = optische Signalquelle	INSTR	**optical signal source** = optical signal generator
optischer Speicher ↓ Laserplatte; magnetooptischer Speicher; fotografischer Speicher; Mikrofilm; holografischer Speicher	HW	**optical memory** = optical storage; optical store ↓ optical disk; magneto-optical memory; photographic memory; microfilm; holographic memory

optischer Wellenleiter → Lichtwellenleiter *nm*	OPT.CO	→ **optical waveguide**
optischer Zeichensatz → optische Schrift	TER&PER	→ **optical font**
optisches Abtastgerät → Abtaster *nm*	TER&PER	→ **scanner** *n*
optisches Anzeigegerät → Sichtgerät *nn* (1)	TER&PER	→ **display terminal** *n* (1)
optische Schrift [genormte Schriftzeichen] = optischer Zeichensatz ↓ OCR-Schrift; Balkencode	TER&PER	**optical font** [standardized characters] ↓ OCR letter; bar code
optisches Dämpfungsglied = optischer Abschwächer	OPT.CO	**optical attenuator**
optisches Erdseilkabel	OPT.CO	**optical ground wire** = OPGW
optisches Fenster → Übertragungsfenster *nn*	OPT.CO	→ **transmission window**
optisches Filter	PHYS	**optical filter**
optische Signalquelle → optischer Signalgenerator	INSTR	→ **optical signal source**
optisches Kabel → Lichtwellenleiterkabel *nn*	COM.CAB	→ **optical fiber cable**
optisches Laufwerk	HW	**optical drive**
optisches Lesegerät → optischer Leser	TER&PER	→ **optical character reader**
optisches Nebensprechen	OPT.CO	**optical crosstalk**
optische Speicherkarte	TER&PER	**optical memory card**
optische Speicherplatte → Bildplatte *nf*	TER&PER	→ **optical disk**
optische Speicherung = optische Aufzeichnung	TER&PER	**optical recording**
optisches Pumpen	OPTOEL	**optical pumping**
optisches Relais	COMPO	**optical relay**
optisches Rückstreumessgerät → Rückstreumessplatz *nm*	INSTR	→ **optical time domain reflectometer**
optisches Seekabel = LWL-Seekabel *nn*; Lichtwellenleiter-Seekabel *nn*	COM.CAB	**submarine fiber cable** = undersea fiber cable; undersea lightwave cable
optisches Teilnehmermultiplexsystem	TELEC	**optical loop carrier system** = OLC
optisches Verteilnetz ↓ FITL	TELEC	**optical distribution network** = ODN ↓ FITL
optische Täuschung	OPT	**optical illusion**
optische Tonspur	CINEMA	**optical track**
optische Übertragung → optische Nachrichtenübertragung	TELEC	→ **optical communications transmission**
optische Überwachung	SIG.EN	**visual monitoring**
optische Zeichenerkennung = OCR ↑ Klarschriftlesen	TER&PER	**optical character recognition** = OCR; optical recognition ↑ character recognition
opto-akustisch → akusto-optisch	TER&PER	→ **acousto-optic** *adj*
optoakustischer Effekt = photoakustischer Effekt	PHYS	**optoacoustical effect**
Optoelektronik *nf* = Optronik *nf*, Fotonik *nf*, Photonik *nf* ↑ Elektronik	MICR.EL	**optoelectronics** *nplt* = OE; optronics *nplt*, photonics *nplt* ↑ electronics
optoelektronisch = photronisch	MICR.EL	**optoelectronic** *adj* = opto-electronic; photonic
optoelektronischer Computer → optischer Computer	DAT.PR	→ **optical computer**
optoelektronischer Halbleiter → optoelektronisches Bauelement	COMPO	→ **optoelectronic component**
optoelektronischer IC = OEIC-Baustein *nm*	OPTOEL	**opto-electronic integrated circuit** = optoelectronic IC; OEIC
optoelektronischer Verstärker	OPTOEL	**optoelectronic amplifier**
optoelektronischer Wandler	COMPO	**optoelectronic transducer** = optoelectronic converter
optoelektronisches Bauelement = optoelektronischer Halbleiter	COMPO	**optoelectronic component** = optoelectronic device; optoelectronic semiconductor
optogalvanischer Effekt = optovoltaischer Effekt	PHYS	**optogalvanic effect**
Optohalbleiter *nm*	MICR.EL	**opto-semiconductor**
Optoisolator *nm* → Optokoppler *nm*	OPTOEL	→ **optical coupling device**

Optokoppler *nm* = Optoisolator *nm*; Lichtkoppler *nm*; Lichtwellenkoppler *nm*; LWL-Koppler *nm*; optischer Koppler	OPTOEL	**optical coupling device** = optical coupler; optocoupler; optical coupled isolator; opto-isolator; lightwave coupler; lightwave couple element
optomechanisch	OPTOEL	**optomechanical**
optomechanische Maus	TER&PER	**optomechanical mouse**
Optoschalter *nm* = optischer Schalter; LWL-Schalter *nm*	OPTOEL	**opto-switch** = optical switch
Optotransistor *nm* → Phototransistor *nm*	MICR.EL	→ **phototransistor** *n*
optovoltaischer Effekt → optogalvanischer Effekt	PHYS	→ **optogalvanic effect**
Optronik *nf* → Optoelektronik *nf*	MICR.EL	→ **optoelectronics** *nplt*
OPV → Operationsverstärker *nm*	CIRC.EN	→ **operational amplifier**
OQPSK = O-4PSK	MODUL	**OQPSK** = offset quaternary phase shift keying; O-4PSK
orange [entspricht ca. 620 nm]	OPT	**orange** *adj* [corresponds to approx. 620 nm]
Orange-Buch *nn* → TSEC-Kriterien *nplt*	DAT.PR	→ **TSEC**
Orbitabstand *nm*	SAT.CO	**orbital spacing**
Orbitkoordinierung *nf*	SAT.CO	**orbit coordination**
Orbitnutzung *nf*	SAT.CO	**orbit utilization**
Orbitposition *nf* = Umlaufbahnposition *nf*	SAT.CO	**orbital position**
ordentlich	COLL	**tidy** *adj*
Ordentlichkeit *nf*	COLL	**orderliness** *n*
ordern → bestellen	ECON	→ **order** *vt*
Ordinalzahl *nf* [die Reihenfolge kennzeichnende natürliche Zahl, z.B. "erster"] = Ordnungszahl *nf* ≈ Kardinalzahl ↑ natürliche Zahl	MATH	**ordinal number** [natural number designating the sequence, e.g. "first"] ≈ cardinal number ↑ natural number
Ordinate *nf* = Ordinatenachse *nf*; Y-Achse *nf* ≠ Abszisse ↑ Koordinate	MATH	**ordinate** *n* = Y axis ≠ abscissa ↑ coordinate
Ordinatenachse *nf* → Ordinate *nf*	MATH	→ **ordinate** *n*
ordnen [in der Rangfolge] = anordnen	DAT.MA	**rank** *vt* = order *n*
ordnen ≈ anordnen	TECH	**order** *vt* ≈ arrange
Ordner *nm*	OFFICE	**file** *n* = binder (AE)
Ordner *nm* [Datei-Unterverzeichnis]	DAT.MA	**folder** *n* [file subdirectory]
Ordner *nm* → Verzeichnis *nf*	DAT.MA	→ **directory** *n*
Ordner *nm* → Aktenordner *nm*	OFFICE	→ **file** *n*
Ordnung *nf* ≈ Anordnung	TECH	**order** *n* ≈ arrangement
Ordnungsbegriff *nm* = Schlüssel *nm* ≈ Ordnungsdaten	DAT.MA	**ordering argument** = defining argument; sequence argument ≈ key data
Ordnungsdaten *nplt* ≈ Ordnungsbegriff	DAT.MA	**key data** ≈ ordering argument
Ordnungsgütemaß *nn* [Abweichung zur Zufallsverteilung]	STATIS	**ordering bias** [difference to a random distribution]
Ordnungszahl *nf* → Ordinalzahl *nf*	MATH	→ **ordinal number**
Ordnungszahl *nf* → Atomnummer *nf*	PHYS	→ **atomic number**
Organigram → Organisationsplan *nm*	ECON	→ **organization chart**
Organisation *nf* [eine Gruppe]	ECON	**organization** *n* [a group]
Organisation *nf* [Tätigkeit] = Organisierung *nf*	COLL	**organization** *n* [activity]
Organisation *nf* → Systemverwaltung *nf*	SW	→ **housekeeping** *n*
Organisationsablauf *nm* = Verwaltungsablauf *nm*; organisatorische Operation	SW	**housekeeping sequence** = housekeeping sequency; housekeeping operation; overhead operation; bookkeeping operation
Organisationsablaufzeit *nf*	DAT.PR	**overhead time**
Organisationsaufruf *nm* = Steuerprogrammaufruf *nm*	SW	**supervisor call** = control system call
Organisationsbefehl *nm*	SW	**housekeeping instruction** = overhead instruction
Organisationskanal *nm*	MOB.CO	**organization channel**
Organisationsplan *nm* = Orgplan *nm*; Organigram ≈ Arbeitsplan	ECON	**organization chart** ≈ function chart
Organisationsprogramm *nn* [steuert allgemeine Abläufe des Rechners und seiner Peripheriegeräte] = Organisationsregister *nn*; Steuerprogramm *nn*; Programmablaufsteuerung *nf*; Programmsteuerung *nf* ≈ Benutzeroberfläche ↑ Betriebssystem ↓ Hauptsteuerprogramm; Auftragsverwaltung; Task-Management; Datenverwaltung	SW	**control program** [controls overall operations of CPU and peripherals] = supervisor routine; control routine; executive control program; housekeeping register; master program; automatic sequencing; operating environment ≈ user interface ↑ operating system ↓ executive program; job management; task management; data management
Organisationsregister *nn* → Organisationsprogramm *nn*	SW	→ **control program**
Organisator *nm* → Veranstalter *nm*	ECON	→ **organizer** *n*
organisatorisch	ECON	**organizational** *adj*
organisatorische Operation → Organisationsablauf *nm*	SW	→ **housekeeping sequence**
organisatorischer Befehl	SW	**organizational instruction**
organisatorische Unterstützung	ECON	**organizational support**
Organische Chemie	SCIE	**Organic Chemistry**
organische lichtempfindliche Verbindung = organische photosensitive Verbindung	TER&PER	**organic photosensitive compound** = OPC
organische photosensitive Verbindung → organische lichtempfindliche Verbindung	TER&PER	→ **organic photosensitive compound**
organischer Halbleiter	PHYS	**organic semiconductor**
organisieren	COLL	**organize** *vt*
organisieren → veranstalten	ECON	→ **organize** *vt*
Organisierung *nf* → Organisation *nf*	COLL	→ **organization** *n*
Organizer *nm*	DAT.PR	**organizer** *n*
Orgplan *nm* → Organisationsplan *nm*	ECON	→ **organization chart**
Orgware *nf* [organisatorische Maßnahmen]	DAT.PR	**orgware** *n* [organizational measures]
orientblau *adj*	OPT	**oriental blue** *adj*
orientiert	TECH	**oriented** *adj* = orientated (BE)
orientiert → gerichtet	TECH	→ **directional**
Orientierung *nf* [Kristall]	PHYS	**orientation** *n* [crystal]
Orientierung *nf* → Ausrichtung *nf*	TECH	→ **alignment** *n*
Orientierungspolarisation *nf* [Dipoldrehung durch äußeres Feld] ↑ elektrische Polarisation	PHYS	**orientational polarization** (1) [by external field]
Original *nn* ≈ Vorlage ≠ Pause	OFFICE	**original** *n* ≠ copy (2)
Originalbeleg *nm* = Urbeleg *nm*; Ursprungsbeleg *nm* ↑ Beleg	DAT.MA	**original document** = original voucher; source document; source voucher; master document; master voucher; master *n* ↑ document
Originaldaten *nplt* → Ursprungsdaten *nplt*	DAT.MA	→ **source data**
Originalfassung *nf*	MEDIA	**original version**
Originalfassung mit Untertiteln	CINEMA	**original version with subtitles** = subtitled version
Originalformat *nn* → Ursprungsformat *nn*	DAT.MA	→ **native format**
Originalität *nf* = Ursprünglichkeit *nf*	SCIE	**originality** *n*

Original-Software *nf* — SW — → **master software**
→ Stamm-Software *nf*

Originalton *nm* — CINEMA — **production sound**
= O-Ton

Originalton-Mischtonmeister *nm* — CINEMA — **production sound mixer**

Originaltreue *nf* — EL.ACOU — → **fidelity** *n*
→ Wiedergabetreue *nf*

Originalzeichnung *nf* — ENG.DRA — **original drawing**

Originalzubehör *nn* — ECON — **genuine accessory**

Orkan *nm* — METEO — **hurricane** *n*
[Windstärke 12-17, über 117 km/h]
= Taifun (Ostasien)
[Beaufort Number 12-17; over 72 mph]
= typhoon *n* (East Asia)

Ornament *nn* — PRIN.ME — **dingbat** *n* (AE)
[zur Hervorhebung oder Dekorierung von Texten; z.B. , ooo]
= Dingbat *nn*
↑ Blockade
[ornaments or highlihting marks for texts; e.g. ,oooo]
= printer's flower (BE)
↑ eye-catcher

Ornamentik *nf* — PRIN.ME — **dingbats set** *n* (AE)
↓ Zapf Dingbats *nplt*
= printer's flowers (BE)
↓ Zapf Dingbats *nplt*

Orographie *nf* — GEOSC — **orography** *n*
[Beschreibung der Geländeformation]
= Geländeformation *nf*; Geländetopographie *nf*
[description of terrain formation]
= terrain formation; topography of terrain
≈ topography

Ort *nm* — TECH — → **position** *n* (1)
→ Lage *nf*

Orthicon *nn* — EL.TRO — **orthicon** *n*
↑ Bildaufnahmeröhre
↑ camera tube

orthochromatisch — OPT — → **orthochromatic** *adj*
→ farbtongetreu

orthodox *adj* — TECH — **orthodox** (slang)
[slang; "der reinen Lehre entsprechend"]
= regelkonform; regulär
≠ unorthodox
[conforming "the pure doctrine"]
= well-behaved; well-mannered
≠ unorthodox

orthogonal *adj* (1) — MATH — → **right-angled** *adj*
→ rechtwinklig

orthogonal *adj* (2) — MATH — **orthogonal** (2)
[Funktion]
[function]

orthogonale Polarisation — PHYS — **orthogonal polarisation**
= Orthogonalpolarisation *nf*

orthogonale Regression — STATIS — **orthogonal regression**

Orthogonalität *nf* — MATH — **orthogonality** *n* (2)
[einer Funktion]
[of a function]

Orthogonalpolarisation *nf* — PHYS — → **orthogonal polarisation**
→ orthogonale Polarisation

Orthogonal-System *nn* — DAT.PR — **orthogonal system**

Orthographie *nf* — LING — → **orthography** *n*
→ Rechtschreibung *nf*

Orthographieprogramm *nn* — WOR.PR — → **spelling check program**
→ Rechtschreibprogramm *nn*

Orthographieprüfung *nf* — WOR.PR — → **spelling check**
→ Rechtschreibprüfung *nf*

orthographische Projektion — CART — **orthographic projection**

orthomorphe Projektion — CART — → **conformal projection**
→ konforme Projektion

Orthophoto *nn* — CART — **orthophotograph** *n*
[entzerrtes Luftbild]
[equalized aerial photograph]

Orthorektifizierung *nf* — CART — **orthorectification** *n*
[Entzerrung von Aufnahmen]
[correction of image distortion]

orthoskopisch — OPT — **orthoscopic**

örtlich — DAT.CO — **local** *adj*
= lokal
≠ fern
≠ remote

örtlich — COLL — **local** *adj*
= lokal; ortsansässig
= regional

örtlich begrenzt — TECH — **locally confined**

örtliche Härtung — METAL — **local hardening**

örtlicher technischer Vetreter — ECON — **resident engineer**

örtliches Bedienterminal — INF.TEC — **local craft terminal**

örtlches Netz — DAT.NW — → **local area network**
→ lokales Datennetz

Ortnetzkennziffer *nf* (err) — SWITCH — → **area code** (AE)
→ Ortskennzahl *nf*

ortsabhängig — TECH — **space-dependent**

ortsabhängige Verbindungssteuerung — TELEC — **space-dependent call control**
[IN]
[IN]

Ortsamt *nn* (1) — SWITCH — → **local switching center** (1)
→ Ortsvermittlungsstelle *nf* (1)

Ortsamt *nn* (2) — SWITCH — → **local trunk exchange**
→ Teilnehmervermittlungsstelle *nf*

ortsansässig — COLL — → **local** *adj*
→ örtlich

Ortsanschlussbereich *nm* — SWITCH — **local exchange area**
= Ortznetzbereich *nm*; Ortsgebührbereich *nm*; Ortsverkehrsbereich *nm*; Nahbereich *nm*; Nahverkehrsbereich *nm*
≈ Ortsnetz
= local service area; local charging area; telephone exchange (AE); local area; short-haul area; local call area; local fee area
≈ multi-exchange area; local network

Ortsanschlusskabel *nn* — OUT.PL — **local connection cable**
= Ortskabel *nn* (2)
↑ Ortskabel (1)
= local exchange connection cable; local subscriber connection cable; local cable (2)
↑ local cable (1)

Ortsanschlussleitung *nf* — TELEC — **local subscriber link**
[von Vermittlung zu Teilnehmer im gleichen Ortsnetz]
= Ortsanschlusslinie *nf*
↑ Teilnehmerleitung
[from subscriber to exchange of the same local network]
= local subscriber line
↑ subscriber line

Ortsanschlusslinie *nf* — TELEC — → **local subscriber link**
→ Ortsanschlussleitung *nf*

Ortsbatterie *nf* — TELEPH — **local battery**
= OB
≠ Zentralbatterie
= LB
≠ central battery

Ortsbatterie-Fernsprecher *nm* — TELEPH — → **local battery telephone**
→ OB-Fernsprecher *nm*

Ortsbegehung *nf* — SYS.INS — → **survey** *n*
→ Begehung *nf*

Ortsbesichtigung *nf* — SYS.INS — → **survey** *n*
→ Begehung *nf*

Ortsbetrieb *nm* — TELEGR — → **local-loop operation**
→ Lokalbetrieb *nm*

Ortsbetrieb *nm* — DAT.PR — → **local mode**
→ Lokalbetrieb *nm*

ortsbezogene Dienste — MOB.CO — **Location Based Services**
[unter Nutzung der Standortsinformation des Tln]
= LBS-Dienste *nplt*
[making use of the subscr. location info]
= LBS

Ortsdaten *nplt* — GIS — → **geometric data**
→ Geometriedaten *nplt*

Ortsdosis *nf* — PHYS — **local dose**

Ortsdurchgangsvermittlung *nf* — SWITCH — → **local tandem exchange**
→ Orts-Durchgangsvermittlungsstelle *nf*

Orts-Durchgangsvermittlungsstelle *nf* — SWITCH — **local tandem exchange**
= Ortsknotenamt *nn* (DBP); Gruppenvermittlungsstelle *nf* (DBP); Ortsdurchgangsvermittlung *nf*
↑ Ortsvermittlungsstelle
= local transit exchange; local tandem access office; group exchange

ortsfest — TECH — **stationary** *adj*
= stationär; ortsgebunden; feststehend
≈ festinstalliert
≠ mobil
= fixed *adj* (2); steady *adj*
≈ firmly installed
≠ mobile

ortsfeste Batterie — POW.SY — **stationary battery**

ortsfeste Funkstelle — MOB.CO — → **radio base station**
→ Funk-Basisstation *nf*

ortsfester Funkabschluss — MOB.CO — **fixed-radio termination**
= FT

Ortsgebühr *nf* — SWITCH — **local call tariff**
= local call rate; local charge

Ortsgebührbereich *nm* — SWITCH — → **local exchange area**
→ Ortsanschlussbereich *nm*

ortsgebunden — TECH — → **stationary** *adj*
→ ortsfest

Ortsgebundenheit *nf* — SW — **spatial locality**
[die Tendenz von Programmen Daten und Befehle aufzurufen, die in der Nähe gerade aufgerufener gespeichert sind]
≠ Zeitgebundenheit
[tendency of programs to invoke data and instructions stored in the vicinity of recently accessed ones]
= locality in space
≠ temporal locality

Ortsgegebenheiten — COLL — → **locality** *n*
→ Ortsverhältnisse *nplt*

Ortsgespräch *nn* — SWITCH — **local call**
[zwischen Anschlüssen gleicher Vorwählnummer]
= Amtsanruf *nm*
≈ Nahgespräch
≠ Ferngespräch
≠ long-distance call

ortsgleich — TECH — **co-located** *adj*
= standortgleich; am gleichen Aufstellungsort
= co-sited
≠ detached

Ortskabel *nn* (1) — OUT.PL — **local cable** (1)
↓ Ortsanschlusskabel; Ortsverbindungskabel
↓ local connection cable; local junction cable

Ortskabel *nn* (2) OUT.PL → **local connection cable**
→ Ortsanschlusskabel *nn*

Ortskennzahl *nf* SWITCH **area code** (AE)
[z.B. 89 für München] [e.g. 161 for Manchester]
= Ortsnetzkennzahl *nf*; Ortnetzkennziffer *nf* (err); ONKZ; nationale Kennzahl = trunk code; dialling code (BE); local network code;
≈ Ortsvorwählnummer ≈ prefix plus area code

Ortsknotenamt *nn* (DBP) SWITCH → **local tandem exchange**
→ Orts-Durchgangsvermittlungsstelle *nf*

Ortskreis *nm* TELEC → **local trunk** (AE)
→ Ortsverbindungsleitung *nf*

Ortskurve *nf* NETW.TH **locus** *n*
↓ Leitungsdiagramm [LINE TH] ↓ transmission line chart [LINE TH]

Ortskurvenschreiber *nm* INSTR **locus recorder**

Ortsleitung *nf* TELEC → **local line**
→ Ortslinie *nf*

Ortsleitungsnetz *nn* TELEC **local outside plant**
[alles zum Verbinden des Teilnehmers mit der Ortsvermittlung] [all equipment between customer premises and local office]
= Ortsliniennetz *nn* (DTAG) = local outside line plant; local OSP; local plant; outside plant (2); OSP (2); external plant (2)
↑ Außennetz; Ortsnetz ↑ outside plant (1); local network

Ortslinie *nf* TELEC **local line**
[Fernmeldelinie für Fernsprechortsverkehr, Teilnehmeranschluss] [a line interconnecting subscriber terminals with local exchanges or between local exchanges]
= Ortsleitung *nf*
↑ Fernmeldelinie
↓ Ortsanschlussleitung; Ortsverbindungsleitung ↓ local trunk

Ortsliniennetz *nn* (DTAG) TELEC → **local outside plant**
→ Ortsleitungsnetz *nn*

Ortsname *nm* CART **place-name**

Ortsnetz *nn* TELEC **local network**
[besteht aus Teilnehmereinrichtungen, Ortsleitungsnetz und Ortsvermittlungsstellen] [consists of subscriber-premises equipment, local outside line plant and local switching]
≈ Ortsleitungsnetz = local line plant; local plant; metropolitan network
↑ Fernmeldenetz ≈ local outside plant
↓ Ortsleitungsnetz ↑ telecommunications network
↓ local outside line plant

Ortsnetz *nn* DAT.NW → **local area network**
→ lokales Datennetz

Ortsnetzbereich *nm* TELEC **local access and transit area** (USA)
= LATA; multi-exchange area

Ortsnetzbetreiber *nm* TELEC **local carrier**
= Teilnehmernetzbetreiber *nm* = local exchange carrier; LEC; exchange-access carrier; exchange carrier; local exchange telephone company; local access carrier; intra-LATA (USA); local delivery operator; LDO
↑ Fernmeldegesellschaft ↑ telecommunications carrier
↓ IOC; RBOC; CAP ↓ IOC; RBOC; CAP

Ortsnetzkennzahl *nf* SWITCH → **area code** (AE)
→ Ortskennzahl *nf*

Ortsnetzplaner *nm* TELEC **local network planner**
= local planner

Ortsnetztarifierung *nf* MOB.CO **home zone billing**
= HZB

Ortssender *nm* BROADC **local station**

Ortsspeisung *nf* TELEC **local powering**
= teilnehmerseitige Speisung; Lokalspeisung *nf* = premises powering; on-site powering
≠ network powering

Ortsstapelverarbeitung *nf* DAT.PR **local batch processing**
≠ Stapelfernverarbeitung ≠ remote batch processing
↑ Stapelverarbeitung ↑ batch processing

Ortsteilnehmer *nm* TELEC **local subscriber**
= lokaler Teilnehmer

ortsveränderlich TECH → **mobile** *adj*
→ beweglich

ortsveränderliche Funkstelle RADIO **mobile radio station**

Ortsverbindung *nf* TELEC → **local trunk** (AE)
→ Ortsverbindungsleitung *nf*

Ortsverbindungskabel *nn* OUT.PL **local junction cable**
↑ Ortskabel (1) = junction cable; local exchange connection cable
↑ local cable (1)

Ortsverbindungsleitung *nf* TELEC **local trunk** (AE)
= OVL; Ortsverbindung *nf*; Ortskreis *nm* = local junction circuit (BE); junction circuit (BE); local circuit; intracity trunk (AE)
↑ Verbindungsleitung; Amtsverbindungsleitung ↑ trunk; interoffice trunk

Ortsverhältnisse *nplt* COLL **locality** *n*
= Ortsgegebenheiten

Ortsverkehr *nm* TELEC **local traffic**
≈ Nahverkehr ≈ short-distance traffic
≠ Fernverkehr ≠ toll traffic

Ortsverkehrsbereich *nm* SWITCH → **local exchange area**
→ Ortsanschlussbereich *nm*

Ortsvermittlung *nf* (1) SWITCH → **local switching center** (1)
→ Ortsvermittlungsstelle *nf* (1)

Ortsvermittlung *nf* (2) SWITCH → **local trunk exchange**
→ Teilnehmervermittlungsstelle *nf*

Ortsvermittlung *nf* (3) SWITCH **local switching**
[Vorgang] [process]

Ortsvermittlung *nf* DAT.CO **local node**

Ortsvermittlungsstelle *nf* (1) SWITCH **local switching center** (1)
[Vermittlungsstelle mit Ortsnetzfunktionen] [switch operating in the local network]
= OVSt *nf* (1); Ortsamt *nn* (1); Ortsvermittlung *nf* (1) = local switch (1); urban switch; local switching office (1); local exchange (1); LEX (1)
↑ Vermittlungsstelle ↑ exchange *n*
↓ Teilnehmervermittlungsstelle; Orts-Durchgangsvermittlungsstelle ↓ local trunk exchange; local tandem exchange

Ortsvermittlungsstelle *nf* (2) SWITCH → **local trunk exchange**
→ Teilnehmervermittlungsstelle *nf*

Ortsvorwahlnummer *nf* SWITCH **prefix plus area code**
[Verkehrsausscheidungszahl plus Ortskennzahl, z.B. 089 für München] ≈ area code
≈ Ortskennzahl ↑ prefix plus code number, e.g 0161 for Manchester
↑ Vorwahlnummer

Ortswahrscheinlichkeit *nf* RAD.PRO **location percentage; location value**
= location probability

Ortszeit *nf* PHYS **local civil time**
= local time; standard time

Ortung *nf* TECH **locating** *n*

Ortungseinschub *nm* TRANSM → **fault locating unit**
→ Fehlerortungseinschub *nm*

Ortungsfunk *nm* RADIO → **radio location**
→ Funkortung *nf*

Ortungsfunkdienst *nm* SAT.CO **radiolocation-satellite service**
= radiodetermination-satellite service

Ortungsgerät *nn* TRANSM → **fault locating equipment**
→ Fehlerortungsgerät *nn*

Ortungsschleife *nf* TRANSM → **fault locating loop**
→ Fehlerortungsschleife *nf*

Ortungssignal *nn* TRANSM → **fault-locating signal**
→ Fehlerortungssignal *nn*

Ortungsverfahren *nn* TRANSM → **fault locating mode**
→ Fehlerortungsverfahren *nn*

Ortznetzbereich *nm* SWITCH → **local exchange area**
→ Ortsanschlussbereich *nm*

Os CHEM → **osmium** *n*
→ Osmium *nn*

OS SW → **operating system**
→ Betriebssystem *nn*

OS/2 SW **OS/2**
[ein Betriebssystem von IBM und Microsoft] [an operating system by IBM and Microsoft]

OS/2 LAN Manager *nm* DAT.NW → **LAN Manager**
→ LAN Manager *nm*

Öse *nf* MEC.EN **eye** *n*
= Auge = eyelet; lug

OSF DAT.PR **OSF**
[ein Normenverband mit fast allen führenden Computerherstellern] [Open Systems Foundation; a standardization organization with most leading computer industries]

OSI *nn* DAT.NW → **open system interconnection**
→ offenes Kommunikationssystem

OSI-7-Schichten-Modell *nn* DAT.CO → **ISO reference model**
→ ISO-Referenzmodell *nn*

OSI-Modell *nn* DAT.CO → **ISO reference model**
→ ISO-Referenzmodell *nn*

OSI-Referenzmodell *nn* DAT.CO → **ISO reference model**
→ ISO-Referenzmodell *nn*

Osmium *nn* CHEM **osmium** *n*
= Os = Os

OSPF-Verkehrslenkung *nf* DAT.NW **OSPF**

= open shortest path first routing; link status routing

OSS TELEC **OSS**
= On-line Service System

Osterei (slang) SW → **hidden function**
→ verdeckte Zusatzfunktion

Osterei *nn* COMP.AP **Easter Egg**
[versteckte Funktion] [hidden function]

ostwärts COLL **eastbound** *adv*

Oszillationsfrequenz *nf* PHYS → **oscillating frequency**
→ Schwingungsfrequenz *nf*

Oszillator *nm* CIRC.EN **oscillator**
[Schaltung zur Erzeugung periodischer Signale] [circuit to generate peridic signals]
= Schwingungserzeuger *nm* ↓ sine wave generator; square wave generator; sawtooth generator
↓ Sinusgenerator; Rechteckgenerator; Sägezahngenerator

Oszillatorfrequenz *nf* EL.TRO **oscillator frequency**

oszillieren EL.TEC → **oscillate** *vt*
→ schwingen

oszillierende Entladung PHYS **oscillating discharge**

oszillierende Funktion MATH **oscillating function**

oszillierendes Sortieren DAT.MA **oscillating sorting**
↑ Sortieren ↑ sorting

Oszillograf *nm* INSTR → **oscillograph** *n*
→ Oszillograph *nm*

Oszillogramm *nn* INSTR **oscillogram** *n*
[Darstellung auf Oszilloskop] [display on oscilloscope]

Oszillograph *nm* INSTR **oscillograph** *n*
[Messgerät zum Registrieren schneller Größen] [instrument recording rapidly varying quantities]
= Oszillograf *nm*; Schwingungsschreiber *nm*
≈ Oszilloskop ≈ oscilloscope
↓ Elektronenstrahl-Oszillograph; Flüssigkeitsstrahlschreiber; Lichtstrahl-Oszillograph; Abtastoszillograph ↓ cathode ray oscilligraph; ink jet recorder; light-beam oscillograph; sampling oscillograph

Oszillographenröhre *nf* EL.TRO → **oscilloscope tube**
→ Oszilloskopröhre *nf*

Oszilloskop *nn* INSTR **oscilloscope** *n*
[auf Bildschirm schnelle Größen darstellendes Messgerät] [instrument visualizing on a display rapidly varying quantities]
= Elektronenstrahl-Oszillograph *nm* (2) = scope
≈ Oszillograph ≈ oscillograph
↓ Elektronenstrahl-Oszilloskop; Abtast-Oszilloskop; Zweikanaloszilloskop; Logikanalysator ↓ cathode ray oscilloscope; sampling oscilloscope; dual-channel oscilloscope; logic analyzer

Oszilloskopröhre *nf* EL.TRO **oscilloscope tube**
= Oszillographenröhre *nf* = oscillograph tube
↑ Bildwiedergaberöhre ↑ picture tube
↓ Sichtspeicherröhre ↓ viewing storage tube

OTAR-Funktion *nf* MOB.CO **over-the air rekeying**
= OTAR

OTA-Verstärker *nm* CIRC.EN → **OTA**
→ Transkonduktanzverstärker *nm*

O-Ton CINEMA → **production sound**
→ Originalton *nm*

Otto Normalverbraucher *nm* (slang) TECH → **layperson** *n*
→ Laie *nm*

Outband- TRANSM → **outband** *adj*
→ Außerband-

Outline, plotterschriftart *nf* SW → **vector font**
→ Vektorschrift *nf*

Outline-Font *nm* SW → **vector font**
→ Vektorschrift *nf*

Outline-Funktion *nf* WOR.PR → **outline utility**
→ Übersichtsfunktion *nf*

Outline-Zeichensatz *nm* SW → **vector font**
→ Vektorschrift *nf*

OUT-Punkt *nm* CINEMA **track out**
[Zeitcode für Ende] [time code for end]

Outslot-Signalisierung *nf* TELEC **outslot signaling**
= separate Signalisierung

oval TECH **oval** *adj*

OVD-Verfahren *nn* OPT.CO **OVD method**
[Outside Vapour Deposition]

Overlay *nn* (ANGL) SW → **overlay** *n* (1)
→ Überlagerung *nf*

Overlay-Netz *nn* (ANGL) TELEC → **overlay network**
→ Überlagerungsnetz *nn*

Overlay-Transistor *nm* MICR.EL **overlay transistor**

Overlay-Zelle *nf* MOB.CO **overlay cell**
= unbrella cell

OVL TELEC → **local trunk** (AE)
→ Ortsverbindungsleitung *nf*

Ovonik-Bauelement *nn* MICR.EL **ovonic device**

Ovonik-Speicher *nm* MICR.EL **ovonik memory**

OVSt *nf* (1) SWITCH → **local switching center** (1)
→ Ortsvermittlungsstelle *nf* (1)

OVSt *nf* (2) SWITCH → **local trunk exchange**
→ Teilnehmervermittlungsstelle *nf*

Oxalidpause *nf* OFFICE **ozalid print**

Oxid *nn* CHEM **oxide** *n*
= Oxyd *nn*

Oxidation *nf* CHEM **oxidation** *n*
= Oxydation *nf* ↓ rust
↓ Rost

oxidieren CHEM **oxidize** *vt*
= oxydieren = oxidate
↓ rosten ↓ rust

Oxidkathode *nf* EL.TRO **oxide cathode**
= Oxydkathode *nf* = oxide coated cathode

Oxidmaskierung *nf* MICR.EL **oxide masking**
= Oxydmaskierung *nf*

Oxidschicht *nf* CHEM **oxide film**
= Oxydschicht *nf*

Oxidstreifenlaser *nm* OPTOEL **stripline laser**
= Oxydstreifenlaser *nm*

Oxidwall *nm* MICR.EL → **oxide wall**
→ Oxidwand *nf*

Oxidwand *nf* MICR.EL **oxide wall**
= Oxydwand *nf*; Oxidwall *nm*; Oxydwall *nm*

Oxidwand-Isolation *nf* MICR.EL **local oxidation**
= Oxydwand-Isolation *nf*; Oxidwand-Isolation *nf*; Oxydwall-Isolation *nf*

Oxidwand-Isolation *nf* MICR.EL → **local oxidation**
→ Oxidwand-Isolation *nf*

Oxyd *nn* CHEM → **oxide** *n*
→ Oxid *nn*

Oxydation *nf* CHEM → **oxidation** *n*
→ Oxidation *nf*

oxydieren CHEM → **oxidize** *vt*
→ oxidieren

Oxydisolation *nf* MICR.EL **oxide isolation**

Oxydkathode *nf* EL.TRO → **oxide cathode**
→ Oxidkathode *nf*

Oxydmaskierung *nf* MICR.EL → **oxide masking**
→ Oxidmaskierung *nf*

Oxydschicht *nf* CHEM → **oxide film**
→ Oxidschicht *nf*

Oxydstreifenlaser *nm* OPTOEL → **stripline laser**
→ Oxidstreifenlaser *nm*

Oxydwall *nm* MICR.EL → **oxide wall**
→ Oxidwand *nf*

Oxydwall-Isolation *nf* MICR.EL → **local oxidation**
→ Oxidwand-Isolation *nf*

Oxydwand *nf* MICR.EL → **oxide wall**
→ Oxidwand *nf*

Oxydwand-Isolation *nf* MICR.EL → **local oxidation**
→ Oxidwand-Isolation *nf*

Oxygenium *nn* CHEM → **oxygen** *n*
→ Sauerstoff *nm*

Oxytonon *nn* LING **oxytone** *n*
[Wort mit Akut auf Endsilbe] [word with accent on last syllable]

Ozeanographie *nf* SCIE **oceanography**
= Meereskunde *nf* ↑ earth sciences
↑ Geowissenschaften

Ozon *nm* CHEM **ozone** *n*

Ozonloch *nn* GEOSC **ozone hole**

Ozonosphäre *nf* GEOSC **ozonosphere** *n*
= Ozonschicht *nf*

Ozonschicht *nf* GEOSC → **ozonosphere** *n*
→ Ozonosphäre *nf*

P *p*

P PHYS → **Poise**
→ Poise *nn*

p PHYS → **pico-** *praef*
→ Piko- *praef*

p PRIN.ME → **point** *n* (1)
→ Punkt *nm*

P PHYS → **peta-** *praef*
→ Peta- *praef*

p MUSIC → **piano** *adv*
→ piano *adv*

P CHEM → **phosphor** *n*
→ Phosphor *nm*

p PHYS → **pond** *n*
→ Pond *nn*

p.a. OFFICE → **year, per**
→ Jahr, pro

p.c. MATH → **percent** *n*
→ Prozent *nn*

Pa PHYS → **Pascal**
→ Pascal *nn*

Pa CHEM → **protactinium** *n*
→ Protactinium *nn*

Paar *nf* COM.CAB → **wire pair** *n*
→ Aderpaar *nn*

Paarbildung *nf* DAT.PR **pair generation**
= pairing *n*

Paarbildung *nf* PHYS **pair production**
= Paarerzeugung *nf*; Paargenerierung *nf*
= pair creation; pair formation; pair generation; pairing

Paarbildungskoeffizient *nm* PHYS **pair forming coefficient**

Paarbindung *nf* PHYS **pair binding**

paaren MEC.EN **mate** *vt*
[Passteile]
[parts]

paaren TECH **geminate** *vt*
= paarig anordnen

Paarerzeugung *nf* PHYS → **pair production**
→ Paarbildung *nf*

Paargenerierung *nf* PHYS → **pair production**
→ Paarbildung *nf*

paarig TECH **twin** *adj*
= doppelt; Zwillings-; Doppel-
= geminate; dual; double

paarig MEC.EN **geminate** *adj*
[paarweise vorhanden]
≈ passgerecht
≈ matching

paarig anordnen TECH → **geminate** *vt*
→ paaren

Paarigkeitsvergleich *nm* DAT.MA → **matching** *n*
→ Gleichheitsprüfung *nf*

paarig verdrilltes Kabel COM.CAB → **paired cable**
→ Paarkabel *nn*

paarig verseiltes Kabel COM.CAB → **paired cable**
→ Paarkabel *nn*

Paarkabel *nn* COM.CAB **paired cable**
= paarverseiltes Kabel; paarig verseiltes Kabel; paarig verdrilltes Kabel; Doppeladerkabel *nn*
= pair cable; twisted-pair cable

Paarung *nf* MEC.EN **mating** *n*
[von Passteilen]
[of parts]

Paarvernichtung *nf* PHYS **pair annihilation**

Paarverseilmaschine *nf* COM.CAB **pairing machine**
↑ Verseilmaschine
↑ stranding machine

paarverseilt COM.CAB **paired**
= pair-formed; twin

paarverseiltes Kabel COM.CAB → **paired cable**
→ Paarkabel *nn*

Paarverseilung *nf* COM.CAB **pairing** *n*
= pair twisting; twinning *n*

Paarvervielfachungssystem *nn* TELEC → **subscriber loop carrier**
→ Teilnehmermultiplexsystem *nn*

P-Abweichung *nf* CONTRO → **proportional offset** *n*
→ Proportionalabweichung *nf*

Pacht *nf* ECON **lease** *n*

pachten ECON **take on lease** *vt*
[Nutzung einer Immobilie für festgelegte Dauer und Entgelt]
≈ mieten
≠ verpachten
[use of real estate during an established time and for a fixed pay]
= lease (2)
≈ give on rent

Pacing *nn* (ANGL) DAT.CO → **pacing**
→ Datenflussdosierung *nf*

packen DAT.MA → **compack** *vt*
→ verdichten *vt*

packen TECH → **pack** *vt*
→ verpacken

Packer *nm* SW → **compression program**
→ Kompressionsprogramm *nn*

Packet Radio DAT.CO **Packet Radio**
[über Amateurfunk]
[over amateur radio]

Packliste *nf* ECON **packing list**
= Verpackungsliste *nf*; Packschein *nm*
↑ Warenbegleitpapier
= packing slip
↑ way bill

Packmaterial *nn* TECH → **packing material**
→ Verpackungsmaterial *nn*

Packpapier *nn* TECH **wrapping paper**
= Einschlagpapier *nn*

Packprogramm *nn* SW → **compression program**
→ Kompressionsprogramm *nn*

Packschein *nm* ECON → **packing list**
→ Packliste *nf*

Packung *nf* TECH **pack** *n*

Packung *nf* SW **packaging** *n*
[Zuordnung von Software-Modulen an Programmsegmente]
[assignment of software modules to program segments]

Packungsdichte *nf* EQP.EN **packaging density**
= Bauelementedichte *nf*; Baudichte *nf*; Kompaktheit *nf*
≈ Raumbedarf [TECH]
= component density; packing density; density
≈ space requirement [TECH]

Packungsdichte *nf* HW → **recording density**
→ Speicherdichte *nf*

Packungsdichte *nf* MICR.EL → **integration** *n*
→ Integration *nf*

Packungsroutine *nf* SW **packing routine**
= Speicherungsroutine *nf*

PACS MOB.CO **PACS**
= Personal Access Communication System

pACT MOB.CO **pACT**
[paging protocol]
= personal Air Communications Technology

PAD DAT.CO → **packet assembling/dissambling**
→ Paketieren/Depaketieren *nn*

PAD BROADC **PAD**
= programmbegleitende Datendienste
= Program Associated Data

PAD DAT.CO **PAD**
[Umsetzer zwischen leitungsvermittelten und paketvermittelten Netz]
[convertrs from packet-switched into circuit-switched and viceversa]
= Packet Assembler / Disassembler

PAD-Auslösung *nf* DAT.CO **PAD clearing**

PAD-Befehl *nm* DAT.CO **PAD command**

Padding *nn* (ANGL) DAT.MA → **padding** *n*
→ Auffüllen *nn*

Paddle *nn* (ANGL) TER&PER → **paddle** *n*
→ Drehregler *nm*

PAD-Einrichtung *nf* DAT.CO → **packet assembly/disassembly facility**
→ Paketierer/Depaketierer *nm*

PAD-Kennung *nf* DAT.CO **PAD identification**

PAD-Mitteilung *nf* DAT.CO **PAD message**

PAD-Prozess *nm* MICR.EL → **AD technique**
→ AD-Technik *nf*

PAD-Rückruf *nm* DAT.CO **pad recall**

PAD-Technik *nf* MICR.EL → **AD technique**
→ AD-Technik *nf*

PAD-Transistor *nm* MICR.EL **PAD transistor**
= post-alloy diffused transistor

pagatorisch ECON → **expense-equivalent** *adj*
→ ausgabewirksam

PAGE-DOWN-Taste *nf* TER&PER → **PAGE-DOWN key**
→ BILD-NACH-UNTEN-Taste *nf*

PAGE-Taste *nf* TER&PER → **PAGE key**
→ Bild-Taste *nf*

PAGE-UP-Taste *nf* TER&PER → **PAGE-UP key**
→ BILD-NACH-OBEN-Taste *nf*

Pagina *nf* PRIN.ME → **page number** *n*
→ Seitenzahl *nf* (2)

Paging *nn* DAT.MA → **page turning**
→ Seitenwechsel *nm*

Paging auf Abruf DAT.MA → **demand paging**
→ bedarfsweiser Seitenabruf

paginieren PRIN.ME **page** *vt*
= mit Seitenzahl versehen
= paginate *vt*; folio *vt*

Paginierung *nf* — PRIN.ME — **paging** *n*
= Seitenzahlangabe *nf*; toter Kolumnentitel

Paginierung *nf* — PRIN.ME — → **page numbering**
→ Seitennummerierung *nf*

Pair-gain-System *nn* (ANGL) — TELEC — → **subscriber loop carrier**
→ Teilnehmermultiplexsystem *nn*

PAK — TELEC — → **packetizing unit**
→ Paketiereinheit *nf*

Paket *nn* — COLL — **package** *n*
[fig] — [fig]
= Bündel *nn*

Paket *nn* — COMP.AP — **packet** *n*
[Symbol für ein eingebettetes Objekt] — [symbol for an embedded object]
= Paketsymbol *nn*

Paket *nn* — MEDIA — → **program boquet**
→ Programm-Paket *nn*

Paket *nn* — POST — → **parcel** *n*
→ Postpaket *nn*

Paket *nn* — TELEC — → **cell** *n*
→ Zelle *nf*

Paket *nn* — DAT.CO — → **data packet**
→ Datenpaket *nn*

Paket *nn* (Ada) — SW — → **program module**
→ Programmmodul *nn*

Paketbehandler *nm* — DAT.CO — **packet handler**
[Datenvermittlung] — [data switching]
= PH

Paketbetrieb *nm* — DAT.CO — **packet-mode operation**
[Datenvermittlung] — [data switching]
= Paketmodus *nm*

Paketdaten *nplt* — DAT.CO — **packet data**
[Datenvermittlung] — [data switching]
= paketierte Daten

Paketdienst *nm* — POST — **parcel service**

Paketdurchsatzrate *nf* — DAT.CO — **packet throughput rate**
[Datenübertragung] — [data transmission]

Paketebene *nf* — DAT.CO — **packet level**
[Datenvermittlung] — [data switching]

Paketendstelle *nf* — DAT.CO — → **packet terminal**
→ Paketstation *nf*

Paketfilter *nn* — DAT.NW — **packet filter**
[Datenvermittlung] — [data switching]

Paketfolge *nf* — DAT.CO — **packet sequence**
[Datenvermittlung] — [data switching]

Paketformat *nn* — DAT.CO — **packet format**
[Datenvermittlung] — [data switching]

Paketfragment *nn* — DAT.CO — **packet remnant**
[Datenvermittlung] — [data switching]
= Fragment *nn* — = remnant

Paketiereinheit *nf* — TELEC — **packetizing unit**
[ATM] — [ATM]
= PAK

paketieren — DAT.CO — **packetize**
[Datenvermittlung] — [data switching]

Paketieren *nn* — DAT.CO — → **packet assembly**
→ Paketierung *nf*

Paketieren/Depaketieren *nn* — DAT.CO — **packet assembling/dissambling**
[Datenvermittlung] — [data switching]
= PAD — = PAD

Paketierer/Depaketierer *nm* — DAT.CO — **packet assembly/disassembly facility**
[Datenvermittlung] — [data switching]
= PAD-Einrichtung *nf* — = PAD facility

paketierte Daten — DAT.CO — → **packet data**
→ Paketdaten *nplt*

Paketierung *nf* — DAT.CO — **packet assembly**
[Datenvermittlung] — [data switching]
= Paketieren *nn*

Paketierungsverzug *nm* — TELEC — **packetizing delay**
[ATM] — [ATM]

Paketiervorgang *nm* — DAT.CO — **packet assembling process**
[Datenvermittlung] — [data switching]

Paketierzeit *nf* — TELEC — **packaging time**
[ATM] — [ATM]

Paketkopf *nm* — DAT.CO — **packet header**
[Datenvermittlung] — [data switching]

Paketkopf *nm* — TELEC — → **cell header**
→ Zellenkopf *nm*

Paketkopf *nm* — TELEC — → **header** *n*
→ Anfangsblock *nm*

Paketlänge *nf* — DAT.CO — **packet length**
[Datenvermittlung] — [data switching]

Paketlaufzeit *nf* — DAT.CO — **packet delay**
[Datenvermittlung] — [data switching]

Paketmodus *nm* — DAT.CO — → **packet-mode operation**
→ Paketbetrieb *nm*

Paketnummerierung *nf* — DAT.CO — **packet sequence numbering**
[Datenvermittlung] — [data switching]

paketorientiert — DAT.CO — **packet oriented**
[Datenvermittlung] — [data switching]
= packet mode

Paket-Reihenanschluss *nm* — DAT.CO — **multiple circuits**
[Datenvermittlung] — [data switching]
= multiline *n*

Paketreihung *nf* — DAT.CO — **packet sequencing**
[Datenvermittlung: sichert Empfang in der gesendeten Folge] — [data switching: grants reception in the sent sequence]

Paketrundsenden — DAT.CO — **packet broadcast**
[Datenvermittlung] — [data switching]
↓ Unicasting; Anycasting; Multicasting — = broadcasting *n*
↓ unicasting; anycasting;

Paketschalter *nm* — COMPO — **ganged switch**
= Mehrfachschalter *nm*

Paketschnüffler *nm* — DAT.CO — **packet sniffer**
[Datenvermittlung] — [data switching]

Paketstation *nf* — DAT.CO — **packet terminal**
[Datenvermittlung] — [data switching]
= Paketendstelle *nf*

Paketsymbol *nn* — COMP.AP — → **packet** *n*
→ Paket *nn*

Pakettypkennzeichen *nn* — DAT.CO — **packet-type identifier**
[Datenvermittlung] — [data switching]

paketvermittelt — DAT.CO — **packet-switched**
[Datenvermittlung] — [data switching]

paketvermittelter Strom — DAT.CO — **packet-switched stream**
[Datenvermittlung] — [data switching]
= PSS (3)

paketvermitteltes Netz — DAT.NW — → **packet-switched network**
→ Paketvermittlungsnetz *nn*

paketvermitteltes öffentliches Datennetz — TELEC — **packet-switched public data network**
= PSPDN

Paketvermittlung *nf* — DAT.CO — **packet switching**
[Datenvermittlung: Speichervermittlung in Teilpaketen] — [data switching: store-and-forward switching by subpackets]
= Datenpaketvermittlung *nf* — ↑ store-and-forwardswitching
↑ Speichervermittlung

Paketvermittlungsdienst *nm* — DAT.CO — **packet switched service**
[Datenvermittlung] — [data switching]
= PSS (2)

Paketvermittlungsnetz *nn* — DAT.NW — **packet-switched network**
[Datenvermittlung] — [data switching]
= paketvermitteltes Netz — = PSN; packet-switched data network; PSDN
↑ speichervermitteltes Netz — ↑ store-and-forward network

Paketvermittlungssystem *nn* — DAT.CO — **packet-switched system**
[Datenvermittlung] — [data switching]
= PSS (1)

Paketvermittlungstechnik *nf* — DAT.CO — **packet switching technique**
[Datenvermittlung] — [data switching]

Paketvermittlungszentrale *nf* — DAT.CO — **packet switching exchange**
[Datenvermittlung] — [data switching]
= PSE

paketweise verschachtelt — DAT.CO — **packet interleaved**
[Datenvermittlung] — [data switching]

Paketwiederholung *nf* — DAT.CO — **packet retransmission**
[Datenvermittlung] — [data switching]

PAL — MICR.EL — **programmable array logic**
[sowohl UND-Eingangsmatrix als auch ODER-Ausgangsmatrix frei programmierbar] — [input AND matrix and output OR matrix are reprogrammable]
= PAL

PAL — TV — **PAL**
↑ Farbfernsehnorm — [Phase Alternation Line]
↑ color television standard

palatal *adj* — LING — **palatal sound**

Palatal *nn* — LING — **palatal sound**
= Gaumenlaut *nm*

Palatino *nn* — PRIN.ME — **Palatino**
[serifenhaltig] — [a seriphe font]
↑ Schriftart — ↑ typeface (1)

Palatisierung *nf* — LING — **palatization**
= fronting

Palette *nf* — COMP.GR — **palette** *n*

[Satz Zeichenhilfsmittel, v.a. Farben] [set of drawing tools, esp. colors]
↓ Farbpalette ↓ color palette

Palindrom *nn* LING **palindrome** *n*
[vom griech. "palín-dromos" = "zurück-laufend"; spiegelbildliche Zeichenfolge. z.B. Leben - Nebel] [from Greek "palín-dromos" = "backwards running"; mirrored sequence of characters]

palladinieren METAL **palladium plate**

Palladinierung *nf* METAL **palladium plating**

Palladium *nn* CHEM **palladium** *n*
= Pd = Pd

Palm-Top *nm* DAT.PR → **slate PC**
→ Slate-PC *nm*

PAM MODUL → **pulse amplitude modulation**
→ Pulsamplitudenmodulation *nf*

PAN DAT.NW → **piconet** *n*
→ Pikonetz *nn*

PAN DAT.NW **PAN**
= Personal Area Network

Panazee *nf* COLL → **universal remedy**
→ Universalmittel *nn*

panchromatisch OPT **panchromatic**

Panelmeter *nn* INSTR → **instrumentation meter**
→ Einbauinstrument *nn*

Panne *nf* COLL **misfortune** *n*
[fig] = misadventure *n*; mishap *n*; goof *n* (AE) (slang)
= Mißgeschick *nn*

Panorama *nn* COLL **panoramic view**

Panorama-Adapter *nm* INSTR **panoramic adapter**
= panora adapter

Panoramadarstellung *nf* IMAG.PR **panoramis vision**

Panoramaeinstellung *nf* CINEMA **pan shot**
= pan

Panoramaeinstellung *nf* CINEMA → **extreme long shot**
→ Weitaufnahme *nf*

Panoramaradar *nm&nn* (*pl* -e) RAD.LO **panoramic radar**
= Rundsichtradar *nm&nn* (*pl* -e); Suchradar *nm&nn* (*pl* -e); Aufklärungsradar *nm&nn* (*pl* -e) = surveillance radar; search radar

Panoramatafel *nf* SIG.EN **panoramic display**

Pan-Scan-Verfahren *nn* IMAG.ME **pan-scan procedure**

Pantograph *nm* COLL **pantograph** *n*
= Storchenschnabel *nm*

Pantone-Farbspezifikation *nf* COMP.GR **Pantone Matching System**

Panzergalvanometer *nn* INSTR **shielded galvanometer**

Panzerplatte *nf* POW.SY **multi-tubular plate**
[Akkumulator]

PAP SW → **program flowchart**
→ Programmablaufplan *nm*

Paperback *nn* PRIN.ME **paperback** *n*
[kartoniertes Buch, meist mit Klebebindung] ≈ pocket book
≈ Taschenbuch

Paperware *nf* DAT.PR **paperware** *n*
[nur auf dem Papier existierend] [existing only on paper]

Papier *nn* TECH **paper** *n*
[über das latein. u. griech. "papyros" = "Papyrusstaude, Papier" vom Ägyptischen] [via Latin and Greek "papyros" = "papyros, paper" from Egyptian]
= dead tree (slang)

Papierablage *nf* TER&PER → **output stacker**
→ Ablagefach *nn*

Papierableiter *nm* TER&PER **paper deflector**

Papierabzug *nm* TER&PER → **paper feed** *n*
→ Papiervorschub *nm*

Papieranddrückrolle *nf* TER&PER **paper pressure roll**
= Papierhalterolle *nf* = pressure roll; paper roll (2)

Papierandrückbügel TER&PER **paper pressure rod**
= Papierhalter *nm*

Papieranfangabtaster *nm* TER&PER **begin-of-paper detector**

Papieranimation *nf* CINEMA **paper animation**

Papierauswurf *nm* TER&PER **paper ejection**

Papierauswurfzeichen *nn* DAT.MA → **form feed character**
→ Formularzuführungszeichen *nn*

Papierbahn *nf* TER&PER **paper web**
= Bahn *nf* = web *n*

Papierband *nn* TECH **paper tape**

Papierbandumspinnung *nf* COM.CAB **paper tape wrapping**
= paper strip spiral

Papierbogen *nm* OFFICE **paper sheet**

Papierbohrmaschine *nf* OFFICE **paper drilling machine**

Papierdicke *nf* OFFICE → **paper weight** *n*
→ Papierstärke *nf*

Papierdurchsatz *nm* TER&PER **paper throughput**

Papiereingabe *nf* TER&PER → **paper feed** *n*
→ Papiervorschub *nm*

Papiereinzug *nm* TER&PER → **paper feed** *n*
→ Papiervorschub *nm*

Papierendekontakt *nm* TELEGR **tape exhaustion contact**

Papierfluss *nm* OFFICE → **document traffic**
→ Unterlagenfluss *nm*

Papierformat *nn* OFFICE **paper size**

papierfrei TECH → **paperless**
→ papierlos

Papierführung *nf* TER&PER **paper guide**

Papiergeld *nn* ECON → **paper currency** *n*
→ Banknote *nf*

papiergesteuert TER&PER **paper-fed** *adj*

Papiergewicht *nn* OFFICE → **paper weight** *n*
→ Papierstärke *nf*

Papierhalter *nm* TER&PER → **paper pressure rod**
→ Papierandrückbügel

Papierhalterolle *nf* TER&PER → **paper pressure roll**
→ Papieranddrückrolle *nf*

papierisoliert COM.CAB **paper insulated**
= paper covered

papierisoliertes Kabel COM.CAB **paper insulated cable**
= Papierkabel *nn*

Papierkabel *nn* COM.CAB → **paper insulated cable**
→ papierisoliertes Kabel

Papierkassette *nf* TER&PER → **paper tray**
→ Papiernachfüllmagazin *nn*

Papierkondensator *nm* COMPO **paper capacitor**

Papierkorb *nm* OFFICE **waste-paper basket**

Papierkorb *nm* (1) COMP.AP **waste-basket** *n*
[Piktogramm] [pictograph]

Papierkorb *nm* (2) COMP.AP **scrap** *n*
[Pufferspeicher für vom Benutzer gelöschte Texte] [temporary storage for texts deleted by the user]
≈ Arbeitsdatei = recycle bin; trash *n*
≈ scratch file

Papierkrieg *nm* COLL **paper warfare**

papierlos TECH **paperless**
= papierfrei = paper-free

Papierlöser *nm* TER&PER **form release**

papierloses Büro INF.TEC **paperless office**
≈ automatisiertes Büro ≈ electronic office

Papiernachfüllmagazin *nn* TER&PER **paper tray**
= Eingabemagazin *nn* (2); Papierschacht *nm*; Zuführungsschacht *nm*; Schacht *nm*; Papierkassette *nf* = tray *n*; input magazine; forms hopper

Papierösmaschine *nf* OFFICE **paper eyeletting machine**

Papierparkfunktion *nf* TER&PER **paper park function**

Papierqualität *nf* TER&PER **paper quality**

Papierrand *nm* PRIN.ME → **margin** *n* (1)
→ Seitenrand *nm*

Papierrolle *nf* TER&PER **paper roll** (1)
= Rolle *nf* = roll

Papierschacht *nm* TER&PER → **paper tray**
→ Papiernachfüllmagazin *nn*

Papierschneidemaschine *nf* TER&PER → **cutting machine**
→ Schneidemaschine *nf*

Papiersorte *nf* PRIN.ME **paper type**
↓ holzhaltiges Papier; holzfreies Papier; Recycling-Papier; synthetisches Papier ↓ ligneous paper; wood-free paper; recycling paper; synthetic paper

Papierstanzmaschine *nf* OFFICE → **stamping machine**
→ Stanzmaschine *nf*

Papierstapel *nm* TER&PER **paper stack**
= paper batch

Papierstapler *nm* TER&PER **paper stacker**
↓ Formularstapler ↓ form stacker

Papierstärke *nf* OFFICE **paper weight** *n*
[Maßgröße: g/cm²] [graded in g/cm²]
= Papierdicke *nf*; Papiergewicht *nn* = bulk *n*

Papierstau *nm* TER&PER **paper jam**
= paper jamming; jamming *n*

Papierstraffer *nm* TER&PER **paper tensioner**

Papiertransport *nm* TER&PER → **paper feed** *n*
→ Papiervorschub *nm*

Papierumroller *nm* OFFICE **paper rewinder**

Papierumwicklung *nf* COM.CAB **paper wrapping**

Papiervoralarmkontakt *nm* TELEGR **low-tape alarm contact**

Papiervorrat *nm* TER&PER **paper supply**

Papiervorschub *nm* TER&PER **paper feed** *n*
= Papiertransport *nm*; Papierzufuhr *nf*; = paper transport; paper advance;

Papiereingabe *nf*; Papiereinzug *nm*; Papierabzug *nm* — paper drive
≈ Papierauswurf — ≈ paper throw
↑ Vorschub — ↑ feed
↓ Formularzufuhr; Belegzufuhr; Blattzufuhr; Friktionsantrieb; Raupenvorschub; schneller Papiervorschub — ↓ form feed; document feed; friction feed; tractor feed; paper skip

Papiervorschubsignal *nn* — TER&PER — → **paper instruction signal**
→ PI-Signal *nn*

Papiervorschubsteuerung *nf* — TER&PER — → **feed control**
→ Vorschubsteuerung *nf*

papierweiß — PRIN.ME — **paper-white**

Papierweiße *nf* — PRIN.ME — **paper whiteness**

papierweißer Monitor — TER&PER — **paper-white monitor**
↑ monochromer Monitor — ↑ monochrome monitor

Papierzufuhr *nf* — TER&PER — → **paper feed** *n*
→ Papiervorschub *nm*

Pappe *nf* — TECH — **cardboard**
[nach DIN gilt der Terminus "Karton" nur für Ware mit 150 bis 600 g/m²]
= Karton *nm* (1) — = paperboard; board

Pappschachtel *nf* — TECH — **cardboard box** *n*
= Kartonschachtel *nf*; Karton *nm* (2) — = carton *n*

Parabeam-Antenne *nf* — ANT — **parabeam antenna**

Parabel *nf* — MATH — **parabola**
↑ Kegelschnitt — ↑ conical section

parabelförmig — MATH — → **parabolic**
→ parabolisch

Parabelmultiplikator *nm* — DAT.PR — **parabolic multiplier**
[Analogrechner] — [analog computer]
= Parabelmultiplizierer *nm* — = quarter-squares multiplier

Parabelmultiplizierer *nm* — DAT.PR — → **parabolic multiplier**
→ Parabelmultiplikator *nm*

Parabolantenne *nf* — ANT — **parabolic antenna**
= Rotationsparabolantenne *nf*; Parabolreflektorantenne *nf*; Schüssel *nf* — = parabolic reflector antenna; paraboloidal antenna; dish *n*

parabolisch — MATH — **parabolic**
= parabelförmig

Paraboloid *nn* — MATH — **paraboloid**
[alle Schnitte sind Parabeln, Parabeln und Ellipsen oder Parabeln und Hyperbeln] — [all intersections are parabolas, parabolas and ellipses, or parabolas and hyperbolas]
↓ Rotationsparaboloid; elliptisches Paraboloid; hyperbolisches Paraboloid — ↓ paraboloid of revolution; elliptic paraboloid; hyperbolic paraboloid

Paraboloidalreflektor *nm* — ANT — → **parabolic reflector**
→ Parabolspiegel *nm*

Paraboloidalspiegel *nm* — ANT — → **parabolic reflector**
→ Parabolspiegel *nm*

Parabolreflektor *nm* — ANT — → **parabolic reflector**
→ Parabolspiegel *nm*

Parabolreflektorantenne *nf* — ANT — → **parabolic antenna**
→ Parabolantenne *nf*

Parabolspiegel *nm* — ANT — **parabolic reflector**
= Parabolreflektor *nm*; Rotationsparabolspiegel *nm*; Paraboloidalspiegel *nm*; Paraboloidalreflektor *nm* — = paraboloidal reflector

Parabolspiegel *nm* — OPT — **parabolic mirror**

parabolzylindrisch — MATH — **parabolic cylindrical**

Parachor — DAT.PR — → **performance limit**
→ Leistungsgrenzwert *nm*

Paradigma *nn* (1) — SCIE — **paradigm** *n* (1)
[vom griech. "parádeigma" = "etwas daneben Vorgezeigtes" = Beispiel] — [from Greek "parádeigma" = "something shown by side" = example]
= Musterbeispiel *nn*
≈ Beispiel [COLL] — ≈ example [COLL]

Paradigma *nn* (2) — SCIE — **paradigm** *n* (2)
[aus dem Englischen sich verbreitende Wortbedeutung: allgemein akzeptiertes Denkmodell für ein komplexes Thema] — [a generally accepted concept on a acomplex issue]
↑ Denkmodell — ↑ model of thought

Parafil-Seil *nn* — ANT — **parafil rope**

Paragraph *nm* — LING — **paragraph** *n* (2)
[mit dem Paragraphenzeichen und einer Zahl gekennzeichneter Abschnitt eines Textes] — [a section of a text identified by a section clause and a number]
≈ Absatz; Abschnitt — = par.; para.
≈ paragraph (1); section

Paragraphenzeichen *nn* — PRIN.ME — → **paragraph sign** (1)
→ Paragraphzeichen *nn*

Paragraphzeichen *nn* — PRIN.ME — **paragraph sign** (1)
= Paragraphenzeichen *nn* — = paragraph symbol (1); section
≈ amerikanisches Paragraphenzeichen — clause; section mark (1); section sign; pilcrow; numbered clause
≈ paragraph sign (2)

paralingual — LING — → **paralingual** *adj*
→ paralinguistisch

Paralinguistik *nf* — LING — **paralinguistics** *nplt*

paralinguistisch — LING — **paralingual** *adj*
[die nicht-phonologischen Komponenten der Sprache betreffend, z.B. Intonation, Lautstärke, Mimik] — [related to the non-phonologic components of language, like intonation, volume, mimicry]
= paralingual; parasprachlich

parallaktisch — OPT — **parallactic** *adj*

Parallaxe *nf* — OPT — **parallax** *n*
[durch optische Täuschung erzeugter Winkelfehler] — [angular misreading due to optical illusion]

Parallaxefehler *nm* — OPT — **parallax error**

parallaxfrei — OPT — **parallax-free** *adj*
= anti-parallax

parallel — MATH — **parallel** *adj*
≈ gleichsinnig [TECH] — ≈ codirectional [TECH]
≠ antiparallel — ≠ anti-parallel

parallel — SCIE — **parallel** *adj*
[fig; in der Zeit] — [fig; in time]
= gleichzeitig
≠ sequentiell — ≠ sequential

parallel — INF.TEC — **parallel** *adj*
≠ seriell — ≠ serial; concurrent

Parallel-/Reihenmatrix *nf* — NETW.TH — **parallel-series matrix**

Parallel-/Reihenschaltung *nf* — NETW.TH — **parallel-series connection**
↑ Vierpolzusammenschaltung

Parallelabzweig *nm* — TRANSM — **parallel branching**

Paralleladdierwerk *nn* — CIRC.EN — **parallel adder**
= Parallel-Carry-Zähler *nm* (ANGL) — = parallel carry counter

Paralleladdition *nf* — DAT.PR — **parallel addition**

Parallelanordnung *nf* — TECH — **parallel arrangement**
= side-by-side arrangement

Parallelanschluss *nm* — HW — → **parallel port**
→ paralleler Anschluss

Parallelanschlussdrucker *nm* — TER&PER — → **parallel printer** (2)
→ Paralleldrucker *nm* (2)

Parallelanzeige *nf* — EL.TRO — **parallel display**

Parallelapparat *nm* — TELEPH — **parallel station**

Parallelaufbau *nm* — SW — **parallel construct**

Parallelaufzeichnung *nf* — TER&PER — **parallel recording**

Parallelaufzeichnung *nf* — DAT.MA — **shadow recording**

Parallelausführung *nf* — DAT.PR — **parallel execution**
= Simultanausführung *nf* — = concurrent execution; simultaneous execution

Parallelausgabe *nf* — DAT.PR — **parallel output**

Parallelaustrahlungs-Rundfunk *nm* — BROADC — → **simulcast broadcasting**
→ Simulcast-Rundfunk *nm*

Parallelbetrieb *nm* — DAT.PR — → **multiprogramming** *n*
→ Mehrprogrammbetrieb *nm*

Parallelbetrieb *nm* — RAD.RE — **parallel operation**

Parallelbezeichnung *nf* — COLL — → **alias** *n*
→ Pseudonym *nn*

Parallelbildschirm *nm* — DAT.PR — **slave display**
= slave tube

Parallelbus *nm* — HW — **parallel bus**
= paralleler Bus

Parallel-Carry-Zähler *nm* (ANGL) — CIRC.EN — → **parallel adder**
→ Paralleladdierwerk *nn*

Parallelcode *nm* — CODING — **parallel code**

Parallelcomputer *nm* — DAT.PR — → **simultaneous computer**
→ Parallelrechner *nm*

Paralleldaten *nplt* — DAT.PR — → **parallel data**
→ parallele Daten

Paralleldatenübertragung *nf* — DAT.CO — **parallel data transmission**

Paralleldatenverarbeitung *nf* — DAT.PR — → **multiprogramming** *n*
→ Mehrprogrammbetrieb *nm*

Paralleldrahtleitung *nf* — LINE.TH — → **two-wire line**
→ Lecher-Leitung *nf*

Paralleldrucker *nm* (1) — TER&PER — **parallel printer** (1)
[druckt mehrere Zeichen gleichzeitig] — [prints several characters simultaneously]
≠ Serialdrucker — ≠ serial printer (1)
↓ Zeilendrucker; Seitendrucker — ↓ line printer; page printer

Paralleldrucker *nm* (2) — TER&PER — **parallel printer** (2)
[mit parallelem Anschluss] — [with a parallel port]
= Parallelanschlussdrucker *nm*

Parallele *nf* — MATH — **parallel** *n*

[vom griech. "pára + allélon" = "neben + einander"] — [from Greek "pára + allélon" = "beside + of one another"]

parallele Daten DAT.PR **parallel data**
= Paralleldaten *nplt*

parallele Datenabfrage DAT.MA **parallel data query**
= PDQ

parallele Ein-/Ausgabe HW **parallel input/output**
= parallele Eingabe/parallele Ausgabe — = parallel I/O; PIO; parallel input/parallel output; PIPO

parallele Eingabe/parallele Ausgabe HW → **parallel input/output**
→ parallele Ein-/Ausgabe

parallele Eingabe/serielle Ausgabe HW **parallel input/serial output**
= PISO

Parallel-Ein-/Ausgabe-Chip *nm* MICR.EL **parallel input/output chip**
= parallel I/O chip

Paralleleingabe *nf* DAT.PR **parallel input**

Parallelepiped *nn* MATH **parallelepiped**
[ein Prisma mit parallelen Parallelogrammen als Grundflächen; ein von sechs Parallelogrammen gebildeter Körper] — [a prism with two parallel parallelograms as ground faces; a solid formed by six parallelograms]
↑ Prisma; Polyeder — ↑ prism; polyhedron
↓ Quader; Würfel — ↓ rectangular prism; cube

parallele Polarisation PHYS **parallel polarization**
= Parallelpolarisation *nf*

paralleler Algorithmus COMP.SC **parallel algorithm**

paralleler Anschluss HW **parallel port**
= Parallelanschluss *nm*; paralleler Port (ANGL); Parallelport *nm* (ANGL) — = parallel connection

paralleler Bus HW → **parallel bus**
→ Parallelbus *nm*

paralleler Cache-Speicher HW **look-aside cache** *n*
= parallel cache

parallele Rechnerarchitektur COMP.SC **parallel computer architecture**

paralleler Port (ANGL) HW → **parallel port**
→ paralleler Anschluss

Parallelersatzschaltung *nf* NETW.TH **parallel equivalent circuit**

paralleler Zugriff DAT.PR → **simultaneous access**
→ Simultanzugriff *nm*

parallele Schnittstelle HW **parallel interface**
= Parallelschnittstelle *nf*
↓ Centronix-Schnittstelle; Data-Products-Schnittstelle; SCSI-Schnittstelle — ↓ Centronix interface; Data Products interface; SCSI interface

paralleles Programm SW **parallel program**
= Parallelprogramm *nn*
≠ lineares Programm — ≠ sequential program

parallele Übertragung TELEC → **parallel transmission**
→ Parallelübertragung *nf*

Parallelfahrt *nf* CINEMA **parallelt tracking shot**

Parallelführung *nf* ENG.DRA **parallel ruler**

parallelgeschaltet EL.TEC → **shunted**
→ nebengeschlossen

parallelgeschalteter Widerstand EL.TEC → **parallel resistance**
→ Parallelwiderstand *nm*

parallelgeschaltetes Paar OUT.PL **bridged tap**
≈ Parallelschalten — ≈ multiple teeing

parallelgeschichtet PHYS **smectic** *adj*
[in parallel planes]
≈ nematisch — ≈ nematic

parallelgespeist ANT → **shunt-fed**
→ nebenschlussgespeist

parallelgespeiste Antenne ANT **shunt-fed antenna**
= shunt-fed aerial

Parallelinduktivität *nf* EL.SC **parallel inductance**
= shunt inductance

Parallelität *nf* MATH **parallelism** *n*

Parallelkapazität *nf* EL.TEC **parallel capacitance**
= shunt capacitance

Parallelklinke *nf* TELEPH **bridging jack**
= branching jack; branch jack

Parallellauf *nm* DAT.PR **parallel running**
[eine Aufgabe aus Sicherheitsgründen mit verschiedenen Verfahren bearbeiten] — [to process a task with several different modes for security reasons]
= parallel run

Parallelmontage *nf* CINEMA **parallel montage**

Parallelogramm *nn* MATH **parallelogram**
[Viereck mit gegenüberliegendenden gleichen und parallelen Seiten] — [quadrangle with equal and parallel opposite sides]
↑ Viereck — ↑ quadrangle
↓ Rhomboid; Rhombus; Rechteck; Quadrat — ↓ rhomboid; rhombus; rectangle; quadrate

Parallelplattenlinse *nf* ANT **parallel plates lens**

Parallelpolarisation *nf* PHYS → **parallel polarization**
→ parallele Polarisation

Parallelport *nm* (ANGL) HW → **parallel port**
→ paralleler Anschluss

Parallelprogramm *nn* SW → **parallel program**
→ paralleles Programm

Parallelprogrammierung *nf* SW **parallel programing**

Parallelrechner *nm* DAT.PR **simultaneous computer**
= Parallelcomputer *nm* — = parallel computer

Parallelreißer *nm* MEC.EN **surface gage**

Parallelresonanz *nf* NETW.TH **parallel resonance**
= Stromresonanz *nf* — = current resonance

Parallelresonanzkreis *nm* NETW.TH → **parallel-resonant circuit**
→ Parallelschwingkreis *nm*

parallelschalten EL.TEC **connect in parallel** *vt*
= nebenschließen; überbrücken — = parallel; shunt

Parallelschalten *nn* OUT.PL **multiple teeing**
≈ parallelgeschaltetes Paar — = bridged tap

Parallelschaltung *nf* NETW.TH **parallel connection**
= Parallelstromkreis *nm* — = parallel circuit; paralleling
≈ Nebenschluss — ≈ shunt
≠ Reihenschaltung — ≠ series connection

Parallelschnittstelle *nf* DAT.CO **parallel interface**

Parallelschnittstelle *nf* HW → **parallel interface**
→ parallele Schnittstelle

Parallelschnittstellen-Modem *nm&nn* DAT.CO **parallel interface modem**

Parallelschwingkreis *nm* NETW.TH **parallel-resonant circuit**
= Stromresonanzkreis *nm*; Parallelresonanzkreis *nm*; Sperrkreis *nm* — = rejector circuit; rejector; anti-resonant circuit; blocking circuit; wave trap

Parallelschwingkreis-Wechselrichter POW.SY **anti-resonant inverter**

Parallel-Seriell-Umsetzer *nm* CIRC.EN **parallel-to-serial converter**
= Parallel-Seriell-Wandler *nm*; Parallel-Serien-Wandler *nm*; — = serializer *n*; dynamicizer *n*

Parallel-Seriell-Umsetzung *nf* CODING **parallel-serial conversion**

Parallel-Seriell-Wandler *nm* CIRC.EN → **parallel-to-serial converter**
→ Parallel-Seriell-Umsetzer *nm*

Parallel-Serien-Register *nn* DAT.PR **parallel-to-serial register**

Parallel-Serien-Übertragung *nf* DAT.CO **parallel-serial transfer**

Parallel-Serien-Umsetzer *nm* CIRC.EN → **parallel-to-serial converter**
→ Parallel-Seriell-Umsetzer *nm*

Parallel-Serien-Wandler *nm* CIRC.EN → **parallel-to-serial converter**
→ Parallel-Seriell-Umsetzer *nm*

Parallelserver *nm* DAT.NW **parallel server**

Parallelspalte *nf* WOR.PR **parallel column**
≠ Zeitungsspalte — ≠ newspaper column

Parallelspeicher *nm* HW **parallel storage**
≠ sequentieller Speicher — [access time not depending of order of storage]
= parallel memory
≠ sequential access memory

Parallelspeisung *nf* EL.TEC **shunt feed**

Parallelstabilisierung *nf* POW.SY **parallel stabilization voltage**

Parallelstabilisierungsschaltung *nf* CIRC.EN **parallel stabilizing circuit**

Parallelstrahlquelle *nf* PHYS **parallel radiating source**
↑ Punktquelle — = parallel radiator
↑ point source

Parallelstromkreis *nm* NETW.TH → **parallel connection**
→ Parallelschaltung *nf*

Parallelsubtrahierwerk *nn* CIRC.EN **parallel subtracter**

Parallelübergabe *nf* TELEC → **parallel transmission**
→ Parallelübertragung *nf*

Parallelübertrag *nm* DAT.PR **carry look-ahead** *n*
[beschleunigt durch Vorhersage des Übertrags] — [speeds-up predicting the carry]
= Vorschauübertrag *nm*; Carry-look-ahead *nn* (ANGL)

Parallelübertragung *nf* TELEC **parallel transmission**
[alle Codeelemente eines Zeichens werden gleichzeitig übertragen] — [all code elements of a character are transmitted simultaneously]
= Parallelübergabe *nf*, parallele Übertragung — = parallel transfer; parallel communication
≠ Serienübertragung — ≠ serial transmission

Parallelverarbeitung *nf* DAT.PR → **multiprogramming** *n*
→ Mehrprogrammbetrieb *nm*

Parallelverbindung *nf* DAT.CO **parallel connection**

Parallelverschiebung *nf* PHYS → **translatory movement**
→ Translation *nf*

Parallelwechselrichter *nm* POW.SY **parallel inverter**

Parallelwicklung *nf* COMPO **parallel winding**

Parallelwiderstand *nm* EL.TEC **parallel resistance**
= parallelgeschalteter Widerstand — = shunt resistance
≠ Querwiderstand — ≠ cross resistance

parallel wiederverwendbar SW → **reentrant** *adj*
→ ablaufinvariant

Parallelzugriff *nm* DAT.PR → **simultaneous access**
→ Simultanzugriff *nm*

Parallelzweig *nm* NETW.TH **parallel branch**

paramagnetisch EL.SC **paramagnetic** *adj*
[mit Permeabilität > 1; paramagnetische Körper werden in ein Magnetfeld hineingezogen]
≠ diamagnetisch
[with permeability > 1; paramagnetic bodies are attracted by magnetic fields]
≠ diamagnetic

Paramagnetismus *nm* EL.SC **paramagnetism** *n*
[zum induzierendem Magnetfeld gleichsinnige und proportionale magnetische Induktion; schwächerer Effekt als Ferromagnetismus, erlischt bei dessen Wegfall]
≠ Diamagnetismus; Ferromagnetismus; Ferrimagnetismus
[weak magnetic induction, proportional and codirectional to the inducing magnetic field and vanishing with him; weaker effect than ferromagnetism]
≠ diamagnetism; ferromagnetism; ferrimagnetism

Parameter *nm* COMP.SC **parameter** *n*
[aufgabenspezifisch festgeschriebene Variable]
≈ Variable; Argument
[variable assuming properties of constant for a specific task]
≈ variable; argument

Parameter *nm* MATH **parameter** *n*
[spätlatein. Kunstwort aus dem griech. "pára + métron" = "neben + Maß"; neben den eigentlichen Variablen charakterisierende Größe]
[Late Latin neologism from Greek " pára + métron" = "beside + measure"; an entity characterizing beside the proper variables]

Parameterausfall *nm* QUAL → **partial failure**
→ Änderungsausfall *nm*

Parameterbegrenzer *nm* SW **parameter delimiter**

Parameterbereich *nm* SW **parameter area**

Parameterblock *nm* SW **parameter block**
= Parametersatz *nm*

Parameter einstellen SW → **parametrize** *vt*
→ parametrieren

Parameterentität *nf* INTERNET **parameter entity**
[SGML]
[SGML]

Parameterfolge *nf* SW **parameter string**

parametergesteuert SW **parameter-driven** *adj*
= parameter-controlled

parametergesteuerte Software SW **parameter-driven software**
= parameter-controlled software

Parameteridentifikation *nf* CONTRO → **identification** *n*
→ Identifikation *nf*

Parameterkarte *nf* DAT.PR → **control card**
→ Steuerlochkarte *nf*

Parameterprotokollierung *nf* SW **parameter listing**
= parameter logging

Parameterprüfung *nf* SW **parameter testing**

Parameter-RAM *nn* HW **parameter RAM**
= PRAM *nn*
= PRAM

Parametersatz *nm* SW → **parameter block**
→ Parameterblock *nm*

Parameterschätzung *nf* CONTRO → **identification** *n*
→ Identifikation *nf*

Parametersetzung *nf* SW → **parametrization** *n*
→ Parametrierung *nf*

Parametersetzung *nf* DAT.CO **set of parameters**

Parametersubstitution *nf* SW **parameter substitution**
= parameter passing

Parameterteilfolge *nf* SW **parameter sub-string**

Parametertest *nm* MICR.EL **parameter test**

Parametertransformation *nf* MATH **parameter transformation**

Parameterübergabe *nf* SW **parameter hand-off**

Parameterübertragung *nf* SW **parameter passing**

Parameterunterprogramm *nn* SW → **parametric subroutine**
→ parametrisches Unterprogramm

Parameterwort *nn* COMP.SC **parameter word**

parametrierbar SW **parameterizable**

parametrieren SW **parametrize** *vt*
= Parameter einstellen
= to set parameter values

Parametrierung *nf* SW **parametrization** *n*
= Parametersetzung *nf*
= parameter setting

parametriesieren SW **parameterize** *vt*

parametrisch EL.TRO **parametric** *adj*

parametrische Diode MICR.EL **parametric diode**

parametrische Klasse SW **parametric class**
= generische Klasse
= generic class

parametrische Programmierung SW **parametric programming**

parametrische Resonanz PHYS **parametric resonance**

parametrischer Oszillator EL.TRO **parametric oscillator**

parametrischer Schaltkreis CIRC.EN **parametric circuit**

parametrischer Umsetzer EL.TRO **parametric converter**

parametrischer Verstärker CIRC.EN **parametric amplifier**
= Reaktionsverstärker *nm*; Reaktanzverstärker *nm*
= reactance amplifier; MAVAR

parametrisches Unterprogramm SW **parametric subroutine**
= Parameterunterprogramm *nn*
= parametric *n*

parametrisierte Darstellung GIS **primitive instancing**

parametrisierte Klasse SW → **generic class** (OOP)
→ generische Klasse

parasitär EL.TEC **parasitic**

parasitär INF.TEC → **spurious**
→ unerwünscht

parasitäre Aussendung MODUL → **spurious emission**
→ Nebenaussendung *nf*

Parasitäreffekt *nm* PHYS → **spurious oscillation**
→ Nebenschwingung *nf*

parasitäre Kapazität EL.TEC → **parasitic capacitance**
→ Parasitärkapazität *nf*

Parasitärelement *nn* ANT **parasitic element**
= Parasitärstrahler *nm*; parasitäres Element; parasitär erregtes Element; passiver Strahler
≠ gespeistes Element
↓ Direktor; Reflektor
≠ fed element
↓ director element; reflector element

parasitär erregtes Element ANT → **parasitic element**
→ Parasitärelement *nn*

parasitärer Transistor MICR.EL → **substrate transistor**
→ Substrat-Transistor *nm*

parasitäres Element ANT → **parasitic element**
→ Parasitärelement *nn*

parasitäres Mehrbandelement ANT **parasitic multiband element**

parasitäres Signal INF.TEC **parasitic signal**

Parasitärkapazität *nf* EL.TEC **parasitic capacitance**
= parasitäre Kapazität

Parasitärschwingung *nf* PHYS → **spurious oscillation**
→ Nebenschwingung *nf*

Parasitärstrahler *nm* ANT → **parasitic element**
→ Parasitärelement *nn*

parasprachlich LING → **paralingual** *adj*
→ paralinguistisch

paraxial PHYS **paraxial**

parazentrisch MATH **paracentric** *adj*
[um den Mittelpunkt befindlich]
[near to the center]

Pardun *nn* OUT.PL → **guy rope**
→ Abspannseil *nn*

Pardune *nf* OUT.PL → **guy rope**
→ Abspannseil *nn*

Pardunengehänge *nn* ANT **stay-wire isolator**
[zur Isolation von Abspannseilen]

PAR-Gerät *nn* RAD.NA → **precision approach radar**
→ Präzisions-Anflug-Radar *nm&nn* (*pl* -e)

pari passu ECON → **pari passu** *adv*
→ Zug um Zug *adv*

pariserblau *adj* OPT **prussian blue** *adj*
= Paris blue

Parität *nf* CODING **parity** *n*
[vom latein. "par" = "gleich, paarig"; Geradzahligkeit binärer Einser]
= gerade Parität
≠ Imparität
[from Latin "par" = "equal, paired"; even number of binary ones]
= even parity
≠ unparity

Paritäts-/Imparitätskontrolle *nf* CODING **odd-even ckeck**
= Vergleichkontrolle *nf*
↓ Paritätskontrolle; Imparitätskontrolle
↓ parity check; odd parity check

Paritätsbit *nn* CODING **parity bit**
= Paritätsschritt *nm*; Paritybit *nn*
↑ Prüfbit
= P bit
↑ check bit

Paritätsbitspur *nf* TER&PER **parity track**
= Querparitätsbit-Spur *nf*
= vertical parity bit track

Paritätserhaltung *nf* CODING **parity conservation**

Paritätsfehler *nm* CODING **parity error**

paritätsfrei DAT.CO → **no-parity** *adj*
→ paritätslos

Paritätsgenerator *nm* CODING **parity generator**

Paritätshinweiszeichen *nn* DAT.PR → **parity flag**
→ Paritätsmerker *nm*

Paritätskontrolle *nf* CODING **parity check**
= Paritätsprüfung *nf*, Paritätsüberwachung *nf*
≠ Imparitätskontrolle
↓ Horizontal-Paritätskontrolle; Vertikal-Paritätskontrolle
= parity control; parity checking
≠ unparity check
↓ horizontal parity check; vertical parity check

paritätslos DAT.CO **no-parity** *adj*
= paritätsfrei

Paritätsmerker *nm* DAT.PR **parity flag**
= Paritätshinweiszeichen *nn*

Paritätsnetz *nn* CIRC.EN **parity network**

Paritätsprüfung *nf* CODING → **parity check**
→ Paritätskontrolle *nf*

Paritätsschritt *nm* CODING → **parity bit**
→ Paritätsbit *nn*

Paritätsüberwachung *nf* CODING → **parity check**
→ Paritätskontrolle *nf*

Paritäts-Unterbrechungszeichen *nn* DAT.PR **parity interrupt**

Paritätsverletzung *nf* CODING **parity violation**
= bit parity violation

Paritätszeichen *nn* CODING **parity character**
↑ Kontrollzeichen
↑ check character

Paritybit *nn* CODING → **parity bit**
→ Paritätsbit *nn*

parken TER&PER **park** *vt*
[einen Schreib-/Lesekopf]
= in Ruhestellung bringen
[a read/write head]

Parken *nn* TER&PER **parking** *n*
[Magnetkopf]
[a magnetic head]

Parken *nn* TELEPH **call parking**
[Festhalten einer vorübergehend unterbrochenen Verbindung]
[holding of a temporarily suspended call]
= parking

Parkleitsystem *nn* COMP.AP **parking routing system**

Parkplatz *nm* CIV.EN **parking lot** (AE)
= parking place

Parkspur *nf* TER&PER **parking track**

Parkumlaufbahn *nf* SAT.CO **parking orbit**

parmarosa *adj* OPT **Parma rose** *adj*

Paroxatonon *nn* LING **paroxytone** *n*
[mit Akut auf vorletzter Silbe]
[word with accent on the penult]

Parser *nm* COMP.AP → **parser** *n*
→ Analysealgorithmus *nm*

parsevalsches Theorem TELEC → **Parseval's relation**
→ Theorem von Parseval

Parseval'sches Theorem TELEC → **Parseval's relation**
→ Theorem von Parseval

Parsing *nn* (1) SW → **parsing** *n* (1)
→ syntaktische Analyse

Parsing *nn* (2) SW → **parsing** *n* (2)
→ lexikalische Zerlegung

partial *adj* COLL → **partial** *adj*
→ partiell

Partialbruch *nm* MATH **partial fraction**
= Teilungsbruch *nm*

Partialbruchschaltung *nf* NETW.TH **partial fraction arrangement**

Partialdispersion *nf* OPT **partial dispersion**
= partielle Dispersion

Partialdruck *nm* PHYS **partial pressure**

Partial-response (ANGL) CIRC.EN → **partial response**
→ Teilerregung *nf*

Partial-response-Code *nm* CODING **partial-response code**

Partialschwingung *nf* PHYS **partial oscillation**
= Teilschwingung *nf*
= suboscillation *n*

Partialsumme *nf* MATH **partial sum**
= Teilsumme *nf*

Partialwelle *nf* PHYS → **partial wave**
→ Teilwelle *nf*

Partie *nf* ECON → **lot** *n* (2)
→ Posten *nm* (1)

partiell *adj* COLL **partial** *adj*
= teilweise; partial

partielle Differentialgleichung MATH **partial differential equation**

partielle Dispersion OPT → **partial dispersion**
→ Partialdispersion *nf*

partielle Integration MATH **partial integration**
= Produktintegration *nf*; Integration nach Teilen

partielle Konjunktion LOGIC **partial conjunction**

partielle Seitendarstellung WOR.PR **part page display**

Partikel *nn* PHYS → **particle** *n*
→ Teilchen *nn*

Partition *nf* DAT.MA **partition** *n*
[wie als getrennter Speicher behandelter Speicherbereich]
= Partitionierung *nf*; logisches Laufwerk; Speicherplatzabtrennung *nf*; Speicherplatzuntergliederung *nf*; Untergliederung *nf*
≠ physikalisches Laufwerk
[a segregated memory area, treated as independent store]
= partitioning *n*; memory partitioning; storage partitioning; store partitioning; logical drive
≠ physical drive

Partition *nf* SW **partition** *n*

Partitionierung *nf* DAT.MA → **partition** *n*
→ Partition *nf*

Partitions-Bootsektor *nm* DAT.PR **partition boot sector**

Partitionstabelle *nf* DAT.PR **partition table**

Partizip *nn* LING **participle** *n*
[z.B. hörender, gehörter]
= Mittelwort *nn*
≈ Gerundium
↓ Partizip I; Partizip II
[e.g. listening, listened]
≈ gerund
↓ participle of present; participle of past

Partizipationsnetz *nn* DAT.NW **participative network**

Partizip der Vergangenheit *nn* LING → **past participle**
→ Partizip II *nn*

Partizip der Vorzeitigkeit *nn* LING → **past participle**
→ Partizip II *nn*

Partizip des Präsens *nn* LING → **present participle**
→ Partizip I *nn*

Partizip I *nn* LING **present participle**
[z.B. hörender]
= Partizip des Präsens *nn*; Mittelwort der Gegenwart *nn*
↑ Partizip
[e.g. listening]
↑ participle

Partizip II *nn* LING **past participle**
[z.B. gehörter]
= Partizip der Vergangenheit *nn*; Mittelwort der Vergangenheit *nn*; Partizip der Vorzeitigkeit *nn*
↑ Partizip
[e.g. listened]
↑ participle

Partner *nm* ECON → **associate** *n*
→ Teilhaber *nm*

Partyline-Verkehr *nm* DAT.NW → **party-line mode**
→ Linienverkehr *nm*

Parzelle *nf* STATIS **plot** *n*

Pascal *nn* PHYS **Pascal**
[SI-Einheit für Druck; = 1 N/m²]
= Pa
[SI unit for pressure; = 1 N/m²]
= Pa

Pascal *nn* COMP.LG **Pascal**
↑ problemorientierte Programmiersprache
↑ high-level programming language

Pascal-Abrufsequenz *nf* SW **Pascal calling sequence**

Pascaline COMP.SC **Pascaline**
= Pascal'sche Rechenmaschine
= Pascal adding machine

Pascal'sche Rechenmaschine COMP.SC → **Pascaline**
→ Pascaline

Passage *nf* LING **passage** *n*
[relevante Textstelle]
[relevant portion of text]

Passage *nf* PRIN.ME → **text part**
→ Textstelle *nf*

Passagier *nm* AERON → **passenger** *n*
→ Fluggast *nm*

Passagierabfertigung *nf* AERON **check-in**
= Abfertigung *nf*

Passbolzen *nm* MEC.EN **fitted bolt**
= reamed bolt

passend TECH **mating** *adj*

Passfeder *nf* MEC.EN **feathered key**
≈ Keil
= feather key; fitted key

passgerecht MEC.EN **matching** *adj*
≈ paarig
= matched; mating
≈ geminate

passieren COLL → **occur** *vi*
→ vorkommen *vi*

passiv EL.TEC **passive**
≈ stromlos

passiv TECH → **inactive** *adj*
→ inaktiv

Passiv *nn* LING **passive voice**
[z.B. ich werde gehört]
= Passivform *nf*; Leideform *nf*
≠ Aktiv
[e.g. I am listened]
= passive *n*
≠ active voice

passive Antenne ANT → **passive antenna**
→ strahungsgekoppelte Antenne

passive Decodierung RAD.LO **passive decoding**

Passive-Matrix-Bildschirm *nm* TER&PER → **dual-scan display**
→ Dual-scan-Bildschirm *nm*

passive Relaisstelle RAD.RE **passive repeater**
= passiver Repeater
≈ passiver Reflektor [ANT]
= passive repeater system
≈ passive reflector [ANT]

passiver Reflektor ANT → **passive reflector**
→ Umlenkspiegel *nm*

passiver Repeater RAD.RE → **passive repeater**
→ passive Relaisstelle

passiver Satellit SAT.CO **passive satellite**

passiver Schaltkreis CIRC.EN **passive network**

passiver Strahler ANT → **parasitic element**
→ Parasitärelement *nn*

passive Rückstrahlortung RAD.LO → **primary radar**
→ Primärradar *nm&nn* (*pl* -e)

passiver Vierpol NETW.TH **passive two-port**
= passive quadripole

passiver Zweipol NETW.TH **passive two-terminal network**
= passive two-terminal

passives Bauelement COMPO **passive component**
= passive device

passives Datenlexikon DAT.MA **passive data dictionary**
[für simple Abspeicherung] [for storage only]
= stand-alone data dictionary

passives Gatter CIRC.EN **passive gate**

passives Informationssystem DAT.MA **conversational information system**
= konversationelles Informationssystem
= passive information system; interactive information system

passives Netzwerk NETW.TH **passive network**

passive Sternanschaltung DAT.NW **passive bus connection**
= branched star connection

passive Störung MIL.CO **passive jamming**

Passivform *nf* LING → **passive voice**
→ Passiv *nn*

passivieren MICR.EL **passivate** *vt*

Passivierung *nf* MICR.EL **passivation** *n*

Passivitätsbedingungen *nplt* NETW.TH **condition for passivity**

Passkreuz *nn* PRIN.ME **registration mark**

Passlehre *nf* MEC.EN **setting gauge**
= Einstellehre *nf*
= adjusting gage; setting appliance; adjusting appliance

Passloch *nn* MEC.EN **location hole**

Passmarke *nf* PRIN.ME **registration mark**
[um Druckseiten oder -elemente exakt zu plazieren; meist ein Fadenkreuz] [to arrange exactly printing layers or elements; generally a cross-line]
= register mark

Passpunkt *nm* CART **reference point**
= Referenzpunkt *nm*
= control point; passpoint *n*

Passpunkt *nm* COMP.GR **fit point**

Passring *nm* MEC.EN **gauge ring**
= Lehrring *nm*
= gage ring

Passsitz *nm* ENG.DRA **tight fit**

Passstift *nm* MEC.EN **aligning pin**

Passstift *nm* MEC.EN → **guide pin**
→ Führungsstift *nm*

Passstück *nn* MEC.EN → **mating part**
→ Passteil *nn*

Passteil *nn* MEC.EN **mating part**
= Passstück *nn*

Passtoleranz *nf* COMP.GR **fit tolerance**

Passung *nf* ENG.DRA **fit** *n*
= Sitz *nm*
↓ Vorzugspassung
↓ preferred fit

Passungsgrundmaß *nn* ENG.DRA → **basic size**
→ Grundmaß *nn*

Passungsklasse *nf* ENG.DRA **class of fit**
= Sitzklasse *nf*
= class of fits

Passungsnennmaß *nn* ENG.DRA → **nominal size**
→ Nennmaß *nn*

Passungsspiel *nn* ENG.DRA **looseness** *n*

Passus LING → **section** *n*
→ Abschnitt *nm*

Passwort *nn* DAT.MA **keyword** *n* (1)
= Berechtigungszeichen *nn*; Berechtigungsschlüssel *nm*; Kennwort *nn*; Berechtigungscode *nm*; Kennungswort *nn*; Schlüsselwort *nn* (2); Schlüsselbegriff *nm*; Codewort *nn*; Benutzeridentifikation *nf*; Benutzerkennung *nf*; Anwenderkennung *nf*
= password; right-of-access code; user identification; user id; identifier word; id; code number; key number; access key; authorization code; authority code; call code [SWITCH]; call word [SWITCH]

Passwortindex *nm* DAT.MA **keyword index**
= Schlüsselwortindex *nm*; Kennwortindex *nm*

Passwortschutz *nm* DAT.MA **password protection**
= Kennwortschutz *nm*
= keyword protection

Paste *nf* TECH **paste** *n*

pastös TECH **pasty**

Patch-Karte *nf* (ANGL) DAT.PR → **patch card**
→ Korrekturkarte *nf*

Patchmap COMP.AP **patch map**
[passt Synthesizer an MIDI an] [adapts synthesizers to MIDI]

Patent *nn* LAW **patent** *n*
↑ geistiges Eigentum; Industrieeigentumsrecht
↑ intellectual property; industrial property right

Patentamt *nn* LAW **patent office**

Patentanmeldung *nf* LAW **patent application**

Patentanspruch *nm* LAW **patent claim**

Patentanwalt *nm* LAW **patent attorney**
= patent agent

Patentbeschreibung *nf* LAW **patent specification**

Patenteinspruch *nm* LAW **opposition to patent**
= Einspruch *nm* (2)
= opposition *n*

Patenterteilung *nf* LAW **patent issue**
= patent grant

patentfähig LAW **patentable**
= patentierbar; schutzfähig

patentierbar LAW → **patentable**
→ patentfähig

patentieren LAW **patent** *vt*

patentiert LAW **patented** *adj*
= patentrechtlich geschützt
≈ firmeneigen
≈ proprietary (1)

Patentierung läuft LAW **patent pending**

Patentinhaber *nm* LAW **patentee** *n*
= patent holder; patentholder *n*

Patentklage *nf* LAW **patent action**

Patentlaufzeit *nf* LAW **patent term**

Patentrecht *nn* LAW **patent right**

Patentrechte *nplt* LAW **patent rights**

patentrechtlich geschützt LAW → **patented** *adj*
→ patentiert

Patentschrift *nf* LAW **patent letter**

Patentstreit *nm* LAW **patent case**

Patentverletzung *nf* LAW **patent infringement**

Patentversagung *nf* LAW **patent refusal**

Path-overhead TELEC → **path overhead**
→ Pfadzusatz *nm*

Patientenüberwachungssystem *nn* MED.EN **patient care system**

Patronatserklärung *nf* ECON **Comfort Letter**

Patronatsfirma *nf* ECON → **sponsor** *n*
→ Sponsor *nm*

Patronatssendung *nf* MEDIA **sponsored program**
≠ stationseigene Sendung
≠ sustaining program

Patrone *nf* TECH **cartridge** *n*
[vom Französischen "patron" = Musterform (eigentl. "Vaterform"); genormte, meist zylindrische Hülse] [from French "cartouche" deriving from Italian "cartoccio" = "paper case"]
= Kartusche *nf*; Kassette *nf* [EL.TRO]
↑ Hülse
↑ sleeve

Pattern Generator *nm* (ANGL) COMP.GR → **pattern generator**
→ Flächenmustergenerator *nm*

Pattern-Generator *nm* (ANGL) INSTR → **pattern generator**
→ Bitmustergenerator *nm*

Pauke *nf* MUSIC **bass drum**
= Kesselpauke *nf*

Paukist *nm* MUSIC **bass drumnmer**

Pauli-Prinzip *nn* PHYS **Pauli principle**
= Pauli-Verbot *nn*; Ausschließungsprinzip *nn*
= exclusion principle; Pauli exclusion principle

Pauli-Verbot *nn* PHYS → **Pauli principle**
→ Pauli-Prinzip *nn*

Pauschalabrechnung *nf* ECON **lump-sum invoicing**

Pauschalbetrag *nm* ECON **lump sum**
= Pauschale *nf*; Preispauschale *nf*
= lump amount; flat rate

Pauschale *nf* ECON → **lump sum**
→ Pauschalbetrag *nm*

Pauschalgebühr *nf* ECON **flat fee**

Pauschalgebühr *nf* ECON → **flat-rate tariff**
→ Pauschaltarif *nm*

Pauschalpreis *nm* ECON **lump-sum price**

Pauschaltarif *nm* ECON **flat-rate tariff**
= Pauschalgebühr *nf*
= flat rate; fixed rate

Pause *nf* TELEGR → **spacing pulse**
→ Pausenschritt *nm*

Pause *nf* COLL **pause** *n*
≈ Unterbrechung
↓ Ruhepause
= break
≈ interruption; suspension

Pause *nf* OFFICE **copy** *n* (2)
= Abzug *nm*; Kopie *nf*; Vervielfältigung *nf*
≈ Durchschlag; Duplikat; Faksimile
≠ Original
↑ Exemplar
↓ Fotokopie; Lichtpause
= reproduction *n*; print *n*
≈ carbon copy; duplicate; facsimile
≠ original
↑ copy (1)
↓ photocopy; blueprint

Pause *nf* SW **pause** *n*
[vorübergehende Unterbrechung einer [temporary suspension of a program

Programmausführung]
= Programmpause *nf*; Halt *nm* (2); Programmhalt *nm* (2)
≈ Halt (1)
execution]
= program pause; halt (2); program halt (2)
≈ halt (1)

Pause *nf* TELEPH → **conversation pause**
→ Gesprächspause *nf*

PAUSE-/UNTBR-Taste *nf* (IBM) TER&PER → **BREAK key**
→ Unterbrechungstaste *nf*

Pauseanweisung *nf* SW → **pause instruction**
→ Pausebefehl *nm*

Pausebefehl *nm* SW **pause instruction**
[für vorübergehende Unterbrechung]
= Pauseanweisung *nf*; Haltebefehl *nm* (2); Haltbefehl *nm* (2)
≈ Haltbefehl (1)
[for temporary interruption]
= halt instruction (2); halt code (2)
≈ halt instruction (1)

pausen OFFICE **print** *vt*
= kopieren
= copy *vt*

Pausendauer *nf* TELEC **silence duration**

Pausenfrequenz *nf* TELEGR **spacing frequency**

Pausenlage *nf* TELEGR → **spacing pulse**
→ Pausenschritt *nm*

pausenlos COLL **non-stop**

pausenlos TECH → **continuous** *adj* (1)
→ kontinuierlich

pausenloses Anmelden INTERNET **non-stop submission**

Pausenmodus *nm* POW.SY → **sleep mode**
→ Ruhemodus *nm*

Pausenpolarität *nf* TELEGR → **spacing pulse**
→ Pausenschritt *nm*

Pausenschritt *nm* TELEGR **spacing pulse**
= Pause *nf*; Trennschritt *nm*; Trennlage *nf*; Kein-Strom-Schritt *nm*; Pausenpolarität *nf*; Pausenlage *nf*
≈ Startpolarität; Stoppolarität; Ruhestrom
≠ Stromschritt
↑ Zeichenelement; Zeichenlage [DAT.CO]
= spacing signal; space; pause; no-current condition
≈ condition Z; spacing current
≠ marking pulse
↑ unit interval; signal condition [DAT.CO]

Pausentakt *nm* CODING **channel timing**

Pausenzeichen *nn* BROADC **interval signal**

PAUSE-Taste *nf* TER&PER **PAUSE key**
[hält Bildschirmausgabe an]
= Taste PAUSE *nf*; P-Taste *nf*
≈ Taste PAUSE/UNTEBR
[stops a display output]
= P key

pausieren *vi* COLL **pause** *vi*
= suspend

P-ausschließt-Q-Verknüpfung *nf* LOGIC **P-excludes-Q operation**
[Ausgang =1 wenn P=1 und Q=0]
= Inhibitionsverknüpfung *nf* (2); Inhibitionsoperation *nf* (2); Inhibitionsfunktion *nf* (2); Inhibition *nf* (2); NICHT-WENN-DANN-Verknüpfung *nf* (2); NICHT-WENN-DANN-Operation *nf* (2); NICHT-WENN-DANN-Funktion *nf* (2); NICHT-WENN-DANN *nn* (2); UND-NICHT-Verknüpfung *nf* (2); UND-NICHT-Operation *nf* (2); UND-NICHT-Funktion *nf* (2); UND NICHT *nn* (2)
≠ P-impliziert-Q-Verknüpfung
[output=1 if P=1 and Q=0]
= implication operation (2); implication function (2); implication *n* (2); exclusion operation (2); exclusion function (2); exclusion *n* (2); NOT-IF-THEN (2); NOT-IF-THEN operation (2); NOT-IF-THEN function (2); NOT IF THEN (2); AND-NOT operation (2); AND-NOT function (2); AND NOT (2)
≠ P-implies-Q operation
↑ dyadic Boolean operation; implication operation (1)

Pawsey-Symmetrierglied *nn* ANT **Pawsey balun**

paynesgrau *adj* OPT **paynes grey** *adj*

Pay-TV *nn* (ANGL) IMAG.ME → **pay TV**
→ Bezahlfernsehen *nn*

Pay-TV-Gesellschaft *nf* ECON **pay-TV company**

Payware *nf* (ANGL) SW → **feeware** *n*
→ kommerzielle Software

PB DAT.PR → **petabyte** *n*
→ Petabyte *nn*

Pb CHEM → **lead**
→ Blei *nn*

PBX *nf* (*pl* -es) TELEC → **private branch exchange**
→ Nebenstellenanlage *nf*

PC DAT.PR → **personal computer**
→ Personalcomputer *nm*

PC/AT DAT.PR → **AT computer**
→ AT-Computer *nm*

PC/XT DAT.PR → **XT computer**
→ XT-Computer *nm*

PC/XT-Tastatur *nf* TER&PER **PC/XT keyboard**
[die ursprüngliche Tastatur des IBM-PC's]
= XT-Tastatur *nf*
[the original keyboard of the IBM PC]

PC-Adapter *nm* TER&PER **PC adapter**

PC-Anschlusskabel *nn* TER&PER → **PC connection cable**
→ PC-Kabel *nn*

PCAT DAT.PR → **AT computer**
→ AT-Computer *nm*

PC-Box *nf* DAT.NW → **PC-LAN**
→ PC-LAN *nn*

PC-Bus *nm* HW **PC bus**
↓ ISA-Bus; XT-Bus; AT-Bus; MCA-Bus; EISA-Bus
↓ ISA bus; XT bus; AT bus; MCA bus; EISA bus

PC-Card HW → **PCMCIA card**
→ PCMCIA-Karte *nf*

PC-Datenbank *nf* DAT.MA **PC database**
[für PC's]

PC-DOS SW **PC-DOS**
[die von IBM vermarktete Version von MS-DOS; unterscheidet sich nur geringfügig davon]
≈ MS-DOS
↑ DOS
[the version of MS-DOS sold by IBM; differing only slightly]
≈ MS-DOS
↑ DOS

PC-Faxkarte *nf* HW **PC fax board**

PC-Großrechner-Vernetzung *nf* DAT.NW **micro-to-mainframe** *n*

PCI MICR.EL **PCI**
= programmable communication interface

PCI-Karte *nf* DAT.PR **PCI card**

PC-Kabel *nn* TER&PER **PC connection cable**
= PC-Anschlusskabel *nn*

PC-kompatibel DAT.PR **PC-compatible**
↓ IBM-kompatibel
↓ IBM-compatible

PCL COMP.LG **PCL**
[Druckersteuersprache von HP]
[a printer control language by HP]
= Printer Control Language

PC-LAN *nn* DAT.NW **PC-LAN**
[von IBM]
= PC-Box *nf*
[by IBM]

PC-Lautsprecher *nm* DAT.PR **PC loudspeaker**
= PC box

PCM HW → **plug-compatible manufacturer**
→ steckerkompatibler Hersteller

PCM *nn* CODING → **pulse code modulation**
→ Pulscodemodulation *nf*

PCM/TDM-Fehlermessplatz *nm* INSTR **PCM/TDM error measuring set**

PCM2-Technik *nf* TELEC **PCM2 technology**
↑ digitales Teilnehmermultiplexsystem
↑ digital loop carrier system

PCM4-Technik *nf* TELEC **PCM4 technology**
↑ digitales Teilnehmermultiplexsystem
↑ digital loop carrier system

PCM-Bandspeicher *nm* EL.ACOU **PCM-instrumentation recorder**

PCMCIA HW **PCMCIA**
[PC Memory Card International Association]
= PC card

PCMCIA-Buchse *nf* HW **PCMCIA connector**

PCMCIA-Karte *nf* HW **PCMCIA card**
= PC-Card
= PC card

PCMCIA-Steckplatz *nm* HW **PCMCIA slot**

PCM-Einfügung *nf* TRANSM **PCM insertion unit**

PCM-Leitung *nf* SWITCH **PCM highway**

PCM-Messtechnik *nf* INSTR **PCM measuring technique**

PCM-Multiplexer *nm* TRANSM → **PCM multiplex equipment**
→ PCM-Multiplexgerät *nn*

PCM-Multiplexgerät *nn* TRANSM **PCM multiplex equipment**
= PCM-Multiplexer *nm*
= PCM multiplexer

PCM-Stufe *nf* SWITCH **PCM switch**

PCM-System *nn* TRANSM **PCM system**

PCM-Technik *nf* TELEC **PCM technique**

PCM-Telemetrie *nf* TELECON **PCM telemetering**

PCM-Tonkanalsystem *nn* TRANSM **PCM programm channel system**

PCM-Übertragung *nf* TELEC **PCM transmission**

PCM-Übertragungssystem *nn* TRANSM **PCM transmission system**

PCM-Vermittlung *nf* SWITCH **PCM switching**

PCN *nn* (1) TELEC → **personal communications network**
→ Personalkommunikationsnetz *nn*

PCN *nn* (2) TELEC **PCN** (2)
[ein genormtes europäisches PCN-System]
[a European PCN standard]

P-Code *nm* COMP.LG → **pseudocode** *n*
→ Pseudocode *nm*

P-Code *nm* SW → **pseudocode** *n*
→ Pseudocode *nm*

P-Code-Interpreter COMP.SC → **pseudocode interpreter**
→ Pseudocode-Interpretierer *nm*

PC-PBX SWITCH **PBX on PC**

PCS TELEC **PCS**

[US-Systeme für Funkdienste]
↑ Personalkommunikationsnetz
[wireless services in the US]
= Personal Communications Services

PCS TELEC → **personal communication service**
→ persönlicher Kommunikationsdienst

PCSA DAT.NW **PCSA**
[von DEC]
↑ Netzwerkarchitektur
[of DEC]
↑ network architecture

PC-Splitter *nm* TER&PER **PC splitter**
[erlaubt zwei Bildschirme und Tastaturen an ein Systemeinheit anzuschließen]
[allows connection of two displays and keyboards on a system unit]

PC-Telefon *nn* COMP.AP **PC telephone**

PC-Tisch *nm* OFFICE **PC desk**

PC-Trommel *nf* TER&PER → **photosentive drum**
→ Fotoleitertrommel *nf*

PCT-Tool *nn* SW **PCT**
= Program Comprehension Tool

PCVD-Verfahren *nn* OPT.CO **PCVD method**
[Plasma Activated Chemical Vapour Deposition]

PC-Verarbeitung *nf* DAT.PR **PC computing**
= Arbeiten am PC

PCXT DAT.PR → **XT computer**
→ XT-Computer *nm*

PC-Zubehör *nn* TER&PER **PC accessories**

Pd CHEM → **palladium** *n*
→ Palladium *nn*

PDA HW **PDA**
= Personal Digital Assistant

PDA *nm* DAT.PR → **slate PC**
→ Slate-PC *nm*

PDC MOB.CO **PDC**
[japan. Mobilfunkstandard mit TDMA]
= JDC (obs)
[Japanese cellular standard with TDMA]
= Personal Digital Cellular; Pacific Digital Cellular; JDC (obs); Japanese Digital Cellular (obs)

PD-CD-Laufwerk *nn* HW **PD-CD drive**

PDD-Datei *nf* COMP.GR **PDD**
= Portable Digital Document

PDE COMP.AP → **personal data acquisition**
→ Personaldatenerfassung *nf*

PDF-Datei *nf* DAT.MA **PDF file**
= Portable Document Format file

PDH *nf* TELEC → **plesiochronous digital hierarchy**
→ plesiochrone Digitalhierarchie

PDM *nn* MODUL → **pulse duration modulation**
→ Pulsdauermodulation *nf*

P-dotiert MICR.EL **p-doped**

P-Dotierung *nf* MICR.EL **p doping**
= p-type doping

PD-Regler *nm* CONTRO **PD controller**

PDV-Bus *nm* DAT.CO **PDV bus**
[Prozessautomatisierung mit DVA]

PE TELEC → **Physical Entity**
→ physikalische Netzkomponente

PEARL COMP.LG **PEARL**
[aus BASIC abgeleitete Programmiersprache für Automatisierungsaufgaben]
[Process and Experiment Automation Realtime Language; a programming language for automation tasks, derived from BASIC]

PEB-Bus *nm* DAT.PR **PEB**
= Peripheral Extension Bus

Peek-Befehl *nm* SW **peek command**

Peer-to-peer-Architektur *nf* DAT.NW **peer-to-peer architecture**
[mit gleichberechtigten Netzelementen, ohne zentrale Zugriffskontrolle]
≠ Client-server-Architektur
[with equal priorities for all network elements, w/o central network control]
≠ client-server architecture

Pegel *nm* TECH **level** *n*
= Niveau *nn*

Pegel *nm* TELEC **level** *n*
↓ Spannungspegel; Leistungspegel
↓ voltage level; power level

pegelabhängiges Dämpfungsglied EL.TRO **varilosser** *n*

Pegelabhängigkeit *nf* TELEC **level dependence**

Pegeländerung *nf* TELEC **level fluctuation**
= Pegelschwankung *nf*
= level variation

Pegelanpassung *nf* TELEC → **level equalization**
→ Pegelausgleich *nm*

Pegelausgleich *nm* TELEC **level equalization**
= Einpegelung *nf*; Pegelanpassung *nf*
= level compensation; level adjustment; level matching

Pegelbereich *nm* TELEC **level range**

Pegelbildempfänger *nm* INSTR **level tracer**
= Pegelbildgerät *nn*

Pegelbildgerät *nn* INSTR → **level tracer**
→ Pegelbildempfänger *nm*

Pegeldiagramm *nn* TELEC **level chart**
= level diagram; hypsogram *n*

Pegeldifferenz *nf* TELEC → **relative level**
→ relativer Pegel

Pegeldifferenzmesser *nm* INSTR **level difference meter**

Pegelempfänger *nm* INSTR → **level meter**
→ Pegelmesser *nm*

pegelempfindlich EL.TRO **level-sensitive**

Pegelgenerator *nm* INSTR → **level generator**
→ Pegelsender *nm*

pegelgeregelt CIRC.EN **leveled**

Pegelkurve *nf* INSTR **level curve**

Pegellupe *nf* INSTR **scale extension**

Pegelmesser *nm* INSTR **level meter**
= Pegelmessgerät *nn*; Pegelempfänger *nm*
↑ TF-Pegelmessplatz
[FDM tests]
= level indicator; hypsometer *n*
↑ transmission measuring set

Pegelmessgerät *nn* INSTR → **level meter**
→ Pegelmesser *nm*

Pegelmessprogramm *nn* SWITCH **level measuring program**

Pegelmessung *nf* INSTR **level measurement**

Pegelplan *nm* TELEC **level standard**
= level diagram

Pegelregelung *nf* EL.TRO **level regulation**
= leveling *n*; level control

Pegelregelung *nf* EL.ACOU → **level controller**
→ Pegelregler *nm*

Pegelregler *nm* TELEC **level regulator**

Pegelregler *nm* EL.ACOU **level controller**
= Pegelregelung *nf*; Pegelsteller *nm*; Lautstärkeregler *nm*; Lautstärkeregelung *nf*; Laustärkesteller *nm*
↓ Überblendregler
= level regulator; volume control; volume regulator; level adjustment
↓ fader

Pegelschreiber *nm* INSTR **level recorder**

Pegelschwankung *nf* TELEC → **level fluctuation**
→ Pegeländerung *nf*

Pegelsender *nm* INSTR **level generator**
= Pegelgenerator *nm*
↑ TF-Pegelmessplatz
[for FDM measurements]
= signal generator (2); level source
↑ transmission measuring set

Pegelsonde *nf* MICROW **level sonde**

Pegelsprung *nf* TELEC **level jump**
≈ Pegelstufe
≈ level step

Pegelsteller *nm* EL.ACOU → **level controller**
→ Pegelregler *nm*

Pegelumsetzer *nm* CIRC.EN **level converter**

Pegelverschiebung *nf* CIRC.EN → **level shift**
→ Potentialverschiebung *nf*

Peilantenne *nf* ANT **direction finding antenna**
↓ Rahmenantenne; Drehrahmenantenne; Wullenweverantenne
↓ frame antenna; rotary frame antenna; wullenwever antenna

Peilempfänger *nm* RAD.LO → **radio direction finder**
→ Funkpeiler *nm*

Peiler *nm* RAD.LO → **radio direction finder**
→ Funkpeiler *nm*

Peilfehler *nm* RAD.LO **bearing error**

Peilung *nf* RAD.LO **bearing** *n*

Peilungskorrektur *nf* RAD.LO **bearing correction**

Peirce-Element *nn* CIRC.EN → **NOR gate**
→ NOR-Glied *nn*

Peirce-Funktion *nf* LOGIC → **NOR operation**
→ NOR-Verknüpfung *nf*

Peirce-Gatte nnr CIRC.EN → **NOR gate**
→ NOR-Glied *nn*

Peirce-Schaltung *nf* CIRC.EN → **NOR gate**
→ NOR-Glied *nn*

Peirce-Tor *nn* CIRC.EN → **NOR gate**
→ NOR-Glied *nn*

Peirce-Verknüpfung *nf* LOGIC → **NOR operation**
→ NOR-Verknüpfung *nf*

Peitschenantenne *nf* ANT **whip antenna**
↑ Monopol
↑ monopole antenna

Peltier-Effekt *nm* PHYS **Peltier effect**
↑ thermoelektrischer Effekt
↑ thermoelectric effect

PEM-Standard *nm* INTERNET **PEM standard**
= Privately Enhanced Mail standard

penbasiert	DAT.PR	**pen-based**
Pen-Computer *nm*	HW	**pen computer** = clipboard computer
Pendel *nn*	PHYS	**pendulum** *n*
Pendelbewegung *nf*	TECH	**shuttle** *n*
Pendellager *nn*	MEC.EN	**self-aligning bearing**
Pendelmatrixdrucker *nm* [eine Nadelbank wird hin und her bewegt um die Seitenbreite zu überdecken; bis zu 1500 Zeilen / Minute] = Shuttle-Matrixdrucker *nm* (ANGL) ↑ Anschlagdrucker; Zeilendrucker; Text-und-Grafik-Drucker	TER&PER	**shuttle matrix printer** [a stylus bank is shuttled to cdover the page width; up to 1500 lpm] ↑ impact printer; line printer; text-and-graphics printer
pendeln [von Wohnort zur Arbeit oder Schule und zurück]	COLL	**commute** *vi* [from residence to work or school and back]
pendeln [um einen Befestigungspunkt schwingen] ≈ schaukeln; hin- und herbewegen ↑ schwingen	PHYS	**swing** *vi* ≈ reciprocate ↑ oscillate
Pendel-Rückkopplungsaudion	EL.TRO	**self-quenched detector**
Pendelschwingung *nf* → Regelschwingung *nf*	CONTRO	→ **hunting** *n*
Pendelsuchlauf *nm* [Videorecorder]	CONS.EL	**shuttle** *n* [video recorder]
Pendelung *nf* → Regelschwingung *nf*	CONTRO	→ **hunting** *n*
Pen-Plotter *nm* → Stiftplotter *nm*	TER&PER	→ **pencil plotter**
Pensionierung *nf*	ECON	**retirement** *n* (2) [of an employee]
Pentade *nf* [Gruppe von 5 Binäreinheiten]	CODING	**pentad** *n* [group of 5 bit positions]
Pentaeder *nn* = Fünfflach *nn*; Fünfflächner *nm* ↑ Polyeder	MATH	**pentahedron** *n* (*pl* -drons&-dra) [solid of five faces] ↑ polyhedron
Pentagon *nn* → Fünfeck *nn*	MATH	→ **pentagon** *n*
Pentagondodekaeder *nn* = Zwölfflächner *nm* ↑ Polyeder	MATH	**pentagondodecahedron** *n* (*pl* -drons&-dra) [with twelve faces] ↑ polyhedron
Penthouse *nn* (ANGL) → Dachterrassenwohnung *nf*	CIV.EN	→ **penthouse** *n*
Pentium *nn* [1992 von Intel; 32 Bit / 66 MHz]	MICR.EL	**Pentium** [1992 by Intel; 32 bit / 66 MHz]
Pentode *nf* = Fünfgitterröhre *nf* ↑ Schirmgitterröhre	EL.TRO	**pentode** *n* ↑ screen-grid tube
per definitionem → definitionsgemäß	SCIE	→ **by definition**
perfekt → vollendet	COLL	→ **perfect**
perfekt *adj* ≈ einwandfrei; fehlerfrei	TECH	**perfect** *adj* ≈ unobjectionable; failure-free
Perfekt *nf* [z.B. ich habe gehört, ich wurde gehört] = 2. Vergangenheit *nf*; zweite Vergangenheit; vollendete Gegenwart; Vorgegenwart *nf*, zusammengesetzte Vergangenheit	LING	**present perfect** [e.g. I have heard; I have been heard]
perfektionieren	TECH	**perfect** *vt*
Perfo, Cord → Magnetfilm *nm*	CINEMA	→ **magnetic film**
Perfoband *nn* → Magnetfilm *nm*	CINEMA	→ **magnetic film**
Perforation *nf* → Filmperforation *nf*	IMAG.ME	→ **sprockets** *nplt*
Perforation *nf* → Lochung *nf*	TER&PER	→ **perforation** *n*
Perforationssteg *nm* → Perforationsstreifen *nm*	TER&PER	→ **tie** *n*
Perforationsstreifen *nm* = Perforationssteg *nm*; Steg *nm*	TER&PER	**tie** *n*
Perforationstrenner	TER&PER	**tie decollator** = tie cutter
Perforator *nm* → Lochstreifenstanzer *nm*	TER&PER	→ **tape punch**
perforiert → führungsgelocht	TER&PER	→ **sprocketed** *adj*
perforierter Lochstreifen = durchlochter Lochstreifen	TER&PER	**chadded tape**

perforierter Randstreifen → Führungsstreifen *nm*	TER&PER	→ **pin-feed edge**
PERFORM-Anweisung *nf* (COBOL) → LAUF-Anweisung *nf*	COMP.LG	→ **RUN statement**
PERFORM-Befehl (COBOL) → LAUF-Anweisung *nf*	COMP.LG	→ **RUN statement**
PERFORM-Schleife [in Hochsprachen, z.B. COBOL] ↑ iterative Anweisung; Programmschleife	COMP.LG	**PERFORM loop** [in high-level languages, e.g. COBOL]
Perigäum *nn* [Bahnpunkt geringster Entfernung zur Erde] ≠ Apogäum ↑ Apside	ASTR.PH	**perigee** *n* [orbital point nearest to earth] ≠ apogee ↑ apsis
Perihel *nn* [Bahnpunkt geringster Entfernung zur Sonne] = Perihelium *nn* ↑ Apside	ASTR.PH	**perihelion** [orbital point nearest to sun] ↑ apsis
Perihelium *nn* → Perihel *nn*	ASTR.PH	→ **perihelion**
Periode *nf* [vom Griechischen "peri-odos = Um-lauf"] ≈ Zeitabschnitt	PHYS	**period** *n* (1) [from Greek "peri-odos" = "circular movement"] = cycle
Periodendauer *nf* → Periodenlänge *nf*	MATH	→ **period length**
Periodenlänge *nf* = Periodendauer *nf*, Schwingungsdauer *nf*	MATH	**period length** = period duration; cycle *n*
Periodensystem *nn* = Periodensystem der Elemente ≈ Periodentafel der Elemente	CHEM	**periodic system** = periodic law ≈ periodic table
Periodensystem der Elemente → Periodensystem *nn*	CHEM	→ **periodic system**
Periodentafel *nf*	CHEM	**periodic table**
Periodenumformer *nm* → Frequenzumrichter *nm*	POW.SY	→ **frequency converter**
Periodikum *nn* (*pl* -ka) → Zeitschrift *nf*	PRIN.ME	→ **periodical** *n*
periodisch [regelmäßig in gleichen Abständen] ≈ wiederholend; zyklisch	SCIE	**periodic** *adj* [regularly at equal intervals] = at intervals ≈ recurrent; cyclic
periodische Abtastung	EL.TRO	**repetitive sampling** = periodic sampling
periodische Antenne → abgestimmte Antenne	ANT	→ **periodic antenna**
periodische Magnetisierung → Wechselmagnetisierung *nf*	PHYS	→ **alternating magnetization**
periodischer Dezimalbruch [z.B. 0,3333...]	MATH	**repeat decimal number** [e.g. 0.3333...] = repeating decimal; recurring decimal
periodischer Speicher → Umlaufspeicher *nm*	HW	→ **circulating memory**
periodischer Störer → periodisches Rauschen	TELEC	→ **periodic noise**
periodisches Rauschen = periodischer Störer	TELEC	**periodic noise**
periodisches Signal	INSTR	**repetitive signal** = periodic signal; repetitive waveform
Periodizität *nf*	SCIE	**periodicity** *n*
peripher [vom griech. "peripherís" = "kreisförmig" (eigentl. "sich herumbewegend")]	SCIE	**peripheral** *adj* [from Greek "peripherís" = "circular" (properly "moving around")]
periphere Einheit → Peripheriegerät *nn*	HW	→ **peripheral equipment**
peripherer Datentransfer	DAT.PR	**peripheral data transfer** = peripheral transfer
peripherer Speicher → Externspeicher *nm*	HW	→ **external memory** *n*
peripheres Gerät → Peripheriegerät *nn*	HW	→ **peripheral equipment**
Peripherie *nf* → Peripheriegerät *nn*	HW	→ **peripheral equipment**
Peripherie *nf* ≈ Umfeld	SCIE	**periphery** *n* ≈ ambient environment
Peripherie *nf* → Vorort *nm*	GEOSC	→ **suburb** *n*
Peripherie-Anschlusseinheit *nf*	TER&PER	**peripheral adapter**
peripheriebegrenzt	DAT.PR	**peripheral-limited** *adj*
Peripheriegerät *nn*	HW	**peripheral equipment**

[Gerät für Eingabe, Ausgabe oder Speicherung von Daten] — [equipment for input, output or storage of data]
= periphere Einheit; peripheres Gerät; Anschlussgerät *nn*; Peripherie *nf* — = peripheral unit; peripheral device; device; peripheral *n*
↓ Eingabegerät; Ausgabegerät; Ein-/Ausgabegerät; externer Speicher — ↓ input device; output device; input/output device; external memory

Peripheriegerätegruppe *nf* — HW — → **device cluster**
→ Gerätegruppe *nf*

Peripheriegeräte-Hersteller *nm* — DAT.PR — **peripheral equipment manufacturer**
= PEM

Peripheriegeräteschlange *nf* — DAT.PR — → **device queue**
→ Geräteschlange *nf*

Peripheriegeräte-Schnittstelle *nf* — HW — → **device interface**
→ Geräteschnittstelle *nf*

Peripheriegerätetreiber *nm* — SW — → **driver software**
→ Treiber *nm*

Peripheriegerätsteuerung *nf* — HW — **device controller**
↑ Erweiterungskarte — ↑ expansion board

Peripheriespeicher *nm* — HW — → **external memory** *n*
→ Externspeicher *nm*

Peripheriezelle *nf* — MICR.EL — → **peripheral cell**
→ Randzelle *nf*

Periskopantenne *nf* — ANT — **periscope antenna**

PERL — COMP.LG — **PERL**
[Practical Extraction and Report Language]

Perlenkugel *nf* — TECH — → **bead** *n*
→ Kügelchen *nn*

perlweiß — OPT — **pearl-white**

Permalloy *nn* — METAL — **permalloy** *n*
≈ Mumetall

permanent — HW — → **nonvolatile** *adj*
→ nichtflüchtig

permanent — TECH — → **permanent** *adj*
→ dauerhaft

permanentblau — OPT — → **genuine blue** *adj*
→ echtblau *adj*

Permanentdaten *nplt* — DAT.MA — **permanet data**
= persistent data

permanente Magnetisierung — EL.SC — **permanent magnetization**
= Permanentmagnetisierung *nf*

permanenter Magnet — PHYS — → **permanent magnet**
→ Dauermagnet *nm*

permanente Verbindung — TELEC — → **fixed line** *n*
→ Standleitung *nf*

permanentgelb *adj* — OPT — **permanent yellow** *adj*
= echtgelb — = sunproof yellow; genuine yellow

permanentgrün *adj* — OPT — **permanent green** *adj*
= sunproof green; genuine green

Permanentmagnet *nm* — PHYS — → **permanent magnet**
→ Dauermagnet *nm*

Permanentmagnetisierung *nf* — EL.SC — → **permanent magnetization**
→ permanente Magnetisierung

permanentorange *adj* — OPT — **permanent orange** *adj*
= echtorange — = genuine ornage

permanentrosa *adj* — OPT — **permanent rose** *adj*
= echtrosa — = genuine rose

Permanentspeicher *nm* (1) — HW — → **nonvolatile memory**
→ nichtflüchtiger Speicher

Permanentspeicher *nm* (2) — HW — → **read-only memory**
→ Festwertspeicher *nm*

Permanentspeicher *nm* (3) — HW — → **non-erasable memory** (1)
→ nichtlöschbarer Speicher (1)

permanentviolett *adj* — OPT — **permanent violet** *adj*
= echtviolett — = genuine violet

Permanenz *nf* — EL.SC — → **permanence**
→ magnetische Permanenz

Permeabilität *nf* — EL.SC — **permeability** *n*
[magn. Flussdichte zu magn. Feldstärke] — [ratio of magnetic flux density to magnetic field strength]
= Magnetisierungskonstante *nf*; magnetische Leitfähigkeit
≠ Reluktivität — ≠ reluctivity

Permeabilitätszahl *nf* — EL.SC — **relative permeability**
= relative Permeabilität — = permeability index

Permeanz *nf* — EL.SC — **permeance** *n*
[SI-Einheit: Henry] — [SI unit: Henry]
= magnetischer Leitwert — = magnetic conductance

Permendur *nn* — METAL — **permendur** *n*

Perminvar *nn* — METAL — **perminvar** *n*

Permittivität *nf* — EL.SC — → **dielectric constant** (1)
→ Dielektrizitätskonstante *nf*

Permittivitätszahl *nf* — EL.SC — → **relative permittivity**
→ Dielektrizitätszahl *nf*

Permutation *nf* — MATH — **permutation** *n*
[jede der Anordnungsmöglichkeiten einer betrachteten Anzahl von Elementen] — [any of different arrangement alternatives for a given set of items]

Permutationsgruppe *nf* — MATH — **permutation group**

permutieren — MATH — **permute**

perpendikulär — MATH — → **vertical** *adj*
→ senkrecht

per Post versenden — POST — **mail** *vt*
= post *vt*

Per-Sendung-Bezahl-TV — IMAG.ME — **pay-per-view TV**
↑ Bezahlfernsehen — ↑ pay TV

persistente Daten — DAT.MA — → **master data**
→ Stammdaten *nplt*

Person *nf* — COLL — **person** *n*
= Individuum *nn* — = individual *n*

Personal *nn* — ECON — → **workforce** *n*
→ Belegschaft *nf*

Personalabteilung *nf* — ECON — **Human Resources**
= personnel department

Personalabteilungsleiter *nm* — ECON — → **personnel manager**
→ Personalleiter *nm*

Personalaufwand *nm* — ECON — → **deployment of personnel**
→ Personaleinsatz *nm*

personalaufwendig — ECON — → **labor-intensive** *adj*
→ personalintensiv

Personalausweis *nm* — ECON — **identity card**
= amtlicher Ausweis; Identitätskarte *nf* (AT,CH) — = identification card (USA)
↑ card

Personalbestand *nm* — ECON — → **workforce** *n*
→ Belegschaft *nf*

Personalchef *nm* — ECON — → **personnel manager**
→ Personalleiter *nm*

Personalcomputer *nm* — DAT.PR — **personal computer**
[selbständige Rechenanlage für individuellen Gebrauch; vom Modellnamen "IBM Personal Computer", dem 1. weltweit] — [a stand-alone computer for autonomous individual use; from the model name "IBM Personal Computer", the first worldwide]
= PC — = PC; personal microcomputer
≈ Arbeitsplatzrechner — ≈ workstation computer
↑ Mikrocomputer — ↑ microcomputer
↓ Tischcomputer; tragbarer Computer; Aktentaschencomputer; Notizbuchcomputer; Taschencomputer — ↓ desktop computer; portable computer; laptop computer; notebook computer; pocket

Personaldatenerfassung *nf* — COMP.AP — **personal data acquisition**
= PDE

Personaleinsatz *nm* — ECON — **deployment of personnel**
= Personalaufwand *nm*

Personalform *nf* — LING — **personal form**
= finite Form

personalintensiv — ECON — **labor-intensive** *adj*
= personalaufwendig — ≈ work-intensive
≈ arbeitsaufwending

personalisieren *vt* — TER&PER — **personalize** *vt*
[eine Zahlungskarte] — [a pay card]

personalisieren *vt* — TECH — **personalize** *vt*
[für einen bestimmten Benutzer anpassen] — [to adapt to a specific user]
≈ kundenspezifisch anpassen — ≈ customize

Personalisierer *nm* — TER&PER — **personalizer** *n*

personalisierter Brief — WOR.PR — → **serial letter**
→ Serienbrief *nm*

Personalisierung *nf* — TER&PER — **personalization** *n*

Personalkommunikation *nf* — TELEC — **personal communications**

Personalkommunikationsdienst *nm* — TELEC — → **personal communication service**
→ persönlicher Kommunikationsdienst

Personalkommunikationsnetz *nn* — TELEC — **personal communications network**
= Netz für persönliche Kommunikation *nn*; PCN *nn* (1) — = PCN (1)
↓ PCS; PCN (2) — ↓ PCS; PCN (2)

Personalkosten *nplt* — ECON — **personnel costs**

Personalkürzung *nf* — ECON — **staff cut**

Personalleiter *nm* — ECON — **personnel manager**
= Personalchef *nm*; Personalabteilungsleiter *nm* — = staff executive

Personalnummer *nf* — ECON — **personal number**

Personalnummer *nf* — TELEC — **personal numbering**
[der Teilnehmer behält seine Nummer bei, selbst wenn er den Wohnsitz ändert] — [the subscriber retains its directory number even moving to other other physical address]

		= PN
		≈ number portability
Personalpapiere *nplt*	ECON	**identity papers**
		= personal papers
Personalpronomen	LING	**personal pronoun**
[z.B. er]		[e.g. he]
= persönliches Fürwort		
Personalschulung *nf*	ECON	**personnel training**
Personalumsetzung *nf*	ECON	**personnel move**
Personalwesen *nn*	ECON	**personnel management**
		= human resources
Personalzeiterfassung *nf*	SIG.EN	→ **working time recording system**
→ Anwesenheitszeiterfassung *nf*		
personenbasiert	COMP.AP	**man-centered** *adj*
≠ maschinenbasiert		= human-centered
		≠ machine-centered
personenbezogen	COLL	→ **personal** *adj*
→ persönlich		
Personendosis *nf*	PHYS	**personal dose**
Personenerfassung *nf*	SIG.EN	**human body detection**
Personengesellschaft *nf*	ECON	**partnership company**
≠ Kapitalgesellschaft		≠ corporation
Personenkennzahl *nf*	ECON	**universal identifier**
		[for persons]
Personen-Kennzeichennummer *nf*	INF.TEC	**personal identification number**
= individuelle Geheimnummer		= PIN; PIN code
≈ Geheimnummer		
Personen-Kennzeichnungsvorrichtung	SIG.EN	**personal identification device**
		= PID
Personenkraftwagen *nm*	TRANSP	**passenger vehicle**
= Pkw; PKW		
Personennamenforschung *nf*	LING	**anthroponomastics** *nplt*
Personenruf *nm*	MOB.CO	→ **radio paging**
→ Funkruf *nm*		
Personenrufanlage *nf*	TELEC	**paging system**
Personenrufempfänger *nm*	MOB.CO	**paging receiver** *n*
		= pager; beeper
Personensuchsystem *nn*	MOB.CO	→ **radio paging**
→ Funkruf *nm*		
persönlich	COLL	**personal** *adj*
= personenbezogen		
persönlich	ECON	→ **private** *adj*
→ privat		
persönlich	INTERNET	→ **F2F**
→ F2F		
persönliche Authentifizierungsnummer	INF.TEC	**personal access number**
		= PAN
persönliche Einstellungen	COMP.AP	**personal settings**
persönliche Mobilität	MOB.CO	**personal mobility**
[durch eine persönl. Kennzahl]		[thanks to an unique personal number]
persönlicher Identitätsmodul	TELEC	**personal identity module**
= PIM		= PIM
persönlicher Informationsmanager	COMP.AP	**Personal Information Manager**
= persönlicher Informationsverwalter; PIM		= PIM
persönlicher Informationsverwalter	COMP.AP	→ **Personal Information Manager**
→ persönlicher Informationsmanager		
persönlicher Kommunikationsdienst	TELEC	**personal communication service**
= PCS; Personalkommunikationsdienst *nm*		= PCS
≈ Netz für persönliche Kommunikation		
persönliches Fürwort	LING	→ **personal pronoun**
→ Personalpronomen		
Perspektive *nf*	MATH	**perspective** *n*
Perspektiven *nplt*	COLL	→ **prospects**
→ Zukunftsaussichten *nplt*		
perspektivische Anpassung	COMP.GR	**perspective correction**
perspektivische Ansicht	COMP.GR	→ **perspective view**
→ perspektivische Darstellung		
perspektivische Darstellung	COMP.GR	**perspective view**
= perspektivische Ansicht		≠ isometric view
≠ isometrische Darstellung		
Pertinax *nn*	EL.TRO	**pertinax** *n*
Pertinenz *nf*	LAW	**appurtenance** *n* (1)
[von Rechts wegen dazugehörend]		[attached property right]
= Pertinenzstück *nn*		
Pertinenzstück *nn*	LAW	→ **appurtenance** *n* (1)
→ Pertinenz *nf*		
Per-to-peer-Netz *nn* (ANGL)	DAT.NW	→ **non-hierarchical network**
→ nicht-hierarchisches Netz		
Perücke *nf*	COLL	**wig** *n*
Perveanz *nf*	EL.TRO	**perveance** *n*
[Parameter für Elektronenröhren]		[performance parameter of electronic tubes]
Perzeptron *nn*	ART.IN	**perceptron** *n*
PE-Schrift *nf*	TER&PER	→ **phase encoding**
→ Richtungstaktschrift *nf*		
Petabyte *nn*	DAT.PR	**petabyte** *n*
= PB		
Peta- *praef*	PHYS	**peta-** *praef*
[10E15]		[10E15]
= P		= P
Petersen-Spule *nf*	POW.SY	→ **ground-fault neutralizer**
→ Erdlöschspule *nf*		
Petri-Netz *nn*	COMP.SC	**Petri net**
[Darstellungsmodell für Informationsflüsse]		[model to represent information flow]
Petroleum *nn* (1)	CHEM	**kerosene** *n*
[Brennstoff]		
Petroleum *nn* (2)	CHEM	→ **petroleum** *n*
→ Erdöl *nn*		
pF	EL.SC	→ **picofarad** *n*
→ Pikofarad *nn*		
Pfad *nm*	SCIE	**path** *n*
= Weg *nm*		
Pfad *nm*	DAT.MA	**path** *n*
[Weg des BS um eine Datei zu finden]		[route followed by the OS to find a file]
= Suchpfad *nm*; Verzeichnispfad *nm*		
↓ Zugriffspfad		↓ access path
Pfad *nm*	COLL	→ **trail** *n*
→ Spur *nf* (1)		
Pfad *nm*	HW	→ **bus** *n* (*pl* buses&busses)
→ Bus *nm* (*pl* Busse)		
Pfad *nm* (1)	SW	**path** *n*
[Abfolge von Ereignissen oder Befehlen]		[sequence of events or instructions]
↓ Zugriffspfad; Suchpfad		↓ access path; search path
Pfad *nm* (2)	SW	→ **thread** *n*
→ Teilprozess *nm*		
Pfadanalyse *nf*	SW	**path analysis**
[Analyse aller möglichen Programmpfade]		[analysis of all possible program paths]
PFA-Datei *nf*	TER&PER	**PFA file**
		= Printer Font ASCII file
Pfadausdruck *nm*	SW	**path expression**
[gibt erforderliche Eingabebedingungen an]		[indicates necessary input conditions]
Pfadbedingung *nf*	SW	**path condition**
Pfadermittlung *nf*	DAT.NW	**route discovery**
Pfadkontrollschicht *nf*	DAT.NW	**path control layer**
[in der SNA-Architektur]		[in the SNA architecture]
Pfadname *nm*	DAT.MA	→ **path name**
→ Suchwegbezeichnung *nf*		
Pfadprüfung *nf*	SW	**path testing**
≈ Zweigprüfung; Anweisungprüfung		≈ branch testing; statement testing
Pfadsteuerung *nf*	DAT.CO	**path control**
[Datenvermittlung]		[data switching]
Pfadsteuerungsschicht *nf*	DAT.NW	**path control layer**
[z.B. die 3. Schicht im SNA]		[e.g. the 3rd layer of SNA]
Pfadzusatz *nm*	TELEC	**path overhead**
[SDH/SONET]		[SDH/SONET; control information additional to payload]
= Path-overhead; POH		= POH
Pfand *nn*	ECON	**pawn** *n*
= Kreditsicherheit *nf*		= mortgage *n*
↑ Sicherheit		↑ security
PFB-Datei *nf*	TER&PER	**PFB file**
[die verschlüsselte Version der PFA-Datei]		[the encrypted version of PFA file]
Pfeifabstand *nm*	CIRC.EN	**singing margin**
= Pfeifsicherheit *nf*		
pfeifen	CIRC.EN	**sing** *vi*
Pfeifen	CIRC.EN	**singing** *n*
Pfeiffrequenz *nf*	CIRC.EN	**singing frequency**
		= singing point frequency
Pfeifneigung *nf*	CIRC.EN	**near-singing**
Pfeifpunkt *nm*	CIRC.EN	**singing point**
Pfeifpunktverfahren *nn*	INSTR	**singing-point method**
Pfeifsicherheit *nf*	CIRC.EN	→ **singing margin**
→ Pfeifabstand *nm*		
Pfeifstörung *nf*	TELEC	**singing interference**
Pfeil *nm*	PRIN.ME	**arrow** *n*
Pfeil *nm*	COMP.SC	**arc** *n*
[in Petri-Netzen zur Verbindung von Knoten]		[connects nodes in Petri nets]
Pfeildiagramm *nn*	TEC.DOC	**arrow diagram**
Pfeiler *nm*	CIV.EN	**pillar** *n*
[freistehende Stütze eines Bauwerks, meist		[an upright support for a

rechteckigen Querschnitts] superstructure]
≈ Säule; Mast ≈ column; pylon; pilaster; mast
Pfeilerbefestigung *nf* SYS.INS **pillar mounting**
Pfeillinie *nf* DAT.PR **arrowed line**
= gepfeilte Linie
Pfeil nach links PRIN.ME **leftward arrow**
[Symbol: ←] [symbol: ←]
= Linkspfeil *nm*
Pfeil nach oben PRIN.ME **upward arrow**
[Symbol: ↑] [symbol: ↑]
= Aufwärtspfeil *nm* = caret *n*
Pfeil nach rechts PRIN.ME **rightward arrow**
[Symbol: →] [symbol: →]
= Rechtspfeil *nm*
Pfeil nach unten PRIN.ME **downward arrow**
[Symbol: ↓] [symbol: ↓]
= Abwärtspfeil *nm*
Pfeilspitzenantenne *nf* ANT **arrow-head antenna**
Pfeiltaste *nf* TER&PER → **cursor key**
→ Schreibmarkentaste *nf*
Pfeilzeiger *nm* COMP.AP → **cursor arrow**
→ Cursorpfeil *nm*
Pferdestärke *nf* PHYS → **HP**
→ PS *nn*
Pferdestärke *nf* PHYS **horsepower** *n*
[= 0,735498759 kW] [0.735498759 kW]
= PS = German horsepower; PS; HP
Pflege *nf* TECH → **maintenance** *n*
→ Wartung *nf*
Pflegegerät *nn* TER&PER **maintenance equipment**
Pflegemittel *nn* TECH **maintenance medium**
Pflichtenheft *nn* TECH → **specification** *n* (1)
→ Spezifikation *nf*
Pflichtlektüre *nf* SCIE **essential reading**
Pflichtschule *nf* EDUC **obligatory school**
Pflugschar *nf* TECH **ploughshare** (BE)
= Schar *nf* = plowshare *n* (AE); share *n*
PFM MODUL → **pulse frequency modulation**
→ Pulsfrequenzmodulation *nf*
PFM-Datei *nf* TER&PER **PFM file**
= Printer Font Metrics File
Pforte *nf* ECON **lobby** *n*
[z.B. eines Firmengeländes] [entrance to corporate premises]
Pförtner *nm* ECON **gatekeeper** *n*
= Schrankenwärter *n*
Pförtnerhaus *nn* ECON **gatehouse** *n*
Pfosten *nm* CIV.EN **post** *n*
[senkrechte Stütze, i.a. aus Holz] [vertical support, generally wooden]
≈ Mast
Pfund *nn* PHYS **metric pound**
[Maßeinheit für Masse; = 0,5 kg; im Englischen wird als Symbol ein # hinter die Zahl gesetzt] [0.5 kg; symbol: # (after the number)]
Pfund-Symbol *nn* ECON → **pound sign** *n*
→ Pfund-Zeichen *nn*
Pfund-Zeichen *nn* ECON **pound sign** *n*
[Symbol: £] [symbol: £]
= Pfund-Symbol *nn* = pound symbol
↑ Währungszeichen ↑ currency sign
Pfusch *nm* TECH → **bungling** *n*
→ Murks *nm*
pfuschen TECH → **bungle** *vt*
→ murksen *vi*
Pfuscherei *nf* TECH → **bungling** *n*
→ Murks *nm*
PGA TER&PER **PGA**
[Grafikstandard] [graphics standard]
= Professional Graphics Adapter
PGA-Adapter *nm* TER&PER → **PGA board**
→ PGA-Karte *nf*
PGA-Gehäuse *nn* MICR.EL **PGA package**
= Pingittergehäuse *nn* [Pin Grid Array]
= PGA; pin-grid array
PGA-Karte *nf* TER&PER **PGA board**
= PGA-Adapter *nm* ↑ graphics board
↑ Grafikkarte
PGDFi TRANSM → **through group filter**
→ Primärgruppen-Durchschaltefilter *nn*
PgDn-Taste *nf* TER&PER → **PAGE-DOWN key**
→ BILD-NACH-UNTEN-Taste *nf*
P-Gespräch *nn* TELEPH **person-to-person calling**
= Voranmeldungsgespräch *nn*

PGK ECON → **price escalation clause**
→ Preisgleitformel *nf*
P-Glied *nn* CONTRO **P element**
= Proportionalglied *nn*; proportionales Übertragungsglied
PGP-Verschlüsselung *nf* INF.TEC **PGP encryption**
[Pretty Goos Privacy]
PGU TRANSM → **group modulator**
→ Primärgruppenumsetzer *nm*
PgUp-Taste *nf* TER&PER → **PAGE-UP key**
→ BILD-NACH-OBEN-Taste *nf*
ph OPT → **phot** *n*
→ Phot *nn*
pH CHEM → **pH value**
→ pH-Wert
P-Halbleiter *nm* PHYS **p-type semiconductor**
= P-Typ-Halbleiter *nm*; P-Material *nn*; Fehlstellenhalbleiter *nm*; Störstellenhalbleiter *nm*; Extrinsic-Halbleiter *nm* = p-type material; defect semiconductor; impurity semiconductor; extrinsic semiconductor
P-Halbleiter *nm* PHYS → **hole semiconductor**
→ Löcherhalbleiter *nm*
Phänomen *nn* SCIE → **phenomenon** *n*
→ Erscheinung *nf*
Phantom *nm* COM.CAB → **phantom circuit**
→ Phantomkreis *nm*
Phantombespulung *nf* COM.CAB → **phantom loading**
→ Viererbespulung *nf*
Phantombild *nn* LAW **identikit picture**
= photofit picture
Phantombildung *nf* COM.CAB **phantoming** *n*
Phantom-Festwertspeicher *nm* DAT.PR **phantom ROM**
= Phantom-ROM *nn*
Phantomkreis *nm* COM.CAB **phantom circuit**
= Viererleitung *nf*; Phantom *nm*; Kreisvierer *nm* = phantom; side circuit; superimposed circuit; superposed circuit
≠ physical circuit
Phantomkreisbespulung *nf* COM.CAB → **phantom loading**
→ Viererbespulung *nf*
Phantom-ODER MICR.EL → **wired OR**
→ verdrahtetes ODER
Phantom-Pupinspule *nf* OUT.PL **phantom-circuit loading coil**
Phantom-ROM *nn* DAT.PR → **phantom ROM**
→ Phantom-Festwertspeicher *nm*
Phantomübertrager *nm* OUT.PL **phantom coil**
= Fernleitungsübertrager *nm* = side-circuit coil
Phase *nf* SCIE **phase** *n*
[fig; Abschnitt eines langen Vorgangs] [fig; part of a large period]
Phase *nf* PHYS **phase** *n*
[Schwingungszustand; vom griech. "phásis" = "(periodische) Erscheinung (von Sternen)"] [state of oscillation; vom Greek "phásis" = "(periodical) appearence (of stars)"]
Phase-encoding-Schrift *nf* TER&PER → **phase encoding**
→ Richtungstaktschrift *nf*
Phase-lag-Kompensation *nf* CONTRO **phase-lag compensation**
Phase-lead-Kompensation *nf* CONTRO **phase-lead compensation**
phasenabhängiger Messgleichrichter INSTR **phase selective measuring rectifier**
= gesteuerter Messgleichrichter; phasenselektiver Messgleichrichter; getasteter Messgleichrichter; phasensynchroner Messgleichrichter
Phasenabweichung *nf* PHYS → **phase shift**
→ Phasenverschiebung *nf*
Phasenänderung *nf* TELEC → **phase jump**
→ Phasensprung *nf*
Phasenänderungsverfahren *nn* TER&PER **phase change recording**
[optische Speicherplatte] [optical disk]
= PCR
Phasenanschnitt *nm* CIRC.EN **phase control**
Phasenanschnittsteuerung *nf* POW.SY **phase angle control**
= Anschnittsteuerung *nf*
Phasenanschnittwinkel *nm* POW.SY → **current flow angle**
→ Stromflusswinkel *nm*
Phasenausgleich *nm* EL.TEC **phase compensation**
= Phasenkompensation *nf* = phase correction
Phasenbedingung *nf* CIRC.EN **phase condition**
[Oszillator] [of an oscillator]
Phasenbelag *nm* LINE TH → **phase constant**
→ Phasenkonstante *nf*
Phasenbeziehung *nf* EL.TEC **phase relation**
= Phasenrelation *nf*

Phasenbrechzahl *nf* PHYS → **phase refractive index**
→ Gruppenbrechzahl *nf*

Phasencharakteristik *nf* ANT **phase pattern**
= Phasendiagramm *nn*

Phasendemodulator *nm* CIRC.EN **product demodulator**
= Koinzidenzdemodulator *nm*; Produktdemodulator *nm*; Quadraturdemodulator *nm*; Phasendrehdemodulator *nm*
≈ Phi-Detektor

Phasendetektor *nm* CIRC.EN → **phase discriminator**
→ Phasendiskriminator *nm*

Phasendiagramm *nn* ANT → **phase pattern**
→ Phasencharakteristik *nf*

Phasendiagramm *nn* INSTR **phase plot**

Phasendifferenz *nf* PHYS **phase difference**
= Phasenunterschied *nm* ≈ phase shift
≈ Phasenverschiebung

Phasendifferenzmodulation *nf* MODUL **differential phase shift keying**
= DPSK = DPSK

Phasendiskriminator *nm* CIRC.EN **phase discriminator**
= Phasendetektor *nm*; Rieggerschaltung *nf* = phase detector

Phasendrehdemodulator *nm* CIRC.EN → **product demodulator**
→ Phasendemodulator *nm*

Phasendreher *nm* MICROW **phase rotator**
= Rotator *nm* (ANGL) = rotator *n*; wave rotator

Phasendrehtrafo *nm* EL.TEC **phase-shift transformer**

Phasendrehung *nf* PHYS → **phase shift**
→ Phasenverschiebung *nf*

phasenempfindlich EL.TEC **phase-sensitive**

Phasenentzerrer *nm* CIRC.EN **phase equalizer**
= phase compensator

Phasenfehler *nm* PHYS → **phase shift**
→ Phasenverschiebung *nf*

Phasenfokussierung *nf* PHYS **phase focusing**
= phase focussing

Phasenfolgelöschung *nf* POW.SY **phase-sequence commutation**

Phasengang *nm* EL.TEC **phase response**

Phasengenauigkeit *nf* EL.TEC **phase accuracy**

phasengerastet EL.TRO → **phase-locked**
→ phasenstarr

Phasengeschwindigkeit *nf* PHYS **phase speed**
= phase velocity

phasengesteuerte Antenne ANT **phase-controlled antenna**

phasengetastet MODUL **phase keyed**

Phasengitter *nn* PHYS **phase lattice**

phasengleich PHYS → **in-phase**
→ gleichphasig

Phasengleichheit *nf* PHYS **phase equality**
≈ Gleichphase

Phasengleichlauf *nm* EL.TRO **phase tracking**

Phasengrenzschicht *nf* PHYS **interphase** *n*

Phasengruppierung *nf* PHYS **phase grouping**

Phasenhub *nm* MODUL **phase deviation**
= phase swing

Phaseninversion *nf* PHYS → **phase reversal**
→ Phasenumkehrung *nf*

Phaseninverter *nm* CIRC.EN → **phase inverter**
→ Phasenumkehrschaltung *nf*

Phasenjitter *nm* EL.TRO → **phase jitter**
→ Phasenschwankung *nf*

Phasenkette *nf* NETW.TH **phase shifter**

Phasenkettenoszillator *nm* CIRC.EN **phase shift oscillator**

Phasenkoeffizient *nm* LINE TH → **phase constant**
→ Phasenkonstante *nf*

Phasenkomparator *nm* CIRC.EN → **phase comparator**
→ Phasenvergleichsschaltung *nf*

Phasenkompensation *nf* EL.TEC → **phase compensation**
→ Phasenausgleich *nm*

Phasenkonstante *nf* LINE TH **phase constant**
[Imaginärteil der Fortpflanzungskonstante] [imaginary part of the propagation coefficient]
= Phasenmaß *nn*; Phasenbelag *nm*; Phasenkoeffizient *nm*; Winkelkonstante *nf*; Winkelmaß *nn* = phase-change coefficient; phase coefficient

phasenkontinuierlich EL.TRO → **phase-continuous**
→ phasenstetig

phasenkontinuierliche Frequenzumtastung MODUL → **CPFSK**
→ CPFSK

Phasenkontrast *nm* PHYS **phase contrast**

Phasenlage *nf* PHYS **phase relationship**
= phase position

Phasenlaufzeit *nf* EL.TEC **phase delay time**

Phasenleitung *nf* ANT **phasing line**

Phasenlinearität *nf* EL.TRO **phase linearity**

Phasenlöschung *nf* POW.SY **phase commutation**
[Wechselrichter]

Phasenmaß *nn* NETW.TH **phase angle factor**
[Imaginärteil des komplexen Übertragungsmaßes; Negativwert des Dämpfungswinkels] [imaginary part of the complex transfer constant; negative value of thr phase angle]
= Übertragungswinkel *nm* ≈ phase angle
≈ Dämpfungswinkel ↓ image phase angle factor; effective phase angle factor
↓ Wellenphasenmaß; Betriebsphasenmaß

Phasenmaß *nn* LINE TH → **phase constant**
→ Phasenkonstante *nf*

Phasenmesser *nm* INSTR → **phase meter**
→ Phasenwinkelmesser *nm*

Phasenmodulation *nf* MODUL **phase modulation**
= PM
↑ Winkelmodulation ↑ angle modulation
↓ Pulsphasenmodulation ↓ pulse phase modulation

Phasenmodulationsaufzeichnung *nf* TER&PER → **phase encoding**
→ Richtungstaktschrift *nf*

phasenmoduliert EL.TRO **phase-modulated**

Phasennacheilung *nf* PHYS → **phase lag**
→ Phasenverzögerung *nf*

Phasenplan *nm* SW **phase plan**

Phasenplanumstellung *nf* DAT.PR **phased conversion**

Phasenquadratur *nf* MATH → **phase quadrature**
→ 90°-Phasenverschiebung *nf*

Phasenrand *nm* CONTRO → **phase margin**
→ Phasenreserve *nf*

Phasenrastung *nf* CIRC.EN **phase locking**

Phasenraum *nm* MATH **phase space**

Phasenraumdarstellung *nf* EL.TEC **phase-space representation**

Phasenraumdiagramm *nn* PHYS **phase-space diagram**

Phasenrauschen *nn* TELEC **phase noise**

Phasenregelkreis *nm* CIRC.EN **phase locked loop**
= Phasenregelschleife *nf*, plL = PLL; squaring loop

Phasenregelschleife *nf*, **plL** CIRC.EN → **phase locked loop**
→ Phasenregelkreis *nm*

Phasenregelung *nf* EL.TRO **phase control**
= Phasensteuerung *nf* = phase regulation

Phasenregler *nm* CIRC.EN **phase regulator**

phasenrein EL.TEC **correctly phased**
= phase-pure

Phasenrelation *nf* EL.TEC → **phase relation**
→ Phasenbeziehung *nf*

Phasenreserve *nf* CONTRO **phase margin**
= Phasenrand *nm*; Phasenvorrat *nm*

Phasenresonanz *nf* NETW.TH **phase resonance**

Phasenschalter *nm* CIRC.EN → **phase keying circuit**
→ Phasenumtaster *nm*

Phasenschieber *nm* POW.EN **phase shifter**
= phase modifier; compensator *n*; condenser *n*

Phasenschieber *nm* MICROW **phase shifter**
= phase changer

Phasenschlupf *nm* PHYS → **phase shift**
→ Phasenverschiebung *nf*

Phasenschreiber *nm* INSTR **phase recorder**

Phasenschwankung *nf* EL.TRO **phase jitter**
= Phasenjitter *nm*; Phasenzittern *nn* [fast phase fluctuations]
≈ Wander ≈ wander
↑ Jitter ↑ jitter

Phasenseil *nn* POW.SY **phase wire**

phasenselektiver Messgleichrichter INSTR → **phase selective measuring rectifier**
→ phasenabhängiger Messgleichrichter

Phasenspannung *nf* POW.SY **phase voltage**
= Sternspannung *nf*; Leiter-Sternpunkt-Spannung *nf* = phase-to-neutral voltage

Phasenspektrum *nn* TELEC → **phase spectrum**
→ Phasenwinkelspektrum *nn*

Phasensprung *nf* TELEC **phase jump**
= Phasenübergang *nm*; Phasenänderung *nf* = phase hit; phase transition
≈ Phasenverschiebung [PHYS] ≈ phase shift [PHYS]
↑ Leitungssprung ↑ line jump

Phasensprungschalter *nm* CIRC.EN → **phase keying circuit**
→ Phasenumtaster *nm*

Phasensprungspeicherung *nf* TER&PER **phase transition recording**
[Laser wandelt von amorpher in kristalline Phase u.u.] [laser converting amorphous phase into crystalline and viceversa]
↑ löschbare optische Speicherung ↑ erasable optical recording

phasenstarr EL.TRO **phase-locked**
= phasengerastet; phasensynchron; phasensynchronisiert

phasenstarrer Oszillator CIRC.EN **phase-locked oscillator**
= phasensynchronisierter Oszillator — = PLO

phasenstetig EL.TRO **phase-continuous**
= phasenkontinuierlich

phasenstetige Wobbelung INSTR **phase-continuous sweep**

Phasensteuerung *nf* TV **phase control**
≈ Farbtonregelung — ≈ hue control

Phasensteuerung *nf* EL.TRO → **phase control**
→ Phasenregelung *nf*

Phasenstörung *nf* TELEC **phase perturbation**

Phasenstrom *nm* POW.SY **phase current**
= Außenleiterstrom *nm*

phasensynchron EL.TRO → **phase-locked**
→ phasenstarr

phasensynchroner Messgleichrichter INSTR → **phase selective measuring rectifier**
→ phasenabhängiger Messgleichrichter

phasensynchronisiert EL.TRO → **phase-locked**
→ phasenstarr

phasensynchronisierter Oszillator CIRC.EN → **phase-locked oscillator**
→ phasenstarrer Oszillator

Phasensynchronisierung *nf* EL.TEC **phase synchronization**

Phasentransformator *nm* ANT **phase transformer**

Phasentrenner *nm* CIRC.EN **phase splitter**

Phasenübergang *nm* TELEC → **phase jump**
→ Phasensprung *nf*

Phasenumformer *nm* POW.SY **phase converter**
= Phasenwandler *nm*

Phasenumkehrröhre *nf* EL.TRO → **phase inverter tube**
→ Kathodynschaltung *nf*

Phasenumkehrschaltung *nf* CIRC.EN **phase inverter**
= Phaseninverter *nm*; Phasenumkehrstufe *nf* — = phase inverter circuit; phase inverter stage

Phasenumkehrstufe *nf* CIRC.EN → **phase inverter**
→ Phasenumkehrschaltung *nf*

Phasenumkehrung *nf* PHYS **phase reversal**
= Phaseninversion *nf* — = phase inversion

Phasenumkehrverstärker *nm* CIRC.EN **phase inverting amplifier**
= Umkehrverstärker *nm*; invertierender Verstärker

Phasenumtaster *nm* CIRC.EN **phase keying circuit**
= Phasensprungschalter *nm*; Phasenschalter *nm*

Phasenumtastung *nf* MODUL **phase shift keying**
= PSK — = PSK

phasenunempfindlich EL.TEC **phase-insensitive**

Phasenunterschied *nm* PHYS → **phase difference**
→ Phasendifferenz *nf*

Phasenvergleicher *nm* CIRC.EN → **phase comparator**
→ Phasenvergleichsschaltung *nf*

Phasenvergleichsschaltung *nf* CIRC.EN **phase comparator**
= Phasenvergleicher *nm*; Phasenkomparator *nm*

Phasenverschiebung *nf* PHYS **phase shift**
= Phasendrehung *nf*; Phasenfehler *nm*; Phasenabweichung *nf*; Phasenschlupf *nm* — = phase deviation; phase displacement; phase angle; phase slip
≈ Phasendifferenz; Phasensprung [TELEC]; Phasenverzerrung [TELEC] — ≈ phase difference; phase jump

Phasenverschmierung *nf* PHYS **phase spreading**

phasenverschoben PHYS **out of phase**
= phase-shifted; phase-displayed

Phasenverzerrung *nf* TELEC **phase distortion**
≈ Phasenverschiebung [PHYS] — = phase-frequency distortion; ≈ phase shift [PHYS]

Phasenverzögerung *nf* PHYS **phase lag**
= Phasennacheilung *nf* — = phase delay; phase retardation

Phasenvoreilung *nf* EL.TRO **phase lead**
= phase advance

Phasenvorrat *nm* CONTRO → **phase margin**
→ Phasenreserve *nf*

Phasenwandler *nm* POW.SY → **phase converter**
→ Phasenumformer *nm*

Phasenwinkel *nm* PHYS **phase angle**

Phasenwinkelmesser *nm* INSTR **phase meter**
= Phasenmesser *nm*

Phasenwinkelspektrum *nn* TELEC **phase spectrum**
= Phasenspektrum *nn*

Phasenzeitfehler *nm* TELEC **time interval error**

Phasenzentrum *nn* ANT **phase center**

Phasenzittern *nn* EL.TRO → **phase jitter**
→ Phasenschwankung *nf*

Phenolharzpressstoff *nm* CHEM **phenolic resin moulding**

Phi-Effekt *nm* CINEMA **persistence-of-vision effect**

Philbert-Transformator *nm* COMPO **Philbert transformer**

Philologie *nf* SCIE **philology** *n*
[Wissenschaft von der Gestaltung und Interpretation sprachlicher Texte] — [science of the creation and interpretation of linguistic texts]
≈ Sprachwissenschaft — ≈ linguistics

Philosophie *nf* COLL → **philosophy** *n* (*pl* -phies)
→ Betrachtungsweise *nf*

Phon *nn* ACOUS **phon** *n*

Phonem *nn* LING **phoneme** *n*
[vom griech. "phónima" = "Stimme"; kleinste bedeutungsunterscheidende Lauteinheit; typisch 50 pro Sprache] — [from Greek "phónima" = "voice"; smallest significance-carrying sound element; typically 50 per language]
↓ Vokal; Konsonant; Prosodem — ↓ vowel; consonant; prosodeme

Phonemfolge *nf* LING → **morpheme** *n*
→ Morphem *nn*

Phonetik *nf* LING **phonetics** *nplt*
[Regeln der Aussprache] — [rules for pronunciation]
= Lautlehre *nf*
↑ Grammatik — ↑ grammar

phonetisch LING **phonetic** *adj*

phonetisches Akronym LING → **acrophone** *n*
→ Akrophon *nn*

Phong-Schattierung *nf* COMP.GR **Phong shading**

Phonologie *nf* LING **phonemics** *nplt*
= Funktionale Phonetik

phonologisch LING **phonemic**

Phonometer *nn* ACOUS **phonometer** *n*

Phonometrie *nf* ACOUS **phonometry** *n*

Phonon *nn* PHYS **phonon** *n*
= Schwingungsquantum *nn*

Phonotypie *nf* OFFICE **phonotyping** *n*
[Schreiben nach Tonträgeraufzeichnung] — [typing of recorded texts]

Phonotypier-Lehranlage *nf* OFFICE **instructional phonotyping system**

Phonotypist *nm* OFFICE **phonotypist** *n* (2)
[male]

Phonotypistin *nf* OFFICE **phonotypist** *n* (1)
[female]

Phonzahl *nf* ACOUS **phone number**

Phoronomie *nf* PHYS → **kinematics** *nplt*
→ Kinematik *nf*

Phosphatierung *nf* METAL **phosphate coating**

Phosphor *nm* CHEM **phosphor** *n*
= P — = phosphorus *n*; phosphorous *n*; P

Phosphorbronze *nf* METAL **phosphor-bronze**

Phosphoreszenz *nf* PHYS **phosphorescence**
[Lumineszenz relativ langer Nachleuchtdauer] — [luminescence of relatively long afterglow]
≈ Fluoreszenz — ≈ fluorescence
↑ Lumineszenz — ↑ luminescence

Phot *nn* OPT **phot** *n*
= ph — = ph

Photistor *nm* MICR.EL → **phototransistor** *n*
→ Phototransistor *nm*

Photo *nn* PHOT → **photograph** *n*
→ Fotografie *nf* (2)

Photoabdeckung *nf* MICR.EL → **photoresist** *n*
→ Photolack *nm*

photoakustischer Effekt PHYS → **optoacoustical effect**
→ optoakustischer Effekt

Photoapparat *nm* PHOT → **photographic camera**
→ Fotoapparat *nm*

Photo-Array MICR.EL **photoarray** *n*
[Anordnung von Photobauteilen]
= Foto-Array

Photoartikel *nm* PHOT → **photographic material**
→ Fotoartikel *nm*

Photoätzverfahren *nn* CHEM **photo etching**
= Fotoätzverfahren *nn*

Photochemie *nf* CHEM **photochemics** *nplt*
= Fotochemie *nf*

photochemisch *adj* CHEM **photochemic**
= fotochemisch

Photochopper *nm* (ANGL) COMPO → **photochopper** *n*
→ Photozerhacker *nm*

photochrom CHEM **photochromic**
= phototrop — = photochromic

photochromische Speicherung TER&PER **photochromic recording**
[nutzt durch Laser hervorgerufene Änderungen der Farbeigenschaften] — [uses laser-induced changes of color response]
↑ löschbare optische Speicherung — ↑ erasable optical recording

Photo-Darlington-Transistor *nm* MICR.EL **photo-Darlington transistor**
= Foto-Darlington-Transistor *nm*
Photodetektion *nf* PHYS **photodetection** *n*
= Fotodetektion *nf*
Photodetektor *nm* COMPO **photodetector** *n*
= Fotodetektor *nm*
photodichoische Speicherung TER&PER **photodichroic recording**
[funktioniert mit Änderung der Lichtpolarisationseigenschaften durch Laser] [uses changes of media polarization response by laser]
↑ löschbare optische Speicherung ↑ erasable optical recording
photodielektrischer Effekt PHYS **photodielectric effect**
= fotodielektrischer Effekt
Photodiode *nf* MICR.EL **photodiode** *n*
= Fotodiode *nf* = photodetector *n*
≈ Lumineszenzdiode ≈ light emitting diode
Photoeditor *nm* COMP.AP → **image editor**
→ Bildaufbereitungsprogramm *nn*
Photoeffekt *nm* PHYS **photo effect**
= Fotoeffekt *nm*; lichtelektrischer Effekt; photoelektrischer Effekt; fotoelektrischer Effekt = photoelectric effect
photoelektrisch PHYS → **photoelectric**
→ lichtelektrisch
photoelektrische Abtastung TER&PER → **optical scanning**
→ optische Abtastung
photoelektrische Ausbeute PHYS **photoelectric yield**
photoelektrische Emission PHYS **photoelectric emission**
= fotoelektrische Emission
photoelektrischer Abtaster TER&PER **photoelectric scanner**
= fotoelektrischer Abtaster; photoelektrischer Lochkartenleser; fotoelektrischer Lochkartenleser = photoelectric reader
↑ Lochkartenleser ↑ punched card scanner
photoelektrischer Effekt PHYS → **photo effect**
→ Photoeffekt *nm*
photoelektrischer Lochkartenleser TER&PER → **photoelectric scanner**
→ photoelektrischer Abtaster
photoelektrischer Strom PHYS → **photocurrent**
→ Photostrom *nm*
photoelektrische Zelle MICR.EL → **photocell** *n*
→ Photozelle *nf*
Photoelektrizität *nf* PHYS **photoelectricity** *n*
Photoelektron (*nn*) PHYS **photoelectron** *n*
= Fotoelektron *nn*; Leuchtelektron *nn*
photoelektronisches Bauelement MICR.EL → **photocell** *n*
→ Photozelle *nf*
Photoelement *nn* MICR.EL **photovoltaic cell**
[wandelt Strahlung in Elektrizität, ohne Anlegen einer Betriebsspannung] [converts radiation into electricity, without external operation voltage]
= Fotoelement *nn*; Photo-Spannungszelle *nf*; Photo-Sperrschichtzelle *nf* = photoelement *n*; photonic cell
≈ Photodiode; Photozelle
Photoemission *nf* PHYS **photoemission** *n*
= Fotoemission *nf*
Photoempfänger *nm* TER&PER **photoreceptor** *n*
↓ Photoemphangstrommel; Photoempfangsband ↓ photoreceptor drum; photoreceptor belt
Photoempfangsband *nn* TER&PER **photoreceptor belt**
↑ Photoempfänger ↑ photoreceptor
Photoempfangstrommel *nf* TER&PER **photoreceptor drum**
↑ Photoempfänger ↑ photoreceptor
photoempfindlich PHYS → **photosensitive**
→ lichtempfindlich
Photoempfindlichkeit *nf* PHYS → **photosensitivity**
→ Lichtempfindlichkeit *nf*
photogalvanischer Effekt OPTOEL → **photogalvanic effect**
→ Dember-Effekt *nm*
Photogramm *nn* CART **photogram**
= Messbild *nn*
Photogramm *nn* MEDIA → **engramm**
→ Engramm *nn*
Photogrammetrie *nf* CART **photogrammetry** *n*
Photograph *nm* PHOT → **photographer**
→ Fotograf *nm*
Photographie *nf* PHOT → **photography**
→ Fotografie *nf* (1)
Photographie *nf* PHOT → **photograph** *n*
→ Fotografie *nf* (2)
Photographie-Fernübertragung *nf* TELEGR → **telephotography**
→ Fotografie-Fernübertragung *nf*
photographieren PHOT → **photograph** *vt*
→ fotografieren *vt*

photographisch PHOT → **photographic**
→ fotografisch
photographische Aufnahme PHOT → **photograph** *n*
→ Fotografie *nf* (2)
photographische Emulsion PHOT → **photographic emulsion**
→ fotografische Emulsion
photographisches Material PRIN.ME → **photographic material**
→ fotografisches Material
Photogravüre *nf* PRIN.ME → **heliogravure** *n*
→ Heliogravüre *nf*
Photohalbleiter *nm* MICR.EL **photo semiconductor**
= Fotohalbleiter *nm*
Photokamera *nf* PHOT → **photographic camera**
→ Fotoapparat *nm*
photokapazitiver Effekt PHYS **photocapacitive effect**
= fotokapazitiver Effekt
Photokathode *nf* PHYS **photo cathode**
= Fotokathode *nf*
Photokopie *nf* OFFICE → **photocopy** *n*
→ Fotokopie *nf*
Photolack *nm* MICR.EL **photoresist** *n*
= Fotolack *nm*; Photoabdeckung *nf*, Fotoabdeckung *nf* ↓ positive resist; negative resist
↓ Positivlack; Negativlack
Photoleiter *nm* PHYS **photoconductor** *n*
Photoleitertrommel *nf* TER&PER → **photosentive drum**
→ Fotoleitertrommel *nf*
Photoleitung *nf* PHYS **photoconduction** *n*
= Fotoleitung *nf*
Photolithographie *nf* MICR.EL → **photolithography**
→ Fotolithografie *nf*
photolithographisch MICR.EL → **photolithographic**
→ fotolithografisch
Photolumineszenz *nf* PHYS **photoluminescence**
[durch optische Strahlen angeregt] [induced by optic radiation]
= Fotolumineszenz *nf*
↑ Lumineszenz ↑ luminescence
↓ Fluoreszenz; Phosphoreszenz ↓ fluorescence; phosphorescence
Photolyse *nf* CHEM **photolysis** *n*
photomagnetisch PHYS → **photomagnetic**
→ fotomagnetisch
Photomaske *nf* MICR.EL → **photomask** *n*
→ Fotomaske *nf*
Photomaskierung *nf* MICR.EL → **photomasking** *n*
→ Fotomaskierung *nf*
Photomaterial *nn* IMAG.ME → **imagery** *n*
→ Bildmaterial *nn*
Photomaterial *nn* PRIN.ME → **photographic material**
→ fotografisches Material
photomechanisch PRIN.MEL **photomechanical**
Photometer *nn* PHYS **photometer** *n*
Photometrie *nf* PHYS **photometry** *n*
= Fotometrie *nf*, Lichtmessung *nf*
photometrisch PHYS **photometric**
photometrische Helligkeit OPT → **luminance** *n*
→ Leuchtdichte *nf*
Photomontage *nf* PRIN.ME → **photographic layout**
→ Fotomontage *nf*
Photon *nn* PHYS **photon** *n*
[E=hv] [E=hv]
= Lichtquant *nn* (*pl* -en); Foton *nn*
↑ Quant ↑ quantum
Photonenabsorption *nf* PHYS **photon absorption**
= Fotonenabsorption *nf*
Photonen-Äquivalentdosis *nf* PHYS **photon dose equivalent**
Photonenenergie *nf* PHYS **photon energy**
= Fotonenenergie *nf*
Photonengas *nn* PHYS **photon gas**
= Fotonengas *nn*
Photonik *nf* MICR.EL → **optoelectronics** *nplt*
→ Optoelektronik *nf*
Photonik *nf* TELEC → **fiber OPT**
→ Lichtwellenleitertechnik *nf*
photooptischer Speicher TER&PER **photo-optic memory**
Photopapier *nn* TER&PER **photosensitive paper**
= Fotopapier *nn*; lichtempfindliches Papier = light-sensitive paper; photographic paper
↓ duplex paper
Photopapier *nn* PHOT → **photographic paper**
→ Fotopapier *nn*
Photopolymer CHEM **photopolymer** *n*

photorefraktiver Effekt = fotorefraktiver Effekt	PHYS	**photorefractive effect**
Photorelais *nn* → Lichtrelais *nn*	COMPO	→ **photorelay** *n*
Photosatz *nm* → Fotosatz *nm*	PRIN.ME	→ **phototypesetting** *n*
Photosensibilität *nf* → Lichtempfindlichkeit *nf*	PHYS	→ **photosensitivity**
Photosetzanlage *nf* → Fotosetzanlage *nf*	PRIN.ME	→ **phototypesetting equipment**
Photosetzgerät *nn* → Fotosetzanlage *nf*	PRIN.ME	→ **phototypesetting equipment**
Photospannung *nf* = Fotospannung *nf*	PHYS	**photovoltage** *n* = photoelectric voltage
Photo-Spannungszelle *nf* → Photoelement *nn*	MICR.EL	→ **photovoltaic cell**
Photo-Sperrschichtzelle *nf* → Photoelement *nn*	MICR.EL	→ **photovoltaic cell**
Photosphäre *nf*	GEOSC	**photosphere** *n*
Photostrom *nm* = Fotostrom *nm*; photoelektrischer Strom; fotoelektrischer Strom	PHYS	**photocurrent** = photoelectric current
Phototelegrafie *nf* → Bildfunk *nm*	TELEC	→ **phototelegraphy** *n*
Photothek *nf* → Fotothek *nf*	SCIE	→ **photo collection**
Photothyristor *nm* = Fotothyristor *nm*	MICR.EL	**photothyristor** *n*
Phototransistor *nm* = Fototransistor *nm*; Optotransistor *nm*; Photistor *nm*	MICR.EL	**phototransistor** *n* = photistor
phototrop [sich unter Lichteinwirkung verändernd] = fototrop	PHYS	**phototropic** [changing when exposed to light]
phototrop → photochrom	CHEM	→ **photochromic**
Phototropie *nf* = Fototropie *nf*	PHYS	**phototropy** *n*
Phototypie *nf*	PRIN.MEL	**phototypy** *n*
Photovaristor *nm* → Photowiderstand *nm*	COMPO	→ **photoresistor** *n*
Photoverfielfacher *nm* = Fotoverfielfacher *nm*	EL.TRO	**photo-multiplier**
Photovervielfacher *nm* → Elektronenvervielfacher *nm*	EL.TRO	→ **electron multiplier**
Photovoltaik *nf* = Fotovoltaik *nf*	PHYS	**photovoltaics** *nplt*
photovoltaischer Effekt → Sperrschicht-Photoeffekt *nm*	PHYS	→ **pn photo effect**
Photowiderstand *nm* = Fotowiderstand *nm*; Photovaristor *nm*; Fotovaristor *nm*; Photowiderstandszelle *nf*; Fotowiderstandszelle *nf*	COMPO	**photoresistor** *n* = photoconductive cell; light-dependent resistor; LDR
Photowiderstandszelle *nf* → Photowiderstand *nm*	COMPO	→ **photoresistor** *n*
Photozelle *nf* [Halbleiterbauelement mit lichtempfindlicher Kennlinie] = Fotozelle *nf*; photoelektrische Zelle; fotoelektrische Zelle; lichtelektrische Zelle; Lichtzelle *nf*; photoelektronisches Bauelement ≈ Photoelement; Photodiode; Solarzelle	MICR.EL	**photocell** *n* [semiconductor device with a light-sensitive characteristic] = photoelectric cell; P.E.C.; photosensitive cell ≈ photovoltaic cell; phototube; solar cell
Photozerhacker *nm* = Lichtzerhacker *nm*; Photochopper *nm* (ANGL); Fotozerhacker *nm*; Fotochopper *nm* (ANGL)	COMPO	**photochopper** *n*
Photozynkographie *nf*	PRIN.ME	**photozincography** *n*
photronisch → optoelektronisch	MICR.EL	→ **optoelectronic** *adj*
PHP (obs) → PHS	TELEPH	→ **PHS**
Phrasenelement *nn*	INTERNET	**inline element**
Phraseologie *nf* [Regeln typischer Wortverbindungen und Redensarten einer Sprache] ≈ Syntax	LING	**phraseology** *n* [rules of typical word combinations of a language] ≈ syntax
PHS [japan. Norm für Schnurlostelephonie] = PHP (obs)	TELEPH	**PHS** [Japanese cordless standard] = Pacific Home Phone System; Pacific Handy Phone System; Personal Handy Phone System; PHP (obs)
phthaloblau *adj*	OPT	**phthalo blue** *adj*
phthalogrün *adj*	OPT	**phthalo green** *adj*
pH-Wert = pH	CHEM	**pH value** = pH
pH-Wert-Messung *nf*	CHEM	**measurement of pH value**
Physical Plane → physikalische Dienstzuordnungsebene	TELEC	→ **Physical Plane**
Physik *nf* [vom griech."physiká (theoría)" = "die Natur betreffende (Theorie)"]	SCIE	**physics** *nplt* [from Greek "physiká (theoría)" = "(theory) related to nature"]
physikalisch [Hardware-bezogen] ≠ logisch; virtuell	DAT.PR	**physical** *adj* [related to HW] ≠ logical; virtual
physikalisch [die Physik betreffend] ≈ physisch	SCIE	**physical** *adj* (1) [related to physics] ≈ physical (2)
physikalische Adresse → absolute Adresse	SW	→ **absolute address**
physikalische Anforderung	TECH	**physical requirement**
physikalische Atmosphäre [= 101.325 Pascal] = atm	PHYS	**physical atmosphere** [= 101,325 pascal] = atm
Physikalische Chemie	SCIE	**Physical Chemistry**
physikalische Datenbank	DAT.PR	**physical database**
physikalische Dienstzuordnungsebene [IN] = Physical Plane; PP	TELEC	**Physical Plane** [IN] = PP
physikalische Ebene → Bitübertragungsschicht *nf*	DAT.CO	→ **physical layer**
physikalische Informationeinheit → Datenblock *nm*	DAT.MA	→ **data block**
physikalische Konstante → Konstante der Physik	PHYS	→ **physical constant**
physikalische Lesefolge [von Festplatten]	TER&PER	**elevator seeking** [on hard disks]
physikalische Netzkomponente [IN] = PE	TELEC	**Physical Entity** = PE
physikalischer Satz → Datenblock *nm*	DAT.MA	→ **data block**
physikalische Schicht → Bitübertragungsschicht *nf*	DAT.CO	→ **physical layer**
physikalische Sicht	DAT.MA	**physical view**
physikalische Signalisierungsteilschicht	DAT.NW	**physical signaling sublayer**
physikalisches Laufwerk ≠ logisches Laufwerk	DAT.PR	**physical drive** ≠ logical drive
physikalische Speicherdichte [Anzahl der auf einer Spur eingeprägten Flusswechsel pro Längen- oder Winkeleinheit] ↑ Speicherdichte	TER&PER	**physical recording density** [number of flux transitions on a track per unit of lehgth or of angle; measured in ftpmm or ftprad] ↑ recording density
physikalische Steuerungsschich (IBM) → Bitübertragungsschicht *nf*	DAT.CO	→ **physical layer**
physikalische Struktur	DAT.MA	**physical structure**
physikalisch gelöscht ≈ logisch gelöscht	DAT.MA	**physically deleted** = purged ≈ logically deleted
Physikalisch-Technische Bundesanstalt = PTB	QUAL	**German Federal Physics and Technical Institute**
Physiker *nm*	SCIE	**physical scientist**
physisch [den menschlichen Körper betreffend] ≈ physikalisch	SCIE	**physical** (2) [related to human body] ≈ physical (1)
PIA	MICR.EL	**PIA** = peripheral interface adapter
pianissimo *adv* = pp; sehr leise	MUSIC	**pianissimo** *adv* = pp; very softly; very quietly
Pianist *nm* → Klavierspielerin *nf*	MUSIC	→ **pianist** *n* (1)
Pianistin *nf* → Klavierspieler *nm*	MUSIC	→ **pianist** *n* (2)
piano *adv* = p; leise	MUSIC	**piano** *adv* = p; softly; quietly
Piano *nn* → Klavier *nn*	MUSIC	→ **piano** *n*
Pianoforte *nn* → Klavier *nn*	MUSIC	→ **piano** *n*
Pica *nn* (1) [Schriftart mit Schriftgröße 12 Point]	PRIN.ME	**pica** *n* (1) [typefont with size of 12 points]
Pica *nn* (2) [typographische Maßeinheit, 1/6 Zoll,	PRIN.ME	**pica** *n* (2) [typoghraphic measuring unit, 1/6

ca. 4,2 mm] — inch, aprox. 4,2 inch]
≈ Punkt — ≈ point

Picoampermeter *nn* INSTR → **picoammeter** *n*
→ Pikoamperemeter *nn*

Picocomputer *nm* (1) DAT.PR → **picocomputer** *n* (1)
→ Pikocomputer *nm* (1)

Picocomputer *nm* (2) DAT.PR → **picocomputer** *n* (2)
→ Pikocomputer *nm* (2)

Picofarad *nf* EL.SC → **picofarad** *n*
→ Pikofarad *nn*

Piconetz *nn* DAT.NW → **piconet** *n*
→ Pikonetz *nn*

Pico- *praef* PHYS → **pico-** *praef*
→ Piko- *praef*

Picosekunde *nf* PHYS → **picosecond** *n*
→ Pikosekunde *nf*

Picosekundencomputer *nm* DAT.PR → **picocomputer** *n* (1)
→ Pikocomputer *nm* (1)

Picozelle *nf* MOB.CO → **picocell** *n*
→ Pikozelle *nf*

PICT-Format *nn* COMP.AP **PICT format**

PID-Regler *nm* CONTRO **PID controller**
[wirkt kombiniert als Proportional-, Integral- und Differentialregler] — = proportional-plus-integral-plus-differ
= Proportional-/Integral-/Differential-Regler *nm*

Piedestal *nf* TECH → **pedestal** *n*
→ Sockel *nm*

Pieps *nm* ACOUS **beep** *n*
= Piepser *nm*; Piepston *nm* — = beeper *n*; bleep *n*; bleeper *n*; feep *n*; feeper *n*; pips *n*; pipser *n*

piepsen ACOUS **beep** *vi*
= bleep *vi*

Piepser *nm* ACOUS → **beep** *n*
→ Pieps *nm*

Piepston *nm* ACOUS → **beep** *n*
→ Pieps *nm*

Pierce-Oszillator *nm* CIRC.EN **Pierce oscillator**
↑ Quarzoszillator — ↑ crystal oscillator

Piezodiode *nf* MICR.EL **piezodiode**

Piezoeffekt *nm* PHYS → **piezoelectric effect**
→ piezoelektrischer Effekt

piezoelektrisch EL.SC **piezoelectric** *adj*

piezoelektrischer Effekt PHYS **piezoelectric effect**
= Piezoeffekt *nm*

piezoelektrischer Effekt PHYS → **piezoelectricity** *n*
→ Piezoelektrizität *nf*

piezoelektrischer Lautsprecher EL.ACOU **piezoelectric loudspeaker**
= Kristallautsprecher *nm*; Piezolautsprecher *nm* — = crystal loudspeaker; piezo speaker

piezoelektrischer Messfühler INSTR **piezoelectric pick-up**

piezoelektrischer Resonator COMPO **piezoelectric resonator**

piezoelektrischer Wandler COMPO **piezoelectric transducer**
= piezoelectric converter

piezoelektrisches Bauelement COMPO **piezoelectric component**
= piezoelectric device

piezoelektrisches Mikrofon EL.ACOU → **crystal microphone**
→ Kristallmikrofon *nn*

Piezoelektrizität *nf* PHYS **piezoelectricity** *n*
[vom griech. "piézein" = "drücken"; elektrisches Feld durch mechanische Verformung und umgekehrt] — [from Greek "piézein" = "press"; electric field by mechanical deformation and viceversa]
= piezoelektrischer Effekt — = piezoelectric effect

Piezo-Hochtonhorn *nn* EL.ACOU **piezo horn tweeter**

Piezo-Hochtonlautsprecher *nm* EL.ACOU **piezo tweeter**

Piezokeramik *nf* PHYS **piezoelectric ceramic**

Piezokristall *nm* PHYS **piezoelectric crystal**

Piezolautsprecher *nm* EL.ACOU → **piezoelectric loudspeaker**
→ piezoelektrischer Lautsprecher

piezomagnetischer Messfühler INSTR **piezomagnetic pick-up**

Piezomikrofon *nn* EL.ACOU → **crystal microphone**
→ Kristallmikrofon *nn*

Piezomikrophon *nn* EL.ACOU → **crystal microphone**
→ Kristallmikrofon *nn*

Piezosummer *nm* EL.ACOU **piezo buzzer**

Piezotonruf *nm* TER&PER → **piezoelectric bell**
→ elektronischer Tonruf

Piezotransistor *nm* COMPO **piezoelectric transistor**

PIF-Datei *nf* DAT.MA → **program information file**
→ Programminformationsdatei *nf*

PIF-Editor *nm* COMP.AP **PIF editor**

PIGFET MICR.EL **PIGFET**
= p-channel isolated gate FET

Pi-Glied *nn* NETW.TH → **delta section**
→ Pi-Schaltung *nf*

Pigment *nn* TECH → **pigment** *n*
→ Farbpigment *nn*

Pigtail (ANGL) OPT.CO → **pigtail** *n*
→ Anschlussfaser *nf*

Pikoamperemeter *nn* INSTR **picoammeter** *n*
= Picoampermeter *nn*

Pikocomputer *nm* (1) DAT.PR **picocomputer** *n* (1)
= Picocomputer *nm* (1); Picosekundencomputer *nm* — [working in picoseconds]

Pikocomputer *nm* (2) DAT.PR **picocomputer** *n* (2)
[mit mindestens 10E11 Bauteilen] — [with at least 10E11 components]
= Picocomputer *nm* (2)

Pikofarad *nn* EL.SC **picofarad** *n*
[10E-12 Farad] — [10E-12 Farad]
= Picofarad *nf*; pF — = pF

Pikonetz *nn* DAT.NW **piconet** *n*
[Bluetooth] — [Bluetooth]
= Piconetz *nn*; PAN — = PAN

Piko- *praef* PHYS **pico-** *praef*
[10E-12; vom italien. "piccolo" = "klein"] — [10E-12; from Italian "piccolo" = "small"]
= Pico- *praef*; p — = p

Pikosekunde *nf* PHYS **picosecond** *n*
[10E-12 Sekunden] — [10E-12 seconds]
= Picosekunde *nf*; ps — = ps; psec

Pikozelle *nf* MOB.CO **picocell** *n*
[20 m Radius] — [20 m radius]
= Picozelle *nf*

Piktogramm *nn* COMP.AP **icon** *n*
[vom latein. "pictus" = "gemalt"; vom griech. "eikón" = "Bild"; am Bildschirm gezeigtes Symbol] — [from Greek "eikón" = "image"; from Latin "pictus" = "painted"; small on-screen symbol]
= Ikon *nn*; Ikone *nf*; Icon *nn*; ikonisches Zeichen; Bildschirmzeichen *nn*; Bildzeichen *nn*; Bildschirmsymbol *nn*; Bildsymbol *nn*; Sinnbild *nn* — = ikon; pictograph; on-screen icon
↓ Cursor; Schildkröte; Rhombuszeichen — ↓ cursor; turtle; lozenge

Pillbox-Antenne *nf* ANT → **pill-box antenna**
→ Tortenschachtelantenne *nf*

PILOT COMP.LG **PILOT**
↑ unterrichtsorientierte Programmiersprache — ↑ authoring programming language

Pilot *nm* TRANSM **pilot** *n*
[TF-Technik] — [FDM]

Pilot *nm* AERON → **aircraft pilot**
→ Flugzeugpilot *nm*

Pilotabstand *nm* TRANSM **signal-to-pilot ratio**
[TF-Technik] — [FDM]

Pilotausfall *nm* TRANSM **pilot failure**
= Pilotunterbrechung *nf* — = pilot loss

Pilotauskopplung *nf* TRANSM **pilot extraction**

Piloteinspeisung *nf* TRANSM **pilot injection**

Pilotempfänger *nm* TRANSM **pilot receiver**
= pilot detector

Pilotfrequenz *nf* TRANSM **pilot frequency**

Pilotgenerator *nm* TRANSM **pilot generator**

Pilotkanal *nm* TELEGR **pilot channel**

Pilotkunde *nm* SW → **beta customer**
→ Beta-Kunde *nm*

Pilotpegel *nm* TRANSM **pilot level**

Pilotprojekt *nn* TECH **pilot project**

Pilotregelbereich *nm* TRANSM **pilot regulating range**

Pilotregelung *nf* TRANSM **pilot regulation**

Pilotrückmeldung *nf* SWITCH **pilot receipt confirmation**
[R2] — [R2]

Pilotserie *nf* MANUF → **test series**
→ Vorserie *nf*

Pilotsperre *nf* TRANSM **pilot suppression filter**
= pilot blocking filter

Pilotstudie *nf* TECH → **prestudy** *n*
→ Vorstudie *nf*

Pilotsystem *nn* TECH → **experimental system**
→ Versuchssystem *nn*

Pilottechnik *nf* TRANSM **pilot frequency technique**
= pilot technique

Pilotton *nm* EL.ACOU **pilot tone**

Pilotton-Verfahren *nn* BROADC **pilot-tone method**
[UKW]

Pilotüberwachung *nf* TRANSM **pilot supervision**
= pilot control

Pilotunterbrechung *nf* TRANSM → **pilot failure**
→ Pilotausfall *nm*

Pilotversuchsumstellung *nf* DAT.PR **pilot conversion**
[Umstellung nach einem Pilotversuch] [general conversion only after a pilot experience]

PIM TELEC → **personal identity module**
→ persönlicher Identitätsmodul

PIM COMP.AP → **Personal Information Manager**
→ persönlicher Informationsmanager

PiMF COM.CAB → **shielded pair**
→ geschirmtes Aderpaar

Pimpel *nm* MEC.EN **nipple stud**
≈ Nippel = stud

P-impliziert-Q-Funktion *nf* LOGIC → **P-implies-Q operation**
→ P-impliziert-Q-Verknüpfung *nf*

P-impliziert-Q-Operation *nf* LOGIC → **P-implies-Q operation**
→ P-impliziert-Q-Verknüpfung *nf*

P-impliziert-Q-Verknüpfung *nf* LOGIC **P-implies-Q operation**
[Ausgang=0 nur wenn P=1 und Q=0] [output=0 only if P=1 and Q=0]
= P-impliziert-Q-Operation *nf*; P-impliziert-Q-Funktion *nf*; Implikationsverknüpfung *nf*(3); Implikationsoperation *nf*(3); Implikationsfunktion *nf*(3); Implikation *nf*(3); WENN-DANN-Verknüpfung *nf*(3); WENN-DANN-Operation *nf*(3); WENN-DANN-Funktion *nf*(3); WENN DANN *nn* (3)
= P-implies-Q function; P implies Q; implication operation (3); implication function (3); implication (3); inclusion operation (3); inclusion function (3); inclusion (3); IF-THEN operation (3); IF-THEN function (3); IF THEN (3)
≠ P-excludes-Q operation
↑ dyadic Boolean operation

PIM-Programm *nn* COMP.AP **PIM program**
[mit Terminplaner, Adressbuch, E-Mail, Fax] [with scheduler, address book, e-mail and fax]
= Personal Information Manager Program

PIM-Protokoll *nn* DAT.NW **PIM**
= Protocol Independent Multicasting

PIN DAT.NW **PIN**
= Personal Identification Number

Pin *nm* COMPO → **terminal pin**
→ Anschlussstift *nm*

Pinch-off-Effekt *nm* MICR.EL → **pinch-off effect**
→ Abschnüreffekt *nm*

Pinch-off-Spannung *nf* MICR.EL → **pinch-off voltage**
→ Abschnürspannung *nf*

Pinch-off-Strom *nm* MICR.EL → **pinch-off current**
→ Abschnürstrom *nm*

Pinch-Widerstand *nm* MICR.EL **pinch resistor**

PIN-Diode *nf* MICR.EL → **PIN photodiode**
→ PIN-Photodiode *nf*

Pingittergehäuse *nn* MICR.EL → **PGA package**
→ PGA-Gehäuse *nn*

PIN-Gleichrichter *nm* CIRC.EN **PIN diode rectifier**

PING of Death INTERNET **PING of Death**

PING-Paket *nn* INTERNET **PING packet**

Pingpong-Puffer *nm* DAT.PR **ping-pong buffer**

Pingpongpufferung *nf* DAT.MA → **double buffering**
→ Doppelpufferspeicherung *nf*

PING-Protokoll *nn* INTERNET **PING**
[Internet]
= Packet Internet Groper

Pinhole MICR.EL **pinhole** *n*

pinkompatibel EL.TRO → **plug compatible**
→ steckkompatibel

Pin-Kompatibilität *nf* EL.TRO → **pin compatibility**
→ Steckerkompatibilität *nf*

pinlimitiert MICR.EL **pinlimited**

pinlos MICR.EL → **leadless** *adj*
→ ohne Anschlussstift

Pinnwand *nf* COLL → **pin board**
→ Aushangtafel *nf*

PIN-Pad TER&PER **PIN pad**
[Eingabetastatur eines Kartenterminals] [keypad of a card terminal]

PIN-Photodiode *nf* MICR.EL **PIN photodiode**
= PIN-Diode *nf* = PIN diode

Pinsel *nm* COMP.GR → **brush** *n*
→ Grafikpinsel *nm*

Pinselschrift *nf* PRIN.ME **brush style**

Pint *nn* PHYS **pint** *n*
[0,568 Liter in GB; 0,473 Liter in USA] ≠ 0.5678 litres in GB; 0.473 liters in USA

Pinwand *nf*(ANGL) COLL → **pin board**
→ Aushangtafel *nf*

Pinzette *nf* TECH **pincers** *nplt*
= tweezers *nplt*

PIO-Modus *nm* HW **PIO mode**
= Programmed Input/Output mode

Pionier *nm* COLL → **precursor** *n*
→ Vorreiter *nm*

PIP TV → **PIP**
→ Bildschirmfenster-Einblendung *nf*

Pipe *nf* DAT.PR **pipe** *n*
[Resultat eines Befehls dient als Eingabe des folgenden; in UNIX und DOS ist das Symbol dafür ein vertikaler Strich |] [output of a command is input of next c.; in UNIX and DOS the symbol is a vertical bar |]
= Pipeline *nf* = pipeline

Pipeline *nf* DAT.PR → **pipe** *n*
→ Pipe *nf*

Pipeline-Verarbeitung *nf* SW → **pipeline processing**
→ Fließband-Verarbeitung *nf*

Pipeline-Verfahren *nn* SW → **pipeline processing**
→ Fließband-Verarbeitung *nf*

Pipelining *nn* SW → **pipeline processing**
→ Fließband-Verarbeitung *nf*

Piping *nn* DAT.PR **piping** *n*
[Umleitung der Aus- oder Eingabe eines Programms/Befehls zu anderm Programm/Befehl, ohne über Peripheriegeräte zu gehen] [direct diversion of the output or input of a program/command to another program/command, without passing through peripheral devices]

PIPO-Register *nn* DAT.MA **parallel-in/parallel-out register**
= PIPO register

Piraterie *nf* DAT.PR **piracy** *n*
[unerlaubte Nachahmung, Vertrieb oder Nutzung] ≠ unauthorized imitation, sales or use
↓ Software-Piraterie; Hardware-Piraterie

PI-Regler *nm* CONTRO **PI controller**
[proportional-integral wirkend] [proportional-integral action]
↑ stetiger Regler ↑ continuous-action controller

Pi-Schaltung *nf* NETW.TH **delta section**
= Pi-Glied *nn*; Dreieckschaltung *nf*; Deltaschaltung *nf*
= delta network; delta connection; delta *n*; pi network; pi section; pi connection; delta circuit; triangle connection; triangle circuit
↑ Dämpfungsglied ↑ attenuator

PI-Signal *nn* TER&PER **paper instruction signal**
= Papiervorschubsignal *nn* = PI signal

PISO-Register *nn* DAT.MA **parallel-in/serial-out register**
= PISO register

Piste *nf* AERON → **runway** *n*
→ Start-und-Landebahn *nf*

Pivottabelle *nf* COMP.AP **pivot table**

Pixel *nn* INF.TEC → **picture element**
→ Bildpunkt *nm*

Pixelabstand *nm* TER&PER → **dot pitch** (1)
→ Lochmaskenabstand *nm*

Pixeldaten *nplt* GIS → **raster data**
→ Rasterdaten *nplt*

Pixelgrafik *nf* COMP.GR → **raster graphics**
→ Rastergrafik *nf*

Pixelgrafik *nf* DAT.MA → **pixel image**
→ Bildpunktbild *nn*

Pixelgraphik *nf* COMP.GR → **raster graphics**
→ Rastergrafik *nf*

pixelieren *vt* COMP.GR **pixelate** *vt*

Pixelierung *nf* COMP.GR **pixelation** *n*
[Bildwiedergabe mit sichtbar großen Bildpunktflächen] [image rendering with discernible large pixels]

Pixelmap TER&PER → **bit map** *n* (2)
→ Pixelmuster *nn*

Pixelmuster *nn* TER&PER **bit map** *n* (2)
[in ein Punktraster aufgelöstes Bild] [a graphics dissolved into an array of dots]
= Pixelraster *nn*; Pixelmap; Punktraster *nn* (2); Punktmuster *nn*; Bit-map = pixel map; pixel array

pixelorientiert SW **pixel-oriented**
≠ objektorientiert ≠ object-oriented

pixelorientiertes Zeichenprogramm SW → **paint program**
→ Malprogramm *nn*

Pixelprozessor *nm* HW → **graphics processor**
→ Grafikprozessor *nm*

Pixelraster *nn* TER&PER → **bit map** *n* (2)
→ Pixelmuster *nn*

Pixeltakt *nm* HW **pixel frequency**
[Pixel/s] [pixel/s]
= Videotakt *nm*

Pixeltiefe *nf* COMP.GR → **bit depth**
→ Bit-Tiefe *nf*

pixelweise Korrekturmöglichkeit COMP.GR → **fatbits feature**
→ bildpunktweise Korrekturmöglichkeit

Pixie-Röhre *nf* EL.TRO **Pixie tube**

Pixilierung *nf* CINEMA **pixilation** *n*
[mit Personen oder Puppen] [with persons or props]
↑ Stop-Motion-Technik ↑ stop-motion technique

P-Kanal-MOS MICR.EL → **PMOS**
→ PMOS

P-Kanal-MOSFET *nm* MICR.EL **p-channel MOSFET**
= P-Kanal-MOS-Transistor *nm*

P-Kanal-MOS-Transistor *nm* MICR.EL → **p-channel MOSFET**
→ P-Kanal-MOSFET *nm*

Pkw TRANSP → **passenger vehicle**
→ Personenkraftwagen *nm*

PKW TRANSP → **passenger vehicle**
→ Personenkraftwagen *nm*

PL/1 COMP.LG **PL/1**
≈ PL/C = Programming Language One
↑ Programmiersprache ≈ PL/C

PL/C COMP.LG **PL/C**

PL/I COMP.LG **PL/I**

PL/M COMP.LG **PL/M**
↑ Programmiersprache [Programming Language for Micropocessors]
↑ programming language

PLA, plD MICR.EL → **programmable logic array**
→ programmierbare Logikanordnung

Plafondbeleuchtung *nf* EL.INS → **ceiling leighting**
→ Deckenbeleuchtung *nf*

Plakat *nn* IMAG.ME **poster** *n*

Plakateffekt *nm* IMAG.PR **posterization** *n*
[verlust an Details durch zu grobe Graustufung] = loss of details by too coarse gray scaling

Plakatwerbung *nf* ECON **poster advertising**

PLAN COMP.LG **PLAN**
↑ Programmiersprache ↑ programming language

plan TECH → **flat** *adj*
→ flach

Plan *nm* TEC.DOC **project** *n*
= layout *n*; plan *n*

Plan *nm* ECON **plan** *n*
= Vorhaben *nn*; Projekt *nn* = schedule *n*; project *n*
↓ Bauvorhaben ↓ civil project

Plan- TECH **planned**
= geplant ≈ nominal; scheduled
≈ Nenn-; Soll-

planar *adj* MATH **planar** *adj*
= eben = plane *adj*; plain *adj* (obs)

Planardiode *nf* MICR.EL **planar diode**

planar dotiert MICR.EL **planar doped**

planare Antenne ANT → **planar array**
→ ebene Gruppe

Planartechnik *nf* MICR.EL **planar technology**
= planar technique

Planartransistor *nm* MICR.EL **planar transistor**

Planartransistor *nm* MICR.EL → **junction transistor**
→ Flächentransistor *nm*

plancksches Gesetz PHYS **Planck's law**
= Planck'sches Gesetz

Planck'sches Gesetz PHYS → **Planck's law**
→ plancksches Gesetz

plancksches Wirkungsquantum PHYS **Planck's constant**
[h = 6,626x10E-34 Js] [h = 6.626x10E-34 Js]
= Wirkungsquantum *nn*, planck-Konstante *nf*, plancksche Strahlungskonstante = Planck's radiation constant

planen ECON **plan** *vt*

planen TECH **project** *vt*
≈ entwerfen ≈ design

Planetengetriebe *nf* MEC.EN **planetary gear train**
= Planetenradtrieb *nm* = planetary gear

Planetenradtrieb *nm* MEC.EN → **planetary gear train**
→ Planetengetriebe *nf*

Planfilm *nm* OFFICE → **microfiche** *n*
→ Mikroplanfilm *nm*

Plangebiet *nn* GIS **plan area**

planieren MEC.EN **planish** *vt*

Planimeter *nn* MATH **planimeter** *n*

plankonkav OPT **plane-concave** *adj*

plankonvex OPT **plane-convex** *adj*

Plankosten *nplt* ECON **budget costs**
= Sollkosten *nplt*

Planlast *nf* TECH → **nominal load capacity**
→ Nennbelastbarkeit *nf*

planmäßig TECH **scheduled** *adj*
≈ regelmäßig = according to plan
≈ regular

planmäßige Wartung TECH **scheduled maintenance**

planmäßig ordnen SCIE **methodize** *vt*

planparallel OPT **plane-parallel** *adj*

Plan-Position-Indicator *nm* RAD.LO **plan position indicator**
= PPI = PPI

Planschrank *nm* ENG.DRA **plan cabinet**

Plansequenz *nf* IMAG.ME **master shot**
= sequence shot

Plansoll *nn* ECON **planned targed**

Planspiel *nn* ECON **experimental game**

Planung *nf* ECON **planning** *nsgt*

Planungsdämfung *nf* TELEPH **circuit loudness rating**

Planungsforschung *nf* ECON → **operations research** (AE)
→ Unternehmensforschung *nf*

Planungshandbuch *nn* TEC.DOC **planning manual**

Planungsleitfaden *nm* TEC.DOC **planning guide**

Planungsphase *nf* TECH **planning phase**

plappern COLL **chatter** *vi*
= schnattern

Plasma *nn* PHYS **plasma** *n*

Plasmaanzeige *nf* TER&PER **plasma display** (1)
= Gasplasma-Anzeige *nf*; Gasentladungsanzeige *nf* = plasma-display panel; plasma panel; gas-display panel; gas panel; gas-plasma display; gas-discharge display; GDP

Plasmaätzen *nn* MICR.EL **plasma etching**

Plasma-Bidschirmterminal *nn* TER&PER **plasma video terminal**

Plasma-Bildschirm *nm* TER&PER **plasma screen**
= Plasma-Paneel *nn*, plasma-Monitor *nm*; Gasentladungsbildschirm *nm*; Gasplasma-Bildschirm *nm*; Gasplasma-Paneel *nn*; Gasplasma-Monitor *nm* = plasma display (2); gas-discharge display
↑ Flachbildschirm ↑ flat screen

Plasma-Paneel *nn*, **plasma-Monitor** *nm* TER&PER → **plasma screen**
→ Plasma-Bildschirm *nm*

Plasmaphysik *nf* PHYS **plasma physics**

Plasmastrahl *nm* PHYS **plasma beam**

Plasmazerstäubung *nf* MICR.EL **plasma sputtering**

Plastik *nf*, **plast** (ex DDR) CHEM → **synthetic material**
→ Kunststoff *nm*

Plastikeffekt *nm* TV **plastic effect**
= plastic picture

Plastikgehäuse *nn* COMPO → **plastic housing**
→ Kunststoffgehäuse *nn*

Plastikkarte *nf* TER&PER **plastic card**
↓ Magnetkarte; Chip-Karte; Guthabenkarte; Buchungskarte ↓ magnetic card; chip card; prepaid phonecard; credit phonecard

Plastikkartencodierer *nm* TER&PER **plastic card coder**
= Plastikkartenkodierer *nm*

Plastikkartenkodierer *nm* TER&PER → **plastic card coder**
→ Plastikkartencodierer *nm*

Plastikkartenleser *nm* TER&PER **plastic card reader**

Plastikkartenterminal *nn* TER&PER **plastic card terminal**

Plastikkasette *nf* CONS.EL **caddy** *n*
[wird mit der geschützten CD in Laufwerk eingeschoben] [is inserted into drive together with the protected CD]
= Plastikschutzhülle *nf*, Caddy *nn* (ANGL)

Plastikmuffe *nf* OUT.PL → **plastic sleeve**
→ Kunststoffmuffe *nf*

Plastikschutzhülle *nf* CONS.EL → **caddy** *n*
→ Plastikkasette *nf*

plastisch TECH **plastic** *adj*
= formbar ≈ forgeable [METAL]
≈ schmiedbar [METAL]; biegsam

Platin *nn* CHEM **platinum** *n*
= Pt = Pt

Platine *nf* TECH → **plate** *n*
→ Platte *nf*

Platinen-Antenne *nf* ANT → **microstrip antenna**
→ Mikrostrip-Antenne *nf*

Platinencomputer *nm* DAT.PR → **single-board computer**
→ Einkartenrechner *nm*

Platinenebene *nf* EQP.EN → **module level**
→ Baugruppenebene *nf*

platinenintegriert EQP.EN → **on-board** *adj*
→ leiterplattenintegriert

Platinenmodem *nm&nn* DAT.CO → **on-board modem**
→ Ein-Platinen-Modem *nm&nn*

platinieren METAL **platinize**

Plättchen *nn* MEC.EN **small plate**

Platte *nf* TECH **plate** *n*
= Platine *nf*

Platte *nf* POW.SY **plate** *n*
[Akkumulator] — [accumulator]

Platte *nf* CONS.EL → **phonogram record**
→ Schallplatte *nf*

Platte *nf*(1) TER&PER **disk** *n* (1)
↑ Datenträger
↓ Magnetplatte; Bildplatte; magneto-optische Platte
— [from Greek "dískos" = "discus"; the spelling "disk" is preferred for magnetical, and "disc" for optical storage media; there is also a tendencial preference for "disc" in North America]
= disc *n* (1); platter *n*
↑ data carrier
↓ magnetic disk; optical disk; magneto-optic disk

Platte *nf*(2) TER&PER → **magnetic disk**
→ Magnetplatte *nf*

Platte-Betriebssystem *nn* SW **disk operating system**
[unterstützt die Verwendung von Magnetplatten als externe Speicher]
= Plattenbetriebssystem *nn*; DOS
↓ MS-DOS; PC-DOS
— [supports the use of magnetic disk memories as external memory]
= DOS; disc operating system
↓ MS-DOS; PC-DOS

Plattenalbum *nn* CONS.EL **album** *n*
= Schallplattenalbum *nn*, plattenkassette *nf*
— [container for phogram records]
= record album; disc album; disk album

Plattenarchiv *nn* DAT.MA → **disk library**
→ Magnetplattenarchiv *nn*

Plattenarchiv *nn* SOUN.ME → **record archive**
→ Schallplattenarchiv *nn*

Plattenaufnahme *nf* CONS.EL → **phonographic recording**
→ Schallplattenaufnahme *nf*

Plattenaufnahmegerät *nn* CONS.EL → **phonogram recorder**
→ Schallplatten-Aufnahmegerät *nn*

Plattenaufzeichnung *nf* TER&PER **disk recording**
↓ Magnetplattenaufzeichnung
— = disc recording
↓ magnetic disk recording

Plattenbetriebssystem *nn* SW → **disk operating system**
→ Platte-Betriebssystem *nn*

Plattencode *nm* DAT.PR → **magnetic disk code**
→ Magnetplattencode *nm*

Plattendatei *nf* SW → **magnetic disk file**
→ Magnetplattendatei *nf*

Plattenduplikat *nn* DAT.PR **disk duplicate**
= Magnetplattenduplikat *nn*, plattenkopie *nf*; Magnetplattenkopie *nf*
— = magnetic disk duplicate; disk copy; magnetic disk copy; disc duplicate; magnetic disc duplicate; disc copy; magnetic disc copy

Plattenentrümpelung *nf* DAT.MA **disk grooming**

Plattenfirma *nf* CONS.EL → **record company**
→ Schallplattenfirma *nf*

Plattenformatierung *nf* DAT.MA **disk formatting**
— = disc formatting

Plattenfragmentierung *nf* DAT.PR **disk fragmentation**
[Zersplitterung von Dateien über die Platte durch häufige Benutzung]
= Fragmentierung *nf*
— [scattering of files all over the disk by frequent use]
= disc fragmentation; fragmentation

Plattenhülle *nf* TER&PER → **disk jacket**
→ Diskettenhülle *nf*

Plattenhülle *nf* CONS.EL → **record cover**
→ Schallplattenhülle *nf*

Plattenindustrie *nf* CONS.EL → **record industry**
→ Schallplattenindustrie *nf*

Plattenkassette *nf* TER&PER **disk cartridge**
[als Ganzes handzuhaben]
— [to be handled as unit]
= disc cartridge

Plattenkondensator *nm* COMPO **plate capacitor**
— = plate condenser

Plattenkontroller *nm* HW → **disk controller card**
→ Plattensteuerkarte *nf*

Plattenkopf *nm* TER&PER **disk head**

Plattenkopieren *nn* DAT.MA **disk copying** *n*
[der Daten und ihrer Speicherorganisation]
≈ Sicherung
— [of data and its organization]
= disk duplication; disc copying; disc duplication; disk copy
≈ saving

Plattenkopiergerät *nn* OFFICE **plate copier**

Plattenlaufwerk *nn* TER&PER **disk drive** *n* (1)
= Magnetplattenlaufwerk *nn*, plattenantrieb *nm*; Magnetplattenantrieb *nm*
≈ Druckertreiber [SW]; Magnetplattenspeicher
↑ Ausgabegerät; Laufwerk
↓ Hartplattenlaufwerk; Diskettenlaufwerk; Festplattenlaufwerk; Wechselplattenlaufwerk
— = disk unit; disc drive (1); disc unit; magnetic disk drive; magnetic disk unit; disk unit; disc unit
≈ disk driver [SW]; magnetic disk memory
↑ output device; drive
↓ hard disk drive; floppy disk drive; fixed disk drive; removable disk drive

Plattenlaufwerk-Schnittstelle *nf* HW **disk drive interface**
— = disk interface; disc drive interface; disc interface

Plattenlaufwerk-Steuerung *nf*(1) HW **disk drive control** (1)
= Plattensteuerung *nf*(1)
↓ Magnetplattenlaufwerk-Steuerung; Diskettenlaufwerk-Steuerung; Plattensteuerkarte
— = disc controller (1); disk control (1)
↓ magnetic disk drive control; floppy-disk controller; disk contoller

Plattenlaufwerksteuerung *nf*(2) HW → **magnetic disk control**
→ Magnetplattenlaufwerk-Steuerung *nf*

plattenlos HW → **diskless** *adj*
→ laufwerkslos

plattenloser Arbeitsplatzrechner DAT.NW → **diskless workstation**
→ laufwerksloser Arbeitsplatzrechner

plattenloser PC DAT.NW → **diskless PC**
→ laufwerksloser PC

Plattenmitte *nf* TER&PER **hub** *n*
= Plattenzentrum *nn*
— [central part of a disk]

Plattenpaket *nn* COMPO **plate deck**
[Kondensator]

Plattenparkfunktion *nf* DAT.PR **disk parking feature**
— = disc parking feature

Plattenpartition *nf* DAT.PR **disk partition**
[ein logisches Segment]
↓ Startpartition
— [a logical compartment]
= disc partition
↓ boot partition

Plattenpositionierung *nf* TER&PER **disk positioning**
— = disc positioning

Plattenpuffer *nm* DAT.MA **disk buffer**
— = disc buffer

Plattenpuffer *nm* HW **disk cache**
[ein Bereich des Hauptspeichers, auf dem häufig von Plattenlaufwerken angeforderte Daten zwischengespeichert werden]
= Plattenpufferspeicher *nm*, platten-cache-Speicher *nm*
≈ Cache-Memory
— [area of RAM to buffer data frequently requested from disk drives]
= disc cache
≈ cache memory

Plattenpufferspeicher *nm* HW → **disk cache**
→ Plattenpuffer *nm*

Plattenpufferung *nf* HW **disk caching**
[Beschleunigung des Festplattenzugriffs]
= Disk-Caching (ANGL)
— [speeding-up access to fixed disk]
= disc cashing

Plattenschluss *nm* POW.SY **plate touch**
[Akkumulator]

Plattenschnittstellen-Software *nf* DAT.PR **disk interface software**
[verbindet ein Anwenderprogramm mit der Laufwersteuerung]
— [interfaces an application program with the floppy disk controller]
= disc interface software

Plattenselektor *nm* TER&PER **disk selector**
— = disc selector

Plattenserver *nm* DAT.CO **disk server**
[wirkt als ein abgesetztes Laufwerk, das mehreren Benutzern zur Verfügung steht]
= Diskserver *nm* (ANGL)
— [acts as a remote disk drive shared by several users]
= disc server

Plattenspeicher *nm* HW → **magnetic disk memory**
→ Magnetplattenspeicher *nm*

Plattenspeicherabzug *nm* DAT.MA **disk dump**
= Magnetplattenspeicher-Abzug *nm*
— = magnetic disk dump; disk memory print; disc dump; magnetic disc dump; disc memory print

Plattenspiegelung *nf* DAT.MA **disk mirroring**
— = disc mirroring; disk duplexing; disc duplexing

Plattenspieler *nm* CONS.EL **record player**
= Schallplattenspieler *nm*
≈ Plattenwechsler
— = phonograph *n*; gramophone *n* (trademark in USA)
≈ turntable

Plattenspur *nf* TER&PER **disk track**
↓ Diskettenspur
— = disc track
↓ floppy-disk track

Plattenstapel *nm* TER&PER **disk pack**
— = disc pack

Plattenstapel *nm* TER&PER → **magnetic disk pack**
→ Magnetplattenstapel *nm*

Plattensteuerkarte *nf* HW **disk controller card**
= Plattenkontroller *nm* = disc controller card

Plattensteuerung *nf* HW → **disk drive control** (1)
→ Plattenlaufwerk-Steuerung *nf* (1)

Plattenstreifen *nm* TER&PER **disk striping**
= Diskstriping = disc striping

Plattentasche *nf* CONS.EL → **record pocket**
→ Schallplattentasche *nf*

Plattenteller *nm* CONS.EL **turntable** *n*
= Schallplattenteller *nm*

Plattentreiber *nm* SW **disk driver**
≈ Plattenlaufwerksteuerung [HW] = disc driver
↑ Gerätetreiber ≈ disc drive [HW]
↑ device driver

Plattenwechsler *nm* CONS.EL **record changer**
[Plattenspieler mit Wechsler]
= Schallplattenwechsler *nm*

Plattenzentrum *nn* TER&PER → **hub** *n*
→ Plattenmitte *nf*

Plattenzubehör *nn* CONS.EL → **record accessories**
→ Schallplattenzubehör *nn*

Plattenzugriff *nm* DAT.MA **disk access**
= Magnetplattenzugriff *nm* = disc access; magnetic disk access; magnetic disc access

Plattform *nf* CIV.EN **platform** *n*
≈ Gerüst = scaffold *n* (2)

Plattform *nf* DAT.PR **platform** *n*
[grundlegende HW und/oder SW für eine SW-Applikation] [basic HW and/or SW for a SW application]
↓ Hardware-Plattform; Software-Plattform ↓ hardware platform; software platform

plattformübergreifend DAT.PR **cross-platform**

plattformunabhängig DAT.PR **platform-independent**

plattieren *vt* (1) METAL **plate** *vt*
[mechanisch, galvanisch oder chemisch] [mechanically, electrically or chemically]
↑ kaschieren; metallisieren = electroplate *vt*
↓ galvanisieren ↑ clad; metallize
↓ electroplate

plattieren *vt* (2) METAL → **electroplate** *vt*
→ galvanisieren

Plattierung *nf* (1) METAL **plating** *n*
[mechanisch, galvanisch oder chemisch] [mechanically, electrically or chemically]
↓ Elektroplattierung; mechanische Plattierung ↓ electroplating; cladding

Plattierung *nf* (2) METAL → **galvanization** *n*
→ Galvanisierung *nf*

Platz *nm* TECH **stand** *n*
[eine speziell ausgerüstete Arbeitsstelle] [a specially equipped workplace]
↓ Pult; Tisch ↓ console; desk

Platz *nm* SWITCH **board** *n*

platzaufwendig TECH → **space consuming** *adj*
→ raumaufwendig

Platzbedarf *nm* TECH → **space requirement**
→ Raumbedarf *nm*

Platz-Einflugzeichen *nn* RAD.NA **boundary marker beacon**
= Grenzmarkierungs-Funkfeuer *nn*; Grenzfunkbake *nf* = boundary marker

Platzersparnis *nn* TECH → **space saving** *n*
→ Raumersparnis *nn*

Platzhalter *nm* SW **dummy** *n*
[Provisorium für noch nicht detaillierte Strukturblöcke eines Programms] [provisional substitute for a not yet worked out program module]
= placeholder *n*

Platzhalter-Element *nn* SCIE **dummy element**

Platzhalter-Symbol *nn* SCIE **dummy symbol**

Platzhalter-Zeichenfolge *nf* SW **dummy sequence**
= foo *n*; bar *n*

Platzhaltesymbol *nn* SW → **formal parameter**
→ formaler Parameter

Platzhaltevariable *nf* SW → **dummy variable**
→ Scheinvariable *nf*

Platzherbeiruf *nm* SWITCH **operator recall**
= Bedienerherbeiruf *nm*; Schrankherbeiruf *nm*; Eintreteaufforderung *nf* = attendant recall

platzieren TECH **place** *vt*
= plazieren (obs) = site *vt*; situate *vt*

Platzierung *nf* EL.TRO **placement** *n*
[von Bauelementen auf Leiterplatte oder Chip] [of components on PCB or chip]

Platzierung *nf* TECH **placement** *n*
= Plazierung *nf* (obs)

Platznummer *nf* SYS.INS **position number**

Platzrunde *nf* AERON **circuit** *n*

platzsparend TECH → **space saving** *adj*
→ raumsparend

plausibel COLL → **plausible** *adj*
→ einleuchtend

Plausibilität *nf* COLL **plausibility** *n*

Plausibilität *nf* SW **plausibility** *n*
≈ Zulässigkeit = reasonableness *n*
≈ validity

Plausibilitätskontrolle *nf* SW → **plausibility check**
→ Plausibilitätsprüfung *nf*

Plausibilitätsprüfung *nf* SW **plausibility check**
= Plausibilitätskontrolle *nf*, Plausibilitätstest *nm* = reasonableness check
≈ validity check

Playback *nn* MEDIA **playback** *n*
= Wiedergabe *nf*

Playstation *nf* COMP.AP → **playstation**
→ Spielkonsole *nf*

plazieren (obs) TECH → **place** *vt*
→ platzieren

Plazierung *nf* (obs) EL.TRO → **placement** *n*
→ Platzierung *nf*

Plazierung *nf* (obs) TECH → **placement** *n*
→ Platzierung *nf*

Plazierungsverfolgung *nf* INTERNET → **positioning monitoring**
→ Positionsverfolgung *nf*

PLCC MICR.EL **PLCC**
[Gehäuse für gesockelte IC's] [Plastic Chip Carrier Package; for socketed IC's]

P-leitend PHYS → **hole conducting**
→ mangelleitend

P-Leiter *nm* PHYS **p-type conductor**
= Mangelelektronenleiter *nm*; Defektelektronenleiter *nm*; Löcherleiter *nm*

P-Leitfähigkeit *nf* PHYS → **hole-type conductivity**
→ Löcherleitfähigkeit *nf*

P-Leitung *nf* PHYS → **hole conduction**
→ Löcherleitung *nf*

pleochroisch OPT **pleochroic**

Pleochroismus *nm* OPT **pleochroism** *n*
[Zerlegung in verschiedenen Farben in unterschiedlichen Richtungen] [direction-dependent colour decomposition]

plesiochron TELEC **plesiochronous**
[nominell synchron, jedoch innerhalb vorgegebener Toleranzen] [nominally synchronous, but within established tolerances]
≈ synchron ≈ synchronous

plesiochrone Digitalhierarchie TELEC **plesiochronous digital hierarchy**
= PDH, plesiochrone Hierarchie, plesiochronhierarchie *nf* = PDH; plesiochronous hierarchy
≠ Synchronhierarchie ≠ synchronous hierarchy

plesiochroner Betrieb TELEC **plesiochronous operation**
= plesiochronous mode

plesiochrones Netz TELEC **plesiochronous network**

Plexiglas *nn* TECH **plexiglas** *n*

PLL-Demodulator *nm* CIRC.EN **PLL demodulator**

PLM MODUL → **pulse position modulation**
→ Pulslagemodulation *nf*

PLMN MOB.CO **PLMN**
= Public Land Mobile Network

Plombe *nf* TECH → **seal** *n* (2)
→ Siegel *nn*

Plot *nm* CINEMA **plot** *n*
[Teil der Hndlung der im Film zu sehen ist] [part of the action which is visible in the movie]
≈ Handlung ≈ action

Plotter *nm* TER&PER **plotter** *n*
[digital gesteuertes Zeichengerät, meist mit Stiften arbeitend] [digitally driven drawing machine, generally working with pencils]
= Zeichengerät *nn*; Digitalplotter *nm*; Kurvenschreiber *nm* = graphic plotter; graph plotter; digital plotter
≈ Grafikdrucker ≈ graphics printer
↑ Grafikausgabegerät ↑ graphics output hardware
↓ Stift-Plotter; Raster-Plotter; Flachbettplotter; Trommelplotter; Koordinatenschreiber; Inkrementalplotter; elektrostatischer Plotter; Thermo-Plotter; Tinten-Plotter; elektrophotografischer Plotter; Lichtzeichenmaschine ↓ pencil plotter; raster plotter; flat bed plotter; drum plotter; X-Y plotter; incremental plotter; electrostatic plotter; thermal plotter; ink-jet plotter; photoelectric plotter; photoplotter

Plotterfilm *nm* TER&PER **plotter film**
Plotterfolie *nf* TER&PER **plotter roll**
Plotter-Treiber *nm* SW **plotter driver**
plötzliche Fehlerhäufung INF.TEC → **error burst**
→ Fehlerbündel *nf*
Plug and Play TECH → **plug and play**
→ Reinstecken-Betreiben *nn*
Plug-In SW → **plug-in** *n*
→ Programmerweiterung *nf* (2)
Plumbicon *nn* EL.TRO → **plumbicon**
→ Plumbikon
Plumbikon EL.TRO **plumbicon**
= Plumbicon *nn*; Leddicon *nn*
↑ Bildaufnahmeröhre
↑ camera tube
plump COLL → **awkward**
→ unbeholfen
Plural *nn* LING **plural** *n*
= Mehrzahl *nf*
Pluralität *nf* COLL → **multiplicity** *n*
→ Vielzahl *nf*
plus MATH **plus**
= und
= and
Plusleiter *nm* EL.TEC **positive conductor**
= positiver Leiter
Plus-minus-Zeichen *nn* MATH **plus-minus sign**
[Symbol: ±]
[symbol: ±]
= plus-minus symbol
↑ mathematical symbol
Pluspol *nm* EL.TEC **positive pole**
= positiver Pol
= positive *n*
Pluspol geerdet EL.TEC **positive ground**
Pluspotential *nn* PHYS **plus potential**
= positives Potential
Plusquamperfekt *nn* LING **past perfect**
[z.B. ich hatte gehört, ich war gehört worden]
= 3. Vergangenheit *nf*; dritte Vergangenheit; vollendete Vergangenheit; Vorvergangenheit *nf*
[e.g. I had listened, I had been listened]
Plus-Zeichen *nn* MATH **plus sign**
[Symbol: +]
= Additionszeichen *nn*
≈ Und-Zeichen
[symbol: +]
= plus symbol; addition sign; addition symbol; positive sign; positive symbol
≈ ampersand
Plutonium *nn* CHEM **plutonium** *n*
= Pu
= Pu
Pm CHEM → **promethium** *n*
→ Promethium *nn*
P-Maschine *nf* HW → **pseudo-machine**
→ Pseudomaschine *nf*
P-Material *nn* PHYS → **p-type semiconductor**
→ P-Halbleiter *nm*
P-Material *nn* PHYS → **hole semiconductor**
→ Löcherhalbleiter *nm*
PMOS MICR.EL **PMOS**
[MOS mit positiv dotiertem Kanal]
= P-Kanal-MOS
↑ Metalloxid-Halbleiter
[P-channel Metal-Oxide Semiconductor]
= p-MOS; P-channel MOS
↑ MOS
PMOS-IC MICR.EL **PMOS IC**
PMOS-Leistungstransistor *nm* MICR.EL **PMOS power transistor**
PMOS-Technik *nf* MICR.EL **PMOS technology**
= p-MOS technology
PMP-Funksystem *nn* TELEC **PMP system**
↓ LMDS; MMDS
= Point-to-Multipoint system
↓ LMDS; MMDS
PMXA TELEC → **primary multiplex access**
→ Primarmultiplexanschluss *nm*
Pneumatiksteuerung *nf* TECH → **pneumatic control**
→ pneumatische Steuerung
pneumatisch TECH **pneumatic** *adj*
pneumatisch betätigt TECH → **pneumatically operated**
→ druckluftbetätigt
pneumatische Dämpfung TECH → **pneumatic damping**
→ Luftdämpfung *nf*
pneumatisches Schaltelement HW → **fluidic gate**
→ fluidisches Schaltelement
pneumatische Steuerung TECH **pneumatic control**
= Pneumatiksteuerung *nf*, Druckluftsteuerung *nf*
= air control
pneumatisch gesteuert TECH → **pneumatically operated**
→ druckluftbetätigt

PN-FH MODUL → **PN FSK**
→ pseudozufällige Frequenzumtastung
PN-FSK MODUL → **PN FSK**
→ pseudozufällige Frequenzumtastung
PNG-Format *nn* DAT.NW **PNG format**
= Portable Network Graphics format
PNIN-Transistor *nm* MICR.EL **pnin transistor**
PN-MSK MODUL → **PN-MSK**
→ pseudozufällige zeitlineare Phasenumtastung
PNNI TELEC **PNNI**
= Private Network Node Interface
PN-Photoeffekt *nm* PHYS → **pn photo effect**
→ Sperrschicht-Photoeffekt *nm*
PN-Plan *nm* NETW.TH **pole-zero configuration**
PNPN-Diode *nf* MICR.EL → **pnpn diode**
→ Vierschichtdiode *nf*
PNPN-Struktur *nf* MICR.EL **pnpn structure**
PNPN-Transistor *nm* MICR.EL **pnpn transistor**
PN-PSK MODUL → **PN-PSK**
→ pseudozufällige Phasenumtastung
PNP-Transistor *nm* MICR.EL **pnp transistor**
PN-Übergang *nm* MICR.EL **pn junction**
= PN-Übergangszone *nf*; PN-Übergangsbereich *nm*
= p-*n* junction; positive-negative junction; pn transition; pn transition region; pn zone
PN-Übergangsbereich *nm* MICR.EL → **pn junction**
→ PN-Übergang *nm*
PN-Übergangszone *nf* MICR.EL → **pn junction**
→ PN-Übergang *nm*
Po CHEM → **polonium** *n*
→ Polonium *nn*
POB-Prozess *nm* MICR.EL → **AD technique**
→ AD-Technik *nf*
POB-Technik *nf* MICR.EL → **AD technique**
→ AD-Technik *nf*
Pocket-Computer *nm* DAT.PR → **pocket computer**
→ Taschencomputer *nm*
Podiumsdiskussion *nf* ECON **panel discussion**
POH TELEC → **path overhead**
→ Pfadzusatz *nm*
Poincaré-Kugel *nf* NETW.TH **Poincaré sphere**
= Polarisationskugel *nf*
Pointer *nm* TRANSM → **pointer** *n*
→ Zeiger *nm*
Pointer *nm* (ANGL) DAT.MA → **pointer** *n*
→ Zeiger *nm*
Pointeraktivität *nf* TRANSM **pointer activity**
[SONET; SDH]
[SONET; SDH]
= pointer action
Pointer-Jitter *nm* TRANSM **pointer jitter**
Point-Programm *nn* DAT.NW **point program**
Pointstick TER&PER **pointstick** *n*
Poise *nn* PHYS **Poise**
[Maßeinheit für dynamische Viskosität; = 1 g / cm s]
= P
[measuring unit for dynamic viscosity; = 1 g / cm s]
= P
Poisson-Gleichung *nf* PHYS **Poisson's equation**
= Poissonsche Differentialgleichung
Poisson-Prozess *nm* TELEC **Poisson process**
Poissonsche Differentialgleichung PHYS → **Poisson's equation**
→ Poisson-Gleichung *nf*
Poissonsche Konstante PHYS → **transverse contraction ratio**
→ Querkontraktionskoeffizient *nm*
Poisson-Verteilung *nf* STATIS **Poisson distribution**
Pol *nm* GEOSC **pole** *n*
Pol *nm* NETW.TH **pole** *n*
Pol *nm* CIRC.EN **terminal** *n*
Pol *nm* PHYS **pole** *n*
≈ Elektrode
≈ electrode
Polabspaltung *nf* NETW.TH **pole removal**
↓ Vollabbau
↓ total removal
Polabstand *nm* MATH **polar distance**
Polardiagramm *nn* EL.TEC **polar diagram**
= polares Schaubild
= polar chart
polare Koordinate MATH → **polar coordinate**
→ Polarkoordinate *nf*
polares Schaubild EL.TEC → **polar diagram**
→ Polardiagramm *nn*
Polarisation *nf* PHYS **polarization**
= Polarisierung *nf*
Polarisation-/Frequenz-Weiche *nf* RAD.RE **polarization/frequency diplexer**

≈ system diplexer — = quadruplexer *n* ≈ system diplexer
Polarisationsanpassung *nf* ANT **polarization match**
Polarisationsdiversity *nn* RADIO **polarization diversity**
Polarisationsebene *nf* PHYS **polarization plane**
Polarisationsellipse *nf* ANT **polarization ellipse**
Polarisationsentkopplung *nf* ANT **depolarization loss** = depolarization discrimination; crosspolar discrimination
Polarisations-Fehlanpassung *nf* ANT **polarization mismatch**
Polarisationsfilter *nn* PHYS **polarization filter**
Polarisationsfilter *nn* MICROW **polarizer** *n*
= Polarisator *nm*
Polarisationsfilter *nn* TER&PER **polarizing filter**
Polarisationskugel *nf* NETW.TH → **Poincaré sphere**
→ Poincaré-Kugel *nf*
Polarisationsschwund *nm* RAD.PRO **polarization fading**
Polarisationsspannung *nf* PHYS **polarizing potential**
Polarisationsstrom *nm* PHYS **polarizing current**
Polarisationsweiche *nf* RAD.RE **polarization filter**
≈ Richtungsweiche — = polarization diplexer ≈ directional filter
Polarisationswicklung *nf* EL.TRO **bias winding**
Polarisationswinkel *nm* PHYS **angle of polarization**
= Brewsterscher Winkel; Brewster-Winkel *nm* — = Brewster angle
Polarisationswirkungsgrad *nm* ANT **polarization efficiency**
Polarisator *nm* MICROW → **polarizer** *n*
→ Polarisationsfilter *nn*
Polarisierbarkeit *nf* PHYS **polarizability** *n*
polarisieren PHYS **polarize**
polarisiert PHYS **polarized** = polar
polarisiert COMPO **polarized** *adj*
[mit Pol-abhängigen Eigenschaften] — [with pole-dependent characteristics]
polarisiertes Bauelement COMPO **polarized component**
polarisiertes Licht PHYS **polarized light**
polarisiertes Relais COMPO **polarized relay**
[Schaltstellung bleibt auch nach Unterbrechung des Erregerstromes] — [maintains the contact position after interruption of activation current]
↓ Haftrelais — ↓ remanent relay
Polarisierung *nf* PHYS → **polarization**
→ Polarisation *nf*
Polarisierungsschlitz *nm* COMPO **polarizing slot**
[gepolter Stecker]
Polaristionsverteilung *nf* ANT **polarization pattern**
Polarität *nf* PHYS **polarity** *n*
↓ elektrische Polarität; magnetische Polarität — ↓ electric polarity; magnetic polarity
Polaritätsanzeiger *nm* INSTR → **pole detector**
→ Polaritätsdetektor *nm*
Polaritätsdetektor *nm* INSTR **pole detector**
[zeigt die Richtung des Gleichstroms an] — [indicates the sense of direct current]
= Polaritätsanzeiger *nm*
Polaritätskorrelator *nm* CIRC.EN **polarity correlator**
Polaritätsprüfung *nf* EL.TEC **polarity check**
= Polaritätstest *nm* — = polarity test
Polaritätstest *nm* EL.TEC → **polarity check**
→ Polaritätsprüfung *nf*
Polaritätstreue *nf* TELEC **polarity integrity**
Polaritätsumkehr *nf* EL.TEC **polarity inversion**
= Verpolung *nf* — = inverse polarity; reverse connection; reverse polarity
≈ Falschpolung — ≈ faulty polarization
Polaritätsumschalterelais *nn* POW.SY **polarity inversion relay**
Polarizer *nm* CONS.EL **polarizer** *n*
[korrigiert Polarisation] — [corrects polarization] = de-polarizer
Polarkoordinate *nf* MATH **polar coordinate**
[zweidimensional] — [bidimensional]
= polare Koordinate; Kugelkoordinate *nf*; sphärische Koordinate — = spherical coordinate
Polarkreis *nm* NETW.TH **polar circuit**
Polarlicht *nf* GEOSC **polar light**
Polarlichtstreuung *nf* RAD.PRO **auroral scatter**
Polarmount CONS.EL **polar mount**
↑ Spiegelpositionierung — ↑ dish positioning
↓ Aktuator-Mount; H/H-Mount — ↓ actuator mount; H/H mount
Polarmounthalterung *nf* ANT **polar mount**
Polarprojektion *nf* CART **polar projection**
Pol-Effekt *nm* PHYS **pole effect**
Polgüte *nf* NETW.TH **pole Q**
Police *nf* ECON → **insurance policy**
→ Versicherungspolice

polieren TECH **polish** *vt*
≈ schleifen — = finish *vt* ≈ grind
polieren MEC.EN → **lap** *vt*
→ läppen
Polieren *nn* TECH **polish** *n*
Polierpaste *nf* TECH → **abrasive paste**
→ Schmirgelpaste *nf*
Polierpulver *nn* TECH → **abrasive powder**
→ Schleifpulver *nn*
Polierrollen *nplt* TECH **roller-burnishing**
Polierwerkzeug *nn* MEC.EN → **abrasive tool**
→ Schleifwerkzeug *nn*
-polig EL.TRO **-contact**
Polituräzen *nn* MICR.EL → **etch polish**
→ Ätzpolieren *nn*
Polizei *nf* LAW **police** *n*
Polizei-Bildtelegraphiegerät *nn* TER&PER **police telegraph equipment**
Polizeiradar *nm&nn* (*pl* -e) RAD.LO **police radar**
Polizeirufeinrichtung *nf* TER&PER **police call device**
Polklemme *nf* INSTR **insulated terminal**
pollende Station TELECON → **polling station**
→ zyklisch abfragende Station
Polling *nn* (ANGL) DAT.CO → **polling request** *n*
→ Sendeabruf *nm*
Polling *nn* (ANGL) TELECON → **polling mode**
→ Aufrufbetrieb *nm*
Pollingzeit *nf* TELECON → **polling time**
→ Abfragezeit *nf*
polnische Schreibweise COMP.SC → **prefix notation**
→ Präfixschreibweise *nf*
Polonium *nn* CHEM **polonium** *n*
= Po — = Po
Polschuh *nm* EL.TEC **pole shoe** = shoe *n*; pole piece
Polstärke *nf* PHYS **polar intensity** = pole strength
Polstelle *nf* NETW.TH **pole point**
Polster *nn* TECH **pad** *n*
Polsterbeschichtung *nf* OPT.CO **buffer coating**
polstern MECH → **cushion** *vt*
→ dämpfen
Polumschalter *nm* POW.EN **pole shifter**
Polwendung *nf* EL.TEC → **polar reversal**
→ Umpolung *nf*
Polyacetal *nn* CHEM **polyacetal** *n*
polyadisches Zahlensystem COMP.SC → **positional notation**
→ Stellenwertsystem *nn*
Polyamid *nn* CHEM **polyamide** *n*
↓ Nylon — ↓ nylon
Polyäthylen *nn* CHEM **polyethylene** *n*
Polyäthylenscheibe *nf* DAT.CO **polyethylene disk**
Polycarbonat *nn* CHEM **polycarbonate** *n*
polychrom OPT → **multi-coloured** *adj*
→ mehrfarbig
polychrom COLL → **particolored** *adj*
→ bunt
Polyeder *nn* MATH **polyhedron** (*pl*-drons&-dra)
[vom griech. "polyhedros" = "mit vielen Sitzen"; von Ebenen begrenzter Körper] — [from Greek "polyhedros" = "with many seats"; solid of plane faces]
= Vielflächner *nm* — = face [DAT.PR]
↓ Prisma; Parallelepiped; Quader; Würfel — ↓ prism; parallelepiped; rectangular prism; cube
Polyederspiegel *nm* TER&PER **polyhedron mirror**
[z.B. im Laserdrucker zur Stahlablenkung] — [e.g. in laser printer for scanning] = polygon mirror (err)
Polyester *nn* CHEM **polyester** *n*
Polyesterharz *nm* CHEM **polyester resin**
Polyester-Kondensator *nm* COMPO **polyester capacitor**
polyglott LING → **multilingual**
→ mehrsprachig
Polyglotte (*nm; nf*) LING **polyglott** *n*
[mehrere Sprachen sprechende Person] — [person speaking several languages]
Polyglotte *nf* PRIN.ME **multilingual edition**
= mehrsprachige Ausgabe
Polygon *nn* MATH → **polygon** *n*
→ Vieleck *nn*
polygonal MATH → **polygonal** *adj*
→ vieleckig
Polygonspiegel *nm* TER&PER **polygonal mirror**
[Laserdrucker] — [laser printer]

Polyimid *nn* CHEM **polyimide** *n*
Polykristall *nm* PHYS **polycrystal** *n*
polykristallin PHYS **polycrystalline**
polykristalline Struktur PHYS **polycristalline structure**
Polylinie *nf* COMP.GR **polyline** *n*
[consists of multiple connected segments]
= pline
Polylog *nm* TELEC **polylog** *n*
≠ Monolog
= polylogue *n*
≠ monolog
polymer *adj* CHEM **polymer** *adj*
Polymer *nn* CHEM **polymer** *n*
Polymeter *nn* METEO **polymeter** *n*
[Hygro- u. Thermometer]
[hygrometer with thermometer]
polymorpher Virus SW **polymorphic virus**
[mit veränderbaren Byte-Mustern]
[with variable byte pattern]
Polymorphie *nf* SW **polymorphism** *n*
[OOP; klassenabhängiges Verhalten]
= Polymorphismus *nm*
[OOP; "many shapes"; class-dependent behaviour]
Polymorphismus *nm* SW → **polymorphism** *n*
→ Polymorphie *nf*
Polynom *nn* MATH **polynomial** *n*
[Kunstwort aus griech. "poly" u. lat. "nomen" = "viele Namen"]
= mehrgliedriger Ausdruck
[artificial word from Greek "poly" and Latin "nomen" = "many names"]
Polynomialcode *nm* CODING **polynomial code**
polynomisch MATH **polynomial** *adj*
= vielgliedrig; mehrgliedrig
= multiterm *adj*; compound *adj*
Polynomsicherung *nf* CODING → **cyclic code**
→ zyklischer Code
Polyphasensortieren *nn* DAT.MA **polyphase sorting**
[Sortierverfahren unter Zuhilfenahme mehrerer Arbeitsbänder]
≠ Mischsortieren
[sorting procedure employing several scratch tapes]
≠ merge sorting
Polyphonie *nf* ACOUS → **polyphony** *n*
→ Mehrstimmigkeit *nf*
Polypropylen *nn* CHEM **polypropylene** *n*
Polypropylen-Kondensator *nm* COMPO **polypropylene capacitor**
↓ KS-Kondensator
↓ KS capacitor
Polysem *nn* LING **polysem** *n*
Polysemie *nf* LING **polysemy** *n*
[unterschiedliche Bedeutung bei identischer Schreibweise]
= Ambiguität *nf*
[different meaning with identical spelling]
= ambiguity *n*
Polysilizium *nn* MICR.EL **polysilicon** *n*
Polyskop *nn* INSTR **polyscope** *n*
Polystyrol *nn* CHEM **polystyrene** *n*
Polystyrolkondensator *nm* COMPO **polystyrene capacitor**
Polytetrafluoräthylen CHEM → **teflon** *n*
→ Teflon *nn*
Polyurethan *nn* CHEM **polyurethane** *n*
Polyvalenz *nf* MATH → **polyvalence** *n*
→ Mehrwertigkeit *nf*
Polyvinyl *nn* CHEM **polyvinyl** *n*
pompejanischrot *adj* OPT **pompeian red** *adj*
Pönale *nf* ECON → **delay penalty**
→ Verzugsstrafe *nf*
Pönale *nf* ECON → **contractual penalty**
→ Konventionalstrafe
Pond *nn* PHYS **pond** *n*
[Einheit für Gewicht; = 0,009806650 N]
= p; Gewichtsgramm *nn* (obs)
[unit for weight; = 0,009806650 N]
= p
Pool *nn* DAT.PR **pool** *n*
Pooling *nn* DAT.PR **pooling** *n*
Pool-Organisation *nf* DAT.PR **pool organization**
Pool-Verwaltung *nf* DAT.PR **pool management**
Pop MUSIC → **pop music**
→ Popmusik *nf*
Popmusik *nf* MUSIC **pop music**
= Pop
= pop *n*
POP-Protokoll *nn* INTERNET **POP**
= Post Office Protocol
populär COLL → **popular**
→ volkstümlich
populär *adj* MEDIA **popular** *adj*
Popularität *nf* MEDIA **popularity** *n*
Popup INTERNET → **pop-up** *n*
→ Werbeeinblendung *nf*
Pop-up-Dienstprogramm *nn* SW → **pop-up program**
→ Pop-up-Programm *nn*
Popup Eraser (ANGL) INTERNET → **pop-up eraser**
→ Werbeeinblendungsunterdrücker *nm*
Pop-up-Fenster *nn* (ANGL) COMP.AP → **pop-up window**
→ Einblendfenster *nn*
Pop-up-Menü *nn* COMP.AP **pop-up menu**
[wird mit Maus vom unteren Bildrand nach oben aufgerollt]
= Aufklappmenü *nn*
≠ Pull-down-Menü
↑ Auswahlmenü
[can be displayed with a mouse from bottom upward]
≠ pull-down menu
↑ selection menu
Pop-up-Programm *nn* SW **pop-up program**
[bleibt solange unsichtbar bis es aufgerufen wird]
= Pop-up-Dienstprogramm *nn*
↑ speicherresidentes Programm
↓ TSR (DOS); Schreibtischzubehör (Macintosh); SideKick (Borland)
[stays hidden till called]
= pop-up utility
↑ memory-resident program
↓ TSR (DOS); desk accessory (Macintosh); SideKick (Borland)
porenfrei TECH **pore-free**
≠ porös
≠ porous
porig TECH → **porous**
→ porös
Porno *nm* CINEMA → **pornographic film**
→ pornographischer Film
Pornofilm *nm* CINEMA → **pornographic film**
→ pornographischer Film
Pornographie *nf* MEDIA **pornography** *n*
[freizügige und betonte Darstellung des Sexualakts]
[unhampered and emphasized depiction of sexual act]
pornographischer Film CINEMA **pornographic film**
[mit freizügiger und betonter Darstellung des Sexualakts]
= Pornofilm *nm*; Porno *nm*
≈ Erotikfilm; Sexfilm
[with unhampered and emphasized depiction of sexual act]
= blue movie
≈ erotic film; sex film
pornographische Zeitschrift PRIN.ME **pornograhic review**
Pornoheft *nn* PRIN.ME **pornographic booklet**
Pornoroman *nm* PRIN.ME **pornographic novel**
porös TECH **porous**
= porig
≈ durchlässig
≠ porenfrei
≈ permeable
≠ pore-free
Porosität *nf* TECH **porosity** *n*
Port *nm* DAT.PR **port** *n*
[Schaltung oder Programm zur Anpassung von Daten an eine Schnittstelle]
[circuit or program matching data with an interface]
Port *nm* (ANGL) TER&PER → **port** *n*
→ Anschluss *nm*
portabel DAT.PR → **portable** *adj*
→ übertragbar
Portabilität *nf* SW → **portability** *n*
→ Übertragbarkeit *nf*
Portable-Antenne *nf* ANT **portable antenna**
[für tragbares Gerät]
Portable-Computer *nm* DAT.PR → **laptop computer**
→ Aktentaschen-Computer *nm*
portable Sprache SW → **portable language**
→ übertragbare Sprache
Portal *nn* DAT.NW **portal** *n*
[Schnittstelle Kabel-/Funk-LAN]
[wirebound/wireless LAN interface]
Portal *nn* INTERNET → **Web portal**
→ Portal-Webseite *nf*
Portal-Webseite *nf* INTERNET **Web portal**
[bietet eine Vielzahl von Adressen, Links, Informationen und Diensten]
= Web-Portal *nn*; Portal *nn*
[provides a variety of adresses, links, news and services]
= portal
Port-Enumerator *nm* COMP.AP **port enumerator**
Port-Erweiterung *nf* TER&PER **port extension**
= Port-Expander *nm*
= port expansion; port expander
Port-Expander *nm* TER&PER → **port extension**
→ Port-Erweiterung *nf*
portierbar DAT.PR → **portable** *adj*
→ übertragbar
portierbare Software SW → **portable software**
→ übertragbare Software
portierbare Sprache SW → **portable language**
→ übertragbare Sprache
portierbares Programm SW → **portable program**
→ übertragbares Programm
portieren DAT.PR **port** *vt*
[ein Programm auf einem unterschiedlichen Computer ablaufen lassen]
[to execute a program on a different computer]
Portierung *nf* DAT.PR **code conversion**

portindividuell TELEC **port-specific**

Portnummer *nf* INTERNET **port number**

Porto *nn* POST → **postage** *n*
→ Postgebühr *nf*

portofrei POST **post-free**

portofrei POST → **prepaid** *adj*
→ franko *adj*

Portrait *nn* (obs) PHOT → **portrait** *n*
→ Porträt *nn*

Porträt *nn* PHOT **portrait** *n*
= Portrait *nn* (obs)

porträtieren *vt* PHOT **portray** *vt*

Portreplikator *nm* HW → **port replicator**
→ Schnittstellenreplikator *nm*

Port-Scanner *nm* INTERNET **port scanner**

Porzellan *nn* TECH **porcelain** *n*

Porzellanisolator *nm* OUT.PL **porcelain insulator**

Pos. ECON → **item** *n*
→ Position *nf*

POS1-Taste *nf* TER&PER **HOME key**
[bewirkt, je nach Anwenderprogramm, die Rückkehr des Cursors zum Zeilenanfang, zur oberen linken Bildschirmkante oder zu einem Dateianfang] — [it sends the cursor to the begin of line, to the upper left display corner or to the begin of the display, depending on application program]
= HOME-Taste *nf*
↑ Schreibmarkentaste — ↑ cursor key

Posaune *nf* MICROW **trombone line**
≠ veränderbarer Länge — [of adjustable length]

Position *nf* ECON **item** *n*
= Pos.; Item *nn*; Einzelposten *nm*; Posten *nm* (2); Gegenstand *nm*; Artikel *nm* — = single item; entry *n*

Position *nf* TECH → **position** *n* (1)
→ Lage *nf*

positional TECH → **positional** *adj*
→ positionell

positionale Notation COMP.SC → **positional notation**
→ Stellenwertsystem *nn*

positionell TECH **positional** *adj*
= positional; Stellen-; stellebezogen; stellenabhängig

Positionierbaugruppe *nf* AUTOMA **positioning module**

positionieren TECH **position** *vt*
≈ einstellen; justieren — ≈ adjust; adjust precisely

positionieren TER&PER **position** *vt*
[einen Plotter, Schreib-/Lesekopf] — [a plotter, read-write head]
= verstellen

Positionierer *nm* AUTOMA → **positioning device**
→ Positioniervorrichtung *nf*

Positionierer *nm* (1) CONS.EL → **dish positioner**
→ Spiegelpositionierer *nm*

Positionierer *nm* (2) CONS.EL **positioner** (2)
[steuert Satellitendirektempfangs-Antenne] — [controls direct satellite reception antenna]
= Satelliten-Positionierer *nm*; Sat-Positionierer *nm* — = satellite positioner

Positionierfehler *nm* AUTOMA **positioning error**

Positioniergenauigkeit *nf* AUTOMA **positioning accuracy**

Positioniergeschwindigkeit *nf* TER&PER **positioning speed**
[eines Plotters, Schreib-/Lesekopfes] — [of a plotter, read-write head]
= Positionierungsgeschwindigkeit *nf*

Positioniermechanismus *nm* AUTOMA → **positioning device**
→ Positioniervorrichtung *nf*

Positioniermotor *nm* AUTOMA **positioning motor**
= positioner motor

Positioniertoleranz *nf* AUTOMA **positioning tolerance**
≈ Positioniergenauigkeit — ≈ positioning accuracy

Positionierung *nf* TER&PER **seek** *n*

Positionierung *nf* TECH **positioning** *n*
= Verstellung *nf* — ≈ adjustment
≈ Einstellung

Positionierungsgeschwindigkeit *nf* TER&PER → **positioning speed**
→ Positioniergeschwindigkeit *nf*

Positionierungszeit *nf* TER&PER → **positioning time**
→ Positionierzeit *nf*

Positioniervorrichtung *nf* AUTOMA **positioning device**
= Positioniermechanismus *nm*; Positionierer *nm* — = positioning mechanism; positioner *n*

Positionierzeit *nf* AUTOMA **positioning time**

Positionierzeit *nf* TER&PER **positioning time**
[Plotter, Schreib-/Lesekopf] — [plotter, read-write head]
= Positionierungszeit *nf*
↑ Zugriffszeit — ↑ access time
↓ Spurzugriffszeit; Suchzeit — ↓ disk access time; seek time

positionsähnlich CART → **similar to position**
→ lageähnlich

Positionsanzeige *nf* COMP.AP **thumb** *n*
[in der Bildlauflinie] — [mark on scroll bar]
= elevator *n*

Positionsanzeige *nf* AUTOMA **position readout**

Positionsanzeiger *nm* COMP.AP → **cursor** *n*
→ Schreibmarke *nf*

Positionsanzeigesymbol *nn* COMP.AP → **cursor** *n*
→ Schreibmarke *nf*

Positionsauktion *nf* INTERNET **position auction**

Positionsbestimmungsgerät *nn* RAD.NA → **air-position indicator**
→ Lagebestimmungsgerät *nn*

Positionsdaten *nplt* GIS → **geometric data**
→ Geometriedaten *nplt*

positionsgerecht CART → **true to position**
→ lagegerecht

Positionsmarke *nf* COMP.AP → **cursor** *n*
→ Schreibmarke *nf*

Positionsnummer *nf* TEC.DOC **item number**
= Gegenstandsnummer *nf*; laufende Nummer

Positionspuls *nm* EL.TRO **position pulse**
= P pulse; commutator pulse

Positionsregelung *nf* CONTRO → **position control**
→ Lageregelung *nf*

Positionssensor *nm* COMPO **position sensor**
= Stellungsfühler *nm*

Positionssystem *nn* COMP.SC → **positional notation**
→ Stellenwertsystem *nn*

Positionstoleranz *nf* AUTOMA **positional tolerance**
≈ Positionierungstoleranz — ≈ positional tolerance

positionstreu CART → **true to position**
→ lagegerecht

Positionsüberwachung *nf* AUTOMA **position monitoring**
= Lageüberwachung *nf*

Positionsverfolgung *nf* INTERNET **positioning monitoring**
= Plazierungsverfolgung *nf*

positiv MATH **positive** *adj*
≠ negativ — ≠ negative

positiv PHYS **positive** *adj*
= an Pluspol — = at positive pole
≠ negative — ≠ negative

positiv COLL **positive** *adj*
[fig] — [fig]
≠ negativ — ≠ negative

Positiv *nn* LING **positive** *n*
[Grundstufe des Adjektivs] — [uninflected form adjective]
= Grundstufe *nf*

Positivanzeige *nf* TER&PER **positive display**
[dunkel oder farbig auf hellem Hintergrund] — [in black or color on bright background]
= Positivdarstellung *nf* — = positive presentation
≠ Negativanzeige — ≠ negative display

Positivätzen *nn* MICR.EL **positive photoresist**

Positivdarstellung *nf* TER&PER → **positive display**
→ Positivanzeige *nf*

positive Elektrode PHYS → **anode** *n*
→ Anode *nf*

positive Korrelation STATIS **positive correlation**

positive Logik CIRC.EN **positive logic**
[negative oder niedrige Spannung für logischen Zustand 0] — [negative or low tension for logical state 0]
= active high data; positive true

positive Meldung DAT.CO → **positive acknowledge** *n*
→ positive Rückmeldung

positive Quittung DAT.CO → **positive acknowledge** *n*
→ positive Rückmeldung

positiver Fall COLL → **positive case**
→ Positivfall *nm*

positiver Gitterstrom EL.TRO **reverse grid current**

positiver Leiter EL.TEC → **positive conductor**
→ Plusleiter *nm*

positiver Pol EL.TEC → **positive pole**
→ Pluspol *nm*

positive Rückkopplung CIRC.EN → **positive feedback**
→ Mitkopplung *nf*

positive Rückmeldung DAT.CO **positive acknowledge** *n*
= positive Quittung; Gutquittung *nf*; Positivrückmeldung *nf*; Positivmeldung *nf*; Gutmeldung *nf*; positive Meldung — = positive ACK; acknowledge *n* (2); ACK (2); positive message
↑ ASCII-Code — ↑ ASCII code

positives Potential PHYS → **plus potential**
→ Pluspotential *nn*

positives Stopfen CODING **positive justification**
= Positivstopfen
= positive stuffing

Positivfall *nm* COLL **positive case**
= positiver Fall

Positivlack *nm* MICR.EL **positive resist**

Positivmeldung *nf* DAT.CO → **positive acknowledge** *n*
→ positive Rückmeldung

Positivrückmeldung *nf* DAT.CO → **positive acknowledge** *n*
→ positive Rückmeldung

Positivschrift *nf* TER&PER **positive type**
[dunkle Schrift auf hellem Untergrund]
= Schwarzschreibtechnik *nf*
≠ Negativschrift
[dark characters on bright background]
= positive representation; positive video
≠ negative type

Positivstopfen CODING → **positive justification**
→ positives Stopfen

Positron *nn* PHYS **positron** *n*
≠ Elektron
≠ electron

POSIX-Norm *nf* SW **POSIX standard**
[von IEEE]
[Portable Operating System Interface; by IEEE]

POS-Kasse *nf* TER&PER → **point-of-sale terminal**
→ Kassenterminal *nn*

Possesivpronomen *nn* LING **possesive pronoun**
[z.B. mein]
= besitzanzeigendes Fürwort; Possessivum *nn*
[e.g. my]

Possessivum *nn* LING → **possesive pronoun**
→ Possesivpronomen *nn*

POS-System *nn* TER&PER → **point-of-sale**
→ Kassenplatz *nm*

Post POST → **postal administration**
→ Postverwaltung *nf*

Post *nf* OFFICE **mail** *n*
[schriftliche Nachricht]
≈ Korrespondenz; Brief
[written communication]
≈ correspondence; letter

Postadresse *nf* POST → **postal address**
→ Postanschrift *nf*

postalisches Netz TELEC **PTT network**
≈ öffentliches Netz
≈ public network

Postament *nn* TECH → **pedestal** *n*
→ Sockel *nm*

Postamt *nf* POST **post office**

Postangestellter *nm* POST **mail service employee**
= Postler *nm*

Postanschrift *nf* POST **postal address**
= Postadresse *nf*; Briefanschrift *nf*; Briefadresse *nf*
≈ Besuchsadresse
↑ Anschrift
≈ street address
↑ address

Postausgang *nm* OFFICE → **outgoing post**
→ abgehende Post

Postbearbeitung *nf* OFFICE **mail handling**

Postbeförderung *nf* POST → **mailing** *n*
→ Postübermittlung *nf*

Postbote *nm* POST **postman** *n*
= mailman *n* (AE)

Postdienst *nm* ECON **mail service**
= Postwesen *nn*
= postal service
≈ postal administration

Posteingang *nm* OFFICE → **incoming post**
→ ankommende Post

posten *vt* INTERNET **post** *vt*

Posten *nm* (1) ECON **lot** *n* (2)
[bestimmte Liefermenge]
= Partie *nf*
= parcel *n*

Posten *nm* (2) ECON → **item** *n*
→ Position *nf*

Postendruck *nm* DAT.PR **detail printing**
[eine Druckzeile pro eingelesenen Datensatz]
= Einzeldruck *nm*
[a printing line per read record]

Postfach *nn* POST **post office box**
= Postschließfach *nn*
= POB

Postfach *nn* INTERNET → **mailbox** *n*
→ Briefkasten *nm*

Postfachadresse *nf* POST → **POB address**
→ Postfachanschrift *nf*

Postfachanschrift *nf* POST **POB address**
= Postfachadresse *nf*
≠ Hausanschrift
↑ Anschrift
≠ street address
↑ address

Postfixdarstellung *nf* COMP.SC → **postfix notation**
→ Postfixschreibweise *nf*

Postfixnotation *nf* COMP.SC → **postfix notation**
→ Postfixschreibweise *nf*

Postfixschreibweise *nf* COMP.SC **postfix notation**
[klammerlos, die Operatoren wirken nach links]
= Postfixnotation *nf*; Postfixdarstellung *nf*; umgekehrte polnische Schreibweise; umgekehrte polnische Notation; umgekehrte Lukasiewicz-Schreibweise; umgekehrte Lukasiewicz-Notation
≠ Präfixdarstellung; Infixdarstellung
[w/o parenthesis, operators act to the left]
= postfix representation; reverse Polish notation; RPN; suffix notation; suffix representation; reverse Lukasiewicz notation; reverse Lukasiewicz representation
≠ praefix notation; infix notation
↑ parenthesis-free representation

Postgebühr *nf* POST **postage** *n*
= Porto *nn*; Posttaxe *nf* (CH); Frankierung *nf*
= postal rate; mail rate; mail charge

Postgiro *nn* ECON **postal check service**
= Postscheckdienst *nm*
= Giro system (BE)

Posting *nn* DAT.NW **posting** *n*

Post-Injektion-Spannung *nf* MICR.EL **post-injection voltage**

Postkartenhalter *nm* TER&PER **card holder**
[Schreibmaschine]
[typewriter]

Postkasten *nm* POST **posting box**
= postbox *n*; public mailbox

postlagernd POST **poste restante**

Postleitzahl *nf* POST **postcode** (BE)
= postal code; zip code (AE)

Postler *nm* POST → **mail service employee**
→ Postangestellter *nm*

Postmaster *nm* INTERNET **postmaster**
= E-Mail-Beauftragter *nm*
= E-mail administrator; e-mail administrator

Post-Modem *nm&nn* DAT.CO **postal modem**
[von der Fernmeldeverwaltung installiert]
[installed by the common carrier]

postmodern MEDIA **postmodern**

Postmonopol *nn* ECON **postal monopoly**

Post-mortem-Programm *nn* SW **post-mortem program**
[erzeugt ein Protokoll des Hauptspeicherinhalts nach einem Fehler]
↑ Speicherabzugprogramm
[generates an outprint of the main memory after occurrence of a fault]
= post-mortem routine
↑ memory dump program

Post-mortem-Speicherabzug *nm* DAT.PR → **disaster dump**
→ Not-Speicherabzug *nm*

Post Nuke INTERNET **Post Nuke**

Post-Nuke-Site *nf* INTERNET **Post-Nuke site**
= Nuke-Site *nf*
= Nuke site

Postpaid-Kunde *nm* TELEC **postpaid customer**

Postpaket *nn* POST **parcel** *n*
= Paket *nn*

Postproduktion *nf* MEDIA → **post-production**
→ Nachbearbeitung *nf*

Postprozessor *nm* DAT.PR **postprocessor** *n*
[Hardware oder Software zur Ergänzung einer vorangegangenen Verarbeitung]
= Nachübersetzer *nm*; Nachverarbeiter *nm*
↓ NC-Postprozessor [AUTOMA]
[hardware or software complementing preceding processing]
↓ NC postprocessor [AUTOMA]

POST-Routine *nf* DAT.PR → **power-on self test** *n*
→ Einschalttest *nm*

Postschalterdienst *nm* POST **post office counter service**

Postscheckdienst *nm* ECON → **postal check service**
→ Postgiro *nn*

Postschließfach *nn* POST → **post office box**
→ Postfach *nn*

PostScript COMP.LG **PostScript**
[generiert HW-unabhängige Druckdaten]
↑ Seitenbeschreibungssprache
[generates HW-independent print files]
= PS
↑ page description language

PostScript-Drucker *nm* TER&PER **PostScript printer**
= PS-Drucker *nm*
↑ PS printer

postscriptfähig TER&PER **PostScript-compatible**

PostScript-Kassette *nf* TER&PER **PostScript cartridge**
= PostScript cassette

PostScript-Laserdrucker *nm* TER&PER **PostScript laser printer**
= PS-Laserdrucker *nm*
= PS laser printer

PostScript-Zeichensatz *nm* DAT.PR **PostScript font**

Postskriptum *nn* OFFICE → **postscript**
→ Nachsatz *nm*

Postskriptum *nn* PRIN.ME **postscript** *n*
= PS
= P.S.

Poststelle *nf*	OFFICE	**mail room**
Poststempel *nm*	POST	**postmark** *n*
Posttaxe *nf* (CH)	POST	→ **postage** *n*
→ Postgebühr *nf*		
Posttechnisches Zentralamt	POST	**Posttechnisches Zentralamt**
[Institution der DBP]		[postal engineering center of DBP]
Postübermittlung *nf*	POST	**mailing** *n*
= Postbeförderung *nf*; Postversand *nm*		
Post- und Fernmeldeverwaltung *nf*	PUB.ADM	**post, telegraph and telephone administration**
↓ Postverwaltung; Fernmeldeverwaltung		= PTT
		↓ postal administration; telecommunications administration
Postversand *nm*	POST	→ **mailing** *n*
→ Postübermittlung *nf*		
Postversanddienst *nm*	POST	**mail dispatch service**
Postverwaltung *nf*	POST	**postal administration**
= gelbe Post; Post		= mail *n*; post *n*; record carrier; yellow post
≈ Postdienst		≈ mail service
↑ Post- und Fernmeldeverwaltung		
postwendend	OFFICE	**by return of post**
		= by return of mail
Postwertzeichen *nn*	POST	**postage stamp** (1)
= Wertzeichen *nn*		[adhesive or impressed]
≈ Wertzeichen [ECON]		≈ stamp [ECON]
↓ Briefmarke		↓ postage stamp (2)
Postwertzeichendrucker *nm*	OFFICE	→ **postage stamp printer**
→ Wertzeichendrucker *nm*		
Postwesen *nn*	ECON	→ **mail service**
→ Postdienst *nm*		
Postwurfsendung *nf*	POST	**mail circular**
		= bulk mail
Potential *nf*	PHYS	**potential** *n*
Potential *nn*	COLL	→ **potential** *n*
→ Potenzial *nn*		
Potentialanalogie *nf*	NETW.TH	**potential analogy**
Potentialausgleich *nm*	PHYS	**potential equalization**
		= potential compensation
Potentialausgleichserde *nf*	EL.TEC	**equipotential grounding**
Potentialbarriere *nf*	PHYS	→ **potential barrier**
→ Potentialberg *nm*		
Potentialberg *nm*	PHYS	**potential barrier**
= Potentialbarriere *nf*; Potentialwall *nm*; Potentialgebirge *nn*		= potential hill
≠ Potentialmulde		≠ potential well
Potentialbild *nn*	PHYS	**electrical image**
Potentialdifferenz *nf*	PHYS	**potential difference**
↓ Spannung [EL.TEC]		↓ voltage [EL.TEC]
Potentialenergie *nf*	PHYS	→ **potential energy**
→ potentielle Energie		
Potentialfeld *nn*	PHYS	**potential field**
Potentialfläche *nf*	PHYS	**potential surface**
potentialfrei	PHYS	**potential-free**
Potentialgebirge *nn*	PHYS	→ **potential barrier**
→ Potentialberg *nm*		
Potentialgefälle *nn*	PHYS	**potential slope**
potentialgleich	EL.TEC	**isoelectric**
Potentialgleichung *nf*	PHYS	**potential equation**
Potentialgradient *nm*	PHYS	**potential gradient**
Potentiallage *nf*	MICR.EL	**potential layer**
Potentiallinie *nf*	PHYS	**potential line**
= Niveaulinie *nf*		≈ line of force
≈ Kraftlinie		
Potentialmulde *nf*	PHYS	**potential well**
= Potentialtopf *nm*; Potentialtrog *nm*		= square well; potential trough
≠ Potentialberg		≠ potential barrier
Potentialprofil *nn*	MICR.EL	**potential profile**
= Spannungsprofil *nn*; Spannungsverlauf *nm*		
Potentialschiene *nf*	POW.SY	**power bus**
Potentialschwelle *nf*	PHYS	**potential threshold**
Potentialsenke *nf*	PHYS	**potential sink**
Potentialströmung *nf*	PHYS	**irrotational flow**
= rotationsfreie Strömung		
Potentialtopf *nm*	PHYS	→ **potential well**
→ Potentialmulde *nf*		
Potentialtransformator *nm*	LINE TH	**potential transformer**
[Symmetrier- plus Transformationsschleife 1:4]		[balncing plus 1:4 transformer loop]
≈ Symmetrierglied		≈ balun
Potentialtrennung *nf*	EL.TEC	**potential separation**
		= potential insulation
Potentialtrog *nm*	PHYS	→ **potential well**
→ Potentialmulde *nf*		
Potentialverbindung *nf*	EL.TEC	**potential connection**
Potentialverschieberdiode *nf*	CIRC.EN	→ **offset diode**
→ Offsetdiode *nf*		
Potentialverschiebung *nf*	CIRC.EN	**level shift**
= Pegelverschiebung *nf*		
Potentialverteilung *nf*	PHYS	**potential distribution**
Potentialwall *nm*	PHYS	→ **potential barrier**
→ Potentialberg *nm*		
Potentialwandler *nm*	EL.TEC	**potential converter**
potentiell	COLL	**potential** *adj*
≈ möglich; denkbar		≈ possible
potentielle Energie	PHYS	**potential energy**
= Potentialenergie *nf*; statische Energie; Energie der Lage; Ruheenergie *nf*; virtuelle Energie		= static energy; rest energy
Potentiometer *nn*	COMPO	→ **potentiometer** *n*
→ Regelwiderstand *nm*		
Potentiometerschaltung *nf*	PHYS	**potentiometer connection**
		= potentiometer circuit
Potentiometerschreiber *nm*	INSTR	→ **compensating recorder**
→ Kompensationsschreiber *nm*		
Potentiometerverfahren *nn*	INSTR	**potentiometer circuit**
Potentiostat *nm*	INSTR	**potentiostate** *n*
Potenz *nf*	MATH	**power** *n*
[mehrfache Multiplikation einer Zahl mit sich selbst]		[mutiple multiplication of a number with itself]
↓ Basis; Exponent; Zehnerpotenz		↓ base; exponent; decade
Potenzexponent *nm*	MATH	→ **exponent** *n*
→ Exponent *nm*		
Potenzfilter *nn*	NETW.TH	**maximally flat filter**
= Butterworth-Filter *nn*; maximal flaches Filter		= Butterworth filter
Potenzial *nn*	COLL	**potential** *n*
= Potential *nn*		
potenzieren	MATH	**power** *vt*
↓ quadrieren		= exponentiate; raise to the power of
Potenzierer *nm*	CIRC.EN	**electronic power circuit**
Potenzierung *nf*	MATH	**exponentiation** *n*
Potenzmenge *nf*	MATH	**power set**
[Mengenlehre]		[set theory]
= Menge aller Teilmengen		= set of subsets
Potenzreihe *nf*	MATH	**power series**
Potenzreihenentwicklung *nf*	MATH	**power series expansion**
Potpourri *nn* (DUDEN)	MEDIA	→ **potpourri** *n*
→ Zusammenschnitt *nm*		
POTS *nm*	TELEC	→ **telephonic service**
→ Telefondienst *nm*		
Potter-Horn *nn*	ANT	→ **Potter horn antenna**
→ Potter-Horn-Antenne *nf*		
Potter-Horn-Antenne *nf*	ANT	**Potter horn antenna**
= Potter-Horn *nn*		= Potter horn
↑ Hornstrahler		↑ horn radiator
Power-on-Selbsttest *nm*	DAT.PR	**power-on self test**
Power-on-Tatse *nf*	TER&PER	→ **power-on key**
→ Einschalttaste *nf*		
PowerPC *nm*	DAT.PR	**PowerPC**
Poynting-Vektor *nm*	PHYS	**Poynting's vector**
= Strahlungsvektor *nm*; Ausbreitungsvektor *nm*; Leistungslussdichte *nf*; Strahlungsdichte *nf* (2); Leistungsdichte *nf* (2)		= power flux density
pp	MUSIC	→ **pianissimo** *adv*
→ pianissimo *adv*		
PP	TELEC	→ **Physical Plane**
→ physikalische Dienstzuordnungsebene		
PPI	RAD.LO	→ **plan position indicator**
→ Plan-Position-Indicator *nm*		
PPI	DAT.PR	**PPI**
[Mikroprozessor]		[microprocessors]
		= programmable peripheral interface
PPI	TER&PER	**PPI**
= Punkte pro Inch		= points per inch
PPM	MODUL	→ **pulse position modulation**
→ Pulslagemodulation *nf*		
ppm	TER&PER	→ **pages per minute**
→ Seiten pro Minute		
PPP-Protokoll *nn*	INTERNET	**PPP**
		= Point-to-Point Protocol
PPTP-Protokoll *nn*	INTERNET	**PPTP**
		= Point to Point Tunneling Protocol
PQFB	MICR.EL	**PQFB**
[oberflächenmontierbares Plastikgehäuse]		[Plastic Quad Flat Package; surface-mountable]

Pr CHEM → **praseodymium** *n*
→ Praseodym *nn*

Präambel *nf* DAT.CO → **begin flag**
→ Anfangshinweiscode *nm*

Präambel *nf* DAT.MA → **header label**
→ Dateianfangs-Etikett *nn*

prädefinieren COLL → **predefine** *vt*
→ vorgeben

Prädikat *nn* LOGIC **predicate** *n*
[Aussagenlogik] [predicate logic]

Prädikat *nn* LING **predicate** *n*
[Satzteil der über das Subjekt aussagt] = verb *n* (2)
= Satzaussage *nf*

Prädikatenlogik *nf* LOGIC **predicate logic**
[operiert mit "Objekten", "Prädikaten", "Operatoren" und "Quantoren"] [operates with "objects", "predicates", "operators" and "quantors"]
↑ Formale Logik ↑ formal logic

Prädikatenlogik ersten Ranges MATH **first-order predicate logic**

prädikatenlogische Sprache MATH **predicate logic language**

Prädikativ *nn* LING **predicative** *n*
= Prädikativum *nn*; Prädikatsnomen *nn*; Gleichsetzungsnominativ *nn*; Artergänzung *nf*

Prädikativum *nn* LING → **predicative** *n*
→ Prädikativ *nn*

Prädikatsnomen *nn* LING → **predicative** *n*
→ Prädikativ *nn*

Prädiktion *nf* INF.TEC **prediction** *n*
[Signalverarbeitung] [signal processing]
= Vorhersage *nf*

Prädiktion *nf* STATIS → **prediction** *n*
→ Vorhersage *nf*

Prädiktionsalgorithmus *nm* SCIE → **prediction algorithm**
→ Vorhersagealgorithmus *nm*

Prädiktionsfehler *nm* INF.TEC **prediction error**
= Vorhersagefehler *nm*

Prädiktionsmethode *nf* SCIE → **prediction method**
→ Vorhersagemethode *nf*

Prädiktionsmodell *nn* SCIE → **prediction model**
→ Vorhersagemodell *nn*

prädiktiv SCIE → **predictable**
→ vorhersehbar

prädiktive Codierung CODING **predictive coding**

prädiktives Modell SCIE → **prediction model**
→ Vorhersagemodell *nn*

Prädiktor *nm* CODING **predictor** *n*

präeditieren COMP.AP **pre-edit** *vt*

präemptiv INF.TEC → **preemptive priority**
→ unterbrechend

Präfix *nn* PHYS **prefix** *n*
[Buchstabe zur Kennzeichnung dezimaler Vielfache oder Bruchteile (z.B. "k" für 10E3)] [character symbolizing decimal multiples or fractions (e.g. "k" for 10E3)]
= Vorsatz *nm*

Präfix *nn* LING **prefix** *n*
[vor einem Stammwort angefügt, um neue Bedeutung oder Flexion zu bilden] [attached in front of a root word, to form new meaning or inflection]
= Vorsilbe *nf* ≠ suffix
≠ Suffix ↑ affix
↑ Affix

Präfix *nn* DAT.MA → **header label**
→ Dateianfangs-Etikett *nn*

Präfixauswertung *nf* SWITCH **prefix analysis**

Präfixdarstellung *nf* COMP.SC → **prefix notation**
→ Präfixschreibweise *nf*

Präfixnotation *nf* COMP.SC → **prefix notation**
→ Präfixschreibweise *nf*

Präfixschreibweise *nf* COMP.SC **prefix notation**
[der Operator wirkt auf den rechts stehenden Operanden] [the operator acts on the operand to the right]
= Präfixnotation *nf*; Präfixdarstellung *nf*; polnische Schreibweise; Lukasiewicz-Schreibweise *nf* = prefix representation; Polish notation; Lukasiewicz notation
≠ Postfixschreibweise; Infixschreibweise ≠ postfix notation; infix notation
↑ klammerlose Schreibweise ↑ parenthesis-free notation

prägen METAL **emboss** *vt*
↓ münzprägen ↓ coin

Prägen *nn* METAL **stamp** *n*

pragmatisch SCIE **pragmatic** *adj*

Prägung *nf* METAL **stamp** *n*
↓ Hochprägung; Tiefprägung ↓ embossing; engraving

Prägung *nf* PRIN.ME **blocking** *n*

PRA-ISDN TELEC → **ISDN primary access**
→ ISDN-Primäranschluss *nm*

Präkompilierer *nm* SW → **precompiler** *n*
→ Vorkompilierer *nm*

präkompiliert SW → **precompiled** *adj*
→ vorkompiliert

praktikabel TECH → **practicable** *adj*
→ durchführbar *adj*

Praktikant *nm* EDUC **trainee** *n* (2)
[on the job]

Praktiker *nm* TECH **practitioner** *n*
≠ Theoretiker ≠ theorist

Praktikum *nn* EDUC **practical training**

praktisch TECH → **practical** *adj*
→ praxisbezogen

praktische Berufsausbildung EDUC → **apprenticeship** *n*
→ Lehre *nf*

Praktische Informatik COMP.SC **practical informatics**
[das mit SW befasste Teilgebiet der Informatik, z.U. zur "Technischen Informatik" die sich mit der HW befasst; in deutschsprachigen Akademikerkreisen übliche Kategorisierung; im englischen Sprachraum kaum gebraucht, vielmehr Unterbegriffe wie "software engineering" etc.] [the division of computer science concerned with SW, as opposed to "technical" informatics which deals with HW; this distinction is made in German speaking academic world; it is however scarcely applied in English speaking countries, were derivative terms like "software engineering" are used]
= software engineering
↓ Algorithmen; Datenstrukturen; Programmiersprachen; Übersetzer; Betriebssysteme; Software-Technik; Mensch-Maschine-Kommunikation ↓ algoritms; data structures; programming languages; translators; operating systems; software engineering; man-machine communication

praktische KI ART.IN → **weak AI**
→ weiche KI

praktische Transistorersatzschaltung MICR.EL **practical equivalent transistor network**

praktizierbar TECH → **practicable** *adj*
→ durchführbar *adj*

praktizieren COLL **practice** *vt* (AE)
= practise *vt* (BE)

praktizieren COLL → **exercise** *vi*
→ üben

Prallanode *nf* EL.TRO → **dynode** *n*
→ Dynode *nf*

Prallelektrode *nf* EL.TRO → **dynode** *n*
→ Dynode *nf*

prallen MECH → **impact** *vt*
→ aufschlagen

Prallplatte *nf* TECH **flapper** *n*

PRAM *nn* HW → **parameter RAM**
→ Parameter-RAM *nn*

Prämie *nf* ECON → **insurance premium**
→ Versicherungsprämie

Prämisse *nf* SCIE **presupposition** *n*
= Voraussetzung *nf*

Prämisse *nf* COLL → **premise** *n*
→ Voraussetzung *nf*

Prämissenmenge *nf* LOGIC **presupposition set**

prämptives Multitasking DAT.PR → **preemptive multitasking**
→ unterbrechender Mehrprogrammbetrieb

Prandtl-Zahl *nf* PHYS **Prandtl number**

präparieren COLL → **prepare** *vt*
→ vorbereiten

Präponderanz *nf* COLL → **preponderance** *n*
→ Übergewicht *nn*

Präposition *nf* LING **preposition** *n*
[bezeichnet örtliche, zeitliche, kausale oder modale Verhältnisse; z.B. in, nach] [specifies spatial, temporal, causal or modal relation; e.g. in, after]
= Verhältniswort *nn*

Präpositionalobjekt *nn* LING **prepositional object**

Präprozessor *nm* SW **preprocessor** *n*
[ein Programm zur Aufbereitung oder Generierung von Daten in adäquater Form] [a program to prepare or generate data in adequate form]
= Vorübersetzer *nm*; Vorverarbeiter *nm*; Vorprogramm *nn*; Precompiler *nm* (ANGL) = interlude; preliminary housekeeping; precompiler
↓ Vorkompilierer ↓ precompiler

Präqualifikation *nf* ECON **prequalification** *n*

Präsens *nm* LING **present tense**
[z.B. ich höre] [e.g. I listen]
= Gegenwart *nf* ↓ simple present; present progressive
↓ Verlaufsform des Präsens

Präsentation *nf* ≈ Vorführung	TECH	**presentation** *n* ≈ demostration
Präsentation *nf* → Darstellungsschicht *nf*	DAT.CO	→ **presentation layer**
Präsentationsbogen *nm* → Schreibblocktafel *nn*	OFFICE	→ **flip chart** *n*
Präsentationsdaten *nplt* → Grafikdaten *nplt*	GIS	→ **graphic data**
Präsentationsdienst *nm* → Darstellungsdienst *nm*	DAT.CO	→ **presentation service**
Präsentationsebene *nf* → Darstellungsschicht *nf*	DAT.CO	→ **presentation layer**
Präsentationsfolie *nf* → Transparentfolie *nf*	OFFICE	→ **transparency** *n*
Präsentationsgrafik *nf* = Präsentationsgraphik *nf* ≈ Informationsgrafik ↓ Geschäftsgrafik	COMP.AP	**presentation graphics** = analysis graphics ≈ information graphics ↓ business graphics
Präsentationsgrafik-Programm *nn* = Präsentationsgraphik-Programm *nn*	SW	**presentation graphics program** = charting program
Präsentationsgraphik *nf* → Präsentationsgrafik *nf*	COMP.AP	→ **presentation graphics**
Präsentationsgraphik-Programm *nn* → Präsentationsgrafik-Programm *nn*	SW	→ **presentation graphics program**
Präsentationsprogramm *nn* → Präsentations-Software *nf*	COMP.AP	→ **presentation software**
Präsentationsprotokoll *nn* → Darstellungsprotokoll *nn*	DAT.CO	→ **presentation protocol**
Präsentationsschicht *nf* → Darstellungsschicht *nf*	DAT.CO	→ **presentation layer**
Präsentations-Software *nf* = Präsentationsprogramm *nn*	COMP.AP	**presentation software** = presentation program
präsentieren → vorstellen *vt*	ECON	→ **present** *vt*
Präsenz *nf* [fig]	COLL	**footprint** *n* [fig]
Präsenz *nf* → Anwesenheit *nf*	COLL	→ **attendance** *n*
Praseodym *nn* = Pr	CHEM	**praseodymium** *n* = Pr
Präsident *nm* → Vorsitzender *nm*	ECON	→ **chairman** *n*
Prasseln *nn* → Schrotrauschen *nn*	TELEC	→ **shot noise**
Prasselstörung *nf* → Schrotrauschen *nn*	TELEC	→ **shot noise**
Präteritum *nn* → Imperfekt *nn*	LING	→ **simple past**
P-Rating *nn*	DAT.PR	**P rating**
präventiv → vorbeugend	TECH	→ **preventive** *adj*
Praxis *nf* ≈ praktische Tätigkeit	TECH	**practice** *n* (AE) = practise *n* (BE) ≈ practical activity
praxisbezogen = praktisch	TECH	**practical** *adj* = hands-on
Präzendenz *nf* → Vorrang *nm*	COLL	→ **precedence** *n*
Präzession *nf*	PHYS	**precession** *n*
präzis (AT) → genau	TECH	→ **correct** *adj*
präzise → genau	TECH	→ **correct** *adj*
Präzision *nf* → Genauigkeit *nf*	TECH	→ **accuracy** *n*
Präzisions-Anflug-Radar *nm&nn* (*pl* -e) = PAR-Gerät *nn*	RAD.NA	**precision approach radar** = APR
Präzisionsantrieb *nm*	INSTR	**fine adjustment drive**
Präzisionsdrehknopf *nm*	COMPO	**multiturn dial**
Präzisionseinstellung *nf* → Feineinstellung *nf*	TECH	→ **fine adjustment**
Präzisionsgleichrichter *nm*	INSTR	**precision rectifier**
Präzisionsinstrument *nn*	INSTR	**precision instrument**
Präzisionskurzschluss *nm*	INSTR	**precision short**
Präzisionslastwiderstand *nm*	INSTR	**precision load**
Präzisionsmessgenerator *nm*	INSTR	**precision measuring generator**
Präzisionsnachbildung *nf*	TELEC	**precision balance**
Präzisionsnetzgerät *nn*	EL.TRO	**precision mains power supply**
Präzisions-NF-Verstärker *nm*	INSTR	**precision audio amplifier**
Präzisionspotentiometer *nn*	CONTRO	**precision potentiometer**
Präzisionsstromgeber *nm* → Stromstabilisator *nm*	CIRC.EN	→ **stabilized current regulator**

Präzisionsstromquelle *nf* → Stromstabilisator *nm*	CIRC.EN	→ **stabilized current regulator**
Präzisionsteiler *nm* → Eichteiler *nm*	INSTR	→ **standard attenuator**
Präzisionswaage *nf*	INSTR	**precision balance**
Präzisionswiderstand *nm* → Normalwiderstand *nm*	COMPO	→ **precision resistor**
Präzisions-Widerstandsdekade *nf*	INSTR	**precision resistor decade**
Präzisionswobbelung *nf*	INSTR	**precision sweep**
Präzisionszeichenmaschine *nf*	TER&PER	**precision plotter**
Precompiler *nm* → Vorkompilierer *nm*	SW	→ **precompiler** *n*
Precompiler *nm* (ANGL) → Präprozessor *nm*	SW	→ **preprocessor** *n*
Predigt *nm* = Kirchenansprache *nf*	LING	**preach** *n*
Predistorter *nm* (ANGL) → Vorverzerrer *nm*	RAD.RE	→ **predistorter** *n*
Pre-fetch-Register *nn* (ANGL) → Vorabbefehlsregister *nn*	DAT.PR	→ **prefetch register**
P-Register *nn* [zeigt Speicherplatz der laufenden Anweisung an]	HW	**p-register** [indicates location of present instruction]
P-Regler *nm* → Proportionalregler *nm*	CONTRO	→ **P-controller**
Preis *nm* ↓ Verkaufspreis; Verrechnungspreis	ECON	**price** *n* ↓ sales price; transfer price
Preis *nm* = Auszeichnung *nf*	MEDIA	**award** *n* = price *n*
Preisanpassungsklausel *nf* → Preisgleitformel *nf*	ECON	→ **price escalation clause**
Preisbildung *nf* = Preisstellung *nf*	ECON	**pricing** *n* = price formation
Preisbrecher *nm*	ECON	**price-cutter**
Preisdifferenz *nf*	ECON	**price variance**
Preisermäßigung *nf* → Preisnachlass *nm*	ECON	→ **discount** *n*
Preisforderung *nf*	ECON	**asked price**
Preisformel *nf* → Preisgleitformel *nf*	ECON	→ **price escalation clause**
Preisgleitformel *nf* = Preisformel *nf*; Preisgleitklausel *nf*; PGK; Gleitklausel *nf*; Preisanpassungsklausel *nf*; Indexformel *nf*	ECON	**price escalation clause** = escalation clause; price escalation formula; escalation formula; price revision formula
Preisgleitklausel *nf* → Preisgleitformel *nf*	ECON	→ **price escalation clause**
preisgünstig → billig *adj*	COLL	→ **cheap** *adj*
Preiskorb *nm*	ECON	**price cap**
Preiskrieg *nm*	ECON	**price war**
Preis-Leistungs-Verhältnis *nn*	ECON	**price-performance payoff**
Preisliste *nf*	ECON	**price list**
Preisnachlass *nm* = Nachlass *nm*; Preisermäßigung *nf*; Ermäßigung *nf*; Rabatt *nm*; Skonto *nm*; Abschlag *nm* ↓ Mengenrabatt; Bahrzahlungsrabatt; Treuerabatt	ECON	**discount** *n* = allowance *n* (1); price reduction; reduction *n*; lowering *n*; rebate *n* ↓ quantity discount; cash discount; loyality discount
Preisobergrenze *nf*	ECON	**high price limit**
Preispauschale *nf* → Pauschalbetrag *nm*	ECON	→ **lump sum**
Preisprüfung *nf*	ECON	**price audit**
Preisstellung *nf* → Preisbildung *nf*	ECON	→ **pricing** *n*
Preissturz *nm* [plötzlich] ≈ Preisverfall	ECON	**price collapse** [sudden] ≈ price erosion
Preisstützung *nf*	ECON	**price support**
Preisuntergrenze *nf*	ECON	**low price limit**
Preisverfall *nm* [allmählich] ≈ Preissturz	ECON	**price erosion** [gradual] = price decay ≈ price collaps
preiswert → billig *adj*	COLL	→ **cheap** *adj*
prellen	MECH	**bounce** *vi* = rebound *vi*
Prellen *nn*	MECH	**bounce** *n* = rebound *n*
Prellen *nn* → Kontaktprellen *nn*	COMPO	→ **contact bounce**

prellfreier Schalter COMPO **bounce-free switch**
Prellpfahl *nm* OUT.PL **pole fender**
Prellzeit *nf* COMPO **bounce time**
Premiere *nf* CINEMA **premiere** *n*
Premierenkino *nn* CINEMA **first-run theater**
Prepaid-Kunde *nm* TELEC **prepaid customer**
Prescaler *nm* INSTR **prescaler** *n*
[digitaler Frequenzteiler]
Presentation Manager *nm* COMP.AP **Presentation Manager**
[von IBM und MS] [by IBM and MS]
↑ grafische Bedieneroberfläche ↑ graphical user interface
pressblank METAL **natural mold finish**
Presse *nf* METAL **press** *n*
= Druckpresse *nf*
Presse *nf* PRIN.ME **press** *n*
↓ Fachpresse ↓ technical press
Presseagentur *nf* PRIN.ME **news agency**
= Nachrichtenagentur *nf*
Pressebetreuung *nf* MEDIA **press relation**
Pressebüro *nn* MEDIA **press office**
Pressefax *nn* TELEGR **pressfax** *n*
= pagefax *n*
Pressefunk *nm* RADIO **press radio**
Pressefunkdienst über Satelliten SAT.CO → **satellite news gathering**
→ Satellitenreportagesystem *nn*
Presseinformation *nf* PRIN.ME → **press release**
→ Pressemitteilung *nf*
Pressemappe *nf* MEDIA **press kit**
Pressemedien *nplt* MEDIA **press media**
= Druckmedien *nplt* = print media
Pressemeldung *nf* PRIN.ME **press report**
Pressemitteilung *nf* PRIN.ME **press release**
= Presseinformation *nf*
pressen COLL **press** *vt*
Pressen *nn* METAL **pressing** *n*
Presser *nm* TELEC → **compressor** *n*
→ Kompressor *nm*
Pressereferent *nm* ECON → **press agent**
→ Pressesprecher *nm*
Pressesprecher *nm* ECON **press agent**
= Sprecher *nm*; Pressereferent *nm*
Pressestelle *nf* ECON **pressagentry**
Pressewerbung *nf* ECON → **newspaper advertising**
→ Zeitungswerbung *nf*
Pressform *nf* METAL **pressing die**
Pressgaskondensator *nm* COMPO → **protective gas capacitor**
→ Schutzgaskondensator *nm*
pressgießen METAL **pressure-cast**
Pressgießen *nn* METAL **press casting**
Pressglas *nn* TECH **pressed glass**
Presshülse *nf* COMPO **press sleeve**
Presskabelschuh *nm* COMPO → **crimp cable lug**
→ Quetschkabelschuh *nm*
Presskern *nm* COMPO → **dust core**
→ Pulverkern *nm*
Presskernspule *nf* COMPO **dust-core coil**
= Pulverkernspule *nf*; Massekernspule *nf* = powder-core coil
Presspassung *nf* ENG.DRA **interference fit**
= Presssitz *nm* = force fit
↑ Passungsklasse ↑ class of fit
presspolieren METAL **burnish**
[Oberflächenbehandlung] [surface termination]
= brünieren
Pressschweißen *nn* METAL **pressure welding**
≈ Feuerschweißung ≈ forge welding
Presssitz *nm* ENG.DRA → **interference fit**
→ Presspassung *nf*
Pressstimme *nf* LING → **creaky voice**
→ Knarrstimme *nf*
Pressverbinder *nm* COMPO → **crimp cable lug**
→ Quetschkabelschuh *nm*
Presszange *nf* TECH → **crimping tool**
→ Kabelschuhzange *nf*
PRESTEL TELEC **PRESTEL**
[von British Telecom] [by British Telecom]
↑ Bildschirmtext ↑ interactive videotext
Pre-trigger-Anzeige *nf* INSTR **pre-trigger display**
Pretty-print-Funktion *nf* SW **pretty-print function**
Preview *nn* (ANGL) COMP.AP → **preview** *n*
→ Vorschau *nf*
Preview-Funktion *nf* COMP.AP → **preview function**
→ Seitenansichtsfunktion *nf*

prim MATH → **prime** *adj*
→ teilerfremd
primär *adj* COLL **primary** *adj*
≈ hauptsächlich; ursprünglich; vorrangig; grundlegend ≈ main; original; eminent; fundamental
Primäranschluss *nm* TELEC → **ISDN primary access**
→ ISDN-Primäranschluss *nm*
Primärattribut *nn* DAT.MA → **prime attribute**
→ Hauptattribut *nn*
Primärausdruck *nm* DAT.MA **primary print** *n*
= primary *n*
Primärbeschichtung *nf* OPT.CO **primary coating**
Primärcode *nm* CODING **source code**
= Quellencode *nm* = primary code
Primärdatei *nf* DAT.MA **primary file**
Primärdaten *nplt* DAT.MA **primary data**
≠ Sekundärdaten = original data
≠ secondary data
Primärdatenerfassung *nf* DAT.MA **primary data acquisition**
= Primäreingabe *nf* = primary data entry
Primärdurchbruch *nm* MICR.EL **first breakdown**
= erster Durchbruch
primäre Belegung TER&PER **primary occupation**
[des Ziffernblocks; bei eingeschalteter NUM-Taste; es können Ziffern eingegeben werden] [of numeric keyboard, when NUMLOCK key is activatet; digits can be entered]
≈ lower mode
Primäreingabe *nf* DAT.MA → **primary data acquisition**
→ Primärdatenerfassung *nf*
Primärelektron *nn* PHYS **primary electron**
Primärelement *nn* POW.SY **primary galvanic cell**
[sich irreversibel entladendes Element] = primary cell
= primäres Element
↑ galvanisches Element
Primärenergie *nf* TECH **primary energy**
Primärenergie *nf* POW.SY → **prime power**
→ Primärstromversorgung *nf*
primäre Partition DAT.PR → **boot partition**
→ Start-Partition *nf*
primärer Domänen-Controller DAT.NW **primary domain controller**
primärer Kennbegriff DAT.MA **primary key**
[der mit der höchsten Priorität] [with the highest priority]
= Primärschlüssel *nm*; Hauptschlüssel *nm* = prime key; mayor key
≠ sekündärer Kennbegriff ≠ secondary key
↑ bestimmender Kennbegriff ↑ candidate key
primäres Datenelement DAT.MA **primary data element**
≠ attributives Datenelement ≠ attribute data element
primäres Element POW.SY → **primary galvanic cell**
→ Primärelement *nn*
primäre Servicekomponente BROADC **prinmary service component**
primäre Station DAT.CO → **primary station**
→ Primärstation *nf*
Primär-Farbartsignal *nn* TV **primary signal**
≈ Chrominanzsignal ≈ chrominance signal
Primärfarbe *nf* OPT → **elementary color**
→ Grundfarbe *nf*
Primärfarbenseparation *nf* COMP.GR → **elementary color separation**
→ Grundfarbenzerlegung *nf*
Primärfarbenzerlegung *nf* COMP.GR → **elementary color separation**
→ Grundfarbenzerlegung *nf*
Primärform *nf* NETW.TH **primary form**
Primärfrequenznormal *nn* INSTR **primary frequency standard**
[benötigt keine Eichnormal] [does not require any other reference for calibration]
= Primärfrequenzstandard *nm*
Primärfrequenzstandard *nm* INSTR → **primary frequency standard**
→ Primärfrequenznormal *nn*
Primärgleichungen *nplt* NETW.TH → **chain parameter relations**
→ Kettengleichungen
Primärgruppe *nf* TRANSM **primary group** *n*
[TF-Technik] [FDM]
= Gruppe *nf* (2) = channel group (AE); group *n* (2)
≈ Grund-Primärgruppe ≈ basic group
Primärgruppen-Durchschaltefilter *nn* TRANSM **through group filter**
[TF-Technik] [FDM]
= PGDFi
Primärgruppenumsetzer *nm* TRANSM **group modulator**
[TF-Technik] [FDM]
= PGU
Primärkabel *nn* OUT.PL → **main cable** (BE)
→ Hauptkabel *nn*
Primärkabel-Aderpaar *nn* OUT.PL **feeder loop**

Primärmultiplex-Analysator *nm* — INSTR — **primary multiplex analyzer**

Primarmultiplexanschluss *nm* — TELEC — **primary multiplex access**
[ISDN]
= PMXA

Primärmultiplexbündel *nf* — TELEC — **digroup** *n* (AE)
[PCM24, PCM30] — [basic group of PCM]
= primary multiplex group; primary block

Primärmultiplexer *nm* — TELEC — **primary multiplexer**
= Primärratenmultiplexer *nm*; erste Umsetzerstufe — = primary rate multiplexer; channel bank (AE)
↓ Kanalumsetzung; PCM — ↓ FDM channel modulation; PCM

Primärnormal *nn* — INSTR — **absolute standard**
= absolutes Normal

Primärprogramm *nn* — SW — → **source program** *n*
→ Quellprogramm *nn*

Primärradar *nm&nn* (*pl* -e) — RAD.LO — **primary radar**
= passive Rückstrahlortung

Primärrate *nf* — TELEC — **primary rate**
[1.544 kbit/s für 23+1 PCM-Kanäle in der ANSI-Hierarchie, 2.048 kbit/s für 30+1 Kanäle in der ETSI-Norm] — [1,544 kbit/s for 23+1 channels in the ANSI hierarchy, 2,048 kbit/s for 30+1 channels in the ETSI hierarchy]
= DS1 — = DS1
↓ T1; E1

Primärratenanschluss *nm* — DAT.CO — **primary access**
[1.984 kbit/s] — [1,984 kbit/s]

Primärratenmultiplexer *nm* — TELEC — → **primary multiplexer**
→ Primärmultiplexer *nm*

Primärratennetzabschluss *nm* — DAT.CO — **primary access network termination**
= network termination for primary rate access; NTPM

Primärschlüssel *nm* — DAT.MA — → **primary key**
→ primärer Kennbegriff

Primarschule *nf* — EDUC — → **primary school** (BE)
→ Grundschule *nf*

Primärspeicher *nm* — HW — → **main memory** (1)
→ Hauptspeicher *nm* (1)

Primärspeicheradresse *nf* — SW — → **main memory address**
→ Hauptspeicheradresse *nf*

Primärsprache *nf* — SW — → **source language**
→ Quellsprache *nf*

Primärstation *nf* — DAT.CO — **primary station**
= primäre Station

Primärstrahler *nm* — ANT — **primary radiator**
= Erregerstrahler *nm*; Erreger *nm*; aktiver Strahler; gespeistes aktives Element; gespeistes Element — = active radiator; exciter; fed element; feed system; driven element
≠ Parasitärstrahler

Primärstromversorgung *nf* — POW.SY — **prime power**
= Primärenergie *nf* — = primary power
≈ Amtsstromversorgung — ≈ station power supply

Primärvalenz *nf* — TV — **reference stimuli**

Primärverkabelung *nf* — DAT.NW — **primary cabling**
[verbindet Gebäude] — [interconnects buildings]
= Campusverkabelung *nf* (ANGL) — = campus cabling

Primärvermittlungsstelle *nf* — SWITCH — → **primary switching center** (AE)
→ Knotenvermittlungsstelle *nf*

Primärwechselstrom *nm* — POW.SY — **primary ac**

Primärwicklung *nf* — EL.TEC — **primary winding**
↑ Transformatorwicklung — ↑ transformer winding

Primärzeichensatz *nm* — TELEGR — **basic character set**

Primfaktorzerlegung *nf* — MATH — **prime number factorization**

primitiv — TECH — **primitive** *adj*
= simpel; schlicht — = rudimental *adj*; unsophisticated *adj*
≈ behelfsmäßig — ≈ provisional
≠ raffiniert

Primitivum *nn* — COMP.GR — **primitive** *n*

Primitivum *nn* — SW — **primitive** *n*

Primzahl *nf* — MATH — **prime number**
[nur durch 1 oder sich selbst teilbare Kardinalzahl] — [cardinal number divisible only by 1 or itself]
= indivisible number

Printer *nm* (ANGL) — TER&PER — → **printer** *n*
→ Drucker *nm*

Printgenerator *nm* (ANGL) — SW — → **print generator**
→ Druckgenerator *nm*

Printmedien (DUDEN) — MEDIA — → **print media**
→ Druckmedien *nplt*

Printplatte *nf* — EL.TRO — → **printed circuit board**
→ Leiterplatte *nf*

Printrelais *nn* (ANGL) — COMPO — → **PCB relay**
→ Kartenrelais *nn*

PRINT-SCREEN-Taste *nf* — TER&PER — **PRINT-SCREEN key**
[veranlasst den Druck des aktuellen Bildschirminhaltes] — [actives the printout of actual screen content]
= DRUCK-Taste *nf*; PrtSc-Taste *nf* — = PrtSc key

Prinzip *nn* — COLL — → **principle** *n*
→ Grundsatz *nm*

Prinzipbild *nn* — TEC.DOC — → **schematic diagram** *n*
→ Prinzipdarstellung *nf*

Prinzipdarstellung *nf* — TEC.DOC — **schematic diagram** *n*
= Prinzipbild *nn* — = schematic *n*

prinzipiell — COLL — → **elementary** *adj*
→ elementar

prinzipiell — COLL — → **basically** *adv*
→ grundsätzlich *adv*

Prinzipschaltbild *nn* — EL.TRO — → **circuit diagram**
→ Stromlaufplan *nm*

Prinzipschaltung *nf* — EL.TRO — → **circuit diagram**
→ Stromlaufplan *nm*

Prinzipstromlauf *nm* — EL.TRO — → **circuit diagram**
→ Stromlaufplan *nm*

priorisieren — COLL — **prioritize**

Priorisierung *nf* — COLL — **prioritisation** *n*

Priorität *nf* — MATH — → **rule of precedence** *n*
→ Rangfolge *nf*

Priorität *nf* — COLL — → **precedence** *n*
→ Vorrang *nm*

Priorität *nf* — INF.TEC — → **significance** *n*
→ Wertigkeit *nf*

Prioritäteneinteilung *nf* — DAT.PR — → **triage** *n*
→ Triage *nf*

Prioritätenfolge *nf* — MATH — → **rule of precedence** *n*
→ Rangfolge *nf*

Prioritätensetzung *nf* — INF.TEC — **prioritization** *n*
= prioritirazing *n*

prioritätisch — COLL — → **prior-ranking** *adj*
→ vorrangig

prioritätisch verketten — DAT.CO — **daisy-chain** *vt*
= im Warteschlangenmodus verketten

Prioritätscodierer *nm* — DAT.MA — **priority encoder**

Prioritätsebene *nf* — DAT.MA — **priority level**
= priority class

Prioritätsfolge *nf* — TECH — → **priority sequence**
→ Vorrangfolge *nf*

Prioritätslogik *nf* — SW — **priority logic**
= Vorrangslogik *nf*

Prioritätsprogramm *nn* — SW — **priority program**
= Vorrangprogramm *nn*; Vordergrundsprogramm *nn* — = high-priority programm; foreground program; foreground job; foreground task
≠ Hintergrundsprogramm — ≠ background program

Prioritätsschlange *nf* — DAT.MA — **priority queue**

Prioritätssteuerung *nf* — SW — **priority control**
= Vorrangssteuerung *nf*

Prioritätstabelle *nf* — TECH — **priority table**

Prioritätsunterbrechung *nf* — SW — **priority interrupt**
= Vorrangsunterbrechung *nf*

Prioritätsverarbeitung *nf* — SW — **priority processing**
= Vorrangverarbeitung *nf*

Prioritätsverbindung *nf* — SWITCH — → **priority call**
→ Vorrangsverbindung *nf*

Prioritätsverkettung *nf* — DAT.CO — **daisy chain** *n*
[Geräte werden in ihrer Rangfolge in einen Bus eingefügt; "daisy" = "erstklassige Person oder Sache" in der nordamerikan. Umgangssprache] — [devices are inserted into a bus in the sequence of their priority; daisy = "first class person or thing" in US slang]
= Daisy Chaining *nn* (ANGL); Warteschlangenkette *nf* — = daisy chaining

Prisma *nn* — MATH — **prism** *n*
[parallele Vielecke als Grundflächen und Parallelogramme als Seitenflächen] — [parralel polygons as ground faces, side faces by parallelograms]
↑ Polyeder — ↑ polyhedrons
↓ Parallelepiped; Quader; Würfel — ↓ parallelepiped; rectangular rism; cube

prismatisch — MATH — **prismatic**

Pritchard-Ersatzschaltung *nf* — MICR.EL — **Pritchard equivalent circuit**

privat — ECON — **private** *adj*
= persönlich — = personal *adj*

Privatadresse *nf* — POST — → **private address**
→ Privatanschrift *nf*

Privatanschluss *nm* — TELEPH — **residence telephone**
≠ Geschäftsanschluss — ≠ business telephone

Privatanschrift *nf* POST **private address**
= Privatadresse *nf* = home address
Privatanwender *nm* ECON **private user**
privater Bündelfunk MOB.CO **private trunking**
privater Funkruf MOB.CO → **on-site paging**
→ Grundstücks-Funkruf *nm*
privater Mobilfunk TELEC **private mobile radiocommunications**
= PMR; private mobile radio
privater Netzbetreiber mit eigenen Verlegerechten TELEC **right-of-way company** (AE)
[EVU; Eisenbahn] [utility company with own rights of way]
= ROW
privater Ordner DAT.NW **private folder**
privater Schlüssel DAT.NW **private key**
privates Firmennetz TELEC → **corporate network**
→ Firmennetz *nn*
privates Kommunikationssystem TELEC → **private branch exchange**
→ Nebenstellenanlage *nf*
privates Netz TELEC → **private network** *n*
→ Privatnetz *nn*
privates Telefonnetz TELEC → **private telephone network**
→ Fernsprechsondernetz *nn*
private Vermittlungstechnik SWITCH **private switching**
≠ öffentliche Vermittlungstechnik ≠ public switching
Privatgespräch *nn* TELEPH **private call**
Privathaushalt *nm* ECON → **household** *n*
→ Haushalt *nm* (2)
privatisieren ECON **privatize** *vt*
Privatisierung *nf* ECON **privatization**
Privatkorrespondenz *nf* POST **private correspondence**
Privatkunde *nm* ECON **private customer**
Privatkunde *nm* TELEC → **private subscriber**
→ Privatteilnehmer *nm*
Privatnetz *nn* TELEC **private network** *n*
= Kundennetz *nn*; nichtöffentliches Netz; privates Netz; Geschäftsnetz *nn*; Teilnehmernetz *nn* (2); unternehmensweites Netz; Sondernetz *nn* (2)
≈ geschlossenes Teilnehmernetz
≠ öffentliches Netz
↓ Firmennetz; Behördennetz; Militärnetz
= dedicated network; separate network
≈ closed user network
≠ public network
↓ corporate network; official network; military network; user network (2)
Privatnetzbetreiber *nm* TELEC **private telecommunications carrier**
↑ Fernmeldegesellschaft
= private carrier; non-common carrier
Privatsender *nm* MEDIA **independent radio**
Privatsphäre *nf* COLL **privacy** *n*
Privatstraße *nf* TRANSM **driveway** *n* (AE)
Privatteilnehmer *nm* TELEC **private subscriber**
= Privatkunde *nm*
≠ Geschäftsteilnehmer
= private customer; residential subscriber; residential customer; domestic subscriber; domestic customer; home user
≠ business subscriber
Privilegien *nplt* DAT.MA **privileges** *nplt*
privilegierte Betriebsart SW **privileged mode**
= privilegierter Modus
privilegierter Befehl SW **privileged instruction**
[kann nur vom Betriebssystem (Organisationsprogramm) ausgeführt werden]
[can be executed only by the operating system (by the executive routine)]
privilegierter Modus SW → **privileged mode**
→ privilegierte Betriebsart
priviligierter Anwender DAT.PR → **superuser** *n*
→ bevorzugter Anwender
PRK MODUL → **2 PSK**
→ 2 PSK
PRML-Verfahren *nn* INF.TEC **PRML technique**
[Partial Response Maximum Likelihood]
pro COLL → **per** *praep*
→ je *praep*
pro anno OFFICE → **year, per**
→ Jahr, pro
probabilistisch STATIS → **stochastic** *adj*
→ stochastisch
Probe *nf* INSTR → **unit under measurement**
→ Messobjekt *nn*
Probe *nf* MEDIA **rehearsal** *n*
Probe *nf* STATIS → **sample** *n*
→ Stichprobe *nf*
Probe *nf* TECH → **trial** *n*
→ Versuch *nm*

Probeabzug *nm* TER&PER → **test print** *n*
→ Probedruck *nm*
Probeaufnahme *nf* CINEMA **casting** *n*
= Filmprobe *nf* = sceen test; test *n*
Probebetrieb *nm* TECH **test operation**
= Testbetrieb *nm* = test mode; experimental operation; experimental mode
Probedruck *nm* TER&PER **test print** *n*
= Andruck *nm*; Probeabzug *nm* = trial print; proof copy; proof impression; proof; pull
Probedruck *nm* PRIN.ME → **galley proof** *n*
→ Korrekturfahne *nf*
Probeentnahme *nf* QUAL **sampling** *n*
Probeentnahme *nf* CODING → **sampling** *n*
→ Abtastung *nf*
Probeerhebung *nf* STATIS **explotatory survey**
= pilot survey
Probelauf *nm* DAT.PR → **trial run**
→ Versuchslauf *nm*
Probemuster *nn* TECH → **prototype** *n*
→ Prototyp *nm*
probeweise COLL → **tentative** *adj*
→ versuchsweise *adj*
Probezeichnung *nf* DAT.PR **check plot**
Probezeit *nf* ECON **probatory period**
= probation period
probieren COLL → **try** *vt*
→ versuchen
Problem *nn* COLL **problem** *n*
≈ Frage ≈ question
Problemanalyse *nf* SW **problem analysis**
= Aufgabenanalyse *nf*
problematisch COLL **problematic**
= troublesome
Problembehandlung *nf* QUAL → **fault diagnosis**
→ Fehlersuche *nf*
Problembeschreibung *nf* SW **problem description**
Problembeschreibung *nf* QUAL → **trouble ticket**
→ Fehlerformular *nn*
Problembestimmung *nf* SW → **problem definition**
→ Problemstellung *nf*
problembezogen COMP.AP → **problem-oriented**
→ problemorientiert
Problemdefinition *nf* SW → **problem definition**
→ Problemstellung *nf*
Problem des Handlungsreisenden COMP.SC **travelling salesman problem**
= Rundreiseproblem *nn*
↑ kombinatorisches Suchproblem
↑ combinatoric search problem
Problemformulierung *nf* SW → **problem definition**
→ Problemstellung *nf*
problemlos TECH **straightforward**
= problem-free
Problemlöser *nm* ART.IN → **logical inference program**
→ Inferenzprogramm *nn*
Problemlösung *nf* MATH **problem solution**
Problemlösung *nf* DAT.PR **problem solving**
Problemlösungsverfahren *nn* SCIE **problem solution method**
↓ Brainstorming; Synektik
= problem solution approach
↓ brain storming; synectics
Problemmatrix *nf* SW **problem matrix**
problemnah COMP.AP → **problem-oriented**
→ problemorientiert
problemorientiert COMP.AP **problem-oriented**
= problembezogen; problemnah = problem-orientated
problemorientierte Programmiersprache COMP.LG **high-level programming language**
[am Aufgabenbereich orientierte Sprache, ohne direkte Entsprechung zu Maschinenbefehlen; die Sprachen ab der 3. Generation; z.B.: ADA; ALGOL; APL; BASIC; C; COBOL; COMAL; CORAL; FORTH; FORTRAN; LISP; LOGO; PASCAL; PL/1; POP-2; PROLOG]
= problemorientierte Sprache; höhere Programmiersprache; höhere Sprache; Hochpegel-Programiersprache *nf*; Hochpegelsprache *nf*; Hochsprache *nf*
≈ Programmiersprache der dritten Generation
≠ niedere Programmiersprache; maschinenorientierte Programmiersprache
↑ prozedurorientierte Programmiersprache;
[language optimized for specific types of problems, without direct correspondence to machine commands; the languages from the third generation onwards; examples: ADA; ALGOL; APL; BASIC; C; COBOL; COMAL; CORAL; FORTH; FORTRAN; LISP; LOGO; PASCAL; PL/1; POP-2; PROLOG]
= high-level language; HLL; high-order language; higher order language; HOL; advanced programming language; advanced language; autocode *n* (2) (obs)
≈ third-generation programming

symbolische Programmiersprache ↓ Kompilersprache; Interpretersprache; Anfängersprache		language ≠ low-level programming language; machine-oriented programming language ↑ procedure-oriented programming language; symbolic programming language ↓ compile-level language; interpreter language
problemorientierte Sprache → problemorientierte Programmiersprache	COMP.LG	→ **high-level programming language**
Problemprogramm *nn* [in Problemfällen verwendet]	SW	**problem program** [used in problem situations]
Problemsprache *nf*	COMP.LG	**problem language**
Problemstellung *nf* = Problembestimmung *nf*; Problemdefinition *nf*; Problemformulierung *nf*; Aufgabenstellung *nf*; Aufgabenbestimmung *nf*; Aufgabendefinition *nf*; Aufgabenformulierung *nf*	SW	**problem definition** = problem determination; problem formulation
Problemverfolgung *nf*	TECH	**problem routing** = problem tracing
Problemverfolgung *nf*	TECH	**problem tracking** = problem routing
Problemzustand *nm* ≠ Überwachungszustand	SW	**problem state** = slave state; user state ≠ supervisor state
Produkt *nn* = Fabrikat *nf*; Erzeugnis *nn*	ECON	**product** *n* = manufacture *n*; make *n*
Produkt *nn* [Ergebnis der Multiplikation] ≈ Multiplikation	MATH	**product** *n* [result of multiplication] ≈ multiplication
Produkt *nn* → kartesisches Produkt	MATH	→ **Cartesian product**
Produktanalyse *nf*	TECH	**product analysis**
Produktangebot *nn* → Produktspektrum *nn*	ECON	→ **product line**
Produktankündigung *nf*	ECON	**product announcement** = announcement *n*
Produkt-Audit *nn*	QUAL	**product audit**
Produktbeschreibung *nf* = Produktspezifikation *nf*	TEC.DOC	**product specification**
Produktbetreuung *nf* → Produktunterstützung *nf*	TECH	→ **product support**
Produktbroschüre *nf* → Produktschrift *nf*	TEC.DOC	→ **product information**
Produktdaten-Managementsystem *nn*	COMP.AP	**product data management system** = PDMS
Produktdemodulator *nm* → Phasendemodulator *nm*	CIRC.EN	→ **product demodulator**
Produkteinführung *nf*	ECON	**product introduction**
Produktfamilie *nf*	ECON	**product family**
Produktfinder *nm*	DAT.NW	**bargain finder**
Produktgeneration *nf*	TECH	**product generation**
Produktgeschäft *nn* → Liefergeschäft *nn*	ECON	→ **standard products business**
Produktintegration *nf* → partielle Integration	MATH	→ **partial integration**
Produktion *nf* (1) → Erzeugung *nf*	ECON	→ **production** *n* (1)
Produktion *nf* (2) → Fertigung *nf*	ECON	→ **manufacturing** *n*
Produktionsanlage *nf* = Produktionsstätte *nf*; Fertigungsanlage *nf*; Fertigungsstätte *nf*; Fabrikanlage *nf*; Fabrikationsanlage *nf*; Fabrikationsstätte *nf*; Werkanlage *nf*; Werksanlage *nf* (AT) ↑ Fabrik	MANUF	**production plant** = manufacturing plant ↑ factory
Produktionsassistent *nm*	MEDIA	**production assistant**
Produktionsaufnahme *nf* → Fertigungsaufnahme *nf*	MANUF	→ **production start**
Produktionsausfall *nm* = Fertigungsausfall *nm*	MANUF	**production loss** = production shortfall; manufacturing loss
Produktionsautomatisierung *nf* = Fertigungsautomatisierung *nf*; Herstellungsautomatisierung *nf*; Fabrikationsautomatisierung *nf*	MANUF	**production automation** = factory automation; manufacturing automation
Produktionsbesetzungsversicherung *nf* [deckt Risiken mit Regisseur und Schauspielern ab]	CINEMA	**cast insurance**
Produktionsbüro *nn*	MEDIA	**production office**

Produktionsdatenmanagement *nn*	MANUF	**production data management**
Produktionseinrichtung *nf* → Fertigungseinrichtung *nf*	MANUF	→ **production facility**
Produktionsendpass *nm* → Fertigungsengpass *nm*	MANUF	→ **production bottleneck**
Produktionsfirma *nf*	MEDIA	**production company**
Produktionsgüteklasse *nf*	QUAL	**production grade**
Produktionsgüter *nplt*	ECON	**producer goods**
Produktionskapazität *nf* → Fertigungskapazität *nf*	MANUF	→ **production capacity**
Produktionskoordinator *nm*	MEDIA	**production coordinator**
Produktionskosten *nplt*	MEDIA	**production costs**
Produktionskosten *nplt* → Herstellkosten *nplt*	ECON	→ **production costs**
Produktionsleiter *nm* = Produktionsmanager *nm*	MEDIA	**production manager** = production supervisor; line producer
Produktionsleiter *nm* → Fertigungsleiter *nm*	MANUF	→ **manufacturing manager**
Produktionsleittechnik *nf*	CONTRO	**production control engineering**
Produktionslenkung *nf* → Fertigungslenkung *nf*	MANUF	→ **production control**
Produktionsmanager *nm* → Produktionsleiter *nm*	MEDIA	→ **production manager**
Produktionsmittel *nn* → Fertigungsmittel *nn*	MANUF	→ **production means**
Produktionsplanung *nf* → Fertigungsplanung *nf*	MANUF	→ **manufacturing engineering** (2)
Produktionsprozess *nm* → Fertigungsprozess *nm*	MANUF	→ **productional process**
Produktionssekretär *nm*	CINEMA	**production secretary**
Produktionssimulation *nf*	COMP.AP	**production simulation**
Produktionsspektrum *nn* → Fertigungsspektrum *nn*	MANUF	→ **production range**
Produktionssprache *nf*	CINEMA	**production language**
Produktionsstätte *nf* → Produktionsanlage *nf*	MANUF	→ **production plant**
Produktionssteuerung *nf* → Fertigungslenkung *nf*	MANUF	→ **production control**
Produktionstechnik *nf* → Fertigungstechnik *nf*	MANUF	→ **industrial engineering** *n*
Produktionstechnik *nf* → Fertigungstechnik *nf*	MANUF	→ **manufacturing technology**
Produktionstechnologie *nf* → Fertigungstechnik *nf*	MANUF	→ **manufacturing technology**
Produktionsüberwachung *nf*	CINEMA	**production supervision**
Produktionsüberwachung *nf* → Fertigungsüberwachung *nf*	MANUF	→ **production supervision**
Produktionsverfahren *nn* → Fertigungsverfahren *nn*	MANUF	→ **manufacturing method**
Produktionsvertreter *nm*	CINEMA	**associate producer**
Produktionsvorbereitung *nf* = Vorproduktion *nf*	CINEMA	**pre-production** *n*
produktiv *adj*	ECON	**productive** *adj*
Produktiveinsatz *nm*	ECON	**productive operation**
produktive Zeit → Produktivzeit *nf*	TECH	→ **productive time**
Produktivität *nf*	ECON	**productivity** *n* = efficiency *n*
Produktivitätskennzahl *nf*	ECON	**productivity ratio** = efficiency ratio
Produktivlauf *nm* = Betriebslauf *nm*; Arbeitslauf *nm*	DAT.PR	**production run** = working run
Produktivzeit *nf* = produktive Zeit; Nutzzeit *nf*	TECH	**productive time**
Produktkenntnisse *nplt*	TECH	**product knowledge**
Produktlebenszyklus *nm*	ECON	**product life cycle**
Produktliste *nf* → Warenverzeichnis *nn*	ECON	→ **product list**
Produktmanager *nm* → Produktverantwortlicher *nm*	ECON	→ **product manager**
Produktmenge *nf* → kartesisches Produkt	MATH	→ **Cartesian product**
Produktmodulator *nm*	CIRC.EN	**product modulator**
Produktmuster *nn*	ECON	**trial product sample**
produktneutral ≈ herstellerneutral ≠ produktspezifisch ↑ standardisiert; standardbasiert	TECH	**product-independent** ≈ multi-vendor ≠ product-specific ↑ standardized; standard-based
Produktpalette *nf* → Produktspektrum *nn*	ECON	→ **product line**
Produktpiraterie *nf*	LAW	**product piracy**

Produktplanung *nf* ECON **product planning**

Produktportfolio *nn* ECON → **product line**
→ Produktspektrum *nn*

Produktschlüssel *nm* COMP.AP **product key**

Produktschrift *nf* TEC.DOC **product information**
= Produktbroschüre *nf* — = product brochure
↓ Kennblatt — ↓ leaflet

Produktsicherheit *nf* QUAL **product safety**

Produktspektrum *nn* ECON **product line**
= Produktpalette *nf*; Produktportfolio *nn*; Produktangebot *nn*; Spektrum *nn* — = product range; product portfolio; range; spectrum
≈ Sortiment — ≈ assortment
↓ Lieferspektrum; Fertigungsspektrum — ↓ delivery range; production range

Produktspektrum *nn* ECON → **delivery range**
→ Lieferspektrum *nn*

Produktspezifikation *nf* TEC.DOC → **product specification**
→ Produktbeschreibung *nf*

produktspezifisch TECH **product-specific**
≈ herstellerspezifisch — ≈ proprietary
≠ produktneutral — ≠ product-independent

Produktübersicht *nf* ECON **product line summary**
= product catalogue

Produktunterlage *nf* TEC.DOC **product documentation**

Produktunterstützung *nf* TECH **product support**
= Produktbetreuung *nf*

Produktveranstaltung *nf* ECON **product show**
≈ Handelsmesse — ≈ trade fair

Produktverantwortlicher *nm* ECON **product manager**
= Produktmanager *nm*

Produktverbesserung *nf* ECON **product improvement**

Produktverzeichnis *nn* ECON → **product list**
→ Warenverzeichnis *nn*

Produktwerbung *nf* ECON **product advertising**
= product publicity

Produktzeichen *nn* MATH **product sign**
[Großbuchstabe griechisch Pi] — [capital letter of greek pi]
= product symbol

Produzent *nm* MEDIA **producer** *n*
= executive producer

Produzent *nm* ECON → **manufacturer** *n*
→ Hersteller *nm*

Produzentenhaftung *nf* ECON **producer's liability**

produzieren ECON → **manufacture** *vt*
→ fertigen

Prof. EDUC → **professor** *n*
→ Professor *nm*

professionell COLL **professional** *adj*
= fachmännisch
≠ laienhaft — ≠ lay

professionelle Anwendung TECH **professional use**

professioniert ECON → **professionally**
→ gewerbsmäßig

Professor *nm* EDUC **professor** *n*
[akademischer Titel] — [academic degree]
= Prof. — = prof (AE); Prof.

Profibus *nm* AUTOMA **Profibus**
[deutsche Feldbusnorm] — [a German controller bus standard]

Profil *nn* DAT.CO **profile** *n*

Profil *nn* ENG.DRA **profile** *n*
= structural shape

Profil *nn* COMP.AP **profile** *n*
[individ. Optionseinstellungen] — [indiv. option settings]

Profil *nn* TECH → **outline** *n*
→ Umriss *nm*

Profilauswahl *nf* DAT.CO **profil selection**

Profildispersion *nf* OPT.CO **profile dispersion**

Profildraht *nm* METAL **shaped wire**
= profile wire

Profil-Einbauinstrument *nn* INSTR **profile meter**

profilieren TECH → **outline** *vt*
→ umreißen

Profilschnitt *nm* ENG.DRA **profile section**

Profilschnitt außerhalb der Ansicht ENG.DRA **removed section**

Profilschnitt innerhalb der Ansicht ENG.DRA **revolved section**

Profilstahl *nm* METAL **structural shape**

Profilträger *nm* CIV.EN **girder** *n* (2)
↑ Träger — = joist *n*
↑ support

Profit *nm* ECON → **profit** *n*
→ Gewinn *nm*

profitabel ECON → **profitable** *adj*
→ rentabel

Profit-Center *nn* (ANGL) ECON → **profit center**
→ Ertragszentrum *nn*

Proformarechnung *nf* ECON **pro-forma invoice**

profund COLL → **profound** *adj*
→ tiefgründig

Prognose *nf* COLL → **forecast** *n*
→ Voraussage *nf*

Prognose *nf* ECON → **forecast** *n*
→ Vorausschau *nf*

prognostizieren COLL **prognosticate**
= vorhersagen; voraussagen

Programm *nn* SW **program** *n* (AE)
[eine in sich abgeschlossene Folge von Computerbefehlen zur Lösung einer Aufgabe] — [a self-contained sequence of computer instructions to solve a task]
= Rechnerprogramm *nn*; Computerprogramm *nn* — = programme *n* (BE); computer program
≈ Routine — ≈ routine; software
↑ Software — ↑ software
↓ Maschinenprogramm; Standard-Programm; Anwenderprogramm; Systemprogramm — ↓ machine program; standard program; user program; system

Programm *nn* COLL **program** *n* (AE)
[Liste vorgeplanter Tätigkeiten] — [list of prearranged activities]
≈ Ablaufplan — = programme *n* (BE)
≈ schedule

Programm *nn* MEDIA **program** *n* (AE)
↓ Tonrundfunkprogramm; Fernsehprogramm — = programme *n* (BE)
↓ sound program; television program

Programm *nn* MEDIA → **broadcast program** (AE)
→ Rundfunkprogramm *nn*

Programmabbruch *nm* SW → **abort** *n*
→ Abbruch *nm*

programmabhängig DAT.PR **program-dependent**
= program-sensitive

programmabhängiger Fehler DAT.PR **program-sensitive fault**

Programmablauf *nm* SW **program flow**
≈ Programmlauf — ≈ program run

Programmablauf-Computer *nm* DAT.PR → **object computer** *n*
→ Objektprogramm-Computer *nm*

Programmablaufmaschine *nf* DAT.PR → **object computer** *n*
→ Objektprogramm-Computer *nm*

Programmablaufplan *nm* SW **program flowchart**
= PAP; Programmschema *nn* — = programming flowchart
↑ Ablaufdiagramm — ↑ flow diagram

Programmablaufrechner *nm* DAT.PR → **object computer** *n*
→ Objektprogramm-Computer *nm*

Programmablaufsteuerung *nf* SW → **control program**
→ Organisationsprogramm *nn*

Programmabruf *nm* SW **program fetch**

Programmabschnitt *nm* SW **control section**
≈ Pseudoabschnitt — ≈ dummy section

Programmabsturz *nm* SW **program crash** *n*
[ungewollter] — [unwanted]
↑ Absturz; Programmabbruch — ↑ abnormal end; abort
↓ Blockierungsunterbrechung — ↓ dead halt

Programmadresse *nf* SW **program address**

Programmaktualisierung *nf* SW **program update** *n*
= update *n*

Programmanalysator *nm* SW **program analyzer**

Programmanbieter *nm* MEDIA **program provider**
= Broadcaster *nm* (ANGL) — = broadcast program provider; broadcaster *n*

Programmänderung *nf* SW → **program modification**
→ Programmmodifikation *nf*

Programmanfang *nm* SW **program origin**

Programmanfangsblock *nm* SW **program header**

Programmanforderung *nf* SW **program request**

Programmanweisung *nf* SW **program instuction**
[in Quellsprache] — [in source code]
≠ Maschinenanweisung — ≠ machine instruction

Programmarchitektur *nf* SW **program architecture**
= Programmstruktur *nf* — = program structure

Programmart *nf* SW **program type**
= Programmtyp *nm* — = type of program

Programmart *nf* BROADC **program type**
[Kennzeichnungscode] — [classification code]
= Programmfarbe *nf*; Pty — = Pty

programmatische Rede ECON **keynote speech**

Programmaufbau *nm* SW **program construct**

Programmausdruck *nm* DAT.PR → **source listing**
→ Programmliste *nf*

Programmausführung *nf* DAT.PR → **program run** *n*
→ Programmlauf *nm*

Programmausführungszeit *nf* DAT.PR → **program execution time**
→ Programmlaufzeit *nf*

Programmausgabe *nf* SW → **program release**
→ Programmversion *nf*

Programmausgang *nm* SW → **program exit** *n*
→ Programmausstieg *nm*

Programmausstieg *nm* SW **program exit** *n*
[Abschluss der Programmausführung] [end of program execution]
= Ausstieg *nm*; Programmausgang *nm*; Ausgang *nm* = exit *n*

Programmaustattung *nf* DAT.PR **program outfit**
≈ Software ≈ software

Programmaustausch *nm* MEDIA **program exchange**
≈ Programmbeitrag ≈ program contribution

Programmautor *nm* SW **program author**

Programmbank *nf* SW **program bank**
≈ Programmbiblithek ≈ program library

Programmbau *nm* SW → **software engineering**
→ Software-Technik *nf*

Programmbaustein *nm* SW → **program module**
→ Programmmodul *nn*

Programmbefehl *nm* SW **program instruction**

Programmbefehl *nm* SW → **instruction** *n* (1)
→ Befehl *nm* (1)

Programmbefehlsequenz *nf* SW **program instruction sequence**
≈ Code-Abschnitt = code snippet

programmbegleitend MEDIA **program-assigned**
≠ programmunabhängig ≠ program-independent

programmbegleitende Datendienste BROADC → **PAD**
→ PAD

Programmbeitrag *nm* MEDIA **program contribution**
≈ Programmaustausch ≈ program exchange

Programmbereich *nm* SW **program segment**
[für Hauptspeicher-Einsparung definierte Teilung eines Programms] [fractionation of a program, introduced to economize main memory]
= Programmsegment *nn*; Codesegment *nn* (2); Segment *nn* = partition; program region; code segment (2); segment
≈ Programmkapitel; Codesegment (2) ≈ chapter
↓ arbeitspeicherresidentes Programmsegment; Überlagerungssegment ↓ root segment; overlay segment

Programmbereich *nm* DAT.MA → **program area**
→ Programmspeicherbereich *nm*

Programmbereich *nm* DAT.MA → **program area**
→ Programmspeicherbereich *nm*

Programmbeschreibung *nf* DAT.PR **program description**

Programmbezeichnung *nf* SW → **program identification**
→ Programmkennzeichnung *nf*

Programmbezugstabelle *nf* SW **reference program table**

Programmbibliothek *nf* DAT.MA → **software library**
→ Software-Bibliothek *nf*

Programmbibliotheks-Verwaltung *nf* DAT.MA **program library management**

Programmbinder *nm* SW **program linker**
= Binder *nm* (1) = linker *n*; link editor *n*; binder *n*

Programmbindung *nf* SW **linkage editing**
= Programmverknüpfung *nf* = program linkage; program linking
≈ Binderprogramm ≈ linkage editor

Programmblock *nm* SW **program block**

Programmcompilierung *nf* DAT.PR → **compiling** *n*
→ Kompilierung *nf*

Programmdatei *nf* DAT.MA **program file**
[startet ein Anwendungsprogramm] [activates an application program]
≠ Datendatei ≠ data file
↑ ausführbare Datei ↑ executable file

Programmdatensatz *nm* DAT.MA **program data set**

Programmdiskette *nf* DAT.MA **program disk**

Programmdokumentation *nf* SW **program documentation**

Programmebene *nf* SW **program level**

Programmeditor *nm* SW **program editor**

programmeigen DAT.PR → **program-specific** *adj*
→ programmspezifisch

programmeigenes Dateiformat DAT.MA **native file format**

Programmeinheit *nf* (FORTRAN) SW → **program module**
→ Programmmodul *nn*

Programmeinstiegsmöglichkeit *nf* SW **hook** *n*
[für andere Routinen zur Fehlersuche oder Verbesserung] [for debugging or enhancement routines]

Programmende-Routine *nf* SW **end-of-program routine**

Programmentwickler *nm* SW → **programmer** *n*
→ Programmierer *nm*

Programmentwicklung *nf* SW → **programming** *n*
→ Programmierung *nf*

Programmentwicklungssystem *nn* SW → **development tool** *n*
→ Programmierwerkzeug *nn*

Programmentwicklungswerkzeug *nn* SW → **development tool** *n*
→ Programmierwerkzeug *nn*

Programmentwurf *nm* SW **program design**

Programmentwurfssprache *nf* COMP.LG **program design language**
= PDL

Programmerstellung *nf* SW **program creation**

Programmerweiterung *nf* (2) SW **plug-in** *n*
[zusätzliches Produkt zur Leistungserweiterung] [separate SW module to enhance a major SW]

Programmerzeugung *nf* SW → **program generation**
→ Programmgenerierung *nf*

Programmfamilie *nf* SW **program family**
= suite *n*

Programmfarbe *nf* BROADC → **program type**
→ Programmart *nf*

Programmfehler *nm* SW **program error**
= Programmierfehler *nm*; Software-Fehler *nm* = programming error; software error; program fault; software fault
↑ Fehler ↑ bug

Programmfenster *nn* COMP.AP **program window**

Programmformular *nn* SW → **coding form**
→ Programmvordruck *nm*

Programmgenerator *nm* SW **program generator**
[passt ein Grundprogramm an Spezialfälle an] [adapts a basic program to specific cases]
= Generatorprogramm *nn*; Generator *nm*; generierendes Programm; erzeugendes Programm = generator program; generator
≈ Interpretierer (2) ≈ interpreter (2)
↓ Sortier-Misch-Generator ↓ sort-merge generator

Programmgenerierung *nf* SW **program generation**
= Programmerzeugung *nf*

Programmgerippe *nn* SW **code skeleton**
= skeletal code

programmgesteuert DAT.PR **program-controlled**

programmgesteuerte Speicherzuweisung DAT.MA **program-controlled storage allocation**
↑ dynamische Speicherzuweisung ↑ dynamic storage allocation

Programmgruppenfenster *nn* COMP.AP **program group window**
= Gruppenfenster *nn* = group window

Programmgruppensymbol *nn* COMP.AP **program group symbol**
= Gruppensymbol *nn* = group symbol

Programmhalt *nm* (1) SW → **halt** *n* (1)
→ Halt *nm* (1)

Programmhalt *nm* (2) SW → **pause** *n*
→ Pause *nf*

Programmhaltepunkt *nm* SW → **checkpoint** *n*
→ Fixpunkt *nm*

Programmhauptteil *nm* SW **main body**
[of a program]

Programmieraufwand *nm* DAT.PR **programming effort**
= programming expenditure

Programmierausbildung *nf* DAT.PR **programming training**
= Programmierungsausbildung *nf* = programming education

programmierbar EL.TRO **programmable**

programmierbar DAT.PR → **stored-program** *adj*
→ speicherprogrammiert

programmierbare Datenstation TER&PER **intelligent terminal**
[Endgerät mit Verarbeitungskapazität] [terminal with processing capability; sometimes a "smart" terminal is considered with less processing power than a "intelligent" one]
= programmierbares Terminal; intelligente Datenstation; intelligentes Terminal; programmierbares Datensichtgerät = programmable terminal; smart terminal
≈ Dialogstation [DAT.CO] ≈ interactive terminal [DAT.CO]
≠ nicht programmierbare Datenstation ≠ dumb terminal

programmierbare Funktionstaste TER&PER **programmable function key**
= user-defined function key

programmierbare Logikanordnung MICR.EL **programmable logic array**
[durch Trennen von Matrixpunkten festprogrammierbarer IC] [IC permanently programmable by braking matrix points]
= PLA, plD; programmierbarer Logikbaustein = PLA; programmable logic device; PLD; field-programmable device
↓ FPLA ↓ FPLA

programmierbarer Drucker TER&PER **intelligent printer**

programmierbarer Festwertspeicher MICR.EL → **PROM**
→ PROM *nn*

programmierbarer Logikbaustein MICR.EL → **programmable logic array**
→ programmierbare Logikanordnung

programmierbarer Multiplexer TRANSM → **cross-connect multiplexer**
→ Verteilmultiplexer *nm*

programmierbarer Rechner OFFICE **programmable calculator**

programmierbarer Speicher HW **→ alterable memory**
→ veränderbarer Speicher

programmierbarer Taktgeber CIRC.EN **programmable clock**
[with settable clock rate]

programmierbare Unterbrechungssteuerung SW **programmable interrupt control**

programmierbarer Verstärker CIRC.EN **programmable amplifier**

programmierbare Schnittstelle EL.TRO **programmable interface**

programmierbares Dämpfungsglied MICROW **programmable attenuator**

programmierbares Datensichtgerät TER&PER **→ intelligent terminal**
→ programmierbare Datenstation

programmierbares Terminal TER&PER **→ intelligent terminal**
→ programmierbare Datenstation

programmierbare Tastatur TER&PER **→ intelligent keyboard**
→ intelligente Tastatur

programmierbare Taste *nf* TER&PER **→ function key**
→ Funktionstaste *nf*

Programmierbarkeit *nf* EL.TRO **programmability**

Programmierbetrieb *nm* DAT.CO **programming mode**

programmieren SW **program** *vt*
≈ implementieren
= code (1)
≈ implement

programmieren MICR.EL **program** *vt*
[z.B. mit Hilfe eines PROM-Programmiergerätes]
= schießen; brennen
[e.g. with a PROM programmer]
= burn *vt*; burn-in *vt*; blow *vt*; blast *vt*; write *vt*

Programmieren *nn* SW **→ programming** *n*
→ Programmierung *nf*

Programmierer *nm* SW **programmer** *n*
[eine Person]
= Programmentwickler *nm*; Software-Entwickler *nm*; Software-Programmierer *nm*
↓ Systemprogrammierer;
[a person]
= software programmer; software developer
↓ system programmer; application programmer

programmiererbestimmt SW **programmer-specified** *adj*

programmiererbestimmt SW **→ programmer-defined**
→ programmiererdefiniert

programmiererbestimmte Datenkonvertierung SW **cast** *n*
= coercion *n*; programmer-specified data conversion

programmiererdefiniert SW **programmer-defined**
= programmiererbestimmt
≠ festprogrammiert
≠ fixed-program

Programmierfehler *nm* SW **→ program error**
→ Programmfehler *nm*

Programmierfuchs *nm* INF.TEC **→ computer fan** *n*
→ Computernarr *nm*

Programmiergerät *nn* MICR.EL **programming device**
[zum Schießen von PROM's u. dgl]
≠ Löschgerät
↓ PROM-Programmiergerät
[to program PROM's and similars]
= programmer *n*; burner *n*; blower *n*; blaster *n*
≠ eraser
↓ PROM programmer

Programmiergerät *nn* TER&PER **→ burner** *n*
→ Brenner *nm*

Programmierhandbuch *nn* SW **programming manual**
= programmer's manual

Programmierhilfe *nf* SW **→ development tool** *n*
→ Programmierwerkzeug *nn*

Programmiermethode *nf* SW **programming method**

Programmierschnittstelle *nf* SW **programming interface**
↓ API
↓ API

Programmiersprache *nf* COMP.LG **programming language** *n*
[Kunstsprache zur Formulierung von Anweisungen an einen Rechner]
= Sprache *nf*; Programmsprache *nf*
≠ Metasprache
↓ Maschinensprache; symbolische Programmiersprache
[artificial language to formulate instructions]
= program language; computer language (1); language *n*
≠ metalanguage
↓ machine language; symbolic programming language

Programmiersprache der 1. Generation COMP.LG **first generation programming language**
[in Maschinensprache]
= Sprache der 1. Generation
≈ Maschinensprache
↑ niedere Programmiersprache
[by machine codes]
= first generation language; 1st generation language; 1GL
≈ machine language
↑ low-level programming language

Programmiersprache der 2. Generation COMP.LG **second-generation programming language**
[mit Assemblierern, Kompilierern und Interpretierern]
= Sprache der 2. Generation
[with assemblers, compilers and interpreters]
= secon-generation language; 2nd-generation language; 2GL

Programmiersprache der 3. Generation COMP.LG **third-generation programming language**
[problemorientiert]
= Sprache der 3. Generation
≈ problemorientierte Programmiersprache
[problem-oriented]
= third-generation language; 3rd-generation language; 3GL
≈ high-level programming language

Programmiersprache der 4. Generation COMP.LG **fourth-generation programming language**
[seit 1971]
= Sprache der 4. Generation; nicht verfahrensorientierte Programmiersprache; nicht verfahrensorientierte Sprache; nicht prozedurorientierte Programmiersprache; nicht prozedurorientierte Sprache; nicht prozedurale Programmiersprache; nicht prozedurale Sprache
[since 1971]
= fourth-generation language; 4th-generation language; 4GL; non procedural programming language; nonprocedural language; non-procedure-oriented programming language; non-procedure-oriented language
≈ non-procedural language

Programmiersprache der 5. Generation COMP.LG **fifth-generation programming language**
[mit Leistungsmerkmalen von Expertensystemen]
= Sprache der 5. Generation
[with features of expert systems]
= fifth-generation language; 5th-generation language; 5GL

Programmiersprachenerzeugung *nf* SW **programming language generation**
= language generation

Programmiersystem *nn* SW **programming system**

Programmierteam *nn* SW **programming team**

Programmiertechnik *nf* SW **programming technique**
= Programmierungstechnik *nf*

programmierte Prüfung DAT.PR **programmed check**

programmierter Etikettenausdruck WOR.PR **programmed label**

programmierter Halt DAT.PR **→ programmed stop**
→ programmierter Stopp

programmierter Stopp DAT.PR **programmed stop**
= programmierter Halt
= programmed halt

programmierte Unterweisung SW **programmed learning**

programmierte Verriegelung SW **programmed interlock**
= programmed barring

Programmierumgebung *nf* SW **programming environment**

Programmierung *nf* SW **programming** *n*
= Programmieren *nn*; Programmentwicklung *nf*
= program coding; coding *n* (3); program development

Programmierungsausbildung *nf* DAT.PR **→ programming training**
→ Programmierausbildung *nf*

Programmierungskonvention *nf* SW **→ programming convention**
→ Programmkonvention *nf*

Programmierungskosten *nplt* DAT.PR **programming costs**

Programmierungsstufe *nf* SW **program development cycle**

Programmierungssyntax SW **coding syntax**
= program syntax

Programmierungstechnik *nf* SW **→ programming technique**
→ Programmiertechnik *nf*

Programmierwerkzeug *nn* SW **development tool** *n*
[Software zur Erleichterung der Entwicklung von Programmen]
= Programmentwicklungssystem *nn*; Tool *nn*; Programmentwicklungswerkzeug *nn*; Entwicklungswerkzeug *nn*; Software-Entwicklungswerkzeug *nn*; Entwicklungssoftware *nf*, Programmierhilfe *nf*
↑ Dienstprogramm
[software facilitating development of programs]
= toolkit software; toolkit *n*; engineering tool; designer tool; tool *n*; designer kit; development software; programming aid; program design aid; tool kit
↑ utility program

Programmierwerkzeug-Beauftragter SW **toolsmith** *n*

Programminformationsdatei *nf* DAT.MA **program information file**
= PIF-Datei *nf*
= PIF

Programminhalt *nm* MEDIA **program content**

programmintegriert DAT.PR **program-integrated**

Programmkapitel *nn* SW **chapter** *n*
[ohne die übrigen Programmteile ausführbar]
≈ Programmsegment
[executable without the rest of the program]
= program chapter
≈ program segment

Programmkarte *nf* HW **program card**
= Programmplatine *nf*
= program board; program cartridge; solid-state cartridge

Programmkennzeichnung *nf* SW **program identification**
= Programmbezeichnung *nf*, Programmname *nm*
= program ID; program name

Programmkino *nn* CINEMA **art house cinema**
[wählt die Filme nicht aus rein kommerziellen Gesichtspunkten]
= Filmkunsttheater *nn*
[selects films not from a pure commercial point of view]

programmkompatibel DAT.PR **program-compatible**

Programm-Kompatibilität *nf* SW → **software compatibility** *n*
→ Software-Kompatibilität *nf*

Programmkompilierung *nf* DAT.PR → **compiling** *n*
→ Kompilierung *nf*

Programmkonvention *nf* SW **programming convention**
= Programmierungskonvention *nf*
= convention *n*

Programmlader *nm* SW **loader programm**
[Programm zum Laden in den Hauptspeicher]
= Ladeprogramm *nn*; Laderoutine *nf*; Lader *nm*
↓ Absolutlader; Relativlader; Urlader
[loads into the main memory]
= loading routine; loader routine; program loader; loader *n*
↓ absolute program loader; relative program loader; initial program loader

Programmlauf *nm* DAT.PR **program run** *n*
[das Ausführen eines Programms]
= Rechnerlauf *nm*; Computerlauf *nm*; Lauf *nm*; Programmausführung *nf*
≈ Programmablauf
↓ Suchlauf
[execution of a program]
= computer run; run *n* (1); program execution; execution *n*; machine run; object run
≈ programm flow
↓ search run

Programmlaufzeit *nf* DAT.PR **program execution time**
= Programmausführungszeit *nf*
↑ Ausführungszeit
= program run time; object run time; object time
↑ execution time

Programmliste *nf* DAT.PR **program report**

Programmliste *nf* DAT.PR **source listing**
[vom Übersetzungsprogramm erstelltes Protokoll]
= Programmprotokoll *nn*; Programmausdruck *nm*; Übersetzungsliste *nf*
[protocol generated by a translating program]
= program listing; programme listing; source protocol; program report

Programmlogik *nf* SW **program logic**

Programm-Manager-Taste *nf* COMP.AP **program manager key**
[MS Windows]
[MS Windows]

Programmmodifikation *nf* SW **program modification**
= Programmänderung *nf*
= program alteration; program patch

Programmmodul *nn* SW **program module**
[als Einheit verarbeitbarer Teil eines Programms, der mit anderen Modulen oder Routinen interagieren kann; mit Binderprogramm zu einem Programm zusammenfügbar]
= Programmbaustein *nm*; Modul *nn* (*pl* -e); Programmeinheit *nf* (FORTRAN); Paket *nn* (Ada); externe Prozedur (PL/1)
≈ teilsaufgabenbezogenes Programmelement
[part of a program which can be handled as unit; can interact with other modules or routines; can be assembled to programs by a linkage editor]
= module *n*; program unit (FORTRAN); package *n* (Ada); external procedure (PL/1)
≈ bead

Programmname *nm* SW → **program identification**
→ Programmkennzeichnung *nf*

Programmodul-Bibliothek *nf* SW → **module library**
→ Modulbibliothek *nf*

Programmoptimierer *nm* SW **program optimizer**
= code optimizer; program profiler; code profiler

programmorientierte Benutzeroberfläche COMP.AP **programmatic user interface**
≠ grafische Benutzeroberfläche
= programmatic interface
≠ graphic user interface

Programmpaket *nn* SW → **software package**
→ Software-Paket *nn*

Programm-Paket *nn* MEDIA **program boquet**
= Paket *nn*; Bouquet *nn*
= boquet *n*

Programmparameter *nm* SW **program parameter**

Programmpause *nf* SW → **pause** *n*
→ Pause *nf*

Programmpflege *nf* SW **program maintenance**
= Programmwartung *nf*

Programmplatine *nf* HW → **program card**
→ Programmkarte *nf*

Programmplatz *nm* CONS.EL → **program site**
→ Programmspeicherplatz *nm*

Programmpositionszeichen *nn* COMP.AP **program-item icon**

Programmprotokoll *nn* DAT.PR → **source listing**
→ Programmliste *nf*

Programmprovisorium *nn* SW → **stub** *n*
→ Programmstumpf *nm*

Programmprüfung *nf* SW **program verification**
= Programmverifizierung *nf*; Programmtest *nm*
= program check; program test

Programmregister *nn* DAT.PR **program register**

Programmrohling *nm* SW → **stub** *n*
→ Programmstumpf *nm*

Programmsatz *nm* SW **program sentence**
= sentence *n*

Programmschalter *nm* SW **program switch** *n*
[Konditionierung einer Programmverzweigung an einen bestimmten Speicherinhalt]
= Programmweiche *nf*; Schalter *nm*; Weiche *nf*
≈ Programmzweig
[conditioning of a program branch to the content of a determined memory place]
= switch (1 *n*); switchpoint *n*
≈ program branch

Programmschema *nn* SW → **program flowchart**
→ Programmablaufplan *nm*

Programmschleife *nf* SW **program loop** *n*
[ein wiederholt ausgeführter Satz von Anweisungen]
= Schleife *nf*; zyklisches Programm; zyklischer Code; Schleifengebilde *nn*
≈ iterative Anweisung
↓ Zählschleife; DO-Schleife; FOR-Schleife; PERFORM-Schleife; DO-WHILE-Schleife; WHILE-DO-Schleife; REPEAT-UNTIL-Schleife
[a set of statements executed repeatedly]
= loop construct; loop; cyclic program; cyclic code; iterative construct; software loop
≈ iterative statement
↓ counting loop; DO loop; FOR loop; PERFORM loop; DO-WHILE loop; WHILE-DO loop; REPEAT-UNTIL loop

Programmschritt *nm* SW **program step** *n*
[elementare Rechneroperation]
= Operation *nf* (2); Verarbeitungsschritt *nm*; Rechenschritt *nm*
≈ Befehl
[elementary computer action producing a new entity]
= operation *n*
≈ instruction

Programmsegment *nn* SW → **program segment**
→ Programmbereich *nm*

Programmsegmentierung *nf* SW **program segmentation**
= Segmentierung *nf*
= segmentation *n*

Programmseite *nf* SW **program page**
↑ Seite
↑ page frame

Programmsemaphor *nn* SW → **semaphore** *n*
→ Semaphor *nn*&(AT)*nm*

Programm-Server *nm* DAT.NW **program server**
[verwaltet die Programme eines Rechnerverbunds]
[manages the programs in a computer network]

Programmspeicher *nm* HW **program memory**
[für Programme reservierter Teil des Hauptspeichers]
≈ Hauptspeicher
[sector of main memory reserved for programs]
= program storage

Programmspeicherbereich *nm* DAT.MA **program area**
[enthält Programme oder Teile davon]
= Programmbereich *nm*; Programmbereich *nm*; Codesegment *nn* (2)
[contains programs or parts of it]
= program segment; code segment

Programmspeicherplatz *nm* CONS.EL **program site**
= Programmplatz *nm*

Programmspezifikation *nf* SW **program specification**

programmspezifisch DAT.PR **program-specific** *adj*
= programmeigen
≈ systemspezifisch
= native *adj* (2)
≈ system-specific

Programmsprache *nf* COMP.LG → **programming language** *n*
→ Programmiersprache *nf*

Programmsprung *nf* SW **program jump**
[Fortsetzung des Programms mit nicht unmittelbar folgender Operation]
= Sprung *nf*
≈ Programmzweig
[continuation of program with non subsequent operation]
= jump *n*
≈ program branch

Programmstatus *nm* SW → **program status**
→ Programmzustand *nm*

Programmstatusregister *nn* DAT.PR → **program status word register**
→ Programmzustandsregister *nn*

Programmstatuswort *nn* SW → **program status word**
→ Programmzustandswort *nn*

Programmsteckbrief *nm* SW **program statement** *n* (2)
[defines name and scope]

Programmsteuertaste *nf* TER&PER → **function key**
→ Funktionstaste *nf*

Programmsteuerung *nf* SW → **control program**
→ Organisationsprogramm *nn*

Programmstopp *nm* SW → **halt** *n* (1)
→ Halt *nm* (1)

Programmstreifen *nm* DAT.PR **program tape**
[Lochstreifen]
[punched tape]

Programmstruktur *nf* SW → **program architecture**
→ Programmarchitektur *nf*

Programmstrukturdiagramm *nn* SW → **structogram** *n*
→ Struktogramm *nn*

Programmstufenzähler *nm* SW **program level counter**
= Programmzähler *nm* (2)
= program counter (2)

Programmstumpf *nm* SW **stub** *n*
[Provisorium oder Platzhalter für ein noch zu
[preliminary implementation or

entwickelndes Programmsegment] — placeholder for a program segment still to be developed]
= Programmrohling *nn*; Programmprovisorium *nn*; Software-Stumpf *nm*; Software-Rohling *nm*; Software-Provisorium *nn*

Programmsymbol *nn* COMP.AP **program symbol**

Programmsynthese SW **program synthesis**

Programmtabelle *nf* SW **program table**

Programmtaste *nf* TER&PER **program button**

programmtechnische Sicherheit SW **programming security**

Programmtest *nm* SW → **program verification**
→ Programmprüfung *nf*

Programmtyp *nm* SW → **program type**
→ Programmart *nf*

Programmübersetzung *nf* SW **program translation**
[von einer Programmiersprache in andere oder in Maschinensprache] — [from a programming language into another or into machine language]
= Übersetzung *nf* — = translation
↓ Assemblierung; Kompilierung; Interpretierung — ↓ assembling; compilation; interpretation

Programmumadressierung *nf* SW → **program relocation**
→ Programmverschiebung *nf*

programmunabhängig DAT.PR **program-independent**

programmunabhängig MEDIA **program-independent**
≠ programmbegleitend — ≠ program-assigned

Programmunterbrechung *nf* SW **program interrupt** *n*
[ein "Bitte-um-Aufmerksamkeit-Signal" für ungewöhnliche Ereignisse oder vorrangige Aufgaben] — [a "request-for-attention signal" for abnormal situations or higher-priority tasks]
= Unterbrechung *nf*; Unterbrechungsanforderung *nf*; Unterbrechungsaufforderung *nf*; Interrupt-Anforderung *nf*; Interrupt *nn* — = interrupt request, IRQ; interrupt *n* (1); interruption *n* (1); trapping *n*; trap *n*; break *n*
≈ Ablaufunterbrechung; Abbruch; Absturz — ≈ exception; abort; abnormal end
↓ Hardware-Programmunterbrechung; Software-Programmunterbrechung — ↓ hardware interrupt; software interrupt

Programmunterbrechungsleitung *nf* DAT.PR **IRQ**
= Interruptleitung *nf* — = interrupt request line

Programmverifizierung *nf* SW → **program verification**
→ Programmprüfung *nf*

Programmverkettung *nf* SW **program chaining**

Programmverknüpfung *nf* SW → **linkage editing**
→ Programmbindung *nf*

Programmverlegung *nf* SW → **program relocation**
→ Programmverschiebung *nf*

Programmverschachtelung *nf* SW **program interleaving**
= program interlocking

Programmverschiebung *nf* SW **program relocation**
= Programmumadressierung *nf*; Programmverlegung *nf*

Programmversion *nf* SW **program release**
= Programmausgabe *nf* — = program edition; program version
↑ Software-Version — ↑ software release

Programmverteilung *nf* BROADC **program distribution**

Programmverwalter *nm* DAT.MA **program manager**

Programmverzeichnis *nn* SW **contents directory**
[für einen Speicherbereich] — [for a region of memory]

Programmverzweigung *nf* DAT.PR **program branch** *n*
[Konditionierung des Programmablaufs durch ein Zwischenergebnis] — [splitting of program sequence, depending from intermediate results]
= Verzweigung *nf* — = branch (1)
≈ Sprungbefehl; Programmsprung; Programmschalter — ≈ jump instruction; program jump

Programmvielfalt *nf* MEDIA **variety of programs**

Programmvordruck *nm* SW **coding form**
= Programmformular *nn*; Codierblatt *nn*; Codierformular *nn*; Codierungsformular *nn* — = coding sheet; program coding form; program coding sheet
≈ Dateneingabeformular — ≈ data sheet

Programmvorschau *nf* MEDIA **fixtures preview**

Programmwartung *nf* SW **program maintenance**

Programmwartung *nf* SW → **program maintenance**
→ Programmpflege *nf*

Programm-Wartungshandbuch *nn* SW **program maintenance manual**

Programmweiche *nf* SW → **program switch** *n*
→ Programmschalter *nm*

Programmzähler *nm* (1) HW → **instruction counter**
→ Befehlszähler *nm*

Programmzähler *nm* (2) SW → **program level counter**
→ Programmstufenzähler *nm*

Programmzeile *nf* SW → **instruction line**
→ Befehlszeile *nf*

Programmzeilennummer *nf* SW → **instruction line number**
→ Befehlszeilennummer *nf*

Programmzustand *nm* SW **program status**
= Programmstatus *nm* — = program state

Programmzustandsregister *nn* DAT.PR **program status word register**
= Programmstatusregister *nn*; PSW-Register *nn* — = PSW register

Programmzustandswort *nn* SW **program status word**
= Programmstatuswort *nn* — = PSW

Progression *nf* MATH → **series** *nplt*
→ Reihe *nf*

progressive Abtatstung TER&PER **progressive scanning**

progressive Mischung SWITCH → **progressive grading**
→ Staffel *nf*

progressive Sortierung DAT.MA **ascending sort**
= aufsteigende Sortierung; Vorwärtssortierung *nf* — = progressive sort
≠ regressive Sortierung — ≠ descending sort

prohibitiv COLL **prohibitive** *adj*

Projekt *nn* ECON **project** *n*
= Vorhaben *nn*

Projekt *nn* ECON → **plan** *n*
→ Plan *nm*

Projektausführung *nf* ECON **project execution**

Projektbeschreibung *nf* ECON **project description**

Projektdatei *nf* SW **project file**
= project notebook

Projektdauer *nf* ECON **project period**
= Projektlaufzeit *nf* — = project time

Projektführer ECON **project manager**
= Projektmanager *nm* — = project team leader

projektgebunden ECON **project-linked**
= project-bound

Projektierung *nf* ECON → **project engineering**
→ Projektplanung *nf*

Projektion *nf* ENG.DRA **projection** *n*
= projecting *n*

Projektion *nf* SCIE **projection** (fig)
[fig]

Projektionsapparat *nm* TECH → **projector** *n*
→ Projektor *nm*

Projektionsbildschirm *nm* TER&PER **overhead display**

Projektionsebene *nf* ENG.DRA **plane** *n*

Projektionsfläche *nf* IMAG.ME **display panel**
= Projektionswand *nf*
↓ Leinwand [CINEMA] — ↓ screen [CINEMA]

Projektionswand *nf* IMAG.ME → **display panel**
→ Projektionsfläche *nf*

Projektlaufzeit *nf* ECON → **project period**
→ Projektdauer *nf*

Projektleitung *nf* ECON **project mangement**
= Projektmanagement *nn*

Projektmanagement *nn* ECON → **project mangement**
→ Projektleitung *nf*

Projektmanager *nm* ECON → **project manager**
→ Projektführer

Projektor *nm* TECH **projector** *n*
= Projektionsapparat *nm* — ↓ overhead projector
↓ Folienprojektor

Projektplan *nm* ECON **project plan**

Projektplanung *nf* ECON **project engineering**
[technische] — [technical]
= Projektierung *nf* — = project planning

Projektrealisierung *nf* ECON **project implementation**
= project realization

Projektspezifikation *nf* TECH **project specification**

projektspezifisch ECON **project-specific**

Projektsteuerung *nf* ECON **project control**

Projektterminierung *nf* ECON **project scheduling**

Projektträger *nm* ECON **project sponsor**

Projektumfang *nm* ECON → **scope of work**
→ Leistungsumfang *nm*

Projektunterlagen *nplt* TEC.DOC **project documentation**
≈ Stationsuntrelagen; Montagehandbuch — ≈ station manual

projezieren MATH **project** *vt*

Prokura *nf* LAW **attorneyship** *n*
[handelsrechtliche Vollmacht eines Angestellten] — [legal appointment for commercial transactions]
↑ Vollmacht — = full power of attorney
↑ procuration

Prokurist *nm* LAW **signing clerck**
[handelsrechtlicher Bevollmächtigter] — = confidential clerck
↑ Bevollmächtigter — ↑ surrogate

PROLOG COMP.LG **PROLOG**

[eine symbolorientierte Programmsprache]		[PROgramming in LOGic; a symbol-oriented programming language]
Prolongation *nf*	ECON	**renewal** *n*
Prolusit *nn* → Braunstein *nm*	CHEM	→ **manganese dioxide**
PROM *nn* [nicht löschbar, nur einmal vom Anwender programmierbar, wird dann zum Festwertspeicher] = programmierbarer Festwertspeicher; einmalprogrammierbarer Festwertspeicher ≈ Firmware	MICR.EL	**PROM** [not erasable, only once user-programmable only once, becoming then a ROM] = programmable read-only memory ≈ firmware
Promethium *nn* = Pm	CHEM	**promethium** *n* = Pm
Promi *nm* (slang) → prominente Persönlichkeit	MEDIA	→ **prominet person**
Promillzeichen *nn* [Symbol: ‰]	ECON	**per-thousand sign** [symbol: ‰] = per-thousand symbol
prominent *adj*	MEDIA	**prominet**
Prominentenbesetzung *nf*	CINEMA	**star cast**
Prominenz *nf*	MEDIA	**prominence** *n* = celebrities *nplt*
prominete Persönlichkeit = Promi *nm* (slang)	MEDIA	**prominet person**
PROM-Programmiergerät *nn* ↑ Programmiergerät	MICR.EL	**PROM programmer** = PROM burner; PROM blower; PROM blaster; programmer board ↑ programming device
Prompt *nn* (ANGL) → Bereitmeldung *nf*	COMP.AP	→ **prompt** *n*
Pronomen *nn* = Fürwort *nn*	LING	**pronoun** *n*
Pronominaladverb *nn* = Umstandsfürwort *nn*	LING	**prepositional adverb**
Propaganda *nf* (1) [meist einseitige Verbreitung ideologischer und politischer Ideen]	MEDIA	**propaganda** *n* (1) [mostly unilateral propagation of ideological and political views]
Propaganda *nf* (2) → Werbung *nf*	MEDIA	→ **advertising** *n*
Propaganda betreiben	MEDIA	**propagandize**
Propagandafeldzug *nm*	MEDIA	**propagandistic campaign**
Propagandafilm *nm*	CINEMA	**propaganda film**
Propagandamaterial *nn*	PRIN.ME	**propaganda material**
Propagandarummel *nm* → Werberummel *nm*	MEDIA	→ **advertising hype** *n*
Propagandaschrift *nf*	PRIN.ME	**propaganda** *n*
Propagandasendung *nf*	MEDIA	**propaganda transmission**
Propagandist *nm*	MEDIA	**propagandist** *n*
propagandistisch	MEDIA	**propagandistic**
propagieren *vt* [sich für etwas werbend einsetzen]	MEDIA	**propagate** *vt* [to plead and canvass for something]
Proportion *nf* (1) → Bruch *nm* (1)	MATH	→ **ratio** *n*
Proportion *nf* (2) → Verhältnisgleichung *nf*	MATH	→ **proportion** *n* (2)
proportional	MATH	**proportional**
Proportional-/Integral-/ Differential-Regler *nm* → PID-Regler *nm*	CONTRO	→ **PID controller**
Proportionalabweichung *nf* = P-Abweichung *nf*	CONTRO	**proportional offset** *n* = droop *n*
Proportionaldruck *nm* → Proportionalschrift *nf*	PRIN.ME	→ **proportionally spaced font**
proportionale Größenveränderung	DAT.PR	**proportional seizing**
proportionaler Zeichenabstand → Proportionalzeichenabstand *nm*	PRIN.ME	→ **proportional spacing**
proportionale Schrift → Proportionalschrift *nf*	PRIN.ME	→ **proportionally spaced font**
proportionales Übertragungsglied → P-Glied *nn*	CONTRO	→ **P element**
Proportionalglied *nn* → P-Glied *nn*	CONTRO	→ **P element**
Proportionalität *nf*	MATH	**proportionality** *n*
Proportionalitätsgrenze *nf*	MECH	**proportional elastic limit**
Proportionalitätszeichen *nn* → Ähnlichzeichen *nn*	MATH	→ **equivalent sign**
Proportionalregler *nm* [proportional wirkend] = P-Regler *nm* ↑ stetiger Regler	CONTRO	**P-controller** [proportional action] = proportional controler ↑ continuous-action controller

Proportionalschrift *nf* [Schrittweite variiert mit der Buchstabenbreite] = Proportionaldruck *nm*; proportionale Schrift	PRIN.ME	**proportionally spaced font** [spacing varying with character width] = proportionally spaced print; proportionally spaced printing; proportional font; proportional-pitch font; proportional spacing ≠ constant-width font
Proportionalzeichenabstand *nm* = proportionaler Zeichenabstand ≠ Festzeichenabstand ↑ Zeichenabstand	PRIN.ME	**proportional spacing** ≠ fixed spacing ↑ character spacing
proportional zuordnen → anteilmäßig zuordnen	COLL	→ **prorate** *vt*
proprietär → herstellerspezifisch	TECH	→ **proprietary** *adj*
Prosodem *nn* [Tonhöhen- oder Betonungsunterschied von Vokalen oder Konsonanten] ↑ Phonem	LING	**prosodeme** *n* [differenciation of pitch or accentuation in pronouncing vowels or consonants] ↑ phoneme
Prospekt *nm*&*nn* (AT) [kleines, meist bebildertes Faltblatt mit Werbeinformation] ≈ Flugblatt	PRIN.ME	**prospectus** *n* [printed matter on single sheet, often folded and illustrated] = folder *n*; pamphlet *n* ≈ flyer
pro Stück → à	ECON	→ **à**
Pro-Stück-Zeichen *nn* → Klammeraffe *nm*	ECON	→ **AT sign** (symbol @)
Protactinium *nn* = Pa	CHEM	**protactinium** *n* = Pa
Protagonist *nm* → Hauptdarsteller *nm*	MEDIA	→ **main actor**
Protektor *nm* [Unterwasserkabel]	OUT.PL	**protector** *n* [underwater cable]
Protest *nm*	COLL	**protest** *n*
Protokoll *nn* [semantische und syntaktische Verfahrensvorschriften für Übermittlung] ≈ Quittungsaustausch ↓ Übertragungsprotokoll; Mehrschichtenprotokoll	DAT.CO	**protocol** *n* [set of semantic and syntactic rules for data transfer] ≈ handshaking ↓ communications protocol; layered protocol
Protokoll *nn* [vom griech. "próto-kóllon" = (zur Kennzeichnung) "vor-geleimtes" (Blatt)] ≈ Niederschrift ↓ Besprechungsprotokoll	ECON	**protocol** *nplt* [from the Greek "próto-kóllon" = "pre-glued" roll for marking purposes] = minutes ≈ record
Protokoll *nn*	LAW	**protocol** *n*
Protokoll *nn* = Zertifikat *nn*	QUAL	**certificate** *n*
Protokoll *nn* [chronologische Aufzeichnung] = Auflistung *nf*; Listenausdruck *nm*; Journal *nn* ≈ Ausdruck ↓ Übersetzungsprotokoll	DAT.PR	**listing** *n* [a chronological record] = logging *n*; log *n*; journal *n*; summary *n* ≈ printout ↓ translator listing
Protokoll *nn* → Journal *nn*	INF.TEC	→ **journal** *n*
Protokollanalysator *nm*	INSTR	**protocol analysator** = protocol analyzer
Protokollarchitektur *nf*	DAT.CO	**protocol architecture**
Protokollband *nn*	DAT.MA	**log tape** ≠ journal tape
Protokolldatei *nf* → Journaldatei *nf*	DAT.MA	→ **journal file**
Protokoll-Dienstinformation *nf*	DAT.CO	**PSI** = protocol service information
Protokollebene *nf* → Protokollschicht *nf*	DAT.CO	→ **protocol layer**
Protokollführer *nm* = Schriftführer *nm*	OFFICE	**keeper of minutes**
Protokolliereinrichtung *nf* → Registriereinrichtung *nf*	TER&PER	→ **logger** *n*
protokollieren = ausdrucken; ausgeben	DAT.PR	**log** *vt* = print-out; type-out
protokollieren = ins Protokoll aufnehmen	ECON	**protocol** *vt* = minute *n*
Protokollierung *nf* → Ausdruck *nm*	DAT.PR	→ **printout** *n*
Protokollkonverter *nm* → Protokollwandler *nm*	DAT.CO	→ **protocol converter**

Protokollmesstechnik *nf* INSTR **log measuring technique**
protokollneutral TELEC **protocol-independent**
protokollorientiert TELEC **protocol-oriented**
Protokollprofil *nn* DAT.CO → **protocol stack**
→ Protokollstapel *nm*
Protokollschicht *nf* DAT.CO **protocol layer**
[ein Satz Strukturen und Routinen um eine bestimmte Klasse von Ereignissen zu handhaben; z.B. im OSI-Modell] [a set of structures and routines to handle a particular class of events; e.g. in the OSI model]
= Protokollebene *nf*; Schicht *nf*; Ebene *nf* = layer *n*; protocol level; level *n*
Protokollschnittstelle *nf* TELEC **protocol interface**
Protokollstapel *nm* DAT.CO **protocol stack**
= Protokollprofil *nn* = protocol suite
Protokolltester *nm* INSTR **protocol tester**
protokolltransparent DAT.CO **protocol-transparent** *adj*
Protokolltransparenz *nf* DAT.CO **protocol transparency**
Protokollwandler *nm* DAT.CO **protocol converter**
= Protokollkonverter *nm*
Protollschreibmaschine *nf* OFFICE **logging typewriter**
Proton *nn* PHYS **proton** *n*
protonenimplantierter Laser OPTOEL **proton-implanted laser**
Prototyp *nm* TECH **prototype** *n*
[vorl. Ausführung für Bewertungszwecke] [preliminary implementation for evaluation purposes]
= Muster *nn* (3); Typmuster *nn*; Ausführungsmuster *nn*; Versuchsmuster *nn*; Probemuster *nn*; Funktionmuster *nn*; Versuchsgerät *nn* = experimental prototype; type model; test model; sample *n*; specimen *n*; functional mock-up
↑ Modell ↑ model
↓ Labormuster; Entwicklungsmuster; Fertigungsmuster ↓ laboratory prototype; engineering prototype; production prototype
Prototypenbau *nm* MANUF → **prototyping** *n*
→ Musterbau *nm* (1)
Prototypenwafer *nm* MICR.EL **prototype wafer**
= prototype slice
Prototyping *nn* (ANGL) SW → **prototyping** *n*
→ Musteranwendungsverfahren *nn*
Prototypsystem *nn* TECH → **experimental system**
→ Versuchssystem *nn*
Protuberanz *nf* TECH **protuberance** *n*
≈ Vorsprung = bulge *n*; prominence *n*
≈ projection
Pro und Kontra *nn* COLL → **trade-off** *n*
→ Abwägung *nf*
Provinz *nf* PUB.ADM **province** *n*
Provision *nf* ECON **commission** *n*
Provisionsgeschäft *nn* ECON **commisssion business**
provisorisch COLL → **preliminary** *adj*
→ vorläufig
provisorische Abnahme TECH **provisional acceptance**
= vorläufige Abnahme = conditional acceptance
provisorische Korrektur SW **soft patch**
[nur während des Programlaufs wirksam] [modification which is effective only during the session]
provisorische Lösung TECH → **intermediate solution**
→ Zwischenlösung *nf*
provisorisches Abnahmeprotokoll ECON → **Provisional Acceptance Certificate**
→ provisorisches Abnahmezertifikat
provisorisches Abnahmezertifikat ECON **Provisional Acceptance Certificate**
= provisorisches Abnahmeprotokoll = PAC
provisorisches Ergebnis TECH → **intermediate result**
→ Zwischenergebnis *nn*
provisorisches Mittel STATIS **assumed mean**
= geschätztes Mittel
Provisorium *nn* TECH → **expedient** *n*
→ Notbehelf *nm*
Proximity-Effekt *nm* ANT **proximity effect**
Proxy *nm* INTERNET **proxy** *n*
[Engl. "proxy" = Stellvertreter; eine (meist zu Kontrollzwecken) zwischen Sender und Empfänger geschaltete Applikation] [from Latin "proximus" = "nearest"; an application interposed between sender and receiver (mostly for controlling reasons)]
= Proxy-Agent; Vertreter; Stellvertreter = proxy agent; representative *n*
↑ Protokollwandler; Brandschutzmauer ↑ protocol converter; firewall
Proxy-Agent INTERNET → **proxy** *n*
→ Proxy *nm*
Proxy-Server *nm* INTERNET **proxy server**
[zur Zwischenspeicherung oft abgerufener Informationen in der Nähe (engl. PROximitY) der Teilnehmer] [for intermediate storage of frequently used information in user PROXimitY]
= application proxy; application level gateway

Prozedur *nf* COMP.LG **procedure** *n*
[mit Eigennamen abrufbare Befehlssequenz (Routine) einer problemorientierten Programmiersprache] [a named sequence of statements (routine) of a problem-oriented language, recallable by proper name]
≈ Unterprogramm; Routine ≈ subroutine; routine
↓ Codeprozedur
Prozedur *nf* DAT.CO → **transmission procedure**
→ Übertragungsprozedur *nf*
prozedural COMP.LG **procedural** *adj*
[eine Prozedur (namentliche Routine) befolgend] [following a procedure (a named routine)]
= prozedurorientiert; verfahrensorientiert; nicht-deklarativ; nicht-deskriptiv = procedure-oriented; imperative; nondeclarative; nondescriptive
≠ deklarativ ≠ declarative
prozedurale Linguistik COMP.AP → **computational linguistics**
→ Computerlinguistik *nf*
prozedurale Programmiersprache COMP.LG → **procedure-oriented programming language**
→ prozedurorientierte Programmiersprache
prozeduraler Zusammenhang SW **procedural cohesion**
prozedurale Sprache COMP.LG → **procedure-oriented programming language**
→ prozedurorientierte Programmiersprache
prozedurales Wissen ART.IN → **procedural knowledge**
→ Verfahrenswissen *nn*
prozedurale Textur COMP.GR **procedural texture**
[durch Parameter animierbar] [can be animated by parameters]
Prozeduranweisung *nf* COMP.LG **procedure statement**
Prozeduraufruf *nm* SW **procedure call**
≈ Botschaft ≈ message
Prozedurbibliothek *nf* SW **procedure library**
↑ Programmbibliothek ↑ program library
Prozedurdialog *nm* DAT.CO **procedure dialog**
Prozedurfenster *nn* DAT.PR **register window**
Prozedurname *nm* COMP.LG **procedure identifier** (ALGOL)
= procedure name (COBOL)
prozedurorientiert COMP.LG → **procedural** *adj*
→ prozedural
prozedurorientierte Programmiersprache COMP.LG **procedure-oriented programming language**
[Sprache bei der die Befehlssequenz dem Ablauf entsprechen muss; die Sprachen der 1. bis 3. Generation] [language where the instructions must follow the sequence of the process; the languages of generation 1 to 3]
= prozedurale Programmiersprache; prozedurorientierte Sprache; prozedurale Sprache; verfahrensorientierte Programmiersprache; verfahrensorientierte Sprache = procedure-oriented language; POL; procedural programming language; procedural language
≈ Maschinensprache ≈ machine language
≠ symbolorientierte Programmiersprache; nicht verfahrensorientierte Sprache ≠ symbol-oriented programming language; nonprocedural language
↓ maschinenorientierte Programmiersprache; problemorientierte Programmiersprache ↓ machine-oriented progamming language; problem-oriented programming language
prozedurorientierte Sprache COMP.LG → **procedure-oriented programming language**
→ prozedurorientierte Programmiersprache
Prozedurphase *nf* DAT.PR **procedure phase**
Prozedurprozess *nm* DAT.CO **procedure process**
Prozedurteil *nm* COMP.LG **procedure division**
↑ COBOL-Programm ↑ COBOL program
Prozedurvereinbarung *nf* COMP.LG **procedure declaration** (ALGOL)
= declarative *n* (COBOL)
Prozedurwandlung *nf* DAT.CO **procedure diversity**
Prozent *nn* MATH **percent** *n*
[Symbol: %] [% ; p.c.]
= von Hundert; v.H.; p.c. = per centum; p.c.
Prozentfunktion *nf* OFFICE **percentage function**
[in Rechenmaschinen] [in calculators]
Prozentpunkt *nm* MATH **percentage point**
Prozentsatz *nm* MATH **percentage** *n*
= Hundertsatz *nm* = percent *n*; percentile *n*
prozentual MATH **percent** *adj*
= percental
prozentualer Fehler INSTR **percentage error**
Prozentzeichen *nn* ECON **percent sign**
[Symbol: %] [symbol: %]
= percent symbol
Prozess *nm* LAW **lawsuit** *n*
= Gerichtsverfahren *nn* = legal action; suit *n*; action *n*; trial *n*; litigation *n*
≈ Rechtsstreit ≈ litigation
Prozess *nm* SW **process** *n*
[eine zusammenhängende Folge von Programmschritten] [a coherent sequence of program steps]
≈ Aufgabe ≈ task

Prozess *nm* ECON → **proceedings** *nplt* (1)
→ Verfahren *nn*
Prozess *nm* (1) TECH → **operation** *n* (2)
→ Vorgang *nm*
Prozess *nm* (2) TECH → **procedure** *n*
→ Verfahren *nn*
Prozessaufruf *nm* DAT.CO **process call**
Prozessautomatisierung *nf* CONTRO **process automation**
prozessbegrenzt TECH → **process-bound** *adj*
→ verfahrenbegrenzt
Prozessdaten *nplt* CONTRO **process data**
Prozessdatenübertragung *nf* CONTRO **process data transmission**
Prozessdatenverarbeitung *nf* AUTOMA **process data processing**
≈ Prozesssteuerung ≈ process control
Prozessfarbe *nf* PRIN.ME **process color**
[durch mischen von Grundfarben] [by mix of basic colours]
≠ Schmuckfarbe ≠ decorative color
Prozessführung *nf* CONTRO → **process control**
→ Prozesssteuerung *nf*
prozessgebunden TECH → **process-bound** *adj*
→ verfahrenbegrenzt
prozessgeführt TECH **process-guided**
= ablaufgeführt ≈ process-controlled
≈ prozessgesteuert
prozessgekoppelt TECH → **process-coupled** *adj*
→ prozessverknüpft
Prozessgröße *nf* AUTOMA **process quantity**
= Prozessvariable *nf* = process variable
prozessintern TECH **in-process** *adj*
Prozesskette *nf* TECH **process chain**
Prozesskommunikation *nf* COMP.AP **process communication**
Prozesskostenrechnung *nf* ECON **activity-based costing**
= ABC
Prozessleitrechner *nm* DAT.PR → **process control computer**
→ Prozessrechner *nm*
Prozessleitrechnersprache *nf* COMP.LG → **process control computer language**
→ Prozessrechnersprache *nf*
Prozessleittechnik *nf* CONTRO **process control engineering**
Prozessleitung *nf* CONTRO → **process control**
→ Prozesssteuerung *nf*
Prozesslogik *nf* SW **business logic**
[Teil des Anw.Progr. der hinter der GUI der verarbeitet] [part of the appl. progr. behind the GUI doing the proper processing]
Prozessmodell *nn* MOD&SI **process model**
Prozessor *nm* HW **processor** *n*
[Oberbegriff zu Steuerwerk plus Rechenwerk, ohne Hauptspeicher; in der Mikroprozessortechnik Synonynm zu Zentralprozessor] [generic term for arithmetic-logic unit plus control unit; in microprocessor terminology synonimous to CPU]
= Verarbeitungsprozessor *nm*; CPU *nf* (2); Zentralprozessor *nm* (2); Zentraleinheit *nf* (2) = central processing unit (2); CPU (2); basic processing unit; BPU; engine
↓ Rechenwerk; Steuerwek; ↓ arithmetic-logic unit; control unit
Prozessor *nm* SW **processor** *n*
[Programm zur Übersetzung in eine Werkzeugmaschinen steuernde Sprache] [program to translate into a language of of numeric control]
↑ Übersetzer ↑ translator
prozessorbedingt DAT.PR → **processor-bound** *adj*
→ prozessorgebunden
prozessorbegrenzt DAT.PR → **processor-bound** *adj*
→ prozessorgebunden
Prozessorchip *nm* MICR.EL **processor chip**
Prozessorentwicklungsmodul *nn* (*pl* -e) MICR.EL **processor development module**
prozessorgebunden DAT.PR **processor-bound** *adj*
= prozessorbedingt; prozessorbegrenzt; prozessorrechnergebunden; rechneregebunden; rechnerbegrenzt; rechnerbedingt = computer-bound; computer-limited; computation-bound; CPU-bound; compute-bound
≈ maschinenorientiert; rechenintensiv ≈ computer-oriented;
prozessorgesteuert DAT.PR **processor-controlled**
prozessorientiert TECH **process-oriented**
= ablauforientiert
prozessorintensiv DAT.PR **processor-intensive**
Prozessorkarte *nf* TER&PER → **microprocessor chip card**
→ Mikroprozessor-Chipkarte *nf*
Prozessorkühler *nm* COMPO **processor cooler**
Prozessorleistung *nf* SW **processor performance**
[Maßeinheit: MIPS / Millionen Befehle pro Sekunde] [unit: MIPS / Mega-Instructions Per Second]
Prozessorperipherie *nf* DAT.PR **process control peripheral unit**
prozessorrechnergebunden DAT.PR → **processor-bound** *adj*
→ prozessorgebunden

Prozessorstatuswort *nn* MICR.EL → **processor status word**
→ Prozessorzustandswort *nn*
Prozessorunterbrechbarkeit *nf* MICR.EL **processor interrupt facility**
Prozessorzustandswort *nn* MICR.EL **processor status word**
= Prozessorstatuswort *nn* = PSW
Prozessperipherie *nf* AUTOMA **process interface equipment**
Prozessrechner *nm* DAT.PR **process control computer**
[für Prozesssteuerungen spezialisierter Rechner, für spezielle Schnittstellen, Befehlsvorräte und Umgebungsbedingungen optimert] [a computer dedicated to control processes, with specialized interfacing, instruction set and environmental conditions]
= Prozessleitrechner *nm* = process computer
≈ Roboter [CONTRO] ≈ robot [CONTRO]
≠ Geschäftscomputer; Betriebsrechner ≠ business computer; plant computer
↓ Verkehrsrechner
Prozessrechnersprache *nf* COMP.LG **process control computer language**
= Prozessleitrechnersprache *nf* = process computer language
≈ Realzeit-Programmiersprache ≈ real time program language
Prozess-Server *nm* DAT.NW **process server**
Prozesssimulation *nf* TECH **process simulation**
= Prozesssimulierung *nf*
Prozesssimulierung *nf* TECH → **process simulation**
→ Prozesssimulation *nf*
Prozesssteuerung *nf* CONTRO **process control**
= Prozessleitung *nf*; Prozessführung *nf* ≈ process data processing
≈ Prozessdatenverarbeitung
Prozesssteuerungsgerät *nn* AUTOMA **process control equipment**
↓ Fühler; Wandler; Aktuator ↓ sensor; transducer; actuator
Prozesssteuerungsprogramm *nn* SW **process control program**
= process controlling program
Prozessüberwachung *nf* TECH **process monitoring**
= Ablaufüberwachung *nf* = process supervision
Prozessunterbrechungssignal *nn* AUTOMA **process interrupt signal**
Prozessurunterbrechung *nf* MICR.EL **processor interrupt**
Prozessvariable *nf* AUTOMA → **process quantity**
→ Prozessgröße *nf*
prozessverknüpft TECH **process-coupled** *adj*
= prozessgekoppelt; ablaufverknüpft; ablaufgekoppelt
Prozessverwaltung *nf* AUTOMA **process management**
Prozessvisualisierung *nf* COMP.AP **process visualization**
PrtSc-Taste *nf* TER&PER → **PRINT-SCREEN key**
→ PRINT-SCREEN-Taste *nf*
Prüfablauf *nm* INSTR **exercise** *n*
[ein Gerät durchläuft alle Betriebszustände, um geprüft werden zu können] [an equipment performs all its functions, to allow testing]
Prüfablauf *nm* QUAL → **test program**
→ Prüfprogramm *nn*
Prüfadapter *nm* INSTR → **measuring adapter**
→ Messvorsatz *nm*
Prüfader *nf* EL.TRO **test conductor**
= Testader *nf*; Hilfsader *nf* = test wire; pilot conductor; pilot
Prüfader *nf* TELEPH → **tip wire** *n* (2)
→ C-Ader
Prüfanlage *nf* TECH → **test installation**
→ Testanlage *nf*
Prüfanordnung *nf* INSTR → **test setup**
→ Messaufbau *nm*
Prüfanschalter *nm* SWITCH **test access**
= test connection
Prüfanschluss *nm* EL.TRO → **test port**
→ Messausgang *nm*
Prüfanstalt *nf* TECH **testing center**
= Prüfinstitution *nf*; Prüfinstitut *nn*; Prüfzentrum *nn*
Prüfanweisung *nf* TEC.DOC **test instruction**
= Prüferläuterung *nf*; Testanweisung *nf*; Testerläuterung *nf*
Prüfanzeige *nf* DAT.CO **check indicator**
[zeigt Prüfsummenfehler an] [indicates negative check result]
Prüfaufbau *nm* INSTR → **test setup**
→ Messaufbau *nm*
Prüfaufnahme *nf* MANUF **testing device**
= Testaufnahme *nf* = testing appliance
Prüfauftrag *nm* DAT.CO **test request**
= Testanforderung *nf*
Prüfausgang *nm* EL.TRO → **test port**
→ Messausgang *nm*
Prüfaussage *nf* SW → **assertion** *n*
→ Kontrollaussage
Prüfauswertung *nf* QUAL **test evaluation**
= Testauswertung *nf*

Prüfautomat *nm* INSTR **automatic tester**
= Testautomat *nm*; automatische Prüfeinrichtung | = test automat; automatic test equipment; ATE

Prüfautomatensoftware *nf* COMP.AP → **test automation software**
→ Testautomatisierungssoftware *nf*

prüfbar TECH **testable**
= testbar

Prüfbarkeit *nf* TECH → **testability** *n*
→ Prüffreundlichkeit *nf*

Prüfbarkeitsregel *nf* MICR.EL **testability rule**

Prüfbaugruppe *nf* EQP.EN → **test board**
→ Testbaugruppe *nf*

Prüfbaustein *nm* MICR.EL → **diagnostic chip**
→ Diagnosebaustein *nm*

Prüfbedingung *nf* TECH **test condition**

Prüfbedingung *nf* QUAL → **test specification**
→ Prüfvorschrift *nf*

Prüfbefehl *nm* TELECON **check command**

Prüfbefund *nm* QUAL → **test result**
→ Prüfergebnis *nn*

Prüfbeginn *nm* DAT.CO **start of test**
≠ Prüfende | ≠ end of test

Prüfbeleg *nm* QUAL → **test document**
→ Prüfunterlage *nf*

Prüfbericht *nm* QUAL **test report**
= Testbericht *nm* | ≈ test protocol; test result
≈ Prüfprotokoll; Prüfergebnis

Prüfbit *nn* CODING **check bit**
≈ Kontrollbit | = test bit; option bit
↓ Paritätsbit | ≈ control bit
↓ parity bit

Prüfbitmuster *nn* DAT.CO → **test bit pattern**
→ Simulationsbitmuster *nn*

Prüfblock *nm* DAT.CO **test block**

Prüfbündel *nf* SWITCH **test trunk group**

Prüfbündel *nf* DAT.CO **test line group**

Prüfbus *nm* MICR.EL **test bus**
= Testbus *nm* | = scan path

Prüfbyte *nn* DAT.CO **test byte**
= Kontrollbyte *nn* | = check byte

Prüf-Chip *nm* MICR.EL → **diagnostic chip**
→ Diagnosebaustein *nm*

Prüfdatei *nf* DAT.MA **test file**
= Testdatei *nf*

Prüfdaten *nplt* SW → **test data** *n*
→ Testdaten *nplt*

Prüfdatengenerator *nm* DAT.PR → **test data generator**
→ Testdatengenerator *nm*

Prüfdatensatz *nm* SW → **test data set**
→ Testdatensatz *nm*

Prüfdiagramm *nn* QUAL **test diagram**
= Testdiagramm *nn* | = test chart

Prüfdokument *nn* QUAL → **test document**
→ Prüfunterlage *nf*

Prüfdokumentation *nf* QUAL **test documentation**
= Testdokumentation *nf*

Prüfeinrichtung *nf* INSTR **test equipment**
≈ Prüfvorrichtung; Messplatz | = test tools
≈ testing device; measuring set

Prüfeinrichtungsbaugruppe *nf* EQP.EN **test equipment module**

prüfen MEC.EN **gauge** *vt*
= gage *vt*

prüfen TECH **check** *vt*
= testen; inspizieren; kontrollieren; examinieren | = inspect *vt*; test *vt*; control *vt*; probe *vt*; examine *vt*
≈ nachprüfen | ≈ re-examine
↓ genau prüfen | ↓ scrutinize

Prüfende *nm* DAT.PR **end of test**
≠ Prüfbeginn | ≠ start of test

Prüfer *nm* QUAL **tester** *n*

Prüfergebnis *nn* INSTR → **test result**
→ Messwert *nm*

Prüfergebnis *nn* QUAL **test result**
= Testergebnis *nn*; Prüfbefund *nm* | ≈ test report
≈ Prüfbericht

Prüferläuterung *nf* TEC.DOC → **test instruction**
→ Prüfanweisung *nf*

Prüffeld *nn* MANUF **test department**
= production test area; production test floor; test bench; bench

Prüffolge *nf* DAT.CO **test sequence**
= Prüfmuster *nn*; Testfolge *nf*; Testmuster *nn*; Prüftext *nm* | = test pattern; retest signal; test

Prüffolge *nf* DAT.PR **validation suite**

prüffreundliches Entwickeln TECH **design to testability**

Prüffreundlichkeit *nf* TECH **testability** *n*
= Prüfbarkeit *nf*

Prüfgelände QUAL **test area**

Prüfgenerator *nm* INSTR → **standardizing generator**
→ Eichgenerator *nm*

Prüfgerät *nn* INSTR **test instrument**
= Testgerät *nn* | = test set; tester *n*
≈ Prüfapparatur; Prüfvorrichtung; Messgerät | ≈ test equipment; testing device; measuring instrument

Prüfgestell *nn* MANUF → **test bay**
→ Referenzgestell *nn*

Prüfhilfe *nf* INSTR **test aid**
= Testhilfe *nf*; Prüfhilfsmittel *nn*; Prüfhilfseinrichtung *nf* | = testing aid
≈ Messhilfe; Prüflehre | ≈ measuring aid; test gage

Prüfhilfe *nf* SW → **test aid**
→ Testhilfe *nf*

Prüfhilfseinrichtung *nf* INSTR → **test aid**
→ Prüfhilfe *nf*

Prüfhilfsmittel *nn* INSTR → **test aid**
→ Prüfhilfe *nf*

Prüfinformation *nf* TELECON **check information**

Prüfinstitut *nn* TECH → **testing center**
→ Prüfanstalt *nf*

Prüfinstitution *nf* TECH → **testing center**
→ Prüfanstalt *nf*

Prüfkanal *nm* TELEC → **test channel**
→ Testkanal *nm*

Prüfkarte *nf* TER&PER **test card**
[Lochkarte] | [punched card]
= diagnostic card; diagnostic board

Prüfkartensatz *nm* TER&PER **test deck**

Prüfkennzeichen *nn* QUAL **inspection mark**
= test mark

Prüfklemme *nf* EL.TRO **test clip**
= Testclip (ANGL) | ↓ crocodil clip
↓ Abgreifklemme

Prüfklima *nn* QUAL **test atmosphere**

Prüfklinke *nf* TELEPH **test jack**

Prüfkonzept *nn* INSTR **measurement concept**

Prüfkörper *nm* PHYS **test body**

Prüfkörper *nm* QUAL → **test specimen**
→ Prüfling *nm*

Prüflast *nf* QUAL **test load**

Prüflauf *nm* DAT.PR → **test run**
→ Testlauf *nm*

Prüflehre *nf* MEC.EN **checking appliance**
≈ Messlehre | ≈ gage

Prüflehre *nf* INSTR **test gage**
≈ Prüfhilfe | ≈ test aid

Prüfleiste *nf* EQP.EN **test terminal block**

Prüfleitung *nf* INSTR → **measuring line**
→ Messleitung *nf*

prüflesen DAT.PR **check-read** *vt*
= kontrollesen | = read after write

Prüflesen *nn* PRIN.ME → **proofreading** *n*
→ Korrekturlesung *nf*

Prüfling *nm* QUAL **test specimen**
= Prüfstück *nn*; Prüfobjekt *nn*; Prüfkörper *nm*; Teststück *nn*; Testobjekt *nn* | = test object; specimen; device under test; DUT
≈ Messobjekt [INSTR] | ≈ unit under measurement [INSTR]

Prüfliste *nf* TEC.DOC **checklist** *n*
= Kontrollliste *nf*

Prüflocher *nm* TER&PER → **punched card verifier**
→ Lochkartenprüfer *nm*

Prüflochstreifen *nm* TER&PER **diagnostic test tape**
= test perforated tape; test tape

Prüflochung *nf* TER&PER **test hole**
[Stanzgerät] | [puncher]

Prüflos *nn* STATIS → **lot** *n*
→ Los *nn*

Prüfmatrix *nf* CODING **parity-check matrix**

Prüfmittel *nn* TECH **test resources**
= measuring and testing equipment

Prüfmittelüberwachung *nf* QUAL **control of measuring and testing equipment**

Prüfmodus *nm* MICR.EL → **test mode**
→ Testmodus *nm*

Prüfmuster *nn* DAT.CO → **test sequence**
→ Prüffolge *nf*
Prüfmustergenerator *nm* INSTR → **pattern generator**
→ Bitmustergenerator *nm*
Prüfniveau *nn* QUAL **inspection level**
Prüfnummer *nf* SWITCH → **test number**
→ Testnummer *nf*
Prüfobjekt *nn* QUAL → **test specimen**
→ Prüfling *nm*
Prüfpfad *nm* DAT.PR **audit trail**
[die Belegung einer Verarbeitungssequenz von der Eingabe bis zum Ende] [documentation of a processing sequence from its inputting to its termination]
= Rückverfolgungspfad *nm*
Prüfplan *nm* QUAL **test schedule**
= Testplan *nm* = test plan
Prüfplatte *nf* EL.ACOU → **test record**
→ Testplatte *nf*
Prüfplatz *nm* SWITCH **test position**
≈ Prüfschrank ≈ test desk
Prüfplatz *nm* QUAL **test bench**
= Prüftisch *nm*; Prüfstand *nm* = test desk; testing stand
Prüfproblem *nn* SW **check problem**
[mit bekannter Lösung] [with known solution]
Prüfprogramm *nn* QUAL **test program**
= Testprogramm *nn*; Prüfablauf *nm*; Testablauf *nm*; Prüfroutine *nf*; Testroutine *nf*; Prüfverfahren *nn*; Testverfahren *nn* = test procedure; test sequence; testing method
≈ Messverfahren [INSTR] ≈ measurement procedure [INSTR]
Prüfprogramm *nn* (1) SW → **test program** *n*
→ Testprogramm *nn*
Prüfprogramm *nn* (2) SW → **shareware** *n*
→ Shareware *nf*
Prüfprogramm *nn* (3) SW **checking program**
↑ Diagnoseprogramm = checking routine
↑ diagnostics program
Prüfprotokoll *nn* QUAL **test protocol**
= Testprotokoll *nn* = test log
≈ Prüfbeleg
Prüfpunkt *nm* EL.TRO → **test point**
→ Messpunkt *nm*
Prüfraum *nm* QUAL **test room**
= Testraum *nm* ≈ measuring chamber [INSTR]
≈ Messraum [INSTR]
Prüfregister *nn* DAT.PR **check register**
Prüfrelais *nn* CIRC.EN **test relay**
Prüfroutine *nf* QUAL → **test program**
→ Prüfprogramm *nn*
Prüfroutine *nf* SW → **test program** *n*
→ Testprogramm *nn*
Prüfsatz *nm* INSTR **verification kit**
Prüfsatz *nm* SWITCH **test circuit**
↑ Satz ↑ circuit
Prüfschalter *nm* EQP.EN **test key**
Prüfschaltung *nf* CIRC.EN **test circuit**
= Testschaltung *nf*
Prüfschaltung *nf* TELEC → **test connection**
→ Prüfverbindung *nf*
Prüfschleife *nf* TELEC **test loop**
= Testschleife *nf*; Diagnoseschleife *nf* [DAT.CO] = loopback *n*; diagnostic loop [DAT.CO]
≈ measuring loop [EL.TRO]
Prüfschleifencode *nm* TELEC **loopback code**
Prüfschnur *nf* INSTR → **measuring line**
→ Messleitung *nf*
Prüfschrank *nm* SWITCH **test desk**
≈ Prüfplatz ≈ test position
Prüfsender *nm* TELEC **test signal generator**
Prüfsignal *nn* EL.TRO → **test signal**
→ Testsignal *nn*
Prüfsoftware *nf* SW **check software**
≈ Software-Monitor ≈ software monitor
Prüfspannung *nf* EL.TRO **test voltage**
≈ Messspannung [INSTR] ≈ measuring voltage [INSTR]
Prüfsperre *nf* DAT.CO → **test inhibit**
→ Testsperre *nf*
Prüfsperrsignal *nn* DAT.CO → **test inhibit signal**
→ Testsperrsignal *nn*
Prüfsperrsignalvergleich *nm* DAT.CO → **test inhibit signal comparision**
→ Testsperrsignalvergleich *nm*
Prüfspitze *nf* INSTR **test probe**
= Messkopf *nm*; Messfühler *nm*; Messsonde *nf*; Messsensor *nm*; Sensor *nm*; Messwertgeber *nm*; Messdetektor *nm*; Messtaster *nm*; Tastkopf *nm*; Taster *nm*; Tastspitze *nf* = measuring probe; scanner probe; probe tip; probe; test head; measuring head; scanner head; head; sensor; sensing head; mount; pod; sensing device; sensing element; pick-up
↓ Testteiler; Logiktester ≈ attenuator probe; logic tester
Prüfstand *nm* QUAL → **test bench**
→ Prüfplatz *nm*
Prüfstecker *nm* COMPO **test connector**
Prüfstelle *nf* EL.TRO → **test point**
→ Messpunkt *nm*
Prüfstempel ECON **inspection stamp**
Prüfstruktur *nf* MICR.EL → **process-control monitor**
→ Teststruktur *nf*
Prüfstück *nn* QUAL → **test specimen**
→ Prüfling *nm*
Prüfsumme *nf* INF.TEC **hash total**
[eine Summierung von an sich nicht zusammenhängengeden Zahlen, nur zu Prüfzwecken] [from "hash" = chopped food; summation of incoherent numbers, just for control purpose]
= Kontrollsumme *nf*; Checksumme *nf* = running digital sum; RDS; check sum; checksum *n*; CKSM; check total; proof total; gibberish total; control total; batch total
↑ Stapelsumme ↑ batch total
Prüfsummenprogramm *nn* SW **checksummer program**
[zur Viruserkennung] [to detect viruses]
= checksummer
Prüfsystem *nn* DAT.PR **device tester** *n*
Prüftechnik *nf* INSTR **test technology**
≈ Messtechnik ≈ measuring technology
Prüftext *nm* DAT.CO → **test sequence**
→ Prüffolge *nf*
Prüftisch *nm* QUAL → **test bench**
→ Prüfplatz *nm*
Prüftoleranz *nf* QUAL → **test tolerance**
→ Messtoleranz *nf*
Prüfton *nm* EL.ACOU **test tone**
= Testton *nm*
Prüftreiber *nm* SW **test driver**
= test harness
Prüfumfeld *nn* DAT.PR → **test environment**
→ Testumgebung *nf*
Prüfumgebung *nf* DAT.PR → **test environment**
→ Testumgebung *nf*
Prüfung *nf* INSTR → **measuring** *n*
→ Messung *nf*
Prüfung *nf* QUAL **inspection** *n*
= Test *nm* = test *n*; measurement *n*; check *n*; checking *n*
≈ Erprobung; Messung
Prüfung *nf* TECH **check** *n*
= Test *nm*; Inspektion *nf*; Kontrolle *nf* = examination *n*; inspection *n*; test *n*; observation *n*
≈ Nachprüfung; Bestätigung; Untersuchung ≈ re-examination; verification; investigation
↓ genaue Prüfung ↓ scrutiny
Prüfung *nf* MEC.EN **gaging** *n*
[mit Lehren] [checking with a gauge]
Prüfungergebnis *nn* COLL → **finding** *n*
→ Befund *nm*
Prüfung mit Arbeitspunktversatz QUAL **biased testing**
↓ Grenzbedingungsprüfung ↓ marginal testing
Prüfung nach verbotenen Kombinationen DAT.MA **forbidden combination check**
Prüfungsbericht *nm* ECON **autitor's report**
Prüfungsgesellschaft *nf* ECON **auditing firm**
Prüfunterlage *nf* QUAL **test document**
= Testunterlage *nf*; Prüfbeleg *nm*; Prüfdokument *nn* ≈ test protocol
≈ Prüfprotokoll
Prüfurkunde *nf* QUAL **test certificate**
= Prüfzertifikat *nn* ≈ test protokoll
≈ Prüfprotokoll
Prüfverbindung *nf* TELEC **test connection**
= Prüfschaltung *nf* = test link
Prüfverfahren *nn* QUAL → **test program**
→ Prüfprogramm *nn*
Prüfverteilung *nf* STATIS → **test distribution**
→ Testverteilung *nf*
Prüfvielfach *nn* SWITCH **test multiple**
Prüfvorrichtung *nf* INSTR **testing device**

≈ Prüfgerät; Prüfeinrichtung; Messvorrichtung — = measuring device (3); trier *n* ≈ test equipment; test tools; measuring device

Prüfvorschrift *nf* QUAL **test specification**
= Prüfbedingung *nf*

Prüfwechsel *nm* DAT.CO **test reversal**

Prüfweg *nm* SWITCH **test path**

Prüfwert *nm* INSTR → **test result**
→ Messwert *nm*

Prüfzeichen *nn* INF.TEC → **check character**
→ Kontrollzeichen *nn*

Prüfzeile *nf* TV **test line**
= vertical interval

Prüfzeilen-Analysator *nm* TV **video distortion analyzer**

Prüfzeilen-Einblendgerät *nn* TV **test line insertion equipment**

Prüfzeilen-Messsignal *nn* TV **vertical interval test signal**
= VITS

Prüfzeilen-Referenzsignal *nn* TV **vertical interval reference signal**
= VIRS

Prüfzeilen-Signalgenerator *nm* TV **insertion signal generator**

Prüfzentrum *nn* TECH → **testing center**
→ Prüfanstalt *nf*

Prüfzertifikat *nn* QUAL → **test certificate**
→ Prüfurkunde *nf*

Prüfziffer *nf* CODING → **check digit**
→ Kontrollziffer *nf*

Prüfzweck *nm* TECH **testing purpose**
= Testzweck *nm*; Messzweck *nm* — = test objective

Prüfzyklus *nm* INF.TEC **control cycle**
= Testzyklus *nm* — = check cycle; test cycle

PS OFFICE → **postscript**
→ Nachsatz *nm*

PS PRIN.ME → **postscript** *n*
→ Postskriptum *nn*

ps PHYS → **picosecond** *n*
→ Pikosekunde *nf*

PS PHYS → **horsepower** *n*
→ Pferdestärke *nf*

PS *nn* PHYS **HP**
[0,735498759 kW] — [0.735498759 kW]
= Pferdestärke *nf* — = Horse Power

PS-Drucker *nm* TER&PER → **PostScript printer**
→ PostScript-Drucker *nm*

Pseudoabschnitt *nm* SW **dummy section**
↑ Programmabschnitt — ↑ programm section

Pseudoadresse *nf* SW **pseudo-address**
[entspricht keiner Adresse im Hauptspeicher] — [doesn't correspond to any address in the main memory]

Pseudoanweisung *nf* SW → **pseudo-statement**
→ Pseudobefehl *nm*

Pseudobefehl *nm* SW **pseudo-statement**
[nicht interpretierbarer Befehl, aus Irrtum oder absichtlich] — [non-readable instruction, by mistake or intentionally]
= Pseudoanweisung *nf*; Pseudoinstruktion *nf* — = pseudo-instruction; quasi-statement; quasi-instruction

Pseudobetrieb *nm* SW **pseudo-operation**
[in Maschinensprache nicht zu übersetzende Anweisung] — [an instruction not subject to translation into machine code]
= pseudo-op

Pseudocode *nm* COMP.LG **pseudocode** *n*
[Maschinensprache für einen nicht existierenden Prozessor ("P-Maschine"): durch einen Pseudocode-Interpretierer portierbar] — [machine language for a nonexistent processor ("p-machine"); portable by a p-code interpreter]
= P-Code *nm* — = p-code
≈ Pseudosprache — ≈ pseudo-language

Pseudocode *nm* SW **pseudocode** *n*
[formlose Aufzeichnung für den Entwurf von Programmen, meist in einer Mischung von Umgangs- und Programmiersprache] — [informal notation to draft a program, generally in a mixture of conversational and programming language]
= P-Code *nm* — = p-code; fake code

Pseudocode-Interpretierer *nm* COMP.SC **pseudocode interpreter**
= P-Code-Interpreter — = p-code interpreter

Pseudo-Datensatz *nm* DAT.MA **pseudo data record**
= pseudo record

Pseudodezimale *nf* CODING **pseudo-decimal digit**
[Bitkombination eines Binärcodes, der keine Dezimalziffer entspricht] — ↓ pseudo-tetrad
↓ Pseudotetrade

pseudo-digital INF.TEC **pseudo-digital** *adj*

Pseudofarbbild *nn* COMP.GR **pseudo color image**
[aus einem Graauwertbild abgeleitet] — [generated from a gray value image]
= Falschfarbbild *nn*

Pseudo-Floppy TER&PER → **RAM floppy disk**
→ RAM-Diskette *nf*

Pseudoinstruktion *nf* SW → **pseudo-statement**
→ Pseudobefehl *nm*

Pseudomaschine *nf* HW **pseudo-machine**
[fiktiver Prozessor für den ein Pseudocode (1) geschrieben wurde] — [a nonexistent processor for which a pseudocode (1) has been written]
= P-Maschine *nf* — = p-machine

pseudomorph PHYS **pseudomorphic**

Pseudonym *nn* COLL **alias** *n*
= Parallelbezeichnung *nf*; Alternativbezeichnung *nf* — = alternative name; pseudonym *n*; pen name (of an author)
≈ Spitzname — ≈ nickname

Pseudooperation *nf* SW **pseudo-operation**

pseudoquaternär CODING **pseudo-quaternary**

Pseudoseite *nf* DAT.PR **dummy page**
[Teilnehmerbetrieb] — [time sharing operation]

pseudoskopisch OPT **pseudoscopic**

pseudosporadisch SCIE **pseudo-sporadic**

pseudosporadischer Fehler QUAL **pseudo-sporadic fault**

Pseudosprache *nf* SW **pseudo-language**

pseudostatistisch CODING **pseudo-random**
= pseudozufällig

pseudostatistische Bitfolge INF.TEC **pseudo-random bit sequence**
= PRBS

Pseudostreaming *nn* INTERNET **pseudo-streaming**

pseudoternär CODING **pseudo-ternary**

Pseudotetrade *nf* CODING **pseudo-tetrade**
[eine der sechs Bitkombinationen, denen im vierstelligen Binärcode keine Dezimahlziffer entspricht] — [one of the six bit combinations, whom doesn't correspond any decimal digit, in a four-bit code]
↑ Tetrade; Pseudodezimale — ↑ tetrade; pseudo-decimal digit

pseudovariabel SW **pseudo-variable** *adj*

Pseudovariable *nf* SW **pseudo variable** *n*

pseudoweißes Rauschen INF.TEC **pseudo-random noise**
= graues Rauschen

pseudozufällig CODING → **pseudo-random**
→ pseudostatistisch

pseudozufällige Frequenzmodulation MODUL → **PN FSK**
→ pseudozufällige Frequenzumtastung

pseudozufällige Frequenzumtastung MODUL **PN FSK**
= pseudozufällige Frequenzmodulation; PN-FSK; PN-FH — = pseudo-random frequency shift keying; pseudo-random frequency modulation; pseudo-noise frequency hopping; PN-FH

pseudozufällige Phasenmodulation MODUL → **PN-PSK**
→ pseudozufällige Phasenumtastung

pseudozufällige Phasenumtastung MODUL **PN-PSK**
= pseudozufällige Phasenmodulation; PN-PSK — = pseudo-noise phase-shift-keying; direct sequencing

pseudozufällige zeitlineare Phasenmodulation MODUL → **PN-MSK**
→ pseudozufällige zeitlineare Phasenumtastung

pseudozufällige zeitlineare Phasenumtastung MODUL **PN-MSK**
= pseudozufällige zeitlineare Phasenmodulation; PN-MSK — = pseudo-noise minimum-shift keying

pseudozufällig frequenzumtastende M-äre Modulation MODUL → **FH-MFSK**
→ FH-MFSK

Pseudozufallszahl *nf* MATH **pseudo-random number**

Pseudozufallszahlengenerator *nm* DAT.PR **pseudo-random number generator**
= Zufallszahlgenerator *nm* — = random number generator

pseutoternäres Signal CODING **pseudoternary signal**

PS h PHYS → **horsepower-hour**
→ PS-Stunde

PSK MODUL → **phase shift keying**
→ Phasenumtastung *nf*

PSK-Modulator *nm* MODUL **PSK modulator**

PS-Laserdrucker *nm* TER&PER → **PostScript laser printer**
→ PostScript-Laserdrucker *nm*

PSN-Diode *nf* MICR.EL **psn diode**

Psophometer *nn* INSTR → **psophometer** *n*
→ Geräuschspannungsmesser *nm*

psophometrisch TELEPH **psophometric**
[die Empfindlichkeit des Ohres simulierend] — [simulating sensitivity of ear]

psophometrische Bewertung TELEC **psophometric weighting**

psophometrisches Filter TELEC → **noise weighting filter**
→ Rauschbewertungsfilter *nn*

PS-Stunde PHYS **horsepower-hour**
[die von einem Pferd erbringbare Dauerleistung] = PS h — [the permanent power delivered by a horse] = PS h

P-Strom *nm* PHYS → **hole current**
→ Löcherstrom *nm*

PSW-Register *nn* DAT.PR → **program status word register**
→ Programmzustandsregister *nn*

P-System *nn* DAT.PR **p-system**
[Betriebssystem für einen fiktiven Prozessor ("P-Maschine")] — [an operating system written for a nonexistent processor ("p-machine")]

Pt CHEM → **platinum** *n*
→ Platin *nn*

P-Taste *nf* TER&PER → **PAUSE key**
→ PAUSE-Taste *nf*

PTB QUAL → **German Federal Physics and Technical Institute**
→ Physikalisch-Technische Bundesanstalt

PTC-Widerstand *nm* COMPO → **PTC thermistor**
→ Kaltleiter *nm*

PTFE CHEM → **teflon** *n*
→ Teflon *nn*

Pty BROADC → **program type**
→ Programmart *nf*

P-Typ-Halbleiter *nm* PHYS → **p-type semiconductor**
→ P-Halbleiter *nm*

P-Typ-Halbleiter *nm* PHYS → **hole semiconductor**
→ Löcherhalbleiter *nm*

Pu CHEM → **plutonium** *n*
→ Plutonium *nn*

Public-domain-Software *nf* SW **public-domain software**
[darf frei kopiert, modifiziert und weitergegeben werden] = Allgemeingut-Software *nf* ≈ Freeware; Shareware ≠ urheberrechtlich geschützte Software; kommerzielle Software ↑ Software — [freed for unrestricted copying, modification or passing-on] = public domain; PD ≈ shareware; freeware ≠ proprietary software; feeware ↑ software

Public-key-Verschlüsselung *nf* INF.TEC **public key encoding**
= public-key encoding

Public Relations *nplt* (ANGL) MEDIA → **public relations**
→ Öffentlichkeitsarbeit *nf*

Publikation *nf* PRIN.ME → **publication** *n*
→ Veröffentlichung *nf*

Publikum *nn* MEDIA **audience** (1)
↓ Zuhörerschaft; Zuschauer — ↓ spectators; listeners

Publikumspreis *nm* MEDIA **audience award**

Publishing-System *nn* INTERNET **publishing system**
[SGML] — [SGML]

publizieren PRIN.ME → **publish** *vt*
→ veröffentlichen *vt*

Publizität *nf* ECON **publicity** *n*
≈ Werbung

Puck *nm* TER&PER **digitizing puck**
[mausähnliches Eingabegerät, mit einem Fadenkreuz; Zubehör für Digitalisiertablett] ↑ Schreibmarkensteuergerät — [mouselike input device, with a cross hairs; accessory for digitizing tablet] = puck

Puffer *nm* HW → **buffer store**
→ Pufferspeicher *nm*

Puffer *nm* CIRC.EN **buffer** *n*
[eine Vorrichtung die Unregelmäßigkeiten ausgleicht] ↓ Pufferspeicher — [device absorbing discontinuities]

Pufferbatterie *nf* POW.SY **floating battery**

Pufferbetrieb *nm* POW.SY **buffering** *n*
= float

Pufferbetrieb *nm* DAT.PR **buffering** *n*
= Pufferung *nf*

Puffer-Einfügung *nf* DAT.CO **buffer insertion**

Puffergleichrichter *nm* POW.SY **buffer rectifier**

Pufferkondensator *nm* EL.TEC **buffer capacitor**

Pufferlänge *nf* HW **buffer size**

Puffer-Management *nn* DAT.PR → **buffer management**
→ Pufferverwaltung *nf*

puffern POW.SY **float-charge** *vt*
= trickle-charge

Puffer-Pool *nn* DAT.MA → **buffer pool**
→ Pufferverbund *nm*

Pufferräumung *nf* DAT.MA **buffer flush**

Pufferregister *nn* DAT.PR → **buffer register**
→ Zwischenregister *nn*

Pufferschaltung *nf* EL.TEC **buffer circuit**

Pufferspeicher *nm* HW **buffer store**
[kurzfristiger Speicher, meist zum Ausgleich unterschiedlicher Datengeschwindigkeiten] = Zwischenspeicher *nm* (3); elastischer Speicher; Puffer *nm* ↓ Cache-Speicher — [transitory store, mostly to compensate different data velocities] = buffer storage; buffer memory; buffer; temporary memory

Pufferstufe *nf* CIRC.EN **buffer stage**
= Trennstufe *nf* ≈ Pufferverstärker — ≈ buffer amplifier

Puffertakt *nm* HW **buffer clock**

Pufferüberlauf *nm* DAT.PR **buffer overflow**

Pufferung *nf* POW.SY **float charging**
[Akkumulator] = Erhaltungsladung *nf* — [accumulator] = floating charge; compensating charge

Pufferung *nf* DAT.PR → **buffering** *n*
→ Pufferbetrieb *nm*

Pufferungszeit *nf* CIRC.EN **buffer time**

Pufferverbund *nm* DAT.MA **buffer pool**
= Puffer-Pool *nn*

Pufferverstärker *nm* CIRC.EN **buffer amplifier**
= Trennverstärker *nm*

Pufferverwaltung *nf* DAT.PR **buffer management**
= Puffer-Management *nn*

Pufferzeiger *nm* DAT.CO **buffer pointer**

Pull-down *nn* COMP.AP **pull-down** *n*
[Herunterziehen des Cursors und Loslassen der Maustaste beim gewünschten Feld] — [of cursor, releasing mouse button at desired field]

Pull-down-Menü *nn* COMP.AP **pull-down menu**
[rollt sich, durch Mausbewegung, von der angeklickten Menüleiste am oberen Bildschirmrand nach unten auf] = Drop-down-Menu *nn* ≠ Pop-up-Menü ↑ Auswahlmenü — [can be rolled up, by mouse movement, from top to bottom of the display] = drop-down menu ≠ pop-up menu ↑ selection menu

Pull-down-Widerstand *nm* CIRC.EN **pull-down resistor**

Pull-in-Widerstand *nm* CIRC.EN → **pull-up resistor**
→ Endwiderstand *nm*

Pull-Marketing *nn* INTERNET **pull marketing**
≠ Push-Marketing — ≠ push marketing

Puls *nm* EL.TRO **pulse train**
[periodische oder quasiperiodische Folge gleichgeformter Impulse] = Pulsfolge *nf*; Impulszug *nm*; Impulsfolge *nf*; Impulsreihe *nf*; Impulsserie *nf*; Pulsstrom *nm* ≈ Impuls *nm* (1); Impuls *nm* (2); Impulsmuster *nn* — [periodic or quasiperiodic seqence of uniform pulses] = pulse sequence; pulse repetition; pulse string; pulse recurrency; pulse stream; impulse sequence ≈ impulse; pulse; impulse pattern

Puls-/Funktionsgenerator *nm* INSTR **pulse/function generator**

Pulsabfallflanke *nf* EL.TRO → **trailing pulse edge**
→ Impulsabfallflanke *nf*

Pulsamplitudenmodulation *nf* MODUL **pulse amplitude modulation**
= PAM — = PAM

Pulsanstiegsflanke *nf* EL.TRO → **rising pulse edge**
→ Impulsanstiegflanke *nf*

Pulsantwort *nn* EL.TRO → **pulse response**
→ Impulsantwort *nn*

Pulsation *nf* PHYS → **angular frequency**
→ Kreisfrequenz *nf*

Pulsationshub *nm* MODUL → **angular frequency shift**
→ Kreisfrequenzhub *nm*

Pulsbetrieb *nm* EL.TRO **pulsed operation**
≈ Impulsbetrieb — ≈ pulse operation

Pulsbreite *nf* EL.TRO → **pulse width** (2)
→ Pulsweite *nf*

Pulsbreitenmodulation *nf* MODUL → **pulse duration modulation**
→ Pulsdauermodulation *nf*

pulsbreitenmoduliert MODUL → **pulse-width modulated**
→ pulsweitenmoduliert

Pulscode *nm* CODING **pulse code**

Pulscodemodulation *nf* CODING **pulse code modulation**
= PCM *nn* — = PCM

Pulsdach *nn* EL.TRO → **pulse top**
→ Impulsdach *nn*

Pulsdauer *nf* (1) EL.TRO **pulse-train duration**
≈ Impulsdauer — ≈ pulse duration

Pulsdauer *nf* (2) EL.TRO → **pulse duration** *n*
→ Impulsdauer *nf*

Pulsdauermodulation *nf* MODUL **pulse duration modulation**
= PDM *nn*; Pulsbreitenmodulation *nf*; Pulsweitenmodulation *nf*; PWM *nn*; Pulslängenmodulation *nf*; pIM *nn* ↑ Pulsmodulation; Pulszeitmodulation — = PDM; pulse length modulation; pulse width modulation; PWM ↑ pulse modulation; pulse duration modulation

Pulsdauermodulator *nm* MODUL **pulse-duration modulator**
= Pulslängenmodulator *nm*
pulsdauermoduliert MODUL → **pulse-width modulated**
→ pulsweitenmoduliert
pulsecodemoduliert CODING **pulse-code modulated**
pulsen TECH **pulsate** *vi*
= pulsieren *vi* (AT)
Pulserneuerung *nf* EL.TRO → **pulse regeneration**
→ Impulsregenerierung *nf*
Pulsfehlerortung *nf* TRANSM → **pulse fault location**
→ Impulsfehlerortung *nf*
Pulsfehlerrate *nf* INF.TEC → **bit error rate**
→ Bitfehlerrate *nf*
Pulsfolge *nf* EL.TRO → **pulse train**
→ Puls *nm*
Pulsfolgefrequenz *nf* EL.TRO → **pulse repetition rate**
→ Pulsrate *nf*
Pulsform *nf* EL.TRO → **pulse form**
→ Impulsform *nf*
Pulsformer *nm* CIRC.EN → **pulse shaper**
→ Impulsformer *nm*
Pulsformung *nf* CIRC.EN → **pulse shaping**
→ Impulsformung *nf*
Pulsfrequenz *nf* EL.TRO → **pulse repetition rate**
→ Pulsrate *nf*
Pulsfrequenzmesser *nm* INSTR **pulse rate meter**
= Impulsfrequenzmesser *nm*; Pulsratenmesser *nm*; Impulsratenmesser *nm*
Pulsfrequenzmodulation *nf* MODUL **pulse frequency modulation**
= PFM = PFM
↑ Pulszeitmodulation ↑ pulse time modulation
Pulsgenerator *nm* CIRC.EN **pulse generator**
[erzeugt periodische Folge von Impulsen] [of repetitive pulses]
= Impulsgenerator *nm* (2) = pulse emitter; pulser *n*
Pulsgenerator *nm* INSTR → **pulse generator**
→ Impulsgenerator *nm*
pulsieren *vi* (AT) TECH → **pulsate** *vi*
→ pulsen
pulsierende Anzeige EQP.EN → **flashing indication**
→ Blinkanzeige *nf*
Pulskennlinie *nf* EL.TRO **pulse characteristic**
= Impulskennlinie *nf*
Pulskompressionsfilter *nn* CIRC.EN **pulse-compression filter**
Pulslagemodulation *nf* MODUL **pulse position modulation**
= PLM; Pulsphasenmodulation *nf*; PPM; Pulspositionsmodulation *nf* = PPM; pulse phase modulation;
↑ Pulszeitmodulation ↑ pulse time modulation
Pulslängenmodulation *nf*, **plM** *nn* MODUL → **pulse duration modulation**
→ Pulsdauermodulation *nf*
Pulslängenmodulator *nm* MODUL → **pulse-duration modulator**
→ Pulsdauermodulator *nm*
Pulsleistung *nf* EL.TRO → **pulsed power**
→ Impulsleistung *nf*
Pulsmagnetisierung *nf* PHYS → **impulse magnetization**
→ Impulsmagnetisierung *nf*
Pulsmodulation *nf* MODUL **pulse modulation**
≠ Schwingungsmodulation ≠ sinus carrier modulation
↓ Pulsamplitudenmodulation; Pulszeitmodulation; Pulsdauermodulation; Pulslagenmodulation ↓ pulse amplitude modulation; pulse time modulation; pulse duration modulation
Pulsmodulator *nm* MODUL **pulse modulator**
Pulsmustergenerator *nm* INSTR **pulse pattern generator**
Pulspause *nf* EL.TRO → **pulse separation** *n*
→ Impulspause *nf*
Puls-Pausen-Verhältnis *nn* TELEGR → **mark-to-space ratio**
→ Zeichen-Pausen-Verhältnis *nn*
Pulsperiodendauer *nf* EL.TRO → **pulse interval**
→ Impulsperiodendauer *nf*
Pulsphasenmodulation *nf* MODUL → **pulse position modulation**
→ Pulslagemodulation *nf*
Pulspositionsmodulation *nf* MODUL → **pulse position modulation**
→ Pulslagemodulation *nf*
Pulsquelle *nf* INSTR → **pulse generator**
→ Impulsgenerator *nm*
Pulsradar *nm&nn* (*pl* -e) RAD.LO **pulsed radar**
= Impulsradar *nm&nn* (*pl* -e)
Pulsrahmen *nm* CODING → **frame** *n*
→ Rahmen *nm*
Pulsrahmenabbau *nm* CODING → **framer dissolution**
→ Rahmenabbau *nm*
Pulsrahmenaufbau *nm* CODING → **frame structure**
→ Rahmenstruktur *nf*

Pulsrahmenfrequenz *nf* CODING → **frame frequency**
→ Rahmenfrequenz *nf*
Pulsrahmengleichlauf *nm* CODING → **frame alignment**
→ Rahmengleichlauf *nm*
Pulsrahmenkennung *nf* CODING → **frame marking**
→ Rahmenkennung *nf*
Pulsrahmenlänge *nf* CODING → **frame length**
→ Rahmenlänge *nf*
Pulsrahmenmarkierung *nf* CODING → **frame marking**
→ Rahmenkennung *nf*
Pulsrahmenmuster *nn* CODING → **frame structure**
→ Rahmenstruktur *nf*
Pulsrahmenperiode *nf* CODING → **frame length**
→ Rahmenlänge *nf*
Pulsrahmenschlupf *nm* CODING → **frame slip**
→ Rahmenschlupf *nm*
Pulsrahmenstruktur *nf* CODING → **frame structure**
→ Rahmenstruktur *nf*
Pulsrahmensynchrontakt *nm* CODING → **frame clock**
→ Rahmentakt *nm*
Pulsrahmentakt *nm* CODING → **frame clock**
→ Rahmentakt *nm*
Pulsrate *nf* EL.TRO **pulse repetition rate**
= Impulsrate *nf*; Pulsfrequenz *nf*; Impulsfolgefrequenz *nf*; Impulsfrequenz *nf*; Pulsfolgefrequenz *nf* = pulse rate; pulse repetition frequency; pulse frequency; pulse recurrency frequency
≈ Taktfrequenz ≈ clock frequency
Pulsratenmesser *nm* INSTR → **pulse rate meter**
→ Pulsfrequenzmesser *nm*
Pulsregenerierung *nf* EL.TRO → **pulse regeneration**
→ Impulsregenerierung *nf*
Pulsrückflanke *nf* EL.TRO → **trailing pulse edge**
→ Impulsabfallflanke *nf*
Pulssprungverhalten *nn* EL.TRO → **pulse response**
→ Impulsantwort *nn*
Pulsstrom *nm* EL.TRO → **pulse train**
→ Puls *nm*
Pulstechnik *nf* EL.TRO → **pulse technique**
→ Impulstechnik *nf*
pulsüberlagerte Modulation MODUL **on-pulse modulation**
Pulsübertragungssystem *nn* TELEC **pulse transmission system**
Pulsverbreiterung *nf* EL.TRO **pulse-train spreading**
≈ Impulsverbreiterung = pulse spreading
≈ pulse broadening
Pulsverstärker *nm* CIRC.EN → **pulse amplifier**
→ Impulsverstärker *nm*
Pulsverzögerung *nf* EL.TRO → **pulse delay**
→ Impulsverzögerung *nf*
Pulsverzögerungszeit-Jitter *nm* EL.TRO → **pulse-delay-time jitter**
→ Impulsverzögerungszeit-Jitter *nm*
Pulsvorderflanke *nf* EL.TRO → **rising pulse edge**
→ Impulsanstiegflanke *nf*
Pulswahl *nf* SWITCH → **pulse dialing**
→ Impulswahl *nf*
Pulswechselrichter *nm* POW.SY **pulse-width-modulated inverter**
Pulsweite *nf* EL.TRO **pulse width** (2)
= Pulsbreite *nf* ≈ pulse duration
≈ Impulsdauer
Pulsweitenmodulation *nf* MODUL → **pulse duration modulation**
→ Pulsdauermodulation *nf*
pulsweitenmoduliert MODUL **pulse-width modulated**
= pulsbreitenmoduliert; pulsdauermoduliert
Pulswinkelmodulation *nf* MODUL → **pulse-time modulation**
→ Pulszeitmodulation *nf*
pulswinkelmoduliert MODUL → **pulse-time modulated**
→ pulszeitmoduliert
Pulszeitmodulation *nf* MODUL **pulse-time modulation**
= Pulswinkelmodulation *nf* = PTM
↓ Pulsphasenmodulation; Pulsfrequenzmodulation; Pulsdauermodulation ↓ pulse-phase modulation; pulse-frequency modulation; pulse-duration modulation
pulszeitmoduliert MODUL **pulse-time modulated**
= pulswinkelmoduliert
Pult *nn* TECH **pulpit** *n*
[tischartige Konstruktion mit schräggestelltem Aufsatz] [desk type construction with inclined platform]
≈ Konsole *nf*; Tisch *nm* ≈ console; desk
Pult *nn* EQP.EN **console** *n*
= Konsole *nf*; Konsol *nf* (AT); Board *nn* (ANGL) = board *n* (2); panel *n*; bracket *n*
≈ Bedienungsfeld ≈ attendant console
Pultgehäuse *nn* EQP.EN **sloped case**

Pulver *nn* | TECH | **powder** *n*
≈ Staub | ≈ dust

Pulverelektrolumineszenz *nf* | PHYS | **powder electroluminescence**

pulverisieren | TECH | → **pulverize** *vt*
→ zerstäuben *vt*

Pulverisierer *nm* | TECH | → **pulverizer** *n*
→ Zerstäuber *nm*

Pulverisierung *nf* | TECH | → **pulverization** *n*
→ Zerstäubung *nf*

Pulverkern *nm* | COMPO | **dust core**
= Massekern *nm*; Presskern *nm*; Hochfrequenzeisenkern *nm* | = powder core; powdered iron core

Pulverkernspule *nf* | COMPO | → **dust-core coil**
→ Presskernspule *nf*

Pulvermetall *nn* | METAL | **cermet** *n*
= Sintermetall *nn*; Metallkeramik *nf* | [CERamic METal]
= metal ceramic; powder metal

Pulvermetallurgie *nf* | METAL | **powder metallurgy**

Pulvertoner *nm* | TER&PER | → **toner** *n*
→ Toner *nm*

Pumpe *nf* | TECH | **pump** *n*

pumpen | TECH | **pump** *vt*

Pumpen *nn* | OPTOEL | **pumping** *n*

Pumpenbrigade-Schaltung *nf* | MICR.EL | → **bucket brigade device**
→ Eimerkettenschaltung *nf*

Pumpenergie *nf* | OPTOEL | **pumping energy**

Pumpenkabel *nn* | COM.CAB | **pump cable**

Pumpenschwengel *nm* | TECH | → **sweep** *n*
→ Schwengel *nm*

Pumpenzange *nf* | TECH | → **pipe wrench**
→ Rohrzange *nf*

Pumpfilter *nn* | OPTOEL | **pump filter**

Pumpfrequenz *nf* | OPTOEL | **pumping frequency**

Pumpgenerator *nm* | OPTOEL | → **pumping source**
→ Pumpquelle *nf*

Pumpkreis *nm* | OPTOEL | **optical pumping circuit**

Pumplaser *nm* | OPTOEL | **pump laser**

Pumpleistung *nf* | OPTOEL | **pumping power**
= pump power

Pumposzillator *nm* | OPTOEL | **pumping oscillator**

Pumpquelle *nf* | OPTOEL | **pumping source**
= Pumpgenerator *nm*

Pumpwirkungsgrad *nm* | OPTOEL | **pump efficiency**

Punkt *nm* | PRIN.ME | **point** *n* (1)
[typopgraphische Maßeinheit, insbesonders für Angabe von Schriftgrößen verwendet; 0,376 065 mm] | [typographic unit, used especially to indicate character hights; 0.376 065 mm]
= typographischer Punkt; p | = printer's point; p
≈ Pica (1); Cicero | ↓ anglo-american point; Didot point
↓ angelsächsischer Punkt; kontinentaleuropäischer Punkt

Punkt *nm* | COMP.GR | **dot** *n*
≈ Fleck | ≈ spot
↓ Bildpunkt | ↓ pixel

Punkt *nm* (1) | LING | **dot** *n*
[Symbol: .] | [symbol: .]
= Punktzeichen *nn* | = period *n* (AE); full stop (BE); point *n* (2)
↑ Satzzeichen; Satzschlusszeichen | ↑ punctuation mark; end punctuation mark

Punkt *nm* (2) | LING | **point** *n* (2)
[Textteil] | [part of a text]

Punktabstand *nm* | TER&PER | **dot pitch** (2)
= dot separation

Punktadresse *nf* | INTERNET | **dot address**

punktadressierbar | COMP.GR | **all-point addressable** *adj*
[jeder Bildpunkt ist adressierbar] | = dot-addressable

Punktadressierbarkeit *nf* | COMP.GR | **all-point addressability**
= dot addressability

Punktanweisung *nf* | SW | → **dot command**
→ Punktkommando *nn*

Punktbefehl *nm* | SW | → **dot command**
→ Punktkommando *nn*

Punkt-Bereitmeldung *nf* | COMP.AP | **dot prompt**
[ein Punkt als Bereitmeldung] | [a dot as prompt]

Punktbeschreibung *nf* | COMP.GR | **point identification**
[complete description of a grahic point]

Punktbündel *nf* | SAT.CO | **spot beam**

Punktbündel-Dipol *nm* | ANT | **point dipole**

Punkt-Bündel-Markierung *nf* | SWITCH | **point-group marking**

Punktdatei *nf* | GIS | **point file**
[amtlicher Referenzpunkte] | [of official reference points]
= dot file

Punktdiagramm *nn* | TEC.DOC | **dot-frequency diagram**
= scatter diagram

Punktdiagramm *nn* | STATIS | → **scatter diagram**
→ Streudiagramm *nn*

Punktdrucken *nn* | TER&PER | **dot printing**

Punktdrucker *nm* | TER&PER | → **stylus printer**
→ Nadeldrucker *nm*

Punktdrucker *nm* | TER&PER | **point recorder**
= Punktschreiber *nm*

Punkte pro Inch | TER&PER | → **PPI**
→ PPI

Punkte pro Quadratzoll | TER&PER | **dots per square inch**
= DPSI | = DPSI

Punkte pro Sekunde | TER&PER | **dots per second**
= DPS | = DPS

punktförmige Abtastung | EL.TRO | **ideal sampling**
= ideale Abtastung | = ideal scanning; ideal scan

punktförmige Bespulung | COM.CAB | → **coil-loading**
→ Bespulung *nf*

punktförmige Ladung | PHYS | → **point charge**
→ Punktladung *nf*

punktförmige Quelle | PHYS | → **point source**
→ Punktquelle *nf*

punktförmiger Strahler | PHYS | → **point source**
→ Punktquelle *nf*

Punktfrequenz *nf* | EL.TRO | **dot frequency**
= point frequency

Punktgleichrichter *nm* | MICR.EL | → **point-contact rectifier**
→ Spitzengleichrichter *nm*

Punktgröße *nf* | PRIN.ME | **point size**
[in Punkt gemessen] | [measured in points]
↑ Schriftgröße | ↑ type size

Punkthelligkeit *nf* | OPT | **point brightness**

punktieren | ENG.DRA | **punctuate**
[......] | [......]
≈ stricheln | = point *vt*
≈ dot (AE)

punktierte Linie | ENG.DRA | **dotted line** (1)
[.........] | [.........]
= Führungspunkte *nplt* | = dot leaders; leaders *nplt*; leader *n*

punktierter Faltungscode | CODING | **punctured convolutional code**

Punktierung *nf* | CODING | **puncturation** *n*

Punkt in der Mitte | MATH | → **middle dot**
→ Mittelpunkt *nm* (2)

Punktkathode *nf* | EL.TRO | **point cathode**

Punktkommando *nn* | SW | **dot command**
[durch vorangestelltem Punkt vom Lauftext differenziert] | [distinguished from running text by a preceding dot]
= Punktanweisung *nf*; Punktbefehl *nm*; separate Formatierungsanweisung

Punktkontakt *nm* | MICR.EL | → **point contact**
→ Spitzenkontakt *nm*

Punktkontakttransistor *nm* | MICR.EL | → **point-contact transistor**
→ Spitzentransistor *nm*

Punktladung *nf* | PHYS | **point charge**
= punktförmige Ladung

Punktlast *nf* | MECH | **concentrated load**

pünktlich | ECON | → **on time**
→ fristgerecht

punktloses I | LING | → **dotless i**
→ türkisches I

Punktmasse *nf* | PHYS | **concentrated mass**

Punktmatrix *nf* | TER&PER | **dot matrix**
= Punktraster *nn* (1)

Punktmatrix-Anzeige *nf* | TER&PER | **dot-matrix display**

Punktmenge *nf* | MATH | **set of points**
= point set

Punktmessen *nn* | INSTR | → **point-to-point measurement**
→ punktweises Messen

Punktmuster *nn* | TECH | **dot pattern**

Punktmuster *nn* | TER&PER | → **bit map** *n* (2)
→ Pixelmuster *nn*

Punktobjekt *nn* | GIS | **point object**
[durch einen Koordinatenpunkt positionierbar] | [positionable by one cooordinate point]

Punktquelle *nf* | PHYS | **point source**
= punktförmige Quelle; Punktstrahler *nm*; punktförmiger Strahler | ↓ parallel radiating source; divergently radiating source
↓ Parallelstrahlquelle; divergente Quelle

Punktraster *nn* (1) TER&PER → **dot matrix**
→ Punktmatrix *nf*

Punktraster *nn* (2) TER&PER → **bit map** *n* (2)
→ Pixelmuster *nn*

Punktraster *nn* (3) TER&PER **character matrix**

Punktraster-Druckverfahren *nn* TER&PER → **dot-matrix printing**
→ Rasterdruckverfahren *nn*

Punktrasterung *nf* TER&PER → **raster scan mode**
→ Rasterverfahren *nn*

punktschattieren PRIN.ME **halftone** *vt*

Punktschattierung *nf* PRIN.ME **halftoning** *n*
[Schattierung und Färbung durch Variierung der Farbfleckengröße] [shading and coloring by variation of dot sizes]
= Farbmischung *nf* = dithering *n* (1) [COMP.GR]
≈ Grauschattierung ≈ gray shading

Punktschätzung *nf* MATH **point estimation**

Punktschreiber *nm* TER&PER → **point recorder**
→ Punktdrucker *nm*

punktschweißen METAL **spot-weld** *vt*

Punktschweißen *nn* METAL **spot welding**
= Punktschweißung *nf* = spot weld

Punktschweißung *nf* METAL → **spot welding**
→ Punktschweißen *nn*

Punktsteuerung *nf* CONTRO **point-to-point position control**
↑ numerische Steuerung

Punktstrahl *nm* EL.TRO **spot beam**

Punktstrahler *nm* PHYS → **point source**
→ Punktquelle *nf*

punktuell TECH → **unipunctual** *adj*
→ Einpunkt-

Punktwahlstufe *nf* SWITCH → **line selection stage**
→ Leitungswahlstufe *nf*

punktweise TECH **point-to-point** *adj*
= Punkt-zu-Punkt

punktweise addressierbar COMP.AP **dot-addressable**

punktweises Messen INSTR **point-to-point measurement**
= Punktmessen *nn* = spot measurement; spot analysis
≠ Wobbelmessung ≠ sweep measurement

Punktzeichen *nn* LING → **dot** *n*
→ Punkt *nm* (1)

Punkt-zu-Bereich-Verbindung *nf* TELEC **point-to-area connection**
[zu beliebigen Punkten eines Versorgungsbereichs] [to non-specified points of a coverage area]
≈ Punkt-zu-Mehrpunkt-Verbindung = point-to-area communication
≈ point-to-multipoint connection

Punkt zu Mehrpunkt TELEC **point-to-multipoint**
= PMP

Punkt-zu-Mehrpunkt-Betrieb *nm* TELEC **point-to-multipoint operation**
= point-to-multipoint service; broadcast operation; broadcast

Punkt-zu-Mehrpunkt- Konfiguration *nf* TELEC → **multiple connection**
→ Mehrgeräteanschluss *nm*

Punkt-zu-Mehrpunkt-Richtfunk RAD.RE **point-to-multipoint radio**
= PtM radio; PmP radio; microwave point to multipoint; MPMP

Punkt-zu-Mehrpunkt-Verbindung *nf* TELEC **point-to-multipoint connection**
≈ Punkt-zu-Bereich-Verbindung = point-to-multipoint communication
≈ point-to-area connection

Punkt zu Punkt TELEC **point-to-point**

Punkt-zu-Punkt TECH → **point-to-point** *adj*
→ punktweise

Punkt-zu-Punkt-Betrieb *nm* TELEC **point-to-point operation**
= point-to-point service

Punkt-zu-Punkt-geschaltet TELEC → **fixed** *adj*
→ festgeschaltet

Punkt-zu-Punkt-Kommunikation TELEC **point-to-point communicaation**
≠ Netzkommunikation ≠ network communication

Punkt-zu-Punkt-Konfiguration *nf* TELEC → **single device connection**
→ Anlagenanschluss *nm*

Punkt-zu-Punkt-Messung *nf* TELEC → **link test**
→ Streckenmessung *nf*

Punkt-zu-Punkt-Verbindung *nf* (1) TELEC **point-to-point connection** (1)
= Zweipunktverbindung *nf*, Einzelverbindung *nf* = point-to-point communication
≠ point-to-multipoint connection

Punkt-zu-Punkt-Verbindung *nf* (2) TELEC → **fixed line** *n*
→ Standleitung *nf*

Punkt-zu-Punkt-Verkehr *nm* TELECON → **point-to-point traffic**
→ End-End-Verkehr *nm*

Punze *nf* MEC.EN **boss** *n*
= Innenform *nf* = punch *n*

punzen *vt* MEC.EN **boss** *vt*
= punzieren = emboss; punch

punzieren MEC.EN → **boss** *vt*
→ punzen *vt*

pupinisieren COM.CAB → **pupinize**
→ bespulen

pupinisiert COM.CAB → **coil-loaded**
→ bespult

pupinisiertes Kabel OUT.PL → **loaded cable**
→ bespultes Kabel

Pupinisierung *nf* COM.CAB → **coil-loading**
→ Bespulung *nf*

Pupinisierungplan *nm* OUT.PL → **loading scheme**
→ Bespulungsplan *nm*

Pupinleitung *nf* OUT.PL **loaded line**
= bespulte Leitung = pupinized line

Pupinspule *nf* COM.CAB **loading coil**
= Pupin coil

Pupinspulenkasten *nm* OUT.PL **loading-coil case**

Puppenanimation *nf* CINEMA **puppet animation**

Puppentheater-Effekt *nm* TELEC **puppet theater effect**

purpur *adj* OPT **purple** *adj*

purpurrosa *adj* OPT **purple rose** *adj*

purpurviolett *adj* OPT **purple violet** *adj*

Push-Firma *nf* INTERNET **push company**

Push-Marketing *nn* INTERNET **push marketing**
≠ Pull-Marketing ≠ pull marketing

Push-pull-Verstärker *nm* (ANGL) CIRC.EN → **push-pull amplifier**
→ Gegentaktverstärker *nm*

Push-Technik *nf* INTERNET **push technology**
[statt den Teilnehmer Daten aus dem Netz "ziehen" zu lassen, werden sie ihm abonemenntsweise "zugeschoben"] [instead of the usual "pulling" of information by the subscriber from the Net, it is "pulled" to him by a subcription scheme]

Pushware *nf* INTERNET **pushware** *n*
[zieht automatisch Daten aus dem Netz] [pushes automatically information from the net]

Putz *nm* CIV.EN **pluster** *n*
= Verputz

PWM *nn* MODUL → **pulse duration modulation**
→ Pulsdauermodulation *nf*

Pylon-Antenne *nf* ANT → **tower antenna**
→ Mastantenne *nf*

Pyramide *nf* MATH **pyramid** *n*
[die Grundfläche ist ein Polyeder, die Seitenflächen sind Dreiecke mit gemeinsamen Scheitel] [the base is a polygon, the faces are triangles with a common vertex]
↑ Polyeder ↑ polyhedron

Pyramidenhorn *nn* ANT **pyramidal horn**
↑ Hornstrahler = square-end horn
↑ horn radiator

Pyramidenhorn-Antenne *nf* ANT **pyramidal horn antenna**

Pyramidenschaltung *nf* CIRC.EN **pyramidal circuit**
= Schaltpyramide *nf* = paramid *n*
↑ Reihenparallelschaltung

Pyrodetektor *nm* INSTR → **pyroelectric detector**
→ pyroelektrischer Detektor

pyroelektrischer Detektor INSTR **pyroelectric detector**
= Pyrodetektor *nm*

pyroelektrischer Effekt PHYS **pyroelectric effect**

Pyroelektrizität *nf* PHYS **pyroelectricity** *n*

Pyrolyse *nf* CHEM **pyrolisis** *n*
[chemische Zersetzung durch hohe Temperatur] [chemical dissociation by high temperature]

Pyrometrie *nf* PHYS **pyrometry** *n*

Pyrotechnik *nf* TECH **pyrotechnic** *n*

Python *nf* COMP.LG **Python**

Q *q*

Q PHYS → **heat quantity**
→ Wärmemenge *nf*

Q ANT → **factor Q**
→ Antennengüte *nf*

Q EL.SC → **electric charge**
→ elektrische Ladung

q MATH → **area**
→ Fläche *nf*

QAM MODUL → **quadrature amplitude modulation**
→ Quadratur-Amplitudenmodulation *nf*

QAM TV → **quadrature amplitude modulation**
→ Quadraturmodulation *nf*

Q-Anpassung *nf* NETW.TH → **quarter-wave transformer**
→ Lambda-Viertel-Transformator *nm*

Q-ausschließt-P-Verknüpfung *nf* LOGIC **Q-excludes-P operation**
[Ausgang=1 wenn P=0 und Q=1] [output=1 if P=0 and Q=1]
= Inhibitionsverknüpfung *nf*(3); Inhibitionsoperation *nf*(3); Inhibitionsfunktion *nf*(3); Inhibition *nf*(3); NICHT-WENN-DANN-Verknüpfung *nf*(3); NICHT-WENN-DANN-Operation *nf*(3); NICHT-WENN-DANN-Funktion *nf*(3); UND-NICHT-Verknüpfung *nf*(3); UND-NICHT-Operation *nf*(3); UND-NICHT-Funktion *nf*(3)
= implication operation (3); implication function (3); implication (3); exclusion operation (3); exclusion function (3); exclusion (3); NOT-IF-THEN operation (3); NOT-IF-THEN function (3); NOT-IF-THEN (3); AND-NOT operation (3); AND-NOT function (3); AND NOT (3)
≠ Q-impliziert-P-Verknüpfung ≠ Q-implies-P operation

Q-Band *nn* RADIO **Q band**

QBE-Sprache *nf* DAT.MA **Query by Example**
= Abfrage durch Beispiel = QBE

Q-Bit DAT.CO → **qualifier bit**
→ Unterscheidungsbit *nn*

Q-Faktor *nm* ANT → **factor Q**
→ Antennengüte *nf*

QFP MICR.EL **QFP**
[oberfächenmontierbares Gehäuse] [Quad Flat Package; surface-mountable]
↓ PQFP; CFP ↓ PQFP; CFP

QG TRANSM → **supermaster group**
→ Quartärgruppe *nf*

QGDFi TRANSM → **through supermaster group filter**
→ Quartärgruppen-Durchschaltefilter *nn*

QGU TRANSM → **supermaster group modulator**
→ Quartärgruppenumsetzer *nm*

QIC-Kassette *nf* TER&PER **QIC**
= Viertelzollkassette *nf* = Quarter Inch Cartridge

QIC-Kassette *nf* TER&PER → **quarter-inch cartridge**
→ Viertel-Zoll-Kassette *nf*

QIL MICR.EL **QIL**
= quad in line

Q impliziert P *nn* LOGIC → **Q-implies-P operation**
→ Q-impliziert-P-Verknüpfung *nf*

Q-impliziert-P-Funktion *nf* LOGIC → **Q-implies-P operation**
→ Q-impliziert-P-Verknüpfung *nf*

Q-impliziert-P-Operation *nf* LOGIC → **Q-implies-P operation**
→ Q-impliziert-P-Verknüpfung *nf*

Q-impliziert-P-Verknüpfung *nf* LOGIC **Q-implies-P operation**
[Ausgang=0 nur wenn P=0 und Q=1] [output=0 if and only if P=0 and Q=1]
= Q-impliziert-P-Operation *nf*; Q-impliziert-P-Funktion *nf*; Q impliziert P *nn*; Implikationsverknüpfung *nf*(2); Implikationsoperation *nf*2); Implikationsfunktion *nf*(2); Implikation *nf*(2); WENN-DANN-Verknüpfung *nf*(2); WENN-DANN-Operation *nf*(2); WENN-DANN-Funktion *nf*(2); WENN DANN *nn* (2)
= Q-implies-P function; Q implies P; implication operation (2); implication function (2); implication (2); inclusion operation (2); inclusion function (2); inclusion (2); IF-THEN operation (2); IF-THEN function (2); IF THEN (2)
≠ Q-ausschließt-P-Verknüpfung ≠ Q-exludes-P operation
↑ dyadische Boolesche Verknüpfung; ↑ dyadic Boolean operation; implication operation (1)

QISAM-Datei *nf* DAT.MA **QISAM file**
[mit indexiert-sequentiellem Zugriff und Warteschlangenbetieb] [Queued Indexed Sequential Access Method]

QI SWITCH → **direct route**
→ Querleitung *nf*

Q-Messer *nm* INSTR → **Q meter**
→ Gütefaktormessgerät *nn*

Q-Multiplier *nm* CIRC.EN **Q multiplier**

QoS TELEC → **quality of service**
→ Dienstgüte *nf*

QPSK MODUL **quaternary phase shift keying**
= 4PSK = quadrature phase shift keying; QPSK; 4PSK; quadriphase keying; quadriphase

QPSK-Modulator *nm* CIRC.EN → **QPSK modulator**
→ Vierphasen-Umtastmodulator *nm*

QSAM-Datei *nf* DAT.MA **QSAM file**
[mit sequentiellem Zugriff und Warteschlangenbetrieb] [Queued Sequential Access Method]

QSL-Karte *nf* RADIO **QSL card**

QSOP MICR.EL **QSOP**
[oberflächenmontierbares Plastikgehäuse] [Quality Small Outline Package; surface-mountable]

QTH-Kenner-Karte *nf* RADIO **QTH locator map**
[Amateurfunk] [amateur radio]
= QTH-Locator-Karte *nf*

QTH-Locator-Karte *nf* RADIO → **QTH locator map**
→ QTH-Kenner-Karte *nf*

Quad-Antenne *nf* ANT → **cubical quad antenna**
→ Cubical-quad-Antenne *nf*

Quadband-Handy *nn* MOB.CO → **quad band handset**
→ Vierband-Teilnehmergerät *nn*

Quadbit *nn* INF.TEC → **quad-bit** *n*
→ Vierbit *nn*

Quader *nm&nf* MATH **rectangular prism**
[ein von 6 Rechtecken gebildeter Körper] [a solid formed by six rectangles]
↑ Parallelepiped; Prisma; Polyeder ↑ parallelepiped; prism; polyhedron
↓ Würfel ↓ cube

Quad-plane-Antenne *nf* ANT **quad plane antenna**

Quadrahtzahl *nf* MATH **square** *n* (2)
= Hoch-Zwei-Zahl *nf*; Zweierpotenz *nf* = power of two

Quadrant *nm* MATH **quadrant** *n*
[Viertel einer Kreisfläche] [a quarter of a circular area]

Quadrantantenne *nf* ANT → **angular dipole**
→ Winkeldipol *nm*

Quadrantenelektrometer *nn* PHYS **quadrant electrometer**

Quadrantenmultiplizierer *nm* COMPO **quadrant multiplier**

Quadrantensymmetrie *nf* NETW.TH **quadrant symmetry**

Quadrat *nn* MATH **square** *n* (1)
[vom latein. "quadrare" = "viereckig machen"] [from Latin "quadrare" = "to make four-cornered"]
= gleichseitiges Rechteck = quadrate; equilateral rectangle
↑ Rechteck ↑ rectangle

Quadrat *nn* PRIN.ME → **em** *n*
→ Geviert *nn*

Quadratantenne *nf* ANT **square antenna**
= Viereckschleife *nf*; Quadratrahmen *nm*; Square-loop-Antenne *nf* = square-loop antenna

Quadratfläche *nf* MATH **square measure**

Quadratfunktion *nf* MATH → **quadratic function**
→ quadratische Funktion

quadratisch *adj* MATH **square** *adj*
↑ rechteckig = quadratic *adj*; quadrate *adj*; square-law
↑ rectangular

quadratische Auswahlsortierung DAT.MA **quadratic selection sort**

quadratische Funktion MATH **quadratic function**
= Quadratfunktion *nf* = square function

quadratische Gleichrichtung HF **square-law detection**

quadratische Interpolation MATH **square interpolation**

quadratische Matrix TELEC **square matrix**

quadratische Programmierung ECON **quadratic programming**
[Unternehmensforschung] [operations research]

quadratische Regelfläche CONTRO **quadratic control area**

quadratischer Gleichrichter POW.SY → **rms rectifier**
→ Effektivwertgleichrichter *nm*

quadratischer Modulator MODUL **square-law modulator**

quadratisches Mittel STATIS **root-sum-square value**
[Wurzel der durch *n* geteilten Summe $A1^2$ plus … An^2] [square root]
≈ Effektivwert [PHYS] ≈ effective value [PHYS]

quadratische Streuung STATIS → **standard deviation** *n*
→ Standardabweichung *nf*

Quadratlast *nf* MICROW **square-law load**

Quadratmeter *nm* PHYS **square meter** (AE)
= m^2 = square metre (BE); m^2

Quadratrahmen *nm* ANT → **square antenna**
→ Quadratantenne *nf*

Quadratur *nf* MATH **quadrature** *n*
[Umwandlung in flächengleiches Quadrat] [transformation in a quadrat of same surface]

Quadratur-Amplitudenmodulation *nf* MODUL **quadrature amplitude modulation**
= QAM | = QAM

Quadraturcodierung *nf* TER&PER **quadrature encoding**
[Maus] | [mouse]

Quadraturdemodulator *nm* CIRC.EN → **product demodulator**
→ Phasendemodulator *nm*

Quadraturfehler *nm* MODUL **quadrature error**

Quadraturkomponente *nf* EL.TEC **quadrature component**

Quadraturmodulation *nf* MODUL **quadrature modulation**

Quadraturmodulation *nf* TV **quadrature amplitude modulation**
[NTSC, PAL] | [NTSC, PAL]
= QUAM; QAM | = QUAM; QAM

Quadraturverzerrung *nf* MODUL **quadrature distortion**

Quadratwurzel *nf* MATH **square root**
= Wurzel *nf* (2) | = root *n* (2)

Quadratwurzelfunktion *nf* MATH **square root function**

quadrieren MATH **square** *vt*
↑ potenzieren | ↑ power

quadrierende Phasenregelschleife MODUL **squaring loop**

Quadrierglied *nn* COMPO **squaring element**

Quadrillion *nf* MATH **septillion** *n* (AE)
[10E24; "Million hoch vier"] | [10E24; "seven groups of three zeros after 1000" resp. "a million to the power of four"]
= quadrillion *n* (BE); yotta *n*

Quadrillionstel *nn* MATH **septillionth** (AE)
[10E-24; "Million hoch minus vier"] | [10E-24; "1 divided by 10 to seven groups of three zeros after 1000"]
= Yokto | = yocto

Quadripol *nm* ANT **quadripole** *n*
↑ Multipol | ↑ multipole

Quadrophonie *nf* EL.ACOU **quadrophony** *n*

Quadrupel *nn* MATH **quadrupel** *n*
[mathematische Größe aus vier Elementen] | [mathematical quantity of four elements]
↑ n-Tupel | ↑ n-tuple

Quadruplex *nn* TELEC **quadruplex** *n*
↑ Multiplex | ↑ multiplex

Quadrupol *nm* PHYS **quadrupole** *n*

Quad-Schleife *nf* ANT → **cubical quad antenna**
→ Cubical-quad-Antenne *nf*

Quagi-Antenne *nf* ANT **quagi antenna**
= Quasi-Yagi-Antenne *nf*

Qualifikationstest *nm* QUAL **qualification test**

qualifiziertes Bauteil QUAL → **qualified component**
→ zugelassenes Bauteil

Qualität *nf* TECH **quality** *n*
[das Maß in dem eine gestellte Anforderung erfüllt wird] | [the degree to which a specified requirement is met]
= Güte *nf* | ≈ grade; property
≈ Gütegrad; Eigenschaft

qualitativ SCIE **qualitative**
= qualitätsmäßig | ≠ quantitative
≠ quantitativ

Qualitativaussagenlogik *nf* LOGIC **fuzzy logic**
[mathematische Behandlung ungewisser oder qualitativer Aussagen] | [a mathematical treatment of uncertain or qualitative statements]
= unscharfe Logik; Fuzzy-Logik *nf*

qualitative Daten TECH → **qualitative data**
→ Qualitätsdaten *nplt*

qualitativer Algorithmus ART.IN → **fuzzy algorithm**
→ unscharfer Algorithmus

Qualitäts- *praef* QUAL **quality ...**
= high-quality ...

Qualitätsanforderung *nf* QUAL **quality requirement**

Qualitätsangaben *nplt* TECH → **qualitative data**
→ Qualitätsdaten *nplt*

Qualitätsattribut *nn* QUAL **quality attribute**
= quality factor

Qualitäts-Audit *nn* QUAL **quality audit**

Qualitätsbeauftragter *nm* QUAL **quality assurance manager**
= audit manager

Qualitätsdaten *nplt* TECH **qualitative data**
= Qualitätsangaben *nplt*; qualitative Daten

Qualitätseinbuße *nf* QUAL → **quality deterioration**
→ Qualitätsverschlechterung *nf*

qualitätsgerecht QUAL **up to standard** *adj*
= qualitätskonform

qualitätskonform QUAL → **up to standard** *adj*
→ qualitätsgerecht

Qualitätskontrolle *nf* QUAL **quality control**
≈ Qualitätsprüfung; Qualitätssicherung; Qualitätsüberwachung | ≈ cuality test; quality assurance; quality surveillance

Qualitätsmanagement *nn* QUAL **quality management**

Qualitätsmangel *nm* QUAL **quality defect**

Qualitätsmaß *nn* QUAL **quality metric**

qualitätsmäßig SCIE → **qualitative**
→ qualitativ

Qualitätsmerkmal *nn* QUAL **quality characteristic**
= Qualitätsparameter *nm*

Qualitätsminderung *nf* QUAL → **quality deterioration**
→ Qualitätsverschlechterung *nf*

Qualitätsordnung *nf* QUAL **quality rules**

Qualitätspapier *nn* TER&PER **high-quality paper**

Qualitätsparameter *nm* QUAL → **quality characteristic**
→ Qualitätsmerkmal *nn*

Qualitätsprüfung *nf* QUAL **quality test**
= Gütetest *nm*; Qualitätstest *nm*; Güteprüfung *nf* | = quality check; quality inspection
≈ Qualitätskontrolle; Qualitätssicherung; Qualitätsüberwachung; Abnahmeprüfung | ≈ quality control; quality assurance; quality surveillance; acceptance inspection

Qualitätssicherung *nf* QUAL **quality assurance**
[Satz systematischer Maßnahmen um Qualität zu sichern] | [set of systematic actions to assure quality]
= Gütesicherung *nf* | = QA
≈ Qualitätskontrolle; Qualitätsprüfung; Qualitätsüberwachung | ≈ quality control; quality test; quality surveillance

Qualitätssicherungsingenieur QUAL **quality assurance engineer**

Qualitätssiegel *nn* ECON **quality seal**

Qualitätstandard *nm* QUAL **quality standard**
= standards *nplt*

Qualitätstest *nm* QUAL → **quality test**
→ Qualitätsprüfung *nf*

Qualitätsüberwachung *nf* QUAL **quality surveillance**
≈ Qualitätskontrolle; Qualitätsprüfung | = quality supervision
≈ quality control; quality test

Qualitätsverschlechterung *nf* QUAL **quality deterioration**
= Qualitätseinbuße *nf*; Qualitätsminderung *nf*; Güteverlust *nm* | = quality degradation; quality impairment

Qualitätsvorschrift *nf* QUAL **quality specification**
= Gütevorschrift *nf*

Qualitätswert *nm* QUAL **value of quality**

QUAM TV → **quadrature amplitude modulation**
→ Quadraturmodulation *nf*

Quant *nn* (*pl* -en) PHYS **quantum** *n* (*pl* quanta)
[die kleinste unteilbare Menge von Energie jeglicher Art] | [the smallest indivisible amount of any for ofphysical energy]
↓ Photon; Graviton; Magnon; Phonon; Roton | ↓ photon; graviton; magnon; phonon; roton

Quäntchen *nn* COLL **epsilon** *n*
[an insignificant quantity]

quanteln CODING → **quantize** *vt*
→ quantisieren

Quantelung *nf* CODING → **quantization** *n*
→ Quantisierung *nf*

Quantenausbeute *nf* PHYS **quantum efficiency**
= Quantenwirkungsgrad *nm*

Quantenbedingung *nf* PHYS **quantum condition**

quantenbegrenzt PHYS **quantum limited**

Quantenbit *nn* INF.TEC → **qubit** *n*
→ Qubit *nn*

Quanten-Computer *nm* DAT.PR **quantum computer**

Quanten-Datenverarbeitung *nf* DAT.PR **quantum computing**

Quantenelektrodynamik PHYS **quantum electrodynamics**

Quantenelektronik *nf* PHYS **quantum electronics**

Quantenenergie *nf* PHYS **quantum energy**

Quanten-Generator *nm* (ex DDR) OPTOEL → **laser** *n*
→ Laser *nm*

Quantenmechanik *nf* PHYS **quantum mechanics**
≈ Quantentheorie | ≈ quantum theory

Quantenoptik *nf* PHYS **quantum OPT**

Quantenphysik *nf* PHYS **quantum physics**

Quantenrauschen *nn* OPTOEL **quantum noise**

Quantensprung *nf* PHYS **quantum jump**
= Quantenübergang *nm* | = quantum leap; quantum transition

Quantenstatistik *nf* PHYS **quantum statistics**

Quantentheorie *nf* PHYS **quantum theory**
≈ Quantenmechanik | ≈ quantum mechanics

Quantentopf-Elektronenkanal *nm* MICR.EL **quantum well channel**

Quantenübergang *nm* PHYS → **quantum jump**
→ Quantensprung *nf*

Quantenwirkungsgrad *nm* PHYS → **quantum efficiency**
→ Quantenausbeute *nf*

Quantenzahl *nf* PHYS **quantum number**
↓ Hauptquantenzahl; Nebenquantenzahl; Spinquantenzahl
↓ main quantum number; angular momentum quantum number; spin quantum number

Quantenzustand *nm* PHYS **quantum level**

quantifizierbar *adj* SCIE **quantifiable** *adj*

quantifizieren SCIE **quantify** *vt*

quantisieren CODING **quantize** *vt*
[einen kontinuierlichen Variablenbereich in diskrete Intervalle unterteilen]
= quanteln
≈ discretisieren [INF.TEC]; digitalisieren [INF.TEC]; digitalisieren [TELEC]
[to divide a continuous range of a variable into doscrete intervals]
≈ discretize [INF.TEC]; digitize [INF.TEC]; digitalize [TELEC]

Quantisieren *nf* CODING → **quantization** *n*
→ Quantisierung *nf*

Quantisierung *nf* CODING **quantization** *n*
[vom latein. "quantus" = "wie groß"; aus einem endlichen Satz von Stufen eine zuordnen]
= Quantelung *nf*; Quantisieren *nf*
≈ Diskretisierung [INF.TEC]
[from Latin "quantus" = "how large"; to assign one of a finite set of levels]
= quantizing *n*

Quantisierungseinheit *nf* CODING → **quantization step**
→ Quantisierungsschritt *nm*

Quantisierungsfehler *nm* CODING **quantization error**
= quantizing error

Quantisierungsgeräusch *nn* TELEC **quantization noise**
= Quantisierungsrauschen *nn*
≈ Quantisierungsverzerrung
= quantizing noise
≈ quantization distortion

Quantisierungsintervall *nn* CODING **quantization intervall**
= quantizing interval

Quantisierungsrauschen *nn* TELEC → **quantization noise**
→ Quantisierungsgeräusch *nn*

Quantisierungsschritt *nm* CODING **quantization step**
= Quantisierungsstufe *nf*; Quantisierungswert; Quantisierungseinheit *nf*
= quantizing step; quantization value; quantizing value

Quantisierungsstufe *nf* CODING → **quantization step**
→ Quantisierungsschritt *nm*

Quantisierungsverzerrung *nf* TELEC **quantization distortion**
≈ Quantisierungsgeräusch
= quantizing distortion

Quantisierungsverzerrungseinheit *nf* TELEC **quantizing distortion unit**
= QDU; QdU

Quantisierungswert CODING → **quantization step**
→ Quantisierungsschritt *nm*

Quantisierungszyklus *nm* CODING **quantization cycle**

Quantität *nf* SCIE → **quantity** *n*
→ Menge *nf*

quantitativ SCIE **quantitative** *adj*
= mengenmäßig
≠ qualitativ
≠ qualitative

quantitative Daten TECH → **quantity data**
→ Mengendaten *nplt*

Quantor *nm* LOGIC **quantor** *n*
[ein Operator der Prädikatenlogik]
↓ Allquantor; Existenzquantor
[an operator of predicative logics]
↓ existence quantor

Quantum *nn* INF.TEC **quantum** *n* (*pl* quanta)
[aus einer Quantisierung resultierende Einheit]
[unit resulting from quantization]

Quarantäne *nf* COMP.AP **quarantine** *n*

Quartal *nn* ECON **quarter** *n*
= Trimester *nn*; Vierteljahr *nn*; Dreimonatzeitraum *nm*
[three month]
= trimester *n*

quartalsweise ECON → **quarterly**
→ vierteljährlich

Quartalszyklus *nm* ECON **quarterly cycle**

Quartärgruppe *nf* TRANSM **supermaster group**
= QG

Quartärgruppen-Durchschaltefilter *nn* TRANSM **through supermaster group filter**
= QGDFi

Quartärgruppenumsetzer *nm* TRANSM **supermaster group modulator**
= QGU

Quartärrate *nf* TELEC **quaternary rate**
[274,176 Mbit/s nach ANSI, 139,264 Mbit/s nach ETSI]
= DS4-Rate; DS4
↑ Superrate
↓ T4; E4
[274.176 Mbit/s by ANSI, 139.264 Mbit/s by ETSI]
= DS4 rate; DS4
↑ superrate
↓ T4; E4

Quartett *nn* CODING → **tetrad** *n*
→ Tetrade *nf*

Quartil *nn* STATIS **quartile** *n*

Quarz *nm* CHEM **quartz** *n*
↑ Siliziumdioxyd
= crystal *n*
≈ silica

Quarz-Druckmesssonde *nf* INSTR **quartz pressure probe**

Quarzfaser *nf* OPT.CO **silica fiber**

Quarzfilter *nn* CIRC.EN **crystal filter**

quarzgenau EL.TRO **crystal-precise**
≈ quarzstabilisiert
≈ crystal stabylized

Quarzgenauigkeit *nf* EL.TRO **crystal accuracy**

Quarzgenerator *nm* CIRC.EN **quartz generator**
≈ Quarzoszillator
= crystal generator
≈ crystal oscillator

quarzgesteuert EL.TRO → **crystal-controlled**
→ quarzstabilisiert

quarzgesteuerter Messgenerator INSTR **quartz-controlled measuring generator**

quarzgesteuerter Oszillator CIRC.EN → **quartz oscillator**
→ Quarzoszillator *nm*

Quarzglas *nn* CHEM **silica glass**
= Kieselglas *nn*
↑ Siliziumdioxyd
= fused silica glass

quarzhaltig CHEM **quartzose** *adj*
= quarzhältig (AT); quarzig

quarzhältig (AT) CHEM → **quartzose** *adj*
→ quarzhaltig

quarzig CHEM → **quartzose** *adj*
→ quarzhaltig

Quarzkristall *nm* PHYS **quartz crystal**

Quarznormal *nn* CIRC.EN **crystal standard**
= quartz standard

Quarz-Oberton-Oszillator *nm* CIRC.EN **odd-harmonics crystal oscillator**

Quarzoszillator *nm* CIRC.EN **quartz oscillator**
= quarzgesteuerter Oszillator; Steuerquarz *nm*
≈ Quarzgenerator
= crystal oscillator; crystal-controlled oscillator

Quarzschnitt *nm* PHYS **crystal cut** (2)

quarzstabilisiert EL.TRO **crystal-controlled**
= quarzgesteuert
≈ quarzgenau
= crystal-stabilized

Quarzstabilisierung *nf* EL.TRO **crystal stabilization**

Quarzthermostat *nm* EL.TRO **crystal thermostate**

Quarzuhr *nf* CIRC.EN **quartz clock**
= crystal clock

Quarzvibrator *nm* COMPO **quartz vibrator**
= crystal vibrator

Quarzzeitbasis *nf* EL.TRO **quartz time base**
= crystal time base

quasi-assoziierte Betriebsweise TELEC **quasi-associated operation**
[Signisierung nicht an Nutzweg gebunden]
[signalling not strongly bound to the payload network]

quasi-assoziierte Signalisierung SWITCH → **quasi-associated signaling** (AE)
→ quasi-assoziierte Zeichengabe

quasi-assoziierte Zeichengabe SWITCH **quasi-associated signaling** (AE)
= quasi-assoziierte Signalisierung
= quasi-asociated signalling (BE); quasi-associated mode

Quasi-Fermi-Niveau *nn* PHYS **quasi-Fermi level**
= Imref
= imref level

quasifrei PHYS **quasifree**

Quasikomplementärschaltung *nf* CIRC.EN **quasi-complementary circuit**

quasilinear MATH **quasilinear**
= fastlinear

quasilogarithmisch MATH **quasilogarithmic**
= fastlogarithmisch

quasilogarithmische Codierung CODING **quasilogarithmic coding**

quasioptische Sicht RAD.PRO **quasi optical sight**

quasiperiodisch PHYS **quasiperiodic**
= almost periodic

Quasi-Spitzenwert *nm* INSTR **quasi-peak**
[Störstrahlungsmessung]
[radio interference measurement]

Quasi-Spitzenwert-Adapter *nm* INSTR **quasi-peak adapter**

Quasi-Spitzenwert-Detektor *nm* CIRC.EN **quasi-peak detector**

Quasi-Spitzenwert-Gleichrichtung *nf* TELEC **quasi-peak detection**

Quasisprache *nf* (pej) COMP.LG **quasi-language** (pej)

quasistationär PHYS **quasistationary**
= faststationär
= quasisteady

quasistationäres Feld PHYS **quasistationary field**

quasistatisch PHYS **quasistatic**
= faststatisch

Quasisynonym *nn* LING **quasi-synonym** *n*
≈ Nebenbegriff
≈ related term

Quasiteilchen *nn* PHYS **quasiparticle** *n*

quasiternäre Tastung MODUL **quasi-ternary keying**

Quasi-Yagi-Antenne *nf* ANT → **quagi antenna**
→ Quagi-Antenne *nf*

quaterdenär MATH **quaterdernary** *adj*
[die Zahl 14 betreffend]
[relative to the number 14]

quaternär [die Zahl 4 betreffend]	MATH	**quaternary** *adj* [related to the number 4] = quadary
quaternärer Baum	DAT.MA	**quaternary tree** = quadernary tree; quadtree
Qubit *nn* = Quantenbit *nn*	INF.TEC	**qubit** *n* = quantum bit
Quecksilber *nn* = Hg	CHEM	**mercury** *n* = Hg
Quecksilberdampf *nm*	PHYS	**mercury vapor** (AE) = mercury vapour (BE)
Quecksilberdampfgleichrichter *nm*	PHYS	**mercury-vapour rectifier**
Quecksilberdampf-Hochdrucklampe *nf*	EL.INS	**high-pressure mercury vapour lamp**
Quecksilberdampflampe *nf* = Quecksilberlampe *nf*	PHYS	**mercury-vapour lamp** = mercury lamp
Quecksilberfilm-Relais *nn* → Quecksilber-Relais *nn*	COMPO	→ **mercury relay**
Quecksilberkontakt *nm* = nasser Zungenkontakt ↑ Schutzrohrkontakt	COMPO	**mercury contact** = wetted contact (2)
Quecksilberlampe *nf* → Quecksilberdampflampe *nf*	PHYS	→ **mercury-vapour lamp**
Quecksilber-Relais *nn* = Quecksilberfilm-Relais *nn* ↑ Schutzrohrkontakt-Relais	COMPO	**mercury relay** = mercury-wetted-contact relay; mercury-wetted relay ↑ reed relay
Quecksilberschalter *nm*	COMPO	**mercury-wetted switch** = mercury switch
Quecksilberspeicher *nm*	EL.TRO	**mercury storage** = mercury memory
Quellcode *nm*	SW	**source code**
Quellcode *nm* (1) → Quellsprache *nf*	SW	→ **source language**
Quellcode *nm* (2) → Quellprogramm *nn*	SW	→ **source program** *n*
Quellcode-Befehlszeilen *nplt* = SLOC	SW	**source lines of code** = SLOC
Quellcomputer → Ursprungs-Computer *nm*	DAT.PR	→ **source computer** (2)
Quelldatei *nf* ≠ Zieldatei	DAT.MA	**source file** ≠ target file
Quelldaten *nplt* → Ursprungsdaten *nplt*	DAT.MA	→ **source data**
Quelldateneingabe *nf* → Quelldatenerfassung *nf*	DAT.MA	→ **source data acquisition**
Quelldatenerfassung *nf* = Quelldateneingabe *nf* ≈ Realzeiterfassung	DAT.MA	**source data acquisition** = source-data entry; source-data capture ≈ real-time data acquisition
Quelldatenträger *nm* ≠ Zieldatenträger	DAT.PR	**source data carrier** ≠ target data carrier
Quelldiskette *nf* = Ausgangsdiskette *nf* ≠ Zieldiskette	DAT.PR	**source disk** ≠ target disk
Quelldokument *nn*	DAT.MA	**source document**
Quelle *nf* = Wasserquelle *nf*	COLL	**fountain** *n* = fountainhead *n*; well *n*; wellspring *n*
Quelle *nf*	GEOSC	**spring** *n* = well
Quelle *nf* ≠ Senke	PHYS	**source** *n* ≠ dip
Quelle *nf* [Zone oder Pol von FET, woraus der gesteuerte Strom fließt] = S-Pol; Source (ANGL) ≠ Senke	MICR.EL	**source** *n* [region or terminal of FET delivering the controlled current] ≠ drain
Quelle *nf* [das sendende Ende einer Kommunikationsverbindung] ≠ Senke	INF.TH	**source** *n* [the sending side of a communication link] ≠ drain
Quelle *nf* ≠ Ziel	SW	**source** *n* ≠ target
Quelle *nf* → Generator *nm*	INSTR	→ **generator** *n*
Quelle *nf* → Ursprung *nm*	ECON	→ **origin** *n*
Quellencode *nm* → Primärcode *nm*	CODING	→ **source code**
Quellencodierung *nf* [erfolgt in der Signalquelle] ≠ Kanalcodierung	CODING	**primary coding** [coding within the source] = source coding; source encoding ≠ channel coding
Quellenfeld *nn*	PHYS	**source field**
quellenfrei [Feld]	PHYS	**source-free** [field]
quellenfreies Feld [mit Divergenz gleich Null] = solenoidales Feld	PHYS	**source-free field** [with divergence equal zero] = solenoidal field
quellengesteuerte Verkehrslenkung	DAT.NW	**source routing**
Quellenimpedanz *nf*	EL.TEC	**source impedance**
Quellenkompression *nf*	INF.TEC	**source compression**
Quellenprogramm *nn* → Quellprogramm *nn*	SW	→ **source program** *n*
Quellenraum *nm* [wo alle Tonleitungen einlaufen]	BROADC	**source room** [where all sound line come in]
Quellensignal *nn*	INF.TEC	**source signal**
Quellenspannung *nf* → Leerlaufspannung *nf*	EL.TEC	→ **open-circuit voltage**
Quellensteuer *nf*	ECON	**source retention**
Quellenstrom *nm* → Urstrom *nm*	NETW.TH	→ **impressed current**
Quellenwiderstand *nm* → Innenwiderstand *nm*	NETW.TH	→ **intrinsic resistance**
Quelle-Senke-Leckstrom *nm* = Source-drain-Leckstrom *nm* (ANGL)	MICR.EL	**source-drain leakage current**
Quellinformation *nf*	INF.TH	**source information**
Quelllaufwerk *nn*	DAT.PR	**source drive**
Quellmodul *nn*	SW	**source module**
quellorientierte Datenerfassung → Realzeiterfassung *nf*	DAT.MA	→ **real-time data acquisition**
Quellprogramm *nn* [in problemorientierter Programmiersprache oder Assemblersprache formuliert, noch nicht in Maschinensprache übersetzt] = Ursprungsprogramm *nn*; Primärprogramm *nn*; Quellcode *nm* (2); Quellenprogramm *nn*; Quelltext *nm* ≈ Quellsprache ≠ Objektprogramm	SW	**source program** *n* [written in a high-level or assembly language, not translated into machine language] = source code (2) ≈ source code (1) ≠ object program
Quellprogrammanweisung *nf* = Quelltextanweisung *nf*	SW	**source statement**
Quellprogrammbibliothek *nf*	SW	**source program library**
Quellprogramm-Kartenstapel *nm* → Quellstapel *nm*	DAT.MA	→ **source pack**
Quellrechner *nm* → Ursprungs-Computer *nm*	DAT.PR	→ **source computer** (2)
Quellregister *nn*	DAT.PR	**source register**
Quellsprache *nf* [für Formulierung verwendete Programmiersprache] = Ursprungssprache *nf*; Primärsprache *nf*; Ausgangssprache *nf*; Quellcode *nm* (1); Ursprungscode *nm* ≠ Zielsprache	SW	**source language** [program language used for the formulation of a program] = source code (1) ≠ object language
Quellsprache-Generator *nm*	SW	**source code generator**
Quellstapel *nm* = Quellprogramm-Kartenstapel *nm*	DAT.MA	**source pack** [card pack containing the source program] = source deck
Quelltext *nm* → Quellprogramm *nn*	SW	→ **source program** *n*
Quelltextanweisung *nf* → Quellprogrammanweisung *nf*	SW	→ **source statement**
Quellverzeichnis *nn* ≠ Zielverzeichnis	DAT.MA	**source directory** ≠ target directory
Quenchröhre *nf* → Löschröhre *nf*	EL.TRO	→ **quench tube**
Quengelfenster *nn* [blendet sich immer wieder ein, die Registrierung reklamierend]	INTERNET	**nag screen** [pops continuously up, claiming for registration]
quer → transversal *adj*	TECH	→ **transversal** *adj*
Querabmessung *nf* ≈ Breite	PHYS	**lateral dimension** ≈ width
Querabspannseil *nn* = Querabspannung *nf* ↑ Abspannseil	OUT.PL	**side guy** [crossing the direction of line] ↑ guy rope
Querabspannung *nf* → Querabspannseil *nn*	OUT.PL	→ **side guy**
queraddieren = querprüfen	MATH	**crossfoot** *vt*

Queraufhängung *nf* MEC.EN **transverse suspension**

Querbalken *nm* LING → **slash** *n*
→ Schrägstrich *nm*

Querbewegung *nf* MECH **transverse motion**
= transverse movement

Querbündel *nf* SWITCH → **direct route**
→ Querleitung *nf*

Querdämpfung *nf* TRANSM **transversal attenuation**

Querdiode *nf* CIRC.EN → **shunt diode**
→ Nebenschlussdiode *nf*

Querdruck *nm* TER&PER **landscape printing**

Querentnahme *nf* TECH → **cannibalization** *n*
→ Ausschlachtung *nf*

querentnehmen TECH → **cannibalize**
→ ausschlachten

Querfeld *nn* PHYS **transverse field**
= Transversalfeld *nn*

Querformat *nn* PRIN.ME **landscape format**
≠ Hochformat
↑ Seitenausrichtung
= landscape orientation; landscape; oblong format; cine-oriented image
≠ portrait format
↑ page orientation

Querformatbildschirm *nm* TER&PER **landscape monitor**
= Querformatmonitor *nm*

Querformatmonitor *nm* TER&PER → **landscape monitor**
→ Querformatbildschirm *nm*

quergestelltes Bild OFFICE **comic-strip oriented image**
[Mikrofilm]
≠ längsgestelltes Bild
[top edge of image parallel to the long edge of the film]
≠ cine-oriented image

quergestreifte Bauweise EQP.EN → **horizontal construction practice**
→ Horizontalbauweise *nf*

querindexiert DAT.MA **cross-indexed**

querindexierte Datei DAT.MA **cross-indexed file**

Querkabel *nn* OUT.PL **link cable**
↑ Ortskabel
↑ local cable

Querkeil *nm* MEC.EN **cotter** *n* (2)
↑ Sicherungselement
↑ cotter (1)

Querkompression *nf* SW → **lateral compression**
→ Querverdichtung *nf*

Querkontraktion *nf* PHYS **transverse contraction**

Querkontraktionskoeffizient *nm* PHYS **transverse contraction ratio**
= Poissonsche Konstante

Querkontrolle *nf* MATH **cross check**
= Querrechnung *nf*
= cross adding; cross total; cross footing; xfooting *n*

Querkontrolle *nf* DAT.CO → **horizontal parity check**
→ Längsparitätsprüfung *nf*

Querkraft *nf* PHYS **cross force**
= Transversalkraft *nf*
= transverse force

querlaufend TECH → **transversal** *adj*
→ transversal *adj*

Querleitung *nf* SWITCH **direct route**
[direkte Leitung zwischen Vermittlungen]
= Ql; Querbündel *nf*; Direktweg *nm*
≈ Erstweg
[between two exchanges]
= high-usage circuit
≈ primary route

querliegend TECH → **transversal** *adj*
→ transversal *adj*

Querlochung *nf* TER&PER **cross perforation**
= Querperforation *nf*
= transverse perforation; horizontal perforation

Quermagnetisierung *nf* PHYS **transverse magnetization**

Querparität *nf* CODING **vertical parity**
= Vertikalparität *nf*; Längssummenparität *nf*; Zeichenparität *nf* [DAT.CO]
≠ Längsparität
= lateral parity; transversal parity
≠ horizontal parity

Querparitätsbit-Spur *nf* TER&PER → **parity track**
→ Paritätsbitspur *nf*

Querparitätsprüfung *nf* CODING **vertical parity check**
= Querprüfung *nf*; Transversalparitätsprüfung *nf*; Transversalprüfung *nf*
= vertical redundancy check; VRC; lateral parity check; transverse parity check

Querperforation *nf* TER&PER → **cross perforation**
→ Querlochung *nf*

querprüfen MATH → **crossfoot** *vt*
→ queraddieren

Querprüfung *nf* CODING → **vertical parity check**
→ Querparitätsprüfung *nf*

Querprüfung *nf* DAT.CO → **horizontal parity check**
→ Längsparitätsprüfung *nf*

Querrechnung *nf* MATH → **cross check**
→ Querkontrolle *nf*

Querrippe *nf* MEC.EN **transversal fin**
= transversal rib

Querschiene *nf* MEC.EN → **crossarm** *n*
→ Querträger *nm*

Querschliff *nm* MEC.EN **transverse grind**

Querschlitz *nm* EQP.EN **transversal slot**

Querschnitt *nm* MATH **cross-section** *n*
[Darstellende Geometrie]
↑ Schnitt (2)
[Descriptive Geometry]
= cross; transverse section

Querschnittsbild *nn* ENG.DRA **cross-sectional view**

Querschnittsfläche *nf* MATH **cross-sectional area**

Querschnittsverjüngung *nf* TECH **reduction of cross section**
= cross section tapering
≈ tapering

Querschwingung *nf* PHYS **transversal vibration**
≈ Transversalwelle
≈ transverse wave

Querspannung *nf* PHYS **cross voltage**
[elektrisch]
= transverse voltage

Querspurverfahren *nn* TV **transversal recording**
= quadruplex recording

Querstrahler *nm* ANT → **broadside array**
→ Dipolebene *nf*

Querstrebe *nf* MEC.EN **transversal strut**
≈ Querträger
↑ Strebe
≈ crossarm
↑ strut

Querstrich *nm* LING → **slash** *n*
→ Schrägstrich *nm*

Querstrom *nm* PHYS **cross current**
= shunt current

Querstromlüfter *nm* TECH **tangential fan**

Querstück *nn* TECH **crosspiece** *n*

Quersubvention *nf* ECON **cross-subsidy**

Quersumme *nf* MATH **horizontal sum**
= Horizontalsumme *nf*
= cross sum; cross foot; crossfooting *n*

Quersummenkontrolle *nf* DAT.CO → **horizontal parity check**
→ Längsparitätsprüfung *nf*

Quersummenparität *nf* CODING → **horizontal parity**
→ Längsparität *nf*

Quersummenprüfung *nf* CODING **horizontal check sum**
= horizontal check; cross-foot check

Quersummenprüfung *nf* DAT.CO → **horizontal parity check**
→ Längsparitätsprüfung *nf*

Quersymmetrie *nf* MATH **transverse symmetry**

quersymmetrisch MATH **transverse-symmetrical**

quersymmetrischer Vierpol NETW.TH **transverse symmetric two-port**
= transverse symmetric quadripole

Querträger *nm* MEC.EN **crossarm** *n*
= Traverse *nf*; Querschiene *nf*
≈ Querstrebe
= crossbar *n*; crossbeam *n*; traverse *n*; pole arm
≈ transversal strut

Quertragseil *nn* OUT.PL **transverse cable**

Querverbindung *nf* TELEC **crosslink** *n*

Querverbindung *nf* TELEC **direct connection**
= Querverbindungsleitung *nf*
= tie line [TELEPH]; tie trunk

Querverbindungsleitung *nf* TELEC → **direct connection**
→ Querverbindung *nf*

querverbundene Dateien DAT.PR **cross-linked files**

Querverdichtung *nf* SW **lateral compression**
[gleichwertige Module werden zusammengelegt]
= Querkompression *nf*
[equivalent modules are executed together]

quer verlaufend TECH → **transversal** *adj*
→ transversal *adj*

Querverweis *nm* LING **cross-reference**
= Xref

Querverweisgenerator *nm* WOR.PR **cross-reference generator**
= cross-referencer

Querverweisindex *nm* DAT.MA **cross-index** *n*

Querverweisliste *nf* DAT.MA **cross-reference list**

Querverweisvektor *nm* SW **dope vector**

Querweg *nm* SWITCH **high-usage trunk** (AE)
= high-usage route

Querwelle *nf* PHYS → **transversal wave**
→ Transversalwelle *nf*

Querwiderstand *nm* PHYS **cross resistance**
≠ Parallelwiderstand
= shunt resistance
≠ parallel resistance

Querzuführung *nf* TER&PER → **sideways feed**
→ Seitenzuführung *nf*

Quetschanschluss *nm* COMPO → **crimp connection**
→ Quetschverbindung *nf*

quetschen TECH → **crush** *vt*
→ zerquetschen

Quetschhohlleiter *nm* MICROW **squeezable waveguide**
= Quetschmessleitung *nf*

Quetschhülse *nf* COMPO **ferrule** *n*

Quetschkabelschuh *nm* COMPO **crimp cable lug**
= Presskabelschuh *nm*; Quetschverbinder *nm*; Pressverbinder *nm*
= crimp connector; crimp terminal; push-on connector; press cable lug; press connector; press terminal

Quetschmessleitung *nf* MICROW → **squeezable waveguide**
→ Quetschhohlleiter *nm*

Quetschverbinder *nm* COMPO → **crimp cable lug**
→ Quetschkabelschuh *nm*

Quetschverbindung *nf* COMPO **crimp connection**
= Quetschanschluss *nm*; Crimpverbindung *nf*
= wire-crimp connection; pressure connection

Quetschzange *nf* TECH → **crimping tool**
→ Kabelschuhzange *nf*

quibinär CODING **quibinary** *adj*

Quibinärcode *nm* CODING **quibinary code**
[Dezimalziffern durch eine siebenstellige Binärzahl dargestellt]
↑ binärer Dezimalcode
[decimal digits represented by seven-digit binary number]
↑ binary-coded decimal code

Quick-heading-beam-Antenne *nf* ANT **quick heading beam antenna**
≈ QH-Beam
= QH beam antenna

Quickinfo *nf* (slang) COMP.AP → **pop-up window**
→ Einblendfenster *nn*

Quicksortalgorithmus *nm* (ANGL) DAT.MA → **quicksort algorithm**
→ Schnellsortieralgorithmus *nm*

QuickTime-Standard *nm* DAT.MA **QuickTime standard**

quietschen COLL **squeak** *vt*

QUIL-Gehäuse *nn* MICR.EL **QUIL package**
= quad-in-line package

quinär MATH **quinary**
[mit der Basis 5 oder, aus 5 Elementen bestehend]
[with the basis of 5, or composed of 5 elements]

Quinärcode *nm* CODING **quinary code**

Quinärsystem *nn* COMP.SC **quinary notation**
[Zahlendarstellung mit 0,1,2,3,4]
↑ Stellenwertsystem; Festradix-Schreibweise
[number representation with 0,1,2,3,4]
= quinary number system; quinary numeration system; quinary representation; quinary system; quinary counting
↑ positional notation; fixed-radix notation

Quinärzahl *nf* COMP.SC **quinary number**

Quincunx TV **quincunx** *n*

Quincunx-Abtastraster *nn* TV **quincunx scanning pattern**

quindenär MATH **quindenary** *adj*
[die Zahl 15 betreffend]
[relative to the number 15]

Quintessenz *nf* SCIE **quintessence** *n*
≈ Hauptpunkt
≈ gist

Quintett *nf* CODING **quintet** *n*
[als Einheit behandelte Gruppe von fünf Ziffern oder Bits]
= Fünf-Bit-Byte; 5-Bit-Byte *nn*
[group of five digits or bits handled as unit]
= five-bit byte; 5-bit byte

Quintillion *nf* MATH **nontillion** (AE)
[10E30]
[10E30]
= quintillion (BE)

Quintupel *nn* MATH **quintuple** *n*
↑ n-Tupel
↑ n-tuple

Quirlantenne *nf* ANT → **turnstile antenna**
→ Drehkreuzantenne *nf*

Quirlen *nn* RAD.LO **conical-scan tracking**
= konisches Sucherverfahren
= quirl *n*; conical scanning

quittieren TELEC **acknowledge** *vt*

quittieren TELEC → **acknowledge**
→ bestätigen

quittierte Rechnung ECON **receipted bill**

Quittierung *nf* TELEC **acknowledgment** *n* (AE)
= Quittung *nf*; Rückmeldung *nf*; Empfangsbestätigung *nf*; Bestätigung *nf*
= acknowledgement (BE); ACK; receipt confirmation; receipt

Quittierungsbetrieb *nm* DAT.CO **acknowledgment operation**
= acknowledgment mode; stop and wait mode

Quittierungszeichen *nn* TELEC → **acknowledgment signal** (AE)
→ Quittungszeichen *nn*

Quittung *nf* TELEC → **acknowledgment** *n* (AE)
→ Quittierung *nf*

Quittung *nf* TELECON **acknowledgment** (AE)
= acknowledgement (BE)

Quittung *nf* ECON **receipt** *n*
= Beleg *nm*; Zahlungsbeleg *nm*; Rechnungsbeleg *nm*; Abrechnungsbeleg *nm*; Kassenzettel *nm*; Kassenbeleg *nm*; Empfangsbestätigung *nf*
↑ Beleg
= voucher *n* (2); slip *n*; tally *n*
↑ voucher (1)

Quittungsanforderung *nf* DAT.CO → **acknowledgment request** (AE)
→ Quittungsaufforderung *nf*

Quittungsaufforderung *nf* DAT.CO **acknowledgment request** (AE)
= Quittungsanforderung *nf*
= acknowledgement request (BE)

Quittungsaustausch *nm* DAT.CO **handshaking** *n*
[Ritual zum Aufbau und Prüfen einer Verbindung]
= Quittungsbetrieb *nm*; einleitender Signalisierungsaustausch; Handshake-Betrieb *nm*; Handshake-Verfahren *nn*; Flusssteuerung *nf*; Verständigungsablauf *nm*
≈ Protokoll
↓ Hardware-Signalisierungsaustausch; Software-Quittungsaustausch
[standardized procedure to establish and check a communication]
= handshake *n*; handshake mode; shake-hand *n*
≈ protocol
↓ hardware handshake; software handshake

Quittungsbetrieb *nm* DAT.CO → **handshaking** *n*
→ Quittungsaustausch *nm*

Quittungsbit *nn* DAT.CO → **acknowledge bit**
→ Rückmeldebit *nn*

Quittungsschalter *nm* TELECON **discrepancy switch**

Quittungssignal *nn* TELECON **acknowledge signal**

Quittungstelegramm *nn* TELECON **acknowledgment telegram** (AE)
= acknowledgement telegram (BE)

Quittungszeichen *nn* TELEC **acknowledgment signal** (AE)
= Quittierungszeichen *nn*; Bestätigungszeichen *nn*
↑ Kennzeichen
= acknowledgement signal (BE); acknowledgement character; receipt signal; wink pulse; wink *n*
↑ switching signal

Quiz *nn* IMAG.ME **quiz** *n*
= Frage-Antwort-Spiel *nn*

Quizantwort *nn* IMAG.ME **quiz answer**

Quizfrage *nf* IMAG.ME **quiz question**

Quizmaster *nm* IMAG.ME **quiz master**

Quizsendung *nf* IMAG.ME **quiz show**

quizzen *vt* IMAG.ME **quiz** *vt*
[Quizfragen stellen oder antworten]
[to make or answer quiz questions]

Quote *nf* (1) TECH → **quota** *n* (1)
→ Anteil *nm*

Quote *nf* (2) TECH → **rate** *n*
→ Rate *nf*

Quote *nf* ECON **quota** *n*

Quotenrichtung *nf* DAT.CO **quota destination**

Quotient *nm* (1) MATH → **ratio** *n*
→ Bruch *nm* (1)

Quotient *nm* (2) MATH **quotient** *n*
[Ergebnis einer Division]
= Teilzahl *nf*; Teilungsverhältnis *nn*
≈ Bruch; Bruchzahl; Division
[number resulting from division]
≈ ratio; fractional number; division

Quotientenkörper *nm* MATH **quotient field**

Quotientenmesser *nm* INSTR **ratio meter**
= Verhältnismesser *nm*; Quotientenmesswerk *nn*
= ratio measuring system

Quotientenmesswerk *nn* INSTR → **ratio meter**
→ Quotientenmesser *nm*

Quotientenzweig *nm* NETW.TH → **bridge arm**
→ Brückenzweig *nm*

Q-Wert EL.TEC → **factor of quality**
→ Gütefaktor *nm*

QWERTY-Tastatur *nf* TER&PER → **US-standard keyboard**
→ amerikanische Tastatur

QWERTZ-Tastatur *nf* TER&PER → **German-standard keyboard**
→ DIN-Tastatur *nf*

R *r*

R EL.SC → **electric resistance**
→ elektrischer Widerstand

R/MOS-Verfahren *nn* MICR.EL **R/MOS process**
[refractory-metal gate metal-oxide semiconductor process]

r/s PHYS → **revolutions per second**
→ Umdrehungen pro Sekunde

R2-Signalisierung *nf* SWITCH **R2 signaling**

Ra CHEM → **radium** *n*
→ Radium *nn*

Rabatt *nm* ECON → **discount** *n*
→ Preisnachlass *nm*

Rabitzzange *nf* TECH **end cutting nippers**

rabulistisch COLL → **cavilled** *adj*
→ spitzfindig

rad MATH → **radian** *n*
→ Radiant *nm* (*pl* -en)

Rad *nn* TECH **wheel** *n*

rad/s PHYS → **radian per second**
→ Radiant durch Sekunde

Radant-Antenne *nf* ANT **integrated radome antenna**

Radantenne *nf* ANT **cartwheel antenna**

Radar *nm&nn* (*pl* -e) RAD.LO **radar** *n*
= Rückstrahlortung *nf*
↑ Funkortung
= radiodetection and ranging
↑ radio location

Radarantenne *nf* ANT **radar antenna**

Radar-Bake *nf* RAD.LO → **secondary surveillance radar**
→ Sekundärradar *nm&nn* (*pl* -e)

Radarbildröhre *nf* EL.TRO **radar picture tube**

Radarbildschirm *nm* RAD.LO **radar screen**
= radarscope

Radar-Detektor *nm* COMPO **radar sensor**
= radar detector

Radargleichung *nf* RAD.LO **radar equation**
= radar range equation; range equation

Radarhaube *nf* ANT **radar radome**

Radarhorizont *nm* RAD.LO **radar horizon**

Radarmessung *nf* INSTR **radar measurement**

Radarmodulator *nm* RAD.LO **radar modulator**
≈ Ladeschaltung

Radarquerschnitt *nm* RAD.LO **radar cross section**
= RCS; effective echoing area; backscattering cross section; forward-scattering cross section; bistatic-scattering cross section

Radarreichweite *nf* RAD.NA **radar range**

Radarröhre *nf* EL.TRO **radar tube**
↑ Bildwiedergaberöhre
↑ picture tube

Radarschatten RAD.LO **radar shadow**

Radarschirmbild *nn* RAD.LO **radar screen picture**

Radarsender *nm* RAD.LO **radar transmitter**

Radaufilm *nm* CINEMA → **splatter film**
→ Klamaukfilm *nm*

Radaukomödie *nf* IMAG.ME → **slapstick comedy**
→ Klamaukkomödie *nf*

radial MATH **radial** *adj*
≠ axial
≠ axial

Radial *nn* (1) ANT **radial wire** (1)
[eingegrabene Erdleiter]
[buried grounding wires]
= radial *n* (1)

Radial *nn* (2) ANT **radial wire** (2)
[Leiter eines Gegengewichts]
[wire of a counterpoise]
= radial *n* (2)

Radialanschluss *nm* COMPO **radial lead**
= radialer Anschlussdraht

radiale Kraft MECH → **radial force**
→ Radialkraft *nf*

radiale Last MEC.EN → **radial load**
→ Radiallast *nf*

radialer Anschlussdraht COMPO → **radial lead**
→ Radialanschluss *nm*

Radialerder *nm* ANT **radial earth electrode**
[vom Antennenfuß radial verlegt]

radialer Strahl EL.TRO → **radial beam**
→ Radialstrahl *nm*

radiales Feld PHYS **radial field**
= Radialfeld *nn*

Radialfeld *nn* PHYS → **radial field**
→ radiales Feld

Radialgleitlager *nn* MEC.EN **sleeve bearing**

Radialkraft *nf* MECH **radial force**
= radiale Kraft

Radiallager *nn* MEC.EN **radial bearing**

Radiallast *nf* MEC.EN **radial load**
= radiale Last

Radialnetz *nn* ANT **ground system**
= Erdnetz *nn*

Radialschwingung *nf* PHYS **radial oscillation**
= radial mode

Radialspiel *nn* MEC.EN **radial play**

Radialstrahl *nm* EL.TRO **radial beam**
= radialer Strahl

radialsymmetrisch MATH **radially symmetric**

Radialtransfer *nm* DAT.CO **radial transfer**

Radian MATH → **radian** *n*
→ Radiant *nm* (*pl* -en)

Radiant *nm* (*pl* -en) MATH **radian** *n*
[ergänzende SI-Einheit für ebene Winkel]
= rad; Radian
↑ Bogenmaß
[complementary SI unit for plane angles]
= rad

Radiant durch Sekunde PHYS **radian per second**
[SI-Einheit für Rotationsgeschwindigkeit]
= rad/s
[SI unit for angular velocity]
= rad/s

radieren ENG.DRA **erase** *vt*

Radiergummi *nm* OFFICE **eraser** *n*
= india rubber; rubber *n*

Radiertaste *nf* TER&PER → **backspace key** *n*
→ Rücksetztaste *nf* (2)

Radierung *nf* PRIN.ME **etching**

radikale Neuinstallation SW → **clean installation**
→ aggressive Neuinstallation

radikale Umstellung DAT.PR → **crash conversion**
→ abrupte Umstellung

Radikand *nm* MATH **radicand** *n*
[Zahl deren Wurzel berechnet werden soll]
[quantity under root symbol]

radioaktiv PHYS **radioactive**

Radioaktivität *nf* PHYS **radioactivity** *n*

Radioamateur *nm* RADIO → **radio tinker**
→ Radiobastler *nm*

Radioastronomie *nf* ASTR.PH **radioastronomy** *n*

Radioatmosphäre *nf* GEOSC **radio atmosphere**

Radiobake *nf* RAD.NA → **radio beacon**
→ Funkfeuer *nn*

Radiobastler *nm* RADIO **radio tinker**
= Radioamateur *nm*
≈ Funkamateur
≈ radio amateur

Radio-button *nm* COMP.AP → **radio button**
→ Wahlknopf *nm*

Radiocode-Test-Set *nn* INSTR **radiocode test set**

Radiodetektor *nm* HF **radio detector**

Radio-Digitaluhr *nf* CONS.EL **digital clock radio**
= Radiouhr *nf*; Radiowecker *nm*
= clock radio

Radiofenster *nn* RAD.PRO **radio window**
= window *n*

Radiofrequenz *nf* RADIO **radio frequency**
[von 10 kHz bis 100 GHz; im Englischen wird "radio frequency" gelegentlich auch außerhalb der Funktechnik als Synonym zu "high frequency" benutzt]
= Funkfrequenz *nf*; RF
≈ Hochfrequenz [TELEC]
[from 10 kHz to 100 GHz; in contrast to English, this term is not used in German (outside radio related field) as a synonym to "high frequency"]
= RF
≈ high frequency [TELEC]

Radiofrequenzbereich *nm* (1) RADIO **radio-frequency range** (1)
[von 10 kHz bis 100 GHz]
= RF-Bereich *nm* (1)
≈ Hochfrequenzbereich
[from 10 kHz to 100 GHz]
= RF range (1)
≈ high-frequency range

Radiofrequenzbereich *nm* (2) RADIO → **frequency band**
→ Frequenzband *nn*

Radiofrequenzcodierer *nm* TER&PER **radio frequency coder**
= Radiofrequenzkodierer *nm*; RF-Codierer *nm*
= RF coder

Radiofrequenzdetektor *nm* TER&PER **radio frequency detector**
= RF-Detektor *nm*
= RF detector

Radiofrequenzentkopplung *nf* RADIO **RF decoupling**
= RF-Entkopplung *nf*

Radiofrequenzkanal *nm* RADIO → **radiofrequency channel**
→ Funkkanal *nm*

Radiofrequenzkodierer *nm* TER&PER → **radio frequency coder**
→ Radiofrequenzcodierer *nm*

Radiofrequenzraster *nn* RADIO **radio-frequency pattern**

= RF-Raster *nn*; Frequenzraster *nn* ≈ Kanalraster — = RF pattern; radio-frequency raster; RF raster; frequency pattern ≈ channel configuration

Radiogoniometer *nn* RAD.LO **radiogoniometer**
Radiohörer *nm* MEDIA → **radio broadcast listener**
→ Rundfunkhörer *nm*
Radiohorizont *nm* RAD.PRO **radio horizon**
= Funkhorizont *nm*; Radiosichtweite *nf*
Radiohorizont des Empfängers RAD.PRO **receiver horizon**
= Funkhorizont des Empfängers
Radiohorizont des Senders RAD.PRO **transmitter horizon**
= Funkhorizont des Senders
Radioindikator *nm* PHYS **tracer** *n*
Radiointerferometer *nn* ANT **radio interferometer**
[Antennenanordnung höchster Winkelauflösung für radioastronomische Messungen] — [array of antennas with extremely high angular resolution, for radioastronomic measurements]
Radiokompassrose *nf* RAD.LO **radio magnetic indicator**
= Kompassrose *nf*; RMI — = RMI
Radiolumineszenz *nf* PHYS **radioluminiscence**
[durch ionisierende Strahlung induziert] — [induced by ionizing radiation]
Radio-mailles RAD.NA → **radio-mesh**
→ Funkgitter-Navigationssystem *nn*
Radiometeorologie *nf* METEO **radiometeorology**
Radiometer *nn* INSTR **radiometer** *n*
= Strahlungsmesser *nm*; Strahlenmesser *nm*
radiometrische Korrektur CART **radiometric correction**
[des Spektralbereiches] — [of spectral range]
Radionavigation *nf* RADIO → **radio navigation**
→ Funknavigation *nf*
Radionuklid *nn* PHYS **radionuclide** *n*
Radiorauschen *nn* RADIO → **cosmic noise**
→ kosmisches Rauschen
Radiorecorder *nm* CONS.EL **radio recorder**
Radiosendung *nf* MEDIA → **broadcast transmission** *n*
→ Rundfunksendung *nf* (1)
Radiosicht *nf* RAD.PRO **radio line-of-sight**
Radiosichtweite *nf* RAD.PRO → **radio horizon**
→ Radiohorizont *nm*
Radiosonde *nf* RADIO **radio balloon**
= radio sonde
Radiotelefonie *nf* TELEC → **radiotelephony** *n*
→ Funksprechwesen *nn*
Radiotelegrafie *nf* TELEGR → **radiotelegraphy** *n*
→ Funktelegrafie *nf*
Radiotelegramm *nn* TELEC → **radiogram** *n*
→ Funktelegramm *nn*
Radiotelephonie *nf* TELEC → **radiotelephony** *n*
→ Funksprechwesen *nn*
Radioteleskop *nn* RADIO **radio telescope**
Radiotheodolit RADIO **radiotheodolite**
Radiouhr *nf* CONS.EL → **digital clock radio**
→ Radio-Digitaluhr *nf*
Radiowecker *nm* CONS.EL → **digital clock radio**
→ Radio-Digitaluhr *nf*
Radiowelle *nf* RADIO → **radio wave**
→ Funkwelle *nf*
Radium *nn* CHEM **radium** *n*
= Ra — = Ra
Radius *nm* (*pl* Radien) MATH **radius** (*pl* radii&radiuses)
= Halbmesser *nm*
Radiuslehre *nf* MEC.EN **radius gage**
Radiusvektor *nm* EL.SC → **rotating phasor**
→ Wechselstromzeiger *nm*
Radix *nf* MATH → **base** *n* (2)
→ Basis *nf*
Radix *nf* (*pl* Radizes) COMP.SC **radix** *n*
[vom latein. "radix" = "Wurzel"; Anzahl der im Zahlensystem verwendeten Zahlen] — [from Latin "radix" = "root"; number of digits used in a number system]
= Radixzahl *nf*; Basiszahl *nf*; Grundzahl *nf* ≈ Basis [MATH] — = radix number; base; base number; basic number ≈ base [MATH]
Radixkomma *nn* MATH → **radix point**
→ Basiskomma *nn*
Radixkommaausrichtung *nf* COMP.SC **radix alignment**
Radixkomma-Einfügesortierung *nf* DAT.MA **radix insertion sort**
Radixkomma-Listensortierung *nf* DAT.MA **radix list sort**
Radixkomma-Sortieralgorithmus *nm* DAT.MA **radix sorting algorithm**
Radixkommasortierung *nf* DAT.MA → **digital sorting**
→ Digitalsortierung *nf*
Radixkomma-Tauschsortierung *nf* DAT.MA **radix exchange sort**
= divide-and-conquer sort

Radixpunkt *nm* MATH → **point** *n*
→ Komma *nn* (*pl* -s&-tas)
Radixschreibweise *nf* COMP.SC **radix notation**
[Wert der Ziffer in Stelle n ist Ziffer mal n-te Potenz der Basis (Radix)] — [the value of a digit on position n is digit times radix (base) to the power of n]
↑ Stellenwertsystem
↓ Festradix-Schreibweise; Gemischtradix-Schreibweise — = radix representation; radix notation system; radix numeration system; radix scale; base notation ↑ positional notation ↓ fixed-radix notation; mixed-radix notation
Radixschreibweise mit fester Basis COMP.SC → **fixed-radix notation** *n*
→ Festradix-Schreibweise *nf*
Radixschreibweise mit gemischter Basis COMP.SC → **mixed-radix notation**
→ Gemischtradix-Schreibweise *nf*
Radixzahl *nf* COMP.SC → **radix** *n*
→ Radix *nf* (*pl* Radizes)
Radizierelement *nn* CIRC.EN → **rooter circuit**
→ Radizierer *nm*
radizieren MATH → **extract the root**
→ wurzelziehen
Radizierer *nm* CIRC.EN **rooter circuit**
= Radizierelement *nn* — = root element
Radizierung *nf* MATH → **root extraction**
→ Wurzelziehen *nn*
Radkranz *nm* MEC.EN **wheel rim**
Radkurve *nf* MATH → **cycloid** *n*
→ Zykloide *nf*
Radnabe *nf* MEC.EN **wheel hub**
↑ Nabe — = nave *n* ↑ hub
Radom *nn* (*pl* -s) ANT **radom** *n*
= Schutzhaube *nf*; Antennenkuppel *nf* — [radar dome]
Radomdämpfung *nf* ANT **radom loss**
Radon *nn* CHEM **radon** *n*
= Rn — = Rn
Radspeiche *nf* MEC.EN **wheel spoke**
= Speiche *nf* — = spoke *n*
Raffinerie *nf* TECH **refinery** *n*
raffiniert TECH → **sophisticated**
→ hochwertig
Raffiniertheit *nf* TECH → **sophistication** *n*
→ Hochwertigkeit *nf*
Raffungsfaktor *nm* QUAL **time-acceleration factor**
Rafinesse *nf* TECH → **sophistication** *n*
→ Hochwertigkeit *nf*
Rah *nf* TECH → **spreader** *n*
→ Rahe *nf* (*pl* -n)
Rahe *nf* (*pl* -n) TECH **spreader** *n*
[Stange zwischen Seilen] — [device holding two lines apart]
= Rah *nf*
Rahmen *nm* CODING **frame** *n*
= Pulsrahmen *nm* — = pulse frame
Rahmen *nm* MEC.EN **frame** *n*
Rahmen *nm* DAT.MA → **page frame**
→ Seitenrahmen *nf*
Rahmen *nm* COMP.GR → **display frame**
→ Bildrahmen *nm*
Rahmenabbau *nm* CODING **framer dissolution**
= Pulsrahmenabbau *nm*
Rahmenabbruch *nm* DAT.PR **frame abort**
Rahmenabkommen *nn* ECON **frame agreement**
= Rahmenvereinbarung *nf*
Rahmenadresse *nf* CODING **frame address**
Rahmenanalysator *nm* INSTR **frame analyzer**
Rahmenantenne *nf* ANT **frame antenna** *n*
= Ringantenne *nf* (2); Schleifenantenne *nf* ↑ Peilantenne — = frame aerial; loop antenna; loop aerial; coil antenna; coil aerial ↑ direction finding antenna
Rahmenaufbau *nm* CODING → **frame structure**
→ Rahmenstruktur *nf*
Rahmenbedingung *nf* TECH **boundary condition**
= master condition
Rahmenbeschreibung *nf* TEC.DOC **general description**
Rahmenbestimmungen *nplt* ECON **outline terms**
Rahmenbildung *nf* CODING **frame generation**
= Rahmenerzeugung *nf* — = framing *n*
Rahmenbildung *nf* DAT.NW **framing** *n*
Rahmenbit *nn* CODING **frame bit**
Rahmenbyte *nn* TRANSM **framing byte**
[SDH]

Rahmendiagramm *nn* ANT **DF-loop pattern**

Rahmendokument *nn* DAT.MA **master document** *n* (2)
[links several "slave" documents]

Rahmendübel *nm* EL.ACOU **dowels for speaker cabinets**

Rahmenerzeugung *nf* CODING → **frame generation**
→ Rahmenbildung *nf*

Rahmenfarbe *nf* TER&PER **frame colour**

Rahmenformat *nn* INF.TEC **frame format**

Rahmenfrequenz *nf* CODING **frame frequency**
= Pulsrahmenfrequenz *nf*; Rahmenwiederholfrequenz *nf* — = frame rate

Rahmengleichlauf *nm* CODING **frame alignment**
= Rahmensynchronismus *nm*; Rahmensynchronisierung *nf*; Pulsrahmengleichlauf *nm*; Rahmensynchronisation *nf* — = frame synchronization; frame synchronism

Rahmengleichlaufstörung *nf* CODING **frame alignment loss**
= frame synchronization loss

Rahmengrenze *nf* DAT.CO **frame boundary**

Rahmenhandlung *nf* MEDIA **frame story**
≠ Haupthandlung — = subplot *n*; ≠ main story

Rahmenkennung *nf* CODING **frame marking**
= Rahmenmarkierung *nf*; Pulsrahmenkennung *nf*; Pulsrahmenmarkierung *nf*

Rahmenkennungsbit *nn* CODING **frame mark bit**
= Rahmenmarkierungsbit *nn* — = frame marking bit

Rahmenkennungssignal *nn* CODING → **frame alignment signal**
→ Rahmenkennungswort *nn*

Rahmenkennungswort *nn* CODING **frame alignment signal**
= FAS; Rahmenkennungssignal *nn*; Rahmenkennwort *nn*; Synchronwort *nn* — = FAS; frame alignment word; synchronizing signal

Rahmenkennwort *nn* CODING → **frame alignment signal**
→ Rahmenkennungswort *nn*

Rahmenlänge *nf* CODING **frame length**
= Rahmenperiode *nf*; Pulsrahmenlänge *nf*; Pulsrahmenperiode *nf* — = frame period

Rahmenmarkierung *nf* CODING → **frame marking**
→ Rahmenkennung *nf*

Rahmenmarkierungsbit *nn* CODING → **frame mark bit**
→ Rahmenkennungsbit *nn*

Rahmenmeldewort *nn* CODING **frame service word**

rahmenmontierbar EQP.EN **rack mountable**

rahmenmontiert EQP.EN → **rack-mounted**
→ gestellmontiert

Rahmenmuster *nn* CODING → **frame structure**
→ Rahmenstruktur *nf*

Rahmenpeiler *nm* RAD.LO **loop direction finder**
= DF-loop

Rahmenperiode *nf* CODING → **frame length**
→ Rahmenlänge *nf*

Rahmenpflichtenheft *nn* TECH **general specification**
= Rahmenspezifikation *nf*; Grobspezifikation *nf* — = bullet specification

Rahmenprüfsequenz *nf* DAT.NW **frame check sequence**
[Ethernet] — [Ethernet]

Rahmenpufferspeicher *nm* DAT.PR **frame buffer store**
= frame buffer

Rahmenquelltext *nm* INTERNET **frame source**

Rahmenredundanzcodierung *nf* INF.TEC **interframe coding**

Rahmenrichtlinie *nf* TECH **framework directive**

Rahmenschlupf *nm* CODING **frame slip**
= Pulsrahmenschlupf *nm* — = controlled slip

Rahmenspezifikation *nf* TECH → **general specification**
→ Rahmenpflichtenheft *nn*

Rahmenstruktur *nf* CODING **frame structure**
= Rahmenaufbau *nm*; Rahmenmuster *nn*; Pulsrahmenstruktur *nf*; Pulsrahmenaufbau *nm*; Pulsrahmenmuster *nn* — = frame organization; frame pattern; framing pattern; envelope *n*

Rahmensynchronimpuls *nm* CODING **frame synchronization pulse**
= Rahmentaktpuls *nm* — = frame clock pulse

Rahmensynchronisation *nf* CODING → **frame alignment**
→ Rahmengleichlauf *nm*

Rahmensynchronisierung *nf* CODING → **frame alignment**
→ Rahmengleichlauf *nm*

Rahmensynchronismus *nm* CODING → **frame alignment**
→ Rahmengleichlauf *nm*

Rahmensynchrontakt *nm* CODING → **frame clock**
→ Rahmentakt *nm*

Rahmentakt *nm* CODING **frame clock**
= Rahmensynchrontakt *nm*; Pulsrahmentakt *nm*; Pulsrahmensynchrontakt *nm*

Rahmentaktpuls *nm* CODING → **frame synchronization pulse**
→ Rahmensynchronimpuls *nm*

Rahmentext *nm* LING **frame text**

Rahmentransfer DAT.CO **frame transfer**
= FT

Rahmentyp *nm* DAT.CO **frame type**

Rahmenveranstaltung *nf* ECON **side event**
= Begleitveranstaltung *nf*

Rahmenverdrahtung *nf* EQP.EN **module-frame wiring**

Rahmenvereinbarung *nf* ECON → **frame agreement**
→ Rahmenabkommen *nn*

Rahmenvereinbarung *nf* ECON **frame agreement**

Rahmenvertrag *nm* ECON **frame contract**

Rahmenwiederherstellung *nf* CODING **reframing** *n*

Rahmenwiederholfrequenz *nf* CODING → **frame frequency**
→ Rahmenfrequenz *nf*

RAID HW **RAID**
[redundante Anordnung von Laufwerken] — = Redundant Array of Independent Disks

Rakel *nf* PRIN.ME **squegee** *n*
[Vorrichtung zum Verteilen oder Abstreifen von Farbe] — [device to spread or remove ink]

RAM *nn* (1) HW → **random-access memory**
→ Direktzugriffsspeicher *nm*

RAM *nn* (2) HW → **main memory** (1)
→ Hauptspeicher *nm* (1)

Raman-Effekt *nm* PHYS **Raman effect**

Ramanstreuung *nf* PHYS **Raman scattering**

RAM-Auffrischer *nm* HW **RAM refresher**

RAM-Auffrischrate *nf* HW **RAM refresh rate**

RAM-Auffrischung *nf* HW **RAM refresh**

RAM-Baustein *nm* MICR.EL **RAM chip**
= RAM-Chip *nm*

Rambus *nm* MICR.EL **rambus**

RAM-Cache-Speicher HW **RAM cache**
[für schnelleren Zugriff auf Laufwerke] — [to speed up access to disk drives]
↑ Cache-Speicher — ↑ cache memory

RAM-Chip *nm* MICR.EL → **RAM chip**
→ RAM-Baustein *nm*

RAMDAC MICR.EL **RAMDAC**

RAMDISK *nm* DAT.PR → **RAM disk**
→ virtuelles Laufwerk

RAM-Disk *nm* DAT.PR → **RAM disk**
→ virtuelles Laufwerk

RAM-Diskette *nf* TER&PER **RAM floppy disk**
[auf einem RAM simulierte Diskette] — [a disk simulated on a RAM]
= RAM-Floppy; Pseudo-Floppy — = RAM disk

Ramey-Verstärker *nm* CIRC.EN **Ramey amplifier**
= magnetischer Rücklaufverstärker
↑ spannungssteuernder Magnetverstärker — ↑ voltage driving transductor amplifier

RAM-Floppy TER&PER → **RAM floppy disk**
→ RAM-Diskette *nf*

RAM-Karte *nf* HW **RAM board**
[erweitert Haupspeicher] — [expands main memory]
↑ Speichererweiterungskarte — = RAM cartridge; RAM card; ↑ memory expansion board

RAM-Komprimierung *nf* DAT.PR **RAM compression**

RAM-Lader *nm* SW → **main memory loading program**
→ Hauptspeicher-Ladeprogramm *nn*

Rampe *nf* (1) CIV.EN → **loading ramp**
→ Laderampe *nf*

Rampe *nf* (2) CIV.EN **ramp** *n*

Rampe *nf* (1) EL.TRO → **edge** *n*
→ Flanke *nf*

Rampe *nf* (2) EL.TRO → **sawtooth waveform**
→ Sägezahnkurve *nf*

Rampenantwort *nn* EL.TRO **ramp response**

Rampenfunktion *nf* EL.TRO **ramp function**

Rampen-Kenndaten *nplt* EL.TRO → **ramp characteristics**
→ Sägezahn-Kenndaten *nplt*

Rampenlicht *nf* (fig) COLL **limelight** *n*

Rampenwobbelung *nf* INSTR **ramp sweep**

Rampenzeit *nf* EL.TRO **ramp time**
↓ Anstiegzeit; Abfallzeit — ↓ rise time; decay time

RAM-resident DAT.PR **RAM-resident**

RAM-Speicher *nm* HW → **random-access memory**
→ Direktzugriffsspeicher *nm*

RAM-Test *nm* DAT.PR **RAM test**

Rand *nm* PRIN.ME → **margin** *n* (1)
→ Seitenrand *nm*

Rand *nm* (*pl* Ränder) TECH **margin** *n*

≈ Grenze = border *n*; limb *n*
≈ limit

Randabstand *nm* PRIN.ME **margin distance** *n*
= margin *n* (2)

Randanpassung *nf* CART **border equalization**

Randausgleich *nm* PRIN.ME **margin compensation**
= margin adjustment; margin adjust; margin justification; margin alignment

Randauslöser *nm* TER&PER → **margin release**
→ Randlöser *nm*

Randausrichtung *nf* WOR.PR **boundary alignment**

Randaussendung *nf* RADIO → **out-of-band radiation**
→ Außerbandstrahlung *nf*

Randbedingung *nf* MATH **boundary condition**
= Grenzbedingung *nf*; Nebenbedingung *nf*; Zwangsbedingung *nf* = constraint *n*; limiting condition; marginal condition

Randbegrenzer *nm* TER&PER → **margin stop**
→ Randsteller *nm*

Randblende *nf* ANT → **shroud** *n*
→ Kragen *nm* (*pl* Kragen&(AT) Krägen)

Randblock *nm* PRIN.ME **sidebar** *n*

Randdarstellung *nf* COMP.GR → **boundary representation**
→ Umrissdarstellung *nf*

Randdurchbruch *nm* MICR.EL **marginal breakdown**

Rändel *nn* MEC.EN **knurle** *n*

Rändelmutter *nf* MEC.EN **knurled nut**

Rändelrad *nn* TER&PER → **thumbwheel**
→ Rändelscheibe *nf*

Rändelscheibe *nf* MEC.EN **knurled disk**
= thumbwheel *n*

Rändelscheibe *nf* TER&PER **thumbwheel**
[Vorrichtung zur Schreibmarkensteuerung] [device to position a cursor]
= Rändelrad *nn*

Rändelschraube *nf* MEC.EN **knurled screw**

Randerkennung *nf* IMAG.PR **border detection**
= border delineation

Randfrequenz *nf* NETW.TH → **limit frequency**
→ Eckfrequenz *nf*

Randführungslochung *nf* TER&PER → **margin perforation**
→ Randlochung *nf*

Randgebiet *nn* SCIE **fringe area**

randgelocht TER&PER **margin-perforated**

randgelochtes Papier TER&PER **margin-perforated paper**

Randglosse *nf* PRIN.ME → **marginalia** *nplt*
→ Marginalie *nf*

Randkanal *nm* RADIO **outboard channel**
= Eckkanal *nm* = limit channel

Randkerbung *nf* TER&PER **edge notch**
≈ Randlochung = margin notch
≈ margin perforation

Randkontakt *nm* COMPO **edgeboard contact**

Randkurve *nf* MATH **boundary curve**

Randlicht *nf* IMAG.ME → **separation light**
→ Umrisslicht *nf*

Randlochkarte *nf* TER&PER **marginal punched card**
= Kerblochkarte *nf*; Lochstreifenkarte *nf* = edge-notched card; edge-punched card; border-punched card; margin-notched card; tape card

Randlochkartengerät *nn* TER&PER **edge-noched card unit**
= Kerblochkartengerät *nn* = tape card unit

Randlochkartenleser *nm* TER&PER **edge-noched card reader**
= Kerblochkartenleser *nm* = tape card reader

Randlochkartenstanzer *nm* TER&PER **edge-notched card puncher**
= Kerblochkartenstanzer *nm* = tape card puncher

Randlochung *nf* TER&PER **margin perforation**
= Randführungslochung *nf* ≈ edge notch
≈ Randkerbung

Randlogik *nf* MICR.EL **glue logic**

Randlöser *nm* TER&PER **margin release**
[ermöglicht die Überschreitung eines fixierten Randes] [permits the transgression of a fixed margin]
= Randauslöser *nm*; Schreibrandauslöser *nm*

Random-Sampling INSTR → **random sampling**
→ inkohärente Abtastung

Randomspeicher *nm* HW → **random-access memory**
→ Direktzugriffsspeicher *nm*

Randrille *nf* EL.ACOU **lead-in spiral**
[Schallplatte] [phonogram record]
= lead-in groove

Randschärfe *nf* OPT **marginal resolution**
[OPT]
= marginal sharpness

Randschicht *nf* MICR.EL **surface layer**
[eines Halbleiters wenn an Nichtmetall angrenzend] [of a semiconductor in contact with a non-metallic]
= Randzone *nf*; Grenzschicht *nf*; Unstetigkeitsschicht *nf* = boundary layer; surface barrier; sidewall *n*
≈ Sperrschicht ≈ depletion layer

Randschichttransistor *nm* MICR.EL **surface layer transistor**
= Oberflächensperrschicht-Transistor *nm* = barrier layer transistor

Randsetzer *nm* TER&PER → **margin stop**
→ Randsteller *nm*

Randstecker *nm* COMPO **edge connector**
[Federleiste als Gegenstück einer direktkontaktierten Leiterplatte] [female connector mating with tracks on a PCB as males]
= Winkelsteckleiste *nf*; Winkelstecker *nm* (2); Leiterplatten-Stecker *nm*; LP-Stecker *nm* = PCB connector; edgecard connector; edgeboard connector

Randsteller *nm* TER&PER **margin stop**
= Schreibransssteller *nm*; Randsetzer *nm*; Schreibrandsetzer *nm*; Randbegrenzer *nm*; Schreibrandbegrenzer *nm*

Randstreifen *nm* TECH **marginal strip**

Randströmung *nf* MICR.EL **boundary current**
= random current

Randüberschrift *nf* PRIN.ME **side head**
= side heading

Randverteilung *nf* STATIS **marginal distribution**

Randwert *nm* MATH **boundary value**

Randwertproblem *nn* MATH **boundary value problem**

Randzelle *nf* MICR.EL **peripheral cell**
= Peripheriezelle *nf*

Randzone *nf* MICR.EL → **surface layer**
→ Randschicht *nf*

Randzone *nf* PRIN.ME → **hot zone**
→ Zeilenausgang *nm*

Randzonensender *nm* BROADC **surrounding transmitter**

Ranfahrt *nf* CINEMA **zoom-in** *n*
≠ Wegfahrt ≠ zoom-out

Rang *nm* (*pl* Ränge) SWITCH **rank** *n*

Rang *nm* (*pl* Ränge) TECH **tier** *n*
[eine Reihe aus einer Staffelung] [one of rows arranged above others]

Rangfolge *nf* COLL **ranking** *n*
≈ Vorrang ≈ precedence

Rangfolge *nf* MATH **rule of precedence** *n*
= Prioritätenfolge *nf*; Priorität *nf* = order of precedence; precedence; rule of priority; order of priority; order of rank

Rangfolge *nf* SCIE → **hierarchy** *n*
→ Hierarchie *nf*

rangierbar EL.TRO **strappable**

Rangierdraht *nm* SYS.INS **strap** *n*
[für Rangierungen innerhalb eines Verteilerblocks] [for jumpering within the same terminal block]
= Brückendraht *nm*; Leiterdraht *nm*; Schaltdraht *nm* = patching wire; jumping wire; jumper wire; cross-connect wire; hook-up wire
≈ Rangierleitung; Rangierlitze ≈ cross-connect *n*; stranded strap

Rangierebene *nf* TELEC **cross-connect level**
= Durchschalteebene *nf*; Verteilebene *nf* = distribution level

rangieren EQP.EN **cross-connect** *vt*
= strap *n*; jumper *n*

Rangierfeld *nn* EQP.EN **jumpering panel**
= cross-connecting panel

Rangierkabel *nn* SYS.INS → **cross connect** *n*
→ Rangierleitung *nf*

Rangierleitung *nf* SYS.INS **cross connect** *n*
[verbindet Verteilerblöcke] [connects different terminal blocks]
= Rangierverbindung *nf*; Rangierkabel *nn* = cross-connect line; cross-connect cable; jumper; jumper line; jumper cable; patch cable
≈ Rangierdraht ≈ strap *n*

Rangierlitze *nf* SYS.INS **stranded strap**
≈ Rangierdraht = stranded patching wire; starnded jumping wire; stranded jumper wire; stranded cross-connect wire
≈ strap

Rangiermultiplexer *nm* TRANSM → **cross-connect multiplexer**
→ Verteilmultiplexer *nm*

Rangierung *nf* SYS.INS **jumpering** *n*
= jumper; patching; cross-connecting

Rangierverbindung *nf* SYS.INS → **cross connect** *n*
→ Rangierleitung *nf*

Rangierverteiler *nm* ↑ Verteiler	SYS.INS	**patching distribution frame** = cross-connection field; jumper field
Rangierweg *nm*	TELEC	**jumper path**
Rangkorrelation *nf*	STATIS	**rank correlation**
Rangliste *nf* = Ranking *nn*	COLL	**ranking** *n*
Rangordnung *nf* → Hierarchie *nf*	SCIE	→ **hierarchy** *n*
Ranking *nn* → Rangliste *nf*	COLL	→ **ranking** *n*
Rapid Prototyping *nn* (ANGL) → Schnellmusterentwicklung *nf*	SW	→ **rapid prototyping**
RARP-Protokoll *nn*	INTERNET	**RARP** = Reverse Address Resolution Protocol
RAS	DAT.NW	**RAS** = Remote Access Service
rasant [fig]	TECH	**dizzy** *adj* [fig] = dizzying *adj*
rasch → schnell	TECH	→ **fast** *adj*
Rascheln *nn*	COLL	**rustle** *n*
rascheln *vi*	COLL	**rustle** *vi*
Raschvorlauf *nm* = Schnellvorlauf *nm*	CONS.EL	**fast forward**
RAS-Einrichtung *nf*	DAT.PR	**RAS facility** [improving Reliability, Availability and Serviceability]
rasseln	TECH	**rattle** *vi*
Rast *nf* (*pl* -en)	TECH	**lock** *n* (2)
Rastbolzen *nm*	MEC.EN	**drop-in pin**
Raste *nf* (*pl* -n) [Vorrichtung zum Einrasten] ≈ Sperrvorrichtung	MEC.EN	**detent** *n* ≈ locking device
rasten = einrasten ≈ arretieren; einschnappen	TECH	**lock v** (1)**i** ≈ arrest; snap
rastend = einrastend; mit Rast	TECH	**locking** *adj*
rastender Tastschalter = Tastschalter mit Rast	TER&PER	**locking pushbutton key**
Raster *nn* = Gitterraster *nn*; Rasterfeld *nn* ≈ Koordinatenfeld [MATH]	TECH	**grid** *n* = graticule *n* ≈ coordinate field [MATH]
Raster *nn* [Grafik] ↓ Punktraster	TER&PER	**raster** *n* [graphics] ↓ dot matrix
Raster *nn*	RADIO	**pattern** *n* = raster *n*
Raster- = Lamellen-	TECH	**louvered** *adj*
Rasterabstand *nm* = Kanalabstand *nm*	RADIO	**channel separation**
Raster-Abtaster = Raster-Scanner *nm*	TER&PER	**raster scanner**
Rasterabtastung *nf*	TER&PER	**raster scanning** = raster scan
Rasterarchitektur *nf*	RADIO	**pattern structure**
Rasterätzung *nf* → Autotypie *nf*	PRIN.ME	→ **autotype** *n*
Rasterauffüllung *nf*	TV	**raster fill**
Rasterbild *nn* ≠ Vektorbild	COMP.GR	**raster image** = raster display ≠ vector image
Rasterbild-Editor *nm*	COMP.GR	**screen image editor**
Rasterbildprozessor *nm* [wandelt eine Vektorgrafik in eine Rastergrafik] = Raster-image-Prozessor *nm*; RIP; Rasterprozessor *nm*	DAT.PR	**raster image processor** *n* [converts vector graphics and/or text into a bit-mapped (raster) image] = RIP ↑ composition computer
Rasterbildschirm *nm* [bildet aus einem Punktraster ab] = Matrixbildschirm *nm* ≠ Vektorbildschirm ↑ Sichtgerät; Grafikbildschirm	TER&PER	**raster screen** *n* [maps on the basis of a point matrix] = raster scanned screen; raster scan screen; raster-scan display; raster graphics screen; raster display; bit map screen; matrix screen; matrix display ≠ vector display
Raster-Code *nm* → Mosaik-Code *nm*	TER&PER	→ **raster code**
Rasterdatei *nf*	DAT.MA	**raster file**
Rasterdaten *nplt* [in Matrixform vorliegend] = Pixeldaten *nplt* ≠ Vektordaten ↑ Geometriedaten	GIS	**raster data** [available in matricial form] = pixel data ≠ vector data ↑ geometric data
Rasterdrucker *nm* = Matrixdrucker *nm*; Mosaikdrucker *nm* ≠ Typendrucker ↓ Nadeldrucker; Raster-Plotter; Tintendrucker; Thermodrucker; xerografischer Drucker	TER&PER	**dot-matrix printer** = matrix printer; mosaic printer; wire-pin printer ≠ type printer ↓ stylus printer; dot plotter; ink-jet printer; thermal printer; xerographic printer
Rasterdruckverfahren *nn* = Punktraster-Druckverfahren *nn*; Matrix-Druckverfahren *nn*	TER&PER	**dot-matrix printing** = dot-matrix technique
Rasterdruckzeichen *nn* ≠ Volldruckzeichen	TER&PER	**dot-matrix character** ≠ fully formed character
Raster-Editor *nm*	GIS	**raster editor**
Rasterelektronenmikroskop *nn* = Rastermikroskop *nn*	EL.TRO	**scanning electron microscope**
Rasterfahndung *nf* → Computerfahndung *nf*	LAW	→ **computer-supported search**
Rasterfeinheit *nf*	EL.TRO	**scanning density** = scan density; raster discrimination; finess of scanning
Rasterfeld *nn* → Raster *nn*	TECH	→ **grid** *n*
Rasterformat *nn*	DAT.MA	**raster format**
Rasterfrequenz *nf* [Qualitätsparameter einer Halbtondarstellung; wird gemessen in Zeilen pro Inch (Zentimeter) oder in Halbtonflecken pro Inch (Zentimeter)]	PRIN.ME	**screen frequency** [quality parameter halftones; measured in lines per inch or halftone spots per inch]
Rastergrafik *nf* [Objekte durch Sätze von Punkten definiert] = Rastergraphik *nf*; Pixelgrafik *nf*; Pixelgraphik *nf*; speicherkonforme Grafik; speicherkonforme Graphik; speicherkonforme Darstellung; speicherabbildgetreue Darstellung; speicherabbildgetreue Bildschirmanzeige; speicherkonforme Bildschirmanzeige; Bit-map-Grafik *nf*; Bit-map-Graphik *nf* ≠ Vektorgrafik ↑ Computergrafik	COMP.GR	**raster graphics** [objects defined as a sets of dots] = bit-mapped graphics; bit-mapped screen; bit-mapped video; bit-mapping; mapping; memory-mapped graphics; memory-mapped screen; memory-mapped video; pixel graphics ≠ vector graphics
Rastergrafikgenerator *nm*	COMP.GR	**rasterizer** *n*
Rastergraphik *nf* → Rastergrafik *nf*	COMP.GR	→ **raster graphics**
Raster-image-Prozessor *nm* → Rasterbildprozessor *nm*	DAT.PR	→ **raster image processor** *n*
Rasterimpuls *nm* [Bildwechsel]	TV	**scanning pulse**
Raster-Koordinate *nf*	COMP.GR	**raster coordinate**
Rasterlinie *nf*	TECH	**graticule line** = grid line
Rastermaß *nn*	ENG.DRA	**pitch dimension**
Rastermikroskop *nn* → Rasterelektronenmikroskop *nn*	EL.TRO	→ **scanning electron microscope**
Rastermodus *nm* [alle Endpunkte decken sich mit	PRIN.ME	**gridding** *n* [coincidence of all endpoints with grid point]
rastern	TECH	**grate** *vt*
rastern → diskretisieren	INF.TEC	→ **discretize** *vt*
rastern (1) = abrastern	COMP.GR	**screen** *vt*
rastern (2) [andere Farben durch Variieren der Punktmuster simulieren]	COMP.GR	**dither** *vt* [to simulate other colors by varying dot patterns]
rasterorientiert ≠ vektororientiert	COMP.GR	**matrix-oriented** ≠ vector-oriented
Rasterpapier *nn* → Koordinatenpapier *nn*	ENG.DRA	→ **coordinate paper**
Raster-Plotter *nm* [gibt graphische Daten als Rasterbilder aus] ↑ Plotter ↓ elektrostatischer Plotter; Thermoplotter; Tintenplotter; elektrophotografischer Plotter	TER&PER	**raster plotter** [outputs graphic data as rsater images] ↑ plotter ↓ electrostatic plotter; thermal plotter; ink-jet plotter; electrophotographic plotter
Raster-Potentiometer *nn*	COMPO	**lockable potentiometer**
Rasterprozessor *nm* → Rasterbildprozessor *nm*	DAT.PR	→ **raster image processor** *n*

Rasterpunkt *nm* TER&PER **matrix dot**
= screen dot; spot *n*

Rasterpunkt *nm* TECH **graticule point**
= grid point

Rasterpunktfarbe *nf* COMP.GR → **color spot** (AE)
→ Farbfleck *nm*

Raster-Scanner *nm* TER&PER → **raster scanner**
→ Raster-Abtaster

Rasterschrift *nf* TER&PER **bit-mapped font**
[durch Punktraster definiert] [defined by dot maps]
= Rasterschriftsatz *nm*; Bit-map-Schrift *nf*; Bildschirmschriftart *nf*(2) = bit-mapped type; raster font; raster type
≠ Vektorschrift

Rasterschriftsatz *nm* TER&PER → **bit-mapped font**
→ Rasterschrift *nf*

Raster-Snap TER&PER **raster snap**
[automatisches Setzen des Cursors] [automatic setting of the cursor]

Rasterteilung *nf* TECH **raster pitch**
= raster unit

Rastertiefdruck *nm* PRIN.ME → **intaglio printing**
→ Tiefdruck *nm*

Rastertunnelmikroskop *nn* EL.TRO **scanning tunneling microscope**

Rasterung *nf* GIS **gridding** *n*
[Zuordnung eines thematischen Wertes je Rasterelement] [assignement of a thematik value to each grid element]
= Gridding *nn* (ANGL)

Rasterung *nf* INF.TEC → **discretization** *n*
→ Diskretisierung *nf*

Rasterung *nf*(1) COMP.GR **screening** *n*
[Schattierung von Grafiken] [shadowing of graphics]
= Dithering *nn* (1) (ANGL)

Rasterung *nf*(2) COMP.GR **dithering** *n* (2)
[Simulierung anderer Farben durch Variieren der Punktmuster] [simulation of other colors by variation of dot patterns]
= Dithering *nn* (2) (ANGL) ≠ anti-aliasing
≠ Bildglättung

Rasterverfahren *nn* TER&PER **raster scan mode**
[zeilenweiser Bildaufbau] [generation of display line by line]
= Punktrasterung *nf* = raster graphics

Rasterweite *nf* PRIN.ME **screen ruling**

Rasterwinkel *nm* PRIN.ME **screen angle**

Rasterzeichen *nn* TER&PER **mosaic** *n*
= mosaic character

Rastfehler *nm* CIRC.EN **lock error**

Rastklinke *nf* COMPO **locking clip**

Rate *nf* SCIE **rate** *n*
[Verhältnis zweier statistischer Größen] [relation of two statistical magnitudes]

Rate *nf* TECH **rate** *n*
[Menge pro Zeiteinheit] [quanitity per unit ov time]
= Quote *nf*(2) = quota *n* (2)
↓ Ausfallrate [QUAL]; Übertragungsgeschwindigkeit [TELEC] ↓ failure rate [QUAL]; transmission rate [TELEC]

Rate *nf* ECON → **installment** *n* (AE)
→ Abzahlungsrate *nf*

Ratengeschäft *nn* SW **installment sales**

Ratenkauf *nm* ECON **installment purchase**
= Abzahlungskauf *nm* = hire-purchase *n*

Ratenzahlung *nf* ECON **installment payment**
= Abschlagzahlung *nf*; Teilzahlung *nf*(1) = instalment payment; payment on deferred terms; payment on account

Ratiodetektor *nm* CIRC.EN → **ratio detector**
→ Verhältnisdiskriminator *nm*

rationale Zahl MATH → **rational number**
→ Rationalzahl *nf*

rationalisieren ECON **rationalize** *vt*
= abspecken (slang) = streamline

Rationalisieren *nn* ECON → **rationalization** *n*
→ Rationalisierung *nf*

Rationalisierung *nf* ECON **rationalization** *n*
= Rationalisieren *nn*; Abspeckung *nf* (slang) = rationalizing *n*; streamlining *n*

Rationalschrift *nf* PRIN.ME → **constant-width font**
→ Konstantschrift *nf*

Rationalzahl *nf* MATH **rational number**
[vom latein. "ratio" = "Berechnung"; Zahl die als Verhältnis zweier ganzen Zahlen dargestellt werden kann] [from Latin "ratio" = "calculation"; number which can expressed as a quotient of two integers]
= rationale Zahl ≈ fraction
≈ Bruch ≠ irrational number
≠ Irrationalzahl

rationell ECON **efficient**
= effizient; schnittig = rational; streamlined

Raubdruck *nm* PRIN.ME **pirated edition**

Raubkopie *nf* SW **pirated copy**
= illegal copy; bootleg *n* (slang); warez *n* (slang)

raubkopieren SW **pirate** *vt*
= unerlaubt kopieren; unerlaubt nutzen [to make illegal copies]

Raubkopierer *nm* SW **pirate** *n*
= Software-Pirat *nm*; Software-Dieb *nm*

Raub-Software *nf* SW **pirate software**

Rauch *nm* TECH **smoke** *n*
= fume *n*

Rauchblende *nf* CINEMA **smoke transition**

Rauchfühler *nm* COMPO → **smoke sensor**
→ Rauchmelder *nm*

Rauchgas *nn* TECH **flue gas**
[Abgas mit Ruß] [waste gas with soot]

Rauchmelder *nm* COMPO **smoke sensor**
= Rauchfühler *nm* = smoke detector; smoke alarm system
↑ Feuermelder ↑ fire detector

Rauchmesser *nm* SIG.EN **smoke meter**

Rauchnebel *nm* METEO **smog** *n*
[smoke and fog]

Rauchprobe *nf* QUAL **smoke test**
= Rauchtest *nm*

Rauchtest *nm* QUAL → **smoke test**
→ Rauchprobe *nf*

rauh MECH **rough** *adj*
≈ roh; grob ≈ raw

rauhe Betriebsbedingung QUAL **severe operating condition**
= rauhe Einsatzbedingung

rauhe Einsatzbedingung QUAL → **severe operating condition**
→ rauhe Betriebsbedingung

rauhes Gelände RAD.PRO **rough terrain**
= welliges Gelände

Rauhigkeit *nf* MECH **roughness** *n*

Rauhigkeit *nf* RAD.PRO → **roughness** *n*
→ Welligkeit *nf*

Rauhigkeitsbreite *nf* MEC.EN **roughness width**
[Oberflächengüte] [surface grade]

Rauhigkeitshöhe *nf* MEC.EN **roughness height**
[Oberflächengüte] [surface grade]
= Rauhtiefe *nf* = peak-to-valley height

rauhplanieren MEC.EN **diamond-planish**

Rauhreif *nm* METEO **hoarfrost** *n*
[Reif mit sichtbar großen Eiskristallen] [frost with ice crystals]
↑ Reif = hoar *n*
↑ frost (3)

Rauhsatz *nm* PRIN.ME **ragged typesetting with hyphenation**
[durch Silbentrennung abgeschwächter Flattersatz] [ragged print moderated by hyphenation]
≈ Flattersatz = unjustified typesetting with hyphenation
↑ Satz ≈ ragged typesetting
↑ typesetting

Rauhtiefe *nf* MEC.EN → **roughness height**
→ Rauhigkeitshöhe *nf*

Raum *nm* (*pl* Räume) PHYS **space** *n*

Raum *nm* (*pl* Räume) CIV.EN **room** *n* (1)
[abgetrennter Raum im Inneren eines Gebäudes] [partitioned space inside a building]
↓ Kammer; Zimmer; Saal ↓ chamber; room (2); hall

Raumabschirmung *nf* EL.TEC **room shielding**

Raumakustik *nf* ACOUS **acoustics of room**
= room acoustics

raumaufwendig TECH **space consuming** *adj*
= platzaufwendig ≈ spacious
≈ geräumig ≠ space saving
≠ raumsparend

Raumbedarf *nm* TECH **space requirement**
= Platzbedarf *nm* = space occupancy
≈ Packungsdichte [EQP.EN]; Stellfläche ≈ packaging density [EQP.EN]; floor space

Raumbeleuchtung *nf* TECH **ambient light**
= Vorlicht *nf*

raumbezogene Daten GIS → **geodata** *nplt*
→ Geodaten *nplt*

raumbezogener Zugriff GIS **spatial access**

Raumdaten *nplt* GIS **spatial data**
= räumliche Daten

Raumdatenverwaltung *nf* DAT.PR → **spatial data management**
→ räumliche Datenverwaltung

Raumdiversity *nn* RADIO **space diversity**
= Antennendiversity *nn*; Standortdiversity *nn* = spaced-antenna diversity; antenna diversity

räumen *vt* COLL **clear** *vt*
= freimachen = vacate *vt*

räumen *vt* DAT.MA **flush** *vt*
[Speicherplatz, Schlange, Datei u. dgl.] [to erase content of e.g. a storage, queue or file]
= freimachen; säubern; entleeren = vacate *vt*; blast *vt*

Raumersparnis *nn* TECH **space saving** *n*
= Platzersparnis *nn* = space economy

Raumfahrtbehörde *nf* AERON **space administration**
= space agency

Raumfahrtelektronik *nf* EL.TRO **space electronics**

Raumfahrtgesellschaft *nf* ECON **aerospatial company**
= Raumfahrtunternehmen

Raumfahrtindustrie *nf* ECON **space industry**
= Raumindustrie *nf*

Raumfahrttechnik *nf* AERON **space-flight engineering**
↑ Luft- und Raumfahrttechnik ↑ aerospace engineering

Raumfahrtunternehmen ECON → **aerospatial company**
→ Raumfahrtgesellschaft *nf*

Raumfahrtzentrum *nn* AERON **space-flight center**

Raumfahrzeug *nn* AERON **spacecraft**
= Raumschiff *nn* = S/C; spaceship

Raumgeräusch *nn* ACOUS **room noise**
= ambient noise

Raumgitter *nn* PHYS → **crystal lattice**
→ Kristallgitter *nn*

Raumgleiter *nm* AERON **space shuttle**
= Weltraumtransporter *nm*

Raumhöhe *nf* CIV.EN **ceiling height**

Raumindustrie *nf* ECON → **space industry**
→ Raumfahrtindustrie *nf*

Rauminhalt *nm* MATH → **volume** *n*
→ Volumen *nn* (*pl* Volumens&Volumina)

Raumklang *nm* ACOUS **three-dimensional sound**
= Rundumklang *nm*; Surround-Klang *nm* = surround sound

Raumklangsimulator *nm* COMP.AP → **spatializer** *n*
→ Spatializer *nm*

Raumkoordinate *nf* MATH **space coordinate**
= räumliche Koordinate

Raumkoppelfeld *nn* SWITCH **space switching matrix**

Raumkoppelstufe *nf* SWITCH **space switching stage**

Raumkurve *nf* MATH **space curve**

Raumladung *nf* PHYS **space charge**

raumladungsbegrenzt PHYS **space-charge limited**

Raumladungsdichte *nf* PHYS **space-charge density**

Raumladungseffekt *nm* PHYS **space-charge effect**

Raumladungsgebiet *nn* PHYS **space-charge region**

Raumladungsgitter *nn* EL.TRO **space-charge grid**

Raumladungsgitterröhre *nf* EL.TRO **space-charge-control tube**

Raumladungskapazität *nf* PHYS **space-charge capacity**

Raumladungsschicht *nf* EL.TRO **space-charge layer**

Raumladungssteuerung *nf* EL.TRO **space-charge control**

Raumladungsstreuung *nf* EL.TRO **space-charge debunching**

Raumladungsweite *nf* EL.TRO **space-charge depth**

Raumladungswelle *nf* MICROW **space-charge wave**

Raumladungswolke *nf* PHYS **space-charge cloud**

Raumlagenstufe *nf* SWITCH → **space switch**
→ Raumlagenvielfach *nn*

Raumlagenvielfach *nn* SWITCH **space switch**
= Raumlagenstufe *nf*; Raumstufe *nf* = space stage

Raumlehre *nf* MATH → **geometry** *n*
→ Geometrie *nf*

räumlich MATH **volumetric** *adj*
= spatial; spacial

räumlich aufteilen TECH **space** *vt*

räumliche Abfrage GIS **spatial query**
= geeosorting *n*

räumliche Anordnung TECH **spacial arrangement** *n*
= Anordnung *nf*; Aufstellung *nf* (2) = arrangement *n*; placement *n*; setup *n* (3)
≈ Konfiguration ≈ configuration

räumliche Auflösung OPT **spatial resolution**
= distance resolution

räumliche Aufteilung TECH **spacing** *n* (1)
= räumliche Einteilung

räumliche Daten GIS → **spatial data**
→ Raumdaten *nplt*

räumliche Datenverwaltung DAT.PR **spatial data management**
= Raumdatenverwaltung *nf*

räumliche Einteilung TECH → **spacing** *n* (1)
→ räumliche Aufteilung

räumliche Gruppe ANT **tridimensional array**
= räumliche Gruppenantenne = tridimensional antenna array

räumliche Gruppenantenne ANT → **tridimensional array**
→ räumliche Gruppe

räumliche Koordinate MATH → **space coordinate**
→ Raumkoordinate *nf*

räumlicher Abtaster TER&PER **spatial digitizer**
[ein dreidimensionaler Abtaster] [a 3-D scanner]

räumlicher Lichtmodulator OPTOEL **spatial light modulator**
= SLM = SLM

räumlicher Vollwinkel MATH **solid complete angle**

räumlicher Winkel MATH → **solid angle**
→ Raumwinkel *nm*

räumliches Datensystem DAT.MA **spatial data system**

räumliche Verteilung PHYS → **spatial distribution**
→ geometrische Verteilung

Räumlichkeit *nf* CIV.EN **premises** *nplt*
≈ Gebäude [building or part of it]
= occupancy *n*; conveniencies *nplt*
≈ building

Raummangel *nm* TECH **lack of space**
= space restriction

Raummaß *nn* PHYS **volumetric measure**
= Hohlmaß *nn*; Volumenmaß *nn* = measure of volume; capacity measure; measure of capacity
↓ Flüssigkeitsmaß; Trockenmaß ↓ liquid measure; dry measure

Raummultiplex TELEC **space-division multiplex**
= Raumvielfach *nn* = SDM; space multiplex

Raumschiff *nn* AERON → **spacecraft**
→ Raumfahrzeug *nn*

Raumsegment *nn* SAT.CO **space segment**
≠ Bodensegment ≠ ground segment

raumsparend TECH **space saving** *adj*
= platzsparend = limited-space
≈ kompakt ≈ compact
≠ raumaufwendig ≠ space consuming

Raumstufe *nf* SWITCH → **space switch**
→ Raumlagenvielfach *nn*

Raumtemperatur *nf* TECH → **environmental temperature**
→ Umgebungstemperatur *nf*

Raumüberwachungsanlage *nf* SIG.EN **room monitoring system**

Räumung *nf* COLL **clearing** *n*
= clearance *n*

Raumvielfach *nn* TELEC → **space-division multiplex**
→ Raummultiplex

Raum-Vielfachzugriff *nm* TELEC **space-division multiple access**
= SDMA = SDMA

Raumwelle *nf* RAD.PRO **sky wave**
= Ionosphärenwelle *nf* = ionospheric wave; indirect wave; atmospheric radiowave; downcoming wave; space wave; free wave; sky radiowave; ionospheric radiowave; indirect radiowave; downcoming radiowave; space radiowave; free radiowave

Raumwinkel *nm* MATH **solid angle**
[SI-Einheit: Steradiant; sr] [SI unit: steradian; sr]
= räumlicher Winkel; Ω = Ω

Raumwinkelelement *nn* MATH **solid-angle element**

raum-zeitlich SCIE **spatio-temporal** *adj*

raumzentriert PHYS **body-centered**
[Kristall] [crystal]

Raupenfahrzeug *nn* TECH **tracked vehicle**

Raupenschlepper *nm* TECH **caterpillar tractor**

Raupenvorschub *nm* TER&PER **tractor feed** *n*
[Stacheln auf Riemen transportieren das Papier] [pins on rotating belts transport the paper]
= Traktor *nm* = tractor feed mechanism
≈ Stachelradantrieb ≈ pin feed
↑ Stachelantrieb ↑ sprocket feed
↓ pulling tractor; pushing tractor

Raupenvorschubdrucker *nm* TER&PER **tractor-fed printer**

Rauschabstand *nm* TELEC **signal-to-noise ratio**
= Störabstand *nm*; Signal-Geräusch-Abstand *nm* = S/N ratio; S/N; noise margin; SNR
≈ Geräuschabstand ≈ signal-to-psophometric-noise ratio

Rauschabstand bei Belastung TELEC **signal-to-noise-with-load ratio**

= Störabstand bei Belastung; Signal-Geräusch-Abstand bei Belastung		= signal-to-noise-with-tone ratio; S/N with load ratio
Rauschabstimmung *nf*	HF	**noise tuning**
= Rauschminimum-Abstimmung *nf*		= minimum-noise tuning
rauschähnlich	INF.TEC	**pseudo-noise** *adj*
Rauschamplitude *nf*	TELEC	**noise amplitude**
Rauschamplituden-Modulation *nf*	MODUL	**amplitude modulation with a noise carrier**
Rauschanalyse *nf*	TELEC	**noise analysis**
= Geräuschanalyse *nf*		
Rauschanpassung *nf*	HF	→ **noise matching**
→ Rauschimpedanzanpassung *nf*		
rauscharm	TELEC	→ **low noise**
→ geräuscharm		
rauscharmer Verstärker	CONS.EL	→ **LNB**
→ LNB		
Rauschbandbreite *nf*	TELEC	**noise bandwidth**
Rauschbewertung *nf*	TELEC	**noise weighting**
Rauschbewertungsfilter *nn*	TELEC	**noise weighting filter**
= psophometrisches Filter		= psophometric filter
Rausch-Bezugstemperatur *nf*	TELEC	**noise standard temperature**
Rauschbrücke *nf*	INSTR	**noise bridge**
[mißt Antenneimpedanz]		[measures antenna impedance]
Rauschdiode *nf*	EL.TRO	**noise diode**
rauschempfindlich	TELEC	→ **noise sensitive**
→ geräuschempfindlich		
Rauschempfindlichkeit *nf*	TELEC	**noise sensitivity**
= Geräuschempfindlichkeit *nf*		≠ noise immunity
≠ Rauschfestigkeit		↑ interference sensitivity
↑ Störempfindlichkeit		
Rauschen *nn*	TELEC	**noise** *n*
[zeitlich unregelmäßige Störung, deren Augenblickswerte statistisch verteilt sind]		[a random interference, with instant values following a statistical law]
↑ Störung		↑ interference
↓ Geräusch		↓ weighted noise
Rauschen bei Belastung	TELEC	**loaded noise**
= Rauschen mit Belastung; belastetes Rauschen		= noise with load; noise with tone
≈ Geräusch bei Belastung;		≈ weighted noise with load; signal-to-noise with load ratio
Rauschen mit Belastung	TELEC	→ **loaded noise**
→ Rauschen bei Belastung		
Rauschfaktor *nm*	TELEC	→ **noise figure**
→ Rauschzahl *nf*		
Rauschfaktormesser *nm*	INSTR	**noise figure meter**
= Rauschfaktor-Messgerät *nn*		
Rauschfaktor-Messgerät *nn*	INSTR	→ **noise figure meter**
→ Rauschfaktormesser *nm*		
Rauschfaktormessung *nf*	INSTR	→ **noise-factor measurement**
→ Rauschzahlmessung *nf*		
Rauschfestigkeit *nf*	TELEC	**noise immunity**
= Geräuschfestigkeit *nf*; Rauschunempfindlichkeit *nf*; Geräuschunempfindlichkeit *nf*		≠ noise sensitivity
≠ Rauschempfindlichkeit		↑ interference immunity
↑ Störfestigkeit		
Rauschfilter *nn*	CIRC.EN	→ **interference suppression filter**
→ Entstörfilter *nn*		
Rauschfreiheit *nf*	INF.TEC	**noiselessness**
[figurativ für kryptographische Algorithmen, die immer die gleiche Verarbeitungszeit ermöglichen und den Knackern daraus keine Rückschlüsse erlauben]		[figuratively for cryptographic algorithms, which grant constant execution times, not permitting any conclusion to hackers from that aspect]
Rauschfrequenz-Modulation *nf*	MODUL	**frequency-modulation with a noise carrier**
Rauschgenerator *nm*	INSTR	**noise generator**
= Rauschquelle *nf*		= noise source
rauschig	TECH	→ **noisy**
→ geräuschvoll		
Rauschimpedanzanpassung *nf*	HF	**noise matching**
= Rauschanpassung *nf*		
Rauschkenngröße *nf*	MICR.EL	**characteristic noise parameter**
Rauschklirrmessung *nf*	INSTR	**intermodulation noise measurement**
		= noise-in-slot measurement
Rauschkorrelationsmodulation *nf*	MODUL	**correlation-modulation with a noise carrier**
Rauschleistung *nf*	TELEC	**noise power**
↑ Störleistung		↑ interference power
Rauschleistungsabstand *nm*	TELEC	→ **noise power ratio**
→ Geräuschleistungsverhältnis *nn*		
Rauschleistungsdichte *nf*	TELEC	**noise-power density**
Rauschleistungsverhältnis *nn*	TELEC	→ **noise power ratio**
→ Geräuschleistungsverhältnis *nn*		
Rauschleitwerk *nn*	TELEC	**equivalent noise conductance**
Rauschmaß *nn*	TELEC	→ **noise figure**
→ Rauschzahl *nf*		
Rauschmessung *nf*	TELEC	**noise measurement**
Rauschminimum-Abstimmung *nf*	HF	→ **noise tuning**
→ Rauschabstimmung *nf*		
Rauschmittelung *nf*	INSTR	**noise averaging**
Rauschquelle *nf*	INSTR	→ **noise generator**
→ Rauschgenerator *nm*		
Rauschschwelle *nf*	CIRC.EN	**noise threshold**
		= noise margin
Rausch-Seitenband *nn*	TELEC	**noise sideband**
Rauschsignal *nn*	TELEC	**noise signal**
= Geräuschsignal *nn*		↑ interfering signal
↑ Störsignal		
Rauschspannung *nf*	TELEC	**noise voltage**
↑ Störspannung		↑ interfering voltage
Rauschspannungsquelle *nf*	EL.TEC	**noise-voltage source**
Rauschspektrum *nn*	TELEC	**noise spectrum**
Rauschsperre *nf*	RADIO	**squelch circuit**
[schaltet ab, wenn Rauschen einen Schwellwert überschreitet]		[desactived when noise exceeds a limit]
= Störsperre *nf*; Empfänger-Rauschabschaltung *nf*; Squelch		= squelch; SQ; interference suppressor; suppressor
Rauschsperre *nf*	CONS.EL	→ **muting** *n*
→ Stummschaltung *nf*		
Rausch-Stör-Messplatz *nm*	INSTR	**noise and interference test set**
Rauschstrom *nm*	TELEC	**noise current**
↑ Störspannung		↑ interfering current
Rauschtemperatur *nf*	TELEC	**noise temperature**
Rauschträger *nm*	MODUL	**noise carrier**
Rauschunempfindlichkeit *nf*	TELEC	→ **noise immunity**
→ Rauschfestigkeit *nf*		
Rauschunterdrückung *nf*	TELEC	**noise suppression**
↑ Störunterdrückung		= noise cleaning [TV]; smoothing *n* [TV]
		↑ interference suppression
Rauschunterdrückungssystem *nn*	EL.ACOU	**noise suppression system**
= Rauschunterdrückungsverfahren *nn*		= noise suppression method; noise suppression
↓ Dolby-Verfahren		↓ Dolby system
Rauschunterdrückungsverfahren *nn*	EL.ACOU	→ **noise suppression system**
→ Rauschunterdrückungssystem *nn*		
Rauschverhalten *nn*	TELEC	**noise response**
↑ Störverhalten		↑ interference response
Rauschvierpol *nm*	NETW.TH	**noise two-port**
		= noise four-pole
Rauschwiderstand *nm*	INSTR	**noise resistance**
Rauschzahl *nf*	TELEC	**noise figure**
= Rauschmaß *nn*; Rauschfaktor *nm*		= noise factor
Rauschzahlmessung *nf*	INSTR	**noise-factor measurement**
= Rauschfaktormessung *nf*		
Raute *nf*	MATH	→ **rhombus** *n* (*pl* -buses&-bi)
→ Rhombus *nm* (*pl* Rhomben)		
Raute *nf*	COMP.AP	→ **lozenge** *n*
→ Rhombuszeichen *nn*		
Rautenantenne *nf*	ANT	→ **rhombic antenna**
→ Rhombusantenne *nf*		
rautenförmig	MATH	→ **rhombic** *adj*
→ rhombisch		
Rayleigh-Streuung *nf*	PHYS	**Rayleigh scattering**
Rb	CHEM	→ **rubidium** *n*
→ Rubidium *nn*		
RB-Aufzeichnung *nf*	CODING	→ **return-to-bias recording**
→ RB-Schrift *nf*		
RB-Code *nm*	CODING	**RB code**
		= relocatable binary code
RBD	TELEPH	→ **sidetone reference equivalent**
→ Rückhörbezugsdämpfung *nf*		
RBOC	TELEC	→ **Regional Bell Operating Company**
→ regionale Bell-Betreibergesellschaft		
RBOC-Betreibergesellschaft *nf*	TELEC	→ **Regional Bell Operating Company**
→ regionale Bell-Betreibergesellschaft		
RBS	MOB.CO	→ **radio base station**
→ Funk-Basisstation *nf*		
RBS-Antenne *nf*	MOB.CO	→ **radio base station antenna**
→ Funk-Basisstation-Antenne *nf*		
RB-Schrift *nf*	CODING	**return-to-bias recording**

[Rückkehr zur Vormagnetisierung nach jedem Bit] — [return to bias magnetization after each bit]
= RB-Aufzeichnung *nf*; Grundmagnetisierungsschrift *nf* — = RB recording
↑ Magnetaufzeichnungsverfahren — ↑ magnetic recording mode; return-to-reference recording

RBT-Transistor *nm* MICR.EL **RBT transistor**
= resonant-tunneling bipolar transistor

RCA-Stecker *nm* COMPO **RCA connector**
↑ Tonabnehmerstecker — ↑ phono plug

RC-Differenzglied *nn* NETW.TH **RC differentiating element**

RC-Filter *nn* NETW.TH **RC filter**

RC-Generator *nm* CIRC.EN **RC generator**

RC-Glied *nn* NETW.TH **RC element**
= RC section; RC device

RC-Hochpass *nm* NETW.TH **RC high-pass**

RC-Integrierglied *nn* CIRC.EN **RC integrator**

RC-Kette *nf* NETW.TH **multisection RC network**

RC-Kopplung *nf* NETW.TH **RC coupling**
= Widerstand-Kondensator-Kopplung *nf*

RC-Messgenerator *nm* INSTR **RC measuring generator**

RC-Oszillator *nm* CIRC.EN **RC oscillator**

RC-Schaltung *nf* NETW.TH **RC circuit**

RC-Tiefpass *nm* NETW.TH **RC low-pass**

RCTL MICR.EL **RCTL**
= resistor-capacitor-transistor logic

RC-Verstärker *nm* CIRC.EN **RC-coupled amplifier**
= Widerstandsverstärker *nm* — = RC amplifier; resistance-coupled amplifier

RC-Zweipol *nm* NETW.TH **RC network**

RDBMS DAT.MA → **relational database management system**
→ relationales Datenbankverwaltungssystem

RDS BROADC **RDS**
[zur Übertragung unhörbarer Zusatzinformationen] — [transmits special data (e.g. the name of the transmitting station) within a broadcast signal]
= Radio Data System

RDY/BSY-Protokoll *nn* DAT.CO **RDY/BSY protocol**
[V.24] — [V.24]
= Freilaufprozedur-Protokoll *nn*

Re CHEM → **rhenium** *n*
→ Rhenium *nn*

Read-me-Datei *nf* COMP.AP **read-me file**
[enthält im Handbuch nicht enthaltene Hinweise] — [contains information not included in the user manual]

Ready/Busy-Protokoll *nn* DAT.CO → **ready/busy protocol**
→ freilaufende Prozedur

reagieren TECH → **counteract** *vi*
→ gegenwirken

Reaktanz *nf* NETW.TH → **reactance** *n*
→ Blindwiderstand *nm*

Reaktanzdiode *nf* MICR.EL → **varactor diode**
→ Varaktordiode *nf*

Reaktanzfeld *nn* ANT **reactive field**
≈ Nahfeldbereich — ≈ near-field region

Reaktanzfilter *nn* NETW.TH → **LC filter**
→ LC-Filter *nn*

Reaktanzfunktion *nf* NETW.TH → **reactive two-terminal function**
→ Reaktanz-Zweipolfunktion *nf*

Reaktanzlast *nf* NETW.TH → **dummy load**
→ Blindlast *nf*

Reaktanzleistung *nf* EL.TEC → **reactive power**
→ Blindleistung *nf*

Reaktanzmodulator *nm* MODUL **reactance modulator**

Reaktanzröhre *nf* EL.TRO **reactance tube**
= Blindröhre *nf* — = reactance valve

Reaktanzröhren-Schaltung *nf* CIRC.EN **reactance-tube circuit**

Reaktanzsatz *nm* NETW.TH → **Foster reactance theorem**
→ Reaktanztheorem *nn*

Reaktanztheorem *nn* NETW.TH **Foster reactance theorem**
= Reaktanzsatz *nm*; Theorem von Foster; fostersches Theorem; Foster'sches Theorem — = reactance theorem

Reaktanzverstärker *nm* CIRC.EN → **parametric amplifier**
→ parametrischer Verstärker

Reaktanzvierpol *nm* NETW.TH **reactive four-terminal network**

Reaktanzzweipol *nm* NETW.TH **reactive two-terminal network**

Reaktanz-Zweipolfunktion *nf* NETW.TH **reactive two-terminal function**
= Reaktanzfunktion *nf*

Reaktion *nf* PHYS → **reaction** *n*
→ Rückwirkung *nf*

Reaktion *nf* CHEM **reaction** *n*

Reaktionsaufnahme *nf* IMAG.ME → **reverse shot**
→ Gegenschuss *nm* (1)

Reaktionsbetrieb *nm* DAT.PR **reactive mode**
= reactive operation

Reaktionshaftstelle *nf* MICR.EL **dethnium center**

Reaktionsknopf *nm* TER&PER → **fire button**
→ Feuerknopf *nm*

reaktionsschnell COLL **responsive** *adj* (2)
[of fast reaction]

reaktionsträge TECH → **slow-reacting** *adj*
→ träge

Reaktionsverstärker *nm* CIRC.EN → **parametric amplifier**
→ parametrischer Verstärker

Reaktionszeit *nf* TECH **response time**
= Antwortzeit *nm*; Anlaufdauer *nf*; Einlaufzeit *nf* (1) — = reaction time; latency; start-up time

reaktiv EL.TEC **reactive** *adj*
= wattless

reaktive Last NETW.TH → **dummy load**
→ Blindlast *nf*

reaktivieren TECH **reactivate**

Reaktivierung *nf* TECH **reactivation** *n*

Reaktor *nm* POW.SY → **nuclear reactor**
→ Nuklearreaktor *nm*

real DAT.PR **real** *adj*
≠ virtuell — ≠ virtual

Realadresse *nf* SW → **absolute address**
→ absolute Adresse

Realadressierung *nf* SW → **absolute addressing**
→ absolute Adressierung

RealAudio-Format *nn* DAT.NW **RealAudio format**
[für Musikinformation] — [for musical data]

Realbetrieb *nm* DAT.PR **real mode**
[MS-DOS: auf 640 kByte RAM begrenzt] — [MS-DOS: limited to 640 kByte RAM]
= Real-Mode (ANGL)

Realdaten *nplt* DAT.MA → **real number data**
→ Realzahlendaten *nplt*

reale Adresse SW → **absolute address**
→ absolute Adresse

reale Adressierung SW → **absolute addressing**
→ absolute Adressierung

realer Speicher SW **real memory**
= Realspeicher *nm* — = real storage; real store; physical memory; physical storage; physical store
≈ Hauptspeicher (1) — ≈ main memory (1)
≠ virtueller Speicher — ≠ virtual memory

realer Zugriff INTERNET **qualified hit**

reales Gerät DAT.PR **physical device**
≠ virtuelles Gerät — = real device
≠ virtual device

reale Variable COMP.SC → **real variable**
→ Realvariable *nf*

realisierbar TECH → **practicable** *adj*
→ durchführbar *adj*

Realisierbarkeit *nf* TECH → **viability** *n*
→ Durchführbarkeit *nf*

Realisierbarkeitsstudie *nf* ECON **feasibility study**
= Durchführbarkeitsstudie *nf*; Durchführbarkeitsuntersuchung *nf*

realisieren TECH **realize** *vt*
= konkretisieren; verwirklichen; implementieren — = materialize; implement; substantiate

realisieren SW → **implement** *vt*
→ implementieren

realisieren (err) COLL → **realize** *vt*
→ erkennen

Realisierung *nf* TECH **realization** *n*
= Konkretisierung *nf*; Verwirklichung *nf*; Ausführung *nf* (2); Implementierung *nf* — = materialization *n*; implementation *n*
≈ Einführung

Realisierung *nf* DAT.PR → **implementation** *n*
→ Implementierung *nf*

Realisierungsaufwand *nm* TECH **realization expenditure**

Realisierungstermin *nm* ECON → **implementation date**
→ Fertigstellungstermin *nm*

Realismus *nm* COLL **realism** *n*

realistisch COLL **realistic** *adj*
= realitätsgerecht; realitätskonform

Realitätsaugmentation *nf* IMAG.PR **reality augmentation**
[Ergänzung von Aufnahmen mit — [complementation of images with

computergenerierten Teilen] — computer-generated parts]
= augmented reality

realitätsgerecht COLL → **realistic** *adj*
→ realistisch

realitätskonform COLL → **realistic** *adj*
→ realistisch

Realitätssimulation *nf* MOD&SI **virtual reality**
= virtuelle Realität — = VR; real-life simulation

Realkapital *nf* ECON **non-monetary capital**

Realkomponente *nf* MATH → **real part**
→ Realteil *nm*

Reallexikon *nn* PRIN.ME → **technical dictionary**
→ Fachwörterbuch *nn*

Real-Mode (ANGL) DAT.PR → **real mode**
→ Realbetrieb *nm*

Realspeicher *nm* SW → **real memory**
→ realer Speicher

Realteil *nm* MATH **real part**
= Realkomponente *nf* — = real component

Real-time *nn* INF.TEC → **real time**
→ Echtzeit *nf*

Real-time-Betrieb *nm* SW → **real time operation**
→ Echtzeitbetrieb *nm*

Real-time-Datenverarbeitung *nf* SW → **real time operation**
→ Echtzeitbetrieb *nm*

Real-time-Verarbeitung *nf* SW → **real time operation**
→ Echtzeitbetrieb *nm*

Realvariable *nf* COMP.SC **real variable**
= reale Variable — ≠ integer variable
≠ Integralvariable — ↑ numeric variable
↑ numerische Variable

Realzahl *nf* MATH → **real number**
→ reelle Zahl

Realzahlendaten *nplt* DAT.MA **real number data**
= Realdaten *nplt* — = real data

Realzahlentyp *nm* SW **real data type**
= real type
↑ data type

Realzeit *nf* INF.TEC → **real time**
→ Echtzeit *nf*

Realzeitbetrieb *nm* SW → **real time operation**
→ Echtzeitbetrieb *nm*

Realzeit-Betriebssystem *nn* SW → **real time operating system**
→ Echtzeit-Betriebssystem *nn*

Realzeitcomputer *nm* DAT.PR → **real-time computer**
→ Echtzeitcomputer *nm*

Realzeit-Datenverarbeitung *nf* SW → **real time operation**
→ Echtzeitbetrieb *nm*

Realzeiterfassung *nf* DAT.MA **real-time data acquisition**
= schritthaltende Datenerfassung; quellorientierte Datenerfassung — = source-data automation; source-oriented data acquisition
≈ Quelldatenerfassung — ≈ source data acquisition

Realzeit-Programmiersprache *nf* COMP.LG **real-time program language**
≈ Prozessrechnersprache — = real-time language
≈ process-computer language

Realzeitrechner *nm* DAT.PR → **real-time computer**
→ Echtzeitcomputer *nm*

Realzeitsimulation *nf* TECH → **real-time simulation**
→ Echtzeitsimulierung *nf*

Realzeitsimulator *nm* TECH → **real-time simulator**
→ Echtzeitsimulator *nm*

Realzeitsimulierung *nf* TECH → **real-time simulation**
→ Echtzeitsimulierung *nf*

Realzeitsystem *nn* DAT.PR → **real time system**
→ Echtzeitsystem *nn*

Realzeituhr *nf* HW **real time clock** *n*
[läuft auch bei abgeschaltetem Computer weiter] — [runs also when computer is turned off]
= Echtzeituhr *nf* — = timer

Realzeitverarbeitung *nf* SW → **real time operation**
→ Echtzeitbetrieb *nm*

Realzeitverfahren *nn* SW → **real time operation**
→ Echtzeitbetrieb *nm*

rebooten (ANGL) DAT.PR → **restart** *vt*
→ neustarten

Rechen- DAT.PR → **computational** *adj*
→ Computer-

Rechenanlage *nf* (1) DAT.PR → **data processing equipment** *n*
→ Datenverarbeitungsanlage *nf*

Rechenanlage *nf* (2) DAT.PR → **computer** *n*
→ Computer *nm*

Rechenanweisung *nf* SW **compute statement**

Rechenaufwand *nm* DAT.PR **computation effort**

Rechenausdruck *nm* MATH → **arithmetic expression**
→ arithmetischer Ausdruck

Rechenautomat *nm* DAT.PR → **calculating machine**
→ Rechner *nm* (1)

Rechenbasiskomma *nf* COMP.SC → **assumed radix point**
→ angenommenes Basiskomma

Rechenbefehl *nm* SW → **arithmetic instruction**
→ arithmetischer Befehl

Rechenbetrieb *nm* DAT.PR **calculator mode**

Rechenbinärkomma *nf* COMP.SC → **assumed binary point**
→ angenommenes Binärkomma

Rechenbinärpunkt *nm* COMP.SC → **assumed binary point**
→ angenommenes Binärkomma

Rechenblock *nm* TER&PER → **numeric keypad**
→ Zifferntastenblock *nm*

Rechenbrett *nn* MATH → **abacus** *n* (*pl* abaci)
→ Abakus *nm* (*pl* -)

Rechendaten *nplt* DAT.MA **arithmetic data**
= arithmetische Daten

Rechendezimalkomma *nn* COMP.SC → **assumed decimal point**
→ angenommenes Dezimalkomma

Rechendezimalpunkt *nm* COMP.SC → **assumed decimal point**
→ angenommenes Dezimalkomma

Recheneinheit *nf* HW → **arithmetic-logic unit** *n*
→ Rechenwerk *nn*

Rechenelement *nn* HW → **arithmetic-logic unit** *n*
→ Rechenwerk *nn*

Rechenfehler *nm* MATH **calculation error**
= Berechnungsfehler *nm* — = computational error; miscount *n*
≈ Fehlkalkulation [ECON] — ≈ miscalculation [ECON]

Rechenfunktion *nf* INSTR **math capability**

Rechengröße *nf* MATH → **operand** *n*
→ Operand *nm*

rechenintensiv DAT.PR **compute-intensive**
= arbeitsintensiv — ≠ data-intensive
≠ datenintensiv

Rechenleistung *nf* DAT.PR → **computer power**
→ Rechnerleistung *nf*

Rechenmaschine *nf* (1) DAT.PR → **calculating machine**
→ Rechner *nm* (1)

Rechenmaschine *nf* (2) DAT.PR → **desktop calculator** *n*
→ Tischrechner *nm*

Rechenmodell *nn* MOD&SI **computational model**

Rechenmodus *nm* SW **computing mode**

Rechenoperation *nf* MATH **arithmetic operation**
= arithmetische Operation

Rechenoperator *nm* COMP.SC → **arithmetic operator**
→ arithmetischer Operator

Rechenperle *nf* MATH **abacus bead**
= bead *n*

Rechenprogramm *nn* SW **calculator programm** *n*
= calculator *n*

Rechenregister *nn* DAT.PR → **arithmetic register**
→ arithmetisches Register

Rechenschaft ablegen ECON **account for** *vi*

Rechenscheibe *nf* MATH **circular slide rule**

Rechenschieber *nm* MATH **slide rule**

Rechenschritt *nm* SW → **program step** *n*
→ Programmschritt *nm*

Rechensequenz *nf* SW → **operation precedence**
→ Operationsfolge *nf*

Rechenspezifikation *nf* MATH → **calculation rule**
→ Rechenvorschrift *nf*

Rechenverstärker *nm* CIRC.EN → **operational amplifier**
→ Operationsverstärker *nm*

Rechenvorgang *nm* DAT.PR **arithmetic process**
= arithmetischer Prozess — = computational process

Rechenvorschrift *nf* MATH **calculation rule**
= Berechnungsvorschrift *nf*; Rechenspezifikation *nf*; Berechnungsspezifikation *nf*; Berechnungsregel *nf*; Berechnungsregel *nf*; Kalkül *nm* — = calculation specification; calculus

Rechenvorzeichen *nn* MATH → **sign** *n*
→ Vorzeichen *nn*

Rechenwerk *nn* HW **arithmetic-logic unit** *n*
[Teil des Prozessors der Zentraleinheit, der die arithmetischen und logischen Operationen durchführt] — [part of CPU, where arithmetic and logic operations are carried out]
= arithmetisch-logische Einheit; — = arithmetic and logic unit; arithmetic logical unit; ALU;

Arithmetik-und Logikeinheit *nf*; ALU *nf*; Recheneinheit *nf*; Rechenelement *nn*; Arithmetikeinheit *nf* (2) — arithmetic unit (2); arithmetic element (2)
↑ Prozessor; Zentraleinheit — ↑ processor; central processing unit
↓ Akkumulator; — ↓ accumulator; multiplier-quotient register

Rechenzeit *nf* DAT.PR **computing time**
≈ Maschinenzeit — ≈ computer time

Rechenzeit *nf* DAT.CO → **turnaround time**
→ Durchlaufzeit *nf*

Rechenzeitverkauf DAT.PR **computer time sales**
= Rechenzeitvertrieb *nm*

Rechenzeitvertrieb *nm* DAT.PR → **computer time sales**
→ Rechenzeitverkauf

Rechenzentrum *nn* DAT.PR **computing center**
= Datenverarbeitungs-Zentrum *nn*; DV-Zentrum *nn*; EDV-Zentrum *nn* — = computer center; data processing center; information processing center; data center

Rechenzustand *nm* DAT.PR **compute mode**
≠ Anhaltezustand — ≠ hold mode

recheraufbereitete Reprovorlage PRIN.ME **computer-rendered artwork**
= CRA

Recherche *nf* DAT.MA **recherche** *n*

Recherche *nf* COLL → **inquiry** *n* (AE)
→ Erhebung *nf*

rechergebundener Speicher DAT.PR → **online status**
→ Online-Speicher *nm*

rechergestütztes Suchsystem COMP.AP → **CAR**
→ CAR

Rechergrafik *nf* COMP.AP → **computer graphic**
→ Computergrafik *nf* (2)

rechnen MATH **calculate** *vt*
= berechnen — [from Latin "calculus" (*dim.* of "calx") = "little limestone (for reckoning)"]
≈ berechnen [DAT.PR]; zusammenzählen [COLL]; kalkulieren [ECON] — = compute
≈ compute [DAT.PR]; reckon [COLL]; calculate [ECON]

rechnen (mit) COLL **reckon** (with) (4) *vi*
≈ verlassen (auf) — ≈ rely (on)

Rechner- DAT.PR → **computational** *adj*
→ Computer-

Rechner *nm* (1) DAT.PR **calculating machine**
[Maschine zur Lösung mathematischer Aufgaben; erfordert laufenden Eingriff des Bedieners] — [machine to solve mathematical problems; requires frequent intervention by the user]
= Rechenmaschine *nf* (1); Rechenautomat *nm* — = calculator *n* (1)
≈ Computer; Datenverarbeitungsanlage — ≈ computer; data processing equipment
↓ mechanischer Rechner; Elektronenrechner — ↓ mechanical calculator; electronic calculator

Rechner *nm* (2) DAT.PR → **computer** *n*
→ Computer *nm*

rechnerabhängig SW → **computer-oriented** *adj*
→ maschinenorientiert

rechnerabhängig DAT.PR → **on-line** *adj*
→ direkt prozessgekoppelt

rechnerabhängige Peripherie HW → **online peripherals**
→ Online-Peripherie *nf*

rechnerabhängiger Betrieb DAT.PR → **online processing**
→ Online-Verarbeitung *nf*

rechnerabhängige Verarbeitung DAT.PR → **online processing**
→ Online-Verarbeitung *nf*

Rechneranimation *nf* COMP.GR → **computer animation**
→ Computeranimation *nf*

Rechneranlage *nf* DAT.PR → **data processing equipment** *n*
→ Datenverarbeitungsanlage *nf*

Rechneranwender *nm* DAT.PR → **computer user**
→ Computeranwender *nm*

Rechneranwendung *nf* DAT.PR → **computer application**
→ Computeranwendung *nf*

Rechnerarchitektur *nf* COMP.SC **computer architecture**
= Computer-Architektur *nf* — ↓ virtual computer architecture; parallel computer architecture
↓ virtuelle Rechnerarchitektur; parallele Rechnerarchitektur

rechneraufbereitet COMP.AP **computer-rendered** *adj*
= computeraufbereitet

Rechnerausdruck *nm* DAT.PR **computer printout**
= Computerausdruck *nm* — = computer listing; computer dump

Rechnerausgabe *nf* DAT.PR → **computer output**
→ Computerausgabe *nf*

rechnerauswertbar DAT.PR → **machine-evaluable**
→ maschinenauswertbar

rechnerbasiert COMP.AP → **machine-centered** *adj*
→ maschinenbasiert

Rechnerbausatz *nm* HW → **computer kit**
→ Computerbausatz *nm*

Rechnerbaustein *nm* MICR.EL → **computer chip**
→ Computerchip *nm*

Rechnerbediener *nm* DAT.PR **computer operator** *n*
= Computerbediener *nm*; Anlagenbediener *nm*; Konsolebediener *nm*; Bediener *nm*; Operator *nm*; Operateur *nm* — = console operator; operator *n*
↑ EDV-Personal — ↑ computer personnel

rechnerbedingt DAT.PR → **processor-bound** *adj*
→ prozessorgebunden

rechnerbegrenzt DAT.PR → **processor-bound** *adj*
→ prozessorgebunden

Rechnerbetrieb *nm* DAT.PR **computer operation** (2)
= Computerbetrieb *nm*

Rechnerbild *nn* COMP.AP → **computer graphic**
→ Computergrafik *nf* (2)

Rechnerbildschirm *nm* TER&PER **computer screen**
= Computerbildschirm *nm* — = computer display

Rechnerbus *nm* HW → **bus** *n* (*pl* buses&busses)
→ Bus *nm* (*pl* Busse)

Rechnerchip *nm* MICR.EL → **computer chip**
→ Computerchip *nm*

Rechner der 1. Generation DAT.PR **1st-generation computer**
[mit Röhren, Anfang 50er-Jahre, z.B. UNIVAC] — [valve-based, beginning fiftees, e.g. UNIVAC]
= Rechner der ersten Generation; Computer der 1. Generation; Computer der ersten Generation — = first-generation computer

Rechner der 2. Generation DAT.PR **2nd-generation computer**
[transistorisiert; ca. 1955 bis 1965] — [transistorized, approx. 1955 to 1965]
= Rechner der zweiten Generation; Computer der 2. Generation; Computer der zweiten Generation

Rechner der 3. Generation DAT.PR **3rd-generation computer**
[mit ICs; ca. 1965 bis 1972] — [with IC's; approx. 1965 to 1972]
= Rechner der dritten Generation; Computer der 3. Generation; Computer der dritten Generation — = third-generation ccomputer

Rechner der 4. Generation DAT.PR **4th-generation computer**
[mit LSI; ab ca. 1972] — [with LSI's; since 1972]
= Rechner der vierten Generation; Computer der 4. Generation; Computer der vierten Generation — = fourth-generation computer

Rechner der 5. Generation DAT.PR **5th-generation computer**
[mit VLSI] — [with VLSI's]
= Rechner der fünften Generation; Computer der 5. Generation; Computer der fünften Generation — = fith-generation computer

Rechner der dritten Generation DAT.PR → **3rd-generation computer**
→ Rechner der 3. Generation

Rechner der ersten Generation DAT.PR → **1st-generation computer**
→ Rechner der 1. Generation

Rechner der fünften Generation DAT.PR → **5th-generation computer**
→ Rechner der 5. Generation

Rechner der vierten Generation DAT.PR → **4th-generation computer**
→ Rechner der 4. Generation

Rechner der zweiten Generation DAT.PR → **2nd-generation computer**
→ Rechner der 2. Generation

Rechner-Dienstleistungsbetrieb *nm* COMP.AP → **computer utility**
→ DV-Dienstleistungsbetrieb *nm*

Rechner-Dienstleistungsfirma *nf* COMP.AP → **computer utility**
→ DV-Dienstleistungsbetrieb *nm*

Rechnerdrucker *nm* TER&PER → **printer** *n*
→ Drucker *nm*

Rechnerdurchdringung *nf* COMP.AP **computerization** *n*
= Computer-Durchdringung *nf*; Computerisierung *nf*; Umstellung auf Rechnerbetrieb

Rechnerdurchsatz *nm* DAT.PR → **computer power**
→ Rechnerleistung *nf*

rechneregebunden DAT.PR → **processor-bound** *adj*
→ prozessorgebunden

Rechnerelektronik *nf* COMP.SC → **computer engineering**
→ technische Informatik

Rechnerentwicklung *nf* DAT.PR → **computer design**
→ Computerentwicklung *nf*

rechnererzeugt DAT.PR → **computer-generated**
→ computererzeugt

Rechnerexperte *nm* INF.TEC → **computer professional** *n*
→ Computerfachmann *nm*

Rechnerfachmann *nm* INF.TEC → **computer professional** *n*
→ Computerfachmann *nm*
Rechnerfachwissen *nn* DAT.PR → **computer literacy**
→ Computerwissen *nf*
Rechnerfamilie *nf* DAT.PR **computer family**
= Computerfamilie *nf*
Rechnerfeindlichkeit *nf* INF.TEC → **computerphobia** *n*
→ Computerfeindlichkeit *nf*
Rechnerfreundlichkeit *nf* COMP.AP **computability** *n*
= Computerfreundlichkeit *nf*
Rechnerfunktion *nf* COMP.SC → **machine equation**
→ Rechnergleichung *nf*
rechnergebunden DAT.PR → **on-line** *adj*
→ direkt prozessgekoppelt
rechnergebundene Datenübertragung DAT.CO → **on-line data transmission**
→ Datendirektübertragung *nf*
rechnergebundener Betrieb CONTRO → **online operation**
→ Online-Kopplung *nf*
rechnergebundener Betrieb DAT.PR → **online processing**
→ Online-Verarbeitung *nf*
rechnergebundener Dialog DAT.CO → **online dialog**
→ Online-Dialog *nm*
rechnergebundener Kassenverkehr DAT.PR → **online teller transaction**
→ Online-Kassenverkehr *nm*
rechnergebundene Verarbeitung DAT.PR → **online processing**
→ Online-Verarbeitung *nf*
rechnergeführt COMP.AP **computer-controlled**
= computergeführt; maschinengeführt; rechnergesteuert; computergesteuert; maschinengesteuert
≈ rechnergestützt
= machine-controlled; computer-guided; machine-guided; computer-managed; machine-managed
rechnergeführte numerische Steuerung AUTOMA → **computerized numerical control**
→ CNC-Steuerung *nf*
rechnergeführter Tastkopf INSTR **guided probe**
Rechnergeneration *nf* DAT.PR **computer generation**
= Computergeneration *nf*
rechnergesteuert COMP.AP → **computer-controlled**
→ rechnergeführt
rechnergesteuertes Vermittlungssystem SWITCH **computer controlled switching system**
= rechnergesteuertes Wählsystem
rechnergesteuertes Wählsystem SWITCH → **computer controlled switching system**
→ rechnergesteuertes Vermittlungssystem
rechnergestütze Entwicklung und Fertigung COMP.AP → **CADM**
→ CADM
rechnergestützt COMP.AP **computer-aided** *adj*
= computergestützt; computerunterstützt; maschinengestützt; maschinenunterstützt
≈ rechnergeführt
= computer-assisted; CA; computer-based; computerized; machine-aided; machine-assisted; machine-based
≈ computer-controlled
rechnergestützte Anrufzentrale INF.TEC → **call center**
→ Anrufzentrale *nf*
rechnergestützte Arbeitsvorbereitung COMP.AP → **computer aided planning**
→ CAP (1)
rechnergestützte Bestandskontrolle und Wartung COMP.AP → **CAIM**
→ CAIM
rechnergestützte Betriebsführung COMP.AP → **CAM** (2)
→ CAM (2)
rechnergestützte Bildverarbeitung COMP.AP **computer image processing**
= computergestützte Bildverarbeitung
= computer-aided image processing
rechnergestützte Diagnose COMP.AP **computer-assisted diagnosis**
= computergestützte Diagnose
= computer-aided diagnosis
rechnergestützte Entwicklung COMP.AP → **CAD**
→ CAD
rechnergestützte Entwicklung, Ingenieurstechnik und Fertigung COMP.AP → **CADEM**
→ CADEM
rechnergestützte Entwicklung und Ingenieurtechnik COMP.AP → **CADE**
→ CADE
rechnergestützte Fertigung COMP.AP → **CAM** (1)
→ CAM (1)
rechnergestützte Fertigungsplanung COMP.AP **computer-aided production planning**
= CAP
= CAP
rechnergestützte Gebäudetechnik COMP.AP → **CAFM**
→ rechnergestützte Haustechnik

rechnergestützte Geometrie COMP.AP **computational geometry**
rechnergestützte Haustechnik COMP.AP **CAFM**
= computergestützte Haustechnik; rechnergestützte Gebäudetechnik; computergestützte Gebäudetechnik; Gebäudeleittechnik *nf*
= Computer-Aided Facility Management; Computer-Aided FM; buildings I&C
rechnergestützte Herstellung COMP.AP → **CAM** (1)
→ CAM (1)
rechnergestützte Ingenieurtechnik COMP.AP → **CAE** (1)
→ CAE (1)
rechnergestützte Konstruktion COMP.AP → **CAD**
→ CAD
rechnergestützte Materialhandhabung CONTRO → **AMH**
→ AMH
rechnergestützte Mathematik COMP.AP **computational mathematics**
rechnergestützte numerische Steuerung AUTOMA → **computerized numerical control**
→ CNC-Steuerung *nf*
rechnergestützte Produktion COMP.AP → **CAM** (1)
→ CAM (1)
rechnergestützte Programmierung SW → **machine-aided programming**
→ automatische Programmierung
rechnergestützte Qualitätskontrolle COMP.AP → **CAQ**
→ CAQ
rechnergestützte Qualitätssicherung COMP.AP → **CAQ**
→ CAQ
rechnergestützte Radiologie MED.EN → **CAR** (2)
→ Computerradiologie *nf*
rechnergestützter Entwurf COMP.AP → **CAD**
→ CAD
rechnergestützter Satz PRIN.ME → **electronic typesetting**
→ elektronischer Satz
rechnergestützter Seitenumbruch COMP.AP **computer-aided page makeup**
= computergestützter Seitenumbruch
rechnergestützter Unterricht COMP.AP **computer-aided education** *n*
= computergestützter Unterricht; CAI (1); CAE (2); CAL; CBL; CMI; CAT (2)
= CAE (2); computer-aided instruction; computer-assisted instruction; CAI (1); computer-augmented learning; computer-assisted learning; CAL; computer-based learning; CBL; computer-managed instruction; CMI; computer-managed learning; CML; computer-aided teaching; CAT (2)
rechnergestützter Vertrieb COMP.AP → **CAS**
→ CAS
rechnergestütztes Engineering COMP.AP → **CAE** (1)
→ CAE (1)
rechnergestützte Simulation MOD&SI → **computer simulation** (1)
→ Computersimulation *nf* (1)
rechnergestütztes Konstruieren COMP.AP → **CAD**
→ CAD
rechnergestützte Programmierung SW → **machine-aided programming**
→ automatische Programmierung
rechnergestütztes Planen COMP.AP → **computer aided planning**
→ CAP (1)
rechnergestützte Sprachverarbeitung COMP.AP → **automatic language processing**
→ automatische Sprachverarbeitung
rechnergestütztes Prüfen COMP.AP → **CAT** (1)
→ CAT (1)
rechnergestütztes Setzen COMP.AP **computer-aided typesetting**
= computergestütztes Setzen
= computer typesetting
rechnergestützte Statistik COMP.AP **computational statistics**
rechnergestütztes Telefoninterview MEDIA **computer-assisted telephone interview**
= computergestütztes Telefoninterview; CATI
= CATI
rechnergestütztes Üben COMP.AP **CBT**
= computergestütztes Üben; CBT
≈ rechnergestützter Unterricht
= computer-based training
≈ CAE (2)
rechnergestütztes Zeichnen COMP.AP → **CAD**
→ CAD
Rechnergleichung *nf* COMP.SC **machine equation**
[für die ein Analogrechner ausgelegt wurde]
= Maschinegleichung *nf*; Maschinengleichung *nf*; Rechnerfunktion *nf*; Maschinefunktion *nf*; Maschinenfunktion *nf*
[an analog computer has been designed for]
= machine function
Rechnergraphik *nf* COMP.AP → **computer graphic**
→ Computergrafik *nf* (2)
Rechnerindustrie *nf* ECON → **computer industry**
→ Computerindustrie *nf*

rechnerintegriert DAT.PR **computer-integrated**
= computerinegriert

rechnerintegrierte Telephonie TELEC → **computer telephony**
→ Computertelefonie *nf*

rechnerisch MATH → **arithmetical** *adj*
→ arithmetisch

Rechnerkenner *nm* INF.TEC → **computer professional** *n*
→ Computerfachmann *nm*

Rechnerkommunikation *nf* DAT.CO **computer communication**
= Computerkommunikation *nf* ≈ data communication
≈ Datenübermittlung

Rechnerkonferenz *nf* DAT.CO → **computer conference**
→ Computerkonferenz *nf*

Rechnerkonfiguration *nf* DAT.PR **computer configuration**
= Computerkonfiguration *nf*

Rechnerkopplung *nf* DAT.NW → **multi-computer system**
→ Mehrrechnersystem *nn*

Rechnerkopplung *nf* DAT.CO **computer interconnection**
= Computer-Kopplung *nf* = computer coupling

Rechnerkorrespondenz *nf* INTERNET → **electronic mail**
→ E-Mail *nn*

Rechnerkunst COMP.AP → **computer art**
→ Computerkunst *nf*

Rechnerlaie *nm* DAT.PR → **computer illiterate**
→ Computerlaie *nm*

Rechnerlauf *nm* DAT.PR → **program run** *n*
→ Programmlauf *nm*

Rechnerleistung *nf* DAT.PR **computer power**
[wird in MIPS oder MFLOPS gemessen] [is measured in MIPS or MFLOPS]
= Computerleistung *nf*; Rechnerdurchsatz *nm*; Computerdurchsatz *nm*; Rechenleistung *nf* = computer throughput; computing capacity
≈ Rechengeschwindigkeit; Bewertungstest ≈ computing speed; benchmarking

rechnerlesbar TER&PER → **machine-readable** *adj*
→ maschinenlesbar

rechnerlesbarer Datenträger TER&PER → **machine-readable medium**
→ maschinenlesbarer Datenträger

rechnerlesbares Zeichen TER&PER → **machine-readable character**
→ Maschinenschrift *nf*

Rechnermusik *nf* MUSIC → **computer music**
→ Computermusik *nf*

rechnernah SW → **computer-oriented** *adj*
→ maschinenorientiert

Rechnernetz *nn* DAT.NW → **multi-computer system**
→ Mehrrechnersystem *nn*

Rechnernutzung *nf* DAT.PR **computer usage**
= Computernutzung *nf* = computer utilization

Rechneroperation *nf* COMP.SC **computer operation** (1)
= Computeroperation *nf* = machine operation

rechnerorientiert SW → **computer-oriented** *adj*
→ maschinenorientiert

Rechnerpost *nf* INTERNET → **electronic mail**
→ E-Mail *nn*

Rechnerprogramm *nn* SW → **program** *n* (AE)
→ Programm *nn*

Rechnerraum *nm* SYS.INS **computer room**
= Computerraum *nm*; Maschinenraum *nm* = machine room

Rechnersicherheit *nf* DAT.PR **computer security**
[einschließlich der enthaltenen Daten] [including the contained data]
= Computersicherheit *nf* ↓ data security
↓ Datensicherheit

Rechnersimulation *nf* (1) MOD&SI → **computer simulation** (1)
→ Computersimulation *nf* (1)

Rechnersimulation *nf* (2) MOD&SI → **computer simulation** (2)
→ Computersimulation *nf* (2)

Rechnerspeicher *nm* HW **computer memory**
= Computerspeicher *nm* = computer store

Rechnerspezialist *nm* INF.TEC → **computer professional** *n*
→ Computerfachmann *nm*

Rechnersprache *nf* SW → **machine language** *n*
→ Maschinensprache *nf*

Rechnersteuerpult *nn* HW **computer control console**
= Computersteuerpult *nn*; Steuerpult *nn*; Systempult *nn*; Systemkonsole *nf* = control console; system console

Rechnerstruktur *nf* INF.TEC **computer structure**
= Computerstruktur *nf*

Rechner-Taste *nf* COMP.AP **calculator key**

Rechnertechnik *nf* COMP.SC → **computer engineering**
→ technische Informatik

rechnerunabhängig SW → **off-line** *adj*
→ offline

rechnerunabhängig DAT.PR → **hardware-independent** *adj*
→ hardwareunabhängig

rechnerunabhängige Datenfernverarbeitung DAT.PR → **off-line teleprocessing**
→ indirekte Datenfernverarbeitung

rechnerunabhängige Datenverarbeitung DAT.PR → **off-line data processing**
→ indirekte Datenverarbeitung

rechnerunabhängige Programmiersprache COMP.LG → **computer-independent language**
→ computerunabhängige Programmiersprache

rechnerunabhängiger Betrieb SW → **off-line operation**
→ Offline-Betrieb *nm*

rechnerunabhängiger Speicher DAT.PR **off-line storage**
[im Augenblick in der Rechenanlage nicht verfügbar, z.B. eine Diskette] [not currently available with the computer, e.g. a disk]
= Offline-Speicher *nm*

rechnerunabhängiges Drucken DAT.PR **off-line printing**
= Offline-Druck

rechnerunabhängiges Peripheriegerät DAT.PR → **off-line peripheral equipment**
→ Offline-Peripheriegerät *nn*

rechnerunabhängige Verarbeitung DAT.PR → **off-line data processing**
→ indirekte Datenverarbeitung

rechnerunterstützte Druckvorlagengestaltung COMP.AP → **desktop publishing**
→ Desktop Publishing *nn*

rechnerunterstützte integrierte Produktion COMP.AP → **CIM**
→ CIM

rechnerunterstütztes Publizieren COMP.AP → **CAP** (2)
→ CAP (2)

rechnerunterstützte Übersetzung WOR.PR → **machine-aided translation**
→ maschinelle Übersetzung

Rechnerunterstützung *nf* COMP.AP **computer aid**
= Computerunterstützung *nf* = computer assistance

rechnerveranlasst DAT.PR **computer-activated** *adj*
= computerveranlasst = computer-prompted

Rechnerverbund *nm* DAT.NW → **multi-computer system**
→ Mehrrechnersystem *nn*

Rechnerverwaltung *nf* SW **computer management**
= Computerverwaltung *nf*

Rechnerwesen *nn* EL.TEC → **computer science**
→ Informatik *nf*

Rechnerwort *nn* COMP.SC → **word** *n*
→ Wort *nn*

Rechnerzeit *nf* DAT.PR → **computer time**
→ Maschinenzeit *nf*

Rechnung *nf* ECON **commercial invoice** *n*
[weist den zu zahlenden Betrag aus] [shows what has to be payed]
= Faktura *nf*; Faktur *nf* = invoice; account; bill

Rechnung *nf* MATH **calculation** *n*
= Berechnung *nf* = computation *n*
≈ Kalkulation [ECON]; Zählung; Berechnung [DAT.PR] ≈ counting; computation [DAT.PR]

Rechnungart *nf* MATH → **mode of calculation**
→ Berechnungsart *nf*

Rechnungsabgrenzung *nf* ECON **temporal apportionment of invoices**

Rechnungsbeleg *nm* ECON → **receipt** *n*
→ Quittung *nf*

Rechnungsbetrag *nm* ECON **invoice figure**

Rechnungsempfänger *nm* ECON **invoice recipient**

Rechnungserstellung *nf* ECON **billing** *n*
= Verrechnung *nf*; Abrechnung *nf* = invoicing *n*

Rechnungserteilung *nf* ECON → **invoicing** *n*
→ Inrechnungstellung *nf*

Rechnungslegung *nf* ECON **accounting** *n* (1)
= Abrechnung *nf* = account *n*

Rechnungsprüfer *nm* ECON **auditor** *n*
= Abschlussprüfer *nm*; Wirtschaftsprüfer *nm*; Auditor *nm*

recht... *adj* COLL **right** *adj*
≠ link... ≠ left

Recht *nf* (1) LAW **right** *n*
= Rechtsanspruch *nm*

Recht *nf* (2) LAW **law** *n* (2)
≈ Gesetz [a set of legal rules]
≈ law (1)

rechte Buchseite PRIN.ME **right-hand page**
= rechte Seite; Rekto *nn* = recto *n*

Rechteck *nn* MATH **rectangle** *n*
[rechtwinkliges Parallelogramm, mit gegenüberliegenden gleichen Winkeln] [rectangular parallelogram, with equal opposite sides]

↑ Parallelogramm
↓ Quadrat
↑ parallelogram
↓ square *n*

Rechteckdraht *nm* METAL **rectangular wire**

Rechteckfehler *nm* EL.TRO **rectangular failure**

Rechteck-Ferrit *nm* METAL **square-loop ferrite**
= rectangular-hysteresis ferrite

Rechteckflansch *nm* MEC.EN **square flange**
≠ Rundflansch

Rechteckfolge *nf* EL.TRO → **square-wave reversals**
→ Rechteckwelle *nf*

Rechteckformer *nm* CIRC.EN **squaring circuit**
≈ Schmitt-Trigger
≈ schmitt trigger

rechteckförmiger Hohlleiter MICROW → **rectangular waveguide**
→ Rechteckhohlleiter *nm*

Rechteckgenerator *nm* CIRC.EN **square-wave generator**
= Rechteckwellengenerator *nm*
↑ Oszillator
= rectangular-wave generator; square-wave oscillator
↑ oscillator

Rechteckhohlleiter *nm* MICROW **rectangular waveguide**
= rechteckförmiger Hohlleiter

Rechteckhohlleiterarm *nm* MICROW **rectangular waveguide branch**

Rechteck-Hystereseschleife *nf* PHYS → **square loop**
→ Rechteckschleife *nf*

rechteckig (1) MATH → **right-angled** *adj*
→ rechtwinklig

rechteckig (2) MATH **rectangular** *adj* (2)
[ein Rechteck betreffend]
≈ rechtwinklig
[relative to rectangles]
≈ right-angled

rechteckige Hystereseschleife PHYS **rectangular hysteresis loop**

Rechteckigkeit *nf* MATH → **othogonality** *n* (2)
→ Rechtwinkligkeit *nf*

Rechteckimpuls *nm* EL.TRO **square pulse**
≈ Rechteckwelle
= rectangular pulse; square-wave pulse
≈ square-wave reversal

Rechteck-Kenndaten *nplt* EL.TRO **squarewave characteristics**

Rechteckmodulation *nf* MODUL **square-wave modulation**
[HF]

Rechteckpuls *nm* EL.TRO → **square-wave reversals**
→ Rechteckwelle *nf*

Rechteckschleife *nf* PHYS **square loop**
[Ferrit]
= Rechteck-Hystereseschleife *nf*
[ferrite]
= right-angle curve

Rechteckschwingung *nf* EL.TEC **rectangular wave**
↑ Kippschwingung
↑ relaxation oscillation

Rechtecksignal *nn* EL.TRO → **square-wave reversals**
→ Rechteckwelle *nf*

Rechteckspannung *nf* EL.TRO **square-wave voltage**

Rechteckverteilung *nf* STATIS → **uniform distribution**
→ Gleichverteilung *nf*

Rechteckwelle *nf* EL.TRO **square-wave reversals**
= Rechteckfolge *nf*; Mäander *nm*; Rechteckpuls *nm*; Rechtecksignal *nn*
↑ Kippschwingung
= reversals *nplt*; rectangular wave; square wave; squarewave *n*; rectangular repetition rate; square signal
↑ relaxation oscillation

Rechteckwellenantwort *nn* EL.TRO **square-wave response**

Rechteckwellengenerator *nm* CIRC.EN → **square-wave generator**
→ Rechteckgenerator *nm*

Rechteckwellen-Messgenerator *nm* INSTR **square-wave measuring generator**
= rectangular-wave measuring generator

Rechtehandregel *nf* EL.TEC → **three-fingers rule**
→ Dreifingerregel *nf*

rechte Klammer MATH → **right bracket**
→ Klammer zu

rechter Winkel MATH **right angle**
= rechtwinkliger Winkel

rechte Seite PRIN.ME → **right-hand page**
→ rechte Buchseite

rechtfertigen COLL **justify** *vt*
= vindicate

Rechtfertigung *nf* COLL **justification** *n*
= vindication *n*

rechtläufig PHYS **direct-moving**

rechtlich (1) LAW **legal** *adj*
[das Recht betreffend]
[related to Law]
= judicial

rechtlich (2) LAW → **lawful** *adj*
→ rechtmäßig

rechtmäßig LAW **lawful** *adj*
[dem Recht entsprechend]
= rechtlich (2)
[in conformity with law]

Rechtsanspruch *nm* LAW → **right** *n*
→ Recht *nf* (1)

Rechtsanspruch *nm* LAW **legal claim**

Rechtsanwalt *nm* LAW **lawyer** *n* (AE)
= Anwalt *nm*
≈ Rechtsberater
= solicitor *n* (BE); barrister *n*; attorney *n*; attorney-at-law *n* (AE); barrister-at-law *n* (BE)
≈ legal consultant

rechts ausrichten PRIN.ME → **range right** *vt*
→ rechts fluchten

rechtsaußen COLL **rightmost** *adj*

Rechtsberater *nm* LAW **legal consultant**
= legal adviser

rechtsbündig TECH **flush right**

rechtsbündig CODING **right justified**
= right aligned

rechtsbündig PRIN.ME **right-aligned**
= right-justified; right flush; flush right; right-hand justified

rechtsbündiger Flattersatz PRIN.ME **ragged-left typesetting**
[Zeilen rechts bündig und somit links "flatternd"]
= linksseitiger Flattersatz
[lines aligned to the right, leaving the left side ragged]
= ragged-left setting; ragged-left type; ragged-left print; ragged-left composition; ragged-left alignment; ragged left; right justification

Rechtschreibfehler *nm* LING **spelling error** *n*
= Schreibfehler *nm* (2)
↑ grammatischer Fehler; Schreibfehler (1)
↑ grammatical error; writing mistake

Rechtschreibhilfe WOR.PR → **spelling check program**
→ Rechtschreibprogramm *nn*

Rechtschreibkorrektur-Programm *nn* WOR.PR → **spelling check program**
→ Rechtschreibprogramm *nn*

Rechtschreibprogramm *nn* WOR.PR **spelling check program**
= Rechtschreibkorrektur-Programm *nn*; Rechtschreibhilfe; Orthographieprogramm *nn*
= spelling checker program; spelling checker; spell checker; spelling aid; dictionary program

Rechtschreibprüfung *nf* WOR.PR **spelling check**
= Orthographieprüfung *nf*
= spell check; spellchecking *n*; spell verification

Rechtschreibung *nf* LING **orthography** *n*
= Orthographie *nf*
≈ Schreibweise
≈ spelling

Rechtsdrall *nm* PHYS **right-hand twist**
= right-hand lay

rechtsdrehend OPT **dextrorotatory** *adj*
≠ linksdrehend
≠ levorotatory

rechtsdrehend TECH **clockwise**
= im Uhrzeigersinn
≠ linksdrehend
= ckw.; dextrorotatory; right-hand ...; right-threaded
≠ counterclockwise

Rechtsdrehung *nf* MECH **clockwise rotation**
= right-hand rotation

rechts fluchten PRIN.ME **range right** *vt*
= rechts ausrichten

rechtsgängiges Gewinde MEC.EN → **right-hand thread**
→ Rechtsgewinde *nn*

rechtsgerichtet TECH **right-pointing** *adj*
= rechtsweisend; nach rechts gerichtet; nach rechts weisend

rechtsgerichtete spitze Klammer MATH → **right angle bracket**
→ spitze Klammer zu

Rechtsgewinde *nn* MEC.EN **right-hand thread**
= rechtsgängiges Gewinde

rechtsgültig LAW **legally valid**

rechtshgültig machen LAW **authenticate** *vt*

Rechtshinweis *nm* LAW **legal disclaimer**

Rechtsinformatik *nf* INF.TEC **legal informatics**
↑ angewandte Informatik
= juridical informatics; law informatics
↑ applied informatics

Rechtsklick *nm* COMP.AP **right click**

Rechts-Links-Schieberegister *nn* CIRC.EN **right/left shift register**

Rechtspfeil *nm* PRIN.ME → **rightward arrow**
→ Pfeil nach rechts

Rechtspfeiltaste *nf* TER&PER → **RIGHTWARD key**
→ NACH-RECHTS-Taste *nf*

Rechtsschlag-Verseilung *nf* COM.CAB **right-hand stranding**

Rechtsschraube *nf* MATH **right-hand helix**

rechtsseitiger Flattersatz → linksbündiger Flattersatz	PRIN.ME	→ **ragged-right typesetting**
Rechtsstreit *nm* ≈ Prozess	LAW	**litigation** *n* ≈ lawsuit
Rechtssystem *nn*	MATH	**right handed system**
RECHTS-Taste *nf* → NACH-RECHTS-Taste *nf*	TER&PER	→ **RIGHTWARD key**
rechtsverschieben [z.B. 0110 zu 0011]	CODING	**shift right** *vt* [e.g. 0110 to 0011]
Rechtsverschiebung *nf*	CODING	**right shift**
Rechtsvorschrift *nf*	LAW	**legal provision**
rechtsweisend → rechtsgerichtet	TECH	→ **right-pointing** *adj*
recht und billig = äquitativ	LAW	**equitable**
rechtwinklig = orthogonal *adj* (1); winkelrecht; rechteckig (1)	MATH	**right-angled** *adj* = right angular; rectangular *adj* (1); orthogonal *adj* (1) ≈ perpendicular
rechtwinklige Parallelkoordinate → kartesische Koordinate	MATH	→ **Cartesian coordinate**
rechtwinklige Projektion	ENG.DRA	**orthographic projection** = orthogonal projection
rechtwinkliger Winkel → rechter Winkel	MATH	→ **right angle**
rechtwinkliges Dreieck	MATH	**right triangle** = right-angled triangle
Rechtwinkligkeit *nf* = Rechteckigkeit *nf*	MATH	**othogonality** *n* (2) = squareness *n*
rechtzeitig ≈ pünktlich	TECH	**timely** *adj*
recken = geradebiegen	METAL	**straighten**
Reckung *nf*	METAL	**staightening** *n*
Record *nm* (ANGL) → Datensatz *nm*	DAT.MA	→ **data record**
Recorderkassette *nf* ↑ Magnetbandkassette	TER&PER	**recorder cassette** ↑ magnetic tape cassette
Recovery → Wiederherstellung *nf*	DAT.MA	→ **recovery** *n* (1)
Recto *nn* → Rekto *nn*	PRIN.ME	→ **recto** *n*
Recycling-Papier *nn*	PRIN.ME	**recycling papier**
Redakteur *nm* (Redakteurin *nf*) → Herausgeber *nm* (Herausgeberin *nf*)	PRIN.ME	→ **redactor** *n*
Redaktion *nf* [Tätigkeit] = Redigieren *nn* ≈ Bearbeitung; Gestaltung	PRIN.ME	**redaction** *n* [activity] = redacting *n*
redaktionell	PRIN.ME	**editorial** *adj*
Redaktionsschluss *nm*	PRIN.ME	**editorial deadline**
Redaktor *nm* (Redaktorin *nf*) (CH) → Herausgeber *nm* (Herausgeberin *nf*)	PRIN.ME	→ **redactor** *n*
Rede *nf* ↓ Gerichtsrede; Festrede	LING	**speech** *n*
Rede *nf* → Ansprache *nf*	COLL	→ **speech** *n*
Redefilm *nm* [in dem nur geredet wird]	CINEMA	**all talking film**
redefinierbar = neudefinierbar	SW	**redefinable**
redefinieren = neu definieren	SW	**redefine**
Redefinition *nf*	SW	**redefinition** *n*
Redegewandtheit *nf* = Eloquenz *nf*	COLL	**eloquence** *n*
Redensart *nf* → Redewendung *nf*	LING	→ **idiom** *n*
Redesign *nm*	MICR.EL	**redesign** *n*
Redewendung *nf* = Redensart *nf*; Idiomatik *nf*	LING	**idiom** *n* = idiomatic expression
redigieren ≈ bearbeiten; gestalten	PRIN.ME	**redact** *vt*
Redigieren *nn*	DAT.CO	**revision editing** = editing *n*
Redigieren *nn* → Redaktion *nf*	PRIN.ME	→ **redaction** *n*
Reduktionsfaktor *nm* [Starkstrombeinflussung von Fernmeldeleitungen]	LINE TH	**reduction factor** [interference of power lines into communication lines] = derating factor
Reduktionsgetrieb nme → Vorgelege *nn*	MANUF	→ **reduction gearing**
redundant = weitschweifig	INF.TH	**redundant** *adj*
redundant → gedoppelt	EQP.EN	→ **duplicated**
redundanter Code = Sicherheitscode *nm*	CODING	**redundant code**
redundantes Zeichen = selbstprüfendes Zeichen	INF.TH	**redundant character**
redundante Zahl	MATH	**redundant number** [less as sum of its divisors] = abundant number
redundant quaternär	CODING	**redundant quaternary**
Redundanz *nf* [vom latein. "red-undare" = "überfließen"] = Weitschweifigkeit *nf*	INF.TH	**redundancy** *n* [from Latin "red-undare" = "flow over"] = prolixityn
Redundanz *nf* [Bereitstellen von Zusatzvorrichtungen zur Sicherstellung des Betriebes bei Ausfällen] ≈ Betrieb/Ersatz	QUAL	**redundancy** *n* [provision of extra devices to ensure operation in case of failure] ≈ operation/stand-by
Redundanzbit *nn*	DAT.CO	**redundancy bit** = redundant bit
Redundanzentnahme *nf* → Datenverdichtung *nf*	DAT.MA	→ **data compression**
Redundanz entnehmen → verdichten *vt*	DAT.MA	→ **compack** *vt*
Redundanzkontrolle *nf* → Redundanzprüfung *nf*	INF.TH	→ **redundancy check**
Redundanzminderung *nf* = Redundanzreduktion *nf*, Redundanzreduzierung *nf*	INF.TH	**redundancy reduction**
Redundanzprüfung *nf* = Redundanzkontrolle *nf*	INF.TH	**redundancy check**
Redundanzreduktion *nf* → Redundanzminderung *nf*	INF.TH	→ **redundancy reduction**
Redundanzreduzierung *nf* → Redundanzminderung *nf*	INF.TH	→ **redundancy reduction**
Redundanzreduzierung *nf* → Bildkompression *nf*	IMAG.PR	→ **image compression**
redundanzsparender Code = Optimalcode *nm*	CODING	**optimal code**
reduntant ternär	CODING	**redundant ternary**
Reduzierbuchse *nf*	MEC.EN	**adapter bushing**
reduzieren → senken	TECH	→ **lower** *vt*
reduzieren → kürzen	ECON	→ **cut** *vt*
Reduzieren *nn* → Verengen *nn*	METAL	→ **reducing**
reduzieren *vt* → vermindern *vt*	TECH	→ **decrease** *vi&vt*
Reduzierhülse *nf* = Spannhülse *nf*	MEC.EN	**adapter sleeve**
Reduzierkoeffizient *nm*	QUAL	**thermal derating factor**
Reduzierstück *nn*	MEC.EN	**reducer** *n*
reduzierte Beanspruchung → Unterbelastung *nf*	QUAL	→ **derating** *n*
Reduzierung *nf* → Senkung *nf*	COLL	→ **lowering** *n*
Reduzierung *nf* → Verminderung *nf*	TECH	→ **reduction** *n* (1)
Reduzierung *nf* → Kürzung *nf*	ECON	→ **cut** *n*
Reduzierungsfaktor *nm*	TELEPH	**reduction factor**
Reduzierventil *nn*	TECH	**reducing valve**
Reed-Kontakt *nm* (ANGL) → Schutzrohrkontakt *nm*	COMPO	→ **sealed contact**
Reed-Relais *nn* (ANGL) → Schutzrohrkontakt-Relais *nn*	COMPO	→ **reed relay**
Reed-Schalter *nm*	COMPO	**reed switch**
Reed-Solomon-Code *nm* = RS-Code *nm*	CODING	**Reed Solomon code** = RS code
Reed-Solomon-Codierung *nf*	CODING	**Reed-Solomon coding**
reell ≠ imäginär	MATH	**real** *adj* ≠ imaginary
reelle Nullstelle	NETW.TH	**real zero point**
reeller Pol	NETW.TH	**real pole**
reeller Widerstand [Gleichphasigkeit zwischen Strom und	NETW.TH	**true resistance** [current and voltage in phase]

Spannung]
≈ Wirkwiderstand; ohmscher Widerstand [EL.TEC]
≈ effective resistance; ohmic resistance [EL.TEC]

reelle Zahl MATH **real number**
[als ganze, einfach-periodische oder unendliche Dezimalzahl darstellbar]
= Realzahl *nf*
≠ imaginäre Zahl
↓ Rationalzahl; Irrationalzahl
[any integral number or number with a fractional or decimal part]
≠ imaginary number
↓ rational number; irrational number

reelle Zahl ECON **actuals** *nplt*

Reemission *nf* PHYS **reemission** *n*

Reengineering *nn* (ANGL) TECH → **reengineering** *n*
→ Umgestaltung *nf*

reentrant SW → **reentrant** *adj*
→ ablaufinvariant

reentranter Code SW → **reentrant code** *n*
→ ablaufinvariant codiertes Programm

reentrantes Programm SW → **reentrant code** *n*
→ ablaufinvariant codiertes Programm

Reexport *nm* ECON → **reexport** *n*
→ Wiederausfuhr *nf*

Referat *nn* SCIE **report** *n*
[schriftliche oder mündliche Abhandlung über ein Thema]
[written or oral account on a topic]

Referat *nn* LING → **compendium** *n* (*pl* -diums&-dia)
→ Abriss *nm*

Referent *nm* ECON **person in charge**

Referent *nm* OFFICE → **person in charge**
→ Sachbearbeiter *nm*

referentielle Integrität DAT.MA **referential integrity**
= relationelle Integrität
= relational integrity

Referenz *nf* ECON **reference** *n*
≈ Empfehlungsschreiben
= past record

Referenz *nf* DAT.MA → **pointer** *n*
→ Zeiger *nm*

Referenz *nf* COLL → **reference** *n*
→ Bezugnahme *nf*

Referenzadresse *nf* SW → **base address**
→ Grundadresse *nf*

Referenzanlage *nf* ECON **reference installation**

Referenzantenne *nf* ANT → **reference antenna**
→ Bezugsantenne *nf*

Referenzanweisung *nf* SW → **reference instruction**
→ Bezugsanweisung *nf*

Referenzaufruf *nm* COMP.LG **call by reference**
[ALGOL, OOP]
= Adressenaufruf *nm*; Call-by-Referenz *nf* (ANGL)
[ALGOL, OOP]
= call by address; call by location

Referenzbit *nn* DAT.CO **reference bit**

Referenzcodec TELEC **reference codec**

Referenzdatei *nf* DAT.MA → **reference file**
→ Bezugsdatei *nf*

Referenzdiode *nf* MICR.EL **voltage reference diode**
[Diode mit fast konstanter Spannung über einen breiten Strombereich, u.a. für die Erzeugung von Bezugsspannungen]
= Regulatordiode *nf*; Stabilisatordiode *nf*; Spannungsstabilisatordiode *nf*; Bezugsspannungsdiode *nf*
≈ Zenerdiode; Lawinendiode
[diode with a flat voltage response over a broad current interval, thereby suited for the generation of reference voltages]
= reference diode; voltage stabilisator diode
≈ Zener diode; avalanche diode

Referenzdipol *nm* ANT → **reference dipole**
→ Normdipol *nm*

Referenzgestell *nn* MANUF **test bay**
= Prüfgestell *nn*

Referenzknoten *nm* NETW.TH → **reference node**
→ Bezugsknoten *nm*

Referenzkopplung *nf* EL.TEC **reference coupling**

Referenzliste *nf* ECON **reference list**

Referenz-Management *nn* INTERNET → **link management**
→ Verweisverwaltung *nf*

Referenzmarke *nf* WOR.PR → **reference mark**
→ Bezugsmarke *nf*

Referenzmuster *nn* QUAL **golden sample**
= golden device

Referenznetz *nn* TELEC **reference network**

Referenzoberfläche *nf* OPTOEL **reference surface**

Referenzoszillator *nm* CIRC.EN **reference oscillator**

Referenzparameter *nm* DAT.PR → **reference parameter**
→ Bezugsparameter *nm*

Referenzpegel *nm* TELEC → **relative level**
→ relativer Pegel

Referenzpegelgenauigkeit *nf* INSTR **reference level accuracy**

Referenzpunkt *nm* CART → **reference point**
→ Passpunkt *nm*

Referenzpunkt *nm* TECH → **reference point**
→ Bezugspunkt *nm*

Referenzsignal *nn* TELEC → **reference signal**
→ Bezugssignal *nn*

Referenzspannung *nf* EL.TRO → **reference voltage**
→ Vergleichsspannung *nf*

Referenzspannungsquelle *nf* CIRC.EN **reference voltage generator**

Referenztabelle *nf* TECH → **reference table**
→ Bezugstabelle *nf*

Referenztaktgeber *nm* TELEC → **reference clock**
→ Bezugstaktgeber *nm*

Referenzwelle *nf* PHYS → **reference wave**
→ Bezugswelle *nf*

Referenzzeit *nf* TECH → **reference time**
→ Bezugszeit *nf*

Refinanzierung *nf* ECON **refinancing** *n*

Reflected-copy DAT.CO **reflected copy**

reflektieren PHYS **reflect** *vt*
= zurückstrahlen; zurückwerfen

reflektierend PHYS **reflective** *adj*
= reflecting *adj*

reflektierende Bandmarke TER&PER → **reflective spot**
→ Reflektormarke *nf*

reflektierende Bandmarke TER&PER → **tape mark**
→ Bandmarke *nf*

reflektierende Platte TER&PER **reflective disk**

reflektierter binärer Code CODING → **Gray code**
→ Gray-Code *nm*

reflektierter Code CODING → **cyclic code**
→ zyklischer Code

reflektiv SW **reflective**

Reflektometer *nn* INSTR → **optical time domain reflectometer**
→ Rückstreumessplatz *nm*

Reflektometer *nn* INSTR **reflectometer** *n*
= Reflexionsmesser *nm*; Reflektometerbrücke *nf*
= directional bridge

Reflektometerbrücke *nf* INSTR → **reflectometer** *n*
→ Reflektometer *nn*

Reflektor *nm* MICROW **reflector** *n*
= Spiegel *nm*
= mirror *n*

Reflektor *nm* PHYS **reflector** *n*
= Rückstrahler *nm*

Reflektor *nm* CINEMA → **reflector** *n*
→ Aufheller *nm*

Reflektor *nm* (1) ANT **reflector** *n* (1)
= Spiegel *nm*; Sekundärstrahler *nm*
= dish; secondary radiator; passive radiator; parasitic antenna

Reflektor *nm* (2) ANT **reflector element** *n*
[lineare Richtantenne]
= Reflektorelement *nn*
↑ Parasitärstrahler
[linear directive antenna]
= reflector *n* (2)
↑ parasitic element

Reflektorantenne *nf* ANT → **reflector antenna**
→ Spiegelantenne *nf*

Reflektorelement *nn* ANT → **reflector element** *n*
→ Reflektor *nm* (2)

Reflektormarke *nf* TER&PER **reflective spot**
= reflektierende Bandmarke
[on a magnetic tape]

Reflektormarke *nf* TER&PER → **tape mark**
→ Bandmarke *nf*

Reflektorspannung *nf* EL.TRO **reflector voltage**
[Klystron]
[klystron]

Reflektorwand *nf* ANT **reflecting curtain**

Reflexion *nf* PHYS **reflection** *n* (AE)
↓ Streureflexion
= reflexion *n* (BE); reflectance *n* (1)
↓ diffuse reflection

reflexionarmer Raum RADIO → **anechoic chamber**
→ reflexionsfreier Raum

Reflexionsdämpfung *nf* NETW.TH **active return loss**
[Realteil des Echodämpfungsmaßes]
= Echodämpfung *nf*; Fehlerdämpfung *nf*; Fehlanpassungsdämpfung *nf*; Anpassungsdämpfung *nf*; Stoßdämpfung *nf*; Nachbildfehlerdämpfung *nf* [TELEPH]; Echorückwirkungsverlust *nm*
↓ Betriebsreflexionsdämpfung
= return loss (2); matching loss; balance return loss; matching attenuation; reflection loss (2); echo return loss; echo loss; echo attenuation; hybrid balance; mismatch loss
↓ composite return loss

Reflexionseigenschaft *nf* PHYS → **reflectivity** *n*
→ Reflexionsvermögen *nn*

Reflexionsfäche *nf* RAD.LO **scattering cross section**

Reflexionsfaktor *nm* NETW.TH **reflection coefficient**
[reflektierende zu eingespeister Wellengröße]
[reflected to injected wave]

= Reflexionskoeffizient *nm*; Echofaktor *nm*; Echoübertragungsfaktor *nm*; Stoßfaktor *nm*; Anpassungsfaktor *nm*; Anpassungskoeffizient *nm*
≈ Anpassungsfaktor; Welligkeitsfaktor
↓ Betriebsreflexionsfaktor
= return current coefficient; mismatch factor; echo attenuation coefficient; reflection factor
≈ inverse voltage SWR

Reflexionsfaktorkarte *nf* LINE TH → **Smith chart**
→ Smith-Diagramm *nn*

Reflexionsfaktor-Messbrücke *nf* INSTR **reflection coefficient measuring bridge**

Reflexionsfarbe *nf* TER&PER **reflectance ink**

Reflexionsfläche *nf* RAD.PRO **area of reflection**
= reflecting surface

reflexionsfrei PHYS **nonreflecting** *adj*
= nichtreflektierend
= reflectionless; nonreflective

reflexionsfreier Raum RADIO **anechoic chamber**
= reflexionarmer Raum

Reflexionsgitter *nn* PHYS **reflection grating**

Reflexionsgoniometer *nn* RAD.LO **reflecting goniometer**

Reflexionsgrad *nm* PHYS **reflection coefficient**
= reflectance *n* (2)

Reflexionshologramm *nn* PHYS **reflection hologram**

Reflexionskoeffizient *nm* NETW.TH → **reflection coefficient**
→ Reflexionsfaktor *nm*

Reflexionslichtschranke *nf* SIG.EN **reflection light barrier**
= Reflexlichtschranke *nf*
= reflex light barrier; reflex optical sensor

Reflexionsmesser *nm* INSTR → **reflectometer** *n*
→ Reflektometer *nn*

Reflexionsmischer *nm* OPTOEL **reflection mixer**

Reflexionspunkt *nm* MATH → **mirror point**
→ Spiegelpunkt *nm*

Reflexionsschicht *nf* PHYS **reflecting layer**

Reflexionsumweg *nm* RAD.PRO **reflection detour**

Reflexionsverlust *nm* PHYS **reflection loss**

Reflexionsvermögen *nn* PHYS **reflectivity** *n*
= Reflexionseigenschaft *nf*
= reflecting power; reflectance *n* (3)

Reflexionswinkel *nm* PHYS **angle of reflection**

reflexiv LING **reflexive**
= rückbezüglich

Reflexivpronomen LING **reflexive pronoun**
[z.B: mich]
= rückbezügliches Fürwort
[e.g. myself]

Reflexklystron *nn* MICROW **reflex klystron**

Reflexlichtschranke *nf* SIG.EN → **reflection light barrier**
→ Reflexionslichtschranke *nf*

Reflow-Löten *nn* MICR.EL → **reflow soldering**
→ Aufschmelzlöten

Refrain *nm* MEDIA → **refrain** *n*
→ Kehrreim *nm*

Refraktometer *nn* PHYS **refractometer**

Refresh *nn* (ANGL) TER&PER → **refresh** *n*
→ Bildwiederholung *nf*

Refresh-Anzeige *nf* DAT.PR → **refresh indicator**
→ Wiederholanzeige *nf*

Refresh-Bildschirm *nm* TER&PER → **refresh screen**
→ Wiederholbildschirm *nm*

Refresh-Formatierung *nf* POW.SY **refresh formatting**

Refresh-Impuls *nm* EL.TRO → **refresh pulse**
→ Auffrischimpuls *nm*

Refresh-Zyklus *nm* (ANGL) HW → **refresh cycle**
→ Auffrischzyklus *nm*

Regal *nn* TECH **rack** *n*
= Gestell *nn*; Tablar *nn* (CH)
= stand *n*; shelves *nplt*

Regel *nf* COLL **rule** *n*

Regel *nf* ECON **rule** *n*
≈ Regelung
≈ regulation

Regelabweichung *nf* CONTRO **deviation** *n*
[Regelgröße minus Führungsgröße]
= Regeldifferenz *nf*; Abweichung *nf*
[difference of controlled variable to reference magnitude]
= control deviation; error; offset

Regelanschaltung *nf* TELEC **standard access**

Regelausgangsgröße *nf* CONTRO → **control variable**
→ Stellgröße *nf*

Regelausrüstung *nf* TECH → **standard equipment**
→ Grundausstattung *nf*

Regelausstattung *nf* TECH → **standard equipment**
→ Grundausstattung *nf*

regelbar (1) TECH → **adjustable** *adj*
→ einstellbar

regelbar (2) TECH → **regulable** *adj*
→ regulierbar

regelbarer Kondensator COMPO → **variable capacitor**
→ einstellbarer Kondensator

regelbarer Transformator COMPO → **variable transformer**
→ regelbarer Übertrager

regelbarer Transformator POW.SY → **variable-ratio transformer**
→ Stelltransformator *nm*

regelbarer Übertrager COMPO **variable transformer**
= regelbarer Transformator
≈ Stelltransformator [POW.SYS]
≈ variable ratio transformer [POW.SYS]

Regelbarkeit *nf* TECH → **adjustability** *n*
→ Einstellbarkeit *nf*

regelbasiert ART.IN → **rule-based**
→ regelnbasiert

regelbasiert SW **rule-based**

Regelbau nmart TECH **standard design**
= Standardbauart *nf*

Regelbaustein *nm* MICR.EL → **control chip**
→ Steuerchip *nm*

Regelbauweise *nf* EQP.EN → **standard construction practice**
→ Standardbauweise *nf*

Regelbelegung *nf* SWITCH **standard equipment**
= standard assignment

Regelbereich *nm* CONTRO **regulation range**
= Regelumfang *nm*
≈ Stellbereich; Dynamikbereich [EL.TRO]
= control range
≈ correcting range; dynamic range [EL.TRO]

Regelchip *nm* MICR.EL → **control chip**
→ Steuerchip *nm*

Regeldifferenz *nf* CONTRO → **deviation** *n*
→ Regelabweichung *nf*

Regeldiode *nf* CIRC.EN **control diode**

Regeldrossel *nf* EL.TEC **regulating inductor**
= regulating choke

Regelfaktor *nm* CONTRO **error ratio**

Regelfläche *nf* CONTRO **control area**

Regelgenauigkeit *nf* CONTRO → **control accuracy**
→ Regelgüte *nf*

Regelgeschwindigkeit *nf* CONTRO **control rate**

Regelglied *nn* CONTRO **control device**

Regelgröße *nf* CONTRO **controlled magnitude**
[durch einen Regelkreis zu beeinflussende Größe]
≠ Führungsgröße
[magnitude which has to be controlled by the control circuit]
= controlled variable; controlled condition; directly controlled variable

Regelgüte *nf* CONTRO **control accuracy**
= Regelgenauigkeit *nf*
= control precision

Regelheißleiter *nm* COMPO **control thermistor**

Regelkennlinie *nf* CONTRO **regulating characteristic**

Regelkommunikation *nf* INF.TEC **control communications**

Regelkondensator *nm* COMPO → **rotatable capacitor**
→ Drehkondensator *nm*

regelkonform TECH → **orthodox** (slang)
→ orthodox *adj*

Regelkreis *nm* CONTRO → **closed-loop control circuit**
→ Regelschleife *nf*

Regellage *nf* TECH → **normal position**
→ Normalstellung *nf*

Regellage *nf* TRANSM **regular frequency position**
↑ Übertragungslage
= regular position
↑ transmission position

Regellänge *nf* COM.CAB **standard length**

Regellieferzeit *nf* ECON **standard delivery time**

regelloser Verkehr SWITCH **pure-chance traffic**
= random traffic

regelmäßig *adj* TECH **regular** *adj*
= routinemäßig
≈ planmäßig; üblich
= routine *adj*; ordinary *adj*
≈ scheduled; usual

regelmäßiges Vieleck MATH → **isogon** *n*
→ Isogon *nn*

Regelmäßigkeit *nf* TECH **regularity** *n*

regeln CONTRO **regulate**
= regulieren
≈ steuern
≈ control

regeln TECH → **adjust** *vt*
→ einstellen

regelnbasiert ART.IN **rule-based**
= regelbasiert

regelnbezogene Sprache COMP.LG **rule-based language**
≈ deklarative Programmiersprache
↑ nicht verfahrensorientierte Sprache
↑ nonprocedural language

regelndes Feldgerät AUTOMA → **regulating controller**
→ Automatisierungsgerät *nn*

Regelpunkt *nm* CONTRO **control point**

Regelröhre *nf* EL.TRO **regulator tube**
= variable mu tube

Regelschaltung *nf* CIRC.EN **regulation circuit**

Regelschleife *nf* CONTRO **closed-loop control circuit**
= Regelkreis *nm*; Regelungskreis *nm* — = control loop; loop *n*

Regelschwingung *nf* CONTRO **hunting** *n*
[unregelmäßige Schwankungen um den Stabilitätspunkt] — [irregular oscillation about the point of stability]
= Pendelschwingung *nf*; Nachpendeln *nn*; Pendelung *nf*; Nachlauf *nm*

Regelspannung *nf* EL.TRO → **control voltage**
→ Steuerspannung *nf*

Regelspannungsschleife *nf* CIRC.EN **regulation loop**

Regelspannweite *nf* OUT.PL **regular span**

Regelstellung *nf* TECH → **normal position**
→ Normalstellung *nf*

Regelstrecke *nf* CONTRO **controlled system**
= Steuerstrecke *nf* — = directly controlled system; control section (1); plant *n*

Regeltransformator *nm* POW.SY → **variable-ratio transformer**
→ Stelltransformator *nm*

Regel-Trenntransformator *nm* COMPO **variable isolating transformer**

Regelumfang *nm* CONTRO → **regulation range**
→ Regelbereich *nm*

Regelung *nf* CONTRO **closed-loop control**
[Beinflussung einer Steuergröße durch Regelabweichung] — [influence on a control quantity in conformance with a control deviation]
≠ Steuerung — = feedback control; regulation
≠ open-loop control

Regelung *nf* LAW → **regulation** *n*
→ Bestimmung *nf*

Regelungskreis *nm* CONTRO → **closed-loop control circuit**
→ Regelschleife *nf*

Regelungssystem *nn* CONTRO **control system**

Regelungstechnik *nf* TECH → **control engineering**
→ Steuer-und Regelungstechnik *nf*

Regelungstheorie *nf* CONTRO **control theory**

Regelunterlage *nf* TEC.DOC **standard document**

Regelventil *nn* TECH **regulating valve**
= Steuerventil *nn*; Stellventil *nn* — = controlling valve

Regelverhalten *nn* CONTRO **control response**
= control behaviour

Regelverkabelung *nf* SWITCH **standard cabling**

Regelverkehrslast SWITCH **standard traffic load**

Regelverstärker *nm* TRANSM **level stabilizing amplifier**

Regelverstärker *nm* CONTRO **control amplifier**

Regelverstärker *nm* CIRC.EN **regulating amplifier**
= Reglerverstärker *nm* — = automatic gain control amplifier; AGC amplifier

Regelweg *nm* TELECON **standard route**
[der im Normalfall benutzte] — [the used in normal conditions]

Regelweg *nm* SWITCH → **primary route**
→ Erstweg *nm*

Regelwerk *nn* ECON **set of rules**
= regulations; regulatory system

Regelwiderstand *nm* EL.SC **rheostat** *n*
= Schiebewiderstand *nm* — = variable resistor

Regelwiderstand *nm* COMPO **potentiometer** *n*
[einstellbarer Widerstand mit 3 Anschlüssen, über Schleifenkontakt einstellbar] — [adjustable resistor with three leads; adjustment is by wiping contact]
= Potentiometer *nn*; stellbarer Widerstand — = pot
↑ veränderbarer Widerstand — ↑ adjustable resistor
↓ Trimmwiderstand; Drehwiderstand; Schieberegler — ↓ trimming potentiometer; rotatable resistor

Regelwissen *nn* ART.IN → **procedural knowledge**
→ Verfahrenswissen *nn*

Regen METEO → **rainfall**
→ Regenfall *nm*

Regendämpfung *nf* RAD.PRO **rain attenuation**
↑ Niederschlagsdämpfung — = rainfall loss
↑ precipitation attenuation

Regeneration *nf* TRANSM → **regeneration** *n*
→ Regenerierung *nf*

Regenerationspunkt *nm* TRANSM → **regenerator station**
→ Regeneratorstelle *nf*

Regenerationsverstärker *nm* TRANSM → **regenerative repeater**
→ Regenerator *nm*

Regenerativempfänger *nm* CIRC.EN → **regenerative detector**
→ Audion *nn* (*pl* -s)

regenerativer Speicher HW **regenerative memory**
= Regenerativspeicher *nm* — = regenerative storage; regenerative store
↑ Laufzeitspeicher

regeneratives Lesen TER&PER **regenerative reading**
[liest die regenerierten Daten wieder ein] — [regenerates and rewrites]

Regenerativspeicher *nm* HW → **regenerative memory**
→ regenerativer Speicher

Regenerator *nm* TRANSM **regenerative repeater**
= Regenerationsverstärker *nm* — = regenerator *n*
≈ Leitungsverstärker; Zwischenverstärker

Regeneratorabstand *nm* TRANSM → **regenerator spacing**
→ Regeneratorfeldlänge *nf*

Regeneratorfeld *nn* TRANSM **regenerator section**
[von Digitalsystemen] — [of digital systems]
≈ Verstärkerfeld — ≈ repeater section
↑ Feld — ↑ section

Regeneratorfeldlänge *nf* TRANSM **regenerator spacing**
[von Digitalsystemen] — [of digital systems]
= Regeneratorabstand *nm* — = regenerator span; elementary cable section (UIT-T)
≈ repeater spacing (2)
↑ Feldlänge — ↑ section length

regeneratorloses Kabel TELEC → **repeaterless cable**
→ repeaterloses Kabel

Regeneratorstelle *nf* TRANSM **regenerator station**
= Regenerationspunkt *nm* — = regeneration site
↑ Zwischenstelle — ↑ repeater station

Regenerierbarkeit *nf* EL.TRO **regenerability** *n*

regenerieren EL.TRO **regenerate**

Regenerierung *nf* EL.TRO **regeneration** *n*

Regenerierung *nf* TRANSM **regeneration** *n*
= Regeneration *nf*

Regenfall *nm* METEO **rainfall**
= Regenschauer; Regen — = rain shower; rain *n*
↑ atmosphärischer Niederschlag — ↑ atmospheric precipitation

Regenguss *nm* METEO **downpour** *n*
= heavy shower

Regenintensität *nf* METEO **rain intensity**

Regenklimazone *nf* GEOSC **rainfall climatic region**
= rainfall region

Regenschauer METEO → **rainfall**
→ Regenfall *nm*

Regentropfen *nm* METEO **raindrop** *n*

Regenzelle *nf* METEO **rain cell**

Regenzusatzdämpfung *nf* RAD.PRO **excess rainfall attenuation**

Regie *nf* IMAG.ME **direction** *n*
≈ Spielleitung — ≈ stage management

Regie-Assistent *nm* IMAG.ME **assistant director**

Regiepult *nn* BROADC → **control board**
→ Kontrollpult *nn*

Regieraum *nm* BROADC **control room**

Regierung *nf* PUB.ADM **government** *n*

Regierungs- PUB.ADM **governmental** *adj*
≈ staatlich — ≈ state-owned

Regierungsdokument *nn* PUB.ADM **green document**
= Behördendokument *nn* — = green paper

Region *nf* PUB.ADM **region** *n*

Region *nf* IMAG.PR **region** *n*
[ein zusammenhängender Bildbereich] — [a connected subset of an image]

Region *nf* COLL → **region** *n*
→ Gebiet *nn*

Regionalbündel *nf* SAT.CO **regional beam**

Regionalcode *nm* TER&PER **regional code**

regionale Ausleuchtzone SAT.CO **regional illumination spot**
= regional spot

regionale Bell-Betreibergesellschaft TELEC **Regional Bell Operating Company**
= RBOC-Betreibergesellschaft *nf*; RBOC; RHS — = RBOC; Regional Bell Holding Company; RBHC; Regional Holding Company; RHS; Baby Bell
↓ Nynex; Bell Atlantic; BellSouth; Southwestern Bell; US West; Pacific Telesis; Ameritech — ≠ IOC
↓ Nynex; Bell Atlantic; BellSouth; Southwestern Bell; US West; Pacific Telesis; Ameritech

regionale Btx-Vermittlungsstelle TELEC **regional videotex switching center**

regionale Codierung CONS.EL **regional coding**
[DVD] — [DVD]

Regionalflugverbindung *nf* AERON **regional air route**

Regionalsprache *nf* LING → **dialect** *n*
→ Dialekt *nm*

Regionalstrahlantenne *nf* SAT.CO **regional beam antenna**
= Zonenantenne *nf*

Regionalverkehr *nm*	TELEC	**regional traffic**
≈ Bezirksverkehr		≈ district traffic
Regionalverwaltung *nf*	PUB.ADM	**regional council**
Regionscode *nm*	CONS.EL	**regional code**
[beschränkt DVD-Wiedergabe auf eine Region]		[limits DVD play to a region]
Regisseur *nm*	IMAG.ME	**director** *n*
[leitet die Gestaltung und Ausführung] ≈ Spielleiter		[manages the fashioning and execution] ≈ stage manager
Regisseur *nm*	IMAG.ME	→ **film director**
→ Filmregisseur *nm*		
Regisseuschnitt *nm*	CINEMA	**directors cut**
Register *nn*	PRIN.ME	**registration** *n*
[das genaue Aufeinanderpassen von Vorder- und Rückseite] = Registerhaltung *nf*		[exact matching of front with rear side]
Register *nn*	OFFICE	**register** *n*
[ein meist alphanumerisch geordnetes Verzeichnis] ↑ Verzeichnis		[a generally alphanumeric directory] = reg ↑ directory
Register *nn*	DAT.PR	**register** *n*
[spezieller interner Speicherplatz, mit spezifischen Funktionen und Eigenschaften, für die vorübergehende Speicherung geringer Datenmengen, für spezifische Operationen] ↓ Befehlsregister; Indexregister; Unterbrechungsregister; Basisadressregister; Akkumulator; Speicherregister; allgemeiner Register; Zwischenregister; Ein-/Ausgabe-Register		[special internal memory location, with specific functions and properties, for the temporary storage of small amount of data, for specific operations] ↓ instruction register; index register; interrupt register; base address register; accumulator register; memory register; general register; buffer register; input/output register
Register *nn*	SWITCH	→ **signaling circuit** *n*
→ Signalisierungssatz *nm*		
Registerabbild *nn*	DAT.PR	**register map**
Registeradresse *nf*	COMP.SC	**register address**
[gibt das Register an, in dem der Operand gespeichert ist]		[indicates register where operand is stored]
Registeradressierung *nf*	SW	**register addressing**
Registeranweisung *nf*	SW	→ **register instruction**
→ Registerbefehl *nm*		
Registerauswahl *nf*	SW	**register select**
Registerbefehl *nm*	SW	**register instruction**
= Registeranweisung *nf* ≠ Speicherbefehl		≠ memory instruction
Registerbezeichnung *nf*	DAT.PR	**register name**
= Registername *nm*		
Registerbreite *nf*	DAT.PR	**register width**
[Anzahl an Bits]		[number of bits]
Registerdatei *nf*	DAT.PR	**register file**
[Satz Register die für eine Aufgabe eingesetzt werden]		[set of registers used for a task]
Registerhaltung *nf*	PRIN.ME	→ **registration** *n*
→ Register *nn*		
Registerkapazität *nf*	DAT.PR	**register capacity**
[Anzahl der speicherbaren Bits oder Bytes] = Registerlänge *nf*		[number of storable bits and bytes] = register length
Registerlänge *nf*	DAT.PR	→ **register capacity**
→ Registerkapazität *nf*		
Register mit doppelter Wortlänge	DAT.PR	**double-length register**
Register mit dreifacher Wortlänge	DAT.PR	**triple-length register**
Register mit n-facher Wortlänge	DAT.PR	**register with N-tuple word length**
Register mit vierfacher Wortlänge	DAT.PR	**quadruple-length register**
Registername *nm*	DAT.PR	→ **register name**
→ Registerbezeichnung *nf*		
Registerpaar *nn*	HW	**register pair**
		= paired register
Registerprogramm *nn*	WOR.PR	**index program**
= Register-Software *nf*		= index software
Registerreiter *nm*	COMP.AP	**register rider**
Register-Software *nf*	WOR.PR	→ **index program**
→ Registerprogramm *nn*		
Registerspeicher *nm*	HW	**register memory**
≈ allgemeines Register		= register store; register storage ≈ general register
Registersystem *nn*	SWITCH	→ **register system**
→ Registerwählsystem *nn*		
Registerwählsystem *nn*	SWITCH	**register system**
[Steuern der Koppeleinrichtungen über Register, in dem die Rufnummern zwischengespeichert und ausgewertet werden] = Registersystem *nn* ↑ indirekt gesteuertes Vermittlungssystem		↑ indirect-control switching system
Registerzeichen *nn*	SWITCH	**register signal**
		= interregister signal
Registrationscode *nm*	COMP.AP	→ **registration code**
→ Registrierungscode *nm*		
Registratur *nf*	OFFICE	**documentation filing department**
[Organisationseinheit]		= filing department; documentation filing office; filing office; registry
Registraturregal *nn*	OFFICE	**filing shelf**
= Aktenregal *nn*		
Registraturschrank *nm*	OFFICE	→ **filing cabinet** (1)
→ Aktenschrank *nm*		
Registraturständer *nm*	OFFICE	**rotary filing stand**
registrerter Benutzer	INF.TEC	→ **registrated user**
→ registrierter Benutzer		
Registrierausgang *nm*	CIRC.EN	**recording output**
Registriereinrichtung *nf*	TER&PER	**logger** *n*
= Protokolliereinrichtung *nf*		[device to record events]
registrieren	INSTR	**register** *vt*
= aufzeichnen ≈ Speichern		= record *vt*; log *vt*
registrieren	COLL	→ **perceive**
→ wahrnehmen		
registrieren	DAT.MA	→ **record** *vt*
→ erfassen		
registrierende Kasse	TER&PER	→ **cash register**
→ Registrierkasse *nf*		
Registriergerät *nn*	INSTR	**recording instrument**
= Registrierinstrument *nn*; Schreiber *nm*		= recorder *n*
Registrierinstrument *nn*	INSTR	→ **recording instrument**
→ Registriergerät *nn*		
Registrierkasse *nf*	TER&PER	**cash register**
= Ladenkasse *nf*; registrierende Kasse; Kasse *nf* (2) ↑ Kasse (1)		↑ till
Registriernummer *nf*	ECON	**account number**
Registrierpapier *nn*	INSTR	**record paper**
Registrierstreifen *nm*	INSTR	**record chart**
registrierter Benutzer	INF.TEC	**registrated user**
= registrerter Benutzer		
Registrierung *nf*	SWITCH	**registration** *n*
		= registry *n*
Registrierung *nf*	INSTR	**recording** *n*
= Aufzeichnung *nf*		
Registrierungsannahme *nf*	SWITCH	**registration accepted**
Registrierungsaufforderung *nf*	SWITCH	**registration request**
Registrierungscode *nm*	COMP.AP	**registration code**
= Registrationscode *nm*		
Registrierungspflicht *nf*	ECON	→ **obligation to registration**
→ Meldepflicht *nf*		
Registrierungsvollzug *nm*	SWITCH	**registration completion**
Regler *nm*	CONTRO	**controller** *n*
		= regulator *n*; governor *n*
Reglerverknüpfung *nf*	CONTRO	**controller coupling**
= Verknüpfung *nf* (1)		= coupling *n*
Reglerverstärker *nm*	CIRC.EN	→ **regulating amplifier**
→ Regelverstärker *nm*		
Reglette *nf*	PRIN.ME	→ **type slug** *n*
→ Zeilentype *nf*		
Regress *nm*	ECON	**recourse** *n*
Regression *nf*	STATIS	**regression** *n*
≠ Progression		
Regressionsanalyse *nf*	STATIS	**regression analysis**
Regressionskoeffizient *nm*	STATIS	**regression coefficient**
Regressionstest *nm*	SW	**regression test**
regressiv	TECH	→ **retrograde** *adj*
→ rückläufig		
regressive Sortierung	DAT.MA	**descending sort**
= absteigende Sortierung; Rückwärtssortierung *nf* ≠ progressive Sortierung		= regressive sort; backward sort ≠ ascending sort
regressives Zählen	COLL	**count-down** *n*
= rückwärtsschreitende Zählung *nf*; Countdown *nm*		
Regressivzähler *nm*	CIRC.EN	→ **down counter**
→ Rückwärtszähler *nm*		
regresspflichtig	LAW	**liable to recourse**
regulär	TECH	→ **orthodox** (slang)
→ orthodox *adj*		
regulär	PHYS	**regular**
[Kristall] = kubisch		[crystal] = cubic

regulär COLL → **usual** *adj*
→ üblich

regulärer Ausdruck SW **regular expression**

reguläre Reflexion PHYS → **regular reflection**
→ Spiegelung *nf*

reguläres Polyeder MATH **regular polyhedron**
[Polyeder deren Flächen alle gleich sind] [polyhedron whoes faces are all identical]
↓ Tetraeder; Würfel; Oktaeder; Dodekaeder; Ikosaeder
↓ tetrahedron; cube; octahedron; dodecahedron; icosahedron

Regulatordiode *nf* MICR.EL → **voltage reference diode**
→ Referenzdiode *nf*

regulierbar TECH **regulable** *adj*
= regelbar (2)
≈ steuerbar
≈ controllable

regulieren CONTRO → **regulate**
→ regeln

Regulierungsausschuss *nm* ECON **regulation board**

Regulierungsbehörde *nf* PUB.ADM **regulatory authorityy**

Rehash (ANGL) DAT.MA → **collision resolution** *n*
→ Kollisionsbehebung *nf*

Reibahle *nf* MEC.EN **reamer** *n*
[Werkzeug zum Glätten von Löchern, durch Drehbewegungen] [rotating tool to finish holes]

reiben MEC.EN **ream** *vt*
[ein Loch glätten oder erweitern] [to smooth and widen an opening]

reiben PHYS **friction** *vt*

Reibkorrosion *nf* METAL **frictional corrosion**
= fretting corrosion

Reibschweißen METAL **friction welding**

Reibung *nf* PHYS **friction** *n*
= Friktion *nf*
↓ Haftreibung; Gleitreibung; Rollreibung
↓ frictional grip; sliding friction; rolling friction

Reibungsdämpfung *nf* PHYS **friction damping**

Reibungselektrisiermaschine *nf* PHYS **frictional electrical machine**

Reibungselektrizität *nf* EL.SC **friction electricity**
≈ statische Elektrizität
≈ static electricity

Reibungskoeffizient *nm* PHYS → **friction coefficient**
→ Reibungszahl *nf*

Reibungskupplung *nf* MEC.EN **friction clutch**

reibungslos COLLOG **smooth** *adj*
[fig] [fige]

Reibungszahl *nf* PHYS **friction coefficient**
= Reibungskoeffizient *nm*
= friction factor

reichhaltige Auswahl COLL **wide selection**

reichlich vorhanden TECH → **abundant**
→ üppig

Reichweite *nf* COLL **range** *n*
[fig] [fige]
≈ Umfang
= reach *n*
≈ extent

Reichweite *nf* POW.SY **holdup** *n*
[einer Ersatzstromversorgung] [time of power supply of an UPS]
= Versorgungsreichweite *nf*

Reichweite *nf* TECH **reach** *n*
= range *n* (2)

Reif *nm* METEO **frost** *n* (3)
[gefrohrener Niederschlag aus Luftfeuchte]
= frozen fog
↓ Rauhreif
↓ hoarfrost

Reihe *nf* MATH **series** *nplt*
= Progression *nf*; Folge *nf*
↓ Fourier-Reihe; Potenzreihe
= progression *n*
↑ array
↓ Fourier series; power series

Reihe *nf* TECH **row** *n*
= Anreihung *nf*; Aufeinanderfolge *nf*
≈ Zeile; Serie; Reihenfolge
↑ Anordnung
= tier *n*
≈ line; series; sequence
↑ array

Reihe *nf* SYS.INS → **rack row**
→ Gestellreihe *nf*

Reihenabtastung *nf* EL.TRO **row scanning**

Reihenanfanggestell *nn* SYS.INS **headrow rack**
≠ Reihenendgestell
≠ endrow rack

Reihenanlage *nf* TELEPH **key system**
= Key-Anlage *nf*

Reihenaschluss *nm* MICR.EL → **in-line** *n*
→ In-line

Reihenaufbau *nm* SYS.INS **floor mounting**
≠ Wandaufbau
≠ wall mounting

Reihencode *nm* CODING **series code**

Reihenendgestell *nn* SYS.INS **endrow rack**
≠ Reihenanfangsgestell
≠ headrow rack

Reihenentwicklung *nf* MATH **series expansion**

Reihenersatzschaltung *nf* NETW.TH **series equivalent circuit**

Reihenfolge *nf* COLL **sequence** *n*
= Folge *nf* (1); Sequenz *nf*; Abfolge *nf*
≈ Reihe
= order of succession; order
≈ row

Reihenfolge des Erscheinens MEDIA **order of appearance**

Reihenfolgefehler *nm* MATH → **sequence error**
→ Folgefehler *nm*

reihenfolgegetreue Durchquerung DAT.MA **inorder traversal**
= symmetric traversal

Reihenfolgezugriff *nm* DAT.MA → **sequential access**
→ sequentieller Zugriff

Reihenhaus *nn* CIV.EN **row house**

Reihenkondensator *nm* EL.SC **series capacitor**
= Serienkondensator *nm*

reihenmäßig SCIE → **serial** *adj*
→ seriell

Reihen-Parallel-Form *nf* NETW.TH → **series-parallel connection**
→ Reihen-Parallel-Schaltung *nf*

Reihen-Parallel-Matrix *nf* NETW.TH **series-parallel matrix**

Reihen-Parallel-Schaltung *nf* NETW.TH **series-parallel connection**
= Reihen-Parallel-Form *nf*

Reihen-Parallel-Wandler *nm* CIRC.EN → **series-parallel converter**
→ Serien-Parallel-Umsetzer *nm*

Reihen-Parallel-Wandlung *nf* CODING → **series-parallel conversion**
→ Serien-Parallel-Umsetzung *nf*

Reihen-Parallel-Wicklung *nf* EL.TRO **series-parallel winding**

Reihenrost *nm* SYS.INS **row shelf**

Reihenschaltung *nf* NETW.TH **series connection**
= Serienschaltung *nf*; Kaskadenschaltung *nf*; Hintereinanderschaltung *nf*; Kaskadenverbindung *nf*; Kettenschaltung *nf*
≠ Parallelschaltung
↑ Schaltkreis
= series circuit; cascade connection; cascade circuit; cascade *n*; cascading; tandem circuit; tandem connection; tandem *n*
≠ parallel connection
↑ circuit

Reihenschlussmotor *nm* POW.SY **series-wound motor**
= Hauptschlussmotor *nm*
= series motor

Reihenschwingkreis *nm* NETW.TH **series-resonant circuit**
= Serienresonanzkreis *nm*; Saugkreis *nm*; Serienschwingkreis *nm*
= acceptor circuit; acceptor *n*

Reihenschwingkreis-Wechselrichter *nm* POW.SY **series-resonance inverter**

Reihensteckdose *nf* EL.INS **mains multi-connector**
[mehrere Steckdosen auf einer Leiste]
= distribution board

reihenweise SCIE → **serial** *adj*
→ seriell

Reihenwicklung *nf* EL.TRO **series winding**
≈ verschachtelte Wicklung
≈ bank winding

Reihenwiderstand *nm* EL.TEC **series resistance**
= Serienwiderstand *nm*
≈ Vorschaltwiderstand
= series resistor
≈ dropping resistor

Reihenwiderstand *nm* NETW.TH → **series resistance**
→ Längswiderstand *nm*

Reihungsfehler *nm* MATH → **sequence error**
→ Folgefehler *nm*

rein TECH → **natural** *adj*
→ natürlich

rein *adj* COLL **pure** *adj*
≈ sauber
≈ clean

rein alphabetisch DAT.MA **pure alphabetic** *adj*

rein alphanumerisch DAT.MA **pure alphanumeric** *adj*

Reinaluminium *nn* METAL **pure aluminium**

Reinartz-Antenne *nf* ANT → **Reinartz radar antenna**
→ Reinartz-Radarantenne *nf*

Reinartz-Radarantenne *nf* ANT **Reinartz radar antenna**
= Reinartz-Antenne *nf*
= Reinartz antenna; Reinartz loop

Reineisen *nn* METAL **pure iron**

Reineisenband *nn* CONS.EL **metal tape**
↑ Tonband
↑ sound tape

reine Mathematik MATH **abstract mathematics**

reine Prozedur SW **pure procedure**
[verändert nur dynamisch zugewiesene Daten] [modifies only dynamically allocated data]
= Reinprozedur *nf*

reiner Binärcode CODING **natural binary code**
= NBC; stright binary code; pure binary code

Reinergebnis *nn* ECON **net earnings** *nplt*
= Reingewinn *nm*
= net income

Reinfall *nm* COLL **bust** *n*
[fig] [a complete failure]
≈ Versager
= flop *n*; dud *n*

Reingewicht *nn* ECON → **net weight**
→ Nettogewicht *nn*

Reingewinn *nm* ECON → **net earnings** *nplt*
→ Reinergebnis *nn*
Reinheitsgrad *nm* TECH **purity degree**
reinigen TECH → **clean** *vt*
→ säubern
Reinigung *nf* TECH **cleaning** *n*
= Säuberung *nf* = cleanup *n*
Reinigungscassette *nf* CONS.EL → **cleaning cassette**
→ Reinigungskassette *nf*
Reinigungsdiskette *nf* TER&PER **head cleaning disk**
= cleaning diskette
Reinigungsgerät *nn* TER&PER **cleaning equipment**
Reinigungskassette *nf* CONS.EL **cleaning cassette**
= Reinigungscassette *nf* ↓ video cleaning cassette
↓ Video-Reinigungskassette
Reinigungsmittel *nn* TECH **cleaning agent** *n*
= Waschmittel *nn* = detergent *n*
≈ Spülmittel; Lösungsmittel ≈ solnent
Reinigungsmolch *nm* OUT.PL **go-devil**
= Molch *nm*; Rohrreiniger *nm*
Reinigungssatz *nm* TECH **cleaning kit**
rein imaginär MATH **purely imaginary**
rein imaginäre Zahl MATH → **imaginary number**
→ imaginäre Zahl
reinitialisieren DAT.PR → **reinitialize**
→ neuinitialisieren
Reinitialisierung *nf* DAT.PR → **reinitialization** *n*
→ Neuinitialisierung *nf*
rein numerisch DAT.MA **pure numeric** *adj*
Reinprozedur *nf* SW → **pure procedure**
→ reine Prozedur
Reinraum *nm* MANUF **clean room**
= Reinstraum *nm*; staubfreier Raum = classified room
Reinschrift *nf* OFFICE **fair copy**
= final copy
Reinstecken-Betreiben *nn* TECH **plug and play**
= Plug and Play; Einbauen-und-Loslegen; Reinstecken-und Beten (slang) = plug and go; Plug'N'Go; plug and pray (slang)
Reinstecken-Laufenlassen *nn* HW **plug-and-play**
= PnP; plug&play
Reinstecken-und Beten (slang) TECH → **plug and play**
→ Reinstecken-Betreiben *nn*
Reinstraum *nm* MANUF → **clean room**
→ Reinraum *nm*
Reinstraumtechnik *nf* MANUF **clean-room engineering**
reinvestieren ECON **reinvest** *vt*
Reinzeichnung *nf* TEC.DOC **master drawing**
Reisebüro-Terminal *nn* TER&PER **travel-agency terminal**
Reisediktiergerät *nn* OFFICE → **hand dictating set**
→ Handdiktiergerät *nn*
Reisefilm *nm* IMAG.ME **travel film**
Reiseschreibmaschine *nf* TER&PER **portable typewriter**
Reißbrett *nn* ENG.DRA → **drawing board**
→ Zeichenbrett *nn*
Reißer *nm* MEDIA **action story**
Reißer *nm* TER&PER → **separator** *n*
→ Trennvorrichtung *nf*
Reißer *nm* (pej) MEDIA → **thriller** *n*
→ Thriller *nm*
Reißfaden *nm* TECH **tearing thread**
Reißfeder *nf* ENG.DRA **drawing pen**
= Ziehfeder *nf*; Zeichenfeder *nf* = ruling pen
reißfest MECH → **tensile** *adj*
→ zugfest
Reißfestigkeit *nf* TECH **tearing resistance**
= Zerreißfestigkeit *nf* = tearing strength
Reißnagel *nm* OFFICE → **thumb tack**
→ Reißzwecke *nf*
Reißschiene *nf* ENG.DRA **T-square**
Reißschwenk *nm* IMAG.ME **swish pan**
Reißstift *nm* ENG.DRA **drawing pencil**
Reißwolf *nm* OFFICE → **document destroying device**
→ Aktenvernichter *nm*
Reißzeug *nn* ENG.DRA **drawing set**
= drawing instrument
Reißzwecke *nf* OFFICE **thumb tack**
= Heftzwecke *nf*; Reißnagel *nm* = drawing pin; pushpin *n*
↑ Zwecke ↑ tack
Reiter *nm* OFFICE → **rider** *n*
→ Karteireiter *nm*
Reklamation *nf* ECON → **claim** *n* (2)
→ Beanstandung *nf*
Reklame *nf* MEDIA → **advertising** *n*
→ Werbung *nf*
Reklamerummel *nm* ECON **hype** *n*
= Werberummel *nm*
Rekombination *nf* PHYS **recombination**
= Wiedervereinigung *nf*; Wiederverbindung *nf*
Rekombinationsgeschwindigkeit *nf* PHYS **recombination velocity**
Rekombinationskoeffizient *nm* PHYS **recombination coefficient**
Rekombinationsrate *nf* PHYS **recombination rate**
= Wiedervereinigungsrate *nf*
Rekombinationsstrahlung *nf* PHYS **recombination radiation**
= Wiedervereinigungsrate *nf*
Rekombinationszentrum *nn* PHYS **recombination center**
= Deathnium *nn* = deathnium center; deathnium *n*
rekombinieren PHYS **recombine** *vi*
= wiederverbinden; wiedervereinigen
Rekompatibilität *nf* TV **recompatibility** *n*
= reverse compatibility
rekompilieren SW **recompile** *vt*
rekomplementieren COMP.SC **recomplement** *vi*
[das Komplement des Komplements bilden] [to take the complement of the complement]
Rekomplementierung *nf* COMP.SC **recomplementation** *n*
Rekonfiguration *nf* HW **reconfiguration** *n*
[Ersatz fehlerhafter Hardware-Teile]
rekonfigurieren HW **reconfigure** *vt*
rekonstruierbar TECH **reconstructable**
rekonstruieren TECH **reconstruct** *vt*
Rekonstruktion *nf* DAT.MA **reconstruction** *n*
[einer Datenbank] [of a database]
Rekonstruktion *nf* TECH **reconstruction** *n*
Rekonstruktionsfilter *nn* CODING **reconstruction filter**
Rekristallisation *nf* PHYS **recrystallization** *n*
Rektapaier *nn* ECON → **registered security**
→ Namenspapier *nn*
Rektion *nf* LING **flexion enforcement**
[Fähigkeit eine Beugung zu bestimmen] [the property to enforce a flexion]
Rekto *nn* PRIN.ME → **right-hand page**
→ rechte Buchseite
Rekto *nn* PRIN.ME **recto** *n*
[(rechte) Vorderseite eines Blattes; vornehmlich bei nicht paginierten Schriftsätzen gebräuchliche Bezeichnung] [the (right) front page of a sheet; term used principally with not paginated documents]
= Recto *nn* ≠ verso
≠ Verso ↑ front side
↑ Frontseite
rekurrent TECH → **recurrent** *adj*
→ wiederkehrend
rekurrenter Code CODING → **chain code**
→ Kettencode *nm*
Rekurs *nm* LAW → **objection** *n*
→ Einspruch *nm* (1)
Rekursion *nf* COMP.SC **recursion** *n*
[mehrfache Wiederholung] [continued repetition]
rekursiv MATH **recursive**
[auf sich selbst zurückgreifend] [retroacting to oneself]
rekursiv TECH → **recurrent** *adj*
→ wiederkehrend
rekursiv definierte Sequenz SW **recursively defined sequence**
rekursive Definition MATH **recursive definition**
rekursive Funktion MATH **recursive function**
rekursive Prozedur COMP.SC **recursive procedure**
rekursiver Algorithmus COMP.SC **recursive algorithm**
rekursiver Code CODING **recursive code**
rekursives Digitalfilter NETW.TH **recursive-type digital filter**
= rekursives Filter = recursive filter
≠ Transversalfilter
rekursives Filter NETW.TH → **recursive-type digital filter**
→ rekursives Digitalfilter
rekursives Unterprogramm SW **recursive subroutine**
= recursive call
Relais *nn* COMPO **relay** *n*
[Bauteil zur elektromagnetischen Betätigung von Kontakten] [device for electromagnetic activation of contacts]
Relaisbaugruppe *nf* EL.TRO **relay module**
Relaisfunkstelle *nf* RADIO **radio relay station**
= relay *n*; booster station
Relaiskontakt *nm* COMPO **relay contact**
↓ Arbeitskontakt; Ruhekontakt; Zwillingsöffner; Zwillingsschließer; Zwillingswechsler; Folgeumschaltekontakt ↓ make contact; break contact; break-break contact; make-make contact; double-break-double-make contact; make-before-break contact

Relaiskorrelator *nm* CIRC.EN **relay correlator**

Relaismultiplikator *nm* CIRC.EN **relay multiplicator**

Relaisregler *nm* CONTRO **relay controller**

Relaissatz *nm* COMPO **relay group**
= relay set

Relaisspeicher *nm* HW **relay storage**

Relaisspiegel *nm* SWITCH → **relay list**
→ Relaisübersicht *nf*

Relaisspule *nf* EL.TRO → **exciting coil**
→ Erregerspule *nf*

Relaisstelle *nf* RAD.RE **radio relay repeater station**
= Repeaterstelle *nf* (ANGL); Repeater *nn* (ANGL); Zwischenstelle *nf*
↑ Richtfunkstation; Zwischenstelle [TRANSM]
= microwave repeater station; repeater station; microwave repeater; relay site; repeater
↑ radio relay station; intermediate station [TRANSM]

Relaisstelle *nf* RAD.RE → **relay station**
→ Zwischenstelle *nf*

Relaistreiber *nm* EL.TRO **relay driver**

Relaisübersicht *nf* SWITCH **relay list**
= Relaisspiegel *nm*

Relaisübetragung *nf* SWITCH **relay repeater**
= Übertragung *nf*

Relaisunterbrecher *nm* TELEGR **relay interrupter**

Relaisverstärker *nm* CIRC.EN **relay amplifier**

Relaiszieher EL.TRO **relay extractor**

Relation *nf* MATH **relation** *n*
[Tabelle mit gleichartigen Zeilen]
[table with lines of equal type]

Relation *nf* SCIE **relationship**
= Beziehung *nf*
= relation *n*

Relation *nf* DAT.MA **relation** *n*
[Satz von Tupeln mit gleichem Attribut]
= Beziehung *nf*
[set of tuples with the same

relational MATH **relational**

relationale Abfrage DAT.MA **relational query**
= relational inquiry; relational enquiry

Relationale Algebra MATH **relational algebra**
= Relationenalgebra *nf*

relationale Datenbank DAT.MA **relational database**
[erlaubt Verknüpfung von Daten unterschiedlicher Dateien mittels Schlüsselbegriffe]
≠ Netzwerk-Datenbank
[permits to link data of different files by key words]
= RDB
≠ network database

relationale Datenstruktur DAT.MA **relational structure**

relationaler Ausdruck LOGIC → **Boolean operation**
→ boolesche Verknüpfung

relationaler Operator DAT.MA **relational operator** *n*
= Vereinigung *nf*
= union *n*

relationales Datenbankverwaltungssystem DAT.MA **relational database management system**
= RDBMS
= RDBMS

relationales Datenmodell DAT.PR **relational data model**

relationales Modell DAT.MA **relational model**

relationale Verknüpfung LOGIC → **Boolean operation**
→ boolesche Verknüpfung

relationelle Integrität DAT.MA → **referential integrity**
→ referentielle Integrität

Relationenalgebra *nf* MATH → **relational algebra**
→ Relationale Algebra

Relationenkalkül *nn* DAT.MA **relational calculus**
= Relationskalkül *nm*
↓ Domänenkalkül; Tupelnkalkül
↓ domain calculus; tuple calculus

Relationskalkül *nm* DAT.MA → **relational calculus**
→ Relationenkalkül *nn*

Relationsmessung *nf* INSTR → **ratio measurement**
→ Verhältnismessung *nf*

relativ COLL **relative** *adj*
≈ entsprechend; betreffend
≈ correspondent; pertinent

Relativ-Absolut-Adressenwandlung *nf* SW **float relocation**
[conversion of relative into absolute addresses]

Relativassembler *nm* SW → **relocating assembler**
→ Relativassemblierer *nm*

Relativassemblierer *nm* SW **relocating assembler**
= relativer Assemblierer; Relativassembler *nm*; relativer Assembler
≠ Absolutassemblierer
≠ absolute assembler

Relativbewegung *nf* PHYS **relative motion**
= relative Bewegung
= relative movement

Relativdaten *nplt* DAT.MA **relative data**
= relative Daten

relative Adresse SW **relative address**
[auf andere Adresse, z.B. Programmanfang, bezogen]
≈ indirekte Adresse
≠ absolute Adresse
[related to another address, e.g. to the program starting point]
= floating address
≈ indirect address
≠ absolute address

relative Adressierung SW **relative addressing**
≈ relative Codierung
= base addressing
≈ relative coding

relative Bandbreite NETW.TH **relative bandwidth**
= normierte Bandbreite

relative Bewegung PHYS → **relative motion**
→ Relativbewegung *nf*

relative Codierung SW → **relative programming**
→ relative Programmierung

relative Daten DAT.MA → **relative data**
→ Relativdaten *nplt*

relative Dielektrizitätskonstante EL.SC → **relative permittivity**
→ Dielektrizitätszahl *nf*

relative Einschaltdauer EL.TRO → **pulse duty ratio**
→ Tastverhältnis *nn*

relative Feuchte PHYS → **relative humidity**
→ relative Feuchtigkeit

relative Feuchtigkeit PHYS **relative humidity**
= relative Feuchte

relative Häufigkeit MATH **relative frequency**
= frequency ratio

relative Koordinate DAT.PR **relative coordinate**

relative Permeabilität EL.SC → **relative permeability**
→ Permeabilitätszahl *nf*

relative Permittivität EL.SC → **relative permittivity**
→ Dielektrizitätszahl *nf*

Relativepoche *nf* TELEC **relative epoch**

relative Programmierung SW **relative programming**
[Maschinenbefehle mit relativer Adressierung]
= relative Codierung
[machine instructions with relative addressing]
= relative coding

relativer Assembler SW → **relocating assembler**
→ Relativassemblierer *nm*

relativer Assemblierer SW → **relocating assembler**
→ Relativassemblierer *nm*

relative Redundanz INF.TH **relative redundancy**

relativer Fehler INSTR **relative error**
= Relativfehler *nm*
≠ absoluter Fehler
≠ absolute error

relativer Hysteresebeiwert PHYS **relative hysteresis coefficient**

relativer Leistungspegel TELEC **relative power level**

relativer Pegel TELEC **relative level**
= Bezugspegel *nm*; Referenzpegel *nm*; Pegeldifferenz *nf*
= reference level; level difference

relativer Pfad DAT.MA **relative path**

relativer Spannungspegel TELEC **relative voltage level**

relative Spur DAT.PR **relative track**

relative Standardabweichung STATIS → **coefficient of variance**
→ Variationskoeffizient *nm*

relative Zeit TECH → **relative time**
→ Relativzeit *nf*

Relativfehler *nm* INSTR → **relative error**
→ relativer Fehler

relativierbar SW **relocatable**
[auf beliebegem Speicherplatz betreibbar]
= verschiebbar; verschieblich; versetzbar; umsetzbar; relozierbar
[executable on any memory region]

relativierbare Adresse SW **relocatable address**
= verschiebbare Adresse; verschiebliche Adresse; versetzbare Adresse; umsetzbare Adresse; relozierbare Adresse

relativierbares Programm SW → **relocatable program**
→ Relativprogramm *nn*

Relativierbarkeit *nf* SW **relocatability** *n*
= Verschiebbarkeit *nf*; Versetzbarkeit *nf*; Umsetzbarkeit *nf*

Relativierung *nf* SCIE **relativization** *n*

Relativierungsinformation *nf* SW **relocation information**
= Verschiebungsinformation *nf*; Versetzungsinformation *nf*; Umsetzungsinformation *nf*

relativistisch PHYS **relativistic**

Relativität *nf* PHYS **relativity** *n*

Relativitätstheorie *nf* PHYS **relativity theory**

Relativkommando *nn* SW **relative command**

Relativlader *nm* — SW — **relocatable loader**
[Programm zum Laden von Programmen in de Arbeitsspeicher, mit frei wählbarer Ladeadresse]
≠ Absolutlader
[program to load programs into the main memory, with freely selectable load address]
= relocating loader
≠ absolute loader

Relativmessung *nf* — INSTR — **relative measurement**
= Offsetmessung *nf*
= offset measurement

relativ prim — MATH — → **prime** *adj*
→ teilerfremd

Relativprogramm *nn* — SW — **relocatable program**
[an jeder Stelle des Hauptspeichers ladbar]
= relativierbares Programm; verschiebbares Programm
[loadable in any region of main memory]
= self-relocating program; relocatable code

Relativpronomen — LING — **relative pronoun**
[z.B. welcher]
= bezügliches Fürwort; Relativum *nn*
[e.g. who, which, that]

Relativsatz *nm* — LING — **relative clause**
= Bezugswortsatz *nm*; Bezugssatz *nm*

Relativsatz ohne Relativpronomen — LING — **contact clause**

Relativum *nn* — LING — → **relative pronoun**
→ Relativpronomen

Relativzeit *nf* — TECH — **relative time**
= relative Zeit

Relativzeituhr *nf* — DAT.PR — **relative time clock**

Relaxation *nf* — PHYS — **relaxation** *n*
[Vorgang zur Erreichung des Gleichgewichtzustands]
≈ Einschwingvorgang
[process toward steady state]
≈ building-up transient

Relaxationsdispersion *nf* — PHYS — **relaxational dispersion**

Relaxationsoszillator *nm* — CIRC.EN — **relaxation oscillator**
↓ Kippgenerator
↓ toggle generator

Relaxationsschwingung *nf* — EL.TEC — → **relaxation oscillation**
→ Kippschwingung *nf*

Relaxationszeit *nf* — PHYS — **relaxation time**
[Zeit zur Erreichung des Gleichgewichtszustands]
[to reach steady state]

Release *nn* — SW — → **version** *n*
→ Version *nf*

relevant — SCIE — **relevant**
= sachbezogen
= pertinent

Relevanz *nf* — SCIE — **relevance** *n*
= Sachbezogenheit *nf*
= relevancy *n*

Relevanz-Algorithmus *nm* — INTERNET — **relevance algorithm**

Relief *nn* (*pl* -s&-e) — TECH — **relief** *n*
= embossement *n*

Reliefdruck *nm* — PRIN.ME — **frelief printing**
= embossed printing

relozierbar — SW — → **relocatable**
→ relativierbar

relozierbare Adresse — SW — → **relocatable address**
→ relativierbare Adresse

relozieren — DAT.MA — → **shift** *vt*
→ verschieben

Reluktanz *nf* — EL.SC — → **magnetic reluctance**
→ magnetischer Widerstand

Reluktivität *nf* — PHYS — **reluctivity** *n*
[Kehrwert der Permeabilität]
= spezifischer magnetischer Widerstand
≠ Permeabilität
[reciprocal of permeability]
= specific magnetic resistance; magnetic resistivity
≠ permeability

REM — COMP.LG — **REM**
[Befehl in BASIC]
[REMARK; statement in BASIC]

Rem *nn* — PHYS — **rem** *n*
[Maßeinheit für Äquivalentdosis]
[unit for equivalent dose]

Remailer *nm* — INTERNET — **remailer** *n*

Remailer *nm* — INTERNET — → **anonymous remailer**
→ anonymer Remailer

remanente Induktion — EL.SC — **residual induction**
[Ferromagnetismus: Wert der Restmagnetisierung]
= Remanenzflussdichte *nf*; Remanenz *nf* (2)
[ferromagnetism: value of residual magnetism]

remanente Magnetisierung — EL.SC — → **residual magnetism**
→ Restmagnetisierung *nf*

remanente Permeabilität — PHYS — **remanent permeability**
= Remanenzpermeabilität *nf*

Remanenz *nf* (1) — EL.SC — → **residual magnetism**
→ Restmagnetisierung *nf*

Remanenz *nf* (2) — EL.SC — → **residual induction**
→ remanente Induktion

Remanenzflussdichte *nf* — EL.SC — → **residual induction**
→ remanente Induktion

Remanenzinduktion *nf* — PHYS — **remanent induction**

Remanenzmagnetisierung *nf* — EL.SC — → **residual magnetism**
→ Restmagnetisierung *nf*

Remanenzpermeabilität *nf* — PHYS — → **remanent permeability**
→ remanente Permeabilität

Remanenzpolarisation *nf* — PHYS — **remanent polarization**

Remanenzrelais *nn* — COMPO — → **remanent relay**
→ Haftrelais *nn*

Remanenzspannung *nf* — PHYS — **remanent voltage**

Remanenzverhältnis *nn* — EL.SC — **remanence ratio**

REM-Anweisung *nf* — COMP.LG — **REM statement**
[in BASIC u.a.m.; zum Anfügen einer Bemerkung]
[REMark; in BASIC and others, to add a remark]

Remission *nf* — PHYS — → **diffused reflection**
→ diffuse Reflexion

Remittanz *nf* — MICR.EL — → **short-circuit reverse-transfer admittance**
→ Kurzschluss-Rückwärtssteilheit *nf*

Remote-batch-Processing *nn* — DAT.CO — → **remote batch processing**
→ Stapelfernverarbeitung *nf*

Remote-Benutzer *nm* — DAT.NW — **remote user**

Rendering *nn* (ANGL) — COMP.GR — → **rendering** *n*
→ Bildaufbereitung *nf* (2)

Rendite *nf* — ECON — **yield** *n*
[jährlicher Ertrag einer Kapitalanlage]
≈ Erlös; Rückfluss
[annual yield of a capital investment]
= rate of return; return

Renner *nm* — ECON — → **sales hit**
→ Verkaufsschlager *nm*

Renner-Anwendung *nf* — COMP.AP — → **killer application**
→ Killeranwendung *nf*

Renner-Applikation *nf* — COMP.AP — → **killer application**
→ Killeranwendung *nf*

renommiert — COLL — **renowned**
= angesehen
≈ berühmt
≈ famous

rentabel — ECON — **profitable** *adj*
= gewinnbringend; profitabel; lukrativ; einträglich
≈ wirtschaftlich (2); preiswert
= lucrative
≈ economic; cheap

Rentabilität *nf* — ECON — **profitability** *n*
= rentability *n*

Rentabilität *nf* — ECON — → **profitability** *n*
→ Wirtschaftlichkeit *nf*

Rentabilitätskennzahlen *nplt* — ECON — **profitability ratio**
= rentability ratio

Reorganisation *nf* — ECON — → **reorganization** *n*
→ Umorganisation *nf*

reorganisieren — DAT.MA — **rearrange** *vt*
[eines Speicherinhalts]
[a memory content]
= reorganize

reorganisieren — ECON — → **reorganize** *vt*
→ umorganisieren

Reparatur *nf* — TECH — → **repair** *n*
→ Instandsetzung *nf*

Reparaturanleitung *nf* — TEC.DOC — → **repair instruction**
→ Reparaturanweisung *nf*

Reparaturanweisung *nf* — TEC.DOC — **repair instruction**
= Reparaturanleitung *nf*; Reparaturvorschrift *nf*; Instandsetzungsanleitung *nf*; Instandsetzungsvorschrift *nf*
= repair standards

Reparaturauftrag *nm* — ECON — **repair order**

Reparaturdauer *nf* — QUAL — → **active repair time**
→ Instandsetzungsdauer *nf*

Reparaturdienst *nm* — TECH — **repair service**

Reparaturspiegel *nm* — EL.TRO — **inspeccion mirror**

Reparatur- und Austauschdienst *nm* — ECON — **repair and replacement service**

Reparaturvorschrift *nf* — TEC.DOC — → **repair instruction**
→ Reparaturanweisung *nf*

Reparaturwerkstatt — TECH — **repair shop**

Reparaturzeit *nf* — TECH — **repair time**

reparierbar *nm* — TECH — **repairable** *adj*
= instandsetzbar
≈ behebbar
≠ irreparabel
= reparable
≈ recoverable
≠ irreparable

reparieren — TECH — → **repair** *vt*
→ instandsetzen

Repeater *nm* — TRANSM — **reapeter** *n*
↓ Zwischenverstärker; Zwischenregenerator
↓ intermediate amplifier; intermediate regenerator

Repeater *nn* (ANGL) — RAD.RE — → **radio relay repeater station**
→ Relaisstelle *nf*

Repeaterabstand *nm* TRANSM → **repeater spacing**
→ Verstärkerfeldlänge *nf*

Repeaterfeld *nn* DAT.NW → **segment** *n*
→ Segment *nn*

repeaterloses Kabel TELEC **repeaterless cable**
= regeneratorloses Kabel
= regeneratorless cable
↓ Girlandenkabel
↑ daisy-chain cable

Repeaterstelle *nf* (ANGL) RAD.RE → **radio relay repeater station**
→ Relaisstelle *nf*

REPEAT-Taste *nf* TER&PER → **repeat key**
→ Wiederholtaste *nf*

REPEAT-UNTIL-Schleife COMP.LG **REPEAT-UNTIL loop**
↑ iterative Anweisung; Programmschleife
↑ iterative instruction; program loop

Repertoire *nf* INF.TH → **character set**
→ Zeichenvorrat *nm*

Replikation *nf* TECH → **copy** *n*
→ Nachbildung *nf*

Reportage *nf* MEDIA **report** *n*
= Berichterstattung *nf*

Reportagesender *nm* BROADC **outside broadcast transmitter**

Reporter-Mikrofon *nn* EL.ACOU **reporter microphone**
= Reporter-Mikrophon *nn*

Reporter-Mikrophon *nn* EL.ACOU → **reporter microphone**
→ Reporter-Mikrofon *nn*

Repräsentant COLL → **representative** *n*
→ Vertreter *nm*

Repräsentant *nm* ECON → **representative** *n*
→ Vertreter *nm*

Repräsentation *nf* ECON **representation** *n*

Repräsentation *nf* ECON → **representation** *n*
→ Vertretung *nf*

Repräsentationskosten *nplt* ECON **representative expenses**

Repräsentativwerbung *nf* ECON **institutional advertising**
= institutionelle Werbung
= institutional ad

Reprint *nm* TER&PER **reprint** *n*
[unverändert]
≈ facsimile
= Neudruck *nm*; Nachdruck *nm*
≈ Faksimile

Reprise *nf* MEDIA **re-run** *n*

Reprisenkino *nn* CINEMA **re-run cinema**
= re-run theatre (BE)

Reproduktion *nf* TER&PER → **reproduction** *n*
→ Wiedergabe *nf*

Reproduktion *nf* PRIN.ME → **image reproduction**
→ Bildreproduktion *nf*

reproduzierbar TECH **reproducible** *adj*
= wiederholbar

Reproduzierbarkeit *nf* TECH **reproducibility** *n*

reprofähig PRIN.ME **camera-ready**

reprofähig PRIN.ME → **camera-ready** *adj*
→ kamerafertig

reprofähige Vorlage PRIN.ME → **artwork** *n*
→ Reprovorlage *nf*

reprogrammierbar SW → **reprogrammable**
→ umprogrammierbar

Reprographie *nf* OFFICE **reprographics** *nplt*

REPROM *nn* MICR.EL **REPROM**
= mehrfach programmierbarer Festwertspeicher
= reprogrammable read-only memory

reproreif PRIN.ME → **camera-ready** *adj*
→ kamerafertig

reproreife Vorlage PRIN.ME → **artwork** *n*
→ Reprovorlage *nf*

Reprovorlage *nf* PRIN.ME **artwork** *n*
[camera-ready graphic or photography]
= reprofähige Vorlage; reproreife Vorlage
= camera-ready copy; CRC; camera-ready paste-up; CRPU

Reputation *nf* ECON → **reputation** *n*
→ Ruf *nm*

Requester *nm* DAT.NW → **client** *n*
→ Client *nm*

Requester *nm* COMP.AP → **requester box**
→ Fragebox *nf*

Requisite *nf* CINEMA **prop** *n*
[Dekoration die nicht Kostüm oder Bühnenbild ist]
[decoration beside costume or set decoration]
= property

Requisitenmaler *nm* CINEMA **production painter**

Requisitenwagen *nm* CINEMA **property truck**

Reserve *nf* TECH **stand-by** *n*
= Ersatz *nm*
= standby *n*; stand by *n*; spare *n*

Reserveader *nf* COM.CAB **spare conductor**
= Vorratsader *nf*

Reserve-Computer *nm* DAT.PR → **standby computer**
→ Bereitschaftsrechner *nm*

Reservefaser *nf* TELEC → **dark fiber**
→ unbeschaltete Faser

Reservekabel *nn* OUT.PL **stumb cable**

Reservekopie *nf* DAT.MA → **backup copy** *n*
→ Sicherungskopie *nf*

Reservelänge *nf* COM.CAB **spare length**

Reserverechner *nm* DAT.PR → **standby computer**
→ Bereitschaftsrechner *nm*

Reservespeicher *nm* DAT.MA → **backup memory**
→ Sicherungsspeicher *nm*

reservieren TECH **reserve** *vt*
= freihalten

reservieren COMP.SC **allocate**
[z.B. Speicherplätze]
[e.g. memory locations]
= allozieren
= reserve; dedicate
≠ freimachen
≠ deallocate

reservierter Sektor TER&PER **reserved sector**

reservierter Speicherbereich DAT.MA **extent** *n*
[reserved space on a storage]
= Bereich *nm*
↑ Speicherbereich
↑ memory area

reserviertes Wort SW **reserved word** *n*
[als Variablenname nicht erlaubt, kann z.B. IF, FOR sein]
[not allowed as variable name, can be e.g. IF, FOR]
↑ Schlüsselwort
↑ keyword

reserviertes Zeichen COMP.SC **reserved character**
[vom Programm für bestimmte Funktionen reserviert, darf daher vom Anwender nicht anderwertig verwendet werden, z.B. / Ö ?]
[reserved by the program for special functions, cannot be used for other purposes; examples are / Ö ?]

Reservierung *nf* **reservation** *n*
= Allozierung *nf*

Reservierung *nf* ECON → **advance order**
→ Vorausbestellung *nf*

Reservierungs-ALOHA TELEC **reservation ALOHA**
↑ Vielfachzugriff mit Konkurrenzminimierung
↑ multiple access with contention minimization

Resetschalter *nm* EQP.EN → **reset key**
→ Rücksetztaste *nf*

RESET-Taste *nf* TER&PER → **reset key** (1)
→ Rücksetztaste *nf* (1)

resident SW → **memory-resident** *adj*
→ speicherresident

residente Datei DAT.PR → **resident file**
→ speicherresidente Datei

residente Daten DAT.PR → **resident data**
→ speicherresidente Daten

residenter Virus SW **resident virus**

residenter Zeichensatz TER&PER **internal font**
[in der Firmware eines Druckers enthalten]
[built into the firmware of a printer]
= fester Zeichensatz; integrierter Zeichensatz; eingebauter Zeichensatz; residente Schtrift; integrierte Schrift; eingebaute Schrift; interne Schrift
= resident font; built-in font; intrinsic font
≠ zuladbarer Zeichensatz
≠ downloadable font
↑ softwaredefinierter Zeichensatz
↑ soft font

residente Schtrift TER&PER → **internal font**
→ residenter Zeichensatz

residentes Dienstprogramm SW → **memory-resident program**
→ speicherresidentes Programm

residentes Kommando SW **resident command**
= memory-resident command; main-memory-resident command; build-in command

residente Software SW **resident software**
= speicherresidente Software; hauptspeicherresidente Software; arbeitsspeicherresidente Software
= memory-resident software; main-memory-resident software

residentes Programm SW → **memory-resident program**
→ speicherresidentes Programm

Resistanz *nf* NETW.TH → **active resistance**
→ Wirkwiderstand *nm*

Resistanz *nf* EL.SC → **electric resistance**
→ elektrischer Widerstand

Resistron *nn* EL.TRO **resistron** *n*
↑ Bildaufnahmeröhre
↑ camera tube

Resolver *nm* AUTOMA → **rotary resolver**
→ Drehmelder *nm*

resonante Rhombusantenne ANT **resonant rhombic antenna**

Resonant-ring-Filter *nn* MICROW **resonant-ring filter**
↑ Richtkoppler ↑ directional coupler
Resonanz *nf* PHYS **resonance** *n*
= Mitschwingen *nn*
Resonanz *nf* ANT → **antenna resonance**
→ Antennenresonanz *nf*
Resonanzabsorption *nf* PHYS **resonance absorption**
Resonanzanpassung *nf* NETW.TH **resonance matching**
[schmalbandige Impedanzanpassung durch Ausnutzung der Eigenschaften von Schwingkreisen] [selective impedance matching using response of resonant circuits]
↑ Anpassung (1) ↑ matching (1)
Resonanzantenne *nf* ANT **resonant antenna**
Resonanzband *nn* PHYS **resonance band**
Resonanzboden *nm* ACOUS **sounding board**
= Schallboden *nm* = soundboard *n*
Resonanzform *nf* PHYS **resonance mode**
= resonant mode
Resonanzfrequenz *nf* ACOUS → **eigentone** *n*
→ Resonanzton *nm*
Resonanzfrequenz *nf* PHYS **resonant frequency**
= resonance frequency
Resonanzfrequenzmesser *nm* INSTR **resonance frequency meter**
[Messung der Güte von Antennen] [antenna measurements]
= Wellenmesser *nm*; Dipmeter *nn* = dip meter; grid dipper
Resonanzisolator *nm* MICROW **resonance insulator**
Resonanzkasten *nm* ACOUS → **resonator**
→ Resonanzkörper *nm*
Resonanzkondensator *nm* INSTR **resonance capacitor**
Resonanzkörper *nm* ACOUS **resonator**
= Schallkörper *nm*; Resonanzkasten *nm*; Schallkasten *nm*
Resonanzkreis *nm* NETW.TH **resonant circuit**
= Resonanzschaltung *nf* = resonating circuit
↑ Schwingkreis ↑ oscillating circuit
Resonanzkurve *nf* PHYS **resonating curve**
= resonance curve
Resonanzlänge *nf* ANT **resonant length**
Resonanzlinie *nf* PHYS **resonance line**
Resonanznebenschluss *nm* NETW.TH **resonant shunt**
Resonanzschaltung *nf* NETW.TH → **resonant circuit**
→ Resonanzkreis *nm*
Resonanzschärfe *nf* NETW.TH **resonance sharpness**
Resonanzton *nm* ACOUS **eigentone** *n*
= Resonanzfrequenz *nf* = eigenfrequency *n*; characteristic tone; resonant tone; characteristic frequency; resonant frequency
Resonanztransformator *nm* EL.TEC → **tuned transformer**
→ Resonanzübertrager *nm*
Resonanztunneleffekt *nm* MICR.EL **resonant-tunneling effect**
Resonanzübertrager *nm* EL.TEC **tuned transformer**
= Resonanztransformator *nm*
Resonanzunterbrecher ANT **resonant breaker loop**
Resonanzverfahren *nn* INSTR **resonance mode**
Resonanzverstärker *nm* CIRC.EN **tuned amplifier**
= abgestimmter Verstärker = resonance amplifier
Resonanzwiderstand *nm* NETW.TH **resonant impedance**
Resonator *nm* PHYS **resonator** *n*
Respekt *nm* PRIN.ME **void margin**
[freigelassner Rand]
Respektblatt *nn* PRIN.ME **half title**
[Blatt vor Titelseite eines Buches, leer oder mit Kurztitel] [sheet preceding the titel page, void or with short title]
= Schmutztitel *nm*; Schmutzblatt *nn* ≈ title page
≈ Titelblatt
Responder *nm* SWITCH **responder** *n*
[für Prüfeinrichtungen] [for test equipment]
↑ Kennzeichenumsetzer ↑ signaling converter
Ressource *nf* ECON **resource** *nplt*
= Mittel *nn*
Ressourcendatei *nf* DAT.PR → **resource file**
→ Betriebsmitteldatei *nf*
Ressourcendaten *nplt* DAT.PR → **resource data**
→ Betriebsmitteldaten *nplt*
ressourcenschonend TECH → **effort-saving** *adj*
→ aufwandsparend
Ressourcentyp *nm* SW → **resource type**
→ Betriebsmitteltyp *nm*
ressourcenverschwenderisches Programm SW **resources waisting**
[program using excessive amount of ressources]
= hog
Ressourcenverschwendung *nf* ECON **waste of resources**
Ressourcenzuordnung *nf* DAT.PR → **resource allocation**
→ Betriebsmittelzuteilung *nf*
Ressourcenzweig *nm* DAT.MA → **resource fork**
→ Betriebsmittelzweig *nm*
Rest *nm* MATH → **divide remainder**
→ Divisionsrest *nm*
Restart *nm* DAT.PR → **restart** *n*
→ Neustart *nm*
Restartanzeige *nf* DAT.PR → **restart indication**
→ Wiederanlaufanzeige *nf*
Restartforderung *nf* SW → **restart request**
→ Wiederanlaufanforderung *nf*
Restartgrund *nm* DAT.PR → **restart cause**
→ Wiederanlaufgrund *nm*
Restartprogramm *nn* SW → **restart routine**
→ Wiederanlaufroutine *nf*
Restartroutine *nf* SW → **restart routine**
→ Wiederanlaufroutine *nf*
restaurieren *vt* COLL **restore**
restaurierte Fassung CINEMA **restored version**
Restaurierung *nf* COLL **restoration** *n*
Restbestand *nm* ECON **remaining stock**
= remainder *n*
Restbetrag *nm* ECON **remaining amount**
= residual amount
Restbrumm *nm* TELEC → **hum** *n*
→ Brumm *nm*
Restbuchwert *nm* ECON **residual book value**
= net book value
Restdämpfung *nf* TELEC **overall loss**
= Restdämpfungsmaß *nn* = net loss; overall equivalent; zero-insertion loss; equivalent *n*
Restdämpfungsmaß *nn* TELEC → **overall loss**
→ Restdämpfung *nf*
Restecho *nn* TELEPH **residual echo**
Restechopegel *nm* TELEPH **residual echo level**
Restfach *nn* TER&PER → **reject pocket**
→ Fehlerfach *nn*
Restfehler *nm* MATH **residual error**
= uncorrected error
Restfehlerrate *nf* CODING **residual error rate**
= remaining error rate
Restfehlerwahrscheinlichkeit *nf* MATH **residual error probability**
Restinterferenz *nf* INSTR → **residual spurious**
→ Reststörsignal *nn*
Restklaffung *nf* IMAG.PR **residual** *n*
restlich COLL **remaining** *adj*
= verbleibend = remanent; residual
≈ übrig; sonstig ≈ left; other
Restlichtverstärkerröhre *nf* EL.TRO → **image intensifier tube**
→ Bildverstärkerröhre *nf*
Restmagnetisierung *nf* EL.SC **residual magnetism**
[Effekt in ferromagnetischen Materialien] [a ferroelectric effect]
= Remanenz *nf* (1); Restmagnetismus *nm*; Remanenzmagnetisierung *nf*; remanente Magnetisierung = residual magnetization; remanent magnetism; remanent magnetization (IEC); remanence *n*
≈ Permanenz ≈ permanence
Restmagnetisierungsaufzeichnung *nf* TER&PER → **return-to-reference recording**
→ Bezugsmagnetisierungsschrift *nf*
Restmagnetismus *nm* EL.SC → **residual magnetism**
→ Restmagnetisierung *nf*
RESTORE-Taste *nf* TER&PER **RESTORE key**
Restphasenrauschen *nn* EL.TRO **residual phase noise**
Restrauschen *nn* INSTR **residual noise**
restriktiv TECH → **restrictive** *adj*
→ beschränkend
restrukturieren COLL **restructure** *vt*
Restrukturierung *nf* COLL **restructuring** *n*
Restseitenband *nn* MODUL **vestigial sideband**
= VSB
Restseitenbandfilter *nn* TV **vestigial-sideband filter**
Restseitenband-Modulation *nf* MODUL **vestigial-sideband modulation**
Restseitenband-Übertragung *nf* TV **vestigial sideband transmission**
Restsignalerregung *nf* CODING **residual excitation**
Restspannung *nf* EL.TRO **residual voltage**
Restspannung *nf* MICR.EL → **saturation voltage**
→ Sättigungsspannung *nf*
Reststörsignal *nn* INSTR **residual spurious**
= Restinterferenz *nf* = residual interference
Reststrom *nm* MICR.EL **cutoff current** (2)

[Transistor]
= Leckstrom *nm*
↑ statische Kenndaten
↓ Kollektor-Basis-Reststrom; Kollektor-Emitter-Reststrom; Emitter-Basis-Reststrom; Kurzschluss-Reststrom
Reststrom *nm* EL.TRO
[transistor]
= leakage current; saturation current
↑ static characteristics
↓ collector-base cutoff current; collector-emitter cutoff current; emitter base cutoff current; residual
leakage current
= residual current

Resttonerbehälter *nm* TER&PER **residual toner bin**
[Laserdrucker]
[laser printer]

Restwelligkeit *nf* EL.SC **residual ripple**
≈ Brumm [TELEC]
↑ Welligkeit
≈ hum [TELEC]
↑ ripple

Restwert *nm* ECON **residual value**

Restwert *nm* MATH → **divide remainder**
→ Divisionsrest *nm*

Restwertkontrolle *nf* DAT.CO **residue check**

Restwertoperation *nf* MATH **modulo operation**
[das Ergebnis ist ein Divisionsrestwert]
= Modulo-Operation *nf*
[result = remainder of a division; e.g. 9 modulo 2 = 1]
= modulo *n*

Restwertverfahren *nn* MATH → **modulo arithmetic**
→ Modulo-Arithmetik *nf*

Restwiderstand *nm* MICR.EL → **saturation resistance**
→ Sättigungswiderstand *nm*

Restzahlung *nf* ECON **payment of the balance**

Resultante *nf* MATH **resultant** *n*

Resultat *nn* TECH → **result** *n*
→ Ergebnis *nf*

Resultatakkumulation *nf* OFFICE **sigma accumulation**
[Rechenmaschine]
= Resultatspeicher *nm*
= sigma memory

Resultatspeicher *nm* OFFICE → **sigma accumulation**
→ Resultatakkumulation *nf*

Resultatstarttaste *nf* TER&PER → **equals key**
→ Gleichtaste *nf*

Result-forwarding MICR.EL → **result forwarding**
→ Ergebnis-Durchreichung *nf*

Reticle MICR.EL → **reticle** *n*
→ Zwischenmaske *nf*

Retouche *nf* IMAG.PR **retouche** *n*

Retoure *nf* ECON **returned good**
= return *n*; sales return

Retrieval *nn* (ANGL) DAT.MA → **retrieval** *n*
→ Wiedergewinnung *nf*

Retrieval-Software *nf* (ANGL) SW → **search software**
→ Suchsoftware *nf*

retroaktive Antenne ANT → **Van Atta array**
→ Van-Atta-Antenne *nf*

retrospektiv SCIE → **retrospective** *adj*
→ rückblickend

Retrospektive *nf* MEDIA **retrospective** *n*
= Rückschau *nf*

RET-Technik *nf* TER&PER **RET technology**
[Einfügen kleinerer Punktgrößen]
[insertion of smaller dots]
= Resolution Enhancement Technology

Rettungsausgabe *nf* DAT.PR **rescue dump**
[automatische Ausgabe im Störungsfall]
[automatic data saving in case of system fault]

Rettungsbake *nf* RAD.LO → **distress beacon**
→ Notrufbake *nf*

Rettungsbake *nf* RAD.LO **rescue bacon**

Return *nm* (ANGL) SW → **reentry** *n*
→ Rücksprung *nf*

Return-Anweisung *nf* SW → **return instruction**
→ Rücksprungbefehl *nm*

Return-Befehl *nm* SW → **return instruction**
→ Rücksprungbefehl *nm*

RETURN-Taste *nf* (Apple) TER&PER → **ENTER key** (IBM)
→ Eingabetaste *nf*

Retuschierungselement *nn* COMP.GR **wetzel** *n*
[picture element to improve sharpness of display]

Reuse *nf* ANT → **prism antenna**
→ Reusenantenne *nf*

Reusenantenne *nf* ANT **prism antenna**
= Reuse *nf*
≈ Käfigantenne
= pyramid antenna
≈ cage antenna

Reusendipol *nm* ANT **cage dipole**
= Käfigdipol *nm*
↑ geometrisch dicke Antenne
= sausage dipole
↑ geometrically thick antenna

Reusen-Monopol ANT **cage monopole antenna**
↑ Vertikalantenne
↑ vertical antenna

Revers *nm* TECH → **rear side**
→ Rückseite *nf*

Reverse *nf*(1) PRIN.ME → **negative type**
→ Negativschrift *nf*

Reverse *nf*(2) PRIN.ME → **reverse type**
→ Umkehrschrift *nf*

Reverse *nf* TER&PER → **reverse run** *n*
→ Rücklauf *nm*

Reverse Engineering TECH **reverse engineering**
[beginnt eine Entwicklung mit der Analyse einer fertigen (Wettbewebs-) Produkts]
= Umkehrentwicklungstechnik *nf*; Umkehrtechnik *nf*
[starts engineering by analyzing a finished competitive product]

reversibel PHYS **reversible** *adj*
[vom latein. "reverti" = "zurückkehren"]
= umkehrbar; invertierbar
[from Latin "reverti" = "return"]
= invertible

Reversibilität *nf* MATH **reversibility** *n*
= Umkehrbarkeit *nf*(1)
≠ Irreversibilität
≠ irreversibility

reversible Permeabilität PHYS **reversible permeability**

reversibler Wandler EL.ACOU **reversible transducer**

Revers-Schrift *nf* PRIN.ME → **negative type**
→ Negativschrift *nf*

Revision *nf* ECON **audit** *n*
[unabhängige Prüfung der Einhaltung]
= Audit *nn*; Wirtschaftsprüfung *nf*
[independent examination to assess compliance]
= auditing

Revision *nf* PRIN.ME **final proof**
= Revisionslauf *nm*

Revisioneskontrolle *nf* DAT.PR → **change management**
→ Änderungsverwaltung *nf*

Revisionslauf *nm* PRIN.ME → **final proof**
→ Revision *nf*

Revisionsverwaltung *nf* DAT.PR → **change management**
→ Änderungsverwaltung *nf*

Revisor *nm* ECON → **auditor** *n*
→ Wirtschaftsprüfer *nm*

Revolverdrehbank *nf* MEC.EN **turret lathe**

revolvierend ECON **revolving**
[vom latein. "revolvo" = "zurückrollen"]
[from Latin "revolvo" = "roll back"]
= on a revolving basis; rolling

Revue *nf* IMAG.ME **revue** *n*
[vorwiegend getanzte Darbietung]
[mainly dancing performance]

Revuefilm *nm* CINEMA **all-dancing film**

Revuegirl *nn* IMAG.ME → **revue girl**
→ Revuetänzerin *nf*

Revuetänzerin *nf* IMAG.ME **revue girl**
= Revuegirl *nn*

Revuetheater *nn* IMAG.ME **revue theatre** (AE)
= revue Theatre (BE)

Rewebber *nm* INTERNET → **anonymizer** *n*
→ Anonymisierer *nm*

Reynolds-Zahl *nf* PHYS **Reynolds number**

Rezension *nf* PRIN.ME **review** *n*
= Buchbesprechung *nf*; Besprechung *nf*
= book review

Rezension *nf* PRIN.ME → **recension** *n*
→ Buchkritik *nf*

Rezension *nf* MEDIA → **critics** *nplt*
→ Kritik *nf*

Rezession *nf* ECON **recession** *n*
= wirtschaftlicher Abschwung
= economic downturn

reziprok MATH **reciprocal** *adj*
[vom latein. "reciprocus" = "rückwärts u. vorwärts"]
[from Latin "reciprocus" = "back and forth"]

reziprok NETW.TH → **reciprocal** *adj*
→ übertragungssymmetrisch

reziproke Länge OPT **reciprocal length**

reziproker Vierpol NETW.TH → **reciprocal two-port**
→ kernsymmetrischer Vierpol

reziproker Wert MATH → **reciprocal** *n*
→ Kehrwert *nm*

reziproke Sekunde PHYS **reciprocal second**
[SI-Einheit für Drehzahl; = eine Umdrehung pro Sekunde]
= 1/s
[SI unit for speed of revolution turns; = one turn per second]
= 1/s

reziprokes Gitter PHYS **reciprocal lattice**

reziprokes Meter OPT **reciprocal meter**
≈ Dioptrie
≈ diopter

reziprozieren MATH **invert** *vt*
= invertieren

Reziprozität *nf* MATH **reciprocity** *n*
= Umkehrbarkeit *nf* (2)

Reziprozität *nf* COLL → **reciprocity** *n*
→ Gegenseitigkeit *nf*

Reziprozitätssatz *nm* ANT → **reciprocity theorem**
→ Umkehrsatz *nm*

Reziprozitätstheorem ANT → **reciprocity theorem**
→ Umkehrsatz *nm*

Reziprozitätstheorem *nn* NETW.TH **reciprocity theorem**

RF RADIO → **radio frequency**
→ Radiofrequenz *nf*

RF-Abtastung *nf* SAT.CO **RF sensing**
= RFS

RF-Anschaltung *nf* RAD.RE **RF combining circuit**
= RF-Kanal-Aufschaltung *nf*; RF-Anschlussbaugruppe *nf*; Antennenzirkulator *nm*
≈ directional filter

RF-Anschlussbaugruppe *nf* RAD.RE → **RF combining circuit**
→ RF-Anschaltung *nf*

RF-Band *nn* RADIO → **frequency band**
→ Frequenzband *nn*

RF-Band-Diversity *nn* RAD.RE **cross-band diversity**
[mit Signalen in verschiedenen RF-Bändern]
[with signals in different RF bands]

RF-Bandnutzung *nf* RADIO **RF band utilization**

RF-Bereich *nm* (1) RADIO → **radio-frequency range** (1)
→ Radiofrequenzbereich *nm* (1)

RF-Bereich *nm* (2) RADIO → **frequency band**
→ Frequenzband *nn*

RF-Codierer *nm* TER&PER → **radio frequency coder**
→ Radiofrequenzcodierer *nm*

RF-Detektor *nm* TER&PER → **radio frequency detector**
→ Radiofrequenzdetektor *nm*

RF-Einschub *nm* MICROW **RF unit**

RF-Entkopplung *nf* RADIO → **RF decoupling**
→ Radiofrequenzentkopplung *nf*

RF-Gerät *nn* RAD.RE → **transceiver**
→ Funkgerät *nn*

RF-Kabel *nn* COM.CAB **radio-frequency cable**
= RF cable

RF-Kanal *nm* RADIO → **radiofrequency channel**
→ Funkkanal *nm*

RF-Kanal-Aufschaltung *nf* RAD.RE → **RF combining circuit**
→ RF-Anschaltung *nf*

RF-Leistungstransistor *nm* MICROW **RF power transistor**

RF-Oszillator *nm* CIRC.EN **RF oscillator**

RF-Raster *nn* RADIO → **radio-frequency pattern**
→ Radiofrequenzraster *nn*

RF-Transistor *nm* MICR.EL **RF transitor**
= radio frequency transistor

RF-Übertrager *nm* RADIO **RF transformer**

RF-Umschalter *nm* RAD.RE **RF switch**

RGB-Farbmodell *nn* OPT **RGB color model**
[arbeitet mit Additionen von Rot, Grün und Blau]
[works with summation of Red, Green and Blue]

RGBI-Monitor *nm* TER&PER **RGBI monitor**
↑ Farbmonitor
↑ color monitor

RGB-Kamera *nf* TV **RGB camera**
= Rot-Grün-Blau-Kamera *nf*

RGB-Monitor *nm* TER&PER **RGB monitor**
[mit je einer Elektronenkanone für Rot, Grün und Blau]
↑ Farbmonitor
[with separate electron guns for Red, Green and Blue]
= red-green-blue monitor
↑ color monitor

RGB-Signal *nn* TV **RGB signal**
= Rot-Grün-Blau-Signal *nn*
= red-green-blue signal

RGBY-Kamera *nf* TV **RGBY camera**

R-Gespräch *nn* TELEPH **transferred-charge call**
[nach Rückfrage übernimmt der Angerufene die Gebühr]
≈ Gebührenübernahme
[called party takes over the bill after beeing asked]
= collect call

Rh CHEM → **rhodium** *n*
→ Rhodium *nn*

Rhenium *nn* CHEM **rhenium** *n*
= Re
= Re

RHET-Transistor *nm* MICR.EL **RHET transistor**
= resonant-tunneling hot electron transistor

rhodinieren METAL **rhodium-plate**

Rhodium *nn* CHEM **rhodium** *n*
= Rh
= Rh

Rhombiquad ANT **rhombiquad**
[für Amateurfunk]
↑ Allbandantenne
[for amateur radio]
↑ multiband antenna

rhombisch MATH **rhombic** *adj*
= rautenförmig
≈ rhomboid
= rhombical
≈ rhomboid

Rhomboeder *nn* MATH **rhombohedron** *n* (*pl* -drons&-dra)
[von sechs gleichen Rhomben begrenzt]
↑ Parallelepiped
[delimited by six regular rhombuses]
↑ parallelepiped

Rhomboid *nn* MATH **rhomboid** *n*
[schiefwinkliges Parallelogramm, mit paarweise ungleichen Seiten]
↑ Parallelogramm
[oblique parallelogramm, with unequal adjacent sides]
↑ parallelogram

Rhomboid-Antenne *nf* ANT **rhomboid antenna**
↑ Rhombusantenne
↑ rhombic antenna

Rhombus *nm* (*pl* Rhomben) MATH **rhombus** *n* (*pl* -buses&-bi)
[schiefwinkliges, gleichschenkliges Parallelogramm]
= Raute *nf*
↑ Parallelogramm
[oblique, equilateral parallelogram]
= rhomb *n* (*pl* -s)
↑ parallelogram

Rhombusantenne *nf* ANT **rhombic antenna**
= Rautenantenne *nf*
↑ Wanderwellenantenne; Langdrahtantenne
↓ Rhomboid-Antenne
= diamond antenna; diamond-shaped antenna
↑ travelling-wave antenna; long-wire antenna
↓ rhomboid antenna

Rhombus-Gruppenantenne *nf* ANT **multiple rhombic antenna**
↓ Rhombus-Linie; Rhombus-Reihe
↓ rhombic line; rhombic row

Rhombus-Linie *nf* ANT **rhombic line**

Rhombus-Reihe *nf* ANT **rhombic row**

Rhombuszeichen *nn* COMP.AP **lozenge** *n*
= Raute *nf*, Suppenstern *nm*
↑ Piktogramm
= diamond *n*
↑ icon

Rho-Theta-Navigation *nf* RAD.NA **rho-theta navigation**
= Rho-Theta-Verfahren *nn*
= rho-theta system

Rho-Theta-Verfahren *nn* RAD.NA → **rho-theta navigation**
→ Rho-Theta-Navigation *nf*

RHS TELEC → **Regional Bell Operating Company**
→ regionale Bell-Betreibergesellschaft

rhythmisch COLL **rhythmical**
= rhythmic

Rhythmus *nm* (*pl* -men) COLL **rhythm** *n*

Richardson-Effekt *nm* PHYS → **thermoelectric effect**
→ thermoelektrischer Effekt

Richtantenne *nf* ANT **directional antenna**
= Richtstrahlantenne *nf*; Richtstrahler *nm*; bündelnde Antenne
= directional aerial; directive antenna; directive aerial; beam antenna; beam aerial; beam; directive radiator

Richtantennensystem *nn* ANT → **directional array**
→ Richtstrahlfeld *nn*

Richtcharakteristik *nf* ANT → **radiation pattern**
→ Strahlungscharakteristik *nf*

Richtdiagramm *nn* ANT **directional diagram**
[Feldstärkenverteilung in einer Ebene; Schnitt durch die Strahlungscharakteristik]
= Strahlungsdiagramm *nn*; Antennendiagramm *nn*
≈ Strahlungscharakteristik
↓ Summendiagramm; Differenzdiagramm
[field strength distribution in a plane; cut through the radiation pattern]
≈ radiation pattern
↓ sum diagram; difference diagram

Richteffekt *nm* PHYS **directive effect**

Richtempfang *nm* RADIO **directive reception**
= gerichteter Empfang
= directional reception

richterliches Abhören TELEC **lawful interception**

richterliches Mithören TELEPH **centralized monitoring**

Richterspruch *nm* LAW → **judgment** *n* (AE)
→ Urteil *nn*

Richtfaktor *nm* ANT → **gain** *n*
→ Gewinn *nm*

Richtfunk *nm* RAD.NA **directional radio**

Richtfunk *nm* RADIO **line-of-sight radio**
= RiFu *nm*; Richtstrahl *nm* (CH)
≈ Richtfunkübertragung
= line of sight; LOS; microwave radio relay; radio relay; microwave radiolink
≈ radio relay transmission

Richtfunkanalysator *nm* INSTR **microwave trunk analyzer**

Richtfunkantenne *nf* ANT **radio link antenna** *n*
↑ Mikrowellenantenne
[for line-of-sight radio links]
= radio-relay antenna; LOS radio antenna; microwave antenna (2)
↑ microwave antenna (1)

Richtfunkbake *nm* RAD.NA **directional radio beacon**

Richtfunkgerät *nn* RAD.RE **radio relay equipment**
= LOS equipment; radiolink equipment

Richtfunkindustrie *nf* TRANSM **microwave radiolink industry**
= microwave link industry

Richtfunklinie *nf* TELEC **microwave line**
↑ Fernmeldelinie
[a multichannel connection via a common LOS]
= microwave transmission line
↑ trunk (1)

Richtfunkmesstechnik *nf* INSTR **microwave radio measuring technique**

Richtfunknetz *nn* TRANSM **radio relay network**
= microwave radio network; microwave network; radiolink network

Richtfunk-Netzplanung *nf* RAD.RE **radio-relay-network planning**
= microwave network planning

Richtfunkrahmen *nm* RAD.RE **radiochannel frame**

Richtfunk-Rausch-Stör-Messplatz *nm* INSTR **microwave radio noise and interference test set**

Richtfunkstation *nf* RAD.RE **radio relay station**
↓ Relaisstelle
= LOS relay station
↓ radio-relay repeater station

Richtfunkstrecke *nf* RAD.RE **line-of-sight radiolink**
= Richtfunkverbindung *nf*
= LOS radiolink; line-of-sight microwave link; microwave radiolink; radio relay link; microwave link; fixed link [MOB.CO]

Richtfunkstreckenberechnung *nf* RAD.RE **radiolink calculation**

Richtfunksystem *nn* TRANSM **radio relay system** (UIT-R)
= line-of-sight radio system; microwave system

Richtfunktechnik *nf* TRANSM **microwave radio technology**
= microwave radiolink technology; microwave link technology

Richtfunktrasse *nf* TRANSM **radio relay route**
= line-of-sight route; LOS route; microwave route

Richtfunkturm *nm* OUT.PL **microwave tower**
↑ Fernmeldeturm
= radio relay tower
↑ communication tower

Richtfunkübertragung *nf* TRANSM **radio relay transmission**
≈ Richtfunk
= line-of-sight communication; LOS communication
≈ microwave radio relay

Richtfunkverbindung *nf* RAD.RE → **line-of-sight radiolink**
→ Richtfunkstrecke *nf*

Richtfunkzubringer *nm* TRANSM **radio relay spur link**
↑ Zubringerstrecke
= radio relay spur; radio relay entrance link; microwave spur link; microwave spur; microwave entrance link
↑ spur link

richtig INF.TEC → **valid** *adj*
→ zulässig *adj*

richtig COLL → **correctly** *adv*
→ korrekt *adv*

Richtigkeit *nf* INF.TEC → **validity** *n*
→ Zulässigkeit *nf*

richtigstellen COLL → **correct** *vt*
→ berichtigen

Richtigstellung *nf* COLL → **correction** *n*
→ Berichtigung *nf*

Richtkoppler *nm* MICROW **directional coupler**

Richtkraft *nf* TECH **directive force**
= directing force

Richtkraft-Spiralfeder *nf* INSTR **directive force spring**

Richtleiter *nm* MICR.EL **rectifier element**
[mit polarisationsabhängigem Widerstand]
[with polarization-dependent resistance]

Richtlinie *nf* TECH **guideline** *n* (1)
= Leitlinie *nf*; Richtschnur *nf*
= directive *n*

Richtmagnet *nm* INSTR **directive coil**

Richtmaß *nn* TECH **guiding dimension**

Richtpreis *nm* ECON **target price**
= guiding price; administrative price (AE)

Richtschärfe *nf* ANT → **directivity** *n* (1)
→ Richtwirkung *nf*

Richtschärfe-Prüfsatz *nm* INSTR **directivity verification standard**

Richtschnur *nf* TECH → **guideline** *n* (1)
→ Richtlinie *nf*

Richtsendeanlage *nf* RAD.NA **directional transmitter**

Richtsendung *nf* RAD.NA **directional transmission**

Richtspannung *nf* EL.SC **rectified voltage**
= gleichgerichtete Spannung
≈ Gleichspannung
= rectified tension
≈ direct voltage

Richtstrahl *nm* PHYS **directional beam**
= directed beam; radiated beam

Richtstrahl *nm* (CH) RADIO → **line-of-sight radio**
→ Richtfunk *nm*

Richtstrahlantenne *nf* ANT → **directional antenna**
→ Richtantenne *nf*

Richtstrahlcharakteristik *nf* ANT → **radiation pattern**
→ Strahlungscharakteristik *nf*

Richtstrahlelement *nn* ANT **direccional element**

Richtstrahler *nm* ANT → **directional antenna**
→ Richtantenne *nf*

Richtstrahlfeld *nn* ANT **directional array**
= Richtantennensystem *nn*

Richtstrahlung *nf* ANT **directional radiation**

Richtstrom *nm* EL.TEC **rectified current**
= gleichgerichteter Strom
≈ Gleichstrom
≈ dc current

Richtung *nf* TECH **direction** *n*
= orientation *n*; bearing *n*

richtungsabhängig TECH **direction-dependent**
≈ anisotrop [PHYS]
≈ anisotropic [PHYS]

Richtungsausscheidung *nf* SWITCH **directional discrimination**

Richtungsausscheidungsziffer *nf* SWITCH **route discriminating digit**

Richtungsauswahltabelle *nf* SWITCH → **routing table**
→ Leitwegtabelle *nf*

Richtungsbetrieb *nm* TELEC → **simplex** *n*
→ Simplexbetrieb *nm*

Richtungsbündel *nf* TELEC **directional bundle**

Richtungsempfindlichkeit *nf* PHYS **directional sensitivity**

richtungsfokussierend PHYS **direction focussing**

Richtungsfokussierung *nf* PHYS **directional focussing**

Richtungsgabel *nf* MICROW → **circulator** *n*
→ Zirkulator *nm*

Richtungsisolator *nm* MICROW **directional isolator**

Richtungskoppelfeld *nn* SWITCH → **group selector**
→ Gruppenwähler *nm*

Richtungskoppler *nm* LINE TH **directional coupler**

Richtungsleitung *nf* MICROW **isolator** *n*
= Isolator *nm*; Einwegleitung *nf*; Entkoppler *nm*

Richtungsnull *nf* ANT → **directional null**
→ Nullstelle *nf*

Richtungspfeil *nm* NETW.TH **directional arrow**
≠ Zählpfeil
≠ count arrow

Richtungssuche *nf* DAT.MA **directed scan**
= directed search

Richtungstaktschrift *nf* TER&PER **phase encoding**
= PE-Schrift *nf*; Zweiphasenschrift *nf*; Phasenmodulationsaufzeichnung *nf*; Phase-encoding-Schrift *nf*
↑ Magnetaufzeichnungsverfahren
= phase-modulation recording; PM recording; two-phase recording
↑ magnetic recording mode

Richtungstaste *nf* TER&PER → **cursor key**
→ Schreibmarkentaste *nf*

richtungsunabhängig TECH **direction-independent**
≈ isotrop [PHYS]
≈ isotropic [PHYS]

Richtungsverkehr *nm* TELECON **directional traffic**

Richtungswahlbaum *nm* DAT.CO **routing tree**
= Routing-Baum *nm* (ANGL)

Richtungswahlstufe *nf* SWITCH **group-selection stage**
= Gruppenwahlstufe *nf*; Verteilstufe *nf*

Richtungsweiche *nf* RAD.RE **directional filter**
= Sende-Empfangs-Weiche *nf*; Aufschaltzirkulator *nm*
≈ RF-Anschaltung; Polarisationsweiche
= branching filter; diplexer *n*
≈ RF-combining circuit; polarization filter

Richtungsweiche *nf* RADIO → **duplexer filter** *n*
→ Sende-Empfangs-Weiche *nf*

richtungsweisend TECH → **trend-setting**
→ zukunftsweisend *adj*

Richtwert *nm* TECH **reference value** (1)
= guiding value; guideline *n* (2)

Richtwirkung *nf* ANT **directivity** *n* (1)
= Bündelungsschärfe *nf*; Bündelungsgüte *nf*; Richtschärfe *nf*; Strahlschärfe *nf*; Strahlgüte *nf*
≈ Gewinn
= directional effect
≈ gain

Riefe *nf* TECH → **groove** *n* (1)
→ Rille *nf*

Riefelung *nf* TECH **striation** *n*
= Riefenbildung *nf*; Furchung *nf*; Furchenbildung *nf*

Riefenbildung *nf* TECH → **striation** *n*
→ Riefelung *nf*

Riegel *nm* TECH **bolt** *n*
= blocking mechanism

Rieggerschaltung *nf* CIRC.EN → **phase discriminator**
→ Phasendiskriminator *nm*

Riemen *nm* MEC.EN **belt** *n*
≈ Gurt; Gürtel
= strap *n*
≈ girth; girdle

Riemenantrieb *nm* MEC.EN **belt drive**
= Riementrieb *nm*

Riemenrolle *nf* MEC.EN **belt pulley**

Riemenspanner *nm* MEC.EN **belt tightener**

Riementrieb *nm* MEC.EN → **belt drive**
→ Riemenantrieb *nm*

Ries, Adam MATH → **Riese, Adam**
→ Riese, Adam

Riese, Adam MATH **Riese, Adam**
[1492-1559; sein Rechenbuch führte zum Durchbruch des Dezimalsystems in Europa führte]
= Riesen, Adam; Ries, Adam
[1492-1559; published in 1550 an arithmetic book, which triggered the adoption of the decimal number system in Europe]
= Riesen, Adam; Ries, Adam

Riesen, Adam MATH → **Riese, Adam**
→ Riese, Adam

Riesenauftrag *nm* ECON → **bulk order**
→ Großauftrag *nm*

Riesengeschäft *nn* ECON **megadeal** *n*

Riffel *nf* MECH **checker** *n*
[abwechselnde rillenförmige Vertiefungen bzw. rippenförmige Erhöhungen]
= Riffelung *nf*
≈ Wellung
[alternation of grooves and fins]
= riffle *n*
≈ ondulation

Riffelkonus ANT **corrugated diaphragm**

riffeln ENG.DRA **checker** *vt*
≈ schraffieren; schattieren
= riffle *vt*
≈ hatch; shade

riffeln MECH **checker** *vt*
[mit Riffeln versehen]
≈ wellen
≈ corrugate

Riffelung *nf* MECH → **checker** *n*
→ Riffel *nf*

Riffelung *nf* ENG.DRA **checker** *n*
↑ Schraffur
= tesselation lines
↑ hatching

RIFF-Format *nn* DAT.MA **RIFF**
= Resource Interchange File Format

RiFu *nm* RADIO → **line-of-sight radio**
→ Richtfunk *nm*

rigurös COLL → **stringent** *adj*
→ streng *adj*

Rille *nf* EL.ACOU **groove** *n*
[Schallplatte]
↓ Mono-Rille; Stereo-Rille
[phonogram record]
↓ monophonic groove; stereofonic groove

Rille *nf* TECH **groove** *n* (1)
[lange schmale Vertiefung in hartem Material]
= Riefe *nf*
≈ Furche; Streifen
[long narrow depression in hard material]
= stria *n* (*pl* striae)
≈ groove (2); streak

Rillenfehler *nm* EL.ACOU **tracking error**

Rillengeschwindigkeit *nf* EL.ACOU **groove speed**

Rillenhorn *nn* ANT **corrugated horn**
↑ Hornstrahler
↑ horn radiator

Rillenlager *nn* MEC.EN **deep-groove ball bearing**

Ring *nm* OPT **circular fringe**

Ring *nm* TELEPH **ring** *n*
[einer der Pole des Klinkensteckers, mit B-Ader verbunden]
≈ Spitze; Hals; Masse
[one of the contacts of the telephone jack connector, connected to ring wire]
≈ tip; sleeve; ground

Ring *nm* (1) MATH → **torus** *n* (*pl* tori)
→ Torus *nm* (*pl* Tori)

Ring *nm* (2) MATH **ring** *n* (2)
[Menge in der Addition und Multiplikation definiert sind]
↑ algebraische Struktur
[set of elements with defined addition and multiplication]
↑ algebraic structure

Ringanker PHYS **ring armature**

Ringanschluss *nm* DAT.CO **ring connection**

Ringantenne *nf* (1) ANT **ring radiator**

Ringantenne *nf* (2) ANT → **frame antenna** *n*
→ Rahmenantenne *nf*

Ringbuch *nn* OFFICE **ring book**

Ringbus *nm* DAT.CO **ring bus**
= Ringtopologie *nf*
≈ Ringnetz
= loop bus; ring topology; loop topology
≈ ring network

Ringdatei *nf* DAT.MA **circular file**

Ringdiagramm *nn* TEC.DOC **annular graph**
= ring graph; circular graph; annular diagram; ring diagram; circular diagram

Ringdipol *nm* ANT **circular dipole**
≈ Halo-Antenne
= circular bent dipole
≈ half-wave loop antenna

Ring-Erdung *nf* SYS.INS **ring ground**
= RG

Ringfehler *nm* DAT.CO **ring fault**
= ring error

ringförmig MATH **annular** *adj*
≈ kreisförmig; rund
= ring-shaped
≈ circular; round

ringförmiger Magnetkern COMPO → **toroidal core**
→ Ringkern *nm*

ringförmiges Netz TELEC → **ring network**
→ Ringnetz *nn*

Ringkabel *nn* DAT.CO **ring cable**
= Ringleitung *nf*
≈ Ringbus
= loop cable; loop line

Ringkabelschuh *nm* COMPO **annunal cable lug**
= annular thimble

Ringkennzeichnung *nf* COM.CAB **annular code**

Ringkern *nm* COMPO **toroidal core**
= ringförmiger Magnetkern; Toroidkern *nm*
↑ Ferritkern; Magnetkern
= annular core
↑ ferrite core; magnetic core

Ringkern-Balun *nm* ANT **toroidal balun transformer**

Ringkern-Regeltrenntransformator *nm* COMPO **toroidal variable isolating transformer**

Ringkernspeicher *nm* HW → **magnetic core memory**
→ Magnetkernspeicher *nm*

Ringkernspule *nf* COMPO **toroidal core coil**
≈ Ringspule
≈ toroidal coil

Ringkerntransformator *nm* COMPO **toroidal mains transformer**
= Toroidtransformator *nm*

Ringkondensator *nm* COMPO **toroidal condenser**

Ringkonfiguration *nf* TELEC **ring configuration**
= Schleifenkonfiguration *nf*
= loop configuration

Ringlatenzzeit *nf* DAT.NW → **ring latency time**
→ Ringumlaufzeit *nf*

Ringleitung *nf* DAT.CO → **ring cable**
→ Ringkabel *nn*

Ringleitungsanschluss *nm* DAT.CO **loop cable connection**

Ringlinse *nf* OPT **annular lens**
= Fresnelsche Ringlinse

Ringliste *nf* DAT.MA **circular list** *n*
[zyklische Anordnung von Daten; der letzte Eintrag verweist auf den ersten]
↑ verkettete Liste
[cyclic arrangement of data; last item points to the first]
= circularly linked list; chain (2); ring *n*
↑ chained list

Ringmappe *nf* OFFICE **ring binder**

Ringmarkierung *nf* COM.CAB **ring code**

Ringmischer *nm* HF **ring mixer**

Ringmodulator *nm* MODUL **ring modulator**
= Sternmodulator *nm*
= ring-type modulator

Ringmutter *nf* MEC.EN **circular nut**

Ringnetz *nn* TELEC **ring network**
= ringförmiges Netz; Ringnetzwerk *nn*
≈ Ringbus [DAT.CO]
= ring-type network; ring-structure network; loop communication network; loop network
≈ annular bus [DAT.CO]

Ringnetzwerk *nn* TELEC → **ring network**
→ Ringnetz *nn*

Ringoszillator *nm* CIRC.EN **ring oscillator**

Ringquittung *nf* DAT.CO **ring acknowledge**

Ringresonator *nm* OPTOEL **ring resonator**

Ringröhre *nf* MATH → **torus** *n* (*pl* tori)
→ Torus *nm* (*pl* Tori)

Ringschieben *nn* COMP.SC **end-around shift**
[außerhalb der Wortgrenzen fallende Bits
[bits falling outside of word are

werden am anderen Ende wieder angereiht] — returned at the other end]
= zyklische Stellenverschiebung — = end-about shift; circular shift; cyclic shift; end-around carry; ring shift; rotate *n*
≈ logisches Verschieben — ≈ logical shift

Ringschieberegister *nn* — CIRC.EN — **cyclic shift register**
= ring shift register; end-around shift register; circulating register

Ringsicherung *nf* — DAT.CO — **ring safeguard**

Ringspaltantenne *nf* — ANT — **annular slot**
= Kreisschlitzantenne *nf*

Ringsperre *nf* — DAT.CO — **ring lockout**

Ringspule *nf* — COMPO — **toroidal coil**
= Toroid *nn* — ≈ toroidal core coil
≈ Ringkernspule

Ringstrahler *nm* — ANT — **ring radiator antenna**

Ringtakt *nm* — DAT.CO — **ring clock**

Ringtopologie *nf* — DAT.CO — → **ring bus**
→ Ringbus *nm*

Ringübertrager *nm* — COMPO — **toroidal transformer**

Ringumlaufzeit *nf* — DAT.NW — **ring latency time**
= Ringlatenzzeit *nf* — = ring latency
↓ Sendeberechtigungsumlaufzeit — ↓ token latency time

Ringumschaltung *nf* — DAT.CO — **ring switchover**

Ringvergleich *nm* — QUAL — **inter-laboratory comparison measurement**
↑ Vergleichsmessung — ↑ comparison measurement

Ringverschiebung *nf* — SW — **cycle shift**

Ringverstärkung *nf* — CIRC.EN — → **loop gain**
→ Schleifenverstärkung *nf*

Ringwaage *nf* — INSTR — **ring balance**

Ringwicklung *nf* — COMPO — **ring winding**

Ringwulst *nf* — ANT — **toroidal pattern**

Ringzähler *nm* — CIRC.EN — **ring counter**
↑ Zähler — ↑ counter

Rinne *nf* — TECH — **gutter** *n*
↓ Rinnstein [CIV.EN]

Rinne *nf* — CIV.EN — → **gutter** *n*
→ Rinnstein *nm*

Rinnstein *nm* — CIV.EN — **gutter** *n*
= Rinne *nf*; Straßengraben *nm*

RIP — DAT.PR — → **raster image processor** *n*
→ Rasterbildprozessor *nm*

Rippe *nf* — MEC.EN — **rib** *n*
= fin *n*

Ripple-carry-Zähler *nm* — MICR.EL — **ripple carry counter**

Ripple-Übertrag *nm* (ANGL) — COMP.SC — → **ripple carry**
→ Schnellübertrag *nm*

RIP-Protokoll *nn* — DAT.NW — **RIP**
= Routing Information Protocol

RISC-Computer *nm* — DAT.PR — **reduced instruction set computer**
[mit eingeschränktem Befehlsvorrat] — = RISC
≠ CISC-Computer — ≠ complex instruction set computer

Risikenbehandlung *nf* — ECON — **risk management**
= Risk Management *nn*

Risiko *nn* (*pl* -ken) — COLL — **risk** *n*
= hazard *n*

Risikobeobachtung *nf* — ECON — **risk monitoring**

Risikoberichterstattung *nf* — ECON — **risk reporting**

risikofrei — ECON — **risk-free**

Risikoreduzierung *nf* — ECON — → **hedge** *n*
→ Gegendeckung *nf*

risikoreich — COLL — → **risky** *adj*
→ riskant

Risikospannweite *nf* — ECON — **risk spread**

Risikoübergang *nm* — ECON — → **risk transfer**
→ Gefahrenübergang *nm*

Risikounterdeckung *nf* — ECON — **risk exposure**

Risiskokapital — ECON — → **venture capital**
→ Wagniskapital *nn*

riskant — COLL — **risky** *adj*
= risikoreich — = hazardous; venturous
≈ gefährlich — ≈ dangerous

Risk Management *nn* — ECON — → **risk management**
→ Risikenbehandlung *nf*

Riss *nm* (1) — TECH — → **crack** *n*
→ Sprung *nm*

Riss *nm* (2) — TECH — **rent** *n*
[schmale Trennung der Teile] — [small separation of parts]
= cranny

Rissbildung *nf* — TECH — **crack formation**

RITL — TELEC — → **Wireless Local Loop**
→ drahtlose Anschlussleitung

RITLL — TELEC — → **Wireless Local Loop**
→ drahtlose Anschlussleitung

Ritz *nm* — TECH — → **scratch** *n*
→ Kratzer *nm*

Ritze *nf* — TECH — → **gap** *n*
→ Spalt *nm*

Ritzel *nn* — MEC.EN — **pinion** *n*
↑ Zahnrad — ↑ gear

ritzen — TECH — **scratch** *vt*
= einritzen; kratzen — = scribe *vt*

Ritzgerät *nn* — MICR.EL — **scriber** *n*

Ritzhärte *nf* — PHYS — **scratch hardness**

Ritzhärteskala *nf* — PHYS — **Mohs scale**
= Mohssche Härteskala

Ritzrahmen *nm* — MICR.EL — **scribe line**

RJ11-Stecker *nm* — TELEC — → **Western plug**
→ ISDN-Stecker *nm*

RKN-Kondensator *nm* — COMPO — → **junction capacitor**
→ Sperrschichtkondensator *nm*

RLCM-Zweipol *nm* — NETW.TH — **RLCM network**

RLC-Schaltung *nf* — NETW.TH — **RLC network**

RLL — TELEC — → **Wireless Local Loop**
→ drahtlose Anschlussleitung

RLL-Aufzeichnung *nf* — TER&PER — → **run-length limited encoding**
→ lauflängenbegrenzte Codierung

RLL-Codierung *nf* — TER&PER — → **run-length limited encoding**
→ lauflängenbegrenzte Codierung

RLL-Verfahren *nn* — TER&PER — → **run-length limited encoding**
→ lauflängenbegrenzte Codierung

RLP — MOB.CO — **RLP**
= Radio Link Protocol

RL-Schaltung *nf* — NETW.TH — → **RL network**
→ RL-Zweipol *nm*

RL-Zweipol *nm* — NETW.TH — **RL network**
= RL-Schaltung *nf*

RMI — RAD.LO — → **radio magnetic indicator**
→ Radiokompassrose *nf*

RMS-Wandler *nm* — COMPO — **rms converter**

RMT — TRANSM — → **remote alarm reception**
→ Fernalarmempfang *nm*

Rn — CHEM — → **radon** *n*
→ Radon *nn*

RNC — MOB.CO — **RNC**
= Radio Network Controller

Roadmanager *nm* — SOUN.ME — **road manager**
[für die Bühnentechnik u. Transport einer Musikgruppe verantwortlich] — [resposible for the stage set-up of a band and its transport]

Roadmovie *nn* — CINEMA — **road movie**
[spielt auf der Straße] — [the action is on the road]

Roaming *nn* — MOB.CO — **roaming**
[Wechseln zw. Versorgungsbereichen von Basisstationen] — [change of coverage area of base stations]
= Rufbereichswechsel *nm*; Gesprächsübergabe *nf* — ↓ international roaming
↓ internationales Roaming

Roaming-Abkommen *nn* — MOB.CO — **roaming agreement**
= Gesprächsübergabeabkommen *nn*

Robo *nm* — INTERNET — → **intelligent agent**
→ intelligenter Agent

Roboter *nm* — AUTOMA — **robot** *n*
[eine mit Rechnerunterstützung auf Eingaben reagierende Maschine; aus dem Slawischen "robota" = Arbeit, Fronarbeit] — [computer-assisted machine reacting to inputs; from Slavonic "robota" = work, slave labor]
= Handhabungsgerät *nn*; Handhabungsautomat *nm*; Handhabungseinrichtung *nf* — ≈ process control computer [DAT.PR]; automaton [INF.TEC]
≈ Prozessrechner [DAT.PR]; Automat [INF.TEC]

Roboter *nm* — INTERNET — → **spider** *n*
→ Spinne *nf*

Roboterarbeitsplatz *nm* — MANUF — **robotic workcell**

Roboterfertigung *nf* — MANUF — **robot manufacturing**
[mit R. ausgerüstete F.] — [equipped with r.]
≈ automatisierte Fertigung — = robot production; robotized manufacturing; robotized production

Roboter-Programmiersprache *nf* — COMP.LG — **roboter program language**
= Robotsteuersprache *nf* — = robot control language

Roboter-Steuercode *nm* — AUTOMA — **roboter control code**

Robotersteuerung *nf* — AUTOMA — **roboter control**
= RC

Robotertechnik *nf* AUTOMA → **robotics** *nplt*
→ Robotik *nf*
Robotik *nf* AUTOMA **robotics** *nplt*
[Technik sensor- und rechnergesteuerter Automaten] [engineering of sensor and computer controlled automata]
= Robotertechnik *nf*; Automatentechnik *nf*; Automatik *nf*
Robotisierung *nf* AUTOMA **robotization**
≈ Automatisierung ≈ automation
Robotsteuersprache *nf* COMP.LG → **roboter program language**
→ Roboter-Programmiersprache *nf*
robust TECH **rough**
robust TECH → **resistant** *adj*
→ widerstandsfähig
Robustheit *nf* TECH **ruggedness** *n*
≈ Widerstandsfähigkeit; Dauerhaftigkeit; Stabilität = robustness *n* ≈ resistance; durability; stability
Rock *nm* MUSIC → **rock music**
→ Rockmusik *nf*
Rockmusik *nf* MUSIC **rock music**
= Rock *nm* = rock *n*
roh TECH **raw** *adj*
= unbearbeitet; unfertig; halbfertig = unwrought; unmachined; unfinished; untreated
≈ rauh
Rohbau *nm* CIV.EN **brick-work**
Rohblock *nm* METAL **ingot** *n*
Rohdaten *nplt* DAT.MA → **source data**
→ Ursprungsdaten *nplt*
Roheisen *nn* METAL **pig iron**
Rohfilm *nm* IMAG.ME → **film stock**
→ Filmmaterial *nn* (2)
Rohgewicht *nn* ECON → **gross weight**
→ Bruttogewicht *nn*
Rohling *nm* MICR.EL **ingot** *n*
Rohling *nm* MANUF **preform** *n*
= Rohteil *nn*; Ausgangsteil *nn*; Vorform *nf* = unmachined part; slug *n*
Rohling *nm* TER&PER → **blank disc**
→ CD-ROM-Rohling *nm*
Rohmaterial *nn* MANUF → **raw material**
→ Rohstoff *nm*
Rohöl *nn* CHEM → **petroleum** *n*
→ Erdöl *nn*
Rohprodukt *nn* TECH **raw product**
Rohr *nn* TECH **tube** *n* (1)
= Röhre *nf* = pipe *n*
Rohrbruch *nm* TECH **pipe burst**
Rohrbürste *nf* OUT.PL **duct cleaner**
Röhre *nf* TECH → **tube** *n* (1)
→ Rohr *nn*
Röhre *nf* OUT.PL **duct** *n*
≈ Einrohrkanal; Kabelkanalzug; Kanalzug = pipe *n* ≈ single-duct conduit; cable conduit
Röhre *nf* EL.TRO → **electron tube**
→ Elektronenröhre *nf*
Röhrenbrummen *nn* EL.TRO **tube hum**
≈ Röhrenrauschen ≈ tube noise
Röhrendiode *nf* EL.TRO → **rectifier tube**
→ Gleichrichterröhre *nf*
Röhrenempfänger *nm* RADIO **valve receiver**
Röhrenfassung *nf* EL.TRO **tube socket**
= Röhrensockel *nm* = tube base; valve socket; valve
Röhrengenerator *nm* CIRC.EN **tube generator**
= valve generator
Röhrengrundschaltung *nf* CIRC.EN **basic tube connection**
↑ Verstärkergrundschaltung = basic tube circuit ↑ basic amplifier connection
Röhrenkabel *nn* COM.CAB **duct cable**
≈ Erdkabel = underground cable (AE); in-duct cable
↑ unterirdisches Kabel ≈ earth cable ↑ below-ground cable
Röhrenkammer *nf* OUT.PL **subduct** *n*
Röhrenkennlinie *nf* EL.TRO **tube characteristic**
Röhrenkühlkörper *nm* COMPO → **heat pipe**
→ Wärmeleitrohr *nn*
Röhrenlötzinn *nn* EL.TRO **resin-cored solder**
Röhrenmessgleichrichter *nm* INSTR **tube measuring rectifier**
Röhrenoszillator *nm* MICROW **tube oscillator**
Röhrenrauschen *nn* EL.TRO **tube noise**
≈ Röhrenbrumm = valve noise ≈ tube hum
Röhrensender *nm* RADIO **tube transmitter**
= valve transmitter
Röhrensockel *nm* EL.TRO → **tube socket**
→ Röhrenfassung *nf*
Röhrenstreifen *nm* METAL **skelp** *n*
Röhrenstufe *nf* CIRC.EN **tube stage**
= valve stage
Röhrensystem *nn* EL.TRO **tube system**
Röhren-Vergleichstabelle *nf* EL.TRO **tube reference guide**
Röhrenverlegung *nf* OUT.PL **duct laying**
Röhrenverstärker *nm* CIRC.EN **tube amplifier**
= valve amplifier
Röhrenvoltmeter *nn* INSTR **tube voltmeter**
Röhrenzug *nm* OUT.PL → **cable conduit**
→ Kabelkanal *nm*
Röhrenzugverlauf *nm* OUT.PL **conduit run**
Rohrerder *nm* SYS.INS **tubular earthing electrode**
Rohrerder *nm* EL.TEC → **ground rod**
→ Erdungsstab *nm*
rohrförmig TECH **tubular**
≈ fistulous
Rohrgewinde *nn* MEC.EN **pipe thread**
Rohrgittermast *nm* CIV.EN **tubing lattice pylon**
Rohrkondensator *nm* COMPO **tubular capacitor**
= Zylinderkondensator *nm*
Rohrleitung *nf* LINE TH **rigid coaxial cable**
Rohrleitung *nf* EL.INS **tubing raceway**
= tubing *n*; conduit *n*
Rohrmast *nm* OUT.PL **tubular mast**
Rohrnetzplan *nm* TECH **piping diagram**
Rohrniet *nm* MEC.EN **tubular rivet**
Rohrofen *nm* PHYS **tube furnace**
Rohrpost *nf* POST **pneumatic post**
= pneumatic dispatch; pneumatic tube system
Rohrreiniger *nm* OUT.PL → **go-devil**
→ Reinigungsmolch *nm*
Rohrschelle *nf* TECH **pipe clamp**
Rohrschlitzstrahler *nm* ANT → **slot antenna**
→ Schlitzstrahler *nm*
Rohrstrahler *nm* ANT → **dielectric rod antenna**
→ Stabantenne *nf*
Rohrstrang *nm* OUT.PL → **cable conduit**
→ Kabelkanal *nm*
Rohrteiler *nm* OUT.PL **duct separator**
Rohrwandung *nf* TECH **pipe wall**
Rohrzange *nf* TECH **pipe wrench**
= Wasserrohrzange *nf*; Pumpenzange *nf* = pipe tongs
Rohrzug *nm* OUT.PL → **cable conduit**
→ Kabelkanal *nm*
Rohschnitt *nm* IMAG.ME **first cut**
≠ Endschnitt = rough cut ≠ final cut
Rohstahl *nm* METAL **crude steel**
≈ Roheisen ≈ pig iron
Rohstoff *nm* MANUF **raw material**
= Rohmaterial *nn*; Ausgangsstoff *nm*; Ausgangsmaterial *nn*; Grundstoff *nm* = base material; primary commodity; commodity *n*
≈ Grundstoff
Rohstofflager *nn* MANUF **raw materials store**
Rohstoffverarbeitung *nf* MANUF **raw materials processing**
Rohteil *nn* MANUF → **preform** *n*
→ Rohling *nm*
Rohumsatz *nm* ECON → **gross sales**
→ Bruttoumsatz *nm*
Rollabspann *nm* CINEMA **rolling credits**
Rollachse *nf* TECH → **roll axis**
→ Schlingerachse *nf*
Rollbahn *nf* AERON **taxiway** *n*
[für langsame Anfahrten] [for low-speed maneuvers]
= taxilane *n*
Rollbalken *nm* COMP.AP → **scroll bar**
→ Bildlaufleiste *nf*
Röllchenisolator *nm* COMPO **probe barrel insulator**
Rolle *nf* TER&PER → **paper roll** (1)
→ Papierrolle *nf*
Rolle *nf* COLL **role** *n*
≈ Funktion ≈ function
Rolle *nf* (1) TECH **roll** *n* (1)
[etwas walzenförmig zusammengerolltes] [something rolled into shape of cylinder or ball]
= Spule *nf* (2)

		= reel *n* (2) ≈ coil
Rolle *nf* (2) [Kugel, Walze, Rad, Scheibe oder sonstiger Körper, auf dem etwas rollt oder gleitet] ≈ Trommel; Walze ↓ Seilscheibe	TECH	**roll** *n* (2) [something performing a rolling action] ≈ drum; roller ↓ sheave
Rolle *nf* (3) → Spule *nf* (1)	TECH	→ **reel** *n* (1)
Rolle *nf* [Spulenkörper mit Wicklung] ↓ Magnetbandrolle; Lochstreifenrolle	TER&PER	**roll** *n* [reel with windings] ↓ magnetic tape roll; peforated tape roll
Rolle *nf* = Figur *nf* ↓ Theaterrolle *nf*, Filmrolle *nf* (2)	MEDIA	**role** *n* = rôle *n* ≈ character *n* ↓ theater role; film role (2)
Rolle *nf* (1) → Filmrolle *nf* (1)	CINEMA	→ **reel** *n*
Rolle *nf* (2) → Filmrolle *nf* (2)	CINEMA	→ **film role**
Rolleiste *nf* → Verschiebebalken *nm*	COMP.AP	→ **moving bar**
Rolleistenmenü *nn* [Optionen können durch eine rollbare Leiste hervorgehoben werden] = Verschiebebalkenmenü *nn*	COMP.AP	**moving-bar menu** [options can be highlighted by a srolling bar]
rollen → schlingern	TECH	→ **roll** *vi*
rollen [kontinuierliches Bewegen einen Bildschirminhalts, vertikal oder horizontal] = verschieben; scrollen; Bildlauf durchführen ≈ blättern ↓ vorrollen; zurückrollen; seitlich rollen	COMP.AP	**scroll** *vt* [continuous shift of a display content, vertical or horizontal] = roll; roll scroll ≈ page ↓ scroll up; scroll down; side-scroll
rollen [langsame Flugzeugbewegung am Boden] ↓ anrollen; ausrollen	AERON	**taxi** *vt* [low-speed displacement on the ground]
Rollen *nn* → Bildverschiebung *nf*	TER&PER	→ **scrolling** *n*
Rollenantrieb *nm* → Capstan-Antrieb *nm*	TER&PER	→ **capstan drive**
Rollenbesetzung *nf* = Besetzung *nf*	IMAG.ME	**cast** *n* [list of actors] = casting *n*
rollende Reibung → Rollreibung *nf*	PHYS	→ **rolling friction**
Rollenformular *nn* = Rollenvordruck *nm* ↑ Endlosformular	TER&PER	**rollpaper form** ↑ continuous form
Rollenlager *nn*	MEC.EN	**roller bearing**
Rollenpapier *nn*	PRIN.ME	**web paper**
Rollenpapier *nn* ↑ Endlospapier	TER&PER	**rollpaper** = continuous rollpaper ↑ continuous paper
Rollenplotter *nm*	TER&PER	**pinch-roller plotter**
ROLLEN-Taste *nf* → Taste *nf* ROLLEN	TER&PER	→ **SCROLL key**
Rollenvordruck *nm* → Rollenformular *nn*	TER&PER	→ **rollpaper form**
Rollfeld *nn* [Gesamtheit der von Flugzeugen befahrbaren Flächen]	AERON	**airfield** *n* [total surface accessible to airplaines]
Rollfeld-Überwachungsradar *nm&nn* (*pl* -e)	RAD.LO	**airfield surveillance radar**
Rollfilm *nm*	IMAG.ME	**roll film**
Rollgut *nn*	ECON	**carted goods**
Roll-in/Roll-out → Ein-/Aus-Speicher *nm*	HW	→ **roll-in / roll-out**
Rollkasten *nm* → Bildlauffeld *nn*	COMP.AP	→ **scroll box**
Rollkugel *nf* [Kugel von oben rollbar; "umgedrehte Maus"] = Trackball *nm*; Standmaus *nf* ≈ Maus ↑ Abrollgerät; Schreibmarkensteuergerät	TER&PER	**track ball** [ball turnable from top; "turned mouse"] = trackball; control ball ≈ mouse ↑ rollover device; pointing device
Rollkugeleingabegerät *nn* → Maus *nf* (*pl* Mäuse)	TER&PER	→ **mouse** *n* (*pl* mice&mouses)
Rollladen *nm* = Jalousie *nf*	TECH	**tambour** *n* = jalousie *n*

Roll-off *nm* (ANGL) → Flankenabfall *nm*	NETW.TH	→ **roll-off** *n*
Roll-off-Faktor *nm*	NETW.TH	**roll-off factor**
Roll-off-Faktor *nm* → Kosinus-roll-off-Faktor *nm*	MODUL	→ **cosinus roll-off factor**
Rollpfeil *nm* → Bildlaufpfeil *nm*	COMP.AP	→ **scroll arrow**
Rollreibung *nf* = rollende Reibung ↑ Reibung	PHYS	**rolling friction** ↑ friction
Rollschnitt *nm*	TV	**rolling cut**
Rollschrank *nm* = Jalousienschrank *nm*	TECH	**roll-front cabinet** = roll-fronted cabinet; tambour cabinet
Rollstanzen *nn*	METAL	**curling** *n*
Rolltaste *nf*	TER&PER	**SCROLL LOCK key**
Rolltitel *nm*	CINEMA	**rolling title** = roller title
Rolltür *nf*	TECH	**tambour door** *n*
ROLLUNTBR-/PAUSE-Taste *nf* (IBM) → Unterbrechungstaste *nf*	TER&PER	→ **BREAK key**
ROLL-UP-Taste *nf*	TER&PER	**ROLL-UP key**
ROM → Festwertspeicher *nm*	HW	→ **read-only memory**
Roman *nm* [umfangreiche erfundene Erzählung] ≈ Novelle	MEDIA	**novel** *n* [extensive invented narrative] ↓ novelette
Roman *nn* → Antiquaschrift *nf*	PRIN.ME	→ **roman** *n*
Romanfassung eines Films	PRIN.ME	**novelization**
Roman Noire	PRIN.ME	**Gothic roman**
ROM-BASIC [auf ROM geladenes BASIC]	DAT.PR	**ROM BASIC** [BASIC loaded on a ROM]
ROM-Baustein *nm* = ROM-chip	MICR.EL	**ROM chip**
ROM BIOS	DAT.PR	**ROM BIOS**
ROM-chip → ROM-Baustein *nm*	MICR.EL	→ **ROM chip**
ROM-Emulator *nm* = ROM-Simulator *nm*	HW	**ROM emulator** = ROM simulator
römisches Zahlensystem [ein biquintales Additionssystem, d.h. Zahlen werden durch dekadische Grundzeichen u. quinäre Hilfszeichen dargestellt]	MATH	**roman numeral notation** [a biquintal addition system; i.e. numbers are represented by decadic numerals and auxiliary quinary numerals]
römisches Zahlzeichen [dezimale Grundzeichen I,X,C,M mit quinären Hilfszeichen V,L,D] = römische Ziffer ↑ numerisches Zeichen; Dezimalzeichen	MATH	**roman numeral** [decimal basic numerals I,X,C,M with quinary auxiliary numerals V,L,D] = roman digit ↑ numeral; decimal numeral
römische Ziffer → römisches Zahlzeichen	MATH	→ **roman numeral**
ROM-Karte *nf* ≈ Festspeicherkassette	HW	**ROM card** ≈ ROM cartridge
ROM-Kassette *nf* → Festspeicherkassette *nf*	TER&PER	→ **ROM cartridge**
ROM-Programmierer *nm*	TER&PER	**ROM programming system**
ROM-Simulator *nm* → ROM-Emulator *nm*	HW	→ **ROM emulator**
ROM-Speicher *nm* → Festwertspeicher *nm*	HW	→ **read-only memory**
ROM-Steckmodul *nn*	HW	**ROM cartridge**
ROMware *nf* [auf ROM gespeicherte Software]	DAT.PR	**ROMware** [software loaded on a ROM]
röntgen *vt* = röntgenisieren *vt* (AT)	PHYS	**radiograph** *vt*
Röntgenabsorptionskante *nf*	PHYS	**X-ray absorption edge**
Röntgenanalytik *nf*	INSTR	**X-ray analysis**
Röntgenaufnahme *nf*	PHYS	**radiography** *n*
Röntgenbildwandler *nm*	EL.TRO	**X-ray image converter**
Röntgenbremsstrahlung *nf* → Röntgenstrahlung *nf*	PHYS	→ **X radiation**
Röntgenfotografie *nf*	PHYS	**X-ray photography**
röntgenisieren *vt* (AT) → röntgen *vt*	PHYS	→ **radiograph** *vt*
Röntgen-Mikroskop *nn*	EL.TRO	**X-ray microscope**
Röntgenröhre *nf*	EL.TRO	**X ray tube**
Röntgen-Spektrometer *nn*	PHYS	**X ray specxtrometer**
Röntgenstrahl *nm* ↑ Strahl	PHYS	**X ray** ↑ ray
Röntgenstrahl-Lithographie *nf*	MICR.EL	**X-ray lithography**

Röntgenstrahlung *nf* PHYS **X radiation**
= Röntgenbremsstrahlung *nf*

Root-Passwort *nn* SW **root keyword**
= superuser keyword

Root-Server *nm* INTERNET **root server**

Rose-Metall *nn* METAL **Rose metal**
↑ Lot — ↑ solder

rosenholz OPT **rosewood**
[Farbe] — [color]

rosensches Theorem NETW.TH → **Rosen's theorem**
→ Theorem von Rosen

Rosen'sches Theorem NETW.TH → **Rosen's theorem**
→ Theorem von Rosen

Rosette *nf* MEC.EN **rosette** *n*

rost OPT → **rust** *adj*
→ rostfarben

Rost *nm* CHEM **rust** *n*
≈ Eisenoxyd — ≈ ferrous oxide

Rost *nm* SYS.INS **grid** *n*
↓ Kabelrost — = runway *n*; shelf *n*; grating *n*; rack *n* (1)
↓ cable rack

Rost *nm* TECH → **grating** *n*
→ Gitter *nn*

Rost aufweisend CHEM → **rusty** *adj*
→ rostig

rostbeständig CHEM **rust resisting**
≈ rostfrei — ≈ stainless

rostbeständig CHEM → **rustless**
→ rostfrei

rostbraun OPT → **russet**
→ rotbraun

rostend CHEM **rusting**
≈ gerostet — ≈ rusty
↑ oxydierend — ↑ oxidizable

rostfarben OPT **rust** *adj*
= rostfarbig; rost — [colour]
= rusty

rostfarbig OPT → **rust** *adj*
→ rostfarben

rostfleckig TECH **rust-stained** *adj*

rostfrei CHEM **rustless**
= nichtrostend; rostsicher; rostbeständig — = non-rusting; rustproof; rust-resisting; stainless
≈ korrosionsfest; rostbeständig

rostfreier Stahl METAL **stainless steel**

rostig CHEM **rusty** *adj*
= gerostet; verrostet; Rost aufweisend — ≈ rusting
≈ rostend

Rostmatte *nf* SYS.INS → **planar cable grid**
→ Flächenkabelrost *nm*

Rostschutz *nm* (1) CHEM **rust protection** *n*
[Vorgang] — [process]
= rost prevention; rost proofing

Rostschutz *nm* (2) CHEM **rust preventive** *n*
[Stoff] — [material]
= Rostschutzmittel *nn*; Rostschutzfarbe *nf* — = anti-rust paint
↑ Antioxydationsmittel — ↑ anti-oxidant

Rostschutzfarbe *nf* CHEM → **rust preventive** *n*
→ Rostschutz *nm* (2)

Rostschutzmittel *nn* CHEM → **rust preventive** *n*
→ Rostschutz *nm* (2)

rostsicher CHEM → **rustless**
→ rostfrei

rot MATH → **curl** *n*
→ Rotation *nf*

rot *adj* OPT **red** *adj*
[ca. 660 nm] — [approx. 660 nm]

Rot13-Verschlüsselung *nf* CODING **rot13 encoding**
[schreibt um die Position 13 des Alphabets gespiegelt, z.B. "n" statt "a" u.umgk.] — [writes mirrored at position 13 of the alphabet, e.g. "n" instead of "a" and vv.]

Rotation *nf* MATH **curl** *n*
[Vektorrechnung] — [vector analysis]
= Wirbel *nm*; rot — = rot

Rotation *nf* ECON **rotation** *n*

Rotation *nf* PHYS → **Faraday effect**
→ Faraday-Effekt *nm*

Rotation *nf* PHYS → **circular movement**
→ Kreisbewegung *nf*

Rotationsbewegung *nf* PHYS → **circular movement**
→ Kreisbewegung *nf*

Rotationsdispersion *nf* PHYS **rotatory dispersion**

Rotationsdruck *nm* PRIN.ME **rotary printing**
[Papier läuft zwischen zwei Walzen, von denen eine die Druckform trägt] — [paper runs in between two rolls, one of them carrying the printing form]
↓ Rotationstiefdruck — ↓ rotogravure

Rotationsellipsoid *nn* MATH **ellipsoid of revolution**

Rotationsfläche *nf* MATH **surface of revolution**

rotationsfrei MATH → **irrotational** *adj*
→ wirbelfrei

rotationsfreie Strömung PHYS → **irrotational flow**
→ Potentialströmung *nf*

Rotationsgelenk *nn* MEC.EN → **rotary joint**
→ Drehgelenk *nn*

Rotationsgeschwindigkeit *nf* PHYS **angular velocity** *n* (1)
[SI-Einheit: Radiant durch Sekunde] — [SI unit: radia per second]
= Winkelgeschwindigkeit *nf* (1) — ≈ rotational frequency
≈ Drehzahl

Rotationsmagnetismus *nm* PHYS **rotary magnetism**

Rotationsparabolantenne *nf* ANT → **parabolic antenna**
→ Parabolantenne *nf*

Rotationsparaboloid *nn* MATH **paraboloid of revolution**
↑ Paraboloid

Rotationsparabolspiegel *nm* ANT → **parabolic reflector**
→ Parabolspiegel *nm*

Rotationsspektrum *nn* PHYS **rotational spectrum**

rotationssymmetrisch MATH **rotational-symmetric**
= rotationally symmetric

Rotationstiefdruck *nm* PRIN.ME **rotogravure**

Rotationszylinder *nm* MATH **cylinder of revolution**
= gerader Kreiszylinder

Rotator *nm* (ANGL) MICROW → **phase rotator**
→ Phasendreher *nm*

rotbraun OPT **russet**
= rostbraun

rötel OPT **sanguine** *adj*

RO-Terminal *nn* DAT.CO → **read-only terminal**
→ Nur-Lese-Terminal *nn*

ROTFL INTERNET → **rolling on the floor laughing**
→ sich vor Lachen am Boden krümmen

rotglühend TECH → **red-hot**
→ glutrot

Rotglut *nf* TECH **red heat**

Rot-Grün-Blau-Kamera *nf* TV → **RGB camera**
→ RGB-Kamera *nf*

Rot-Grün-Blau-Signal *nn* TV → **RGB signal**
→ RGB-Signal *nn*

rotieren COMP.AP **rotate** *vi*
[eine Grafik oder Schrift drehen] — [a graphics on the display]

rotieren PHYS **rotate** *vi*
[sich um einen Punkt oder eine Achse bewegen] — [to move about an axis or center]
= revolve *vi*; turn *vi* (1); gyrate *vi*
≈ circulate; turn (2)

rötlich OPT **reddish**

Rotor *nm* POW.SY → **rotor** *n*
→ Läufer *nm*

rotorange *adj* OPT **orange red** *adj*

Rotschreibung *nf* TER&PER **ribbon shift red**

Rotstich *nm* OPT **tinge of red**

Rotstiftkorrektur *nf* TECH **changes mark-up**

Rotstiftmarkierung *nf* WOR.PR **redlining** *n*
[zur Markierung von Textänderungen] — [to mark text differences]
= changes mark-up

Rotverschiebung *nf* PHYS **red shift**

rotviolett *adj* OPT **red violet** *adj*

Roulettsimulation *nf* COMP.AP **roulette simulation**

Round-robin DAT.MA → **cyclic search**
→ zyklische Suche

Router *nm* (1) DAT.NW → **communication server**
→ Kommunikations-Server *nm*

Router *nm* (2) DAT.NW → **gateway** *n*
→ Überleiteinrichtung *nf*

routerbasiert TELEC **router-based**

Routine *nf* SW **routine** *n*
[kleines aufrufbaress Programm für häufig vorkommende Aufgaben] — [small invocable program for recurrent tasks]
≈ Unterprogramm; Prozedur; Makroaufruf; Programmteil — ≈ subroutine; procedure; macro call; program section
↑ Programm — ↑ program
↓ Eingaberoutine; Ausgaberoutine; Druckroutine; Subroutine; Koroutine — ↓ input routine; output routine; print routine; subroutine; coroutine; handler

routinemäßig TECH → **regular** *adj*
→ regelmäßig *adj*
Routinemessung *nf* TECH **routine measurement**
≈ Routineprüfung ≈ routine test
Routinenbibliothek *nf* SW → **function library**
→ Funktionsbibliothek *nf*
Routineprüfung *nf* TECH **routine test**
≈ Routinemessung ≈ routine measurement
Routing-Baum *nm* (ANGL) DAT.CO → **routing tree**
→ Richtungswahlbaum *nm*
Row Level Rocking DAT.MA **row-level rocking**
[spezielle Sperrung von Datensätzen] [special blocking of datasets]
RPC-Schnittstelle *nf* SW **RPC interface**
= Remote Procedure Call interface
RPE ANT → **radiation pattern envelope**
→ Winkeldämpfungs-Hüllkurve *nf*
RPG COMP.LG **RPG**
[von IBM] [by IBM]
≈ Listengenerator [SW] = Report Program Generator
↑ Programmiersprache ≈ report generator [SW]
↑ program language
RPG SW → **report generator**
→ Listengenerator *nm*
RPROM *nn* MICR.EL → **EPROM**
→ EPROM *nn*
RRP-Drucktechnik *nf* TER&PER → **resistive ribbon printing**
→ Widerstandsfarbband-Druck *nm*
RS EL.TRO **RS**
[Präfix für Normen der EIA] [praefix for standards of EIA]
RS DAT.CO → **record separator**
→ Untergruppentrennung *nf*
RS-232-C-Norm DAT.CO **RS-232-C standard**
[von EIA; serielle Datenschnittstelle ähnlich UIT-T V.24 & V.28] [of EIA; low-speed serial interface similar to V.24 & V.28]
RS-422-Schnittstellennorm *nf* DAT.CO **RS-422 interface standard**
[von EIA]
RS-423-Schnittstellennorm *nf* DAT.CO **RS 423 interface standard**
[von EIA] [of EIA]
RSA-Code *nm* CODING **RSA code**
[ein 192-Bit Codewort, nach den Erfindern Rives, Shamir und Adleman gelang] [a 129 bit codeword, by Rives, Shamir and Adleman]
RS-Code *nm* CODING → **Reed Solomon code**
→ Reed-Solomon-Code *nm*
RS-Flipflop *nm* CIRC.EN **RS flipflop**
RSM SWITCH → **tone and ringing machine**
→ Ruf- und Signalmaschine *nf*
RST-Qualität *nf* RADIO **RST**
[Amateurfunk] [amateur radio]
= Readibility, Signal Strength, Tone Quality
R-Taste *nf* TELEPH → **grounding key**
→ Erdtaste *nf*
RTF-Format *nn* DAT.MA **RTF format**
= Rich Text Format
RTFM-Hinweis *nm* INTERNET → **RTFM**
→ schlagen Sie bitte im Handbuch nach
RTL MICR.EL **RTL**
= Widerstand-Transistor-Logik *nf* = resistor-transistor logic
RTS-Signal *nn* DAT.CO → **RTS signal**
→ Sendebereitschaftssignal *nn*
RTS-Signal *nn* DAT.CO → **RTS**
→ Sendeaufforderung *nf*
RTT MOB.CO **RTT**
= Radio Transmission Technology
RTTY-Sender *nm* RADIO → **radioteletype transmitter**
→ Funkfernschreibsender *nm*
Ru CHEM → **ruthenium** *n*
→ Ruthenium *nn*
Rubidium *nn* CHEM **rubidium** *n*
= Rb = Rb
Rubidium-Frequenznormal *nn* INSTR → **rubidium frequency standard**
→ Rubidium-Frequenzstandard *nm*
Rubidium-Frequenzstandard *nm* INSTR **rubidium frequency standard**
= Rubidium-Frequenznormal *nn*; Rubidiumnormal *nn* = rubidium vapor frequency standard; rubidium vapor standard; rubidium gas cell frequency standard
Rubidium-Magnetometer *nn* INSTR **rubidium magnetometer**
Rubidiumnormal *nn* INSTR → **rubidium frequency standard**
→ Rubidium-Frequenzstandard *nm*
Rubidium-Oszillator *nm* CIRC.EN **rubidium oscillator**
Rubin *nm* CHEM **ruby** *n*
Rubinlaser *nm* OPTOEL **ruby laser**
rubinrot *adj* OPT **ruby red** *adj*
Rubrik *nf* PRIN.ME → **heading** *n*
→ Überschrift *nf*
Ruck *nm* TECH **jerk** *n*
= fit
Rückadresse *nf* SW → **return address**
→ Rücksprungadresse *nf*
Rückadressierung *nf* DAT.NW **inverse addressing**
Rückanschlag *nm* MEC.EN **backstop** *n*
Rückansicht *nf* ENG.DRA **rear view**
= Hinteransicht *nf*
Rückantwort *nf* POST **paid reply**
≈ franko ≈ reply paid
ruckartig *adj* TECH **jerky** *adj*
= sprungartig = fitful *adj*
≈ unstetig ≈ discontinuous
rückätzen EL.TRO **etch-back**
[Leiterplatten] [PCB]
rückauslösen SWITCH **release back**
↑ auslösen ↑ release
rückbezüglich LING → **reflexive**
→ reflexiv
rückbezügliches Fürwort LING → **reflexive pronoun**
→ Reflexivpronomen
Rückbildung *nf* SCIE **back formation**
Rückblende *nf* CINEMA **flash back** *n*
= Rückblick *nm*
rückblenden *vi* CINEMA **flash back** *vi*
= rückblicken
Rückblick *nm* CINEMA → **flash back** *n*
→ Rückblende *nf*
Rückblick *nm* SCIE **retrospect** *n*
= retrospection *n*
rückblicken CINEMA → **flash back** *vi*
→ rückblenden *vi*
rückblickend SCIE **retrospective** *adj*
= retrospektiv
rückblickende Abfrage DAT.MA **retrospective search**
Rückbuchung *nf* ECON **reversing entry**
Rückdämpfung *nf* ANT → **front-to-back ratio**
→ Rückstrahldämpfung *nf*
Rückdiffusion *nf* PHYS **back-diffusion**
Rückelektron *nn* EL.TRO **back electron**
rucken TECH **jerk** *vt*
Rücken *nm* PRIN.ME **back** *n*
= Buchrücken *nm*
Rücken-an-Rücken SYS.INS **back-to-back**
Rücken-an-Rücken-Aufbau *nm* SYS.INS **back-to-back installation**
Rückendeckel *nm* PRIN.ME → **back cover**
→ hinterer Einbanddeckel
Rückenlicht *nf* IMAG.ME → **counter-light** *n*
→ Gegenlicht *nn*
Rückentzerrung *nf* TELEC **de-emphasis**
= Deemphasis (ANGL) ≠ pre-emphasis
≠ Vorverzerrung ↑ emphasis
↑ Verzerrung
Rückerstattung *nf* ECON **refund** *n*
= Rückzahlung *nf*; Rückvergütung *nf*; Kostenerstattung *nf* = reimbursement *n*; redemption *n*; repayment *n*; payback *n*
≈ Schadenersatz [LAW] ≈ compensation [LAW]
Rückfall *nm* SWITCH **fall back** *n*
Rückfalldatei *nf* DAT.MA → **backup file**
→ Sicherungsdatei *nf*
Rückfallmaßnahme *nf* DAT.PR → **fall back** *n*
→ Bereitschaftsmaßnahme *nf*
Rückfallposition *nf* COLL **fallback position**
Rückfallprofil *nn* TELEC → **default profile**
→ Standardprofil *nn*
Rückfallwert *nm* INF.TEC → **default value**
→ Standardwert *nm*
Rückfallzeit *nf* COMPO → **release time**
→ Abfallzeit *nf*
Rückfallzustand *nm* SW → **default** *n*
→ Vorgabe *nf*
Rückfaltung *nf* MODUL **aliasing** *n*
[führt i.a. zu unerwünschten optischen Effekten] [causes generally undesired optical effects]
= Überfaltung *nf*; Alias-Effekt *nm*; Faltungsverzerrung *nf*; Überfaltungsverzerrung = foldover distortion; overlap distortion
≈ staircaising

Rückfederung *nf* MEC.EN **spring-back**

Rückflanke *nf* EL.TRO → **trailing edge**
→ Abfallflanke *nf*

Rückfluss *nm* ECON **return** *n*
≈ Rendite | ≈ yield (1)

Rückfluss *nm* TECH **reflow** *n*
= reflux *n*

Rückfluss *nm* TELEC → **echo** *n*
→ Echo *nn*

Rückflussdämpfung *nf* ANT **VSWR**
= VSWR | = voltage standing wave ratio

Rückflussdämpfungsmaß *nn* NETW.TH → **return loss coefficient** *n*
→ Echodämpfungsmaß *nn*

Rückflusssperre *nf* TELEPH → **echo suppressor**
→ Echosperre *nf*

Rückfracht *nf* ECON **return freight**

Rückfrage *nf* TELEPH **call-back** *n*
[Nebenstellenanlagen] | [PABX]
= Rückruf *nm*; Internrückfrage *nf* | = callback *n* (2); consultation call; ringback *n*; ring back *n*; recall *n*; inquiry *n*

Rückfragebetrieb *nm* TELECON **negative acknowledge mode**

rückfragen TELEPH **call back** *vt* (2)
[während eines Gesprächs, bei einem Dritten] | [the PABX facility to contact a third party during a call]
= ring back *vt*; recall *vt*

Rückfragen *nn* TELEPH **call back** *n*
≈ Makeln | ≈ alternation between lines

Rückfrageplatz *nm* TELEPH **inquiry position**

Rückfrage-Taste *nf* TELEPH → **grounding key**
→ Erdtaste *nf*

ruckfreie Bewegung TV **smoothed motion**

rückführen TECH → **recover** *vt*
→ wiederherstellen

Rückführung *nf* CIRC.EN → **feedback** *n*
→ Rückkopplung *nf*

Rückführung *nf* ECON **repatriation** *n*
[in Heimatland]

Rückführungsfeder *nf* TECH **return spring**
= Rückholfeder *nf*

rückführungslose Steuerung CONTRO → **open-loop control**
→ Steuerung *nf*

Rückführungsregler *nm* CONTRO **feedback controller**

Rückgabegarantie *nf* ECON **return warranty**

Rückgabewert *nm* SW → **return code**
→ Rückmeldung *nf*

Rückgang *nm* TECH → **reduction** *n* (1)
→ Verminderung *nf*

Rückgang *nm* (fig) TECH → **decrease** *n*
→ Abnahme *nf*

rückgängigmachbar TECH **undoable**

rückgängigmachen DAT.PR **undo** *vt*
[den letzten Vorgang annullieren] | [to reverse the last action]
= aufheben | ≈ undelete
≈ wiederherstellen

rückgängigmachen TECH **undo** *vt*

rückgängigmachen ECON **cancel** *vt*
= annullieren; stornieren | = rescind; countermand; withdraw; reserve (an entry)
≈ widerrufen | ≈ revoke

Rückgängigmachungs-Befehl *nm* DAT.PR → **undo command**
→ UNDO-Befehl *nm*

rückgewinnbar TECH → **retrievable** *adj*
→ wiedergewinnbar

Rückgewinnung *nf* TECH **recycling** *n*
[aus Altmaterial] | [from junk]
= Wiedergewinnung *nf* | ≈ disposal
≈ Entsorgung

Rückgewinnung *nf* EL.TRO **recovery** *n*
[Signal] | [of a signal]
= Wiederherstellung *nf* | = retrieval *n*

Rückgriffpuffer *nm* HW **look-behind buffer**

Rückheizung *nf* EL.TRO **back heating**
= backheating *n*

Rückholfeder *nf* TECH → **return spring**
→ Rückführungsfeder *nf*

Rückhörbezugsdämpfung *nf* TELEPH **sidetone reference equivalent**
= RBD | = sidetone masking range; STMR; sidetone rating

Rückhördämpfung *nf* TELEPH **sidetone attenuation**

Rückhören *nn* TELEPH **sidetone** *n* (1)
[Rückkopplung von Sprechkapsel auf Hörkapsel] | [acoustic feedback from microphone to receiver capsule]
= side tone; telephone sidetone

Rückhörpfad *nm* TELEPH **sidetone path**

Rückkanal *nm* TELEC **backward channel**
≈ Hilfskanal | = reverse channel
≠ Hauptkanal | ≈ auxiliary channel
≠ main channel

Rückkanal *nm* DAT.CO **upstream channel**
≠ Empfangskanal | ≠ downstream channel
↑ Rückkanal [TELEC] | ↑ backward channel [TELEC]

Rückkanalfähigkeit *nf* TELEC **backward channel capability**

Rückkanaltechnologie *nf* INF.TEC **back-channel technology**

Rückkehr *nf* DAT.PR **rollback** *n*
[zu einer Ausgangssituation, nach einem Abbruch] | [return to a start position after an abort]
= backout

Rückkehr *nf* SW → **reentry** *n*
→ Rücksprung *nf*

Rückkehradresse *nf* SW → **return address**
→ Rücksprungadresse *nf*

Rückkehranweisung *nf* SW → **return instruction**
→ Rücksprungbefehl *nm*

Rückkehrbefehl *nm* SW → **return instruction**
→ Rücksprungbefehl *nm*

Rückkehrpunkt *nm* MATH **inversive point**
[Kurve ändert sprunghaft ihre Richtung, die Kurventangenten decken sich dabei] | [curve changes abruptly its sense, the tangents coincide]
= Umkehrpunkt *nm* | = cusp
≈ Scheitel; Knickpunkt | ≈ peak; break point
↑ Singularität | ↑ singularity

Rückkehrsprung *nf* SW → **reentry** *n*
→ Rücksprung *nf*

Rückkehr zu Null CODING **return-to-zero**
= RZ | = RZ

rückkonvertieren DAT.MA **down-convert**

Rückkoppelverzerrung *nf* TELEC **feed-back distortion**

Rückkopplung *nf* CIRC.EN **feedback** *n*
[Rückführung eines Teils des Ausgangssignals auf den Eingang] | [part of output signal is fed to the input]
= Rückführung *nf*; Rückwirkung *nf* | = feedback coupling; back coupling; reaction coupling; back-off *n*
↓ Mitkopplung; Gegenkopplung; Spannungsrückkopplung; Stromrückkopplung | ↓ positive feedback; negative feedback; voltage feedback; current feedback

Rückkopplungsbedingung *nf* CIRC.EN **feedback condition**

Rückkopplungsfaktor *nm* CIRC.EN **feedback factor**

rückkopplungsfrei CIRC.EN → **nonreactive**
→ rückwirkungsfrei

Rückkopplungsgleichung *nf* CIRC.EN **feedback equation**

Rückkopplungsgrad *nm* CIRC.EN **feedback amount**

Rückkopplungskreis *nm* TELEC **4-wire loop**

Rückkopplungsnetzwerk *nn* CIRC.EN **feedback circuit**

Rückkopplungsschaltung *nf* CIRC.EN **feedback network**

Rückkopplungssperre *nf* EL.TRO **anti-feedback device**
= reaction suppressor

Rückkopplungsspule *nf* CIRC.EN **reaction coil**
= Stromstärkeregler *nm* | = tickler *n*; feedback coil

Rückkopplungsübertrager *nm* CIRC.EN **feedback transformer**

Rückkopplungsverstärker *nm* CIRC.EN **feedback amplifier**
= reaction amplifier

Rückkriterium *nn* DAT.PR **return criterion**

Rücklage *nf* ECON **reserve** *n*

Rücklauf *nm* SWITCH **return to normal**
[Wähler] | [of a switch]

Rücklauf *nm* TELEPH **return** *n*
[Nummernscheibe] | [dial]

Rücklauf *nm* TER&PER **reverse run** *n*
= Reverse (1) | = reverse *n* (1)

Rücklauf *nm* EL.TRO **retrace** *n*
[Elektronenstrahl; Bildpunkt] | [of a beam]
= Heimlauf *nm*; Starhlrücklauf *nm*; Strahlheimlauf *nm* | = return trace; reverse action; beam return; flyback *n*; homing *n*
≠ Hinlauf | ≠ trace
↓ Zeilenrücklauf [TV]; Vertikalrücklauf [TV] | ↓ horizontal retrace [TV]; vertical retrace [TV]

Rücklauf *nm* TER&PER → **rewind** *n*
→ Rückspulung *nf*

rücklaufen EL.TRO **home** *vi*

rückläufig TECH **retrograde** *adj*
= regressiv | = declining; downward; regressive

≈ rückwärtig; gegenläufig; gegensinnig
≠ vorwärts
≈ backward (2); countermoving; reverse
≠ forward

Rückleistungsschutz *nm* MICROW **reverse power protection**

Rückleiter *nm* EL.TEC **return wire**
= Rückleitung *nf*
= return line; return circuit

Rückleiterschutz *nm* EL.INS **reverse power protection**

Rückleitung *nf* EL.TEC → **return wire**
→ Rückleiter *nm*

Rücklieferung *nf* ECON **return delivery**
≈ Retoure
= redelivery *n*; retourned good

rücklötbar EL.TRO **resolderable**

rücklöten EL.TRO **resolder** *vt*

Rücklötsicherung *nf* COMPO **resolderable fuse**
≈ Hitzdrahtsicherung; Umkehrauslöser
↑ Fernmeldesicherung
= resoldering fuse
↑ telephone service fuse
↓ heat-coil fuse; reversible fuse

Rückmagnetisierung *nf* EL.TRO **resetting** *n*
[Magnetspeicher]
[magnetic core]

Rückmeldebit *nn* DAT.CO **acknowledge bit**
= Quittungsbit *nn*

rückmelden DAT.PR **echo** *vt*
[z.B. eine Eingabe auf einem Bildschirm]
[to notify immediately the response to an input]

Rückmeldung *nf* INSTR **reedback** *n*
= echo query

Rückmeldung *nf* TELECON **return information**

Rückmeldung *nf* INF.TEC **response** *n*

Rückmeldung *nf* SW **return code**
= Rückgabewert *nm*
[reports the outcome of a procedure]

Rückmeldung *nf* DAT.CO **acknowledge** (1)
= Fehlerkorrektur *nf*
↓ positive R.; negative R.
= ACK (1); decision feedback
↓ positive a.; negative a.

Rückmeldung *nf* TELEC → **acknowledgment** *n* (AE)
→ Quittierung *nf*

Rückmeldung ausblenden DAT.PR **echo-off** *vt*

Rückmischung *nf* HF **inverse mixing**

Rücknahme *nf* ECON → **withdrawal** *n*
→ Widerruf *nm*

Rücknahmebefehl *nm* TELECON **cancel command**

Rückpolung *nf* EL.TRO **polarity reset**

Rückporto *nn* POST **return postage**

Rückprall *nm* TECH → **rebound** *n*
→ Abprall *nm*

rückprallen TECH → **rebound** *vi*
→ abprallen

Rückprallhärte MECH **scleroscope hardness**

Rückprojektion *nf* CINEMA **rear projection**
= process shot

Rückrichtung *nf* TELEC **return direction**
= Gegenrichtung *nf*
≠ Hin-Richtung
↑ Übertragungsrichtung
= opposite direction; far-to-near direction
≠ go direction
↑ transmission direction

Rückruf *nm* TELEPH → **call-back** *n*
→ Rückfrage *nf*

Rückruf *nm* TELEC **callback** *n*

Rückruf bei besetztem Teilnehmer SWITCH **CCBS**
= Completion of Call to Busy Subscriber

Rückrufdienst *nm* TELEC → **call back service**
→ Call-back-Dienst *nm*

rückrufen TELEPH **call back v (1)i**
[einen Teilnehmer anrufen, der einen nicht erreichen konnte]
[to call a subscriber who could not reach you]

Rückrufmodem *nm&nn* DAT.CO **callback modem**

Rückrufsystem *nn* DAT.CO **ring-back system**

Rückruf von nicht antwortendem Teilnehmer SWITCH **CCNR**
= Completion of Call on no Reply

Rucksack-Mobiltelefon *nn* MOB.CO **bag phone**
↑ Zellulartelefon
[packed in a shoulder case]
↑ cellular phone

Rucksackproblem *nn* COMP.SC **knapsack problem**
↑ kombinatorisches Suchproblem
↑ combinatoric search problem

rückschalten CIRC.EN → **reset** *vt*
→ rücksetzen

Rückschalten *nn* CIRC.EN → **reset** *n*
→ Rücksetzen *nn*

Rückschaltezeichen *nn* DAT.PR **shift-in character**
= SI

Rückschaltung *nf* DAT.CO **shift-in** *n*
= SI
↑ ASCII-Code
= SI
↑ ASCII code

Rückschaltung *nf* CIRC.EN → **reset** *n*
→ Rücksetzen *nn*

Rückschau *nf* MEDIA → **retrospective** *n*
→ Retrospektive *nf*

Rückschlag *nm* COLL **setback** *n*
[fig]
≈ Misserfolg

Rückschlagventil *nn* MEC.EN **back-pressure valve**
= non-return valve

Rückschluss *nm* PHYS **loopback** *n*

Rückschluss *nm* SCIE → **conclusion** *n*
→ Schlussfolgerung *nf*

Rückschmelz-Abschreck-Transistor *nm* MICR.EL **melt-quench transistor**

Rückschmelzen *nn* MICR.EL **meltback** *n*

Rückschmelztransistor *nm* MICR.EL **meltback transistor**
= Schmelzperlen-Transistor *nm*

Rückschrittstaste *nf* TER&PER → **backspace key** *n*
→ Rücksetztaste *nf* (2)

Rückseite *nf* PRIN.ME **rear page** *n*
= linke Seite; geradzahlige Seite
↓ Verso
= even-numbered page
↓ verso

Rückseite *nf* TECH **rear side**
= Hinterseite *nf*, Kehrseite *nf*, Revers *nm*
≈ Hinterteil
≠ Vorderseite
= rear *n* (2); reverse side; reverse *n* (1); back side; back *n* (2); flip side
≈ rear part

Rückseite der Titelseite PRIN.ME → **title page verso**
→ Rückseite des Titelblatts

Rückseite des Titelblatts PRIN.ME **title page verso**
= Rückseite der Titelseite
= title verso

Rückseitenmontage *nf* EQP.EN **rear mounting**
≠ Frontmontage
≠ front mounting

rückseitig TECH **rear** *adj*
= rückwärtig
≠ frontseitig
= backward; revertive
≈ back
≠ front

rückseitig PRIN.ME → **overleaf** *adv*
→ umseitig *adv*

rückseitige Abdeckung TECH **rear cover**
= Rückwand *nf*
≠ Frontabdeckung
↑ Abdeckung
= rear panel; back plate
≠ front cover
↑ cover

rückseitiger Anschluss EQP.EN **rear panel connection**
= Rückwandanschluss *nm*
= rear input terminal

rücksenden ECON **remand** *vt*

Rücksendung *nf* ECON **remand** *n*

Rücksetzanforderung *nf* DAT.CO **reset request**

Rücksetzanweisung *nf* DAT.PR **revert command**

Rücksetzbestätigung *nf* DAT.CO **reset confirmation**

Rücksetzeingang *nm* EL.TRO **reset terminal**

rücksetzen CIRC.EN **reset** *vt*
[den Ausgangszustand wiederherstellen]
= rückstellen; rückschalten; zurücksetzen
≈ nullen; löschen [DAT.PR]; abbrechen [DAT.PR]
≠ setzen
[to restore the original state]
≈ zero; erase [DAT.PR]; abort [DAT.PR]

rücksetzen COMP.AP **revert** *vt*
[zur letzten gespeicherten Version]
[return to the last saved version]
= rollback *vt*

rücksetzen TER&PER **backspace** *vt*
= zurücksetzen

Rücksetzen *nn* TER&PER → **backspacing**
→ Rücksetzung *nf*

Rücksetzen *nn* CIRC.EN **reset** *n*
= Rücksetzung *nf*, Rückstellen *nn*; Rückstellung *nf*, Rückschalten *nn*; Rückschaltung *nf*, Zurücksetzen *nn*; Zurücksetzung *nf*
≈ Nullung; Löschung [DAT.PR]
= resetting *n*
≈ zeroing; erasing [DAT.PR]

Rücksetzgrund *nm* DAT.CO **resetting cause**

Rücksetzimpuls *nm* EL.TRO **reset pulse**
= Rückstellimpuls *nm*; Nullungsimpuls *nm*; Löschimpuls *nm*
= clear pulse; erase signal

Rücksetzleitung *nf* EL.TRO **reset line**
= Rückstelleitung *nf*

Rücksetzmoment *nn* TECH → **restoring torque**
→ Rückstellmoment *nn*

Rücksetzprotokoll *nn* DAT.CO **reset protocol**

Rücksetzprozedur *nf* DAT.CO **reset procedure**

Rücksetzschalter *nm* EQP.EN **reset switch**
= resetting switch; restoring switch

Rücksetzsignal *nn* — CIRC.EN — **reset signal**

Rücksetztaste *nf* — EQP.EN — **reset key**
= Rückstelltaste *nf*; Resetschalter *nm* — ≈ cancel key; correction key
≈ Löschtaste; Korrekturtaste

Rücksetztaste *nf*(1) — TER&PER — **reset key** (1)
[setzt den Computer in den Startzustand zurück] — [resets the computer to start condition]
= RESET-Taste *nf* — = reset button

Rücksetztaste *nf*(2) — TER&PER — **backspace key** *n*
[bewegt die Schreibmarke einen Schritt nach links und entfernt das dort vorhandene Zeichen, wobei alle Zeichen rechts davon nachrücken; meist mit BS oder <— beschriftet] — [moves the cursor one step to the left and removes the character situated there, all character at the right shifting by; generally labeled with BS or <—]
= Rückstelltaste *nf*; Rückschrittstaste *nf*; Rückwärtsschritt-Taste *nf*; Rücktaste *nf*; INST/DEL-Taste *nf*; Taste INST/DEL *nf*; BACKSPACE-Taste *nf*; Taste BACKSPACE *nf*; BS-Taste *nf*; Taste BS *nf*; Annulliertaste *nf*; Löschtaste *nf*; Radiertaste *nf* — = reset key (2); INST/DEL key; insert/delete key; cancel key; erase key; clear key
≈ ENTF-Taste; Korrekturtaste; Rücksetztaste — ≈ DEL key; correction key; reset key

Rücksetzung *nf* — COMP.AP — **reversion** *n*
= rollback *n*

Rücksetzung *nf* — TER&PER — **backspacing**
= Zurücksetzung *nf*; Rücksetzen *nn*; Zurücksetzen *nn*

Rücksetzung *nf* — CIRC.EN — → **reset** *n*
→ Rücksetzen *nn*

Rückspeisediode *nf* — COMPO — **reverse diode**
= Blindleistungsdiode *nf*

rückspielen — TER&PER — **playback** *vt*
[an den Bandanfang] — ≈ rewind
≈ rückspulen

Rückspielen *nn* — TER&PER — **playback** *n*
= Wiederabspielen *nn* — ≈ rewinding
≈ Rückspulung

Rücksprung *nf* — SW — **reentry** *n*
[von Unterprogramm in Hauptprogramm] — [from subroutine to main program]
= Rückkehrsprung *nf*; Rückkehr *nf*; Return *nm* (ANGL) — = return jump; return *n*

Rücksprungadresse *nf* — SW — **return address**
= Rückkehradresse *nf*; Rückadresse *nf*; Absprungadresse *nf*

Rücksprunganweisung *nf* — SW — → **return instruction**
→ Rücksprungbefehl *nm*

Rücksprungbefehl *nm* — SW — **return instruction**
= Rücksprunganweisung *nf*; Rückkehrbefehl *nm*; Rückkehranweisung *nf*; Absprungbefehl *nm*; Absprunganweisung *nf*; Return-Befehl *nm*; Return-Anweisung *nf* — = return statement

Rücksprungpunkt *nm* — SW — **reentry point**
≈ Austrittspunkt — = return point
≈ exit point

rückspulen — TER&PER — **rewind** *vt*
≈ rückspielen; umspulen — ≈ playback

Rückspultaste *nf* — TER&PER — **rewind key**

Rückspulung *nf* — TER&PER — **rewind** *n*
= Rücklauf *nm* — = rewinding *n*
≈ Rückspielen — ≈ playback
↓ Bandrückspulung — ↓ tape rewind

Rückstand *nm* — TECH — **residue** *n*
[was zurückbleibt] — = remains *nplt*

Rückstand *nm* — COLL — **backlog** *n* (1)
[fig] — [fig]
≈ Verzug — = arrears *nplt*
≈ delay

rückständig — COLL — **backlogged**
= verzögert, Verzug, in — = delayed

rückständig — COLL — → **outstanding** *adj*
→ unerledigt

rückständige Zahlung — ECON — **overdue payment**
= überfällige Zahlung

Rückstelleinrichtung *nf* — MEC.EN — **resetting mechanism**
= restoring mechanism

Rückstelleitung *nf* — EL.TRO — → **reset line**
→ Rücksetzleitung *nf*

rückstellen — CIRC.EN — → **reset** *vt*
→ rücksetzen

rückstellen — TECH — → **recover** *vt*
→ wiederherstellen

rückstellen — DAT.MA — → **queue** *vt*
→ in die Warteschlange einordnen

Rückstellen *nn* — CIRC.EN — → **reset** *n*
→ Rücksetzen *nn*

Rückstellimpuls *nm* — EL.TRO — → **reset pulse**
→ Rücksetzimpuls *nm*

Rückstellkraft *nf* — MEC.EN — **reaction force**
= restoring force

Rückstellmoment *nn* — TECH — **restoring torque**
= Rücksetzmoment *nn*

Rückstellprozedur *nf* — DAT.CO — **recovery procedure**
= Wiederherstellungsprozedur *nf*

Rückstellrelais *nn* — EL.TRO — **restoring relay**
= reset relay

Rückstelltaste *nf* — EQP.EN — → **reset key**
→ Rücksetztaste *nf*

Rückstelltaste *nf* — TER&PER — → **backspace key** *n*
→ Rücksetztaste *nf*(2)

Rückstellung *nf* — CIRC.EN — → **reset** *n*
→ Rücksetzen *nn*

Rückstellung *nf* — TECH — **resetting** *n*
= reset *n*

Rückstellung *nf* — ECON — **provision** *n* (2)
= Vorsorge *nf* — = liability reserves; reserves *nplt*; accrual *n* (AE); accrued liability (AE)

Rückstellungsregelungskreis *nm* — CONTRO — **reset control circuit**

Rückstoß *nm* — PHYS — **recoil** *n*
↑ Rückwirkung — ↑ reaction

Rückstoßelektron *nn* — PHYS — **recoil electron**

rückstoßen — TECH — → **recoil** *vi*
→ zurückspringen

Rückstoßstrahlung *nf* — PHYS — **recoil radiation**

Rückstrahldämpfung *nf* — ANT — **front-to-back ratio**
= Vor-Rück-Verhältnis *nn*; Antennenrückdämpfung *nf*; Rückdämpfung *nf* — = F/B; front-to-rear ratio; side lobe level
≈ Nebenkeulen-Richtfaktor — ≈ side -lobe level

Rückstrahler *nm* — ANT — **reflector scatterer**

Rückstrahler *nm* — PHYS — → **reflector** *n*
→ Reflektor *nm*

Rückstrahlortung *nf* — RAD.LO — → **radar** *n*
→ Radar *nm&nn* (*pl* -e)

Rückstrahlung *nf* — RADIO — **reradiation** *n*

Rückstreumessplatz *nm* — INSTR — **optical time domain reflectometer**
= Reflektometer *nn*; LWL-Rückstreumessgerät *nn*; optisches Rückstreumessgerät — = OTDR

Rückstreuung *nf* — PHYS — **backscattering** *n*
= Rückwärtsstreuung *nf*

Rückstreuverfahren *nn* — OPT.CO — **backscattering technique**

Rückstrich *nm* — LING — → **backslash** *n*
→ Gegenschrägstrich *nm*

Rückstrom *nm* — EL.TEC — **return current**
= inverse current; reverse current

Rückstrom *nm* — EL.TRO — → **reverse current**
→ Sperrstrom *nm*

Rücktabulator *nm* — TER&PER — **backward tabulator**

Rücktaste *nf* — TER&PER — → **backspace key** *n*
→ Rücksetztaste *nf*(2)

Rücktransformation *nf* — MATH — **inverse transform**

Rücktransformation *nf* — TECH — → **reconversion** *n*
→ Zurückwandlung *nf*

rücktransformieren — TECH — → **reconvert** *vt*
→ zurückwandeln

Rücktritt *nm* — ECON — → **annullment** *n*
→ Annullierung *nf*

Rücktritt *nm* (1) — ECON — **rescission** *n*
[aus Vertrag] — [of a contract]

Rücktritt *nm* (2) — ECON — **resignation** *n*
[von einem Amt] — [from an office]

rückübertragen — INF.TEC — **echo** *vt*
[to return a signal to its source]

Rückumsetzer *nm* — COMPO — → **inverse transducer**
→ Rückwandler *nm*

Rückumwandler *nm* — COMPO — → **inverse transducer**
→ Rückwandler *nm*

Rückverdrahtungsplatine *nf* — EQP.EN — → **backplane** *n*
→ Rückwandleiterplatte *nf*

rückverfolgen — TECH — → **retrace** *vt*
→ zurückverfolgen

Rückverfolgen *nn* — TECH — → **backtracing** *n*
→ Zurückverfolgung *nf*

Rückverfolgung *nf* — TECH — → **backtracing** *n*
→ Zurückverfolgung *nf*

Rückverfolgungspfad *nm* DAT.PR → **audit trail**
→ Prüfpfad *nm*
Rückvergrößerer *nm* OFFICE **re-enlarger**
rückvergrößern OFFICE **re-enlarge** *vt*
rückvergrößern TECH **remagnify** *vt*
Rückvergrößerung *nf* OFFICE **re-enlargement**
Rückvergrößerung *nf* IMAG.PR **blowback** *n*
[aus Mikrorfilm] [an enlargement from a microphotography]
Rückvergrößerung *nf* TECH **remagnification** *n*
Rückvergütung *nf* ECON → **refund** *n*
→ Rückerstattung *nf*
Rückverkettung *nf* DAT.CO **back chaining**
= backward chaining
Rückverkettung *nf* ART.IN → **backward chaining**
→ Rückwärtsverkettung *nf*
Rückversicherung *nf* ECON **reinsurance** *n*
= R.I.
Rückversicherungsgesellschaft *nf* ECON **reinsurance company**
Rückwand *nf* TECH → **rear cover**
→ rückseitige Abdeckung
Rückwand *nf* EQP.EN **back plate**
= rear cover; rear panel; rearpanel *n*
Rückwandanschluss *nm* EQP.EN → **rear panel connection**
→ rückseitiger Anschluss
rückwandeln TECH → **reconvert** *vt*
→ zurückwandeln
Rückwandkabelstecker *nm* COMPO **backplane cable connector**
= rearpanel cable connector
Rückwandleiterplatte *nf* EQP.EN **backplane** *n*
= Rückwandplatine *nf*; Rückverdrahtungsplatine *nf*; Rückwandsverdahtungsplatte *nf* = mother board [DAT.PR]; rearpanel board
Rückwandler *nm* COMPO **inverse transducer**
= Rückumwandler *nm*; Rückumsetzer *nm* = inverse converter
Rückwandlung *nf* TECH → **reconversion** *n*
→ Zurückwandlung *nf*
Rückwandplatine *nf* EQP.EN → **backplane** *n*
→ Rückwandleiterplatte *nf*
Rückwandsverdahtungsplatte *nf* EQP.EN → **backplane** *n*
→ Rückwandleiterplatte *nf*
Rückwandverdrahtung *nf* EQP.EN **backplane wiring**
= rearpanel wiring
Rückwaren *nplt* ECON **returned goods**
rückwärtig TECH → **rear** *adj*
→ rückseitig
rückwärtige Sperre EL.TRO **revertive blocking**
= backward blocking; revertive barring; backward barring
rückwärts TECH **backward** *adv*
≠ vorwärts ≠ forward *adv*
Rückwärtsabtastung *nf* EL.TRO **rear scanning**
= rear scan; reverse scanning; reverse scan; backward scanning; backward scan
Rückwärtsadmittanz *nf* NETW.TH → **reverse transfer admittance**
→ Rückwärtssteilheit *nf*
Rückwärtsauslösen *nn* SWITCH → **backward release**
→ Rückwärtsauslösung *nf*
Rückwärtsauslösung *nf* SWITCH **backward release**
= Rückwärtsauslösen *nn* = backward clearance; clear backward
↑ Auslösung ↑ release
Rückwärts-Belegtkennzeichen *nn* SWITCH **backward busy signal**
Rückwärtsbewegung *nf* IMAG.ME **reverse motion**
rückwärtsblättern OFFICE **page down** *vt*
= zurückblättern = page backward; page downward; turn page downward
Rückwärtsblockierspannung *nf* EL.TRO **backward blocking voltage**
Rückwärtsdiode *nf* MICR.EL **backward diode**
= Backward-Diode *nf*; Uni-Tunneldiode *nf* = uni tunnel diode
Rückwärts-Durchlasskennlinie *nf* EL.TRO → **reverse characteristic**
→ Rückwärtskennlinie *nf*
Rückwärts-Folgenummer *nf* SWITCH **backward sequence number**
[UIT-T Nr.7] [UIT-T Nr.7]
rückwärtsgerichtet TECH → **reverse** *adj* (2)
→ gegensinnig
Rückwärtshub *nm* MEC.EN **back stroke**
Rückwärts-Indikatorbit *nn* SWITCH **backward indicator**
[UIT-T Nr.7] [UIT-T Nr.7]
Rückwärtskennlinie *nf* EL.TRO **reverse characteristic**
= Rückwärts-Durchlasskennlinie *nf*; Sperrkennlinie *nf* = inverse characteristic; blocking characteristic; off-state *n*
Rückwärtskennzeichen *nn* SWITCH → **backward signal**
→ Rückwärtszeichen *nn*
Rückwärtskettung *nf* ART.IN **backward chaining**
[in Expertensystemen] [in expert systems]
= Rückwärtsverkettung *nf*; Abwärtskettung *nf* = backward chain; backward concatenation; downward chaining
≠ Vorwärtskettung ≠ forward chaining
Rückwärtskeule *nf* ANT **back lobe**
= Hinterkeule *nf* ↑ side lobe
↑ Nebenzipfel
rückwärtskompatibel DAT.PR → **downward compatible**
→ abwärts kompatibel
Rückwärtsleihe *nf* COMP.SC **end-around borrow**
[Leihbit vom höchsten zum niedrigsten Stellenwert] [borrow bit from from most to least significant bit]
rückwärtsleitend EL.TRO **reverse conducting**
rückwärts leitende Thyristordiode MICR.EL **reverse conducting thyristor diode**
= reverse polarity thyristor diode
rückwärts leitende Thyristortriode MICR.EL **reverse coducting triode thyristor**
Rückwärtsleitwert *nm* NETW.TH → **reverse transfer admittance**
→ Rückwärtssteilheit *nf*
Rückwärtslernen *nn* SWITCH **backward learning**
Rückwärtslesen *nn* TER&PER **backward read**
= backward reading
Rückwärtslesen *nn* DAT.MA **reverse reading**
= Rückwärtssuchen *nn* = inverse reading; reverse search; inverse search
Rückwärtsrichtung *nf* EL.TRO → **reverse direction**
→ Sperrichtung *nf*
rückwärtsrollen COMP.AP → **scroll down** *vt*
→ zurückrollen
Rückwärtsrollen *nn* COMP.AP → **scrolling down** *n*
→ Zürückrollen
Rückwärts-Rückgewinnung *nf* DAT.MA **backward recovery**
[Datenrückgewinnung durch Rückwärtsverarbeitung]
rückwärtsschreitende Zählung *nf* COLL → **count-down** *n*
→ regressives Zählen
Rückwärtsschritt *nm* DAT.CO **backspace** *n*
= BS = backspace character; backwards step; back step; BS
↑ ASCII-Code ↑ ASCII code
Rückwärtsschritt-Taste *nf* TER&PER → **backspace key** *n*
→ Rücksetztaste *nf* (2)
rückwärtssortieren DAT.MA **sort backward** *vt*
= absteigend sortieren = sort regressively
Rückwärtssortierung *nf* DAT.MA → **descending sort**
→ regressive Sortierung
Rückwärtsspannung *nf* MICR.EL **reverse voltage**
= negative Sperrspannung
Rückwärtsspannung *nf* EL.TRO → **reverse voltage**
→ Sperrspannung *nf*
Rückwärtssperrbereich *nm* MICR.EL **reverse pn junction**
rückwärts sperrend EL.TRO **reverse-blocking** *adj*
rückwärts sperrende Thyristordiode MICR.EL **reverse blocking thyristor diode**
rückwärts sperrende Thyristortriode MICR.EL **reverse blocking triode thyristor**
Rückwärtssperrung *nf* MICR.EL **reverse blocking** *n*
Rückwärtssperrzustand *nm* MICR.EL **reverse blocking state**
Rückwärtssteilheit *nf* NETW.TH **reverse transfer admittance**
= Rückwärtsleitwert *nm*; Rückwärtsadmittanz *nf*
Rückwärtssteuerspannung *nf* MICR.EL **reverse gate voltage**
Rückwärtssteuerung *nf* DAT.CO **backward supervision**
[empfängergesteuerte Übertragung] [receiver controlled]
= Rückwärtsüberwachung *nf* = backwards supervision
Rückwärtsstreuung *nf* PHYS → **backscattering** *n*
→ Rückstreuung *nf*
Rückwärtsstrom *nm* MICR.EL **reverse current**
= negativer Sperrstrom
Rückwärtsstrom *nm* EL.TRO → **reverse current**
→ Sperrstrom *nm*
Rückwärtssuchen *nn* DAT.MA → **reverse reading**
→ Rückwärtslesen *nn*
Rückwärtsübertrag *nm* COMP.SC **end-around carry**
[vom höchsten zum niedrigsten Stellenwert] [from most to least significant place]
= Endübertrag *nm*
Rückwärtsübertragungs-Kontrolle *nf* DAT.CO **loop check**
Rückwärtsüberwachung *nf* DAT.CO → **backward supervision**
→ Rückwärtssteuerung *nf*

rückwärtsverarbeiten — DAT.PR — **backtrack** *vt*

Rückwärtsverarbeitung *nf* — DAT.PR — **backtracking**

Rückwärtsverkehr *nm* ≠ Vorwärtsverkehr — TELEC — **return traffic** ≠ forward traffic

Rückwärtsverkettung *nf* → Rückwärtskettung *nf* — ART.IN — → **backward chaining**

Rückwärtsverkettung *nf* = Rückverkettung *nf* — ART.IN — **backward chaining**

rückwärts verzweigen — SW — **branch backward** *vt*

Rückwärtswelle *nf* — LINE TH — **backward wave**

Rückwärtswellen-Anregung *nf* — ANT — **backfire radiation**

Rückwärtswellenoszillator *nm* → Rückwärtswellenröhre *nf* — MICROW — → **backward wave oscillator**

Rückwärtswellenröhre *nf* = Rückwärtswellenoszillator *nm* ↑ Lauffeldröhre — MICROW — **backward wave oscillator** = BWO; carcinotron ↑ traveling-field tube

rückwärtszählen → abwärts zählen — MATH — → **decrement** *vt*

Rückwärtszähler *nm* = Abwärtszähler *nm*; Regressivzähler *nm*; Dekrementalzähler *nm* — CIRC.EN — **down counter** = reverse counter; regressive counter; decrement counter; decrementer *n*

Rückwärtszählung *nf* — TECH — **down-count** *n* = regressive count

Rückwärtszeichen *nn* = Rückwärtskennzeichen *nn*; Antwortkennzeichen *nn* ↑ Kennzeichen — SWITCH — **backward signal** = response signal ↑ switching signal

rückweisen = ablehnen — QUAL — **reject** *vt*

Rückweisgrenze *nf* — QUAL — **rejectable quality level** = RQL; limiting quality; LQ

Rückweisquote *nf* = Rückweisungsquote *nf* — QUAL — **rejection rate**

Rückweisung *nf* = Ablehnung *nf* ≈ Abnahmeverweigerung — QUAL — **rejection** *n* ≈ nonacceptance

Rückweisungsquote *nf* → Rückweisquote *nf* — QUAL — → **rejection rate**

Rückweiszahl *nf* = Schlechtzahl *nf* — QUAL — **rejection number**

rückwirken = zurückwirken ≈ rückkoppeln [CIRC.EN] — PHYS — **react** *vi* = retroact *vi* ≈ feedback [CIRC.EN]

rückwirkend — ECON — **retroactive**

rückwirkend = zurückwirkend — PHYS — **reactive** *adj* = retroactive

Rückwirkung *nf* → Rückkopplung *nf* — CIRC.EN — → **feedback** *n*

Rückwirkung *nf* = Reaktion *nf* ↓ Rückstoß — PHYS — **reaction** *n* = retroaction *n* ↓ recoil

rückwirkungsfrei = rückkopplungsfrei — CIRC.EN — **nonreactive** = reaction-free

rückwirkungsfreier Verstärker — CIRC.EN — **reaction-free amplifier** = nonreactive amplifier

Rückwirkungsfreiheit *nf* — CIRC.EN — **absence of reaction**

Rückwirkungsimpedanz *nf* → Rückwirkungswiderstand *nm* — NETW.TH — → **reverse transfer impedance**

Rückwirkungsinduktivität *nf* — NETW.TH — **reverse transfer inductance**

Rückwirkungskapazität *nf* — MICR.EL — **reverse transfer capacitance**

Rückwirkungskennlinie *nf* → Spannungsrückwirkungs-Kennlinie *nf* — MICR.EL — → **reverse voltage transfer ratio characteristic**

Rückwirkungswiderstand *nm* = Rückwirkungsimpedanz *nf* — NETW.TH — **reverse transfer impedance**

rückzahlbar — ECON — **repayable** = refundable; redeemable

Rückzahlung *nf* → Rückerstattung *nf* — ECON — → **refund** *n*

Rückzoll *nm* = Zollzurückerstattung *nf*; Drawback *nn* (ANGL) — ECON — **drawback** *n* = customs drawback

Rückzugfeder *nf* — MEC.EN — **restoring spring**

Rückzugstange *nf* — MEC.EN — **restoring rod**

rückzündsicher — EL.TRO — **arc-back protected**

Rückzündung *nf* — EL.TRO — **arc-back** *n*

Rüdenbergsche Gleichung — ANT — **Rüdenberg equation**

Ruder *nn* — TER&PER — **rudder** *n*

rudimentär — TECH — **rudimentary** = bare bones

Ruf *nm* (1) → Rufen *nn* — TELEC — → **ringing** *n*

Ruf *nm* (2) → Rufsignal *nn* — TELEC — → **ringing signal**

Ruf *nm* → Anruf *nm* — TELEPH — → **call** *n*

Ruf *nm* = Reputation *nf* — ECON — **reputation** *n* = standing *n*

Rufablehnung *nf* → Anrufabweisung *nf* — SWITCH — → **call rejection**

Rufabschaltung *nf* = Rufstromabschaltung *nf* — TELEC — **ring tripping**

Rufabschirmung *nf* — TELEC — **call screening**

Rufabweisung *nf* = Rufzurückweisung *nf* — DAT.CO — **call rejection** = call not accepted

Rufabweisung *nf* → Anrufabweisung *nf* — SWITCH — → **call rejection**

Rufannahme *nf* [TELEPH] → Verbindungsannahme *nf* — TELEC — → **connection acceptance**

Rufannahme-Antwortkennzeichen *nn* → Rufannahmesignal *nn* — DAT.CO — → **call accept signal**

Rufannahme-Block *nm* — DAT.CO — **call accepted message** = CAM

Rufannahmesignal *nn* = Rufannahme-Antwortkennzeichen *nn* — DAT.CO — **call accept signal** = call-accepted signal

Rufannahme-Zustand *nm* — DAT.CO — **call accepted condition**

Rufanschaltrelais *nn* — TER&PER — **ringing relay**

Rufanschaltung *nf* = Rufstromanschaltung *nf* — TELEC — **ringing tone connection**

Rufanweisung *nf* → Aufruf *nm* — SW — → **call** *n*

Rufaufbau *nm* → Gesprächsaufbau *nm* — TELEPH — → **call set-up** *n*

Rufbefehl *nm* → Anrufbefehl *nm* — SWITCH — → **CALL instruction**

Rufbehandlung *nf* — TELEC — **call control**

Rufberechtigung *nf* — DAT.CO — **call validation**

Rufbereichswechsel *nm* → Roaming *nn* — MOB.CO — → **roaming**

Rufdaten *nplt* — DAT.CO — **journal data**

Rufdaten *nplt* → Verbindungsdaten *nplt* — SWITCH — → **call data**

Rufdatenaufzeichnung *nf* = Anrufdatenaufzeichnung *nf* — SWITCH — **call data recording** = journal file

Rufempfänger *nm* — TELEC — **call receiver**

rufen — TELEC — **ring** *vi* = call

Rufen *nn* = Ruf (1) — TELEC — **ringing** *n*

rufender Fernsprechteilnehmer ↑ rufender Teilnehmer — SWITCH — **calling telephone subscriber** = telephoner ↑ calling subscriber

rufender Teilnehmer → rufende Station — DAT.CO — → **calling station**

rufender Teilnehmer = A-Teilnehmer *nm*; Anrufer *nm*; Anrufender *nm* ↓ rufender Fernsprechteilnehmer — SWITCH — **calling subscriber** = calling party; A subscriber; outgoing subscriber; caller *n* ↓ calling telephone subscriber

rufende Station = rufender Teilnehmer — DAT.CO — **calling station** = calling party; originating station; calling subscriber; calling user

Ruferfolgsrate *nf* — SWITCH — **call success rate**

Ruferkennung *nf* → Anruferkennung *nf* — SWITCH — → **call detection**

Ruffolge *nf* → Verbindungsablauf *nm* — SWITCH — → **connection sequence**

Ruffrequenz *nf* — TELEPH — **dial frequency**

Rufgenerator *nm* = Rufstromgenerator *nm* — TELEC — **ringing generator** = RG; ringing supply

Rufidentifizierung *nf* → Verbindungskennung *nf* — DAT.CO — → **call identifier**

Rufkennung *nf* → Verbindungskennung *nf* — DAT.CO — → **call identifier**

Rufkennzeichnung *nf* → Unterscheidungskennzeichen *nn* — DAT.CO — → **call indicator**

Rufkennzeichnung *nf* → Verbindungskennung *nf* — DAT.CO — → **call identifier**

Ruflast *nf* — DAT.CO — **call load**

Rufmaschine *nf* — TELEC — **ringing machine**

Rufname *nm* → Vorname *nm* — COLL — → **given name**

Rufnummer *nf* [Nummer zur Steuerung eines Wählvorgangs] = Wählnummer *nf* ↓ Teilnehmerrufnummer; nationale Rufnummer; — TELEC — **dial number** [number to control a selection process] = call number; calling number internationale Rufnummer ↓ subscriber number; national number; international number

Rufnummer geändert TELEC **changed number**
= transferred subscriber

Rufnummeridentifizierung *nf* TELEC **call number identification**
= CNI; number identification

Rufnummernanzeige *nf* TER&PER **call-number display**

Rufnummernblock *nm* TER&PER **call-number block**

Rufnummerngeber *nm* TER&PER **call-number generator**
= Rufnummernspeicher *nm*; Nummerngeber *nm*; Nummernspeicher *nm*

Rufnummernportabilität *nf* TELEC → **number portability** (BE)
→ Nummerübertragbarkeit *nf*

Rufnummernportabilität *nf* TELEC **call number portability**
[gleiche Teilnehmernummer in verschiedenen Netzen] [same call number in different networks]
= Nummernportabilität *nf*

Rufnummernspeicher *nm* TER&PER → **call-number generator**
→ Rufnummerngeber *nm*

Rufnummernspeicher *nm* TER&PER **calling-number memory**
= Nummernspeicher *nm* = call-number memory

Rufnummerübermittlung *nf* TELEPH **line identification presentation**

Rufnummerübermittlungs-Unterdrückung *nf* TELEPH **connected line identification restriction**
[des gerufenen Teilnehmers] = COLR

Ruforgan *nn* TER&PER **ringing device**
= Rufvorrichtung *nf*

Rufpaket *nn* DAT.CO **call packet**
↓ Verbindungsaufbaupaket; Verbindungsauslösepaket ↓ call-set-up packet; call-clearing packet

Rufschnur *nf* TELEPH **calling cord**

Rufsequenz *nf* TELEPH **dial sequence**

Rufsignal *nn* TELEC **ringing signal**
= Rufzeichen *nn*; Ruf *nm* (2); Teilnehmerruf *nm*; Anrufsignal *nn*; Anrufzeichen *nn* = ringdown signal; call signal; call sign; calling signal; calling sign; subscriber ringing signal

Rufsimulator *nm* SWITCH **call simulator**

Rufsperrschaltung *nf* TELEC **ring blocking circuit**

Rufsperrung *nf* TELEPH **barring** *n*

Rufsperrung *nf* TELEPH → **call blocking**
→ Anrufsperrung *nf*

Rufstöpsel *nm* TELEPH **calling plug**

Rufstrom *nm* TELEC **dialing current**
= ringing current

Rufstromabschaltung *nf* TELEC → **ring tripping**
→ Rufabschaltung *nf*

Rufstromanschaltung *nf* TELEC → **ringing tone connection**
→ Rufanschaltung *nf*

Rufstromfrequenz *nf* TELEC **ringing frequency**
= calling frequency

Rufstromgenerator *nm* TELEC → **ringing generator**
→ Rufgenerator *nm*

Ruftaste *nf* TER&PER **ringing key**

Rufton *nm* TELEPH → **idle tone**
→ Freiton *nm*

Rufübernahme *nf* TELEPH → **call pickup** (1)
→ Anrufübernahme *nf*

Rufübertrager *nm* TELEPH **ringing repeater**

Rufumleitung *nf* TELEPH **call forwarding**
[automatische Weiterleitung eines Anrufs an andere Nummer oder an Beamtin] [automatic rerouting of calls to other number or to attendant]
= Rufweiterleitung *nf*; Rufumlenkung *nf*; Rufweiterschaltung *nf*; Rufweitergabe *nf*; Rufzuweisung *nf*; Anrufumleitung *nf*; Gesprächsumleitung *nf*; Gesprächsweiterleitung *nf*; Gesprächsumlenkung *nf*; Gesprächsweiterschaltung *nf*; Umlegen *nn*; Anrufweitergabe *nf*; Anrufzuweisung *nf*; Gesprächszuweisung *nf* = call diversion; call redirection; call transfer; call routing
≈ selbsttätige Rufweiterleitung ≈ automatic call transfer

Rufumlenkung *nf* TELEPH → **call forwarding**
→ Rufumleitung *nf*

Rufumsetzer *nm* TELEC **ringing converter**
= ringer

Rufumsetzung *nf* TELEC **ringing conversion**

Rufumsteuerung *nf* SWITCH **call rerouting**

Ruf- und Signalmaschine *nf* SWITCH **tone and ringing machine**
= RSM

Rufverteiler *nm* SWITCH → **call distributor**
→ Anrufverteiler *nm*

Rufverteilung *nf* SWITCH → **call distribution**
→ Anrufverteilung *nf*

Rufverzug *nm* SWITCH **post-dialing delay**
[bei indirekt gesteuerten Vermittlungssystemen] [of indirect-control switching systems]

Rufvorrichtung *nf* TER&PER → **ringing device**
→ Ruforgan *nn*

Rufwarteschlange *nf* SWITCH **ringing queue**

rufweise Gebührenerfassung SWITCH → **toll ticketing**
→ Einzelgebührenerfassung *nf*

rufweise Gesprächsauflistung SWITCH → **toll ticketing**
→ Einzelgebührenerfassung *nf*

rufweiser Gebührennachweis SWITCH → **toll ticketing**
→ Einzelgebührenerfassung *nf*

Rufweitergabe *nf* TELEPH → **call forwarding**
→ Rufumleitung *nf*

Rufweiterleitung *nf* TELEPH → **call forwarding**
→ Rufumleitung *nf*

Rufweiterschaltung *nf* TELEPH → **call forwarding**
→ Rufumleitung *nf*

Rufwiederholer *nm* SWITCH → **redialer** *n*
→ Anrufwiederholer *nm*

Rufwiederholung *nf* SWITCH → **redialing** *n*
→ Anrufwiederholung *nf*

Rufzeichen *nn* TELEC → **ringing signal**
→ Rufsignal *nn*

Rufzeichen *nn* TELEPH → **idle tone**
→ Freiton *nm*

Rufzeit *nf* TELEC **ringing time**

Rufzentrale *nf* INF.TEC → **call center**
→ Anrufzentrale *nf*

Rufzurückweisung *nf* DAT.CO → **call rejection**
→ Rufabweisung *nf*

Rufzusammenstoß *nm* DAT.CO → **call collision**
→ Verbindungszusammenstoß *nm*

Rufzustand *nm* SWITCH **call status**
= calling condition; calling state; ringing condition; ringing state

Rufzuweisung *nf* TELEPH → **call forwarding**
→ Rufumleitung *nf*

Ruheenergie *nf* PHYS → **potential energy**
→ potentielle Energie

Ruhegeräusch *nn* MODUL **rest noise**

Ruhekontakt *nm* SWITCH **home contact**
= rest contact

Ruhekontakt *nm* COMPO **break contact**
[offen bei Betätigung, geschlossen in Ruhestellung] [open when operated, closed when disactivated]
= Trennkontakt *nm*; Öffnerkontakt *nm*; Öffner *nm*; Unterbrechungskontakt *nm*; Unterbrecherkontakt *nm*; Unterbrecher *nm* = resting contact; interrupter *n*; normally closed contact; N/C contact; breaker contact; normal contact
≠ Arbeitskontakt ≠ make contact
↑ Relaiskontakt ↑ relay contact

Ruhelage *nf* SWITCH **home position**
= Ruheposition *nf*; Normallage *nf* = normal position; rest position

Ruhemasse *nf* PHYS **rest mass**

Ruhemodus *nm* POW.SY **sleep mode**
= Schlafmodus *nm*; Pausenmodus *nm* = suspend mode

ruhend TECH **quiescent** *adj*
= inactive; sleeping

ruhend TECH → **inactive** *adj*
→ inaktiv

ruhende Kosten ECON **inactive costs**

ruhender Prozess DAT.PR **sleeping process**

Ruheposition *nf* SWITCH → **home position**
→ Ruhelage *nf*

Ruheposition *nf* EL.TRO → **home position** *n*
→ Ausgangsstellung *nf*

Ruhepotential *nn* EL.TRO **quiescent potential**

Ruhepunkt *nm* MICR.EL **quiescent point**

Ruheschleife *nf* SW **idle task**

Ruhespannung *nf* EL.TRO **quiescent voltage**
= reset voltage; steady voltage

Ruhespannung *nf* POW.SY → **nominal voltage**
→ Leerlaufspannung *nf*

Ruhestrom *nm* TELEGR **spacing current**
= Trennstrom *nm* = spacing pulse
≈ Pausenschritt ≠ open-circuit current
≠ Arbeitsstrom

Ruhestrom *nm* EL.TRO **quiescent current**
≠ Arbeitsstrom = rest current; steady current;

closed-circuit current
≠ working current

Ruhestrombetrieb *nm* — TELEGR — **closed-circuit working**
≠ Arbeitsstrombetrieb — [current flows in idle condition]
= closed-circuit operation
≠ open-circuit working

Ruhestromverfahren *nn* — TRANSM — **tone-on idle**
≠ Arbeitsstromverfahren — = closed-circuit signaling
≠ tone-off idle

Ruhe-und-Arbeitskontakt *nm* — EL.TRO — **make-and-break contact**

Ruhe vor dem Telefon — TELEPH — → **station guarding**
→ Anrufschutz *nm*

Ruhezone *nf* — TER&PER — **clear band**
[Strichcode] — [bar code]
= rest area

Ruhezustand *nm* — TELEGR — **rest condition**
= Freizustand *nm* — = idle condition; dwell phase; quiescent phase

Ruhezustand *nm* — EL.TRO — **quiescent state**
= rest state; resting state; closed-circuit state

Ruhezustand *nm* — SWITCH — **idle state**
= Freizustand *nm* — = idle mode; idle condition; free line
≠ Besetztzustand

rühren — TECH — **stir** *vt*

Rumpelfilter *nn* — CONS.EL — **rumble filter**

Rumpelgeräusch *nn* — EL.ACOU — **rumble** *n*
[Schallplatte] — [phonogram record]

Rumpfsegment *nn* — SW — → **root segment**
→ arbeitsspeicherresidentes Programmsegment

Rumpfteil *nm* — SW — → **root segment**
→ arbeitsspeicherresidentes Programmsegment

rumspielen (mit) — COLL — **twiddle** (with) *vi*
[to play negligently with something]

RUN/STOP-Taste *nf* — TER&PER — **RUN/STOP key**

rund — MATH — **round** *adj*
≈ kreisförmig; sphärisch; ringförmig — ≈ circular; spheric; ring-shaped

rund *adv* — COLL — **in round figures** *adv*
[fig] — = roundly
= in runden Zahlen

Rundaluminium *nn* — METAL — **round-bar aluminum**
= round aluminum

Rundbronze *nf* — METAL — **round-bar bronze**
= round bronze

Runddraht *nm* — METAL — **round wire**
= circular wire

runde Klammer — MATH — **parenthesis** *n* (*pl*-ses)
[Symbole: ( )] — [symbols: ( )]
↑ Klammer — = curves *nplt*; bracket *n* (3)
↑ bracket

runde Klammer auf — MATH — **left parenthesis**
[Symbol: ( ] — [symbol: (]

runde Klammer zu — MATH — **right parenthesis**
[Symbol:)] — [symbol:)]

runden — MATH — **round** *vt*
[zum nächsten (größeren oder kleineren) ganzzahligen Wert] — = round-off *vt* (1); round-out *vt*
= abrunden (1) — ≈ truncate
≈ abstreichen — ↓ round-up; round-down
↓ aufrunden; abrunden (2)

rundes Hindernis — RAD.PRO — **round-edge obstruction**

Rundfax *nn* — TELEC — **broadcast fax**

Rundfeile *nf* — MEC.EN — **round file**
= rat-tail file

Rundflansch *nm* — MEC.EN — **circular flange**
≠ Rechteckflansch — ≠ rectangular flange

Rundfunk *nm* — RADIO — **radio broadcasting**
↓ Hörfunk; Fernsehrundfunk — = broadcast *n*; broadcasting *n*
↓ sound broadcasting; television broadcasting

Rundfunkansprache *nf* — MEDIA — **broadcast address**
↓ Fernsehansprache — = broadcast speech
↓ TV speech

Rundfunkanstalt *nf* — MEDIA — **broadcasting company**
= broadcasting corporation

Rundfunkantenne *nf* — ANT — **broadcast antenna**
= broadcasting antenna

Rundfunkband *nn* — RADIO — **broadcast band**

Rundfunkddienst *nm* — TELEC — **broadcasting service**

Rundfunkdienst über Satellit — SAT.CO — **broadcasting-satellite service**

Rundfunkempfänger *nm* — RADIO — **broadcast receiver**
= Rundfunkempfangsgerät *nn*

Rundfunkempfangsgerät *nn* — RADIO — → **broadcast receiver**
→ Rundfunkempfänger *nm*

Rundfunkgebühr *nf* — MEDIA — **radio licence**
= radio fee

Rundfunkhörer *nm* — MEDIA — **radio broadcast listener**
= Radiohörer *nm*; Hörer *nm* — = listener *n*
≈ Hörfunkteilnehmer — ≈ radio bradcast service user

Rundfunkhörerschaft *nf* — MEDIA — **radio audience**
↑ Rundfunkteilnehmer

Rundfunkinterview *nn* — MEDIA — **broadcast interview**

Rundfunkkorrespondent *nm* — MEDIA — **broadcast correspondent**

Rundfunkleitung *nf* — TELEC — **program circuit**
= programme circuit (BE)

Rundfunknetz *nn* — BROADC — **broadcasting network**
↓ Fernsehnetz — ↓ TV network

Rundfunkprogramm *nn* — MEDIA — **broadcast program** (AE)
= Programm *nn* — = broadcast programme (BE); program *n* (AE); programme *n* (BE)
↓ Hörfunkprogramm; Fernsehprogramm — ↓ sound broadcast program; television broadcast programm

Rundfunkreporter *nm* — MEDIA — **broadcast reporter**

Rundfunksatellit *nm* — SAT.CO — **broadcast satellite**
↓ Hörfunksatellit; Fernsehsatellit — = broadcasting satellite
↓ sound broadcast satellite; television broadcast satellite

rundfunksenden — INF.TEC — **radiobroadcast** *vt*
↑ rundsenden — ↑ broadcast

Rundfunksender *nm* — BROADC — **broadcast transmitter**
↓ Fernsehsender; Hörfunksender — = broadcasting transmitter
↓ television transmitter; sound transmitter

Rundfunksendung *nf* (1) — MEDIA — **broadcast transmission** *n*
= Radiosendung *nf*; Sendung *nf* — = radio broadcast; broadcast; transmission *n*
↓ Fernsehsendung; Hörfunksendung — ↓ television broadcast; sound broadcast transmission

Rundfunksendung *nf* (2) — MEDIA — → **sound broadcast transmission**
→ Hörfunksendung *nf*

Rundfunkteilnehmer *nm* — MEDIA — **broadcast service user**
↓ Hörfunkteilnehmer; Fernsehteilnehmer — ↓ sound broadcast service user; television broadcast service user

Rundfunkübertragung *nf* — MEDIA — **program transmision**
↓ Fernsehübertragung; Hörfunkübertragung — = programme transmission (BE); radio program transmission
↓ TV transmission; sound program transmision

Rundfunk-Versorgungsbereich *nm* — BROADC — **broadcaster's service area**
= broadcaster's coverage area

Rundfunkwerbung *nf* — MEDIA — **radio advertising**
↓ Fernsehwerbung; Hörfunkwerbung — ↓ TV advertizing

Rundgehäuse *nn* — MICR.EL — **round package**

Rundgespräch *nn* — ECON — → **conference** *n*
→ Besprechung *nf*

Rundgesprächsverbindung *nf* — TELEC — → **conference call**
→ Konferenzverbindung *nf*

Rundgewinde *nn* — MEC.EN — **knuckle thread**

Rundheit *nf* — TECH — **roundness** *n*

Rundhohlleiter *nm* — MICROW — **circular waveguide**
= Kreishohlleiter *nm*; kreisförmiger Hohlleiter

Rundkabel *nn* — COM.CAB — **round cable**

Rundkathode *nf* — EL.TRO — **cylindrical cathode**

Rundkopfniet *nm* — MEC.EN — → **truss-head rivet**
→ Flachrundkopfniet *nm*

Rundkopfschraube *nf* — MECH — **truss-head screw**
= Flachrundkopfschraube *nf*

Rundkupfer *nn* — EL.TEC — → **round conductor**
→ Rundleiter *nm*

Rundleiter *nm* — EL.TEC — **round conductor**
= Rundkupfer *nn* — = round-bar copper

Rundmessing — METAL — **round-bar brass**

Rundpassfeder *nf* — MEC.EN — **Nordberg key**

Rundreiseproblem *nn* — COMP.SC — → **travelling salesman problem**
→ Problem des Handlungsreisenden

Rundrelais *nn* — COMPO — **round relay**

Rundrufadresse *nf* — DAT.NW — **broadcast address**
= Rundschreibadresse *nf* — ↑ group address
↑ Gruppenadresse

Rundrufanlage *nf* — EL.ACOU — **public address system**

Rundschreibadresse *nf* — DAT.NW — → **broadcast address**
→ Rundrufadresse *nf*

Rundschreiben *nn* — OFFICE — **circular** *n*
= Zirkular *nn* — = circular letter; newsletter

Rundschreiben *nn* DAT.CO **multi-address message**
[Nachricht wird an mehrere, vom Absender genannte, Empfänger gesandt] [message is sent to several addressees indicated by the sender]
= Rundsenden *nn* = multi-address calling; multiaddressing; multiple-address message; broadcasting; broadcast

Rundschreibverbindung *nf* [DAT.CO] TELEC → **conference call**
→ Konferenzverbindung *nf*

rundsenden INF.TEC **broadcast** *vt*
[Engl. "broadcast" = "breitwürfig säen"] [from "to sow casting in all directions"]
↓ rundfunksenden = send-around ↓ radiobroadcast

rundsenden TELEC **broadcast** *vt*
≈ sammelsenden ≈ multicast

Rundsenden *nn* TELEC **broadcasting** *n*
[an alle Teilnehmer] [to all parties]
≈ Sammelsenden ≈ multicasting

Rundsenden *nn* DAT.CO → **multi-address message**
→ Rundschreiben *nn*

Rundsendesturm *nm* DAT.NW **broadcast storm**
[Netzüberlastung durch Betrieb mit nicht stationsselektiven Brücken] [network overload by operation with non-station-selective bridges]
= Broadcast-Sturm *nm* (ANGL)

Rundsichtradar *nm&nn* (*pl* -e) RAD.LO → **panoramic radar**
→ Panoramaradar *nm&nn* (*pl* -e)

Rundsprechanlage *nf* TELEPH **broadcasting system**

Rundspruch *nm* (CH) MEDIA → **sound broadcasting**
→ Hörfunk *nm*

Rundspruchanruf *nm* TELEPH **broadcast call**

Rundspruchkonferenz *nf* TELEC **broadcast conference**

Rundspulmesswerk *nn* INSTR **round-coil measuring system**

Rundstab *nm* MEC.EN **rod** *n*
= Rundstange *nf* = round bar
↑ Stab

Rundstahl *nm* METAL **round-bar iron**
≈ Walzdraht = round iron
≈ wire rod

Rundstange *nf* MEC.EN → **rod** *n*
→ Rundstab *nm*

Rundsteckverbinder *nm* COMPO **round connector**

Rundsteueranlage *nf* TELECON **ripple control system**
[Übertragung von HF-Impulsen über das Stromversorgungsnetz zu Steuerzwecken] [transmission of HF pulses over the electric supply network, for control purposes]

Rundsteuerempfänger *nm* SIG.EN **ripple control receiver**

Rundsteuerung *nf* TELECON **ripple control**

Rundstoß *nm* COMP.GR **round join**
[zweier Linien] [of two lines]

Rundstrahlantenne *nf* ANT **omnidirectional antenna**
[fehlende Richtwirkung in einer Ebene, nicht unbedingt auch in der orthogonalen] [no directivity in a plane, but not necesseraly so in the orthogonal]
= Rundstrahler *nm*; allseitige Antenne; flächendeckende Antenne = omnidirectional aerial; omni antenna; nondirectional antenna; nondirectional aerial; nondirective antenna; nondirective aerial
≈ Kugelstrahler ≈ isotropic radiator
≠ Sektorantenne ≠ sectorial antenna

Rundstrahlbake *nf* RAD.NA **omnidirectional radiobeacon**
= Kreisfunkfeuer *nn*; ungerichtetes Funkfeuer = non-directional radiobeacon; non-directional beacon; NDB

Rundstrahlbetrieb *nm* RADIO **omnidirectional operation**

rundstrahlen RADIO **emit omnidirectionally**

rundstrahlend PHYS **omnidirectional**
≠ bündelnd ≠ directive

Rundstrahler *nm* ANT → **omnidirectional antenna**
→ Rundstrahlantenne *nf*

Rundumbegabter *nm* COLL → **allrounder** *n*
→ Alleskönner *nm*

rund um die Uhr COLL **round-the-clock** *adv*
= 24 Stunden pro Tag = 24-hours-a-day

Rundumklang *nm* ACOUS → **three-dimensional sound**
→ Raumklang *nm*

Rundum-Klangkulisse *nf* EL.ACOU **surround-sound** *n*

Rundum-Video TV **surround video**

Rundung *nf* MATH **rounding** *n*
[zum nächsten (größeren oder kleineren) ganzzahligen Wert] [to the next (higher or lower) round number]
= Abrundung *nf* (1) = round *n* (1); rounding-off *n* (1)
≈ Abstrich ≈ truncation
↓ Aufrundung; Abrundung (2) ↓ rounding-up; rounding-down

Rundungsfehler *nm* MATH **rounding error**

Runfunkreporter *nm* MEDIA **broadcast reporter**

RUN-Taste *nf* TER&PER **RUN key**

Runtime-System *nn* SW → **runtime system**
→ Ablaufsystem *nn*

Runtime-Version *nf* SW → **run-time version**
→ Ablaufversion *nf*

Runway *nf* (ANGL) AERON → **runway** *n*
→ Start-und-Landebahn *nf*

Runzelbildung *nf* TECH **surface wrinkling**

RUP SW **RUP**
= Rational Unified Process

Ruralteilnehmer *nm* TELEC **rural subscriber**
= Überlandteilnehmer *nm*

Ruraltelephonie *nf* TELEC **rural telephony**

Ruralzelle *nf* MOB.CO **rural cell**
[5 bis 30 km Radius] [5 to 30 km radius]

Ruralzentrale *nf* SWITCH → **rural exchange**
→ Landzentrale *nf*

Ruß *nm* TECH **soot** *n*

russischer Art COLL **Russian style**

Rüstungsindustrie *nf* ECON **armament industry**

Rüstzeit *nf* DAT.PR → **set-up time**
→ Vorbereitungszeit *nf*

Ruthenium *nn* CHEM **ruthenium** *n*
= Ru = Ru

Rutsch *nm* TECH → **slip** *n*
→ Schlupf *nm* (*pl* Schlupfe&Schlüpfe)

Rutsche *nf* TECH **chute** *n*
= slide *n*

rutschen TECH **slip** *vt*
= schlüpfen

rutschen TECH → **slide** *vt*
→ gleiten *vi*

rutschfest TECH **non-skid** *adj*
= slip-resistant

Rutschfestigkeit *nf* TECH **slip resistance**

rütteln TECH **joggle** *vt*
≈ schütteln ≈ shake

rütteln TECH → **shake** *vt*
→ schütteln

RWM-Speicher *nm* HW → **read/write memory**
→ Schreib-/Lese-Speicher

Rydberg-Frequenz *nf* PHYS **Rydberg frequency**

Rydberg-Konstante *nf* PHYS **Rydberg constant**

RZ CODING → **return-to-zero**
→ Rückkehr zu Null

RZ-Aufzeichnung *nf* TER&PER → **return-to-zero recording**
→ RZ-Schrift *nf*

RZ-Schrift *nf* TER&PER **return-to-zero recording**
= RZ-Aufzeichnung *nf* = RZ recording; dipole recording
↑ Magnetaufzeichnungsverfahren; Bezugsmagnetisierungsschrift ↑ magnetic recording mode; return-to-reference recording

S *s*

S CHEM → **sulphur** *n*
→ Schwefel *nm* (*nsgt*)
s PHYS → **second** *n*
→ Sekunde *nf*
S RADIO → **transmitter** *n*
→ Sender *nm*
S TELEC → **transmitter** *n*
→ Sender *nm*
s. OFFICE **s.**
= siehe! = see
S. PRIN.ME → **page** *n*
→ Seite *nf*
s.d. OFFICE **q.v.**
= siehe dort! = which see
S.E.P. SW **S.E.P.**
= Somebody Else's Problem
S.F.E.R.T. TELEPH **S.F.E.R.T.**
[Système Fondamental Européen de Référence pour la Transmission Téléphonique; Eichkreis zur subjektiven Messung der Bezugsdämpfung] [European master telephone transmission reference system]
s.o. COLL **v.s.**
= siehe oben = see above
S/E *nm* RADIO → **transceiver** *n*
→ Transceiver *nm*
S/E *nm* RAD.RE → **transceiver**
→ Funkgerät *nn*
S/MIME-Verschlüsselung *nf* INTERNET **S/MIME encoding**
= Secure MIME encoding
S0-Stecker *nm* TELEC → **Western plug**
→ ISDN-Stecker *nm*
S-100-Bus *nm* HW **S-100 bus**
[eine Busnorm mit 100 Anschluástiften] [a 100-pin bus specification]
S-100-Computer *nm* DAT.PR → **S-100 computer**
→ S-100-Rechner *nm*
S-100-Rechner *nm* DAT.PR **S-100 computer**
= S-100-Computer *nm*
SAA-Architektur *nf* SW **SAA**
[von IBM] [by IBM]
= System Application Architecture
Saal *nm* (*pl* Säle) CIV.EN **hall** *n* (2)
[großer Raum in einem Gebäude] [a large room in a building]
≈ Halle ≈ hall (1)
↑ Raum ↑ room (1)
Säbelrasslerfilm *nm* (pej) CINEMA → **cloack and dagger film**
→ Mantel-und-Degenfilm *nm*
S-Abfr-Taste *nf* TER&PER → **system request key**
→ Systemabfragetaste *nf*
Sachanlagevermögen *nn* ECON **tangible fixed assets**
Sachbearbeiter *nm* OFFICE **person in charge**
= Bearbeiter *nm*; Referent *nm* = official in charge
≈ underwriter
sachbezogen SCIE → **relevant**
→ relevant
Sachbezogenheit *nf* SCIE → **relevance** *n*
→ Relevanz *nf*
Sachdaten *nplt* GIS **object data**
[alphanumerisch codierte Attribute] [alphanumerically coded attributes]
= alphanumerische Daten; Alphadaten *nplt*; nichtgeometrische Daten; thematische Daten; Attributdaten *nplt* = alphanumeric data; attribute data; factual data
↑ Geodaten ↑ geodata
sachdienlich LAW **helpful for the issue**
Sachgebiet *nn* LING → **subject field**
→ Fachgebiet *nn*
Sachkenntnis *nf* SCIE → **technical knowledge** *n*
→ Fachkenntnis *nf*
Sachkunde *nf* SCIE → **technical knowledge** *n*
→ Fachkenntnis *nf*
sachkundig TECH → **experienced** *adj*
→ erfahren
Sachlage *nf* COLL **state of affairs**
≈ Umstand ≈ circumstance
sachlich COLL **objective** *adj*
= objektiv = realistic (2)
sächliches Substantiv LING → **neuter** *n*
→ Neutrum *nn*
Sachlichkeit *nf* COLL → **objectivity** *n*
→ Objektivität *nf*

Sachnummer *nf* TEC.DOC **code number**
= part number; model number; device number; specification *n*
Sachpreis *nm* ECON **award in goods**
Sachregister *nn* LING → **subject index**
→ Sachwortverzeichnis *nn*
Sachschaden *nm* LAW **material damage**
= Materialschaden *nm* ≈ damage to property
≈ Vermögensschaden ≠ personal damage
≠ Personenschaden
Sachverstand *nm* SCIE → **technical knowledge** *n*
→ Fachkenntnis *nf*
Sachverständigengutachten LAW **expert witness**
Sachverzeichnis *nn* LING → **subject index**
→ Sachwortverzeichnis *nn*
Sachwert *nm* ECON **real value**
Sachwort *nn* LING → **technical term**
→ Fachausdruck *nm*
Sachwörterbuch *nn* PRIN.ME → **technical dictionary**
→ Fachwörterbuch *nn*
Sachwörterverzeichnis *nn* LING → **subject index**
→ Sachwortverzeichnis *nn*
Sachwortverzeichnis *nn* LING **subject index**
= Sachregister *nn*; Sachverzeichnis *nn*; Sachwörterverzeichnis *nn*; Stichwortregister *nn*; Stichwortverzeichnis *nn* = index *n*
Sack *nm* (*pl* Säcke) TECH **bag** *n*
= sack *n*
Sackloch *nn* MEC.EN **blind hole**
Sackpost *nf* [DAT.NW] POST → **letter post**
→ Briefpost *nf*
saftgrün *adj* OPT **sap green** *adj*
Säge *nf* TECH **saw** *n*
↓ Kreissäge; Handsäge ↓ circular saw; ripsaw
Sägefeile *nf* TECH **saw file**
Sägemehl *nn* TECH **sawdust** *n*
= Sägespäne *nplt*
Sägespäne *nplt* TECH → **sawdust** *n*
→ Sägemehl *nn*
Sägezahn *nm* TECH **sawtooth** *n*
Sägezahnantenne *nf* ANT → **zigzag antenna**
→ Zickzackantenne *nf*
sägezahnförmig TECH **sawtooth-shaped**
= saw-toothed
Sägezahn-Generator *nm* CIRC.EN **sawtooth generator**
↑ Oszillator ↑ oscillator
↓ Miller-Integrator; Transitron ↓ Miller integrator; transitron
Sägezahn-Kenndaten *nplt* EL.TRO **ramp characteristics**
= Rampen-Kenndaten *nplt*
Sägezahnkurve *nf* EL.TRO **sawtooth waveform**
= Sägezahnwellenform *nf*; Rampe *nf* (2) = sawtooth curve; ramp *n*
≈ Sägezahnschwingung ≈ sawtooth wave
Sägezahnmethode *nf* CODING **sawtooth voltage method**
Sägezahnschwingung *nf* EL.TRO **sawtooth wave**
= Sägezahnwelle *nf*; Dreieckschwingung *nf*; Dreieckwelle *nf*; Dreieckswelle *nf*; Dreieckspannung *nf*; Dreieckimpuls *nm* = saw-toothed wave; sawtooth pulse; triangular wave; triangle pulse
≈ Sägezahnkurve ≈ sawtooth waveform
↑ Kippschwingung
Sägezahnsignal *nn* EL.TRO **sawtooth signal**
= ramp signal
Sägezahnspannung *nf* EL.TRO **sawtooth voltage**
= ramp voltage
Sägezahnstrom *nm* EL.TRO **sawtooth current**
Sägezahn-Umsetzer *nm* CIRC.EN **sawtooth converter**
= Sägezahn-Verschlüssler *nm* = single-slope converter
Sägezahn-Verschlüssler *nm* CIRC.EN → **sawtooth converter**
→ Sägezahn-Umsetzer *nm*
Sägezahnwelle *nf* EL.TRO → **sawtooth wave**
→ Sägezahnschwingung *nf*
Sägezahnwellenform *nf* EL.TRO → **sawtooth waveform**
→ Sägezahnkurve *nf*
Saite *nf* MEC.EN **string** *n*
Saitengalvanometer *nn* INSTR **string galvanometer**
Salamitaktik *nf* COLL **salami technique**
= Salamitechnik *nf*
Salamitechnik *nf* COLL → **salami technique**
→ Salamitaktik *nf*
Saldiermaschine *nf* TER&PER **balancing machine**
Saldo *nn* ECON **balance** *n*
Saldovortrag *nm* ECON **balance carried down**

S-Aloha DAT.NW **S-Aloha**
[ein LAN-Zugriffsprotokoll] = Slotted-Aloha
[a LAN access protocol] = slotted Aloha

Salpetersäure *nf* CHEM **nitric acid**

Salutation-Konsortium *nn* OFFICE **salutation consortium**

Salz *nn* CHEM **salt** *n*

salzbadhärten METAL **cyanide** *vt*

Salzmann *nm* RAD.PRO **salty man**
[mit Salzlösung gefüllte Acrylsäule]
= simulated man

Salznebel *nm* QUAL **salt spray**

Salzsäure *nf* CHEM **hydrochloric acid**
[wässrige Lösung von Chlorwasserstoff] = Chlorwasserstoffsäure *nf*
[aqueous solution of hydron chloride]

Samarium *nn* CHEM **samarium** *n*
= Sm
= Sa

Sämling *nm* MICR.EL → **seed crystal**
→ Kristallkeim *nm*

Sammelalarm *nm* EQP.EN **common alarm**
= summary alarm (BE)

Sammelalbum *nn* WOR.PR **scrapbook** *n*
[Speicher für häufig benutzte Text- und Bildelemente] ≈ Ablagefläche
[store for frequently used text and graphical elements] ≈ clipboard

Sammelanschluss *nm* SWITCH **PBX line group**
[gleiche "Sammelrufnummer" für mehrere Anschlüsse] = Sammelanschlussbündel *nf*; Sammelgruppe *nf* ≈ Sammelrufnummer
[same "pilot directory number" for several terminal lines] = line group; line hunting; LH; PBX hunting group; hunt group; PBX group

Sammelanschlussbündel *nf* SWITCH → **PBX line group**
→ Sammelanschluss *nm*

Sammelansprechen TELEPH **voice paging**

Sammelbatterie *nf* POW.SY **secondary battery**
[Batterie von Akkumulatoren] ↑ Batterie
= storage battery ↑ battery

Sammelbeauftragter *nm* DAT.CO **acquirer** *n*
[für den Datenverkehr mit Dienstleistungsanbietern]
[in charge of data communication with service provider]

Sammelbefehl *nm* TELECON **collective command**
= broadcast command

Sammelblatt *nn* OFFICE **grouping sheet**

Sammeleingabedokument *nn* DAT.MA **batch-header document**

Sammelelektrode *nf* EL.TRO → **collector** *n*
→ Kollektor *nm*

Sammelgespräch *nn* ECON → **conference** *n*
→ Besprechung *nf*

Sammelgesprächsverbindung *nf* TELEC → **conference call**
[TELEPH] → Konferenzverbindung *nf*

Sammelgruppe *nf* SWITCH → **PBX line group**
→ Sammelanschluss *nm*

Sammelkarte *nf* TEC.DOC → **parts list**
→ Stückliste *nf*

Sammelkontaktstelle *nf* COMPO **tie point**

Sammelkonto *nn* ECON **collective account**

Sammelleitung *nf* EL.TRO → **bus** *n* (*pl* buses&busses)
→ Sammelschiene *nf*

Sammelleitung *nf* HW → **bus** *n* (*pl* buses&busses)
→ Bus *nm* (*pl* Busse)

Sammelleitungsregister *nn* HW → **bus register**
→ Busregister *nn*

Sammellinse *nf* OPT **converging lens**
[in der Mitte am dicksten; bündelt auffallende Strahlen] ↓ bikonvexe Linse; plankonvexe Linse; konkavkonvexe Linse
[thickest in the center; bundles incident rays] = focusing lens

Sammellinsenscheinwerfer *nf* CINEMA **converging lens beamer**
= Dedo
= dedo

Sammelmeldung *nf* TELECON **collective indication**
= group information

Sammelname *nm* LING → **mass noun**
→ Massennomen *nplt*

Sammelquittung *nf* TELECON **collective acknowledge**

Sammelruf *nm* TELEC → **conference call**
→ Konferenzverbindung *nf*

Sammelrufnummer *nf* TELEC **line group number**
≈ Sammelanschlussnummer
= hunting group number; pilot directory number

Sammelschaltung *nf* TELEGR **multi-destination**

Sammelschiene *nf* EL.TRO **bus** *n* (*pl* buses&busses)
= Sammelleitung *nf*; Bus *nm* (*pl* Busse) ↓ Bus [DAT.PR]
↓ bus [DAT.PR]

Sammelschiene *nf* POW.EN **busbar** *n*
↓ Erdsammelschiene; Stromschiene
↓ grounding bus; current bus

Sammelschreiben *nn* DAT.MA **gather write** *n*
[getrennte Datensätze in einem Datenblock]
[writing of separate records as one data block] = gather writing

sammelsenden TELEC **multicast** *vt*
≈ rundsenden
≈ broadcast

Sammelsenden *nn* TELEC **multicasting** *n*
[an eine bestimmte Gruppe] ≈ Rundsenden
[to a limited group] ≈ broadcasting

Sammelsurium *nn* (*pl* -rien) COLL → **medley** *n*
→ Allerlei *nn*

Sammelverbindung *nf* TELEC → **conference call**
→ Konferenzverbindung *nf*

Sammelweg *nm* HW → **bus** *n* (*pl* buses&busses)
→ Bus *nm* (*pl* Busse)

Sammelwort *nn* LING → **collective word** *n*
→ Kollektivum *nn*

Sammler *nm* POW.SY → **accumulator** *n*
→ Akkumulator *nm*

Sammlung *nf* PRIN.ME **digest** *n* (2)
[vor allem von Zusammenfassungen] ≈ Zusammenstellung; Zusammenfassung; Abriss
[collection of summaries] ≈ compilation; summary; compedium

SAMNOS-Technologie *nf* MICR.EL **SAMNOS technology**
[self-aligned metal-nitride-oxide-silicon

SAMOS-Transistor *nm* MICR.EL **SAMOS transistor**
[stacked-gate avalanche-injection metal-oxide semiconductor transistor]

Sampling-Daten *nplt* COMP.AP **sampling data**
[Klangdaten eines Instruments]
[of an instrument]

Sampling-Oszillograf *nm* INSTR → **sampling oscillograph**
→ Abtastoszillograph *nm*

Sampling-Oszillograph *nm* INSTR → **sampling oscillograph**
→ Abtastoszillograph *nm*

Sampling-Oszilloskop *nn* INSTR → **sampling oscilloscope**
→ Abtastoszilloskop *nn*

Sampling-Spannungsmesser *nm* INSTR **sampling voltmeter**
= Sampling-Voltmeter *nn*

Sampling-Synthesizer *nm* COMP.AP → **sampling synthesizer**
→ Abtastsynthesizer *nm*

Sampling-Verfahren *nn* EL.TRO → **sampling method**
→ Abtastverfahren *nn*

Sampling-Voltmeter *nn* INSTR → **sampling voltmeter**
→ Sampling-Spannungsmesser *nm*

SAN DAT.NW **SAN**
[Netz aus Speicherlaufwerken]
= Storage Area Network

Sandalenfilm *nm* (pej) CINEM → **antiquity film**
→ Antikefilm *nm*

Sand-Animation *nf* CINEMA **sand animation**

Sandgießen *nn* METAL **sand casting**

Sandgusslegierung *nf* METAL **sand-cast alloy**

Sandkasten *nm* INTERNET **sandbox** *n*
[Sicherheitsbereich für empfangene Applets]
[security domain for received applets]

Sandpapier *nn* TECH → **emery paper**
→ Schmirgelpapier *nn*

Sanduhr *nf* COMP.AP **sand-glass**
[zeigt i.a. Wartezustand an] ↑ Schreibmarke
[generally indicates waiting state] ↑ cursor

Sandwich-Struktur *nf* TECH → **layered structure**
→ Mehrschichtenaufbau *nm*

Sandwich-Struktur *nf* MICR.EL **sandwich structure**
= Schichtstruktur *nf*; Mehrschichtstruktur *nf*

sanft TECH **smooth** *adj* (2)
≈ weich
≈ soft

sanfte Bildverschiebung TER&PER **smooth scroll**
[bildpunktweise] = sanfter Bilddurchlauf
[pixel-by-pixel]

sanfter Ausstieg SW **graceful exit**
[erlaubt dem System mit anderen Vorgängen fortzufahren]
[allows the system to continue with other processes]

sanfter Bilddurchlauf TER&PER → **smooth scroll**
→ sanfte Bildverschiebung

sanfte Umschaltung MOB.CO **soft switchover**

sanieren ECON **recover financially**

Sanierung *nf* ECON **financial recovery**

Saphir *nm* CHEM **sapphire** *n*

saphirblau *adj* OPT **sapphire blue** *adj*

SAP R/3 COMP.AP **SAP R/3**
[betriebswirtschaftliche SW de Fa. SAP]
[ERP SW of the company SAP]

SAR RAD.LO **synthetic aperture radar**
= SAR-Radar *nm&nn* (*pl* -e); Synthetische-Apertur-Radar *nm&nn* (*pl* -e) = SAR

SAR MOB.CO **SAR**
[tatsächlich vom Körper absorbierte Strahlung] [effectively absorbed by human body]

SAR-Radar *nm&nn* (*pl* -e) RAD.LO → **synthetic aperture radar**
→ SAR

SAR-Teilschicht *nf* TELEC → **segmentation and reassembly sublayer**
→ Segmentierungs- und Vereinigungschicht *nf*

SASL-Protokoll *nn* DAT.NW **SASL protocol**
[Simple Authentication and Security Layer]

SAS-Schnittstelle *nf* HW **SAS interface**
↑ serielle Schnittstelle ↑ serial interface

SATAN-Testprogramm *nn* DAT.NW **SATAN test program**
= Security Analysis Tool for Auditing Networks

Satcom (ANGL) TELEC → **satellite communication**
→ Satelliten-Telekommunikation *nf*

Satellit *nm* ASTR.PH **satellite** *n*
[lateinische Neubildung des Lorenzo il Magnifico "satelle-itis" ("Leibwache"), die von Galilei auf die Astronomie übertragen wurde] [Latin neologism of Lorenzo il Magnifico "satelles - itis" = "body guard", transferred by Galilei to astronomy]
= Weltraumsatellit *nm* = space satellite

Satellit *nm* SAT.CO **satellite** *n*
↓ Nachrichtensatellit; Forschungssatellit ↓ communications satellite; research satellite

Satellit *nm* TECH **satellite** *n*
[fig; kleine periphere Einheit die zu einem größerem Ganzen gehört] [fig; small peripheral unit which is part of a larger system]

Satellit *nm* DAT.PR → **preprocessor** *n*
→ Vorverarbeitungsrechner *nm*

Satellitenabschnitt *nm* SAT.CO **satellite communication hop**
= satellite hop; satellite section

Satellitenanlage *nf* DAT.PR → **satellite computer**
→ Zubringerrechner *nm*

Satellitenbild *nn* CART **satellite image**
= satellite photograph

Satellitenbodenstation *nf* SAT.CO → **earth station**
→ Erdfunkstelle *nf*

Satellitencodiersystem *nn* BROADC **satellite encryption system**

Satellitencomputer *nm* DAT.CO → **slave computer**
→ Nebenrechner *nm*

Satellitencomputer *nm* DAT.PR → **satellite computer**
→ Zubringerrechner *nm*

Satelliten-Direktempfang *nm* BROADC **direct satellite reception**

Satelliten-Empfangsanlage *nf* BROADC **satellite reception unit**

Satellitenempfangssystem *nn* CONS.EL **satellite receiver**
= Satellitenreceiver *nm* (ANGL); Sat-Receiver *nm* (ANGL) = sat receiver

Satelliten-Fernmeldewesen *nn* TELEC → **satellite communication**
→ Satelliten-Telekommunikation *nf*

Satelliten-Fernsehen *nn* MEDIA **satellite television**
= SatTV = television by satellite; satellite TV; satTV

Satellitenfrequenzvermietung *nf* TELEC → **satellite channel renting**
→ Satellitenkanalvermietung *nf*

Satellitenfunk *nm* RADIO **satellite radio**

Satellitenfunk-Ortungsdienst *nm* SAT.CO **RDSS**
= Radio Determination Satellite Service

satellitengestützt INF.TEC **satellite-based**
= satellite-supported

satellitengestützter Mobilfunk MOB.CO → **satellite mobile telephony**
→ Satellitenmobilfunk *nm*

satellitengestütztes Notrufsystem SAT.CO **GDSS**
= GDSS [satellite-based]
= Global Distress Safety System

Satellitenkanalvermietung *nf* TELEC **satellite channel renting**
= Satellitenfrequenzvermietung *nf* = satellite frequency renting

Satellitenlaufzeit *nf* TELEC **satellite delay**

Satellitenleistung *nf* TELEC **satellite service**

Satellitenmobilfunk *nm* MOB.CO **satellite mobile telephony**
= satellitengestützter Mobilfunk ↓ Inmarsat; Iridium
↓ Inmarsat; Iridium

Satellitennavigation *nf* RAD.NA **satellite navigation**

Satelliten-Positionierer *nm* CONS.EL → **positioner** (2)
→ Positionierer *nm* (2)

Satellitenpositionierung *nf* SAT.CO **satellite ranging**

Satellitenradio *nn* CONS.EL **satellite radio**

Satellitenreceiver *nm* (ANGL) CONS.EL → **satellite receiver**
→ Satellitenempfangssystem *nn*

Satellitenrechner *nm* DAT.CO → **slave computer**
→ Nebenrechner *nm*

Satellitenrechner *nm* DAT.PR → **satellite computer**
→ Zubringerrechner *nm*

Satellitenreportagesystem *nn* SAT.CO **satellite news gathering**
= Pressefunkdienst über Satelliten = SNG

Satellitenrundfunk *nm* MEDIA **satellite broadcast**

Satellitensystem *nn* DAT.PR → **satellite computer**
→ Zubringerrechner *nm*

Satellitentelefon *nn* TELEC **satellite telephone**
= Satellitentelephon *nn*

Satelliten-Telekommunikation *nf* TELEC **satellite communication**
= Satcom (ANGL); Satelliten-Fernmeldewesen *nn* = satcom *n*

Satellitentelephon *nn* TELEC → **satellite telephone**
→ Satellitentelefon *nn*

Satellitentröpfchen *nn* TER&PER **satellite drops**
[unerwünschte Nebentropfen] [unwanted secondary drops]

Satellitenübertragung *nf* TELEC **satellite transmission**

Satellitenumlaufzeit *nf* SAT.CO **anomalistic time**

Satellitenverbindung *nf* SAT.CO **satellite link**

Saticon *nn* TV → **saticon tube**
→ Saticon-Röhre *nf*

Saticon-Röhre *nf* TV **saticon tube**
= Saticon *nn* = saticon *n*
↑ Bildaufnahmeröhre ↑ camera tube

satinieren TECH **calender** *vt*
[durch Druck glätten und mit Hochglanz versehen] [to smooth and glaze by pressure]
= kalandern; kalandrieren

Satiniermaschine *nf* TECH → **calender** *n*
→ Kalander *nm*

satiniertes Papier PRIN.ME **satin paper**
= calandered paper

SATO-Verfahren *nn* MICR.EL **SATO process**
[self-aligned thick-oxide process]

Sat-Positionierer *nm* CONS.EL → **positioner** (2)
→ Positionierer *nm* (2)

Sat-Receiver *nm* (ANGL) CONS.EL → **satellite receiver**
→ Satellitenempfangssystem *nn*

Sattdampf *nm* PHYS → **saturated vapor**
→ gesättigter Dampf

Sattelpunkt *nm* MATH **saddle point**
= hyperbolischer Punkt ↑ surface point
↑ Flächenpunkt

Sattelschlepper *nm* MEC.EN **semi-trailer truck** (AM)
= articulated lorry (BE)

sattgrün OPT → **dark green**
→ dunkelgrün

sättigen PHYS **saturate**

Sättigung *nf* PHYS **saturation** *n*

Sättigung *nf* EL.TRO **saturation** *n*
≈ Übersteuerung ≈ overdriving

Sättigung *nf* OPT → **color intensity** *n* (AE)
→ Farbstärke *nf*

Sättigungs-Abfallzeit *nf* MICR.EL **saturation fall time**

Sättigungs-Anstiegzeit *nf* MICR.EL **saturation rise time**

Sättigungsbereich *nm* EL.TRO **saturation region**
= Übersteuerungsbereich *nm*; Sättigungsgebiet *nn* = saturation range

Sättigungsdrossel *nf* POW.SY **saturation reactor**
= saturation choke

Sättigungsdruck *nm* PHYS **saturation pressure**

Sättigungsfeuchte PHYS **saturation humidity**
≈ Taupunkt ≈ dew point

Sättigungsgebiet *nn* PHYS **saturation region**

Sättigungsgebiet *nn* EL.TRO → **saturation region**
→ Sättigungsbereich *nm*

Sättigungsinduktion *nf* PHYS **saturation induction**

Sättigungslogik *nf* MICR.EL → **saturated logic circuit**
→ gesättigte Logik

Sättigungsmagnetisierung *nf* PHYS **saturation magnetization**

Sättigungspotential *nn* PHYS **saturation potential**

Sättigungspunkt *nm* PHYS **saturation point**

Sättigungsregler *nm* TV → **color intensity control** (AE)
→ Farbstärkeregler *nm*

Sättigungsspannung *nf* PHYS **saturation voltage**

Sättigungsspannung *nf* MICR.EL **saturation voltage**
= Restspannung *nf*

Sättigungsstrom *nm* PHYS **saturation current**

Sättigungstest *nm* TELEC → **saturation testing**
→ Überlasttest *nm*

Sättigungswiderstand *nm* MICR.EL **saturation resistance**
= Restwiderstand *nm*
= residual-bulk resistance

Sättigungszustand *nm* PHYS **saturation state**

SatTV MEDIA → **satellite television**
→ Satelliten-Fernsehen *nn*

Satz MATH → **set** *n*
→ Menge *nf*

Satz *nm* SWITCH **circuit** *n*
[Funktionseinheit eines Wählsystems, die einer Verbindung zur Erfüllung wähltechnischer Funktionen oder für Schnittstellenaufgaben zugeordnet wird, meist nur vorübergehend]
↓ Teilnehmersatz; Signalisierungssatz; Verbindungssatz; Leitungssatz; Prüfsatz
[functional unit of a switching system, assigned to a call with switching or interfacing functions, generally only during the task period]
= interface circuit; interface
↓ subscriber line circuit; signaling circuit; junctor; trunk circuit; test

Satz *nm* LING **sentence** *n*
[eine selbständige Aussage beinhaltende Wortgruppe, mit einem Satzschlusszeichen endend]
[group of words forming a self-contained speech, concluding with end punctuation]
= period

Satz *nm* ECON **unit rate**
= rate *n*

Satz *nm* CODING **sentence** *n*
[als Einheit betrachtete Folge von Wörtern]
[sequence of words considered as a unit]

Satz *nm* TECH **set** *n*
[Gruppe von zusammengehörigen Teilen]
= Garnitur *nf*
[group of related pieces]

Satz *nm* PRIN.ME **typesetting** *n*
= Schriftsatz *nm* (1); Setzen *nn*
≈ Umbruch
↓ Blocksatz; Flattersatz
= setting; type; composition; print
≈ makeup
↓ justified typesetting; ragged typesetting

Satz *nm* EL.TEC → **bank** *n*
→ Bank *nf*

Satz *nm* DAT.MA → **data record**
→ Datensatz *nm*

Satzadresse *nf* DAT.MA → **record address**
→ Datensatzadresse *nf*

satzadressierter Cache-Speicher DAT.PR **set-associative cache**

Satzanweisung *nf* PRIN.ME **typographic instruction**
= typographische Anweisung; Satzbefehl *nm*; typographischer Befehl
= typographic command; style sheet

Satzaufbau *nm* DAT.MA → **record structure**
→ Datensatzaufbau *nm*

Satzaufbereitung *nf* WOR.PR → **composition formatting**
→ Datensatzaufbereitung *nf*

Satzaufbereitungsprogramm *nn* PRIN.ME **type matter preparation program**

Satzauftakt *nm* LING **introductory clause**

Satzaussage *nf* LING → **predicate** *n*
→ Prädikat *nn*

Satzbaugruppe *nf* SWITCH **circuit module**

Satzbefehl *nm* PRIN.ME → **typographic instruction**
→ Satzanweisung *nf*

Satzbereich *nm* DAT.MA → **record area**
→ Datensatzbereich *nm*

Satzblock *nm* DAT.MA → **data block**
→ Datenblock *nm*

Satzcomputer *nm* PRIN.ME → **composition computer**
→ Satzrechner *nm*

Satz der Art und Weise LING → **modal sentence**
→ Modalsatz *nm*

Satz des Mittels oder Werkzeugs LING → **instrumental sentence**
→ Instrumentalsatz *nm*

Satzergänzung *nf* LING → **object** *n*
→ Objekt *nn*

Satzerkenner *nm* ART.IN **phrase spotter**
[erkennt spezielle Sätze]
[spots specific sentences]

Satzformat *nn* DAT.MA → **record structure**
→ Datensatzaufbau *nm*

Satzgefüge *nn* LING **complex sentence**
[Hauptsatz mit Nebensatz]
= Satzreihe *nf*; komplexer Satz
[with a main and a complementary clause]

Satzgegenstand *nm* LING → **subject** *n*
→ Subjekt *nn*

Satzglied *nn* LING **part of sentence**
= Satzteil *nn*
↓ Subjekt; Prädikat; Objekt; adverbiale Bestimmung
↓ subject; verb 2; object; adverbial

Satzgruppe *nf* SWITCH **circuit group**

Satzgruppe *nf* DAT.MA → **record set**
→ Datensatzgruppe *nf*

Satzkennung *nf* DAT.MA **record label**
= record identifier

Satzkorrektur *nf* PRIN.ME **typesetting correction**

Satzlänge *nf* DAT.MA → **record length**
→ Datensatzlänge *nf*

Satzlängenfeld *nn* DAT.MA **record length field**

Satzlehre *nf* LING → **syntax** *n*
→ Syntax *nf*

Satzlücke *nf* TER&PER → **interblock gap**
→ Blocklücke *nf*

Satzmächtigkeit *nf* MATH **cardinality** *n*
[number of elements in a set]

Satzmarke *nf* DAT.MA → **record mark**
→ Datensatzmarke *nf*

Satzname *nm* DAT.MA → **data record name**
→ Datensatzname *nm*

Satznummer *nf* DAT.MA → **record number**
→ Datensatznummer *nf*

satzorientiert DAT.MA → **record-oriented** *adj*
→ datensatzorientiert

Satzperipherie *nf* SWITCH **circuit periphery**

Satzposition *nf* SWITCH **circuit position**

Satzprüfung *nf* SWITCH **circuit testing**

Satzrechner *nm* PRIN.ME **composition computer**
= Satzcomputer *nm*
= typesetting computer; typographic computer

Satzreihe *nf* LING → **complex sentence**
→ Satzgefüge *nn*

Satzschlusszeichen *nn* LING **end punctuation mark**
↑ Satzzeichen
↓ Punkt; Fragezeichen; Ausrufezeichen
↑ punctuation mark
↓ dot; question mark; exclamation mark

Satzsegment *nn* DAT.MA → **record segment**
→ Datensatzsegment *nn*

Satzseite *nf* SWITCH **circuit side**

Satzskizze *nf* PRIN.ME → **layout** *n*
→ Layout *nn*

Satzspiegel *nm* PRIN.ME **image area**
[bedruckte Fläche einer Seite]
= Spiegel
[printed area of a page]
= type area; print area; print space

Satzstruktur *nf* DAT.MA → **record structure**
→ Datensatzaufbau *nm*

Satzteil *nn* LING → **part of sentence**
→ Satzglied *nn*

Satzteil *nn* TECH → **component part**
→ Einzelteil *nn*

Satzteile *nplt* MANUF **parts and pieces**
= parts *nplt*; components *nplt*

Satztyp *nm* SWITCH **circuit type**

Satztzeichentaste *nf* TER&PER **punctuation key**

Satzung *nf* ECON **statute** *n*
= Statuten *nplt*

Satzverständlichkeit *nf* TELEPH **phrase intelligibility**
= discrete sentence intelligibility

Satz von den Ersatzspannungsquellen NETW.TH → **Thévenins's theorem**
→ Theorem von Thévenin

Satz von der Zweipolquelle NETW.TH → **Helmholtz equivalent-source theorem**
→ helmholtzscher Satz

satzweise DAT.MA → **record-wise**
→ datensatzweise

Satzzahl *nf* DAT.MA **record count**
= Anzahl Datensätze
= number of data records

Satzzeichen *nn* LING **punctuation mark**
[Zeichen zur Gliederung von Texten und Ergänzung des Ausdrucks]
= Interpunktionszeichen *nn*
≈ diakritisches Zeichen; Zeichensetzung
↑ Zeichen
↓ Punkt *nm* (1); Komma *nf*; Doppelpunkt *nm*; Semikolon (*nn*, *pl* -s, -kola); Ausrufezeichen *nn*; Fragezeichen *nn*; Trennungsstrich *nm*; Satzschlusszeichen *nn*; Anführungszeichen *nn*
[mark to structure texts and clarify meanings]
= punctuation symbol; punctuation character; point *n* (1)
≈ diacritic; punctuation
↑ sign
↓ point (2); comma; colon; semicolon; exclamation point; interrogation mark; hyphen; end punctuation mark; quotation mark

Satzzwischenraum *nm* TER&PER → **interblock gap**
→ Blocklücke *nf*

sauber TECH **clean** *adj*
= gereinigt
= scavenged

säubern DAT.MA → **flush** *vt*
→ räumen *vt*

säubern TECH **clean** *vt*
= reinigen = scavenge
säubern DAT.MA **purge** *vt* (1)
[überflüssige Daten löschen] [to remove unnecessary data]
Säuberung *nf* TECH → **cleaning** *n*
→ Reinigung *nf*
Säuberung *nf* DAT.MA **purging** *n*
↑ Löschung ↑ erasion
Säuberungsbereich *nm* DAT.MA **purge area**
[Speicher] [memory]
Sauerstoff *nm* CHEM **oxygen** *n*
= Oxygenium *nn*; O = O
Sauganode *nf* EL.TRO **suction anode**
Saugdrossel *nf* POW.EN **interphase transformer**
Saugdrosselschaltung *nf* POW.EN → **double three-pulse mid-point circuit**
→ Doppel-Dreipuls-Mittelpunkt-Schaltung *nf*
saugen TECH **suck** *vt*
= absaugen
saugend TECH → **absorbent** *adj*
→ saugfähig
saugfähig TECH **absorbent** *adj*
= saugend; aufsaugend; einsaugend = absorptive
Saugfähigkeit *nf* TECH **absorbency** *n*
= Absorbierung *nf*
Saugkreis *nm* NETW.TH → **series-resonant circuit**
→ Reihenschwingkreis *nm*
Saugleistung *nf* TECH **suction power**
Saugpumpe *nf* TECH **suction pump**
Saugtransformator *nm* EL.TEC **booster transformer**
= negative boosting transformer; draining transformer
Saugwirkung *nf* TECH **suction effect**
= sucking effect; sucking action
Säulendiagramm *nn* TEC.DOC → **bar chart**
→ Balkendiagramm *nn*
säulenförmig TECH **columnar**
Säulengrafik *nf* TEC.DOC → **bar chart**
→ Balkendiagramm *nn*
Säulengraphik *nf* TEC.DOC → **bar chart**
→ Balkendiagramm *nn*
Säulenschaubild *nn* TEC.DOC → **bar chart**
→ Balkendiagramm *nn*
säumig ECON **defaulting**
= tardy
Säure *nf* CHEM **acid** *n*
[bildet in wässriger Lösung Wassestoffionen] [a proton donor in water solutions]
≠ Base ≠ base
säurebeständig CHEM **acid-resistant**
≈ korrosionsfest ≈ non-corroding
säurefrei CHEM **nonacid** *adj*
= acid-free
saure Lösung CHEM **acid solution**
Säuseln ACOUS **whiz** *n* (*pl* whizzes)
= whizz *n*
saven DAT.MA → **save** *vt*
→ sichern *vt*
SAW-Filter *nn* COMPO → **surface-acoustic-wave filter**
→ Oberflächenwellenfilter *nn*
Saxofon *nn* MUSIC **saxophone** *n*
= Saxophon *nn* = sax *n*
Saxofonist *nm* MUSIC **saxophone player** (1)
= Saxophonist *nm* [male]
Saxofonistin *nf* MUSIC **saxophone player** (2)
= Saxophonistin *nf* [female]
Saxophon *nn* MUSIC → **saxophone** *n*
→ Saxofon *nn*
Saxophonist *nm* MUSIC → **saxophone player** (1)
→ Saxofonist *nm*
Saxophonistin *nf* MUSIC → **saxophone player** (2)
→ Saxofonistin *nf*
sb OPT → **stilb** *n*
→ Stilb *nn*
Sb CHEM → **antimony** *n*
→ Antimon *nn*
S-Band RADIO **S band**
[1.500 MHz bis 5.200 MHz] [1,500 to 5,200 MHz]
SBC-Technik *nf* MICR.EL **SBC technology**
[standard buried collector technology]
S-Block DAT.NW **supervisory block**
SB-System *nn* TER&PER → **self-service terminal**
→ Selbstbedienungssystem *nn*

SBZ TELEPH → **sending reference equivalent**
→ Sendebezugsdämpfung *nf*
Sc CHEM → **scandium** *n*
→ Scandium *nn*
Scancode *nm* TER&PER → **scan code**
→ Tastaturcode *nm*
Scandium *nn* CHEM **scandium** *n*
= Sc = Sc
Scanner *nm* RAD.LO **scanner** *n*
[Schwenkmechanismus einer Radarantenne] [swiweling mechanism of a radar antenna]
= scanner device
Scanner *nm* TER&PER → **scanner** *n*
→ Abtaster *nm*
Scanner *nm* HW → **scanner** *n*
→ Eingabe-Multiplexer *nm*
Scannerkopf *nm* TER&PER → **scan head**
→ Abtastkopf *nm*
Scanprozessor *nm* CIRC.EN **scanning processor**
Scan-Stift *nm* TER&PER → **pen scanner**
→ Stift-Scanner *nm*
SCART-Steckverbinder *nm* COMPO **SCART connector**
= Euro-AV-Steckverbinder *nm* = Euro-AV connector
Scattering-Matrix *nf* (ANGL) MATH → **scattering matrix**
→ Streumatrix *nf*
Scatternet *nn* DAT.NW **scatternet** *n*
[Bluetooth] [Bluetooth]
Scatterverbindung *nf* RAD.RE → **troposcatter radio link**
→ Streustrahl-Richtfunkverbindung *nf*
SCCP SWITCH **SCCP**
[SS7] [SS7]
= Signaling Connection Control Part
SCE TELEC → **Service Creation Environment**
→ Diensteerstellungs-Umgebung *nf*
SCF NETW.TH → **switched-capacitor filter**
→ Schalterfilter *nn*
SCF TELEC → **Service Control Function**
→ Dienststeuerungsfunktion *nf*
SC-Filter *nn* NETW.TH → **switched-capacitor filter**
→ Schalterfilter *nn*
sch MATH → **hyperbolic secant**
→ Secans hyperbolicus
schaben TECH **scrape** *vt*
Schablone *nf* TECH **template** *n*
≈ Lehre; Maske = former *n*; stencil *n*
Schablone *nf* ENG.DRA → **drawing template**
→ Zeichenschablone *nf* (1)
Schablone *nf* COMP.AP → **display mask**
→ Bildschirmmaske *nf*
Schablonenbefehl *nm* SW **template command**
[erleichtert das Setzten von Funktionen] [facilitates setting of functions]
Schablonendruck *nm* PRIN.ME **stencil printing**
↑ Siebdruck ↑ screen printing
Schablonendruck *nm* PRIN.ME → **screen printing**
→ Siebdruck *nm*
Schablonendrucker *nm* ENG.DRA **stencil printer**
Schablonenpaarigkeitsvergleich *nm* IMAG.PR **template matching**
= matched filtering
Schachbrettfrequenz *nf* TV **chess board frequency**
Schachbrettmuster *nn* TECH **chess board pattern**
Schachcomputer *nm* DAT.PR **chess-playing computer**
Schacht *nm* TER&PER → **paper tray**
→ Papiernachfüllmagazin *nn*
Schacht *nm* OUT.PL **chamber** *n*
= Unterflurkammer *nf* ≈ manhole
≈ Mannloch
Schacht *nm* EQP.EN → **mounting place**
→ Einbauplatz *nm*
Schachtabdeckung *nf* OUT.PL → **manhole cover**
→ Schachtdeckel *nm*
Schachtdeckel *nm* OUT.PL **manhole cover**
= Schachtabdeckung *nf* = cover slab (of concrete)
Schachtel *nf* TECH **light box**
[leichter Kleinbehälter mit Deckel oder Klappe] ≈ box; case
≈ Kasten; Gehäuse ↓ cardboard box
Schacteldiagramm *nn* SW → **structogram** *n*
→ Struktogramm *nn*
schachteln SW → **nest** *vt*
→ verschachteln *vt*
schachteln TECH → **interleave** *vt*
→ verschachteln *vt*

Schachtelung *nf* TECH → **interleaving** *n*
→ Verschachtelung *nf*

Schachtelung *nf* SW → **nesting** *n*
→ Verschachtelung *nf*

Schachtelwort *nn* LING **portmanteau word**
[Kunstwort aus der Verschmelzung bekannter Wörter, z.B. "Telematik"]
↑ Kunstwort
[word formed by merging in unusual way different terms, e.g. smog]
= blend
↑ artificial word

Schacht-Klappschema OUT.PL **manhole foldout**

Schachtsohle *nf* OUT.PL **manhole floor**

Schaden ECON → **average** *n*
→ Havarie *nf*

Schaden *nm* (*pl* Schäden) TECH **damage** *n*
= Beschädigung *nf*
≈ Beeinträchtigung
= injury *n*; spoil *n*; impairment *n* (2)
≈ impairment (1)

Schadenersatz *nm* LAW **compensation** *n*
= Schadenloshaltung *nf*; Kompensation *nf*; Entschädigung *nf*; Ersatz *nm*; Abfindung *nf*
≈ Rückerstattung [ECON]
= indemnification *n*; damages *nplt*; recovery of damage
≈ refund [ECON]

schadenfrei TECH **harmless** *adj*
= unbeschädigt

Schadenloshaltung *nf* LAW → **compensation** *n*
→ Schadenersatz *nm*

Schadensbegrenzung *nf* COLL **damage control**

Schadensbericht *nm* ECON **damage report**

Schadensereignis *nn* ECON → **case of damages** *n*
→ Schadensfall *nm*

Schadensfall *nm* ECON **case of damages** *n*
= Schadensereignis *nn*
= claim *n* (4)

Schadgas *nf* QUAL **harmful gas**

schadhaft TECH → **damaged** *adj*
→ beschädigt

schadhaft QUAL → **faulty** *adj*
→ fehlerhaft

schadhafte Diskette TER&PER → **bad disk**
→ unbrauchbare Diskette

schadhafter Sektor TER&PER → **bad sector**
→ unbrauchbarer Sektor

schadhafte Spur TER&PER → **bad track**
→ unbrauchbare Spur

schädlich COLL **harmful**
↓ giftig
= detrimental; mischievous
↓ toxic

schadlos halten *vr* LAW → **recoup** *vt*
→ einbehalten *vt*

Schadloshaltung *nf* LAW → **recoupment** *n*
→ Einbehaltung *nf*

Schadstoff *nm* TECH **polluant** *n*
= toxid agent; harmful agent

Schaffung *nf* COLL **creation** *n*
= origination *n*

Schaft *nm* MEC.EN **shank** *n*

Schäkel TECH **shackle** *n*
[mit Bolzen schließbares Verbindungselement]
= Bride
[chaining element closed by a bolt]

Schale *nf* TECH **shell** *n* (1)
≈ Hülse
= bowl *n*
≈ sleeve

Schale *nf* SW **shell** *n*
[Programm zur Erleichterung der Bedienung einer Software oder eines Systems]
= Shell *nf* (ANGL)
↑ Benutzeroberfläche
[program facilitating the use of a software or system]
= command shell
↑ user interface

Schale *nf* PHYS → **electron shell**
→ Elektronenhülle *nf*

Schalengriff *nm* TECH **recessed handle**

Schalenkern *nm* COMPO **pot core**
= pot; cup core

Schalenkernspule *nf* COMPO **pot-core coil**
= pot coil; cup-core coil

Schalenkernübertrager *nm* COMPO **pot-core transformer**

Schalenmodell *nn* PHYS **shell model**

Schall *nm* (1) ACOUS **sound** *n* (1)
[in einem Medium sich ausbreitende mechanische Schwingung]
↓ Hörschall; Infraschall; Ultraschall
[mechanical wave propagating in a medium]
↓ audible sound; infrasound; ultrasound

Schall *nm* (2) ACOUS → **sound** *n* (2)
→ Hörschall *nm*

Schallabsorptionsgrad *nm* ACOUS **sound absorption coefficient**

Schallaufnahme *nf* SOUN.ME → **sound recording**
→ Tonaufnahme *nf*

Schallaufnehmer *nm* EL.ACOU → **acoustic receiver**
→ Schallempfänger *nm*

Schallaufzeichnung *nf* SOUN.ME → **sound recording**
→ Tonaufnahme *nf*

Schallausbreitung *nf* ACOUS **sound propagation**
= sound radiation

Schallauschlag *nm* ACOUS **particle displacement**

Schallboden *nm* ACOUS → **sounding board**
→ Resonanzboden *nm*

schalldämmend ACOUS **sound-insulating**
= schalldämpfend
= sound-absorbing; sound-deadening; noise-attenuating; quietized

Schalldämmer *nm* ACOUS → **deadener** *n*
→ Schalldämpfer *nm*

schalldämmfendes Kameragehäuse IMAG.ME **blimp** *n*

Schalldämmstoff *nm* ACOUS → **deadener** *n*
→ Schalldämpfer *nm*

Schalldämmung *nf* ACOUS **sound insulation**
= Schalldämpfung *nf*; Schallschutz *nm*; Lärmschutz *nm*
= sound absorption; sound proofing; sound damping; quieting *n*

schalldämpfend ACOUS → **sound-insulating**
→ schalldämmend

Schalldämpfer *nm* ACOUS **deadener** *n*
= Schalldämmer *nm*; Schallschlucker *nm*; Schalldämmstoff *nm*; Schalldämpfstoff *nm*
= muffler; sound absorber

Schalldämpfstoff *nm* ACOUS → **deadener** *n*
→ Schalldämpfer *nm*

Schalldämpfung *nf* ACOUS → **sound insulation**
→ Schalldämmung *nf*

schalldicht ACOUS **sound-proof**
= schallsicher; lärmsicher
= sound-proofed

Schalldose *nf* EL.ACOU → **phonograph pickup**
→ Tonabnehmer *nm*

Schalldruck *nm* ACOUS **effective sound pressure**
= sound pressure; acoustic level

Schalldruckmikrofon *nn* EL.ACOU **pressure microphone**
= Schalldruckmikrophon *nn*

Schalldruckmikrophon *nn* EL.ACOU → **pressure microphone**
→ Schalldruckmikrofon *nn*

Schalldruckpegel *nm* ACOUS **sound pressure level**

Schallehre *nf* PHYS → **acoustics** *nplt*
→ Akustik *nf*

Schalleistung *nf* ACOUS **acoustic power**

Schalleistungspegel *nm* ACOUS **acoustic power level**

Schalleiter *nm* ACOUS **acoustic conductor**
= akustischer Leiter

Schallempfänger *nm* EL.ACOU **acoustic receiver**
= Schallaufnehmer *nm*
↓ Mikrophon
= sound receiver
↓ microphone

schallerzeugend ACOUS **sound-producing**

Schallfeld *nn* ACOUS **sound field**

Schallfluss *nm* ACOUS **sound flux**

Schallfühler *nm* COMPO → **acoustic sensor**
→ Schallsensor *nm*

Schallgeber *nm* ACOUS → **acoustic source**
→ Schallquelle *nf*

Schallgeschwindigkeit *nf* ACOUS **sound velocity**

Schallgrenze *nf* ACOUS **sound barrier**
= Schallmauer *nf*
= sonic barrier

Schallimmission *nf* ACOUS → **noise reception**
→ Geräuschimmission *nf*

Schallimpedanz *nf* ACOUS **acoustic impedance**

Schallintensität *nf* ACOUS → **sound intensity**
→ Schallstärke *nf*

Schallintensitätspegel *nm* ACOUS **sound intensity level**

Schallkasten *nm* ACOUS → **resonator**
→ Resonanzkörper *nm*

Schallkennimpedanz *nf* ACOUS → **sound radiation impedance**
→ Schallwellenwiderstand *nm*

Schallkörper *nm* ACOUS → **resonator**
→ Resonanzkörper *nm*

Schallmauer *nf* ACOUS → **sound barrier**
→ Schallgrenze *nf*

Schallmessgerät *nn* INSTR **sound test instrument**

Schallöffnung *nf* ACOUS **acoustic aperture**

Schallortung *nf* ACOUS **sound locating**
= sound location

Schallortungsgerät *nn* ACOUS **sound locator**
= locator *n*

Schallpegel *nm* ACOUS **sound level**

Schallpegelmesser *nm* INSTR **sound level meter**
= sound meter

Schallplatte *nf* CONS.EL **phonogram record**
= Platte *nf*
↓ Langspielplatte
= phonograph record; record *n*; disc *n*; disk *n*
↓ long-play record

Schallplattenalbum *nn* CONS.EL → **album** *n*
→ Plattenalbum *nn*

Schallplattenarchiv *nn* SOUN.ME **record archive**
= Plattenarchiv *nn*
= record library; disc archive; disc library; disk archive; disk library

Schallplattenaufnahme *nf* CONS.EL **phonographic recording**
= Plattenaufnahme *nf*

Schallplatten-Aufnahmegerät *nn* CONS.EL **phonogram recorder**
= Plattenaufnahmegerät *nn*
= disc recorder; disk recorder

Schallplattenfirma *nf* CONS.EL **record company**
= Plattenfirma *nf*

Schallplattenhülle *nf* CONS.EL **record cover**
[äußerer Schutz; bedruckt]
= Plattenhülle *nf*, plattencover *nf* (ANGL); Cover *nf* (ANGL)
≈ Schallplattentasche
[the outer protection; illustrated]
= disc cover; disk cover; cover *n*
≈ record pocket

Schallplattenindustrie *nf* CONS.EL **record industry**
= Plattenindustrie *nf*
= phonographic industry

Schallplattenspieler *nm* CONS.EL → **record player**
→ Plattenspieler *nm*

Schallplattentasche *nf* CONS.EL **record pocket**
[unmittelbarer Schutz der Platte]
= Plattentasche *nf*
≈ Schallplattenhülle
[direct protection of the disk]
≈ record cover

Schallplattenteller *nm* CONS.EL → **turntable** *n*
→ Plattenteller *nm*

Schallplattenwechsler *nm* CONS.EL → **record changer**
→ Plattenwechsler *nm*

Schallplattenzubehör *nn* CONS.EL **record accessories**
= Plattenzubehör *nn*

Schallquelle *nf* ACOUS **acoustic source**
= Schallgeber *nm*; akustische Quelle; Schallsender *nm*; Schallstrahler *nm*
↓ Lautsprecher
= sound source; sound generator; sound transmitter; sound projector; acoustic source; acoustic radiator
↓ loudspeaker

Schallreflexion *nf* ACOUS **sound reflection**
↓ Echo; Nachhall
= sound reflexion
↓ echo; reverberation

Schallschatten *nm* ACOUS **acoustic shadow**

Schallschirm *nm* EL.ACOU → **baffle** *n*
→ Schallwand *nf*

schallschluckend ACOUS **sound-absorptive**
= lärmschluckend
= noise-absorptive

Schallschlucker *nm* ACOUS → **deadener** *n*
→ Schalldämpfer *nm*

Schallschluckgehäuse *nn* TER&PER → **noise-absorbing cover**
→ Schallschluckhaube *nf*

Schallschluckglocke *nf* TER&PER → **noise-absorbing cover**
→ Schallschluckhaube *nf*

Schallschluckgrad *nm* ACOUS **acoustic absorption coefficient**

Schallschluckhaube *nf* TER&PER **noise-absorbing cover**
= Schallschutzhaube *nf*; Lärmschutzhaube *nf*; Lärmschluckhaube *nf*; Schallschutzgehäuse *nf*; Geräuschhaube *nf*; Schallschluckgehäuse *nn*; Lärmschutzgehäuse *nf*; Schallschluckglocke *nf*; Schallschutzglocke *nf*; Lärmschutzglocke *nf*; Lärmschluckglocke *nf*; Geräuschglocke *nf*
= acoustic hood; soundproof cover; sound-insulating cover; sound hood; hush cover; acoustical sound enclosure; acoustic enclosure; noise-absorbing bonnet; blimp *n*

Schallschnelle *nf* ACOUS **sound particle velocity**
= Schnelle *nf*
= acoustic velocity; group velocity of sound; velocity of sound

Schallschnellewandler *nm* EL.ACOU **electromagnetic transducer**
= elektromagnetischer Wandler

Schallschutz *nm* ACOUS → **sound insulation**
→ Schalldämmung *nf*

Schallschutzgehäuse *nf* TER&PER → **noise-absorbing cover**
→ Schallschluckhaube *nf*

Schallschutzglocke *nf* TER&PER → **noise-absorbing cover**
→ Schallschluckhaube *nf*

Schallschutzhaube *nf* TER&PER → **noise-absorbing cover**
→ Schallschluckhaube *nf*

Schallschwelle *nf* ACOUS → **audibility threshold**
→ Hörbarkeitsschwelle *nf*

Schallsender *nm* ACOUS → **acoustic source**
→ Schallquelle *nf*

Schallsensor *nm* COMPO **acoustic sensor**
= Schallfühler *nm*
= sound sensor

schallsicher ACOUS → **sound-proof**
→ schalldicht

Schallsignal *nn* EL.ACOU **sound signal**
= Tonsignal *nn*; akustisches Signal; Schallzeichen *nn*
↓ Hupe
= audio signal; audible signal; acoustic signal
↓ hooter

Schallspeicher *nm* EL.ACOU **acoustic storage**
= akustischer Speicher
↓ Schallplatte; Tonband
= acoustic memory

Schallstärke *nf* ACOUS **sound intensity**
= Schallintensität *nf*

Schallstrahl *nm* ACOUS **acoustic ray**
↑ Strahl [PHYS]
= acoustic beam
↑ ray [PHYS]

Schallstrahler *nm* ACOUS → **acoustic source**
→ Schallquelle *nf*

schalltot ACOUS **dead** *adj*
= nachhallfrei
= anechoic

schalltoter Raum ACOUS **anechoic chamber**
≠ Nachhallraum
≠ reverberation room

Schalltransmissionsgrad *nm* EL.ACOU **sound transmission factor**
= Transmission *nf*
= acoustical transmission factor

Schallwand *nf* EL.ACOU **baffle** *n*
= Schallschirm *nm*

Schallwandler *nm* EL.ACOU **electroacoustic transducer**
= elektroakustischer Wandler
↓ Lautsprecher; Mikrophon
= sound converter
↓ loudspeaker; microphone

Schallwelle *nf* ACOUS **sound wave**

Schallwellenbeugung *nf* ACOUS **sound wave diffraction**

Schallwellenlänge *nf* ACOUS **sound wave length**

Schallwellenwiderstand *nm* ACOUS **sound radiation impedance**
= Schallkennimpedanz *nf*
= characteristic sound impedance

Schallzeichen *nn* EL.ACOU → **sound signal**
→ Schallsignal *nn*

Schaltabschnitt *nm* RAD.RE **switching section**

Schaltalgebra *nf* INF.TEC **digital logic**
[Anwendung der Booleschen Algebra auf binäre Schaltungen]
= Schaltungsalgebra *nf*, Schaltlogik *nf*, Schaltungslogik *nf*; Kontaktalgebra *nf*
≈ Boolesche Algebra [MATH]
[Boolean algebra applied to binary circuits]
= computer logic; switching algebra; logic algebra; switching theory; switching logic; engineering logic; circuit algebra; circuit logic; circuitry algebra; circuitry logic; computer arithmetic
≈ Boolean algebra [MATH]

Schaltanlage *nf* POW.EN → **switchgear** *n*
→ Schaltgerät *nn*

Schaltarm *nm* SWITCH → **contact wiper**
→ Kontaktarm *nm*

Schaltauftrag *nm* TELEC **connecting request**

schaltbar EL.TEC **switchable** *adj*

Schaltbefehl *nm* TELECON **switching command**
[Befehl zum Fernschalten]
= teleswitching command

Schaltbetrieb *nm* POW.SY **switched mode**

Schaltbild *nn* EL.TRO → **circuit diagram**
→ Stromlaufplan *nm*

Schaltbildsymbol *nn* CIRC.EN **schematic symbol**

Schaltbrett *nn* EL.TEC → **control panel**
→ Schalttafel *nf*

Schaltcomputer *nm* EL.INS **timer computer**

Schaltdiode *nf* MICR.EL **switching diode**
[für Schaltfunktionen dimensionierte Diode]
= Computerdiode *nf*
[optimized for switching functions]
= computer diode

Schaltdiversity *nn* RADIO **switched diversity**
↑ Diversityempfang
↑ diversity reception

Schaltdraht *nm* SYS.INS → **strap** *n*
→ Rangierdraht *nm*

Schaltdraht *nm* COM.CAB **hook-up wire**
= equipment wire

Schaltebene *nf* TRANSM **switching layer**
= Granularität *nf*
= granularity *n*

Schalteinsatz *nm* RAD.RE **switching unit**

Schaltelement *nn* NETW.TH → **circuit element**
→ Schaltungselement *nn*

Schaltelement *nn* COMPO **switching component**
≈ Koppelelement [SWITCH]
≈ switching element [SWITCH]

Schaltelement *nn* CONTRO → **control element**
→ Steuerelement *nn*

schalten EL.TEC **switch** *vt*
≈ connect

schalten auf EL.TRO → **latch** *vi*
→ einrasten

Schalter *nm* SW → **program switch** *n*
→ Programmschalter *nm*

Schalter *nm* ECON **counter** *n*
↓ Bankschalter

Schalter *nm* COMPO **switch** *n*
≠ Taster ≠ non-locking key
↓ Schütz [POW.SYS] ↓ contactor [POW.SYS]

Schalter *nm* SWITCH → **selector** *n*
→ Wähler *nm*

Schalter-C-Filter *nn* NETW.TH → **switched-capacitor filter**
→ Schalterfilter *nn*

Schalterdiode *nf* TV **booster diode**
= Boosterdiode *nf* (ANGL) [TV]
= damper *n*

Schalterebene *nf* COMPO **switch deck**
= deck *n*

Schalterfilter *nn* NETW.TH **switched-capacitor filter**
= Schalter-Kondensator-Filter *nn*; Schalter-C-Filter *nn*; SC-Filter *nn*; SCF = SC filter

Schalter-Kondensator-Filter *nn* NETW.TH → **switched-capacitor filter**
→ Schalterfilter *nn*

Schalterstellung *nf* COMPO **switch position**
= Schalterstufe *nf*; Stellung *nf*; Stufe *nf* = throw *n*

Schalterstufe *nf* COMPO → **switch position**
→ Schalterstellung *nf*

Schalterterminal *nn* TER&PER → **teller terminal**
→ Bankenterminal *nn*

Schaltertreiber *nm* INSTR **switch driver**

Schaltfeld *nn* EQP.EN **patch panel**
= Schalttafel *nf*; Stecktafel *nf* [DAT.PR], plugboard *nn* (ANGL) [DAT.PR] = patch board; plugboard *n*; plugtable *n*

Schalt-Ferrit *nn* METAL **switching ferrite**
↑ Rechteckferrit ↑ square-loop ferrite

Schaltfläche *nf* COMP.AP **button** *n*
= Box *nf* (ANGL) = box *n*
↓ Befehlsschaltfläche ↓ command button

Schaltfolge *nf* EL.TRO **switching sequence**

Schaltfrequenz *nf* EL.TRO **switching frequency**
= toggle rate

Schaltfunktion *nf* CIRC.EN **switching function**

Schaltgalvanometer *nn* INSTR **switching galvanometer**

Schaltgerät *nn* POW.EN **switchgear** *n*
= Schaltanlage *nf* [switching device with peripherals, for electric energy]

Schaltgeschwindigkeit *nf* EL.TEC **switching speed**

Schaltgestell *nn* RAD.RE **switching rack**

Schaltglied *nn* CIRC.EN → **logic gate**
→ Verknüpfungsglied *nn*

Schaltgruppe *nf* POW.EN **vector group**

Schalthebel *nm* TECH **control lever**
= switch lever

Schaltjahr *nn* PHYS **leap year**
[mit 366 Tagen] [with 366 days]
= intercalary year

Schaltkabel *nn* COM.CAB **connecting cable**
≈ Amtskabel [SYS.INS] = switchboard cable
↑ Nachrichtenkabel ≈ office cable [SYS.INS]
↑ communication cable

Schaltkabine *nf* POW.SY → **control cubicle**
→ Schaltschrank *nm*

Schaltkapazität *nf* COMPO **switching capacity**
[parasitäre Kapazität] [parasitic capacitance]

Schaltkarte *nf* EL.TRO → **printed circuit board**
→ Leiterplatte *nf*

Schaltkasten *nm* TECH **control box**

Schaltkennzeichen *nn* EL.TEC **circuit symbol**
= Schaltungssymbol *nn*

Schaltkennzeichen *nn* SWITCH → **switching signal**
→ Kennzeichen *nn*

Schaltklinke *nf* SWITCH **stepping pawl**
[betätigt einen elektromechanischen Schalter] [drives an electromechanical switch]
≠ Sperrklinke ≠ holding pawl

Schaltkreis *nm* NETW.TH **circuit** *n*
[Netzwerk mit einer oder mehreren Stromschleifen] [network containing one or more closed electrical paths]
= Schaltung *nf*; elektrischer Stromkreis; Stromkreis *nm*; Kreis *nm* = circuitry *n*; CCT; electric circuit; current circuit; connection *n*; section *n*
↑ Netzwerk ↑ electric network
↓ Parallelschaltung; Reihenschaltung ↓ parallel connection; series

Schaltkreisanalysator *nm* INSTR **circuit analyzer**

Schaltkreiseingabe *nf* MICR.EL **schematic capture**

Schaltkreisfamilie *nf* MICR.EL → **logic family**
→ Logikfamilie *nf*

Schaltkreishandbuch *nn* TEC.DOC → **circuits manual**
→ Schaltungshandbuch *nn*

Schaltkreisprüfgerät *nn* INSTR **in-circuit tester**
= In-circuit-tester *nm* (ANGL) = circuit tester

Schaltkreis-Simulation *nf* MICR.EL **circuit simulation**

Schaltkreisstufe *nf* CIRC.EN → **circuit stage**
→ Stufe *nf*

Schaltkreistechnik *nf* EL.TEC **circuit engineering**
= Schaltungstechnik *nf* = circuitry *n*

Schaltkreistechnologie *nf* MICR.EL **circuit technology**
= Schaltungstechnologie *nf*

Schaltlogik *nf* INF.TEC → **digital logic**
→ Schaltalgebra *nf*

Schaltmatrix *nf* SWITCH → **switching matrix**
→ Koppelvielfach *nn*

Schaltmultiplexer *nm* TRANSM → **cross-connect multiplexer**
→ Verteilmultiplexer *nm*

Schaltnetz *nn* CIRC.EN **combinatorial circuit**
[logische Schaltung ohne Speichervermögen] [logic circuit without storing features]
= kombinatorisches Schaltwerk; Kombinationsschaltung *nf*; Schaltnetzwerk *nn*; Schaltsystem *nn* = combinational circuit; switching network; logical network; switching circuit
↓ Verknüpfungsglied

Schaltnetzteil *nn* POW.SY **switched mode mains power supply**
= getaktetes Netzgerät
↑ Schaltstromversorgung ↑ switched mode power supply

Schaltnetzwerk *nn* CIRC.EN → **combinatorial circuit**
→ Schaltnetz *nn*

Schaltorgan *nn* NETW.TH → **circuit element**
→ Schaltungselement *nn*

Schaltplan *nm* EL.TRO → **circuit diagram**
→ Stromlaufplan *nm*

Schaltpult *nn* TECH → **control desk**
→ Kontrollpult *nn*

Schaltpunkt *nm* MICR.EL → **breakover point**
→ Kippunkt *nm*

Schaltpyramide *nf* CIRC.EN → **pyramidal circuit**
→ Pyramidenschaltung *nf*

Schaltregler *nm* POW.SY **switching regulator**
= Spannungsregler *nm* = switching controller

Schaltrichtung *nf* EL.TRO → **forward direction**
→ Durchlassrichtung *nf*

Schaltröhre *nf* EL.TRO **switching tube**
↓ T/R-Röhre = switching valve
↓ T/R tube

Schaltschema *nn* EL.TRO → **circuit diagram**
→ Stromlaufplan *nm*

Schaltschnur *nf* EL.TRO → **patch cord**
→ Steckschnur *nf*

Schaltschrank *nm* POW.SY **control cubicle**
= Schaltkabine *nf* = control cabinet; panel cabinet; cabinet *n*; cubicle *n*

Schaltschritt *nm* TER&PER **spacing** *n*

Schaltschwelle *nf* EL.TRO **switching threshold**
= Umschaltschwelle *nf* = switchover threshold; changeover threshold

Schaltschwelle *nf* TRANSM → **protection switching threshold**
→ Umschaltschwelle *nf*

Schaltsignal *nn* EL.TRO **switching signal**

Schaltspannung *nf* EL.TRO **switching voltage**

Schaltspannung *nf* MICR.EL → **breakover voltage**
→ Kippspannung *nf*

Schaltstecker *nm* COMPO **switching plug**

Schaltstelle *nf* BROADC **switching point**

Schaltstromversorgung *nf* POW.SY **switched mode power supply**
= getaktete Stromversorgung = switched power supply; switching power supply
↓ Schaltnetzteil

Schaltsymbol *nn* CIRC.EN → **graphical symbol**
→ Schaltzeichen *nn*

Schaltsystem *nn* CIRC.EN → **combinatorial circuit**
→ Schaltnetz *nn*

Schalttafel *nf* EQP.EN → **patch panel**
→ Schaltfeld *nn*

Schalttafel *nf* EL.TEC **control panel**
= Schaltbrett *nn* = switch panel; switchboard *n*; pinboard *n*
≈ Verteilertafel ≈ distribution panel

Schalttafeldrucker *nm* — EQP.EN — **panel mounting printer**

Schalttafelinstrument *nn* — INSTR — **panel instrument**
= switchboard instrument

Schalttafelsteuerung *nf* — HW — → **patch-board control**
→ Stecktafelsteuerung *nf*

Schaltteilliste *nf* — TEC.DOC — → **parts list**
→ Stückliste *nf*

Schalttransistor *nm* — MICR.EL — **switching transistor**
[für Schaltvorgänge dimensionierter Transistor] — [designed for switching functions]

Schaltüberspannung *nf* — EL.TRO — **switching surge**

Schaltuhr *nf* — EL.INS — **timer** *n*

Schaltung *nf* — NETW.TH — → **circuit** *n*
→ Schaltkreis *nm*

Schaltung *nf* — EL.TRO — → **switchover** *n*
→ Umschaltung *nf*

Schaltungelement *nn* [NETW.TH] — COMPO — → **component** *n*
→ Bauelement *nn*

Schaltungsalgebra *nf* — INF.TEC — → **digital logic**
→ Schaltalgebra *nf*

Schaltungsanordnung *nf* — CIRC.EN — → **circuitry** *n*
→ Schaltungskomplex *nm*

Schaltungsaufbau *nm* — CIRC.EN — **circuit arrangement**
= arrangement *n*

Schaltungsaufwand *nm* — CIRC.EN — **circuital erogation**

Schaltungselement *nn* — CIRC.EN — **switching element**
[einer Digitalschaltung] — [in a digital circuit]

Schaltungselement *nn* — NETW.TH — **circuit element**
[Element eines elektrischen Schaltkreises] — [element of an electrical circuit]
= Schaltelement *nn*; Schaltorgan *nn*; Bauelement *nn* [COMPO] — = circuitry element; component [COMPO]

Schaltungsentwickler *nm* — EL.TEC — **circuit engineer**
= circuit design engineer; breadboard engineer; squeezer *n*

Schaltungsentwicklung *nf* — CIRC.EN — **circuit design**
= Schaltungsentwurf *nm*
≈ Schaltkreistechnik — ≈ circuit engineering

Schaltungsentwurf *nm* — CIRC.EN — → **circuit design**
→ Schaltungsentwicklung *nf*

Schaltungsfamilie *nf* — MICR.EL — → **logic family**
→ Logikfamilie *nf*

Schaltungshandbuch *nn* — TEC.DOC — **circuits manual**
= Schaltkreishandbuch *nn*

schaltungsintern — CIRC.EN — **in-circuit** *adj*

Schaltungskomplex *nm* — CIRC.EN — **circuitry** *n*
= Schaltungsanordnung *nf*

Schaltungskomplexität *nf* — CIRC.EN — **circuit complexity**

Schaltungslogik *nf* — INF.TEC — → **digital logic**
→ Schaltalgebra *nf*

schaltungsorientiert — MICR.EL — **circuit-oriented**

Schaltungsplatine *nf* — EL.TRO — → **printed circuit board**
→ Leiterplatte *nf*

Schaltungsrealisierung *nf* — CIRC.EN — **circuit implementation**

Schaltungsstufe *nf* — CIRC.EN — → **circuit stage**
→ Stufe *nf*

Schaltungssymbol *nn* — EL.TEC — → **circuit symbol**
→ Schaltkennzeichen *nn*

Schaltungssynthese — EL.TEC — → **network synthesis**
→ Netzwerksynthese *nf*

Schaltungstechnik *nf* — EL.TEC — → **circuit engineering**
→ Schaltkreistechnik *nf*

Schaltungstechnologie *nf* — MICR.EL — → **circuit technology**
→ Schaltkreistechnologie *nf*

Schaltvariable *nf* — CIRC.EN — **switching variable**

Schaltvariable *nf* — SW — **switch variable**
↑ Laufvariable — ↑ control variable

Schaltverhalten *nn* — EL.TRO — **switching characteristics**
= dynamisches Verhalten; dynamische Kennlinie — = dynamic characteristics
≠ statisches Verhalten — ≠ static characteristics

Schaltverhältnis *nn* — EL.TRO — → **pulse duty ratio**
→ Tastverhältnis *nn*

Schaltverlust *nm* — MICR.EL — → **switching loss**
→ Umschaltverlust *nm*

Schaltverstärker *nm* — CIRC.EN — **switch amplifier**
[Treiberstufe einer Leistungsschaltstufe] — = switching amplifier

Schaltverteiler *nm* — SYS.INS — → **distributor** *n*
→ Verteiler *nm*

Schaltvorgang *nm* — EL.TRO — **switching process**

Schaltwerk *nn* — CIRC.EN — **sequential logic**
[Schaltung mit Speicherverhalten; z.B. wenn Ausgang von vorangegangenen Eingangszuständen abhängig] — [circuit with memory; e.g. output depending on previous inputs]
= sequentielle Logik — = sequential logic system
↑ Logikschaltung — ↑ logic circuit
↓ Kippschaltung — ↓ flipflop

Schaltwerk *nn* — COMPO — **switching mechanism**
[elektromechanisch]

Schaltzeichen *nn* — CIRC.EN — **graphical symbol**
= Schaltsymbol *nn*

Schaltzeit *nf* — EL.TRO — **switching time**

Schaltzustand *nm* — EL.TRO — **switching state**

Schaltzyklus *nm* — EL.TRO — **switching cycle**

Schar *nf* — TECH — → **ploughshare** (BE)
→ Pflugschar *nf*

scharf — MECH — **sharp** *adj*
[gut schneidend] — [easily cutting]
≈ spitzig — = keen *adj* (1)
≠ stumpf (2) — ≈ pointed
↑ schneidend — ≠ blunt (2)
↓ scharfkantig — ↑ cutting
↓ sharp-edged

scharf — OPT — **crisp** *adj*
[Abbildung] — [illustration]
= gestochen scharf

scharf (fig) — COLL — → **stringent** *adj*
→ streng *adj*

Scharfabstimmung *nf* — EL.TRO — → **fine tuning**
→ Feinabstimmung *nf*

Schärfe *nf* — OPT — **sharpness** *n*
= Abbildungsschärfe *nf* — ↓ resolution
↓ Auflösung

Schärfe *nf* — MEC.EN — **sharpness** *n*
[schneidendes Merkmal] — [cutting property]

Schärfeeinsteller *nm* — OPT — → **diopter** *n*
→ Diopter *nn*

scharfeinstellen — OPT — → **focus** (*vt*; **focused, focussed; focusing, focusing**)
→ fokussieren

schärfen — MEC.EN — **sharpen** *vt*
≈ schleifen

Schärfenebene *nf* — OPT — → **focal plane**
→ Brennebene *nf*

Schärfentiefe *nf* — OPT — **focus depth**
= Tiefenschärfe *nf*; Fokustiefe *nf* — = field depth; in-depth definition; deep focus

Schärfentiefe *nf* — CINEMA — **deep focus**

Schärfenzieheinrichtung *nf* — CINEMA — **follow focus**

scharfes S — LING — **German double s**
[ß] — [ß]
= Eszett *nn* (AT)

Schärfeverlagerung *nf* — CINEMA — **rack focusing**

scharfkantig — MEC.EN — **sharp-edged**
↑ scharf — ↑ sharp

scharfkantiges Hindernis — RAD.PRO — **edge-shaped obstruction**

Scharfsinn *nm* — COLL — **acuity** *n*
≈ Erfindergeist — = acuteness *n*; keenness *n*
≈ inventiveness

scharfstellen — OPT — → **focus** (*vt*; **focused, focussed; focusing, focusing**)
→ fokussieren

scharlachrot *adj* — OPT — **scarlet red** *adj*

Scharnier *nn* — MEC.EN — **hinge** *n*

Scharnierbolzen *nm* — MEC.EN — **hinge pin**

Scharniergelenk *nn* — MEC.EN — **hinge point**
= hinge *n*

Schatten *nm* — OPT — **shadow** *n* (1)
↓ Schlagschatten — = shade *n*
↓ shadow (2)

Schattendatei *nf* — DAT.MA — **shadow file**

Schattendruck *nm* — PRIN.ME — → **shadow printing**
→ Schattenschrift *nf*

Schattengebiet *nn* — RAD.PRO — **shadow region**

Schattengrenze *nf* — OPT — **shadow boundary**

Schattenkopie *nf* — DAT.PR — **shadow copy**

Schattenmaske *nf* — TV — → **shadow mask**
→ Lochmaske *nf*

Schattenregister *nn* — HW — **shaded register**

Schatten-ROM *nn* — DAT.PR — **shadow ROM** *n*
[BIOS vom langsamerem ROM auf den schnelleren RAM des Hauptspeichers umladen] — [to copy BIOS from slower ROM into the faster RAM of main memory]

Schattenschrift *nf* — PRIN.ME — **shadow printing**
[versetzter Doppelschrift] — = shadow print; shaded printing; shaded *n*; shadow *n*
= Schattendruck *nm*; schattierter Druck
≈ Hohlschrift

Schattenspeicher *nm* — HW — → **shaded memory**
→ Ergänzungsspeicher *nm*

Schattenverarbeitung *nf* [aus Sicherheitsgründen teilweise Verdoppelung der Verarbeitung] = Shadowing *nn* (ANGL)	DAT.PR	**shadow processing** [partial duplication of processing for security reasons] = shadowing *n*
Schattenzone *nf* [RADIO] → Versorgungslücke *nf*	TELEC	→ **coverage gap**
schattieren ≈ schraffieren	ENG.DRA	**shade** *vt* ≈ hatch
schattiert ↑ Schriftattribut	PRIN.ME	**shaded** ↑ font attribute
schattierter Druck → Schattenschrift *nf*	PRIN.ME	→ **shadow printing**
Schattierung *nf* [Anteil und Verteilung der unbedruckten Stellen]	PRIN.ME	**color** *n* (AE) [proportion and distribution of blanks in a text]
Schattierung *nf* ≈ Schraffur	ENG.DRA	**shading** *n* = shadowing *n* ≈ hatching
Schatzbriefe *nplt*	ECON	**treasuries** *nplt*
schätzen = bewerten ≈ bemessen	COLL	**appraise** *vt* = estimate *vt*; reckon *vt* (3) ≈ assess
Schätzer *nm* ≈ Gutachter	ECON	**appraiser** *n* = valuer *n* ≈ designated expert
Schätzfehler *nm*	STATIS	**estimation error**
Schätzfunktion *nf*	STATIS	**estimator** *n*
Schätzung *nf* = Abschätzung *nf*, Bewertung *nf* ≈ Bemessung	COLL	**estimate** *n* = estimation; valuation; appraisal; appraisement; guess (1) ≈ appraisal
Schätzwert *nm*	STATIS	**estimate** *n* = estimated value
Schätzwert *nm*	ECON	**appraised value** = estimated value
Schaubild *nn* [i.a. als Wandtafel]	TECH	**display panel** [normally wall-mounted] = mimic board
Schaubild *nn* → Diagramm *nn*	TEC.DOC	→ **diagram** *n*
Schaufel *nf* → Blatt *nn*	MEC.EN	→ **vane** *n*
Schaufenster *nn*	ECON	**shop window** = store window; display window
Schaukasten *nm*	ECON	**show case** = display case
schaukeln ≈ schwingen; pendeln; schwanken	MECH	**swing** *vi* = roll *vt*; rock *vt* ≈ oscillate; fluctuate
schaukeln → hin- und herbewegen	TECH	→ **reciprocate** *vi*
Schaumfront *nf*	EL.ACOU	**foam rubber speaker front**
Schaumgummi *nm* ≈ Schwammgummi	TECH	**foam rubber** ≈ Schwammgummi; Schaumstoff
Schaumstoff *nm*	CHEM	**foam materials** = foam *n*; foamed plastics
Schauplatz *nm* = Szenerie *nf*	CINEMA	**setting** *n*
Schauspiel *nn* [Theater] = Drama *nn*	IMAG.ME	**drama** *n* [theater] = play *n*
schauspielen (err) → schauspielern *vi*	IMAG.ME	→ **act** *vi*
Schauspieler *nm*	IMAG.ME	**actor** *n*
Schauspielerin *nm*	IMAG.ME	**actress** *n*
schauspielerische Leistung	IMAG.ME	**acting performance**
schauspielern *vi* = schauspielen (err); spielen	IMAG.ME	**act** *vi* = play *vi*
Schauspieltraining *nn*	IMAG.ME	**actor training**
Schaustück *nn*	ECON	**show piece**
Schauzeichen *nn* = Sichtzeichen *nn*	EOP.EN	**visual indicator** = visual indication; visible indicator; visible indication; visual signal
Scheck *nm* ↑ Zahlungsmittel	ECON	**check** *n* (AE) = cheque *n* (BE) ↑ payment means
Scheckdrucker *nm*	TER&PER	**check printer** = cheque printer
Scheckleser *nm*	TER&PER	**check reader** = cheque reader
Scheduler *nm* (ANGL) → Ablaufsteuerung *nf*	SW	→ **sequence control**
Scheduler *nm* (ANGL) → Abwickler *nm*	SW	→ **scheduler program** *n* (1)
Scheduling-Algorithmus *nm* → Ablaufalgorithmus *nm*	SW	→ **scheduling algorithm**
Scheibe *nf* ≈ Platte	TECH	**slice** *n* ≈ disk
Scheibe *nf*	MEC.EN	**disc** *n* (AE) = diskn ; washer *n*
Scheibe *nf* → Bitscheibe *nf*	MICR.EL	→ **bit slice**
Scheibe *nf* → Kristallscheibe *nf*	MICR.EL	→ **wafer crystal**
Scheibenantenne *nf*	ANT	**disc antenna** = disk aerial (BE)
Scheibenblende *nf*	MICROW	**disk shutter** = disc shutter
Scheibenbruchmelder *nm* = Glasbruchmelder *nm*	SIG.EN	**glassbreak vibration detector**
Scheibenfeder *nf*	MEC.EN	**Woodruff key**
Scheibenhorn *nn*	ANT	**disk horn** = disc horn
Scheibenkegelantenne *nf* → Discone-Antenne *nf*	ANT	→ **discone antenna**
Scheibenkondensator *nm*	COMPO	**disk capacitor** = disc capacitor
Scheibenkupplung *nf* → Flanschverbindung *nf*	MICROW	→ **flange joint**
Scheibenraddrucker *nm* → Typenraddrucker *nm*	TER&PER	→ **type-wheel printer**
Scheibenrelais *nn*	COMPO	**movable disk relay**
Scheibenröhre *nf* = Scheibentriode *nf*	EL.TRO	**planar tube** = planar valve; disk-sealtube; disk-sealvalve; lighthouse tube
Scheibentest *nm* = Wafertest *nm* (ANGL)	MICR.EL	**wafer test** = wafer sort
Scheibenthyristor *nm*	MICR.EL	**disk thyristor** = disc thyristor
Scheibentrimmer *nm*	COMPO	**disk trimmer** = disc trimmer
Scheibentriode *nf* → Scheibenröhre *nf*	EL.TRO	→ **planar tube**
Scheibenwicklung *nf* [Transformator] = Kammerwicklung *nf* ≠ Zylinderwicklung	EL.TEC	**interleaved winding** [transformer] = sandwich coil winding ≠ layer winding
Scheibrad *nn* → Typenrad *nf*	TER&PER	→ **typewheel** *n*
Scheider *nm* [Akkumulator] = Separator *nm* (ANGL)	POW.SY	**battery separator**
Scheidewand *nf* → Membran *nf*	TECH	→ **membrane** *n*
Schein- = Blind-; Leer-	TECH	**dummy** *adj*
Scheinadresse *nf*	SW	**dummy address**
Scheinanweisung *nf* → Leeranweisung *nf*	SW	→ **blank instruction**
scheinbar → fiktiv	COLL	→ **fictitious**
Scheinbefehl *nm* → Leeranweisung *nf*	SW	→ **blank instruction**
Scheinbruch *nm*	MATH	**pseufraction** *n*
Scheingesellschaft *nf*	ECON	**dummy corporation** = sham company
Scheingewinn *nm*	ECON	**sham gain**
Scheinkapazität *nf* [Elektrolytkondensator]	COMPO	**apparent capacitance** [electrolytic capacitor]
Scheinkapazitätsmesser *nm*	INSTR	**apparent capacitance meter**
Scheinleistung *nf* [Produkt Effektivspannung mal Effektivstrom]	EL.TEC	**apparent power** = complex power (2); vector power
Scheinleistungsmesser *nm* ↑ Leistungsmesser	INSTR	**complex power meter**
Scheinleitwert *nm* (1) → komplexer Scheinleitwert	NETW.TH	→ **admittance** *n*
Scheinleitwert *nm* (2) → Betrag des Scheinleitwerts	NETW.TH	→ **magnitude of admittance**
Scheinpermeabilität *nf* = wirksame Permeabilität	EL.TEC	**apparent permeability**
Scheinvariable *nf* = Platzhaltevariable *nf*	SW	**dummy variable**
Scheinwerfer *nm*	OPT	**spotlight** *n*

Scheinwiderstand *nm* (1)	NETW.TH	→ **impedance** *n*
→ komplexer Scheinwiderstand		
Scheinwiderstand *nm* (2)	NETW.TH	→ **magnitude of impedance**
→ Betrag des Scheinwiderstandes		
Scheinwiderstandsanpassung *nf*	NETW.TH	→ **matching** *n* (1)
→ Anpassung *nf* (1)		
Scheinwiderstands-Messbrücke *nf*	INSTR	→ **impedance measuring bridge**
→ Impedanzmessbrücke *nf*		
Scheinwiderstandsmessung *nf*	INSTR	**impedance measuring**
= Impedanzmessung *nf*		
Scheinwiderstandsprüfung *nf*	INSTR	**impedance test**
= Impedanzprüfung *nf*		
Scheitel *nm* (1)	MATH	→ **apex** *n* (*pl* apexes&apices)
→ Scheitelpunkt *nm* (1)		
Scheitel *nm* (2)	MATH	**peak** *n* (3)
[Kurvenpunkt in dem die Krümmung ein		[point of a curve where the curvature
Maximum oder Minimum erreicht]		reaches a minimum or maximum]
= Scheitelpunkt *nm* (2); Spitze *nf* (2)		= crest
≈ Rückkehrpunkt		≈ cusp
Scheitelfaktor *nm*	EL.TEC	→ **crest factor**
→ Spitzenfaktor *nm*		
Scheitelplatte *nf*	ANT	**vertex plate**
↑ Hilfsreflektor		↑ auxiliary reflector
Scheitelpunkt *nm* (1)	MATH	**apex** *n* (*pl* apexes&apices)
[eines Winkels]		[of an angle]
= Scheitel *nm* (1)		= vertex *n* (*pl* vertexes&vertices)
Scheitelpunkt *nm* (2)	MATH	→ **peak** *n* (3)
→ Scheitel *nm* (2)		
Scheitelspannung *nf*	EL.TEC	→ **peak voltage**
→ Spitzenspannung *nf*		
Scheitelspannungsmesser *nm*	INSTR	**peak voltmeter**
= Spitzenspannungsmesser *nm*		= crest voltmeter
↑ Scheitelwertmesser		↑ peak-value meter
Scheitelstrom *nm*	EL.TEC	**peak current**
= Spitzenstrom *nm*		= crest current
Scheitelstrommesser *nm*	INSTR	**peak-current meter**
= Spitzenstrommesser *nm*		= peak ammeter
↑ Scheitelwertmesser		↑ peak-value meter
Scheitelwert *nm*	MATH	→ **maximum value**
→ Größtwert *nm*		
Scheitelwertmesser *nm*	INSTR	**peak-value meter**
↓ Scheitelspannungsmesser;		↓ peak voltmeter; peak-current
Scheitelstrommesser		
Scheitelwinkel *nm*	MATH	**crest angle**
		= apex angle
Schellack *nm*	CHEM	**shellac** *n*
Schelle *nf*	MEC.EN	**clamp** *n*
↓ Rohrschelle		[a fixing device by contraction of a
		metal tape]
		↓ pipe clamp
schellen *vt*	MEC.EN	**clamp** *vt* (2)
= abschellen; anschellen		[to fix by contraction of a metal tape]
Schema *nn*	DAT.MA	→ **schema** *n*
→ Datenbankschema *nn*		
Schema *nn* (*pl* - s&-ta) (1)	SCIE	**scheme** *n*
[vom griech. "schema" = "Haltung, Gestalt";		[from Greek "schema" = "posture,
gedankliches Muster]		shape"; pattern of thought]
≈ Denkmodell		≈ model of thought
Schema *nn* (*pl* -s&-ta) (2)	SCIE	**schema** *n* (*pl* -ta)
[das Wesentliche darstellende Grafik]		[diagrammatic representation]
		≈ outline; plan
Schemabild *nn*	TEC.DOC	→ **diagram** *n*
→ Diagramm *nn*		
Schemabrief *nm*	WOR.PR	→ **boilerplate letter**
→ Standardbrief *nm*		
Schemaevolution *nf*	SW	**schema evolution**
[OOP]		[OOP]
Schemaplan *nm*	TEC.DOC	**schematic plan**
[nicht lagerichtig]		[not true to position]
≠ Lageplan		≠ location plan
schematisch	SCIE	**schematic** *adj*
schematisieren	SCIE	**schematize**
Schenkel *nm*	MATH	**leg** *n*
		= arm *n*
Schenkel *nm*	PHYS	**element** *n*
[eines Thermopaares]		[of a thermocouple]
Scherbelastung *nf*	MECH	**shearing load**
Schere *nf*	TECH	**scissors** *nplt*
↓ große Schere		↓ shears
scheren	MECH	**shear** *vt*
= abscheren		
Scherfestigkeit *nf*	MECH	**shear strength**
		= shearing strength
Schering-Brücke *nf*	INSTR	**Schering bridge**
		= power frequency bridge
Scherspannung *nf*	MECH	**shear stress**
= Schubspannung *nf*		= shearing stress
Scherstift *nm*	MEC.EN	**shearing pin**
Scherung *nf*	MECH	**shear** *n*
= Abscherung *nf*; Schub *nm* (2)		= shearing *n*
Scherungsbewegung *nf*	MECH	**shearing movement**
		= shearing *n*
Scherungsbruch *nm*	MECH	**shear fracture**
Scherungsfestigkeit *nf*	MECH	**shear stiffness**
Scherungskraft *nf*	MECH	**shearing force**
= Schubkraft *nf*		= shear force
Scherungslinie *nf*	MECH	**shear trajectory**
= Schublinie *nf*		= shear stress line
Scherungsschwingung *nf*	MECH	**shear mode**
		= shear oscillation
Scherungsviskosität *nf*	MECH	**shearing viscosity**
= Schubviskosität *nf*		= shear viscosity
Scherungswelle *nf*	MECH	**share wave**
= Schubwelle *nf*		
scheuerfest	TECH	**rub-resistant**
scheuern	MEC.EN	**rub** *vt*
= schrubben		= scrub *vt*
≈ reiben		≈ friction
Schicht *nf*	DAT.CO	→ **protocol layer**
→ Protokollschicht *nf*		
Schicht *nf*	RAD.PRO	**layer** *n*
Schicht *nf*	STATIS	**stratum** *n*
Schicht *nf*	COMPO	**layer** *n*
[einer Spule]		[of a coil]
Schicht *nf*	TECH	**layer** *n*
= Film *nm*		= film *n*
≈ Beschichtung		≈ coating
Schicht *nf*	MANUF	**shift** *n*
= Arbeitsschicht *nf*		= tour *n*
↓ Normalschicht; Nachtschicht		↓ primary shift; night shift
Schichtarbeit *nf*	MANUF	**shift work**
Schichtarbeiter *nm*	MANUF	**shift worker**
		= shiftman *n*
Schichtaufnahme *nf*	TECH	→ **tomography**
→ Tomographie *nf*		
Schichtbetrieb *nm*	ECON	**shift operation**
= Mehrschichtbetrieb *nm*		= multiple-shift operation
Schichtdicke *nf*	PHYS	**layer thickness**
Schichtdickenmessung *nf*	INSTR	**layer-thickness measurement**
Schicht-Drehwiderstand *nm*	COMPO	**variable film potentiometer**
= Schichtpotentiometer *nn*		
schichten	METAL	**laminate** *vt*
= lamellieren		≈ coat
≈ beschichten		
schichten	TECH	**stratify** *vt*
Schichtenbildung *nf*	TECH	→ **stratification** *n*
→ Schichtung *nf*		
Schichtenmanagement *nn*	DAT.CO	**layer management**
Schichtenmantel *nm*	COM.CAB	**PAL sheath**
		= laminated sheath
Schichtenmantelkabel *nn*	COM.CAB	**PAL-sheath cable**
		= moisture-barrier cable
Schichtenmodell *nn*	DAT.CO	**layer model**
= Datenübertragungsmodell *nn*		= reference model
↓ ISO-Referenzmodell		↓ ISO reference model
Schichtfestwiderstand *nm*	COMPO	**fixed film resistor**
Schichtisolierung *nf*	COM.CAB	**laminated insulation**
Schichtkathode *nf*	EL.TRO	**coated cathode**
Schichtkondensator *nm*	COMPO	**film capacitor**
Schichtlinienschaubild *nn*	TEC.DOC	**strata chart**
Schichtpotentiometer *nn*	COMPO	→ **variable film potentiometer**
→ Schicht-Drehwiderstand *nm*		
Schichtschaltung *nf*	MICR.EL	**film circuit**
= Filmschaltung *nf*		
Schicht-Schiebewiderstand *nm*	COMPO	**variable film resistor**
		≈ fader
Schichtstruktur *nf*	TECH	→ **layered structure**
→ Mehrschichtenaufbau *nm*		
Schichtstruktur *nf*	MICR.EL	→ **sandwich structure**
→ Sandwich-Struktur *nf*		
Schichttechnik *nf*	MICR.EL	→ **film technology**
→ Filmtechnik *nf*		

Schichttrimmer *nm* COMPO **film trimmer**
↑ Trimmerpotentiometer
Schicht- und Oberflächentechnik *nf* MICR.EL → **film technology**
→ Filmtechnik *nf*
Schichtung *nf* STATIS **stratification**
Schichtung *nf* METAL **lamination** *n*
≈ Beschichtung ≈ coating
Schichtung *nf* TECH **stratification** *n*
= Schichtenbildung *nf* = packing *n*
≈ Riefelung ≈ striation
Schichtung *nf* DAT.NW **layering** *n*
Schichtwiderstand *nm* COMPO **film resistor**
= Filmwiderstand *nm*
Schichtwiderstand *nm* PHYS **sheet resistance**
Schichtwiderstand *nm* EL.TRO **cathode coating impedance**
[einer Kathode]
Schiebebefehl *nm* SW **shift instruction**
[Verschieben einer gespeicherten Bitfolge um eine befohlene Stellenzahl] [shifting of a stored bit sequence by a number of positions]
= Verschiebebefehl *nm*
Schiebeblende *nf* CINEMA **shift cut**
Schiebecode *nm* CODING → **shift code**
→ Verschiebecode *nm*
Schiebe-DIP-Schalter *nm* COMPO **slide DIP switch**
Schiebekettenspeicher *nm* MICR.EL → **bucket brigade device**
→ Eimerkettenschaltung *nf*
Schiebelast *nf* INSTR **sliding load**
Schiebelehre *nf* MEC.EN **slide gauge**
= Schublehre *nf* = slide caliper; slide calliper; vernier rule; vernier caliper; vernier calliper
Schiebeleiste *nf* COMP.AP → **scroll bar**
→ Bildlaufleiste *nf*
schieben COLL **push** *vt*
Schieberegister *nn* DAT.MA **shift register**
Schieberegler *nm* COMP.AP → **scroll box**
→ Bildlauffeld *nn*
Schiebeschalter *nm* COMPO **wiper switch**
= slide switch
Schiebetakt *nm* CIRC.EN **shift clock**
Schiebewiderstand *nm* EL.SC → **rheostat** *n*
→ Regelwiderstand *nm*
Schiebezähler *nm* CIRC.EN **shift counter**
Schiebezeichen *nn* DAT.CO → **shift character** (2)
→ Verschiebezeichen *nn*
Schiedsgericht LAW **court of arbitration**
Schiedsgerichtklausel *nf* LAW **arbitration clause**
= Schiedsklausel *nf*
Schiedsgutachter *nm* ECON → **arbritrator** *n*
→ Schlichter *nm*
Schiedsklausel *nf* LAW → **arbitration clause**
→ Schiedsgerichtklausel *nf*
Schiedsmann *nm* ECON → **arbritrator** *n*
→ Schlichter *nm*
Schiedsrichter *nm* LAW **arbitrator** *n*
Schiedsspruch *nm* ECON **arbitration award** *n*
= award *n* (2)
schief (1) TECH **skew** *adj*
[von vertikaler Richtung abweichend] [deviating from vertical]
≈ windschief; geneigt ≈ warped; inclined
↑ schräg ↑ slant
schief (2) TECH → **inclined** *adj*
→ geneigt
Schiefe *nf* TECH **skewness** *n*
= Schieflage *nf*
Schiefe *nf* STATIS **skewness** *n*
≈ Asymmetrie ≈ assymmetry
schiefe Ebene MECH **inclined plane**
schiefer OPT **slate**
[Farbe] [color]
schiefer Einfall PHYS → **oblique incidence**
→ schräger Einfall
schiefergrau *adj* OPT **slate grey** *adj*
schiefer Winkel MATH **oblique angle**
Schieflage *nf* TECH → **skewness** *n*
→ Schiefe *nf*
schiefsymmetrisch MATH **skew symmetric**
schiefwinklig MATH **skew-angled**
schiefwinklige Parallelkoordinaten MATH **skew-angled parallel coordinates**
Schielantenne *nf* ANT **squint antenna**
Schielen *nn* ANT **squint** *n*
Schielwinkel *nm* ANT **squint angle**

Schiene *nf* METAL **rail** *n*
Schiene *nf* MEC.EN **bar** *n* (2)
≈ Blende ≈ panel
Schiene-Zug-Funksystem *nn* RADIO **track-to-train radio system**
schießen MICR.EL → **program** *vt*
→ programmieren
Schiffbauindustrie *nf* TECH **shipbuilding industry**
= shipbuilding *n*; marine engineering
Schiffbruch erleiden COLL **wreck** *vi*
[to become wrecked]
schiffen TECH **navigate** *vi*
= zu Schiff fahren; zur See fahren
Schifffracht *nf* ECON → **sea freight**
→ Seefracht *nf*
Schiff-Fracht *nf* ECON → **sea freight**
→ Seefracht *nf*
Schiffsantenne *nf* ANT **shipboard antenna**
Schiffsbau *nm* TECH **shipbuilding engineering**
Schiffselektronik *nf* EL.TRO **marine electronics**
Schiffsfrachtbrief *nm* ECON **Bill of Lading**
= B.L.; B/L
Schiffskabel *nn* COM.CAB **ship cable**
Schiffsradar *nm&nn* (*pl* -e) RAD.LO **navigation radar**
Schiffssignalgerät *nn* TECH **marine signaling equipment**
Schiffssteuergerät *nn* TECH **marine control equipment**
Schild *nn* TECH → **label** *n*
→ Kennzeichnungsschild *nn*
Schildchen *nn* TECH → **label** *n*
→ Kennzeichnungsschild *nn*
Schildkröte *nf* TER&PER **floor turtle**
= Igel = turtle *n*
↑ Abrollgerät ↑ rollover device
Schildkröte *nf* COMP.AP **turtle** *n*
[hat i.a. die Funktion eines Stiftes] [acts generally as a pen]
= Igel = screen turtle
↑ Bildschirmsymbol ↑ icon
Schildkrötengrafik *nf* COMP.GR **turtle graphics**
[rechnergestütztes Freihandzeichen] [computer-aided freehand drawing]
= Schildkrötengraphik *nf*; Igelgrafik *nf*; Igelgraphik *nf*; Turtle-Grafik *nf*; Turtle-Graphik *nf*
Schildkrötengraphik *nf* COMP.GR → **turtle graphics**
→ Schildkrötengrafik *nf*
schimmern TECH → **glimmer** *vi*
→ glimmern
Schirm *nm* ANT **umbrella** *n*
= Umbrella (ANGL)
Schirm *nm* COLL **umbrella** *n*
Schirm *nm* EL.TEC **screen** *n* (1)
Schirm *nm* TER&PER → **display screen** *n*
→ Bildschirm *nm* (1)
Schirm *nm* COM.CAB → **cable screen**
→ Kabelschirm *nm*
Schirmabschaltung *nf* TER&PER → **automatic blanking**
→ Bildschirmabschaltung *nf*
Schirmantenne *nf* ANT **umbrella antenna**
= top loaded antenna
Schirmbildanzeige *nf* DAT.PR → **display** *n* (3)
→ Bildanzeige *nf*
Schirmbilddarstellung *nf* DAT.PR → **display** *n* (3)
→ Bildanzeige *nf*
Schirmdraht *nm* COM.CAB **shielded wire**
= shield wire
schirmen EL.TEC → **screen-off** *vt*
→ abschirmen
Schirmfaktor *nm* EL.TEC → **shield factor**
→ Abschirmfaktor *nm*
Schirmgeflecht *nn* COM.CAB **braided shield**
= Geflechtsschirm *nm* = braid shield
Schirmgehäuse *nn* EQP.EN **shielding cover**
= shielding enclosure
Schirmgitter *nn* EL.TRO **screen grid**
Schirmgittermodulation *nf* MODUL **screen grid modulation**
Schirmgitterröhre *nf* EL.TRO **screen grid tube**
↓ Tetrode; Pentode ↓ tetrode; pentode
Schirmgitterspannung *nf* EL.TRO **screen grid voltage**
Schirmgitterstrom *nm* EL.TRO **screen grid current**
Schirmherrschaft *nf* COLL **auspices** *nplt*
Schirmleiter *nm* OUT.PL **screening conductor**
Schirmung *nf* EL.TEC → **screening** *n*
→ Abschirmung *nf*
Schirmwand *nf* EL.TEC **screening wall** *n*
= screen *n* (2)

Schirmzelle *nf* MOB.CO → **macrocell** *n*
→ Makrozelle *nf*

Schlächterfilm *nm* IMAG.ME → **splatter movie**
→ Splatterfilm *nm*

schlaff MECH **slack**
≈ lose ≈ loose

schlaff TECH **slack** *adj*
≈ lose ≈ loose

Schlafgehäuse *nn* EQP.EN **dummy case**

Schlafmodus *nm* POW.SY → **sleep mode**
→ Ruhemodus *nm*

Schlag *nm* COM.CAB → **lay** *n*
→ Schlaglänge *nf*

Schlag *nm* MECH **stroke** *n* (1)
≈ Aufschlag = hit *n* (1); percussion *n* ≈ impact

schlagartig TECH **abrupt** *adj*
= abrupt, plötzlich = sudden; unforeseen
≈ radikal; unvorhergesehen ≈ radical

schlagartige Umstellung DAT.PR → **crash conversion**
→ abrupte Umstellung

Schlagbaumeffekt *nm* TELEC → **traffic congestion** *n*
→ Verkehrsstau *nm*

Schlagbiegefestigkeit *nf* MECH **impact bending strength**

Schlagbohren *nn* TECH **percussion drilling**

Schlagbohrer *nm* TECH **percussion drill**

Schlagbuchstabe *nm* TECH **steel letter**

schlagen *vt* TECH **hit** *vt*
≈ aufschlagen = beat *vt*; strike *vt* ≈ impact

schlagender Erfolg COLL **resounding success**

schlagen Sie bitte im Handbuch nach INTERNET **RTFM**
= RTFM-Hinweis *nm* = Read The Flaming Manual

schlagfest TECH **impact-resistant**
= stoßfest = shock-resistant; impact-proof; shock-proof
≈ klopffest [QUAL] ≈ knock-resistant [QUAL]

Schlagfestigkeit *nf* TECH **shock resistance**
= Stoßfestigkeit *nf* = impact resistance

Schlaglänge *nf* COM.CAB **lay** *n*
= Schlag *nm*; Kabelschritt *nm* [distance of complete twist] = length of lay

Schlaglot *nn* METAL → **brazing solder**
→ Messinghartlot *nn*

Schlagprüfung *nf* QUAL → **shock test**
→ Stoßprüfung *nf*

Schlagschatten *nm* OPT **shadow** *n* (2)
[den eine Person oder Gegenstand wirft] [dark image made by a body]

Schlagschere *nf* TER&PER **burster** *n*
≈ Führungsstreifen-Abtrenner ≈ edge cutter

Schlagweite *nf* PHYS → **sparking distance**
→ Funkenschlagweite *nf*

schlagwettergeschützt TECH **flameproof** *adj* (1)
≈ feuerfest ≈ fireproof

schlagwettergeschützter Wecker TER&PER → **outdoor bell**
→ Außenwecker *nm*

Schlagwort *nn* LING **keyword** *n*
= slogan *n*; buzzword *n*; catchword *n*; catchphrase *n*

Schlagwort *nn* INTERNET **keyword** *n*
[charakterisiert den zentralen Inhalt der Webseite] [characterizes the central content of the Web page]
= Schlüsselwort *nn*
≈ Stichwort

Schlagwort *nn* PRIN.ME → **headword** *n*
→ Stichwort *nn*

Schlagwortkatalog *nm* LING **subject catalog**
= Schlagwortverzeichnis *nn* = keyword catalog

Schlagwortverzeichnis *nn* LING → **subject catalog**
→ Schlagwortkatalog *nm*

Schlagzahl *nf* METAL **steel number**

Schlagzeile *nf* PRIN.ME **headline** *n*
[auffällige, erste Überschrift einer Zeitung] [at the head of a newspaper] = catchline *n*; banner headline (AE); banner *n* (AE)

Schlagzeug *nn* MUSIC **drums** *nplt*

Schlagzeugset *nn* COMP.AP **drumkit** *n*
[Musikinformation] [musical information]

Schlange *nf* COLL **queue** *n*
≈ Reihe = line *n* (AE); cue *n*

Schlange *nf* SWITCH → **waiting queue**
→ Warteschlange *nf*

Schlangenkühler TECH **calandria** *n*

schlank PRIN.ME → **condensed** *adj*
→ schmal

schlanker Client DAT.NW **lean client**

Schlankheitsgrad *nm* TECH **length-to-diameter ratio**

Schlauch *nm* TECH **hose** *n*
[biegsames Rohr] [a flexible tube]
≈ Rohr = tube *n* (2)

Schlauchleitung *nf* ANT **sheathed line**

Schlaufe *nf* (CH) NETW.TH → **loop** *n*
→ Schleife *nf*

schlecht TECH **bad** *adj*
≈ fehlerhaft; unbrauchbar ≈ defective; useless

schlechte Akustik ACOUS **bad acoustic**
= schlechte Hörsamkeit

schlechte Hörsamkeit ACOUS → **bad acoustic**
→ schlechte Akustik

schlechte Isolation EL.TEC **low insulation**

schlechte Qualität QUAL **poor quality**
= minderwertige Qualität; unterwertige Qualität = inferior quality

schlechter Absatz ECON **poor sale**

schlechter Leiter PHYS **poor conductor**

schlechtes Englisch LING **bad simple English**
= BSE

Schlechtfall *nm* TECH **negative case**
≠ Gutfall ≠ positive case

schlecht funktionierend TECH **malfunctioning** *adj*

Schlechtmeldung *nf* DAT.CO → **negative acknowledge**
→ negative Rückmeldung

Schlechtquittung *nf* DAT.CO → **negative acknowledge**
→ negative Rückmeldung

Schlechtwetter *nn* METEO **bad weather**
≠ Schönwetter ≠ fair weather

Schlechtwetterlandung *nf* RAD.NA **all-weather landing**

Schlechtzahl *nf* QUAL → **rejection number**
→ Rückweiszahl *nf*

schleichend COLL **creeping**
[fig] [fig]

Schleichnetz *nn* DAT.NW **sneakernet**
[pej; mit manuellem Datentransport] [pej; with manual data transfer]

Schleier *nm* TV **fog** *n*

Schleifdraht *nm* EL.TEC **slide wire**
= wiping wire

Schleife *nf* SW → **program loop** *n*
→ Programmschleife *nf*

Schleife *nf* TELEC **loop** *n*
= loop-back; round-trip

Schleife *nf* NETW.TH **loop** *n*
[geschlossener Stromweg, deren Zweige die Knoten nur einmal berühren] [closed path with no branch passing a node more than once]
= Schlaufe *nf* (CH)
↑ Masche ↑ mesh

schleifen TECH **grind** *vt*
≈ polieren; schärfen ≈ polish

Schleifen *nn* MEC.EN → **grind** *n*
→ Schliff *nm*

Schleifenanalyse *nf* NETW.TH **mesh analysis**
= Maschenanalyse *nf* = loop analysis

Schleifenantenne *nf* ANT → **frame antenna** *n*
→ Rahmenantenne *nf*

Schleifenanweisung *nf* (FORTRAN) COMP.LG → **RUN statement**
→ LAUF-Anweisung *nf*

Schleifenbegrenzung *nf* SW **loop limit**

schleifenbehaftet MATH **looped**
[Graphentheorie] [theory of graphs]
≠ schleifenlos ≠ loopless

schleifenbehafteter Graph MATH **looped graph**
= zyklenbehafteter Graph

Schleifendipol *nm* ANT → **folded dipole**
→ Faltdipol *nm*

Schleifendurchlauf *nm* SW **looping** *n*

schleifenfrei MATH → **loopless** *adj*
→ schleifenlos

schleifenfreier Graph MATH **loopless graph**
= schleifenloser Graph; zyklenfreier Graph; zyklenloser Graph

schleifenfreies Programm SW **loopless program**
= Geradeausprogramm *nn*; geradliniges Programm = straight-line program

schleifenfreies Programm SW → **sequential program**
→ lineares Programm

Schleifengabe *nf* SWITCH → **loop signaling**
→ Schleifensignalisierung *nf*
Schleifengebilde *nn* SW → **program loop** *n*
→ Programmschleife *nf*
schleifenhaltend CIRC.EN **loop holding**
Schleifenimpulswahl *nf* SWITCH **loop-disconnect dialing**
schleifeninvariant SW **loop invariant** *adj*
Schleifeninvariante *nf* SW **loops invariant** *n*
Schleifenkern *nm* SW **loop body**
Schleifenkonfiguration *nf* TELEC → **ring configuration**
→ Ringkonfiguration *nf*
Schleifenkontrollaussage SW **loop assertion**
Schleifenkontrollvariable *nf* SW **loop control variable**
Schleifenlaufzeit *nf* TELEC **loop delay**
schleifenlos MATH **loopless** *adj*
[Graphentheorie] [theory of graphs]
= schleifenfrei; zyklenfrei; zyklenlos ≠ looped
≠ schleifenbehaftet
schleifenloser Graph MATH → **loopless graph**
→ schleifenfreier Graph
Schleifenmessung *nf* TELEC **loop measurement**
= loopback *n*; go-and-return test
Schleifenoszillograph *nm* INSTR **loop oscillograph**
= Schleifenschwinger-Oszillograph
Schleifenprogramm *nn* SW **loop program**
Schleifensatz *nm* INF.TEC **pumping lemma**
= Iterationslemma *nn*
Schleifenschalter *nm* TELEC → **loop closure switch**
→ Schleifenschlussschalter *nm*
Schleifenschluss *nm* TELEC **loop closed**
= loop closure
Schleifenschlussschalter *nm* TELEC **loop closure switch**
= Schleifenschalter *nm* = loop switch; loop connector
Schleifenschlusssignal *nn* DAT.CO **close loop signal**
Schleifenschwinger-Oszillograph INSTR → **loop oscillograph**
→ Schleifenoszillograph *nm*
Schleifensignalisierung *nf* SWITCH **loop signaling**
= Schleifengabe *nf*
Schleifenstrom *nm* EL.TEC **loop current**
Schleifensynchronismus *nm* TELEC **loop synchronism**
Schleifenverstärkung *nf* CIRC.EN **loop gain**
= Ringverstärkung *nf*; Kreisverstärkung *nf*; Umlaufverstärkung *nf*
Schleifenverstärkung *nf* TELEPH → **loop gain**
→ Umlaufverstärkung *nf*
Schleifenverweis *nm* SW **circular reference**
Schleifenwahl *nf* SWITCH **loop dialing**
Schleifenwiderstand *nm* EL.TEC **loop resistance**
Schleifenzähler *nm* SW **loop counter**
= cycle counter; repaet counter
Schleifkontakt *nm* COMPO → **wiping contact**
→ Wischkontakt *nm*
Schleifkontakt *nm* COMPO → **sliding contact**
→ Gleitkontakt *nm*
Schleifmaschine *nf* MEC.EN **grinding machine**
Schleifmittel *nn* TECH **abrasive compound**
= Schmirgel *nm* = abrasive *n*
Schleifpapier *nn* TECH → **emery paper**
→ Schmirgelpapier *nn*
Schleifpulver *nn* TECH **abrasive powder**
= Polierpulver *nn*
Schleifringeinheit *nf* AUTOMA **slip ring assembly**
= slipring assembly
Schleiftrimmen *nf* MICR.EL **abrasive trimming**
Schleifwerkzeug *nn* MEC.EN **abrasive tool**
= Polierwerkzeug *nn*
Schleppantenne *nf* ANT **drag antenna**
= trailing antenna
schleppendes Geschäft ECON **slow business**
= dull trading
Schleppi *nm* (slang) DAT.PR → **laptop computer**
→ Aktentaschen-Computer *nm*
Schleppkontakt *nm* COMPO → **make-before-breake contact**
→ Folgeumschaltekontakt *nm*
Schleppkurve *nf* MATH → **tractrix** *n*
→ Traktrix *nf*
Schleppleitung *nf* OUT.PL **trailing cable**
= Trommelleitung *nf*; Leitungsstrosse *nf*
Schlepplöten *nn* MICR.EL → **reflow soldering**
→ Aufschmelzlöten
Schleppseil *nn* TECH → **haulage rope**
→ Schlepptau *nm*

Schlepptau *nm* TECH **haulage rope**
= Schleppseil *nn* ≈ hawser
≈ Trosse ↑ traction rope
↑ Zugseil
Schlepptop *nm* (slang) DAT.PR → **laptop computer**
→ Aktentaschen-Computer *nm*
Schleuder *nf* TECH **centrifuge** *n*
= Zentrifuge *nf*
Schleuderbeton *nm* CIV.EN **centrifugally cast concrete**
Schleuderpreis *nm* ECON **give-away price**
Schleusenspannung *nf* MICR.EL **threshold voltage**
[Thyristor] [thyristor]
schlicht TECH → **primitive** *adj*
→ primitiv
schlichten MEC.EN → **finish** *vt*
→ feinbearbeiten
Schlichter *nm* ECON **arbitrator** *n*
= Schiedsmann *nm*; Schiedsgutachter *nm*
Schlichtfeile *nf* TECH **smooth file**
Schlichtheit *nf* COLL → **simplicity** *n*
→ Einfachheit *nf*
Schliere *nf* OPT **streak** *n*
Schließdruck *nm* TECH **reseat pressure**
schließen COLL **close** *vt*
[fig] [fig]
= einstellen
schließen COMPO **make** *vt*
[Kontakt] [contact]
≠ öffnen = close *vt*
≠ brake
schließen EL.TEC **close** *vt*
[Stromkreis] [a circuit]
schließen DAT.MA **close** *vt*
[eine Datei] [a file]
schließen ECON → **close-down** *vt*
→ stillegen
schließendes Anführungszeichen LING → **unquote mark**
→ Abführung *nf*
Schließen-Schaltfläche *nf* COMP.AP **close button**
= Schließfeld *nn*; X-Schaltfläche *nf* = close box; X button; X box
Schließer *nm* COMPO → **make contact**
→ Arbeitskontakt *nm*
Schließerkontakt *nm* COMPO → **make contact**
→ Arbeitskontakt *nm*
Schließer-Schließer COMPO **double make contact**
[Relais]
Schließfeld *nn* COMP.AP → **close button**
→ Schließen-Schaltfläche *nf*
Schließungsanweisung *nf* SW → **close instruction**
→ Dateiabschlussanweisung *nf*
Schließungsprozedur *nf* DAT.CO → **log-off** *n*
→ Abmeldung *nf*
Schließungsroutine *nf* SW → **close routine**
→ Dateiabschlussroutine *nf*
Schließungswiderstand *nm* EL.TRO **closed contact resistance**
Schließzeit *nf* COMPO **make time**
[Kontakt] [contact]
Schließzylinder *nm* MEC.EN **locking cylinder**
Schliff *nm* MEC.EN **grind** *n*
[Oberflächenbehandlung] [surface treatment]
= Schleifen *nn* = grinding *n*
↓ Feinschliff; Grobschliff ↓ finish grind; rough grind
schlimmster Fall SCIE **worst case**
= ungünstigster Fall = worst-case condition; worst condition
Schlinge *nf* TECH **sling** *n*
[zusammenziehbare Verknüpfung] [contractible looped device]
≈ Schleife = noose *n*
≈ loop
Schlingerachse *nf* TECH **roll axis**
= Rollachse *nf*
schlingern TECH **roll** *vi*
[langsame um Längsachse schwanken] [slow swing on longitudinal axis]
= rollen
Schlitten *nm* OFFICE → **carriage** *n*
→ Wagen *nm*
Schlitz *nm* TER&PER → **coin slot**
→ Münzeinwurfschlitz *nm*
Schlitz *nm* TECH **slot** *n* (1)
[längliche, schmale Öffnung] [a long, narrow opening or cut]
≈ Einschnitt; Spalte; Spalt; Zwischenraum; Kerbe = slit
≈ incision; split; gap; interstice; notch

Schlitzanode *nf* EL.TRO **split anode**

Schlitzantenne *nf* ANT → **slot antenna**
→ Schlitzstrahler *nm*

Schlitzbalun *nm* ANT **slit-tube balun**
= split-sheath balun

schlitzen TECH **slit** *vt* (1)
= aufschlitzen
[to make a slit in]

Schlitzhohlleiter *nm* MICROW **leaky waveguide**

Schlitzklemme *nf* COMPO **tubular screw terminal**

Schlitzkopfschraube *nf* MEC.EN **slotted head screw**

Schlitzkopplung *nf* MICROW **slot coupling**

Schlitzleitung *nf* MICROW **slotted line**
= slotline *n*

Schlitzmaske *nf* TV → **shadow mask**
→ Lochmaske *nf*

Schlitzmutter *nm* MEC.EN **slotted nut**

Schlitzrohrstrahler *nm* ANT → **slot antenna**
→ Schlitzstrahler *nm*

Schlitzstrahler *nm* ANT **slot antenna**
= Schlitzantenne *nf*; Spaltantenne *nf*; Schlitzrohrstrahler *nm*; Rohrschlitzstrahler *nm*
= slotted antenna; leaky-pipe antenna; slot radiator; slotted tubular antenna; slotted tube antenna

Schlitzübertrager *nm* ANT → **split tube balun**
→ Halbschalensymmetrierglied *nn*

Schlitz-und-Loch-Magnetron *nn* MICROW → **hole-and-slot-anode magnetron**
→ Zylinder-Spalt-Magnetron *nn*

Schloss *nn* (*pl* Schlösser) TECH **lock** *n* (1)

Schlossschraube *nf* MEC.EN → **carriage bolt**
→ Flachrundschraube *nf*

Schluckende *nn* ANT **dissipative ending**

Schluckleitung *nf* ANT **dissipation line**

Schluckwiderstand *nm* ANT **dissipation resistor**
≈ Abschlusswiderstand
≈ dummy load

Schlummerschaltung *nf* CONS.EL **stand-by** *n*
= standby *n*; stand by *n*

Schlupf *nm* (*pl* Schlupfe&Schlüpfe) TECH **slip** *n*
= Rutsch *nm*
≈ Drift
= slippage *n*; hit *n* (2)
≈ drift

Schlupf *nm* (*pl* Schlupfe&Schlüpfe) DAT.CO **slip** *n*
= slack *n*

schlüpfen TECH → **slip** *vt*
→ rutschen

schlupffrei TRANSM → **hitless**
→ stoßfrei

Schlupfloch *nn* DAT.PR **loophole** *n*
[Lücke in der Zugriffskontrolle]
[deficiency in the access control]

schlupflos TRANSM → **hitless**
→ stoßfrei

schlupflose Ersatzschaltung TRANSM → **hitless switching**
→ schlupflose Umschaltung

schlupflose Steuerung TRANSM → **hitless switching**
→ schlupflose Umschaltung

schlupflose Umschaltung TRANSM **hitless switching**
= schlupflose Steuerung; schlupflose Ersatzschaltung

Schlupfmessung *nf* INSTR **slip measurement**

schlüpfrig TECH **slippery** *adj*
= slippy

Schluss *nm* SCIE → **conclusion** *n*
→ Schlussfolgerung *nf*

Schluss *nm* LOGIC → **logical inference**
→ Inferenz *nf*

Schlussbemerkungen *nplt* LING **final considerations**
= Schlussbetrachtung *nf*

Schlussbericht *nm* ECON → **final report**
→ Abschlussbericht *nm*

Schlussbetrachtung *nf* LING → **final considerations**
→ Schlussbemerkungen *nplt*

Schlüssel *nm* DAT.MA → **ordering argument**
→ Ordnungsbegriff *nm*

Schlüssel *nm* ECON **ratio** *n*

Schlüssel *nm* INF.TEC **cipher key**
= Code *nm*
↓ Verschlüsselungscode; Entschlüsselungscode
= key *n*; cipher *n*; code *n*
↓ encryption key; decryption key

Schlüssel *nm* (1) TECH **key** *n*
[für ein Schloss]
[to a lock]

Schlüssel *nm* (2) TECH **driver** *n*
↑ Werkzeug
= wrench *n*
↑ tool

Schlüsselbegriff *nm* DAT.MA → **keyword** *n* (1)
→ Passwort *nn*

Schlüsselbegriff *nm* SW → **keyword** *n*
→ Schlüsselwort *nn*

Schlüsselbegriff *nm* DAT.MA **descriptor** *n* (1)
[kennzeichnet einen wesentlichen Infalt eines Dokuments]
= Schlüsselwort *nn*; Beschreiber *nm* (1); Deskriptor *nm* (1); Bezeichner *nm* (1)
[characterizes a relevant topic of a document]
= keyword (2); lead term

Schlüsselbild *nn* COMP.GR **key frame**
[einer Animation]
[of an animation]

Schlüsseldiskette *nf* DAT.PR **key disk**

Schlüsseleingabegerät *nn* TER&PER **code injector**

Schlüsselfeile *nf* MEC.EN **needle file**

Schlüsselfeld *nn* DAT.MA **key field**
[bei Magnetplattenspeichern freier Formatierung]
≈ Spurenkennblock
[magnetic disk]
= key
≈ identifier

Schlüsselfeldvergleich *nm* SW **key matching**

schlüsselfertig TECH **turn-key** *adj*
= Turn-Key- (ANGL)

schlüsselfertige Anlage TECH **turn key system**
= Gesamtanlage *nf*; Turn-key-System *nn*

Schlüsselfigur *nf* COLL **anchorman** *n*

Schlüsselfiguren *nf nplt* COLL **key people**

Schlüsselfolge *nf* INF.TEC **key sequence**

Schlüsselgerät *nn* INF.TEC → **encryption equipment**
→ Verschlüsselungsgerät *nn*

Schlüsselindustrie *nf* TECH **key industry**
= pivot industry

Schlüsselkanal *nm* MIL.CO **cryptochannel**
= Kryptokanal *nm*

Schlüssellänge *nf* INF.TEC **code length**

Schlüsselmarkt *nm* ECON **key market**

Schlüsselpaar *nn* DAT.NW **key pair**

Schlüsselrolle *nf* COLL **pivotal role**

Schlüsselschalter *nm* COMPO **keyswitch** (1)
= key switch (1); key-operated

Schlüsselsicherheit *nf* MIL.CO **cryptosecurity**

Schlüsselsortierung *nf* DAT.MA **key sorting**
= key sort; tag sort

Schlüsselsperre *nf* SW → **copy protection**
→ Kopierschutz *nm*

Schlüsselstecker *nm* COMPO **key connector**

Schlüsselstellung *nf* ECON **key position**

Schlüsseltechnologie *nf* TECH **key technology**
= Schrittmachertechnologie *nf*

Schlüsseltext *nm* INF.TEC → **ciphertext** *n*
→ verschlüsselter Text

Schlüsselvariable *nf* COMP.AP **key variable**

Schlüsselverwirrung *nf* RAD.LO **garbling** *n*

Schlüsselwert *nm* DAT.MA **key value**

Schlüsselwort *nn* SW **keyword** *n*
[kennzeichnet ein Sprachgebilde]
= Schlüsselbegriff *nm*
↓ reserviertes Wort
[for some language construction]
↓ reserved word

Schlüsselwort *nn* DAT.MA → **descriptor** *n* (1)
→ Schlüsselbegriff *nm*

Schlüsselwort *nn* INTERNET → **keyword** *n*
→ Schlagwort *nn*

Schlüsselwort *nn* (1) DAT.MA → **key** *n*
→ Kennbegriff *nm*

Schlüsselwort *nn* (2) DAT.MA → **keyword** *n* (1)
→ Passwort *nn*

Schlüsselwortindex *nm* DAT.MA → **keyword index**
→ Passwortindex *nm*

Schlüsselwort-Makro *nn* SW **keyword macro**
= Kennwort-Makro *nn*

Schlüsselwortsuche *nf* WOR.PR **keyword search**
≠ Ganztextsuche
≠ full-text search

Schlüsselzeichen *nn* CODING **key signal**

Schlüsselzentrale *nf* MIL.CO **cryptocenter** *n*
= Kryptozentrale *nf*

Schlüsselzusatz *nm* TER&PER **cryptographic attachment**

Schlussetikett *nn* DAT.MA → **trailer label**
→ Dateiend-Etikett *nn*

Schlussfolgerung *nf* SCIE **conclusion** *n*
= Rückschluss *nm*; Schluss *nm*; Konklusion *nf*; Folgerung *nf*; Fazit *nn*
↓ Fehlschluss; Trugschluss
= inference *n*; reasoning *n*
↓ wrong inference; fallacy

Schlussfolgerung *nf* LOGIC → **logical inference**
→ Inferenz *nf*

Schlussfolgerungsprogramm *nn* ART.IN → **logical inference program**
→ Inferenzprogramm *nn*

Schlusskennsatz *nm* DAT.MA → **trailer label**
→ Dateiend-Etikett *nn*

Schlussregel *nf* LOGIC **inference rule**

Schlusssignal *nn* DAT.CO → **final character**
→ Schlusszeichen *nn*

Schlussstrich *nm* COLL **final stroke**
[fig] — [fig]

Schlusstaste *nf* TELEGR **clearing key**
≠ Anruftaste — ≠ calling key

Schlusszahlung *nf* ECON **final payment**

Schlusszeichen *nn* SWITCH **clear-back signal**
= clearing signal; disconnect signal; clearing *n*

Schlusszeichen *nn* DAT.CO **final character**
= Abschlusszeichen *nn*; Schlusssignal *nn*; Terminator *nm* — = terminator *n*; rogue value

schmal PRIN.ME **condensed** *adj*
= schlank; schmalgelegt; schmallaufend; eng — = compressed
↑ Schriftattribut — ↑ font attribute

schmal COLL **narrow** *adj* (1)
↑ eng — [of slender width]
↑ narrow (2)

Schmalbahn *nf* PRIN.ME **grain long**
[Papier]

Schmalband *nn* TELEC **narrowband** *n*
≠ Breitband — = narrow band
≠ broadband

Schmalbandantenne *nf* ANT **narrowband antenna**

Schmalbanddetektion *nf* INSTR **narrowband detection**

Schmalbandfernsehen *nn* TV **narrowband television**

Schmalbandfilter *nn* NETW.TH **narrowband filter**

schmalbandig TELEC **narrowband** *adj*

Schmalbandkommunikation *nf* TELEC **narrowband communications**

Schmalbandrauschen *nn* TELEC **narrowband noise**
= farbiges Rauschen

Schmalbandspeisung *nf* ANT **narrowband feeding**

Schmalband-Standleitung *nf* DAT.CO **narrowband private line** *n*
[private line for low-speed data service]

Schmalbandstrecke *nf* TRANSM → **low-capacity link**
→ Kleinkanalstrecke *nf*

Schmalbandsystem *nn* TRANSM → **low-capacity system**
→ Kleinkanalsystem *nn*

Schmalbandverstärker *nm* CIRC.EN **selective amplifier**
= Selektivverstärker *nm*

Schmalbandwobbeln *nn* INSTR **narrow-band sweep**

Schmalbasisdiode *nf* MICR.EL **small-base diode**

Schmalbündel *nf* PHYS **pencil beam**

Schmaleinsatz *nm* EQP.EN → **vertical inset**
→ Vertikaleinsatz *nm*

schmales Leerzeichen PRIN.ME → **thin space**
→ Fünftelgeviert *nn*

Schmalfensteranzeige *nf* TER&PER **thin-window display**

schmalfett PRIN.ME **bold condensed** *adj*
↑ Schriftattribut; Strichstärke — ↑ font attribute; stroke weight

Schmalfilm *nm* CINEMA **substandard size stock**
= 8-mm-Film *nm* — = 8-mm film

Schmalfilmkamera *nf* CINEMA **8-mm-film camera**
= 8-mm-Film-Kamera *nf*

schmalgelegt PRIN.ME → **condensed** *adj*
→ schmal

Schmalgestell *nn* EQP.EN **slim rack**

schmallaufend PRIN.ME → **condensed** *adj*
→ schmal

schmallegen PRIN.ME → **compress** *vt*
→ komprimieren *vt*

Schmalschrift *nf* PRIN.ME **condensed type**
= Kompressschrift *nf*; Kompressdruck *nm*; Engdruck *nm* — = condensed typeface; condensed font; condensed lettering; condensed style; condensed print
≠ Breitschrift — ≠ expanded type

Schmalseite *nf* TECH **narrow dimension**
≠ Breitseite — = small face
≠ broad dimension

Schmaltastatur *nf* TER&PER **substandard keyboard**

Schmalwagendrucker *nm* TER&PER **narrow-carriage printer**

schmarotzen DAT.NW **lurk** *vt*

Schmarotzer *nm* INTERNET **lurker** *n*
[engl "lurk" = auf der Lauer liegen] — = eavesdropper *n*
= Trittbrettfahrer *nm*; Lauscher *nm*; Lurker *nm* (ANGL)

schmelzbar TECH **fusible** *adj*

Schmelzdraht *nm* COMPO **fusible wire**
[Schmelzsicherung] — = fuse wire; fuse element (IEC); fusible part

Schmelze *nf* MICR.EL **melt** *n*

Schmelze *nf* PHYS → **melting** *n*
→ Schmelzen *nn*

schmelzen PHYS **melt** *vt*
≈ verflüssigen — ≈ liquify

Schmelzen *nn* PHYS **melting** *n*
= Schmelze *nf* — ≈ liquefaction
≈ Verflüssigung

Schmelzkleber *nm* TECH **hot melt adhesive**

Schmelzofen *nm* TECH **smelter** *n*
↑ Ofen — ↑ stove

Schmelzperlen-Transistor *nm* MICR.EL → **meltback transistor**
→ Rückschmelztransistor *nm*

Schmelzpunkt *nm* PHYS **melting point**
≈ Schmelztemperatur — = m.p.; fusing point
≈ melting temperature

Schmelzschweißung *nf* METAL **fusion welding**

Schmelzsicherung *nf* COMPO **melting fuse**
[schützt durch Abschmelzen eines Schmelzleiters] — = fuse *n*; safety fuse; fuze *n*; fusible cut-out
= mittelträge Feinsicherung — ↑ overcurrent protector
↑ Stromsicherung

Schmelztiegel *nm* TECH **crucible** *n*
↑ Tiegel

Schmelzwärme *nf* PHYS **fusion heat**
= melting heat

Schmelzzone *nf* MICR.EL **melt zone**

Schmelzzüchtung *nf* MICR.EL **growth from melt**

Schmerzempfindung *nf* ACOUS **sensation of pain**

Schmerzschwelle *nf* ACOUS **pain threshold**

Schmetterlingsantenne *nf* ANT **batwing antenna**
= Fledermausantenne *nf*; Flächendipol *nm*; Batwing-Antenne *nf* (ANGL) — = butterfly antenna; bow-tie antenna
↑ parallelgeschaltete Antenne

Schmetterlings-Drehkondensator *nm* COMPO **butterfly capacitor**

Schmetterlingskreis *nm* CIRC.EN **butterfly circuit**

Schmidt-Buschbeck-Diagramm *nn* LINE TH **rectangular transmission line chart**
= Buschbeck-Diagramm *nn* — = rectangular impedance chart; bipolar transmission line chart; bipolar impedance chart
↑ Leitungsdiagramm — ↑ transmission line chart

schmiedbar METAL **forgeable** *adj*
≈ plastisch [TECH] — = malleable
≈ plastic [TECH]

Schmiedbarkeit *nf* METAL **forgeability** *n*
= malleability *n*

schmieden METAL **forge** *vt*

Schmieden METAL **forging** *n* (1)
= Schmiedung *nf* — [the process of]
≈ Pressschweißen — ≈ pressure welding

Schmiedestück *nn* METAL **forging** *n* (2)
[a forged piece]

Schmiedung *nf* METAL → **forging** *n* (1)
→ Schmieden

schmiegsam TECH **limp** *adj*

Schmiegsamkeit *nf* TECH **limpness** *n*

Schmiegungsebene *nf* MATH **osculating plane**

Schmiegungskurve *nf* MATH **osculating curve**

Schmierblock *nm* OFFICE → **note pad**
→ Notizblock *nm*

Schmierbohrung *nf* MEC.EN **oil hole**

schmieren TECH **lubricate** *vt*
↓ fetten; ölen — ↓ grease; oil

Schmiermittel *nn* TECH **lubricant** *n*
= Gleitmittel *nn* — ↓ grease; lubricating oil
↓ Fett; Schmieröl

Schmieröl *nn* TECH **lubricating oil**
= lube-oil *n*

Schmierölfilter *nn* MEC.EN **lube-oil filter**

Schmierpapier *nn* OFFICE **scratch paper**

Schmierung *nf* MEC.EN **lubrication**
↓ Fettschmierung; Ölschmierung — ↓ grease lubrication; oil lubrication

Schmirgel *nm* TECH → **abrasive compound**
→ Schleifmittel *nn*

Schmirgelpapier *nn* TECH **emery paper**
= Schleifpapier *nn*; Sandpapier *nn* — = abrasive paper; sand paper
↓ Sandpapier — ↓ sandpaper

Schmirgelpaste *nf* — TECH — **abrasive paste**
= Polierpaste *nf*

Schmitt-Trigger *nm* — CIRC.EN — **Schmitt trigger**
= Versteiler *nm* — ≈ squaring circuit
≈ Rechteckformer

schmökern — COLL — → **browse** *vi*
→ browsen

schmökern — DAT.MA — → **browse** *vt*
→ browsen

Schmökern *nn* — DAT.MA — → **browsing** *n*
→ Browsen *nn*

schmuck — COLL — → **attractive** *adj*
→ attraktiv

Schmuck *nm* — COLL — **jewelry**

Schmuckfarbe *nf* — PRIN.ME — **decorative colour**
≠ Prozessfarbe — ≠ process colour

Schmucklinie *nf* — PRIN.ME — → **decorative line**
→ Zierlinie *nf*

Schmuckrand *nm* — PRIN.ME — → **decorative margin**
→ Zierrand *nm*

Schmuckschrift *nf* — PRIN.ME — → **decorative character font**
→ Zierschrift *nf*

Schmutz *nm* — COLL — **dirt** *n*
≈ Schmutzigkeit; Unsauberkeit — ≈ dirtiness; uncleanness

Schmutzblatt *nn* — PRIN.ME — → **half title**
→ Respektblatt *nn*

Schmutzfänger *nm* — OUT.PL — **catch pan**

Schmutzfänger *nm* — TECH — **dirt trap**

schmutzig — COLL — **dirty** *adj*
≈ unsauber — ≈ unclean

Schmutzigkeit *nf* — COLL — **dirtiness** *n*
≈ Unsauberkeit — ≈ uncleanness

Schmutztitel *nm* — PRIN.ME — → **half title**
→ Respektblatt *nn*

Schmutzunempfindlichkeit *nf* — TECH — **soiling resistance**

Schnalzlaut *nm* — LING — **click** *n*

schnappen — TECH — → **snap-in** *vi*
→ einschnappen

schnappen *vr* — COLL — **grab** *vt*
[fig]

Schnapper — MEC.EN — **catch** *n*
≈ Klinke — = latch *n*

Schnappschuss — COLL — **snapshot** *vt*

Schnappschuss — DAT.MA — **snapshot dump** *n*
[Kopie aller Daten zu einem Zeitpunkt] — [a copy of all data at a point of time]
= Instantanspeicherausdruck *nm*; Momentanspeicherausdruck *nm* — = snapshot *n*
≈ Ausdruck

Schnappschuss-Programm *nn* — SW — **snapshot program**

Schnarre *nf* — COMPO — → **buzzer** *n*
→ Summer *nm*

Schnarren — ACOUS — **rattle** *n*
= purr *n*

schnattern — COLL — → **chatter** *vi*
→ plappern

Schnecke *nf* — MEC.EN — **worm** *n*
[Zahnrad] — [gear]

Schneckenantrieb *nm* — MEC.EN — → **worm drive**
→ Schneckentrieb *nm*

schneckenförmig — TECH — → **helical** *adj*
→ schraubenförmig

Schneckengetriebe *nn* — MEC.EN — **worm gear**
= worm wheel

Schneckenpost *nf* — INTERNET — **snail mail**
[herabwürdigend für die konventionellen Zustelldienste] — [derogative for conventional delivery services]
= USnail [AM]

Schneckenpost *nf* (pej) [INTERNET] — POST — → **letter post**
→ Briefpost *nf*

Schneckenrad *nn* — MEC.EN — **worm wheel**
↑ Zahnrad — = snail wheel
↑ gear

Schneckentrieb *nm* — MEC.EN — **worm drive**
[Zahnrad] — [gear]
= Schneckenantrieb *nm*

Schnee *nm* — METEO — **snow** *n*

Schnee *nm* — TV — **snow** *n*
[visual static]
= hash *n*

Schneesturm *nm* — METEO — **snowstorm**
= blizzard *n* (AE)

Schneidbrennen *nn* — METAL — **oxygen cutting**
= Brennschneiden *nn*

Schneidbrenner *nm* — METAL — **oxygen cutter**

Schneide *nf* — METAL — **cutting edge**
= edge *n*
↓ knife edge

Schneidekopf *nm* — METAL — **cutting head**

Schneidemaschine *nf* — TER&PER — **cutting machine**
= Papierschneidemaschine *nf* — = paper cutting machine

schneiden — TECH — **cut** *vt*

schneiden — IMAG.ME — **edit**

schneiden — MATH — **intersect** *vt*
[z.B. eine Kurve] — [e.g. a curve]
= durchkreuzen

schneiden — TECH — → **cross** *vt* (1)
→ kreuzen

Schneiden *nf* — TECH — **cutting** *n*
= Schnitt *nm*

schneidend — TECH — **cutting**
↓ scharf — = keen
↓ sharp

Schneidenkontaktierung *nf* — MICR.EL — → **wedge bonding**
→ Keilbondierung *nf*

Schneideraum *nm* — CINEMA — **editing room**

Schneidetisch *nm* — CINEMA — **editing table**

Schneidewinkel *nm* — MEC.EN — **cutting angle**
= Schnittwinkel *nm*

Schneidklemmkontakt *nm* — COMPO — → **insulation piercing connection**
→ Schneidklemmverbindung *nf*

Schneidklemmtechnik *nf* — COMPO — → **insulation piercing connection**
→ Schneidklemmverbindung *nf*

Schneidklemmverbindung *nf* — COMPO — **insulation piercing connection**
= Schneidklemmkontakt *nm*; Schneidklemmtechnik *nf*; IDC-Technik *nf* — = insulation displacement connection; insulation displacement contact; ID contact; IDC

Schneidschraube *nf* — MEC.EN — **tapping screw**

Schneidstanze *nf* — MEC.EN — **cutting die**

schnell — DAT.PR — **high-speed** *adj*
≈ zugriffszeitfrei — ≈ quick-access

schnell — TECH — **fast** *adj*
= rasch; unverzüglich; geschwind — = quick; rapid; speedly; highspeed
≈ schnellwirkend — ≈ quick acting

Schnellabschaltrelais *nn* — COMPO — **fast-release relay**

Schnellabschaltung *nf* — EL.TEC — **rapid disconnection**
= schnelle Abschaltung — = fast break

Schnellabstimmgerät *nn* — ANT — **fast-tuning device**

Schnellabstimmung *nf* — ANT — **fast tuning**

Schnelladung *nf* — POW.SY — **fast charging**
= fast charge

Schnellanzeige *nf* — INSTR — **fast indication**

schnellaufend — MEC.EN — **fast running**

Schnellauslösung *nf* — EL.TEC — **instantaneous release**

Schnellbefehl *nm* — TELECON — **priority command**

schnell drehen — PHYS — **spin** *vi*
≈ wirbeln — [to revolve rapidly]
↑ drehen — = gyrate
↑ turn (2)

Schnelldrucker *nm* — TER&PER — → **high-speed printer**
→ Hochleistungsdrucker *nm*

Schnelle *nf* — COLL — **chute** *n*
↓ Stromschnelle — = rapid *n*

Schnelle *nf* — ACOUS — → **sound particle velocity**
→ Schallschnelle *nf*

schnelle Abschaltung — EL.TEC — → **rapid disconnection**
→ Schnellabschaltung *nf*

schnelle Faktorenzerlegung — MATH — **fast factorization**

schnelle Fourier-Transformation — MATH — **fast Fourier transformation**
≈ FFT — = fast Fourier transform; FFT

schnelle Informationsgruppe — BROADC — → **FIG**
→ FIG *nm*

schnelle Paketvermittlung — DAT.CO — **fast packet switching**
= FPS

schneller Datenkanal — DAT.CO — **high-speed data channel**

schneller Hack — DAT.PR — → **kludge** *n*
→ Flickschusterei *nf*

schneller Informationsdatenkanal — BROADC — → **FIDC**
→ FIDC *nm*

schneller Informationskanal — BROADC — → **FIC**
→ FIC *nm*

schneller Papiertransport — TER&PER — → **paper skip**
→ schneller Papiervorschub

schneller Papiervorschub TER&PER **paper skip**
= schneller Vorschub; Schnellvorschub *nm*; schneller Papiertransport; schneller Transport = paper throw; paper slew (AE)
↑ Papiervorschub; Papierauswurf ↑ paper feed; paper ejection

schneller Pufferspeicher DAT.PR → **cache memory** *n*
→ Cache-Speicher *nm*

schneller Transport TER&PER → **paper skip**
→ schneller Papiervorschub

schneller Vorschub TER&PER → **paper skip**
→ schneller Papiervorschub

schnelles Frequenzspringen RADIO **fast frequency hopping**
= fast hopping

schnelle Wählscheibe TELEPH **fast dial**

Schnellewandler *nm* EL.ACOU **velocity microphone**
= Druckgradientenmikrofon *nn*; Druckgradientenmikrophon *nn*

Schnellfax *nn* TELEGR **high-speed facsimile**

Schnellhefter *nm* OFFICE **letter-file**
= folder *n*

Schnelligkeit *nf* COLL **fastness**
= Geschwindigkeit *nf* = velocity *n*; rapidity *n*; quickness *n*; speed *n*

Schnellinformationsdaten *nplt* DAT.CO **fast information data**

Schnellkopiervorrichtung *nf* CONS.EL **high-speed dubbing**
= Schnellüberspielfunktion *nf*

Schnellkurs *nm* EDUC **crash course**

Schnellmeldung *nf* TELECON **priority state information**

Schnellmusterentwicklung *nf* SW **rapid prototyping**
= Rapid Prototyping *nn* (ANGL)

Schnellösung *nf* TECH **fast track solution**
= fast solution

Schnellöter *nm* EL.TRO → **soldering gun**
→ Lötpistole *nf*

Schnellrelais *nn* COMPO **high-speed relay**

Schnellrückmeldung *nf* TELECON **priority return information**

Schnellrückspulung *nf* EL.TRO **fast rewind**
= fast back

Schnellschaltrelais *nn* EL.TRO **fast-acting relay**

Schnellschreiber *nm* TER&PER → **high-speed printer**
→ Hochleistungsdrucker *nm*

Schnellsicherung *nf* COMPO **quick-break fuse**
= Momentunterbrecher *nm* = quick-break

Schnellsicht *nf* SW **quick view**

Schnellsortieralgorithmus *nm* DAT.MA **quicksort algorithm**
= Quicksortalgorithmus *nm* (ANGL)

schnellsortieren DAT.MA **quicksort** *vt*

Schnellsortierung *nf* DAT.MA **quicksort** *n*
[es wird der Medianwert bestimmt, dann werden "Werte kleiner davon" von "Werten größer davon" getrennt u.s.f.] [the median value ("pivot") is defined, then "smaller than values" and "larger than values" are separated, and so on]

Schnellspannklemme *nf* COMPO **plug clamp**

Schnellspeicher *nm* (1) HW **high-speed memory** *n*
[in Ergänzung zum Arbeitsspeicher, ein Speicher extrem kurzer Zugriffszeit, meist geringer Kapazität] [additionaly to the main memory, a memory with extremely short access times]
= Schnellzugriffsspeicher *nm*; Sofortzugriffspeicher *nm* = HSM; high-speed storage; quick-access memory; quick-access storage; very fast memory; very fast storage; zero-access memory; zero-access storage; fast access memory; FAM; fast access storage; fast memory; fast storage; immediate access storage; IAS

Schnellspeicher *nm* (2) HW → **intermediate memory** *n*
→ Zwischenspeicher *nm* (1)

Schnellsprechform *nf* LING → **contracted mode**
→ Allegroform *nf*

Schnellstlogik *nf* MICR.EL **very high speed logic**
= VHSL = VHSL

Schnellstraße *nf* CIV.EN **expressway**
= Schnellverkehrstaße *nf* = dual-carriage way
↓ Hauptstraße; Autobahn ↓ main highway; freeway

Schnellsuchbetrieb *nm* DAT.MA **browse mode**
[for fast searches]

Schnellsuche *nf* SW **quick search**

Schnelltrennsatz *nm* TER&PER **rapid decollation set**

Schnellüberspielfunktion *nf* CONS.EL → **high-speed dubbing**
→ Schnellkopiervorrichtung *nf*

Schnellübertrag *nm* COMP.SC **ripple carry**
= Ripple-Übertrag *nm* (ANGL) = ripple-through carry

schnellumlaufendes Drehfunkfeuer RAD.NA **fast rotating radiobeacon**

Schnellverkehrstaße *nf* CIV.EN → **expressway**
→ Schnellstraße *nf*

Schnellvorlauf *nm* CONS.EL → **fast forward**
→ Raschvorlauf *nm*

Schnellvorschub *nm* TER&PER → **paper skip**
→ schneller Papiervorschub

schnellwachsend ECON → **fast-growing**
→ wachstumsträchtig

Schnellwahl *nf* SWITCH → **abbreviated dialing** (AE)
→ Kurzwahl *nf*

schnellwirkend TECH **quick-acting** *adj*
≈ schnell = fast acting; quick-reacting
≈ fast

Schnellzeichendreieck *nn* ENG.DRA **rapid set square**

Schnellzugriff *nm* DAT.PR → **immediate access**
→ Sofortzugriff *nm*

Schnellzugriffsspeicher *nm* HW → **high-speed memory** *n*
→ Schnellspeicher *nm* (1)

Schnellzugrifftaste *nf* TER&PER **quick-access key**

Schnickschnack *nm* TECH **bells and whistles** (NA)
[slang; zusätzliches (meist unwichtiges oder überbewertetes) Beiwerk zur Grundfunktionalität] [slang; attactive (mostly useless or overvalued) features beyound basic functionality]
= Klimbim *nn* = chit-chat (BE); tittle-tattle (BE)
≠ ohne Sahne ≠ plain vanilla (slang)
↑ Zubehör ↑ accessories

Schnippel *nm* TER&PER → **chad** *n*
→ Schnitzel *nn*

Schnippel *nm&nn* TECH → **chip** *n*
→ Schnitzel *nn*

schnippeln TECH → **shred** *vt*
→ zerschnitzeln *vt*

Schnipsel *nm* TER&PER → **chad** *n*
→ Schnitzel *nn*

Schnipsel *nm&nn* TECH → **chip** *n*
→ Schnitzel *nn*

Schnipselkasten *nm* TER&PER → **chad container**
→ Schnitzelkasten *nm*

schnipseln TECH → **shred** *vt*
→ zerschnitzeln *vt*

schnipsen TECH → **shred** *vt*
→ zerschnitzeln *vt*

Schnitt *nm* STATIS → **average** *n*
→ Mittel *nn*

Schnitt *nm* TECH → **cutting** *n*
→ Schneiden *nf*

Schnitt *nm* MATH **section** *n*
[darstellende Geometrie] [descriptive geometry]
↓ Querschnitt ↓ cross section

Schnitt *nm* ENG.DRA **section** *n*

Schnitt *nm* PRIN.ME **edge** *n*
[Schnittfläche des Buchblocks] [cutting side of the body of a book]

Schnitt *nm* CINEMA **cut** *n*
[schlagartiger Wechsel] [sudden change]
= editing *n*

Schnitt *nm* TECH **cut** *n*
≈ Einschnitt; Kerbe ≈ gash; notch

Schnittansicht *nf* ENG.DRA → **sectional view**
→ Schnittdarstellung *nf*

Schnittbandkern *nm* EL.TEC **laminated core**
= Blechpaket *nn*; Bandkern *nm*; bandumwickelter Kern = tape-wound core; tape-wounded core; tape core; core stack; core assembly

Schnittdarstellung *nf* ENG.DRA **sectional view**
= Schnittansicht *nf* = sectioning *n*

Schnittdruck *nm* MECH **cutting load**

Schnittebene *nf* ENG.DRA **cutting plane**

Schnittfläche *nf* MEC.EN **cut surface**

schnittig ECON → **efficient**
→ rationell

Schnittkante *nf* ENG.DRA **cutting edge**

Schnittlinie *nf* ENG.DRA **cutting line**
= Schnittverlauf *nm*

Schnittlinie *nf* MATH **intersection line**

Schnittmarke *nf* TER&PER **crop mark**
= Seitenbegrenzungslinie *nf*

Schnittmenge *nf* MATH **cut set**

Schnittmuster *nn* TECH **pattern** *n* (3)
[form used to cut by shape]

Schnittpeilung *nf* RAD.LO **intersectional bearing**

Schnittpunkt *nm* MATH **intersection point**
= intersection

Schnittrahmen *nm* RAD.RE **earth profile chart**
= Geländeschnittkarte *nf* — = earth graph paper; profile chart

Schnittsoftware *nf* CINEMA **cut software**

Schnittstelle *nf* EL.TRO **interface** *n*
= Übergabestelle *nf*; Nahtstelle *nf*; Interface *nf* (ANGL) — [from "inter" (Latin = "in between") + (sur)face = a (sur-)face forming a boundary]

Schnittstellenadapter *nm* EL.TRO → **interface adapter**
→ Schnittstellenanpassung *nf*

Schnittstellenanpassung *nf* EL.TRO **interface adapter**
= Schnittstellenadapter *nm* — = interface pod

Schnittstellenbaugruppe *nf* EQP.EN **interface module**
= Schnittstellenkarte *nf*; Anschlussbaugruppe *nf*; Anschlusskarte *nf* — = interface board; interface card
≈ Schnittstellenanpassung — ≈ interface adapter

Schnittstellenbedingung *nf* EL.TRO **interface condition**

Schnittstellenbedingungen *nplt* EL.TRO → **interface specification**
→ Schnittstellenspezifikation *nf*

Schnittstellenbeschreibung *nf* TEC.DOC **interface description**

Schnittstellen-Browser *nm* DAT.MA **interface browser**

Schnittstelleneinheit *nf* EQP.EN **interface unit**

Schnittstellengerät *nn* DAT.CO **interface equipment**

Schnittstellenkabel *nn* EQP.EN **interface cable**

Schnittstellenkarte *nf* EQP.EN → **interface module**
→ Schnittstellenbaugruppe *nf*

Schnittstellenkomparator *nm* DAT.CO → **interface comparator**
→ Schnittstellenvergleicher *nm*

Schnittstellenkonverter *nm* DAT.CO → **interface converter**
→ Schnittstellenwandler *nm*

Schnittstellenleitung *nf* DAT.CO **interface circuit**
= interchange circuit

Schnittstellenmultiplikator *nm* DAT.CO → **interface multiplier**
→ Schnittstellenverfielfacher *nm*

Schnittstellennorm *nf* EL.TRO **interface standard**

Schnittstellenplan *nm* EL.TRO **interface plan**

Schnittstellenprotokoll *nn* DAT.CO **interface protocol**

Schnittstellenprozedur *nf* DAT.CO → **interface procedure**
→ Schnittstellenverfahren *nn*

Schnittstellenprozessor *nm* HW → **input/output controller**
→ Ein-/Ausgabe-Werk *nn*

Schnittstellenreplikator *nm* HW **port replicator**
= Portreplikator *nm*

Schnittstellenroutine *nf* SW **interface routine**

Schnittstellensimulator *nm* DAT.CO **interface simulator**

Schnittstellenspezifikation *nf* EL.TRO **interface specification**
= Schnittstellenbedingungen *nplt* — = interface requirements

Schnittstellen-Steckverbinder *nm* COMPO **interface plug connector**

Schnittstellensteuerleitung *nf* DAT.CO **interface control line**

Schnittstellensteuerung *nf* DAT.CO **interface control**

Schnittstellenteil *nm* SW **interface** *n*
[stellt in einem Programmmodul die Interaktionsmöglichkeit mit anderen Modulen her] — [part of a program module granting the interaction with other modules]

Schnittstellentest *nm* DAT.PR **interface test**

Schnittstellentreiber *nm* SW **interface driver**

Schnittstellenumsetzer *nm* DAT.CO → **interface converter**
→ Schnittstellenwandler *nm*

Schnittstellenverfahren *nn* DAT.CO **interface procedure**
= Schnittstellenprozedur *nf*

Schnittstellenverfielfacher *nm* DAT.CO **interface multiplier**
= Schnittstellenmultiplikator *nm* — = interface expander

Schnittstellenvergleicher *nm* DAT.CO **interface comparator**
= Schnittstellenkomparator *nm*

Schnittstellenwandler *nm* DAT.CO **interface converter**
= Schnittstellenumsetzer *nm*; Schnittstellenkonverter *nm*; Interface-Konverter *nm*

Schnittsteuerung *nf* CINEMA **editing** *n*

Schnittverlauf *nm* ENG.DRA → **cutting line**
→ Schnittlinie *nf*

Schnittware *nf* ECON → **yard good**
→ Meterware *nf*

Schnittwinkel *nm* MEC.EN → **cutting angle**
→ Schneidewinkel *nm*

Schnittzeichnung *nf* ENG.DRA **sectional drawing**

Schnitzel *nn* TECH **chip** *n*
[kleines abgetrenntes Stück] — [small flat piece worked-off]
= Schnipsel *nm&nn*; Schnippel *nm&nn*; Spänchen *nn* — = shred *n*; snip *n*

Schnitzel *nn* TER&PER **chad** *n*
= Schnipsel *nm*; Schnippel *nm*; Stanzrest *nm*; Stanzabfall *nm* — = chip *n*

Schnitzelkasten *nm* TER&PER **chad container**
= Schnipselkasten *nm* — = chadbox *n*; chip tray

schnitzeln TECH → **shred** *vt*
→ zerschnitzeln *vt*

Schnitzer *nm* COLL → **howler** *n*
→ dummer Fehler

schnüffeln DAT.MA → **browse** *vt*
→ browsen

Schnüffeln *nn* INTERNET **sniffing** *n*

Schnüffeln *nn* DAT.MA → **browsing** *n*
→ Browsen *nn*

Schnüffel-Software *nf* INTERNET **snoopware** *n*
= Snoopware *nf*

Schnüffel-Software *nf* INTERNET → **spyware** (to explore user profiles)
→ Spyware *nf*

Schnüffler *nm* INTERNET → **gopher** *n*
→ Suchprogramm *nn*

Schnüffler-Software *nf* INTERNET → **spyware** (to explore user profiles)
→ Spyware *nf*

Schnur *nf* TECH **cord** *n*
[dünn, aus mehreren Fäden oder Drähten gebildet] — [thin, consisting of several strands of filaments]
= Schnüre *nf*; Kordel *nf*; Bindfaden *nm* — = lace *n*; string *n*; cordon *n*
≈ Faden — ≈ thread

Schnüre *nf* TECH → **cord** *n*
→ Schnur *nf*

schnüren TECH **lace** *vt* (1)
≈ abschnüren — ≈ strangulate

schnurgebunden [TELEPH] TELEC → **wire-bound** *adj*
→ drahtgebunden

schnurlos EQP.EN **cordless** *adj*
= kabellos; drahtlos

schnurlose Nebenstellenanlage TELEPH **cordless PABX**

schnurloser Fernsprechapparat TELEPH **cordless telephone**
[der Hörer ist per Funk ("schnurlos") mit dem Rest des Fernsprechapparats (der "Basistation") verbunden] — [the handset is connected via radio ("cordless") with the rest of the telephone set (the "base station")]
= schnurloses Telefon; schnurloses Telephon — = wireless telephone
≈ Funktelefon — ≈ radiotelephone

schnurloses Telefon TELEPH → **cordless telephone**
→ schnurloser Fernsprechapparat

schnurloses Telephon TELEPH → **cordless telephone**
→ schnurloser Fernsprechapparat

Schnurstecker *nm* COMPO **cord terminal**

Schnürung *nf* TECH **lacing** *n*
≈ Abschnürung — ≈ strangulation

Schockprüfung *nf* QUAL → **shock test**
→ Stoßprüfung *nf*

Schöndruck *nm* PRIN.ME **first run**

Schöndruck *nm* SW **prettyprinting** *n*
[Zuhilfenahme visueller Hilfsmittel um eine Programmstruktur zu veranschaulichen] — [use of visual cues to show program structure]

Schöndruckqualität *nf* TER&PER → **letter quality**
→ Schönschrift *nf*

schonend COLL → **careful** *adj*
→ sorgfältig *adj*

Schönschreibdrucker *nm* TER&PER **letter-quality printer**
= Schönschriftdrucker *nm*; Korrespondenzdrucker *nm* — = correspondence quality printer

Schönschrift *nf* TER&PER **letter quality**
[Qualität einer Typenradschreibmaschine] — [quality of a daisy-weel typewriter]
= Schönschriftqualität *nf*; Schöndruckqualität *nf*; Korrespondenzqualität *nf*; Briefqualität *nf* — = LQ; correspondence quality; letter print quality; calligraphy
≈ Beinahe-Schönschrift — ≈ NLQ printing
≠ Konzeptdruckqualität — ≠ draft quality

Schönschriftdrucker *nm* TER&PER → **letter-quality printer**
→ Schönschreibdrucker *nm*

Schönschriftqualität *nf* TER&PER → **letter quality**
→ Schönschrift *nf*

Schönwetter *nn* METEO **fair weather**
≠ Schlechtwetter — ≠ bad weather

schöpferisch SCIE → **creative** *adj*
→ kreativ

Schottky-Defekt PHYS → **Schottky defect**
→ Schottky-Fehlstelle *nf*

Schottky-Diode *nf* MICR.EL **Schottky barrier diode**
= Metall-Halbleiter-Diode *nf*; Hot-Carrier-Diode *nf* — = Schottky diode; hot-carrier diode

Schottky-Effekt *nm* PHYS **Schottky effect**

Schottky-Fehlstelle *nf* PHYS **Schottky defect**
= Schottky-Defekt

Schottky-Fotodiode *nf* MICR.EL **Schottky photodiode**

Schottky-Gleichung *nf* MICR.EL **Schottky equation**

Schottky-Kontakt *nm* MICR.EL → **metal-semiconductor contact**
→ Metall-Halbleiter-Kontakt *nm*

Schottky-Transistor *nm* MICR.EL **Schottky transistor**

Schottky-TTL MICR.EL **Schottky TTL**

Schottky-Übergang *nm* MICR.EL **Schottky barrier**

Schraffe *nf* PRIN.ME → **serif** *n*
→ Serife *nf* (*pl* -n)

schraffieren ENG.DRA **hatch** *vt*
≈ riffeln; schattieren
[to mark with fine, closely spaced lines]
≈ checker; shade

schraffiert ENG.DRA **hatched**
≈ schattiert
= section-lined
≈ shaded

Schraffierung *nf* ENG.DRA → **hatching**
→ Schraffur *nf*

Schraffur *nf* ENG.DRA **hatching**
= Schraffierung *nf*
≈ Riffelung; Schattierung
↓ Kreuzschraffierung
= hachures *nplt*; section lining
≈ checker; shading
↓ cross-hatching

schräg PRIN.ME **oblique** *adj*
[Schrift]
= schräggelegt
[typeface]
= inclined; slant

schräg TECH **slant** *adj*
[von vertikaler oder horizontaler Sollrichtung abweichend]
= schräggestellt
≈ diagonal; quer
↓ geneigt; schief
[deviating from nominal angle]
= oblique; aslant
≈ diagonal; cross
↓ skew

schräg abfallend TECH → **inclined** *adj*
→ geneigt

Schrägaufzeichnung *nf* TV **helical recording**
= Schrägspuraufzeichnung *nf*

Schrägbuchstabe *nm* PRIN.ME → **italic letter**
→ Kursivbuchstabe *nm*

Schrägdrahtantenne *nf* ANT **oblique wire antenna**

Schräge *nf* TECH **slant** *n*
[Abweichung von horizontaler oder vertikaler Sollrichtung]
↓ Neigung

schräge Ebene MECH **oblique plane**

Schrägeinfall *nm* PHYS → **oblique incidence**
→ schräger Einfall

schräger Einfall PHYS **oblique incidence**
= Schrägeinfall *nm*; schiefer Einfall

schräger Pfeil PRIN.ME **sloping arrow**
= Schrägpfeil *nm*
= slope arrow

schräggelegt PRIN.ME → **oblique** *adj*
→ schräg

schräggestellt TECH → **slant** *adj*
→ schräg

schräggestellter Halbwellendipol ANT → **sloper dipole**
→ Sloper *nm*

Schräglage *nf* TECH → **inclination** *n*
→ Neigung *nf*

Schräglagenentzerrer *nm* TRANSM → **slope equalizer**
→ Neigungsentzerrer *nm*

Schräglagenregler *nm* TRANSM → **slope regulator**
→ Neigungsregler *nm*

Schräglauf *nm* TECH **skew** *n* (2)

Schräglauf *nm* TER&PER → **tape skew**
→ Bandschräglauf *nm*

schräglaufend TECH **slanting**

Schrägmosaik *nn* TER&PER **skew mosaic**
[Btx]
[videotex]

Schrägpfeil *nm* PRIN.ME → **sloping arrow**
→ schräger Pfeil

Schrägschliff *nm* OPT.CO **scew-angle polish**

Schrägschliffstecker *nm* OPT.CO **skew-angle polish connector**

Schrägschneidemaschine *nf* TER&PER **angle cutter**

Schrägschnittstoß *nm* COMP.GR **beveled join**
[zweier Linien]
[of two lines]

Schrägschriftaufzeichnung *nf* EL.TRO → **helical scan**
→ Schrägspuraufzeichnung *nf*

Schrägspuraufzeichnung *nf* EL.TRO **helical scan**
= Schrägschriftaufzeichnung *nf*
= helical recording

Schrägspuraufzeichnung *nf* TV → **helical recording**
→ Schrägaufzeichnung *nf*

Schrägspurkassette *nf* TER&PER **helical-scan cartridge**

schrägstellen TECH **incline** *vt*
= neigen; kippen (2)
= tilt *vt*

Schrägstellung *nf* PRIN.ME → **typeface inclination** *n*
→ Schriftneigung *nf*

Schrägstrich *nm* LING **slash** *n*
[Symbol: /]
= Querstrich *nm*; Querbalken *nm*
≠ verkehrter Schrägstrich
[symbol: /]
= virgule *n*; slant *n*; solidus *n*; oblique line; cross-line *n*; bar *n*; cross stroke

Schrägstrich nach links LING → **backslash** *n*
→ Gegenschrägstrich *nm*

Schrägstrich rückwärts LING → **backslash** *n*
→ Gegenschrägstrich *nm*

Schrägungswinkel *nm* MEC.EN **bevel** *n* (1)
= Neigungswinkel *nm*
= inclination angle

Schrägversatz *nm* TECH **skew** *n* (1)
↑ Versatz
↑ offset

Schrägverzerrung *nf* EL.TRO **skew** *n* (3)

Schrägzeichen *nn* PRIN.ME → **italic character**
→ Kursivzeichen *nn*

Schramme *nf* TECH → **scratch** *n*
→ Kratzer *nm*

Schrank *nm* (*pl* Schränke) EQP.EN **cabinet** *n*
= cubicle *n*

Schrankbauweise *nf* EQP.EN **cabinet construction**

Schranke *nf* RAIL.SIG → **barrier** *n*
→ Bahnschranke *nf*

Schranke *nf* (*pl* -n) MATH **bound** *n* (1)
[Mengenlehre]
[set theory]

Schrankensystem *nn* RAIL.SIG **barrier system**

Schrankenwärter *n* ECON → **gatekeeper** *n*
→ Pförtner *nm*

Schrankerde *nf* EL.TRO **cabinet ground** (AE)
= Schrankmasse *nf*
↑ Erde [EL.TEC]
= cabinet earth (BE)
↑ ground (AE)

Schrankgestell *nn* EQP.EN **rack-type cabinet**

Schrankherbeiruf *nm* SWITCH → **operator recall**
→ Platzherbeiruf *nm*

Schrankmasse *nf* EL.TRO → **cabinet ground** (AE)
→ Schrankerde *nf*

schrankmontiert EQP.EN → **rack-mounted**
→ gestellmontiert

Schrankreihe *nf* SYS.INS **cabinet row**
≈ Gestellreihe
≈ rack row

Schrankverbindungskabel *nn* EQP.EN **cabinet connecting cable**

Schraubanschluss *nm* COMPO **screw terminal**

Schraubdeckel *nm* TECH **screw cap**

Schraube *nf* (1) MEC.EN **screw** *n*
[ohne Mutter verwendbar]
↓ Kopfschraube; Stellschraube
↓ cap screw; set screw

Schraube *nf* (2) MEC.EN **bolt** *n* (2)
[mit Mutter zu verwenden]
≠ Mutter
≠ nut

schrauben (1) MEC.EN **screw** *vt*
[ohne Mutter]
= verschrauben (1)
[without nut]

schrauben (2) MEC.EN **bolt** *vt* (2)
[mit Mutter]
= verschrauben (2)

Schraubenantenne *nf* ANT → **helix antenna**
→ Wendelantenne *nf*

Schraubenbewegung *nf* MEC.EN **screw motion**
= helicoidal motion

Schraubendreher *nm* (DIN) MEC.EN **screwdriver**
= Schraubenzieher *nm*

Schraubenfeder *nf* MEC.EN → **helical spring**
→ Spiralfeder *nf*

schraubenförmig TECH **helical** *adj*
= spiralförmig; spiralig; schneckenförmig
= spiral *adj*; corkscrew *adj*; helicoid *adj*, helicoidal *adj*

schraubenförmiges Feld PHYS **helicoidal field**
= corkscrew field

Schraubengewinde *nn* MEC.EN **screw thread**

Schraubenkopf *nm* MEC.EN **screw head**
= Kopf *nm*
≈ Kopffläche
≠ Kuppe
= bolt head
≠ point

Schraubenlinie *nf* MATH **helix** *n*
= Spirale *nf*; Wendel *nf*
= spiral *n*

Schraubenlinien-Abtastung *nf* — EL.TRO — **helical scanning**

Schraubenmutter *nf* — MEC.EN — → **nut** *n*
→ Mutter *nf*

Schraubenmutter *nf* — MEC.EN — **female srew**

Schraubenrad *nn* — MEC.EN — **helical gear**
[Zahnrad]

Schraubenschlüssel *nm* — MEC.EN — **wrench** *n*
↑ Werkzeug — = screw wrench; spanner *n*; ↑ tool

Schraubensicherung *nf* — MEC.EN — **screw locking device**
= screw retainer

Schraubenzieher *nm* — MEC.EN — → **screwdriver**
→ Schraubendreher *nm* (DIN)

Schraubgewinde *nn* — MEC.EN — → **screw thread** *n*
→ Gewinde *nn*

Schraubkern *nm* — COMPO — **screw core**
[Spule] — [magnetic coil]

Schraubklemme *nf* — MEC.EN — **solderless lug**
= screw terminal

Schraubmuffe *nf* — OUT.PL — **screw-locked sleeve**

Schraubsicherung *nf* — COMPO — **plug fuse**
[schraubbare Stromsicherung]

Schraubstock *nm* — MEC.EN — **vise** *n* (AE)
= vice *n* (BE)

Schraubverbindung *nf* (1) — MEC.EN — **screwed joint**
[ohne Mutter] — = screw joint; screwed connection; screw connection
= Verschraubung *nf*

Schraubverbindung *nf* (2) — MEC.EN — **bolted joint**
[mit Mutter]

Schraubverschluss *nm* — MEC.EN — **screw lock**

Schraubzwinge *nf* — MEC.EN — **bar clamp**

Schreib-/Lese- — TER&PER — **read/write** …
= Lese-/Schreib- — = R/W; write/read …

Schreib-/Lese-Draht — HW — **read/write wire**
[Magnetkernspeicher] — [magnetic core memory]
= Lese-/Schreib-Draht — = RW wire; write/read wire

Schreib-/Lese-Einheit *nf* — TER&PER — **read/write unit**

Schreib-/Lese-Fenster *nn* — TER&PER — → **head window**
→ Schreib-/Lese-Öffnung *nf*

Schreib-/Lese-Geschwindigkeit *nf* — TER&PER — **read/write velocity**
= Lese-/Schreib-Geschwindigkeit *nf* — = read/write speed; reading/writing velocity; reading/writing speed; R/W velocity; R/W speed; write/read velocity; write/read speed; writing/reading velocity; writing/reading speed

Schreib-/Lesekammzugriff *nm* — HW — → **magnetic-disk-pack access**
→ Magnetplattenstapel-Zugriff *nm*

Schreib-/Lese-Kanal *nm* — DAT.PR — **read/write channel**
= Lese-/Schreib-Kanal *nm* — = write/read channel

Schreib-/Lese-Kopf — TER&PER — **read/write head**
= Lese-/Schreib-Kopf *nm*; Kombikopf *nm* — = write/read head; combined head
↑ Magnetkopf — ↑ magnetic head

Schreib-/Lesekopf-Umschaltung *nf* — TER&PER — **head switching**

Schreib-/Lese-Öffnung *nf* — TER&PER — **head window**
[Diskette] — [floppy disk]
= Schreib-/Lese-Fenster *nn*; Lese-/Schreib-Öffnung *nf*; Lese-/Schreib-Fenster *nn*; Kopffenster *nn*; Kopfschlitz *nm* — = read/write window; write/read windows; access window; read/write hole; write/read hole; access hole; read/write slot; write/read slot; head slot

Schreib-/Lese-Register — DAT.PR — **read/write register**

Schreib-/Lese-Speicher — HW — **read/write memory**
= Lese-/Schreib-Speicher *nm*; RWM-Speicher *nm* — = R/W memory; RWM; write/read memory
≈ Direktzugriffsspeicher
↑ Speicherbaustein — ↑ memory chip
↓ Direktzugriffspeicher — ↓ random access memory

Schreib-/Lese-Zyklus — DAT.PR — **read/write cycle**
= R/W cycle

Schreibadresse *nf* — SW — **write address**

Schreibanweisung *nf* — SW — **write instruction**
= Schreibbefehl *nm* — = write statement

Schreibautomat *nm* — OFFICE — **automatic typewriter**

Schreibbefehl *nm* — SW — → **write instruction**
→ Schreibanweisung *nf*

Schreibberechtigung *nf* — DAT.MA — **write authorization**

Schreibbereitschaft *nf* — TELEGR — → **typing condition**
→ Schreibzustand *nm*

Schreibbetrieb *nm* — DAT.PR — **write mode**
= Schreibmodus *nm*

Schreibblock *nm* — OFFICE — → **note pad**
→ Notizblock *nm*

Schreibblocktafel *nn* — OFFICE — **flip chart** *n*
= Flipchart *nn*; Präsentationsbogen *nm* — [large paper sheets for presentations]

Schreibbüro *nn* — OFFICE — **typing office**

Schreibcode *nm* — CODING — → **alphanumeric code**
→ alphanumerischer Code

Schreibdichte *nf* — HW — → **recording density**
→ Speicherdichte *nf*

Schreibdichte *nf* — PRIN.ME — → **character density**
→ Zeichendichte *nf*

Schreibdichte *nf* — TER&PER — → **printing density**
→ Druckdichte *nf*

Schreibdraht *nm* — HW — **write wire**
[Magnetkernspeicher] — [magnetic core memory]
= Setzdraht *nm* — = set wire
≈ Schreib-Lese-Draht — ≈ read-write wire
≠ Lesedraht — ≠ read wire
↓ Spaltendraht; Zeilendraht — ↓ Y write wire; X write wire

schreiben — LING — **write** *vt*
≈ verfassen; aufzeichnen — ≈ redact; record

schreiben — SW — **write** *vt*
[Daten in einen Speicher] — [data into a memory]
≈ einspeichern — ≈ roll in
≠ lesen — ≠ read
↓ überschreiben — ↓ overwrite

Schreiben — LING — **writing** (*nsgt*) (1)
[Vorgang des Schreibens] — [the process of]

schreiben — INF.TEC — → **author** *vt*
→ Computerprogramm schreiben

Schreiben *nn* — OFFICE — → **letter** *n*
→ Brief *nm*

Schreiber *nm* — INSTR — → **recording instrument**
→ Registriergerät *nn*

Schreibfehler *nm* (1) — LING — **writing mistake** *n*
= Lapsus calami — = write error; scribal error; mispelling *n*
↓ Tippfehler [OFFICE]; Druckfehler [TER&PER]; Rechtschreibfehler — ↓ clerical error; print error; spelling error

Schreibfehler *nm* (2) — LING — → **spelling error** *n*
→ Rechtschreibfehler *nm*

Schreibfleck *nm* — EL.TRO — → **scanning spot**
→ Abtastfleck *nm*

schreibgeschützt — TER&PER — **write-protected**
[das Schreiben verhindernd] — [impeding the writing]
= schreibschützend — = write-protect; read-only

Schreibgeschwindigkeit *nf* — TER&PER — **write velocity**
= writing speed; recording speed

Schreibgeschwindigkeit *nf* — TELEGR — **typing speed**

Schreibimpuls *nm* — EL.TRO — **write pulse**

Schreibkerbe *nf* — TER&PER — → **write-protect notch**
→ Schreibschutzkerbe *nf*

Schreibkopf *nm* (1) — TER&PER — → **print head** *n*
→ Druckkopf *nm*

Schreibkopf *nm* (2) — TER&PER — **write head**
≠ Lesekopf — = record head; recording head
↑ Magnetkopf — ≠ read head; ↑ magnetic head

Schreibkopf *nm* (3) — TER&PER — → **plotting head**
→ Zeichenkopf *nm*

Schreibkraft *nf* — OFFICE — → **female typist** *n*
→ Typistin *nf*

Schreiblauf *nm* — TER&PER — **write pass**

Schreibleistung *nf* — TER&PER — **print rate**
= printing speed

Schreibleitung *nf* — HW — **write line**
= write *n*

Schreiblocher *nm* — TER&PER — **printing punch**
[druckt und locht gleichzeitig] — [prints and punches at the same

Schreibmagnet *nm* — TER&PER — **writing magnet**

Schreibmarke *nf* — COMP.AP — **cursor** *n*
[zeigt auf einem Bildschirm eine relevante Stelle an] — [from Latin "cursor" = "runner"; marks a relevant point on a screen]
= Cursor *nm*; Läufer *nm*; Laufzeichen *nn*; Positionsanzeiger *nm*; Positionsmarke *nf*; Bildschirmmarke *nf*; Positionsanzeigesymbol *nn*; Einfügemarke *nf*; Eingabezeiger *nm*; Zeiger *nm*; Lichtmarke *nf*; Leuchtmarke *nf*; Lichtzeiger *nm*; Leuchtzeiger *nm*; Nachführzeichen *nf* — = pointer *n*; screen marker; marker *n*; position indicator; optical pointer; on-screen indicator; locator *n*
≈ Piktogramm — ≈ icon
↓ Cursorpfeil; Mauszeiger; Sanduhr; Unterstreichungsstrich; Auswahl-Cursor; I-Schreibmarke; Ablaufteil; Vierfachpfeil; Greifhand; blinkende Schreibmarke — ↓ cursor arrow; mouse pointer; sand-glass; underscore character; selection pointer; I-beam pointer; control arrow; quadruple arrow; grabber hand; blinking cursor

Schreibmarke horizontal TER&PER **cursor horizontal**
= CHA | = CHA

Schreibmarken-Blinkfrequenz *nf* COMP.AP **cursor flash frequency**
= Cursor-Blinkfrequenz *nf*, Cursor-Blinkgeschwindigkeit *nf* | = cursor blink speed

Schreibmarkenblock *nm* TER&PER **cursor pad** *n*
[Gruppe von Cursor-Steuertasten] | [array of cursor control keys]
= Cursorblock *nm*; Schreibmarkentastenfeld *nn*; Cursortastenfeld *nn*; Schreibmarkentastatur *nf*, Cursortastatur *nf* | = keypad *n* (3)
↑ Tastaturfeld

Schreibmarkenfunktion *nf* COMP.AP **cursor function**
= Cursorfunktion *nf*

Schreibmarkenheimlauf *nm* COMP.AP **cursor home**
= Cursorheimlauf *nm* | = cursor homing

Schreibmarken-Normalstellung *nf* COMP.AP **cursor home position**
= Cursor-Normalstellung *nf* | = home

Schreibmarkenposition *nf* COMP.AP **cursor position**
= Cursorposition *nf*

Schreibmarkenrücksprung *nf* COMP.AP **horizontal wraparound**
= Cursorrücksprung *nf*

Schreibmarkensteuerung *nf* COMP.AP **cursor control**
= Cursorsteuerung *nf*

Schreibmarkensteuerungsblock *nm* TER&PER → **cursor keypad**
→ Schreibmarkentastenblock *nm*

Schreibmarkensteuervorrichtung *nf* COMP.AP **pointing device**
| [to move a cursor or pointer]
= Zeigervorrichtung *nf*; Zeigegerät *nn* | = cursor-control device
↑ Eingabegerät | ↑ input device
↓ Abrollgerät; Steuermaus; Rollkugel; Steuerknüppel; Lichtgriffel; Schreibnadel; Puck; Touchpad | ↓ rollover device; control mouse; track ball; joystick; light pen; stylus; digitizing puck; touch pad (1)

Schreibmarkentastatur *nf* TER&PER → **cursor pad** *n*
→ Schreibmarkenblock *nm*

Schreibmarkentaste *nf* TER&PER **cursor key**
= Richtungstaste *nf*, Pfeiltaste *nf*, Cursorsteuertaste *nf*, Cursortaste *nf* | = cursor control key; cursor movement key; directional key; direction key; arrow key
↓ NACH-OBEN-Taste; NACH-UNTEN-Taste; NACH-RECHTS-Taste; NACH-LINKS-Taste; POS1-Taste; ENDE-Taste; BILD-NACH-OBEN-Taste; | ↓ UPWARD key; DOWNWARD key; RIGHTWARD key; LEFTWARD key; HOME key; END key; PAGE-UP key; PAGE-DOWN key

Schreibmarkentastenblock *nm* TER&PER **cursor keypad**
= Cursortastenblock *nm*; Schreibmarkensteuerungsblock *nm*; Cursorsteuerungsblock *nm* | = cursor control pad

Schreibmarkentastenfeld *nn* TER&PER → **cursor pad** *n*
→ Schreibmarkenblock *nm*

Schreibmarke Rücktabulation TER&PER **cursor backward tabulation**
= CBT | = CBT

Schreibmaschine *nf* OFFICE **typewriter** *n* (1)
| [the device]

schreibmaschinenähnlich TER&PER **typewriterlike** *adj*

Schreibmaschinenpapier *nn* OFFICE **typewriter paper**

Schreibmaschinenschrift-Leser *nm* TER&PER **typewriter face document reader**

Schreibmaschinentastatur *nf* OFFICE **typewriter keyboard**

Schreibmaschinentisch *nm* OFFICE **typewriter table**

Schreibmaschinentype *nf* OFFICE **typewriter type**

Schreibmodus *nm* DAT.PR → **write mode**
→ Schreibbetrieb *nm*

Schreibnadel *nf* TER&PER **stylus** *n*
[stiftähnliches Abtastegerät für Bildschirm] | [pencil-type screen scanner]
= Stylus | = pen
≈ Lichtgriffel | ≈ light pen
↑ Schreibmarkensteuergerät | ↑ pointing device

Schreiboperation *nf* DAT.PR **write operation**
| = writing operation

Schreibpuffer *nm* SW **write buffer**

Schreibrandauslöser *nm* TER&PER → **margin release**
→ Randlöser *nm*

Schreibrandbegrenzer *nm* TER&PER → **margin stop**
→ Randsteller *nm*

Schreibrandsetzer *nm* TER&PER → **margin stop**
→ Randsteller *nm*

Schreibranssteller *nm* TER&PER → **margin stop**
→ Randsteller *nm*

Schreibrechte *nplt* DAT.MA → **write access**
→ Schreibzugriff *nm*

Schreibring *nm* TER&PER → **write-enable ring**
→ Schreibschutzring *nm*

Schreibschieber *nm* TER&PER → **write-protect notch**
→ Schreibschutzkerbe *nf*

Schreibschrift *nf* LING **script** *n* (1)
= Kurrentschrift *nf* | ≠ print
≠ Druckschrift (2) | ↓ manuscript; hand-print
↓ Handschrift; Druckschrift

Schreibschrift *nf* PRIN.ME **script** *n*
[Handschrift imitierende Schriftart] | [printed lettering imitating handwritten lettering]
= Script (ANGL)
↑ Schriftart | ↑ type style
↓ Brush-Script; Shelly | ↓ Brush Script; Shelly

Schreibschritt *nm* OFFICE **pitch** *n*
[Schreibmaschine] | [typewriter]

Schreibschritteinstellung *nf* OFFICE **pitch selection**

Schreibschutz *nm* TER&PER **write protect** *n*
[Diskette] | [floppy disk]
= Schreibsperre *nf*, Löschschutz *nm* | = write protection; write lockout; write lock; file protection
↓ Schreibschutzkerbe; Schreibschutzring; Schreibschutzetikett | ↓ write-protect notch; write-protect ring; write-protect label

Schreibschutzattribut *nn* DAT.MA **read-only attribute**

schreibschützend TER&PER → **write-protected**
→ schreibgeschützt

Schreibschutzetikett *nf* TER&PER **write-potection label**
↑ Schreibschutz | ↑ write protect

Schreibschutzkerbe *nf* TER&PER **write-protect notch**
[Diskette] | [floppy disk]
= Schreibsperre/Schreibfreigabe *nf*, Schreibkerbe *nf*, Schreibschieber *nm*

Schreibschutzloch *nn* TER&PER **write-protect hole**
[Diskette] | [floppy disk]

Schreibschutzring *nm* TER&PER **write-enable ring**
= Schreibsicherungsring *nm*; Schreibring *nm* | = write-permit ring; write-protect ring; write-inhibit ring; file protection ring; tape protection ring
↑ Schreibschutz | ↑ write protect

Schreibschutzschalter *nm* TER&PER **write protect switch**

Schreibschutzschranke *nf* TER&PER **write protect sensor**

Schreibschutzzunge *nf* TER&PER **write-protect tab**

Schreibsetzmaschine *nf* OFFICE **typewriter composing machine**

Schreibsicherungsring *nm* TER&PER → **write-enable ring**
→ Schreibschutzring *nm*

Schreibsperre *nf* TER&PER → **write protect** *n*
→ Schreibschutz *nm*

Schreibsperre *nf* DAT.MA → **overwrite lock**
→ Überschreibsperre *nf*

Schreibsperre *nf* SW → **print inhibit**
→ Drucksperre *nf*

Schreibsperre/Schreibfreigabe *nf* TER&PER → **write-protect notch**
→ Schreibschutzkerbe *nf*

Schreibspule *nf* TER&PER **write coil**

Schreibstange *nf* TER&PER **chopper bar**
= Fallbügel *nm*

Schreibstation *nf* DAT.CO → **printer terminal**
→ Terminaldrucker *nm*

Schreibstelle *nf* TER&PER **character position**

Schreibstrahl *nm* EL.TRO **recording beam**
≈ Bildstrahl [TV] | = writing beam
↑ Elektronenstrahl | ≈ picture beam [TV]
| ↑ electron beam

Schreibstrom *nm* EL.TRO **write current**
| = writing current

Schreibtastatur *nf* TER&PER **write keyboard**

Schreibtisch *nm* OFFICE **desk** *n*
= Bürotisch *nm* | = writing table

Schreibtischarbeit *nf* OFFICE **desk work**
↑ Büroarbeit | ↑ office work

Schreibtischdatei (Macintosh) COMP.AP **desktop file** (Macintosh)

Schreibtischtest *nm* SW **desk checking**
[manuelle Prüfung der Programmlogik am Schreibtisch] | [manual checking of a program logic at desk-top]
= Blindversuch *nm* | = desk check; dry run; dry running; code review

Schreibtischzubehör *nn* (Macintosh) COMP.AP **desktop accessory** (Macintosh)
≈ TSR-Programm (DOS) | ≈ TSR program (DOS)
↑ speicherresidentes Dienstprogramm | ↑ pop-up utility

Schreibung *nf* LING → **spelling** *n*
→ Schreibweise *nf*

Schreibverstärker *nm* EL.TRO **writing amplifier**

Schreibwagen *nm* OFFICE → **carriage** *n*
→ Wagen *nm*

Schreibwalze *nf* OFFICE **platen** *n*
= Typenwalze; Walze | [roller on a typewriter]
| ≈ type drum

Schreibwaren *nplt* OFFICE **stationery** (*nsgt*) (1)
= Büromaterial *nn*

Schreibweise *nf* MATH **notation** *n*
= Darstellung *nf*; Notation *nf*
= representation

Schreibweise *nf* LING **spelling** *n*
= Schreibung *nf*
≈ Rechtschreibung
≈ orthography

Schreibzeichenschablone *nf* ENG.DRA **character template**
= Zeichenschablone *nf* (2)
= symbol stencil

Schreibzeit *nf* DAT.PR **write time**

Schreibzugriff *nm* DAT.MA **write access**
= Schreibrechte *nplt*
= write-only access

Schreibzustand *nm* TELEGR **typing condition**
= Schreibbereitschaft *nf*

Schreibzyklus *nm* DAT.PR **write cycle**
= writing cycle

Schreibzykluszeit *nf* TER&PER **write cycle time**

schreien INTERNET → **to use CAPITALS**
→ GROSSBUCHSTABEN verwenden

Schrift *nf* PRIN.ME → **typeface** *n* (1)
→ Schriftart *nf*

Schrift *nf* (1) LING **writing** (*nsgt*) (2)
[System zur lesbaren Wiedergabe einer Sprache]
[system for the readable reproduction of language]

Schrift *nf* (2) LING → **script** *n* (2)
→ Schriftstück *nn*

Schriftart *nf* PRIN.ME **typeface** *n* (1)
[ein benannten Zeichensatz bestimmten Stils, in verschiedenen Größen und Strichstärken verfügbar]
= Schrifttyp *nm*; Schriftschnitt *nm*; Schriftstil *nm*; Schrift *nf*
≈ Schriftartfamilie; Schriftzeichensatz; Schriftattribut; Schriftbild
↓ Unzialschrift; Antiqua-Schrift; Grotesk-Schrift; Fraktur-Schrift; Schreib-Schrift; Times; Courier; Helvetica
[a named design of character set, available in different sizes and stroke weights]
= type style (2); typeface design; type design; typeface type; font style; font design; font type; font (2); lettering type; letter type; character style; character design; character type
≈ type style family; font (1); font attribute; typeface (2)
↓ uncial; roman; sans serif font; fraktur; script; Times; Courier;

Schriftartenfamilie *nf* PRIN.ME **typeface family**
[Gruppe verwandter Schriftarten]
= Schriftartfamilie *nf*; Schriftfamilie *nf*; Schriftsippe *nf*
≈ Schriftart
[group of related typefaces]
= type family; font family; letter family
≈ typeface (1)

Schriftartengenerator *nm* SW → **font generator**
→ Zeichensatzgenerator *nm*

Schriftartenkassette *nn* TER&PER → **font cartridge**
→ Schriftartkassette *nf*

Schriftartfamilie *nf* PRIN.ME → **typeface family**
→ Schriftartenfamilie *nf*

Schriftartkassette *nf* TER&PER **font cartridge**
[für Drucker]
= Schriftartenkassette *nn*; Schriftenkassette *nn*; Schrifterweiterungsmodul *nn* (*pl* -e); Zeichensatzkassette *nf*; Font-Kassette *nf*; Font-Karte *nf*
≈ Kassettenschriftart
[for printer]
= font card; font cassette; cartridge font (2)
≈ cartridge font

Schriftartsatz *nm* TER&PER **font set**

Schriftartumschaltezeichen *nn* DAT.PR **font change character**
= FCC

Schriftartwahl *nf* TER&PER **font selection**

Schriftartwechsel *nm* TER&PER **font change**

Schriftattribut *nn* PRIN.ME **font attribute** *n*
[charakteristisches Merkmal einer Schrift]
= Schriftausprägung *nf*; Schriftauszeichnung *nf*
≈ Schriftart
↓ Strichgröße; Strichstärke; Schriftneigung; zart kursiv; halbfett; konturiert; schattiert; umgekehrt; negativ; serifenlos; serifenhaltig
[characteristic feature of a typeface]
= typeface attribute; type attribute; lettering attribute; character attribute
≈ font type
↓ type size; stroke weight; typeface inclination; light italic; semi bold italic; outlined; shaded; reverse;

Schriftausprägung *nf* PRIN.ME → **font attribute** *n*
→ Schriftattribut *nn*

Schriftauszeichnung *nf* PRIN.ME → **font attribute** *n*
→ Schriftattribut *nn*

Schriftbild *nn* PRIN.ME **typeface** *n* (2)
≈ Schriftart; Schriftzeichensatz; Druckbild
[the general impression of a typed text]
= face
≈ typeface (1); font (1); print format

Schriftbreite *nf* PRIN.ME → **character width**
→ Dickte *nf*

Schriftdatei *nf* SW **font file**

Schriftdickte *nf* PRIN.ME → **character width**
→ Dickte *nf*

Schriftenkassette *nn* TER&PER → **font cartridge**
→ Schriftartkassette *nf*

Schriftenleser *nm* TER&PER → **character reader**
→ Klarschriftleser *nm*

Schrifterkennung *nf* TER&PER → **character recognition**
→ Klarschriftlesen

Schrifterweiterungsmodul *nn* (*pl* -e) TER&PER → **font cartridge**
→ Schriftartkassette *nf*

Schriftfamilie *nf* PRIN.ME → **typeface family**
→ Schriftartenfamilie *nf*

Schriftfeld *nn* TER&PER **lettering field**
= title field

Schriftform *nf* ECON **in writing**
= written form

Schriftführer *nm* OFFICE → **keeper of minutes**
→ Protokollführer *nm*

Schriftgenerator *nm* SW → **font generator**
→ Zeichensatzgenerator *nm*

Schriftgrad *nm* PRIN.ME → **type size** *n*
→ Schriftgröße *nf*

Schriftgröße *nf* PRIN.ME **type size** *n*
[i.a. in Punkten gemessen]
= Schriftgrad *nm*; Zeichengröße *nf*
↑ Schriftattribut
↓ Punktgröße
[usually measured in points]
= typeface size; font size; lettering size; character size
↑ font attribute
↓ point size

Schriftgröße 10 Punkt PRIN.ME **type size 10 point** (AE)
= Long Primer (BE)

Schriftgröße 11 Punkt PRIN.ME **type size 11 point** (AE)
= Small Pica (BE)

Schriftgröße 12 Punkt PRIN.ME **type size 12 point** (AE)
= Pica (BE)

Schriftgröße 14 Punkt PRIN.ME **type size 14 point** (AE)
= English (BE)

Schriftgröße 16 Punkt PRIN.ME **type size 16 point** (AE)
= Columbian (BE)

Schriftgröße 18 Punkt PRIN.ME **type size 18 point** (AE)
= Great Primer (BE)

Schriftgröße 4 1/2 Punkt PRIN.ME **type size 4 1/2 point** (AE)
= Diamond (BE)

Schriftgröße 5 1/2 Punkt PRIN.ME **type size 5 1/2 point** (AE)
= Agate (BE)

Schriftgröße 5 Punkt PRIN.ME **type size 5 point** (AE)
= Pearl (BE)

Schriftgröße 6 Punkt PRIN.ME **type size 6 point** (AE)
= Nonpareil (BE)

Schriftgröße 7 Punkt PRIN.ME **type size 7 point** (AE)
= Minion (BE)

Schriftgröße 8 Punkt PRIN.ME **type size 8 point** (AE)
= Brevier (BE)

Schriftgröße 9 Punkt PRIN.ME **type size 9 point** (AE)
= Borgis *nf*
= Burgeois (BE)

Schriftgut *nn* OFFICE **source documents**
= documents *nplt*

Schriftgutvernichter *nm* OFFICE → **document destroying device**
→ Aktenvernichter *nm*

Schrifthöhe *nf* PRIN.ME **type height**
↓ Versalhöhe
= font height; letter height
↓ capital height

Schriftkegel *nm* PRIN.ME → **body height**
→ Kegel *nm*

Schriftlage *nf* PRIN.ME → **typeface inclination** *n*
→ Schriftneigung *nf*

Schriftleser *nm* TER&PER → **character reader**
→ Klarschriftleser *nm*

schriftlich *adj* LING **written** *adj*
≠ mündlich
= in writing
≠ spoken

schriftliche Vorlage für eine Sendung MEDIA → **script** *n*
→ Skript *nn*

Schriftlinie *nf* PRIN.ME **base line**
[nur durch Unterlängen unterschrittene, imaginäre untere Begrenzungslinie der Buchstaben]
= Grundlinie *nf*; Zeichengrundlinie *nf*
≠ Oberlinie
[the immaginary line on which the caracters rest, only exceeded by descenders]
= body line; character base line; character body line
≠ cap line

Schriftneigung *nf* PRIN.ME **typeface inclination** *n*

= Zeichenneigung *nf*; Schriftlage *nf*; Schrägstellung *nf*
↑ Schriftattribut; Schriftschnitt
↓ geradlinig; schräg; kursiv; linksgeneigt
= typeface skew; character inclination; character skew; font inclination; font skew; type style (1); obliquing *n*
↑ font attribute; typeface design
↓ roman; slanted; italic; backslanted

Schriftnummer *nf* COMP.AP **font number**

Schriftsatz *nm* ECON **pleading** *n*

Schriftsatz *nm* (1) PRIN.ME → **typesetting** *n*
→ Satz *nm*

Schriftsatz *nm* (2) PRIN.ME → **font** *n* (1)
→ Schriftzeichensatz *nm*

Schriftschablone *nf* ENG.DRA **lettering stencil**

Schriftschnitt *nm* PRIN.ME → **typeface** *n* (1)
→ Schriftart *nf*

Schriftseite *nf* TER&PER **face** *n*
[the printed side]

Schriftseite nach oben TER&PER **face up**

Schriftseite nach unten TER&PER **face down**

Schriftsetzer *nm* PRIN.ME → **typesetter** *n* (1)
→ Setzer *nm*

Schriftsippe *nf* PRIN.ME → **typeface family**
→ Schriftartenfamilie *nf*

Schriftsprache *nf* LING **written language**
[die schriftliche Form der Sprache]
[the written form of language]

Schriftstil *nm* PRIN.ME → **typeface** *n* (1)
→ Schriftart *nf*

Schriftstück *nn* LING **script** *n* (2)
= Schrift *nf* (2)
≈ Dokument
≈ document

Schrifttum *nn* ECON **documentation department**
[Organisation]

Schrifttumsverfilmung *nf* OFFICE **publication microfilming**

Schrifttyp *nm* PRIN.ME → **typeface** *n* (1)
→ Schriftart *nf*

Schrifttype *nf* PRIN.ME → **type** *n*
→ Drucktype *nf*

Schriftum-Verzeichnis *nn*, **Schrifttum** *nn* PRIN.ME → **references** *nplt*
→ Literaturverzeichnis *nn*

Schriftverkehr *nm* COLL **correspondence** *n* (1)
= Schriftwechsel *nm*; Korrespondenz *nf*
↓ Briefwechsel

Schriftwechsel *nm* COLL → **correspondence** *n* (1)
→ Schriftverkehr *nm*

Schriftzeichen *nn* LING **graphic character**
≈ Drucktype [PRIN.ME]
↑ Zeichen
↓ Buchstabe
= graphical character
≈ type [PRIN.ME]
↑ sign
↓ letter

Schriftzeichenrepertoire *nn* PRIN.ME → **font** *n* (1)
→ Schriftzeichensatz *nm*

Schriftzeichensatz *nm* PRIN.ME **font** *n* (1)
[Satz von Schriftzeichen gleicher Schriftart und Größe]
= Schriftzeichenvorrat *nm*; Schriftzeichenrepertoire *nn*; Schriftsatz *nm* (2); Zeichensatz *nm* [TER&PER]; Font *nm* (ANGL) [TER&PER]
≈ Schriftart; Schriftbild
↓ Druckfont [TER&PER]; Bildschirmfont [TER&PER]
[assortment of types of same style and size]
= fount *n* (BE); type font; character font; graphic character set
≈ type style; typeface (1)
↓ printer font [TER&PER]; display font [TER&PER]

Schriftzeichenvorrat *nm* PRIN.ME → **font** *n* (1)
→ Schriftzeichensatz *nm*

Schriftzug *nm* PRIN.ME → **flow** *n*
→ Duktus *nm*

schrill ACOUST **shrill**
= strident

Schritt *nm* TECH **step** *n* (1)
[horizontales Vorsetzen]
[horizontal displacement]

Schrittabelle *nf* SWITCH **step table**

Schrittakt *nm* TELEC → **telegraph speed**
→ Schrittgeschwindigkeit *nf*

Schrittakt *nm* CODING **signal-element timing**

Schrittakt *nm* EL.TRO → **clock** *n*
→ Takt *nm*

Schrittantrieb *nm* MEC.EN **stepping drive**

Schrittantrieb *nm* POW.EN → **stepper motor**
→ Schrittmotor *nm*

Schrittdauer *nf* TELEGR → **unit interval**
→ Zeichenelement *nn*

Schrittdauermodulation *nf* MODUL **digital pulse duration modulation**

Schrittechnik *nf* AUTOMA **stepping mode**
= Steptechnik *nf* (ANGL); Stepper-Mechanik *nf* (ANGL)
≠ Servotechnik
≠ servo mode

Schritteinsatz *nm* TELEGR → **significant instant**
→ Kennzeitpunkt *nm*

Schrittelement *nn* TELEGR → **unit interval**
→ Zeichenelement *nn*

Schrittfehlerwahrscheinlichkeit *nf* TELEGR **signal element error probability**
= signalling error rate

Schrittfrequenz *nf* EL.TRO **signaling frequency**

Schrittgeschwindigkeit *nf* TELEC **telegraph speed**
[Kehrwert der kürzesten nominellen Schrittdauer; Einheit: Baud]
= Telegrafiergeschwindigkeit *nf*; Tastgeschwindigkeit *nf*; Modulationsgeschwindigkeit *nf* [TELEGR]; Schrittakt *nm*; Baud-Rate *nf*
≈ Übertragungsgeschwindigkeit
[reciprocal of shortest nominal unit interval; unit: Baud]
= signaling rate; modulation rate [TELEGR]; baud rate; pulse clock
≈ transmission rate

Schrittgeschwindigkeitsgenerator *nm* DAT.CO → **baud rate generator**
→ Baudratengenerator *nm*

schritthalten COLL **keep pace**
[fig]
[fig]

schritthaltend SWITCH **step-by-step**

schritthaltende Datenerfassung DAT.MA → **real-time data acquisition**
→ Realzeiterfassung *nf*

schritthaltende Datenverarbeitung SW → **real time operation**
→ Echtzeitbetrieb *nm*

schritthaltender Verbindungsaufbau SWITCH **step-by-step operation**
= schritthaltende Verbindungsherstellung

schritthaltendes Vermittlungssystem SWITCH **step-by-step switching system**
= schritthaltend gesteuertes Vermittlungssystem; schritthaltendes Wählsystem; schritthaltend gesteuertes Wählsystem; Schrittschaltsystem
↓ Direktwahlsystem
= stage-by-stage switching system
↓ direct control system

schritthaltendes Wählsystem SWITCH → **step-by-step switching system**
→ schritthaltendes Vermittlungssystem

schritthaltende Verarbeitung SW → **real time operation**
→ Echtzeitbetrieb *nm*

schritthaltende Verbindungsherstellung SWITCH → **step-by-step operation**
→ schritthaltender Verbindungsaufbau

schritthaltend gesteuertes Vermittlungssystem SWITCH → **step-by-step switching system**
→ schritthaltendes Vermittlungssystem

schritthaltend gesteuertes Wählsystem SWITCH → **step-by-step switching system**
→ schritthaltendes Vermittlungssystem

Schrittlänge *nf* TELEGR → **unit interval**
→ Zeichenelement *nn*

Schrittmacherfunktion *nf* COLL **pace making function**
[fig]
[fig]

Schrittmachertechnologie *nf* TECH → **key technology**
→ Schlüsseltechnologie *nf*

Schrittmotor *nm* POW.EN **stepper motor**
= Schrittschaltmotor *nm*; Schrittantrieb *nm*; Steppermotor *nm* (ANGL) [DAT.PR]
= stepping motor; pulse motor

Schrittnachführung *nf* SAT.CO **step tracking**

schrittparallel INF.TEC → **bit-parallel**
→ bitparallel

Schrittpuls *nm* EL.TRO **clock pulse**
[Takt gebende Impulsfolge]
= Taktpuls *nm*; Taktimpuls *nm*; Synchronimpuls *nm*
≈ Takt; Taktsignal [CODING]; Zeitsteuertakt
= clocked pulse; synchronizing pulse; synchronization pulse; sync pulse
≈ clock; timing signal [CODING]; timing pulse

Schrittrecorder *nm* TER&PER **incremental recorder**

Schrittschalter *nm* EL.TRO → **step-by-step switch**
→ Schrittschaltwerk *nn*

Schrittschaltmotor *nm* POW.EN → **stepper motor**
→ Schrittmotor *nm*

Schrittschaltrelais *nn* COMPO → **stepping relay**
→ Wählerrelais *nn*

Schrittschaltsystem SWITCH → **step-by-step switching system**
→ schritthaltendes Vermittlungssystem

Schrittschaltverfahren *nn* TELECON **step-by-step mode**

Schrittschaltwerk *nn* CONTRO **successive sequential circuit**
= stepper *n*

Schrittschaltwerk *nn* EL.TRO **step-by-step switch**
= Schrittschalter *nm*
= stepping switch; stepper switch

Schrittsender *nm* TELEGR **simultaneous transmitter**

schrittseriell TELEC → **bit-serial**
→ bit-seriell

Schrittspannung *nf* EL.TEC **surface voltage gradient**

Schrittsynchronisation *nf* TELEGR **→ pulse synchronisation**
→ Schrittsynchronisierung *nf*

Schrittsynchronisierung *nf* TELEGR **pulse synchronisation**
[durch jedem Schritt inhärente Gleichlaufinformation]
= Schrittsynchronisation *nf*
[by synchronizing information inherent ot every pulse]

Schrittverhalten *nn* TECH **step response**
= step action

Schrittverzerrung *nf* DAT.CO **digital signal distortion**

Schrittverzerrung *nf* TELEGR **telegraph signal distortion**
= Drehzahlverzerrung *nf*; Bezugsverzerrung *nf*; Start-Stopp-Verzerrungsgrad *nm*
= start-stop distortion; telegraph distortion; speed distortion

schrittweise TECH **stepwise** *adj*
= stufenweise (2); graduell; etappenweise
= in steps; step-by-step; gradually; incrementally (2); stagewise; stage-by-stage; in stages

schrittweise abwärts TECH **step-down** *adj*

schrittweise aufwärts TECH **step-up** *adj*

schrittweise Näherung MATH **stepwise approximation**

schrittweise Verfeinerung COMP.SC **stepwise refinement**

schrittweise Wegsuche SWITCH **progressive path finding**

Schrittweite *nf* SW **increment** *n*
[einer Schleife]
= Inkrement *nn*
[of a loop]
= step rate; step size

Schrittweitenparameter *nm* SW **incrementation parameter**
[einer Schleife]
[of a loop]

Schrittweitensteuerung *nf* CIRC.EN **increment control**

Schritt-Wiederholungs-Diode *nf* MICR.EL **→ step-recovery diode**
→ Step-recovery-Diode *nf*

Schrittzähler *nm* SW **incremental counter**
= Aufwärtszähler *nm*; Vorwärtszähler *nm*
= incrementer *n*

Schroteffekt *nm* TELEC **→ shot noise**
→ Schrotrauschen *nn*

Schrotkorn *nn* TECH **→ bead** *n*
→ Kügelchen *nn*

Schrotrauschen *nn* TELEC **shot noise**
= Schroteffekt *nm*; Prasselstörung *nf*; Prasseln *nn*
= shot effect; Schottky noise

Schrott *nm* (*pl* -e) COLL **junk** *n*
= Altmaterial *nn*
≈ Abfall; Müll; Unrat; Schutt
≈ scrap; garbage; litter; rubbish

Schrottwert *nm* ECON **scrap value**

schrubben MEC.EN **→ rub** *vt*
→ scheuern

schrumpfen TECH **contract** *vi*
= schwinden
≈ verengen
≠ ausdehnen
= shrink
≈ constrict
≠ expand

Schrumpfhülse *nf* TECH **shrink tube**

Schrumpfkappe *nf* OUT.PL **heat-shrinkable cap**

Schrumpfkraft *nf* MECH **contracting force**
= shrinking force

Schrumpflack *nm* CHEM **shrivel varnish**

Schrumpfmanschette *nf* OUT.PL **heat-shrinkable sleeves wrap**

Schrumpfmaß *nn* MECH **degree of contraction**

Schrumpfmuffe *nf* OUT.PL **shrinkage sleeve**
= Aufschrumpfmuffe *nf*
= shrink-on sleeve; heat-shrinkable sleeve; heat-shrinkable closure

Schrumpfnetz *nn* DAT.NW **collapsed network**

Schrumpfschlauch *nm* OUT.PL **shrinkage tube**
= Wärmeschrumpfschlauch *nm*
= heat-shrinkable tube

Schrumpfsitz *nm* MEC.EN **shrink fit**

Schrumpftechnik *nf* COM.CAB **shrink-on technology**
= Aufschrumpftechnik *nf*

Schrumpfung *nf* TECH **contraction** *n*
= Schwund *nm*; Schwindung *nf*; Zusammenziehung *nf*
≈ Verengung; Verkleinerung; Verminderung
= shrinkage *n*; diminution *n*; dwindling; loss
≈ constriction; reduction (2); reduction (1)

Schrumpfung *nf* MECH **→ shrink** *n*
→ Verzug *nm*

schrupffest TECH **→ nonshrinkable** *adj*
→ nicht schrumpfend

schruppen MEC.EN **rough** *vt*
[grob vorbearbeiten]
[to shape roughly in a preliminary way]

Schub *nm* COLL **batch** *n*
[fig; das engl. "batch " bedeutet ursprünglich "eine auf einmal gebackene Menge"]
= Charge *nf*
[from Old English "bacan" = bake → "the quantity baked at one time"]

Schub *nm* SW **→ batch** *n*
→ Stapel *nm*

Schub *nm* (1) MECH **push** *n*
= Vortrieb *nm*

Schub *nm* (2) MECH **→ shear** *n*
→ Scherung *nf*

Schubbearbeitung *nf* DAT.PR **→ batch processing**
→ Stapelverarbeitung *nf*

Schubbetrieb *nm* DAT.PR **→ batch processing**
→ Stapelverarbeitung *nf*

Schubbildung *nf* COLL **→ stacking** *n*
→ Stapelung *nf*

Schubfach *nn* TECH **→ drawer** *n*
→ Schublade *nf*

Schubgebiet *nn* MECH **shear zone**

Schubkasten *nm* TECH **→ drawer** *n*
→ Schublade *nf*

Schubkraft *nf* MECH **→ shearing force**
→ Scherungskraft *nf*

Schublade *nf* TECH **drawer** *n*
= Schubfach *nn*; Schubkasten *nm*
[sliding box]

Schubladenmagazin *nn* TECH **drawer storage cabinet**
[Kasten mit vielen Schubladen]
= Kleinteilemagazin *nn*; Sortiment-Magazin *nn*; Magazin *nn*; Kleinteilebehälter *nm*
≈ Sortimentbox
[with many drawers]
= drawer parts cabinet; storage cabinet; parts cabinet
≈ storage box

Schublehre *nf* MEC.EN **→ slide gauge**
→ Schiebelehre *nf*

Schublinie *nf* MECH **→ shear trajectory**
→ Scherungslinie *nf*

Schubmodul *nn* MECH **shear modulus**
= rigidity modulus

Schubschlepper *nm* TECH **pusher tug**

Schubspannung *nf* MECH **→ shear stress**
→ Scherspannung *nf*

Schubtraktor *nm* TER&PER **pushing tractor**
↑ Raupenvorschub
= push tractor
↑ tractor feed

Schubverarbeitung *nf* DAT.PR **→ batch processing**
→ Stapelverarbeitung *nf*

Schubverformung *nf* MECH **shearing deformation**

Schubviskosität *nf* MECH **→ shearing viscosity**
→ Scherungsviskosität *nf*

schubweise COLL **batched**
= chargenweise
= batch type

Schubwelle *nf* MECH **→ share wave**
→ Scherungswelle *nf*

Schuhbandlinse *nf* ANT **bootlace lens**

Schuko *nm* EL.INS **→ protective contact**
→ Schutzkontakt *nm*

Schukodose *nf* EL.INS **→ Schuko socket**
→ Schukosteckdose *nf*

Schuko-Kupplung *nf* EL.INS **Schuko cable socket**

Schukosteckdose *nf* EL.INS **Schuko socket**
= Schukodose *nf*
≈ Schuko-Kupplung
= German three-wire socket; three-wire socket; socket with protective contact; socket with grounding contact
≈ Schuko cable socket

Schukostecker *nm* EL.INS **Schuko plug**
= German three-wire plug; three-wire plug; plug with protective ground; plug with grounding contact

Schulabgangszeugnis *nn* EDUC **school leaving certificate**

Schulbildung *nf* EDUC **schooling** *n*

Schuld *nf* (*pl* -en) ECON **debt** *n*
≈ Forderung
≈ claim

Schuldbefreiung *nf* ECON **debt discharge**

Schuldenaufnahme *nf* ECON **borrowing** *n*
≈ Verschuldung
≈ indebtedness

Schuldendienst *nm* ECON **debt service**

schuldhaft ECON **culpable** *adj*
≈ verantwortlich
≈ responsible

Schuldner *nm* ECON **debtor** *n*
= Darlehensnehmer *nm*; Kreditnehmer *nm*; Debitor *nm*
≈ Entleiher
≠ Gläubiger
= obligor *n*
≈ borrower
≠ creditor

Schuldschein *nm* ECON **→ promissory note**
→ Eigenwechsel *nm*

Schuldverschreibung *nf* ECON **→ promissory note**
→ Eigenwechsel *nm*

Schuldwechsel *nm* — ECON — **bills payable**
= Wechselverbindlichkeit *nf* — = notes payable

Schule *nf* — EDUC — → **school** *n*
→ Lehranstalt *nf*

schulen — EDUC — **train** *vt*
= ausbilden — ≈ instruct
≈ unterrichten

Schüler *nm* — EDUC — **pupil** *n*
= Schulungsteilnehmer *nm* — = trainee *n* (3) (in a course)
≈ Kursteilnehmer

Schulgeld *nn* — EDUC — → **tuition** *n* (2)
→ Lehrgeld *nn*

Schulpflicht *nf* — EDUC — **compulsory education**

Schultafel *nf* — EDUC — **blackboard** *n*
= chalkboard *n*

Schulter *nf* — TECH — **shoulder** *n*
= Bund *nm* (2); Ansatz *nm* (2)

Schulung *nf* — EDUC — **training** *n*
= Ausbildung *nf* (1) — = schooling *n*; teaching *n*; occupational education
≈ Weiterbildung; Information — ≈ education; information

Schulung am Gerät — EDUC — **hands-on training**

Schulungsanlage *nf* — EDUC — **training plant**
= Schulungszentrum *nn* — = training center (AE); training centre (BE)

Schulungsplan *nm* — EDUC — **training program**
= Ausbildungsplan *nm* — = training schedule

Schulungsprogramm *nn* — EDUC — **training syllabus**

Schulungsraum *nm* — EDUC — **classroom** *n*
= Unterrichtsraum *nm*; Klassenraum *nm* — = training room

Schulungsteilnehmer *nm* — EDUC — → **pupil** *n*
→ Schüler *nm*

Schulungsunterlage *nf* — ECON — **course material**
= Kursunterlage *nf* — = training material; training documentation

Schulungszentrum *nn* — EDUC — → **training plant**
→ Schulungsanlage *nf*

Schulungszentrum *nn* — EDUC — **training center**
= Ausbildungszentrum *nn*

Schulungsziel *nn* — EDUC — **course objective**

Schund *nm* — ECON — → **trashy goods**
→ Schundware *nf*

Schund *nm* — DAT.PR — → **garbage** *n*
→ Datensalat *nm*

Schundware *nf* — ECON — **trashy goods**
= Schund *nm* — = trash *n*

Schuppenlochstreifen *nm* — TER&PER — **chadless tape**
= geprägter Lochstreifen; angelochter Lochstreifen — = partially perforated tape

Schuppenlochung *nf* — TER&PER — **chadless perforation**

Schürze *nf* — COLL — **apron** *n*

Schüssel *nf* — ANT — → **parabolic antenna**
→ Parabolantenne *nf*

Schuss-Gegenschuss-Einstellung *nf* — CINEMA — **shot-reaction shot**
= cut-reverse-cut; angle-reverse-angle

Schuss-Gegenschuss-Schnitt — CINEMA — **shot-reverse-shot cutting**

Schussschweißung *nf* — METAL — **shot welding**

schusssicher — TECH — → **bullet-proof**
→ kugelsicher

Schusterbube *nm* — PRIN.ME — → **orphan** *n*
→ Schusterjunge

Schusterjunge — PRIN.ME — **orphan** *n*
[erste Zeile eines Abschnitts, die auf der vorangehenden Seite oder Spalte verblieben ist] — [first line of a paragraph remaining in the preceding page or column ("alone at the beginning")]
= Schusterbube *nm*; alleinstehende Zeile — = orphan line
≈ Überhangzeile — ≈ widow

Schutt *nm* (*nsgt*) — COLL — **rubbish** *n*
≈ Abfall; Müll; Unrat; Schrott — = rubble
≈ scrap; garbage; litter; junk

schüttelbeständig — TECH — → **vibration resistant** *adj*
→ schwingbeständig

Schüttelbeständigkeit *nf* — TECH — → **vibration resistance**
→ Schwingbeständigkeit *nf*

schüttelfest — TECH — **shake-proof** *adj*

schüttelfest — TECH — → **vibration resistant** *adj*
→ schwingbeständig

Schüttelfestigkeit *nf* — TECH — → **vibration resistance**
→ Schwingbeständigkeit *nf*

schütteln — TECH — **shake** *vt*
= rütteln — = joggle
≈ erschüttern — ≈ concuss

Schütteln *nn* — TECH — **shake** *n*
≈ Erschütterung — ≈ concussion

Schüttelprüfung *nf* — QUAL — **shake test**

Schüttelsortieren *nn* — DAT.MA — **shake-sorting** *n*
= shuttle-sorting; cocktail shaker sorting

Schütteltisch *nm* — QUAL — **jolting table**

Schüttgut *nn* — ECON — **bulk good**

Schutz *nm* — TECH — **protection** *n*
= guard *n*; proofing *n*

Schütz *nm* — POW.EN — **contactor** *n*
= Magnetschalter *nm* — = magnetic switch; solenoid switch
≈ Schalter [COMPO] — ≈ switch [COMPO]

Schutz- — TECH — **protective** *adj*
= Sicherheits-; schützend; sichernd; Sicherungs- — = protection-; safeguarding; security-

Schutzabdeckung *nf* — TECH — **protective cover** *n*
= Abdeckhaube *nf* — = impact cover; apron *n*
≈ Schutzgehäuse; Schutzhülle (1); Schutzhaube; Staubschutz — ≈ protective case; protective casing; protective cap
↑ Abdeckung — ↑ cover

Schutzabstand *nm* — RADIO — **guard separation**
= protection ratio

Schutzanode *nf* — POW.SY — **protective anode**

Schutzanstrich *nm* — TECH — **protective paint**
≈ Schutzschicht — = protective paint coating
≈ protective coating

Schutzband *nn* — RADIO — **guard band**
[Frequenzabstand zwischen Bandende und Kanalgrenze] — [frequency difference between band edge and channel edge]
= Schutzfrequenzband *nn*

schützbar — TECH — **protectable**

Schutzbereich *nm* — DAT.MA — → **saving area**
→ Sicherungsbereich *nm*

Schutzbit *nn* — DAT.PR — **guard bit**

Schutzbrille *nf* — TECH — **safety goggles**
= goggles *nplt*

Schutzdiode *nf* — EL.TRO — **protective diode**
↓ Freilaufdiode; Kappdiode — = protecting diode
↓ free-wheeling diode; clamping diode

Schutzdraht *nm* — POW.EN — → **ground wire**
→ Erdseil *nn*

Schutzelektrode *nf* — INSTR — **guard electrode**

schützen — COLL — → **secure** *vt*
→ sicherstellen *vt*

schützend — TECH — → **protective** *adj*
→ Schutz-

Schutzerde *nf* — POW.SY — **protective earth**
≈ Betriebserde — = protector ground; safety earth

Schutzerder *nm* — POW.EN — → **protective earth conductor**
→ Schutzerdungsleiter *nm*

Schutzerdung *nf* — POW.EN — **protective earthing**
= protection earthing; protective grounding; safety earthing

Schutzerdungsleiter *nm* — POW.EN — **protective earth conductor**
= Schutzerder *nm*; geerdeter Schutzleiter; Schutzleiter *nm* (1) — = protective ground conductor; safety earth conductor; non-fused earthed conductor
≈ Nulleiter; Erde — ≈ neutral conductor; earth

schutzfähig — LAW — → **patentable**
→ patentfähig

Schutzfrequenzband *nn* — RADIO — → **guard band**
→ Schutzband *nn*

Schutzfunkenstrecke *nf* — COMPO — **discharger** *n*
= Funkenstrecke *nf* — = voltage discharge gap *n*; protective gap
↑ Spannungsgrobsicherung — ↑ high overvoltage protector

Schutzgas *nn* — TECH — **protective gas**

Schutzgaskondensator *nm* — COMPO — **protective gas capacitor**
= Pressgaskondensator *nm*

Schutzgaskontakt *nm* — COMPO — **dry-reed contact**
= trockener Zungenkontakt; Dry-Reed-Kontakt *nm* (ANGL) — ↑ sealed contact
↑ Schutzrohrkontakt

Schutzgaskontakt-Relais *nn* — COMPO — **dry-reed relay**
= Dry-Reed-Relais *nn* (ANGL) — ↑ reed relay
↑ Schutzrohrkontakt-Relais

Schutzgehäuse *nn* — TECH — **protective case** *n*
≈ Schutzabdeckung; Schutzhülle (1); Schutzkappe — ≈ hood; protective casing; protective cap

Schutzgrad *nm* TECH **degree of protection**

Schutzhaube *nf* ANT → **radom** *n*
→ Radom *nn* (*pl* -s)

Schutzhülle *nf* OFFICE **protective cover**

Schutzhülle *nf* COM.CAB **oversheath** *n*

Schutzhülle *nf* OPT.CO → **buffer loose tube**
→ Hohlader *nf*

Schutzhülle *nf* (1) TECH **protective casing**
[aus steifem Material] — [of stiff material]
≈ Schutzabdeckung; Schutzgehäuse — = jacket *n*
↑ Hülle — ≈ hood; protective case

Schutzhülle *nf* (2) TECH → **coat** *n*
→ Mantel *nm*

Schützhüllenvertrag *nm* ECON **shrink-wrap licence**

Schutzintervall *nn* RADIO **guard interval**

Schutzkappe *nf* TECH **protecting cap**
≈ Schutzabdeckung; Schutzgehäuse — = protective cap; guard cap
≈ cover

Schutzklasse *nf* POW.SY **safety class**

Schutzkontakt *nm* EL.INS **protective contact**
= Schuko *nm* — = grounding contact

Schutzkontakt-Relais *nn* COMPO → **reed relay**
→ Schutzrohrkontakt-Relais *nn*

Schutzkragen *nm* TECH **shroud** *n*

Schutzlack *nm* TECH **protective lacquer**

Schutzleiste *nf* OUT.PL **protective strip**

Schutzleiter *nm* (1) POW.EN → **protective earth conductor**
→ Schutzerdungsleiter *nm*

Schutzleiter *nm* (2) POW.EN → **ground wire**
→ Erdseil *nn*

Schutzmarke *nf* LAW → **trademark** *n*
→ Markenzeichen *nn*

Schutzmarke *nf* ECON → **registered trademark**
→ eingetragenes Warenzeichen

Schutzmaßnahme *nf* COLL **protective measure**
≈ Sicherheitsmaßnahme; Vorsorgemaßnahme — ≈ security measure; precautionary measure

Schutzmittel *nn* TECH **preventive** *n*

Schutzmuffe *nf* OUT.PL **joint protection sleeve**

Schutzpotential *nn* POW.EN **protection potential**

Schutzrahmen *nm* TECH **protective frame**
= protecting frame; protection frame

Schutzrechte *nplt* LAW **protection rights**
↓ Patentrechte; Markenzeichenrechte — ↓ patent rights; trademark rights

Schutzrichtung *nf* RADIO **protected direction**

Schutzringkondensator *nm* COMPO **guard-ring capacitor**

Schutzrohr *nn* TECH **protection tube**

Schutzrohr *nn* COMPO **reed capsule**
[Reed-Relais]

Schutzrohr *nn* SYS.INS → **cable protection tube**
→ Kabelschutzrohr *nn*

Schutzrohrkontakt *nm* COMPO **sealed contact**
= geschützter Kontakt; Reed-Kontakt *nm* (ANGL); Zungenkontakt *nm*; Herkon — = reed contact
↓ Schutzgaskontakt; Quecksilberkontakt — ↓ gas-protected contact

Schutzrohrkontakt-Relais *nn* COMPO **reed relay**
[Kontakte mit Gas oder Quecksilber geschützt] — [contacts protected by gas or mercury]
= Reed-Relais *nn* (ANGL); Schutzkontakt-Relais *nn*; Herkon-Relais *nn* — ↓ gas-protected relay; mercury relay; remanent relay
↓ Schutzgaskontakt-Relais; Quecksilber-Relais;

Schutzschalteinrichtung *nf* TRANSM **protection switching equipment**
= Ersatzschalteinrichtung *nf*; Umschalteinrichtung *nf*; Schutzschaltgerät *nn*; Ersatzschaltgerät *nn*; Umschaltgerät *nn* — = protection switching system; protection switching device; automatic protection switch; APS

Schutzschalter *nm* COMPO **circuit breaker**
= Sicherungstrennschalter *nm*; Sicherungsschalter *nm* — = safety switch; protect switch; fuse-disconnector (IEC); fuse-isolator (IEC); automatic breaker; breaker *n*
↑ Stromgrobsicherung — ↑ high-current fuse

Schutzschaltgerät *nn* TRANSM → **protection switching equipment**
→ Schutzschalteinrichtung *nf*

Schutzschaltschwelle *nf* TRANSM → **protection switching threshold**
→ Umschaltschwelle *nf*

Schutzschalttechnik *nf* TRANSM **protection switching technique**
= Ersatzschalttechnik *nf*, Umschaltetechnik *nf*

Schutzschaltung *nf* CIRC.EN **protection circuit**
[schützende Schaltung] — = protective circuit

Schutzschaltung *nf* TRANSM → **protection switching**
→ Ersatzschaltung *nf*

Schutzschicht *nf* MICR.EL **overglassing** *n*
= protective film; protective layer

Schutzschicht *nf* TECH **protective coating**
= Abdeckmittel *nn* — = protective layer; resist *n*
≈ Schutzanstrich — ≈ protective paint

Schutzschirm *nm* TECH **baffle** *n*
= Schutzwand *nf* — = protective screen

Schutzsektor *nm* RADIO **guard sector**
= protection sector

Schutzstecker *nm* EL.INS **safety connector**

Schutzstecker *nm* HW → **dongle** *n*
→ Kopierschutzschaltung *nf*

Schutzstrom *nm* POW.SY **protection current**

Schutzumschlag *nm* TECH → **dust cover**
→ Staubabdeckung *nf*

Schutzumschlag *nm* PRIN.ME → **book jacket**
→ Buchumschlag *nm*

Schutzverkleidung *nf* TECH **protective covering**

Schutzvorrichtung *nf* TECH **protection device**
= Sicherheitsvorrichtung *nf*, Sicherungsvorrichtung *nf* — = safety device; security device; protection facility; safety facility; security facility; protector *n*

Schutzwand *nf* TECH → **baffle** *n*
→ Schutzschirm *nm*

Schutzwiderstand *nm* CIRC.EN **protective resistance**

schutzwürdige Daten COMP.SC **sensitive data**
= Sensitivdaten *nplt*

Schutzzeichen *nn* DAT.MA **protection character**
[ersetzt unterdrückte Nullen, z.B. in "DM5,20"] — [replaces suppressed zeros, as e.g. in "$5,20"]

Schutzzeit *nf* EL.TRO → **blocking time**
→ Sperrzeit *nf*

Schutzziffer *nf* DAT.CO **guard digit**

Schutzzoll *nm* ECON **protective duty**

Schutzzone *nf* RAD.PRO **decoupling zone**
= Entkopplungszone *nf*

schwabbeln TECH **buff** *vt*
[Oberflächenbehandlung] — [polish]

schwach TECH **weak** *adj*
≈ zerbrechlich — ≈ fragile

Schwäche *nf* COLL **weak point**
≠ Stärke — ≠ strong point

Schwäche *nf* TECH → **fault** *n*
→ Fehler *nm*

schwächen TECH **weaken** *vt*

schwache Typisierung SW → **weak typing**
→ variable Typenhandhabung

schwachleitend EL.TEC **semi-conducting**

Schwachpunktanalyse *nf* TECH → **weak-point analysis**
→ Schwachstellenanalyse *nf*

Schwachstelle *nf* TECH **weak point** *n*
= blot *n*

Schwachstellenanalyse *nf* TECH **weak-point analysis**
= Schwachstellenuntersuchung *nf*, Schwachpunktanalyse *nf*

Schwachstellenuntersuchung *nf* TECH → **weak-point analysis**
→ Schwachstellenanalyse *nf*

Schwachstrom *nm* EL.TEC **low current**
≠ Starkstrom — = feeble current; light current; weak current
≠ heavy current

Schwachstromkabel *nn* POW.EN **low-voltage cable**

Schwachstromleitung *nf* EL.TEC **low-power line**

Schwachstromrelais *nn* COMPO **low-power relay**

Schwachstromtechnik *nf* EL.TEC **low-current engineering**
≈ Nachrichtentechnik — = weak-current enginnering; light-current engineering
≠ Starkstromtechnik — ≠ electrical power engineering

Schwächungskoeffizient *nm* PHYS **attenuation coefficient**

schwalbenschwanzförmig TECH **dovertailed**

Schwallbad *nf* MANUF **flow-soldering bath**
= Wellenlötbad *nn* — = wave-soldering bath
↑ Lötbad — ↑ solder bath

Schwallbadlötung *nf* MANUF **flow soldering**
= Wellenbadlötung *nf*, Wellenlöten *nn*; Fließlöten *nn* — = wave soldering

Schwallseite *nf* EL.TRO → **solder side**
→ Lötseite *nf*

Schwamm *nm* (*pl* -ämme) TECH **sponge** *n*
≈ Schaumstoff — ≈ foam materials

Schwammgummi *nm* TECH **sponge rubber**
≈ Schaumgummi — ≈ foam rubber

Schwank *nm* MEDIA → **comedy** *n*
→ Komödie *nf*

schwanken *vi* TECH **fluctuate** *vi*
[langsam schwingen] [oscilate slowly]
≈ schwingen; variieren = sway *vi* ≈ oscillate; variate

schwankend TECH **fluctuating**

Schwankung *nf* TECH **fluctuation** *n*
[langsame Schwingung] [a slow oscillation]
≈ Schwingung; Variierung = sway *n* ; swing *n* ≈ oscillation; variation

Schwankungsbreite *nf* TECH **fluctuation margin**

schwarz OPT **black** *adj*

Schwarz-/Weiß-Scanner *nm* TER&PER **monochrome scanner**

Schwarzabhebung *nf* TV **black-level set-up**
= black-level lift; lift *n*

Schwarzdruck *nm* TER&PER **black-write technique**
= Black-write-Verfahren *nn* (ANGL)

Schwarzdrucker *nm* TER&PER **black printer**
↑ Laserdrucker = black writer ↑ laser printer

Schwärze *nf* PRIN.ME → **printer's ink**
→ Druckerschwärze *nf*

schwarze Liste COLL **black list**

schwarze Liste INF.TEC **black list**
= Sperrliste *nf* = hot list; red list

schwärzen PRIN.ME **blacken**

schwärzen TECH **blacken**

schwarzer Kasten TECH **black box**
[Einheit bekannter Schnittstellen und Funktion, aber unbekannter interner Ausführung] [unit of known interfaces and functions, but of unknown internal implementation]
≠ white box

schwarzer Körper PHYS → **black-body radiator**
→ schwarzer Strahler

schwarzer Strahler PHYS **black-body radiator**
= schwarzer Körper = black body

schwarzes Brett INTERNET → **bulletin board system**
→ Schwarzes-Brett-System *nn*

schwarzes Brett COLL → **bulletin board**
→ Anzeigetafel *nf*

Schwarzes-Brett-System *nn* INTERNET **bulletin board system**
[zum Ablesen oder Hinterlassen von Nachrichten] [an electronic message box]
= schwarzes Brett; Anschlagbrettsystem *nn*; elektronische Anschlagtafel; Mailbox *nf* (2) (err) = BBS; electronic bulletin board; bulletin board
↑ Mitteilungssystem ↑ message handling system ↓ usenet

schwarze Strahlung PHYS **blackbody radiation**

Schwarzfernseher *nm* MEDIA **unlicensed TV viewer**
= illicit TV viewer

Schwarzhörer *nm* MEDIA **unlicensed listener**
= blacklistener *n*; illicit listener

Schwarzkompression *nf* TV **black compression**
= black crushing

Schwarzpegel *nm* TV **black level**
[75% Modulation] [75% modulation]
= Schwarzwert *nm* ≈ Schwarzschulter ≈ porch

Schwarzpegelregelung *nf* TV → **black level restoration**
→ Schwarzwerterhaltung *nf*

Schwarzpegel-Wiederherstellung *nf* TV → **black level restoration**
→ Schwarzwerterhaltung *nf*

Schwarzschreibtechnik *nf* TER&PER → **positive type**
→ Positivschrift *nf*

Schwarzschreibung *nf* TER&PER **ribbon shift black**

Schwarzschulter *nf* TV **porch** *n*
[Stufe im Fernsehsignal, bei 75% Modulation, vor und hinter dem Synchronimpuls] [step in the TV signal, at 75% modulation, before and behind the sync pulse]
= Austastschulter *nf*; Schwarztreppe *nf* ≈ Schwarzpegel; Austastimpuls ≈ black level
↓ vordere Schwarzschulter; hintere Schwarzschulter ↓ front porch; back porch

Schwarzsender *nm* RADIO **unlicensed transmitter**
= non-licensed transmitter; unlicensed transmitting station; pirate transmitting station; illicit transmitter

Schwarztreppe *nf* TV → **porch** *n*
→ Schwarzschulter *nf*

Schwarzwasser *nn* CIV.EN → **waste-water** *n*
→ Abwasser *nn*

Schwarz-Weiß *nn* TV **black and white**
= monochromatic *n*

Schwarz-Weiß-Bildröhre *nf* EL.TRO **black-and-white tube**
↑ monochrome Bildröhre ↑ monochrome tube

Schwarz-Weiß-Drucker *nm* TER&PER **monochrome printer**
= monochromer Drucker ≠ Farbdrucker ≠ color printer

Schwarz-Weiß-Empfang *nm* TV **black-and-white reception**

Schwarz-Weiß-Fernsehbildröhre *nf* EL.TRO **balck-and-white TV tube**
↑ Schwarz-Weiß-Bildröhre; Bildwiedergaberöhre ↑ balck-and-white tube; picture tube

Schwarz-Weiß-Fernsehen *nn* TV **black-and-white television**
≠ Farbfernsehen ≠ colour television

Schwarz-Weiß-Monitor *nm* TER&PER **monochrome monitor**
= monochromer Monitor = mono monitor

Schwarzwert *nm* TV → **black level**
→ Schwarzpegel *nm*

Schwarzwerterhaltung *nf* TV **black level restoration**
= Schwarzwertsteuerung *nf*, Schwarzpegel-Wiederherstellung *nf*, = black level control; dc reinsertion; dc restoring

Schwarzwertsteuerung *nf* TV → **black level restoration**
→ Schwarzwerterhaltung *nf*

Schwatz *nm* INTERNET → **chat** *n*
→ Chat *nm*

schwebend EL.TEC **floating**
[nicht mit Erd- oder anderem Potential verbunden] [not connected to earth or other potential]
= mit Schwebepotential ≈ stromlos ≈ power-off

schwebend COLL **pending** *adj*
[fig] = undecided
= hängig (CH) ≈ ausstehend

schwebender Magnetkopf TER&PER → **flying head**
→ schwimmender Magnetkopf

schwebender Steueranschluss MICR.EL **floating fate**
= schwebendes Gate

schwebendes Gate MICR.EL → **floating fate**
→ schwebender Steueranschluss

Schwebepotential *nn* EL.TEC **floating potential**

Schwebespannung *nf* CIRC.EN → **floating voltage**
→ Leerlaufgleichspannung *nf*

Schwebezonenverfahren *nn* MICR.EL **floating-zone process**

Schwebung *nf* PHYS **beat** *n*
[Amplitudenschwankung bei Überlagerung zweier Schwingungen unterschiedlicher Frequenz] [amplitude pulsation of the sum of two oscillations with different frequencies]
≈ Kreisfrequenz ≈ pulsation

Schwebungsfrequenz *nf* PHYS **beat frequency**

Schwebungsfrequenz *nf* INSTR **heterodyne frequency**
= beat frequency

Schwebungsfrequenzmesser *nm* INSTR → **heterodyne frequency meter**
→ Überlagerungs-Frequenzmesser *nm*

Schwebungsgenerator *nm* INSTR **beat-frequency generator**
= Schwebungsoszillator *nm*; Schwebungssender *nm* = beat generator; beat-frequency oscillator; BFO; heterodyne generator; heterodyne oscillator

Schwebungsoszillator *nm* INSTR → **beat-frequency generator**
→ Schwebungsgenerator *nm*

Schwebungssender *nm* INSTR → **beat-frequency generator**
→ Schwebungsgenerator *nm*

Schwefel *nm* (*nsgt*) CHEM **sulphur** *n*
= Sulfur *nn*; S = sulfur *n*; S

Schwefelsäure *nf* CHEM **sulphuric acid**
= sulfuric acid; oil of vitriol

Schweigespirale *nf* MEDIA → **spiral of silence**
→ Spirale des Schweigens

Schweißbrenner *nm* METAL **welding torch**
= torch *n*

Schweißdraht *nm* METAL **welding rod**
= welding wire

Schweißelektrode *nf* METAL **welding electrode**

schweißen METAL **weld** *vt*
[Verbindung durch Aufschmelzen der zu verbindenden Metallteile, eventuell zugefügtes Material ist von ähnlicher Zusammensetzung] [union of metalic pieces by fusing contacting parts and possibly adding some material of similar composition]

Schweißen *nn* METAL → **welding** *n*
→ Schweißung *nf*

Schweißer *nm* TECH **welder** *n*

Schweißleitung *nf* COM.CAB **welding cable**

Schweißnaht *nf* METAL **weld** *n*

Schweißstahl *nm* METAL **wrought iron**

Schweißstelle *nf* METAL → **welded joint**
→ Schweißverbindung *nf*

Schweißtechnik *nf*	METAL	**welding process** = welding practice
Schweißteil *nn*	MEC.EN	**welded part**
Schweißung *nf* = Schweißen *nn* ≈ Löten	METAL	**welding** *n* ≈ soldering
Schweißverbindung *nf* = Schweißstelle *nf*	METAL	**welded joint**
Schweißvorrichtung *nf*	METAL	**welding appliance** = welding tool
Schweißzeichen *nn*	ENG.DRA	**welding symbol**
Schweißzeichnung *nf*	ENG.DRA	**welding drawing**
Schweizer-Kreuz-Antenne *nf* = Swiss-quad-Antenne *nf* (ANGL)	ANT	**Swiss quad antenna**
Schwelbrand *nm*	TECH	**smolder** *n* = smoulder *n*
schwelen *vi* [flammenlos verbrennen] = glimmen	TECH	**smolder** *vi* [to burn without flame] = smoulder *vi*
Schwelle *nf*	EL.TRO	**threshold** *n*
Schwelle *nf*	CODING	**threshold** *n*
Schwelle *nf* = Schwellenwert *nm*; Schwellwert *nm*	TECH	**threshold value** *n* = threshold *n*; barrier *n*
schwellen = anschwellen	COLL	**swell** *vi*
Schwellenerweiterungsdemodulator	SAT.CO	**threshold extension demodulator**
Schwellenland *nn* [an der Schwelle zum Industrieland] ↑ Entwicklungsland	ECON	**newly industrialized country** [on the threshold to be an industrialized country] = NIC; emerging country
Schwellenpotential *nn*	PHYS	**threshold potential**
Schwellenspannung *nf* = Schwellwertspannung *nf*	EL.TRO	**threshold voltage**
Schwellenstrom *nm* = Schwellwertstrom *nm*	EL.TRO	**threshold current**
Schwellenwert *nm* → Schwelle *nf*	TECH	→ **threshold value** *n*
Schwellenwertfunktion *nf*	CIRC.EN	**threshold function** = threshold operation
Schwellwert *nm* → Schwelle *nf*	TECH	→ **threshold value** *n*
Schwellwertelement *nn*	COMPO	**threshold element**
Schwellwertgatter *nn*	CIRC.EN	**threshold gate**
Schwellwertlogik *nf*	CIRC.EN	**threshold logic**
Schwellwertschalter *nm*	COMPO	**threshold switch**
Schwellwertspannung *nf* → Schwellenspannung *nf*	EL.TRO	→ **threshold voltage**
Schwellwertspannungs-Detektor *nm*	CIRC.EN	**threshold voltage detector**
Schwellwertstrom *nm* → Schwellenstrom *nm*	EL.TRO	→ **threshold current**
Schwengel *nm* = Pumpenschwengel *nm*	TECH	**sweep** *n*
Schwengel *nm* → Glockenklöppel *nm*	TECH	→ **bell hammer**
Schwenk *nm* → Kameraschwenk *nm*	CINEMA	→ **panning** *n*
Schwenk *nm* (*pl* -s&-e) [auf Bildschirm] = Schwenken *nn* ≈ Bildverschiebung	COMP.GR	**panning** *n* [window-like displacement on a display] ≈ scrolling
Schwenk *nm* (*pl* -s&-e)	CINEMA	**travelling shot** = panning shot; panningn; pan *n*
Schwenkarm *nm*	ANT	**side strut**
Schwenkarm *nm*	TECH	**swivel arm** = swivelling arm
schwenkbar = ausschwenkbar; klappbar; aufklappbar; ausklappbar ≈ lenkbar	TECH	**hinged** *adj* = swiveling; swivelling; swivel-mounted; tilting; pivoted; pivoting; pivot-mounted; folding; fold-out
schwenkbare Antenne → einstellbare Antenne	ANT	→ **steerable antenna**
schwenkbarer Bildschirm	TER&PER	**tilting screen**
schwenkbarer Rahmen	MEC.EN	**rotating frame**
Schwenkbereich *nm*	TECH	**steering range** = swiveling range; pivoting range
Schwenken *nn* → Schwenk *nm* (*pl* -s&-e)	COMP.GR	→ **panning** *n*
schwenken *vi*	IMAG.ME	**pan** *vi*
schwenken *vt* ≈ lenken	MEC.EN	**swivel** *vt* = pivot *n* ≈ steer
schwenken *vt* [ein Bildschirmfenster]	COMP.AP	**roam** *vt* [move a display window]
Schwenkfuß *nm* ≈ Drehfuß	EQP.EN	**tilt stand** ≈ swivel stand
Schwenkkeulenantenne *nf* → einstellbare Antenne	ANT	→ **steerable antenna**
Schwenkmechanismus *nm* = Schwenkvorrichtung *nf* ≈ Drehvorrichtung	MEC.EN	**pivoting mechanism** = pivot *n*; swiveling mechanism; swivel *n* ≈ swing mechanism
Schwenkmotor *nm*	TECH	**swivel motor**
Schwenk-Neige-Fuß *nm* → Dreh-Schwenk-Fuß *nm*	EQP.EN	→ **tilt-swivel stand**
Schwenkrahmen *nm*	TECH	**pivoting frame** = swing frame
Schwenkvorrichtung *nf* → Schwenkmechanismus *nm*	MEC.EN	→ **pivoting mechanism**
schwer ≈ gewichtig	PHYS	**heavy** *adj* ≈ weighty
schwer beschädigt	TECH	**heavily damaged**
Schwerefeld *nn* → Gravitationsfeld *nn*	PHYS	→ **gravitational field**
schwerer Ausnahmefehler (Microsoft)	COMP.AP	**fatal exception error** (Microsoft)
schwerer Fehler → fataler Fehler	SW	→ **fatal error**
Schwerewelle *nf* → Gravitationswelle *nf*	PHYS	→ **gravitational wave**
schwerflüssig → dickflüssig	TECH	→ **viscous** *adj*
Schwerflüssigkeit *nf* → Dickflüssigkeit *nf*	TECH	→ **viscosity** *n*
Schwerkraft *nf* → Gravitationskraft *nf*	PHYS	→ **gravitational force**
Schwerlaster *nm* → Schwerlastwagen *nm*	TECH	→ **heavy motor truck**
Schwerlasthubschrauber *nm*	AERON	**heavy-lift helicopter**
Schwerlastwagen *nm* = Schwerlaster *nm*	TECH	**heavy motor truck** = heavy lorry (BE)
Schwermaschinenbau *nm*	MEC.EN	**heavy engineering**
Schwermetall *nn*	CHEM	**heavy metal**
Schwerpunkt *nm* = Massenmittelpunkt *nm*	PHYS	**center of gravity** = center of mass
Schwerwasser *nn*	CHEM	**heavy water**
schwerwiegend [fig] ≈ folgenschwer; ernsthaft	COLL	**grave** *adj* [fig] = momentous ≈ consequential; serious
Schwierigkeit *nf* ≈ Engpass	COLL	**difficulty** *n* = distress *n*; constraint *n*; trouble *n* (AE); severity *n* ≈ strait
schwimmend	TECH	**floating**
schwimmender Kontakt	COMPO	**floating contact**
schwimmender Magnetkopf = schwebender Magnetkopf	TER&PER	**flying head** = floating head
schwinden = verschwinden; entschwinden	COLL	**vanish** *vi* = fade
schwinden → schrumpfen	TECH	→ **contract** *vi*
Schwindung *nf* → Schrumpfung *nf*	TECH	→ **contraction** *n*
schwingbeständig = vibrationsbeständig; schwingfest; schwingungsfest; vibrationsfest; schüttelbeständig; schüttelfest	TECH	**vibration resistant** *adj* = shake resistant
Schwingbeständigkeit *nf* = Schwingungsbeständigkeit *nf*; Vibrationsbeständigkeit *nf*; Schwingfestigkeit *nf*; Schwingungsfestigkeit *nf*; Vibrationsfestigkeit *nf*; Schüttelbeständigkeit *nf*; Schüttelfestigkeit *nf*	TECH	**vibration resistance** = vibration strength; shake resistance; shake strength
Schwingeinsatzpunkt *nm* = Schwingungsschwelle *nf*	CIRC.EN	**oscillating threshold**
schwingen = vibrieren ↓ pendeln; schaukeln; schwanken	MECH	**oscillate** = vibrate; undulate ↓ swing; fluctuate
schwingen = oszillieren	EL.TEC	**oscillate** *vt* = wave
schwingend	MECH	**vibrating** *adj* = vibrant; oscillating
schwingfest → schwingbeständig	TECH	→ **vibration resistant** *adj*

Schwingfestigkeit *nf* TECH → **vibration resistance**
→ Schwingbeständigkeit *nf*

Schwingfrequenz *nf* MECH **intrinsic frequency**
= Eigenfrequenz *nf* ≈ vibration frequency
≈ Schwingungsfrequenz

Schwingfrequenz *nf* EL.SC **oscillation frequency**
= Eigenfrequenz *nf*

Schwinggrenze *nf* EL.TRO → **maximum oscillation frequency**
→ Schwinggrenzfrequenz *nf*

Schwinggrenzfrequenz *nf* EL.TRO **maximum oscillation frequency**
= Schwinggrenze *nf*

Schwinghebel *nm* TECH **rocker arm**
= Wippe *nf*; Kipphebel *nm* = rocker *n*

Schwingkondensator *nm* CIRC.EN → **vibrating capacitor**
→ Schwingkreiskondensator *nm*

Schwingkreis *nm* NETW.TH **oscillating circuit**
= Schwingungskreis *nm* = oscillatory circuit
↓ Resonanzkreis ↓ resonant circuit

Schwingkreiskondensator *nm* CIRC.EN **vibrating capacitor**
= Schwingkondensator *nm*

Schwingkreiskopplung *nf* NETW.TH **coupled resonant circuit**

Schwingkreisumrichter *nm* POW.SY **resonant circuit converter**

Schwingkreiswechselrichter *nm* POW.SY **resonant circuit inverter**

Schwingmetall *nn* MEC.EN → **shock absorber**
→ Stoßdämpfer *nm*

Schwingprüfung *nf* QUAL → **vibration test**
→ Schwingungsprüfung *nf*

Schwingrahmen *nm* EQP.EN **shock mounted frame**
[Transportschutz]

Schwingspule *nf* EL.ACOU **voice coil**
= Lautsprecher-Schwingspule *nf*

Schwingung *nf* MECH → **vibration** *n*
→ mechanische Schwingung

Schwingung *nf* PHYS **oscillation** *n*
[zeitlich oder räumlich periodischer Vorgang] [periodical process in the time or space domain]
≈ Welle ≈ wave
↓ mechanische Schwingung ↓ vibration

Schwingungsamplitude *nf* PHYS **oscillation amplitude**

Schwingungsart *nf* MICROW → **waveguide mode**
→ Wellentyp *nm*

Schwingungsartsprung *nf* MICROW → **mode jump**
→ Modensprung *nf*

Schwingungsaufnehmer *nm* INSTR **vibration transducer**
= vibration pickup
≈ acceleration pickup

Schwingungsbauch *nm* PHYS **antinode** *n*
= Antinode *nf*; Bauch *nm* = crest *n*
≠ Schwingungsknoten ≠ node

Schwingungsbauch *nm* MECH **vibration antinode**
≠ Schwingungsknoten = oscillation antinode
≠ vibration node

Schwingungsbedingungen *nplt* CIRC.EN **oscillation conditions**
[Oszillator]

Schwingungsbeständigkeit *nf* TECH → **vibration resistance**
→ Schwingbeständigkeit *nf*

Schwingungsdauer *nf* MATH → **period length**
→ Periodenlänge *nf*

Schwingungsebene *nf* PHYS **plane of vibration**

Schwingungsenergie *nf* PHYS **vibration energy**

Schwingungserzeuger *nm* CIRC.EN → **oscillator**
→ Oszillator *nm*

Schwingungserzeugung *nf* CIRC.EN **oscillation generation**

schwingungsfest TECH → **vibration resistant** *adj*
→ schwingbeständig

Schwingungsfestigkeit *nf* TECH → **vibration resistance**
→ Schwingbeständigkeit *nf*

Schwingungsfestigkeit *nf* MECH **vibration endurance limit**

Schwingungsform *nf* PHYS **waveform** *n*
= Schwingungsverlauf *nm*; Wellenform *nf*; Wellenverlauf *nm*; Verlauf *nm* = wave form; waveshape *n*; wave shape; oscillation mode; mode *n*
≈ Signalform [EL.TRO] ≈ signal form [EL.TRO]

schwingungsfrei MECH **vibration-free**
= vibrationsfrei; erschütterungsfrei

Schwingungsfrequenz *nf* MECH **vibration frequency**
≈ Schwingfrequenz = oscillating frequency
≈ intrinsic frequency

Schwingungsfrequenz *nf* PHYS **oscillating frequency**
= Schwingungszahl *nf*; Oszillationsfrequenz *nf*

Schwingungsfrequenz *nf* PHYS → **angular frequency**
→ Kreisfrequenz *nf*

Schwingungsfrequenzhub *nm* MODUL → **angular frequency shift**
→ Kreisfrequenzhub *nm*

Schwingungsknoten *nm* PHYS **node** *n*
= Knoten *nm* = oscillation node
≠ Schwingungsbauch ≠ antinode

Schwingungsknoten *nm* MECH **vibration node**
≠ Schwingungsbauch = oscillation node
≠ vibration antinode

Schwingungskreis *nm* NETW.TH → **oscillating circuit**
→ Schwingkreis *nm*

Schwingungsmelder *nm* SIG.EN → **vibration detector**
→ Vibrationsmelder *nm*

Schwingungsmessgerät *nn* INSTR **vibrometer** *n*

Schwingungsmessverstärker *nm* INSTR **vibration measuring amplifier**

Schwingungsmodulation *nf* MODUL **wave-carrier modulation**
= Sinusmodulation *nf* ≠ pulse modulation
≠ Pulsmodulation ↑ modulation
↑ Modulation

Schwingungsprüfung *nf* QUAL **vibration test**
= Schwingprüfung *nf*; Vibrationsprüfung *nf*

Schwingungsquantum *nn* PHYS → **phonon** *n*
→ Phonon *nn*

Schwingungsschreiber *nm* INSTR → **oscillograph** *n*
→ Oszillograph *nm*

Schwingungsschwelle *nf* CIRC.EN → **oscillating threshold**
→ Schwingeinsatzpunkt *nm*

Schwingungsverlauf *nm* PHYS → **waveform** *n*
→ Schwingungsform *nf*

Schwingungszahl *nf* PHYS → **oscillating frequency**
→ Schwingungsfrequenz *nf*

Schwingungszahl *nf* PHYS → **frequency** *n*
→ Frequenz *nf*

Schwingweg *nm* PHYS **excursion** *n*

Schwingwegamplitude *nf* PHYS **amplitude excursion**

Schwingweite *nf* PHYS → **amplitude** *n*
→ Amplitude *nf*

Schwinquarz *nm* COMPO **quartz resonator**
= crystal resonator; crystal unit; quartz *n*; crystal *n*

schwirren COLL **whir** *vi*
= whirr

Schwitzwasser *nn* TECH → **condensed water**
→ Kondenswasser *nn*

Schwund *nm* TECH → **contraction** *n*
→ Schrumpfung *nf*

Schwund *nm* (*nsgt*) RAD.PRO **fading** *n*
= Feldstärkeeinbruch *nm*; Fading *nn* (ANGL) = faden
↓ Flachschwund; Selektivschwund; Aufwärtsschwund; Abwärtsschwund ↓ flat fading; selective fading; up-fading; down-fading

Schwundart *nf* RAD.PRO → **fading type**
→ Schwundtyp *nm*

Schwundausgleich *nm* RADIO **fading compensation**
= Fadingkompensation *nf* (ANGL)

Schwundausgleichschaltung *nf* RADIO **anti-fading device**

schwundfrei RAD.PRO **unfaded**

schwundfreie Antenne ANT → **anti-fading antenna**
→ schwundmindernde Antenne

Schwundgebiet *nn* RAD.PRO **fading area**

schwundmindernd RAD.PRO **anti-fading**

schwundmindernde Antenne ANT **anti-fading antenna**
= schwundfreie Antenne; Antifading-Antenne *nf* (ANGL) = fading-reducing antenna; anti-fading aerial; fading-reducing

Schwundregelung *nf* RADIO **automatic fading compensation**
≈ automatic gain control

Schwundreserve *nf* RADIO **fading margin**
= Fadingreserve *nf* (ANGL) = fade margin

Schwundtiefe *nf* RAD.PRO **fading depth**
= Fadingtiefe *nf* (ANGL)

Schwundtyp *nm* RAD.PRO **fading type**
= Schwundart *nf*; Fadingtyp *nf* (ANGL); Fadingart *nf* (ANGL)

Schwund-Überschreitungswahrscheinlichkeit *nf* RAD.PRO **fading distribution**
= Fading-Überschreitungswahrscheinlichkeit *nf* (ANGL)

Schwundverhalten *nn* RAD.PRO **fading response**
= Fadingverhalten *nn* (ANGL)

Schwungbuchstabe *nm* PRIN.ME **swash letter**
= Zierbuchstabe *nm* [typeface with flourishes]
= swash *n*

Schwungkraft *nf* MECH → **centrifugal force**
→ Fliehkraft *nf*

Schwungmoment *nn* MECH **flywheel moment**

Schwungrad *nm* MEC.EN **flywheel** *n*

Sciencefiction *nf* PRIN.ME → **science fiction literature**
→ Sciencefictionliteratur *nf*

Sciencefiction *nf* MEDIA **science fiction**
[eine fiktionale Zukunft betreffende Thematik] [thematic related to a fictitious future]

Science-Fiction *nf* MEDIA → **science fiction**
→ Sciencefiction *nf*

Sciencefictionfilm *nm* CINEMA **science fiction movie**
= Science-Fiction-Film *nm*

Science-Fiction-Film *nm* CINEMA → **science fiction movie**
→ Sciencefictionfilm *nm*

Sciencefictionliteratur *nf* PRIN.ME **science fiction literature**
= Science-Fiction-Literatur *nf*; Sciencefiction *nf*

Science-Fiction-Literatur *nf* PRIN.ME → **science fiction literature**
→ Sciencefictionliteratur *nf*

Sciencefictionroman *nm* PRIN.ME **science fiction romance**
= Science-Fiction-Roman *nm*

Science-Fiction-Roman *nm* PRIN.ME → **science fiction romance**
→ Sciencefictionroman *nm*

Scimitarantenne *nf* (ANGL) ANT → **scimitar antenna**
→ Sichelantenne *nf*

SCP SWITCH → **Service Control Point**
→ Dienstesteuerungsstelle *nf*

SCPC MODUL → **single-carrier per channel**
→ Einkanalträger *nm*

SCPC-Mehrfachzugriff *nm* SAT.CO **single-carrier-per-channel multiple access**
= SCPC

Scrambler *nm* CIRC.EN → **scrambler** *n*
→ Verwürfler *nm*

Scratch-Pad-Speicher *nm* HW → **scratchpad memory**
→ Notizblockspeicher *nm*

Screenager *nm* INF.TEC **sreenager** *n*
= Nintendo-Generation *nf* = nintendo generation

Screendesign *nn* (ANGL) INTERNET → **screen design**
→ Bildschirmgestaltung *nf*

Screendesigner *nm* (ANGL) INTERNET → **screen designer**
→ Bildschirmgestalter *nm*

Screenscraper *nm* SW → **frontware** *n*
→ Frontware *nf*

Screwball-Comedy *nf* CINEMA **screwball comedy**

Script (ANGL) PRIN.ME → **script** *n*
→ Schreibschrift *nf*

Script-Sprache *nf* COMP.LG → **command control language**
→ Kommandosprache *nf*

scrollen COMP.AP → **scroll** *vt*
→ rollen

SCROLL-LOCK-Taste *nf* TER&PER → **SCROLL key**
→ Taste *nf* ROLLEN

SCSI-Gerät *nn* HW **SCSI device**

SCSI-Host-Adapter *nm* HW **SCSI host adapter**

SCSI-Schnittstelle *nf* HW **SCSI** *n*
[von ANSI genormte parallele Schnittstelle zwischen PC's und Peripheriegeräten] [Small Computer System Interface; pron. "skuzzy"; ANSI standard for parallel interface between PC's and peripherals]
↑ Geräteschnittstelle; parallele Schnittstelle = scuzzy *n*
↑ device interface; parallel ínterface

SCSI-Stecker *nm* HW **SCSI connector**

SCT MICR.EL → **surface-charge transistor**
→ Oberflächenladungstransistor *nm*

SD-10 TER&PER → **SD-ROM**
→ SD-ROM *nn*

SDBAS TELEC **SDBAS**
= Switched Digital Broadbaand Access System

SD-CD TER&PER → **SD-ROM**
→ SD-ROM *nn*

SDD SW → **software design description**
→ Software-Entwurfsbeschreibung *nf*

SD-Diskette *nf* TER&PER **SD disk**
[anfänglich benutzter Typ] [early type]
= Single-density-Diskette *nf* = single-density disk; SD floppy disk; single-density floppy disk; SD diskette; single-density diskette
↑ Diskette ↑ floppy disk

SDF TELEC → **Service Data Function**
→ Dienstdatenbankfunktion *nf*

SDH TELEC → **synchronous digital hierarchy**
→ Synchronhierarchie *nf*

SDH-Analysator *nm* INSTR **SDH analyzer**

SDH-Multiplexer *nm* TRANSM → **synchronous multiplexer**
→ Synchronmultiplexer *nm*

SDH-Netz *nn* TRANSM **SDH network**
= synchrones Netz = synchronous network

SDH-Richtfunksystem *nn* RAD.RE **SDH radio relay system**
= synchrones Richtfunksystem = synchronous radio relay system

SDH-System *nn* TRANSM **SDH system**
= synchrones System; Synchronsystem *nn* = synchronous system

SDLC DAT.MA → **synchronous data link control**
→ synchrone Datenübertragungssteuerung

SDLC-Prozedur *nf* DAT.CO **SDLC procedure**
[eine ANSI-Übertragungsnorm] [Synchronous Data Link Control; an ANSI communication standard]
↑ Übertragungsprozedur ↑ transmission procedure

SDMA TELEC → **space-division multiple access**
→ Raum-Vielfachzugriff *nm*

SDP TELEC → **Service Data Point**
→ Dienstdatenbank *nf*

SDRAM *nn* DAT.PR **SDRAM**
= Synchronous DRAM

SD-ROM *nn* TER&PER **SD-ROM**
= SD-CD; SD-10 = Super-Density ROM; SD-CD; SD-10

SDSL TELEC **SDSL**
[bidirektional 0,16 bis 2 Mbit/s über ein konventionelles Kupferpaar] [Single Digital Subscriber Line; bidir. 0.16 to 2 Mbit/s over a conventional copper pair]
↑ xDSL ↑ xDSL

S-DSMA-Zugriffsverfahren *nn* TELEC **S-DSMA**
= Slotted Digital Sense Multiple Access

SDU TELEC → **service data unit**
→ Dienstdateneinheit *nf*

SDVR-Erkennung *nf* COMP.AP → **SDVR**
→ Sprechererkennung *nf*

Se CHEM → **selenium** *n*
→ Selen *nn*

Searchengine *nf* (ANGL) INTERNET → **search engine**
→ Suchmaschine *nf*

sec MATH → **secant** *n*
→ Sekans *nm*

SECAM TV **SECAM**
[Abkürzung des Französichen "séquentiel à mémoire"] ↑ color TV standard
↑ Farbfernsehnorm

SECAM-Decoder *nm* TV **SECAM decoder**

SECAM-System *nn* TV **SECAM system**

Secans hyperbolicus MATH **hyperbolic secant**
= sch; Sekans hyperbolikus; Hyperbelsekans = sch
↑ Hyperbelfunktion ↑ hyperbolic function

Sechs-Achttausender *nm* MICR.EL → **Motorola 68000**
→ Motorola 68000

Sechs-Bit-Byte CODING → **sextet** *n*
→ Sextett *nn*

Sechs-Bit-Computer *nm* DAT.PR → **six-bit computer**
→ Sechs-Bit-Rechner *nm*

Sechs-Bit-Maschine *nf* DAT.PR → **six-bit computer**
→ Sechs-Bit-Rechner *nm*

Sechs-Bit-Rechner *nm* DAT.PR **six-bit computer**
= Sechs-Bit-Computer *nm*; Sechs-Bit-System *nn*; Sechs-Bit-Maschine *nf* = six-bit system; six-bit machine

Sechs-Bit-System *nn* DAT.PR → **six-bit computer**
→ Sechs-Bit-Rechner *nm*

Sechseck *nn* MATH **hexagon** *n*
= Hexagon *nn* ↑ polygon
↑ Vieleck

sechseckig *adj* MATH **hexagonal** *adj*
= hexagonal

sechsfach *adj* COLL **sixfold** *adj*
= sextuple *adj*

sechsflächig *adj* MATH **hexahedral** *adj*

Sechsflächner *nm* MATH → **cube** *n* (2)
→ Würfel *nm*

Sechskanal- TRANSM **six-channel ...**

Sechskantkopf *nm* MEC.EN **hexagon head**
[Schrauben]

Sechskantkopfschraube *nf* (1) MEC.EN **hexagon head screw**
[ohne Mutter]

Sechskantkopfschraube *nf* (2) MEC.EN **hexagon bolt**
[mit Mutter]

Sechskantmutter *nf* MEC.EN **hexagon nut**

Sechskantstahl *nm* METAL **hexagon bar iron**
= hexagon iron

Sechskreis- NETW.TH **six-circuit ...**

Sechskreisfilter *nn* NETW.TH **six-circuit filter**

sechslagig TECH **six-layer** *adj*
= sechsschichtig | = six-part

sechspolig EL.TEC **six-pole** *adj*
= six-pin

Sechspuls-Brückenschaltung *nf* POW.EN **six-pulse bridge**
≈ Drehstrom-Brückenschaltung | ≈ three-phase bridge

Sechsstrom-Mittelpunkt-Schaltung *nf* POW.EN **six-pulse mid-point circuit**
≈ Doppelsternschaltung | ≈ double-star connection

sechsschichtig TECH → **six-layer** *adj*
→ sechslagig

Sechs-Sigma-Konzept *nn* QUAL **six-sigma principle**

sechsspurig TER&PER **six-track** *adj*
= six-channel

sechsstellig MATH **six-place** *adj*
↑ mehrstellig | = six-figure; six-digit
↑ of many places

sechste MATH **sixth** *adj*
= 6. | = 6th

Sechstel *nn* COLL **sixth** *n*

Sechzehn-Bit-Chip *nm* MICR.EL **sixteen-bit chip**

Sechzehn-Bit-Computer *nm* DAT.PR → **sixteen-bit computer**
→ Sechzehn-Bit-Rechner *nm*

Sechzehn-Bit-Maschine *nf* DAT.PR → **sixteen-bit computer**
→ Sechzehn-Bit-Rechner *nm*

Sechzehn-Bit-Rechner *nm* DAT.PR **sixteen-bit computer**
= Sechzehn-Bit-Computer *nm*; Sechzehn-Bit-System *nn*; | = sixteen-bit-system; sixteen-bit machine

Sechzehn-Bit-System *nn* DAT.PR → **sixteen-bit computer**
→ Sechzehn-Bit-Rechner *nm*

Sechzehnerfeld *nn* ANT **sixteen-element dipole antenna**

Sechzehnerleitung *nf* LINE TH **quadruple-phantom circuit**
= quadruple phantom; double superphantom

Sechzehn-Unzen-System *nn* PHYS **avoirdupois** *n*
[auf das Pound von 16 Unzen basierendes angelsächsisches Messsystem für Masse] | [series of units of mass based on the pound of 16 ounces]
= avdp.; avoirdupois weight

Sechzigersystem *nn* MATH → **sexadecimal** *adj*
→ Sexagesimalsystem *nn*

Second-source *nf* (ANGL) ECON → **second source**
→ Zweitlieferant *nm*

sedezimal MATH → **hexadecimal** *adj*
→ hexadezimal

Sedezimaldarstellung *nf* COMP.SC → **hexadecimal number system**
→ Hexadezimalsystem *nn*

sedezimale Darstellung COMP.SC → **hexadecimal number system**
→ Hexadezimalsystem *nn*

sedezimales Zahlensystem COMP.SC → **hexadecimal number system**
→ Hexadezimalsystem *nn*

sedezimales Zahlwort MATH → **hexadecimal numeral**
→ hexadezimales Zahlzeichen

sedezimales Zahlzeichen MATH → **hexadecimal numeral**
→ hexadezimales Zahlzeichen

sedezimale Ziffer MATH → **hexadecimal numeral**
→ hexadezimales Zahlzeichen

Sedezimalpunkt *nm* COMP.SC → **hexadecimal point**
→ Hexadezimalpunkt *nm*

Sedezimalsystem *nn* COMP.SC → **hexadecimal number system**
→ Hexadezimalsystem *nn*

Sedezimaltastatur *nf* TER&PER → **hexadecimal pad**
→ Hexadezimaltastatur *nf*

Sedezimalzahl *nf* COMP.SC → **hexadecimal number**
→ Hexadezimalzahl *nf*

Sedezimalziffer *nf* MATH → **hexadecimal numeral**
→ hexadezimales Zahlzeichen

Seebeck-Effekt *nm* PHYS **Seebeck effect**
↑ thermoelektrischer Effekt | ↑ thermoelectric effect

Seefahrt *nf* TRANSM **seafaring** *n*

Seefracht *nf* ECON **sea freight**
= Schifffracht *nf*; Schiff-Fracht *nf* | = ocean freight (AE)

Seefunk *nm* RADIO **maritime radio**

Seefunkdienst *nm* TELEC **maritime radio service**

Seefunkgespräch *nn* TELEC **maritime radio call**

Seefunkstelle *nf* RADIO **maritime radio station**

Seekabel *nn* COM.CAB **submarine cable**
↑ Unterwasserkabel | = seacable; undersea cable; sea cable
↓ Tiefseekabel | ↑ underwater cable

Seekabellandepunkt *nm* OUT.PL → **landing point**
→ Anlandepunkt *nm*

Seekabelverbindung *nf* TELEC **submarine cable connection**
= undersea cable connection

Seele *nf* TECH → **core** *n*
→ Kern *nm*

Seelenachse *nf* ANT → **reference boresight**
→ Zielrichtung *nf*

seemäßige Verpackung ECON → **sea-proof packing**
→ Seeverpackung *nf*

Seemeile *nf* PHYS **nautical mile**
[nach internationaler Normung: 1.852 m = Bogenlänge einer Meridian-Minute] | [6,076.115 ft or 1,852 m by international standard = arch length of 1' of meridian]
= nautische Meile; sm; Knoten *nm* (2) | = knot (2)
≈ englische Seemeile; Meile | ≈ Admirality mile; mile

Seenavigationsfunkdienst *nm* RAD.NA **maritime radionavigation service**

Seenotfrequenz *nf* RADIO → **distress frecuency**
→ Notruffrequenz *nf*

Seestrecke *nf* RAD.PRO **sea path**
= Überwasserstrecke *nf* | = maritime path

Seestrecke *nf* RAD.PRO → **over-water path**
→ Überwasserstrecke *nf*

seetauglich TECH **seaworthy**
= seetüchtig

Seetransport *nm* ECON **maritime transport**
= sea transport

seetüchtig TECH → **seaworthy**
→ seetauglich

seeuntauglich TECH **unseaworthy**
= seeuntüchtig

seeuntüchtig TECH → **unseaworthy**
→ seeuntauglich

Seeverpackung *nf* ECON **sea-proof packing**
= seemäßige Verpackung; Überseeverpackung *nf* | = seaworthy packing

Segerkegel *nm* INSTR **Seger cone**
[Temperaturmessgerät] | [temperature measurement]

Segment *nn* SW → **program segment**
→ Programmbereich *nm*

Segment *nn* MATH **segment** *n*
[Fläche zwischen Kreisbogen und Sehne] | [area between chord and arc]
= Kreisabschnitt *nm*

Segment *nn* SCIE **segment** *n*
= Teil *nm*; Ausschnitt *nm* | = part *n*

Segment *nn* DAT.NW **segment** *n*
[LAN] | [LAN; repeaterless cable length]
= Repeaterfeld *nn*

Segment *nn* DAT.MA → **data segment** *n*
→ Datensegment *nn*

Segmentantenne *nf* ANT **segment antenna**
↑ Zylinderparabol-Antenne | ↑ cylindrical parabol antenna
↓ Käseantenne; Tortenschachtelantenne | ↓ cheese antenna; pill-box antenna

Segmentanzeige *nf* EL.TRO **segment display**

segmentieren SCIE **segment** *vt*

segmentiert MATH **segmented**

segmentierte Adressierungsarchitektur DAT.PR **segmented addressing architecture**
= segmentierte Befehlsadressierung; segmentierte Speicherarchitektur | = segmented memory architecture

segmentierte Befehlsadressierung DAT.PR → **segmented addressing architecture**
→ segmentierte Adressierungsarchitektur

segmentierte Codierungskennlinie CODING **segmented encoding law**

segmentierter Adressraum DAT.MA **segmented address space**
≠ einfacher Adressraum | ≠ flat address space

segmentierter Satz DAT.MA **spanned record**

segmentierte Speicherarchitektur DAT.PR → **segmented addressing architecture**
→ segmentierte Adressierungsarchitektur

segmentiertes Programm SW **segmented program**
[in getrennt ladbaren Teilen geschrieben] | [written in separately loadable parts]

segmentiertes Säulendiagramm TEC.DOC **segmented bar chart**

Segmentierung *nf* SW → **program segmentation**
→ Programmsegmentierung *nf*

Segmentierung *nf* MATH **segmentation** *n*

Segmentierungs- und Vereinigungschicht *nf* TELEC **segmentation and reassembly sublayer**
= SAR-Teilschicht *nf* | = SAR
↑ ATM-Anpassungsschicht | ↑ ATM adaptation layer

Segmentkennlinie *nf* CODING **segmented characteristic**
= segmented law

Segmentkurve *nf* ENG.DRA **point set curve**

Segmentverlust *nm* TELEC **segment loss**
[ATM] | [ATM]

= Informationsfeldverlust *nm* — = information field loss; cell information field loss

segmentweise *adj* TECH **segmental** *adj*
Sehachse *nf* OPT → **optical axis**
→ Binormale *nf*
sehbehindert COLL **visually handicapped**
sehenswert COLL **worth seeing**
= sehenswürdig
sehenswürdig COLL → **worth seeing**
→ sehenswert
Sehne *nf* MATH **chord** *n*
[Gerade die zwei Punkte einer Kurve verbindet] — [line connecting two points of a curve]
sehr hoher Integrationsgrad MICR.EL → **VLSI**
→ Größtintegration *nf*
sehr leise MUSIC → **pianissimo** *adv*
→ pianissimo *adv*
Sehschärfe *nf* OPT **visual acuity**
Sehsystem *nn* ART.IN **vision system**
= Sichtsystem *nn* — = VS
Sehweite *nf* PHYS → **visibility range**
→ Sichtbereich *nm*
Sehwinkel *nm* PHYS **angle of sight**
= Gesichtswinkel *nm* — = visual angle
SEI SW **SEI**
= Software Engineering Institute
Seide *nf* COLL **silk** *n*
Seidenfarbband *nn* OFFICE **silk ribbon**
Seil *nn* TECH **rope** *n*
[aus Fäden oder Drähten gedreht] — [wires or fibers twisted together]
≈ Schnur; Leine; Strick — ≈ cord; line; rope
↓ Hanfsseil; Tau — ↓ cable
Seildraht *nm* TECH **rope wire**
Seiler nmder SYS.INS **conductor earthing electrode**
Seilklemme *nf* TECH **grip** (4) *n*
Seilrad *nn* MEC.EN → **sheave** *n*
→ Seilscheibe *nf*
Seilrolle *nf* TECH **pulley block**
Seilroller *nm* TECH **rope sheave**
Seilscheibe *nf* MEC.EN **sheave** *n*
[Rolle mit Rillen] — [a grooved pulley]
= Seilrad *nn*; Laufrolle *nf* (2) — ↑ pulley
↑ Antriebsscheibe
Seiltrieb *nm* MEC.EN **slope drive**
Seilwinde *nf* TECH → **winch** *n*
→ Winde *nf*
Seilzug *nm* MEC.EN **rope traction**
= conveyor trip
Seinesgleichen *nn* COLL → **peer** *n*
→ Gleichrangiger *nm*
Seite *nf* DAT.MA → **page frame**
→ Seitenrahmen *nf*
Seite *nf* MATH **side** *n*
[Vieleck] — [polygon]
Seite *nf* INF.TEC **page** *n*
[als logische Einheit behandelte Informationsmenge] — [a subset of information treated as logical unit]
↓ Bildschirmtext-Seite — ↓ videotex page
Seite *nf* PRIN.ME **page** *n*
[eine der beiden Flächen eines Blattes] — [one of the faces of a sheet]
= S. — = p. (*pl* pp.)
≈ Blatt — ≈ sheet
Seite *nf* COLL **side** *n*
[rechts oder links gelegener Teil] — [part at the right or left]
= flank
Seitenabdeckung *nf* EQP.EN **side cover**
= lateral cover
Seitenabruf *nm* INTERNET **page click**
Seitenabruf *nm* INTERNET → **Web page impression**
→ Web-Seitenabruf *nm*
Seitenanfang *nm* TER&PER **page home line**
Seitenansicht *nf* ENG.DRA **side view**
= Seitenriss *nm* — = side elevation
Seitenansicht *nf* WOR.PR → **page preview** *n*
→ Seitenvorschau *nf*
Seitenansichtsfunktion *nf* COMP.AP **preview function**
= Vorschaufunktion *nf*; Seitenübersicht *nf*; Layout-Darstellungsfunktion *nf*; Preview-Funktion *nf* — = previewer *n*
Seitenaufbau *nm* COMP.AP **page setup**
= Seiteneinrichtung *nf*

seitenauslagerbar DAT.MA → **pageable** *adj*
→ seitenwechselbar
seitenauslagern DAT.PR → **page-out** *vt*
→ seitenweise auslesen
Seitenausleuchtung *nf* IMAG.ME **short lighting**
Seitenausrichtung *nf* PRIN.ME **page orientation**
≈ Seitenformat — ≈ page format
↓ Hochformat; Querformat — ↓ prtrait format; landscape format
Seitenaustausch *nm* DAT.MA **page replacement**
[Teilnehmerbetrieb] — [time sharing operation]
= Seitenersatz *nm* — = page substitution
Seitenbandfading *nn* HF **sideband fading**
Seitenbandfilter *nn* MODUL **sideband filter**
Seitenbandfrequenz *nf* MODUL **sideband frequency**
Seitenbandtheorie *nf* MODUL **sideband theory**
Seitenbandunterdrückung *nf* MODUL **sideband suppression**
Seitenbearbeitungssprache *nf* COMP.AP **text mark-up language**
= Datenstrukturierungscode *nm*; Datenauszeichnungscode *nm*
Seitenbegrenzungslinie *nf* TER&PER → **crop mark**
→ Schnittmarke *nf*
Seitenbeleg *nm* DAT.PR **sheet document**
Seitenbeschreibungssprache *nf* COMP.LG **page description language**
[beschreibt Seitenanordnung und -inhalt für ein Ausgabegerät] — [describes layout and content of a page for an output device]
↓ PCL; PostScript — = PDL
↓ PCL; PostScript
Seitenbestimmung *nf* RAD.LO **sense finding**
Seitenbilddatei *nf* DAT.MA **page-image file**
Seitenbildpuffer *nm* TER&PER **page image buffer**
= Seitensspeicher *nm*
Seitendrucker *nm* TER&PER **page printer** (2)
[druckt eine Seite auf einmal] — [prints a page at once]
≠ Zeilendrucker; Zeichendrucker — = page-at-a-time printer
↑ Paralleldrucker (1) — ≠ line printer; character printer
↓ elektrophotografischer Drucker — ↑ parallel printer (1)
↓ electrophotographic printer
seiteneinlagern DAT.MA → **page-in** *vt*
→ seitenweise einlesen
Seiteneinlagerung *nf* INF.TEC **page-in operation**
Seiteneinrichtung *nf* COMP.AP → **page setup**
→ Seitenaufbau *nm*
Seitenende *nn* TER&PER **page terminator**
Seitenende-Halt *nm* WOR.PR **end-of-page halt**
Seitenentwurf *nm* PRIN.ME → **page make-up** *n*
→ Seitenumbruch *nm*
Seitenentwurfsprogramm *nn* COMP.AP → **page make-up program**
→ Seitenumbruchprogramm *nn*
Seitenersatz *nm* DAT.MA → **page replacement**
→ Seitenaustausch *nm*
Seitenfehler *nm* DAT.MA **page fault**
Seitenfeineinstellung *nf* ANT **fine azimuth adjustment**
Seitenfläche *nf* MATH **face** *n*
Seitenformat *nn* PRIN.ME **page format** *n*
[die Abmessungen] — [the dimensions]
≈ Seitenausrichtung; Zeilenformat — = vertical format
≈ page orientation; line format
seitenformatiert DAT.MA → **paged** *adj*
→ seitenorientiert
seitenformatierte Adresse DAT.MA **paged address**
Seitenformatierung *nf* WOR.PR **page formatting**
Seitenformatierungsblatt *nn* WOR.PR **style sheet**
[defines the layout of a document]
Seitenfrequenz *nf* MODUL **side frequency**
Seitenführung *nf* MEC.EN **lateral guide**
Seitenfuß *nm* PRIN.ME **page foot**
= page footing
seitengestaltend WOR.PR **page making**
Seitengestaltung *nf* PRIN.ME → **page make-up** *n*
→ Seitenumbruch *nm*
Seitengrenze *nf* WOR.PR **page boundary**
Seitengriff *nm* EQP.EN **side handle**
Seitenhalbierende *nf* MATH **median** *n*
[vom Lat. "medianus" = in der Mitte befindlich] — [from Latin "medianus" = "middle"]
Seitenhantierer *nm* SW **pager** *n*
[steuert die Verlagerung von Datenseiten zwischen Speichern] — [handles the transfer of data pages between stores]
= page handler
Seitenkantenzuführung *nf* TER&PER **column-1 leading**
= Spalte-1-Zuführung *nf*
Seitenkontakt *nm* INTERNET **page impression** (2)

[Kontakt des Nutzers mit Seite eiens Online-Angebots] — = page view

Seitenkopf *nm* — PRIN.ME — **page header**
= Seitenüberschrift *nf* — = page heading
≈ catchword

Seitenlänge *nf* — WOR.PR — **page length**

Seiten-Layout *nn* — PRIN.ME — → **page make-up** *n*
→ Seitenumbruch *nm*

Seitenleser *nm* — TER&PER — → **page reader**
→ Blattleser *nm*

Seitenlicht *nf* — IMAG.ME — **crosslight**

Seitenmontage *nf* — PRIN.ME — → **page make-up** *n*
→ Seitenumbruch *nm*

Seitenmontageprogramm *nn* — WOR.PR — **page montage program**

Seitennummerierung *nf* — PRIN.ME — **page numbering**
= Paginierung *nf* — = pagination *n* (1)

Seitennutzungsdauer *nf* — INTERNET — **page view length**

seitenorientiert — DAT.MA — **paged** *adj*
= seitenformatiert

seitenorientierter Editor — WOR.PR — → **screen editor**
→ Bildschirm-Editor *nm*

seitenorientierter virtueller Speicher — DAT.MA — **paged virtual memory**

Seitenperforation *nf* — TER&PER — → **sheet perforation**
→ Blattperforation *nf*

Seiten pro Minute — TER&PER — **pages per minute**
[Druckerleistung; gemeint sind Textseiten] — [performance of printers; applies to text pages]
= Textseiten pro Minute; ppm — = ppm; PPM

Seiten pro Stunden — TER&PER — **pages per hour**
= pph

Seitenrahmen *nf* — DAT.MA — **page frame**
[Unterteilung einer großen Datenmenge in leichter hantierbare feste kleine Untermengen; meist dem Inhalt einer Druckseite oder eines Bildschirms entsprechend] — [subdivision of a large set of data into fixed smaller units for ease of handling; generally corresponding to the content of a printed page or of a screen]
= Kachel *nf*; Rahmen *nm*; Seite *nf* — = frame *n*; page *n*
≈ Speicheradressbereich — ≈ memory bank
≠ Datensegment — ≠ segment

Seitenrand *nm* — PRIN.ME — **margin** *n* (1)
= Papierrand *nm*; Rand *nm* — [unprinted margin of a page]

seitenrichtig — TECH — **side-correct**
≠ seitenverkehrt — ≠ side-inverted

seitenrichtige Ablage — TER&PER — **face-down mode**

Seitenriss *nm* — ENG.DRA — → **side view**
→ Seitenansicht *nf*

Seiten-Scanner *nm* — TER&PER — **page scanners**

Seitenschall *nm* — EL.ACOU — **lateral sound**

Seitenschiene *nf* — EQP.EN — **lateral rail**

Seitenschneider *nm* — TECH — **side cutting pliers**
= Drahtschneider *nm* — = wire cutter; cutter *n*

Seitenschutz *nm* — WOR.PR — **page protection**

Seitenschwankung *nf* — TECH — **lateral sway** *n*

Seitenspeichertechnik *nf* — DAT.MA — **paging** *n*
[Speicherzuweisung für Datenseiten] — [storage allocation of data pages]
= seitenweise Speicherung — = block allocation
≈ segmentation

Seitensspeicher *nm* — TER&PER — → **page image buffer**
→ Seitenbildpuffer *nm*

Seitensteg *nm* — PRIN.ME — → **lateral margin**
→ Außensteg *nm*

seitenstrukturierter Hauptspeicher — DAT.PR — **page-mode memory**
= paged memory; page mode RAM

Seitentabelle *nf* — DAT.MA — **page table**
[für Zuordnung zwischen virtuellem und reellem Speicherplatz] — [correlates virtual to real memory place]
= Seitentafel *nf*

Seitentafel *nf* — DAT.MA — → **page table**
→ Seitentabelle *nf*

Seitenteil *nn* — SYS.INS — **side section**
= side panel

Seitentür *nf* — CIV.EN — **side door**
= Nebentür *nf*

Seitenübergangsstelle *nf* — WOR.PR — **off-page connector**

Seiten überlagern — DAT.MA — → **page** *vt*
→ seitenweise umspeichern

Seitenüberlagerung *nf* — DAT.MA — → **page turning**
→ Seitenwechsel *nm*

Seitenüberschrift *nf* — PRIN.ME — → **page header**
→ Seitenkopf *nm*

Seitenübersicht *nf* — COMP.AP — → **preview function**
→ Seitenansichtsfunktion *nf*

Seitenumbruch *nm* — PRIN.ME — **page make-up** *n*
[Art der Verteilung auf eine Druckseite] — [way of distribution on a page]
= Seitenmontage *nf*; Seitenentwurf *nm*; Seitengestaltung *nf*; Seiten-Layout *nn*; Layout *nn* — = page layout; layout; page composition; page break; page assembly; area composition [DAT.PR]
↑ Umbruch

Seitenumbruchprogramm *nn* — COMP.AP — **page make-up program**
= Seitenentwurfsprogramm *nn* — = page layout program

Seiten umnummerieren — WOR.PR — **repaginate** *vt*

Seitenverhältnis *nn* — TECH — **lateral ratio**
= aspect ratio

Seitenverhältnis *nn* — TV — **aspect ratio**
[Breite zu Höhe] — [width to height]

seitenverkehrt — TECH — **side-inverted**
≠ seitenrichtig — ≠ side-correct

seitenverkehrte Ablage — TER&PER — **face-up mode**

Seitenverstellung *nf* — MEC.EN — **lateral adjustment**

Seitenvorschau *nf* — WOR.PR — **page preview** *n*
= Seitenansicht *nf* — ↑ preview [COMP.AP]
↑ Vorschau [COMP.AP]

Seitenvorschub *nm* — TER&PER — **page change**
= Seitenwechsel *nm*; Umblättern *nn* — = page skip; page break
≈ paging

Seitenwechsel *nm* — TER&PER — → **page change**
→ Seitenvorschub *nm*

Seitenwechsel *nm* — DAT.MA — **page turning**
[Hin- und Herladen von Programmen zwischen Speichern] — [alternation of programs between storages]
= Seitenüberlagerung *nf*; Überlagerung *nf*; Paging *nn* — = page swapping; paging *n*; swapping *n* (1); overlay *n* (2)

Seitenwechsel-Algorithmus *nm* — DAT.MA — **paging algorithm**

seitenwechselbar — DAT.MA — **pageable** *adj*
= seitenauslagerbar

seitenwechseln — DAT.MA — → **page** *vt*
→ seitenweise umspeichern

seitenwechseln — COMP.AP — **page** *vt*
≈ rollen — [to display by pages]
≈ scroll

Seitenwechselspeicher *nm* — DAT.PR — → **virtual memory** *n*
→ virtueller Speicher

seitenweise auslagern — DAT.MA — → **page** *vt*
→ seitenweise überlagern

seitenweise auslesen — DAT.PR — **page-out** *vt*
= seitenauslagern

seitenweise einlesen — DAT.MA — **page-in** *vt*
= seiteneinlagern

seitenweise Speicherung — DAT.MA — → **paging** *n*
→ Seitenspeichertechnik *nf*

seitenweise überlagern — DAT.MA — **page** *vt*
[textseitenweise oder bildschirmweise] — [to change memory location of a text page or screen content]
= seitenweise auslagern — = swap *vt* (1)

seitenweise umspeichern — DAT.MA — **page** *vt*
[meist vom Hauptspeicher in einen Massenspeicher] — [to copy into another memory, mostly from RAM into mass storage]
= seitenwechseln; Seiten überlagern — ↑ swap
↑ zeitweise auslagern

Seitenzahl *nf* (1) — PRIN.ME — **number of pages**
[Gesamtzahl der Seiten]

Seitenzahl *nf* (2) — PRIN.ME — **page number** *n*
[eine Seite kennzeichnende Zahl] — = pagination *n* (2); folio *n*
= Pagina *nf*; Kolumnenziffer *nf*

Seitenzahlangabe *nf* — PRIN.ME — → **paging** *n*
→ Paginierung *nf*

Seitenzähler *nm* — TER&PER — **page counter**

Seitenzählung *nf* — TER&PER — **page counting**

Seitenzuführung *nf* — TER&PER — **sideways feed**
= Querzuführung *nf* — = lateral feed
≠ Frontzuführung — ≠ frontal feed

seitlich *adj* — TECH — **lateral** *adj*
≈ benachbart — = sideways *adj*
≈ adjacent

seitlich angeordnet — TECH — → **side-by-side** *adj*
→ nebeneinander

seitlicher Papierrand — PRIN.ME — **border** *n* (1)

seitliches Rollen — COMP.AP — **side-scrolling**
= horizontales Rollen — = side-rolling; creeping; horizontal scrolling
↑ scrolling

seitlich rollen — COMP.AP — **side-scroll** *vt*
↑ rollen — = creep *vt*
↑ scroll

SEK *nplt* — ECON — → **special direct costs**
→ Sondereinzelkosten *nplt*

Sekans *nm* — MATH — **secant** *n*
[Hypotenuse zu Ankathete] — [hypotenuse to ancathete]
= sec — = sec
↑ trigonometrische Funktion — ↑ trigonometric function

Sekans hyperbolikus — MATH — → **hyperbolic secant**
→ Secans hyperbolicus

Sekretär *nm* — OFFICE — **secretary** *n* (1)
[male]

Sekretärfernsprecher *nm* — TELEPH — → **secretary telephone**
→ Sekretärtelefon *nn*

Sekretariat *nn* — OFFICE — **secretariat** *n*
= Vorzimmer *nn*

Sekretärin *nf* — OFFICE — **secretary** *n* (2)
[female]

Sekretärtelefon *nn* — TELEPH — **secretary telephone**
= Sekretärfernsprecher *nm*

Sektion *nf* — ECON — → **section** *n*
→ Dienststelle *nf*

Sektor *nm* — MATH — **sector** *n*
[Fläche zwischen Kreisbogen und den begrenzenden Radien] — [area delimited by an arc and corresponding radii]
= Kreisausschnitt *nm*; Kreissektor *nm*

Sektor *nm* — TER&PER — **sector** *n*
[Magnetplatte] — [of magnetic disk]
= Spurblock *nm*; Block *nm* (1)

Sektor-/Indexloch *nn* — TER&PER — → **index hole**
→ Indexloch *nn*

Sektorabtastung *nf* — ANT — **sector scanning**

Sektorantenne *nf* — ANT — **sectorial antenna**
≠ Rundstrahantenne — = sectored antenna
≠ omnidirectional antenna

Sektorbildung *nf* — TECH — **sectoring** *n*

Sektorenabbild *nn* — TER&PER — **sector map**
= Sektorzuordnungstabelle *nf*

Sektorenverwaltung *nf* — TER&PER — **sector management**
[Magnetspeicher] — [magnetic store]

Sektorformat *nn* — TER&PER — **sector format**
[Spureneinteilungsverfahren bei Magnetplattenspeicher] — [track formatting procedure for magnetic disk memories]
≠ freies Format — ↑ fixed format [DAT.PR]
↑ festes Format [DAT.PR]

Sektor-Horn *nn* — ANT — **sectorial horn**
= Mehrzellenhorn *nn* — ↑ horn radiator
↑ Hornstrahler

Sektorierung *nf* — TER&PER — **sectoring**
[Diskette] — [diskette]
↓ Hartsektorierung; Weichsektorierung — ↓ hard sectoring; soft sectoring

Sektorloch *nn* — TER&PER — **sectoring hole**
= sector hole

Sektorschaubild *nn* — TEC.DOC — **sector chart**

Sektorsteuerung *nf* — CIRC.EN — → **sector control**
→ Abschnittssteuerung *nf*

Sektorversatz *nm* — TER&PER — → **sector interleaving** *n*
→ Sektorverschachtelung *nf*

Sektorverschachtelung *nf* — TER&PER — **sector interleaving** *n*
= Verschachtelung *nf*; Sektorversatz *nm* — = interleaving *n*; sector interleave

Sektorzelle *nf* — MOB.CO — **sector cell**

Sektorzuordnungstabelle *nf* — TER&PER — → **sector map**
→ Sektorenabbild *nn*

Sektoversatz *nm* — TER&PER — → **interleave factor**
→ Versetzungsfaktor *nm*

sekundär — TECH — → **secondary** *adj*
→ Neben-

sekundär — COLL — → **second-order** *adj*
→ zweitrangig

Sekundär- — TECH — → **secondary** *adj*
→ Neben-

Sekundäralarm *nm* — EQP.EN — → **sequence alarm**
→ Folgealarm *nm*

Sekundärbeschichtung *nf* — OPT.CO — **secondary coating**

Sekundärdaten *nplt* — DAT.MA — **secondary data**
≠ Primärdaten — ≠ primary data

Sekundärdatenerfassung *nf* — DAT.MA — **secondary data acquisition**
= Sekundäreingabe *nf* — = secondary data entry

Sekundärdurchbruch *nm* — MICR.EL — **second breakdown**
= zweiter Durchbruch

sekundäre Belegung — TER&PER — → **upper mode**
→ Umschaltebene *nf*

Sekundäreingabe *nf* — DAT.MA — → **secondary data acquisition**
→ Sekundärdatenerfassung *nf*

Sekundärelektron *nn* — PHYS — **secondary electron**

Sekundärelektronenemission *nf* — PHYS — → **secondary emission**
→ Sekundäremission *nf*

Sekundärelektronenvervielfacher *nm* — EL.TRO — → **electron multiplier**
→ Elektronenvervielfacher *nm*

Sekundärelement *nn* — POW.SY — → **accumulator** *n*
→ Akkumulator *nm*

Sekundäremission *nf* — PHYS — **secondary emission**
= Sekundärelektronenemission *nf*

Sekundäremissionsanode *nf* — EL.TRO — → **dynode** *n*
→ Dynode *nf*

Sekundäremissionsverfielfacher *nm* — EL.TRO — → **electron multiplier**
→ Elektronenvervielfacher *nm*

sekundäres Element — POW.SY — → **accumulator** *n*
→ Akkumulator *nm*

Sekundärfarbe *nf* — PHYS — **secondary color**

Sekundärfrequenznormal *nn* — INSTR — **secondary frequency standard**
[erfordert periode Nacheichung] — [requires calibration at intervals]
= Sekundärfrequenzstandard *nm*

Sekundärfrequenzstandard *nm* — INSTR — → **secondary frequency standard**
→ Sekundärfrequenznormal *nn*

Sekundärgruppe *nf* — TRANSM — **supergroup** *n*
[TF-Technik, Gruppe von 60 Kanälen] — [FDM group of 60 channles]
= SG; Übergruppe *nf*

Sekundärgruppen-Durchschaltefilter — TRANSM — **through supergroup filter**
= SGDFi

Sekundärgruppenumsetzer *nm* — TRANSM — **supergroup modulator**
= SGU

Sekundärkabel *nn* — OUT.PL — **distribution cable** *n*
= Aufteilungskabel *nn*; Verzweigungskabel *nn* (1) — [cable branching from main cable and from which drop wires lead to the subscriber's premises]
= branch cable; secondary cable

Sekundärkanal *nm* — TELEC — → **auxiliary channel** *n*
→ Hilfskanal *nm*

Sekundärmultiplexer *nm* — TRANSM — **secondary multiplexer**

Sekundärmultiplexleitung *nf* — SWITCH — **secondary digital carrier**

Sekundärnormal *nn* — INSTR — → **secondary standard**
→ Gebrauchsnormal *nn*

Sekundärprogramm *nn* — SW — → **object program**
→ Objektprogramm *nn*

Sekundärradar *nm&nn* (*pl* -e) — RAD.LO — **secondary surveillance radar**
= Radar-Bake *nf*; Transponder *nm*; aktive Rückstrahlortung; SSR — = SSR; secondary radar; radar beacon; ramark

Sekundärrahmen *nm* — CODING — **secondary frame**

Sekundärrate *nf* — TELEC — **secondary rate**
[6,312 Mbit/s nach ANSI, 8,448 nach ETSI] — [6.312 by ANSI, 8.448 by ETSI]
= DS2-Rate; DS2 — = DS2 rate; DS2
↑ Superrate — ↑ superrate
↓ T2; E2 — ↓ T2; E2

Sekundärschlüssel *nm* — DAT.MA — **secondary key**
≈ Alternativschlüssel — = candidate key
≈ alternate key

Sekundarschule *nf* — EDUC — → **secondary school**
→ Oberschule *nf*

Sekundärspannung *nf* — POW.SY — **secondary voltage**
= Verbraucherspannung *nf*

Sekundärspeicher *nm* — DAT.MA — **secondary memory**
[externer, online zugreifbarer Speicher] — [external memory with on-line access]
≠ Primärspeicher; Tertiärspeicher — = secondary storage; ancillary memory; ancillary storage; ancillary store
↑ Externspeicher — ≠ primary memory; tertiary memory
↑ external memory

Sekundärstrahler *nm* — ANT — → **reflector** *n* (1)
→ Reflektor *nm* (1)

Sekundärstrahlung *nf* — PHYS — **secondary radiation**

Sekundärverkabelung *nf* — DAT.NW — **secondary cabling**
[zw. Etagen] — [interconnects floors]
= Vertikalverkabelung *nf* — = vertical cabling

Sekundärvermittlungsstelle *nf* — SWITCH — → **secondary switching center** (AE)
→ Hauptvermittlungsstelle *nf*

Sekündärwechselstrom *nm* — POW.SY — **secondary AC**

Sekundärwicklung *nf* — EL.TEC — **secondary winding**
↑ Transformatorwicklung — ↑ transformator winding

Sekunde *nf* — PHYS — **second** *n*
[SI-Basiseinheit für Zeit, 1/3.600 einer Stunde] — [SI unit for time, 1/3,600 of an hour]
= s — = s
↑ time measure

Sekunde *nf* — MATH — **second** *n*

[1/3.600 eines Grads; Symbol: "] — [1/3,600 of a degree; symbol: "]
↑ Gradmaß — ↑ angular measure

Sekundenbruchteil *nm* COLL **split second**
[fig] — [fig]

sekundenschnell COLL **in seconds**
[fig] — [fig]
= Sekundenschnelle, in

Sekundenschnelle, in COLL → **in seconds**
→ sekundenschnell

sekundlich COLL → **every second**
→ sekündlich

sekündlich COLL **every second**
= sekundlich; jede Sekunde

selbstabdichtend TECH → **self-sealing**
→ selbstdichtend

selbstabgleichend EL.TRO **self-adjusting**
= self-balancing; automatic balancing

selbstabgleichende Brücke INSTR **automatic balancing bridge**

Selbstabgrenzung *nf* MICR.EL **autodelimitation** *n*

selbstabtastend MICR.EL **self-scanning**

selbstadjungiert MATH **self-adjoint** *adj*

selbstadjungierter Operator MATH **self-adjoint operator**

selbstähnlich TELEC **self-similar**

selbständernd DAT.PR → **self-modifying** *adj*
→ selbstverändernd

selbständig TECH **stand-alone** *adj*
= allein operierend; autonom; unabhängig; autark — = standalone; autonomous; autarkic; autarchic; independent
≠ eingebunden; zentralgesteuert — ≠ tied-on; centrally controlled

selbständig SCIE → **autonomous** *adj*
→ autonom

Selbständigkeit *nf* SCIE → **autonomy** *n*
→ Autonomie *nf*

selbstangetrieben TECH → **self-powered**
→ eigenangetrieben

selbstanlaufend CIRC.EN → **self-starting**
→ selbststartend

selbstanlaufend SW → **self-triggering**
→ selbststartend

selbstanpassend TECH **self-adapting**
= selbsteinstellend; adaptiv — = adaptive
≈ automatisch — ≈ automatic

selbstanpassendes Programm SW **self-adapting program**
= Selbstanpassprogramm *nn*

selbstanpassendes System DAT.PR **self-adapting system**

Selbstanpassprogramm *nn* SW → **self-adapting program**
→ selbstanpassendes Programm

selbstauffrischend MICR.EL **self-refreshing** *adj*

selbstauffrischendes RAM MICR.EL **self-refreshing RAM**

Selbstauslöser *nm* PHOT **self-timer**
= automatic release

Selbstbau *nm* EL.TRO **self making**
[Basteln]
= Eigenherstellung *nf*

Selbstbedienungssystem *nn* TER&PER **self-service terminal**
= SB-System *nn* — ↑ automatic cash dispenser
↓ Geldausgabeautomat

selbstbegrenzend TECH **self-limiting**

Selbstbehalt *nm* ECON **own risk share**

selbstbeweglich TECH **automotive**

Selbstdämpfung *nf* PHYS **self-damping**

selbstdefinierend SW **self-defining**
= fig — = figurative

selbstdekrementierend EL.TRO → **autodecremental**
→ selbstzurückschaltend

Selbstdiagnose *nf* TECH **autodiagnostic** *n*

Selbstdiagnose *nf* SW → **self test**
→ Eigentest *nm*

selbstdiagnostisch SW **self-diagnostic** *adj*
= eigendiagnostisch

selbstdichtend TECH **self-sealing**
= selbstabdichtend

selbstdokumentierend SW **self-documenting**

selbstdokumentierendes Programm SW **self-documenting program**
= self-documenting code

selbstdokumentierendes System DAT.PR **self-documenting system**

selbstdurchschreibend OFFICE **pressure-sensitive** *adj*
= druckempfindlich — = carbonless; noncarbon
↓ 2fach; 3fach; 4fach — ↓ two-part; three-part

selbstdurchschreibendes Paper TER&PER → **pressure-sensitive paper**
→ druckempfindliches Papier

Selbstdurchschreibpapier *nn* TER&PER → **pressure-sensitive paper**
→ druckempfindliches Papier

selbsteichend EL.TRO **self-calibrating**
= self-gauging; auto-zeroing

Selbsteichung *nf* EL.TRO **self-calibration** *n*
= laufende Eichung — = self-gauging; auto-zeroing

selbsteinbettend SCIE **self-embedding**

selbsteinfädelnd TECH **self-threading**
= auto-threading

Selbsteinfädelung *nf* TER&PER **automatic threading**
= automatische Einfädelung

selbsteingebettet SCIE **self-embedded**

selbsteinstellend TECH → **self-adapting**
→ selbstanpassend

selbstentladen PHYS **self-discharge** *vi*

Selbstentladung *nf* PHYS **self-discharge** *n*

selbstentpackend DAT.MA **self-extracting**

selbstentwickelt TECH **self-developed**
≈ selbstgemacht — = home-developed
≈ self-made

selbstergänzend SW **self-complementing**

selbsterklärend COMP.AP → **menu-driven** *adj*
→ menügesteuert

selbsterklärend SCIE **self-explanatory**

selbsterklärendes Programm SW → **menu driven program**
→ menügeführtes Programm

selbsterregend PHYS **self-exciting**

selbsterregt PHYS **self-excited**

Selbsterregung *nf* PHYS **self-excitation**
= self-oscillation

Selbstfernwahl *nf* SWITCH → **direct distance dialing** (AE)
→ Selbstwählferndienst *nm*

selbstfokussierend PHOT **self-focussing** *adj*
= selbstschärfend — = auto-focussing; auto-zooming

Selbstfokussierung *nf* PHOT **self-focus** *n*
= Autofokus *nm* — = auto-focus; ato-zoom

selbstgebastelt TECH → **self-made** *adj*
→ selbstgemacht

selbstgebaut TECH → **self-made** *adj*
→ selbstgemacht

selbstgebraut (slang) TECH → **self-made** *adj*
→ selbstgemacht

selbstgebraute Software SW → **home-grown software**
→ selbstgeschriebene Software

selbstgeführt POW.SY **self-commutated**

selbstgeführter Stromrichter POW.SY **self-commutated converter**
= zwangskommutierter Stromrichter — = forced-commutation converter

selbstgemacht TECH **self-made** *adj*
= selbstgebaut; selbstgebastelt; selbstgeschnitzt (slang); selbstgebraut (slang) — = homemade; home-grown (slang); homebrew (slang)

selbstgeschnitzt (slang) TECH → **self-made** *adj*
→ selbstgemacht

selbstgeschnitzte Software SW → **home-grown software**
→ selbstgeschriebene Software

selbstgeschriebene Software SW **home-grown software**
= selbstgeschnitzte Software; selbstgebraute Software — = self-made software; home-grown software; homebrew software

selbsthaltend TECH → **self-locking**
→ selbstsperrend

selbsthärtend METAL **self-hardening**

selbstheilend COMPO **self-healing** *adj*
[Kondensator] — [capacitor]

selbstheilendes Netzwerk TELEC **self-healing network**

Selbstheilung *nf* COMPO **self-healing** *n*

selbstindexierend DAT.PR **auto-indexing**

Selbstinduktion *nf* EL.SC **self-induction**
= Eigeninduktion *nf*

Selbstinduktions-Koeffizient *nm* EL.SC → **self-inductance**
→ Selbstinduktivität *nf*

Selbstinduktivität *nf* EL.SC **self-inductance**
= Selbstinduktions-Koeffizient *nm*; Eigeninduktivität *nf*

selbstinkrementierend EL.TRO → **autoincremental**
→ selbstvorschaltend

Selbstinterferenz *nf* TELEC → **self-interference**
→ Selbststörung *nf*

selbstjustierend TECH **self-aligned**

selbstjustierender Steueranschluss MICR.EL **self-aligning gate**
= selbstjustierendes Gate

selbstjustierendes Gate MICR.EL → **self-aligning gate**
→ selbstjustierender Steueranschluss

Selbstklebeband *nn* TECH **self-adhesive tape**
↑ Klebeband = scotch tape
↑ adhesive tape

Selbstklebefolie *nf* TECH → **adhesive film**
→ Klebefolie *nf*

selbstklebend *adj* TECH **self-adhesive** *adj*
= adhesive *adj*

selbstklebender Gerätefuß EQP.EN **stick-on foot**

Selbstklebeschild *nn* TECH **self-adhesive label**

selbstkompilierend SW **self-compiling**

Selbstkontrolle *nf* SW → **self test**
→ Eigentest *nm*

Selbstkontrollprogramm *nn* SW **automonitor** *n*

Selbstkorrektur *nf* INF.TEC **self-correction**
= automatische Korrektur; Korrekturautomatismus *nm* = auto-correction; automatic correction

Selbstkorrelation *nf* STATIS → **autocorrelation** *n*
→ Autokorrelation *nf*

selbstkorrigierend CODING → **error-correcting**
→ fehlerkorrigierend

selbstkorrigierender Code CODING → **error-correcting code**
→ fehlerkorrigierender Code

Selbstkosten *nplt* ECON **full absorption cost**

Selbstkostenpreis *nm* ECON → **cost price**
→ Einstandspreis *nm*

Selbstladefunktion *nf* COMP.AP **auto-load** *n*
= automatisches Laden

selbstladend SW **self-loading**
= bootstrap

selbstladendes Programm SW **self-loading programm**

Selbstlader *nm* SW → **automatic loader**
→ automatischer Lader

Selbstlaut *nm* LING → **vowel** *n*
→ Vokal *nm*

selbstlernend COMP.AP **self-learning**

selbstlernender Computer DAT.PR **self-learning computer**
= selbstlernender Rechner

selbstlernender Rechner DAT.PR → **self-learning computer**
→ selbstlernender Computer

selbstleuchtend OPT **self-luminous**

selbstmodifizierender Code SW **self-modifying code**

selbstoptimierend TECH **self-optimizing**

selbstorganisierend COMP.AP **self-organizing**

selbstorganisierendes Programm SW **self-organizing programm**

selbstproduziert MANUF → **built in-house**
→ eigenproduziert

selbstprogrammiert SW → **self-programmed**
→ eigenprogrammiert

selbstprüfend CODING **self-checking** *adj*
≈ selbstkorrigierend = error-detecting; self-validating
≈ error-correcting

selbstprüfender Code CODING **error-detecting code**
= fehlererkennender Code; Fehlererkennungscode *nm* = error-detection code; error-checking code; error-check code; self-checking code; self-check code
≈ fehlerkorrigierender Code ≈ error-correcting code

selbstprüfendes System DAT.PR **self-checking system**

selbstprüfendes Zeichen INF.TH → **redundant character**
→ redundantes Zeichen

selbstprüfende Zahl DAT.PR **self-checking number**

selbstprüfende Ziffer CODING **self-checking digit**

Selbstprüfung *nf* EQP.EN → **automatic check**
→ Selbsttest *nm*

Selbstprüfung *nf* TECH **self-test** *n*
= Eigenprüfung *nf*; Selbsttest *nm*; Eigentest *nm*

Selbstprüfung *nf* SW → **self test**
→ Eigentest *nm*

Selbstpulsation *nf* OPTOEL **self-pulsing**
[Laser] [laser]

selbstregelnd TECH **self-controlling**
= auto-controlling

selbstregistrierend EL.TRO **self-reading**

selbstreproduzierend TECH **self-reproducing**
= eigenreproduzierend

selbstrücksetzend EL.TRO **self-resetting**
= selbstrückstellend

selbstrücksetzende Schleife SW **self-resetting loop**
= self-restoring loop

selbstrückstellend EL.TRO → **self-resetting**
→ selbstrücksetzend

selbstsättigend EL.TRO **self-saturating**

selbstschärfend PHOT → **self-focussing** *adj*
→ selbstfokussierend

selbstschmierend MEC.EN **self-lubricating** *adj*

selbstschützend TECH **fail-safe** *adj*
= ausfallsicher; eigensicher = failsafe; self-protecting; autoprotective; survivable; failsoft [DAT.PR]; intrinsically safe
≈ gefahrenlos ≈ secure

selbstschützendes System TECH → **fail-safe system**
→ Sicherheitssystem *nn*

selbstschwingend EL.TRO **self-oscillating**
= free-running

selbstschwingende Kippschaltung CIRC.EN → **astable multivibrator**
→ astabile Kippschaltung

selbstsperrend TECH **self-locking**
= selbsthaltend

selbstständige Entladung PHYS **self-maintained discharge**

selbstständige Gasentladung PHYS **self-sustaining gaseous discharge**
= self-maintained gaseous discharge

selbststartend CIRC.EN **self-starting**
= selbstanlaufend

selbststartend SW **self-triggering**
= selbstanlaufend; laden-und-ausführen = self-starting; load-and-go; load-and-run; self-launching

selbststeuernd CONTRO **self-controlling**

Selbststeuerung *nf* CONTRO → **automatic control**
→ automatische Steuerung

Selbststörung *nf* TELEC **self-interference**
= Eigenstörung *nf*; Selbstinterferenz *nf*; Eigeninterferenz *nf*

selbststrukturierend SW **self-structuring**

Selbststudium *nn* EDUC **private study**

selbstsynchronisierend EL.TRO **self-synchronized**
= self-clocking

Selbstsynchronisierung *nf* EL.TRO **self-synchronism**

selbsttaktend EL.TRO **self-clocked**
= self-clocking; with internal clock

selbsttaktender Modem DAT.CO **self-clocked modem**

selbsttätig TECH → **automatic** *adj*
→ automatisch

selbsttätiger Rückruf TELEC → **automatic callback**
→ automatischer Rückruf

selbsttätige Rufweiterleitung TELEPH → **automatic call transfer**
→ automatische Rufweiterleitung

selbsttätiger Verbindungsaufbau TELEC → **direct call**
→ Direktruf *nm*

Selbsttest *nm* EQP.EN **automatic check**
= Selbstprüfung *nf*; eingebauter Test = built-in check; self-test

Selbsttest *nm* TECH → **self-test** *n*
→ Selbstprüfung *nf*

Selbsttest *nm* SW → **self test**
→ Eigentest *nm*

selbsttragend TECH **self-supporting**
= freistehend = unsupported; free-standing

selbsttragend COM.CAB **self-supporting**
= freitragend

selbsttragender Mast CIV.EN → **self-supporting mast**
→ freistehender Mast

selbsttragender Turm CIV.EN → **self-supporting mast**
→ freistehender Mast

selbsttragendes Kabel COM.CAB **self-supporting cable**
↓ Tragseil-Luftkabel ↓ integral-messenger cable

Selbstüberprüfung *nf* SW → **introspection**
→ Introspektion *nf*

selbstüberwachend EL.TRO **self-monitoring** *adj*

Selbstüberwachung *nf* EL.TRO **self-supervision**
= Eigenüberwachung *nf*; Mitlaufüberwachung *nf* = self-monitoring; self-surveillance

Selbstumschaltung *nf* TELEPH **automatic switchover**
= auto-switch

selbstunterbrechend EL.TRO **self-interrupting**
= autointerrupting *n*

Selbstunterbrechung *nf* EL.TRO **self-interruption**
= autointerruption *n*

selbstverändernd DAT.PR **self-modifying** *adj*
= selbständernd = self-changing

Selbstveränderung *nf* SW → **intercession**
→ Interzession *nf*

Selbstverbrauch *nm* ECON **own consumption**

Selbstversorger *nm* ECON **self-provider**

Selbstversorgung *nf* ECON **self-sufficiency**
= self-provision *n*

selbstverständlich ≈ offensichtlich	COLL	**self-evident** *adj* ≈ obvious
selbstvorrückend → selbstvorschaltend	EL.TRO	→ **autoincremental**
selbstvorschaltend = selbstinkrementierend; selbstvorrückend	EL.TRO	**autoincremental**
Selbstvorspannung *nf*	EL.TRO	**self-bias** *n*
selbstwählend	TELEC	**auto-dialing** (AE) *adj* = auto-dialling *n* (BE); self-dialing *n*
Selbstwählferndienst *nm* = SWFD; Selbstwählfernverkehr *nm*; Landesfernwahl *nf*; Selbstfernwahl *nf*; Direktwahl *nf*	SWITCH	**direct distance dialing** (AE) = DDD (AE); subscriber trunk dialling (BE); STD (BE); S.T.D. (BE); nationwide dialing; automatic
Selbstwählfernverkehr *nm* → Selbstwählferndienst *nm*	SWITCH	→ **direct distance dialing** (AE)
Selbstwahlfunktion *nf*	DAT.CO	**auto-dial function** = auto-dial *n*; self-dial *n*
Selbstwahlmodem *nm&nn*	DAT.CO	**auto-dial modem**
Selbstwählverbindung *nf* = automatischer Verbindungsaufbau	TELEC	**automatic call** = dialled call (BE); subscriber-dialed
selbstzentrierender Stecker	COMPO	**self-centering connector**
selbstzurückrückend → selbstzurückschaltend	EL.TRO	→ **autodecremental**
selbstzurückschaltend = selbstdekrementierend; selbstzurückrückend	EL.TRO	**autodecremental**
selektieren = aussondern; auswählen	SCIE	**select** *vt* = outsort *vt*
Selektierung *nf* → Selektion *nf*	SCIE	→ **selection** *n*
Selektion *nf* = Selektivität *nf*; Trennschärfe *nf*; Abstimmschärfe *nf*	NETW.TH	**selectivity** *n* = selection *n*; selectance *n*; clearness of tuning
Selektion *nf* = Selektierung *nf*; Auswahl *nf*	SCIE	**selection** *n* = outsort *n*
Selektionsmatrix *nf* [Speicher]	DAT.MA	**selection matrix** [memory]
Selektionsmittel *nn* = Selektivitätsmittel *nn*	CIRC.EN	**tuning device**
Selektionsstruktur *nf* [Flussdiagramm]	SW	**selection structure** [flowchart] = decision structure
selektiv = frequenzselektiv; trennscharf ≠ breitbandig	EL.TEC	**selective** *adj* ≠ broadband
selektiv	TECH	**selective** *adj* = discerning ≠ nonselective
Selektivausgabe *nf* → selektive Ausgabe	DAT.PR	→ **selective output**
selektive Ausgabe = Selektivausgabe *nf*	DAT.PR	**selective output** = selective dump
selektive Pegelmessung = Einzelpegelmessung *nf*	INSTR	**selective level measurement**
selektiver Anhaltepunkt → selektiver Unterbrechungspunkt	SW	→ **selective breakpoint**
selektiver Einbruch → Dämpfungsmaximum *nn*	RAD.PRO	→ **notch** *n*
selektiver Fotoeffekt → selektiver Photoeffekt	PHYS	→ **selective photo effect**
selektiver Pegelmesser [für TF-Technik spezialisierter Selktivspannungsmesser] = Trägerfrequenz-Voltmeter *nn*; TF-Voltmeter *nn* ↑ Selektivspannungsmesser	INSTR	**selective level meter** [a selective voltmeter specific for FDM transmission] = SLM; carrier frequency voltmeter ↑ selective voltmeter
selektiver Photoeffekt = selektiver Fotoeffekt; spektraler selektiver Effekt; Vektoreffekt *nm*	PHYS	**selective photo effect**
selektiver Schwund → Selektivschwund *nm*	RAD.PRO	→ **selective fading**
selektiver Spannungsmesser → Selektivspannungsmesser *nm*	INSTR	→ **selective voltmeter**
selektiver Unterbrechungspunkt = selektiver Anhaltepunkt	SW	**selective breakpoint**
selektives Abhören [Anzufbeantworter]	TELEPH	**selective message retrieval** [teleph. answering machine]
selektive Wiederherstellung	DAT.PR	**selective restore**
selektive Wiederholung	DAT.CO	**selective repeat**
Selektivität *nf* → Selektion *nf*	NETW.TH	→ **selectivity** *n*
Selektivitätsmittel *nn* → Selektionsmittel *nn*	CIRC.EN	→ **tuning device**
Selektivruf *nm* = Einzelruf *nm* ≠ Sammelruf	SWITCH	**selective call** ≠ multiaddress call
Selektivschwund *nm* = selektiver Schwund; Interferenzschwund *nm*; Mehrwegeschwund *nm*; dispersiver Schwund	RAD.PRO	**selective fading** = multipath fading; interference fading
Selektivspannungsmesser *nm* [ungewobbelte Messung von Amplitude und Frequenz innerhalb eines abstimmbaren Bandschlitzes] = selektiver Spannungsmesser; frequenzabhängiger Voltmeter; Wellenanalysator *nm* ↑ Signalanalysator ↓ selectiver Pegelmesser	INSTR	**selective voltmeter** [not swept amplitude and frequency measurements, within a tuned bandslot] = frequency-selective voltmeter; wave analyzer ↑ signal analyzer ↓ selective level meter
Selektivstörer *nm* = Selektivstörung *nf*	TELEC	**selective interference**
Selektivstörung *nf* → Selektivstörer *nm*	TELEC	→ **selective interference**
Selektivstörung *nf*	MIL.CO	**selective jamming**
Selektivverstärker *nm* → Schmalbandverstärker *nm*	CIRC.EN	→ **selective amplifier**
Selektor *nm*	DAT.PR	**selector** *n*
Selektor *nm*	HF	**preselector**
Selektorkanal *nm* [Datenkanal hoher Transfergeschwindigkeit zwischen Computer und einem Peripheriegerät] ≈ Blockmultiplexkanal	HW	**selector channel** [high-speed data channel connecting a computer to a single peripheral equipment] ≈ block multiplex channel ≠ multiplexer channel
Selektorunterkanal *nm*	HW	**selector subchannel**
Selen *nn* = Se	CHEM	**selenium** *n* = Se
Selengleichrichter *nm* = Selenventil *nn*	COMPO	**selenium rectifier**
Selenid *nn*	CHEM	**selenide** *n*
Seleniumelektronik *nf*	CIRC.EN	**selenium electronics**
Selenventil *nn* → Selengleichrichter *nm*	COMPO	→ **selenium rectifier**
Selenzelle *nf*	PHYS	**selenium cell**
selten ≠ häufig	COLL	**rare** *adj* ≠ frequent
seltene Erde	CHEM	**rare earth**
Seltenheit *nf* ≠ Häufigkeit	COLL	**rarity** *n* ≠ frequency
Semantik *nf* [die Bedeutung der Befehle betreffend] ≠ Syntax	SW	**semantics** *nplt* [related to the meaning of instructions] ≠ syntax
Semantik *nf* [vom griech. "sema" = "Zeichen"] = Wortbedeutungslehre *nf*; Bedeutungslehre *nf*; Semasiologie *nf*	LING	**semantics** *nplt* [science of meaning of words; from Greek "sema" = "sign"] = semasiology *n*
semantisch [die Bedeutung betreffend]	LING	**semantic** *adj* [relative to the meaning]
semantischer Fehler [Fehler im Inhalt] ≠ syntaktischer Fehler	SW	**semantic error** [error in the content] ≠ syntactic error
semantisches Netz → assoziatives Netz	ART.IN	→ **associative network**
Semaphor *nn&(AT)nm* [von "Semaphor" = "Signalmast" mit beweglichen Armen, Kunstwort aus dem griech. "séma + phérein" = "Zeichen + tragen"; Merker zur Synchronisierung parallel ablaufender Vorgänge, v.a. zur Zuteilung gemeinsamer Betriebsmittel] = Programmsemaphor *nn* ↑ Merker	SW	**semaphore** *n* [from "semaphore" = signaling apparatus by moving arms, a neologism from Greek "séma + phérein" = "sign + carry"; synchronization primitive to controll parallel processes, especially to allocate shared resources] = program semaphore ↑ flag
Semasiologie *nf* → Semantik *nf*	LING	→ **semantics** *nplt*
semi- → Halb-*praef*	TECH	→ **semi-** *praef*
Semicap	MICR.EL	**semicap**
Semiduplexbetrieb *nm* [von einem Ende ist Duplexbetrieb, vom anderen nur Simplexbetrieb möglich] ≈ Halbduplexbetrieb	TELEC	**semi-duplex** *n* [one end is duplex, the other beeing simplex] ≈ half-duplex
semidynamisch = halbdynamisch	TECH	**semidynamic**

Semigrafik *nf* COMP.GR → **semigraphic** *n*
→ Halbgrafik *nf*

Semigraphik *nf* COMP.GR → **semigraphic** *n*
→ Halbgrafik *nf*

Semikolon *nn* (*pl* -kolons&-kola) LING **semicolon** *n*
[Symbol: ;]
= Strichpunkt *nm*
↑ Satzzeichen
[symbol: ;]
↑ punctuation mark

semikompiliert SW → **semicompiled**
→ halbkompiliert

Semikundenschaltung *nf* MICR.EL **semicustom IC**
= halbkundenspezifische Schaltung; semi-kundenspezifische integrierte Schaltung
= semicustom device; semicustom *n*

semi-kundenspezifische integrierte Schaltung MICR.EL → **semicustom IC**
→ Semikundenschaltung *nf*

semilogarithmisch MATH **semilogarithmic**
[z.B. 0,123 E-3 für 0,000123]
= halblogarithmisch
[e.g. 0.123 E-3 for 0.000123]

Seminar *nn* ECON **seminar** *n*
≈ Symposium; Kongress; Kurs
≈ symposium; congress; course

Semiologie *nf* LING **semiotics** *nplt*
= Semiotik *nf*; Zeichentheorie *nf*
= theory of signs

Semiotik *nf* LING → **semiotics** *nplt*
→ Semiologie *nf*

semipermanent TECH **semipermanent** *adj*
≈ dauerhaft
≈ continuous

semipermanente Daten DAT.MA **semipermanent data**

semipermanente Durchschaltung TELEC **nailed-up connection**
= semipermanente Verbindung; Langzeitverbindung *nf*
= NUC; semi-permanent connection; semipermanent call; long-duration call

semipermanenter Speicher HW **semipermanent memory**
= Semipermanentspeicher *nm*; Semipermanenzspeicher *nm*
≈ Festwertspeicher
= semipermanent storage; semipermanent store
≈ read-only memory

semipermanente Verbindung TELEC → **nailed-up connection**
→ semipermanente Durchschaltung

semipermanente Verbindung TELEC **semipermanent link**

Semipermanentspeicher *nm* HW → **semipermanent memory**
→ semipermanenter Speicher

Semipermanenzspeicher *nm* HW → **semipermanent memory**
→ semipermanenter Speicher

semiprofessionell ECON → **semiprofessional**
→ halbprofessionell

semistabil TECH **semistable**
= halbstabil

semistatisch TECH **semistatic**
= halbstatisch

semistochastisch STATIS **semirandom**

senär MATH **senary** *adj*
[auf die Zahl 6 bezogen]
[based-on or characterized by six]

Sende-/Empfangsgerät *nn* DAT.CO **transceiver** *n*
= media access unit; MAU

Sende-/Empfangs-Zirkulator *nm* RAD.RE **direccional circulator**

Sendeablauf *nm* BROADC **broadcast sequence**

Sendeabruf *nm* DAT.CO **polling request** *n*
[Sendeaufforderung durch eine Zentrale]
= Abruf *nm*; Sendeaufruf *nm*; Aufruf *nm*; Polling *nn* (ANGL)
[invitation of a central towards peripherals to send]
= polling *n*; poll *n*; attention *n*

Sendeankündigung *nf* DAT.CO **transmission announcement**

Sendeanlage *nf* RADIO **transmission plant**
≈ Sendestation
= transmitting installation; transmitting equipment
≈ transmitting station

Sendeantenne *nf* ANT **transmitting antenna**
= transmit antenna; transmitting aerial; transmit aerial; emitting antenna; emitting aerial; sending antenna; sending aerial

Sendeantennenweiche *nf* RADIO **antenna duplexer** *n*
[mehrere Sender an einer Antenne]
= Simultanweiche *nf*, Senderweiche *nf*
↑ Antennenweiche
[connects several transmitters to one antenna]
= duplexer *n* (3); transmitter combining filter

Sendeapparatur *nf* TELEC → **transmitter** *n*
→ Sender *nm*

Sendeart *nf* RADIO **class of emission**

Sendeaufforderung *nf* TELEC **invitation to send**
= Sendeaufforderungssignal *nn*
= ITS; request to send; RTS

Sendeaufforderung *nf* DAT.CO **RTS**
= RTS-Signal *nn*
[Request To Send]

Sendeaufforderungssignal *nn* TELEC → **invitation to send**
→ Sendeaufforderung *nf*

Sendeaufforderungszeichen *nn* DAT.CO **request to send signal**
= RTS signal

Sendeaufruf *nm* DAT.CO → **polling request** *n*
→ Sendeabruf *nm*

Sendeaufruf *nm* TELECON → **polling mode**
→ Aufrufbetrieb *nm*

Sendeausgang *nm* TRANSM **transmit output**
= F1ab (DBP)
= transmitting output

Sendeberechtigung *nf* (1) DAT.NW → **token** *n*
→ Sendeberechtigungszeichen *nn*

Sendeberechtigung *nf* (2) DAT.NW **token possession**

Sendeberechtigungs-Busnetz *nn* DAT.NW **token bus network**
= Token-Busnetz *nn* (ANGL)
↑ LAN
↑ LAN

Sendeberechtigungsring *nm* DAT.NW **token ring**
[Netzzugang durch spezielles Datenpaket ("Sendeberechtigung") das reihum gereicht wird]
= Sendeberechtigungsschleife *nf*, Sendeberechtigungs-Ringnetz *nn*; Token-ring-Netz *nn*; Token-ring *nm*
↑ LAN
[network access is given by a special data packet ("token") sequentially passed on in the ring]
= token ring network; token loop
↑ LAN

Sendeberechtigungs-Ringnetz *nn* DAT.NW → **token ring**
→ Sendeberechtigungsring *nm*

Sendeberechtigungsschleife *nf* DAT.NW → **token ring**
→ Sendeberechtigungsring *nm*

Sendeberechtigungsumlaufzeit *nf* DAT.NW **token latency time**
↑ Ringumlaufzeit
↑ ring latency time

Sendeberechtigungsverfahren *nn* DAT.NW **token passing procedure**
[Sendeberechting durch Empfang einer spezifischen Bitkombination]
= Token-ring-Verfahren *nn*
[circuit access through a circulating bit combination caled token]
= token passing; token access

Sendeberechtigungszeichen *nn* DAT.NW **token** *n*
[Sendeberechtigung erteilende Bitkombination; token = Engl. "Staffelholz"]
= Sendezeichen *nn*; Sendeberechtigung *nf* (1); Legitimationszeichen *nn*; Token *nn*
[special symbol of authority assigning control over the transmission medium]
= control token

sendebereit DAT.CO **ready-to-transmit** *adj*
= sendewillig
= ready for sending

Sendebereitschaft *nf* DAT.CO **ready-to-transmit state**
= ready-to-send state

Sendebereitschaftssignal *nn* DAT.CO **RTS signal**
= RTS-Signal *nn*
[Ready To Send]

Sendebetrieb *nm* TELEC **transmit mode**
= send mode; transmit operation

Sendebezugsdämpfung *nf* TELEPH **sending reference equivalent**
= SBZ
= transmission reference equivalent; send loudness rating; SLR

Sendebit *nn* CODING **transmit bit**

Sendedaten *nplt* DAT.CO **transmission data**
= Übermittlungsdaten *nplt*
= transmittal data; transmitted data; transfer data

Sendeeingang *nm* TRANSM **transmit input**
= F2an (DBP)
= transmission input

Sende-Empfangs-Abstand *nm* RADIO **T/R distance**
[Frequenzabstand zwischen Mittenfrequenzen von Sender und Empfänger]
[frequency difference between center frequencies of transmitter and receiver]
= Tx/Rx separation

Sende-Empfangs-Gerät *nn* RADIO → **transceiver** *n*
→ Transceiver *nm*

Sende-Empfangs-Schalter *nm* RADIO → **duplexer** *n* (2)
→ Antennenumschalter *nm*

Sende-Empfangs-Umschalter *nm* TER&PER **send/receive switch**
= transceiver switch; transmit/receive switch

Sende-Empfangs-Umschalter *nm* RADIO → **duplexer** *n* (2)
→ Antennenumschalter *nm*

Sende-Empfangs-Weiche *nf* RAD.RE → **directional filter**
→ Richtungsweiche *nf*

Sende-Empfangs-Weiche *nf* RADIO **duplexer filter** *n*
[Filter zum Anschluss von Sendern mit Empfängern an eine Antenne]
= Richtungsweiche *nf*
↑ Trennweiche
[filter to connect transmitters with receivers to a single antenna]
= duplexer *n* (1); directional filter; branching filter
↑ diplexer filter

Sendefeld *nn* DAT.CO **sending field**

Sendefolgenummer *nf* DAT.CO **send sequence number**
= Sendelaufnummer *nf*

Sendefreigabe *nf* DAT.CO **proceed-to-send signal**

German	Domain	English
Sendefrequenz *nf*	TELEGR	**line frequency**
Sendefrequenz *nf*	RADIO	**transmit frequency** = send frequency
Sendegerät *nn* → Sender *nm*	TELEC	→ **transmitter** *n*
Sendekette *nf*	TELEC	**transmission chain**
Sendelaufnummer *nf* → Sendefolgenummer *nf*	DAT.CO	→ **send sequence number**
Sendeleistung *nf*	RADIO	**transmit power** = transmission power; emitting power
Sendemischer *nm*	RADIO	**send mixer**
senden *vt* ≈ übertragen	RADIO	**transmit** *vt* = emit; send
senden *vt* = ausstrahlen ↓ fernsehsenden	BROADC	**broadcast** *vt* [figurative from "broadcast" = to cast seed in all directions] = air ↓ telecast
senden *vt* ≈ übertragen; absetzen	TELEC	**send** *vt* = emit *vt*; transmit *vt* (2); XMT (2) (AE) ≈ transmit (1); dispatch
Sendepegel *nm*	TRANSM	**transmission level** = send level; transmit level
Sender *nm* = S	RADIO	**transmitter** *n* = Tx; XMTR (AE); sender
Sender *nm* = S; Sendegerät *nn*; Sendeapparatur *nf* ≠ Empfänger	TELEC	**transmitter** *n* = Tx; XMTR (AE); transmitting equipment; sending equipment; sender ≠ receiver
Sender-/Empfänger-Schaltung *nf* = Transceiver *nm* (ANGL)	MICR.EL	**transceiver** *n* = transmitter/receiver circuit
Senderabschaltung *nf*	RAD.RE	**transmitter muting**
Senderabstand *nm*	BROADC	**transmitter distance**
Senderabstimmung *nf*	CONS.EL	**station tuning**
Senderegister *nn*	DAT.CO	**send register**
sendereigen	RADIO	**generated in the transmitter**
Sender-Empfänger *nm* → Transceiver *nm*	RADIO	→ **transceiver** *n*
Sender-Empfänger *nm* → Transceiver *nm*	TELEC	→ **transceiver** *n*
Sender-Empfänger *nm* → Funkgerät *nn*	RAD.RE	→ **transceiver**
Senderersatz *nm*	RADIO	**transmitter stand-by**
Sender-Feinabstimmung *nf*	CONS.EL	**fine station tuning**
Senderkralle *nf*	CONS.EL	**autostore** *n*
Sender-Mikrofon *nn*	EL.ACOU	**transmitter microphone**
Sendernetz *nn*	BROADC	**transmitter network**
Senderöhre *nf*	EL.TRO	**transmitting tube** = transmitter tube; transmitting valve; transmitter valve
Senderspeicher *nm* = Stationsspeicher *nm*; Festsenderspeicher *nm*	CONS.EL	**station preset**
Sendersperröhre *nf* [RADAR] = Sperröhre *nf*	RAD.LO	**anti-transmitting receiving tube** [RADAR] = ATR tube
Senderstandort *nm*	RADIO	**transmitter location** = transmitter site
Senderstromversorgung *nf*	RADIO	**transmitter power supply**
Sendersuchlauf *nm* = Suchlaufabstimmung *nf*	CONS.EL	**station search** = station finder; autoscanning; scan tuning; seek *n*
Senderweiche *nf* → Sendeantennenweiche *nf*	RADIO	→ **antenna duplexer** *n*
Sendeseite *nf*	TELEC	**transmit side** = transmitting side
sendeseitig *adj*	TELEC	**on the transmit side** *adj* = transmit-; send-side-
Sendesignal *nn* ≈ Ausgangssignal	TELEC	**transmitted signal** = transmit signal; send signal ≈ outgoing signal
Sendestation *nf* ≈ Sendeanlage	RADIO	**transmitting station** = transmission station; talking station; talker *n* ≈ transmission plant
Sendestation *nf*	DAT.CO	**transmitting terminal** = master station; control station
Sendesteuerung *nf*	DAT.CO	**send control**
Sendestudio *nn*	BROADC	**emitting broadcast studio**
Sendetakt *nm*	TRANSM	**transmitting clock**
Sendetaste *nf*	TER&PER	**send key**
Sendetechnik *nf*	BROADC	**transmission technology**
Sendeteil *nm*	TELEC	**transmitting section**
Sendetetrode *nf* → Leistungstetrode *nf*	EL.TRO	→ **power tetrode**
Sendetiefpass *nm*	TELEC	**transmit low-pass filter**
Sendeübertragungsfaktor *nm*	TELEPH	**acoustoelectric index**
Sendeumsetzer *nm*	RADIO	**up-converter**
Sende- und Empfangsinstanz *nf*	DAT.CO	**submission and delivery entity** = SDE
Sendeunterbrechung *nf*	TELEC	**transmission interrupt**
Sende-Vermittlungs-Adresse *nf* → Ursprungsvermittlungsadresse *nf*	SWITCH	→ **OPC**
Sendeverstärker *nm*	TELEC	**transmitter amplifier**
Sendeverzerrung *nf*	TELEGR	**outgoing signal distortion**
Sendewarteschlange *nf*	DAT.CO	**send queue** = transmit queue
Sendewiederholung *nf*	DAT.CO	**transmission repetition**
sendewillig → sendebereit	DAT.CO	→ **ready-to-transmit** *adj*
Sendezeichen *nn* → Sendeberechtigungszeichen *nn*	DAT.NW	→ **token** *n*
Sendezentrale *nf*	CIRC.EN	**transmission central**
Senditron *nn* → Sendytron *nn*	EL.TRO	→ **sendytron** *n*
Sendschein *nm* → Lieferschein *nm*	ECON	→ **delivery note**
Sendung *nf* → Rundfunksendung *nf* (1)	MEDIA	→ **broadcast transmission** *n*
Sendung *nf* → Versand *nm*	ECON	→ **dispatch** *n* (AE)
Sendungsvermittlung *nf* [Datenvermittlung mit blockweiser Übermittlung] = Nachrichtenvermittlung *nf* ↑ Speichervermittlung	DAT.CO	**message switching** [data switching with block-by-block transmission] = message storing system ↑ store-and-forward switching
Sendytron *nn* = Senditron *nn*	EL.TRO	**sendytron** *n*
Senke *nf* ≠ Quelle	PHYS	**dip** *n* = trough ≠ source
Senke *nf* [die empfangende Seite einer Kommunikationsverbindung] = Sinke *nf* ≠ Quelle ↓ Informationssenke; Nachrichtensenke	INF.TH	**drain** *n* [the receiving end of a communication link] = sink *n*; destination *n* ≠ source
Senke *nf* [FET] = Drain *nm* (3) (ANGL); Abfluss *nm*; D-Pol *nm* ≈ Drainanschluss; Drainzone ≠ Quelle	MICR.EL	**drain** *n* (3) [FET] ≠ source
senken = reduzieren; kürzen; stutzen; zurückschrauben	TECH	**lower** *vt* = reduce; curtail; cut; scale back
senken → absenken	TECH	→ **subside** *vt*
Senkkopf *nm* [Schraube]	MEC.EN	**flat head**
Senkkopfschraube *nf*	MEC.EN	**flat-head screw**
Senklot *nn*	TECH	**sounding lead**
senkrecht = vertikal; perpendikulär ≈ lotrecht [TECH]; rechtwinklig; aufrecht [TECH]	MATH	**vertical** *adj* = perpendicular ≈ plumb [TECH]; rectangular; upright [MATH] ≠ horizontal
Senkrechte *nf* = Normale *nf* ≠ Waagrechte	MATH	**perpendicular** *n* = vertical *n*; normal *n* ≠ horizontal
senkrechte Anführungszeichen ≠ typografisches Anführungszeichen	WOR.PR	**dumb quotes** ≠ smart quotes
senkrechter Strich [Symbol: |] = vertikaler Strich	WOR.PR	**vertical bar** [symbol: |] = pipe *n*
Senkrechtstart und -landung *nf*	AERON	**vertical take-of and landing** = VTOL
Senkung *nf* = Verminderung *nf*; Reduzierung *nf*	COLL	**lowering** *n* = reduction *n*; cut *n*; curtailment *n*
Senkung *nf* → Absenkung *nf*	TECH	→ **subsidence** *n*
sensibel → empfindlich *adj*	TECH	→ **sensitive**

Sensibilisierung *nf* — PHYS — **sensitization**

Sensibilität *nf* — NETW.TH — → **sensitivity** *n*
→ Empfindlichkeit *nf*

Sensibilität *nf* — TECH — → **sensitivity** *n*
→ Empfindlichkeit *nf*

Sensibilitätsanalyse *nf* — ECON — **sensibility analysis**

Sensibilitätsanalyse *nf* — TECH — → **sensitivity analysis**
→ Empfindlichkeitsanalyse *nf*

Sensibilitätsfaktor *nm* — EL.TRO — → **sensitivity factor**
→ Empfindlichkeitsfaktor *nm*

sensibler Bildschirmbereich — DAT.PR — **hot spot**
= Hotspot *nm* (ANGL)

sensibler Textbereich — TER&PER — → **hypertext** *n*
→ Hypertext *nm*

Sensistor *nm* — COMPO — → **NTC thermistor**
→ Heißleiter *nm*

sensitiv — TECH — → **sensitive**
→ empfindlich *adj*

Sensitivdaten *nplt* — COMP.SC — → **sensitive data**
→ schutzwürdige Daten

Sensor *nm* — INSTR — → **test probe**
→ Prüfspitze *nf*

Sensor *nm* — COMPO — **sensor** *n*
= Fühler *nm* — [detection device]
≈ Wandler [PHYS]; Messaufnehmer [INSTR] — = detector *n*
↓ Positionssensor; Beschleunigungssensor; Drucksensor; Temperatursensor; Gassensor — ≈ transducer [PHYS]; transducer [INSTR]
↓ position sensor; acceleration sensor; pressure sensor; temperature sensor; gas sensor

Sensor-/Aktor-Bus *nm* — AUTOMA — **sensor/actor bus**
↓ Interbus; CAN — ↑ interbus; CAN

Sensorbildschirm *nm* — TER&PER — → **touch screen**
→ Berührungsbildschirm *nm*

Sensoreingabe *nf* — TER&PER — → **touch-sensitive input**
→ Berührungseingabe *nf*

Sensorfeld *nn* — TER&PER — → **touch screen**
→ Berührungsbildschirm *nm*

Sensorfeld *nn* — TER&PER — → **touch-sensitive tablet**
→ Berührungstablett *nn*

Sensorfeldverarbeitung *nf* — INF.TEC — **sensor array processing**

sensorgesteuert — EL.TRO — **sensor-controlled**

Sensorhandschuh *nm* — TER&PER — **sensor glove**

Sensormodul *nn* — INSTR — **sensor module**

Sensorschalter *nm* — COMPO — → **sensor switch**
→ Berührungsschalter *nm*

Sensortastatur *nf* — TER&PER — → **touch-sensitive keyboard**
→ Berührungstastatur *nf*

Sensortaste *nf* — COMPO — → **touch key**
→ Berührungstaste *nf*

Sensortechnik *nf* — INSTR — **sensor technique**
= sensor engineering

separate Formatierungsanweisung — SW — → **dot command**
→ Punktkommando *nn*

separate Signalisierung — TELEC — → **outslot signaling**
→ Outslot-Signalisierung *nf*

Separation *nf* — TECH — → **separation** *n* (2)
→ Abtrennung *nf*

Separator *nm* — TV — **sync separator**

Separator *nm* — DAT.MA — → **separator** *n*
→ Trennzeichen *nn*

Separator *nm* — TER&PER — → **separator** *n*
→ Trennvorrichtung *nf*

Separator *nm* (ANGL) — POW.SY — → **battery separator**
→ Scheider *nm*

Separatzugang *nm* — MICROW — **individual port**
= separate port

separierbar — TECH — → **separable** *adj*
→ trennbar

separieren — TECH — → **separate** *vt*
→ abtrennen

Separiermaschine *nf* — TER&PER — → **separator** *n*
→ Trennvorrichtung *nf*

separiert — TECH — → **separated** *adj*
→ getrennt

Separierung *nf* — TECH — → **separation** *n* (2)
→ Abtrennung *nf*

Separiervorrichtung *nf* — TER&PER — → **separator** *n*
→ Trennvorrichtung *nf*

sepiabraun *adj* — OPT — **sepia** *adj*

septenär — MATH — **septenary** *adj*
[auf die Zahl 7 bezogen] — [related to number 7]

septendezimal — MATH — **septendecimal** *adj*
[die Zahl 17 betreffend] — [related to the number 17]

Septett *nn* — CODING — **septet** *n*
[als Einheit behandelte 7 Ziffern oder Bits] — [7 digits or bits handled as unit]
= Sieben-Bit-Einheit *nf* — = seven-bit byte
↑ Byte — ↑ byte

Septillion *nn* — MATH — **tredecillion** (AE)
[10E42] — [10E42]
= septillion (BE)

Sequel — MEDIA — **sequel** *n*
[Fortsetzung erfolgreichen Titels] — [continuation of successful title]

sequentialisieren — SCIE — **sequence** *vt*

Sequentialisieren *nn* — SCIE — → **sequencing** *n*
→ Sequentialisierung *nf*

Sequentialisierung *nf* — SCIE — **sequencing** *n*
= Sequentialisieren *nn*

Sequentialspeicher *nm* — HW — → **sequential access memory**
→ sequentieller Speicher

Sequentialzugriff *nm* — DAT.MA — → **sequential access**
→ sequentieller Zugriff

sequentiell — SCIE — **sequential** *adj*
[vom latein. "sequi" = "folgen"; in einer vorgegebenen Reihenfolge] — [from Latin "sequi" = "follow"; in a specified sequence]
≈ seriell — ≈ serial

sequentiell — TECH — → **consecutive** *adj*
→ aufeinander folgend

sequentielle Analyse — STATIS — → **sequential analysis**
→ Sequenzanalyse *nf*

sequentielle Ausführung — DAT.PR — → **sequential operation**
→ sequentieller Betrieb

sequentielle Basiszugriffsmethode — DAT.MA — **basic sequential access method**
= BSAM-Methode *nf* — = BSAM

sequentielle Codierung — CODING — → **convolutional coding**
→ Faltungscodierung *nf*

sequentielle Datei — DAT.MA — **sequential file**
= serielle Datei — = serial file

sequentielle Datenstruktur — DAT.MA — **sequential data structure**
= contiguous data structure

sequentielle Datenüberprüfung — DAT.MA — **data scanning**
= scanning *n*

sequentielle Folge — TECH — → **sequential order**
→ laufende Folge

sequentielle Funktion — STATIS — → **sequential function**
→ Sequenzfunktion *nf*

sequentielle Liste — DAT.MA — **sequential list**
[in benachbarten Speicherplätzen gespeichert] — [stored in contiguous locations]
= lineare Liste — = dense list; linear list; packed array

sequentielle Logik — CIRC.EN — → **sequential logic**
→ Schaltwerk *nn*

sequentielle Nummer — MATH — → **sequential number**
→ laufende Zahl

sequentieller Algorithmus — SW — **sequential algorithm**

sequentieller Betrieb — DAT.PR — **sequential operation**
= sequentielle Ausführung — = sequential mode; one-at-a-time mode; sequential execution

sequentieller Computer — DAT.PR — → **sequential computer**
→ Linearrechner *nm*

sequentieller Rechner — DAT.PR — → **sequential computer**
→ Linearrechner *nm*

sequentieller Speicher — HW — **sequential access memory**
[mit seriellem Zugriff] — = sequential access storage; sequential acces store; serial memory; serial storage; serial store
= Sequentialspeicher *nm*; Serienspeicher *nm*; Sereillspeicher *nm*; serieller Speicher
≠ Direktzugriffsspeicher; Parallelspeicher — ≠ random access memory
↓ Laufzeitspeicher; Magnetbandspeicher — ↓ delay-line memory; magnetic tape memory

sequentieller Zugriff — DAT.MA — **sequential access**
[es werden sämtliche Daten nacheinander überlesen, bis die gesuchten gefunden werden] — [sequential reading of all data, till the procured ones are found]
= serieller Zugriff; Sequentialzugriff *nm*; Serialzugriff *nm*; Seriellzugriff *nm*; Linearzugriff *nm*; Reihenfolgezugriff *nm* — = sequential access method; SAM; serial access; physical sequential access
≠ direct access

sequentielles Logikelement — CIRC.EN — **sequential logic element**

sequentielle Speicherung — DAT.MA — **sequential storage**
= serielle Speicherung — = sequential store; sequential memory; serial storage; serial store; serial memory

sequentielles Programm — SW — → **sequential program**
→ lineares Programm

sequentielles Sampling — INSTR — → **sequential sampling**
→ kohärente Abtastung

sequentielles Suchen DAT.MA → **linear search**
→ lineare Suchmethode
sequentielle Stapelverarbeitung DAT.MA **sequential batch processing**
sequentielle Steuerung CONTRO → **sequence control**
→ Folgesteuerung *nf*
sequentielle Suchmethode DAT.MA → **linear search**
→ lineare Suchmethode
sequentielle Tiefe MICR.EL **sequential depth**
[in Taktschritten gemessene Antwortzeit] [response time measured in clock units]
sequentielle Verarbeitung DAT.PR **sequential processing**
≠ wahlfreie Verarbeitung ≠ direct access processing
sequentielle Zahl MATH → **sequential number**
→ laufende Zahl
Sequenz *nf* COLL → **sequence** *n*
→ Reihenfolge *nf*
Sequenz *nf* SCIE **sequence** *n*
[eine vorgegebene Reihenfolge] [a specific order]
= Ablauf *nm*; Abfolge *nf*; Folge *nf* = sequency *n*; succession *n*; train *n*
≈ Reihenfolge; Serie ≈ series
Sequenz *nf* IMAG.ME **sequence** *n* (1)
[Folge zusammenhängender Szenen] [of related scenes]
Sequenz *nf* COMP.SC → **string** *n* (1)
→ Kette *nf*
Sequenzanalyse *nf* STATIS **sequential analysis**
= sequentielle Analyse
Sequenzbetriebsart INSTR **sequency mode**
Sequenzenbildung *nf* DAT.MA → **string formation**
→ Zeichenkettenbildung *nf*
sequenzenorientiert DAT.MA → **string-oriented** *adj*
→ zeichenkettenorientiert
Sequenzenverarbeitung *nf* DAT.MA → **string processing**
→ Zeichenkettenverarbeitung *nf*
Sequenzer *nm* COMP.AP **sequencer** *n*
[zur Bearbeitung von digitaler Musik] [to create or modify digital music]
Sequenzer *nm* MANUF → **sequencer** *n*
→ Umgurter *nm*
Sequenzfunktion *nf* STATIS **sequential function**
= sequentielle Funktion ↓ slant function
↓ Slant-Funktion
Sequenzprüfung *nf* DAT.MA **sequence check**
Sequenztechnik *nf* TELEC → **serial transmission**
→ Serienübertragung *nf*
Sequenzvariable *nf* DAT.MA → **string variable**
→ Kettenvariable *nf*
Sereillspeicher *nm* HW → **sequential access memory**
→ sequentieller Speicher
Serialbetrieb *nm* DAT.PR → **serial processing**
→ Serienverarbeitung *nf*
Serial-carry-Zähler *nm* (ANGL) MICR.EL → **serial-carry counter**
→ Serienübertragzähler *nm*
Serial-data-Driver (ANGL) INSTR → **serial data driver**
→ Serielldatentreiber *nm*
Serialdrucker *nm* TER&PER → **character printer**
→ Zeichendrucker *nm*
serialisierbar CODING **serializable**
Serialisierbarkeit *nf* CODING **serializability** *n*
serialisieren CODING → **serialize**
→ in serielle Form bringen
Serialisierung *nf* CODING **serialization** *n*
Serialmaus *nf* TER&PER **serial mouse**
= serielle Maus ≠ bus mouse
≠ Bus-Maus
Serialmodem *nm&nn* DAT.CO → **serial modem**
→ serieller Modem
Serialverarbeitung *nf* DAT.PR → **serial processing**
→ Serienverarbeitung *nf*
Serialzugriff *nm* DAT.MA → **sequential access**
→ sequentieller Zugriff
Serie *nf* SCIE **series** (*n pl* -ies)
≈ Sequenz = batch *n*
≈ sequence
Serie *nf* IMAG.ME → **television series**
→ Fernsehserie *nf*
seriell SCIE **serial** *adj*
[vom latein. "series" = "Reihe"; hintereinander und nicht gleichzeitig] [from Latin "series" = "row"; one after other]
= reihenmäßig; reihenweise; nacheinender; fortlaufend ≈ sequential; consecutive
≈ sequentiell; aufeinederfolgend ≠ parallel
≠ parallel

Seriellabtastung *nf* EL.TRO → **serial scanning**
→ Serienabtastung *nf*
Seriellanschluss *nm* HW → **serial port**
→ serieller Anschluss
Seriellanschlussadapter *nm* HW **serial port adapter**
= asynchronous communication adapter
Seriellbetrieb *nm* DAT.PR → **serial processing**
→ Serienverarbeitung *nf*
Seriellbus *nm* HW → **serial bus**
→ serieller Bus
Serielldaten *nplt* DAT.MA → **serial data**
→ serielle Daten
Serielldatentreiber *nm* INSTR **serial data driver**
= Serial-data-Driver (ANGL)
Serielldrucker *nm* (1) TER&PER → **character printer**
→ Zeichendrucker *nm*
Serielldrucker *nm* (2) TER&PER **serial printer** (2)
[mit serieller Schnittstelle] [with serial interface]
= serieller Drucker (2) ≠ parallel printer (2)
≠ Paralleldrucker (2)
serielle Arbeitsweise DAT.PR → **serial processing**
→ Serienverarbeitung *nf*
serielle Datei DAT.MA → **sequential file**
→ sequentielle Datei
serielle Daten DAT.MA **serial data**
= Serielldaten *nplt*
serielle Datenübertragung DAT.CO **serial data transmission**
serielle Datenverarbeitung DAT.PR → **serial processing**
→ Serienverarbeitung *nf*
serielle Ein-/Ausgabe DAT.PR **serial input/output**
≈ Serienübertragung ≈ serial transmission
serielle Maus TER&PER → **serial mouse**
→ Serialmaus *nf*
serieller Addierer CIRC.EN **serial adder**
= Serienaddierer *nm*; serielles Addierwerk; Serienaddierwerk *nn*; Serienadder *nm* (ANGL)
serieller Anschluss HW **serial port**
= Seriellanschluss *nm*; serieller Port (ANGL); Seriellport *nm* (ANGL) = serial connection
≈ serielle Schnittstelle ≈ serial interface
serieller Betrieb DAT.PR → **serial processing**
→ Serienverarbeitung *nf*
serieller Bus HW **serial bus**
= Seriellbus *nm*
serieller Cache-Speicher HW **look-through cache**
= serial cache
serieller Computer DAT.PR → **sequential computer**
→ Linearrechner *nm*
serieller Drucker (1) TER&PER → **character printer**
→ Zeichendrucker *nm*
serieller Drucker (2) TER&PER → **serial printer** (2)
→ Serielldrucker *nm* (2)
serieller Ein-/Ausgang DAT.PR **serial input/output**
= SIO
serieller Eingang/ paralleler Ausgang HW **serial-in/parallel-out**
= SIPO = serial input/parallel output; SIPO
serieller Eingang/serieller Ausgang HW **serial-in/serial-out**
= SISO = serial input/serial output; SISO
serieller Modem DAT.CO **serial modem**
= Seriellmodem *nm&nn*; Serialmodem *nm&nn*
serieller Port (ANGL) HW → **serial port**
→ serieller Anschluss
serieller Rechner DAT.PR → **sequential computer**
→ Linearrechner *nm*
serieller Speicher HW → **sequential access memory**
→ sequentieller Speicher
serieller Subtrahierer CIRC.EN **serial subtracter**
= serielle Subtrahierschaltung; serielles Subtrahierwerk = serial subtracter circuit
serieller Zugriff DAT.MA → **sequential access**
→ sequentieller Zugriff
serielles Addierwerk CIRC.EN → **serial adder**
→ serieller Addierer
serielle Schnittstelle HW **serial interface**
= bitserielle Schnittstelle = bit-serial interface
↓ V.24-Schnittstelle; V.11-Schnittstelle; SS97-Schnittstelle; TTY-Schnittstelle; SAS-Schnittstelle; BAM-Schnittstelle ↓ V.24 interface; V.11 interface; SS97 interface; TTY interface; SAS interface; BAM interface
serielles Internet-Schnittstellenprotokoll INTERNET **SLIP**
= SLIP-Protokoll *nn* = Serial Line Internet Protocol

serielle Speicherung DAT.MA → **sequential storage**
→ sequentielle Speicherung

serielles Subtrahierwerk CIRC.EN → **serial subtracter**
→ serieller Subtrahierer

serielle Subtrahierschaltung CIRC.EN → **serial subtracter**
→ serieller Subtrahierer

serielle Übertragung TELEC → **serial transmission**
→ Serienübertragung *nf*

serielle Verarbeitung DAT.PR → **serial processing**
→ Serienverarbeitung *nf*

seriell korrelierte Variable MOD&SI **serially correlated variable**
= lag variable; lagged variable

seriell mehrfach aufrufbares Programm SW **serially reusable program**
[ohne Neuladen in den Arbeitsspeicher, hintereinander in mehreren Anwenderprogrammen einsetzbar] [can be runned sequentially for various application programs, without necessity to reload into the main memory]
= seriell wiederverwendbares Programm
≠ ablaufinvariantes Programm ≠ reenterable program
↑ mehrfach aufrufbares Programm ↑ reusable program

Seriellmodem *nm&nn* DAT.CO → **serial modem**
→ serieller Modem

Seriellport *nm* (ANGL) HW → **serial port**
→ serieller Anschluss

Seriellverarbeitung *nf* DAT.PR → **serial processing**
→ Serienverarbeitung *nf*

seriell wiederverwendbares Programm SW → **serially reusable program**
→ seriell mehrfach aufrufbares Programm

Seriellzugriff *nm* DAT.MA → **sequential access**
→ sequentieller Zugriff

Serienabtastung *nf* EL.TRO **serial scanning**
= Seriellabtastung *nf*

Serienadder *nm* (ANGL) CIRC.EN → **serial adder**
→ serieller Addierer

Serienaddierer *nm* CIRC.EN → **serial adder**
→ serieller Addierer

Serienaddierwerk *nn* CIRC.EN → **serial adder**
→ serieller Addierer

Serienaddition *nf* COMP.SC **serial addition**

Serienbelastung *nf* EL.TEC **series loading**

Serienbetrieb *nm* DAT.PR → **serial processing**
→ Serienverarbeitung *nf*

Serienbrief *nm* WOR.PR **serial letter**
[Standardtext mit individueller Adresse und Anrede] [standard text with individual address and salutation]
= personalisierter Brief = personalized letter
≈ Standardbrieferstellung ≈ mail merge

Serienbrieferstellung *nf* WOR.PR **mail merge**
= Serienbrieffunktion *nf*; Adress-Serienbrief-Mischfunktion *nf* = mail-merging; merge; merging

Serienbrieffunktion *nf* WOR.PR → **mail merge**
→ Serienbrieferstellung *nf*

Serienbriefprogramm *nn* WOR.PR → **form-letter program**
→ Standardbriefprogramm *nn*

Seriendrucker *nm* TER&PER → **character printer**
→ Zeichendrucker *nm*

Serienfabrikation *nf* MANUF → **series production**
→ Serienfertigung *nf*

Serienfax *nn* TELEC **serial fax**

Serienfertigung *nf* MANUF **series production**
= Serienproduktion *nf*; Serienherstellung *nf*; Serienfabrikation *nf* = series manufacture; series fabrication; serial production; serial manufacture; serial fabrication; sequence production; sequence manufacture; sequence fabrication; batch production; batch manufacture; batch fabrication

seriengefertigt TECH → **canned** *adj*
→ konfektioniert

Seriengerät *nn* TECH **serial model**
≈ Grundbauform = off-the-shelf model
≠ Prototyp; Sonderanfertigung ≈ standard version
≠ prototype; special make

Seriengeschäft *nn* ECON **off-the-shelf business**

seriengeschaltet EL.SC **series-connected**
= in Serie geschaltet ≈ preconnected
≈ vorgeschaltet

seriengespeist ANT **series-fed**

Serienherstellung *nf* MANUF → **series production**
→ Serienfertigung *nf*

Serienkondensator *nm* EL.SC → **series capacitor**
→ Reihenkondensator *nm*

Serienlieferung *nf* ECON **bulk delivery**

Seriennummer *nf* MANUF **serial number**
= Fertigungsnummer *nf* = manufacturing number

Serien-Parallel-Umsetzer *nm* CIRC.EN **series-parallel converter**
= Serien-Parallel-Wandler *nm*; Serienwandler *nm*; Serienumsetzer *nm*; Reihen-Parallel-Wandler *nm* = serial-to-parallel converter; staticizer *n*

Serien-Parallel-Umsetzung *nf* CODING **series-parallel conversion**
= Serien-Parallel-Wandlung *nf*; Reihen-Parallel-Wandlung *nf*; Serienumsetzung *nf*; Serienwandlung *nf* = serial-to-parallel conversion

Serien-Parallel-Wandler *nm* CIRC.EN → **series-parallel converter**
→ Serien-Parallel-Umsetzer *nm*

Serien-Parallel-Wandlung *nf* CODING → **series-parallel conversion**
→ Serien-Parallel-Umsetzung *nf*

Serienprinzip *nn* TELEC → **serial transmission**
→ Serienübertragung *nf*

Serienproduktion *nf* MANUF → **series production**
→ Serienfertigung *nf*

Serienprüfung *nf* QUAL → **factory acceptance test**
→ Fabrikabnahmemessungen *nplt*

Serienregler *nm* CIRC.EN **serial voltage regulator**

Serienreife MANUF **maturity for series production**
= full-production status

Serienresonanz *nf* NETW.TH **series resonance**
= Spannungsresonanz *nf* = voltage resonance

Serienresonanzkreis *nm* NETW.TH → **series-resonant circuit**
→ Reihenschwingkreis *nm*

Serienschaltung *nf* NETW.TH → **series connection**
→ Reihenschaltung *nf*

Serienschwingkreis *nm* NETW.TH → **series-resonant circuit**
→ Reihenschwingkreis *nm*

Serien-Sektion-Anpassung *nf* ANT **series-section transformer**
[Impedanztransformation] [impedance transformation]

Serienspeicher *nm* HW → **sequential access memory**
→ sequentieller Speicher

Serienspeisung *nf* EL.TEC **series feed**

Serienspektrum *nn* OPT **series spectrum**

Serienstabilisierung *nf* POW.SY **serial voltage stabilization**

Serienübertrag *nm* COMP.SC **serial carry**

Serienübertragung *nf* TELEC **serial transmission**
[sequenzielle Übertragung der Codeelemente eines Zeichens] [sequential transmission of the code elements of a character]
= serielle Übertragung; Serienprinzip *nn*; Sequenztechnik *nf* = sequential transmission; serial mode; sequential mode; serial communications
≠ Parallelübertragung ≠ parallel transmission

Serienübertragzähler *nm* MICR.EL **serial-carry counter**
= Serial-carry-Zähler *nm* (ANGL)

Serienumsetzer *nm* CIRC.EN → **series-parallel converter**
→ Serien-Parallel-Umsetzer *nm*

Serienumsetzung *nf* CODING → **series-parallel conversion**
→ Serien-Parallel-Umsetzung *nf*

Serienverarbeitung *nf* DAT.PR **serial processing**
[Aufgaben werden nacheinander bearbeitet, ohne Simultanität oder zeitliche Verschachtelung] [tasks are processed in sequence, without simultaneity or temporal interleaving]
= serielle Verarbeitung; Seriellverarbeitung *nf*; Serialverarbeitung *nf*; Serialbetrieb *nm*; Serienbetrieb *nm*; serielle Arbeitsweise; serielle Datenverarbeitung; Seriellbetrieb *nm*; serieller Betrieb = serial mode; serial data processing; serial operation
≠ Mehrprogrammbetrieb ≠ multiprogramming

Serienverzweigung *nf* MICROW **series T**

Serienwandler *nm* CIRC.EN → **series-parallel converter**
→ Serien-Parallel-Umsetzer *nm*

Serienwandlung *nf* CODING → **series-parallel conversion**
→ Serien-Parallel-Umsetzung *nf*

Serienwiderstand *nm* EL.TEC → **series resistance**
→ Reihenwiderstand *nm*

Serienwiderstand *nm* NETW.TH → **series resistance**
→ Längswiderstand *nm*

Serife *nf* (*pl* -n) PRIN.ME **serif** *n*
[vom niederländischen "schreef" = "Strich, Linie", welches wiederum vom italienischen "sgraffio" = "Kratzer" abstammt; dekorative Querstriche an den Enden von Buchstaben] [from Dutch "schreef" = "strike, line", which stems from Italian "sgraffio" = "scratcher"; decorative transversal short lines at the extremes of letters]
= Schraffe *nf*; Abschlussstrich *nm*

serifenbetont PRIN.ME → **seriffed** *adj*
→ serifenhaltig

serifenhaltig PRIN.ME **seriffed** *adj*

= serifenbetont
≠ serifenlos
↑ Schriftattribut
= serif *adj*; ceriph *adj*
≠ sans serif
↑ font attribute

serifenhaltige Schrift PRIN.ME → **serif font**
→ Serifenschrift *nf*

serifenlos PRIN.ME **sans serif** *adj*
≈ Grotesk
≠ serifenhaltig
↑ Schriftattribut
= sanserif *adj*; gothic *adj*; roman *adj* (2)
≈ sans serif *n*
≠ seriffed
↑ font attribute

serifenlose Schrift PRIN.ME **sans serif font** *n*
[serifenlose, gleichmäßig starke Antiqua-Schrift]
= Grotesk-Schrift *nf*, Groteskschrift *nf*; Grotesk *nn*
≠ Seriphenschrift
↑ Schriftart; serifenlose Schrift
↓ Helvetica; Univers; Futura
= sans serif *n*; sanserif *n*; sans face *n*; sans *n*
≠ serif font
↑ font type; sans-serif font
↓ Helvetica; Univers; Futura

Serifenschrift *nf* PRIN.ME **serif font**
= serifenhaltige Schrift
≈ Antiquaschrift
≠ serifenlose Schrift
↑ Schriftart
↓ Antiquaschrift
= ceriph font; serif font style; ceriph font style
≠ sans seriph
↑ font type
↓ roman

Serigraphie *nf* PRIN.ME **serigraphy** *n*
[künstlerischer Siebdruck]
↑ Siebdruck
= silk screen printing
↑ screen printing

Servelet DAT.NW → **servlet** *n*
→ Servlet *nn*

Server *nm* DAT.NW **server** *n*
[in einem Rechnerverbund zentrale Funktionen ausübender Rechner oder Peripheriegerät, wie z.B. Zugriffssteuerung; vom engl. "server" = "Kellner"]
= dienstleistender Rechner
≈ Hauptrechner
≠ Client *nm*; Satellit *nm*; Workstation *nf*
↓ Datenserver; Druckserver; Plattenserver; Kommunikationsserver; dedizierter Server; LAN-Server
[computer or peripheral performing a central function in a computer network, like controlling access]
= network server
≈ master computer
≠ client; satellite; workstation
↓ file server; print server; disk server; communication server; dedicated server; LAN server

Server-basiert DAT.NW **server-based**

serverbezogen DAT.NW → **server-related**
→ Server-bezogen

Server-bezogen DAT.NW **server-related**
= serverbezogen

Server-Dienstgerät *nn* DAT.NW **server appliance**

Server-Farm *nf* DAT.NW **server farm**

Server-Homing *nn* DAT.NW **server homing**
[mit lokalem Webserver]
[with local Web server]

Server-Housing *nn* DAT.NW **server housing**
[Webserver beim Kunden]
[Web server at customers premises]

Server-Push *nm* DAT.NW **server push**
[von Server veranlasste Sendung]
[transmission activated by server]

serverseitig DAT.NW → **server-side**
→ Server-seitig

Server-seitig DAT.NW **server-side**
= serverseitig

Service *nm* ECON → **customer support**
→ Kundendienst *nm*

Service-Bit *nn* TRANSM **service bit**
= Dienstbit *nn*

Service-Computerzentrum *nm* DAT.PR → **service computer center**
→ Service-Rechnezentrum *nn*

servicefreundlich TECH → **maintainable** *adj*
→ wartungsfreundlich

Servicefreundlichkeit *nf* TECH → **maintainability** *n*
→ Wartungsfreundlichkeit *nf*

Serviceknoten *nm* SWITCH → **Service Control Point**
→ Dienstesteuerungsstelle *nf*

Service-Komponente *nn* BROADC **service component**

Service-Kreierungs-Umgebung *nf* TELEC → **Service Creation Environment**
→ Diensteerstellungs-Umgebung *nf*

Service-Management-System *nn* TELEC → **Servive Management System**
→ Diensteverwaltungssystem *nn*

Service Plane TELEC → **Service Plane**
→ Dienstbeschreibungsebene *nf*

Serviceprozessor *nm* SW → **maintenance processor**
→ Wartungsprozessor *nm*

Service-Rechnezentrum *nn* DAT.PR **service computer center**
= Service-Computerzentrum *nm*

Serviceroboter *nm* AUTOMA **service roboter**

Service-Sortiment *nn* EL.TRO **service assortment**

Servicetechniker *nm* TECH → **serviceman** *n*
→ Wartungstechniker *nm*

Servicetechniker *nm* ECON → **customs service technician**
→ Kundendiensttechniker *nm*

Servicevertrag *nm* ECON **service contract**
= Wartungsvertrag *nm*

Service-Verwaltungsstelle *nf* TELEC → **Service Management Point**
→ Diensteverwaltungsstelle *nf*

Service-Verwaltungssystem *nn* TELEC → **Servive Management System**
→ Diensteverwaltungssystem *nn*

Servlet *nn* DAT.NW **servlet** *n*
[Hilfsprogramm im Server; in Anlehnung an "Applet" (das aber auf Clients läuft)]
= Servelet
[auxiliary program on a server (variating "applet" which runs on clients)]
= servelet

Servobauteil *nn* COMPO **servo component**

Servomechanismus *nm* CONTRO **servomechanism** *n*
= Servosystem *nn*; Stellmechanismus *nm*
≈ Folgeregelung
= servo system; servo *n*
≈ follow-up control

Servomotor *nm* TECH → **servomotor** *n*
→ Stellmotor *nm*

Servomultiplikator *nm* COMPO **servo multiplier**

Servosystem *nn* CONTRO → **servomechanism** *n*
→ Servomechanismus *nm*

Servotechnik *nf* AUTOMA **servo mode**
≠ Schrittechnik
= servo control
≠ stepping mode

Servoverstärker *nm* CONTRO **servo amplifier**

SES MEDIA **SES**
= Société Européenne des Satellites

Session *nf* (ANGL) DAT.CO → **session** *n*
→ Sitzung *nf*

Session-Manager *nm* (ANGL) DAT.CO → **session manager**
→ Sitzung-Manager *nm*

Sessionsabbau *nm* (ANGL) DAT.CO → **session termination**
→ Sitzungsabbau *nm*

Sessionsaufbau *nm* (ANGL) DAT.CO → **session opening**
→ Sitzungsaufbau *nm*

Sessionsende *nn* (ANGL) DAT.CO → **end-of-session**
→ Sitzungsende *nn*

Sessionsmanagement *nn* (ANGL) DAT.CO → **session management**
→ Sitzungsmanagement *nn*

Sessionswahl *nf* (ANGL) DAT.CO → **session selection**
→ Sitzungswahl *nf*

SET-Protokoll *nn* INTERNET **SET**
= Secure Electronic Transaction Standard

Settopbox *nf* BROADC → **set-top box**
→ Set-top-Box *nf*

Set-top-Box *nf* BROADC **set-top box**
[setzt Signale für ein TV-Gerät um]
= Settopbox *nf*, multimediales Zusatzgerät
↑ Informationsdienstgerät
[converts signals for a TV set]
= STB; integrated receiver and descrambler; IRD
↑ information appliance

Setup-Assistent *nm* (ANGL) SW → **setup program**
→ Installationsprogramm *nn*

Set-up-Menü *nn* COMP.AP → **configuration menu**
→ Konfigurationsmenü *nn*

Setzdraht *nm* HW → **write wire**
→ Schreibdraht *nm*

setzen SW **set** *vt*
[einer Variable einen Wert geben]
= einstellen
[to give a value to a variable]

setzen COLL **put** *vt*

setzen CIRC.EN **set** *vt*
≠ rücksetzen; löschen
= preset
≠ reset; erase

setzen PRIN.ME **compose** *vt*
≈ umbrechen
≈ break

Setzen *nn* PRIN.ME → **typesetting** *n*
→ Satz *nm*

Setzer *nm* PRIN.ME **typesetter** *n* (1)
= Schriftsetzer *nm*; Typograph *nm*
= typographer *n*

Setzerei *nf* PRIN.ME **composing room**
= typesetter *n* (2)

Setzfehler *nm* PRIN.ME **setting error**

Setzmaschine *nf* PRIN.ME **typesetting machine**
= Composer *nm* (Duden)
= composer *n*

sexagesimal MATH **sexagenary** *adj*
[die Zahl 60 betreffend]
[related to the number 60]
= sexagesimal

Sexagesimalsystem *nn* [Zahlendarstellung mit 60 Ziffern; bei den Babyloniern üblich; unser Maßsystem für Winkel und Zeit basiert darauf] = Sechzigersystem *nn*	MATH	**sexadecimal** *adj* [notation based on 60 numerals; used by the Babylonians; our measuring system for angles and time is based on it]
Sexfilm *nm* [mit überwiegend erotischen Szenen] ≈ Erotikfilm; Pornofilm	CINEMA	**sex film** [mit mainly erotic sequences] ≈ erotic film; pornographic film
Sexplotation *nf* ↓ Liebesfilm; Erotikfilm; Pornofilm	MEDIA	**sexplotation** *n* ↓ love movie; erotic movie; pornographic movie
Sexplotation-Film *nm*	MEDIA	**sexplotation movie**
Sextant *nm* [Winkelmessinstrument zur Bestimmung der Höhe eines Gestirns]	ASTR.PH	**sextant** *n* [goniometer to measure altitude of celestial bodies]
Sextett *nn* [als Einheit behandelte Gruppe von sechs Ziffern oder Bits] = Sechs-Bit-Byte ↑ Byte	CODING	**sextet** *n* [group of six digits or bits handled as unit] = six-bit byte ↑ byte
Sextillion *nf* [10E36]	MATH	**undecillion** *n* (AE) [10E36] = sextillion *n* (BE)
Sextupel *nn*	MATH	**sextuple** *n*
SFDR	RADIO	**SFDR** = spurious-free dynamic range
s-förmig *adj*	TECH	**sigmate** *adj* [shaped like a sigma or s]
SFSK	MODUL	**sinusoidal frequency shift keying** = sinusoidal FSK
SG → Sekundärgruppe *nf*	TRANSM	→ **supergroup** *n*
SGDFi → Sekundärgruppen-Durchschaltefilter *nn*	TRANSM	→ **through supergroup filter**
SGML-Anwendung *nf*	INTERNET	**SGML application**
SGML-Browser	INTERNET	**SGML browser**
SGML-Deklaration *nf*	INTERNET	**SGML declaration**
SGML-Parser	INTERNET	**SGML parser**
SGML-Sprache *nf*	INTERNET	**SGML** = Standard Generalized Mark-up Language
SGML-Standard *nm*	INTERNET	**SGML standard**
SGRAM *nn*	DAT.PR	**SGRAM** = Synchronous Graphics RAM
SGSN	MOB.CO	**SGSN** = Serving GSN
SGU → Sekundärgruppenumsetzer *nm*	TRANSM	→ **supergroup modulator**
sh → Sinus hyperbolicus	MATH	→ **hyperbolic sine**
SHA-Algorithmus *nm*	SW	**SHA algorithm** = Secure Hash Algorithm
Shadowing *nn* (ANGL) → Schattenverarbeitung *nf*	DAT.PR	→ **shadow processing**
Shannon-Fano-Code *nm*	CODING	**Shannon-Fano code**
shannonsches Gesetz = Shannon'sches Gesetz	INF.TH	**Shannon's law** [transmission capacity = B (1+S/N)] = Shannon's theorem
Shannon'sches Gesetz → shannonsches Gesetz	INF.TH	→ **Shannon's law**
Shareware *nf* [frei ausprobierbar, mit der Auflage eines Entgelts im Falle der regelmäßigen Nutzung; darf nicht verändert oder freigegeben werden] = Prüfprogramm *nn* (2) ≈ Public-domain-Software	SW	**shareware** *n* [can be tried freely, with the claim of remuneration in case of regular use; cannot be modified or passed on] ≈ public-domain software
SHDSL	TELEC	**SHDSL** = Symmetric High-Speed Digital Subscriber Line
Sheffer-Element *nn* → NAND-Glied *nn*	CIRC.EN	→ **NAND gate**
Sheffer-Funktion *nf* → NAND-Verknüpfung *nf*	LOGIC	→ **NAND operation**
Sheffer-Gatter *nn* → NAND-Glied *nn*	CIRC.EN	→ **NAND gate**
Sheffer-Schaltung *nf* → NAND-Glied *nn*	CIRC.EN	→ **NAND gate**
Sheffer-Tor *nn* → NAND-Glied *nn*	CIRC.EN	→ **NAND gate**
Sheffer-Verknüpfung *nf* → NAND-Verknüpfung *nf*	LOGIC	→ **NAND operation**

Shelfware *nf* = Ladenhüter *nm*	SW	**shelfware** *n* = dead stock
Shell *nf* (ANGL) → Schale *nf*	SW	→ **shell** *n*
Shell-Account [Zugangsberechtigung auf BS-Ebene]	DAT.PR	**shell account** [access right on OS level]
Shell-Sortierung *nf* [nach Donald Shell; sortiert alle *n* Positionen auseinander liegende Elemente, dann alle n-1 usf.]	DAT.MA	**Shell sort** [named after Donald Shell; sorts sequentially all pairs *n* positions away, decreasing *n* after each pass] = Shell sorting
Shelter *nm* = Container *nm*	SYS.INS	**shelter** *n* = container *n*; custom building (AE); building *n* (AE)
SHF → Zentimeterwellen *nplt*	RADIO	→ **centimetric waves**
SHIFT-LOCK-Taste *nf* → Umschaltfeststelltaste *nf*	TER&PER	→ **SHIFT LOCK key**
SHIFT-Taste *nf* → Umschalttaste *nf* (1)	TER&PER	→ **SHIFT key**
Shilling-Zeichen *nn* [Symbol: £]	ECON	**shilling symbol** [symbol: £] = shilling sign
Shockley-Diode *nf*	MICR.EL	**Shockley diode**
Shockwave-Format *nn*	INTERNET	**Shockwave format**
Short-backfire-Antenne *nf* → kurze Backfire-Antenne	ANT	→ **short backfire antenna**
Shovelware *nf* [zusammengeschaufeltes SW-Produkt]	SW	**shovelware** *n* [shoveled SW product]
Shrinkwrap-Vertrag *nm* [durch Zerreißen der Versiegelung abgeschlossen]	SW	**shrinkwrap agreement** [settled by shrinking the wrapping]
SHSI → Superintegration *nf*	MICR.EL	→ **SLSI**
SH-Stufe *nf* → Abtast-Halte-Schaltung *nf*	CIRC.EN	→ **sample-and-hold circuit**
SHTTP = S-HTTP	INTERNET	**SHTTP** = S-HTTP; Secure HTTP
S-HTTP → SHTTP	INTERNET	→ **SHTTP**
Shunt *nm* (ANGL) → Nebenschlusswiderstand *nm*	POW.EN	→ **shunt resistor**
Shuttle-Matrixdrucker *nm* (ANGL) → Pendelmatrixdrucker *nm*	TER&PER	→ **shuttle matrix printer**
SI → Rückschaltung *nf*	DAT.CO	→ **shift-in** *n*
Si → Silizium *nn*	CHEM	→ **silicon** *n*
SI = Système International d'Unitès	PHYS	**SI** = Système International d'Unités; International System of Units
SI [SS7]	SWITCH	**SI** [SS7] = Service Indicator
SIB → dienstunabhängiger Funktionsblock	TELEC	→ **Service-Independent Building Block**
SI-Basiseinheit *nf* [eine der im International System of Units definierte Basisgrößen: m, kg, A, K, mol, cd]	PHYS	**SI base unit** [one of the seven basic units defined within the Inzernational System of Units: m, kg, A; K; mol; cd] = base SI unit
Siberlot *nn*	METAL	**silver solder**
Sibilant *nm* → Zischlaut *nm*	LING	→ **sibilant** *n*
sich darüber klar werden → erkennen	COLL	→ **realize** *vt*
sicheinschalten → anmelden	DAT.CO	→ **log-on** *vt*
Sicheinschalten *nn* → Anmeldung *nf*	DAT.CO	→ **log-on** *n*
Sichelantenne *nf* = Scimitarantenne *nf* (ANGL); Türkensebelantenne *nf*	ANT	**scimitar antenna** = cornucopia antenna
Sichelplattenschnitt *nm*	COMPO	**scimitar cut** = cornucopia shape
sicher → gefahrenlos	TECH	→ **secure** *adj*
sicherer Arbeitsbereich → SOAR	MICR.EL	→ **SOAR**
Sicherheit *nf*	INF.TH	**accuracy** *n*
Sicherheit *nf*	TECH	**security** *n*

↓ Vertraulichkeit; Integrität; Verfügbarkeit = safety *n* ↓ confidentiality; integrity; availability

Sicherheit *nf* LAW **security** *n*
↓ Pfand = pledge *n* ↓ pawn

Sicherheiten *nplt* ECON **securities** *nplt*

Sicherheits- TECH → **protective** *adj*
→ Schutz-

Sicherheitsabfrage *nf* DAT.MA **confirmation enquiry**
= Überprüfungsabfrage *nf* = security enquiry; security request

Sicherheitsabschaltung *nf* TECH **safety shutdown**

Sicherheitsanforderung *nf* TECH → **safety requirement**
→ Sicherheitserfordernis *nf*

Sicherheitsanforderung *nf* TECH **security requirement**

Sicherheitsbeauftragter *nm* MANUF **safety representative**
= safety administrator; security representative; security administrator

Sicherheitsbeauftragter *nm* ECON **security officer**

Sicherheitsbestand *nm* ECON **safety stock**

Sicherheitsbestimmung *nf* TECH → **safety rule**
→ Sicherheitsvorschrift *nf*

Sicherheitscode *nm* CODING → **redundant code**
→ redundanter Code

Sicherheitsdienste *nplt* ECON **C3I**
= Behörden und Organisationen mit Sicherheitsaufgaben; BOS; C3I = Command, Control, Communication and Intelligence

Sicherheitselektronik *nf* EL.TRO **security electronics**
= Sicherheitstechnik *nf*; Sicherungstechnik *nf* = security engineering; security and alarm engineering

Sicherheitserfordernis *nf* TECH **safety requirement**
= Sicherheitsanforderung *nf*

Sicherheitsfaktor *nm* TECH **safety margin**
= Sicherheitszahl *nf* = safety factor

Sicherheitsfunkdienst *nm* RADIO **safety radio service**
= safety service

Sicherheitsgerät *nn* INF.TEC **security equipment**

Sicherheitsgesetz *nf* LAW **security law**

Sicherheitsglas *nn* TECH **security glass**
= Sicherungsglas *nn* = safety glass

Sicherheitsgürtel *nm* TECH **safety belt**

Sicherheitshinweis *nm* TECH **safety labeling**

Sicherheitskabel *nn* HW **security cable**

Sicherheitskern *nm* SW **secure kernel**
[ein geschütztes Programmsegment] [a protected program segment] = security kernel

Sicherheitskopie *nf* DAT.MA → **backup copy** *n*
→ Sicherungskopie *nf*

Sicherheitslaborbuchse *nf* INSTR **security test lead**

Sicherheitslaborstecker *nm* INSTR **shrouded plug**

Sicherheitsmanagement *nn* TELEC **security management**
= Sicherheitsverwaltung *nf*

Sicherheitsmaßnahme *nf* TECH → **security measure**
→ Sicherheitsvorkehrung *nf*

Sicherheitsmodul *nn* EQP.EN **secure application module**
[für Datenschutz besonders abgesichert] [especially secured for data storage] = SAM; hardware security module; HSM

Sicherheitsnetz *nn* TECH **safety net**
[fig] [fig]

Sicherheitsnorm *nf* TECH → **safety rule**
→ Sicherheitsvorschrift *nf*

Sicherheitsprogramm *nn* SW → **safeguarding program**
→ Sicherungsprogramm *nn*

Sicherheitsprotokoll *nn* DAT.NW **security log**

sicherheitsrelevant TECH **security-relevant**

Sicherheitsschalter *nm* EL.TEC **safety key**

Sicherheitsschlitz *nm* HW **security slot**

Sicherheitsschrank *nm* OFFICE **safety cabinet**

Sicherheits-Software *nf* COMP.AP **security software**

Sicherheitssystem *nn* TECH **fail-safe system**
= selbstschützendes System

Sicherheitstechnik *nf* TECH **fail-safe technique**
[Sicherheit über alles] [security first]
= Fail-safe-Technik *nf* (ANGL)

Sicherheitstechnik *nf* EL.TRO → **security electronics**
→ Sicherheitselektronik *nf*

Sicherheitsüberprüfung *nf* DAT.MA → **access control**
→ Zugriffskontrolle *nf*

Sicherheitsverletzung *nf* ECON **security violation**

Sicherheitsverwaltung *nf* TELEC → **security management**
→ Sicherheitsmanagement *nn*

Sicherheitsvorkehrung *nf* TECH **security measure**
= Sicherheitsmaßnahme *nf* = security mean; safety measure
≈ Schutzmaßnahme; Vorsorgemaßnahme ≈ protective measure; precautionary measure

Sicherheitsvorrichtung *nf* TECH → **protection device**
→ Schutzvorrichtung *nf*

Sicherheitsvorschrift *nf* TECH **safety rule**
= Sicherheitsbestimmung *nf*; Sicherheitsnorm *nf* = safety code (AE); safety regulation; safety instruction; safety standard

Sicherheitszahl *nf* TECH → **safety margin**
→ Sicherheitsfaktor *nm*

Sicherheitszaun *nm* CIV.EN **guard fence**

Sicherheitszentrale *nf* SIG.EN **security control center**

Sicherheitsziffer *nf* CODING → **check digit**
→ Kontrollziffer *nf*

sichern COLL → **secure** *vt*
→ sicherstellen *vt*

sichern *vt* DAT.MA **save** *vt*
= sicherstellen; saven = backup; B/U
≈ speichern; sichern ≈ store; archive

sichernd TECH → **protective** *adj*
→ Schutz-

sicherstellen DAT.MA → **save** *vt*
→ sichern *vt*

Sicherstellen *nn* DAT.MA → **saving** *n*
→ Sicherung *nf*

Sicherstellen *nn* DAT.MA → **data saving**
→ Datensicherung *nf*

sicherstellen *vt* COLL **secure** *vt*
= sichern; schützen = safeguard *vt*; guarantee *vt*; ensure *vt*; make sure; protect *vt*
≈ aufrechterhalten ≈ maintain

Sicherstellungsbereich *nm* DAT.MA → **saving area**
→ Sicherungsbereich *nm*

Sicherstellungsdatei *nf* DAT.MA → **backup file**
→ Sicherungsdatei *nf*

Sicherstellungsdaten *nplt* DAT.MA → **backup data**
→ Sicherungsdaten *nplt*

Sicherstellungskopie *nf* DAT.MA → **backup copy** *n*
→ Sicherungskopie *nf*

Sicherstellungsspeicher *nm* DAT.MA → **backup memory**
→ Sicherungsspeicher *nm*

Sicherung *nf* TECH **safeguarding** *n*
= securing *n*

Sicherung *nf* DAT.MA **saving** *n*
= Sicherstellen *nn* = save *n*; back-up *n*; backup *n*; backing-up *n*; proofing *n*; safeguarding *n*
≈ Plattenkopieren ≈ disk copying
↓ Datensicherung; Dateisicherung; Zwischensicherung; Vollsicherung; Inkrementalsicherung; Differentialsicherung ↓ data backup; file backup; intermediate saving; full backup; incremental backup; differential, backup

Sicherung *nf* (1) COMPO **protector** *n*
[Schutz vor elektrischer Beschädigung] [against electric harm]
↓ Spannungssicherung; Stromsicherung = protecting device; cut-out

Sicherung *nf* (2) COMPO → **overcurrent protector** *n*
→ Stromsicherung *nf*

Sicherungs- TECH → **protective** *adj*
→ Schutz-

Sicherungsautomat *nm* COMPO **automatic cutout**
[thermomagnetische Stromsicherung, deren Reaktionszeit vom Überstrom abhängt] = automatic circuit breaker; cutout *n*
↓ Fernmelde-Schutzschalter ↓ automatic cutout with signal

Sicherungsband *nn* DAT.MA **backup tape**

Sicherungsbereich *nm* DAT.MA **saving area**
= Sicherstellungsbereich *nm*; Schutzbereich *nm* = save area; backup area; backing-up area

Sicherungsblech *nn* TECH **locking plate**

Sicherungsdatei *nf* DAT.MA **backup file**
= Sicherstellungsdatei *nf*; Rückfalldatei *nf*; Backup-Datei *nf* (ANGL) = security file
≈ Sicherungskopie ≈ backup copy

Sicherungsdaten *nplt* DAT.MA **backup data**
= Sicherstellungsdaten *nplt* = security data

Sicherungsdiskette *nf* DAT.MA **backup disk**
≠ Arbeitsdiskette ≠ work disk

Sicherungseinsatz *nm* EL.INS **fuse-link**
[der austauschbare Porzellankörper einer Stromgrobsicherung] = fuse-unit; fuse *n*

Sicherungseinsatzträger *nm* COMPO **fuse carrier**

Sicherungselektronik *nf* EL.TRO → **signaling engineering** (AE)
→ elektronische Sicherungstechnik

Sicherungselement *nn* MEC.EN **cotter** *n* (1)
↓ Querkeil; Splint
↓ cotter (2); cotter pin

Sicherungsfeld *nn* EQP.EN **fuse panel**

Sicherungsglas *nn* TECH → **security glass**
→ Sicherheitsglas *nn*

Sicherungshalter *nm* COMPO **fuseholder** *n*
= fuse-holder

Sicherungskopie *nf* DAT.MA **backup copy** *n*
[für spätere Wiedergewinnung]
= Reservekopie *nf*; Backup-Kopie *nf*; Sicherheitskopie *nf*; Sicherstellungskopie *nf*
≈ Sicherungsdatei
[for later restoration]
= security backup; backup *n*
≈ backup file

Sicherungslack *nm* TECH **fixing varnish**

Sicherungslastschalter *nm* COMPO **fuse-switch**

Sicherungslauf *nm* DAT.PR **backup run**

Sicherungsmutter *nf* MEC.EN **lock nut**
= Gegenmutter *nf*; Kontermutter *nf*

Sicherungsprogramm *nn* SW **safeguarding program**
= Sicherheitsprogramm *nn*
= security program; backup utility program; backup program

Sicherungsring *nm* MEC.EN **retaining ring**

Sicherungsschalter *nm* COMPO → **circuit breaker**
→ Schutzschalter *nm*

Sicherungsscheibe *nf* MEC.EN **lock washer**
= Benzingscheibe *nf*; Federring *nm*; Federscheibe *nf*
= spring washer; snap ring; spring lock washer; retainer *n*; retaining washer

Sicherungsschicht *nf* DAT.CO **link layer**
[2. Schicht im ISO-Schichtenmodell; legt Parameter für Datenpaketierung, Adressierung Fehlersicherung fest]
= Datensicherungsschicht *nf*; Datenverbindungsschicht *nf*; Verbindungsebene *nf* Datenverbindungsebene *nf*; Verbindungsschicht *nf*;
↑ ISO-Referenzmodell
[2nd layer of OSI; defines parameters relevant for packaging, addressing and error protection]
= data link layer
↑ ISO reference model

Sicherungsschiene *nf* POW.SY **fuse panel**

Sicherungsspeicher *nm* DAT.MA **backup memory**
[zur Aufnahme einer Sicherungskopie von Daten und Programmen]
= Backup-Speicher (ANGL); Reservespeicher *nm*; Sicherstellungsspeicher *nm*
↑ externer Speicher
[for backup copies of data and programs]
= backup storage
↑ external memory

Sicherungsstreifen *nm* COMPO **fuse strip**

Sicherungstabelle *nf* DAT.CO **safeguard table**

Sicherungstechnik *nf* EL.TRO → **security electronics**
→ Sicherheitselektronik *nf*

Sicherungstrennschalter *nm* COMPO → **circuit breaker**
→ Schutzschalter *nm*

Sicherungsunterteil *nn* COMPO **fuse-base**
[Sockel der Stromgrobsicherung, mit Anschlussklemmen]

Sicherungsvorrichtung *nf* TECH → **protection device**
→ Schutzvorrichtung *nf*

Sicherungszeichen *nn* INF.TEC → **check character**
→ Kontrollzeichen *nn*

Sicherung und Wiederherstellung DAT.MA **backup and recovery**
= backup and restore

sich erweiternder Hohlleiter MICROW **tapered waveguide**

sich etwas klar machen COLL → **realize** *vt*
→ erkennen

sich fortpflanzender Fehler MATH **propagating error**

sich schnell entwickelnd TECH **fast moving**

sich selbst genügend SCIE → **autarchic** *adj*
→ autark

Sicht *nf* DAT.MA → **schema** *n*
→ Datenbankschema *nn*

Sicht *nf* (*pl* -en) OPT **sight** *n*

Sicht *nf* (*pl* -en) COLL **view** *n* (1)
= Ansicht *nf*
= vision *n*

Sicht *nf* (*pl* -en) DAT.MA **view** *n* (1)

Sichtanzeige *nf* DAT.PR → **display** *n* (3)
→ Bildanzeige *nf*

Sichtanzeigegerät *nn* TER&PER → **display terminal** *n* (1)
→ Sichtgerät *nn* (1)

sichtbar OPT **visible** *adj*
= visibel
≈ optisch; visuell
≈ optical; visual

sichtbare Kante ENG.DRA **visible outline**

sichtbare Seite COMP.GR → **visible page**
→ sichtbare Speicherseite

sichtbare Speicherseite COMP.GR **visible page**
= sichtbare Seite
↑ Speicherseite
↑ memory page

Sichtbarkeit *nf* PHYS **visibility** *n*
= visibleness

Sichtbarkeitsgrenze *nf* OPT **visibility limit**

Sichtbegrenzungslinie *nf* RAD.PRO **optical line-of-sight**

Sichtbehinderung *nf* RAD.PRO **screening**
= Abschirmung *nf*; Abschattung *nf*
≠ Sichtfreiheit
= obstruction of line-of-sight; obstruction; shielding *n*
≠ clearance

Sichtbereich *nm* PHYS **visibility range**
= Sichtweite *nf*; Sehweite *nf*
= visual range; optical range; line-of-sight distance

Sichtfeld *nn* CINEMA **field of view**

Sichtfenster *nn* COMP.AP → **window** *n*
→ Fenster *nn*

Sichtfreiheit *nf* RAD.PRO **clearance** *n*
≠ Sichtbehinderung
≠ obstruction

Sichtfunkpeiler *nm* RAD.LO **cathode-ray direction finder**

Sichtgerät *nn* (1) TER&PER **display terminal** *n* (1)
[zur Darstellung von elektronisch oder optisch gespeicherten Zeichen und Grafiken]
= Sichtanzeigegerät *nn*; optisches Anzeigegerät; Bildschirmgerät *nn* (1); Bildschirmeinheit *nf*; Bildschirm *nm* (2)
≈ Monitor; Bildschirm (1)
↓ Datensichtgerät; Mikrofilm-Lesegerät
[to display electronically or optically stored characters and graphics]
= display unit (1); visual display device; display device; visual display unit; display *n* (2)
≈ monitor; display screen
↓ data display terminal; microfilm reader

Sichtgerät *nn* (2) TER&PER → **data display terminal**
→ Datensichtgerät *nn*

Sichtglas *nn* TECH **sight-glass**

Sichthülle *nf* OFFICE **transparent cover**

Sichtkartei *nf* OFFICE **visual-card index**
= visible file

Sichtkontrolle *nf* QUAL → **visual inspection**
→ Sichtprüfung *nf*

sichtlich COLL → **evident** *adj*
→ offensichtlich

Sichtlinie *nf* RAD.PRO → **line of sight**
→ direkte Sicht

Sichtlizenz *nf* GIS **view licence**

Sichtprüfung *nf* QUAL **visual inspection**
= Sichtkontrolle *nf*; Blickkontrolle *nf*; makroskopische Untersuchung
= visual check; sight check; macroscopic instruction

Sichtspeicherröhre *nf* EL.TRO **viewing storage tube**
↑ Oszilloskopröhre
↑ oscilloscope tube

Sichtstation *nf* TER&PER → **data display terminal**
→ Datensichtgerät *nn*

Sichtsystem *nn* ART.IN → **vision system**
→ Sehsystem *nn*

Sichttratte *nf* ECON **sight draft**

Sichtverbindung *nf* RAD.PRO **line-of-sight connection**
≈ frei Ausbreitung
= line-of-sight path
≈ line-of-sight propagation

Sichtweite *nf* PHYS → **visibility range**
→ Sichtbereich *nm*

Sichtzeichen *nn* EQP.EN → **visual indicator**
→ Schauzeichen *nn*

sich vor Lachen am Boden krümmen INTERNET **rolling on the floor laughing**
= ROTFL
= ROTFL

Sicke *nf* MEC.EN **bead** *n*

sicken MEC.EN **bead** *vt*

Sieb *nn* TECH **sieve** *n*

Siebbaugruppe *nf* EQP.EN **filtering module**

Siebdrossel *nf* EL.TRO **swinging choke**

Siebdruck *nm* PRIN.ME **screen printing**
= Durchdruck *nm*; Schablonendruck *nm*
↓ Serigrafie; Schablonendruck
= screen printing
↓ serigraphy; stencil printing

Siebdruckschablone *nf* MANUF **serigraphic template**

sieben TECH **sieve** *vt*
≈ filtern
= sift
≈ filter

sieben *vt* EL.TEC → **filter** *vt*
→ filtern

Sieben-Bit-Einheit *nf* CODING → **septet** *n*
→ Septett *nn*

Siebeneck *nn* MATH **heptagon** *n*

= Heptagon *nn*
↑ Vieleck
siebeneckig MATH **heptagonal**
↑ vieleckig — ↑ polygonal
siebenflächig MATH **heptahedral**
siebenlagig TECH **seven-layer** *adj*
= siebenschichtig — = seven-part
siebenpolig EL.TEC **seven-pole** *adj*
= seven-pin
siebenschichtig TECH → **seven-layer** *adj*
→ siebenlagig
Siebensegmentanzeige *nf* COMPO **seven-segment display**
[stellt alle 10 Ziffern mit maximal 3 horizontalen und 4 vertikalen Segmenten dar] — [represents all 10 digits with a maximum of 3 horizontal and 4 vertical segments]
siebenspurig TER&PER **seven-track** *adj*
= seven-channel
siebenstellig MATH **seven-place** *adj*
↑ mehrstellig — = seven-figure; seven-digit
↑ of many places
Siebglied *nn* NETW.TH **filter section**
Siebkette *nf* NETW.TH **ladder-type filter**
Siebkondensator *nm* COMPO **filter capacitor**
Siebmittel *nn* NETW.TH **filtering means**
= filtering *n* (2)
Siebschaltung *nf* NETW.TH → **filter** *n*
→ Filter *nm*
Siebschaltungstheorie *nf* NETW.TH → **filter theory**
→ Filtertheorie *nf*
Siebseite *nf* PRIN.ME **wire side**
siebte MATH **seventh** *adj*
= 7. — = 7th
Siebung *nf* NETW.TH **filtering** (1)
= Filterung *nf*
Sieb von Eratosthenes COMP.SC **Eratosthenes' sieve**
[Verfahren zum Finden von Primzahlen; zur Prüfung der Geschwindigkeit von Rechnern oder Programmen verwendet] — [a method to find prime numbers; used to test the speed of computers or programs]
= sieve of Eratosthenes
sieden PHYS **boil**
= kochen — ≈ evaporate
≈ verdampfen
Siedepunkt *nm* PHYS → **evaporation point**
→ Verdampfungspunkt *nm*
Siedetemperatur *nf* PHYS → **evaporation point**
→ Verdampfungspunkt *nm*
Siedlung *nf* GEOSC **settlement** *n*
Siegel *nn* TECH **seal** *n* (2)
= Plombe *nf*
Siegellack *nm* TECH **lacquer** *n*
Siegelwachs *nm* TECH **sealing wax**
siehe LING **see**
[Hinweis in Texten] — [hint in a text]
siehe! OFFICE → **s.**
→ s.
siehe dort! OFFICE → **q.v.**
→ s.d.
siehe oben COLL → **v.s.**
→ s.o.
SI-Einheit *nf* PHYS **SI unit**
[internationales Einheitssystem] — [International System of Units]
↓ SI-Basiseinheit; abgeleitete SI-Einheit — ↓ basic SI unit; derived SI unit
Siemens *nn* EL.SC **siemens**
[SI-Einheit für elektrischen Leitwert, Blindleitwert und Scheinleitwert; = 1/Ω] — [SI unit for electric conductivity, susceptance and admittance; = 1/Ω]
Siemens-Stern *nm* OPT **Siemens star**
siena *adj* OPT **sienna** *adj*
≈ rotbraun — = sienna
siena gebrannt *adj* OPT **burnt sienna** *adj*
Sievert *nn* PHYS **Sievert**
[SI-Einheit für Äquivalentdosis] — [SI unit for equivalent dose]
= Sv — = Sv
SIF SWITCH **SIF**
[SS7] — [SS7]
= Signaling Information Field
Si-Funktion *nf* MATH **sinc function**
= sinx/x
SigG LAW → **Signature Law**
→ Signaturgesetz *nf*
SIG-Gruppe *nf* INTERNET **SIG**
= Special Interest Group

Sigma *nn* (*pl* -s) LING **sigma** *n*
[griechischer Buchstabe: Σ, σ] — [Greek letter: Σ, σ]
Signal *nn* (*pl* -e) INF.TH **signal** *n*
[Zustand oder Änderung physikalischer Größe zur Darstellung von Information; Träger von Zeichen] — [state or change of physical magnitude representing information; carrier of characters]
= Informationssignal *nn*; Zeichenträger *nm* — ≈ character
≈ Zeichen — ↓ message
↓ Nachricht
Signalabfall *nm* EL.TRO → **signal attenuation**
→ Signalabschwächung *nf*
Signalabschwächung *nf* EL.TRO **signal attenuation**
= Signalabfall *nm*
Signalader *nf* TELEC **signal lead**
Signalamplitude *nf* EL.TRO **signal amplitude**
Signalanalysator *nm* INSTR **signal analyzer**
[Gerät für Messungen im Frequenzbereich] — [instrument for frequency-domain measurements]
↓ Spektrumanalysator; Fourier-Analysator; Selektivspannungsmesser; Verzerrungsanalysator; Modulationsanalysator — ↓ spectrum analyzer; Fourier analyzer; selective voltmeter; distortion analyzer; modulation analyzer
Signalanfang *nm* TELEC **begin of signal**
signalangepasstes Filter NETW.TH → **matched filter**
→ Wurzel-Nyquist-Filter *nn*
Signalanpassung *nf* EL.TRO **signal matching**
Signalaufbereitung *nf* EL.TRO **signal conditioning**
= Signalunformung *nf* — ≈ signal processing; signal shaping
≈ Signalverarbeitung; Signalformung
Signalausfall *nm* EL.TRO **drop-out** *n*
≠ Störsignal — ≠ drop-in
Signalausfall *nm* DAT.CO **drop out** *n*
= Aussetzfehler *nm*
Signaldarstellung *nf* EL.TRO **signal representation**
Signaldauer *nf* TELEGR → **unit interval**
→ Zeichenelement *nn*
Signaldiode *nf* MICR.EL **signal diode**
≠ Gleichrichterdiode — ≠ rectifier diode
↑ Halbleiterdiode — ↑ diode
Signaleinbruch *nm* TELEC → **signal breakdown**
→ Signalverlust *nm*
Signaleinheit *nf* SWITCH **signal unit**
= Zeicheneinheit *nf*
Signaleinspeiseschaltung *nf* CIRC.EN **signal injection circuit**
Signaleinspeisung *nf* CIRC.EN **signal injection**
Signalelement *nn* TELEGR → **unit interval**
→ Zeichenelement *nn*
Signalempfänger *nm* TRANSM **signal receiver**
= tone detector
Signalende *nn* TELEC **end of signal**
Signalenergie *nf* INF.TH **signal energy**
Signalentscheidung *nf* INF.TH **signal detection**
Signalfeld *nn* EQP.EN **signal panel**
Signalflanke *nf* EL.TRO **signal edge**
Signalflankenauslösung *nf* EL.TRO **signal edge triggering**
= Flankenauslösung *nf*; Signalflankentriggerung *nf*; Flankentriggerung *nf*
Signalflankentriggerung *nf* EL.TRO → **signal edge triggering**
→ Signalflankenauslösung *nf*
Signalflussplan *nm* CIRC.EN **logic diagram**
= logisches Schaltbild; logisches Diagramm; Logikdiagramm *nn* — = logic chart; logical diagram; logical chart
Signalfolge *nf* DAT.CO **signal string**
Signalform *nf* EL.TRO **signal form**
= Signalverlauf *nm*; Wellenform *nf*; Wellenverlauf *nm* — = signal shape; waveform *n*; waveshape *n*
≈ Wellenform [PHYS] — ≈ waveform [PHYS]
Signalformanalysator *nm* INSTR **waveform analyzer**
= Wellenformanalysator *nm*
Signalformer *nm* CIRC.EN **signal shaper**
Signalformgenerator *nm* INSTR **waveform generator**
= Funktionsgenerator *nm* — = function generator
Signalform-Mathematik *nf* INSTR **waveform mathematics**
= waveform math
Signalformung *nf* EL.TRO **signal shaping**
≈ Signalaufbereitung — ≈ signal conditioning
Signalgeber *nm* EL.TRO **signaling transmitter**
= Signalgenerator *nm* — = signal generator; tone generator
Signalgemisch *nn* TV → **video signal** *n*
→ Videosignal *nn*

Signalgenerator *nm* EL.TRO → **signaling transmitter**
→ Signalgeber *nm*

Signalgenerator *nm* INSTR **signal source**
= Signalquelle *nf* = signal generator

Signalgenerator *nm* INSTR → **signal generator** *n* (1)
→ Universal-Messsender *nm*

Signal-Geräusch-Abstand *nm* TELEC → **signal-to-noise ratio**
→ Rauschabstand *nm*

Signal-Geräusch-Abstand bei Belastung TELEC → **signal-to-noise-with-load ratio**
→ Rauschabstand bei Belastung

Signalgeschwindigkeit *nf* PHYS **signal velocity**

Signalglättung *nf* TELEC **signal smoothing**

Signalgleichlauf *nm* INSTR **signal track**
≈ Mittenfrequenznachlauf ≈ center frequency tracking

Signalgüte *nf* TELEC **signal quality**

Signal-high-Pegel *nm* (ANGL) MICR.EL → **high level**
→ Hochpegelzustand *nm*

Signalhub *nm* MICR.EL **signal level swing**
[Differenz von H- zu L-Zustand] [difference of high to low level]

Signalintervall *nn* TELEGR → **unit interval**
→ Zeichenelement *nn*

Signalisierung *nf* TELEC → **signaling** *n* (AE)
→ Zeichengabe *nf*

Signalisierungsabschnitt *nm* SWITCH → **signaling control link** (AE)
→ Zeichengabeabschnitt *nm*

Signalisierungs-Endpunkt *nm* SWITCH → **signaling end point** (AE)
→ Zeichengabe-Endpunkt *nm*

Signalisierungskanal *nm* SWITCH → **signaling channel** (AE)
→ Zeichenkanal *nm*

Signalisierungs-Kontrollpunkt *nm* MOB.CO **signaling control point**
= SCP

Signalisierungsmessplatz *nm* INSTR **signaling test set**
= Signalisierungsprüfplatz *nm* = signaling measurement set

Signalisierungsnetz *nn* TELEC → **signaling network** (AE)
→ Zeichengabenetz *nn*

Signalisierungsprotokoll *nn* SWITCH **signaling protocol**

Signalisierungsprüfplatz *nm* INSTR → **signaling test set**
→ Signalisierungsmessplatz *nm*

Signalisierungspunkt *nm* SWITCH → **signaling point** (AE)
→ Zeichengabepunkt *nm*

Signalisierungssatz *nm* SWITCH **signaling circuit** *n*
[für Signalisierungsaufgaben einer Verbindung zeitweilig zugeordnete Funktionseinheit] [functional unit assigned temporarily to a call with signaling functions]
= Wahlsatz *nm*; Register *nn*; Empfangssatz *nm* = digit receiver; register *n* (1)
↑ Satz ↑ circuit
↓ Wahlaufnahmesatz; Wahlsendesatz ↓ digit input circuit; digit output circuit

Signalisierungssteuerung SWITCH → **signaling control** (AE)
→ Zeichengabesteuerung *nf*

Signalisierungsstrecken-Kennzeichen *nn* SWITCH → **SLS**
→ Zeichengabestrecke-Kennzeichen *nn*

Signalisierungssystem *nn* SWITCH → **signaling system** (AE)
→ Zeichengabeverfahren *nn*

Signalisierungs-Transferpunkt *nm* SWITCH → **signaling transfer point** (AE)
→ Zeichengabe-Transferpunkt *nm*

Signalisierungsumsetzer *nm* TRANSM → **signaling converter** (A)
→ Kennzeichenumsetzer *nm*

Signalisierungsverbindung *nf* TELEC → **signaling link** (AE)
→ Zeichengabeverbindung *nf*

Signalisierungsverfahren *nn* SWITCH → **signaling system** (AE)
→ Zeichengabeverfahren *nn*

Signalisierungsverkehr *nm* SWITCH **signalling traffic**

Signalisierungszyklus *nm* CODING **dot cycle**

Signalisieruns-Leitprozessor *nm* SWITCH → **signaling management processor** (AE)
→ Zeichengabe-Leitprozessor *nm*

Signalkanal *nm* TELEC **signal channel**
[ISDN] [ISDN]
= D-Kanal *nm* = channel D

Signalkerbe *nf* RAD.PRO → **notch** *n*
→ Dämpfungsmaximum *nn*

Signalkonstellation *nf* INF.TEC **signal constellation**
[Muster der mögliche Zustände] [pattern of possible states]
= Konstellation *nf* = constellation *n*

Signalkontakt *nm* EQP.EN **signal contact**

Signalkonversion TELEC → **signal conversion**
→ Signalumsetzung *nf*

Signalkonverter *nm* CIRC.EN → **signal converter**
→ Signalumsetzer *nm*

Signallampe *nf* COMPO → **indicator lamp**
→ Anzeigelampe *nf*

Signallaufzeit *nf* TELEC → **group delay**
→ Gruppenlaufzeit *nf*

Signalleitung *nf* HW **signal line**
≈ Steuerbus ≈ control bus

Signalleuchte *nf* COMPO → **indicator lamp**
→ Anzeigelampe *nf*

Signal-low-Pegel *nm* (ANGL) MICR.EL → **signal low**
→ Signal-Tiefpegel *nm*

Signalmischgerät *nn* TV **sync mixer**

Signal mit geringem Tastverhältnis TELEC **low-duty-cycle signal**

Signalmustererkenner *nm* INSTR **signal pattern recognizer**

Signalmustertriggerung *nf* INSTR **logic pattern triggering**

Signalnebenzweig *nm* CIRC.EN **secondary signal branch**

Signalparameter *nm* INF.TH **signal parameter**

Signalpegel *nm* TRANSM **signal level**

Signalpfad *nm* EL.TRO **signal path**
= Signalweg *nm*

Signalprobe *nf* INF.TH **signal probe**

Signalprozessor *nm* MICR.EL **signal processor**

Signalprozessor-Antenne *nf* ANT **signal processing antenna**

Signalquelle *nf* INSTR → **signal source**
→ Signalgenerator *nm*

Signalrahmen *nm* CODING **signaling frame**

Signalraum *nm* TELEC **signal space**

Signalrekonstruktion *nf* EL.TRO **waveform reconstruction**
= signal reconstruction

Signalschaltkabel *nn* COM.CAB **signal switchboard cable**

Signalschlupf *nm* INF.TEC **signal slip**

Signalschritt *nm* TELEGR → **unit interval**
→ Zeichenelement *nn*

Signalschwankung *nf* EL.TRO → **jitter** *n*
→ Jitter *nm*

Signalschwingung *nf* MODUL → **modulating wave**
→ Modulationsschwingung *nf*

Signalsimulationssystem *nn* INSTR **signal simulation system**

Signalspannung *nf* EL.TRO **signal voltage**

Signalspeicher *nm* DAT.PR **latch** *n*
= Auffang-Flipflop *nm* [a special buffer memory]

Signalspeicherröhre *nf* EL.TRO **signal converter storage tube**

Signalstörung *nf* INF.TEC → **interference** *n*
→ Störung *nf*

Signaltaste *nf* TER&PER **signaling key**
= signaling button

Signaltaste *nf* TELEPH → **grounding key**
→ Erdtaste *nf*

Signal-Tiefpegel *nm* MICR.EL **signal low**
= Signal-low-Pegel *nm* (ANGL) = signal low level

Signalton *nm* TELEPH → **idle tone**
→ Freiton *nm*

Signalüberhöhung *nf* RAD.PRO **signal enhancement**

Signalübertragung *nf* TELEC → **signaling** *n* (AE)
→ Zeichengabe *nf*

Signalumkehr *nf* INF.TH **signal inversion**

Signalumsetzer *nm* CIRC.EN **signal converter**
= Signalkonverter *nm*

Signalumsetzung *nf* TELEC **signal conversion**
= Zeichenumsetzung *nf*; Signalkonversion; Zeichenkonversion

Signal- und Sicherungstechnik *nf* EL.TRO **signal engineering**
= Meldetechnik *nf*

Signalunformung *nf* EL.TRO → **signal conditioning**
→ Signalaufbereitung *nf*

Signalverarbeitung *nf* TELEC **signal processing**
≈ Signalaufbereitung [EL.TRO] ≈ signal conditioning [EL.TRO]

Signalverbindungsliste *nf* TELEC **signal wiring list**

Signalverfälschung *nf* INF.TEC **signal aliasing**
= aliasing *n*; signal breakup; breakup *n*

Signalverfolger *nm* INSTR **signal tracer**
= signal follower

Signalverlauf *nm* EL.TRO → **signal form**
→ Signalform *nf*

Signalverlust *nm* TELEC **signal breakdown**
= Signaleinbruch *nm*

Signalverstärker *nm* CIRC.EN **signal amplifier**

Signalverteiler *nm* TELEC **signal distributor**

Signalverzerrung *nf* TELEC **signal distortion**
= Zeichenverzerrung *nf*

Signalverzögerung *nf* TELEC **signal delay**

Signalverzweiger *nm* CIRC.EN **signal branching**

Signalvorrat *nm* INF.TH **signal repertoire**
= signal set

Signalwähler *nm* CIRC.EN **signal selector**

Signalweg *nm* EL.TRO → **signal path**
→ Signalpfad *nm*

Signalwegenetz *nn* SWITCH **signal network**

Signalzeichen *nn* TELEPH → **idle tone**
→ Freiton *nm*

Signalzustand *nm* EL.TRO **signal condition**
= signal state

Signalzustand *nm* DAT.CO → **signal condition**
→ Zeichenlage *nf*

Signalzustand AUS *nm* DAT.CO → **signal condition Z**
→ Stoppolarität *nf*

Signalzustand EIN *nm* DAT.CO → **signal condition A**
→ Startpolarität *nf*

Signatar *nm* OFFICE → **signer** *n*
→ Unterzeichner *nm*

Signatur *nf* RAD.RE **signature** *n*

Signatur *nf* MICR.EL **signature** *n*

Signatur *nf* SW **signature** *n*
= Erkennungscode *nm* — = authentication code
↓ Passwort — ↓ password

Signatur *nf* DAT.CO **signature** *n*
[identifizierende Datenfolge] — [sequence of data for identification]

Signatur-Analysator *nm* INSTR **signature analyzer**

Signaturanalyse *nf* INSTR **signature analysis**
= Signaturdiagnose *nf* — = signature diagnosis

Signaturblock *nm* INTERNET **signature block**

Signaturdiagnose *nf* INSTR → **signature analysis**
→ Signaturanalyse *nf*

Signaturgesetz *nf* LAW **Signature Law**
= SigG

Signaturregister *nn* MICR.EL **signature register**

Signet *nn* PRIN.ME **signet** *n*
= Verlegerzeichen *nn*; Druckerzeichen *nn*

Signet *nn* ECON → **logotype** *n*
→ Logotype *nf*

signieren ECON → **mark** *vt*
→ markieren

Signifikand *nm* MATH → **mantissa** *n*
→ Mantisse *nf*

signifikant SCIE **significant** *adj*
= bezeichnend; erheblich; bedeutungsvoll — = pregnant *adj*

signifikant SCIE → **meaningful**
→ aussagekräftig

signifikant SCIE → **significant**
→ bedeutend

signifikanter CODING → **higher-order** *adj*
→ höherwertig

signifikante Ziffer COMP.SC → **significant digit**
→ Wertziffer *nf*

Signifikanz *nf* SCIE **significance** *n*
= Bedeutung *nf*; Wertigkeit *nf*

Signifikanz *nf* COMP.SC → **positional value** *n*
→ Stellenwert *nm*

Signifikanz *nf* INF.TEC → **significance** *n*
→ Wertigkeit *nf*

Signifikanzniveau *nn* STATIS → **significance level**
→ Signifikanzzahl *nf*

Signifikanzstelle *nf* COMP.SC → **significant digit**
→ Wertziffer *nf*

Signifikanzstufe *nf* STATIS → **significance level**
→ Signifikanzzahl *nf*

Signifikanztest *nm* STATIS **significance test**

Signifikanzzahl *nf* STATIS **significance level**
= Signifikanzstufe *nf*; Signifikanzniveau *nn*

Signum *nn* MATH → **sign** *n*
→ Vorzeichen *nn*

Silan *nn* CHEM **silane** *n*

Silbe *nf* LING **syllable** *n*

Silbenkompandierung *nf* TELEPH **syllabic companding**

Silbenmaschine *nf* DAT.PR **syllable-oriented computer**
↑ Wortmaschine — ↑ word-oriented computer

Silbenneutrennung *nf* WOR.PR **rehyphenation** *n*

Silbenschrift *nf* LING **syllabic writing**

Silbentrennprogramm *nn* WOR.PR → **hyphenation program**
→ Silbentrennungsprogramm *nn*

Silbentrennroutine *nf* WOR.PR → **hyphenation program**
→ Silbentrennungsprogramm *nn*

Silbentrennung *nf* LING **hyphenation** *n*
[Trennen eines Wortes am Zeilenende; im Englischen wird "Worttrennung" bevorzugt] — [German prefers refer to "syllable break"]
= Worttrennung *nf* — = syllabication; syllabification; word break

Silbentrennungsalgorithmus *nm* WOR.PR **hyphenation algorithm**
= Trennungsalgorithmus *nm*

Silbentrennungsbereich *nm* WOR.PR **hyphenation zone**
= Silbentrennungszone *nf* — = soft zone

Silbentrennungsprogramm *nn* WOR.PR **hyphenation program**
= Silbentrennprogramm *nn*; Trennprogramm *nn*; Silbentrennungsroutine *nf*; Trennroutine *nf*; Silbentrennroutine *nf*; Trennungsroutine *nf* — = hyphenation routine

Silbentrennungsroutine *nf* WOR.PR → **hyphenation program**
→ Silbentrennungsprogramm *nn*

Silbentrennungszone *nf* WOR.PR → **hyphenation zone**
→ Silbentrennungsbereich *nm*

Silbentrennung und Zeilenausschluss PRIN.ME **hyphenation and justification**
= H&J

Silbenverständlichkeit *nf* TELEPH **syllabic intelligibility**
≈ Wortverständlichkeit — = syllabic articulation; logotom articulation; syllabe intelligibility
≈ discrete words intelligibility

Silber *nn* CHEM **silver** *n*
= Ag; Argentum *nn* — = Ag

Silberkontakt *nm* COMPO **silver contact**
= silver-plated contact

silberkontaktieren [COMPO] METAL → **silver-plate** *vt*
→ versilbern

silberlöten METAL **silver-solder**

Silberlötung *nf* METAL **silver soldering**

silberplattieren METAL → **silver-plate** *vt*
→ versilbern

silberplattiert METAL → **silver-plated**
→ versilbert

Silberplattierung *nf* METAL → **silver plating**
→ Versilberung *nf*

silbrig METAL **silverly** *adj*
≈ silbern; versilbert — = silvery
≈ silver; silver-plated

Silicagel *nn* CHEM **silicon gel**
= Kieselgel

Silicium CHEM → **silicon** *n*
→ Silizium *nn*

Siliciumdioxid *nn* CHEM → **silica** *n*
→ Siliziumdioxyd *nn*

Silicon CHEM → **silicone** *n*
→ Silikon *nn*

Silicon Valley MICR.EL **Silicon Valley**
[scherzhafte Bezeichnung für "Santa Clara Valley", 50 km südlich von San Francisco (USA), Standort einer Vielzahl führender elektronischer Firmen] — [nickname for "Santa Clara Valley", 50 km south of San Francisco, site of many important electronic enterprises]

Silikagel *nn* CHEM **silica gel**

Silikon *nn* CHEM **silicone** *n*
= Silicon

Silizid *nn* CHEM **silicide** *n*

Silizium *nn* CHEM **silicon** *n*
[vom latein. "silex" = "Feuerstein"; Element mit Ordnungdzahl 14] — [from Latin "silex" = "flint"; element with atomic number 14]
= Silicium; Si — = Si

Siliziumdiode *nf* COMPO **silicon diode**

Siliziumdioxid *nn* CHEM → **silica** *n*
→ Siliziumdioxyd *nn*

Siliziumdioxyd *nn* CHEM **silica** *n*
= Siliziumdioxid *nn*; Siliciumdioxid *nn* — = silicon dioxide
↓ Quarz — ↓ quartz

Silizium-gate-Technik *nf* MICR.EL → **silicium-gate technology**
→ Siliziumgattertechnik *nf*

Silizium-gate-Transistor *nm* MICR.EL **silicium-gate transistor**

Siliziumgattertechnik *nf* MICR.EL **silicium-gate technology**
= Silizium-gate-Technik *nf*

Siliziuminsel *nf* MICR.EL **silicon island**

Siliziumkarbid CHEM **silicium carbide**

Siliziumkristall *nm* PHYS **silicon crystal**

Siliziumnitrid *nn* CHEM **silicon nitride**

Siliziumnitrid-Passivierung *nf* MICR.EL **silicon nitride passivation**

Siliziumplättchen *nn* MICR.EL → **chip** *n*
→ Chip *nm*

Siliziumscheibe *nf* MICR.EL → **wafer crystal**
→ Kristallscheibe *nf*

Siliziumschicht *nf* MICR.EL **silicon layer**

Silizium-Solarzelle *nf* MICR.EL **silicon solar cell**

Silizium-Steuerelektronen-Technologie *nf* MICR.EL **silicon-gate technology**

Siliziumtransistor *nm* MICR.EL **silicon transistor**

SIL-Linse *nf* OPT **SIL lens**
= Solid Immersion Lens

SILO DAT.MA → **FIFO mode**
→ FIFO-Modus *nm*

SILO-Modus *nm* DAT.MA → **FIFO mode**
→ FIFO-Modus *nm*

Silo-Speicher *nm* DAT.MA **push-up storage**
[Stapelspeicher nach dem FIFO-Prinzip, d.h. Abruf in der Reihenfolge der Eingabe]
= FIFO-Stapelspeicher *nm*; FIFO-Speicher *nm*
≠ Kellerspeicher
[stack memory working with the FIFO mode, i.e. entries are retrieved in the sequence input]
= FIFO stack; FIFO store; first-in-first-out store
≠ push-down storage

SIM ECON **SIM**
= SMIS
= Society for Information Management; SIMS

SIM MOB.CO **SIM**
= Subscriber Identity Module

SIMD-Prozessor *nm* HW **SIMD processor**
[bearbeitet mit einer Programmanweisung mehrere Datenfelder gleichzeitig]
↑ Feldrechner
[Single Instruction - Multiple Data; processes simultaneously several data fields by a single instruction]
↑ array processor

SIMEG MOB.CO **SIMEG**
[alter Name der SMG9]
[old name of SMG9]
= Subscriber Identity Module Expert Group

SIM-Karte *nf* MOB.CO **SIM card**
↑ Chipkarte
[Subscriber Identity Module]
↑ chip card

SIMM HW → **SIMM**
→ SIMM-Modul *nn*

SIMM-Modul *nn* HW **SIMM**
[Hauptspeicherplatine in SMT]
= SIMM
[Single Inline Memory Module; in SMT]

SIM-Modul *nn* (*pl* -e) DAT.CO → **subscriber identification module**
→ Teilnehmererkennungsmodul *nn* (*pl* -e)

SIMOS MICR.EL **SIMOS**
[stacked gate injection MOS]

simpel TECH → **primitive** *adj*
→ primitiv

Simple-Gerät *nn* COMP.AP **simple device**

Simple Messaging *nn* MOB.CO **Simple Messaging**

Simplexbetrieb *nm* TELEC **simplex** *n*
[Übermittlung in nur einer Richtung]
= Richtungsbetrieb *nm*; Einzelbetrieb *nm*; einseitiger Betrieb; einseitige Übertragung
↓ Sendebetrieb; Empfangsbetrieb
[communication in one direction only]
= simplex operation; simplex transmission; simplex mode; one-way operation; single operation; SPX

simplifizieren COLL **oversimplify**
= stark vereinfachen; übertrieben vereinfachen
↑ simplify

Simplifizierung *nf* COLL **oversimplification**
= Simplifizierung *nf*, grobe Vereinfachung
↑ Vereinfachung
↑ simplification

Simplifizierung *nf* COLL → **oversimplification**
→ Simplifizierung *nf*

Simplizität *nf* COLL → **simplicity** *n*
→ Einfachheit *nf*

SIM-Toolkit *nm&nn* MOB.CO **SIM Toolkit**
= SIM Application Toolkit; SAT

SIMULA COMP.LG **SIMULA**
[SIMUlation LAnguage]
[SIMUlation LAnguage]

Simuland *nm* MOD&SI **simuland** *n*
= Simulationsobjekt *nn*

Simulation *nf* MOD&SI **simulation** *n*

Simulationsbitmuster *nn* DAT.CO **test bit pattern**
= Stimuli *npl*; Prüfbitmuster *nn*

Simulationsobjekt *nn* MOD&SI → **simuland** *n*
→ Simuland *nm*

Simulationsprogramm *nn* SW → **simulation program**
→ Simulierer *nm*

Simulationsprogramm *nn* MOD&SI → **simulation software** *n*
→ Simulationssoftware *nf*

Simulations-Programmiersprache *nf* COMP.LG **simulation programming language**

Simulationsprozess *nm* DAT.CO → **simulation process**
→ Simulationsvorgang *nm*

Simulationssoftware *nf* MOD&SI **simulation software** *n*
[zur Nachbildung eines Vorgangs]
= Simulator *nm* (2); Simulierer *nm* (2); Simulationsprogramm *nn*
≈ Simulationsprogramm [SW]
↑ Simulator (1)
[simulates a process]
= simulation program; simulator *n* (2)
≈ simulation program [SW]

Simulationssprache *nf* SW **simulation language**
[zur Programmierung von Simulationen]
[used to program simulations]

Simulationstechnik *nf* MOD&SI **simulation technique**
= numerische Simulation
= numerical simulation; computer-aided simulation

Simulationsvorgang *nm* DAT.CO **simulation process**
= Simulationsprozess *nm*

Simulator *nm* (1) MOD&SI **simulator** *n* (1)
[Hardware oder Software zur Simulierung]
= Simulierer *nm* (1)
↓ Simulationssoftware
[hardware or software to simulate]
↓ simulation software

Simulator *nm* (2) MOD&SI → **simulation software** *n*
→ Simulationssoftware *nf*

Simulatorpuffer *nm* DAT.CO **simulator buffer**

Simulcast-Rundfunk *nm* BROADC **simulcast broadcasting**
= Parallelaustrahlungs-Rundfunk *nm*

simulieren *vt* SW **simulate** *vt*
[einen reellen Vorgang oder eine Maschine durch ein Nachbildungsmodell nachahmen]
≈ emulieren
[to imitate a real situation or a machine by a representation model]
= mimic *vt*
≈ emulate

Simulierer *nm* SW **simulation program**
[Programm welches den Ablauf eines Programm einer Maschinensprache auf einem anderen Anlagenmodell ermöglicht]
= Simulationsprogramm *nn*
↑ Middleware
[allows to run a program written in one machine language on another type of computer]
↑ middleware

Simulierer *nm* (1) MOD&SI → **simulator** *n* (1)
→ Simulator *nm* (1)

Simulierer *nm* (2) MOD&SI → **simulation software** *n*
→ Simulationssoftware *nf*

simultan COLL → **simultaneous** *adj*
→ gleichzeitig

Simultananforderung *nf* DAT.NW → **contention** *n*
→ Konkurrenz *nf*

Simultanarbeit *nf* (1) DAT.PR → **simultaneous operation** *n*
→ Simultanbetrieb *nm* (1)

Simultanarbeit *nf* (2) DAT.PR → **simultaneous processing**
→ Simultanverarbeitung *nf*

Simultanausführung *nf* DAT.PR → **parallel execution**
→ Parallelausführung *nf*

Simultanbenutzbarkeit *nf* DAT.PR → **multiuse capability**
→ Mehrbenutzbarkeit *nf*

Simultanbetrieb *nm* (1) DAT.PR **simultaneous operation** *n*
[gleichzeitiges Aussteuern mehrerer Peripheriegeräte durch einen Rechner]
= Simultanarbeit *nf* (1)
≈ Mehrprogrammbetrieb
[of various peripherals by one computer]
≈ multiprogramming

Simultanbetrieb *nm* (2) DAT.PR → **simultaneous processing**
→ Simultanverarbeitung *nf*

Simultandiskussion *nf* INTERNET **live chat**

Simultandolmetscher LING **simultaneous interpreter**
[leicht versetzt]
≈ Konsekutivdolmetscher
[slightly dephased]
≈ consecutive interpreter

simultane Datenerfassung DAT.MA **simultaneous data acquisition**

simultane Datenverarbeitung DAT.PR → **simultaneous processing**
→ Simultanverarbeitung *nf*

simultane Ein-/Ausgabe DAT.MA **simultaneous input/output**

Simultaneität *nf* COLL → **simultaneity** *n*
→ Gleichzeitigkeit *nf*

Simultanentwicklung *nf* TECH **simultaneous engineering**
= SE

simultaner Programmablauf DAT.PR **concurrent program execution**
= concurrent programming

simultane Verarbeitung DAT.PR → **simultaneous processing**
→ Simultanverarbeitung *nf*

Simultanität *nf* COLL → **simultaneity** *n*
→ Gleichzeitigkeit *nf*

Simultanitätskontrolle *nf* DAT.MA **concurrence control**

Simultanverarbeitung *nf* DAT.PR **simultaneous processing**
[simultane Bearbeitung mehrerer Programme, nach verschiedenen Gesichtspunkten]
= Simultanbetrieb *nm* (2); simultane Verarbeitung; simultane Datenverarbeitung; Simultanarbeit *nf* (2)
≈ integrierte Verarbeitung
≠ verzahnte Verarbeitung
↑ Parallelbetrieb
[performance of several tasks at the same instant, under different aspects]
= simultaneous mode; simultaneous data processing; parallel multitasking
≈ integrated processing

Simultanweiche *nf* RADIO → **antenna duplexer** *n*
→ Sendeantennenweiche *nf*

Simultanzugriff *nm* DAT.PR **simultaneous access**
= Parallelzugriff *nm*; paralleler Zugriff
= parallel access

sin-Impuls *nm* EL.TRO **sine-squared pulse**
= Glockenimpuls *nm*
= sin^2 pulse

Single *nf* CONS.EL **single** *n*
Single-density-Diskette *nf* TER&PER → **SD disk**
→ SD-Diskette *nf*
Single-mode-Faser *nf* OPT.CO → **single-mode fiber**
→ Einmodenfaser *nf*
Single-shot-Analyse *nf* INSTR **single-shot analysis**
Singular *nm* LING **singular**
= Einzahl *nf*
singulär SW **local** *adj*
[nur in bestimmtem Abschnitt gültig] [only valid in a section]
= lokal ≠ global
≠ allgemeingültig
singulär MATH **singular** *adj*
singulärer Punkt MATH → **singularity**
→ Singularität *nf*
singuläres Integral MATH **singular integral**
singuläres Signal INF.TH **singular signal**
singuläre Stelle MATH → **singularity**
→ Singularität *nf*
Singularetantum *nn* LING → **mass noun**
→ Massennomen *nplt*
Singularität *nf* MATH **singularity**
= singulärer Punkt; singuläre Stelle = singular point
↑ ausgezeichneter Punkt ↓ point of intersection; isolated point; inversive point; break point; asymptotic point
↓ Doppelpunkt; isolierter Punkt; Rückkehrpunkt; Knickpunkt; asymptotischer Punkt
SINIX SW **SINIX**
[eine UNIX-Version von Siemens-Nixdorf] [a UNIX version by Siemens Nixdorf]
Sinke *nf* INF.TH → **drain** *n*
→ Senke *nf*
Sinn *nm* SCIE **sense** *n*
[Wahrnehmungsfähigkeit] [perceiving faculty]
Sinn *nm* PHYS **sense** *n*
= Bewegungssinn *nm*; Bewegungsrichtung *nf* [one of two contrary directions]
Sinnbild *nn* COMP.AP → **icon** *n*
→ Piktogramm *nn*
Sinnbild *nn* COMP.AP → **symbol** *n*
→ Symbol *nn*
sinnentstellend COLL **distorting**
Sinnentstellung *nf* COLL **distortion of meaning**
Sinnesempfindung *nf* SCIE **sensation** *n*
sinngemäß COLL **faithful** *adj*
= sinngetreu
sinngetreu COLL → **faithful** *adj*
→ sinngemäß
sinnlich SCIE **sensory** *adj*
[die Sinne betreffend] [related to senses]
sinnlos SCIE **senseless**
≈ unlogisch ≈ illogical
sinnloser Spieltext PRIN.ME **Greek text**
[für Formatierungsbetrachtung] [for formatting purposes]
= Dummytext *nm* (ANGL) = greek *n*; dummy text
Sinnlosigkeit *nf* SCIE **senselessness**
sinnvoll COLL **meaningful** *adj*
[einen Sinn ergebend]
Sinnzusammenhang *nm* SCIE → **context** *n*
→ Kontext *nm*
Sinterkathode *nf* EL.TRO **powder cathode**
Sintermetall *nn* METAL → **cermet** *n*
→ Pulvermetall *nn*
sintern METAL **sinter** *vt*
[kleinere Teile durch Hitze zu einer größeren Masse verbinden, ohne sie gänzlich zum Schmelzen zu bringen] [to coalesce small particles into a single mass by heat, without total liquefaction]
Sintern *nn* METAL → **sintering** *n*
→ Sinterung *nf*
Sinterteil *nn* METAL **powder metal part**
Sinterung *nf* METAL **sintering** *n*
= Sintern *nn*
Sinus *nm* MATH **sine**
↑ trigonometrische Funktion ↑ trigonometric function
Sinus- MATH → **sinusoidal**
→ sinusförmig
Sinusbetrieb *nm* EL.TRO **sine mode**
Sinusdauertonleistung *nf* CONS.EL → **nominal power**
→ Nennleistung *nf*
Sinus-Eigenschaften *nplt* EL.TRO → **sinewave characteristics**
→ Sinus-Kenndaten *nplt*
sinusförmig MATH **sinusoidal**
= Sinus- = sine-wave; sine-shaped; sinuous

Sinusfunktion *nf* MATH **sine function**
= sinusoidal function
Sinusfunktionsnetzwerk *nn* NETW.TH **sine-function network**
Sinusgenerator *nm* CIRC.EN **sine-wave generator**
= Sinusoszillator *nm*; Sinusquelle *nf* = harmonic oscillator; harmonics oscillator; sine source; sine generator
↑ Oszillator
Sinus hyperbolicus MATH **hyperbolic sine**
= sh; Sinus hyperbolikus; Hyperbelsinus = sh
↑ Hyperbelfunktion ↑ hyperbolic function
Sinus hyperbolikus MATH → **hyperbolic sine**
→ Sinus hyperbolicus
Sinus-Kenndaten *nplt* EL.TRO **sinewave characteristics**
= Sinus-Eigenschaften *nplt*
Sinuskurve *nf* MATH **sine curve**
= sinusoid *n*
Sinusleistung *nf* CONS.EL → **nominal power**
→ Nennleistung *nf*
Sinusmodulation *nf* MODUL → **wave-carrier modulation**
→ Schwingungsmodulation *nf*
Sinusoszillator *nm* CIRC.EN → **sine-wave generator**
→ Sinusgenerator *nm*
Sinusquelle *nf* CIRC.EN → **sine-wave generator**
→ Sinusgenerator *nm*
Sinus-Rechteckgenerator *nm* CIRC.EN **rectangular sine wave generator**
= sine/square source
Sinusschwingung *nf* PHYS **sinusoidal oscillation**
= harmonische Schwingung; Sinusvorgang *nm*
Sinustechnik *nf* EL.TRO **sinusoidal signal technique**
[Erzeugung, Verarbeitung und Übertragung von sinusförmigen Signalen] [generation, processing and transfer of sinusoidal signals]
≠ Impulstechnik ≠ pulse technique
Sinusvorgang *nm* PHYS → **sinusoidal oscillation**
→ Sinusschwingung *nf*
Sinuswelle *nf* PHYS **sinusoidal wave**
= sinewave *n*
sinx/x MATH → **sinc function**
→ Si-Funktion *nf*
SIO-Byte SWITCH → **SIO**
→ Dienstinformationsbyte *nn*
SIP TELEC → **SMDS Interface Protocol**
→ SMDS-Schnittstellenprotokoll *nn*
SIPC DAT.PR **SIPC**
[Spec von MS u. Intel] [spec by MS and Intel]
= Simple Interactive PC
SIP-Gehäuse *nn* MICR.EL **single-in-line package**
= SIP
SIPO HW → **serial-in/parallel-out**
→ serieller Eingang/ paralleler Ausgang
Sirene *nf* EL.ACOU **siren** *n* (*pl* -s)
SIR-Schnittstelle *nf* DAT.CO **SIR interface**
= Serial InfraRed interface
SISD-Prozessor *nm* DAT.PR **SISD processor**
[einzelne Datenfelder werden gleichzeitig nach individuellen Anweisungen bearbeitet] [Single Instruction, Single Data; processes simultaneously single data fields by single instructions]
SISO HW → **serial-in/serial-out**
→ serieller Eingang/serieller Ausgang
SIS-Übertragung *nf* TV **sound-in-syncs transmission**
= SIS transmission
Sitebesucher *nm* INTERNET → **Web site visitor**
→ Web-Site-Besucher *nm*
Site-Besucher *nm* INTERNET → **Web site visitor**
→ Web-Site-Besucher *nm*
Sitemap *nf* (ANGL) INTERNET → **Web site map**
→ Web-Site-Übersicht *nf*
Site-Übersicht *nf* INTERNET → **Web site map**
→ Web-Site-Übersicht *nf*
Situationsplan *nm* TEC.DOC → **location map**
→ Lageplan *nm*
Sitz *nm* ENG.DRA → **fit** *n*
→ Passung *nf*
Sitz *nm* ECON → **headquarters** *nplt*
→ Hauptverwaltung *nf*
Sitzklasse *nf* ENG.DRA → **class of fit**
→ Passungsklasse *nf*
Sitzung *nf* ECON **session** *n*
≈ Versammlung; Tagung; Besprechung; Konferenz = meeting *n* (3); conference *n*; sitting *n*
Sitzung *nf* DAT.CO **session** *n*
= Session *nf* (ANGL)
Sitzung-Manager *nm* DAT.CO **session manager**
= Session-Manager *nm* (ANGL)

Sitzungprotokoll *nn* ECON → **minutes of meeting**
→ Besprechungsprotokoll *nn*
Sitzungsabbau *nm* DAT.CO **session termination**
= Sessionsabbau *nm* (ANGL)
Sitzungsaufbau *nm* DAT.CO **session opening**
= Sessionsaufbau *nm* (ANGL)
Sitzungsende *nn* DAT.CO **end-of-session**
= Sessionsende *nn* (ANGL)
Sitzungsmanagement *nn* DAT.CO **session management**
= Sessionsmanagement *nn* (ANGL)
Sitzungswahl *nf* DAT.CO **session selection**
= Sessionswahl *nf* (ANGL)
sitzungsweise Internetbetreiberwahl INTERNET **Internet by call**
Si-Vidikon *nn* EL.TRO **Si vidicon**
Six-shooter-Querstrahler *nm* ANT **six-shooter broadside antenna**
Skala *nf* INSTR **scale** *n*
= Skalenteilung *nf*; Skalenteil *nm*; Skale *nf*; Maßeinteilung *nf* = graduation *n* (2); scale marks; scale division; division *n*; scale interval; interval *n*
↓ Gradeinteilung ↓ graduation (1)
skalar MATH **scalar** *adj*
≠ vektoriell ≠ vectorial
Skalar *nm* MATH **scalar** *n*
[vom latein. "scalaris" = "zur Treppe gehörend"; nur durch Zahlen charakterisierte Größe] [from Latin "scalaris" = "pertaining to a ladder"; magnitude which can be characterized by numbers alone]
= skalare Größe = scalar quantity; scalar variable
≠ Vektor ≠ vector
skalare Größe MATH → **scalar** *n*
→ Skalar *nm*
skalare Messung INSTR **scalar measurement**
[nur Amplitude] [of amplitude only]
≠ Vektormessung ≠ scalar measurement
skalarer Datentyp COMP.SC **scalar data type**
skalarer Netzwerkanalysator INSTR **scalar network analyzer**
skalares Integral MATH **scalar integral**
skalares Potential PHYS **scalar potential**
skalares Produkt MATH → **scalar product**
→ Skalarprodukt *nn*
skalare Wobbelmessung INSTR **swept scalar analysis**
= swept scalar measurement
Skalarfeld *nn* PHYS **scalar field**
Skalarprodukt *nn* MATH **scalar product**
= skalares Produkt
Skalarprozessor *nm* DAT.PR → **scalar processor**
→ Skalarrechner *nm*
Skalarrechner *nm* DAT.PR **scalar processor**
= Skalarprozessor *nm* = scalar computer
≠ Vektorrechner ≠ vector processor
Skale *nf* INSTR → **scale** *n*
→ Skala *nf*
skalen abwärts INSTR **down-scale** *adj*
Skalenantrieb *nm* AUTOMA **dial drive**
Skalenauflösung *nf* INSTR **scale resolution**
= resolution *n*
skalen aufwärts INSTR **up-scale** *adj*
Skalenbereich *nm* INSTR **scale range**
= scale span
Skalenbezifferung *nf* INSTR **scale numbering**
Skaleneinheit *nf* INSTR **scale unit**
Skalenendwert *nm* INSTR **end-scale value**
= Bereichsendwert *nm* = full-scale value
≈ Vollausschlag ≈ full-scale
Skalenendwert-Einstellung *nf* INSTR **full scale setting**
= Bereichsendwert-Einstellung *nf*
Skalenfaktor *nm* INSTR → **scale factor**
→ Skalenwert *nm*
Skalengenauigkeit *nf* INSTR → **scale fidelity**
→ Skalentreue *nf*
Skalenkonstante *nf* INSTR **scale constant**
Skalenkorrektur *nf* INSTR **scale correction**
Skalenlänge *nf* INSTR **scale length**
Skalenlehre *nf* INSTR **dial gage**
Skalenlupe *nf* INSTR **scale loupe**
Skalenmarke *nf* INSTR **graduation mark**
Skalenmarkierung *nf* INSTR **tick mark**
Skalenmitte *nf* INSTR **mid-scale**
Skalenprüfung *nf* INSTR **dial test**
Skalenscheibe *nf* INSTR **dial** *n*
Skalenseil *nn* INSTR **drive cord**
Skalenstreckenumsetzer *nm* INSTR **scale length converter**

Skalenteil *nm* INSTR → **scale** *n*
→ Skala *nf*
Skalenteilung *nf* INSTR → **scale** *n*
→ Skala *nf*
Skalentreue *nf* INSTR **scale fidelity**
= Skalengenauigkeit *nf*; Skalierungsgenauigkeit *nf*; Anzeigegenauigkeit *nf*
Skalenwert *nm* INSTR **scale factor**
= Skalenfaktor *nm*; Skalierung *nf* = scale value
skalierbar COMP.AP **scalable** *adj*
[Größe kontinuierlich veränderbar] [size is changeable continuously]
skalierbarer Zeichensatz SW → **vector font**
→ Vektorschrift *nf*
skalierbare Schrift SW → **vector font**
→ Vektorschrift *nf*
skalierbare Vektorgrafik COMP.GR **scalable vector graphics**
= SVG
Skalierbarkeit *nf* COMP.AP **scalability** *n*
skalieren COMP.GR **scale** *vt*
[Abmessungen kontinuierlich verändern unter Beibehaltung der Form] [continuously change the size while maintaining shape]
= zoomen = resize; zoom
↓ vergrößern; verkleinern ↓ scale-up; scale-down
Skalierung *nf* INSTR → **scale factor**
→ Skalenwert *nm*
Skalierung *nf* MICR.EL **scaling** *n*
Skalierung *nf* NETW.TH **scaling** *n*
[Normierung von Frequenz und Impedanz] [normalization of frequency and impedance]
= Doppelnormierung *nf*
↑ Normierung ↑ normalizing
Skalierung *nf* COMP.GR **scaling** *n*
= Maßstabsänderung *nf* = zooming *n*; zoom *n*; resizing *n*
↓ Vergrößerung; Verkleinerung ↓ scaling-up; scaling-down
Skalierungsfaktor *nm* COMP.GR **scaling factor**
= scaling constant
Skalierungsgenauigkeit *nf* INSTR → **scale fidelity**
→ Skalentreue *nf*
Skalierungsumschaltung *nf* INSTR **scale switching**
Skelett-Datenbasis *nf* DAT.CO **skeletal database**
Skelettschlitz-Antenne *nf* ANT **skeleton slot antenna**
= Skelettschlitzstrahler *nm*
Skelettschlitzstrahler *nm* ANT → **skeleton slot antenna**
→ Skelettschlitz-Antenne *nf*
Skew (ANGL) EL.TRO → **pulse separation** *n*
→ Impulspause *nf*
Skew-Flipflop *nm* CIRC.EN **skew flipflop**
Skew-Optimierung *nf* CONS.EL **skew optimization**
[Direktsatellitenempfang] [direct stallite reception]
Skiatron *nn* EL.TRO → **dark-trace tube**
→ Dunkelschriftröhre *nf*
Skineffekt *nm* EL.TEC **skin effect**
= Hauteffekt *nm*
Skin-Schnittestelle *nf* COMP.GR **skin interface**
Skizze *nf* ENG.DRA **sketch** *n*
≈ Entwurf; schematische Darstellung ≈ draft; schematic representation
skizzieren ENG.DRA **sketch** *vt*
≈ entwerfen; zeichnen ≈ draft; draw
Skonto *nm* ECON → **discount** *n*
→ Preisnachlass *nm*
Skript *nn* MEDIA **script** *n*
= schriftliche Vorlage für eine Sendung = written record for a broadcast
Skript *nn* COMP.LG **script** *n*
[ein Satz Anweisungen an andere Programme, oder an den Bediener (Macintosh), meist in einer speziellen Sprache] [a set of instructions to other programs, or to the user (Macintosh), mostly in a specific language]
≈ Makro (2) ↓ shell script
↓ Bedieneroberflächenskript
Skript *nn* CINEMA → **screenplay** *n*
→ Drehbuch *nn*
Skriptgirl *nn* CINEMA **script girl**
Skriptsprache *nf* COMP.LG **script language**
Skript-Sprache *nf* COMP.LG → **command control language**
→ Kommandosprache *nf*
Skyphone *nf* SAT.CO **skyphone** *n*
[über INMARSAT] [over INMARSAT]
Skyscraper *nm* INTERNET **scyscraper** *n*
[eine vertikale Werbeeinblendung] [a vertical banner]
Slant-Funktion *nf* MATH **slant function**
↑ Sequenzfunktion ↑ sequential function
Slashdot-Effekt *nm* INTERNET → **Web site congestion**
→ Web-Site-Stau *nm*

Slate-PC *nm* DAT.PR **slate PC**
[tastenloser PC mit Eingabe über Sensorbildschirm; slate = engl. "Schiefertafel"] [without keypad, input by sensor screen]
= Palm-Top *nm*; Handflächen-PC *nm*; Handflächen-Rechner *nm*; Handflächen-Computer *nm*; PDA *nm* = slate computer; slate *n*; palmtop PC; palmtop computer; palmtop *n*; personal digital assistant; PDA
↑ Wearable-PC ↑ wearable PC

Sleeve-Antenne *nf* ANT → **sleeve antenna**
→ Koaxialdipol *nm*

s-Leitfähigkeit *nf* PHYS **s-type conductivity**
[from "soft" doping]

SLI TELEC **Service Logic Interpreter**
[IN] [IN]
= SLI

SLIC WOR.PR **SLIC**
[Selective Listing in Combination]

Slideware *nf*(ANGL) COMP.AP → **foilware** *n*
→ Foilware *nf*

Sliding-Window-Protokoll *nn* DAT.CO → **sliding windows protocol**
→ Gleitfensterprotokoll *nn*

Slim Case CONS.EL **slim case**
[dünne Ausführung] ↑ CD cassette
↑ CD-Kassette

Slim-JIM-Antenne *nf* ANT **slim JIM antenna**
↑ J-Antenne [slim J-type Integrated Matching stub]

Slim-line-Bauweise *nf* HW **slim line style**
[halbe Bauhöhe]

Slim-line-Seitenschneider *nm* TECH **slim line cutter**

Slinky-Dipol *nm* ANT **slinky dipole**

SLIP-Protokoll *nn* INTERNET → **SLIP**
→ serielles Internet-Schnittstellenprotokoll

SLIP-Protokoll *nn* DAT.NW **SLIP protocol**
= Serial Line Internet Protocol

SLM OPTOEL → **spatial light modulator**
→ räumlicher Lichtmodulator

SLMA SWITCH **SLMA**
= analoge Teilnehmerschaltung = Subsciber Line Module Analog

SLOC SW → **source lines of code**
→ Quellcode-Befehlszeilen *nplt*

Sloper *nm* ANT **sloper dipole**
= schräggestellter Halbwellendipol

Slotted-Aloha DAT.NW → **S-Aloha**
→ S-Aloha

Slow-motion-Gerät *nn* TV → **slow motion facility**
→ Zeitlupengerät *nn*

Slow-scan-TV TV **slow-scan TV**
= SSTV = SSTV

SLP TELEC **Service Logic Program**
[IN] [IN]
= SLP

SLSI MICR.EL → **SLSI**
→ Superintegration *nf*

SLS-Kennzeichen *nn* SWITCH → **SLS**
→ Zeichengabestrecke-Kennzeichen *nn*

SLT MICR.EL **SLT**
[Speicherelement in Dickschichttechnik] [solid logic technology]

Sm CHEM → **samarium** *n*
→ Samarium *nn*

sm PHYS → **nautical mile**
→ Seemeile *nf*

SM TRANSM → **synchronous multiplexer**
→ Synchronmultiplexer *nm*

SMA MOB.CO **SMA**
= Short Message Service

SMAF-Funktion *nf* TELEC → **Service Management Access Function**
→ Dienstmanagement-Zugriffsfunktion *nf*

Smalltalk *nm* COMP.LG **Smalltalk**
[eine OOP-Sprache von Xerox] [an OOP language by Xerox]

smaragdgrün *adj* OPT **emerald green** *adj*
= emerald *adj*

Smartcard *nf* TER&PER → **microprocessor chip card**
→ Mikroprozessor-Chipkarte *nf*

Smartcard-Platine HW **smart card**

Smartphone *nn* MOB.CO **smartphone** *n*
[mit zusätzlichen neuen Funktionalitäten] [with additional functionality]

SMART-System *nn* DAT.PR **SMART system**
[Self-Monitoring Analysis and Reporting Technology]

Smart-Tag COMP.AP **smart tag**

SMB-Protokoll *nn* INTERNET **SMB protocol**
= Server Message Block protocol

SMD COMPO → **surface mounted device**
→ SMD-Bauelement *nn*

SMD-Bauelement *nn* COMPO **surface mounted device**
= oberflächenmontiertes Bauelement; SMD; SMT-Bauelement *nn* = SMD

SMD-Bestückungsautomat *nm* MANUF **SMD placement machine**
= SMT-Bestückungsautomat *nm* = SMT placement machine

SMDS DAT.NW **SMDS**
[ein öffentliches Datennetz der BOC] [a public data network the BOC's]
= Switched Multimegabit Data Service

SMDS-Schnittstellenprotokoll *nn* TELEC **SMDS Interface Protocol**
= SIP = SIP

SMD-Tastkopf *nm* INSTR **SMD test probe**
= surface mount device test probe

SMD-Technik *nf* EL.TRO **SMD technology**
= SMT-Technik *nf*; SMT = SMT technology; surface mounted technology; SMT
≈ Oberflächenmontage ≈ surface mounting

S-Meter INSTR **S meter**
[HF] [HF]
= signal strength meter

SM-Faser *nf* OPT.CO → **single-mode fiber**
→ Einmodenfaser *nf*

SMG9 MOB.CO **SMG9**
[Expertengruppe in ETSI] [expert group in ETSI]
= Special Mobile Group 9

SMGC-System *nn* RAD.NA **SMGC system**
[Surface Movement, Guidance and Control System]

SMIF-Box *nf* MICR.EL **SMIF box**
[Standard Mechanical InterFace]

Smiley *nn* INTERNET → **emoticon** *n*
→ Emoticon *nn*

SMIL-Sprache *nf* COMP.LG **SMIL language**
[Synchronized Multimedia Integration Language]

SMIS ECON → **SIM**
→ SIM

Smith-Diagramm *nn* LINE TH **Smith chart**
= Reflexionsfaktorkarte *nf* ↑ transmission line chart
↑ Leitungsdiagramm

SMP DAT.PR **SMP**
= Symmetrical MultiProcessing

SMP TELEC → **Service Management Point**
→ Diensteverwaltungsstelle *nf*

SMP-Server *nm* DAT.NW **SMP server**

SMS TELEC → **Servive Management System**
→ Diensteverwaltungssystem *nn*

SMS *nn* MOB.CO **SMS**
[GSM Kurznachrichtendienst] [GSM feature]
= Short Messaging Service

SMS-Wählnummer *nf* MOB.CO **SMS code**

SMS-Zentrale *nf* MOB.CO **SMS center**

SMT EL.TRO → **SMD technology**
→ SMD-Technik *nf*

SMT-Bauelement *nn* COMPO → **surface mounted device**
→ SMD-Bauelement *nn*

SMT-Bestückungsautomat *nm* MANUF → **SMD placement machine**
→ SMD-Bestückungsautomat *nm*

SMTP-Protokoll *nn* DAT.NW **SMTP protocol**
[für E-Mail-Versand] [for E-mail transmission]
= Simple Mail Transfer Protocol

SMT-Steckverbinder *nm* COMPO **SMT connector**

SMT-Technik *nf* EL.TRO → **SMD technology**
→ SMD-Technik *nf*

Sn CHEM → **tin** *n*
→ Zinn *nn*

SN TELEC → **Service Node**
→ Dienstezentrale *nf*

SNA-Architektur *nf* DAT.NW **SNA**
[eine Netzarchitektur von IBM] [Systems Network Architecture by IBM]

SNA-Architektur *nf* DAT.NW **SNA architecture**

Snap-in *nn* SW **snap-in**

Snap-in-Verdrahtung *nf* EL.TRO **snap-in wiring**
= Einschnappverdrahtung *nf*

Snap-off-Diode *nf* MICR.EL **snap-off diode**
= Abreißdiode *nf* ↑ charge-storage diode
↑ Speicherschaltdiode

SNA-Schicht *nf* DAT.NW **SNA layer**

SNMP-Protokoll *nn* DAT.NW **SNMP**
= Simple Network Management Protocol

SNOBOL COMP.LG **SNOBOL**
= zeichenkettenorientierte Programmiersprache
↑ problemorientierte Programmiersprache
[StriNg Orientated symBOLic language]
↑ high-level programming language

Snoopware *nf* INTERNET → **snoopware** *n*
→ Schnüffel-Software *nf*

SNT&M SWITCH **SNT&M**
[SS7]
[SS7]
= Signaling Network Testing & Maintenance

SNTP-Protokoll *nn* DAT.NW **SNTP**
= Simple Network Time Protocol

Snyder-Dipol *nm* ANT **Snyder dipole**

SO DAT.CO → **shift-out** *n*
→ Dauerumschaltung *nf*

SOAP-Protokoll *nn* INTERNET **SOAP protocol**
= Simple Object Access Protocol

SOAR MICR.EL **SOAR**
= sicherer Arbeitsbereich
= safe operating area

Société Européenne des Satellites MEDIA → **SES**
→ SES

Sockel *nm* TECH **pedestal** *n*
= Piedestal *nf*; Bock *nm*; Postament *nn*
≈ Ständer
= rest *n* (3); support *n*

Sockel *nm* SWITCH **software nucleus**

Sockel *nm* DAT.NW **socket** *n*
[logischer Verbindungsendpunkt]
= Socket (ANGL)
[logical link termination]

Sockel *nm* EQP.EN → **skirting board**
→ Sockelleiste *nf*

Sockel *nm* COMPO → **socket** *n*
→ Fassung *nf*

Sockelblech *nn* EQP.EN → **skirting board**
→ Sockelleiste *nf*

sockelkompatibel EL.TRO → **plug compatible**
→ steckkompatibel

Sockelleiste *nf* EQP.EN **skirting board**
= Sockel *nm*; Sockelblech *nn*
= skirting plate; bumper strip

Sockelmontage *nf* TECH **pedestal mounting**

Sockelstift *nm* COMPO → **terminal pin**
→ Anschlussstift *nm*

Socket (ANGL) DAT.NW → **socket** *n*
→ Sockel *nm*

SOC-Technologie *nf* MICR.EL **SOC technology**
[System on a Chip]

SOD-Technik *nf* MICR.EL **SOD**
[silicon on diamond technology]

sofern ich weiß COLL → **as far as I know**
→ soweit ich weiß

Sofort- TECH **instant-**
= immediate

Sofortantwort *nn* DAT.CO **immediate answer**

Sofortausführung *nf* DAT.PR **immediate mode**
[von Befehlen]
[immediate execution of commands]

Sofortbefehl *nm* SW → **immediate instruction**
→ Direktbefehl *nm*

Sofortdruck *nm* DAT.PR **immediate printing**
= Direktdruck *nm*

Sofortfangen *nn* SWITCH **immediate tracing**

sofortig TECH **instantaneous** *adj*
= augenblicklich; instantan; momentan (1)
≈ vorübergehend
= instant
≈ temporary

sofortige Rufumleitung TELEPH **unconditional forwarding**

Sofortindexieren *nn* INTERNET **instant indexing**

sofort lieferbar ECON → **off-the-shelf** *adj*
→ ab Lager

Sofortmaßnahme *nf* COLL **immediate measure**

Sofortruf *nm* SWITCH **immediate ringing**
= splash ringing

Sofortverarbeitung *nf* DAT.PR → **in-line processing** (1)
→ Geradewohl-Verarbeitung *nf*

Sofortzugriff *nm* DAT.PR **immediate access**
= Schnellzugriff *nm*; Instantanzugriff *nm*
= instantaneous access; quick access; fast access; rapid access; zero access

Sofortzugriffsspeicher *nm* HW → **high-speed memory** *n*
→ Schnellspeicher *nm* (1)

Softbook *nn* DAT.PR **softbook** *n*
[Dokumentation in Digitalform]
[documentation in digital form]

Softcopy *nf* (ANGL) DAT.PR → **soft copy**
→ Bildschirmausgabe *nf*

Soft-font *nm* (ANGL) SW → **soft font** *n*
→ softwaredefinierter Zeichensatz

Softkey *nn* (ANGL) TER&PER → **soft key** (2)
→ Dialogtaste *nf*

Soft-key TER&PER → **function key**
→ Funktionstaste *nf*

Softlink *nm* DAT.MA **softlink**
[Linux; Verweis auf absol. Pfad]
[Linux; points to absolute path]

Softmaske *nf* TER&PER **soft mask**
[Chipkarten; Teil des Programmcodes im EEPROM]
[chipcards; part of the programm code in the EEEPROM]

softsektoriert TER&PER → **soft-sectored** *adj*
→ weichsektoriert

Softsektorierung *nf* TER&PER → **soft sectoring**
→ Weichsektorierung *nf*

Software *nf* (*pl* -s) DAT.PR **software** (*nslt*; *pl* pieces of s.)
[Kunstwort in Anlehnung an "hardware"; Überbegriff für die immateriellen Bestandteile eines Computers, d.h. Programme, Verfahren, Dokumentation und Daten]
= SW; immaterielle Ware; nicht materielle Bestandeile
≈ Programmierung; Programmausstattung; Firmware
≠ Hardware
↓ Systemsoftware; Anwendersoftware (1); Firmware; Public-domain-Software; Freeware; Shareware; Groupware; Unterrichtssoftware; Vaporware; Programm; Routine; Daten
[neologism imitating "hardware"; general term for the immaterial components which run a computer, i.e. programs, procedures, documentation and data]
= SW
≈ programming; program outfit
≠ hardware
↓ system software; application software; firmware; public-domain software; freeware; shareware; groupware; courseware; vaporware; program; routine; data

softwareabhängig DAT.PR **software-dependent**
= SW-abhängig

Software-Agent *nm* COMP.AP **software agent**
= SW-Agent *nm*; Agent *nm*
= SW agent; agent *n*

Software-Agent *nm* SW → **agent** *n*
→ Agent *nm*

Software-Aktualisierung *nf* SW **software update**
[Verbesserung der vorhandenen Funktionalitäten]
= Software-Update *nn* (ANGL); SW-Aktualisierung *nf*; SW-Update *nn* (ANGL)
≈ Software-Hochrüstung
[improvement of existing functionalities]
≈ software upgrade

Software-Architektur *nf* SW **software architecture**
= SW-Architektur *nf*

softwarebasiertes Modem DAT.CO → **software modem**
→ Software-Modem *nm&nn*

Software-Basis *nf* SW **software base**
= SW-Basis *nf*

Software-Baustein *nm* SW **software IC**
[kann (wie ein IC auf einer Leiterplatte) leicht eingefügt werden]
= Software-IC; SW-Baustein *nm*; SW-IC
[can be easily inserted (like an IC on a PCB)]

softwarebedingte Programmunterbrechung SW → **software interrupt** (2)
→ Software-Programmunterbrechung *nf*

softwarebedingter Fehler DAT.PR **soft error** (2)
= SW-bedingter Fehler
≠ hardwarebedingter Fehler
[error caused by software]
≠ hard error (2)

softwarebedingtes Unterbrechungszeichen SW → **software interrupt** (1)
→ Software-Interrupt *nn* (1)

Software-Bibliothek *nf* DAT.MA **software library**
= SW-Bibliothek *nf*; Programmbibliothek *nf*
≈ Programmbank
= program library
≈ program bank

softwaredefinierter Zeichensatz SW **soft font** *n*
[durch Software definierter Zeichensatz]
= SW-definierter Zeichensatz; Soft-font *nm* (ANGL)
↓ zuladbarer Zeichensatz; residenter Zeichensatz
[font defined by software]
↓ downloadable font; internal font

Software-Dieb *nm* SW → **pirate** *n*
→ Raubkopierer *nm*

Software-Diebstahl *nm* DAT.PR **software theft**
= SW-Diebstahl *nm*
= software larceny

Software-Diebstahl *nm* SW → **software piracy**
→ Software-Piraterie *nf*

Software-Dienstleistung *nf* SW **software service**
= SW-Dienstleistung *nf*

Software-Dokumentation *nf* SW **software documentation**
= SW-Dokumentation *nf*

Software-Duplizierung *nf* SW **software duplication**
= SW-Duplizierung *nf*

Software-Engineering *nn* (ANGL) SW → **software engineering**
→ Software-Technik *nf*

Software-Entwickler *nm* SW → **programmer** *n*
→ Programmierer *nm*

Software-Entwicklung *nf* SW **software development**
= SW-Entwicklung *nf* ≈ programming
≈ Programmierung

Software-Entwicklungsakte *nf* SW **software development file**
= SW-Entwicklungsakte *nf* = software development folder; SDF; software development notebook; unit development folder

Software-Entwicklungs-Bibliothek *nf* SW **software development library**
= SW-Entwicklungs-Bibliothek *nf* = software development kit; SDK; project library; production library; software repository; system library

Software-Entwicklungsplan *nm* SW **software development plan**
= SW-Entwicklungsplan *nm* = SDP

Software-Entwicklungsprozess *nm* SW **software development process**
= SW-Entwicklungsprozess *nm*

Software-Entwicklungsumgebung *nf* DAT.PR **software development environment**
= SW-Entwicklungsumgebung *nf*

Software-Entwicklungswerkzeug *nn* SW → **development tool** *n*
→ Programmierwerkzeug *nn*

Software-Entwicklungswerkzeug *nn* SW → **software tool**
→ Software-Werkzeug *nn*

Software-Entwicklungszyklus *nm* SW **software development cycle**
= SW-Entwicklungszyklus *nm*

Software-Entwurf *nm* SW **software design**
= SW-Entwurf *nm*

Software-Entwurfsbeschreibung *nf* SW **software design description**
= SW-Entwurfsbeschreibung *nf*; SDD = SDD

Software-Ergonometrie *nf* SW **software ergonometry**
= SW-Ergonometrie *nf*

Software-Ergonomie *nm* DAT.PR **software ergonomy**
= SW-Ergonomie *nf*

Software-Erzeugnis *nn* SW → **software product**
→ Software-Produkt *nn*

Software-Fassung *nf* SW → **release version**
→ Software-Version *nf*

Software-Fehler *nm* SW → **program error**
→ Programmfehler *nm*

Software-Fehlerfreiheit *nf* DAT.PR **software integrity**
= SW-Fehlerfreiheit *nf*

Software-Flexibilität *nf* SW **software flexibility**
= SW-Flexibilität *nf*

Software-Fremdkörper *nm* SW → **virus** *n* (*pl* viruses)
→ Virus *nn&nm* (*pl* Viren)

Software-Händler *nm* DAT.PR **software broker**
= SW-Händler *nm*

Software-Haus *nn* DAT.PR **software house**
[entwickelt und vertreibt] [develops and sells]
= SW-Haus *nn* = software company; software publisher

Software-Hersteller *nm* DAT.PR **software producer**
= SW-Hersteller *nm*

Software-Hilfe *nf* SW → **utility program** *n*
→ Dienstprogramm *nn*

Software-Hochrüstung *nf* DAT.PR **software upgrade**
[mit zusätzlichen neuen Funktionalitäten versehen] [to enhance by yadditional new functionality]
= SW-Hochrüstung *nf* = upgrade *n*
≈ Software-Aktualisierung ≈ software update

Software-IC SW → **software IC**
→ Software-Baustein *nm*

Software-Ingenieur *nm* SW **software engineer**
= SW-Ingenieur *nm*

Software-Integration *nf* SW **software integration** *n*
= SW-Integration *nf*; Integration *nf* = integration *n*

Software-Interrupt *nn* (1) SW **software interrupt** (1)
= SW-Interrupt *nn* (1); softwarebedingtes Unterbrechungszeichen ≠ hardware interrupt
≠ Hardware-Interrupt ↑ program interrupt
↑ Programmunterbrechung

Software-Interrupt *nn* (2) SW → **software interrupt** (2)
→ Software-Programmunterbrechung *nf*

Software-Kalibrierung *nf* INSTR **software calibration**
= SW-Kalibrierung *nf*

softwarekompatibel SW **software-compatible** *adj*
= SW-kompatibel

Software-Kompatibilität *nf* SW **software compatibility** *n*
= SW-Kompatibilität *nf*; Programm-Kompatibilität *nf*; Kompatibilität *nf* ↑ program compatibility; compatibility
↓ Abwärtskompatibilität; ↓ downward compatibility; upward compatibility

Software-Konfigurationsmanagement *nn* SW **software configuration manager**
= SW-Konfigurationsmanagement *nn*

Software-Lebenszyklus *nm* SW **software life cycle**
[von der Konzipierung zur Außerbetriebnahme] [from conception to removal from service]
= SW-Lebenszyklus *nm*

Software-Leistungsmerkmal *nn* SW **software feature**
= SW-Leistungsmerkmal *nn*

Software-Literatur *nf* SW **helpware** *n*
= SW-Literatur *nf* = software literature

Software-Lizenz *nf* SW **software licence**
= SW-Lizenz *nf*

Software-Markt *nm* SW **software market**
= SW-Markt *nm*

Software-Modell *nn* MOD&SI **software model**
[ein in Software formuliertes Modell] [a model expressed in software]
= SW-Modell *nn*

Software-Modem *nm&nn* DAT.CO **software modem**
= SW-Modem *nm&nn*; softwarebasiertes Modem = software-based modem

Software-Möglichkeiten *nplt* SW **software resources**
= SW-Möglichkeiten *nplt*

Software-Monitor *nm* SW **software monitor**
[eine Software zur Überwachung] [a software to monitoir]
= SW-Monitor *nm* ≈ check software
≈ Prüf-Software

Software-Müll *nm* SW → **software rot**
→ Software-Schrott *nm*

Software-Paket *nn* SW **software package**
= SW-Paket *nn*; Programmpaket *nn* = program package; package; software pac

Software-Parallelentwicklung *nf* SW **software diversity**
[zwecks höherer Zuverlässigkeit] [parallel development to increase reliability]
= SW-Parallelentwicklung *nf*

Software-Pflege *nf* SW **software maintenance**
= SW-Pflege *nf*; Software-Wartung *nf*; SW-Wartung *nf*

Software-Pirat *nm* SW → **pirate** *n*
→ Raubkopierer *nm*

Software-Piraterie *nf* SW **software piracy**
= SW-Piraterie *nf*; Software-Diebstahl *nm*; SW-Diebstahl *nm* ↑ piracy
↑ Piraterie

Software-Plattform *nf* SW **software platform**
= SW-Plattform *nf* = SW platform
↑ Plattform

Software-Produkt *nn* SW **software product**
= SW-Produkt *nn*; Software-Erzeugnis *nn*; SW-Erzeugnis *nn* = programming product

Software-Programmierer *nm* SW → **programmer** *n*
→ Programmierer *nm*

Software-Programmunterbrechung *nf* SW **software interrupt** (2)
= SW-Programmunterbrechung *nf*; softwarebedingte Programmunterbrechung; nichtprogrammierter Sprung; nichtprogrammierter Programmsprung; Trap *nn* (ANGL); Software-Interrupt *nn* (2) (ANGL); SW-Interrupt *nn* (2) (ANGL) = trap *n* (2); unprogrammed conditional program jump
≠ Hardware-Programmunterbrechung ≠ hardware interrupt
↑ Programmunterbrechung ↑ program interrupt

Software-Projektmanagement *nn* SW **software project management**
= SW-Projektmanagement *nn*

Software-Provisorium *nn* SW → **stub** *n*
→ Programmstumpf *nm*

Software-Publishing *nn* SW **software publishing**
= SW-Publishing *nn*; Standard-Software-Geschäft *nn*

Software-Qualität *nf* SW **software quality**
= SW-Qualität *nf*

Software-Qualitätssicherung *nf* SW **software quality assurance**
= SW-Qualitätssicherung *nf* = SQA

Software-Radio *nn* MOB.CO **software radio**
[per SW für verschiedene Mobilfunknormen konfigurierbar] [configurable by SW to different mobile communication standards]
= SW-Radio *nn*

Software-Rahmen *nm* SW **software framework**
= SW-Rahmen *nm*

Software-Rohling *nm* SW → **stub** *n*
→ Programmstumpf *nm*

Software-Schnittstelle *nf* SW **software interface**
= SW-Schnittstelle *nf*

Software-Schrott *nm* SW **software rot**
= SW-Schrott *nm*; Software-Müll *nm*; SW-Müll *nm*; toter Code
= dead code

Software-Schutz *nm* SW **software security**
= SW-Schutz *nm*; Software-Sicherheit *nf*; SW-Sicherheit *nf*
= software protection

Software-Sicherheit *nf* SW → **software security**
→ Software-Schutz *nm*

Software-Spezialist *nm* DAT.PR **software specialist**
= SW-Spezialist *nm*

Software-Spezifikation *nf* SW **software specification**
= SW-Spezifikation *nf*

Software-Steuerung *nf* DAT.PR **software control**
= SW-Steuerung *nf*

Software-Stumpf *nm* SW → **stub** *n*
→ Programmstumpf *nm*

Software-Technik *nf* SW **software engineering**
[Entwurf und Entwicklung]
[design and development]
= SW-Technik *nf*; Software-Engineering *nn* (ANGL); SW-Engineering *nn* (ANGL); Programmbau *nm*
= SW engineering

Software-Technologie *nf* SW **software technology**
= SW-Technologie *nf*

Software-Test *nm* SW **software test**
= SW-Test *nm*

Software-Tool *nn* COMP.AP **software tool**
[unterstützt eine Aufgabe]
[supports a task]
= SW-Tool *nn*; Tool *nn*; Software-Werkzeug *nn*; SW-Werkzeug *nn*
= tool *n*

Software-Treiber *nm* SW **software driver**
[passt Software an die Anlage an]
[adapts software to the computer]
= SW-Treiber *nm*

Software-Übertragbarkeit *nf* SW → **portability** *n*
→ Übertragbarkeit *nf*

Software-Umstellung *nf* SW **software conversion**
= SW-Umstellung *nf*

Software-Unterstützung *nf* SW **software support**
= SW-Unterstützung *nf*

Software-Update *nn* (ANGL) SW → **software update**
→ Software-Aktualisierung *nf*

Software-Verlag *nm* DAT.PR **software publisher**
= SW-Verlag *nm*

Software-Verschlüsselung *nf* INF.TEC **software encryption**
= SW-Verschlüsselung *nf*

Software-Version *nf* SW **release version**
= SW-Version *nf*; Version *nf*; Software-Fassung *nf*; SW-Fassung *nf*; Fassung *nf*
≈ Freigabe
↓ Programmversion
= release *n*; software version; version *n*
↓ program release

Software-Verwalter *nm* DAT.MA **software librarian**
= SW-Verwalter *nm*

Software-Virus *nn&nm* (*pl* Viren) SW → **virus** *n* (*pl* viruses)
→ Virus *nn&nm* (*pl* Viren)

Software-Visualisierung *nf* SW **software visualization**
= SW-Visualisierung *nf*

Software-Wartung *nf* SW → **software maintenance**
→ Software-Pflege *nf*

Software-Werkzeug *nn* SW **software tool**
[Programm das die Programmierung unterstützt]
[program supporting programming]
= SW-Werkzeug *nn*; Software-Entwicklungswerkzeug *nn*; SW-Entwicklungswerkzeug *nn*
= software development tool

Software-Werkzeug *nn* COMP.AP → **software tool**
→ Software-Tool *nn*

Software-Wiederverwendung *nf* SW **software reuse**
= SW-Wiederverwendung *nf*

Software-Zuverlässigkeit *nf* SW **software reliability**
= SW-Zuverlässigkeit *nf*

Sog *nm* PHYS **wake** *n*
= Luftsog *nm*
= suction *n*

SOH DAT.CO → **start of heading**
→ Anfang des Kopfes

Sohle *nf* CIV.EN **floor** *n*
[Boden eines Kanals oder Schachts]
[of a channel or manhole]
= bottom *n*

Sohn-Band *nn* DAT.MA **son tape**
[Generationsprinzip]
≠ Vater-Band
[generation principle]
= son band
≠ father tape

Sohn-Datei *nf* DAT.MA **son file**
= child file; descendant file; dependent file

SOHO TELEC **SOHO**
[Anwenderkreis der kleinen Büros und Büros zuhause]
= Small Office - Home Office

SOIC MICR.EL **SOIC**
[oberflächenmontierbares Gehäuse]
[Small Outline IC]

SOI-Prozess *nm* MICR.EL **SOI process**
[Silicon On Insulator]

SOLANGE-Schleife *nf* COMP.LG → **WHILE loop**
→ WHILE-Schleife *nf*

Solarbatterie *nf* POW.SY **solar battery**
= Sonnenbatterie *nf*

solarbetrieben POW.SY → **solar-cell powered** *adj*
→ solarzellenbetrieben

solargespeist POW.SY → **solar-cell powered** *adj*
→ solarzellenbetrieben

Solaris SW **Solaris**
[Unix-Variante von Sun]
[Unix version of Sun]

Solarmodul *nn* (*pl* -e) POW.SY → **solar panel**
→ Solarpaneel *nn*

Solarpaneel *nn* POW.SY **solar panel**
= Solarmodul *nn* (*pl* -e)
= solar module

Solarrechner *nm* OFFICE → **solar calculator**
→ Solartaschenrechner *nm*

solarstromversorgt POW.SY → **solar-cell powered** *adj*
→ solarzellenbetrieben

Solarstromversorgung *nf* POW.SY **solar power supply**
= photovoltaic power supply

Solartaschenrechner *nm* OFFICE **solar calculator**
= Solarrechner *nm*

Solarzelle *nf* POW.SY **solar cell** *n*
[wandelt Sonnenenergie in elektrische Energie]
[transforms solar in electric energy]
≈ photovoltaic cell

solarzellenbetrieben POW.SY **solar-cell powered** *adj*
= solarzellengespeist; solarbetrieben; solargespeist; solarstromversorgt
= solar-powered; light-powered

solarzellengespeist POW.SY → **solar-cell powered** *adj*
→ solarzellenbetrieben

Solawechsel *nm* ECON → **promissory note**
→ Eigenwechsel *nm*

Solenoid *nn* COMPO → **magnet coil**
→ Magnetspule *nf*

Solenoid *nn* PHYS **solenoid** *n*
[zylindrische Spule]
[a cylindric coil]

solenoidales Feld PHYS → **source-free field**
→ quellenfreies Feld

Soliduskurve *nf* METAL **solidus** *n*
[zeigt Schmelzpunkte in Abhängigkeit der Legierungsverhältnisse]
[shows melting points as a function of alloy compositions]

Soliton OPTOEL **soliton** *n*
[Hochgeschwindigkeitsimpuls dessen Dispersion durch Nichtlinearitäten des Brechungsindexes kompensiert wird]
[highspeed pulse, dispersion-compensated by nonlinearities of refraction index]

Soll *nn* ECON **debit** *n*
[Buchhaltung]
≠ Haben
[accounting]

Soll- TECH **scheduled**
≈ Nenn-; Plan-
= set
≈ nominal; planned

Soll-/Ist-Vergleich *nm* CONTRO **scheduled/effective comparation**

Solllänge *nf* TECH **set length**

Sollbahn *nf* CONTRO **set path**

Sollbereich *nm* CONTRO **set range**

Sollbreite *nf* TECH **set width**

Sollbruchstelle *nf* MEC.EN **rupture joint**

Solldaten *nplt* DAT.PR **scheduled data**

Solldruck *nm* TECH **set pressure**

Solleistung *nf* TECH → **nominal power**
→ Nennleistung *nf*

Sollfrequenz *nf* EL.TEC → **nominal frequency**
→ Nennfrequenz *nf*

Sollgeschwindigkeit *nf* TECH **set velocity**

Sollkonzept *nn* SW **scheduled conception**
= Soll-Konzept *nn*

Soll-Konzept *nn* SW → **scheduled conception**
→ Sollkonzept *nn*

Sollkosten *nplt* ECON → **budget costs**
→ Plankosten *nplt*

Sollmaß *nn* ENG.DRA **prescribed dimension**
≈ Nennmaß
= set dimension
≈ nominal size

Sollpegel *nm* TELEC → **nominal level**
→ Nennpegel *nm*

Sollsaldo *nn* ECON **debit balance**

Sollspannung *nf* EL.TEC → **nominal voltage**
→ Nennspannung *nf*

Sollstellung *nf* CONTRO **set position**

Sollstrom *nm* EL.TEC → **nominal current**
→ Nennstrom *nm*

Solltrennstelle *nf* EL.TRO **fusible link**
[soll bei Überlastung öffnen, um damit eine beabsichtigte Schaltungsänderung zu bewirken; meist auf IC's]
[designed to break under overload, so permitting an intentional circuit modification; generally on IC's]

Sollwert *nm* CONTRO **set point**
= Soll-Wert *nm*
= set value; index value; reference value; scheduled value; desired

Soll-Wert *nm* CONTRO → **set point**
→ Sollwert *nm*

Sollwerteinsteller *nm* CONTRO → **set point generator**
→ Sollwertgeber *nm*

Sollwerteinstellung *nf* CONTRO **set point adjustment**

Sollwertgeber *nm* CONTRO **set point generator**
= Sollwerteinsteller *nm*
= director *n*

Sollwertkorrektur *nf* CONTRO **set-point correction**

Sollwertpotentiometer *nn* CONTRO **set-point potentiometer**

Sollwertsignal *nn* EL.TRO **set-point signal**

Sollzins *nm* ECON **debtor interest**
= Aktivzins *nm*
= receivable interest; rending rate

Sollzustand *nm* TECH **set condition**
= reference condition; desired condition; target condition; should-be state

SOM-Architektur *nf* SW **SOM architecture**
[System Object Model]

sommerfeldsche Feinstrukturkonstante PHYS **Sommerfeld's fine-structure constant**
= Sommerfeld'sche Feinstrukturkonstante

Sommerfeld'sche Feinstrukturkonstante PHYS → **Sommerfeld's fine-structure constant**
→ sommerfeldsche Feinstrukturkonstante

Sommerzeit *nf* COLL **daylight saving time**

SONAR INSTR → **ultrasonic ranging**
→ Ultraschallortung *nf*

Sonde *nf* MICROW **probe** *n*
= sonde *n*

Sondenspule *nf* EL.TRO **pick-up coil**

Sonder- COLL → **special** *adj*
→ besonders

Sonderanfertigung *nf* TECH **special make**
= Spezialanfertigung *nf*; Sonderbauform *nf*
≈ Sonderausführung
≠ Serienmodell
= special version
≈ special finish
≠ standard model

Sonderausführung *nf* TECH **special finish**
= Spezialausführung *nf*
≈ Sonderanfertigung
≈ special model

Sonderausstattung *nf* TECH **special outfit**
= Spezialausstattung *nf*
= special configuration

Sonderbauform *nf* TECH → **special make**
→ Sonderanfertigung *nf*

Sonderbeilage *nf* PRIN.ME **separata** *nplt*
[einer Zeitschrift]
[of a magazine]

Sonderbereich *nm* RADIO **special RF range**

Sonderdienst *nm* TELEC **special service**
= ergänzender Dienst; Zusatzdienst *nm*; Spezialdienst *nm*
= supplementary service; supplemental service

Sonderdienstsatz *nm* SWITCH **special-service circuit**
↑ Verbindungssatz
↑ junctor

Sonderdotierung *nf* ECON **supplemetary contribution**

Sonderdruck *nm* PRIN.ME **offprint** *n*
= separate *n*

Sondereinzelkosten *nplt* ECON **special direct costs**
= SEK *nplt*

Sonderentwicklung *nf* TECH **special design**
= Spezialentwicklung *nf*

Sonderfall *nm* COLL **special case**
= abnormal case

Sonderfeingewinde *nn* MEC.EN **extra-fine thread**

Sonderfernsprecher *nm* TELEPH **special telephone set**
= Spezialfernsprecher *nm*

Sonderfunkdienst *nm* RADIO **special radio service**

Sonderfunktion *nf* TER&PER **added feature**
= Spezialfunktion *nf*; Komfortleistungsmerkmal *nn*
≈ Eigentümlichkeit
= added function; special function; special feature
≈ peculiarity

Sondergebühr *nf* TELEC → **special rate**
→ Sondertarif *nm*

Sonderkabel *nn* COM.CAB **special cable**
= Spezialkabel *nn*
= specialty cable

Sonderkanal *nm* RADIO **special channel**
= Spezialkanal *nm*

Sonderkontakt *nm* COMPO **special contact**

Sonderkosten *nplt* ECON → **inclusions** *nplt*
→ Einschlüsse *nplt*

Sonderlänge *nf* COM.CAB **special delivery length**
= Speziallänge *nf*

Sondermosaik *nn* TELEC **special mosaic**
[Btx]
[videotex]

Sondernetz *nn* (2) TELEC → **private network** *n*
→ Privatnetz *nn*

Sonderposten *nm* ECON **special lot**

Sonderpreis *nm* ECON **special price**

Sonderqualität *nf* TECH **special quality**
= special quality level

Sonder-Ressourcen-Funktion *nf* TELEC **Specialized Resource Function**
[IN]
= SRF-Funktion *nf*
[IN]
= SRF

Sondersatz *nm* TELEC → **special rate**
→ Sondertarif *nm*

Sondersprache *nf* LING **sublanguage** *n*
↓ Jargon; Fachsprache; Soziolekt
↓ jargon; technical parlance; social dialect

Sondertarif *nm* TELEC **special rate**
= Spezialtarif *nm*; Sondergebühr *nf*; Spezialgebühr *nf*; Sondersatz *nm*; Spezialsatz *nm*
↓ Einführungstarif; Vorzugstarif; Nachttarif
= special tariff
↓ promotional rate; premium rate; nocturnal tariff

Sondertastatur *nf* TER&PER **special keyboard**
= Spezialtastatur *nf*; Sondertastenfeld *nn*; Spezialtastenfeld *nn*
↓ Komforttastaur
↓ added-feature keyboard

Sondertaste *nf* TER&PER **special key**
= Spezialtaste *nf*
= special-purpose key; dedicated key

Sondertastenfeld *nn* TER&PER → **special keyboard**
→ Sondertastatur *nf*

Sonderwunsch ECON **special request**

Sonderzeichen *nn* COMP.SC **special character**
[alle Zeichen die weder Buchstabe noch Ziffer sind]
= Spezialzeichen *nn*
[all non-alphanumeric characters]
= special sign; pi character; additional character

Sonderzubehör *nn* TECH **special accessories**
= Spezialzubehör *nn*

SONET TELEC **SONET**
[die US-Version u. Vorläufer von SDH]
↑ SDH
[Synchronous Optical Network; the US version and pioneer of SDH]

Song *nm* MUSIC → **song** *n*
→ Lied *nn*

Sonne *nf* ASTR.PH **sun** *n*
↑ Himmelskörper
↑ celestial body

Sonnenbatterie *nf* POW.SY → **solar battery**
→ Solarbatterie *nf*

Sonneneinstrahlung *nf* PHYS **solar radiation**
= insolation *n*

Sonnenenergie *nf* POW.SY **solar energy**

Sonnenfleck *nm* ASTR.PH **sunspot**

sonnenstationär ASTR.PH **heliostationary**

sonnensynchron SAT.CO **sun-synchronous**

Sonnenuhrstab *nm* GEOSC → **gnomon** *n*
→ Gnomon *nm*

Sonnenzeit *nf* PHYS **solar time**

Sonntag *nm* ECON → **holiday** *n*
→ Feiertag *nm*

sonstig COLL **other** *adj*
≈ restlich; übrig
≈ remaining; left

sonstig ECON **miscellaneous**

Sonst-Regel *nm* SW **ELSE rule**
= ELSE-Regel *nf*

sophistisch COLL → **cavilled** *adj*
→ spitzfindig

Sopran *nm* MUSIC **soprano** *n*

Sorgfalt *nf* COLL → **care** *n*
→ Sorgfältigkeit *nf*

sorgfältig COLL **careful** *adj*

= akkurat		= diligent
≈ genau		≈ correct
≠ sorglos		≠ careless
sorgfältig *adj*	COLL	**careful** *adj*
= schonend		
Sorgfältigkeit *nf*	COLL	**care** *n*
= Sorgfalt *nf*		= carefulness *n*; diligence *n*
≠ Sorglosigkeit		≠ carelessness
sorglos	COLL	**careless** *adj*
≈ unvorsichtig		≈ incautious
≠ sorgfältig		≠ careful
Sorglosigkeit *nf*	COLL	**carelessness** *n*
≈ Unvorsichtigkeit		≈ incautiousness
≠ Sorgfältigkeit		≠ carefulness
Sorte *nf*	TECH	**kind** *n*
= Art *nf*		= sort *n*; variety *n*
Sorten *nplt*	ECON	**foreign notes and coins** *n*
[Zahlungsmittel in fremder Währung]		↑ foreign currency
= Devisen *nplt* (2)		
↑ Fremdwährung		
Sortenfertigung *nf*	MANUF	**variety production**
[Serienfertigung mit Produktdifferenzierungen erst in den letzten Fertigungsschritten]		[serial production with product differentiation in the very last manufacturing steps]
= Sortenproduktion *nf*		
Sortenproduktion *nf*	MANUF	→ **variety production**
→ Sortenfertigung *nf*		
Sortieralgorithmus *nm*	DAT.MA	**sorting algorithm**
Sortieransicht *nf*	COMP.AP	**sorting view**
Sortierargument *nn*	DAT.MA	→ **sorting key**
→ Sortierschlüssel *nm*		
sortierbar	TER&PER	**sortable**
= sortierfähig		
Sortierbegriff *nm*	DAT.MA	→ **sorting key**
→ Sortierschlüssel *nm*		
Sortierdatei *nf*	DAT.MA	**sorting file**
		= sort file
Sortierdaten *nplt*	DAT.MA	**sorting data**
		= sort data
Sortierdurchlauf *nm*	DAT.MA	**sort run**
= Sortierlauf *nm*		= sorting run; sorting pass
Sortieren *nn*	DAT.MA	**sorting** *n*
= Sortierung *nf*		= sort *vt*
↑ Datenverarbeitung [INF.TEC]		↑ data processing [INF.TEC]
↓ oszillierendes Sortieren; Kaskadensortieren; Mischsortieren; Polyphasensortieren; Bubble-Sortieren; Mehrwege-Sortieren; Shell-Sortierung; Schnellsortierung; Inkrementalsortierung; Einfügesortierung		↓ oscillating sorting; cascade sorting; merge sorting; polyphase sorting; bubble sorting; multipath sorting; Shell sort; quicksort; incremental sort; insertion sort
sortieren *vt*	TECH	**sort** *vt*
		= grade (quality)
sortieren *vt*	DAT.MA	**sort** *vt*
[ordnen von Daten nach inhärentem Sortierbegriff]		[to sort data following an inherent criterion]
≈ mischen		≈ collate
Sortierer *nm*	TER&PER	→ **sorting device**
→ Sortiergerät *nn*		
Sortierfach *nn*	TER&PER	**sorting stacker**
≈ Ablagefach		= sort stacker
		≈ output stacker
Sortierfach *nn*	OFFICE	**pigeonhole** *n*
sortierfähig	TER&PER	→ **sortable**
→ sortierbar		
Sortierfähigkeit *nf*	TER&PER	**sorting capability**
Sortierfeld *nn*	DAT.MA	**sorting field**
		= sort field
Sortierfolge *nf*	DAT.MA	**sorting sequence**
= Sortierreihenfolge *nf*; Sortierordnung *nf*		= sort sequence; sort order
↓ Mischsortierfolge		↓ collating sequence
Sortiergerät *nn*	TER&PER	**sorting device**
= Sortiermaschine *nf*; Sortierer *nm*		= sorter *n*; sorting machine
Sortierkette *nf*	DAT.MA	**sorting string**
Sortierkriterium *nn*	DAT.MA	→ **sorting key**
→ Sortierschlüssel *nm*		
Sortierlauf *nm*	DAT.MA	→ **sort run**
→ Sortierdurchlauf *nm*		
Sortierleser *nm*	TER&PER	**reader sorter**
		= sorter-reader
Sortiermaschine *nf*	TER&PER	→ **sorting device**
→ Sortiergerät *nn*		
Sortiermerkmal *nn*	DAT.MA	→ **sorting key**
→ Sortierschlüssel *nm*		
Sortiermethode *nf*	DAT.MA	→ **sorting method**
→ Sortierverfahren *nn*		
sortiermischen	DAT.MA	**collate** *vt* (1)
[geordnete Mengen vergleichen, nach einem vorgegebenen Kriterium sortieren, u. zu einer oder mehrenen Mengen vereinen [IEEE]; "merge" u. "collate" werden mitunter auch als Synonyme angewandt oder sogar mit vertauschter Definition gegenüber der hier gegebenen]		[collate = collect stems from Latin confero/contuli/collatum = to collect; to compare sets, arrange them in specified order, and merge them to new ordered set(s); the terms merge and collate are also being used as synonyms or even in a reverse manner as this definition]
= kollationieren		
≈ mischen		≈ merge
Sortiermischen *nm*	DAT.MA	**collation** *n* (1)
= Kollation *nf*		≈ merging; merge sorting
≈ Mischen; Mischsortieren		
Sortier-Misch-Programm *nn*	DAT.MA	**sort-merge program**
≈ Mischprogramm: Sortierprogramm		≈ merge program; sorting program
Sortiernadel *nf*	TER&PER	**sorting needle**
		= sort needle; sorting rod; sort rod
Sortierordnung *nf*	DAT.MA	→ **sorting sequence**
→ Sortierfolge *nf*		
Sortierposition *nf*	DAT.MA	**sort item**
Sortierprogramm *nn*	SW	**sorting program**
≈ Sortier-Misch-Programm		= sort program; sorter *n*
↑ Dienstprogramm		≈ sort-merge program
		↑ utility program
Sortierprogramm-Generator *nm*	SW	**sort generator**
Sortierprüfung *nf*	QUAL	**screening inspection**
= Ausleseprüfung *nf*		= sort check
Sortierreihenfolge *nf*	DAT.MA	→ **sorting sequence**
→ Sortierfolge *nf*		
Sortierschiene *nf*	TER&PER	**chute blade**
Sortierschlüssel *nm*	DAT.MA	**sorting key**
= Sortierbegriff *nm*; Sortiermerkmal *nn*; Sortierargument *nn*; Sortierkriterium *nn*		= sort key; sorting criterion; sort criterion; sort field
≈ Kennbegriff; Suchkriterium		≈ key; search key
Sortiersystem *nn*	COMP.AP	**sorting system**
[CAM]		[CAM]
sortiert	DAT.MA	**sorted**
≈ geordnet		≈ ordered
sortierte Folge	COMP.SC	→ **string** *n* (1)
→ Kette *nf*		
sortierte Kette	COMP.SC	→ **string** *n* (1)
→ Kette *nf*		
sortierter Abschnitt	DAT.MA	→ **run** *n*
→ Lauf *nm*		
sortierte Sequenz	COMP.SC	→ **string** *n* (1)
→ Kette *nf*		
Sortierung *nf*	DAT.MA	→ **sorting** *n*
→ Sortieren *nn*		
Sortierung *nf*	LING	**sorting** *n*
Sortierungsaufwand *nm*	DAT.MA	**sort effort**
Sortierungskollision *nf*	DAT.MA	**order clash**
Sortierverfahren *nn*	DAT.MA	**sorting method**
= Sortiermethode *nf*		= sort method
Sortiment *nn*	ECON	**assortment** *n*
≈ Produktspektrum		= range *n*; line *n*; gang *n*
		≈ product line
Sortimentbox *nf*	EL.TRO	**storage box**
Sortiment-Magazin *nn*	TECH	→ **drawer storage cabinet**
→ Schubladenmagazin *nn*		
SOS-Technologie *nf*	MICR.EL	**SOS technology**
↑ Halbleiterfilmtechnik		[Silicone On Sapphire technology]
		↑ semiconductor film technlogy
Sound-Clip	COMP.AP	**sound clip**
Sounddatei *nf* (ANGL)	COMP.AP	→ **sound file**
→ Klangdatei *nf*		
Sound-Editor *nm*	COMP.AP	**sound editor**
Soundkarte *nf* (ANGL)	HW	→ **sound card**
→ Tonkarte *nf*		
Source (ANGL)	MICR.EL	→ **source** *n*
→ Quelle *nf*		
Source-drain-Leckstrom *nm* (ANGL)	MICR.EL	→ **source-drain leakage current**
→ Quelle-Senke-Leckstrom *nm*		
Source-Folger *nm*	CIRC.EN	→ **common-drain connection**
→ Drain-Anschluss *nm*		
Source-Schaltung *nf*	CIRC.EN	**common-source connection**
[mit FET, entspricht der Emitterschaltung bei Transistoren]		[with FET, corresponds to the common-emitter connection with transitors]
≈ Emitterschaltung		≈ common-emitter connection

soviel ich weiss COLL **as far as I know**
= AFAIK

soweit ich weiß COLL **as far as I know**
= sofern ich weiß
= afaic

Sozialfilm *nm* CINEMA **social film**

Soziolekt *nm* LING **social dialect**

SP ART.IN → **symbolic processor**
→ symbolischer Prozessor

SP TELEC → **Service Plane**
→ Dienstbeschreibungsebene *nf*

Spaceway SAT.CO **Spaceway**
[satellitengestützter Mobilfunk von Hughes, mit 16 kbit/s bis 6 Mbit/s]
[satellite-base mobile radio of Hughes, with 16 kbs to 6 Mbs]

Spachtel *nf* TECH **spatula** *n*

spachteln TECH **putty** *vt*

Spacistor *nm* MICR.EL **spacistor**
↑ Analog-Transistor
↑ analog transistor

SPADE SAT.CO **SPADE**
[single channel per carrier PCM multiple-access demand assignment]

Spagetti-Programm *nn* SW → **spaghetti code**
→ Spaghetti-Programm *nn*

Spaghetti-Programm *nn* SW **spaghetti code**
[mit übermaßen verschlungenem Programmfluss]
[with unduly convoluted program flow]
= Spagetti-Programm *nn*

Spaghetti-Western (pej) CINEMA → **Italian western**
→ Italowestern *nm*

Spalt *nm* EL.SC → **magnetic gap**
→ Magnetluftspalt *nm*

Spalt *nm* TECH **gap** *n*
[schmale, längliche Trennung zweier Gegenstände]
[narrow, long separation between two solid objects]
= Ritze *nf*; Lücke *nf*; Trennstrecke *nf*
≈ interstice; crack
≈ Zwischenraum; Sprung
↑ opening
↑ Öffnung

Spaltantenne *nf* ANT → **slot antenna**
→ Schlitzstrahler *nm*

Spaltdämpfung *nf* TER&PER **gap loss**
[durch Fehljustierung des Magnetkopfes]
[due to misalignment of read/write head]

Spalte *nf* TECH **split** *n*
[schmale, tiefe und längliche Trennung eines festen Gegenstands]
[a narrow, deep and long separation of a solid object]
≈ Sprung; Kerbe
= cleft
≈ crack; notch

Spalte *nf* EL.TEC **gap** *n*
[Magnetkreis]
= Trennstrecke *nf*

Spalte *nf* MATH **column** *n*
≠ Zeile
≠ row *n*

Spalte *nf* PRIN.ME **column** *n*
= Kolonne *nf*
≠ line
≠ Zeile

Spalte-1-Zuführung *nf* TER&PER → **column-1 leading**
→ Seitenkantenzuführung *nf*

spalten TECH **split** *vt*

Spaltenabgleich *nm* PRIN.ME → **column compensation**
→ Spaltenausgleich *nm*

Spaltenadresse *nf* MICR.EL **column address**
= CAS

Spaltenaufteilung *nf* TER&PER **column split**
= Spaltentrennung *nf*
= column splitting

Spaltenausgleich *nm* PRIN.ME **column compensation**
= Spaltenabgleich *nm*
= column balancing; column balance

spaltenbinär TER&PER **column-binary** *adj*
[Lochkartenlochung]
[punching and reading cards in columns]
= Chinese-binary

Spaltenbreite *nf* PRIN.ME **column width**

Spaltendraht *nm* HW **Y read-write wire**
[Magnetkernspeicher]
[magnetic core memory]
≠ Zeilendraht
≠ X read-write wire
↑ Setzdraht
↑ set wire

Spalteneingang *nm* MICR.EL **column port**
≠ Zeileneingang
≠ line port

Spaltenkopf *nm* COMP.AP **column header**

Spaltenkopf *nm* PRIN.ME → **column heading**
→ Spaltenüberschrift *nf*

Spaltenleitung *nf* MICR.EL **column path**
≠ Zeilenleitung
= column track
≠ line path

Spaltenlinie *nf* PRIN.ME **column guide**

Spaltenparität *nf* CODING **column parity**

Spaltensortierung *nf* DAT.MA → **distributive sort**
→ Verteilsortierung *nf*

Spaltentreiber *nm* EL.TRO **column driver**

Spaltentrennlinie *nf* PRIN.ME **gutter rule**

Spaltentrennung *nf* TER&PER → **column split**
→ Spaltenaufteilung *nf*

Spaltenüberschrift *nf* PRIN.ME **column heading**
= Spaltenkopf *nm*

Spaltenvektor *nm* MATH **column vector**

Spaltenverschiebung *nf* COMP.AP **column shifting**

spaltenweise TER&PER **column-by-column**
= column-wise

spaltenweise Anordnung DAT.MA **column-major order** *n*

Spalten-Zwischenschlag *nm* PRIN.ME **column gutter**
[Leerraum zwischen Spalten]
[free space between columns]

Spaltkegelstift *nm* MEC.EN **split pin**

spaltlos TECH **splitless** *adj*
= lückenlos
= cleftless; gapless

Spaltung *nf* TECH **splitting** *n*

Spaltung *nf* PHYS **fission** *n*
↓ Kernspaltung
↓ nuclear fission

Spam *nm* (ANGL) INTERNET → **spam** *n*
→ Datenmüll *nm*

spammen *vt* (ANGL) INTERNET → **spam** *vt*
→ Datenmüll versenden

Spammer *nm* (ANGL) INTERNET → **spammer** *n*
→ Datenmüllversender *nm*

Spam-Sperrung *nf* (ANGL) INTERNET → **spam blocking** (e.g. by address munging)
→ Datenmüllsperrung *nf*

Span *nm* METAL **chip** *n*

spanabhebend METAL **cutting** *adj*

spanabhebende Bearbeitung MEC.EN **cutting shaping** *n*
= spanabhebende Formung
= machining *n* (2)

spanabhebende Formung MEC.EN → **cutting shaping** *n*
→ spanabhebende Bearbeitung

spanabhebende Werkzeugmaschine MEC.EN **cutting machine tool**
= cutting tool

Spanabhebung *nf* METAL **cutting** *n*

Spänchen *nn* TECH → **chip** *n*
→ Schnitzel *nn*

spanischer Art COLL **Spanish style**

spanlos MECH **non-cutting**

spanlose Bearbeitung MEC.EN **non-cutting shaping**
= working *n*

spanlose Formung MEC.EN **non-cutting shaping**

Spannbake *nf* MEC.EN **chuck jaw**
= jaw *n*

Spannband *nn* TECH **mounting strap**

Spannbeton *nm* CIV.EN **prestressed concrete**

Spannbetonturm *nm* CIV.EN **prestressed concrete tower**

Spannbügel TECH **tension arm**
= Spannhebel *nm*
= tie strap; retainer *n*

Spanndraht *nm* OUT.PL → **messenger wire**
→ Tragseil *nn*

Spanne *nf* SCIE **span** *n*
[Maximum minus Minimum]
[maximum minus minimum]

Spanne *nf* ECON **margin** *n*
= Marge *nf*
= spread *n*
≈ Gewinn
≈ profit
↓ Vertriebsspanne; Gewinnspanne

Spannelement *nn* MEC.EN **clamping device**
= Spannvorrichtung *nf*; Klemmvorrichtung *nf*; Anspannvorrichtung *nf*; Abspannvorrichtung *nf*
= fixture *n*; clamping appliance
≈ Hemmung
≈ arrest

spannen *vt* MECH **strech** *vt*
= straffen
= tense *vt*; tauten *vt*

spannen *vt* PHYS **tense** *vt*
≈ dehnen
≈ strech

Spannfeder *nf* MECH **tension spring**
= Zugfeder *nf*

Spannfeder *nf* MEC.EN **tension spring**
= Zugfeder *nf*

Spannhebel *nm* TECH → **tension arm**
→ Spannbügel

Spannhülse *nf* MEC.EN → **adapter sleeve**
→ Reduzierhülse *nf*

Spannkopf *nm* MEC.EN **chuck** *n*
= Klemme *nf*

Spannrolle *nf* MEC.EN **idler pulley**
= tension roller

Spannscheibe *nf*	MEC.EN	**clamping washer**
Spannschraube *nf* → Klemmschraube *nf*	MEC.EN	→ **clamping screw**
Spannseil *nn* → Tragseil *nn*	OUT.PL	→ **messenger wire**
Spannstift *nm*	MEC.EN	**split tubular pin**
Spannung *nf* [SI-Einheit: Pascal; Symbol: σ] = mechanische Spannung, σ ≈ Zug; Druck	MECH	**mechanical stress** [SI unit: Pascal; symbol: σ] = stress *n*; tension *n*; strain *n*, σ ≈ pressure
Spannung *nf*	MEDIA	**suspense** *n*
Spannung *nf* → elektrische Spannung	EL.SC	→ **voltage** *n*
Spannungsabfall *nm* = Spannungsverlust *nm* ≈ Potentialabfall	EL.TEC	**voltage drop** = resistance drop; drop *n* ≈ potential fall
spannungsabhängiger Widerstand → Varistor *nm*	COMPO	→ **varistor** *n*
Spannungsableiter *nm* → Spannungssicherung *nf*	COMPO	→ **overvoltage protector**
Spannungsamplitude *nf*	EL.TEC	**voltage amplitude**
Spannungsanpassung *nf* [Außenwiderstand viel größer als Innenwiderstand] = Überanpassung *nf* ≠ Stromanpassung ↑ Anpassung (1)	NETW.TH	**overmatching** *n* [load resistance very larger than intrinsic resistance] = overmatch *n* ≠ undermatching ↑ matching (1)
Spannungsanstieg *nm* = Spannungserhöhung *nf*	EL.TEC	**voltage rise** = voltage step-up
Spannungsausfall *nm* [unbeabsichtigt] = Stromausfall *nm* ≈ Stromabschaltung; Spannungsmangel ↑ Stromunterbrechung ↓ Netzausfall	POW.SY	**black-out** *n* [accidental] = blackout *n*; power failure; voltage brakdown ≈ power cut; brown-out ↑ power outage; mains failure ↓ mains failure
Spannungsbauch ≠ Spannungsknoten	EL.TEC	**voltage crest** = voltage antinode; voltage maximum ≠ voltage node
Spannungsbegrenzer *nm*	CIRC.EN	**voltage limiter**
Spannungsbegrenzung *nf*	EL.TEC	**voltage limitation**
Spannungsbereich *nm*	EL.TEC	**voltage range**
Spannungsdämpfung *nf*	NETW.TH	**voltage attenuation**
Spannungsdämpfungsfaktor *nm* [Spannung am Eingang zu Spannung am Ausgang]	NETW.TH	**voltage attenuation factor**
Spannungsdoppler *nm* → Spannungsverdoppler *nm*	CIRC.EN	→ **voltage doubler**
Spannungseinkopplung *nf* → Spannungssteuerung *nf*	CIRC.EN	→ **voltage feed**
Spannungseinspeisung *nf* → Spannungssteuerung *nf*	CIRC.EN	→ **voltage feed**
spannungsempfindlich	EL.TEC	**voltage-sensitive** *adj* = voltage-sensible
Spannungserhöhung *nf* → Spannungsanstieg *nm*	EL.TEC	→ **voltage rise**
Spannungsfeinsicherung *nf* [schützt vor Spannungen unter 2.000 V] ↓ Gasentladungsableiter; Kohlespannungsableiter	COMPO	**fine overvoltage protector** [protects against overvoltages under 2,000 V] ↓ gas-discharge protector; carbon
Spannungsfestigkeit *nf* [von Material und Geometrie abhängig] = Überspannungsfestigkeit *nf*; Durchschlagfestigkeit *nf*; Durchschlagfeldstärke *nf*; Überschlagfestigkeit *nf*	EL.SC	**dielectric strength** = disruptive strength; withstand voltage; voltage endurance; excess voltage immunity
Spannungsfolger *nm* [extrem stark gegengekoppelter Operationsverstärker mit Gesamtverstärkung Eins] ↑ Operationsverstärker	CIRC.EN	**voltage follower** [operational amplifier with extreme feedback and unitary amplification]
spannungsfrei	MECH	**strain-free** = stress-free
spannungsfrei = spannungslos ≠ spannungsführend ↑ kalt	EL.TEC	**voltage-free** ≠ voltage-carrying ↑ dead
Spannungs-Frequenz-Umsetzer *nm* = Spannungs-Frequenz-Wandler *nm*	CIRC.EN	**voltage-frequency converter**
Spannungs-Frequenz-Wandler *nm* → Spannungs-Frequenz-Umsetzer *nm*	CIRC.EN	→ **voltage-frequency converter**

Spannungs-Frequenz-Wandler *nm*	CIRC.EN	**voltage-to-frequency converter**
spannungsführend ≠ spannungsfrei ↑ heiß	EL.TEC	**voltage-carrying** ≠ voltage-free ↑ live
Spannungsgegenkopplung *nf* [ein Teil der Ausgangsspannung wird gegenphasig zum Eingang rückgekoppelt] ≠ Spannungsmitkopplung ↑ Spannungsrückkopplung; Gegenkopplung	CIRC.EN	**negative voltage feedback** [part of output voltage is fed in counterphase to the input] ≠ positive voltage feedback ↑ voltage feedback; negative feedback
spannungsgeregelt	EL.TRO	**voltage-regulated**
spannungsgesteuert	EL.TRO	**voltage-controlled**
spannungsgesteuerter Oszillator	CIRC.EN	**voltage-controlled oscillator** = VCO
spannungsgesteuerter Verstärker = VCA	CIRC.EN	**voltage-controlled amplifier** = VCA
spannungsgesteuertes Filter = VCF	NETW.TH	**voltage-controlled filter** = VCF
spannungsgesteuerte Spannungsquelle = VVS	NETW.TH	**voltage-controlled voltage source** = VVS
spannungsgesteuerte Stromquelle = VCS	NETW.TH	**voltage-controlled current source** = VCS
Spannungsgrenzwert *nm*	EL.TEC	**voltage limit**
Spannungsgrobsicherung *nf* [vor Spannungen über 2.000 V] ↓ Schutzfunkenstrecke; Hörnerableiter	COMPO	**high overvoltage protector** [against voltages above 2,000 V] = high overvoltage arrester
Spannungshub *nm*	CIRC.EN	**voltage level difference**
Spannungsimpuls *nm* → Spannungsstoß *nm*	EL.TEC	→ **voltage surge**
Spannungsimpuls *nm*	EL.TEC	**power transient**
Spannungsindikator *nm* → Spannungsprüfer *nm*	INSTR	→ **voltage indicator**
Spannungsknoten *nm* ≠ Spannungsbauch	EL.TEC	**voltage node** = voltage minimum ≠ voltage crest
Spannungskomparator *nm*	CIRC.EN	**voltage comparator**
Spannungskompensator *nm*	EL.TRO	**voltage compensator**
Spannungskonstanter *nm* → Spannungsstabilisator *nm*	POW.EN	→ **voltage stabilizer**
Spannungskonstanthalter *nm* → Spannungsstabilisator *nm*	POW.EN	→ **voltage stabilizer**
Spannungskopplung *nf*	ANT	**voltage indication** = voltage coupling
spannungslos → spannungsfrei	EL.TEC	→ **voltage-free**
Spannungsmangel *nm* ≈ Spannungsausfall	POW.SY	**brown-out** *n* = voltage insufficiency ≈ black-out *n*
Spannungsmatrix *nf*	NETW.TH	**voltage matrix**
Spannungsmesser *nm* = Voltmeter *nn*	INSTR	**voltmeter** *n*
Spannungsmessung *nf*	INSTR	**voltage measurement** = voltage test; voltage metering
Spannungsmitkopplung *nf* [Teil der Ausgangsspannung wird gleichphasig auf den Eingang rückgekoppelt] ≠ Spannungsgegenkopplung ↑ Spannungsrückkopplung; Mitkopplung	CIRC.EN	**positive voltage feedback** [part of output voltage is fed in phase to the input] ≠ negative voltage feedback ↑ voltage feedback; positive
Spannungsnormal *nn*	INSTR	**voltage standard**
Spannungspegel *nm* ≠ Leistungspegel	TELEC	**voltage level** ≠ power level
Spannungspfad *nm*	INSTR	**voltage path**
Spannungsspitzenunterdrücker *nm* ↑ Netzentstörgerät	EL.TRO	**spike arrestor** ↑ line conditioner
Spannungsprofil *nn* → Potentialprofil *nn*	MICR.EL	→ **potential profile**
Spannungsprüfer *nm* = Spannungsindikator *nm*	INSTR	**voltage indicator** = voltage tester
Spannungsquelle *nf*	PHYS	**voltage source** = voltage generator
Spannungsregelung *nf* → Spannungsstabilisierung *nf*	EL.TEC	→ **voltage stabilization**
Spannungsregler *nm* → Schaltregler *nm*	POW.SY	→ **switching regulator**
Spannungsregler *nm*	CIRC.EN	**voltage regulator**
Spannungsreglerdiode *nf*	CIRC.EN	**voltage regulator diode**
Spannungsresonanz *nf* → Serienresonanz *nf*	NETW.TH	→ **series resonance**
Spannungsresonanz *nf* [Anregung im Spannungsbauch]	ANT	**parallel resonance** [feeding in the voltage antinode]

Spannungsrückkopplung *nf* CIRC.EN **voltage feedback**
[Teil der Ausgangsspannung wird auf den Eingang rückgekoppelt] [part of output voltage is fed to input voltage]
↑ Rückkopplung ↑ feedback
↓ Spannungsmitkopplung; Spannungsgegenkopplung ↓ positive voltage feedback; negative voltage feedback

Spannungsrückwirkung *nf* NETW.TH **reverse voltage transfer**
[von Ausgangstor eines Vierpols auf Eingangstor] [from output to input of a four-terminal network]

Spannungsrückwirkungs-Kennlinie *nf* MICR.EL **reverse voltage transfer ratio characteristic**
= Rückwirkungskennlinie *nf*

Spannungsschwankung *nf* EL.TEC **voltage fluctuation**
= voltage sway; voltage swing

Spannungssicherung *nf* COMPO **overvoltage protector**
[schützt vor unzulässig hohen Spannungen] [protects against unadmissibly high voltages]
= Überspannungsableiter *nm*; Spannungsableiter *nm*; Blitzableiter *nm*; Ableiter *nm*; Überspannungsbegrenzer *nm* = lightning protector; overvoltage arrester; surge arrester; lightning arrester; arrester; arrestor; surge-voltage protector; excess-voltage protector; excess-voltage arrester; excess-voltage cut-out; overvoltage cut-out; overvoltage limiter; surge diverter; surge absorber; voltage arrester
↑ Sicherung ↑ protector
↓ Spannungsgrobsicherung; Spannungsfeinsicherung ↓ high overvoltage protector; fine

Spannungsspitze *nf* EL.TRO → **interfering pulse** *n*
→ Störimpuls *nm*

Spannungssprung *nf* EL.TEC **voltage jump**

Spannungsstabilisator *nm* POW.EN **voltage stabilizer**
= Spannungskonstanthalter *nm*; Spannungskonstanter *nm*; Konstantspannungsquelle *nf*; Konstantspannungs-Stromversorgung *nf* = voltage regulator; voltage corrector; constant-voltage source; constant-voltage power supply; line regulator

Spannungsstabilisatordiode *nf* MICR.EL → **voltage reference diode**
→ Referenzdiode *nf*

Spannungsstabilisierung *nf* EL.TEC **voltage stabilization**
= Spannungsregelung *nf* = voltage regulation

Spannungssteilheit *nf* MICR.EL **rate of voltage rise**

spannungssteuernd EL.TEC **voltage driving**

spannungssteuernder Magnetverstärker CIRC.EN → **voltage driving transductor amplifier**
→ spannungssteuernder Transduktorverstärker

spannungssteuernder Transduktorverstärker CIRC.EN **voltage driving transductor amplifier**
= spannungssteuernder Magnetverstärker = voltage driving magnetic amplifier
↑ Transduktorverstärker

Spannungssteuerung *nf* CIRC.EN **voltage feed**
= Spannungseinkopplung *nf*; Spannungseinspeisung *nf* = voltage source driving

Spannungsstoß *nm* EL.TEC **voltage surge**
= Spannungsimpuls *nm* = voltage pulse
≈ Stoßspannung; Netzstoß ≈ surge voltage; line surge

Spannungs-Strom-Charakteristik *nf* MICR.EL **voltage-current characteristic**
= Spannungs-Strom-Kennlinie *nf*

Spannungs-Strom-Kennlinie *nf* MICR.EL → **voltage-current characteristic**
→ Spannungs-Strom-Charakteristik *nf*

Spannungs-Strom-Wandler *nm* CIRC.EN **voltage-to-current converter**

Spannungsteiler *nm* EL.TEC **voltage divider**
= potential divider

Spannungsteiler *nm* NETW.TH → **L-section**
→ L-Schaltung *nf*

Spannungstensor *nm* MECH **stress tensor**

Spannungsüberhöhung *nf* EL.TEC **voltage overshoot**

Spannungs-Übersetzungsverhältnis *nn* NETW.TH **voltage ratio**
= Spannungsverhältnis *nn* = voltage transfer ratio

Spannungsübertragungsfaktor *nm* NETW.TH **voltage transmission coefficient**
[Spannung am Ausgang zu Spannung am Eingang; Kehrwert des Spannungsdämpfungsfaktor] [voltage at output to voltage at input; reciprocal of voltage attenuation factor]
= Spannungsverstärkungsfaktor *nm*
≠ Spannungsdämpfungsfaktor ≠ voltage attenuation factor
↑ Übertragungsfaktor ↑ transmission coefficient
↓ Wellenspannungsübertragungsfaktor; Betriebsspannungsübertragungsfaktor ↓ image voltage transmission coefficient; effective voltage transmission coefficient

Spannungsüberwachung *nf* EL.TEC **voltage supervision**

spannungsumkehrender Negativ-Impedanzkonverter NETW.TH **UNIC**

Spannungsumschalter *nm* EQP.EN → **voltage selector**
→ Spannungswähler *nm*

Spannungsumschaltung *nf* EQP.EN **voltage selection**

Spannungsumsetzer *nm* CIRC.EN **voltage converter**
= Spannungswandler *nm*

Spannungsvektor *nm* MECH **stress vector**

Spannungsverdoppler *nm* CIRC.EN **voltage doubler**
= Spannungsdoppler *nm*
↑ Verdopplerschaltung ↑ doubler circuit

Spannungsverfielfachung *nf* CIRC.EN **voltage multiplication**

Spannungsverhältnis *nn* NETW.TH → **voltage ratio**
→ Spannungs-Übersetzungsverhältnis *nn*

Spannungsverkleinerer *nm* CIRC.EN **voltage reducer**

Spannungsverlauf *nm* MICR.EL → **potential profile**
→ Potentialprofil *nn*

Spannungsverlauf *nm* PHYS **voltage curve**

Spannungsverlust *nm* EL.TEC → **voltage drop**
→ Spannungsabfall *nm*

Spannungsversorgung *nf* CIRC.EN → **power supply**
→ Stromversorgung *nf*

Spannungsverstärker *nm* CIRC.EN **voltage amplifier**

Spannungsverstärkung *nf* NETW.TH **voltage gain**
= voltage amplification
↑ Verstärkung ↑ gain

Spannungsverstärkungsfaktor *nm* NETW.TH → **voltage transmission coefficient**
→ Spannungsübertragungsfaktor *nm*

Spannungsverteilung *nf* EL.TEC **voltage distribution**

Spannungsverträglichkeit *nf* EL.TRO **voltage compatibility**

Spannungswähler *nm* EQP.EN **voltage selector**
= Spannungsumschalter *nm*; Spannungswahlschalter *nm* = voltage selector switch; voltage adapter switch

Spannungswahlschalter *nm* EQP.EN → **voltage selector**
→ Spannungswähler *nm*

Spannungswandler *nm* INSTR **voltage converter**
= voltage transformer; potential transformer

Spannungswandler *nm* POW.SY **voltage transducer**
[wandelt Gleichstrom in Wechselstrom] [converts DC into AC]
= voltage transformer

Spannungswandler *nm* CIRC.EN → **voltage converter**
→ Spannungsumsetzer *nm*

Spannungswelligkeit *nf* EL.TEC **ripple content**
[Effektivwert überlagerter Wechselspannungen zur Leerlaufgleichspannung] [rms of superimposed ac to no-load dc]
= überlagerte Welligkeit
≈ überlagerte Wechselspannung ≈ superimposed ac
↑ Welligkeit ↑ ripple

Spannungszuführung *nf* EL.TEC → **voltage feed**
→ Stromzuführung *nf*

Spannungszusammenbruch *nm* EL.TEC **voltage collapse**

Spannvorrichtung *nf* MEC.EN → **clamping device**
→ Spannelement *nn*

Spannweite *nf* OUT.PL **span length**
[waagrecht gemessen] [horizontally measured]
= Stützpunktabstand *nm*; Leitungsfeld *nn*; Mastspannweite *nf* = span
≈ Spannabschnitt ≈ suspension span

Spannweite *nf* STATIS **variation range** *n*
[Differenz zwischen größtem und kleinstem Stichprobenwert] [difference between maximum and minimum]
= Streubreite *nf*; Variationsbreite *nf* = range; span

Spannweitenprüfung *nf* DAT.MA → **range check**
→ Bereichsüberprüfung *nf*

Spannzange *nf* TECH **collet** *n*

S-Parameter *nm* NETW.TH → **scattering parameter**
→ Streuparameter *nm*

SPARC-Architektur *nf* DAT.PR **SPARC architecture**
[Scalable Processor Architecture]

sparen ECON **save** *vt*
= economize

Spärlichkeit *nf* ECON → **shortage** *n*
→ Knappheit *nf*

sparsam *adj* COLL **economical**
≈ kosdtenbewusst [ECON] ≈ cost-conscious [ECON]

Sparschaltung *nf* CIRC.EN **economy circuit**

Sparte *nf* ECON → **branch** *n* (1)
→ Branche *nf*

spartenspezifisch TECH → **trade-specific** *adj*
→ branchenspezifisch

Spartrafo *nm* EL.TEC → **autotransformer**
→ Spartransformator *nm*

Spartransformator *nm* EL.TEC **autotransformer**
= Autotransformator *nm*; Spartrafo *nm*

Sparversion *nf* TECH → **crippled version**
→ abgemagerte Version

Spaßfernsehen *nn* IMAG.ME **happy TV**

Spätausfall *nm* QUAL **late failure**
≈ Ermüdungsausfall
≠ Frühausfall
≈ ageing failure
≠ early failure

Spätbinden *nn* SW **late binding**
[OOP; die Adressen werden erst bei der Ausführung zugeordnet]
[OOP; addresses are assigned only when executing the program]

später *adj* COLL **posterior** *adj*
= darauffolgend; nachträglich; nachmalig
≈ nachfolgend
= later; subsequent (2)
≈ succeeding

später *adv* COLL **afterwards** *adv*
= nachmals; späterhin
= later on

spätester COLL → **last** *adj*
→ letzter

Spatializer *nm* COMP.AP **spatializer** *n*
= Raumklangsimulator *nm*
[simulates spatial sounds]

spatiieren PRIN.ME **letterspace** *vt*
[aus optischen Gründen den Buchstabenabstand erhöhen]
= spationieren; sperren
[to increase the intercharacter spacing for visual reasons]
= space out; space

Spatiierung *nf* PRIN.ME → **character spacing**
→ Zeichenabstand *nm*

spationieren PRIN.ME → **letterspace** *vt*
→ spatiieren

Spationierung *nf* PRIN.ME → **character spacing**
→ Zeichenabstand *nm*

Spatium *nn* (*pl* -tien) PRIN.ME → **character spacing**
→ Zeichenabstand *nm*

Spätnachtgebühr *nf* TELEC **day break tariff**

Spatprodukt *nn* MATH **scalar triple product**

Spätschicht *nf* ECON **late shift**
≈ Nachtschicht
≠ Frühschicht
↑ Schicht
≈ night shift
≠ early shift
↑ shift

Spätvorstellung *nf* CINEMA **late night showing**

SPC SWITCH → **stored-program control**
→ speicherprogrammierte Steuerung

SPC-Vermittlung *nf* SWITCH → **switching system with stored program control**
→ speicherprogrammiertes Vermittlungssystem

SPE TELEC **SPE**
= Synchronous Payload Envelope

SPEC DAT.PR **SPEC**
[eine Arbeitsgemeinschaft von 20 führenden Computerherstellern für Bewertungsfragen]
[a consortium of 20 leading computer vendors for benchmarking issues]
= System Performance Evaluation Cooperative

SPEC-Bewertungstest *nm* DAT.PR **SPEC benchmark** *n*
= SPECmark
↓ Doduc-Bewertungstest; Eqntott-Bewertungstest; Espresso-Bewertungstest; Fpppp-Bewertungstest; GNU-C-compiler-gcc-Bewertungstest; LISP-interpreter-Bewertungstest; Matrix300-Bewertungstest;
= SPECmark
↓ doduc benchmark; eqntott benchnmark; espresso benchmark; fpppp benchmark; GNU C compiler gcc benchmark; LISP interpreter benchmark; matrix300 benchmark; nasa7 benchmark; spice 2g6 benchmark; tomcatv benchmark

SPECmark DAT.PR → **SPEC benchmark** *n*
→ SPEC-Bewertungstest *nm*

SPECmark-Wert DAT.PR **SPECmark figure**

spedieren ECON **dispatch** *vt*
= verfrachten, versenden
↓ verschiffen
= freigh vtt; send off *vt*
↓ ship *vt*

Spediteur *nm* ECON **forwarding agent**
= Transporteur *nm*; Verfrachter *nm*
↑ Vertreter
= freight forwarder; forwarder *n*; freighter *n*; consigner *n*; shipper *n*; carrier *n*
↑ agent

Spedition *nf* (1) ECON **dispatch** *n*
[Tätigkeit]
= Versand *nm*; Verfrachtung *nf*
↓ Verschiffung
[activity]
= despatch *n*; consign *n*; load *n*
↓ shipment

Spedition *nf* (2) ECON **forwarding department**
[Organisationseinheit]
= Versandabteilung *nf*
[organizational unit]
= dispatch department

Speed-up-Kondensator *nm* CIRC.EN → **speed-up capacitor**
→ Überhöhungskondensator *nm*

Speiche *nf* MEC.EN → **wheel spoke**
→ Radspeiche *nf*

Speicher *nm* HW **memory** *n*
[Vorrichtung zum Festhalten von Daten, die bei Bedarf wieder abgerufen werden können]
≈ Speicherung
↓ Hauptspeicher (1); externer Speicher; Direktzugriffsspeicher; sequentieller Speicher; flüchtiger Speicher; nichtflüchtiger Speicher; Halbleiterspeicher; elektromagnetischer Speicher
[device to store data and retrieve them on request; "storage (2)" often has the connotation of external, higher capacity and slower access, whereas "memory" tends to give the connotation of "main memory"; "storage" expresses also the process of storing (1)]
= storage *n* (2); store *n* (BE)
≈ storage (1)
↓ main memory; external memory; random access memory; sequential access memory; volatile memory; non-volatile memory; solid state memory; electromagnetic memory

Speicher-/Ladefunktion *nf* INSTR **save/recall capability**

Speicherabbild *nn* SW **memory map** *n* (1)
[Entsprechung der Speicheranordnung einer Information zu ihrer Anordnung in einer Darstellung]
≈ Speicherabzug
[correspondence of the memory location of an information to its location in a display]
= storage map; store map; map; memory image; storage image; store image; image
≈ memory dump

Speicherabbilddatei *nf* DAT.PR **map file**

speicherabbildgetreu DAT.MA → **memory-mapped**
→ speicherkonform

speicherabbildgetreue Bildschirmanzeige COMP.GR → **raster graphics**
→ Rastergrafik *nf*

speicherabbildgetreue Darstellung COMP.GR → **raster graphics**
→ Rastergrafik *nf*

Speicherabsicherung *nf* DAT.MA → **memory protection**
→ Speicherschutz *nm*

Speicherabtastung *nf* DAT.PR **memory scanning**
= memory scan; storage scanning; storage scan; store scanning; store scan

Speicherabzug *nm* DAT.PR **memory dump** *n*
[Ausgabe des Speicherinhalts auf Drucker oder Bildschirm]
= Speicherauszug *nm*
≈ Speicherabbild
↑ Abzug; Ausdruck
↓ Arbeitsspeicherabzug; Magnetbandauszug; Plattenabzug; Speicheraussdruck; Not-Speicherabzug; Absturzprotokoll; dynamischer Speicherabzug; statischer
[output of memory content on printer or diplay]
= storage dump; store dump; dump (3) (AE)
≈ memory map (1)
↑ dump (2); printout
↓ main-memory dump; magnetic tape memory dump; disk memory dump; memory print; didadter dump; post-mortem dump; dynamic dump; static dump

Speicheradressbereich *nm* DAT.MA **memory bank**
= Speicherbank *nf*; Bank *nf*; Speicherblock *nm*
≈ Seite
[section of memory]
= storage bank; store bank; bank; memory block; memory stack
≈ page frame

Speicheradressbereich-Umschaltung *nf* DAT.MA → **bank switching**
→ Speicherblockumschaltung *nf*

Speicheradresse *nf* SW **memory address**
= MA; storage address; store address; SA

Speicheradressraum *nm* HW **main memory address space**
↑ adressierbarer Speicher; Hauptspeicher (1)
↑ addressable memory; main memory (1)

Speicheradressregister *nn* SW **memory address register**
[speichert den Adressteil eines Befehls während dessen Ausführung]
= MAR
≈ Befehlszähler
[stores the address part of an instruction during it's execution]
= MAR; storage address register; store address register
≈ instruction counter

Speicheränderung *nf* SW **memory modification**
= Speichermodifizierung *nf*
= storage modification; store modification

Speicheränderungabzug *nm* DAT.MA → **change dump**
→ Änderungsauszug *nm*

Speicheranforderung *nf* SW **memory request**
= storage request; store request

Speicheransteuerungswerk *nn* HW → **memory management unit**
→ Speicherverwaltungseinheit *nf*

Speicherauffrischung *nf* DAT.MA **memory refresh**

Speicherauffrischzyklus *nm* DAT.MA **memory refresh cycle**

speicheraufwendig DAT.PR → **memory-intensive** *adj*
→ speicherintensiv

Speicherausdruck *nm* DAT.PR **memory print**
↑ Speicherauszug ↑ memory dump
Speicherausnutzung *nf* SW **storage efficiency**
≈ Speichernutzung = store efficiency; memory efficiency
Speicherauszug *nm* DAT.PR → **memory dump** *n*
→ Speicherabzug *nm*
Speicherauszug nach Absturz DAT.PR → **post-mortem dump**
→ Absturzprotokoll *nn*
Speicherbalken *nm* TER&PER **memory bar**
Speicherbank *nf* DAT.MA → **memory bank**
→ Speicheradressbereich *nm*
Speicherbauelement *nn* MICR.EL → **memory chip** *n*
→ Speicherbaustein *nm*
Speicherbaugruppe *nf* HW **memory module**
= storage module; store module
Speicherbaustein *nm* MICR.EL **memory chip** *n*
= Speicherchip *nm*; Speicherbauelement *nn* = memory device; memory component; storage chip; storage device; storage component; store chip; store device; store component
↑ Chip ↑ chip
↓ Festwertspeicher; PROM; EEPROM; EPROM; FROM (1); FROM (2); Schreib-Lese-Speicher; Direktzugriffsspeicher; DRAM; SRAM ↓ read-only memory; PROM; EEPROM; EPROM; FROM (1); FROM (2); read-write memory; random access memory; DRAM; SRAM
Speicherbeauftragter *nm* DAT.MA **custodian** *n*
Speicherbedarf *nm* DAT.PR → **memory space requirement**
→ Speicherplatzbedarf *nm*
speicherbedingter Unterbrechungspunkt SW → **data breakpoint**
→ dateninhaltsbedingter Unterbrechungspunkt
Speicherbefehl *nm* SW **memory instruction**
≠ Registerbefehl = storage instruction; store instruction
≠ register instruction
Speicherbelegung *nf* SW **memory occupancy**
≈ Speicherverwaltung = storage occupancy; store occupancy
≈ memory management
Speicherbereich *nm* SW **memory area**
= Speicherfeld *nn*; Speicherzone *nf* = storage area; store area; memory sector; storage sector; store sector; memory zone; storage zone; store zone; bucket; memory region; storage region; store region; memory segment; storage segment; store segment
↓ reservierter Speicherbereich
Speicherbereichsanweisung *nf* COMP.LG **common statement**
[FORTRAN] [FORTRAN]
Speicherbereichsname *nm* COMP.LG **block name**
[FORTRAN] [FORTRAN]
Speicherbereichsschutz *nm* DAT.MA **memory area protection**
= storage area protection; area protection
Speicherbereinigung *nf* DAT.MA **memory settlement**
≈ Speicherverdichtung = garbage settlement; garbage collection
≈ memory compaction
Speicherbetrieb *nm* SWITCH **store-and-forward mode**
[PABX] [PABX]
Speicherbildschirm *nm* EL.TRO → **storage tube**
→ Speicherröhre *nf*
Speicherbildschirm *nm* TER&PER **storage display screen**
= Bildspeicherschirm *nm*; Speicherschirm *nm* = storage tube
≈ Bildspeicherröhre ≈ image storage tube
Speicherblock *nm* DAT.MA → **memory bank**
→ Speicheradressbereich *nm*
Speicherblockadressierung *nf* DAT.MA **memory block adressing**
= page adressing
Speicherblocketikett *nf* DAT.MA **zone header** *n*
[Apple] [at the beginning of a block of memory; Apple]
= Header *nm* (ANGL) = header *n*
Speicherblockumschaltung *nf* DAT.MA **bank switching**
= Speicheradressbereich-Umschaltung *nf*
Speicherbus *nm* HW **memory bus**
Speicherbus *nm* HW → **data bus**
→ Datenbus *nm*
Speicherbyte *nn* SW **memory byte**
= storage byte; store byte
Speicherchip *nm* MICR.EL → **memory chip** *n*
→ Speicherbaustein *nm*

Speicherdaten *nplt* DAT.MA **memory data**
= storage data; store data
Speicherdatenregister *nn* HW **memory data register**
= MDR = MDR; storage data register; store data register; SDR
Speicher-Datenübermittlung *nf* DAT.CO → **store-and-forward switching**
→ Speichervermittlung *nf*
Speicherdauerüberwachung *nf* DAT.MA **memory sniffing**
Speicherdiagnose *nf* DAT.PR **memory diagnostic**
= store diagnostic; storage
Speicherdichte *nf* HW **recording density**
[Anzahl der pro geometrischen Einheit speicherbaren Daten] [number or data which can be stored per geometrical unit]
= Aufzeichnungsdichte *nf*; Schreibdichte *nf*; Zeichendichte *nf*; Bitdichte *nf*; Packungsdichte *nf*; Datendichte *nf* = record density; packing density; bit density; character density; packaging density; data density; density; storage density; data density; areal density
↓ Magnetplattenspeicherdichte; Spurdichte; physikalische Speicherdichte ↓ magnetic disk recording density; track density; physical recording density
Speicherdiode *nf* MICR.EL → **charge storage diode**
→ Speicherschaltdiode *nf*
Speicherdrossel *nf* POW.SY **smoothing choke**
≈ Glättungsinduktivität
Speichereditierung *nf* DAT.PR **memory edit**
= storage edit; store edit
Speichereffekt *nm* MICR.EL **storage effect**
Speichereffekt *nm* OPTOEL **memory effect**
Speichereffekt *nm* POW.SY **memory effect**
[bei NiCd-Batterien] [in NiCd batteries]
Speichereinheit *nf* HW **memory unit**
≈ Speicherelement; Speicherzelle = storage unit; store unit
↓ Bank ≈ memory element; memory cell
↓ bank
Speichereinteilung *nf* DAT.MA → **memory structure**
→ Speicherstruktur *nf*
Speicherelement *nn* HW **memory element**
[zur Speicherung eines Bits] [for one bit]
≈ Speicherzelle; Speicherglied [CIRC.EN] = storage element; store element
Speicherelement *nn* CIRC.EN → **storage circuit**
→ Speicherglied *nn*
Speichererholzeit *nf* HW **storage recovery time**
= store recovery time
Speichererweiterung *nf* HW **memory expansion**
= Speicherexpansion *nf* = storage expansion; store expansion; memory extension; storage extension; store extension
≈ Erweiterungsspeicher ≈ expanded memory
Speichererweiterungskarte *nf* HW **memory expansion board**
= Speicherkarte *nf*; Speicherplatine *nf* = memory board; memory card
↑ Erweiterungskarte ↑ expansion board
Speicherexpansion *nf* HW → **memory expansion**
→ Speichererweiterung *nf*
Speicherfarm *nf* (slang) HW **memory farm** (slang)
Speicherfehler *nm* DAT.MA **memory error**
Speicherfeld *nn* MICR.EL **memory array**
Speicherfeld *nn* SW → **memory area**
→ Speicherbereich *nm*
Speicher-Feldeffekttransistor *nm* MICR.EL **FEFET**
= Speicher-FET *nm*; FEFET *nm* = ferroelectric field-effect transistor
Speicher-Ferrit *nn* METAL **memory ferrite**
↑ Rechteckferrit ↑ square-loop ferrite
Speicher-FET *nm* MICR.EL → **FEFET**
→ Speicher-Feldeffekttransistor *nm*
Speicher-Flipflop *nn* CIRC.EN → **storage circuit**
→ Speicherglied *nn*
Speicherfolie *nf* TER&PER → **floppy disk**
→ Diskette *nf*
Speicherglied *nn* CIRC.EN **storage circuit**
= speicherndes Schaltglied; Speicherschaltung *nf*; Speicherelement *nn*; Speicher-Flipflop *nn*; Jg,Kg-Flipflop *nn* = store circuit; storage element; memory flipflop; Jg,Kg flipflop
↑ Kippschaltung ↑ flipflop
Speichergröße *nf* HW **memory size**
= storage size
Speicherhierarchie *nf* DAT.MA **memory hierarchy**
↓ Primärspeicher; Sekundärspeicher; Tertiärspeicher = storage hierarchy; store hierarchy
↓ primary memory; secondary memory; tertiary memory
Speicherinhalt *nm* DAT.MA **memory contents**
= storage contents; store contents

speicherinhaltbedingter Unterbrechungspunkt SW → **data breakpoint**
→ dateninhaltsbedingter Unterbrechungspunkt

speicherintensiv DAT.PR **memory-intensive** *adj*
= speicheraufwendig = store-intensive; storage-intensive

Speicherkapazität *nf* DAT.PR **memory capacity**
= Aufnahmekapazität *nf* = storage capacity; store capacity; memory space (1); storage space (1); store space (1)

Speicherkarte *nf* HW → **memory expansion board**
→ Speichererweiterungskarte *nf*

Speicherkassette *nf* HW **memory cartridge**

Speicherkern *nm* HW **storage core**
= Magnetspeicherkern *nm* = magnetic storage core

Speicherkondensator *nm* CIRC.EN **backup capacitor**

Speicherkondensator *nm* HW **memory backup capacitor**

speicherkonform DAT.MA **memory-mapped**
= speicherabbildgetreu = storage-mapped; store-mapped; mapped
≈ einzelbitweise ≈ bit-mapped

speicherkonforme Bildschirmanzeige COMP.GR → **raster graphics**
→ Rastergrafik *nf*

speicherkonforme Darstellung COMP.GR → **raster graphics**
→ Rastergrafik *nf*

speicherkonforme Grafik COMP.GR → **raster graphics**
→ Rastergrafik *nf*

speicherkonforme Graphik COMP.GR → **raster graphics**
→ Rastergrafik *nf*

Speicherladung *nf* MICR.EL **storage charge**
[Diode] [diode]

Speicherlebensdauer *nf* DAT.MA → **archival quality**
→ Langzeitspeicherbarkeit *nf*

Speicherleuchtstoff *nm* TER&PER **screen storage material**

Speicherliste *nf* DAT.MA **memory list**
= memory table; storage list; store

Speichermarke *nf* DAT.PR **dirty bit**
[flag bit to mark modifications]

Speichermatrix *nf* HW **storage matrix**
= store matrix; memory matrix

Speichermedienspezialist DAT.MA **media specialist**

Speichermedientechnologie *nf* DAT.PR **storage media technology**
↑ Speichertechnik = media technology
↑ storage technology

Speichermedienumstellung *nf* DAT.MA → **media conversion**
→ Datenträgerumstellung *nf*

Speichermedium HW → **data carrier**
→ Datenträger *nm*

Speichermediumsimulation *nf* DAT.PR → **data migration**
→ Datenmigration *nf*

Speicher mittlerer Zugriffsgeschwindigkeit HW **intermediate access memory**
= mittelschneller Speicher [with intermediate access time]
= IAM; intermediate access storage; intermediate access store

Speichermodell *nn* DAT.PR **memory model**
↓ einfaches Speichermodell; vielfaches Speichermodell ↓ single memory model; multiple memory model

Speichermodifizierung *nf* SW → **memory modification**
→ Speicheränderung *nf*

speichern DAT.PR **store** *vt*
= abspeichern ≈ save
≈ sichern ↓ poke; file; archive
↓ absolutspeichern; ablegen; archivieren

speicherndes Schaltglied CIRC.EN → **storage circuit**
→ Speicherglied *nn*

Speicher-Normalisierer *nm* INSTR **storage normalizer**
[Netzwerkanalysator] [network analyzer]

Speichernutzung *nf* DAT.MA **storage utilization**
≈ Speicherausnutzung = store utilization; memory utilization

Speicheroperand *nm* SW **storage operand**

Speicheroperation *nf* DAT.PR **memory operation**
= storage operation

speicheroptimierte Information DAT.MA **formatted information**
≠ sprachregelngerechte Information ≠ narrative information

Speicherorganisation *nf* DAT.MA **memory organization**
= storage organization; store organization

Speicheroszillograph *nm* INSTR → **storage oscilloscope**
→ Speicheroszilloskop *nn*

Speicheroszilloskop *nn* INSTR **storage oscilloscope**
= Speicheroszillograph *nm*

Speicherparität *nf* DAT.MA **storage parity**

Speicherplatine *nf* HW → **memory expansion board**
→ Speichererweiterungskarte *nf*

Speicherplatte *nf* HW **storage disk**
= recording disk; storage target

Speicherplatz *nm* DAT.PR → **memory location**
→ Speicherstelle *nf*

Speicherplatzabtrennung *nf* DAT.MA → **partition** *n*
→ Partition *nf*

Speicherplatzbedarf *nm* DAT.PR **memory space requirement**
= Speicherbedarf *nm* = memory requirement; storage place requirement; storage requirement; store requirement

speicherplatzoptimale Programmierung SW **minimum-store programming**
= minimum-store coding

Speicherplatzuntergliederung *nf* DAT.MA → **partition** *n*
→ Partition *nf*

Speicherpool *nn* DAT.PR **storage pool**

Speicherprogramm *nn* DAT.PR **stored program**
≠ Festprogramm ≠ fixed program

speicherprogrammierbare Anpasssteuerung AUTOMA **stored-program logic control**
= programmable logic control

speicherprogrammierbares Steuergerät AUTOMA **stored-program controller**
= programmable controller

speicherprogrammierbare Steuerung AUTOMA **stored-program control**
= SPS = SPC; programmable control

speicherprogrammiert DAT.PR **stored-program** *adj*
= programmierbar = programmable
≠ festprogrammiert ≠ fixed-program

speicherprogrammierter Computer DAT.PR **stored-program computer**
= speicherprogrammierter Rechner

speicherprogrammierter Rechner DAT.PR → **stored-program computer**
→ speicherprogrammierter Computer

speicherprogrammierte Steuerung SWITCH **stored-program control**
= SPC = SPC

speicherprogrammiertes Vermittlungssystem SWITCH **switching system with stored program control**
= SPC-Vermittlung *nf*; speicherprogrammiertes Wählsystem = SPC switching system
↑ indirekt gesteuertes Vermittlungssystem ↑ indirect control switching system

speicherprogrammiertes Wählsystem SWITCH → **switching system with stored program control**
→ speicherprogrammiertes Vermittlungssystem

Speicherprogrammierung *nf* DAT.PR **stored-program control**
≠ Festprogrammierung ≠ fixed-program control

Speicherprogrammsignalisierung *nf* DAT.CO **stored program signalling**
[Datenvermittlung] [data switching]

Speicherprozess *nm* DAT.MA → **storage** *n* (1)
→ Speicherung *nf*

Speicherpufferregister *nn* DAT.PR **memory buffer register**
[Pufferspeicher für ankommende und abgehende Daten] [buffer store for incoming and outgoing data]
= MBR

Speicherregister *nn* HW **memory register**
[Teil des Hauptspeichers, zur Zwischenspeicherung aller dem Hauptspeicher zugeführten, bzw. von ihm abgeführten Daten] [part of the main memory, to temporarily store all data to be sent to or taken from main memory]
= storage register; store register

speicherresident SW **memory-resident** *adj*
[ständig im Arbeitsspeicher, daher immer und direkt aktivierbar] [constantly in the main memory, therefore always and directly callable]
= arbeitsspeicherresident; hauptspeicherresident; resident = main memory resident; memory-resident; storage-resident; store-resident; RAM-resident; resident; built-in; fixed; terminate-and-stay resident; TSR
≠ transient ≠ transient
↓ kernspeicherresident ↓ core-resident

speicherresidente Datei DAT.PR **resident file**
= residente Datei = memory-resident file

speicherresidente Daten DAT.PR **resident data**
= residente Daten = memory-resident data

speicherresidentes Dienstprogramm SW → **memory-resident program**
→ speicherresidentes Programm

speicherresidente Software SW → **resident software**
→ residente Software

speicherresidentes Programm SW **memory-resident program**
= residentes Programm; hauptspeicherresidentes Programm; arbeitsspeicherresidentes Programm; = resident program; main-memory-resident program; terminate-and-stay-resident; TSR;

speicherresidentes Dienstprogramm; residentes Dienstprogramm; hauptspeicherresidentes Dienstprogramm; arbeitsspeicherresidentes Dienstprogramm — core program; memory-resident utility; main-memory resident utility; core utility
↓ Pop-up-Programm

Speicherröhre *nf* EL.TRO **storage tube**
[erfordert keine Bildauffrischung] [doesn't require screen refresh]
= Ladungsspeicherröhre *nf*; Williamsröhre *nf*; Speicherbildschirm *nm* — = storing tube; electrostatic storage tube; charge-storage tube; charge-storing tube; direct view storage tube; DVST

Speicherschaltdiode *nf* MICR.EL **charge storage diode**
= Speichervaraktor *nm*; Speichervaractor *nm*; Speicherdiode *nf*; Ladungsspeicherdiode *nf* — = CCD diode
↑ Varaktordiode — ↑ varactor diode
↓ Step-Recovery-Diode; Snap-off-Diode — ↓ step-recovery diode; snap-off diode

Speicherschaltung *nf* CIRC.EN → **storage circuit**
→ Speicherglied *nn*

Speicherschicht-Fehlstelle *nf* TER&PER **blemish** *n*
= Fehlstelle *nf* — [defective spot on a magnetic store]

Speicherschirm *nm* TER&PER → **storage display screen**
→ Speicherbildschirm *nm*

Speicherschreibmaschine *nf* OFFICE **memory typewriter**
= elektronische Schreibmaschine — = memory-equipped typewriter; electronic memory typewriter

Speicherschreibschutz *nm* DAT.MA **storage write protection**
= memory write protection

Speicherschutz *nm* DAT.MA **memory protection**
= Speicherabsicherung *nf* — = memory protect; storage protection; storage protect; store protection; store protect

speicherschutzbedingte Ablaufunterbrechung DAT.PR **protection exception**
[weil versucht wird einen geschützten Speicherbereich zu beschreiben] — [interruption because of an attempt to write a protected storage area]

Speicherschutzbereich *nm* DAT.MA **protected memory area**
= Speicherschutzsektor *nm*; geschützter Speicherbereich — = protected storage area; protected store area; protected memory sector; protected storage sector; protected store sector; protected location

Speicherschutzsektor *nm* DAT.MA → **protected memory area**
→ Speicherschutzbereich *nm*

Speichersegment *nn* DAT.PR **memory segment**
↓ Datensegment; Stapelsegment — ↓ data segment; stack segment

Speicherseite *nf* DAT.MA **memory page**
= store page; storage page

Speichersortierung *nf* DAT.MA → **internal sort**
→ Internsortierung *nf*

Speicherspur *nf* TER&PER → **track** *n*
→ Spur *nf*

Speichersteckmodul *nn* TER&PER **memory plug-in module**

Speicherstelle *nf* DAT.MA **storage position**
[für eine Zeichen] [for one character]

Speicherstelle *nf* DAT.PR **memory location**
[für ein Zeichen] [for one character]
= Speicherplatz *nm*; Speicherwort *nn* (2) — = storage location; store location; location; memory position; storage position; store position; memory space (2); storage space (2); store space (2)
≈ Speicherzelle — ≈ storage cell

Speichersteuerung *nf* DAT.MA **memory control**
= storage control; store control

Speicherstruktur *nf* DAT.MA **memory structure**
= Speichereinteilung *nf* — = storage structure; store structure

Speicher-Subsystem *nn* HW **storage subsystem**

Speichersystem *nn* HW → **main memory** (1)
→ Hauptspeicher *nm* (1)

Speichertastatur *nf* TER&PER **storage keyboard**

Speichertaste *nf* CONS.EL **programming button**

Speichertaste *nf* TER&PER **memory key**

Speichertausch *nm* DAT.MA → **swapping** *n* (2)
→ Umlagern *nn*

Speichertechnik *nf* DAT.PR **storage technology**
↓ Speichermedientechnologie — = memory technology; ↓ storage media technology

Speichertransistor *nm* MICR.EL **memory transistor**

Speichertrommel *nf* TER&PER **storage drum**

Speicherung *nf* DAT.MA **storage** *n* (1)
= Speichervorgang *nm*; Einspeicherung *nf*; Speicherungsvorgang *nm*; Speicherprozess *nm*; Speicherungsprozess *nm*; Abspeicherung *nf*; — = storage process; memorizing process
↓ Kurzzeitspeicherung; Zwischenspeicherung; Langzeitspeicherung; Archivierung — ↓ short-term storage; intermediate storage; long-term storage; archival

Speicherung *nf* EL.TRO **storage** *n*
↓ Speicherung [DAT.PR] — = registration *n*; ↓ storage [DAT.PR]

Speicherungsprozess *nm* DAT.MA → **storage** *n* (1)
→ Speicherung *nf*

Speicherungsroutine *nf* SW → **packing routine**
→ Packungsroutine *nf*

Speicherungsvorgang *nm* DAT.MA → **storage** *n* (1)
→ Speicherung *nf*

Speicherungsvorgang *nm* CIRC.EN → **storage process**
→ Speichervorgang *nm*

Speichervaractor *nm* MICR.EL → **charge storage diode**
→ Speicherschaltdiode *nf*

Speichervaraktor *nm* MICR.EL → **charge storage diode**
→ Speicherschaltdiode *nf*

Speicherverdichtung *nf* DAT.MA **memory compaction**
≈ Speicherbereinigung — = storage compaction; ≈ memory settlement

speichervermitteltes Netz DAT.CO **store-and-forward network**
= teilstreckenvermitteltes Netz; Teilstreckennetz *nn* — ↓ packet switched network
↓ Paketvermittlungsnetz

Speichervermittlung *nf* DAT.CO **store-and-forward switching**
[abschnittsweise Übermittlung von Vermittlungstelle zu Vermittlungsstelle, mit Zwischenspeicherung] — [retransmission from switching center to switching center, with intermediate storage]
= Teilstreckenvermittlung *nf*; Speicher-Datenübermittlung *nf* — = message storage switching
≠ Durchschaltevermittlung — ≠ circuit switching
↓ Paketvermittlung; Sendungsvermittlung — ↓ packet switching; message switching

Speicherverschachtelung *nf* DAT.MA **memory interleaving**
[die Speicherung auf einen Satz Speichereinheiten verteilen] — [to distribute storage on a bank of memory units]
↓ zweiseitige Verschachtelung — = interleaving *n*; ↓ two-way interleaving

Speicherverschränkung *nf* DAT.PR **memory interlacing**
= memory interleaving

Speicherverstärker *nm* CIRC.EN **storage amplifier**

Speicherverwaltung *nf* DAT.MA **memory management**
= Speicherzuweisung *nf* — = storage management; store management; memory allocation; storage allocation; store allocation
≈ Speicherbelegung — ≈ memory occupancy
↓ Arbeitsspeicherzuweisung — ↓ main memory assignment

Speicherverwaltungseinheit *nf* HW **memory management unit**
[verwaltet virtuellen Adressraum] [manages a virtual address space]
= MMU; Speicheransteuerungswerk *nn* — = MMU

Speicherverwaltungsprogramm *nn* SW **memory management program**
↑ Dienstprogramm — ↑ utility program

Speichervorgang *nm* DAT.MA → **storage** *n* (1)
→ Speicherung *nf*

Speichervorgang *nm* CIRC.EN **storage process**
= Speicherungsvorgang *nm*

Speichervorrichtung *nf* TER&PER **storage device** *n*
↓ Magnetschichtspeicher; Diskettenspeicher; optischer Speicher — ↓ magnetic layer memory; diskette memory; optical memory

Speicherwerk *nn* HW → **main memory** (1)
→ Hauptspeicher *nm* (1)

Speicherwerkadresse *nf* SW → **main memory address**
→ Hauptspeicheradresse *nf*

Speicherwort *nn* (1) DAT.PR **memory word**
= storage word

Speicherwort *nn* (2) DAT.PR → **memory location**
→ Speicherstelle *nf*

Speicherzeit *nf* MICR.EL **carrier storage time**
= storage time; pulse storage time

Speicherzeit *nf* EL.TRO **retention time**
= storage time

Speicherzeitkonstante *nf* MICR.EL **storage time constant**

Speicherzelle *nf* DAT.PR **memory cell**
[kleinste zugreifbare Speichereinheit] [smallest accessable unit of a memory]
= Zelle *nf* — = store cell; storage cell; cell

Speicherzone *nf* SW → **memory area**
→ Speicherbereich *nm*

Speicherzugang *nm* DAT.MA → **memory access** *n*
→ Speicherzugriff *nm*

Speicherzugriff *nm* DAT.MA **memory access** *n*

[Auffinden einer gesuchten Speicherstelle, zum Speichern oder Lesen von Daten]
= Zugriff *nm*; Speicherzugang *nm*; Zugang *nm*
↓ direkter Zugriff; sequentieller Zugriff; wahlloser Zugriff; zyklischer Zugriff
[localization of a defined storage position, to store or read data]
= storage access; store access; access; admission
↓ direct access; sequential access; random access; cyclic access

Speicherzugriffsaktion *nf* DAT.PR **burst** *n*

Speicherzugriffsmethode *nf* DAT.MA → **memory access method**
→ Speicherzugriffsverfahren *nn*

Speicherzugriffssteuerung *nf* DAT.NW → **file server**
→ Daten-Server *nm*

Speicherzugriffsverfahren *nn* DAT.MA **memory access method**
= Speicherzugriffsmethode *nf*
= storage access method

Speicherzugriffszeit *nf* HW **memory access time**
↓ Zugriffszeit [TER&PER]
= storage access time; store access time
↓ access time [TER&PER]

Speicherzuweisung *nf* DAT.MA → **memory management**
→ Speicherverwaltung *nf*

Speicherzyklus *nm* HW **memory cycle**
= storage cycle; store cycle

Speicherzyklus-Anforderung *nf* SW **memory cycle request**
= storage-cycle request; store-cycle request

Speicherzyklus-Zähler *nm* HW **memory-cycle counter**
= storage-cycle counter; store-cycle counter

Speicherzykluszeit *nf* HW **memory cycle time**
↑ Zykluszeit
↑ cycle time

Speisebrücke *nf* TELEPH **feeding bridge**
= feedbridge; supply bridge; feed circuit

Speisehorn *nn* ANT **feed horn**
= feedhorn *n*

Speisekreis *nm* CIRC.EN **feed circuit**

Speiseleitung *nf* ANT **feeder line**
= feeder *n*

Speiseleitungsverlust nme ANT **feed line loss**

Speiselücke *nf* TELEPH **feed blanking**
[kurzzeitige Unterbrechung]
[short interruption]

speisen EL.TEC → **supply** *vt*
→ versorgen *vt*

Speisepunktwiderstand *nm* ANT → **antenna input impedance**
→ Fußpunktwiderstand *nm*

Speisescheinwiderstand *nm* ANT **feed impedance**

Speisespannung *nf* TELEPH **supply voltage**
= battery voltage

Speisespannung *nf* EL.TRO **supply voltage**
= Versorgungsspannung *nf*
= feed voltage

Speisestrom *nm* EL.TRO **supply current**
= Versorgungsstrom *nm*
= feed current

Speisestromdämpfung *nf* TELEPH **feeding loss**

Speisung *nf* EL.TRO → **supply** *n*
→ Versorgung *nf*

Speisung *nf* ANT → **antenna feeding**
→ Antennenspeisung *nf*

spektral PHYS **spectral** *adj*

Spektralanalyse *nf* INSTR → **spectrum analysis**
→ Spektrumsanalyse *nf*

Spektralbereich *nm* PHYS **spectral range**
= spectral region

spektrale Ausdehnung PHYS → **bandwidth** *n*
→ Bandbreite *nf*

Spektraleigenschaft *nf* PHYS **spectral characteristic**

spektraler selektiver Effekt PHYS → **selective photo effect**
→ selektiver Photoeffekt

spektrale Zerlegung PHYS **spectral separation**

Spektralfarbe *nf* OPT **spectral color** *n* (AE)
= spectral colour (BE)

Spektralform *nf* PHYS **spectral shape**
= spectral form

Spektralfotometer *nn* INSTR **spectral photometer**

Spektralfrequenz *nf* PHYS **spectral frequency**

Spektrallinie *nf* PHYS **spectral line**
= Linie *nf*

Spektralrauschzahl *nf* TELEC **spot noise factor**

Spektralreinheit *nf* PHYS **spectral purity**

Spektralserie *nf* PHYS **spectral series**

Spektralverkämmung *nf* TV **frequency interlacing**
= frequency interlace; frequency interleaving

Spektrometer *nn* INSTR **spectrometer**

Spektroskop *nn* INSTR **spectroscope**

Spektrum *nn* ECON → **product line**
→ Produktspektrum *nn*

Spektrum *nn* (*pl* -tren) ECON **range** *n*
↓ Lieferspektrum; Fertigungsspektrum
= spectrum *n*

Spektrum *nn* (*pl* -tren) PHYS **spectrum** *n*

Spektrumanalysator *nm* INSTR **spectrum analyzer**
[selektive, gewobbelte Messung und Darstellung des Frequenzganges der Amplitude]
= Frequenzanalysator *nm*; Frequenzspektrometer *nn*
↑ Signalanalysator
[selective, swept-tuned measurement and display of amplitude vs. frequency]
= frequency analyzer
↑ signal analyzer

Spektrumausnutzung *nf* RADIO → **spectrum efficiency**
→ Spektrumeffizienz *nf*

Spektrumeffizienz *nf* RADIO **spectrum efficiency**
= Spektrumausnutzung *nf*

Spektrumformung *nf* MODUL **spectrum shaping**

Spektrumformungfilter *nn* NETW.TH **preshaping filter**

Spektrummaske *nf* RADIO **spectrum mask**

Spektrum-Monitor *nm* INSTR **spectrum monitor**

Spektrumsanalyse *nf* INSTR **spectrum analysis**
= Spektralanalyse *nf*
= spectral analysis

Spektrumsbegrenzung *nf* EL.TEC **spectrum limitation**

Spektrumsverlagerung *nf* MODUL **spectral shifting**

Spektrumsverwaltung *nf* RADIO **spectrum administration**

Spektrumüberlappung *nf* MODUL **foldover** *n*

Sperradresse *nf* DAT.CO **no-station address**

Sperrband *nn* NETW.TH → **stop band**
→ Sperrbereich *nm*

Sperrbereich *nm* NETW.TH **stop band**
= Sperrband *nn*
≠ Durchlassbereich
= stop-band; stopband; rejection band
≠ pass band

Sperrbereich *nm* EL.TRO **cutoff region**
= cut-off region; blocking-state region

Sperrbestätigungs-Kennzeichen *nn* DAT.CO **blocking acknowledgement signal**

Sperrbit *nn* CODING **inhibit bit**
= disable bit

Sperrbit *nn* DAT.CO **lockout bit**
= LO bit

Sperrcode *nm* SW **lock code**

Sperrdämpfung *nf* NETW.TH **stop-band attenuation** *n*
= suppression loss; rejection *n* (2)

Sperrdraht *nm* HW → **inhibit wire**
→ Inhibitdraht *nm*

Sperrdruck *nm* PRIN.ME → **spaced characters**
→ Sperrschrift *nf*

Sperre *nf* NETW.TH → **blocking filter**
→ Sperrfilter *nn*

Sperre *nf* MEC.EN **block** *n*

Sperre *nf* SWITCH **restriction** *n*
= barring *n*

Sperre *nf* EL.TRO **blocking** *n*
= lock *n*

Sperre *nf* INF.TEC → **interlocking** *n*
→ Verriegelung *nf*

Sperreingang *nm* CIRC.EN **inhibit input**
= Inhibit-Eingang *nm* (ANGL)
= inhibiting input

sperren EL.TRO **disable** *vt*
[bestimmte Funktionen aufheben; etwas sich nicht ereignen lassen]
= unterbinden; deaktivieren; Freigabe aufheben; blockieren
≈ ausschalten
≠ freigeben
[disallow certain function; prevent something from not happening]
= disenable *vt*; inhibit *vt*; block *vt*; disallow *vt*
≈ turn-off
≠ enable

sperren PRIN.ME → **letterspace** *vt*
→ spatiieren

sperren SWITCH **block** *vt*

sperren MEC.EN **block** *vt*

sperren INF.TEC **lock** *vt*
= verriegeln
= interlock *vt*; barr *vt*; inhibit *vt*

sperren DAT.CO **lockout** *vt*
[andere am Senden hindern]
[prevent others from sending]

sperren TECH → **lock** *vt* (2)
→ verriegeln *vt*

Sperren *nn* PRIN.ME → **spaced characters**
→ Sperrschrift *nf*

Sperren *nn* PRIN.ME → **character spacing**
→ Zeichenabstand *nm*

sperrende Umschaltung DAT.CO **local shift**
= locking shift

Sperren eines Teilnehmeranschlusses TELEPH → **call blocking**
→ Anrufsperrung *nf*

Sperrerde *nf* EL.TRO **blocking ground potential**

Sperrerholzeit *nf* MICR.EL → **reverse recovery time**
→ Sperrverzögerungszeit *nf*

Sperrfilter *nn* NETW.TH **blocking filter**
= Sperre *nf*
= stop filter; notch filter

Sperrfrequenz *nf* NETW.TH **stop frequency**
= notch frequency

Sperrfunktion *nf* TELEPH **restriction feature**

Sperrgatter *nn* CIRC.EN **inhibit gate**
= Inhibit-Gatter *nn* (ANGL)

Sperrgebiet *nn* SAT.CO **exclusion area**

Sperrholz *nn* TECH **plywood** *n*

Sperrichtung *nf* EL.TRO **reverse direction**
= Rückwärtsrichtung *nf*
≠ Durchlassrichtung
= inverse direction; backward direction; back direction; high-resistance direction
≠ forward direction

sperrig TECH **bulky** *adj*
≈ unhandlich
= oversize *adj*
≈ unhandy

Sperrimpuls *nm* EL.TRO **inhibit pulse**
= disable pulse

Sperrkapazität *nf* MICR.EL **blocking capacitance**

Sperrkennlinie *nf* EL.TRO → **reverse characteristic**
→ Rückwärtskennlinie *nf*

Sperrkennzeichen *nn* DAT.CO **blocking signal**
= blocking flag

Sperrkippstufe *nf* CIRC.EN **inhibit flipflop**

Sperrklinke *nf* MEC.EN **retaining pawl**
= ratchet *n*

Sperrkondensator *nm* CIRC.EN **blocking capacitor**
= Blockkondensator *nm*
= block capacitor

Sperrkontakt *nm* EL.TRO → **disabling contact**
→ Abschaltkontakt *nm*

Sperrkreis *nm* NETW.TH → **parallel-resonant circuit**
→ Parallelschwingkreis *nm*

Sperrleitwert *nm* MICR.EL **back conductance**

Sperrliste *nf* INF.TEC → **black list**
→ schwarze Liste

Sperrliste *nf* DAT.MA **stop list**
= black list; negative file

Sperrmagnet *nm* POW.EN **blocking magnet**

Sperrmuffe *nf* OUT.PL **stop joint**

Sperrnummer *nf* TELEPH **restriction code**

Sperröhre *nf* RAD.LO → **anti-transmitting receiving tube**
→ Sendersperröhre *nf*

Sperrprotokoll *nn* DAT.MA **lock protocol**

Sperrprüfung *nf* MICR.EL **reverse bias test**
[Diode]
[diode]
= inverse bias test

Sperrrad *nf* MECH **rached wheel**
= ratched wheel; pawl wheel

Sperrsättigungsstrom *nm* MICR.EL **inverse-saturation current**
= reverse-saturation current

Sperrschalter *nm* SW **lockout switch**
= inhibit switch; lockout facility

Sperrschalter *nm* RAD.LO **ATR switch**
= anti-transmission-reception switch

Sperrschaltung *nf* CIRC.EN **blocking circuit**
= paralysis circuit

Sperrschichgleichrichter *nm* MICR.EL → **junction rectifier**
→ Flächengleichrichter *nm*

Sperrschicht *nf* MICR.EL **depletion layer**
[von Ladungsträgern freie Zone an einem NP-Übergang, sofern keine Spannung angelegt wird]
= Verarmungsrandschicht *nf*; Halbleitersperrschicht *nf*; Verarmungsschicht *nf*; Ausschöpfungszone *nf*
≈ Randschicht
↑ Übergang
[region at np junction with no current carriers, i.e. nonconducting, unless biased]
= depletion region; depletion zone; blocking layer; barrier layer (obs); barrier *n* (obs)
≈ surface layer
↑ junction

Sperrschicht-Bauelement *nn* MICR.EL **junction device**
↓ Sperrschicht-Transistor; Sperrschicht-Diode
↓ junction transistor; junction diode

Sperrschicht-Berührungsspannung *nf* MICR.EL → **punch-through voltage**
→ Durchgreifspannung *nf*

Sperrschichtbreite *nf* MICR.EL → **depletion-layer thickness**
→ Sperrschichtdicke *nf*

Sperrschichtdicke *nf* MICR.EL **depletion-layer thickness**
= Sperrschichtbreite *nf*; Übergangsdicke *nf*; Übergangsbreite *nf*
= depletion-layer depth; depletion-layer width; depletion thickness; depletion depth; depletion width; junction thickness; junction depth; junction width

Sperrschicht-Diode *nf* MICR.EL **junction diode**
= Flächendiode *nf*
≈ Sperrschichtvaraktor
↑ Sperrschicht-Element
↓ Tunneldiode
≈ junction varactor
↑ junction device
↓ tunnel diode

Sperrschicht-Feldeffekttransistor *nm* MICR.EL → **JFET**
→ JFET

Sperrschicht-FET *nm* MICR.EL → **JFET**
→ JFET

sperrschichtfreier Kontakt MICR.EL → **galvanic contact**
→ ohmscher Kontakt

Sperrschichtgleichrichter *nm* COMPO → **dry rectifier**
→ Trockengleichrichter *nm*

Sperrschichtisolation *nf* MICR.EL **junction insulation**

Sperrschichtkapazität *nf* MICR.EL **junction capacity**
= depletion layer capacity

Sperrschichtkondensator *nm* COMPO **junction capacitor**
= RKN-Kondensator *nm*; Keramikkondensator *nm* Typ 3
= barrier-layer capacitor

Sperrschicht-Photoeffekt *nm* PHYS **pn photo effect**
= photovoltaischer Effekt; fotovoltaischer Effekt; PN-Photoeffekt *nm*

Sperrschicht-Photoempfänger *nm* COMPO **junction photo detector**

Sperrschichttemperatur *nf* MICR.EL **junction temperature**

Sperrschichttransistor *nm* MICR.EL → **junction transistor**
→ Flächentransistor *nm*

Sperrschichtvaraktor *nm* MICR.EL **junction varactor**
≈ Sperrschichtdiode
↑ Varaktordiode
≈ junction diode
↑ varactor diode

Sperrschicht-Vidikon *nn* TV **newvicon** *n*
= Newvicon

Sperrschloss *nn* TECH **keylock** *n*

Sperrschlüssel *nm* TECH **disabling key**

Sperrschrift *nf* PRIN.ME **spaced characters**
= Sperrdruck *nm*; Sperren *nn*
= spaced type; spaced text; letter spacing

Sperrschritt *nm* TELEGR **stop pulse**
= Stoppschritt *nm*; Stop-Schritt *nm*; Stoppelement *nn*; Stop-Element *nn*; Stop-Bit *nn*; Stoppzeichen *nn*; Stoppbit *nn*; Stop-Zeichen *nn*
≠ Anlaufschritt; Informationsschritt
= stop signal; stop bit; stop element; closed stop pulse
≠ start pulse; information pulse

Sperrschwinger CIRC.EN **blocking oscillator**
= self-blocking oscillator; squegging oscillator

Sperrsignal *nn* EL.TRO **inhibit signal**
= blocking signal

Sperrspannung *nf* EL.TRO **reverse voltage**
= Rückwärtsspannung *nf*; negative Sperrspannung; Blockierspannung *nf*
≠ Durchlassspannung
= inverse voltage; blocking voltage; reverse bias; inverse bias; blocking bias; cutoff voltage
≠ conduction voltage

Sperrstrom *nm* EL.TRO **reverse current**
= Rückwärtsstrom *nm*; Rückstrom *nm*
≈ Leckstrom
≠ Durchlassstrom
= inverse current
≈ leak current
≠ conducting-state current

Sperrstrom *nm* MICR.EL **cutoff current** *n* (1)
[Diode]
[diode]
= inverse current; reverse current

Sperrstrom *nm* MICR.EL → **latching current**
→ Einraststrom *nm*

Sperrtopf ANT → **bazooka** *n*
→ Viertelwellen-Sperrtopf

Sperrtopfantenne *nf* ANT **folded-top antenna**
= detuning-sleeve antenna; sleeve dipole

Sperrumrichter *nm* POW.SY → **flyback converter**
→ Sperrwandler *nm*

Sperrung *nf* NETW.TH **blocking** *n*
= rejection *n* (1)

Sperrung *nf* TECH **inhibition** *n*
≈ Hemmung
≈ arrest

Sperrung *nf* EL.TRO **inhibition** *n*
= Halten *nn*
≈ Unterdrückung
= inhibit *n*; interlock *n*; retention *n*
≈ suppression

Sperrung *nf* INF.TEC → **interlocking** *n*
→ Verriegelung *nf*
Sperrung *nf* PRIN.ME → **character spacing**
→ Zeichenabstand *nm*
Sperrungs-Manager *nm* DAT.MA **lock manager**
Sperrventil *nn* TECH **blocking valve**
= Absperrventil *nn*
= gating valve; stop valve
Sperrverlust *nm* EL.TRO **off loss**
Sperrverlustleistung *nf* MICR.EL **reverse power loss**
[Verlustleistung in Gleichrichter, durch Sperrstrom]
[in rectifier, due to reverse current]
= inverse power loss
Sperrverzögerungsstrom *nm* MICR.EL **reverse recovery current**
= inverse recovery current
Sperrverzögerungszeit *nf* MICR.EL **reverse recovery time**
= Sperrerholzeit *nf*
= inverse recovery time; backward recovery time
Sperrverzugsladung *nf* MICR.EL **recovered charge**
Sperrvorrichtung *nf* TECH → **arrest** *n*
→ Hemmung *nf*
Sperrwandler *nm* POW.SY **flyback converter**
= Sperrwandlernetzteil *nn*; Sperrumrichter *nm*
Sperrwandlernetzteil *nn* POW.SY → **flyback converter**
→ Sperrwandler *nm*
Sperrwiderstand *nm* EL.TRO **reverse dc resistance**
= Gleichstromwiderstand rückwärts *nm*
= inverse dc resistance
Sperrzeit *nf* EL.TRO **blocking time**
= Schutzzeit *nf*
≈ Totzeit
= off time; guard time; paralysis time; blocking period; off period
≈ deadtime
Sperrzeit *nf* SWITCH **guard delay**
Sperrzustand *nm* EL.TRO **blocking state**
= off-state *n*; inhibiting condition
Spesen *nplt* ECON **expenses** *nplt*
Spesenkonto ECON **expense account**
spezial COLL → **special** *adj*
→ besonders
Spezial- COLL → **special** *adj*
→ besonders
Spezialanfertigung *nf* TECH → **special make**
→ Sonderanfertigung *nf*
Spezialausführung *nf* TECH → **special finish**
→ Sonderausführung *nf*
Spezialausstattung *nf* TECH → **special outfit**
→ Sonderausstattung *nf*
Spezialcomputer *nm* DAT.PR → **special-purpose computer**
→ Spezialrechner *nm*
Spezialdienst *nm* TELEC → **special service**
→ Sonderdienst *nm*
Spezialdisziplin *nf* SCIE → **branch** *n*
→ Fachgebiet *nn*
Spezialeffekt *nm* CINEMA **special effect**
Spezialeffekte *nplt* CINEMA **special effects**
[die englische Abkürzung FX kommt von der spaßigen Umschreibung "ef -eks"]
= Effekte *nplt*; Tricktechnik *nf*
[FX comes from joking transcription "ef+eks"]
= effects; FX
Spezialendgerät *nn* TER&PER **applications terminal**
≠ Mehtzweckendgerät
= single-purpose terminal; dedicated terminal; application-specific terminal
≠ multi-purpose terminal
Spezialentwicklung *nf* TECH → **special design**
→ Sonderentwicklung *nf*
Spezialfach *nn* SCIE → **branch** *n*
→ Fachgebiet *nn*
Spezialfall *nm* SW **instance** *n*
[OOP; ein spezifisches Objekt einer Klasse (z.B. "Dreieck" der Klasse "Polygon"); der englische Term ist vom umgangssprachlichen "instance" = Beispiel abgeleitet; da im Deutschen "Instanz" ausschließlich eine zuständige Stelle oder eine Stufe eines gerichtlichen Verfahrens bedeutet, ist der Term "Instanz" hier irreführend]
= Exemplar; Instanz *nf* (err); Klasseninstanz *nf* (err)
↑ Objekt
[object-oriented programming; a specific object of a class (e.g. the object "triangle" of the class "polygon"); from colloquial "instance = example"]
↑ object
Spezialfallbildung *nf* SW **generic instantiation**
[aus einer generischen Einheit]
[to derice an instance from a generic unit]
Spezialfernsprecher *nm* TELEPH → **special telephone set**
→ Sonderfernsprecher *nm*

Spezialfunktion *nf* TER&PER → **added feature**
→ Sonderfunktion *nf*
Spezialgebiet *nn* SCIE → **branch** *n*
→ Fachgebiet *nn*
Spezialgebühr *nf* TELEC → **special rate**
→ Sondertarif *nm*
Spezialgewinde *nn* MEC.EN **special thread**
Spezialhilfsprozessor *nm* HW **back-end processor**
[führt spezielle Funktionen aus, die der Hauptaufgabe des Rechner untergeordnet sind, wie z.B. eine Zugriffsbeschleunigung]
= Back-end-Prozessor *nm*
↑ Hilfsprozessor
[performs specialized functions which are subordinate to the computer's main function, like speeding access]
↑ auxiliary processor
spezialisieren SCIE **specialize** *vt*
[im Detail darlegen, festlegen]
[to expound, define in detail]
spezialisieren SW → **instantiate** *vt*
→ instanzieren
spezialisiert TECH → **application-specific** *adj*
→ anwendungsspezifisch
spezialisierter Diensteanbieter TELEC **specialized common carrier**
= SCC
Spezialisierung *nf* SCIE **specialization**
Spezialisierung *nf* SW → **instantiation** *n*
→ Instanzierung *nf*
Spezialist *nm* SCIE → **professional** *n*
→ Fachmann *nm* (*pl* Fachmänner&Fachleute)
Spezialist *nm* ECON → **expert** *n*
→ Fachmann (*pl* Fachmänner&Fachleute)
Spezialistenstab *nm* ECON **specialists staff**
Spezialkabel *nn* COM.CAB → **special cable**
→ Sonderkabel *nn*
Spezialkanal *nm* RADIO → **special channel**
→ Sonderkanal *nm*
Spezialänge *nf* COM.CAB → **special delivery length**
→ Sonderlänge *nf*
Spezialpapier *nn* TER&PER **special paper**
≠ Normalpapier
= specialty paper
≠ normal paper
Spezialpreis *nm* MEDIA **special price**
Spezialrechner *nm* DAT.PR **special-purpose computer**
= Spezialcomputer *nm*; dedizierter Computer
≠ Universalrechner
= dedicated computer; specialized computer
≠ general-purpose computer
Spezialröhre *nf* EL.TRO → **special amplifier tube**
→ Spezialverstärkerröhre *nf*
Spezialsatz *nm* TELEC → **special rate**
→ Sondertarif *nm*
Spezialschraube *nf* MEC.EN **clutch head screw**
[mit Sonderform des Kopfes, nur mit Spezialwerkzeug abschraubbar]
[with unique head requiring uncommon removal tool]
Spezialsoftware-Handelskette *nf* ECON **special software distributor**
= boutique reseller
Spezialsprache *nf* COMP.LG **special-purpose language**
Spezialtarif *nm* TELEC → **special rate**
→ Sondertarif *nm*
Spezialtastatur *nf* TER&PER → **special keyboard**
→ Sondertastatur *nf*
Spezialtaste *nf* TER&PER → **special key**
→ Sondertaste *nf*
Spezialtastenfeld *nn* TER&PER → **special keyboard**
→ Sondertastatur *nf*
Spezialtransport *nm* ECON **specialized transport**
Spezialverstärkerröhre *nf* EL.TRO **special amplifier tube**
= Spezialröhre *nf*
Spezialwörterbuch *nn* INF.TEC **specialist dictionary**
Spezialzeichen *nn* COMP.SC → **special character**
→ Sonderzeichen *nn*
Spezialzubehör *nn* TECH → **special accessories**
→ Sonderzubehör *nn*
Spezialzweck *nm* TECH **special purpose**
= spezielle Anwendung
= special use
speziell COLL → **special** *adj*
→ besonders
spezielle Anwendung TECH → **special purpose**
→ Spezialzweck *nm*
Spezies *nf* MEDIA → **style** *n*
→ Gattung *nf*
Spezies *nf* MATH → **basic arithmetic operation**
→ Grundrechnungsart
Spezifikation *nf* TECH **specification** *n* (1)
[vorgegebene technische Bedingungen]
[estipulated technical features]

= Pflichtenheft *nn*; technische Daten ≈ Lastenheft — = spec *n* (1)
Spezifikation *nf* DAT.MA → **descriptor** *n* (2)
→ Bezeichnung *nf*
Spezifikationsbaum *nm* TEC.DOC **specification tree**
spezifikationsgerecht TECH → **specification-compliant** *adj*
→ spezifikationskonform
spezifikationskonform TECH **specification-compliant** *adj*
= lastenheftskonform; spezifikationsgerecht; lastenheftgerecht — = specification-conforming; up to specification; meeting the specification
Spezifikationssprache *nf* COMP.LG → **description language**
→ Beschreibungssprache *nf*
Spezifikationssymbol *nn* SW → **specificator** *n*
→ Spezifikator *nm*
Spezifikationstechnik *nf* COMP.AP → **requirements engineering**
→ Anforderungsspezifikationstechnik *nf*
Spezifikator *nm* SW **specificator** *n*
= Spezifikationssymbol *nn* — = specifier *n*
spezifikatorische Programmiersprache COMP.LG → **declarative programming language**
→ deklarative Programmiersprache
spezifikatorische Sprache COMP.LG → **declarative programming language**
→ deklarative Programmiersprache
spezifisch COLL **specific** *adj*
≈ typisch — ≈ typical
spezifische Ladung PHYS **specific load**
= charge/mass ratio
spezifischer Code *nm* SW → **absolute code**
→ Absolutcode *nm*
spezifischer elektrischer Widerstand PHYS **specific electric resistance**
[Widerstand einer Volumeneinheit 1 cm² x 1 cm; SI-Einheit: Ohm m] — [resistance of a unitary volume 1 cm² x 1 cm; SI unit: ohm m]
= spezifischer Widerstand — = specific resistance; resistivity
≠ elektrische Leitfähigkeit — ≠ electric conductivity
spezifischer magnetischer Widerstand PHYS → **reluctivity** *n*
→ Reluktivität *nf*
spezifischer Oberflächenwiderstand PHYS **surface resistivity**
spezifischer Wärmewiderstand PHYS **specific thermal resistance**
spezifischer Widerstand PHYS → **specific electric resistance**
→ spezifischer elektrischer Widerstand
spezifisches Gewicht PHYS **specific weight**
= Wichte *nf* — = specific gravity; s.g.; sp.gr.
spezifisches Wärmeleitvermögen PHYS → **heat conductivity**
→ Wärmeleitfähigkeit *nf*
spezifische Wärme PHYS **specific heat**
spezifizieren *vt* TECH **specify** *vt*
= state *vt*
sphärisch MATH **spherical** *adj*
= kugelförmig; kugelig; ballförmig
≈ rund
sphärische Aberration OPT **spheric aberration**
sphärische Gruppe ANT → **spherical array**
→ Kugelgruppenantenne *nf*
sphärische Gruppenantenne ANT → **spherical array**
→ Kugelgruppenantenne *nf*
sphärische Koordinate MATH → **polar coordinate**
→ Polarkoordinate *nf*
sphärische Linse OPT **spherical lens**
= Kugellinse *nf*
↓ Sammellinse; Zerstreuungslinse — ↓ converging lens; diverging lens
sphärische Welle PHYS → **spherical wave**
→ Kugelwelle *nf*
sphäroid *adj* MATH **spheroidal** *adj*
= kugelähnlich — = ball-like
Sphäroid *nn* MATH **spheroid** *n*
[kugelähnliche geometrische Figur] — [ball-like form]
≈ Rotationsellipsoid
Spice COMP.AP **Spice**
[Simulations-SW für IC-Entw.] — [simul. SW for IC developm.]
Spice-2g6-Bewertungstest *nm* DAT.PR **spice 2g6 benchmark**
[ein Simulationsproblem analoger Schaltkreise] — [simulation problem of an analog circuit]
↑ SPEC benchmark
Spickzettel *nm* EDUC **cue card**
Spider *nm* INTERNET → **intelligent agent**
→ intelligenter Agent
Spider-grid-Kontaktierung *nf* MICR.EL **spider-grid bonding**
SPID-Kennzahl *nf* TELEC **SPID**
[ISDN] — [ISDN]
= Service Profile Identifier
Spiegel PRIN.ME → **image area**
→ Satzspiegel *nm*
Spiegel *nm* MICROW → **reflector** *n*
→ Reflektor *nm*
Spiegel *nm* ANT → **reflector** *n* (1)
→ Reflektor *nm* (1)
Spiegel *nm* OPT **mirror** *n*
Spiegelanpassung *nf* NETW.TH → **image matching** *n*
→ Wellenanpassung *nf*
Spiegelantenne *nf* ANT **reflector antenna**
= Reflektorantenne *nf*
Spiegelbetrieb *nm* SWITCH **loop-back operation**
Spiegelbild *nn* COLL **mirror image**
Spiegelbild *nn* MATH **image** *n*
≈ Reflexion — ≈ reflection
spiegelbildlich TECH **reflected**
≈ symmetrisch — ≈ symmetrical
Spiegelbildmethode *nf* EL.TEC **method of electric images**
Spiegelebene *nf* MATH **mirror plane**
spiegelfrei TECH **nonglare** *adj*
= blendfrei
Spiegelfrequenz *nf* MODUL **image frequency**
Spiegelfrequenzabstand *nm* MODUL → **image frequency rejection**
→ Spiegelselektion
Spiegelfrequenz-Empfindlichkeit *nf* RADIO **image response**
Spiegelfrequenzsicherheit *nf* MODUL → **image frequency rejection**
→ Spiegelselektion
Spiegelgalvanometer *nn* INSTR **mirror galvanometer**
Spiegellinse *nf* OPT → **Mangin's lens**
→ Mangin-Linse *nf*
Spiegellösung *nf* TELEC **stand-alone solution**
spiegeln ENG.DRA **reflect** *vt*
spiegeln SWITCH **loopback** *vt*
Spiegelplatte *nf* DAT.MA **mirror disk**
Spiegelpositionierer *nm* CONS.EL **dish positioner**
[mech. Vorrichtung für Satellitendirektempfang] — [mech. device for direct satellite reception]
= Antennepositionierer *nm*; Positionierer *nm* (1); Drehanlage *nf* — = antenna positioner; positioner *n* (1)
Spiegelpositioniersystem *nn* TER&PER **mirror positioning system**
Spiegelpunkt *nm* MATH **mirror point**
= Reflexionspunkt *nm* — = reflection point
Spiegelrad *nn* MEC.EN **mirror wheel**
Spiegelregister *nn* SWITCH **loopback register**
Spiegelschraube *nf* MEC.EN **mirror screw**
Spiegelschrift *nf* PRIN.ME **reflected lettering**
Spiegelselektion MODUL **image frequency rejection**
= Spiegelfrequenzabstand *nm*; Spiegelfrequenzsicherheit *nf* — = image rejection; image rejection ratio
Spiegelserver *nm* DAT.NW **mirror server**
= mirror *n*
Spiegelsicherung *nf* DAT.MA **image backup**
[ein defragmentierendes Kopieren aller Dateien eines Datenträgers, mir anschließendem Rückkopieren] — [a defragmenting copying of all files of a data carrier, and its copying
Spiegelsignal *nn* MODUL **image signal**
Spiegeltrick *nm* CINEMA **mirror shot**
Spiegelung *nf* RAD.PRO **mirror test**
[Funkfeld-Survey] — [hop survey]
Spiegelung *nf* TECH **mirroring** *n*
Spiegelung *nf* PHYS **regular reflection**
= reguläre Reflexion — = reflection *n*; reflex *n*
Spiegelung *nf* COMP.GR **mirroring** *n*
Spiegelung *nf* DAT.CO **echoplexing** *n*
= Zurücksenden *nn*; Echoplex *nn*; Echo *nn* — [retransmit to the sender so he can check]
= echoplex mode; echoplex *n*
Spiegelungsmethode *nf* RAD.PRO **image method**
Spiegelwelle *nf* MODUL **mirror wave**
Spiegelwellenselektion *nf* MODUL **mirror-wave discrimination**
= Spiegelwellenunterdrückung *nf*
Spiegelwellenunterdrückung *nf* MODUL → **mirror-wave discrimination**
→ Spiegelwellenselektion *nf*
Spiel *nn* ENG.DRA → **play** *n*
→ Spielraum *nm*
Spiel *nn* COLL **game** *n*
= Unterhaltungsspiel *nn*
Spieladapter *nm* HW → **game port**
→ Spielanschluss *nm*
Spielanschluss *nm* HW **game port**
[Anschluss für Steuerknüppel] — [for connection of a joystick]
= Spieladapter *nm*; Game-port *nm* (ANGL)
Spielart *nf* COLL **variation** *n*
= Variation *nf*

Spielautomat *nm*	COMP.AP	**arcade game machine**
Spielbildschirm *nm* ≠ Chefbildschirm	COMP.AP	**game screen** ≠ boss screen
spielen → schauspielern *vi*	IMAG.ME	→ **act** *vi*
Spielentwickler *nm* = Game-Designer *nm* (ANGL)	COMP.AP	**game developer** = game designer
spieletauglich	COMP.AP	**games apt**
Spielfilm *nm*	CINEMA	**feature film** = feature-length film; feature *n*
Spielfilmabruf *nm* → Videoabrufdienst *nm*	TELEC	→ **video on demand service**
Spielkonsole *nf* = Playstation *nf*	COMP.AP	**playstation**
Spiellänge *nf* → Laufzeit *nf*	CINEMA	→ **running time**
Spielleiter *nm* (1) [leitet die materiellen Aspekte der Inszenierung] ≈ Regisseur ↓ Theaterleiter	IMAG.ME	**stage manager** [manages the physical aspects of production] ≈ director ↑ theater manager
Spielleiter *nm* (2) → Filmregisseur *nm*	IMAG.ME	→ **film director**
Spielleitung *nf* ≈ Regie ↓ Theaterleitung	IMAG.ME	**stage management** ≈ direction ↑ theater management ↓ thater management
Spielpassung *nf* = Spielsitz *nm* ↑ Passungsklasse	ENG.DRA	**clearance fit** ↑ class of fit
Spielplan *nm* → Theaterspielplan *nm*	IMAG.ME	→ **season's program** (AE)
Spielplan *nm* → Filmspielplan *nm*	CINEMA	→ **screening schedule**
Spielprogramm *nn* = Spielsoftware *nf*	SW	**computer game program** = recreational software
Spielraum *nm*	TELEGR	**margin** *n*
Spielraum *nm* [fig]	COLL	**margin** *n* [fig] = leeway *n*; elbowroom *n*; allowance *n*
Spielraum *nm* = Spiel *nn* ≠ Durchdringung	ENG.DRA	**play** *n* = clearance *n*; slackness *n*; backlash *n*
Spielschau *nf* → Spielsendung *nf*	IMAG.ME	→ **game show**
Spielsendung *nf* = Spielschau *nf*	IMAG.ME	**game show**
Spielsitz *nm* → Spielpassung *nf*	ENG.DRA	→ **clearance fit**
Spielsoftware *nf* → Spielprogramm *nn*	SW	→ **computer game program**
Spiel-Software *nf*	COMP.AP	**game software**
Spieltheorie *nf*	MATH	**theory of games** = games theory
Spielverderber *nm*	INTERNET	**spoiler** *n*
Spielzeit *nf*	IMAG.ME	**season** *n*
Spielzeit *nf*	CINEMA	**run** *n*
Spillwinde *nf* → Kabelkraftwinde *nf*	OUT.PL	→ **motor winch**
Spin *nm* [vom Engl."spin" = schnelles Drehen]	PHYS	**spin** *n*
Spin-Ausrichtung *nf*	PHYS	**spin alignment**
Spin-Bahn *nf*	PHYS	**spin orbit**
Spindel *nf* [Nummernschalter]	TELEPH	**worm shaft** [rotary dial switch]
Spindel *nf*	MEC.EN	**spindle** *n*
Spindelfenster *nn* → Spindelloch *nn*	TER&PER	→ **central hole**
spindelförmig	TECH	**spindle-shaped**
Spindelloch *nn* [Diskette] = Spindelfenster *nn*; Spindelzugriff *nm*	TER&PER	**central hole** [floppy disk] = central window; driving-hub access hole
Spindeltrimmer *nm*	COMPO	**spindle potentiometer**
Spindelzugriff *nm* → Spindelloch *nn*	TER&PER	→ **central hole**
Spin-Dublett *nn*	PHYS	**spin doublet**
Spin-Effekt *nm*	PHYS	**spin effect**
Spin-Elektron *nn*	PHYS	**spin electron**
Spinell *nm*	CHEM	**spinel** *n*
Spinell-Ferrit *nn*	CHEM	**spinel ferrite**
Spinell-Gitter *nn*	PHYS	**spinel lattice**
Spin-Moment	PHYS	**spin moment**
Spinne *nf* = Roboter *nm*	INTERNET	**spider** *n* = robot *n*
Spinnennetzantenne *nf* = Telerana-Antenne *nf*	ANT	**spider web antenna**
Spinnennetzspule *nf* → Korbbodenspule *nf*	COMPO	→ **spider-web coil**
Spinngewebespule *nf* → Korbbodenspule *nf*	COMPO	→ **spider-web coil**
Spinnkopf *nm*	TECH	**lapping head**
Spin-Orientierung *nf*	PHYS	**spin orientation**
Spin-Quantenzahl *nf* ↑ Quantenzahl	PHYS	**spin quantum number** ↑ quantum number
Spin-Richtung *nf*	PHYS	**spin direction**
Spin-Umklappung *nf*	PHYS	**spin flip**
Spin-Wechselwirkung *nf*	PHYS	**spin-spin interaction**
Spionagefilm *nm* = Agentenfilm *nm*	CINEMA	**spy film**
Spiralabtastung *nf*	EL.TRO	**spiral scanning**
Spiralantenne *nf* → Wendelantenne *nf*	ANT	→ **helix antenna**
Spiralbohrer *nm*	MEC.EN	**twist drill bit**
Spirale *nf* → Schraubenlinie *nf*	MATH	→ **helix** *n*
Spirale der Gewalt = Gewaltspirale *nf*	COLL	**spiral of violence**
Spirale des Schweigens = Schweigespirale *nf*	MEDIA	**spiral of silence**
Spiralfeder *nf* = Schraubenfeder *nf*; Wendelfeder *nf*	MEC.EN	**helical spring** = spiral spring
spiralförmig → schraubenförmig	TECH	→ **helical** *adj*
spiralig → schraubenförmig	TECH	→ **helical** *adj*
Spiralkabel *nn*	EQP.EN	**spiral cable**
Spiralkurve *nf* → Klothoide *nf*	MATH	→ **clothoid** *n*
Spiralschlauch	COM.CAB	**spiroband** *n*
Spiralschnur *nf* = dehnbare Handapparateschnur; Litzenschnur *nf* ≈ Lahnlitze [COM.CAB]	TER&PER	**retractile cord** = spiral cord; tinsel cord; coil cord ≈ tinsel conductor [COM.CAB]
Spiralspule *nf*	COMPO	**spiral coil**
Spiralwicklung *nf*	COMPO	**spiral wrap**
spitz = spitzig ≈ stechend ≠ stumpf (1)	COLL	**pointed** *adj* ≈ pungent ≠ blunt (1)
spitzbogig	TECH	**ogival** *adj*
Spitze *nf* (1) [stechend]	COLL	**point** *n*
Spitze *nf* (2) [oberster Teil]	COLL	**top** *n*
Spitze *nf* (1) [eines Körper]	MATH	**peak** *n* (2) [of a solid]
Spitze *nf* (2) → Scheitel *nm* (2)	MATH	→ **peak** *n* (3)
Spitze *nf* = Kuppe *nf*	GEOSC	**peak** *n* ≠ summit; top
Spitze *nf* ≈ Kamm	TECH	**tip** *n* = pike *n*
Spitze *nf* [Symbol: ^] = Zirkumflex [DAT.PR]	PRIN.ME	**apex** *n* [symbol: ^] = curet *n* [DAT.PR]; carat *n* [DAT.PR]
Spitze *nf* [einer der Pole des Klinkensteckers] ≈ Ring; Hals	TELEPH	**tip** *n* (1) [one of the poles of a jack connector]
spitze Klammer [Symbole: < >] = Winkelklammer *nf* ↑ Klammer ↓ spitze Klammer auf; spitze Klammer zu	MATH	**angle bracket** [symbols: < >] ↑ bracket (1)
spitze Klammer auf [Symbol: <] = linksgerichtete spitze Klammer	MATH	**left angle bracket** [symbol: <]
spitze Klammer zu [Symbol: >] = rechtsgerichtete spitze Klammer	MATH	**right angle bracket** [symbol: >]
Spitzenamplitude *nf*	EL.TEC	**peak amplitude**
Spitzenbedarf *nm* = Spitzennachfrage *nf*	ECON	**peak demand**

Spitzenbegrenzer *nm* CIRC.EN → **amplitude limiter circuit**
→ Amplitudenbegrenzerschaltung *nf*
Spitzenbegrenzung *nf* EL.TRO **peak limiting**
= peak clipping
Spitzenbelastung *nf* EL.TEC → **peak load**
→ Spitzenlast *nf*
Spitzendiode *nf* MICR.EL **point contact diode**
= Spitzenkontaktdiode *nf*
Spitzendurchlassspannung *nf* EL.TRO → **peak forward voltage**
→ Spitzenvorwärtsspannung *nf*
Spitzenelektrode *nf* EL.TRO **point electrode**
Spitzenentladung *nf* PHYS **point discharge**
Spitzenfaktor *nm* EL.TEC **crest factor**
[Spitzenwert zu Effektivwert] [peak value to effective value]
= Scheitelfaktor *nm*; Spitzenwertfaktor *nm*; Spitzen-zu-Effektivwert *nm*; Crestfaktor *nm* (ANGL) = peak factor; peak-to-average ratio
Spitzengleichrichter *nm* MICR.EL **point-contact rectifier**
= Punktgleichrichter *nm*
Spitzengleichrichter *nm* CIRC.EN → **peak-type rectifier**
→ Spitzenwertgleichrichter *nm*
Spitzenkontakt *nm* MICR.EL **point contact**
= Punktkontakt *nm*
Spitzenkontaktdiode *nf* MICR.EL → **point contact diode**
→ Spitzendiode *nf*
Spitzenlast *nf* EL.TEC **peak load**
= Spitzenbelastung *nf*
Spitzenlastzeit *nf* TECH → **peak period**
→ Spitzenverbrauchszeit *nf*
Spitzenleistung *nf* EL.TEC **peak power**
Spitzenleistung *nf* RADIO **peak envelope power**
Spitzenleistungsmesser *nm* INSTR **peak power meter**
Spitzenleistungs-Messkopf *nm* INSTR **peak power sensor**
Spitzennachfrage *nf* ECON → **peak demand**
→ Spitzenbedarf *nm*
Spitzenqualität *nf* ECON **top quality**
Spitzenreiter *nm* ECON → **sales hit**
→ Verkaufsschlager *nm*
Spitzenspannung *nf* EL.TEC **peak voltage**
= Scheitelspannung *nf*
Spitzenspannungsmesser *nm* INSTR → **peak voltmeter**
→ Scheitelspannungsmesser *nm*
Spitzensperrspannung *nf* EL.TRO **peak inverse voltage**
= peak reverse voltage; crest inverse voltage; crest reverse voltage
Spitzenstrom *nm* EL.TEC → **peak current**
→ Scheitelstrom *nm*
Spitzenstrommesser *nm* INSTR → **peak-current meter**
→ Scheitelstrommesser *nm*
Spitzentechnik *nf* TECH → **top technology**
→ Spitzentechnologie *nf*
Spitzentechnologie *nf* TECH **top technology**
= Spitzentechnik *nf* = leading-edge technology; cutting-edge technology (BE)
≈ Hochtechnologie ≈ high technology
Spitzentransistor *nm* MICR.EL **point-contact transistor**
= Punktkontakttransistor *nm* ≠ junction transistor
≠ Flächentransistor ↑ bipolar transistor
↑ Bipolartransistor
Spitzenverbrauch *nm* ECON **peak consumption**
Spitzenverbrauchszeit *nf* TECH **peak period**
= Spitzenlastzeit *nf* = peak demand time
Spitzenverkehr *nm* TELEC **peak traffic**
Spitzenvorwärtsspannung *nf* EL.TRO **peak forward voltage**
= Spitzendurchlassspannung *nf*
Spitzenwert *nm* MATH → **maximum value**
→ Größtwert *nm*
Spitzenwertfaktor *nm* EL.TEC → **crest factor**
→ Spitzenfaktor *nm*
Spitzenwertgleichrichter *nm* CIRC.EN **peak-type rectifier**
= Spitzengleichrichter *nm*
Spitzenwert-Suchfunktion *nf* INSTR **peak search function**
Spitzenzähler *nm* INSTR **needle counter**
[für Radioaktivität] [for radioactivity]
Spitzenzeit *nf* TELEC → **heavy-traffic period**
→ verkehrsstarke Zeit
Spitzenzellrate *nf* TELEC **peak cell rate**
[ATM] [ATM]
= PCR
Spitzen-zu-Effektivwert *nm* EL.TEC → **crest factor**
→ Spitzenfaktor *nm*

spitzer Winkel MATH **acute angle**
spitzes Anführungszeichen LING **angle quotation mark**
[Symbole: « »] [symbols: « »]
↑ Anführungszeichen ↑ quotation mark
Spitze-Spitze EL.TEC **peak-to-peak**
= pk-pk
spitzfindig COLL **cavilled** *adj*
= haarspalterisch; kleinlich; rabulistisch; sophistisch = caviled; subtle; subtile
≈ subtil
Spitzfindigkeit *nf* COLL **subtleness** *n* (2)
= Ausflucht *nf*; Wortspalterei *nf*; Haarspalterei *nf* = subtlety *n* (2); quibble *n*; cavil *n*
spitzig COLL → **pointed** *adj*
→ spitz
Spitzigkeitsfaktor *nm* DAT.CO **peakedness factor**
Spitzmarke *nf* PRIN.ME **section heading**
[Überschrift vor Textabschnitt]
Spitzname *nm* COLL **nickname** *n*
= Beiname *nm*; Übername *nm* = handle *n*; moniker *n* (slang); monicker *n* (slang)
≈ Pseudonym ≈ alias
spitzsenken MEC.EN **countersink** *vt*
= ausfräsen
spitzwinklig MATH **acute-angled**
≠ stumpfwinkling ≠ obtuse-angled
spitzwinkliges Dreieck MATH **acute-angled triangle**
Splatterfilm *nm* IMAG.ME **splatter movie**
[mit gegen die Wand klatschendem (engl. splatter) Blut] [with blood "splatting" on the wall]
= Schlächterfilm *nm*
Spleiß *nm* COM.CAB → **cable splice**
→ Kabelspleiß *nm*
Spleißdämpfung *nf* OPT.CO **splice attenuation**
spleißen *vt* COM.CAB **splice** *vt*
= joint *vt*
Spleißgerät *nn* OPT.CO **splicing device**
= Spleißvorrichtung *nf* = splicing tool
Spleißmonteur *nm* OUT.PL **spliceman** *n*
Spleißmuffe *nf* OUT.PL → **jointing sleeve**
→ Verbindungsmuffe *nf*
Spleißplatte *nf* OPT.CO **splicing plate**
Spleißtechnik *nf* OPT.CO **splicing technique**
= jointing technique
Spleißung *nf* COM.CAB → **cable splice**
→ Kabelspleiß *nm*
Spleißvorrichtung *nf* OPT.CO → **splicing device**
→ Spleißgerät *nn*
Spline *nm* COMP.GR **spline** *n*
[Polynom für eine abschnittsweise Näherung] [polynomial for pieceweise approximation]
Splinefläche *nf* COMP.GR **spline area**
↑ Freiformfläche ↑ free-form surface
Splinekurve *nf* COMP.GR **spline curve**
Splint *nm* MEC.EN **cotter pin**
↑ Sicherungselement = slit pin; splint *n*
↑ cotter
Splitter *nm* MEC.EN **splinter** *n*
SPOF QUAL **SPOF**
[Komponente dessen Ausfall das Gesamtsystem zum Erliegen bringen kann] [component whose failure can outage the whole system]
= Single Point Of Failure
S-Pol MICR.EL → **source** *n*
→ Quelle *nf*
sponsern *vt* ECON **sponsor** *vt*
Sponsor *nm* ECON **sponsor** *n*
= Patronatsfirma *nf*
Spontanbetrieb *nm* DAT.CO **asynchronous response mode**
= ARM
Spontanbetrieb *nm* TELECON **spontaneous transmission**
= spontaner Betrieb = spontaneous mode
spontane Emission PHYS **spontaneous emission**
spontane Magnetisierung PHYS **spontaneous magnetization**
spontaner Betrieb TELECON → **spontaneous transmission**
→ Spontanbetrieb *nm*
Spontanmeldung *nf* TELECON **spontaneous information**
= Anreizmeldung *nf* = spontaneous message; report by exception; exception reporting; trap *n*
≠ Abfragemeldung
Spoofing *nn* (ANGL) INTERNET → **spoofing** *n*
→ Adressfälschung *nf*
Spool *nn* (2) DAT.PR → **spool** *n*
→ Spool-Betrieb *nm*

Spool-Betrieb *nm* DAT.PR **spool** *n*
[zeitweiliges Auslagern auf externe Speicher, um schnellere Zentraleinheit freizustellen] [Simultaneous Peripheral Operation On Line; temporary transfer to external memory, to free faster central unit]
= Auslagerungsbetrieb *nm*; Auslagern *nn*; Ausspulen *nn*; Spool *nn* (2) = spooling
↓ Spool-in-Betrieb; Spool-out-Betrieb

Spool-Datei *nf* DAT.MA → **spooled file**
→ Ausspuldatei *nf*

Spooler *nm* DAT.PR **spooler** *n*
[Software oder Hardware die einen Druckvorgang ermöglicht während etwas anderes abgewickelt wird] [software or hardware permitting print while doing something else]
↓ Druck-Spooler ↓ print spooler

Spool-in-Betrieb *nm* DAT.PR **spool-in mode**
[Dateneingabeverfahren]
↑ Spool-Betrieb ↑ spool mode

Spool-out-Betrieb *nm* DAT.PR **spool-out mode**
[Datenausgabeverfahren]
↑ Spool-Betrieb ↑ spool mode

sporadisch COLL → **now and then** *adv*
→ dann und wann *adv*

sporadisch COLL → **occasional** *adj*
→ gelegentlich

sporadisch TECH → **intermittent** *adj*
→ intermittierend

sporadische E-Ausbreitung RAD.PRO **sporadic-E propagation**

sporadische E-Schicht RAD.PRO → **Es layer**
→ Es-Schicht *nf*

sporadischer Fehler QUAL → **intermittent fault**
→ intermittierender Fehler

Sportreportagenqualität *nf* TV **sports quality**
[mit 3 Mbit/s digitalisiert] [MPEG2 compression; with 3 Mbit/s when digitalized]

Spot-Antenne *nf* SAT.CO **spot-beam antenna**

SPP MICR.EL → **SPP**
→ Zusatzrechenwerk *nn*

Sprachanalyse *nf* TELEC **voice analysis**
= speech analysis

Sprachanmerkung *nf* TER&PER **voice annotation**
[gesprochener Kommentar zu gespeichertem Text] [speech comments to a stored text]
= Voice Annotation *nf* (ANGL) = word annotation
≈ Mitteilungssystem für Text und Sprache ≈ multi-media mail

Sprachantwort *nn* EL.ACOU **speech answer**
≈ Sprachaufzeichnung = voice answer; voice answer back; VAB
≈ speech recording

Sprachaufzeichnung *nf* TER&PER **voice recording**
= Stimmenaufzeichnung *nf* = speech recording; voice print; speech print

Sprachaufzeichnungsgerät *nn* TER&PER **call recorder**
= Anrufaufzeichnungsgerät *nn* = speech recorder; voice recorder

Sprachausgabe *nf* DAT.PR **voice response**
= voice output; speech response; speech output; audio response; audio output

Sprachausgabesystem *nn* TER&PER **voice output system**
= speech output system; voice output device; VOD; speech output device; audio response unit; ARU

sprachausgelöst INF.TEC **voice-activated**

sprachausgelöste Wahl TELEPH **VAD**
= voice-activated dialing

Sprachband *nn* TELEC **voice band**
[in der Telekommunikation 0,3 - 3,4 kHz] [in telecommunications 0.3 to 3.4 kHz]
= Sprachfrequenzband *nn*; Sprechfrequenzbereich *nm* = voiceband; speech band; speech frequency band

Sprachband-Datenübertragung *nf* DAT.CO **voiceband data transmission**

Sprachbandinvertierung *nf* INF.TEC **speech inversion**
↑ Sprachverschlüsselung = voice band inversion
↑ speech encryption

Sprachbandmodem *nm&nn* DAT.CO **audio modem**
[moduliert in 0,3-3,4 kHz] [modulates into 0.3-3.4 kHz]
↑ Datenmodem ↑ data modem

Sprachbandverwürfelung *nf* INF.TEC → **speech scrambling**
→ Sprachverwürfelung *nf*

Sprach-Baustein *nm* MICR.EL **speech chip**
= Sprach-Chip *nm* = voice chip

Sprachbegrenzung *nf* TELEC **voice-band limitation**
= speech-band limitation

Sprachbegrenzungsfilter *nn* TELEC **voice-band limiting filter**
= speech-band limiting filter

Sprachbeschreibungssprache *nf* COMP.LG → **metalanguage** *n*
→ Metasprache *nf*

Sprachbeschreibungssprache *nf* COMP.LG **language description language**
↑ Metasprache = LDL
↑ metalanguage

Sprachbetrieb *nm* TELEC **voice mode**
= speech mode

Sprachbriefkasten *nm* TELEPH **voice mailbox**
= Sprachmailbox *nf*; Nachrichtenspeicher *nm*

Sprach-Chip *nm* MICR.EL → **speech chip**
→ Sprach-Baustein *nm*

Sprachcodec *nm* TELEC **speech codec**
= voice codec

Sprachcodierung *nf* TELEC **speech coding**
= speech encoding; voice coding; voice encoding

Sprachdatenverarbeitung *nf* COMP.AP → **computational linguistics**
→ Computerlinguistik *nf*

Sprach-Daten-Weiche *nf* DAT.CO **voice/data separating filter**

Sprachdefinition *nf* COMP.LG **language definition**
[Unterlage die eine Programmiersprache spezifiziert] [document specifying a programmming language]

Sprachdienst *nm* TELEC → **telephonic service**
→ Telefondienst *nm*

Sprachdigitalisierer *nm* TELEC **voice digitizer**
↑ Sprachwandler = speech digitizer
↑ voice converter

Sprachdigitalisierung *nf* TELEC **voice digitization**
= speech digitization

Sprache *nf* COMP.LG → **programming language** *n*
→ Programmiersprache *nf*

Sprache *nf* INF.TEC **voice** *n*
[über Stimme mitgeteilte Information] [information conveyed by voice]
= Sprechen *nn*; Sprachlaut *nm*; gesprochene Sprache = speech; voice sound; speech sound; spoken language
≈ Sprachsignal; Gespräch; Stimme [ACOUS] ≈ voice signal; conversation; voice [ACOUS]

Sprache *nf* LING **language** *n*
[für Informationsübermittlung vereinbarter Satz von Lauten, Symbolen oder Gesten] [an agreed set of vowels, characters or gestures to transmit information]
= Sprachsystem *nn* ≈ national language; foreign language; dialect
≈ Landessprache; Fremdsprache; Dialekt
↓ gesprochene Sprache; Schriftsprache; Körpersprache ↓ spoken language; written language; corporal language

Sprachebene *nf* COMP.AP **language level**

Sprache C *nf* COMP.LG **language C**
[für PC's aus UNIX abgeleitet] [derived from UNIX, for PC's]
= C ↑ high-level programming language
↑ problemorientierte Programmiersprache

Sprache der 1. Generation COMP.LG → **first generation programming language**
→ Programmiersprache der 1. Generation

Sprache der 2. Generation COMP.LG → **second-generation programming language**
→ Programmiersprache der 2. Generation

Sprache der 3. Generation COMP.LG → **third-generation programming language**
→ Programmiersprache der 3. Generation

Sprache der 4. Generation COMP.LG → **fourth-generation programming language**
→ Programmiersprache der 4. Generation

Sprache der 5. Generation COMP.LG → **fifth-generation programming language**
→ Programmiersprache der 5. Generation

Spracheingabe *nf* DAT.PR **voice input**
= speech input; voice entry; speech entry; voice data entry; voice input

Spracheingabegerät *nn* TER&PER **voice input device**
= VID

Sprachendienst *nm* ECON **language department**
[Organisationseinheit für Übersetzungs- und Dolmetscherdienste] [for interpreter services and translations]
↓ Übersetzungsbüro ↓ translations department

Spracheneditor *nm* SW **language editor**

Sprachentschlüsselung *nf* INF.TEC **speech decoding**
≠ Sprachverschlüsselung = voice decoding
≠ speech encryption

Spracherkennung *nf* INF.TEC **speech recognition**
= Worterkennung *nf* = voice recognition
↓ Stimmerkennung ↓ personal voice recognition

Spracherkennungs-Programm *nn* COMP.AP → **speech recognition software**
→ Spracherkennungs-Software *nf*

Spracherkennungs-Software *nf* COMP.AP **speech recognition software**
= Spracherkennungs-Programm *nn*

Sprachfehler *nm* — LING — **impediment** *n*
[of speech articulation]

Sprachfrequenz *nf* — TELEC — → **voice frequency**
→ Niederfrequenz *nf*

Sprachfrequenzband *nn* — TELEC — → **voice band**
→ Sprachband *nn*

Sprachgebilde *nn* — SW — **language construct**

Sprachgebrauch *nm* — LING — **usage** *n*

sprachgeführt — INF.TEC — **voice-guided**

Sprachgenerator *nm* — TER&PER — → **voice synthesizer**
→ Sprachsynthesizer *nm*

Sprachgenerierung *nf* — INF.TEC — → **voice synthesis**
→ Sprachsynthese *nf*

sprachgesteuert — EL.TRO — **voice-controlled**
= speech-controlled

sprachgsteuerte Navigation — INTERNET — → **voice navigation**
→ Sprachnavigation *nf*

Sprach-Highway *nf* (ANGL) — SWITCH — → **speech highway**
→ Sprachmultiplexleitung *nf*

Sprachinformationsserver *nm* — TELEC — **voice mail server**
[ISDN]
[ISDN]

Sprachinterpolation *nf* — TELEC — **speech interpolation**
= voice interpolation

Sprachinterpretierer *nm* — COMP.LG — → **interpreter language** *n*
→ Interpretersprache *nf*

Sprachkanal *nm* — TELEC — → **telephone channel**
→ Fernsprechkanal *nm*

Sprachkenntnisse *nplt* — LING — **linguistic attainments**
= knowledge of foreign language

Sprachkennzeichen *nn* — TEC.DOC — **language code**

Sprachkommunikation *nf* — TELEC — **voice communication**
≠ Nicht-Sprache-Kommunikation
↑ Telekommunikation
↓ Fernsprechen; Tonrundfunk
= speech communication
≠ non-voice communication
↑ telecommunications
↓ telephony; sound broadcasting

Sprachkommunikationssystem *nn* — TELEC — **voice mail**
[rechnergestützte Aufzeichnung und Übermittlung telefonischer Mitteilungen]
= Sprachpost *nf*; Voice Mail *nf* (ANGL); Mitteilungssystem für Sprache
[computer aided storage and transfer of telephone messages]
= v-mail

Sprachkompression *nf* — TELEC — **speech compression**
= voice compression; voice/silence compression

Sprachlabor *nn* — EDUC — **language laboratory**
[Übungsraum]
[training facility]

Sprachlaut *nm* — INF.TEC — → **voice** *n*
→ Sprache *nf*

Sprachlehre *nf* — LING — → **grammar** *n*
→ Grammatik *nf*

Sprachmailbox *nf* — TELEPH — → **voice mailbox**
→ Sprachbriefkasten *nm*

Sprachmehrwertdienst *nm* — TELEC — **voice value-added service**

Sprachmultiplexer *nm* — SWITCH — **speech multiplexer**
= voice multiplexer

Sprachmultiplexleitung *nf* — SWITCH — **speech highway**
= Sprach-Highway *nf* (ANGL)
= voice highway

Sprachnachricht *nf* — TELEPH — **voice message**
= Sprechnachricht *nf*

Sprachnavigation *nf* — INTERNET — **voice navigation**
= sprachgsteuerte Navigation
= voice-controlled navigation

Sprachpaketierung *nf* — TELEC — **voice packetization**
[ATM]
[ATM]

Sprachpegel *nm* — TELEC — **speech level**
= voice level

Sprachplatine *nf* — HW — **language board**
= language card

Sprachpost *nf* — TELEC — → **voice mail**
→ Sprachkommunikationssystem *nn*

Sprachprozessor *nm* — SW — → **translator** *n* (1)
→ Übersetzer *nm*

Sprachrahmen *nm* — CODING — **speech frame**

Sprachregel *nf* — COMP.LG — **language rule**
≈ Syntax
≈ syntax

sprachregelngerechte Information — DAT.MA — **narrative information**
≠ speicheroptimierte Information
≠ formatted information

Sprachschnittstelle *nf* — TELEC — **voice interface**
= speech interface

Sprachschutz *nm* — TELEC — **speech protection**
[gegen Störungen durch Sprachsignale]
≈ Sprachsicherheit
[against interferences by voice signals]
= speech guard; voice protection; voice guard; guarding; guard action
≈ speech security

Sprachsicherheit *nf* — TELEC — **speech security**
≈ Sprachschutz
= voice security
≈ speech protection

Sprachsignal *nn* — TELEC — **voice signal**
= Sprechsignal *nn*
↓ Fernsprechsignal
= speech signal
↓ telephone signal

Sprachsignalübertragung *nf* — TELEC — → **voice transmission**
→ Sprachübertragung *nf*

Sprachsimulation *nf* — INF.TEC — **speech simulation**
= voice simulation

Sprachspeicher *nm* — INF.TEC — **speech memory**
= voice memory

Sprachspeicherung *nf* — TELEC — **speech filing**
= voice filing

Sprachsteuerungs-Schnittstelle *nf* — INF.TEC — **SUI**
= Speech User Interface

Sprachstörung *nf* — LING — **language disorder**

Sprachsynchron-Aufnahme *nf* — CINEMA — **ADR record**
= dubbing record

Sprachsynchron-Mischung *nf* — CINEMA — **ADR mix**
= dubbing mix

Sprachsynthese *nf* — INF.TEC — **voice synthesis**
= Sprachgenerierung *nf*
= speech synthesis

Sprachsynthesizer *nm* — TER&PER — **voice synthesizer**
= Sprachgenerator *nm*; Synthesator *nm*
= speech synthesizer; voice generator; speech generator

Sprachsystem *nn* — LING — → **language** *n*
→ Sprache *nf*

Sprachtelephonie *nf* — TELEC — **voice telephony**

Sprachtest *nm* — LING — **proficiency test**

Sprachübersetzung *nf* — COMP.LG — **language translation**

Sprachübertragung *nf* — TELEC — **voice transmission**
= Sprachsignalübertragung *nf*
↓ Fernsprechübertragung
= voice signal transmission; speech signal transmission
≈ telephone transmission

Sprachverarbeitung *nf* — COMP.AP — **language processing**
≈ Textverarbeitung
= voice processing; speech processing

Sprachverschleierung *nf* — INF.TEC — → **speech encryption**
→ Sprachverschlüsselung *nf*

Sprachverschlüsselung *nf* — INF.TEC — **speech encryption**
= Sprachverschleierung *nf*
≠ Sprachentschlüsselung
↑ Kryptografie
↓ Sprachverwürfelung; Sprachbandinvertierung
= voice coding; speech guard encryption; voice-guard encryption; speech coding; voice coding; cryptography; ciphony
≠ speech decoding
↑ cryptology
↓ speech scrambling; speech

Sprachverschlüsselungsgerät *nn* — TELEC — **voice coder**
[Sprachverschlüsselung zum Zwecke der Geheimhaltung]
≈ Vocoder *nm* [TELEPH]
[speech coding for secrecy purposes]
≈ vocoder [TELEPH]

Sprachverstehen — ART.IN — **language perception**

sprachverstehend — INF.TEC — **voice-recognizing**
= speech-recognizing

sprachverstehendes Dialogsystem — DAT.PR — **voice recognizing dialog system**
= speech recognizing dialog system; interactive dialog system

Sprachverwürfelung *nf* — INF.TEC — **speech scrambling**
= Sprachbandverwürfelung *nf*
↑ Sprachverschlüsselung
= voice band scrambling
↑ speech encryption

Sprachvolumen *nn* — TELEPH — **voice volume**
= speech volume

Sprachwandler *nm* — TELEC — **voice converter**
↓ Sprachdigitalisierer
= speech converter
↓ voice digitizer

Sprachwissenschaft *nf* — SCIE — **linguistics** *nplt*
[Wissenschaft des Sprachlichen und der Einzelsprachen]
= Linguistik *nf*
≈ Philologie
↓ Grammatik
[science of human speech and languages]
≈ philology
↓ grammar

Sprachwissenschaftler *nm* — SCIE — **linguist** *n*
= Linguist *nm*

sprachwissenschaftlich *adj* — SCIE — **linguistic** *adj*
= linguistisch
= linguistical *adj*

Spraydose *nf* (ANGL) — TECH — → **spray can**
→ Sprühdose *nf*

Spraydoseneffekt *nm* — COMP.GR — → **spray can effect**
→ Sprühdoseneffekt *nm*

Spreading-Widerstand-Temperatursensor *nm* MICR.EL → **spreading-resistance temperature sensor**
→ Ausbreitungswiderstand-Temperatursensor *nm*

Sprechader *nf* TELEC **speech wire**
≠ Signalader = voice wire
≠ signal wire

Sprechaktivitätserkennung *nf* TELEC **voice activity detection**
= VAD

Sprechblasenhilfe *nf* COMP.AP **balloon help**

Sprechen *nn* INF.TEC → **voice** *n*
→ Sprache *nf*

sprechendes Symbol CART **associative symbol**
[mit bildhaftem Bezug auf das Objekt]

Sprecher *nm* ECON → **press agent**
→ Pressesprecher *nm*

Sprecher *nm* ECON **spokesman**
↓ Firmensprecher; Regierungssprecher; Militärsprecher ↓ corporate spokesman; governmental spokesman; military spokesman

Sprecher *nm* TELEPH **talker** *n*
≠ Hörer ≠ listener

sprecherabhängig INF.TEC **speaker-dependent**

Sprecherecho *nn* TELEPH **talker echo**

Sprecherechobezugsdämpfung *nf* TELEPH **talker loudness rating**
= TELR

Sprechererkennung *nf* COMP.AP **SDVR**
= sprecherindividuelle Spracherkennung; SDVR-Erkennung *nf* = Speaker Dependent Voice Recognition

sprecherindividuelle Spracherkennung COMP.AP → **SDVR**
→ Sprechererkennung *nf*

sprecherunabhängig INF.TEC **speaker-independent**

Sprechfrequenzbereich *nm* TELEC → **voice band**
→ Sprachband *nn*

Sprechfunk *nm* TELEC → **radiotelephony** *n*
→ Funksprechwesen *nn*

Sprechfunk *nm* MOB.CO → **radiotelephony** *n*
→ Funktelefonie *nf*

Sprechfunkgerät *nn* RADIO → **radiotelephone** *n*
→ Funksprechgerät *nn*

Sprechfunkgeräte-Messplatz *nm* INSTR **radiotelephony test equipment**
= RT test equipment

Sprechfunkruf *nm* MOB.CO **voice paging**
↑ Funkruf ↑ radio paging

Sprechfunkverkehr *nm* TELEC **radiotelephonic traffic**

Sprechgarnitur *nf* TELEPH → **headset** *n*
→ Kopfsprechhörer *nm*

Sprechkanal *nm* DAT.CO **voice-grade channel**
[mit Fernsprechqualität] = speech-grade channel

Sprechkanal *nm* TELEC → **telephone channel**
→ Fernsprechkanal *nm*

Sprechkapsel *nf* TELEPH **transmission capsule**
= Mikrophonkapsel *nf* = microphone capsule; transmitter inset; microphone inset; telephone transmitter; transmitter unit

Sprechkreis *nm* TELEC **voice circuit**
= speech circuit

Sprechkreis-Vermehrungssystem *nn* TELEC **circuit multiplication system**

Sprechmelodie *nf* LING → **intonation** *n*
→ Intonation *nf*

Sprechmuschel *nf* EL.ACOU → **mouthpiece** *n*
→ Mikrofonbecher *nm*

Sprechnachricht *nf* TELEPH → **voice message**
→ Sprachnachricht *nf*

Sprechprobe *nf* TELEPH **conversation test**

Sprechrichtung *nf* TELEC **speech direction**

Sprechschalter *nm* TELEPH **talking key**

Sprechschaltung *nf* TELEPH → **telephone circuit**
→ Fernsprecherschaltung *nf*

Sprechsignal *nn* TELEC → **voice signal**
→ Sprachsignal *nn*

Sprechstelle *nf* TELEC **telephone station**
≈ Fernsprechapparat = station *n*
≈ telephone set

Sprechstelleneinrichter *nm* TELEPH **telephone installator**

Sprechstörung *nf* LING **articulation disorder**

Sprechstrom *nm* TELEPH **speech current**
= Ansprechstrom *nm* = telephone current; voice current

Sprechverbindung *nf* TELEC → **telephone communication**
→ Fernsprechverbindung *nf*

Sprechweg *nm* TELEC → **voice path**
→ Fernsprechweg *nm*

Sprechwirkungsgrad *nm* TELEPH **speech efficiency**

Sprechzeit *nf* MOB.CO **speech time**

Spreizband *nn* INSTR **straddle band**

Spreizdipol *nm* ANT **triangular dipol**
= Dreiecksdipol *nm* = spread-wire dipole

Spreizdruck *nm* PRIN.ME → **expanded type**
→ Breitschrift *nf*

Spreizfunktion *nf* TELEC **spread function**

Spreizgewinn *nm* MODUL **spreading gain**

Spreizschrift *nf* PRIN.ME → **expanded type**
→ Breitschrift *nf*

Spreizungscodierung *nf* CODING **interleaved coding**

Spreizzange *nf* TECH **expansion pliers**

sprengen (1) TECH **blow-up** *vt*
[mit Explosionsmittel] = blast *vt*

sprengen (2) TECH → **burst open** *vt*
→ aufbrechen

sprengen (3) TECH **sprinkle** *vt*
[eine Flüssigkeit verteilen] [to distribute a liquid]

springen SW **jump** *vt*
≈ übertragen ≈ transfer

springender Punkt COLL → **gist** *n*
→ Hauptpunkt *nm*

Springschreiber *nm* TELEGR **start-stop teleprinter**

Sprite *nn* COMP.GR **sprite** *n*
[kleine, frei in Grafiken bewegbare Figur] [small object that can be moved freely in a computer graphics]

spritzbar TECH **for airbrush**
[eine Farbe] [a paint]

spritzen TECH **squirt** *vt*
≈ sprengen (3); sprühen = syringe; spout; jet; splash
≈ sprinkle; spray

spritzgegossen METAL **pressure die-cast** *adj*

spritzgegossen TECH **injection-molded**
[Kunststoff] [plastics]

Spritzguss *nm* TECH **injection molding**
[Kunststoff] [plastics]

Spritzguss *nm* METAL → **pressure die-casting**
→ Druckguss *nm*

Spritzgusslegierung *nf* METAL **die-cast alloy**
= Druckgusslegierung *nf*

Spritzlackierung *nf* TECH **spray-paint**

Spritzmetallisierung *nf* TECH **metal spraying**

Spritzpistole *nf* TECH **spray gun**
= airbrush *n*

Spritzpistoleneffekt *nm* COMP.GR → **spray can effect**
→ Sprühdoseneffekt *nm*

Spritzwasser *nn* TECH **splashing water**

spritzwasserdicht TECH → **splash-proof** *adj*
→ spritzwasserfest

spritzwasserfest TECH **splash-proof** *adj*
= spritzwasserdicht = protected against splashing water

spröd TECH → **brittle**
→ spröde

spröde TECH **brittle**
[hart und leicht brechend, z.B. Glas] [hard and frail, as e.g. glass]
= spröd ≈ frail
≈ brüchig

Sprosse *nf* (1) TER&PER **row frame**
[Lochreihe quer zur Lochstreifenrichtung] [holes in transversal array to the punched tape]
↑ Lochreihe ↑ hole row

Sprosse *nf* (2) TER&PER **row** *n*
[quer zur Spurrichtung bildbarer Satz von Speicherplätzen eines mehrspurigen Magnetbandes] [transversal set of recording positions which can be assembled on a multi-track magnetic tape]
≈ Spur ≈ track

Sprühdose *nf* TECH **spray can**
= Spraydose *nf* (ANGL) = spraycan

Sprühdoseneffekt *nm* COMP.GR **spray can effect**
= Spraydoseneffekt *nm*; Spritzpistoleneffekt *nm* = spray gun effect; airbrush effect

sprühen TECH **spray** *vt* (1)
≈ spritzen; sprengen (2) ≈ squirt; sprinkle

Sprühkleber *nm* TECH **spray adhesive**

Sprung *nf* SW → **program jump**
→ Programmsprung *nf*

Sprung *nm* EL.TRO **step** *n*
= Stufe *nf* = jump *n*; discontinuity; skip *n*

Sprung *nm* TECH **crack** *n*
[feiner Riss in sprödem Material, ohne Trennung der Teile] [a narrow break without separation of the pieces]

= Riss *nm* (1); Anriss *nm* — = crevice; fissure; rift; rip; chink; flaw (1)
≈ Spalte; Kluft — ≈ split; crevasse

Sprungadresse *nf* SW → **transfer address**
→ Verzweigungsadresse *nf*

Sprungantwort *nn* CONTRO **step response**
= Sprungverhalten *nn*
↑ Übergangsverhalten — ↑ transient response

sprungartig TECH → **jerky** *adj*
→ ruckartig *adj*

Sprungausfall *nm* QUAL **sudden failure**
≠ Driftausfall — ≠ degradation failure

Sprungbedingung *nf* SW **jump condition**
= Verzweigungsbedingung *nf* — = branch condition
↓ Sprungbefehl; Programmsprung — ≈ jump instruction; programm branch

Sprungbefehl *nm* COMP.LG **jump statement**
[in problemorientierten Sprachen; übergibt den Programmablauf einer anderen Anweisung] — [in high-level languages; transfers control of execution to another statement]
= Verzweigungsbefehl *nm* — = jump instruction; GOTO statement; GOTO instruction; branch statement; branch instruction; discrimination instruction; control transfer function
≈ Programmsprung; Sprungbedingungen — ≈ programm jump; jump condition
↑ Transferanweisung — ↑ transfer statement

Sprungentfernung *nf* RAD.PRO **skip distance**
[Kurzwellenverbindung, kürzester Rückkehrpunkt zur Erde] — [HF, shortest return point to earth]

Sprungfolgebetrieb *nm* SW → **audit mode**
→ Sprungfolgemodus *nm*

Sprungfolgemodus *nm* SW **audit mode**
= Sprungfolgebetrieb *nm* — = audit operation

Sprungfreiheit *nf* EL.TRO **absence of discontinuities**

Sprungfrequenz *nf* RADIO **hopping frequency**

Sprungfunktion *nf* MATH **step function**
= Stufenfunktion *nf*; Treppenfunktion *nf*

sprunghaft COLL **abrupt**
= abrupt

Sprungmarke *nf* SW **label** *n* (1)
[kennzeichnet einen Einstiegspunkt in ein Programm] — [marks an entry point in a program]
= name *n*; jump mark; branch mark

Sprungoperation *nf* SW **jump operation**
= branch operation

Sprungquittung *nf* SW **jump acknowledgment**
≈ Vertweigungsquittung — ≈ branch acknowledgment

Sprungrate *nf* INSTR **hop rate**

Sprungroutine *nf* SW **jump routine**
= branch routine

Sprungsequenz *nf* MOB.CO → **hopping sequence**
→ Frequenzsprungsequenz *nf*

Sprungstelle *nf* MATH **saltus** *n*
↑ Unstetigkeitstelle — ↑ discontinuity point

Sprungtabelle *nf* DAT.PR → **dispatch table**
→ Abwicklungstabelle *nf*

Sprungtaste *nf* TER&PER → **tabulator key**
→ Tabulatortaste *nf*

Sprungtemperatur *nf* PHYS **transition temperature**
[Supraleitung] — [superconductivity]
= critical temperature

Sprungtest *nm* DAT.PR → **leapfrog test**
→ Bocksprungtest *nm*

Sprungverhalten *nn* CONTRO → **step response**
→ Sprungantwort *nn*

sprungweise Prüfung DAT.PR → **leapfrog test**
→ Bocksprungtest *nm*

Sprungziel *nf* SW **jump destination**
= branch destination; jump target; branch target

Sprungziel *nn* INTERNET → **anchor** *n*
→ Anker *nm*

Sprungzielspeicher *nm* MICR.EL **branch target cache**

SPS AUTOMA → **stored-program control**
→ speicherprogrammierbare Steuerung

Spule *nf* COMPO **coil** *n*
↑ induktives Bauelemt — ↑ inductor

Spule *nf* TER&PER **reel** *n*
= Spulenkörper *nm*; Aufwickelkörper *nm*; Bandspule *nf*; Leerspule *nf* — [device, mostly flanged, on which tape can be wound]
≈ Rolle — = coil *n*; spool *n*; spool frame
↓ Magnetbandspule — ↓ magnetic tape reel; peforated tape reel

Spule *nf* CINEMA → **reel** *n*
→ Filmrolle *nf* (1)

Spule *nf* (1) TECH **reel** *n* (1)
[Körper auf den man etwas aufwickelt] — [device on which something is wound]
= Spulenkörper *nm*; Aufwickelrolle *nf*; Rolle *nf* (3) — = spool *n*; bobbin *n*
≈ Rolle (1)

Spule *nf* (2) TECH → **roll** *n* (1)
→ Rolle *nf* (1)

spulen TECH **spool** *vt*
≈ wickeln; aufwickeln — ≈ wind; wrap-up

Spulenabstand *nm* OUT.PL → **coil section**
→ Spulenfeldlänge *nf*

Spulenantenne *nf* ANT → **helix antenna**
→ Wendelantenne *nf*

Spulen-Balun *nm* ANT **coiled balun**
= coiled-wire balun

Spulenfeld *nn* OUT.PL → **coil section**
→ Spulenfeldlänge *nf*

Spulenfeldlänge *nf* OUT.PL **coil section**
= Spulenabstand *nm*; Spulenfeld *nn* — = loading section; coil spacing

Spulenfilter *nn* NETW.TH **coil filter**
≠ spulenloses Filter — ≠ inductorless filter

Spulengüte *nf* COMPO **coil Q**

Speleninduktivität *nf* COM.CAB **loading coil inductance**

Spulenkern *nm* COMPO **coil core**
= Kern *nm* (1) — = core *n* (1)

Spulenkörper *nm* TECH → **reel** *n* (1)
→ Spule *nf* (1)

Spulenkörper *nm* TER&PER → **reel** *n*
→ Spule *nf*

Spulenkörper *nm* COMPO → **bobbin** *n*
→ Wickelkörper *nm*

spulenloses Filter NETW.TH **inductorless filter**
≠ Spulenfilter — ≠ coil filter

Spulen-Magnetbandgerät *nn* TER&PER **magnetic tape coil system**

Spulenpotentiometer *nn* COMPO **inductive potentiometer**
= induktives Potentiometer — = ipot *n*

Spulenpunkt *nm* OUT.PL **loading point**

spulensparend NETW.TH **coil-minimizing**

Spulentonbandgerät *nn* CONS.EL → **audio tape recorder**
→ Tonbandmaschine *nf*

Spulenwicklung *nf* COMPO **coil winding**
↑ Wicklung — ↑ winding

Spülluft *nf* TECH **purge air**

Spur *nf* TER&PER **track** *n*
[Bahn auf einem Datenträger zur sequentiellen Speicherung von Bits] — [a path on a data carrier permitting sequential recording of bits]
= Speicherspur *nf*; Kanal *nm* — = recording track
≈ Sprosse — ≈ row
↓ Informationsspur; Taktspur; Lochspur; Magnetspur — ↓ information track; clock track; channel; magnetic track

Spur *nf* CHEM **trace** *n*
≈ Spurenelement — ≈ trace element

Spur 0 *nf* DAT.MA → **primary track**
→ erste Spur

Spur *nf* (1) COLL **trail** *n*
= Pfad *nm*; Fährte *nf* — = trace *n*

Spur *nf* (2) COLL **trace** *n*
[fig; Zeichen, Hinweis] — [fig]

Spurabstand *nm* TER&PER **track pitch**
[Abstand benachbarter Spuren] — [distance between adjacent tracks]
= Spurenabstand *nm* — ≠ track density
≠ Spurdichte

Spuradresse *nf* DAT.PR **track address**
[Magnetplattenspeicher] — [magnetic disk memory]

Spuranordnung *nf* TER&PER **track arrangement**
= Spureinteilung *nf*; Spuraufteilung *nf* — = track format

Spuraufteilung *nf* TER&PER → **track arrangement**
→ Spuranordnung *nf*

spürbar COLL **noticeably** *adj*
= merkbar — = sensible
≈ eindeutig — ≈ clearly

Spurblock *nm* TER&PER → **sector** *n*
→ Sektor *nm*

Spurbreite *nf* TER&PER **track width**

Spurdichte *nf* TER&PER **track density**
[Anzahl pro Längeneinheit] — [number per unit of length]
≠ Spurabstand — ≠ track pitch
↑ Speicherdichte — ↑ recording density

Spureinstellung *nf* TER&PER **tracking** *n* (2)
= track adjustment

Spureinteilung *nf* TER&PER → **track arrangement**
→ Spuranordnung *nf*
Spurelement *nn* TER&PER **track element**
[Magnetband] [magnetic tape]
Spurenabstand *nm* TER&PER → **track pitch**
→ Spurabstand *nm*
Spurenelement *nn* CHEM **trace element**
Spurenkennblock *nm* TER&PER **identifier** *n*
[Magnetplattenspeicher, freie Formatierung] = track descriptor
≈ Schlüsselfeld ≈ key
Spurenkonzentration *nf* CHEM **trace concentration**
Spuren pro Zoll TER&PER → **TPI**
→ TPI
Spurenwechsel *nm* TER&PER → **track switching**
→ Spurwechsel *nm*
Spurfehler *nm* EL.TRO → **tracking error**
→ Nachlauffehler *nm*
Spurführung *nf* TER&PER **tracking** (1)
[to keep on track]
Spurindex *nm* DAT.MA **track index**
[indiziert sequentieller Zugriff] [indexed sequential access method]
Spurkennblock *nm* TER&PER **track description block**
[enthält Angabe der Spureinteilung] = track desription record; track identifier
= Spurkennsatz *nm*
≈ Schlüsselfeld ≈ key field
Spurkennsatz *nm* TER&PER → **track description block**
→ Spurkennblock *nm*
Spurkreuz *nn* TER&PER **tracking cross**
= Markierungskreuz *nn*
Spurlänge *nf* CONS.EL **track length**
Spursteuerung *nf* TER&PER **tracking control**
[Magnetband] [magnetic tape]
Spurteilung *nf* TER&PER **tracking pitch**
[Abstand benachbarter Spuren] [separation of adjacent tracks]
Spurumschaltung *nf* TER&PER → **track switching**
→ Spurwechsel *nm*
Spurwechsel *nm* TER&PER **track switching**
= Spurumschaltung *nf*; Spurenwechsel *nm*
Spurwechselzeit *nf* TER&PER **step-rate time**
spurweise Aufzeichnung TER&PER **track at once**
Spur-zu-Spur TER&PER **track-to-track**
Spyware *nf* INTERNET **spyware** (to explore user profiles)
[zur Erforschung des Benutzerprofils]
= Schnüffler-Software *nf*; Schnüffel-Software *nf*
Spyware-Tool *nn* INTERNET **spyware tool**
SQ-Decodierer *nm* CONS.EL **SQ decoder**
[Stereo-Quadrofonie] [stereophonic quadro sound]
SQFP MICR.EL **SQFP**
[oberflächenmontierbares Plastikgehäuse] [Shrink Quad Flat Package; surface-mountable]
SQL DAT.MA **SQL**
[plattform- u. datenbankunabhängige Abfragesprache] [Structured Query Language; pronounced "S Q L" or "sequel"]
SQL-Abfrage *nf* DAT.MA **SQL request**
SQL-Server *nm* DAT.MA **SQL server**
SQL-Vorkompilierer *nm* DAT.MA **SQL precompiler**
SQORC MODUL **SQORC**
= Staggered Quadrature Overlapped Raized Cosine
SQPSK MODUL **SQPSK**
= Staggered QPSK
Square-loop-Antenne *nf* ANT → **square antenna**
→ Quadratantenne *nf*
Squatting *nn* (ANGL) INTERNET → **squatting** *n*
→ Domänennamenmissbrauch *nm*
Squelch RADIO → **squelch circuit**
→ Rauschsperre *nf*
Sr CHEM → **strontium** *n*
→ Strontium *nn*
sr PHYS → **steradian** *n*
→ Steradiant *nm*
SRAM *nn* HW **SRAM**
[muss weniger öfters (daher "statisch") aufgefrischt werden als DRAM] [Static Random Access Memory; pronounced "ess-ram"; must be refreshed less often (therefore "static") than DRAM]
= statischer Direktzugriffsspeicher; statisches RAM; statischer Schreib-Lese-Speicher = static RAM
≠ dynamischer Direkzugriffsspeicher ≠ DRAM
↑ Speicherbaustein; Direktzugriffsspeicher ↑ memory chip; random access memory
SRAPI-Schnittstelle *nf* SW **SRAPI interface**
= Speech Recognition Application Programming Interface
SRB-Verfahren *nn* SWITCH **source routing bridging**
= SRB
SRF-Funktion *nf* TELEC → **Specialized Resource Function**
→ Sonder-Ressourcen-Funktion *nf*
ß1-Grenzfrequenz *nf* MICR.EL → **gain-bandwidth product**
→ Transitfrequenz *nf*
SS97-Schnittstelle *nf* HW **SS97 interface**
↑ serielle Schnittstelle ↑ serial interface
SSA-Schnittstelle *nf* HW **SSA interface**
= Serial Storage Architecture
SSB-Filter *nn* HF **SSB filter**
= Einseitenbandfilter *nn*
SSB-Modulator *nm* HF **SSB modulator**
SSB-System *nn* RADIO → **single-sideband system**
→ Einseitenbandsystem *nn*
SS-CDMA CODING **SS-CDMA**
= Spread Spectrum CDMA
S-Schlüssel *nm* MEC.EN **S wrench**
SS-Diskette *nf* TER&PER **SS disk**
= einseitig beschreibbare Diskette; einseitige Diskette = SS disc; SS diskette; SSD; single-sided disk; single-sided disc; single-sided diskette; single-sided floppy disk; single-sided floppy disc; one-sided disk; one-sided disc; 1-sided disk; 1-sided disc; one-sided diskette; 1-sided diskette
SSD-Laufwerk *nn* HW → **solid state disk drive**
→ Halbleiterlaufwerk *nn*
S-SEED OPTOEL **S-SEED**
= Symmetric Self Electro-optic Effect Device
SSF SWITCH **SSF**
[SS7] [SS7]
= Service Subscriber Field
SSF TELEC → **Service Switching Function**
→ Dienstevermittlungsfunktion *nf*
S-Signal *nn* TV → **synchronizing signal**
→ Synchronsignal *nn*
SSL-Protokoll *nn* INTERNET **SSL protocol**
[Datensicherungsverfahren von Netscape] = Secure Socket Layer
SSOP MICR.EL **SSOP**
[oberflächenmontierbares Plastikgehäuse] [Shrink Small Outline Package; surface-mountable]
SSP TELEC → **Service Switching Point**
→ Dienstevermittlungsstelle *nf*
SSR RAD.LO → **secondary surveillance radar**
→ Sekundärradar *nm&nn* (*pl* -e)
SSTV TV → **slow-scan TV**
→ Slow-scan-TV
St PHYS → **Stokes**
→ Stokes *nn*
Staat *nm* PUB.ADM **state** *n*
≈ Regierung ≈ government
staatenlos *adj* PUB.ADM **stateless** *adj*
staatlich *adj* PUB.ADM **state-** *praef*
≈ Regierungs- = state-owned
≈ governmental
staatliche Fernmeldeverwaltung PUB.ADM **governmental telecommunications carrier**
= staatlicher Betreiber = governmental communication carrier; governmental carrier; state-run telecommunication carrier; state-run communication carrier; state-run carrier; state carrier
↑ Fernmeldeverwaltung
staatliche Firma ECON → **state-owned enterprise**
→ staatliches Unternehmen
staatlicher Betreiber PUB.ADM → **governmental telecommunications carrier**
→ staatliche Fernmeldeverwaltung
staatlicher Betrieb ECON → **state-owned enterprise**
→ staatliches Unternehmen
staatliches Unternehmen ECON **state-owned enterprise**
= Staatsunternehmen *nn*; staatlicher Betrieb; Staatsbetrieb *nm*; staatliche Firma; Staatsfirma *nf* = state-run enterprise; state-owned company; state-run company
↑ öffentliches Unternehmen ↑ public entreprise
Staatsanleihe *nf* ECON **public loan**
= public bond
Staatsauftrag *nm* ECON **public order**
= government contract

Staatsbetrieb *nm* ECON → **state-owned enterprise**
→ staatliches Unternehmen

Staatsfirma *nf* ECON → **state-owned enterprise**
→ staatliches Unternehmen

Staatsholding *nn* ECON **state holding**

Staatskasse *nf* PUB.ADM → **treasury** *n*
→ Fiskus *nm*

Staatslieferant *nm* ECON **government contractor**

Staatsunternehmen *nn* ECON → **state-owned enterprise**
→ staatliches Unternehmen

Stab *nm* MECH **bar** *n* (1)
= Stange *nf* — = staff *n*; stick *n*
↓ Rundstab — ↓ rod

Stab *nm* COLL **wand** *n*
≈ Stock — ≈ stick
↓ Zauberstab — ↓ magic wand

Stab *nm* ECON **staff** *n* (3)
[qualifizierte Arbeitsgruppe einer Organisation] — [expert task force of an organization]

Stabantenne *nf* ANT **dielectric rod antenna**
= dielektrischer Rohrstrahler; Rohrstrahler *nm*; dielektrischer Stielstrahler; Stielstrahler *nm* — = dielectric tube antenna; rod antenna; flagpole antenna; dielectric rod radiator
↑ Vertikalantenne — ↑ vertical antenna

Stäbchen *nn* COMPO **stick** *n*
[elektromagnetischer Speicher] — [electromagnetic store]
= rod *n*

Stäbchenspeicher *nm* DAT.PR **rod memory**

Stabdiagramm *nn* TEC.DOC **rod chart**
[Darstellung mit nicht aneinander anstoßenden Stäbe] — [with non touching rods]
↑ Balkendiagramm — ↑ bar chart

Stabdrucker *nm* TER&PER → **typebar printer**
→ Typenstabdrucker *nm*

Staberder *nm* EL.TEC → **ground rod**
→ Erdungsstab *nm*

stabil TECH **stable** *adj*
≈ standfest; ausbalanciert — ≈ steadfast; balanced

stabil PHYS **stable** *adj*
≠ labil — ≠ labile

stabil ECON → **stable**
→ wertbeständig

stabile Kippschaltung CIRC.EN **one-shot multivibrator**
[durch ein Eingangssignal wird ein stabiler Zustand am Ausgang ausgelöst] — [reaches a stable output condition after each input trigger signal]
= fremdgesteuerte Kippschaltung; fremdgesteuerter Multivibrator — = start-stop multivibrator; driven multivibrador
≠ astabile Kippschaltung — ≠ astable multivibrator
↓ monostabile Kippschaltung; bistabile Kippschaltung — ↓ monostable multivibrator; flip-flop

stabiler Zustand TECH **stable state**
≈ eingeschwungener Zustand — ≈ steady state

Stabilisator *nm* CIRC.EN → **stabilizer** *n*
→ Konstanthalter *nm*

Stabilisatordiode *nf* MICR.EL → **voltage reference diode**
→ Referenzdiode *nf*

Stabilisatorröhre *nf* EL.TRO **voltage regulator tube**
= glow-discharge voltage regulator

Stabilisatorspannung *nf* CIRC.EN **stabilization voltage**

stabilisieren TECH **stabilize** *vt*

stabilisierte Stromversorgung POW.SY **stabilized power supply**
= geregelte Stromversorgung — = stabilized power supply

Stabilisierung *nf* TECH **stabilization** *n*

Stabilisierungsdämpfung *nf* TELEC **stabilization loss**

Stabilisierungsfaktor *nm* CIRC.EN **stabilization characteristics**

Stabilisierungsschaltung *nf* CIRC.EN **stabilization circuit**

Stabilisierungszeit *nf* TER&PER **settling time**
[eines Schreib-/Lesekopfs] — [of a read/write head]

Stabilisierungszeit *nf* CIRC.EN → **recovery time**
→ Erholungszeit *nf*

Stabilität *nf* TECH **stability** *n*
≈ Robustheit — = soundness *n*
≈ robustness

Stabilität *nf* PHYS **stability** *n*
≠ Labilität — ≠ lability

Stabilitätskriterium *nn* CONTRO **stability criterion**

Stabilitätsprüfung *nf* TECH **stability test**

Stabkern-Balun *nm* ANT **rod core balun**

Stabliste *nf* MEDIA **crew list**

Stabreflektor *nm* ANT **rod reflector**

Stabregler *nm* CONTRO **bar controller**

Stabstahl *nm* METAL **bar steel**

Stabzeiger *nm* INSTR **rod pointer**
↑ Zeiger — ↑ pointer

Stachel *nm* MEC.EN → **tooth** *n*
→ Zahn *nm*

Stachelantrieb *nm* TER&PER **sprocket feed**
↓ Stachelradantrieb; Raupenvorschub — ↓ pin feed; tractor feed

Stachelrad *nn* MEC.EN → **pin wheel**
→ Stiftrad *nn*

Stachelrad *nn* TER&PER **pinfeed platen**
≈ Vorschubtraktor — = sprocket wheel
↑ Vorschubrad — ≈ paper tractor
↑ feed wheel

Stachelradantrieb *nm* TER&PER **pin feed**
[Stacheln auf Rollen transportieren das Papier] — [pins on rotating wheels transport the paper]
≈ Raupenvorschub — ≈ tractor feed
↑ Stachelantrieb — ↑ sprocket feed

Stachelwalze *nf* TER&PER **sprocket drum**

Stack-Speicher *nm* DAT.PR → **stack storage**
→ Stapelspeicher *nm*

Stackware *nf* SW **stackware** *n*
[Apple Macintosh] — [Apple Macintosh]

Stadium *nn* COLL → **stage** *n*
→ Stufe *nf*

Stadt *nf* (*pl* Städte) GEOSC **town** *n*
= city *n*

Stadtbereich *nm* GEOSC **urban area**
= Stadtgebiet *nn*; städtisches Gebiet — ≈ metropolitan area
≈ Ballungsgebiet

Stadtfunkrufdienst *nm* MOB.CO **metropolitan paging service**
= Cityruf *nm* (BRD)

Stadtgebiet *nn* GEOSC → **urban area**
→ Stadtbereich *nm*

Stadtinnere *nn* GEOSC → **city center** (AM)
→ Stadtzentrum *nn*

städtisches Gebiet GEOSC → **urban area**
→ Stadtbereich *nm*

Stadtnetz *nn* TELEC **urban network**
= stadtweites Netz; City-Netz *nn* — = city network
≈ Grostadtnetz — ≈ metropolitan area network

Stadtnetzbetreiber *nm* TELEC **city carrier**
= City Carrier *nm* — ↑ local exchange carrier
↑ Ortsnetzbetreiber

Stadtverwaltung *nf* PUB.ADM **municipalityn**
= city management

stadtweites Netz TELEC → **urban network**
→ Stadtnetz *nn*

Stadtwerke *nplt* PUB.ADM **municipal utilities**

Stadtzentrum *nn* GEOSC **city center** (AM)
= Stadtinnere *nn*; Innenstadt *nf* — = city centre (BE), downtown

Staffel *nf* SWITCH **progressive grading**
= progressive Mischung

Staffel *nf* COLL **echelon** *n*
[abgestufte militärische Formation] — [a skew military arrangement]

Staffelbild *nn* STATIS → **histogram** *n*
→ Histogramm *nn*

Staffelgruppe *nf* SWITCH **grading group**
[alle Eingänge haben zu denselben Ausgängen Zugang] — [all inlets have access to the same outlets]
≈ Zubringerteilgruppe — = subgroup
≈ incoming group

staffeln TECH **stagger** *vt*
≈ abstufen — ≈ graduate

Staffelung *nf* TECH **staggering** *n*
≈ Abstufung — ≈ graduation

Staffelverkehr *nm* TELEGR **branch-off traffic**

Staffelverstärker *nm* TELEGR **branch-off amplifier**

Staffelzins *nm* ECON **graduated interest**

Staggerfilter *nn* MODUL **staggering filter**

stagnieren COLL → **stagnate**
→ stocken

stagnierend COLL → **stagnant**
→ stockend

Stahl *nm* METAL **steel** *n*
[Kohlenstoff enthaltende Eisenlegierung] — [iron alloy with carbon content]

Stahlakkumulator *nm* POW.SY **iron accumulator**

stahlbandarmiert COM.CAB → **steel-tape armoured**
→ stahlbandbewehrt

Stahlbandarmierung *nf* COM.CAB → **steel tape armouring**
→ Stahlbandbewehrung *nf*

stahlbandbewehrt COM.CAB **steel-tape armoured**
= stahlbandarmiert

Stahlbandbewehrung *nf* COM.CAB **steel tape armouring**
= Stahlbandarmierung *nf* ↑ iron tape armouring
↑ Bandeisenarmierung
Stahlbanddrucker *nm* TER&PER → **belt printer**
→ Banddrucker *nm*
Stahlbandfilm *nm* CINEMA **steel film**
[zum Abgleich der Geräte] [to align equipment]
Stahlbau *nm* CIV.EN **structural-steel construction**
Stahlbeton *nm* CIV.EN **reinforced concrete**
= steel concrete
Stahlbetonturm *nm* CIV.EN **reinforced concrete tower**
= steel concrete tower
Stahlblech *nn* METAL **steel sheet**
= steel plate
Stahldraht *nm* METAL **steel wire**
stählern METAL **steel-** *adj*
= steel-made
Stahlgittermast *nm* CIV.EN **steel lattice mast**
Stahlgitterturm *nm* CIV.EN **steel lettice tower**
Stahlkabel *nn* CONS.EL **steel-core cable**
Stahlkupferdraht *nm* COM.CAB **copper-clad wire**
= Staku-Draht *nm*; Kupfermanteldraht *nm*
Stahlrelais *nn* COMPO **metal-enclosed relay**
= steel-sealed relay
Stahlrohrmast *nm* ANT **steel tube mast**
Stahlschrank *nm* TECH **steel cabinet**
Stahlwellmantel *nm* COM.CAB **corrugated steel sheath**
Stahlwerk *nn* METAL **steel mill**
Staku-Draht *nm* COM.CAB → **copper-clad wire**
→ Stahlkupferdraht *nm*
Stamm *nm* LINE TH → **physical circuit**
→ Stammleitung *nf*
Stamm *nm* (*pl* Stämme) CATV **distribution line**
Stammaktie *nf* ECON **ordinary share**
= common stock (AE); common equity; equity stock
Stammaktionär ECON **common shareholder**
Stammband *nn* DAT.MA **master tape** (1)
= Mutterband *nn*
Stammbruch *nm* MATH **unit fraction**
[mit Zähler 1] [with 1 as numerator]
Stammdatei *nf* DAT.MA **master file**
= Hauptdatei *nf*; Bestandsdatei *nf* (1) [contains relatively permanent records]
≠ Bewegungsdatei = main file (BE)
≠ transaction file
Stammdateikatalog *nm* DAT.MA → **parent directory**
→ Stammverzeichnis *nn*
Stammdateiverzeichnis *nn* DAT.MA → **parent directory**
→ Stammverzeichnis *nn*
Stammdaten *nplt* DAT.MA **master data**
[selten oder überhaupt nicht sich ändernde Daten] [infrequently or never altered data]
= persistente Daten = persitent data; historical data; legacy data; permanent data
≈ Bestandsdaten ≈ inventory data
≠ variable Daten ≠ variable data
Stammdatenbibliothek *nf* DAT.MA **master library**
≠ Betriebsdatenbibliothek ≠ production library
Stammdividende *nf* ECON **ordinary dividend**
Stammdokument *nn* DAT.MA **master document** *n* (1)
Stammdokumentation *nf* INF.TEC **master documentation**
Stammfirma *nf* ECON → **parent company**
→ Stammhaus *nn*
Stammhaus *nn* ECON **parent company**
= Muttergesellschaft *nf*; Stammfirma *nf* = parent enterprise
≈ Zentralverwaltung; Holdinggesellschaft ≈ head office; holding company
≠ Tochtergesellschaft ≠ subsidiary
Stammkapital *nn* ECON **ordinary share capital**
= Grundkapital *nn* = capital stock
Stammkatalog *nm* DAT.MA → **parent directory**
→ Stammverzeichnis *nn*
Stammklasse *nf* SW **base class**
[OOP; Klasse von der andere durch Vererbung abgeleitet worden sind] [OOP; class from which others have been derived bei inheritance]
= Basisklasse *nf*
Stammknoten *nm* DAT.MA **parent node**
= father *n*; root node
Stammkopie *nf* OFFICE **master copy**
= Hauptkopie *nf* = first-generation image
Stammkreis *nm* LINE TH → **physical circuit**
→ Stammleitung *nf*

Stammkreispupinisierung *nf* COM.CAB **side circuit loading**
Stammkunde *nf* ECON **regular customer**
Stammleitung *nf* LINE TH **physical circuit**
= Stammkreis *nm*; Stamm *nm* = physical line; real circuit; side circuit
≠ Phantomkreis
Stammnetz *nn* CATV **trunk network**
Stammpersonal *nn* ECON **permanent staff**
Stammprogrammsegment *nn* DAT.MA **parent segment**
= Stammsegment *nn*
Stammsatz *nm* DAT.MA **master record**
Stammsegment *nn* DAT.MA → **parent segment**
→ Stammprogrammsegment *nn*
Stammsitz *nm* ECON → **head office**
→ Zentralverwaltung *nf*
Stamm-Software *nf* SW **master software**
= Original-Software *nf*
Stammverdrahtung *nf* EQP.EN **harness wiring**
Stammverstärkerstelle *nf* CATV → **distribution amplifier**
→ Hausanschlussverstärker *nm*
Stammverzeichnis *nn* DAT.MA **parent directory**
= Stammdateiverzeichnis *nn*; Mutterverzeichnis *nn*; übergeordnetes Verzeichnis; Stammkatalog *nm*; Stammdateikatalog *nm* [one level above] ≈ root directory ≠ subdirectory
≈ Hauptverzeichnis
≠ Unterverzeichnis
Stampfachse *nf* TECH **pitch axis**
= Nickachse *nf*
stampfen TECH **pitch** *vi*
[um Querachse schwingen] [angular oscillation along a lateral axis]
Stampfer *nm* TECH **masher** *n*
Stand *nm* ECON → **booth** *n*
→ Messestand *nm*
Stand *nm* CINEMA **still** *n*
Stand *nm* (*pl* Stände) STATIS **as of**
[Stichzeitpunkt einer Statistik] [deadline of a statistic]
Standard *nm* TECH → **standard** *n*
→ Norm *nf*
Standard- TECH **standard**
[*adj*]
≈ regular
Standardabweichung *nf* STATIS **standard deviation** *n*
[positive Quadratwurzel der Varianz] [positive square root of variance]
= mittlere quadratische Abweichung; quadratische Streuung; mittlerer quadratischer Fehler; Streuung *nf* (2) = S.D. ≈ variance
≈ Varianz
Standard-Adresse *nf* SWITCH **standard label**
Standardannahme *nf* ARTIF.INTELL **default knowledge**
= default reasoning
Standardannahme *nf* SW → **default** *n*
→ Vorgabe *nf*
Standardansage *nf* TELEPH **standard announcement**
Standardatmosphäre *nf* METEO → **standard atmosphere**
→ Normalatmosphäre *nf*
Standardausfallrate *nf* QUAL **standard failure rate**
Standardausführung *nf* TECH → **standard finish**
→ Grundausführung *nf*
standardbasiert TECH **standard-based**
≈ standardisiert ≈ standardized
≠ herstellerspezifisch; produktspezifisch ≠ proprietary; product-dependent
↓ herstellerneutral; produktneutral ↑ non-proprietary
↓ multi-vendor; product-independent
Standardbauart *nf* TECH → **standard design**
→ Regelbau nmart
Standardbauform *nf* TECH → **basic model**
→ Grundbauform *nf*
Standardbaustein *nm* MICR.EL **standard IC**
= Standardschaltkreis *nm* = standard integrated circuit
Standardbauweise *nf* EQP.EN **standard construction practice**
= Regelbauweise *nf*; Normbauweise *nf* = standard design
Standardbetriebsverfahren *nn* DAT.PR **standard operation procedure**
= SOP
Standardblech *nn* METAL **standard sheet-metal**
Standardbox *nf* COMP.AP **standard button**
= standard box
Standardbrief *nm* WOR.PR **boilerplate letter**
= vorformulierter Brief; Ganzbrief *nm*; Schemabrief *nm* = form letter; standard letter; repetitive letter
Standardbrief *nm* WOR.PR **form letter**

= Computerbrief *nm*		= standard letter; iterative document; computer letter
Standardbriefprogramm *nn* = Serienbriefprogramm *nn*	WOR.PR	**form-letter program** = mail-merge program
Standard der 400 Standards (slang) → X.400-Standard *nm*	DAT.NW	→ **X.400 standard**
Standarddrucker *nm*	DAT.NW	**default printer**
Standardeinstellung *nf* → Vorgabe *nf*	SW	→ **default** *n*
Standardfernsprecher *nm* → Normalfernsprecher *nm*	TELEPH	→ **standard telephone set**
Standardformat *nn*	TECH	**standard format**
Standardfrequenz *nf* → Normalfrequenz *nf*	INSTR	→ **standard frequency**
Standardfrequenzempfänger *nm* → Normalfrequenzempfänger *nm*	RADIO	→ **standard frequency receiver**
Standardfrequenzgenerator *nm* → Normalfrequenzgenerator *nm*	INSTR	→ **standard frequency generator** (1)
Standardfrequenzsender *nm* → Normalfrequenzsender *nm*	RADIO	→ **standard frequency emitter**
Standardfunktion *nf*	SW	**standard function**
standardgerecht → normgerecht	TECH	→ **standard-compliant** *adj*
Standardgerechtigkeit *nf* → Normgerechtigkeit *nf*	TECH	→ **standard compliance**
Standardgruppe *nf*	COMP.AP	**built-in group**
Standard-Homepage *nf*	INTERNET	**default homepage**
Standardionendosis *nf*	PHYS	**standard ion dose** = exposure *n*
standardisieren = normieren; normen ≈ vereinheitlichen	TECH	**normalize** = standardize ≈ uniform
Standardisierung *nf* = Normung *nf*; Normierung *nf*	TECH	**standardization** = normalization *n*
Standardisierungsarbeiten *nplt*	TECH	**standardization works**
Standardisierungsgremium *nn* = Normungsgremium; Normenausschuss; Normungsausschusses; Normengremium	TECH	**standardization body** = standardization committee; standards committee
Standardkonfiguration *nf*	TECH	**standard configuration**
Standardkosten *nplt*	ECON	**standard costs**
Standardlaufwerk *nn* [das, sofern nicht anders spezifiziert, angesprochene]	DAT.PR	**default drive** [the referred to one, if no other is specified]
Standardlochkarte *nf*	TER&PER	**standard punched card**
Standardmaske *nf*	INSTR	**standard mask** = agency mask
Standard-PC-Bus *nm* → ISA-Bus *nm*	HW	→ **ISA bus**
Standardprofil *nn* [Signalverarbeitung] = Ausgangsprofil *nn*; Rückfallprofil *nn*	TELEC	**default profile** [signal processing] = standard profile; initial profile
Standard-Programm *nn* = Massen-Programm *nn* ≈ Standard-Routine ↑ Standard-Software ↓ Dienstprogramm	SW	**standard program** = canned program; precanned program; packaged program; off-the-shelf program; pre-written program ≈ Standard-Routine ↑ standard software
Standardqualität *nf*	QUAL	**standard quality**
Standard-Routine *nf* ≈ Standard-Software	SW	**standard routine** = canned routine ≈ standard software
Standardschaltfläche *nf*	COMP.AP	**default button** = default box
Standardschaltkreis *nm* → Standardbaustein *nm*	MICR.EL	→ **standard IC**
Standard-Schnittstelle *nf*	TELEC	**standard interface**
Standard-Schriftzeichensatz *nm* [der, falls nicht anders vorgegeben, vom Program verwendete]	WOR.PR	**base font** [the default type] = initial base font; default font
Standard-Software *nf* = Massen-Software *nf*; Von-der-Stange-Software *nf* ≠ kundenspezifische Software ↓ Standard-Programm; Standard-Routine	SW	**standard software** = canned software; precanned routines; packaged software; bundled software; off-the-shelf software; pre-written software; horizontal market software ≠ custom software ↓ standard program; standard routine
Standard-Software-Geschäft *nn* → Software-Publishing *nn*	SW	→ **software publishing**
Standardsprache *nf* [von verschiedenen Prozessoren oder Kompilierern interpretierbar]	COMP.LG	**standard language** [understandable by different processors or compilers]
Standardtechnologie *nf*	MICR.EL	**standard technology** ↓ standard buried collector technology
Standardtext *nm* → Normtext *nm*	WOR.PR	→ **standard text**
Standard-Unterprogramm *nn*	SW	**standard subroutine**
Standardversion *nf* = Basisversion *nf*	DAT.PR	**standard version** = vanilla *n* (slang)
Standardversion *nf* → Grundbauform *nf*	TECH	→ **basic model**
Standardvorrichtung *nf*	TECH	**standard device**
Standardwert *nm*	DAT.PR	**standard value**
Standardwert *nm* = voreingestellter Wert; Vorschlagswert *nm*; Rückfallwert *nm*	INF.TEC	**default value**
Standardzeit *nf* = Normalzeit *nf*	GEOSC	**Standard Time**
Standardzelle *nf*	MICR.EL	**standard cell**
Standardzellenverfahren *nn*	MICR.EL	**standard cell technology**
Standardzubehör *nn*	TECH	**standard accessories**
Standardzustand *nm* → Vorgabe *nf*	SW	→ **default** *n*
Standbild *nn* = Standfoto *nn* ≠ Laufbild	CINEMA	**still** *n* = static photograph; freeze frame ≠ moving picture sequence; freeze-frame
Standbild *nn* → Festbild *nn*	INF.TEC	→ **fixed image**
Standbildspeicher *nm*	TV	**still store**
Stand-by-System *nn* → Bereitschaftssystem *nn*	DAT.PR	→ **stand-by system**
Stand der Technik ≈ modern	TECH	**state of the art** ≈ modern
Ständer *nm* [Gestell zum Aufhängen] = Motorständer *nm* ≈ Sockel	TECH	**stand** *n* [frame for support] ≈ pedestal
Ständer *nm* [statischer Teil eines Elektromotors] = Stator *nm* ≠ Läufer	POW.SY	**stator** *n* [the stationary portion of an electric engine] ≠ rotor
standfest ≈ stabil	TECH	**steadfast** *adj* = firm *adj* ≈ stable
Standfläche *nf* → Stellfläche *nf*	TECH	→ **floor space**
Standfoto *nn* → Standbild *nn*	CINEMA	→ **still** *n*
Standfoto *nn*	CINEMA	**still photo** = still *n*
Standfotograf *nm*	CINEMA	**still photographer**
Standfuß *nm* [um ein Tischgerät auf dem Boden aufzustellen]	EQP.EN	**floor stand** [to install a desk model on the floor]
Standgehäuse *nn* = Standschrank *nm*	EQP.EN	**floor-type cabinet**
ständig → anhaltend	TECH	→ **persistent** *adj*
Standkanal *nm* → dedizierter Kanal	HW	→ **dedicated channel**
Standkopierer *nm*	OFFICE	**pedestal copier**
Standleitung *nf* = Standverbindung *nf*; Festverbindung *nf*; Punkt-zu-Punkt-Verbindung *nf*(2); festgeschaltete Verbindung; permanente Verbindung; überlassene Verbindung; überlassene Leitung ≈ Mietleitung ≠ Wählleitung	TELEC	**fixed line** *n* = nailed line; dedicated line; tie line; point-to-point line; designated line; permanent line; scheduled line; fixed connection; point-to-point connection (2); permanent connection; dedicated circuit; point-to-point circuit; permanent virtual circuit; PVC; permanent circuit ≈ leased line
Standleitungsnetz *nn* → Festnetz *nn*	TELEC	→ **fixed network**
Standlinie *nf*	RAD.LO	**base line** = radial
Standmaus *nf* → Rollkugel *nf*	TER&PER	→ **track ball**
Standnetz *nn* → Festnetz *nn*	TELEC	→ **fixed network**
Standort *nm*	ECON	**site** *n*

= Stelle *nf* — = location *n*; ubication *n*; position *n*
≈ Gelände — ≈ premises
↓ Fertigungsstandort — ↓ plant site

Standort *nm* MOB.CO **site** *n*

Standortaktualisierung *nf* MOB.CO **location updating**

Standortaufruf *nm* DAT.CO **site poll**
[Sendeaufforderungen an alle Einrichtungen eines Standortes] — [polling all devices of a location]

Standortbeschaffung *nf* MOB.CO **site acquisition**

Standortbestimmung *nf* ECON **site determination**

Standortbestimmung *nf* RAD.NA **position fixing**

Standortdiversity *nn* RADIO → **space diversity**
→ Raumdiversity *nn*

Standorterfassung *nf* MOB.CO **location registration**

standortgleich TECH → **co-located** *adj*
→ ortsgleich

Standortleitung *nf* TELEPH **local bypass**

Standortlizenz *nf* SW **site license**

Standortnetz *nn* TELEC **campus network**
= Campus-Netz *nn*; Grundstücksnetz *nn* — ≈ local area network
≈ lokales Datennetz

standortübergreifend TECH **inter-premises** *adj*

Standortverlegung *nf* ECON → **moving** *n*
→ Umzug *nm*

Standortverwaltung *nf* ECON **general premises administration**

Standortvorteil *nm* ECON **location advantage**

Standortwahl *nf* ECON **site selection**

Standortwechsel *nm* ECON → **moving** *n*
→ Umzug *nm*

Standplatzrollgasse *nf* AERON **aircraft stand taxilane**

Standpunkt *nm* COLL → **standpoint** *n*
→ Gesichtspunkt *nm*

Standschrank *nm* EQP.EN → **floor-type cabinet**
→ Standgehäuse *nn*

Stand und Aussichten TECH **state of arts and future trends**
= current state and future prospects

Standverbindung *nf* TELEC → **fixed line** *n*
→ Standleitung *nf*

Standwert *nm* MECH **mechanical impedance**
[einwirkende Kraft zu Geschwindigkeit] — [acting force to velocity]
= mechanische Impedanz

Stange *nf* MECH → **bar** *n* (1)
→ Stab *nm*

Stange *nf* OUT.PL → **open-wire pole**
→ Freileitungsmast *nm*

Stangendrucker *nm* TER&PER → **typebar printer**
→ Typenstabdrucker *nm*

Stangeneisen *nn* METAL **bar iron**

Stangenfuß *nm* OUT.PL **pole socket**
= butt end

Stangenkappe *nf* OUT.PL **saddle** *n*

Stangenlinie *nf* OUT.PL → **pole line**
→ Mastlinie *nf*

Stangenloch *nn* OUT.PL **pole hole**

Stangenmagazin *nn* MANUF **stick magazine**

Stanniol *nn* METAL → **tinfoil** *n*
→ Zinnfolie *nf*

Stanniolfolie *nf* METAL → **tinfoil** *n*
→ Zinnfolie *nf*

Stanniolpapier *nn* METAL → **tinfoil** *n*
→ Zinnfolie *nf*

Stanzabfall *nm* TER&PER → **chad** *n*
→ Schnitzel *nn*

Stanzeinrichtung *nf* TER&PER **punch block**

stanzen MEC.EN **stamp** *vt*

stanzen TECH → **punch** *vt*
→ durchlochen

Stanzen *nn* METAL → **stamping** *n* (1)
→ Formstanzen *nn*

Stanzloch *nn* TER&PER **punched hole**

Stanzmaschine *nf* OFFICE **stamping machine**
= Papierstanzmaschine *nf* — = paper stamping machine

Stanzrest *nm* TER&PER → **chad** *n*
→ Schnitzel *nn*

Stanzstempel *nm* MEC.EN → **punch die**
→ Stanzwerkzeug *nn*

Stanzteil *nn* MEC.EN **stamping** *n* (2)

Stanzwerkzeug *nn* MEC.EN **punch die**
= Stanzstempel *nm* — = stamping die; punch *n*; punching die

Stapel DAT.MA → **stack** *n*
→ Datenstapel *nm*

Stapel *nm* TECH **pile** *n*
≈ Haufen; Schub — = staple *n*
≈ stack

Stapel *nm* TER&PER **stack** *n*
↓ Lochkartenstapel; Magnetplattenstapel — [of paper]
= deck (of cards); pack *n*
↓ punched card deck; magnetic disk pack

Stapel *nm* SW **batch** *n*
[als Verarbeitungseinheit betrachteter Satz von Daten oder Programmen] — [a set of data or programs considered as a single processing unit]
= Schub *nm*

Stapel- DAT.PR **batch** *adj*
= stapelweise — ≠ conversational
≠ Dialog-

Stapel-/Einbau-Gehäuse *nn* INSTR **rack and stack case**

Stapelbasis *nf* DAT.MA **stack base**
= stack origin

Stapelbauweise *nf* EQP.EN **stack system**
= stack construction style; stack style

Stapelbereich *nm* DAT.PR **batch region**

Stapelbetrieb *nm* DAT.PR → **batch processing**
→ Stapelverarbeitung *nf*

Stapelblock *nm* COMPO **pile** *n*
[Ferritkernspeicher] — [ferrite core memory]

Stapeldatei *nf* DAT.MA **batch file**
[enthält eine vorher angehäufte Sequenz (einen "Stapel") von Befehlen] — [file with a sequence accumulated in advance (a "batch") of commands]
= Batch-Datei *nf* (ANGL); BAT-Datei *nf* (DOS) — = script *n*; BAT file (DOS)
≈ Makroanweisung; Stapelprogramm — ≈ macro instruction; batch program
↑ Befehlsdatei — ↑ instruction file

Stapelendgerät *nn* DAT.CO → **batch terminal**
→ Stapelstation *nf*

Stapelferneingabe *nf* DAT.PR **remote batch entry**

Stapelfernverarbeitung *nf* DAT.CO **remote batch processing**
= Fernstapelverarbeitung *nf*; Remote-batch-Processing *nn* — = remote batch computing; remote batch
≠ Ortsstapelverarbeitung — ≠ local batch processing
↑ Stapelverarbeitung — ↑ batch processing

Stapelgleichrichter *nm* POW.SY **rectifier stack**

Stapelkondensator *nm* COMPO → **multilayer capacitor**
→ Vielschichtkondensator *nm*

stapeln TECH **pile** *vt*
= aufstapeln; abstapeln — = pile up; staple
≈ anhäufen; häufen — ≈ accumulate; stack

Stapelnummer *nf* DAT.PR **batch number**

Stapelprogramm *nn* SW **batch program**
[läuft ohne Anwenderdialog ab] — [executes without user interaction]
≠ Dialogprogramm — ≠ dialog program

Stapelsegment *nn* DAT.PR **stack segment**
↑ Speichersegment — ↑ memory segment

Stapelspeicher *nm* DAT.PR **stack storage**
[Zwischenspeicher mit sequentiellem Eintrag und Abruf vom vorgegebenen Stapelende] — [temporary storage with sequential input and output from one defined stack extremity]
= Stack-Speicher *nm* — = stack store; stack memory; program stack
≈ Datenstapel — ≈ stack
↓ Kellerspeicher; Silospeicher — ↓ push-down storage; push-up storage

Stapelspeicherüberschreitung *nf* DAT.PR **stack overflow**
= stack violation

Stapelstation *nf* DAT.CO **batch terminal**
= Stapelendgerät *nn* — = batch station
≠ Dialogstation — ≠ interactive terminal
↑ Datenstation — ↑ terminalstation

Stapelstecker *nm* COMPO **stackable plug**
= Turmstecker *nm*

Stapelsumme *nf* DAT.MA **batch total**
[eine Kontrollsumme bestimmter Felder, mit einer Bedeutung oder nur zur Kontrolle] — [a control sum of certain field, meaningfull or just for check]
↓ Prüfsumme — ↓ hash total

Stapelsystem *nn* DAT.PR **batch system**

Stapelübertragung *nf* DAT.CO **batch transmission**
[mit großen Datenblöcken] — [by large data blocks]
= batched communication

Stapelung *nf* COLL **stacking** *n*
= Schubbildung *nf* — = piling *n*; batching *n*

Stapelverarbeitung *nf* DAT.PR **batch processing**
[schubweise Verarbeitung angesammelter, nicht interaktiver Aufträge] — [groupwise processing of accumulated, noninteractive tasks]

= Stapelbetrieb *nm*; Schubbearbeitung *nf*; Schubbetrieb *nm*; Schubverarbeitung *nf*; Monitorbetrieb *nm*; Batch-Verarbeitung *nf*; Batch-Prozessing *nn*; Sukzessivverarbeitung *nf* ≠ Dialogverarbeitung; Dauerverarbeitung ↓ Ortsstapelverarbeitung; Fernstapelverarbeitung		= batch mode; batch-mode processing; batch-bulk processing; batch operation; dripfeed *n* (slang) ≠ interactive processing; continuous processing
Stapelverarbeitungsauftrag *nm*	DAT.PR	**batch job**
Stapelverarbeitungs-Betriebssystem	DAT.PR	**batch processing operating system**
Stapelverkehr *nm*	DAT.CO	**batch traffic**
stapelweise → Stapel-	DAT.PR	→ **batch** *adj*
Stapelzeiger *nm* [Register mit Adresse des ersten oder letzten Eintrages eines Kellerspeichers] = Kellerzeiger *nm*; Kellerzähler *nm*	DAT.MA	**stack pointer** [register in a stack memory containing the address of the first or last entry] = SP; stack indicator
Stapelzeigeradresse *nf*	DAT.MA	**stack pointer address** = stack address
Stapler *nm* → Ablagefach *nn*	TER&PER	→ **output stacker**
STA-Protokoll *nn*	DAT.NW	**STA protocol** = Spanning Tree Algorithm protocol; STP
Star *nm* → Filmstar *nm*	IMAG.ME	→ **movie star**
Starhlrücklauf *nm* → Rücklauf *nm*	EL.TRO	→ **retrace** *n*
stark → widerstandsfähig	TECH	→ **resistant** *adj*
Stärke *nf* ≠ Schwäche	COLL	**strong point** = forte ≠ weak point
Stärke *nf* ≈ Widerstandskraft	MECH	**strength** *n*
stark gestörte Sekunde	TRANSM	**severely errored second** = SES
stark konturiert	PRIN.ME	**embossed**
Starkladung *nf* [eines Akkumulators]	POW.SY	**equalizing charge** [of an accumulator] = boost charge
Starkstrom *nm* = Kraftstrom *nm* ≠ Schwachstrom	POW.SY	**heavy current** = power current ≠ low current
Starkstromanlage *nf*	POW.EN	**electric power plant** (2)
Starkstrombeinflussung *nf*	POW.EN	**power influence** ↓ mains interference
Starkstrom-Erdkabel *nn*	POW.EN	**underground power cable**
Starkstrom-Freileitung *nf* = Freileitung *nf* ↓ Hochspannungsfreileitung	POW.EN	**transmission line** = overhead power line ↓ high voltage transmission line
Starkstromkabel *nn* = Hochspannungskabel *nn*; Stromkabel *nn*; Energiekabel *nn*	POW.EN	**power cable** = high-voltage cable; energy cable; power transmission cable
Starkstromkondensator *nm*	COMPO	**power capacitor**
Starkstromleitung *nf* ↓ Hochspannungsleitung	POW.EN	**power line** = electrical power line ↓ high-tension line
Starkstromnetz *nn* = Stromversorgungsnetz *nn*; Wechselstromnetz *nn*; Stromversorgung *nf*; öffentliches Netz; Hauptnetz *nn*; Netz *nn*	POW.EN	**mains** *nplt* = AC mains; mains electricity supply; electricity supply; commercial power; commercial supply; commercial line; household ac; power supply
Starkstromrelais *nn*	COMPO	**power-type relay**
Starkstrom-Schaltgerät *nn*	POW.EN	**power switchgear**
Starkstromstecker *nm* = Kaftstecker *nm*	COMPO	**power connector**
Starkstromtechnik *nf* → elektrische Energietechnik	EL.TEC	→ **electrical power engineering**
Starktonglocke *nf*	ACOUS	**high-volume bell**
stark vereinfachen → simplifizieren	COLL	→ **oversimplify**
stark verfremdet	CINEMA	**superdeformed**
StarLAN *nn* [von AT&T]	DAT.NW	**StarLAN** [by AT&T]
starr = steif; unflexibel ≈ unbeweglich; formbeständig	TECH	**stiff** *adj* = rigid (1); inflexible ≈ immovable; rigid (2)
starre Durchschaltung = Dauerverbindung *nf*	TELEC	**permanent connection** (1)
starre Magnetplatte → Hartplatte *nf*	TER&PER	→ **hard disk**

starrer Körper → Starrkörper *nm*	MECH	→ **rigid body**
starre Typenhandhabung [eine Änderung des Datentyps einer Variable ist nicht möglich] = strikte Typenbehandlung	SW	**strong typing** [data type of a variable cannot be changed]
starr geerdet	EL.TEC	**solidly grounded** (AE) = solidly earthed (BE)
Starrheit *nf* = Steifheit *nf*	MECH	**rigidity** *n* = stiffness *n*; inflexibility *n*
Starrkörper *nm* = starrer Körper	MECH	**rigid body**
Start *nm* → Anlauf *nm*	SW	→ **start** *n*
Start *nm* → Beginn *nm*	TECH	→ **begin** *n*
Start *nm* (*pl* -s&-e) = Anlauf *nm* ≠ Stop	TELEGR	**start** *n* ≠ stop
Startadresse *nf* ≈ Ursprungsadresse	SW	**starting address** ≈ origin
Startadresse *nf* [Adresse des ersten nach der Ladung eines Programms auszuführenden Befehls] = Anfangsadresse *nf*	SW	**start address** [address of the first instruction to be executed of a program after loading] = starting address; boot address;
Startband *nn* → Vorspannband *nn*	BROADC	→ **leader tape**
Startbefehl *nm*	SW	**initial instruction** = initial order
Startbit *nn*	DAT.CO	**start bit**
Startbit *nn* → Anlaufschritt *nm*	TELEGR	→ **start pulse**
Startblock *nm*	DAT.CO	**start block**
Startblock *nm* → Urladeblock *nm*	DAT.PR	→ **boot block**
Startdiskette *nf*	DAT.PR	**start-up disk**
Startebene *nf*	SW	**start level**
Startelement *nn* → Anlaufschritt *nm*	TELEGR	→ **start pulse**
starten → auslösen	DAT.PR	→ **trigger** *vt*
starten → beginnen	TECH	→ **begin** *vt*
starten *vt*	SW	**start** *vt* = boot *vt*; launch *vt*
Starterbatterie *nf*	POW.SY	**starter battery**
Startgleis	RAIL.SIG	**start track**
Starthilfe *nf*	COLL	**starting aid**
Starthilfedokument *nn*	INTERNET	**starting point**
Startknopf *nm*	EL.TRO	**start key** = activate key; start button; activate button
Start-Laufwerk *nn* [von dem nach Einschalten das Betriebssystem automatisch geladen wird] = Boot-Laufwerk *nn* (ANGL)	DAT.PR	**boot drive** [from which the operating system is loaded automatically after start]
Startleiste *nf*	COMP.AP	**start bar**
Startmodus *nm*	COMP.AP	**boot mode** = start-up mode
Startparameter *nm* [eines Zufallsgenerators] = Startwert *nm*	SW	**seed** *n* [of a random sequence generator]
Startpartition *nf* → Boot-Partition *nf*	DAT.PR	→ **boot partition**
Start-Partition *nf* [Speicherbereich der Festplatte für Startroutinen] = Boot-Partition *nf* (ANGL); aktive Partition; primäre Partition ↑ Plattenpartition	DAT.PR	**boot partition** [partition of fixed disk memory, reserved for booting routines] = active partition; primary partition ↑ disk partition
Startpolarität *nf*	TELEGR	**start polarity**
Startpolarität *nf* [Kennzustand des Startschrittes] = A-Zustand *nm*; Signalzustand EIN *nm* ≈ Stromschritt; Pausenschritt	DAT.CO	**signal condition A** [condition of start signal] = condition A; start polarity ≈ marking pulse; pause pulse
Startprogramm *nn* → Startroutine *nf*	SW	→ **boot record**
Start-ROM *nn* [enthält die primären Startroutinen] = Boot-ROM *nn* (ANGL)	DAT.PR	**boot ROM** [contains primary boot routines] = start-up ROM
Startroutine *nf* = Startprogramm *nn*	SW	**boot record** = start program; starter *n*

Startschritt *nm* TELEGR → **start pulse**
→ Anlaufschritt *nm*
Startseite *nf* INTERNET **start page**
= banner page
Startseite *nf* INTERNET → **homepage** *n* (1)
→ Homepage *nf* (1)
Startsektor *nm* DAT.PR → **boot sector**
→ Urladesektor *nm*
Startsektor-Virus SW **boot sector virus**
[kopiert sich derart in den Startsektor ein, dass er immer als erster geladen wird] [loads itself into the boot sector in such a manner that he is always loaded first]
= Boot-Sektor-Virus *nm*
Start-Stop (ANGL) TELEGR → **start-stop**
→ Start-Stopp
Start-Stop-Betrieb *nm* (ANGL) TELEGR → **start-stop operation**
→ Start-Stopp-Betrieb *nm*
Start-Stop-Betrieb *nm* (ANGL) DAT.CO → **start-stop mode**
→ Start-Stopp-Betrieb *nm*
Start-Stop-Information *nf* TELECON **start-stop information**
Start-Stopp TELEGR **start-stop**
= Start-Stop (ANGL); Anlauf-Sperrung *nf*
Start-Stopp-Betrieb *nm* TELEGR **start-stop operation**
[Asynchronverfahren für Binärzeichen, mit einem Anlaufschritt und einem Sperrschritt pro Zeichen] [asynchronous mode for binary characters, with a start pulse and a stop pulse for each character]
= Start-Stopp-Verfahren *nn*; Start-Stopp-Übertragung *nf*; Start-Stop-Betrieb *nm* (ANGL); Start-Stop-Verfahren *nn* (ANGL); Start-Stop-Übertragung *nf* (ANGL) = start-stop mode; start-stop transmission; start-stop principle
↑ Asynchronbetrieb ↑ asynchronous operation
Start-Stopp-Betrieb *nm* DAT.CO **start-stop mode**
[Unterbrechung des Datenflusses nach jedem Zeichen oder Gruppe von Zeichen] [interruption of a data stream after each character or cluster of characters]
= Start-Stop-Betrieb *nm* (ANGL)
≠ Zügig-Betrieb ≠ continuous mode
Start-Stopp-Lücke *nf* TER&PER → **interblock gap**
→ Blocklücke *nf*
Start-Stopp-System *nn* TELEGR **start/stop system**
= Start-Stop-System *nn* (ANGL) ≠ synchronous system
≠ Synchronsystem
Start-Stopp-Übertragung *nf* TELEGR → **start-stop operation**
→ Start-Stopp-Betrieb *nm*
Start-Stopp-Verfahren *nn* TELEGR → **start-stop operation**
→ Start-Stopp-Betrieb *nm*
Start-Stopp-Verzerrungsgrad *nm* TELEGR → **telegraph signal distortion**
→ Schrittverzerrung *nf*
Start-Stop-System *nn* (ANGL) TELEGR → **start/stop system**
→ Start-Stopp-System *nn*
Start-Stop-Übertragung *nf* (ANGL) TELEGR → **start-stop operation**
→ Start-Stopp-Betrieb *nm*
Start-Stop-Verfahren *nn* (ANGL) TELEGR → **start-stop operation**
→ Start-Stopp-Betrieb *nm*
Starttransaktion *nf* DAT.PR → **start transaction**
→ Beginntransaktion *nf*
Start-und-Landebahn *nf* AERON **runway** *n*
= Piste *nf*; Runway *nf* (ANGL) ≈ taxiway; apron
≈ Rollbahn; Vorfeld ↑ airstrip
↑ Rollfeld
↓ Landestreifen
Startwert *nm* SW → **seed** *n*
→ Startparameter *nm*
Startzeichen *nn* TELEGR → **start pulse**
→ Anlaufschritt *nm*
Startzyklus *nm* MICR.EL **lead-off cycle**
State-Diagramm *nn* DAT.PR → **state diagram**
→ Zustandsdiagramm *nn*
Statement *nn* (ANGL) SW → **statement** *n* (1)
→ Anweisung *nf* (1)
State-variable-Filter *nn* NETW.TH → **state-variable filter**
→ Zustandsvariablenfilter *nn*
Statik *nf* MECH **statics** *nplt*
≠ Dynamik ≠ dynamics
↑ Physik ↑ physics
Statikspeicher *nm* HW → **static memory**
→ statischer Speicher
Station *nf* DAT.CO **station** *n*
= Endstelle *nf*; Terminal *nn* (1) = terminal *n*
≈ Teilnehmer; Anschluss ≈ subscriber; line
↓ Datenstation; Arbeitsplatzsystem ↓ data station; workstation
stationär TECH → **stationary** *adj*
→ ortsfest

stationär PHYS **stationary** *adj*
= unveränderlich = steady
stationärer Belegleser TER&PER **stationary reader**
≠ Handleser ≠ hand-held reader
↑ Belegleser ↑ document reader
stationärer Strom PHYS **stationary current**
= steady-state current; steady
stationäre Schwingung PHYS **steady-state oscillation**
↓ steady-state vibration
Stationsalarm *nm* EQP.EN **station alarm**
Stationsaufbau *nm* SYS.INS **office installation**
= Amtsaufbau *nm*; Stationsbau *nm* = station installation
≠ Freiluftaufbau ≠ outdoor mounting
↑ Innenmontage ↑ indoor installation
Stationsaufforderung *nf* DAT.CO **inquiry** *n* (AE)
[Code] [code]
= ENQ = enquiry *n* (BE); ENQ; query *n*; interrogation *n*; interrogating *n*
Stationsbau *nm* SYS.INS → **office installation**
→ Stationsaufbau *nm*
Stationsbau *nm* TELEC → **office installation technique**
→ Amtsbautechnik *nf*
Stationsbautechnik *nf* TELEC → **office installation technique**
→ Amtsbautechnik *nf*
Stationsbegehung *nf* SYS.INS → **station survey**
→ Stationsbesichtigung *nf*
Stationsbesichtigung *nf* SYS.INS **station survey**
= Stationsbegehung *nf*; Amtsbesichtigung *nf*; Amtsbegehung *nf* = station inspection
↑ Ortsbegehung ↑ site survey
Stationsbezeichnung *nf* DAT.CO → **station identification**
→ Stationskennung *nf*
stationseigene Sendung MEDIA **sustaining program**
≠ Patronatssendung ≠ sponsored program
Stationsgruppe *nf* DAT.CO → **cluster** *n*
→ Cluster *nm*
Stationsidentifizierung *nf* DAT.CO → **station identification**
→ Stationskennung *nf*
stationsintern SYS.INS **in-station** *adj*
= amtsintern
Stationskabel *nn* SYS.INS → **office cable**
→ Amtskabel *nn*
Stationskennung *nf* DAT.CO **station identification**
= Kennung *nf*; Stationskennzeichen *nn*; Kennzeichen *nn*; Stationsidentifizierung *nf*; Identifizierung *nf*; Stationsbezeichnung *nf*; Bezeichnung *nf*; Bezeichner *nm* = identification character; station identifier; identifier; identifying code; answerback code; answer code
Stationskennzeichen *nn* DAT.CO → **station identification**
→ Stationskennung *nf*
Stationsmessung *nf* SYS.INS **station test**
= in-station test; site test
Stationsname *nm* BROADC **station name**
= station label
Stationsrechner *nm* DAT.CO → **terminal computer**
→ Datenstationsrechner *nm*
Stationsspeicher *nm* CONS.EL → **station preset**
→ Senderspeicher *nm*
statisch DAT.PR **static** *adj*
[erfolgt vorgeplant, meist bei Beginn der Programmausführung] [occurs in advance, mostly at start of program execution]
≠ dynamisch ≠ dynamic
statisch PHYS **static** *adj*
[vom latein. "stare" = "stehen, bleiben"] [from Latin "stare" = "stay, remain"]
≠ dynamisch ≠ dynamic
statische Energie PHYS → **potential energy**
→ potentielle Energie
statische Kenndaten MICR.EL **static characteristics**
↓ Durchbruchspannung; Reststrom; Ausgangskapazität ↓ breakdown voltage; cutoff current (2); output capacitance
statische Kennlinie EL.TRO → **static characteristic**
→ statisches Verhalten
statische Kippschaltung CIRC.EN **static flip-flop**
= statischer Flipflop
statische Mobilität MOB.CO → **pedestrian mobility**
→ Fußgängermobilität *nf*
statische Programmverschiebung DAT.PR **static program relocation**
= static relocation
statischer Direktzugriffsspeicher HW → **SRAM**
→ SRAM *nn*
statischer Flipflop CIRC.EN → **static flip-flop**
→ statische Kippschaltung

statischer Schreib-Lese-Speicher HW → **SRAM**
→ SRAM *nn*
statischer Speicher HW **static memory**
[benötigt keine Nachladungen oder Auffrischungen] [doesn't require recharge or refreshing]
= Statikspeicher *nm* = static storage; static store
≈ nichtflüchtiger Speicher ≈ non-volatile memory
≠ dynamischer Speicher ≠ dynamic memory
statischer Speicherabzug DAT.MA **static dump**
statischer Umformer POW.SY → **static power converter** *n*
→ Stromrichter *nm*
statischer Unterbrechungspunkt SW **static breakpoint**
statisches Binden SW **static binding**
[vor dem Programmlauf ausgeführt] [executed before program execution]
statisches Feld PHYS **static field**
statisches RAM HW → **SRAM**
→ SRAM *nn*
statisches Unterprogramm SW **static subroutine**
statisches Verhalten EL.TRO **static characteristic**
= statische Kennlinie = static response
≠ Schaltverhalten ≠ switching characteristics
statische Variable SW **static variable**
statische Verlustleistung MICR.EL **static power dissipation**
= quiescent power dissipation
statische Zuteilung DAT.PR **static allocation**
[von Betriebsmitteln; erfolgt einmal, meist vor Programmstart] [of resources; done once, mostly at program start]
≠ dynamische Zuteilung ≠ dynamic allocation
Statistik *nf* MATH **statistics** *nplt* (1)
Statistikanschlag *nm* SW **statistic overflow**
= Statistiküberlauf *nm*
Statistikband *nn* DAT.MA **statistics tape**
Statistikdatei *nf* DAT.CO **statistics file**
Statistiküberlauf *nm* SW → **statistic overflow**
→ Statistikanschlag *nm*
Statistikzähler *nm* TER&PER **statistics counter**
statistisch MATH **statistical** *adj*
= zufällig = random
≈ stochastisch ≈ stochastic
statistische Bitrate TELEC **statistic bit rate**
[ATM] = SBR
statistische Codierung CODING **statistical encoding**
= Entropiecodierung *nf* = entropy encoding
statistische Daten MATH **statistical data**
= statistics *nplt* (2)
statistische Maßzahl STATIS **descriptive statistics**
Statistische Mechanik PHYS **statistical mechanics**
Statistische Physik PHYS **statistical physics**
statistischer Fehler STATIS **statistical error**
= stochastischer Fehler; zufälliger Fehler; Zufallsfehler *nm* = random error; stochastic error; accidental error
statistischer Großstadtraum MOB.CO **MSA**
= Metropolitan Statistical Area
statistischer Multiplexer DAT.CO **statistical multiplexer**
= StatMux = statistical multiplexor; stat mux
statistische Schwankung STATIS **statistical fluctuation**
statistisches Rauschen TELEC **statistical noise**
statistische Verteilung STATIS **random distribution**
statistisch verteilt STATIS **randomly distribuited**
= statistically distribuited
Statistor *nm* MICR.EL **statistor** *n*
↑ MOSFET ↑ MOSFET
Stativ *nn* TECH **stand** *n*
↓ Dreibein ↓ tripod
StatMux DAT.CO → **statistical multiplexer**
→ statistischer Multiplexer
Stator *nm* POW.SY → **stator** *n*
→ Ständer *nm*
Stator *nm* COMPO **stator** *n*
Statorpaket *nn* POW.SY **stator lamination**
stattfinden COLL → **occur** *vi*
→ vorkommen *vi*
Status *nm* SW → **status** *n*
→ Zustand *nm*
Status *nm* TECH → **state** *n*
→ Zustand *nm*
Statusabfrage *nf* TELECON → **status inquiry**
→ Zustandsabfrage *nf*
Statusanzeige *nf* EQP.EN → **status indication**
→ Zustandsanzeige *nf*
Statusanzeiger *nm* EQP.EN → **status indicator**
→ Zustandsanzeiger *nm*

statusarm COMP.AP **stateless**
= zustandslos
Statusbalken *nm* COMP.AP → **status bar**
→ Zustandsbalken *nm*
statusbetont COMP.AP **stateful**
= zustandsbetont
statusbetonte Inspektion INTERNET **stateful inspection**
Statusbit *nn* SW → **flag** *n*
→ Merker *nm*
Statusbit *nn* CODING **status bit**
Statusblock *nm* DAT.CO → **status block**
→ Zustandsblock *nm*
Statusbyte *nn* SW → **status byte**
→ Zustandsbyte *nn*
Statuscode *nm* SW → **status code**
→ Zustandscode *nm*
Statuskennung *nf* INSTR → **state tagging**
→ Zustandskennung *nf*
Statuskennzeichen *nn* SW → **status identifier**
→ Zustandskennzeichen *nn*
Statusleiste *nf* COMP.AP → **status bar**
→ Zustandsbalken *nm*
Statustabelle *nf* DAT.PR → **status table**
→ Zustandstabelle *nf*
Statusvektor *nm* MICR.EL → **status vector**
→ Zustandsvektor *nm*
Statuswort *nn* SW → **status word**
→ Zustandswort *nn*
Statuszeichen *nn* SWITCH → **status signal**
→ Zustandskennzeichen *nn*
Statuszeile *nf* COMP.AP **status line**
Statuszeile *nf* COMP.AP → **status bar**
→ Zustandsbalken *nm*
Statuten *nplt* ECON → **statute** *n*
→ Satzung *nf*
Statuten *nplt* LAW **bylaws** *nplt*
Stau *nm* TELEC → **traffic congestion** *n*
→ Verkehrsstau *nm*
Stau *nm* (*pl* -s&-e) PHYS **concentration** *n*
= accumulation *n*; stagnation *n*
Stau *nm* (*pl* -s&-e) TECH **jam** *n*
≈ Blockierung; Quetschung = jamming *n*
≈ blocking; crush
Staub *nm* TECH **dust** *n*
Staubabdeckung *nf* TECH **dust cover**
= Staubschutz *nm*; Staubschutzdeckel *nm*; Staubkappe *nf*; Schutzumschlag *nm* = dust cap; dust tap
≈ Abdeckhaube ≈ protective cover
↑ Abdeckung ↑ cover
Staubansammlung *nf* TECH → **dust accumulation**
→ Verstaubung *nf*
staubdicht TECH **dust-proof** *adj*
= enclosed
Staubfänger *nm* TECH **dust trap**
staubfrei TECH **dust-free**
= dustless
staubfreier Raum MANUF → **clean room**
→ Reinraum *nm*
Staubfreiheit *nf* TECH → **dustlessness**
→ Staublosigkeit *nf*
Staubkappe *nf* TECH → **dust cover**
→ Staubabdeckung *nf*
Staublosigkeit *nf* TECH **dustlessness**
= Staubfreiheit *nf*
Staubpinsel *nm* TER&PER **dusting brush**
Staubsauger *nm* TECH **vacuum cleaner**
Staubschleuse *nf* MANUF **dust lock**
Staubschutz *nm* TECH → **dust cover**
→ Staubabdeckung *nf*
Staubschutzdeckel *nm* TECH → **dust cover**
→ Staubabdeckung *nf*
Staubschutzkleidung *nf* MANUF **bunny suit**
Staubsturm *nm* METEO **dust storm**
stauchen METAL **upset** *vt*
Stauchen *nn* METAL **upsetting** *n*
stauen ECON → **stow** *vt*
→ verstauen *vt*
stauen *vr* TECH **dam up** *vi*
Stau-Notstandsmaßnahme *nf* DAT.NW **collision enforcement**
Stauregelung *nf* DAT.CO → **congestion control**
→ Überlastabwehr *nf*

Stausignal *nn* DAT.NW **jamming signal**
[fordert auf nicht zu senden] [summins not to transmit]
= jam signal

Stauung *nf* TECH **congestion** *n*
= Verstopfung *nf*

STB-Bridging DAT.NW **spanning tree bridging**
= STB

STD TELEC → **synchronous time division multiplexing**
→ synchrone Zeitmultiplextechnik

Steadycam CINEMA **steadycam** *n*

Stealth-Virus *nm* SW **stealth virus**
= verstohlener Virus

Stechbeitel *nm* TECH → **chisel** *n*
→ Stemmeisen *nn*

Stecheisen *nn* TECH → **chisel** *n*
→ Stemmeisen *nn*

stechend TECH **pungent** *adj*
≈ spitz
= keen *adj* (2)
≈ pointed

Stechkarte *nf* TER&PER **clock card**

Stechuhr *nf* SIG.EN **time clock**
= Stempeluhr *nf*
= punch clock

Stechwalze *nf* OFFICE **lockless platen**
[Schreibmaschine]

Stechzirkel *nm* ENG.DRA **dividers** *nplt*
= Teilzirkel *nm*
↑ Zirkel
↑ compasses

steckbar EL.TRO **pluggable**
↓ umsteckbar
= plug-in type; connectorized
↓ repluggable

Steckbaugruppe *nf* EQP.EN **plug-in module**
= Einschubmodul *nn* (*pl* -e); Steckmodul *nn* (*pl* -e); Steckkarte *nf*
≈ Erweiterungskarte
↑ Baugruppe
= plug-in board; plug-in circuit board; plug-in card; plug-in unit
≈ expansion module
↑ module

Steckbrief *nm* ECON **briefing** *n*
[fig; Zusammenfassung von Schlüsseldaten zu einem Vorgang] [fig; resumee of key data to an issue]

Steckbuchse *nf* TELEPH → **jack** *n*
→ Klinke *nf*

Steckdose *nf* EL.INS → **mains socket**
→ Netzsteckdose *nf*

Steckdosenwechsel *nm* TELEC **terminal portability**
[Dienstmerkmal]

stecken *vt* EL.TEC **plug-in** *vt*
≠ auftrennen
= insert *vt*
≠ unplug

Stecker *nm* (*pl* -) COMPO **plug** *n*
[männlicher Teil der Steckverbindung] [male part of a connecting device]
≠ Buchse
↓ Klinkenstecker [TELEPH]; Netzstecker [EL.INS]
= male plug; male connector; male *n*

Steckerbelegung *nf* EQP.EN → **pin assignment**
→ Stiftbelegung *nf*

Steckerbrücke *nf* EL.TRO → **plug link**
→ Brückenstecker *nm*

Steckerbuchse *nf* COMPO → **jack** *n*
→ Buchse *nf*

Stecker-Buchsen-Übergang *nm* COMPO **female gender changer**
↑ Übergangsstecker
= female gender bender
↑ gender changer

Steckerfahne *nf* COMPO **connector lug**

Steckergehäuse *nn* COMPO **connector housing**
= connector body

Steckerkabel *nn* EQP.EN → **plug-in cable**
→ Steckkabel *nn*

steckerkompatibel EL.TRO → **plug compatible**
→ steckkompatibel

Steckerkompatibilität *nf* EL.TRO **pin compatibility**
= Anschlusskompatibilität *nf*, Pin-Kompatibilität *nf*
= plug compatibility

steckerkompatibler Hersteller HW **plug-compatible manufacturer**
= PCM
= PCM

Steckerkörper *nm* COMPO **plug body**

Steckerlader *nm* POW.SY **plug charger**
[für ladbare Batterien, Akkumulatoren] [for rechargable batteries, accumulators]

Steckerleiste *nf* COMPO **connector strip**
≠ Federleiste
= frame connector
≠ spring contact strip

Steckernetzgerät *nn* EQP.EN **plug-in power supply**
= Steckernetzteil *nn*

Steckernetzteil *nn* EQP.EN → **plug-in power supply**
→ Steckernetzgerät *nn*

Steckerstift *nm* COMPO **connector pin**
= plug pin; contact pin

Steckerübergang *nm* COMPO → **adapter** *n* (1)
→ Übergangsstecker *nm* (1)

Steckerverriegelung *nf* EQP.EN **plug locking**

Steckhülse *nf* COMPO **receptacle**

Steckkabel *nn* EQP.EN **plug-in cable**
= Steckerkabel *nn*
≈ vorgefertigtes Kabel
= connector-ended cable; connectorized cable; pluggable cable;

Steckkarte *nf* EQP.EN → **plug-in module**
→ Steckbaugruppe *nf*

Steckkarte *nf* EL.TRO → **printed circuit board**
→ Leiterplatte *nf*

steckkompatibel EL.TRO **plug compatible**
= steckerkompatibel; pinkompatibel; anschlusskompatibel; sockelkompatibel
≈ schnittstellenkompatibel
= pin compatible; pin-for-pin compatible
≈ interface compatible

Steckkontakt *nm* COMPO **plug contact**

Steckkraft *nf* COMPO **insertion force**
= Einsteckkraft *nf*

Steckmodul *nn* (*pl* -e) EQP.EN → **plug-in module**
→ Steckbaugruppe *nf*

Steckplatz *nm* EQP.EN **plug-in place**
↑ Einbauplatz
↓ Erweiterungssteckplatz
= PCB slot; card slot
↑ mounting place
↓ expansion slot

Steckposition *nf* EQP.EN → **board position**
→ Baugruppenposition *nf*

Steckrastverbindung *nf* COMPO **snap-on coupling**
[Koxialstecker]

Steckrelais *nn* COMPO **plug-in relais**

Steckschlüssel *nm* MEC.EN → **socket driver**
→ Steckschraubenschlüssel *nm*

Steckschlüsselsatz *nm* MEC.EN **socket driver set**
= Steckschlüsselsortiment *nn*

Steckschlüsselsortiment *nn* MEC.EN → **socket driver set**
→ Steckschlüsselsatz *nm*

Steckschnur *nf* EL.TRO **patch cord**
= Verbindungsleitung *nf*, Schaltschnur *nf*
= patching cord; cord *n*

Steckschraubenschlüssel *nm* MEC.EN **socket driver**
= Steckschlüssel *nm*
= socket wrench

Steckschraubverbindung *nf* COMPO **screw coupling**
[Koxialstecker]

Stecktafel *nf* [DAT.PR] EQP.EN → **patch panel**
→ Schaltfeld *nn* (ANGL) [DAT.PR]

Stecktafelsteuerung *nf* HW **patch-board control**
= Schalttafelsteuerung *nf*
= plug-board control

Steckung *nf* MEC.EN → **insertion**
→ Einführung *nf*

Steckverbinder *nm* COMPO **plug connector** *n*
[Pärchen von Stecker und Buchse] [pair of male and female connector]
↓ Stecker; Buchse
= connector *n*
↓ male connector; female connector

Steckverbindung *nf* COMPO **plug-in connection**
= plug connection

Steckverteiler *nm* POW.EN **cross connection** (2)

Stefan-Boltzmann-Konstante *nf* PHYS **Stefan-Boltzmann constant**

Steg *nm* TER&PER → **tie** *n*
→ Perforationsstreifen *nm*

Steg *nm* PRIN.ME **margin** *n*
= stick *n*; gutter *n*

Steganographie *nf* COMP.AP **steganography** *n*
[Lehre u. Technik des Unsichtbarmachens von Informationen; vom griech. "steganós" = "bedeckt"] [theory and technology to make information invisible; from Greek "steganós" = "covered"]

Steghohlleiter *nm* MICROW **ridge waveguide**
= ridged waveguide

Steg-Schlitz-Verhältnis *nn* TER&PER **tie-cut ratio**

Stehbolzen *nm* MEC.EN **stud** *n*

stehendes Gut ANT **stay rope**
[nicht bewegliches Seil]
= staywire *n*

stehende Welle PHYS → **standing wave**
→ Stehwelle *nf*

Stehwelle *nf* PHYS **standing wave**
= stehende Welle
= stationary wave

Stehwellenantenne *nf* ANT **standing-wave antenna**

Stehwellenfaktor *nm* LINE TH → **voltage standing wave ratio**
→ Welligkeitsfaktor *nm*

Stehwellen-Leitungsmesser *nm* INSTR → **SWR power meter**
→ Stehwellenmessgerät *nn*

Stehwellenmessbrücke *nf* INSTR → **SWR power meter**
→ Stehwellenmessgerät *nn*

Stehwellenmessgerät *nn* INSTR **SWR power meter**
= Stehwellen-Leitungsmesser *nm*; SWR-Wattmeter *nn*; Stehwellenmessbrücke *nf*; Anpassungsmessgerät *nn*
= standing-wave-ratio meter; VSWR resistance bridge; VSWR meter

Stehwellen-Spannungsverhältnis *nn* LINE TH → **voltage standing wave ratio**
→ Welligkeitsfaktor *nm*

Stehwellenverhältnis *nn* LINE TH → **voltage standing wave ratio**
→ Welligkeitsfaktor *nm*

Stehwellenverhältnis-Messbrücke *nf* INSTR → **SWR bridge**
→ SWR-Messbrücke *nf*

steif TECH → **stiff** *adj*
→ starr

Steifheit *nf* MECH → **rigidity** *n*
→ Starrheit *nf*

Steigeisen *nn* OUT.PL **hooks** *nplt*
= lineman's climbers; climbing irons

steigen ECON **rise** *vt*
= go up; increase *vi*; ascend *vi*

steigende Flanke EL.TRO → **rising edge**
→ Anstiegflanke *nf*

steigende Impulsflanke EL.TRO → **rising pulse edge**
→ Impulsanstiegflanke *nf*

steigende Pulsflanke EL.TRO → **rising pulse edge**
→ Impulsanstiegflanke *nf*

Steigerungsstufe *nf* LING → **comparative** *n*
→ Komparativ *nm*

Steigestütze *nf* OUT.PL **pole climbers**
= pole steps

Steighilfe *nf* OUT.PL **climbing aid**
[Mast]
[mast]

Steigleitung *nf* POW.SY **distribution cable**
= distribution line; rising main; riser *n*

Steigrost *nm* SYS.INS **climbing grid**

Steigschacht *nm* CIV.EN **riser** *n*
[vertically running duct]

Steigung *nf* MATH → **slope** *n*
→ Neigung *nf*

Steigung *nf* MEC.EN **lead** *n*
[Gewinde]
[thread]

Steigungswinkel *nm* MEC.EN **helix angle**
[Schraubenlinie]

Steigzeit *nf* EL.TRO → **rise time**
→ Anstiegzeit *nf*

steil MATH **steep** *adj*
[Kurve]
[curve]
= steep-sloped

steil TECH → **precipitous**
→ abschüssig

steile Flanke EL.TRO **steep skirt**

steiler Anstieg EL.TRO **steep rise**

steiles Filter NETW.TH **steep filter**

Steilheit *nf* MATH **steepness**
≈ Steigung
= rate of rise
≈ slope

Steilheit *nf* EL.TRO **transconductance**
[Kenngröße einer Röhre, Anodenstrom-Änderung zu Gitterspannungs-Änderung]
= Gegenleitwert *nm*; Transkonduktanz *nf*
[factor of merit for electronic tube, relation of plate-current change to grid-voltage change]
= grid-plate transconductance; mutual conductance

Steilheitsbegrenzer *nm* CIRC.EN **slope limiter**

Steilheitsverzerrung *nf* MODUL **slope distortion**

Steilkartei *nf* OFFICE **tub file**
= Ziehkartei *nf*

Steilstrahler *nm* ANT **high-angle radiator**
= steep radiator

Steilstrahlung *nf* ANT **steep radiation**
= high-angle radiation

Steilstrahlungsreflektor *nm* ANT **skywave reflector**

Steinbohrer *nm* TECH **star drill**

Steindruck *nm* PRIN.ME → **lithography** *n*
→ Lithographie *nf*

steingrau OPT **corinth grey**
[RAL 7030]

Steingut *nn* TECH **earthenware** *n*

Stellantrieb *nm* CONTRO **servo drive**
= adjusting drive

stellbarer Widerstand COMPO → **potentiometer** *n*
→ Regelwiderstand *nm*

Stellbefehl *nm* TELECON **adjusting command**

Stellbereich *nm* CONTRO **correcting range**
≈ Regelbereich
≈ controlling range

Stelle *nf* ECON → **site** *n*
→ Standort *nm*

Stelle *nf* MOD&SI **place** *n*
[in Petri-Netzen ein Knotentyp]
[in Petri nets a type of node]

Stelle *nf* ECON **job** *n*
= Arbeitsstelle *nf*
= post *n*

Stelle *nf* COMP.SC **position** *n*
[Platz für ein Zeichen in einem Datenträger; Lage eines Zeichens in einer Datenfolge oder Zahlensystem]
= Zeichenstelle *nf*; Datenstelle *nf*
↓ Ziffernstelle; Buchstabenstelle; alphanumerische Stelle
[location for a digit on a data carrier; position of a digit in a data sequence or notational system]
= symbol position; character position; place; symbol place; character place; rank; symbol rank; character rank
↓ digit position; alphabetic position; alphanumeric position; position; symbol rank

Stelle *nf* TECH → **position** *n* (1)
→ Lage *nf*

stellebezogen TECH → **positional** *adj*
→ positionell

Stellelement *nn* CONTRO → **control element**
→ Steuerelement *nn*

Stellen- TECH → **positional** *adj*
→ positionell

stellenabhängig TECH → **positional** *adj*
→ positionell

Stellenadressierung *nf* SW **positional addressing**

Stellenausschreibung *nf* ECON **job advertisement**

Stellencomputer *nm* DAT.PR → **character-oriented computer**
→ Stellenmaschine *nf*

Stellenmaschine *nf* DAT.PR **character-oriented computer**
[Computer mit Stelle als kleinste adressierbare Einheit]
= Zeichenmaschine *nf*; zeichenorientierter Computer; zeichengebundener Computer; Stellencomputer *nm*; Zeichencomputer *nm*
≠ Wortmaschine
[computer with characters as smallest addressable units]
= digit computer; character-oriented machine; character-orientated computer; character-orientated machine
≠ word-oriented computer

Stellenschreibweise *nf* COMP.SC → **positional notation**
→ Stellenwertsystem *nn*

Stellenvermittlung *nf* ECON **employment agency**

stellenversetzen DAT.MA → **shift** *vt*
→ verschieben

Stellenversetzung *nf* DAT.MA → **shift** *n*
→ Verschiebung *nf*

Stellenwert *nm* COLL **referencial value**
[fig]
= Bezugswert *nm*
[importance in a referential system]
= ranking *n*

Stellenwert *nm* COMP.SC **positional value** *n*
[der in einem Stellenwertsystem einer Zifferstelle zugewiesene Wert,,]
= Stellenwertigkeit *nf*; Signifikanz *nf*
[the value assigned in a number system to a digit position]
= place value; place weight; significance

Stellenwertigkeit *nf* COMP.SC → **positional value** *n*
→ Stellenwert *nm*

Stellenwertschreibweise *nf* COMP.SC → **positional notation**
→ Stellenwertsystem *nn*

Stellenwertsystem *nn* COMP.SC **positional notation**
[Zahlendarstellungssystem bei dem jeder Zahl-Stelle ein bestimmter (Stellen-)Wert zugeordnet ist]
= Stellenwertschreibweise *nf*; Stellenschreibweise *nf*; Positionssystem *nn*; polyadisches Zahlensystem; B-adisches Zahlensystem; positionale Notation
≈ arabisches Zahlensystem
≠ Additionssystem
↑ Zahlensystem
↓ gebundeltes Zahlensystem; Radixschreibweise; Dualsystem; Quinärsystem; Biquinärsystem; Oktalsystem; Dezimalsystem; Sedezimalsystem
[number system, where each digit position of a number has a specific (positional) value]
= positional representation; positional number system; denominational notation; denominational representation; denominational number system; base notation
≈ Arabic notation
≠ additive notation
↑ number system
↓ bundled notation; radix notation; binary number system; quinary system; biquinary system; octal number system; decimal number system; hexadecimal number system

Stellfläche *nf* TECH **floor space**
= Standfläche *nf*; Stellplatz *nm*
≈ Raumbedarf
= footprint; floor area; shelf place [EQP.EN]
≈ space requirement

Stellglied *nn* [erzeugt aus schwächerem Signal die Stellgröße] ↓ Aktuator [AUTOM]	CONTRO	**final control element** [generates from a weaker actuating signal the manipulated variable] = correcting element; correcting unit; actuator; actuating element; actuating unit; forward controlling element ↓ actuator [AUTOM]
Stellgröße *nf* [vom Stellglied erzeugt, steuert die Regelstrecke] = Regelausgangsgröße *nf*	CONTRO	**control variable** [generated from the forward controlling element, drives the directly controlled system] = controlling variable; actuating variable; manipulated variable; manipulation variable; correcting variable; correcting quantity
-stellig	MATH	**-place** = -figure
Stellmechanismus *nm* → Servomechanismus *nm*	CONTRO	→ **servomechanism** *n*
Stellmotor *nm* = Servomotor *nm*	TECH	**servomotor** *n* = servo *n*
Stellplatz *nm* → Stellfläche *nf*	TECH	→ **floor space**
Stellschraube *nf* = Gewindeschraube *nf*; Abgleichschraube *nf*; Einstellschraube *nf*	MEC.EN	**setscrew** *n* = setting screw; adjusting screw
Stelltransformator *nm* = Regeltransformator *nm*; regelbarer Transformator ≈ regelbarer Übertrager [COMPO]	POW.SY	**variable-ratio transformer** = variable transformer ≈ variable transformer [COMPO]
Stellung *nf* → Schalterstellung *nf*	COMPO	→ **switch position**
Stellung *nf* [horizontal, vertikal] ≈ Lage	TECH	**position** *n* (2) [horizontal, vertical] = posture *n* ≈ position (1)
Stellungnahme *nf*	ECON	**statement** *n* = opinion *n*
Stellungsfühler *nm* → Positionssensor *nm*	COMPO	→ **position sensor**
Stellungsinhaber *nm* = Amtsinhaber *nm*	ECON	**incumbent** *n* = officeholder *n*
Stellungsmakro *nn*	SW	**positional macro**
Stellventil *nn* → Regelventil *nn*	TECH	→ **regulating valve**
stellvertredender Direktor → Abteilungsbevollmächtigter *nm*	ECON	→ **deputy director**
stellvertretender Chefprogrammierer	DAT.PR	**backup programmer**
Stellvertreter → Proxy *nm*	INTERNET	→ **proxy** *n*
Stellvertreter *nm*	ECON	**deputy** *n* = representative *n*
Stellvertretercode *nm* [zur Programmbeschleunigung]	SW	**token** *n* (2) [short codes used instead of reserved words, to speed program execution]
Stellvertreterzeichen *nn* [Symbol welches beliebige Zeichen ersetzt; meist ein ? für Einzelzeichen oder * für Zeichengruppen] = Ersatzzeichen *nn*; Joker-Zeichen *nn*; Joker *nm*	SW	**wildcard** *n* [symbol representing characters; mostly an ? for a single character or * for groups of characters] = wild card; wildcard character; global character; joker symbol; joker *n*
Stellweg *nm*	CONTRO	**correcting displacement**
Stellwerk *nn*	TECH	**control post**
Stellwerk *nn*	RAIL.SIG	**switch tower** (AE) = signal cabin (BE); signal box; interlocking installation; interlocking post; positioner *n*
Stellzeit *nf*	CONTRO	**control time** = correcting time
Stemmeisen *nn* = Stechbeitel *nm*; Beitel *nm*; Stecheisen *nn*	TECH	**chisel** *n*
Stemming *nn* (ANGL) → Wortstamm-Bildung *nf*	INTERNET	→ **stemming** *n*
Stempel *nm* ↓ Poststempel [POST]	OFFICE	**stamp** *n* ↓ postmark [POST]
Stempelgebühr *nf*	PUB.ADM	**stamp duty**
Stempelkissen *nn*	OFFICE	**ink pad** = rubber stamp pad; stamp pad
Stempelmarke *nf*	ECON	**revenue stamp**
stempeln *vt* ≈ prägen	TECH	**stamp** *vt* = impress *vt* ≈ emboss
Stempeluhr *nf* → Stechuhr *nf*	SIG.EN	→ **time clock**
Stenografie *nf* [vom griech. "stenos + graphein" = "eng + schreiben"] = Stenografie *nf*; Kurzschrift *nf* ↓ Eilschrift	OFFICE	**stenography** *n* [from Greek "stenos + garphein" = "narrow + write"] = shorthand writing
Stenografie *nf* → Stenografie *nf*	OFFICE	→ **stenography** *n*
Stenografie *nf* [das Verstecken von Textinformation, z.B. In Bildinformation]	INF.TEC	**stenography** *n* [hiding of text information, e.g. in picture information]
stenografieren	OFFICE	**stenograph** *vt* = write shorthand
Stenotypist *nm*	OFFICE	**shorthand typist** (2) [male] = stenotypist *n*
Stenotypistin *nf*	OFFICE	**shorthand typist** (1) [female]
Step *nm* (ANGL) → Auftragsschritt *nm*	DAT.PR	→ **job step**
Stepper-Mechanik *nf* (ANGL) → Schrittechnik *nf*	AUTOMA	→ **stepping mode**
Steppermotor *nm* (ANGL) [DAT.PR] → Schrittmotor *nm*	POW.EN	→ **stepper motor**
Step-recovery-Diode *nf* = Schritt-Wiederholungs-Diode *nf* ↑ Speicherschaltdiode	MICR.EL	**step-recovery diode** ↑ charge-storage diode
Step-repeat-Kamera *nf*	MICR.EL	**step-and-repeat camera**
Steptechnik *nf* (ANGL) → Schrittechnik *nf*	AUTOMA	→ **stepping mode**
Steradiant *nm* [ergänzende SI-Einheit für Raumwinkel] = sr	PHYS	**steradian** *n* [complementary SI unit for space angles] = sr
Sterba-Antenne *nf*	ANT	**Sterba curtain array** = Sterba array; Sterba curtain
Stereoanlage *nf*	CONS.EL	**stereo set**
Stereocoder *nm*	BROADC	**stereo coder**
Stereodecoder *nm*	CONS.EL	**stereo decoder**
Stereofernsehen *nn* [mit stereophonem Ton]	TV	**stereophonic television** = stereo TV
stereofon → stereophon	EL.ACOU	→ **stereophonic** *adj*
Stereofonie *nf* → Stereophonie *nf*	EL.ACOU	→ **stereophonic sound system**
stereofonisch → stereophon	EL.ACOU	→ **stereophonic** *adj*
stereographische Projektion	CART	**stereographic projection**
Stereohilfsträger *nm*	BROADC	**stereo subcarrier**
Stereo-Kopfhörer *nm*	EL.ACOU	**stereo headphone**
Stereo-Leitung *nf*	COM.CAB	**stereo conductor**
Stereo-Mikrofon *nn* = Stereo-Mikrophon *nn*	EL.ACOU	**stereo microphone**
Stereo-Mikrophon *nn* → Stereo-Mikrofon *nn*	EL.ACOU	→ **stereo microphone**
Stereo-Mischpult *nn*	BROADC	**stereo mixer** = stereo mixing console
Stereo-Multiplexsignal *nn*	EL.ACOU	**stereo broadcast signal**
stereophon = stereofon; stereophonisch; stereofonisch ≈ zweiohrig [ACOUS] ≠ monophonisch	EL.ACOU	**stereophonic** *adj* = stereo ≈ binaural [ACOUS] ≠ monophonic
stereophone Übertragung → Stereoübertragung *nf*	TELEC	→ **stereophonic transmission**
Stereophonie *nf* = Stereofonie *nf*	EL.ACOU	**stereophonic sound system**
stereophonisch → stereophon	EL.ACOU	→ **stereophonic** *adj*
Stereo-Quadrophonie *nf*	EL.ACOU	**stereophonic quadro sound**
Stereo-Rille *nf*	EL.ACOU	**stereophonic groove**
Stereorundfunk *nm*	BROADC	**stereophonic broadcast** = stereocasting *n*
Stereoschallplatte *nf*	CONS.EL	**stereo record**
stereoskopisch [vom griech. "stereós + skopein" = "starren"]	OPT	**stereoscopic** *adj* [from Greek "stereós + skopein" = "stare"] = stereo ≠ monoscopic

Stereoton *nm* BROADC **stereo signal**

Stereotonabnehmer *nm* EL.ACOU **stereo pickup**
= stereo cartridge; stereo reproducer

Stereotonbandgerät *nn* EL.ACOU **stereo tape recorder**

Stereo-Übersprechdämpfung *nf* EL.ACOU **stereo separation**
= Kanaltrennung *nf*; Übersprechdämpfung *nf* | = channel separation

Stereoübertragung *nf* TELEC **stereophonic transmission**
= stereophone Übertragung | ≠ monophonic transmission
≠ monophone Übertragung

Stereoverstärker *nm* EL.ACOU **stereo amplifier**

Stereovorverstärker *nm* EL.ACOU **stereo preamplifier**

Sterling-Kühler *nm* OPTOEL **Sterling cooler**

Stern *nm* TELEC **star** *n*
[Netz] | [network]

Stern *nm* PRIN.ME → **asterisk** *n*
→ Sternchen *nn*

Stern-/Reihenverkabelung *nf* SYS.INS **daisy chain cabling**

Sternadresse *nf* SW **asterisk address**

Sternanschluss *nm* DAT.CO **star connection**

Sternbus *nm* DAT.CO **star bus**

Sternchen *nn* PRIN.ME **asterisk** *n*
[Symbol: *] | [from Greek "astér + iskos" = "star + little"; symbol: *]
= Asteriskus *nm* (*pl* -ken); Sternsymbol *nn*; Stern *nm*; Sternzeichen *nn* | = star

Stern-Dreieck-Schalter *nm* POW.SY **star-delta connection**
= star-delta circuit; star-wye connection

Stern-Dreieck-Umwandlung *nf* NETW.TH **star-delta conversion**
= star-delta transformation; wye-delta conversion; Tau-Pi transformation; Y-Delta transformation

Sternerder *nm* SYS.INS **star ground system**

sternförmig TECH **stellate** *adj*
≈ strahlenförmig | = stelliform; star-shaped
≈ radial

sternförmiges Netz TELEC → **star network**
→ Sternnetz *nn*

Sternglied *nn* NETW.TH → **star connection**
→ Sternschaltung *nf*

Sternkarte *nf* CART **star chart**

Sternkonfiguration *nf* TELEC **star configuration**

Sternkoppler *nm* OPT.CO **star coupler**

Sternleitung *nf* TELEC **star line**

Sternmodulator *nm* MODUL → **ring modulator**
→ Ringmodulator *nm*

Sternnetz *nn* TELEC **star network**
= sternförmiges Netz | = radial network; star-type network; star-shaped network
≈ Sternstruktur | ≈ star topology

Sternpunkt *nm* BROADC **TV program distribution center**
[Programmaustauschzentrale der ARD, in Frankfurt a.M.] | [of the German 1st TV program (ARD)]
↑ Sendezentrum

Sternpunkterdung *nf* POW.SY **grounding of neutral** (AE)
= earthing of neutral (BE)

Sternpunktleiter *nm* POW.EN → **neutral conductor** (AC)
→ Nulleiter *nm*

Stern-Punkt-Stern SW **star-dot-star**
[Symbol: *.*] | [symbol: *.*]

Sternschaltung *nf* NETW.TH **star connection**
= Sternglied *nn*; T-Schaltung *nf*; T-Glied *nn*; Y-Schaltung *nf*; Y-Glied *nn* | = wye connection; T connection; Y connection; star circuit; wye circuit; T circuit; Y circuit; star network; wye network; T network; Y network; star section; wye section; T section; Y section; star *n*; wye *n*; T; Y

Sternschenkelwiderstand *nm* EL.TEC **star resistance**

Sternspannung *nf* POW.SY → **phase voltage**
→ Phasenspannung *nf*

Sternstruktur *nf* TELEC **star topology**
= Sterntopologie *nf* | ≈ star network
≈ Sternnetz

Sternsymbol *nn* PRIN.ME → **asterisk** *n*
→ Sternchen *nn*

Sterntopologie *nf* TELEC → **star topology**
→ Sternstruktur *nf*

sternverbundene Ringtopologie DAT.NW **star-wired ring topology**

Sternverseilung *nf* COM.CAB **quad formation**
= Sternviererverseilung *nf* | ↑ twisting
↑ Verseilung

Sternvierer *nm* COM.CAB **star quad**
↑ Viererseil; Verseilelement | = spiral quad (AE); spiral-four quad (AE); spiral-four (AE); square formation; twisted quad
↑ quad; stranding element

Sternviererkabel *nn* COM.CAB **star-quad cable**
↑ Viererkabel | = spiral-four cable (1); star-quadded cable
↑ quadded cable

Sternviererverseilung *nf* COM.CAB → **quad formation**
→ Sternverseilung *nf*

Sternzeichen *nn* PRIN.ME → **asterisk** *n*
→ Sternchen *nn*

stetig MATH **continuous** *adj*
= gleichförmig; stufenlos | [from Latin "continuare" = "pursue"]
≈ monoton | = uniform; steady
≠ diskret | ≈ monotonous
≠ discrete

stetig TECH → **stepless** *adj*
→ stufenlos

stetig einstellbar EL.TRO → **continuously adjustable**
→ stufenlos einstellbar

stetiger Fehler QUAL **permanent error**
= Dauerfehler *nm* | = permanent fault

stetiger Regler CONTRO **continuous-action controller**
↓ P-Regler; I-Regler; PI-Regler | ↓ P controller; I controller; PI controller

stetiges Signal INF.TEC → **analog signal**
→ Analogsignal *nn*

stetige Verteilung STATIS **continuous distribution**

Stetigkeitsprüfung *nf* SWITCH → **continuity check**
→ Durchschalteprüfung *nf*

Stetigrechner *nm* DAT.PR → **analog computer**
→ Analogrechner *nm*

stetig veränderlich EL.TRO → **continuously adjustable**
→ stufenlos einstellbar

Steuer ECON **tax** *n*
[öffentliche Geldabgabe] | [a public monetary charge]
≈ Gebühr; Zollgebühr | = duty

Steuer- CONTRO **control-**
= actuating

Steuerabfolge *nf* SW → **control flow**
→ Steuerungsablauf *nm*

Steuerablauf *nm* SW → **control flow**
→ Steuerungsablauf *nm*

Steueranschluss *nm* MICR.EL **gate terminal**
[Steuerelektrode eines Transistors, Thyristors u.dgl.] | [control electrode of a transistor, thyristor etc.]
= Gate-Anschluss *nm*; Gate-Elektrode *nf*; Gate (ANGL); Steuerelektrode *nf*; Tor *nn*; G-Pol | = control-current terminal; gate electrode; gate

Steueranweisung *nf* CONTRO **control instruction**
[von Prozessrechner zu Steuergerät] | [of process control computer to controlling device]

Steueranweisung *nf* (1) SW **control statement** (1)
[in problemorientierten Sprachen; löst eine Aktion gemäß vorgegebener Bedingungen aus] | [in high-level programming languages; causes action according specific conditions]
↑ Anweisung (1) | = control instruction (1)
↓ bedingte Anweisung; Iterationsanweisung; | ↑ statement (1)
↓ conditional statement; iterative statement; transfer statement; case statement

Steueranweisung *nf* (2) SW **control statement** (2)
[Übersetzungsanweisung eines Quellprogramms, die den Kompilierer steuren, Ohne das Objektprogramm zu betreffen] | [directive of a source program to the compiler, without affecting the object program]

Steueranzeige *nf* HW **control message**

steuerbar TECH **controllable** *adj*
≈ regulierbar | ≈ regulable

steuerbarer Gleichrichter POW.SY **controlled convertor**
= controlled rectifier

steuerbarer Siliziumgleichrichter MICR.EL → **thyristor** *n*
→ Thyristor *nm*

Steuerbarkeit *nf* TECH **controllability**

Steuerbaugruppe *nf* EQP.EN **control module**

Steuerbaustein *nm* MICR.EL → **control chip**
→ Steuerchip *nm*

Steuerbefehl *nm* DAT.PR **control command**
[von Computer zu Peripheriegerät] | [from computer to peripheral device]
↓ Kanalbefehlwort; Einstell-Zeichenkette; Escape-Sequenz | = control code; control sequence
↓ channel command word; setup

Steuerberater *nm* | ECON | **tax agent**
Steuerbereich *nm* [im Speicher] | DAT.MA | **control block** *n* (2) [storage area]
Steuerbilanz *nf* ≠ Handelsbilanz | ECON | **tax balance sheet** ≠ commercial balance sheet
Steuerbit *nn* | SW | **control bit**
Steuerblock *nm* → Kennblock *nm* | DAT.MA | → **control block** (1)
Steuerbus *nm* = Steuerpfad *nm*; Kontrollbus *nm*; Kontrollpfad *nm* ↑ Bus | HW | **control bus** ↑ bus
Steuerbyte *nn* | SW | **control byte**
Steuerchip *nm* = Steuerbaustein *nm*; Regelchip *nm*; Regelbaustein *nm* | MICR.EL | **control chip** = controlling chip
Steuercode *nm* → Steuerschlüssel *nm* | DAT.PR | → **control code**
Steuercode *nm* | DAT.CO | **escape code**
Steuerdaten *nplt* | DAT.CO | **path control data**
Steuerdaten *nplt* = Steuerparameter *nm*; Steuerinformation *nf*; Steuerinstruktion *nf*; Steuerungsdaten *nplt* ≈ Testdaten | SW | **control data** (1) = control parameter; control information ≈ control data (2)
Steuereinheit *nf* → Steuerwerk *nn* | HW | → **control unit**
Steuereinheit *nf* = Steuereinrichtung *nf*; Steuerteil *nn* | EQP.EN | **control unit** = controller *n*; operating terminal
Steuereinrichtung *nf* → Steuereinheit *nf* | EQP.EN | → **control unit**
Steuereinsatz *nm* [N+1, N+2] | RAD.RE | **control unit** [N+1, N+2]
Steuerelektrode *nf* → Steueranschluss *nm* | MICR.EL | → **gate terminal**
Steuerelektrode *nf* | EL.TRO | **control electrode**
Steuerelement *nn* = Schaltelement *nn*; Stellelement *nn* | CONTRO | **control element**
Steuerfluss *nm* → Steuerungsablauf *nm* | SW | → **control flow**
Steuerfolge *nf* → Steuerungsablauf *nm* | SW | → **control flow**
steuerfrei | ECON | **tax-exempted** = exempted
Steuerfrequenz *nf* [TF-Technik] | TRANSM | **control frequency** [FDM]
Steuerfunktion *nf* | INF.TEC | **control function**
Steuerfunktionsschicht *nf* | DAT.CO | **control function layer**
Steuergenerator *nm* = Synthetizer *nm* | INSTR | **synthesizer** = synthetizer *n*
Steuergerät *nn* | EQP.EN | **control equipment** = controller *n*
Steuergitter *nn* | EL.TRO | **control grid**
Steuergröße *nf* ≈ Führungsgröße | CONTRO | **control quantity** ≈ reference magnitude
Steuerhebel *nm* → Steuerknüppel *nm* | TER&PER | → **joystick** *n*
Steuerhysterese | CONTRO | **control hysteresis**
Steuerimpuls *nm* ↓ Triggerimpuls; Ansteuerimpuls; Torimpuls | EL.TRO | **control pulse** ↓ trigger pulse; drive pulse; gate control pulse
Steuerinformation | CONTRO | **control information**
Steuerinformation *nf* → Steuerdaten *nplt* | SW | → **control data** (1)
Steuerinformation *nf* → vermittlungstechnische Information | SWITCH | → **switching information**
Steuerinstruktion *nf* → Steuerdaten *nplt* | SW | → **control data** (1)
Steuerkabel *nn* | COM.CAB | **control cable**
Steuerkanal *nm* | HW | **control channel**
Steuerkarte *nf* → Steuerlochkarte *nf* | DAT.PR | → **control card**
Steuerkennlinie *nf* = Übertragungskennlinie *nf* | EL.TRO | **control characteristic**
Steuerkennung *nf* = Steuerkennzeichen *nn* | SW | **control label**
Steuerkennzeichen *nn* → Steuerkennung *nf* | SW | → **control label**
Steuerkennzeichen *nn* → Verbindungssteuerungszeichen *nn* | SWITCH | → **call control character**
Steuerkette *nf* → offener Regelkreis | CONTRO | → **open loop**
Steuerknüppel *nm* = Joystick *nm* (ANGL); Steuerhebel *nm* ↑ Eingabegerät; Schreibmarkensteuergerät | TER&PER | **joystick** *n* = control lever ↑ input device; cursor control device
Steuerknüppel-Anschluss *nm* | HW | **joystick port** = joystick connection
Steuerkopf *nm* | TER&PER | **control head**
Steuerkreis *nm* = Ansteuerschaltung *nf* ↓ Triggerschaltung | CIRC.EN | **control circuit** *n* (1) = driving circuit; drive circuit ↓ trigger circuit (1)
Steuerleistung *nf* | EL.TRO | **control power** = driving power
Steuerleitung *nf* | SWITCH | **control line** = control wire
Steuerlochkarte *nf* = Steuerkarte *nf*; Parameterkarte *nf* | DAT.PR | **control card** = parameter card
Steuerlochstreifen *nm* | TER&PER | **control tape**
Steuerlogik *nf* = Ansteuerlogik *nf* | CIRC.EN | **control logic**
Steuerlogik *nf* → Ansteuerlogik *nf* | EL.TRO | → **control logic**
Steuerluft *nf* | TECH | **control air** = controlling air
Steuermode *nm* | DAT.PR | **control mode**
Steuermultiplexer *nm* → Verteilmultiplexer *nm* | TRANSM | → **cross-connect multiplexer**
steuern ≈ regeln | CONTRO | **control** *vt* ≈ regulate
steuern → lenken | TECH | → **steer** *vt*
steuernde Messeinrichtung → Messdirektor *nm* | INSTR | → **measuring director**
Steuernummer *nf* | ECON | **taxpayer identification code**
Steueroszillator *nm* = Hilfsoszillator *nm* | CIRC.EN | **control oscillator** = booster oscillator
Steuerpaket *nn* [Datenvermittlung] | DAT.CO | **control packet** [data switching]
Steuerparameter *nm* → Steuerdaten *nplt* | SW | → **control data** (1)
Steuerpfad *nm* → Steuerbus *nm* | HW | → **control bus**
steuerpflichtig | ECON | **taxable** *adj*
Steuerplatine *nf* | HW | **controller board**
Steuerprogramm *nn* → Organisationsprogramm *nn* | SW | → **control program**
Steuerprogrammaufruf *nm* → Organisationsaufruf *nm* | SW | → **supervisor call**
Steuerpult *nn* → Rechnersteuerpult *nn* | HW | → **computer control console**
Steuerpult *nn* → Kontrollpult *nn* | TECH | → **control desk**
Steuerquarz *nm* → Quarzoszillator *nm* | CIRC.EN | → **quartz oscillator**
Steuerrahmen *nm* = Leitblock *nm* | DAT.NW | **control frame**
Steuerrechner *nm* | CONTRO | **control computer** = embedded computer
Steuerrechner *nm* → Hauptrechner *nm* | DAT.NW | → **host computer**
Steuerrecht *nn* | ECON | **fiscal law** = tax law
Steuerregister *nn* → Befehlsregister *nn* | HW | → **instruction register**
Steuerschalter *nm* | POW.EN | **control switch**
Steuerschlüssel *nm* = Steuercode *nm* | DAT.PR | **control code** = control key
Steuersequenz *nf* → Steuerungsablauf *nm* | SW | → **control flow**
Steuersignal *nn* | CONTRO | **control signal** = actuating signal
Steuerspannung *nf* = Regelspannung *nf* | EL.TRO | **control voltage** = drive voltage
Steuerspeicher *nm* ≈ Befehlsspeicher | HW | **control memory** = control store; control storage ≈ control memory
Steuersprache *nf* → Kommandosprache *nf* | COMP.LG | → **command control language**
Steuerspur *nf* = Führungsspur *nf* | TV | **control track**
Steuerstapel *nm* | DAT.MA | **control stack**
Steuerstrecke *nf* → Regelstrecke *nf* | CONTRO | → **controlled system**

Steuerstrom *nm* EL.TRO **control current**
Steuerstrom *nm* MICR.EL **gate current**
Steuersystem *nn* HW → **control unit**
→ Steuerwerk *nn*
Steuertastatur *nf* TER&PER → **control keyboard**
→ Bedientastatur *nf*
Steuertaste *nf*(1) TER&PER → **control key** (1)
→ Steuerungstaste *nf*
Steuertaste *nf*(2) TER&PER → **function key**
→ Funktionstaste *nf*
Steuerteil *nn* EQP.EN → **control unit**
→ Steuereinheit *nf*
Steuerumrichter *nm* POW.SY → **cycloconvertor**
→ Direktumrichter *nm*
Steuer- und Regelungstechnik *nf* TECH **control engineering**
= Regelungstechnik *nf*; Leittechnik *nf* = automatic control; control technology
↓ Kybernetik; Robotik; Automatisierung ↓ cybernetics; robotics; automation

Steuerung *nf* CONTRO **open-loop control**
[Beeinflussung einer Steuergröße nur durch eine Führungsgröße, ohne Rückkopplung] [action on a control quantity as a function of a reference magnitude, without any feedback]
= Vorwärtssteuerung *nf*; rückführungslose Steuerung = control
≠ Regelung ≠ closed-loop control
Steuerung *nf* TECH **control** *n*
= Lenkung *nf* = steering
Steuerungblock *nm* TELEC → **header** *n*
→ Anfangsblock *nm*
Steuerung der logischen Verbindung DAT.NW **logical link control**
= logische Verbindungssteuerung *nf*; LLC = LLC
Steuerungsabfolge *nf* SW → **control flow**
→ Steuerungsablauf *nm*
Steuerungsablauf *nm* SW **control flow**
= Steuerablauf *nm*; Steuerungsabfolge *nf*; Steuerabfolge *nf*; Steuerungsfolge *nf*; Steuerfolge *nf*; Steuerungssequenz *nf*; Steuersequenz *nf*; Steuerungsfluss *nm*; Steuerfluss *nm* = flow of control; control sequence
Steuerungsaufgabe *nf* EL.TRO **control function**
= Steuerungsfunktion *nf*
Steuerungsausschuss *nm* ECON → **steering committee**
→ Lenkungsausschuss
Steuerungsdaten *nplt* SW → **control data** (1)
→ Steuerdaten *nplt*
Steuerungsfluss *nm* SW → **control flow**
→ Steuerungsablauf *nm*
Steuerungsfolge *nf* SW → **control flow**
→ Steuerungsablauf *nm*
Steuerungsfunktion *nf* EL.TRO → **control function**
→ Steuerungsaufgabe *nf*
Steuerungsgremium *nn* ECON → **steering committee**
→ Lenkungsausschuss
Steuerungsprogramm *nf* SW → **driver software**
→ Treiber *nm*
Steuerungsprotokoll der logischen Verbindung DAT.NW **logical link control protocol**
= LLC-Protokoll *nn*; logisches Verbindungssteuerungsprotokoll = LLC protocol
Steuerungsrichtung *nf* TELECON **control direction**
[von steuernder Stelle zum gesteuerten Objekt] [from control center to controlled object]
Steuerungssequenz *nf* SW → **control flow**
→ Steuerungsablauf *nm*
Steuerungstaste *nf* TER&PER **control key** (1)
[löst bei gleichzeitigem Drücken anderer Taste Funktionen aus] [activates functions if pressed simultaneously with other key]
= Steuertaste *nf*(1); STRG-Taste *nf*; Kontrolltaste *nf*; CONTRO-Taste *nf*; CTRL-Taste *nf*; CTL-Taste *nf* = CONTRO key; CTRL key; CTR key; CTL key
≈ Funktionstaste; Kommandotaste; Apple-Taste; Umschalttaste (2); ALT-Taste ≈ function key; command key; Apple key; Option key; alternate coding key
Steuerungstyp der logischen Verbindung DAT.NW → **logical link control type**
→ logischer Verbindungssteuerungstyp
Steuerungsübergabe *nf* DAT.PR **control transfer**
Steuerungsverfahren *nn* DAT.PR **control procedure**
Steuerventil *nn* TECH → **regulating valve**
→ Regelventil *nn*
Steuerverhältnis *nn* CONTRO **control ratio**
Steuerwelle *nf* MEC.EN → **camshaft** *n*
→ Nockenwelle *nf*

Steuerwerk *nn* CONTRO **control unit**
= control section (2)
Steuerwerk *nn* HW **control unit**
[Teil des Prozessors in der Zentraleinheit, entschlüsselt die Befehle und steuert deren Ausführung] [functional part of CPU, decodes the instructions and controls its execution]
= Leitwerk *nn*; Kommandowerk *nn*; Steuersystem *nn*; Steuereinheit *nf* = control section; control system
↑ Prozessor; Zentraleinheit ↑ processor; central processing unit
Steuerwicklung *nf* COMPO **drive winding**
= Treiberwicklung *nf* = control winding
Steuerwinkel *nm* POW.SY → **firing angle**
→ Zündwinkel *nm*
Steuerwort *nn* SW **control word** *n* (2)
Steuerzeichen *nn* INF.TEC **control character** (2)
≈ Kontrollzeichen; Steuertastenkombination [DAT.PR]; Steuebefehl [DAT.PR] [a single character]
≈ check character; control key combination [DAT.PR]; control command [DAT.PR]
Steuerzeichen *nn* DAT.CO **control character**
= Befehlszeichen *nn*; Anweisungszeichen *nn* = function character; functional character; command character; instruction character; operational character
↓ Formatsteuerzeichen; Gerätesteuerzeichen; Übertragungssteuerzeichen ↓ format control character; device control character; transmission control character
Steuerzeichen *nn* SWITCH → **call control character**
→ Verbindungssteuerungszeichen *nn*
Steuerzeichenfolge *nf* DAT.PR **control string**
= Kontrollstrang *nm*
Stibitzcode *nm* CODING → **excess-three code**
→ Drei-Exzess-Code *nm*
Stich *nm* OPT → **tinge** *n*
→ Farbstich *nm*
Stichdose *nf* CATV **derivation socket**
Stichel *nf* TECH **embossing tool**
Stich ins OPT **tinge of** *n*
[Dominanz einer Farbe] [predominance of a color]
= touch of
Stichkontaktierung *nf* MICR.EL **stitch bonding**
= Stichverfahren *nn*; Stitch-Kontaktierung *nf* = scissors bonding
Stichleitung *nf* COM.CAB **stub** *n*
Stichleitung *nf* EL.TEC **tap line**
= radiated line
Stichleitungsantenne *nf* ANT **stub antenna**
= Stub-Antenne *nf*(ANGL)
Stichleitungs-Steckdose *nf* BROADC **tap-line plug**
Stichprobe *nf* STATIS **sample** *n*
= Probe *nf* = random sample; spot check
Stichprobenanweisung *nf* QUAL **sampling instruction**
Stichprobendaten *nplt* DAT.MA **sample data**
Stichprobenentnahme *nf* STATIS **sampling**
Stichprobenkontrolle *nf* QUAL **random sampling**
= Stichprobenprüfung *nf* = sampling inspection
Stichprobenkorrelation *nf* STATIS **sample correlation**
Stichprobenmaßzahl *nf* STATIS → **sample statistic** *n*
→ Maßzahl *nf*
Stichprobenplan *nm* STATIS **sampling plan**
= Stichprobensystem *nn* = sampling scheme
Stichprobenprüfung *nf* QUAL → **random sampling**
→ Stichprobenkontrolle *nf*
Stichprobensystem *nn* STATIS → **sampling plan**
→ Stichprobenplan *nm*
Stichprobenumfang *nm* STATIS **sample size**
Stichprobenverteilung *nf* STATIS **sample distribution**
Stichprobenwert *nm* STATIS **sample value**
Stichprobenzählung *nf* STATIS **peg count**
Stichtag *nm* ECON **key day**
= cut-off day
Stichverfahren *nn* MICR.EL → **stitch bonding**
→ Stichkontaktierung *nf*
Stichwort *nn* PRIN.ME **headword** *n*
= Schlagwort *nn*; Lemma *nm* (in Lexikas) = head *n*; entry word (dictionary); reference entry
≈ Eintrag; Thema ≈ entry; theme
Stichwort-in-Kontext-Funktion *nf* WOR.PR **keyword-in-context function**
Stichwortregister *nn* LING → **subject index**
→ Sachwortverzeichnis *nn*
Stichwortverzeichnis *nn* LING → **subject index**
→ Sachwortverzeichnis *nn*

Stichwortzeile *nf*	COMP.AP	**headword line**
Stickstoff *nm* = N	CHEM	**nitrogen** *n* = N
Stiel *nm* ↑ Handgriff (1)	TECH	**stick** *n* ↑ handle (1)
Stielstrahler *nm* → Stabantenne *nf*	ANT	→ **dielectric rod antenna**
Stift *nm* ↓ Zentrierstift	TECH	**pin** *n* ↓ centering pin
Stift *nm* ↓ Farbstift	TER&PER	**pen** *n* ↓ color pen
Stift *nm* [Steckverbindung] ↓ Kontaktstift; Anschlussstift; Lötstift; Wrapstift	COMPO	**pin** *n* [connector] ↑ terminal ↓ contact pin; terminal pin; solder pin; wrap pin
Stift *nm* → Bleistift *nm*	OFFICE	→ **pencil** *n*
Stiftanordnung *nf*	COMPO	**pin arrangement** = pin disposition; pin layout; pinout
Stiftbelegung *nf* = Steckerbelegung *nf* ↑ Anschlussbelegung	EQP.EN	**pin assignment** = contact assignment (2) ↑ terminal occupation
Stifteindringtiefe *nf*	COMPO	**pin depth**
Stiftgalvanometer *nn*	INSTR	**pencil galvanometer**
Stifthub *nm*	TER&PER	**pen lift**
Stiftkabelschuh *nm*	COMPO	**pin cable lug**
Stiftkontakt *nm*	COMPO	**pin contact**
Stiftleiste *nf* ↑ Kontaktleiste	COMPO	**pin contact strip** = pin strip; pin connector ↑ contact strip
Stiftplotter *nm* = Zeichenstiftplotter *nm*; Bleistiftplotter *nm*; Pen-Plotter *nm* ↑ Plotter	TER&PER	**pencil plotter** = pen-on-paper plotter; pen plotter; pen recorder ↑ plotter
Stiftrad *nn* = Stachelrad *nn*	MEC.EN	**pin wheel**
Stiftraster *nn*	COMPO	**pin pattern**
Stift-Scanner *nm* = Scan-Stift *nm*	TER&PER	**pen scanner**
Stiftschlüssel *nm*	MEC.EN	**hexagon driver**
Stiftschraube *nf*	MEC.EN	**stud bolt**
Stiftwahlschalter *nm*	COMPO	**pin-select switch**
Stil *nm* [Formatieranweisung]	INTERNET	**style** *n* [formatting instruction]
Stilb *nn* [Maßeinheit für Leuchtdichte; = 10.000 cd/m²] = sb	OPT	**stilb** *n* [unit for brightness; = 10,000 cd/m²]
Stilbeschreibung *nf* [Gesamtheit aller Stile]	INTERNET	**style description** [universe of all styles]
Stilbeschreibungssprache *nf*	INTERNET	**style description language**
stilisierte Vorschaudarstellung [Symbole statt Buchstaben bei verkleinerter WYSIWYG-Darstellung von Texten] = Blindtext *nm*	WOR.PR	**greeking** *n* [from medieval Latin phrase "Graecum est; non potest legi" (it is Greek; it cannot be read); to use symbols instead of characters for downscaled preview of texts] = greek text
Stillbild *nn* → Festbild *nn*	INF.TEC	→ **fixed image**
stille Entladung	PHYS	**silent discharge**
stillegen [einen Betrieb] = schließen	ECON	**close-down** *vt* [a manufacturing plant] = shut-down
Stillegung *nf*	ECON	**shut-down** *n* = closure *n*
stille Reserve → stille Rücklage	ECON	→ **undisclosed reserves**
stille Reserve	ECON	**hidden reserve**
stiller Fehler = unerkannter Fehler	QUAL	**undetected fault**
stiller Gesellschafter = stiller Teilhaber	ECON	**silent partner** (AE) = dormant partner; sleeping partner; inactive partner
stiller Teilhaber → stiller Gesellschafter	ECON	→ **silent partner** (AE)
stille Rücklage = stille Reserve	ECON	**undisclosed reserves**
stilles Konsortium = formelle Generalunternehmerschaft	ECON	**silent consortium** = undisclosed consortium; improper consortium; internal consortium

Stillstand *nm* ≈ Stopp	TECH	**standstill** *n* ≈ stop
Stillstandskosten *nplt*	ECON	**downtime costs** = stillstand costs; idle costs
Stillstandszeit *nf* ≠ Betriebszeit	TECH	**downtime** *n* = down time ≠ uptime
Stimmabgabezählung *nf* → Tele-Votum *nn*	INF.TEC	→ **televoting** *n*
stimmberechtigt	ECON	**voting**
Stimme *nf* [Wahl]	ECON	**vote** [election]
Stimme *nf* [vom Sprachorgan abgegebener Laut] ≈ Sprache (1)	ACOUS	**voice** *n* [sound produced by human vocal organism] ≈ speech
Stimmenaufzeichnung *nf* → Sprachaufzeichnung *nf*	TER&PER	→ **voice recording**
Stimmerkennung *nf* [Erkennung der Stimme einer bestimmten Person] ↑ Spracherkennung	INF.TEC	**personal voice recognition** [recognition of the voice of a specific person] = personal speech recognition ↑ speech recognition
Stimmerkennungsgerät *nn* ↑ biometrische Sicherheitsvorrichtung	COMP.AP	**voice verifier** ↑ biometric security device
Stimmerkennungsvorrichtung *nf* ↑ biometrische Sicherheitsvorrichtung	COMP.AP	**personal voice verifier** ↑ biometric identification device
Stimmführung *nf* → Intonation *nf*	LING	→ **intonation** *n*
Stimmgabel *nf* = Diapason *nm*	ACOUS	**tuning fork** = diapason *n*
stimmhaft ≠ atimmlos	LING	**voiced** ≠ voiceless
stimmlos ≠ stimmhaft	LING	**voiceless** ≠ voiced
Stimmton *nm* [Ton a1; 440 Hz] = Normstimmton *nm*	ACOUS	**standard tuning tone** *n* [tone a1; 440Hz] = standard tuning tone; standard pitch; pitch (2)
Stimuli *nplt* → Simulationsbitmuster *nn*	DAT.CO	→ **test bit pattern**
stimulierte Emission → induzierte Emission	PHYS	→ **stimulated emission**
Stimulus-Antwort-Messung *nf*	INSTR	**stimulus-response measurement**
Stipendiat *nm*	EDUC	**scholar** *n* [student receiving grant-in-aid]
Stipendium *nn*	EDUC	**scholarship** *n* = bursary *n*
Stipulation *nf* → Vereinbarung *nf*	COLL	→ **agreement** *n* (1)
stipulieren → vereinbaren	COLL	→ **agree**
Stirnfläche *nf*	MEC.EN	**face** *n* = front surface
Stirnflächenkoppelung *nf*	OPTOEL	**butt joint**
Stirnflächenkoppler *nm*	OPTOEL	**front coupler**
Stirnrad *nn* ↑ Zahnrad	MECH	**spur gear** ↑ gear
Stirnschleifen	MICR.EL	**front loops**
Stirnstoß *nm*	MEC.EN	**edge joint**
Stitch-Kontaktierung *nf* → Stichkontaktierung *nf*	MICR.EL	→ **stitch bonding**
STM → synchrone Übermittlung	TELEC	→ **synchronous transfer mode**
STM-1 (SDH) → STS-3 (SONET)	TELEC	→ **STS-3** (SONET)
STM-12 (SDH) → STS-36 (SONET)	TELEC	→ **STS-36** (SONET)
STM-16 (SDH) → STS-48 (SONET)	TELEC	→ **STS-48** (SONET)
STM-3 (SDH) → STS-9 (SONET)	TELEC	→ **STS-9** (SONET)
STM-4 (SDH) → STS-12 (SONET)	TELEC	→ **STS-12** (SONET)
STM-6 (SDH) → STS-18	TELEC	→ **STS-18** (SONET)
STM-8 (SDH) → STS-24 (SONET)	TELEC	→ **STS-24** (SONET)
stöbern → browsen	COLL	→ **browse** *vi*
stöbern → browsen	DAT.MA	→ **browse** *vt*

Stöbern *nn* DAT.MA → **browsing** *n*
→ Browsen *nn*

stochastisch STATIS **stochastic** *adj*
[vom Griechischen "stóchos" = Ziel → "stochastikós" = im Erraten geschickt; vom Zufall abhängig] — [from Greek "stóchos" = "goal" to "stochasticós" = "clever in guessing"; depending on chance]
= probabilistisch — = probabilistic
≈ zufällig; statistisch — ≈ random; statistic
≠ determiniert — ≠ deterministic

stochastische Größe STATIS → **random number**
→ Zufallszahl *nf*

stochastische Konvergenz MATH **convergence in probability**

stochastischer Fehler STATIS → **statistical error**
→ statistischer Fehler

stochastischer Generator DAT.PR → **random sequence generator**
→ Zufallsgenerator *nm*

stochastisch-ergodischer Umsetzer INSTR **stochastic-ergodic converter**

stochastischer Prozess STATIS → **random process**
→ Zufallsprozess *nm*

stochastischer Zugang TELEC **random access**

stochastisches Ergebnis STATIS → **random result**
→ Zufallsergebnis *nn*

stochastische Simulation MOD&SI **stochastic simulation**

stochastisches Modell MATH **stochastic model**

stochastisches Modell SCIE → **probabilistic model**
→ Wahrscheinlichkeitsmodell *nn*

stochastisches Signal INF.TH → **random signal**
→ Zufallssignal *nn*

stochastische Variable STATIS → **random variable**
→ Zufallsvariable *nf*

stochastische Zahl STATIS → **random number**
→ Zufallszahl *nf*

Stöchiometrie *nf* CHEM **stoichiometry**
[Lehre de Quantifizierung chemischer Zusammensetzungen; vom griech. "stoicheion + metron" = "Element + Maß"] — [theory of quantification of chemical compositions; from Greek "stoicheion + metron" = "element + measure"]

stöchiometrisch CHEM **stoichiometric** *adj*

Stock *nn* COLL **stick** *n*
≈ Stab — = rod *n*
≈ wand

Stock *nn* CIV.EN **floor** *n* (of a building)
[eines Gebäudes] — = flat *n* (1); story *n*
= Stockwerk *nn*; Etage *nf*; Geschoss *nn*; Geschoß *nn* (AT)

stocken COLL **stagnate**
= stagnieren

stockend COLL **stagnant**
= stagnierend

Stockung *nf* ANT **stacking** *n*

Stockung *nf* COLL **stagnation** *n*

Stockungsabstand *nm* ANT **stacking distance**

Stockwerk *nn* CIV.EN → **floor** *n* (of a building)
→ Stock *nn*

Stoff *nm* CHEM → **substance** *n*
→ Substanz *nf*

Stoff *nm* COLL → **theme** *n*
→ Thema *nn*

Stofflichkeit *nf* SCIE **materiality** *n*

Stoffmenge *nf* PHYS **amount of substance**
[SI-Einheit: Mol] — [SI unit: Mole]

Stokes *nn* PHYS **Stokes**
= St — = St

STOL RAD.NA → **short take-off and landing**
→ Kurzstart und -landung

Stop *nn* (ANGL) TELEGR → **stop** *n*
→ Stopp *nm*

Stop-Action-Technik *nf* CINEMA → **stop-motion technique**
→ Stop-Motion-Technik *nf*

Stop-Anweisung *nf* (ANGL) SW → **stop statement**
→ Stoppanweisung *nf*

Stop-Bit *nn* TELEGR → **stop pulse**
→ Sperrschritt *nm*

Stop-Element *nn* TELEGR → **stop pulse**
→ Sperrschritt *nm*

Stopfbit *nn* CODING **stuffing bit**
= Füllbit *nn* — = justification bit; stuffing digit; justification digit; justifying digit; padding bit

Stopfbuchse *nf* MEC.EN **stuffing box**

stopfen TECH **stuff** *vt*

stopfen CODING **pulse stuff** *vt*
= justify; pad

Stopfen *nn* CODING **pulse stuffing**
[Anpassen der Übertragungsgeschwindigkeit zwecks Gleichlauf] — [change of data rate from inherent rate in order to grant synchronization]
= Impulsstopfen *nn* — = justification; stuffing

Stopfinformationsbit *nn* CODING **justification service bit**
= Stopfsteuerbit *nn*; Füllinformation *nf* — = justification service digit
≈ Stopfbit

Stopfjitter *nm* CODING **justification jitter**
= stuffing jitter

Stopfkennung *nf* CODING **stuffing identification**
= Füllkennung *nf*

Stopf-Mehrheitsbit *nn* CODING **majority bit**

Stopfrahmen *nm* CODING **justification frame**
= stuffing frame

Stopfsteuerbit *nn* CODING → **justification service bit**
→ Stopfinformationsbit *nn*

Stopfverfahren *nn* CODING **stuffing mode**
↑ Bitratenanpassung — = justification mode
↑ bit rate matching

Stop-Geschwindigkeit *nf* (ANGL) TER&PER → **stop time**
→ Stoppzeit *nf*

Stop-Motion-Technik *nf* CINEMA **stop-motion technique**
= Stop-Action-Technik, Einzelbilstechnik *nf* — = stop-action technique; single-frame technique
↓ Pixilierung — ↓ pixilation

Stopp *nm* TELEGR **stop** *n*
= Stop *nn* (ANGL) — ≠ start
≠ Start

Stopp *nm* MEC.EN → **stop** *n*
→ Anschlag *nm*

Stopp *nm* SW → **halt** *n* (1)
→ Halt *nm* (1)

Stoppanweisung *nf* SW **stop statement**
= Stop-Anweisung *nf* (ANGL); Ende-Anweisung *nf*

Stoppbefehl *nm* SW → **halt instruction** (1)
→ Haltebefehl *nm*

Stoppbit *nn* TELEGR → **stop pulse**
→ Sperrschritt *nm*

Stoppelement *nn* TELEGR → **stop pulse**
→ Sperrschritt *nm*

stoppen EL.TRO → **halt** *vt*
→ anhalten

stoppen TECH → **stop** *vt*
→ anhalten *vt* (1)

Stoppgeschwindigkeit *nf* TER&PER → **stop time**
→ Stoppzeit *nf*

Stoppolarität *nf* TELEGR **stop polarity**

Stoppolarität *nf* DAT.CO **signal condition Z**
[Kennzustand des Stoppschrittes] — [condition of stop signal]
= Z-Zustand *nm*; Signalzustand AUS *nm* — = condition Z; stop polarity
≈ Stromschritt; Pausenschritt — ≈ marking pulse; pause pulse

Stoppschritt *nm* TELEGR → **stop pulse**
→ Sperrschritt *nm*

Stopptaste *nf* CONS.EL **stop key**
= Stop-Taste *nf* (ANGL) — = stop button

Stopptrick *nm* CINEMA **stop action**
= Stoptrick (ANGL)

Stoppuhr *nf* INSTR **stop watch**
↑ Chronometer — ↑ chronometer

Stoppweg *nm* TER&PER **stop distance**
[eines Magnetbands] — [of a magnetic tape]
= Stop-Weg (ANGL)

Stoppzeichen *nn* TELEGR → **stop pulse**
→ Sperrschritt *nm*

Stoppzeit *nf* TER&PER **stop time**
[eines Magnetbands] — [of a magnetic tape]
= Stoppgeschwindigkeit *nf*; Stop-Zeit (ANGL); Stop-Geschwindigkeit *nf* (ANGL)

Stop-Schritt *nm* TELEGR → **stop pulse**
→ Sperrschritt *nm*

Stöpsel TELEPH **plug** *n*
≠ Klinke — ≠ jack

Stöpsel *nm* TELEPH → **jack connector**
→ Klinkenstecker *nm*

stöpseln TELEPH **plug** *vt*

Stöpselwiderstand *nm* PHYS **plug resistance box**

Stop-Taste *nf* (ANGL) CONS.EL → **stop key**
→ Stopptaste *nf*

Stoptrick (ANGL) CINEMA → **stop action**
→ Stopptrick *nm*

Stop-Weg (ANGL) TER&PER → **stop distance**
→ Stoppweg *nm*

Stop-Zeichen *nn* TELEGR → **stop pulse**
→ Sperrschritt *nm*

Stop-Zeit (ANGL) TER&PER → **stop time**
→ Stoppzeit *nf*

Störabstand *nm* TELEC → **signal-to-noise ratio**
→ Rauschabstand *nm*

Störabstand *nm* INF.TEC **signal-to-interence ratio**
↓ Rauschabstand
= S/I ratio; interference margin
↓ signal-to-noise ratio

Störabstand bei Belastung TELEC → **signal-to-noise-with-load ratio**
→ Rauschabstand bei Belastung

Störanalyse *nf* TELEC → **interference analysis**
→ Interferenzanalyse *nf*

störanfällig TECH **susceptible** *adj*
= störempfidlich
≈ empfindlich
= susceptive; accident-sensitive
≈ sensitive

Störanfälligkeit *nf* TECH **susceptibility** *n*
= Fehleranfälligkeit *nf*
= liability *n*

Störanteil *nm* INF.TEC **interfering component**

Störatom *nn* [MICOEL] PHYS → **foreign atom**
→ Fremdatom *nn*

Störausschlag *nm* INSTR **parasitic deflection**

Störaustastung *nf* EL.TRO **noise blanking**

Störband *nn* PHYS **impurity band**

Störbandleitung *nf* PHYS **impurity band conduction**

Störbedingung *nf* INF.TEC **interference condition**

störbegrenzend TELEC **interference-limiting** *adj*
≈ störmindernd
≈ interference-reducing

Störbegrenzer *nm* CIRC.EN **noise limiter**

Störbeitrag *nm* INF.TEC **interfering contribution**
= interference contribution

Storchenschnabel *nm* COLL → **pantograph** *n*
→ Pantograph *nm*

Störeffekt *nm* EL.TRO **disturbance effect**
= hazard *n*; spike *n*

Störeinfluss *nm* INF.TEC → **interference** *n*
→ Störung *nf*

Storemodus *nm* TER&PER **store mode**

störempfidlich TECH → **susceptible** *adj*
→ störanfällig

Störempfindlichkeit *nf* INF.TEC **interference sensibility**
= Beeinflussbarkeit *nf*; Suszeptibilität *nf*
≠ Störsicherheit
↑ elektromagnetische Verträglichkeit
↓ Rauschempfindlichkeit
= susceptibility
≈ immunity to interference
≠ interference immunity
↑ electromagnetic compatibility
↓ noise sensibility

stören INF.TEC → **interfere** *vt*
→ beeinflussen

stören *vt* TECH **trouble** *vt*
= disturb *vt*; derange *vt*

störend INF.TEC **annoying**
= interfering

Störer *nm* MIL.CO → **jamming transmitter**
→ Störsender *nm*

Störer *nm* INF.TEC **interferer** *n*
= disturber *n*

Störfaktor *nm* TELEC **interference factor**
= Interferenzfaktor *nm*

Störfeld *nn* RADIO **interference field**

Störfeldstärke *nf* RADIO **interfering field strength**

Störfestigkeit *nf* INF.TEC **interference immunity**
= Störsicherheit *nf*; Störungsunemfindlichkeit *nf*
≠ Störempfindlichkeit
↑ elektromagnetische Verträglichkeit
↓ Rauschfestigkeit
= disturbance immunity
≠ susceptibility
↑ electromagnetic compatibility
↓ noise immunity

Störfestigkeitsprüfung *nf* QUAL **interference testing**

Störfleck *nm* RAD.LO **clutter** *n*

Störfrequenz *nf* TELEC **interfering frequency**

Störfunkfeld *nn* RAD.PRO **interfering hop**

Störfunktion *nf* MATH **perturbation function**

Störgeräusch *nn* TELEC **interfering noise**
= disturbing noise

Störgröße *nf* CONTRO **disturbance variable**
= perturbance variable; disturbance

Störgrößenaufschaltung *nf* CONTRO **disturbance variable feed-forward**
= perturbance variable feed-forward

Störimpuls *nm* EL.TRO **interfering pulse** *n*
= impulsförmiges Störsignal; Störspannungsspitze *nf*; Störspitze *nf*; Spannungsspitze *nf*; Geräuschspitze *nf*; Fehlerursache *nf*
≈ Impulsgeräusch; Aussetzer
= interference pulse; disturbing pulse; noise peak; glitch *n*; transient disturbance; perturbation pulse; hit *n*; transient *n* (2); voltage transient; voltage spike
≈ impulsive noise

Störimpulshäufigkeit *nf* EL.TRO **number of impulsive noise**

Störinformationsentropie *nf* INF.TH → **irrelevance** *n*
→ Irrelevanz *nf*

Störleistung *nf* INF.TEC **interference power**
↓ Rauschleistung
↓ noise power

Störleistungsabstand *nm* TELEC → **noise power ratio**
→ Geräuschleistungsverhältnis *nn*

Störleistungsverhältnis *nn* TELEC → **noise power ratio**
→ Geräuschleistungsverhältnis *nn*

Störleitung *nf* PHYS → **hole conduction**
→ Löcherleitung *nf*

Störmechanismus *nm* INF.TEC **interference mechanism**

Störmessempfänger *nm* INSTR → **radio interference measuring receiver**
→ Funkstörmessempfänger *nm*

Störmesstechnik *nf* INSTR **interference testing**

störmindernd TELEC **interference-reducing** *adj*
≈ störbegrenzend
≈ interference-limiting

Störmode *nn* (ANGL) MICROW → **interfering mode**
→ Störwelle *nf*

Störmodulation *nf* MODUL **spurious modulation**

stornieren ECON → **cancel** *vt*
→ rückgängigmachen

Stornierung *nf* ECON → **withdrawal** *n*
→ Widerruf *nm*

Stornierung *nf* ECON → **annullment** *n*
→ Annullierung *nf*

Störpegel *nm* TELEC **interference level**
≈ Grundgeräusch
↓ Rauschpegel
= interfering level; disturbance level; noise floor
≈ basic noise
↓ noise level

Störquelle *nf* TELEC **interference source**
= Störsignalquelle *nf*
↓ Rauschquelle
= interfering signal source; interfering source
↓ noise source

Störresonanz *nf* COMPO **unwanted response**
[Quarz]
= Nebenresonanz *nf*
[quartz]
= spurious resonance

Störsaussendung *nf* INF.TEC → **unwanted emission**
→ Störstrahlung *nf*

Störschall-Unterdrückung *nf* EL.ACOU **noise cancellation**

Störschutz *nm* EL.TRO → **interference suppression**
→ Entstörung *nf*

Störschutzfilter *nn* CIRC.EN → **interference suppression filter**
→ Entstörfilter *nn*

Störschwelle *nf* CIRC.EN **interference threshold**

Störsekunde *nf* TELEC **hit second**

Störsender *nm* MIL.CO **jamming transmitter**
= Störer *nm*
= jammer *n*; interfering transmitter

störsichere Logik MICR.EL → **high-level logic**
→ Hochpegel-Logik *nf*

Störsicherheit *nf* INF.TEC → **interference immunity**
→ Störfestigkeit *nf*

Störsignal *nn* EL.TRO **drop-in** *n*
≠ Signalausfall
= interfering signal; interference signal; parasitic signal; perturbation signal
≠ drop-out

Störsignal *nn* INF.TEC **interfering signal**
↓ Rauschsignal
= spurious signal; disturbing signal; drop in
↓ noise signal

Störsignal-Ansprechverhalten *nn* EL.TRO **spurious response**

Störsignalquelle *nf* TELEC → **interference source**
→ Störquelle *nf*

Störsignalunterdrückung *nf* INF.TEC → **interference suppression**
→ Störspannungsunterdrückung *nf*

Störspannung *nf* INF.TEC **interfering voltage**
= Fremdspannung *nf*
≈ Fremdstörung
↓ Rauschspannung; leitungsgeführte S.; gestrahlte S.
= interference voltage; interference; disturbing voltage; foreign voltage; external noise voltage; external noise; unweighted noise voltage
≈ external interference
↓ noise voltage; conducted i.v.; radiated i.v.

Störspannungsanteil *nm* TELEC → **interfering voltage content**
→ Fremdspannungsanteil *nm*

Störspannungsbegrenzer *nm*	EL.TRO	**transitient limiter** = interference limiter
Störspannungsspitze *nf* → Störimpuls *nm*	EL.TRO	→ **interfering pulse** *n*
Störspannungsunterdrückung *nf* = Störunterdrückung *nf*; Störsignalunterdrückung *nf* ↓ Rauschspannungsunterdrückung	INF.TEC	**interference suppression** = interference rejection; disturbing voltage suppression ↓ noise suppression
Störspektrum *nn*	INF.TEC	**interfering spectrum** = interference spectrum
Störsperre *nf* → Rauschsperre *nf*	RADIO	→ **squelch circuit**
Störspitze *nf* → Störimpuls *nm*	EL.TRO	→ **interfering pulse** *n*
Störspitzenbegrenzer *nm*	CIRC.EN	**transient limiter**
Störstelle *nf* = Fehlstelle *nf* ↓ Gitterfehlstelle; Fremdatom	MICR.EL	**imperfection** *n* = impurity *n*; defect *n* ↓ lattice vacanvy; foreign atom
Störstellenbeweglichkeit *nf* = Fehlstellenbeweglichkeit *nf*	MICR.EL	**impurity mobility** = defect mobility
Störstellendichte *nf* = Fehlerdichte *nf*; Fehlstellendichte *nf*	MICR.EL	**impurity density** = impurity concentration; defect density; defect concentration
Störstellenerschöpfung *nf* = Fehlstellenerschöpfung *nf*	MICR.EL	**impurity exhaustion** = defect exhaustion
Störstellenerzeugung *nf* = Fehlstellenerzeugung *nf*	MICR.EL	**impurity generation** = defect generation
Störstellenhalbleiter *nm* → P-Halbleiter *nm*	PHYS	→ **p-type semiconductor**
Störstellenleiter *nm* = Fehlstellenleiter *nm*; Extrinsic-Leiter *nm*	MICR.EL	**extrinsic conductor** = impurity conductor; defect conductor
Störstellenleitung *nf* = Fehlstellenleitung *nf*; Extrinsic-Leitung *nf*	MICR.EL	**extrinsic conduction**
Störstellenprofil *nf* = Fehlstellenprofil *nn* ≈ Dotierungsprofil	MICR.EL	**impurity profile** = defect profile ≈ doping profile
Störstellenübergang *nm* → Übergang *nm*	MICR.EL	→ **junction** *n*
Störstrahlleistung *nf*	INF.TEC	**radiated interference power**
Störstrahlung *nf* = Störsaussendung *nf*; unerwünschte Ausstrahlung; Nebenausstrahlung *nf*; Nebenaussendung *nf*; elektromagnetische Störung ↑ elektromagnetische Verträglichkeit	INF.TEC	**unwanted emission** = unwanted emission; spurious emission; spurious radiation; radiated interference; radiated emission; electromagnetic interference; EMI; electromagnetic perturbance ↑ electromagnetic compatibility
Störstrahlungsmesser *nm* = EMI-Empfänger *nm*	INSTR	**EMI receiver**
Störstreifen *nm*	TV	**stroke** *n*
Störstrom *nm* = Fremdstrom *nm*	EL.TEC	**interfering current** = disturbing current; parasitic current; interference current
Störträger *nm*	MODUL	**interfering carrier**
Störübertragungsfunktion *nf*	CONTRO	**disturbance transfer function**
Störung *nf*	MIL.CO	**jamming** *n* = interference *n*
Störung *nf*	TECH	**perturbation** *n* = fault *n*
Störung *nf* [unerwünschte Beinträchtigung des Nutzsignals] = Signalstörung *nf*; Störeinfluss *nm*; Interferenz *nf* ≈ Störsignal; Beeinflussung ↓ Rauschen; Klirren; Intermodulation; Nebensprechen; Selektivstörung	INF.TEC	**interference** *n* [unwanted impairment of wanted signal] = disturbance ≈ interfering signal ↓ noise; harmonic distortion; intermodulation; crosstalk; selective interference
Störung *nf* → Funktionsstörung *nf*	TECH	→ **malfunction** *n*
Störung durch elektrische Maschinen und Anlagen → Industriestörungen *nplt*	RADIO	→ **man-made noise**
Störungsannahme *nf* = Störungsannahmedienst *nm* ↑ Fernsprechsonderdienst	TELEPH	**fault complaint service** = repair desk service ↑ special telephone service
Störungsannahmedienst *nm* → Störungsannahme *nf*	TELEPH	→ **fault complaint service**
Störungsannahmeplatz *nm* = Störungsannahmetisch *nm*	TELEC	**complaints desk** = complaints board; repair desk
Störungsannahmetisch *nm* → Störungsannahmeplatz *nm*	TELEC	→ **complaints desk**
Störungsanzeige *nf*	TELECON	**malfunction indication** = trouble indication
Störungsauflistung *nf* → Störungsprotokoll *nn*	DAT.PR	→ **failure log**
Störungsauswirkung *nf*	TECH	**malfunction effect**
Störungsbehandlung *nf* → Fehlerbehandlung *nf*	SW	→ **error handling**
Störungsbeseitigung *nf* ≈ Enstörung	MIL.CO	**anti-jamming** *n*
Störungsbeseitigung *nf* → Entstörung *nf*	TECH	→ **fault clearance**
Störungsdatei *nf* → Fehlerdatei *nf*	DAT.MA	→ **error file**
Störungsdiagnose *nf* → Fehlersuche *nf*	QUAL	→ **fault diagnosis**
Störungseingrenzung *nf* → Fehlersuche *nf*	QUAL	→ **fault diagnosis**
störungsempfindlich	INF.TEC	**interference sensitive**
störungsempfindlich	TECH	**perturbation sensitive**
Störungserfassung *nf* → Fehlererfassung *nf*	TELECON	→ **fault detection**
Störungserfassung *nf* → Fehlererkennung *nf*	QUAL	→ **fault detection**
Störungserkennung *nf* → Fehlererfassung *nf*	TELECON	→ **fault detection**
Störungserkennung *nf* → Fehlererkennung *nf*	QUAL	→ **fault detection**
störungsfrei ≈ fehlerfrei	TECH	**trouble-free** = perturbation-free ≈ error-free
störungsfrei = ungestört ≈ fehlerfrei; entstört	TELEC	**interference-free** ≈ error-free
Störungskriterium *nn*	INF.TEC	**failure criterion**
Störungslokalisierung *nf* → Fehlersuche *nf*	QUAL	→ **fault diagnosis**
Störungsmelder *nm*	SIG.EN	**fault detector**
Störungsmeldung *nf* → Fehlermeldung *nf*	TELECON	→ **failure report**
Störungsortbestimmung *nf* → Fehlersuche *nf*	QUAL	→ **fault diagnosis**
Störungsortung *nf* → Fehlersuche *nf*	QUAL	→ **fault diagnosis**
Störungsprotokoll *nn* = Fehlerprotokoll *nn*; Störungsauflistung *nf*; Fehlerauflistung *nf*; Fehlerausdruck *nm*	DAT.PR	**failure log** = failure logging; error log; error logging; fault log; fault logging; failure listing; error listing; fault listing; failure printout; error printout; fault printout
Störungsprotokoll *nn* → Fehlerformular *nn*	QUAL	→ **trouble ticket**
Störungssuche *nf* → Fehlersuche *nf*	QUAL	→ **fault diagnosis**
Störungsunemfindlichkeit *nf* → Störfestigkeit *nf*	INF.TEC	→ **interference immunity**
störungsunempfindlich	INF.TEC	**interference insensitive** = disturbance insensitive; perturbance insensitive
Störungszustand *nm*	TECH	**fault condition**
Störungzeit *nf* → Ausfallzeit *nf*	QUAL	→ **downtime** *n*
störunterdrückend	TELEC	**interference suppressive**
Störunterdrückung *nf* → Störspannungsunterdrückung *nf*	INF.TEC	→ **interference suppression**
Störunterdrückungs-Bandpass *nm*	TELEC	**noise suppression bandpass**
Störverhalten *nn*	CONTRO	**disturbance response** = disturbance behaviour
Störverhalten *nn*	TELEC	**interference performance** = interference response
Störverhältnis *nn*	MODUL	**interference ratio**
Störwelle *nf*	RADIO	**interfering wave**
Störwelle *nf* = Störmode [*nn*] (ANGL)	MICROW	**interfering mode** = unwanted mode
Störwirkung *nf* = Interferenzwirkung *nf*	TELEC	**interference effect**
Story *nf* (ANGL) → Geschichte *nf*	MEDIA	→ **story** *n*
Storyboard [Tafel mit Skizzen des Handlungsablaufs]	CINEMA	**storyboard** *n* [contains drawings sketching the action]
Stoß *nm*	PHYS	**shock** *n*

[kurzfristige Kraftwirkung] | [a short force action]
≈ Erschütterung [TECH] | = impact *n*; jolt *n*; collision
↓ Zusammenstoß [MECH] | ≈ concussion [TECH]
↓ collision [MECH]

Stoß *nm* MEC.EN → **joint** *n* (2)
→ Stoßstelle *nf*

Stoßantwort *nn* EL.TRO → **pulse response**
→ Impulsantwort *nn*

Stoßbetrieb *nm* DAT.CO **burst mode**

Stoßdämfungsmaß *nn* NETW.TH → **return loss coefficient** *n*
→ Echodämpfungsmaß *nn*

Stoßdämpfer *nm* MEC.EN **shock absorber**
= Schwingmetall *nn*

Stoßdämpfung *nf* NETW.TH → **active return loss**
→ Reflexionsdämpfung *nf*

Stoßdämpfung *nf* MEC.EN **shock absorption**

stoßen *vt* PHYS **jolt** *vt*
≈ schütteln | = shock *vt*
≈ shake

Stoßerregung *nf* PHYS **impact excitation**

Stoßfaktor *nm* NETW.TH → **reflection coefficient**
→ Reflexionsfaktor *nm*

stoßfest TECH → **impact-resistant**
→ schlagfest

Stoßfestigkeit *nf* TECH → **shock resistance**
→ Schlagfestigkeit *nf*

stoßfrei TRANSM **hitless**
[Umschaltung] | [switchover]
= schlupffrei; schlupflos; unterbrechungsfrei

stoßfrei TECH **bumpless** *adj*
= hitless; hitchless

Stoßfront *nf* PHYS **shock front**

Stoßfunktion *nf* MATH → **impulse function**
→ Impulsfunktion *nf*

Stoßgeschwindigkeit *nf* TER&PER **burst speed**
[die zwischen Unterbrechungen erreichte Geschwindigkeit] | [speed between interruptions]
≠ Durchsatz | = burst rate
≠ throughput

Stoßinjektion *nf* MICR.EL → **avalanche injection**
→ Lawineneinspritzung *nf*

Stoßionisation *nf* PHYS → **impact ionization**
→ Stoßionisierung *nf*

Stoßionisierung *nf* PHYS **impact ionization**
= Stoßionisation *nf* | = collision ionization

Stoßklinke *nf* COMPO **driving pawl**

Stoßkraft *nf* MECH **impulsive force**
[Kraft mal Stoßdauer] | [force times impact duration]

Stoßparameter *nm* PHYS **impact parameter**

Stoßprüfung *nf* EL.TEC **flash test**
[Isolationsprüfung] | [insulation test]

Stoßprüfung *nf* QUAL **shock test**
= Schlagprüfung *nf*; Schockprüfung *nf*; Erschütterungsprüfung *nf* | = impact test

Stoßspannung *nf* EL.TEC **surge voltage**
≈ Spannungsstoß | = impulse voltage
↑ Stoß | ≈ voltage surge
↑ surge

Stoßspannungsoszilloskop *nn* INSTR **surge oscilloscope**
= Impulsoszilloskop *nn*

Stoßspannungsvoltmeter *nn* INSTR **surge voltmeter**

Stoßspleiß *nm* COM.CAB **butt splice**
= Stoßverbinder *nm*

Stoßstelle *nf* NETW.TH **impedance discontionuity**
= impedance jump

Stoßstelle *nf* MEC.EN **joint** *n* (2)
= Stoß *nm* | [a mechanical interface]

Stoßstrom *nm* EL.TEC **surge current**
≈ Stromstoß | ≈ current surge

Stoßverbinder *nm* COM.CAB → **butt splice**
→ Stoßspleiß *nm*

Stoßverbreiterung *nf* PHYS **collision broadening**

Stoßwelle *nf* PHYS **shock wave**

Stoßwellenzentrum *nn* MED.EN **shock-wave center**

Stoßzeit *nf* TELEC → **heavy-traffic period**
→ verkehrsstarke Zeit

Stottern *nn* LING **stammering** *n*
= stuttering *n*; dysfluency *n*

Strafe *nf* ECON **penalty** *n*
= fine

Straferlass *nm* LAW **amnesty** *n*
= Amnestie *nf*

straff MEC.EN **tight** *adj*
= gespannt (2) | = taut; tense

straffen MECH → **strech** *vt*
→ spannen *vt*

Straffer *nm* TECH **tensioner** *n*

Strafgesetzbuch *nn* LAW **Criminal Code**

Strahl *nm* PHYS **ray** *n*
[Normale zur Wellenfläche; geometrische Definition, keine physikalische Größe] | [perpendicular to a wave front, geometric concept, no physical magnitude]
≈ Strahlenbündel; Strahlenbüschel | = radiation beam; beam *n*
↓ Schallstrahl [ACOUS], Wärmestrahl; Lichtstrahl, Röntgenstrahl | ≈ ray bundle; ray bunch
↓ acoustical ray [ACOUS]; light beam; X ray

Strahlablenksystem *nn* EL.TRO → **electron beam deflection system**
→ Elektronenstrahl-Ablenksystem *nn*

Strahlablenkung *nf* PHYS → **beam deflection**
→ Strahlenablenkung *nf*

Strahlabschussmethode *nf* RAD.PRO **ray launching method**

Strahlachse *nf* PHYS **beam axis**

Strahlauslenkung *nf* ANT **beam squint**

Strahlaustrittsfläche *nf* ANT **aperture** *n*
= Öffnungsfläche *nf*; Apertur *nf*

Strahlbegrenzung *nf* PHYS **delimitation of ray**

Strahldichte *nf* PHYS → **radiance** *n*
→ Strahlungsdichte *nf* (1)

Strahldivergenz *nf* PHYS **beam divergence**

Strahldurchmesser *nm* PHYS **beam diameter**

Strahlelement *nn* ANT → **radiating element**
→ Einzelstrahler *nm*

strahlen PHYS **radiate** *vi*
↓ ausstrahlen | ↓ irradiate

Strahlenablenkung *nf* PHYS **beam deflection**
= Strahlablenkung *nf*; Strahlungsablenkung *nf*

Strahlenbündel *nf* PHYS **ray bundle** *n*
[Bündel paralleler Strahlen einer ebenen Welle] | [bundle of parallel rays of a plane wave]
= bundle *n*
≈ ray bunch; beam
↑ ray

Strahlenbüschel *nn* PHYS **ray bunch** *n*
[Bündel von einem Erregungszentrum divergierender Strahlen, z.B. einer Kugelwelle] | [a bunch of waves diverging from a source, e.g. of a spherical wave]
≈ Strahlenbündel; Strahl | = bunch *n*; ray pencil; pencil *n*
≈ ray bundle; ray

strahlend TECH → **shiny** *adj*
→ glänzend

strahlenempfindlich PHYS **radiosensitive**

Strahlenerder *nm* ANT **radial ground system**

Strahlenfläche *nf* PHYS **ray surface**

strahlenförmig TECH **radial** *adj*
≈ sternförmig | ≈ stelliform

Strahlengang *nm* OPT **course of ray**
= Strahlenverlauf *nm*

Strahlengefährdung *nf* PHYS **radiation hazard**

Strahlengeschwindigkeit *nf* OPT **ray velocity**

Strahlenkrümmung *nf* PHYS **beam bending**

Strahlenmesser *nm* INSTR → **radiometer** *n*
→ Radiometer *nn*

Strahlenphysik *nf* PHYS **radiation physics**

Strahlenquelle *nf* PHYS → **radiator** *n*
→ Strahler *nm*

Strahlenschranke *nf* SIG.EN **radiation barrier**
↓ Lichtschranke | ↓ light barrier

Strahlenschutz *nm* PHYS **radiation protection**

Strahlensuchmethode *nf* RAD.PRO → **ray tracing method**
→ Strahlenverfolgungsmethode *nf*

Strahlentherapie *nf* MED.EN **oncology care**

strahlenundurchlässig PHYS **radiopaque**

Strahlenverfolgungsmethode *nf* RAD.PRO **ray tracing method**
= Strahlensuchmethode *nf*

Strahlenverfolgungsschattierung *nf* COMP.GR **ray-tracing shading**
[berücksichtigt Strahlenwege] | [considers ray propagation]

Strahlenverlauf *nm* OPT → **course of ray**
→ Strahlengang *nm*

Strahlenweg *nm* RAD.PRO **ray path**
= Funkstrecke *nf* | = radio path

Strahler *nm* ANT **radiator** *n*
≈ Antenne | ≈ antenna
↓ Einzelstrahler | ↓ radiating element

Strahler *nm* PHYS **radiator** *n*
= Strahlenquelle *nf*; Strahlungsquelle *nf* | = radiation source

Strahlerfeld *nn* — ANT — **array antenna**
= Antennengruppe *nf*; Antennenfeld *nn*; Antennennetz *nn*; Strahlfeld *nn*; Gruppe *nf*; Strahlergruppe *nf*; Gruppenantenne *nf* — = antenna array; array *n*

Strahlergruppe *nf* — ANT — → **array antenna**
→ Strahlerfeld *nn*

Strahleröffnung *nf* — ANT — **radiator aperture**

Strahlerzeugungssystem *nn* — EL.TRO — **beam generating system**
≈ Elektronenkanone — ≈ electron gun

Strahlfeld *nn* — ANT — → **array antenna**
→ Strahlerfeld *nn*

Strahlfleck *nm* — EL.TRO — **beam spot**

Strahlführung *nf* — EL.TRO — **beam control**

Strahlgüte *nf* — ANT — → **directivity** *n* (1)
→ Richtwirkung *nf*

Strahlheimlauf *nm* — EL.TRO — → **retrace** *n*
→ Rücklauf *nm*

Strahlschärfe *nf* — ANT — → **directivity** *n* (1)
→ Richtwirkung *nf*

Strahlschreiber *nm* — INSTR — → **ink-jet oscillograph**
→ Flüssigkeitsstrahlschreiber *nm*

Strahlstärke *nf* — ANT — **beam power**
= abgestrahlte Leistung; Strahlungsleistung *nf* — = radiated power; radiated intensity

Strahlstärke *nf* — PHYS — → **radiation intensity**
→ Strahlungsintensität *nf*

Strahlteiler *nm* — OPT.CO — **beam splitter**

Strahlung *nf* — PHYS — **radiation**
↓ Ausstrahlung — ↓ irradiation

Strahlungsablenkung *nf* — PHYS — → **beam deflection**
→ Strahlenablenkung *nf*

Strahlungsabsicherung *nf* — MICR.EL — **radiation hardening**

strahlungsarm — RADIO — → **low-radiation** *adj*
→ abstrahlarm

Strahlungscharakteristik *nf* — ANT — **radiation pattern**
[räumliche Verteilung eines Strahlungsparameters] — [spacial distribution of a radiation parameter]
= Richtcharakteristik *nf*; Richtstrahlcharakteristik *nf*; Antennencharakteristik *nf* — = directional pattern; antenna pattern; radiation chart
≈ Richtdiagramm — ≈ directional diagram

Strahlungscharakteristik *nf* — PHYS — **radiation pattern**
= Abstrahlcharakteristik *nf* — = directional pattern
≈ Strahlungsdiagramm — ≈ directional diagram

Strahlungsdämpfung *nf* — PHYS — **radiation damping**

Strahlungsdetektor *nm* — INSTR — **radiation detector**
= Strahlungsempfänger *nm*

Strahlungsdiagramm *nn* — ANT — → **directional diagram**
→ Richtdiagramm *nn*

Strahlungsdiagramm *nn* — PHYS — **directional diagram**
= Abstrahldiagramm *nn* — ≈ radiation pattern
≈ Strahlungscharakteristik

Strahlungsdichte *nf* (1) — PHYS — **radiance** *n*
[Strahlungsleistung pro Raumwinkel] — [radiation energy per solid angle]
= Strahldichte *nf*; Flächenintensität *nf*; Intensität *nf*; Leistungsbedeckung *nf* — = radiation density; radiant intensity; intensity *n*

Strahlungsdichte *nf* (2) — PHYS — → **Poynting's vector**
→ Poynting-Vektor *nm*

Strahlungsdruck *nm* — PHYS — **radiation pressure**

Strahlungselement *nn* — ANT — → **radiating element**
→ Einzelstrahler *nm*

Strahlungsempfänger *nm* — INSTR — → **radiation detector**
→ Strahlungsdetektor *nm*

Strahlungsenergie *nf* — PHYS — **radiant energy**
= radiation energy

Strahlungsfeld *nn* — PHYS — **radiation field**

Strahlungsfluss *nm* — OPT — **radiant flux**
= radiation flux; radiant power

Strahlungsflussdichte *nf* — OPT — **radiant flux density**

strahlungsfrei — PHYS — **radiationless**
= radiation-free

strahlungsgebundene Störfestigkeit — TELEC — **radiated susceptibility**
– RS

strahlungsgekoppelt — ANT — **parasitically excited**

Strahlungsgewinn *nm* — ANT — → **gain** *n*
→ Gewinn *nm*

Strahlungsintensität *nf* — PHYS — **radiation intensity**
= Strahlstärke *nf*

Strahlungsinversion *nf* — RAD.PRO — **radiation inversion**

Strahlungskegel *nm* — ANT — **radiation cone**

Strahlungskeule *nf* — PHYS — **radiation lobe**
= Strahlungslappen *nm*

Strahlungskonstante *nf* — PHYS — **radiation constant**

Strahlungskonzentrierung *nf* — OPT — → **focusing** *n*
→ Fokussierung *nf*

Strahlungskopplung *nf* — PHYS — **mutual coupling**

Strahlungskugel *nf* — ANT — **radiation sphere**

Strahlungslappen *nm* — PHYS — → **radiation lobe**
→ Strahlungskeule *nf*

Strahlungsleistung *nf* — ANT — → **beam power**
→ Strahlstärke *nf*

Strahlungsmaß *nn* — ANT — **radiation factor**
= pattern factor

Strahlungsmaximum *nn* — ANT — **peak power point**

Strahlungsmesser *nm* — INSTR — → **radiometer** *n*
→ Radiometer *nn*

Strahlungsmessinstrument *nn* — INSTR — **radiation measuring instrument**

Strahlungspyrometer *nn* — INSTR — **radiation pyrometer**

Strahlungsquant *nn* — PHYS — **radiation quantum**

Strahlungsquelle *nf* — PHYS — → **radiator** *n*
→ Strahler *nm*

Strahlungsvektor *nm* — PHYS — → **Poynting's vector**
→ Poynting-Vektor *nm*

Strahlungsverlust *nm* — PHYS — **radiation loss**

Strahlungsweg *nm* — RAD.PRO — **radiation path**

Strahlungswiderstand *nm* — ANT — **radiation resistance**
↑ Antennenwiderstand

Strahlungswinkel *nm* — PHYS — **radiation angle**
= Strahlwinkel *nm* — = beam angle; angle of radiation

Strahlungswirkungsgrad *nm* — ANT — **radiation efficiency**
= Antennenwirkungsgrad *nm*

Strahlverdichtung *nf* — EL.TRO — **beam compression**

Strahlverfolgung *nf* — COMP.GR — **ray tracing** *n*
[Verfahren zur wirklichkeitsnahen Darstellung von Festkörperbildern] — [method for modeling of realistic looking solids]
= Bildberechnung *nf* — = ray casting
≈ Bildaufbereitung — ≈ rendering

Strahlverlauf *nm* — PHYS — **ray trajectory**

Strahlwasser *nn* — TECH — **hose water**

strahlwassergeschützt — QUAL — **hose-water proof**
= hose-proof

Strahlwellenleitersystem *nn* — SAT.CO — **beam waveguide system**

Strahlwinkel *nm* — PHYS — → **radiation angle**
→ Strahlungswinkel *nm*

strahungsgekoppelte Antenne — ANT — **passive antenna**
= passive Antenne — = passive aerial

Strandschacht *nm* — OUT.PL — **beach manhole**

Strandungsfalldeckung *nf* — ECON — **stranding cover**

Strangbaum *nm* — DAT.MA — → **threaded tree**
→ verketteter Baum

Strangguss *nm* — METAL — **continuous casting**

strangpressen — METAL — **extrude** *vt*
= kaltspritzen; extrudieren

Strangpressen *nn* — METAL — **extrusion** *n*

Strangpressprofil *nn* — METAL — **extruded structural shape**
= extruded profile

strapazieren — TECH — → **overstress** *vt*
→ überbeanspruchen

strapazierfähig — TECH — → **resistant** *adj*
→ widerstandsfähig

Strapazierfähigkeit *nf* — TECH — → **resistance** *n*
→ Widerstandsfähigkeit *nf*

strapazierter Begriff — LING — **overused concept**

Straße *nf* — CIV.EN — **street** *n*
↓ Landstraße — ↓ road

Straßenachse *nf* — CIV.EN — **street centerline**
= street axis

Straßenbahn *nf* — TRANSM — **tramway** *n* (BE)
= Trambahn *nf*; Tram (*n*) — = tramline *n* (BE); tram *n* (BE); streetcar line (AE); city rail
≈ Obus — ≈ trolleybus

Straßengraben *nm* — CIV.EN — → **gutter** *n*
→ Rinnstein *nm*

Straßenkreuzung *nf* — CIV.EN — **intersection** *n*
= Kreuzung *nf* — = crossroad *n*

Straßenrandsockel *nm* — CIV.EN — **curbside pedestal**

Straßenschrank *nm* — OUT.PL — **street-side cabinet**
= street cabinet

Straßenverkaufszeitung *nf* — PRIN.ME — → **boulevard newspaper**
→ Boulevardzeitung *nf*

Straßenverkehrs-Signaltechnik *nf* — SIG.EN — **road-traffic control engineering**

Straßenverkehrstechnik *nf* — TECH — **road traffic engineering**
= traffic control engineering

Strategie *nf* COLL **strategy** *n*
[klarer Aktionsplan] ≈ concept
≈ Konzept

Strategie-Spiel *nf* COMP.AP **strategy game**

strategisch COLL **strategic** *adj*
= strategical

strategische Planung ECON **strategic planning**

strategischer Informationskrieg MIL.CO **SIW**
= Strategic Information Warfare

strategisches Ziel ECON **strategic goals**

Stratopause *nf* GEOSC **stratopause** *n*

Stratosphäre *nf* GEOSC **stratosphere** *n*
[von ca. 11 km bis 50 km] [from about 11 km to 50 km]
↑ Atmosphäre ↑ atmosphere

Streamer *nm* TER&PER → **streamer** *n*
→ Streamer-Magnetbandgerät *nn*

Streamer-Magnetband *nn* TER&PER **streaming tape**

Streamer-Magnetbandgerät *nn* TER&PER **streamer** *n*
[zügig ohne Start-Stopps durchlaufend] [records continuously without starts and stops]
= Streaming-Magnetbandspeicher *nm*; Streamer *nm*; Cartridge Streamer *nm* = cartridge streamer; streaming tape drive; tape streamer; floppy tape
↑ Magnetbandspeicher ↑ magnetic tape memory

Streaming *nn* INTERNET **streaming** *n*

Streaming *nn* DAT.PR → **continuous mode**
→ Zügig-Betrieb *nm*

Streaming-Betrieb *nm* DAT.PR → **continuous mode**
→ Zügig-Betrieb *nm*

Streaming-Datei *nf* COMP.AP **streaming file**

Streaming-Magnetbandspeicher *nm* TER&PER → **streamer** *n*
→ Streamer-Magnetbandgerät *nn*

streamorientuierte Datei DAT.MA **stream-oriented file**

Strebe *nf* MECH **strut** *n*
↓ Querstrebe ↓ transversal strut

Strecke *nf* CONTRO **linear path**

Strecke *nf* CATV **trunk line**
= trunk *n*

Strecke *nf* TRANSM → **transmission link** *n*
→ Übertragungsstrecke *nf*

strecken METAL **strech** *vt*

strecken PHYS → **strech** *vt*
→ dehnen

Streckenabschnitt *nm* RAIL.SIG **track section**

Streckenabschnitt *nm* TRANSM **line section**
= Leitungsabschnitt *nm* = path section
≈ Teilstrecke

Streckenalarm *nm* SWITCH **route alarm**

Streckenauskundung *nf* SYS.INS → **path survey**
→ Streckenbegehung *nf*

Streckenbegehung *nf* SYS.INS **path survey**
= Streckenbesichtigung *nf*; Streckenauskundung *nf*; Strecken-Survey *nm* ↑ survey
↑ Auskundung

Streckenberechnung *nf* TRANSM **path calculation**
= link calculation; path analysis; link analysis

Streckenbesichtigung *nf* SYS.INS → **path survey**
→ Streckenbegehung *nf*

Streckendämpfung *nf* TRANSM **path attenuation**
= link attenuation

Streckenersatz *nm* TELEC → **path diversity**
→ Mehrwegeführung *nf*

Streckenführung *nf* TELEC **route tracing**
= Trassenführung *nf* [TRANSM]; Linienführung *nf*; Streckenverlauf *nm*; Wegeführung *nf* = routing *n*; tracing *n*; tracking *n*; route of line

Streckenkonfiguration *nf* TRANSM **path configuration**
= line configuration

Streckenmessung *nf* TELEC **link test**
= Punkt-zu-Punkt-Messung *nf*; Abschnittsmessung *nf* = end-to-end test; section test

Streckenplaner *nm* TRANSM **path design engineer**
= link design engineer

Streckenplanung *nf* TRANSM **path design engineering**
= path engineering; link design engineering; link engineering

Streckenprofil *nn* RAD.PRO **contour map**

Streckensteuerung *nf* CONTRO **linear path control**
↑ numerische Steuerung

Strecken-Survey *nm* SYS.INS → **path survey**
→ Streckenbegehung *nf*

Streckenverlauf *nm* TELEC → **route tracing**
→ Streckenführung *nf*

Streckung *nf* METAL **strech** *n*
= elastische Dehnung = streching *n*

Streckung *nf* PHYS → **extension** *n*
→ Ausdehnung *nf* (1)

strehlen METAL → **chase** *vt*
→ gewindestrehlen

Streifband *nn* POST **postal wrapper**

Streifen *nm* TECH **strip** *n* (1)
[langer, schmaler Abschnitt oder Stück von etwas größerem] [long, short section of piece from something larger]
≈ Band; Leiste; Rille = stripe *n*; streak *n*
≈ tape; strap; groove (1)

Streifen-/Karten-Umsetzer *nm* TER&PER → **tape-to-card converter**
→ Lochstreifen-/Lochkarten-Umsetzer *nm*

Streifenanschluss *nm* MICR.EL → **beamlead** *n*
→ Fahnenanschluss *nm*

Streifencode *nm* COMP.AP → **bar code** *n*
→ Strichcode *nm*

Streifencode-Abtaster *nm* TER&PER → **bar-code reader**
→ Strichcode-Leser *nm*

Streifencode-Drucker *nm* TER&PER → **bar code printer**
→ Strichcode-Drucker *nm*

Streifencode-Etikett *nn* TER&PER → **bar code label**
→ Strichcode-Etikett *nn*

Streifencode-Handleser *nm* TER&PER → **bar code manual reader**
→ Strichcode-Handleser *nm*

Streifencode-Lesegerät *nn* TER&PER → **bar-code reader**
→ Strichcode-Leser *nm*

Streifencode-Leser *nm* TER&PER → **bar-code reader**
→ Strichcode-Leser *nm*

streifend TECH **grazing** *adj*

streifender Winkel RAD.PRO **grazing angle**

streifende Sicht RAD.PRO **grazing sight**

Streifendoppler *nm* TER&PER → **reperforator** *n* (1)
→ Lochstreifendoppler *nm*

Streifendrucker *nm* TER&PER **tape printer**
= strip printer

Streifengenerator *nm* TV → **test pattern generator**
→ Bildmustergenerator *nm*

Streifenkode *nm* COMP.AP → **bar code** *n*
→ Strichcode *nm*

Streifenleiter *nm* MICROW → **strip line**
→ Streifenleitung *nf*

Streifenleiterantenne *nf* ANT **strip line antenna**

Streifenleiterzirkulator *nm* MICROW **strip line circulator**
= Stripline-Zirkulator *nm* (ANGL)

Streifenleitung *nf* MICROW **strip line**
= Bandleitung *nf*; Streifenleiter *nm*; Streifenwellenleiter *nm*; Stripline *nf* = stripline *n*

Streifenleitungskoppler *nm* MICROW **strip line coupler**

Streifenleser *nm* (1) TER&PER → **punched tape reader**
→ Lochstreifenleser *nm*

Streifenleser *nm* (2) TER&PER **strip reader** *n*
↑ optischer Leser ↑ optical character reader

Streifenlocher *nm* TER&PER → **tape punch**
→ Lochstreifenstanzer *nm*

Streifenschreiber *nm* TELEGR **tape printer**
[Fernschreiber mit Lochstreifenzusatz] [teleprinter with tape attachment]

Streifenspur *nf* TER&PER **tape track**
↑ Spur = tape channel; channel; tape level
↓ Lochspur; Magnetbandspur ↑ track
↓ channel; magnetic tape track

Streifenvorschub *nm* TER&PER **tape feed** *n* (2)
↑ Vorschub = strip feed
↑ feed

Streifenwellenleiter *nm* MICROW → **strip line**
→ Streifenleitung *nf*

streifig TECH → **striated** *adj*
→ gestreift

Streiflicht *nf* PHYS **glancing light**

Streik *nm* (*pl* -s) ECON **strike** *n*
= Ausstand *nm* = walkout *n*

Streit *nm* ECON **dispute** *n*
= Streitfall *nm* = controversy *n*

Streitfall *nm* ECON → **dispute** *n*
→ Streit *nm*

Streitkräfte *nplt* MILIT → **armed forces**
→ Wehrmacht *nf*

streng *adj* COLL **stringent** *adj*
= scharf (fig); rigurös = severe *adj*; rigid *adj*; rigurous *adj*

Strenge *nf* COLL **stringency** *n*
= severeness *n*

strenge Spezifikation TEC.DOC **stringent specification**

streng geheim ECON **strictly confidential**
= streng vertraulich | = top secret

streng vertraulich ECON → **strictly confidential**
→ streng geheim

Stretchen *nn* COMP.GR **stretching** *n*
[Möglichkeit des Auseinanderziehens einer Grafik bei automatischer Maßkorrektur, Nachschraffur etc.] | [possibility to stretch a graphic with automatic correction of dimensions, hatching etc.]
= graphische Editierfähigkeit | ≈ post-stretching
≈ Nachtransformation

Streuausbreitung *nf* RAD.PRO **scatter propagation**
= spread *n*

Streubereich *nm* PHYS **variation range**

Streubreite *nf* INSTR **spread width**
= spread *n*

Streubreite *nf* STATIS → **variation range** *n*
→ Spannweite *nf*

Streudiagramm *nn* PHYS **scatter diagram**

Streudiagramm *nn* STATIS **scatter diagram**
= Punktdiagramm *nn*; Haufendiagramm *nn* | = point diagram; point chart

Streu-Effekt *nm* PHYS **scattering effect**

streuen PHYS **scatter** *vt*

streuen STATIS **scatter** *vi*
[Werte] | [values]

streuen TECH **stray** *vt*
[etwas Körniges] | [something granular]

streuender Wert STATIS → **scattering value**
→ Streuwert *nm*

Streufaktor *nm* EL.TEC **leakage factor**
[Übertrager] | [transformer]
= Streugrad *nm*; Streuzahl *nf*; Streuziffer *nf* | = leakage coefficient; Hopkinson coefficient; dispersion coefficient

Streufeld *nn* PHYS **stray field**
= dispersion field; leakage field

Streufluss *nm* PHYS **stray flux**
[Magnetismus] | [magnetism]

Streugleichung *nf* MATH **scattering equation**

Streugrad *nm* EL.TEC → **leakage factor**
→ Streufaktor *nm*

Streuinduktivität *nf* PHYS **stray inductance**
= leakage inductance

Streukapazität *nf* PHYS **stray capacitance**

Streukegel *nm* PHYS **scattering cone**

Streukoeffizient *nm* PHYS **scatter coefficient**

Streuleitwert *nm* NETW.TH **leakance** *n*

Streulicht *nf* PHYS **stray light**

Streumatrix *nf* MATH **scattering matrix**
= Scattering-Matrix *nf* (ANGL)

Streuparameter *nm* NETW.TH **scattering parameter**
= S-Parameter *nm* | = s-parameter

Streuquerschnitt *nm* PHYS **scattering cross section**

Streureflexion *nf* PHYS **diffuse reflection**

Streuschicht *nf* PHYS **scattering layer**

Streuschwund *nm* RAD.PRO **scatter fading**

Streuspektrum *nn* MODUL **spread sprectum**
= SS

Streuspektrumfunk *nm* RADIO **spread-spectrum communications**
= Streuspektrumübertragung *nf*; Bandsspreizungsfunk *nm*

Streuspektrum-Modulation *nf* MODUL **spread spectrum modulation**
= Bandspreizungsmodulation *nf*; bandspreizende Modulation

Streuspektrumübertragung *nf* RADIO → **spread-spectrum communications**
→ Streuspektrumfunk *nm*

Streustrahl *nm* PHYS **scattered beam**
= scattered ray

Streustrahlfunkfeld *nn* RAD.PRO **scatter hop**

Streustrahl-Richtfunkverbindung *nf* RAD.RE **troposcatter radio link**
= Streustrahlverbindung *nf*; Troposcatter-Verbindung *nf*; Scatterverbindung *nf* | = troposcatter link; scatter link ↑ trans-horizon radio link

Streustrahlung *nf* PHYS **scattered radiation**
≈ Streuung | = stray radiation ≈ scattering

Streustrahlverbindung *nf* RAD.RE → **troposcatter radio link**
→ Streustrahl-Richtfunkverbindung *nf*

Streustrahlvolumen *nn* RAD.PRO **common volumen**

Streustrahlwinkel *nm* RAD.PRO **scatter angle**
= angular distance

Streustrom *nm* EL.TEC **stray current**
= Irrstrom *nm* | = vagabond current
≈ Leckstrom | ≈ leak current

Streustromableitung *nf* EL.TEC **stray current leakage**

Streustromabsaugung *nf* EL.TEC **stray current drain**

Streustromkorrosion *nf* EL.TEC **stray-current corrosion**

Streuung *nf* PHYS **scatter** *n*
= stray *n*

Streuung *nf* STATIS **scattering** *n*
[von Werten] | [of values]

Streuung *nf* OPT **scattering** *n*
≈ Streustrahlung; Beugung; Brechung ↓ Vorwärtsstreuung; Rückwärtsstreuung; Lichtstreuung | = scatter *n*; stray *n* ≈ scattered radiation; diffraction; refraction ↓ forward scattering; backscattering; light scattering

Streuung *nf*(1) STATIS → **variance** *n*
→ Varianz *nf*

Streuung *nf*(2) STATIS → **standard deviation** *n*
→ Standardabweichung *nf*

streuungsfrei EL.TEC **stray-free**

streuungsfreier Transformator COMPO → **stray-free transformer**
→ streuungsfreier Übertrager

streuungsfreier Übertrager COMPO **stray-free transformer**
= streuungsfreier Transformator

Streuungsfreiheit *nf* EL.TEC **absence of flux leakage**
= zero-flux leakage; absence of stray

Streuungslinse *nf* PHYS **dispersing lens**

Streuverlust *nm* PHYS **scattering loss**

Streuwert *nm* STATIS **scattering value**
= streuender Wert

Streuwinkel *nm* PHYS **scattering angle**

Streuzahl *nf* EL.TEC → **leakage factor**
→ Streufaktor *nm*

Streuziffer *nf* EL.TEC → **leakage factor**
→ Streufaktor *nm*

STRG-Taste *nf* TER&PER → **control key** (1)
→ Steuerungstaste *nf*

Strich *nm* MATH **dash** *n*
[Symbol:,] | [symbol:,]

Strich *nm* PRIN.ME **stroke** *n*

Strich *nm* ENG.DRA → **line** *n*
→ Linie *nf*

Strich *nm* PRIN.ME → **rule** *n*
→ Linie *nf*

Strichabbildung *nf* PRIN.ME → **full-tone image**
→ Vollton-Abbildung *nf*

Strichbreite *nf* PRIN.ME → **stroke weight** *n*
→ Strichstärke *nf*

Strichcode *nm* COMP.AP **bar code** *n*
[aus vertikalen Strichen variabler Dicke und Abstands, mit optischer Querabtastung zu lesen] | [by bars of variable thickness and spacing, read by optical transverse scanning]
= Strichkode *nm*; Streifencode *nm*; Streifenkode *nm*; Balkencode *nm*; Balkenkode *nm*; Barcode *nm*; Barkode *nm* ↓ Zweibreitencode; Mehrbreitencode; Artikelnummercode; UPC-Strichcode; JAN-Code; Code 39; ITF-Strichcode; Codabar | = barcode *n*; bar graphics (AE); optical bar code; OBC ↓ two-width code; multi-width code; article number code; UPC; EAN; JAN; Code 39; ITF; Codabar

Strichcode-Abtaster *nm* TER&PER → **bar-code reader**
→ Strichcode-Leser *nm*

Strichcode-Drucker *nm* TER&PER **bar code printer**
= Streifencode-Drucker *nm*; Balkencode-Drucker *nm*; Barcode-Drucker *nm*

Strichcode-Etikett *nn* TER&PER **bar code label**
= Streifencode-Etikett *nn*

Strichcode-Handleser *nm* TER&PER **bar code manual reader**
= Streifencode-Handleser *nm*; Barcode-Handleser *nm*

Strichcode-Lesegerät *nn* TER&PER → **bar-code reader**
→ Strichcode-Leser *nm*

Strichcode-Leser *nm* TER&PER **bar-code reader**
= Strichcode-Lesegerät *nn*; Streifencode-Leser *nm*; Streifencode-Lesegerät *nn*; Balkencode-Leser *nm*; Barcode-Leser *nm*; Barcode-Scanner *nm*; Strichkodeleser *nm*; Strichkode-Lesegerät *nn*; Balkenkodeleser *nm*; Strichcode-Abtaster *nm*; Streifencode-Abtaster *nm*; Balkencode-Abtaster *nm* ≈ Markierungsleser ↑ optischer Leser | = bar-code scanner; bar reader; bar scanner; optical bar reader; optical wand ≈ mark reader ↑ optical character reader

Strichdicke *nf* ENG.DRA **line thickness**

stricheln *vt* ENG.DRA **dot** *vt* (AE)
[----] [----]
= strichlieren *vt* (AT) = break *vt*
≈ punktieren ≈ punctuate

Strichkode *nm* COMP.AP → **bar code** *n*
→ Strichcode *nm*

Strichkode-Lesegerät *nn* TER&PER → **bar-code reader**
→ Strichcode-Leser *nm*

Strichkodeleser *nm* TER&PER → **bar-code reader**
→ Strichcode-Leser *nm*

strichlieren *vt* (AT) ENG.DRA → **dot** *vt* (AE)
→ stricheln *vt*

Strichliste *nf* STATIS **tally chart**

Strichmarkierungsbeleg *nm* TER&PER → **mark sheet**
→ Markierungsbeleg *nm*

Strichmuster *nn* TECH **stroke pattern**

Strichpunkt *nm* LING → **semicolon** *n*
→ Semikolon *nn* (*pl* -kolons&-kola)

Strichpunkt *nm* ENG.DRA **dash-dot** *n*
[Symbol: -·] [symbol: -·]

strichpunktiert ENG.DRA **chain-dotted** *n*
[Symbol: -·-·-·] [symbol: -·-·-·]
= dot-dashed

strichpunktierte Linie ENG.DRA → **dot-dash line**
→ Strichpunktlinie *nf*

Strichpunktlinie *nf* ENG.DRA **dot-dash line**
= strichpunktierte Linie

Strichschreiber *nm* TER&PER **stroke writer**
= stroke character generator

Strichskale *nf* INSTR **graduated scale**

Strichstärke *nf* PRIN.ME **stroke weight** *n*
= Strichbreite *nf*; Wichte *nf* = stroke width; font weight; font width
↑ Schriftattribut ↑ font attribute
↓ normal; mager; fein; ultraleicht; halbfett; fett; schmalfett; extrafett ↓ normal; light; thin; extra light; ultralight; semi bold; bold; bold condensed; extra bold

Strichvorlage *nf* PRIN.ME **line art**
[Zeichnung ohne Graustufungen] [graphics without half tones]
= Strichzeichnung *nf* = line artwork; line copy

Strichzeichensatz *nm* TER&PER **stroke font**

Strichzeichnung *nf* PRIN.ME → **line art**
→ Strichvorlage *nf*

Strichzeichnung *nf* ENG.DRA **line drawing**
[besteht nur aus Strichen] [made up only by lines]

Strick *nm* TECH **short cord**
[kurzes Seil] ≈ line; rope; cable
≈ Leine; Tau; Kabel ↑ cord
↑ Seil

strikte Typenbehandlung SW → **strong typing**
→ starre Typenhandhabung

String *nm* (1) COMP.SC → **string** *n* (1)
→ Kette *nf*

String *nm* (2) COMP.SC → **character string** *n*
→ Zeichenkette *nf*

Stringbildung *nf* DAT.MA → **string formation**
→ Zeichenkettenbildung *nf*

Stringhandhabung *nf* DAT.MA → **string handling**
→ Zeichenkettenhandhabung *nf*

stringorientiert DAT.MA → **string-oriented** *adj*
→ zeichenkettenorientiert

stringorientierte Datenverdichtung DAT.MA → **string-oriented data compression**
→ zeichenkettenorientierte Datenverdichtung

Stringtyp *nm* DAT.MA **string type**

String-Variable *nf* DAT.MA → **string variable**
→ Kettenvariable *nf*

Stringverarbeitung *nf* DAT.MA → **string processing**
→ Zeichenkettenverarbeitung *nf*

Stringverarbeitungssprache *nf* COMP.LG → **string processing language**
→ Kettenverarbeitungssprache *nf*

Stripline *nf* MICROW → **strip line**
→ Streifenleitung *nf*

Stripline-Dipol *nm* ANT **stripline dipole**

Striplinefilter *nn* MICROW → **interdigital filter**
→ Interdigitalfilter *nn*

Stripline-Zirkulator *nm* (ANGL) MICROW → **strip line circulator**
→ Streifenleiterzirkulator *nm*

strittig COLL **controversial** *adj*
= umstritten; kontrovers = disputatious *adj*

Strobe (ANGL) EL.TRO → **strobe pulse** *n*
→ Ausblendimpuls *nm*

Strobe-Eingang *nm* EL.TRO **strobe input**

Strobe-Impuls *nm* (ANGL) EL.TRO → **strobe pulse** *n*
→ Ausblendimpuls *nm*

Strobesignal *nn* (ANGL) EL.TRO → **strobe signal**
→ Ausblendsignal *nn*

Strobing *nn* EL.TRO → **strobing** *n*
→ Impulsausblendung *nf*

Stroboskop-Effekt *nm* CINEMA **stroboscopic effect**

Stroboskop-Lampe *nf* CINEMA **stroboscopic lamp**

Strom *nm* EL.SC → **electric current** *n*
→ elektrischer Strom

Stromabfall *nm* EL.TEC **current drop**
= current decrease

Stromabgabe *nf* POW.SY **current output**

Stromabschaltung *nf* EL.TEC **power cut**
[beabsichtigte] [intentional]
= Abschaltung *nf*; Abschalten *nn*; Ausschaltung *nf*; Ausschalten *nn* = power-off; power dump; disconnection *n*; disconnect *n*; cut-off *n*; power-off *n*; power-down *n*; shut-down *n*; switch-out *n*
≈ Stromausfall ≈ power failure
↑ Stromunterbrechung ↑ power outage

Stromaggregat *nn* POW.SY **generating set**
= Aggregat *nn* = genset *n*; power set

Stromanpassung *nf* NETW.TH **undermatching** *n*
[Innenwiderstand viel größer als Außenwiderstand] [intrinsic resistance very larger than load resistance]
= Unteranpassung *nf* ≠ overmatching
≠ Spannungsanpassung ↑ matching (1)
↑ Anpassung (1)

Stromanschaltung *nf* EL.TEC → **connection** *n* (2)
→ Einschaltung *nf*

Stromanstieg *nm* EL.TEC **current rise**
= Stromerhöhung *nf* = current set-up

Stromart *nf* POW.SY **current type**
= Stromtyp *nm* = type of current

Stromaufnahme *nf* EL.TEC **current consumption**
= Stromverbrauch *nm*; Eingangsstrom *nm* = current drain; input current; current input
≈ Leistungsaufnahme; Strombedarf ≈ power consumption; current demand

Stromausbeute *nf* EL.TEC **current yield**

Stromausfall *nm* POW.SY → **black-out** *n*
→ Spannungsausfall *nm*

Strombauch *nm* EL.SC **current antinode**
≠ Stromknoten = current maximum
≠ current node

Strombedarf *nm* EL.TEC **current demand**
≈ Leistungsbedarf; Stromaufnahme; Leistungsaufnahme ≈ power demand; current consumption; power consumption

Strombegrenzer *nm* EL.TEC **current limiter**

Strombegrenzerdiode *nf* MICR.EL **current-limiting diode**

Strombegrenzung *nf* EL.TEC **current limitation**
= current limiting

Strombegrenzungstransistor *nm* CIRC.EN **current limiting transistor**

Strombelag *nm* ANT → **current distribution**
→ Stromverteilung *nf*

Strombelastbarkeit *nf* POW.EN **current carrying capacity**
= ampacity *n*; current rating

Strombelastbarkeitstabelle *nf* POW.EN **ampacity table**
= load capacity table

Strombereich *nm* EL.TEC **current range**

Strombuchse *nf* EQP.EN → **power supply jack**
→ Stromversorgungsbuchse *nf*

Stromchiffrierung *nf* CODING **streaming encryption**

Stromdämpfung *nf* NETW.TH **current attenuation**

Stromdämpfungsfaktor *nm* NETW.TH **current attenuation factor**
[Strom am Eingang zu Strom am Ausgang] [current at input to current at output]

Stromdichte *nf* PHYS **current density**

Stromdichtemodulation *nf* EL.TRO **current density modulation**

Stromeinprägung *nf* EL.TEC **current impression**

Stromelement *nn* ANT → **elementary dipole**
→ Elementardipol *nm*

stromempfindlich EL.TEC **current-sensitive** *adj*
= current-sensible

strömen PHYS **flow** *vi*
= fließen

strömen MECH → **flow** *vi*
→ fließen

Stromerhöhung *nf* EL.TEC → **current rise**
→ Stromanstieg *nm*

Stromerzeugung *nf* POW.SY → **electricity generation**
→ Elektrizitätserzeugung *nf*

Stromfeinsicherung *nf* COMPO **fine-wire fuse**
[schützt vor Strömen unter 1 A] [protects against currents of below 1 A]
= Feinsicherung *nf*(2)
↑ Stromsicherung ↑ overcurrent protector
↓ Glasrohr-Feinsicherung; träge Feinsicherung ↓ cartridge fuse; slow-blowing melting fuse

Stromfilter *nn* CIRC.EN → **line filter**
→ Netzfilter *nn*

Stromflusswinkel *nm* POW.SY **current flow angle**
= Phasenanschnittwinkel *nm* = conduction angle

Strom-Frequenz-Wandler *nm* CIRC.EN **current-frequency converter**

Stromfühler *nm* INSTR **current-sensing resistor**

stromführend EL.TEC **current-carrying** *adj*
≈ stromleitend
≠ stromlos ≠ current-free
↑ heiß ↑ live

Stromgegenkoppplung *nf* CIRC.EN **negative current feedback**
[Teil des Ausgangsstromes wird gegenphasig an den Eingang gelegt] [part of output current is fed in opposition to the input]
↑ Gegenkopplung ↑ negative feedback

Stromgenerator *nm* POW.EN **generator** *n*
[wandelt mechanische in elektrische Energie] [converts mechanical into electrical energy]
= elektrischer Generator; Generator *nm* = electric generator
↓ Wechselstromgenerator; Gleichstromgenerator ↓ ac generator; dc generator

stromgesteuert EL.TRO **current-controlled** *adj*

stromgesteuerte Spannungsquelle NETW.TH **current-controlled voltage source**
= CVS = CVS

stromgesteuerte Stromquelle NETW.TH **current-controlled current source**
= CCS = CCS

Stromgleichung *nf* PHYS **current equation**

Stromgrenzwert *nm* EL.TEC **current limit**

Stromgrobsicherung *nf* COMPO **high-current fuse**
[schützt vor Strömen über 1 A] ↑ overcurrent protector
= Edisonsicherung *nf*
↑ Stromsicherung

Stromimpuls *nm* EL.TRO **current pulse**

Stromindikator *nm* ANT **current indicator**

Stromintensität *nf* EL.TEC → **current intensity**
→ Stromstärke *nf*

Stromkabel *nn* POW.EN → **power cable**
→ Starkstromkabel *nn*

Stromknoten *nm* EL.TEC **current node**
≠ Strombauch = current minimum
≠ current antinode

Stromkompensation *nf* INSTR **current compensation**

Stromkopplung *nf* ANT **current excitation**

Stromkreis *nm* NETW.TH → **circuit** *n*
→ Schaltkreis *nm*

Stromlauf *nm* EL.TRO → **circuit diagram**
→ Stromlaufplan *nm*

Stromlaufbeschreibung *nf* EL.TRO **circuit description**

Stromlaufplan *nm* EL.TRO **circuit diagram**
[weder lagerichtige noch maßstabgerechte Darstellung der Zusammenschaltung der Bauelemente] [a schematic representation, whether in true position nor in true shape, of the interconnection of components]
= Stromlauf *nm*; Schaltplan *nm*; Prinzipschaltbild *nn*; Prinzipschaltung *nf*; Prinzipstromlauf *nm*; Stromlaufzeichnung *nf*; Schaltbild *nn*; Verdrahtungsschema *nn*; Schaltschema *nn*; Wirkschaltplan *nm* = schematic circuit diagram; schematic diagram; wiring scheme; circuit schematic; circuit layout; elementary circuit diagram
≈ Bauschaltplan ≈ wiring diagram

Stromlaufzeichnung *nf* EL.TRO → **circuit diagram**
→ Stromlaufplan *nm*

stromleitend EL.TEC **conductive** *adj*
= leitend ≈ current-carrying
≈ stromführend

stromleitende Tinte TER&PER **electrographic ink**

Stromleiter *nm* EL.SC → **electric conductor**
→ Elektrizitätsleiter *nm*

Stromleitung *nf* PHYS **current conduction**

Stromlinie *nf* PHYS → **line of force**
→ Kraftlinie *nf*

stromlinienförmig TECH **streamlined** *adj*
= windschnittig; windschlüpfrig ↓ aerodynamic (2)
≈ formschön
↓ aerodynamisch (2)

stromlos EL.TEC **current-free** *adj*
≈ spannungsfrei ≈ voltage-free
≠ stromführend ≠ current-carrying
↑ kalt ↑ dead

Strommatrix *nf* NETW.TH **current matrix**

Strommenge EL.TEC → **current intensity**
→ Stromstärke *nf*

Strommesser *nm* INSTR **current meter**
= Amperemeter *nn* = ammeter *n*

Strommessung *nf* INSTR **current measurement**
= current test; current metering

Strommesswiderstand *nm* INSTR **current shunt**

Strommitkopplung *nf* CIRC.EN **positive current feedback**
[Teil des Ausgangsstroms wird gleichphasig an den Eingang gelegt] [part of output current is fed in-phase to the input]
↑ Mitkopplung ↑ positive feedback

Stromnebenschluss *nm* EL.TEC → **shunt** *n*
→ Nebenschluss *nm*

Stromnetz *nn* POW.SY **power supply system**

Stromnetz-Kommunikation *nf* TELEC **powerline communications**
= PLC; powerline telecommunications; PLT

stromorientierte Datei DAT.MA **stream-oriented file**

Strompfad *nm* EL.TEC **current path**
= Stromweg *nm*

Strompfeil *nm* NETW.TH **sense indicator**

Stromquelle *nf* NETW.TH **current source**
= Urstromquelle *nf* = current generator

Stromquellenpotential *nn* MICR.EL **current-source potential**

Stromrauschen *nn* EL.TRO **current noise**

Stromregler *nm* CONTRO **current controller**

Stromresonanz *nf* NETW.TH → **parallel resonance**
→ Parallelresonanz *nf*

Stromresonanz *nf* ANT **series resonance**
[Anregung im Strombauch] [feeding in the current antinode]

Stromresonanzkreis *nm* NETW.TH → **parallel-resonant circuit**
→ Parallelschwingkreis *nm*

Stromrichter *nm* POW.SY **static power converter** *n*
[formt elektrische Energie um, unter Verwendung von elektrischen Schaltkreisen] [converts the type of current, using electrical circuits]
= statischer Umformer; Umformer *nm* (2) = static converter; converter *n*; current changer
↓ Gleichrichter; Wechselrichter; Umrichter ↓ rectifier; inverter; voltage system converter

Stromrichtermotor *nm* POW.SY **converter feed motor**

Stromrichterschaltung *nf* POW.SY **converter connection**

Stromrichterventil *nn* COMPO **converter valve**

Stromrichtung *nf* EL.TEC **current sense**
= current direction

Stromrückgewinnung *nf* EL.TRO **current regeneration**

Stromsättigung *nf* MICR.EL **current saturation**

Stromschiene *nf* POW.EN **current bus**
= Stromversorgungsschiene *nf* = power supply bus; power supply bar; conductor rail
↑ Sammelschiene ↑ busbar

Stromschritt *nm* TELEGR **marking pulse** *n*
= Zeichenschritt *nm* (2); Zeichenlage *nf*; Zeichenpolarität *nf*; Zeichen *nn*; Telegrafierschritt *nm* = mark pulse; mark polarity; mark; current condition; current polarity; polarity *n*; current pulse
≈ Startpolarität; Stoppolarität; Zeichenstrom ≈ signal condition A; signal condition Z; spacing current
≠ Pausenschritt ≠ spacing pulse
↑ Zeichenelement; Zeichenlage [DAT.CO] ↑ unit interval; signal condition [DAT.CO]

Stromschrittfrequenz *nf* TELEGR → **marking frequency**
→ Zeichenfrequenz *nf*

Stromschwankung *nf* EL.TEC **current fluctuation**
= current sway; current swing

Stromsenke *nf* NETW.TH **current drain**
= current sink

Stromsicherung *nf* COMPO **overcurrent protector** *n*
[schützt vor unzulässig hohen Strömen] [protects from too high currents]
= Überstromschutzorgan *nn*; Sicherung *nf*(2) = overcurrent protecting device
↑ Sicherung (1)
↓ Stromgrobsicherung; Stromfeinsicherung; Schmelzsicherung; Überstromschutzschalter ↓ fine-wire fuse, high-current fuse; overcurrent protection switch; melting fuse

Stromsonde *nf* INSTR **current probe**

Strom-Spannungs-Charakteristik *nf* EL.TRO **current-voltage characteristic**
= Strom-Spannungs-Kennlinie *nf*

Strom-Spannungs-Kennlinie *nf* EL.TRO → **current-voltage characteristic**
→ Strom-Spannungs-Charakteristik *nf*

Strom-Spannungs-Wandler *nm* CIRC.EN **current-to-voltage converter**

stromsparend EL.TEC **power saving**
= green (slang)

Stromsparmaßnahme *nf* EL.TEC **power saving measure**
= energy conservation measure

stromspeisend EL.TEC **current feeding**

Stromspiegel *nm* CIRC.EN → **current mirror circuit**
→ Stromspiegelschaltung *nf*

Stromspiegelschaltung *nf* CIRC.EN **current mirror circuit**
= Stromspiegel *nm* = current mirror

Stromspiegelung *nf* EL.TEC **current reflection**

Stromstabilisator *nm* CIRC.EN **stabilized current regulator**
= Konstantstromquelle *nf*; Konstantstrom-Stromversorgung *nf*; Präzisionsstromquelle *nf*; Präzisionsstromgeber = constant-current power supply

Stromstabilisierung *nf* EL.TEC **current stabilization**
= current stabilizing

Stromstärke *nf* EL.TEC **current intensity**
[in der Zeiteinheit durch einen Querschnitt hindurchgehende Elektrizitätsmenge; SI-Einheit: Ampere] [quantity of electricity flowing through a cross section in a unit of time; SI unit: Ampere]
= Strommenge; Stromintensität *nf*; elektrische Stromstärke *nf*; Amperezahl *nf* [POW.EN]; I = current strength; electric current strength; amperage *n* [POW.EN]; I

Stromstärkeregler *nm* CIRC.EN → **reaction coil**
→ Rückkopplungsspule *nf*

Stromsteilheit *nf* EL.TRO **current slope**
= current rise rate

Stromsteuerkennlinie *nf* MICR.EL **short-circuit forward current transfer**

stromsteuernd EL.TEC **current driving** *adj*

stromsteuernder Magnetverstärker CIRC.EN → **current driving transductor amplifier**
→ stromsteuernder Transduktorverstärker

stromsteuernder Transduktorverstärker CIRC.EN **current driving transductor amplifier**
= stromsteuernder Magnetverstärker = current driving magnetic amplifier
↑ Transduktorverstärker ↑ transductor amplifier

Stromsteuerung *nf* CIRC.EN **current drive**
= current source driving; current driving

Stromstoß *nm* EL.TEC **current surge**
≈ Stoßstrom ≈ surge current
↓ Impuls [EL.TRO] ↓ pulse

Stromstoß *nm* EL.TRO → **impulse** *n*
→ Impuls *nm* (1)

Stromstoßgalvanometer *nn* INSTR → **ballistic moving-coil galvanometer**
→ ballistisches Drehspulgalvanometer

Stromstoßrelais *nn* COMPO **notching relay**
= Fortschaltrelais *nn* [activated by a given number of impulses]

Stromstoßverhältnis *nn* EL.TRO → **pulse duty ratio**
→ Tastverhältnis *nn*

Stromsummen-Antenne *nf* ANT **current sum antenna**

Stromtaster *nm* INSTR **current tracer**

Stromteiler *nm* CIRC.EN **current divider**

Stromteilerdrossel *nf* POW.SY **current sharing reactor**

Stromtransformator *nm* CIRC.EN **current transformer**
= Stromwandler *nm*

Stromtyp *nm* POW.SY → **current type**
→ Stromart *nf*

Stromübernahme *nf* EL.TRO **current transfer**
[Röhre] [tube]

Stromübersetzung *nf* MICR.EL → **current transformation ratio**
→ Stromübersetzungsverhältnis *nn*

Stromübersetzungsverhältnis *nn* MICR.EL **current transformation ratio**
= Stromübersetzung *nf*

Stromübertragungsfaktor *nm* NETW.TH **current transmission coefficient**
[Strom am Ausgang zu Strom am Eingang] [current at output to current at input]
≠ Stromdämpfungsfaktor = current transfer ratio; CTR
↑ Übertragungsfaktor ≠ current attenuation factor
↓ Wellenstromübertragungsfaktor; Betriebsstromübertragungsfaktor ↑ transmission coefficient
↓ image current transmission coefficient; effective current

Stromumkehr *nf* EL.TEC **current reversal**
= Stromwechsel *nm* = reversal *n*

stromumkehrend EL.SC **current-reversing**

stromumkehrender Negativ-Impedanzkonverter NETW.TH **INIC**

Strömung *nf* PHYS **flow** *n* (1)
= Fluss *nm* (2)

Strömungsgleichung *nf* PHYS **flow equation**

Strömungslehre *nf* PHYS **fluidics** *nplt*

Strömungssimulation *nf* MOD&SI **flow simulation**

Strömungswiderstand *nm* PHYS **flow resistance**

Stromunterbrecher *nm* CIRC.EN → **circuit breaker**
→ Aus-Schalter *nm*

Stromunterbrechung *nf* POW.SY **power outage**
↓ Stromausfall; Stromabschaltung ↓ powerfailure; power cut

Stromvektor *nm* PHYS **current vector**

Stromverbrauch *nm* EL.TEC → **current consumption**
→ Stromaufnahme *nf*

Stromverbraucher *nm* EL.TEC **power absorber**
≈ Last ≈ load

Stromverdrängungseffekt *nm* EL.SC **proximity effect**

Stromversorgung *nf* CIRC.EN **power supply**
= Spannungsversorgung *nf* = current supply

Stromversorgung *nf* POW.SY → **energy system**
→ Stromversorgungsanlage *nf*

Stromversorgung *nf* EQP.EN → **power supply**
→ Stromversorgungsgerät *nn*

Stromversorgung *nf* POW.EN → **mains** *nplt*
→ Starkstromnetz *nn*

Stromversorgungsalarm *nm* EQP.EN **power alarm**

Stromversorgungsanlage *nf* POW.SY **energy system**
= Stromversorgung *nf* = power supply system; power station; power generation plant

Stromversorgungsbuchse *nf* EQP.EN **power supply jack**
= Fremdstrombuchse *nf*; Strombuchse *nf* = power jack

Stromversorgungsgerät *nn* EQP.EN **power supply**
= Stromversorgung *nf* = power source; power equipment

Stromversorgungsgeräusch *nn* TELEC → **hum** *n*
→ Brumm *nm*

Stromversorgungskabel *nn* EQP.EN → **power cable**
→ Netzanschlusskabel *nn*

Stromversorgungsnetz *nn* POW.EN → **mains** *nplt*
→ Starkstromnetz *nn*

Stromversorgungsraum *nm* SYS.INS **power system room**

Stromversorgungsschalter *nm* EQP.EN **power switch**

Stromversorgungsschalter *nm* POW.EN → **power switch**
→ Trennschalter *nm*

Stromversorgungsschiene *nf* POW.EN → **current bus**
→ Stromschiene *nf*

Stromversorgungstransformator *nm* POW.SY **power supply transformer**

Stromverstärkung *nf* NETW.TH **current gain**
↑ Verstärkung = current amplification
↑ gain

Stromverstärkungsfaktor *nm* MICR.EL → **small-signal short-circuit forward transfer ratio**
→ Kurzschluss-Stromverstärkung *nf*

Stromverteiler *nm* POW.SY **power distributor**

Stromverteilertafel *nf* POW.SY **power distribution panel**
= power switchboard

Stromverteilung *nf* ANT **current distribution**
= Strombelag *nm*

Stromverteilung *nf* POW.SY **current distribution**

Stromverteilungsrauschen *nn* MICR.EL **partition noise**

Stromverteilungs-Schwerpunkt *nm* ANT **center of current distribution**

Stromwandler *nm* POW.SY **current transformer**

Stromwandler *nm* CIRC.EN → **current transformer**
→ Stromtransformator *nm*

Stromwärme *nf* PHYS **electric heat**

Stromwechsel *nm* EL.TEC → **current reversal**
→ Stromumkehr *nf*

Stromweg *nm* EL.TEC → **current path**
→ Strompfad *nm*

Strom-Wellenübertragungsmaß *nn* NETW.TH **current transfer constant**

Stromwender *nm* CIRC.EN **current reversing key**

Stromzähler *nm* INSTR **electric meter**

Stromzange *nf* INSTR **clamp-on ammeter**
≈ Stromzangenverstärker = clip-on ammeter
≈ clamp-on current amplifier

Stromzangenverstärker *nm* INSTR **clamp-on current amplifier**
= clip-on current amplifier

Stromzuführung *nf* EL.TEC **voltage feed**
= Spannungszuführung *nf* ≈ power supply
≈ Stromversorgung

Strontium *nn* CHEM **strontium** *n*
= Sr = Sr

Strowger-Vermittlungssystem *nn* SWITCH **Strowger switching system**

Struktogramm *nn* SW **structogram** *n*
[Darstellung logischer Abläufe] [representation of logic sequences]
= Nassi-Schneidermann-Diagramm *nn*; Programmstrukturdiagramm *nn*; Strukturdiagramm *nn*; Strukturbild *nn*; Schachteldiagramm *nn*; Chapin-Diagramm *nn* = structure chart; program structure chart; program structure diagram; structure diagram; structured flowchart; Nassi-Schneidermann chart; box diagram; Chapin chart; hierarchy chart

Struktur *nf* SCIE **structure** *n*

[vom Lat. "structura" = Zusammenfügung] = Strukturierung *nf*; Gliederung *nf*; Gefüge *nn* ≈ Muster; Konfiguration; Textur		[from Latin "structurs" = "assembly"] = structuring ≈ pattern; configuration; texture
Struktur *nf* [SGML; Information über den Inhalt]	INTERNET	**structure** *n* [information about the content]
Struktur *nf* → Bau *nm*	TECH	→ **structure** *n*
Struktur *nf* → Konfiguration *nf*	TECH	→ **configuration** *n*
Strukturanalyse *nf*	SCIE	**structure analysis**
Strukturätzen *nn*	MICR.EL	**structural etching**
Strukturbild *nn* → Struktogramm *nn*	SW	→ **structogram** *n*
Strukturdiagramm *nn*	SW	**structural diagram**
Strukturdiagramm *nn* → Struktogramm *nn*	SW	→ **structogram** *n*
strukturdual	NETW.TH	**structurally dual**
strukturdualer Vierpol	NETW.TH	**structurally dual two-port** = structurally dual quadripole
Strukturentflechtung *nf* → Leiterplattenentflechtung *nf*	EL.TRO	→ **PCB artwork creation**
Strukturentwurf *nm* = Layout *nn*	MICR.EL	**structural layout** *n* = layout *n*
strukturgleich → isomorph	MATH	→ **isomorph** *adj*
Strukturgleichheit *nf* → Isomorphie *nf*	MATH	→ **isomorphism** *n*
strukturieren = gliedern	SCIE	**structure** *vt*
strukturiert = gegliedert	SCIE	**structured**
strukturierte Abfragesprache ↓ SQL	DAT.MA	**structured query language** ↓ SQL
strukturierte Grafik → Vektorgrafik *nf*	COMP.GR	→ **vector graphics**
strukturierte Graphik → Vektorgrafik *nf*	COMP.GR	→ **vector graphics**
strukturierte Programmiersprache = strukturierte Sprache; Struktursprache *nf*	COMP.LG	**structural programming language** = structured language; top-down programming language
strukturierte Programmierung → absteigende Programmierung	SW	→ **top-down programming**
strukturierter Entwurf [jeder Entwurf der vorgegebene Regeln befolgt]	SW	**structured design** [any design obeying some established rules] ↓ object-oriented design
strukturierte Sprache → strukturierte Programmiersprache	COMP.LG	→ **structural programming language**
strukturiertes Programm	SW	**structured programm**
strukturierte Verkabelung	SYS.INS	**structured cabling**
Strukturierung *nf*	SCIE	**texturing** *n*
Strukturierung *nf* → Struktur *nf*	SCIE	→ **structure** *n*
Strukturkollision *nf*	SW	**structure clash**
Strukturlack *nm*	TECH	**textured paint**
strukturlos → unstrukturiert	TECH	→ **unstructured** *adj*
strukturorientiert	SW	**structure-oriented**
strukturorientierte Datenverdichtung = vertikale Datenverdichtung ↑ Datenverdichtung	DAT.MA	**structure-oriented data compression** ↑ data compression
Strukturparameter *nm*	SCIE	**structural parameter**
Strukturprüfprogramm *nn* → Analysealgorithmus *nm*	COMP.AP	→ **parser** *n*
Strukturspeicher *nm*	COMPO	**structure memory**
Struktursprache *nf* → strukturierte Programmiersprache	COMP.LG	→ **structural programming language**
struktursymmetrisch	NETW.TH	**structurally symmetrical**
struktursymmetrischer Vierpol	NETW.TH	**structurally symmetric two-port** = structurally symmetric quadripole
STS-1 (SONET) [51,84 Mbit/s]	TELEC	**STS-1** (SONET) [51.84 (SONET)]
STS-12 (SONET) [622,08 Mbit/s] = STM-4 (SDH)	TELEC	**STS-12** (SONET) [622,08] = STM-4 (SDH)
STS-18 [933,12 Mbit/s] = STM-6 (SDH)	TELEC	**STS-18** (SONET) [933.12 Mbit/s] = STM-6 (SDH)
STS-24 (SONET) [1244,16 Mbit/s] = STM-8 (SDH)	TELEC	**STS-24** (SONET) [1244,16 Mbit/s] = STM-8 (SDH)
STS-3 (SONET) [155.52 Mbit/s] = STM-1 (SDH)	TELEC	**STS-3** (SONET) [155.52 Mbit/s] = STM-1 (SDH)
STS-36 (SONET) [1866,24 Mbit/s] = STM-12 (SDH)	TELEC	**STS-36** (SONET) [1866.24 Mbit/s] = STM-12 (SDH)
STS-48 (SONET) [2488,32 Mbit/s] = STM-16 (SDH)	TELEC	**STS-48** (SONET) [2488,32 Mbit/s] = STM-16 (SDH)
STS-9 (SONET) [466,56 Mbit/s] = STM-3 (SDH)	TELEC	**STS-9** (SONET) [466.56 Mbit/s (SDH)] = STM-3(SDH)
STS-N [elektrisches Normsignal nach SONET]	TELEC	**STS-N** [Synchronous Transport Signal level N; electrical standard signal as per SONET]
STTL	MICR.EL	**STTL** [Schottky-clamped transistor-transistor logic]
Stub-Antenne *nf* (ANGL) → Stichleitungsantenne *nf*	ANT	→ **stub antenna**
Stück *nn*	TECH	**piece** *n*
Stück *nn*	ECON	**piece** *n* = item *n*; part *n*
Stückakkord *nm* = Akkordarbeit *nf*; Akkord *nm*	MANUF	**piece-work** *n*
Stückkosten *nplt*	ECON	**unit costs**
Stückliste *nf* = Sammelkarte *nf*; Materialliste *nf*; Schaltteilliste *nf*; Teileliste *nf* ≈ Lieferlieste [ECON]; Bauteileübersicht	TEC.DOC	**parts list** = variety parts list; variety plan; material list; bill of materials; material bill; stock list ≈ bill of materials [ECON]; component list
Stückliste *nf* → Lieferliste *nf*	ECON	→ **bill of materials**
Stückmanipulator *nm*	AUTOM	**part manipulator**
stückweise	TECH	**piecewise**
Stückzahl *nf*	ECON	**quantity** *n* = number of parts
Student *nm* ≈ Schüler	EDUC	**student** *n* ≈ pupil
Studentenfilm *nm*	CINEMA	**student film**
Student-Verteilung *nf* = t-Verteilung *nf* ↑ Testverteilung	STATIS	**Student's t distribution** = t distribution ↑ test distribution
Studie *nf* ≈ Analyse	TECH	**study** *n* ≈ analisis
Studienabgänger *nm* → Absolvent *nm*	SCIE	→ **graduate** (AE)
Studienfach *nn* = akademische Fachrichtung	EDUC	**course of study**
Studienkommission *nf*	ECON	**study commission**
Studienperiode *nf*	ECON	**study period**
Studienprogramm *nn*	MEDIA	**documentary channel**
Studienzweig *nm* ≈ Wissenschaftszweig [SCIE]	EDUC	**discipline** *n* = field of study ≈ discipline [SCIE]
Studio *nn* → Filmatelier *nn*	CINEMA	→ **film studio**
Studio *nn* (*pl* -s) = Aufnahmestudio *nn* ↓ Fernsehstudio; Hörfunkstudio	BROADC	**studio** *n* ↓ television studio; audio broadcast studio
Studioaufnahme *nf* → Innenaufnahme *nf*	CINEMA	→ **indoor shot**
Studiokonferenz *nf*	TELEC	**studio conference**
Studionorm *nf*	BROADC	**studio standard**
Studioqualität *nf*	BROADC	**studio quality level** = contribution level
Studio-Richtmikrofon *nn* = Studio-Richtmikrophon *nn*	EL.ACOU	**studio directional microphone**
Studio-Richtmikrophon *nn* → Studio-Richtmikrofon *nn*	EL.ACOU	→ **studio directional microphone**
Studiotechniker *nm*	BROADC	**studio engineer**
Studio-Videokonferenzsystem *nn*	TELEC	**studio video conference system**
Stufe → Ebene *nf*	DAT.PR	→ **plane** *n*
Stufe *nf* → Schalterstellung *nf*	COMPO	→ **switch position**
Stufe *nf*	TECH	**step** *n* (2) [vertical discontinuity]
Stufe *nf* = Schaltungsstufe *nf*; Schaltkreisstufe *nf*	CIRC.EN	**circuit stage** = stage *n*

Stufe *nf* — EL.TRO — → **step** *n*
→ Sprung *nm*

Stufe *nf* — MATH — **knee** *n*
[Kurve] — [curve]
= step *n*

Stufe *nf* — COLL — **stage** *n*
[fig] — [fig]
= Stadium *nn*

Stufe *nf* — TRANSM — → **hierarchical order**
→ Hierarchiestufe *nf*

Stufe-Eins-Diagnoseprogramm *nn* — SW — **level 1 diagnostics** *n*

Stufenabschwächer *nm* — INSTR — → **step attenuator**
→ Stufendämpfungsglied *nn*

Stufenabschwächung *nf* — INSTR — → **step attenuator**
→ Stufendämpfungsglied *nn*

Stufendämpfungsglied *nn* — INSTR — **step attenuator**
= Stufenabschwächung *nf*; Stufenabschwächer *nm*; Eichleitung *nf* — = attenuation box

Stufendrehschalter *nm* — COMPO — **rotary selector switch**

Stufenfaser *nf* — OPT.CO — → **step-index fiber**
→ Stufenindexfaser *nf*

stufenfixe Kosten — ECON — **step costs**

stufenfrei — TECH — → **stepless** *adj*
→ stufenlos

Stufenfunktion *nf* — MATH — → **step function**
→ Sprungfunktion *nf*

Stufengitter *nn* — PHYS — **echelon grating**

Stufenhornstrahler *nm* — ANT — **compound horn antenna**

Stufenindexfaser *nf* — OPT.CO — **step-index fiber**
= Stufenfaser *nf*; Stufenprofil-Wellenleiter *nm*; Kern-Mantel-Wellenleiter *nm* — = step-index optical waveguide
≈ Mehrmodenfaser — ≈ multimode fiber

Stufenindexprofil *nn* — OPT.CO — **step-index profile**
= Stufenprofil *nn*

Stufenkompensationsumsetzer *nm* — CIRC.EN — **incremental-step converter**
= Stufenumsetzer *nm*; Stufenkompensator *nm*; Stufenverschlüßler — = voltage comparison encoder

Stufenkompensator *nm* — CIRC.EN — → **incremental-step converter**
→ Stufenkompensationsumsetzer *nm*

Stufenkondensator *nm* — INSTR — **capacitance decade**

Stufenkondensator *nm* — COMPO — **step capacitance**

Stufenkopplungsnetzwerk *nn* — CIRC.EN — **interstage network**
= interstage circuit

Stufenkurve *nf* — MATH — **step-like curve**

Stufenlinse *nf* — ANT — → **stepped lens**
→ Zonenlinse *nf*

stufenlos — MATH — → **continuous** *adj*
→ stetig

stufenlos — TECH — **stepless** *adj*
= stufenfrei; glatt; stetig; gleichförmig — = smooth *adj* (1); continuous *adj* (3); uniform *adj*; steady *adj*
≈ endlos; kontinuierlich — ≈ endless; continuous (1)
≠ gestuft — ≠ stepped

stufenlos einstellbar — EL.TRO — **continuously adjustable**
= stetig einstellbar; stufenlos veränderlich; stetig veränderlich — = continuously variable; infinitely variable

stufenloser Übergang — TECH — **staged changeover**
= gradueller Übergang — = gradual transition

stufenlos veränderlich — EL.TRO — → **continuously adjustable**
→ stufenlos einstellbar

Stufenpotentiometer *nn* — COMPO — **step potentiometer**

Stufenprofil *nn* — OPT.CO — → **step-index profile**
→ Stufenindexprofil *nn*

Stufenprofil-Wellenleiter *nm* — OPT.CO — → **step-index fiber**
→ Stufenindexfaser *nf*

Stufenrelais *nn* — COMPO — → **two-step relay**
→ Zweistufenrelais *nn*

Stufenschalter *nm* — COMPO — **stepping switch**
= tapping switch

Stufensignal *nn* — EL.TRO — → **staircase signal**
→ Treppensignal *nn*

Stufensperrschicht *nf* — MICR.EL — → **abrupt junction**
→ abrupter Übergang

Stufentaste *nf* — COMPO — **step key**

Stufentest *nm* — SCIE — **weighted scoring**

Stufe-Null-Diagnoseprogramm *nn* — SW — **level 0 diagnostic** *n*
= start-up diagnostic; power-on self-test; POST

Stufenumsetzer *nm* — CIRC.EN — → **incremental-step converter**
→ Stufenkompensationsumsetzer *nm*

Stufenverschlüßler — CIRC.EN — → **incremental-step converter**
→ Stufenkompensationsumsetzer *nm*

Stufenverstärkung *nf* — CIRC.EN — **stage gain**

Stufenverzögerung *nf* — COMPO — **propagation delay**
[Reaktionszeit digitaler Bausteine] — [of digital devices]

stufenweise (1) — TECH — **scaled** *adj*
[zeitlich] — [time domain]
= phased; incrementally (1)

stufenweise (2) — TECH — → **stepwise** *adj*
→ schrittweise

stufenweise Erweiterung — TECH — **scaled expansion**
= phased expansion

stufenweiser Abfall — EL.TRO — **rump-down** *n*

stufenweiser Anstieg — EL.TRO — **ramp-up** *n*

Stufenwiderstand *nm* — INSTR — → **resistance decade**
→ Widerstandsdekade *nf*

Stufenwobbelung *nf* — INSTR — → **stepped sweep**
→ gestufte Wobbelung

Stufenzahl *nf* — CODING — **number of levels**
[Anzahl der verfügbaren Codeelemente]

Stufenziehverfahren *nn* — MICR.EL — **rate growth process**

Stummabstimmung *nf* — HF — **squelch** *n*
= stumme Regelung — = squelching

Stummel *nm* — TECH — → **stem** *n*
→ Stutzen *nm*

stumme Regelung — HF — → **squelch** *n*
→ Stummabstimmung *nf*

Stummfilm *nm* — IMAG.ME — **silent film**
≠ Tonfilm — = silent movie
≠ sound film

Stummschaltung *nf* — CONS.EL — **muting** *n*
[unterdrückt bei unzureichendem Empfangssignal] — [disables as long as reception signal is insufficient]
= Rauschsperre *nf*; Muting *nn* (ANGL) — = mute

stümperhaft — COLL — **clumpsy** *adj*
= gepfuscht; gemurkst — ≈ lay; improper
≈ laienhaft; unsachgemäß

stumpf (fig) — OPT — → **mat** *adj*
→ matt

Stumpf *nm* — TECH — → **stem** *n*
→ Stutzen *nm*

Stumpf *nm* — TECH — **stub** *n*
[Verzweigung]

Stumpf *nm* — MATH — **frustum** *n* (*pl* -tums&-ta)
[parallel zur Grundfläche abgeschnittener konusförmiger Körper] — [cone-shaped solid cut parallel to base]
= Kegelstumpf *nm*

stumpf (1) — TECH — **blunt** *adj* (1)
[nicht stechend] — [not pricking]
≠ spitz — ≠ pointed

stumpf (2) — TECH — **blunt** *adj* (2)
[nicht schneidend] — [not cutting]
≠ scharf — ≠ sharp

stumpfer Winkel — MATH — **obtuse angle**

stumpfes Ende — MECH — **butt** *n*

stumpfgestoßen — TECH — **butted** *adj*
= butt-jointed

Stumpfkabel *nn* — OUT.PL — **stub cable**
≈ Abzweigkabel — ≈ branch cable

Stumpfschweißen *nn* — METAL — **butt welding**

Stumpfstoßschweißung *nf* — METAL — **butt-joint welding**

Stumpfverbindung *nf* — MEC.EN — **butt joint**

stumpfwinklig — MATH — **obtuse angled**
≠ spitzwinkling — = obtuse
≠ acute angled

stumpfwinkliges Dreieck — MATH — **obtuse triangle**
= obtuse-angled triangle

Stumpfzahn *nm* — MEC.EN — **stub tooth**
[Zahnrad] — [gear]

Stunde *nf* — PHYS — **hour** *n*
[= 60 min] — [= 60 min]
= h — = h; h.

stunden — ECON — **allow deferment**
= grant time

Stunden- — TECH — **per hour**
= ph

stundenaktuell — COLL — **up-to-hour** *adj*

stundengenau — ECON — **hour, to the**

Stundenkilometer *nm* — PHYS — **kilometers per hour**
= Kilometer pro Stunde; km/h — = kmph; km/h
≈ Meilenkilometer — ≈ mph

Stundenleistung *nf* — MANUF — **hourly output**

stundenweise — COLL — **by the hour**

Stundenzähler *nm* INSTR **time counter**
stündlich COLL **hourly**
= jede Stunde — = every hour
Stundung *nf* ECON **deferment** *n*
= postponement *n*; extension *n*
Stunt *nm* CINEMA **stunt** *n*
[halsbrecherische Handlung] — [breakneking action]
Stuntdouble *nn* CINEMA **stunt double**
↑ Double — ↑ double
Stunt(wo)**man** *nm* CINEMA **stunt** (wo)**man**
Stuntregie *nf* CINEMA **stunt direction**
Stuntwoman *nf* CINEMA **stunt woman**
stur COLL **stubborn** *adj*
= halsstarrig; eigensinnig — = obstinate *adj*; willful *adj*; wilful *adj*
Sturm *nm* METEO **gale, strong**
[Windstärke 9 (75-88 km/h)] — [Beaufort Number 9 (47-54 mph)]
Sturm, orkanartiger METEO **storm** *n*
[Windstärke 11 (103-117 km/h)] — [Beaufort Number 11 (66-72 mph)]
Sturm, schwerer METEO **gale, whole**
[Windstärke 10 (89-102 km/h)] — [Beaufort Number 10 (55-63 mph)]
Sturmwarnungsradar *nm&nn* (*pl* -e) RAD.LO **storm spy**
Sturmwind *nm* METEO **gale, fresh**
[Windstärke 8 (62-74 km/h)] — [Beaufort Number 8 (47-54 mph)]
= Wind, stürmischer
Stützblech *nn* MEC.EN → **support plate**
→ Stützplatte *nf*
Stütze *nf* TECH **support** *n*
= Bügel *nm*; Tragstütze *nf* — = bracket *n* (1); rest *n* (2); sustainer *n*; prop *n*
≈ Halterung — ≈ mount
↓ Auflage — ↓ rest
stutzen TECH → **lower** *vt*
→ senken
Stutzen *nm* TECH **stem** *n*
= Stummel *nm*; Stumpf *nm* — = nozzle *n*; stub *n*
stützen TECH **support** *vt*
= sustain *vt*; prop *vt*; bolster *vt* (fig)
Stützisolator *nm* OUT.PL **post insulator**
Stützkondensator *nm* CIRC.EN **support capacitor**
Stützlager *nn* MEC.EN → **abutment** *n*
→ Widerlager *nn*
Stützlappen *nm* TECH **support lug**
Stützpfahl *nm* OUT.PL **reinforcement post**
= reinforcement stub
Stützplatte *nf* MEC.EN **support plate**
= Stützblech *nn*
Stützpunkt *nm* OUT.PL **support point**
[Freileitung] — [open-wire line]
= support *n*
Stützpunkt *nm* COMPO **terminal point**
≈ Anschlussstift — = connecting point
≈ terminal pin
Stützpunkt *nm* ECON **liaison office**
Stützpunkt *nm* SW → **checkpoint** *n*
→ Fixpunkt *nm*
Stützpunktabstand *nm* OUT.PL → **span length**
→ Spannweite *nf*
Stützpunktleiste *nf* COMPO **terminal strip**
Stützpunktleistung *nf* COMPO → **distribution strip**
→ Verteilerleiste *nf*
Stützrohr *nn* TECH **supporting pipe**
Stützungskredit *nm* ECON **stand-by credit**
= standby credit
Stützwort *nn* LING **prop-word**
STX DAT.CO → **start of text**
→ Textanfang *nm*
Stylus TER&PER → **stylus** *n*
→ Schreibnadel *nf*
Styroflexkondensator *nm* COMPO **styroflex capacitor**
Styropor *nn* (*nsgt*) CHEM **styroform**
SUB DAT.CO → **substitute character**
→ Substitution *nf*
Subadressierung *nf* TELEC **subaddressing**
= Unteradressierung *nf*
subaltern COLL **subaltern** *adj*
≈ untergeordnet — ≈ subordinate
Subaudiomessung *nf* INSTR **sub-audio measurement**
Subbasisband *nn* RAD.RE **sub-baseband**
Subbefehl *nm* COMP.AP → **subcommand** *n*
→ Unterbefehl *nm*
Subdeskriptor *nm* SW → **subdescriptor** *n*
→ Unterbeschreiber *nm*

Subdeterminante MATH **subdeterminant**
Subdomäne *nf* INTERNET **sub-domain** *n*
= Unterdomäne *nf*
Subdomäne *nf* DAT.NW → **subdomain** *n*
→ Unterdomäne *nf*
su-Befehl *nm* SW **su command**
[Linux] — [Linux]
Subfolge *nf* INF.TEC → **subsequence** *n*
→ Subsequenz *nf*
subharmonisch PHYS **subharmonic** *adj*
Subharmonische *nf* PHYS → **subharmonic oscillation**
→ subharmonische Schwingung
subharmonische Schwingung PHYS **subharmonic oscillation**
= Subharmonische *nf* — = subharmonic *n*
Subjekt *nn* LING **subject** *n*
= Satzgegenstand *nm*
Subjekt *nn* DAT.MA **entity** *n* (2)
[Gegenstand einer Datenbank oder einer Datei] — [subject (topic) of a database or file, about which information can be stored, e.g. a person]
subjektiv *adj* SCIE **subjective** *adj*
≠ objektiv — ≠ objective
subjektive Kamera IMAG.ME **point-of-view shot**
Subjunktion *nf* INF.TH **conditional implication**
Subjunktion *nf* LING **subjunction** *n*
= Fügewort *nn*
Subjunktion *nf* LOGIC → **implication** *n*
→ Implikation *nf*
Subkanal *nm* TELEC → **subchannel** *n*
→ Unterkanal *nm*
Subkollektor *nm* MICR.EL **subcollector** *n*
Subkontraktierung *nf* ECON → **subcontracting** *n*
→ Untervergabe *nf*
subkritisch SCIE → **subcritical**
→ unterkritisch
Subleiterplatte *nf* EQP.EN → **baby board**
→ Aufsteckkarte *nf*
Sublimation *nf* PHYS **sublimation** *n*
[direkter Übergang von festem in gasförmigen Zustand] — [direct transition from solid to gaseous state]
≈ Verdampfung — ≈ evaporation
sublimieren *vi* PHYS **sublime** *vi*
[direkt vom festen in den gasförmigen Zustand übergehen] — [to pass directly from solid into the gaseous state]
= sublimate *vi*
Submicronbereich *nm* MICR.EL → **submicron range**
→ Submikronbereich *nm*
Submikronbereich *nm* MICR.EL **submicron range**
= Submicronbereich *nm*
Submillimeterwellen *nplt* RADIO **submillimetric waves**
[< 1 mm; > 300 GHz] — [< 1 mm; > 300 GHz]
↓ Dezimillimeterwellen; Zentimillimeterwellen; Mikrometerwellen; Dezimikrometerwellen — ↓ decimillimetric waves; centimillimetric waves; micromillimetric waves; decimicrometric waves
Subminiatur *nf* TECH **sub-miniature** *n*
Subminiaturstecker *nm* COMPO **subminiatur connector**
Submission *nf* ECON → **invitation to tender** *n*
→ Ausschreibung *nf*
Submittent *nm* ECON → **bidder** *n* (AE)
→ Anbieter *nm*
Submultiplexer *nm* DAT.CO → **subrate multiplexer**
→ Subratenmultiplexer *nm*
Submuxer *nm* DAT.CO → **subrate multiplexer**
→ Subratenmultiplexer *nm*
subnational ECON **sub-national**
= teilnational
Subnormale *nf* MATH **subnormal** *n*
[Projektion einer Senkrechten auf die Abszissenachse] — [projection of a perpendicular on the abscissa axis]
Sub-Notebook *nn* HW **sub-notebook**
suboptimal SCIE **suboptimum** *adj*
Subordination *nf* TECH → **subordination** *n*
→ Unterordnung *nf*
Subordination *nf* LING → **dependence** *n*
→ Dependenz *nf*
Sub-Portal *nn* INTERNET **sub-portal**
Subrate *nf* TELEC **subrate** *n*
[in der ANSI-Hierarchie kleiner 56 kbit/s, in der ETSI-Hierarchie kleiner 64 kbit/s] — [less than 56 kbit/s in the ANSI hierarchy, less than 64 kbit/s in the ETSI hierarchy]
≠ Basisrate; Superrate

= fractional rate
≠ basic rate; superrate

Subratenbus *nm* DAT.CO **subrates bus**

Subratenmultiplexer *nm* DAT.CO **subrate multiplexer**
= Submultiplexer *nm*; Submuxer *nm*; Geschwindigkeitsumsetzer *nm*
= sub-mux

Subreflektor *nm* ANT → **subreflector** *n*
→ Nebenreflektor *nm*

Subroutine *nf* SW → **subroutine** *n*
→ Unterprogramm *nn*

Subroutine-Abruf *nm* SW → **subroutine call**
→ Unterprogrammabruf *nm*

Subroutine-Adresse *nf* SW → **subroutine address**
→ Unterprogrammadresse *nf*

Subroutine-Aufruf *nm* SW → **subroutine call**
→ Unterprogrammabruf *nm*

Subschemann SW → **subscheme** *n*
→ Teilschema *nn*

Subsequenz *nf* INF.TEC **subsequence** *n*
= Subfolge *nf*

substantiell SCIE → **substantial**
→ substanziell

Substantiv *nn* LING **substantive** *n*
[flektierbares Wort zur Bezeichnung von stofflich ("Stein") oder gedanklich ("Gerechtigkeit") Seiendem]
= Hauptwort *nn*; Nomen *nn* (1); Nennwort *nn*; Dingwort *nn*
↑ Nomen (2)
[inflectible class of words to designate material ("stone") or conceptual ("justice") entities]
= noun (1)

Substanz *nf* CHEM **substance** *n*
= Stoff *nm*

Substanzerhaltung *nf* ECON **preservation of asset value**

substanziell SCIE **substantial**
= substantiell

Substitution *nf* MATH **substitution** *n*

Substitution *nf* SW **substitution** *n*
= Austausch *nm*
↓ Adressensubstitution
↓ address substitution

Substitution *nf* DAT.CO **substitute character**
= SUB
↑ ASCII-Code
= substitute *n*; SUB
↑ ASCII code

Substitution *nf* TECH → **exchange** *n* (1)
→ Auswechslung *nf*

Substitutionsadresse *nf* SW **substituting address**
[substituierende Adresse]

Substitutionsantenne *nf* MOB.CO **substitution antenna**

Substitutionsmethode *nf* INSTR **substitution method**

Substitutions-Mischkristall *nm* PHYS **substitution-type mixed crystal**

Substitutionsprüfung *nf* QUAL **test by substitution**

Substitutionstabelle *nf* DAT.MA **substitution table**

Substrat *nn* MICR.EL **substrate** *n*
= Ladungsträgermaterial *nn*; Trägermaterial *nn*; Träger *nm*; Grundmaterial *nn*; Wirtsmaterial *nn*
= bulk silicon; supporting material; charge carrier material; carrier material; carrier *n*; host material

Substrat *nn* TECH **substratum** *n*
= Trägermaterial *nn*
= substrate *n*; supporting material; carrier *n*

Substrat-Transistor *nm* MICR.EL **substrate transistor**
= parasitärer Transistor
= parasitic transistor

Substratvorspannung *nf* MICR.EL **substrate bias**
= back gate bias

subsumieren SCIE **subsume** *vt*
[unter einem Oberbegriff einordnen]
[to clasify under a generic term]

Subsumierung *nf* SCIE **subsumption** *n*
= Subsumtion *nf*; Subsumption *nf*
≈ Klassifizierung
≈ classification

Subsumption *nf* SCIE → **subsumption** *n*
→ Subsumierung *nf*

Subsumtion *nf* SCIE → **subsumption** *n*
→ Subsumierung *nf*

Subsystem *nn* TECH → **subsystem** *n*
→ Untersystem *nn*

Subtangente *nf* MATH **subtangent** *n*
[Projektion einer Tangente auf die Abszissenachse]
[projection of a tangent on the abscissa axis]

Subtotal *nn* MATH → **subtotal** *n*
→ Zwischensumme *nf*

Subtrahend *nm* MATH **subtrahend** *n*
[vom Minuend abzuziehende Zahl]
≠ Minuend
[number to be deducted from the minuend]
≠ minuend

Subtrahieren *nf* MATH → **subtraction** *n*
→ Subtraktion *nf*

subtrahieren *vt* MATH **subtract** *vt*
= abziehen
= deduct *vt*

Subtrahierer *nm* CIRC.EN → **subtracter circuit**
→ Subtrahierschaltung *nf*

Subtrahierer-Addierer *nm* CIRC.EN → **adder-subtractor**
→ Addierer-Subtrahierer *nm*

Subtrahierglied *nn* CIRC.EN → **subtracter circuit**
→ Subtrahierschaltung *nf*

Subtrahierschaltung *nf* CIRC.EN **subtracter circuit**
= Subtrahierer *nm*; Subtrahierwerk *nn*; Subtrahierglied *nn*; Subtraktor *nm*; Subtrakter *nm*
= subtracter *n*

Subtrahierwerk *nn* CIRC.EN → **subtracter circuit**
→ Subtrahierschaltung *nf*

Subtrakter *nm* CIRC.EN → **subtracter circuit**
→ Subtrahierschaltung *nf*

Subtraktion *nf* MATH **subtraction** *n*
= Subtrahieren *nf*; Abzug *nm*; Abziehen *nf*
≈ abatement; deduction

Subtraktionsanweisung *nf* SW **subtraction instruction**
= Subtraktionsbefehl *nm*
= subtraction statement

Subtraktionsbefehl *nm* SW → **subtraction instruction**
→ Subtraktionsanweisung *nf*

Subtraktionsregister *nn* DAT.PR **subtractor register**
= subtract register

Subtraktionsrest *nm* MATH → **substraction carry**
→ Subtraktionsübertrag *nm*

Subtraktionsrestwert *nm* MATH → **substraction carry**
→ Subtraktionsübertrag *nm*

Subtraktionsübertrag *nm* MATH **substraction carry**
= Subtraktionsrestwert *nm*; Subtraktionsrest *nm*
[number left after subtraction]
= subtract carry; remainder *n* (1)

subtraktiv MATH **subtractive** *adj*

subtraktive Farbmischung TV **subtractive color composition**
= subtractive colour composition

Subtraktor *nm* CIRC.EN → **subtracter circuit**
→ Subtrahierschaltung *nf*

Subunternehmer *nm* ECON → **subcontractor** *n*
→ Unterauftragnehmer *nm*

subventionieren ECON **subsidize**

Subwoofer *nm* (ANGL) EL.ACOU → **subwoofer**
→ Tiefpasslautsprecher *nm*

Suchalgorithmus *nm* DAT.MA **search algorithm**
↓ Binärsuche; lineare Suchmethode; Hash-Sortierung
= searching algorithm
↓ binary search; linear search; hash search

Suchanfrage *nf* INTERNET **search query**

Suchanweisung *nf* SW **search instruction**
= Suchbefehl *nm*; Suchkommando *nn*
= search command; search statement; inspect instruction; inspect command; inspect statement

Suchargument *nn* DAT.MA → **key** *n*
→ Kennbegriff *nm*

Suchbaum *nm* SW **selection tree**
= search tree

Suchbedingung *nf* DAT.MA **search condition**

Suchbefehl *nm* SW → **search instruction**
→ Suchanweisung *nf*

Suchbegriff *nm* INTERNET **keyword** *n*

Suchbegriff *nm* DAT.MA → **key** *n*
→ Kennbegriff *nm*

Suchbegriffsdichte *nf* INTERNET **keyword density**

Suchbegriff-Vollstopfen *nn* INTERNET → **keyword stuffing**
→ Kennbegriff-Vollstopfen *nn*

Suchbereich *nm* DAT.MA **search area**
= seek area

Suche *nf* DAT.PR **search** *n*
≈ Auswahl
↓ lineare Suchmethode; Suchen in geketteter Datei
= hunting *n*
≈ selection
↓ linear search; chaining search

Sucheintrag *nm* DAT.MA **search entry**

suchen COLL **search** *vt*
= seek

suchen DAT.PR **search** *vt*
= absuchen
= seek; scan

Sucher PHOT **viewfinder** *n*
= diopter *n*

Suche-und-Ersetze-Funktion *nf* COMP.AP → **find-and-replace**
→ Such-und-Einsetzfunktion *nf*

Suchfrage DAT.MA **search inquiry**
= search enquiry; search query

Suchfunktionalität *nf* COMP.AP **search functionality**
Suchgenauigkeit *nf* DAT.MA **search accuracy**
Suchgerät *nn* TECH **locator** *n*
= localizer *n*
Suchgeschwindigkeit *nf* DAT.MA **search speed**
Suchhilfe *nf* COMP.AP **search aid**
Suchinformation *nf* DAT.MA **search information**
Suchkette *nf* WOR.PR **search string**
[maximale Textlänge für eine Such-/Ersetzfunktion] [maximum text length for search and replace function]
Suchkommando *nn* SW → **search instruction**
→ Suchanweisung *nf*
Suchkriterium *nn* DAT.MA → **key** *n*
→ Kennbegriff *nm*
Suchlänge *nf* DAT.MA **scan length**
Suchlauf *nm* DAT.MA **search run** *n*
↑ Programmlauf
= look-up *n*
↑ program run
Suchlaufabstimmung *nf* CONS.EL → **station search**
→ Sendersuchlauf *nm*
Suchlaufautomatik *nf* CONS.EL **automatic station finder**
= Kanalsuchlauf *nm*
Suchlogik *nf* DAT.MA → **search strategy**
→ Suchstrategie *nf*
Suchmaschine *nf* INTERNET **search engine**
= Searchengine *nf* (ANGL)
≈ Browser
↓ Web-Suchmaschine
≈ browser
↓ Web search engine
suchmaschinenfreundlich INTERNET **search-engine friendly**
Suchmethode *nf* DAT.MA → **search strategy**
→ Suchstrategie *nf*
Suchmodul *nn* INTERNET **search module**
Suchpfad *nm* DAT.MA → **path** *n*
→ Pfad *nm*
Suchproblem *nn* COMP.SC **search problem**
Suchprogramm *nn* SW **finder program** *n*
= finder *n*
Suchprogramm *nn* INTERNET **gopher** *n*
= Gopher *nm*; Wühler *nm*; Schnüffler *nm*
≈ Browser
≈ browser
Suchradar *nm&nn* (*pl* -e) RAD.LO → **panoramic radar**
→ Panoramaradar *nm&nn* (*pl* -e)
Suchroutine *nf* SW **search routine**
Suchschaltung *nf* CIRC.EN **finder circuit**
= search circuit
Suchschleife *nf* SW **search loop**
Suchschlüssel *nm* DAT.MA → **key** *n*
→ Kennbegriff *nm*
Suchserver *nm* INTERNET **search server**
Suchsoftware *nf* SW **search software**
= Retrieval-Software *nf* (ANGL)
= retrieval software
Suchsprache *nf* COMP.LG → **query language**
→ Abfragesprache *nf*
Suchspule *nf* EL.TRO **probe coil**
Suchspule *nf* EL.TRO **search coil**
= probe coil
Suchstellung *nf* SWITCH **choice** *n*
Suchstörsender *nm* MIL.CO **search jammer**
Suchstrategie *nf* DAT.MA **search strategy**
= Suchlogik *nf*; Suchverfahren *nn*; Suchmethode *nf*
= retrieval strategy; search method; search mode
Suchstring *nm* INTERNET **search string**
Suchton *nm* INSTR **search tone**
Suchtonanalyse *nf* INSTR → **search-tone method**
→ Suchtonverfahren *nn*
Suchtonmethode *nf* INSTR → **search-tone method**
→ Suchtonverfahren *nn*
Suchtonverfahren *nn* INSTR **search-tone method**
= Suchtonanalyse *nf*; Suchtonmethode *nf*
= sound analysis method
Such-und-Einsetzfunktion *nf* COMP.AP **find-and-replace**
= Suche-und-Ersetze-Funktion *nf*
= search-and-replace
Such- und Rettungssatellit *nm* SAT.CO **search and rescue satellite**
Suchverfahren *nn* DAT.MA → **search strategy**
→ Suchstrategie *nf*
Suchverfahren *nn* RAD.LO **tracking method**
Suchvorgang *nm* DAT.MA **search process**
≈ Wiedergewinnung
= retrieval process; search *n*
≈ retrieval
Suchvorschrift *nf* DAT.MA **search specification**
= retrieval specification
Suchwähler *nm* SWITCH **finder** *n*
[sucht Leitungen nach Neubelegungen ab und verbindet mit den gewünschten Vermittlungseinrichtungen]
↓ Anrufsucher;
[a switch searching for call wishes and connecting to appropriate switching stage]
↓ line finder; zone finder; trunk finder
Suchweg *nm* MATH **search path**
Suchwegbezeichnung *nf* DAT.MA **path name**
[in DOS i.a. Bezeichnung des Laufwerks, Dateiverzeichnis und Datei, z.B. D:\windows\dicc\wor44.edo]
= Pfadname *nm*; Dateiannahme *nf*
≈ Dateibezeichnung
[in DOS generally the indication of drive, directory and file; e.g. D:\windows\dicc\wor44.edo]
= file specification; filespec
≈ file designation
Suchzeit *nf* TER&PER **seek time**
↑ Zugriffszeit; Positionierzeit
= search time
↑ access time; positioning time
Suchzyklus *nm* DAT.MA **search cycle**
= searching cycle
Südpol *nm* CART **south pole**
südwärts COLL **southbound** *adv*
Suffix *nn* LING **suffix** *n*
[einem Stammwort hinten angefügtes Morphem, zur Bildung einer neuen Bedeutung oder einer Flexion, z.B. -keit, -er]
= Nachsilbe *nf*
≠ Präfix
↑ Affix
[a morpheme attached behind a root word, to build new significance or flection, e.g. -ship, -s]
≠ prefix
↑ affix
Suffix *nn* DAT.MA → **file extension**
→ Dateikennung *nf*
suggeriert SCIE **invited**
sukzessiv TECH → **consecutive** *adj*
→ aufeinander folgend
sukzessiv *adj* COLL **successive** *adj*
= nach und nach; allmählich
Sukzessivverarbeitung *nf* DAT.PR → **batch processing**
→ Stapelverarbeitung *nf*
Sulfat *nn* CHEM **sulphate** *n*
= sulfate *n*
Sulfatieren CHEM → **sulphatation** *n*
→ Sulfatierung *nf*
Sulfatierung *nf* CHEM **sulphatation** *n*
= Sulfatieren
= sulphating *n*; sulfatation *n*; sulfating *n*
Sulfur *nn* CHEM → **sulphur** *n*
→ Schwefel *nm* (*nsgt*)
Summa *nf* MATH → **sum** *n*
→ Summe *nf*
summa cum laude EDUC **summa cum laude**
= mit Auszeichnung
= with High Honours (AE)
Summand *nm* (1) MATH → **addend** *n* (1)
→ zweiter Summand
Summand *nm* (2) MATH **addend** *n* (2)
[zu addierende Zahl]
= Addend *nm* (2); Addende *nf*
↓ erster Summand; zweiter Summand
[a number to be added to another]
= addendum *n* (*pl* -a); summand *n*
↓ augend; addend (1)
summarisch SCIE **summary** *adj*
Summation *nf* SCIE **summation** *n*
Summation *nf* MATH → **addition** *n* (1)
→ Addition *nf*
Summationsintegrator *nm* CIRC.EN → **summing integrator**
→ Summenintegrator *nm*
Summationsprobe *nf* CODING → **summation check**
→ Summenprobe *nf*
Summationsprüfung *nf* CODING → **summation check**
→ Summenprobe *nf*
Summationsverstärker *nm* CIRC.EN → **adder** *n*
→ Addierer *nm*
Summe *nf* MATH **sum** *n*
[das Ergebnis einer Addition]
= Summa *nf*
[the result od addition]
= addition *n* (2); total *n*
summen ACOUS **buzz** *vi*
summen MATH → **add** *vt*
→ addieren
Summenbitrate *nf* TELEC → **transmission rate**
→ Übertragungsgeschwindigkeit *nf*
Summendiagramm *nn* ANT **sum pattern**
Summenerfassung *nf* SWITCH → **bulk registration**
→ Summengebührenerfassung *nf*
Summengebührenerfassung *nf* SWITCH **bulk registration**
= Summenerfassung *nf*
≠ Einzelgebührenerfassung
= bulk billing
≠ toll ticketing
Summenhäufigkeit *nf* STATIS **cumulative frequency**
Summenhäufigkeitsfunktion *nf* STATIS → **distribution function**
→ Verteilungsfunktion *nf*

Summenhüllkurve *nf* ANT **cumulative envelope**
Summenintegrator *nm* CIRC.EN **summing integrator**
[integriert die Summe mehrerer Eingangssignale] [integrates the sum of various input signals]
= Summationsintegrator *nm*
≈ Umkehrintegrator; Summierverstärker; Integrator ≈ inverse integrator; summing amplifier; integrator
Summenkontrolle *nf* CODING → **summation check**
→ Summenprobe *nf*
Summenlocher *nm* TER&PER **summary punch**
Summenpegel *nm* TELEC **sum level**
Summenprobe *nf* CODING **summation check**
= Summenprüfung *nf*; Summenkontrolle *nf*; Summationsprobe *nf*; Summationsprüfung *nf* = sum check
Summenprüfung *nf* CODING → **summation check**
→ Summenprobe *nf*
Summenpunkt *nm* CIRC.EN **summing junction**
[Operationsverstärker] [operating amplifier]
Summenspitzenpegel *nm* TELEGR **aggregate peak level**
Summenstromwandler *nm* POW.SY **sum-current transformer**
Summentoleranz *nf* ENG.DRA **cumulative tolerance**
Summenvektor *nm* MATH **sum vector**
Summenzeichen *nn* MATH **sum sign**
[Symbol: ∑] [symbol: ∑]
= sum symbol; sigma sign; sigma symbol
Summenzeile *nf* COMP.AP **total line**
Summer *nm* COMPO **buzzer** *n*
= Schnarre *nf*
[electric device for loud hum]
= burrer *n*
summierbar MATH → **summable**
→ addierbar
summieren MATH → **add** *vt*
→ addieren
Summierer *nm* CIRC.EN → **adder** *n*
→ Addierer *nm*
Summierglied *nn* CONTRO **summation element**
= Vergleicher *nm* = summer *n*
Summierglied *nn* CIRC.EN → **adder** *n*
→ Addierer *nm*
Summierung *nf* MATH → **addition** *n* (1)
→ Addition *nf*
Summierverstärker *nm* CIRC.EN → **adder** *n*
→ Addierer *nm*
Summton *nm* TELEPH **buzz tone**
= purring *n*
Sumpf *nm* GEOSC **marsh** *n*
≈ Moor
= swamp *n*; bog *n*
≈ moor
Sumpfland *nn* GEOSC **marshland** *n*
Sum-Prod-Inferenz *nf* ART.IN **sum-prod inference**
SUMR SAT.CO **SUMR**
= Satellite User Mapping Register
Sun DAT.PR → **Sun Microsystems Inc.**
→ Sun Microsystems Inc.
Sun Microsystems Inc. DAT.PR **Sun Microsystems Inc.**
[ein Hersteller von Worstations] [a workstation manufacturer]
= Sun = Sun
Super-Arbeitsplatzrechner *nm* DAT.PR **superworkstation**
Superchip *nm* MICR.EL **superchip** *n*
Supercomputer *nm* DAT.PR → **supercomputer** *n*
→ Größtrechner *nm*
superflink COMPO **super-quick reacting**
[Sicherung]
= super-fast blowing
superflinke Feinsicherung COMPO **super-fast-blowing melting fuse**
= superflinke Schmelzsicherung
↑ Stromfeinsicherung
= super-fast blowing fuse; super-quick reacting fuse
superflinke Schmelzsicherung COMPO → **super-fast-blowing melting fuse**
→ superflinke Feinsicherung
Super-gain-Antenne *nf* ANT **super gain antenna**
Supergitter *nn* PHYS **superlattice** *n*
Superhet *nm* RADIO → **heterodyne receiver**
→ Überlagerungsempfänger *nm*
Superheterodyn-Empfänger *nm* RADIO → **heterodyne receiver**
→ Überlagerungsempfänger *nm*
Superikonoskop *nn* EL.TRO **supericonoscope** *n*
= Zwischenbild-Ikonoskop *nn*
Superintegration *nf* MICR.EL **SLSI**
[mehr als 100.000 Komponenten pro IC] [more than 100,000 components per IC]
= SLSI; SHSI = super large scale integration; SHSI; super high scale integration

Superkondensator *nm* NETW.TH **super capacitor**
superlativ COLL → **superlative** *adj*
→ überragend
Superlativ *nm* LING **superlative** *n*
= Höchststufe *nf*
≈ Elativ
≈ elative form
superlativisch COLL → **superlative** *adj*
→ überragend
Supermalloy METAL **supermalloy** *n*
Supermikro *nm* DAT.PR → **super microcomputer**
→ Supermikrorechner *nm*
Supermikrorechner *nm* DAT.PR **super microcomputer**
= Supermikro *nm* = supermicro
Supermini DAT.PR → **superminicomputer** *n*
→ Superminicomputer *nm*
Superminicomputer *nm* DAT.PR **superminicomputer** *n*
[ein mittelgroßer Rechner, leistungsfähiger als ein Minicomputer, aber weniger als ein Großrechner] [a medium-size computer more powerful tham a mimicomputer, but less than a meinframe]
= Superminirechner *nm*; Supermini; Mega-Mini = super minicomputer; supermini; megamini
↑ computer
Superminirechner *nm* DAT.PR → **superminicomputer** *n*
→ Superminicomputer *nm*
supermodern TECH → **ultra-modern**
→ hochmodern
Superneurocomputer *nm* DAT.PR **superneurocomputer** *n*
= Superneurorechner *nm*
↑ Computer
↑ computer
Superneurorechner *nm* DAT.PR → **superneurocomputer** *n*
→ Superneurocomputer *nm*
Supernieren-Richtcharakteristik *nf* EL.ACOU **super-cardioid directional characteristic**
Supernym *nn* LING → **generic term**
→ Oberbegriff *nm*
Superorthikon *nn* EL.TRO **image orthicon**
= Zwischenbild-Orthikon *nn* = superorthicon *n*
Superparamagnetismus *nm* PHYS **superparamagnetism**
Superphantom *nm* LINE TH → **double-phantom circuit**
→ Achterleitung *nf*
Superpipelining *nn* DAT.PR **superpipelining**
Superposition *nf* PHYS → **superposition** *n*
→ Überlagerung *nf*
Superpositionsprinzip *nn* SYS.TH **superposition principle**
= Überlagerungsprinzip *nn*
Superrate *nf* TELEC **superrate** *n*
[ein Datenstrom mit einem Vielfachen von 56 bzw. 64 kbit/s] [a data stream with more than 56 resp. 64 kbit/s]
≠ Subrate
↓ Primärrate; Sekundärrate; Tertiärrate; Quartärrate
= multiple rate
≠ subrate
↓ primary rate; secondary rate; tertiary rate; quaternary rate
Superrefraktion *nf* RAD.PRO **superrefraction** *n*
Super-Richtfaktor *nm* ANT **super directivity**
superschnell TECH **ultrarapid**
Superserver (*nm*) DAT.NW **superserver** *n*
superskalar MICR.EL **superscalar** *adj*
[kann in einem Taktzyklus mehere Anweisungen ausführen] [can execute several instructions during a clock cycle]
Superspule *nf* NETW.TH **super coil**
Supertotale *nf* CINEMA → **extreme long shot**
→ Weitaufnahme *nf*
Super-Turnstile-Antenne *nf* ANT **super-turnstile antenna**
Supertwist-Bildschirm *nm* TER&PER **supertwist display**
[zur Verbesserung von LCD-Anzeigen] [technique to improve LCD displays]
Superuser *nm* DAT.NW **superuser** *n*
Supervapotron *nn* EL.TRO **supervapotron**
[Dampfkühlungsverfahren für Leistungsröhren] [vapour cooling method for power tubes]
≈ Vapotron; Hypervapotron ≈ vapotron; hypervapotron
Supervisor *nm* SW → **metaoperating system**
→ Metabetriebssystem *nn*
Suppenstern *nm* COMP.AP → **lozenge** *n*
→ Rhombuszeichen *nn*
Supplementärzeichensatz *nm* TELEGR **supplementary character set**
Support *nm* (ANGL) ECON → **customer support**
→ Kundendienst *nm*
supraleitend PHYS **superconductive**
supraleitender Speicher COMPO → **cryogenic memory**
→ Tieftemperaturspeicher *nm*
Supraleiter *nm* PHYS **superconductor** *n*

Supraleitfähigkeit *nf* PHYS → **superconductivity** *n*
→ Supraleitung *nf*

Supraleitung *nf* PHYS **superconductivity** *n*
= Supraleitfähigkeit *nf* = superconduction *n*; cryogenic conductivity

surfen *vi* INTERNET **surf** *vi*
[ziellos im Internet suchen] [search aimlessly in the Internet]
= cruisen = cruise *vi*; navigate *vi*

Surjektion *nf* MATH **surjection** *n*
[Mengenlehre] [set theory]

Surrealismus *nm* MEDIA **surrealism** *n*

surrealistisch MEDIA **surrealistic**

Surrogat *nn* TECH **surrogate** *n*
[nicht vollwertiger Ersatzstoff] [non totally equivalent substitutive material]

Surround-Klang *nm* ACOUS → **three-dimensional sound**
→ Raumklang *nm*

Survey *nm* (ANGL) SYS.INS → **survey** *n*
→ Begehung *nf*

Süßwaren *nplt* ECON **confectionery** *n*

Suszeptanz *nf* NETW.TH → **susceptance** *n*
→ Blindleitwert *nm*

Suszeptibilität *nf* INF.TEC → **interference sensibility**
→ Störempfindlichkeit *nf*

Suszeptibilität *nf* PHYS **susceptibility** *n*

Suszeptibilitätsmessplatz *nm* INSTR **susceptibility test set**

Sv PHYS → **Sievert**
→ Sievert *nn*

SVC-Verbindung *nf* DAT.NW → **switched virtual circuit**
→ vermittelte virtuelle Verbindung

S-Verstärker *nm* CIRC.EN → **class S amplifier**
→ Klasse-S-Verstärker *nm*

S-Video *nn* TV **S-video**
[Videonorm, hält die Y- und C-Komponente getrennt] [Super-video; a video standard, keeps Y and C icomponeeeent separately]
= Y/C-Video *nn* = Y/C-video

S-Videostecker *nm* HW **S-video connector**

Svoboda-Diagramm *nn* CIRC.EN **Svoboda map**
= Svoboda-Plan *nm*

Svoboda-Plan *nm* CIRC.EN → **Svoboda map**
→ Svoboda-Diagramm *nn*

SW TRANSM → **service word**
→ Meldewort *nn*

SW DAT.PR → **software** *nslt* (*pl* pieces of s.)
→ Software *nf* (*pl* -s)

SW-abhängig DAT.PR → **software-dependent**
→ softwareabhängig

SW-Agent *nm* COMP.AP → **software agent**
→ Software-Agent *nm*

SW-Aktualisierung *nf* SW → **software update**
→ Software-Aktualisierung *nf*

Swap-Datei *nf* (ANGL) DAT.MA → **swap file**
→ Umlagerungsdatei *nf*

Swappen *nn* (ANGL) DAT.PR → **swapping** *n*
→ wechselseitiger Wertetausch

SW-Architektur *nf* SW → **software architecture**
→ Software-Architektur *nf*

Swastika *nf* (ANGL) ANT → **swastika antenna**
→ Hakenkreuzantenne *nf*

SW-Basis *nf* SW → **software base**
→ Software-Basis *nf*

SW-Baustein *nm* SW → **software IC**
→ Software-Baustein *nm*

SW-bedingter Fehler DAT.PR → **soft error** (2)
→ softwarebedingter Fehler

SW-Bibliothek *nf* DAT.MA → **software library**
→ Software-Bibliothek *nf*

SW-definierter Zeichensatz SW → **soft font** *n*
→ softwaredefinierter Zeichensatz

SW-Diebstahl *nm* DAT.PR → **software theft**
→ Software-Diebstahl *nm*

SW-Diebstahl *nm* SW → **software piracy**
→ Software-Piraterie *nf*

SW-Dienstleistung *nf* SW → **software service**
→ Software-Dienstleistung *nf*

SW-Dokumentation *nf* SW → **software documentation**
→ Software-Dokumentation *nf*

SW-Duplizierung *nf* SW → **software duplication**
→ Software-Duplizierung *nf*

SW-Engineering *nn* (ANGL) SW → **software engineering**
→ Software-Technik *nf*

SW-Entwicklung *nf* SW → **software development**
→ Software-Entwicklung *nf*

SW-Entwicklungsakte *nf* SW → **software development file**
→ Software-Entwicklungsakte *nf*

SW-Entwicklungs-Bibliothek *nf* SW → **software development library**
→ Software-Entwicklungs-Bibliothek *nf*

SW-Entwicklungsplan *nm* SW → **software development plan**
→ Software-Entwicklungsplan *nm*

SW-Entwicklungsprozess *nm* SW → **software development process**
→ Software-Entwicklungsprozess *nm*

SW-Entwicklungsumgebung *nf* DAT.PR → **software development environment**
→ Software-Entwicklungsumgebung *nf*

SW-Entwicklungswerkzeug *nn* SW → **software tool**
→ Software-Werkzeug *nn*

SW-Entwicklungszyklus *nm* SW → **software development cycle**
→ Software-Entwicklungszyklus *nm*

SW-Entwurf *nm* SW → **software design**
→ Software-Entwurf *nm*

SW-Entwurfsbeschreibung *nf* SW → **software design description**
→ Software-Entwurfsbeschreibung *nf*

SW-Ergonometrie *nf* SW → **software ergonometry**
→ Software-Ergonometrie *nf*

SW-Ergonomie *nf* DAT.PR → **software ergonomy**
→ Software-Ergonomie *nm*

SW-Erzeugnis *nn* SW → **software product**
→ Software-Produkt *nn*

SW-Fassung *nf* SW → **release version**
→ Software-Version *nf*

SWFD SWITCH → **direct distance dialing** (AE)
→ Selbstwählferndienst *nm*

SW-Fehlerfreiheit *nf* DAT.PR → **software integrity**
→ Software-Fehlerfreiheit *nf*

SW-Flexibilität *nf* SW → **software flexibility**
→ Software-Flexibilität *nf*

SWG METAL **Standard Wire Gauge**
[britische Drahtlehre] = SWG; British Standard Wire Gauge; BSWG; New British Standard; NBS; English Legal Standard; ELS; Imperial Wire Guide; IWG
= BSWG; NBS; ELS; IWG

SW-Händler *nm* DAT.PR → **software broker**
→ Software-Händler *nm*

SW-Haus *nn* DAT.PR → **software house**
→ Software-Haus *nn*

SW-Hersteller *nm* DAT.PR → **software producer**
→ Software-Hersteller *nm*

SW-Hochrüstung *nf* DAT.PR → **software upgrade**
→ Software-Hochrüstung *nf*

SW-IC SW → **software IC**
→ Software-Baustein *nm*

SW-Ingenieur *nm* SW → **software engineer**
→ Software-Ingenieur *nm*

SW-Integration *nf* SW → **software integration** *n*
→ Software-Integration *nf*

SW-Interrupt *nn* (1) SW → **software interrupt** (1)
→ Software-Interrupt *nn* (1)

SW-Interrupt *nn* (2) SW → **software interrupt** (2)
→ Software-Programmunterbrechung *nf*

Swiss-quad-Antenne *nf* (ANGL) ANT → **Swiss quad antenna**
→ Schweizer-Kreuz-Antenne *nf*

Switch *nm* INTERNET **switch** *n*
↑ aktiver Hub ↑ active hub

Switched Ethernet *nn* DAT.NW **Switched Ethernet**

Switching Hub *nm* DAT.NW **switching hub**

SW-Kalibrierung *nf* INSTR → **software calibration**
→ Software-Kalibrierung *nf*

SW-kompatibel SW → **software-compatible** *adj*
→ softwarekompatibel

SW-Kompatibilität *nf* SW → **software compatibility** *n*
→ Software-Kompatibilität *nf*

SW-Konfigurationsmanagement *nn* SW → **software configuration manager**
→ Software-Konfigurationsmanagement *nn*

SW-Lebenszyklus *nm* SW → **software life cycle**
→ Software-Lebenszyklus *nm*

SW-Leistungsmerkmal *nn* SW → **software feature**
→ Software-Leistungsmerkmal *nn*

SW-Literatur *nf* SW → **helpware** *n*
→ Software-Literatur *nf*

SW-Lizenz *nf* SW → **software licence**
→ Software-Lizenz *nf*

SW-Markt *nm* SW → **software market**
→ Software-Markt *nm*

SW-Modell *nn* MOD&SI → **software model**
→ Software-Modell *nn*
SW-Modem *nm&nn* DAT.CO → **software modem**
→ Software-Modem *nm&nn*
SW-Möglichkeiten *nplt* SW → **software resources**
→ Software-Möglichkeiten *nplt*
SW-Monitor *nm* SW → **software monitor**
→ Software-Monitor *nm*
SW-Müll *nm* SW → **software rot**
→ Software-Schrott *nm*
SW-Paket *nn* SW → **software package**
→ Software-Paket *nn*
SW-Parallelentwicklung *nf* SW → **software diversity**
→ Software-Parallelentwicklung *nf*
SW-Pflege *nf* SW → **software maintenance**
→ Software-Pflege *nf*
SW-Piraterie *nf* SW → **software piracy**
→ Software-Piraterie *nf*
SW-Plattform *nf* SW → **software platform**
→ Software-Plattform *nf*
SW-Produkt *nn* SW → **software product**
→ Software-Produkt *nn*
SW-Programmunterbrechung *nf* SW → **software interrupt** (2)
→ Software-Programmunterbrechung *nf*
SW-Projektmanagement *nn* SW → **software project management**
→ Software-Projektmanagement *nn*
SW-Publishing *nn* SW → **software publishing**
→ Software-Publishing *nn*
SW-Qualität *nf* SW → **software quality**
→ Software-Qualität *nf*
SW-Qualitätssicherung *nf* SW → **software quality assurance**
→ Software-Qualitätssicherung *nf*
SWR LINE TH → **voltage standing wave ratio**
→ Welligkeitsfaktor *nm*
SW-Radio *nn* MOB.CO → **software radio**
→ Software-Radio *nn*
SW-Rahmen *nm* SW → **software framework**
→ Software-Rahmen *nm*
SWR-Messbrücke *nf* INSTR **SWR bridge**
= Stehwellenverhältnis-Messbrücke *nf*; SWR-Messgerät *nn*
[standing-wave-ratio bridge]
= SWR meter
SWR-Messgerät *nn* INSTR → **SWR bridge**
→ SWR-Messbrücke *nf*
SWR-Wattmeter *nn* INSTR → **SWR power meter**
→ Stehwellenmessgerät *nn*
SW-Schnittstelle *nf* SW → **software interface**
→ Software-Schnittstelle *nf*
SW-Schrott *nm* SW → **software rot**
→ Software-Schrott *nm*
SW-Schutz *nm* SW → **software security**
→ Software-Schutz *nm*
SW-Sicherheit *nf* SW → **software security**
→ Software-Schutz *nm*
SW-Spezialist *nm* DAT.PR → **software specialist**
→ Software-Spezialist *nm*
SW-Spezifikation *nf* SW → **software specification**
→ Software-Spezifikation *nf*
SW-Steuerung *nf* DAT.PR → **software control**
→ Software-Steuerung *nf*
SW-Technik *nf* SW → **software engineering**
→ Software-Technik *nf*
SW-Technologie *nf* SW → **software technology**
→ Software-Technologie *nf*
SW-Test *nm* SW → **software test**
→ Software-Test *nm*
SW-Tool *nn* COMP.AP → **software tool**
→ Software-Tool *nn*
SW-Treiber *nm* SW → **software driver**
→ Software-Treiber *nm*
SW-Umstellung *nf* SW → **software conversion**
→ Software-Umstellung *nf*
SW-Unterstützung *nf* SW → **software support**
→ Software-Unterstützung *nf*
SW-Update *nn* (ANGL) SW → **software update**
→ Software-Aktualisierung *nf*
SW-Verlag *nm* DAT.PR → **software publisher**
→ Software-Verlag *nm*
SW-Verschlüsselung *nf* INF.TEC → **software encryption**
→ Software-Verschlüsselung *nf*
SW-Version *nf* SW → **release version**
→ Software-Version *nf*
SW-Verwalter *nm* DAT.MA → **software librarian**
→ Software-Verwalter *nm*
SW-Visualisierung *nf* SW → **software visualization**
→ Software-Visualisierung *nf*
SW-Wartung *nf* SW → **software maintenance**
→ Software-Pflege *nf*
SW-Werkzeug *nn* SW → **software tool**
→ Software-Werkzeug *nn*
SW-Werkzeug *nn* COMP.AP → **software tool**
→ Software-Tool *nn*
SW-Wiederverwendung *nf* SW → **software reuse**
→ Software-Wiederverwendung *nf*
SW-Zuverlässigkeit *nf* SW → **software reliability**
→ Software-Zuverlässigkeit *nf*
Sylan-Pyrolyse *nf* CHEM **silane pyrolisis**
Sylvin *nn* CHEM → **potassium chloride**
→ Kaliumchlorid *nn*
Symbiose *nf* SCIE **symbiosis** *n*
Symbol *nn* COMP.AP **symbol** *n*
= Sinnbild *nn*
≈ Piktogramm
≈ pictograph
Symbol *nn* MATH **symbol** *n*
[vom griech. "symbállein" = "(zusammenkommen um zu) vereinbaren"]
= Formelzeichen *nn*
[from Greek "symbállein" = "(to come together in order) to agree upon"]
Symbol *nn* INF.TH → **character** *n*
→ Zeichen *nn*
Symbol *nn* LING → **sign** *n*
→ Zeichen *nn*
Symbol $ *nn* ECON → **dollar sign**
→ Dollarzeichen *nn*
Symbolabbild *nn* SW **symbol map**
Symbol-Browser *nm* DAT.MA **symbol browser**
Symboldetektion *nf* TELEC **symbol detection**
Symbolfehler *nm* CODING **coding error**
Symbolfehlerrate *nf* MODUL **symbol error rate**
= SER
Symbolfehlerwahrscheinlichkeit *nf* CODING **coding error probability**
symbolgesteuert COMP.AP **symbol-controlled**
symbolisch COLL **symbolic**
symbolische Adresse SW **symbolic address**
[mit Namen]
= mnemotechnische Adresse; mnemonische Adresse
[by names]
= mnmemonic address; mnemotechnic address
symbolische Adressierung SW **symbolic addressing**
symbolische Algebra LOGIC → **Boolean algebra**
→ boolesche Algebra
symbolische Codierung SW **symbolic coding**
≠ absolute Codierung
≠ absolute coding
symbolische Daten SW **symbolic data**
symbolische Gerätebezeichnung DAT.MA **symbolic device**
[name to indicate a device]
symbolische Instruktion SW → **symbolic instruction**
→ symbolischer Befehl
Symbolische Logik SCIE → **formal logic**
→ Formale Logik
symbolische Programmausführung SW **symbolic execution**
symbolische Programmiersprache COMP.LG **symbolic programming language** *n*
[verwendet symbolische Befehle und Adressen zur Erleichterung des Programmierens]
= Symbolsprache *nf* (1)
≈ symbolorientierte Programmiersprache
≠ Maschinensprache
↓ maschinenorientierte Programmiersprache; Assemblersprache; problemorientierte Programmiersprache
[uses symbolic instructions and addresses for ease of programming]
= symbolic program language; symbolic language (1); symbolic code
≈ symbol-oriented program language
≠ machine language
↓ machine-oriented programming
symbolische Programmierung SW **symbolic programming**
symbolischer Assemblierer SW **symbolic assembler**
symbolischer Befehl SW **symbolic instruction**
= symbolische Instruktion
= symbolic code
symbolische Rechnung MATH → **complex calculus**
→ komplexe Rechnung
symbolischer Name SW **symbolic name**
symbolischer Prozessor ART.IN **symbolic processor**
[verarbeitet Wissen (statt Daten)]
= SP
≠ numerischer Prozessor
[manipulates knowledge (instead of data)]
= SP
≠ numeric processor
symbolisches Editierprogramm SW **symbolic editor**
symbolisches Programm SW **symbolic program**
[in symbolischer Programmiersprache geschrieben]
[written in a symbolic program language]

symbolisieren	SCIE	**symbolize**
Symbolleiste *nf* ↓Werkzeugleiste; Menüleiste; Taskleiste	COMP.AP	**symbol bar** ↓tool bar; menu bar; task bar
Symbologie *nf*	SCIE	**symbology** *n*
symbolorientiert → zeichenorientiert	INF.TEC	→ **character-oriented** *adj*
symbolorientierte Programmiersprache [deskriptive, mit Symbolen und Verknüpfungen operierende Sprache; die Sprachen der 5. Generation wie LISP, PROLOG, Smalltalk] = Symbolsprache *nf*(2) ≠ prozedurorientierte Programmiersprache ↑symbolische Programmiersprache	COMP.LG	**symbol-oriented programming language** [descriptive language, based on symbols and relations; the languages of fifth generation, as LISP, PROLOG; Smalltalk] = symbolic language (2) ≠ procedure-oriented programming language ↑symbolic programming language
Symbolparade *nf*	COMP.LG	**symbol parade** = icon parade
Symbolperiode *nf*	TELEC	**symbol period**
Symbolprüfung *nf* → Zeichenprüfung *nf*	DAT.CO	→ **character check**
Symbolrepertoire *nf* → Zeichenvorrat *nm*	INF.TH	→ **character set**
Symbolsatz *nm* → Zeichenvorrat *nm*	INF.TH	→ **character set**
Symbolsäulendiagramm *nn*	TEC.DOC	**picture graph**
Symbolschaltfläche *nf*	COMP.AP	**symbol button** = symbol box
Symbolschrift *nf* → Symbolzeichensatz *nm*	TER&PER	→ **symbol font**
Symbolsprache *nf*(1) → symbolische Programmiersprache	COMP.LG	→ **symbolic programming language**
Symbolsprache *nf*(2) → symbolorientierte Programmiersprache	COMP.LG	→ **symbol-oriented programming language**
Symboltabelle *nf* [Auflistung aller zugelassener Programmsymbole] = Zuordnungstabelle *nf*	SW	**symbol table** [list of all accepted program symbols]
Symboltaste *nf*	TER&PER	**symbol key**
Symbolverarbeitung *nf*	DAT.PR	**symbol processing**
Symbolvorrat *nm* → Zeichenvorrat *nm*	INF.TH	→ **character set**
symbolweise → zeichenweise	INF.TEC	→ **character-by-character**
Symbolzeichen *nn* → Symbolzeichensatz *nm*	TER&PER	→ **symbol font**
Symbolzeichensatz *nm* = Symbolzeichen *nn*; Symbolschrift *nf*	TER&PER	**symbol font**
Symmetrie *nf* = Ebenmaß *nn*; Gleichmaß *nn*; Mittigkeit *nf* ≠ Asymmetrie	MATH	**symmetry** *n* ≠ asymmetry
Symmetrie *nf* ≠ Unsymmetrie	NETW.TH	**balance** *n* = impedance balance; symmetry *n* ≠ unbalance
Symmetrieachse *nf*	MATH	**symmetry axis**
Symmetrieebene *nf*	MATH	**symmetry plane**
Symmetrieglied *nn* → Balun *nm*	ANT	→ **balun** *n*
Symmetrieklasse *nf* → Kristallklasse *nf*	PHYS	→ **crystal class**
Symmetriemaß *nn*	EL.TEC	**symmetry measure**
Symmetrierglied *nn* → Symmetrietransformator *nm*	EL.TEC	→ **balun** *n*
Symmetrietopf *nm*	MICROW	**sleeve** *n*
Symmetrietransformator *nm* [zur Anpassung eines symmetrischen an ein unsymmetrisches System] = Symmetrierglied *nn* ≈ Mantelwellensperre	EL.TEC	**balun** *n* [device to couple a balanced to an unbalanced system] = balance-to-unbalance transformer
Symmetrietransformator *nm* → Balun *nm*	ANT	→ **balun** *n*
symmetrisch [aus dem Griechischen "sym-metron" = "an-gemessen" → ebenmäßig] = ebenmäßig; mittig ≠ asymmetrisch	MATH	**symmetric** *adj* [from Greek "sym-metricon" = "within measure" → regular] = symmetrical ≠ asymmetric
symmetrisch = erdsymmetrisch	EL.TEC	**balanced** *adj* = balanced to ground; symmetrical; symmetric
symmetrische Antenne	ANT	**balanced antenna** = balanced aerial

symmetrische Breitbandantenne	ANT	**symmetrical broadband antenna**
symmetrische Leitung → erdsymmetrische Leitung	LINE TH	→ **balanced line**
symmetrische Liste	DAT.MA	**symmetrical list**
symmetrische Mischung	SWITCH	**symmetrical grading**
symmetrischer Code	CODING	**balanced code**
symmetrischer Duplexer	RAD.LO	**balanced duplexer**
symmetrischer Vierpol → widerstandssymmetrischer Vierpol	NETW.TH	→ **electrically symmetric two-port**
symmetrisches Aderpaar = symmetrisches Paar	COM.CAB	**balanced pair** = symmetrical pair
symmetrisches Paar → symmetrisches Aderpaar	COM.CAB	→ **balanced pair**
symmetrisches Pfeilsystem	NETW.TH	**symmetric arrow system**
symmetrische Verschlüsselung	INF.TEC	**private-key coding** = symmetric coding
symmetrische Verteilung	STATIS	**symmetric distribution**
Symposion *nn* → Symposium *nn* (*pl* -sien)	SCIE	→ **symposium** *n* (*pl* -sia&-siums)
Symposium *nn* (*pl* -sien) [Zusammenkunfz von Fachleuten zu Fachvorträgen und -diskussionen; über das Spätlat. vom griech. "sympósion" = "Zusammentrinken" →Tischgesellschaft] = Symposion *nn*	SCIE	**symposium** *n* (*pl* -sia&-siums) [a meeting of specialists for special conferences and discussions; through Late Latin from Greek "sympósion" = "tohether drinking" →company at table]
Symptom *nn* → Anzeichen *nn*	SCIE	→ **symptom** *n*
Symptom *nn* → Indiz *nn*	DAT.PR	→ **symptom** *n*
symptomatisch	SCIE	**symptomatic** *adj* = symptomatical
SYN → Synchronisierung *nf*	DAT.CO	→ **synchronous idle**
Synchro → Drehmelder *nm*	AUTOMA	→ **rotary resolver**
synchron [Kunstwort aus dem Griechischen "syn-chronikós" = mit-zeitig; absolut taktgleich] = gleichlaufend; zeittaktgleich; taktgleich ≈ zeitgleich; homochron; isochron; mesochron; plesiochron	TELEC	**synchronous** *adj* [artificial term from Greek "syn + chronikós" = "together + timed"; with exactly the same clock] = synchronal; synchronic; correctly phased; in step with ≈ concurrent; homochronous; isochronous; mesochronous; plesiochronous ≠ asynchronous
Synchronabtastung *nf*	EL.TRO	**synchronous scanning**
Synchronbetrieb *nm* = Synchronübertragung *nf*	DAT.CO	**synchronous mode** = synchronous operation; synchronous transmission
Synchronbetrieb *nm* ≠ Asynchronbetrieb	DAT.PR	**synchronous working** ≠ asynchronous working
Synchronbetrieb *nm* → synchrone Übermittlung	TELEC	→ **synchronous transfer mode**
Synchrondemodulator *nm*	MODUL	**synchronous detector** = synchronous demodulator
Synchrondigitalhierarchie *nf* → Synchronhierarchie *nf*	TELEC	→ **synchronous digital hierarchy**
synchrone Arbeitsweise → Synchronverarbeitung *nf*	DAT.PR	→ **synchronous mode**
synchrone Datenübertragung	DAT.CO	**synchronous data transmission**
synchrone Datenübertragungssteuerung = SDLC	DAT.MA	**synchronous data link control** = SDLC
synchrone Digitalhierarchie → Synchronhierarchie *nf*	TELEC	→ **synchronous digital hierarchy**
synchrone Logik → synchrones Schaltwerk	CIRC.EN	→ **synchronous sequential logic**
synchroner Betrieb → synchrone Übermittlung	TELEC	→ **synchronous transfer mode**
synchroner Multiplexer → Synchronmultiplexer *nm*	TRANSM	→ **synchronous multiplexer**
synchroner Zähler → Synchronzähler *nm*	CIRC.EN	→ **synchronous counter**
synchrones Datennetz	DAT.CO	**synchronous data network**
synchrones DRAM	DAT.PR	**synchronous DRAM**
synchrones Netz → SDH-Netz *nn*	TRANSM	→ **SDH network**
synchrones Protokoll	DAT.NW	**synchronous protocol**
synchrones Richtfunksystem → SDH-Richtfunksystem *nn*	RAD.RE	→ **SDH radio relay system**
synchrones Schaltwerk	CIRC.EN	**synchronous sequential logic**

= synchrone Logik
↑ Logikschaltung

synchrones System TRANSM → **SDH system**
→ SDH-System *nn*

synchrones Übermittlungsverfahren TELEC → **synchronous transfer mode**
→ synchrone Übermittlung

synchrones Übertragungsverfahren TELEC → **synchronous transmission**
→ synchrone Übertragung

synchrones Verfahren TELEC → **synchronous transfer mode**
→ synchrone Übermittlung

synchrone Übermittlung TELEC **synchronous transfer mode**
= Synchronübermittlung *nf*; synchrones Übermittlungsverfahren; STM; synchroner Betrieb; Synchronbetrieb *nm*; synchrones Verfahren; Synchronverfahren *nn*
↓ synchrone Übertragung
= STM; synchronous operation; synchronous mode
↓ synchronous transmission

synchrone Übertragung TELEC **synchronous transmission**
= Synchronübertragung *nf*; synchrones Übertragungsverfahren
↑ synchrones Übermittlungsverfahren
↑ synchronous transfer mode

synchrone Verarbeitung DAT.PR → **synchronous mode**
→ Synchronverarbeitung *nf*

synchrone Zeitmultiplextechnik TELEC **synchronous time division multiplexing**
= STD
= STD; synchronous TDM

Synchronhierarchie *nf* TELEC **synchronous digital hierarchy**
= SDH; synchrone Digitalhierarchie; Synchrondigitalhierarchie *nf*
≈ SONET
≠ Plesiochron-Hierarchie
= SDH; synchronous hierarchy
≈ SONET
≠ plesiochronous hierarchy

Synchronimpuls *nm* EL.TRO → **clock pulse**
→ Schrittpuls *nm*

Synchronisation *nf* IMAG.ME **synchronisation**
[nachträgliche Bearbeitung der Sprech-/Tonaufnahmen, synchron zum Bild]
[postprocessing of voice and sound records, synchronically to the image]

Synchronisation *nf* EL.TRO → **synchronization** *n*
→ Synchronismus *nm*

Synchronisation *nf* TECH → **synchronism** *n*
→ Synchronismus *nm*

Synchronisationsausfall *nm* TECH → **loss of synchronism**
→ Gleichlaufstörung *nf*

Synchronisationsfehler *nm* TELEC **synchronization failure**
= alignment error

Synchronisationssignal *nn* TV **synchronization signal**
= Synchronisierungssignal *nn*; Sync-Signal *nn*

Synchronisationssteuerung *nf* SWITCH **initial alignment control**

Synchronisationszeichen *nn* CODING → **synchronization character**
→ Synchronisierzeichen *nn*

Synchronisationszelle *nf* TELEC **synchronization cell**
[ATM]
= Sync-Zelle *nf*
[ATM]
= sync cell

Synchronisator *nm* TV **synchronizer** *n*

Synchronisierbit *nn* TELEC **synchronization bit**
= sync bit; alignment bit

Synchronisierbitmuster *nn* DAT.CO **framing bit sequence**
[grenzt Beginn und Ende eines Rahmens ab]
= flag sequence

Synchronisiereinheit *nf* EQP.EN → **synchronizing unit**
→ Synchronisiereinrichtung *nf*

Synchronisiereinheit *nf* CIRC.EN → **timing generator** *n*
→ Taktgeber *nm*

Synchronisiereinrichtung *nf* EQP.EN **synchronizing unit**
= Synchronisiereinheit *nf*
≈ Taktgeber [CIRC.EN]
= synchronizer *n*
≈ timing generator [CIRC.EN]

synchronisieren TECH **synchronize**
= aufsynchronisieren

Synchronisierleitung *nf* BROADC **synchronizing circuit**

Synchronisierpuls *nm* TV **synchronizing pulse**

Synchronisiersignal *nn* CODING → **timing signal**
→ Taktsignal *nn*

synchronisiert TECH **synchronized**
= im Gleichlauf; im Gleichtakt
= in step with

synchronisierter Ton IMAG.ME **synchronized sound**

Synchronisierung *nf* DAT.CO **synchronous idle**
= SYN
↑ ASCII-Code
[code]
= SYN
↑ ASCII code

Synchronisierung *nf* EL.TRO → **synchronization** *n*
→ Synchronismus *nm*

Synchronisierung *nf* TECH → **synchronism** *n*
→ Synchronismus *nm*

Synchronisierungsprotokoll *nn* DAT.CO **synchronous protocol**

Synchronisierungsquelle *nf* TELEC **synchronization source**

Synchronisierungssignal *nn* TV → **synchronization signal**
→ Synchronisationssignal *nn*

Synchronisierunskanal *nm* TELEC **synchronization channel**

Synchronisierzeichen *nn* CODING **synchronization character**
[codiertes Zeichen zur Synchronisierung]
= Synchronisationszeichen *nn*; Synchronzeichen *nn*
≈ Taktsignal [TELEC]; Schrittpuls [EL.TRO]
[coded character for synchronizing purposes]
= synchronizing character; sync character
≈ timing signal [TELEC]; clock pulse [EL.TRO]

Synchronismus *nm* EL.TRO **synchronization** *n*
= Taktung *nf*; Synchronisierung *nf*; Synchronisation *nf*; Gleichlauf *nm*
= synchronizing *n*; synchronism *n*; sync *n*

Synchronismus *nm* TECH **synchronism** *n*
= Synchronisation *nf*; Gleichlauf *nm*; Synchronlauf *nm*; Taktgleichhei nft; Synchronisierung *nf*
≈ zeitliche Abstimmung
= synchronization *n*; synchronizing *n*; alignment *n*

Synchronlauf *nm* TECH → **synchronism** *n*
→ Synchronismus *nm*

Synchronlaufbahn *nf* ASTR.PH **synchronous orbit**
= geostationäre Umlaufbahn
= geostationary orbit

Synchron-Markierung *nf* CINEMA **sync mark**

Synchronmaschine *nf* POW.SY **synchronous machine**

Synchronmischstufe *nf* RADIO **synchronous mixer**

Synchronmotor *nm* POW.SY **synchronous motor**

Synchronmultiplexer *nm* TRANSM **synchronous multiplexer**
= SDH-Multiplexer *nm*; synchroner Multiplexer; SM
= SM; SDH multiplexer

Synchronoskop *nn* INSTR **synchronoscope** *n*

Synchronrechner *nm* DAT.PR **synchronous computer**

Synchronregisseur *nm* CINEMA **dubbing director**

Synchronsatellit *nm* SAT.CO **synchronous satellite**
= geostationärer Satellit
= geostationary satellite; geosynchronous satellite; 24-hours satellite

Synchronschaltwerk *nn* CIRC.EN **clocked sequential logic**
[hat taktgesteuerte Speicherelemente]

Synchronschlusskontrolle *nf* TELECON **pulse number check**

Synchronschnitt *nm* CINEMA **editing sync**

Synchronsignal *nn* TV **synchronizing signal**
= S-Signal *nn*
= sync signal; S signal

Synchronsprecher *nm* CINEMA **ghostspeaker**

Synchronsystem *nn* TRANSM → **SDH system**
→ SDH-System *nn*

Synchronsystem *nn* TELEGR **synchronous system**
≠ Start-Stop-System
≠ start/stop system

Synchrontakt *nm* EL.TRO → **clock** *n*
→ Takt *nm*

Synchrontaktgeber *nm* CIRC.EN → **timing generator** *n*
→ Taktgeber *nm*

Synchronübermittlung *nf* TELEC → **synchronous transfer mode**
→ synchrone Übermittlung

Synchronübertragung *nf* DAT.CO → **synchronous mode**
→ Synchronbetrieb *nm*

Synchronübertragung *nf* TELEC → **synchronous transmission**
→ synchrone Übertragung

Synchronverarbeitung *nf* DAT.PR **synchronous mode**
= synchrone Verarbeitung; synchrone Arbeitsweise
= synchronous processing

Synchronverfahren *nn* TELEC → **synchronous transfer mode**
→ synchrone Übermittlung

Synchronwert *nm* TV **synchronizing signal level**
= sync level

Synchronwort *nn* CODING → **frame alignment signal**
→ Rahmenkennungswort *nn*

Synchronzähler *nm* CIRC.EN **synchronous counter**
= synchroner Zähler
≠ Asynchronzähler
≠ asynchronous counter

Synchronzeichen *nn* CODING → **synchronization character**
→ Synchronisierzeichen *nn*

Synchronzerhacker *nm* CIRC.EN **synchronous vibrator**

Sync-Signal *nn* TV → **synchronization signal**
→ Synchronisationssignal *nn*

Sync-Zelle *nf* TELEC → **synchronization cell**
→ Synchronisationszelle *nf*

Syndikus *nm* LAW **corporate legal counsel**

Syndrom *nn* TELEC **syndrome** *n*
≠ Fehlersyndrom
= error syndrome

Syndrom-Auswertung *nf* TELEC **syndrom evaluation**
[ATM]
[ATM]

Synektik *nf* ≈ Brainstorming ↑ Problemlösungsverfahren	SCIE	**synectic** *n* ≈ brainstorming ↑ problem solution method
synergetisch	SCIE	**synergetic** *adj*
Synergie *nf* [vom griech. "synergía" = "gemeinsame Tätigkeit"]	SCIE	**synergy** *n* [from Greek "syn + ergía" = "common + activity"]
Synistor *nm*	MICR.EL	**synistor** *n*
synonym = synonymisch	LING	**synonymous** *adj* = synonymic; synonymical
Synonym *nn* (*pl* -e&-a) [bedeutungsgleiches Wort; vielfach werden sinnverwandte Wörter mit einbezogen] = synonymes Wort ≈ Quasisynonym ≠ Antonym	LING	**synonym** *n* [word of the same meaning; sometimes also applied for words with nearly the same meaning] ≈ quasi-synonym ≠ antonym
Synonymenwörterbuch *nn*	INF.TEC	**synonym dictionary**
Synonymenwörterbuch *nn* → Thesaurus *nm* (2)	DAT.MA	→ **thesaurus** *n* (2)
synonymes Wort → Synonym *nn* (*pl* -e&-a)	LING	→ **synonym** *n*
synonymisch → synonym	LING	→ **synonymous** *adj*
Synopse *nf* → Zusammenschau *nf*	MEDIA	→ **synopsis** *n*
Synopsis *nf* → Zusammenschau *nf*	MEDIA	→ **synopsis** *n*
Syntagma *nn* (*pl* -men) [vom griech. "syntagma" = "in Reih' und Glied"; stehenden Begriff bildende Wortverbindung, z.B. "zu hause"]	LING	**syntagma** *n* [from Greek "syntagma" = "in rank and file"; word combination with fixed meaning, e.g. "at least"]
syntagmatisch	LING	**syntagmatic** *adj*
syntaktisch	LING	**syntactic** *adj* = syntactical
syntaktisch analysieren	SW	**parse** *vt* (1) [from Latin "pars orationis" = "part of speech"; to analyze syntactic structure]
syntaktische Analyse [Anweisungen in syntaktische Bestandteile auflösen] = Syntaxanalyse *nf*; Parsing *nn* (1) (ANGL)	SW	**parsing** *n* (1) [to dismember statements into syntactic units]
syntaktischer Fehler = Syntaxfehler *nm*; Formfehler *nm*; Syntaxverstoß *nm*; grammatischer Fehler ≠ semantischer Fehler ↑ Softwarefehler	SW	**syntactic error** = syntax error; grammatical error; grammatical mistake ≠ semantic error ↑ software error
Syntax *nf* [Regeln für das Format der Befehle] = Grammatik *nf* ≠ Semantik	SW	**syntax** *n* [rules for the format of instructions] = grammar ≠ semantics
Syntax *nf* [Regeln der Satzbildung] = Satzlehre *nf* ≈ Phraseologie ↑ Grammatik	LING	**syntax** *n* [rules for the formation of sentences] ≈ Phraseology
Syntax *nf* [Regeln für die Bildung von Zeichenfolgen einer Programmiersprache] ≈ Lexikon	COMP.LG	**syntax** *n* [rules for character sequences of a programming language] ≈ lexicon
Syntaxanalysator *nm* → Analysealgorithmus *nm*	COMP.AP	→ **parser** *n*
Syntaxanalyse *nf* → syntaktische Analyse	SW	→ **parsing** *n* (1)
Syntaxanalysierer *nm* → Analysealgorithmus *nm*	COMP.AP	→ **parser** *n*
Syntaxbaum *nm*	SW	**syntax tree**
Syntaxfehler *nm*	SW	**syntax error**
Syntaxfehler *nm* → syntaktischer Fehler	SW	→ **syntactic error**
Syntaxprüfung *nf* = Syntaxüberprüfung *nf*	SW	**syntax check** = syntactical check; syntax analysis; syntactical analysis
syntaxtgesteuert	SW	**syntax-controlled**
Syntaxüberprüfung *nf* → Syntaxprüfung *nf*	SW	→ **syntax check**
Syntaxverstoß *nm* → syntaktischer Fehler	SW	→ **syntactic error**
Synthesator *nm* → Sprachsynthesizer *nm*	TER&PER	→ **voice synthesizer**
Synthese *nf* [vom Elemtaren zum Komplexen; vom Griechischen "syn-thesis" = Zusammen-stellung] = Synthesis *nf* ≠ Analyse	SCIE	**synthesis** *n pl* **syntheses)** [from the elemental to the complex; from Greek "syn-thesis" = "com-position] ≠ analysis

Synthesis *nf* → Synthese *nf*	SCIE	→ **synthesis** *n pl* **syntheses)**
Synthesizer *nm*	INSTR	**synthesized signal generator** = synthetized signal generator
Synthesizer *nm*	COMP.AP	**synthesizer**
Synthesizer *nm* → Frequenzsynthesizer *nm*	CIRC.EN	→ **frequency synthesizer**
Synthesizer für beliebige Signalformen	INSTR	**arbitrary waveform synthesizer** = arbitrary waveform synthetizer; AWS
Synthesizer-Wobbler *nm*	INSTR	**synthesizer sweeper** = synthetizer sweeper
synthetisch ≈ künstlich	TECH	**synthetic** *adj* ≈ artificial
synthetische Adresse	SW	**synthetic address** = generated address
Synthetische-Apertur-Radar *nm&nn* (*pl* -e) → SAR	RAD.LO	→ **synthetic aperture radar**
synthetisches Papier	PRIN.ME	**synthetic paper**
synthetische Sprache = synthetische Stimme ≈ verschlüsselte Sprache ≠ natürliche Sparache	INF.TEC	**synthesized language** = synthesized voice; synthesized speech; synthetized language; synthetized voice; synthetized speech; computer speech; digital speech ≈ coded language ≠ plain language
synthetische Stimme → synthetische Sprache	INF.TEC	→ **synthesized language**
synthetisierbar	INF.TEC	**synthesizable** = synthetizable
synthetisieren	SCIE	**synthesize** *vt* = synthetize
Synthetizer *nm* → Steuergenerator *nm*	INSTR	→ **synthesizer**
Sysadmin → Systemverwalter *nm*	INF.TEC	→ **system administrator** *n*
System *nn*	SYS.TH	**system** *n*
System *nn* [über das latein. vom griech. "systema" = "Zusammen-stellung, Gebilde"; ein Satz für eine Aufgabe zusammenwirkender Elemente]	TECH	**system** *n* [via Latin from Greek "systema" = "composition, creation"; set of cooperating elements to perform a task]
Systemabfragetaste *nf* = S-Abfr-Taste *nf*	TER&PER	**system request key** = Sys Req key
systemabhängig	TECH	**system-dependent**
Systemablaufplan *nm* → Systemflussdiagramm *nn*	SW	→ **system flowchart**
Systemabruf *nm* → Systemaufruf *nm*	SW	→ **system call**
Systemabsturz *nm* = Maschinestopp *nm* ↑ Absturz	DAT.PR	**system crash** ↑ abnormal end
Systemadministrator *nm* → Systemverwalter *nm*	INF.TEC	→ **system administrator** *n*
Systemaktualisierbarkeit *nf* → Ausbaufähigkeit *nf*	DAT.PR	→ **upgradability**
Systemanalyse *nf* ↑ Systementwicklungszyklus	SW	**system analysis** = systems analysis ↑ system development lifecycle
Systemanalytiker *nm*	SW	**system analyst** = systems analyst
Systemanalytiker *nm* → Systemplaner *nm*	TECH	→ **system designer**
Systemanforderungen *nplt*	TECH	**system requirements**
Systemanforderungstaste *nf* [IBM-Tastatur]	TER&PER	**Sys Req key** [IBM keyboard] = System Request key
Systemanschaltung *nf*	SWITCH	**system connection**
Systemarchitektur *nf* → Systemstruktur *nf*	TECH	→ **system structure**
Systematik *nf*	SCIE	**sytematics** *nplt*
systematisch ≈ methodisch ≠ wahllos	SCIE	**systematic** *adj* = nonrandom ≈ methodic ≠ random

systematische Abweichung MATH **bias** *n*
≠ gleichwahrscheinlicher Fehler = systematic deviation
≠ balanced error

systematischer Ausfall QUAL **systematic failure**
≠ Zufallsausfall ≠ random failure

systematischer Code CODING **systematic code**

systematischer Fehler STATIS **systematic error**
= bias error; bias *n*

Systematisierung *nf* SCIE **systematization**

Systemaufbau *nm* TECH → **system structure**
→ Systemstruktur *nf*

Systemaufforderung *nf* COMP.AP **system prompt**
[z.B. "C:\>" in MS-DOS] [e.g. "C:\>" in MS-DOS]
= System-Prompt *nn* (ANGL) ↑ prompt
↑ Eingabeaufforderung

Systemaufruf *nm* SW **system call**
= Systemabruf *nm*

Systemausbau *nm* TECH → **system expansion**
→ Systemerweiterung *nf*

Systemausfall *nm* TECH **system failure**
= system breakdown

Systemausgabe *nf* DAT.PR **system output**

Systemauslastung *nf* TECH **system utilization**

Systembaustein *nm* TECH **system module**
= Baustein *nm*; Systemmodul *nn* (*pl* -e) = system building block

Systembedienungsbefehl *nm* DAT.PR **system command**

Systembedienungsfeld *nn* DAT.PR **system control panel**

Systembelastung *nf* TRANSM **system loading**

Systemberater *nm* TECH → **system designer**
→ Systemplaner *nm*

Systembeschreibung *nf* TEC.DOC **system description**

Systembetreiber *nm* DAT.PR **system operator**
[für den Betrieb verantwortliche Person] [SYStem OPerator; a person managing a system]
= SYSOP

systembezogen TECH **system-oriented** *adj*
= systemorientiert

Systembibliothek *nf* DAT.PR **system library**

Systembus *nm* EQP.EN **system bus**

Systemdämpfung *nf* RAD.RE **system loss**
[zulässige Dämpfung eines Funkfeldes vom Senderausgang zum Empfangseingang] [tolerated loss of a hop from transmitter output to receaver input]

Systemdatei *nf* DAT.PR **system file**

Systemdaten *nplt* TECH **system characteristics**
= system parameters

Systemdiskette *nf* DAT.MA **system disk** (2)
[enthält das Betriebssystem] [contains the operating system]
≈ Programmdiskette = start-up disk; boot disk
≠ Datendiskette ≈ program disk
≠ data disk

Systemdokumentation *nf* TEC.DOC **system documentation**

Systemdurchsatz *nm* DAT.PR **system throughput**

Systemeditor *nm* SW **system editor**

systemeigen DAT.PR → **system-specific** *adj*
→ systemspezifisch

systemeigen TECH **system-inherent**
= systemintern; systemimmanent = intra-system; system-immanent

Systemeigendiagnose *nf* DAT.PR → **system self test**
→ Systemeigentest *nm*

systemeigene Wahl TRANSM → **outband signaling** (AE)
→ Außerbandsignalisierung *nf*

Systemeigenkontrolle *nf* DAT.PR → **system self test**
→ Systemeigentest *nm*

Systemeigenprüfung *nf* DAT.PR → **system self test**
→ Systemeigentest *nm*

Systemeigentest *nm* DAT.PR **system self test**
= Systemeigendiagnose *nf*; Systemeigenprüfung *nf*; Systemeigenkontrolle *nf*; Systemselbsttest *nm* = system self diagnosis

Systemeinbettung *nf* DAT.CO **system embedment**

Systemeinführung *nf* DAT.PR **system introduction**
= Systemimplementierung *nf* = system implementation

Systemeingabe *nf* DAT.PR **system input**

Systemeinheit *nf* HW **system unit**
[Zentraleinheit eines PC, i.a. außerdem Festplatte, Diskettenlaufwerk und Stromversorgung enthaltendend, als Tisch- oder Standgerät ausgeführt] [central unit of a PC, generally incorporating a hard disk unit, a floppy disk drive and power supply, as a desk top or tower equipment]

Système International d'Unitès PHYS → **SI**
→ SI

Systememulator *nm* DAT.PR **system emulator**

Systementwickler *nm* TECH **system developer**
≈ Systemplaner; Systementwerfer ≈ system designer

Systementwicklung *nf* TECH **system development**

Systementwicklungszyklus *nm* SW **system development lifecycle**
[Voruntersuchung, Systemanalyse, Entwurf, Erfassung, Implementierung] [preliminary investigation, systems analysis, design, acquisition, implementation]
= SDLC

Systementwurf *nm* TECH → **system philosophy**
→ Systemkonzept *nn*

Systemerholung *nf* TECH **system recovery**
= Systemwiederherstellung *nf*

Systemerweiterung *nf* TECH **system expansion**
= Systemausbau *nm* = system upgrade

Systemfamilie *nf* TECH **system family**

Systemfehler *nm* TECH **system error**

System-Firmware *nf* DAT.PR **system firmware**

Systemflussdiagramm *nn* SW **system flowchart**
= Systemablaufplan *nm* ≈ program flowchart
≈ Programmablaufplan

Systemfreigabe *nf* DAT.PR **system release**

systemgebunden TECH **system-bound**

Systemgeneration *nf* DAT.PR **system generation**
= Systemgenerierung *nf* = sysgen *n*

Systemgenerierung *nf* DAT.PR → **system generation**
→ Systemgeneration *nf*

Systemgeschwindigkeit *nf* HW **system speed**
[von Taktfrequenz und Prozessor abhängige Arbeitsgeschwindigkeit eines Computers] [working speed of a computer, depending on clock frequency and processor]

Systemgewinn *nm* RAD.RE **system gain**

Systemhandbuch *nn* TEC.DOC **system manual**
= systems manual; system handbook

Systemhändler *nm* DAT.PR **system retailer**
= system vendor

Systemhaus *nn* DAT.PR **system house**

systemimmanent TECH → **system-inherent**
→ systemeigen

Systemimperfektion *nf* TECH **system imperfection**

Systemimplementierung *nf* DAT.PR → **system introduction**
→ Systemeinführung *nf*

Systemingenieur *nm* TECH **system engineer**
≈ Systemplaner ≈ system designer

Systeminstallation *nf* DAT.PR **system installation**
= Systeminstallierung *nf*

Systeminstallierung *nf* DAT.PR → **system installation**
→ Systeminstallation *nf*

Systemintegration *nf* DAT.PR **system integration**
= Integration *nf* = integration *n*

Systemintegrator *nm* DAT.PR **system integrator**
[Person oder Organisation] [a person or organization]
= Integrator *nm* = integrator *n*

systemintegriert AUTOMA **system-integrated** *adj*
= embedded

systemintegrierter Rechner DAT.PR **embedded computer**
[built into a sistem]

systemintegrierte Software AUTOMA **embedded software**

Systemintegrität *nf* DAT.PR **system integrity**

systemintern TECH → **system-inherent**
→ systemeigen

Systemkapazität *nf* EL.TRO **effective capacity**
[Elektronenröhre] [electron tube]

Systemkennwert *nm* TECH **system characteristic**

Systemkern *nm* DAT.PR **system nucleus**

systemkompatibel TECH **system-compatible**

Systemkompatibilität *nf* TECH → **system compatibility**
→ Systemverträglichkeit *nf*

Systemkomponente *nf* TECH **system component**

Systemkonfiguration *nf* TECH **system configuration**

System-Konfigurationsmenü *nn* COMP.AP → **configuration menu**
→ Konfigurationsmenü *nn*

System-Konfigurationsprogramm *nn* SW → **configuration program**
→ Konfigurationsprogramm *nn*

System-Konfigurierungsmenü *nn* COMP.AP → **configuration menu**
→ Konfigurationsmenü *nn*

System-Konfigurierungsprogramm *nn* SW → **configuration program**
→ Konfigurationsprogramm *nn*

Systemkonsole *nf* HW → **computer control console**
→ Rechnersteuerpult *nn*

Systemkonsole *nf* TECH → **control desk**
→ Kontrollpult *nn*

Systemkonstante *nf* TECH **system constant**
Systemkonvertierung *nf* DAT.PR **system conversion**
Systemkonzept *nn* TECH **system philosophy**
= Systementwurf *nm*; Systemphilosophie *nf* (err) = system design
≈ Systemstruktur ≈ system structure
Systemlader *nm* DAT.PR **system loader**
Systemlauf *nm* DAT.PR **system run**
Systemlebensdauer *nf* DAT.PR → **system life cycle**
→ Systemlebenszyklus *nm*
Systemlebenszyklus *nm* DAT.PR **system life cycle**
= Systemlebensdauer *nf*
Systemleistung *nf* INF.TEC **system performance**
Systemlieferant ECON **system supplier**
= global manufacturer
Systemlog DAT.PR → **system log**
→ Systemprotokoll *nn*
systemlos SCIE → **non-systematic**
→ unsystematisch
systemlose Nummerierung COMP.SC **random numbering**
Systemmeldung *nf* DAT.PR **system message**
Systemmenü *nn* DAT.PR **system menu**
Systemmodell *nn* MATH **system model**
Systemmodul *nn* (*pl* -e) TECH → **system module**
→ Systembaustein *nm*
Systemmonitor *nm* SW → **performance monitor**
→ Leistungsüberwachungsprogramm *nn*
Systemnachweis *nm* DAT.PR → **system log**
→ Systemprotokoll *nn*
Systemneukonfiguration *nf* DAT.PR → **system reconfiguration**
→ Systemrekonfiguration *nf*
Systemordner *nm* DAT.PR **system folder**
Systemorganisation *nf* TECH **system organization**
Systemorganisation *nf* SW → **housekeeping** *n*
→ Systemverwaltung *nf*
systemorientiert TECH → **system-oriented** *adj*
→ systembezogen
Systemparameter *nm* TECH **system parameter**
Systempegel *nm* CATV **operating level**
= Betriebspegel *nm*
Systemperipherie *nf* TECH **system periphery**
Systemperipheriegeräte TECH **system peripherals**
Systemphilosophie *nf* (err) TECH → **system philosophy**
→ Systemkonzept *nn*
Systemplaner *nm* TECH **system designer**
= Systemanalytiker *nm*; Systemberater *nm* = system analyst; system adviser
≈ Systementwickler; Systemingenieur ≈ system developer; system engineer
Systemplatte *nf* DAT.MA **system disk** (1)
[speichert selten benötigte Teile des Betriebssystems] [stores seldom used parts of the operating system]
↑ Betriebssystem-Residenz ↑ operating system residence
Systemplatz *nm* TECH → **operator's position**
→ Bedienplatz *nm*
Systemprogramme *nplt* SW → **system software** *n*
→ Systemsoftware *nf*
Systemprogrammierer *nm* SW **systems programmer**
= system programmer
Systemprogrammiersprache *nf* COMP.LG → **implementation language**
→ Implementierungssprache *nf*
Systemprogrammierung *nf* SW **system programming**
≠ Applikationsprogrammierung ≠ application programming
System-Prompt *nn* (ANGL) COMP.AP → **system prompt**
→ Systemaufforderung *nf*
Systemprotokoll *nn* DAT.PR **system log**
= Systemlog; Systemnachweis *nm*
Systemprüffeld *nn* MANUF **system proving area**
Systemprüfung *nf* MANUF **system test**
= Systemtest *nm* = system check
Systempult *nn* HW → **computer control console**
→ Rechnersteuerpult *nn*
Systemrekonfiguration *nf* DAT.PR **system reconfiguration**
= Systemneukonfiguration *nf*
Systemreserve *nf* RAD.RE **system reserve**
Systemreserven *nplt* TECH **system reserves**
systemresident DAT.PR **system-resident**
Systemressource *nf* DAT.PR **system resource**
Systemschnittstelle *nf* INF.TEC **system interface**
Systemschrift *nf* WOR.PR **system font**
Systemschulung *nf* TECH **system training**
Systemselbsttest *nm* DAT.PR → **system self test**
→ Systemeigentest *nm*
Systemsicherheit *nf* DAT.PR **system security**
Systemsimulation *nf* TECH **system simulation**
Systemsoftware *nf* SW **system software** *n*
[Satz von Programmen welche Anwendersoftware auf einer Anlage ablauffähig machen] [set of programs making possible to run application programs on a hardware]
= Grundsoftware *nf*; Basissoftware *nf*; Systemprogramme *nplt* = systems software; basic software; system programs
≠ Anwendersoftware ≠ application software
↓ Betriebssystem; Assembler (1); Dienstprogramm ↓ operating system; assembler; utility
Systemspezifikation *nf* DAT.PR **system specification**
systemspezifisch DAT.PR **system-specific** *adj*
= systemeigen; maschinenspezifisch; maschineneigen = machine-specific; native (1)
≈ programmspezifisch ≈ program-specific
systemspezifischer Kompilierer SW **native compiler**
= maschinenspezifischer Kompilierer ≠ cross compiler
≠ Kreuzkompilierer
Systemsprache *nf* COMP.LG → **implementation language**
→ Implementierungssprache *nf*
Systemspur *nf* DAT.PR **system track**
Systemstart *nm* SW → **start** *n*
→ Anlauf *nm*
Systemsteuerkanal *nm* BROADC **system control channel**
Systemsteuerung *nf* TECH **system control**
Systemsteuerung *nf* COMP.AP **system control**
[Anwendung zur Konfigurierung des Systems] [application to configure a system]
Systemstruktur *nf* TECH **system structure**
= Systemaufbau *nm*; Systemarchitektur *nf* = system architecture
≈ Systemkonzept ≈ system philosophy
Systemstudie *nf* TECH **system study**
Systemtakt *nm* HW **system clock**
= Systemuhr *nf*
Systemtechnik *nf* SYS.TH **systems engineering**
= angewandte Systemtheorie
Systemtelefon *nn* TELEPH **system phone**
Systemtest *nm* MANUF → **system test**
→ Systemprüfung *nf*
Systemtest *nm* DAT.PR **system test**
[Prüfung des Gesamtverhaltens einer Datenverarbeitungsanlage] [an overall performance test of a data processing system]
≈ Integrationstest = system check; overall-performance test
≈ integration test
Systemtheorie *nf* TECH **system theory**
[Theorie des Aufbaus u. der Eigenschaften] [theory of structure and performance]
≈ Systemtechnik
System Tray COMP.AP **System Tray**
= Systray = Systray
Systemüberwachung *nf* INF.TEC **system supervision**
= system monitoring
Systemüberwachungprogramm *nn* SW **system diagnostics**
= system monitoring programm
Systemuhr *nf* HW → **system clock**
→ Systemtakt *nm*
Systemumgebung *nf* DAT.PR **system environment**
Systemumstellungsprogramm *nn* SW **system conversion program**
systemunabhängig TECH **system-independent**
Systemunterstützung *nf* DAT.PR **system support**
System-Urband *nn* DAT.MA **master tape** (2)
= Master-Band *nn*
Systemvariante *nf* TECH **system variant**
Systemverfügbarkeit *nf* QUAL **system availability**
Systemvergleich *nm* TECH **system comparison**
Systemversion *nf* TECH **system version**
Systemversuch *nm* TECH **system test**
Systemverträglichkeit *nf* TECH **system compatibility**
= Systemkompatibilität *nf*
Systemverwalter *nm* INF.TEC **system administrator** *n*
[eine Person oder eine Software] [a person or a software]
= Systemadministrator *nm*; Sysadmin = system manager; sysadmin
≈ Netzverwalter [DAT.NW] ≈ network administrator [DAT.NW]
Systemverwaltung *nf* SW **housekeeping** *n*
= Systemorganisation *nf*; Organisation *nf* = system management; system administration; bookkeeping *n*
Systemverwaltungszeit *nf* DAT.PR **system overhead**
Systemvoraussetzung *nf* INF.TEC **system prerequisite**
≈ Systemanforderung ≈ system requirement
Systemwartung *nf* DAT.PR **system maintenance**
Systemweiche *nf* RAD.RE **system diplexer**
≈ Polarisation-Frequenz-Weiche ≈ polarization-frequency diplexer

Systemwert *nm*	RAD.RE	**system value**
Systemwiederherstellung *nf* → Systemerholung *nf*	TECH	→ **system recovery**
Systemzustand *nm*	INF.TEC	**system state** = system status
Systemzuverlässigkeit *nf*	QUAL	**system reliability**
Systray → System Tray	COMP.AP	→ **System Tray**
Szenar *nn* → Szenarium *nn* (*pl* -rien)	MOD&SI	→ **scenario** *n*
Szenario *nn* → Szenarium *nn* (*pl* -rien)	MOD&SI	→ **scenario** *n*
Szenario-Sprache *nf*	DAT.CO	**scenario language**
Szenariotechnik *nf*	MOD&SI	**scenario technique**
Szenarium *nn* (*pl* -rien) [über das italien. "scenario" vom spätlatein. "scaenarium" = "Bühnenbild"; Simulation komplexer Situationsfolge] = Szenario *nn*; Szenar *nn*	MOD&SI	**scenario** *n* [via Italian "scenario" from Late Latin "scaenarium" = "scenery"; simulation of event sequences]
Szene *nf*	IMAG.ME	**shot** *n* = scene *n*; sequence *n* (2)
Szenenbild *nn* = Ausstattung *nf*	IMAG.ME	**production design**
Szenenbildner *nm*	IMAG.ME	**production designer**
Szenenplaner *nm*	IMAG.ME	**scene planner**
Szenerie *nf* → Schauplatz *nm*	CINEMA	→ **setting** *n*
szientifisch → wissenschaftlich	SCIE	→ **scientific** *adj*
Szintillation *nf*	PHYS	**scintillation**
Szintillationsdetektor *nm* = Szintillationszähler *nm*	INSTR	**scintillation detector** = scintillation counter
Szintillationsschwund *nm*	RAD.PRO	**scintillation fading**
Szintillationszähler *nm* → Szintillationsdetektor *nm*	INSTR	→ **scintillation detector**
s-Zone *nf*	MICR.EL	**soft-doped zone** = s zone

T *t*

T PHYS →**Tesla**
→Tesla *nn*

t PHYS →**metric ton**
→Tonne *nf*

t PHYS →**metric ton-force**
→Tonne-Kraft

T COMP.SC →**binary one**
→Binäreins *nf*

T0-Ebene *nf* TELEC **T0 level**
=64-kbit/s-Ebene *nf*; T0-Ebene *nf*; E0-Ebene — =64 kbit/s level; T0 level; E0 level

T0-Ebene *nf* TELEC →**T0 level**
→T0-Ebene *nf*

T0-Ebene *nf* TELEC →**DS0-Ebene**
→DS0-Ebene *nf*

T0-Signal *nn* TELEC **T0 signal**
[64 kbit/s]
=64-kbit/s-Signal *nn*; T0-Signal *nn*; E0-Signal *nn* — =64 kbit/s signal; T0 signal; E0

T0-Signal *nn* TELEC →**T0 signal**
→T0-Signal *nn*

T0-Signal *nn* TELEC →**DS0 signal**
→DS0-Signal *nn*

T1-Bündel *nn* TELEC **T1 group**
=1,455-Mbit/s-Bündel *nn*; 1,5-Mbit/s-Bündel *nn* — =1.455-Mbit/s group; 1.5-Mbit/s group

T1-Ebene *nf* TELEC **T1 level**
=1,455-Mbit/s-Ebene *nf*; 1,5-Mbit/s-Ebene *nf* — =1.455-Mbit/s level; 1.5-Mbit/s

T1-Signal *nn* TELEC **T1 signal**
[1,544 Mbit/s (24 Kanäle) nach ANSI-Norm] — [1.544 Mbit/s (24 channels) by ANSI standard]
=1,455-Mbit/s-Signal *nn*; 1,5-Mbit/s-Signal *nn* — =1.455-Mbit/s signal; 1.5-Mbit/s signal

T2-Bündel *nn* TELEC **T2 group**
=6,312-Mbit/s-Bündel *nn*; 6-Mbit/s-Bündel *nn* — =6.312 Mbit/s group; 6 Mbit/s group

T2-Ebene *nf* TELEC **T2 level**
=6,312-Mbit/s-Ebene *nf*; 6-Mbit/s-Ebene *nf* — =6.312 Mbit/s level; 6 Mbit/s level

T2-Signal *nn* TELEC **T2 signal**
[6,312 Mbit/s (96 Kanäle) nach ANSI-Norm] — [6.312 Mbit/s (96 channels) by ANSI standard]
=6,312-Mbit/s-Signal *nn*; 6-Mbit/s-Signal *nn* — =6.312 Mbit/s signal; 6 Mbit/s

T3-Bündel *nn* TELEC **T3 group**
=44,736-Mbit/s-Bündel *nn*; 45-Mbit/s-Bündel *nn* — =44.736 Mbit/s group; 45 Mbt/s group

T3-Ebene *nf* TELEC **T3 level**
=44,736-Mbit/s-Ebene *nf*; 45-Mbit/s-Ebene *nf* — =44.736 Mbit/s level; 45 Mbt/s

T3-Signal *nn* TELEC **T3 signal**
[44,736 Mbit/s (672 Kanäle) nach ANSI-Norm] — [44.736 Mbit/s (672 channels) by ANSI standard]
=44,736-Mbit/s-Signal *nn*; 45-Mbit/s-Signal — =44.736 Mbit/s signal; 45 Mbt/s signal
↑duplexer; switching tube [EL.TRO]

T4-Bündel *nn* TELEC **T4 group**
=274,176-Mbit/s-Bündel *nn*; 274-Mbit/s-Bündel *nn* — =274.176 Mbit/s group; 274 Mbit/s group

T4-Ebene *nf* TELEC **T4 level**
=274,176-Mbit/s-Ebene *nf*; 274-Mbit/s-Ebene *nf* — =274.176 Mbit/s level; 274 Mbit/s level

T4-Signal *nn* TELEC **T4 signal**
[274,176 Mbit/s (4.032 Kanäle)] — [274.176 Mbit/s (4,032 channels)]
=274,176-Mbit/s-Signal *nn*; 274-Mbit/s-Signal *nn* — =274.176 Mbit/s signal; 274 Mbit/s signal

TA ECON →**technical department**
→technische Abteilung

Ta CHEM →**tantalum** *n*
→Tantal *nn*

TA TELEC →**terminal adapter**
→Terminaladapter *nm*

Tab-Einzellöscher *nm* TER&PER →**single-clear tabulator**
→Tabulator-Einzellöscher *nm*

tabellarisieren OFFICE →**tabulate** *vt*
→tabellieren

Tabellarisierung *nf* OFFICE →**tabulation** *n*
→Tabellierung *nf*

Tabellenblatt *nn* OFFICE →**worksheet** *n*
→Arbeitsblatt *nn*

Tabellenelement *nn* COMP.AP →**table field** *n*
→Tabellenfeld *nn*

Tabellenfeld *nn* COMP.AP **table field** *n*
[kleinste Einheit einer Tabelle] — [smallest element of a table]
=Tabellenelement *nn*; Tabellenzelle *nf*; Zelle — =table element; table cell; cell

Tabellenfeldbezug *nm* COMP.AP **cell reference**
[Tabellenkalkulation] — [spreadsheet calculation]

Tabellenfelderblock *nm* COMP.AP **block of cells**
[als Einheit verarbeitbar] — [can be worked as unit in a spreadsheet program]
=cell block; range *n*

Tabellengenerator *nm* COMP.AP **table generator**

Tabellenkalkulation *nf* COMP.AP **spreadsheet analysis**
=Tabellenverarbeitung *nf* — =spreadsheet processing; table processing

Tabellenkalkulationsprogramm *nn* COMP.AP **spreadsheet program**
↑Anwendungssoftware; Geschäftssoftware
↓Excel
=tabulation program; tab program; electronic spreadsheet
↑application software; business software
↓Excel

Tabellenlinie *nf* COMP.AP **table line**

tabellenorientiert COMP.AP **table-oriented**

Tabellensuche *nf* COMP.AP **table look-up**

Tabellenverarbeitung *nf* COMP.AP →**spreadsheet analysis**
→Tabellenkalkulation *nf*

Tabellenwert *nm* TEC.DOC **tabular value**
=tabular figure

Tabellenzelle *nf* COMP.AP →**table field** *n*
→Tabellenfeld *nn*

tabellieren OFFICE **tabulate** *vt*
=tabellarisieren — =tab

Tabelliermarke *nf* COMP.AP →**tabulation marker**
→Tabulatormarkierung *nf*

Tabelliermaschine *nf* TER&PER **tabulation machine**
[Spezialdrucker der Lochkartentechnik] — [special printer of punched card technique]
=tabulating machine; punched card tabulator; tabulator *n*

Tabellierung *nf* OFFICE **tabulation** *n*
=Tabellarisierung *nf*; Tabulierung *nf* — =tabulating *n*; tabbing *n*

Tabelliervorrichtung *nf* WOR.PR **tabulation feature**
=tab feature

Tab-Gesamtlöscher *nm* TER&PER →**global tabulator erasing**
→Tabulator-Gesamtlöscher *nm*

Tablar *nn* (CH) TECH →**rack** *n*
→Regal *nn*

Tablet-PC *nm* DAT.PR **tablet PC**

Tablett *nn* (*pl* -s&-e) TECH **tray** *n*
[Brett mit flachem Rand, zum Tragen] — [flat receptacle with flat rim, to carry]
=Ablagelade *nf*

Tab-Löscher *nm* TER&PER →**tabulator eraser**
→Tabulator-Löscher *nm*

Tabstop *nn* (ANGL) TER&PER →**tabulation stop**
→Tabulatorstopp *nm*

Tabstopp *nm* TER&PER →**tabulation stop**
→Tabulatorstopp *nm*

Tabstopptaste *nf* TER&PER →**tabulator key**
→Tabulatortaste *nf*

Tabstoppzeichen *nn* TER&PER →**tabulator character**
→Tabulatorzeichen *nn*

Tabstoptaste *nf* (ANGL) TER&PER →**tabulator key**
→Tabulatortaste *nf*

Tabstopzeichen *nn* (ANGL) TER&PER →**tabulator character**
→Tabulatorzeichen *nn*

Tabtaste *nf* TER&PER →**tabulator key**
→Tabulatortaste *nf*

Tabulator *nm* TER&PER **tabulator** *n*
=tab *n*

Tabulator-Einzellöscher *nm* TER&PER **single-clear tabulator**
=Tab-Einzellöscher *nm* — =single-clear tab

Tabulator-Gesamtlöscher *nm* TER&PER **global tabulator erasing**
=Tab-Gesamtlöscher *nm* — =global tab erasing

Tabulator-Löscher *nm* TER&PER **tabulator eraser**
=Tab-Löscher *nm* — =tab eraser

Tabulatorlöschtaste *nf* TER&PER **tabulator clear key**
=tab clear key

Tabulatormarke *nf* COMP.AP →**tabulation marker**
→Tabulatormarkierung *nf*

Tabulatormarke *nf* TER&PER →**tabulation stop**
→Tabulatorstopp *nm*

Tabulatormarkierung *nf* COMP.AP **tabulation marker**
=Tabulatormarke *nf*; Tabelliermarke *nf*

Tabulator-Setzer *nm* TER&PER **tabulator set**
= tab set

Tabulator-Setz-Lösch-Vorrichtung *nf* TER&PER **tabulator set-clear**
= tab set-clear

Tabulatorsetztaste *nf* TER&PER **tabulator set key**
= tab set key

Tabulatorspeicher *nm* SW **tabulator memory**
= tab memory; tabulator storage; tab storage

Tabulatorstop *nm* (ANGL) TER&PER → **tabulation stop**
→ Tabulatorstopp *nm*

Tabulatorstopp *nm* TER&PER **tabulation stop**
= Tabstopp *nm*; Tabzeichen *nn*; Tabulatormarke *nf*; Tabulatorstop *nm* (ANGL); Tabstop *nn* (ANGL)
= tabulator stop; tab stop; tabulator mark; tab mark

Tabulatorstopptaste *nf* TER&PER → **tabulator key**
→ Tabulatortaste *nf*

Tabulatorstoppzeichen *nn* TER&PER → **tabulator character**
→ Tabulatorzeichen *nn*

Tabulatorstoptaste *nf* (ANGL) TER&PER → **tabulator key**
→ Tabulatortaste *nf*

Tabulatorstopzeichen *nn* (ANGL) TER&PER → **tabulator character**
→ Tabulatorzeichen *nn*

Tabulatortaste *nf* TER&PER **tabulator key**
[Schreibmarke springt bis zum nächsten Tabulatorstopp; meist mit zwei gegensinnigen Pfeilen markiert]
= Tabulatorstopptaste *nf*; Tabstopptaste *nf*; Tabulatorstoptaste *nf* (ANGL); Tabstoptaste *nf* (ANGL); Tabtaste *nf*; Sprungtaste *nf*
[cursor runs to next tabulation stop; generally marked by two contradirectional arrows]
= tab key; skip key

Tabulatorzeichen *nn* TER&PER **tabulator character**
= Tabulatorstoppzeichen *nn*; Tabstoppzeichen *nn*; Tabulatorstopzeichen *nn* (ANGL); Tabstopzeichen *nn* (ANGL)
= tab character

Tabulierung *nf* OFFICE → **tabulation** *n*
→ Tabellierung *nf*

Tabuliste *nf* SYS.TH **tabu list**

Tabzeichen *nn* TER&PER → **tabulation stop**
→ Tabulatorstopp *nm*

T-Abzweigmuffe *nf* OUT.PL **T joint**
= tee joint

TACACS-Verfahren *nn* DAT.NW **TACACS**
= Terminal Access Controller Access Control System

TACAN RAD.NA **tactical air navigation**
= TAC AN

Tacho *nm* AUTOMA → **tachometer** *n*
→ Tachometer *nn*

Tachometer *nn* AUTOMA **tachometer** *n*
= Tacho *nm*

Tachosignalgeber *nm* TV **tacho pulse generator**

TACS MOB.CO **TACS**
[britische Variante von AMPS]
= Total Access Communication System

T-Adapter *nm* COMPO → **T junction**
→ T-Verzweigung *nf*

TAE-Stecker *nm* TELEPH **TAE connector**
[von "Telefon-Anschluss-Einheit"; Telefonsteckersystem der DTAG]
[telephone connector of DTAG]

Tafel *nf* COMP.AP → **button**
→ Box *nf*

Tag *nm* PHYS **day** *n*
[24 Stunden]
= d
≈ Datum
[24 hours]
≈ date

Tag-/Nacht- ECON **twenty-four-hour** ...

Tagebuch *nn* OFFICE **diary** *n*

Tag-Edge-Vermittlung *nf* DAT.NW **tag-edge switch**

Tagegeld *nn* ECON **daily allowance**
= Auslösung *nf*
↑ Abordnungsgeld
= allowance *n* (2); per diem *n* (AE)
↑ living expense

Tagelöhner *nm* ECON **day labourer**
= casual labourer

tagen *vi* ECON **meet** *vt*
= sit *vi*

tagesaktuell *adj* COLL **up-to-date** *adj*

Tagesaufnahmen *nplt* CINEMA **dailies** *nplt*

Tagesausbeute *nf* MANUF → **daily output** *n*
→ Tagesleistung *nf*

Tagesauszug *nm* ECON **daily account statement**

Tagesdaten *nplt* DAT.MA → **variable data**
→ Bewegungsdaten *nplt*

Tagesdatum *nn* COLL **todays date**
= date of the day

Tagesereignisse *nplt* MEDIA **event of the day**
= current events; passing events

Tagesgang *nm* TECH **diurnal variation**

tagesgenau ECON **day, to the**

Tageshauptverkehrsstunde *nf* TELEC → **busy hour**
→ Hauptverkehrsstunde *nf*

Tagesleistung *nf* MANUF **daily output** *n*
= Tagesausbeute *nf*
= daily *n*

Tageslicht *nf* PHYS **daylight**
≠ Kunstlicht
≠ artificial light

Tageslichtprojektor *nm* OFFICE → **overhead projector**
→ Folienprojektor *nm*

tageslichttauglich TECH **daylight-apt**

Tagesordnung *nf* OFFICE **agenda** *n* (2)
= Agenda *nf* (2)
[from Latin "agenda" = "things to be done"]

Tagesordnungspunkt *nm* ECON **agenda item**
= Traktandum *nn*

Tagespresse *nf* PRIN.ME **daily newspaper press**

Tagesreichweite *nf* RAD.PRO **diurnal range**
= daytime range

Tagestempel *nm* OFFICE **data stamp**

Tagesthemen *nplt* COLL **topics of the day**

Tagesverkehrskurve *nf* SWITCH **diurnal traffic distribution**
= TVK

tageszeitlich TECH **diurnal** *adj*
[zur Tageszeit gehörend]
≠ nächtlich
≠ nocturnal

Tageszeitung *nf* PRIN.ME **daily newspaper**
[erscheint mindestens zweimal wöchentlich]
↑ Zeitung
[edited at least twice a week]
= daily paper; daily
↑ newspaper

Tageszyklus *nm* COLL **daily cycle**

tageweise COLL **by the day**

Tagfertigkeit *nf* DAT.PR **actual balance**
[am selben Tag fertig]
[ready on day]

Taggebühr *nf* TELEC **daytime tariff**
≠ Nachttarif
≠ nocturnal tariff

täglich *adj* COLL **daily** *adj* (1)
[werk- u- feiertags]
= kalendertäglich
≈ tagtäglich; tageweise; alltäglich
[happening every day]
= quotidian
≈ everday; by the day; everyday

tagsüber COLL **day-long** *adv*
= untertags (CH)

Tag-Switching *nn* DAT.NW **tag switching**

tagtäglich COLL **everday** *adv* (1)
[täglich ohne Ausnahme]
≈ täglich
[without exeption]
≈ daily

Tagung *nf* ECON **meeting** *n* (1)
= Kongress *nm*; Treffen *nn*
≈ Konferenz; Besprechung
= congress *n*
≈ conference

Tagungsbericht *nm* ECON **transactions** *nplt*
= Kongressbericht *nm*
[official written record]
= proceedings *nplt* (2)

Tagungsort *nm* ECON **venue** *n*
= Veranstaltungsort *nm*; Kongressort *nm*; Konferenzort *nm*
= meeting place; congress venue; conference venue

Tagungsteilnehmer *nm* ECON **conference participant**
= Veranstaltungsteilnehmer *nm*; Kongressteilnehmer *nm*; Konferenzteilnehmer *nm*
= congress participant; congressman *n*

Tagungszentrum *nn* ECON **conference center** (AE)
= Kongresszentrum *nm*
= congress center (AE); conference centre (BE); congress centre (BE)

Tagwelle *nf* RAD.PRO **diurnal wave**
= ganztägige Welle

TAHA ANT **tapered aperture horn antenna**
= TAHA

Taifun (Ostasien) METEO → **hurricane** *n*
→ Orkan *nm*

Takelage *nf* TECH **rigging** *n*

Takt *nm* EL.TRO **clock** *n*
[Sequenz]
= Schrittakt *nm*; Synchrontakt *nm*; Kadenz *nf*
≈ Schrittpuls
[sequence]
= cadence *n*

Takt *nm* SWITCH → **metering pulse**
→ Zählimpuls *nm*

Takt *nm* SWITCH → **tariff rate**
→ Gebührentakt *nm*

Taktabgabe *nf* CIRC.EN **clock output**
Taktabgleich *nm* CODING → **timing alignment**
→ Taktanpassung *nf*
Taktanpassung *nf* CODING **timing alignment**
= Taktabgleich *nm* = clock alignment
Taktausblendung *nf* CODING **clock extraction**
Taktbetriebsart *nf* CIRC.EN **clock mode**
Takteingang *nm* CIRC.EN **clock input**
Takte je Befehl *nplt* DAT.PR **cycles per instruction**
= CPI
takten INF.TEC **pulse** *vi*
= zeittakten = clock; time
Takterzeugung *nf* EL.TRO **clock generation**
Taktfehler *nm* EL.TRO **clock error**
Taktfehlermeldung *nf* EQP.EN **clock error alarm**
Taktfertigung *nf* MANUF **clocked production**
Taktflanke *nf* EL.TRO **clock pulse edge**
taktflankengesteuert CIRC.EN **clock-pulse-edge controlled**
Taktfolge *nf* CODING **timing pulse rate**
= clock pulse rate
Taktfolge *nf* AERON **cycle frequency**
[Feuer] [light]
taktfrei CIRC.EN **unclocked**
Taktfrequenz *nf* EL.TRO **clock frequency**
= Taktgeschwindigkeit *nf* = clock rate; clock speed; timing frequency; strobe frequency; strobe *n* (2)
≈ Pulsrate ≈ pulse repetition rate
taktführende Station TELEC **cycle master station**
taktführende Zentrale TELECON **master clock station**
Taktgeber *nm* CIRC.EN **timing generator** *n*
= Taktgenerator *nm*; Taktimpulsgenerator *nm*; Taktimpulserzeuger *nm*; Synchronisiereinheit *nf*; Synchrontaktgeber *nm*; Taktoszillator *nm* = clock pulse generator; clock generator; clock handler; master clock; clock; clock oscillator
≈ Impulsgenerator; Taktversorgung; Zeitgeber; Zeitüberwachung ≈ pulse generator; clock pulse supply; timing circuit (1); time-out circuit
Taktgeber *nm* TV → **synchronization signal generator**
→ Impulsgenerator *nm*
taktgebunden CIRC.EN → **clock-pulse controlled**
→ taktgesteuert
Taktgenerator *nm* CIRC.EN → **timing generator** *n*
→ Taktgeber *nm*
Taktgeschwindigkeit *nf* EL.TRO → **clock frequency**
→ Taktfrequenz *nf*
taktgesteuert CIRC.EN **clock-pulse controlled**
= getaktet; taktgebunden = clocked
≠ ungetaktet ≠ asynchronous
↓ taktzustandsgesteuert ↓ clock-pulse-state controlled
taktgleich TELEC → **synchronous** *adj*
→ synchron
Taktgleichhei nft TECH → **synchronism** *n*
→ Synchronismus *nm*
taktil SCIE **haptic** *adj*
[vom latein. "tangere" = "berühren"; vom griech. "háptesthai" = "berühren"; den Tastsinn betreffend] [from Greek "háptesthai" = "to touch"; related to the sense of touch]
= haptisch
≠ optisch; akustisch
Taktimpuls *nm* EL.TRO → **clock pulse**
→ Schrittpuls *nm*
Taktimpulserzeuger *nm* CIRC.EN → **timing generator** *n*
→ Taktgeber *nm*
Taktimpulsgenerator *nm* CIRC.EN → **timing generator** *n*
→ Taktgeber *nm*
Taktintervall *nn* EL.TRO → **pulse interval**
→ Impulsperiodendauer *nf*
Taktkreisgüte *nf* CIRC.EN **clock Q factor**
Taktloch *nn* TER&PER → **feed hole**
→ Transportloch *nn*
Taktlochabschaltung *nf* TER&PER **feed hole scanning**
Taktlochung *nf* TER&PER → **feed holes**
→ Transportlochung *nf*
Taktmultiplexer *nm* CIRC.EN **clock multiplexer**
Taktoszillator *nm* CIRC.EN → **timing generator** *n*
→ Taktgeber *nm*
Taktperiode *nf* EL.TRO **clock pulse period**
Taktpuls *nm* EL.TRO → **clock pulse**
→ Schrittpuls *nm*
Taktquelle *nf* CIRC.EN **clock source**
≈ Taktgeber ≈ timing generator
Taktraster *nn* EL.TRO **timing pattern**

Taktrate *nf* EL.TRO **clock rate**
= clock speed
Taktrückgewinnung *nf* CODING **clock recovery**
= timing recovery; timing extraction
Taktscheibe *nf* TELEGR **timing disk**
Taktschnittstelle *nf* CIRC.EN **clock interface**
Taktschritt *nm* EL.TRO **clock unit**
Taktsignal *nn* CODING **timing signal**
= Synchronisiersignal *nn* = clock pulse signal; clock signal; clock pulse; synchronizing signal; synchronization signal
≈ Schrittpuls [EL.TRO]; Synchronisierzeichen [TELEC] ≈ clock pulse [EL.TRO]; synchronization character [TELEC]
Taktsperre *nf* EL.TRO **clock inhibit**
= clock trap
Taktspur *nf* TER&PER **clock track**
↑ Spur = clock marker track
↑ track
Taktstufe *nf* EL.TRO **clock stage**
taktsynchron EL.TRO **clock synchronized**
= clock controlled
Taktsystem *nn* DAT.CO **clock pulse system**
Taktteiler *nm* CIRC.EN **pulse divider**
Taktteilungsfaktor *nm* DAT.CO **clock rate conversion factor**
[Datenaustausch mit Chipkarten] [data exchange with chip cards]
= Teiler *nm* = CRCF
Taktung *nf* EL.TRO → **synchronization** *n*
→ Synchronismus *nm*
taktungeich TELEC → **asynchronous** *adj*
→ asynchron
Taktverdoppler *nm* HW **clock doubler**
Taktversatz *nm* EL.TRO **clock pulse offset**
= clock offset; clock difference; clock time difference
taktversorgt CIRC.EN **clock supplied**
Taktversorgung *nf* CIRC.EN **clock pulse supply**
≈ Taktzentrale; Taktgeber = clock supply
≈ timing generator
Taktverstärker *nm* CIRC.EN **clock amplifier**
Taktverteiler *nm* CIRC.EN **clock distributor**
Taktzeit *nf* SWITCH → **tariff rate**
→ Gebührentakt *nm*
Taktzentrale *nf* CIRC.EN **central clock**
≈ Taktversorgung = clock pulse generator central
taktzustandsgesteuert CIRC.EN **clock-pulse-state controlled**
↑ taktgesteuert ↑ clocked
taktzustandsgesteuerte Kippschaltung CIRC.EN **clock-pulse-controlled flip-flop**
= taktzustandsgesteuerter Flipflop = clocked flip-flop
↑ dynamische Kippschaltung
taktzustandsgesteuerter Flipflop CIRC.EN → **clock-pulse-controlled flip-flop**
→ taktzustandsgesteuerte Kippschaltung
Taktzyklus *nm* EL.TRO **clock cycle**
= clock tick
Tal *nn* (*pl* Täler) GEOSC **valley** *n*
= dale
Talboden *nm* GEOSC **valley floor**
Talent *nn* COLL **talent** *n*
Talker-Modus *nm* INTERNET **talker mode**
Talkshow *nf* IMAG.ME **talk show**
[Sendung in der Moderator prominete Gäste interviewt] [moderator interviews prominent guests]
Talpunkt *nm* MATH **valley point**
[Kurve] [curve]
Talspannung *nf* MICR.EL **valley point voltage**
[Tunneldiode] [tunnel diode]
Talstrom *nm* MICR.EL **valley point current**
[Tunneldiode] [tunnel diode]
tan MATH → **tangent** *n* (2)
→ Tangens *nm*
Tandembetrieb *nm* DAT.PR → **tandem processing**
→ Tandemverarbeitung *nf*
Tandemcomputer *nm* DAT.PR **tandem computer**
[bei Ausfall eines Teils übernimmt der andere die Verarbeitung] [failure of one part transfers operation to the other]
= Tandemrechner *nm*; Doppelcomputer *nm*; Doppelrechner *nm* = tandem system
Tandemerfassungsplatz *nm* TER&PER **tandem acquisition terminal**
Tandempotentiometer *nn* COMPO → **tandem potentiometer**
→ Doppelpotentiometer *nn*
Tandemprozessor *nm* DAT.PR **tandem processor**
[bei Ausfall eines Teils übernimmt ein anderer [if one part fails operation is

die Verarbeitung] — transferred to another]
= Doppelprozessor *nm*

Tandemrechner *nm* DAT.PR → **tandem computer**
→ Tandemcomputer *nm*

Tandemtransistor *nm* COMPO **tandem transistor**
= Doppeltransistor *nm*

Tandemverarbeitung *nf* DAT.PR **tandem processing**
= Doppelverarbeitung *nf*; Tandembetrieb *nm*; Doppelbetrieb *nm* — = tandem operation

Tangens *nm* MATH **tangent** *n* (2)
= tan; tg — = tan; tg

Tangens Delta *nm* EL.TEC → **loss factor**
→ Verlustfaktor *nm*

Tangens-Delta-Messbrücke *nf* INSTR → **loss factor bridge**
→ Verlustfaktor-Messbrücke *nf*

Tangens-Delta-Messer INSTR → **loss factor meter**
→ Verlustfaktormesser *nm*

Tangens-Delta-Messung *nf* INSTR → **loss factor measurement**
→ Verlustfaktormessung *nf*

Tangens hyperbolicus MATH **hyperbolic tangent**
= Tangens hyperbolikus; Hyperbeltangens; tanh; th — = tanh; th
↑ Hyperbeltangens

Tangens hyperbolikus MATH → **hyperbolic tangent**
→ Tangens hyperbolicus

Tangente *nf* MATH **tangent** *n* (1)
[a line touching a curve]

tangential *adj* MATH **tagential** *adj*
= tangent *adj*

Tangentialebene *nf* MATH **tangential plane**

tangentiale Empfindlichkeit INSTR **tangential sensitivity**

Tangentialpassfeder *nf* MEC.EN **Lewis key**

Tangiersignal *nn* MICR.EL **tangential signal**

tanh MATH → **hyperbolic tangent**
→ Tangens hyperbolicus

Tankkreis *nm* CIRC.EN → **tank circuit**
→ offener Schwingungskreis

Tankspule *nf* CIRC.EN **tank coil**

Tannenbaumantenne *nf* ANT → **fishbone antenna**
→ Fischgrätenantenne *nf*

Tannenbaumverzweigung *nf* SWITCH **transfer tree**

tannengrün *adj* OPT **fir green** *adj*

T-Anpassung *nf* ANT **T match**

Tantal *nn* CHEM **tantalum** *n*
= Ta — = Ta

Tantal-Elektrolytkondensator *nm* COMPO **tantalum electrolyte capacitor**

Tantalkondensator *nm* COMPO **tantalum capacitor**

T-Antenne *nf* ANT **T antenna**

Tanzfilm *nm* CINEMA **dance film**

TAO-Aufzeichnung *nf* TER&PER **TAO**
= Track At Once

Tap *nn* DAT.NW **tap** *n*
[Ethernet]
= Anzapfung *nf*

Taper *nm* (ANGL) TER&PER → **taper** *n*
→ Lochstreifengerät *nn*

Tapered-Balun *nm* ANT **tapered balun**

Taper-Koppler *nm* OPTOEL **taper coupler**

TAPI-Schnittstelle *nf* DAT.NW **TAPI**
= Telephone Application Programming Interface

Tara *nf* (*pl* Taren) ECON **tare** *n*
= Verpackungsgewicht *nn* — [weight of package]

Target *nn* HW **target** *n*
≠ Initiator — ≠ initiator

Tarif *nm* ECON → **charge** *n* (2)
→ Gebühr *nf*

Tarifierung *nf* SWITCH → **tax metering**
→ Gebührenzählung *nf*

Tarifumschaltepunkt *nm* SWITCH **tariff change time**
= tariff changeover time

Tarifzone *nf* SWITCH → **metering zone**
→ Gebührenzone *nf*

Tasche *nf* COLL **pocket** *n*

Tasche greifen, in die COLL **dip into the pocket**
[fig] — [fig]

Taschenbuch *nn* PRIN.ME **pocket book**
≈ Paperback — ≈ paperback

Taschencomputer *nm* DAT.PR **pocket computer**
[i.a. bis max. 1 kg schwer] — [generally up to 1 kg weight]
= Handheld-Computer *nm*; Pocket-Computer *nm* — = hand-held computer
≈ Taschenrechner [TECH]; Aktentaschencomputer; Wearable Computer — ≈ pocket calculator [TECH]; laptop computer; wearable computer
↑ Personal-Computer; tragbarer Computer — ↑ personal computer; handheld computer

Taschendiktiergerät *nn* OFFICE → **hand dictating set**
→ Handdiktiergerät *nn*

Taschenformat *nn* TECH **pocket size** (1)

Taschenkalender *nm* OFFICE **pocket diary**

Taschenlampe *nf* TECH **torch** *n*

Taschenlampebatterie *nf* POW.SY **torch battery**
[enthält 2 bis 3 Trockenelemente]

Taschen-Messgerät *nn* INSTR **pocket meter**

Taschenrechner *nm* TECH **pocket calculator**
≈ Taschencomputer [DAT.PR] — = hand calculator
≈ pocket computer [DAT.PR]

Taschentelefon *nn* MOB.CO **pocket telephone**

Taschentonbandgerät *nn* EL.ACOU **midget tape recorder**
= midgettape *n*

Taschenübersetzer *nm* COMP.AP **pocket translator**

Taschenwörterbuch *nn* PRIN.ME **pocket dictionary**

TASI TELEC **TASI**
[Nutzung von Gesprächspausen, bei Analogsignalen] — [use of speech pauses, with analog signals]
≈ DSI — = time assignment speech interpolation
≈ DSI

Task *nm* (ANGL) SW → **task** *n*
→ Aufgabe *nn*

Task-Intervall *nn* SW → **float** *n*
→ Aufgaben-Intervall *nn*

Task-Management *nn* SW → **task management**
→ Aufgabenverwaltung *nf*

Task-Manager *nm* SW → **task manager**
→ Aufgabenverwalter *nm*

Taskschaltfläche *nf* COMP.AP **task button**
= task box

Taskleiste *nf* COMP.AP **task bar**
↑ Symbolleiste — ↑ symbol bar

Taskswapping *nn* (ANGL) DAT.PR → **task switching**
→ Aufgabenumschaltung *nf*

Taskswitching *nn* (ANGL) DAT.PR → **task switching**
→ Aufgabenumschaltung *nf*

Taskverwaltung *nf* SW → **task management**
→ Aufgabenverwaltung *nf*

Tastanschlag *nm* TER&PER → **keystroke** *n*
→ Tastendruck *nm*

Tastatur *nf* TER&PER **keyboard** *n*
[Anordnung von Tasten] — [an array of keys]
= Keyboard *nn* (ANGL) — = key panel; pushbutton panel
≈ Tastaturfeld — ≈ keypad (2)
↑ Eingabegerät — ↑ input device
↓ Kleintastatur; Bedientastatur; Datentastatur; Fernschreibtastatur; Fernsprechertastenfeld; Einzeltasten-Tastatur; Folientastatur; Buchstabentastatur; Zifferntastatur; alphanumerische Tastatur; amerikanische Tastatur; DIN-Tastatur; Dvorak-Tastatur; Maltron-Tastatur — ↓ keypad; control keyboard; computer keyboard; teletypewriter keyboard; telephone keypad; single-key keyboard; membrane keyboard; alphabetical keyboard; numeric keyboard; alphanumeric keyboard; US-standard keyboard; German-standard keyboard; Dvorak keyboard; Maltron keyboard

Tastaturabdeckung *nf* TER&PER **keyboard cover**

Tastaturablage *nf* OFFICE **keyboard stowage**
= Keyboardablage *nf* — = keyboard rest

Tastaturanordnung *nf* TER&PER **keyboard arrangement**

Tastaturanschluss *nm* TER&PER **keyboard connection**

tastaturbedient SW → **keyboard-controlled**
→ tastaturgesteuert

Tastaturbelegung *nf* TER&PER **keyboard layout**
= Tastenbelegung *nf*; Tatstaturlayout *nn*

Tastaturbelegungsstreifen *nm* TER&PER → **key overlay**
→ Tastaturschablone *nf*

Tastaturbereich *nm* TER&PER → **keypad** *n* (2)
→ Tastaturfeld *nn*

Tastaturblock *nm* TER&PER → **keypad** *n* (2)
→ Tastaturfeld *nn*

Tastaturcode *nm* TER&PER **scan code**
[jeder Taste eindeutig zugeordnet] — [individually assigned to every key]
= Scancode *nm*

Tastaturcodierer *nm* TER&PER **keyboard coder**
= Tastaturcontroller *nm* — = keyboard encoder; keyboard controller

Tastaturcontroller *nm* TER&PER → **keyboard coder**
→ Tastaturcodierer *nm*

Tastatur-Dateneingabegerät *nn* TER&PER **key data entry device**
= keyboard data entry device

Tastatureingabe *nf* DAT.MA **keyboard entry**
= Tasteneingabe *nf* — = keyboard input; keyboarding; key entry

Tastatureingabestation *nf* TER&PER → **keyboard terminal**
→ Tastaturterminal *nn*

Tastaturerweiterung *nf* COMP.AP → **keyboard enhancer**
→ Tastaturleistungssteigerer *nm*

Tastaturfeld *nn* TER&PER **keypad** *n* (2)
[Bereich einer Tastatur] — [section of a keyboard]
= Tastenfeld *nn*; Tastenblock *nm*; Tastaturblock *nm*; Block *nm* (2); Tastaturbereich *nm* — = key panel; key block; pushbutton panel; pushbutton block; pushbutton pad; button block; button pad
≈ Tastatur — ≈ keyboard
↓ alphanumerisches Tastaturfeld; Cursorblock; — ↓ alphanumeric pad; cursor pad; numeric keypad

Tastaturfunktion *nf* COMP.AP → **key function**
→ Tastenfunktion *nf*

Tastaturgehäuse *nn* TER&PER **keyboard console**
= Tastaturkonsole *nf*

tastaturgesteuert SW **keyboard-controlled**
= tastengesteuert; tastaturbedient; tastenbedient — = keyboard-driven; key-controlled; key-driven; keyboard-operated; key-operated

Tastaturkonsole *nf* TER&PER → **keyboard console**
→ Tastaturgehäuse *nn*

Tastaturkontroller *nm* SW **keyboard controller**

Tastaturkürzel *nn* DAT.PR → **shortcut** *n*
→ Tastenkombination *nf*

Tastaturleistungssteigerer *nm* COMP.AP **keyboard enhancer**
= Tastaturerweiterung *nf* — = keyboard utility

Tastaturlocher *nm* TER&PER → **card puncher**
→ Kartenlocher *nm*

Tastaturmaus *nf* COMP.AP **keyboard mouse**

Tastaturpuffer *nm* TER&PER → **keyboard buffer**
→ Tastaturpufferspeicher *nm*

Tastaturpufferspeicher *nm* TER&PER **keyboard buffer**
[zwischenspeichert die gerade eingetippten Zeichen] — [buffers the just typed characters]
= Tastaturpuffer *nm* — = type-ahead buffer

Tastaturschablone *nf* TER&PER **key overlay**
[auswechselbarer Streifen mit Angabe der für eine Software gültigen Tastaturbelegung] — [exchangeable strip describing the key functions for a specific software]
= Tastaturbelegungsstreifen *nm*; Funktionstasten-Beschriftungsstreifen *nm* — = keyboard overlay; key strip; keyboard strip; keyboard template; template *n*

Tastatur-Schublade *nf* OFFICE **keyboard drawer**
= Keyboard-Schublade *nf*

Tastatursperre *nf* TER&PER **keyboard lock**
≈ Tastensperre — = keyboard disabling
≈ keylock

Tastaturterminal *nn* TER&PER **keyboard terminal**
= Tastatureingabestation *nf* — = keyboard entry station; key station; keyboard send/receive; KSR

Tastaturtreiber *nm* TER&PER **keyboard driver**
= Tastenfeldtreiber *nm*

Tastaturwahl *nf* SWITCH → **pushbutton dialing**
→ Tastwahl *nf*

Tastatursperrung *nf* SW → **locked-up keyboard**
→ gesperrte Tastatur

Tastbildschirm *nm* TER&PER → **touch screen**
→ Berührungsbildschirm *nm*

Tast-Codierschalter *nm* COMPO **key coding switch**
↑ Codierschalter

Taste *nf* TER&PER **key** *n*
[Bedienelement einer Tastatur] — [element of a keyboard]
= Drucktaste *nf*; Druckknopf *nm* — = digital *n*; button *n*
≈ Taste [COMPO] — ≈ key [COMPO]
↓ Datentaste; Buchstabentaste; Ziffertaste; Funktionstatste; Eingabetaste; ESCAPE-Taste; Umschalttaste; Umschaltfeststelltaste; Löschtaste; Tottaste — ↓ alphanumeric key; alphabetical key; numeric key; function key; ENTER key; ESCAPE key; SHIFT key; SHIFT LOCK key; ERASE key; dead key

Taste *nf* COMPO **key** *n*
≈ Taste [TER&PER] — ≈ key [TER&PER]
↓ Drucktaste; Tipptaste; Berührungstaste; Kipptaste; Kippschalter; Tastschalter; Magnettaste; Leuchttaste; Taster — ↓ pushbutton; touch key; sensor key; toggle key; toggle switch; pushbutton key; magnetic pushbutton key; luminous key; non-locking key

Taste *nf* **ALT GR** TER&PER **ALT GR key**
[Umschalttaste für rechts unten dargestellte Zeichen] — [shift key for lower right case characters]

Taste BACKSPACE *nf* TER&PER → **backspace key** *n*
→ Rücksetztaste *nf* (2)

Taste BS *nf* TER&PER → **backspace key** *n*
→ Rücksetztaste *nf* (2)

Taste EINFG TER&PER → **INSERT key**
→ Einfügetaste *nf*

Taste ENTER *nf* (IBM) TER&PER → **ENTER key** (IBM)
→ Eingabetaste *nf*

Tastefernsprecher *nm* TELEPH → **touch-tone telephone**
→ Tastwahltelefon *nn*

Taste INSER *nf* TER&PER → **INSERT key**
→ Einfügetaste *nf*

Taste INST *nf* (Apple) TER&PER → **INSERT key**
→ Einfügetaste *nf*

Taste INST/DEL *nf* TER&PER → **backspace key** *n*
→ Rücksetztaste *nf* (2)

tasten MODUL **key** *vt*
= umtasten — = keyboard *vt*

Tastenabfrageprogramm *nn* SW **key interrogation program**

Tastenanschlag *nm* TER&PER → **keystroke** *n*
→ Tastendruck *nm*

Tastenanschlagkontrolle *nf* DAT.PR **keystroke verification**

tastenbedient SW → **keyboard-controlled**
→ tastaturgesteuert

Tastenbelegung *nf* TER&PER → **keyboard layout**
→ Tastaturbelegung *nf*

Tastenbeschriftung *nf* TER&PER **key labeling**
= key lettering

Tastenblock *nm* TER&PER → **keypad** *n* (2)
→ Tastaturfeld *nn*

Tastencode *nm* SW **key code**

Tastendefinition *nf* DAT.PR **key assignment**
= Tastenzuordnung *nf*

Tastendruck *nm* TER&PER **keystroke** *n*
= Tastanschlag *nm*; Tastenanschlag *nm*; Tastung *nf* — = key depression; key touch; keyboard stroke; stroke *n*; keying *n*

Tasteneingabe *nf* DAT.MA → **keyboard entry**
→ Tastatureingabe *nf*

Tastenfeld *nn* TER&PER → **keypad** *n* (2)
→ Tastaturfeld *nn*

Tastenfeldtreiber *nm* TER&PER → **keyboard driver**
→ Tastaturtreiber *nm*

Tastenfreigabe *nf* TER&PER **key release**
= pushbutton release; button release

Tastenfunktion *nf* COMP.AP **key function**
= Tastaturfunktion *nf*

tastengesteuert SW → **keyboard-controlled**
→ tastaturgesteuert

Tastenhub *nm* TER&PER **key drop**

Tastenkappe *nf* TER&PER **keycap**

Tastenknopf *nm* TER&PER **keytop** *n*
= key button

Tastenkombination *nf* DAT.PR **shortcut** *n*
= Tastaturkürzel *nn* — = keyboard shortcut; key shortcut; key combination; compose sequence; accelerator *n*

Tastenkopf *nm* COMPO → **key cap**
→ Tastenkuppe *nf*

Tastenkörper *nm* COMPO **key body**

Tastenkraft *nf* TER&PER **key pressure**

Tastenkuppe *nf* COMPO **key cap**
= Tastenkopf *nm*

Tastenlocher *nm* TER&PER → **card puncher**
→ Kartenlocher *nm*

Tastenmatrix *nf* TER&PER **key matrix**

Tastenprellung *nf* TER&PER **key bounce**

Tastenschalter *nm* COMPO → **pushbutton key** *n*
→ Tastschalter *nm*

Tastensperre *nf* TER&PER **keylock** *n*
≈ Tastatursperre — ≈ keyboard lock

Tastenstreifen *nm* COMPO **key strip**

Tastentelefon *nn* TELEPH → **touch-tone telephone**
→ Tastwahltelefon *nn*

Tastentelephon *nn* TELEPH → **touch-tone telephone**
→ Tastwahltelefon *nn*

Taste NUM *nf* TER&PER → **NUMLOCK key**
→ NUM-Taste *nf*

Tastenumschaltung *nf* TER&PER **key shift**

Tastenwahl *nf* SWITCH → **pushbutton dialing**
→ Tastwahl *nf*

Tastenwiederholautomatik *nf* COMP.AP **keyboard repeat**
= Wiederholautomatik *nf*
= autokey; typematik

Tastenzuordnung *nf* DAT.PR → **key assignment**
→ Tastendefinition *nf*

Tastenzustandsanzeige *nf* TER&PER **key status indicator**
↓ Umschaltezustandsanzeige; NUM-Zustandsanzeige
↓ shift lock indicator; NUM-status indicator

Taste PAUSE *nf* TER&PER → **PAUSE key**
→ PAUSE-Taste *nf*

Taster *nm* INSTR → **test probe**
→ Prüfspitze *nf*

Taster *nm* MEC.EN **caliper** *n*
[Zierkel zum Messen von Durchmessern]
= Tasterzirkel *nm*
[two-leg instrument to measure diameters]
= calliper

Taster *nm* COMPO **nonlocking key**
[nur solange geschlossen bleibender Kontakt, wie er betätigt wird]
≠ Schalter
↑ Taste
[contact closing while depressed]
= momentary contact switch
≠ switch
↑ key

Taster *nm* TELEGR → **key** *n*
→ Geber *nm*

Taste RETURN *nf* (Apple) TER&PER → **ENTER key** (IBM)
→ Eingabetaste *nf*

Taste *nf* **ROLLEN** TER&PER **SCROLL key**
[verändert je nach Anwenderprogramm die Wirkungsweise der Schreibmarkentasten]
= ROLLEN-Taste *nf*; SCROLL-LOCK-Taste *nf*
↑ Funktionstaste
[modifies the function of the cursor keys, in a manner depending on the application program]
= ROLL key; SCROLL-LOCK key; SCROLL-LOCK
↑ functional key

Tasterzirkel *nm* MEC.EN → **caliper** *n*
→ Taster *nm*

Taste SHIFT *nf* TER&PER → **SHIFT key**
→ Umschalttaste *nf* (1)

Tastgeschwindigkeit *nf* TELEC → **telegraph speed**
→ Schrittgeschwindigkeit *nf*

Tastgrad *nm* EL.TRO **pulse duty factor**
[Impulsdauer zu Impulsperiodendauer]
≠ Tastverhältnis
[pulse duration to pulse interval]
= pulse duty cycle; duty cycle; duty factor; reciprocal pulse duty ratio
≠ pulse duty ratio

Tasthebel *nm* TER&PER **key lever**

Tastimpuls *nm* EL.TRO → **strobe pulse** *n*
→ Ausblendimpuls *nm*

Tastkopf *nm* INSTR → **test probe**
→ Prüfspitze *nf*

Tastkopf-Multiplexer *nm* INSTR **probe multiplexer**

Tastkopfversorgung *nf* INSTR **probe power**

Tastkopfzubehör *nn* INSTR **probe accessory**

Tastregelung *nf* CONTRO **keyed control**
= Abtastregelung *nf*; getastete Regelung; Taststeuerung *nf*; getastete Steuerung
= sampled data control

Tastschalter *nm* COMPO **pushbutton key** *n*
= Tastenschalter *nm*; Drucktastenschalter *nm*; Drucktaster *nm*
≈ Drucktaste
↓ rastender Tastschalter; nichtrastender Tastenschalter
= pushbutton switch; keyboard switch; key switch (2)
≈ pushbutton
↓ locking pushbutton key; non-locking pushbutton kex

Tastschalter mit Rast TER&PER → **locking pushbutton key**
→ rastender Tastschalter

Tastschalter ohne Rast TER&PER → **nonlocking pushbutton key**
→ nichtrastender Tastschalter

Tastspitze *nf* INSTR → **test probe**
→ Prüfspitze *nf*

Tastspulmikrofon *nn* EL.ACOU → **moving-coil microphone**
→ Tauchspulmikrofon *nn*

Tastspulmikrophon *nn* EL.ACOU → **moving-coil microphone**
→ Tauchspulmikrofon *nn*

Taststeuerung *nf* CONTRO → **keyed control**
→ Tastregelung *nf*

Tastteiler *nm* INSTR **attenuator probe**
↑ Prüfspitze
↑ test probe

Tastung *nf* MODUL **keying** *n*

Tastung *nf* TER&PER → **keystroke** *n*
→ Tastendruck *nm*

Tastungsüberlappung *nf* TER&PER **key rollover**
= überlappende Tastung
[very rapid keying sequence]

Tastungsüberlappungs-Speicherung *nf* TER&PER **N-key rollover**

Tastverhältnis *nn* EL.TRO **pulse duty ratio**
[Pulsperiodendauer zu Impulsdauer]
= Stromstoßverhältnis *nn*; Schaltverhältnis *nn*; relative Einschaltdauer
≠ Tastgrad
[pulse interval to pulse duration]
= keying ratio; clock cycle ratio
≠ pulse duty factor

Tastwahl *nf* SWITCH **pushbutton dialing**
= Tastenwahl *nf*; Tastaturwahl *nf*
≈ Zweiton-Mehrfrequenzwahl
= push-button dialling; pushbutton selection; pushbutton calling; keyboard dialing; keyboard dialling; keyboard selection; keyboard calling; touch dialing; touch dialling; touch selection; touch calling
≈ dual-tone multifrequency dialing

Tastwahlapparat *nm* TELEPH → **touch-tone telephone**
→ Tastwahltelefon *nn*

Tastwahlblock *nm* TER&PER **pushbutton set module**
= pushbutton dialing block

Tastwahlempfänger *nm* SWITCH **pusbutton receiver**

Tastwahlteilnehmer *nm* SWITCH **pushbutton subscriber**

Tastwahltelefon *nn* TELEPH **touch-tone telephone**
= Tastwahltelephon *nn*; Tastwahlapparat *nm*; Tastefernsprecher *nm*; Tastentelefon *nn*; Tastentelephon *nn*
= pushbutton telephon; pushbutton station

Tastwahltelephon *nn* TELEPH → **touch-tone telephone**
→ Tastwahltelefon *nn*

Tastwahrnehmung *nf* TER&PER → **haptics** *nplt*
→ Haptik *nf*

Tatform *nf* LING → **active voice**
→ Aktiv *nn*

Tätigkeit *nf* ECON **activity** *n*
= Aktivität *nf*; Beschäftigung *nf*
≈ Beruf
= occupation
≈ profession

Tätigkeit *nf* TECH → **activity** *n*
→ Aktivität *nf*

Tätigkeitsbereich *nm* ECON **activity field**

Tätigkeitsbericht *nm* ECON **activity report**
= action report; progress report

Tätigkeitsbeschreibung *nf* ECON → **position description**
→ Arbeitsplatzbeschreibung *nf*

Tätigkeitsform *nf* LING → **active voice**
→ Aktiv *nn*

Tätigkeitswort *nn* LING → **verb** *n* (1)
→ Verb *nn*

Tatsache *nf* COLL **fact** *n*
= Faktum *nn* (*pl* -ten& -ta); Fakt *nm* (*pl*
= datum

Tatsachenwissen *nn* ART.IN **factual knowledge**
= Faktenwissen *nn*
≠ Verfahrenswissen
≠ procedural knowledge

tatsächlich *adj* COLL **real** *adj*
= effektiv; faktisch; wirklich; eigentlich; de
= factual; effective; actual; realized; de facto

tatsächlich *adv* COLL **really** *adv*
= actually *adv*

tatsächliche Adresse SW → **absolute address**
→ absolute Adresse

tatsächlicher Gewinn ANT **realized gain**

Tatstaturlayout *nn* TER&PER → **keyboard layout**
→ Tastaturbelegung *nf*

Tau *nm* (*nsgt*) METEO **dew** *n*

Tauchanker *nm* COMPO **plunger-type armature**

tauchbefettet MANUF **dip-greased**

tauchen TECH **plunge** *vt*
[*vt*]
= eintauchen; tunken; eintunken
= dip *vt*

tauchfähig TECH → **submersible**
→ tauchfest

tauchfest TECH **submersible**
= tauchfähig; überflutbar
≈ wasserdicht
≈ waterproof

Tauchlack *nm* TECH **dipping varnish**
= dip varnish

Tauchlackieren *nn* TECH → **dip varnishing**
→ Tauchlackierung *nf*

Tauchlackierung *nf* TECH **dip varnishing**
= Tauchlackieren *nn*

tauchlöten METAL **dip-solder**

Tauchlöten *nn* METAL **dip soldering**
= Tauchlötung *nf*

Tauchlötung *nf* METAL → **dip soldering**
→ Tauchlöten *nn*

Tauchspulenregler *nm* CONTRO **plunger-coil controller**

Tauchspul-Messfühler *nm* INSTR → **electrodynamical pick-up**
→ elektrodynamischer Messfühler

Tauchspulmikrofon *nn* EL.ACOU **moving-coil microphone**
= Tauchspulmikrophon *nn*; Tastspulmikrofon *nn*; Tastspulmikrophon *nn* ↑ dynamisches Mikrophon — ↑ dynamic microphone

Tauchspulmikrophon *nn* EL.ACOU → **moving-coil microphone**
→ Tauchspulmikrofon *nn*

Tauchverfahren *nn* MANUF **dip procedure**

tauchverzinnen METAL **dip-tin** *vt*

Tauchverzinnen *nn* METAL → **dip-tinning**
→ Tauchverzinnung *nf*

Tauchverzinnung *nf* METAL **dip-tinning**
= Tauchverzinnen *nn*

Taufname *nm* COLL → **given name**
→ Vorname *nm*

tauglich TECH **fit for** *adj*
≈ geeignet — ≈ suitable; apt

tauglich TECH → **serviceable** *adj*
→ brauchbar

Tauglichkeit *nf* TECH → **serviceableness** *n*
→ Brauchbarkeit *nf*

Tauglichkeit *nf* TECH → **suitability** *n*
→ Eignung *nf*

taumeln COLL **tumble** *vi*

Taumeln *nn* COMP.GR → **tumbling** *n*
→ Torkeln

Taupunkt *nm* PHYS **dew point**
≈ Sättigungsfeuchte — ≈ saturation humidity

Taupunkt-Hygrometer *nn* INSTR **dew-point hygrometer**

Tausch *nm* ECON → **barter business**
→ Tauschgeschäft *nn*

täuschen COLL → **mislead** *vt*
→ irreführen

täuschend COLL → **misleading**
→ irreführend

Tauschgeschäft *nn* ECON **barter business**
= Bartergeschäft *nn*; Tausch *nm*; Kompensationsgeschäft *nn* — = barter trade; barter transaction; barter *n*; counter-trading; switch transaction; exchange *n* (2); swap *n*

Tauschsortieren *nn* DAT.MA **exchange sort**
↓ Blasen-Sortieren — ↓ bubble sort

tausend MATH **thousandth**
[1000] — [1000]
= thou.

tausend Billionen MATH **quadrillion** (AE)
[10E15] — [10E15]
= thousand billions (BE)

tausenderlei *adj* COLL **of thousand kinds**

Tausenderlei *nn* COLL **thousand different things**

tausendfach *adj* COLL **thousandfold**
= tausendfältig

tausendfältig COLL → **thousandfold**
→ tausendfach *adj*

Tausend-Kontakte-Preis *nm* INTERNET **cost per thousand**
= TKP — = CPT

tausendmal *adv* COLL **a thousand times**

tausend Quadrillionen MATH **octillion** (AE)
[10E27] — [10E27]
= thousand quadrillions

tausend Quintillionen MATH **decillion** (AE)
[10E33] — [10E33]
= thousand quintillions (BE)

tausendst *adj* COLL **thousandth** *adj*
= 1000. — = 1000th

Tausendstel *nn*&(CH)*nm* MATH **thousandth** *n*
[1/1000] — [1/1000]
= mill (AE)

Tausendstelsekunde *nf* PHYS → **millisecond** *n*
→ Millisekunde *nf*

Tausendstelzoll PHYS **mil** *n*
[1/1000 inch]

tausend Trillionen MATH **sextillion** (AE)
[10E21] — [10E21]
= Trilliarde *nf*; Zetta — = thousand trillions (BE); zetta

tausend Trillionstel MATH **sextillionth** (AE)
= Trilliardstel *nn*; Zepto — = thousand trillionsth (BE); zepto

tausend Zeichen DAT.PR **kilo character**
= Kilozeichen *nn* — = kc

Tautologie *nf* SCIE **tautology**
[Aussage mit einer unnötigen Verdoppelung] — [statement containing a needless repetition]

Tauvorrichtung *nf* TECH **deicing system**

Taxifunk *nm* RADIO **taxi radio**
↑ Betriebsfunk — ↑ commercial radiotelephony

Taxonomie *nf* ART.IN **taxonomy** *n*
[Kunstwort aus dem griech. "táxis + nómos" = "Ordnen + Brauch, Gesetz"; ein Verfahren der Einteilung des Wissens] — [from Greek "táxis + nómos" = "ordering + custom, law"; a scheme to partition knowledge]

Taylorreihe *nf* MATH → **Taylor series**
→ taylorsche Reihe

taylorsche Reihe MATH **Taylor series**
= Taylor'sche Reihe; Taylorreihe *nf*

Taylor'sche Reihe MATH → **Taylor series**
→ taylorsche Reihe

Taylor-Stimmgabelantenne *nf* ANT **Taylor tuning fork antenna**

Taylor-Verteilung *nf* ANT **Taylor distribution**

Tb CHEM → **terbium** *n*
→ Terbium *nn*

TBIC-Funktionstaste *nf* COMP.AP **boss key**
[The Boss Is Coming]
= TBIC key

Tc CHEM → **technetium** *n*
→ Technetium *nn*

TC DAT.CO → **transmission control** *n*
→ Datenübertragungssteuerung *nf* (2)

TCAP TELEC **Transaction Capabilities Application Part**
[IN, Mobilfunk] — [IN; Mobile Comm.]
= TCAP

TCAP SWITCH **TCAP**
[SS7] — [SS7]
= Transaction Capabilities Application Part

TCM OPT.CO **time compression multiplex**
= TCM

TCM MODUL → **trellis-coded modulation**
→ trelliscodierte Modulation

TCO ECON **TCO**
[Schwedischer Angestelltenverband] — [Swedish Association of Professional Employees]

TCP/IP DAT.NW **TCP/IP**
[grundlegende Internet-Verbindungsprotokolle] — [basic Internet connection protocols]
= Transmission Control Protocol /

TCP-Protokoll *nn* DAT.NW **TCP**
= Transmission Control Protocol

T-DAB-Ausssendung *nf* BROADC **T-DAB transmission**

TD-CDMA TELEC → **TDD**
→ TDD

TD-CDMA RADIO → **time-division CDMA**
→ Zeitmultiplex-CDMA

TDD TELEC **TDD**
= TD-CDMA; TD ULTRA — = Time Division Duplex; TD-CDMA; TDD ULTRA

TDM TELEC → **time division multiplex**
→ Zeitmultiplex

TDM TELEC → **time division multiplexing**
→ Zeitmultiplextechnik *nf*

TDMA TELEC → **time division multiple access**
→ Zeitvielfachzugriff *nm*

tdP-Produkt *nn* MICR.EL **speed-power product**

TD-SCDMA MOB.CO **TD-SCDMA**
= Time Division Synchronous Code Division Multiple Access

TDSL TELEC **TDSL**
↑ xDSL — ↑ xDSL

TD ULTRA TELEC → **TDD**
→ TDD

Te CHEM → **tellurium** *n*
→ Tellur *nn*

Teamarbeit *nf* COLL → **team work**
→ Gemeinschaftsarbeit *nf*

Team-Funktion *nf* TELEPH **team function**

Teamwork *nn* COLL → **team work**
→ Gemeinschaftsarbeit *nf*

Technetium *nn* CHEM **technetium** *n*
= Tc — = Tc

Technik *nf* (1) TECH **engineering** *n*
[vom Griechischen "tekton" (verwandt mit "deichseln", "Dachs") = Zimmermann, (mit harten Stoffen arbeitender) Handwerker, Künstler → "téchne" = Kunst, Wissenschaft, Handwerk, Kunstfertigkeit; Verfahren und — [procedures and equipment to shape processes and objects]
= technology *n* (1); technique *n* (2); technic *n* (2); art *n*
≈ technology (2)

Einrichtungen zur Gestaltung von Prozessen und Gegenständen] | ↓ electrical engineering; mechanical engineering; civil engineering; chemical engineering; manufacturing engineering
≈ Technologie
↓ Elektrotechnik; Maschinenbau; Bautechnik; Chemische Technik; Fertigungstechnik

Technik *nf* (2) TECH → **technology** *n* (2)
→ Technologie *nf*

Technikbegeisterter *nm* TECH **technophile** *n*

Technikbegeisterterung *nf* TECH **technophilia** *n*

Techniker *nm* TECH **technician** *n*
≈ Handwerker | ≈ craftsman

Technikfeind *nm* TECH **technophobe** *n*
↓ Computerfeind | ↓ computerphobe

Technikfeindlichkeit *nf* TECH **technophobia** *n*
≈ Fortschrittsfeindlichkeit | ↓ computerphobia
↓ Computerfeindlichkeit

technisch *adj* TECH **technical** *adj*
≈ technologisch | = technological *adj* (1) | ≈ technological (2)

technische Abhandlung LING **technical treatise**

technische Abteilung ECON **technical department**
= TA | = engineering department

technische Anforderung TECH **technical requirement**
= TR

technische Atmosphäre PHYS **technical atmosphere**
[= 98.066,50 Pascal] | [= 98,066.50 pascal]
= at | = at

technische Beschreibung TEC.DOC **technical description**

technische Daten TECH → **specification** *n* (1)
→ Spezifikation *nf*

technische Einrichtung TECH **technical facility**

technische Einzelheit TECH **technicality** *n*
= technality *n*

technische Feinplanung TECH **detailed engineering**
= Feinplanung *nf* | = technical planning

Technische Hochschule EDUC → **technical university** (BE)
→ Technische Universität

technische Informatik COMP.SC **computer engineering**
[das mit HW befasste Teilgebiet der Informatik, z.U. zur "praktischen Informatik" die sich mit der SW befasst; im deutschsprachigen akademischen Bereich übliche Kategorisierung; im englischen Sprachraum kaum in Gebrauch, vielmehr Unterbegriffe davon, wie "hardware engineering" etc.] | [the division of informatics concerned with HW, as opposed to "practical informatics" which deals with SW; this categorization is used in German speaking academic world; scarcely applied in English speaking countries, were the derivative terms like "hardware engineering" are used]
= Computerelektronik *nf*; Rechnerelektronik *nf*; Computertechnik *nf*; Rechnertechnik *nf* | = computer technology (2); hardware engineering; technical informatics
↑ Informatik | ↑ informatics
↓ Hardware-Technik; Mikroprogrammierung; Rechnerarchitektur; Mehrrechnersysteme | ↓ hardware engineering; microprogramming; computer architectures; multi-computer systems

technische Kenntnisse TECH **technical know-how**

technische Kybernetik CONTRO **technical cybernetics**

technische Lieferbedingungen TEC.DOC **engineering terms of delivery**
= technical terms of delivery

technische Neuerung TECH **technological innovation**

Technische Physik PHYS **Technical physics**

technischer Berater ECON **technical adviser**

technischer Direktor ECON → **technical manager**
→ technischer Leiter

Technischer Direktor (Titel) ECON → **technical manager**
→ technischer Leiter

technische Registratur OFFICE **technical documentation filing**

technischer Fachautor PRIN.ME **technical writer**
= Fachautor *nm* | = technical consultant

technischer Fortschritt TECH **technological progress**
≈ technische Errungenschaft | = technological advance; technical progress; advance in the art; progress of the art

technischer Leiter ECON **technical manager**
= technischer Direktor; Technischer Leiter (Titel); Technischer Direktor (Titel) | = technical director; engineering director

Technischer Leiter (Titel) ECON → **technical manager**
→ technischer Leiter

Technischer Überwachungsverein QUAL → **TÜV**
→ TÜV

technischer Zeichner TECH **drawer** *n*
= Zeichner *nm* | = draughtsman *n* (BE); draftsman *n* (AE); draughtperson *n* (BE); draftperson *n* (AE); tracer *n*

technisches Lexikon PRIN.ME → **technical dictionary**
→ Fachwörterbuch *nn*

technisches Schrifttum TEC.DOC **technical documentation**

technische Störstrahlung RADIO → **man-made noise**
→ Industriestörungen *nplt*

technisches Zeichnen TECH **engineering drawing**
↓ Maschinenbauzeichnen | = technical drawing | ↓ mechanical drawing

Technische Universität EDUC **technical university** (BE)
= Technische Hochschule

technische Unterstützung TECH **technical support**

technische Verbesserung TECH **technical improvement**

technische Zeichnung ENG.DRA → **design drawing**
→ Konstruktionszeichnung *nf*

technische Zeitschrift PRIN.ME → **professional journal**
→ Fachzeitschrift *nf*

Technologe *nm* TECH **technologist** *n*

Technologie *nf* TECH **technology** *n* (2)
[spezielle Erkenntnisse und Verfahren eines technischen Zweiges] | [special knowlwdges and procedures of a technical branch]
= Gewerbekunde; Technik *nf* (2) | = technique *n* (1); technic *n* (1); practice *n*
≈ Technik (1) | ≈ engineering

technologieorientiert ECON **technology-oriented**

Technologie-Transfer ECON **technology transfer**

Technologiewechsel *nm* TECH **change of technology**

Technologiezentrum *nn* ECON **technological center**
≈ Industriezentrum | ≈ industrial center

technologisch TECH **technological** *adj* (2)
≈ technisch | ≈ technical

technologische Lücke TECH **technological gap**

technologische Revolution TECH **technological revolution**

technologischer Vorsprung TECH **technological lead**

Tecnetron *nn* MICR.EL **tecnetron** *n*
↑ Sperrschicht-Feldeffekttransistor | ↑ junction field effect transistor

TED MICR.EL **TED**
[transferred electron device]

Teer *nm* TECH **tar** *n*

Teerband *nn* OUT.PL **tarred tape**

Teflon *nn* CHEM **teflon** *n*
= Polytetrafluoräthylen; PTFE

TEI-Kennung *nf* TELEC **TEI code**
[ISDN] | [ISDN]
= Terminal Equipment ID

Teil *nm* SCIE → **segment** *n*
→ Segment *nn*

Teil *nm* COLL **part** *n*
≈ Anteil; Glied; Bestandteil | ≈ portion; member; constituent

Teil *nn* TECH **piece** *n*
≠ zu einem Ganzen gehörendes Stück | [making part of an assembly]

Teilabbau *nm* NETW.TH **partial removal**

teilabgerastert TER&PER → **partially screened**
→ teilgerastert

Teilabnahme *nf* ECON **partial acceptance**

Teilabrechnung *nf* ECON → **partial invoicing**
→ Teilverrechnung *nf*

Teilaufgabe *nf* SW → **task** *n*
→ Aufgabe *nn*

teilaufgabenbezogenes Programmelement SW **bead** *n*
≈ Programmodul | [programm section related to a task]

Teilauftrag *nm* SW → **task** *n*
→ Aufgabe *nn*

Teilausfall *nm* DAT.PR **graceful degradation**
[eingeschränkter Betrieb weiterhin möglich] | [limited operation still possible]

Teilausfall *nm* QUAL → **partial failure**
→ Änderungsausfall *nm*

Teilausfallrate *nf* QUAL **part failure rate**

teilausgebaut EQP.EN **partially expanded**
≈ teilbestückt | ≈ partially equipped

Teilband *nn* TELEC **subband** *n*
= Unterband *nn*

teilbar MATH **divisible** *adj*

Teilbarkeit *nf* MATH **divisibility** *n*

teilbeansprucht TRANSM → **fractional**
→ teilbelegt

teilbelegt TRANSM **fractional**
= teilbeansprucht

Teilbelegung *nf* TECH **partial occupation**
≠ Vollbelegung | ≠ total occupation

Teilbereich *nm* MATH **subarea** *n*
Teilbereich *nm* TECH **subrange** *n*
= Unterbereich *nm*
Teilbereichsumschalter *nm* RADIO **subband switch-over**
= area switch-over
teilbeschaltet SWITCH **partially allocated**
teilbestückt TECH **partially equipped**
≈ teilausgebaut; unterbestückt ≈ partially expanded; underequipped
Teilbestückung *nf* TECH **partial equipping**
≈ Unterbestückung ≈ underequipping
Teilbetrag *nm* ECON **part amount**
≈ Tranche ≈ tranche
Teilbild *nn* TV **subframe** *n*
[Unterteilung eines Vollbildes] [partial picture]
↓ Halbbild ≠ frame
↓ field
Teilbildaustastung *nf* TV → **horizontal blanking**
→ Zeilenaustastung *nf*
Teilbildflimmern TV **line flicker**
= Zwischenzeilenflimmern *nn*
Teilbildfrequenz *nf* TV **field frequency**
= Vertikalfrequenz *nf*; V-Frequenz *nf* = vertical frequency
≈ Bildfolgefrequenz ≈ frame frequency
Teilbildhöhenregler *nm* TV **vertical size control**
Teil-Bildschirm *nm* COMP.AP → **window** *n*
→ Fenster *nn*
Teilchen *nn* PHYS **particle** *n*
= Partikel *nn*; Korpuskel *nn* = corpuscle *n*
↓ Elementarteilchen ↓ elementary particle
Teilchenbeschleuniger *nm* PHYS **particle accelerator**
Teildatenbank *nf* DAT.MA **subdatabase** *n*
[subset for specific application]
Teildisziplin *nf* SCIE **sub-discipline** *n*
teildurchlässig OPT → **semitransparent** *adj*
→ teildurchsichtig
teildurchsichtig OPT **semitransparent** *adj*
= teildurchlässig; halbdurchsichtig; halbdurchlässig
Teilefertigung *nf* MANUF **components manufacture**
Teilehmerbesetztzustand *nm* SWITCH **subscriber-busy condition**
Teileinschub *nm* EQP.EN → **submodule** *n*
→ Unterbaugruppe *nf*
Teileliste *nf* TEC.DOC → **parts list**
→ Stückliste *nf*
teilen TECH **divide** *vt*
≈ trennen; spalten; gemeinsam nutzen = part *vt*
↓ aufteilen; verteilen; unterteilen; austeilen ≈ separate; split; share
↓ partition; distribute; subdivide; dispense
teilen MATH → **divide** *vt*
→ dividieren
teilen (fig) TECH → **share** *vt*
→ gemeinsam nutzen
Teilentladung *nf* PHYS **partial discharge**
Teileprogramm *nn* AUTOMA **parts program**
Teileprogrammierung *nf* AUTOMA **parts programming**
[von Steuerprogrammen für Werkzeugmaschinen] [for numerical control]
Teiler *nm* DAT.CO → **clock rate conversion factor**
→ Taktteilungsfaktor *nm*
Teiler *nm* CIRC.EN → **reducer** *n*
→ Untersetzer *nm*
teilerfremd MATH **prime** *adj*
[mit keinem gemeinsamen Teiler außer 1] [having no factor except itself and 1]
= relativ prim; prim
teilerhitzen TECH **flash heat** *vt*
Teilerregung *nf* CIRC.EN **partial response**
= Partial-response (ANGL)
Teilerschaltung *nf* CIRC.EN → **reducer** *n*
→ Untersetzer *nm*
Teilerwiderstand *nm* CIRC.EN **scaling resistor**
Teilesatz *nm* EL.TRO → **kit** *n*
→ Bausatz *nm*
Teilfeld *nn* DAT.MA **subfield** *n*
↑ Datenfeld = partial field
↑ data field
Teilfläche *nf* COMP.GR **patch** *n*
teilfunktionierend TECH → **crippled**
→ teilfunktionsfähig
teilfunktionierender RAM-Baustein MICR.EL **partial RAM**
[bei Mustern] [partially working, e.g. on new releases]
teilfunktionsfähig TECH **crippled**
= teilfunktionierend
teilgerastert TER&PER **partially screened**
= teilabgerastert = semi-screened
Teilgitter *nn* PHYS **sublattice** *n*
Teilgraph *nm* MATH **subgraph** *n*
[Untermenge an Knoten und Kanten] [subset of nodes and edges]
Teilgruppenzeichen *nn* DAT.CO **unit separator**
= US = US
↑ ASCII-Code ↑ ASCII code
Teilhaber *nm* ECON **associate** *n*
= Partner *nm* = partner *n*
Teilhaber *nm* DAT.PR **on-line user**
[benutzt gemeinsame Programme und Dateien] [user common programs and files]
Teilhaberbetrieb *nm* DAT.PR **transaction processing** (1)
[gleichzeitiges Arbeiten mehrerer Benutzer mit einem Programm] [simultaneous working of several users on a program]
= Teilhabersystem *nn*; Transaktionsbetrieb *nm* = TP
≈ time-sharing operation
Teilhabersystem *nn* DAT.PR → **transaction processing** (1)
→ Teilhaberbetrieb *nm*
teilhärten METAL **flash harden**
-teilig TECH **-position** *adj*
teilinvertierte Datei DAT.MA **partially inverted file**
Teilkette *nf* DAT.MA **substring** *n*
[section of a string]
Teilkonstrukteur *nm* TECH **detailer** *n*
↑ Konstrukteur ↑ draftsman
Teilkörper *nm* MATH **subfield** *n*
Teilkreis *nm* ENG.DRA **pitch circle**
Teilkreisdurchmesser *nm* MEC.EN **pitch diameter** (2)
[Zahnrad] [gear]
Teilleiter *nm* TECH → **strand** *n*
→ Einzeldraht *nm*
Teillieferung *nf* ECON **partial delivery**
= Teilsendung *nf*; Teilübergabe *nf* = partial consignment
≈ Vorauslieferung ≈ advance delivery
Teilmenge *nm* MATH **subset** *n*
[Mengentheorie] [set theory]
= Untermenge *nf* = partial set
Teilmodell *nn* SCIE **submodel** *n*
= Untermodell *nn*
Teilmodul *nn* (*pl* -e) EQP.EN → **submodule** *n*
→ Unterbaugruppe *nf*
Teilmontage *nf* TECH → **partial assembly**
→ Teilzusammenbau *nm*
Teilnahme *nf* ECON **participation** *n*
= Anwesenheit *nf* [of persons]
= attendance *n*
Teilnahmegebühr *nf* ECON **registration fee**
teilnational ECON → **sub-national**
→ subnational
teilnehmend COLL **participant** *adj*
Teilnehmer *nm* OFFICE **attendee** *n* (1)
[einer Veranstaltung] [of an event]
↓ Besprechungsteilnehmer = participant *n*
↓ attendee (2)
Teilnehmer *nm* COLL **participant** *n*
= participator *n*
Teilnehmer *nm* TELEC **suscriber** *n*
≈ Benutzer = customer *n*; party *n*
↓ Privatteilnehmer; Geschäftsteilnehmer ≈ user
↓ private subscriber; bussines subscriber
Teilnehmerabruf *nm* DAT.CO → **subscriber call**
→ Teilnehmeraufruf *nm*
Teilnehmerabtaster *nm* SWITCH **line scanner**
Teilnehmerabwanderung *nf* MOB.CO **churn** *n*
Teilnehmerabwanderung *nf* MOB.CO → **churn** *n*
→ Teilnehmerschwund *nm*
Teilnehmerabwanderungrate *nf* MOB.CO → **churn rate**
→ Betreiberwechsel-Rate *nf*
Teilnehmeradresse *nf* SWITCH **suscriber address**
Teilnehmeradresse *nf* DAT.CO **transport address**
= network user access; NUA
Teilnehmerakzeptanz *nf* TELEC **subscriber acceptance**
= customer acceptance
Teilnehmeranschluss *nm* TELEC → **subscriber line**
→ Teilnehmerleitung *nf*
Teilnehmeranschluss-Baugruppe *nf* SWITCH **subscriber-line module**
= Teilnehmerleitungsmodul *nn* (*pl* -e)

Teilnehmeranschlussbereich *nm* TELEC **subsriber access area**
= Netzzugangsbereich *nm*
= network access area: access area

Teilnehmer-Anschlusskasten *nm* TELEGR **terminal repeater box**

Teilnehmeranschlussleitung *nf* TELEC → **subscriber line**
→ Teilnehmerleitung *nf*

Teilnehmeranschlussnummer *nf* TELEC → **subscriber number**
→ Teilnehmerrufnummer *nf*

Teilnehmeranschlussschaltung *nf* SWITCH → **subscriber-line circuit**
→ Teilnehmersatz *nm*

Teilnehmerapparat *nm* TELEC → **user terminal**
→ Teilnehmergerät *nn*

Teilnehmerapparat *nm* TELEPH **subscriber set**
[beim Teilnehmer stehender Fernsprechapparat]
≈ Fernsprechapparat
↑ Teilnehmergerät [TELEC]
[the telephone set at the subscriber]
= subscriber station; station set; subset *n*; station apparatus; customer's apparatus
↑ subscriber premises equipment

Teilnehmeraufruf *nm* DAT.CO **subscriber call**
= Teilnehmerabruf *nm*

Teilnehmerbereich *nm* TELEC **suscriber premises**
= Teilnehmerstandort *nm*; Teilnehmergelände *nn*; Teilnehmerräumlichkeiten *nplt*; Teilnehmerlokalität *nf* (CH); Teilnehmerdepandance *nf*; Kundenbereich *nm*; Kundenstandort *nm*; Kundengelände *nn*; Kundengrundstück *nn*; Teilnehmergrundstück *nn*; Kundenräumlichkeiten *nplt*; Kundenlokalität *nf* (CH); Kundendepandance *nf*
≈ Teilnehmergebäude
= customer premises; subscriber's premises; customer's premises
≈ subscriber building

Teilnehmerbereichgerät *nn* TELEC **CPE**
= customer-premise equipment

teilnehmerbesetzt SWITCH **subscriber busy**

Teilnehmerbetrieb *nm* DAT.PR **time sharing operation**
[der Prozessor widmet sich abwechselnd für den Bruchteil einer Sekunde einer Aufgabe; daraus ergibt sich trotzdem ein scheinbar gleichzeitiges Arbeiten mehrerer Benutzer an einer DVA, mit unabhängigen Programmen]
= Teilnehmerrechnersystem *nn*; Zeitteilung *nf*; Teilnehmersystem *nn*; Zeitscheibenbetrieb *nm*; Zeitscheibensystem *nn*; Zeitanteilsverfahren *nn*; Zeitanteilssystem *nn*; Zeitanteilsbetrieb *nm*; Zeitscheibenverfahren *nn*; Time-sharing-Betrieb *nm*; Time-sharing-System *nn*; Time-sharing-Verfahren *nn*; TSS; Mehrbenutzerbetrieb *nm* (2)
≈ Teilhabersystem; Mehrplatzsystem; Mehrbenutzersystem (2); Mehrprogrammbetrieb; Simultanbetrieb (1)
↑ Gemeinschaftszugriff; Mehrbenutzerbetrieb; Mehrprogrammbetrieb
[the processor is sequentially dedicated to different tasks for fractions of a second; this results even so in an apparently simultaneous working of several users on a computer, with independent programs]
= time sharing system; time sharing; time slicing system; time slicing; TSS; time-slice multitasking
≈ transaction processing; multi-user system; simultaneous operation
↑ shared access; multi-user mode; multiprogramming

Teilnehmerbetriebsklasse *nf* DAT.CO **user class of services**
= Dienstklasse *nf*; Diensstgüte *nf*; Dienstart *nf*; Dienstkategorie *nf*; Anschlussgruppe *nf*
= class of services; COS; service category; class of lines

Teilnehmer-Betriebssystem *nn* SW **time sharing operating system**

Teilnehmerbetriebs-Thread *nm* SW **time-sharing thread**

Teilnehmerdatei *nf* SWITCH **subscriber file**

Teilnehmerdaten *nplt* SWITCH **subscriber data**
= Teilnehmerverwaltungsdaten *nplt*

Teilnehmerdepandance *nf* TELEC → **suscriber premises**
→ Teilnehmerbereich *nm*

Teilnehmerdichte *nf* TELEC **subscriber density**

Teilnehmerdienst *nm* TELEC **user facility**

Teilnehmer-Einführungsleitung *nf* OUT.PL → **drop wire**
→ Einführungsleitung *nf*

Teilnehmereinrichtung *nf* TELEC → **user terminal**
→ Teilnehmergerät *nn*

Teilnehmerendgerät *nn* TELEC → **user terminal**
→ Teilnehmergerät *nn*

Teilnehmerentstörung *nf* SWITCH **subscriber service**

Teilnehmererkennungsmodul *nn* (*pl* -e) DAT.CO **subscriber identification module**
= SIM-Modul *nn* (*pl* -e)
= SIM

Teilnehmerfunk *nm* TELEC → **Wireless Local Loop**
→ drahtlose Anschlussleitung

Teilnehmergelände *nn* TELEC → **suscriber premises**
→ Teilnehmerbereich *nm*

Teilnehmergerät *nn* TELEC **user terminal**
[beim Teilnehmer stehendes Endgerät]
= Teilnehmerendgerät *nn*; Teilnehmereinrichtung *nf*; Teilnehmerapparat *nm*
↑ Endgerät
↓ Fernsprechendgerät; Fernschreiber
= user equipment; subscriber-premises equipment; station equipment; customer-premises equipment; CPE; end-user equipment; customer equipment
↑ terminal equipment
↓ telephone terminal equipment;

Teilnehmergerätschaft *nf* TELEC **customer premises equipment**
[sein Eigentum]
[he owns]

Teilnehmergrundstück *nn* TELEC → **suscriber premises**
→ Teilnehmerbereich *nm*

Teilnehmergruppe *nf* DAT.CO → **user group**
→ Teilnehmerklasse *nf*

Teilnehmeridentifikation *nf* DAT.CO → **subscriber identification**
→ Teilnehmerkennung *nf*

Teilnehmeridentifizierung *nf* DAT.CO → **subscriber identification**
→ Teilnehmerkennung *nf*

Teilnehmer-Identifizierungs-Modul TER&PER **subscriber identity module**
= SIM

Teilnehmerinformation *nf* SWITCH **subscriber's control information**
= customer's control information

Teilnehmerkabel *nn* OUT.PL **subscriber cable**
= Teinmehmeranschlusskabel *nn*; Anschlusskabel *nn*
= loop cable

Teilnehmerkarte *nf* TELEC **subscriber card**
= subscriber line card

Teilnehmerkennung *nf* DAT.NW → **network user identification**
→ Netzbenutzerkennung *nf*

Teilnehmerkennung *nf* DAT.CO **subscriber identification**
= Teilnehmeridentifizierung *nf*; Teilnehmeridentifikation *nf*
= network user identification; NUI; user identification

Teilnehmerklasse *nf* DAT.CO **user group**
= Teilnehmergruppe *nf*; Benutzergruppe *nf*; Benutzerklasse *nf*
= user class; subscriber group; subscriber class; subscribers' class

Teilnehmerkonzentration *nf* TELEC **user cluster**

Teilnehmerkoppelfeld *nn* SWITCH **subscriber switching unit**
↑ Koppelfeld
↑ switching unit

Teilnehmerleitung *nf* TELEC **subscriber line**
= Teilnehmeranschlussleitung *nf*; Teilnehmeranschluss *nm*; Anschlussleitung *nf*; Asl; Teilnehmerschleife *nf*; lokale Schleife; Kupferdoppelader *nf*; Amtsleitung *nf*
≈ letzte Meile (slang)
↓ Ortsanschlussleitung; Fernanschlussleitung; Fernsprechleitung
= customer line; access line; subscriber loop; customer loop; local loop; line loop; loop; subsriber's line; subscriber's loop
≈ last mile (slang)
↓ local subscriber line; toll line; telephone line

Teilnehmerleitungs-Messeinrichtung *nf* SWITCH **subscriber line measuring system**

Teilnehmerleitungsmodul *nn* (*pl* -e) SWITCH → **subscriber-line module**
→ Teilnehmeranschluss-Baugruppe *nf*

Teilnehmerleitungssatz *nm* SWITCH → **subscriber-line circuit**
→ Teilnehmersatz *nm*

Teilnehmerlokalität *nf* (CH) TELEC → **suscriber premises**
→ Teilnehmerbereich *nm*

Teilnehmerloyalität *nf* TELEC **subscriber loyality**

Teilnehmermultiplex *nn* TELEC → **subscriber loop carrier**
→ Teilnehmermultiplexsystem *nn*

Teilnehmermultiplexsystem *nn* TELEC **subscriber loop carrier**
= Teilnehmermultiplex *nn*; Paarvervielfachungssystem *nn*; Pair-gain-System *nn* (ANGL); Teilnehmersystem *nn*
≈ Teilnehmerzugangssystem
↑ Netzzugangssystem
= SLC; subscriber line carrier; subscriber loop system; loop carrier system; subscriber carrier system; loop carrier; pair gain system; added-main-line system
≈ network access system
↑ network access system

teilnehmernahe TELEC **user-near**
= customer-premises near

Teilnehmernetz *nn* (1) TELEC **subscriber network** *n*
[Teil des öffentlichen Netzes]
= Anschlussleitungsnetz *nn*; Zugangsnetz *nn*
[within the public communications network]
= exchange access network; local access network; access network; AN; distribution network; user network

Teilnehmernetz *nn* (2) TELEC → **private network** *n*
→ Privatnetz *nn*

Teilnehmernetzbetreiber *nm* TELEC → **local carrier**
→ Ortsnetzbetreiber *nm*

Teilnehmer-Netzschnittstelle *nf* TELEC → **customer-premises interface**
→ Teilnehmerschnittstelle *nf*

Teilnehmer-Netzsteuerung *nf* TELEC **customer network management**
[durch ihn]
[by him]
= CNM

Teilnehmernummer *nf* TELEC → **subscriber number**
→ Teilnehmerrufnummer *nf*

teilnehmerorientiert DAT.NW **subscriber-oriented**
Teilnehmer-PCM *nn* TELEC **→ digital loop carrier system**
→ digitales Teilnehmermultiplexsystem
Teilnehmerräumlichkeiten *nplt* TELEC **→ suscriber premises**
→ Teilnehmerbereich *nm*
Teilnehmerrechnersystem *nn* DAT.PR **→ time sharing operation**
→ Teilnehmerbetrieb *nm*
Teilnehmerrechnung *nf* TELEC **subscriber's account**
Teilnehmerruf *nm* TELEC **→ ringing signal**
→ Rufsignal *nn*
Teilnehmerrufnummer *nf* TELEC **subscriber number**
[Nummer zur Wahl eines Teilnehmers in einem Ortsnetz] [code to dial a subscriber within a local network]
= Teilnehmeranschlussnummer *nf*; Teilnehmernummer *nf*; Anschlussnummer *nf* = directory number; terminal number
↑ Rufnummer ↑ dial number
↓ Telefonnummer [TELEPH]; Telex-Nummer [TELEGR]; Netzadresse [DAT.CO] ↓ telephone number [TELEPH]; telex number [TELEGR]; network address
Teilnehmersatz *nm* SWITCH **subscriber-line circuit**
[erkennt den Belegungsanreiz eines Teilnehmers] [detects an off-hook condition]
= Teilnehmerleitungssatz *nm*; Teilnehmeranschlussschaltung *nf*; Teilnehmerschaltung *nf*; Anschlussschaltung *nf* = line circuit; subscriber circuit; subscriber line interface circuit; SLIC; subscriber interface
↑ Satz ↑ circuit
Teilnehmerschaltung *nf* SWITCH **→ subscriber-line circuit**
→ Teilnehmersatz *nm*
Teilnehmerschaltungsfunktionen *nplt* TELEC **→ BORSCHT**
→ BORSCHT
Teilnehmerschleife *nf* TELEC **→ subscriber line**
→ Teilnehmerleitung *nf*
Teilnehmerschnittstelle *nf* TELEC **customer-premises interface**
= Teilnehmer-Netzschnittstelle *nf* = user-premises interface; user to network interface; UNI
Teilnehmerschwund *nm* MOB.CO **churn** *n*
= Teilnehmerabwanderung *nf*
teilnehmerseitig TELEC **customer-located** *adj*
= user-located
teilnehmerseitige Speisung TELEC **→ local powering**
→ Ortsspeisung *nf*
Teilnehmersperre *nf* DAT.CO **subscriber lockout**
Teilnehmerstandort *nm* TELEC **→ suscriber premises**
→ Teilnehmerbereich *nm*
Teilnehmerstation *nf* TELEC **→ subscriber station**
→ Teilnehmerstelle *nf*
Teilnehmerstelle *nf* TELEC **subscriber station**
= Teilnehmerstation *nf*
Teilnehmerstufe *nf* SWITCH **→ subscriber selection stage**
→ Teilnehmerwahlstufe *nf*
Teilnehmersystem *nn* TELEC **→ subscriber loop carrier**
→ Teilnehmermultiplexsystem *nn*
Teilnehmersystem *nn* DAT.PR **→ time sharing operation**
→ Teilnehmerbetrieb *nm*
Teilnehmerübergabepunkt *nm* TELEC **subscriber delivery point**
= Hausübergabepunkt *nm*
Teilnehmerüberwachungsplatz *nm* SWITCH **subscriber line supervision board**
Teilnehmerumgebung *nf* TELEC **user environment**
Teilnehmerverhalten *nn* TELEC **customer behaviour**
Teilnehmervermittlungsstelle *nf* SWITCH **local trunk exchange**
[Ortsvermittlungsstelle an die Teilnehmer direkt angeschlossen sind] [central office where subscribers are connected directly]
= TVSt *nf*; Ortsvermittlungsstelle *nf* (2); OVSt *nf* (2); Ortsamt *nn* (2); Ortsvermittlung *nf* (2); Endvermittlungsstelle *nf*; EVSt *nf*; Endamt *nn* = end office (AE); end exchange; class 5 office (AE); terminal exchange; local central office (AE); local exchange (2) (BE); LEX (2); local switching center (2); local switch (2); local switching office (2)
≈ end office
↑ Ortsvermittlungsstelle (1) ↑ local office
Teilnehmerverwaltungsdaten *nplt* SWITCH **→ subscriber data**
→ Teilnehmerdaten *nplt*
Teilnehmerverzeichnis *nn* TELEC **subscriber directory**
≈ Kommunikationsverzeichnis ≈ communications directory
↓ Fernsprechverzeichnis; Telexverzeichnis ↓ telephone directory; telex directory
Teilnehmerwahlstufe *nf* SWITCH **subscriber selection stage**
= Teilnehmerstufe *nf* = subscriber stage
Teilnehmerzentrale *nf* TELEC **→ private branch exchange**
→ Nebenstellenanlage *nf*
Teilnehmerzugang *nm* TELEC **network access** *n*
= Netzzugang *nm*; Netznutzzugang *nm*; Netzzugriff *nm* = subscriber access; access *n*

Teilnehmerzugangssystem *nn* TELEC **network access system**
= Netzzugangssystem *nn*
↓ Teilnehmermultiplexsystem ↓ subscriber loop carrier
Teilnehmer-zu-Teilnehmer-Zeichengabe *nf* TELEPH **user-to-user signalling**
[ISDN] [ISDN]
= Anwender-zu-Anwender-Signalisierung *nf*; UUS-Signalisierung *nf* = UUS
Teilnetz *nn* TELEC **subnetwork** *n*
= Teilnetzwerk *nn* = subnet *n*; partial network
Teilnetzstromversorgung *nf* POW.SY **partial power supply**
Teilnetzwerk *nn* TELEC **→ subnetwork** *n*
→ Teilnetz *nn*
Teilproblem *nn* SCIE **subproblem** *n*
= partial problem
Teilprogramm *nn* SW **→ subroutine** *n*
→ Unterprogramm *nn*
Teilprogrammabruf *nm* SW **→ subroutine call**
→ Unterprogrammabruf *nm*
Teilprogrammadresse *nf* SW **→ subroutine address**
→ Unterprogrammadresse *nf*
Teilprogrammaufruf *nm* SW **→ subroutine call**
→ Unterprogrammabruf *nm*
Teilprogrammbibliothek *nf* SW **→ subroutine library**
→ Unterprogrammbibliothek *nf*
Teilprogrammeinsprung *nf* SW **→ subroutine entry point**
→ Unterprogrammeinsprung *nf*
Teilprogrammverschachtelung *nf* SW **→ subroutine nesting**
→ Unterprogrammverschachtelung *nf*
Teilprogrammverwaltung *nf* DAT.MA **→ subroutine management**
→ Unterprogrammverwaltung *nf*
Teilprozess *nm* SW **thread** *n*
[eine unabhängig ablaufende Routine] [a routine running independently]
= Pfad *nm* (2); Thread (ANGL) = threading *n* (1)
≈ Mehrpfadbetrieb ≈ multithreading
Teilprozess *nm* ECON **subprocess** *n*
Teilprozess-Programmiersprache *nf* COMP.LG **threaded language**
Teilrahmen *nm* CODING **subframe** *n*
= Unterrahmen *nm*
Teilsatz *nm* LING **→ subordinate clause**
→ Nebensatz *nm*
Teilschaden *nm* ECON **partial damage**
≠ Totalschaden = partial loss; P.L.
≠ total damage
Teilschema *nn* SW **subscheme** *n*
= Subschemann = subschema *n*
Teilschicht *nf* DAT.CO **sublayer** *n*
[ISO-Schichtenmodell] [OSI]
Teilschicht *nf* TECH **sublayer** *n*
= subfilm *n*
Teilschicht der logischen Verbindungssteuerung DAT.NW **logical link control sublayer**
= LLC-Teilschicht *nf* = LLC sublayer
Teilschnitt *nm* ENG.DRA **broken-out section** *n*
= cut-away
Teilschwingung *nf* PHYS **→ partial oscillation**
→ Partialschwingung *nf*
Teilsegment *nn* SW **subsegment** *n*
Teilsendung *nf* ECON **→ partial delivery**
→ Teillieferung *nf*
Teilspannung *nf* EL.TEC **partial voltage**
= partial tension
Teilsprache *nf* COMP.LG **language subset**
Teilsteuerwerk *nn* SWITCH **partial processor**
[zentrale Steuerfunktion für einen Teil der Teilnehmer] ↑ switching processor
↑ Vermittlungsprozessor
Teilstreckennetz *nn* DAT.CO **→ store-and-forward network**
→ speichervermitteltes Netz
Teilstreckenübertragung *nf* DAT.CO **store-and-forward transmission**
[Datenvermittlung] [data switching]
teilstreckenvermitteltes Netz DAT.CO **→ store-and-forward network**
→ speichervermitteltes Netz
Teilstreckenvermittlung *nf* DAT.CO **→ store-and-forward switching**
→ Speichervermittlung *nf*
Teilstrich *nm* INSTR **scale line**
Teilstrom *nm* EL.TEC **partial current**
Teilsumme *nf* MATH **→ partial sum**
→ Partialsumme *nf*
Teilsystem *nn* TECH **→ subsystem** *n*
→ Untersystem *nn*

Teilton *nm* — ACOUS — **partial** *n*

Teilübergabe *nf* — ECON — → **partial delivery**
→ Teillieferung *nf*

Teilüberhang *nm* — COMP.SC — → **partial carry**
→ Teilzehnerübertrag *nm*

Teilung *nf* — TECH — **partition** *n*
≈ Trennung; Unterteilung; Zuteilung; Einteilung — = division *n*; ≈ separation; subdivision; assignment; portioning

Teilung *nf* — TER&PER — **pitch** *n*
≈ Zeichen pro Zoll; Druckweite — ≈ characters per inch

Teilung *nf* — ENG.DRA — → **pitch** *n*
→ Teilungsmaß *nn*

Teilung *nf* — MATH — → **division** *n*
→ Division *nf*

Teilung durch Null — MATH — → **zero division** *n*
→ Nulldivision *nf*

Teilungsbruch *nm* — MATH — → **partial fraction**
→ Partialbruch *nm*

Teilungsfaktor *nm* — MATH — → **divisor** *n* (1)
→ Divisor *nm* (1)

Teilungsmaß *nn* — ENG.DRA — **pitch** *n*
= Teilung *nf*

Teilungsrest *nm* — MATH — → **divide remainder**
→ Divisionsrest *nm*

Teilungsschnitt *nm* — ENG.DRA — **sectional cut**
[z.B. eines Anschauungsmusters] — [e.g. of a exposition sample]

Teilungsverhältnis *nn* — MATH — → **quotient** *n*
→ Quotient *nm* (2)

Teilungszeichen *nn* — LING — → **hyphen** *n*
→ Bindestrich *nm*

Teilungszeichen *nn* — MATH — → **division sign**
→ Divisionszeichen *nn*

Teilvermittlungsleitung *nf* — SWITCH — **store-and-forward line**

Teilverrechnung *nf* — ECON — **partial invoicing**
= Teilabrechnung *nf*

teilversetzter Verbindungsaufbau — SWITCH — **register-controlled call set-up**
= teilversetzte Verbindungsherstellung — = register-controlled connection set-up; register-controlled link

teilversetzte Verbindungsherstellung — SWITCH — → **register-controlled call set-up**
→ teilversetzter Verbindungsaufbau

Teilverzeichnis *nn* — PRIN.ME — → **subdirectory** *n*
→ Unterverzeichnis *nn*

Teilvielfachfeld *nn* — SWITCH — **graded multiple**
= partial multiple

teilweise — COLL — → **partial** *adj*
→ partiell

teilweise bearbeitet — MEC.EN — **semi-finished**
= halbbearbeitet

teilweise bearbeitet — MANUF — → **semimanufactured**
→ halbfertig

teilweise gemeinsame — SWITCH — **partially common trunk**

teilweise überdecken — TECH — → **overlap** *vt*
→ überlappen *vt*

Teilwelle *nf* — PHYS — **partial wave**
= Partialwelle *nf* — = subwave *n*

Teilwort *nn* — SW — **partword** *n*
= partial word

Teilzahl *nf* — MATH — → **quotient** *n*
→ Quotient *nm* (2)

Teilzahlung *nf* (1) — ECON — → **installment payment**
→ Ratenzahlung *nf*

Teilzahlung *nf* (2) — ECON — → **installment** *n* (AE)
→ Abzahlungsrate *nf*

Teilzehnerübertrag *nm* — COMP.SC — **partial carry**
= Teilüberhang *nm* — = partial transfer
≠ Vollübertrag — ≠ complete carry

Teilzeichnung *nf* — ENG.DRA — **detail drawing**
= Ausschnittzeichnung *nf*; Einzelzeichnung *nf* — = component drawing

Teilzeile *nf* — SW — **partial line**

Teilzeitarbeit *nf* — ECON — **part-time job**

Teilzirkel *nm* — ENG.DRA — → **dividers** *nplt*
→ Stechzirkel *nm*

Teilzusammenbau *nm* — MANUF — **unit assembly**

Teilzusammenbau *nm* — TECH — **partial assembly**
= Teilmontage *nf* — = subassembly *n*

Teinmehmeranschlusskabel *nn* — OUT.PL — → **subscriber cable**
→ Teilnehmerkabel *nn*

Tel. — TELEPH — → **telephone set**
→ Fernsprechapparat *nm*

Tele- — INF.TEC — → **tele-** *praef*
→ Fern- *praef*

Telearbeit *nf* — ECON — **telecommuting** *n*
[mit Rechneranschluss an abgesetztem Standort (meist zuhause) arbeiten] — [telecommunications-supported work at a remote site (generally at home)]
= Tele-Heimarbeit *nf*; telekommunikationsgestützte Büroheimarbeit; Telecommuting *nn* (ANGL); Home-Working *nn* (ANGL) — = teleworking *n* (BE); electronic commuting; home-working; distributed workplace

Telearbeiter *nm* — ECON — **teleworker** *n*
= Telependler *nm*; Heimarbeiter *nm* — = telecomuter

Telearbeitsplatz *nm* — INF.TEC — **teleworkplace** *n*

Tele-Banking *nn* — INTERNET — **telebanking** *n*
= Fernbankdienst *nm* — = electronic banking; home banking

Telebild *nn* — PHOT — → **telephotograph** *n*
→ Telefoto *nn*

Telebildgerät *nn* — TER&PER — → **phototelegraph apparatus**
→ Bildtelegrafiegerät *nn* (1)

Telebox *nf* — INTERNET — → **mailbox** *n*
→ Briefkasten *nm*

Telebrief *nm* — POST — **mailgram** *n*
[papierlos übermittelt] — [by electronic transfer]

Telecine — IMAG.ME — **telecine** *n*
[Gerät zum Kopieren von Filmrolle auf Videoband] — [device to scan motion picture film on video]

Telecommuting *nn* (ANGL) — ECON — → **telecommuting** *n*
→ Telearbeit *nf*

Telediagnose *nf* — TECH — → **remote diagnosis** *n*
→ Ferndiagnose *nf*

Teledienst *nm* (1) — INF.TEC — **teleservice** (1)
[auf genormte Endgerätefunktionen basierter Grunddienst] — [basic service based on standardized terminal functions]
↑ Grunddienst — ↑ basic service
↓ Telefondienst; Telefxdienst; Bildtelefondienst; Videokonferenzdienst; — ↓ telephone service; telex service; videotelephone service; telex service

Teledienst *nm* (2) — INF.TEC — → **teleservice** *n* (2)
→ Teleservice *nm*

Tele-Einkauf — INTERNET — **teleshopping** *n*
[Einsatz von Telekommunikation für Bestellwesen] — [use of telecommunications for ordering]
= Teleshopping *nn*; Ferneinkaufen *nn*; Onlineshopping *nn* (ANGL) — = online shopping; home shopping; electronic shopping; teleordering; online ordering; electronic ordering

Telefax *nn* — TELEC — → **telecopy service**
→ Telefax-Dienst *nm*

Telefax-Dienst *nm* — TELEC — **telecopy service**
[Dienst der DBP für Faksimile-Übertragung] — [service of Deutsche Bundespost]
= Telefax *nn*; Fax-Dienst *nm*; Fernkopieren *nn*

telefaxen — TELEC — → **telecopy** *vt*
→ fernkopieren *vt*

Telefax-Gerät *nn* — TER&PER — **telefax set**
= Fernkopierer *nm* — = teleciopier *n*

Telefon *nn* (1) — TELEPH — → **telephone set**
→ Fernsprechapparat *nm*

Telefon *nn* (2) — TELEPH — → **receiver inset** *n*
→ Telefonkapsel *nf*

Telefonamt *nn* — SWITCH — → **central office** (AE)
→ Fernsprechvermittlungsstelle *nf*

Telefonanlage *nf* — TELEPH — → **telephone equipment**
→ Fernsprechanlage *nf*

Telefonanruf *nm* — TELEPH — → **call** *n*
→ Anruf *nm*

Telefonansagedienst *nm* — TELEPH — → **telephone information service**
→ Fernsprechansagedienst *nm*

Telefonanschluss *nm* — TELEC — → **telephone connection** (1)
→ Fernsprechanschluss *nm*

Telefonanschlusskabel *nn* — TELEPH — **telephone set connection cord**
= Telefonschnur *nf*

Telefon-Anschlussschnur *nf* — TELEPH — → **handset cord**
→ Hörerschnur *nf*

Telefonat *nn* (1) — TELEPH — → **call** *n*
→ Anruf *nm*

Telefonat *nn* (2) — TELEPH — → **telephone conversation**
→ Telefongespräch *nn*

Telefonauftragsdienst *nm* — TELEPH — → **telephone message service**
→ Fernsprechauftragdienst *nm*

Telefonauskunft *nf* — TELEPH — → **directory assistance**
→ Fernsprechauskunft *nf*

Telefon-Bankverkehr *nm* — ECON — **phone banking**

Telefonbuch *nn* — TELEC — → **telephone directory**
→ Fernsprechverzeichnis *nn*

Telefonbuchse *nf* — COMPO — **telephone socket**
= Telephonbuchse *nf*

Telefon-Chipkarte *nf* TER&PER **telephone chip card**
↑ Chip-Karte; Zahlungskarte; Cash-Karte ↑ chip card; cash card

Telefondichte *nf* TELEC → **telephone density**
→ Fernsprechdichte *nf*

Telefondienst *nm* TELEC **telephonic service**
= konventioneller Fernsprechdienst; Fernsprechdienst *nm*; Sprachdienst *nm*; POTS *nm* = POT service: POTS; plain old telephone service; plain ordinary telephone service; conventional telephonic service; voice service
↑ Grunddienst; Teledienst ↑ basic service; teleservice

Telefongebühr *nf* TELEC → **telephone charge**
→ Fernsprechgebühr *nf*

Telefongespräch *nn* TELEPH **telephone conversation**
= Telephongespräch *nn*; Ferngespräch *nn*; Telefonat *nn* (2) = telephone message
≈ Telephonanruf ≈ telephone call

Telefonhaube *nf* TELEPH **telephone hood**
= phone hood

Telefonhäuschen *nn* TELEPH → **telephone booth**
→ Fernsprechzelle *nf*

Telefonhörer *nm* TELEPH → **handset** *n*
→ Handapparat *nm*

Telefonie *nf* TELEC → **telephony** *n*
→ Fernsprechwesen *nn*

Telefonieren *nn* COLL **telephoning** *n*
= Telephonieren *nn*; Fernsprechen *nn*; Anrufen *nn* = phoning *n*; valling *n*

telefonieren *vi* COLL **telephone** *vi*
= telephonieren; fernsprechen; anrufen = phone *vt*; call *vt*; make a phone call; ring *vt*

Telefoniererei *nf* COLL **obsessive phoning**

Telefoniesignal *nn* TELEC → **telephone signal**
→ Fernsprechsignal *nn*

Telefonieverkehr *nm* TELEC → **telephone traffic**
→ Fernsprechverkehr *nm*

telefonisch TELEC → **telephonic** *adj*
→ fernmündlich *adj*

telefonisch TELEC → **by phone** *adv*
→ fernmündlich *adv*

telefonischer Auskunftdienst TELEPH → **hotline service**
→ telefonische Schnellberatung

telefonische Schnellberatung TELEPH **hotline service**
= telefonischer Auskunftdienst ↓ help desk
↓ Helpdesk

telefonisch zugestelltes Telegramm TELEPH → **telephoned telegram**
→ zugesprochenes Telegramm

Telefonist *nm* TELEPH → **operator** *n*
→ Bedienperson *nf*

Telefonistin *nf* TELEPH → **operator** *n*
→ Bedienperson *nf*

Telefonkabine *nf* TELEPH → **telephone cabin**
→ Fernsprechkabine *nf*

Telefonkanal *nm* TELEC → **telephone channel**
→ Fernsprechkanal *nm*

Telefonkapsel *nf* TELEPH **receiver inset** *n*
= Telephonkapsel *nf*; Hörkapsel *nf*; Telefon *nn* (2); Telephon *nn* 2) = receiver capsule; receiver *n*

Telefonkarte *nf* TER&PER **phonecard** *n*
↓ Telefon-Chipkarte; Magnetstreifenkarte; Hologrammkarte = taxcard *n*; telecard *n*
↓ telephone chip card; magnetic stripe card

Telefonkonferenz *nf* TELEC → **audio conferencing**
→ Fernsprechkonferenz *nf*

Telefonkonferenzeinrichtung *nf* TER&PER **telephone conference equipment**

Telefonladen *nm* TELEC **telephone shop**
= Telephonladen *nm*

Telefonlampe *nf* COMPO **telephone indicator**
= Telephonlampe *nf*

Telefonlautverstärker *nm* TER&PER **telephone volume amplifier**

Telefonleitung *nf* TELEC → **telephone line**
→ Fernsprechleitung *nf*

Telefon-Magnetkarte *nf* TER&PER **telephone magnetic card**
↑ Magnetkarte ↑ magnetic card

Telefonmast *nm* OUT.PL **telephone pole**
= Telephonmast *nm*; Telefonstange *nf*; Telephonstange *nf* = telephone post
≈ Telegrafenmast ≈ telegraph pole
↑ Freileitungsmast ↑ fixture

Telefonmehrwertdienst *nm* TELEC **telephonic added service**
= Telephonmehrwertdienst *nm*

Telefonnetz *nn* TELEC → **telephone network**
→ Fernsprechnetz *nn*

Telefonnotiz *nf* OFFICE **phone call record**

Telefonnummer *nf* TELEPH **telephone number**
= Telephonnummer *nf*; Fernsprechnummer *nf* = phone number
↑ Teilnehmerrufnummer [TELEC] ↑ subscriber number [TELEC]

Telefonrechnung *nf* TELEC **telephone bill**
= Telephonrechnung *nf* = phone bill
↑ Fernmelderechnung ↑ telcommunication bill

Telefonruf *nm* TELEPH → **call** *n*
→ Anruf *nm*

Telefon-Saugadapter *nm* TELEPH **telephone adapter**
= Telephon-Saugadapter *nm* = phone adapter

Telefon-Schnickschnack TELEC **PANS**
= Telephon-Schnickschnack *nm* = pretty amazing new stuff

Telefonschnur *nf* TELEPH → **telephone set connection cord**
→ Telefonanschlusskabel *nn*

Telefonschwenkarm *nm* OFFICE **telephone swivel arm**

Telefonseelsorge *nf* COLL **telephonic spiritual care**

Telefonsex *nm* COLL **telephone sex**

Telefonsignal *nn* TELEC → **telephone signal**
→ Fernsprechsignal *nn*

Telefonsimulator *nm* DAT.CO **tephone simulator**
= Skutch box

Telefonsonderdienst *nm* TELEPH → **special telephone service**
→ Fernsprechsonderdienst *nm*

Telefonständer *nm* OFFICE **telephone stands**

Telefonstange *nf* OUT.PL → **telephone pole**
→ Telefonmast *nm*

Telefonstatistik *nf* TELEC → **telephone statistics**
→ Fernsprechstatistik *nf*

Telefonstecker *nm* TELEPH **telephone connector**
= phone connector

Telefontastatur *nf* TELEPH → **telephone keypad**
→ Fernsprechertastatur *nf*

Telefonüberwachung *nf* LAW **telephone surveillance**

Telefonverbindung *nf* TELEC → **telephone communication**
→ Fernsprechverbindung *nf*

Telefonverein *nm* TELEC → **telecommunications co-operative**
→ Telekommunikationsgenossenschaft *nf*

Telefonverkauf *nm* ECON → **teleselling** *n*
→ Televertrieb *nm*

Telefonverkaufskunst *nf* ECON **phonemanship** *n*

Telefonverkehr *nm* TELEC → **telephone traffic**
→ Fernsprechverkehr *nm*

Telefonvertrieb *nm* ECON → **teleselling** *n*
→ Televertrieb *nm*

Telefonverwaltung *nf* TELEC → **telephone administration**
→ Fernsprechverwaltung *nf*

Telefonverzeichnis *nn* TELEC → **telephone directory**
→ Fernsprechverzeichnis *nn*

Telefonzelle *nf* TELEPH → **telephone booth**
→ Fernsprechzelle *nf*

Telefonzentrale *nf* SWITCH → **central office** (AE)
→ Fernsprechvermittlungsstelle *nf*

Telefoto *nn* PHOT **telephotograph** *n*
[mit Teleobjektiv aufgenommen] [shut with telelens]
= Telefotografie *nf*; Telephotographie *nf*; Telebild *nn*

Telefotografie *nf* PHOT **telephotography** *n*
= long-distance photography

Telefotografie *nf* PHOT → **telephotograph** *n*
→ Telefoto *nn*

Telefotografie *nf* TELEGR → **telephotography**
→ Fotografie-Fernübertragung *nf*

telegen *adj* MEDIA **telegenic** *adj*

Telegrafenalphabet *nn* CODING → **teleprinter code**
→ Fernschreibalphabet

Telegrafenamt *nn* TELEC → **telex office**
→ Fernschreibvermittlungsamt *nn*

Telegrafenbatterie *nf* POW.SY **telgraph battery**
= Telegraphenbatterie *nf* = line battery

Telegrafengleichung *nf* LINE TH → **transmission equation**
→ Leitungsgleichung *nf*

Telegrafenkanal *nm* TELEC → **telegraph channel**
→ Fernschreibkanal *nm*

Telegrafenleitung *nf* TELEC → **telegraph line**
→ Fernschreibleitung *nf*

Telegrafenmast *nm* OUT.PL **telegraph pole**
= Telegraphenmast *nm*; Telegrafenstange *nf*; Telegraphenstange *nf* = telegraph post
≈ Telefonmast ≈ telephone pole
↑ Freileitungsmast ↑ fixture

Telegrafenstange *nf* OUT.PL → **telegraph pole**
→ Telegrafenmast *nm*

Telegrafentechnik *nf* TELEC → **telegraphy** *n*
→ Fernschreibtechnik *nf*

Telegrafie *nf* TELEC → **telegraphy** *n*
→ Fernschreibtechnik *nf*

Telegrafieanalysator *nm* INSTR **FSK analyzer**
= Telegraphieanalysator *nm*

Telegrafiecode *nm* CODING → **teleprinter code**
→ Fernschreibalphabet

Telegrafiegeräusch *nn* TELEPH **telegraph noise**
= Telegraphiegeräusch *nn*; Telegrafiergeräusch *nn*; Telegraphiergeräusch *nn*
= thump *n*

Telegrafiekanal *nm* TELEC → **telegraph channel**
→ Fernschreibkanal *nm*

Telegrafieleitung *nf* TELEC → **telegraph line**
→ Fernschreibleitung *nf*

Telegrafiemodulation *nf* TELEGR **telegraph modulation**
= Telegraphiemodulation *nf*

telegrafieren TELEC **telegraph** *vt*
= telegraphieren
≈ fernschreiben
= cable; wire
≈ teletype

Telegrafiergeräusch *nn* TELEPH → **telegraph noise**
→ Telegrafiegeräusch *nn*

Telegrafiergeschwindigkeit *nf* TELEC → **telegraph speed**
→ Schrittgeschwindigkeit *nf*

Telegrafierschritt *nm* TELEGR → **marking pulse** *n*
→ Stromschritt *nm*

Telegrafierstrom *nm* TELEGR → **line current**
→ Fernschreibstrom *nm*

Telegrafiesender *nm* RADIO **telegraphic transmitter**

Telegrafievermittlung *nf* TELEC → **telegraph switching exchange**
→ Fernschreibvermittlung *nf*

Telegrafiezeichen *nn* CODING → **teleprinter signal**
→ Fernschreibzeichen *nn*

telegrafisch *adj* TELEC **telegraphic** *adj*

Telegramm *nn* POST **telegram** *n*
= cable *n*; wire *n*

Telegrammadresse *nf* POST **telegraphic address**
= cable address

Telegrammannahme *nf* TELEPH **telephoned telegram service**
= Telegrammaufnahme *nf*
↑ Fernsprechsonderdienst
↑ special telephone service

Telegrammaufnahme *nf* TELEPH → **telephoned telegram service**
→ Telegrammannahme *nf*

Telegrammbote *nm* POST **messenger** *n*

Telegrammdienst *nm* TELEC **telegram service**

Telegrammformular *nn* POST **telegram form**

Telegrammgebühr *nf* POST **telegram service tariff**
= telegram charge

Telegrammkette *nf* TELECON **telegram chain**

Telegrammstil *nm* LING **telegraphese**

Telegrammtext *nm* POST **telegram text**
= telegram wording

Telegraphenalphabet *nn* CODING → **teleprinter code**
→ Fernschreibalphabet

Telegraphenbatterie *nf* POW.SY → **telgraph battery**
→ Telegrafenbatterie *nf*

Telegraphenkanal *nm* TELEC → **telegraph channel**
→ Fernschreibkanal *nm*

Telegraphenleitung *nf* TELEC → **telegraph line**
→ Fernschreibleitung *nf*

Telegraphenmast *nm* OUT.PL → **telegraph pole**
→ Telegrafenmast *nm*

Telegraphenstange *nf* OUT.PL → **telegraph pole**
→ Telegrafenmast *nm*

Telegraphentechnik *nf* TELEC → **telegraphy** *n*
→ Fernschreibtechnik *nf*

Telegraphie *nf* TELEC → **telegraphy** *n*
→ Fernschreibtechnik *nf*

Telegraphieanalysator *nm* INSTR → **FSK analyzer**
→ Telegrafieanalysator *nm*

Telegraphiecode *nm* CODING → **teleprinter code**
→ Fernschreibalphabet

Telegraphiegeräusch *nn* TELEPH → **telegraph noise**
→ Telegrafiegeräusch *nn*

Telegraphiekanal *nm* TELEC → **telegraph channel**
→ Fernschreibkanal *nm*

Telegraphieleitung *nf* TELEC → **telegraph line**
→ Fernschreibleitung *nf*

Telegraphiemodulation *nf* TELEGR → **telegraph modulation**
→ Telegrafiemodulation *nf*

Telegraphienetz *nn* TELEC → **telegraph network**
→ Fernschreibnetz *nn* (1)

telegraphieren TELEC → **telegraph** *vt*
→ telegrafieren

Telegraphiergeräusch *nn* TELEPH → **telegraph noise**
→ Telegrafiegeräusch *nn*

Tele-Heimarbeit *nf* ECON → **telecommuting** *n*
→ Telearbeit *nf*

teleinformatisch INF.TEC → **telematic** *adj*
→ telematisch

Telekamera *nf* PHOT **telephotographic camera**

Telekolleg *nn* EDUC **course of TV lectures**
= Fernsehkolleg *nn*

Telekom *nf* TELEC → **Deutsche Telekom AG**
→ Deutsche Telekom AG

Telekom-Basisdienst *nm* TELEC → **basic service**
→ Grunddienst *nm*

Telekommunikation *nf* INF.TEC **telecommunications** *nplt*
[Theorie, Technik u. Praxis der Fernübermittlung von Nachrichten; vom griechischen "tele" = "fern" + dem lateinischen "communicare" = "mitteilen"]
= TK; Fernmeldewesen *nn*
≈ Telematik
↑ Kommunikation
↓ Telekommunikationstechnik; Sprachkommunikation; Datenkommunikation; Textkommunikation; Bildkommunikation
[theory, engineering and practice of message transfer over distances; from Greek "tele" = "far" + Latin "communicare" = "inform"]
= telcos *nplt*; telecoms *nplt*
≈ telematics
↑ communications
↓ telecommunications engineering

Telekommunikations... TELEC → **telecommunication ...**
→ Fernmelde...

Telekommunikationsanlage *nf* TELEC → **private branch exchange**
→ Nebenstellenanlage *nf*

Telekommunikationsbaustein *nm* MICR.EL **telecommunications device**
= Kommunikationsabaustein *nm*; Telekommunikations-IC; Kommunikations-IC
= communications device; telecommunications IC; communications IC

Telekommunikationsbetreiber *nm* TELEC **telecommunications carrier**
[öffentliche oder private Gesellschaft die Fernmeldedienste bietet]
= Fernmeldebetreiber *nm*; Netzbetreibergesellschaft *nf*; Netzbetreiber *nm*; Netzträger *nm*; Fernmeldegesellschaft *nf*; Betreiber *nm*; Betreibergesellschaft *nf*; Betriebsgesellschaft *nf*
≈ Fernmeldekonzessionär
↑ Betriebsgesellschaft; Fernmeldefirma
↓ Fernmeldeverwaltung; Fernmeldegenossenschaft; Ortsnetzbetreiber; Fernnetzbetreiber; Grunddienstbetreiber; Mehrwertdienstebetreiber; öffentliche Fernmeldegesellschaft; Privatnetzbetreiber
[government-regulated (public or private) company providing telecommunication services]
= telecommunications operator; commercial telecommunications carrier; telco *n* (AE); communications carrier
≈ telecommunications concessionaire
↑ operating company; telecommunications company; carrier
↓ telecommunications administration; telecommunications co-operative; local exchange carrier; interexchange carrier; basic service provider; value-added provider;

Telekommunikationsdienst *nm* TELEC **telecommunication service**
= Telekommunikationsdienstleistung *nf*; Fernmeldedienst *nm*
↓ Grunddienst; ergänzender Dienst; Mehrwertdienst
= commercial telecommunications
↓ basic service; supplementary servive; value-added service

Telekommunikationsdienstleistung *nf* TELEC → **telecommunication service**
→ Telekommunikationsdienst *nm*

Telekommunikationsfähigkeit *nf* TER&PER **telecommunication capability**

Telekommunikationsfirma *nf* ECON **telecommunications company**
[Lieferant oder Betreiber von Fernmeldeanlagen]
= TK-Firma *nf*; Telekommunikationsgesellschaft *nf*; TK-Gesellschaft *nf*; Telekommunikationsunternehmen *nn*; TK-Unternehmen *nn*; Fernmeldefirma *nf*
↓ Fernmeldegesellschaft; Fernmeldegeräte-Lieferant
[manufacturing or operating telecommunication facilities]
= telecoms company
↓ telecommunications carrier; telecommunications equipment supplier

Telekommunikationsgebühr *nf* TELEC **telecommunication services tariff**
= Fernmeldegebühr *nf*
↓ Fernsprechgebühr; Fernschreibgebühr; Anschlussgebühr; Grundgebühr; Nutzungsgebühr
= telecommunications charge; communication rate (CAN)
↓ telephone services tariff; telegraph services tariff; subscription fee; basic rental; usage fee

Telekommunikationsgenossenschaft *nf* TELEC **telecommunications co-operative**
= Fernmeldegenossenschaft *nf*; Telefonverein *nm*
↑ Fernmeldegesellschaft
= communications co-operative
↑ telecommunications carrier

Telekommunikationsgerät *nn* TELEC **telecommunications equipment**

= Fernmeldegerät *nn*; fernmeldetechnisches Gerät		= communications equipment; telecomms equipment
Telekommunikationsgeräte-Hersteller *nm* → Fernmmeldegerätehersteller *nm*	INF.TEC	→ **telecommunications equipment manufacturer**
Telekommunikationsgesellschaft *nf* → Telekommunikationsfirma *nf*	ECON	→ **telecommunications company**
Telekommunikationsgesetz *nf* = Fernmeldegesetz *nf*	TELEC	**telecommunication regulations** = telecommunication act
telekommunikationsgestützt	TECH	**telecommunications-supported** = telecom-supported
telekommunikationsgestützte Büroheimarbeit → Telearbeit *nf*	ECON	→ **telecommuting** *n*
telekommunikationsgestützter Dienst → Teleservice *nm*	INF.TEC	→ **teleservice** *n* (2)
Telekommunikations-IC → Telekommunikationsbaustein *nm*	MICR.EL	→ **telecommunications device**
Telekommunikationsingenieur *nm* → Fernmeldeingenieur *nm*	TECH	→ **telecommunications engineer**
Telekommunikations-Kabelnetz *nn* → Kommunikationskabelnetz *nn*	TELEC	→ **communication cable network**
Telekommunikations-Liberalisierung *nf* = TK-Liberalisierung *nf*	TELEC	**telecommunications liberalization**
Telekommunikationsmarkt *nm* = TK-Markt *nm*; Fernmeldemarkt *nm*	ECON	**telecommunications market**
Telekommunikations-Messtechnik *nf* = Fernmeldemesstechnik *nf*	INSTR	**telecommunications testing**
Telekommunikationsnetz *nn* = Fernmeldenetz *nn* ↑ Kommunikationsnetz ↓ Fernsprechnetz	TELEC	**telecommunications network** = telecom network ↑ communications network ↓ telephone network
Telekommunikationsordnung *nf* = Fernmeldeordnung *nf*	ECON	**telecommunications regulations**
Telekommunikationsrelais *nn* → Fernmelderelais *nn*	COMPO	→ **telecommunications relay**
Telekommunikationssatellit *nm* = Kommunikationssatellit *nm*; Fernmeldesatellit *nm* ↑ Nachrichtensatellit ↓ erdnaher Satellit; geostationärer Satellit	SAT.CO	**telecommunication satellite** ↑ communications satellite ↓ LEO satellite; geostationary
Telekommunikationstechnik *nf* [Theorie u. Technik der Nachrichtenübermittlung] = TK; Kommunikationstechnik *nf*; KT; Fernmeldetechnik *nf*; Nachrichtenübermittlungstechnik *nf*; Informationsübermittlungstechnik *nf*; Kommunikationselektronik *nf* ↑ Informationstechnik (1); Telekommunikation	INF.TEC	**communications technology** [science and technology of information transfer] = communications technique; communications engineering; communications electronics; telecommunications engineering; telecommunication engineering; telecommunications technology; telecommunication technology; telecommunications technique; telecommunication technique; telecommunications electronic; telecommunication electronics; telecommunication system engineering ↑ information technology (1); telecommunications
Telekommunikationsturm *nm* → Fernmeldeturm *nm*	OUT.PL	→ **communication tower**
Telekommunikationsunternehmen *nn* → Telekommunikationsfirma *nf*	ECON	→ **telecommunications company**
Telekommunikationsverkehr *nm* = Fernmeldeverkehr *nm*	TELEC	**telecommunication traffic**
Telekommunikationsverwaltung *nf* [öffentlich, meist staatlich] = Fernmeldeverwaltung *nf* ↑ öffentliche Femmeldegesellschaft ↓ staatliche Fernmeldeverwaltung; Fernsprechverwaltung	TELEC	**telecommunications administration** [public, mostly state-run] = telecommunication administration; public communications common carrier; public communications carrier; public telecommunications operator; public telecom operator; PTO ↑ telecommunications common carrier ↓ telecommunications authority; telephone administration
Telekommunikationszentrum *nn* = Fernmeldetechnisches Zentrum; Fernmeldezentrum *nn*; Kommunikationszentrum *nn*	TELEC	**telecommunication center** (AE) = telecommunication centre (BE); teleport *n*

Telekom-Relais *nn* → Fernmelderelais *nn*	COMPO	→ **telecommunications relay**
Telekonferenz *nf* ↓ Audiokonferenz; Videokonferenz	TELEC	**teleconferencing** *n* = teleconference *n* ↓ audio conferencing; video conferencing
Telekooperation *nf* [mediengestützt, zwischen Firmen] ≈ Tele-Working	INF.TEC	**telecooperation** *n* [media-supported, between companies] ≈ teleworking
telekopieren → fernkopieren *vt*	TELEC	→ **telecopy** *vt*
Telekopieren *nf* → Fernkopieren *nn*	TELEC	→ **telecopying** *n*
Telekopierer *nm* → Fernkopierer *nn*	TELEC	→ **telecopier** *n*
Tele-Learning *nn* ≈ Fernunterricht	INF.TEC	**telelearning** *n* = distant learning; teletraining *n*; teletutoring *n* ≈ correspondence course
Tele-Marketing *nn*	INF.TEC	**telemarketing** *n*
Telematik *nf* [Kunstwort aus "TELEkommunikation + InforMATIK"; Informatik unter Einbeziehung der Mittel der Telekommunikation] ≈ Informationstechnik ↑ Kommunikation	INF.TEC	**telematics** *nplt* [artificial term out of "TELEcommunication + inforMATICS"; informatics with exploration of telecommunications means] = teleinformatics *nplt*; compunication *n* ≈ information technology ↑ communications ↓ telecommunications; informatics
Telematikanlage *nf*	INF.TEC	**telematic system**
Telematikdienst *nm* = telematischer Dienst	INF.TEC	**telematic service** = teleinformatic service
Telematik-Endgerät *nn*	TER&PER	**telematic terminal** = teleinformatic terminal
telematisch = teleinformatisch	INF.TEC	**telematic** *adj* = teleinformatic *n*
telematischer Dienst → Telematikdienst *nm*	INF.TEC	→ **telematic service**
Telemedizin *nf*	INF.TEC	**telemedicine** *n*
telemedizinisches Netz	INF.TEC	**telemedical network**
Telemeter *nf* (obs) → Entfernungsmesser *nm*	OPT	→ **distance meter**
Telemetrie *nf* → Entfernungsmessung *nf*	OPT	→ **distance measurement**
Telemetrie *nf* → Fernmessen *nn*	TELECON	→ **telemetering** *n*
Telemetriedaten *nplt* = Fernmessdaten *nplt*	TELECON	**telemetry data**
Telemetriekanal *nm*	TELEC	**telemetry channel**
Telemetriesender *nm*	SAT.CO	**telemetry transmitter** = TM TX
Teleobjektiv *nn*	PHOT	**telelens** *n* = telephoto lens
Telependler *nm* → Telearbeiter *nm*	ECON	→ **teleworker** *n*
Telephon *nn* (1) → Fernsprechapparat *nm*	TELEPH	→ **telephone set**
Telephon *nn* (2) → Telefonkapsel *nf*	TELEPH	→ **receiver inset** *n*
Telephonabonnent *nm* (CH) → Fernsprechteilnehmer *nm*	TELEC	→ **telephone subscriber**
Telephonamt *nn* → Fernsprechvermittlungsstelle *nf*	SWITCH	→ **central office** (AE)
Telephonanlage *nf* → Fernsprechanlage *nf*	TELEPH	→ **telephone equipment**
Telephonansagedienst *nm* → Fernsprechansagedienst *nm*	TELEPH	→ **telephone information service**
Telephonauftragsdienst *nm* → Fernsprechauftragdienst *nm*	TELEPH	→ **telephone message service**
Telephonauskunft *nf* → Fernsprechauskunft *nf*	TELEPH	→ **directory assistance**
Telephonbuch *nn* → Fernsprechverzeichnis *nn*	TELEC	→ **telephone directory**
Telephonbuchse *nf* → Telefonbuchse *nf*	COMPO	→ **telephone socket**
Telephondichte *nf* → Fernsprechdichte *nf*	TELEC	→ **telephone density**
Telephongebühr *nf* → Fernsprechgebühr *nf*	TELEC	→ **telephone charge**

Telephongespräch *nn* TELEPH → **telephone conversation**
→ Telefongespräch *nn*

Telephonhörer *nm* TELEPH → **handset** *n*
→ Handapparat *nm*

Telephonie *nf* TELEC → **telephony** *n*
→ Fernsprechwesen *nn*

telephonieren COLL → **telephone** *vi*
→ telefonieren *vi*

Telephonieren *nn* COLL → **telephoning** *n*
→ Telefonieren *nn*

Telephoniesignal *nn* TELEC → **telephone signal**
→ Fernsprechsignal *nn*

telephonisch TELEC → **telephonic** *adj*
→ fernmündlich *adj*

telephonisch TELEC → **by phone** *adv*
→ fernmündlich *adv*

Telephonkabine *nf* TELEPH → **telephone cabin**
→ Fernsprechkabine *nf*

Telephonkanal *nm* TELEC → **telephone channel**
→ Fernsprechkanal *nm*

Telephonkapsel *nf* TELEPH → **receiver inset** *n*
→ Telefonkapsel *nf*

Telephonladen *nm* TELEC → **telephone shop**
→ Telefonladen *nm*

Telephonlampe *nf* COMPO → **telephone indicator**
→ Telefonlampe *nf*

Telephonleitung *nf* TELEC → **telephone line**
→ Fernsprechleitung *nf*

Telephonmast *nm* OUT.PL → **telephone pole**
→ Telefonmast *nm*

Telephonmehrwertdienst *nm* TELEC → **telephonic added service**
→ Telefonmehrwertdienst *nm*

Telephonnetz *nn* TELEC → **telephone network**
→ Fernsprechnetz *nn*

Telephonnummer *nf* TELEPH → **telephone number**
→ Telefonnummer *nf*

Telephonrechnung *nf* TELEC → **telephone bill**
→ Telefonrechnung *nf*

Telephon-Saugadapter *nm* TELEPH → **telephone adapter**
→ Telefon-Saugadapter *nm*

Telephon-Schnickschnack *nm* TELEC → **PANS**
→ Telefon-Schnickschnack

Telephonsignal *nn* TELEC → **telephone signal**
→ Fernsprechsignal *nn*

Telephonsonderdienst *nm* TELEPH → **special telephone service**
→ Fernsprechsonderdienst *nm*

Telephonstange *nf* OUT.PL → **telephone pole**
→ Telefonmast *nm*

Telephonstatistik *nf* TELEC → **telephone statistics**
→ Fernsprechstatistik *nf*

Telephontastatur *nf* TELEPH → **telephone keypad**
→ Fernsprechertastatur *nf*

Telephonverbindung *nf* TELEC → **telephone communication**
→ Fernsprechverbindung *nf*

Telephonverwaltung *nf* TELEC → **telephone administration**
→ Fernsprechverwaltung *nf*

Telephonverzeichnis *nn* TELEC → **telephone directory**
→ Fernsprechverzeichnis *nn*

Telephonzelle *nf* TELEPH → **telephone booth**
→ Fernsprechzelle *nf*

Telephonzentrale *nf* SWITCH → **central office** (AE)
→ Fernsprechvermittlungsstelle *nf*

Telephotographie *nf* PHOT → **telephotograph** *n*
→ Telefoto *nn*

Telephotographie *nf* TELEGR → **telephotography**
→ Fotografie-Fernübertragung *nf*

Telepoint *nm* TELEC **telepoint** *n*

Teleport *nm* TELEC **teleport** *n*
[privates Zugangsnetz zu einem Satellitennetz] [an access network to a satellite network]

Tele- *praef* SCIE **tele-** *praef*
[vom griech. "tele" = "fern"] [from Greek "tele" = "far"]
= Fern- = remote-

Telepräsenz *nf* (1) MOD&SI **telepresence** *n* (1)
[durch technische Hilfsmittel verliehene Gefühlsvermittlung sich am Ort des Geschehens zu befinden] [the device-assisted transmission of the impression to be present in the place of action]

Telepräsenz *nf* (2) MOD&SI **telepresence** *n* (2)
[die Gefühlsvermittlung dass sich ein entfernter Gesprächspartner im selben Raum befindet] [the induction of feeling that a remote conversation partner is present in the same room]
= virtual reality

Teleprocessing *nn* (ANGL) DAT.PR → **remote data processing**
→ Datenfernverarbeitung *nf*

Teleprogrammierung *nf* DAT.PR → **teleprogramming** *n*
→ Fernprogrammierung *nf*

Teleran *nn* RAD.NA **teleran** *n*
[arbeitet mit Bodenradar an der Landebahn] [works with ground-based search radars along airways]

Telerana-Antenne *nf* ANT → **spider web antenna**
→ Spinnennetzantenne *nf*

Teleservice *nm* INF.TEC **teleservice** *n* (2)
= Teledienst *nm* (2); telekommunikationsgestützter Dienst = telecommunication-supported service
↑ Mehrwertdienst ↑ value-added service
↓ Tele-Einkauf; Tele-Banking; Tele-Arbeit; Tele-Kooperation; Tele-Learning; ↓ teleshopping; telebanking; telecommuting; telecooperation; telelearning; teleteaching

Teleservice *nm* DAT.PR → **teleservice** *n*
→ Fernwartung *nf*

Teleshopping *nn* INTERNET → **teleshopping** *n*
→ Tele-Einkauf

Teleskop *nn* OPT **telescope** *n*

Teleskopantenne *nf* ANT **telescopic antenna**
= pop-up antenna

teleskopisch OPT **telescopic**

Teleskopmast *nm* ANT **telescopic mast**
= Kurbelmast *nm* = extension mast

Teleskopmast-Antenne *nf* ANT **telescopic mast antenna**
= Kurbelantenne *nf*

Teleskopzelle *nf* MICR.EL **telescoping cell**
= Erweiterungszelle *nf*

Telesoftware *nf* DAT.PR **telesoftware** *n*
[von der Ferne abrufbar] [remotely downloadable]
= TSW

Telespiel *nn* COMP.AP **telegame** *n*

Tele-Teaching (ANGL) INF.TEC → **teleteaching** *n*
→ Tele-Vorlesung *nf*

Teletest *nm* MEDIA **teletest** *n*

Teletex *nm* TELEC **teletex** *n*
[vermittelter Fernschreibdienst höherer Übertragunsgeschwindigkeit mit erweitertem Zeichenvorrat] [switched teleprint service with higher transmission rate and extended character set]
= Bürofernschreiben *nn*; TTX = TTX
↑ Textkommunikation ↑ text communications

Teletexendgerät *nn* TER&PER **teletex terminal**
= Bürofernschreiber *nm*

teletexfähig TELEC **teletex-compatible**

Teletex-Konzentrator *nm* DAT.CO **teletex concentrator**

Teletex-Nebenstellanlage *nf* DAT.CO **teletex private branch exchange**

Teletext *nm* TELEC **teletext** *n*
[Einwegübertragung von Texten und Symbolen in der Zeilenaustaktlücke des Fernsehsignals, durch spezielle Decoder am Heimempfänger darstellbar] [one-way transmission of texts and symbols during the horizontal blanking interval of the TV signal, displayed on the domestic receiver with a special decoder]
= Bildschirmzeitung *nf*; Videotext *nm* (BRD); Ceefax (GBR) = broadcast videotex; one-way videotex; Videotext (BRD); Ceefax (GBR)
≈ Bildschirmtext ≈ videotex

Teletex-Telex-Umsetzer *nm* DAT.CO **teletex-telex converter**
= TTU

Teletreff *nm* TELEC **telemeeting** *n*

Televertrieb *nm* ECON **teleselling** *n*
[über Telefon] [by telephone]
= Fernvertrieb *nm*; Telefonvertrieb *nm*; Telefonverkauf *nm*; Fernverkauf *nm* ≈ CAS
≈ CAS

Television *nf* (ANGL) BROADC → **television** (v)
→ Fernsehen *nn*

televisionieren (Duden) IMAG.ME → **telecast** *vt* (AE)
→ fernsehsenden

Tele-Vorlesung *nf* INF.TEC **teleteaching** *n*
[mit Live-Übertragung] [live]
= Tele-Teaching (ANGL)

Tele-Votum *nn* INF.TEC **televoting** *n*
= Stimmabgabezählung *nf*; Fernsprechwahl *nf* = VOT

Telex *nn* (1) TELEC **telex** *n* (1)
[international genormter, vermittelter Fernschreibdienst, mit 50 Baud] [teleprinter exchange; a switched teletypewriter service by international standards, with 50 Baud]
= Telexdienst *nm*; Fernschreibdienst *nm* = telex service; teletype exchange; TEX

Telex *nn* (2) TELEC → **telex message** *n*
→ Fernschreiben *nn*

Telexamt *nm* TELEC → **telex office**
→ Fernschreibvermittlungsamt *nn*

Telexanlage *nf* TELEGR → **teleprinter installation**
→ Fernschreibanlage *nf*

Telexanschluss *nm* TELEC **telex subscriber line**
= Fernschreibanschluss *nm*

Telex-Anschlusseinheit *nf* TELEGR **telex connection unit**

Telex-Blattschreiber *nm* TER&PER **telex page printer**

Telexdienst *nm* TELEC → **telex** *n* (1)
→ Telex *nn* (1)

telexen *vt* OFFICE **telex** *vt*
[Duden] [to send by telex]
= als Fernschreiben übermitteln

Telexfernschreiber *nm* TER&PER **telex teleprinter**
= Telexmaschine *nf* = telex machine
↑ Fernschreiber ↑ teletypewriter

Telexgebühr *nf* TELEC → **telex charge**
→ Fernschreibgebühr *nf*

Telexkonferenz *nf* TELEC → **teletypewriter conference**
→ Fernschreibkonferenz *nf*

Telexleitung *nf* TELEC **telex line**
= Fernschreibwählleitung *nf*; Fernschreibwählverbindung *nf*; Telexverbindung *nf*;
↑ Wählleitung
= telex connection; switched telegraph line; switched telegraph connection
↓ switched line

Telexmaschine *nf* TER&PER → **telex teleprinter**
→ Telexfernschreiber *nm*

Telexmodus *nm* DAT.PR → **teletype mode**
→ Fernschreibmodus *nm*

Telexnetz *nn* TELEC → **telex network**
→ Fernschreibwählnetz *nn*

Telexnummer *nf* TELEGR **telex number**
= Fernschreibnummer *nf* ↑ subscriber number [TELEC]
↑ Teilnehmerrufnummer [TELEC]

Telexstelle *nf* TELEGR → **teleprinter station**
→ Fernschreibstelle *nf*

Telextastatur *nf* TER&PER → **teletypewriter keyboard**
→ Fernschreibtastatur *nf*

Telexteilnehmer *nm* TELEC → **telex subscriber**
→ Fernschreibteilnehmer *nm*

Telex-Übertragungssystem *nn* TELEC → **telegraph transmission system**
→ Fernschreib-Übertragungssystem *nn*

Telexverbindung *nf* TELEC → **telex line**
→ Telexleitung *nf*

Telexverkehr *nm* TELEC → **telex traffic**
→ Fernschreibverkehr *nm*

Telexvermittlung *nf*(1) TELEC → **telegraph switching**
→ Fernschreibvermittlung *nf*(1)

Telexvermittlung *nf*(2) TELEC → **telex office**
→ Fernschreibvermittlungsamt *nn*

Telexvermittlungsamt *nn* TELEC → **telex office**
→ Fernschreibvermittlungsamt *nn*

Telex-Vermittlungsschrank *nm* TELEGR → **telegraph switchboard**
→ Fernschreib-Vermittlungsschrank *nm*

Telexverzeichnis *nn* TELEC **telex directory**
= Fernschreibteilnehmer-Verzeichnis *nn* ↑ communications directory
↑ Kommunikationsverzeichnis

Telleranode *nf* EL.TRO **disk anode**
= disc anode

Tellerfeder *nf* MEC.EN **bellville spring**

tellerförmig TECH **plate-shaped**

Tellerfuß *nm* EQP.EN **adjustable foot**

Tellur *nn* CHEM **tellurium** *n*
= Te = Te

Telnet-Protokoll *nn* DAT.NW **Telnet protocol**

Telphonie über Kabelfernsehen TELEC **cable telephony**
[over CATV]

Temex TELEC **Temex**
[Dienst der DBP für Fernwirken] [service of German PTT for telecontrol]
= Temex-Dienst *nm* = Temex service

Temex-Dienst *nm* TELEC → **Temex**
→ Temex

Temperatur *nf* PHYS **temperature** *n*
↓ thermodynamische Temperatur; Celsius-Temperatur; Fahrenheit-Temperatur
↓ thermodynamic temperature; Celcius temperature; Fahrenheit temperature

Temperaturabfall *nm* PHYS **temperature drop**
= temperature fall

temperaturabhängig PHYS **temperature-dependent**
≈ temperaturempfindlich ≈ temperature-sensitive

temperaturabhängiger Widerstand COMPO → **thermistor** *n*
→ Thermistor *nm*

Temperaturabhängigkeit *nf* PHYS **temperature dependence**
= Temperaturempfindlichkeit *nf*
≈ Temperaturgang [TECH]; Wärmeempfindlichkeit; Temperaturwanderung
= temperature drift; temperature sensitivity
≈ thermal response [TECH]; thermal sensitivity; themperature drift

Temperaturalarm *nm* SIG.EN **temperature alarm**

Temperaturänderung *nf* TECH **temperature variation**
≈ Temperaturschwankung ≈ temperature fluctuation

Temperaturanstieg *nm* PHYS **temperature rise**
= temperature ascent

Temperaturausgleich *nm* EL.TRO → **temperature compensation**
→ Temperaturkompensation *nf*

Temperaturausgleich *nm* PHYS **temperature compensation**

Temperaturbeiwert *nm* PHYS → **temperature coefficient**
→ Temperaturkoeffizient *nm*

Temperaturbeiwert des Widerstandes PHYS → **temperature coefficient of resistance**
→ Temperaturkoeffizient des Widerstandes

Temperaturbereich *nm* PHYS **temperature range**

Temperaturdrift *nm* PHYS → **temperature drift**
→ Temperaturwanderung *nf*

Temperaturdurchgriff *nm* MICR.EL **temperature punch-through**
[Transistorkenngröße]

Temperatureinstellung *nf* TECH **temperature setting**

temperaturempfindlich PHYS **temperature-sensitive**
= thermosensibel; wärmeempfindlich
≈ temperaturabhängig
= heat-sensitive; thermally sensitive; temperature-sensible; thermally sensible; thermosensible
≈ temperature-variable

Temperaturempfindlichkeit *nf* PHYS → **temperature dependence**
→ Temperaturabhängigkeit *nf*

Temperaturfühler *nm* INSTR **temperature probe**

Temperaturfühler *nm* COMPO → **temperature sensor**
→ Temperatursensor *nm*

Temperaturgang *nm* TECH **thermal response**
= Temperaturverhalten *nn* = temperature response
≈ Temperaturabhängigkeit [PHYS] ≈ temperature dependence [PHYS]

Temperaturgrenze *nf* PHYS **temperature limit**

Temperaturinversion *nf* METEO **temperature inversion**
= Inversion = inversion *n*

Temperaturkoeffizient *nm* PHYS **temperature coefficient**
= TK; Temperaturbeiwert *nm* = TC

Temperaturkoeffizient des PHYS **temperature coefficient of resistance**
= Temperaturbeiwert des Widerstandes *nm*; Widerstandskoeffizient *nm*; Widerstandsbeiwert *nm*
↑ Temperaturkoeffizient
= resistance coefficient
↑ temperature coefficient

Temperaturkompensation *nf* EL.TRO **temperature compensation**
= Temperaturausgleich *nm*; Temperaturkorrektur *nf*
= temperature correction

temperaturkompensiert EL.TRO **temperature-compensated**
= thermisch ausgeglichen

Temperaturkonstanz *nf* PHYS **temperature constancy**

Temperaturkorrektur *nf* EL.TRO → **temperature compensation**
→ Temperaturkompensation *nf*

Temperaturmelder *nm* SIG.EN **temperature alarm system**

Temperaturmessfühler *nm* COMPO → **temperature sensor**
→ Temperatursensor *nm*

Temperaturmessumformer *nm* COMPO → **temperature converter**
→ Temperaturwandler *nm*

Temperaturmessung *nf* INSTR **temperature measurement**

Temperaturmesswandler *nm* COMPO → **temperature converter**
→ Temperaturwandler *nm*

Temperaturregler *nm* CONTRO **temperature controller**
= Temperaturwächter *nm*

Temperaturschleife *nf* QUAL → **temperature cycle**
→ Temperaturzyklus *nm*

Temperaturschock *nm* TECH **temperature shock**

Temperaturschwankung *nf* TECH **temperature fluctuation**
≈ Temperaturänderung ≈ temperature variation

Temperatursensor *nm* COMPO **temperature sensor**
= Temperaturfühler *nm*; Temperaturmessfühler *nm*
= temperature detector

Temperaturskala *nf* INSTR **temperature scale**

Temperaturspannung *nf* PHYS **thermal voltage**
[Atomphysik, einer thermischen Energie äquivalente Spannung]
= Boltzmann-Spannung *nf*
[atomic physics, voltage equivalent of thermal energy]

temperaturstabilisiert EL.TRO **temperature-stabilized**

Temperaturstabilisierung *nf* PHYS **temperature stabilization**

Temperaturstabilität *nf* PHYS **temperature stability**

Temperaturstrahlung *nf* PHYS **temperature radiation**

Temperaturverhalten *nn* TECH → **thermal response**
→ Temperaturgang *nm*

Temperaturwächter *nm* CONTRO → **temperature controller**
→ Temperaturregler *nm*

Temperaturwanderung *nf* PHYS **temperature drift**
= Temperaturdrift *nm*
≈ Temperaturabhängigkeit
≈ temperature dependence

Temperaturwandler *nm* COMPO **temperature converter**
= Temperaturmessumformer *nm*; Temperaturmesswandler *nm*
= temperature transducer

Temperaturwelligkeit *nf* COMPO **temperature cycling**
[Quarzthermostat]
[crystal thermostate]

Temperatur-Zweipunktregler *nm* CONTRO **temperature on-off controller**

Temperaturzyklus *nm* QUAL **temperature cycle**
= Temperaturschleife *nf*

Tempest-Gerät *nn* HW **tempest equipment**
[besonderen US-Sicherheitsbestimmungen genügend]
[conforming special US security specifications]

Tempo *nn* COLL **pace** *n*
≈ Gangart
↓ Schrittempo
≈ gait

Temporaladverb *nn* LING **temporal adverb**

temporale Logik MATH **temporal logic**

Temporalsatz *nm* LING **time clause**
= Zeitsatz *nm*
↑ Konjunktionalsatz
↑ conjunctional sentence

temporär TECH → **temporary** *adj*
→ vorübergehend

Temporärauslagerung *nf* DAT.MA → **swapping** *n* (2)
→ Umlagern *nn*

temporäre Datei DAT.MA **temporary file**
↑ Arbeitsdatei
= temp file
↑ scratch file

temporärer Import ECON → **temporary importation**
→ vorübergehende Einfuhr

Temporärimport *nm* ECON → **temporary importation**
→ vorübergehende Einfuhr

Temporärregister *nn* DAT.PR **temporary register**

Temporärumspeicherung *nf* DAT.MA → **swapping** *n* (2)
→ Umlagern *nn*

Tempus *nm* (*pl* Tempora) LING → **tense** *n*
→ Tempusform *nf*

Tempusform *nf* LING **tense** *n*
= Tempus *nm* (*pl* Tempora); Zeitform *nf*; Zeitstufe *nf*
↓ Gegenwart; Vergangenheit; Zukunft
[time-expression inflection form of a verb]
↓ present tense; past tense; future tense

TEM-Welle *nf* LINE TH → **transverse electromagnetic wave**
→ transversale elektromagnetische Welle

Tendenz *nf* STATIS **tendency** *n*
= Trend *nm*; Neigung *nf*; Verlaufsrichtung *nf*
= trend *n*

tendenziös COLL **tendentious** *adj*
= tendencious; biased

tendieren COLL **tend** *n*
= neigen

Tenor *nm* (*pl* Tenore&Tenöre) MUSIC **tenor** *n*

Tensor *nm* (*pl* -en) MATH **tensor** *n*
[eine mathematische Größe die durch einen auf ein Koordinatensystem bezogenen Koordinatensatz definiert ist]
↓ Vektor
[a mathematical entity specifiable by a set of components with respect of a coordinate system]
↓ vector

Tensoralgebra *nf* MATH **tensor algebra**

Tensorfeld *nn* PHYS **tensor field**

tentativ COLL → **tentative** *adj*
→ versuchsweise *adj*

Tenues *nm* LING → **tenuis** *n* (*pl* -es)
→ Tenuis *nf* (*pl* -es)

Tenuis *nf* (*pl* -es) LING **tenuis** *n* (*pl* -es)
[stimmloser Verschlusslaut, z.B. p,t,k]
= Tenues *nm*
↑ Explosivum
[unvoiced explosive]
↑ explosive

TEOS-Verfahren *nn* MICR.EL **TEOS process**
= tetrahexilene-oxisilane process

Terabit *nn* DAT.PR **terabit** *n*
[10E12 Bit]
[10E12 bit]

Terabyte *nn* DAT.PR **terabyte** *n*
[2E40 = 1.009.511.627.776 Bytes]
[2E40 = 1,006,511,627,776 bytes]
= tb

Teraflop *nn* DAT.PR **teraflop** *n*
[10E12 Gleitkommaoperationen]
[10E12 floating point operations]

Teraflop-Computer *nm* DAT.PR → **terflop computer**
→ Teraflop-Rechner *nm*

Teraflop-Rechner *nm* DAT.PR **terflop computer**
= Teraflop-Computer *nm*

Terahertz *nn* PHYS **terahertz** *n*
[10E12 Hertz]
= THz
[10E12 hertz]
= THz; teracycles *nplt*

Terameter *nn* PHYS **terameter** *n*
[10E12 Meter]
[10E12 meters]

Teraohm *nn* EL.TEC **teraohm** *n*
[10E12 Ohm]
[10E12 ohm]

Teraohmmeter *nn* INSTR **teraohmmeter** *n*
↑ Ohmmeter
= TO meter
↑ ohmmeter

Tera- *praef* PHYS **tera** *praef*
[10E12; in der Datentechnik auch 2E40 = 1.099.511.627.776; vom griech. "téras" = "bedeutungsvolles himmlisches Vorzeichen, Ungeheuerlichkeit"]
= Bazillion *nf*
[10E12; in computing also 2E40 = 1,099,511,627,776; from Greek "téras" = "grave celestial omen", enormity]
= T

Terbium *nn* CHEM **terbium** *n*
= Tb
= Tb

terdenär MATH **terdenary** *adj*
[die Zahl 13 betreffend]
[related to the number 13]

Terephthalat *nn* CHEM **terephtalate** *n*

Term *nm* MATH **term** *n*
[Algebra]
= Glied *nn*; Ausdruck *nm*
≈ Formel
↓ Zahlenterm; Variablenterm
[algebra]
= expression
≈ formula
↓ numeric term

Term *nm* LOGIC **term** *n*
[vom latein. "terminus" = "Grenzstein"; Aussagenlogik]
↓ Vollkonjunktion; Volldisjunktion
[from Latin "terminus" = "landmark"; propositional calculus]
↓ minterm; maxterm

Term *nm* PHYS → **energy level**
→ Energieniveau *nn*

Termin *nm* COLL **appointed time** *n*
[festgelegter Zeitpunkt]
≈ Frist (2); Datum; äußerster Termin
[established moment]
= due time; fixed time; time limit
≈ term; date; deadline

Termin *nm* ECON → **due time**
→ Fälligkeit *nf*

Terminal *nn* TELEC → **terminal equipment**
→ Endgerät *nn*

Terminal *nn* (ANGL) TER&PER → **data terminal**
→ Datenendgerät *nn*

Terminal *nn* (1) DAT.CO → **station** *n*
→ Station *nf*

Terminal *nn* (2) DAT.CO → **terminal station** *n*
→ Datenstation *nf*

Terminaladapter *nm* TELEC **terminal adapter**
[ISDN, DAT.CO]
= TA
[ISDN, DAT.CO]
= TA

Terminalbildschirm *nm* TER&PER **terminal screen**

Terminaldrucker *nm* DAT.CO **printer terminal**
[Datenstation mit Druckerfunktion]
= Druckerstation *nf*; Druckwerkterminal *nn*; Schreibstation *nf*
≈ Drucker
↑ Datenstation
[terminal station with printing function]
= printing terminal; hard-copy terminal; printing station terminal; keyboard printer
↑ terminal station; data terminal

Terminal-Emulation *nf* DAT.PR **terminal emulation**

Terminalemulations-Treiber *nm* SW **terminal emulation driver**
[SW um einen PC an eine Großrechner anzuschließen]
[SW to connect a PC to a mainframe]

Terminalemulator *nm* DAT.PR **terminal emulator**
[eine SW]
[a SW]

Terminalerweiterungskarten *nplt* TER&PER **terminal extension card**

Terminal-Mobilität *nf* MOB.CO **terminal mobility**
[überall anschließbar]
= Endgerät-Mobilität *nf*
≈ lokale Mobilität
[connectable everywhere]
≈ local mobility

Terminal-Schwenkarm TER&PER **swivel arm for terminal**
= terminal swivel arm

Terminalserver *nm* DAT.NW → **terminal server**
→ Datenendgeräte-Server *nm*

Terminaltastatur *nf* TER&PER **terminal keyboard**

Terminanruf *nm* TELEPH **appointment call**

Terminator *nm* DAT.CO → **final character**
→ Schlusszeichen *nn*

termingemäß ECON → **on time**
→ fristgerecht

termingerecht ECON → **on time**
→ fristgerecht

Termingeschäft *nn* ECON **forward transaction**

terminisiert COLL → **terminable** *adj*
→ befristet

Terminkalender *nm* OFFICE **appointment book**
= Terminplaner *nm* | = date book; datebook *n*; follow-up file; appointment scheduler; appointment calendar

Terminkalenderprogramm *nn* SW **calendar/scheduler program**

Terminkoordinierungsprogramm *nn* SW **scheduler program** *n* (2)
[coordinates calendar scheduling of a group]
= scheduler *n* (2)

Terminmappe *nf* OFFICE **follow-up portfolio**
= Wiedervorlagemappe *nf* | = hold file

Terminologie *nf* LING **terminology** *n*
[Fachwörter eines Fachgebiets] | [special terms of a branch of science, engineering or activity]
= Nomenklatur *nf* | = nomenclature *n*
≈ Fachsprache | ≈ technical language

Terminologiebank *nf* WOR.PR **terminology bank**
= automated glossary

Terminologie-Datenbank *nf* DAT.MA **terminological data bank**
= termbank *n*

terminologisch LING **terminological** *adj*

Terminplaner *nm* OFFICE → **appointment book**
→ Terminkalender *nm*

Terminplanung *nf* TECH **time scheduling**
= Zeitplanung *nf*

Terminus *nm* (*pl* -ni) LING → **technical term**
→ Fachausdruck *nm*

Terminverlängerung *nf* ECON **schedule extension**
= Fristverlängerung *nf* | = postponement of appointed time

Terminverzögerung *nf* COLL → **delay** *n*
→ Verzögerung *nf*

Termi-point-Verdrahtung *nf* COMPO **termi-point connection**

Termschema *nn* PHYS → **energy band diagram**
→ Bändermodell *nn*

ternär MATH **ternary** *adj*
[vom latein. "ternus" = "dreifach"; die Zahl 3 betreffend] | [from Lartin "ternus" = threefold; related to the number 3]

ternär COLL → **threefold**
→ dreifach

Ternärcode *nm* CODING **ternary code**
= ternärer Code

ternäre Darstellung COMP.SC → **ternary notation**
→ Ternärsystem *nn*

ternäre Inkrementaldarstellung COMP.SC **ternary incremental representation**

ternärer Code CODING → **ternary code**
→ Ternärcode *nm*

ternäre Schreibweise COMP.SC → **ternary notation**
→ Ternärsystem *nn*

ternäres Signal CODING **ternary signal**

ternäres System COMP.SC → **ternary notation**
→ Ternärsystem *nn*

ternäres Zahlensystem COMP.SC → **ternary notation**
→ Ternärsystem *nn*

Ternärlogik *nf* LOGIC **ternary logic**
= dreiwertige Logik

Ternärsystem *nn* COMP.SC **ternary notation**
[mit drei Ziffern, z.B. 0,1.2] | [with three digits, e.g. 0,1,2]
= ternäres System; ternäres Zahlensystem; ternäre Darstellung; ternäre Schreibweise | = ternary number system; ternary numeration system; ternary system; ternary representation; ternary counting
↑ Stellenwertsystem; Festradix-Schreibweise | ↑ positional notation; fixed-radix notation

Terpentin *nn* CHEM **terpentine** *n*

terra di Siena *adj* OPT **Sienna** *adj*
= Siena

terra di Siena natur *adj* OPT **raw Sienna** *adj*
= raw Sienna

Terrassendach *nn* CIV.EN → **housetop terrace**
→ Dachterrasse *nf*

Terrestrik *nf* BROADC → **terrestrial broadcasting**
→ terrestrischer Rundfunk

terrestrisch TELEC → **terrestrial**
→ erdgebunden

terrestrischer Empfang BROADC **terrestrial reception**
[von Rundfunksendern über Heimantennen] | [from broadcasts emitters via home antennas]

terrestrische Richtfunkverbindung RADIO **terrestrial radio relay link**

terrestrischer Rundfunk BROADC **terrestrial broadcasting**
= Terrestrik *nf*

terrestrische Satellitenfunkantenne ANT **earth station antenna**

terrestrisches Fernsehen BROADC **terrestrial television**
= terrestrisches TV | = terrestrial TV
≠ Satellitenfernsehen; Kabelfernsehen | ≠ satellite t.; cable t.

terrestrisches Flug-Telekommunikationssystem MOB.CO **TFTS**
= öffentlicher Flugfunk; TFTS | = Terrestrial Flight Telecommunication System

terrestrisches TV BROADC → **terrestrial television**
→ terrestrisches Fernsehen

T-Ersatzschaltung *nf* MICR.EL **equivalent T-network**

tertiär COLL → **tertiary** *adj*
→ drittrangig *adj*

Tertiärgruppe *nf* TRANSM **mastergroup** *n* (2)
[TF-Technik] | [FDM]
= TG | = tertiary group

Tertiärgruppendurchschaltefilter *nn* TRANSM **through mastergroup filter**
= TGDFi

Tertiärgruppenumsetzer *nm* TRANSM **mastergroup modulator**
= TGU

Tertiärrate *nf* TELEC **tertiary rate**
[44,736 nach ANSI, 34,368 Mbit/s nach ETSI] | [44.736 by ANSI, 34.368 by ETSI]
= DS3-Rate; DS3
↑ Superrate | ↑ superrate
↓ T3; E3 | ↓ T3; E3

Tertiärspeicher *nm* DAT.PR **tertiary memory**
[externer, online nicht zugreifbarer Speicher] | [external memory without on-line access]
= tertiary storage; tertiary store

Tertiärverkabelung *nf* DAT.NW **tertiary cabling**
[LAN]
= Anschlussverkabelung *nf*, Etagenverkabelung *nf* | = connection cabling; floor cabling

Tertiärvermittlungsstelle *nf* SWITCH → **tertiary switching center**
→ Zentralvermittlungsstelle *nf*

Terz *nf* ACOUS **third** *n*

Terzband *nn* NETW.TH **one-third-octave band**

Terzbandpass *nm* NETW.TH **one-third octave filter**

TES, TERM COMP.AP → **CAS**
→ CAS

Tesla *nn* PHYS **Tesla**
[SI-Einheit für magnetische Flussdichte; = 1 V s/m] | [unit for magnetic flux density; = 1 V s/m]
= T | = T

Tesla-Transformator *nm* EL.TEC **Tesla transformer**

tessellieren *vt* COMP.GR **tessellate** *vt*
[mit Maschenmuster versehen] | [to apply meshed patterns]

Tessellierung *nf* COMP.GR → **tessellation** *n*
→ Maschenbemusterung *nf*

Test *nm* QUAL → **inspection** *n*
→ Prüfung *nf*

Test *nm* TECH → **check** *n*
→ Prüfung *nf*

Testablauf *nm* QUAL → **test program**
→ Prüfprogramm *nn*

Testadapter *nm* INSTR → **measuring adapter**
→ Messvorsatz *nm*

Testader *nf* EL.TRO → **test conductor**
→ Prüfader *nf*

Testadresse *nf* SW **test address**

Testament *nn* LAW **testament** *n*
= letzter Wille | = will

Testamentsnachtrag *nm* LAW → **codicile** *n*
→ Kodizill *nn*

Testanforderung *nf* DAT.CO → **test request**
→ Prüfauftrag *nm*

Testanlage *nf* TECH **test installation**
= Prüfanlage *nf* | ≈ test environment
≈ Testumgebung

Testanschluss *nm* EL.TRO → **test port**
→ Messausgang *nm*

Testanschlussentkopplung *nf* INSTR **test port isolation**

Testanschluss-Reziprozität *nf* INSTR **test port reciprocity**

Testanweisung *nf* TEC.DOC → **test instruction**
→ Prüfanweisung *nf*

Testanweisung *nf* SW **test statement**
= Testbefehl *nm* = test instruction

Testaufnahme *nf* MANUF → **testing device**
→ Prüfaufnahme *nf*

Testausgang *nm* EL.TRO → **test port**
→ Messausgang *nm*

Testauswertung *nf* QUAL → **test evaluation**
→ Prüfauswertung *nf*

Testautomat *nm* INSTR → **automatic tester**
→ Prüfautomat *nm*

Testautomatisierungssoftware *nf* COMP.AP **test automation software**
= Prüfautomatensoftware *nf*

Test-Bandkassette *nf* EL.ACOU **test cassette**

testbar TECH → **testable**
→ prüfbar

Testbaugruppe *nf* EQP.EN **test board**
= Prüfbaugruppe *nf* = test module; function test module

Testbedarfsplan *nm* DAT.PR **test requirement plan**

Testbefehl *nm* SW → **test statement**
→ Testanweisung *nf*

Testbericht *nm* QUAL → **test report**
→ Prüfbericht *nm*

Testbetrieb *nm* TECH → **test operation**
→ Probebetrieb *nm*

Testbild *nn* TV **test pattern**
= Bildmuster *nn* = test chart; resolution pattern; resolution chart

Testbildgeber *nm* TV → **test pattern generator**
→ Bildmustergenerator *nm*

Testbildgenerator *nm* TV → **test pattern generator**
→ Bildmustergenerator *nm*

Testbus *nm* MICR.EL → **test bus**
→ Prüfbus *nm*

Testclip (ANGL) EL.TRO → **test clip**
→ Prüfklemme *nf*

Testdatei *nf* DAT.MA → **test file**
→ Prüfdatei *nf*

Testdaten *nplt* SW **test data** *n*
= Prüfdaten *nplt*; Kontrolldaten *nplt* = check data; control data (2)
≈ Steuerdaten ≈ control data (1)

Testdatengenerator *nm* DAT.PR **test data generator**
= Prüfdatengenerator *nm*; Kontrolldatengenerator *nm*

Testdatensatz *nm* SW **test data set**
= Prüfdatensatz *nm*; Kontrolldatensatz *nm*

Testdiagramm *nn* QUAL → **test diagram**
→ Prüfdiagramm *nn*

Testdokumentation *nf* QUAL → **test documentation**
→ Prüfdokumentation *nf*

testen TECH → **check** *vt*
→ prüfen

Testergebnis *nn* QUAL → **test result**
→ Prüfergebnis *nn*

Testergebnis *nn* SW **test result**

Testerläuterung *nf* TEC.DOC → **test instruction**
→ Prüfanweisung *nf*

Testfassung *nf* MICR.EL **test socket**
[zur Prüfung von IC's] [for IC's]

Testfeld *nn* EQP.EN **test panel**

Testfolge *nf* DAT.CO → **test sequence**
→ Prüffolge *nf*

Testformular *nn* DAT.PR → **test plan**
→ Testvordruck *nm*

Testgerät *nn* INSTR → **test instrument**
→ Prüfgerät *nn*

Testhilfe *nf* INSTR → **test aid**
→ Prüfhilfe *nf*

Testhilfe *nf* SW **test aid**
= Prüfhilfe *nf*; Messhilfe *nf*; Fehlersuchhilfe *nf*; Diagnosehilfe *nf*; Diagnosemittel *nn* = debugging aid; diagnostic aid; debugging tool
≈ Diagnoseprogramm ≈ diagnostic program

Testkanal *nm* TELEC **test channel**
= Prüfkanal *nm*

Testlauf *nm* DAT.PR **test run**
= Prüflauf *nm*; Kontrollauf *nm*

Testmodus *nm* MICR.EL **test mode**
= Prüfmodus *nm*

Testmuster *nn* DAT.CO → **test sequence**
→ Prüffolge *nf*

Testnummer *nf* SWITCH **test number**
= Prüfnummer *nf*

Testobjekt *nn* QUAL → **test specimen**
→ Prüfling *nm*

Testperson *nf* SCIE → **test person**
→ Versuchsperson *nf*

Testplan *nm* QUAL → **test schedule**
→ Prüfplan *nm*

Testplatte *nf* EL.ACOU **test record**
= Prüfplatte *nf*

Testprogramm *nn* QUAL → **test program**
→ Prüfprogramm *nn*

Testprogramm *nn* SW **test program** *n*
= Prüfprogramm *nn* (1); Testroutine *nf*; Prüfroutine *nf*; Kontrollprogramm *nn*; Kontrollroutine *nf* = test routine; test handler; check program; check routine; check handler; exerciser *n*
↓ Wartungsprogramm

Testprotokoll *nn* QUAL → **test protocol**
→ Prüfprotokoll *nn*

Testpunkt *nm* EL.TRO → **test point**
→ Messpunkt *nm*

Testrahmen *nm* DAT.PR → **test system**
→ Testsystem *nn*

Testraum *nm* QUAL → **test room**
→ Prüfraum *nm*

Testroutine *nf* QUAL → **test program**
→ Prüfprogramm *nn*

Testroutine *nf* SW → **test program** *n*
→ Testprogramm *nn*

Testschaltung *nf* CIRC.EN → **test circuit**
→ Prüfschaltung *nf*

Testschema *nn* SW **test scheme**

Testschleife *nf* TELEC → **test loop**
→ Prüfschleife *nf*

Testsignal *nn* EL.TRO **test signal**
= Prüfsignal *nn*; Messsignal *nn* = measuring signal

Testsperre *nf* DAT.CO **test inhibit**
= Prüfsperre *nf*

Testsperrquittung *nf* DAT.CO **test inhibit acknowledgment**
= test inhibit confirmation

Testsperrsignal *nn* DAT.CO **test inhibit signal**
= Prüfsperrsignal *nn*

Testsperrsignalvergleich *nm* DAT.CO **test inhibit signal comparision**
= Prüfsperrsignalvergleich *nm*

Teststelle *nf* EL.TRO → **test point**
→ Messpunkt *nm*

Teststruktur *nf* MICR.EL **process-control monitor**
= Prüfstruktur *nf* = PCM; test structure

Teststück *nn* QUAL → **test specimen**
→ Prüfling *nm*

Testsystem *nn* DAT.PR **test system**
= Testrahmen *nm*

Testton *nm* EL.ACOU → **test tone**
→ Prüfton *nm*

Testumfeld *nn* DAT.PR → **test environment**
→ Testumgebung *nf*

Testumgebung *nf* DAT.PR **test environment**
= Prüfumgebung *nf*; Testumfeld *nn*; Prüfumfeld *nn*; Kontrollumgebung *nf*; Kontrollumfeld *nn* = test bed
≈ Testanlage ≈ test installation

Testunterlage *nf* QUAL → **test document**
→ Prüfunterlage *nf*

Testvektor *nm* MICR.EL **test vector**

Testverfahren *nn* QUAL → **test program**
→ Prüfprogramm *nn*

Testverteilung *nf* STATIS **test distribution**
[Verteilung für statistische Tests] [distribution for statistical tests]
= Prüfverteilung *nf*
↓ Chi-Quadrat-Verteilung; Student-Verteilung ↓ chi-square function; Student's-t distribution

Testvordruck *nm* DAT.PR **test plan**
= Testformular *nn* = test form

Testwagen *nm* INSTR → **testmobile** *n*
→ Messwagen *nm*

Testzeit *nf* SW **test period**

Testzelle *nf* TELEC **test cell**
[ATM] [ATM]

Testzellenerkennung *nf* TELEC **test cell detection**
[ATM] [ATM]

Testzweck *nm* TECH → **testing purpose**
→ Prüfzweck *nm*

Testzyklus *nm* INF.TEC → **control cycle**
→ Prüfzyklus *nm*

TETRA MOB.CO **TETRA**
= Terrestrial Trunked Radio

Tetrachlorid *nn* CHEM **tetrachloride** *n*

Tetrachloridprozess *nm* MICR.EL **tetrachloride process**

Tetrachlorkohlenstoff *nm* CHEM **carbon tetrachloride**

Tetrade *nf* CODING **tetrad** *n*
[als Einheit behandelte Gruppe von 4 Binärstellen]
= Halbbyte *nn*; Nibble; Nybble; Vier-Bit-Gruppe *nf*; Quartett *nn*; Vier-Bit-Byte *nn*
↓ Pseudotetrade
[group of 4 bit positions treated as unit]
= quartet *n*; half-byte *n*; nibble *n*; nybble *n*; four-bit byte
↓ pseudotetrade

Tetradencode *nm* CODING **tetradic code**

Tetraeder *nn* MATH **tetrahedron** *n*
[dreiseitige Pyramide]
= Vierflächner *nm*
↑ reguläres Polyeder
[a pyramyd of three side]
↑ regular polyhedron

tetragonal MATH → **quadrilateral** *adj*
→ viereckig

Tetrajunction-Transistor *nm* MICR.EL **tetrajunction transistor**

Tetrode *nf* EL.TRO **tetrode** *n*
= Vierpolröhre *nf*
↑ Schirmgitterröhre
[tube with four electrodes]
↑ sreen grid tube
↓ screen-grid tube

teuer ECON **expensive** *adj*
= kostspielig
≈ aufwendig
≠ billig
= dear; costly; pricey; high-priced
≠ cheap

Teuerung *nf* ECON **price increase**
= Verteuerung *nf*
≠ Verbilligung
= rising prices
≠ price reduction

Teufelskreis *nm* COLL **vicious circle**
[fig]
= Circulus vitiosus *nm*

TE-Welle *nf* LINE TH → **transverse electric wave**
→ transversale elektrische Welle

Texel COMP.GR **texel** *n*
= Texturbildpunkt *nm*
= texture element

Text *nm* LING **text** *n*
≈ Wortlaut
≈ wording

Text/Sprache-Umwandlung *nf* COMP.AP **text-to-speech**
= Text-in-Sprache
= TTS

Textanalyse *nf* WOR.PR **text analysis**

Textanalyseprogramm *nn* SW **text analysis program**

Textanfang *nm* DAT.CO **start of text**
= Textbeginn *nm*; STX; Anfang des Textes
↑ ASCII-Code
= STX; SOT
↑ ASCII code

Textausrichtung *nf* WOR.PR **text alignment**

Textauszeichnung *nf* WOR.PR **text mark-up**

Textautomat *nm* COMP.AP → **word processing system** *n*
→ Textsystem *nn*

Textbaustein *nm* WOR.PR → **standard text**
→ Normtext *nm*

Textbaustein *nm* WOR.PR **text module**
= Textmodul *nn* (*pl* -e)

Textbearbeitung *nf* WOR.PR **text editing**
[Redigieren, Erfassen, Korrigieren, Formatieren eines Textes]
[to redact, input, modify or format a text]

Textbearbeitungsprogramm *nn* WOR.PR → **text editor** *n*
→ Texteditor *nm*

Textbearbeitungstaste *nf* COMP.AP **word processing key**
= Bearbeitungstaste *nf*
= text processing key; processing key

Textbeginn *nm* DAT.CO → **start of text**
→ Textanfang *nm*

Textbereich *nm* WOR.PR **text area**

Textbibliothek *nf* DAT.MA **text library**

Textbild *nn* WOR.PR **text screen**
= text display

Textblock *nm* WOR.PR **block of text**
[als Einheit verarbeitbar]
[can be worked as a unit]

Textbox *nf* COMP.AP → **text field** *n*
→ Textfeld *nn*

Text-Cursor *nm* COMP.AP **text cursor**

Textdatei *nf* DAT.MA **text file**
≈ Dokumentdatei [COMP.AP]
↓ ASCII-Datei
= text-only file; document *n* (2)
≈ document file [COMP.AP]
↓ ASCII file

Textdaten *npl*t DAT.MA **text data**

Textdurchsicht *nf* PRIN.ME **recension**

Texteditor *nm* WOR.PR **text editor** *n*
= Textbearbeitungsprogramm *nn*
↑ Editor
↓ Bildschirm-Editor
↑ editor
↓ screen editor

Texteintrag *nm* DAT.MA **text entry**

Textelement *nn* WOR.PR **token** *n* (1)
= lexikalisches Element
[from "token" = symbol, instance of linguistic expression; a nonreducible text element]

Textende *nn* DAT.CO **end of text**
= ETX; EOT-Zeichen *nn*; EOT; Ende der Übertragung *nf*
↑ ASCII-Code
= ETX; EOT; end of transmission
↑ ASCII code

Textendgerät *nn* TER&PER **text terminal equipment**
= Textstation *nf*
= text terminal; text station

Textentwurf *nm* LING **draft text**

Texterkennung *nf* TER&PER → **character recognition**
→ Klarschriftlesen

Texterstellung *nf* WOR.PR **text generation**
= Textgenerierung *nf*; Textproduktion *nf*
= text production

Texte und Musik MEDIA **lyrics and music**

Textfax *nn* TELEC **textfax** *n*
[Dienst der DTAG]
[service of German DTAG]

Textfeld *nn* COMP.AP **text field** *n*
[zur Eingabe von Text]
= Textfenster *nn*; Textkästchen *nn*; Textbox *nf*
↑ Dialogfeld
[to input text]
= text window; text box; document field; document window; document box
↑ dialog field

Textfenster *nn* COMP.AP → **text field** *n*
→ Textfeld *nn*

Textfolge *nf* WOR.PR **text sequence**
= Textsequenz *nf*; Textkette *nf*
= text string

Textfolie *nf* OFFICE **text chart**

Textformat *nn* DAT.PR **text format**
≠ Binärformat
≠ binary format

Textformat *nn* WOR.PR **document format**
= text format

Textformatierer *nm* WOR.PR **text formatter**
= Druckformatierer *nm*
= print formatter

Textformatierung *nf* WOR.PR **text formatting**

Textformulierung *nf* LING → **wording** *n*
→ Wortlaut *nm*

Textgenerierung *nf* WOR.PR → **text generation**
→ Texterstellung *nf*

Texthandhabung *nf* WOR.PR **text manipulation**
= text handling

Textilband *nn* TECH **textile tape**
= fabric tape

Textilfarbband *nn* TER&PER → **cloth ribbon**
→ Gewebefarbband *nn*

Text-in-Sprache COMP.AP → **text-to-speech**
→ Text/Sprache-Umwandlung *nf*

Textkästchen *nn* COMP.AP → **text field** *n*
→ Textfeld *nn*

Textkette *nf* WOR.PR → **text sequence**
→ Textfolge *nf*

Textkommentar *nm* SW → **comments** (*n* plt)
→ Klartextkommentar *nm*

Textkommunikation *nf* TELEC **text communication**
= Textübermittlung *nf*
↑ Telekommunikation
↓ Fernschreiben; Videotext
= written communication
↑ telecommunications
↓ telegraphy; videotext

Textkonserve *nf* WOR.PR → **standard text**
→ Normtext *nm*

Textkopf *nm* INTERNET **headern**

Textkörper *nm* INTERNET **body** *n*
= Body (ANGL)
= chunk *n* (slang)

Textkörper *nm* PRIN.ME → **body text**
→ Grundschrifttext *nm*

textlich DAT.MA **narrative** *adj*
≠ grafisch; mathematisch
= verbal-descriptive
≠ graphical; mathematical

textlich LING **textual** *adj*
= textuell
≈ wörtlich
≈ literal

Textmarke *nf* COMP.AP **text marker**
= bookmark *n*

Textmarkierungssprache *nf* COMP.AP **text marking language**

Textmarkierungstaste *nf* COMP.AP **text marking key**

Textmodul *nn* (*pl* -e) WOR.PR → **text module**
→ Textbaustein *nm*

Textmodus *nm* SW → **character mode**
→ Zeichenmodus *nm*

Textnachricht *nf* TELEC **text message**

Textnetz *nn* DAT.NW **text network**
textorientiert SW → **character-based**
→ zeichenorientiert
textorientiertes Programm SW → **character-based program**
→ zeichenorientiertes Programm
Textpassage *nf* PRIN.ME → **text part**
→ Textstelle *nf*
Textproduktion *nf* WOR.PR → **text generation**
→ Texterstellung *nf*
Textprogramm *nn* SW → **word processing program**
→ Textverarbeitungsprogramm *nn*
Textrasterung *nf* COMP.GR **text dithering**
Textregister *nn* DAT.PR **text register**
Textschablone *nf* WOR.PR **template**
[enthält z.B. das Format u. die nicht variablen Einträge eines Standardbriefes] [contains e.g. format and fixed entries of a standard business letter]
≈ Normtext
Textschrift *nf* PRIN.ME → **body type**
→ Grundschrift *nf*
Textseitendarstellung *nf* WOR.PR **page display**
[am Bildschirm] [on a screen]
Textseiten pro Minute TER&PER → **pages per minute**
→ Seiten pro Minute
Textsequenz *nf* WOR.PR → **text sequence**
→ Textfolge *nf*
Textspalte *nf* PRIN.ME **text column**
Textstation *nf* TER&PER → **text terminal equipment**
→ Textendgerät *nn*
Textstelle *nf* PRIN.ME **text part**
= Textpassage *nf*; Passage *nf*; Textteil *nm*
Textstellensuche *nf* WOR.PR **contextual search**
Textsuche *nf* WOR.PR **text search**
≈ Textwiedergewinnung ≈ text retrieval
Textsystem *nn* COMP.AP **word processing system** *n*
[eine Anlage] [a HW with SW]
= Textautomat *nm*; Wortprozessor *nm*; Textverarbeitungssystem *nn* = text processing system; word processor; word processing equipment; word processing system
≈ Textverarbeitungsprogramm; Desktop Publishing; Editor ≈ word processing program; desktop publishing; editor
↑ Arbeitsplatzsystem ↑ workstation
Textteil *nm* PRIN.ME → **text part**
→ Textstelle *nf*
Textübermittlung *nf* TELEC → **text communication**
→ Textkommunikation *nf*
textuell LING → **textual** *adj*
→ textlich
Textumrahmung *nf* WOR.PR **text wrap**
[Bild mit Text allseitig umrahmen] [to surround graphics with text]
= screen border; autoflow
Text- und Datennetz *nn* DAT.CO **text and data network**
Text- und Fax-Server *nm* INTERNET **text and fax server**
= TFS
Text-und-Grafik-Drucker *nm* TER&PER **text-and-graphics printer**
= Text-und-Graphik-Drucker *nm* ≈ graphics printer
≈ Grafikdrucker ≠ graphics-only-printer
≠ Nur-Text-Drucker
Text-und-Graphik-Drucker *nm* TER&PER → **text-and-graphics printer**
→ Text-und-Grafik-Drucker *nm*
Textur *nf* SCIE **texture** *n*
≈ Struktur ≈ structure
Textur *nf* COMP.GR **texture** *n*
[als "Oberflächenverkleidung" dienende Graphik] [a graphics used to "dess" a surface]
Texturbildpunkt *nm* COMP.GR → **texel** *n*
→ Texel
Texturfilter *nn* COMP.GR **texture filter**
Texturgenerierung *nf* COMP.GR **texture generation**
Texturmaterial *nn* COMP.GR **texture map**
Texturumwandlungseffekt *nm* OPTOEL **texture-conversion effect**
textverarbeiten COMP.AP **word-process** *vt*
textverarbeitet COMP.AP **word-processed** *adj*
Textverarbeitung *nf* COMP.AP **word processing**
[Texterstellung mit Rechnerunterstützung] [editing texts by computer]
= Wortverarbeitung *nf*; Alphaverarbeitung *nf* = WP; text processing; text system; alpha processing
≈ Sprachverarbeitung ≈ language processing
↑ Dokumentenverarbeitung ↑ document processing
Textverarbeitungsbetrieb *nm* DAT.PR → **word-processing bureau**
→ Textverarbeitungsbüro *nn*
Textverarbeitungsbüro *nn* DAT.PR **word-processing bureau**
= Textverarbeitungsbetrieb *nm*

Textverarbeitungs-Cluster *nn* DAT.CO **text processing cluster**
= word processing cluster
Textverarbeitungsprogramm *nn* SW **word processing program**
= Textprogramm *nn* = word program; word processor
≈ Textsystem ≈ word processing system
↑ Anwendungsprogramm; Geschäfts-Software ↑ application program; business program
↓ Microsoft Word ↓ Microsoft Word
Textverarbeitungssystem *nn* COMP.AP → **word processing system** *n*
→ Textsystem *nn*
Textverarbeitungszentrum *nn* DAT.PR **word processing center**
Textverdichtung *nf* WOR.PR **text compression**
Textvergleich *nm* WOR.PR **text compare**
Textvergleichsprogramm *nn* WOR.PR **text compare program**
= Dokumentvergleichsprogramm *nn* = document comparison utility
Textverwalter *nm* WOR.PR **text manager**
Textverwaltung *nf* WOR.PR **text management**
Textwiedergewinnung *nf* WOR.PR **text retrieval**
≈ Textsuche ≈ text search
Textzeichen *nn* DAT.CO **text character**
TF MODUL → **carrier frequency**
→ Trägerfrequenz *nf*
TF-Brücke *nf* INSTR → **carrier-frequency bridge**
→ Trägerfrequenzmessbrücke *nf*
TFD-Antenne *nf* ANT **terminated folded antenna**
= TFD antenna
TFE TELEPH → **entrance telephone**
→ Türsprechstelle *nf*
TFFET MICR.EL → **thin-film field effect transistor**
→ Dünnschicht-Feldeffekttransistor *nm*
TF-Grundleitung *nf* TRANSM **carrier link line**
= multichannel circuit
TFH-Technik *nf* TRANSM **carrier transmission over power lines**
= Trägerfrequenztechnik auf Hochspannungsleitungen = powerline carrier transmission
TF-Kabel *nn* COM.CAB → **high-frequency cable**
→ Trägerfrequenzkabel *nn*
TF-Kanal *nm* TRANSM **carrier channel**
= Trägerfrequenzkanal *nm* = FDM channel
TF-Leitung *nf* TRANSM → **FDM carrier line circuit**
→ Trägerfrequenzleitung *nf*
T-Flipflop *nm* CIRC.EN **toggle flipflop**
= Trigger-Flipflop *nm* = T flipflop; toggle *n*
TFM MODUL **TFM**
= Tamed Frequency Modulation
TF-Messbrücke *nf* INSTR → **carrier-frequency bridge**
→ Trägerfrequenzmessbrücke *nf*
TF-Messtechnik *nf* INSTR **carrier frequency measuring technique**
TF-Pegelmessplatz *nm* INSTR **transmission measuring set**
↓ Pegelsender; Pegelmesser ↓ level generator; level meter
TFS RADIO → **tunnel radio system**
→ Tunnelfunksystem *nn*
TF-System *nn* TRANSM → **FDM carrier frequency system**
→ Trägerfrequenzsystem *nn*
TFT MICR.EL **TFT**
= Thin Film Transistor
TFT-Bildschirm *nm* TER&PER **TFT display**
= Aktive-Matrix-Bildschirm *nm* = active-matrix display
TFT-Bildschirm *nm* TER&PER → **thin-film-transistor display**
→ Dünnfilmtransistor-Bildschirm *nm*
TF-Technik *nf* TRANSM → **FDM carrier transmission engineering**
→ Trägerfrequenztechnik *nf*
TFTP-Protokoll *nn* DAT.NW **TFTP**
= Trivial File Transfer Protocol
TFTS MOB.CO → **TFTS**
→ terrestrisches Flug-Telekommunikationssystem
TFTS-System *nn* TELEC → **terrestial flight telephone system**
→ Boden-Luft-Fernsprechsystem *nn*
TFT-Technik *nf* MICR.EL → **thin film technology**
→ Dünnfilmtechnik *nf*
TF-Verbindung *nf* TRANSM **FDM carrier link**
TF-Voltmeter *nn* INSTR → **selective level meter**
→ selektiver Pegelmesser
tg MATH → **tangent** *n* (2)
→ Tangens *nm*
TG TRANSM → **mastergroup** *n* (2)
→ Tertiärgruppe *nf*
TGDFi TRANSM → **through mastergroup filter**
→ Tertiärgruppendurchschaltefilter *nn*

T-Glied *nn* NETW.TH → **star connection**
→ Sternschaltung *nf*
TGU TRANSM → **mastergroup modulator**
→ Tertiärgruppenumsetzer *nm*
Th CHEM → **thorium** *n*
→ Thorium *nn*
th MATH → **hyperbolic tangent**
→ Tangens hyperbolicus
Thabit-Regel *nf* MATH **Thabit's rule**
[zum Finden befreundeter Zahlen] [to find friendly numbers]
Thallium *nn* CHEM **thallium** *n*
= Tl = Tl
Theater *nn* IMAG.ME **theater** *n* (AE)
= theatre *n* (BE)
Theaterkritik *nf* PRIN.ME **theater critics**
Theaterleiter *nm* IMAG.ME **theater director** (AE)
↑ Spielleiter = theatre director (BE)
↑ stage director
Theaterleitung *nf* IMAG.ME **theater direction** (AE)
↑ Spielleitung = theatre direction (BE)
↑ stage management
Theaterspielplan *nm* IMAG.ME **season's program** (AE)
= Spielplan *nm* = season's programme (BE)
Theaterstück *nn* IMAG.ME **play** *n*
= Bühnenstück *nn*
theatralisch COLL **theatrically**
= stagily
Thema *nn* CART **theme** *n*
[Attribut eines geographischen Objekts] [attribute of a geographical object]
Thema *nn* COLL **theme** *n*
[vom griech. "thémis" = "das Festgesetzte → Ordnung"] [from Greek "thémis" = "something established → order"]
= Gegenstand *nm*; Stoff *nm* = issue *n*; topic *n*
≈ Angelegenheit ≈ matter
↓ Diskussionsthema; Gesprächsthema; tagesthema ↓ discussion topic; converstion topic; topic of the day
thematisch *adj* COLL **thematic** *adj*
= topical ADJ
thematische Daten GIS → **object data**
→ Sachdaten *nplt*
thematische Karte CART **thematic map**
[stellt Attribute auf geographischem Objekt dar] [shows attributes on a geographical object]
↓ chloropethic map
thematische Modellierung GIS **thematic modelling**
thematische Montage IMAG.ME **thematic montage**
themenbasiert INF.TH **theme based**
themenbasierte Suchmaschine INTERNET **theme-based searching engine**
Themenbaum *nm* INTERNET **subject tree**
Themenkreis *nm* SCIE **thematic area**
Themenstellung *nf* LING → **rationale** *n*
→ Begründung *nf*
Theorem *nn* SCIE **theorem** *n*
[vom griech. "theórima" = "das Angeschaute → Erfahrungssatz, Lehrsatz"] [from Greek "theórima" = "the object of contemplation", rule of science]
= Lehrsatz *nm*
Theorema egregium MATH **theorema egregium**
Theoreme von De Morgan CIRC.EN **Morgan's theorems**
= De Morgan'sche Theoreme *nplt*
Theorem von Bartlett NETW.TH **Bartlett's theorem**
= bartlettsches Theorem; Bartlett'sches Theorem = Bartlett's bisection theorem
Theorem von Elias INF.TH **Elias theorem**
= eliassches Theorem; Elias'sches Theorem
Theorem von Foster NETW.TH → **Foster reactance theorem**
→ Reaktanztheorem *nn*
Theorem von Norton NETW.TH **Norton's theorem**
= Nortonsches Theorem; Norton'sches Theorem ↑ Helmholtz equivalent-source theorem
Theorem von Parseval TELEC **Parseval's relation**
= parsevalsches Theorem; Parseval'sches Theorem
Theorem von Rosen NETW.TH **Rosen's theorem**
= rosensches Theorem; Rosen'sches Theorem
Theorem von Thévenin NETW.TH **Thévenins's theorem**
= théveninsches Theorem; Thévienne'sches Theorem; Satz von den Ersatzspannungsquellen ↑ Helmholtz equivalent-source theorem
Theoretiker *nm* TECH **theorist** *n*
≈ Theoretisierer = theoretician *n*
≠ Praktiker ≈ theorizer
≠ practitioner
theoretisch SCIE **theoretical** *adj*

theoretische Elektrotechnik PHYS → **electrical science** *n*
→ Elektrizitätslehre *nf*
Theoretische Informatik COMP.SC **information science**
↑ Informatik = theoretical informatics
↓ Automatentheorie; Theorie der formalen Sprachen; Theorie der Berechenbarkeit; Komplexitätstheorie; Algorithmenanalyse; Theorie der Programmierung; Automatische Programmsynthese; Formale Semantik ↓ automata theory; theory of formal languages; computability theory; complexity theory; algorithm analysis; theory of programming; automatic program synthesis; formal semantics
theoretische KI ART.IN → **strong AI**
→ harte KI
theoretische Kurve TECH → **calculated curve**
→ gerechnete Kurve
Theoretische Logik SCIE → **formal logic**
→ Formale Logik
Theoretische Physik PHYS **theoretical physics**
theoretisieren SCIE **theorize** *vi*
Theoretisierer *nm* SCIE **theorizer** *n*
≈ Theoretiker ≈ theorist
Theorie *nf* SCIE **theory** *n*
[vom griech. "theoria" = "Betrachtung, Untersuchung, Theorie"] [from Greek "theoria" = "contemplation, inspection, theory"]
= Lehre
Theorie der Berechenbarkeit COMP.SC **computability theory**
↑ Theoretische Informatik ↑ theoretical informatics
Theorie der formalen Sprachen COMP.SC **theory of formal languages**
↑ Theoretische Informatik ↑ theoretical informatics
Theorie der Programmierung COMP.SC **theory of programming**
↑ Theoretische Informatik ↑ theoretical informatics
thermisch *adj* PHYS **thermal** *adj*
= thermic *adj*
thermisch ausgeglichen EL.TRO → **temperature-compensated**
→ temperaturkompensiert
thermische Belastbarkeit QUAL **thermal rating**
thermische Besetzung PHYS **thermic distribution**
thermische Bilanz PHYS → **heat balance**
→ Wärmebilanz *nf*
thermische Elektronenemission PHYS **thermoionic electron emission**
thermische Emission PHYS → **thermoionic emission**
→ Glühemission *nf*
thermische Energie PHYS **thermic energy**
= Wärmeenergie *nf* = thermal energy
thermische Ersatzschaltung MICR.EL **equivalent thermal network**
thermische Instabilität MICR.EL → **thermal breakdown**
→ thermischer Durchbruch
thermische Kapazität PHYS → **heat capacity**
→ Wärmekapazität *nf*
thermische Kathode EL.TRO → **thermoionic cathode**
→ Glühkathode *nf*
thermische Leistung PHYS **thermal power**
= Wärmeleistung *nf*
thermische Leitfähigkeit PHYS → **heat conductivity**
→ Wärmeleitfähigkeit *nf*
thermische Leitung PHYS → **thermal conduction**
→ Wärmeleitung *nf*
thermischer Auslöser COMPO → **thermal cutout**
→ Thermoauslöser *nm*
thermischer Drucker TER&PER → **thermal printer**
→ Thermodrucker *nm*
thermischer Durchbruch MICR.EL **thermal breakdown**
= thermische Instabilität; thermischer Selbstmord = thermal instability; thermal runaway
thermischer Effekt PHYS **thermal effect**
= Wärmewirkung *nf*
thermischer Fluss PHYS → **thermal flux**
→ Wärmefluss *nm*
thermischer Kontakt COMPO → **thermal contact**
→ Thermokontakt *nm*
thermischer Leistungsmesser INSTR **thermal power meter**
thermischer Leiter PHYS → **thermal conductor**
→ Wärmeleiter *nm*
thermischer Leitwert PHYS → **thermal conductance**
→ Wärmeleitwert *nm*
thermischer Schock QUAL → **thermal shock**
→ Thermoschock *nm*
thermischer Selbstmord MICR.EL → **thermal breakdown**
→ thermischer Durchbruch
thermischer Spleiß OPT.CO **fusion splice**
≠ mechanischer Spleiß = fused fiber splice
≠ mechanical splice
thermischer Widerstand PHYS → **thermal resistance**
→ Wärmewiderstand *nm*

thermisches Druckverfahren TER&PER → **thermal printing**
→ Thermodruck *nm*

thermisches Messinstrument INSTR **thermal measuring instrument**

thermische Spannung PHYS → **thermoelectric force**
→ Thermospannung *nf*

thermisches Rauschen TELEC **thermal noise**
= Wärmerauschen *nn*; Widerstandsrauschen *nn*; elektronisches Rauschen
≈ Grundgeräusch; weißes Rauschen; Zufallsrauschen
= thermoionic noise; electronic noise; random noise
≈ basic noise; white noise

thermische Stabilität TECH → **thermal stability**
→ Wärmebeständigkeit *nf*

thermisches Weglaufen TECH **thermal drift**
= thermal runaway

Thermistor *nm* COMPO **thermistor** *n*
= temperaturabhängiger Widerstand
↑ veränderbarer Widerstand
↓ Heißleiter; Kaltleiter
= thermally sensitive resistor
↑ adjustable resistance
↓ NTC thermistor; PTC thermistor

Thermoausgleichsleitung *nf* INSTR **temperature compensating lead**
= Ausgleichleitung *nf*
= compensating lead

Thermoauslöser *nm* COMPO **thermal cutout**
= thermischer Auslöser

Thermobindegerät *nn* OFFICE **thermal binding equipment**

Thermodiffusion *nf* PHYS **thermal diffusion**
= Wärmediffusion *nf*

Thermodirektdrucker *nm* TER&PER **thermo-direct printer**
≠ Thermotransferdrucker
↑ Thermodrucker
≠ thermo transfer printer
↑ thermal printer

Thermodruck *nm* TER&PER **thermal printing**
= thermisches Druckverfahren

Thermodrucker *nm* TER&PER **thermal printer**
[elektrosensitives Papier wird durch Berührung mit einem Heizelement geschwärzt]
= thermischer Drucker; elektrothermischer Drucker
↑ anschlagschwacher Drucker; Rasterdrucker
↓ Thermodirektdrucker; Thermotransferdrucker; Funkendrucker
[electrosensitive paper is darkened by contact with a heating element]
= electrothermal printer
↑ low-impact printer; dot-matrix printer
↓ thermo-direct printer; thermo transfer printer; spark printer

Thermodynamik *nf* PHYS **themodynamics** *nplt*
= Wärmelehre *nf*

thermodynamische Temperatur PHYS **thermodynamic temperature**
[SI-Einheit: Kelvin]
= absolute Temperatur; Kelvin-Temperatur *nf*
[SI unit: kelvin]
= absolute temperature

thermoelastisch TECH **thermoelastic**

thermoelektrisch PHYS **thermoelectric**

thermoelektrische Kühlung TECH **thermoelectric cooling**

thermoelektrischer Effekt PHYS **thermoelectric effect**
= glühelektrischer Effekt; Richardson-Effekt *nm*
↓ Seebeck-Effekt; Peltier-Effekt;
↓ Seebeck effect; Peltier effect; Benedicks effect

thermoelektrischer Kühler TECH **thermoelectric cooler**
= TEC

thermoelektrischer Messfühler INSTR **thermoelectric pickup**

thermoelektrischer Strom PHYS → **thermoelectric current**
→ Thermostrom *nm*

thermoelektrische Spannung PHYS → **thermoelectric force**
→ Thermospannung *nf*

thermoelektrische Spannungsreihe PHYS **thermoelectric series**

Thermoelektrizität *nf* PHYS **thermoelectricity**

Thermoelement *nn* PHYS **thermocouple** *n*
= Thermopaar *nn*
= thermocell *n*; thermoelectric couple; thermoelement *n*

Thermo-EMK *nf* PHYS → **thermoelectric force**
→ Thermospannung *nf*

thermografisch TECH → **thermographic**
→ thermographisch

thermografische Aufzeichnung TER&PER **thermal recording**
[Faksimile]
[facsimile]

thermographisch TECH **thermographic**
= thermografisch

thermoionisch PHYS **thermoionic**

Thermokamm *nm* TER&PER **thermal comb**
[Thermodrucker]
[thermal printer]

Thermokompression *nf* METAL **thermocompression**

Thermokompressionsschweißen METAL **thermocompression welding**

Thermokompressionsschweißen *nn* MICR.EL → **thermocompression bonding**
→ Thermokompressionsverfahren *nn*

Thermokompressionsverfahren *nn* MICR.EL **thermocompression bonding**
= Thermokompressionsschweißen *nn*; Wärmedruckverfahren *nn*

Thermokontakt *nm* COMPO **thermal contact**
= thermischer Kontakt; Wärmekontakt *nm*

Thermokraft *nf* PHYS → **thermoelectric force**
→ Thermospannung *nf*

Thermokreuz *nn* PHYS **thermal cross**
≈ Thermoumformer [INSTR]
≈ thermal converter [INSTR]

thermolabil PHYS **thermolabile** *adj*
= wärmeinstabil

Thermolumineszenz *nf* PHYS **thermoluminescence**
[durch Temperaturerhöhung induziert]
↑ Lumineszenz
[induced by temperature rise]
↑ luminescence

thermomagnetisch PHYS **thermomagnetic**

Thermometer *nn* INSTR **thermometer** *n*

thermooptischer Effekt PHYS **thermooptical effect**

Thermopaar *nn* PHYS → **thermocouple** *n*
→ Thermoelement *nn*

Thermopapier *nn* TER&PER **temperature-sensitive paper**
= wärmeempfindliches Papier
= heat-sensitive paper

Thermophon *nn* EL.ACOU **thermophone** *n*

Thermoplast *nm* CHEM **thermoplast** *n*
= wärmeempfindlicher Kunststoff
↑ Kunststoff
= thermoplastic *n*
↑ plastic

thermoplastisch CHEM **thermoplastic** *adj*

Thermoplotter *nm* TER&PER **thermal plotter**

Thermorelais *nn* COMPO **thermal relay**
↑ Verzögerungsrelais
= thermoelectric relay; electrothermal relay
↑ time-delay relay

Thermosäule PHYS **thermoelectric pile**
= thermopile *n*

Thermoschalter *nm* COMPO **thermoswitch** *n*
= thermostatic switch

Thermoschock *nm* QUAL **thermal shock**
= Wärmestoß *nm*; thermischer Schock

Thermoschockfestigkeit *nf* QUAL **thermal shock resistance**

thermosensibel PHYS → **temperature-sensitive**
→ temperaturempfindlich

Thermosicherung *nf* COMPO **thermofuse** *n*
= thermo fuse

Thermosimulation *nf* TECH **thermic simulation**

Thermospannung *nf* PHYS **thermoelectric force**
= integrale Thermokraft; Thermokraft *nf*; thermoelektrische Spannung; Thermo-EMK *nf*; thermische Spannung
↓ differentiale Thermokraft
= thermal tension; thermoelectric potential

Thermosphäre *nf* GEOSC **thermosphere** *n*
[von 85 bis 1000 km]
↑ Atmosphäre
↓ Ionosphäre
[between 85 and 1000 km]
↑ atmosphere
↓ inosphere

thermostabil TECH → **heat-resistant** *adj*
→ hitzebeständig

Thermostabilität *nf* TECH → **thermal stability**
→ Wärmebeständigkeit *nf*

Thermostat *nm* TECH **thermostat** *n*
↑ Temperaturregler [CONTRO]
↑ temperature controller [CONTRO]

thermostatgeregelt EL.TRO **oven-**

Thermostrom *nm* PHYS **thermoelectric current**
= thermoelektrischer Strom

Thermostrommesser *nm* INSTR → **thermocouple instrument**
→ Thermoumformer-Instrument *nn*

Thermosublimations-Drucktechnik *nf* TER&PER **thermal sublimation printing method**

Thermotransferdrucker *nm* TER&PER **thermo-transfer printer**
[schmilzt Druckfarbe von einem Farbband ab]
≠ Thermodirektdrucker
↑ Thermodrucker
[melts-off ink from a ribbon]
= thermal transfer printer; thermal wax-transfer printer; thermal wax printer
≠ thermo-direct printer
↑ thermal printer

Thermoübergang *nm* PHYS **thermojunction** *n*

Thermoumformer *nm* INSTR **thermal converter**
≈ Thermokreuz [PHYS]
= thermoconverter *n*
≈ thermal cross [PHYS]

Thermoumformer-Instrument *nn* INSTR **thermocouple instrument**
= Thermostrommesser *nm*
= thermoammeter *n*

Thermo-Wachsfarben-Drucker *nm* TER&PER **colour-wax thermoprinter**

Thermowiderstand *nm* INSTR → **bulb resistor**
→ Widerstandskopf *nm*

Thernewid COMPO → **NTC thermistor**
→ Heißleiter *nm*

Thesaurus *nm* (1) DAT.MA **thesaurus** *n* (1)
[über Deskriptoren verknüpfbares Lexikon]
[a lexicon with entries linkable by concepts]

Thesaurus *nm* (2) [Datei von Synonymen] = Synonymenwörterbuch *nn*	DAT.MA	**thesaurus** *n* (2) [file of synonyms]
Thesaurusfunktion *nf*	WOR.PR	**thesaurus function**
Thesaurusprogramm *nn*	SW	**thesaurus program**
théveninsches Theorem → Theorem von Thévenin	NETW.TH	→ **Thévenins's theorem**
Thévienne'sches Theorem → Theorem von Thévenin	NETW.TH	→ **Thévenins's theorem**
Thick-Ethernet *nn* → Thick-Wire-Ethernet *nn*	DAT.NW	→ **Thick-Wire Ethernet**
Thicknet *nn* → Thick-Wire-Ethernet *nn*	DAT.NW	→ **Thick-Wire Ethernet**
Thick-Wire-Ethernet *nn* = Thick-Ethernet *nn*; Thicknet *nn*	DAT.NW	**Thick-Wire Ethernet** = Thick Ethernet; Thicknet
Thimble-Drucker *nm* (ANGL) → Typenkorb-Drucker *nm*	TER&PER	→ **thimble printer**
Thin Client *nm* → dünner Client	DAT.NW	→ **thin client**
Thin-Ethernet *nn* → Thin-Wire-Ethernet *nn*	DAT.NW	→ **Thin-Wire Ethernet; Thin-Wire Ethernet; Thinnet**
Thinnet *nn* → Thin-Wire-Ethernet *nn*	DAT.NW	→ **Thin-Wire Ethernet; Thin-Wire Ethernet; Thinnet**
Thin-Wire-Ethernet *nn* = Thin-Ethernet *nn*; Thinnet *nn*	DAT.NW	**Thin-Wire Ethernet; Thin-Wire Ethernet; Thinnet**
Third-Party-Call-Control-Applikation *nf* [CTI]	TELEC	**Third Party Call Control Application** [CTI]
thixotrop [bei Vibration sich verflüssigend]	PHYS	**thixotropic** *adj* [liquefying by vibration]
Thomson-Brücke *nf* → Thomson-Messbrücke *nf*	INSTR	→ **Thomson bridge**
Thomson-Doppelbrücke *nf* → Thomson-Messbrücke *nf*	INSTR	→ **Thomson bridge**
Thomson-Messbrücke *nf* = Thomson-Doppelbrücke *nf*; Thomson-Brücke *nf*; Kelvin-Brücke *nf*; Doppelbrücke *nf*	INSTR	**Thomson bridge** = Kelvin-Bridge
thomsonsche Schwingungsgleichung = Thomson'sche Schwingungsgleichung	NETW.TH	**Thomson's rule**
Thomson'sche Schwingungsgleichung → thomsonsche Schwingungsgleichung	NETW.TH	→ **Thomson's rule**
Thor → Thorium *nn*	CHEM	→ **thorium** *n*
thoriert	CHEM	**thoriated**
Thorium *nn* = Th; Thor	CHEM	**thorium** *n* = Th
Thread (ANGL) → Teilprozess *nm*	SW	→ **thread** *n*
Thread *nm* = verästelter Antwortbaum	DAT.NW	**thread** *n* [branched answer tree]
Thread *nm* [im System OS/2 ein Auftrag]	COMP.LG	**thread** *n* [a task in OS/2]
Thriller *nm* [erzeugt Nervenkitzel] = Reißer *nm* (pej)	MEDIA	**thriller** *n* [causes thrill]
Thulium *nn* = Tm	CHEM	**thulium** = Tm
Thunk-Aufruf *nm*	SW	**thunk** *n*
Thyrator *nm*	MICR.EL	**thyrator**
Thyratron *nn* ↑ Ionenröhre; Gleichrichterröhre	EL.TRO	**thyratron** *n* ↓ ion tube; rectifier tube
Thyristor *nm* = steuerbarer Siliziumgleichrichter ↓ Triac	MICR.EL	**thyristor** *n* [thyratron-like transistor] = silicon controlled rectifier; SCR ↓ triac
Thyristordiode *nf*	MICR.EL	**diode thyristor**
Thyristordurchschaltung *nf* = Thyristor-Latch-up	MICR.EL	**thyristor latch-up** *n* = thyristor latch-up effect
thyristorgesteuert	POW.SY	**thyristor controlled**
thyristorgesteuerter Gleichrichter = Thyristorgleichrichter *nm*	POW.SY	**thyristor-controlled rectifier** = thyristor-controlled convertor; thyristor rectifier
Thyristorgleichrichter *nm* → thyristorgesteuerter Gleichrichter	POW.SY	→ **thyristor-controlled rectifier**
Thyristor-Latch-up → Thyristordurchschaltung *nf*	MICR.EL	→ **thyristor latch-up** *n*
Thyristorregler *nm*	POW.SY	**thyristor regulator**
Thyristorschalter *nm*	POW.SY	**thyristor switch**
Thyristorsteuerung *nf*	POW.SY	**thyristor control**
Thyristortetrode *nf* = beidseitig steuerbarer Thyristor	MICR.EL	**thyristor tetrode**
Thyristortriode *nf*	MICR.EL	**thyristor triode**
Thyristorverstärker *nm*	POW.SY	**thyristor amplifier**
THz → Terahertz *nn*	PHYS	→ **terahertz** *n*
Ti → Titan *nn*	CHEM	→ **titanium** *n*
TIA [Verband von 500 Fernmeldeindustrien und -betreibern in USA]	TECH	**TIA** [association of 500 telco industries and operators in USA] = Telecommunications Industry Association
ticken	TECH	**tick** *vt*
Ticken [kurzperiodisches helles Geräusch]	TECH	**tick** *n* [short-periodic noise]
tief	ACOUS	**low**
tief ↑ groß	TECH	**deep** *adj* = profound ↑ large
Tiefbau *nm* ↑ Bauwesen	CIV.EN	**underground construction** ↑ civil engineering
Tiefbautechnik *nf* ↑ Bauwesen	CIV.EN	**underground construction engineering** ↑ civil engineering
tiefblau → dunkelblau	OPT	→ **deep blue**
Tiefdruck *nm* [druckende Teile liegen tiefer als die nichtdruckende] = Rastertiefdruck *nm* ≠ Hochdruck ↑ Druckverfahren ↓ Heliografie; Rotationstiefdruck	PRIN.ME	**intaglio printing** [from Italian "intagliare" = "engrave"; printing parts are below the non printing parts] = intaglio process; intaglio ≠ letterpress ↑ printing process ↓ photogravure; rotogravure
Tiefdruckpapier *nn*	PRIN.ME	**photogravure paper**
Tiefe *nf*	TECH	**depth** *n*
Tiefen *nplt* → Bass *nm*	EL.ACOU	→ **bass** *n*
Tiefenbedeutung *nf*	MEDIA	**subtext** *n*
Tiefenerder *nm*	SYS.INS	**depth earth electrode**
Tiefenhärtung *nf*	METAL	**depth hardening**
Tiefenindexierung *nf* [Erfassung auch von Unterseiten]	INTERNET	**deep crawl** [captures also sub-pages]
Tiefenkettung *nf*	INTERNET	**deep linking**
Tiefenkonus *nm* → Tieftonlautsprecher *nm*	EL.ACOU	→ **woofer** *n*
Tiefenlehre *nf*	MEC.EN	**depth gage**
Tiefenschärfe *nf* → Schärfentiefe *nf*	OPT	→ **focus depth**
Tiefenschrift *nf* [Schallplatte]	EL.ACOU	**hill-and-dale recording** [phonographic record]
Tiefentladeschutz *nm* [Akkumulator]	POW.SY	**deep-discharging protection** [accumulator]
Tiefentladung *nf* [Akkumulator]	POW.SY	**deep discharging** [accumulator] = deep discharge
tieffliegender Satellit → erdnaher Satellit	SAT.CO	→ **LEO satellite**
tiefgesetzt = tiefgestellt; tiefstehend ≠ hochgesetzt ↑ indexiert	MATH	**subscripted** *adj* ≠ superscripted ↑ indexed
tiefgesetztes Zeichen → Tiefstellung *nf*	PRIN.ME	→ **subscript** *n*
tiefgestellt → tiefgesetzt	MATH	→ **subscripted** *adj*
tiefgreifend → tiefgründig	COLL	→ **profound** *adj*
tiefgrün → dunkelgrün	OPT	→ **dark green**
tiefgründig [fig] = tiefgreifend; tiefschürfend; profund	COLL	**profound** *adj* [fig] = in-depth
Tieflader *nm*	TECH	**low-bed trailer**
Tiefpass *nm* → Tiefpassfilter *nn*	NETW.TH	→ **lowpass** *n*
Tiefpassfilter *nn* = Tiefpass *nm*	NETW.TH	**lowpass** *n* = lowpass filter
tiefpass-gefiltert	INF.TEC	**low-pass filtered**
Tiefpassgrenzfrequenz *nf*	NETW.TH	**lowpass cutoff frequency**
Tiefpasslautsprecher *nm* = Basslautsprecher *nm*; Subwoofer *nm* (ANGL) ≈ Tieftonlautsprecher	EL.ACOU	**subwoofer** ≈ woofer

Tiefpegel *nm* MICR.EL → **low level**
→ Tiefpegelzustand *nm*

Tiefpegellogik *nf* MICR.EL **low-level logic**
= LLL = LLL
≠ Hochpegellogik ≠ high-level logic

Tiefpegel-Modulation *nf* MODUL **low-level modulation**
= Vorstufenmodulation *nf*

Tiefpegelsignal *nn* MICR.EL → **low level**
→ Tiefpegelzustand *nm*

Tiefpegelsignalisierung *nf* TRANSM **low level signalling**
= Tiefpegelwahl *nf* = low level selection

Tiefpegelwahl *nf* TRANSM → **low level signalling**
→ Tiefpegelsignalisierung *nf*

Tiefpegelzustand *nm* MICR.EL **low level**
= Tiefpegelsignal *nn*; Tiefpegel *nm*; L-Zustand *nm*; L-Pegel *nm*; L-Signal *nn*; Low-Zustand *nm*; Low-Pegel *nm*; Low-Signal *nn*; L
= low signal; L-signal; L; logical low
≠ Hochpegelzustand
↑ Impulspegel ↑ pulse level

Tiefprägung *nf* METAL **engraving**

Tiefpunkt *nm* COLL → **lowest level**
→ Tiefstand *nm*

Tiefreduzierziehen *nn* METAL → **deep drawing**
→ Tiefziehen *nn*

tiefschürfend COLL → **profound** *adj*
→ tiefgründig

Tiefseekabel *nn* COM.CAB **deep-sea cable**
↑ Seekabel; Unterwasserkabel
= deep-water cable; deep-sea undersea cable
↑ submarine cable; underwater cable

Tiefsprache *nf* COMP.LG → **low-level programming language**
→ niedere Programmiersprache

Tiefstand *nm* COLL **lowest level**
= Tiefpunkt *nm*; Tiefstpunkt *nm* = low point; anticlimax *n*

tiefstehend MATH → **subscripted** *adj*
→ tiefgesetzt

tiefstehendes Zeichen PRIN.ME → **subscript** *n*
→ Tiefstellung *nf*

Tiefstellen *nn* PRIN.ME → **subscript** *n*
→ Tiefstellung *nf*

Tiefstellung *nf* PRIN.ME **subscript** *n*
= Index *nm*; tiefgesetztes Zeichen; tiefstehendes Zeichen; Tiefstellen *nn*
= subscripted character; inferior figure; inferior *n*; subindex *n* [MATH]; subsripting *n*
≠ Hochstellung ≠ superscript

Tiefstnetzlastzeit TELEC **peak-off time**

Tiefstpunkt *nm* COLL → **lowest level**
→ Tiefstand *nm*

Tiefsttemperatur *nf* PHYS **minimum temperature**
= Minimaltemperatur *nf*
↑ Grenztemperatur ↑ limit temperature

Tiefsttemperaturphysik *nf* PHYS **cryophysics** *nplt*
= very low temperature physics; cryogenics

Tieftemperaturspeicher *nm* COMPO **cryogenic memory**
= Kryospeicher *nm*; kryogener Speicher; supraleitender Speicher
= cryogenic store

Tiefton *nm* EL.ACOU → **bass** *n*
→ Bass *nm*

Tieftöner *nm* EL.ACOU → **woofer** *n*
→ Tieftonlautsprecher *nm*

Tieftonlautsprecher *nm* EL.ACOU **woofer** *n*
= Tieftöner *nm*; Tiefenkonus *nm*
≈ Tiefpasslautsprecher ≈ subwoofer

tief verwurzelt COLL **ingrained**

tiefviolett *adj* OPT **deep violet** *adj*

Tiefziehblech *nn* METAL **deep-drawing sheet metal**

Tiefziehen *nn* METAL **deep drawing**
= Tiefreduzierziehen *nn*; Drahtziehen *nn* = depth drawing; wire drawing
↑ Ziehen

Tiegel *nm* TECH **pot** *n*
↓ Schmelztiegel

tiegelfreies Schmelzverfahren MICR.EL **float zone process**

Tiegelziehverfahren *nn* MICR.EL **Czochralski process**
= Czochralski-Verfahren *nn* = Czochralski crystal-pulling process

Tierbetreuer *nm* CINEMA **animal trainer**
= Tiertrainer *nm*

Tiertrainer *nm* CINEMA → **animal trainer**
→ Tierbetreuer *nm*

TIFF-Format *nn* DAT.MA **TIFF**
[Standardaustauschformat für Rasterdaten]
[standard date exchange format for raster data]
= Tagged Image File Format

TIGA-Architektur *nf* HW **TIGA**
[Texas Instruments Graphics Architecture; a video adapter]

Tiger SW **Tiger**
[von MS für Video-Server] [from MS for video server]

TII-Kanal *nm* BROADC **TII channel**

Tilde *nf* LING **tilde** *n*
[zeigt Palatisierung des *n* im Spanischen, oder die Nasalisierung von Vokalen im Portugiesischen an, wie in ñ]
[diacritic to palatalize the *n* in Spanish, or to mark nasality of vowels in Portuguese, like in ñ]
↑ diakritisches Zeichen

Tilde *nf* PRIN.ME → **swing dash**
→ Wiederholungszeichen *nn*

Tilde *nf* MATH → **equivalent sign**
→ Ähnlichzeichen *nn*

tilgen ECON **redeem** *vt*
[durch Zurückbezahlen aufheben] [to eliminate by payment]
= abzahlen
≈ amortisieren; zurückbezahlen ≈ repay; amortize

tilgen EL.TRO → **erase** *vt*
→ löschen

Tilgung *nf* ECON **redemption** *n*
≈ Zurückzahlung; Amortisation ≈ repayment; amortization

Tilgung *nf* EL.TRO → **erasing** *n*
→ Löschung *nf*

Tilgung *nf* DAT.PR → **deletion** *n*
→ Löschung *nf*

TIME INF.TEC **TIME**
= Telcommunications, Information Technology, Media and Entertainment

Time-Domain-Reflektometer *nn* INSTR → **impulse reflectometer**
→ Impulsreflektometer *nn*

Times PRIN.ME **Times**
[eine seriphenhaltige Proportionalschrift] [a proportionally spaced seriph font]
↑ Schriftart ↑ typeface (1)

Time-sharing-Betrieb *nm* DAT.PR → **time sharing operation**
→ Teilnehmerbetrieb *nm*

Time-sharing-System *nn* DAT.PR → **time sharing operation**
→ Teilnehmerbetrieb *nm*

Time-sharing-Verfahren *nn* DAT.PR → **time sharing operation**
→ Teilnehmerbetrieb *nm*

Timistor *nm* MICR.EL **timistor** *n*
[Kettenthyristor für Impulswiederholungen, mit steuerbarer Verzögerungszeit]
[thyristor cascade to repeat pulses, with controllable delay]
↑ Thyristor ↑ thyristor

TIM-Verzerrung *nf* EL.ACOU **TIM**
= transient intermodulation

Tinte *nf* OFFICE **ink** *n*
≈ Tusche ≈ drawing ink

tintenblau OPT → **deep blue**
→ dunkelblau

Tintendruck *nm* TER&PER **ink-jet printing**
= ink printing

Tintendrucker *nm* TER&PER **ink-jet printer**
= Tintenstrahldrucker *nm*; Tintenspritzdrucker *nm*; Farbstrahldrucker *nm*; Tintenstrahlschreiber *nm*; Tintentröpfchendrucker *nm*
= inkjet printer
↑ anschlagfreier Drucker ↑ non-impact printer
↓ Dampfblasendrucker ↓ bubble-jet printer

Tintendruckwerk *nn* TER&PER **ink-jet printing mechanism**

Tintenfass *nn* OFFICE **ink bottle**

Tintengriffel *nm* TER&PER **ink pen**

Tintengummi *nm* OFFICE **ink eraser**
= Tintenradiergummi *nm*

Tintenkopf *nm* TER&PER **ink-jet printhead**

Tintenpatrone *nf* TER&PER **ink cartridge**
= Tintentank *nm*

Tintenradiergummi *nm* OFFICE → **ink eraser**
→ Tintengummi *nm*

Tinten-Schnellschreiber *nm* INSTR → **ink-jet oscillograph**
→ Flüssigkeitsstrahlschreiber *nm*

Tintenschreiber *nm* INSTR → **ink-jet oscillograph**
→ Flüssigkeitsstrahlschreiber *nm*

Tintenschrift *nf* TER&PER **ink recording**

Tintenspritzdrucker *nm* TER&PER → **ink-jet printer**
→ Tintendrucker *nm*

Tintenstift *nm* OFFICE **ink pencil**
= Kopierstift *nm*

Tintenstrahldrucker *nm* TER&PER → **ink-jet printer**
→ Tintendrucker *nm*

Tintenstrahldüse *nf* TER&PER **inkjet nozzle**

Tintenstrahlschreiber *nm* TER&PER → **ink-jet printer**
→ Tintendrucker *nm*

Tintenstrahlverfahren *nn* TER&PER → **continuous-drop method**
→ Dauerstrahlverfahren *nn*

Tintentank *nm* TER&PER → **ink cartridge**
→ Tintenpatrone *nf*

Tintentröpfchendrucker *nm* TER&PER → **ink-jet printer**
→ Tintendrucker *nm*

Tintenüberlauf *nm* TER&PER **bleed** *n*
[flow of ink beyond limits]

Tip *nm* COLL **cue** *n*
= Anstoß *nm*; Wink *nm* — = hint *n*

tippen *vt* TER&PER **typewrite** *vt*
= type *vt*

Tippfehler *nm* OFFICE **clerical error**
≈ Eingabefehler [TER&PER] — = typing error; type error; typo
↑ Schreibfehler — ≈ keying error [TER&PER]
↑ writing mistake

Tipptastatur *nf* TER&PER → **touch-sensitive keyboard**
→ Berührungstastatur *nf*

Tipptaste *nf* COMPO → **touch key**
→ Berührungstaste *nf*

Tippvorlauftoleranz *nf* TER&PER **type-ahead capability**
[the tolerance to faster typing than displaying]

Tirill-Regler *nm* POW.SY → **vibrating-magnet regulator**
→ Tirill-Spannungsregler *nm*

Tirill-Spannungsregler *nm* POW.SY **vibrating-magnet regulator**
= Tirill-Regler *nm*; Vibrationsregler *nm* — = Tirill voltage regulator

Tisch *nm* TER&PER **desk** *n*
≈ Pult *nn*; Konsole *nf* — ≈ pulpit; console

Tischapparat *nm* TER&PER **table set**
↓ Fernsprech-Tischapparat — = desktop set
↓ desktop telephone

Tischaufstellung *nf* TECH **table mounting**
= desktop mounting

tischbefestigt TECH **table-top** *adj*

Tischcomputer *nm* DAT.PR **desktop computer**
≈ Tischrechner — = desk computer; desktop PC; tabletop computer; tabletop PC
↑ Personal-Computer — ≈ desktop calculator
↑ personal computer

Tischdrucker *nm* TER&PER **desktop printer**
= desk printer; tabletop printer; table printer

Tischeinbau *nm* TECH **desk build-in mounting**

Tischfernsprecher *nm* TELEPH → **desktop telephone**
→ Fernsprech-Tischapparat *nm*

Tischfuß *nm* TECH **table base**

Tischgehäuse *nn* EQP.EN **desktop casing**

Tischgerät *nn* EQP.EN **desktop model**
= Tischmodell *nn*; Auftischgerät *nn* — = desk model; tabletop model; table model; bench-top model; desktop equipment; desk equipment; desktop device; desk device; desk

Tischgerät *nn* INSTR → **table instrument**
→ Tischinstrument *nn*

Tischinstrument *nn* INSTR **table instrument**
= Tischgerät *nn* — = tabletop instrument; desktop instrument; desk instrument; bench instrument

Tischkalender *nm* OFFICE **desk diary**

Tischkopierer *nm* OFFICE **desk copier**
= desktop copier; table copier; tabletop copier

Tischladestation *nf* TER&PER **desktop charger**

Tischmodell *nn* EQP.EN → **desktop model**
→ Tischgerät *nn*

Tischplotter *nm* TER&PER → **flatbed plotter**
→ Flachbettplotter *nm*

Tischrechenmaschine *nf* DAT.PR → **desktop calculator** *n*
→ Tischrechner *nm*

Tischrechner *nm* DAT.PR **desktop calculator** *n*
[Büromaschine für die vier Grundrechnungsarten] — [bureau machine for the four basic arithmetic opreations]
= Tischrechenmaschine *nf*; Rechenmaschine *nf* (2) — = desk calculator; tabletop calculator
≈ Tischcomputer

Tischsteckdose *nf* EL.INS **table socket**

Tisch-Stromversorgung *nf* POW.SY **bench supply**

Tischtelefon *nn* TELEPH → **desktop telephone**
→ Fernsprech-Tischapparat *nm*

Tischtelephon *nn* TELEPH → **desktop telephone**
→ Fernsprech-Tischapparat *nm*

Titan *nn* CHEM **titanium** *n*
= Ti; Titanium — = Ti

Titanat *nn* CHEM **titanate** *n*

Titanium CHEM → **titanium** *n*
→ Titan *nn*

titanweiß *adj* OPT **titanium white** *adj*

Titel DAT.MA → **entity** *n* (2)
→ Subjekt *nn*

Titel *nm* PRIN.ME → **heading** *n*
→ Überschrift *nf*

Titel *nm* CINEMA → **film title**
→ Filmtitel *nm*

Titelbild *nn* PRIN.ME **cover** *n* (2)
= frontispiece *n*

Titelblatt *nn* PRIN.ME → **title page**
→ Titelseite *nf*

Titelentwurf *nm* CINEMA **title design**

Titelgeschichte *nf* PRIN.ME **cover story**
= cover feature

Titelkopf *nm* PRIN.ME → **heading** *n*
→ Überschrift *nf*

Titelleiste *nf* COMP.AP → **title bar**
→ Titelzeile *nf*

Titelmädchen *nn* MEDIA **cover girl**
= Covergirl *nn* (DUDEN)

Titelmarkierung *nf* INTERNET **title tag**

Titelsatzgerät *nn* OFFICE **head setting equipment**

Titelschrift *nf* PRIN.ME **display type**
[für Titeleien verwendeter Zeichensatz, meist serifenlos] — [used for headings and titles, generally a sans-serif font]
≠ Grundschrift — = display face
≠ body type

Titelschutz *nm* LAW **title protection**

Titelseite *nf* PRIN.ME **title page**
= Titelblatt *nn*; Vorderseite *nf* — = front page; page one
≈ Respektblatt *nn* — ≈ half title

Titelsong *nm* IMAG.ME **title song**

Titelzeile *nf* COMP.AP **title bar**
[über einem Fenster] — [on top of a window]
= Titelleiste *nf*

Titelzeile *nf* PRIN.ME → **heading** *n*
→ Überschrift *nf*

Titelzugriff *nm* CONS.EL **title access**

titulieren COLL **dub** (US slang) *vt*

TK INF.TEC → **telecommunications** *nplt*
→ Telekommunikation *nf*

TK PHYS → **temperature coefficient**
→ Temperaturkoeffizient *nm*

TK INF.TEC → **communications technology**
→ Telekommunikationstechnik *nf*

T-Kanal *nm* DAT.NW **T channel**
= T carrier

TK-Anlage *nf* TELEC → **private branch exchange**
→ Nebenstellenanlage *nf*

TK-Firma *nf* ECON → **telecommunications company**
→ Telekommunikationsfirma *nf*

TK-Gesellschaft *nf* ECON → **telecommunications company**
→ Telekommunikationsfirma *nf*

TK-Liberalisierung *nf* TELEC → **telecommunications liberalization**
→ Telekommunikations-Liberalisierung *nf*

TK-Markt *nm* ECON → **telecommunications market**
→ Telekommunikationsmarkt *nm*

T-Koppler *nm* OPT.CO **T coupler**
= tapping element

TKP INTERNET → **cost per thousand**
→ Tausend-Kontakte-Preis *nm*

TK-Unternehmen *nn* ECON → **telecommunications company**
→ Telekommunikationsfirma *nf*

Tl CHEM → **thallium** *n*
→ Thallium *nn*

TLV-Format *nn* DAT.CO **TLV formtat**
[tag-length-value]

Tm CHEM → **thulium**
→ Thulium *nn*

T-Mast *nm* ANT **T mast**

TMA-Verstärker *nm* MOB.CO **TMA**
[am Turm befestigt] — = tower-mounted amplifier

TMN = Fernmeldeverwaltungsnetz *nn* ↓ Konfigurations-Managent; Fehler-Management; Gebühren-Management; Leistungs-Management; Sicherheits-Management	TELEC	**TMN** = Telecommunications Management Network ↓ configuration m.; fault m.; billing m.; performance m.; security m.
TMP *nf* → Typprüfung *nf*	QUAL	→ **type acceptance test**
TMSI	INTERNET	**TMSI** = Temporary Mobile Subscriber Identification
TM-Welle *nf* → transversale magnetische Welle	EL.TEC	→ **transversal magnetic wave**
TN-Halbleiterwiderstand *nm* (ex DDR) → Heißleiter *nm*	COMPO	→ **NTC thermistor**
TNI-Katalog *nm*	TELEC	**TNI catalogue** [Trusted Network Interpretation]
T-Nut *nf*	MEC.EN	**T-slot**
Tochtergesellschaft *nf* ≠ Stammhaus	ECON	**subsidiary** *n* = affiliate company; affiliate ≠ parent company
TO-Gehäuse *nn*	MICR.EL	**TO packing** [transistor outlines]
Token *nm* (ANGL) → Eigenschaftsmarke *nf*	COMP.SC	→ **token** *n*
Token *nn* → Sendeberechtigungszeichen *nn*	DAT.NW	→ **token** *n*
Token-Busnetz *nn* (ANGL) → Sendeberechtigungs-Busnetz *nn*	DAT.NW	→ **token bus network**
Token-ring *nm* → Sendeberechtigungsring *nm*	DAT.NW	→ **token ring**
Token-ring-Netz *nn* → Sendeberechtigungsring *nm*	DAT.NW	→ **token ring**
Token-ring-Netz *nn* ↑ lokales Netz	DAT.NW	**token-ring network** ↑ local area network
Token-ring-Router *nm*	DAT.NW	**token ring router**
Token-ring-Verfahren *nn* → Sendeberechtigungsverfahren *nn*	DAT.NW	→ **token passing procedure**
tolerabel → zulässig *adj*	TECH	→ **permissible** *adj*
Toleranz *nf* → Zulässigkeit *nf*	TECH	→ **tolerance** *n*
Toleranzanalyse *nf*	NETW.TH	**tolerance analysis**
Toleranzbereich *nm* = Toleranzfeld *nn*	TECH	**tolerance range** = tolerance band; tolerance zone
Toleranzfeld *nn* → Toleranzbereich *nm*	TECH	→ **tolerance range**
Toleranzgrenze *nf*	STATIS	**tolerance limit**
Toleranzkriterium *nn*	QUAL	**tolerance criterion**
Toleranzkurve *nf* → Grenzkurve *nf*	TECH	→ **tolerance characteristic**
Toleranzmaske *nf* = Maske *nf*; Toleranzschema *nn* ≈ Grenzkurve	QUAL	**tolerance mask** = tolerance scheme
Toleranzmessbrücke *nf*	INSTR	**tolerance measuring bridge** = limit measuring bridge
Toleranzschema *nn* → Toleranzmaske *nf*	QUAL	→ **tolerance mask**
tolerierbar → zulässig *adj*	TECH	→ **permissible** *adj*
Tolerierbarkeit *nf* → Zulässigkeit *nf*	TECH	→ **tolerance** *n*
tolerieren → aushalten	TECH	→ **tolerate** *vt*
toleriert → zulässig *adj*	TECH	→ **permissible** *adj*
Tolggen *nm* (CH) → Klecks *nm*	COLL	→ **blot** *n*
Tomabukan [dickes Sammelheft japanischer Comics]	PRIN.ME	**tomabukan** [thick book of Japanese comics]
Tomcatv-Bewertungstest *nm* [ein vektorisiertetes Vermaschungsproblem] ↑ SPEC-Bewertungstest	DAT.PR	**Tomcatv benchmark** [a vectorized mesh generation program] ↑ SPEC benchmark
Tomographie *nf* = Schichtaufnahme *nf*	TECH	**tomography**
Ton *nm* (*pl* Töne) [Schallempfindung durch sinusförmige oder harmonische Schwingung] ≈ Klang ↑ Hörschall	ACOUS	**tone** *n* [acoustical sensation due to a sinus or harmonic wave] ≈ sound ↑ sound (2)
Tonabnehmer *nm* = Schalldose *nf*	EL.ACOU	**phonograph pickup** = phono pickup; pickup *n*; pickup head; head *n*; phono reproducer; reproducer *n*; phono cartridge; cartridge *n*
Tonabnehmerarm *nm* = Tonarm *nm*	EL.ACOU	**pickup arm** = tone arm; swinging arm
Tonabnehmerbuchse *nf*	COMPO	**phono jack** = phono socket (BE)
Tonabnehmerstecker *nm* ↓ RCA-Stecker	COMPO	**phono plug** ↓ RCA plug
Tonangler *nm* (slang) → Mikrofongalgen-Bediener *nm*	CINEMA	→ **boom operator**
Tonarm *nm* → Tonabnehmerarm *nm*	EL.ACOU	→ **pickup arm**
Tonarmleitung *nf*	EL.ACOU	**pickup arm cable**
Tonart *nf* [Dur, Moll]	MUSIC	**key** *n* [major, minor]
Tonaufnahme *nf* = Tonaufzeichnung *nf*; Schallaufnahme *nf*; Schallaufzeichnung *nf*	SOUN.ME	**sound recording**
Tonaufnahmegerät *nn*	SOUN.ME	**sound recorder**
Tonaufzeichnung *nf* → Tonaufnahme *nf*	SOUN.ME	→ **sound recording**
Tonausfall *nm*	BROADC	**loss of sound**
Tonband *nn* ↑ Magnetband [TER&PER]	SOUN.ME	**sound tape** = audio tape ↑ magnetic tape [TER&PER]
Tonband-Amateur *nm*	CONS.EL	**amateur tape recordist**
Tonbandaufnahme *nf*	SOUN.ME	**sound tape record**
Tonbandcassette *nf* → Tonbandkassette *nf*	CONS.EL	→ **audio cassette**
Tonbandgerät *nn* ↑ Tonaufnahmegerät ↓ Tonbandmaschine; Kassettenrecorder	CONS.EL	**tape recorder** ↑ sound recorder ↓ audio tape recorder; cassette recorder
Tonbandkassette *nf* = Tonbandcassette *nf*; Tonkassette *nf*; Toncassette *nf*; Musikkassette *nf*; Musikcassette *nf* ↑ Magnetbandkassette [TER&PER]	CONS.EL	**audio cassette** = musicassette *n* ↑ magnetic tape cassette [TER&PER]
Tonbandmaschine *nf* = Spulentonbandgerät *nn*; Bandmaschine *nf* ↑ Tonbandgerät	CONS.EL	**audio tape recorder** ↑ tape recorder
Tonbaustein *nm* = Ton-Chip *nm*	MICR.EL	**sound chip**
Tonblende *nf*	CONS.EL	**sound control** = tone control
Toncassette *nf* → Tonbandkassette *nf*	CONS.EL	→ **audio cassette**
Ton-Chip *nm* → Tonbaustein *nm*	MICR.EL	→ **sound chip**
Tondatei *nf* → Klangdatei *nf*	COMP.AP	→ **sound file**
Toneffekte *nplt*	CINEMA	**sound effects**
Tonem *nn* [bedeutungsunterscheidende Intonation]	LING	**toneme** *n* [specific intonation]
Toner *nm* [Kopierer; Laserdrucker] = Trockentoner *nm*; Tonerpulver *nn*; Pulvertoner *nm*; Farbpuder *nm* ≈ Druckerschwärze	TER&PER	**toner** *n* [copy machine, laser printer] = toner powder; powder toner; dry toner ≈ printer's ink
Tonerabscheider *nm*	TER&PER	**toner collector**
Tonerbehälter *nm* → Tonerkassette *nf*	TER&PER	→ **toner bin** *n*
Tonerhülse *nf* → Tonerpatrone *nf*	TER&PER	→ **toner cartridge** (1)
Tonerkartusche *nf* → Tonerpatrone *nf*	TER&PER	→ **toner cartridge** (1)
Tonerkassette *nf* [*nf*] = Tonerbehälter *nm* ≈ Tonerpatrone	TER&PER	**toner bin** *n* = toner cartridge (2) ≈ toner cartridge (1)
Tonerpatrone *nf* = Tonerhülse *nf*; Tonerkartusche *nf* ≈ Tonerbehälter	TER&PER	**toner cartridge** (1) [small, generally cylindrical] ≈ toner bin
Tonerpulver *nn* → Toner *nm*	TER&PER	→ **toner** *n*
Tonerzuführung *nf*	TER&PER	**toner feeder**
Tonfalle *nf* → Tonträgerfalle *nf*	TV	→ **sound carrier trap**

Tonfilm *nm* ≠ Stummfilm	IMAG.ME	**sound film** ≠ silent film
Tonfilter *nn* ≈ Klangfilter	EL.ACOU	**tone filter** = sound filter
Tonfolge *nf*	MUSIC	**tone sequence**
tonfrequent [Hörfrequenzen betreffend (von 30 Hz bis 20 kHz)]	TELEC	**audio** *adj* [from Latin "audio" = "I hear"; relative to audible frequencies (30 Hz to 20 kHz)]
tonfrequentes Tastdurchwahltelefon	SWITCH	**VF pushbutton direct dialing** = direct dialing touch-tone phone; VF direct dialling phone; VF direct selection pone; direct dialling touch-tone phone; direct selection touch-tone phone; direct calling touch-tone phone
tonfrequente Tastdurchwahl	SWITCH	**VF pushbutton direct dialing** = touch-tone direct dialing; VF direct dialling; VF direct selection; VF direct calling; touch-tone direct dialling; touch-tone direct selection; touch-tone direct calling
tonfrequente Tastwahl	SWITCH	**VF pushbutton dialing** = touch-tone dialing; VF dialling; VF selection; VF calling; touch-tone dialling; touch-tone selection; touch-tone calling
Tonfrequenz *nf* → Niederfrequenz *nf*	TELEC	→ **voice frequency**
Tonfrequenz *nf* [eine (hörbare) Frequenz zwischen 20 Hz und 20 kHz]	EL.ACOU	**audio frequency** [an (audible) frequency between 20 Hz and 20 kHz]
Tonfrequenzband *nn*	EL.ACOU	**audio band**
Tonfrequenz-Elko *nm*	COMPO	**audio frequency electrolytic capacitor**
Tonfrequenzgenerator *nm*	EL.ACOU	**audio oscillator**
Tonfrequenzsignal *nn* → NF-Signal *nn*	TELEC	→ **voice frequency signal**
Tonfrequenz-Signalisierung *nf* = Niederfrequenz-Signalisierung *nf*	TELEC	**voice frequency signaling** = low frequency signaling
Tonfrequenzspektrum *nn*	EL.ACOU	**audible spectrum**
Tonfrequenzverstärker *nm*	EL.ACOU	**audio amplifier**
Tonfunkruf *nm* ↑ Funkruf	MOB.CO	**tone-only paging** ↑ radio paging
Tongebung *nf* → Intonation *nf*	MUSIC	→ **intonation** *n*
Tongebung *nf* → Intonation *nf*	LING	→ **intonation** *n*
Tongenerator *nm*	TELEPH	**tone generator**
Tonglättung *nf*	MEDIA	**audio smoothing**
Tonhöhe *nf*	ACOUS	**pitch** *n* (3)
Tonhöhenakzent *nm*	LING	**pitch accent**
Tonhöhenschwankung *nf*	EL.ACOU	**wow** *n* [unwanted pitch variations] ≈ flutter [TER&PER]
Tonhöhenverstellung *nf*	EL.ACOU	**pitch bend** = pitch shifting
Tonimpuls *nm*	TELEPH	**tone pulse**
Toningenieur *nm*	CINEMA	**sound engineer**
Toningenieur *nm* = Tontechniker *nm*; Tonmeister *nm*	SOUN.ME	**sound engineer** = sound supervisor; audio control engineer; sound supervisor; monitor man
Tonkabine *nf*	SOUN.ME	**sound box**
Tonkanal *nm*	BROADC	**sound channel** = audio channel; tone channel; program channel
Tonkarte *nf* = Soundkarte *nf* (ANGL)	HW	**sound card**
Tonkassette *nf* → Tonbandkassette *nf*	CONS.EL	→ **audio cassette**
Tonkopf *nm* = Magnetbandkopf *nm* ≈ Magnetkopf [TER&PER] ↓ Aufzeichnungsmagnetkopf	EL.ACOU	**sound head** = tape head; penthouse head (slang); penthouse *n* (slang) ≈ magnetic head [TER&PER] ↓ recording sound head
Tonkopfreiniger *nm*	EL.ACOU	**tape head cleaner** = head cleaner
Tonleitung *nf*	TELEC	**sound program circuit**
Tonleitungsübertrager *nm*	TRANSM	**sound circuit transformer**
Tonleitungsverstärker *nm*	TRANSM	**sound program line amplifier**
T-Online [Datendienst der DTAG (Nachfolger des Btx)]	INTERNET	**T-Online** [data services of German DTAG]
Tonmedien *nplt* [über Schallplatte, Tonband, Tonrundfunk] = akustische Medien	MEDIA	**sound media** [via phonograph records, audio tape, sound broadcast]
Tonmeister *nm*	CINEMA	**sound recordist**
Tonmeister *nm* → Toningenieur *nm*	SOUN.ME	→ **sound engineer**
Tonmischer *nm* → Tonmischmeister *nm*	SOUN.ME	→ **sound mixer** (1)
Tonmischmeister *nm* = Tonmischer *nm*	SOUN.ME	**sound mixer** (1) [person]
Tonmischpult *nn*	SOUN.ME	**sound mixing panel** *n* = sound mixer (2)
Tonmischung *nf* [Mischung mehrerer Tonquellen]	SOUN.ME	**sound mixing** [combination of several sound sources] = dubbing *n*
Tonmuster *nn*	LING	**tonal pattern**
Tonnachbearbeitung *nf*	SOUN.ME	**sound processing**
Tonnachbearbeitung *nf*	CINEMA	**re-recording**
Tonna-Einspeisung *nf*	ANT	**Tonna bazooka**
Tonne *nf* = Fass *nn* ↑ Behälter	TECH	**barrel** *n* = vat ↑ receptacle
Tonne *nf* [Einheit für Masse; = 1.000 kg] = t ≈ Tonne-Kraft	PHYS	**metric ton** [unit for mass; = 1,000 kg] = ton; t ≈ metric ton-force
Tonne-Kraft [1000 kp] = t ≈ Tonne	PHYS	**metric ton-force** [1000 kp] = ton-force; t ≈ metric ton
tonnenförmige Verzeichnung	OPT	**barrel distortion** = positive distortion
Tonnenrollenlager *nn*	MEC.EN	**spherical roller bearing**
Tonprogramm *nn* ↑ Signalart	TELEC	**sound programm** = audio program ↑ signal type
Tonprogrammübertragung *nf*	TRANSM	**sound program transmission**
Tonqualität *nf*	EL.ACOU	**sound quality**
Tonraum *nm* = Hörraum *nm*	SOUN.ME	**audio room**
Tonregiesystem *nn*	SOUN.ME	**audio console**
Tonrundfunk *nm* → Hörfunk *nm*	MEDIA	→ **sound broadcasting**
Tonrundsenden *nn* [an gezielten Teilnehmerkreis] ≈ Hörfunk	TELEC	**audiocasting** [distribution of sound to specific users]
Tonsäule *nf*	SOUN.ME	**column speaker**
Tonsender *nm* → Hörfunksender *nm*	BROADC	→ **sound broadcast transmitter**
Tonsequenzbetrieb *nm*	INSTR	**tone sequence mode**
Tonsignal *nn* → Schallsignal *nn*	EL.ACOU	→ **sound signal**
Tonspur *nf*	SOUN.ME	**sound track**
Ton-Stab *nm*	CINEMA	**sound department**
Ton-Stopptaste *nf*	CONS.EL	**muting button**
Tontechnik *nf* = Audiotechnik *nf*	EL.ACOU	**sound engineering** = audio engineering
Tontechniker *nm* → Toningenieur *nm*	SOUN.ME	→ **sound engineer**
Tonträger *nm* [eine Trägerfrequenz]	TV	**sound carrier** [a carrier frequency]
Tonträger *nm* [Speichermedium]	IMAG.ME	**sound carrier** [storage medium] = aural carrier
Tonträgerfalle *nf* = Tonfalle *nf*	TV	**sound carrier trap** = sound trap
Tonträgerindustrie *nf*	ECON	**sound carrier industry**
Tonträgerpiraterie *nf*	ECON	**sound carrier piracy**
Tontreppe *nf*	TV	**sound carrier step**
Tonunterträger *nm*	TV	**sound subcarrier**
Tonwahl *nf* → Inbandsignalisierung *nf*	TRANSM	→ **inband signaling** (AE)
Tonweiche *nf* → TV/Ton-Weiche *nf*	TV	→ **duplexer** *n*
Tonwert *nm* [Faksimile]	TELEGR	**density step** [facsimile]
Tonwertblende *nf* [Fakssimile] = Lichtrelais *nn*	TELEGR	**tone control aperture** [facsimile]

Tonwertskala *nf* TELEGR **tone wedge**
[Faksimile]
=Tonwertumfang *nm*; Dichteumfang *nm*
[facsimile]

Tonwertumfang *nm* TELEGR →**tone wedge**
→Tonwertskala *nf*

Tonzeichen *nn* MUSIC →**music note**
→Note *nf*

Tonzeichen *nn* LING →**accent** *n* (1)
→Akzent *nm* (1)

Tonzubringerleitung *nf* BROADC **temporary sound program circuit**

Tool *nn* SW →**development tool** *n*
→Programmierwerkzeug *nn*

Tool *nn* COMP.AP →**software tool**
→Software-Tool *nn*

Toolbox *nf* SW →**toolbox** *n*
→Werkzeugkiste *nf*

Toolkit *nn&nm* SW →**toolbox** *n*
→Werkzeugkiste *nf*

Toolleiste *nf* COMP.AP →**tool bar**
→Werkzeugleiste *nf*

Tool Tip *nm* COMP.AP **tool tip** *n*
[eingeblendete Benutzerhilfe]
[a popped-up user aid]

Top-down-Entwurf *nm* SW →**top-down design** *n*
→absteigender Entwurf

Top-down-Programmierung *nf* SW →**top-down programming**
→absteigende Programmierung

Topfanode *nf* EL.TRO **can anode**
=Zylinderanode *nf*
↑Zylinderelektrode
=cylinder anode
↑cylinder electrode

Topfkreis *nm* MICROW **coaxial cavity resonator**
=Koaxialresonator *nm*; Leitungsresonator *nm*; Hohlraumresonator *nm*
=cavity resonator; coaxial resonator; concentric line resonator; line resonator; resonant cavity ; tuned cavity

Topfmagnet *nm* PHYS **cylindrical magnet**

Top-Level-Domain INTERNET →**top level domain**
→Top-Level-Domäne *nf*

Top-Level-Domäne *nf* INTERNET **top level domain**
[kennzeichnet den Typ oder das Land der Entität, z.B. .com für Wirtschaftunternehmen]
=Top-Level-Domain
[identifies the type or country of entity, e.g. .com for a business company]
=TLD

Topographie *nf* CART **topography**
[Beschreibung der Lage]
≈Orografie *nf*
[description of places]
≈orography

topographische Karte CART **topographic map**
=topo map

Topologie *nf* TELEC →**network architecture**
→Netzarchitektur *nf*

Topologie *nf* DAT.NW →**network topology**
→Netzwerktopologie *nf*

Topologie *nf* INF.TEC **topology** *n*
[die Weise in der Netzelemente verbunden sind]
=Netzaufbau *nm*
[way in which network elements are interconnected]
=network design

Topologie *nf* MATH **topology** *n*
[vom griech. "tópos+ lógos" = "Ort, Stelle + Abhandlung"; Lehre der Größen- und Form-unabhängigen Eigenschaften geometrischer Figuren; z.B. sind Kugel und Würfel topologisch äquivalent]
↑Geometrie
[from Greek "tópos" + "lógos" = "place, site + treatise"; study of size- and shape-independent properties of geometric figures; e.g. spheres and cubes are topologically equivalent; "rubber-sheet geometry"]
↑geometry

Topologie *nf* GIS **topology** *n*
[Attribute geometr. Formen die bei beliebiger Verformung invariant bleiben. z.B. Nachbarschaftsbeziehungen]
[attributes of geom. objects invariant to deformations, e.g. neighborhood relationships]

Topologiedaten *nplt* GIS **topologic data**
[beschreiben die Nachbarschaftsbeziehungen]
↑Geodaten
[describe neighbourhood relationship]
↑geodata

topologische Abfrage GIS **topologic query**

topologische Fläche MATH **topological surface**

topologische Gruppe MATH **topologic group**
↓Liesche Gruppe; Halbgruppe
=topological group
↓Lie group; semi-group

topologische Netzwerkstruktur NETW.TH **topological network structure**

topologische Struktur MATH **topological structure**

Tor *nn* MICR.EL →**gate terminal**
→Steueranschluss *nm*

Tor *nn* MICROW **gate** *n*

Tor *nn* NETW.TH **port** *n*
[zusammenhängiges Klemmenpaar eines Netzwerkes]
[related pair of terminals of a network]

Tor *nn* CIRC.EN →**logic gate**
→Verknüpfungsglied *nn*

tordieren MECH →**twist** *vt*
→verwinden *vt*

Torimpuls *nm* EL.TRO **gate control pulse**
≈Ansteuerimpuls
↑Steuerimpuls
=gate pulse; gating pulse
≈drive pulse
↑control impulse

Torkeln COMP.GR **tumbling** *n*
[Rotation von Darstellungselementen]
=Taumeln *nn*
[rotation of graphics elements]

Toroid *nn* COMPO →**toroidal coil**
→Ringspule *nf*

Toroid *nn* MATH **toroid** *n*
[durch Rotation einer geschlossenen Kurve gebildete Fläche]
↓Torus
[surface generated by rotation of a closed curve]
↓torus

Toroidkern *nm* COMPO →**toroidal core**
→Ringkern *nm*

Toroidtransformator *nm* COMPO →**toroidal mains transformer**
→Ringkerntransformator *nm*

Torque-Motor *nm* POW.EN →**torque motor**
→Drehmoment-Motor *nm*

Torquer *nm* POW.EN →**torque motor**
→Drehmoment-Motor *nm*

Torr *nn* PHYS **Torr** *n*
[=1,333224 bar]
[=1.333224 bar]

Torschaltung *nf* CIRC.EN →**logic gate**
→Verknüpfungsglied *nn*

Torschlussangebot *nn* ECON →**last-minute offer**
→Kurzfristangebot *nn*

Torsion *nf* MECH →**twist** *n* (1)
→Verwindung *nf*

Torsionsfeder *nf* MEC.EN →**torsion spring**
→Drehfeder *nf*

Torsionsfederkonstante *nf* INSTR →**directional constant**
→Drehfederkonstante *nf*

Torsionsfestigkeit *nf* MECH **torsional strength**
=Verdrehungsfestigkeit *nf*
=torsional stiffness

Torsionskraft *nf* MECH →**torque** *n*
→Drehmoment *nn*

Torsionsschwingung *nf* MECH **torsional wave** (1)
=Drillingsschwingung *nf*; Verdrehungsschwingung *nf*
=torsional oscillation; torsional vibration

Torsionsstab *nm* MECH **torsion rod**
=Drehstab *nm*
=torsional rod

Torsionswelle *nf* MECH **torsional wave** (2)
↑Transversalwelle
↑transversal wave

Torspannung *nf* MICR.EL **gate voltage**
=Gate-Spannung *nf*

Torsteuerung *nf* MICR.EL **gating** *n*

Torsteuerungszeit *nf* MICR.EL **gating period**

torsymmetrisch NETW.TH →**impedance-balanced**
→widerstandssymmetrisch

Tortendiagramm *nn* TEC.DOC →**pie chart**
→Kreisdiagramm *nn*

Tortengrafik *nf* TEC.DOC →**pie chart**
→Kreisdiagramm *nn*

Tortengraphik *nf* TEC.DOC →**pie chart**
→Kreisdiagramm *nn*

Tortenschachtelantenne *nf* ANT **pill-box antenna**
=Pillbox-Antenne *nf*
↑Segmentantenne
=pill-box aerial
↑segment antenna

torunsymmetrisch NETW.TH →**impedance unbalanced**
→widerstandsunsymmetrisch

Torus *nm* (*pl* Tori) MATH **torus** *n* (*pl* tori)
[Fläche die durch Rotation eines Kreises gebildet wird]
=Kreiswulst *nf*; Kreisringfläche *nf*; Ringröhre *nf*; Ring *nm* (1)
≈Kreisring
↑Toroid
[surface generated by rotation of a circle]
=anchor ring; ring *n* (1); doughnut *n*
≈annulus
↑toroid

Torusreflektor *nm* ANT **torus reflector**

Totalausfall *nm* QUAL **catastrophic failure**
=Vollausfall *nm*
=complete failure; total failure; blackout *n*

Totale *nf* CINEMA **long shot** *n*
[zeigt die Person von Kopf bis Fuß]
[shows persons from head to foot]

Totale mit Schärfentiefe CINEMA **deep-focus long shot**

totale Permeabilität PHYS **total permeability**

Totallöschung *nf* DAT.MA **bulk erase**
= Globallöschung *nf*

Totalreflexion *nf* PHYS **total reflection**

Totalsperre *nf* SW **lock-up** *n*
[Zustand] [situation impeding all action]

Totalwobbelung *nf* EL.TRO **full-span sweep**

Totem-pole-Ausgang *nm* MICR.EL **totem-pole output**

Totem-pole-Schaltung *nf* CIRC.EN → **totem-pole amplifier**
→ Totem-pole-Verstärker *nm*

Totem-pole-Verstärker *nm* CIRC.EN **totem-pole amplifier**
= Totem-pole-Schaltung *nf* = totem-pole circuit

Totenstille *nf* ACOUS **absolute silence**
= dead silence

toter Code SW → **software rot**
→ Software-Schrott *nm*

toter Hyperlink INTERNET **dead hyperlink**
= toter Link = dead link

toter Kolumnentitel PRIN.ME → **paging** *n*
→ Paginierung *nf*

toter Link INTERNET → **dead hyperlink**
→ toter Hyperlink

toter Winkel TECH **dead angle**
= dead sector

tote Zone RAD.PRO **dead zone**
= silent zone

tote Zone CONTRO → **dead zone**
→ Unempfindlichkeitszone *nf*

Totspeicher *nm* HW → **read-only memory**
→ Festwertspeicher *nm*

Tottaste *nf* TER&PER **dead key**
[wirkt nur bei Drücken einer weiteren Taste] [operative only if pressed with other key]

Totzeit *nf* CONTRO **dead time**
≈ Verzugszeit; Schutzzeit; Verzug; Verzögerung = retardation *n*
≈ guard time

Totzeit *nf* QUAL → **downtime** *n*
→ Ausfallzeit *nf*

Totzeitelement *nn* CONTRO **dead time element**

Totzeitkorrektur *nf* EL.TRO **dead-time correction**

Touchpad *nn* TER&PER **touch pad** (1)
[Mausersatz] [to emulate a mouse]
= Berührungsfeld *nn* ↑ ponting device
↑ Schreibmarkensteuervorrichtung

Tourenzähler *nm* INSTR → **revolution counter**
→ Drehzahlmesser *nm*

Tower *nm* HW → **tower** *n*
→ Turmgerät *nn*

Towergerät *nn* HW → **tower** *n*
→ Turmgerät *nn*

Townsend-Entladung *nf* PHYS **Townsend discharge**

TPDU DAT.CO **TPDU**
[transporttechnischer Datencontainer für Chipkartendienste] [transport data container fpr chipcard services]
= Transport Protocol Data Unit

TPEG-Protokoll *nn* BROADC **TPEG protocoll**
[für Verkehrsnachrichten] [for traffic messages]

TP-Halbleiterwiderstand *nm* (ex DDR) COMPO → **PTC thermistor**
→ Kaltleiter *nm*

TPI TER&PER **TPI**
[Maßeinheit für Spurendichte] [measure of storage density]
= Spuren pro Zoll = tpi; tracks per inch

TP-Monitor *nm* DAT.CO → **transaction processing monitor**
→ Transaktionüberwachungssystem *nn*

TP-Monitor *nm* DAT.PR → **teleprocessing monitor**
→ Fernverarbeitungsmonitor *nm*

T-Profil *nn* METAL **tee** *n*

TPS COMP.GR **TPS**
[Maßeinheit für 3D-Verarbeitung] [measurement unit for 3-D engines]
= Triangles Per Second

tps DAT.CO → **transactions per second**
→ Transaktionen pro Sekunde

Trabant *nm* TV → **equalizing pulse**
→ Ausgleichsimpuls *nm*

Trabantenstadt *nn* GEOSC **satellite town**

Trabantenstation *nf* TELECON → **tributary station**
→ Unterstation *nf*

Trace *nn* (ANGL) SW → **fault trace** *n*
→ Ablaufverfolgung *nf*

Tracer *nm* (ANGL) SW → **trace program** *n*
→ Ablaufverfolgungsprogramm *nn*

Traceroute-Programm *nn* INTERNET **traceroute program**

Trackball *nm* TER&PER → **track ball**
→ Rollkugel *nf*

Trackpad *nn* TER&PER **trackpad**

traditionell COLL → **usual** *adj*
→ üblich

traditioneller Lieferant ECON **traditional supplier**
= etablierter Lieferant; Hoflieferant *nm* = embedded supplier; established supplied

traditioneller Ortsnetzbetreiber TELEC → **incumbent local exchange carrier**
→ etablierter Ortsnetzbetreiber

tragbar TECH **portable** *adj*
[in USA definiert mit höchstens 21 Pounds (9,53kg)] [in the U.S.A. defined as with not more than 21 pounds]
≈ transportierbar; beweglich = hand-held; hand-portable
≈ transportable; mobile

tragbarer Computer DAT.PR **portable computer**
= tragbarer Rechner = luggable computer; ultralight computer
↑ Personal-Computer ↑ personal computer
↓ transportierbarer Computer; Aktentaschencomputer; Notizbuchcomputer; Taschencomputer ↓ transportable computer; laptop computer; notebook computer; pocket computer

tragbarer Rechner DAT.PR → **portable computer**
→ tragbarer Computer

tragbares elektronisches Gerät CONS.EL **PED**
= portable electronic device

tragbares Gerät EQP.EN **portable equipment**
= portable set; portable *n*

Tragbarkeit *nf* TECH **portability** *n*
≈ Transportierbarkeit ≈ transportability

Tragdraht *nm* CIV.EN → **suspension guy**
→ Tragseil *nn*

träge TECH **slow-reacting** *adj*
= reaktionsträge; langsamwirkend = slow-response; slow-acting; slow-action; slow-operating; delayed-action; sluggish *adj* (2); inert

Tragebalken *nm* CIV.EN **girder** *n* (1)
↑ Träger

Tragebügel *nm* EQP.EN → **carrying handle** *n*
→ Tragegriff *nm*

träge Feinsicherung COMPO **slow-blowing melting fuse**
↑ Stromfeinsicherung ↑ fine-wire fuse

Tragegriff *nm* EQP.EN **carrying handle** *n*
= Tragebügel *nm* ↑ handle
↑ Handgriff (1)

Tragemast *nm* ANT **support mast**

tragen COLL **carry** *vt*
= bear

Träger MEC.EN → **holder** *n*
→ Halter *nm*

Träger *nm* MICR.EL → **substrate** *n*
→ Substrat *nn*

Träger *nm* CIV.EN **support** *n*
↓ Profilträger = beam *n*; joist *n*
↓ girder (2)

Träger *nm* MODUL → **carrier wave**
→ Trägerschwingung *nf*

Träger *nm* TELEC **carrier** *n*
[Nachrichten übermittelndes System oder Organisation] [system or organization conveying information]
↓ Fernmeldegesellschaft; Übertragungsmedium = bearer *n*
↓ telecommunication carrier; transmission medium

Trägerauffüllung *nf* MICR.EL **carrier replenishment**
= carrier support

Trägerauffüllung *nf* MICR.EL → **charge carrier replenishment**
→ Ladungsträgerauffüllung *nf*

Trägerbeweglichkeit *nf* PHYS → **charge carrier mobility**
→ Ladungsträgerbeweglichkeit *nf*

Trägerdichte *nf* MICR.EL → **charge carrier density**
→ Ladungsträgerdichte *nf*

Trägerdienst *nm* TELEC → **bearer service** *n* (1)
→ Übermittlungsdienst *nm*

Trägerdiffusion *nf* PHYS → **charge carrier diffusion**
→ Ladungsträgerdiffusion *nf*

Trägerempfangssignal *nn* DAT.CO **CD**
= CD-Signal *nn* [Carrier Detect]

trägerempfindlich TELEC **carrier-sensitive**

Trägererkennung *nf* HW → **CD**
→ CD

Trägerfading *nn* HF → **carrier fading**
→ Trägerschwund *nm*

Trägerfrequenz *nf* MODUL **carrier frequency**

= TF
≈ Trägerschwingung
≈ carrier wave

Trägerfrequenzbrücke *nf* INSTR → **carrier-frequency bridge**
→ Trägerfrequenzmessbrücke *nf*

Trägerfrequenzgenerator *nm* TRANSM **carrier frequency generator**
[TF-Technik] [FDM]
= carrier generator

Trägerfrequenzkabel *nn* COM.CAB **high-frequency cable**
= TF-Kabel *nn*
= HF cable

Trägerfrequenzkanal *nm* TRANSM → **carrier channel**
→ TF-Kanal *nm*

Trägerfrequenzleitung *nf* TRANSM **FDM carrier line circuit**
= TF-Leitung *nf*
= FDM carrier line

Trägerfrequenzmessbrücke *nf* INSTR **carrier-frequency bridge**
= TF-Messbrücke *nf*; Trägerfrequenzbrücke *nf*; TF-Brücke *nf*

Trägerfrequenzpegel *nm* TRANSM **carrier level**
= Trägerpegel *nm*

Trägerfrequenzsystem *nn* TRANSM **FDM carrier frequency system**
= TF-System *nn*
= FDM carrier system

Trägerfrequenztechnik *nf* TRANSM **FDM carrier transmission engineering**
= TF-Technik *nf*
≈ Frequenzmultiplex
= FDM carrier transmission technique; FDM carrier art

Trägerfrequenztechnik auf Hochspannungsleitungen TRANSM → **carrier transmission over power lines**
→ TFH-Technik *nf*

Trägerfrequenz-Telefonie *nf* TELEC **carrier telephony**

Trägerfrequenztelegrafie *nf* TELEGR → **voice frequency telegraphy**
→ Wechselstromtelegrafie *nf*

Trägerfrequenz-Voltmeter *nn* INSTR → **selective level meter**
→ selektiver Pegelmesser

Trägergeschwindigkeit *nf* DAT.CO **carrier channel rate**
= carrier transfer rate; bearer channel rate

Trägerhub *nm* MODUL **carrier swing**

Trägerimpuls *nm* PHYS **carrier pulse**
[Elektron] [electron]

Trägerinjektion *nf* MICR.EL → **charge carrier injection**
→ Ladungsträgerinjektion *nf*

Trägerinterferenz *nf* RADIO **carrier interference**

Trägerkanal *nm* DAT.CO **carrier channel**
= bearer channel

Trägerkanalwechsel *nm* MOB.CO → **channel change** *n*
→ Kanalwechsel *nm*

Trägerkennungscode *nm* DAT.CO **bearer identification code**
= BIC

Trägerlawine *nf* MICR.EL **carrier avalanche**
= Ladungsträgerlawine *nf*
= charge carrier avalanche

Trägerlebensdauer *nf* MICR.EL **carrier lifetime**
= Ladungsträgerlebensdauer *nf*
= charge carrier lifetime

Trägerleistung *nf* MODUL **carrier power**

Trägermaterial *nn* MICR.EL → **substrate** *n*
→ Substrat *nn*

Trägermaterial *nn* TECH → **substratum** *n*
→ Substrat *nn*

Trägermultiplikation *nf* MICR.EL → **carrier multiplication**
→ Ladungsträger-Vervielfachung *nf*

trägerorthogonal TELEC **cross-carrier** *adj*

Trägerpaar *nn* MICR.EL → **carrier pair**
→ Ladungsträgerpaar *nn*

Trägerpegel *nm* TRANSM → **carrier level**
→ Trägerfrequenzpegel *nm*

Träger-Phasenrauschen *nn* MODUL **carrier phase noise**

Trägerplatine *nf*, **platine** *nf* EL.TRO → **printed circuit board**
→ Leiterplatte *nf*

Trägerplatte *nf* MECH → **base plate**
→ Grundplatte *nf*

Trägerplatte *nf* MICR.EL → **wafer crystal**
→ Kristallscheibe *nf*

Trägerpuls *nm* EL.TRO **pulse carrier**

Trägerrauschpegel *nm* MODUL **residual modulation**

Trägerrausch-Prüfplatz *nm* INSTR **carrier noise test set**
= Trägerrausch-Testset

Trägerrausch-Testset INSTR → **carrier noise test set**
→ Trägerrausch-Prüfplatz *nm*

Träger-Rausch-Verhältnis *nn* MODUL **carrier-to-noise ratio**
≠ C/N

Trägerrest *nm* MODUL **carrier leak**

Trägerrückgewinnung *nf* MODUL **carrier recovery**
= carrier extraction

Trägerschwebung *nf* MODUL **carrier beat**

Trägerschwingung *nf* MODUL **carrier wave**
= Trägerwelle *nf*; Modulationsträger *nm*; Träger *nm*
≈ Trägerfrequenz
≠ Modulationsschwingung
= modulation carrier; carrier *n*
≈ carrier frequency
≠ modulating wave

Trägerschwund *nm* HF **carrier fading**
= Trägerfading *nn*

Trägersignal *nn* TRANSM **carrier signal**

Trägersignalisierung *nf* TELEC **carrier signaling**
= Trägertastung *nf*
= carrier signalling

Trägerstaueffekt *nm* MICR.EL **hole-storage effect**
= Ladungsträger-Staueffekt *nm*
= carrier jam effect; charge carrier jam effect

Trägerstrom *nm* MICR.EL → **charge carrier current**
→ Ladungsträgerstrom *nm*

Trägersynchronisation *nf* MODUL **carrier synchronization**

Trägertastung *nf* TELEC → **carrier signaling**
→ Trägersignalisierung *nf*

Trägerunterdrückung *nf* MODUL **carrier suppression**

Trägerverschiebung *nf* MODUL → **frequency shift keying**
→ Frequenzumtastung *nf*

Trägerversorgung *nf* TRANSM **carrier supply**
[TF-Technik] [FDM]

Trägerverstärker *nm* TELEC **carrier amplifier**

Trägervervielfachung *nf* MICR.EL → **carrier multiplication**
→ Ladungsträger-Vervielfachung *nf*

Trägerverwischung *nf* RADIO **carrier dispersal**

Trägerverwischungsgewinn *nm* RADIO **carrier dispersal gain**
= Verwischungsgewinn *nm*
= dispersal gain

Trägerwechselwirkungsbrumm *nm* TV **intercarrier noise**
= Inter-carrier-Brumm *nm* (ANGL)

Trägerwelle *nf* MODUL → **carrier wave**
→ Trägerschwingung *nf*

träge Schmelzsicherung COMPO **slow blowing fuse**
= Feinsicherung *nf* mit Zeitverzögerung *nf*
= delayed-action fuse; time-delay fuse

Tragfähigkeit *nf* TECH → **load capacity**
→ Belastbarkeit *nf*

Traggehäuse *nn* EQP.EN → **portable case**
→ Koffer *nm*

Traggestell *nn* TECH **supporting structure**

Traghaken *nm* TECH **suspension hook**
= suspender *n*

Trägheit *nf* PHYS **inertia** *n*
= Massenträgkeit *nf*

trägheitsfrei PHYS → **inertia-free**
→ trägheitslos

Trägheitskraft *nf* PHYS **inertial force**

Trägheitslenkung *nf* TECH **inertial guidance**

trägheitslos PHYS **inertia-free**
= trägheitsfrei
= inertialess *n*

Trägheitsmoment *nn* PHYS **moment of inertia**
= Drehmasse *nf*
= inertial torque

Trägheitsnavigation *nf* RAD.NA **inertial navigation**

Tragkörper *nm* COMPO **supporting body**

Tragödie *nf* MEDIA **tragedy** *n*
= Trauerspiel *nn*

Tragriemen *nm* TECH **carrying-strap**

Tragschiene *nf* TECH **supporting rail**

Tragseil *nn* CIV.EN **suspension guy**
= Tragdraht *nm*
= suspension wire; messenger wire; messenger cable

Tragseil *nn* OUT.PL **messenger wire**
= Luftkabel-Tragseil *nn*; Spannseil *nn*; Spanndraht *nm*
= messenger strand; aerial messenger; messenger *n*; catenary wire; supporting strand; suspension strand

Tragseil-Luftkabel *nn* COM.CAB **integral messenger cable**
[mit eingebautem Tragseil]
↑ selbsttragendes Luftkabel; Tragseilkabel
= figure-8 cable; catenary wire aerial cable
↑ self-supporting cable

Tragstütze *nf* TECH → **support** *n*
→ Stütze *nf*

Tragturm *nm* CIV.EN **supporting tower**

trainieren COLL → **exercise** *vi*
→ üben

Training *nn* COLL → **exercise** *n*
→ Übung *nf*

Trainingsgebiet *nn* IMAG.PR **training area**
[Bildauschnitt bekannter Eigenschaften]
[image segment with known attributes]

Trajektorie *nf* MATH **trajectory** *n*
[eine Kurvenschar gleichwinklig schneidende Kurve] [a curve intersecting isogonally a family of curves]

Trajektorie *nf* SYS.TH → **state trajectory**
→ Zustandskurve *nf*

Traktandum *nn* ECON → **agenda item**
→ Tagesordnungspunkt *nm*

Traktor *nm* TER&PER → **tractor feed** *n*
→ Raupenvorschub *nm*

Traktor *nm* TECH → **tractor**
→ Zugmaschine *nf*

Traktor-Einzug *nm* TER&PER **sprocket-feed device**

Traktrix *nf* MATH **tractrix** *n*
= Schleppkurve *nf*

Tram (*n*) TRANSM → **tramway** *n* (BE)
→ Straßenbahn *nf*

Trambahn *nf* TRANSM → **tramway** *n* (BE)
→ Straßenbahn *nf*

Tranche *nf* ECON **tranche** *n*
≈ Teilbetrag ≈ part amount

tränken TECH → **impregnate** *vt*
→ imprägnieren

Transadmittanz *nf* NETW.TH **transadmittance**
= Gegenscheinleitwert *nm* ↑ transfer function
↑ Transferfunktion

Transaktion *nf* DAT.PR **transaction** *n*
[elementarer Eingabe-, Bearbeitungs- und Ausgabeschritt bei Dialogverarbeitung] [elementary input, processing and output step in an interactive mode]
= Vorgang *nm*; Interaktion *nf* = computer transaction
↓ Beginntransaktion; Beendigungstransaktion ↓ start transaction; stop transaction

transaktional DAT.PR **transactional**

Transaktionen pro Sekunde DAT.CO **transactions per second**
= tps = TPS

Transaktion höchster Ebene SW **top-level transaction**
[OOP] [OOP]

Transaktionsaufruf *nm* SW **transaction invocation**
[OOP] [OOP]

Transaktionsbaum *nm* SW **transaction tree**
[OOP] [OOP]

Transaktionsbetrieb *nm* DAT.PR → **transaction processing** (1)
→ Teilhaberbetrieb *nm*

Transaktionscode *nm* DAT.MA **transaction code**

transaktionsfreie Anwendung INTERNET **nontransactional application**
[nur für einen Anwender bestimmt] [only for one user]
= transaktionsfreie Applikation

transaktionsfreie Applikation INTERNET → **nontransactional application**
→ transaktionsfreie Anwendung

transaktionsgesteuertes System DAT.MA **transaction-driven system**
= TDS

Transaktionsmanager *nm* DAT.MA **transaction manager**

Transaktionsmonitor *nm* DAT.PR → **teleprocessing monitor**
→ Fernverarbeitungsmonitor *nm*

Transaktionsnummer *nf* DAT.CO **transaction number**
[nur einmal verwendbare Berechtigung] [authorization valid for only one session]
= TAN

Transaktionsnummer *nf* COMP.AP **transaction number**
[eine Art "elektronischer Unterschrift"] [a sort of "electronic signature"]

transaktionsorientiert DAT.PR **transaction-oriented**

Transaktionsrisiko *nn* ECON **transaction risk**

Transaktionsserver *nm* DAT.PR **transaction server**

Transaktionüberwachungssystem *nn* DAT.CO **transaction processing monitor**
[Überwachungs- und Steuerprogramme für Teihaberbetrieb] [supervision and control programs for transaction processing]
= TP-Monitor *nm* = TP monitor

Transatlantikkabel *nn* TELEC **transatlantic cable**

Transceiver *nm* RADIO **transceiver** *n*
[Funksender mit Funkempfänger, einschließlich aller Zentraleinheiten] [radio transmitter plus radio receiver, including all central parts]
= Sender-Empfänger *nm*; S/E *nm*; Sende-Empfangs-Gerät *nn* = transmitter-receiver; Tx/Rx; transmit-receive set
↑ Funkgerät ↑ radio equipment
↓ HF-Transceiver ↓ HF transceiver

Transceiver *nm* TELEC **transceiver** *n*
[Gerät das sowohl senden als auch empfangen kann] [equipment able to transmit and receive]
= Sender-Empfänger *nm* = transmitter-receiver

Transceiver *nm* TER&PER → **transceiver** *n*
→ Aufzeichnungssystem *nn*

Transceiver *nm* HF → **HF transceiver**
→ HF-Transceiver *nm*

Transceiver *nm* (ANGL) MICR.EL → **transceiver** *n*
→ Sender-/Empfänger-Schaltung *nf*

Transcoder *nm* TV → **TV standards converter**
→ Normwandler *nm*

Transcoder *nm* TELEC → **standard converter**
→ Normwandler *nm*

Transcoder *nm* TRANSM **transcoder** *n*
[bildet aus zwei 2-Mbit/s-Signalen einen 2-Mbit/s-Strom und umgekehrt] [fits two 2 Mbit/s signals into one 2 2 Mbit/s stream and viceversa]
≈ ADPCM ≈ ADPCM

Transcoder *nm* CODING → **transcoder** *n*
→ Codeumsetzer *nm*

transcodieren CODING → **transcode** *vt*
→ umschlüsseln

Transcodierung *nf* CODING → **transcoding**
→ Umschlüsselung *nf*

Transconductor *nm* CIRC.EN **transconductor**
[für spezielle mathematische Operationen] [for special mathematical operations]
↑ Operationsverstärker

Transduktor *nm* EL.TEC **transductor**
[Vorrichtung mit der ein Strom oder eine Spannung durch Änderung der Vormagnetisierung von Drosseln verändert werden kann] [device by means of which a current or voltage may be varied by varying the saturation of an inductor]
≈ Transduktorverstärker ≈ transductor amplifier

Transduktorregler *nm* EL.TEC **transductor regulator**
[Transduktor zur Steuerung einer elektrischen Größe] [transductor to control an aelctrical quantity]

Transduktorverstärker *nm* CIRC.EN **transductor amplifier**
[ein Verstärker dessen Ausgangsleistung durch Transduktoren gesteuert wird] [an amplifier whoes output power is controlled by transductors]
= magnetischer Verstärker; Magnetverstärker *nm* = magnetic amplifier

Transfer *nm* EL.TRO **transfer** *n*
[gedruckte Schaltung] [PCB]

Transfer *nm* DAT.MA **transfer** *n*
[Verlagerung von Speicherinhalten] [of memory contents]

Transfer *nm* ECON → **remittance** *n*
→ Überweisung *nf*

Transferanweisung *nf* COMP.LG **transfer statement**
[in problemorientierten Sprachen; übergibt den Ablauf einem anderen Programmteil] [in high-level programming languages; transfers flow of execution to another part of the program]
↑ Steueranweisung (1) = transfer instruction
↓ Sprunganweisung ↑ control statement (1)
↓ jump statement

Transferbefehl *nm* SW **transfer command**

Transfercharakteristik *nf* SYS.TH **transfer characteristic**

Transfercharakteristik *nf* MICR.EL **transfer characteristic**
= Transferkennlinie *nf*

Transferfunktion *nf* NETW.TH **transfer function**
[wandelt Eingangssignal in Ausgangssignal] [transforms input into output signal]
= Übertragungsfunktion *nf* ≈ transmission coefficient
≈ Übertragungsfaktor ↑ active function
↑ Wirkungsfunktion
↓ Transimpedanz; Transadmittanz

Transfergatter *nn* MICR.EL **transfer gate**
= transmission gate

Transfergeschwindigkeit *nf* DAT.CO **data transfer rate**
[pro Zeiteinheit übertragene Nutzinformation] [the useful information transmitted per time unit]
= Transferrate *nf*; effektive Übertragungsgeschwindigkeit; Datentransfergeschwindigkeit *nf*; Datentransferrate *nf*; Datenrate *nf* = transfer rate; effective data transfer rate; effective transfer rate
↑ Datenübertragungsgeschwindigkeit ↑ data signaling rate

transferierbar COLL → **transferable**
→ übertragbar

Transferierbarkeit *nf* COLL → **transferability**
→ Übertragbarkeit *nf*

transferieren ECON → **transfer** *vt*
→ überweisen *vt*

Transferineffizienz *nf* MICR.EL **transfer inefficiency**
[CCD] [CCD]

Transferkarte *nf* TER&PER **transfer card**

Transferkennlinie *nf* MICR.EL → **transfer characteristic**
→ Transfercharakteristik *nf*

Transfernormal *nn* QUAL **intermediate transfer standard**

Transferoperation *nf* DAT.MA **transfer operation**

Transferprüfung *nf* DAT.PR **transfer check**

Transferpunkt *nm* TELEC **transfer point**

Transferrate *nf* → Transfergeschwindigkeit *nf*	DAT.CO	→ **data transfer rate**
Transferregister *nn*	DAT.MA	**transfer register**
Transferserver *nm*	INTERNET	**transfer server**
Transfervermittlungsstelle *nf* [SS7]	SWITCH	**STP** [SS7] = Signalling Transfer Point
Transferwert *nm* [Störabstand am Ausgang zu RF-Entkopplung am Eingang]	RADIO	**transfer value** [signal to interference ratio at output related to RF decoupling at input]
Transferzeit *nf* = Datentransferzeit *nf*; Datentransferdauer *nf*; Datenübermittlungsdauer *nf*; Übermittlungsdauer *nf*	DAT.CO	**transfer time** = data transfer time; data movement time
Transferzeit *nf* [Dauer des Datentransfers, nachdem sich der Kopf positioniert hat] ↑ Zugriffszeit	TER&PER	**transfer time** [time to transfer data after positioning of the head] ↑ access time
transfinit	MATH	**transfinite**
Transfluxor *nm* [Ferritkern mit mehreren Löchern für Schreib-/Lesedrähte oder Steuerwicklungen]	COMPO	**transfluxor** [ferrite nucleus with several holes for read/write leads or control windings]
Transfluxor-Ferrit *nn* ↑ Rechteck-Ferrit	METAL	**transfluxor ferrite** ↑ square-loop ferrite
Transformation *nf* [Verschieben einer Grafik]	COMP.GR	**transformation** *n* [displacement of a graphic]
Transformation *nf* = Umformung *nf*	MATH	**transformation** *n*
Transformation *nf* → Umwandlung *nf*	TECH	→ **transformation** *n*
Transformation *nf* → Konversion *nf*	PHYS	→ **conversion** *n*
Transformationscodierung *nf*	CODING	**transform encoding**
Transformationsgleichung *nf*	NETW.TH	**impedance line transformer**
Transformationsglied *nn* = Anpassglied *nn*; Impedanzanpassungsglied *nn*	NETW.TH	**impedance matching section**
Transformationsmatrix *nf*	MATH	**transformation matrix**
Transformationsprogramm *nn*	SW	**transformation program**
Transformationsregel *nf*	DAT.MA	**transformation rule**
Transformationsschleife *nf*	NETW.TH	**transformation loop**
Transformator *nm* [Bauteil mit mehreren magnetisch gekoppelten Induktionswicklungen; ; in der Schwachstromtechnik Übertrager genannt] ↓ Übertrager [COMPO]; Umspanner [POW.EN]; Wandler [INSTR]	EL.TEC	**transformer** *n* [component with several windings coupled by a closed magnetic circuit] ↓ transformer [COMPO]; high-power transformer [POW.EN]; transducer
Transformatorblech *nn* = Elektroblech *nn*	METAL	**transformer sheet**
Transformatorbrücke *nf* → Übertragerbücke *nf*	CIRC.EN	→ **transformer bridge**
Transformatorjoch *nn* [Vorrichtung die den Magnetfluss eines Transformators leitet] ↑ Magnetjoch	EL.TEC	**transformator yoke** [device conducting the manetic flux of a transformator] = yoke ↑ magnet yoke
Transformatorkopplung *nf*	EL.TEC	**transformer coupling**
transformatorlos → übertragerlos	CIRC.EN	→ **transformerless**
Transformatoröl *nn*	EL.TEC	**transformer oil**
Transformator-Verstärker *nm*	CIRC.EN	**transformer-coupled amplifier** = transformer amplifier
Transformatorwicklung *nf* ↑ Wicklung [EL.TEC] ↓ Primärwicklung; Sekundärwicklung	COMPO	**transformer winding** ↑ winding [EL.TEC] ↓ primary winding; secondary winding
transformieren = umwandeln	MATH	**transform** *vt*
transformieren → umwandeln	TECH	→ **transform** *vt*
Transformierte *nf*	MATH	**transform** *n*
Transformierung *nf* → Konversion *nf*	PHYS	→ **conversion** *n*
transient [nicht dauernd im Hauptspeicher] = ladbar; ladefähig ≈ ablauffähig ≠ speicherresident	SW	**transient** *adj* [not permanently in the main memory] = loadable ≈ executable ≠ memory-resident
transient → vorübergehend	TECH	→ **temporary** *adj*
Transient *nm* → Übergangsvorgang *nm*	EL.TRO	→ **transient** *n* (1)
transiente Daten	DAT.MA	**transient data**
Transienten-Recorder *nm*	INSTR	**transient recorder**
transienter Fehler = vorübergehender Fehler	TECH	**transient error**
transientes Kommando [nur während der Ausführung im Hauptspeicher] = externes Kommando ≠ residentes Kommando	SW	**transient command** [stays in main memory only during execution] = external command (1) ≠ resident command
transientes Programm [nur bei Bedarf vorübergehend im Hauptspeicher]	SW	**transient program** [only when required temporarily in main memory]
Transimpedanz *nf* ↑ Transferfunktion	NETW.TH	**transimpedance** *n* ↑ transfer function
Transinformation *nf* [tatsächlich übertragene Information, unter Abzug der bei der Übertragung verloren gegangenen Information "Äquivokation"] = übertragene Information	INF.TH	**transinformation** *n* [effectivly transmitted information, after deduction of the information losses on the transmission path called "equivocation"] = transferred information; transmitted information; mutual information
Transinformationsgehalt *nm*	INF.TH	**transinformation content**
Transistor *nm* → Transistorradio *nn*	CONS.EL	→ **transistor set**
Transistor *nm* [Halbleiterbauelement mit mindestens 3 Anschlüssen, zur Verstärkung von Strom, Spannung oder die Leistung] ↓ Unipolartransistor; Bipolartransistor; Spitzentransistor; Flächentransistor; PNP-Transistor; NPN-Transistor; Kleinsignaltransistor; Leistungstransistor	MICR.EL	**transistor** *n* [semiconductor device with a minimum of 3 terminals, to amplify current, voltage or power] ↓ unipolar transistor; biopolar transistor; point-contact transistor; junction transistor; pnp transistor; npn transistor; small-signal transistor; power transistor
Transistor-Betriebsschaltung *nf* → Transistor-Grundschaltung *nf*	CIRC.EN	→ **transistor base connection**
Transistorchip *nm* = Transitorplättchen *nn* ↑ Chip	MICR.EL	**transistor chip** ↑ chip
Transistor-Ersatzschaltung *nf*	MICR.EL	**equivalent transistor circuit**
Transistorfunktion *nf*	MICR.EL	**transistor function**
Transistorgerät *nn* → Transistorradio *nn*	CONS.EL	→ **transistor set**
Transistor-Grundschaltung *nf* = Transistor-Betriebsschaltung *nf* ↓ Basisschaltung; Emitterschaltung; Kollektorschaltung	CIRC.EN	**transistor base connection** = transistor base circuit ↓ common base circuit; common emitter connection; common collector emitter
transistoriert → transistorisiert	EL.TRO	→ **transistorized** *adj*
transistorisiert = volltransistorisiert; transistoriert; volltransistoriert	EL.TRO	**transistorized** *adj* = all-transistorized; fully transistorized
Transistorisolierstück *nn* = Antiwärmstück *nn*	COMPO	**transistor mounting insulator**
Transistorkaskade *nf* → Darlington-Transistor *nm*	CIRC.EN	→ **Darlington amplifier**
Transistorkenngröße *nf* = Transistorparameter *nm*; Transistor-Signalkenngrößen *nplt*	MICR.EL	**transistor parameter**
Transistormikrofon *nn* = Transistormikrophon *nn*	EL.ACOU	**transistor microphone**
Transistormikrophon *nn* → Transistormikrofon *nn*	EL.ACOU	→ **transistor microphone**
Transistormikrophon *nn* → Transistorsprechkapsel *nf*	TELEPH	→ **transistorized microphone**
Transistorparameter *nm* → Transistorkenngröße *nf*	MICR.EL	→ **transistor parameter**
Transistorradio *nn* = Transistorgerät *nn*; Transistor *nm*	CONS.EL	**transistor set**
Transistorrauschen *nn*	MICR.EL	**transistor noise**
Transistorrelais *nn* = elektronisches Relais; Verstärkerrelais *nn*; Halbleiterrelais *nn*	COMPO	**transistor relay** = electronic relay; solid-state relay; semiconductor relay
Transistorschaltung *nf*	CIRC.EN	**transistor circuit**
Transistor-Signalkenngrößen *nplt* → Transistorkenngröße *nf*	MICR.EL	→ **transistor parameter**
Transistorsprechkapsel *nf* = Transistormikrophon *nn*; Linearmikrophon *nn*	TELEPH	**transistorized microphone**
Transistor-Transistor-Logik *nf* = TTL; TTL-Logik *nf*	MICR.EL	**transistor-transistor logic** = TTL; TTL logic

Transistorvielfachmesser *nm* INSTR **transistor multimeter**

Transistorvoltmeter *nn* INSTR **transistor voltmeter**

Transistorzone *nf* MICR.EL **transistor region**
↓ Emitter; Basis; Kollektor
↓ emitter; basis; collector

Transit *nm* ECON **transit** *n*

Transitfrequenz *nf* MICR.EL **gain-bandwidth product**
[HF-Kenngröße von Transistoren]
= ß1-Grenzfrequenz *nf*
↑ Beta-Grenzfrequenz
[parameter for HF characteristics of transistors]
= transition frequency
↑ ß-cutoff

Transition *nf* COMP.SC **transition** *n*
[in Petri-Netzen ein Typ Knoten der die Ereignisse kennzeichnet, die einen Zustandswechsel bewirken]
[in Petri netzs a type of node indicating the events which can cause a state transition]

Transitionspunkt *nm* TECH → **transition point**
→ Übergangspunkt *nm*

Transitionssystem *nn* INF.TEC **transition system**

transitiv LING **transitive** *adj*
= zielend

transitiv SW **transitive** *adj*

Transitknoten *nm* DAT.CO → **transit node**
→ Durchgangsknoten *nm*

Transitlager *nn* ECON **store for transit goods**

Transitnetz *nn* DAT.CO **transit network**

transitorisch TECH → **temporary** *adj*
→ vorübergehend

transitorische Passiva ECON **deferred income**

Transitorplättchen *nn* MICR.EL → **transistor chip**
→ Transistorchip *nm*

Transitregister *nn* DAT.PR **transit register**

Transitron *nn* CIRC.EN **transitron** *n*
↑ Röhrenschaltung
↑ tube circuit

Transitsystem *nn* DAT.CO **transit system**
= intermediate system ; relay system

Transitverbindung *nf* DAT.CO → **transit call**
→ Durchgangsverbindung *nf*

Transitverkehr *nm* SWITCH → **transit traffic**
→ Durchgangsverkehr *nm*

Transitvermittlung *nf* SWITCH → **transit exchange**
→ Durchgangsvermittlungsstelle *nf*

Transkonduktanz *nf* EL.TRO → **transconductance**
→ Steilheit *nf*

Transkonduktanzverstärker *nm* CIRC.EN **OTA**
= OTA-Verstärker *nm*
= transconductance operational amplifier

Transkribieren *nn* LING → **transcription** *n*
→ Transkription *nf*

transkribiert LING **transcribed**
[die Aussprache einer Fremdsprache mit den Buchstaben der eigenen Sprache wiedergeben]
[to symbolize the sounds of another language by letters of the own alphabet]

Transkription *nf* LING **transcription** *n*
[lautlich entsprechende Wiedergabe eines anderen Alphabets]
= Umschrift *nf*; Transkribieren *nn*
[reproduction by phonetically corresponding letters of another alphabet]

Translation *nf* PHYS **translatory movement**
= Parallelverschiebung *nf*

Translation *nf* PHYS → **translation**
→ Fortbewegung *nf*

translatorisch PHYS **translatory** *adj*

Transliteration *nf* LING **transliteration** *n*
[Umschreibung eines Alphabets in einem anderen]
[spelling of an alphabet by another one]

transliterieren LING **transliterate** *vt*

transliterieren DAT.MA **transliterate** *vt*
[Zeichen für Zeichen umsetzen]
[convert character by character]

transliteriert LING **transliterated**
[buchstabengetreu in anderes Alphabet umgesetzt]
= buchstabengetreu (2)
[in characters of another alphabet]

Transmission *nf* EL.ACOU → **sound transmission factor**
→ Schalltransmissionsgrad *nm*

Transmission-line-Antenne *nf* ANT → **DDRR antenna**
→ DDRR-Antenne *nf*

Transmissionsgrad *nm* OPT **transmittance** *n*
= Durchlässigkeit *nf*
≈ Transparenz
= transmission factor; transmission *n*

Transmissionshologramm *nn* PHYS **transmission hologram**

Transmittanz *nf* MICR.EL **short-circuit transconductance**
= Kernleitwert vorwärts; Kurzschluss-Vorwärtssteilheit *nf*; Vorwärtssteilheit *nf*
= short-circuit forward transfer admittance
↑ transistor parameter

Transmodulator *nm* MODUL **transmodulator** *n*

Transmultiplexer *nm* TRANSM **transmultiplexer** *n*
[wandelt TF-Grundgruppen in Digitalsignale um u.u.]
[converts a FDM bundle into digital streams and viceversa]
= transmux *n*; TMUX

transnational ECON → **cross-border** *adj*
→ grenzüberschreitend

transozeanisch ECON **transoceanic** *adj*

transozeanisches Kabel TELEC → **transoceanic cable**
→ Überseekabel *nn*

transparent INF.TEC **transparent** *adj*
[verschiedene Signalarten gleichermaßen übertragend]
[transmitting different signal types]

transparent SCIE **transparent** *adj*
[fig]
= durchschaubar; überschaubar
[fig]

transparent PHYS → **transparent**
→ durchsichtig

transparente Darstellung COMP.GR **transparent representation**
≠ opake Darstellung
≠ opaque representation

transparente Einrichtung INF.TEC **transparent device**

transparenter Modus DAT.CO **transparent mode**

transparente Übertragung TELEC **transparent transmission**

Transparentfolie *nf* OFFICE **transparency** *n*
[für Tageslichtprojektor]
= Klarsichtfolie *nf*; Präsentationsfolie *nf*; Folie
[for overhead proyector]
= projection transparency; transparent foil; foil *n*; overhead transparency; presentation slide; slide *n*

Transparentfoliendrucker *nm* TER&PER **slide printer**
= Klarsichtfoliendrucker *nm*; Foliendrucker *nm*
= slide maker; transparent-foil

Transparentpapier *nn* OFFICE **transparent paper**
= tracing paper; detail paper

Transparentschablone *nf* INSTR **overlay** *n*

Transparenz *nf* OPT **transparency** *n*
= Durchsichtigkeit *nf*
≈ Transmissionsgrad
≈ transmittance

Transparenz *nf* SCIE **transparency** *n*
[fig]
= Durchschaubarkeit *nf*; Überschaubarkeit *nf*
[fig]

Transphasor *nm* OPTOEL **transphasor** *n*
[eine Art optischer Transistor]
[a sort of optical transistor]

Transponder *nm* RAD.LO → **secondary surveillance radar**
→ Sekundärradar *nm&nn* (*pl* -e)

Transponder *nm* SAT.CO **transponder** *n*
[empfängt im Satelliten ein Signal, setzt deren Frequenz um, und sendet es zur Erde zurück]
[transmitter + responder; receives a signal in the satellite, converts the frequency, and sends the signal back to earth]

Transponder *nm* RAD.NA → **transponder** *n*
→ Antwortbake *nf*

transponieren SCIE **transpose** *vt*
= überführen; übertragen
= translate; transfer

transponieren MATH **transpose** *vt*

transponierte Matrix MATH **transposed matrix**

Transponierung *nf* SAT.CO **transposition** *n*
= Frequenzumsetzung *nf*
= frequency transposition

Transponierung *nf* SCIE **transposition** *n*
= Übertragung *nf*; Überführung *nf*
= transfer *n*; translation *n*

Transport *nm* ECON **transport** *n*
= Beförderung *nf*
= transportation *n* (AE); carriage *n* (1)

Transport *nm* PHYS → **transfer** *n*
→ Übertragung *nf*

Transportart *nf* ECON **transportation mode** (AE)
= Frachtart *nf*
= kind of transport

Transportart *nf* ECON → **transport mode**
→ Beförderungsart *nf*

Transportbahn *nf* TER&PER **transport bed**

Transportbefehl *nm* DAT.PR **transport instruction**

Transportbehälter *nm* TECH **casket** *n*
= coffin

Transportcontainer *nm* CODING **transport container**
[SDH]
[SDH]

Transportdienst *nm* TELEC → **bearer service** *n* (1)
→ Übermittlungsdienst *nm*

Transportdokumente *nplt* ECON → **shipping documents**
→ Versandpapiere *nplt*

Transportebene *nf* DAT.CO → **transport layer**
→ Transportschicht *nf*

Transporteinrichtung *nf* MEC.EN **moving mechanism**
= feed mechanism; advance mechanism

Transporteur *nm* ECON → **forwarding agent**
→ Spediteur *nm*

transportfähig TECH → **transportable** *adj*
→ transportierbar

Transportfehler *nm* TER&PER → **feeding error**
→ Vorschubfehler *nm*

transportierbar TECH **transportable** *adj*
= transportfähig — = luggable
≈ beweglich; tragbar — ≈ mobile; portable

transportierbarer Computer DAT.PR **transportable computer**
↑ tragbarer Computer — = transportable *n*
↑ portable computer

transportierbares Mobiltelefon MOB.CO **transportable cellular phone**
[kann dem Wagen entnommen werden] — [can be moved from the car]
↑ Zellulartelefon — ↑ cellular phone

Transportierbarkeit *nf* TECH **transportability**
≈ Tragbarkeit — ≈ portability

transportieren TECH → **convey** *vt*
→ befördern

Transportkarren *nm* TECH → **trolley** *n*
→ Laufkatze *nf*

Transportkoffer *nm* TECH **transport case**
= transit case

Transportkosten *nplt* ECON → **freight** *n* (1)
→ Frachtkosten *nplt*

Transportloch *nn* TER&PER **feed hole**
= Taktloch *nn*; Vorschubloch *nn*; Führungsloch *nn* — = sprocket hole; transport hole; center hole; centre hole
≠ Informationsloch — ≠ information hole

Transportlochung *nf* TER&PER **feed holes**
= Vorschublochung *nf*; Führungslochung *nf*; Taktlochung *nf* — = sprocket holes; transport holes
≠ Informationslochung — ≠ code holes

Transportministerium *nn* PUB.ADM → **Ministry of Transport**
→ Verkehrsministerium *nn*

Transportmittel *nn* TELEC → **transmission medium** *n*
→ Übertragungsmedium *nn*

Transportmodul *nn* TRANSM **transport module**
[SDH] — [SDH]

Transportpapiere *nplt* ECON → **shipping documents**
→ Versandpapiere *nplt*

Transportrahmen *nm* TRANSM **transport frame**
[SDH] — [SDH]

Transportraupe *nf* TER&PER → **paper tractor**
→ Vorschubraupe *nf*

Transportrichtung *nf* MEC.EN **transport direction**
= Vorschubrichtung *nf* — = feed direction

Transportrolle *nf* MEC.EN **feed roll**

Transportschicht *nf* DAT.CO **transport layer**
[4. Schicht des ISO; sichert Qualität u. Sicherheit der Übertragung] — [4th layer of OSI; assures quality and security of transmission]
= Transportebene *nf*; Transportsteuerung *nf* — = transportation layer
↑ ISO-Referenzmodell — ↑ ISO reference model

Transportschiff *nn* TECH → **cargo ship**
→ Frachtschiff *nn*

Transportschutz *nm* TECH **transport protection**
= transport cover

Transportsicherung *nf* TECH **transport lock**
= transport securing device; shipping spacer

Transportsteuerung *nf* DAT.CO → **transport layer**
→ Transportschicht *nf*

Transportsteuerung *nf* TECH **transport control**

Transporttelematik *nf* INF.TEC → **traffic telematics**
→ Verkehrstelematik *nf*

Transportversicherung *nf* ECON **transport insurance**
= Frachtversicherung *nf* — = transportation insurance; cargo insurance

Transportweg *nm* COLL **haul** *n*
[route or distance a load is transported ("by hauling")]

Transpositionsfehler *nm* TRANSM **transposition error**

Transpurtflugzeug *nn* AERON → **air freighter**
→ Frachtflugzeug *nn*

Transputer *nm* DAT.PR **transputer** *n*
[leistungsstarker Computer mit unkonventioneller Struktur, z.B. mit mehrfachem Rechenwerk] — [TRANS(more than) + comPUTER; powerful computer with non-convential structure, e.g. with a multiple arithmetic-logic unit]

Transputer *nm* MICR.EL **transputer** *n*
[Ein-Chip-Mikroprozessor mit Rechenwerk, Gleitkommaprozessor, Arbeitsspeicher, Steuerwerk und Kommunikationsprozessor] — [a single-chip microprocessor containing ALU, floating point processor, main memory, control unit and communications processor]

Transputernetzwerk *nn* DAT.NW **transputer network**

transversal *adj* TECH **transversal** *adj*
= querliegend; querlaufend; quer verlaufend; quer — = transverse *adj*; traverse *adj*; across *adj*; cross *adj*
≈ diagonal; breitseitig — ≈ diagonal; broadside

Transversalaufzeichnung *nf* TER&PER **transversal recording**
[das modernere Verfahren] — [the modern method]
= Vertikalaufzeichnung *nf* (2) — = vertical recording (2)
≠ Longitudinalaufzeichnung — ≠ longitudinal recording

transversale elektrische Welle LINE TH **transverse electric wave**
= TE-Welle *nf*; H-Welle *nf*; elektrische Transversalwelle — = TE wave; TE mode

transversale elektromagnetische Welle LINE TH **transverse electromagnetic wave**
= Lecher-Welle *nf*; L-Welle *nf*; TEM-Welle *nf*; Leitungswelle *nf*; elektromagnetische Transversalwelle — = guided wave; TEM wave; TEM mode

transversale magnetische Welle EL.TEC **transversal magnetic wave**
= TM-Welle *nf*; E-Welle *nf*; magnetische Transversalwelle — = TM wave; TM mode

Transversalentzerrer *nm* TRANSM **transversal equalizer**

transversale Welle PHYS → **transversal wave**
→ Transversalwelle *nf*

Transversalfeld *nn* PHYS → **transverse field**
→ Querfeld *nn*

Transversalfilter *nn* NETW.TH **transversal filter**
= nichtrekursives Digitalfilter; nichtrekursives Filter

Transversalglied *nn* NETW.TH **transversal section**

Transversalität *nf* SCIE **transversality** *n*

Transversalkraft *nf* PHYS → **cross force**
→ Querkraft *nf*

Transversalparitätsprüfung *nf* CODING → **vertical parity check**
→ Querparitätsprüfung *nf*

Transversalprüfung *nf* CODING → **vertical parity check**
→ Querparitätsprüfung *nf*

Transversalwelle *nf* PHYS **transversal wave**
= transversale Welle; Querwelle *nf* — = transverse wave
≈ Querschwingung — ≈ transversal vibration

transzedent MATH **transcendental**
[über die Algebra hinausgehend] — [going beyond the algebra]
= transzendental

transzendental MATH → **transcendental**
→ transzedent

transzendente Funktion MATH **transcendental function**

transzendente Gleichung MATH **transcendental equation**

transzendente Zahl MATH **transcendental number**
≠ algebraische Zahl — ≠ algebraic number
↑ Irrationalzahl — ↑ irrational number

Transzorb MICR.EL **transzorb** *n*
↑ Zenerdiode — ↑ Zener diode

Trap (ANGL) PHYS → **trap** *n*
→ Haftstelle *nf*

Trap *nm* (ANGL) DAT.PR → **trap** *n*
→ Fangvorrichtung *nf*

Trap *nn* (ANGL) SW → **software interrupt** (2)
→ Software-Programmunterbrechung *nf*

Trap [HF] NETW.TH → **bandstop filter**
→ Bandsperrfilter *nn*

Trapatt-Diode *nf* MICR.EL **trapatt diode**
↑ Lawinenphotodiode — ↑ avalanche photodiode

Trapez *nn* MATH **trapezium** (*pl* -ziums&-zia) (AE)
[Viereck ohne Parallelität von Seiten] — [quadrilateral with no two sides parallel]
= trapezoid *n* (BE)
≠ Parallelogramm — ≠ parallelogram
↑ Viereck — ↑ quadrilateral

Trapezfehler *nm* TV **trapezium distortion**
= Trapezverzeichnung *nf* — = keystone distortion

Trapezfeldwicklung *nf* POW.SY → **trapezoidal field winding**
→ Trapezwicklung *nf*

trapezförmig MATH **trapezoidal**

Trapezpassfeder *nf* MEC.EN **Barth key**

Trapezumrichter *nm* POW.SY **trapezium converter**

Trapezverzeichnung *nf* TV → **trapezium distortion**
→ Trapezfehler *nm*

Trapezwicklung *nf* POW.SY **trapezoidal field winding**
= Trapezfeldwicklung *nf*

Trapez-Zahn-Antenne *nf* ANT **trapezoidal tooth antenna**

Trashware *nf* SW **trashware** *n*

[so schlecht, dass sie im Mülleimer landet] [so poorly made that ends up in the garbage can]

Trasse *nf* TRANSM **route** *n*
= Übertragungsstrecke *nf* = transmission route
≈ Strecke ≈ link
↓ Ferntrasse

Trassenband *nn* OUT.PL **warning tape**
= Trassenwarnband *nn*; Warnband *nn* = marker tape

Trassenführung *nf* [TRANSM] TELEC → **route tracing**
→ Streckenführung *nf*

Trassensuchgerät *nn* OUT.PL → **cable detector**
→ Kabelsuchgerät *nn*

Trassenwahl *nf* TRANSM **route selection**

Trassenwarnband *nn* OUT.PL → **warning tape**
→ Trassenband *nn*

Tratsch *nm* INTERNET → **chat** *n*
→ Chat *nm*

TRAU MOB.CO **TRAU**
[setzt 16 in 64 kbit/s um] [converts 16 into 64 kbit/s]
= Transcoder and Rate Adaptor Unit

Trauerspiel *nn* MEDIA → **tragedy** *n*
→ Tragödie *nf*

Traufe *nf* CIV.EN **eaves** *nplt*
= Dachtraufe *nf*

Travan-Kassette *nf* TER&PER **Travan cartridge**

Travan-Laufwerk *nn* TER&PER **Travan drive**

Traverse *nf* MEC.EN → **crossarm** *n*
→ Querträger *nm*

Treeware *nf* SW **treeware** *n*

Treffen *nn* ECON → **meeting** *n* (1)
→ Tagung *nf*

treffendes Beispiel COLL **case in point**

Treffer *nm* DAT.MA **hit** *n*
[bei Datensuche] [successful search]
= match *n*

Trefferdatei *nf* DAT.MA **hit file**

Trefferquote *nf* DAT.MA **hit ratio**
= Zugriffsquote *nf* = hit rate

Trefferquote *nf* INTERNET **click-through rate**

treiben COLL **drive** *vt*
= antreiben = impel

treibende Kraft COLL **driving force**
[fig] [fig]
= Triebfeder *nf* = driver *n*

treibende Kraft SCIE → **driving force**
→ Triebkraft *nf*

Treiber *nm* MICR.EL **driver** *n*
[HW u. SW für die erforderliche Signalleistung zum Anschluss von Mikroprozessoren] [circuitry and software for sufficient signal levels to interface with microprocessors]

Treiber *nm* CIRC.EN **driver** *n*
[Vorverstärker zur Ansteuerung von Leistungsendstufen] [preamplifier driving final power amplifier stages]
= Treiberstufe *nf*; Treiberverstärker *nm*; Leistungstreiber *nm* = driving stage; power driver; buffer
↑ Vorverstärker ↑ preamplifier

Treiber *nm* SW **driver software**
[Programm zur Anpassung von HW oder SW an Peripheriegeräte] [program to adapt HW or SW to peripherals]
= Peripheriegerätetreiber *nm*; Gerätetreiber *nm*; Einheitentreiber *nm*; Treibersoftware *nf*; Treiberprogramm *nf*; Steuerungsprogramm *nf*; Hantierer *nm*; Handler *nm* (2) = device driver; peripheral driver; driver; driver program; handler (2)
↓ Hardwaretreiber; Softwatretreiber; Druckertreiber; Plattentreiber; Grafiktreiber; Eingabetreiber ↓ hardware driver; software driver; printer driver; disk driver; graphic driver; input driver

Treiberbaum *nm* ECON **driver tree**

Treiberelektronik *nf* EL.TRO **drive electronics**

Treiberfähigkeit *nf* MICR.EL → **drive capability**
→ Treiberstärke *nf*

Treiberimpuls *nm* EL.TRO → **drive pulse**
→ Ansteuerimpuls *nm*

Treiberprogramm *nf* SW → **driver software**
→ Treiber *nm*

Treiberröhre *nf* EL.TRO **driver tube**
= driver valve

Treibersignal *nn* CIRC.EN **driving signal**
= drive signal

Treibersoftware *nf* SW → **driver software**
→ Treiber *nm*

Treiberstärke *nf* MICR.EL **drive capability**
= Treiberfähigkeit *nf*

Treiberstufe *nf* CIRC.EN → **driver** *n*
→ Treiber *nm*

Treibertransistor *nm* CIRC.EN **driver transistor**
= driving transistor

Treiberverstärker *nm* CIRC.EN → **driver** *n*
→ Treiber *nm*

Treiberwicklung *nf* COMPO → **drive winding**
→ Steuerwicklung *nf*

Treibriemen *nm* MEC.EN **driving belt**
= Antriebriemen *nm* ↓ V belt
↓ Keilriemen

Treibstoff *nm* TECH → **combustible** *n*
→ Brennstoff *nm*

Treibstoffbehälter *nm* TECH → **fuel tank**
→ Brennstoffbehälter *nm*

Treibstofftank *nm* TECH → **fuel tank**
→ Brennstoffbehälter *nm*

trelliscodierte Modulation MODUL **trellis-coded modulation**
[fehlerkorrigierendes Codierfahreren; in Anlehnung an das englische Wort "trellis" = Gitter] [1982 by Gottfried Ungerbröck at IBM; error correcting modulation]
= TCM = TCM

Trema *nn* (*pl* -ta&-s) LING **diaeresis** *n* (*pl* -ses) (2)
[kennzeichnet Diäresis, z.B. im Englischen "naïve"] [mark over a vowel to indicated its separate pronunciation, as in "naïve"]
= Trennpunkte *nplt* = dieresis *n* (*pl* -ses) (2)
≈ Diäresis
↑ diakritisches Zeichen

Trend *nm* STATIS → **tendency** *n*
→ Tendenz *nf*

Trendkurve *nf* SW **trend line**

Trennaufforderung *nf* DAT.CO **disconnect request**

Trennband *nn* RADIO **separation band**
[Frequenzabstand zwischen Bandgrenze und der anderer Dienste] [frequency difference from band edge to other services band edge]

trennbar TECH **separable** *adj*
= separierbar = seccionable

Trennbuchse *nf* COMPO **splitting jack**
= splitting socket; breaking jack; break jack

Trennebene *nf* TECH → **interface** *n*
→ Trennfläche *nf*

Trenneinrichtung *nf* TER&PER → **separator** *n*
→ Trennvorrichtung *nf*

Trennen SWITCH **forced release**
[das Auflösen einer bestehenden Verbindung um eine bevorrechtigte Verbindung herzustellen]

Trennen TELEPH **disconnect** *n*
[Gespräch beenden ohne Hörer aufzulegen] [a call without going on-hook]

trennen TER&PER **decollate** *vt*
[von Endlospapier oder Durchschlagpapier in Einzelblätter] [separate continuous form or carbon paper into single sheets]
= burst

trennen EL.TEC **separate** *vt*
≈ entkoppeln ≈ decouple

trennen TECH → **separate** *vt*
→ abtrennen

Trennen *nm* SWITCH → **release** *n*
→ Auslösung *nf*

Trenner *nm* TER&PER → **separator** *n*
→ Trennvorrichtung *nf*

Trennfehler *nm* LING → **hyphenation error**
→ Trennungsfehler *nm*

Trennfeld *nn* DAT.CO → **delimiter field**
→ Abgrenzungsfeld *nn*

Trennfilter *nn* NETW.TH → **separating filter**
→ Weiche *nf*

Trennfläche *nf* TECH **interface** *n*
= Trennebene *nf* = dividing surface; dividing plane; separating surface; separating plane

Trennfuge *nf* WOR.PR → **soft hyphen**
→ Bedarfstrennstrich *nm*

Trennfuge *nf* MEC.EN → **joint** *n* (3)
→ Fuge *nf*

Trennfunkenstrecke *nf* EL.TEC **isolating spark gap**

Trennklemme *nf* COMPO **separating clamp**
= separating terminal

Trennkondensator *nm* CIRC.EN → **decoupling capacitor**
→ Entkopplungskondensator *nm*

Trennkontakt *nm* COMPO → **break contact**
→ Ruhekontakt *nm*

Trennlage *nf* TELEGR → **spacing pulse**
→ Pausenschritt *nm*

Trennleiste *nf* COMPO **break strip**
= Trennstreifen *nm*

Trennlinie *nf* PRIN.ME → **separation line**
→ Trennungslinie *nf*

Trennlinie *nf* COLL **parting line**
[fig] [fig]
= Trennungslinie *nf* = dividing line

Trennmaschine *nf* TER&PER → **separator** *n*
→ Trennvorrichtung *nf*

Trennprogramm *nn* WOR.PR → **hyphenation program**
→ Silbentrennungsprogramm *nn*

Trennpunkte *nplt* LING → **diaeresis** *n* (*pl* -ses) (2)
→ Trema *nn* (*pl* -ta&-s)

Trennrelais *nn* POW.SY **isolation relay**
= connect/disconnect relay

Trennrelais *nn* TELEPH **cutoff relay**

Trennroutine *nf* WOR.PR → **hyphenation program**
→ Silbentrennungsprogramm *nn*

Trennschalter *nm* POW.EN **power switch**
= Leistungsschalter *nm*; Netzschalter *nm*; Stromversorgungsschalter *nm*
= circuit breaker

Trennschaltung *nf* CIRC.EN **isolating circuit**

trennscharf EL.TEC → **selective** *adj*
→ selektiv

Trennschärfe *nf* NETW.TH → **selectivity** *n*
→ Selektion *nf*

Trennschärfe *nf* [RADIO] MODUL → **adjacent-channel selection**
→ Nachbarkanalentkopplung *nf*

Trennschritt *nm* TELEGR → **spacing pulse**
→ Pausenschritt *nm*

Trennsortierung *nf* DAT.MA → **distributive sort**
→ Verteilsortierung *nf*

Trennstecker *nm* COMPO **splitting plug**
= breaker plug

Trennstelle *nf* EQP.EN **splitting point**
= break point

Trennstrecke *nf* TECH → **gap** *n*
→ Spalt *nm*

Trennstrecke *nf* EL.TEC → **gap** *n*
→ Spalte *nf*

Trennstreifen *nm* COMPO → **break strip**
→ Trennleiste *nf*

Trennstrich *nm* LING → **hyphen** *n*
→ Bindestrich *nm*

Trennstrich *nm* PRIN.ME → **rule** *n*
→ Linie *nf*

Trennstrichleiter *nm* WOR.PR **hyphen ladder**
[zufällige, unschöne Häufung von Trennstrichen] [fortuitous, displeasing accumulation of hyphens]

Trennstrom *nm* TELEGR → **spacing current**
→ Ruhestrom *nm*

Trennstufe *nf* CIRC.EN → **buffer stage**
→ Pufferstufe *nf*

Trennsymbol *nn* DAT.MA → **separator** *n*
→ Trennzeichen *nn*

Trenntransformator *nm* COMPO → **isolating transformer**
→ Trennübertrager *nm*

Trennübertrager *nm* OUT.PL **repeating coil**

Trennübertrager *nm* COMPO **isolating transformer**
= Trenntransformator *nm*
= insulating transformer; isolation transformer; insulation transformer; galvanic separation transformer; decoupling transformer

Trennung *nf* EL.TEC **isolation** *n*
≈ Entkopplung
= insulation *n*; separation *n*
≈ decoupling

Trennung *nf* TELEC **disconnection** *n* (1)
≠ Verbindung ≠ connection

Trennung *nf* SWITCH → **release** *n*
→ Auslösung *nf*

Trennung *nf* TECH → **separation** *n* (2)
→ Abtrennung *nf*

Trennung *nf* TELEC → **disconnection** (2)
→ Abbruch *nm*

Trennungsalgorithmus *nm* WOR.PR → **hyphenation algorithm**
→ Silbentrennungsalgorithmus *nm*

Trennungsfehler *nm* LING **hyphenation error**
= Trennfehler *nm*

Trennungslinie *nf* PRIN.ME **separation line**
= Trennlinie *nf* = rule *n*

Trennungslinie *nf* COLL → **parting line**
→ Trennlinie *nf*

trennungslos WOR.PR **hyphenless** *adj*

Trennungsroutine *nf* WOR.PR → **hyphenation program**
→ Silbentrennungsprogramm *nn*

Trennungsstrich *nm* LING → **hyphen** *n*
→ Bindestrich *nm*

Trennungsunterlassung *nf* WOR.PR **hyphem drop**

Trennungszeichen *nn* DAT.PR **guide bar**
[am Anfang und Ende eines Strichcode] [at the beginning and end of a bar code]

Trennungszeichen *nn* LING → **hyphen** *n*
→ Bindestrich *nm*

Trennverstärker *nm* CIRC.EN → **buffer amplifier**
→ Pufferverstärker *nm*

Trennverstärker *nm* RADIO **receiving multicoupler**
[zum Anschluss mehrerer Empfänger an eine Antenne] [to connect several receivers with one antenna]
= multicoupler

Trennverstärker *nm* INSTR **distribution amplifier**

Trennvorrichtung *nf* TER&PER **separator** *n*
[trennt Durchschreibsätze oder Endlosformulare] [of copying paper sets or continuous forms]
= Blatt-Trennvorrichtung *nf*; Blatt-Trenneinrichtung *nf*; Trennmaschine *nf*; Blatt-Trennmaschine *nf*; Trenner *nm*; Blatt-Trenner *nm*; Separator *nm*; Trenneinrichtung *nf*; Separiervorrichtung *nf*; Separiermaschine *nf*; Einzelblattaufbereiter *nm*; Reißer *nm*
↓ Formulartrennmaschine
= separating machine; separating device; decollator *n*; separator *n*; burster *n*
↓ form decollator

Trennwand *nf* TECH **partition wall**
= Zwischenwand = inner partition

Trennweiche *nf* RADIO **diplexing filter**
[Filter zum Anschluss mehrerer Sender und/oder Empfänger an eine Antenne] [filter to connect several transmitter and/or receiver to a single antenna]
↓ Sende-Empfangs-Weiche
= diplexer *n*
↓ duplexer filter

Trennzeichen *nn* DAT.MA **separator** *n*
[zur Abgrenzung variabler Datenfelder; bei MS-DOS ein Punkt] [symbol to delimit variable-length data fields; in MS-DOS a period]
= Trennsymbol *nn*; Abgrenzungszeichen *nn*; Begrenzungszeichen *nn*; Abgrenzungssymbol *nn*; Abgrenzer *nm*; Begrenzungssymbol *nn*; Begrenzer *nm*; Separator *nm*
↓ Blockbegrenzer
= separating character; separation flag; tag *n*; delimiter symbol; delimiter *n*
↓ block flag

Trense *nf* COM.CAB → **dummy element**
→ Füllelement *nn*

Treppendiagramm *nn* STATIS → **histogram** *n*
→ Histogramm *nn*

Treppeneffekt *nm* COMP.GR **staircase effect**
↑ Bildunschönheit
= stairstepping *n*
↑ aliasing

Treppenfunktion *nf* MATH → **step function**
→ Sprungfunktion *nf*

Treppensignal *nn* EL.TRO **staircase signal**
= Stufensignal *nn* = step signal

Treppenspannung *nf* EL.TRO **staircase voltage**

Treppenstufenglättung *nf* COMP.GR → **anti-aliasing** *n*
→ Bildglättung *nf*

Treue *nf* TECH → **accuracy** *n*
→ Genauigkeit *nf*

Triac MICR.EL **triac** *n*
[zwei parallel geschaltete Thyristoren mit einer Steuerelektrode] [triode & alternating current; thyristor pair with one gate]
= Wechselstromthyristor *nm*; Zweiweg-Thyristor *nm*; Zweirichtungs-Thyristordiode *nf*
↑ Thyristor
= AC thyristor; bidirectional triode thyristor; triode AC semiconductor switch
↑ thyristor

Triade *nf* COMP.SC **triad** *n*
[drei Bits oder Zeichen] [three bits or characters]

Triage *nf* DAT.PR **triage** *n*
= Prioritäteneinteilung *nf*

triagieren DAT.PR **triage** *n*
= nach Prioritäten einteilen [to sort according to priorities]

Trial-and-error SCIE **trial and error**
= Lernen am Erfolg

Triangulation *nf* MATH **triangulation** *n*
= trilateration *n*

Triazetatfilm *nm* CINEMA **tri-acetate film**

Tribit *nn* INF.TEC **tribit** *n*
= Drei-Bit *nn*; 3-Bit *nn*

Triboluminesenz *nf* PHYS **triboluminescence**
[durch mechanische Einwirkung induziert] [by mechanic impact]

tributpflichtig ECON **tributary** *adj*

trichromatisch OPT **trichromatic** *adj*
= dreifarbig
[related to three colors]
= three-colored; three-chromatic

Trichter *nm* TECH **funnel** *n*
= horn *n*

Trichter *nm* ANT → **conical horn**
→ Konushorn *nn*

Trichterantenne *nf* ANT → **horn antenna**
→ Hornantenne *nf*

Trichterhorn *nn* ANT → **conical horn**
→ Konushorn *nn*

Trichterhornantenne *nf* ANT → **conical horn antenna**
→ Konushornantenne *nf*

Trichterlautsprecher *nm* EL.ACOU → **horn lousspeaker**
→ Druckkammerlautsprecher *nm*

trichterloser Lautsprecher EL.ACOU **direct-radiator loudspeaker**

Trichteröffnung *nf* TECH **funnel mouth**
= horn mouth

Trichterstrahler *nm* ANT → **horn radiator**
→ Hornstrahler *nm*

Trick *nm* TECH → **artifice** *n*
→ Kunstgriff *nm*

Trickfilm *nm* IMAG.ME → **animated cartoon film**
→ Zeichentrickfilm

Trickmischgerät *nn* TV **studio mixer**

Tricktechnik *nf* CINEMA → **special effects**
→ Spezialeffekte *nplt*

Tricktischplanung *nf* CINEMA **table planing**

tridimensional MATH → **three-dimensional** *adj*
→ dreidimensional

Triebfahrzeug *nn* RAIL.SIG **rolling stock**

Triebfeder *nf* COLL → **driving force**
→ treibende Kraft

Triebkraft *nf* SCIE **driving force**
= treibende Kraft
= impellent *n*

Trift *nf* TECH → **drift** *n*
→ Drift *nf*

triftiger Grund COLL **sound reason**

Triftraum *nm* MICROW **drift space**
[Klystron]
= Laufraum *nm*
[klystron]

Triftröhre *nf* MICROW **drift tube**
↑ Laufzeitröhre
↓ Klystron
= linear beam tube
↑ velocity-modulated tube
↓ klystron

Trigger *nm* CIRC.EN → **trigger circuit** *n* (1)
→ Triggerschaltung *nf*

Trigger *nm* (ANGL) EL.TRO → **trigger** *n* (1)
→ Auslöser *nm*

Triggerbasiserweiterung *nf* INSTR **time-basis enhacement**

Triggerdiode *nf* MICR.EL **trigger diode**
[äquivalent zu zwei antiparallel geschalteten Dioden, zündet in beiden Richtung]
= Zweiweg-Schaltdiode *nf*; Kippdiode *nf*; Fünfschichtdiode *nf*; Diac *nm*; Biswitch *nm* (ANGL); Auslösediode *nf*
[corresponds to two antiparallel diodes, triggers in both directions]
= diode AC switch; diac; biswitch; sweep diode

Triggereingang *nm* EL.TRO **trigger input**
= Auslöseeingang *nm*

Triggerelektrode *nf* EL.TRO **trigger electrode**
= Auslöseelektrode *nf*

Triggererweiterung *nf* INSTR **trigger enhacement**

Trigger-Flipflop *nm* CIRC.EN → **toggle flipflop**
→ T-Flipflop *nm*

Triggerimpuls *nm* EL.TRO **trigger pulse** *n*
[löst einen Vorgang aus]
= Auslöseimpuls *nm*
≈ Ansteuerimpuls; Triggersignal; Steuerimpuls
[iniciates some action]
= trigger *n* (3)
≈ drive pulse; triggering signal; control pulse; stimulus

Trigger-Kenndaten *nplt* EL.TRO **trigger characteristics**

triggern EL.TRO → **trigger** *vt*
→ auslösen

Triggern *nn* EL.TRO → **triggering** *n*
→ Auslösung *nf*

Triggerpegel *nm* EL.TRO → **triggering level**
→ Triggerschwelle *nf*

Triggerpegelberereich *nm* INSTR **trigger level range**

Triggerquelle *nf* EL.TRO **trigger source**
= Auslösequelle *nf*
= trigger generator

Triggerschalter *nm* EL.TRO **trigger switch**
= Auslöseschalter *nm*

Triggerschaltung *nf* CIRC.EN **trigger circuit** *n* (1)
[Schaltung die etwas auslöst]
= Trigger *nm*; Auslöser *nm*; Auslöseschaltung *nf*
≈ Kippschaltung
[circuit triggering something]
= trigger *n*
≈ multivibrator
↑ control circuit (1)

Triggerschwelle *nf* EL.TRO **triggering level**
= Triggerpegel *nm*; Auslöseschwelle *nf*; Auslösepegel *nm*
= triggering threshold; trigger threshold

Triggersignal *nn* EL.TRO **triggering signal**
= Auslösesignal *nn*

Triggerspannung *nf* EL.TRO → **trigger voltage**
→ Zündspannung *nf*

Triggerstrom *nm* EL.TRO → **trigger current**
→ Zündstrom *nm*

Triggerung *nf* EL.TRO → **triggering** *n*
→ Auslösung *nf*

Triggerverzögerung *nf* EL.TRO **trigger holdoff**
= Auslöseverzögerung *nf*
= trigger delay

Triggerwicklung *nf* EL.TRO **trigger winding**
= Auslösewicklung *nf*

Trigistor *nm* MICR.EL **trigistor**
[PNPN-Transistor mit Flipflop-Eigenschaften]

Trigonometrie *nf* MATH **trigonometry** *n*
↓ ebene Trigonometrie; sphärische Trigonometrie
↓ plane trigonometry; spherical trigonometry

trigonometrisch MATH **trigonometric**

trigonometrische Funktion MATH → **angular function** *n* (1)
→ Winkelfunktion *nf*

trigonometrische Reihe MATH → **Fourier series**
→ Fourier-Reihe *nf*

triklin PHYS **triclinic**
[Kristallographie; drei ungleichwertige Achsen in beliebigen Winkeln]
= triklinisch; asymmetrisch
[crystallography; three distinct symmetry axes at irregular angles]

triklinisch PHYS → **triclinic**
→ triklin

trilineares Filter COMP.GR **trilinear filter**

Trillern *nn* EL.ACOU **flutter** *n*
[schnelle Amplitudenschwankungen]
[fast fluctuations of amplitude]

Trilliarde *nf* MATH → **sextillion** (AE)
→ tausend Trillionen

Trilliardstel *nn* MATH → **sextillionth** (AE)
→ tausend Trillionstel

Trillion *nf* MATH **quintillion** *n* (AE)
[10E18; "Million hoch drei"]
[10E18; "five groups of three zeros after 1000", resp. "a million to the third power"]
= trillion *n* (BE)

Trimester *nn* ECON → **quarter** *n*
→ Quartal *nn*

trimmen DAT.PR **tweak** *vt*
≈ feinabstimmen [EL.TRO]
[to make final adjustments]
≈ fine-tune [EL.TRO]

Trimmen *nn* CIRC.EN → **tuning**
→ Abgleich *nm*

Trimmer *nm* (1) COMPO → **trimming capacitor** *n*
→ Trimmerkondensator *nm*

Trimmer *nm* (2) COMPO → **trimming potentiometer** *n*
→ Trimmerwiderstand *nm*

Trimmerkondensator *nm* COMPO **trimming capacitor** *n*
[für Abgleich veränderbar]
= Abgleichkondensator *nm*; Trimmer *nm* (1); Korrektionskondensator *nm*
↑ einstellbarer Kondensator
[variable for adjustment purposes]
= trimming condenser; trimmer capacitor; trimmer *n* (1); balancing capacitor
↑ variable capacitor

Trimmerpotentiometer *nn* COMPO → **trimming potentiometer** *n*
→ Trimmerwiderstand *nm*

Trimmerwiderstand *nm* COMPO **trimming potentiometer** *n*
= Trimmwiderstand *nm*; Trimmerpotentiometer *nn*; Trimmpotentiometer *nn*; Widerstandstrimmer *nm*; Trimmer *nm* (2)
↑ Regelwiderstand
= trimmer resistor; trim-pot *n*; trimmer *n* (2)
↑ potentiometer

Trimmpotentiometer *nn* COMPO → **trimming potentiometer** *n*
→ Trimmerwiderstand *nm*

Trimmwiderstand *nm* COMPO → **trimming potentiometer** *n*
→ Trimmerwiderstand *nm*

Trinistor *nm* MICR.EL **trinistor** *n*

Trinitron *nn* EL.TRO → **trinitron tube**
→ Trinitronröhre *nf*

Trinitronröhre *nf* EL.TRO **trinitron tube**
[ein elektronisches Prisma trennt den
[the beam of one electron gun is

Elektronenstrahl in drei auf] — splitted into three by an electronic prism]
= Trinitron *nn* — = trinitron *n*

Triode *nf* — EL.TRO — **triode vacuum tube**
[mit drei Elektroden] — [with three electrodes]
= Hochvakuumtriode *nf*; Dreielektrodenröhre *nf* — = triode *n*; three-electrode tube
— ↑ electron tube

Tripel *nf* — MATH — **triple** *n*
[mathematische Größe aus drei Elementen] — [mathematical quantity of three elements]

Triplate-Leitung *nf* — MICROW — **triplate stripline**
[abgeschirmter Streifenleiter] — [screened stripline]

Triple-leg-Antenne *nf* — ANT — **triple leg antenna**

Triplett *nn* — CODING — **triplet** *n*
[drei als Einheit behandelte Codeelement] — [three digits trated as unit]
— = three-bit byte

Triple W *nn* (ANGL) — INTERNET — → **WWW**
→ WWW *nn*

Triplexer *nm* — RADIO — **triplexer** *n*

Triplikat *nn* — TECH — → **triplicate** *n*
→ Drittausfertigung *nf*

Tripol *nm* — ANT — **tripole** *n*
↑ Multipol — ↑ multipole

Tripolantenne *nf* — ANT — **tripole antenna**

Trisistor *nm* — MICR.EL — **trisistor** *n*
[mit einem Thyristor ähnlichen Eigenschaften] — [characteristic similar to thyristor]
↑ Schalttransistor — ↑ switching transistor

Tristate *nm* — MICR.EL — **tristate** *n*

Tristate-Ausgang *nm* — MICR.EL — **tristate output**

Tristate-Gatter — MICR.EL — **tristate gate**

Tristate-Technik *nf* — MICR.EL — **tristate technique**

Trisulfid *nn* — CHEM — **trisulfide** *n*

Trittbrettfahrer *nm* — INTERNET — → **lurker** *n*
→ Schmarotzer *nm*

Trittgrenze *nf* — POW.SY — → **inverter stability limit**
→ Wechselrichter-Trittgrenze *nf*

trivial — SCIE — **trivial** *adj*
= nichtssagend, platt — = commonplace
≠ nicht trivial — ≠ nontrivial

Trivialität *nf* — SCIE — **triviality** *n*

trocken — TECH — **dry** *adj*

Trockenanalyse *nf* — SW — **static analysis**
[ohne das Programm ablaufen zu lassen] — [without executing the programm]
— = dry analysis

Trockenätzung *nf* — MICR.EL — **dry etching**

trocken aufbewahren! — ECON — **keep dry!**

Trockenbatterie *nf* — POW.SY — **dry battery**
[Batterie von Trockenelementen] — [a battery of dry cells]

Trockenelement *nn* — POW.SY — **dry cell**
[nicht wiederaufladbar] — [not rechargeable]
↑ Leclanché-Element — ↑ Leclanché cell

trockener Wechsel — ECON — → **promissory note**
→ Eigenwechsel *nm*

trockener Zungenkontakt — COMPO — → **dry-reed contact**
→ Schutzgaskontakt *nm*

Trockengleichrichter *nm* — COMPO — **dry rectifier**
= Sperrschichtgleichrichter *nm* — = metal rectifier; barrier-layer rectifier
↓ Kupferoxydul-Gleichrichter; Selengleichrichter — ↓ copper oxide rectifier; selenium rectifier

Trockenhohlmaß *nn* — PHYS — → **dry measure**
→ Trockenmaß *nn*

Trockenmaß *nn* — PHYS — **dry measure**
= Trockenhohlmaß *nn* — ≠ liquid measure
≠ Flüssigkeitsmaß — ↑ volumetric measure
↑ Raummaß

Trockenplasmaätzung *nf* — MICR.EL — **dry plasma etching**

Trockenschrank *nm* — TECH — **drying cabinet**

Trockentinte *nf* — TER&PER — **solid ink**

Trockentintendrucker *nm* — TER&PER — **solid-ink printer**

Trockentoner *nm* — TER&PER — → **toner** *n*
→ Toner *nm*

Trockentransformator *nm* — POW.EN — **dry-type transformer**

trockenverzinken — METAL — **dry-galvanize**
— = sherardize

trocknen — TECH — **dry** *vt*
— = dissecate

Trockner *nm* — TECH — → **dessicator** *n*
→ Entfeuchter *nm*

Trocknung *nf* — TECH — **drying** *n*
≈ Entfeuchtung — ≈ dissecation

Trocknungsmittel *nn* — TECH — **desiccant** *n*
— = drying agent; moisture absorbent

Tröger-Schaltung *nf* — POW.SY — → **Morgan connection**
→ Morgan-Schaltung *nf*

Trojanisches Pferd — SW — **Trojan Horse**
[ein als Nutzprogramm verkleidetes Zerstörungsprogramm; z.U. zum Virus nicht selbstausbreitend] — [a destructive programm disguised as a useful one; doesn't replicate itself as a virus does]
= Bombe — = Trojan; bomb
≈ Virus — ≈ virus
↓ Logikbombe; Zeitbombe — ↓ logic bomb; time bomb

Trolitul-Ring *nm* — ANT — **trolitul ring**

Trolitul-Schicht — ANT — **trolitul layer**

Trombone *nf* — MUSIC — **trombone** *n*

Trombonist *nm* — MUSIC — **trombonist** *n*

Trommel *nf* — MUSIC — **drum** *n*

Trommel *nf* — TER&PER — **drum** *n*

Trommel *nf* — TECH — **drum** *n*
[zylindrischer Gegenstand zur Aufnahme von etwas, oder zum Aufwickeln von etwas] — [cylindrical object serving as container, or to wind something on]
≈ Rolle (2); Walze — ≈ roll (2); roller

Trommel *nf* — COM.CAB — → **cable drum**
→ Kabeltrommel *nf*

Trommelabtaster *nm* — TER&PER — **drum scanner**
= Trommel-Scanner *nm*

Trommeladresse *nf* — DAT.PR — **drum address**
= Magnetrommeladresse *nf* — = magnetic drum address

Trommelanker — POW.EN — **drum armature**
— = cylindrical armature

Trommeldrucker *nm* — TER&PER — → **drum printer**
→ Typenwalzendrucker *nm*

Trommeleinheit *nf* — TER&PER — → **magnetic drum unit**
→ Magnettrommeleinheit *nf*

Trommelfaktor *nm* — TELEGR — **drum factor**
[Faksimile; Trommellänge zu Trommeldurchmesser] — [facsimile; drum length to drum diameter]

Trommelgerät *nn* — TELEGR — **drum apparatus**
= Trommeltransceiver *nm* — = drum-type transceiver
↑ Faksimilegerät — ↑ facsimile equipment

Trommelleitung *nf* — OUT.PL — → **trailing cable**
→ Schleppleitung *nf*

Trommelplotter *nm* — TER&PER — **drum plotter**
= Walzenplotter *nm*

Trommel-Scanner *nm* — TER&PER — → **drum scanner**
→ Trommelabtaster *nm*

Trommelschläger *nm* — MUSIC — **drummer** *n*
= Trommler *nm*

Trommelspeicher *nm* — HW — → **magnetic drum storage**
→ Magnettrommelspeicher *nm*

Trommeltransceiver *nm* — TELEGR — → **drum apparatus**
→ Trommelgerät *nn*

Trommelzugriff *nm* — TER&PER — **drum access**
= Magnettrommelzugriff *nm* — = magnetic drum access

Trommler *nm* — MUSIC — → **drummer** *n*
→ Trommelschläger *nm*

Trompete *nf* — MUSIC — **trumpet** *n*

Trompetist *nm* — MUSIC — **trumpet player**
— = trumpetist *n* (military)

Tropen *nplt* — METEO — **tropics** *nplt*

tropenfest — QUAL — **tropicalized**
= tropentauglich — = tropi-proof
↑ Klimabeständig — ↑ climate-resistant

tropentauglich — QUAL — → **tropicalized**
→ tropenfest

Tropfendurchführung *nf* — COMPO — → **bead seal**
→ Glastropfendurchführung *nf*

Tropfenelektrode *nf* — EL.TRO — **drop electrode**

tropfwassergeschützt — QUAL — **drop-proof**

Tropopause *nf* — GEOSC — **tropopause** *n*

Troposcatter — RAD.PRO — → **troposcatter** *n*
→ troposphärische Streuausbreitung

Troposcatter-Richtfunksystem *nn* — RADIO — → **trans-horizon radio relay system**
→ Überhorizont-Richtfunksystem *nn*

Troposcatter-Verbindung *nf* — RAD.RE — → **troposcatter radio link**
→ Streustrahl-Richtfunkverbindung *nf*

Troposphäre *nf* — GEOSC — **troposphere** *n*
[bis ca. 11 km] — [up to about 11 km]
↑ Atmosphäre — ↑ atmosphere

troposphärische Streuausbreitung — RAD.PRO — **troposcatter** *n*
= Überhorizontausbreitung *nf*; Troposcatter — = tropospheric scatter; tropospheric scatter propagation

Trosse *nf* — TECH — **hawser** *n*
≈ Schlepptau — = warp
— ≈ haulage rope

Trottel *nm*	INTERNET	**twit** *n*
Troygewicht *nn*	PHYS	**troy** *n* = t.
TR-Switch *nm* (ANGL) → Antennenumschalter *nm*	RADIO	→ **duplexer** *n* (2)
trübe ≈ matt ≠ klar	TECH	**turbid** *adj* = dull (2) ≈ mat ≠ clear
Trübung *nf*	TECH	**turbidity** *n*
True BASIC [eine moderne Version des BASIC]	COMP.LG	**True BASIC** [a modernisized version of BASIC]
True-Color-Codierung *nf* [256³ = 16 Mio. Farben mittels 24 Bits]	TER&PER	**True Color coding** [256³ = 16 mio. colors by 24 bits]
True-type-Schriftart *nf* [skalierbar und druckgleich]	TER&PER	**true type font** [scalable and WYSIWYG]
trügerisch ≈ fiktiv	COLL	**specious** *adj* ≈ fictitious
trügerischer Schein	COLL	**speciousness** *n* = false appearence
Trugschluss *nm* ≈ Fehlschluss	SCIE	**fallacy** *n* ≈ wrong inference
Trümmerfilm *nm* ↑ Katastrophrnfilm	CINEMA	**wreckage film** ↑ catastrophy film
Trunktierung *nf* [Suchmöglichkeit mit bruchstückhaften Angaben]	COMP.AP	**trunctation** *n* [searchability with entry fragments]
Trupp *nm* = Arbeitstrupp *nm* ≈ Team	ECON	**team** *n*
Trust *nm*	ECON	**trust** *n*
Trust *nm*	DAT.NW	**trust** *n*
TSAPI-Schnittstelle *nf*	TELEC	**TSAPI** = Telephony Service Application Programming Interface
T-Schaltung *nf* → Sternschaltung *nf*	NETW.TH	→ **star connection**
Tschebyscheff-Filter *nn*	NETW.TH	**Chebyshev filter**
Tschebyscheff-Polynom	NETW.TH	**Chebyshev polynomial**
Tschernobyl-Virus *nm* = CIH-Virus *nm*	SW	**Chernobyl virus** = CIH virus
TSE-Beschaltung *nf* [Schutzbeschaltung für Halbleiterventil]	CIRC.EN	**suppressor circuit** [protective connection for semiconductor gate]
TSEC-Kriterien *nplt* = Orange-Buch *nn*	DAT.PR	**TSEC** = Trusted Computer System Evaluation; Orange Book
TSI QPSK	CODING	**TSI QPSK** = Two-Symbol-Interval QPSK
TSR-Programm *nn* (DOS) [jederzeit aufrufbares Programm] ≈ Schreibtischzubehör (Macintosh) ↑ speicherresidentes Dienstprogramm	SW	**TSR program** (DOS) [Terminal Stay Resident; memory-resident program] = TSR (DOS) ≈ desk accessory (Macintosh) ↑ pop-up utility
TSS → Teilnehmerbetrieb *nm*	DAT.PR	→ **time sharing operation**
TSSOP [oberflächenmontierbares Plastikgehäuse]	MICR.EL	**TSSOP** [Thin Shrink Small Outline Package; surface-mountable]
T-Stecker *nm*	COMPO	**T connector**
T-Stück *nf* → T-Verzweigung *nf*	MICROW	→ **T junction**
t-Test *nm*	STATIS	**t test**
TTFD-Antenne *nf*	ANT	**tilted terminated folded dipole** = TTFD antenna
T-Thyristor *nm* → Frequenzthyristor *nm*	COMPO	→ **frequency thyristor**
TTL → Transistor-Transistor-Logik *nf*	MICR.EL	→ **transistor-transistor logic**
TTL-kompatibel	EL.TRO	**TTL compatible**
TTL-Logik *nf* → Transistor-Transistor-Logik *nf*	MICR.EL	→ **transistor-transistor logic**
T-Transformationsglied *nn*	NETW.TH	**T section low-pass**
TTU → Teletex-Telex-Umsetzer *nm*	DAT.CO	→ **teletex-telex converter**
TTX → Teletex *nm*	TELEC	→ **teletex** *n*
TTY-Schnittstelle *nf* ↑ serielle Schnittstelle	HW	**TTY interface** ↑ serial interface
TU → Zubringereinheit *nf*	TELEC	→ **tributary unit**
TU-Anweisung *nf* → LAUF-Anweisung *nf*	COMP.LG	→ **RUN statement**
Tube *nf* → Koaxialpaar *nn*	COM.CAB	→ **coaxial pair**
tüchtig ≈ fähig	COLL	**proficient** *adj* ≈ capable
Tüchtigkeit *nf* [Können mit Fleiß] ≈ Fähigkeit; Kunstfertigkeit	COLL	**proficiency** ≈ capability; skill
Tülle *nf* → Hülse *nf*	TECH	→ **sleeve** *n*
Tuner *nm* [HF-Vorstufe + Oszillator + Mischer]	HF	**tuner** *n* [HF preamp + oscillator + mixer]
Tuner *nm* (1) [UKW-Empfänger ohne NF-Leistungsverstärker]	CONS.EL	**tuner** *n* [FM receiver without audio booster]
Tuner *nm* (2) → Kanalwähler *nm*	CONS.EL	→ **channel selector**
tunken → tauchen	TECH	→ **plunge** *vt*
Tunneldiode *nf* = Esaki-Diode *nf* ↑ Flächendiode	MICR.EL	**tunnel diode** = Esaki diode ↑ junction diode
Tunneldiodenoszillator *nm*	CIRC.EN	**tunnel diode oscillator**
Tunneldurchbruch *nm*	MICR.EL	**tunnel breakdown**
Tunneleffekt *nm* [Elektron überwindet übermäßigen Potentialberg]	PHYS	**tunnel effect** [electron surmounts a superior potential wall]
Tunnelfunksystem *nn* = TFS	RADIO	**tunnel radio system**
tunneln *vt* [Paket in Paket übertragen]	DAT.NW	**tunnel** *vt* [to transmit a packet within another packet]
Tunnelstrom *nm*	MICR.EL	**tunnel current**
Tunneltransistor *nm*	MICR.EL	**tunnel transistor**
Tunwort *nn* → Verb *nn*	LING	→ **verb** *n* (1)
TUP [SS7]	SWITCH	**TUP** [SS7] = Telephone User Part
Tupel *nn* [in relationalen Datenbanken: Liste korrelierter Datenwerte]	DAT.PR	**tuple** *n* [rhymes with "couple"; in relational databases; set of correlatad values data values] = row *n*
Tupel *nn* [mathematische Größe aus zwei Elementen] = zweistellige Relation ↑ n-Tupel	MATH	**tuple** *n* [mathematical quantity consisting of two elements] ↑ n-tuple
Tupelnkalkül *nm* ↑ Relationenkalkül	DAT.MA	**tuple calculus** ↑ domain calculus
Tür *nf* ≈ Tor	CIV.EN	**door** *n* (1) ≈ gate
Türalarm *nm*	SIG.EN	**door alarm** = door-open alarm
Türanlage *nf*	SIG.EN	**entrance monitoring system** = door monitoring system; gate monitoring system
turbulent	PHYS	**turbulent**
turbulente Strömung → Wirbelströmung *nf*	PHYS	→ **turbulent flow**
Turbulenz *nf* → Wirbelströmung *nf*	PHYS	→ **turbulent flow**
Turbulenzinversion *nf*	RAD.PRO	**turbulence inversion**
Turbulenzströmung *nf* → Wirbelströmung *nf*	PHYS	→ **turbulent flow**
Türfeststeller	EQP.EN	**door latch**
Türfreisprecheinrichtung *nf* → Türsprechstelle *nf*	TELEPH	→ **entrance telephone**
Turing-Maschine *nf* [abstrakter Bezugsrechner mit endlichen Algorithmen]	COMP.SC	**Turing machine** [abstract reference computer with finite algorithms]
Turing-Test *nm* [eine Maschine gilt als intelligent, wenn sie nicht von einem Menschen unterschieden werden kann]	COMP.SC	**Turing test** [a machine is considered to be intelligent, if its response cannot be distinguished from a person's one] = Imitation Game
Türkensebelantenne *nf* → Sichelantenne *nf*	ANT	→ **scimitar antenna**
türkis → türkisblau *adj*	OPT	→ **turquoise blue** *adj*
türkisblau *adj* = türkis	OPT	**turquoise blue** *adj* = turquoise *adj*

türkisches I LING **dotless i**
= I ohne Punkt; punktloses I
Türknauf-Übergang *nm* MICROW **doorknob transition**
Turm *nm* CIV.EN **tower** *n*
[im Verhältnis zum Querschnitt sehr hohes, freistehendes Gebäude oder Struktur] [free standing building or structure, very high in relation to its cross section]
≈ Mast ≈ mast
Turm *nm* HW → **tower** *n*
→ Turmgerät *nn*
Turmalin *nn* CHEM **tourmaline** *n*
Turmbefestigung *nf* ANT **tower mount**
[von Antennen]
Turmgerät *nn* HW **tower** *n*
= Turm *nm*; Towergerät *nn*; Tower *nm* = tower-style case
↑ Unterbaugerät [EQP.EN] ↑ under-desk equipment [EQP.EN]
Turmlast *nf* CIV.EN **tower loading**
Turmstecker *nm* COMPO → **stackable plug**
→ Stapelstecker *nm*
Turn-Key- (ANGL) TECH → **turn-key** *adj*
→ schlüsselfertig
Turnkey-Anlage *nf* DAT.PR **turnkey system**
[mit der für eine bestimmten Anwendungsfall erforderlichen HW und SW] [with all HW and SW necessary for a special application]
= Turnkey-System *nn*
Turnkey-System *nn* DAT.PR → **turnkey system**
→ Turnkey-Anlage *nf*
Turn-key-System *nn* TECH → **turn key system**
→ schlüsselfertige Anlage
Turnstile-Antenne *nf* ANT → **turnstile antenna**
→ Drehkreuzantenne *nf*
Türsprechstelle *nf* TELEPH **entrance telephone**
= Türfreisprecheinrichtung *nf*; TFE = entrance conversation station
Turtle-Grafik *nf* COMP.GR → **turtle graphics**
→ Schildkrötengrafik *nf*
Turtle-Graphik *nf* COMP.GR → **turtle graphics**
→ Schildkrötengrafik *nf*
Tusche *nf* OFFICE **drawing ink**
≈ Tinte = Chinese ink; Indian ink
↑ ink
Tuten *nn* TELEPH **pip** *n*
Tutorial *nn* (ANGL) SW → **tutorial program**
→ Lernprogramm *nn*
TÜV QUAL **TÜV**
= Technischer Überwachungsverein [German Association for Safety Inspections]
TV *nn* BROADC → **television** (v)
→ Fernsehen *nn*
TV/Ton-Weiche *nf* TV **duplexer** *n*
= Tonweiche *nf*
TV-Anschlussleitung *nf* BROADC → **television subscriber line**
→ Fernsehanschlussleitung *nf*
TV-Antenne *nf* (1) ANT → **television antenna** (1)
→ Fernsehantenne *nf* (1)
TV-Antenne *nf* (2) ANT → **television reception antenna** *n*
→ Fernsehempfangsantenne *nf*
TV-Apparat *nm* CONS.EL → **television set**
→ Fernsehgerät *nn*
TV-Austauschleitung *nf* BROADC → **television program exchange line**
→ Fernsehaustauschleitung *nf*
TV-Band *nn* RADIO → **television broadcast band**
→ Fernsehband *nn*
TV-Bereich *nm* RADIO → **television broadcast band**
→ Fernsehband *nn*
TV-Bild *nn* TV → **television picture**
→ Fernsehbild *nn*
TV-Bildempfänger *nm* TV → **television picture display**
→ Fernsehbildempfänger *nm*
TV-Bildröhre *nf* EL.TRO → **television picture tube**
→ Fernsehbildröhre *nf*
TV-Bildschirmgerät *nn* TER&PER → **televison terminal**
→ Fernseh-Bildschirmgerät *nn*
TV-Datenzeilendecoder *nm* TV **TV data line decoder**
TV-Digitaloszilloskop *nn* INSTR **TV digital oscilloscope**
TV-Empfang *nm* BROADC → **television reception**
→ Fernsehempfang *nm*
TV-Empfänger *nm* CONS.EL → **television set**
→ Fernsehgerät *nn*
TV-Empfänger *nm* TV → **television picture display**
→ Fernsehbildempfänger *nm*
TV-Empfangsantenne *nf* ANT → **television reception antenna** *n*
→ Fernsehempfangsantenne *nf*

T-Verbinder *nm* MECH **T joint**
t-Verteilung *nf* STATIS → **Student's t distribution**
→ Student-Verteilung *nf*
T-Verzweigung *nf* COMPO **T junction**
= T-Adapter *nm* = T adapter
T-Verzweigung *nf* MICROW **T junction**
= T-Stück *nf* = T adapter; T adaptor; Tee junction; Tee adapter; Tee adaptor
TV-Füllsender *nm* BROADC → **television fill-in transmitter**
→ Fernsehfüllsender *nm*
TV-Gebühr *nf* IMAG.ME → **television license**
→ Fernsehgebühr *nf*
TV-Gerät *nn* CONS.EL → **television set**
→ Fernsehgerät *nn*
TV-Installateur *nm* TV → **televison installer**
→ Fernsehinstallateur *nm*
TVK SWITCH → **diurnal traffic distribution**
→ Tagesverkehrskurve *nf*
TV-Kabel-Telefonie *nf* INF.TEC → **cablephony** *n*
→ Fernsehkabel-Telefonie *nf*
TV-Kamera *nf* TV → **television camera**
→ Fernsehkamera *nf*
TV-Kanal *nm* RADIO → **television channel**
→ Fernsehkanal *nm*
TV-Kanalabstand *nm* RADIO → **television channel spacing**
→ Fernsehkanalabstand *nm*
TV-Karte *nf* HW **TV card**
TV-Kontrolloszilloskop *nn* TV → **video-frequency oscilloscope**
→ Fernseh-Kontrolloszilloskop *nn*
TV-Kopfhörer *nm* CONS.EL → **television headphone**
→ Fernsehkopfhörer *nm*
TV-Leitung *nf* TRANSM → **television line**
→ Fernsehleitung *nf*
TV-Leitungskette *nf* BROADC → **chain of television line**
→ Fernsehleitungskette *nf*
TV-Leitungsnetz *nn* BROADC → **television network**
→ Fernsehleitungsnetz *nn*
TV-Leitungsverbindung *nf* BROADC → **television link**
→ Fernsehleitungsverbindung *nf*
TV-Magazin *nn* IMAGE.ME **actuality** *n*
TV-Messdemodulator *nm* INSTR **TV demodulator**
= Fernseh-Messdemodulator *nm*
TV-Messsignal *nn* TV → **television measuring signal**
→ Fernsehmesssignal *nn*
TV-Messtechnik *nf* TV → **television measurement**
→ Fernsehmesstechnik *nf*
TV-Modulationsleitung *nf* BROADC → **television transmitter Feeding link**
→ Fernsehmodulationsleitung *nf*
TV-Norm *nf* TV → **television standard**
→ Fernsehnorm *nf*
TV-Ortsleitung *nf* BROADC → **local television link**
→ Fernseh-Ortsleitung *nf*
TV-Oszilloskop *nn* INSTR **TV oscilloscope**
TV-Premiere *nf* IMAG.ME → **television premiere**
→ Fernsehpremiere *nf*
TV-Programm *nn* IMAG.ME → **television broadcast program** (AE)
→ Fernsehprogramm *nn*
TV-Propaganda *nf* IMAG.ME → **television advertizing**
→ Fernsehwerbung *nf*
TV-Prüfsignal *nn* TV → **television test signal**
→ Fernsehprüfsignal *nn*
TV-Reporter *nm* IMAG.ME → **television broadcast reporter**
→ Fernsehreporter *nm*
TV-RF-Messsender *nm* BROADC **TV/RF test transmitter**
TV-Röhre EL.TRO → **television picture tube**
→ Fernsehbildröhre *nf*
TV-Rundfunk *nm* IMAG.ME → **television broadcasting**
→ Fernsehrundfunk *nm*
TV-Rundfunksatellit *nm* SAT.CO → **television broadcasting satellite**
→ Fernsehrundfunk-Satellit *nm*
TV-Satellit *nm* SAT.CO → **television broadcast satellite**
→ Fernsehsatellit *nm*
TV-Schaltsstelle *nf* BROADC → **television program center** (AM)
→ Fernsehschaltstelle *nf*
TV-Sendeanlage *nf* BROADC → **television broadcast station**
→ Fernsehsendeanlage *nf*
TV-Sendeantenne *nf* ANT → **television transmitting antenna**
→ Fernsehsendeantenne *nf*
TV-Sender *nm* BROADC → **television transmitter**
→ Fernsehsender *nm*
TV-Sendestation *nf* BROADC → **television transmitter**
→ Fernsehsender *nm*

TV-Sendung *nf* IMAG.ME → **television broadcast transmission**
→ Fernsehsendung *nf*
TV-Signal *nn* TV → **television signal**
→ Fernsehsignal *nn*
TV-Signal-Kanal *nm* BROADC → **television channel signal**
→ Fernsehkanalsignal *nn*
TV-Spiel *nn* IMAG.ME → **teleplay** *n* (1)
→ Fernsehspiel *nn*
TVSt *nf* SWITCH → **local trunk exchange**
→ Teilnehmervermittlungsstelle *nf*
TV-Standard *nm* TV → **television standard**
→ Fernsehnorm *nf*
TV-Störung *nf* RAD.PRO → **television interference**
→ Fernsehstörung *nf*
TV-Studio *nn* IMAG.ME → **television studio**
→ Fernsehstudio *nn*
TV-Technik *nf* TV → **television engineering**
→ Fernsehtechnik *nf*
TV-Teilnehmer *nm* IMAG.ME → **television broadcast service user**
→ Fernsehteilnehmer *nm*
TV-Text *nm* TELEC → **television text**
→ Fernsehtext *nm*
TV-Turm *nm* ANT → **television tower**
→ Fernsehturm *nm*
TVU BROADC → **television transposer**
→ Fernsehumsetzer *nm*
TV-Übertragung *nf* IMAG.ME → **television broadcast transmission**
→ Fernsehsendung *nf*
TV-Überwachungsanlage *nf* SIG.EN → **television control system**
→ Fernsehüberwachungsanlage *nf*
TV-Überwachungsempfänger *nm* RAD.LO **TV monitoring receiver**
TV-Umlenksender *nm* BROADC → **television repeater**
→ Fernsehumlenksender *nm*
TV-Umsetzer *nm* BROADC → **television transposer**
→ Fernsehumsetzer *nm*
TV-Versorgung *nf* BROADC → **television coverage**
→ Fernsehversorgung *nf*
TV-Verteilanlage *nf* BROADC → **television distributing system**
→ Fernsehverteilanlage *nf*
TV-Verteilleitung *nf* BROADC → **television program distribution line**
→ Fernsehverteilleitung *nf*
TV-Verteilung *nf* BROADC → **television signal distribution**
→ Fernsehverteilung *nf*
TV-Wagen *nm* BROADC → **television van**
→ Fernsehwagen *nm*
TV-Werbung *nf* IMAG.ME → **television advertizing**
→ Fernsehwerbung *nf*
TV-Zubringerleitung *nf* BROADC → **outside television broadcast link**
→ Fernsehzubringerleitung *nf*
TV-Zuführungsleitung *nf* BROADC → **television program contribution line**
→ Fernsehzuführungsleitung *nf*
TV-Zuschauer *nm* IMAG.ME → **televiewer** *n*
→ Fernsehzuschauer *nm*
TWAIN-Schnittstelle *nf* DAT.MA **TWAIN interface**
= Technology Without An Interesting Name interface
Tweening *nn* COMP.GR → **tweening** *n*
→ Zwischenschrittwandlung *nf*
Twinaxialkabel *nn* COM.CAB **twinaxial cable**
[koaxial mit 2 Innenleitern] [coaxial with 2 inner conductors]
Twinax-Stecker *nm* COMPO **twinax connector**
Twin-Lamp *nf* ANT **twin lamp indicator**
[of VSWR]
Twin-lead-Kabel *nn* COM.CAB → **ribbon cable**
→ Bandkabel *nn*
Twin-well-Technik *nf* MICR.EL **twin-well technology**
Twip *nn* PRIN.ME **twip** *n*
[1/20 Punkt, d.h. 0,018 mm] [1/20 point, i.e. 0.018 mm]
Twistor *nm* COMPO **twistor** *n*
[Speichermatrix aus tordierten Drähten] [storage matrix formed by twisted wires]
= magnetischer Drahtspeicher
TWT MICROW → **travelling wave tube**
→ Wanderfeldröhre *nf*
Typ *nm* ECON **type** *n*
= Modell *nn* = model *n*
Typ *nm* DAT.MA **type** *n*
[Inhaltsart einer Variable] [sort of content of a variable]
↓ variabler Datentyp ↓ variable data type
-typ TECH → **type of ...**
→ -art
Typanweisung *nf* SW **type statement**

Typ der logischen DAT.NW → **logical link control type**
→ logischer Verbindungssteuerungstyp
Type *nf* PRIN.ME → **type** *n*
→ Drucktype *nf*
Type-1-Schrift *nf* TER&PER **Type 1 font**
[eine PostScript-Schrift] [a PostScript font]
Typenabnahme *nf* TECH **type approval**
= Homologation *nf* = type acceptance; homologation *n*
≈ Typprüfung ≈ type acceptance test
Typenabstand *nm* PRIN.ME → **character spacing**
→ Zeichenabstand *nm*
Typenarm *nm* OFFICE → **type bar**
→ Typenhebel *nm*
Typenbehandlung *nf* SW **typing** *n*
= Datentypbehandlung *nf*; Typisierung *nf* = data type handling
Typendeklaration *nf* SW → **data type declaration; type declaration**
→ Datentypdeklaration *nf*
Typendichte *nf* PRIN.ME → **character density**
→ Zeichendichte *nf*
Typendruck *nm* PRIN.ME **type printing**
↑ Hochdruck = typographical printing
↑ letterprint
Typendrucker *nm* TER&PER **type printer**
[mit mechanisch vorgegebenem Typenvorrat] [with mechanically defined font]
= Ganzzeichendrucker *nm* = solid font printer
≠ Rasterdrucker ≠ dot-matrix printer
↑ Drucker ↑ printer
↓ Typenstabdrucker; Typenraddrucker; Walzendrucker; Kettendrucker; Banddrucker ↓ typebar printer; type wheel printer; drum printer; chain printer; belt printer
typengeprüft QUAL → **type-accepted**
→ typgeprüft
Typenhammer *nm* TER&PER → **print hammer**
→ Druckhammer *nm*
Typenhebel *nm* OFFICE **type bar**
[Schreibmaschine] [typewriter]
= Typenstab *nm*; Typenstange *nf*; Druckstange *nf*; Typenarm *nm* = typebar *n*; print bar
↑ Typenträger ↑ type carrier
Typenkamm *nm* TER&PER **type comb**
= comb
Typenkette *nf* TER&PER → **print chain**
→ Druckkette *nf*
Typenkopf *nm* TER&PER **type head** (1)
[zylindrischer Typenträger] [cylindrical type carrier]
↑ Druckkopf (1); Typenträger = typehead *n* (1)
↑ print head; type carrier
Typenkorb *nm* OFFICE **thimble** *n*
[Schreibmaschine] [typewriter]
= type basket
Typenkorb-Drucker *nm* TER&PER **thimble printer**
= Thimble-Drucker *nm* (ANGL) = spinwriter *n*
≠ Anschlagdrucker ↑ impact printer
Typenleser *nm* TER&PER → **print reader**
→ Druckschriftleser *nm*
Typenmusterprüfung *nf* QUAL → **type acceptance test**
→ Typprüfung *nf*
Typenprüfung *nf* QUAL → **type acceptance test**
→ Typprüfung *nf*
Typenrad *nf* TER&PER **typewheel** *n*
[daisy = Engl. "Gänseblume"] = daisy wheel; daisy; print wheel; character wheel
= Typenscheibe *nf*, Scheibrad *nn*; Daisywheel *nn* (ANGL) ↑ type carrier
↑ Typenträger
Typenraddrucker *nm* TER&PER **type-wheel printer**
= Typenscheibendrucker *nm*; Scheibenraddrucker *nm* = daisy-wheel printer; character-wheel printer; print wheel-printer; wheel printer; petal printer
↑ Anschlagdrucker; Typendrucker; Nur-Text-Drucker ↑ impact printer; type printer;
Typenradmotor *nm* TER&PER **print-wheel motor**
= print-wheel drive
Typenradschreibmaschine *nf* OFFICE **daisy-wheel typewriter**
Typenscheibe *nf* TER&PER → **typewheel** *n*
→ Typenrad *nf*
Typenscheibendrucker *nm* TER&PER → **type-wheel printer**
→ Typenraddrucker *nm*
Typenschild *nn* TECH → **label** *n*
→ Kennzeichnungsschild *nn*
Typenstab *nm* OFFICE → **type bar**
→ Typenhebel *nm*
Typenstabdrucker *nm* TER&PER **typebar printer**

=Typenstangendrucker *nm*; Stabdrucker *nm*; Stangendrucker *nm* ↑ Anschlagdrucker; Zeilendrucker		=bar printer; stick printer ↑ impact printer; line printer
Typenstange *nf* →Typenhebel *nm*	OFFICE	→ **type bar**
Typenstangendrucker *nm* →Typenstabdrucker *nm*	TER&PER	→ **typebar printer**
Typenstein *nm*	PRIN.ME	**slug** *n* (1)
Typenstößel *nm* → Druckhammer *nm*	TER&PER	→ **print hammer**
Typenträger *nm* ↓ Druckkopf; Druckkette; Typenband; Typenwalze; Druckkopf; Typenkopf; Kugelkopf; Typenrad; Typenmagazin; Typenhebel	TER&PER	**type carrier** = type pallet ↓ print head; type chain; printer tape; print drum; print hear; type head (1); print ball; typewheel; type magazine; type bar
Typenwalze → Schreibwalze *nf*	OFFICE	→ **platen** *n*
Typenwalzendrucker *nm* [bis zu 1200 Zeilen/Min.] = Walzendrucker *nm*; Trommeldrucker *nm* ↑ Anschlagdrucker; Typendrucker; Zeilendrucker	TER&PER	**drum printer** [up to 1200 lpm] = barrel printer ↑ impact printer; type printer; line printer
Typenzylinder *nm*	TER&PER	**type cylinder**
typgeprüft = typengeprüft	QUAL	**type-accepted** = type-proved
typisch *adj* = characteristisch; kennzeichnend; auszeichnend ≈ besonders; eigentümlich	TECH	**typical** *adj* = typic *adj*; characteristic *adj*; distinctive *adj* ≈ special; peculiar
Typisierung *nf* → Typenbehandlung *nf*	SW	→ **typing** *n*
Typistin *nf* = Maschinenschreiberin *nf*; Maschinenschreibkraft *nf*; Schreibkraft *nf* ↑ Maschinenschreibkraft ↓ Stenotypistin; Phonotypistin; Datentypistin	OFFICE	**female typist** *n* = female typewriter; clerck-typist; typist *n*; typewriter *n* (2) ↓ shorthand typist (1); phonotypist (1); data entry operator (1)
Typkontrolle *nf* → Datentypkontrolle *nf*	DAT.MA	→ **data type checking**
Typmuster *nn* → Prototyp *nm*	TECH	→ **prototype** *n*
Typmusterprüfung *nf* → Typprüfung *nf*	QUAL	→ **type acceptance test**
Typografie *nf* (1) = Typographie *nf* (1); Buchdruckerkunst *nf*; Drucktechnik *nf*	PRIN.ME	**typography** *n* (1) [art of letterpress printing]
Typografie *nf* (2) [Gestaltung von Druckseiten] = Typographie *nf* (2)	PRIN.ME	**typography** *n* (2) [arrangement of letterpress matter]
typografisch = drucktechnisch	PRIN.ME	**typographic** *adj* = typographical
typografische Anführungszeichen ≠ senkrechte Anführungszeichen	WOR.PR	**smart quotes** ≠ dumb quotes
Typograph *nm* → Setzer *nm*	PRIN.ME	→ **typesetter** *n* (1)
Typographie *nf* (1) → Typografie *nf* (1)	PRIN.ME	→ **typography** *n* (1)
Typographie *nf* (2) → Typografie *nf* (2)	PRIN.ME	→ **typography** *n* (2)
typographische Anweisung → Satzanweisung *nf*	PRIN.ME	→ **typographic instruction**
typographischer Befehl → Satzanweisung *nf*	PRIN.ME	→ **typographic instruction**
typographischer Punkt → Punkt *nm*	PRIN.ME	→ **point** *n* (1)
Typometer *nn* → Zeilenmaß *nn*	PRIN.ME	→ **line gauge**
Typosquatter *nm* [Spekulieren mit Tippfehlern von Websurfern]	INTERNET	**typosquatter** *n* [speculation with typing errors of Web surfers]
Typprüfung *nf* [am 1. Muster der Normalfertigung, zur Freigabe der Serienfertigung] = Typmusterprüfung *nf*; Typenmusterprüfung *nf*; TMP *nf*; Typenprüfung *nf*; Zulassungsprüfung *nf*; Homologationsprüfung *nf*; Konformitätsprüfung *nf*; Konformitätstest *nm* ↑ Abnahmeprüfung	QUAL	**type acceptance test** [on 1st sample of series production, to release series production] = type approval test; homologation test; conformance test; validation test
Typprüfung *nf* → Datentypkontrolle *nf*	DAT.MA	→ **data type checking**
Typvereinbarung *nf*	SW	**type declaration**
tyrischrosa *adj*	OPT	**rose tyrian** *adj*

U *u*

u PHYS → **mu**
→ Mü

U ECON → **turnover** *n* (BE)
→ Umsatz *nm*

U CHEM → **uranium** *n*
→ Uran *nn*

U EL.SC → **voltage** *n*
→ elektrische Spannung

u.a.m. OFFICE **et al.**
≈ usw.; u.a. = et alia; et al. ≈ etc.

U/min PHYS → **revolutions per minute**
→ Umdrehungen pro Minute

U/s PHYS → **revolutions per second**
→ Umdrehungen pro Sekunde

U-Adcock-Antenne *nf* ANT **U Adcock antenna**

UAE-Buchse *nf* COMPO **universal port**
[Universelle Anschluss-Einrichtung] [for analog and digital devices]

U-Antenne *nf* ANT **U antenna**

UART DAT.CO **UART**
[ein Baustein für asynchrone Datenübertragung] [Universal Asynchronous Receiver-Transmitter; pronounced "u-art"; a module for asynchronous data transfer]
= universal device

üben COLL **exercise** *vi*
= trainieren; praktizieren = practise; practice; train

über COLL **via** *praep*
= durch; mittels = by means of

Überabschreibung *nf* ECON **over-depreciation**

Überabtastung *nf* CODING **oversampling**
≠ Unterabtastung ≠ subsampling

überabzählbar MATH **overdenumerable** *adj*
= overenumerable

Überalterung *nf* COLL → **obsolescence** *n*
→ Veraltung *nf*

Überangebot *nf* ECON **oversupply** *n*
= surplus supply

Überanpassung *nf* NETW.TH → **overmatching** *n*
→ Spannungsanpassung *nf*

Überanstrengung *nf* COLL **strain** *n*

überarbeiten *vt* TECH **rework** *vt*
[Fehler beseitigen] [eliminate defects]
= überholen; umarbeiten; nacharbeiten = recondition *vt*; overhaul *vt*; refit *vt*; reform *vt*
≈ instandsetzen; überprüfen; umformen ≈ repair; revise; reshape

überarbeiten *vt* MEDIA **rewrite** *n*
= neufassen

Überarbeitung *nf* TECH **overhaul** *n*
= Überholung *nf* = refit *n*; rework *n*

Überarbeitung *nf* MEDIA **rewrite** *n*
= Neufassung *nf*

Überausgleich *nm* TECH → **overcompensation** *n*
→ Überkompensation *nf*

überausgleichen TECH → **overcompensate**
→ überkompensieren

überausstattenv *vt* TECH **overequip** *vt*
= überbemitteln = overresource *vt*

Überbandübertragung *nf* TELEC **DOV**
[oberhalb des normalen Nutzbandes] [above the normal service band]
= data-on-voice; DAV; data-above-voice

überbeanspruchen TECH **overstress** *vt*
= strapazieren ≈ overload
≈ überlasten

Überbeanspruchung *nf* TECH **overstress** *n*
≈ Überlastung ≈ overload

Überbelastung *nf* TECH → **overload** *n*
→ Überlastung *nf*

überbelegen *vt* INF.TEC **overoccupy** *vt*
= overallocate *vt*

Überbelegung *nf* INF.TEC **overoccupation**
= overallocation *n*

überbelichten OPT **overexpose** *vt*

Überbelichtung *nf* OPT **overexposure**

überbemitteln TECH → **overequip** *vt*
→ überausstattenv *vt*

überbereichlich SCIE → **interdisciplinary** *adj*
→ bereichsüberschreitend

Überbesetzung *nf* PHYS **excess population**

überbestücken EQP.EN **overequip**

Überbestückung *nf* EQP.EN **overequipping** *n*
= overequipment *n*

überbewerten COLL **overvalue** *vt*

Überbewertung *nf* COLL **overvaluation** *n*

Überbleibsel *nn* COLL **holdover** *n*

Überblende *nf* CINEMA **dissolve** *n*
[teilweises Überlappen von Ende und nächstem Anfang] [partial overlapping of the end and the following start]

Überblendeinrichtung *nf* IMAGE.ME **lap dissolve shutter**

überblenden EL.ACOU **cross-fade** *vt*
[gradueller Übergang von einem Tonsignal auf ein anderes] [gradual transition from one audio signal to another]

überblenden IMAGE.ME **lap-dissolve** *vt*
[gradueller Übergang von einem Bild in ein anderes] [gradual transition from one picture to another]
↑ mischen = dissolve *vt*; cross-fade *vt* ↑ mix

überblenden *vi* CINEMA **fade-over** *vi*
= cross-fade *vi*

Überblendregler *nm* CONS.EL **fade control**
= Fader *nm* (ANGL) = fader *n*; balance control

Überblendung *nf* CINEMA **fading** *n*

Überblendung *nf* IMAGE.ME **lap-dissolve** *n*
= dissolve *n*; cross fade; fade *n*

Überblendung *nf* SOUND.ME **cross fade** *n*
= fade *n*

Überblick LING → **overview** *n*
→ Übersicht *nf*

überblicken COLL → **overview** *vt* (1)
→ übersehen *vt*

überblicken COLL → **overview** *vt* (2)
→ einen Überblick geben

überborden (CH) COLL → **prevail** *vt*
→ überhandnehmen

überbrücken EL.TEC → **connect in parallel** *vt*
→ parallelschalten

überbrücken EL.TEC **bridge** *vt*

überbrücken TECH **span** *vt*
[fig; z.B. Entfernungen] [fig; e.g. distances]

überbrückte T-Schaltung NETW.TH **bridged T section**

Überbrückung *nf* EL.TEC **bridging** *n*
= Überkopplung *nf*

Überbrückungskondensator *nm* NETW.TH **bypass capacitor**
= Nebenschlusskondensator *nm*; Bypasskondensator *nm* ≈ speed-up capacitor [CIRC.EN]
≈ Überhöhungskondensator [CIRC.EN]

überdacht CIV.EN **roofed over**

überdämpfen PHYS **overdamp** *vt*

überdämpft PHYS **overdamped**

Überdämpfung *nf* PHYS **overdamping**
= überkritische Dämpfung

Überdatei *nf* DAT.MA **metafile** *n*
[eine Datei über andere Dateien] [a file about other files]
= Metadatei *nf*

überdauern TECH → **endure** *vi*
→ überstehen *vi* (2)

überdecken TECH **overlay** *vt*
≈ bedecken; überlagern; überlappen ≈ cover *vt*; superimpose; overlap

Überdeckung *nf* OUT.PL **covering depth**
[Höhe des Erdreichs zwischen unterirdischer Kabelanlage und Erdoberfläche] ≈ laying depth
≈ Verlegetiefe

Überdeckung *nf* MATH **covering** *n*
[Graphentheorie] [graph theory]

Überdeckung *nf* TECH → **overlapping** *n*
→ Überlappung *nf*

überdenken COLL **rethink** *vt*
= reconsider

über den Ladentisch COLL **over the counter**

Über-die-Schulter-Einstellung *nf* IMAGE.ME **over-the-shoulder shot**

überdimensionieren TECH **overengineer** *vt*
= überzüchten = overdesign; oversize; overbuild; overdimension

Überdimensionierung *nf* TECH **overengineering** *n*
= Überzüchtung *nf* = overdesign *n*; oversizing *n*; overdimensioning *n*

überdrehen TECH **overturn** *vt*

Überdruck *nm* PHYS **overpressure** *n*
≈ Hochdruck
= excess pressure
≈ high pressure

überdrucken TER&PER **overprint** *vt*
= überschreiben
≠ knockout

Überdruckventil *nn* TECH **overpressure valve**
= relief valve

überdurchschnittlich COLL **above average**
≈ außerordentlich
= surpassing *n*
≈ extraordinary

über eine Hinweisadresse zugreifen DAT.MA **derefence** *vt*
[to access by pointer address]

übereinkommem COLL → **agree**
→ vereinbaren

Übereinkommen *nn* LAW → **memorandum of understanding**
→ Übereinstimmungsabkommen *nn*

Übereinkommen *nn* COLL → **agreement** *n* (1)
→ Vereinbarung *nf*

Übereinkunft *nf* COLL → **agreement** *n* (1)
→ Vereinbarung *nf*

übereinstimmen DAT.MA **hit** *vt*
≈ auf Gleichheit prüfen
[to meet an equality condition]
= match *vt* (2)

übereinstimmen COLL **conform** *vi*

übereinstimmen (mit) COLL → **correspond** (with, to) *vt*
→ entsprechen *vi* (1)

übereinstimmend SCIE **homologous**
= homolog

Übereinstimmung *nf* AUTOMA **match** *n*
[Roboteraktion]
[roboter action]

Übereinstimmung *nf* COLL **accordance** *n*
= conformance *n*; conformity *n*; consonance *n*; consonancy *n*; concordance *n*; agreement *n* (2); concurrence *n*

Übereinstimmung *nf* COLL → **correspondence** *n* (1)
→ Entsprechung *nf*

Übereinstimmung *nf* SCIE → **concordance** *n*
→ Konkordanz *nf*

Übereinstimmungsabkommen *nn* LAW **memorandum of understanding**
= Übereinkommen *nn*
= MoU

Übererregung *nf* CIRC.EN **overexcitation**

Übererregung *nf* EL.TRO → **overdriving** *n*
→ Übersteuerung *nf*

Überfallalarmknopf *nm* SIG.EN **holdup button**
= assault button

überfällig ECON **overdue**
= past due

überfällige Zahlung ECON → **overdue payment**
→ rückständige Zahlung

Überfallmelder *nm* SIG.EN **holdup alarm device**
= assault alarm device; raider alarm device

Überfallmeldesystem *nn* SIG.EN **holdup alarm system**
= assault alarm system

Überfaltung *nf* MODUL → **aliasing** *n*
→ Rückfaltung *nf*

Überfaltung *nf* MODUL → **overlapping** *n*
→ Überlappung *nf*

Überfaltung *nf* TECH → **overlapping** *n*
→ Überlappung *nf*

Überfaltungsverzerrung *nf* MODUL → **aliasing** *n*
→ Rückfaltung *nf*

Überfeder *nf* MEC.EN **reinforcing spring**

überfliegen *vt* COLL **skim** *vt*
[fig; flüchtig einsehen]
= durchsehen (2)
[to overlook superficially]
= scan *vt*

Überflieger *nm* ECON **high flyer**

überfließender Verkehr SWITCH → **overflow traffic** *n*
→ Überlaufverkehr *nm*

Überfluss *nm* COLL **excess** *n*
= Fülle *nf*
= plethora *n*; abundance *n*; overabundance *n*

überflutbar TECH → **submersible**
→ tauchfest

Überforderung *nf* COLL **overstraining** *n*

Überfrequenz *nf* TECH **overfrequency** *n*

überführen SCIE → **transpose** *vt*
→ transponieren

Überführung *nf* SCIE → **transposition** *n*
→ Transponierung *nf*

Überführung *nf* ECON → **transfer** *n* (1)
→ Abtretung *nf*

Überführungsklinke *nf* TELEPH **cut-off jack**

Überführungszahl *nf* PHYS **transference number**
= transport number

Übergabe *nf* TELEC → **relaying** *n*
→ Weitersendung *nf*

Übergabe *nf* ECON → **delivery** *n*
→ Lieferung *nf*

Übergabeakte *nf* QUAL → **acceptance certificate**
→ Abnahmeprotokoll *nn*

Übergabebestätigung *nf* DAT.CO **delivery confirmation**

Übergabeprotokoll *nn* QUAL → **acceptance certificate**
→ Abnahmeprotokoll *nn*

Übergabeprüfung *nf* QUAL → **acceptance test**
→ Abnahmeprüfung *nf*

Übergabepunkt *nm* TELEC **delivery point**
= ÜP; Übergabestelle *nf*
≈ Schnittstelle; Einwahlknoten
= point of interconnection; POI; interchange point; point of presence (1) (USA); PoP (2); point of termination; PoT
≈ interface; dial-in host

Übergabeseite *nf* TELEC **transfer page**

Übergabestelle *nf* EL.TRO → **interface** *n*
→ Schnittstelle *nf*

Übergabestelle *nf* TELEC → **delivery point**
→ Übergabepunkt *nm*

Übergang *nm* PHYS **transition** *n*
= Zustandsänderung *nf*
[between states]

Übergang *nm* CIV.EN **transverse** *n*

Übergang *nm* INF.TH **transition** *n*
[zwischen Werten des Informationsparameters]
[from one value of the information parameter to another]

Übergang *nm* COMPO → **adapter** *n* (1)
→ Übergangsstecker *nm* (1)

Übergang *nm* MICR.EL **junction** *n*
[Fläche oder Zone zwischen Halbleitern von unterschiedlichem Typ, Dotierung oder Dotierungsgrad]
= Zonenübergang *nm*; Störstellenübergang *nm*; Kontaktstelle *nf*; Übergangszone *nf*; Übergangsgebiet *nn* (1); Übergangsbereich *nm* (1)
↓ Sperrschicht
[interface or region between semiconductors of different type, doping or degree of doping]
= semiconductor junction; junction zone; transition region (1); transition zone; transition *n*
↓ depletion layer

Übergang *nm* MICROW → **waveguide transition**
→ Hohlleiterübergang *nm*

Übergangsband *nn* NETW.TH **transition band**
= Übergangsbereich *nm*

Übergangsbereich *nm* NETW.TH → **transition band**
→ Übergangsband *nn*

Übergangsbereich *nm* PHYS **transition zone**
= transition region

Übergangsbereich *nm* ANT **transition zone**
[zwischen Nahfeld und Fernfeld]
[from near field to far field region]

Übergangsbereich *nm* DAT.PR **transient program area**
[für selten eingesetzte Teile des Organisationsprogramms reservierter Bereich des Arbeitsspeichers]
≠ Nukleus
[area of main memory reserved for seldom used parts of the executive routine]
= TPA; transient area
≠ nucleus

Übergangsbereich *nm* (1) MICR.EL → **junction** *n*
→ Übergang *nm*

Übergangsbereich *nm* (2) MICR.EL → **transition region** (2)
→ Übergangsgebiet *nn* (2)

Übergangsbreite *nf* MICR.EL → **depletion-layer thickness**
→ Sperrschichtdicke *nf*

Übergangsdicke *nf* MICR.EL → **depletion-layer thickness**
→ Sperrschichtdicke *nf*

Übergangsfläche *nf* AERON **transitional surface**

Übergangsfrequenz *nf* PHYS **transition frequency** (energy level)
[Energieniveau]

Übergangsfrequenz *nf* EL.ACOU **cross-over frequency**
= Übernahmefrequenz *nf*

Übergangsfunktion *nf* MATH **transition function**

Übergangsgebiet *nn* (1) MICR.EL → **junction** *n*
→ Übergang *nm*

Übergangsgebiet *nn* (2) MICR.EL **transition region** (2)
[Änderungsbereich der Basisspannung um einen Transistor umzuschalten]
= Übergangsbereich *nm* (2)
↑ Transistorkenngröße
[variation range of the base voltage necessary to trigger a transistor]
↑ transistor parameter

Übergangsleitwert *nm* NETW.TH → **mutual admittance**
→ Kernleitwert *nm*

Übergangslösung *nf* TECH → **expedient** *n*
→ Notbehelf *nm*

Übergangsmuffe *nf* OUT.PL **transition sleeve**

Übergangsparameter *nm* SW **transition parameter**

Übergangspassung *nf* ENG.DRA **transition fit**
= Übergangssitz *nm*
↑ Sitzklasse
↑ class of fits

Übergangspunkt *nm* TECH **transition point**
= Transitionspunkt *nm*

Übergangsschicht *nf* MICR.EL → **progressive junction**
→ allmählicher Übergang

Übergangssitz *nm* ENG.DRA → **transition fit**
→ Übergangspassung *nf*

Übergangsspannung *nf* EL.TEC **transient voltage**

Übergangsstecker *nm* (1) COMPO **adapter** *n* (1)
[stellt den Übergang zwischen nichtkorrespondierenden Steckern her]
= Steckerübergang *nm*; Adapterstecker *nm*; Adapter *nm* (1); Zwischenstecker *nm*; Übergangsstück *nn*; Übergangsverbinder *nm* (1); Übergang *nm*; Invertieradapter *nm*
↓ Kupplung (1); Adapter (2); Reduzierstück
[matches non-compatible connectors]
= adapter plug; adaptor; gender changer; gender bender; sex changer
↓ in-series adapter; inter-series

Übergangsstecker *nm* (2) COMPO **gender changer**
[setzt innerhalb einer Steckverbinderfamilie einen Stecker in eine Buchse um oder umgekehrt]
↓ Stecker-Buchsen-Übergang; Buchsen-Stecker-Übergang
[transforms (within the same connector family) a male connector in a female one or viceversa)]
= gender bender; sex changer
↓ female gender changer; male gender changer

Übergangsstelle *nf* SW → **connector symbol** *n*
→ Verknüpfungssymbol *nn*

Übergangsstrategie *nf* TECH **transition strategy**

Übergangsstrom *nm* EL.TEC → **switch-on peak**
→ Einschaltstromspitze *nf*

Übergangsstück *nn* COMPO → **adapter** *n* (1)
→ Übergangsstecker *nm* (1)

Übergangsverbinder *nm* (1) COMPO → **adapter** *n* (1)
→ Übergangsstecker *nm* (1)

Übergangsverbinder *nm* (2) COMPO → **in-series adapter**
→ Kupplung *nf* (1)

Übergangsverhalten *nn* EL.TRO **transient response**
= Einschwingverhalten *nn*
≈ Sprungantwort [CONTRO]; Impulsantwort
= transient behaviour; transient characteristics; settling characteristics; build-up response; build-up behaviour; build-up characteristics
≈ step response [CONTRO]; pulse response

Übergangsvorgang *nm* EL.TRO **transient** *n* (1)
[von einem stabilen Zustand in einen anderen]
Ausgleichvorgang *nm*; Transient *nm*
↓ Vorschwinger; Einschwinger; Überschwinger
[transition from one steady state to another]
= settling process; build-up process
↓ preshoot; ringing; overshoot; baseline overshoot

Übergangswahrscheinlichkeit *nf* PHYS **transition probability**

Übergangswiderstand *nm* NETW.TH → **mutual impedance**
→ Kernwiderstand *nm*

Übergangswiderstand *nm* COMPO → **contact resistance**
→ Kontaktübergangswiderstand *nm*

Übergangszeit *nf* TECH **transition period**

Übergangszone *nf* MICR.EL → **junction** *n*
→ Übergang *nm*

Übergangszustand *nm* TECH **transient state**

übergeben COLL **hand over** *vt*

übergeben TELEPH **hand-over** *vt*
↑ umlegen
↑ transfer

übergeben TECH **cutover** *vt*

übergehen COLL **ignore**
[fig]
= ignorieren

übergehen SW → **skip** *vt*
→ überspringen *vt*

übergehen, dazu COLL **proceed to** *vi*
≈ fortfahren
≈ continue

übergeordnet TECH **superordinated** *adj*
≠ untergeordnet
= superordinate; superior; higher-order; overlay
≠ subordinated

übergeordnete Ablaufsteuerung DAT.PR **overlay manager**

übergeordnetes Netzmanagementsystem TELEC **umbrella network management system**
= globales Netzmanagementsystem
= global network management system

übergeordnetes Verzeichnis DAT.MA → **parent directory**
→ Stammverzeichnis *nn*

Übergewicht *nn* ECON **excess weight**

Übergewicht *nn* COLL **preponderance** *n*
[fig]
= Präponderanz *nf*

Übergewichtspönale *nf* SAT.CO **mass penalty**

übergreifen TECH **invade** *vt*
[fig]
[fig]

Übergreifen *nn* SWITCH **skipping** *n*
[Zusammenschalten gleichnummerierter Ausgänge nicht benachbarter Teilgruppen]
↑ Mischen
[interconnection of equal numbered choices of nonadjacent groups]
↑ grading

übergreifende Funktionalität TECH → **compatibility** *n*
→ Kompatibilität *nf*

Übergriff *nm* TECH **invasion** *n*

übergroß TECH **ultralarge** *adj*
= ultragroß; größt
= superlarge

übergroß TECH → **oversize** *adj*
→ übermäßig

Übergröße *nf* ECON **outsize** *n*

übergroßes Format TECH → **large format**
→ Großformat *nn*

Übergruppe *nf* TRANSM → **supergroup** *n*
→ Sekundärgruppe *nf*

überhandnehmen COLL **prevail** *vt*
[fig]
= ausufern; das Rechte Maß überschreiten; überborden (CH)
= gain the upper hand; get the upper hand

Überhang *nm* COLL **backlog** *n* (2)
[fig]
[fig]

Überhang *nm* PRIN.ME **kern** *n*
[über den Typenkörper hervorragendes Relief]
≈ Nachbreite
[part of type proyecting beyond body]

Überhang *nm* TECH → **overhang** *n*
→ Ausladung *nf*

Überhangzeile *nf* PRIN.ME **widow** *n*
[letzte Zeile eines Abschnitts, die auf die nächste Seite oder Spalte fällt]
= Hurenkind; Witwe
≈ Schusterjunge
[last line of a chapter passing to next page ("alone at the end")]
≈ orphan

überhitzen *vt&vi* TECH **overheat** *vt&vi*
= heißlaufen
= superheat *vt&vi*

Überhitzung *nf* TECH **overheating** *n*

Überhitzungspunkt *nm* MICR.EL **hot spot**
= heißer Punkt; Heißpunkt *nm*

Überhöhungskondensator *nm* CIRC.EN **speed-up capacitor**
[zur Erhöhung der Schaltgeschwindigkeit]
= Speed-up-Kondensator *nm*
≈ Überbrückungskondensator [NETW.TH]
[to increase the switching speed]
≈ bypass capacitor [NETW.TH]

überholen TECH → **rework** *vt*
→ überarbeiten *vt*

überholt COLL → **obsolete** *adj*
→ veraltet

Überholung *nf* TECH → **overhaul** *n*
→ Überarbeitung *nf*

Überhorizontausbreitung *nf* RAD.PRO → **troposcatter** *n*
→ troposphärische Streuausbreitung

Überhorizont-Richtfunksystem *nn* RADIO **trans-horizon radio relay system**
= Troposcatter-Richtfunksystem *nn*

Überhorizontverbindung *nf* RAD.RE **transhorizon radiolink**
↓ Streustrahl-Richtfunkverbindung
= transhorizon link; transhorizon communication
↓ troposcatter radiolink

Überkapazität *nf* ECON **overcapacity** *n*

Überkapitalisierung *nf* ECON **overcapitalization** *n*

Überkompensation *nf* TECH **overcompensation** *n*
= Überausgleich *nm*

überkompensieren TECH **overcompensate**
= überausgleichen

Überkopplung *nf* EL.TEC → **bridging** *n*
→ Überbrückung *nf*

Überkorrektur *nf* TECH **overcorrection** *n*

überkorrigieren TECH **overcorrect** *vt*

Überkreuzen *nn* MICR.EL **crossover** *n*
= Crossover *nn* (ANGL)

Überkreuzung *nf* POW.SY **crossover** *n*

überkritisch TECH **overcritical**

überkritische Dämpfung PHYS → **overdamping**
→ Überdämpfung *nf*

überladen SW **overload** *vt*
[kontext- oder situationsbezogen mehrere Bedeutungen zuweisen] [to assign several meanings depending on context or situation]

überladen TECH → **overload** *vt*
→ überlasten *vt*

Überladeschutz *nm* POW.SY **overcharging protection**

Überladung *nf* SW **overload** *n*

Überladung *nf* TECH → **overload** *n*
→ Überlastung *nf*

Überlagerer *nm* RADIO → **heterodyne receiver**
→ Überlagerungsempfänger *nm*

überlagern HF **heterodyne** *vt*

überlagern TECH **superimpose**
= superpose

überlagern SW **overlay** *vt*
[beim Einlesen eines Programmsegments den Vorgänger überschreiben] [overwrite the previous program segment when loading a new one]
= einblenden = flash; superimpose
≈ überlagern [DAT.MA] ≈ overwrite [DAT.MA]

überlagern COMP.GR **overlay** *vt*

überlagerte Gleichspannung EL.SC **superimposed dc**

überlagerte Wechselspannung EL.SC **superimposed ac**
≈ Spannungswelligkeit = ripple voltage
≈ ripple content

überlagerte Welligkeit EL.TEC → **ripple content**
→ Spannungswelligkeit *nf*

Überlagerung *nf* DAT.MA → **page turning**
→ Seitenwechsel *nm*

Überlagerung *nf* SW → **overlay segment** *n*
→ Überlagerungssegment *nn*

Überlagerung *nf* PHYS **superposition** *n*
= Superposition *nf*

Überlagerung *nf* TECH **superimposition** *n*
= superposition *n*

Überlagerung *nf* HF **heterodyning** *n*
[lineare Summierung einer Empfangsfrequenz f mit einer Trägerfrequenz t, i.a. um bei der tieferen Schwebungsfrequenz f-t ("Zwischenfrequenz") kostengünstiger zu verstärken] [linear summing of a receive frequency f with a carrier frequency c, in order to rationalize amplification, executing her at the beat frequency f-c, called intermediate frequency]
= Überlagerungsprinzip *nn* = beat *n*; superposition *n*; heterodyne principle

Überlagerung *nf* SW **overlay** *n* (1)
[Zuweisung von Speicherplatz im Hauptspeicher, unter Überschreibung der bestehenden Belegung] [allocation of storage place in main memory, overwriting existing occupation]
= Overlay *nn* (ANGL); Einblendung *nf* = flash *n*; superimposition *n*
≈ Swapping ≈ swapping

Überlagerungsbereich *nm* DAT.PR **overlay area**
= overlay region

Überlagerungsempfang *nm* HF **beat reception**
= Heterodynempfang *nm* = beat detection; heterodyne reception; heterodyne detection

Überlagerungsempfänger *nm* RADIO **heterodyne receiver**
= Superheterodyn-Empfänger *nm*; Superhet *nm*; Heterodynempfänger *nm*; Überlagerer *nm* = superheterodyne receiver; superhet; heterodyne detector; heterodyne *n*
↓ Einfachsuperhet; Doppelsuperhet ↓ single conversion superhet; double conversion superhet

Überlagerungs-Frequenzmesser *nm* INSTR **heterodyne frequency meter**
= Schwebungsfrequenzmesser *nm*; Heterodyn-Frequenzmesser *nm* = heterodyne wavemeter; beat-frequency wavemeter

Überlagerungskanal *nm* TELEC **super-audio channel**

Überlagerungsnetz *nn* TELEC **overlay network**
= Overlay-Netz *nn* (ANGL)

Überlagerungsoszillator *nm* HF → **mixing oscillator**
→ Mischoszillator *nm*

Überlagerungspermeabilität *nf* EL.TEC **incremental permeability**
[bei Vorpolarisierung] [with bias polarization]

Überlagerungsprinzip *nn* SYS.TH → **superposition principle**
→ Superpositionsprinzip *nn*

Überlagerungsprinzip *nn* HF → **heterodyning** *n*
→ Überlagerung *nf*

Überlagerungssegment *nn* SW **overlay segment** *n*
[Programmsegment das nur bedarfsweise in den Hauptspeicher geladen wird] [program segment loaded into the main memory only on demand]
= Überlagerung *nf* = overlay *n*
↑ Programmsegment ↑ program segment

Überlagerungstelegrafie *nf* TELEGR → **superimposed telegraphy**
→ Überlagerungstelegraphie *nf*

Überlagerungstelegraphie *nf* TELEGR **superimposed telegraphy**
= ÜT; Überlagerungstelegrafie *nf*

Überlagerungsüberwacher *nm* SW **overlay supervisor**

Überlandleitung *nf* TELEC **cross-country line**

Überlandteilnehmer *nm* TELEC → **rural subscriber**
→ Ruralteilnehmer *nm*

überlang TECH **extra-long** *adj*

Überlänge *nf* PRIN.ME → **ascender** *n* (1)
→ Oberlänge *nf*

Überlänge *nf* TECH **excess length**

überlappen *vt* TECH **overlap** *vt*
= teilweise überdecken = overlay *vt*
≈ überschneiden; überlagern ≈ intersect; overlay

überlappender Übergang DAT.PR → **parallel conversion**
→ überlappende Umstellung

überlappender Umstieg DAT.PR → **parallel conversion**
→ überlappende Umstellung

überlappendes Fenster COMP.AP **overlaid window**
≠ nichtüberlappendes Fenster = cascading window
≠ tiled window

überlappendes Menü COMP.AP → **cascading menu**
→ Kaskadenmenü *nn*

überlappende Tastung TER&PER → **key rollover**
→ Tastungsüberlappung *nf*

überlappende Umstellung DAT.PR **parallel conversion**
[altes und neues System laufen eine zeitlang parallel] [old and new system run in parallel for a certain time]
= überlappender Umstieg; überlappender Übergang

Überlappung *nf* MODUL **overlapping** *n*
= Überfaltung *nf*

Überlappung *nf* POW.SY **overlap** *n*
[netzgeführte Stromrichter] [line commutated converter]
= overlapping *n*; lapping *n*

Überlappung *nf* SW **overlap** *n*
[simultane Ausführung von an sich sequentiellen Vorgängen] [simultaneous execution of sequential operations]
= pipelining

Überlappung *nf* TECH **overlapping** *n*
= Überfaltung *nf*; Überdeckung *nf* = overlap *n*; lapping *n*; lap *n* (2)
≈ Überschneidung ≈ intersection

Überlappungsgrad *nm* TECH **lap** *n* (1)
[the amount overlapping]

Überlappungsverzerrung *nf* MODUL → **aliasing** *n*
→ Rückfaltung *nf*

Überlappungszeit *nf* POW.SY **overlap time**
[netzgeführte Stromrichter] [line commutated converter]

überlassene Leitung TELEC → **fixed line** *n*
→ Standleitung *nf*

überlassene Verbindung TELEC → **fixed line** *n*
→ Standleitung *nf*

Überlast *nf* SWITCH **congestion** *n*
↓ Gassenbesetztzustand = overload *n*
↓ all-trunks-busy condition

Überlast *nf* TECH → **overload** *n*
→ Überlastung *nf*

Überlastabwehr *nf* DAT.CO **congestion control**
= Überlastkontrolle *nf*; Stauregelung *nf* = call gapping
↓ Flusssteuerung; Laststeuerung ↓ flow control; load control

überlasten *vt* TECH **overload** *vt*
= überladen = overcharge *vt*; overburden *vt*
≈ überbeanspruchen ≈ overstress

Überlastkontrolle *nf* DAT.CO → **congestion control**
→ Überlastabwehr *nf*

Überlastkupplung *nf* MECH **overload coupling**

Überlastschutz *nm* EL.TEC **overload protection**
↓ Überstromschutz; Überspannungsschutz ↓ overcurrent protection; overvoltage protection

Überlastschutzorgan *nn* EL.TEC **overload protection device**

Überlastspektrum *nn* EL.TRO **overload spectrum**

Überlaststeuerung *nf* SWITCH **overload control**

Überlasttest *nm* TELEC **saturation testing**
= Sättigungstest *nm*

Überlastung *nf* EL.TRO → **overdriving** *n*
→ Übersteuerung *nf*

Überlastung *nf* TECH **overload** *n*
= Überlast *nf*; Überbelastung *nf*; Überladung *nf* = overcharge *n*
≈ overstress; congestion

Überlastungsgrenze *nf* EL.TRO **overload level**
= overload margin; burn-out level

Überlastungskennzeichen *nn* DAT.CO **congestion signal**

Überlastweg *nm* SWITCH **overflow route**
= congestion route

Überlauf *nm* EL.TRO **overflow** *n*
= overrun *n*; spillover *n*; overspill *n*

Überlauf *nm* TECH **spill** *n*
≈ Überschreitung
= overflow *n*; overspill *n*
≈ transgression

Überlauf *nm* COMP.SC **overflow** *n*
[im Ergebnisregister nicht mehr unterbringbare Ergebnisstellen einer arithmetischen Operation]
= Bereichsüberschreitung *nf*
≈ Übertrag [MATH]
≠ Unterlauf
[result digits of an arithmetic operation, which exceed the storage capacity of the result register]
= OV; arithmetic overflow; area exceeding; spillage
≈ carry [MATH]
≠ underflow

Überlauf *nm* SWITCH **overflow** *n* (1)
[die Kapazität einer Vermittlungseinrichtung überschreitender Verkehr]
[traffic exceeding the capacity of a switching facility]
= overshoot *n* (1); spillover *n*

Überlauf *nm* MATH → **carry** *n*
→ Übertrag *nm*

Überlaufanzeige *nf* OFFICE **overflow indication**
[Taschenrechner]
[calculator]

überlaufbedingte Ablaufunterbrechung DAT.PR **overflow exception**
[wegen Überschreitung der Speicheplatzgröße]
[interruption because the required storage location exceeds the designated size]

Überlaufbereich *nm* SW **overflow area**

Überlaufbetrieb *nm* SWITCH **overflow operation**

überlaufen TECH **overspill** *vt*
= überquellen
= flow over

überlaufender Verkehr SWITCH → **overflow traffic** *n*
→ Überlaufverkehr *nm*

Überlauffehler *nm* DAT.CO **overrun error**
[Verlust von Daten weil Empfänger zu langsam]
[loss of data because the receiver id to slow]
= overrun *n*; overflow error
≈ data loss

Überlaufprogramm *nn* SW **overflow program**
[zur Verarbeitung von Überläufen]
[to process overflows]

Überlaufpuffer *nm* DAT.PR **rollover buffer** *n*
= rollover *n*

Überlaufregister *nn* SW **overflow register**
[registriert aufgetretende Überläufe]
[registers overflows]

Überlauf-Sequentialzugriff *nm* DAT.MA **overflow sequential access method**
= OSRAM

Überlaufspur *nf* TER&PER **overflow track**

Überlaufventil *nn* TECH **overflow valve**

Überlaufverkehr *nm* SWITCH **overflow traffic** *n*
= überlaufender Verkehr; überfließender Verkehr
= overflow *n* (2); overshoot traffic; overshoot *n* (2)

Überlebensfähigkeit *nf* COLL **survivability** *n*

Überlebenswahrscheinlichkeit *nf* QUAL **reliability function**
= Zuverlässigkeitsfunktion *nf*

überlegen *adj* COLL **superior** *adj*
[with superiority]
= supreme

Überlegenheit *nf* COLL **superiority** *n*
= supremacy *n*

Überlegungszeit *nf* COMP.AP **think time**
[zw. Bereitschaftszeichen u. Anwenderreaktion]
[between prompt and user reaction]

Überleiteinrichtung *nf* MOB.CO **mobile telephony exchange**
= ÜLE

Überleiteinrichtung *nf* DAT.NW **gateway** *n*
[verbindet unterschiedliche Datennetze, setzt dazu Datenprotokolle um und übergibt Daten (eine "Brücke" übergibt lediglich)]
= Netzkoppler *nm*; Gateway; Router *nm* (2)
≈ Netzanpassungsgerät; Netzknoten; Brücke
↑ Netzübergang [TELEC]; Verbindungsrechner
↓ Multiprotokollnetzkoppler
[connects dissimilar data networks, converting protocols and transferring data (a "bridge" only transfers)]
= router *n* (2)
≈ interworking unit; network node; bridge
↑ gateway [TELEC]; Internetworking processor
↓ multiprotocol router

überlesen SW → **skip** *vt*
→ überspringen *vt*

überlochen TER&PER **overpunch** *vt*
= überstanzen

Überlochung *nf* TER&PER **overpunch** *n*
= Überstanzung *nf*
= overpunching *n*

übermaßen COLL **exceedingly**
≈ extrem
≈ extremely

übermäßig COLL → **undue** *adj*
→ unangemessen

übermäßig TECH **oversize** *adj*
= übergroß
= excessive

Übermittlingsabschnitt *nm* DAT.CO → **data link**
→ Datenübermittlungsabschnitt *nm*

Übermittlung *nf* TELEC → **communication** *n*
→ Nachrichtenübermittlung *nf*

Übermittlungsdaten *nplt* DAT.CO → **transmission data**
→ Sendedaten *nplt*

Übermittlungsdauer *nf* DAT.CO → **transfer time**
→ Transferzeit *nf*

Übermittlungsdienst *nm* TELEC **bearer service** *n* (1)
[stellt Teilnehmern Netzkapazität zur Verfügung]
= Trägerdienst *nm*; Transportdienst *nm*
↑ Grunddienst
[provision of network capacity to customers]
= carrier service; transmission service

Übermittlungsprinzip *nn* DAT.CO **transfer mode**
= Übermittlungsverfahren *nn*
= transfer method

Übermittlungssystem *nn* DAT.CO **transfer system**

Übermittlungsverfahren *nn* DAT.CO → **transfer mode**
→ Übermittlungsprinzip *nn*

Übermittlungszeit *nf* INF.TEC **transfer time**

übermodiert MICROW **overmoded**
≠ grundmodiert
≠ basic-moded

Übermodulation *nf* MODUL **overmodulation** *n*
= Übersteuerung *nf*

Übermodulierbarkeit *nf* MODUL **overmodulation capability**
= Übersteuerbarkeit *nf*

übermodulieren MODUL **overmodulate**
= übersteuern

übermoduliert MODUL **overmodulated**
= übersteuert

Übernachfrage *nf* ECON **excess demand**

übernächster Kanal RADIO **alternate channel**
= dritter Kanal

Übernahme *nf* ECON **takeover** *n*

Übernahmefrequenz *nf* EL.ACOU → **cross-over frequency**
→ Übergangsfrequenz *nf*

Übernahmegebühr *nf* TELEC **takeover fee**

Übernahmesignal *nn* HW → **strobe** *n*
→ Hinweissignal *nn*

Übernahmevorschrift *nf* QUAL → **acceptance test procedure**
→ Abnahmeprüfvorschrift *nf*

Übernahmezeit *nf* MICR.EL **hold time**

Übername *nm* COLL → **nickname** *n*
→ Spitzname *nm*

übernehmen TELEPH **take-over** *vt*
↑ umlegen
↑ transfer

übernehmen DAT.MA → **import** *vt*
→ einspielen

übernommener Fehler MATH → **inherent error**
→ mitgeschleppter Fehler

überörtlich ECON **translocal**

Überoszillation *nf* EL.TRO **squegging** *n*
[unregelmäßige Schwingung]
[irregular oscillation]

überoszillieren EL.TRO **squeg** *vi*
[to oscillate in a highly irregular manner]

Überpegel *nm* TELEC **excess level**
≠ Unterpegel
≠ defect level

Überpegelschwund *nm* RAD.PRO → **up-fading** *n*
→ Aufwärtsschwund *nm*

Überpreis *nm* ECON **price excess**
≈ überhöhter Preis
≈ excessive price

Überproduktion *nf* ECON **excessive production**

überprüfen TECH → **re-check** *vt*
→ nachprüfen

Überprüfung *nf* TECH → **re-check** *n*
→ Nachprüfung *nf*

Überprüfungsabfrage *nf* DAT.MA → **confirmation enquiry**
→ Sicherheitsabfrage *nf*

überquellen TECH → **overspill** *vt*
→ überlaufen

überragend COLL **superlative** *adj*
[fig]
= exzellent; superlativ; superlativisch
= excellent

Überrahmen *nm* CODING → **multiframe** *n*
→ Mehrfachrahmen *nm*

überraschen COLL **surprise** *vt*

überraschend COLL **surprising** *adj*
= unerwartet; unvorhergesehen
= unexpected; unforseen

Überraschung *nf* COLL **surprise** *n*

Überraschungs- COLL **surprisal** *adj*

Überraschungsfilm *nm* CINEMA **surprise film**

Überraum *nm* MATH **hyperspace** *n*

überregional ECON **supraregional**

Überreichweite *nf* RAD.PRO **overreach** *n*
= overspill

Überreichweitenstörung *nf* RAD.RE → **overreach interference**
→ Fernstörung *nf*

übersättigen *vt* PHYS **supersaturate** *vt*
= oversaturate *vt*

Übersättigung *nf* COLL **oversaturation** *n*

Übersättigung *nf* PHYS **supersaturation** *n*
= oversaturation *n*

Überschall *nm* ACOUS → **ultrasound** *n*
→ Ultraschall *nm*

Überschall- TECH → **supersonic** *adj*
→ Ultraschall-

Überschallfrequenz *nf* ACOUS → **ultrasound frequency**
→ Ultraschallfrequenz *nf*

überschätzen *vt* COLL **overestimate** *vt*
≠ unterschätzen
= overrate *vt*; overvalue *vt*
≠ underestimate

Überschätzung *nf* COLL **overestimation** *n*
≠ Unterschätzung
= overvaluation *n*
≠ underestimation

überschaubar SCIE → **transparent** *adj*
→ transparent

Überschaubarkeit *nf* SCIE → **transparency** *n*
→ Transparenz *nf*

überschauen COLL → **overview** *vt* (1)
→ übersehen *vt*

Überschlag *nm* PHYS → **spark-over** *n*
→ Funkenüberschlag *nm*

Überschlagfestigkeit *nf* EL.SC → **dielectric strength**
→ Spannungsfestigkeit *nf*

überschlägig MATH → **approximate** *adj*
→ näherungsweise

Überschlagspannung *nf* PHYS **spark-over voltage**

Überschlagsrechnung *nf* MATH **rough calculation**
= grobe Rechnung
≈ grobe Schätzung; Näherung
≈ rough estimate; approximation

überschneiden TECH → **cross** *vt* (1)
→ kreuzen

Überschneidung *nf* TECH **intersection** *n*
≈ Überlappung
≈ overlapping

überschnelle Schwingung CIRC.EN **race condition**
= wilde Schwingung

überschreibbar EL.TRO **rewritable**
≠ einmalig schreibbar
≠ write-once

überschreibbare Bildplatte TER&PER **rewritable optical disk**
[entspricht funktionell einem Magnetplattenspeicher]
= löschbare Bildplatte; löschbarer optischer Speicher; ELOD
≈ CD-ROM; WORM; DVD-ROM
↑ Bildplatte
↓ magneto-optische Platte; CD-RW; DVD-RW
[the functional equivalent to magnetic disk memory]
= erasable optical disk; erasable optical memory; erasable laser optical disk; ELOD; floptical disk; floptical memory
≈ CD-ROM; WORM; DVD-ROM
↑ optical disk
↓ magneto-optic disk; CD-RW; DVD-RW

überschreibbarer Festwertspeicher HW → **erasable memory**
→ löschbarer Speicher

Überschreibbetrieb *nm* DAT.PR **overwrite mode**
[der neu eingetippte Text löscht die vorhandene Textstelle]
= Überschreibmodus *nm*
≠ Einfügebetrieb
↑ Eingabemodus
[the new text replaces the existing]
= overstrike mode; typeover mode; overtype mode
≠ insertion mode
↑ entry mode

Überschreibeintrag *nm* DAT.MA **deletion record**
= Löscheintrag *nm*

überschreiben TER&PER → **overprint** *vt*
→ überdrucken

Überschreiben *nn* DAT.MA **overwriting** *n*
[gespeicherte Daten durch andere ersetzen]
≈ Überlagerung [SW]
[to substitute stored data by others]
= overprinting *n*; overstriking *n*

überschreiben *vt* DAT.MA **overwrite** *vt*
≈ löschen; überlagern [SW]
↑ schreiben
= overprint *vt*; overstrike *vt*
≈ erase; overlay [SW]
↑ write

Überschreibmodus *nm* DAT.PR → **overwrite mode**
→ Überschreibbetrieb *nm*

Überschreibsperre *nf* DAT.MA **overwrite lock**
= Schreibsperre *nf*
= overprint lock; write lock

überschreiten *vt* TECH **transgress** *vt*
= übersteigen
= overstep *vt*; overrun *vt*; surpass *vt*; exceed *vt*; surmount *vt*

Überschreitung *nf* TECH **transgression** *n*
= Überschuss *nm*
≈ Überlauf
= overstepping *n*; overrun *n*; surpass *n*; excess *n*; overrange *n*
≈ spill

Überschreitungswahrscheinlichkeit *nf* STATIS **exceeding probability**

Überschrift *nf* PRIN.ME **heading** *n*
[Inhaltskennzeichnung über einem Text]
= Titel *nm*; Titelkopf *nm*; Titelzeile *nf*, Kapitelüberschrift *nf*; Rubrik *nf*
≈ Überschriftzeile; Stichwort
[of a text]
= title *n*; header *n*; caption *n* (1); head *n*; chapter heading
≈ headline; headwort

Überschriftenfunktion *nf* WOR.PR → **outline utility**
→ Übersichtsfunktion *nf*

Überschriftzeile *nf* PRIN.ME → **header line** *n*
→ Kopfzeile *nf*

Überschuss *nm* ECON **surplus** *n*

Überschuss *nm* TECH → **transgression** *n*
→ Überschreitung *nf*

Überschusselektron *nn* PHYS **excess electron**

Überschuss-Halbleiter *nm* PHYS → **n-type semiconductor**
→ N-Halbleiter *nm*

Überschussladungsträger *nm* MICR.EL **exception carrier**

Überschussleitung *nf* PHYS → **n-type conduction**
→ N-Leitung *nf*

Überschussproduktion *nf* ECON **excess production**
= surplus production

Überschussrate *nf* DAT.NW **excess burst size**
= Be

Überschussrauschverhältnis *nn* HF **excess noise ratio**
= ENR

Überschussstrom *nm* MICR.EL **excess current**
[Tunneldiode]
[tunnel diode]

überschwingen EL.TRO **overshoot** *vi*

Überschwingfrequenz *nf* EL.TRO **ringing frequency**
= overshoot frequency; singing frequency

Überschwingspitze *nf* EL.TRO → **spike** *n*
→ Zacken *nm*

Überschwingung *nf* EL.TRO **overshoot** *n*
↑ Übergangsvorgang; Überschwinger
↑ transient

Überschwingweite *nf* EL.TRO **maximum overshoot**

Übersee (o.Artikel) ECON **oversea** *n*

Überseegespräch *nn* TELEPH **intercontinental call**
= interkontinentales Gespräch
↑ Auslandsgspräch
↑ international call

überseeisch *adj* COLL **oversea** *adj*

Überseekabel *nn* TELEC **transoceanic cable**
= transozeanisches Kabel

Überseemarkt *nm* ECON **overseas market**

Überseeverpackung *nf* ECON → **sea-proof packing**
→ Seeverpackung *nf*

Übersehen *nn* COLL **oversight** *n*
= Versehen *nn*
[unintentional omission]
= overlook *n* (1); oblivion *n*

übersehen *vt* COLL **overview** *vt* (1)
= überschauen; überblicken
= survey *vt*

übersenden (1) ECON **send** *vt*
[Ware]
≈ ausliefern
[merchandise]
= forward *vt*; consign *vt*; ship *vt*
≈ furnish

übersenden (2) ECON → **transfer** *vt*
→ überweisen *vt*

Übersendung *nf* ECON → **dispatch** *n* (AE)
→ Versand *nm*

übersetzen COMP.LG **translate** *vt*
↓ assemblieren; kompilieren
↓ assemble; compile

übersetzen LING **translate** *vt*
[wortgetreu in anderer Sprache wiedergeben]
↓ dolmetschen
[to repeat literally in another language]
↓ interprete

Übersetzer *nm* LING **translator** *n*
↓ Dolmetscher
↓ interpreter

Übersetzer *nm* SW **translator** *n* (1)
[Programm zur Übersetzung von Programmiersprache oder Datenformat]
= Übersetzerprogramm *nn*; Übersetzungsprogramm *nn*; Sprachprozessor *nm*
[program to translate program language or data format]
= language translator; translating program; language processor;

↓Assembler; Kompilierer; Interpretierer (1); Prozessor (2)		transpiler *n* ↓assembler; compiler; interpreter (1); processor (2)
Übersetzerprogramm *nn* →Übersetzer *nm*	SW	→**translator** *n* (1)
übersetztes Programm →Objektprogramm *nn*	SW	→**object program**
Übersetzung *nf* →Programmübersetzung *nf*	SW	→**program translation**
Übersetzung *nf* →Übertragungsfaktor *nm*	NETW.TH	→**transmission coefficient**
Übersetzung *nf* =Fremdsprachenübersetzung *nf*	LING	**translation** *n* =foreign language translation
Übersetzung *nf* →Übersetzungsverhältnis *nn*	MECH	→**transmission ratio**
Übersetzung *nf* →Windungsverhältnis *nn*	EL.TEC	→**turns ratio**
Übersetzungsanweisung *nf* [zur Übersetzung in Maschinensprache]	SW	**directive** *n* [to translate into machine code] =directive statement; translation instruction; control statement
Übersetzungsbüro *nn*	ECON	**translations agency**
Übersetzungscomputer *nm*	COMP.AP	**translating computer**
Übersetzungsdienst *nm* =Fremdsprachendienst *nm*	ECON	**translations department**
Übersetzungsliste *nf* →Programmliste *nf*	DAT.PR	→**source listing**
Übersetzungsprogramm *nn* →Übersetzer *nm*	SW	→**translator** *n* (1)
Übersetzungsprotokoll *nn* ↑Protokoll ↓Kompiliererprotokoll; Assemblerprotokoll	SW	**translator listing** =object listing ↑listing ↓compiler listing; assembler listing
Übersetzungsverhältnis *nn* →Übertragungsfaktor *nm*	NETW.TH	→**transmission coefficient**
Übersetzungsverhältnis *nn* =Übersetzung *nf*	MECH	**transmission ratio** =gear ratio; ratio *n*
Übersetzungsverhältnis *nn* →Windungsverhältnis *nn*	EL.TEC	→**turns ratio**
Übersetzungszeit *nf* ↓Kompilierzeit; Assemblierzeit	DAT.PR	**translation time** ↓compilation time; assembly time
Übersicht *nf* =Überblick ≈Zusammenfassung; Umriss	LING	**overview** *n* =survey *n*; exhibit *n* ≈summary; outline
Übersichtsartikel *nm*	PRIN.ME	**survey article**
Übersichts-Flussdiagramm *nn*	TEC.DOC	**outline flowchart**
Übersichtsfunktion *nf* =Outline-Funktion *nf*; Überschriftenfunktion *nf*	WOR.PR	**outline utility** [shows only the headings of a document]
Übersichtsinformation *nf*	LING	**outline information**
Übersichtsplan *nm* =ÜP	TEC.DOC	**survey plan** =layout plan
Übersichtsschaltplan *nm* →Blockdiagramm *nn*	TEC.DOC	→**block diagram**
überspannt *adj* [fig] =überzogen; exaltiert	COLL	**exaltet** *adj* =hype *n*
Überspannung *nf* ≠Unterspannung	EL.TEC	**overvoltage** *n* =excess voltage ≠undervoltage
Überspannungsableiter *nm* →Spannungssicherung *nf*	COMPO	→**overvoltage protector**
Überspannungsbegrenzer *nm* →Spannungssicherung *nf*	COMPO	→**overvoltage protector**
Überspannungsfaktor *nm* [Sicherheitsfaktor zur Dimensionierung von Bauteilen]	CIRC.EN	**ovevoltage factor** [load rating of componenets]
Überspannungsfeinschutz	EL.TRO	**fine overvoltage protection**
Überspannungsfestigkeit *nf* →Spannungsfestigkeit *nf*	EL.SC	→**dielectric strength**
Überspannungsfilter *nn*	EL.INS	**mains overload filter**
Überspannungsgrobschutz	EL.TRO	**coarse overvoltage protection**
Überspannungsprüfung *nf*	QUAL	**surge withstand test**
Überspannungsrelais *nn*	COMPO	**overvoltage relay**
Überspannungsschutz *nm* ↑Überlastschutz ↓Blitzschutz; Eingangskurzschluss [POW.SYS]; Netzfilter [CIRC.EN]	EL.TEC	**overvoltage protection** *n* =surge protection; surge protector; surge suppression; surge suppressor; transient supression; transient suppressor ↑overload protection ↓lightning protection; crowbar [POW.SYS]; line filter [CIRC.EN]
überspielen [auf ein anderes Band kopieren] =kopieren	CONS.EL	**dub** *vt* [to copy onto another tape] =copy *vt*; rerecord *vt*
überspielen [Datenbestände an ein Fremdsystem übergeben] =exportieren ≠einspielen	DAT.MA	**export** *vt* [to hand over data stock to a foreign system] ≠import
überspielen =darüberhinweggehen	COLL	**slur** *vt*
Überspielen *nn* =Überspielfunktion *nf*; Kopieren *nn*	CONS.EL	**dubbing** *n* =copying *n*
Überspielfunktion *nf* →Überspielen *nn*	CONS.EL	→**dubbing** *n*
Überspielkabel *nn*	CONS.EL	**dubbing lead** =copying lead
Übersprechdämpfung *nf* →Stereo-Übersprechdämpfung *nf*	EL.ACOU	→**stereo separation**
Übersprechen *nn* [Nebensprechen zw. Stammleitungen oder Phantomkreisen] ≠Mitsprechen ↑Nebensprechen [TELEC]	COM.CAB	**side-to-side crosstalk** [crosstalk between side circuits or phantom circuits] =phantom-to-phantom circuit ≠side-to-phantom crosstalk ↑crosstalk [TELEC]
Übersprechen *nn* [zwischen den zwei Stereokanälen]	EL.ACOU	**stereo crosstalk** [between the two stereo channels]
Übersprechkopplung *nf* =Kreuzkopplung *nf*	COM.CAB	**side-to-side coupling** =cross coupling
überspringen *vt* [z.B. eine Anweisung] =überlesen; übergehen; ignorieren	SW	**skip** *vt* [e.g. an instruction] =ignore *vt*
überspringen *vt* [z.B. eine Lochung]	TER&PER	**skip** *vt* [e.g. a punched hole]
überstanzen →überlochen	TER&PER	→**overpunch** *vt*
Überstanzung *nf* →Überlochung *nf*	TER&PER	→**overpunch** *n*
Überstehen *nn* →Ausladung *nf*	TECH	→**overhang** *n*
überstehen *vi* (1)	TECH	**overhang** *vi*
überstehen *vi* (2) [fig] =überdauern ≈widerstehen	TECH	**endure** *vi* =stand *vi* ≈resist
übersteigen →überschreiten *vt*	TECH	→**transgress** *vt*
Übersteuerbarkeit *nf* →Übermodulierbarkeit *nf*	MODUL	→**overmodulation capability**
Übersteuerbarkeit *nf*	EL.TRO	**overload capability** =overload tolerance; overdriving capability
übersteuern →übermodulieren	MODUL	→**overmodulate**
übersteuern *vt*	EL.TRO	**overdrive** *vt* =overload *vt*
übersteuert →übermoduliert	MODUL	→**overmodulated**
Übersteuerung *nf* →Übermodulation *nf*	MODUL	→**overmodulation** *n*
Übersteuerung *nf* =Überlastung *nf*; Übererregung *nf* ≈Übermodulation [MODUL]; Sättigung	EL.TRO	**overdriving** *n* =overdrive *n*; overloading *n*; overload *n*; overstressing *n*; overstress *n*; overpowering *n*; overpower *n* ≈overmodulation [MODUL]; saturation
Übersteuerungsbereich *nm* →Sättigungsbereich *nm*	EL.TRO	→**saturation region**
Übersteuerungsfaktor *nm*	MICR.EL	**saturation factor**
übersteuerungsfest	EL.TRO	**overdrive-resistant** =overload-resistant
überstrahlen →vorbeistrahlen	ANT	→**spill over** *vt*
Überstrahlung *nf* [Elektronenröhre]	EL.TRO	**blooming** *n* [increase of display size due to overload]
Überstrahlung *nf* →Vorbeistrahlung *nf*	ANT	→**overradiation** *n*
Überstrahlung *nf* →Bildweichheit *nf*	TV	→**bloom** *n*
überstrapaziert [fig]	COLL	**over-used**

überstreichen ≠ unterstreichen	LING	**overline** *vt* [fig] ≠ underline
überstreichen [fig]	COLL	**sweep** *vt* [fig; a range]
Überstrom *nm*	EL.TEC	**overcurrent** *n* = excess current
Überstromaufnahme *nf* [Gatter]	MICR.EL	**current hogging** [gate]
Überstromauslöser *nm*	POW.SY	**overcurrent cut-out** = overcurrent release
Überstromrelais *nn*	COMPO	**overload relay**
Überstromschutz *nm* ↑ Überlastschutz	EL.TEC	**ovecurrent protection** ↑ overload protection
Überstromschutzorgan *nn* → Stromsicherung *nf*	COMPO	→ **overcurrent protector** *n*
Überstromschutzschalter *nm* ↑ Stromsicherung	COMPO	**overcurrent protection switch** = overload protection switch ↑ overcurrent protector
Überstunde *nf*	ECON	**overtime** *n*
Übertemperatur *nf*	TECH	**excess temperature** = overtemperature *n*
Übertemperaturschutz *nm*	TECH	**overtemperature protection**
Überteuerung *nf* ↑ Verteuerung	ECON	**overcharging** *n*
Übertrag *nm* [Zuschlag wenn Additionsergebnis in der vorangegangenen Stelle den Höchstwert des Zahlensystems überschritten hat] = Additionsübertrag *nm*; Überlauf *nm*; Additionsüberlauf *nm* ≈ Überlauf [COMP.SC] ↓ Vollübertrag [COMP.SC]	MATH	**carry** *n* [increment if result of addition at preciding digit position exceeds maximum of the numbering system] = transfer *n*; overflow *n* (1); carry-over *n*; addition carry; add carry; forward *n* ≈ overflow [COMP.SC] ↓ complete carry [COMP.SC]
Übertrag-Ausführungssignal *nn*	HW	**carry complete signal**
übertragbar	TELEC	**transmissible** *adj*
übertragbar [an einen anderen Port anschließbar] = portierbar; portabel	DAT.PR	**portable** *adj* [connectable to another port]
übertragbar = transferierbar	COLL	**transferable**
übertragbare Software = portierbare Software	SW	**portable software**
übertragbare Sprache = portierbare Sprache; portable Sprache	SW	**portable language**
übertragbares Programm [auf kompatiblen Rechnern ablauffähig] = portierbares Programm	SW	**portable program** [executable on compatible computers]
Übertragbarkeit *nf* = Transferierbarkeit *nf*	COLL	**transferability**
Übertragbarkeit *nf* [Eigenschaft von Software, auf unterschiedlichen Computern einsatzfähig zu sein] = Software-Übertragbarkeit *nf*; Portabilität *nf*; Austauschbarkeit *nf*	SW	**portability** *n* [feature of a program, to be loadable on different computers; "ability to be connected to different ports"] = software portability; software transportability; transportability *n*
Übertragbarkeit *nf*	TELEC	**transmissibility**
Übertragbit *nn* = Übertragsbit *nn*; Übertragmerker *nm*; Carrybit *nn* (ANGL)	COMP.SC	**carry bit** = transfer bit; carry flag; carry; transfer flag; overflow flag; overflow bit
übertragen → transponieren	SCIE	→ **transpose** *vt*
übertragen → umsetzen	DAT.MA	→ **move** *vt*
übertragen → delegieren	OFFICE	→ **delegate** *vt*
übertragen *vt* = durchgeben ≈ senden	TELEC	**transmit** *vt* (1) [to convey] = XMT (1) (AE) ≈ emit
Übertragen der Wirtsfunktion → Umsetzen der Wirtsfunktion	DAT.PR	→ **rehosting** *n*
übertragene Information → Transinformation *nf*	INF.TH	→ **transinformation** *n*
Übertrager *nm* [Transformator für elektronische Zwecke] ↑ Transformator [EL.TEC]	COMPO	**transformer** *n* (2) [deditaced to electronics applications] ↑ transformer (1) [EL.TEC]
Übertragerbücke *nf* = Transformatorbrücke *nf*	CIRC.EN	**transformer bridge**
Übertrager-Ferrit *nn*	METAL	**repeater ferrite**
Übertragergabel *nf* → Gabelübertrager *nm*	TELEC	→ **hybrid transformer**
übertragerhaltender Addierer [hat einen getrennten Ausgang für den Übertrag]	CIRC.EN	**carry-save adder** [has a separate carry output]
übertragerlos = transformatorlos	CIRC.EN	**transformerless** = transformer-free
übertragerlose Fernsprechschaltung	TELEPH	**transformer-free telephone circuit**
Übertragerziffer *nf* = Übertragsziffer *nf*	COMP.SC	**carry digit** *n* = overflow digit; overflow *n* (2)
Übertragfehler *nm*	COMP.SC	**overflow error** = overflow condition
Übertragkontrolle *nf*	COMP.SC	**overflow check**
Übertragmerker *nm* → Übertragbit *nn*	COMP.SC	→ **carry bit**
Übertragsbit *nn* → Übertragbit *nn*	COMP.SC	→ **carry bit**
Übertragssignal *nn* ↓ Borgsignal	HW	**carry signal** *n* ↓ borrow
Übertragszeit *nf*	HW	**carry time**
Übertragsziffer *nf* → Übertragerziffer *nf*	COMP.SC	→ **carry digit** *n*
Übertragung *nf* → Relaisübetragung *nf*	SWITCH	→ **relay repeater**
Übertragung *nf* → Transponierung *nf*	SCIE	→ **transposition** *n*
Übertragung *nf* [fig]	COLL	**transfer** *n* [fige] = assignment *n*
Übertragung *nf* = Transport *nm*	PHYS	**transfer** *n* = transport *n*
Übertragung *nf* = Nachrichtenübertragung *nf* ↑ Übermittlung	TELEC	**transmission** *n* [from Latin "transmittere" = "to send over"] = telecommunication transmission; communication transmission; transmittal *n*; XMSN (AE) ↑ communication
Übertragungsabschnitt *nm* → Übertragungsstrecke *nf*	TRANSM	→ **transmission link** *n*
Übertragungsart *nf*	HF	**transmission mode** = transmission type
Übertragungsband *nn*	TELEC	**transmission band**
Übertragungsbandbreite *nf*	TELEC	**transmission bandwidth**
Übertragungsbeginn *nm* = Beginn der Übertragung *nf*; Beginn der Sendung *nf*	BROADC	**start of transmission**
Übertragungsbereich *nm* ≈ Übertragungsband	TELEC	**transmission range** ≈ transmission band
Übertragungsbereitschaft *nf*	TELEC	**transmission readiness** = readiness to transmit
Übertragungsblock *nm* → Block *nm*	DAT.CO	→ **block** *n*
Übertragungsbündel *nf*	TRANSM	**transmission bundle**
Übertragungscharakteristik *nf* → Übertragungseigenschaft *nf*	TELEC	→ **transmission characteristic**
Übertragungscode *nm* → Leitungscode *nm*	CODING	→ **line code**
Übertragungsdämpfung *nf* = Übertragungsverlust *nm*	TELEC	**transmission loss**
Übertragungsdauer *nf* → Übertragungszeit *nf*	TELEC	→ **transmission time**
Übertragungseigenschaft *nf* = Übertragungscharakteristik *nf*; Übertragungsverhalten *nn*	TELEC	**transmission characteristic** = transmisssion property
Übertragungseinheit *nf* → Datenpaket *nn*	DAT.CO	→ **data packet**
Übertragungseinrichtung *nf* = Übertragungsgerät *nn* ≈ Übertragungssystem	TELEC	**transmission equipment** = transmission facility ≈ transmission system
Übertragungsfaktor *nm*	EL.ACOU	**electroacoustic index** = acousto-electric index
Übertragungsfaktor *nm* [Ausgangsgröße zu Eingangsgröße; Kehrwert des Dämpfungsfaktors] = Übertragungsverhältnis *nn*; Übersetzungsverhältnis *nn*; Übersetzung *nf* ≈ Übertragungsfunktion ≠ Dämpfungsfaktor ↓ Wellenübertragungsfaktor; Betriebsübetragungsfaktor; Spannungsübertragungsfaktor;	NETW.TH	**transmission coefficient** [output to input value; reciprocal of the attenuation factor] = transmission factor; gain factor ≈ transfer function ≠ attenuation factor ↓ image transmission coefficient; effective transmission coefficient; voltage transmission coefficient; current transmission coefficient;

Stromübertragungsfaktor; Leistungsübertragungsfaktor; Kernwiderstand; Kernleitwert; Verstärkung — power transmission coefficient; transfer impedance; transfer admittance; gain

Übertragungsfehler *nm* TELEC **transmission error**

Übertragungsfehler-Messplatz *nm* INSTR **transmission impairment test set**

Übertragungsfenster *nn* OPT.CO **transmission window**
= optisches Fenster; Fenster *nn* — = spectral window; window *n*

Übertragungsfunktion *nf* NETW.TH → **transfer function**
→ Transferfunktion *nf*

Übertragungsfunktion *nf* CONTRO **transfer function**

Übertragungsgerät *nn* TELEC → **transmission equipment**
→ Übertragungseinrichtung *nf*

Übertragungsgeschwindigkeit *nf* TELEC **transmission rate**
[Schrittgeschwindigkeit mal Anzahl Bits pro Schritt, einschließlich Nutzbits und Hilfsbits; Einheit: Bit/s] — [product of signaling rate with number of bits per unit intervall, including pay load and auxiliary bits; unit: bit/s]
= Übertragungsrate *nf*; Datenrate *nf* [DAT.CO]; Datenübertragungsgeschwindigkeit *nf* [DAT.CO]; Bitrate *nf nf*; Bitgeschwindigkeit *nf*; Bitfrequenz *nf*; Bitfolgefrequenz *nf*; Gesamtbitrate *nf*; Summenbitrate *nf* — = transmission speed; gross bit rate; digit rate; data signaling rate [DAT.CO]; data rate [DAT.CO]; equivalent bit rate [DAT.CO]; overall bit rate; composite bit rate; aggregate bit rate; bit rate; bit frequency
≈ Durchsatz [DAT.PR]; Schrittgeschwindigkeit — ≈ throughput [DAT.PR]; signaling rate
↓ Transfergeschwindigkeit [DAT.CO]

Übertragungsglied *nn* CONTRO **transfer element**
= Glied *nn* — = element
↓ D-Glied; I-Glied — ↓ D-element; I-element

Übertragungsglieder-Verknüpfung *nf* CONTRO **transfer-elements combination**
= Verknüpfung *nf* (2)

Übertragungsgröße *nf* NETW.TH → **transmission parameter**
→ Übertragungsparameter *nm*

Übertragungsgüte *nf* TELEC **transmission quality**
= Übertragungsqualität *nf* — = transmission performance

Übertragungshierarchie *nf* TRANSM **transmission hierarchy**

Übertragungskabel *nn* COM.CAB **transmission cable**
= Fernmeldekabel *nn* — = telecommunications cable
↑ Nachrichtenkabel — ↑ communication cable
↓ Ortskabel; Fernkabel — ↓ local junction cable; toll cable

Übertragungskanal *nm* INF.TH **communication channel**
= Nachrichtenkanal *nm*; Informationskanal *nm* — = communications channel; transmission channel; information transfer channel; information channel

Übertragungskapazität *nf* INF.TH **transmission capacity**
= communication capacity; communications capacity; transfer capacity

Übertragungskapazität *nf* TELEC **transmission capacity**

Übertragungskennlinie *nf* EL.TRO → **control characteristic**
→ Steuerkennlinie *nf*

Übertragungskonstante *nf* LINE TH → **propagation coefficient**
→ Fortpflanzungskonstante *nf*

Übertragungskontrollschicht *nf* DAT.NW **transport control layer**
≠ in der SNA-Architektur — [in the SNA architecture]

Übertragungskreis *nm* TELEC **transmission circuit**

Übertragungslage *nf* TRANSM **position** *n*
[TF-Technik] — [FDM]
↓ Regellage; Kehrlage — ↓ regular frequency position; reverse frequency position

Übertragungs-Leistungsverstärkung *nf* NETW.TH **transducer gain**

Übertragungsleitung *nf* TELEC **transmission line**

Übertragungsleitung *nf* TRANSM → **transmission link** *n*
→ Übertragungsstrecke *nf*

Übertragungsleitwert *nm* NETW.TH → **mutual admittance**
→ Kernleitwert *nm*

Übertragungslieferant *nm* TELEC **transmission vendor**

Übertragungsmaß *nn* LINE TH → **propagation coefficient**
→ Fortpflanzungskonstante *nf*

Übertragungsmedium *nn* TELEC **transmission medium** *n*
[physikalisches Medium zur Nachrichtenübertragung] — [physical medium conveying signals]
= Medium *nn*; Übertragungsmittel *nn*; Transportmittel *nn* — = transmitting medium; medium *n*; transmission mean; transmission carrier; carrier *n*
↑ Träger — ↑ carrier

Übertragungsmessplatz *nm* INSTR **transmission test set**

Übertragungsmethode *nf* TELEC → **transmission mode**
→ Übertragungsverfahren *nn*

Übertragungsmittel *nn* TELEC → **transmission medium** *n*
→ Übertragungsmedium *nn*

Übertragungsmittelzugriff *nm* DAT.NW **medium access control**
= MAC

Übertragungsmodus *nm* TELEC → **transmission mode**
→ Übertragungsverfahren *nn*

Übertragungsparameter *nm* NETW.TH **transmission parameter**
= Übertragungsgröße *nf*
↓ Dämpfungsfaktor; Übertragungsfaktor; komplexes Übertragungsmaß; komplexes Dämpfungsmaß; Übertragungsmaß; Dämpfungsmaß; Phasenmaß; Dämpfungswinkel; Wellenparameter; Betriebsübertragungsparameter — ↓ attenuation factor; transmission coefficient; complex transfer constant; complex attenuation constant; transfer constant; attenuation constant; phase angle factor; phase angle; image parameter; effective transmission parameter

Übertragungsplan *nm* TELEC → **transmission plan**
→ Dämpfungsplan *nm*

Übertragungsprogramm *nn* SW → **communications program**
→ Kommunikationsprogramm *nn*

Übertragungsprotokoll *nn* DAT.CO → **communications protocol**
→ Kommunikationsprotokoll *nn*

Übertragungsprozedur *nf* DAT.CO **transmission procedure**
[Regeln für den Ablauf von Datenübermittlungen] — [rules for data communication]
= Prozedur *nf*; Übertragungsverfahren *nn*
↓ HDLC-Prozedur; SDLC-Prozedur — ↓ HDLC procedure; SDLC procedure

Übertragungsqualität *nf* TELEC → **transmission quality**
→ Übertragungsgüte *nf*

Übertragungsrahmen *nm* TELEC **transmission frame**

Übertragungsrahmenzähler *nm* DAT.CO **request counter**
= RC

Übertragungsrate *nf* TELEC → **transmission rate**
→ Übertragungsgeschwindigkeit *nf*

übertragungsratenbasiert DAT.CO **rate-based**

Übertragungsraten-Hochschaltung *nf* DAT.CO **fall-forward** *n*

Übertragungsraten-Zurückschaltung *nf* DAT.CO **fall-back** *n*

Übertragungsreflexions-Messplatz *nm* INSTR **transmission reflection test set**

Übertragungsrichtung *nf* TELEC **transmission direction**
= Übertragungssinn *nm* — = transmission sense
↓ Hin-Richtung; Rückrichtung — ↓ go direction; return direction

Übertragungsschritt *nm* TELEGR → **unit interval**
→ Zeichenelement *nn*

Übertragungssicherheit *nf* TELEC **transmission security**

Übertragungssicherung *nf* DAT.CO **error protection**
= Fehlerschutz *nm* — ≈ error control

Übertragungssignal *nn* TELEC **transmission signal**

Übertragungssinn *nm* TELEC → **transmission direction**
→ Übertragungsrichtung *nf*

Übertragungs-Software *nf* SW → **communications software**
→ Kommunikations-Software *nf*

Übertragungssteuerung *nf* (1) DAT.CO → **data transmission control** *n*
→ Datenübertragungssteuerung *nf* (1)

Übertragungssteuerung *nf* (2) DAT.CO → **transmission control** *n*
→ Datenübertragungssteuerung *nf* (2)

Übertragungssteuerzeichen *nn* DAT.MA **transmission control character**
= communication control character

Übertragungsstrecke *nf* TRANSM → **route** *n*
→ Trasse *nf*

Übertragungsstrecke *nf* TRANSM **transmission link** *n*
= Strecke *nf*; Übertragungsleitung *nf*; Leitung *nf*; Übertragungsabschnitt *nm*; Abschnitt *nm* — = link *n*
≈ Trasse; Übertragungsweg — ≈ transmission route; transmission path

übertragungssymmetrisch NETW.TH **reciprocal** *adj*
= kopplungssymmetrisch; kernsymmetrisch; reziprok — = line-coupling balanced

übertragungssymmetrischer Vierpol NETW.TH → **reciprocal two-port**
→ kernsymmetrischer Vierpol

Übertragungssystem *nn* TRANSM **transmission system**
≈ Übertragungseinrichtung — = interexchange carrier; ≈ transmission equipment

Übertragungssystem höherer Ordnung TRANSM → **high-capacity system**
→ Breitbandsystem *nn*

Übertragungstechnik *nf* TELEC → **communications transmission engineering**
→ Nachrichtenübertragungstechnik *nf*

übertragungsunsymmetrischer Vierpol NETW.TH **unilateral two-port**
= unilateral quadripole

Übertragungsverfahren *nn* DAT.CO → **transmission procedure**
→ Übertragungsprozedur *nf*

Übertragungsverfahren *nn* TELEC **transmission mode**
= Übertragungsmodus *nm*; Übertragungsmethode *nf* — = transmission method

Übertragungsverhalten *nn* TELEC → **transmission characteristic**
→ Übertragungseigenschaft *nf*

Übertragungsverhalten *nn* CONTRO **transient response**
↓ Sprungantwort; Anstiegantwort — ↓ step response; rise response

Übertragungsverhältnis *nn* NETW.TH → **transmission coefficient**
→ Übertragungsfaktor *nm*
Übertragungsverlust *nm* TELEC → **transmission loss**
→ Übertragungsdämpfung *nf*
Übertragungsverwaltung *nf* TELEC **transmission management**
≈ Wegeverwaltung ≈ path management
Übertragungswagen *nm* BROADC **outside broadcast van**
= Ü-Wagen *nm* = O.B. van
↓ Fernsehwagen ↓ television van
Übertragungsweg *nm* TELEC **transmission path**
= Weg = path *n*; transmission way; way *n*
≈ Übertragungsstrecke ≈ transmission link
Übertragungswiderstand *nm* NETW.TH → **mutual impedance**
→ Kernwiderstand *nm*
Übertragungswiederholung *nf* TELEC **retransmission** *n* (1)
= nochmalige Übertragung; erneute Übertragung = repetition of transmission; retry
≈ Weitersendung ≈ relaying
Übertragungswinkel *nm* NETW.TH → **phase angle factor**
→ Phasenmaß *nn*
Übertragungswirkungsgrad *nm* TELEC **transmission efficiency**
Übertragungszeit *nf* TELEC **transmission time**
= Übertragungsdauer *nf*
Übertragungszustand *nm* DAT.CO **online state**
[when communicating]
Übertragungszuverlässigkeit *nf* TELEC **transmission reliability**
übertreffen COLL **excel** *vt*
↓ outdo; outrange; surpass
übertreiben COLL **exaggerate**
= overstate
Übertreibung *nf* COLL **exaggeration** *n*
= overstatement *n*
übertrieben vereinfachen COLL → **oversimplify**
→ simplifizieren
überwachen *vt* TECH **supervise** *vt*
= monitor *vt*
Überwacher *nm* TECH **monitor** *n*
= Überwachungsvorrichtung *nf*; Wächter = monitoring device; supervisor *n*; supervisioning device
überwacht TECH **monitored**
≠ unüberwacht = supervised
≠ unmonitored
überwachter Bereich DAT.MA **guarded protected area**
Überwachung *nf* TECH **supervision** *n*
= monitoring *n*; surveillance *n*
Überwachungsbefehl *nm* SW **supervisory instruction**
Überwachungsbehörde *nf* PUB.ADM **regulatory authority**
= Aufsichtsbehörde; Kontrollbehörde = surveillance authority
Überwachungsdemodulator *nm* RADIO **monitoring demodulator**
Überwachungseinheit *nf* EQP.EN **supervising unit**
= supervision unit; watchdog unit
Überwachungseinschub *nm* EQP.EN **supervising module**
= supervision module; watchdog module
Überwachungsempfänger *nm* RADIO **monitoring receiver**
[Funküberwachung] [radio monitoring]
= surveillance receiver
Überwachungsfenster *nn* COMP.AP **guard window**
Überwachungsfunktion *nf* EQP.EN **monitoring function**
Überwachungsgrenze *nf* EL.TRO → **supervision threshold**
→ Überwachungsschwelle *nf*
Überwachungsinformation TELECON **monitored information**
Überwachungskanal *nm* TELEC **supervisory channel**
= monitoring channel
überwachungsloser Bereich RAD.NA **procedural area**
Überwachungsperson TECH **supervisor** *n*
≈ Bedienungsperson ≈ operator
Überwachungsplatz *nm* TECH → **control desk**
→ Kontrollpult *nn*
Überwachungsprogramm *nn* SW → **trace program** *n*
→ Ablaufverfolgungsprogramm *nn*
Überwachungsprotokoll *nn* DAT.PR **supervisory listing**
= monitoring listing
Überwachungspunkt *nm* EL.TRO **monitoring point**
≈ Messpunkt ≈ test point
Überwachungsrelais *nn* COMPO **sensor relay**
= monitoring relay; supervision relay
Überwachungsrichtung *nf* TELECON **monitoring direction**
Überwachungsroutine *nf* SW → **trace program** *n*
→ Ablaufverfolgungsprogramm *nn*
Überwachungsschaltung *nf* CIRC.EN **control circuit** *n* (2)
= Kontrollschaltung *nf* = supervisory circuit; monitoring circuit; watch dog
↓ Zeitüberwachung ↓ time-out circuit
Überwachungsschwelle *nf* EL.TRO **supervision threshold**
= Überwachungsgrenze *nf* = monitoring threshold; sensing threshold
Überwachungssensor *nm* COMPO **supervision sensor**
Überwachungssignal *nn* TELEC **supervisory signal**
Überwachungssoftware *nf* DAT.NW **monitoring software**
Überwachungssystem *nn* INF.TEC **supervisory system**
= Kontrollsystem *nn* = supervision system; monitoring system
Überwachungsvorrichtung *nf* EQP.EN **supervisory device**
= monitoring device; supervision device
Überwachungsvorrichtung *nf* TECH → **monitor** *n*
→ Überwacher *nm*
Überwachungszustand *nm* SW **supervisor state**
≠ Problemzustand ≠ problem state
Überwasserstrecke *nf* RAD.PRO → **sea path**
→ Seestrecke *nf*
Überwasserstrecke *nf* RAD.PRO **over-water path**
= Seestrecke *nf*
Überweganker *nm* OUT.PL **stub guy**
[horizontales Abspannseil zu einem Hilfsmast, für Sonderfälle] [horizontal guy to an auxiliary pole, used under special circumstances]
überweisen *vt* ECON **transfer** *vt*
[Geld] [money]
= transferieren; übersenden (2) = remit *vt*
Überweisender *nm* ECON **remitter** *n*
= Überweisungsabsender *nm*
Überweisung *nf* ECON **remittance** *n*
= Geldüberweisung *nf*; Transfer *nm* [of money]
≈ Zahlung = transfer *n* (2)
≈ payment
Überweisungsabsender *nm* ECON → **remitter** *n*
→ Überweisender *nm*
Überweisungsempfänger *nm* ECON **remittee** *n*
= Geldempfänger *nm* [receiver of money]
= payee *n*
Überweisungsverkehr *nm* SWITCH **transfer traffic**
Überwicklung *nf* COMPO **overlapping** *n*
[of turns]
überwiegend COLL **preponderant** *adj*
≈ vorherrschend ≈ prevalent
überwindbarer Fehler SW → **soft failure**
→ weicher Fehler
Überwurfmutter *nf* MEC.EN **sleeve nut**
= coupling nut; backnut *n*
überzählig COLL **supernumerary** *adj*
= surplus *adj*
Überzahlung *nf* ECON **overpayment**
überzeugen COLL **convince** *vt*
≈ überreden = persuade
überzeugend COLL **convincing** *adj*
= suasive; persuasive
Überzeugung *nf* COLL **conviction** *n*
überziehen ECON **overdraft** *vt*
[ein Konto] [an account]
überziehen TECH → **coat** *vt*
→ beschichten
Überziehung *nf* ECON **overdraft** *n*
[eines Kontos] [of an account]
Überziehungskredit *nm* ECON **overdraft credit**
überzogen COLL → **exaltet** *adj*
→ überspannt *adj*
überzogen TECH → **coated** *adj*
→ beschichtet
überzüchten TECH → **overengineer** *vt*
→ überdimensionieren
Überzüchtung *nf* TECH → **overengineering** *n*
→ Überdimensionierung *nf*
Überzug *nm* TECH → **coating** *n*
→ Beschichtung *nf*
UBIDEP-Protokoll *nn* COMP.AP **UBIDEP**
= Universal Building Information and Data Exchange Protocol
üblich COLL **usual** *adj*
= herkömmlich; konventionell; regulär; gewöhnlich; traditionell = customary; established; conventional; regular; traditional; popular
≈ regelmäßig ≈ regular

U-Block *nm* DAT.NW **unnumbered block**

übrig COLL **left** *adj*
≈ restlich ≈ remaining

übrigens *adv* COLL **by the way** *adv*
= nebenbei bemerkt = btw; BTW (INTERNET)

Übung *nf* COLL **exercise** *n*
= Training *nn* = practice *n*; training *n*

Übungsprogramm *nn* SW **exerciser** *n*
[program to exercise]

UCS-Code *nm* CODING **UCS**
= universeller 4-Oktett-Code = Universal Character Set

UDF-Format *nn* TER&PER **UDF**
= Universal Disk Format

UDP-Protokoll *nn* DAT.NW **UDP**
= User Datagram Protocol

U-Ebene *nf* TELEC → **user plane**
→ Benutzerebene *nf*

UER BROADC → **European Broadcasting Union**
→ Europäische Rundfunkunion

U-förmig TECH **U-shaped**
= haarnadelförmig = hairpin-; channeled

UG-Antenne *nf* ANT **UG antenna**

UHF RADIO → **decimetric waves**
→ Dezimeterwellen *nplt*

UHF-Buchse *nf* COMPO **UHF socket**
= UHF-Kupplung *nf* = UHF jack

UHF-Kupplung *nf* COMPO → **UHF socket**
→ UHF-Buchse *nf*

UHF-Satellit *nm* SAT.CO **UHF satellite**

UHF-Stecker *nm* COMPO **UHF plug**

Uhr INSTR **clock** *n*
↓ Chronometer ↓ chronometer

Uhrzeit-/Kalender-Karte *nf* HW **clock/calendar board**

UIFN-Nummer *nf* TELEPH **UIFN**
= Universal International Freephone Number

UIM-Karte *nf* (obs) INTERNET → **USIM**
→ USIM-Karte *nf*

UIT TELEC **ITU**
[Dachorganisation der Normenausschüsse der Vereinten Nationen für das Fernmeldewesen] [head organisation uf UNO for telecommunications standardization]
= ITU = International Telecommunication

UIT-R TELEC **UIT-RR**
[Normungsinstitution der UIT] [international radio consultative committee of ITU]
= ITU-R; CCIR; Comité Consultatif International des Radio-Communications = CCIR

UIT-T TELEC **UIT-T**
[Normungsorganisation der UIT] [international telephone and telegraph consultive committee of ITU]
= ITU-T; CCITT; Comité Consultatif International Télégraphique et Téléfonique = CCITT

UIT-T-Alphabet Nr.1 *nn* TELEGR → **Baudot code** (1)
→ Baudot-Code *nm* (1)

UIT-T-Code Nr.1 *nm* TELEGR → **Baudot code** (1)
→ Baudot-Code *nm* (1)

UIT-T-Kode Nr.1 *nm* TELEGR → **Baudot code** (1)
→ Baudot-Code *nm* (1)

UIT-T Nr.2 TELEGR → **international telegraph alphabet no.2**
→ internationales Telegraphenalphabet Nr.2

UIT-T-X-Empfehlungen *nplt* DAT.CO → **X-series** (npl)
→ X-Empfehlungen *nplt*

UJT MICR.EL → **unijunction transistor**
→ Doppelbasisdiode *nf*

UKW RADIO → **metric waves**
→ Meterwellen *nplt*

UKW-Drehfunkfeuer *nn* RAD.NA **VHF omnidirectional range**
= VOR = VOR; VHF omnirange

UKW-Programm *nn* BROADC → **FM broadcast**
→ UKW-Sendung *nf*

UKW-Sendung *nf* BROADC **FM broadcast**
= UKW-Programm *nn*

UKW-Sprechfunk *nm* RADIO **VHF radiotelephony**
= UKW-Telefonie *nf*

UKW-Telefonie *nf* RADIO → **VHF radiotelephony**
→ UKW-Sprechfunk *nm*

ULA MICR.EL → **gate array**
→ Gate Array *nm*

ULA (obs) MICR.EL → **application-specific IC**
→ anwendungsspezifische integrierte Schaltung

ÜLE MOB.CO → **mobile telephony exchange**
→ Überleiteinrichtung *nf*

ULL ECON → **unbilled costs**
→ unverrechnete Lieferungen und Leistungen

ULSI MICR.EL → **ultra-large-scale integration**
→ Ultrahöchstintegration *nf*

Ultimo *nn* ECON **last day**
= letzter Tag [of week, month or year]

Ultor-Hochspannungsanode *nf* EL.TRO **ultor electrode**

Ultrafiche TER&PER **ultrafiche** *n*
↑ Mikrofilm ↑ microfilm

ultragroß TECH → **ultralarge** *adj*
→ übergroß

Ultrahöchstintegration *nf* MICR.EL **ultra-large-scale integration**
= ULSI; VLSI; WSI; Waver-scale-Integration *nf* = ULSI; VLSI; wafer scale integration; WSI
↑ integrierte Schaltung ↑ integrated circuit

Ultrakurzwellen *nplt* RADIO → **metric waves**
→ Meterwellen *nplt*

ultraleicht PRIN.ME **ultra light**
↑ Schriftattribut ↑ font attribute

ultraleichter Computer DAT.PR **ultralight computer**
↑ Personal-Computer ↑ personal computer
↓ Notizbuchcomputer ↓ notebook computer

ultraleichter tragbarer Computer HW → **notebook computer**
→ Notizbuch-Computer *nm*

Ultralinearschaltung *nf* CIRC.EN **ultralinear circuit**

ultramarin OPT **ultramarine**
= ultramarinblau

ultramarinblau OPT → **ultramarine**
→ ultramarin

ultramarinviolett *adj* OPT **ultramarine violet**

ultramodern TECH → **ultra-modern**
→ hochmodern

ultrarot PHYS → **infrared** *adj*
→ infrarot

ultrarote Strahlung PHYS → **infrared radiation**
→ Infrarotstrahlung *nf*

Ultrarotstrahlung *nf* PHYS → **infrared radiation**
→ Infrarotstrahlung *nf*

Ultraschall *nm* ACOUS **ultrasound** *n*
[(unhörbare) Schwingungen über 20 kHz] [(inaudible) oscillations above 20 Hz]
= Überschall *nm* = supersonic sound; ultrasonic *n*; superaudio *n*
≠ Infraschall ≠ infrasound
↑ Schall (1)

Ultraschall- TECH **supersonic** *adj*
= Überschall- = ultrasonic; transsonic

Ultraschallbad *nn* MANUF **ultrasonic cleaning**

Ultraschallbonden *nn* MICR.EL → **ultrasonic bonding**
→ Ultraschallkontaktierung *nf*

Ultraschallbondierung *nf* MICR.EL → **ultrasonic bonding**
→ Ultraschallkontaktierung *nf*

Ultraschallfernbedienung *nf* TER&PER **ultrasonic control**

Ultraschallfrequenz *nf* ACOUS **ultrasound frequency**
= Überschallfrequenz *nf* = supersonic frequency; ultrasonic frequency; superaudio frequency

Ultraschallgeber *nm* EL.ACOU **ultrasonic generator**
= ultrasonic source

Ultraschallkommunikation *nf* TELEC **ultrasonic communications**

Ultraschallkontaktierung *nf* MICR.EL **ultrasonic bonding**
= Ultraschallschweißen *nn*; Ultraschallbonden *nn*; Mikroschweißen *nn*; Ultraschallbondierung *nf*

Ultraschallortung *nf* INSTR **ultrasonic ranging**
= SONAR [Sound Navigation And Ranging]
= SONAR; ultrasonic sounding

Ultraschallprägen *nn* METAL **ultrasonic stamping**

Ultraschall-Reinigungsanlage *nf* MANUF **ultrasonic cleaning equipment**

Ultraschallschweißen METAL **ultrasonic welding**

Ultraschallschweißen *nn* MICR.EL → **ultrasonic bonding**
→ Ultraschallkontaktierung *nf*

Ultraschallsystem *nn* MED.EN **ultrasound system**

Ultraschalltechnik *nf* TECH **ultrasonics**
= ultrasound engineering

Ultraschall-Verzögerungsleitung *nf* COMPO **ultrasonic delay line**

Ultraschallwandler *nm* COMPO **ultrasonic transducer**
[Sensor] = ultrasound transducer

Ultraschallwelle *nf* PHYS **ultrasonic wave**

Ultraschwarz *nn* TV **blacker-than-black**

ultraviolett PHYS **ultraviolet** *adj*
= UV = UV

Ultraviolett *nn* PHYS → **ultraviolet radiation**
→ Ultraviolettstrahlung *nf*

ultraviolettes Licht *nn* PHYS → **ultraviolet radiation**
→ Ultraviolettstrahlung *nf*

ultraviolette Strahlung *nf* PHYS → **ultraviolet radiation**
→ Ultraviolettstrahlung *nf*

Ultraviolettstrahlung *nf* PHYS **ultraviolet radiation**
[Wellenbereich kleiner 0,4 μ] [wavelength less than 0.4 μ]
= ultraviolette Strahlung *nf*; UV-Strahlung *nf*; ultraviolettes Licht *nn*; UV-Licht *nn*; Ultraviolett *nn*; UV = UV radiation; ultraviolet light; UV light; UV

Umadressierung *nf* DAT.MA → **shift** *n*
→ Verschiebung *nf*

umarbeiten TECH → **rework** *vt*
→ überarbeiten *vt*

Umarbeitung *nf* MEDIA → **adaption** *n*
→ Adaptation *nf*

UMA-Speicher *nm* DAT.PR → **upper memory area**
→ hoher Speicherbereich

Umbau *nm* TECH **remodelling** *n*
= Modifikation *nf*; Umgestaltung *nf* = modification *n*; rearrangement *n*
≈ Umwandlung ≈ transformation

Umbauanweisung *nf* TEC.DOC **modification instruction**
= Modifikationsanweisung *nf*

umbauen *vt* TECH **remodel** *vt*
= umgestalten; umrangieren; umordnen; umdisponieren = rearrange *vt*
≈ ändern ≈ change

umbenennen TECH **rename** *vt*
= neu benennen

Umbenennung *nf* TECH **renaming** *n*

Umbewertung *nf* ECON **restatement** *n*

umbeziffern TECH → **renumber** *vt*
→ umnummerieren

umblättern COLL **turn page** *vt*

Umblättern *nn* TER&PER → **page change**
→ Seitenvorschub *nm*

umblocken DAT.PR **reblock** *vt*

umbra *adj* OPT **umber** *adj*

umbra grünlich *adj* OPT **green umber** *adj*

Umbrechen *nn* PRIN.ME → **makeup** *n*
→ Umbruch *nm*

umbrechen *vt* PRIN.ME **make up** *vt*
= impose *vt*

Umbrella (ANGL) ANT → **umbrella** *n*
→ Schirm *nm*

Umbrella-Zelle *nf* MOB.CO → **macrocell** *n*
→ Makrozelle *nf*

Umbruch *nm* PRIN.ME **makeup** *n*
[Einteilung in Zeilen, Spalten und Seiten] [to arrange into columns and pages]
= Umbrechen *nn* = imposition *n*
≈ Satz ≈ typesetting
↓ Zeilenumbruch; Seitenumbruch ↓ line break; page makeup

Umbruchprogramm *nn* PRIN.ME **makeup program**
= Umbruch-Software *nf* = makeup software

Umbruch-Software *nf* PRIN.ME → **makeup program**
→ Umbruchprogramm *nn*

umbuchen ECON **reclassify** *vt*

Umbuchen *nn* MOB.CO **active file change**
[Wechsel des Aktivregisters]

Umbuchung *nf* ECON **reclassification**

umcodieren CODING **recode** *vt*

Umcodierer *nm* CODING → **code converter**
→ Code-Umsetzer *nm*

Umcodierung *nf* CODING → **code conversion**
→ Codeumsetzung *nf*

umdisponieren TECH → **remodel** *vt*
→ umbauen *vt*

Umdrehung *nf* PHYS **revolution** *n*
[Bewegung um einen Punkt oder Achse] [motion about a center or axis]
↑ Drehung ↑ twist

Umdrehungen pro Minute PHYS **revolutions per minute**
[alte Maßeinheit für Drehzahl] [old unit for speed of revolution turns]
= U/min = rpm; r.p.m.; r/m

Umdrehungen pro Sekunde PHYS **revolutions per second**
[alte Maßeinheit für Drehzahl] [old unit for spedd of revolution turns]
= U/s; r/s = rps; r.p.s.; r/s

Umdrehungsmesser *nm* INSTR → **revolution counter**
→ Drehzahlmesser *nm*

Umdrehungswartezeit *nf* TER&PER → **rotational delay**
→ Drehverzug *nm*

Umdrehungswartezeit *nf* TER&PER → **latency time**
→ Latenzzeit *nf*

Umdruck *nm* PRIN.ME **transfer printing**
= reprint *n*

umfallen TECH → **topple** *vi*
→ umkippen *vt*

Umfang *nm* MATH **perimeter** *n*
[Länge einer geschlossenen Begrenzung] [lenth of an closed boundary line]
= circumference *n* (2)
↓ Kreisumfang ↓ circumference (1)

Umfang *nm* TECH **extent** *n*
[fig] [fig]
= Ausmaß *nn* = extension *n* (2); scope *n*; gamut *n*
≈ Reichweite ≈ range

Umfang-Flächen-Verhältnis *nn* TECH **shape ratio**
[ratio of circumference to area]

umfassend COLL **comprehensive** *adj*
[nahezu vollständig] [almost complete]
≈ vollständig = inclusive; encompassing (2)

umfassend TECH → **global** *adj*
→ allgemeingültig

umfassend TECH → **overall** *adj*
→ Gesamt-

Umfassungsgriff *nm* TECH **grasping grip**

Umfeld *nn* TECH → **ambient environment**
→ Umwelt *nf*

Umfeld *nn* DAT.PR → **environment** *n*
→ Landschaft *nf*

Umfeldanalyse *nf* SCIE **environment analysis**

Umfeldschaltung *nf* CIRC.EN **embedding circuit**

Umflechtung *nf* TECH → **netting** *n*
→ Geflecht *nn*

Umflechtungsmaschine *nf* MANUF **braiding machine**

umformatieren DAT.MA **reformat** *vt*

Umformatierung *nf* DAT.MA **reformatting**

Umformbarkeit *nf* TECH → **convertibility** *n*
→ Konvertierbarkeit *nf*

umformen TECH **reshape** *vt*
≈ umarbeiten = transform *vt*
≈ rework

umformen EL.TEC **convert** *vt*
= umspannen = transform *vt*

umformend TECH **transformative** *adj*
= umwandelnd = converting

Umformer *nm* (1) POW.SY **convertor** *n* (1) (IEC)
[umlaufende Maschine zur Umwandlung der Stromart] [rotating machine to transform the type of current]
= converter *n*

Umformer *nm* (2) POW.SY → **static power converter** *n*
→ Stromrichter *nm*

Umformung *nf* MATH → **transformation** *n*
→ Transformation *nf*

Umformung *nf* TECH → **transformation** *n*
→ Umwandlung *nf*

Umfragebetrieb *nm* DAT.CO → **auto-poll** *n*
→ automatischer Sendeaufruf

Umfragebetrieb *nm* TELECON → **polling mode**
→ Aufrufbetrieb *nm*

Umfragedurchlauf *nm* TELEC → **polling pass**
→ Abfragedurchlauf *nm*

Umfragetechnik *nf* TELEC → **polling technique**
→ Abfragetechnik *nf*

Umfrageverfahren *nn* TELECON → **polling mode**
→ Aufrufbetrieb *nm*

Umgang *nm* TECH → **handling** *n*
→ Handhabung *nf*

Umgangssprache *nf* LING **colloquial speech** *n*
= Allgemeinsprache *nf*; Normalsprache *nf*; Alltagssprache *nf* = colloquial *n*; conversional language; vernacular *n*
≠ Hochsprache; Fachsprache ≠ standard language; technical language

umgangssprachlich *adv* COLL **colloquially** *adv*

umgearbeitet MEDIA → **adapted**
→ adaptiert

umgeben *vt* COLL **surround** *vt*

umgebend *adj* COLL **surrounding** *adj*
= umliegend = encompassing *adj* (1); ambient *adj*

Umgebung *nf* COLL → **neighborhood** *n* (AE)
→ Nachbarschaft *nf*

Umgebung *nf* TECH → **ambient environment**
→ Umwelt *nf*

Umgebung *nf* — DAT.PR — → **environment** *n*
→ Landschaft *nf*

umgebungsabhängig — TECH — → **environment-induced**
→ umgebungsbedingt

umgebungsbedingt — TECH — **environment-induced**
= umgebungsabhängig — = ambient-induced; environment-dependent

umgebungsbedingte Beanspruchung — QUAL — **environmental stess**

Umgebungsbedingung *nf* — TECH — → **environmental condition**
→ Umweltbedingung *nf*

Umgebungsbeschreibung *nf* — SW — **environmental description**

Umgebungsgeräuschpegel *nm* — ACOUS — **ambient noise level**

Umgebungsklima *nn* — TECH — → **environmental climate**
→ Umweltklima *nn*

Umgebungsspiegelungen *nplt* — COMP.GR — **environment mapping**
[auf Objektoberfläche] — [on the surface of an object]

Umgebungssprecher *nm* — CINEMA — **surround speaker**

Umgebungstemperatur *nf* — TECH — **environmental temperature**
= Raumtemperatur *nf* — = ambient temperature; surrounding temperature

Umgebungsvariable *nf* — DAT.PR — **environmental variable**
= environment variable

umgehen *vt* — EL.TRO — **bypass** *vt*

umgehen *vt* (1) — COLL — **bypass** *vt*
= ausweichen — = circumvene *vt*

umgehen *vt* (2) — COLL — **deal** *vt*
[richtig behandeln]

Umgehung *nf* — CIV.EN — **bypass** *n*
= Umleitung *nf*

Umgehung *nf* — SIG.EN — **circumvention** *n*
[einer Warnanlage] — [of an alarm system]
= Ausweichung *nf* — = avoidance *n*
≈ Ausschaltung — ≈ spopofing

Umgehung *nf* — COLL — **bypassing** *n*
[fig] — [fig]
= bypass *n*

Umgehungsventil *nn* — TECH — **bypass valve**

umgekehrt — TECH — **reverse** *adj* (1)
= invers — = reversed *adj* (1); inverse *adj* (1); inverted *adj* (1)

umgekehrt — TECH — → **reverse** *adj* (2)
→ gegensinnig

umgekehrt *adj* — PRIN.ME — **reverse** *adj*
= invers — = inverse *adj*
↑ Schriftattribut — ↑ font attribute

umgekehrte Lukasiewicz-Notation — COMP.SC — → **postfix notation**
→ Postfixschreibweise *nf*

umgekehrte Lukasiewicz-Schreibweise — COMP.SC — → **postfix notation**
→ Postfixschreibweise *nf*

umgekehrte polnische Notation — COMP.SC — → **postfix notation**
→ Postfixschreibweise *nf*

umgekehrte polnische Schreibweise — COMP.SC — → **postfix notation**
→ Postfixschreibweise *nf*

umgekehrter Schrägstrich — LING — → **backslash** *n*
→ Gegenschrägstrich *nm*

umgekehrter Vierpol — NETW.TH — **reversed two-port**
= reversed quadripole

umgekehrtes Fragezeichen — LING — **inverted question mark**
[Symbol: ¿] — [symbol: ¿]

umgekehrte T-Anpassung — ANT — **inverted T match**

umgekehrte Weiterleitung — INTERNET — **reverse path forwarding**

umgeleitete Verbindung — SWITCH — **redirected call**
= redirected connection; redirected link

umgestalten — TECH — → **remodel** *vt*
→ umbauen *vt*

Umgestaltung *nf* — TECH — → **transformation** *n*
→ Umwandlung *nf*

Umgestaltung *nf* — TECH — **reengineering** *n*
= Reengineering *nn* (ANGL)

Umgestaltung *nf* — TECH — → **remodelling** *n*
→ Umbau *nm*

umgestellt — TECH — → **transposed** *adj*
→ versetzt

umgruppieren — TECH — → **regroup** *vt*
→ umschichten

Umgruppierung *nf* — TECH — → **regrouping** *n*
→ Umschichtung *nf*

Umgruppierung *nf* — DAT.MA — → **distributive sort**
→ Verteilsortierung *nf*

Umgurter *nm* — MANUF — **sequencer** *n*
[gurtet Bauteile in ihrer Montagefolge] — [bets components in their mounting sequence]
= Sequenzer *nm*

Umhängemikropohon *nn* — EL.ACOU — **chest microphone**

umherkreisen — DAT.PR — **wrap around** *vi*
[z.B. ein Bildschirmzeichen, Programm, i.a. zu einem Startpunkt] — [e.g. a cursor or a program, generally towards a starting point]

umherschalten — DAT.MA — **pingpong** *vt*
[zwischen Speichern] — [to alternate storages]

Umhüllung *nf* — TECH — → **packing** *n* (1)
→ Verpackung *nf*

Umhüllung *nf* — TECH — → **wrapping** *n* (3)
→ Hülle *nf* (2)

umkämpft — COLL — **disputed** *adj*

Umkehrabbildung *nf* — MATH — → **inverse mapping** *n*
→ inverse Abbildung

Umkehraddierer *nm* — CIRC.EN — → **adder** *n*
→ Addierer *nm*

Umkehrantrieb *nm* — POW.SY — **reversing drive**
= reversible drive

Umkehrauslöser *nm* — COMPO — **reversible fuse**
↑ Fernmeldesicherung — ↑ telephone service fuse

umkehrbar — PHYS — → **reversible** *adj*
→ reversibel

umkehrbar — MATH — **inversible** *adj*
= inversibel; invertierbar

umkehrbar eindeutig — MATH — → **reversibly unambiguous** *adj*
→ eineindeutig

umkehrbarer Vierpol — NETW.TH — **reversible two-port**

Umkehrbarkeit *nf* (1) — MATH — → **reversibility** *n*
→ Reversibilität *nf*

Umkehrbarkeit *nf* (2) — MATH — → **reciprocity** *n*
→ Reziprozität *nf*

Umkehrdruck *nm* — TER&PER — → **reverse type**
→ Umkehrschrift *nf*

umkehren — TECH — **invert** *vt*
= invertieren — = reverse *vt*; turn-over *vt*

umkehren — SW — **turnaround** *vt*
[einen Vorgang] — [a process]
= invertieren — = inver *vt*; revert *vt*

umkehren — CIRC.EN — → **invert** *vt*
→ invertieren

Umkehrentwicklung *nf* — TER&PER — **negative development**

Umkehrentwicklungstechnik *nf* — TECH — → **reverse engineering**
→ Reverse Engineering

Umkehrfilm *nm* — IMAG.ME — **reversal filmstock**

Umkehrfunktion *nf* (1) — MATH — **inverse function** *n* (1)
= inverse Funktion (1)

Umkehrfunktion *nf* (2) — MATH — → **inverse mapping** *n*
→ inverse Abbildung

Umkehrintegrator *nm* — CIRC.EN — **inverse integrator**
≈ Summenintegrator — ≈ summing integrator

Umkehrpunkt *nm* — MATH — → **inversive point**
→ Rückkehrpunkt *nm*

Umkehrpunkt *nm* — COLL — → **turning point**
→ Wendepunkt *nm*

Umkehrsatz *nm* — ANT — **reciprocity theorem**
= Reziprozitätssatz *nm*; Reziprozitätstheorem — = inversion theorem

Umkehrschaltung *nf* — CIRC.EN — **inverting circuit** *n*
↓ Umpolschaltung; Phasenumkehrschaltung; NICHT-Glied — = inverter *n* (1)
↓ sign-reversing circuit; phase inverter; NOT gate

Umkehrschrift *nf* — TER&PER — **reverse type**
[entgegengesetzt zur regulären Schriftart] — [opposite to regular characters]
= Umkehrdruck *nm*; Umkehrung *nf*; invertierter Druck; invertierte Darstellung; Reverse *nf* — = reverse character; reverse printing; reverse *n* (2); inverse type; inverse character; inverse printing
≈ Negativschrift — ≈ negative type
≠ Positivschrift — ≠ positive type

Umkehrspanne *nf* — INSTR — **reversal margin**

Umkehrspannung *nf* — MICR.EL — **reverse isolation**
[Durchbruchspannung einer Diode] — [breakdown voltage of a diode]
≈ Durchbruchspannung — = turn-over voltage
≈ breakdown voltage

Umkehrstromrichter *nm* — POW.SY — **two-way convertor**
= reversible convertor; double convertor; two-way converter

Umkehrstufe *nf* — CIRC.EN — **reversal stage**
≈ Umkehrschaltung — = inverting stage
≈ inverting circuit

Umkehrtechnik *nf* — TECH — → **reverse engineering**
→ Reverse Engineering

Umkehrung *nf* TECH **reversion** *n*
= Inversion *nf*
= reversal *n*; reverse *n* (2); inversion *n*

Umkehrung *nf* TER&PER → **reverse type**
→ Umkehrschrift *nf*

Umkehrverstärker *nm* CIRC.EN → **phase inverting amplifier**
→ Phasenumkehrverstärker *nm*

umkippen *vt* TECH **topple** *vi*
= kippen (1); umfallen; umstürzen

Umklappgruppierung *nf* SWITCH **folded grouping**

Umklöppelung *nf* TECH → **netting** *n*
→ Geflecht *nn*

UML SW **UML**
↑ Modellierungssprache
= Unified Modeling Language
↑ modeling language

umladen *vt* ECON **reload** *vt*
= tranship *vt*

Umladung *nf* ECON **reloading** *n*
≈ Umschlag
≈ transshipment

Umladung *nf* PHYS **charge exchange**
= Ladungsaustausch *nm*

Umlage *nf* ECON **allocation** *n*
= Zuweisung *nf*
↓ Kostenumlage; Verlustumlage
= appointment *n* (1); levy *n*; charge *n* (3)
↓ costs appointment; loss appointment

umlagern DAT.MA **swap** *vt* (2)
= zeitweise auslagern; zeitweise umspeichern; vorübergehend auslagern; vorübergehend umspeichern; aus-/rücklagern
↓ einlagern; auslagern
↓ swap-in; swap-out

Umlagern *nn* DAT.MA **swapping** *n* (2)
[zwischen Haupt- und Zwischenspeicher]
= Speichertausch *nm*; Temporärauslagerung *nf*; Temporärumspeicherung *nf*
↓ Einlagern; Auslagern
[interexchange data between main and auxiliary storage]
↓ swapping-in; swapping-out

Umlagerungsdatei *nf* DAT.MA **swap file**
= Swap-Datei *nf* (ANGL)

Umlauf *nm* TECH **cycle** *n*
= circuit *n*; tour *n*; recirculation *n*

Umlauf *nm* WOR.PR → **automatic line break**
→ automatischer Zeilenumbruch

Umlaufbahn *nf* PHYS **orbit** *n*
↑ Bahn
↓ Kreisbahn
↑ trajectory
↓ circular orbit

Umlaufbahnposition *nf* SAT.CO → **orbital position**
→ Orbitposition *nf*

Umlaufdämpfung *nf* TELEPH **round-trip loss**
[Gesamtdämpfung eines Vierdrahtkreises, einschließlich der zwei Gabelübergangsdämpfungen, ohne Berücksichtigung verstärkender Elemente]
[total loss of a four-wire loop, including the two trans-hybrid losses, not considering active elements]
= feedback loss; round-trip attenuation; open loop loss

umlaufen SCIE **circulate** *vi*
= kreisen; zirkulieren
≈ drehen
≈ rotate

umlaufend PHYS **circulating**
= kreisend; zirkulierend
≈ drehend
≈ rotating

umlaufender Modus DAT.CO **wraparound mode**

umlaufender Speicher HW → **circulating memory**
→ Umlaufspeicher *nm*

Umlaufintegral *nn* MATH **circulation** *n*
[Kurvenintegral über geschlossenen Integrationsweg]
↑ Kurvenintegral
[line integral over a closed integration path]
= contour integral
↑ line integral

Umlaufpeiler *nm* RAD.LO **rotating direction finder**

Umlaufspeicher *nm* HW **circulating memory**
[Kanäle wo Daten ständig umlaufen, auf die zyklisch lesend zugegriffen werden kann]
= umlaufender Speicher; zyklischer Speicher; periodischer Speicher
↓ Magnettrommelspeicher; Magnetplattenspeicher; CCD-Speicher; Magnetblasenspeicher
[channels where data circulate continuously, which can be accessed cyclically w/o erasing]
= cyclic memory; circulating register; cyclic storage; circulating storage; recirculating memory; recirculating storage; recirculating store; rotating memory; rotating register; rotating storage; rotating store; rotating memory

Umlaufvermögen *nn* ECON **circulating assets**
[Bilanz]
[balance]
= current assets; working capital

Umlaufverstärkung *nf* CIRC.EN → **loop gain**
→ Schleifenverstärkung *nf*

Umlaufverstärkung *nf* TELEPH **loop gain**
[Summe aller Verstärkungen eines Vierdrahtkreises, ohne Einrechnung der dämpfenden Elemente]
= Schleifenverstärkung *nf*
[sum of all gain contributions of a four-wire loop, without discount for attenuation contributions of passive elements]
= round-trip gain

Umlaufzeit *nf* TELEC **round-trip delay**
= round-trip propagation delay; turnaround time; recirculating delay

Umlaut *nm* LING **umlaut** *n* (1)
[z.B. ä, ö, ü]
[eg. ä, ö, ü]
= mutated vowel

Umlautzeichen *nn* LING **umlaut** *n* (2)
≈ Trema *nn* (*pl* -ta&-s)
↑ diakritisches Zeichen
[e.g. in ï]
≈ diaresis
↑ diacritical mark

Umlegen *nn* TELEPH → **call forwarding**
→ Rufumleitung *nf*

umlegen *vt* TELEPH **transfer** *vt*
[einen Ruf auf eine andere Nebenstelle]
↓ übergeben; übernehmen
[a call to another extension]
↓ hand-over; take-over

Umleitadresse *nf* DAT.CO **rerouting address**
= redirection address

Umleiten *nf* TELEC → **redirection** *n*
→ Umleitung *nf*

umleiten *vt* TELEC **redirect** *vt*
= weiterleiten; umlenken; umsteuern
≈ ersatzleiten
= reroute
≈ alternate-route

Umleitung *nf* CIV.EN → **bypass** *n*
→ Umgehung *nf*

Umleitung *nf* SW **redirection** *n*

Umleitung *nf* TELEC **redirection** *n*
= Verkehrsumleitung *nf*; Umleiten *nf*; Umlenkung *nf*; Verkehrsumlenkung *nf*; Umwegführung *nf*; Umweglenkung *nf*; Weiterleitung *nf*
≈ Ersatzschaltung [TRANSM]
= redirect; rerouting; reroute
≈ protection switching [TRANSM]

Umleitungsvorrichtung *nf* TER&PER **break-out box**

Umlenkanordnung *nf* ANT → **passive reflector**
→ Umlenkspiegel *nm*

Umlenkelement *nn* COM.CAB **deflecting element**

umlenken TELEC → **redirect** *vt*
→ umleiten *vt*

Umlenkrolle *nf* MEC.EN **pulley** *n* (1)
= turning swivel; turning roller; deflector roller

Umlenkspiegel *nm* ANT **passive reflector**
= Umlenkanordnung *nf*; passiver Reflektor
≈ passive Relaisstelle [RAD.RE]
= reflector *n* (3)
≈ passive repeater [RAD.RE]

Umlenkung *nf* TELEC → **redirection** *n*
→ Umleitung *nf*

umliegend COLL → **surrounding** *adj*
→ umgebend *adj*

Umluft *nf* TECH **air recycling**
≈ Luftzirkulkation
≈ air circulation

Ummagnetisierung *nf* PHYS **magnetic reversal**

Ummagnetisierungsverlust *nm* EL.SC **magnetic reversal loss**

ummanteln TECH **jacket** *vt*
= sheath

ummantelt COM.CAB **jacketed**
= sheathed

Ummantelung *nf* TECH → **coat** *n*
→ Mantel *nm*

umnumerieren (obs) TECH → **renumber** *vt*
→ umnummerieren

umnummerieren TECH **renumber** *vt*
= umbeziffern; neunummerieren; umnumerieren (obs); neunumerieren (obs)

umordnen COLL → **reorder** *vt*
→ neuordnen

umordnen TECH → **remodel** *vt*
→ umbauen *vt*

Umordnung *nf* TECH **rearrangement** *n*
≈ Umbau
≈ remodelling

Umorganisation *nf* ECON **reorganization** *n*
= Reorganisation *nf*

umorganisieren ECON **reorganize** *vt*
= neu organisieren; reorganisieren

umpacken TECH **repack** *vt*

Umplanung *nf* TECH **design change**

Umpolschaltung *nf* CIRC.EN **sign-reversing circuit**
↑Umkehrschaltung
= sign-reversing amplifier; sign-changing circuit; sign-changing amplifier; sign-inverting circuit; sign-inverting amplifier; see-saw circuit

Umpolung *nf* EL.TEC **polar reversal**
= Polwendung *nf*
= pole reversal; polar inversion; pole inversion; poling

umprogrammierbar SW **reprogrammable**
= reprogrammierbar

umprogrammierbar MICR.EL → **reprogrammable**
→ wiederprogrammierbar

umprogrammieren SW **reprogram** *vt*

Umprogrammierung *nf* SW **reprograming** *n*

UMPTS *nn* MOB.CO **UMPTS**
[ETSI-Norm für eine universelle Mobilkommunikation]
[ETSI standard for a universal mobile service]
= Universal Mobile telecommunication System

umrahmen *vt* PRIN.ME **frame** *vt*
= umranden

Umrahmung *nf* PRIN.ME **framing** *n*
= Umrandung *nf*; Einrahmung *nf*
[decorative line or pattern along a page edge]
= border (2): box

Umrahmungsfeld *nn* COMP.AP **bounding box**
= Begrenzungsrechteck *nn*; umschließendes Rechteck

umranden PRIN.ME → **frame** *vt*
→ umrahmen *vt*

Umrandung *nf* PRIN.ME → **framing** *n*
→ Umrahmung *nf*

umrangieren TECH → **remodel** *vt*
→ umbauen *vt*

umrangiert TECH → **transposed** *adj*
→ versetzt

Umrangierung *nf* TELEC **reconfiguration**
= re-arrangement

Umrechnung *nf* MATH **conversion** *n*
= Konversion *nf*

Umrechnungsfaktor *nm* MATH **conversion factor**

Umrechnungstabelle *nf* TECH **conversion table**
= translation table

umreißen TECH **outline** *vt*
[fig]
= konturieren; profilieren
= contour; profile

Umrichter *nm* POW.SY **voltage system converter** *n*
[wandelt das Spannungssystem um, unter Verwendung von Gleichrichterventilen]
↑Stromrichter
↓Gleichstrom-Umrichter; Wechselstrom-Umrichter; Frequenzumrichter
[converts the voltage system, employing convertor valves]
= voltage system convertor; convertor *n* (2) (IEC)
↑static power converter
↓DC converter; AC converter; frequency converter

Umriss *nm* TECH **outline** *n*
= Umrisslinie *nf*; Kontur *nf*; Profil *nn*
≈ Silhouette
= contour; profile
≈ silhouette

Umriss *nm* LING **outline** *n*
[Text]
[of a text]

Umrissdarstellung *nf* COMP.GR **boundary representation**
[Computergrafik; Darstellung von Festkörperbildern aus Angaben über Entfernung, Orientierung und Verdeckungen]
= Randdarstellung *nf*
[computer graphics; volume modelling with data on distance, orientation and hiding]

Umrisslicht *nf* IMAG.ME **separation light**
= Randlicht *nf*
= rim light; hair light; skimmer;

Umrisslinie *nf* TECH → **outline** *n*
→ Umriss *nm*

umrüstbar TECH **convertible** *adj*
= konvertierbar
≈ erweiterbar; anpassbar
≈ expandable; adaptable

umrüsten TECH **convert** *vt*
≈ anpassen
= retrofit *vt*
≈ adapt

umrüsten TECH → **transform** *vt*
→ umwandeln

Umrüstsatz *nm* TECH **conversion kit**

Umrüstteil *nn* TECH **modification part**

Umrüstung *nf* TECH **retrofitting** *n*
[Auswechseln oder Hinzufügen neuer Komponenten]
= Nachrüstung *nf*; Nachbestückung *nf*
≈ Anpassung; Umwandlung
[change or addition of new components]
= conversion *n* (2)
≈ adaption; transformation

Umsatz *nm* ECON **turnover** *n* (BE)
= U
= sales *n* (3) (AE); sales volume (AE); filled orders; revenue *n*

Umsatzkosten *nplt* ECON **cost of sales**
= CoS; costs of goods sold

Umsatz legen ECON → **turn over** *vt*
→ umsetzen

Umsatzprovision *nf* ECON **turnover commission**

umsatzstark ECON **high-volume** *adj*

UMS-Betrieb *nm* MOB.CO **UMS**
= Unified Messaging System

umschaltbar EL.TRO **switch-selectable**
= durch Schalter wählbar; durch Schalter einstellbar

Umschaltbefehl *nm* TRANSM **switch-over command**

Umschaltbox *nf* COMP.AP **T-switch**

Umschaltebene *nf* TER&PER **upper mode**
[es gelten die oberen Zeichen einer doppelt belegten Tastatur]
= sekundäre Belegung
≠ Grundebene
[the upper symbols of a double assigned keuboard are valid]
= secondary allocation
≠ lower mode

Umschalteinrichtung *nf* TRANSM → **protection switching equipment**
→ Schutzschalteinrichtung *nf*

Umschaltekontakt *nm* COMPO **changeover contact** *n*
[bei Betätigung wird ein Kontakt unterbrochen und ein anderer hergestellt]
= Wechsler *nm*; Wechselkontakt *nm*; Umschalter *nm* (2)
↑Relaiskontakt
[when activated, one contact opens and another closes]
= break-make contact; switchover contact; double-throw contact
↑relay contact

Umschaltekriterium *nn* EL.TRO **switchover criterion**
≈ Umschaltelogik
= changeover criterion
≈ switchover logic

Umschaltelogik *nf* EL.TRO **switchover logic**
≈ Umschaltekriterium
= changeover *n*
≈ switchover criterion

umschalten EL.TRO **switchover** *vt*
= changeover *vt*

Umschalter *nm* TER&PER → **SHIFT key**
→ Umschalttaste *nf* (1)

Umschalter *nm* (1) COMPO → **change-over switch** *n*
→ Wechselschalter *nm*

Umschalter *nm* (2) COMPO → **changeover contact** *n*
→ Umschaltekontakt *nm*

Umschaltetaste *nf* TER&PER → **SHIFT key**
→ Umschalttaste *nf* (1)

Umschaltetechnik *nf* TRANSM → **protection switching technique**
→ Schutzschalttechnik *nf*

Umschaltezeichen *nn* DAT.CO **shift-out character**
= SO; shift character (1)

Umschaltezeit *nf* EL.TRO → **switchover time**
→ Umschaltzeit *nf*

Umschaltezeit *nf* COMPO → **transit time**
→ Umschlagzeit *nf*

Umschaltezustandsanzeige *nf* TER&PER **SHIFT LOCK indicator**
↑Tastenzustandsanzeige
= CAPS LOCK indicator
↑key status indicator

Umschaltfeststeller *nm* TER&PER → **SHIFT LOCK key**
→ Umschaltfeststelltaste *nf*

Umschaltfeststelltaste *nf* TER&PER **SHIFT LOCK key**
[zur Ausgabe von Großbuchstaben; meist mit Aufwärtspfeil markiert]
= Großschreibtaste *nf*; CAPS-LOCK-Taste *nf*; SHIFT-LOCK-Taste *nf*; Feststelltaste *nf*; Umschaltfeststeller *nm*; Feststeller *nm*
≈ Umschalttaste
[after activation, capital letters are sent; generally marked with an upward arrow]
= SHIFT LOCK; capitals lock key; CAPS-LOCK; SHIFT-LOCK
≈ shift key

Umschaltgerät *nn* TRANSM → **protection switching equipment**
→ Schutzschalteinrichtung *nf*

umschaltklicken COMP.AP **shift-click** *vt*

Umschaltklicken *nn* COMP.AP **shift clicking**
[Klicken einer Maus bei betätigter Umschalttaste]
[clicking a mouse while depressing the SHIFT key]

Umschaltpult *nn* EL.ACOU **switchboard unit**

Umschaltpunkt *nm* TRANSM → **protection switching threshold**
→ Umschaltschwelle *nf*

Umschaltschwelle *nf* EL.TRO → **switching threshold**
→ Schaltschwelle *nf*

Umschaltschwelle *nf* TRANSM **protection switching threshold**

= Umschaltpunkt *nm*; Schutzschaltschwelle *nf*; Ersatzschaltschwelle *nf*; Schaltschwelle *nf* | = switching threshold; switchover threshold; changeover threshold

Umschaltstromverhältnis *nn* MICR.EL **transient-current-ratio saturation**

Umschalttakt *nm* EL.TRO **changeover clock**

Umschalttaste *nf* (1) TER&PER **SHIFT key**
[solange gedrückt gehalten, werden Großbuchstaben bzw. die oberen Tastenzeichen ausgegeben] | [while pressed, upper-case symbols are sent]
= Umschalter *nm*; Umschaltetaste *nf*; SHIFT-Taste *nf*; Taste SHIFT *nf* | = case shift key
≈ Umschaltfeststelltaste | ≈ SHIFT LOCK key

Umschalttaste *nf* (2) TER&PER **option key** *n*
[Apple; ändert die Bedeutung einer gleichzeitig gedrückten Taste] | [Apple; changes the meaning of a concurrently pressed key]
= Optionstaste *nf* | = modifier key
≈ Steuerungstaste; ALT-Taste | ≈ control key (1); alternate coding key

Umschaltung *nf* DAT.PR **toggle** *n*

Umschaltung *nf* EL.TRO **switchover** *n*
= Schaltung *nf* | = changeover *n*; switching *n*

Umschaltung *nf* DAT.CO → **escape** *n*
→ Codeumschaltung *nf*

Umschaltung *nf* TER&PER → **case shift**
→ Groß-Klein-Umschaltung *nf*

Umschaltverlust *nm* MICR.EL **switching loss**
= Schaltverlust *nm*

Umschaltzeit *nf* EL.TRO **switchover time**
= Umschaltezeit *nf* | = changeover time; transit time
↓ Ersatzschaltezeit | ↓ failover time

umschichten TECH **regroup** *vt*
= umgruppieren | = reschedule *vt*

Umschichtung *nf* TECH **regrouping** *n*
= Umgruppierung *nf* | = rescheduling *n*

Umschlag *nm* ECON **transshipment**
= Warenumschlag *nm* | ≈ reloading
≈ Umladung

Umschlag *nm* OFFICE → **envelop** *n* (AE)
→ Briefumschlag *nm*

Umschlaghülle *nf* PRIN.ME → **book jacket**
→ Buchumschlag *nm*

Umschlagzeit *nf* COMPO **transit time**
[Kontakt] | [contact]
= Umschaltezeit *nf* | = switchover time; changeover time

umschließendes Rechteck COMP.AP → **bounding box**
→ Umrahmungsfeld *nn*

umschlüsseln CODING **transcode** *vt*
= transcodieren | = convert the code; rekey

Umschlüsselung *nf* CODING **transcoding**
= Transcodierung *nf* | = code conversion

umschreiben LING **transcribe** *vt*

umschreiben TER&PER **retype** *vt*
= neu tippen

Umschrift *nf* LING → **transcription** *n*
→ Transkription *nf*

umschulen EDUC **retrain** *vt*

Umschulung *nf* EDUC **retraining**

Umschwingdrossel *nf* POW.SY **reversing reactor**
= ring-back reactor

Umschwingkreis *nm* POW.SY **ring-back circuit**
= Umschwingzweig *nm* | = ring-around circuit; oscillating circuit

Umschwingstrom *nm* POW.SY **ring-back current**
= ring-around current; recirculating current

Umschwingzweig *nm* POW.SY → **ring-back circuit**
→ Umschwingkreis *nm*

umseitig *adv* PRIN.ME **overleaf** *adv*
= rückseitig

Umsetzanlage *nf* DAT.PR **data conversion unit**
= conversion unit; conversion equipment

umsetzbar SW → **relocatable**
→ relativierbar

umsetzbare Adresse SW → **relocatable address**
→ relativierbare Adresse

Umsetzbarkeit *nf* SW → **relocatability** *n*
→ Relativierbarkeit *nf*

umsetzen TER&PER **transcribe** *vt*

umsetzen ECON **turn over** *vt*
= Umsatz legen

umsetzen MODUL **translate** *vt*
[ein Signal in seiner Frequenzlage verändern] | [translate the frequency of a signal]

umsetzen DAT.MA **move** *vt*
[Daten lesen und mit Änderungen wieder speichern] | [to read data and rewrite them with modifications]
= übertragen
≠ kopieren | ≠ copy

umsetzen TECH → **transpose** *vt*
→ versetzen *vt*

Umsetzen der Wirtsfunktion DAT.PR **rehosting** *n*
= Übertragen der Wirtsfunktion

Umsetzer *nm* TRANSM **translator** *n*

Umsetzer *nm* RADIO **converter** *n*

Umsetzer *nm* TER&PER **transcriber** *n*

Umsetzer *nm* CIRC.EN **converter** *n*
[wandelt eine Frequenz oder einen Code] | [converts a frequency or a code]
| = convertor *n* (BE)
↓ Codeumsetzer; Serien-Parallel-Umsetzer; Parallel-Serien-Umsetzer | ↓ code converter; series-parallel converter; parallel-series converter

Umsetzer *nm* COMPO → **transducer** *n*
→ Wandler *nm*

Umsetzer *nm* BROADC → **television transposer**
→ Fernsehumsetzer *nm*

Umsetzer-Steuerprogramm *nn* SW **conversion-program control**

Umsetzerstufe *nf* TRANSM **translation stage**
[TF-Technik] | [FDM]
≈ Hierarchiestufe | ≈ hierarchical level

Umsetzprogramm *nn* SW **conversion program**
= Konvertierungsprogramm *nn*; Umsetzroutine *nf*; Konvertierungsroutine *nf* | = conversion routine

Umsetzroutine *nf* SW → **conversion program**
→ Umsetzprogramm *nn*

Umsetzung *nf* INF.TEC → **conversion** *n*
→ Umwandlung *nf*

Umsetzung *nf* TER&PER **transcription** *n*

Umsetzung *nf* MODUL **translation** *n*
= conversion *n*

Umsetzung *nf* SW **mapping** *n*
[z.B. von virtuellen in reale Adressen] | [translation e.g. from virtual adresses into real ones]

Umsetzung *nf* TECH → **transposition** *n*
→ Versetzung *nf*

Umsetzungsinformation *nf* SW → **relocation information**
→ Relativierungsinformation *nf*

umspannen EL.TEC → **convert** *vt*
→ umformen

Umspanner *nm* POW.SY **high-power transformer**
[Transformator für große Leistungen] | ↑ transformator [EL.TEC]
↑ Transformator [EL.TEC]

Umspannwerk *nn* POW.EN **transformer station**

umspeichern DAT.MA **restore** *vt*
[auf ursprünglichen Zustand zurücksetzen] | [to reset to previous condition]

Umspeichern *nn* DAT.PR → **restoring**
→ Umspeicherung *nf*

Umspeicherung *nf* DAT.PR **restoring**
= Umspeichern *nn*

umspielen EL.ACOU **overdub**
[überspielen ohne zu löschen] | [to copy w/o erasing]

umspinnen TECH → **wrap** *vt*
→ wickeln *vt*

Umspinnung *nf* TECH → **wrapping** *n* (1)
→ Wickel *nm*

umspulen TECH → **rewind** *vt*
→ zurückspulen

Umspuler *nm* TECH → **rewinder** *n*
→ Umspulvorrichtung *nf*

Umspulvorrichtung *nf* TECH **rewinder** *n*
= Umspuler *nm*

umständlich (1) COLL **circumstancial** *adj*
[mit unnötiger Mühe und Zeitaufwand verbunden] | [implying unnecessary effort and time]
≈ kompliziert; mühsam; verworren | ≈ complicated; laborious; involved

umständlich (2) COLL → **complicated** *adj*
→ kompliziert

Umstandsbestimmung *nf* LING → **adverbial specification** *n*
→ Adverbial *nn* (p -e)

Umstandsfürwort *nn* LING → **prepositional adverb**
→ Pronominaladverb *nn*

Umstandssatz *nm* LING → **adverbial sentence**
→ Adverbialsatz *nm*

Umstandswort *nn* LING → **adverb** *n*
→ Adverb *nf* (*pl* Adverbien)

umsteckbar EL.TRO **repluggable**
↑ steckbar | ↑ pluggable

umstellen DAT.MA **transpose** *vt*
[Datenelemente] [to interexchange items of data]

umstellen TECH → **transpose** *vt*
→ versetzen *vt*

Umstellung *nf* ECON **readjustment** *n*

Umstellung *nf* TECH → **transposition** *n*
→ Versetzung *nf*

Umstellung *nf* LING → **inversion** *n*
→ Inversion *nf*

Umstellung auf Rechnerbetrieb COMP.AP → **computerization** *n*
→ Rechnerdurchdringung *nf*

umsteuern TELEC → **redirect** *vt*
→ umleiten *vt*

Umsteuerwähler *nm* SWITCH **routing selector**

umstimmen EL.TEC **retune**

umstochener Buchstabe PRIN.ME → **outline type**
→ Konturbuchstabe *nm*

umstochene Schrift PRIN.ME → **outline typefont**
→ Konturschrift *nf*

umstritten COLL → **controversial** *adj*
→ strittig

umstritten COLL **debatable**
≈ doubtful

umstrukturieren SCIE **restructure** *vt*
= restructuralize

Umstrukturierung *nf* SCIE **restructuralization** *n*

Umstufung *nf* COLL **reclassification** *n*

umstürzen TECH → **topple** *vi*
→ umkippen *vt*

umtasten MODUL → **key** *vt*
→ tasten

Umtastpeiler *nm* RAD.LO **keying radio direction finder**

umtriggern EL.TRO **retrigger**

UMTS *nn* MOB.CO **UMTS**
[ETSI-Mobilfunkstandard der 3. Generation] [ETSI standard for 3rd generation mobile communication]
= Universal Mobile Telecommunication Service

umverteilen TECH **redistribute**

Umwälzpumpe *nf* TECH **circulating pump**

umwandeln MATH → **transform** *vt*
→ transformieren

umwandeln TECH **transform** *vt*
= transformieren; konvertieren; umrüsten = convert *vt*; retrofit *vt*
≈ anpassen ≈ adapt

umwandeln SW → **assemble** *vt*
→ assemblieren

umwandeln DAT.MA → **convert** *vt*
→ konvertieren

umwandelnd TECH → **transformative** *adj*
→ umformend

Umwandler *nm* COMPO → **transducer** *n*
→ Wandler *nm*

Umwandlung *nf* TECH **transformation** *n*
[Veränderung der Form, Funktion oder Anwendung] [change of form, function or use]
= Transformation *nf*; Konversion *nf*; Umgestaltung *nf*; Umformung *nf* = conversion *n* (1)
≈ Veränderung; Umrüstung; Umbau ≈ alteration; retrofitting; remodelling

Umwandlung *nf* INF.TEC **conversion** *n*
[von Signalform Daten, SW u.a.m.] [of signal form, data, SW e.a.]
= Wandlung *nf*; Umsetzung *nf*; Konvertierung *nf* ≈ transformation
≈ Transformation

Umwandlung *nf* DAT.PR → **assembling** *n*
→ Assemblierung *nf*

Umwandlung *nf* PHYS → **conversion** *n*
→ Konversion *nf*

Umwandlungsgeschwindigkeit *nf* TECH **transformation rate**
= conversion rate

Umweg *nm* COLL **detour** *n*
= roundabout way

Umwegfaktor *nm* SWITCH **detour factor**

Umwegführung *nf* TELEC → **redirection** *n*
→ Umleitung *nf*

Umwegleitung *nf* ANT **detour line**

Umweglenkung *nf* TELEC → **redirection** *n*
→ Umleitung *nf*

Umwegschaltung *nf* SWITCH **detour connection**

Umwegsignal *nn* RAD.PRO **indirect signal**
= indirektes Signal

Umwelt *nf* TECH **ambient environment**
= Umgebung *nf*; Umfeld *nn* = environment *n*

Umweltbedingung *nf* TECH **environmental condition**
= Umgebungsbedingung *nf*; Betriebsklima *nn* = ambient condition

Umweltbelastung *nf* TECH → **pollution of environment**
→ Umweltverschmutzung *nf*

umweltfreundlich TECH **environmentally favorable**
= umweltverträglich = environmental; non-polluting

Umweltklima *nn* TECH **environmental climate**
= Umgebungsklima *nn* = ambient climate

Umweltprüfung *nf* QUAL **environmental test**

Umweltschutz *nm* TECH **pollution control**

Umweltsimulation *nf* TECH **environmental simulation**

Umweltverschmutzung *nf* TECH **pollution of environment**
= Umweltbelastung *nf* = pollution *n*; strain on environment

umweltverträglich TECH → **environmentally favorable**
→ umweltfreundlich

umwickeln TECH → **wrap** *vt*
→ wickeln *vt*

Umwicklung *nf* COM.CAB **serving** *n*
= Bewicklung *nf* = wrapping *n*; lapping *n*

Umwicklung *nf* TECH → **wrapping** *n* (1)
→ Wickel *nm*

Umwicklungsmaschine *nf* COM.CAB **lapping machine**

Umzäunung *nf* CIV.EN **fence** *n*
= Zaun = fencing *n*

umziehen ECON **move** *vt*
= relocate

Umzug *nm* ECON **moving** *n*
= Standortwechsel *nm*; Standortverlegung *nf* = move *n*; relocation *n*; location change; resiting *n*

unabgestimmt EL.TRO → **detuned**
→ verstimmt

unabgestimmte Antenne ANT **untuned antenna**

unabgestimmte Speiseleitung ANT **untuned feedline**

unabhängig TECH → **stand-alone** *adj*
→ selbständig

unabhängig MATH **independent** *adj*

unabhängig SCIE → **autonomous** *adj*
→ autonom

unabhängiger Software-Hersteller SW **independent software vendor**
= ISV; third-party software developer

unabhängiger Wartezustand DAT.CO **asynchronous disconnected mode**
= ADM = ADM

unabhängiges Ereignis STATIS **independent event**
= independent occurrence

unabhängige US-Mobilfunkbetreiber MOB.CO **RCC's**
[the independent ones in the US]
= Radio Common Carriers

unabhängige Variable STATIS **independent variable**

Unabhängigkeit *nf* SCIE → **autonomy** *n*
→ Autonomie *nf*

unabkömmlich COLL → **indispensable** *adj*
→ unerlässlich

unabsehbar COLL **unforseeable** *adj*
= unvorhersehbar; unvorausschaubar

unabsichtlich überschreiben SW **clobber** *vt*
≈ überschreiben [to overwrite inadvertently good data]
≈ overwrite

unabwendbar COLL → **unavoidable** *adj*
→ unvermeidbar

Unähnlichkeit *nf* SCIE **dissimilarity** *n*

Unanfälligkeit *nf* TECH **immunity** *n*
= Immunität *nf* ≈ compatibility
≈ Widerstandsfähigkeit

unanfechtbar COLL **incontestable** *adj*
= unwiderlegbar = irrefutable; incontrovertible; indisputable; unchallengeable

unangemessen TECH → **unfit** *adj*
→ ungeeignet

unangemessen COLL **undue** *adj*
[fig] = improper; inadequate (1)
= ungebührlich; übermäßig

Unangemessenheit *nf* COLL **inadequacy** *n*
≈ Unzulänglichkeit ≈ insufficiency

unangepasst NETW.TH **unmatched** *adj*

unannehmbar COLL **unacceptable** *adj*
= inakzeptabel

unanwendbar COLL **inapplicable**

unär MATH **unary** *adj*
[vom latein. "unus" = "ein"] [from Latin "unus" = "one", resp. Greek "monos" = "sole"]
= einwertig; monovalent

≈ einstellig | = monary *adj* | ≈ one-place
unäre Operation COMP.SC **unary operation**
= Ein-Operanden-Operation *nf* | [with only one operand]
unärer Operator COMP.SC **unary operator**
[mit nur einem Operanden] | [with only one operand]
unauffällig COLL **unobtrusive** *adj*
= inconspicuous
unauffindbar COLL **untraceable** *adj*
= undiscoverable
unaufgefordert COLL **unsolicited** *adj*
= unverlangt | = unrequested
unaufhörlich TELEC → **streamy** *adj*
→ kontinuierlich
unaufschiebbar COLL **nondeferrable** *adj*
= nicht vertagbar
unausführbar COLL → **impracticable** *adj*
→ undurchführbar
unausgegoren (fig) COLL **underdone**
unausgelastet TECH → **unutilized** *adj*
→ ungenutzt
unausgenutzt TECH → **unutilized** *adj*
→ ungenutzt
unausgerichtet TECH **nonaligned** *adj*
= unaligned
unausgesprochen COLL **implicit** *adj*
= implizit | = implied
≠ ausgesprochen | ≠ explicit
unausgetestet SW **undebugged** *adj*
unausgewogen COLL **unbalanced** *adj*
[fig] | [fig]
unausweichlich COLL → **unavoidable** *adj*
→ unvermeidbar
unbar ECON **cashless** *adj*
≠ bar | ≠ cash
unbeabsichtigt COLL **unintentional** *adj*
= ungewollt | = unintended; undesigned; inadvertent
≠ beabsichtigt | ≠ intentional
unbeansprucht TECH **unstressed** *adj*
≈ unbelastet | ≈ unloaded
unbeantwortet COLL **unanswered** *adj*
unbearbeitet TECH → **raw** *adj*
→ roh
unbeaufsichtigt TELEC → **unstaffed** *adj*
→ unbemannt
unbedeckt TECH **uncovered** *adj*
= noncovered
Unbedenklichkeitsbescheinigung *nf* ECON **clear certificate**
unbedeutend SCIE → **insignificant**
→ bedeutungslos
unbedient TELEC → **unstaffed** *adj*
→ unbemannt
unbedingt COLL **unconditional** *adj*
= nichtbedingt; bedingungslos | = unconstrained
≠ bedingter | ≈ unrestricted | ≠ conditional
unbedingte Anweisung SW **unconditional statement**
[mit nur einer Ausführungsmöglichkeit] | [has only one possible execution]
unbedingte Programmverzweigung SW **unconditional program branch**
= unconditional branch
unbedingter Bindestrich WOR.PR → **hard hyphen**
→ echter Trennstrich
unbedingter Programmsprung SW **unconditional program jump**
= unbedingter Sprung | = unconditional jump; unconditional program transfer; unconditional transfer
unbedingter Sprung SW → **unconditional program jump**
→ unbedingter Programmsprung
unbedingter Sprungbefehl SW **unconditional jump instruction**
= unbedingter Verzweigungsbefehl | = unconditional branch instruction
unbedingter Verzweigungsbefehl SW → **unconditional jump instruction**
→ unbedingter Sprungbefehl
unbedingte Verzweigung SW **unconditional jump**
unbedruckt TER&PER **unprinted** *adj*
≈ nicht druckbar | = nonprinted (1)
unbeeinträchtigt TECH **unimpaired** *adj*
= nicht beeinträchtigt; unbetroffen; nicht betroffen
unbefriedigend COLL **unsactisfactory** *adj*
= unzulänglich | ≈ unsufficient
≈ ungenügend

unbefugt COLL **unauthorized** *adj*
= unerlaubt | ≈ mischievous
≈ schädlich
unbefugte Datensuche DAT.MA **poaching** *n*
[unlicensed search of data]
unbegrenzt COLL → **unrestricted** *adj*
→ unbeschränkt
Unbehauen-Prozess *nm* NETW.TH **Unbehauen procedure**
unbehebbar SW → **irretrievable** *adj*
→ unwiederbringlich
unbeherrschbar TECH → **uncontrollable** *adj*
→ unkontrollierbar
unbeholfen COLL **awkward**
= plump; klobig (2) | = clumsy (2)
unbekannt COLL **unknown** *adj*
≈ namenlos | ≈ innominate
Unbekannte *nf* MATH **unknown quantity** *n*
= unbekannte Größe; Unbestimmte *nf*; unbestimmte Größe | ≈ variable
≈ Variable
unbekannte Größe MATH → **unknown quantity** *n*
→ Unbekannte *nf*
unbekannter Empfänger INTERNET **unknown recipient**
unbelastet TECH **unloaded** *adj*
= ohne Last
unbelegt COLL → **unoccupied** *adj*
→ unbesetzt
unbelegt LAW → **unproved** *adj*
→ unbewiesen
unbelegt SWITCH **idle** *adj*
= frei | ≠ busy
≠ belegt
unbemannt TELEC **unstaffed** *adj*
[Station] | [station]
= unbedient; unbesetzt; unbeaufsichtigt | = unattended; unmanned
≠ bemannt | ≠ staffed
unbemessbar COLL **nonassessable** *adj*
unbenannt COLL → **unnamed** *adj*
→ ungenannt
unbenanntes Symbol COMP.SC **abstract symbol**
[mit fallweise zu definierender Bedeutung] | [meaning to be defined case-by-case]
unbenannte Zahl MATH **abstract number**
unbenutzt TECH **unused** *adj* (1)
= unbenützt; nicht benützt | = not in use
≈ ungenutzt | ≈ unutilized
unbenützt TECH → **unused** *adj* (1)
→ unbenutzt
unberechenbar MATH **incalculable** *adj*
= unkalkulierbar; nichtberechenbar | = incomputable; non-calculable; non-computable
≈ zahllos | ≈ innumerable
unbeschadet (des, der) COLL **without detriment to**
= without prejudice to
unbeschädigt TECH → **harmless** *adj*
→ schadenfrei
unbeschädigt ECON → **undamaged**
→ unversehrt
unbeschaltet SWITCH **disconnected**
= disabled; unobtainable
unbeschaltete Faser TELEC **dark fiber**
[FITL] | [FITL]
= ungenutzte Faser; Reservefaser *nf* | ≠ lit fiber
≠ beschaltete Faser
unbeschichtet COM.CAB → **bare**
→ blank
unbeschränkbar COLL **illimitable**
unbeschränkt COLL **unrestricted** *adj*
= uneingeschränkt; unbegrenzt; ungebunden; grenzenlos | = unlimited; unconstrained; limitless
≈ unbedingt; frei
unbeschrieben TER&PER → **virgin** *adj*
→ unbespielt
unbeschriebene Kassette TER&PER → **virgin cassette**
→ Leerkassette *nf*
unbeschriftet TECH **unlettered** *adj*
↑ ungekennzeichnet | = undesignated | ↑ unlabelled
unbeschriftet TER&PER → **empty** *adj*
→ leer
unbesetzt TELEC → **unstaffed** *adj*
→ unbemannt

unbesetzt = unbelegt; vakant	COLL	**unoccupied** *adj* = vacant
unbespielt = unbeschrieben	TER&PER	**virgin** *adj* [never recorded before]
unbespult = unpupinisiert ≠ bespult	COM.CAB	**unloaded** = nonloaded ≠ coil-loaded
unbespultes Kabel = unpupinisiertes Kabel	COM.CAB	**unloaded cable** = nonloaded cable
unbeständig → instabil	TECH	→ **unstable** *adj*
Unbeständigkeit *nf* → Instabilität *nf*	TECH	→ **instability** *n*
unbestätigt	COLL	**unconfirmed** *adj* = unverified
unbestellbar → unzustellbar	POST	→ **unclaimed** *adj*
unbestellt	ECON	**unordered**
unbestimmbar → undefinierbar	SCIE	→ **nondescript** *adj*
Unbestimmbarkeit *nf* → Unschärfe *nf*	SCIE	→ **uncertainity** *n*
unbestimmt = undefiniert; indeterminiert [SCIE]; indefinit [SCIE] ≈ problematisch	COLL	**uncertain** *adj* (1) = indeterminate; undetermined; indefinite; undefined ≈ problematical
Unbestimmte *nf* → Unbekannte *nf*	MATH	→ **unknown quantity** *n*
unbestimmte Bitrate [ATM]	TELEC	**UBR** [ATM] = Unspecified Bit Rate
unbestimmte Größe → Unbekannte *nf*	MATH	→ **unknown quantity** *n*
unbestimmtes Fürwort → Indefinitpronomen *nn*	LING	→ **indefinite pronoun**
unbestimmtes Integral	MATH	**indefinite integral**
unbestimmtes Pronomen → Indefinitpronomen *nn*	LING	→ **indefinite pronoun**
Unbestimmtheit *nf* = Undefiniertheit *nf*; Indetermination *nf*	COLL	**uncertainity** *n* (1) = indefiniteness *n*; indeterminateness *n*; indetermination *n*
Unbestimmtheit *nf* → Unschärfe *nf*	SCIE	→ **uncertainity** *n*
Unbestimmtheitsrelation *nf*	PHYS	**uncertainity relation**
unbestückt = nicht ausgebaut	TECH	**unequipped**
unbestückt	EQP.EN	**unassembled** = bare; unpopulated
unbestückte Leiterplatte	EL.TRO	**unassembled PCB** = unpopulated PCB; bare PCB; unassembled board; unpopulated board; bare board
unbetroffen → unbeeinträchtigt	TECH	→ **unimpaired** *adj*
unbewegbar → unbeweglich	TECH	→ **immovable** *adj*
unbeweglich = unbewegbar ≈ starr	TECH	**immovable** *adj* ≈ rigid
unbewehrt	COM.CAB	**armorless**
unbewehrtes Kabel	COM.CAB	**unarmored cable**
unbewiesen = unerwiesen; unbelegt	LAW	**unproved** *adj* = nonproven
unbezahlbar = exorbitant	ECON	**exorbitant** = priceless
unbezahlt = offen stehend	ECON	**unpaid** *adj* = outstanding
unbrauchbar = unnütz; nutzlos; untauglich ≈ ungeeignet; zwecklos; betriebsuntauglich	TECH	**useless** *adj* = unusable; unprofitable ≈ unfit; aimless; unserviceable
unbrauchbare Diskette = fehlerbehaftete Diskette; schadhafte Diskette; unbrauchbare Diskette	TER&PER	**bad disk** [defect or damaged] = unusable disk
unbrauchbare Diskette → unbrauchbare Diskette	TER&PER	→ **bad disk**
unbrauchbarer Sektor = fehlerbehafteter Sektor; schadhafter Sektor; unbrauchbarer Sektor	TER&PER	**bad sector** [defect or damaged] = unusable sector
unbrauchbarer Sektor → unbrauchbarer Sektor	TER&PER	→ **bad sector**
unbrauchbares Ergebnis → Datensalat *nm*	DAT.PR	→ **garbage** *n*
unbrauchbare Spur = fehlerbehaftete Spur; schadhafte Spur; unbrauchbare Spur	TER&PER	**bad track** [defect or damaged] = unusable track
unbrauchbare Spur → unbrauchbare Spur	TER&PER	→ **bad track**
Unbrauchbarkeit *nf* → Nutzlosigkeit *nf*	TECH	→ **uselessness** *n*
unbrennbar = unverbrennbar ≈ flammwidrig	TECH	**incombustible** *adj* = noninflammable; noninflammatory; nonflammable ≈ flame-retardant
Unbrennbarkeit *nf* ≈ Flammwidrigkeit	TECH	**incombustibility** *n* = noncombustibility *n*; nonflammeability *n* ≈ flame resistance
unbunt → farblos	OPT	→ **colorless** *n* (AE)
Unbuntaufbau *nm* [Schwarz statt Komplementärfarben]	PRIN.ME	**UCR** = Under Color Addition
Unbunt-Bereich *nm* → achromatischer Bereich	TV	→ **achromatic locus**
uncodiert = unkodiert	INF.TEC	**uncoded** *adj* = noncoded
uncodierte Information → nichtcodierte Information	COMP.SC	→ **noncoded information**
und → plus	MATH	→ **plus**
undatiert	COLL	**undated**
undefinierbar = unbestimmbar	SCIE	**nondescript** *adj*
undefiniert → unbestimmt	COLL	→ **uncertain** *adj* (1)
Undefiniertheit *nf* → Unbestimmtheit *nf*	COLL	→ **uncertainity** *n* (1)
Underflow → Unterlauf *nm*	COMP.SC	→ **underflow** *n*
Underground *nm* [gegen die etablierte Kulturwelt]	MEDIA	**underground** *n* [against the established cultureworld]
Undergroundfilm *nm*	IMAG.ME	**underground film**
Undergroundmusik *nf*	SOUN.ME	**underground music**
Undezillion *nf* [10E66]	MATH	**decemdecillion** *n* (AE) [10E66] = undecillion *n* (BE)
undezimal [die Zahl 11 betreffend]	MATH	**unodecimal** *adj* [related to the number 11]
UND-Funktion *nf* → UND-Verknüpfung *nf*	LOGIC	→ **AND operation**
UND-Gatter *nn* → UND-Glied *nn*	CIRC.EN	→ **AND gate**
UND-Glied *nn* = UND-Gatter *nn*; UND-Schaltung *nf*; UND-Tor *nn*; Konjunktionsglied *nn*; Konjunktionsgatter *nn*; Konjunktionsschaltung *nf*; Konjunktionstor *nn*; Koinzidenzglied *nn*; Koinzidenzgatter *nn*; Koinzidenzschaltung *nf*; Koinzididenztor *nn* ↑ Verknüpfungsglied	CIRC.EN	**AND gate** = AND element; AND circuit; conjunction gate; conjunction element; conjunction circuit; coincidence gate; coincidence element; coincidence circuit ↑ logic gate
undicht = leck ≈ undurchlässig ≠ dicht (2)	TECH	**leak** *adj* = leaky ≈ impermeable ≠ tight
Undichtigkeit *nf* = Leck *nn* ≈ Leckverlust; Undurchlässigkeit ≠ Dichtigkeit	TECH	**leak** *n* ≈ leakage; impermeability ≠ tightness
Undichtigkeitsstelle *nf* → Leckstelle *nf*	TECH	→ **leakage point**
undifferenziert	SCIE	**undifferentiated** *adj*
Undifferenziertheit *nf*	SCIE	**undifferentiation** *n*
UND NICHT *nn* (1) → Inhibitionsverknüpfung *nf* (1)	LOGIC	→ **exclusion operation** (1)
UND NICHT *nn* (2) → P-ausschließt-Q-Verknüpfung *nf*	LOGIC	→ **P-excludes-Q operation**
UND-NICHT-Funktion *nf* (1) → Inhibitionsverknüpfung *nf* (1)	LOGIC	→ **exclusion operation** (1)
UND-NICHT-Funktion *nf* (2) → P-ausschließt-Q-Verknüpfung *nf*	LOGIC	→ **P-excludes-Q operation**
UND-NICHT-Funktion *nf* (3) → Q-ausschließt-P-Verknüpfung *nf*	LOGIC	→ **Q-excludes-P operation**

UND-NICHT-Operation *nf* (1) → Inhibitionsverknüpfung *nf* (1)	LOGIC	→ **exclusion operation** (1)
UND-NICHT-Operation *nf* (2) → P-ausschließt-Q-Verknüpfung *nf*	LOGIC	→ **P-excludes-Q operation**
UND-NICHT-Operation *nf* (3) → Q-ausschließt-P-Verknüpfung *nf*	LOGIC	→ **Q-excludes-P operation**
UND-NICHT-Verknüpfung *nf* (1) → Inhibitionsverknüpfung *nf* (1)	LOGIC	→ **exclusion operation** (1)
UND-NICHT-Verknüpfung *nf* (2) → P-ausschließt-Q-Verknüpfung *nf*	LOGIC	→ **P-excludes-Q operation**
UND-NICHT-Verknüpfung *nf* (3) → Q-ausschließt-P-Verknüpfung *nf*	LOGIC	→ **Q-excludes-P operation**
UNDO-Befehl *nm* = Rückgängigmachungs-Befehl *nm*	DAT.PR	**undo command**
Undo-Funktion *nf*	COMP.AP	**undo function**
UND-Operation *nf* → UND-Verknüpfung *nf*	LOGIC	→ **AND operation**
UND-Operator *nm* [Prädikatenlogik; Symbol: &] = Konjunktions-Operator *nm*	LOGIC	**AND operator** [predicate logic; symbol: &] = conjunction operator
undopiert → undotiert	MICR.EL	→ **undoped** *adj*
UNDO-Taste *nf* [macht letzte Tasteneingabe wieder rückgängig]	TER&PER	**UNDO key** [undoes last keystroke]
undotiert = undopiert	MICR.EL	**undoped** *adj* = uncontaminated
UND-Schaltung *nf* → UND-Glied *nn*	CIRC.EN	→ **AND gate**
und so fort → usw.	OFFICE	→ **etc.**
und so weiter → usw.	OFFICE	→ **etc.**
UND-Tor *nn* → UND-Glied *nn*	CIRC.EN	→ **AND gate**
Undulationstheorie *nf* → Wellentheorie *nf*	PHYS	→ **wave theory**
undurchdringbar = undurchdringlich ≈ undurchlässig	TECH	**impenetrable** ≈ impermeable
Undurchdringbarkeit *nf* → Undurchdringlichkeit *nf*	TECH	→ **impenetrability** *n*
undurchdringlich → undurchdringbar	TECH	→ **impenetrable**
Undurchdringlichkeit *nf* = Undurchdringbarkeit *nf* ≈ Undurchlässigkeit	TECH	**impenetrability** *n* ≈ impermeability
undurchführbar = unausführbar; nicht praktikabel; nicht praktizierbar; nichtausführbar; impraktikabel ≠ durchführbar	COLL	**impracticable** *adj* = not executable; not feasible; unfeasible; unworkable ≠ practicable
Undurchführbarkeit *nf*	COLL	**impracticability** *n*
undurchlässig ≈ dicht (2); undurchdringbar ≠ durchlässig	TECH	**impermeable** *adj* = impervious ≈ tight; impenetrable ≠ permeable
Undurchlässigkeit *nf* ≈ Undichtigkeit; Undurchdringlichkeit ≠ Durchlässigkeit	TECH	**impermeability** *n* = imperviousness *n* ≈ leak; impenetrability ≠ permeability
undurchsichtig = lichtundurchsichtig; opak ≠ durchsichtig	OPT	**opaque** *adj* = nontransparent ≠ transparent
Undurchsichtigkeit *nf* ≠ Durchsichtigkeit	OPT	**opacity** *n* ≠ transparency
UND-Verknüfung *nf* → Konjunktion *nf*	LOGIC	→ **conjunction** *n*
UND-Verknüpfung *nf* [Ausgang=1 wenn gleichzeitig P=1 und Q=1] = UND-Operation *nf*; UND-Funktion *nf*; Konjunktionsverknüpfung *nf*; Konjunktionsoperation *nf*; Konjunktionsfunktion *nf*; Konjunktion *nf*; Koinzidenzverknüpfung *nf*; Koinzidenzfunktion *nf*; Koinzidenz *nf* ≠ NAND-Verknüpfung ↑ dyadische Boolesche Verknüpfung	LOGIC	**AND operation** [output=1 if simultaneously P=1 and Q=1] = AND function; conjunction operation; conjunction function; conjunction; coincidence operation; coincidence function; coincidence; logical multiply; logic multiply; Boolean multiplication; logical product; logic product; intersection; meet; collation ≠ NAND operation ↑ dyadic Boolean operation
Und-Zeichen *nn* [Symbol: &] = Et-Zeichen *nn*; kommerzielles Und; Ampersand; kaufmännisches Und ↑ Zeichen	ECON	**ampersand** [symbol: &] = and sign; and symbol; and character ↑ sign
uneben ≠ eben	TECH	**uneven** *adj* ≠ even
unechter Bruch [Zähler größer oder gleich Nenner]	MATH	**improper fraction** [numerator equal or major than denominator]
uneditiert = nicht aufbereitet	DAT.PR	**unedited** *adj*
unedles Metall	METAL	**base metal**
uneigentliches Integral	MATH	**improper integral**
uneinbringlich	ECON	**uncollectable** = irretrievable
uneingeschränkt → unbeschränkt	COLL	→ **unrestricted** *adj*
unelastisch	TECH	**inelastic** *adj* = nonelastic
Unelastizität *nf*	PHYS	**inelasticity** *n*
unempfindlich	TECH	**insensitive** *adj* = nonsensitive; immune
Unempfindlichkeitsbereich *nm*	CONTRO	**dead band**
Unempfindlichkeitszone *nf* = tote Zone	CONTRO	**dead zone**
unendlich ≠ endlich	MATH	**infinite** *adj* ≠ finite
Unendlich *nn* = Unendlichkeit *nf*	MATH	**infinity** *n*
unendliche Zahl [Symbol: ∞]	MATH	**infinite number** [symbol: ∞]
Unendlichkeit *nf* → Unendlich *nn*	MATH	→ **infinity** *n*
unendlich klein → infinitesimal *adj*	MATH	→ **infinitesimal** *adj*
Unendlichzeichen *nn* [Symbol: ∞]	MATH	**infinity sign** [symbol: ∞] = infinity symbol; infinity character
unentdeckt → unerkannt	TECH	→ **undetected** *adj*
unentgeltlich → kostenlos *adj*	ECON	→ **free of charge** *adj*
unentscheidbar	STATIS	**undecidable** *adj*
Unentscheidbarkeit *nf*	STATIS	**undecidability** *n*
Unentschlossener *nm*	COLL	**hover** *n* = hoverer
unentschlossen sein	COLL	**hover** *vi* [fig]
unentwickelt	TECH	**undeveloped** *adj*
unerfahren ≠ erfahren	TECH	**inexperienced** *adj* = novice ≠ experienced
unerfasst → unerkannt	TECH	→ **undetected** *adj*
unergiebig → unproduktiv	ECON	→ **unproductive** *adj*
unerkannt = unerfasst; unentdeckt	TECH	**undetected** *adj* = undiscovered
unerkannter Fehler → stiller Fehler	QUAL	→ **undetected fault**
unerlässlich = unverzichtbar; unabkömmlich ≈ notwendig; zwingend; unvermeidbar; nicht ersetzbar	COLL	**indispensable** *adj* ≈ necessary; coercive; unavoidable; irreplaceable
unerlaubt → unbefugt	COLL	→ **unauthorized** *adj*
unerlaubt = illegal; widerrechtlich	LAW	**unlawful** *adj* = unauthorized; illegal; unlicensed
unerlaubt kopieren → raubkopieren	SW	→ **pirate** *vt*
unerlaubt nutzen → raubkopieren	SW	→ **pirate** *vt*
unerledigt = rückständig; offen (fig)	COLL	**outstanding** *adj* = overdue; unsettled; open (fig)
unermüdlicher Arbeiter → Arbeitstier *nn*	COLL	→ **demon** *n*
unerprobt ≈ ungeprüft	TECH	**untested** *adj* = unproved ≈ unchecked
unerreichbar = außer Reichweite	COLL	**unattainable** *adj* = out of reach; beyond reach; unreachable

unerreicht COLL **unmatched**
≈ unübertroffen
= unequaled
≈ unsurpassed

unerschöpflich TECH **inexhaustible**

unerwartet COLL → **surprising** *adj*
→ überraschend

unerwiesen LAW → **unproved** *adj*
→ unbewiesen

unerwünscht INF.TEC **spurious**
= parasitär
= undesired; parasitic; incidental

unerwünschte Ausstrahlung INF.TEC → **unwanted emission**
→ Störstrahlung *nf*

unerwünschte Schwingung PHYS → **spurious oscillation**
→ Nebenschwingung *nf*

unfachmännisch ECON **inexpert** *adj*
≈ unsachgemäß
≈ improper

unfähig COLL **unable** *adj*

Unfähigkeit *nf* COLL **inability** *n*
= incapableness *n*; incapacity *n*; incapability *n*

Unfall *nm* COLL **accident** *n*
= Akzidens *nm*
≈ Katastrophe
≈ disaster

unfehlbar COLL **unerring**

unfertig TECH → **raw** *adj*
→ roh

unfertig MANUF **unfinished**

unfertiges Produkt MANUF **unfinished product**
≈ unfertiges Erzeugnis; halbfertiges Erzeugnis
= unfinished good; work-in-process; work in progress

unflexibel TECH → **stiff** *adj*
→ starr

unformatiert DAT.MA → **unformatted** *adj*
→ formatfrei

unformatierte Speicherkapazität DAT.PR → **unformatted capacity**
→ Brutto-Speicherkapazität *nf*

unförmig COLL **deformed**
= klobig (1)
= clumsy (1)

unfreiwillig COLL **involuntary**

ungarische Notierung SW **Hungarian notation**

ungebraucht TECH **virgin** *adj*

ungebührlich COLL → **undue** *adj*
→ unangemessen

ungebündelt ECON **unbundled**

ungebunden ECON → **uncommited**
→ nicht zweckgebunden

ungebunden COLL → **unrestricted** *adj*
→ unbeschränkt

ungebunden CHEM **uncombined**

ungedämpft PHYS **undamped**
= sustained

ungedämpfte Schwingung PHYS **undamped oscillation**
= sustained oscillation

ungedämpfte Welle PHYS **undamped wave**
= sustained wave

ungedeckt ECON **uncovered** *adj*

ungeeicht INSTR **uncalibrated**

ungeeignet TECH **unfit** *adj*
= untauglich; unangemessen; inadäquat; unzulänglich
≈ unbrauchbar; unzureichend
= unsuitable; inadequate
≈ useless; insufficient

ungeerdet EL.TEC **unearthed**
≠ geerdet
= ungrounded
≠ earthed

ungeerdeter Schutzleiter POW.EN **unearthed protective conductor**
= protective conductor

ungefähr COLL **approximately** *praep*
= zirka; etwa; ca.
= approx.; circa

Ungefähr-gleich-Zeichen *nn* MATH **approximately-equal sign**
[Symbol: ≈]
[symbol: ≈]
= approximately-equal symbol

ungefaltet TECH **unfolded**

ungefritteter Kontakt COMPO **dry contact**

ungefülltes Kabel COM.CAB **air-core cable**
≠ jelly-filled cable

ungegliedert TECH → **unstructured** *adj*
→ unstrukturiert

ungehärtet METAL **no-hardened**

ungekennzeichnet TECH **unlabeled** *adj* (AE)
≠ gekennzeichnet
↓ unbeschriftet
= unlabelled *adj* (BE)
≠ labeled
↓ unlettered

ungekürzt COLL → **unabriged** *adj*
→ unverkürzt

ungekürzt LING **unabridged** *adj*
[Text]
[text]

ungekürzte Fassung CINEMA **uncut version**

ungeladen EL.SC **uncharged** *adj*

ungelernt ECON **unskilled** *adj*
= unlearned

ungelernter Arbeiter ECON → **unskilled worker**
→ Hilfsarbeiter *nm*

ungelocht TER&PER **unpunched** *adj*
= unperforiert
= unperforated

ungelochter Lochstreifen TER&PER **unpunched tape**
= blank tape

ungelöst COLL **unsolved** *adj*
[fig]

ungenannt COLL **unnamed** *adj*
= unbenannt
= undisclosed

ungenau TECH **inaccurate** *adj*
= unpräzise; unpräzis
≈ fälschlich
= inexact; imprecise
≈ incorrect

Ungenauigkeit *nf* TECH **inaccuracy** *n*
= inexactitude *n*; inexactness *n*; imprecision *n*; impreciseness *n*

ungenormt TECH → **non-standardized** *adj*
→ nicht genormt

ungenügend TECH **unsufficient** *adj*

ungenutzt TECH **unutilized** *adj*
= ungenützt; unausgenutzt; unausgelastet
≈ unbenutzt
= unused *adj* (2); idle *adj*
≈ unused (1)

ungenützt TECH → **unutilized** *adj*
→ ungenutzt

ungenutzte Faser TELEC → **dark fiber**
→ unbeschaltete Faser

ungeordnet TECH **unordered** *adj*
≈ unordentlich [COLL]; unsortiert
≠ geordnet
= orderless; unarranged
≈ untidy [COLL]; unclassified
≠ orderly

ungeordnete Datei DAT.MA **orderless file**

ungeordnete Liste DAT.MA **unordered list**
= random-ordered list

ungepackte Dezimalzahl COMP.SC **unpacked decimal**
[ein Byte pro Dezimalziffer]
[one byte per decimal digit]

ungepacktes Format DAT.MA **unpacked format**

ungeprüft TECH **unchecked** *adj*
= unkontrolliert
≈ unerprobt
≠ geprüft
≈ untested
≠ checked

ungepuffert INF.TEC **unbuffered**

ungerade MATH → **uneven** *adj*
→ ungeradzahlig

ungerade Parität CODING **odd parity**
[Ungeradzahligkeit binärer Einser]
= Imparität *nf*
≠ Parität
[odd number of binary ones]
= unparity; uneven parity
≠ parity

ungerade Zahl MATH **uneven number**
= odd number

ungeradseitige Fußnote WOR.PR **odd footer**

ungeradseitige Kopfzeile PRIN.ME **odd header**

ungeradzahlig MATH **uneven** *adj*
= ungerade
≠ geradzahlig
= uneven-numbered; odd; odd-numbered
≠ even

ungeradzahlige Seite PRIN.ME → **front page** *n*
→ Vorderseite *nf*

ungerichtet TECH **nondirectional** *adj*
≈ allseitig gerichtet
= undirected
≈ omnidirectional

ungerichteter Graph DAT.MA **undirected graph**

ungerichtetes Funkfeuer RAD.NA → **omnidirectional radiobeacon**
→ Rundstrahlbake *nf*

ungesättigte Logik MICR.EL **nonsaturated logic**

ungeschirmt COM.CAB **unshielded** *adj*

ungeschirmtes Paarkabel COM.CAB **UTP cable**
= UTP-Kabel *nn*

ungeschirmtes verdrilltes Aderpaar COM.CAB **unshielded twisted pair**
= ungeschirmtes verdrilltes Paar
= UTP

ungeschirmtes verdrilltes Paar COM.CAB → **unshielded twisted pair**
→ ungeschirmtes verdrilltes Aderpaar

ungeschnitten CINEMA **uncut version**

ungeschützt TECH → **unprotected** *adj*
→ ungesichert

ungeschützt QUAL **unprotected**
≠ ersatzgeschützt = single
≠ protected

ungeschützt COLL **unprotected** *adj*
= unguarded

ungeschützte Datei DAT.MA → **unsaved file**
→ ungesicherte Datei

ungeschützte Daten DAT.MA **unprotected data**
= ungesicherte Daten = unsaved data

ungeschützter Kontakt COMPO **unprotected contact**
= offener Kontakt

ungesellig *adj* COLL **asocial** *adj*
= eigenbrödlerisch ≈ antisocial
≈ asozial

ungesichert TECH **unprotected** *adj*
= ungeschützt = unsaved
≠ gesichert ≠ protected

ungesicherte Datei DAT.MA **unsaved file**
= ungeschützte Datei = unprotected file

ungesicherte Daten DAT.MA → **unprotected data**
→ ungeschützte Daten

ungesicherter Betrieb TELEC **non-assured mode**
[ATM] ↑ connection-oriented mode
↑ verbindungsorientierter Betrieb

ungespannt MECH **unstressed** *adj*

ungesteuert TECH **uncontrolled** *adj*

ungestört TELEC → **interference-free**
→ störungsfrei

ungestört EL.TRO **undisturbed**

ungestört TECH → **in service** *adv*
→ in Betrieb

ungestörte Eins DAT.PR **undisturbed one**

ungestörte Lesespannung HW → **undisturbed output signal**
→ volle Lesespannung

ungestörte Null DAT.PR **undisturbed zero**

ungestreift TECH **nonstriated** *adj*

ungetaktet CIRC.EN **asynchronous**
≠ taktgesteuert = async
≠ clock-pulse controlled

ungetakteter Flipflop CIRC.EN → **flip-flop**
→ bistabile Kippschaltung

ungetrennt TECH **nondivided** *adj*

ungewiss COLL → **uncertain** *adj* (2)
→ unsicher (2)

Ungewissheit *nf* COLL → **uncertainity** *n* (2)
→ Unsicherheit *nf* (2)

ungewöhnlich COLL **unusual** *adj*
= unüblich = uncommon

ungewollt COLL → **unintentional** *adj*
→ unbeabsichtigt

ungewollter Sucherfolg SCIE **serendipity** *n*
≈ Glücksfall ≈ lucky chance

ungewollt verfälschen DAT.MA **corrupt** *vt*
= verfälschen [unintenionally]

unglaubbar COLL **incredible**
= unglaubwürdig

unglaubwürdig COLL → **incredible**
→ unglaubbar

ungleich MATH **unequal** *adj*
≠ gleich = inequal; not equal
≠ equal

ungleich COLL → **different** *adj*
→ verschieden

ungleichartig COLL → **different** *adj*
→ verschieden

ungleichförmig TECH **nonuniform** *adj*
= ungleichmäßig; nichtgleichförmig; nichtgleichmäßig

Ungleichgewicht *nn* TECH **disequilibrium** *n*
= inbalance *n*

Ungleichheit *nf* MATH → **inequality** *n*
→ Ungleichung *nf*

Ungleichheitszeichen *nn* MATH **not-equal sign**
= Ungleichzeichen *nn* = unequal sign

Ungleichkeit *nf* COLL → **difference** *n*
→ Verschiedenheit *nf*

ungleichmäßig TECH → **nonuniform** *adj*
→ ungleichförmig

Ungleichmäßigkeit *nf* MATH → **assymmetry** *n*
→ Asymmetrie *nf*

ungleichseitig MATH **scalene** *adj*

ungleichseitiges Dreieck MATH **scalene triangle**

Ungleichung *nf* MATH **inequality** *n*
= Ungleichheit *nf* = unequality *n*; unevenness *n*

Ungleichzeichen *nn* MATH → **not-equal sign**
→ Ungleichheitszeichen *nn*

ungültig SW → **illegal** *adj*
→ unzulässig

ungültig INF.TEC → **invalid** *adj*
→ unzulässig

ungültig ECON **invalid** *adj*
= void

ungültig MATH **unvalid**
≠ gültig = void
≠ valid

ungültig DAT.CO **cancel** *n*
= CAN = CAN; invalid
↑ ASCII-Code ↑ ASCII code

ungültiges Zeichen TER&PER **cancel character**
= CCH = CCH; invalid character

Ungültigkeit *nf* SCIE **invalidity** *n*

Ungültigkeitszeichen *nn* DAT.CO **ignore character**
= Auslasszeichen *nn*; Ignorierzeichen *nn* = cancel character; CAN; invalid character

ungünstig COLL **unfavorable** (AE)
= unvorteilhaft = unfavourable (BE); adverse
≈ schlecht ≈ bad

ungünstigster Fall SCIE → **worst case**
→ schlimmster Fall

unhandlich TECH **unhandy** *adj*
≈ sperrig ≈ bulky

unharmonisch PHYS → **anharmonic** *adj*
→ nichtharmonisch

unhörbar ACOUS **inaudible** *adj*
↑ nicht wahrnehmbar ↑ imperceptible

Uni- TECH → **single** *adj*
→ einzeln *adj*

Unibus *nm* HW → **central bus**
→ Zentralbus *nm*

Unicasting DAT.CO **unicasting** *n*
↑ Paketrundsenden = packet broadcasting

Unicode *nm* CODING **Unicode**
[16-Bit, z.B. Für asiatische Alphabete] [16 bit, e.g. For Asiatic alphabets]
↑ Web casting

unidirektional TECH **unidirectional** *adj*
= einseitig gerichtet ≠ bidirectional
≠ bidirektional

unidirektionale Rhombusantenne ANT **unidirectional rhombic antenna**

Unifet *nm* MICR.EL → **unipolar field-effect transistor**
→ Unipolar-Feldeffekttransistor *nm*

uniform COLL → **uniformed** *adj*
→ vereinheitlicht

uniform COLL → **unitary** *adj*
→ einheitlich

uniformiert COLL → **uniformed** *adj*
→ vereinheitlicht

Unijunction-Transistor *nm* MICR.EL → **unijunction transistor**
→ Doppelbasisdiode *nf*

unik COLL → **singular** *adj*
→ einzigartig *adj*

unikal COLL → **singular** *adj*
→ einzigartig *adj*

Uninstaller *nm* SW → **uninstaller** *n*
→ Desinstallierer *nm*

unintelligent INF.TEC **unintelligent** *adj*
≈ nicht programmierbar ≈ not programmable
≠ intelligent ≠ intelligent

unintelligente Datenstation TER&PER → **dumb terminal**
→ nicht programmierbare Datenstation

unintelligentes Datensichtgerät TER&PER → **dumb terminal**
→ nicht programmierbare Datenstation

Unipol *nm* ANT → **monopole** *n*
→ Monopol *nn*

Unipolantenne *nf* ANT → **monopole** *n*
→ Monopol *nn*

unipolar PHYS → **unipolar** *adj*
→ einpolig

unipolarer Code CODING **unipolar code**
= unsymmetrischer Code = unbalanced code

unipolarer Transistor MICR.EL → **unipolar transistor**
→ Unipolartransistor *nm*

unipolares Signal INF.TEC **unipolar signal**
= Unipolarsignal *nn*

Unipolar-Feldeffekttransistor *nm* MICR.EL **unipolar field-effect transistor**
= Unipolar-FET *nm*; Unifet *nm* = unipolar FET; unifet

Unipolar-FET *nm* MICR.EL → **unipolar field-effect transistor**
→ Unipolar-Feldeffekttransistor *nm*

Unipolarschaltung *nf* CIRC.EN **unipolar circuit**

Unipolarsignal *nn* INF.TEC → **unipolar signal**
→ unipolares Signal

Unipolartransistor *nm* MICR.EL **unipolar transistor**
[auf nur P- oder N-Halbleitern aufgebaut] [works only with p-type or n-type material]
= unipolarer Transistor = unipolar
≠ Bipolartransistor ≠ bipolar transistor
↓ Feldeffekttransistor:; MOS-Transistor ↓ field-effect transistor: MOS transistor

Uniquad ANT **uniquad**

unisoliert EL.TEC **uninsulated** *adj*
↓ blank [COM.CAB] ↓ bare [COM.CAB]

unisoliert COM.CAB → **bare**
→ blank

Uni-Tunneldiode *nf* MICR.EL → **backward diode**
→ Rückwärtsdiode *nf*

UNIVAC DAT.PR **UNIVAC**
[der erste kommerzielle Elektronenrechner (1950)] [UNIVersal Automatic Computer; the first commercial electronic computer (1950)]

Universal- TECH → **universal** *adj*
→ universell *adj*

Universalabstimmgerät *nn* ANT **all-purpose matchbox**

Universalbefehl *nm* COMP.SC **universal instruction**

Universalcomputer *nm* DAT.PR → **general-purpose computer**
→ Universalrechner *nm*

Universaldienstverordnung *nf* TELEC → **USO**
→ Universaldienstverpflichtung *nf*

Universaldienstverpflichtung *nf* TELEC **USO**
= Universaldienstverordnung *nf*; Kontrahierungszwang *nm* = Universal Service Obligation

Universalempfänger *nm* RADIO → **all-wave receiver**
→ Allwellenempfänger *nm*

Universalgestell *nn* EQP.EN **universal rack**

Universalklemme *nf* COMPO **general-purpose grabber**

Universallexikon PRIN.ME **universal lexicon**

Universalmessgerät *nn* INSTR **multimeter**
= Vielfachinstrument *nn*; Mehrbereichsinstrument *nn*; Vielbereichsinstrument *nn*; Multimeter *nn*; Vielfachmessgerät *nn* = mutipurpose instrument; multirange instrument; multispan instrument

Universal-Messsender *nm* INSTR **signal generator** *n* (1)
[erzeugt modulierbares Signal mit einstellbarem Pegel und Frequenz] [generates a modulable signal with variable frequency and level]
= Messgenerator *nm*; Signalgenerator *nm* = measuring generator; test generator

Universalmittel *nn* COLL **universal remedy**
[fig] [fig]
= Allheilmittel *nn*; Wundermittel *nn*; Panazee *nf* = cure-all *n*; panacea *n*

Universalmuffe *nf* OUT.PL **universal sleeve**
= universal closure

Universalnetz *nn* TELEC **universal network**

Universaloszilloskop *nn* INSTR → **cathode ray oscilloscope**
→ Elektronenstrahl-Oszilloskop *nn*

Universalprogramm *nn* SW **general-purpose programm**
= Mehrzweckprogramm *nn*

Universalrechner *nm* DAT.PR **general-purpose computer**
[universell programmierbar] [universally programable]
= Universalcomputer *nm*; universeller Rechner; universeller Computer; Mehrzweckrechner *nm*; Mehrzweckcomputer *nm* = universal computer; GPC; all-purpose computer; multi-purpose computer
≈ Großrechner ≈ mainframe
≠ Spezialrechner ≠ special-purpose computer

Universalregister *nn* DAT.PR **universal register**

Universalsäge *nf* TECH **general-.purpose saw**
= Multisäge *nf*

Universalschraubenschlüssel *nm* TECH **monkey wrench**

Universalschriftleser *nm* TER&PER **universal document reader**

Universalwerkzeug *nn* TECH **all-purpose tool**

Universalzähler *nm* INSTR **universal counter**

universell *adj* TECH **universal** *adj*
= Allzweck-; Universal- = general-purpose (2); all-purpose
≈ Vielzweck-; Mehrzweck-; universell ≈ multi-purpose

universelle Mobilkommunikation TELEC **UMS**
↓ UMPTS = universal mobile service
↓ UMPTS

universelle persönliche Telekommunikation TELEC **universal personal telecommunication**
= UPT = UPT

universelle Programmierung SW **universal programming**
[auf mehreren Rechnertypen ablauffähig] [can run on several types of machine]

universeller 4-Oktett-Code CODING → **UCS**
→ UCS-Code *nm*

universeller Blockkanal HW **universal block channel**
= UBC

universeller Computer DAT.PR → **general-purpose computer**
→ Universalrechner *nm*

universeller Rechner DAT.PR → **general-purpose computer**
→ Universalrechner *nm*

universeller Schriftenleser TER&PER → **omni-font reader**
→ Allschriftleser *nm*

universelles Endgerät TER&PER **HCT**
= Home Communication Terminal

universelle Zugangsberechtigungszahl TELEC **universal access number**
= universelle Zugangsszahl

universelle Zugangsszahl TELEC → **universal access number**
→ universelle Zugangsberechtigungszahl

Universität *nf* EDUC **university** *n*
↑ Hochschule = nerd factory (slang) [INF.TEC]
↑ tertiary school

Universitäts- EDUC → **academic** *adj*
→ akademisch

Universitätsabsolvent EDUC → **fresh graduate**
→ Hochschulabsolvent *nm*

Universitätsgelände EDUC → **campus** *n*
→ Hochschulgelände *nn*

Universitätsinformationssystem *nn* COMP.AP **university information system**
= campus-wide information system

Univibrator *nm* CIRC.EN → **monostable multivibrator**
→ monostabile Kippstufe

Unix COMP.LG → **UNIX**
→ UNIX *nn*

UNIX *nn* COMP.LG **UNIX**
[Mehrprogramm- u. Mehrbenutzer-Betriebssystem] [UNIversal eXchange; a multitasking and multiuser operating system]
= Unix = Unix
↑ Betriebssystem ↑ operating system

unkalkulierbar MATH → **incalculable** *adj*
→ unberechenbar

Unkenntlichkeit, bis zur COLL **recognition, beyond**
= recognition, past

unkenntlichmachen COLL **deface** *vt*

Unklarheit *nf* SCIE **vagueness** *n*
≈ Mehrdeutigkeit ≈ ambiguity

unklimatisiert TECH **with uncontrolled ambient**
= non-environmentally controlled; uncontrolled

unkodiert INF.TEC → **uncoded** *adj*
→ uncodiert

unkompliziert *adj* COLL **uncomplicated** *adj*
≈ einfach ≈ simple

unkontrollierbar TECH **uncontrollable** *adj*
= unbeherrschrbar = noncontollable

unkontrolliert TECH → **unchecked** *adj*
→ ungeprüft

unkontrollierte Schleife SW **uncontrolled loop**

unkonvertierbar COLL → **unconvertible**
→ unverwandelbar

unkörperlich SCIE → **immaterial**
→ immateriell

unkorreliert STATIS **uncorrelated**

unkorrigiert COLL → **uncorrected** *adj*
→ unverbessert

Unkosten *nplt* ECON → **expense** *n*
→ Ausgabe *nf*

unkritisch COLL **uncritical** *adj*
[fig] = noncritical

unkündbar ECON **non-terminable**
= irredeemable (1)

unlauterer Wettbewerb ECON **unfair competition**

unlegiert METAL **unalloyed**

unlesbar COLL **unreadable** *adj*
≈ unleserlich ≈ illegible

Unlesbarkeit *nf* COLL **illegibility** *n*

unleserlich COLL **illegible**
[Handschrift] [handwriting]
≈ unlesbar = not legible
≈ nonreadable

unleserlich machen = verwischen	COLL	**obliterate** *vt* [to make undecipherable]
unliniiert	OFFICE	**unlined** *adj*
unlizensiert	RADIO	**unlicensed**
Unlogik *nf*	SCIE	**illogic** *n* = illogicalness *n*
unlogisch ≈ sinnlos	SCIE	**illogical** *adj* = nonlogical ≈ senseless
unlösbar	EQP.EN	**non-rewirable**
unlöslich	CHEM	**insoluble**
unmagnetisch → nichtmagnetisch	PHYS	→ **nonmagnetic** *adj*
Unmenge *nf* = Großmenge *nf*; große Menge	COLL	**bulk** *n* = large quantity; vast quantities
unmessbar ≈ unzählbar; immens	COLL	**immeasurable** *adj* = immensurable ≈ innumerable; immense
unmittelbar [fig] ≈ nah	COLL	**immediate** *adj* [fig] = direct; first-hand ≈ near
unmittelbar → unverzüglich	COLL	→ **immediate** *adj*
unmittelbar → direkt	COLL	→ **direct** *adj*
unmittelbar bevorstehend ≈ bevorstehend	COLL	**imminent** *adj* ≈ approaching
unmittelbare Adresse [enthält den gesuchten Operandenwert direkt] = Literaladresse *nf*	SW	**immediate address** [contains the value of the operand] = literal address; zero-level address ≈ direct address
unmittelbare Adressierung [enthält auch den Operandenwert] = Literaladressierung *nf* ≈ direkte Adressierung	SW	**immediate addressing** [containing also the operand value] = literal addressing ≈ direct addressing
unmittelbare Daten [im Adressteil eines Befehls enthalten]	SW	**immediate data** [contained in the address field of an instruction]
unmittelbare Verarbeitung → Geradewohl-Verarbeitung *nf*	DAT.PR	→ **in-line processing** (1)
unmittelbare Zuteilung	MOB.CO	**immediate assignment**
Unmittelbarkeit *nf*	COLL	**immediacy** *n* = immediateness *n*; directness *n*
unmodifiziert → unverändert	TECH	→ **unchanged** *adj*
unmodifizierte Anweisung	SW	**presumptive instruction**
unmoduliert	MODUL	**unmodulated**
unmögliche Figur	COMP.GR	**impossible figure**
unmögliches Ereignis	STATIS	**impossible event**
Unmöglichkeit *nf*	COLL	**impossibility** *n*
unnötige Belegung	SWITCH	**unnecesary seizure**
Unnötigkeit *nf*	COLL	**nonnecessity** *n*
unnumeriert	TECH	**unnumbered**
unnütz → unbrauchbar	TECH	→ **useless** *adj*
unnütz = nutzlos; wertlos	DAT.PR	**unwanted** *adj*
unordentlich ≈ ungeordnet	COLL	**disordered** *adj* = untidy
Unordnung *nf* ≈ Durcheinander	COLL	**disorder** *n* ≈ muddle
unorthodox *adj* [slang; "nicht den Regeln der reinen Lehre entsprechend"] ≠ orthodox	TECH	**unorthodox** *adj* [not conforming "the rules of the pure doctrine"] = ill-behaved
unperforiert → ungelocht	TER&PER	→ **unpunched** *adj*
unperiodisch → aperiodisch	PHYS	→ **aperiodic**
unpersönliches Zeitwort → Impersonale *nn*	LING	→ **impersonal verb**
unplanmäßig = außerplanmäßig; unprogrammiert ≈ außergewöhnlich	COLL	**unplanned** *adj* = unscheduled; nonscheduled; nonregular ≈ extraordinary
unplausibel → nicht einleuchtend	COLL	→ **implausible**
unpraktisch	TECH	**impractical** *adj*
unpräzis → ungenau	TECH	→ **inaccurate** *adj*
unpräzise → ungenau	TECH	→ **inaccurate** *adj*
unproduktiv = unergiebig	ECON	**unproductive** *adj* = nonproductive
unprofessionell	TECH	**nonprofessional** *adj*
unprogrammiert → unplanmäßig	COLL	→ **unplanned** *adj*
unpupinisiert → unbespult	COM.CAB	→ **unloaded**
unpupinisiertes Kabel → unbespultes Kabel	COM.CAB	→ **unloaded cable**
unrationell → unwirtschaftlich	ECON	→ **uneconomic** *adj*
unregelmäßig ≈ zufällig	TECH	**irregular** = fortuitous ≈ random
unregelmäßige Verzerrung	DAT.CO	**fortuitous distortion**
Unregelmäßigkeit *nf* = Anomalie *nf*; Anormalität *nf* ≈ Instabilität	TECH	**irregularity** *n* = fortuitousness *n*; anomaly *n*; abnormality *n* ≈ instability
unrichtig → fälschlich	TECH	→ **incorrect** *adj*
unrund = nicht kreisrund	TECH	**noncircular** *adj*
Unrundheit *nf*	TECH	**noncircularity**
unsachgemäß = unschicklich ≈ ungeeignet; unfachmännisch; stümpelhaft	COLL	**improper** *adj* = inadequate (2) ≈ unfit; inexpert; clumpsy
unsachgemäß behandeln → manipulieren	TECH	→ **tamper** *vt*
unsauber ≈ schmutzig	COLL	**unclean** *adj* ≈ dirty
Unsauberkeit *nf* ≈ Schmutzigkeit	COLL	**uncleanness** *n* ≈ dirtiness
unscharf	PRIN.ME	**jaggy** *adj* = jagged; fuzzy
unscharf = verwaschen ≠ scharf	OPT	**blurred** *adj* = confused; diffuse; out of focus; fuzzy; hazy ≠ sharp
Unschärfe *nf* = Verwaschung *nf*	OPT	**blur** *n* = smear; indistinctness
Unschärfe *nf* = Unbestimmtheit *nf*; Unbestimmbarkeit *nf*	SCIE	**uncertainity** *n* = indeterminacy *n*; unsharpness *n*; fuzziness *n*
Unschärfeblende *nf*	CINEMA	**focus-through** *n*
unschärfeblenden	CINEMA	**focus-through**
Unschärfeerzeugung *nf* [zur Minderung von Bildunregelmäßigkeiten] = Blurring *nn* (ANGL)	COMP.GR	**blurring** *n* [to make fuzzy as an anti-aliasing measure]
unscharfe Logik → Qualitativaussagenlogik *nf*	LOGIC	→ **fuzzy logic**
unscharfe Menge	MATH	**fuzzy set**
unscharfer Algorithmus = qualitativer Algorithmus	ART.IN	**fuzzy algorithm**
unscharfes Bild	OPT	**blurred picture** *n* = blur
unscharfe Suche → Fuzzy-Abfrage *nf*	DAT.MA	→ **fuzzy search**
unscharf machen	OPT	**blur** *vt*
unschicklich → unsachgemäß	COLL	→ **improper** *adj*
unschraffiert ≠ schraffiert	ENG.DRA	**unshaded** = unhatched ≠ shaded
unselbständige Entladung	PHYS	**non-self-maintained discharge**
unserer Zeitrechnung → *n*.Chr.	SCIE	→ **A.D.**
unsicher (1) ≈ gefährlich	COLL	**insecure** *adj* = unsafe ≈ dangerous
unsicher (2) = ungewiss ≈ zweifelhaft; unbestimmt	COLL	**uncertain** *adj* (2) = precarious ≈ dubious
Unsicherheit *nf* (1) ≈ Gefährlichkeit	COLL	**insecurity** *n* = unsafety *n* ≈ dangerousness
Unsicherheit *nf* (2) = Ungewissheit *nf* ≈ Zweifelhaftigkeit; Unbestimmtheit	COLL	**uncertainity** *n* (2) = precariousness *n* (1) ≈ dubiosity

Unsicherheit *nf* INF.TH **uncertainty** *n*

Unsicherheit *nf* INSTR → **error** *n*
→ Fehler *nm*

unsichtbar TECH **invisible**

unsichtbare Antenne ANT **invisible antenna**

unsichtbare Datei (Apple) DAT.MA → **hidden file**
→ verdeckte Datei

unsichtbarer Text INTERNET **invisible text**

unsichtbares Netz TELEC **unconscious network**
[ATM] [ATM]

unsortiert TECH **unclassified** *adj*
≈ ungeordnet = unsorted
≈ unordered

unspezifisch COLL → **nonspecific** *adj*
→ nicht spezifisch

unspezifiziert TECH → **nonspecified** *adj*
→ nicht spezifiziert

Unstabilität *nf* TECH → **instability** *n*
→ Instabilität *nf*

unstandardisiert TECH → **non-standardized** *adj*
→ nicht genormt

unstetig MATH → **discrete** *adj*
→ diskret

unstetig TECH → **intermittent** *adj*
→ intermittierend

Unstetigkeit *nf* MATH **discontinuity** *n*
= discreteness

Unstetigkeitsbedingung *nf* MATH **discontinuity condition**

Unstetigkeitsfläche *nf* MATH **singular surface**

Unstetigkeitsschicht *nf* MICR.EL → **surface layer**
→ Randschicht *nf*

Unstetigkeitsschicht *nf* PHYS → **boundary layer**
→ Grenzschicht *nf*

Unstetigkeitsstelle *nf* MATH **discontinuity point**
↓ Sprungstelle ↓ saltus

Unstimmigkeit *nf* COLL **discrepancy** *n*
= Diskrepanz *nf*

unstofflich SCIE → **immaterial**
→ immateriell

unstrittig COLL **noncontroversial** *adj*
= unumstritten

unstrukturiert TECH **unstructured** *adj*
= strukturlos; ungegliedert = structureless

Unsumme *nf* ECON **enormous sum**

Unsymmetrie *nf* NETW.TH **unbalance** *n*
= Asymmetrie *nf* = dissymmertry *n*; impedance unbalance; imbalance *n*; dissimetry *n*; asymmetry *n*
≠ Symmetrie ≠ balance

Unsymmetriedämpfung *nf* NETW.TH **unbalance attenuation**
= Asymmetriedämpfung *nf* = common-mode suppression; conversion loss; dissimetry loss; asymmetry loss

Unsymmetriefaktor *nm* NETW.TH → **unbalance factor**
→ Unsymmetriegrad *nm*

Unsymmetriegrad *nm* NETW.TH **unbalance factor**
= Asymmetriegrad *nm*; Unsymmetriefaktor *nm*; Asymmetriefaktor *nm* = dissimetry factor; asymmetry factor

unsymmetrisch NETW.TH **unbalanced** *adj*
= asymmertrisch = dissimetrical; asymmetrical; nonsymmetrical

unsymmetrisch MATH → **asymmetric** *adj*
→ asymmetrisch

unsymmetrische Antenne ANT **unbalanced antenna**
= unbalanced aerial

unsymmetrischer Code CODING → **unipolar code**
→ unipolarer Code

unsymmetrische Speiseleitung ANT **asymmetrical feedline**

unsystematisch SCIE **non-systematic**
= systemlos = asystematic

untätig TECH → **inactive** *adj*
→ inaktiv

Untätigkeit *nf* TECH → **inactivity** *n*
→ Inaktivität *nf*

untauglich TECH → **useless** *adj*
→ unbrauchbar

untauglich TECH → **unfit** *adj*
→ ungeeignet

Untauglichkeit *nf* COLL **unfitness** *n*
≈ Nutzlosigkeit = unsuitability *n*
≈ uselessness

unteilbar TECH **indivisible** *adj*
≈ unzerlegbar; untrennbar ≈ indecomposable; inseparable

unteilbarer Betrieb DAT.PR → **uninterruptable operation**
→ nicht unterbrechbarer Betrieb

Unteilbarkeit *nf* SW → **atomicity** *n*
→ Untrennbarkeit *nf*

UNTEN-Taste *nf* TER&PER → **DOWNWARD key**
→ NACH-UNTEN-Taste *nf*

unter… *adj* **lower** *adj*
[COLL] ≠ upper
≠ ober…

Unterabschnitt *nm* LING **subsection** *n*
[Text] [text]

Unterabtastung *nf* CODING **subsampling**
≠ Überabtastung ≠ oversampling

Unterabteilung *nf* ECON **subdivision** *n*
[Organisation] [organizational unit]
= subbranch *n*

Unteradresse *nf* SW **subaddress** *n*

Unteradressierung *nf* TELEC → **subaddressing**
→ Subadressierung *nf*

Unterangebot *nf* (1) ECON **short supply**
[Mangel an Angebot]

Unterangebot *nf* (2) ECON **suboffer** *n*
[an einen Hauptanbieter]

Unteranpassung *nf* NETW.TH → **undermatching** *n*
→ Stromanpassung *nf*

unterätzen MICR.EL **undercut** *vt*

Unterätzung *nf* MICR.EL **underetching** *n*
= undermining

Unterauftrag *nm* ECON **subcontract** *n*
= Untervertrag *nm*

Unterauftragnehmer *nm* ECON **subcontractor** *n*
= Subunternehmer *nm*; Nebenunternehmer *nm*; Unterlieferant *nm* ≈ supplier
≈ Lieferant

unterauslasten TECH **underuse** *vt*
≈ unterbelasten [QUAL] = underemploy; underutilize
≈ underrate [QUAL]

Unterauslastung *nf* TECH **underuse** *n*
≈ Unterbelastung [QUAL] = underemployment *n*; underutilization *n*
≈ underrating [QUAL]

unterausstatten TECH **underequip** *vt*
= unterbemitteln = underresource

Unteraussteuerung *nf* EL.TRO **back-off** *n*
= Leistungsminderung *nf*; Leistungsreduzierung *nf* = power derating

Unterband *nn* TELEC → **subband** *n*
→ Teilband *nn*

Unterband *nn* RADIO **lower band** *n*
≠ Oberband = low band
≠ upper band

Unterbandübertragung *nf* TELEC **DUV**
[unterhalb des normalen Nutzbandes] [transmission below the normal service band]
= data-under-voice

Unterbau *nm* TECH **substructure** *n*
≠ Oberbau ≠ superstructure
↑ Bau ↑ structure

Unterbau *nm* MICR.EL **pad** *n* (3)
[Chip] [base of a chip]

Unterbaugerät *nn* EQP.EN **under-desk equipment**
= Unter-Tisch-Gerät *nn* ↓ tower [DAT.PR]
↓ Turmgerät [DAT.PR]

Unterbaugruppe *nf* EQP.EN **submodule** *n*
= Teileinschub *nm*; Untermodul *nn* (*pl* -e); Teilmodul *nn* (*pl* -e)

Unterbefehl *nm* COMP.AP **subcommand** *n*
= Subbefehl *nm*

Unterbegriff *nm* LING **derivative term**
= Hyponym *nn* = hyponym *n*
≠ Oberbegriff ≠ generic term

unterbelasten QUAL **derate** *vt*
= unterlasten ≈ underuse *vt* [TECH]
≈ unterauslasten [TECH]

Unterbelastung *nf* QUAL **derating** *n*
= reduzierte Beanspruchung ≈ underuse [TECH]
≈ Unterauslastung [TECH] ≠ overload
≠ Überlastung

Unterbelichtung *nf* OPT **underexposure** *n*

unterbemitteln TECH → **underequip** *vt*
→ unterausstatten

Unterbereich *nm* TECH → **subrange** *n*
→ Teilbereich *nm*

Unterbeschäftigung *nf* ECON **underemployment** *n*

Unterbeschreiber *nm* SW **subdescriptor** *n*
= Subdeskriptor *nm*

unterbestücken EQP.EN **underequip** *vt*
≈ teilbestücken | ≈ equip partially

Unterbestückung *nf* EQP.EN **underequipping** *n*
≈ Teilbestückung | ≈ partial equipping

unterbieten ECON **underbid**
= undercut

unterbinden EL.TRO → **disable** *vt*
→ sperren

unterbrechbar DAT.PR **interruptible**

Unterbrechbarkeit *nf* DAT.PR **interruptibility** *n*

unterbrechen DAT.PR **interrupt** *vt*
= break

unterbrechen EL.TEC **interrupt** *vt*
≈ ausschalten | = discontinue; break; defeat; shut-off

unterbrechen TELEC → **disconnect** *vt* (2)
→ abbrechen

unterbrechend INF.TEC **preemptive priority**
= präemptiv

unterbrechende Priorität SWITCH **preemptive**
= absolute Priorität | = absolute priority

unterbrechender Mehrprogrammbetrieb DAT.PR **preemptive multitasking**
= absoluter Mehrprogrammbetrieb; prämptives Multitasking | = absolute multitasking

Unterbrecher *nm* COMPO → **break contact**
→ Ruhekontakt *nm*

Unterbrecherkontakt *nm* COMPO → **break contact**
→ Ruhekontakt *nm*

Unterbrechung *nf* SW → **program interrupt** *n*
→ Programmunterbrechung *nf*

Unterbrechung *nf* TECH **interruption** *n*
= Unterbruch *nm* (CH) | = disruption *n*
≈ Diskontinuität | ≈ discontinuity

Unterbrechung *nf* EL.TEC **interruption** *n*
= Abschaltung *nf*; Unterbruch *nm* (CH) | = interrupt *n*; disconnection *n*; black-out *n*; cut-out *n*; break *n*;

Unterbrechungsaktivierung *nf* SW **interrupt enable**

Unterbrechungsanforderung *nf* SW → **program interrupt** *n*
→ Programmunterbrechung *nf*

Unterbrechungsaufforderung *nf* SW → **program interrupt** *n*
→ Programmunterbrechung *nf*

Unterbrechungsaufhebung *nf* SW **lockout** *n*
= interrupt suppression

Unterbrechungsbehandler SW → **interrupt program**
→ Unterbrechungsprogramm *nn*

Unterbrechungs-Behandler *nm* DAT.PR **interrupt handler**
[Unterprogramm zur Abwicklung von Programmunterbrechungen] | [a special routine to handle program interrupts]
= trap handler

Unterbrechungsbehandlung *nf* SW **interrupt handling**
= Interrupt-Behandlung *nf* | = interrupt servicing

Unterbrechungsbus *nm* HW **interrupt bus**
= Interrupt-Bus *nm* | = daisy chain interrupt

Unterbrechungsdauer *nf* TECH **off time**
= interruption time; duration of interruption

Unterbrechungsdesaktivierung *nf* SW **interrupt disable**

Unterbrechungsebene *nf* SW → **interrupt priority**
→ Unterbrechungspriorität *nf*

unterbrechungsfrei TRANSM → **hitless**
→ stoßfrei

unterbrechungsfrei TECH → **continuous** *adj* (1)
→ kontinuierlich

unterbrechungsfreie Auswechslung EQP.EN **live insertion**
[of boards]
= interruptionless replacement

unterbrechungsfreie Stromversorgung POW.SY **uninterruptable power supply**
= USV | = UPS; no-break power supply; interruption-free power supply; peripheral power supply

unterbrechungsfreie Überwachung TELEC **non-intrusive monitoring**
= In-Betrieb-Überwachung *nf* | = in-service monitoring

unterbrechungsfreie Wartung DAT.PR → **online maintenance**
→ Online-Wartung *nf*

unterbrechungsgesteuert DAT.PR **interrupt-controlled**
= interrupt-driven

unterbrechungsgesteuert SW **interrupt-driven** *adj*
= Interrupt-intensiv | [making extensive use of interrupts]

Unterbrechungskennzeichen *nn* SW **interrupt signal** *n*
= Unterbrechungssignal *nn*; Interrupt-Kennzeichen *nn*; Interrupt-Signal *nn* | = interrupt *n* (2); interruption *n* (2)

Unterbrechungskontakt *nm* COMPO → **break contact**
→ Ruhekontakt *nm*

Unterbrechungsleitung *nf* HW **interrupt line**
= Interrupt-Leitung *nf* | = interruption line

unterbrechungslos TECH → **continuous** *adj* (1)
→ kontinuierlich

unterbrechungsloser Umschaltekontakt COMPO → **make-before-breake contact**
→ Folgeumschaltekontakt *nm*

Unterbrechungsmaske *nf* SW **interrupt mask**
= Interrupt-Maske *nf* | = interruption mask

Unterbrechungsmaskenregister *nn* SW **interrupt mask register**
[Register mit dem man programmgesteuerte Unterbrechungen unterbinden oder zulassen kann] | [register which permits hinder or execute programmed interruptions]
= Interrupt-Masken-Register *nn*

Unterbrechungspriorität *nf* SW **interrupt priority**
= Unterbrechungsebene *nf*; Interrupt-Priorität *nf* | = interrupt level

Unterbrechungsprogramm *nn* SW **interrupt program**
[zur Abwicklung von Programmunterbrechungen] | [to handle program interruptions]
= Unterbrechungsroutine *nf*; Unterbrechungssteuerung *nf*; Unterbrechungsbehandler; Interrupt-Programm *nn*; Interrupt-Routine *nf* | = interrupt routine; interrupt handler; trap handler

Unterbrechungsprozedur *nf* DAT.CO **interrupt procedure**
= Unterbrechungsregel *nf*; Interrupt-Prozedur *nf*; Interrupt-Regel *nf* | = interruption rule

Unterbrechungspunkt *nm* SW **breakpoint** *n*
[Adresse zum Anhalten des Programms, für externe Eingriffe im Ablauf] | [address stopping the processing so permitting an external intervention]
= Haltepunkt *nm*; Interrupt-Punkt *nm*; Breakpoint *nm* (ANGL) | = haltpoint *n*
≈ Fixpunkt; Verzweigungspunkt | ≈ checkpoint; branchpoint
↓ statischer Unterbrechungspunkt; dynamischer Unterbrechungspunkt; programmierbarer Unterbrechungspunkt; Dateianfangs-Haltepunkt | ↓ static breakpoint; dynamic breakpoint; programmable breakpoint; prolog breakpoint; epilog breakpoint; code brakpoint; data

Unterbrechungs-Quittierungssignal *nn* DAT.CO **interrupt acknowledge**

Unterbrechungs-Reaktionszeit *nf* DAT.PR **interrupt latency**

Unterbrechungsregel *nf* DAT.CO → **interrupt procedure**
→ Unterbrechungsprozedur *nf*

Unterbrechungsregister *nn* HW **interrupt register**
[Register zur Speicherung von Unterbrechungsanforderungen] | [register to store interrupt requests]
= Interrupt-Register *nn* | = interrupt package
↑ Register | ↑ register

Unterbrechungsroutine *nf* SW → **interrupt program**
→ Unterbrechungsprogramm *nn*

Unterbrechungssignal *nn* SW → **interrupt signal** *n*
→ Unterbrechungskennzeichen *nn*

Unterbrechungsstapelung *nf* SW **interrupt stacking**

Unterbrechungssteuerung *nf* SW → **interrupt program**
→ Unterbrechungsprogramm *nn*

Unterbrechungssteuerung *nf* DAT.CO **interrupt control**
= Interrupt-Steuerung *nf* | = interruption control

Unterbrechungstaste *nf* TER&PER **BREAK key**
[zur Unterbrechung jeglicher Verarbeitung eines Computers] | [interrupts any activity of a computer]
= PAUSE-/UNTBR-Taste *nf* (IBM); ROLLUNTBR-/PAUSE-Taste *nf* (IBM) | = PAUSE/BREAK key (IBM); SCROLL LOCK/BREAK key (IBM); CONTRO-BREAK key
≈ PAUSE-Taste

Unterbrechungstechnik *nf* SW **interrupt technique**
= Interrupt-Technik *nf* | = interruption technique

Unterbrechungsvektor *nm* SW **interrupt vector**
[eine Adresse zu einem Unterbrechungsprogramm] | [an address to an interrupt routine]
= Interrupt-Vektor *nm* | = interruption vector

Unterbrechungsvorrichtung *nf* EL.TRO **shut-off device**
= shut-off mechanism

Unterbrechungswerk *nn* HW **interrupt control unit**

Unterbrechungszustand *nm* SW **interrupt state**
= Interrupt-Zustand *nm* | = interruption state

unterbringen	EQP.EN	**house** *vt* = accomodate
unterbrochen (1) [zeitlich]	TECH	**interrupted** (1) [in time domain]
unterbrochen (2) [räumlich]	TECH	**interrupted** (2) [in space domain] = non-contiguous
Unterbruch *nm* (CH) → Unterbrechung *nf*	TECH	→ **interruption** *n*
Unterbruch *nm* (CH) → Unterbrechung *nf*	EL.TEC	→ **interruption** *n*
Unterbündel *nf* [Multiplextechnik] = Multiplexbündel *nf*	TRANSM	**tributary** *n* [multiplex technique] = aggregate *n*
Unter-Chip-Kondensator *nm*	COMPO	**sub-chip capacitor**
unterdämpft	PHYS	**underdamped**
Unterdämpfung *nf* = unterkritische Dämpfung	PHYS	**underdamping** *n*
Unterdatei *nf* = Hilfsdatei *nf* ≈ Arbeitsdatei	DAT.MA	**subfile** *n* = auxiliary file; help file ≈ scratch file
Unterdatentyp *nm*	DAT.MA	**subtype** *n*
Unterdeckung *nf*	ECON	**exposure** *n* = cover shortage; partial cover; deficient cover
unter die Lupe nehmen (slang) → analysieren	SCIE	→ **analyze** *vt*
Unterdiffusion *nf*	MICR.EL	**underdiffusion**
unterdimensionieren *vt* = zu schwach bemessen	TECH	**undersize** *vt* = subsize *vt*
Unterdimensionierung *nf*	TECH	**undersizing** *n* = subsizing *n*; subdimensioning *n*
Unterdomäne *nf* → Subdomäne *nf*	INTERNET	→ **sub-domain** *n*
Unterdomäne *nf* = Subdomäne *nf*	DAT.NW	**subdomain** *n*
Unterdruck *nm* ≈ Vakuum	PHYS	**negative pressure** *n* = vacuum *n* (2) ≈ vacuum (1)
Unterdruckbehälter *nm* [Tintendrucker]	TER&PER	**vacuum container** [ink jet printer]
unterdrücken *vt* [eine Störung, ein Signal] ≈ sperren	EL.TRO	**suppress** *vt* [an interference, a signal] = reject *vt* ≈ inhibit
Unterdruckgebläse *nn* [Tintendrucker]	TER&PER	**vacuum blower** [ink jet printer]
Unterdrucksäule *nf*	TER&PER	**vacuum column**
unterdrückte Null	DAT.MA	**suppressed zero**
unterdrückter Träger	MODUL	**suppressed carrier** = quiescent carrier
unterdrücktes Bildsignal → BA-Signal *nn*	TV	→ **blanked picture signal**
Unterdrückung *nf* ≈ Sperrung	EL.TRO	**suppression** *n* = rejection *n* ≈ inhibition
Unterdrückung der A-Teilnehmer-Anzeige	TELEPH	**calling line identification restriction** = CLIR
Unterdrückungsbereich *nm*	EL.TRO	**suppressed range**
unterdurchschnittlich	TECH	**substandard** *adj*
untere Führungsebene	ECON	**lower management**
untere Grenze → Untergrenze *nf*	TECH	→ **low limit**
untere Grenzfrequenz	RADIO	**lowest usable frequency** = LUF
untereinander austauschbar	TECH	**interchangeable**
untereinander verbinden → zusammenschalten	EL.TEC	→ **interconnect** *vt*
Untereinheit *nf*	EQP.EN	**subassembly** *n* = subunit *n*
Unterelement *nn* [Element in anderem Element]	INTERNET	**sub-element** [element in another element]
unterer Speicherbereich	DAT.PR	**low memory** = low memory locations
unterer Wert → Untergrenze *nf*	TECH	→ **low limit**
untere Seite → Unterseite *nf*	TECH	→ **underside** *n*
unteres Seitenband	MODUL	**lower sideband**
Unterfabentrennung *nf*	COMP.GR	**undercolor separation**

Unterfarbe *nf* → Grundfarbe *nf*	OPT	→ **elementary color**
Unterflurbehälter *nm*	OUT.PL	**underground container**
Unterflur-Installation *nf* → Unterflur-Montage *nf*	TECH	→ **underground installation**
Unterflurkammer *nf* → Schacht *nm*	OUT.PL	→ **chamber** *n*
Unterflur-Montage *nf* = Unterflur-Installation *nf*; unterirdische Montage	TECH	**underground installation** = sub-surface installation
Unterflurregenerator *nm* ≈ Unterflurverstärker	TRANSM	**underground regenerator** ≈ underground regenerator
Unterflurverstärker *nm* ≈ Unterflurregenerator	TRANSM	**underground repeater** = underground amplifier; buried repeater ≈ underground regenerator
Unterführung *nf*	CIV.EN	**underpass** *n*
Unterführungszeichen *nn*	PRIN.ME	**ditto mark; ditto**
Untergebener *nm* ≠ Vorgesetzter	ECON	**subordinate** *n* ≠ superior
untergeordnet ≈ subaltern ≠ übergeordnet	TECH	**subordinate** *adj* = slave; lower-order ≈ subaltern ≠ superordinate
untergeordneter Prozessor	DAT.PR	**slave processor**
Untergeschoss *nn* → Keller *nm*	CIV.EN	→ **cellar** *n*
Untergewicht *nn* = Mindergewicht *nn*	ECON	**underweight** *n* = short weight
untergliedern → unterteilen	TECH	→ **subdivide** *vt*
untergliedert → unterteilt	TECH	→ **subdivided** *adj*
untergliederter Datensatz = unterteilter Datensatz	DAT.MA	**partitioned data set** = PDS
Untergliederung *nf* → Partition *nf*	DAT.MA	→ **partition** *n*
Untergliederung *nf* → Unterteilung *nf*	TECH	→ **subdivision** *n*
Untergrenze *nf* = untere Grenze; Unterwert; unterer Wert	TECH	**low limit** = lower limit; low end; low limit; lower bound
Untergruppe *nf*	MATH	**subgroup** *n*
Untergruppe *nf*	DAT.PR	**minor group**
Untergruppentrennung *nf* = RS ↑ ASCII-Code	DAT.CO	**record separator** = RS ↑ ASCII code
Unterhaltbarkeit *nf* → Wartungsfreundlichkeit *nf*	TECH	→ **maintainability** *n*
unterhalten → warten	TECH	→ **maintain** *vt*
unterhaltsam	COLL	**entertaining** *adj*
Unterhaltung *nf* = Vergnügung *nf*	MEDIA	**entertainment** *n* = amusement *n*
Unterhaltung *nf* → Wartung *nf*	TECH	→ **maintenance** *n*
Unterhaltungsabstand *nm* → Wartungsfrist *nf*	TECH	→ **maintenance interval**
unterhaltungsbedingt → wartungsbedingt	TECH	→ **maintenance dependent**
Unterhaltungsdokumentation *nf* → Wartungsdokumentation *nf*	TEC.DOC	→ **maintenance documentation**
Unterhaltungselektronik *nf* = Braune Ware (slang) ≈ Haushaltselektronik ↑ Konsumelektronik	EL.TRO	**entertainment electronics** = home entertainment ≈ household electronics ↑ consumer electronics
Unterhaltungsintervall *nn* → Wartungsfrist *nf*	TECH	→ **maintenance interval**
Unterhaltungskosten *nplt* → Wartungskosten *nplt*	ECON	→ **maintenance costs**
Unterhaltungsmusik *nf*	MEDIA	**entertainment music**
unterhaltungsorientiert → wartungsorientiert	TECH	→ **maintenance-oriented**
Unterhaltungspersonal *nn* → Wartungspersonal *nn*	TECH	→ **maintenance personnel**
Unterhaltungsprogramm *nn* = Unterhaltungssendung *nf*	MEDIA	**entertainment program** = entertainment broadcast
Unterhaltungssendung *nf* → Unterhaltungsprogramm *nn*	MEDIA	→ **entertainment program**
Unterhaltungssoftware *nf* = Funware *nf* ↑ Anwendungssoftware	COMP.AP	**funware** *n* = game software; game programs ↑ applications software

Unterhaltungsspiel *nn* COLL → **game** *n*
→ Spiel *nn*

Unterhaltungsstelle *nf* TECH → **maintenance center**
→ Wartungszentrum *nn*

Unterhaltungsstützpunkt *nm* TECH → **maintenance center**
→ Wartungszentrum *nn*

Unterhaltungsstützpunkt *nm* TECH → **maintenance center**
→ Wartungszentrum *nn*

Unterhaltungsunterlagen *nplt* TEC.DOC → **maintenance documentation**
→ Wartungsdokumentation *nf*

Unterhaltungszentrum *nn* TECH → **maintenance center**
→ Wartungszentrum *nn*

Unterhaltungszentrum *nn* TECH → **maintenance center**
→ Wartungszentrum *nn*

unterirdisch TECH **buried** *adj*
= below ground; underground; subterranean; subsurface

unterirdische Montage TECH → **underground installation**
→ Unterflur-Montage *nf*

unterirdisches Kabel COM.CAB **below-ground cable** (AE)
↑ Außenkabel
↓ Erdkabel; Röhrenkabel
= underground cable (BE)
↑ outside cable
↓ earth cable; duct cable

unterirdisches Netz OUT.PL **underground network**
= below-ground network

Unterkanal *nm* TELEC **subchannel** *n*
= Subkanal *nm*
≈ Hilfskanal
= tributary channel
≈ auxiliary channel

Unterkante *nf* TECH **bottom edge**
= lower edge

Unterkantenzuführung *nf* TER&PER **nine-edge leading**
[Lochkarte]
= Neunerkantenzuführung *nf*; 9er-Kanten-Zuführung *nf*

Unterkatalog *nm* DAT.MA → **subdirectory** *n*
→ Unterverzeichnis *nn*

Unterklasse *nf* DAT.MA **subclass** *n*

unterkritisch SCIE **subcritical**
= subkritisch

unterkritische Dämpfung PHYS → **underdamping** *n*
→ Unterdämpfung *nf*

Unterkunft *nf* ECON **lodging** *n*
= accomodation *n*

Unterladung *nf* POW.SY **undercharge** *n*
= unzureichende Ladung

Unterlage *nf* TECH **underlay** *n*
≈ Auflage
≈ support

Unterlage *nf* OFFICE → **record** *n* (1)
→ Akte *nf*

Unterlagenart *nf* OFFICE **document type**

Unterlagenfluss *nm* OFFICE **document traffic**
= Papierfluss *nm*
= paper traffic

Unterlagenkopf *nm* OFFICE **document heading**

Unterlagerungskanal *nm* TELEC **sub-audio channel**

Unterlagerungstelegraphie *nf* TELEGR **sub-audio telegraphy**

Unterlagscheibe *nf* MEC.EN → **plain washer**
→ Beilagscheibe *nf*

Unterlänge *nf* PRIN.ME **descender** *n* (1)
[Teil des Zeichens unter der Zeilenlinie]
≠ Oberlänge
[part of character below the line]
≠ ascender

Unterlängenbuchstabe *nm* PRIN.ME **descender** *n* (2)
[type with descender]

Unterlassung *nf* COLL **omission** *n*
= Versäumnis *nn*; Weglassung *nf*; Auslassung *nf*
≈ failure

unterlasten QUAL → **derate** *vt*
→ unterbelasten

Unterlauf *nm* COMP.SC **underflow** *n*
[Wert kleiner als darstellbar]
= Bereichsunterschreitung *nf*; Underflow
≠ Überlauf
[number too small to be represented]
= arithmetic underflow

unterlaufbedingte Ablaufunterbrechung DAT.PR **underflow exception**
[weil das Ergebnis zu klein ist um gespeichert werden zu können]
[interruption because the result is to small to be represented by the designated store]

unterlegen EL.TRO **underlay** *vt*

Unterlegkeil *nm* TECH **shim** *n*
[tapered piece to level]

Unterlegscheibe *nf* MEC.EN → **plain washer**
→ Beilagscheibe *nf*

unterlegt EL.TRO **underlayed**
= underlaying

unterlegte Codierung CODING **underlaying coding**
= modulationsangepasste Codierung
= modulation-matched coding

Unterlegung *nf* EL.TRO **underlay** *n*

Unterlieferant *nm* ECON → **subcontractor** *n*
→ Unterauftragnehmer *nm*

Unterlizenz *nf* ECON **sublicence** *n*

Untermalung *nf* IMAG.ME → **underscore** *n*
→ Musikuntermalung *nf*

Untermenge *nf* MATH → **subset** *n*
→ Teilmenge *nm*

Untermenü *nn* COMP.AP **submenu** *n*

Untermodell *nn* SCIE → **submodel** *n*
→ Teilmodell *nn*

Untermodul *nn* (*pl* -e) EQP.EN → **submodule** *n*
→ Unterbaugruppe *nf*

Untermodulation *nf* MODUL **submodulation** *n*

unternehmen COLL **undertake** *vt*
= enter upon

Unternehmen *nn* (1) ECON → **company** *n*
→ Gesellschaft *nf*

Unternehmen *nn* (2) ECON → **venture** *n*
→ Unternehmung *nf* (1)

Unternehmensbereich *nm* ECON **corporate division** (1)
= Geschäftsbereich *nm*; Geschäftsgebiet *nn*; Unternehmenseinheit *nf*
↑ Bereich
= division *n*; corporate group (2); business area; business unit (2)
↑ division

Unternehmens-DV *nf* DAT.PR **enterprise computing**

Unternehmenseinheit *nf* ECON → **corporate division** (1)
→ Unternehmensbereich *nm*

Unternehmensforschung *nf* ECON **operations research** (AE)
[wissensch. Verfahren zur Steigerung der Effizienz von milit. u. ökon. Operationen]
= Planungsforschung *nf*
[use of scientific methods to improve efficiency of military and economic operations]
= operational research

Unternehmensführung *nf* ECON **corporate management**
= entrepreneurship

Unternehmensidentität *nf* ECON **corporate identity**
≈ Unternehmensbild
≈ corporate image

Unternehmens-Informationssystem *nn* COMP.AP **Enterprise Information System**
= EIS

unternehmensintern ECON → **in-house** *adj*
→ firmenintern

Unternehmenskommunikation *nf* TELEC **corporate communications**
= Geschäftskommunikation *nf*
= enterprise communication

Unternehmensnetz *nn* TELEC → **corporate network**
→ Firmennetz *nn*

Unternehmensnetzwerk *nn* TELEC → **corporate network**
→ Firmennetz *nn*

Unternehmenssitz *nm* ECON → **corporate site**
→ Firmenstandort *nm*

Unternehmensspiel *nn* MOD&SI **management game**
= Managementspiel *nn*

Unternehmensstandort *nm* ECON → **corporate site**
→ Firmenstandort *nm*

unternehmenstypischer Wert ECON → **reposition value**
→ Wiederbeschaffungswert *nm*

Unternehmensverzeichnis *nn* TELEPH **corporate directory**

unternehmensweit ECON **company-wide**
= firmenweit
= corporation-wide; enterprise-wide

unternehmensweites Netz TELEC → **private network** *n*
→ Privatnetz *nn*

Unternehmensziel *nn* ECON **business goal**

Unternehmenszusammenschluss *nm* ECON **merger** *n*
= Zusammenschluss *nm*; Fusion *nf*

Unternehmen-zu-Endverbraucher *nm* ECON **business-to-consumer**

Unternehmen-zu-Unternehmen ECON **business-to-business**

Unternehmer *nm* ECON **entrepreneur** *n*
[Eigentümer]
≈ Geschäftsmann
= undertaker *n* (BE); businessman *n*
≈ businessman (2); manager

unternehmerisch ECON **entrepreneurial**

Unternehmerschaft *nf* ECON **entrepreneurship**
= Unternehmertum *nn*

Unternehmertum *nn* ECON → **entrepreneurship**
→ Unternehmerschaft *nf*

Unternehmerverband *nm* ECON **employers' association**
= Arbeitgeberverband *nm*
≈ Industrieverband

Unternehmung *nf* (1) ECON **venture** *n*
[Aktion]
= Unternehmen *nn* (2)
[action]

Unternehmung *nf* (2) ECON → **company** *n*
→ Gesellschaft *nf*

unterordnen TECH **subordinate** *vt*
Unterordnung *nf* TECH **subordination** *n*
= Subordination *nf*
Unterpegel *nm* TELEC **defect level**
≠ Überpegel ≠ excess level
Unterpegelschwund *nm* RAD.PRO → **down-fading** *n*
→ Abwärtsschwund *nm*
Unterpreis *nm* ECON **lower-than-cost price**
Unterpreisgeschäft *nn* ECON **lower-than-price transaction**
Unterprogramm *nn* SW **subroutine** *n*
[feste mehrfach abrufbare Befehlsfolge für spezielle Aufgaben] [reusable fixed set of instructions for specific tasks]
= Subroutine *nf*; Unterroutine *nf*; Teilprogramm *nn* = subprogram *n*
≈ Prozedur; Routine ≈ procedure; routine
≠ Hauptprogramm ≠ main program
Unterprogrammabruf *nm* SW **subroutine call**
= Unterprogrammaufruf *nm*; Teilprogrammabruf *nm*; Teilprogrammaufruf *nm*; Subroutine-Abruf *nm*; Subroutine-Aufruf *nm* = subprogram call

Unterprogrammadresse *nf* SW **subroutine address**
= Teilprogrammadresse *nf*; Subroutine-Adresse *nf* = subprogram address
Unterprogrammaufruf *nm* SW → **subroutine call**
→ Unterprogrammabruf *nm*
Unterprogrammbibliothek *nf* SW **subroutine library**
= Teilprogrammbibliothek *nf* = subprogram library
Unterprogrammeinsprung *nf* SW **subroutine entry point**
= Teilprogrammeinsprung *nf* = subroutine entry; subprogram entry point; subprogram entry
Unterprogrammregister *nn* SW **subroutine register**
Unterprogrammsprung *nf* SW **jump to subroutine**
↑ Sprungbefehl ↑ program jump
Unterprogrammverschachtelung *nf* SW **subroutine nesting**
= Teilprogrammverschachtelung *nf* = subprogram nesting
Unterprogrammverwaltung *nf* DAT.MA **subroutine management**
= Teilprogrammverwaltung *nf* = subprogramm management
Unterputz- EL.INS **concealed** *adj*
= UP- = flush-mounted; under plaster
Unterrahmen *nm* CODING → **subframe** *n*
→ Teilrahmen *nm*
Unterreihe *nf* MATH → **minorant** *n*
→ Minorante *nf*
Unterricht *nm* EDUC → **instruction** *n*
→ Lehre *nf*
unterrichten EDUC **instruct** *vt*
= lehren; unterweisen = teach *n*; school *n*
≈ schulen ≈ train
unterrichtsorientierte Programmiersprache COMP.LG **authoring programming language**
[zur Gestaltung von Lernhilfen] [to create teaching tools]
↓ PILOT = authoring language; author language
↓ PILOT
unterrichtsorientiertes Programm COMP.AP **authoring program**
Unterrichtsraum *nm* EDUC → **classroom** *n*
→ Schulungsraum *nm*
Unterrichtssoftware *nf* SW **courseware** *n*
= teachware *n*
Unterroutine *nf* SW → **subroutine** *n*
→ Unterprogramm *nn*
untersagen COLL → **forbid** (*vt*; forbade-forbidden)
→ verbieten
Untersättigung *nf* EL.TRO **undersaturation** *n*
Untersatz *nm* DAT.MA **member set** *n*
[Teil eines untergliederten Datensatzes] [a subunit of partitioned data set]
= abhängiger Datensatz = member
Unterschale *nf* PHYS **subshell**
Unterschall *nm* ACOUS → **infrasound** *n*
→ Infraschall *nm*
Unterschallfrequenz *nf* ACOUS → **infrasound frequency**
→ Infraschallfrequenz *nf*
unterschätzen COLL **underestimate** *vt*
≠ überschätzen = underrate; undervalue
≠ overestimate
Unterschätzung *nf* COLL **underestimation** *n*
≠ Überschätzung = undervaluation
≠ overestimation
unterscheidbar SCIE **differentiable**
= differenzierbar = discernible; distinguishable; discriminable
Unterscheidbarkeit *nf* SCIE **differentiability** *n*
= Differenzierbarkeit *nf*
unterscheiden *vr* COLL **differ** *vi*
≈ abweichen = distinguish
↓ differenzieren [SCIE] ≈ deviate
↓ differntiate [SCIE]
Unterscheider SCIE **distinguisher** *n*
Unterscheidungsbit *nn* DAT.CO **qualifier bit**
= Q-Bit = Q bit
Unterscheidungskennzeichen *nn* DAT.CO **call indicator**
= Rufkennzeichnung *nf*
Unterscheidungsmerkmal *nn* TECH **distinctive mark**
Unterschema *nn* DAT.MA **subschema** *n*
Unterschied *nm* COLL → **difference** *n*
→ Verschiedenheit *nf*
unterschiedlich COLL → **different** *adj*
→ verschieden
Unterschiedlichkeit *nf* COLL → **difference** *n*
→ Verschiedenheit *nf*
unterschiedlos COLL → **unitary** *adj*
→ einheitlich
unterschlagen LAW **misappropriate** *vt*
Unterschlagung *nf* LAW **misappropriation** *n*
= defalcation *n*
unterschneiden PRIN.ME **kern** *vt*
[aus optischen Gründen den Buchstabenabstand bestimmter Buchstabenkombinationen verringern] [to reduce the separation of specific character combinations for visual reasons]
Unterschneidung *nf* PRIN.ME **kerning** *n*
[Abstände zwischen Buchstaben reduzieren] [reduction of space between letters]
≠ Ausschluss (2) = mortising; white space reduction
unterschreiben OFFICE **sign** *vt*
= unterzeichnen = subscribe; underwrite
≈ firmieren
unterschreiten TECH **underrun** *vt*
= fall short of
Unterschreitung *nf* TECH **underrun** *n*
Unterschrift *nf* OFFICE **signature** *n*
= Unterzeichnung *nf*; Friedrich Wilhelm *nm* (slang) = signing *n* (act); John Hancock *n* (AE) (slang)
Unterschriftenleser *nm* COMP.AP **signature reader**
= Unterschriften-Verifikationsgerät *nn*; Unterschriftenprüfer *nm* = signature verifier; signature verification system
↑ biometrische Sicherheitsvorrichtung ↑ biometric security device
Unterschriftenprüfer *nm* COMP.AP → **signature reader**
→ Unterschriftenleser *nm*
Unterschriften-Verifikationsgerät *nn* COMP.AP → **signature reader**
→ Unterschriftenleser *nm*
Unterschriftsberechtigung *nf* ECON **authority to sign**
= Unterschriftsvollmacht *nf*
Unterschriftsmappe OFFICE **signature portfolio**
Unterschriftstempel OFFICE **signet** *n*
Unterschriftsvollmacht *nf* ECON → **authority to sign**
→ Unterschriftsberechtigung *nf*
unterschwellig COLL **subliminal**
Unterschwinger EL.TRO → **baseline overshoot**
→ Nachschwingung *nf*
Unterschwingung *nf* EL.TRO → **baseline overshoot**
→ Nachschwingung *nf*
Unterseeverlegung *nf* OUT.PL **submarine laying**
Unterseite *nf* TECH **underside** *n*
= untere Seite = bottom side; lower side
Unterseite *nf* INTERNET **sub-page**
[WWW] [WWW]
untersetzen MEC.EN **step-down** *vt*
Untersetzer *nm* CIRC.EN **reducer** *n*
= Teiler *nm*; Teilerschaltung *nf*; Dividierer *nm*; Verkleinerer *nm*; Verkleinerungsschaltung *nf* = reducing circuit; dividing circuit; division circuit; divider *n*
↑ Festwertmultiplikator ↑ scaler
↓ Frequenzteiler ↓ frequency divider
untersetzt INSTR **scaled**
Untersetzung *nf* MEC.EN **reduction** *n*
Untersetzungsfaktor *nm* INSTR **scaling-down factor**
= scaling factor
Untersicht *nf* ENG.DRA **bottom view**
Untersicht *nf* CINEMA **extreme low camera**
[Blick vom Boden aus] [from ground level]
Unterspannung *nf* EL.TEC **undervoltage** *n*
≠ Überspannung = subvoltage *n*
≠ overvoltage
Untersprache *nf* COMP.LG → **host language**
→ Gastsprache *nf*

unterst *adj*	COLL	**undermost** *adj*
≠ oberst		= bottommost
		≠ uppermost
Unterstation *nf*	TELECON	**tributary station**
= Trabantenstation *nf*; Fernwirk-Unterstation *nf*; Nebenstation *nf*		= secondary station; substation *n*; slave station; outstation *n*
≠ Zentrale		≠ master station
↓ Wartestation		↓ passive station
Unterstelle *nf*	TELECON	**outstation location**
[Ort mit Unterstation]		
unterstellen	COLL	→ **assume** *vt*
→ annehmen (1)		
unterstellt sein	COLL	**report to**
unterstreichen	COLL	→ **emphasize** *vt*
→ betonen		
unterstreichen *vt*	LING	**underline** *vt*
		= underscore *vt*
Unterstreichfunktion *nf*	WOR.PR	**autoscore** *n*
Unterstreichung *nf*	LING	**underline** *n*
		= underscore *n*; low line
Unterstreichung *nf*	COLL	→ **emphasis** *n*
→ Betonung *nf*		
Unterstreichungsstrich *nm*	TER&PER	**underscore character**
↑ Schreibmarke		↑ cursor (1)
Unterstreichungsstrich *nm*	PRIN.ME	→ **underline character**
→ Unterstreichungszeichen *nn*		
Unterstreichungszeichen *nn*	PRIN.ME	**underline character**
[Symbol: _]		[symbol: _]
= Unterstrich *nm*; Unterstreichungsstrich *nm*		= underscore character; underscore *n*; break character
Unterstrich *nm*	PRIN.ME	→ **underline character**
→ Unterstreichungszeichen *nn*		
Unterstrom *nm*	EL.TEC	**undercurrent**
≠ Überstrom		≠ overcurrent
unterstützen	COLL	**support** *vt*
		= back *vt*; bolster *vt*; further *vt*
unterstützen	INF.TEC	**support** *vt*
[z.B. ein Leistungsmerkmal]		[e.g. a feature]
≈ kompatibel sein mit		≈ to be compatible with
Unterstützung *nf*	COLL	**support** *n*
[fig]		[fig]
≈ Hilfe		= back-up *n*; furtherance *n*
Unterstützungsbaustein *nm*	MICR.EL	**support chip**
Unterstützungs-Software *nf*	SW	**support software**
Unterstützungsumfeld *nn*	DAT.PR	**support environment**
untersuchen	SCIE	**investigate** *vt*
≈ prüfen		= inquire; enquire
		≈ examine
Untersuchung *nf*	SCIE	**investigation** *n*
≈ Prüfung		= inquiry *n*
		≈ examination
Untersuchungergebnis *nn*	COLL	→ **finding** *n*
→ Befund *nm*		
Untersuchungsausschuss	ECON	**commission of inquiry**
Untersuchungsmethode *nf*	SCIE	**investigation method**
= Untersuchungsverfahren *nn*		= investigation procedure
Untersuchungsverfahren *nn*	SCIE	→ **investigation method**
→ Untersuchungsmethode *nf*		
Untersystem *nn*	TECH	**subsystem** *n*
= Teilsystem *nn*; Subsystem *nn*		≈ ancillary subsystem
≈ Hilfssystem		
Untertabelle *nf*	MATH	**subtable**
untertags (CH)	COLL	→ **day-long** *adv*
→ tagsüber		
Untertauchen *nn*	COMP.AP	**submersion** *n*
= Verschwinden *nn*		= submarining *n*
untertauchen *vi*	COMP.AP	**submerge**
= verschwinden		
Unterteil (*nn*; *nm*)	TECH	**lower part**
≠ Oberteil		= base part; bottom part; lower section; base section; bottom section
unterteilen	TECH	**subdivide** *vt*
= untergliedern		= sectionalize; section
≈ aufteilen		≈ partition
↑ teilen		↑ divide
unterteilt	TECH	**subdivided** *adj*
= fraktioniert; untergliedert		= fractioned; sectionalized
≈ aufgeteilt		≈ partitioned
unterteilte Basiszugriffsmethode	DAT.MA	**basic partitioned access method**
= BPAM-Methode *nf*		= BPAM
unterteilte Datei	DAT.MA	**partitioned file**

unterteilter Datensatz	DAT.MA	→ **partitioned data set**
→ untergliederter Datensatz		
unterteilter Zugriff	DAT.MA	**partitioned access**
Unterteilung *nf*	SWITCH	**partition** *n*
Unterteilung *nf*	TECH	**subdivision** *n*
= Fraktionierung *nf*; Untergliederung *nf*		= fractionation *n*
≈ Aufteilung		≈ partition
↑ Teilung		↑ division
Unter-Tisch-Gerät *nn*	EQP.EN	→ **under-desk equipment**
→ Unterbaugerät *nn*		
Untertitel *nm*	CINEMA	**subtitle** *n*
Untertitel *nm*	PRIN.ME	**subtitle** *n*
[Text]		[text]
		= subhead *n*
untertiteln *vt*	CINEMA	**subtitle** *vt*
Unterträger *nm*	MODUL	→ **subcarrier** *n*
→ Hilfsträger *nm*		
Untertreibung *nf*	COLL	**understatement** *n*
Untertunnelung *nf*	MICR.EL	**cross under**
Unterüberschrift *nf*	PRIN.ME	**caption** *n* (2)
≠ Überschrift		[explanatory note below a text or picture]
		≠ caption *n* (1)
Untervergabe *nf*	ECON	**subcontracting** *n*
= Subkontraktierung *nf*		
unterversorgt	TELEC	**underserved**
Untervertrag *nm*	ECON	→ **subcontract** *n*
→ Unterauftrag *nm*		
Unterverzeichnis *nn*	DAT.MA	**subdirectory** *n*
[in einem Hauptverzeichnis enthalten]		[cointained within a main directory]
= Unterkatalog *nm*		= child directory; child *n*
≠ Hauptverzeichnis; Stammverzeichnis		≠ main directory; parent directory
Unterverzeichnis *nn*	PRIN.ME	**subdirectory** *n*
= Teilverzeichnis *nn*		↑ directory
↑ Verzeichnis		
Unterwasserakustik *nf*	ACOUS	**underwater acoustics**
Unterwasserkabel *nn*	COM.CAB	**underwater cable**
≠ Landkabel		= subaqueous cable
↓ Seekabel; Tiefseekabel; Flusskabel		≠ terrestrial cable
		↓ submarine cable; deep-see cable; subfluvial cable
Unterwasserkabelpflug *nm*	OUT.PL	**submarine cable plow**
		= underwater cable plow
Unterwasserkamera *nf*	CINEMA	**underwater camera**
Unterwasserlautsprecher *nm*	EL.ACOU	**underwater loudspeaker**
Unterwasserverlegung *nf*	OUT.PL	**submerged laying**
↓ Unterseeverlegung		↓ submarine laying
unterwegs	COLL	**on the way**
		= in transit
Unterwegsabzweig *nm*	TRANSM	**intermediate derivation**
= Unterwegsausstieg *nm*		= way-side derivation; intermediate drop-out
Unterwegsausstieg *nm*	TRANSM	→ **intermediate derivation**
→ Unterwegsabzweig *nm*		
Unterwegsechosperre *nf*	TELEPH	**intermediate echo suppressor**
Unterwegsverkehr *nm*	TELEC	→ **add-drop traffic**
→ Abzweigverkehr *nm*		
Unterwegszustand *nm*	DAT.PR	**in-flight** *n*
[Transaktionsverarbeitung]		[transaction processing]
unterweisen	EDUC	→ **instruct** *vt*
→ unterrichten		
Unterwerfung *nf*	COLL	**submission** *n*
		= subjection *n*
Unterwert	TECH	→ **low limit**
→ Untergrenze *nf*		
unterwertig	TECH	**below value**
[unter Normalwert]		[below standard value]
≈ minderwertig [ECON]		= inferior
		≈ low-quality [ECON]
unterwertige Qualität	QUAL	→ **poor quality**
→ schlechte Qualität		
Unter-Zeichenvorrat *nm*	INF.TH	**subrepertoire** *n*
unterzeichnen	OFFICE	→ **sign** *vt*
→ unterschreiben		
Unterzeichner *nm*	OFFICE	**signer** *n*
= Unterzeichnete *nm*; Signatar *nm*		= signatory *n*
unterzeichnet	ECON	**undersigned**
Unterzeichnete *nm*	OFFICE	→ **signer** *n*
→ Unterzeichner *nm*		
Unterzeichnung *nf*	OFFICE	→ **signature** *n*
→ Unterschrift *nf*		

Unterzentrale *nf* TELECON **hub unit**
≈ Nebenzentrale
= sub-central
≈ stand-by central

untilgbar ECON **irredeemable** (2)

untilgbar OFFICE **indelible** *adj*
[Tinte u. dgl.]
[ink]
= inextinguishable

untrennbar TECH **inseparable** *adj*
≈ unzerlegbar; unteilbar
≈ indecomposable; indivisible

Untrennbarkeit *nf* SW **atomicity** *n*
[keine Teilaufgabe gilt als erledigt, wenn nicht alle anderen auch]
[no partial task counts as settled, if not all other are cleared off]
= Unteilbarkeit *nf*; Atomizität *nf*
↑ ACID-Test
↑ ACID test

untypisch TECH **atypical** *adj*
= atypisch
= nontypical

unübertragbar ECON **not transferable**
= unassignable

unübertrefflich COLL **unsurpassable**

unübertroffen COLL **unsurpassed**
≈ unerreicht
≈ unmatched

unüberwacht TECH **unmonitored**
≠ überwacht
= unsupervized
≠ monitored

unüberwindbar COLL → **insuperable** *adj*
→ unüberwindlich

unüberwindlich COLL **insuperable** *adj*
= unüberwindbar
= insurmountable

unüblich COLL → **unusual** *adj*
→ ungewöhnlich

unumstritten COLL → **noncontroversial** *adj*
→ unstrittig

ununterbrochen COLL → **non-stop** *adj*
→ durchgehend

ununterbrochen TECH → **continuous** *adj* (1)
→ kontinuierlich

unveränderbar TECH **unchangeable** *adj*
≠ veränderbar
= unalterable; immutable
≠ alterable

unveränderbar DAT.PR → **hard-coded** *adj*
→ festcodiert

unveränderlich PHYS → **stationary** *adj*
→ stationär

unveränderlich COLL **invariant** *adj*
= invariant [SCIE]
≈ einförmig; einheitlich
= unvaried
≈ uniform; unitary

unveränderlich TECH **invariable** *adj*
= konstant; gleich bleibend
≈ stetig; zeitinvariant
≠ veränderlich
= inalterable; constant; unchangeable; nonvarying; nonalterable
≈ continuous; time-invariant
≠ variable

Unveränderlichkeit *nf* SCIE → **invariance** *n*
→ Invarianz *nf*

unverändert TECH **unchanged** *adj*
= unmodifiziert
= unaltered; unvaried; unmodified

unverbessert COLL **uncorrected** *adj*
= unkorrigiert
= unimproved

unverbindlich ECON **non-binding**
= frei bleibend
≈ informell
= without obligation; not obligatory; without engagement
≈ informal

unverbrennbar TECH → **incombustible** *adj*
→ unbrennbar

unverbucht ECON **unrecorded** *adj*

unverbunden TELEC **unlinked** *adj*
= unconnected

unverdrahtet EL.TEC **unwired**
≈ unverkabelt
≠ verdrahtet
≈ uncabled
≠ wired

unverdünnt TECH **undiluted**

unvereinbar TECH → **incompatible** *adj*
→ unverträglich

Unvereinbarkeit *nf* SCIE **inconsistency** *n*
= Inkonsistenz *nf*

Unvereinbarkeit *nf* TECH → **incompatibility** *n*
→ Inkompatibilität *nf*

unverfälscht TECH → **true** *adj*
→ echt *adj*

unverfälschte Daten DAT.MA **uncorrupted data**
= clean data

Unverfälschtheit *nf* TECH → **integrity** *n*
→ Integrität *nf*

Unverfälschtheit *nf* DAT.PR → **integrity** *n*
→ Integrität *nf*

unverformbar TECH → **undeformable**
→ formtreu

unvergleichbar COLL **incomparable**
= nicht vergleichbar; unvergleichlich
= peerless

unvergleichlich COLL → **incomparable**
→ unvergleichbar

unverhältnismäßig TECH **disproportionate**

unverkabelt EL.TEC **uncabled**
≈ unverdrahtet
≠ verkabelt
≈ unwired
≠ cabled

unverkäuflich ECON **unsalable** *adj*
= nicht absetzbar
= unsaleable; nonmarketable

unverkennbar COLL **unmistakable** *adj*
= unverwechselbar

unverkürzt COLL **unabriged** *adj*
= ungekürzt
= unabbreviated; unshortened

unverlangt COLL → **unsolicited** *adj*
→ unaufgefordert

unvermehrbar ECON **un-duplicatable**

unvermeidbar COLL **unavoidable** *adj*
= unvermeidlich; unausweichlich; unabwendbar
= unpreventible; inescapable; inevitable
≈ inescapable

unvermeidlich COLL → **unavoidable** *adj*
→ unvermeidbar

unvermindert COLL **undiminished**

unveröffentlicht PRIN.ME **unpublished**

unverpackt ECON **unpacked**
≈ lose
≈ loose

unverrechnete Lieferungen und Leistungen ECON **unbilled costs**
= ULL
[not yet accouted]

unverriegelbar COMPO → **nonlocking** *adj*
→ nichtrastend

unverschiebbar DAT.PR → **non-relocatable**
→ nichtrelativierbar

unverschiebbares Programm SW → **non-relocatable program**
→ nicht relativierbares Programm

unverschieblich DAT.PR → **non-relocatable**
→ nichtrelativierbar

unverschiebliches Programm SW → **non-relocatable program**
→ nicht relativierbares Programm

unverschlüsselter Text INF.TEC → **plaintext** *n*
→ Klartext *nm*

unverschnörkelt COLL **artless**

unversehrt ECON **undamaged**
= unbeschädigt; intakt
= uninjured; intact

Unversehrtheit *nf* TECH → **integrity** *n*
→ Integrität *nf*

unversetzbar DAT.PR → **non-relocatable**
→ nichtrelativierbar

unversichert ECON **uninsured**

unverständlich TELEC **unintelligible** *adj*
≠ verständlich
= incomprehensible; nonunderstandable
≠ intelligible

unverständliches Nebensprechen TELEC **unintelligible crosstalk**
= inverted crosstalk

unverstärkt EL.TRO **unamplified**

unversteuert ECON **before taxes**

unverträglich TECH **incompatible** *adj*
= inkompatibel; unvereinbar
≈ inconsistent; inconguent

Unverträglichkeit *nf* TECH → **incompatibility** *n*
→ Inkompatibilität *nf*

unverwandelbar COLL **unconvertible**
= unkonvertierbar

unverwechselbar COLL → **unmistakable** *adj*
→ unverkennbar

unverwüstlich COLL **imperishable**

unverzerrt TELEC **undistorted**
≠ verzerrt
≠ distorted

unverzichtbar COLL → **indispensable** *adj*
→ unerlässlich

unverzinslich ECON **interest-free**

unverzögert EL.TRO → **undelayed**
→ verzögerungsfrei

unverzollt ECON **uncostumed**

unverzüglich TECH → **fast** *adj*
→ schnell

unverzüglich COLL **immediate** *adj*
= unmittelbar
[temporal]
= direct

unverzweigt SW **non-branched**
= unbranched

unvollkommen COLL **imperfect** *adj*
≈ unvollständig
≈ incomplete

unvollständig COLL **incomplete** *adj*
= inkomplett
≈ teilweise
= uncompleted
≈ partial

unvollständiges Bündel SWITCH **imperfect trunk group**
= imperfect bunch

unvollständige Verbindung SWITCH **incomplete connection**
= incomplete link

unvollständige Wahl SWITCH **incomplete dialing**

Unvollständigkeit *nf* COLL **incompleteness** *n*

unvoraussagbar COLL → **unpredictable** *adj*
→ unvorhersagbar

unvorausschaubar COLL → **unforseeable** *adj*
→ unabsehbar

unvorbereitet COLL **unprepared** *adj*

unvorhergesehen COLL → **surprising** *adj*
→ überraschend

unvorhergesehene Kosten ECON **contingencies** *nplt*

unvorhersagbar COLL **unpredictable** *adj*
= unvoraussagbar

unvorhersehbar COLL → **unforseeable** *adj*
→ unabsehbar

unvorsichtig COLL **incautious** *adj*
≈ sorglos
≈ careless

Unvorsichtigkeit *nf* COLL **incautiousness** *n*
≈ Sorglosigkeit
≈ carelessness

unvorteilhaft COLL → **unfavorable** (AE)
→ ungünstig

unwägbar COLL **imponderable**

Unwägbarkeit *nf* COLL **imponderability** *n*

unwahr COLL **untrue** *adj*
= false

unwahrscheinlich COLL **improbable**
= unlikely

Unwahrscheinlichkeit *nf* COLL **improbability** *n*
= unlikeliness *n*

unwesentlich COLL **nonessential** *adj*
≈ unwichtig
≈ unimportant

unwichtig COLL **unimportant** *adj*
≈ bedeutungslos; unwesentlich
≈ insignificant; nonessential

unwiderlegbar COLL → **incontestable** *adj*
→ unanfechtbar

unwiderruflich ECON **irrevocable** *adj*

unwiderrufliches Akkreditiv ECON **irrevocable letter of credit**
= unwiderrufliches L/C

unwiderrufliches L/C ECON → **irrevocable letter of credit**
→ unwiderrufliches Akkreditiv

unwiederbringlich SW **irretrievable** *adj*
= unwiedergewinnbar; unbehebbar
= unrecoverable; nonrecoverable

unwiederbringlich löschen DAT.MA **erase** *vt*
[kann auf logischem oder physikalischem Wege erfolgen]
= löschen; entfernen; zappen
≈ löschen (2); überschreiben
↓ ausfügen
[may imply a logical or a physical erasion]
= cancel *vt*; destroy *vt*; clear *vt*; eliminate *vt*; remove *vt*; rub-ou vtt; purge *vt* (2); scrub *vt*; sanitize *vt*; scratch *vt*; zap *vt* (2)
≈ delete (1); overwrite
↓ delete (2)

unwiedergewinnbar SW → **irretrievable** *adj*
→ unwiederbringlich

unwiederruflich COLL **irrevocable** *adj*

unwirksam TECH **ineffective** *adj*
= wirkungslos; ineffizient
≈ betriebsunfähig; unwirtschaftlich
≠ wirkungsvoll
= inoperative; void; inefficient; noneffective; inefficacious
≈ inoperable; uneconomic
≠ effective

Unwirksamkeit *nf* TECH **ineffectiveness** *n*
= Wirkungslosigkeit *nf*; Ineffizienz *nf*
≈ Betriebsunfähigkeit; Unwitschaftlichkeit
= inefficiency *n*
≈ ioperability; unprofitability

unwirksam machen TECH → **override** *vt*
→ lahmlegen

unwirksam schalten EL.TEC → **disconnect** *vt*
→ ausschalten

Unwirksamschalten *nn* EL.TRO → **disabling** *n*
→ Abschaltung *nf*

unwirtschaftlich ECON **uneconomic** *adj*
= unrationell
= noneconomic; unprofitable; nonprofitable

unwissenschaftlich SCIE **nonscientific** *adj*

Unwucht *nf* MEC.EN **unbalance** *n*

unwuchtfrei MEC.EN **balanced** *adj*
= true

unwuchtig MEC.EN **unbalanced**
= untrue

Unzahl *nf* COLL **immense number**
= vast sum; million *n* (fig); billion *n* (fig)

unzählbar COLL → **innumerable** *adj*
→ zahllos

unzählbares Nomen LING **uncountable** *n*

unzählig COLL → **innumerable** *adj*
→ zahllos

Unze *nf* PHYS **ounce** *n*
[1/12 römischen Pfunds, 28,25 g]
[1/12th Roman pound, 28,25 g]

unzeitig COLL **untimely** *adj*
↓ vorzeitig; verspätet; verzögert
↓ premature; belated; delayed

unzerbrechlich TECH **unbreakable** *adj* (2)
= bruchfest
≈ bruchsicher
≠ zerbrechlich
[cannot be broken]
= nonbreakable; break-proof
≈ unbreakable (1)
≠ fragile

unzerlegbar MATH **nondecomposable** *adj*

unzerlegbar TECH **indecomposable** *adj*
≈ untrennbar; elementar; unteilbar
= nondecomposable
≈ inseparable; atomic; indivisible

Unziale *nf* PRIN.ME → **uncial** *n*
→ Unzialschrift *nf*

Unzialschrift *nf* PRIN.ME **uncial** *n*
[spätrömische, "1 Zoll hohe" Schrift mit abgerundeten Buchstaben]
= Unziale *nf*
↑ Schriftart
[late roman "1 inch high" style, with rounded letters]
↑ typeface (1)

Unzip *nm* (ANGL) DAT.MA → **unzip** *n*
→ Entzippung *nf*

unzugänglich COLL **inaccessible**

unzugängliche Datei DAT.MA → **closed file**
→ geschlossene Datei

Unzugänglichkeit *nf* COLL **inaccessibility** *n*

unzulänglich COLL **insufficient**
= unzureichend
≈ unangemessen
≈ inadequate

unzulänglich TECH → **unfit** *adj*
→ ungeeignet

unzulänglich COLL → **unsactisfactory** *adj*
→ unbefriedigend

Unzulänglichkeit *nf* COLL **insufficiency** *n*
≈ Unangemessenheit
= shortcoming
≈ inadequacy

unzulässig COLL **inadmissible**
≈ verboten
= unallowable
≈ forbidden

unzulässig SW **illegal** *adj*
= ungültig
= invalid; unallowable; forbidden; improper

unzulässig INF.TEC **invalid** *adj*
= ungültig
≠ zulässig
= incorrect; inadmissible; illegal
≠ valid

unzulässige Beanspruchung QUAL **misuse** *n*

unzulässige Operation SW **illegal operation**

unzulässiger Befehl SW **illegal instruction**

unzulässiges Zeichen SW **illegal character**
= unallowable character; forbidden character; improper character

Unzulässigkeit *nf* COLL **inadmissibility**

unzureichend COLL → **insufficient**
→ unzulänglich

unzureichende Ladung POW.SY → **undercharge** *n*
→ Unterladung *nf*

unzustellbar POST **unclaimed** *adj*
= unbestellbar

unzuverlässig COLL **unreliable**

Unzuverlässigkeit *nf* COLL **unreliability** *n*

ÜP TELEC → **delivery point**
→ Übergabepunkt *nm*

ÜP TEC.DOC → **survey plan**
→ Übersichtsplan *nm*
UP- EL.INS → **concealed** *adj*
→ Unterputz-
UPC-A-Strichcode *nm* TER&PER **UPC-A**
↑ UPC-Strichcode ↑ UPC
UPC-B-Strichcode *nm* TER&PER **UPC-B**
↑ UPC-Strichcode ↑ UPC
UPC-C-Strichcode *nm* TER&PER **UPC-C**
↑ UPC ↑ UPC
UPC-D-Strichcode *nm* TER&PER **UPC-D**
↑ UPC-Strichcode ↑ UPC
UPC-E-Strichcode *nm* TER&PER **UPC-E**
↑ UPC-Strichcode ↑ UPC
UPC-Strichcode *nm* TER&PER **UPC**
[in U.S.A. und Kanada] [in U.S.A. and Canada]
↑ Artikelnummercode = Universal Product Code
↓ UPC-A; UPC-B; UPC-C; UPC-D; UPC-E; NDC; NHRIC ↑ article number code
↓ UPC-A; UPC-B; UPC-C; UPC-D; UPC-E; NDC; NHRIC

Update *nn* SW **update** *n*
[mit Fehlerbereinigungen und Verbesserung vorhandener Funktionalitäten] [with bug corrections and improvements of existing functionalities]
≈ Upgrade ≈ upgrade
Update *nn* (ANGL) HW → **update** *n*
→ Aktualisierung *nf*
Update-Dämon COMP.AP **update daemon**
updaten HW → **update** *vt*
→ aktualisieren
updaten *vt* SW **update** *vt*
= aktualisieren
Upflow *nm* DAT.MA **upflow** *n*
↑ Datenaufbereitung ↑ data preparation
Upgrade *nn* SW **upgrade** *n*
[mit neunen Funktionalitäten] [with new functionalities]
≈ Update ≈ update
upgraden *vt* SW **upgrade** *vt*
= hochrüsten
upgraden *vt* (ANGL) DAT.PR → **upgrade** *vt*
→ hochrüsten
Upload *nm* (ANGL) DAT.PR → **upload** *n*
→ Hinaufladen *nn*
uploaden *vt* (ANGL) DAT.PR → **upload** *vt*
→ hinaufladen
üppig TECH **abundant**
= reichlich vorhanden = plentiful; abounding
U-Profil *nn* METAL **channel profile**
= channel
UPT TELEC → **universal personal telecommunication**
→ universelle persönliche Telekommunikation
Ur- DAT.PR → **native** *adj*
→ ursprünglich *adj*
Uran *nn* CHEM **uranium** *n*
= U = U
Uraufzeichnung *nf* DAT.MA **original recording**
Urbeleg *nm* DAT.MA → **original document**
→ Originalbeleg *nm*
Ureichkreis *nm* TELEPH **master telephone system**
= transmission reference system
Ureingabe *nf* SW **bootstrap** *n*
= Kernanlauf *nm* = initial program load
Ureingabeprogramm *nn* SW **bootstrap program**
[Programm für erste Ladung in einen Arbeitsspeicher] ≈ initial program loader
≈ Urlader
Urheber *nm* COLL **originator** *n*
≈ Verursacher; Erfinder [TECH] ≈ causer; inventor [TECH]
Urheberrecht *nn* LAW **copyright** *n*
[Symbol: ©] [symbol: ©]
= Copyright *nn* ↑ intellectual property
↑ geistiges Eigentum
urheberrechtlich geschützt LAW **copyrighted**
urheberrechtlich geschützte Software SW **proprietary software**
≠ Public-domain-Software ≠ public-domain software
Urheberrechtsvermerk *nm* PRIN.ME → **copyright notice**
→ Copyright-Vermerk *nm*
Urheberrecht-Zeichen *nn* PRIN.ME → **copyright sign**
→ Copyright-Zeichen *nn*
Urheberschaft *nf* LAW → **authoring** *n*
→ Autorschaft *nf*

URI INTERNET **URI**
= Universal Resource Identifier
Urkunde *nf* ECON **document** *n*
= deed *n*; instrument *n*; muniment *n*
Urladeblock *nm* DAT.PR **boot block**
[Speicherblock] [memory block]
= Startblock *nm*; Boot-Block *nm* (ANGL); Bootblock *nm* (ANGL)
urladen SW **bootstrap** *vt*
[einen Computer durch Einlesen eines Programms von einem Speicher in Betrieb setzen; abgeleitet von der engl. Redensart "sich an der eigenen Stiefelschlaufe hochziehen"] [to activate a computer by loading a program from a storage; from "to pull yourself up by your own bootstraps"]
= to load initial program; boot; boot-up

Urladen *nn* SW **bootstrapping** *n*
= Booten *nn* = initial program loading; IPL; boot-up; booting; boot
Urladeprogramm *nn* SW → **initial program loader**
→ Urlader *nm*
Urlader *nm* SW **initial program loader**
[Programm zur Ladung des Organisationsprogramms] [programm to load the operational program]
= Urladeprogramm *nn*; Bootstrap-Lader *nm* (ANGL) = IPL; bootstrap loader
≈ Ureingabeprogramm ≈ bootstrap program
Urladeschalter *nm* SW **bootstrap initialization program**
Urladesektor *nm* DAT.PR **boot sector**
= Startsektor *nm*; Boot-Sektor *nm*
Urladespeicher *nm* DAT.PR **bootstrap memory**
Urladetaster *nm* HW **bootstrap initialization key**
URL-Adresse *nf* INTERNET **URL**
[die eindeutige Adresse eines Rechners oder Dokuments im Internet; z.B.: http//www.abc.com/cars/oldies.html] [the univocal address of a computer or document in the Internet; e.g. http://www.abc.com/cars/oldies.html]
= Verweisadresse *nf* = Uniform Resource Locator
↑ Internet address
Urlaub *nm* ECON **vacation** *n* (AE)
= Ferien *nplt* = leave *n* (AE); holiday *n* (BE)
Urlehre *nf* TECH **master gage**
Urne *nf* STATIS **urn** *n*
URN-Kennzeichnung *nf* INTERNET **URN**
= Uniform Resource Name
Urnormal *nn* PHYS **primary standard**
Ursache *nf* TECH **cause** *n*
= Grund *nm* = causative *n*
ursächlich SCIE → **causal** *adj*
→ kausal
Urschrift *nf* LING **original text**
= original *n*
Urspannung *nf* EL.TEC → **open-circuit voltage**
→ Leerlaufspannung *nf*
Urspannungsquelle *nf* NETW.TH **voltage generator**
Ursprugsrechner *nm* DAT.PR → **source computer** (2)
→ Ursprungs-Computer *nm*
Ursprung *nm* SWITCH **origin** *n*
Ursprung *nm* ECON **origin** *n*
= Quelle *nf* = sourcing *n*
ursprünglich *adj* DAT.PR **native** *adj*
= Ur- = original *adj*
ursprünglich *adj* COLL **original** *adj*
≈ primär ≈ primary
Ursprünglichkeit *nf* SCIE → **originality** *n*
→ Originalität *nf*
Ursprungsadresse *nf* SW **origin** *n*
≈ Startadresse ≈ starting address
Ursprungsamt *nn* SWITCH → **originating exchange**
→ Ursprungsvermittlung *nf*
Ursprungsbeleg *nm* DAT.MA → **original document**
→ Originalbeleg *nm*
Ursprungscode *nm* SW → **source language**
→ Quellsprache *nf*
Ursprungs-Computer *nm* DAT.PR **source computer** (2)
= Ursprugsrechner *nm*; Quellcomputer; Quellrechner *nm* ≠ target computer
≠ Ziel-Computer
Ursprungsdaten *nplt* DAT.MA **source data**
= Originaldaten *nplt*; Rohdaten *nplt*; Quelldaten *nplt* = raw data
Ursprungsfehler *nm* DAT.CO **intrinsic error**
Ursprungsformat *nn* DAT.MA **native format**
= Originalformat *nn*; Vermächtnisformat *nn* = legacy format; historical format

Ursprungskennung *nf*	SWITCH	**origin code**
Ursprungsklasse *nf*	SW	**originating class**
Ursprungsknoten *nm*	TELEC	**source node** = originating node
Ursprungsleitung *nf*	TELEC	**originating line**
Ursprungslenkungsbrücke *nf* [die Ursprungsstation gibt den Leitweg vor] ↑ Brücke	DAT.NW	**source routing bridge** [the originating station specifies the route] ↑ bridge
Ursprungsnetz *nn*	TELEC	**source network** = originating network
Ursprungsprogramm *nn* → Quellprogramm *nn*	SW	→ **source program** *n*
Ursprungspunkt *nm*	TELEC	**originating point**
Ursprungssprache *nf* → Quellsprache *nf*	SW	→ **source language**
Ursprungssprache *nf* [Wörterbuch] = Leitsprache *nf* ≠ Zielsprache	LING	**source language** [dictionary] ≠ target language
Ursprungsstation *nf* → Ursprungsstelle *nf*	TELEC	→ **station of origin**
Ursprungsstelle *nf* = Ursprungsstation *nf*	TELEC	**station of origin**
Ursprungsteilnehmer *nm*	TELEC	**originating subscriber**
Ursprungsverkehr *nm* ≈ abgehender Verkehr	SWITCH	**originating traffic**
Ursprungsvermittlung *nf* = Ursprungsvermittlungsstelle *nf*; Ursprungsamt *nn* ≠ Zielvermittlung	SWITCH	**originating exchange** = exchange of origin; originating switching center; source exchange ≠ terminating exchange
Ursprungsvermittlungsadresse *nf* [SS/] = Sende-Vermittlungs-Adresse *nf*; OPC-Adresse *nf*	SWITCH	**OPC** [SS7] = Origination Point Code
Ursprungsvermittlungsstelle *nf* → Ursprungsvermittlung *nf*	SWITCH	→ **originating exchange**
Ursprungszeugnis *nn*	ECON	**certificate of origin**
Urstart *nm*	DAT.PR	**initial start**
UR-Strahlung *nf* → Infrarotstrahlung *nf*	PHYS	→ **infrared radiation**
Urstrom *nm* = Quellenstrom *nm*	NETW.TH	**impressed current**
Urstrom *nm* → Kurzschlussstrom *nm*	EL.TEC	→ **short-circuit current**
Urstromquelle *nf* → Stromquelle *nf*	NETW.TH	→ **current source**
Urteil *nn* = Richterspruch *nm*	LAW	**judgment** *n* (AE) = judgement *n* (BE)
US → Teilgruppenzeichen *nn*	DAT.CO	→ **unit separator**
US-amerikanische Militärnorm	MIL.CO	**American Military Standard** = AMS
Usance *nf* → Gepflogenheit *nf*	COLL	→ **usage** *n*
USASCII-Code *nm* → ASCII-Code *nm*	DAT.CO	→ **ASCII code**
USAT	SAT.CO	**USAT** = Ultra-Small Aperture Terminal
USB-Modem *nm&nn*	DAT.CO	**USB modem**
USB-Standard *nm* [zum Anschluss von Peripheriegeräten]	DAT.PR	**USB** [to connect peripherals] = Universal Serial Bus
USDC → D-AMPS	MOB.CO	→ **D-AMPS**
Usenet *nn* [Gesamtheit aller Newsgruppen] = NetNews; Net	DAT.NW	**usenet** [the totality of all newsgroups] = NetNews; net (2)
US-Englisch *nn* → amerikanisches Englisch	LING	→ **American English**
User Agent *nm*	INTERNET	**user agent** = UA
Userbewegung *nf* (ANGL) → Nutzerbewegung *nf*	INTERNET	→ **user move**
Userbewegungsverfolgung *nf* (ANGL) → Nutzerbewegungsverfolgung *nf*	INTERNET	→ **user move tracking**
User-ID *nf* → Anwenderkennung *nf*	SW	→ **user identification**
usf. → usw.	OFFICE	→ **etc.**
US GAAP	ECON	**US GAAP** = US Generally Accepted Accounting Principles
USIM-Karte *nf* [die "SIM-Karte" des UMTS] = UIM-Karte *nf* (obs) ↑ Chipkarte	INTERNET	**USIM** [the "SIM card" of UMTS] = Universal Subscriber Identity Module; UIM card (obs)
USRT [ein Baustein zur synchronen Datenübertragung]	DAT.CO	**USRT** [Universal Synchronous Receiver-Transmitter; a data transmission module]
US-spezifisches Zeichen [z.B. $]	DAT.PR	**US-specific sign** [e.g. $]
UST	IMAG.ME	**UST** = Unresolved Sexual Tension
USTA [Verband von 1.100 Ortsnetzbetreibern in USA]	TELEC	**USTA** [represents 1,100 local exchange telephone companies] = United States Telephone Association
USV → unterbrechungsfreie Stromversorgung	POW.SY	→ **uninterruptable power supply**
US-Verteidigungsministerium *nn*	PUB.ADM	**Department of Defense** [of the USA] = DoD
usw. = und so weiter; usf.; und so fort ≈ u.a.m.	OFFICE	**etc.** = et cetera; and so forth; and so on; and others; &c. ≈ et al
ÜT → Überlagerungstelegraphie *nf*	TELEGR	→ **superimposed telegraphy**
UTC-Zeitsystem *nn*	PHYS	**UTC** = Universal Time Coordinate
Utensilien *nplt*	TECH	**implements** *nplt*
Utility *nf* → Dienstprogramm *nn*	SW	→ **utility program** *n*
UTP-Kabel *nn* → ungeschirmtes Paarkabel	COM.CAB	→ **UTP cable**
UTRA	MOB.CO	**UTRA** = Universal Terrestrial Radio Access
Utrum *nn* = nichtsächliches Hauptwort	LING	**utrum** *n* [a non-neuter substantive]
UUcode *nn* [UNIX-Programm, verwendet zum Emailen von Nicht-Text-Dateien]	SW	**UUcode** *n* [a UNIX program, used to email non-text files]
UUCP	DAT.NW	**UUCP** = UNIX-to-UNIX Copy
UUCP-Account *nm*	INTERNET	**UUCP account** = anonymous UUCP
UUCP-Protokoll *nn* [für Offline-Internet-Dienste]	INTERNET	**UUCP protocol** [for off-line Internet services] = UNIX-to-UNIX Copy Protocol
uudecoden *vt*	SW	**UUdecode** *vt*
uuencoden *vt*	SW	**UUencode** *vt*
UUS-Signalisierung *nf* → Teilnehmer-zu-Teilnehmer-Zeichengabe *nf*	TELEPH	→ **user-to-user signalling**
UV → ultraviolett	PHYS	→ **ultraviolet** *adj*
UV → Ultraviolettstrahlung *nf*	PHYS	→ **ultraviolet radiation**
UV-Licht *nn* → Ultraviolettstrahlung *nf*	PHYS	→ **ultraviolet radiation**
UV-Strahlung *nf* → Ultraviolettstrahlung *nf*	PHYS	→ **ultraviolet radiation**
Ü-Wagen *nm* → Übertragungswagen *nm*	BROADC	→ **outside broadcast van**

V *v*

V [römische Ziffer für 5]	MATH	**V** [Roman numeral for 5]
V → Volt *nn*	PHYS	→ **volt** *n*
V → Volumen *nn* (*pl* Volumens&Volumina)	MATH	→ **volume** *n*
V → Vanadium *nn*	CHEM	→ **vanadium** *n*
v → Geschwindigkeit *nf*	MECH	→ **velocity** *n*
V.100 [UIT-Empfehlung für Verbindungen zwischen öffentlichen Daten- und Telefonnetzen]	DAT.CO	**V.100** [ITU standard for interconnection of PDNs and PSTNs]
V.110-Protokoll *nn*	DAT.CO	**V.110 protocol**
V.120-Protokoll *nn* [UIT-Empf. für serielle Übertragung auf ISDN-Leitungen]	DAT.CO	**V.120 protocol** [ITU Rec. for serial transmission over ISDN lines]
V.17 [UIT-Empfehlung für Fax bis 14,4 kbit/s auf symm. Leitungen]	DAT.CO	**V.17** [ITU Rec. for fax over symm. lines up to 14.4 kbit/s]
V.21 [UIT-Empfehlung für 300 bit/s Vollduplex]	DAT.CO	**V.21** [ITU Rec. V.21 for 300 bit/s full duplex]
V.22 [UIT-Empfehlung für 1200 bit/s Duplex]	DAT.CO	**V.22** [ITU Rec. for 1200 bit/s duplex]
V.22 bis [UIT-Empfehlung für 2400 bit/s Vollduplex]	DAT.CO	**V.22 bis** [ITU Rec. for 2400 bit/s full duplex]
V.23 [UIT-Empfehlung für 600/1200 bit/s Halbduplex]	DAT.CO	**V.23** [ITU Rec. for 600/1200 bit/s half duplex]
V.24-Schnittstelle *nf* [UIT-Empfehlung für die Funktionalität von seriellen Schnittstellen; ähnlich RS-232-C]	DAT.CO	**V.24 interface** [ITU Rec. for functionalities of serial interfaces; similar to RS-232-C]
V.26 [UIT-Empfehlung für 2400 bit/s Vollduplex]	DAT.CO	**V.26** [ITU Rec. for 2400 bit/s full duplex]
V.26 bis [UIT-Empfehlung für 1200/2400 bit/s Vollduplex]	DAT.CO	**V.26 bis** [ITU Rec. for 1200/2400 bit/s full duplex]
V.26 ter [UIT-Empfehlung für 2400 bit/s Vollduplex]	DAT.CO	**V.26 ter** [ITU Rec. for 2400 bit/s full duplex]
V.27 [UIT-Empf. für 4.800 bit/s Vollduplex]	DAT.CO	**V.27** [ITU Rec. for 4,800 bit/s full duplex]
V.27 bis [UIT-Empf. für 2.400/4.800 bit/s Vollduplex]	DAT.CO	**V.27 bis** [ITU Rec. for 2,400/4,800 bit/s full duplex]
V.27 ter [UIT-Empf. für 2.400/4.800 bit/s Vollduplex]	DAT.CO	**V.27 ter** [ITU Rec. for 2,400/4,800 bit/s full duplex]
V.28-Schnittstelle *nf* [UIT-Empfehlung für die elektr. Eigenschaften von seriellen Schnittstellen; ähnlich RS-232-C]	DAT.CO	**V.28 interface** [ITU Rec. for electric characteristics of serial interfaces; similar to RS-232-C]
V.29 [UIT-Empf. für 9.600 bit/s Halbduplex auf Standleitungen]	DAT.CO	**V.29** [ITU Rec. for 9.600 bit/s half duplex on dedicated lines]
V.31 [UIT-Empf. für Stromschleife für Binärübertragung]	DAT.CO	**V.31** [ITU Rec. for binary transmission loop]
V.32 [UIT-Empf. für 9600 bit/s Vollduplex]	DAT.CO	**V.32** [ITU Rec. for 9600 bit/s fully duplex]
V.32 bis [UIT-Empf. für 14400 bit/s Vollduplex]	DAT.CO	**V.32 bis** [ITU Rec. for 14400 bit/s fully duplex]
V.33 [UIT-Empf. für 14400 bit/s auf 4Dr-Standleitungen]	DAT.CO	**V.33** [ITU Rec. for 14400 bit/s on 4w nailed lines]
V.34 [UIT-Empf. für 33.600 bit/s]	DAT.CO	**V.34** [ITU Rec. for 33,400 bit/s]
V.36 [UIT-Empf. für synchr. Übertragung auf TF-Primärgruppen]	DAT.CO	**V.36** [ITU Rec. for synch. Transm. over FDM primary groups]
V.40 [UIT-Empf. für Fehlerkorrekturen]	DAT.CO	**V.40** [ITU Rec. for error correction]
V.42 bis -Kompression *nf* [UIT-Empf.]	DAT.CO	**V.42 bis compression** [ITU Rec.]
V.42-Protokoll *nn* [UIT-Empf. für Synchr./asynchr.-Wandlung]	DAT.CO	**V.42 protocol** [ITU Rec. for sync./async. Conversion]
V.52-Testmuster *nn* [UIT-Empf.]	DAT.CO	**V.52 test pattern** [ITU Rec.]
V.52-Testprotokoll *nn* [UIT-Empf.]	DAT.CO	**V.52 test protocol** [ITU Rec.]
V.56 ter [UIT-Empf. für Sprachmodem-Tests]	DAT.CO	**V.56 ter** [ITU Rec. for voice modem tests]
V.61 [UIT-Empf. für 4800 bit/s über vermittelte Telefonleitungen]	DAT.CO	**V.61** [ITU Rec. for 4800 bit/s over switched telephone lines]
V.90 [UIT-Empf. für 56 kbit/s]	DAT.CO	**V.90** [ITU Rec. for 56 kbit/s]
V.91 [UIT-Empf für 64 kbit/s]	DAT.CO	**V.91** [ITU Rec. for 64 kbit/s]
v.Ch.G. → v.Chr.	SCIE	→ **B.C.**
v.Chr. = v.Ch.G.; vor Christi Geburt	SCIE	**B.C.** = before Christ
v.H. → Prozent *nn*	MATH	→ **percent** *n*
v. M. → Monats, des vergangenen	OFFICE	→ **ultimo**
V120 [TF-Technik]	TRANSM	**120 channel carrier frequency system** = 120 channel FDM multiplex system
V12-System *nn*	TRANSM	**N2 type carrier system**
V24-System *nn*	TRANSM	**N3 type carrier system**
VLSI → Ultrahöchstintegration *nf*	MICR.EL	→ **ultra-large-scale integration**
V86-Betrieb *nm* = virtueller 8086-Betrieb; virtueller Realbetrieb	DAT.PR	**V86 mode** = virtual 8086 mode; virtual real mode
VA → Volt-Ampere	EL.TEC	→ **volt-ampere**
V-Ablenkung *nf* → Vertikalablenkung *nf*	EL.TRO	→ **vertical deflection**
Vademekum *nn* → Leitfaden *nm*	COLL	→ **guide** *n*
VADSL	TELEC	**VADSL** = Very High Bit Rate Assymetrical Digital Subscriber Line
VAD-Verfahren *nn*	OPT.CO	**VAD method** = Vapour Axial Deposition
vage → verschwommen	COLL	→ **vague** *adj*
vakant → unbesetzt	COLL	→ **unoccupied** *adj*
Vakatseite *nf* → Leerseite *nf*	PRIN.ME	→ **blank page**
Vakuum *nn* (*pl* Vakua) ≈ Unterdruck ↓ Hochvakuum; Höchstvakuum	PHYS	**vacuum** *n* ≈ negative pressure ↓ high vacuum; extra-high vacuum
Vakuum- → luftleer	PHYS	→ **vacuum** *adj*
vakuumdicht	TECH	**vacuumtight**
Vakuumdiode *nf* → Hochvakuumdiode *nf*	EL.TRO	→ **diode vacuum tube**
Vakuumelektronik *nf*	EL.TRO	**vacuum electronics**
Vakuumfaktor *nm*	EL.TRO	**gas ratio**
Vakuumfluoreszenzanzeige *nf*	EL.TRO	**fluorescent display tube**
Vakuumkondensator *nm*	POW.SY	**vacuum capacitor**
Vakuumphotozelle *nf* = Hochvakuumzelle *nf*	EL.TRO	**phototube** *n*
Vakuumpumpe *nf* ≈ Luftpumpe ↓ Hochvakuumpumpe	TECH	**vacuum pump** ↓ high vacuum pump
Vakuumrelais *nn*	COMPO	**vacuum relay**
Vakuumröhre *nf* ↑ Elektronenröhre	EL.TRO	**vacuum tube** ↑ electron tube
vakuumverpackt	TECH	**vacuum packed**
Vakuumzelle *nf*	PHYS	**vacuum cell**
Valentine-Antenne *nf*	ANT	**Valentine antenna**
Valenz *nf* = Wertigkeit *nf*	PHYS	**valence** *n* = valency *n*
Valenzband *nn* [das höchste der gefüllten Bänder]	PHYS	**valence band** [filled band of highest energy]
Valenzbindung *nf* = Elektronenpaar-Bindung *nf*	PHYS	**valence bond** = valence binding; covalent binding
Valenzelektron *nn* = Bindungselektron *nn*	PHYS	**bonding electron** = valence electron; outer-shell electron; peripheral electron; binding electron
Validation *nf* → Validierung *nf*	SCIE	→ **validation** *n*
Validieren *nn* → Validierung *nf*	SCIE	→ **validation** *n*

validieren *vt*	SCIE	**validate**
↑ feststellen		
Validierung *nf*	SCIE	**validation** *n*
= Validieren *nn*; Validation *nf*		= validity check
Validierungsserver *nm*	DAT.CO	**validation server**
Validierungstabelle *nf*	DAT.CO	**validation table**
Valuator *nm*	TER&PER	**valuator** *n*
↑ Eingabegerät		↑ input device
Vanadin	CHEM	→ **vanadium** *n*
→ Vanadium *nn*		
Vanadium *nn*	CHEM	**vanadium** *n*
= Vanadin; V		= V
Van-Allen-Gürtel *nm*	GEOSC	**Van Allen belt**
Van-Atta-Antenne *nf*	ANT	**Van Atta array**
= retroaktive Antenne		= Van Atta reflector array
VAN-Betreiber *nm*	TELEC	→ **value-added carrier**
→ Mehrwertdienste-Betreiber *nm*		
van-der-Waals-Bindung *nf*	CHEM	**van der Waals bonding**
vandyckbraun *adj*	OPT	**van Dycke brown** *adj*
V-Antenne *nf*	ANT	**V antenna**
↑ Wanderwellenantenne		= vee antenna; vee *n*
		↑ travelling-wave antenna
VAPC-Codierung *nf*	CODING	**VAPC**
		= Vector Adaptive Predictive Coding
Vaporware *nf*	COMP.AP	**vaporware** *n*
[nur "auf dem Papier" existierendes Produkt]		[product existing in name only]
= Chalkware *nf*		= vapourware *n*; chalkware *n*
≈ Foilware		≈ foilware
↑ Software; Hardware		↑ software; hardware
↓ Aromaware		↓ aromaware
Vapotron *nn*	EL.TRO	**vapotron**
[Dampfkühlungsverfahren für Leistungsröhren]		[vapour cooling method for power tubes]
≈ Supervapotron; Hypervapotron		≈ supervapotron; hypervapotron
VAR	RAD.NA	→ **visual/aural range**
→ optisch-akustischer Leitstrahlsender		
var	EL.TEC	→ **var**
→ Volt-Ampere reaktiv		
Varactor *nm*	MICR.EL	→ **varactor**
→ Varaktor *nm*		
Varactordiode *nf*	MICR.EL	→ **varactor diode**
→ Varaktordiode *nf*		
Varaktor *nm*	MICR.EL	**varactor**
[Eigenschaften des Betriebs in Sperrichtung ausnutzendes Halbleiter-Bauelement]		[variable capacitor; semiconductor device exploiting characteristics of reverse biased operation]
= Varactor *nm*		
↓ Varaktordiode; MIS-Varaktor		↓ varactor diode; MIS varactor
Varaktordiode *nf*	MICR.EL	**varactor diode**
[nutzt die Abhängigkeit der Sperrschichtkapazität von der Sperrspannung aus]		[exploits the bias-voltage dependence of junction capacity]
= Varactordiode *nf*; Kapazitätsdiode *nf*; Kapazitätsvariations-Diode *nf*; Reaktanzdiode *nf*; Varicap		= variable-capacitance diode; capacitance diode; varicap
↓ Sperrschichtvaraktor; Speichervaraktor		↓ junction varactor; charge-storage diode
variabel	MATH	**variable** *adj*
= veränderlich		≠ constant
≠ konstant		
variabel	SW	**variable** *adj*
↓ variabellang		↓ variabel-length
variabellang	SW	**variable-length** *adj*
↑ variabel		↑ variable
variabellanger Block	DAT.CO	→ **variable block**
→ variabler Block		
variabellanger Datensatz	DAT.MA	→ **variable data record**
→ variabler Datensatz		
variabellanger Operand	SW	→ **variable operand**
→ variabler Operand		
variabellanger Satz	DAT.MA	→ **variable data record**
→ variabler Datensatz		
variabellanges Feld	DAT.MA	→ **variable field**
→ variables Feld		
variabellanges Wort	DAT.MA	→ **variable word**
→ variables Wort		
Variabilität *nf*	TECH	→ **variability** *n*
→ Veränderlichkeit *nf*		
Variable *nf*	MATH	**variable** *n*
= variable Größe; Zahlenvariable *nf*; Veränderliche *nf*		= variable quantity
		≈ unknown quantity
≠ Konstante		≠ constant
Variable *nf*	SW	**variable** *n*
[Operand eines Rechnerbefehls der die Adresse des gesuchten Befehls enthält]		[operand of a computer instruction, containing the address of the procured information]
≈ Parameter; Argument		≈ parameter; argument
≠ Literalkonstante		≠ literal constant
variable Adresse	SW	→ **indexed address**
→ indexierte Adresse		
variable-Bitrate-Betrieb *nm*	TELEC	**variable bit rate mode**
= Betrieb mit variabler Bitrate		= VBR mode
variable Blocklänge	DAT.CO	**variable block length**
variable Daten	DAT.MA	→ **variable data**
→ Bewegungsdaten *nplt*		
variable Erreichbarkeit	SWITCH	**variable accessibility**
= variable Verfügbarkeit		= variable availability
variable Größe	MATH	→ **variable** *n*
→ Variable *nf*		
variable Informationslänge	DAT.MA	**variable information length**
≈ variable Wortlänge		≈ variable word length
variable Kosten	ECON	**variable costs**
= leistungsabhängige Kosten		= volume costs
variable Länge	DAT.MA	**variable length**
Variablenausdruck *nm*	SW	**variable expression**
Variablendeklaration *nf*	SW	**variable declaration**
= Variablenvereinbarung *nf*		
Variablenname *nm*	SW	**variable name**
Variablen-Prüfung *nf*	QUAL	**inspection by variables**
Variablenspeicher *nm*	DAT.MA	**variable memory**
		= variable storage; variable store
variable Nummerierung	SWITCH	**variable numbering**
Variablenvereinbarung *nf*	SW	→ **variable declaration**
→ Variablendeklaration *nf*		
variabler Block	DAT.CO	**variable block**
= variabellanger Block		= variable-length block
variabler Datensatz	DAT.MA	**variable data record**
= variabler Satz; variabellanger Datensatz; variabellanger Satz		= variable record
variabler Datentyp	DAT.MA	**variable data type**
variabler Funktionsgeber	DAT.PR	→ **variable function generator**
→ variabler Funktionsgenerator		
variabler Funktionsgenerator	DAT.PR	**variable function generator**
[Analogrechner]		[analog computer]
= variabler Funktionsgeber		
variabler Kondensator	COMPO	→ **variable capacitor**
→ einstellbarer Kondensator		
variabler Operand	SW	**variable operand**
= variabellanger Operand		
variabler Satz	DAT.MA	→ **variable data record**
→ variabler Datensatz		
variabler Widerstand	COMPO	→ **adjustable resistor**
→ veränderbarer Widerstand		
variables Feld	DAT.MA	**variable field**
= variabellanges Feld		
variables Format	SW	**variable format**
variables Wort	DAT.MA	**variable word**
= variabellanges Wort		
variable Typenhandhabung	SW	**weak typing**
[eine Änderung des Datentyps einer Variable während des Programmlaufes ist mäglich]		[data type of variables can be changed during execution]
= schwache Typisierung		
variable Verfügbarkeit	SWITCH	→ **variable accessibility**
→ variable Erreichbarkeit		
variable Wortlänge	COMP.SC	**variable word length**
Variante *nf*	EQP.EN	→ **device version** *n*
→ Gerätevariante *nf*		
Varianz *nf*	STATIS	**variance** *n*
[arithmetisches Mittel der Quadrate der Einzelabweichungen vom Mittelwert]		[arithmetic mean of the squares of individual deviations from average]
= Streuung *nf* (1); Dispersion *nf*		≈ standard deviation
≈ Standardabweichung		↑ sample statistic; moment
↑ Maßzahl; Moment		
Varianzanalyse *nf*	STATIS	**variance analysis**
Variatenprinzip *nn*	COMP.GR	**parameter variation mode**
Variation *nf*	COLL	→ **variation** *n*
→ Spielart *nf*		
Variation *nf*	STATIS	**variation** *n*
= Kombination mit Berücksichtigung der Anordnung *nf*		↑ combination
↑ Kombination (1)		
Variation *nf*	TECH	→ **variation** *n* (1)
→ Abwandlung *nf*		
Variationsbreite *nf*	STATIS	→ **variation range** *n*
→ Spannweite *nf*		

Variationskoeffizient *nm* — STATIS — **coefficient of variance**
= relative Standardabweichung

Variationsrechnung *nf* — MATH — **variational calculus**
↑ Analysis — = calculus of variations; ↑ analysis

Varicap — MICR.EL — → **varactor diode**
→ Varaktordiode *nf*

Varietät *nf* — SCIE — → **variety** *n*
→ Abart *nf*

variieren — TECH — → **change** *vt*
→ ändern

Variierung *nf* — TECH — → **variation** *n* (1)
→ Abwandlung *nf*

Variierung *nf* — TECH — → **change** *n*
→ Änderung *nf*

Variometer *nn* — COMPO — **variometer** *n*
[stetig veränderbare Induktivität] — [continuously variable inductor, by]

Varioptic — TV — → **zoom lens**
→ Gummilinse *nf*

Variovent — EL.ACOU — **variovent** *n*
[mit Dämpfungsmaterial gefüllte Öffnung]

Varistor *nm* — COMPO — **varistor** *n*
= spannungsabhängiger Widerstand; VDR-Widerstand *nm* — = voltage-dependent resistor; VDR
↑ veränderbarer Widerstand — ↑ adjustable resistor

VAS-Betrieber *nm* — TELEC — → **value-added carrier**
→ Mehrwertdienste-Betreiber *nm*

Vaseline *nf* — CHEM — **vaseline** *n*

Vaseline *nf* — COM.CAB — **jelly**
= petroleum jelly; petrolatum *n*

Vater-Band — DAT.MA — **father tape**
[Generationsprinzip] — [generation principle]
≠ Sohn-Band — ≠ son tape

Vater-Datei *nf* — DAT.MA — **father file**
= parent file; independent file

V-ATE-Verfahren *nn* — MICR.EL — **V-ATE process**
= vertical anisotropic etch process

V-Austastung *nf* — TV — → **vertical scanning**
→ Vertikalaustastung *nf*

VAX — DAT.PR — **VAX**
[Minisupercomputer von DEC (ab 1975)] — [mini supercompter of DEC (since 1975)]

V-Band *nn* — RADIO — **V band**
[46 bis 56 GHz] — [46 to 56 GHz]

vBNS-Netz *nn* — DAT.NW — **vBNS**
= Very-High-Speed Backbone Network Service

VBX-Technologie *nf* — SW — **VBX technology**
= Visual Basic Extension

VC — TELEC — → **virtual container**
→ virtueller Container

VCA — CIRC.EN — → **voltage-controlled amplifier**
→ spannungsgesteuerter Verstärker

Vcache *nm* — DAT.MA — **Vcache**

vCalendar-Spezifikation *nf* — COMP.AP — **vCalendar specification**

vCard-Norm — COMP.AP — **vCard standard**

VCC-Dienst *nm* — TELEC — **Virtual Card Calling**
[über ein Konto abgebucht] — [charged to an account]
↓ ACC-Dienst; CCC-Dienst; AAB-Dienst — = VCC; ↓ Account Card Calling; Credit Card Calling; Automatic Alternative Billing

VCF — NETW.TH — → **voltage-controlled filter**
→ spannungsgesteuertes Filter

VCHI-Kennung *nf* — TELEC — → **virtual channel identifier**
→ virtuelle Kanalkennung

V-Chip *nm* — TV — **V-chip**
[zur Sperrung von Kanälen] — [to block channels]

VCI-Kennung *nf* — TELEC — → **virtual connection identifier**
→ Virtuelle-Verbindungs-Kennung *nf*

VCO-Ausgangsdrift *nm* — INSTR — **VCO post-tuning drift**

VCR-Qualität *nf* — TV — → **VCR quality**
→ Videokassetten-Qualität *nf*

VCS — NETW.TH — → **voltage-controlled current source**
→ spannungsgesteuerte Stromquelle

VDE — EL.TEC — **VDE**
= Verband Deutscher Elektrotechniker — = Association of German Electrical Engineers

VDI — TECH — **VDI**
= Verein Deutscher Ingenieure — = Association of German Engineers

V-Dipol *nm* — ANT — → **angular dipole**
→ Winkeldipol *nm*

VDL — COMP.LG — **VDL**
[eine Metasprache] — [a metalanguage]
= Vienna Definition Language

VDRAM *nn* — HW — **VDRAM**
= Video-DRAM *nn* — = video DRAM

VDR-Widerstand *nm* — COMPO — → **varistor** *n*
→ Varistor *nm*

VDSL — TELEC — **VDSL**
[52 Mbit/s über 1 oder 2 normale Kupferpaare] — [Very high-speed Digital Subscriber Line; 52 Mbit/s over 1 or 2 normal copper pairs]
= VHDSL; hochbitratige Teilnehmerleitung — = VHDSL

VE — ECON — → **sales result**
→ Vertriebsergebnis *nn*

Veitch-Diagramm *nn* — LOGIC — **Veitch diagram**
= Veitch chart; Veitch-Karnaugh diagram

Vektor *nm* — MATH — **vector** *n*
[vom latein. "vector" = "Träger, Fahrer"; nicht nur durch Zahlen, sondern auch durch eine Richtung charakterisierte Größe] — [from Latin "vector" = "carrier, driver"; magnitde characterized by a value and a direction]
= vektorielle Größe — = vectorial quantity
≠ Skalar — ≠ scalar
↑ Tensor — ↑ tensor

Vektor *nm* — DAT.MA — **vector** *n*
[eindimensionale Anordnung indexierter Elemente] — [a single column or row of indexed elements]
↑ Feld — ↑ array

Vektor-/Rastergrafik-Wandlung *nf* — DAT.PR — **rasterization** *n*
= Vektor-/Rastergraphik-Wandlung *nf* — = vector/raster graphic conversion

Vektor-/Rastergraphik-Wandlung *nf* — DAT.PR — → **rasterization** *n*
→ Vektor-/Rastergrafik-Wandlung *nf*

Vektoralgebra *nf* — MATH — **vector algebra**

Vektoranalysator *nm* — INSTR — **vector analyzer**
≈ Vektormodulationsanalysator — ≈ vector modulation analyzer
↑ Signalanalysator — ↑ signal analyzer

Vektoranalysis *nf* — MATH — **vector analysis**

Vektor-arbitrary-waveform-Synthesizer *nm* — INSTR — **vector arbitrary waveform synthesizer**
= VAWS

Vektorbild *nn* — COMP.GR — **vector image**
≠ Rasterbild — ≠ raster image

Vektorbildschirm *nm* — TER&PER — **vector display** *n*
[Programm steuert direkt den Kathodenstrahl] — [cathode ray trace controlled directly by a program]
= Vektorsichtgerät *nn*; X-Y-Bildschirm *nm* — = vector scan display; random-scan display; X-Y display; stroke writer (slang)
≠ Rasterbildschirm — ≠ raster display
↑ Sichtgerät — ↑ display terminal

Vektordarstellung *nf* — MATH — **vectorial representation**

Vektordaten *nplt* — GIS — **vector data**
[als Formeln vorliegend (zur Speicherplatzersparnis)] — [available by formulas (to save storage space)]
≠ Rasterdaten — ≠ raster data
↑ Geometriedaten — ↑ geometric data

Vektordiagramm *nn* — INSTR — **vector diagram**
= Zeigerdiagramm *nn*

Vektordiagrammanzeige *nf* — INSTR — **vector display**

Vektoreffekt *nm* — PHYS — → **selective photo effect**
→ selektiver Photoeffekt

Vektorfeld *nn* — PHYS — **vector field**

Vektorfunktion *nf* — MATH — **vector function**

Vektorgrafik *nf* — COMP.GR — **vector graphics**
[jedes graphische Objekt wird durch einen Satz mathematischer Formeln beschrieben, statt durch einen Satz von Punkten] — [objects defined by a set of mathematical formulas, rather than by a set of dots]
= Vektorgraphik *nf*; objektorientierte Grafik; objektorientierte Graphik; strukturierte Grafik; strukturierte Graphik — = object-oriented graphics; vector image; vector scan; structured graphics
≠ Rastergrafik — ≠ bit-mapped graphics
↑ Computergrafik — ↑ computer graphics

Vektorgraphik *nf* — COMP.GR — → **vector graphics**
→ Vektorgrafik *nf*

vektorgraphisch — COMP.LG — **vectographic**

vektoriell — MATH — **vectorial** *adj*
≠ skalar — ≠ scalar

vektorielle Größe — MATH — → **vector** *n*
→ Vektor *nm*

vektorielles Potential — PHYS — **vectorial potential**

vektorielle Unterbrechung — SW — → **vectored interrupt**
→ Vektorunterbrechung *nf*

Vektor-Impedanzmesser *nm*	INSTR	**vector impedance meter**
vektorisieren	COMP.GR	**vectorize**
		= trace
Vektorisierung *nf*	COMP.GR	**vectorization**
		= tracing
Vektorlinie *nf*	MATH	**vector line**
Vektormesser *nm*	INSTR	**vector meter**
Vektormessung *nf*	INSTR	**vector measurement**
[von Amplitude und Phase]		[of amplitude and phase]
≠ skalare Messung		≠ scalar measurement
Vektormittelwertbildung *nf*	INSTR	**vector averaging**
Vektor-Modulationsanalysator	INSTR	**vector modulation analyzer**
Vektor-Netzwerkanalysator	INSTR	**vector network analyzer**
= Vektorvoltmeter *nn*		= vector voltmeter
Vektoroperation *nf*	DAT.PR	**vector operation**
vektororientiert	COMP.GR	**vector-oriented**
≠ rasterorientiert		≠ matrix-oriented
vektororientierter Zeichensatz	SW	→ **vector font**
→ Vektorschrift *nf*		
Vektorpaar *nn*	DAT.MA	**vector pair**
Vektorpotential *nn*	PHYS	**vector potential**
Vektorprodukt *nn*	MATH	**vector product**
Vektor-Prozessor *nm*	DAT.PR	→ **vector processor**
→ Vektorrechner *nm*		
Vektor-Raster-Umsetzer *nm*	TER&PER	**vector-to-raster converter**
		= VRC
Vektorraum *nm*	MATH	**vector space**
Vektorrechner *nm*	DAT.PR	**vector processor**
[auf schnelle Matrixrechnungen ausgelegter Großrechner]		[mainframe computer dedicated to fast matrix arithmetic]
= Feldrechner *nm*; Matrizenrechner *nm*; Vektor-Prozessor *nm*; Array-Prozessor *nm*; Zellenrechner *nm*; DAP		= array processor; array computer; vector computer; distributed array processor; DAP
≠ Skalarrechner		≠ scalar processor
↑ Mehrprozessorsystem		↑ multi-processor system
↓ SIMD-Prozessor; MIMD-Prozessor		↓ SIMD processor; MIMD procesor
Vektorrechnung *nf*	MATH	**vectorial calculus**
Vektorschrift *nf*	SW	**vector font**
[durch geometrische Formeln definiert, daher skalierbar]		[defined by geometric formulas, therefore scalable]
= Vektorschriftsatz *nm*; vektororientierter Zeichensatz; objektorientierter Zeichensatz; skalierbarer Zeichensatz; skalierbare Schrift; Outline-Zeichensatz *nm*; Outline-Font *nm*; Outline, plotterschriftart *nf*		= outline font; object-oriented font; scalable font; scaleable font; stroke font
≠ Rasterschrift		≠ bit-mapped font
Vektorschriftsatz *nm*	SW	→ **vector font**
→ Vektorschrift *nf*		
Vektorsichtgerät *nn*	TER&PER	→ **vector display** *n*
→ Vektorbildschirm *nm*		
Vektorsignalgenerator *nm*	INSTR	**vector signal generator**
Vektorskop *nn*	EL.TRO	**vectorscope**
[für Polarkoordinatendarstellung]		[for polar representations]
↑ Oszilloskop		↑ oscilloscope
Vektorsumme *nf*	MATH	**vector sum**
Vektortabelle *nf*	DAT.PR	→ **dispatch table**
→ Abwicklungstabelle *nf*		
Vektor-Test *nm*	MICR.EL	**vector test**
[eines PLD]		[of a PLD]
Vektorunterbrechung *nf*	SW	**vectored interrupt**
= vektorielle Unterbrechung; gerichtete Unterbrechung		
Vektorvoltmeter *nn*	INSTR	→ **vector network analyzer**
→ Vektor-Netzwerkanalysator		
Velar *nn*	LING	**velar sound**
= Gaumensegellaut *nm*		
V-Empfehlungen *nplt*	DAT.CO	**V series**
[von UIT-T]		[of UIT-T]
		= V recommendations
Venn-Diagramm *nn*	MATH	**Venn diagram**
[Darstellung von Mengen durch geschlossene Flächen]		[representation of sets by closed regions]
Ventil *nn*	POW.EN	**valve** *n*
Ventil *nn*	TECH	**valve** *n*
↓ Hahn		↓ cock
Ventilationsloch *nn*	TECH	→ **cooling hole**
→ Lüftungsloch *nn*		
Ventilationsschlitz *nm*	TECH	→ **ventilation slit**
→ Lüftungsschlitz *nm*		
Ventilator *nm*	TECH	**fan** *n*
= Lüfter *nm*; Kühlgebläse *nn*; Kühlluftgebläse *nn*		= ventilator *n*; air circulator; cooling fan
≈ Entlüfter		≈ exhaust
↓ Gebläse		↓ blast
ventilseitig	POW.EN	**valve-side**
Verabredung *nf*	ECON	**appointment** *n* (2)
Verabredungskonferenz *nf*	TELEC	**meet-me-conference call**
		= meet-me-conference connection; meet-me-conference link
Verabschiedung *nf*	COLL	**farewell** *n*
verallgemeinern	SCIE	**generalize**
		= universalize
Verallgemeinerung *nf*	SCIE	**generalization** *n*
= Generalisierung *nf*		= universalization *n*
veralten	COLL	**obsolesce** *vi*
= altmodisch werden; antiquiert werden		= become obsolete; become outdated; become antiquated; antiquate; become outmoded; outmode
Veralterung *nf*	COLL	→ **obsolescence** *n*
→ Veraltung *nf*		
veraltet	COLL	**obsolete** *adj*
= überholt; obsolet		= outdated; out-of-date; ageing; grandfathered
≈ altmodisch		≈ outmoded
veraltete Daten	DAT.MA	**aged data**
= Altdaten *nplt* (2)		= obsolete data
Veraltung *nf*	COLL	**obsolescence** *n*
= Veralterung *nf*; Überalterung *nf*		= obsoleteness *n*
veränderbar	TECH	**alterable** *adj*
[sich verändern lassend]		[permits alteration]
= änderbar; verstellbar; modifizierbar		≈ adjustable; variable
≈ einstellbar; veränderlich		≠ fixed
≠ festeingestellt		
veränderbar	COLL	**changeable** *adj*
≈ variable		= alterable
≠ unveränderbar		≈ variable
		≠ unchangeable
veränderbare Form	WOR.PR	**revisable form**
veränderbarer Speicher	HW	**alterable memory**
= programmierbarer Speicher		= alterable storage; alterable store; programmable memory; programmable storage; programmable store
veränderbarer Widerstand	COMPO	**adjustable resistor**
= veränderlicher Widerstand; variabler Widerstand; einstellbarer Widerstand		= variable resistor; adjustable resistance; variable resistance
≈ Abgleichwiderstand [EL.TRO]		≈ balancing resistor [EL.TRO]
≠ Festwiderstand		≠ fixed resistor
↑ Widerstand		↑ resistor
↓ Regelwiderstand; Thermistor; Varistor		↓ potentiometer; thermistor; varistor
veränderlich	TECH	**variable** *adj*
[sich ändernd]		= inconstant; chageable; varying
= inkonstant		≈ unstable
≈ instabil		↑ alterable
↑ veränderbar		
veränderlich	MATH	→ **variable** *adj*
→ variabel		
Veränderliche *nf*	MATH	→ **variable** *n*
→ Variable *nf*		
veränderliche Kanaladressierung	SWITCH	**floating channel addressing**
veränderlicher Kondensator	COMPO	→ **variable capacitor**
→ einstellbarer Kondensator		
veränderlicher Widerstand	COMPO	→ **adjustable resistor**
→ veränderbarer Widerstand		
veränderliches Feld	PHYS	→ **alternating field**
→ Wechselfeld *nn*		
Veränderlichkeit *nf*	TECH	**variability** *n*
= Inkonstanz *nf*; Variabilität *nf*		= variableness *n*; inconstancy *n*
≈ Instabilität; Unregelmäßigkeit		≈ instability; irregularity
verändern	TECH	→ **change** *vt*
→ ändern		
Veränderung *nf*	TECH	→ **change** *n*
→ Änderung *nf*		
Veränderungsdaten *nplt*	DAT.MA	→ **variable data**
→ Bewegungsdaten *nplt*		
verankern	TECH	**anchor** *vt*
		[to fasten securely]
Verankerung *nf*	CIV.EN	**anchorage** *n*
Veranlagung *nf*	ECON	**assessment** *n*
[Steuer]		[taxes]
veranlassen	COLL	**arrange** *vt*
= aktivieren		= activate

veranlassen → bereitmelden	COMP.AP	→ **prompt** *vt*
veranschaulichen = illustrieren ≈ verdeutlichen	COLL	**illustrate** ≈ clarify
Veranschaulichung *nf* = Illustration *nf* ≈ Verdeutlichung	COLL	**illustration** *n* ≈ clarification
veranschlagen	ECON	**estimate** *vt* (2) = rate *vt*; project *vt*
veranstalten = organisieren ≈ fördern	ECON	**organize** *vt* ≈ promote
Veranstalter *nm* = Organisator *nm*	ECON	**organizer** *n*
Veranstaltung *nf* = Ereignis *nn* (*pl* -e)	ECON	**event** *n* = session *n*
Veranstaltungshinweis *nm*	MEDIA	**event announcement**
Veranstaltungskalender *nm*	ECON	**calendar of events**
Veranstaltungsort *nm* → Tagungsort *nm*	ECON	→ **venue** *n*
Veranstaltungsteilnehmer *nm* → Tagungsteilnehmer *nm*	ECON	→ **conference participant**
verantwortlich → zuständig	ECON	→ **competent** *adj*
Verantwortlicher *nm*	ECON	**responsible person** = person in charge
Verantwortlichkeit *nf* ≈ Zuständigkeit	ECON	**responsibility** *n* ≈ competence
Verantwortlichkeit *nf*	ECON	**accountability** *n*
Verantwortlichkeit *nf* → Zuständigkeit *nf*	ECON	→ **competence** *n*
verarbeitbar	TECH	**processible**
Verarbeitbarkeit *nf*	TECH	**processibility** *n*
verarbeiten ≈ fertigen; veredeln; bearbeiten [MEC.EN]	TECH	**process** *vt* = manipulate ≈ manufacture; improve; tool [MEC.EN]
verarbeiten = bearbeiten; abarbeiten ≈ ausführen	SW	**process** *vt* = massage *n*; crunch *n* (slang) ≈ execute
verarbeitete Belegung → angenommene Belegung	SWITCH	→ **carried call**
Verarbeitung *nf* = Bearbeitung *nf*; Abarbeitung *nf*; Berechnung *nf* ≈ Ausführung ↓ Datenverarbeitung; Informationsverarbeitung; Textverarbeitung; Bildverarbeitung	DAT.PR	**processing** *n* ≈ execution; computation ↓ data processing; information processing; word processing; image processing
Verarbeitung *nf* (1) ≈ Fertigung; Veredelung; Bearbeitung [MEC.EN]; Verarbeitungsqualität ↓ Fertigbearbeitung	TECH	**processing** *n* ≈ manufacturing; improvement; work [MEC.EN]; workmanship (2) ↓ finish (1)
Verarbeitung *nf* (2) → Ausführungsqualität *nf*	TECH	→ **workmanship** *n* (2)
Verarbeitungsanlage *nf*	MANUF	**processing plant**
Verarbeitungsart *nf* = Bearbeitungsart *nf*	TECH	**processing mode**
Verarbeitungsbreite *nf* [Anzahl simultan verarbeiteter Bits]	DAT.PR	**processing width** [number of bits processed simultaneously]
Verarbeitungseinheit *nf*	SWITCH	**processing unit**
verarbeitungsintensiv	DAT.PR	**process-intensive**
Verarbeitungskapazität *nf*	DAT.PR	**processing capacity**
Verarbeitungsmodul *nn*	SW	**processing module**
Verarbeitungspause *nf* [kurze Unterbrechung des Hauptprogramms]	DAT.PR	**hesitation** *n* [short automatic suspension of main program]
Verarbeitungsprozessor *nm* → Prozessor *nm*	HW	→ **processor** *n*
Verarbeitungsqualität *nf* → Ausführungsqualität *nf*	TECH	→ **workmanship** *n* (2)
Verarbeitungsrechner *nm* → Hauptrechner *nm*	DAT.NW	→ **host computer**
Verarbeitungsrückstand *nm*	DAT.PR	**backlog** *n* [not yet executed tasks]
Verarbeitungssart *nf* = Betriebsart *nf*	DAT.PR	**processing mode** = operation mode
Verarbeitungsschicht *nf* [7. Schicht im ISO; stellt die Bedieneroberfläche dar] = Anwendungsschicht *nf*; Anwendungsebene *nf*	DAT.CO	**application layer** [7th layer of OSI; provides the user interface] ↑ ISO reference model
Verarbeitungsschritt *nm* → Programmschritt *nm*	SW	→ **program step** *n*
Verarbeitungssymbol *nn* [Flussdiagramm; meist rechteckig]	SW	**processing symbol** [flowchart; generally rectangular]
Verarbeitungswerkzeug *nn*	TECH	**application tool**
Verarbeitungszeit *nf*	DAT.PR	**processing time**
Verarbeitungszeit *nf* = Bearbeitungszeit *nf*	TECH	**process time** = processing time
Verarbeitungszustand *nm*	DAT.PR	**processing state**
Verarbeitungszyklus *nm* → Datenverarbeitungszyklus *nm*	COMP.AP	→ **data processing cycle**
Verarmung *nf* = Abreicherung *nf*; Erschöpfung *nf* ≠ Anreicherung	MICR.EL	**depletion** *n* ≠ enrichment
Verarmungsbetrieb *nm*	MICR.EL	**depletion mode operation**
Verarmungsisolierschicht-Feldeffekttransistor *nm*	MICR.EL	**depletion mode FET**
Verarmungsrandschicht *nf* → Sperrschicht *nf*	MICR.EL	→ **depletion layer**
Verarmungsschicht *nf* → Sperrschicht *nf*	MICR.EL	→ **depletion layer**
Verarmungstransistor *nm* = Depletionstransistor *nm*	MICR.EL	**depletion transistor** = depletion type transistor
Verarmungstyp *nm* = Entblößungstyp *nm*	MICR.EL	**depletion mode**
verarschen → verkohlen	COLL	→ **spoof** *vt*
verästelt → verzweigt	TECH	→ **branched**
verästelter Antwortbaum → Thread *nm*	DAT.NW	→ **thread** *n*
veräußerbar ≈ verkäuflich	ECON	**alienable** ≈ salable
veräußern *vt* ≈ verkaufen	ECON	**alienate** *vt* = alien *vt* ≈ sale
Veräußerung *nf* ≈ Verkauf (1)	ECON	**alienation** *n* ≈ sale
Verb *nn* [konjugierbares Wort, das einen Zustand, Vorgang, Tätigkeit, Handlung oder Ereignis darstellt] = Verbum *nn*; Zeitwort *nn*; Tätigkeitswort *nn*; Tunwort *nn* ≈ Prädikat	LING	**verb** *n* (1) [conjugable word describing state, process, activity, action or event]
verbal → mündlich	LING	→ **oral** *adj*
verbalisieren = in Worte fassen	LING	**verbalize** *vt*
Verband *nm*	ECON	**association** *n* = federation *n*
Verband *nm*	MATH	**lattice** *n*
Verband der Europäischen Computer-Hersteller → ECMA	DAT.PR	→ **ECMA**
Verband Deutscher Elektrotechniker → VDE	EL.TEC	→ **VDE**
verbauen (fig) → beeinträchtigen	COLL	→ **prejudice** *vt*
verbergen = verstecken	COLL	**hide** *vt* = occult; conceal
verbessern = bessern; veredeln; vergüten ≈ verarbeiten; berichtigen	TECH	**improve** *vt* = refine; meliorate ≈ process; amend
verbessernde Wartung	QUAL	**perfective maintenance**
verbessert = veredelt; verfeinert; höherwertig; erweitert	TECH	**enhanced** = improved; meliorated; refined
verbesserte volle Übertragungsrate [13 kbit/s mit höherer Sprachqualität] = EFR-Rate	MOB.CO	**enhanced full rate** [13 kbitps with encanced voice quality] = EFR
Verbesserung *nf* = Besserung *nf*; Veredelung *nf*; Verfeinerung *nf*; Vergütung *nf* ≈ Verarbeitung; Berichtigung	TECH	**improvement** *n* = refinement *n*; melioration *n*; enhancement *n*; emendation *n* ≈ processing
Verbesserung *nf* → Korrektur *nf*	SCIE	→ **correction** *n*
verbesserungsfähig	COLL	**improvable**
Verbesserungsprodukt *nn* = Leistungssteigerungsprodukt *nn*	DAT.PR	**enhancer** *n* [hardware or software]

Verbesserungsvorschlag *nm*	TECH	**improvement proposal**
Verbesserungsvorschlagwesen *nn*	ECON	**bright ideas award scheme** (BE) = innovation ideas award scheme (BE)
verbiegen [durch Biegen dauerhaft aus der Normalform bringen] ≈ biegen; verformen; verdrehen	TECH	**bend permanently** [deform permanently from straight shape] ≈ bend; deform; distort
verbieten = untersagen	COLL	**forbid** (*vt*; forbade-forbidden) = prohibit; interdict; inhibit; proscribe; disallow
verbilligen ≠ verteuern	ECON	**cheapen** ≠ increase in price
verbilligt	ECON	**cheapened** = reduced-rate
Verbindbarkeit *nf* → Zusammenschaltbarkeit *nf*	TELEC	→ **interconnectivity** *n*
verbinden	TECH	**join** *vt*
verbinden = beschalten ≠ unterbrechen	TELEC	**connect** *vt* = link ≠ disconnect
verbinden → binden	SW	→ **link-edit** *vt*
Verbinder *nm* → Verknüpfungssymbol *nn*	SW	→ **connector symbol** *n*
Verbinder *nm* → Verbindung *nf*	MEC.EN	→ **joint** *n* (1)
verbindlich = vollstreckbar; einklagbar ≈ vorgeschrieben	LAW	**enforceable** *adj* = binding; obliging; authentic ≈ mandatory
Verbindlichkeiten [Bilanz] = Kreditoren *nplt*	ECON	**liabilities** *nplt* [balance] = accounts payable *nplt* (1); A/P (1)
Verbindlichkeiten aus Lieferungen und Leistungen	ECON	**trade accounts payable** = accounts payable *nplt* (2); A/P (2)
Verbindung *nf* = Anschluss *nm*; Anbindung *nf* ≈ Anruf [TELEPH]; Gespräch [TELEPH]; Leitung ↓ Nachrichtenverbindung	TELEC	**connection** *n* (AE) = connexion *n* (BE); circuit *n*; link *n* ≈ call [TELEPH]; conversation [TELEPH]; line ↓ communication link
Verbindung *nf*	CHEM	**compound** *n*
Verbindung *nf* = Beziehung *nf*	ECON	**relationship** *n* = connection *n* (AE); connexion *n* (BE)
Verbindung *nf* = Verbinder *nm*	MEC.EN	**joint** *n* (1) [a linking device]
Verbindung *nf*	SW	**connection** *n*
Verbindung *nf* → Zusammenschaltung *nf*	EL.TEC	→ **interconnection** *n*
Verbindungdauer *nf* → Anschlussintervall *nn*	DAT.PR	→ **connect time**
Verbindungdiagramm *nn* → Bauschaltplan *nm*	EL.TEC	→ **wiring diagram**
Verbindung gesperrt [Datenvermittlung] = Zugang verhindert	DAT.CO	**call barred** [data switching] = access barred
Verbindung hergestellt	TELEC	**call connected**
Verbindung lösen	DAT.MA	**disassociate** *vi*
Verbindung lösen → abbauen	TELEC	→ **disconnect** *vt* (1)
Verbindung ohne Wahl [Abheben löst Verbindungsaufbau aus]	TELEPH	**fixed destsination call** [lifting the handset releases the connection set-up] = hotline *n*
Verbindungsabbau *nm* = Abbau *nm* ≠ Verbindungsaufbau ↓ Gesprächsabbau [TELEPH]	SWITCH	**connection tear-down** *n* = link tear-down; connection take-down; link take-down; disconnection (1); connection release; link release; circuit release; dissociation ≠ connection set-up
Verbindungsablauf *nm* = Ruffolge *nf*; Anruffolge *nf*	SWITCH	**connection sequence** = call sequence; link sequence
Verbindungsablehnung *nf* → Anrufabweisung *nf*	SWITCH	→ **call rejection**
Verbindungsabweisung *nf* → Anrufabweisung *nf*	SWITCH	→ **call rejection**
Verbindungsabwicklung *nf* = Gesprächsabwicklung *nf*; Verbindungsbearbeitung *nf*	SWITCH	**call processing**
Verbindungsaktualisierung *nf*	HW	**connection update**
Verbindungsanalysator *nm* → Leitungsanalysator *nm*	DAT.CO	→ **line analyzer**
Verbindungsanforderung *nf* = Verbindungsaufforderung *nf*; Verbindungswunsch *nm*	SWITCH	**call request** = connection request; link request; request *n*
Verbindungsangaben *nplt* → Verbindungsdaten *nplt*	SWITCH	→ **call data**
Verbindungsannahme *nf* = Rufannahme *nf* [TELEPH]	TELEC	**connection acceptance** = call acceptance
Verbindungsaufbau *nm* = Verbindungsherstellung *nf* ≠ Verbindungsabbau ↓ Gesprächsaufbau [TELEPH]	SWITCH	**connection set-up** = connection establishment; link set-up; link establishment; dial-up ≠ connection tear-down ↓ call set-up [TELEPH]
Verbindungsaufbaudauer *nf* = Verbindungsaufbauzeit *nf*; Verbindungsherstellungsdauer *nf*; Vorbereitungszeit *nf*	SWITCH	**call set-up time** = link set-up time; set-up time; call setting-up time; link setting-up time; setting-up time; setting time; connecting delay
Verbindungsaufbaupaket *nn*	DAT.CO	**call-set-up packet**
Verbindungsaufbauzeit *nf* → Verbindungsaufbaudauer *nf*	SWITCH	→ **call set-up time**
Verbindungsaufforderung *nf* → Verbindungsanforderung *nf*	SWITCH	→ **call request**
Verbindungsauflösepaket *nn*	DAT.CO	**call-clearing packet**
Verbindungs-Aufrechterhaltung *nf*	SWITCH	**call maintenance**
Verbindungsaufspaltung *nf*	SWITCH	**call splitting** = splitting *n*
Verbindungsauslösedauer *nf* = Verbindungsauslösungsdauer *nf*; Auslösungsdauer *nf*; Auslöseverzug *nm*; Auslösedauer *nf*; Auslösungsverzug *nm*	SWITCH	**call release time** = call clear-down time
Verbindungsauslösung *nf* = Auslösung *nf*	SWITCH	**call release** = call clear-down
Verbindungsauslösungsdauer *nf* → Verbindungsauslösedauer *nf*	SWITCH	→ **call release time**
Verbindungsbearbeitung *nf* → Verbindungsabwicklung *nf*	SWITCH	→ **call processing**
Verbindungsdaten *nplt* = Verbindungsangaben *nplt*; Anrufdaten *nplt*; Gesprächsdaten *nplt*; Rufdaten *nplt*	SWITCH	**call data** = link data
Verbindungsdauer *nf* = Anrufdauer *nf* ↓ Gesprächsdauer [TELEPH]	TELEC	**call duration** = connection time; communication time; call time ↓ conversation time [TELEPH]
Verbindungsebene *nf* → Sicherungsschicht *nf*	DAT.CO	→ **link layer**
Verbindungsendpunkt *nm*	DAT.CO	**connection endpoint**
Verbindungsentgelt *nn* → Verbindungsgebühr *nf*	TELEC	→ **connection fee** (2)
Verbindungsentgelt *nn* → Zusammenschaltungsentgelt	TELEC	→ **interconnection fee**
Verbindungsfunktion *nf*	DAT.CO	**connection function**
Verbindungsgebühr → Zusammenschaltungsentgelt	TELEC	→ **interconnection fee**
Verbindungsgebühr *nf* [nach Gesprächseinheiten gemessen] = Verbindungsentgelt *nn*; Gesprächsgebühr *nf* [TELEPH] ≠ Grundgebühr ↑ Fernmeldegebühr	TELEC	**connection fee** (2) [measured by unit-fees] = connection charge (2); connect fee (2); connect charage (2); link fee; link charge; call charge [TELEPH]; call fee [TELEPH]; usage fee ≠ basic rental ↑ telecommunication tariff
Verbindungsgeschwindigkeit *nf* → Leitungsgeschwindigkeit *nf*	DAT.CO	→ **line speed**
Verbindungshalbleiter *nm* [eine halbleitende chemische Verbindung, z.B. GaAs]	MICR.EL	**compound semiconductor** [a semiconducting chemical compound, e.g. GaAs]
Verbindungsherstellung *nf* → Verbindungsaufbau *nm*	SWITCH	→ **connection set-up**
Verbindungsherstellungsdauer *nf* → Verbindungsaufbaudauer *nf*	SWITCH	→ **call set-up time**
Verbindungsidentifizierung *nf* → Verbindungskennung *nf*	DAT.CO	→ **call identifier**
Verbindungskabel *nn* ≈ Anschlusskabel	EQP.EN	**interconnecting cable** = interconnect cable; connector cable
Verbindungskennung *nf* = Verbindungsidentifizierung *nf*; Rufkennung *nf*; Rufkennzeichnung *nf*; Rufidentifizierung *nf*	DAT.CO	**call identifier** = call identifier; connection identifier; link identifier
Verbindungslasche	MEC.EN	**connecting strap**
Verbindungsleiste *nf*	OUT.PL	**jointing strip**
Verbindungsleitung *nf* → Steckschnur *nf*	EL.TRO	→ **patch cord**

Verbindungsleitung *nf* TELEC → **interoffice trunk**
→ Amtsverbindungsleitung *nf*

Verbindungslinie *nf* MATH **connecting line**
= connection line; junction line

verbindungslos TELEC **connectionless** *n*

verbindungsloser Betrieb TELEC **connectionless service**
[ATM; mit dauernden virtuellen Verbindung] — [ATM; with permanent virtual connection]
≠ verbindungsorientierter Betrieb
↓ Datagrammdienst [DAT.CO]
= connectionless mode; connectionless network service; CLNS
≠ connection-oriented service

Verbindungsloser-Betrieb-Server *nm* DAT.CO **connectionless server**
[ATM] — [ATM]
= CLS-Server *nm* — = CLS

verbindungsloser Dienst TELEC **connectionless service**

verbindungsloses Netzprotokoll DAT.NW **Connectionless Network Protocol**
[im ISO-Referenzmodell] — [in the OSI model]
= CLNP — = CLNP

Verbindungsmaschine *nf* DAT.PR **connection machine**
[durch Zusammenschalten vieler Prozessoren gebildeter Großrechner] — [a mainframe build-up by connection of many processors]
= CM

Verbindungsmatrix *nf* DAT.PR **connection matrix**
= incidence matrix

Verbindungsmuffe *nf* OUT.PL **jointing sleeve**
= Spleißmuffe *nf*
= splicing sleeve; jointing closure; straight sleeve

Verbindungsnetz *nn* TELEC **Internetwork** *n*
= Internet

Verbindungsnetzbetreiber *nm* TELEC → **interexchange carrier**
→ Fernnetzbetreiber *nm*

Verbindungsnetzbetreiber-Kennzahl TELEC **interexchange carrier code**

verbindungsorientiert TELEC **connection-oriented**

verbindungsorientierter Betrieb TELEC **connection-oriented mode**
[ATM; vor jeder Übermittlung muss eine virtuelle Verbindung aufgebaut werden] — [ATM; requires the establishment of a virtual connection before each transfer session]
≠ verbindungsloser Betrieb
↓ gesicherter Betrieb; ungesicherter Betrieb
= connection-oriented service; connection-oriented network service; CONS
≠ connectionless mode
↓ assured mode; non-assured mode

verbindungsorientierter Kanal DAT.CO **stream** *n*

Verbindungsprogramm *nn* DAT.NW **connection program**

Verbindungsprotokollierung *nf* DAT.CO **call logging**
= connection logging; link logging

Verbindungsrechner *nm* DAT.NW **Internetworking processor**
[verbindet Datennetze] — [connects data networks]
↓ Überleiteinrichtung; Brücke; Router — ↓ gateway; bridge processor; router

Verbindungssatz *nm* SWITCH **junctor** *n*
[für die Dauer der Verbindung zugeordnet, stellt den Anschluss an Koppelfelder oder andere interne Funktionseinheiten her] — [temporarily assigned to a call, interconnects to switching matrices and other internal functional units of a switch]
↑ Satz
↓ abgehender Satz; ankommender Satz; Internsatz; Sonderdienstsatz
= connector circuit
↑ circuit
↓ outgoing circuit; incoming circuit; intraexchange circuit; special-services circuit

Verbindungsschicht *nf* DAT.CO → **link layer**
→ Sicherungsschicht *nf*

Verbindungsschnur *nf* EQP.EN → **connecting cord**
→ Anschlussschnur *nf*

Verbindungsspeicher *nm* SWITCH **call register**
= connection register; link register; carry register

Verbindungssperrung *nf* TELEPH → **call blocking**
→ Anrufsperrung *nf*

Verbindungssteuerung *nf* SWITCH **call control**
= connection control; link control

Verbindungssteuerungsfunktion *nf* SWITCH **call control function**
[IN] — [IN]
= grundlegende Vermittlungsfunktion; CCF — = CCF

Verbindungssteuerungsverfahren *nn* SWITCH **call control procedure**
= connection control procedure; link control procedure; LCP

Verbindungssteuerungszeichen *nn* SWITCH **call control character**
= Steuerzeichen *nn*; Steuerkennzeichen *nn*
= call control signal; connection control character; connection control signal; link control character; link control signal

Verbindungsstörung *nf* SWITCH **call failure**
= connection failure; link failure

Verbindungsstück *nn* MEC.EN **connecting piece**
= fitting *n*

Verbindungsstück *nn* TECH → **strap** *n* (2)
→ Lasche *nf*

Verbindungstarif *nm* TELEC → **interconnection fee**
→ Zusammenschaltungsentgelt

Verbindungstecker *nm* COMPO → **connecting plug**
→ Anschlussstecker *nm*

Verbindungstest *nm* SW **link trials**
[des Zusammenspiels von Programmteilen] — [interworking of program modules]
= Verknüpfungstest *nm*

Verbindungstopologie *nf* COMP.SC **connection topology**
↓ Bus; Ring; Gitter; Stern; Würfel — ↓ bus; ring; lattice; star; cube

Verbindungsumschaltung *nf* MOB.CO **connection handover**
↑ Gesprächsumschaltung
= link transfer
↑ hand-off (1)

Verbindungsverkehr *nm* SWITCH **tie-line traffic**

Verbindungsversuch *nm* SWITCH → **call attempt**
→ Wählversuch *nm*

Verbindungsvorgang *nm* TELEC **connection procedure**

Verbindungsvorrichtung *nf* TELEC **mediation device**
[sammelt TMN-Daten von Netzelementen] — [collects TMN data from network elements]

Verbindungsweg *nm* TELEC → **communication path**
→ Nachrichtenweg *nm*

Verbindungsweg-Durchschalteprüfung *nf* SWITCH → **continuity check**
→ Durchschalteprüfung *nf*

Verbindungs-Wiederaufbau *nm* SWITCH **call re-establishment**

Verbindungswunsch *nm* SWITCH → **call request**
→ Verbindungsanforderung *nf*

Verbindungswunsch *nm* SWITCH → **call attempt**
→ Wählversuch *nm*

Verbindungszulassungskontrolle *nf* TELEC **call admission control**
[ATM] — [ATM]
= CAC — = CAC

Verbindungszusammenstoß *nm* DAT.CO **call collision**
[Datenvermittlung] — [data switching]
= Rufzusammenstoß *nm*; Belegungszusammenstoß *nm*; Zusammenstoß *nm*
= head-on collision

Verbindungszustand *nm* SWITCH **call state**
= Gesprächszustand *nm*
= connection state; link state; call condition

Verbindung wiederherstellen TELEC → **reconnect** *vt*
→ wiederanschließen

Verbindungwunsch in der Hauptverkehrsstunde SWITCH → **busy hour call attempt**
→ Anrufversuch in der Hauptverkehrsstunde

verbleibend COLL → **remaining** *adj*
→ restlich

verbleibend TECH → **permanent**
→ bleibend

verbleien METAL **lead-coat** *vt*

Verbleiung *nf* METAL **lead coating**

verbolzen MEC.EN **bolt** *vt* (1)
= gib

verborgen TECH **hidden**
= versteckt

verborgener Mangel ECON **hidden defect**

verbos LING → **wordy** *adj*
→ wortreich *adj*

Verbot *nn* COLL **prohibition** *n*
= proscription *n*

verbotenes Band PHYS **forbidden energy band**
= verbotenes Energieband; verbotene Zone; Energielücke *nf*, Energiezwischenband *nn*
= forbidden band; energy gap

verbotenes Energieband PHYS → **forbidden energy band**
→ verbotenes Band

verbotene Zone TECH **keep-out area**

verbotene Zone PHYS → **forbidden energy band**
→ verbotenes Band

Verbrauch *nm* TECH **consumption** *n*
= Konsum *nm*
= wastage

verbrauchen ECON **consume**
= konsumieren

Verbraucher *nm* EL.TEC **consumer** *n*
≈ Last — ≈ load

Verbraucher *nm* ECON **consumer** *n*

= Abnehmer *nm* (2)		≈ customer; purcheaser
≈ Kunde; Käufer		
Verbraucherbefragung *nf*	ECON	**consumer inquiry**
Verbraucherlaune *nf*	ECON	**customer mood**
Verbraucherleitung *nf*	POW.SY	**load line**
Verbrauchermarkt *nm*	ECON	**consumer market**
Verbraucherschutz *nm*	ECON	**consumer protection**
Verbraucherspannung *nf*	POW.SY	→ **secondary voltage**
→ Sekundärspannung *nf*		
Verbrauchsgüter *nplt*	ECON	**consumer goods**
Verbrauchsteil *nn*	TECH	→ **consumable part**
→ Verschleißteil *nn*		
Verbrauchsteile *nplt*	TECH	→ **consumables** (*n* plt)
→ Verschleißmaterial *nn*		
Verbrauchszähler *nm*	INSTR	**utility meter**
verbreitern	TECH	**widen** *vt*
↑ vergrößern		= broaden
		↑ enlarge
Verbreiterung *nf*	TECH	**widening** *n*
↑ Vergrößerung		= broadening *n*
		↑ deepening
verbuchen	ECON	**post** *vt*
≈ eingeben		≈ enter
verbuchen	ECON	→ **book** *vt*
→ buchen *vt*		
Verbuchung *nf*	ECON	→ **booking** *n*
→ Buchung *nf*		
Verbuchungsprogramm *nn*	SW	→ **accounting program**
→ Buchhaltungsprogramm *nn*		
Verbum *nn*	LING	→ **verb** *n* (1)
→ Verb *nn*		
Verbund	COLL	**aggregate** *n*
Verbund *nm*	TECH	→ **interlocking** *n* (3)
→ Zusammenschluss *nm*		
Verbund *nm*	DAT.MA	→ **data record**
→ Datensatz *nm*		
Verbund-	TECH	→ **composite** *adj*
→ zusammengesetzt *adj*		
Verbundanlage *nf*	DAT.PR	→ **stand-by system**
→ Bereitschaftssystem *nn*		
Verbundbeleg *nm*	TER&PER	**composite document**
		= composite voucher
Verbunddraht *nm*	METAL	**composite wire**
		[core and shell of different metals]
		= clad wire
verbundener Datensatz	DAT.MA	→ **chained record**
→ verketteter Datensatz		
verbundenes Unternehmen	ECON	**affiliated company**
[mit über 50 % Beteiligung]		[with more than 50 % partic.]
≈ Mehrheitsbeteiligung		= related company
		≈ majority participation
verbundene Zeichen	PRIN.ME	**connected types**
[handschriftartig]		[like handwriting]
Verbunden-Kennzeichen *nn*	DAT.CO	→ **call connected signal**
→ Freizeichen *nn*		
Verbundensignal *nn*	DAT.CO	→ **call connected signal**
→ Freizeichen *nn*		
Verbundgeschäft *nn*	ECON	**intra-corporate business**
		= intra-company business; intra-group sale; intra-shipment
Verbundinformationsentropie *nf*	INF.TH	**conditional information content**
Verbundkabel *nn*	COM.CAB	**composite cable** (1)
↓ gemischtpaariges Kabel		[with different types of conductors]
		= compound cable
Verbundkarte *nf*	TER&PER	→ **dual punch card**
→ Verbundlochkarte *nf*		
Verbund-Kristallscheibe *nf*	MICR.EL	**multi-project wafer**
[mehrere ASICS auf einem Wafer]		[several ASICS on a wafer]
Verbundlochkarte *nf*	TER&PER	**dual punch card**
= Verbundkarte *nf*		= dual card; dual-purpose card
Verbundmaschine *nf*	EL.TEC	→ **compound motor**
→ Doppelschlussmotor *nm*		
Verbundnetz *nn*	TELEC	**mixed network**
		= interconnected network
Verbundröhre *nf*	EL.TRO	**multiple-unit tube**
		= multitube *n*
Verbundschaltung *nf*	DAT.NW	→ **multi-computer system**
→ Mehrrechnersystem *nn*		
Verbundschutzschaltung *nf*	TRANSM	→ **shared protection**
→ Gemeinschafts-Schutzschaltung *nf*		
Verbundsystem *nf*	DAT.NW	→ **multi-computer system**
→ Mehrrechnersystem *nn*		
Verbundtarif *nm*	ECON	**joint rate**
= Einheitstarif *nm*		
Verbundumsatz *nm*	ECON	**intra-company sales**
Verbundwerkzeug *nn*	TECH	**compound die**
verchromen	METAL	**chromium-plate**
Verchromung *nf*	METAL	**chromium plating**
verdächtig	COLL	**suspect** *adj*
		= suspicious (2)
verdampfen	PHYS	**vaporize**
= abdampfen; verflüchtigen		= evaporate
≈ sublimieren; sieden		≈ sublime; boil
↓ verdunsten		↓ volatilize
Verdampfung *nf*	PHYS	**evaporation** *n*
[von flüssigem in gasförmigen Zustand]		[from liquid into gaseous state]
≈ Sublimation; Ausdunstung		≈ sublimation; emanation
↓ Verdunstung		↓ volatilization
Verdampfungspunkt *nm*	PHYS	**evaporation point**
= Verdampfungstemperatur *nf*; Siedepunkt *nm*; Siedetemperatur *nf*		= evaporation temperature; boiling point; b.p.; boiling temperature
≈ Kondensationstemperatur		
Verdampfungstemperatur *nf*	PHYS	→ **evaporation point**
→ Verdampfungspunkt *nm*		
verdecken	TECH	→ **cover** *vt* (1)
→ zudecken *vt*		
verdeckt	COLL	**covert** *adj*
= versteckt; heimlich		= masked
≈ verkleidet		≈ disguised
verdeckte Datei	DAT.MA	**hidden file**
[erscheint nicht im Dateiverzeichnis]		[doesn't show in the directory]
= versteckte Datei; unsichtbare Datei (Apple)		= invisible file (Apple)
verdeckte Fläche	COMP.GR	**hidden surface**
verdeckte Formatierungsbefehle	WOR.PR	**hidden codes**
= ausgeblendete Formatierungsbefehle		= hidden formatting codes; off-screen formatting
verdeckte Kante	ENG.DRA	**hidden outline**
verdeckte Kennzahl	SWITCH	**closed code**
verdeckte Kopie	DAT.CO	→ **blind copy**
→ Blindkopie *nf*		
verdeckte Linie	COMP.GR	**hidden line**
[durch das Objekt]		[by the object]
verdeckte Nummerierung	SWITCH	**closed numbering**
		= linked numbering
verdeckter Gegenstand	COMP.GR	**hidden object**
verdeckte Zusatzfunktion	SW	**hidden function**
= Osterei (slang)		= Easter Egg (slang)
Verdeckungs-Attribut *nn*	SW	**hidden attribute** (2)
		[tell the program to hide the file]
verdeutlichen	COLL	**clarify** *vt*
≈ veranschaulichen		≈ illustrate
Verdeutlichung *nf*	COLL	**clarification** *n*
≈ Veranschaulichung		≈ ilustration
verdichten *vt*	SCIE	**compress** *vt*
= zusammendrängen; komprimieren		≈ condense
≈ kondensieren		
verdichten *vt*	TECH	**condense** *vt*
= kondensieren		
verdichten *vt*	DAT.MA	**compack** *vt*
[z.B. zwei Dezimalziffern in einem Byte darstellen]		[e.g. to code two decimal digits in one byte]
= packen; komprimieren; kondensieren; Redundanz entnehmen		= pack *vt*; crowd *vt*; compress *vt*; condense *vt*
≠ auffüllen; entpacken		≠ pad; unpack
Verdichtung *nf*	DAT.MA	**compression** *n*
= Kondensierung *nf*; Kompression *nf*; Kompaktierung *nf*; Konzentration *nf*		= compaction *n*; condensation *n*; reduction *n*; concentration *n*; crowding *n*; packing *n*
↓ Datenverdichtung		↓ data compression
Verdichtung *nf*	SCIE	**condensation** *n*
[fig]		[fig]
= Kondensierung *nf*; Kompression *nf*		= compaction *n*; compression *n*; aggregation *n*
Verdichtung *nf*	PHYS	→ **compression** *n*
→ Kompression *nf*		
Verdichtungsalgorithmus *nm*	SW	→ **compacting algorithm**
→ Kompaktierungsalgorithmus *nm*		
Verdichtungskarte *nf*	HW	→ **compression board**
→ Kompressionskarte *nf*		
Verdienst *nm*	ECON	**earnings** *nplt* (1)
[durch Arbeit]		[by work]
↑ Einkommen		↑ income
↓ Lohn; Gehalt		↓ wage; salary

verdoppeln MATH **duplicate** *vt*
↑ vervielfachen = double ↑ multiplicate

Verdoppelung *nf* MATH **duplication** *n*
= Doppelung *nf*; Duplizierung *nf* ↑ Vervielfachung = doubling ↑ multiplication

Verdoppelungstemperatur *nf* MICR.EL **doubling temperature**

Verdopplerschaltung *nf* CIRC.EN **doubler circuit**
↓ Spannungsverdoppler; Frequenzverdoppler = doubler ↓ voltage doubler; frequency doubler

verdrahten EQP.EN **wire** *vt* (1)
≈ verkabeln; anschließen ≈ cable *vt* (1); connect *vt*

verdrahtet EQP.EN **wired**
≈ verkabelt ≠ unverdrahtet ≈ cabled ≠ unwired

verdrahtet DAT.PR → **hardwired** *adj*
→ festverdrahtet

verdrahtete Logik DAT.PR **wired logic**

verdrahtetes ODER MICR.EL **wired OR**
= Phantom-ODER

verdrahtetes Programm SW → **fixed program**
→ Festprogramm *nn*

Verdrahtung *nf* MICR.EL **wiring** *n*
= interconnect; interconnection

Verdrahtung *nf* EQP.EN **wiring** *n*
≈ Verkabelung ≈ cabling

Verdrahtungplan *nm* EL.TEC → **wiring diagram**
→ Bauschaltplan *nm*

Verdrahtungsebene *nf* MICR.EL **wiring level**
= interconnect level

Verdrahtungsfehler *nm* EQP.EN **wiring error**

Verdrahtungsfeld *nn* EQP.EN **wiring board**
= Verdrahtungsplatte *nf* = wiring matrix

Verdrahtungskamm *nn* EQP.EN **fanning strip**
= Drahtführungskamm *nm* = fanning comb

Verdrahtungskanal *nm* MICR.EL **wiring channel**
= interconnect channel

Verdrahtungslage *nf* MICR.EL **wiring layer**
= interconnect layer

Verdrahtungsliste *nf* EQP.EN → **wire list**
→ Drahtliste *nf*

Verdrahtungsmuster *nn* EL.TRO **wiring pattern**
[Leiterplatte] [PCB] = conductive pattern

Verdrahtungsplatte *nf* EQP.EN → **wiring board**
→ Verdrahtungsfeld *nn*

Verdrahtungsprüfung *nf* MANUF **wiring test**

Verdrahtungsrahmen *nm* MANUF **wiring frame**

Verdrahtungsschema *nn* EL.TRO → **circuit diagram**
→ Stromlaufplan *nm*

Verdrahtungsseite *nf* EL.TRO → **solder side**
→ Lötseite *nf*

Verdrahtungunterlage *nf* EL.TEC → **wiring diagram**
→ Bauschaltplan *nm*

verdrallen TECH → **twist** *vt*
→ verdrillen

verdrallt TECH → **twisted**
→ verdrillt

Verdrallung *nf* TECH → **twist** *n*
→ Verdrillung *nf*

verdrängen INF.TEC → **preemt**
→ vordrängen *vr*

verdrehen MECH → **twist** *vt*
→ verwinden *vt*

verdrehen MECH **distort** *vt*
≈ drehen; verbiegen [twist out of normal position] ≈ deform

Verdrehung *nf* MECH **distortion** *n*
≈ Drehung ≈ tortion

Verdrehungsbelastung *nf* MECH **torsion load**

Verdrehungsfestigkeit *nf* MECH → **torsional strength**
→ Torsionsfestigkeit *nf*

Verdrehungsschwingung *nf* MECH → **torsional wave** (1)
→ Torsionsschwingung *nf*

Verdrehungsspannung *nf* MECH **torsional stress**

verdreifachen MATH **triplicate**
↑ vervielfachen = triple; treble ↑ multiplicate

Verdreifachung *nf* MATH **triplication** *n*
↑ Vervielfachung = trebling ↑ multiplication

verdrillen TECH **twist** *vt*
[von Fäden, Drähten] = verdrallen; zusammendrehen ≈ verwinden [threads, wires] ≈ twist

verdrillt TECH **twisted**
= verdrallt; gedrallt; verwunden; geschränkt

verdrillte Leitung LINE TH **twisted line**

verdrilltes Aderpaar COM.CAB **twisted pair**
= verdrilltes Paar ↑ symmetrisches Aderpaar ↑ symmetric pair

verdrilltes Paar COM.CAB → **twisted pair**
→ verdrilltes Aderpaar

Verdrillung *nf* MECH → **twist** *n* (1)
→ Verwindung *nf*

Verdrillung *nf* TECH **twist** *n*
= Verdrallung *nf*

verdunkeln TECH **dim** *vt*
= abdunkeln

verdünnen (1) TECH **dilute** *vt*
[Flüssigkeit] ↓ verwässern ↓ water

verdünnen (2) TECH **thin** *vt*
[einen Festkörper dünner machen] ≠ to make thin a solid body

verdünnen (3) TECH **rarefy** *vt*
[Gas] = rarify

Verdünner *nm* CHEM → **diluent**
→ Verdünnungsmittel *nn*

verdünnt (1) TECH **diluted** *adj*
[Flüssigkeit] [liquid]

verdünnt (2) TECH **thinned** *adj*
[Festkörper] [solid boby]

verdünnt (3) TECH **rarefied** *adj*
[Gas] [gas]

verdünnte Gruppenantenne ANT **thinned antenna array**

Verdünnung *nf* (1) TECH **dilution** *n*
[Flüssigkeit] ↓ Verwässerung ↓ watering

Verdünnung *nf* (2) TECH **thinning** *n*
[eines Festkörpers] [of a solid body]

Verdünnung *nf* (3) TECH **rarefaction** *n*
[Gas] [gas]

Verdünnungsmittel *nn* CHEM **diluent**
= Verdünner *nm* ≈ Lösungsmittel = thinner *n* ≈ solvent

verdunsten PHYS **volatilize**
[langsam verdampfen] = verflüchtigen ↑ verdampfen [evaporate slowly] ↑ evaporate

Verdunstung *nf* PHYS **volatilization** *n*
[langsame Verdampfung] = Flüchtigkeit *nf* ↑ Verdampfung = slow evaporation ↑ evaporation

veredeln TECH → **improve** *vt*
→ verbessern

veredelt TECH → **enhanced**
→ verbessert

Veredelung *nf* TECH → **improvement** *n*
→ Verbesserung *nf*

Veredelungsverkehr *nm* ECON **value-adding operation**
= processing traffic

vereidigter Übersetzer ECON **sworn translator**

vereinbaren COLL **agree**
= abmachen; übereinkommem; stipulieren = stipulate; convene

vereinbaren SW **declare** *vt*
= deklarieren

Vereinbarung *nf* COLL **agreement** *n* (1)
= Abmachung *nf*; Übereinkommen *nn*; Übereinkunft *nf*; Abkommen *nn*; Abrede *nf*; Stipulation *nf*; Verständigung *nf* = stipulation *n*; deal *n*; arrangement *n* (2); convention *n*

Vereinbarung *nf* SW **declaration** *n*
[Zuordnung von Kennzeichnern zu Informationen] = Deklaration *nf*; Konvention *nf* ↑ Anweisung (1) ↓ Datendeklaration; Datentypdeklaration; Variablendeklaration; Vereinbarungsanweisung [binding of an identifier to an information] = declarative statement ↑ statement (1) ↓ data declaration; data type declaration; variable declaration; declarative statement

Vereinbarungsanweisung *nf* COMP.LG **declarative statement**
[explizite Form einer Vereinbarung] ↑ Vereinbarung [explicit declaration] = declare statement; declarative *n* ↑ declaration

Vereinbarungsbereich *nm* SW **declarative area**

Vereinbarungspaket *nn* ECON **package deal**

Vereinbarungssymbol *nn* COMP.LG **declarator** *n*
= Vereinbarungszeichen *nn*; Deklarator *nm* = declarative character

Vereinbarungsteil *nm* COMP.LG **declarative section**
= declarative part; declaration section; declaration part

Vereinbarungszeichen *nn* COMP.LG → **declarator** *n*
→ Vereinbarungssymbol *nn*

Verein Deutscher Ingenieure TECH → **VDI**
→ VDI

vereinfachen COLL **simplify** *vt*
≠ komplizieren ≠ complicate
↓ simplifizieren ↓ oversimplify

Vereinfachung *nf* COLL **simplification** *n*
≈ Vereinheitlichung ≈ unification
≠ Komplizierung ≠ complication
↓ Simplifizierung ↓ oversimplification

vereinheitlichen TECH **uniform** *vt*
≈ standardisieren; vereinfachen = unitize; unify
≈ standardize; simplify

vereinheitlicht COLL **uniformed** *adj*
= uniformiert; uniform = unitized; unified
≈ einheitlich; einförmig ≈ unitary; uniform

Vereinheitlichung *nf* TECH **unification** *n*
≈ Standardisierung; Vereinfachung; Uniformierung [COLL] = uniformity *n*
≈ standardization; simplification

vereinigen DAT.MA → **merge** *vt*
→ mischen *vt*

vereinigen COLL **unite** *vt*
= unify

Vereinigung *nf* DAT.MA → **merging** *n*
→ Mischen *nn*

Vereinigung *nf* DAT.MA → **relational operator** *n*
→ relationaler Operator

Vereinigung *nf* DAT.CO **reassembling** *n*

Vereinigung *nf* COLL **unification** *n*
= Zusammenschluss *nm* = union *n*; merger *n*

Vereinigung *nf* MATH → **union of sets**
→ Vereinigungsmenge *nf*

Vereinigungsklasse *nf* SW **merging class**
[OOP] [OOP]

vereinigungskompatibel DAT.MA **union-compatible** *adj*
[mit gleicher Anzahl von Feldern gleichen Wertetyps] [with the same number of fields with the same types of values]

Vereinigungskompatibilität *nf* DAT.MA **union compatibility** *n*

Vereinigungsmenge *nf* MATH **union of sets**
[Mengentheorie] [theory of sets]
= Vereinigung *nf* = union *n*

vereinnahmen TECH → **collect** *vt*
→ einsammeln

vereinzeln TECH **dismember** *vt*
≈ zerstückeln ≈ fragment

vereinzelt TECH **isolated**
≈ einzelner; individueller ≈ single; individual

Vereinzelung *nf* TER&PER **separation** *n*
[von Papier] [of paper]

vereisen TECH **ice-up**

Vereisung *nf* TECH **icing-up** *n*

vereiteln COLL **baffle** *vt*

verengen TECH **constrict** *vt*
≈ zusammenziehen; schrumpfen ≈ contract; shrink

Verengen *nn* METAL **reducing**
= Reduzieren *nn*

Verengung *nf* TECH **constriction** *n*
≈ Schrumpfung ≈ contraction

vererben SW **inherit** *vt*
[objektorientierte Programmierung] [object-oriented programming]

vererbter Code SW → **inheritance code**
→ Vererbungscode *nm*

Vererbung *nf* SW **inheritance** *n*
[OOP; Objekte können Attribute u. Vehalten übergeordneter Objekte übernehmen] [OOP; objects can acquire attributes and behaviour of superior object classes]
↓ Einfachvererbung; Mehrfachvererbung ↓ simple inheritance; multiple inheritance

Vererbungscode *nm* SW **inheritance code**
[OOP; ein Satz Attribute] [OOP; a set of attributes]
= vererbter Code

Verfahren *nn* ECON **proceedings** *nplt* (1)
[gerichtlich] [judicial]
= Prozess *nm* = case *n*

Verfahren *nn* TECH **procedure** *n*
= Prozess *nm* (2) = process *n* (1)
≈ Methode; Technik (2); Ablauf; Vorgang ≈ method; sequence of operation; operation (2)

verfahrenbegrenzt TECH **process-bound** *adj*
= verfahrengebunden; prozessbegrenzt; prozessgebunden = process-limited

verfahrengebunden TECH → **process-bound** *adj*
→ verfahrenbegrenzt

verfahrensorientiert COMP.LG → **procedural** *adj*
→ prozedural

verfahrensorientierte Programmiersprache COMP.LG → **high-level programming language**
→ problemorientierte Programmiersprache

verfahrensorientierte Programmiersprache COMP.LG → **procedure-oriented programming language**
→ prozedurorientierte Programmiersprache

verfahrensorientierte Sprache COMP.LG → **procedure-oriented programming language**
→ prozedurorientierte Programmiersprache

Verfahrenspatent *nm* ECON **process patent**

Verfahrenstechnik *nf* TECH **process engineering**

Verfahrenswissen *nn* ART.IN **procedural knowledge**
= prozedurales Wissen; Regelwissen *nn* ≠ factual knowledge
≠ Tatsachenwissen

Verfall *nm* ECON **expiration** *n*
= Ablauf *nm*; Erlöschen *nn* = expiry; maturity

Verfalldatum *nn* ECON → **expiry date**
→ Verfallsdatum *nn*

Verfalldatum *nn* ECON → **due time**
→ Fälligkeit *nf*

verfallen ECON **expire**

verfallenes Patent ECON → **expired patent**
→ abgelaufenes Patent

Verfallsdatum *nn* ECON **expiry date**
= Verfallstag *nm*; Verfalltag *nm*; Verfalldatum *nn* = due date; maturity date

Verfallsdatum *nn* INF.TEC **expiration date**

Verfallstag *nm* ECON → **expiry date**
→ Verfallsdatum *nn*

Verfalltag *nm* ECON → **expiry date**
→ Verfallsdatum *nn*

Verfalltag *nm* ECON → **due time**
→ Fälligkeit *nf*

verfälschen DAT.MA → **corrupt** *vt*
→ ungewollt verfälschen

verfälschen TELEC → **mutilate**
→ verstümmeln

verfälschte Daten DAT.MA **corrupted data**
= dirty data

verfälschtes Signal INF.TEC **alias** *n*
= alterated signal

Verfälschung *nf* TELEC → **mutilation** *n*
→ Verstümmelung *nf*

Verfärbung *nf* TECH **discoloration** *n*
= staining *n*

verfassen LING **author** *vt*
≈ redigieren ≈ redact

verfassen INF.TEC → **author** *vt*
→ Computerprogramm schreiben

Verfassen *nn* LING **authoring** *n*

Verfassen *nn* COMP.AP **authoring** *n*
[Programmierung in HyperCard (Macintosh)] [programming in HyperCard (Macintosh)]

Verfasser *nm* LING **author** *n*
= Autor *nm*; Author *nm* (err) (ANGL) ≈ redactor
≈ Redakteur

Verfasserin *nf* LING **authoress** *n*
= Autorin *nf*

Verfassung *nf* [COLL] TECH → **state** *n*
→ Zustand *nm*

Verfechter *nm* COLL **partisan** *n*
[fig] [fig]
= Verteidiger *nm* = defender *n*; champion *n*; advocate *n*

verfehlen COLL **miss** *vt*
= verpassen

verfeinert TECH → **enhanced**
→ verbessert

Verfeinerung *nf* TECH → **improvement** *n*
→ Verbesserung *nf*

verfilmen *vt* CINEMA **screen** *vt*
= make a screen version of

Verfilmung *nf* CINEMA **screening** *n*
= screen version; film version; adaption to screen; adaption to film

verflechten *vt* TECH **interlace** *vt*
≈ verschachteln; verzahnen; verschränken
= lace *vt* (2)
≈ interleave; gear; cross

Verflechtung *nf* TECH **interlacement** *n*

Verflechtung *nf* TECH → **netting** *n*
→ Geflecht *nn*

verfliesen COMP.GR **tile** *vt*
[Bildelemente ohne Überlappung oder Lücke aneinander reihen]
= fliesen; kacheln
[to join picture elements without overlapping or gaps]

Verfliesung *nf* COMP.GR **tiling** *n*
= Fliesung *nf*

verflochtene Datenbank DAT.MA **plex database**
[allows data items to be linked]

verflochtene Struktur INF.TEC **plex structure**

verflochtene Unternehmen ECON **interlinked enterprises**
= interlocked enterprises

verflüchtigen PHYS → **vaporize**
→ verdampfen

verflüchtigen PHYS → **volatilize**
→ verdunsten

verflüssigen PHYS **liquify**
≈ schmelzen
≈ melt

verflüssigen ECON **realize**

Verflüssigung *nf* PHYS **liquefaction** *n*
≈ Schmelzen
≈ melting

verfolgen TECH **trace** *vt*

verfolgen COLL **pursue** *vt*
≈ folgen
= prosecute
≈ follow

verfolgen *vt* COLL → **follow-up** *vt*
→ nachfassen (fig)

Verfolgung *nf* TECH **tracing** *n*

Verfolgungsfahrt *nf* CINEMA **forward tracking shot**
[Kamera fährt hinterher]
[camera follows moving object]
= forward tracking

Verfolgungsradar *nm&nn* (*pl* -e) RAD.LO → **tracking radar**
→ Zielverfolgungsradar *nm&nn* (*pl* -e)

Verfolgungsstrahl *nm* RAD.LO **tracking beam**

verformen *vt* TECH **deform** *vt*
= strain *vt*

Verformung *nf* TECH **deformation** *n*
= Deformation *nf*; Formänderung *nf*; Gestaltsänderung *nf*
≈ Verdrehung
= strain *n*
≈ distortion

verfrachten, versenden ECON → **dispatch** *vt*
→ spedieren

Verfrachter *nm* ECON → **forwarding agent**
→ Spediteur *nm*

Verfrachtung *nf* ECON → **dispatch** *n*
→ Spedition *nf* (1)

Verfrachtung *nf* ECON → **dispatch** *n* (AE)
→ Versand *nm*

verfrüht COLL → **premature** *adj*
→ vorzeitig

verfügbar COLL **available**
≈ frei; vorhanden; vorrätig
≈ free; existent; in stock

verfügbare Bitrate TELEC **ABR**
[ATM]
= Available Bit Rate

Verfügbarkeit *nf* QUAL **availability** *n*
= disponibility; operation ratio; up-time ratio; UTR

Verfügbarkeit *nf* SWITCH → **accessibility** *n*
→ Erreichbarkeit *nf*

Verfügbarkeitsdauer *nf* SWITCH **accessibility time**
= availability time

Verfügbarkeitsgrad *nm* TECH **degree of availability**
= availability ratio

verfügen, über COLL **dispose, of** *vt*
≈ benutzen
≈ use

Verfügungsrahmen *nm* ECON → **disposal credit**
→ Dispositionskredit *nm*

Verfünfachung *nf* MATH **quintuplication** *n*

verfünffachen *vt* MATH **quintuplicate** *vt*
↑ vervielfachen
= quintuple *vt*
↑ multiplicate

Vergabe *nf* ECON → **award** *n* (1)
→ Zuschlag *nm* (2)

vergangen COLL **past**
= zurückliegend
= gone

Vergangenheit *nf* LING **past tense**
↓ Imperfekt; Perfekt; Plusquamperfekt
= past *n*
↓ simple past; present perfect; past perfect

vergänglich TECH → **unstable** *adj*
→ instabil

vergasen PHYS **gasify**
[in Gas wandeln]
[to convert into gas]

Vergasung *nf* PHYS **gasification** *n*

Vergebührung *nf* TELEC → **tax charging**
→ Gebührenverrechnung *nf*

Vergebührung *nf* SWITCH → **tax metering**
→ Gebührenzählung *nf*

Vergebührungssperre *nf* SWITCH **charging prevention**

Vergebührungszeitraum *nm* ECON → **billing period**
→ Abrechnungszeitraum *nm*

vergehen PHYS → **elapse** *vi*
→ ablaufen *vi*

Vergehen *nn* LAW → **offense** *n* (AE)
→ Verstoß *nm*

vergeuden ECON → **waste** *vt*
→ verschwenden *vt*

Vergeudung *nf* ECON → **waste** *n*
→ Verschwendung *nf*

Vergeudung *nf* DAT.PR → **thrashing** *n*
→ Verschwendung *nf*

vergießen COLL → **spill** *vi*
→ verschütten

Vergiftung *nf* TECH → **contamination** *n*
→ Verunreinigung *nf*

vergilben TECH **yellow** *vi*

vergilben TECH **yellowing**

Vergleich *nm* COLL **comparison** *n*
≈ Juxtaposition [SCIE]
= collation *n*
≈ juxtaposition [SCIE]

Vergleich *nm* ECON **settlement**
= composition *n*

Vergleich *nm* SW → **comparing operation**
→ Vergleichsoperation *nf*

vergleichbar COLL **comparable** *adj*
= komparabel

Vergleichbarkeit *nf* COLL **comparability** *n*
≈ Ähnlichkeit
= comparableness *n*
≈ similarity

vergleichen COLL **compare**
≈ nebeneinaderstellen
= collate
≈ juxtapose

vergleichen DAT.MA **compare** *vt*

vergleichend SCIE **comparative** *adj*

Vergleicher *nm* CONTRO → **summation element**
→ Summierglied *nn*

Vergleicher *nm* CIRC.EN **comparator** *n*
= Vergleichsschaltung *nf*; Komparator *nm*
≈ Differenzverstärker
= comparator circuit; comparation circuit
≈ difference amplifier

Vergleicherregister *nn* DAT.PR → **comparison register**
→ Vergleichsregister *nn*

Vergleichkontrolle *nf* CODING → **odd-even ckeck**
→ Paritäts-/Imparitätskontrolle *nf*

Vergleichsantenne *nf* ANT → **reference antenna**
→ Bezugsantenne *nf*

Vergleichsausdruck *nm* SW **relational expression**
[enthält Vergleichsoperatoren]
[contains relational operators]

Vergleichsbefehl *nm* SW **comparing instruction**
↑ logischer Befehl
↑ logic instruction

Vergleichsbrücke *nf* INSTR **comparison bridge**

Vergleichsergebnis *nn* SW **comparison result**

Vergleichsfrequenz *nf* INSTR → **standard frequency**
→ Normalfrequenz *nf*

Vergleichslogik *nf* CIRC.EN **comparison logic**

Vergleichsmerkmal *nn* DAT.MA **collating significance**

Vergleichsmessung *nf* INSTR **comparison measurement**

Vergleichsmethode *nf* INSTR **comparison method**
= Vergleichsverfahren *nn*
= reference method

Vergleichsmuster *nn* TECH **reference sample**

Vergleichsoperation *nf* SW **comparing operation**
= Vergleich *nm*
= comparison *n*

Vergleichsoperator *nm* LOGIC **relational operator**
[Symbole: =; >; <; ≥; ≤]
[symbols: =; >; <; ≥; ≤]

↑ logischer Operator = comparison operator; comparator ↑ logic operator

Vergleichsoperator *nm* COMP.SC → **logical operator**
→ logischer Operator

Vergleichspeilung *nf* RAD.LO **directional direction finding**

Vergleichsprogramm *nn* SW **comparator** *n*

Vergleichsprüfung *nf* TECH → **comparison check**
→ Vergleichstest *nm*

Vergleichsregister *nn* DAT.PR **comparison register**
= Vergleicherregister *nn*

Vergleichsschaltung *nf* CIRC.EN → **comparator** *n*
→ Vergleicher *nm*

Vergleichsspannung *nf* EL.TRO **reference voltage**
= Referenzspannung *nf*

Vergleichsspannungsröhre *nf* EL.TRO **reference voltage tube**

Vergleichsstelle *nf* CONTRO **summing point**
[bildet aus Führungsgröße und gemessene Regelgröße die Regeldifferenz] [derives the actuating signal from reference input signal and feedback signal]

Vergleichstelle *nf* INSTR → **cold junction**
→ Kaltlötstelle *nf*

Vergleichstest *nm* TECH **comparison check**
= Vergleichsprüfung *nf* = comparator check; comparison test; comparator test; cross validation

Vergleichsverfahren *nn* INSTR → **comparison method**
→ Vergleichsmethode *nf*

Vergleichsverknüpfung *nf* LOGIC → **Boolean operation**
→ boolesche Verknüpfung

Vergleichswert *nm* TECH **reference value** (2)
= comparison value

Vergnügung *nf* MEDIA → **entertainment** *n*
→ Unterhaltung *nf*

vergolden *vt* METAL **gold-plate** *vt*
↑ galvanisieren = gild *vt* ↑ electroplate

Vergoldung *nf* METAL **gold cladding** *n*
↑ Galvanisierung = gold plating (2); gilding *n* ↑ galvanization

vergraben OUT.PL → **bury**
→ eingraben

vergrabener Kontakt MICR.EL **buried contact**

vergrabene Schicht MICR.EL **buried layer**
= Einbettungsschicht *nf* = buried diffused layer

Vergrabung *nf* OUT.PL **burial** *n*

vergriffen *adj* ECON **sold-out**
= ausverkauft

vergrößern *vt* OPT **enlarge** *vt*
= magnify

vergrößern *vt* COMP.GR **scale-up** *vt*
↑ skalieren ↑ scale

vergrößern *vt* PHOT **enlarge** *vt*
= erweitern (2) = amplify; increase; augment; blow-up
≠ verkleinern ≠ reduce (2)
↓ verbreitern; vertiefen ↓ widen; deepen

Vergrößerung *nf* OPT **magnification** *n*

Vergrößerung *nf* PHOT **enlargement**

Vergrößerung *nf* TECH **enlargement** *n*
≈ Zuwachs; Erweiterung = magnification *n*; amplification *n*; augmentation *n*
≠ Verkleinerung ≈ increment; expansion ≠ reduction

Vergrößerungsapparat *nm* PHOT **enlarger**

Vergrößerungsglas *nn* OPT → **magnifying glass**
→ Lupe *nf*

Vergrößerungswert *nm* MATH → **augmenter**
→ Vermehrungswert *nm*

Vergünstigung *nf* ECON **privilege**
= benefit *n*

Vergussmasse *nf* TECH → **sealing material**
→ Dichtungsmasse *nf*

vergüten TECH → **improve** *vt*
→ verbessern

vergüten METAL → **heat-treat**
→ warmbehandeln

vergüten *vi* ECON **remunerate**
≈ erstatten

Vergütung *nf* ECON **remuneration** *n*
≈ Rückerstattung ≈ refund

Vergütung *nf* TECH → **improvement** *n*
→ Verbesserung *nf*

Vergütung *nf* ECON → **consideration** *n*
→ Gegenleistung *nf*

Vergütung *nf* [METAL] TECH → **heat treatment**
→ Warmbehandlung *nf*

Vergütungsschicht *nf* MICR.EL **melioation layer**

Verhalten *nn* TECH **response** *n*
= Antwort *nn*; Ansprechverhalten *nn* = response action; behaviour
≈ Betriebsart ≈ operating mode

verhalten *vi* TECH **behave** *vi*
[v.r.] ≈ function
≈ funktionieren

Verhaltensmuster *nn* COLL **behavioral pattern**

Verhältnis *nn* MATH → **ratio** *n*
→ Bruch *nm* (1)

Verhältnisdemodulator *nm* CIRC.EN → **ratio detector**
→ Verhältnisdiskriminator *nm*

Verhältnisdiskriminator *nm* CIRC.EN **ratio detector**
[FM-Demodulator] [FM demodulator]
= Verhältnisdemodulator *nm*; Verhältnisgleichrichter *nm*; Ratiodetektor *nm*

Verhältnisgenauigkeit *nf* INSTR **ratio accuracy**

Verhältnisgleichrichter *nm* CIRC.EN → **ratio detector**
→ Verhältnisdiskriminator *nm*

Verhältnisgleichung *nf* MATH **proportion** *n* (2)
[Gleichheit zweier Verhältnisse; a:b=c:d] [equality of two ratios; a:b=c:d]
= Proportion *nf* (2)

Verhältnisgröße *nf* PHYS **ratio of quantities**

Verhältnismesser *nm* INSTR → **ratio meter**
→ Quotientenmesser *nm*

Verhältnismessung *nf* INSTR **ratio measurement**
= Relationsmessung *nf*

Verhältnisregler *nm* CONTRO **ratio controller**

Verhältniswiderstand *nm* INSTR **ratio resistor**

Verhältniswort *nn* LING → **preposition** *n*
→ Präposition *nf*

Verhältniszahl *nf* MATH → **fractional number** *n*
→ Bruchzahl *nf*

verhandeln *vt* ECON **negotiate** *vt*
= bargain *vt*

Verhandlung *nf* ECON **negotiation** *n* (1)
= bargaining *n*

Verhandlungsgeschick ECON **negotiation skill**

Verhandlungsprotokoll *nn* ECON **minutes of negotiation**
≈ Besprechungsprotokoll ≈ minutes of meeting

Verhandlungsrunde ECON **negotiation round**

Verhandlungstisch *nm* ECON **conference table**
= Konferenztisch *nm*

verhärten TECH **harden**
= hartwerden = solidify

Verhärtung *nf* METAL → **hardening**
→ Härtung *nf*

Verhau *nm* COLL **entanglement** *n*
[slang]

verhindern COLL **impede** *vt*
≈ hindern; vorbeugen = prohibit *vt* ≈ hinder; prevent

verifizierbar COLL → **verifiable** *adj*
→ nachprüfbar

Verifizierbarkeit *nf* COLL → **verifiableness** *n*
→ Nachprüfbarkeit *nf*

verjährt LAW **superannuated** *adj*
= prescriptive

Verjährung *nf* ECON **prescription** *n* (2)
= period of limitation

Verjüngerung *nf* CINEMA **rejuvenation** *n*
[eines Filmbands] [of a film tape]

verjüngt MATH **tapered**
≈ kegelförmig [with gradual diminution of cross section or width] ≈ conical

Verjüngung *nf* MATH **taper** *n*
≈ Kegel = narrowing *n* ≈ cone

verkabeln EQP.EN **cable** *vt* (1)
≈ verdrahten; beschalten ≈ wire

verkabeln TELEC **cable** *vt*

verkabelt EQP.EN **cabled**
≈ verdrahtet ≈ wired
≠ unverkabelt ≠ uncabled

Verkabelung *nf* EQP.EN **cabling** *n*
≈ Verdrahtung ≈ wiring

Verkabelung *nf* TELEC **cabling** *n*
Verkabelung *nf* EL.TEC **wiring** *n*
= elektrische Verkabelung = electric wiring
Verkabelungplan *nm* EL.TEC → **wiring diagram**
→ Bauschaltplan *nm*
Verkabelungsplan *nm* SYS.INS → **cable layout**
→ Kabelführungsplan *nm*
Verkabelungsraum *nm* EQP.EN **cabling space**
verkalkulieren *vr* ECON **miscalculate**
= verrechnen (v.r.)
Verkämmung *nf* TECH → **interleaving** *n*
→ Verschachtelung *nf*
verkappt TECH → **encapsulated**
→ gekapselt
Verkappung *nf* COM.CAB **capping** *n*
Verkappung *nf* TECH → **encapsulation** *n*
→ Verkapselung *nf*
verkapseln TECH **encapsulate**
= kapseln ≈ inclose
≈ einschließen
Verkapselung *nf* TECH **encapsulation** *n*
= Kapselung *nf*; Verkappung *nf* = incapsulation *n*
Verkapselung *nf* SW **encapsulation** *n* (1)
[ein Modul zur gründlicheren Behandlung abtrennen] [to isolate a module for precise treatment]
Verkauf *nm* (1) ECON **sale** *n* (1)
[Tätigkeit] [the activity of selling]
= Absatz *nm*; Vertrieb *nm* (1); Akquisition *nf* (1) = selling *n*; sales activity
≈ marketing; alienation
Verkauf *nm* (2) ECON → **sales department** *n*
→ Vertriebsabteilung *nf*
verkaufen (1) ECON **sale** *vt*
≈ veräußern = sell *vt*; vend *vt*; commercialize *vt*
≈ alienate
verkaufen (2) ECON → **market** *vt*
→ vertreiben
Verkäufer *nm* (1) ECON **seller** *n*
[in einem Vetrieb] [in a sales organization]
= Vertriebsperson *nf* = vendor *n* (1); salesperson *n*; vender *n*
≈ Vertreiber; Händler ≈ distributor; dealer
↓ Vertriebsfrau; Vertriebsmann ↓ saleswoman; salesman
Verkäufer *nm* (2) ECON **clerck** *n* (2)
[im Einzelhandel] [retail trade]
verkäuflich ECON **salable**
≈ veräußerbar = vendible *adj*; vendable *adj*
≈ alienable
Verkaufsabteilung *nf* ECON → **sales department** *n*
→ Vertriebsabteilung *nf*
Verkaufsagent *nm* ECON → **sales agent**
→ Verkaufsvertreter *nm*
Verkaufsauftrag *nm* ECON **sales order**
Verkaufsautomat *nm* AUTOMA **vending machine**
= Warenautomat *nm*
Verkaufsförderung *nf* ECON → **sales promotion**
→ Akquisition *nf* (1)
Verkaufsgebiet *nn* ECON → **sales region**
→ Vertriebsgebiet *nn*
Verkaufskanal *nm* ECON → **sales channel**
→ Vertriebskanal *nm*
Verkaufsplatz *nm* TER&PER → **point-of-sale**
→ Kassenplatz *nm*
Verkaufspreis *nm* ECON **sales price**
↑ Preis = selling price
↑ price
Verkaufspreis, mittlerer ECON **selling price, average**
= ASP
Verkaufspunkt *nm* ECON **point of sales**
= Verkaufsstelle *nf* = outlet *n* (AE)
Verkaufsregion *nf* ECON → **sales region**
→ Vertriebsgebiet *nn*
Verkaufsrenner *nm* ECON → **sales hit**
→ Verkaufsschlager *nm*
Verkaufsschätzung *nf* ECON **sales estimates**
Verkaufsschlager *nm* ECON **sales hit**
= Verkaufsrenner *nm*; Renner *nm*; Spitzenreiter *nm*
Verkaufsstelle *nf* ECON → **point of sales**
→ Verkaufspunkt *nm*
Verkaufsvertreter *nm* ECON **sales agent**
= Verkaufsagent *nm* = commercial agent
↑ Vertreter ↑ agent

Verkehr *nm* TELEC **traffic** *n*
Verkehr *nm* DAT.CO → **data traffic**
→ Datenverkehr *nm*
Verkehrlenkung mit Zielsuche SWITCH **saturation routing**
Verkehrsabsperrung *nf* TRANSP **traffic block**
= Absperrung *nf*
Verkehrsabwicklung *nf* SWITCH **traffic handling**
= Verkehrsverwaltung *nf*
Verkehrsampel *nf* SIG.EN **traffic light**
= Ampel *nf*
Verkehrsanalyse *nf* TELEC **traffic analysis**
Verkehrsanfall *nm* TELEC → **traffic load**
→ Verkehrsbelastung *nf*
Verkehrsangebot *nn* SWITCH **offered traffic**
= Angebot *nn* ≈ incoming traffic
≈ kommender Verkehr
verkehrsarme Zeit TELEC → **slack traffic period**
→ verkehrsschwache Zeit
Verkehrsart *nf* TELEC **traffic type**
= traffic mode
Verkehrsaufkommen *nn* SWITCH → **traffic volume**
→ Verkehrsmenge *nf*
Verkehrsaufzeichnung *nf* SWITCH → **traffic data administration**
→ Verkehrsdatenerfassung *nf*
Verkehrsausgleich *nm* SWITCH **traffic compensation**
= Verkehrskompensation *nf*
Verkehrsausscheidungszahl *nf* SWITCH **prefix** *n*
[ein oder zwei Ziffern zum Ansteuern einer nationalen oder internationalen Fernvermittlung] [one or two digits to access to the trunk exchange or gateway exchanche]
= Verkehrsausscheidungsziffer *nf*; Zugangskennzahl *nf*; Zugangszahl *nf*; Zugangskennziffer *nf*; Zugangsziffer *nf*; Ausscheidungskennziffer *nf*; Ausscheidungsziffer *nf* = access code; access number; discrimination digit
Verkehrsausscheidungsziffer *nf* SWITCH → **prefix** *n*
→ Verkehrsausscheidungszahl *nf*
Verkehrsbelastung *nf* TELEC **traffic load**
= Verkehrsanfall *nm*; Belastung *nf* = traffic loading; traffic carried; traffic occupancy
Verkehrsbeobachtung *nf* SWITCH **traffic observation**
Verkehrsbeziehung *nf* TELEC **traffic relation**
Verkehrsdaten *nplt* SWITCH **traffic data**
Verkehrsdatenerfassung *nf* SWITCH **traffic data administration**
= Verkehrsaufzeichnung *nf* = traffic recording; traffic data collection; traffic statistics
Verkehrsdatenzähler *nm* SWITCH **traffic counter**
Verkehrsdurchsage *nf* SOUN.ME **traffic announcement**
= Verkehrsfunk *nm* = TA
Verkehrsformung *nf* TELEC → **traffic shaping**
→ Verkehrsgestaltung *nf*
Verkehrsfrequenz *nf* HF **working frequency**
Verkehrsfunk *nm* SOUN.ME → **traffic announcement**
→ Verkehrsdurchsage *nf*
Verkehrsfunkdecoder *nm* CONS.EL **traffic announcement decoder**
Verkehrsgestaltung *nf* TELEC **traffic shaping**
[ATM] [ATM]
= Verkehrsformung *nf*
Verkehrsgüte *nf* SWITCH **grade of service**
[durch die Bemessung der Anlage bedingte Qualität der Verkehrsabwicklung] [service quality depending from the dimensioning of the system]
= Vermittlungsgüte *nf*; Dienstgüte *nf* = GOS; grade of switching performance; service quality
↓ Verlust; Wartewahrscheinlichkeit ↓ loss; delay probability
Verkehrsgüteüberwachung *nf* SWITCH **grade-of-service monitoring**
Verkehrshinweis *nm* MEDIA **traffic announcement**
Verkehrskapazität *nf* SWITCH **traffic-handling capability**
= Verkehrsleistung *nf* = traffic capacity
Verkehrskategorie *nf* SWITCH **traffic category**
Verkehrsklasse *nf* TELEC **service type**
[ATM] [ATM]
= connection type
Verkehrskompensation *nf* SWITCH → **traffic compensation**
→ Verkehrsausgleich *nm*
Verkehrskonzentrator *nm* SWITCH **traffic concentrator**
Verkehrskonzentrator *nm* SWITCH → **remote concentrator**
→ Konzentrator *nm* (2)
Verkehrskonzentrierung *nf* TELEC **hubbing**
= Zusammenfassung *nf* = consolidation *n*
Verkehrsleistung *nf* SWITCH → **traffic-handling capability**
→ Verkehrskapazität *nf*

Verkehrsleitrechner *nm*	SIG.EN	→ **traffic control computer**
→ Verkehrsrechner *nm*		
Verkehrsleitsystem *nn*	SIG.EN	**traffic control system**
Verkehrsleittechnik *nf*	TECH	**traffic control engineering**
Verkehrslenkung *nf*	SWITCH	→ **routing** (1)
→ Leitweglenkung *nf*		
Verkehrsmatrix *nf*	SWITCH	**traffic matrix**
Verkehrsmenge *nf*	SWITCH	**traffic volume**
[Belegung x mittl. Belegungsdauer]		[seizure x holding time]
= Verkehrsvolumen *nn*; Verkehrsaufkommen *nn*;		= traffic amount
Gesprächsaufkommen *nn* [TELEPH]		
Verkehrsmenge gehend	SWITCH	**traffic volume outgoing**
Verkehrsmenge kommend	SWITCH	**traffic volume incoming**
Verkehrsmessdaten *nplt*	SWITCH	**traffic measurement data**
Verkehrsmessgerät *nn*	INSTR	**traffic measurement equipment**
Verkehrsmessgerät *nn*	SWITCH	→ **call-count meter**
→ Belegungszähler *nm*		
Verkehrsmesssystem *nn*	SWITCH	**traffic measurement system**
Verkehrsmessung *nf*	SWITCH	**traffic measurement**
Verkehrsministerium *nn*	PUB.ADM	**Ministry of Transport**
= Transportministerium *nn*		= M.O.T.
Verkehrsmittel *nn*	TECH	**transport means**
		= vehicle *n*
Verkehrsmodell *nn*	SWITCH	**traffic model**
Verkehrsmodellierung *nf*	SWITCH	**traffic modelling**
Verkehrsnachrichtenkanal *nm*	BROADC	**traffic message channel**
		= TMC
Verkehrspeiler *nm*	RAD.LO	**traffic control direction finder**
Verkehrspolizist	SIG.EN	**traffic warden** (BE)
Verkehrsquelle *nf*	SWITCH	**traffic source**
Verkehrsradar *nm&nn* (*pl* -e)	RAD.LO	**traffic control radar**
Verkehrsrechner *nm*	SIG.EN	**traffic control computer**
= Verkehrsleitrechner *nm*		= road traffic control computer; traffic computer
Verkehrsregelung *nf*	SIG.EN	**traffic control**
		= road traffic control
verkehrsreiche Zeit	TELEC	→ **heavy-traffic period**
→ verkehrsstarke Zeit		
Verkehrsrundfunk *nm*	MEDIA	**traffic audio broadcast**
verkehrsschwache Zeit	TELEC	**slack traffic period**
= verkehrsarme Zeit		= slack period; slack hours
Verkehrssenke *nf*	SWITCH	**traffic sink**
Verkehrssensor *nm*	TRANSM	**traffic sensor**
Verkehrssignalanlage *nf*	SIG.EN	**traffic signal system**
Verkehrssimulation *nf*	SWITCH	**traffic simulation**
Verkehrssimulator *nm*	SWITCH	**traffic simulator**
Verkehrsspitze *nf*	SWITCH	**traffic peak**
Verkehrsspitzenzeit *nf*	TELEC	→ **busy hour**
→ Hauptverkehrsstunde *nf*		
verkehrsstarke Zeit	TELEC	**heavy-traffic period**
= verkehrsreiche Zeit; Spitzenzeit *nf*; Stoßzeit *nf*		= heavy time; busy time; peak-traffic time
Verkehrsstau *nm*	TELEC	**traffic congestion** *n*
= Stau *nm*; Schlagbaumeffekt *nm*		= congestion *n*; traffic jam; turnpike effect
Verkehrsstruktur *nf*	SWITCH	**traffic structure**
Verkehrstechnik *nf*	TECH	**transportation engineering**
Verkehrsteilnehmer *nm*	SIG.EN	**road user**
Verkehrstelematik *nf*	INF.TEC	**traffic telematics**
= Transporttelematik *nf*		= transport telematic
Verkehrstheorie *nf*	TELEC	**traffic theory**
= Nachrichtenverkehrstheorie *nf*; Bedienungstheorie *nf*		
Verkehrsträger *nm*	TRANSM	**traffic carrier**
Verkehrsüberwachung *nf*	SWITCH	**traffic supervision**
Verkehrsumleitung *nf*	TELEC	→ **redirection** *n*
→ Umleitung *nf*		
Verkehrsumlenkung *nf*	TELEC	→ **redirection** *n*
→ Umleitung *nf*		
Verkehrsunternehmen	ECON	**passengers carrier**
↑ Transportunternehmen (2)		↑ carrier
Verkehrsverwaltung *nf*	SWITCH	→ **traffic handling**
→ Verkehrsabwicklung *nf*		
Verkehrsvolumen *nn*	SWITCH	→ **traffic volume**
→ Verkehrsmenge *nf*		
Verkehrsweg *nm*	SWITCH	**traffic route**
Verkehrsweg *nm*	CIV.EN	**traffic route**
Verkehrswegsuche *nf*	SWITCH	**traffic route searching**
		= route searching
Verkehrswert *nm*	ECON	→ **market value**
→ Marktwert *nm*		
Verkehrswert *nm*	SWITCH	**traffic intensity**
[Einheit: Erlang]		[unit: Erlang]
= Netzlast *nf*; Last *nf*; generierter Verkehr		= traffic flow; carried traffic; traffic density
Verkehrswert *nm*	ECON	**fair value**
Verkehrswert-Einheit *nf*	SWITCH	**traffic unit**
Verkehrsziel *nn*	SWITCH	**traffic destination**
verkehrter Schrägstrich	LING	→ **backslash** *n*
→ Gegenschrägstrich *nm*		
verketten	SW	**catenate** *vt*
[sequentiell anfügen]		[to add sequentially]
= anfügen		= concatenate; append
≈ mischen		≈ merge
verketten	TECH	**concatenate** *vt*
≠ entketten		= link; interlink; compress
		≠ decatenate
verkettet	DAT.MA	**chained**
= gekettet		= linked; threaded
verkettete Datei	DAT.MA	**chained file**
= Verkettungsdatei *nf*		= threaded file; linked file
verkettete Datenbank	DAT.MA	**chained data base**
		= threaded data base; linked data base
verkettete Datenliste	DAT.MA	→ **chained list**
→ verkettete Liste		
verkettete Liste	DAT.MA	**chained list**
[durch Zeiger verkettet]		[connected by pointers]
= verkettete Datenliste; verkettete Liste; Verkettungsliste *nf*; Kette *nf*		= threaded list; linked list; chain *n* (1); catena *n*
≈ Datenfeld (2)		≈ array (1)
↓ einseitig verkettete Liste; zweiseitig verkettete Liste; Ringliste		↓ singly linked list; doubly linked list; circular list
verkettete Liste	DAT.MA	→ **chained list**
→ verkettete Liste		
verketteter Baum	DAT.MA	**threaded tree**
= Strangbaum *nm*		
verketteter Datensatz	DAT.MA	**chained record**
= verketteter Satz; verbundener Datensatz		= chained data record; chained data set; concatenated record; concatenated data record; concatenated data set; catenated record; catenated data record; catenated data set
verketteter Satz	DAT.MA	→ **chained record**
→ verketteter Datensatz		
verketteter Schlüssel	DAT.MA	**concatenated key**
		= fully concatenated key; multifield key
verkettetes Signal	CODING	**concatenated signal**
verkettete Suche	DAT.MA	→ **chaining search**
→ Kettensuche *nf*		
verkettete Zelle	TELEC	**concatenated cell**
[ATM]		[ATM]
Verkettung *nf*	TECH	**concatenation** *n*
≠ Entkettung		= catenation *n*; linkage *n*; linking *n*; interlinking *n*; interlocking *n*; joining *n*
		≠ decatenation
Verkettung *nf*	LING	**concatenation** *n*
Verkettung *nf*	SW	**chaining** *n*
Verkettung *nf*	SW	→ **chaining** *n*
→ Kettung *nf*		
Verkettungsadresse *nf*	DAT.MA	→ **reference address**
→ Verweisadresse *nf*		
Verkettungsbefehl *nm*	SW	**chaining instruction**
		= chaining command
Verkettungsdatei *nf*	DAT.MA	→ **chained file**
→ verkettete Datei		
Verkettungsfluss *nm*	EL.SC	**linkage flux**
= magnetische Durchflutung		= magnetic loading
Verkettungsliste *nf*	DAT.MA	→ **chained list**
→ verkettete Liste		
Verkettungszeichen *nn*	LING	**concatenation symbol**
Verkettungszeiger *nm*	DAT.CO	**link pointer**
verkitten	TECH	**lute** *vt*
≈ dichten		≈ seal
verkleiden	TECH	**mask** *vt*
≈ zudecken		≈ cover (1)
verkleidet	COLL	**disguised** (fig)
[fig]		≈ covert
= verschleiert		
≈ verdeckt		

German	Domain	English
Verkleidung *nf* ≈ Abdeckung	TECH	**masking** *n* = trim *n* ≈ cover
Verkleinerer *nm* → Untersetzer *nm*	CIRC.EN	→ **reducer** *n*
verkleinern	OPT	**reduce** *vt* = down-size
verkleinern ↑ skalieren	COMP.GR	**scale-down** *vt* = down-scale; down-size ↑ scale
verkleinern [die Größe] ≈ vermindern ≠ vergrößern	TECH	**reduce** *vt* (2) [the size of something] = downsize *vt* (1); down-scale *vt* ≈ reduce (1) ≠ enlarge
Verkleinerung *nf*	OPT	**reduction** *n* [OPT]
Verkleinerung *nf* = Abbau *nm* (2) ≈ Verminderung; Abnahme; Schrumpfung ≠ Vergrößerung	TECH	**reduction** *n* (2) = diminution *n* (2); retrenchment *n*; cutback *n* (1); down-sizing *n* ≈ reduction (1); decrease; contraction
Verkleinerungsform *nf* → Diminutiv *nn*	LING	→ **diminutive** *n*
Verkleinerungsmaßstab *nm*	ENG.DRA	**reduction scale**
Verkleinerungsschaltung *nf* → Untersetzer *nm*	CIRC.EN	→ **reducer** *n*
Verklemmung *nf* [gegenseitige Blockierung von Prozessen, wobei jeder auf Eingaben des anderen wartet]	COMP.SC	**deadlock** *n* [mutual blocking of processes, each waiting for inputs from the other] = deadly embrace
verklinken → einrasten	EL.TRO	→ **latch** *vi*
Verklinkrelais *nn* → Haftrelais *nn*	COMPO	→ **remanent relay**
Verklinkspule *nf* → Einklinkspule *nf*	COMPO	→ **latching solenoid**
Verklinkung *nf*	TECH	**latching mechanism**
Verknappung *nf* → Knappheit *nf*	ECON	→ **shortage** *n*
verknüpfen → ketten	DAT.PR	→ **link** *vt* (1)
verknüpfen *vt* ≈ binden	DAT.MA	**bond** *vt* ≈ link-edit
verknüpfen *vt*	CIRC.EN	**link** *vt* = gate *vt*; combine *vt*
verknüpfendes Schaltungsglied → Verknüpfungsglied *nn*	CIRC.EN	→ **logic gate**
Verknüpfung *nf* = Funktion *nf*	CIRC.EN	**operation** *n* = connective; function
Verknüpfung *nf* [zusammengelegte Definition u. Speicherung zweier Datenelemente]	DAT.MA	**bonding** *n* [defining and storing two data items together]
Verknüpfung *nf*	COMP.AP	**shortcut** *n*
Verknüpfung *nf* → Kettung *nf*	SW	→ **chaining** *n*
Verknüpfung *nf* (1) → Reglerverknüpfung *nf*	CONTRO	→ **controller coupling**
Verknüpfung *nf* (2) → Übertragungsglieder-Verknüpfung *nf*	CONTRO	→ **transfer-elements combination**
Verknüpfungs- → Kombinations-	TECH	→ **combinational** *adj*
Verknüpfungsabfrage *nf* = Verknüpfungsoperation *nf* ↓ Gemeinsamkeitsabfrage; Nichtgemeinsamkeitsabfrage	DAT.MA	**join operation** ↓ inner join; outer join
Verknüpfungsadresse *nf* → Verweisadresse *nf*	DAT.MA	→ **reference address**
Verknüpfungsanweisung *nf* → logischer Befehl	SW	→ **logic instruction**
Verknüpfungsart *nf*	LOGIC	**operation mode**
Verknüpfungsattribut *nn* [OOP]	SW	**join attribute** [OOP]
Verknüpfungsbefehl *nm* → logischer Befehl	SW	→ **logic instruction**
Verknüpfungscode *nm*	DAT.CO	**interlock code**
Verknüpfungsdatei *nf*	DAT.MA	**join file** = link file
Verknüpfungsdichte *nf*	DAT.CO	**interconnecting density**
Verknüpfungsglied *nn* [realisiert Grundoperationen der Schaltalgebra] = Gatterschaltung *nf*; Gatter *nn*; Torschaltung *nf*; Tor *nn*; Verknüpfungsschaltung *nf*; logische Grundschaltung; Logikelement *nn*; Logikgatter *nn*; verknüpfendes Schaltungsglied; Schaltglied *nn*; Glied *nn*; Gate *nn* (ANGL) ≈ Logikschaltung ↑ Schaltnetz; Logikschaltung ↓ UND-Glied; ODER-Glied;	CIRC.EN	**logic gate** [performs basic logical operations] = logical gate; gate; logic element; logical element; switching element; gate circuit; gating circuit ≈ logic circuit ↑ combinatorial circuit; logic circuit ↓ AND gate; OR gate; exclusive OR gate; OT gate; NAND gate; NOR
Verknüpfungsintelligenz *nf* [Leistungsmerkmal zur Sicherstellung der korrekten Parametertypen für aufgerufene Routinen]	SW	**smart linkage** *n* [feature granting right parameter types for called routines]
Verknüpfungsoperation *nf* → Verknüpfungsabfrage *nf*	DAT.MA	→ **join operation**
Verknüpfungsoperator *nm* ↑ logischer Operator; Boole'scher Operator ↓ UND; ODER; EXKLUSIV ODER; WEDER-NOCH	COMP.SC	**Boolean operator** = Boolean connective ↑ logic operator ↓ AND; OR; XOR; NOR; NOT
Verknüpfungsoperator *nm* → logischer Operator	COMP.SC	→ **logical operator**
Verknüpfungsprogramm *nn* → Binderprogramm *nn*	SW	→ **linkage editor**
Verknüpfungspunkt *nm* [CAD]	SW	**connect node** [CAD]
Verknüpfungs-Schaltkreis *nm*	CIRC.EN	**glue logic**
Verknüpfungsschaltung *nf* → Verknüpfungsglied *nn*	CIRC.EN	→ **logic gate**
verknüpfungsslose Datei	DAT.MA	**flat file** (1) [with no linkage to other files]
Verknüpfungs-Software *nf* → Binder-Software *nf*	SW	→ **linkage software**
Verknüpfungssymbol *nn* → Operator *nm*	LOGIC	→ **operator** *n*
Verknüpfungssymbol *nn* [Kreis mit Zahl, zur Kennzeichnung unterbrochener Linien] = Übergangsstelle *nf*; Verbinder *nm*; Konnektor *nm*	SW	**connector symbol** *n* [circle with number, to identify interrupted lines] = connector *n*; connective *n*
verknüpfungssymbolfrei ≈ operandenlos	COMP.SC	**asyndetic** *adj* [without connectives] ≈ niladic
Verknüpfungstabelle *nf* [einer relationalen Datenbank, mit Attributen (Spalten) und Tupeln (Zeilen)] = Beziehungsmatrix *nf*	DAT.MA	**database table** [relating attributes (columns) and tuples (rows)] = relational table; relation chart
Verknüpfungstafel *nf* → Wahrheitstabelle *nf*	LOGIC	→ **truth table**
Verknüpfungstest *nm* → Verbindungstest *nm*	SW	→ **link trials**
Verknüpfungsvorschrift *nf* → Bindevorschrift *nf*	SW	→ **linkage specification**
Verknüpfungszeit *nf* → Bindezeit *nf*	SW	→ **link time** (1)
verkohlen [fig] = verarschen ≈ foppen	COLL	**spoof** *vt* [fig] ≈ hoax
verkohlen	TECH	**carbonize** = charr
verkratzter Film	IMAG.ME	**scratched film**
verkrüppelte Version → abgemagerte Version	TECH	→ **crippled version**
verkupfern ↑ galvanisieren	METAL	**copper-plate** *vt* ↑ electroplate
Verkupferung *nf* ↑ Galvanisierung	METAL	**copper plating** ↑ galvanizing
verkürzen	ENG.DRA	**foreshorten** *vt*
verkürzen → abkürzen	LING	→ **abbreviate** *vt*
verkürzen (1) [räumlich und figurativ] ≠ verlängern	COLL	**shorten** *vt* (1) [in space and figuratively] ≠ prolong ↑ reduce
verkürzen (2) [zeitlich]	COLL	**shorten** *vt* (2) [in time]
verkürzte Adressierung = Kurzadressierung *nf*	SW	**abbreviated addressing** = abbr-addr; short addressing
verkürzte Ansicht	ENG.DRA	**foreshortened view**
verkürzte Kennzahl ≈ Kurzrufnummer	SWITCH	**abbreviated code** (2) [abbreviation of region/country code]
verkürzter Dipol = Kurzdipol *nm*	ANT	**short dipole**

verkürzter Monopol ANT **short monopole**
verkürzter Schnitt CINEMA **jump cut**
verkürzter Schnitt IMAG.ME → **jump cut**
→ Kurzschnitt *nm*
Verkürzung *nf* ENG.DRA **foreshortening** *n*
Verkürzung *nf* COLL **shortening** *n*
≠ Verlängerung | ≠ prolongation
Verkürzungseffekt *nm* ANT → **end effect**
→ Endeffekt *nm*
Verkürzungsfaktor *nm* ANT **reduction factor**
Verladedokumente *nplt* ECON → **shipping documents**
→ Versandpapiere *nplt*
Verladepapiere *nplt* ECON → **shipping documents**
→ Versandpapiere *nplt*
Verladung *nf* ECON → **dispatch** *n* (AE)
→ Versand *nm*
Verladungsschein *nm* ECON → **way bill**
→ Frachtbrief *nm*
Verlag *nm* PRIN.ME **publishing house**
= Verlagshaus *nn*; Verlagsanstalt *nf*; Verlagsgesellschaft *nf* | = publishing company; publisher *n*
verlagern TECH **displace**
≈ verschieben; versetzen | ≈ shift; transpose
Verlagerung *nf* TECH **displacement** *n*
≈ Verschiebung; Versetzung | ≈ shifting; transposition
Verlagsanstalt *nf* PRIN.ME → **publishing house**
→ Verlag *nm*
Verlagsgesellschaft *nf* PRIN.ME → **publishing house**
→ Verlag *nm*
Verlagsgruppe *nf* PRIN.ME **editorial group**
Verlagshaus *nn* PRIN.ME → **publishing house**
→ Verlag *nm*
Verlagslektor *nm* PRIN.ME **publisher's reader**
↑ Lektor | ↑ reader
Verlagssprache *nf* COMP.LG **publication language**
[für Verlage geeignete Programmiersprache]
Verlagsstil *nm* PRIN.ME **house style**
Verlagsvermittler PRIN.ME **literary agency**
Verlagsvertrag *nm* PRIN.ME **publisher's contract**
Verlagswesen *nn* PRIN.ME **publishing**
verlängern COLL **prolong** *vt*
≠ verkürzen | = prolongate; lengthen; extend
≠ shorten
Verlängerung *nf* COLL **prolongation** *n*
≠ Verkürzung | = extension *n* (1); lengthening *n*
≠ shortening
Verlängerungsachse *nf* COMPO **extension spindle**
= shaft extension
Verlängerungshülse *nf* TECH **lengthening sleeve**
Verlängerungskabel *nn* EQP.EN **extension cord**
= Verlängerungsschnur *nf* | = extension lead; extension cable
Verlängerungsleitung *nf* TELEC **extension line**
↑ Dämpfungsglied [NETW.TH] | = extension pad
↑ attenuator [NETW.TH]
Verlängerungsschnur *nf* EQP.EN → **extension cord**
→ Verlängerungskabel *nn*
Verlängerungsstange *nf* TECH **lengthening bar**
verlangsamen TECH **decelerate** *vt*
≈ verzögern; bremsen | = slow-down
≈ delay; brake
verlangsamt TECH → **delayed**
→ verzögert
Verlangsamung *nf* TECH **deceleration** *n*
≈ Verzug | ≈ delay
verlassen SW → **exit** *vt*
→ aussteigen
verlassen SW → **terminate** *vt*
→ beenden
verlässliches System INF.TEC **reliable system**
Verlauf *nm* PHYS → **waveform** *n*
→ Schwingungsform *nf*
Verlauf *nm* MATH **course** *n*
↓ Kurvenverlauf | ↓ course of curve
Verlauf *nm* TECH → **temporal course** *n*
→ zeitlicher Verlauf
verlaufen COLL **take a course**
[ein Vorgang] | [an issue]
verlaufen TECH **run** *vi*
verlaufen TER&PER **bleed** *vi*
[Tinte] | [ink]
= zerfließen

Verlaufsform *nf* LING **progressive form**
= Aspekt *nm*; Aktionsart *nf* | [expresses action or state in progress at the time of speaking or spoken
Verlaufsform der Gegenwart LING → **present progressive**
→ Verlaufsform des Präsens
Verlaufsform der Vergangenheit LING → **past progressive**
→ Verlaufsform des Präteritums
Verlaufsform des Perfekts LING **present perfect progressive**
[z.B. ich habe (über eine Zeitdauer hinweg) gearbeitet] | [e.g. I have been working (for a certain time)]
= present perfect continuous
Verlaufsform des Plusquamperfekts LING **past perfect progressive**
[e.g. I had been working]
Verlaufsform des Präsens LING **present progressive**
= Verlaufsform der Gegenwart | [e.g. I am working]
= present continuous
Verlaufsform des Präteritums LING **past progressive**
= Verlaufsform der Vergangenheit | [e.g. I was working]
Verlaufsrichtung *nf* STATIS → **tendency** *n*
→ Tendenz *nf*
Verlautbarung *nf* ECON **declaration** *n*
= Deklaration *nf*; Vernehmlassung *nf* (CH)
Verlegeart *nf* OUT.PL **laying method**
Verlegegeschwindigkeit *nf* OUT.PL **laying speed**
Verlegelänge *nf* OUT.PL **laying length**
= Legelänge *nf*
Verlegemaschine *nf* OUT.PL **laying machine**
verlegen COLL → **adjourn** *vt*
→ vertagen *vt*
verlegen TECH → **transpose** *vt*
→ versetzen *vt*
verlegen OUT.PL **lay** *vt*
= auslegen; legen | ≈ bury
≈ eingraben
Verleger *nm* (Verlegerin *nf*) PRIN.ME **publisher** *n*
≈ Herausgeber *nm* (Herausgeberin *nf*) | = editor *n*
Verlegerecht *nn* OUT.PL → **right of way**
→ Wegerecht *nn*
Verlegerolle *nf* OUT.PL **laying roller**
Verlegerzeichen *nn* PRIN.ME → **signet** *n*
→ Signet *nn*
Verlegeschiff *nn* TELEC → **cable ship**
→ Kabellegeschiff *nn*
Verlegetechnik *nf* OUT.PL **laying technique**
= Legetechnik *nf*
Verlegetiefe *nf* OUT.PL **laying depth**
= Verlegungstiefe *nf*; Verlegetiefe *nf*; Legetiefe *nf*; Legungstiefe *nf*; Bettungstiefe *nf* | = burying depth; installation depth
≈ Überdeckung | ≈ covering depth
Verlegetiefe *nf* OUT.PL → **laying depth**
→ Verlegetiefe *nf*
Verlegung *nf* OUT.PL → **cable laying**
→ Kabelverlegung *nf*
Verlegung *nf* (1) COLL → **relocation** *n*
→ Verschiebung *nf* (1)
Verlegung *nf* (2) COLL → **adjournment** *n*
→ Vertagung *nf*
Verlegungstiefe *nf* OUT.PL → **laying depth**
→ Verlegetiefe *nf*
Verleih *nm* CINEMA → **film distribution**
→ Filmverleih *nm*
verleihen *vt* ECON **lend** *vt* (1)
[vorübergehend zur Verfügung stellen] | [to give for temporary use]
= ausleihen (2); borgen (1); leihen (1); vorstrecken | = loan *vt* (1); advance *vt*
≠ entleihen | ≠ borrow
Verleiher *nm* ECON **lender** *n* (1)
= Leiher *nm*; Borger *nm* (1) | [who gives]
≈ Gläubiger | ≈ creditor
≠ Entleiher | ≠ borrower
Verleih-Telefon *nn* TELEPH **loan phone**
Verleimgerät *nn* OFFICE **gluing machine**
= glueing machine
verleiten COLL **entice**
= verlocken | = induce
≈ irreführen; verwirren | ≈ mislead; bewilder
verlernen EDUC **unlearn** *vt*
verletzen CODING **violate**
verletzen COLL **infringe** *vt*
[fig; eine Regel, Gesetz] | [fig; a rule, law]
= verstoßen

Verletzung *nf* COLL **infringement** *n*
[fig] [fig]
= Verstoß *nm*

Verletzung *nf* CODING → **coding law violation**
→ Coderegelverletzung *nf*

verlocken COLL → **entice**
→ verleiten

verlorener Cluster DAT.MA **lost cluster**
[ohne Bezug auf eine Datei] [without relation to a file]

verlorener Verkehr SWITCH → **lost traffic**
→ Verlustverkehr *nm*

Verlust *nm* SWITCH **loss** *n*
[Maß der Verkehrsgüte von Verlustsystemen] [figure of grade of service for loss systems]
↑ Verkehrsgüte ↑ grade of service

Verlust *nm* ECON **loss** *n*
= forfeiture *n*

Verlust *nm* LINE TH → **attenuation** *n*
→ Dämpfung *nf*

Verlust *nm* (1) EL.TEC **loss** *n*

Verlust *nm* (2) EL.TEC → **dissipation power** *n*
→ Verlustleistung *nf*

verlustarm EL.TEC **low loss** *adj*
≈ verlustfrei ≈ loss-free
≠ verlustreich ≠ lossy

Verlustausgleich *nm* INF.TEC **loss compensation**
= Verlustkompensierung *nf* = loss balancing

verlustbehaftet EL.TEC **lossy**
≈ verlustreich ≈ high-loss
≠ verlustfrei ≠ loss-free

verlustbehaftete Komprimierung COMP.GR **lossy compression**

Verlustbelegung *nf* SWITCH → **lost traffic**
→ Verlustverkehr *nm*

Verlustfaktor *nm* EL.TEC **loss factor**
[Wirkleistung zu Betrag der Blindleistung; Tangens des Verlustwinkels] [active power to absolute value of reactive power; tangens of loss angle]
= dielektrischer Verlustfaktor; Tangens Delta *nm* = dissipation factor; dielectric loss factor; dielectric dissipation factor
≈ Verlustwinkel

Verlustfaktor-Messbrücke *nf* INSTR **loss factor bridge**
= Tangens-Delta-Messbrücke *nf* = dissipation factor bridge

Verlustfaktormesser *nm* INSTR **loss factor meter**
= Tangens-Delta-Messer *nm* = dissipation factor meter

Verlustfaktormessung *nf* INSTR **loss factor measurement**
= Tangens-Delta-Messung *nf* = dissipation factor measurement

verlustfrei EL.TEC **loss-free**
= verlustlos = lossless; zero-loss; dissipation free; dissipationless; zero-dissipation
≈ verlustarm ≈ low-loss
≠ verlustbehaftet ≠ lossy

verlustfreie Komprimierung COMP.GR **non-lossy compression**
= lossless compression

verlustfreie Leitung LINE TH → **zero-loss line**
→ verlustlose Leitung

verlustfreier Transformator COMPO → **zero-loss transformer**
→ verlustfreier Übertrager

verlustfreier Übertrager COMPO **zero-loss transformer**
= verlustfreier Transformator

verlustfreier Vierpol NETW.TH **lossless two-port**
= verlustloser Vierpol = lossless quadripole; loss-free two-port; loss-free quadripole

verlustfreies Netzwerk NETW.TH **loss-free network**

Verlustgeschäft *nn* ECON **losing bussiness**

Verlustkapazität *nf* NETW.TH → **equivalent capacitance**
→ Ersatzkapazität *nf*

Verlustkompensierung *nf* INF.TEC → **loss compensation**
→ Verlustausgleich *nm*

Verlustkondensator *nm* NETW.TH → **equivalent capacitance**
→ Ersatzkapazität *nf*

Verlustleistung *nf* EL.TEC **dissipation power** *n*
[in Wärme umgesetzte Wirkleistung] [active power converted into heat]
= Verlust *nm* (2) = leakage power; power dissipation; dissipation *n*; dissipation heat
≈ Wärmeableitung [PHYS] ≈ heat transfer [PHYS]
↑ Wirkleistung ↑ active power

verlustlos EL.TEC → **loss-free**
→ verlustfrei

verlustlose Antenne ANT **zero-loss antenna**
= zero-loss aerial

verlustlose Leitung LINE TH **zero-loss line**
= verlustfreie Leitung = lossless line

verlustloser Vierpol NETW.TH → **lossless two-port**
→ verlustfreier Vierpol

verlustreich EL.SC **high-loss** *adj*
≈ verlustbehaftet ≈ lossy
≠ verlustarm ≠ low-loss

verlustreiche Leitung LINE TH **lossy line**

Verlustsystem *nn* SWITCH **loss system**
[aus Spargründen mit begrenztem Aufwand dimensioniert] [system dimensioned for economic reasons with limited resources]

Verlustverkehr *nm* SWITCH **lost traffic**
= verlorener Verkehr; Verlustbelegung *nf* = loss traffic; lost calls

Verlustwahrscheinlichkeit *nf* SWITCH **loss probability**
= lost-call probability

Verlustwärme *nf* TECH **dissipated heat** *n*
≈ Abwärme = dissipation *n*
≈ wasted heat

Verlustwiderstand *nm* EL.TEC **loss resistance**
≈ Ersatzwiderstand ≈ equivalent resistance
≠ Gütefaktor ≠ Q factor

Verlustwiderstand *nm* ANT → **antenna loss resistance**
→ Antennenverlustwiderstand *nm*

Verlustwinkel *nm* EL.TEC **loss angle**
[Komplementärwinkel zu 90° zwischen Strom und Spannung; Winkel um den der Gesamtstrom dem Ladestrom nacheilt] [complementary angle to 90° between current and voltage]
≈ Verlustfaktor ≈ loss factor

Verlustzeit *nf* EL.TRO **loss time**

Vermächtnis *nn* LAW **bequest** *n*
[durch letzwillige Verfügung] = legacy *n*
= Legat *nn* ↑ inheritance
↑ Erbschaft

Vermächtnisdaten *nplt* DAT.MA → **legacy data**
→ Altdaten *nplt* (1)

Vermächtnisformat *nn* DAT.MA → **native format**
→ Ursprungsformat *nn*

Vermächtnissystem *nn* COMP.AP → **legacy system**
→ Altsystem *nn*

vermarkten ECON → **market** *vt*
→ vertreiben

Vermarktung *nf* ECON → **marketing** *n*
→ Marketing *nn*

Vermarktungskonzession *nf* ECON **franchise** *n* (2)

Vermarktungslebensdauer *nf* ECON **marketable life**

vermascht TELEC **meshed**
≈ vernetzt = intermeshed
≈ networked

vermaschtes Netz TELEC → **intermeshed network**
→ Maschennetz *nn*

vermaschte Topologie TELEC → **mesh topolgy**
→ Maschenstruktur *nf*

Vermaschung *nf* NETW.TH **intermeshing** *n*

Vermaschung *nf* TELEC **intermeshing** *n*
≈ Vernetzung = meshing *n*
≈ networking

vermehrbar ECON **duplicatable**

vermehren *vr* COLL **proliferate**

Vermehrung *nf* TECH **multiplication** *n*
= Vervielfachung *nf*

Vermehrungswert *nm* MATH **augmenter**
= Vergrößerungswert *nm* ↑ correction value
↑ Korrekturwert

vermeidbar COLL **avoidable**
= preventible

Vermerk *nm* LING **note** *n*
= Hinweis *nm* = entry *n*

Vermerk *nm* LING → **annotation** *n*
→ Anmerkung *nf*

vermessen TECH **measure** *vt*
[mit Maßen versehen] [put the measures]

vermessen GEOSC **survey** *vt*
[Land] [land]

Vermessungsamt *nn* ECON **land-surveying office**
= surveying office

vermieten ECON **hire out** *n*
[vorübergehend gegen Entgelt überlassen] [to let for temporary use for a fixed sum]
≈ verleihen = rent *vt* (2) (AE); hire *vt* (1); let *vt*
≠ mieten ≈ borrow

Vermieter *nm* ECON **letter** *n*
≠ Mieter [somebody who lends]
= lessor *n*
≠ lessee

Vermietung *nf*	ECON	**rental** *n* (1) = rent
vermindern = erniedrigen; abnehmen; dekrementieren ≠ erhöhen	COMP.SC	**decrement** *vt* = diminish; reduce ≠ increment
vermindern *vt* = mindern *vt*; reduzieren *vt*; abnehmen *vt*; verringern *vt*; zurückgehen *vt* (fig); kürzen *vt*; abfallen *vt* (fig) ≈ verkleinern; beeinträchtigen; schwinden ≠ zunehmen	TECH	**decrease** *vi&vt* = diminish *vt&vi*; reduce *vt&vi* (1); decline *vi&vt*; retrench *vi&vt* (expenses); fall *vi&vt*; impair *vt*; lessen *vt* ≈ reduce (2); impair; dwindle ≠ enlarge
Verminderung *nf* → Senkung *nf*	COLL	→ **lowering** *n*
Verminderung *nf* = Minderung *nf*; Reduzierung *nf*; Verringerung *nf*; Rückgang *nm*; Dekrement *nn* ≈ Abnahme; Verkleinerung; Schrumpfung; Beeinträchtigung; Abwärtstrend ≠ Verstärkung	TECH	**reduction** *n* (1) = cutback *n* (2); derating *n*; decrement *n*; drop *n*; decline *n*; diminution *n* (1) ≈ decrease; reduction (2); contraction; impairment; downward trend ≠ augmentation
Verminderungswert *nm* ↑ Korrekturwert	MATH	**subtracter** *n* ↑ correction value
vermischen ≈ mischen	TECH	**intermix** *vt* = intermingle ≈ mix
Vermischung *nf* ≈ Mischung	TECH	**intermixing** *n* = intermingling *n*
vermitteln	ECON	**mediate**
vermitteln	TELEC	**switch** *vt*
vermittelt = wählbar	TELEC	**switched** = dialable
vermittelt Datennetz → Datenwählnetz *nn*	TELEC	→ **switched data network**
vermitteltes Netz → Wählnetz *nn*	TELEC	→ **switched network**
vermittelte virtuelle Verbindung = SVC-Verbindung *nf*	DAT.NW	**switched virtual circuit** = SVC
Vermittler *nm*	ECON	**mediator** *n* = intermediary *n*
Vermittlung *nf*	ECON	**mediation** *n*
Vermittlung *nf* [bei Rufnummern der Hinweis auf handbediente Nebenstellenanlage]	TELEPH	**call handling** [reference in telephone number to a manually operated private exchange] = operator
Vermittlung *nf* [vom Teilnehmer gesteuerte Herstellung zeitweiliger Verbindungen] = Nachrichtenvermittlung *nf* ≈ Vermittlungstechnik; Vermittlungsstelle ↑ Übermittlung ↓ Durchschaltevermittlung [SWITCH]; Speichervermittlung [SWITCH]	TELEC	**switching** *n* [process of temporary interconnection, controlled by the subscriber] = communications switching; telecommunications switching ≈ switching engineering; switch ↑ communication ↓ circuit switching [SWITCH]; store-and-forward switching
Vermittlung *nf* [Bedienplatz einer Nebenstellenanlage] = zentrale Vermittlungsstelle; Zentrale *nf*; Bedienplatz *nm*; Operatorplatz *nm*	TELEPH	**PBX operator desk** = operator desk; PBX operator console; operator console
Vermittlung *nf* (2) → Vermittlungsstelle *nf*	SWITCH	→ **exchange** *n*
Vermittlungbereich *nm* → Anschlussbereich *nm*	SWITCH	→ **exchange area**
Vermittlungsamt *nn* → Vermittlungsstelle *nf*	SWITCH	→ **exchange** *n*
Vermittlungsanlage *nf* ≈ Vermittlungsstelle; Vermittlungssystem	SWITCH	**switching equipment** = dialling exchange equipment
Vermittlungsaufgabe *nf* = vermittlungstechnische Aufgabe	SWITCH	**switching task** = call-processing function
Vermittlungsbetrieb *nm*	SWITCH	**switching operations**
Vermittlungsfeld *nn*	SWITCH	**switching panel**
Vermittlungsfernsprecher *nm*	TELEPH	**attendant telephone station**
Vermittlungsfunktion *nf* [TMN]	TELEC	**mediation function** [TMN]
Vermittlungsgüte *nf* → Verkehrsgüte *nf*	SWITCH	→ **grade of service**
Vermittlungshersteller *nm* → Vermittlungslieferant *nm*	TELEC	→ **switch vendor**
Vermittlungsinstanzen-Verbindung *nf*	DAT.CO	**subnetwork connection**
Vermittlungskennzeichen *nn* → Kennzeichen *nn*	SWITCH	→ **switching signal**

Vermittlungsknoten *nm*	DAT.CO	**switching node**
Vermittlungslieferant *nm* = Vermittlungshersteller *nm*	TELEC	**switch vendor** = switch manufacturer
Vermittlungsnetz *nn* → Wählnetz *nn*	TELEC	→ **switched network**
Vermittlungsplatz *nm* → Handvermittlungsplatz *nm*	SWITCH	→ **manual switching position**
Vermittlungsprogramm *nn*	SWITCH	**switching program** = call processing program
Vermittlungsprozessor *nm* [führt zentrale Steuerfunktionen für alle Teilnehmer durch] = Vermittlungsrechner *nm*; Zentralsteuereinheit *nf*; Zentralsteuerwerk *nn*	SWITCH	**switching processor** [executes central controlling functions for all subscribers] = call processor; central control unit; switching computer
Vermittlungsrechner *nm* → Vermittlungsprozessor *nm*	SWITCH	→ **switching processor**
Vermittlungsschicht *nf* [3. Schicht im ISO-Schichtenmodell; legt die für den Verbindungswege in einem Netz fest] = Netzschicht *nf*; Netzwerkschicht *nf*; Netzsteuerung *nf*; Netzwerksteuerung *nf*; Netzebene *nf*; Netzwerkebene *nf* ↑ ISO-Referenzmodell	DAT.CO	**network layer** [3rd layer of OSI; defines the parameters for the routing through a network] ↑ ISO reference model
Vermittlungsschrank *nm* → Handvermittlungsplatz *nm*	SWITCH	→ **manual switching position**
vermittlungsseitig	OUT.PL	**E-side** = exchange-side
vermittlungsseitig	TELEC	**exchange-located** = exchange-based; central-office-located; CO-located; central-office-based; CO-based
Vermittlungsstelle *nf* = Vermittlungszentrale *nf*; Vermittlung *nf* (2) Vermittlungsamt *nn*; Vermittlungszentrum *nn* ≈ Vermittlungssystem; Vermittlungseinrichtung ↓ Fernsprechvermittlungsstelle; Wählvermittlungsstelle; Ortsvermittlungsstelle; Fernvermittlungsstelle; Durchgangsvermittlungsstelle	SWITCH	**exchange** *n* = switching center (AE); switching centre (BE); switching office; switch *n* (2) ≈ switching system; switching equipment ↓ central office; automatic exchange; local exchange; trunk exchange; transit exchange
Vermittlungsstellenleiter *nm*	SWITCH	**chief operator**
Vermittlungsstellenseite *nf* [Verteiler]	SYS.INS	**exchange side** [distributor]
vermittlungsstellenspezifisch = amtsspezifisch	SWITCH	**exchange specific**
Vermittlungssystem *nn* = Wählsystem *nn* ≈ Vermittlungseinrichtung	SWITCH	**switching system** ≈ switching equipment
Vermittlungstechnik *nf* = Wähltechnik *nf* ≈ Vermittlung ↓ Fernsprechvermittlungstechnik [SWITCH]; Datenvermittlungstechnik [SWITCH]; öffentliche Vermittlungstechnik; private Vermittlungstechnik	TELEC	**switching engineering** = switching technology; switching technique ↓ telephone switching engineering [SWITCH]; data switching engineering [SWITCH]; public switching; private switching
vermittlungstechnisch	SWITCH	**switching-...** = call-processing ...; call-...
vermittlungstechnische Aufgabe → Vermittlungsaufgabe *nf*	SWITCH	→ **switching task**
vermittlungstechnische Information = Steuerinformation *nf*	SWITCH	**switching information** = control information
vermittlungstechnische Peripherie	SWITCH	**peripheral units**
vermittlungstechnisches Zeichen → Kennzeichen *nn*	SWITCH	→ **switching signal**
Vermittlungswunsch *nm*	SWITCH	**request for service** = request for connection; bid
Vermittlungszentrale *nf* → Vermittlungsstelle *nf*	SWITCH	→ **exchange** *n*
Vermittlungszentrum *nn* → Vermittlungsstelle *nf*	SWITCH	→ **exchange** *n*
Vermögen *nn* ≈ Besitz	ECON	**wealth** *n* ≈ property
Vermögensschaden *nm* ≈ Sachschaden	LAW	**property damage** ≈ marial damage
vermuten → annehmen (1)	COLL	→ **assume** *vt*
Vermutung *nf* → Annahme *nf*	COLL	→ **assumption** *n*
vernachlässigbar	MATH	**negligible**
vernachlässigen *vt* [fig] = nichtberücksichtigen	TECH	**neglect** *vt* = disregardvt

German	Field	English
vernehmbar → hörbar	ACOUS	→ **audible** *adj*
Vernehmlassung *nf* (CH) → Verlautbarung *nf*	ECON	→ **declaration** *n*
verneinend ≠ bejahend	LING	**negative** *adj* ≠ affirmative
verneinter Satz → Verneinungssatz *nm*	LING	→ **negative sentence**
Verneinung *nf* → Negation *nf*	LING	→ **negation** *n*
Verneinungssatz *nm* = verneinter Satz	LING	**negative sentence**
vernetzen *vt*	TELEC	**mesh** *vt* = network *vt*; net *vt*; internetwork
vernetzt	CHEM	**cross-linked**
vernetzt ≈ vermascht	TELEC	**networked** *adj* = internetworked ≈ meshed
vernetzte Datenbank → Netzwerk-Datenbank *nf*	DAT.MA	→ **network database**
vernetztes Lernen [mit IT]	COMP.AP	**networked learning** [using IT]
Vernetzung *nf*	TECH	**meshing** *n*
Vernetzung *nf* ≈ Vermaschung	TELEC	**networking** *n* = Internetworking; network interconnection ≈ intermeshing
Vernetzungsprodukt *nn*	TELEC	**networking product** = internetworking product
Vernichter *nm*	OFFICE	**shredder** *n*
vernickeln *vt* ↑ galvanisieren	METAL	**nickel-plate** *vt* ↑ galvanize
Vernickelung *nf*	METAL	**nickel plating**
Vernier → Nonius *nm* (*pl* Nonien)	MEC.EN	→ **vernier** *n*
vernieten *vt* (1) [mit Hammerfinne]	MEC.EN	**peen** *vt*
vernieten *vt* (2) [mit Nietmeißel] = einnieten; meißelnieten	MEC.EN	**stake** *vt*
vernieten *vt* (3) [mit Niet] = annieten; nieten	MEC.EN	**rivet** *vt*
veröffentlichen *vt* = publizieren	PRIN.ME	**publish** *vt* = edit *vt*
Veröffentlichung *nf* = Publikation *nf*	PRIN.ME	**publication** *n* = printed work
veronesegrün *adj*	OPT	**green Paul Veronese** *adj*
Veronica	INTERNET	**Veronica** [Very Easy Rodent-Oriented Netwide Index to Computerized Archives]
Verordnung *nf* ≈ Bestimmung; Bestimmung	ECON	**ordinance** *n* = order *n* ≈ regulation; regulation
Verpachten *nn*	ECON	**leasing** *n* (1) = letting *n*
verpachten *vt* [gegen Entgelt befristet zur Nutzung überlassen] ≈ vermieten ≠ pachten	ECON	**give on lease** *vt* [to grant use of real estate for a fixed time and pay] = lease *vt* (1) ≈ take on rent ≠ take on lease
verpacken = packen	TECH	**pack** *vt* = package *n*
Verpackung *nf* = Umhüllung *nf*	TECH	**packing** *n* (1) = packaging *n*; wrapping *n* (2)
Verpackung *nf* → Gehäuse *nn*	COMPO	→ **case** *n*
Verpackungsanweisung *nf*	TECH	**packing instruction**
Verpackungsgewicht *nn* → Tara *nf* (*pl* Taren)	ECON	→ **tare** *n*
Verpackungsliste *nf* → Packliste *nf*	ECON	→ **packing list**
Verpackungsmaterial *nn* = Packmaterial *nn* ≈ Füllmaterial	TECH	**packing material** = packaging material ≈ dunnage
Verpackungstechnik *nf*	TECH	**packing engineering**
Verpackungsvorschrift *nf*	TEC.DOC	**packing specification**
verpassen → verfehlen	COLL	→ **miss** *vt*
verpfänden	ECON	**pawn** *vt* = pledge *vt*; mortgage *vt*
Verpfändung *nf* ≈ Hypothek	ECON	**pawning** *n* = pledge *n* ≈ mortgage
Verpflegung *nf*	ECON	**lodging** *n* = living
verpflichten *vt*	ECON	**oblige** *vt*
verpflichten *vt*	COLL	**obligate** *vt*
verpflichten, sich *vr*	COLL	**commit oneself** *vt*
Verpflichtung *nf*	COLL	**obligation** *n* = commitment *n*
verplomben ≈ versiegeln	TECH	**plumb** *vt* ≈ seal (2)
Verpolschutz *nm*	EL.TEC	**reverse-connect protection**
Verpolung *nf* → Polaritätsumkehr *nf*	EL.TEC	→ **polarity inversion**
verpönen	COLL	**frown** *vt* = frown upon
Verputz → Putz *nm*	CIV.EN	→ **pluster** *n*
verquicken → verzahnen	COLL	→ **indent** *vt*
verrechnen = fakturieren	ECON	**invoice** *vt* = charge *n*; bill *n*
verrechnen = einen Rechenfehler machen	MATH	**to make a calculation error** = miscount *vt*
verrechnen (v.r.) → verkalkulieren *vr*	ECON	→ **miscalculate**
Verrechnung *nf* → Rechnungserstellung *nf*	ECON	→ **billing** *n*
Verrechnung *nf* ≈ Fakturierung; Belastung (2)	ECON	**charging** *n* = clearing *n*; settlement *n* (2) ≈ invoicing
Verrechnungsabteilung *nf* → Buchhaltung *nf* (2)	ECON	→ **accounting department**
Verrechnungskonto	ECON	**job account number**
Verrechnungssatz *nm*	ECON	**charge rate**
Verrechnungszähler *nm*	SWITCH	**billing counter**
Verrechnungszeitraum *nm* → Abrechnungszeitraum *nm*	ECON	→ **billing period**
verrichten = ausführen; vollziehen	COLL	**perform** *vt* = accomplish; execute
Verrichtung *nf* = Vollziehung *nf*	COLL	**performance** *n*
verriegeln → sperren	INF.TEC	→ **lock** *vt*
Verriegeln *nn* → Verriegelung *nf*	INF.TEC	→ **interlocking** *n*
verriegeln *vt* = sperren	TECH	**lock** *vt* (2) = interlock *vt* (2)
verriegelte Verarbeitung	DAT.PR	**interlocked processing**
Verriegelung *nf* [Konditionierung von Vorgängen]	CONTRO	**interlock** *n* [conditioning of processes]
Verriegelung *nf* [den Gebrauch sperren] = Verriegeln *nn*; Sperrung *nf*; Sperre *nf*	INF.TEC	**interlocking** *n* [barring of use] = interlock *n*; lockout *n*; lock *n*; barring *n*
Verriegelung *nf*	TECH	**interlocking** (2) = locking *n* (2); interlock *n* (2)
Verriegelungsschaltung *nf*	CIRC.EN	**interlocking circuit** = latch circuit
verringern *vt* → vermindern *vt*	TECH	→ **decrease** *vi&vt*
Verringerung *nf* → Verminderung *nf*	TECH	→ **reduction** *n* (1)
verrosten	METAL	**rust** *vi*
verrostet → rostig	CHEM	→ **rusty** *adj*
versagen = Fehlverhalten aufweisen	TECH	**malfunction** *vi* = fail
Versagen *nn* → Funktionsstörung *nf*	TECH	→ **malfunction** *n*
Versal *nm* (*pl* -ien) → Großbuchstabe *nm*	PRIN.ME	→ **capital character**
Versalbuchstabe *nm* → Großbuchstabe *nm*	PRIN.ME	→ **capital character**
Versalhöhe *nf* [zwischen Schriftlinie und Oberlinie] ↑ Schrifthöhe	PRIN.ME	**capital height** [between base line and cap line] = caps size ↑ type height
Versalie *nf* (*pl* -n) → Großbuchstabe *nm*	PRIN.ME	→ **capital character**

Versalschrift *nf* PRIN.ME **capital character font**
[in Großbuchstaben]
≈ Kapitälchen
[typeface in capital letters]
= titling *n*
≈ small capitals

Versammlung *nf* ECON **assembly** *n*
≈ Besprechung
≈ conference

Versand *nm* ECON → **dispatch** *n*
→ Spedition *nf* (1)

Versand *nm* ECON **dispatch** *n* (AE)
= Verladung *nf*; Versendung *nf*; Verfrachtung *nf*; Absendung *nf*; Übersendung *nf*; Zusendung *nf*; Sendung *nf*
≈ Lieferung
↓ Kommissionieren; Verpacken; Verladen; Transport; Verschiffung
= despatch *n* (BE); loading *n*; forwarding *n*; sending-off *n*; shipment *n* (2); shipping *n* (2); consignment *n*
≈ delivery
↓ shipment (1); shipping (1)

Versandabmessungen *nplt* ECON **shipping dimensions**

Versandabteilung *nf* ECON → **forwarding department**
→ Spedition *nf* (2)

Versandabwicklung *nf* ECON **delivery processing**

Versandanweisung *nf* ECON → **delivery note**
→ Lieferschein *nm*

Versandanzeige *nf* ECON → **way bill**
→ Frachtbrief *nm*

Versandavis *nn* ECON → **way bill**
→ Frachtbrief *nm*

Versanddatum *nn* ECON **shipping date**
= date of despatch

Versanddokumente *nplt* ECON → **shipping documents**
→ Versandpapiere *nplt*

Versandgewicht *nn* ECON **shipping weight**

Versandhandel *nm* ECON → **mail-order business**
→ Versandhaus *nn*

Versandhaus *nn* ECON **mail-order business**
= Versandhandel *nm*
= dispatching business

Versandkosten *nplt* ECON **shipping expenses**

Versandpapiere *nplt* ECON **shipping documents**
[Lieferpapiere, Rechnungen etc.]
= Verschiffungspapiere *nplt*; Verladepapiere *nplt*; Versanddokumente *nplt*; Transportdokumente *nplt*; Transportpapiere *nplt*; Verschiffungsdokumente *nplt*; Verladedokumente *nplt*; Warenbegleitpapiere *nplt*; Begleitpapiere *nplt*
↓ Frachtbrief
[dispatch notes, invoices etc.]
shipping papers; waybill *n*
↓ waybill

Versandsystem *nn* TER&PER **dispatch system**

Versatz *nm* MICROW **offset** *n*

Versatz *nm* TECH **offset** *n*
= Ablage *nf* (2)
≈ Versetzung; Fluchtungsfehler
↓ Schrägversatz
= lag *n*
≈ transposition; misalignment
↓ skew

Versatz *nm* SW → **relocation factor**
→ Versatzfaktor *nm*

Versatzfaktor *nm* SW **relocation factor**
= Versatz *nm*
= offset *n*

versäumen COLL **fail** *vt*
[etwas -]
[to something]

Versäumnis *nn* COLL → **omission** *n*
→ Unterlassung *nf*

verschachteln *vt* SW **nest** *vt*
[ein Gebilde in ein gleichartiges einfügen]
= schachteln; einfügen; verzahnen
[to incorporate a construct into another of same kind]
= embed; insert; interleave

verschachteln *vt* TECH **interleave** *vt*
= ineinanderschachteln; schachteln
≈ verzahnen; verschränken; verflechten
= nest *vt*; interlock *vt* (1)
≈ gear; cross; interlace

verschachtelt SW **nested** *adj*
= geschachtelt; eingefügt; verzahnt
= nesting; interleaved; embedded; inserted

verschachtelt TECH **interleaved** *adj*
= ineinandergeschachtelt; geschachtelt
≈ verflochten
= nested
≈ interlaced

verschachtelte Antenne ANT **interlaced antenna**

verschachtelte Cubical-quad-Antenne ANT **interlaced cubical quad antenna**

verschachtelte Programmschleife SW **inner loop**
[Schleife in einer Schleife]
= verschachtelte Schleife; geschachtelte Programmschleife; geschachtelte Schleife
[loop inside a loop]
= nested loop; inner program loop; nested program loop; nesting loop

verschachtelte Prozedur SW **nested procedure**
= geschachtelte Prozedur
= nesting procedure

verschachtelter Datensatz DAT.MA **nested record**
= geschachtelter Datensatz
= nesting record

verschachtelter Makroaufruf SW **nested macro call**
[von einem Makro aufgerufenes Makro]
[macro called from another macro]

verschachtelte Routine SW **nested routine**
= geschachtelte Routine; verschachteltes Unterprogramm; geschachteltes Unterprogramm
≈ verschachteltes Programm
= nesting routine
≈ nested program

verschachtelter Programmblock SW **nested programm block**
= geschachtelter Programmblock
= nested block; nesting program block; nesting block

verschachtelter Speicher DAT.PR **interleaved memory**
[zwischen Speicherbereichen wechselnd]
= versetzter Speicher
[alternating between storage areas]

verschachtelte Schleife SW → **inner loop**
→ verschachtelte Programmschleife

verschachteltes Programm SW **nested program**
≈ verschachtelte Routine
= nesting program
≈ nested routine

verschachteltes Unterprogramm SW → **nested routine**
→ verschachtelte Routine

verschachtelte Tabelle COMP.AP **nested table**
= geschachtelte Tabelle
= nesting table

verschachtelte Transaktion SW **nested transaction**
[transaction within a transaction]
= sub-transaction

verschachtelte Windung EL.TEC **bank winding**
≈ Serienwicklung
= banked winding
≈ series winding

Verschachtelung *nf* TER&PER → **sector interleaving** *n*
→ Sektorverschachtelung *nf*

Verschachtelung *nf* TECH **interleaving** *n*
= Ineinanderschachtelung *nf*; Schachtelung *nf*; Verkämmung *nf*
≈ Verzahnung; Verschränkung; Verflechtung
= interlocking *n*
≈ indentation (2); crossing; interlacing

Verschachtelung *nf* TER&PER **interleaving** *n*

Verschachtelung *nf* SW **nesting** *n*
[Einbettung eines Gebildes (z.B. Routine) in ein gleichartiges]
= Schachtelung *nf*; Einfügung *nf*; Verzahnung *nf*; Nesting *nn*; Nestung *nf*
[embedding of one construct (e.g. a routine) inside another of same type]
= interleaving *n*; embedding *n*

Verschachtelungsgrad *nm* SW **nesting level**

verschiebbar SW → **relocatable**
→ relativierbar

verschiebbar TECH **displeacable**
= versetzbar
= shiftable; offsetable

verschiebbare Adresse SW → **relocatable address**
→ relativierbare Adresse

verschiebbares Fehlanpassungsglied INSTR **sliding mismatch**

verschiebbares Programm SW → **relocatable program**
→ Relativprogramm *nn*

Verschiebbarkeit *nf* SW → **relocatability** *n*
→ Relativierbarkeit *nf*

Verschiebebalken *nm* COMP.AP **moving bar**
= Rolleiste *nf*
= move bar

Verschiebebalkenmenü *nn* COMP.AP → **moving-bar menu**
→ Rolleistenmenü *nn*

Verschiebebefehl *nm* SW → **shift instruction**
→ Schiebebefehl *nm*

Verschiebecode *nm* CODING **shift code**
[erhöht den Zeichenvorrat durch Verschiebungen]
= Schiebecode *nm*
[increases the character set with shifts]

Verschiebeeinrichtung *nf* TECH **displacement device**

verschieben (1) COLL **shift** *vt*
[räumlich]
= displace; relocate; translate

verschieben (2) COLL → **adjourn** *vt*
→ vertagen *vt*

verschieben TECH **shift** *vt*
≈ versetzen; umsetzen
≈ transfer; transpose

verschieben DAT.MA **shift** *vt*
[z.B. Daten in einem Register]
= stellenversetzen; relozieren
[e.g. data in a register]
= relocate

verschieben COMP.AP → **scroll** *vt*
→ rollen

Verschiebestrom *nm* EL.SC → **dielectric current**
→ elektrischer Verschiebungsstrom

Verschiebezeichen *nn* DAT.CO **shift character** (2)
[zeigt an, dass nachfolgendes Zeichen verschoben werden soll]
= Schiebezeichen *nn*
[indicates that the following character must be shifted]

verschieblich SW → **relocatable**
→ relativierbar

verschiebliche Adresse SW → **relocatable address**
→ relativierbare Adresse

Verschiebung *nf* (1) COLL **relocation** *n*
[räumlich]
= Verlegung *nf* (1)

Verschiebung *nf* (2) COLL → **adjournment** *n*
→ Vertagung *nf*

Verschiebung *nf* PHYS **displacement** *n*
= shift *n*

Verschiebung *nf* DAT.MA **shift** *n*
[von Registerinhalten] [of register contents]
= Stellenversetzung *nf*; Umadressierung *nf* = shifting *n*; relocation *n*
↓ arithmetische Verschiebung; logische Verschiebung ↓ arithmetic shift; logical shift

Verschiebung *nf* TER&PER → **scrolling** *n*
→ Bildverschiebung *nf*

Verschiebungsdichte *nf* EL.SC → **electric flux density**
→ elektrische Flussdichte

Verschiebungsfeld *nn* PHYS **displacement field**

Verschiebungsfluss *nm* EL.SC → **electric flux** *n* (2)
→ elektrischer Fluss (2)

Verschiebungsinformation *nf* SW → **relocation information**
→ Relativierungsinformation *nf*

Verschiebungskonstante *nf* DAT.PR **relocation constant**

Verschiebungskonstante *nf* EL.SC → **dielectric constant** (2)
→ elektrische Feldkonstante

Verschiebungspolarisation *nf* EL.TEC **displacement polarization**
[erzwungene Ladungsverschiebung]
↑ elektrische Polarisation

Verschiebungsstrom *nm* EL.SC → **dielectric current**
→ elektrischer Verschiebungsstrom

Verschiebungsvektor EL.SC → **electric flux density**
→ elektrische Flussdichte

verschieden COLL **different** *adj*
= verschiedenartig; unterschiedlich; ungleich; ungleichartig; divers [of distinctive quality]
≈ vielfältig; mannigfaltig = diverse (1); disparate; dissimilar; unlike; unequal; distinct; varied; variegated
≈ various; manifold (1)

verschiedenartig COLL → **different** *adj*
→ verschieden

Verschiedenartigkeit *nf* COLL → **difference** *n*
→ Verschiedenheit *nf*

verschiedenerlei COLL **miscellaneous** *adj*
≈ divers = misc.

verschiedenförmig COLL **multiform** *adj*
= verschiedengestaltet = multishaped

verschiedengestaltet COLL → **multiform** *adj*
→ verschiedenförmig

Verschiedenheit *nf* COLL **difference** *n*
= Verschiedenartigkeit *nf*; Unterschiedlichkeit *nf*; Ungleichkeit *nf*; Unterschied *nm* = diversity *n*; disparateness *n*; dissimlarity *n*; unlikeness *n*; distinctness *n*
≈ Vielfältigkeit; Mannigfaltigkeit ≈ variousness; manifoldness

verschiedentlich COLL **passim** *adv*
[räumlich oder zeitlich] [in space or time]
= repeatedly
↓ hie und da; dann und wann ↓ here and there; now and then

verschiffen ECON **ship** *vt* (1)
↑ verfrachten ↑ freight

Verschiffung *nf* ECON **shipping** *n* (1)
↑ Verfrachtung = shipment *n* (1)
↑ dispatch

Verschiffungsdokumente *nplt* ECON → **shipping documents**
→ Versandpapiere *nplt*

Verschiffungspapiere *nplt* ECON → **shipping documents**
→ Versandpapiere *nplt*

verschlankte Fertigung ECON **lean production**

verschlankte Leitung ECON **lean management**

verschlechtern TECH **deteriorate**
≈ beeinträchtigen = degrade
≈ impair

Verschlechterung *nf* TECH **deterioration** *n*
≈ Beeinträchtigung = degradation *n*; debasement *n*
↓ Qualitätsverschlechterung ≈ impairment; worsening [COLL]
↓ quality deterioration

verschleiern COLL **veil** *vt*
[fig] ≈ mask
≈ maskieren

verschleiert COLL → **disguised** (fig)
→ verkleidet

Verschleierung *nf* DAT.PR **veiling** *n*
≈ Maskierung ≈ masking

Verschleiß *nm* TECH **wear** *n*
= Abnutzung *nf*; Abnützung *nf* = wearout *n*; wear and tear; fret *n*
≈ Ermüdung ≈ fatigue

Verschleißausfall *nm* QUAL **ageing failure**
= Alterungsausfall *nm*; Ermüdungsausfall *nm* = aging failure; wearout failure
≈ Spätausfall ≈ late failure

Verschleißaussonderung *nf* QUAL **stress screening**
= Verschleißsortierung *nf*

verschleißen *vt* TECH **wear** *vt*
= abnützen; abnutzen; abarbeiten = wear-out *vt*; fret *vt*; scuff *vt*

verschleißfest TECH **wear resistant**

Verschleißfestigkeit *nf* TECH **resistance to wear**

verschleißfrei TECH **wearfree**

Verschleißfreiheit *nf* TECH **freedom from wear**

Verschleißmaterial *nn* TECH **consumables** (*n* plt)
= Verschleißteile *nplt*; Verbrauchsteile *nplt* = expendables *nplt*

Verschleißphase *nf* QUAL **wear-out period**
= Alterungsphase *nf*; Ermüdungsphase *nf*

Verschleißprüfung *nf* QUAL → **stress test**
→ Belastungsprobe *nf*

Verschleißsortierung *nf* QUAL → **stress screening**
→ Verschleißaussonderung *nf*

Verschleißteil *nn* TECH **consumable part**
= Verbrauchsteil *nn* = expendable part; wearing part

Verschleißteile *nplt* TECH → **consumables** (*n* plt)
→ Verschleißmaterial *nn*

verschließen TECH **shut** *vt*
= seal *vt* (3)

verschlungen COLL **convoluted**

Verschluss *nm* TECH **seal** *n* (3)
= shutter *n*; lock *n* (3)

Verschluss *nm* IMAG.PR **shutter** *n*

verschlüsseln *vt* INF.TEC **cipher** *vt*
= chiffrieren; codieren = encipher *vt*; encrypt *vt*; encode *vt*; scramble *vt*; code *vt*; key *vt*
≠ entschlüsseln ≠ decipher

verschlüsselte Antwort MOB.CO **signed response**

verschlüsselter Text INF.TEC **ciphertext** *n*
= Schlüsseltext *nm* = ciphered text; coded text; cryptotext *n* [MIL.CO]; cryptogram *n* [MIL.CO]
≠ Klartext ≠ cleartext

verschlüsselte Sprache INF.TEC **encrypted voice** *n*
≈ synthetische Sprache = encrypted speech; secure voice; secure speech; coded voice (1); coded speech (1)
≠ natürliche Sprache ≈ synthetized language
≠ plain language

verschlüsseltes Telegramm POST **encoded telegram**

Verschlüsselung *nf* INF.TEC **encryption** *n*
[Codierung zum Zwecke der Geheimhaltung, mit Hardware- oder Software-Mitteln] [encoding for secrecy reasons, with hardware or software means]
= Chiffrierung *nf* = enciphrement *n*; enchiphering *n*; ciphering *n*; scrambling *n*; encoding *n* (2); coding *n* (2)
≈ Codierung ≈ coding (1)
≠ Entschlüsselung ≠ decryption

Verschlüsselungsbetrieb *nm* INF.TEC **cipher mode**
= Verschlüsselungsmodus *nm*

Verschlüsselungscode *nm* INF.TEC **encryption key**
= Chiffriercode *nm*; Chiffrierschlüssel *nm* = cipher key; code key
≠ Entschlüsselungscode ≠ decryption key
↑ Schlüssel ↑ key

Verschlüsselungsgerät *nn* INF.TEC **encryption equipment**
= Schlüsselgerät *nn*; Kryptographiegerät *nn*; Chiffriergerät *nn* = crypto equipment; coder; cryptographic equipment

Verschlüsselungsmatrix *nf* CIRC.EN → **code network**
→ Codiermatrix *nf*

Verschlüsselungsmethode *nf* INF.TEC → **cipher system**
→ Verschlüsselungssystem *nn*

Verschlüsselungsmodus *nm* INF.TEC → **cipher mode**
→ Verschlüsselungsbetrieb *nm*

Verschlüsselungssystem *nn* INF.TEC **cipher system**
= Verschlüsselungsverfahren *nn*; Verschlüsselungsmethode *nf* = cipher method; encryption system; encryption method

Verschlüsselungstechnik *nf* INF.TEC **encryption technology**
= Kryptotechnik *nf* = cryptographic technology; crypto technology

Verschlüsselungsverfahren *nn* INF.TEC → **cipher system**
→ Verschlüsselungssystem *nn*

Verschlusskappe *nf*	TECH	**cup plug**
Verschlusslaut *nm* → Explosivum *nn*	LING	→ **explosive** *n*
Verschlussscheibe *nf*	TECH	**disk plug** = disc plug
Verschlussstopfen	TECH	**plug** *n*
Verschmelzung *nf*	METAL	**fusion** *n*
verschmieren *vt* = verwischen	TECH	**blur** *vt*
Verschmierung *nf* = Verwischung *nf*	TECH	**smudging** *n*
Verschmierung *nf* [eines Impulses, einer Spektrallinie u.dgl.]	PHYS	**blurring** *n* [of a pulse, a spectral line]
verschmutzen *vt* ≈ verunreinigen	TECH	**foul** *vt* ≈ contaminate
Verschmutzung *nf* ≈ Verunreinigung	TECH	**dirtiness** *n* ≈ contamination
Verschneidung *nf*	IMAG.PR	**intersection** *n*
Verschnitt *nm* [Reste eines Zuschneidens]	TECH	**wrong cut** = spoil in cutting
verschobene Verarbeitung ≠ Direktverarbeitung; zeitverzögerte Verarbeitung	DAT.PR	**deferred processing** ≠ direct processing
Verschönerung *nf* ≈ Verzierung	COLL	**embellishment** *n* ≈ decoration
Verschränken *nn* [Zusammenschalten unterschiedlich nummerierter Ausgänge nichtbenachbarter Teilgruppen] ↑ Mischung	SWITCH	**slipping** *n* [interconnection of differently numbered choices of nonadjacent groups] ↑ grading
verschränken *vt* ≈ verschachteln	TECH	**cross** *vt* (2) ≈ interleave; interlace
verschrauben *vt* (1) → schrauben (1)	MEC.EN	→ **screw** *vt*
verschrauben *vt* (2) → schrauben (2)	MEC.EN	→ **bolt** *vt* (2)
verschraubt → geschraubt (1)	MEC.EN	→ **screwed** *adj*
Verschraubung *nf* → Schraubverbindung *nf* (1)	MEC.EN	→ **screwed joint**
verschrotten *vt*	TECH	**scrap** *vt*
Verschrottung *nf*	TECH	**scrapping** *n*
Verschuldung *nf* ≈ Schulden	ECON	**indebtedness** *n* ≈ debts
verschütten *vt* = vergießen	COLL	**spill** *vi*
verschwalben *vt* ≈ verzahnen (2)	MEC.EN	**dovetail** *vt* ≈ indent (1)
verschwenden *vt* = vergeuden	ECON	**waste** *vt* ≈ splurge
verschwenderisch *adj*	ECON	**wasteful** *adj* = wasting *n*
Verschwendung *nf* = Vergeudung *nf*	ECON	**waste** *n* = wastefullness *n* ≈ splurge
Verschwendung *nf* [ineffizienter Gebrauch von Betriebsmitteln] = Vergeudung *nf*	DAT.PR	**thrashing** *n* [inefficient use of resources] = churning *n*
Verschwiegenheit *nf* → Vertraulichkeit *nf*	COLL	→ **confidence** *n*
verschwinden *vi* → schwinden	COLL	→ **vanish** *vi*
verschwinden *vi* → untertauchen *vi*	COMP.AP	→ **submerge**
Verschwinden *nn* → Untertauchen *nn*	COMP.AP	→ **submersion** *n*
verschwommen [fig] = nebulös; vage	COLL	**vague** *adj* [fig] = hazy
verscrambeln *vt* → verwürfeln *vt*	CODING	→ **scramble** *vt*
Verscrambelung *nf* → Verwürfelung *nf*	CODING	→ **scrambling**
versechsfachen *vt* ↑ vervielfachen	MATH	**sextuplicate** *vt* = sextuple *vt* ↑ multiplicate
Versehen *nn* → Übersehen *nn*	COLL	→ **oversight** *n*
versehentlich löschen	DAT.MA	**zap** *vt* (1) = delete accidentally
Verseilart *nf* → Verseilung *nf*	COM.CAB	→ **twisting** *n*
Verseilelement *nn* = Aufbauelement *nn* ↓ Paar; Viererseil; Sternvierer; DM-Vierer; Koaxialpaar	COM.CAB	**stranding element** = stranded element; stranding unit; component ↓ wire pair; quad; star quad; multiple twin quad; coaxial pair
verseilen *vt*	COM.CAB	**strand** *vt*
Verseilkennzeichen *nn*	COM.CAB	**electrical classification**
Verseilmaschine *nf* ↓ Paarverseilmaschine; Viererverseilmaschine	COM.CAB	**stranding machine** ↓ stranding cabler (AE); pairing machine; twining machine
Verseilradius *nm*	COM.CAB	**stranding radius**
Verseilung *nf* = Adernverseilung *nf*; Leiterverseilung *nf*; Verseilart *nf* ↓ Paarverseilung; Sternverseilung	COM.CAB	**twisting** *n* = formation *n*; conductor stranding; stranding; bunching ↓ pair formation; quad formation
Verseilzuschlag *nm*	COM.CAB	**stranding excess length**
Versender *nm* → Absender *nm*	ECON	→ **consigner** *n*
Versendung *nf* → Versand *nm*	ECON	→ **dispatch** *n* (AE)
Versenkantenne *nf*	ANT	**retractable antenna**
versenken *vt*	TECH	**sink** *vt* = countersink *vt*
versetzbar → relativierbar	SW	→ **relocatable**
versetzbar → verschiebbar	TECH	→ **displeacable**
versetzbare Adresse → relativierbare Adresse	SW	→ **relocatable address**
Versetzbarkeit *nf* → Relativierbarkeit *nf*	SW	→ **relocatability** *n*
versetzen *vt* = verlegen; umsetzen; umstellen ≈ verschieben ↑ bewegen	TECH	**transpose** *vt* = transfer *vt*; offset *vt*; displace *vt* ≈ shift
versetzt = umgestellt; umrangiert	TECH	**transposed** *adj* = conversed
versetzte Rasterbelegung = versetztes Raster ≈ kreuzpolare Nachbarkanalbelegung	RADIO	**interleaved pattern** (1) = interleaved operation ≈ alternated pattern
versetzter Mehrfachdruck ↑ Mehrfachdruck	TER&PER	**multi-pass overlap** ↑ multi-pass printing
versetzter Speicher → verschachtelter Speicher	DAT.PR	→ **interleaved memory**
versetztes Raster → versetzte Rasterbelegung	RADIO	→ **interleaved pattern** (1)
Versetzung *nf* = Umsetzung *nf*; Umstellung *nf* ≈ Versatz; Verlagerung	TECH	**transposition** *n* ≈ offset; displacement
Versetzung *nf* [von Personal]	ECON	**transfer** *n* (3) [of personnel]
Versetzung *nf*	MICROW	**dislocation** *n*
Versetzungsdichte *nf*	MICR.EL	**dislocation density**
Versetzungsfaktor *nm* [Anzahl Sektoren die nach jeder Speicherungseinheit übersprungen werden; erleichtert das sequenzielle Lesen einer Datei bei schnell rotierender Platte] = Interleave-Faktor *nm*; Sektoversatz *nm*	TER&PER	**interleave factor** [number of disk sectors pulled when storing data; favours sequential reading from the fast spinning disk]
Versetzungsinformation *nf* → Relativierungsinformation *nf*	SW	→ **relocation information**
Verseuchung *nf* → Infizierung *nf*	SW	→ **infection** *n*
Versicherer *nm* = Versicherungsträger *nm* ≠ Versicherter	ECON	**insurer** *n* = assurer; assuror; insurance underwriter; underwriter ≠ insured
versichern [durch eine Versicherung schützen]	ECON	**insure** *vt* (AE) = ensure *vt* (BE); assure *vt*
Versicherter *nm* = Versicherungsnehmer *nm* ≠ Versicherer	ECON	**insured** *n* = assured ≠ insurer
Versicherung *nf*	ECON	**insurance** *n* = assurance *n*
Versicherungsgebühr *nf* → Versicherungsprämie	ECON	→ **insurance premium**
Versicherungsnehmer *nm* → Versicherter *nm*	ECON	→ **insured** *n*
Versicherungspolice = Police *nf*; Versicherungsurkunde *nf*	ECON	**insurance policy** = policy *n*
Versicherungsprämie = Versicherungsgebühr *nf*; Prämie *nf*	ECON	**insurance premium** = premium *n*

Versicherungsstatistiker *nm* ECON **actuary** *n*

Versicherungsträger *nm* ECON → **insurer** *n*
→ Versicherer *nm*

Versicherungsurkunde *nf* ECON → **insurance policy**
→ Versicherungspolice

Versicherungswert *nm* ECON **insured value**
= assured value

Versicherungswissenschaft *nf* ECON **actuarial sciences**

Versicherungszertifikat ECON **insurance certificate**

versiegeln TECH **seal** *vt* (2)
≈ plombieren
[to put a distinctive seal]
≈ plumb

Versiegelung *nf* TECH **sealing** *n*

versiert TECH → **experienced** *adj*
→ erfahren

versilbern METAL **silver-plate** *vt*
= silberplattieren; silberkontaktieren [COMPO]
= silver-clad; silver
↑ galvanize

versilbert METAL **silver-plated**
= silberplattiert
≈ silberkontaktiert [COMPO]
= silver-cladded; silvered

Versilberung *nf* METAL **silver plating**
= Silberplattierung *nf*
≈ Silberkontaktierung [COMPO]
= silver cladding; silvering

Version *nf* SW → **release version**
→ Software-Version *nf*

Version *nf* SW **version** *n*
= Release *nn*
= release *n*

Version *nf* TECH → **type** *n*
→ Ausführung *nf* (1)

Version *nf* MEDIA → **version** *n*
→ Fassung *nf*

Versionshub *nm* SW **version shift**

Versionskontrolle *nf* SW **version control**
= Versionsverwaltung *nf*

Versionsnummer *nf* SW **version number**
= release number

Versionsnummer *nf* TEC.DOC **version number**

Versionsverwaltung *nf* SW → **version control**
→ Versionskontrolle *nf*

Versit INF.TEC **Versit**
[Konsortium mit Apple, AT&T, IBM und Siemens]
[consortium with Apple, AT&T, IBM and Siemens]

Verso *nn* PRIN.ME **verso** *n*
[(linke) Rückseite eines Blattes]
≠ Rekto
↑ Rückseite
[the (left) back page of a sheet]
≠ recto
↑ back page

Verso *nn* PRIN.ME → **left-hand side**
→ linke Buchseite

versorgen *vt* EL.TEC **supply** *vt*
= speisen
= provide *vt*; support *vt*; power *vt*

versorgt EL.TEC **supplied** *adj*
= gespeist
= powered

Versorgung *nf* ECON **supply** *n*
≈ Nachschub
≠ Entsorgung
= provision *n* (1); support *n*
≈ ordnance (1)
≠ disposal

Versorgung *nf* EL.TRO **supply** *n*
= Speisung *nf*
↓ Stromversorgung
= feed
↓ power supply

Versorgung *nf* TELEC **coverage** *n*
↓ Flächendeckung
= service *n*
↓ global coverage

Versorgungsbereich *nm* TELEC **service area** *n*
= Versorgungsgebiet *nf*; Einzugsbereich *nm*; Zuständigkeitsbereich *nm*
↓ Rundfunk-Versorgungsbereich [BROADC]; Anschlussbereich [SWITCH]
= servicing area; coverage area; catchment area; supply area; cellular geographic service area [MOB.CO]; CGSA [MOB.CO]
↓ broadcast service area [BROADC]; exchange area [SWITCH]; management domain [DAT.CO]

Versorgungsgebiet *nf* TELEC → **service area** *n*
→ Versorgungsbereich *nm*

Versorgungsgrad *nm* TELEC **coverage index**
= penetration level

Versorgungskabel *nn* EQP.EN → **power cable**
→ Netzanschlusskabel *nn*

Versorgungskorridor *nm* MOB.CO → **coverage corridor**
→ Versorgungsstreifen *nm*

Versorgungsleitung *nf* CIV.EN **utility line**

Versorgungslücke *nf* TELEC **coverage gap**
= Schattenzone *nf* [RADIO]
= gap in coverage

Versorgungsluft *nf* TECH **supply air**

Versorgungsnetzberechnung *nf* TECH → **network calculation**
→ Netzberechnung *nf*

Versorgungspotential *nn* MICR.EL **supply potential**

Versorgungsradius *nm* BROADC **coverage radius**

Versorgungsreichweite *nf* POW.SY → **holdup** *n*
→ Reichweite *nf*

Versorgungsspannung *nf* EL.TRO → **supply voltage**
→ Speisespannung *nf*

Versorgungsstreifen *nm* MOB.CO **coverage corridor**
= Versorgungskorridor *nm*

Versorgungsstrom *nm* EL.TRO → **supply current**
→ Speisestrom *nm*

Versorgungstechnik *nf* TECH → **air conditioning engineering**
→ Klimatechnik *nf*

Versorgungsunternehmen ECON **utility provider** *n*
↑ Dienstleistungsunternehmen
↓ Elektrizitätsversorgungsunternehmen
= utility
↑ service providing company
↓ electric power utility

verspannen TECH **brace** *vt* (1)
= verstreben
= guy

verspätet *adj* COLL **belated** *adj*
≈ verzögert
↑ unzeitig
= late
≈ delayed
↑ untimely

Verspätung *nf* TECH → **delay** *n*
→ Verzug *nm*

Verspätung *nf* COLL **belatedness** *n*
[bezogen auf eine übliche Zeit]
≈ Verzögerung
[related to a usual time]
= lateness
≈ delay

versplinten TECH **cotter** *vt* (2)

Versprecher *nm* COLL **speech error**
= slip of the tongue

verstaatlichen ECON **nationalize**

Verstaatlichung *nf* **nationalization** *n*

Verständigung *nf* COLL → **agreement** *n* (1)
→ Vereinbarung *nf*

Verständigungsablauf *nm* DAT.CO → **handshaking** *n*
→ Quittungsaustausch *nm*

Verständigungsbereich *nm* INF.TEC **communication area**
= Kommunikationsbereich *nm*
≠ econ

verständlich COLL **intelligible**
≠ unverständlich
= understandable; comprehensible
≠ unintelligible

verständliches Nebensprechen TELEC **intelligible crosstalk**
= uninverted crosstalk

Verständlichkeit *nf* COLL **intelligibility** *n*
= articulation *n*; intelligibleness *n*; comprehensibility *n*; understandability *n*

Verständnis für Datenverarbeitung DAT.PR → **computer awarness**
→ Computer-Verständnis *nn*

verstärken EL.TRO **amplify**
= enhance

verstärken TECH **reinforce** *vt*
≈ versteifen
= strengthen
≈ stiffen

verstärkendes Pronomen LING **emphasizing pronoun**

Verstärker *nm* TECH **intensifier** *n*

Verstärker *nm* CIRC.EN **amplifier**

Verstärker *nm* TRANSM → **line repeater**
→ Leitungsverstärker *nm*

Verstärkeramt *nn* TRANSM → **line repeater station**
→ Leitungsverstärkerstelle *nf*

Verstärkerbrücke *nf* CIRC.EN **amplifier bridge**

Verstärkerfeld *nn* TRANSM **repeater section**
[von Analogsystemen, nach UIT-T-Definition ein Kabelabschnitt einschließlich eines Leitungsverstärkers]
≈ Regeneratorfeld
↑ Feld
[of analog systems, by UIT-T definition a cable section plus one repeater]
≈ regenerator section
↑ section

Verstärkerfeldlänge *nf* TRANSM **repeater spacing**
[Analogtechnik]
= Repeaterabstand *nm*
≈ Regeneratorfeldlänge
↑ Feldlänge
[analog systems]
≈ regenerator spacing
↑ section length

Verstärkergrundschaltung *nf* CIRC.EN **basic amplifier connection**
= Grundschaltung *nf*
↓ Transistorgrundschaltung;
= basic amplifier circuit; basic connection; basic circuit

Röhrengrundschaltung — ↓basic transistor connection; basic tube connection

Verstärkerpunkt *nm* BROADC **amplifier point**

Verstärkerrauschen *nn* CIRC.EN **amplifier noise**
≈Grundgeräusch [TELEC] — ≈basic noise [TELEC]

Verstärkerrelais *nn* COMPO →**transistor relay**
→Transistorrelais *nn*

Verstärkerröhre *nf* EL.TRO **amplifying tube**
=amplification tube; amplifying valve; amplification valve

Verstärkerschaltung *nf* CIRC.EN **amplifier circuit**
↓Verstärkergrundschaltung — ↓basic amplifier connection

Verstärkerstelle *nf* TRANSM →**line repeater station**
→Leitungsverstärkerstelle *nf*

Verstärkerstufe *nf* CIRC.EN **amplifier stage**
=amplifying stage; amplification stage

Verstärkertechnik *nf* CIRC.EN **amplifier engineering**

verstärkter Abschnitt TELEC **amplified section**

verstärkte Spontanemission OPTOEL **amplified spontaneous emission**
=ASE

Verstärkung *nf* MECH **reinforcement** *n*
≈Versteifung — =strengthening *n*; ≈stiffening

Verstärkung *nf* NETW.TH **gain** *n* (1)
[Verhältnis einer Größe am Ausgang zu dessen Wert am Eingang eines Vierpols, wenn dieser Quotient größer als eins ist] — [output to input ratio of a magnitude passing a fourpole, if this qoutient is greater than one]
=Gewinn *nm*; Verstärkungsfaktor *nm* — =amplification *n*; enhancement *n*; gain factor; gain constant; amplification factor
≠Dämpfung — ≠attenuation
↑Übertragungsfaktor — ↑transmission coefficient
↓Stromverstärkung; Spannungsverstärkung; Leistungsverstärkung — ↓current gain; voltage gain; power gain

Verstärkung-Bandbreite-Produkt *nn* EL.TRO **gain-bandwith product**
=Bandbreitenprodukt *nn*

Verstärkungsdrift *nm* EL.TRO **amplification drift**
[Verstärkungsänderung durch Temperatureffekt]

Verstärkungseinstellung *nf* CIRC.EN **gain adjustment**

Verstärkungsfaktor *nm* NETW.TH →**gain** *n* (1)
→Verstärkung *nf*

Verstärkungsmaß *nn* NETW.TH **gain** *n* (2)
[Logarithmus des Verstärkungsfaktors] — [logarithm of gain factor]

Verstärkungsring *nm* TER&PER **hardhole** *n*
[Diskette] — [floppy disk]
=Hubring *nm*

Verstärkungsrippe *nf* MEC.EN **reinforcing rib**
=reinforcing fin

Verstärkungssprung *nf* TELEC **gain jump**
↑Leitungssprung — =gain hit; ↑line hit

Verstaubung *nf* TECH **dust accumulation**
=Staubansammlung *nf*

verstauen *vt* ECON **stow** *vt*
=stauen

Verstauposition *nf* SAT.CO **stow position**

verstecken COLL →**hide** *vt*
→verbergen

verstecken *vt* COMP.AP **hide** *vt*
=ausblenden

versteckt TECH →**hidden**
→verborgen

versteckt COLL →**covert** *adj*
→verdeckt

versteckte Datei DAT.MA →**hidden file**
→verdeckte Datei

versteckte Linie COMP.GR **hidden line**

versteckte Oberfläche COMP.GR **hidden surface**

versteckter Fehler ECON **hidden defect**
=versteckter Mangel — =hidden fault; latent defect; latent fault

versteckter Mangel ECON →**hidden defect**
→versteckter Fehler

versteckter Text INTERNET **hidden text**

verstecktes Attribut SW **hidden attribute** (1)

verstecktes Mikrofon EL.ACOU **bug** *n*
[a hidden microphone]

verstehen COLL **understand** *vt*
=begreifen — =comprehend
≈erkennen — ≈realize

versteifen TECH **stiffen** *vt*
≈verstärken — ≈reinforce

Versteifung *nf* TECH **stiffening** *n*
≈Verstärkung — ≈reinforcement

Versteigerer *nm* ECON **auctioneer** *n*

versteigern ECON **sell by auction** *vt*
=auction *n*

Versteigerung *nf* ECON **auction** *n*

Versteiler *nm* CIRC.EN →**Schmitt trigger**
→Schmitt-Trigger *nm*

versteilertes Siebglied NETW.TH **m-derived filter section**

Versteilerungsglied *nn* NETW.TH **m-derived section**
=Zobel-Glied *nn*; m-Glied *nn*; Wagner-Glied *nn*

verstellbar TECH →**alterable** *adj*
→veränderbar

verstellen TER&PER →**position** *vt*
→positionieren

Verstellung *nf* TECH →**positioning** *n*
→Positionierung *nf*

verstemmen MEC.EN **caulk** *vt*

versteuern ECON **to pay taxes on**

verstimmen EL.TRO **detune**
=untune; stagger

verstimmt EL.TRO **detuned**
=unabgestimmt — =untuned; staggered; dumb
≠abgestimmt — ≠tuned

verstimmte Antenne ANT **dumb antenna**
=dumb aerial

Verstimmung *nf* EL.TRO **detuning** *n*
=untuning; staggering

Verstimmungsmaß *nn* EL.TRO **tuning figure**

Verstimmungsmaß *nn* CIRC.EN **tuning figure**

verstohlener Virus SW →**stealth virus**
→Stealth-Virus *nm*

verstopfen TECH **clog** *vt*
=zustopfen — =obstruct *vt*

Verstopfung *nf* TECH →**congestion** *n*
→Stauung *nf*

Verstoß *nm* LAW **offense** *n* (AE)
=Vergehen *nn* — =offence *n* (BE)

Verstoß *nm* COLL →**infringement** *n*
→Verletzung *nf*

verstoßen COLL →**infringe** *vt*
→verletzen

verstreben TECH →**brace** *vt* (1)
→verspannen

Verstrebung *nf* TECH **bracing** *n*

verstreichen COLL **expire**
[Frist] — [term]
=ablaufen

verstreichen PHYS →**elapse** *vi*
→ablaufen *vi*

verstreuen TECH **disperse** *vt*
[in fein verteilter (d.h. meist willkürlicher) Weise] — [in very fine (i.e. mostly random) manner]
≈verteilen — ≈distribute

verstümmeln TELEC **mutilate**
=verfälschen — =garble; mangle

verstümmelte Daten DAT.MA **mutilated data**

Verstümmelung *nf* TELEC **mutilation** *n*
=Verfälschung *nf* — =garbling *n*

Versuch *nm* TECH **trial** *n*
=Probe *nf*; Experiment *nn* — =test *n*; experiment *n*; attempt *n*

Versuch *nm* SCIE →**experiment** *n*
→Experiment *nn*

versuchen COLL **try** *vt*
=probieren

Versuchsanlage *nf* TECH **pilot plant**

Versuchsanordnung *nf* TECH **experimental setup**
=Versuchsaufbau *nm* — =bradboard setup

Versuchsanstalt *nf* TECH **testhouse** *n*

Versuchsaufbau *nm* TECH →**experimental setup**
→Versuchsanordnung *nf*

Versuchsbedingung *nf* TECH **trial condition**

Versuchsdaten *nplt* SCIE **experimental data**
=empirische Daten; experimentelle Daten; Beobachtungsmaterial *nn* — =empirical data

Versuchsfehler *nm* PHYS **experimental error**

Versuchsgerät *nn* TECH →**prototype** *n*
→Prototyp *nm*

Versuchslauf *nm* DAT.PR **trial run**
=Probelauf *nm*

Versuchsleiterplatte *nf* EL.TRO **pilot PCB**
= prototype PCB

Versuchsmuster *nn* TECH → **prototype** *n*
→ Prototyp *nm*

Versuchsperson *nf* SCIE **test person**
= Testperson *nf*

Versuchsserie *nf* PHYS **test series**

Versuchsserie *nf* MANUF → **test series**
→ Vorserie *nf*

Versuchsstadium *nn* TECH **laboratory stage**
= experimental stage

Versuchsstrecke *nf* TRANSM **experimental link**

Versuchssystem *nn* TECH **experimental system**
= Pilotsystem *nn*; Prototypsystem *nn* — = pilot system; prototype system

Versuchsvorrichtung *nf* TECH **experimental device**

versuchsweise *adj* COLL **tentative** *adj*
= probeweise; tentativ — ≈ preliminary; temporary
≈ vorläufig; vorübergehend

Versuchszweck *nm* TECH **experimental purpose**
= Experimentierzweck *nm*

vertagen *vt* COLL **adjourn** *vt*
= verschieben (2); verlegen — = prorogue *vt*; prorogate *vt*
≈ verzögern; aufschieben; einstellen — ≈ postpone; delay; suspend

Vertagung *nf* COLL **adjournment** *n*
= Verschiebung *nf* (2); Verlegung *nf* (2) — = prorogation *n*
≈ Verzögerung; Aufschub; Einstellung; Fristverlängerung — ≈ postponement; delay; suspension; extension

vertauschbar TECH → **exchangeable**
→ auswechselbar

vertauschen TECH → **exchange** *vt*
→ auswechseln

Vertauschung *nf* MATH **commutation** *n*

Vertauschung *nf* TECH **exchange** *n* (2)
= interexchange *n*

Vertauschungsregel *nf* MATH **commutation rule**

Verteidiger *nm* COLL → **partisan** *n*
→ Verfechter *nm*

Verteidigungselektronik *nf* EL.TRO **defense electronics** (AE)
= Militärelektronik *nf* — = defence electronics (BE); military electronics

Verteidigungsministerium *nn* PUB.ADM **Ministry of Defense** (AE)
= Kriegsministerium *nn* (obs) — = Ministry of Defence (BE); M.O.D.

Verteildienst *nm* TELEC **distribution service**
= Distributionsdienst *nm* — = distributive service
≠ interaktiver Dienst — ≠ interactive service

Verteilebene *nf* TELEC → **cross-connect level**
→ Rangierebene *nf*

verteilen COLL **distribute** *vt*
≈ austeilen; aufteilen — ≈ dispense; partition
↑ teilen — ↑ divide

verteilen TECH **distribute** *vt*
[in systematischer Weise] — [in systematic manner]
≈ zerstreuen — ≈ disperse

Verteiler *nm* OFFICE **distributor** *n*
[eines Schreibens] — [of a written message]
= distribution list; circulation list

Verteiler *nm* SYS.INS **distributor** *n*
= Verteilergestell *nn*; Schaltverteiler *nm* — = distribution frame; distributing frame
↓ Hauptverteiler; Rangierverteiler; Stromverteiler — ↓ main distributing frame; patching distribution frame; power distributor

Verteiler *nm* SW → **sequence control**
→ Ablaufsteuerung *nf*

Verteilerbelegungsplan *nm* SYS.INS **distributor equipment plan**

Verteilerfeld *nn* EQP.EN **distributor panel**

Verteilergestell *nn* SYS.INS → **distributor** *n*
→ Verteiler *nm*

Verteilerkasten *nm* OUT.PL → **distributing box**
→ Kabelverzweiger *nm*

Verteilerkasten *nm* OUT.PL → **distribution cabinet**
→ Kabelverzweigergehäuse *nn*

Verteilerleiste *nf* COMPO **distribution strip**
= Verteilerstreifen *nm*; Stützpunktleistung *nf* — = terminal strip

Verteilerliste *nf* INTERNET → **mailing list**
→ E-Mail-Adressenliste *nf*

Verteilerschlüssel *nm* ECON → **distribution key**
→ Verteilungsschlüssel *nm*

verteilerseitig OUT.PL **D-side**
= distributor-side

Verteilerstreifen *nm* COMPO → **distribution strip**
→ Verteilerleiste *nf*

Verteilertafel *nf* POW.SY **distribution panel**

Verteilkommunikation *nf* TELEC **distributive communication**
= gerichtete Kommunikation — = distribution communication; directional communications; broadcast communications
≠ Dialogkommunikation — ≠ interactive communication

Verteilmultiplexer *nm* TRANSM **cross-connect multiplexer**
= Rangiermultiplexer *nm*; Schaltmultiplexer *nm*; Steuermultiplexer *nm*; intelligenter Multiplexer; programmierbarer Multiplexer; Cross-connect-Multiplexer — = CCM; intelligent multiplexer; programmable multiplexer; managed multiplexer

Verteilnetz *nn* TELEC **distributive network**
= Distributionsnetz *nn*; distributives Netz — = distribution network (1)
≠ interaktives Netz — ≠ interactive network

Verteilsortierung *nf* DAT.MA **distributive sort**
= Spaltensortierung *nf*; Trennsortierung *nf*; Umgruppierung *nf*; verteilte Sortierung — = distribution sort; column sort; pocket sort; separation sort
≠ Mischsortierung — ≠ merge sorting

Verteilstufe *nf* SWITCH → **group-selection stage**
→ Richtungswahlstufe *nf*

Verteilsystem *nn* TELEC **distribution system**

verteilt STATIS **distributed**

verteilt TECH **partitioned** *adj*
= aufgeteilt; eingeteilt — = distributed; assigned; apportioned; fractioned
≈ unterteilt; dezentral — ≈ subdivided; decentralized

verteilte Datenbank DAT.MA **distributed data base**
[auf mehrere Computer verteilt] — [over several computers]

verteilte Datenbankverwaltung DAT.MA **distributed database management**
= DDM — = DDM

verteilte Datenverarbeitung DAT.PR **distributed data processing**
[Verwendung von mehreren Computern oder Prozessoren für eine Aufgabe] — [use of several computers or processors for a task]
= verteilte Informationsverarbeitung; verteilte Verarbeitung — = DDP; distributed information processing; distributed processing; distributed computing; dispersed data processing; distributed processing; dispersed information processing; dispersed processing
≈ dezentralisierte Datenverarbeitung — ≈ decentralized data processing
≠ zentrale Datenverarbeitung — ≠ centralized data processing
↓ Parallelverarbeitung (2); einfache verteilte Verarbeitung; echte verteilte Verarbeitung — ↓ parallel processing (2); plain distributed processing; true distributed processing

verteilte Dialogverarbeitung DAT.PR → **distributed transaction processing**
→ dezentraler Teilhaberbetrieb

verteilte Funkvermittlungsstelle MOB.CO **DMSC**
= DMSC — = Distributed MSC

verteilte Informationsverarbeitung DAT.PR → **distributed data processing**
→ verteilte Datenverarbeitung

verteilte Intelligenz COMP.AP **distributed intelligence**
= dispersed intelligence

verteilter Prozessor DAT.PR **distributed processor**

verteiltes Computersystem COMP.SC → **distributed computer system**
→ verteiltes Rechnersystem

verteiltes Dateiensystem DAT.MA **distributed file system**

verteiltes Datenbankverwaltungs-System DAT.MA **distributed databasa management system**
= DDBMS — = DDBMS

verteiltes lokales Netz DAT.NW **shared-resource LAN**

verteiltes Netz DAT.NW **distributed network**

verteilte Sortierung DAT.MA → **distributive sort**
→ Verteilsortierung *nf*

verteilte Spule COMPO **divided coil**
= distributed coil

verteiltes Rahmenkennungswort TRANSM **distributed frame alignment signal**
= distributed FAS; added digit framing

verteiltes Rechnersystem COMP.SC **distributed computer system**
= verteiltes Computersystem

verteiltes System INF.TEC **distributed system**

verteiltes Verarbeitungssystem DAT.NW **distributed processing system**

verteilte Verarbeitung DAT.PR → **distributed data processing**
→ verteilte Datenverarbeitung

verteilte Warteschlange DAT.NW **distributed queue**

Verteilung *nf* STATIS **distribution** *n*
↓ Häufigkeitsverteilung; Wahrscheinlichkeitsverteilung — ↓ frequency distribution; probability distribution

Verteilung *nf* TECH → **partitioning** *n*
→ Aufteilung *nf*

Verteilungsdichte *nf* STATIS → **probability density function**
→ Wahrscheinlichkeitsdichtefunktion *nf*
Verteilungsfunktion *nf* STATIS **distribution function**
= Summenhäufigkeitsfunktion *nf* = cumulative distribution function
≈ Wahrscheinlichkeitsfunktion ≈ probability function
Verteilungsgebiet *nn* RADIO **allotment area**
Verteilungsplan *nm* RADIO **allotment plan**
Verteilungsschlüssel *nm* ECON **distribution key**
= Verteilerschlüssel *nm*
verteuern ECON **increase the price**
≠ verbilligen ≠ cheapen
Verteuerung *nf* ECON → **price increase**
→ Teuerung *nf*
vertieft TECH **recessed** *adj*
≠ erhaben ≠ raised
Vertiefung *nf* TECH **recess** *n*
= Mulde *nf* = slot *n* (2)
≈ Hohlraum ≈ cavity
≠ Erhöhung ≠ elevation
↓ Griffmulde ↓ recessed grip
vertikal MATH → **vertical** *adj*
→ senkrecht
Vertikalablenkgenerator *nm* TV → **vertical deflection oscillator**
→ Vertikalablenkoszillator *nm*
Vertikalablenkoszillator *nm* TV **vertical deflection oscillator**
= Vertikalablenkgenerator *nm*; Vertikalfrequenzgenerator *nm*; Vertikaloszillator *nm*; Bildkipposzillator *nm*; Bildablenkgenerator *nm*; Bildablenkoszillator *nm*; Vertikalsteueroszillator *nm* = vertical scan oscillator; vertical oscillator
Vertikalablenkplatte *nf* EL.TRO **Y plate**
Vertikalablenktransformator *nm* TV **vertical deflection transformer**
= vertical scan transformer
Vertikalablenkung *nf* EL.TRO **vertical deflection**
= V-Ablenkung *nf*; Vertikalsteuerung *nf* = vertical scan
Vertikalachse *nf* MATH → **Z axis**
→ Z-Achse *nf*
Vertikalantenne *nf* ANT **vertical antenna**
= Vertikalstrahler *nm* = vertical aerial
≈ Monopol ≈ monopole
↓ Stabantenne; Discone-Antenne; Groundplane-Antenne; Marconi-Antenne; ↓ rod antenna; discone antenna; ground plane antenna; Marconi antenna; cage monopole antenna
Vertikalaufzeichnung *nf* (1) TER&PER **vertical recording** (1)
[Magnetpartikel senkrecht zur Datenträgeroberfläche orientiert] [magnetic particles aligned vertically to the recording surface]
= vertikale Aufzeichnung = perpendicular recording; perpendicular magnetic recording
Vertikalaufzeichnung *nf* (2) TER&PER → **transversal recording**
→ Transversalaufzeichnung *nf*
Vertikalaustastung *nf* TV **vertical scanning**
= V-Austastung *nf*
Vertikalbauweise *nf* EQP.EN **vertical construction practice**
≠ Horizontalbauweise = vertical design
≠ horizontal construction practice
Vertikaldiagramm *nn* ANT **vertical diagram**
= vertical radiation pattern; elevation pattern
Vertikaldipol *nm* ANT → **sleeve antenna**
→ Koaxialdipol *nm*
vertikale Aufzeichnung TER&PER → **vertical recording** (1)
→ Vertikalaufzeichnung *nf* (1)
vertikale Bildverschiebung COMP.AP **vertical scrolling** *n*
= vertikaler Bilddurchlauf; vertikaler Bildlauf = rolling *n*
↓ Vorrollen; Zurückrollen ↓ scrolling up; scrolling down
vertikale Datenverdichtung DAT.MA → **structure-oriented data compression**
→ strukturorientierte Datenverdichtung
Vertikaleinsatz *nm* EQP.EN **vertical inset**
= Schmaleinsatz *nm*
Vertikalendstufe *nf* TV **vertical deflection final amplifier**
vertikale Polarisation PHYS → **vertical polarization**
→ Vertikalpolarisation *nf*
vertikaler Bilddurchlauf COMP.AP → **vertical scrolling** *n*
→ vertikale Bildverschiebung
vertikaler Bildlauf COMP.AP → **vertical scrolling** *n*
→ vertikale Bildverschiebung
vertikale Richtung TECH **vertical direction**
= Vertikalrichtung *nf*; Y-Richtung *nf* = Y direction
vertikaler Schwenk CINEMA **tilt shot**
= tilting *n*
vertikaler Strich WOR.PR → **vertical bar**
→ senkrechter Strich

vertikale Zeppelinantenne ANT **vertical Zeppelin antenna**
= Vertikal-Zepp = vertical Zepp
Vertikalfokussierung *nf* TV **vertical focusing**
Vertikalfrequenz *nf* TV → **field frequency**
→ Teilbildfrequenz *nf*
Vertikalfrequenzgenerator *nm* TV → **vertical deflection oscillator**
→ Vertikalablenkoszillator *nm*
Vertikaloszillator *nm* TV → **vertical deflection oscillator**
→ Vertikalablenkoszillator *nm*
Vertikalparität *nf* CODING → **vertical parity**
→ Querparität *nf*
Vertikalplotter *nm* TER&PER **beltbed plotter**
[Papier auf einem Band befestigt] [paper fixed od a belt]
= Beltbed-Plotter *nm*; Bandunterlage-Plotter *nm* = vertical potter
Vertikalpolarisation *nf* PHYS **vertical polarization**
= vertikale Polarisation
Vertikalreuse *nf* ANT **vertical cage antenna**
Vertikalrichtung *nf* TECH → **vertical direction**
→ vertikale Richtung
Vertikalrücklauf *nm* TV **vertical retrace**
= vertical flyback; field flyback (AE); frame flyback
Vertikalsteueroszillator *nm* TV → **vertical deflection oscillator**
→ Vertikalablenkoszillator *nm*
Vertikalsteuerung *nf* EL.TRO → **vertical deflection**
→ Vertikalablenkung *nf*
Vertikalstrahler *nm* ANT → **vertical antenna**
→ Vertikalantenne *nf*
Vertikalsynchronimpuls *nm* TV **vertical synchronizing pulse**
= V-Synchronimpuls *nm* = vertical sync pulse; vertical synchronizing signal; vertical sync signal
Vertikalsynchronisation *nf* TV → **vertical synchronization**
→ Vertikalsynchronisierung *nf*
Vertikalsynchronisierung *nf* TV **vertical synchronization**
= Vertikalsynchronisation *nf*
Vertikaltabulator *nm* DAT.CO **vertical tabulator**
= VT = vertical tab; VT
↑ ASCII-Code ↑ ASCII code
Vertikalverkabelung *nf* DAT.NW → **secondary cabling**
→ Sekundärverkabelung *nf*
Vertikalverstärker *nm* EL.TRO **vertical amplifier**
= Y-Verstärker; Y-Ablenkverstärker = Y amplifier
Vertikalverstärkung *nf* EL.TRO **vertical gain**
= Y-Verstärkung *nf* = Y gain
Vertikal-Zepp ANT → **vertical Zeppelin antenna**
→ vertikale Zeppelinantenne
Vertonung *nf* EL.ACOU **sound tracking**
↑ Nachbearbeitung [BROADC] ↑ post production [BROADC]
Vertrag *nm* LAW **contract** *n*
= Kontrakt *nm* = covenant *n* (1)
vertragen TECH → **tolerate** *vt*
→ aushalten
vertraglich LAW **contractual** *adj*
= vertragsgemäß; vertragsmäßig
verträglich TECH → **compatible**
→ kompatibel
vertraglicher Netzbetreiber MOB.CO **home operator**
vertraglich festlegen LAW → **covenant** *vt*
→ vertraglich vereinbaren
Verträglichkeit *nf* TECH → **compatibility** *n*
→ Kompatibilität *nf*
vertraglich vereinbaren LAW **covenant** *vt*
= vertraglich festlegen
Vertragsauflösung *nf* LAW **contract termination**
Vertragsbruch *nm* LAW **breach of contract**
= Vertragsverletzung *nf*; Vetragswidrigkeit *nf*
Vertragserfüllungsgarantie *nf* ECON → **performance bond**
→ Erfüllungsgarantie *nf*
vertragsgebunden ECON **contract-bound**
vertragsgemäß LAW → **contractual** *adj*
→ vertraglich
Vertragshändler *nm* ECON **franchised dealer**
= value-added reseller; VAR
Vertragsklausel *nf* LAW **contractual clause**
= covenant *n* (2)
Vertragskündigung *nf* ECON **contract denuntiation**
= Kündigung *nf* (1)
Vertragsmanager *nm* ECON **contract manager**
vertragsmäßig LAW → **contractual** *adj*
→ vertraglich

Vertragsnehmer *nm* LAW → **contract party** *n*
→ Vertragspartner *nm*

Vertragsnehmer *nm* ECON → **supplier** *n* (2)
→ Auftragnehmer *nm*

Vertragspartei *nf* LAW → **contract party** *n*
→ Vertragspartner *nm*

Vertragspartner *nm* LAW **contract party** *n*
= Vertragsteilnehmer *nm*; Vertragsnehmer *nm*; Vertragspartei *nf*; Vertragsschließender *nm*; Vetragsabschließender *nm*; Kontrahent *nm*
↓ Auftraggeber; Auftragnehmer
= contracting party; contracting partner; contractor *n* (1); covenanter *n*
↓ contract awarder; supplier

Vertragsschließender *nm* LAW → **contract party** *n*
→ Vertragspartner *nm*

Vertragssprache *nf* LAW **default penalty**

Vertragsstrafe *nf* ECON → **contractual penalty**
→ Konventionalstrafe

Vertragsteilnehmer *nm* LAW → **contract party** *n*
→ Vertragspartner *nm*

Vertragstreue *nf* LAW **contractual fidelity**

Vertragsverletzung *nf* LAW → **breach of contract**
→ Vertragsbruch *nm*

Vertragsverpflichtung *nf* LAW **contractual obligation**
= covenant *n* (3)

Vertrauensbereich *nm* STATIS **confidence intervall**
= Vertrauensintervall *nn*; Konfidenzbereich *nm*; Konfidenzintervall *nn*; Konfidenzgürtel *nm*
= confidence region; confidence belt

Vertrauensgrad *nm* STATIS **confidence level**
= Konfidenzzahl *nf*

Vertrauensgrenze *nf* STATIS **confidence limit**
[Endpunkte des Vertrauensbereichs]
= Konfidenzgrenze *nf*; Mutungsgrenze *nf*
[limits of the confidence interval]

Vertrauensintervall *nn* STATIS → **confidence intervall**
→ Vertrauensbereich *nm*

Vertrauenswürdigkeit *nf* COLL → **credibility** *n*
→ Glaubwürdigkeit *nf*

vertraulich OFFICE **confidential**
≈ geheim
≠ allgemein zugänglich
≈ secret
≠ unrestricted

vertrauliches Faxen TELEC **confidential faxing**

Vertraulichkeit *nf* COLL **confidence** *n*
= Verschwiegenheit *nf*; Diskretion *nf*
≈ Geheimhaltung
= discretion *n* (1); nondisclosure *n*
≈ secrecy

Vertraulichkeitsabkommen *nn* ECON **nondisclosure agreement**

Vertrautheit *nf* COLL **acquaintance** *n*

Vertrautheits-Beziehung *nf* SW **acquaintance relationship**
[OOP]
[OOP]

vertraut machen SCIE **familarize** *vt*
[jemanden mit]
≈ lehren
[somebody with a topic]

vertraut werden mit COLL **become acquainted with**
= kennenlernen
= familiarize with

vertreiben ECON **market** *vt*
= verkaufen (2); vermarkten
= commercialize; distribute

Vertreiber *nm* (1) ECON → **dealer** *n*
→ Händler *nm*

Vertreiber *nm* (2) ECON **distributor** *n*
= Handelshaus *nn*
≈ Verkäufer
≈ seller

vertreten ECON **represent**

Vertreter *nm* COLL **representative** *n*
= Repräsentant

Vertreter *nm* ECON **representative** *n*
= Repräsentant *nm*; Agent *nm*
≈ Vertretung
↓ Verkaufsvertreter; Spediteur; literarischer Agent
= agent *n*
≈ representation
↓ sales agent; shipping agent; literary agent

Vertreter INTERNET → **proxy** *n*
→ Proxy *nm*

Vertretung *nf* ECON **representation** *n*
= Repräsentation *nf*
≈ Vertreter
= agency *n* (2)
≈ representative

Vertrieb *nm* (1) ECON → **sale** *n* (1)
→ Verkauf *nm* (1)

Vertrieb *nm* (2) ECON → **sales department** *n*
→ Vertriebsabteilung *nf*

Vertriebsabteilung *nf* ECON **sales department** *n*
[Organisationseinheit]
= Vertrieb *nm* (2); Verkaufsabteilung *nf*; Verkauf *nm* (2)
≈ Marketingabteilung
[organizational unit]
= sales and marketing department; sales and marketing; sales (2); marketing department; marketing *n*

Vertriebsagent *nm* MEDIA **sales agent**

Vertriebserfahrung *nf* ECON **marketing experience**

Vertriebsergebnis *nn* ECON **sales result**
= VE

Vertriebsfrau *nf* ECON **saleswoman** *n*
↑ Vertriebsperson
↑ salesperson

Vertriebsgebiet *nn* ECON **sales region**
= Verkaufsgebiet *nn*; Vertriebsregion *nf*; Verkaufsregion *nf*
= sales territory; sales area

Vertriebsgebietsleiter *nm* ECON **area sales manager**

Vertriebsgemeinkosten *nplt* ECON **sales overhead costs**
= VGK *nplt*
= general sales costs; selling expenses

Vertriebsinformationssystem *nn* COMP.AP **sales information system**

Vertriebskanal *nm* ECON **sales channel**
= Verkaufskanal *nm*; Absatzkanal *nm*

Vertriebsmann *nm* ECON **salesman** *n* (*pl* -men)
↑ Verkäufer (1)
↑ salessperson

Vertriebsnetz *nn* ECON **distribution network**
= sales network; dealership *n*

Vertriebsperson *nf* ECON → **seller** *n*
→ Verkäufer *nm* (1)

Vertriebsprogramm *nn* ECON → **delivery range**
→ Lieferspektrum *nn*

Vertriebsregion *nf* ECON → **sales region**
→ Vertriebsgebiet *nn*

Vertriebsspanne *nf* ECON **gross margin**
= VSP; Bruttogewinnspanne *nf*
= marginal income; gross profit on sales

Verunglimpfung *nf* COLL → **disparagement**
→ Herabsetzung *nf*

verunreinigen TECH **contaminate** *vt*
≈ verschmutzen
= pollute
≈ foul

Verunreinigung *nf* PHYS **impurity** *n*
= contamination *n*

Verunreinigung *nf* TECH **contamination** *n*
= Vergiftung *nf*
≈ Verschmutzung
= pollution *n*; poisoning *n*
≈ fouling

Veruntreuungsmanipulation *nf* DAT.PR **embezzlement** *n*
= Buchführungsmanipulation *nf*

verursachen COLL **cause** *vt*
≈ erzeugen
= originate
≈ produce

verursachend COLL **causative** *adj*

Verursacher COLL **causer** *n*
≈ Erzeuger; Urheber
≈ producer; originator

vervielfachen MATH → **multiply**
→ multiplizieren

Vervielfachen *nn* MATH → **multiplication** *n* (2)
→ Multiplikation *nf*

vervielfachen *vt* MATH **multiplicate** *vt*
≈ multiplizieren
↓ verdoppeln; verdreifachen; vervierfachen; verfünffachen; versechsfachen; verzehnfachen
= multiply *vt* (2)
≈ multiply (1)
↓ duplicate; triplicate; quadruplicate; quintuplicate; sextuplicate; decuple

Vervielfacher *nm* CIRC.EN **multiplier** *n*
= Vervielfacherschaltung *nf*; Multiplizierer *nm*; Multiplikationsschaltung *nf*
↑ Festwertmultiplikator
↓ Frequenzvervielfacher
= multiplier circuit; multiplier chain; multiplying circuit; multiplying chain
↑ scaler

Vervielfacherdiode *nf* COMPO **multiplier diode**

Vervielfacherschaltung *nf* CIRC.EN → **multiplier** *n*
→ Vervielfacher *nm*

Vervielfachung *nf* MATH → **multiplication** *n* (2)
→ Multiplikation *nf*

Vervielfachung *nf* TECH → **multiplication** *n*
→ Vermehrung *nf*

Vervielfachung *nf* MATH **multiplication** *n* (1)
≈ Multiplikation
↓ Verdoppelung; Verdreifachung; Vervierfachung; Vefünffachung; Versechsfachung; Verzehnfachung
≈ multiplication (2)
↓ duplication; triplication; quadruplication; quintuplication; sextuplication; multiplication by ten

Vervielfachungsfaktor *nm* MATH **multiplication factor**
= Multiplikationsfaktor *nm*
= multiplying factor; multiplier factor

Vervielfachungsstufe *nf* CIRC.EN **multiplying stage**
= multiplier stage

vervielfältigen DAT.PR **reproduce** *vt*
↓ duplizieren
↓ duplicate

Vervielfältigung *nf* OFFICE → **copy** *n* (2)
→ Pause *nf*

Vervielfältigungsmaschine *nf* OFFICE → **copying machine**
→ Kopiergerät *nn*

vervierfachen *vt* ↑ vervielfachen	MATH	**quadruplicate** *vt* = quadruple *vt* ↑ multiply
Vervierfachung *nf* ↑ Vervielfachung	MATH	**quadruplication** *n* ↑ multiplication
vervollständigen → ergänzen	COLL	→ **supplement** *vt*
Vervollständigung *nf* = Komplettierung *nf*; Vollendung *nf* ≈ Vollständigkeit	COLL	**completion** *n* (1) [act or process of completing] ≈ completion (2)
Verwackeln *nn* → Verwacklung *nf*	EL.TRO	→ **judder** *n*
Verwacklung *nf* = Verwackeln *nn*	EL.TRO	**judder** *n*
verwahren *vt* = aufbewahren; deponieren	COLL	**deposit** *vt* = guard *vt*; safeguard *vt*
Verwahrung *nf* = Aufbewahrung *nf*; Gewahrsam *nm* ≈ Lagerung	ECON	**deposit** *n* (1) = custody *n*; safekeeping *n* ≈ storage
Verwahrungsort *nm* = Aufbewahrungsort *nm* ↓ Lager [ECON]	COLL	**repository** *n* = depository *n* ↓ deposit (2) [ECON]
verwalten = administrieren	ECON	**administer** *vt* = administrate; manage
Verwalter *nm*	ECON	**administrator** *n* = manager *n* (2); custodian *n*
Verwaltung *nf* → Datenverwaltung *nf*	DAT.PR	→ **data management**
Verwaltung *nf* (1) [Tätigkeit] = Administration *nf*	ECON	**administration** *n* (1) [activity] = management *n* (3); scheduling *n*
Verwaltung *nf* (2) [Organisation] ≈ Behörde	ECON	**administration** *n* (2) [organization] ≈ authority
Verwaltungkosten *nplt* → allgemeine Gemeinkosten	ECON	→ **general administration costs**
Verwaltungrechner *nm* → Betriebsrechner *nm*	DAT.PR	→ **plant computer**
Verwaltungsablauf *nm* → Organisationsablauf *nm*	SW	→ **housekeeping sequence**
Verwaltungsbeirat *nm* → Verwaltungsrat *nm*	ECON	→ **administrative council**
Verwaltungsbibliothek *nf*	DAT.MA	**management library**
Verwaltungsdaten *nplt* [zur Verwaltung der Nutzdaten] ≠ Nutzdaten	DAT.MA	**management data** [to manage payload data] ≠ payload data
Verwaltungsdatenverarbeitung *nf* → administrative Datenverarbeitung	DAT.PR	→ **administrative data processing**
Verwaltungs-DV *nf* → administrative Datenverarbeitung	DAT.PR	→ **administrative data processing**
Verwaltungsebene *nf* [ATM] = Management-Ebene *nf*; M-Ebene *nf*	TELEC	**management plane** [ATM] = M-plane
Verwaltungseinheit *nf* [SDH/SONET] = AU	TELEC	**administrative unit** [SDH/SONET] = AU
Verwaltungsgebäude *nn*	ECON	**administrative building**
Verwaltungsinformatik *nf* [Anwendung von Informatik in der öffentlichen Verwaltung] ↑ angewandte Informatik	COMP.AP	**public administration informatics** ↑ applied informatics
Verwaltungskosten *nplt* ≈ Verwaltungsgemeinkosten; allgemeine Verwaltungskosten; AGK	ECON	**administrative expenses** = administrative costs; administrative overheads; administration expenses
Verwaltungsprogramm *nn* → Verwaltungsroutine *nf*	SW	→ **housekeeping program**
Verwaltungsrat *nm* [Gremium zur Überwachung von Institutionen des öffentlichen Rechts] = Verwaltungsbeirat *nm* ≈ Aufsichtsrat; Vorstand	ECON	**administrative council** [supervisory board for public institutions] = advisory board ≈ supervisory board; board of directors
Verwaltungsroutine *nf* = Verwaltungsprogramm *nn* ↓ Prozessorverwaltung; Speicherverwaltung; Dateiverwaltung; Geräteverwaltung; Auftragsverwaltung	SW	**housekeeping program** = housekeeping routine; management program; management routine ↓ process management; memory management; file management; device management; job management
verwaltungstechnisch	ECON	**administrative**
verwandtes Fach → verwandtes Fachgebiet	SCIE	→ **related field**
verwandtes Fachgebiet = verwandtes Fach	SCIE	**related field** = allied field
verwaschen → unscharf	OPT	→ **blurred** *adj*
Verwaschung *nf* → Unschärfe *nf*	OPT	→ **blur** *n*
verwässern ↑ verdünnen	TECH	**water** *vt* ↑ dilute
verwässern [fig]	COLL	**water-down** *vt* [fig]
verwechseln	COLL	**mistake** (for) *vt* = confound (with)
Verwechslung *nf*	COLL	**mistake** *n* = confusion *n*
Verwechslungsfehler *nm*	TER&PER	**substitution error**
verweigern *vt*	COLL	**deny** *vt* = refuse *vt*; decline *vt*
Verweigerung *nf* = Ablehnung *nf*	COLL	**denialn**
Verweildauer *nf* → Verweilzeit *nf*	CIRC.EN	→ **output pulse width**
Verweildauer *nf* → Verweilzeit *nf*	TER&PER	→ **dwell time** *n*
Verweilzeit *nf* [Speicher]	DAT.MA	**residence time** [storage] = retention time; dwell time
Verweilzeit *nf* [Kippstufe] = Verweildauer *nf*	CIRC.EN	**output pulse width** [gate] = dwell time
Verweilzeit *nf* [Drucker] = Verweildauer *nf*	TER&PER	**dwell time** *n* [printer] = dwell *n*
Verweis *nm* = Hinweis *nm*; Bezugnahme *nf* ≈ Zeiger ↓ Bezeichner	COMP.LG	**reference** *n* ≈ pointer ↓ identifier
Verweis *nm* → Bezugnahme *nf*	COLL	→ **reference** *n*
Verweisadresse *nf* → URL-Adresse *nf*	INTERNET	→ **URL**
Verweisadresse *nf* [zum Verketten getrennt gespeicherter, jedoch korrelierter Daten] = Folgeadresse *nf*; Verkettungsadresse *nf*; Kettungsadresse *nf*; Verknüpfungsadresse *nf*; Bezugsadresse *nf*; Hinweisadresse *nf* ≈ Zeiger	DAT.MA	**reference address** [to link separately stored but correlated data] = linkage address; link address; continuation address; sequence address; chaining address ≈ pointer
Verweisanzeige *nf* → Hinweisanzeige *nf*	COMP.AP	→ **reference display**
Verweisdatei *nf*	INTERNET	**reference file**
verweisen	TECH	**reference** *vt*
Verweisfunktion *nf* = Nachschlagfunktion *nf*	COMP.AP	**lookup function** = look-up function; lookup *n*
Verweissammlung *nf*	INTERNET	**point listing**
Verweistabelle *nf* [Ergebnissammlung] = Nachschlagtabelle *nf*	DAT.MA	**lookup table** [collection of stored results] = look-up table; LUT
Verweistabelle *nf* → Bezugstabelle *nf*	TECH	→ **reference table**
Verweisverwaltung *nf* [SGML] = Link-Management *nn*; Referenz-Management *nn*	INTERNET	**link management** [SGML] = reference management
Verweiszeichen *nn* [Pfeil]	PRIN.ME	**reference symbol** [arrow]
verwendbar → brauchbar	TECH	→ **serviceable** *adj*
Verwendbarkeit *nf* → Brauchbarkeit *nf*	TECH	→ **serviceableness** *n*
verwenden → benutzen	TECH	→ **use** *vt*
Verwenderliste *nf* = Anwenderliste *nf*	DAT.PR	**user list**
Verwendung *nf* → Benutzung *nf*	TECH	→ **use** *n*
Verwendungsdauer *nf* → Nutzungsdauer *nf*	QUAL	→ **utilization time**
Verwendungsliste *nf*	DAT.MA	**where-used list**
verwerfen *vt* [unbrauchbare Daten]	DAT.MA	**chop** *vt* [to destroy useless data]

verwerfen *vt* (1) ≈ ausrangieren	TECH	**reject** *vt* = discard *vt*; scrap *vt*; cast off *vt*; throw off *vt* ≈ take out of operation
verwerfen *vt* (2) → verziehen	TECH	→ **warp** *vi*
Verwerfung *nf* → Verziehung *nf*	TECH	→ **warping** *n*
Verwerfungsbereich *nm*	STATIS	**critical region**
verwertbar → brauchbar	TECH	→ **serviceable** *adj*
verwerten → ausnutzen	TECH	→ **utilize** *vt*
verwerten *vt*	ECON	**realize** *vt*
Verwertung *nf* → Ausnutzung *nf*	TECH	→ **usage** *n*
Verwertungserlös	LAW	**realization revenue**
verwinden *vt* = verdrehen; tordieren ≈ verdrillen [TECH]	MECH	**twist** *vt* = wrench *vt* ≈ twist [TECH]
Verwindung *nf* = Torsion *nf*; Drillung *nf*; Verdrillung *nf*	MECH	**twist** *n* (1) = wrench *n*; torsion *n*
verwirklichen → realisieren	TECH	→ **realize** *vt*
Verwirklichung *nf* → Realisierung *nf*	TECH	→ **realization** *n*
Verwirklichung *nf* → Implementierung *nf*	DAT.PR	→ **implementation** *n*
verwirren ≈ verleiten; Irreführen	COLL	**bewilder** ≈ entice; mislead
verwischen → unleserlich machen	COLL	→ **obliterate** *vt*
verwischen → verschmieren	TECH	→ **blurr** *vt*
Verwischung *nf* → Verschmierung *nf*	TECH	→ **smudging** *n*
Verwischungsgewinn *nm* → Trägerverwischungsgewinn *nm*	RADIO	→ **carrier dispersal gain**
verwittert	TECH	**weatherworn** = weatherbeaten
verwoben	COLL	**textural** *adj*
verwölben → verziehen	TECH	→ **warp** *vi*
Verwölbung *nf* → Verziehung *nf*	TECH	→ **warping** *n*
verworren = konfus ≈ kompliziert	COLL	**involved** *adj* ≈ complicated
verwunden → verdrillt	TECH	→ **twisted**
Verwurf *nm*	TECH	**rejects** *nplt* = scrap *n*
verwürfeln *vt* = verscrambeln	CODING	**scramble** *vt*
Verwürfelung *nf* = Verscrambelung *nf*	CODING	**scrambling**
Verwürfelungsschaltung *nf* → Verwürfler *nm*	CIRC.EN	→ **scrambler** *n*
Verwürfler *nm* = Verwürfelungsschaltung *nf*; Scrambler *nm*	CIRC.EN	**scrambler** *n* = scrambling circuit
Verzackung *nf* [treppenförmiger Wiedergabefehler einer glatten Linie]	COMP.GR	**jaggies** *nplt* [stairlike irregularity in the representation of smooth curve]
Verzackung *nf* [einer Signalform]	EL.TRO	**jaggies** *nplt* [accumulation of spikes in a signal]
verzahnen [fig] = verquicken ≈ verschachteln	COLL	**indent** *vt* [fig] = gear; cog; dovetail
verzahnen → verschachteln *vt*	SW	→ **nest** *vt*
verzahnen (1) [Ineinandergreifen von Verzahnungen]	MEC.EN	**gear** *vt* (1) [to connect by toothed surfaces] = indent (2)
verzahnen (2) [mit Zähnen versehen] ≈ verschwalben	MEC.EN	**indent** *vt* (1) [to provide with gearing notches] = gear (2) ≈ dovetail
verzahnt → verschachtelt	SW	→ **nested** *adj*
verzahnte Verarbeitung [zeitlich verzahnt] = zeitlich verschachtelte Verarbeitung; Multiplexbetrieb *nm* ≠ Simultanverarbeitung ↑ Mehrprogrammbetrieb	DAT.PR	**concurrent processing** [in interleaved intervals] = concurrent mode; concurrent data processing; concurrent operation; concurrent program execution; concurrent execution; multiplex processing; multiplex mode; multiplex data processing; multiplex program execution; multiplex execution; serial multitasking ≠ simultaneous processing ↑ multiprogramming
Verzahnung *nf* [fig] ≈ Verschachtelung; Verquickung; Verschränkung	COLL	**gearing** *n* [fig] ≈ indentation; interleaving
Verzahnung *nf*	MEC.EN	**gearing** *n* (2) = indentation *n* (2)
Verzahnung *nf* → Verschachtelung *nf*	SW	→ **nesting** *n*
verzapfen	TECH	**mortise** *vt*
verzehnfachen ↑ vervielfachen	MATH	**decuple** *vt* [to multiply by ten] ↑ multiplicate
Verzehnfachung *nf* ↑ Vervielfachung	MATH	**multiplication by ten** ↑ multiplication
Verzeichnis *nf* [eine geordnete Auflistung von Einträgen einer bestimmten Kategorie] ≈ Katalog ↑ Liste ↓ Unterverzeichnis; Inhaltsverzeichnis; Register; Adressbuch	PRIN.ME	**directory** *n* [a sequential list of items of a certain category] = survey ≈ catalogue ↑ list ↓ index; register; table of contents
Verzeichnis *nf* [Liste von Dateien und Programmen (mit deren Name) in einem Speicher] = Katalog *nm*; Ordner *nm* ≈ Inhaltsverzeichnis ↓ Hauptverzeichnis; Nebenverzeichnis; Dateiverzeichnis; Diskettenverzeichnis	DAT.MA	**directory** *n* [list of files and programs (with their names) in a storage medium] = catalog; catalogue; folder (Macintosh); index (1) ≈ directory listing ↓ root directory; sub-directory; file directory; disk directory
Verzeichnisbaum *nm* = Dateiverzeichnis-Baum *nm*	DAT.MA	**directory tree** = file directory tree
Verzeichnisbaumstruktur *nf* → Verzeichnisstruktur *nf*	DAT.MA	→ **directory structure**
Verzeichnisdatei *nf*	SW	**directory file**
Verzeichnisdienst *nm*	TELEC	**directory service**
Verzeichnisebene *nf*	COMP.AP	**directory level**
Verzeichnisfenster *nn*	COMP.AP	**directory window**
Verzeichnispfad *nm* → Pfad *nm*	DAT.MA	→ **path** *n*
Verzeichnispfad *nm*	DAT.MA	**directory path**
Verzeichnisspiegelung *nf*	DAT.NW	**directory replication**
Verzeichnisstruktur *nf* = Verzeichnisbaumstruktur *nf*	DAT.MA	**directory structure** = dirrectory tree structure
Verzeichnissymbol *nn*	COMP.AP	**directory symbol**
Verzeichniswechsel *nm*	SW	**directory change**
Verzeichnung *nf* [Verzerrung der Abbildung] = Distortion *nf* (ANGL)	OPT	**distortion** *n*
Verzeichnung *nf* → Verzerrung *nf*	TELEC	→ **distortion** *n*
Verzerrer *nm* [selektive Frequenzbereiche hervorhebende Schaltung] = Verzerrungsschaltung *nf*; Emphase-Schaltung *nf*; Anhebungsschaltung *nf*	TELEC	**emphasizer** *n* [circuit emphasizing certain frequency ranges] = emphasizing circuit
verzerrt ≠ unverzerrt	TELEC	**distorted** ≠ undistorted
Verzerrung *nf* [Abweichung vom Ursprungssignal] = Verzeichnung *nf*	TELEC	**distortion** *n* [deviation from original signal form]
Verzerrungsanalysator *nm* [misst den Oberwellengehalt] = Klirranalysator *nm* ↑ Signalanalysator	INSTR	**distortion analyzer** [measures total harmonic distortion] = harmonic analyzer
verzerrungsarm ≈ verzerrungsfrei	TELEC	**low-distortion** ≈ distortionless
verzerrungsfrei = verzerrungslos ≈ verzerrungsarm	TELEC	**distortionsless** = zero-distortion
verzerrungsfreie Leitung = verzerrungslose Leitung	LINE TH	**distortionless line** = zero-distortion line

Verzerrungsleistung *nf* NETW.TH → **harmonic reactive power**
→ Oberwellenblindleistung *nf*

verzerrungslos TELEC → **distortionless**
→ verzerrungsfrei

verzerrungslose Leitung LINE TH → **distortionless line**
→ verzerrungsfreie Leitung

Verzerrungsmessbrücke *nf* INSTR → **distortion measuring bridge**
→ Klirrfaktormessbrücke *nf*

Verzerrungsmesser *nm* INSTR → **distortion measuring bridge**
→ Klirrfaktormessbrücke *nf*

Verzerrungsmessung *nf* INSTR **distortion measurement**

Verzerrungsoptik *nf* OPT **distortion OPT**

Verzerrungsschaltung *nf* TELEC → **emphasizer** *n*
→ Verzerrer *nm*

Verzicht *nm* ECON **renunciation** *n*
= waiver *n*; relinquishment *n*

verzichten COLL **renounce** *vt*

verziehen TECH **warp** *vi*
= verwerfen (2); verwölben
≈ verwinden
≈ twist (1)

Verziehung *nf* TECH **warping** *n*
= Verwerfung *nf*; Verwölbung *nf*
≈ Verwindung

verzinken METAL **zink-coat**
↓ galvanisch verzinken; feuerverzinken
↓ galvanize; hot-galvanize

verzinkt METAL **galvanized**

verzinkter Stahl METAL **galvanized steel**

Verzinkung *nf* METAL → **zinc coat**
→ Zinküberzug *nm*

verzinnen METAL **tin-plate** *vt*
↓ feuerverzinnen
= tin *vt*
↓ tin-coat *vt*

verzinnt METAL **tinned**

Verzinnung *nf* METAL → **tin coat** *n*
→ Zinnüberzug *nm*

verzinsen ECON **pay interests**

Verzinsung *nf* (1) ECON **payment of interests** *n*
[Zahlung von Zinsen]

Verzinsung *nf* (2) ECON **interest return** *n*
[Gewinn aus Zinsen]

verzogen TECH → **warped**
→ windschief

Verzögerer *nm* CIRC.EN → **delay circuit**
→ Verzögerungsschaltung *nf*

verzögern TECH **delay** *vt*
= hinausziehen; abbremsen
≈ verschieben; verlangsamen; anhalten
= stall; retard
≈ postpone; slow-down; halt

verzögert TECH **delayed**
= verlangsamt; abgebremst
≈ zeitlich versetzt; verspätet; nacheilend
↑ unzeitig
= deferred
≈ time-shifted; belated; lagging
↑ untimely

verzögert, Verzug, in COLL → **backlogged**
→ rückständig

verzögerter Betrieb DAT.PR **deferred mode**

verzögerte Zustellung DAT.CO **delayed delivery**

Verzögerung *nf* COLL **delay** *n*
= Terminverzögerung *nf*
≈ Aufschub
= retardation *n*
≈ postponement

Verzögerung *nf* TECH → **delay** *n*
→ Verzug *nm*

Verzögerung *nf* EL.TRO → **delay** *n*
→ Verzögerungszeit *nf*

Verzögerungselektrode *nf* EL.TRO → **retarding electrode**
→ Bremselektrode *nf*

Verzögerungselement *nn* CIRC.EN → **delay element**
→ Verzögerungsglied *nn*

Verzögerungs-Flipflop *nm* CIRC.EN → **delay element**
→ Verzögerungsglied *nn*

verzögerungsfrei EL.TRO **undelayed**
= unverzögert
= quick-action; quick-response; quick-operating

Verzögerungsglied *nn* CIRC.EN **delay element**
[Ausgang hinkt gegenüber Eingang um z.B. einen Impuls nach]
= Verzögerungskippschaltung *nf*; Verzögerungs-Flipflop *nm*; Verzögerungselement *nn*; getakteter Flipflop; Auffang-Flipflop *nm*; D-Flipflop *nm*
≈ Zeitglied
↑ Kippschaltung; Schaltwerk
[output delayed with respect to input e.g. by one year]
= delay flipflop; d-type flipflop
≈ timer
↑ flipflop; sequential logic

Verzögerungskippschaltung *nf* CIRC.EN → **delay element**
→ Verzögerungsglied *nn*

Verzögerungsleitung *nf* EL.TRO **delay line**

Verzögerungsleitung *nf* MICR.EL **delay section**
[Magnetron]
[magnetron]
= delay field

Verzögerungsleitung *nf* LINE TH → **delay line**
→ Laufzeitleitung *nf*

Verzögerungsleitungsspeicher *nm* HW → **delay-line memory**
→ Laufzeitspeicher *nm*

Verzögerungslinse *nf* EL.TRO **delay lens**

Verzögerungslinse *nf* ANT → **lens antenna**
→ Linsenantenne *nf*

Verzögerungsmaß *nn* PHYS **delay constant**

Verzögerungsregister *nn* HW **delay register**

Verzögerungsrelais *nn* COMPO **time-delay relay**
= Zeitrelais *nn*
↓ Thermorelais
= time relay; timing relais; delay relay

Verzögerungsschaltung *nf* CIRC.EN **delay circuit**
= Laufzeitnetzwerk *nn*; Verzögerer *nm*

Verzögerungsstufe *nf* CIRC.EN **time-delay stage**
= Laufzeitstufe *nf*

Verzögerungszeit *nf* TELEC **delay time**
= Verzugszeit *nf*

Verzögerungszeit *nf* EL.TRO **delay** *n*
= Verzögerung *nf*; Zeitverzögerung *nf*; Verzug *nm*
≈ Ansprechzeit; Laufzeit; Sperrzeit
= delay time; time delay; time lag; lag *n*; holdoff *n*
≈ deceleration; guard time

Verzögerungszeitgrenze *nf* TECH **delay limit**

verzollen ECON **clear** *vt*
= pay duty

Verzollung *nf* ECON **custom payment**
≈ Entzollung
= duty payment; custom clearance; clearance *n*

Verzollungspapiere *nplt* ECON **clearance papers**

verzonen SWITCH **zone** *vt*

Verzoner *nm* SWITCH **zoner** *n*
[stellt den Zählimpulsgeber auf gewählte Ortskennzahl ein]
[adjusts the metering pulse generator to dialled area code]

Verzonung *nf* SWITCH **zoning** *n*

Verzonungsliste *nf* SWITCH **charging zone list**
= zoning list

Verzonungstabelle *nf* SWITCH **zoning table**

Verzug *nm* MECH **shrink** *n*
= Schrumpfung *nf*
= warp *n*

Verzug *nm* TECH **delay** *n*
= Verzögerung *nf*; Verspätung *nf*
≈ Nacheilung; Rückstand
= default *n*; deferment *n*; retardation *n*
≈ time lag; backlog (1)

Verzug *nm* ECON **delay** *n*

Verzug *nm* EL.TRO → **delay** *n*
→ Verzögerungszeit *nf*

Verzugsfolgeschaden *nm* ECON **sequential delay damage**

Verzugsklausel *nf* ECON **default clause**

Verzugsstrafe *nf* ECON **delay penalty**
= Pönale *nf*
= liquidated damages clause

Verzugszeit *nf* TELEC → **delay time**
→ Verzögerungszeit *nf*

Verzugszeit *nf* CONTRO **delay time**
≈ Totzeit
≈ dead time

Verzugszeit *nf* SWITCH → **queuing delay**
→ Warteschlangenverzugszeit *nf*

Verzugszinsen *nplt* ECON **interests on arrears**

Verzweiger *nm* OUT.PL **cross-connection point**
= CCP; branching point

Verzweiger *nm* MICROW **junction** *n*
= Verzweigung *nf*

Verzweiger *nm* OPT.CO **branching element**

Verzweigerkabel *nn* OUT.PL → **distribution cable** *n*
→ Verzweigungskabel *nn* (2)

verzweigt TECH **branched**
= verästelt
≈ baumähnlich
≈ tree-like

verzweigtes Programm SW **branched program**

Verzweigung *nf* DAT.PR → **program branch** *n*
→ Programmverzweigung *nf*

Verzweigung *nf* NETW.TH **branching** *n*
≈ Zweig
= fork *n*

Verzweigung *nf* MICROW → **junction** *n*
→ Verzweiger *nm*

Verzweigung *nf* MEC.EN → **branch** *n*
→ Abzweig *nm*

Verzweigung *nf* DAT.MA → **fork** *n*
→ Dateizweig *nm*

Verzweigungfilter *nn* RADIO → **antenna filter**
→ Antennenweiche *nf*
Verzweigungsadresse *nf* SW **transfer address**
= Sprungadresse *nf* = branch address; jump address
Verzweigungsannahme *nf* SW **branch prediction**
= branch predication; predictive branching
Verzweigungsbedingung *nf* SW → **jump condition**
→ Sprungbedingung *nf*
Verzweigungsbefehl *nm* COMP.LG → **jump statement**
→ Sprungbefehl *nm*
Verzweigungsbefehl *nm* SW **branch instruction**
= branch *n*
Verzweigungseinrichtung *nf* OUT.PL **cross-connect device**
Verzweigungsgebilde *nn* SW **branch construct**
Verzweigungskabel *nn* (1) OUT.PL → **distribution cable** *n*
→ Sekundärkabel *nn*
Verzweigungskabel *nn* (2) OUT.PL **distribution cable** *n*
[US-Technik] [U.S. technique]
= Verzweigerkabel *nn*; Abzweigkabel *nn*
Verzweigungsknoten *nm* MATH **branch node**
[Graphen] [graphs]
≠ Endknoten = internal node; non-terminal node
≠ terminal node
Verzweigungsmast *nm* OUT.PL **junction pole**
Verzweigungsmuffe *nf* OUT.PL **multiple-joint main sleeve**
= furcating joint
Verzweigungsnetz *nn* OUT.PL **branching network**
Verzweigungspunkt *nm* SW **branchpoint** *n*
= Verzweigungsstelle *nf* = branch point; branch *n*
≈ Unterbrechungspunkt ≈ breakpoint
Verzweigungspunkt *nm* OUT.PL **cross-connect point**
Verzweigungspunkt *nm* NETW.TH → **node** *n*
→ Knoten *nm*
Verzweigungsstelle *nf* SW → **branchpoint** *n*
→ Verzweigungspunkt *nm*
Verzweigungsstück *nn* INSTR **junction box**
Verzweigungszirkulator *nm* MICROW **branching circulator**
verzwickt COLL → **complicated** *adj*
→ kompliziert
Verzwicktheit *nf* COLL → **complexity** *n*
→ Komplexität *nf*
VESA TER&PER **VESA**
[ein von NEC geführtes Normungsgremium] [Video Electronics Standards Association; consortium led by NEC]
VESA-DDC DAT.PR **VESA DDC**
= DDC = DDC; Digital Display Channel
VESA-DPMS HW **VESA DPMS**
= VESA Display Power Management Signaling
Vesikularfilm *nm* TER&PER **vesicular film**
= Bläschenfilm *nm*
Veto *nn* ECON **veto** *n*
Veto einlegen ECON **veto** *vt*
Vetorecht *nn* ECON **power of veto**
Vetragsabschließender *nm* LAW → **contract party** *n*
→ Vertragspartner *nm*
Vetragswidrigkeit *nf* LAW → **breach of contract**
→ Vertragsbruch *nm*
VFAT-Treiber *nm* TER&PER **VFAT driver**
[Virtual File Allocation Table]
VF-Drosselspule *nf* CATV **hum suppression coil**
= hum bucking coil
VF-Entzerrerverstärker *nm* CATV **video cable amplifier**
VF-Kabelentzerrer *nm* CATV **video cable equalizer**
VF-Koppelpunkt *nm* CATV **video crossbar system**
VF-Leitungsabschnitt *nm* CATV **video circuit section**
VFO CIRC.EN → **variable-frequency oscillator**
→ durchstimmbarer Oszillator
V-Form *nf* TECH **V shape** *n*
= chevron *n*
VF-Oszillograf *nm* TV → **video-frequency oscilloscope**
→ Fernseh-Kontrolloszilloskop *nn*
VF-Oszilloskop *nn* TV → **video-frequency oscilloscope**
→ Fernseh-Kontrolloszilloskop *nn*
VF-Regel-und Regenerierverstärker *nm* CATV **video control and regenerator amplifier**
V-Frequenz *nf* TV → **field frequency**
→ Teilbildfrequenz *nf*
VF-Schaltverteiler *nm* CATV **video switcher**
VF-Technik *nf* TV → **video engineering**
→ Videofrequenztechnik *nf*

VGA TER&PER **VGA**
[Grafikstandard] [graphics standard]
= Video Graphics Adapter
VGA-Adapter *nm* TER&PER → **VGA board**
→ VGA-Karte *nf*
VGA-Karte *nf* TER&PER **VGA board**
= VGA-Adapter *nm* ↑ color graphics board
↑ Farbgrafikkarte
VGA-Monitor *nm* TER&PER **VGA monitor**
[640x480 Bildpunkte mit 16 bis 256 Farben] [640x480 pixels and 16 to 256 colors]
↑ Farbmonitor
VGK *nplt* ECON → **sales overhead costs**
→ Vertriebsgemeinkosten *nplt*
VHDL-Sprache *nf* MICR.EL **VHDL**
[very high speed IC hardware description language]
VHDSL TELEC → **VDSL**
→ VDSL
VHF RADIO → **metric waves**
→ Meterwellen *nplt*
VHF-Signalgenerator *nm* INSTR **VHF signal generator**
VHS TV **VHS**
↑ Videoaufzeichnungssystem [Video Home System]
↑ video recording system
VHSIC MICR.EL **VHSIC**
[Very High Speed Integrated Circuit]
VHSL MICR.EL → **very high speed logic**
→ Schnellstlogik *nf*
Vibration *nf* MECH → **vibration** *n*
→ mechanische Schwingung
vibrationsbeständig TECH → **vibration resistant** *adj*
→ schwingbeständig
Vibrationsbeständigkeit *nf* TECH → **vibration resistance**
→ Schwingbeständigkeit *nf*
Vibrationselektrometer *nn* INSTR **vibrating reed electrometer**
vibrationsfest TECH → **vibration resistant** *adj*
→ schwingbeständig
Vibrationsfestigkeit *nf* TECH → **vibration resistance**
→ Schwingbeständigkeit *nf*
vibrationsfrei MECH → **vibration-free**
→ schwingungsfrei
Vibrationsfrequenzmesser *nm* INSTR → **reed-type frequency meter**
→ Zungenfrequenzmesser *nm*
Vibrationsgalvanometer *nn* INSTR **vibration galvanometer**
↑ Drehmagnetgalvanometer ↑ moving-magnet galvanometer
Vibrationsgleichrichter *nm* EL.TEC **vibrating reed rectifier**
Vibrationskabelpflug *nm* OUT.PL **vibration cable plough**
= vibration cable plow (AE)
Vibrationsmagnetometer *nn* INSTR **vibrating reed magnetometer**
Vibrationsmelder *nm* SIG.EN **vibration detector**
= Schwingungsmelder *nm* = vibration sensor
Vibrationsmesswerk *nn* INSTR **vibrating-reed measuring system**
Vibrationsprüfung *nf* QUAL → **vibration test**
→ Schwingungsprüfung *nf*
Vibrationsregler *nm* POW.SY → **vibrating-magnet regulator**
→ Tirill-Spannungsregler *nm*
Vibrationsrelais *nn* COMPO **vibrating relay**
vibrieren MECH → **oscillate**
→ schwingen
Video *nn* TV **video** *n*
[Fernsehsignal] [from Latin "video" = "I see"; TV picture signal]
≠ vom latein. "video" = "ich sehe"
Videoabrufdienst *nm* TELEC **video on demand service**
= Video auf Abruf *nn*; Video auf Bestellung *nn*; Filmabrufdienst *nm*; Filme auf Abruf *nplt*; Spielfilmabruf *nm*; Video-on-demand-Dienst *nm*; Münzfernsehen *nn* = VOD service; video on demand; VOD; pay-per-view
↑ interaktives Fernsehen ↑ interactive television
↓ Videoabruf über Fernsprechleitungen ↓ video dialtone
Videoabruf über Fernsprechleitungen TELEC **video dialtone**
↑ Videoabrufdienst = VDT
↑ video on demand service
Videoadapter *nm* TER&PER → **graphics board** *n* (1)
→ Grafikkarte *nf*
Video-Analysator *nm* INSTR **video analyzer**
Videoanbieter *nm* TELEC **video information provider**
= Filmeanbieter *nm*; Videoinformationsanbieter *nm*; VIP = VIP
Video-Animation *nf* TELEC **video animation**
Videoanzeigeseite *nf* DAT.PR **video display page**
= Bildspeicherseite *nf*; Videoseite *nf* = display page

Video auf Abruf *nn* TELEC → **video on demand service**
→ Videoabrufdienst *nm*

Video auf Bestellung *nn* TELEC → **video on demand service**
→ Videoabrufdienst *nm*

Videoaufzeichnung *nf* TV **video recording**

Videoaufzeichnungsgerät *nn* TV → **videorecorder**
→ Videorecorder *nm*

Videoaufzeichnungsgerät *nn* HW **video capture board**

Videoaufzeichnungskarte *nf* HW **video capture board**
= video capture card

Videoaufzeichnungssystem *nn* TV **video recording system**
↓ VHS | ↓ VHS

Videoausgang *nm* TER&PER **video output**

Video-Auskunftsanlage *nf* OFFICE **video information system**

Videoband *nn* (1) TV **videotape** *n*
↑ Magnetband | ↑ magnetic tape

Videoband *nf* (2) TV → **video signal** *n*
→ Videosignal *nn*

Videobandbreite *nf* TV **video bandwidth**

Videobandgerät *nn* TV → **videorecorder**
→ Videorecorder *nm*

Videobeamer *nm* OFFICE → **video beamer**
→ Videoprojektor *nm*

Videobeschleunigerkarte *nf* HW **video accelerator board**

Videobuffer *nm* (ANGL) TER&PER → **screen buffer**
→ Bildpuffer *nm*

Video-CD *nf* CONS.EL **video CD**
[Viedeo auf Daten-CD; wurde durch DVD-Video abgelöst] | [viedeo on data CD; suceeded by DVD-Video]
= CD-Platte *nf* | ↑ compact disk

Video-CD *nf* TER&PER **video CD**
= Videospeicherplatte *nf*; Videoplatte *nf*; Bildspeicherplatte *nf*; Bildplatte *nf* | = videodisc *n*; videodisk *n*
↑ CD-Platte | ↑ compact disc

Videoclip *nm* TV **video clip**

Videocodec *nm* TELEC → **video codec**
→ Videocodierer *nm*

Videocodierer *nm* TELEC **video codec**
= Videocodec *nm*

Videocodierung *nf* TELEC **video codification**

Videocontroller *nm* TER&PER → **graphics board** *n* (1)
→ Grafikkarte *nf*

Videodemodulator *nm* TV **video demodulator**

Video-Digitizer *nm* TER&PER **video digitizer**
[funktioniert mit einer Videokamera] | [works with a video camera]
= frame grabber

Videodisc TER&PER → **compact disc** *n*
→ CD-Platte *nf*

Videodisplay *nn* TER&PER → **video display terminal**
→ Bildschirmterminal *nn*

Video-DRAM *nn* HW → **VDRAM**
→ VDRAM *nn*

Videofrequenz *nf* TV **video frequency** (1)
[10 Hz - 5 MHz] | [10 Hz to 5 MHz]

Videofrequenz-Oszilloskop *nn* TV → **video-frequency oscilloscope**
→ Fernseh-Kontrolloszilloskop *nn*

Videofrequenztechnik *nf* TV **video engineering**
= VF-Technik *nf*; Videotechnik *nf* | = video techniques; video

Videogenerator *nm* TER&PER **video generator**

videogestützt INF.TEC **video-based**
= video-aided; video-supported

Videogleichrichter *nm* TV **video modulator**
= Videomodulator *nm*

Videografikkarte *nf* HW → **video graphics board**
→ Videographikkarte *nf*

Videographie *nf* INF.TEC **videography**

Videographikkarte *nf* HW **video graphics board**
= Videografikkarte *nf*

Videoinformationsanbieter *nm* TELEC → **video information provider**
→ Videoanbieter *nm*

Videointegration *nf* RAD.LO **video integration**
[RADAR] | [RADAR]

Videokabel *nn* COM.CAB **video cable**

Videokamera *nf* CONS.EL **video camera**
[Farbfernsehkamera der Konsumelektronik] | [TV camera of consumer electronics]

Videokanal *nm* TELEC **video channel**

Videokarte *nf* TER&PER → **graphics board** *n* (1)
→ Grafikkarte *nf*

Videokassette *nf* CONS.EL **video cassette**

Videokassetten-Qualität *nf* TV **VCR quality**
[mit 1,5 Mbit/s in Digitalform] | [MPEG1 compression; digitalized with 1.5 Mbit/s]
= VCR-Qualität *nf*

Videokassettenrecorder *nm* TV **video cassette recorder**
↑ Videorecorder | = VCR
↑ video recorder

Videokommunikationsdienst *nm* TELEC **video communication service**

Videokompression *nf* CODING **video compression**
= Videokomprimierung *nf*

Videokomprimierung *nf* CODING → **video compression**
→ Videokompression *nf*

Videokonferenz *nf* TELEC **video conference**

Videokonferenz *nf* TELEC → **video conferencing**
→ Bildkonferenz *nf*

Videokonferenzsystem *nn* TELEC **video conferencing system**
= VKS

Videokontrollschirm *nm* TV **video signal monitor**
= Videomonitor *nm* | = video monitor

Videokopf *nm* TV **video head**
= Videokopfrad *nn*; Kopfrad *nn*

Videokopfrad *nn* TV → **video head**
→ Videokopf *nm*

Videomodulator *nm* TV → **video modulator**
→ Videogleichrichter *nm*

Videomodus *nm* SW **video mode**
↓ Zeichenmodus; Grafikmodus | ↓ character mode; graphics mode

Videomonitor *nm* TV → **video signal monitor**
→ Videokontrollschirm *nm*

Videonorm *nf* TER&PER **video standard**
= Videostandard *nm* | ↓ MDA; CGA; EGA; PGA; Hercules; MCGA; VGA; SVGA; XGA
↓ MDA; CGA; EGA; PGA; Hercules; MCGA; VGA; SVGA; XGA

Video-on-demand-Dienst *nm* TELEC → **video on demand service**
→ Videoabrufdienst *nm*

Video-Operator *nm* IMAG.ME **video operator**

Videophon INTERNET → **screen phone**
→ Bildschirmtelefon *nn*

Videoplatte *nf* TER&PER → **video CD**
→ Video-CD *nf*

Videoplatte *nf* TER&PER → **optical disk**
→ Bildplatte *nf*

Videoport *nm* (ANGL) TER&PER → **video port**
→ Bildschirmanschluss *nm*

Video-Präsentationsanlage *nf* OFFICE **video presentation system**

Videoprojektor *nm* OFFICE **video beamer**
= Videobeamer *nm*; Beamer *nm* | = beamer *n*

Video-RAM *nn* HW **video RAM**

Video-RAM *nn* DAT.PR → **refresh memory**
→ Bildwiederholspeicher *nm*

Videorecorder *nm* TV **videorecorder**
= Bildaufnahmegerät *nn*; Bildaufzeichnungsgerät *nn*; Videoaufzeichnungsgerät *nn*; Videobandgerät *nn* | = videotape recorder; VTR; video recorder
↓ Videokassettenrecorder | ↓ video cassette recorder

Video-Reinigungskassette *nf* TV **video cleaning cassette**
↑ Reinigungskassette | ↑ cleaning cassette

Videoscheibe *nf* TER&PER → **optical disk**
→ Bildplatte *nf*

Videoseite *nf* DAT.PR → **video display page**
→ Videoanzeigeseite *nf*

Video-Server *nm* INTERNET **video server**

Videosignal *nn* TV **video signal** *n*
[BA-Signal der Fernsehkamera mit Synchronsignal; das Signal des Bildinhalts] | [the blanked picture signal delivered by the TV camera, plus the sync signal; the signal containing the picture]
= Bildschirm-Ausgangs-Signal *nn*; BAS-Signal *nn*; Fernsehsignalgemisch *nn*; Signalgemisch *nn*; Basisband *nf*; Bildsignal *nn*; B-Signal *nn*; Videoband *nf* (2) | = composite picture signal; picture signal; vision signal; video band
↓ FBAS-Signal; BA-Signal | ↓ composite color picture signal; blanked picture signal

Videoskop *nn* INSTR **videoscope**

Videospeicher *nm* DAT.PR → **graphics memory** *n*
→ Grafikspeicher *nm*

Video-Speicher *nm* DAT.PR → **refresh memory**
→ Bildwiederholspeicher *nm*

Videospeicherplatte *nf* TER&PER → **video CD**
→ Video-CD *nf*

Videospiel *nn* COMP.AP **video game**
= Computerspiel *nn* | = computer game; computerized game

Videospielmarkt *nm* ECON **video game market**

Videospur *nf* TV **video track**

Videostandard *nm* TER&PER → **video standard**
→ Videonorm *nf*

Videostecker *nm* COMPO → **video connector**
→ Videosteckverbinder *nm*

Videosteckverbinder *nm* COMPO **video connector**
= Videostecker *nm*

Videotakt *nm* HW → **pixel frequency**
→ Pixeltakt *nm*

Videotechnik *nf* TV → **video engineering**
→ Videofrequenztechnik *nf*

Videotestsignalgenerator *nm* INSTR **video test signal generator**

Videotex TELEC → **interactive videotex**
→ Bildschirmtext *nm*

Videotex-Agentur *nf* TELEC → **videotex agency**
→ Bildschirmtext-Agentur *nf*

Videotext *nm* (BRD) TELEC → **teletext** *n*
→ Teletext *nm*

Videotreiber *nm* TER&PER **video driver**

Videotrennverstärker *nm* TV **video distribution amplifier**

Videoüberspielkabel *nn* CONS.EL **video copying lead**

Videoüberspielverstärker *nm* CONS.EL **video enhancer**

Videoverbindung *nf* TELEC **video link**

Videoverstärker *nm* TV **video amplifier**
= Bildverstärker *nm*

Videowahlschalter *nm* TV **video selector**

Videowand *nf* CONS.EL **videowall**

Vidikon *nn* EL.TRO **vidiconn**
↑ Bildaufnahmeröhre ↑ camera tube

Vidikon-Filmabtaster *nm* TV **vidicon telecine**

Vielbenutzer *nm* TECH **intensive user**
≠ Wenigbenutzer ≠ occasional user

Vielbereichsinstrument *nn* INSTR → **multimeter**
→ Universalmessgerät *nn*

vieldeutig MATH → **ambiguous**
→ mehrdeutig

Vieldeutigkeit *nf* MATH → **equivocality** *n*
→ Mehrdeutigkeit *nf*

vieldimensional MATH → **multidimensional**
→ mehrdimensional

Vieleck *nn* MATH **polygon** *n*
[vom griech. "poly-gón" = "Viel-eck"] [from Greek "polygón" = "(shape with) many angles"]
= Polygon *nn*
↓ Dreieck; Viereck; Fünfeck u.s.f. ↓ triangle; quadrilateral; pentagon etc.

vieleckig MATH **polygonal** *adj*
= polygonal; mehreckig

vielerlei COLL → **manifold** *adj* (1)
→ mannigfaltig *adj*

Vielfach *nn* COLL **manifold** *n*
= multiple *n*

Vielfach- COLL → **multiple** *adj*
→ vielfach (1)

vielfach (1) COLL **multiple** *adj*
[viele Male so groß] [several times larger]
= mehrfach; Vielfach-; Mehrfach-; Multi- = manifold *adj* (2); severalfold *adj*; multifold *adj* (2); multiplex *adj*; multi-; plural
≈ mannigfaltig; vielfältig ≈ manifold (1); various

vielfach (2) COLL → **various** *adj*
→ vielfältig

Vielfachabstimmung *nf* ANT **multiple tuning**

Vielfachauftragbetrieb *nm* DAT.PR → **multi-job operation**
→ Mehrauftragbetrieb *nm*

Vielfachbuchse *nf* COMPO → **multiple jack**
→ Mehrfachbuchse *nf*

Vielfachempfang *nm* TELEC **multiple reception**

Vielfachfeld *nn* SWITCH **multiple field**
= multiple *n*

Vielfachinstrument *nn* INSTR → **multimeter**
→ Universalmessgerät *nn*

Vielfachklinke *nf* TELEPH **multiple jack**

Vielfachleitung *nf* SWITCH → **highway** *n*
→ Multiplexleitung *nf*

Vielfachmessgerät *nn* INSTR → **multimeter**
→ Universalmessgerät *nn*

Vielfachnutzung *nf* TECH → **multiple exploitation**
→ Mehrfachnutzung *nf*

Vielfachnutzung *nf* TELEC → **multiservice operation**
→ Mehrfachnutzung *nf* (1)

Vielfachpfeil *nm* TER&PER → **quadruple arrow** *n*
→ Vierfachpfeil *nm*

Vielfachreflexion *nf* OPT → **multiple reflection**
→ Mehrfachreflexion *nf*

vielfachschalten EL.TRO **multiply** *vt*

Vielfachspiegelung *nf* OPT → **multiple reflection**
→ Mehrfachreflexion *nf*

Vielfachstecker *nm* COMPO → **multiple plug**
→ Mehrfachstecker *nm*

Vielfachsteckverbinder *nm* COMPO → **multiple connector**
→ Mehrfachsteckverbinder *nm*

Vielfachsteckverbindung *nf* COMPO → **multiple connection**
→ Mehrfachsteckverbindung *nf*

Vielfach-Stern-Topologie *nf* TELEC **multi-star topology**
= Mehr-Stern-Topologie *nf*

Vielfachstoß *nm* PHYS **multiple collision**

Vielfachstreuung *nf* PHYS → **multiple scattering**
→ Mehrfachstreuung *nf*

Vielfachzugriff *nm* DAT.PR → **multi-user mode**
→ Mehrbenutzerbetrieb *nm* (1)

Vielfachzugriff *nm* TELEC **multiple access**
= Mehrfachzugriff *nm* = multiaccess *n*; concurrent access
↑ Zugriffsverfahren ↑ access mode
↓ Vielfachzugriff mit reiner Konkurrenz; Vielfachzugriff mit Konkurrenzminimierung; konkurrenzfreier Vielfachzugriff; bedarfsweise Zuteilung ↓ multiple access with pure contention; multiple access with contention minimization; contention-free multiple access; demand assignment

Vielfachzugriff-Computer *nm* DAT.PR → **multi-access computer**
→ Vielfachzugriff-Rechner *nm*

Vielfachzugriff-Funksystem *nn* TRANSM **multiple access radio system**
= Mehrfachzugriff-Funksystem *nn* = MARS

Vielfachzugriff in der Frequenzebene TELEC → **frequency division multiple access**
→ Frequenzvielfachzugriff *nm*

Vielfachzugriff in der Zeitebene TELEC → **time division multiple access**
→ Zeitvielfachzugriff *nm*

Vielfachzugriff mit bedarfsweiser Zuteilung TELEC → **demand-assignment multiple access**
→ bedarfsgesteuerter Vielfachzugriff

Vielfachzugriff mit fester Zuteilung TELEC **fixed assignment multiple access**
↑ konkurrenzfreier Vielfachzugriff ↑ contention-free multiple access
↓ Frequenzvielfachzugriff; Zeitvielfachzugriff; Codemultiplex-Vielfachzugriff ↓ frequency division multiple access; time division multiple access; code-division multiple access

Vielfachzugriff mit Kollisionsverhinderung TELEC → **CSMA/CA mode**
→ CSMA/CA-Betrieb *nm*

Vielfachzugriff mit Konkurrenzminimierung TELEC **multiple access with contention minimization**
↓ Vielfachzugriff mit Leitungsüberwachung; Konkurrenzring; Reservierungs-ALOHA ↓ carrier sense multiple access; contention ring; reservation ALOHA

Vielfachzugriff mit Leitungsüberwachung TELEC **carrier sense multiple access**
= CSMA = CSMA
↑ Vielfachzugriff mit Konkurrenzminimierung ↑ multiple access with contention minimisation

Vielfachzugriff mit reiner Konkurrenz TELEC **multiple access with pure contention**
= contention access
↓ ALOHA ↓ ALOHA

Vielfachzugriff mit Reservierung TELEC **reservation mode multiple access**
↑ konkurrenzfreier Vielfachzugriff ↑ contention-free multiple access

Vielfachzugriff-Rechner *nm* DAT.PR **multi-access computer**
= Vielfachzugriff-Computer *nm*; Vielfachzugriff-System *nn* = multi-access system

Vielfachzugriffssystem *nn* DAT.PR → **multi-user system**
→ Mehrplatzsystem *nn* (1)

Vielfachzugriff-System *nn* DAT.PR → **multi-access computer**
→ Vielfachzugriff-Rechner *nm*

vielfädige Architektur MICR.EL **multi-threaded architecture**

vielfädiger Prozessor MICR.EL **multi-threaded processor**

Vielfalt COLL **variety** *n*
= Vielfältigkeit *nf* = multiplicity *n*
≈ Mannigfaltigkeit

vielfältig COLL **various** *adj*
[mit vielen verschiedenen Eigenschaften] [having many different qualities]
= vielfach (2) = diverse *adj* (2)
≈ vielfach (1); mannigfaltig; verschieden ≈ multiple; manifold (1); different

Vielfältigkeit *nf* SCIE → **multiplicity** *n*
→ Multiplizität *nf*

Vielfältigkeit *nf* COLL → **variety** *n*
→ Vielfalt

vielfarbig OPT → **multi-coloured** *adj*
→ mehrfarbig

vielfarbig COLL → **particolored** *adj*
→ bunt

Vielflächner *nm* MATH → **polyhedron** (*pl* -drons&-dra)
→ Polyeder *nn*

vielgestaltig SCIE **polymorphic** *adj* = polymorphous; variform

vielgliedrig MATH → **polynomial** *adj* → polynomisch

Vielkammerklystron *nn* MICROW **multicavity klystron** = Vielkreisklystron *nn*; Mehrkammerklystron *nn*

Vielkammermagnetron *nn* MICROW → **travelling-wave magnetron** → Wanderfeldmagnetron *nn*

Vielkanal- TELEC → **multichannel ...** → Mehrkanal-

Vielkanalanalysator *nm* INSTR **multi-channel analyzer**

Vielkanal-Richtfunk *nm* TRANSM → **high-capacity radio** → Breitbandrichtfunk *nm*

Vielkanalsender *nm* RADIO **multi-channel transmitter**

Vielkanalsystem *nn* TELEC → **multichannel system** → Mehrkanalsystem *nn*

Vielkanalsystem *nn* TRANSM → **high-capacity system** → Breitbandsystem *nn*

Vielkanalübertragung *nf* TELEC → **multichannel transmission** → Mehrkanalübertragung *nf*

Vielkanalverbindung *nf* TELEC → **multichannel link** → Mehrkanalverbindung *nf*

Vielkathodenröhre *nf* EL.TRO **multicathode tube**

Vielkreisklystron *nn* MICROW → **multicavity klystron** → Vielkammerklystron *nn*

vielpaarig COM.CAB **multi-twin**

vielpaariges Kabel COM.CAB **multipair cable** = mehrpaariges Kabel

vielpolig COM.CAB → **multiconductor** *adj* → mehradrig

vielpolig EL.TEC **multipolar** *adj* = multi-pole ≠ unipolar
= mehrpolig; hochpolig ≠ einpolig

Vielpolstecker *nm* COMPO **multicontact connector**

vielschichtig TECH → **multilayer** *adj* → mehrlagig

Vielschichtkondensator *nm* COMPO **multilayer capacitor** = monolithic layer-built capacitor
= Stapelkondensator *nm*

Vielschlitzmagnetron *nn* MICROW → **travelling-wave magnetron** → Wanderfeldmagnetron *nn*

vielseitig COLL **versatile**

Vielseitigkeit *nf* COLL **versatility** *n*

vielsprachig LING → **multilingual** → mehrsprachig

vielstellig MATH → **of many places** → mehrstellig

vielstufig TECH → **multi-level** *adj* → mehrstufig

vielstufig CIRC.EN → **multistage** → mehrstufig

vielteilig TECH → **multisectional** *adj* → mehrteilig

vielverwendbar TECH → **multi-purpose** *adj* → Mehrzweck- *praef*

vielverzweigt TECH → **multibranched** → mehrverzweigt

vielwertig TECH → **multivalent** *n* → mehrwertig

Vielzahl *nf* COLL **multiplicity** *n* ≈ variety
= Pluralität *nf* ≈ Vielfalt; Vielheit

vielzählig COLL → **numerous** *adj* → zahlreich

Vielzellenlautsprecher *nm* EL.ACOU **multicellular loudspeaker**

vielzitiert COLL **often-cited** = oft-cited

Vielzweck- TECH → **multi-purpose** *adj* → Mehrzweck- *praef*

vielzweigig TECH → **multibranched** → mehrverzweigt

Vieradressbefehl *nm* SW **four-address instruction** = four-operand instruction; 4-address instruction; 4-operand instruction ↑ multi-address instruction ↓ three-plus-one address
↑ Mehr-Adress-Befehl ↓ Drei-plus-Eins-Befehl

Vier-Adress-Computer *nm* DAT.PR → **four-address computer** → Vier-Adress-Rechner *nm*

Vier-Adress-Maschine *nf* DAT.PR → **four-address computer** → Vier-Adress-Rechner *nm*

Vier-Adress-Rechner *nm* DAT.PR **four-address computer** = four-address machine
= Vier-Adress-Computer *nm*; Vier-Adress-Maschine *nf*

vieradrig TELEC → **four-wire ...** → vierdrähtig

Vierarmzirkulator *nm* MICROW **four-port circulator**

Vierband-T-Antenne *nf* ANT **four band T antenna**

Vierband-Teilnehmergerät *nn* MOB.CO **quad band handset** = Quadband-Handy *nn*

Vierband-Windom-Antenne *nf* ANT **four-band Windom antenna**

Vierbit *nn* INF.TEC **quad-bit** *n* = Quadbit *nn*

Vier-Bit-Byte *nn* CODING → **tetrad** *n* → Tetrade *nf*

Vier-Bit-Gruppe *nf* CODING → **tetrad** *n* → Tetrade *nf*

Vierdraht- TELEC → **four-wire ...** → vierdrähtig

Vierdrahtbetrieb *nm* TELEC **four-wire operation** = 4-wire impedance
= 4Dr-Betrieb *nm*

Vierdrahtbus *nm* DAT.CO **four-wire bus**

Vierdrahtdoppelstrom *nm* TELEGR **four-wire polar current**

Vierdraht-Durchschaltung *nf* SWITCH **four-wire switching** = Vierdraht-Vermittlung *nf*

Vierdraht-Endverstärker *nm* TRANSM **four-wire terminal repeater**

Vierdrahtgetrenntlage-System *nn* TRANSM **equivalent four wire carrier system**

Vierdrahtgleichlage-System *nn* TRANSM **N type carrier system**

vierdrähtig TELEC **four-wire ...** = 4-wire
= vieradrig; Vierdraht-; 4Dr-

Vierdrahtleitung *nf* TELEC **four-wire circuit** = four-wire line

Vierdraht-Speiseleitung *nf* ANT **four-wire feeder**

Vierdrahtsystem *nn* TRANSM **four-wire system** = four-wire carrier system

Vierdrahtverbindung *nf* TELEC **four-wire link** = four-wire connection

Vierdraht-Vermittlung *nf* SWITCH → **four-wire switching** → Vierdraht-Durchschaltung *nf*

Vierdrahtverstärker *nm* TRANSM **four-wire amplifier** = four-wire repeater ↓ four-wire terminal repeater; fout-wire intermediate repeater
↓ Vierdraht-Endverstärker; Vierdraht-Zwischenverstärker

Viereck *nn* MATH **quadrilateral** *n* = quadrangle *n*; quad *n* ↑ polygon ↓ parallelogram; trapezium
= 4-Eck *nn* ↑ Vieleck ↓ Parallelogramm; Trapez

viereckig MATH **quadrilateral** *adj* = quadrangular; tetragonal ↑ polygonal
= tetragonal; vierseitig ↑ vieleckig

Viereckschaltung *nf* NETW.TH **balanced T section** = twin-T network ↑ transverse-symmetric two-port; attenuator
= H-Schaltung *nf*; H-Glied *nn*; Doppel-T-Schaltung *nf*; Doppel-T-Glied *nn* ↑ quersymmetrischer Vierpol; Dämpfungsglied

Viereckschleife *nf* ANT → **square antenna** → Quadratantenne *nf*

Vier-Element-Gruppenantenne *nf* ANT **four-element array**

Vierer *nm* COM.CAB → **quad** *n* → Viererseil *nn*

Vireranschluss *nm* TELEC **four-party line with selective ringing** ↑ party line
↑ Gemeinschaftsanschluss

Viererbespulung *nf* COM.CAB **phantom loading** = phantom circuit loading
= Phantombespulung *nf*; Phantomkreisbespulung *nf*

Viererfeldantenne *nf* ANT **four-half-dipole antenna**

Viererkabel *nn* COM.CAB **quadded cable** ↓ star-quad cable; multiple-twin
↓ Sternviererkabel; DM-Vierer-Kabel

Viererleitung *nf* COM.CAB → **phantom circuit** → Phantomkreis *nm*

Viererseil *nn* COM.CAB **quad** *n* ↑ standing element ↓ star quad; multiple-twin quad
= Vierer *nm* ↑ Verseilelement ↓ Sternvierer; DM-Vierer

Vierertelegraphie *nf* TELEGR **phantom telegraphy** = VT

Viererverseilmaschine *nf* COM.CAB **twining machine** = twisting machine ↑ stranding machine
↑ Verseilmaschine

viererverseilt COM.CAB **quadded**

Viererverseilung *nf* COM.CAB **quad twisting**

vierfach OFFICE **four-part** *adj*

= 4-fach | = 4-part
↑ selbstdurchschreibend | ↑ pressure-sensitive

vierfach *adj* | MATH | **fourfold** *adj*
= 4-fach | = quadruple *adj*; quad *adj*

Vierfachausgang *nm* | EL.TEC | **quad output**

Vierfachdichte *nf* | TER&PER | **quad density**
[Magnetplatte] | [magnetic disk]

Vierfachdiversity *nn* | RADIO | **quadruple diversity**

Vierfachform *nf* | PRIN.ME | **four-up**
= vier Nutzen

Vierfachpfeil *nm* | TER&PER | **quadruple arrow** *n*
= Vielfachpfeil *nm*; Fadenkreuz *nn* | ↑ cursor (1)
↑ Schreibmarke

Vierfachtransistor *nm* | MICR.EL | **quad transistor**

vierflächig | MATH | **tetrahedral** *adj*

Vierflächner *nm* | MATH | → **tetrahedron** *n*
→ Tetraeder *nn*

Vierfrequenz-Duplex-Telegraphie *nf* | HF | **four-frequency duplex telegraphy**

Vierkanal-Digitaloszilloskop *nn* | INSTR | **four-channel digitizing oscilloscope**

Vierkantaluminium *nn* | METAL | **square-bar aluminum**

Vierkantfeile *nf* | TECH | **square file**

Vierkantkopf *nm* | METAL | **square head**

Vierkantkopfschraube *nf* | MEC.EN | **square bolt**

Vierkantmutter *nf* | MEC.EN | **square nut**

Vierkantpassfeder *nf* | MEC.EN | **square feather key**

Vierkantschlüssel *nm* | MEC.EN | **spanner wrench**

Vierkantstahl *nm* | METAL | **square-bare iron**
= square iron

Vierkantstange *nf* | METAL | **square bar**

Vierkreis- | NETW.TH | **four-circuit**
= vierkreisig

vierkreisig | NETW.TH | → **four-circuit**
→ Vierkreis-

vierlagig | TECH | **four-layer**
= vierschichtig

vierlateral | COLL | **quadripartite**
↑ multilateral | ↑ multilateral

vier Nutzen | PRIN.ME | → **four-up**
→ Vierfachform *nf*

Vierphasenbetrieb *nm* | MICR.EL | **four-phase operation**
[MOS]

Vierphasenmodulator *nm* | CIRC.EN | **four-phase modulator**

Vierphasentechnik *nf* | CIRC.EN | **four-phase technique**
[dynamisches Schieberegister] | [dynamic shift register]

Vierphasen-Umtastmodulator *nm* | CIRC.EN | **QPSK modulator**
= QPSK-Modulator *nm*

Vier-plus-Eins-Adresse *nf* | SW | **four-plus-one address**

Vier-plus-Eins-Befehl *nm* | SW | **four-plus-one address instruction**
= four-plus-one instruction

Vierpol *nm* | NETW.TH | **two-port network**
[Netzwerk mit 2 Anschlussklemmenpaaren ("Toren")] | [a network with two pairs of terminals ("ports")]
= Zweitor *nn*; Vierpolnetzwerk *nn* | = two-port; two-terminal pair network; four-terminal network; quadripole; four-pole; fourpole; four-pole network; fourpole network
↑ Netzwerk

Vierpoldämfung *nf* | NETW.TH | → **image attenuation**
→ Wellendämpfung *nf*

Vierpoldämpfungsmaß *nn* | NETW.TH | → **image attenuation constant**
→ Wellendämpfungsmaß *nn*

Vierpoldeterminante | NETW.TH | **network determinant**
= two-port determinant; four-pole determinant

Vierpolersatzschaltung *nf* | NETW.TH | **equivalent two-port**
= äquivalenter Vierpol | = equivalent quadripole; equivalent four-pole

Vierpolgleichung *nf* | NETW.TH | **network equation**
= two-port equation; four-terminal equation; four-pole equation

vierpolig | EL.TEC | **four-pole** *adj*
= four-pin; two-port

Vierpolkette *nf* | NETW.TH | → **recurrent network**
→ Kettenleiter *nm*

Vierpolkoeffizient *nm* | NETW.TH | → **network parameter**
→ Vierpolparameter *nm*

Vierpolkreuzglied *nn* | NETW.TH | **bridge network**

Vierpolmatrix *nf* | NETW.TH | **network matrix**
= two-port matrix; four-pole matrix

Vierpolnetzwerk *nn* | NETW.TH | → **two-port network**
→ Vierpol *nm*

Vierpolparameter *nm* | NETW.TH | **network parameter**
= Vierpolkoeffizient *nm* | = two-port parameter; four-pole parameter

Vierpolröhre *nf* | EL.TRO | → **tetrode** *n*
→ Tetrode *nf*

Vierpoltheorie *nf* | NETW.TH | **two-port network analysis**
= quadripole analysis; four-pole analysis

Vierpoltransformation *nf* | NETW.TH | **two-port network transformation**
= quadripole transformation; four-pole transformation

Vierpol-Transistor *nm* | MICR.EL | → **hook transistor**
→ Vierschicht-Transistor *nm*

Vierpolübertragungsfaktor *nm* | NETW.TH | → **image transfer constant**
→ Wellenübertragungsmaß *nn*

Vierpolübertragungsmaß *nn* | NETW.TH | → **image transfer constant**
→ Wellenübertragungsmaß *nn*

Vierpolwelle *nf* | NETW.TH | **two-port wave**
↓ Spannungswelle; Stromwelle | = four-pole wave
↓ voltage wave; current wave

Vierpolwinkelmaß *nn* | NETW.TH | **image phase constant**
= image phase coefficient

Vierpolzerlegung *nf* | NETW.TH | **two-port dissection**
= quadripole dissection; four-pole dissection

Vierpolzusammenschaltung *nf* | NETW.TH | **two-port connection**
= quadripole connection; four-pole connection

Vierquadrantenbetrieb *nm* | POW.SY | **four-quadrant operation**
= four-quadrant drive

Vierquadranten-Multiplizierer *nm* | CIRC.EN | **four-quadrant multiplier**

Vier-quad-Serien-Antenne *nf* | ANT | **four-quad series array**

Vierschichtdiode *nf* | MICR.EL | **pnpn diode**
= PNPN-Diode *nf* | ≈ trigger diode [CIRC.EN]; binistor
≈ Triggerdiode [CIRC.EN]; Binistor

vierschichtig | TECH | → **four-layer**
→ vierlagig

Vierschicht-Transistor *nm* | MICR.EL | **hook transistor**
= Vierpol-Transistor *nm*; Hook-Kollektor-Transistor *nm*; Hook-Transistor *nm*; Hakentransistor *nm* | = tetrode transistor

Vierschichttriode *nf* | MICR.EL | → **sweep triode**
→ Kipptriode *nf*

Vierschlitzstrahler *nm* | ANT | **quadrupole slot antenna**

Viersechsundachziger | MICR.EL | → **Intel 80486**
→ Intel 80486

vierseitig | MATH | → **quadrilateral** *adj*
→ viereckig

Vierspitzenmethode *nf* | INSTR | **four-point probe method**

vierspurig | TER&PER | **four-track** *adj*
= four-channel

Vierspurlochstreifen *nm* | TER&PER | **four-channel tape**

vierstellig | MATH | **four-place** *adj*
↑ mehrstellig | = four-figure; four-digit
↑ of many places

vierstufig | TECH | **four-step**
↑ mehrstufig | ↑ multi-step

vierte | MATH | **fourth** *adj*
= 4. | = 4th

vierteilig | TECH | **four-part**
↑ mehrteilig | ↑ multisectional

Viertel *nn* | MATH | **quarter** *n*
[1/4] | [1/4]

Viertelbogen *nm* | PRIN.ME | **quarto** *n*
[cut-four paper size]

Vierteldrehung *nf* | TECH | **quarter turn**

Vierteljahr *nn* | ECON | → **quarter** *n*
→ Quartal *nn*

vierteljährlich | ECON | **quarterly**
= quartalsweise | = trimestral; trimestrial

Viertelstunde *nf* | PHYS | **quarter hour**
= fünfzehn Minuten | = fifteen minutes

Viertelwelle *nf* | PHYS | **quarter wave**
≈ Viertelperiode | ≈ quarter period

Viertelwellen-Anpassungsglied *nn* | NETW.TH | → **quarter-wave transformer**
→ Lambda-Viertel-Transformator *nm*

Viertelwellenantenne *nf* | ANT | **quarter-wave antenna**

Viertelwellendipol *nm* | ANT | **quarter-wave dipole**

Viertelwellen-Gegengewicht *nn* | ANT | **quarter-wave counterpoise**

Viertelwellenleitung *nf* | NETW.TH | → **quarter-wave transformer**
→ Lambda-Viertel-Transformator *nm*

Viertelwellen-Sperrtopf = Sperrtopf; Bazooka ≈ Symmetriertopf	ANT	**bazooka** *n* = folder top; detuning sleeve
Viertelwellentransformator *nm* → Lambda-Viertel-Transformator *nm*	NETW.TH	→ **quarter-wave transformer**
Viertelzoll-	TECH	**quarter-inch** *adj*
Viertelzollkassette *nf* → QIC-Kassette *nf*	TER&PER	→ **QIC**
Viertel-Zoll-Kassette *nf* = QIC-Kassette *nf*	TER&PER	**quarter-inch cartridge** = QIC; quarter-inch data cartridge
vierte Normalform	DAT.MA	**fourth normal form** = 4NF
vierter Fall *nm* → Akkusativ *nm*	LING	→ **accusative** *n*
Viertor *nn* = Achtpol *nm* ↑ Netzwerk	NETW.TH	**four-port network** = four-port ↑ network
Viertorverzweiger *nm* ↑ Mehrtorverzweiger	OPTOEL	**four-port coupler** ↑ multiport coupler
Vierwegebox *nf* → Vierwegsystem *nn*	EL.ACOU	→ **four-way system**
Vierwegsystem *nn* = Vierwegebox *nf*	EL.ACOU	**four-way system** = four-way box
Vierwellenmischung *nf*	OPTOEL	**four-wave mixing**
vierwertig	MATH	**four-valued** = quadrivalent
vierzehn = 14	MATH	**fourteen** = 14
vierzehn Tage → zwei Wochen	COLL	→ **fortnight** (BE)
vierzehntägig = 14.	COLL	**fortnightly**
vierzehnte	MATH	**fourteenth** = 14th
vierzeilig *adj*	EQP.EN	**four-row** *adj* = quad *adj*
Vierzig-Spuren-Diskette = 40-Spuren-Diskette *nf*	TER&PER	**fourty-track disk** = 40-track disk; fourty-track diskette; 40-track diskette
Viewport *nm* → Arbeitsfläche *nf*	COMP.GR	→ **viewport** *n*
Villard-Schaltung *nf* ↑ Stromrichterschaltung	POW.SY	**Villard connection** ↑ converter connection
VIM-Schnittstelle *nf*	SW	**VIM interface** = Vendor Independent Messaging
Viola *nf* → Bratsche *nf*	MUSIC	→ **viola** *n*
violett *adj*	OPT	**violet** *adj*
violett dunkel *adj*	OPT	**dark violet** *adj*
Violine *nf* → Geige *nf*	MUSIC	→ **violin** *n*
Violinist *nm* → Geiger *nm*	MUSIC	→ **violinist** *n*
Violoncellist *nm* → Cellist *nm*	MUSIC	→ **cellist** *n* (1)
Violoncellistin *nf* → Cellistin *nf*	MUSIC	→ **cellist** *n* (1)
Violoncello *nn* → Cello *nn*	MUSIC	→ **cello** *n*
VIP → Videoanbieter *nm*	TELEC	→ **video information provider**
Virenbeseitigungsprogramm *nn* ↑ Impfprogramm	SW	**virus removal program** ↑ vaccine
Viren-Checker *nm*	SW	**virus checker**
Viren-Cleaner *nm*	SW	**virus cleaner**
Virenerkennung *nf*	SW	**virus detection**
Virenerkennungsprogramm *nn* ↑ Impfprogramm	SW	**virus detection program** ↑ vaccine
Virenschutzprogramm *nn* → Antivirenprogramm *nn*	SW	→ **anti-virus program**
Virenvorbeugungsprogramm *nn* ↑ Impfprogramm	SW	**virus prevention program** ↑ vaccine
Virginalkarte *nf* (ANGL) → Leerkarte *nf*	TER&PER	→ **virgin card**
Virtualisierung *nf*	INF.TEC	**virtualization** *n*
Virtual-Reality-Brille *nf*	TER&PER	**virtual-reality glasses**
virtuell	SCIE	**virtual** *adj*
virtuell ≠ real; physikalisch	DAT.PR	**virtual** *adj* = logical ≠ real; physical
virtuelle Adresse	SW	**virtual address**

[symbolische Adresse, in reale umzusetzen] = logische Adresse ≈ relative Adresse ≠ reale Adresse		[symbolic address, to be mapped into a real one] = logical address ≈ virtual address ≠ real address
virtuelle Adressierung ≠ reale Adressierung	SW	**virtual addressing** ≠ real addressing
virtuelle Energie → potentielle Energie	PHYS	→ **potential energy**
virtuelle Funktionstaste ↑ virtuelle Taste	DAT.PR	**virtual function key** ↑ virtual key
virtuelle Hardware [kann, ohne zu existieren, angesprochen werden]	SW	**virtual hardware** [can be referenced, but does not exist]
virtuelle Java-Maschine	SW	**Java Virtual Machine** [JVM]
virtuelle Kanalkennung [ATM] = Virtueller-Kanal-Kennung *nf*; VCHI-Kennung *nf* ↑ Virtuelle-Verbindungs-Kennung	TELEC	**virtual channel identifier** [ATM] = VCHI; VCI ↑ virtual connection identifier
virtuelle Leitung	DAT.CO	**virtual line**
virtuelle Maschine → virtueller Rechner	DAT.PR	→ **virtual computer**
virtuelle Mietleitung	DAT.CO	**virtual leased line** = VLL
virtuelle Netzwelt → Cyberspace *nm*	INTERNET	→ **cyberspace** *n*
virtueller 8086-Betrieb → V86-Betrieb *nm*	DAT.PR	→ **V86 mode**
virtueller Bildschirm ≠ das erzeugte Bild ist größer als der Bildschirm, kann aber durch Bildlauf komplett eingesehen werden	COMP.AP	**virtual screen** [viewing are larger than the screen, but completely viewable by scrolling]
virtueller Computer → virtueller Rechner	DAT.PR	→ **virtual computer**
virtueller Container [SDH/SONET] = VC	TELEC	**virtual container** [SDH/SONET] = VC
virtueller Datenträger → virtuelles Laufwerk	DAT.PR	→ **RAM disk**
virtueller Drucker	COMP.AP	**virtual printer**
virtuelle Realität → Realitätssimulation *nf*	MOD&SI	→ **virtual reality**
virtuelle Realität	COMP.AP	**virtual reality**
virtuelle Rechnerarchitektur	COMP.SC	**virtual computer architecture**
virtueller Gerätetreiber	COMP.AP	**virtual device driver**
virtueller Kanal [ATM]	TELEC	**virtual channel** [ATM]
Virtueller-Kanal-Kennung *nf* → virtuelle Kanalkennung	TELEC	→ **virtual channel identifier**
virtueller Laden → digitale Ladenzeile	INTERNET	→ **digital storefront**
virtueller Mitteilungsspeicher	TELEC	**virtual mailbox**
virtueller Pfad [ATM]	TELEC	**virtual path** [ATM]
Virtueller-Pfad-Kennung *nf* [ATM] = VPI-Kennung *nf* ↑ Virtuelle-Verbindungs-Kennung	TELEC	**virtual path identifier** [ATM] = VPI ↑ virtual connection identifier
virtueller Raum	COMP.GR	**virtual space** = virtual room
virtueller Realbetrieb → V86-Betrieb *nm*	DAT.PR	→ **V86 mode**
virtueller Rechner [Software die eine Hardware-Funktionalität simuliert] = virtueller Computer; virtuelle Maschine; VM	DAT.PR	**virtual computer** [software that simulates a hardware functionality] = virtual machine; VM
virtueller Server	INTERNET	**virtual server**
virtueller Speicher [über physikalische Begrenzung hinaus als Einheit adressierbar] = VS; Hintergrundspeicher *nm* (1); Seitenwechselspeicher *nm* ≠ realer Speicher	DAT.PR	**virtual memory** *n* [addressable as unit beyond physical limits] = virtual storage; virtual store; VS; apparent memory; apparent storage; apparent store ≠ real memory
virtueller Träger	MODUL	**virtual carrier**
virtuelles Anschlussgerät → virtuelles Peripheriegerät	DAT.PR	→ **virtual peripheral**
virtuelles Betriebssystem = virtuelles System	SW	**virtual storage system** = virtual memory system; virtual

storage operating system; virtual memory operating system

virtuelles Bild OPT **virtual image**

virtuelles Bild COMP.GR **virtual graphics**
= virtual screen

virtuelles Einkaufszentrum INTERNET **shopping mall**

virtuelles Gerät DAT.PR **virtual equipment**
≠ reales Gerät
= virtual device
≠ physical equipment

virtuelles Gerät DAT.PR **virtual device**
= virtual equipment

virtuelles Komma COMP.SC **virtual point**

virtuelles LAN DAT.NW **virtual LAN**
= VLAN *nn*
= VLAN; vLAN

virtuelles Laufwerk DAT.PR **RAM disk**
[Bereich der Hauptspeichers der sich durch Software wie ein Laufwerkspeicher verhält]
= RAM-Disk *nm*; RAMDISK *nm*; virtueller Datenträger
↓ virtueller Datenträger
[section of main memory made behaving like a disk drive by special software]
= RAMDISK; virtual disk; virtual drive; silicon disk; silicon drive; e-disk

virtuelles Netz DAT.CO **virtual network**
= virtuelles Netzwerk; logisches Netz; logisches Netzwerk
= logical network

virtuelles Netzwerk DAT.CO → **virtual network**
→ virtuelles Netz

virtuelle Speicherung SW **virtual storage**
= VS

virtuelles Peripheriegerät DAT.PR **virtual peripheral**
[es kann darauf Bezug genommen werden, existiert physikalisch aber nicht]
= virtuelles Anschlussgerät
[referenceable but physically nonexistent]

virtuelles Privatnetz TELEC **virtual private network**
[mittels des öffentlichen Fernmeldenetzes, mittels IN]
[a private network via the PSTN, by IN]
= VPN

virtuelles Speicherzugriffsverfahren DAT.MA **virtual storage access method**
= VISAM-Verfahren *nn*; VSAM-Verfahren *nn*
= VISAM; VSAM

virtuelles Stammverzeichnis INTERNET **virtual root directory**

virtuelles System SW → **virtual storage system**
→ virtuelles Betriebssystem

virtuelle Standleitung DAT.CO **virtual fixed connection**
= virtuelle Standverbindung
= virtual permanent circuit

virtuelle Standverbindung DAT.CO → **virtual fixed connection**
→ virtuelle Standleitung

virtuelle Taste DAT.PR **virtual key**
↓ virtuelle Funktionstaste
↓ virtual function key

virtuelle Verbindung DAT.CO **virtual call**
[paketvermittelter Datenaustausch]
= virtuelle Wählvernbindung; Datagramm-Dienst *nm*
[data call in the packet mode]
= virtual circuit; virtual link; virtual connection; datagram mode

virtuelle Verbindung TELEC **virtual connection**

Virtuelle-Verbindungs-Kennung *nf* TELEC **virtual connection identifier**
[ATM]
= VCI-Kennung *nf*
↓ Virtueller-Pfad-Kennung; Virtueller-Kanal-Kennung
[ATM]
= VCI
↓ virtual path identifier; virtual channel identifier

virtuelle Wählvernbindung DAT.CO → **virtual call**
→ virtuelle Verbindung

Virus *nn&nm* (*pl* Viren) SW **virus** *n* (*pl* viruses)
[versteckte, absichtlich hergestellte, schädliche und selbstreproduktive Routine]
= Computer-Virus *nn&nm* (*pl* Viren); Software-Virus *nn&nm* (*pl* Viren); Virus-Programm *nn*; Software-Fremdkörper *nm*
≈ Trojanisches Pferd
↓ Computerwurm
[hidden, manmade, corrupting and self-replicative subroutine]
= computer virus; software virus; virus program
≈ Trojan Horse
↓ computer worm

Virus-Programm *nn* SW → **virus** *n* (*pl* viruses)
→ Virus *nn&nm* (*pl* Viren)

VISAM-Verfahren *nn* DAT.MA → **virtual storage access method**
→ virtuelles Speicherzugriffsverfahren

visibel OPT → **visible** *adj*
→ sichtbar

Visier *nn* TECH **sight** *n*
[Zieleinrichtung einer Feuerwaffe]
[pointing device of a fire arm]

Visitenkarte *nf* ECON **visiting card**
= calling card (AE); business card

viskos TECH → **viscous** *adj*
→ dickflüssig

viskös TECH → **viscous** *adj*
→ dickflüssig

Viskosität *nf* TECH → **viscosity** *n*
→ Dickflüssigkeit *nf*

Visual Basic SW **Visual Basic**

Visual C++ SW **Visual C++**

Visual Cafe SW **Visual Cafe**

Visualinformationsgewinnung *nf* IMAG.PR **visual information retrieval**
= VIR

visualisieren TECH **visualize** *vt*
= bildhaft darstellen

Visualisierung *nf* TECH **visualization**
= bildhafte Darstellung
= visual representation

Visual J++ SW **Visual J++**

Visual Studio SW **Visual Studio**

visuell TECH **visual** *adj*
= bildhaft
≈ sichtbar; optisch
≈ visible; optical

visuelle Darstellung TECH **depiction** *n*

visuelle Datenverarbeitung COMP.AP **visual computing**

visuelle Fehlersuche QUAL **visual fault inspection**
= optische Fehlersuche

visuelle Information IMAG.PR → **visual information**
→ Bildinformation *nf*

visuelle Lesbarkeit TER&PER **human readability**
≠ Maschinenlesbarkeit
= visual readability; visual legibility
≠ machine readibility

visuelle Programmierung SW **visual programming**

visueller Störabstand TV **subjective S/N ratio**

visuelle Verarbeitung ART.IN **computer vision**

visuell lesbar TER&PER **human-readable** *adj*
= für den Menschen lesbar
≠ maschinenlesbar
↑ lesbar
≠ machine-readable
↑ readable

Visum *nn* (*pl* Visa&Visen) LAW **visa** *n*
= Einreiseerlaubnis *nf*

vital COLL **vital** *adj*
[fig]
= von entscheidender Wichtigkeit
≈ wesentlich
[fig]
= of the outmost importance
≈ essential

Viterbi-Codierung *nf* CODING **Viterbi coding**

Vivaldi-Antenne *nf* ANT **Vivaldi antenna**

VKS TELEC → **video conferencing system**
→ Videokonferenzsystem *nn*

VLAN *nn* DAT.NW → **virtual LAN**
→ virtuelles LAN

VL-Bus *nm* DAT.NW **VL bus**
= VESA Local Bus

VLF RADIO → **myriametric waves**
→ Myriameter-Wellen *nplt*

VLF-Strahlen *nplt* (ANGL) RADIO → **VLF radiation**
→ Längstwellenstrahlen *nplt*

Vlies *nn* TECH **fleece** *n*
[weiche Faserschicht]
[soft fabric of fibers]

VLIW MICR.EL → **VLIW**
→ langes Instruktionswort

VLIW-Chip *nm* MICR.EL **VLIW chip**
[Very Long Instruction Word]

VLR MOB.CO → **visitor location register**
→ Besucherregister *nn*

VLSI MICR.EL → **VLSI**
→ Größtintegration *nf*

VM SW **VM**
[Virtual Machine]

VM DAT.PR → **virtual computer**
→ virtueller Rechner

VME-Bus *nm* MICR.EL **VME bus**
[Versa Module Europe bus]

VML-Sprache *nf* INTERNET **VML**
= Vector Markup Language

VMOS MICR.EL **VMOS**
[vertical metal-oxide semiconductor]

VMOS-Verfahren *nn* MICR.EL **VMOS process**
= vertical anisotropic etch metal-oxide semiconductor process

VMS MOB.CO **VMS**
= Video Messaging Service

V-Nut-Laser *nm* OPTOEL **V notch laser**

VoATM TELEC **VoATM**
= Voice over ATM

Vocoder *nm* TELEPH **vocoder**
[frequenzsparende Übertragung charakteristischer Sprachparameter, mit denen
[band saving tranmsission of characteristic parameters, used on

empfangsseitig künstliche Sprache erzeugt wird] — receive side for speech synthesis]
= voice-operated coder
≈ Sprachverschlüsselungsgerät [TELEC] — ≈ voice coder [TELEC]

Vocoder-Analysator *nm* TELEPH **vocoder analyzer**

Vocoder-Synthesator *nm* TELEPH **vocoder synthesizer**

VoDSL TELEC **VoDSL**
= Voice over DSL

VoFR DAT.CO **VoFR**
= Voice over Frame Relay

Vogelkäfigantenne *nf* ANT **bird cage antenna**
= Bird-cage-Antenne *nf* (ANGL)

Vogelperspektive *nf* CINEMA **bird's-eye view**
= overhead-angle shot; overhead *n*; high-angle shot; high angle

Vogelschwingenantenne *nf* ANT **optimum shaped antenna**

Voice Annotation *nf* (ANGL) TER&PER → **voice annotation**
→ Sprachanmerkung *nf*

Voice Mail *nf* (ANGL) TELEC → **voice mail**
→ Sprachkommunikationssystem *nn*

Voicemail *nf* INTERNET **voice mail**

Voicemesaaging *nn* INTERNET **voice messaging**

VoIP INTERNET → **Internet telephony**
→ Internet-Telefonie *nf*

Vokabular *nn* SW **vocabulary** *n*
[Satz von Befehlen für eine Programmierung] — [set of codes and instruction for programming]
= Befehlsverzeichnis *nn*

Vokal *nm* LING **vowel** *n*
= Selbstlaut *nm* — ↑ phoneme
↑ Phonem

Vokativ *nm* LING **vocative case**
= Anredefall *nm*

volatil ECON → **volatile** *adj*
→ flüchtig

Volkslied *nf* SOUN.ME **popular song**

Volksschule *nf* EDUC → **primary school** (BE)
→ Grundschule *nf*

Volksschullehrer *nm* EDUC **primary school teacher**
↑ Lehrer — = primary teacher
↑ teacher

Volksschullehrer *nm* EDUC → **teacher** *n*
→ Lehrer *nm* (1)

volkstümlich COLL **popular**
= populär

Volkswirt *nm* ECON **political economist**

Volkswirtschaftslehre *nf* ECON **political economy**
= Nationalökonomie *nf* — ↑ economics
↑ Wirtschaftswissenschaften

voll *adj* TECH **full** *adj*
= gefüllt — = plenished

Vollabbau *nm* NETW.TH **total removal**
↑ Polabspaltung — ↑ removal of poles

Vollabsturz *nm* SW → **abnormal end** *n*
→ Absturz *nm*

Volladdierer *nm* CIRC.EN **full adder**
[berücksichtigt Überträge] — [considers carries]
≠ Halbaddierer — = three input adder
≠ half adder

Vollader *nf* OPT.CO **tight buffer tube**
≠ Hohlader — = tight buffered fiber; solid fiber
≠ loose buffer tube

Volladeraufbau *nm* OPT.CO **tight packaged structure**
= tight coated structure

Volladung *nf* POW.SY **full charge**

vollamtsberechtigt TELEPH **non-restricted**
[darf Ferngespräche wählen] — [allowed to dial long-distance calls]
= amtsberechtigt — ≠ outward restricted
≠ halbamtsberechtigt

Vollamtsberechtigung *nf* TELEPH → **direct outward dialing**
→ Amtsberechtigung *nf*

Vollanregung *nf* OPT.CO **full flood launch**

Vollarbeitskraft *nf* ECON **full-time worker**

Vollast *nf* TECH **full load**
= full duty

Vollausbau *nm* TECH → **maximum capacity**
→ Endausbau *nm*

Vollausfall *nm* QUAL → **catastrophic failure**
→ Totalausfall *nm*

vollausgebaut TECH **fully expanded**
= expanded to full capacity

voll ausgebaute Version TECH **full-bore version**
≠ abgemagerte Version — = maximum-configuration version; fully expanded version
≠ crippled version

Vollauslochen *nn* TER&PER → **lacing** *n*
→ Vollochung *nf*

Vollausschlag *nm* INSTR **full scale**
= Gesamtmessbereich *nm* — ≈ end-scale value
≈ Skalenendwert

Vollaussteuerung *nf* POW.EN **full output**

vollautomatiesiert TECH → **fully automatic**
→ vollautomatisch

vollautomatisch TECH **fully automatic**
= vollautomatiesiert — = fully automated

Vollautomatisierung *nf* TECH **full automation**

vollbelegt EQP.EN → **fully equipped**
→ vollbestückt

vollbelegte Leiterplatte EL.TRO → **fully equipped PCB**
→ vollbestückte Leiterplatte

Vollbelegung *nf* TECH **total occupation**
≠ Teilbelegung — ≠ partial occupation

Vollbereichslautsprecher *nm* EL.ACOU → **broadband loudspeaker**
→ Breitbandlautsprecher *nm*

vollbesetztes Band PHYS **filled band**

vollbestückt EQP.EN **fully equipped**
= vollbelegt

vollbestückte Leiterplatte EL.TRO **fully equipped PCB**
= vollbelegte Leiterplatte — = fully populated PCB; fully equipped board; fully populated board

Vollbild *nn* TV **frame** *n*
= Einzelbild *nn* (1) — ↓ subframe; field
↓ Teilbild; Halbbild

Vollbild *nn* COMP.AP → **full-frame display**
→ Vollformatanzeige *nf*

Vollbildanwendung *nf* COMP.AP **full-frame application**

Vollbildbetrieb *nm* TER&PER **non-interlaced mode**
[es wird jede Zeile wird in jedem Auffrischzyklus überstrichen] — [each line is scanned in each refresh cycle]
= full-screen mode

Vollbilddauer *nf* TV → **frame duration**
→ Bilddauer *nf*

Vollbildfrequenz *nf* TV → **frame frequency**
→ Bildfolgefrequenz *nf*

Vollbildschaltfläche *nf* COMP.AP **full-frame button**
= full-frame box

volldielektrisches selbsttragendes Luftkabel COM.CAB **ADSS cable**
= ADSS-Kabel *nn* — = all-dielectric self-supporting cable

volldigital EL.TRO **all-digital**

Volldigitales Drucken PRIN.ME **Digital Printing**

Volldisjunktion *nf* LOGIC **maxterm** *n*
= Maxterm *nm* — ↑ term
↑ Term

Volldraht *nm* METAL **solid wire**
= Massivdraht *nm*

Volldruckzeichen *nn* TER&PER **fully formed character**
= Vollkonturenzeichen *nn* — ≠ dot-matrix character
≠ Rasterdruckzeichen

Vollechosperre *nf* TELEPH **full echo suppressor**

volle Eins-Lesespannung HW **undisturbed one output signal**
= Lesespannung der ungestörten Eins; Ausgangsspannung der ungestörten Eins — = undisturbed one output; undisturbed one response signal; undisturbed one response voltage

volle Erreichbarkeit SWITCH **full accessibility**
= volle Verfügbarkeit — = full availability

volle Gebühr TELEC **full rate**

vollelektronisch EL.TRO **fully electronic**
= all-electronic

volle Lesespannung HW **undisturbed output signal**
[aus einem Speicher] — [full read pulse from a store]
= ungestörte Lesespannung; Lesespannung eines ungestörten Speicherelements; Ausgangsspannung eines ungestörten Speicherelements — = undisturbed output; undisturbed response signal; undisturbed response voltage
↓ volle Null-Lesespannung; volle Eins-Lesespannung — ↓ undisturbed zero output signal; undisturbed one output signal

vollendet COLL **perfect**
= perfekt — ≈ fault-free
≈ fehlerfrei

vollendete Gegenwart LING → **present perfect**
→ Perfekt *nf*

vollendete Vergangenheit LING → **past perfect**
→ Plusquamperfekt *nn*

Vollendung *nf* COLL → **completion** *n* (1)
→ Vervollständigung *nf*

Vollentladung *nf* POW.SY **full discharge**
[Akkumulator] [accumulator]

voll entwickelt TECH → **full-fledged** *adj*
→ fertigentwickelt

voll-entwickelt TECH **fully developed** *adj*
≈ ausgereift = full-fledged
≈ mature

volle Null-Lesespannung HW **undisturbed zero output signal**
= Lesespannung der ungestörten Null; Ausgangsspannung der ungestörten Null = undisturbed zero output; undisturbed zero response voltage

volle Übertragungsrate MOB.CO **full rate**
= FR-Rate [13 kbitps]
≠ 13 kbit/s = FR

volle Verfügbarkeit SWITCH → **full accessibility**
→ volle Erreichbarkeit

Vollformatanzeige *nf* COMP.AP **full-frame display**
= Vollbild *nn*; Vollschirmdarstellung *nf* = full-screen display; full screen

vollgelochte Karte TER&PER **laced card**
[fully punched]

Vollgeviert *nn* PRIN.ME → **em** *n*
→ Geviert *nn*

Vollgeviertstrich *nm* LING → **em dash** *n*
→ Gedankenstrich *nm*

Vollgummi-Gittermatte *nf* EL.TRO **rubber mat**
↑ Antistatik-Matte ↑ antistatic mat

Vollhubtastatur *nf* TER&PER **full-stroke keypad**

Vollhubtaste *nf* TER&PER **full-stroke key**

völlig *adj* COLL → **complete** *adj*
→ vollständig

völlig *adv* COLL **fully** *adv*
= vollständig; gänzlich = totally

völlig unverständlich COLL **obscure** *adj*

vollimprägniert TECH **fully impregnated**

voll inhaltsadressierter Cache-Speicher DAT.PR **fully associative cache**

vollinvertierte Datei DAT.MA **fully inverted file**

vollisoliertes Kabel HF → **solid insulated cable**
→ Vollkabel *nn*

Vollisolierung *nf* COM.CAB **solid insulation**
= full insulation

Vollkabel *nn* HF **solid insulated cable**
= vollisoliertes Kabel = solid dielectric cable

vollkommene Seestrecke RAD.PRO → **all-sea path**
→ Nur-See-Strecke *nf*

Vollkonjunktion *nf* LOGIC **minterm** *n*
= Minterm *nm* ↑ term
↑ Term

Vollkonturenzeichen *nn* TER&PER → **fully formed character**
→ Volldruckzeichen *nn*

Vollkosten *nplt* ECON **full costs**

Vollkostenkalkulation *nf* ECON → **full-cost pricing**
→ Vollkostenrechnung *nf*

Vollkostenrechnung *nf* ECON **full-cost pricing**
= Vollkostenkalkulation *nf* = full absorption costing

Vollkundenschaltung *nf* MICR.EL **full custom IC**
= voll kundenspezifischer Schaltkreis; voll kundenspezifische integrierte Schaltung; voll kundenspezifischer IC; Full-custom *nm* (ANGL) ≈ application-specific IC ↑ custom IC
≈ anwendungsspezifische integrierte Schaltung

voll kundenspezifische integrierte Schaltung MICR.EL → **full custom IC**
→ Vollkundenschaltung *nf*

voll kundenspezifischer Entwurf MICR.EL **full-custom design**

voll kundenspezifischer IC MICR.EL → **full custom IC**
→ Vollkundenschaltung *nf*

voll kundenspezifischer Schaltkreis MICR.EL → **full custom IC**
→ Vollkundenschaltung *nf*

voll kundesspezifisch TECH **full custom**

Vollmacht *nf* ECON **power** *n*
= Bevollmächtigung *nf*; Auftrag *nm* = mandate *n*
↓ Untervollmacht; Handlungsvollmacht; ↓ subdelegated power; authorization as per German Commercial Code; attorneyship

Vollmantelkabel *nn* COM.CAB **rigid cable**

vollmodular EQP.EN **fully modular**

Vollniet *nm* MEC.EN **solid rivet**

Vollochung *nf* TER&PER **lacing** *n*
= Vollauslochen *nn* [all positions punched]

Vollpolyäthylen COM.CAB **solid polyethylene**

Vollprüfung *nf* QUAL **total inpection**
= Hundertprozentprüfung *nf*

Vollscheibentechnik *nf* MICR.EL **full-slice technology**

Vollschirmdarstellung *nf* COMP.AP → **full-frame display**
→ Vollformatanzeige *nf*

Vollschirmeditierung *nf* WOR.PR **full-screen editing**
≠ Zeileneditierung ≠ line editing

Vollschirmeditor *nm* SW **full-screen editor**
[editiert innerhalb eines Bildschirminhaltes] [edits within a screen content]
≠ Zeileneditor = screen-oriented editor
≠ line editor

Vollseil *nn* ANT **solid leading rope**
≠ Hohlseil ≠ hollow leading rope

Vollsicherung *nf* DAT.MA **full backup**
[alle Dateien werden neu gesichert] [all files are backuped again]
= Globalsicherung *nf* = global backup
≠ Inkrementalsicherung; Differentialsicherung ≠ incremental backup; differential backup

vollständig COLL **complete** *adj*
= komplett; völlig = outright

vollständig COLL → **fully** *adv*
→ völlig *adv*

vollständige Anweisung SW → **absolute instruction**
→ vollständiger Befehl

vollständige Landstrecke RAD.PRO → **all-land path**
→ Nur-Überland-Strecke *nf*

vollständiger Befehl SW **absolute instruction**
= vollständige Anweisung; absoluter Befehl; absolute Anweisung [requiring no other data] = absolute command

vollständiger Binärcode CODING **dense binary code**
[macht von allen Mustern Gebrauch] [makes use of all patterns]

vollständiger Code CODING **perfect code**

vollständiger Name COLL **full name**
[Vorname + Nachname] [first name + surname]
= real name [INF.TEC]

vollständiger Pfad DAT.MA **full path**

vollständiges Bündel SWITCH **perfect trunk group**
= perfect bunch

Vollständigkeit *nf* COLL **completeness** *n*
= Komplettheit *nf* = completion *n* (2)
≈ Vervollständigung ≈ completion (1)

Vollständigkeitsfehler *nm* DAT.MA **completeness error**

Vollständigkeitsprüfung *nf* DAT.MA **completeness check**
↑ Datenüberprüfung ↑ data validation

vollständig verbundenes Netz TELEC **fully-connected network**
[jeder Knoten mit jedem anderen verbunden] [any node connected to any other]

vollstreckbar LAW → **enforceable** *adj*
→ verbindlich

Vollstreckbarkeit *nf* ECON **enforceability** *n*

Vollsubtrahierer *nm* CIRC.EN **full subtracter**
≠ Halbsubtrahierer = full subtractor
≠ half subtracter

Volltastatur *nf* TER&PER **standard keyboard**
= editing keyboard

Volltext-Buchungsmaschine *nf* TER&PER **alphabetic accounting machine**

Volltextsuche *nf* DAT.MA **full-text search**

Volltextsuche *nf* WOR.PR → **full-text searching**
→ Ganztextsuche *nf*

Volltext-Suchmaschine *nf* INTERNET **full-text search machine**

Vollton-Abbildung *nf* PRIN.ME **full-tone image**
= Strichabbildung *nf* = continuos-tone image

Volltondrucker *nm* TER&PER **continuous-tone printer**

volltönig ACOU **fuull-sounded**
= full-toned; sonorous

volltransistoriert EL.TRO → **transistorized** *adj*
→ transistorisiert

volltransistorisiert EL.TRO → **transistorized** *adj*
→ transistorisiert

Volltreffer *nm* COLL **direct hit**
[fig] = beaver shot

Vollübertrag *nm* COMP.SC → **complete carry**
→ Vollzehnerübertrag *nm*

Vollverb *nn* LING **main verb**
≠ Hilfsverb ≠ auxiliary verb

Vollversammlung *nf* ECON **plenary assembly**
= Generalversammlung *nf* = general assembly

vollversetzter Verbindungsaufbau SWITCH **centrally controlled call set-up**
= vollversetzte Verbindungsherstellung = centrally controlled connection set-up; centrally controlled link

vollversetzte Verbindungsherstellung SWITCH → **centrally controlled call set-up**
→ vollversetzter Verbindungsaufbau

Vollversion *nf* SW **complete version**
≠ Demo-Version = full version
≠ demo version

vollwandig	TECH	**solid-walled** *adj*
≠ durchlöchert		≠ perforated
Vollweggleichrichter *nm*	CIRC.EN	→ **double-way rectifier**
→ Doppelweggleichrichter *nm*		
Vollweggleichrichtung *nf*	CIRC.EN	→ **double-way rectification**
→ Doppelweggleichrichtung *nf*		
Vollwegthyristor *nm*	MICR.EL	→ **double-way thyristor**
→ Doppelwegthyristor *nm*		
vollwertig	TECH	**full-function** *adj*
		= full-value; full-featured; totally equivalent
Vollwinkel *nm*	MATH	**complete angle**
[Maßeinheit; 360°]		[unit; 360°]
		= angle at a point
Vollzehnerübertrag *nm*	COMP.SC	**complete carry**
= Vollübertrag *nm*		= complete transfer
≠ Teilzehnerübertrag		≠ complete carry
vollziehen	COLL	→ **perform** *vt*
→ verrichten		
Vollziehung *nf*	COLL	→ **performance** *n*
→ Verrichtung *nf*		
Vollzug *nm*	COLL	**completion** *n* (3)
Vollzugsmeldung *nf*	DAT.CO	**completion message**
Vollzugsordnung *nf*	ECON	**executive regulation**
= Ausführungsbestimmung *nf*		
Volontär *nm*	EDUC	**volunteer** *n*
Volontariat *nn*	EDUC	**volunteership** *n*
volontieren *vi*	EDUC	**volunteer** *vi*
Volt *nn*	PHYS	**volt** *n*
[abgeleitete SI-Einheit für elektrische Spannung]		[derived SI unit for electric tension]
= V		= V
Volta-Effekt *nm*	PHYS	**Volta effect**
voltaische Spannungsreihe	PHYS	**electrochemical series**
= elektrochemische Spannungsreihe		= contact series; electromotive series
Voltameter *nn*	INSTR	→ **coulometer** *n*
→ Ladungsmesser *nm*		
Volt-Ampere	EL.TEC	**volt-ampere**
[Einheit für elektrische Scheinleistung]		[unit for apparent power]
= VA		= VA
≈ Watt [PHYS]		
Volt-Ampere reaktiv	EL.TEC	**var**
[SI-Einheit für elektrische Blindleistung]		[SI unit for reactive power]
= var		
≈ Watt [PHYS]		
Volta-Spannung *nf*	PHYS	**voltaic potential**
Voltmeter *nn*	INSTR	→ **voltmeter** *n*
→ Spannungsmesser *nm*		
Volt-Sekunde *nf*	EL.SC	**Volt-second**
[Einheit für magnetischen Fluss; = 1 Wb]		[unit for magnetic flux; = 1 Wb]
Volume-Etikett *nn*	DAT.MA	→ **volume label**
→ Datenträger-Etikett *nn*		
Volumen *nn*	PRIN.ME	→ **volume** *n* (1)
→ Band *nm*		
Volumen *nn* (*pl* Volumens&Volumina)	MATH	**volume** *n*
[SI-Einheit: Kubikmeter]		[SI unit: cubic meter]
= Rauminhalt *nm*; V		= V
Volumenausdehnung *nf*	PHYS	**volumetric expansion**
Volumen-Ausdehnungskoeffizient *nm*	PHYS	**cubical expansion coefficient**
Volumenelement *nn*	INF.TEC	**volume element**
[kleinstes adressierbares und darstellbares Element eines dreidimensionalen Bildes]		[smallest addressable and reproducible element of a 3-D image; "voxel" is imitating "pixel"]
= Voxel		= voxel
≈ Bildelement		≈ picture element
Volumengitter *nn*	PHYS	**volume grating**
Volumenhologramm *nn*	OPTOEL	**volume hologram**
		= holographic image
Volumeninhalt *nm*	PHYS	**volumetric variation**
Volumenintegral *nn*	MATH	**volume integral**
Volumenionisierung *nf*	PHYS	**volume ionization**
Volumenmaß *nn*	PHYS	→ **volumetric measure**
→ Raummaß *nn*		
Volumenmodell *nn*	COMP.GR	**volume model** *n*
[Grafik ohne unsichtbaren Linien]		[graphics without hidden lines]
= Festkörpermodell *nn*; Körpermodell *nn*; 3D-Modell *nn*		= solid model
≠ Drahtmodell		≠ wire-frame model
↑ dreidimensionale Darstellung		↑ 3-D representation
Volumenmodellierung *nf*	COMP.GR	**volume modelling**
		= solid modelling
Volumenrekombination *nf*	PHYS	**volume recombination**
voluminös	TECH	**voluminous** *adj*
≈ umfangreich		↑ large
↑ groß		
voluminös	COLL	→ **spacious** *adj*
→ geräumig		
vom Benutzer austauschbar	TECH	**customer-exchangeable**
		= user-exchangeable
vom Benutzer installierbar	TECH	**user-installable**
		= customer-installable
von außen eingreifen	EL.TRO	**override** *vt*
von der Norm abweichend	TECH	→ **abnormal** *adj*
→ anormal		
Von-der-Stange-Software *nf*	SW	→ **standard software**
→ Standard-Software *nf*		
von einem Tabulatorstopp zum nächsten springen	COMP.AP	**tabbing**
		[to move from one tab stop to the next]
von entscheidender Wichtigkeit	COLL	→ **vital** *adj*
→ vital		
von Hand	TECH	→ **manual** *adj*
→ manuell *adj*		
von Hundert	MATH	→ **percent** *n*
→ Prozent *nn*		
von-Neumann-Architektur *nf*	COMP.SC	**von Neumann architecture**
[mit Speicherprogrammierung und sequentiellem Einlesen]		[with stored program, sequential reading]
von-Neumann-Computer *nm*	COMP.SC	→ **von Neumann computer**
→ von-Neumann-Rechner *nm*		
von-Neumann-Flaschenhals *nm*	COMP.SC	**von Neumann bottleneck**
von-Neumann-Rechner *nm*	COMP.SC	**von Neumann computer**
[das Programm ist im Speicher des Rechners untergebracht, statt auf Externspeichern]		[the program is stored in the computer memory, instead on external memories]
= von-Neumann-Computer *nm*		
von-Neumann-Rechner *nm*	DAT.PR	→ **sequential computer**
→ Linearrechner *nm*		
von oben nach unten	COLL	**up-bottom** *adj*
		= top-down
Von-oben-nach-unten-Programmierung *nf*	SW	→ **top-down programming**
→ absteigende Programmierung		
von unten nach oben	COLL	**bottom-up**
Von-unten-nach-oben-Programmierung *nf*	SW	→ **bottom-up programming** *n*
→ aufsteigende Programmierung		
von Zeit zu Zeit	COLL	→ **now and then** *adv*
→ dann und wann *adv*		
VOR	RAD.NA	→ **VHF omnidirectional range**
→ UKW-Drehfunkfeuer *nn*		
Vorab-	COLL	→ **preliminary** *adj*
→ vorläufig		
Vorabbefehlsaufnahme *nf*	SW	**prefetching** *n*
= Befehlsvorverarbeitung *nf*		= instruction lookahead
Vorabbefehlsregister *nn*	DAT.PR	**prefetch register**
= Pre-fetch-Register *nn* (ANGL)		
Vorabbestellung *nf*	ECON	→ **advance order**
→ Vorausbestellung *nf*		
Vorabbild *nn*	DAT.MA	**before image**
Vorabdruck *nm*	PRIN.ME	**preprint** *n*
Vorabgleich *nm*	EL.TRO	**preliminary adjustment**
Vorabinformation *nf*	TECH	**preliminary information**
		= advance information
vorabprüfen	MANUF	→ **precheck** *vt*
→ vorprüfen *vt*		
vorabspeichern	DAT.MA	→ **prestore** *vt*
→ vorspeichern		
vorabtesten	MANUF	→ **precheck** *vt*
→ vorprüfen *vt*		
Vorabverkauf *nm*	ECON	**pre-sale** *n*
Vorabversion *nf*	SW	**pre-release** *n*
vor allem *adv*	COLL	**mostly** *adv*
= 0; vornehmlich		
Voraltern *nn*	QUAL	→ **burn-in** *n*
→ Voralterung *nf*		
Voralterung *nf*	QUAL	**burn-in** *n*
= Voraltern *nn*; Einbrennen *nn*; Burn-in		
vorangehen	COLL	**precede** *vt*
= vorausgehen; vorhergehen		= antecede
vorangehend	COLL	→ **preceding** *adj*
→ vorherig *adj*		
vorankommen	COLL	→ **progress** *vi*
→ Fortschritte machen		

Voranmeldung *nf* TELEPH **preavis** *n*
Voranmeldungsgespräch *nn* TELEPH → **person-to-person calling**
→ P-Gespräch *nn*
vorantreiben COLL **push forward**
[fig] [fig]
= drive; set on
Vorarbeit *nf* COLL **preliminary work**
Vorarbeiter *nm* ECON **foreman** *n*
[in Industriebetrieb] = lead hand (AE); superintendent *n*
= Oberaufseher *nm*; Werkmeister *nm*; Meister *nm* (2); Faktor *nm* [PRIN.ME]
voraufbereiten TECH **precondition** *vt*
vorausberechnen TECH **precompute** *vt*
= vorkalkulieren = precalculate
Vorausberechnung *nf* TECH **precomputation** *n*
= Vorkalkulation *nf* = precalculation *n*
Vorausbestellung *nf* ECON **advance order**
= Vorbestellung *nf*; Vorabbestellung *nf*; Reservierung *nf*
vorausbestimmen COLL **predetermine** *vt*
Vorausbestimmung *nf* COLL **predetermination** *n*
Vorausbild *nn* COLL → **foresight** *n*
→ Vorausschau *nf*
Vorausbuchung *nf* ECON **advance booking**
Vorausdruck *nm* PRIN.ME **advance copy**
vorausgehen COLL → **precede** *vt*
→ vorangehen
vorauslesen DAT.PR **read-ahead** *vt*
vorauslesen DAT.PR **prefetch** *vt*
Vorauslesen *nn* DAT.PR **read-ahead** *n*
Vorauslesen *nn* DAT.PR **prefetch** *n*
Vorauslieferung *nf* ECON **advance delivery**
≈ Teillieferung ≈ partial delivery
Vor-Auslieferungs-Inspektion *nf* QUAL **pre-delivery inspection**
Vorausnachweis *nm* EL.TRO **predetection**
Vorausplanung *nf* TECH **advance planning**
Voraussage *nf* COLL **forecast** *n*
= Vorhersage *nf*; Prognose *nf* = prognosis *n*; prognostication *n*
≈ Vorausschau ≈ foresight
Voraussage *nf* STATIS → **prediction** *n*
→ Vorhersage *nf*
voraussagen COLL → **prognosticate**
→ prognostizieren
Vorausschau *nf* COLL **foresight** *n*
= Vorausbild *nn* = projection *n*
≈ Vorraussage ≈ forecast
Vorausschau *nf* ECON **forecast** *n*
= Vorschau *nf*; Prognose *nf*
vorausschneiden *vt* CINEMA **flash-forward** *vt*
Vorausschnitt *nm* CINEMA **flash-forward** *n*
voraussetzen COLL **premise** *vt*
≈ annehmen ≈ assume
Voraussetzung *nf* SCIE → **presupposition** *n*
→ Prämisse *nf*
Voraussetzung *nf* COLL **premise** *n*
= Prämisse *nf*; Vorwegannahme *nf* = presupposition *n*
voraussichtlich COLL **estimated** *adj*
≈ erwartet = prognosticated; presumable
≈ prospective
Vorauswahl *nf* TECH → **preselection** *n*
→ Vorwahl *nf*
vorauszahlen ECON **prepay**
≈ vorstecken
vorauszahlender Teilnehmer TELEC **pre-payed subscriber**
= PPS
Vorauszahlung *nf* ECON **prepayment** *n*
= Vorwegzahlung *nf*; Vorschuss *nm*; Vorleistung *nf* (2); Vorkasse *nf* = advance payment; advance *n*; fast payment
≈ Anzahlung ≈ down payment
Vorauszahlungsanreiz *nm* ECON **prepayment incentive**
vorbearbeiten *vt* MEC.EN **pre-tool** *vt*
= pre-machine *vt*
Vorbedingung *nf* COLL **prerequisite** *n*
≈ Voraussetzung (2) = pre-condition *n*
Vorbefehl *nm* TELECON **preselect command**
Vorbehalt *nm* ECON **reservation** *n*
= proviso *n*
vorbehandeln TECH **pretreat**
Vorbehandlung *nf* TECH **pretreatment** *n*
vorbeistrahlen ANT **spill over** *vt*
= überstrahlen

Vorbeistrahlung *nf* ANT **overradiation** *n*
= Überstrahlung *nf* = spillover *n*
vorbelegen DAT.PR **pre-allocate** *vt*
Vorbelegung *nf* DAT.PR **pre-allocation** *n*
vorbereiten CIRC.EN → **preset** *vt*
→ voreinstellen
vorbereiten COLL **prepare** *vt*
= präparieren = prime
≈ aufbereiten ≈ condition
vorbereitend *adj* TECH **preparatory** *adj*
= preparative; priming
vorbereitendes Programm SW **preparatory programm**
Vorbereiter *nm* SW **job initiator**
= Initialisierer *nm* = initiator *n*
Vorbereitung *nf* TECH → **conditioning** *n*
→ Aufbereitung *nf*
Vorbereitung *nf* SW → **initialization** *n*
→ Initialisierung *nf*
Vorbereitungsbetrieb *nm* DAT.CO **initialization mode**
= Initialisierungsbetrieb *nm* = preparation mode
Vorbereitungseingang *nm* CIRC.EN **precondition input**
[Kippschaltung] [multivibrator]
= preparatory input
Vorbereitungsphase *nf* DAT.CO **initialization mode**
Vorbereitungsphase *nf* COLL **preparatory phase**
= Vorlaufphase *nf* = preparative phase
Vorbereitungssignal *nn* DAT.CO **priming signal**
Vorbereitungszeichen *nn* SWITCH **preparatory signal**
Vorbereitungszeit *nf* EL.TRO **set-up time**
= setup time
Vorbereitungszeit *nf* COLL **preparation time**
Vorbereitungszeit *nf* DAT.PR **set-up time**
= Rüstzeit *nf*; Einrichtzeit *nf*; Aufsetzzeit *nf*; Inizialisierungszeit *nf* = initialization time
Vorbereitungszeit *nf* SWITCH → **call set-up time**
→ Verbindungsaufbaudauer *nf*
Vorbesetzung *nf* SW → **default** *n*
→ Vorgabe *nf*
Vorbesprechung *nf* ECON **preliminary meeting**
= preliminary discussion
Vorbestellung *nf* ECON → **advance order**
→ Vorausbestellung *nf*
vorbestimmen COLL → **predefine** *vt*
→ vorgeben
vorbestimmt COLL → **preset** *adj*
→ vorgegeben
vorbeugen COLL **prevent** *vt*
≈ verhindern ≈ impede
vorbeugend TECH **preventive** *adj*
= vorsorglich; vorkehrend; präventiv = preventative; precautionary; provident
vorbeugende Wartung TECH → **preventive maintenance**
→ vorsorgliche Wartung
Vorbeugung *nf* TECH **prevention** *n*
= Vorsorge *nf*; Vorkehrung *nf* = precaution *n*; providence *n*
vorblättern OFFICE → **page up** *vt*
→ vorwärtsblättern
Vorblende *nf* IMAG.ME **flash forwards**
= Vorblick *nm*
Vorblick *nm* IMAG.ME → **flash forwards**
→ Vorblende *nf*
Vorblock *nm* METAL **bloom**
= Luppe *nf*
Vorbreite *nf* PRIN.ME **left blank**
[Leerraum rechts eines Buchstabens] [of a character]
vor Christi Geburt SCIE → **B.C.**
→ v.Chr.
vorchristlich TECH → **antediluvian** *adj*
→ vorsintflutlich
Vordämpfung *nf* TELEC **pre-attenuation** *n*
vordefiniert COLL → **preset** *adj*
→ vorgegeben
Vorderabtastung *nf* EL.TRO **front scanning** *n*
Vorderansicht *nf* ENG.DRA **front view**
= Hauptansicht *nf*
Vorderdeckel *nm* PRIN.ME → **front cover**
→ vorderer Einbanddeckel
vordere Flanke EL.TRO → **rising edge**
→ Anstiegflanke *nf*
vordere Impulsflanke EL.TRO → **rising pulse edge**
→ Impulsanstiegflanke *nf*

vordere Kante TECH → **leading edge**
→ Vorderkante *nf*

vorderer TECH → **frontal** *adj*
→ frontseitig

vorderer Einbanddeckel PRIN.ME **front cover**
= vordererer Buchdeckel; Vorderdeckel *nm* = front board

vordererer Buchdeckel PRIN.ME → **front cover**
→ vorderer Einbanddeckel

vordere Schwarzschulter TV **front porch**

Vorderflanke *nf* EL.TRO → **rising edge**
→ Anstiegflanke *nf*

Vordergrund *nm* TECH **foreground** *n*
≠ Hintergrund ≠ background

Vordergrundanwendung *nf* COMP.AP **foreground application**

Vordergrundbild *nn* COMP.GR **foreground image**

Vordergrundfarbe *nf* TER&PER **foreground color**

Vordergrundsprogramm *nn* SW → **priority program**
→ Prioritätsprogramm *nn*

Vordergrundverarbeitung *nf* SW **foreground processing**
[der Programme höchster Priorität] [of high-priority programs]
≠ Hintergrundverarbeitung = foregrounding; foreground operations
≠ background processing

Vorderkante *nf* TECH **leading edge**
= vordere Kante

Vorderseite *nf* PRIN.ME → **title page**
→ Titelseite *nf*

Vorderseite *nf* PRIN.ME **front page** *n*
= ungeradzahlige Seite = odd-numbered page; front side
↓ Rekto ↓ recto

Vorderseite *nf* TECH **front side**
= Frontseite *nf* = front; face; obverse
≠ Rückseite ≠ rear side

Vorderteil *nm* TECH **front part**
= Nase (vulg.) = nose (vulg)
≠ Hinterteil ≠ rear part

vordrängen *vr* INF.TEC **preemt**
= verdrängen = override

vordringlich COLL **claiming priority**
≈ dringlich ≈ urgent

Vordruck *nm* OFFICE → **standard form**
→ Formular *nf*

Vordruck *nm* TER&PER → **form** *n*
→ Formular *nf*

Vordruckeingabe *nf* TER&PER → **form feed**
→ Formularzuführung *nf*

Vordruckeinzug *nm* TER&PER → **form feed**
→ Formularzuführung *nf*

Vordrucktransport *nm* TER&PER → **form feed**
→ Formularzuführung *nf*

Vordruckvorschub *nm* TER&PER → **form feed**
→ Formularzuführung *nf*

Vordruckzufuhr *nf* TER&PER → **form feed**
→ Formularzuführung *nf*

Vordruckzuführung *nf* TER&PER → **form feed**
→ Formularzuführung *nf*

voreilend TECH **leading**
≠ nacheilend ≠ trailing

voreilender Kontakt COMPO **pre-mating contact**
= protuding contact; extra-long contact

voreilender Winkel PHYS → **lead-phase angle**
→ Voreilwinkel *nm*

Voreilung *nf* TECH **time lead** *n*
= Vorlauf *nm* = lead; anticipation
≈ Vorlaufzeit ≈ lead time
≠ Nacheilung ≠ time lag

Voreilwinkel *nm* PHYS **lead-phase angle**
= voreilender Winkel = leading angle

Voreinflugbake *nf* RAD.NA → **outer marker**
→ Voreinflugzeichen *nn*

Voreinflugzeichen *nn* RAD.NA **outer marker**
= Voreinflugbake *nf* = outer mark beakon; foremarker

voreingestellter Parameter SW → **default** *n*
→ Vorgabe *nf*

voreingestellter Wert INF.TEC → **default value**
→ Standardwert *nm*

voreinstellbar TECH **preselectable**
= presettable

voreinstellen CIRC.EN **preset** *vt*
= vorbereiten = preadjust
≈ setzen *vt* ≈ set

voreinstellen COMP.AP **pre-customize**

Voreinstellung *nf* CIRC.EN **presetting** *n*
= Vorwahl *nf* = preset

Voreinstellung *nf* COMP.AP **pre-customization** *n*

Vorelektrisierung *nf* PHYS **pre-electrification** *n*
↑ Vorpolung = electric biasing; electric polarization
↑ biasing

Vorentladung *nf* PHYS **predischarge** *n*

Vorentscheider *nm* CIRC.EN **prediscriminator** *n*

Vorentscheidung *nf* COLL **pre-decision** *n*

Vorentwurf *nm* TEC.DOC **preliminary draft**
= Grobentwurf *nm* = rough draft

Vorentzerrer *nm* TELEC **pre-equalizer** *n*
≈ Vorverzerrer ≈ predistorter

Vorentzerrung *nf* TELEC **pre-equalization** *n*
≈ Vorverzerrung ≈ pre-emphasis

Vorerhitzung *nf* TECH → **preheating** *n*
→ Vorwärmung *nf*

Vorerzeugnis *nn* MANUF **pre-product** *n*
= Vorprodukt *nn* = preliminary product

vorfabrizieren MANUF → **prefabricate**
→ vorfertigen

Vorfahr *nm* SW **ancestor** *n*
[OOP; Transaktion zwischen der Transaktion höchsten Ranges u. der betrachteten] [OOP; any transaction between the top-level and the particular one]
= Vorfahre

Vorfahre SW → **ancestor** *n*
→ Vorfahr *nm*

Vorfahrenklasse *nf* SW **ancestor class**
[OOP] [OOP]

Vorfall *nm* DAT.MA **occurrence** *n*
[Fallbeispiel einer bestimmten Datenzusammensetzung] [instance for a specific data composition]

Vorfall *nm* COLL → **event** *n*
→ Ereignis *nn* (*pl* -e)

Vorfeld *nn* AERON **apron** *n*
= Flugzeugabstellplatz *nm*

Vorfeld *nn* TECH **front-end**
[fig] [fig]

Vorfeld- TELEC → **front-end** *adj*
→ vorgezogen

Vorfeldeinrichtung *nf* TELEC **front-end equipment**
[Einrichtung zwischen Teilnehmer und Vermittlung, zur Einsparung von Leitungen] [equipment between subscriber and switch, to economize lines]
↓ Wählsterneinrichtung; Konzentrator = remote equipment; pair-saving device
↓ stand-alone concentrator; remote concentrator

Vorfeldentwicklung *nf* TECH **front-end development**
= advanced development

Vorfeldrollbahn *nf* AERON **apron taxiway**

Vorfeldtechnik *nf* OUT.PL **front-end technique**

vorfertigen MANUF **prefabricate**
= vorfabrizieren

Vorfertigung *nf* MANUF **parts manufacture**
= prefabrication *n*; preproduction *n*

Vorfilter *nn* NETW.TH **prefilter** *n*

vorfinanzieren ECON **prefinance**

Vorfinanzierung *nf* ECON **pre-financing** *n*

Vorform *nf* MANUF → **preform** *n*
→ Rohling *nm*

Vorform *nf* OPT.CO **preform** *n*
= boule *n*

vorformatieren DAT.MA **preformat** *vt*
= initialize

Vorformatieren *nn* DAT.MA → **preformatting** *n*
→ Vorformatierung *nf*

Vorformatierung *nf* TER&PER **low-level format**
[bei Festplatten erforderlich, meist im Werk] [a pre-formatting necessary for hard disks, generally in factory]

Vorformatierung *nf* DAT.MA **preformatting** *n*
= Vorformatieren *nn*

vorformuliert WOR.PR **preformulated** *adj*
[Normtext] [standard text]
= boilerplate-

vorformulierter Brief WOR.PR → **boilerplate letter**
→ Standardbrief *nm*

vorformulierter Text WOR.PR → **standard text**
→ Normtext *nm*

Vorführanlage *nf* TECH → **evaluation unit**
→ Vorführgerät *nn*

Vorführdiskette *nf* SW → **demo disk** *n*
→ Demodiskette *nf*

vorführen TECH **demonstrate**
= demonstrieren

Vorführgerät *nn* TECH **evaluation unit**
= Vorführanlage *nf*
= demonstration unit; demonstrator; demo unit; trial equipment

Vorführprogramm *nn* SW → **demonstration program**
→ Demonstrationsprogramm *nn*

Vorführung *nf* TECH **demonstration** *n*
≈ Präsentation
≈ presentation

Vorführung *nf* CINEMA → **cinema performance**
→ Filmvorführung *nf*

Vorführversion *nf* SW **demo version**
= Demo-Version *nf*
≠ Vollversion
≠ complete version

Vorgabe *nf* SW **default** *n*
[voreingestellte Parameterwahl wenn vom Anwender keine vorliegt; das Engl. "default" = "Unterlassung" stammt über das Altfranz. "defaute" vom latein. "defallere" = "enttäuschen"]
= Vorbesetzung *nf*; Standardannahme *nf*; Standardeinstellung *nf*; Zusatzparameter *nm*; Default-Wert *nm*; Grundwert *nm*; Standardzustand *nm*; Rückfallzustand *nm*; Ausgangszustand *nm*; voreingestellter Parameter; automatisch angesetzter Wert
[parameter setting of the system, if user doesn't set; from Old French "defaute" deriving from Vulgar Latin "de-fallere" = deceive; parameter choice of the system if no choice is made by the user]
= default state; default value; default option; predefinitionn

Vorgabe *nf* INF.TEC → **requirement** *n*
→ Anforderung *nf*

Vorgabezeit *nf* MANUF **standard time**

Vorgang *nm* DAT.PR → **transaction** *n*
→ Transaktion *nf*

Vorgang *nm* TECH **operation** *n* (2)
= Operation *nf*, Prozess *nm* (1)
≈ Verfahren
= process *n* (2)
≈ procedure

Vorgang *nm* OFFICE **matter** *n*
= Bearbeitungsvorgang *nm*
≈ Akte
= topic *n*; transaction *n*
≈ file

Vorgänger *nm* MATH **antecessor** *n*
[Graphentheorie]
[theory of graphs]
= predecessor *n*

Vorgänger *nm* COLL **predecessor** *n*
[fig]
≈ Vorreiter
[fig]
≈ precursor

Vorgängerdatei *nf* DAT.MA **ancestral file**

Vorgangsbearbeitung *nf* COMP.AP **workflow management**
= Workflow-Management *nn*
= WFM
≈ groupware computing

Vorgangsbearbeitung *nf* OFFICE → **handling** *n*
→ Bearbeitung *nf*

vorgeben COLL **predefine** *vt*
= vorbestimmen; prädefinieren
= predetermine; predestine

Vorgebirge *nn* GEOSC **headland** *n*

vorgefertigt MANUF **prefabricated**

vorgefertigter Halbleiterbaustein MICR.EL → **gate array master**
→ Gate-Array-Master *nm*

vorgefertigtes Kabel EQP.EN **preformed cable**
= fabrikkonfektioniertes Kabel; konfektioniertes Kabel
≈ Steckkabel
= prefabricated cable
≈ plug-in cable

vorgefertigtes Teil MANUF **prefabricated part**

vorgeformt TECH **preformed**

vorgegeben COLL **preset** *adj*
= vorbestimmt; vordefiniert; fest
= default; predetermined; predefined; fixed; given

Vorgegenwart *nf* LING → **present perfect**
→ Perfekt *nf*

vorgehärteter Film CINEMA **forehardened film**

Vorgehensweise *nf* TECH **approach** *n*
≈ Betrachtungsweise
≈ philosophy; trail

vorgelagert TELEC → **front-end** *adj*
→ vorgezogen

Vorgelege *nn* MANUF **reduction gearing**
= Reduktionsgetrieb nme

vorgelocht TER&PER **prepunched**
= preperforated

vorgepolt STATIS → **biased** *adj*
→ nicht erwartungstreu

vorgeschaltet EL.SC **preconnected**
≈ seriengeschaltet
≈ series-connected

vorgeschrieben COLL → **mandatory** *adj*
→ zwingend

Vorgesetzter *nm* ECON **superior** *n*
≠ Untergebener
≠ subordinate

vorgespannt MECH **prestressed**

vorgezogen TELEC **front-end** *adj*
= vorgelagert; Vorfeld-

vorgreifen MATH **borrow** *vt*
= borgen

vorgreifen COLL → **anticipate**
→ zuvorkommen

Vorgriff *nm* COLL → **anticipation** *n*
→ Vorwegnahme *nf*

Vorgriff *nm* SW **look-ahead** *n*
= lookahead *n*; look-aside *n*; lookaside *n*

Vorgriff *nm* MATH **borrow** *n*

Vorgriffspuffer *nm* HW **look-ahead buffer**

Vorgriffsübertrag *nm* COMP.SC **look-ahead carry**

Vorgruppe *nf* TRANSM **pregroup** *n*
[TF-Technik]
[FDM]

Vorhaben *nn* ECON → **project** *n*
→ Projekt *nn*

Vorhaben *nn* ECON → **plan** *n*
→ Plan *nm*

Vorhalt *nm* CONTRO **derivative action**
= Vorhaltewirkung *nf*
= rate action

Vorhaltespeicher *nm* DAT.PR → **cache memory** *n*
→ Cache-Speicher *nm*

Vorhaltewirkung *nf* CONTRO → **derivative action**
→ Vorhalt *nm*

Vorhaltezeit *nf* CONTRO **derivative time**
= rate time

vorhanden COLL **existing**
≈ verfügbar; vorrätig
≈ available; in stock

vorhandene Daten DAT.MA → **legacy data**
→ Altdaten *nplt* (1)

vorhandenes System COMP.AP → **legacy system**
→ Altsystem *nn*

Vorhang *nm* ANT → **curtain antenna**
→ Vorhangantenne *nf*

Vorhangantenne *nf* ANT **curtain antenna**
= Vorhang *nm*; Fächerantenne *nf*
↑ Dipolfeld
= curtain; antenna curtain; curtain array (1); fan antenna; harp antenna
↑ planar dipole array

vorhärten METAL **precure** *vt*

vorhärten CHEM **foreharden**

Vorhärten *nn* METAL **precuring** *n*

vorheizen TECH → **warm-up** *vt*
→ anwärmen

Vorheizwiderstand *nm* EL.TRO **preheat resistor**

Vorheizzeit *nf* TECH **preheating time**
≈ Aufwärmzeit
≈ warm-up time

vorhergehen COLL → **precede** *vt*
→ vorangehen

vorhergehend COLL → **preceding** *adj*
→ vorherig *adj*

vorherig *adj* COLL **preceding** *adj*
= vorhergehend; vorig; vorangehend
≈ ehemalig
≠ nachfolgend
= anterior; prior; previous
≈ former
≠ succeeding

vorherrschend COLL **prevalent** *adj*
= dominierend
≈ übewiegend
= prevailing; predominant
≈ preponderant

Vorhersage *nf* INF.TEC → **prediction** *n*
→ Prädiktion *nf*

Vorhersage *nf* COLL → **forecast** *n*
→ Voraussage *nf*

Vorhersage *nf* STATIS **prediction** *n*
= Voraussage *nf*, Prädiktion *nf*

Vorhersagealgorithmus *nm* SCIE **prediction algorithm**
= Prädiktionsalgorithmus *nm*
= predictive algorithm

Vorhersagefehler *nm* INF.TEC → **prediction error**
→ Prädiktionsfehler *nm*

Vorhersagemethode *nf* SCIE **prediction method**
= Prädiktionsmethode *nf*

Vorhersagemodell *nn* SCIE **prediction model**
= prädiktives Modell; Prädiktionsmodell *nn*
= predictive model

vorhersagen COLL → **prognosticate**
→ prognostizieren

vorhersehbar SCIE **predictable**
= prädiktiv
= predictive; forecastable

Vorherzeile *nf* TER&PER **preceding line**

vorig COLL → **preceding** *adj*
→ vorherig *adj*

vorigen Monats OFFICE → **ultimo**
→ Monats, des vergangenen

vorimprägniert TECH **pre-impregnated**

Vorimpuls *nm* EL.TRO **preimpulse** *n*

vorinstalliert COMP.AP **preinstalled**

Vorintegration *nf* SYS.INS **preintegration** *n*
= Vormontage *nf*

Vorjahr *nn* COLL **preceding year**
= last year

Vorkalkulation *nf* TECH → **precomputation** *n*
→ Vorausberechnung *nf*

Vorkalkulation *nf* ECON **pre-calculation**

vorkalkulieren TECH → **precompute** *vt*
→ vorausberechnen

Vorkasse *nf* ECON → **prepayment** *n*
→ Vorauszahlung *nf*

Vorkaufsrecht *nn* ECON **right of preemption**
= preemption *n*; first option

vorkehrend TECH → **preventive** *adj*
→ vorbeugend

Vorkehrung *nf* TECH → **prevention** *n*
→ Vorbeugung *nf*

Vorkehrung *nf* COLL **precaution** *n* (2)
= Vorsichtsmaßnahme *nf*
≈ Vorsicht; Maßnahme
= arrangement *n* (1); safeguard *n*
≈ caution; measure

Vorkenntnis *nf* SCIE **entry knowledge** *n*
= Vorwissen *nn*
= foreknowledge *n*; prior knowledge

vorkommen *vi* COLL **occur** *vi*
= geschehen; passieren; stattfinden; auftreten
= happen; take place

Vorkommnis *nn* COLL **occurence** *n*
= Geschehen *nn*; Auftreten *nn*
= happening *n*; incidence *n*

Vorkompilierer *nm* SW **precompiler** *n*
[Programm zur Übersetzung nicht genormter Programmteile in eine standardisierte Programmiersprache]
= Präkompilierer *nm*; Precompiler *nm*
↑ Präprozessor
[program to convert non-standard program parts into a standard program language]
↑ preprocessor

vorkompiliert SW **precompiled** *adj*
= vorübersetzt; präkompiliert

Vorkoppler *nm* TELEC **precoupler** *n*

vorladen *vi* LAW **summon** *vt*
= zitieren
[to appear]
= cite

Vorladung *nf* LAW **summons** *nplt*

Vorladungslampe *nf* TER&PER **precharge lamp**

Vorlaganablage *nf* TER&PER → **original stacker**
→ Konzeptablage *nf*

Vorlage *nf* (1) OFFICE **copy** *n* (3)
[für eine Reinschrift]
= Konzept *nn*
[document subject to reproduction]
= model

Vorlage *nf* (2) OFFICE **submission** *n*
[eines Vorgangs]
[of a topic]
= presentation *n*

Vorlagenhalter *nm* TER&PER → **original holder**
→ Konzepthalter *nm*

Vorlasten *nplt* ECON **prior charges**

Vorlauf *nm* CONS.EL **forward** *n*
[Kassettengerät]
↓ Raschvorlauf
[cassette player]
↓ fast forward

Vorlauf *nm* TECH → **time lead** *n*
→ Voreilung *nf*

vorlaufender Überschwinger EL.TRO → **preshoot** *n*
→ Vorschwingung *nf*

Vorläufer *nm* COLL → **precursor** *n*
→ Vorreiter *nm*

Vorlauffaser *nf* OPT.CO **launching fiber**

vorläufig COLL **preliminary** *adj*
= provisorisch; Vorab-
≈ versuchsweise; vorübergehend; behelfsmäßig
= advance-; provisional
≈ tentative; temporary; improvised

vorläufige Abnahme TECH → **provisional acceptance**
→ provisorische Abnahme

Vorlaufkarte *nf* DAT.MA → **header card**
→ Anfangskarte *nf*

Vorlaufkosten *nplt* ECON **initial costs**

Vorlaufkosten *nplt* ECON → **start-up costs**
→ Anlaufkosten *nplt*

Vorlaufphase *nf* COLL → **preparatory phase**
→ Vorbereitungsphase *nf*

Vorlaufpufferung *nf* SW **anticipatory buffering**
[von Daten, vor dem Bedarfsanfall]
[in anticipation of a need of the

Vorlauftaste *nf* CONS.EL **fast-forward key**

Vorlaufzeit *nf* TECH **lead time** *n*
≈ Vorlauf
≈ time lead

vorlegen COLL **submit** *vt*
[fig]
≈ vorschlagen
= put before
≈ propose

Vorleistung *nf* (1) ECON **advance performance**

Vorleistung *nf* (2) ECON → **prepayment** *n*
→ Vorauszahlung *nf*

Vor-Lesekopf *nm* TER&PER → **pre-read head**
→ Doppellesekopf *nm*

Vorlesung *nf* EDUC **lecture** *n*

Vorlesung *nf* EDUC → **lecture** *n*
→ Vortrag *nm*

Vorlesungsnotiz *nf* EDUC **lecture note**

vorletzter COLL **penultimate** *adj*
= zweitletzter
= penult *adj*; second to the last

Vorlicht *nf* TECH → **ambient light**
→ Raumbeleuchtung *nf*

vorlöschen TER&PER **pre-erase** *vt*

vormagnetisieren PHYS **premagnetize**
= polarize

Vormagnetisierung *nf* EL.SC **premagnetization** *n*
= Grundmagnetisierung *nf*
≈ magnetische Polarisierung
↑ Vorpolung
= bias magnetization; magnetic polarization (2); magnetic biasing; presaturation *n*
≈ magnetic polarization (1)
↑ biasing

vormalig COLL → **former** *adj*
→ ehemalig

Vormerkliste *nf* ECON → **waiting list**
→ Warteliste *nf*

Vormittag *nm* COLL **morning** *n*
= forenoon *n*

vormittags COLL **in the morning**
= a.m.

Vormodulation *nf* MODUL **premodulation** *n*

Vormonat *nm* COLL **preceding month**
= previous month

Vormontage *nf* SYS.INS → **preintegration** *n*
→ Vorintegration *nf*

Vorname *nm* COLL **given name**
= Rufname *nm*; Taufname *nm*
= christian name; first name; baptismal name; forename *n*

vornehmlich COLL → **mostly** *adv*
→ vor allem *adv*

Vornorm *nf* TECH **preliminary standard**
= tentative standard

Vornschneider *nm* EL.TRO **diagonal pliers**

vor Ort TECH **on site**

Vorort *nm* GEOSC **suburb** *n*
= Vorstadt *nf*; Peripherie *nf*
= outskirt *n*

Vor-Ort-Aufnahmen *nplt* CINEMA **on location shots**

Vorpersonalisierung *nf* TER&PER → **initialization** *n*
→ Initialisierung *nf*

Vorplanung *nf* TECH **preplanning** *n*

Vorpolung *nf* PHYS **biasing** *n*
↓ Vormagnetisierung; Vorelektrisierung
= bias *n*; polarization *n*
↓ premagnetization; pre-electrification

Vorprodukt *nn* MANUF → **pre-product** *n*
→ Vorerzeugnis *nn*

Vorproduktion *nf* CINEMA → **pre-production** *n*
→ Produktionsvorbereitung *nf*

Vorproduktion *nf* CINEMA **preproduction** *n*

Vorprogramm *nn* SW → **preprocessor** *n*
→ Präprozessor *nm*

vorprogrammieren COLL **preprogram** *vt*

vorprogrammieren DAT.PR **preprogram** *vt*

vorprogrammiert SW → **fixed-program** *adj*
→ festprogrammiert

vorprüfen *vt* MANUF **precheck** *vt*
= vortesten; vorabprüfen; vorabtesten
≈ vormessen
= pretest *vt*

Vorprüfung *nf* MANUF **pretesting** *n*
= prechecking *n*

Vorpufferung *nf* INF.TEC **pre-buffering** *n*
= anticipation buffering

Vorquartal *nn* ECON **previous quarter**

Vorrang *nm* — COLL — **precedence** *n*
= Vortritt *nm*; Vorrecht *nn*; Priorität *nf*; Bevorrechtigung *nf*; Präzendenz *nf*
≈ Bevorzugung; Dringlichkeit; Rangfolge
= priority *n*; privilege *n*; antecedemce *n*
≈ preference; urgency; ranking

Vorrangdaten *nplt* — DAT.NW — **urgent data**

Vorrangfolge *nf* — TECH — **priority sequence**
= Prioritätsfolge *nf*

vorrangig — COLL — **prior-ranking** *adj*
= vorrechtlich; prioritätisch
≈ hauptsächlich; primär; grundlegend
≠ zweitrangig; nachrangig
= eminent; prominent; with priority; with precedence
≈ main; primary; fundamental
≠ second-ranking

Vorrangprogramm *nn* — SW — → **priority program**
→ Prioritätsprogramm *nn*

Vorrangslogik *nf* — SW — → **priority logic**
→ Prioritätslogik *nf*

Vorrangssteuerung *nf* — SW — → **priority control**
→ Prioritätssteuerung *nf*

Vorrangstellung *nf* — COLL — **preeminence** *n*
= primacy *n*

Vorrangsunterbrechung *nf* — SW — → **priority interrupt**
→ Prioritätsunterbrechung *nf*

Vorrangsverbindung *nf* — SWITCH — **priority call**
= Prioritätsverbindung *nf*

Vorrangszuteilung *nf* — TECH — **priority scheduling**

Vorrangverarbeitung *nf* — SW — → **priority processing**
→ Prioritätsverarbeitung *nf*

Vorrat *nm* — ECON — **stock** *n*
= Lagerbestand *nm*; Bestand *nm*
= store *n*; supply *n*; inventory *n*; reserve *n*; provision *n* (4)

Vorrat *nm* — COLL — **repertoire** *n*
[fig]
= set *n*

Vorrat *nm* — INF.TH — → **character set**
→ Zeichenvorrat *nm*

Vorräte *nplt* — ECON — **stock in hand**
= stock on hand; inventory *n* (AE); inventories *nplt*

vorrätig — ECON — **in stock**
≈ verfügbar; vorhanden
≈ available; existent

Vorratsader *nf* — COM.CAB — → **spare conductor**
→ Reserveader *nf*

Vorratsbehälter *nm* — TER&PER — **supply bin**
= bin *n*

Vorratsbehälterkathode *nf* — EL.TRO — **dispenser cathode**
= Vorratskathode *nf*

Vorratshaltung *nf* — ECON — → **stockpiling** *n*
→ Bevorratung *nf*

Vorratskathode *nf* — EL.TRO — → **dispenser cathode**
→ Vorratsbehälterkathode *nf*

Vorratsspule *nf* — BROADC — **supply reel**

Vorraum *nm* — CIV.EN — **anteroom** *n*
= Vorzimmer

vorraussagend — TECH — **predictive** *adj*

Vorrechner *nm* — DAT.PR — → **preprocessor** *n*
→ Vorverarbeitungsrechner *nm*

Vorrechner *nm* — DAT.NW — **front-end processor** *n*
[nimmt in einem Mehrrechnersystem externe Abwicklungsaufgaben (meist Kommunikations-) wahr, hält damit den Hauptrechner für interne Aufgaben frei]
≈ Vorverarbeitungsrechner [DAT.PR]; Nebenrechner
≠ Verarbeitungsrechner
↓ Kommunikationsrechner; Datenübertragungsvorrechner
[performs external processing (mostly communication) tasks in a computer network, leaving the host computers free to concentrate on internal processing]
= FEP; front-end computer; front-end
≈ preprocessor (1) [DAT.PR]; slave computer
≠ host computer
↓ communications computer;

Vorrecht *nn* — COLL — → **precedence** *n*
→ Vorrang *nm*

vorrechtlich — COLL — → **prior-ranking** *adj*
→ vorrangig

Vorreiter *nm* — COLL — **precursor** *n*
[fig]
= Vorläufer *nm*; Wegbereiter *nm*; Pionier *nm*; Bahnbrecher *nm*
≈ Vorgänger
[fig]
= pioneer *n*; forerunner *n*
≈ predecessor

Vorrichtung *nf* — TECH — **device** *n*
[kleines Gerät oder Teil davon, für spezifische Funktion]
= Einrichtung *nf* (3)
≈ Gerät (1); Zubehör
[small or part of equipment for a specific function]
= appliance *n* (1); facility *n*; jig *n*; gadget *n*; widget *n*
≈ accessory

Vorrichtungsbau *nm* — TECH — → **tool engineering**
→ Werkzeugbau *nm*

vorrollen — COMP.AP — **scroll up** *vt*
[von Zeilen auf dem Bildschirm]
= aufwärts rollen; nach oben rollen
↑ rollen
[lines on a display]
= scroll upward; roll up; roll upward
↑ scroll

Vorrollen — COMP.AP — **scrolling up** *n*
[Zeilen am Bildschirm]
= Aufwärtsrollen *nm*
↑ Bildverschiebung
= scrolling upward; rolling up; rolling upward
↑ scrolling

vorrückend — EL.TRO — → **incremental**
→ fortschaltend

Vor-Rück-Verhältnis *nn* — ANT — → **front-to-back ratio**
→ Rückstrahldämpfung *nf*

Vor-Rückwärts-Zähler *nm* — CIRC.EN — **up-down counter**
= Zweirichtungszähler *nm*; bidirektionaler Zähler
= reversible counter; bidirectional counter

Vorsatz *nm* — PHYS — → **prefix** *n*
→ Präfix *nn*

Vorsatz *nm* — DAT.MA — → **header label**
→ Dateianfangs-Etikett *nn*

Vorsatz *nm* — DAT.MA — → **header label**
→ Dateianfangs-Etikett *nn*

vorsätzlich — COLL — → **intentional**
→ beabsichtigt

Vorsatzscheibe *nf* — TER&PER — **supplementary panel**

vorschalten — EL.TEC — **preconnect**

Vorschaltfaser *nf* — OPT.CO — **preconnected fiber**

Vorschaltgerät *nn* — EQP.EN — **adapting equipment**

Vorschalttransformator *nm* — POW.SY — **pre-transformer**

Vorschaltwiderstand *nm* — EL.TEC — **dropping resistor**
= Vorwiderstand *nm*
≈ Reihenwiderstand
= drop resistor
≈ series resistance

Vorschau *nf* — ECON — → **forecast** *n*
→ Vorausschau *nf*

Vorschau *nf* — COLL — **outlook** *n*

Vorschau *nf* — COMP.AP — **preview** *n*
= Preview *nn* (ANGL)
↓ Seitenvorschau [WOR.PR]
↓ page preview [WOR.PR]

Vorschau *nf* — CINEMA — → **trailer** *n*
→ Filmvorschau *nf* (2)

Vorschaubox *nf* — COMP.AP — **preview box**

Vorschaufunktion *nf* — COMP.AP — → **preview function**
→ Seitenansichtsfunktion *nf*

Vorschauübertrag *nm* — DAT.PR — → **carry look-ahead** *n*
→ Parallelübertrag *nm*

Vorschlag *nm* — COLL — **proposal** *n*
≈ Anregung
≈ suggestion

vorschlagen — COLL — **propose** *vt*
≈ vorlegen
≈ submit

Vorschlagswert *nm* — INF.TEC — → **default value**
→ Standardwert *nm*

Vorschrift *nf* — ECON — **prescription** *n* (1)
≈ Regelung
= regulatory standard
≈ regulation

Vorschrift *nf* — TEC.DOC — → **instruction** *n*
→ Anleitung *nf*

Vorschub *nm* — TER&PER — **feed** *n*
≈ Zeilenwechsel
↓ Zeilenvorschub; Zeilenrückschub; Papiervorschub; Bandvorschub; Streifenvorschub
= advance *n*; throw *n*
↓ line feed; reverse line feed; paper feed; tape feed (1); tape feed (2)

Vorschubbefehl *nm* — SW — **feed instruction**
= advance instruction

Vorschubeinrichtung *nf* — TER&PER — **feed device**
= feed mechanism

Vorschubfehler *nm* — TER&PER — **feeding error**
= Transportfehler *nm*; Zuführungsfehler *nm*
= misfeed *n*

vorschubfreie Taste — OFFICE — **non-advancing key**

Vorschubgeschwindigkeit *nf* — TER&PER — **feed velocity**

Vorschubgetriebe *nn* — TER&PER — **feed gear**

Vorschubhebel *nm* — TER&PER — **feed lever**

Vorschubloch *nn* — TER&PER — → **feed hole**
→ Transportloch *nn*

Vorschublochband *nn* — TER&PER — **carriage tape**
[eine Bandschleife zur Kontrolle eines Druckers]
[a tape loop to ckeck a printer]
= control tape; paper tape loop; control loop

Vorschublochung *nf* — TER&PER — → **feed holes**
→ Transportlochung *nf*

Vorschubrad *nn* — TER&PER — **feed wheel**
↓ Stachelrad
↓ sprocket wheel

Vorschubraupe *nf* TER&PER **paper tractor**
= Transportraupe *nf*; Formulartraktor *nm* = tractor *n*
≈ Stachelrad ≈ pinfeed platen
Vorschubrichtung *nf* MEC.EN → **transport direction**
→ Transportrichtung *nf*
Vorschubschritt *nm* TER&PER **advance increment**
= Vorschubweg *nm*
Vorschubspindel *nf* TER&PER **feed screw**
Vorschubsteuerband *nn* TER&PER → **carriage tape**
→ Vorschublochband *nn*
Vorschubsteuerung *nf* TER&PER **feed control**
= Papiervorschubsteuerung *nf* = advance control; carriage control
Vorschubweg *nm* TER&PER → **advance increment**
→ Vorschubschritt *nm*
Vorschuss *nm* ECON → **prepayment** *n*
→ Vorauszahlung *nf*
Vorschwinger EL.TRO → **preshoot** *n*
→ Vorschwingung *nf*
Vorschwingung *nf* EL.TRO **preshoot** *n*
= Vorschwinger; vorlaufender Überschwinger = leading-edge overshoot
↑ Übergangsvorgang ↑ transient
Vor-Seit-Verhältnis *nn* ANT **front-to-side ratio**
Vorselektierung *nf* DAT.MA → **area search**
→ Grobrecherche *nf*
Vorselektionsfilter *nn* NETW.TH **preselection filter**
Vorserie *nf* MANUF **test series**
= Pilotserie *nf*; Versuchsserie *nf* = pilot series; preproduction series
vorsetzen COLL **place forward** *vt*
= put forward
vorsetzen SW **forward-space** *vt*
Vorsetzen *nn* COLL **forward displacement**
Vorsicht *nf* COLL **caution** *n*
≈ Vorkehrung = precaution (1)
≈ precaution (2)
vorsichtig COLL **cautious** *adj*
= careful *adj*
Vorsichtshinweis *nm* TECH **precaution hint**
Vorsichtsmarkierung *nf* ECON **caution marks**
Vorsichtsmaßnahme *nf* COLL → **precaution** *n* (2)
→ Vorkehrung *nf*
Vorsignal *nn* RAIL.SIG **distant signal**
Vorsilbe *nf* LING → **prefix** *n*
→ Präfix *nn*
vorsinnige Durchquerung DAT.MA **preorder traversal**
[recursive traversing of a binary tree]
vorsintflutlich TECH **antediluvian** *adj*
[fig] [fig]
= vorchristlich = BC [DAT.PR]
Vorsitz *nm* ECON **chairmanship** *n*
= presidency *n*
Vorsitzender *nm* ECON **chairman** *n*
= Präsident *nm* = president *n*; chairperson *n*
Vorsorge *nf* ECON → **provision** *n* (2)
→ Rückstellung *nf*
Vorsorge *nf* TECH → **prevention** *n*
→ Vorbeugung *nf*
Vorsorgemaßnahme *nf* COLL **precautionary measure**
≈ Schutzmaßnahme ≈ protective measure
Vorsorge-Prozentwert *nm* QUAL → **provisioning security**
→ Bevorratungssicherheit *nf*
vorsorglich TECH → **preventive** *adj*
→ vorbeugend
vorsorgliche Wartung TECH **preventive maintenance**
= vorbeugende Wartung
vorsortieren DAT.MA **presort** *vt*
vorsortierte Folge COMP.SC → **string** *n* (1)
→ Kette *nf*
Vorsortierung *nf* TELEC → **traffic sorting**
→ Dienstetrennung *nf*
Vorspann *nm* CINEMA **opening credits**
Vorspann *nm* SOUN.ME **lead-in** *n*
[einer CD] [of a CD]
= Lead-in *nn*
Vorspann *nm* DAT.MA → **header** *n*
→ Anfangsblock *nm*
Vorspann *nm* DAT.MA → **header label**
→ Dateianfangs-Etikett *nn*
Vorspannband *nn* BROADC **leader tape**
[Film; Videocassette] [movie; videocassette]
= Startband *nn*; Bandführungsstück *nn* = leader *n*
Vorspannband *nn* TER&PER **tape leader** (2)
[im Magnetbandgerät verbleibendes Bandstück] [piece of tape remaining in the recorder]
= leader *n* (2)
Vorspannung *nf* EL.TRO **bias voltage**
= Bias-Spannung *nf* = bias *n*
vorspeichern DAT.MA **prestore** *vt*
= vorabspeichern
vorspringend TECH **projecting** *adj*
= protruding; protrusible
Vorsprung *nm* COLL **lead** *n*
[fig] [fig]
= advance *n*
Vorsprung *nm* TECH **projection** *n*
= Warze *nf* ≈ protuberance
≈ Protuberanz
Vorspur *nf* CONS.EL **pre-groove** *n*
[CD] [CD]
= Leitspur *nf*
Vorstadt *nf* GEOSC → **suburb** *n*
→ Vorort *nm*
Vorstand *nm* ECON **managing board**
↓ Zentralvorstand; Bereichsvorstand; = board of directors; executive committee
↓ corporate board; divisional board
Vorstandsbüro *nn* ECON **management office**
Vorstandsebene *nf* ECON **board level**
Vorstandsmitglied *nn* ECON **board member**
= director *n*
Vorstandssitzung *nf* ECON **board meeting**
Vorstandsvorsitzender *nm* ECON **Chief Executive Officer**
= CEO
vorstellen *vt* ECON **present** *vt*
= präsentieren = unveil *vt*
Vorstellung *nf* ECON **interview** *n*
[Bewerbung] [application]
Vorstellung *nf* CINEMA → **cinema performance**
→ Filmvorführung *nf*
Vorsteuer *nf* ECON **V.A.T. on input**
vorstrecken ECON → **lend** *vt* (1)
→ verleihen *vt*
vorstrecken ECON → **lay out** *vt*
→ auslegen *vt*
Vorstrom *nm* EL.TRO **bias current**
Vorstudie *nf* TECH **prestudy** *n*
= Pilotstudie *nf* = pilot study
Vorstufenmodulation *nf* MODUL → **low-level modulation**
→ Tiefpegel-Modulation *nf*
Vorstufentransistor *nm* MICR.EL → **small-signal transistor**
→ Kleinsignaltransistor *nm*
Vorsynchronisation *nf* CIRC.EN **pre-synchronization** *n*
vorsynchronisieren CIRC.EN **pre-synchronize**
Vorsynchronisierung *nf* CINEMA **presynchronization** *n*
Vortal *nn* INTERNET **vortal** *n*
= branchenspezifische Portal-Webseite = Vertical Industry Portal
Vorteil *nm* COLL **advantage** *n*
≈ Nutzen = payoff *n*
≈ benefit
vorteilhaft COLL → **favorable** (AE)
→ günstig *adj*
vortesten MANUF → **precheck** *vt*
→ vorprüfen *vt*
Vortrag *nm* EDUC **lecture** *n*
= Vorlesung *nf* = talk
≈ Rede ≈ speech
Vortrag *nm* ECON **forward** *n*
[eines Überlaufs auf ein neues Konto] [of a carry on a new account]
Vortragender *nm* EDUC **lecturer** *n*
= Dozent *nm*
≈ Redner
Vortragsaufforderung *nf* SCIE **call for papers**
Vortragsraum *nm* OFFICE **lecture room**
Vortragsreihe *nf* EDUC **course of lectures**
Vortrieb *nm* MECH → **push** *n*
→ Schub *nm* (1)
Vortriggerung *nf* INSTR **pre-trigger** *n*
Vortriggerverzögerung *nf* INSTR **pre-trigger delay**
Vortritt *nm* COLL → **precedence** *n*
→ Vorrang *nm*
vorübergehend TECH **temporary** *adj*
= zeitweilig; einstweilig; momentan (2); transitorisch; temporär; transient; flüchtig; = transitory; transient; nonpermanent; momentary; interim;

kurzzeitig
≈ vorläufig; sofortig; ephemer [SCIE]
volatile
≈ preliminary; instantaneous; ephemeral [SCIE]

vorübergehend abgeschalteter Fernsprechanschluss TELEPH **left-in station**
= vorübergehend abgeschalteter Telefonanschluss

vorübergehend abgeschalteter Telefonanschluss TELEPH → **left-in station**
→ vorübergehend abgeschalteter Fernsprechanschluss

vorübergehend auslagern DAT.MA → **swap** *vt* (2)
→ umlagern

vorübergehende Einfuhr ECON **temporary importation**
= Temporärimport *nm*; temporärer Import

vorübergehende Einstellung ECON **suspension** *n*
[einer Tätigkeit, Zahlung]
[of an activity, payment]

vorübergehender Fehler TECH → **transient error**
→ transienter Fehler

vorübergehend umspeichern DAT.MA → **swap** *vt* (2)
→ umlagern

Vorübersetzer *nm* SW → **preprocessor** *n*
→ Präprozessor *nm*

vorübersetzt SW → **precompiled** *adj*
→ vorkompiliert

Voruntersuchung *nf* SW **preliminary investigation**
↑ Systementwicklungszyklus
↑ system dvelopment lifecycle

vorurteilsfrei COLL → **impartial** *adj*
→ objektiv

Vorurteilsfreiheit *nf* COLL → **objectivity** *n*
→ Objektivität *nf*

Vorvakuum *nn* PHYS **partial vacuum**

vorverarbeiten DAT.PR **preprocess** *vt*

Vorverarbeiter *nm* SW → **preprocessor** *n*
→ Präprozessor *nm*

vorverarbeitet TECH **preprocessed** *adj*
= semiprocessed

vorverarbeitete Daten DAT.MA **preprocessed data**
= semiprocessed data

Vorverarbeitung *nf* DAT.PR **preprocessing** *n*

Vorverarbeitungsrechner *nm* DAT.PR **preprocessor** *n*
[prüft oder verdichtet Daten vor Eingabe in einen Großrechner]
= Vorrechner *nm*; Satellit *nm*
≈ Vorrechner [DAT.CO]
[checks or compresses data before entering them in a mainframe]
= front-end processor; preprocessing computer
≈ front-end processor [DAT.CO]

vorverdrahtet EQP.EN **prewired**
= vorverkabelt
= factory-wired

Vorverdrahtung *nf* EQP.EN **prewiring** *n*
≈ Werkverdrahtung
≈ factory wiring

vorvereinbart COLL **pre-agreed** *adj*

vorverformt MEC.EN **prestrained**

Vorvergangenheit *nf* LING → **past perfect**
→ Plusquamperfekt *nn*

Vorverhandlung *nf* ECON **preliminary negotiation**

vorverkabelt EQP.EN → **prewired**
→ vorverdrahtet

Vorverkauf *nm* ECON **advance selling**

vorverlegen COLL **advance**
[an event]

Vorverstärker *nm* CIRC.EN **preamplifier** *n*
↓ Treiber
↓ driver

Vorvertrag *nm* ECON **preliminary contract**

Vorverzerrer *nm* RAD.RE **predistorter** *n*
= Predistorter *nm* (ANGL)

Vorverzerrer *nm* TELEC **predistorter** *n*
≈ Vorentzerrer
= line forward equalizer
≈ pre-equalizer

Vorverzerrung *nf* TELEC **pre-emphasis** *n*
≈ Vorentzerrung
≠ Rückentzerrung
↑ Emphase
= predistortion *n*
≠ de-emphasis
↑ emphasis

Vorwahl *nf* CIRC.EN → **presetting** *n*
→ Voreinstellung *nf*

Vorwahl *nf* TECH **preselection** *n*
= Vorauswahl *nf*
= presetting *n*

Vorwahl *nf* (1) SWITCH **preselection** *n*

Vorwahl *nf* (2) SWITCH → **prefix plus code number** *n*
→ Vorwahlnummer *nf*

Vorwähler *nm* SWITCH **preselector** *n*
[Konzentrationsstufe in elektromechanischen Wählern]
= Vorwahlstufe *nf*
≈ Anrufsucher
[concentration stage in electromechanical switches]
= preselection stage
≈ line finder

Vorwähler *nm* TELEPH **pre-dialer** *n*

Vorwahlnummer *nf* SWITCH **prefix plus code number** *n*
[Ziffernfolge die vor der Teilnehmerrufnummer gewählt werden muss]
= Vorwählnummer *nf*; Vorwahl *nf* (2)
≈ Kennzahl; Ortskennzahl
↓ Ortsvorwahlnummer
[sequence of digits to be dialled before the subscriber number]
≈ code; area code
↓ prefix plus area code

Vorwählnummer *nf* SWITCH → **prefix plus code number** *n*
→ Vorwahlnummer *nf*

Vorwahlstufe *nf* SWITCH → **preselector** *n*
→ Vorwähler *nm*

Vorwählzähler *nm* CIRC.EN **presettable counter**
= preset counter

Vorwahlzeit *nf* SWITCH **call request time**

Vorwalzwerk *nn* METAL **blooming mill**
= Luppenwalzwerk *nn*
= slabbing mill

vorwärmen TECH → **warm-up** *vt*
→ anwärmen

Vorwärmer *nf* TECH **preheater** *n*

Vorwärmung *nf* TECH **preheating** *n*
= Vorerhitzung *nf*; Anheizung *nf*; Aufheizung *nf*
= heating-up

vorwarnen COLL → **warn** *vt*
→ warnen *vt*

vorwarnungsloser Zusammenbruch DAT.PR **disorderly close-down**

vorwärts *adv* COLL **forward** *adv*
= onward

Vorwärtsabtastung *nf* EL.TRO **forward scanning**
= forward scan

Vorwärtsauslösen *nn* SWITCH → **forward release**
→ Vorwärtsauslösung *nf*

Vorwärtsauslösung *nf* SWITCH **forward release**
= Vorwärtsauslösen *nn*
↑ Auslösung
= forward clearance; clear forward
↑ release

vorwärtsblättern OFFICE **page up** *vt*
= vorblättern
= page forward; page upward; turn page forward; turn page upward

Vorwärtsblockierspannung *nf* EL.TRO **forward blocking voltage**

vorwärtsbringen COLL → **further** *vt*
→ fördern

Vorwärts-Durchlasskennlinie *nf* EL.TRO → **forward characteristic**
→ Vorwärtskennlinie *nf*

Vorwärtserholungszeit *nf* MICR.EL → **forward recovery time**
→ Durchlassverzögerung *nf*

Vorwärtsfehlerkorrektur *nf* CODING **forward error correction**
= FEC
= FEC

Vorwärtshub *nm* MECH **forward stroke**

Vorwärtskennlinie *nf* EL.TRO **forward characteristic**
= Vorwärts-Durchlasskennlinie *nf*; Durchlasskennlinie *nf*
= forward voltage-current characteristic

Vorwärtskennzeichen *nn* SWITCH → **forward signal**
→ Vorwärtszeichen *nn*

Vorwärtskettung *nf* ART.IN **forward chaining**
= Vorwärtsverkettung *nf*
≠ Rückwärtskettung
= forward chain; forward concatenation
≠ backward chaining

Vorwärtsprädiktion *nf* CODING **forward prediction**

Vorwärtsregelung *nf* CONTRO **feedforward** *n*
= Aufschaltung *nf*

Vorwärtsregler *nm* CONTRO **forward-acting controller**
= forward-acting regulator

Vorwärtsrichtung *nf* SWITCH **forward direction**

Vorwärtsrichtung *nf* EL.TRO → **forward direction**
→ Durchlassrichtung *nf*

Vorwärts-Rückgewinnung *nf* DAT.MA **forward recovery**
[Datenrückgewinnung durch Vorwärtsverarbeitung]
[updating earlier version]

vorwärtssortieren DAT.MA **sort forward** *vt*
= aufsteigend sortieren
= sort progressively

Vorwärtssortierung *nf* DAT.MA → **ascending sort**
→ progressive Sortierung

Vorwärtsspannung *nf* MICR.EL **forward voltage**
= Durchlassspannung *nf*
= conducting state voltage

Vorwärtsspannung *nf* EL.TRO → **conduction voltage**
→ Durchlassspannung *nf*

Vorwärtssperrbereich *nm* MICR.EL **forward cutoff region**

Vorwärtssprung *nf* SW **forward jump**

Vorwärtssteilheit *nf* MICR.EL → **short-circuit transconductance**
→ Transmittanz *nf*

Vorwärtssteuerung *nf* CONTRO → **open-loop control**
→ Steuerung *nf*
Vorwärtsstreuung *nf* PHYS **forward scattering**
= fore-scattering *n*; forward scatter; forward stray
Vorwärtsstrom *nm* EL.TRO → **forward current**
→ Durchlassstrom *nm*
Vorwärtsverkehr *nm* TELEC **forward traffic**
≠ Rückwärtsverkehr ≠ return traffic
Vorwärtsverkettung *nf* ART.IN **forward chaining**
Vorwärtsverkettung *nf* ART.IN → **forward chaining**
→ Vorwärtskettung *nf*
Vorwärtswiderstand *nm* MICR.EL → **forward resistance**
→ Durchlasswiderstand *nm*
Vorwärtszähler *nm* SW → **incremental counter**
→ Schrittzähler *nm*
Vorwärtszähler *nm* CIRC.EN **up-counter**
= progressive counter
Vorwärtszeichen *nn* SWITCH **forward signal**
= Vorwärtskennzeichen *nn* ↑ switching signal
↑ Kennzeichen
Vorwärtszeiger *nm* DAT.MA **forward pointer**
[enthält die Adresse des folgenden Listenelements] [contains address of next list]
Vorwegannahme *nf* COLL → **premise** *n*
→ Voraussetzung *nf*
Vorwegnahme *nf* COLL **anticipation** *n*
= Vorgriff *nm*; Antizipation *nf* = forestallment *n*
vorwegnehmen COLL → **anticipate**
→ zuvorkommen
vorwegnehmend TECH **anticipatory** *adj*
= antizipatorisch ≠ demand
≠ bedarfsweise
vorwegnehmend COLL → **anticipating**
→ zuvorkommend
vorwegnehmender Abruf DAT.PR **anticipatory fetching**
vorwegnehmender Seitenabruf SW **anticipatory paging**
≠ bedarfsweiser Seitenabruf ≠ demand paging
Vorwegzahlung *nf* ECON → **prepayment** *n*
→ Vorauszahlung *nf*
vorwettbewerbliche FuE TECH → **basic R&D**
→ Grundsatzentwicklung *nf*
Vorwiderstand *nm* EL.TEC → **dropping resistor**
→ Vorschaltwiderstand *nm*
Vorwiderstand *nm* INSTR **multiplier resistor**
≈ Vorschaltwiderstand [EL.TEC] = multiplier *n*
↑ Reihenwiderstand [EL.TEC] ≈ dropping resistor [EL.TEC]
↑ series resistance [EL.TEC]
Vorwissen *nn* SCIE → **entry knowledge** *n*
→ Vorkenntnis *nf*
Vorwort *nn* PRIN.ME **preface** *n*
= foreword *n*
Vorzeichen *nn* MATH **sign** *n*
= Signum *nn*; Rechenvorzeichen *nn* = algebraic sign; signum; operational sign
Vorzeichen *nn* SCIE → **symptom** *n*
→ Anzeichen *nn*
Vorzeichen-/Absolutwert-Darstellung *nf* COMP.SC **sign-and-magnitude**
= signed magnitude
Vorzeichen-/Modulus-Darstellung *nf* COMP.SC **sign and modulus**
Vorzeichen-Absolutwert-Arithmetik *nf* COMP.SC **sign-magnitude arithmetic**
= sign binary arithmetic
Vorzeichen-Absolutwert-Schreibweise *nf* COMP.SC **sign-magnitude notation**
vorzeichenbehaftet MATH **signed** *adj*
= mit Vorzeichen ≠ unsigned
≠ vorzeichenlos
vorzeichenbehaftete Speicherstelle DAT.MA **signed field**
Vorzeichenbit *nn* CODING **sign bit**
= sign indicator
Vorzeichenerweiterung *nf* COMP.SC **sign extension**
[das Setzen des Vorzeichenbits] [the putting of the sign bit]
= sign propagation
vorzeichenlos MATH **unsigned** *adj*
≠ vorzeichenbehaftet ≠ signed
Vorzeichenmerker *nm* SW **sign flag**
Vorzeichenprüfung *nf* COMP.SC **sign check**
Vorzeichenregel *nf* MATH **rule of signs**
Vorzeichenstelle *nf* COMP.SC **sign position**
Vorzeichenumkehr *nf* MATH **sign inversion**
= Vorzeichenwechsel *nm* = sign change

Vorzeichenumkehrtaste *nf* TER&PER → **change sign key**
→ Vorzeichenwechseltaste *nf*
Vorzeichenwechsel *nm* MATH → **sign inversion**
→ Vorzeichenumkehr *nf*
Vorzeichenwechseltaste *nf* TER&PER **change sign key**
= Vorzeichenumkehrtaste *nf* = sign conversion key; sign inversion key
Vorzeichenzeichen *nn* CODING **sign character**
Vorzeichenziffer *nf* CODING **sign digit**
vorzeitig COLL **premature** *adj*
= verfrüht ≈ precipitate; early
≈ voreilig; frühzeitig ↑ untimely
↑ unzeitig
vorzeitige Auslösung SWITCH **premature release**
= vorzeitige Trennung = premature disconnection
vorzeitige Trennung SWITCH → **premature release**
→ vorzeitige Auslösung
vorziehen *vt* ECON **antedate** *vt*
[einen Termin] = advance *vt*
Vorzimmer CIV.EN → **anteroom** *n*
→ Vorraum *nm*
Vorzimmer *nn* OFFICE → **secretariat** *n*
→ Sekretariat *nn*
Vorzimmeranlage *nf* TELEPH **secretarial unit**
Vorzugsaktie *nf* ECON **preferred stock**
Vorzugsbereich *nm* TECH **preferred range**
Vorzugsgebühr *nf* TELEC → **premium rate**
→ Vorzugstarif *nm*
Vorzugsgröße *nf* SW **preferred quantity**
= Vorzugsvariable *nf* = preferred variable
Vorzugslage *nf* TECH → **normal position**
→ Normalstellung *nf*
Vorzugslage *nf* CIRC.EN **preference state**
[Kippschaltung] [multivibrator]
= preferred position
Vorzugsleitung *nf* TELEC **direct circuit**
Vorzugsnennmaße *nplt* ENG.DRA **preferred nominal dimensions**
Vorzugsorientierung *nf* PHYS → **preferred direction**
→ Vorzugsrichtung *nf*
Vorzugsparameter *nm* TECH **preferred parameter**
Vorzugspassungen *nplt* ENG.DRA **preferred fits**
Vorzugsrichtung *nf* PHYS **preferred direction**
= Vorzugsorientierung *nf* = preferred orientation
Vorzugsstellung *nf* TECH → **normal position**
→ Normalstellung *nf*
Vorzugstarif *nm* TELEC **premium rate**
= Vorzugsgebühr *nf* ↑ special rate
↑ Sondertarif
Vorzugstoleranzen *nplt* ENG.DRA **preferred tolerances**
Vorzugstype *nf* COMPO **preferred part**
= preferred type
Vorzugsvariable *nf* SW → **preferred quantity**
→ Vorzugsgröße *nf*
vorzugsweise COLL **preferrably**
Vorzugswert *nm* TECH **preferred value**
VOX TELEC **VOX**
= Voice Operated Transmission
Voxel INF.TEC → **volume element**
→ Volumenelement *nn*
VPI-Kennung *nf* TELEC → **virtual path identifier**
→ Virtueller-Pfad-Kennung *nf*
VPoP DAT.NW **VPoP**
= Virtual Point of Presence
VRAM *nn* DAT.PR → **refresh memory**
→ Bildwiederholspeicher *nm*
VRML INTERNET **VRML**
= Virtual Reality Modeling Language
VRML-Welt *nf* INTERNET **VRML world**
VS DAT.PR → **virtual memory** *n*
→ virtueller Speicher
VSAM-Verfahren *nn* DAT.MA → **virtual storage access method**
→ virtuelles Speicherzugriffsverfahren
VSAT SAT.CO **VSAT**
= very small aperture terminal
VSB MODUL **VSB**
= Vertical-Sideband Modulation
VSE SW **VSE**
= Virtual Storage Extended
VSELP TELEC **VSELP**
[ein Vocoder] [a vocoder]
= Vector Sum Excited Linear Prediction

VSP ECON →**gross margin**
→Vertriebsspanne *nf*
V-Stern-Antenne *nf* ANT **vee-beam star antenna**
VSWR ANT →**VSWR**
→Rückflussdämpfung *nf*
VSWR LINE TH →**voltage standing wave ratio**
→Welligkeitsfaktor *nm*
V-Synchronimpuls *nm* TV →**vertical synchronizing pulse**
→Vertikalsynchronimpuls *nm*
VT DAT.CO →**vertical tabulator**
→Vertikaltabulator *nm*
VT TELEGR →**phantom telegraphy**
→Vierertelegraphie *nf*
VTL-Logik *nf* MICR.EL **VTL logic**
=variable-threshold logic
VTP-Protokoll *nn* TELEC **VTP**
=Virtual Terminal Protocol
vulkanisieren TECH **vulcanize**
VU-Meter EL.ACOU **VU meter**
[Lautstärkemesser nach US-Norm] =volume-unit meter
VVS NETW.TH →**voltage-controlled voltage source**
→spannungsgesteuerte Spannungsquelle
VXI-Bus *nm* AUTOMA **VXI**

W *w*

W PHYS → **ohm**
→ Ohm *nn*
W MATH → **solid angle**
→ Raumwinkel *nm*
W CHEM → **tungsten** *n*
→ Wolfram *nn*
W PHYS → **watt** *n*
→ Watt *nn*
W3 INTERNET → **WWW**
→ WWW *nn*
W3C INTERNET → **WWW consortium**
→ WWW-Konsortium *nn*
Waage *nf* TECH **balance** *n*
waagrecht MATH **horizontal** *adj*
= horizontal ≠ vertical
≠ senkrecht
Waagrechtigkeit *nf* MECH → **levelness** *n*
→ Ebenheit *nf* (3)
Wabenkühler *nm* TECH **honeycomb cooling radiator**
= honeycomb radiator
Wachs *nn* TECH **wax**
Wachsamkeitstaste *nf* RAIL.SIG **vigilance buttom**
Wachspapier *nn* TECH **waxed paper**
Wachspapierschrift *nf* INSTR **waxed paper recording**
Wachsschicht *nf* TER&PER **wax layer**
Wachstuch *nn* TECH **oil-cloth lining**
= oilcloth *n*; American cloth (BE)
Wachstum *nn* ECON **growth** *n*
wachstumsfördernd ECON **growth promoting**
Wachstumsimpuls ECON **growth impulse**
Wachstumsindustrie *nf* ECON **growth industry**
Wachstumskennzahl *nf* OUT.PL **growth figure**
Wachstumsmarkt *nm* ECON **growth market**
Wachstumsmotor *nm* ECON **growth driver**
Wachstumsrate *nf* ECON **growth rate**
= Zuwachsrate *nf*
Wachstumsrate, mittlere jährliche ECON **growth rate, compund annual**
= Zuwachsrate, mittlere jährliche = CAGR
wachstumsträchtig ECON **fast-growing**
= schnellwachsend
Wachstumstransistor *nm* MICR.EL **rate-grown transistor**
Wächter TECH → **monitor** *n*
→ Überwacher *nm*
Wächterbedingung *nf* SW **guard condition**
Wächterkontrollsystem *nn* SIG.EN **guard supervision system**
Wächterschutzsystem *nn* SIG.EN **guard protection systems**
Wackelburst *nm* TV **alternating burst**
[PAL] [PAL]
= alternierender Burst
Wackelkontakt *nm* EL.TRO **loose contact**
= intermittierender Kontakt = intermittent contact; slack contact
WAD BROADC → **home connection socket**
→ Wohnungsanschlussdose *nf*
Wafer *nm* MICR.EL → **wafer crystal**
→ Kristallscheibe *nf*
Wafertest *nm* (ANGL) MICR.EL → **wafer test**
→ Scheibentest *nm*
Wafer-Testsonde *nf* INSTR **wafer probe**
Waffe *nf* MILIT **weapon** *n*
Wägecodierer *nm* CIRC.EN **iterative coder**
Wägecodierung *nf* CODING **iterative coding**
Wagen *nm* OFFICE **carriage** *n*
[Schreibmaschine] [typewriter]
= Schreibwagen *nm*; Schlitten *nm* = carrier *n* [TER&PER]
wägen *vt* TECH **weigh** *vt*
= wiegen
Wagenauslöser *nm* OFFICE → **carriage release**
→ Wagenlöser *nm*
Wagenlöser *nm* OFFICE **carriage release**
= Wagenauslöser *nm*
Wagenrücklauf *nm* DAT.CO **carriage return** *n*
= CR; WR; Zeilenrücklauf *nm* = CR; return
↑ ASCII-Code ↑ ASCII code
Wagenrücklauftaste *nf* TELEGR **carriage return key**
= WR-Taste *nf*; Zeilenschalttaste *nf* = CR key; RETURN key
≈ Eingabetaste [TER&PER] ≈ ENTER key [TER&PER]
Wagenrücklaufzeichen *nn* DAT.PR **carriage-return character**
= Zeilenwechselzeichen *nn* = CR character; CR; new-line character; NL; carriage-return/linefeed
Wagenverriegelung *nf* OFFICE **carriage lock**
Waggon *nm* ECON **wagon** *n* (AE)
= waggon *n* (BE); rail car
Wagner-Decodierung *nf* CODING **Wagner decoding**
Wagner-Glied *nn* NETW.TH → **m-derived section**
→ Versteilerungsglied *nn*
Wagnerscher Hilfszweig INSTR **Wagner ground**
Wagniskapital *nn* ECON **venture capital**
= Risiskokapital = risk capital
Wagnisse *nplt* ECON **risks** *nplt*
Wahl *nf* SWITCH → **dialing** *n* (AE)
→ Wählen *nn*
Wahl *nf* COLL **choice** *n*
[fig] = option *n*; discretion *n*; election *n*
= Wahlfreiheit *nf* ≈ alternative
≈ Alternative
Wählamt *nn* SWITCH → **automatic exchange**
→ Wählvermittlungsstelle *nf*
Wahlaufnahme *nf* SWITCH **digit input**
Wahlaufnahmesatz *nm* SWITCH **digit input circuit**
↑ Signalisierungssatz ↑ signaling circuit
wählbar TELEC → **switched**
→ vermittelt
wählbar COLL → **eligible** *adj*
→ auswählbar
Wahl bei aufgelegtem Hörer TELEPH → **on-hook dialing**
→ Freihandswahl *nf*
Wahlbereinigungspause *nf* SWITCH **inter-call pause**
= Wahlberuhigungspause *nf*
Wahlberuhigungspause *nf* SWITCH → **inter-call pause**
→ Wahlbereinigungspause *nf*
Wählbetrieb *nm* TELEC **switched operation**
= Wähldienst *nm* = switched service; automatic operation; automatic service
Wählbit *nn* DAT.CO **dialing bit**
[Datenvermittlung] [data switching]
= dialing digit; signal digit
Wahl des Betreibers TELEC **carrier selection**
= equal access
Wähldienst *nm* TELEC → **switched operation**
→ Wählbetrieb *nm*
wählen TELEC **dial** *vt*
≈ anwählen = select; mark
≈ dial-in
Wählen *nn* SWITCH **dialing** *n* (AE)
= Wahl *nf* = dialling *n* (BE)
Wahlende *nn* SWITCH **end of number**
= EON; end of selection
Wahlendzeichen *nn* SWITCH **end-of-selection signal**
= end-of-number signal
Wähler *nm* SWITCH **selector** *n*
[aus Koppelanordnungen gebildete Funktionseinheit] [functional unit composed of switching networks]
= Schalter *nm* = selector switch; switch *n* (1)
↓ Drehwähler; Hebdrehwähler; Schrittschaltwähler; Kreuzschienenschalter ↓ rotary selector; two-motion selector; step-by-step selector; crossbar selector
Wählerbatterie *nf* TELEPH → **central battery**
→ Zentralbatterie *nf*
Wählergeräusch *nn* TELEPH **selector hum**
Wählerraum *nm* SWITCH **switchroom** *n*
Wählerrelais *nn* COMPO **stepping relay**
= Schrittschaltrelais *nn*
wahlfrei ECON → **optional** *adj*
→ wahlweise *adj*
wahlfrei COLL → **at will** *adv*
→ beliebig *adv*
wählfrei ECON → **optional** *adj*
→ wahlweise *adj*
wahlfreier Parameter SW **optional parameter**
= Wahlparameter *nm*
wahlfreier Zugriff DAT.MA → **direct access**
→ Direktzugriff *nm*
wahlfreies Leistungsmerkmal TECH **optional facility**
= optional user facility
wahlfreie Speicherung DAT.MA **random storage**
wahlfreie Verarbeitung DAT.PR **direct-access processing**
= Direktverarbeitung *nf* = random processing
≠ sequentielle Verarbeitung ≠ sequential processing

Wahlfreiheit *nf* COLL → **choice** *n*
→ Wahl *nf*

Wahlimpuls *nm* SWITCH → **dial pulse**
→ Wählimpuls *nm*

Wählimpuls *nm* SWITCH **dial pulse**
= Wahlimpuls *nm* | = selector pulse; dialing pulse

Wählimpulszeitsteuerung *nf* SWITCH **dial pulse timing**

Wahlinformation *nf* SWITCH → **dial information**
→ Wählinformation *nf*

Wählinformation *nf* SWITCH **dial information**
= Wahlinformation *nf* | = dialing information

Wählklinke *nf* TELEPH **selector plug**

Wahlknopf *nm* COMP.AP **radio button**
[anklickbarer Bildschirmknopf zur Menüauswahl] | [a clickable display button for menu options (like with radio equipment)]
= Menüauswahlknopf *nm*; Auswahlknopf *nm*; Radio-button *nm*; Button *nm* | = option button; button
≈ Ankreuzbox

Wahlknopfmenü *nn* COMP.AP **button menu**

Wahlkorrektur *nf* TELEPH **dial correction**

Wählleitung *nf* TELEC **switched line**
= Einwahlleitung *nf* | = dial-up line
≈ Wählverbindung | ≈ switched connection
≠ Standleitung | ≠ fixed line
↓ Fernsprechwählleitung; Fernschreibwählleitung | ↓ switched telephone line; telex line

wahllos SCIE **random** *adj*
= zufällig; beiläufig | = aleatory; casual; incidental; fortuitous; accidental; pure-chance
≈ stochastisch [MATH]; statistisch [MATH]; unregelmäßig | ≈ stochastic [MATH]; statistic [MATH]; irregular
≠ systematisch | ≠ systematic

wahlloser Zugriff DAT.MA → **direct access**
→ Direktzugriff *nm*

Wahlmöglichkeit *nf* ECON → **option** *n*
→ Auswahlposition *nf*

Wählnetz *nn* TELEC **switched network**
= Vermittlungsnetz *nn*; vermitteltes Netz | = dialing network; automatic network
≠ Festnetz | ≠ fixed network
↓ Fernsprechwählnetz; Fernschreibwählnetz; vermitteltes Datennetz | ↓ switched telephone network; telex network; switched data network

Wählnummer *nf* TELEC → **dial number**
→ Rufnummer *nf*

Wählorgan *nn* TER&PER → **dialling device**
→ Wählvorrichtung *nf*

Wahlparameter *nm* SW → **optional parameter**
→ wahlfreier Parameter

Wählpause *nf* SWITCH → **interdigit time**
→ Zeichenpause *nf*

Wahlregister *nn* SWITCH → **dialing register**
→ Wahlspeicher *nm*

Wahlsatz *nm* SWITCH → **signaling circuit** *n*
→ Signalisierungssatz *nm*

Wählschalter *nm* EQP.EN **dialing switch**
≈ Drehschalter [COMPO] | = option selector; selector *n*
≈ rotary switch [COMPO]

Wählscheibe *nf* TER&PER **dialing disk**
= Fingerlochscheibe *nf*; Nummernscheibe *nf* | = dial plate; finger wheel
≈ Nummernschalter | ≈ rotary dial switch

Wählschiene *nf* SWITCH **selector bar**

Wahlsendesatz *nm* SWITCH **digit output circuit**
↑ Signalisierungssatz | ↑ signaling circuit

Wahlspeicher *nm* SWITCH **dialing register**
= Wahlregister *nn*

Wahlstatistik *nf* STATIS **psephology** *n*

Wählsternanschluss *nm* SWITCH **stand-alone-concentrator line**

Wählsterneinrichtung *nf* SWITCH **stand-alone concentrator** *n*
[Vorfeldeinrichtung mit spiegelbildlicher Konzentration und Expansion, zur Einsparung von Anschlussleitung, ohne Zusammenwirken mit der Vermittlungsstelle] | [pair-saving device with concentrating and expanding equipment, indepent from the central office switch]
= Leitungsdurchschalter *nm* | = line concentrator (2); trunk concentrator (2)
≈ Verkehrskonzentrator | ≈ remote concentrator
↑ Vorfeldeinrichtung | ↑ front-end equipment

Wahlstufe *nf* SWITCH **selection stage**
↑ Koppelstufe | ↑ switching stage

Wählsystem *nn* SWITCH → **switching system**
→ Vermittlungssystem *nn*

Wähltechnik *nf* TELEC → **switching engineering**
→ Vermittlungstechnik *nf*

Wählton *nm* TELEPH **dial tone**
[bitte wählen] | [proceed to dial]
= Amtszeichen *nn* | = dialling tone; proceed-to-dial signal; call-confirmation signal
≈ Freiton; Wählzeichen | ≈ ringing tone; selection signal
↑ Hörton | ↑ tonalities

Wähltonempfänger *nm* SWITCH **dial tone receiver**

Wähltonumsetzer *nm* TELEGR **dial pulse storage**
= translator unit

Wahlumsetzer *nm* SWITCH **dial converter**

Wählverbindung *nf* TELEC **switched communication**
≈ Wählleitung | = dial-up communication; switched connection; dial-up connection
≠ handvermittelte Verbindung | ≈ switched line
↓ Wählgespräch [TELEPH] | ≠ operator-assisted communication
↓ switched call [TELEPH]

wählverbindungsberechtigt TELEPH **permitted for switched connections**

Wählverfahren *nn* TELEC **calling method**
= dial-up method

Wählverkehr *nm* TELEC **switched traffic**
= dialed traffic; dial-up service

Wählvermittlung *nf* SWITCH → **automatic exchange**
→ Wählvermittlungsstelle *nf*

Wählvermittlungsstelle *nf* SWITCH **automatic exchange**
= Wählvermittlung *nf*; Wählamt *nn* | ↑ switching center
↑ Vermittlungsamt

Wählversuch *nm* SWITCH **call attempt**
= Belegungsversuch *nm*; angebotene Belegung Verbindungsversuch *nm*; Anrufversuch *nm*; Verbindungswunsch *nm*; | = offered call; attempted call
≈ Aufforderung | ≈ request

Wählversuche in der Hauptverkehrsstunde SWITCH **BHCA**
= BHCA-Wert | = Busy Hour Call Attempts

Wählversuche pro Sekunde SWITCH **CAPS**
= Call Attemps Per Second

Wahlvorbereitung *nf* TELEPH **pre-dialing**

Wählvorrichtung *nf* TER&PER **dialling device**
= Wählorgan *nn*

wahlweise *adj* ECON **optional** *adj*
= wahlfrei; wählfrei; optional; nach Bedarf | = discretionary; alternative; elective

wahlweiser Bindestrich WOR.PR → **soft hyphen**
→ Bedarfstrennstrich *nm*

wahlweises Vorzeichen MATH **optional sign**

Wahlwiederholung *nf* TELEPH **redialing** *n*
= Wiederwahl *nf* | = last number redial; redial *n*
≈ saved number redial

Wahlwiederholungsliste *nf* TELEPH **redial list**

Wahlwiederholungstaste *nf* TER&PER → **automatic redialing key**
→ Wiederwahltaste *nf*

Wählzeichen *nn* TELEPH **selection signal**
= Wählzeichenfolge *nf* | = dial train
≈ Wählton | ↓ dial pulse; key pulse

Wählzeichenfolge *nf* TELEPH → **selection signal**
→ Wählzeichen *nn*

Wählzeichenverzerrung *nf* TELEC **signaling distortion**

Wahlziffer-Leitweglenkung *nf* SWITCH **dial code routing**

wahr MATH **true** *adj*
≠ falsch | = T; (1)
≠ false

wahre Ladung PHYS **effective charge**

wahrer Verkehr SWITCH **real traffic**

Wahrheitsbedingung *nf* LOGIC **truth condition**

Wahrheitsfunktion *nf* LOGIC **truth function**

Wahrheitstabelle *nf* LOGIC **truth table**
= Bewertungstabelle *nf*; Verknüpfungstafel *nf*

Wahrheitsvariable *nf* LOGIC **truth variable**
= Wahrheitswert *nm*; logischer Wert | = truth value; logical value
↓ Boolesche Variable | ↓ Boolean variable

Wahrheitswert *nm* LOGIC → **truth variable**
→ Wahrheitsvariable *nf*

Wahrheitswert *nm* LOGIC **truth value**

wahrnehmbar COLL **perceivable**
≈ beobachtbar | = perceptible
≈ observable

Wahrnehmbarkeit *nf* COLL **perceivability** *n*
= perceptibility *n*

wahrnehmen COLL **perceive**
= registrieren | = register *n*
≈ beobachten | ≈ observe

Wahrnehmung *nf* | COLL | **perception** *n*
≈ Beobachtung | = percipience *n*; registration *n*
≈ observation

wahrscheinlich | STATIS | **probable**

wahrscheinlich | COLL | **probable**
= likely

Wahrscheinlichkeit *nf* | STATIS | **probability** *n*
≈ Mutmaßlichkeit | ≈ likelihood

Wahrscheinlichkeitsdichte *nf* | STATIS | → **probability density function**
→ Wahrscheinlichkeitsdichtefunktion *nf*

Wahrscheinlichkeitsdichtefunktion *nf* | STATIS | **probability density function**
= Wahrscheinlichkeitsdichte *nf*; Verteilungsdichte *nf*

Wahrscheinlichkeitsfunktion *nf* | STATIS | **probability function**
[Verlauf der Wahrscheinlichkeiten pro Intervall der Zufallsvariable] | [dependence of probability for intervals of random variable]
≈ Verteilungsfunktion | ≈ distribution function

Wahrscheinlichkeitskurve *nf* | STATIS | **probability curve**

Wahrscheinlichkeitsmasse *nf* | STATIS | **probability mass**

Wahrscheinlichkeitsmodell *nn* | SCIE | **probabilistic model**
= stochastisches Modell | = stochastic model

Wahrscheinlichkeitsnetz *nn* | STATIS | → **probability paper**
→ Wahrscheinlichkeitspapier *nn*

Wahrscheinlichkeitspapier *nn* | STATIS | **probability paper**
= Wahrscheinlichkeitsnetz *nn*

Wahrscheinlichkeitsrechnung *nf* | STATIS | **probability calculus**

Wahrscheinlichkeitstheorie *nf* | MATH | **probability theory**
≈ Statistik | ≈ statistics

Wahrscheinlichkeitsverteilung *nf* | STATIS | **probability distribution**
↑ Verteilung | ↑ distribution

Wahrscheinlichkeitswelle *nf* | PHYS | **probability wave**

Währung *nf* | ECON | **currency** *n*

Währungseinfluss *nm* | ECON | **currency effect**

Währungsklausel *nf* | ECON | **currency clause**
= Kursklausel *nf* | = currency translation clause; foreign exchange clause

Währungskursrisiko *nn* | ECON | **currency risk**
= Währungsrisiko *nn*; Kursrisiko *nn* | = foreign exchange risk; exchange risk; currency exposure

Währungsrisiko *nn* | ECON | → **currency risk**
→ Währungskursrisiko *nn*

Währungssicherung *nf* | ECON | **exchange rate hedging**
= Kurssicherung *nf*

Währungssymbol *nn* | ECON | → **currency sign** *n*
→ Währungszeichen *nn*

Währungssymbolzeichen *nn* | ECON | → **currency sign** *n*
→ Währungszeichen *nn*

Währungszeichen *nn* | ECON | **currency sign** *n*
= Währungssymbolzeichen *nn*; Währungssymbol *nn* | = currency symbol
↓ Dollar-Zeichen; Pfund-Zeichen ; Cent-Zeichen | ↓ dollar sign; pound sign; cent sign

WAIS | INTERNET | **WAIS**
= Wide Area Information Server

WAIS-Bibliothek *nf* | INTERNET | **WAIS library**

WAIS-Datenbank *nf* | INTERNET | **WAIS database**

WAIS-Dienst *nm* | INTERNET | **WAIS service**

Wald *nm* | GEOSC | **woodland**
= Waldland *nn* | = forest *n*

Waldland *nn* | GEOSC | → **woodland**
→ Wald *nm*

Walking-Code *nm* | CODING | **Walking code**
↑ Zwei-aus-fünf-Code | ↑ two-out-of-five code

Walkman *nm* | CONS.EL | **walkman** *n*

Wallet-PC *nm* (ANGL) | HW | → **wallet PC**
→ Brieftaschen-PC

Walsh-Funktion *nf* | MATH | **Walsh function**
↑ Sequenzfunktion | ↑ sequencial function

Walzdraht *nm* | METAL | **wire rod**
≈ Rundstahl | = rod *n*
≈ round-bar iron

Walze | OFFICE | → **platen** *n*
→ Schreibwalze *nf*

Walze *nf* | MATH | **circular cylinder**
[Zylinder mit kreisförmigem Querschnitt]
= Kreiszylinder *nm*

Walze *nf* | TECH | **roller** *n*
[länglicher Körper mit kreisförmigem Querschnitt, zur Kraftübertragung, Fortbewegung oder Glättung] | [revolving cylindrical body, used to transmit force, move or to press something]
≈ Trommel; Rolle | ≈ drum; roll (2)

Walzen *nn* | METAL | **lamination**
= rolling *n*

Walzendrehknopf *nm* | OFFICE | **platen knob**
[Schreibmaschine] | [typewriter]

Walzendrucker *nm* | TER&PER | → **drum printer**
→ Typenwalzendrucker *nm*

Walzenplotter *nm* | TER&PER | → **drum plotter**
→ Trommelplotter *nm*

Wälzer *nm* | PRIN.ME | **thick book**
[dickes Buch]

Wälzfräsmaschine *nf* | MEC.EN | **gear hobbing machine**

Wälzlager *nn* | MEC.EN | **rolling-contact bearing**

Walzstahl *nm* | METAL | **rolled steel**

Walzwerk *nn* | METAL | **rolling mill**

WAN *nn* | DAT.NW | → **wide-area network**
→ weiträumiges Netz

Wand *nf* | TECH | **wall** *n*
= Wandung *nf*

Wand- | EQP.EN | **wall-mounted** *adj*
= wandmontiert; wandbefestigt

Wandapparat *nm* | TELEPH | → **wall telephone**
→ Wandtelefon *nn*

Wandarm *nm* | TECH | **wall bracket**

Wandaufbau *nm* | SYS.INS | **wall mounting**
≠ Reihenaufbau | ≠ floor mounting

wandbefestigt | EQP.EN | → **wall-mounted** *adj*
→ Wand-

Wandbefestigung *nf* | EQP.EN | **wall mounting**
= wall fastening

Wanddurchbruch *nm* | CIV.EN | **wall opening**
= Durchbruch *nm*; Wanddurchführung *nf*; Durchführung *nf*; Wandeinführung *nf* | = opening *n*; wall break-through; break-through; wall feed-through

Wanddurchführung *nf* | CIV.EN | → **wall opening**
→ Wanddurchbruch *nm*

Wandeinführung *nf* | CIV.EN | → **wall opening**
→ Wanddurchbruch *nm*

wandeln | DAT.MA | → **convert** *vt*
→ konvertieren

Wandelung *nf* | ECON | **rescission by the byer**
[Rücktritt seitens des Käufers]
= Wandlung *nf*

Wander *nn* | EL.TRO | **wander** *n*
[sehr langsame Phasenschwankungen, mit <0,01 Hz] | [very slow phase fluctuations, with <0.01 Hz]
≈ Jitter | ≈ jitter

Wanderbücherei *nf* | COLL | **mobile library**

Wanderer *nm* | INTERNET | **wanderer** *n*

Wanderfeld-Kathodenstrahlröhre *nf* | EL.TRO | **travelling-wave cathode-ray tube**
↑ Oszilloskopröhre | = travelling-wave CRT
↑ oscilloscope tube

Wanderfeldklystron *nn* | MICROW | **travelling-wave multiple-beam klystron**
↑ Klystron | = travelling-wave klystron
↑ klystron

Wanderfeld-Magnetfeldröhre *nf* | MICROW | → **travelling-wave magnetron**
→ Wanderfeldmagnetron *nn*

Wanderfeldmagnetron *nn* | MICROW | **travelling-wave magnetron**
= Lauffeldmagnetron *nn*; Wanderfeld-Magnetfeldröhre *nf*; Vielschlitzmagnetron *nn*; Vielkammermagnetron *nn* | = multicavity magnetron; multisegment magnetron
↑ magnetron

Wanderfeldröhre *nf* | MICROW | **travelling wave tube**
= TWT | = TWT
↑ Lauffeldröhre

wandernde Welle | PHYS | → **travelling wave**
→ fortschreitende Welle

Wanderungsgeschwindigkeit *nf* | PHYS | → **drift velocity**
→ Driftgeschwindigkeit *nf*

Wanderwelle *nf* | PHYS | → **travelling wave**
→ fortschreitende Welle

Wanderwellenantenne *nf* | ANT | **travelling-wave antenna**
↓ Fischgrätenantenne; Wendelantenne; Langdrahtantenne; Rhombusantenne; V-Antenne | ↓ fishbone antenna; helix antenna; long-wire antenna; rhombic antenna; V antenna

Wanderwellenelektrode *nf* | EL.TRO | → **travelling-wave electrode**
→ Lauffeldelektrode *nf*

Wanderwellen-Rhombus *nm* | ANT | → **broadband rhombic antenna**
→ Breitband-Rhombusantenne *nf*

Wandfernsprecher *nm* | TELEPH | → **wall telephone**
→ Wandtelefon *nn*

Wandgehäuse *nn* | EQP.EN | **wall-mounted cabinet**
= Wandrahmen *nm*; Wandschrank *nm* | = wall cabinet; wall-mounted frame; wall frame

Wandgerät *nn* TER&PER **wall model**
= wall-mounted model
Wandhalterung *nf* TECH **wall mount**
Wandkalender *nm* OFFICE **wall calendar**
Wandler *nm* COMPO **transducer** *n*
[ändert den physikalischen Signalparameter] [changes the physical signal carrier]
= Umwandler *nm*; Umsetzer *nm* = converter *n*
≈ Sensor [COMPO]
Wandler *nm* INSTR **transducer** *n*
↑ Transformator [EL.TEC] ↑ transformer [EL.TEC]
Wandler *nm* AUTOMA **transducer** *n*
↑ Prozesssteuerungsgerät ↑ process control equipment
Wandlerempfindlichkeit *nf* TELEPH → **transducer sensitivity**
→ Leistungsübertragungsfaktor *nm*
Wandlerverlust *nm* EL.TRO **transducer loss**
Wandlerverstärker *nm* CIRC.EN **transducer amplifier**
Wandlung *nf* INF.TEC → **conversion** *n*
→ Umwandlung *nf*
Wandlung *nf* ECON → **rescission by the byer**
→ Wandelung *nf*
wandmontiert EQP.EN → **wall-mounted** *adj*
→ Wand-
Wandrahmen *nm* EQP.EN → **wall-mounted cabinet**
→ Wandgehäuse *nn*
Wandreaktion *nf* CHEM **surface reaction**
Wandreflexion *nf* TECH **wall reflection**
Wandschrank *nm* EQP.EN → **wall-mounted cabinet**
→ Wandgehäuse *nn*
Wandstärke *nf* TECH **wall thickness**
Wandsteckdose *nf* EL.INS **wall outlet**
Wandstrom *nm* MICROW **wall current**
Wandtelefon *nn* TELEPH **wall telephone**
= Wandfernsprecher *nm*; Wandapparat *nm*; Fernsprechwandapparat *nm*; FeWaAp = wall-mounted telephone
Wandung *nf* TECH → **wall** *n*
→ Wand *nf*
Wanne *nf* MICR.EL **well** *n*
= tube *n*
Wanne *nf* TECH **through** *n*
[länglicher und flacher Behälter] [long and shallow receptacle]
Wanne *nf* SYS.INS **trough** *n*
↓ Kabelwanne ↓ cable trough
WAN-Vermittlung *nf* DAT.NW **WAN switch**
WAP MOB.CO **WAP**
= Wireless Application Protocol
WAP-Handy *nn* MOB.CO **WAP handset**
WAP-Protokoll *nn* MOB.CO **WAP** (2)
= Wireless Application Protocol
WARC RADIO **WARC**
= Welt-Funkverwaltungskonferenz *nf* = World Administrative Radio Conference
Ware *nf* ECON **good** *n*
= Handelsartikel *nm*; Handelsware *nf*; Handelsgut *nn*; Gut *nn* = commodity *n*; merchandise *n*; commercial product; produce *n*
Warenabsender *nm* ECON **consigner** *n*
Warenannahme *nf* ECON **goods receiving department**
[Organisation] = goods inward department
Warenaustausch *nm* ECON **exchange of goods**
Warenauszeichnung *nf* ECON **marking of goods**
= Warenkennzeichnung *nf*
Warenauszeichnungsgerät *nn* TER&PER **goods marking equipment**
Warenautomat *nm* AUTOMA → **vending machine**
→ Verkaufsautomat *nm*
Warenbegleitpapier *nn* ECON **way bill**
Warenbegleitpapiere *nplt* ECON → **shipping documents**
→ Versandpapiere *nplt*
Warenbehälter *nm* ECON → **container** *n*
→ Frachtbehälter *nm*
Warenbestand *nm* ECON **stock-in-trade**
= merchandise inventory (AE); merchandise on hand (AE)
Warenbezeichnung *nf* ECON **branding** *n*
= Warennamensprägung *nf*; Namensprägung *nf*
Wareneinfuhr *nf* ECON → **import** *n*
→ Einfuhr *nf*
Wareneingangsprüfung *nf* QUAL → **entrance test**
→ Eingangsprüfung *nf*
Warenempfänger *nm* ECON **consignee** *n*
Warenfluss *nm* ECON **flow of goods**
= Güterfluss *nm*
Warenhaus *nn* ECON **department store**

Warenkennzeichnung *nf* ECON → **marking of goods**
→ Warenauszeichnung *nf*
Warenkorb *nm* INTERNET **shopping cart**
Warenliste *nf* ECON → **product list**
→ Warenverzeichnis *nn*
Warennamensprägung *nf* ECON → **branding** *n*
→ Warenbezeichnung *nf*
Warenumschlag *nm* ECON → **transshipment**
→ Umschlag *nm*
Warenverzeichnis *nn* ECON **product list**
= Warenliste *nf*; Produktverzeichnis *nn*; Produktliste *nf*
Warenzeichen *nn* (obs) LAW → **trademark** *n*
→ Markenzeichen *nn*
Warenzeichen *nn* (obs) LAW → **trademark** *n*
→ Marke *nf*
Warenzeichenanmeldung *nf* (obs) LAW → **application for trademark**
→ Markenanmeldung *nf*
Warenzeicheneintragung *nf* (obs) LAW → **registration of trademark**
→ Markeneintragung *nf*
Warenzeicheninhaber *nm* (obs) LAW → **trademark owner**
→ Markeninhaber *nm*
warmbehandeln METAL **heat-treat**
= vergüten
Warmbehandlung *nf* TECH **heat treatment**
= Wärmebehandlung *nf*; Vergütung *nf* [METAL]
Wärme *nf* PHYS **heat** *n*
= Hitze *nf* [TECH] = warmth *n* [TECH]; hotness *n* [TECH]
≈ Wärmemenge
Wärmeabfuhr *nf* PHYS → **heat transfer** *n*
→ Wärmeableitung *nf*
Wärmeabgabe *nf* PHYS → **heat transfer** *n*
→ Wärmeableitung *nf*
Wärmeableiter *nm* COMPO → **heat sink**
→ Wärmesenke *nf*
Wärmeableitung *nf* PHYS **heat transfer** *n*
= Wärmeabfuhr *nf*; Wärmeübergang *nm*; Wärmeverlust *nm*; Wärmeabgabe *nf*; Entwärmung *nf* = heat dissipation; dissipation *n*; thermal removal
≈ Wärmeleitung; Verlustleistung [EL.TEC] ≈ thermal conduction; dissipation power [EL.TEC]
Wärmealterung *nf* TECH **thermal ageing**
Wärmeäquivalent *nn* PHYS **equivalent of heath**
= thermal equivalent
Wärmeaufnahme *nf* PHYS **heat absorption**
Wärmeausdehnung *nf* PHYS **thermal expansion**
= Wärmeexpansion *nf*
Wärmeausdehnungskoeffizient *nm* PHYS **thermal expansion coefficient**
Wärmeausgleich *nm* PHYS **heat exchange**
= Wärmeaustausch *nm* ≈ heat balance
≈ Wärmebilanz
wärmeaushärtend CHEM **thermosetting**
= wärmehärtend
Wärmeaustausch *nm* PHYS → **heat exchange**
→ Wärmeausgleich *nm*
Wärmeaustauscher *nm* TECH **heat exchanger**
= Wärmetauscher *nm* ↓ refrigerator; heater
↓ Kühler; Erhitzer
Wärmebehandlung *nf* TECH → **heat treatment**
→ Warmbehandlung *nf*
Wärmebeherrschung *nf* EQP.EN **heat management**
wärmebeständig TECH → **heat-resistant** *adj*
→ hitzebeständig
Wärmebeständigkeit *nf* TECH **thermal stability**
= Hitzebeständigkeit *nf*; Wärmestabilität *nf*; thermische Stabilität; Thermostabilität *nf* = heat resistance; heat resistivity; thermostability *n*
Wärmebewegung *nf* PHYS **thermal motion**
= thermal agitation
Wärmebilanz *nf* PHYS **heat balance**
= Wärmehaushalt *nm*; thermische Bilanz = thermal balance
Wärmebildkamera *nf* INSTR **thermal image camera**
Wärmediffusion *nf* PHYS → **thermal diffusion**
→ Thermodiffusion *nf*
Wärmedruckverfahren *nn* MICR.EL → **thermocompression bonding**
→ Thermokompressionsverfahren *nn*
Wärmedurchgangswiderstand *nm* PHYS **heat transmission coefficient**
wärmeempfindlich PHYS → **temperature-sensitive**
→ temperaturempfindlich
wärmeempfindlicher Kunststoff CHEM → **thermoplast** *n*
→ Thermoplast *nm*
wärmeempfindliches Papier TER&PER → **temperature-sensitive paper**
→ Thermopapier *nn*

Wärmeenergie *nf* PHYS → **thermic energy**
→ thermische Energie
Wärmeenergiedichte *nf* PHYS **heat-energy density**
Wärmeersatzschaltung *nf* MICR.EL **thermal equivalent circuit**
Wärmeexpansion *nf* PHYS → **thermal expansion**
→ Wärmeausdehnung *nf*
wärmefest TECH → **heat-resistant** *adj*
→ hitzebeständig
Wärmefluss *nm* PHYS **thermal flux**
= thermischer Fluss; Wärmestrom *nm* = flux of heat; heat flux; heat flow
Wärmegeräusch *nn* TELEC → **basic noise**
→ Grundgeräusch *nn*
wärmehärtbar METAL **thermally curable**
wärmehärtend CHEM → **thermosetting**
→ wärmeaushärtend
Wärmehaushalt *nm* PHYS → **heat balance**
→ Wärmebilanz *nf*
Wärmeinhalt *nm* PHYS **thermal content**
= heat content
Wärmeinnenwiderstand *nm* MICR.EL → **internal thermal resistance**
→ innerer Wärmewiderstand
wärmeinstabil PHYS → **thermolabile** *adj*
→ thermolabil
wärmeisolierend PHYS **thermal insulating**
= wärmeundurchlässig = thermally insulated
Wärmeisolierung *nf* PHYS **thermal insulation**
= heat insulation
Wärmekapazität *nf* PHYS **heat capacity**
= thermische Kapazität = thermal capacity
Wärmekontakt *nm* COMPO → **thermal contact**
→ Thermokontakt *nm*
Wärmekonvektion *nf* PHYS **heat convection**
= thermal convection
Wärmekraftwerk *nn* TECH **thermal power station**
= kalorisches Kraftwerk (AT)
Wärmelehre *nf* PHYS → **themodynamics** *nplt*
→ Thermodynamik *nf*
Wärmeleistung *nf* PHYS → **thermal power**
→ thermische Leistung
Wärmeleitblech *nn* EQP.EN → **air conducting sheet**
→ Luftablenkblech *nn*
wärmeleitend PHYS **heat conducting**
= thermal conducting
Wärmeleiter *nm* PHYS **thermal conductor**
= thermischer Leiter = heat conductor
Wärmeleitfähigkeit *nf* PHYS **heat conductivity**
[bei 1 Grad Temperaturdifferenz durch 1 cm² x 1 cm durchfließende Wärmemenge] [heat quantity flowing through 1 cm² x 1 cm at 1 degree of temperature difference]
= Wärmeleitzahl *nf*; thermische Leitfähigkeit; spezifisches Wärmeleitvermögen = thermal conductivity
Wärmeleitpaste *nf* EL.TRO **heat sink compound**
= thermal compound
Wärmeleitrohr *nn* COMPO **heat pipe**
[Kühlkörper in dessen Inneren eine Flüssigkeit durch Verdampfen/Kondensieren Wärme transportiert] [coooling device with a liquid evaporating/condensing in its interior]
= Röhrenkühlkörper *nm*; Heat-pipe-Wärmeableiter *nm*
Wärmeleitung *nf* PHYS **thermal conduction**
= thermische Leitung; Wärmetransport *nm*; Wärmeübertragung *nf* = heat conduction; heat transport
≈ Wärmeableitung ≈ heat transfer
Wärmeleitwert *nm* PHYS **thermal conductance**
= thermischer Leitwert
Wärmeleitzahl *nf* PHYS → **heat conductivity**
→ Wärmeleitfähigkeit *nf*
Wärmemelder *nm* SIG.EN **heat detector**
↑ Feuermelder ↑ fire detector
Wärmemenge *nf* PHYS **heat quantity**
[SI-Einheit: Joule] [SI unit: Joule]
= Q = Q
≈ Wärme ≈ heat
Wärmequelle *nf* PHYS **heat source**
= thermal source
Wärmerauschen *nn* TELEC → **thermal noise**
→ thermisches Rauschen
Wärmeschild *nn* TECH **heat shield**
= Hitzeschild *nn* = heat baffle
wärmeschrumpfen TECH **heat-shrink**
↑ aufschrumpfen ↑ shrink
wärmeschrumpfend TECH **thermocontractible**
= thermocontractile; heat-shrinking
Wärmeschrumpfschlauch *nm* OUT.PL → **shrinkage tube**
→ Schrumpfschlauch *nm*
Wärmesenke *nf* COMPO **heat sink**
[ein Bauteil zur Wärmeabfuhr] [a device to dissipate]
= Wärmeableiter *nm*; Kühlkörper *nm*; Kühler *nm*
Wärmestabilität *nf* TECH → **thermal stability**
→ Wärmebeständigkeit *nf*
Wärmestau *nm* PHYS **heat concentration**
= heat accumulation
Wärmestoß *nm* QUAL → **thermal shock**
→ Thermoschock *nm*
Wärmestrahl *nm* PHYS **thermal ray**
↑ Strahl = thermal beam
↑ ray
Wärmestrahlung *nf* PHYS **thermal radiation**
= heat radiation
Wärmestrom *nm* PHYS → **thermal flux**
→ Wärmefluss *nm*
Wärmestromdichte *nf* PHYS **heat-flow density**
Wärmetauscher *nm* TECH → **heat exchanger**
→ Wärmeaustauscher *nm*
Wärmetransport *nm* PHYS → **thermal conduction**
→ Wärmeleitung *nf*
Wärmeübergang *nm* PHYS → **heat transfer** *n*
→ Wärmeableitung *nf*
Wärmeübergangskoeffizient *nm* PHYS **heat-transfer coefficient**
Wärmeübergangswiderstand *nm* PHYS **heat-transfer resistance**
Wärmeübergangszahl *nf* PHYS **thermal exchange constant**
Wärmeübertragung *nf* PHYS → **thermal conduction**
→ Wärmeleitung *nf*
wärmeundurchlässig PHYS → **thermal insulating**
→ wärmeisolierend
Wärmeverlust *nm* PHYS → **heat transfer** *n*
→ Wärmeableitung *nf*
Wärmewiderstand *nm* PHYS **thermal resistance**
= thermischer Widerstand
Wärmewiderstand *nm* COMPO **thermal resistor**
Wärmewirkung *nf* PHYS → **thermal effect**
→ thermischer Effekt
warmgrau *adj* OPT **brownish grey** *adj*
Warmlaufzeit *nf* TECH → **warm-up time**
→ Aufwärmzeit *nf*
warmpressen METAL **hot-press** *vt*
Warmpressen *nn* METAL **hot pressing**
warmschmieden METAL **hot-forge**
Warmschmieden *nn* METAL → **hot forging**
→ Warmschmiedung *nf*
Warmschmiedung *nf* METAL **hot forging**
= Warmschmieden *nn*
Warmstart *nm* TECH **warm start** *n*
Warmstart *nm* DAT.PR **warm start**
[Fortsetzung eines durch Störung unterbrochenen Ablaufs, ab einem Wiederanlaufpunkt, ohne die bei Kaltstart üblichen Testroutine] [continuation of a process interrupted by failure, from a restart point, pulling the test routines of a cold start]
= Drei-Tasten-Griff (slang) = warm boot; soft boot; reboot *n*
≈ Neustart ≈ restart
≠ Kaltstart ≠ cold start
warmverformen METAL **hot-work**
Warmverformung *nf* METAL **hot working**
warmwalzen METAL **hot-roll** *vt*
Warmware *nf* DAT.PR → **computer personnel**
→ DV-Personal *nn*
Warnanlage *nf* SIG.EN → **danger detection system**
→ Gefahrenmeldeanlage *nf*
Warnband *nn* OUT.PL → **warning tape**
→ Trassenband *nn*
Warnbemalung *nf* TECH **warning paint**
= alerting paint; obstruction paint; hazard paint
Warnbox *nf* COMP.AP → **alert box**
→ Warntafel *nf*
warnen *vt* COLL **warn** *vt*
= vorwarnen = caution *vt*; alert *vt*
≈ hinweisen ≈ point
Warnfenster *nn* COMP.AP → **alert box**
→ Warntafel *nf*
Warnklingel *nf* TECH → **alarm bell**
→ Alarmklingel *nf*
Warnlicht *nf* SIG.EN → **alarm light**
→ Alarmlicht *nf*

Warnmeldung *nf* SW **warning message** *n*
= alert

Warnmeldung *nf* TELECON → **alarm** *n*
→ Alarm *nm*

Warnschild *nn* TECH → **danger notice**
→ Warntafel *nf*

Warntafel *nf* TECH **danger notice**
= Gefahrenschild *nn*; Warnschild *nn* | = warning notice; hazard notice

Warntafel *nf* COMP.AP **alert box**
= Warnbox *nf*; Warnfenster *nn* | ≈ dialog box
≈ Dialogfenster | ↑ message box
↑ Meldetafel

Warnung *nf* COLL **warning** *n*
≈ Alarm [TECH] | = alert *n*; caveat *n*
≈ alarm [TECH]

Warnungsbake *nf* RAD.NA **hazard bacon**
= warning beacon

wartbar TECH → **maintainable** *adj*
→ wartungsfreundlich

Wartbarkeit *nf* TECH → **maintainability** *n*
→ Wartungsfreundlichkeit *nf*

Warteaufruf *nm* SW **wait call**
≈ Wartebefehl | ≈ wait instruction

Wartebefehl *nm* SW **wait instruction**
[zur Koordinierung von Ein-/Ausgabe- mit Verarbeitungsvorgängen bei Simultanbetrieb] | [to coordinate input/output operations with processing operations in the simultaneous operation]
≈ Warteaufruf | ≈ wait call

Wartebelastung *nf* SWITCH **waiting traffic**
= Warteverkehr *nm*

Wartebetrieb *nm* SWITCH → **queuing operation**
→ Warteschlangenbetrieb *nm*

Wartedauer *nf* SWITCH **call delay**
= delay time; waiting delay

Wartefunktion *nf* DAT.PR **wait function**

Warteliste *nf* ECON **waiting list**
= Vormerkliste *nf*

warten TECH **maintain** *vt*
= unterhalten; instandhalten | ≈ operate
≈ betreiben | ↓ test; repair
↓ prüfen; instandsetzen

warten COLL **wait for** *vi*
= camp-on [INF.TEC]

Warten *nn* COLL **wait** *n*
= waiting *n*

Warten *nn* SWITCH **queing** *n*
[Zwischenspeicherung] | = waiting *n*; hold *n*

Warten auf Abfragen SWITCH **operator's delay**

wartendes Programm DAT.PR → **waiting program**
→ Warteprogramm *nn*

Wartenperipherie TELECON **control room equipment**

Warteprogramm *nn* DAT.PR **waiting program**
= wartendes Programm

Warteschaltung *nf* DAT.CO **queuing circuit**

Warteschaltung *nf* CIRC.EN **wait circuit**
= camp-on circuit

Warteschlange *nf* DAT.MA **queue** *n*
[meist gemäß dem FIFO-Prinzip] | [mostly according the FIFO principle]

Warteschlange *nf* SWITCH **waiting queue**
= Schlange *nf*, Eintrittswarteschlange *nf* | = queue *n*

Warteschlangenausgliederung *nf* DAT.MA **dequeueing** *n*
[withdrawal from a queue]
= dequeue *n*

Warteschlangenbetrieb *nm* SWITCH **queuing operation**
= Wartebetrieb *nm* | = delay operation

Warteschlangenbildung *nf* TELEC **queue formation**
= queuing *n*

Warteschlangendisziplin DAT.MA **queue discipline**

Warteschlangenkette *nf* DAT.CO → **daisy chain** *n*
→ Prioritätsverkettung *nf*

Warteschlangenorganisation *nf* SWITCH **queue organisation**

Warteschlangentheorie *nf* MATH **queuing theory**
↑ Wahrscheinlichkeitstheorie | ↑ probability theory

Warteschlangenverwalter *nm* SW **queue manager**

Warteschlangenverwaltung *nf* SWITCH **queue management**

Warteschlangenverzug *nm* DAT.MA **queuing time**

Warteschlangenverzug *nm* SWITCH → **queuing delay**
→ Warteschlangenverzugszeit *nf*

Warteschlangenverzugszeit *nf* SWITCH **queuing delay**
= Warteschlangenverzug *nm*; Wartezeit *nf*, Verzugszeit *nf*

Warteschlangen-Zugriffsmethode *nf* DAT.MA **queued access mode**
= queued access method; QAM

Warteschleife *nf* SW **wait loop**
≈ Halteschleife | ≈ holding loop

Wartesignal *nn* DAT.PR **wait signal**

Wartestation *nf* TELECON **passive station**
[Station die nur auf Abfrage agiert] | [station which is active only by poll]
↑ Unterstation | ↑ tributary station

Wartestellung *nf* DAT.PR **disconnected mode**
= Wartezustand *nm*; Wartezyklus *nm* | = wait condition; wait state; camped-on condition

Wartesystem *nn* SWITCH **queuing system**
= queueing system; call queuing system

Warteverkehr *nm* SWITCH **queing traffic**

Warteverkehr *nm* SWITCH → **waiting traffic**
→ Wartebelastung *nf*

Wartewahrscheinlichkeit *nf* SWITCH **delay probability**
[Maß der Verkehrsgüte von Wartesystemen] | [figure of service quality for queuing systems]
↑ Verkehrsgüte | = queuing probability
↑ grade of system

Wartezeit *nf* TECH **waiting time**
= waiting period; wait time; wait period

Wartezeit *nf* SWITCH → **queuing delay**
→ Warteschlangenverzugszeit *nf*

wartezeitfreier Computer DAT.PR **zero-wait-state computer**

wartezeitfreier Mikroprozessor MICR.EL **zero-wait-state microprocessor**

Wartezustand *nm* TECH **waiting condition**
= wait condition; waiting state; wait state

Wartezustand *nm* DAT.PR → **disconnected mode**
→ Wartestellung *nf*

Wartezustandslosigkeit *nf* DAT.PR **zero wait state**
= ZWS

Wartezyklus *nm* DAT.PR → **disconnected mode**
→ Wartestellung *nf*

Wartung *nf* TECH **maintenance** *n*
= Unterhaltung *nf*; Instandhaltung *nf*; Pflege *nf* | = servicing *n*; service *n* (2)
↓ repair

Wartungsabstand *nm* TECH → **maintenance interval**
→ Wartungsfrist *nf*

Wartungsalarm *nm* TELEC **maintenance alarm**

Wartungsanleitung *nf* TEC.DOC → **maintenance instruction**
→ Wartungsanweisung *nf*

Wartungsanweisung *nf* TEC.DOC **maintenance instruction**
= Wartungsvorschrift *nf*; Wartungsanleitung *nf* | = servicing instruction; maintenance standards

Wartungsarbeiten *nplt* TECH **maintenance works**
= servicing works

wartungsbedingt TECH **maintenance dependent**
= unterhaltungsbedingt

Wartungsbetrieb *nm* TECH **maintenance mode**
= servicing mode

Wartungsdienst *nm* ECON **maintenance service**
= Wartungsservice *nm*; Wartungsdienstleistung *nf* | = maintenance support
↑ Kundendienst | ↑ customer support

Wartungsdienstleistung *nf* ECON → **maintenance service**
→ Wartungsdienst *nm*

Wartungsdokumentation *nf* TEC.DOC **maintenance documentation**
= Wartungsunterlagen *nplt*; Unterhaltungsdokumentation *nf*; Unterhaltungsunterlagen *nplt*; Entstörungsdokumentation *nf*; Entstörungsunterlagen *nplt* | = servicing documentation

Wartungsfeld *nn* EQP.EN **maintenance panel**
= servicing panel; maintenance control panel; maintenance console

wartungsfreundlich TECH **maintainable** *adj*
= wartungsgerecht; wartbar; servicefreundlich | = easy-to-maintain; serviceable; easy-to-service
≈ bedienerfreundlich; benutzerfreundlich | ≈ serviceable; user-friendly

Wartungsfreundlichkeit *nf* TECH **maintainability** *n*
= Servicefreundlichkeit *nf*; Wartbarkeit *nf*; Instandsetzbarkeit *nf*; Unterhaltbarkeit *nf* | ≈ serviceability; user friendliness
≈ Bedienerfreundlichkeit; Benutzerfreundlichkeit

Wartungsfrist *nf* TECH **maintenance interval**
= Wartungsintervall *nn*; Wartungsabstand *nm*; | = servicing interval

Unterhaltungsintervall *nn*; Unterhaltungsabstand *nm*

wartungsgerecht TECH → **maintainable** *adj*
→ wartungsfreundlich

Wartungshandbuch *nn* TEC.DOC **maintenance manual**
↑ Wartungsdokumentation
= maintenance handbook; servicing manual; support manual; support handbbok
↑ maintenance documentation

Wartungsingenieur *nm* TECH **maintenance engineer** *n*
≈ Wartungstechniker
= servicing engineer
≈ serviceman (2)

Wartungsintervall *nn* TECH → **maintenance interval**
→ Wartungsfrist *nf*

Wartungskanal *nm* TELEC **maintenance channel**

Wartungskanaleinheit *nf* TELEC **maintenance channel unit**

Wartungskosten *nplt* ECON **maintenance costs**
= Unterhaltungskosten *nplt*
= servicing costs

Wartungsleiter *nm* ECON **maintenance manager**

wartungsorientiert TECH **maintenance-oriented**
= unterhaltungsorientiert
= servicing-oriented

Wartungspersonal *nn* TECH **maintenance personnel**
= Unterhaltungspersonal *nn*
≈ Betriebspersonal
= maintenance staff; servicing personnel; service personnel
≈ operating personnel

Wartungsprogramm *nn* TECH **maintenance programm**
= Wartungszeitplan *nm*
= maintenance routine; maintenance schedule; servicing program; servicing routine; servicing schedule

Wartungsprogrammierer *nm* SW **maintenance programmer**
= Änderungsprogrammierer *nm*
= amendment programmer

Wartungsprozessor *nm* SW **maintenance processor**
= Serviceprozessor *nm*
= service processor

Wartungsservice *nm* ECON → **maintenance service**
→ Wartungsdienst *nm*

Wartungsstelle *nf* TECH → **maintenance center**
→ Wartungszentrum *nn*

Wartungsstützpunkt *nm* TECH → **maintenance center**
→ Wartungszentrum *nn*

Wartungstechniker *nm* TECH **serviceman** *n*
= Servicetechniker *nm*
= service technician; maintenance technician

Wartungsunterlagen *nplt* TEC.DOC → **maintenance documentation**
→ Wartungsdokumentation *nf*

Wartungsvertrag *nm* ECON → **service contract**
→ Servicevertrag *nm*

Wartungsvertrag *nm* ECON **maintenance contract**
= servicing contract

Wartungsvorschrift *nf* TEC.DOC → **maintenance instruction**
→ Wartungsanweisung *nf*

Wartungszeitplan *nm* TECH → **maintenance programm**
→ Wartungsprogramm *nn*

Wartungszentrum *nn* TECH **maintenance center**
= Wartungsstützpunkt *nm*; Wartungsstelle *nf*; Unterhaltungszentrum *nn*; Unterhaltungsstützpunkt *nm*; Unterhaltungszentrum *nn*; Unterhaltungsstützpunkt *nm*; Unterhaltungsstelle *nf*; Entstörungszentrum *nn*; Entstörungsstützpunkt *nm*; Enstörungsstelle *nf*
= servicing center

Warze *nf* TECH → **projection** *n*
→ Vorsprung *nm*

Waschmittel *nn* TECH → **cleaning agent** *n*
→ Reinigungsmittel *nn*

Waschwasser *nn* TECH **wash water**

Wasser *nn* CHEM **water** *n*

wasseranziehend PHYS **hygroscopic**
= hygroskopisch; wasserbindend; feuchtigkeitsanziehend; feuchtigkeitsbindend

wasserbeständig TECH **water-resistant**
= water-proof

wasserbindend PHYS → **hygroscopic**
→ wasseranziehend

Wasserdampf *nm* PHYS **water vapor** (AE)
= water vapour (BE)

wasserdicht TECH **waterproof** *adj*
= wasserfest
≈ tauchfähig
= water-tight
≈ submersible

Wasserdichtigkeit *nf* TECH **water-proofness**
= water-tightness

Wassereindringung *nf* TECH **water ingress**

Wasserentsorgung *nf* CIV.EN **water disposal**

Wasserfallmodell *nn* SW **cascade model**
[die klassische Entwicklungsschrittabfolge]
[the classical development step sequnce]

wasserfest TECH → **waterproof** *adj*
→ wasserdicht

wasserfester Lautsprecher EL.ACOU **waterproof loudspeaker**

wassergekühlt TECH **water-cooled** *adj*

wasserhaltig CHEM **hydrous**
≈ wässrig; hydratiert
≈ aqueous; hydrated

wässerig CHEM → **aqueous**
→ wässrig

Wasserkanal *nm* GEOSC → **canal** *n*
→ Kanal *nm*

Wasserkraftwerk *nn* TECH **hydroelectric power plant**

Wasserkühlung *nf* TECH **water cooling**

Wasserlauf *nm* GEOSC **watercourse**

Wasserleitung *nf* CIV.EN **water pipes**
= water conduit

wasserlöslich CHEM **water-soluble**
↑ löslich
↑ soluble

Wasserquelle *nf* COLL → **fountain** *n*
→ Quelle *nf*

Wasserrohrzange *nf* TECH → **pipe wrench**
→ Rohrzange *nf*

Wasserstoff *nm* CHEM **hydrogen** *n*
[H]
= Hydrogen *nn*; Hydrogenium *nn*
= H

Wasserstoffelektrode *nf* PHYS **hydrogen electrode**

wasserstoffglühen METAL **hydrogen-anneal**

Wassertechnik *nf* CIV.EN **hydraulic engineering**
≈ Hydraulik [SCIE]
≈ hydraulics [SCIE]

Wasserverbrauch *nm* TECH **water consumption**

Wasserversorgung *nf* CIV.EN **water supply**

Wasserwirtschaft *nf* CIV.EN **water management**

Wasserzeichen *nn* PRIN.ME **water mark**
[auf Papier]
[on paper]
= water sign

Wasserzeichenwalze *nf* PRIN.ME **dandy roll**
= Egoutteur *nm*

wässrig CHEM **aqueous**
= wässerig
≈ hydratiert; wasserhaltig
≈ hydrated; hydrous

Was-wenn-Analyse *nf* SW **what-if analysis**

Was-wenn-Auswertung *nf* COMP.AP **what-if evaluation**

Watson-Watt-Sichtfunkpeiler *nm* RAD.LO **Watson-Watt direction finder**
= Wattson-Watt-Peiler *nm*; Zweikanalpeiler
= dual-channel cathode ray direction finder

Watt *nn* PHYS **watt** *n*
[SI-Einheit für Leistung, Energiestrom, Wärmestrom; = 1 J/s]
= W
≈ Joule-Sekunde; Volt-Ampere [EL.TEC]; Volt-Ampere reaktiv [EL.TEC]
[SI unit for power, energy flow, heat flow; = 1J/s]
= W
≈ Joule-second; volt-ampere [EL.TEC]; Var [EL.TEC]

Watte *nf* TECH **wadding** *n*

Wattmeter *nn* INSTR → **power meter**
→ Leistungsmesser *nm*

Watt-Sekunde *nf* PHYS **watt-second**
= Ws
= Ws

Wattson-Watt-Peiler *nm* RAD.LO → **Watson-Watt direction finder**
→ Watson-Watt-Sichtfunkpeiler *nm*

Watt-Stunde *nf* PHYS **watt-hour**
[= 3,6 kJ]
= Wh
[= 3.6 kJ]
= Wh

Waveform-Monitor *nm* TV **wave-form monitor**

Wavelet *nn* MATH **wavelet** *n*
[mathematische Funktion mit variablen Parametern begrenzter Dauer]
[mathematical function with variable parameters of limited duration]

Wavelet-Analyse *nf* CODING **wavelet analysis**

Wavelet-Codierung *nf* CODING **wavelet coding**

Wavelet-Koeffizient *nm* CODING **wavelet coefficient**

Wavelet-Kompression *nf* CODING **wavelet compression**

Waver-scale-Integration *nf* MICR.EL → **ultra-large-scale integration**
→ Ultrahöchstintegration *nf*

Wavetable *nf* COMP.AP **wave table**
[Aufnahmedatei von Instrumenten]
[record file of instruments]

Wavetable-Synthese *nf* COMP.AP **wavetable synthesis**

WAV-Ton-Format *nn* COMP.AP **WAV audio format**

Wb EL.SC → **Weber**
→ Weber *nn*

WBEM INTERNET **WBEM**

=Web-Based Enterprise Management

W-CDMA MOB.CO **Wideband Code Division Multiple Access**

W-CDMA RADIO → **broadband CDMA**
→ Breitband-CDMA *nn*

WDM OPT.CO → **wavelength division multiplex**
→ Wellenlängenmultiplex *nn*

WE *nn* ECON → **operational result**
→ Wirtschaftsergebnis *nn*

Wearable Computer *nm* DAT.PR **wearable computer**
= Anziehcomputer *nm*; Handcomputer *nm*

Weave IMAG.ME **weave** *n*
[je nach Lichteinfall durchlässig] [translucency variable with light incidence]

Web *nf* INTERNET → **Web site**
→ Web-Site *nf*

Web *nn* INTERNET → **WWW**
→ WWW *nn*

Webadresse *nf* INTERNET → **Web address**
→ Web-Adresse *nf*

Web-Adresse *nf* INTERNET **Web address**
[URL-Adresse einer Webseite] [URL address of a Web page]
= Webadresse *nf*

Web-Adressenfälschung *nf* INTERNET **Web address spoofing**
= Web-Adressenschwindel *nm*

Web-Adressenschwindel *nm* INTERNET → **Web address spoofing**
→ Web-Adressenfälschung *nf*

Web-Adressenverzeichnis *nn* INTERNET **Web white pages**

Web-Anwendung *nf* INTERNET → **Web application**
→ Web-Applikation *nf*

Web-Applikation *nf* INTERNET **Web application**
= Web-Anwendung *nf*

Web-Auftritt *nm* INTERNET **Web presence**
↑ Internet-Auftritt ↑ Internet presence

webbasiert INTERNET **Web-based**
= Web-basiert

Web-basiert INTERNET → **Web-based**
→ webbasiert

Web-Branchenverzeichnis *nn* INTERNET **Web yellow pages**

Webbrowser *nm* INTERNET → **Web browser**
→ Web-Browser *nm*

Web-Browser *nm* INTERNET **Web browser**
= Webbrowser *nm*; WWW-Browser *nm* = WWW browser

Webbug *nm* INTERNET → **Web bug**
→ Web-Bug *nm*

Web-Bug *nm* INTERNET **Web bug**
[zum Ausspionieren integrierte Bilddateien]
= Webbug *nm*

Web-Cache *nm* INTERNET **Web cache**

webcasten *vt* INTERNET **Webcast** *vt*

Webcaster *nm* INTERNET → **Webcaster**
→ Web-Caster *nm*

Web-Caster *nm* INTERNET **Webcaster**
= Webcaster *nm*

Webcasting *nn* INTERNET → **Webcasting**
→ Web-Casting *nn*

Web-Casting *nn* INTERNET **Webcasting**
= Webcasting *nn* = Webcast
↓ Unicasting; Multicasting; Narrowcasting; Broadcasting ↓ unicasting; multicasting; narrowcasting; broadcasting

Web-Client *nm* INTERNET → **WWW client**
→ WWW-Client *nm*

Web-Computer *nm* TELEC → **network computer**
→ Netzrechner *nm*

Webdesigner *nm* INTERNET → **Web designer**
→ Web-Designer *nm*

Web-Designer *nm* INTERNET **Web designer**
= Webdesigner *nm*

Webdialer *nm* INTERNET → **dialer** *n*
→ Dialer *nm*

Webentwicklung *nf* INTERNET → **Web development**
→ Web-Entwicklung *nf*

Web-Entwicklung *nf* INTERNET **Web development**
= Webentwicklung *nf*

Weber *nn* EL.SC **Weber**
[SI-Einheit für magnetischen Fluss; = 1 V s] [SI unit for magnetic flux; = 1 V s]
= Wb = Wb

webfähig INTERNET **Web enabled**

Webfarm *nf* INTERNET → **Web farm**
→ Web-Farm *nf*

Web-Farm *nf* INTERNET **Web farm**
[Gruppe von Web-Servern] [group of Web servers]
= Webfarm *nf*

Webfilter *nn* INTERNET → **Web filter**
→ Web-Filter *nn*

Web-Filter *nn* INTERNET **Web filter**
= Webfilter *nn*; Internet-Filter *nn*; Internetfilter *nn* = Internet filter

Web-Gerät *nn* INTERNET → **Internet appliance**
→ Internet-Gerät *nn*

Webhosting *nn* INTERNET → **Web hosting**
→ Web-Hosting *nn*

Web-Hosting *nn* INTERNET **Web hosting**
[Vermietung von Webserver-Speicherplatz] [renting of Web server space]
= Webhosting *nn*

Webindex *nm* INTERNET → **Web index**
→ Web-Index *nm*

Web-Index *nm* INTERNET **Web index**
= Webindex *nm*

Webkamera *nf* INTERNET **Web camera**

Web-Konsortium *nn* INTERNET → **WWW consortium**
→ WWW-Konsortium *nn*

Weblog *nn* INTERNET → **Web log**
→ Web-Log *nn*

Web-Log *nn* INTERNET **Web log**
= Weblog *nn*

Webmarketing *nn* INTERNET → **Web marketing**
→ Web-Marketing *nn*

Web-Marketing *nn* INTERNET **Web marketing**
= Webmarketing *nn*

Webmaster *nm* INTERNET **Webmaster** *n*
[für die Einrichtung einer Webseite verantwortlich] [person reponsible for the implementation of a Web page]
= Webmistress *nf* = Webmistress; Webweaver; Web administrator

Webmistress *nf* INTERNET → **Webmaster** *n*
→ Webmaster *nm*

Web-PC DAT.PR → **network PC**
→ Netz-PC

Web-Portal *nn* INTERNET → **Web portal**
→ Portal-Webseite *nf*

Webproduktdesign *nn* INTERNET → **Web product design**
→ Web-Produktdesign *nn*

Web-Produktdesign *nn* INTERNET **Web product design**
= Webproduktdesign *nn*

Web-Projekt *nn* INTERNET **Web project**

Web-Rechner *nm* TELEC → **network computer**
→ Netzrechner *nm*

Webseite *nf* INTERNET → **Web page**
→ Web-Seite *nf*

Web-Seite *nf* INTERNET **Web page**
= Webseite *nf*; Homepage *nf* (2) = homepage *n* (2)
≈ Website ≈ Web site

Web-Seitenabruf *nm* INTERNET **Web page impression**
= Seitenabruf *nm*; Abruf *nm* = page impression; page view

Webserver *nm* INTERNET → **Web server**
→ Web-Server *nm*

Web-Server *nm* INTERNET → **WWW server**
→ WWW-Server *nm*

Web-Server *nm* INTERNET **Web server**
= Webserver *nm*

Web-Server-Hosting *nn* INTERNET **Web server hosting**
= Hosting *nn* = hosting *n*

Website *nf* INTERNET → **Web site**
→ Web-Site *nf*

Web-Site *nf* INTERNET **Web site**
[Ort im WWW-Netz (Server) einer Internet-Präsenz, meist mit einer Übersichts-Homepage mit Hyperlinks zu zusammengehörigen Webseiten] [site in the Web network (server) of an Internet presence, generally with an overview homepage and hyperlinks to correlated Web pages]
= Website *nf*; Web *nf* = site *n*
≈ Webseite ≈ Web page

Web-Site-Besuch *nm* INTERNET **Web site visit**
= Besuch *nm* = visit *n*

Websitebesucher *nm* INTERNET → **Web site visitor**
→ Web-Site-Besucher *nm*

Web-Site-Besucher *nm* INTERNET **Web site visitor**
= Websitebesucher *nm*; Site-Besucher *nm*; Sitebesucher *nm* = site visitor

Website-Betreiber *nm* INTERNET **Web site operator**

Websitestau *nm* INTERNET → **Web site congestion**
→ Web-Site-Stau *nm*

Web-Site-Stau *nm* INTERNET **Web site congestion**
= Websitestau *nm*; Slashdot-Effekt *nm*
websiteübergreifend INTERNET **cross-Web-site**
= cross-site
Web-Site-Übersicht *nf* INTERNET **Web site map**
= Site-Übersicht *nf*; Sitemap *nf* (ANGL) = site map
Webspace *nm* INTERNET → **Web space**
→ Web-Space *nm*
Web-Space *nm* INTERNET **Web space**
[Speicherplatz für eine Website] [memomy space for a Web site]
= Webspace *nm*
Websuche *nf* INTERNET → **Web search**
→ Web-Suche *nf*
Web-Suche *nf* INTERNET **Web search**
= Websuche *nf*
Web-Suchmaschine *nf* INTERNET **Web search engine**
≈ Web-Such-Site ≈ Web search site
Web-Such-Site *nf* INTERNET **Web search site**
[enthalten Datenbanken in denen mit einer Suchmaschien gesucht wird; z.B. Yahoo] [contain databases where information is retrieved by search engine; e.g. Yahoo]
≈ Web-Suchmaschine
Webswitch *nm* INTERNET → **Web switch**
→ Web-Switch *nm*
Web-Switch *nm* INTERNET **Web switch**
= Webswitch *nm*
Webtagebuch *nn* INTERNET → **Web log**
→ Web-Tagebuch *nn*
Web-Tagebuch *nn* INTERNET **Web log**
= Webtagebuch *nn*
webtauglich INTERNET **Web-suitable**
= Web-tauglich
Web-tauglich INTERNET → **Web-suitable**
→ webtauglich
Webtelefon *nn* INTERNET → **Internet phone**
→ Internet-Telefon *nn*
Web-Terminal *nn* INTERNET → **Internet terminal**
→ Internet-Terminal *nn*
Webtreffer *nm* INTERNET → **Web match**
→ Web-Treffer *nm*
Web-Treffer *nm* INTERNET **Web match**
= Webtreffer *nm*
Web-TV *nn* INTERNET **Web TV**
Webverzeichnis *nn* INTERNET → **Web directory**
→ Web-Verzeichnis *nn*
Web-Verzeichnis *nn* INTERNET → **WWW directory**
→ WWW-Verzeichnis *nn*
Web-Verzeichnis *nn* INTERNET **Web directory**
= Webverzeichnis *nn*
Webzin *nn* INTERNET → **electronic magazine**
→ elektronische Zeitschrift
wechlelseitige Abhängigkeit SCIE → **interdependence** *n*
→ Interdependenz *nf*
Wechsel *nm* TECH **change** *n*
≈ Veränderung = change-out
≈ alteration
Wechsel *nm* ECON **bill of exchange**
[schuldrechtliches Forderungspapier] [an unconditional written promise to pay]
↓ Eigenwechsel; Tratte = draft *n*
↓ promissory note; draft
Wechsel *nm* TELEC → **reversal** *n*
→ Wechselzeichen *nn*
Wechsel *nm* PHYS **reversal** *n*
[zwischen Zuständen] [between states]
= alternation *n*
Wechselanteil *nm* EL.TEC **alternating component**
≠ Gleichwert ≠ continuous value
wechselbarer Speicher HW **changeable memory**
= changeable storage
Wechselbeziehung *nf* SCIE → **interrelation** *n*
→ Interrelation *nf*
wechselbezogen SCIE → **interrelated**
→ interreliert
Wechselbezüglichkeit *nf* COLL → **reciprocity** *n*
→ Gegenseitigkeit *nf*
Wechselbiegefestigkeit *nf* METAL **reversed-bending strength**
Wechselbürgschaft *nf* ECON → **acceptance credit**
→ Akzeptkredit *nm*
Wechseleinrichtung *nf* TER&PER **changing device**
Wechselfeld *nn* PHYS **alternating field**
= veränderliches Feld = pulsating field; variable field

Wechselfeldlumineszenz *nf* OPTOEL → **Destriau effect**
→ Destriau-Effekt *nm*
Wechselfeldpermeabilität *nf* PHYS **alternating permeability**
Wechselfunktion *nf* INF.TEC **alternate function**
Wechselgirant *nm* ECON **bill endorser**
= Girant *nm*; Begeber *nm*; Wechselindossant *nm*; Indossant *nm*; Indossent *nm* = endorser *n*
Wechselgröße *nf* EL.TEC **alternating value**
= Wellengröße *nf*; Wellenparameter *nm* = alternating magnitude; alternating parameter; wave parameter
Wechselindossant *nm* ECON → **bill endorser**
→ Wechselgirant *nm*
Wechselklima *nn* QUAL **cyclic climate**
= change-climates
Wechselkontakt *nm* COMPO → **changeover contact** *n*
→ Umschaltekontakt *nm*
Wechselkursgarantie *nf* ECON **foreign exchange rate guarantee**
= exchange rate guarantee
Wechselkursrisiko *nn* ECON **foreign exchange risk**
= Kursrisiko *nn* = exchange risk
Wechselleistung *nf* EL.TEC → **complex power** *n* (1)
→ komplexe Wechselleistung
Wechselmagnetisierung *nf* PHYS **alternating magnetization**
= periodische Magnetisierung
Wechsel-Magnetplattenspeicher *nm* TER&PER → **removable-disk memory**
→ Wechselplattenspeicher *nm*
wechselnd TECH → **alternate** *adj*
→ abwechselnd
Wechselplatte *nf* TER&PER **removable disk**
[auswechselbare] = exchangeable disk
≠ Festplatte ≠ fixed disk
Wechselplattenantrieb *nm* TER&PER → **removable-disk drive** *n*
→ Wechselplattenlaufwerk *nn*
Wechselplattenkassette *nf* TER&PER **removable cartridge**
Wechselplattenlaufwerk *nn* TER&PER **removable-disk drive** *n*
[mit auswechselbaren Datenträgern] [with removable disk cartridges]
= Wechselplattenantrieb *nm*; auswechselbares Plattenlaufwerk; auswechselbares Laufwerk = exchangeable-disk drive; EDD; exchangeable drive; exchangeable disk store; exchangeable disk storage; EDS; removable hard disk
≈ Wechselplattenspeicher; Hartplattenkassette ≈ moving-disk memory; removable hard disk cartridge
≠ Festplattenlaufwerk (1) ≠ fixed-disk drive
↓ Diskettenlaufwerk; ZIP-Laufwerk ↓ floppy disk drive; ZIP disk drive; CD-ROM drive
Wechselplattenspeicher *nm* TER&PER **removable-disk memory**
[Platte oder Plattenstapel kann ausgewechselt werden] [disk or disk stack can be removed]
= Wechsel-Magnetplattenspeicher *nm* = removable-diks storage; moving-disk memory; moving-disk storage; exchangeable-disk memory; exchangeable-disk storage; exchangeable- disk store; EDS
≈ Wechselplattenlaufwerk; Hartplattenspeicher ≈ exchangeable-disk drive; hard-disk memory
≠ Festplattenspeicher ≠ fixed-disk memory
↑ disk memory
Wechselregelung *nf* CONTRO **alternating control**
[zeitweise Ablösung der Hauptregelung durch eine Hilfsregelung] [main control temporarily substituted by an auxiliary control]
= Ablöseregelung *nf*
Wechselrichter *nm* POW.SY **inverter** *n*
[wandelt Gleichstrom in Wechselstrom] [converts DC into AC]
= Inverter *nm* = direct-current inverter; DC inverter; current inverter; DC-AC converter; ondulator *n*; vibrator *n* (AE); inverted rectifier
↑ Stromrichter ↑ static power converter
Wechselrichter-Kippgrenze *nf* POW.SY → **inverter stability limit**
→ Wechselrichter-Trittgrenze *nf*
Wechselrichter-Trittgrenze *nf* POW.SY **inverter stability limit**
= Trittgrenze *nf*; Wechselrichter-Kippgrenze *nf*
Wechselrichtung *nf* EL.TEC **inversion** *n*
[von Gleichstrom in Wechselstrom] [from DC into DC]
≠ Gleichrichtung ≠ rectification
Wechselschalter *nm* COMPO **change-over switch** *n*
= Umschalter *nm* (1)
↑ Niederspannungsschalter; Schalter
Wechselschlag *nm* COM.CAB **reversed lay**
= Gegenschlag *nm*; Kreuzschlag *nm*
Wechselschrift *nf* TER&PER **NRZ recording**
= NRZ-Schrift *nf*; Non-return-to-zero-Schrift *nf* = non-return-to-zero recording

↑ Magnetaufzeichnungsverfahren — ↑ magnetic recording mode
↓ zustandscodierte Wechselschrift; zustandswechselcodierte Wechselschrift — ↓ non-return-to-zero change coding; return-to-zero change-on-ones recording

wechselseitig TELEC **two-way alternate** *adj*
≈ Halbduplex-Betrieb; beidseitig — = either-way (2); ≈ half-duplex; two-way simultaneous

wechselseitig COLL → **mutual**
→ gegenseitig

wechselseitig abhängig SCIE **interdependent** *adj*

wechselseitige Datenübermittlung DAT.CO **two-way alternate communication**
= half-duplex data communication; local echo

wechselseitiger Betrieb TELEC → **half duplex**
→ Halbduplexbetrieb *nm*

wechselseitiger Leitungssatz SWITCH **trunk circuit bothway**

wechselseitiger Wertetausch DAT.PR **swapping** *n*
= Swappen *nn* (ANGL)

wechselseitige Übertragung TELEC → **half duplex**
→ Halbduplexbetrieb *nm*

Wechselseitigkeit *nf* COLL → **reciprocity** *n*
→ Gegenseitigkeit *nf*

Wechselsender *nm* RADIO **reversals transmitter**
[Telegrafie] — [telegraphy]

Wechselspannung *nf* EL.TEC **alternating voltage**
≠ Gleichspannung — = ac voltage (IEEE); a.c. voltage (IEC); a-c voltage; AC voltage; alternating current voltage; alternating tension; ac tension; a-c tension; AC tension; alternating current tension; acv

Wechselspannungsmesser *nm* INSTR **ac voltmeter**
= Wechselspannungsvoltmeter *nn* — = alternating current voltmeter

Wechselspannungsvoltmeter *nn* INSTR → **ac voltmeter**
→ Wechselspannungsmesser *nm*

Wechselspannungswert *nm* EL.TEC **volts alternating current**
[Spitze-Spitze] — [the peak-to-peak voltage]; = VAC

Wechselspeicher *nm* TER&PER **removable storage**

Wechselspeichermedium *nn* TER&PER **removable storage medium**
= removable medium

Wechselspiel *nn* COLL → **interaction** *n*
→ Wechselwirkung *nf*

Wechselsprechanlage *nf* TELEPH **simplex intercommunication system**
↑ Haussprechanlage — = simplex mode intercom; talk-through facility; two-way telephone system; ↑ intercommunication system

Wechselsprechen TELEPH **simplex operation**

Wechselstellung *nf* ENG.DRA **alternate position**

Wechselstrom *nm* EL.SC **alternating current**
≠ Gleichstrom; ↓ Einphasenstrom; Mehrphasenstrom; Drehstrom — = ac current; ac (IEEE); a.c. (IEC); a-c; AC; aci; ≠ direct current; ↓ single-phase current; polyphase current; three-phase current

Wechselstromanteil *nm* EL.SC → **ac component**
→ Wechselstromkomponente *nf*

Wechselstrombrücke *nf* EL.TEC **ac bridge**
= alternating current bridge

Wechselstromfernspeisung *nf* TRANSM **ac remote power feeding**

Wechselstromgehalt *nm* EL.SC → **ac component**
→ Wechselstromkomponente *nf*

wechselstromgekoppelt EL.TEC **ac-coupled**

Wechselstromgenerator *nm* POW.SY **ac generator**
= Wechselstrommaschine *nf*; ↑ Stromgenerator — = alternator *n*; alternating current generator (IEC); ac machine; ↑ generator

wechselstromgespeist EL.TEC **ac powered**

Wechselstrom-Induktionszähler *nm* INSTR → **watthour meter**
→ Wechselstromzähler *nm*

Wechselstromkomponente *nf* EL.SC **ac component**
= Wechselstromanteil *nm*; Wechselstromgehalt *nm* — = periodic and random deviation; PARD

Wechselstrommaschine *nf* POW.SY → **ac generator**
→ Wechselstromgenerator *nm*

Wechselstrom-Messbrücke *nf* INSTR **ac measuring bridge**
= alternating current measuring bridge

Wechselstrommotor *nm* POW.EN **alternating current motor**
= ac motor

Wechselstromnetz *nn* POW.EN → **mains** *nplt*
→ Starkstromnetz *nn*

Wechselstromquelle *nf* EL.TEC **ac power source**

Wechselstromrelais *nn* COMPO **ac relay**

Wechselstromsignalisierung *nf* SWITCH **ac signaling** (AE)
= ac signalling (BE)

Wechselstromtelegrafie *nf* TELEGR **voice frequency telegraphy**
= WT; Trägerfrequenztelegrafie *nf* — = VFT; VFTG; carrier telegraphy; telegraphy over multiplex; TOM; voice-frequency carrier telegraphy; ac telegraphy

Wechselstromtelegrafie-Kanal *nm* TELEC → **VFT channel**
→ WT-Kanal *nm*

Wechselstromthyristor *nm* MICR.EL → **triac** *n*
→ Triac

Wechselstromumrichter *nm* POW.EN **ac converter**
[wandelt von einem Wechselstromsystem in ein anderes]; ↑ Stromrichter; Umrichter — [converts from one ac system into another]; = a.c. convertor (IEC); electronic a.c. convertor (IEC); ↑ static power converter; voltage system converter

Wechselstromversorgung *nf* EQP.EN → **mains power supply**
→ Netzstromversorgungsgerät *nn*

Wechselstromwiderstand *nm* NETW.TH → **impedance** *n*
→ komplexer Scheinwiderstand

Wechselstromzähler *nm* INSTR **watthour meter**
[intergrierende Messung von Wirk-, Blind- oder Scheinleistung]; = Wechselstrom-Induktionszähler *nm* — [integrating measurement of active, reactive or apparent power]

Wechselstromzange *nf* INSTR **clamp-on ac probe**

Wechselstromzeiger *nm* EL.SC **rotating phasor**
[Zeigerdiagramm]; = Zeiger *nm*; Radiusvektor *nm*; ≈ Vektor — [phasor representation]; = phasor *n*; sinor *n*; rotating vector

Wechseltaktschrift *nf* TER&PER **two-frequency recording**
[auf Magnetplatten]; = Zwei-Frequenzen-Schrift *nf*, Zweifrequenzaufzeichnung *nf*, Zweifrequenzverfahren *nn*; FM-Code *nm*; Impulsbreiten-Aufzeichnung *nf*; ↑ Magnetaufzeichnungsverfahren — [on magnetic disks]; = pulse-width recording; frequency modulation coding; FM coding; FM encoding; FM code; ↑ magnetic recording mode

Wechseltaste *nf* TER&PER → **alternate coding key**
→ ALT-Taste *nf*

Wechselverbindlichkeit *nf* ECON → **bills payable**
→ Schuldwechsel *nm*

Wechselverkehr *nm* TELEC → **half duplex**
→ Halbduplexbetrieb *nm*

Wechselwirkung *nf* COLL **interaction** *n*
= Wechselspiel *nn* — = interplay *n*

Wechselwirkung *nf* PHYS **interaction** *n*
= mutual action; reciprocal action

Wechselwirkungs-Dämpfungsmaß *nn* EL.TEC **interaction loss**

Wechselzeichen *nn* TELEC **reversal** *n*
= Wechsel *nm* — = alternation *n*

Wechsler *nm* COMPO → **changeover contact** *n*
→ Umschaltekontakt *nm*

Weckdienst *nm* TELEPH **alarm-clock calling**
↑ Fernsprechauftragdienst — = alarm call; ↑ telephone notification system

Wecker *nm* DAT.PR **prompter** *n*

Wecker *nm* TELEPH **bell** *n*
= Anrufwecker *nm*; Klingel *nf*, Glocke *nf* — = ringer *n*; clock *n*; call bell

Weckerlast *nf* TELEPH **bell load**

Weckerlautstärke *nf* TER&PER **bell volume**

Weckertakt *nm* DAT.PR **prompter period**
= prompter timing

Weckerzeitpunkt *nm* DAT.PR **prompt instant**
= prompt time

WEDER-NOCH-Element *nn* CIRC.EN → **NOR gate**
→ NOR-Glied *nn*

WEDER-NOCH-Funktion *nf* LOGIC → **NOR operation**
→ NOR-Verknüpfung *nf*

WEDER-NOCH-Gatter *nn* CIRC.EN → **NOR gate**
→ NOR-Glied *nn*

WEDER-NOCH-Glied *nn* CIRC.EN → **NOR gate**
→ NOR-Glied *nn*

WEDER-NOCH-Schaltung *nf* CIRC.EN → **NOR gate**
→ NOR-Glied *nn*

WEDER-NOCH-Tor *nn* CIRC.EN → **NOR gate**
→ NOR-Glied *nn*

WEDER-NOCH-Verknüpfung *nf* LOGIC → **NOR operation**
→ NOR-Verknüpfung *nf*

Weg TELEC → **transmission path**
→ Übertragungsweg *nm*

Weg *nm* SCIE → **path** *n*
→ Pfad *nm*

Weg *nm* PHYS → **path length**
→ Weglänge *nf*

Weg *nm* SWITCH **path** *n*
↓ Leitweg ↓ route

Wegaufnehmer *nm* AUTOMA **glass scale**

Wegbereiter *nm* COLL → **precursor** *n*
→ Vorreiter *nm*

Wegdifferenz *nf* PHYS **path difference**

wegdriften TECH → **run away** *vi*
→ weglaufen *vi*

Wegeabbau *nm* SWITCH **path disconnection**
= route disconnection

Wegeabfrage *nf* SWITCH **path interrogation**
= route interrogation

Wegedurchschaltung *nf* SWITCH **path setup**
= Wegeeinstellung *nf* = path setting; route setup; route setting

Wegeeinstellung *nf* SWITCH → **path setup**
→ Wegedurchschaltung *nf*

Wegeführung *nf* TELEC → **route tracing**
→ Streckenführung *nf*

Wegerecht *nn* OUT.PL **right of way**
= Verlegerecht *nn* = wayleave *n*

Wegesuchabschnitt *nm* SWITCH **path-finding section**
= route-finding section

Wegesuche *nf* SWITCH → **routing** (1)
→ Leitweglenkung *nf*

Wegeverwaltung *nf* TELEC **path management**
≈ Übertragungsverwaltung ≈ transmission management

Wegewahl *nf* SWITCH → **routing** (1)
→ Leitweglenkung *nf*

Wegezahl *nf* DAT.MA **sort way**
[Zahl der in einem Mischlauf verketteten Strings] [number of strings concatenated in a sorting run]

Wegfahrt *nf* CINEMA **zoom-out** *n*
≠ Hinfahrt ≠ zoom-in

Wegfahrt *nf* IMAG.ME **pull-back dolly**

Wegfall *nm* COLL **cessation** *n*
[fig] = abolition *n*
≈ Weglassung ≈ omission

Weggelassenes *nn* INTERNET → **deletia** *n*
→ Deletia *nn*

wegklicken COMP.AP **click out** *vt*

Weglänge *nf* PHYS **path length**
= Weg *nm* = path *n*; distance *n*

Weglängenlinse *nf* ANT **path-length lens**
= Metalllinse *nf*

weglassen COLL **omit** *vt*
= auslassen

Weglasstest *nm* SCIE **reduction test**
= omission test

Weglassung *nf* COLL → **omission** *n*
→ Unterlassung *nf*

Weglaufen *nn* TECH → **drift** *n*
→ Drift *nf*

weglaufen *vi* TECH **run away** *vi*
[fig] [fig]
= wegdriften; abwandern = drift *vi*

Wegleitung *nf* (AT,CH) TEC.DOC → **instruction** *n*
→ Anleitung *nf*

Wegmarke *nf* COLL **blaze** *n*
= Wegzeichen *nn*

Wegmessung *nf* AUTOMA **path measurement**
= displacement measurement

Wegnahme *nf* COLL **removal** *n*
= Beseitigung *nf* (1) ≈ withdrawal
≈ Entnahme *nf*

wegoptimiert TECH **path-optimized**
= optimum-path

Wegpunkt *nm* MATH **waypoint** *n*

Wegstrecke *nf* MATH **path** *n*

Wegunterführung *nf* OUT.PL **underpass** *n*

wegweisend SCIE **trailblazing**
[fig] [fig]

Wegwerf- TECH **disposable** *adj*

Wegwerf-Mobiltelefon *nn* MOB.CO **phone card phone**

Wegwurfposition *nf* ECON **throw-away item**

Wegzeichen *nn* COLL → **blaze** *n*
→ Wegmarke *nf*

Wehneltzylinder *nm* EL.TRO **Wehnelt cylinder**
= control cylinder

Wehrmacht *nf* MILIT **armed forces**
= Streitkräfte *nplt*; Armee *nf* (1) = army *n* (2)
↓ Heer; Luftwaffe; Kriegsmarine ↓ army (1); air force; navy

Wehrtechnik *nf* TECH → **military technology**
→ Militärtechnik *nf*

Wehrwirtschaft *nf* ECON **defense economy** (AE)
= defence economy (BE)

weibliches Geschlecht LING → **femininie** *n*
→ Femininum *nn*

Weibull-Verteilung *nf* STATIS **Weibull distribution**

weich TECH **soft** *adj*
≠ hart ≠ hard

Weichdecodierung *nf* CODING **soft decoding**

Weiche *nf* SW → **program switch** *n*
→ Programmschalter *nm*

Weiche *nf* RAIL.SIG **switch** *n* (AE)
= points *nplt* (BE)

Weiche *nf* NETW.TH **separating filter**
= Weichenfilter *nn*; Trennfilter *nn* = high-pass/low-pass filter; decoupling filter

weiche Entscheidung CODING → **soft decision**
→ Weichentscheidung *nf*

Weicheisen *nn* METAL **soft iron**
= magnetically soft iron (IEC); electrical steel (IEC); magnetic iron

Weicheiseninstrument *nn* INSTR **soft-iron instrument**

weiche KI ART.IN **weak AI**
= praktische KI ≠ strong AI
≠ harte KI

Weichenfilter *nn* NETW.TH → **separating filter**
→ Weiche *nf*

Weichentscheidung *nf* CODING **soft decision**
= weiche Entscheidung

weicher Bindestrich WOR.PR → **soft hyphen**
→ Bedarfstrennstrich *nm*

weicher Fehler SW **soft failure**
[Betrieb mit Einschränkungen noch möglich] [impaired operation still possible]
= überwindbarer Fehler = soft error
≠ harter Fehler ≠ hard failure

weicher Seitenumbruch WOR.PR → **soft page break**
→ Bedarfsseitenumbruch *nm*

weicher Spannungsgrenzwert EL.TRO **soft voltage limit**

weicher Stromgrenzwert EL.TRO **soft current limit**

weicher Zeilenwechsel WOR.PR → **soft return**
→ Bedarfszeilenwechsel *nm*

weichgelötet METAL **soft-soldered**

Weichglühen *nn* METAL **soft annealing**

Weichgummi *nm* CHEM **soft rubber**

Weichlot *nn* METAL **soft solder** *n*

weichlöten METAL **soft solder** *vt*

Weichlötung *nf* METAL **soft soldering** *n*

Weichmacher *nm* CHEM **softener**
= plasticizer *n*

weichmagnetisch PHYS **magnetically soft**
[hohe Permeabilität und geringe Koerzitivkraft] [with high permeability and low coercive force]
= soft magnetic

Weichmetall *nn* METAL **soft metal**
= magnetically soft metal; magnetic metal

Weichplatte *nf* TER&PER → **floppy disk**
→ Diskette *nf*

Weichplatten-Cache *nm* HW **soft disk cache**

Weichrücksetzung *nf* HW **soft reset**
[zum Startpunkt] [to system's initial state]
≠ Hartrücksetzung ≠ hard reset

Weichsektor *nm* TER&PER **soft sector**

weichsektoriert TER&PER **soft-sectored** *adj*
[Disketten; durch gespeicherte Daten] [floppy disk; by stored data]
= softsektoriert ≠ hard-sectored
≠ hartsektoriert

weichsektorierte Diskette TER&PER **soft-sectored diskette**
= soft-sectored disk

Weichsektorierung *nf* TER&PER **soft sectoring**
[Diskette; durch Daten] [diskette; by data]
= Softsektorierung *nf*

Weichtastung *nf* ≈ Weichumpolung [TELEC]	MODUL	**soft keying** ≈ silent reversal [TELEC]
Weichumpolung *nf* ≈ Weichtastung [MODUL]	TELEC	**silent reversal** ≈ soft keying [MODUL]
Weichzeichner *nm*	COMP.GR	**blur** *n*
Weichzeichner *nm*	OPT	**soft focus**
weinrot	OPT	**vine red**
Weise *nf* = Art *nf*	COLL	**mode** *n* = manner *n*
weiß *adj*	OPT	**white** *adj*
Weißabgleich *nm*	PHOT	**white balance**
Weißblech *nn*	METAL	**tin plate** *n* = tin sheet; white plate
Weißbuch *nn* [öffentliche Stellungnahme von befugter Stelle zu einem heißen Thema]	ECON	**white paper** [authorative public statement to a critical issue]
Weißdruck *nm* = White-write-Verfahren *nn*	TER&PER	**white-write technique**
Weißdrucker *nm* ↑ Laserdrucker	TER&PER	**white printer** = white writer ↑ laser printer
weißen ≈ aufhellen	TECH	**whiten** *vt* ≈ brighten
weißer Kasten [Einheit bekannter interner Funktionsweise] ≠ schwarzer Kasten	TECH	**white box** [unit with known internal functioning] = glass box ≠ black box
weißes Rauschen [konstantes und frequenzunabhängiges Leistungsspektrum] ≈ thermisches Rauschen	TELEC	**white noise** [equal energy per unit bandwidth] ≈ thermal noise
Weißgehalt *nm*	OPT	**whiteness** *n*
weißglühend	TECH	**white-hot**
Weißmetall *nn*	METAL	**white metal**
Weißpegel *nm* [10 % der Maximalamplitude] = Weißwert *nm*	TV	**reference white level** = white level; white signal
Weißraum *nm*	PRIN.ME	**air** *n* = white space
weissscher Bezirk = Weiss'scher Bezirk	PHYS	**Weiss domain**
Weiss'scher Bezirk → weissscher Bezirk	PHYS	→ **Weiss domain**
weisssches Feld = Weiss'sches Feld	PHYS	**Weiss field** = molecular field
Weiss'sches Feld → weisssches Feld	PHYS	→ **Weiss field**
Weißschreibtechnik *nf* → Negativschrift *nf*	TER&PER	→ **negative type**
Weißspitze *nf*	TV	**white peak**
Weißung *nf* ≈ Aufhellung	TECH	**whitening** *n* ≈ brightening
Weißwandtafel *nf*	OFFICE	**white wallboard**
Weißwert *nm* → Weißpegel *nm*	TV	→ **reference white level**
weit → breit	PHYS	→ **wide** *adj*
Weit *nn* → Weitaufnahme *nf*	CINEMA	→ **extreme long shot**
Weitaufnahme *nf* [zeigt eine ausgedehnte Landschaft, Menschen verschwindend klein] = Weit *nn*; Weite *nf*; Panoramaeinstellung *nf*; Supertotale *nf*	CINEMA	**extreme long shot** [shows an extended landscape, persons extremely tinies] = very long shot
Weitbereich *nm*	DAT.NW	**wide area** [shows a vast landscape]
Weitbereichsnavigation *nf* = Langstreckennavigation *nf*; LORAN	RAD.NA	**long-range navigation** = LORAN
Weitbereichsnetz *nn* → weiträumlges Netz	DAT.NW	→ **wide-area network**
Weitbereichsradar *nm&nn* (*pl* -e) = Weitstreckenradar *nm&nn* (*pl* -e) ≈ LORAN	RAD.LO	**long-range radar** ≈ LORAN
Weite *nf* → Weitaufnahme *nf*	CINEMA	→ **extreme long shot**
Weite *nf* → Breite *nf*	PHYS	→ **width** *n*
Weiterbildung *nf* = Fortbildung *nf* ≈ Schulung	EDUC	**further education** = continuing education; advanced education; supplementary education

Weiterentwicklung *nf*	TECH	**further development**
Weitergabe *nf* → Weitersendung *nf*	TELEC	→ **relaying** *n*
weitergeben → weitersenden	TELEC	→ **relay** *vt*
weitergehend [fig]	COLL	**going beyond** [fig]
weiterlaufen [fig]	TECH	**run on** *vi*
weiterleiten → umleiten *vt*	TELEC	→ **redirect** *vt*
weiterleiten	COLL	**forward** *vt*
weiterleiten → weitersenden	TELEC	→ **relay** *vt*
Weiterleitung *nf* → Umleitung *nf*	TELEC	→ **redirection** *n*
Weiterleitung *nf*	COLL	**forwarding** *n*
weiterreichend [fig]	COLL	**farer reaching** [fig]
Weiterreichung über Adresse = Weiterreichung über Referenz	SW	**pass by address** = pass by reference
Weiterreichung über Referenz → Weiterreichung über Adresse	SW	→ **pass by address**
Weiterreichung über Wert	SW	**pass by value**
Weiterreichvorgang *nm* → Gesprächsumschaltung *nf*	MOB.CO	→ **hand-off** *n* (1)
weiterrücken	TECH	**increment** *vi* = progress
Weiterruf *nm*	SWITCH	**periodic ringing**
weitersenden = weiterleiten; weitergeben	TELEC	**relay** *vt* = extend; forward; onforward; route onward; transfer
Weitersendung *nf* [zum Empfänger] = Weitergabe *nf*; Zustellung *nf*; Übergabe *nf* ≈ Übertragungswiederholung	TELEC	**relaying** *n* [of a received message to addressee] = retransmission *n* (2); transfe nr; delivery *n*; handing-over *n*
Weiterverarbeitung *nf* = Weiterveredelung *nf*	MANUF	**further processing** = supplementary processing
Weiterveredelung *nf* → Weiterverarbeitung *nf*	MANUF	→ **further processing**
weitester Sitz	ENG.DRA	**loosest fit**
weite Verbreitung [fig]	COLL	**dissemination** [fig]
weitläufig → wortreich *adj*	LING	→ **wordy** *adj*
weiträumiges Netz [überregionales Datennetz] = WAN *nn*; Weitbereichsnetz *nn*; Weitverkehrsnetz *nn*; Fernnetz *nn* ↓ Großstadtnetz; GAN	DAT.NW	**wide-area network** [supraregional data communication network] = WAN ↓ MAN; GAN
weitreichend [fig]	COLL	**far-reaching** *adj* [fige] = long-range; wide-ranging
weitschweifig → redundant	INF.TH	→ **redundant** *adj*
weitschweifig → wortreich *adj*	LING	→ **wordy** *adj*
Weitschweifigkeit *nf* → Redundanz *nf*	INF.TH	→ **redundancy** *n*
weitsichtig	COLL	**far-sighted** *adj* = long-sighted
Weitstreckenradar *nm&nn* (*pl* -e) → Weitbereichsradar *nm&nn* (*pl* -e)	RAD.LO	→ **long-range radar**
weitverbreitet	COLL	**widespread**
Weitverkehr *nm* → Fernverkehr *nm*	TELEC	→ **toll traffic**
Weitverkehrsanbieter *nm* → Fernnetzbetreiber *nm*	TELEC	→ **interexchange carrier**
Weitverkehrsbetreiber *nm* → Fernnetzbetreiber *nm*	TELEC	→ **interexchange carrier**
Weitverkehrsfreileitung *nf* = Fernfreileitung *nf*	TRANSM	**toll open-wire line**
Weitverkehrsgerät *nn*	TRANSM	**long-haul transmission equipment** = transmission trunking equipment
Weitverkehrsgesellschaft *nf* → Fernnetzbetreiber *nm*	TELEC	→ **interexchange carrier**
Weitverkehrskabel *nn* → Fernkabel *nn*	COM.CAB	→ **toll cable**
Weitverkehrsnetz *nn* → weiträumiges Netz	DAT.NW	→ **wide-area network**

Weitverkehrsnetz *nn* TELEC → **toll network** (AE)
→ Fernnetz *nn*

Weitverkehrsrichtfunk *nm* RAD.RE **backbone microwave**
≈ Breitbandrichtfunk
= backbone radio relay; backbone line-of-sight; backbone LOS; long-haul microwave; long-haul radio relay; long-haul line-of-sight; long-haul LOS; long-distance radio relay; long-distance microwave; long-distance line-of-sight; long-distance LOS
≈ high-capacity radio

Weitverkehrssystem *nn* TELEC **long-haul system**
= Fernverkehrssystem *nn*; Fernnetzsystem *nn*
≈ Breitbandsystem
= toll transmission system (AE); transmission trunking system; trunking system; backbone system; long-distance system; long-range system; intercapital system
≈ high-capacity system

Weitverkehrstechnik *nf* TELEC **long-haul communications engineering**
↑ Nachrichtenübertragungstechnik
= long-haul transmission technique; long-range transmission engineering; transmission trunking engineering
↑ communications transmission engineering

Weitverkehrstrasse *nf* TELEC → **long-haul route**
→ Ferntrasse *nf*

Weitwinkelkonusantenne *nf* ANT **wide-angle-cone antenna**

Weitwinkellinse *nf* PHOT → **wide-angle lens**
→ Weitwinkelobjektiv *nn*

Weitwinkelobjektiv *nn* PHOT **wide-angle lens**
= Weitwinkellinse *nf*
= wide lens

Wellblech *nn* METAL **corrugated sheet metal**

Welle *nf* PHYS **wave** *n*
[zeitlich und räumlich periodischer Vorgang]
≈ Schwingung
[a periodic process in the time and space domain]
≈ oscillation

Welle *nf* MEC.EN **shaft** *n*
↓ Antriebswelle; Capstan [TER&PER]
↓ drive shaft; capstan [TER&PER]

wellen MECH **corrugate** *vt*
≈ riffeln
≈ checker

Wellenabstand *nm* MECH **waviness width**
[Oberflächengüte]
[surface quality]

Wellenamplitude *nf* PHYS **wave amplitude**

Wellenanalysator *nm* INSTR → **selective voltmeter**
→ Selektivspannungsmesser *nm*

Wellenanpassung *nf* NETW.TH **image matching** *n*
[beidseitiger Abschluss eines Vierpols mit seinem Eingangs- bzw. Ausgangswiderstand]
= Spiegelanpassung *nf*
↑ Anpassung (1)
[termination of a two-port with its input and output impedance respectively]
↑ matching (1)

Wellenantenne *nf* ANT **wave antenna** (1)
[horizontale Empfangsantenne, mehrere Wellenlängen lang, Richtwirkung in Längsrichtung]
↓ Beverage-Antenne
[horizontal receiving antenna, several wavelengths long]
↓ Beverage antenna

Wellenausbreitung *nf* RAD.PRO → **radio wave propagation**
→ Funkwellenausbreitung *nf*

Wellenbadlötung *nf* MANUF → **flow soldering**
→ Schwallbadlötung *nf*

Wellenband *nn* PHYS → **wavelength range**
→ Wellenlängenbereich *nm*

Wellenbereich *nm* PHYS → **wavelength range**
→ Wellenlängenbereich *nm*

Wellenbereich *nm* RADIO → **frequency band**
→ Frequenzband *nn*

Wellenbereichsschalter *nm* RADIO **wave-change switch**
= waveband switch; band-change switch

Wellenbereichswahl *nf* RADIO **wave selection**
= waveband selection; band selection; wave change; band

Wellenberg *nm* PHYS **wave crest**
= Wellenscheitel *nm*
≠ Wellental
= wave top
≠ wave trough

Wellenbewegung *nf* PHYS **undulation** *n*

Wellendämpfung *nf* NETW.TH **image attenuation**
= Vierpoldämfung *nf*
≈ komplexes Wellendämpfungsmaß
= two-port attenuation
≈ complex image transfer constant

Wellendämpfungsfaktor *nm* NETW.TH **image attenuation factor**
[Dämpfungsfaktor bei beidseitiger Anpassung]
↑ Dämpfungsfaktor
[attenuation factor with both sides impedance-matched]
= two-port attenuation factor
↑ attenuation factor

Wellendämpfungsmaß *nn* NETW.TH **image attenuation constant**
[Dämpfungsmaß bei beiseitiger Anpassung; Negativwert des Wellenübertragungsmaßes]
= Vierpoldämpfungsmaß *nn*
≈ Wellenübertragungsmaß
↑ Dämpfungsmaß; komplexes Wellendämpfungsmaß
[attenuation constant with both sides impedance-matched; negative value of the image transfer constant]
= image attenuation coefficient; two-port attenuation constant; two-port attenuation coefficient
≈ image transfer constant

Wellendämpfungswinkel *nm* NETW.TH **image phase angle**
[Dämpfungswinkel bei beidseitiger Anpassung, Negativwert des Wellenphasenmaßes]
= Wellenwinkel *nm*
≈ Wellenphasenmaßes
↑ Dämpfungswinkel
[phase angle with impedance matching on both sides, negative value of the image phase angle factor]
≈ image phase angle factor
↑ phase angle

Wellenfalle *nf* ANT **wave trap**
= trap *n*

Wellenfilter *nn* MICROW → **mode filter**
→ Modenfilter *nn*

Wellenfilter *nn* NETW.TH **wave filter**

Wellenfläche *nf* PHYS **wave front**
[Fläche gleicher Phase]
= Wellenfront *nf*
[equal-phase surface]
= wave surface

Wellenform *nf* PHYS → **waveform** *n*
→ Schwingungsform *nf*

Wellenform *nf* EL.TRO → **signal form**
→ Signalform *nf*

Wellenformanalysator *nm* INSTR → **waveform analyzer**
→ Signalformanalysator *nm*

wellenförmig PHYS **undulatory**
= wellig
= undulating; undulated; undulant; undulate

wellenförmig MECH → **wavy** *adj*
→ wellig

Wellenformwandler *nm* MICROW → **mode transformer**
→ Modenwandler *nm*

Wellenfront *nf* PHYS → **wave front**
→ Wellenfläche *nf*

Wellenfunktion *nf* PHYS **wave function**

Wellengleichung *nf* PHYS **wave equation**

Wellengröße *nf* EL.TEC → **alternating value**
→ Wechselgröße *nf*

Wellengruppe *nf* PHYS **wave group**

Wellenkeil *nm* MEC.EN **taper key**
≈ Passfeder
≈ feathered key

Wellenlänge *nf* PHYS **wavelength** *n*
[räumliche Periode einer Welle]
[spacial period of a wave]
= wave length; W.L.

Wellenlängenabhängigkeit *nf* PHYS **wavelength dependency**

Wellenlängenbereich *nm* PHYS **wavelength range**
= Wellenbereich *nm*; Wellenband *nn*
= wave band

Wellenlängendispersion *nf* OPT.CO **waveguide dispersion**
= Wellenleiterdispersion *nf*

Wellenlängenmesser *nm* INSTR **wavelength meter**
= wavemeter *n*

Wellenlängenmultiplex *nn* OPT.CO **wavelength division multiplex**
= WDM; OFDM
= WDM; optical frequency division multiplex; OFDM

Wellenlängennormal *nn* INSTR **wavelenth tracker**

Wellenleiter *nm* [PHYS] MICROW → **waveguide**
→ Hohlleiter *nm*

Wellenleiterdispersion *nf* OPT.CO → **waveguide dispersion**
→ Wellenlängendispersion *nf*

Wellenleiterschalter *nm* MICROW → **waveguide switch**
→ Hohlleiterschalter *nm*

Wellenleitertransformator *nm* MICROW → **waveguide transformer**
→ Hohlleitertransformator *nm*

Wellenlötbad *nn* MANUF → **flow-soldering bath**
→ Schwallbad *nf*

Wellenlöten *nn* MANUF → **flow soldering**
→ Schwallbadlötung *nf*

Wellenmechanik *nf* PHYS **wave mechanics**
= Wellenphysik *nf*
≈ Wellentheorie
= undulatory mechanics; wave physics; undulatory physics
≈ wave theory

Wellenmesser *nm* INSTR → **resonance frequency meter**
→ Resonanzfrequenzmesser *nm*

Wellennut *nf* MEC.EN **keyseat** *n*

Wellenoptik *nf* PHYS **wave OPT**
= undulatory OPT

Wellenparameter *nm* EL.TEC → **alternating value**
→ Wechselgröße *nf*

Wellenparameter *nm* NETW.TH **image parameter**
[Parameter von beidseitig mit ihren Wellenwiderständen abgeschlossenen Vierpolen]
[parameter of two-ports impedance-matched on both sides]

Wellenparameterfilter *nn* NETW.TH **image parameter filter**

Wellenparametertheorie *nf* NETW.TH **image parameter theory**

Wellenphasenmaß *nn* NETW.TH **image phase angle factor**
[Phasenmaß bei beidseitiger Wellenanpassung, Negativwert des Wellendämpfungswinkels]
≈ Wellendämpfungswinkel
↑ Phasenmaß
[phase angle factor with impedance-matching on both sides, negative value of the image phase angle]
≈ image phase angle

Wellenphysik *nf* PHYS → **wave mechanics**
→ Wellenmechanik *nf*

Wellenreflexionsfaktor *nm* NETW.TH **image return coefficient**

Wellenrichter *nm* ANT **director** *n*
[parasitäres Antennenelement vor dem Hauptstrahler, zur Beeinflussung der Richtcharakteristik, z.B. bei Yagi-Antennen]
= Direktor *nm*
≈ Reflektor
↑ Parasitärelement
[parasitic antenna element in front of the main radiator, to modify the radiation pattern, e.g. of Yagi antennas]
= director element
≈ reflector
↑ parasitic element

Wellenscheitel *nm* PHYS → **wave crest**
→ Wellenberg *nm*

Wellenspannungsübertragungsfaktor NETW.TH **image voltage transmission coefficient**
[Spannungsübertragungsfaktor bei beidseitiger Anpassung]
↑ Wellenübertragungsfaktor; Spannungsübertragungsfaktor
[voltage transmission coefficient with impedance matching on both sides]
= image voltage transmission factor
↑ image transmission coefficient;

Wellensperre *nf* POW.EN **surge blockers**

Wellenstrahlung *nf* PHYS **wave radiation**

Wellenstromübertragungsfaktor *nm* NETW.TH **image current transfer coefficient**
[Stromübertragungsfaktor bei beidseitiger Anpassung]
↑ Wellenübertragungsfaktor; Stromübertragungsfaktor
[current transmission coefficient with impedance matching on both sides]
= image current transfer factor
↑ image transmission coefficient; current transmission coefficient

Wellental *nn* PHYS **wave trough**
≠ Wellenberg
≠ wave crest

Wellentheorie *nf* PHYS **wave theory**
= Undulationstheorie *nf*
≈ Wellenmechanik
= undulatory theory
≈ wave mechanics

Wellentyp *nm* MICROW **waveguide mode**
= Schwingungsart *nf*; Feldtyp *nm*; Hohlleitermodus *nm*; Modus *nm*; Mode *nm* (ANGL)
= propagation mode; mode

Wellentypfilter *nn* MICROW → **mode filter**
→ Modenfilter *nn*

Wellentypwandler *nm* MICROW → **mode transformer**
→ Modenwandler *nm*

Wellenübertragungsfaktor *nm* NETW.TH → **image transfer constant**
→ Wellenübertragungsmaß *nn*

Wellenübertragungsmaß *nn* NETW.TH **image transfer constant**
[Übertragungsmaß bei beidseitiger Anpassung, Negativwert des Wellendämpfungsmaßes]
= Vierpolübertragungsmaß *nn*; Wellenübertragungsfaktor *nm*; Vierpolübertragungsfaktor *nm*
≈ Wellendämpfungsmaß
↑ Übertragungsmaß; komplexes Wellenübertragungsmaß
[transfer constant with impedance matching on both sides, negative value of the image attenuetion constant]
= image transfer coefficient; image transfer factor; image transmission constant; image tranmission coefficient; image transmission factor; image gain constant; image gain coefficient; image gain factor; two-port transmission constant; two-port transmission coefficient; two-port transmission factor
≈ image attenuation constant
↑ transfer constant; complex image transfer constant

Wellenumwandlung *nf* MICROW → **wave-mode conversion**
→ Modenwandlung *nf*

Wellenverlauf *nm* PHYS → **waveform** *n*
→ Schwingungsform *nf*

Wellenverlauf *nm* EL.TRO → **signal form**
→ Signalform *nf*

Wellenwiderstand *nm* NETW.TH **characteristic impedance**
= charakteristischer Widerstand
= wave resistance; surge impedance

Wellenwinkel *nm* NETW.TH → **image phase angle**
→ Wellendämpfungswinkel *nm*

Wellenzahl *nf* PHYS **wave number**

Wellenzug *nm* PHYS **wave train**

wellig PHYS → **undulatory**
→ wellenförmig

wellig MECH **wavy** *adj*
= wellenförmig
= undulating

welliges Gelände RAD.PRO → **rough terrain**
→ rauhes Gelände

Welligkeit *nf* EL.TEC **ripple** *n*
[Wechselanteil zu Gleichwert]
↓ Spannungswelligkeit; Stromwelligkeit; Restwelligkeit
[alternating content to continuous value]
↓ voltage ripple; current ripple; residual ripple

Welligkeit *nf* LINE TH → **voltage standing wave ratio**
→ Welligkeitsfaktor *nm*

Welligkeit *nf* MECH **waviness** *n*
[Oberflächengüte]
[surface quality]

Welligkeit *nf* NETW.TH **ripple** *n*
[Spannungswert bei Höckerfrequenz zu Spannungswert in Bandmitte]
[voltage at bump frequency to voltage at center frequency]

Welligkeit *nf* RAD.PRO **roughness** *n*
[Geländeprofil]
= Rauhigkeit *nf*
[path profile]
= rugosityn

Welligkeitsbereich *nm* NETW.TH **ripple band**

Welligkeitsfaktor *nm* LINE TH **voltage standing wave ratio**
[Spannungsmaximum zu Spannungsminimum; Maß der Impedanzanpassung einer Last an einer Leitung]
= Stehwellenverhältnis *nn*; Stehwellen-Spannungsverhältnis *nn*; Stehwellenfaktor *nm*; Welligkeit *nf*; VSWR; SWR
[voltage maximum to voltage minimum; measure of impedance matching between a line and a load]
= VSWR; standing wave ratio; SVR; standing wave factor; stationary wave index

Welligkeitsfilter *nn* CIRC.EN **ripple filter**

Welligkeitshöhe *nf* MECH **waviness height**
[Oberflächengüte]
[surface quality]

Wellmantel *nm* COM.CAB **corrugated sheath**

Wellpappe *nf* TECH **corrugated paper**
= corrugated cardboard

Wellrohr *nn* TECH **corrugated tube**

Wellung *nf* MECH **corrugation**
≈ Riffelung
= ondulation *n*
≈ checker

Welt *nf* COLL **world** *n*
≈ Erde [GEOSC]
≈ earth [GEOSC]

Welt *nf* COLL → **earth** *n* (2)
→ Erde *nf* (2)

Weltall *nn* ASTR.PH → **outer space** *n*
→ Weltraum *nm*

Weltbank *nf* ECON **World Bank**

Weltempfänger *nm* CONS.EL **world receiver**
= world band receiver

Weltfirma *nf* ECON **international corporation**
= Weltunternehmen *nn*; internationales Unternehmen; internationaler Konzern
= global player

Weltflugverbindung *nf* RAD.NA **world air route**

Welt-Funkverwaltungskonferenz *nf* RADIO → **WARC**
→ WARC

Welthandel *nm* ECON **world trade**
= internationaler Handel
= international trade

Weltkoordinatensystem *nn* COMP.GR **world coordinates system**
= WCS

Weltmarkt *nm* ECON **world market**
= internationaler Markt
= international market

Weltnummerierungszone *nf* SWITCH **regional identity code**
[erste Ziffer der internationalen Kennzahl, kennzeichnet den Weltkontinent, z.B. 1 für Nordamerika, 4 für Zentral- und Nordeuropa]
↑ Kennzahl
[first digit in front of the country code, to select the continent. e.g. 1 for North America or 4 for Central and Northern Europe]
↑ code number

Weltpremiere *nf* ECON **world debut**

Weltraum *nm* ASTR.PH **outer space** *n*
= Weltall *nn*
= space *n*

Weltraumbahnhof *nm* AERON **astrodrome** *n*
= Astrodrom *nn*

Weltraum-Fernwirkfunkdienst *nm* SAT.CO **space operation service**

Weltraumforschung *nf* SCIE **space research**

Weltraumforschungs-Funkdienst *nm* RADIO **space research radio service**

Weltraumfunkdienst *nm* RADIO **space radiocommunication service**
= space radio service

Weltraumfunkstelle *nf* SAT.CO **space radio station**
≈ Nachrichtensatellit
= space station
≈ communications satellite

Weltraumrauschen *nn* RADIO **extraterrestial noise**
= extraterrestrisches Rauschen

Weltraumsatellit *nm* ASTR.PH → **satellite** *n*
→ Satellit *nm*

Weltraumtransporter *nm* AERON → **space shuttle**
→ Raumgleiter *nm*

Weltspitze *nf* COLL **world's vanguard**

weltumfassend TECH → **global** *adj*
→ weltumspannend

weltumspannend TECH **global** *adj*
= weltumfassend; erdumspannend; erdumfassend; global
= round-the-globe; round-the-earth

Weltunternehmen *nn* ECON → **international corporation**
→ Weltfirma *nf*

Weltvertrieb *nm* ECON **global sales**
= world sales

Weltwährungsfond *nm* ECON **International Monetary Fund**
= Internationaler Währungsfond
= IMF

weltweit COLL **worldwide** *adj*
= global
= global *adj*

weltweite Beschaffung ECON **global sourcing**
= weltweiter Einkauf

Weltweite Funkkonferenz TELEC **World Radio Conference**
= WRC-Konferenz *nf*
= WRC

weltweiter Einkauf ECON → **global sourcing**
→ weltweite Beschaffung

weltweite Telekommunikation TELEC **global telecommunications**
= globale Telekommunikation
= global communications; worlwide telecommunications; worldwide communications

Weltwirtschaft *nf* ECON **world economy**
= internationale Wirtschaft
= international economy

Weltzeit *nf* GEOSC **mean Greewich time** *n*
= Greenwicher Zeit
= Greenwich time; Greenwich sidereal time; GST; G time; British Summer Time; British Standard Time; B.S.T.; Zulu time (slang)

Wemfall *nm* LING → **dative** *n*
→ Dativ *nm*

Wendel *nf* MATH → **helix** *n*
→ Schraubenlinie *nf*

Wendel *nf* EL.TRO **helical filament**
= Heizspirale *nf*
↑ Glühfaden
↑ filament

Wendelantenne *nf* ANT **helix antenna**
= Spulenantenne *nf*; Schraubenantenne *nf*; Helixantenne *nf*; Korkenzieherantenne *nf*; Spiralantenne *nf*
↑ Wanderwellenantenne; frequenzunabhängige Antenne
↓ Zickzackantenne
= helical antenna; spiral antenna; corkskrew antenna
≈ frequency-independent antenna
↑ travelling-wave antenna
↓ zigzag antenna

Wendelfeder *nf* MEC.EN → **helical spring**
→ Spiralfeder *nf*

Wendelfeldinstrument *nn* INSTR → **induction instrument**
→ Induktionsinstrument *nn*

Wendelhohlleiter *nm* MICROW **helical waveguide**
= Wendelwellenleiter *nm*

Wendelleitung *nf* EL.TRO **helical conductor**
= spiral conductor

Wendelpotentiometer *nn* COMPO **helicoidal potentiometer**
= Helipot *nn*; Mehrgangspotentiometer *nn*

Wendelpotentiometer *nn* AUTOMA **wirewound potentiometer**

Wendelwellenleiter *nm* MICROW → **helical waveguide**
→ Wendelhohlleiter *nm*

Wendepol *nm* POW.SY **interpole** *n*

Wendepunkt *nm* COLL **turning point**
[fig]
= Umkehrpunkt *nm*
[fig]
= reversal point

Wendepunkt *nm* MATH **inflection point**
[Kurvenpunkt in dem die Konkavität Seite wechselt]
[point of a curve where the concavity changes its orientation]

Wendepunkt *nm* MEDIA **plotpoint** *n*
[einer Handlung]

Wendeschaltung *nf* CIRC.EN **one-way polar reversible circuit**

Wendestange *nf* TER&PER **angle bar**

Wenfall *nm* LING → **accusative** *n*
→ Akkusativ *nm*

Wenigbenutzer *nm* TECH **occasional user**
= gelegentlicher Benutzer; gelegentlicher Anwender
≠ Vielbenutzer
= casual user
≠ intensive user

weniger lichtempfindlicher Rohfilm IMAG.ME **slow stock**

Wenigerzeichen *nn* MATH → **minus sign**
→ Minuszeichen *nn*

wenig Geschichten machen COLL → **make short work of** (US slang)
→ kurzen Prozess machen

Wenigkeit *nf* COLL **paucity** *n*
≈ Geringfügigkeit
= fewness *n*
≈ littleness

WENN-Anweisung *nf* COMP.LG **IF statement**
[in problemorientierten Sprachen]
= IF-Anweisung *nf*
↑ bedingte Anweisung
[in high-level programming languages]
= IF instruction
↑ conditional statement

Wenn-Dann *nn* LOGIC → **implication** *n*
→ Implikation *nf*

WENN-DANN *nn* (1) LOGIC → **implication operation** (1)
→ Implikationsverknüpfung *nf*(1)

WENN DANN *nn* (2) LOGIC → **Q-implies-P operation**
→ Q-impliziert-P-Verknüpfung *nf*

WENN DANN *nn* (3) LOGIC → **P-implies-Q operation**
→ P-impliziert-Q-Verknüpfung *nf*

WENN-DANN-Anweisung *nf* COMP.LG **IF-THEN statement**
[in problemorientierten Sprachen]
= IF-THEN-Anweisung *nf*
↑ bedingte Anweisung
[in high-level programming languages]
= IF-THEN instruction
↑ conditional statement

WENN-DANN-Element *nn* CIRC.EN → **implication gate**
→ Implikationsglied *nn*

WENN-DANN-Funktion *nf* (1) LOGIC → **implication operation** (1)
→ Implikationsverknüpfung *nf*(1)

WENN-DANN-Funktion *nf* (2) LOGIC → **Q-implies-P operation**
→ Q-impliziert-P-Verknüpfung *nf*

WENN-DANN-Funktion *nf* (3) LOGIC → **P-implies-Q operation**
→ P-impliziert-Q-Verknüpfung *nf*

WENN-DANN-Gatter *nn* CIRC.EN → **implication gate**
→ Implikationsglied *nn*

WENN-DANN-Glied *nn* CIRC.EN → **implication gate**
→ Implikationsglied *nn*

WENN-DANN-Operation *nf* (1) LOGIC → **implication operation** (1)
→ Implikationsverknüpfung *nf*(1)

WENN-DANN-Operation *nf* (2) LOGIC → **Q-implies-P operation**
→ Q-impliziert-P-Verknüpfung *nf*

WENN-DANN-Operation *nf* (3) LOGIC → **P-implies-Q operation**
→ P-impliziert-Q-Verknüpfung *nf*

WENN-DANN-Schaltung *nf* CIRC.EN → **implication gate**
→ Implikationsglied *nn*

WENN-DANN-SONST-Anweisung *nf* COMP.LG **IF-THEN-ELSE statement**
[in problemorientierten Sprachen]
= IF-THEN-ELSE-Anweisung *nf*
↑ bedingte Anweisung
[in hugh-level programming languages]
= IF-THEN-ELSE instruction
↑ conditional statement

WENN-DANN-Verknüpfung *nf* (1) LOGIC → **implication operation** (1)
→ Implikationsverknüpfung *nf*(1)

WENN-DANN-Verknüpfung *nf* (2) LOGIC → **Q-implies-P operation**
→ Q-impliziert-P-Verknüpfung *nf*

WENN-DANN-Verknüpfung *nf* (3) LOGIC → **P-implies-Q operation**
→ P-impliziert-Q-Verknüpfung *nf*

WENN-UND-NUR-WENN-Funktion *nf* LOGIC → **equivalence operation**
→ Äquivalenzverknüpfung *nf*

WENN-UND-NUR-WENN-Glied *nn* CIRC.EN → **equivalence gate**
→ Äquivalenzglied *nn*

WENN-UND-NUR-WENN-Operation *nf* LOGIC → **equivalence operation**
→ Äquivalenzverknüpfung *nf*

WENN-UND-NUR-WENN-Verknüpfung *nf* LOGIC → **equivalence operation**
→ Äquivalenzverknüpfung *nf*

Werbeabteilung *nf* ECON **advertising department**
= publicity department

Werbeagentur *nf* ECON → **advertising agency**
→ Werbefirma *nf*

Werbeantwortkarte *nf* MEDIA **business-reply card**

Werbe-Aufklappfenster *nn* INTERNET → **pop-up** *n*
→ Werbeeinblendung *nf*

Werbebanner *nn* INTERNET → **banner** *n*
→ Banner *nn*

Werbeberater *nm* MEDIA **advertising consultatnt**

Werbeblatt *nn* ECON → **flier** *n* (AE)
→ Flugblatt *nn*
Werbeblock *nm* MEDIA **advertisment block**
Werbebranche *nf* ECON **advertising** *n*
Werbebrief *nm* MEDIA **sales letter**
Werbebroschüre *nf* PRIN.ME **advertising brochure**
≈ Datenblatt; Prospekt ≈ data sheet; leaflet
Werbebüro *nn* ECON → **advertising agency**
→ Werbefirma *nf*
Werbeeinblendung *nf* MEDIA **commecial spot**
= Werbeunterbrechung *nf*; Werbespot *nm* = commercial *n*; break *n*
Werbeeinblendung *nf* INTERNET **pop-up** *n*
= Werbe-Aufklappfenster *nn*; Popup
Werbeeinblendungsunterdrücker *nm* INTERNET **pop-up eraser**
= Popup Eraser (ANGL)
Werbeeindruck *nm* MEDIA **ad impression**
Werbeerfolg *nm* MEDIA → **advertising impact**
→ Werbewirkung *nf*
Werbeetat *nm* ECON **advertising budget**
Werbefachmann *nm* ECON **advertizing expert**
= Werbefritze *nm* (slang) = adman *n* (slang)
Werbefahne *nf* INTERNET → **banner** *n*
→ Banner *nn*
Werbefelzug *nm* MEDIA → **publicity campaign**
→ Werbekampagne *nf*
Werbefernsehen *nn* IMAG.ME **sponsored television**
= commecial TV
Werbefilm *nm* IMAG.ME **advertising film**
= clip *n* (2); commercial *n*
Werbefirma *nf* ECON **advertising agency**
= Werbeagentur *nf*; Werbebüro *nn* = publicity agency
Werbefritze *nm* (slang) ECON → **advertizing expert**
→ Werbefachmann *nm*
Werbegeschenk *nn* ECON **advertising gift**
Werbegrafik *nf* IMAG.ME **commercial art**
= Werbegraphik *nf*
Werbegrafiker *nm* IMAG.ME **commercial artist**
= Werbegraphiker *nm*
Werbegraphik *nf* IMAG.ME → **commercial art**
→ Werbegrafik *nf*
Werbegraphiker *nm* IMAG.ME → **commercial artist**
→ Werbegrafiker *nm*
Werbekampagne *nf* MEDIA **publicity campaign**
= Werbefelzug *nm* = advertising campaign
Werbekosten *nplt* ECON **advertising costs**
= Werbungskosten *nplt* (1) = publicity costs; advertising expenditures; publicity expenditures
Werbekunde *nm* INTERNET **advertizing customer**
[beauftragt eine Werbung] [orders ads]
= ad customer
Werbeleiter *nm* MEDIA **art director** (2)
= buildupper *n*
Werbemittel *nn* MEDIA **advertizing medium**
= Werbeträger *nm*
Werbemuster *nn* ECON **free sample**
werben *vt* ECON **advertise**
Werberummel *nm* ECON → **hype** *n*
→ Reklamerummel *nm*
Werberummel *nm* MEDIA **advertising hype** *n*
= Propagandarummel *nm* = ballyhoo *n* (slang)
Werbeschreiben *nn* MEDIA **sales letter**
Werbesendung *nf* MEDIA **commercial** *n*
Werbeserver *nm* INTERNET **ad server**
= Ad-Server *nm*
Werbeslogan *nm* MEDIA → **advertising slogsn**
→ Werbespruch *nm*
Werbespiel *nn* INTERNET **ad game**
Werbespot *nm* MEDIA → **commecial spot**
→ Werbeeinblendung *nf*
Werbespot *nm* MEDIA **advertising spot**
= Commercial *nn* (ANGL) = commercial *n*
Werbespot *nm* CINEMA **advertising filmlet**
= Commercial *nn* (ANGL) = commercial fimlet; commercial *n*
Werbespruch *nm* MEDIA **advertising slogsn**
= Werbeslogan *nm* = marketing slogan
Werbetext *nm* MEDIA **advertising copy**
Werbeträger *nm* MEDIA → **advertizing medium**
→ Werbemittel *nn*
Werbeunterbrechung *nf* MEDIA → **commecial spot**
→ Werbeeinblendung *nf*
Werbeunterhaltung *nf* MEDIA **advertainment**

Werbewirkung *nf* MEDIA **advertising impact**
= Werbeerfolg *nm*
Werbezeile *nf* MEDIA **promotional tagline**
Werbezweck *nm* MEDIA **promotion purpose**
Werbung *nf* MEDIA **advertising** *n*
= Propaganda *nf* (2); Reklame *nf* = ad *n*; propaganda *n* (2); publicity *n*;
≈ Publizität canvassing *n*; solicitation *n*
↓ Repräsentativwerbung; Produktwerbung ↓ institutional advertising; product advertising
Werbung *nf* IMAG.ME **commercial** *n*
Werbungskosten *nplt* (1) ECON → **advertising costs**
→ Werbekosten *nplt*
Werbungskosten *nplt* (2) ECON **tax deduceable costs**
[steuerlich absetzbare Aufwendungen]
Werbungstreibender *nm* ECON → **advertiser** *n*
→ Inserent *nm*
wer da? TELEGR **identification please**
= who are you?
WER-DA-Taste *nf* TELEGR **WHO-ARE-YOU key**
WER-DA-Zeichen *nn* TELEGR **WHO-ARE-YOU symbol**
Werfall *nm* LING → **nominative** *n*
→ Nominativ *nn*
werfen *vt* COLL **throw** *vt*
= launch *vt*
Werg *nn* TECH **oakumn**
[Dichtungsmaterial aus geteerten Fasern] [fiber impregnated with tar]
= Hede *nf*
Werk TECH → **mechanism** *n*
→ Mechanismus *nm*
Werk *nn* MANUF → **factory** *n*
→ Fabrik *nf*
Werkabgleich *nm* EQP.EN → **factory setting**
→ Fabrikeinstellung *nf*
Werkabnahme *nf* QUAL → **factory acceptance**
→ Fabrikabnahme *nf*
Werkabnahmemessung *nf* QUAL → **factory acceptance test**
→ Fabrikabnahmemessungen *nplt*
Werkangehöriger *nm* ECON **works employee**
= Werksangehöriger *nm* (AT)
Werkanlage *nf* MANUF → **production plant**
→ Produktionsanlage *nf*
Werkbank *nf* MEC.EN **bench** *n*
↑ Arbeitsplatz ↑ workplace
Werkbild *nn* ECON **corporate photography**
Werkdruckpapier *nn* PRIN.ME **book paper**
Werkeinstellung *nf* EQP.EN → **factory setting**
→ Fabrikeinstellung *nf*
Werkferien *nplt* ECON **works holidays**
= Werksferien *nplt* (AT); Betriebsferien *nplt*; Kollektivurlaub *nm*; Kollektivferien *nplt*; Fabrikferien *nplt* = holiday shutdown
Werkhalle *nf* MANUF **workshop**
= Fertigungshalle; Werkshalle *nf* (AT) ↑ factory
↑ Fabrik
werkintern ECON **in-plant** *adj*
= fabrikintern ≈ in-house
≈ innerbetrieblich
Werkleiter *nm* MANUF → **manufacturing manager**
→ Fertigungsleiter *nm*
Werkmeister *nm* ECON → **foreman** *n*
→ Vorarbeiter *nm*
Werkmessungen *nplt* TELEC **factory measurements**
= Werksmessungen *nplt*; Fabrikmessungen *nplt*
Werknorm *nf* TECH **company standard**
= Werksnorm *nf*; Firmenstandard *nm*; Fabriknorm *nf*
Werkpreis *nm* ECON → **price ex factory**
→ Fabrikabgabepreis *nm*
Werksabgleich *nm* (AT) EQP.EN → **factory setting**
→ Fabrikeinstellung *nf*
Werksabnahme *nf* (AT) QUAL → **factory acceptance**
→ Fabrikabnahme *nf*
Werksabnahmemessungen (AT) QUAL → **factory acceptance test**
→ Fabrikabnahmemessungen *nplt*
Werksangehöriger *nm* (AT) ECON → **works employee**
→ Werkangehöriger *nm*
Werksanlage *nf* (AT) MANUF → **production plant**
→ Produktionsanlage *nf*
Werksarzt *nm* ECON → **company doctor**
→ Betriebsarzt *nm*
Werksausweis *nm* ECON → **corporate identification card**
→ Firmenausweis *nm*

Werkschutz *nm* ECON **corporate security service**
Werkseinstellung *nf* (AT) EQP.EN → **factory setting**
→ Fabrikeinstellung *nf*
Werksferien *nplt* (AT) ECON → **works holidays**
→ Werkferien *nplt*
Werkshalle *nf* (AT) MANUF → **workshop**
→ Werkhalle *nf*
Werksleiter *nm* (AT) MANUF → **manufacturing manager**
→ Fertigungsleiter *nm*
Werksmessungen *nplt* TELEC → **factory measurements**
→ Werkmessungen *nplt*
Werksnorm *nf* TECH → **company standard**
→ Werknorm *nf*
Werkspionage *nf* ECON **industrial espionage**
= Industriespionage *nf*
Werkspreis *nm* (AT) ECON → **price ex factory**
→ Fabrikabgabepreis *nm*
Werkstatt *nf* TECH **workshop** *n*
= Werkstätte *nf* = shop *n* (AE)
Werkstätte *nf* TECH → **workshop** *n*
→ Werkstatt *nf*
Werkstattzeichnung *nf* ENG.DRA **working drawing**
Werkstattzubehör *nn* EL.TRO **service accessories**
Werkstoff *nm* TECH **material** *n*
= Material *nn* ≈ raw material
≈ Rohstoff
Werkstoffprüfung *nf* TECH → **material testing**
→ Materialprüfung *nf*
Werkstück *nn* TECH **workpiece** *n*
Werkstückspeicher *nm* AUTOMA **workpiece storage**
Werks- und Feldabnahme *nf* QUAL → **factory and installation test**
→ Fabrik- und Feldabnahme *nf*
Werksunterlage *nf* TEC.DOC → **factory specification**
→ Werkunterlagen *nplt*
Werksverdrahtung *nf* EQP.EN → **factory wiring**
→ Werkverdrahtung *nf*
Werktag *nm* COLL **working day**
[Tag, an dem allgemein gearbeitet wird] [all days without Sunday and holidays, sometimes also without Saturday]
= Wochentag *nm*; Arbeitstag *nm* = weekday *n*
≠ Sonntag; Feiertag ≠ sunday; holiday
werktäglich COLL **daily** *adj* (2)
[on weekdays]
Werkunterlagen *nplt* TEC.DOC **factory specification**
= Werksunterlage *nf*
Werkverdrahtung *nf* EQP.EN **factory wiring**
= Werksverdrahtung *nf*; Werkverkabelung *nf* = factory cabling
Werkverkabelung *nf* EQP.EN → **factory wiring**
→ Werkverdrahtung *nf*
Werkvertrag *nm* ECON **service contract**
Werkzeug *nn* TECH **tool** *n*
= Gerät *nn* (3); Instrument *nn* = implement *n*; instrument *n*; appliance *n*; utensil *n*
↓ Handwerkzeug ↓ hand tool
Werkzeugaufnahme *nf* TECH **toolhead** *n*
≈ Werkzeughalter [part of machine where tools or tollholders are clamped]
≈ toolholder
Werkzeugautomat *nm* TECH **automatic lathe**
Werkzeugbau *nm* MANUF **tool shop**
= Werkzeugmacherei *nf* = tool and die making; toolroom *n*
Werkzeugbau *nm* TECH **tool engineering**
[Fachgebiet]
= Vorrichtungsbau *nm*
Werkzeughalter *nm* TECH **toolholder** *n*
≈ Werkzeugaufnahme ≈ toolhead
Werkzeugkiste *nf* SW **toolbox** *n*
[fig; Satz von Programmen und Routinen zur Erleichterung bestimmter Programmieraufgaben] [fig; set of programs and routines to ease specific type of programming]
= Toolbox *nf*; Toolkit *nn&nm* = toolkit *n*
Werkzeugkoffer *nm* TECH **tool case**
= toolbox *n*
Werkzeugleiste *nf* COMP.AP **tool bar**
= Toolleiste *nf* ↑ symbol bar
↑ Symbolleiste
Werkzeugmacher *nm* TECH **toolmaker** *n*
Werkzeugmacherei *nf* MANUF → **tool shop**
→ Werkzeugbau *nm*
Werkzeugmaschine *nf* MEC.EN **machine tool**
= tool *n*

Werkzeugsatz *nm* TECH **tool kit**
= tool set
Werkzeugspeicher *nm* AUTOMA **tool storage**
Werkzeugspitze *nf* TECH **bit** *n*
Werkzeugtasche *nf* TECH **tool bag**
Werkzeugverwaltung *nf* COMP.AP **tools management**
[CAM] [CAM]
Werkzeugwechsel *nm* TECH **tool changing**
wer spricht bitte? TELEPH **who's that speaking please?**
Wert PHYS → **measured value**
→ Messwert *nm*
Wert MATH → **numerical value**
→ Zahlenwert *nm*
Wert *nm* ECON **value** *n*
[in Zahlen ausgedrückter Handelswert] [quantified commercial value]
≈ Betrag = worth *n*
≈ amount
wertanalog INF.TEC **value-analog**
≈ analog ≈ analog
Wertanalyse *nf* ECON **value analysis**
= value engineering
wertanalytisch ECON **value-analytic** *adj*
Wertangabe *nf* ECON **value declaration**
Wertaufruf *nm* DAT.MA **call by value**
Wertberichtigung *nf* ECON → **valuation allowance**
→ Wertkorrektur *nf*
wertbeständig ECON **stable**
= stabil
wertdiskret INF.TEC **value-discrete** *adj*
= mehrstufig = n-level; multilevel
≈ digital ≈ digital
≠ wertkontinuierlich ≠ value-continuous
wertdiskretes Signal CODING **n-level signal**
Wertebereich *nm* INF.TEC **range of values**
Wertebereich *nm* DAT.MA **domain** *n*
[the set of valid values for an attribute]
Wertebereichskarte *nf* COMP.GR **ranges chart**
Werteparameter *nm* DAT.PR **value parameter**
Werteschranke *nf* MATH **bound** *n* (2)
[Fehlerrechnung] [error analysis]
Wertevergleicher *nm* CIRC.EN **magnitude comparator**
= Größenvergleicher *nm* = value comparator
Werteverlauf *nm* INF.TEC **value course**
Wertevorrat *nm* MATH **set of values**
= range of values; repertoire of values
Wertfestsetzung *nf* ECON **value determination**
werthöchst COMP.SC → **highest-order** *adj*
→ höchstwertig
werthöchstes Bit COMP.SC → **most significant bit**
→ höchstwertiges Bit
werthöchstes Byte COMP.SC → **most significant byte**
→ höchstwertiges Byte
werthöchstes Zeichen COMP.SC → **most significant digit**
→ höchstwertiges Zeichen
Wertigkeit *nf* SCIE → **significance** *n*
→ Signifikanz *nf*
Wertigkeit *nf* PHYS → **valence** *n*
→ Valenz *nf*
Wertigkeit *nf* INF.TEC **significance** *n*
= Wichtung *nf*; Priorität *nf*; Signifikanz *nf* = signification *n*; order *n*; priority *n*; weight *n*
Wertigkeit *nf* MATH → **weighting** *n*
→ Wichtung *nf*
Wertkette *nf* ECON **value chain**
wertkontinuierlich INF.TEC **value-continuous** *adj*
= wertstetig ≈ analog
≈ analog ≠ value-discrete
≠ wertdiskret
wertkontinuierliches Signal INF.TH **value-continuous signal**
= wertstetiges Signal ≠ value-discrete signal; n-level
≠ wertdiskretes Signal
Wertkorrektur *nf* ECON **valuation allowance**
[steuerlich] [for taxation reasons]
= Wertberichtigung *nf* = allowance *n*
wertlos DAT.PR → **unwanted** *adj*
→ unnütz
wertlose Daten DAT.PR → **garbage** *n*
→ Datensalat *nm*
Wertmarke *nf* ECON **adhesive stamp**

≈ Briefmarke [POST] ↑ Wertzeichen		≈ postal stamp [POST] ↑ stamp
Wertminderung *nf* [durch normalen Gebrauch verursachte Minderung] = Wertverzehr *nm*	ECON	**wear and tear** [depreciation by normal use] = depreciation *n* (1)
wertniedrigst → niedrigstwertig	COMP.SC	→ **low-order** *adj*
wertniedrigst → niederwertigst	SCIE	→ **lowest-order**
Wertpapier *nn* = Geldmarktpapier *nn*; Effekten *nplt*	ECON	**security** *n* (3) [a document]
Wertpapiergeschäft *nn*	ECON	**brokerage** *n* (1)
Wertpapierhändler *nm*	ECON	**broker** *n*
Wertschöpfung *nf* = Mehrwert *nm*	ECON	**added value** = value added
wertschöpfungsempfindliche Kosten [deren Einsparung geht auf Kosten der Wertschöpfung]	ECON	**value-adding costs** [their elimination affects the added value]
Wertschöpfungskette *nf*	ECON	**value-addition chain**
Wertschöpfungswiederverkäufer *nm* [vertreibt zugekaufte und speziell von ihm adaptierte Produkte] ≠ OEM-Lieferant	ECON	**VAR** [buys pieces and resells them after customizing them] = value-added reseller ≠ OEM
Wertsicherungsklausel *nf*	ECON	**stable-value clause**
Wertstempel *nm* ↑ Wertzeichen	ECON	**imprinted stamp** ↑ stamp
wertstetig → wertkontinuierlich	INF.TEC	→ **value-continuous** *adj*
wertstetiges Signal → wertkontinuierliches Signal	INF.TH	→ **value-continuous signal**
Wertverzehr *nm* → Wertminderung *nf*	ECON	→ **wear and tear**
wertvoll *adj*	COLL	**precious** *adj* = valuable
Wertzeichen *nn* → Postwertzeichen *nn*	POST	→ **postage stamp** (1)
Wertzeichen *nn* ≈ Postwertzeichen [POST] ↓ Wertmarke; Wertstempel	ECON	**stamp** *n* ≈ postage stamp 2 [POST] ↓ adhesive stamp; imprinted stamp
Wertzeichendrucker *nm* = Postwertzeichendrucker *nm*	OFFICE	**postage stamp printer**
wertzentriertes Management	ECON	**value-based management**
Wertziffer *nf* = signifikante Ziffer; bedeutsame Ziffer; Signifikanzstelle *nf* ↓ niedrigstwertige Stelle	COMP.SC	**significant digit** ↓ least significant digit
Wertzifferarithmetik *nf*	COMP.SC	**significant digit arithmetic**
Wertzuwachs *nm*	ECON	**appreciation**
Wertzuweisung *nf*	DAT.PR	**value assignment**
wesentlich = essenziell, essentiell; essenzial; essential ≈ vital	COLL	**essential** *adj* ≈ vital
wesentlich = erheblich; gewichtig; bedeutend	LAW	**material** *adj*
Wesentlich-größer-Zeichen *nn* [Symbol: >>]	MATH	**much-greater sign** [symbol: >>] = much-greater symbol
Wesentlichkeit *nf* = Erheblichkeit *nf*; Gewichtigkeit *nf*	LAW	**materiality** *n*
Wesentlich-kleiner-Zeichen *nn* [Symbol: <<]	MATH	**much-less sign** [symbol: <<] = much-less symbol
Wesfall *nm* → Genitiv *nn*	LING	→ **genitive** *n*
Westentaschenformat *nn*	TECH	**vest-pocket size** = pocket size (2)
Westernfilm *nm* = Wildwestfilm *nm*	IMAG.ME	**western** *n*
Western-Stecker *nm* → ISDN-Stecker *nm*	TELEC	→ **Western plug**
Weston-Element *nn* = Weston-Normalelement *nn*	POW.SY	**Weston cell** = Weston standard cell
Weston-Normalelement *nn* → Weston-Element *nn*	POW.SY	→ **Weston cell**
westwärts	COLL	**westbound** *adv*
Wettbewerb *nm* = Konkurrenz *nf*	ECON	**competition** *n*
Wettbewerber *nm* → Mitbewerber *nm*	ECON	→ **competitor** *n*
Wettbewerberfeld *nn* → Mitbewerberfeld *nn*	ECON	→ **vendors arena**
Wettbewerbsbeschränkung *nf*	ECON	**restrictive trade practice**
Wettbewerbsfabrikat *nn* → Konkurrenzprodukt *nn*	ECON	→ **rival product**
wettbewerbsfähig = konkurrenzfähig	ECON	**competitive**
Wettbewerbsfähigkeit *nf* = Konkurrenzfähigkeit *nf*	ECON	**competitiveness** *n*
Wettbewerbskomponente *nf*	ECON	**competitive component**
wettbewerbsschädlich = konkurrenzschädlich	ECON	**anticompetitive**
Wettbewerbsteilnehmer *nm* → Mitbewerber *nm*	ECON	→ **competitor** *n*
Wettbewerbsvorsprung *nf* → Wettbewerbsvorteil *nm*	ECON	→ **competitive edge**
Wettbewerbsvorteil *nm* = Wettbewerbsvorsprung *nf*	ECON	**competitive edge** = competitive advantage
Wetter *nn* [atmosphärische Bedingung an einem bestimmten Ort und Zeitpunkt] ≈ Witterung; Klima	METEO	**weather** *n* [atmospheric conditions at a given place and time] ≈ weather conditions; climate
Wetterbedingungen *nplt* → Witterung *nf*	METEO	→ **weather conditions**
wetterbeständig → wetterfest *adj*	TECH	→ **weather-resistant** *adj*
Wetterbeständigkeit *nf* → Wetterfestigkeit *nf*	TECH	→ **weather resistance**
Wetterdienst *nm* = metereologischer Dienst	METEO	**meteorological service**
Wetterfaxapparat *nm* = Wetterkartengerät *nn*	TER&PER	**meteorological facsimile equipment**
wetterfest *adj* = wetterbeständig; witterungsbeständig ≈ wettergeschützt; Außen-	TECH	**weather-resistant** *adj* = weatherproof; wheatherproofed (BE); all-weather ≈ wheather-protected; outdoor
Wetterfestigkeit *nf* = Wetterbeständigkeit *nf*, Witterungsfestigkeit *nf*, Witterungsbeständigkeit *nf*	TECH	**weather resistance** = weatherproofness *n*; weatherability *n*
Wetterfunkdienst über Satelliten = Wettersatellitendienst *nm*	SAT.CO	**meteorological satellite service**
Wettergehäuse *nn* = Wetterschutzgehäuse *nn*; Wetterschutzschrank *nm*; Freiluftgehäuse *nn*; Freiluftschrank *nm*; Freiraumgehäuse *nn*; Freiraumschrank *nm*; Freilandgehäuse *nn*; Freilandschrank *nm*	EQP.EN	**weatherproof housing** = weatherproof enclosure; outdoor housing; outdoor enclosure; outdoor cabinet; outdoor case
wettergeschützt = Freiluft- ≈ wetterfest; Außen-	TECH	**weather-protected** *adj* = weathertight; ≈ wheatherproof; outdoor
Wetterkartengerät *nn* → Wetterfaxapparat *nm*	TER&PER	→ **meteorological facsimile equipment**
Wetterkartentelegrafie *nf* ↑ Faksimiletelegrafie	TELEGR	**meteorological telegraphy** ↑ facsimile telegraphy
Wetterkunde *nf* → Meteorologie *nf*	GEOSC	→ **meteorology** *n*
Wetterradar *nm&nn* (*pl* -e)	RAD.LO	**meteorological radar** = weather radar
Wettersatellit *nm* = meteorologischer Satellit	SAT.CO	**weather satellite** = meteorological satellite
Wettersatellitendienst *nm* → Wetterfunkdienst über Satelliten	SAT.CO	→ **meteorological satellite service**
Wetterschutz *nm* → Witterungsschutz *nm*	TECH	→ **wheather protection**
Wetterschutzgehäuse *nn* → Wettergehäuse *nn*	EQP.EN	→ **weatherproof housing**
Wetterschutzschrank *nm* → Wettergehäuse *nn*	EQP.EN	→ **weatherproof housing**
Wetterstation *nf*	METEO	**weather station**
Wetterverhältnisse *nplt* → Witterung *nf*	METEO	→ **weather conditions**
Wettlaufsituation *nf* [zwischen zwei Befehlen]	DAT.PR	**race condition** [whichs instruction finishes first]
Wetware *nf* (1) [INF.TEC] → biologisches System	SCIE	→ **biological cybernetics**
Wetware *nf* (2) → Gehirnschmalz *nn*	INF.TEC	→ **wetware** *n* (2)
Wh → Watt-Stunde *nf*	PHYS	→ **watt-hour**
Wheatstonebrücke *nf*	INSTR	**Wheatstone bridge**

=Wheatstone-Messbrücke *nf*; Wheatstonesche Brücke | =Wheatstone measuring bridge; resistance bridge

Wheatstone-Messbrücke *nf* INSTR → **Wheatstone bridge**
→ Wheatstonebrücke *nf*

Wheatstonesche Brücke INSTR → **Wheatstone bridge**
→ Wheatstonebrücke *nf*

Whetstone Bewertungsprogramm *nn* SW **Whetstone benchmark**
[vom engl. "whetstone" = Wetzstein] | [from "whetstone" for whetting

WHILE-DO-Schleife *nf* COMP.LG **WHILE-DO loop**
[in Hochsprachen. z.B. in Pascal] | [in high-level languages, e.g. Pascal]
↑ iterative Anweisung; Programmschleife

While-Programm *nn* COMP.SC **While program**
[mit nur vier Anweisungsarten] | [using only four types of instruction]

WHILE-Schleife *nf* COMP.LG **WHILE loop**
= SOLANGE-Schleife *nf* | ↑ conditional instruction
↑ bedingter Befehl

Whistler *nm* RADIO **atmospheric whistler**
[Pfeifton im Myriameterbereich] | [whistler in the VLF band]

Whiteboard COMP.AP → **whiteboard** *n*
→ Bildschirmtafel *nf*

White-write-Verfahren *nn* TER&PER → **white-write technique**
→ Weißdruck *nm*

Wichte *nf* PHYS → **specific weight**
→ spezifisches Gewicht

Wichte *nf* PRIN.ME → **stroke weight** *n*
→ Strichstärke *nf*

wichten MATH → **weighted** *vt*
→ bewerten

wichtig COLL **important** *adj*

Wichtigkeit *nf* COLL **importance** *n*
= Bedeutung *nf* | = significance *n*
≈ Relevanz [SCIE] | ≈ relevance [SCIE]

wichtigste Funktion TECH → **main function**
→ Hauptfunktion *nf*

Wichtung *nf* INF.TEC → **significance** *n*
→ Wertigkeit *nf*

Wichtung *nf* MATH **weighting** *n*
= Gewicht *nn*; Wertigkeit *nf*; Bewertung *nf* | = weight *n*; digit place weight [COMP.SC]

Wickel *nm* TECH **wrapping** *n* (1)
[etwas Gewickeltes] | [something wrapped]
= Bewicklung *nf*; Wicklung *nf*; Umwicklung *nf*; Bespinnung *nf*; Umspinnung *nf* | = wrapper *n*; winding *n*; lapping *n*; tape-wrapping *n*
≈ Knäuel

Wickelautomat *nm* MANUF **automatic winding machine**
[Spulenfertigung] | [coil manufactoring]
≈ Wickelmaschine | ≈ winding machine

Wickelband *nn* COM.CAB **cable wrap**

Wickeldorn *nm* EL.TRO **winding mandrel**

Wickeldraht *nm* EL.TRO **wrap wire**
= winding wire

Wickelei *nf* MANUF **winding shop**

Wickelhülse *nf* EL.TRO **wrapping sleeve**

Wickelkondensator *nm* COMPO **coil-type capacitor**

Wickelkontakt *nm* EL.TRO → **wrapped connection**
→ Wickelverbindung *nf*

Wickelkontaktstift *nm* COMPO → **wrap pin**
→ Wrap-Stift

Wickelkörper *nm* COMPO **bobbin** *n*
= Spulenkörper *nm* | = bobbin core; coil former

Wickellage *nf* COMPO **winding layer**

Wickelmaschine *nf* MANUF **winding machine**
≈ Wickelautomat | = coil winder
≈ automatic winding machine

wickeln *vt* TECH **wrap** *vt*
= umwickeln; bewickeln; herumwickeln; umspinnen; bespinnen | = wind *vt*; lap *vt*; tape *vt*; spin *vt*
↓ mit Band umwickeln | ↓ tape

Wickelplan *nm* MANUF **winding diagram**

Wickelstift *nm* COMPO → **wrap pin**
→ Wrap-Stift

Wickelverbindung *nf* EL.TRO **wrapped connection**
= Wrap-Verbindung *nf*; gewickelter Kontakt; Drahtwickelverbindung *nf*; Wickelkontakt *nm* | = wire-wrap connection; wrap connection

Wickelwerkzeug *nn* EL.TRO **wrap tool**
= Wrap-Werkzeug *nn*

Wickler *nm* TECH → **winder** *n*
→ Aufwickelvorrichtung *nf*

Wicklung *nf* EL.TEC **winding** *n*
↓ Spulenwicklung [COMPO]; Relaiswicklung [COMPO] | = coil *n*
≈ turn
↓ coil winding [COMPO]; relay winding [COMPO]

Wicklung *nf* TECH → **wrapping** *n* (1)
→ Wickel *nm*

Wicklungsfaktor *nm* EL.TEC **winding factor**

Wicklungskapazität *nf* COMPO **winding capacitance**
[Kapazität zwischen Windungen] | [capacitance between turns]
= interwinding capacity

Wicklungsverhältnis *nn* EL.TEC → **turns ratio**
→ Windungsverhältnis *nn*

Wicklungswiderstand *nm* COMPO **coil resistance**
[ohmscher Widerstand einer Wicklung]

Widerdruck *nm* PRIN.ME **back-up printing**

Widerlager *nn* MEC.EN **abutment** *n*
= Stützlager *nn*

widerrechtlich LAW → **unlawful** *adj*
→ unerlaubt

Widerruf *nm* LAW **revocation** *n*
[einer Vollmacht, Aussage...] | [of a power, assertion...]
= disclaimer

Widerruf *nm* ECON **withdrawal** *n*
[einer Bestellung] | [of an order]
= Annullierung *nf*; Rücknahme *nf*; Stornierung *nf* | = countermand *n*; revocation *n*; redemption *n*; cancellation *n*; annulment *n*

Widerruf, bis auf COLL **until recalled**
= until countermanded

widerrufbar ECON **revocable**

widerrufen ECON **revoke** *vt*
≈ rückgängigmachen | ≈ cancel

Widerspruch *nm* SCIE **contradiction** *n*
= Kontradiktion *nf*

widersprüchlich SCIE **contradictory**
= kontradiktorisch

widerspruchlos SCIE **noncontradictory** *adj*
= widerspruchsfrei

widerspruchsfrei SCIE → **noncontradictory** *adj*
→ widerspruchlos

Widerspruchsfreiheit *nf* SCIE → **noncontradiction** *n*
→ Widerspruchslosigkeit *nf*

Widerspruchslosigkeit *nf* SCIE **noncontradiction** *n*
= Widerspruchsfreiheit *nf*

Widerstand *nm* COMPO **resistor** *n*
↑ Bauelement | = resistance *n*
↓ Festwiderstand; veränderbarer Widerstand; ohmscher Widerstand; nichtlinearer Widerstand; Schichtwiderstand; Massewiderstand; Drahtwiderstand | ↑ component
↓ fixed resistor; adjustable resistor; ohmic resistor; nonlinear resistor; film resistor; composition resistor; wire resistor

Widerstand *nm* PHYS **resistance** *n*
[Verhältnis einer treibenden Kraft zum von ihr erzeugten Fluss] | [ratio of a motive force to the flow generated by it]
↓ elektrischer Widerstand; Wärmewiderstand; Strömungswiderstand | ↓ electric resistance; thermal resistance; flow resistance

Widerstand-Kondensator-Kopplung *nf* NETW.TH → **RC coupling**
→ RC-Kopplung *nf*

Widerstandnetzwerk *nn* NETW.TH **resistance network**
= Widerstandsnetz *nn* | = resistance lattice

Widerstandsabschluss *nm* INSTR **termination** *n*

Widerstandsanstieg *nm* EL.TEC **resistance rise**
= Widerstandszunahme *nf* | = resistance set-up

widerstandsbehaftet EL.TEC **resistive**
≠ widerstandslos | = resistance-loaded
≠ resistanceless

Widerstandsbeiwert *nm* PHYS → **temperature coefficient of resistance**
→ Temperaturkoeffizient des Widerstandes

Widerstandsbelag *nm* LINE TH **resistance per unit length**
↑ Leitungskonstante | = distributed resistance
↑ transmission line constant

Widerstandschweißen *nn* METAL → **resistance welding**
→ Widerstandsschweißen *nn*

Widerstandsdekade *nf* INSTR **resistance decade**
= Stufenwiderstand *nm*

Widerstandsdraht *nm* COMPO **resistor wire**
= resistance wire

widerstandsfähig TECH **resistant** *adj*
= robust; kräftig; stark; hochbelastbar; strapazierfähig | = resistive; resistible; strong; tough; rugged; ruggerized; robust; heavy-duty; hard-wearing; sturdy
≈ stabil; dauerhaft | ≈ stable; durable

Widerstandsfähigkeit *nf* TECH **resistance** *n*

= Strapazierfähigkeit *nf* — = resistibility *n*; resistivity *n*
≈ Robustheit; Dauerhaftigkeit; Festigkeit — ≈ ruggedness; durability; strength

Widerstandsfarbband-Druck *nm* TER&PER **resistive ribbon printing**
[Thermodrucker]
= RRP-Drucktechnik *nf* — = RRP method

Widerstandsform *nf* NETW.TH **impedance representation**
[Vierpolgleichungen] — [of fourpole equations]

widerstandsfrei EL.TEC **resistanceless**
= widerstandslos — ≠ resistive
≠ widerstandsbehaftet

Widerstandsgleichung *nf* NETW.TH **impedance equation**
↑ Vierpolgleichung — ↑ two-port equation

Widerstandskoeffizient *nm* PHYS → **temperature coefficient of resistance**
→ Temperaturkoeffizient des Widerstandes

Widerstandskopf *nm* INSTR **bulb resistor**
[Messfühler]
= Thermowiderstand *nm* — = bulb resistance

widerstandslos EL.TEC → **resistanceless**
→ widerstandsfrei

Widerstandsmatrix *nf* NETW.TH **impedance matrix**
= Impedanzmatrix *nf*; Z-Matrix *nf* — = Z matrix

Widerstandsmessbrücke *nf* INSTR **resistance measuring bridge**

Widerstandsmesser *nm* INSTR **resistance meter**
= Wirkwiderstandsmesser *nm* — ↓ ohmmeter
↓ Ohmmeter

Widerstandsmessfühler *nm* INSTR **resistive pickup**
= ohmscher Messfühler

Widerstandsmessung *nf* INSTR **resistance measurement**
= resistance test; resistance

Widerstandsmetall *nn* METAL **resistance metal**
[mit hohem elektrischen Widerstand] — [with high electric resistance]

Widerstandsnetz *nn* NETW.TH → **resistance network**
→ Widerstandnetzwerk *nn*

Widerstandsnormal *nn* COMPO → **precision resistor**
→ Normalwiderstand *nm*

Widerstandsnormal *nn* INSTR → **standard resistor** (1)
→ Eichwiderstand *nm*

Widerstandsparameter *nm* NETW.TH **impedance parameter**

Widerstandsrauschen *nn* TELEC → **thermal noise**
→ thermisches Rauschen

widerstandsreziproker Vierpol NETW.TH → **dual two-port**
→ dualer Vierpol

Widerstandsschwankung *nf* EL.TEC **resistance fluctuation**
= resistance sway; resistance swing

Widerstandsschweißen *nn* METAL **resistance welding**
= Widerstandschweißen *nn*

widerstandssymmetrisch NETW.TH **impedance-balanced**
= torsymmetrisch — = electrically symmetric

widerstandssymmetrischer Vierpol NETW.TH **electrically symmetric two-port**
= symmetrischer Vierpol — = electrically symmetric quadripole; symmetric two-port; symmetric quadripole

Widerstandsthermometer *nn* INSTR **resistance thermometer**

Widerstandstrimmer *nm* COMPO → **trimming potentiometer** *n*
→ Trimmerwiderstand *nm*

widerstandsunsymmetrisch NETW.TH **impedance unbalanced**
= torunsymmetrisch — = electrically asymmetric

Widerstandsverstärker *nm* CIRC.EN → **RC-coupled amplifier**
→ RC-Verstärker *nm*

Widerstandszunahme *nf* EL.TEC → **resistance rise**
→ Widerstandsanstieg *nm*

Widerstand-Transistor-Logik *nf* MICR.EL → **RTL**
→ RTL

widerstehen TECH **resist** *vt*
≈ überstehen — ≈ endure

widerwärtig COLL → **untoward** *adj*
→ widrig *adj*

Widescreen CINEMA **wide screen**
[breiter als 1:1,33] — [wider than 1:1.33]

widrig *adj* COLL **untoward** *adj*
= widerwärtig — = unpleasantness *n*

Widrigkeit *nf* COLL **untoward event**

Widrigkeit *nf* TECH **resistance** *n*
= retardance *n*

Wiederabrufen *nn* DAT.MA → **retrieval** *n*
→ Wiedergewinnung *nf*

Wiederabspielen *nn* TER&PER → **playback** *n*
→ Rückspielen *nn*

Wiederanlauf *nm* DAT.PR → **restart** *n*
→ Neustart *nm*

Wiederanlaufanforderung *nf* SW **restart request**
= Restartforderung *nf*

Wiederanlaufanzeige *nf* DAT.PR **restart indication**
= Restartanzeige *nf*

Wiederanlaufgrund *nm* DAT.PR **restart cause**
= Restartgrund *nm*

Wiederanlaufkennzeichen *nn* SW → **checkpoint** *n*
→ Fixpunkt *nm*

Wiederanlaufprogramm *nn* SW → **restart routine**
→ Wiederanlaufroutine *nf*

Wiederanlaufpunkt *nm* SW → **checkpoint** *n*
→ Fixpunkt *nm*

Wiederanlaufroutine *nf* SW **restart routine**
= Wiederanlaufprogramm *nn*; Restartroutine *nf*; Restartprogramm *nn* — = restart program
≈ Fixpunktroutine — ≈ checkpoint routine

wiederanlaufsicher DAT.CO **restart-proof**
= restart-protected

wiederanlegen EL.TEC → **re-input** *vt*
→ wiedereinspeisen

Wiederanruf *nm* SWITCH **recall** *n*
= Wiederherbeiruf *nm*

Wiederanschaffung *nf* ECON → **reposition** *n*
→ Wiederbeschaffung *nf*

wiederanschließen TELEC **reconnect** *vt*
= Verbindung wiederherstellen

Wiederanschließung *nf* TELEC **reconnection** *n*
= Wiederanschluss *nm*; Wiederverbindung *nf*

Wiederanschluss *nm* TELEC → **reconnection** *n*
→ Wiederanschließung *nf*

Wiederanstieg *nm* TECH **resurgence** *n*
= Wiederanwachsennn

Wiederanwachsennn TECH → **resurgence** *n*
→ Wiederanstieg *nm*

Wiederauffinden *nn* DAT.MA → **retrieval** *n*
→ Wiedergewinnung *nf*

wiederauffrischen DAT.MA → **refresh** *vt*
→ auffrischen

wiederauffüllen TECH → **replenish** *vt* (2)
→ nachfüllen *vt*

Wiederauffüllung *nf* TECH **replenishment** *n* (2)
= Wiederaufstockung *nf* (fig) — [repetitive action of filling up again]
↑ Auffüllung

wiederaufladbar POW.SY **rechargeable** *adj*
= aufladbar; wiederladbar; nachladbar; ladbar — = chargeable; reloadable

wiederaufladbare Batterie POW.SY **rechargeable battery**
= wiederladbare Batterie; nachladbare Batterie — = reloadable battery

Wiederaufnahme *nf* COLL **resumption** *n*
= Wiederbeginn *nm* — = recommencement *n*

wiederaufnehmen *vi* COLL **resume** *vi*
= wiederbeginnen — = recommence *vi*

wiederaufnehmen *vt* DAT.PR **resume** *vt*
[einen Prozess ohne Änderung weiterlaufen lassen] — [restart whithout any change]

Wiederaufschwung *nf* ECON **recovery** *n*
= Erholung *nf*

Wiederaufstockung *nf* (fig) TECH → **replenishment** *n* (2)
→ Wiederauffüllung *nf*

Wiederausfuhr *nf* ECON **reexport** *n*
= Reexport *nm*

Wiederbeginn *nm* COLL → **resumption** *n*
→ Wiederaufnahme *nf*

wiederbeginnen COLL → **resume** *vi*
→ wiederaufnehmen *vi*

Wiederbelegung *nf* TRANSM **reinsert** *n*
= reuse *n*

wiederbenutzbar TECH → **reusable** *adj*
→ wiederverwendbar

Wiederbenutzbarkeit *nf* TECH → **reusability** *n*
→ Wiederverwendbarkeit *nf*

Wiederbenutzung *nf* TECH → **reuse** *n*
→ Wiederverwendung *nf*

Wiederbenutzungsabstand *nm* RADIO → **frequency reuse distance**
→ Frequenzwiederbenutzungsabstand *nm*

Wiederbeschaffung *nf* ECON **reposition** *n*
= Wiederanschaffung *nf*; Neubeschaffung *nf* — = replacement *n*

Wiederbeschaffungswert *nm* ECON **reposition value**
= unternehmenstypischer Wert — = replacement value; current reproduction cost; current cost

Wiederbeschaffungszeit *nf* ECON **reposition time**

wiedereingeben DAT.MA **reenter** *vt*
= erneut eingeben

Wiedereinschaltautomatik *nf* DAT.PR **power fail**
= automatic restart

wiedereinschreiben DAT.MA → **refresh** *vt*
→ auffrischen

wiedereinspeisen EL.TEC **re-input** *vt*
= wiederanlegen
= re-apply

wiedereintrittsinvariant SW → **reentrant** *adj*
→ ablaufinvariant

wiedereintrittsinvarianter Code SW → **reentrant code** *n*
→ ablaufinvariant codiertes Programm

wiederfinden TECH → **find** *vt*
→ finden

Wiedergabe *nf* MEDIA → **playback** *n*
→ Playback *nn*

Wiedergabe *nf* TER&PER **reproduction** *n*
= Reproduktion *nf*
≈ Widergabetreue
= rendition; restitution
≈ fidelity

Wiedergabecharakteristik *nf* TER&PER **reproducing characteristic**
= rendition characteristic; restitution characteristic

Wiedergabefunktion *nf* TER&PER **gamma function**

Wiedergabefunktion *nf* CONS.EL → **play mode**
→ Wiedergabemodus *nm*

Wiedergabegüte *nf* EL.ACOU → **fidelity** *n*
→ Wiedergabetreue *nf*

Wiedergabekorrektur *nf* TER&PER **gamma correction**
= Gammakorrektur *nf*

Wiedergabemodus *nm* CONS.EL **play mode**
= Wiedergabefunktion *nf*
= play function

Wiedergabemodus *nm* PHOT **vision mode**

Wiedergabequalität *nf* EL.ACOU → **fidelity** *n*
→ Wiedergabetreue *nf*

Wiedergabe rückwärts TV **reverse motion**

Wiedergabetaste *nf* CONS.EL **play key**

Wiedergabetreue *nf* EL.ACOU **fidelity** *n*
= Wiedergabegüte *nf*; Wiedergabequalität *nf*; Originaltreue *nf*
= reproduction quality

wiedergewinnbar TECH **retrievable** *adj*
= rückgewinnbar; zurückgewinnbar

wiedergewinnen DAT.MA **retrieve** *vt*
[von Daten aus einem Datenbestand]
≈ einspielen; abfragen; auslesen
[of data from a data stock]
≈ import; inquire; read-out

wiedergewinnen TECH → **retrieve** *vt*
→ zurückgewinnen

Wiedergewinnung *nf* TECH → **recycling** *n*
→ Rückgewinnung *nf*

Wiedergewinnung *nf* DAT.MA **retrieval** *n*
= Wiederauffinden *nn*; Wiederabrufen *nn*; Retrieval *nn* (ANGL)
≈ Abruf
= recovery *n* (3); retrieving *n*
≈ fetch

Wiedergewinnung *nf* TECH → **retrieval** *n*
→ Zurückgewinnung *nf*

Wiederhall *nm* ACOUS → **echo** *n*
→ Echo *nn*

Wiederherbeiruf *nm* SWITCH → **recall** *n*
→ Wiederanruf *nm*

wiederherstellen TECH **recover** *vt*
= rückstellen; rückführen
≈ instandsetzen
= restore *vt*; reestablish *vt*; recreate *vt*

wiederherstellen DAT.MA **recover** *vt*
[einen gelöschten Eintrag]
≈ rückgängigmachen
[to reverse a deletion]
= undelete *vt*; unerase *vt*; restore *vt*

Wiederherstellung *nf* EL.TRO → **recovery** *n*
→ Rückgewinnung *nf*

Wiederherstellung *nf* TECH **restoration** *n*
≈ Instandsetzung
= reestablishment *n*; restitution *n*; recovery *n*
≈ repair

Wiederherstellung *nf* DAT.MA **recovery** *n* (1)
[verlorener Daten]
= Behebung *nf*; Recovery
[of lost data]
= undelete *n*; restore *n*

Wiederherstellung nach Absturz DAT.MA **crash recovery**

Wiederherstellungsdatei *nf* DAT.MA **recovery file**
= restore *n*

Wiederherstellungs-Dienstprogramm SW **undelete utility**

Wiederherstellungsprozedur *nf* DAT.CO → **recovery procedure**
→ Rückstellprozedur *nf*

Wiederherstellungszeit *nf* DAT.PR **system recovery time**
= rerun time (1); post-mortem time

Wiederholangabe *nf* COMP.LG **replicator** (ALGOL)
= repeat specification (FORTRAN)

Wiederholanzeige *nf* DAT.PR **refresh indicator**
= Refresh-Anzeige *nf*

Wiederholautomatik *nf* COMP.AP → **keyboard repeat**
→ Tastenwiederholautomatik *nf*

wiederholbar TECH → **reproducible** *adj*
→ reproduzierbar

Wiederholbarkeit *nf* QUAL **reproducibility** *n*
= repeatability *n*

Wiederholbefehl *nm* SW **rerun instruction**
= Wiederholungsbefehl *nm*
= repetition instruction

Wiederholbildschirm *nm* TER&PER **refresh screen**
= Wiederholschirm *nm*; Bildwiederholschirm *nm*; Refresh-Bildschirm *nm*
↓ Rasterbildschirm
= refresh display; refresh terminal
↓ raster display

WIEDERHOLE-BIS-Anweisung *nf* COMP.LG **REPEAT-UNTIL statement**
[in problemorientierten Sprachen]
↑ iterative Anweisung
[in high-level programming languages]
= REPEAT-UNTIL instruction
↑ iterative statement

wiederholen DAT.PR **repeat** *vt*
= rerun *vi*; retry *vi*; iterate *vi*; replicate *vi*

wiederholen COLL **repeat** *vt*
≈ neu machen
≈ redo

Wiederholerbake *nf* RAD.NA → **transponder** *n*
→ Antwortbake *nf*

Wiederholfunktion *nf* TER&PER **repeat function**
[Tastatur]
[keyboard feature]
= repeat feature; auto-repeat

Wiederholgenauigkeit *nf* INSTR **repeatability** *n*
[Breite des Streubereichs unter konstanten Bedingungen]
[width of accuracy window under identical conditions]

Wiederholgenauigkeit *nf* TER&PER **repeatability** *n*
[Plotter]
[plotter]

Wiederholhäufigkeit *nf* COLL → **repetitiveness** *n*
→ Wiederholungshäufigkeit *nf*

Wiederholprogramm *nn* SW **rerun program**
= Wiederholungsprogramm *nn*; Wiederholungsroutine *nf*
= rerun routine; repetition program; repetition routine; rollback program; rollback routine

Wiederholpunkt *nm* SW → **checkpoint** *n*
→ Fixpunkt *nm*

Wiederholschirm *nm* TER&PER → **refresh screen**
→ Wiederholbildschirm *nm*

Wiederholschleife *nf* SW **repeat loop**

Wiederholspeicher *nm* SWITCH **retransmission buffer**

wiederholt TECH **repetitive** *adj*
≈ periodischer; kontinuierlich
= continual *adj* (2)
≈ periodic; continuous

wiederholt TECH **repeated** *adj*

Wiederholtaste *nf* TER&PER **repeat key**
[wiederholt das Zeichen solange gedrückt]
= Wiederholungstaste *nf*; REPEAT-Taste *nf*
≈ Dauertaste
[repeats character while held down]
= autorepeat key; typematic
≈ run-out key

wiederholter Fehler DAT.PR → **repetitive error**
→ Wiederholungsfehler *nm*

wiederholtes Einschreiben DAT.MA → **refreshing** *n*
→ Auffrischen *nn*

Wiederholung *nf* DAT.PR → **rerun** *n* (1)
→ Wiederholungslauf *nm*

Wiederholung *nf* DAT.CO **repeat** *n*
≈ Wiederholungsversuch
≈ retry

Wiederholungsadressierung *nf* SW **repetitive addressing**
≠ implizierte Adressierung
≠ one-ahead addressing

Wiederholungsaufforderung *nf* DAT.CO **request for repeat**
= reject *n*

Wiederholungsbefehl *nm* SW → **rerun instruction**
→ Wiederholbefehl *nm*

Wiederholungsbetrieb *nm* DAT.PR **repetitive operation**

Wiederholungsfehler *nm* DAT.PR **repetitive error**
= wiederholter Fehler

Wiederholungsfrequenz *nf* EL.TRO → **repetition frequency**
→ Wiederholungsgeschwindigkeit *nf*

Wiederholungsgeschwindigkeit *nf* EL.TRO **repetition frequency**
= Wiederholungsfrequenz *nf*; Folgefrequenz *nf*
= repetition rate

Wiederholungshäufigkeit *nf* COLL **repetitiveness** *n*
= Wiederholhäufigkeit *nf*

Wiederholungslauf *nm* DAT.PR **rerun** *n* (1)
= Wiederholung *nf*
= repeat *n*; retry *n*

Wiederholungsprogramm *nn* SW → **rerun program**
→ Wiederholprogramm *nn*

Wiederholungsroutine *nf* SW → **rerun program**
→ Wiederholprogramm *nn*

Wiederholungstaste *nf* TER&PER → **repeat key**
→ Wiederholtaste *nf*

Wiederholungsüberbeanspruchung *nf* DAT.PR **repetitive strain injury**
[einer Bedienperson] [to computer operator]
= RSI

Wiederholungsversuch *nm* DAT.CO **retry** *n*
≈ Wiederholung ≈ repetition

Wiederholungszeichen *nn* PRIN.ME **swing dash**
= Tilde *nf* = tilde *n*

Wiederholzähler *nm* SW **repeat counter**

Wiederholzeit *nf* DAT.PR **rerun time** (2)
[für Wiedrholungen reservierte Zeit] [time reserved for reruns]

Wiederinbetriebnahme *nf* TECH **return to service**

wiederinitialisieren DAT.PR → **reinitialize**
→ neuinitialisieren

Wiederinitialisierung *nf* DAT.PR → **reinitialization** *n*
→ Neuinitialisierung *nf*

wiederinstandsetzen TECH → **repair** *vt*
→ instandsetzen

Wiederinstandsetzung *nf* TECH → **repair** *n*
→ Instandsetzung *nf*

Wiederkauf ECON **repurchasing** *n*

wiederkehrend TECH **recurrent** *adj*
= rekursiv; rekurrent [returning from time to time]
≈ zyklisch ≈ repetitive; cyclic

wiederladbar POW.SY → **rechargeable** *adj*
→ wiederaufladbar

wiederladbare Batterie POW.SY → **rechargeable battery**
→ wiederaufladbare Batterie

wieder machen TECH **redo** *vt*
= neu machen

wiederprogrammierbar MICR.EL **reprogrammable**
= mehrfach programmierbar; umprogrammierbar

wieder sichern DAT.MA → **resave** *vt*
→ neu sichern

Wiederstandsnahtschweißen *nn* METAL → **seam welding**
→ Nahtschweißung *nf*

wiederverbinden PHYS → **recombine** *vi*
→ rekombinieren

Wiederverbindung *nf* PHYS → **recombination**
→ Rekombination *nf*

Wiederverbindung *nf* TELEC → **reconnection** *n*
→ Wiederanschließung *nf*

wiedervereinigen PHYS → **recombine** *vi*
→ rekombinieren

Wiedervereinigung *nf* PHYS → **recombination**
→ Rekombination *nf*

Wiedervereinigungsrate *nf* PHYS → **recombination rate**
→ Rekombinationsrate *nf*

Wiedervereinigungsrate *nf* PHYS → **recombination radiation**
→ Rekombinationsstrahlung *nf*

Wiederverkauf *nm* ECON **resale** *n*
≈ Zwischenhandel ≈ intermediate trade

wiederverkaufen ECON **resell** *vt*

Wiederverkäufer *nm* ECON **reseller** *n*
≈ Zwischenhändler = retailer *n*
≈ intermediary

wiederverwendbar TECH **reusable** *adj*
= wiederverwertbar; wiederbenutzbar

Wiederverwendbarkeit *nf* TECH **reusability** *n*
= Wiederbenutzbarkeit *nf*

Wiederverwendung *nf* TECH **reuse** *n*
= Wiederverwertung *nf*; Wiederbenutzung *nf*

Wiederverwendungsabstand *nm* BROADC **reuse distance**
= Wiederverwendungsentfernung *nf*

Wiederverwendungsentfernung *nf* BROADC → **reuse distance**
→ Wiederverwendungsabstand *nm*

wiederverwertbar TECH → **reusable** *adj*
→ wiederverwendbar

Wiederverwertung *nf* TECH → **reuse** *n*
→ Wiederverwendung *nf*

wiedervorkommend ECON → **recurring**
→ laufend

Wiedervorlage *nf* OFFICE **resubmission** *n*

Wiedervorlagemappe *nf* OFFICE → **follow-up portfolio**
→ Terminmappe *nf*

Wiederwahl *nf* TELEC **redial** *n*
= Neuwahl *nf*

Wiederwahl *nf* TELEPH → **redialing** *n*
→ Wahlwiederholung *nf*

wiederwählen TELEC **re-dial** *vi*
= neuwählen

Wiederwahltaste *nf* TER&PER **automatic redialing key**
= Wahlwiederholungstaste *nf*

wieder zeichnen TECH → **redraw** *vt*
→ neu zeichnen

wiegen TECH → **weigh** *vt*
→ wägen *vt*

wiegen MATH → **weighted** *vt*
→ bewerten

wiegen TECH → **reciprocate** *vi*
→ hin- und herbewegen

Wien-Brücke *nf* INSTR **Wien bridge**

Wien-Robinson-Brücke *nf* INSTR **Wien-Robinson bridge**

Wien-Robinson-Brückenoszillator *nm* CIRC.EN → **Wien-Robinson oscillator**
→ Wien-Robinson-Oszillator *nm*

Wien-Robinson-Oszillator *nm* CIRC.EN **Wien-Robinson oscillator**
= Wien-Robinson-Brückenoszillator *nm* ↑ RC oscillator
↑ RC-Oszillator

wiensches Verschiebungsgesetz PHYS **Wien's displacement law**
[schwarzer Strahler] [black body]
= Wien'sche Verschiebung *nf*

Wien'sche Verschiebung *nf* PHYS → **Wien's displacement law**
→ wiensches Verschiebungsgesetz

Wieserherstellungsaufnahme *nf* IMAG.ME **reestablishing shot**

Wi-Fi-Standard *nm* DAT.NW **Wi Fi application**
[ein W-LAN bis 11 Mbit/s] [WIreless Fidelity; a W-LAN up to 11Mbps on unlicensed airwave spectrum]
= 802.11b-Standard *nm* = 802.11b standard

wilde Schwingung CIRC.EN → **race condition**
→ überschnelle Schwingung

Wildwestfilm *nm* IMAG.ME → **western** *n*
→ Westernfilm *nm*

Williamsröhre *nf* EL.TRO → **storage tube**
→ Speicherröhre *nf*

willkürlich TECH **arbitrary**
= beliebig = at random

wilsonsche Nebelkammer PHYS **Wilson cloud chamber**
= Wilson'sche Nebelkammer

Wilson'sche Nebelkammer PHYS → **Wilson cloud chamber**
→ wilsonsche Nebelkammer

WIMP COMP.AP **WIMP**
[SW dessen Bedieneroberfläche ausschließlich mit Fenstern, Piktogrammen, Maussteuerung u. Zeigern operiert] [Window, Icon; Mouse; Pointers; software with an user interface working exclusively with windows, icons, mouse control and pointers]
↓ GEM ↓ GEM

Winchester-Laufwerk *nn* TER&PER **Winchester disk drive** (1)
[Festplattenlaufwerks-Technik; Lesekopf gleitet auf einem Luftkissen; vom Winchester-Gewehr 30-30, da die Spezifikation 30 MBytes und 30 ms forderte] [technology for fixed disk drives; magnetic head glides on an air cushion; from the 30-30 Winchester rifle, as the spec required 30 Mbyte and 30 ms]
≈ Winchester-Plattenspeicher = Winchester drive
↑ Festplattenlaufwerk (1) ≈ Winchester disk memory
↑ fixed disk drive

Winchesterplatte *nf* TER&PER **Winchester disk**
[mit spezieller Gleitschicht zum Schutz vor den Magnetkopflandungen] [with special protective coat against the landings of the magnetic head]
↑ Festplatte = lubricated magnetic disk
↑ fixed disk

Winchester-Plattenspeicher *nm* TER&PER **Winchester disk memory**
= Winchesterspeicher *nm* = Winchester file; Winchester disk drive (2)
≈ Winchester-Laufwerk ≈ Winchester disk drive (1)
↑ Magnetplattenspeicher ↑ fixed disk memory

Winchesterspeicher *nm* TER&PER → **Winchester disk memory**
→ Winchester-Plattenspeicher *nm*

Wind *nm* METEO **wind** *n*
↓ Brise ↓ breeze

Wind, harter METEO → **breeze, strong**
→ Wind, starker

Wind, starker METEO **breeze, strong**
[Windstärke 6 (39-49 km/h)] [Beaufort Number 6 (25-31 mph)]
= Wind, harter

Wind, steifer METEO **gale, moderate**
[Windstärke 7 (50-61 km/h)] [Beaufort Number 7 (32-38 mph)]

Wind, stürmischer METEO → **gale, fresh**
→ Sturmwind *nm*

Winddruck *nm* TECH **wind pressure**

Winde *nf* TECH **winch** *n*
= Zugwinde *nf*; Seilwinde *nf* = windlass *n*
≈ Haspel ≈ reel

↓ Kabelziehwinde [OUT.PL] — ↓ cable winch [OUT.PL]
Windenergie *nf* POW.SY **wind energy**
Windenseil *nn* OUT.PL **winch cable**
= Zugseil *nn* — = draw cable; traction rope; pulling-in line
Windkanal *nm* TECH **wind tunnel**
Windlast *nf* CIV.EN **wind load**
Windmesser *nm* METEO **anemometer** *n*
= Anemometer *nn*
Windom-Antenne *nf* ANT **Windom antenna**
= off-center fed antenna
Windows COMP.AP → **Microsoft Windows**
→ Microsoft Windows *nn*
Windows *nn* SW **Windows** *n*
[Betriebssystem von Microsoft] — [operating system of Microsoft]
= WinNT
Windows NT *nn* SW **Windows NT** *n*
[Betriebssystem von Microsoft] — [operating system of Microsoft]
= WinNT — = WinNT
Windows-Socket DAT.NW **Windows socket**
windschief MATH **skew** *adj*
[nicht in einer Ebene liegend] — [not in a same plane]
windschief TECH **warped**
= verzogen — = out of shape
≈ schief (1) — ≈ skew
windschlüpfrig TECH → **streamlined** *adj*
→ stromlinienförmig
windschnittig TECH → **streamlined** *adj*
→ stromlinienförmig
Windschutzkorb *nm* EL.ACOU **windscreen** *n*
windstill METEO **calm** *adj*
= airless
Windstille *nf* METEO **calm** *n*
[Windstärke 0 (bis 1 km/h)] — [Beaufort Number 0 (less than 1 mph)]
Windstoß *nm* METEO **windflaw** *n*
≈ Windsturm — = gust *n*; wind rush; blast *n*; flaw *n*
≈ wind storm
Windsturm *nm* METEO **wind storm**
≈ Windstorm — ≈ windflaw
Windung *nf* EL.TEC **turn** *n*
≈ Wicklung — = spire *n*
≈ winding
Windungsfläche *nf* PHYS **winding surface**
Windungsverhältnis *nn* EL.TEC **turns ratio**
[Transformator, Übertrager] — [transformer]
= Wicklungsverhältnis *nn*; Übersetzungsverhältnis *nn*; Übersetzung *nf* — = transformer ratio; transformation ratio
Windungszahl *nf* EL.TEC **number of turns**
Windungszahlfaktor *nm* EL.TEC **turns factor**
Wink *nm* COLL → **cue** *n*
→ Tip *nm*
Winkel *nm* (*pl* -) MATH **angle** *n*
↓ ebener Winkel; Raumwinkel — ↓ plain angle; solid angle
Winkel *nm* (*pl* -) TECH **corner** *n*
[Ecke]
winkelabhängig MATH **angular-dependent**
Winkelabhängigkeit *nf* MATH **angular dependence**
= angular function (2)
Winkelabweichung *nf* MATH **angular displacement**
Winkeladapter *nm* COMPO **angular adapter**
Winkelauflösung *nf* PHYS **angular resolution**
Winkelbereich *nm* MATH **angular range**
Winkelbeschleunigung *nf* PHYS **angular acceleration**
Winkelbuchse *nf* COMPO **elbow jack**
= Winkelkupplung *nf* — ≠ elbow plug
≠ Winkelstecker
Winkelcharakteristik *nf* PHYS **angular characteristic**
= angle characteristic
Winkelcodierer *nm* AUTOMA **angle-position encoder**
[setzt Winkelwerte in Codewörter um] — [encodes angular values]
= Drehwinkelcodierer *nm* — = encoder *n*
≈ Winkelwertgeber — ≈ angular position pickup
Winkeldämpfung *nf* ANT **angular attenuation**
[bezogen auf Hauptrichtung] — [relative to main direction]
= Winkelentkopplung *nf* — = angular decoupling; angular discrimination
Winkeldämpfungs-Hüllkurve *nf* ANT **radiation pattern envelope**
= RPE — = RPE
Winkeldipol *nm* ANT **angular dipole**
= Quadrantantenne *nf*; V-Dipol *nm* — = V dipole; quadrant antenna

Winkeldiversity *nn* RAD.RE **angular diversity**
= angle diversity
Winkeldiversityantenne *nf* ANT **angular diversity antenna**
= ADA
Winkeleisen *nn* MEC.EN **angle iron**
Winkelentkopplung *nf* ANT → **angular attenuation**
→ Winkeldämpfung *nf*
Winkelfehler *nm* TECH **angular error**
= angularity error
winkelförmig TECH **angular**
= eckig
Winkelfunktion *nf* MATH **angular function** *n* (1)
= trigonometrische Funktion — = trigonometric function
Winkelgeschwindigkeit *nf* (1) PHYS → **angular velocity** *n* (1)
→ Rotationsgeschwindigkeit *nf*
Winkelgeschwindigkeit *nf* (2) PHYS → **angular frequency**
→ Kreisfrequenz *nf*
Winkelgeschwindigkeits-Aufnehmer AUTOMA **angular velocity pickup**
= Drehgeschwindigkeits-Aufnehmer *nm*
winkelgetreu MATH **angle-preserving** *adj*
= winkeltreu; isogonal (2) — = isogonal (2)
Winkelhaken *nm* OUT.PL **sag gauge**
[Durchhangskontrolle] — [sag control]
Winkelhalbierende *nf* MATH **bisector** *n*
Winkelklammer *nf* MATH → **angle bracket**
→ spitze Klammer
Winkelkonstante *nf* LINE TH → **phase constant**
→ Phasenkonstante *nf*
Winkelkupplung *nf* COMPO → **elbow jack**
→ Winkelbuchse *nf*
Winkellehre *nf* MEC.EN **angle gage**
Winkelmaß *nn* LINE TH → **phase constant**
→ Phasenkonstante *nf*
Winkelmaß *nn* MATH **angular dimension**
↓ Gradmaß; Bogenmaß — ↓ angular measure; radian measure
Winkelmaß *nn* INSTR **protractor** *n*
= Winkelmesser *nm*; Goniometer *nn* — = goniometer *n*
≈ Zeichendreieck — ≈ strightedge
Winkelmaß *nn* ENG.DRA **protractor** *n*
= Winkelmesser *nm*; Goniometer *nn* — = goniometer *n*
≈ Zeichendreieck — ≈ straightedge
Winkelmesser *nm* INSTR → **protractor** *n*
→ Winkelmaß *nn*
Winkelmesser *nm* ENG.DRA → **protractor** *n*
→ Winkelmaß *nn*
Winkelmodulation *nf* MODUL **angle modulation**
↓ Phasenmodulation; Frequenzmodulation — ↓ phase modulation; frequency modulation
Winkelöffnung *nf* PHYS **angular aperture**
Winkelpunkt *nm* OUT.PL **angular point**
winkelrecht MATH → **right-angled** *adj*
→ rechtwinklig
Winkelreflektor *nm* ANT **corner reflector**
= Eckreflektor *nm*; Corner-Reflektor *nm* — = V reflector
Winkelreflektor-Antenne *nf* ANT **corner-reflector antenna**
= Corner-Reflektor-Antenne *nf* — = corner antenna; cornel-reflector aerial; corner aerial
Winkelreflektorfeld *nn* ANT **corner reflector array**
Winkelrichtgröße *nf* INSTR → **directional constant**
→ Drehfederkonstante *nf*
Winkelschiene *nf* MEC.EN **angle bar**
Winkelschnittanalyse *nf* TER&PER **angular section analysis**
[Zeichenlesung] — [character recognition]
= Winkelschnittverfahren *nn*
Winkelschnittverfahren *nn* TER&PER → **angular section analysis**
→ Winkelschnittanalyse *nf*
Winkelschraubendreher *nm* TECH **angular screw driver**
= Winkelschraubenzieher *nm* — = angular offset screw driver
Winkelschraubenzieher *nm* TECH → **angular screw driver**
→ Winkelschraubendreher *nm*
Winkelschrittgeber *nm* AUTOMA **incremental angle-position encoder**
Winkelsensor *nm* TER&PER **twinkle box**
[an input device with angular sensing of light-emitting sources]
Winkelsensor *nm* COMPO **angular sensor**
Winkelstecker *nm* (1) COMPO **elbow plug**
≠ Winkelbuchse — ≠ elbow jack
Winkelstecker *nm* (2) COMPO → **edge connector**
→ Randstecker *nm*
Winkelsteckleiste *nf* COMPO → **edge connector**
→ Randstecker *nm*

Winkelstellung *nf* TECH **angular position**
= Winkelwert *nm* = angle value

Winkelstück *nn* MEC.EN → **elbow** *n*
→ Krümmer *nm*

Winkeltoleranz *nf* TECH **angle tolerance**

winkeltreu MATH → **angle-preserving** *adj*
→ winkelgetreu

Winkeltrieb *nm* MEC.EN **angular drive**
[Zahnrad] [gear]

Winkelverteilung *nf* PHYS **angular distribution**

Winkelwert *nm* TECH → **angular position**
→ Winkelstellung *nf*

Winkelwertgeber *nm* AUTOMA **angular position pickup**
≈ Winkelcodierer ≈ angular position encoder

Winkelzeichen *nn* PRIN.ME **caret** *n*
[Symbole: ^ oder > für "füge an dieser Stelle ein"] [symbols: ^ or > for "insert at this point"]
= Caret *nn*
↑ Korrekturzeichen

Winkelzeichen *nn* MATH **angle sign**
= angle symbol

WinNT SW → **Windows NT** *n*
→ Windows NT *nn*

WinNT SW → **Windows** *n*
→ Windows *nn*

WINS DAT.NW **WINS**
= Windows Internet Name Service

Winsock-Schnittstelle *nf* SW **Winsock interface**

Wintel *nm* DAT.PR **Wintel**
[Kürzel für PC's mit Windows u. Intel] [short hand for PC's with Windows SW and Intel HW]

winzig COLL **tiny** *adj*
≈ klein ≈ small

winziger Text INTERNET **tiny text**

Wippe *nf* TECH → **rocker arm**
→ Schwinghebel *nm*

Wippen-DIP-Schalter *nm* COMPO **rocker DIP switch**

Wippenschalter *nm* COMPO **rocker switch**
= Wippschalter *nm* = rocking switch

Wippschalter *nm* COMPO → **rocker switch**
→ Wippenschalter *nm*

Wirbel *nm* MATH → **curl** *n*
→ Rotation *nf*

Wirbel *nm* PHYS **curl** *n*
≈ Wirbelströmung = eddy *n*; vortex *n*
≈ turbulente flow

Wirbel *nm* TECH **swivel** *n*
[einstellbares Verbindungselement] [adjustable junction element]

Wirbelfeld *nn* MATH **rotational field**
= solenoidal field

wirbelfrei MATH **irrotational** *adj*
= rotationsfrei = swirl-free; potential

wirbelfreies Feld PHYS **irrotational field**
[mit Rotation gleich Null]

Wirbelfreiheit *nf* MATH **irrotationality**

Wirbelstrom *nm* EL.TEC **eddy current**
= Foucaultscher Strom = Foucault current

Wirbelstrombremse *nf* PHYS **eddy-current brake**

Wirbelstromdämpfung *nf* EL.TEC **eddy current damping**

Wirbelstromtachometer *nn* INSTR **drag-torque tachometer**

Wirbelströmung *nf* PHYS **turbulent flow**
= turbulente Strömung; Turbulenzströmung *nf*; Turbulenz *nf* = turbulence *n*
≈ Wirbel ≈ curl

Wirbelstromverlust *nm* EL.TEC **eddy current loss**

Wire-wrap-Technik *nf* EL.TRO → **wire-wrap technique**
→ Drahtwickeltechnik *nf*

Wirkbetrieb *nm* TECH **active operation**
= effective operation

Wirkdämpfung *nf* EL.TEC **effective attenuation**

Wirkfeld *nn* ANT **active field**
≈ Fernfeld ≈ far field

Wirkfläche *nf* ANT → **effective aperture**
→ Antennenwirkfläche *nf*

Wirkleistung *nf* EL.TEC **active power**
[zeitlicher Mittelwert der Leistung] [time average of power]
= mittlere Leistung; Effektivleistung *nf* = effective power; real power; true power
↓ Verlustleistung ↓ dissipation power

Wirkleistungsanpassung *nf* EL.TEC **active power matching**
↑ Anpassung (1) = effective power matching; true power matching; active power match; effective power match; true power match
↑ matching

Wirkleistungsanpassung *nf* NETW.TH → **matching** *n* (1)
→ Anpassung *nf* (1)

Wirkleistungsmesser *nm* INSTR **active power meter**
= Wirkverbrauchzähler *nm* = real power meter; effective power meter
↑ Leistungsmesser; Wechselstromzähler ↑ watthour meter

Wirkleitwert *nm* NETW.TH **conductance**
[Realteil des komplexen Scheinleitwerts] [real part of admittance]
= Konduktanz *nf*

wirklich COLL → **real** *adj*
→ tatsächlich *adj*

wirkliche Adresse SW → **absolute address**
→ absolute Adresse

Wirklichkeitsform *nf* LING → **indicative mood**
→ Indikativ *nn*

wirksam TECH → **effective** *adj*
→ wirkungsvoll

wirksame Antennenhöhe ANT → **effective antenna height**
→ effektive Antennenhöhe

wirksame Antennenlänge ANT **effective antenna length**
≈ effektive Antennenhöhe ≈ effective antenna height

wirksame Höhe ANT → **effective antenna height**
→ effektive Antennenhöhe

wirksame Permeabilität EL.TEC → **apparent permeability**
→ Scheinpermeabilität *nf*

Wirksamkeit *nf* TECH **effectiveness** *n*
= Effektivität *nf* = efficaciousness; effectuality; operativity; operativeness
≈ Effizienz ≈ effectivity

wirksam schalten EL.TRO → **enable** *vt*
→ freigeben

Wirkschaltplan *nm* EL.TRO → **circuit diagram**
→ Stromlaufplan *nm*

Wirkspannung *nf* EL.TEC **active voltage**
[Wirkleistung durch Wirkstrom] [active power to active current ratio]
= Effektivspannung *nf*; Effektivwert der Spannung

Wirkstrom *nm* EL.TEC **active current**
[Wirkleistung durch Wirkspannung] [active power to active voltage ratio]
= Effektivstrom *nm*; Effektivwert des Stroms

Wirktiefe *nf* POW.EN **current penetration**

Wirkung *nf* PHYS **effect** *n*
≈ Reaktion ≈ reaction

Wirkung *nf* COLL **effect** *n*
= impact *n*

Wirkungselement *nn* MICR.EL → **actor** *n* (1)
→ Aktor *nm*

Wirkungselement *nn* AUTOMA → **actor** *n* (1)
→ Aktor *nm* (1)

Wirkungsfunktion *nf* NETW.TH **active function**
[Übertragungsfaktor als Funktion der komplexen Frequenz] [frequency response of transmission coefficient]
↓ Transferfunktion ↓ transfer function

Wirkungsgrad *nm* SWITCH **call fill pecentage**
= call fill

Wirkungsgrad *nm* PHYS **efficiency** *n*
= Nutzeffekt *nm*; Ergiebigkeit *nf*

wirkungslos TECH → **ineffective** *adj*
→ unwirksam

Wirkungslosigkeit *nf* TECH → **ineffectiveness** *n*
→ Unwirksamkeit *nf*

Wirkungsnullstelle *nf* NETW.TH **effective zero point**

Wirkungsquantum *nn*, PHYS → **Planck's constant**
→ plancksches Wirkungsquantum

Wirkungsquerschnitt *nm* PHYS **effective cross-section**

wirkungsvoll TECH **effective** *adj*
= wirksam; effektiv = efficacious; effectual; efficient; operative
≠ unwirksam ≠ ineffective

Wirkungweise *nf* TECH → **operating mode** *n*
→ Betriebsart *nf*

Wirkverbrauchzähler *nm* INSTR → **active power meter**
→ Wirkleistungsmesser *nm*

Wirkverstärkung *nf* NETW.TH **effective amplification**

Wirkwiderstand *nm* NETW.TH **active resistance**
[Realteil des komplexen Scheinwiderstandes] [real part of impedance]
= Resistanz *nf* = effective resistance; resistance

≈ reeller Widerstand; Gleichstromwiderstand [EL.TEC]; ohmscher Widerstand [EL.TEC] — ≈ true resistance; dc resistance [EL.TEC]; ohmic resistance [EL.TEC]
≠ Blindwiderstand — ≠ reactance

Wirkwiderstandsmesser *nm* INSTR → **resistance meter**
→ Widerstandsmesser *nm*

Wirrkopfkomödie *nf* IMAG.ME **screwball comedy**

Wirt *nm* COLL → **host** *n*
→ Gastgeber *nm*

Wirtschaft *nf* ECON **economy** *n* (2)
= Ökonomie *nf* — ≈ business world
≈ Geschäftswelt

wirtschaftiche Nutzungsdauer ECON **useful life**

Wirtschaftler *nm* ECON **economist** *n*
= Wirtschaftsfachmann *nm*; Wirtschaftsexperte *nm* — = economical analyst; economical expert

wirtschaftlich (1) ECON **economic** *adj*
[die Wirtschaft betreffend] — [related to economics]
= fiscal

wirtschaftlich (2) ECON **cost-effective** *adj* (1)
[Kosten sparend] — [saving costs]
= ökonomisch — = economic
≈ rentabel; preiswert — ≈ profitable; cheap

wirtschaftlicher Abschwung ECON → **recession** *n*
→ Rezession *nf*

Wirtschaftlichkeit *nf* ECON **profitability** *n*
= Rentabilität *nf*; Ertragskraft *nf*; Lukrativität *nf*; Ertragsfähigkeit *nf*; Ertragspotential; Gewinnträchtigkeit *nf* — = profitableness *n*; cost effectiveness; operational efficiency; lucrativeness *n*; earning power; economic efficiency
≈ Rendite auf investiertes Kapital; Ertragslage — ≈ return on investment; earning

Wirtschaftsberater *nm* ECON **management consultant**

Wirtschaftsdaten *nplt* COMP.AP **economic data**

Wirtschaftsergebnis *nn* ECON **operational result**
= WE *nn*

Wirtschaftsexperte *nm* ECON → **economist** *n*
→ Wirtschaftler *nm*

Wirtschaftsfachmann *nm* ECON → **economist** *n*
→ Wirtschaftler *nm*

Wirtschaftsführung *nf* ECON → **housekeeping**
→ Haushaltung *nf*

Wirtschaftsinformatik *nf* COMP.AP **business informatics**
[Theorie und Technik der Anwendung von Informatik in der Wirtschaft] — [theory and engineering of informatics applications in business]
= economic informatics; economical informatics
↑ angewandte Informatik — ↑ applied informatics

Wirtschaftsingenieur *nm* ECON **industrial engineer**

Wirtschaftsplan *nm* ECON **budget** *n*

Wirtschaftsplan *nm* ECON → **budget** *n*
→ Etat *nm*

Wirtschaftsplanung *nf* ECON **budgeting** *n*
= economic planning

Wirtschaftspresse *nf* PRIN.ME **business and financial press**

Wirtschaftsprüfer *nm* ECON → **auditor** *n*
→ Rechnungsprüfer *nm*

Wirtschaftsprüfer *nm* ECON **auditor** *n*
= Revisor *nm* — = accountant *n* (BE); chartered accountant
≈ kaufmännischer Direktor — ≈ controller

Wirtschaftsprüfung *nf* ECON → **audit** *n*
→ Revision *nf*

Wirtschaftsspionage *nf* ECON **business espionage**
↓ Industriespionage — ↓ industrila espionage

Wirtschaftssprache *nf* LING **economic terminology**

Wirtschaftsunternehmen *nn* ECON → **company** *n*
→ Gesellschaft *nf*

Wirtschaftsverband *nm* ECON → **trade association**
→ Branchenverband *nm*

Wirtschaftsverkehr *nm* ECON → **commerce** *n*
→ Handel *nm*

Wirtschaftswissenschaften *nplt* ECON **economics** *nplt*
= economic sciences
↓ Betriebswirtschaftslehre; Volkswirtschaftslehre — ↓ business administration economics; political economics

Wirtschaftszahlen *nplt* ECON **economic data**

Wirtschaftszeitung *nf* PRIN.ME **business paper**

Wirtschaftszweig *nm* ECON **economic sector**
= economic branch

Wirtsfunktion *nf* DAT.PR **hosting** *n*
= Hosting *nn* — = host function

Wirtsfunktion ausüben, die DAT.PR **host** *vi*
= beherbergen

Wirtskristall *nm* PHYS → **host crystal**
→ Grundkristall *nm*

Wirtsmaterial *nn* MICR.EL → **substrate** *n*
→ Substrat *nn*

Wirtsprogramm *nn* SW **host program**

Wirtsrechner *nm* DAT.NW → **host computer**
→ Hauptrechner *nm*

Wirtssprache *nf* COMP.LG → **host language**
→ Gastsprache *nf*

wir wurden leider unterbrochen TELEPH **I'm afraid we were cut off**

WISC-Computer *nm* DAT.PR → **WISC**
→ WISC-Rechner *nm*

wischbar TECH **blendable**
[Farbe] — [paint]

Wischblende *nf* CINEMA **wipe** *n*

wischen COLL **wipe** *vt*

Wischermeldung *nf* TELECON **transient information**
≈ Kurzzeitmeldung — = transitory alarm
≈ fleeting information

wischfest TECH **wipe-resistant**
[Farbe] — [paint]
= smudge-proof; non-smudge; smear-proof; non-smear; smear-resistant

Wischfestigkeit *nf* TECH **wipe-resistance**

Wischkontakt *nm* COMPO **wiping contact**
= Schleifkontakt *nm* — = wiper *n*; slip contact; passing contact; momentary contact

Wischrelais *nn* COMPO **wiping relay**
[mit nur kurzen Kontaktschließungen] — [with short contact times only]

WISC-Rechner *nm* DAT.PR **WISC**
[erlaubt Erweiterung des Maschinenbefehlssatzes] — [Writable Instruction Set Computer; permits expansion of machine code set]
= WISC-Computer *nm*

Wismut *nn* CHEM **bismuth** *n*
= Bismut *nn*; Bi; Bismutum *nn* — = Bi

Wissen *nn* SCIE **knowledge** *n*

Wissen, solides COLL **knowledge, sound**
= grasp, sound

Wissen, tiefes COLL **knowledge, intimate**

Wissensansammlung *nf* ART.IN → **knowledge acquisition**
→ Wissenserwerb *nm*

Wissensarbeiter *nm* ECON **knowledge worker**

Wissensaustausch *nm* ECON **knowledge sharing**

wissensbasiert ART.IN **knowledge-based**

wissensbasiertes System ART.IN → **expert system**
→ Expertensystem *nn*

Wissensbasis *nf* ART.IN **knowledge base**
[Daten über Fakten und Verfahren eines Fachgebietes] — [data on facts and procedures of a speciality]
= Wissensdatenbank *nf* — ↑ expert system
↑ Expertensystem

Wissensbearbeitung *nf* ART.IN **knowledge work**
= Wissensverarbeitung *nf* — = knowledge processing

Wissenschaft *nf* SCIE **science** *n*

Wissenschafter *nm* (CH) SCIE → **scientist** *n*
→ Wissenschaftler *nm*

Wissenschaftler *nm* SCIE **scientist** *n*
= Wissenschafter *nm* (CH)
≈ Forscher

wissenschaftlich SCIE **scientific** *adj*
= szientifisch — = scientifical

wissenschaftliche Notation MATH → **scientific notation**
→ wissenschaftliche Zahlenschreibweise

wissenschaftlicher Computer DAT.PR **scientific computer**
= wissenschaftlicher Rechner

wissenschaftlicher Rechner DAT.PR → **scientific computer**
→ wissenschaftlicher Computer

wissenschaftliche Schreibweise COMP.SC → **floating-point representation**
→ Gleitkommadarstellung *nf*

wissenschaftliche Visualisierung SCIE **scientific visualization**
[Auswertung von Daten durch deren Visualisierung] — [interpretation of data by visualizing them]

wissenschaftliche Zahlenschreibweise MATH **scientific notation**
[z.B. 7E-2 statt 0,07] — [e.g. 7E-2 instead of 0.07]
= wissenschaftliche Notation — = E notation

Wissenschaftsnetz *nn* INTERNET → **research network**
→ Forschungsnetz *nn*

Wissenschaftszweig *nm* SCIE **discipline** *n* (2)
= Disziplin *nf* — = branch of science
≈ Studienzweig — ≈ discipline (1)

Wissensdarstellung *nf* ART.IN → **knowledge representation**
→ Wissensrepräsentation *nf*
Wissensdarstellung *nf* ART.IN **knowledge representation**
Wissensdatenbank *nf* ART.IN → **knowledge base**
→ Wissensbasis *nf*
Wissensdomäne *nf* ART.IN **knowledge domain**
[für das ein KI-System entwickelt ist] [field for which an AI system is designed]
= Wissensgebiet *nn*
Wissenserwerb *nm* ART.IN **knowledge acquisition**
= Wissensansammlung *nf* = knowledge gathering; knowledge collection
Wissensexplosion *nf* SCIE **knowledge explosion**
Wissensgebiet *nn* ART.IN → **knowledge domain**
→ Wissensdomäne *nf*
Wissensgebiet *nn* SCIE **field of knowledge**
Wissensindustrie *nf* ECON **knowledge industry**
Wissensingenieur *nm* ECON **knowledge engineer**
Wissenskluft *nf* MEDIA **knowledge gap**
Wissensmanagement *nn* ECON **knowledge management**
= KM
wissensorientiert ART.IN **knowledge-oriented**
= knowledge-based
Wissensrahmen *nm* ART.IN **knowledge frame**
Wissensrepräsentation *nf* ART.IN **knowledge representation**
= Wissensdarstellung *nf*
Wissensrobot *nm* ART.IN **knowbot** *n*
= Knowbot *nm*
Wissenstechnik *nf* ART.IN **knowledge engineering**
Wissensträger *nm* SCIE **know-how bearer**
wissensverarbeitendes System INF.TEC **knowledge-processing system**
Wissensverarbeitung *nf* ART.IN → **knowledge work**
→ Wissensbearbeitung *nf*
Wissensverarbeitungssystem *nn* ART.IN **knowledge information processing system**
= KIPS
Witterung *nf* METEO **weather conditions**
[Wetterbedingungen während eines bestimmten Zeitraums] [weather conditions during a determined time span]
= Wetterverhältnisse *nplt*; Wetterbedingungen *nplt*; Witterungsbedingungen *nplt*; Witterungsverhältnisse *nplt* ≈ weather; climate
≈ Wetter; Klima
witterungsbedingt TECH **weather-induced**
Witterungsbedingungen *nplt* METEO → **weather conditions**
→ Witterung *nf*
witterungsbeständig TECH → **weather-resistant** *adj*
→ wetterfest *adj*
Witterungsbeständigkeit *nf* TECH → **weather resistance**
→ Wetterfestigkeit *nf*
Witterungsfestigkeit *nf* TECH → **weather resistance**
→ Wetterfestigkeit *nf*
Witterungsschutz *nm* TECH **wheather protection**
= Wetterschutz *nm*
Witterungsverhältnisse *nplt* METEO → **weather conditions**
→ Witterung *nf*
Witwe PRIN.ME → **widow** *n*
→ Überhangzeile *nf*
Wizard COMP.AP **wizard**
[intelligente Hilfsroutine] [an intelligent routine supporting auxiliary functions]
= Heinzelmännchen
WLAN *nn* DAT.NW → **local-area wireless network**
→ Funk-LAN *nn*
W-LAN *nn* DAT.NW → **local-area wireless network**
→ Funk-LAN *nn*
WLL TELEC → **Wireless Local Loop**
→ drahtlose Anschlussleitung
WMF-Datei *nf* DAT.MA **WMF file**
= Windows Metafile
WML-Sprache *nf* DAT.NW **WML**
= Wireless Makeup Language
Wobbelbandbreite *nf* EL.TRO **sweep span**
= frequency span
Wobbelbereich *nm* EL.TRO **sweep range**
= Wobbelhub *nm* = vobulating range; wobbling range; scan width
Wobbelbetrieb *nm* EL.TRO → **sweeping** *n*
→ Wobbelung *nf*
Wobbeldurchgang *nm* EL.TRO **sweep** *n*
= pass *n*
Wobbeleinrichtung *nf* INSTR → **sweep generator**
→ Wobbelsender *nm*
Wobbelfrequenz *nf* EL.TRO **sweep rate**
= Wobbelgeschwindigkeit *nf* = sweep frequency; wobbling rate; wobbling frequency; vobulating rate; vobulating frequency
Wobbelfrequenzgang *nm* EL.TRO **sweep flatness**
Wobbelgenerator *nm* INSTR → **sweep generator**
→ Wobbelsender *nm*
Wobbelgenerator *nm* EL.TRO → **sweep generator**
→ Zeitablenkgenerator *nm*
Wobbelgerät *nn* INSTR → **sweep generator**
→ Wobbelsender *nm*
Wobbelgeschwindigkeit *nf* EL.TRO → **sweep rate**
→ Wobbelfrequenz *nf*
Wobbelhub *nm* EL.TRO → **sweep range**
→ Wobbelbereich *nm*
Wobbelmessplatz *nm* INSTR **sweep measuring set**
= sweep-level measuring set; wobbling measuring set; wobble measuring set
Wobbelmessung *nf* INSTR **swept measurement**
≠ punktweises Messen = swept analysis
≠ point-to-point measurement
Wobbeln *nn* EL.TRO → **sweeping** *n*
→ Wobbelung *nf*
wobbeln *vt* EL.TRO **sweep** *vt*
= wobble *vt*; vobulate *vt*; warble *vt*
Wobbelsender *nm* INSTR **sweep generator**
= Wobbelgenerator *nm*; Wobbler *nm*; Wobbelgerät *nn*; Wobbeleinrichtung *nf* = sweep frequency generator; sweep oscillator; wobbler; swept source; vobulator; warbler; wobbulator
Wobbelung *nf* EL.TRO **sweeping** *n*
= Wobbeln *nn*; Wobbelbetrieb *nm* = wobbling *n*; wobble *n*; vobulating *n*; warble *n*
Wobbelverfahren *nn* EL.TRO **sweep-frequency method**
= sweeping procedure; vobulation method
Wobbelzeit *nf* EL.TRO **sweep time**
= Ablenkzeit *nf* = sweeptime *n*; SWT
Wobbler *nm* INSTR → **sweep generator**
→ Wobbelsender *nm*
Woche *nf* COLL **week**
wochenaktuell COLL **up-to-week** *adj*
wochengenau ECON **week, to the week**
Wochentag *nm* COLL → **working day**
→ Werktag *nm*
wöchentlich COLL **weekly** *adj*
Wochenzeitschrift *nf* PRIN.ME → **weekly newspaper**
→ Wochenzeitung *nf*
Wochenzeitung *nf* PRIN.ME **weekly newspaper**
= Wochenzeitschrift *nf* = weekly paper; weekly *n*
↑ Zeitung ↑ newspaper
Wochenzyklus *nm* COLL **weekly cycle**
wohlbekannt COLL → **well-known** *adj*
→ altbekannt *adj*
wohlgeformt COLL **well formed**
wohlgemerkt LING → **nb**
→ NB
Wohnanlage *nf* CIV.EN **residential complex**
Wohnbezirk ECON **residential district**
Wohnblock *nm* CIV.EN **block auf houses**
= Häuserblock *nm*
Wohneinheit *nf* ECON **living unit**
≠ Geschäftseinheit = residential unit
≠ business unit
Wohngebäude *nn* CIV.EN → **house** *n*
→ Haus *nn*
Wohnhaus *nn* CIV.EN → **house** *n*
→ Haus *nn*
Wohnung *nf* CIV.EN **apartment** (AE)
[abgeschlossener Bereich eines Wohnhauses] = flat *n* (2)
≈ Unterkunft [COLL] ≈ dwelling [COLL]
↓ Kleinwohnung ↓ flatlet
Wohnungsanschlussdose *nf* BROADC **home connection socket**
= WAD
Wölbspiegel *nm* OPT **convex mirror**
Wölbung *nf* TECH **arch** *n*
= Bogen *nm* = camber *n*
Wolfram *nn* CHEM **tungsten** *n*
= W = W; wolfram
Wolframfadenlampe *nf* EL.INS → **tungsten filament lamp**
→ Wolframlampe *nf*

Wolframlampe *nf* = Wolframfadenlampe *nf*	EL.INS	**tungsten filament lamp**
wolkenfrei	METEO	**cloudless**
Wolkenhöhenmesser *nm*	RAD.NA	**cloud ceilometer** = ceilometer *n*; ceiling height indicador
Wood-Metall → woodsches Metall	METAL	→ **Wood's metal**
woodsches Metall = Wood'sches Metall; Wood-Metall ↑ Lot	METAL	**Wood's metal** ↑ solder
Wood'sches Metall → woodsches Metall	METAL	→ **Wood's metal**
Workflow-Management *nn* → Vorgangsbearbeitung *nf*	COMP.AP	→ **workflow management**
Workstation *nf* [Arbeitsplatz eines Mehrrechnersystems, meist mit lokaler Verarbeitungskapazität] = Arbeitsplatzstation *nf*; Arbeitsstation *nf*; Arbeitsplatzrechner *nm* ≈ Arbeitsplatzsystem [DAT.PR] ≠ Server ↑ Station	DAT.NW	**workstation** *n* [terminal for a user of a computer network, mostly with local processing capability] ≈ workstation [DAT.PR] ≠ server ↑ station
Workstation *nf* → Arbeitsplatzrechner *nm* (1)	DAT.PR	→ **workstation** *n* (1)
World Wide Web *nn* → WWW *nn*	INTERNET	→ **WWW**
WORM [einmal beschreibbarer, dann nur noch lesbarer optischer Speicher] = DRAW ≈ CD-RW ↑ CD-Platte; Bildplatte	TER&PER	**WORM** [Write Once Read Multiple] = ablative WORM; DRAW; photodigital memory; CD-R ≈ CD-RW ↑ compact disk; optical disk
WORM-Platte *nf* [optische Speicherplatte]	TER&PER	**WORM disk** [optical disk] = write-once-read-mostly disk
Wort *nn* [kleinste vom Computer adressierbare und verarbeitbare Einheit; kann eine Folge von Zeichen, Bits oder Bytes sein] = Rechnerwort *nn*; Datenwort *nn* ≈ Byte ↑ Informationseinheit ↓ Kurzwort; Langwort	COMP.SC	**word** *n* [smallest unit which can be addressed and processed by a computer; can be a sequence of signals, bits or bytes] = computer word; machine word; fullword; data word ≈ byte ↑ unit of information ↓ short word; long word
Wort *nn* (*pl* Wörter) (1) [kleinste Bedeutung tragende Spracheinheit]	LING	**word** *n* (1) [smallest significance bearing unit of language]
Wort *nn* (*pl* Worte) (2) [bedeutungsvolles Wort]	LING	**word** *n* (2) [word with special significance]
Wortabstand *nm* → Ausschluss *nm* (3)	PRIN.ME	→ **word spacing** *n*
Wortadresse *nf*	COMP.SC	**word address**
wortadressierbar *adj*	SW	**word-addressable** *adj*
wortadressierbarer Prozessor	DAT.PR	**word-addressable processor**
Wortart *nf* ↓ Nomen; Verb; Adjektive; Adverb; Pronomen; Präposition; Artikel; Numerale	LING	**word class** = part of speech ↓ noun; verb; adjective; adverb; pronoun; preposition; article; numeral
Wortbedeutungslehre *nf* → Semantik *nf*	LING	→ **semantics** *nplt*
Wortbetonung *nf*	LING	**word stress**
Wortbild *nn*	LING	**logogram** *n* = logograph *n*
Wortbildschrift *nf*	LING	**logographic writing**
Wortbreite *nf* → Wortlänge *nf*	COMP.SC	→ **word length**
Wortebene *nf*	COMP.SC	**word plane**
Wortelement *nn*	COMP.SC	**word element** *n* = slab *n*
Wortendezeichen *nn*	COMP.SC	**end-of-word character**
Worte pro Minute	TELEC	**words per minute** = w.p.m.
Wörterbuch *nn* [sprachliches Nachschlagewerk, ein- oder mehrsprachig, alphabetisch geordnet] = Lexikon *nn* (*pl* -ka&-ken) (2) (obs) ≈ Lexikon (1)	PRIN.ME	**dictionary** *n* [a linguistic reference book, monolingual or plurilingual, alphabetically arranged] ≈ lexicon
Worterkenner *nm* [erkennt spezielle Wörter]	ART.IN	**word spotter** [spots specific words]
Worterkennung *nf* → Spracherkennung *nf*	INF.TEC	→ **speech recognition**
Wörterliste *nf*	WOR.PR	**glossary** *n* [list of frequently reused words]
Wörter pro Minute = WpM	TER&PER	**words per minute** = wpm; WPM
Wortfehler *nm*	CODING	**word error**
Wortfehlerrate *nf*	INF.TEC	**WER** = Word Error Rate
Wortfehlerwahrscheinlichkeit *nf*	CODING	**word error probability**
Wort fester Länge → Festwort *nm*	DAT.MA	→ **fixed-length word**
Wortgeber *nm* → Wortgenerator *nm*	INSTR	→ **word generator**
Wortgenerator *nm* [Messgenerator für Folgen von Logikzuständen] = Wortgeber *nm*; Datenmustergenerator *nm*;	INSTR	**word generator** [test generator for sequences of logic states]
Wortgrenze *nf*	DAT.PR	**word boundary**
wortkarg → kurzgefasst	LING	→ **brief** (on) *adj*
Wortkette *nf*	DAT.PR	**word serial**
Wortlänge *nf* [Anzahl der Bits, Zeichen oder Bytes, die von einem Computer als kleinste Dateneinheit immer zusammenhängend verarbeitet werden] = Wortbreite *nf*	COMP.SC	**word length** [number of bits, characters or bytes, which are processed by the computer always together as smallest data unit] = word size; data word size
Wortlaut *nm* = Textformulierung *nf*	LING	**wording** *n*
Wortleitung *nf*	MICR.EL	**word line** = wordline *n*
wörtlich *adj* = wortwörtlich ≈ textuell	LING	**literal** *adj* (2) = verbal *adj*; verbatim *adj*; word-for-word *adj* ≈ textual
Wortliste *nf* → Begriffserklärung *nf*	LING	→ **glossary** *n*
Wortmarke *nf* [für variable Wortlängen]	COMP.SC	**word mark** [for variable-length words]
Wortmarkierer *nm*	SW	**word marker**
Wortmaschine *nf* [Computer dessen kleinste adressierbare Einheit ein Wort ist] ≠ Stellenmaschine ↓ Silbenmaschine	DAT.PR	**word-oriented computer** [computer with words as smallest adressable units] = word-oriented machine; word computer; word machine ≠ character-oriented computer ↓ syllable-oriented computer
Wortneubildung *nf* → Neologismus *nm*	LING	→ **neologism** *n*
Wortneuprägung *nf* → Neologismus *nm*	LING	→ **neologism** *n*
Wortneuschöpfung *nf* → Neologismus *nm*	LING	→ **neologism** *n*
wortorganisiert = wortorientiert; wortstrukturiert	COMP.SC	**word-organized** = word-oriented; word-structured
wortorientiert → wortorganisiert	COMP.SC	→ **word-organized**
Wortprägung *nf* = Wortschöpfung *nf*	LING	**word coining** = coining *n*
Wortprogramm *nn*	SOUN.ME	**spoken program**
Wortprozessor *nm* → Textsystem *nn*	COMP.AP	→ **word processing system** *n*
wortreich *adj* = verbos; weitschweifig; weitläufig	LING	**wordy** *adj* = verbose
Wortreichtum *nm*	LING	**wordiness** *n* = verbosity *n*
Wortschöpfung *nf* → Wortprägung *nf*	LING	→ **word coining**
Wortspalterei *nf* → Spitzfindigkeit *nf*	COLL	→ **subtleness** *n* (2)
Wortspiel *nn*	LING	**wordplay** = verbal wit
Wortstamm *nm*	LING	**root** *n* = radical *n*
wortstammbasierte Suche [z.B.: mit "%buch"]	INTERNET	**truncating** [seraching by word roots and wildcards, e.g. "%tele%"]
Wortstamm-Bildung *nf* = Stemming *nn* (ANGL)	INTERNET	**stemming** *n*
Wortstammkunde *nf* → Etymologie *nf*	LING	→ **etymology** *n*

Wortstelle *nf* — LING — → **entry** *n*
→ Eintrag *nm*

Wortstellung *nf* — LING — **word order**

wortstrukturiert — COMP.SC — → **word-organized**
→ wortorganisiert

Worttakt *nm* — COMP.SC — **word clock**

Worttransferzeit *nf* — DAT.PR — **word time**
[transfer time for a word]

Worttreiber *nm* — MICR.EL — **wordline driver**

Worttrenner *nm* — PRIN.ME — → **interword spacing**
→ Wortzwischenraum *nm*

Worttrennung *nf* — LING — → **hyphenation** *n*
→ Silbentrennung *nf*

Wort variabler Länge — COMP.SC — **variable-length word**
[von Befehl zu Befehl veränderbar] — [can be varied instruction-wise]

Wortverarbeitung *nf* — COMP.AP — → **word processing**
→ Textverarbeitung *nf*

Wortverständlichkeit *nf* — TELEPH — **discrete words intelligibility**
≈ Silbenverständlichkeit — = words articulation; words intelligibility
≈ syllabic intelligibility

Wortverstümmelung *nf* — TELEPH — **word clipping**

wortwörtlich — LING — → **literal** *adj* (2)
→ wörtlich *adj*

Wortzahl *nf* — DAT.PR — **word count**
[in Text oder Datei] — [number of words in text or file]

Wortzählkontakt *nm* — TELEGR — **word counting contact**

Wortzeit *nf* — HW — → **cycle time**
→ Zykluszeit *nf*

Wortzwischenraum *nm* — PRIN.ME — **interword spacing**
[Textbearbeitung] — [word processing]
= Worttrenner *nm* — = space between words

Wortzwischenraum *nm* — PRIN.ME — → **blank space**
→ Leerraum *nm*

WOSA — SW — **WOSA**
= Windows Open System Architecture

WpM — TER&PER — → **words per minute**
→ Wörter pro Minute

WR — DAT.CO — → **carriage return** *n*
→ Wagenrücklauf *nm*

WRAM *nn* — DAT.PR — **WRAM**
= Window RAM

Wrap-Pfosten *nm* — COMPO — → **wrap pin**
→ Wrap-Stift

Wrap-Stift — COMPO — **wrap pin**
= Wickelstift *nm*; Wickelkontaktstift *nm*; Wrap-Pfosten *nm* — = wire-wrap pin

Wrap-Technik *nf* — EL.TRO — → **wire-wrap technique**
→ Drahtwickeltechnik *nf*

Wrap-Verbindung *nf* — EL.TRO — → **wrapped connection**
→ Wickelverbindung *nf*

Wrap-Werkzeug *nn* — EL.TRO — → **wrap tool**
→ Wickelwerkzeug *nn*

WRC — RADIO — **WRC**
= World Radio Conference

WRC-Konferenz *nf* — TELEC — → **World Radio Conference**
→ Weltweite Funkkonferenz

wringen — TECH — **wring** *vt*
[durch Gegendrehung pressen] — [to squeeze by twisting]

WR-Taste *nf* — TELEGR — → **carriage return key**
→ Wagenrücklauftaste *nf*

Ws — PHYS — → **watt-second**
→ Watt-Sekunde *nf*

WSI — MICR.EL — → **ultra-large-scale integration**
→ Ultrahöchstintegration *nf*

WT — TELEGR — → **voice frequency telegraphy**
→ Wechselstromtelegrafie *nf*

WT-Abschnitt *nm* — TELEGR — **voice-frequency line section**

WT-Kanal *nm* — TELEC — **VFT channel**
= Wechselstromtelegrafie-Kanal *nm* — = voice frequency telegraphy channel

WT-Verbindung *nf* — TELEGR — **voice-frequency telegraph circuit**
= VFT circuit

Wucht *nf* — PHYS — → **kinetic energy**
→ kinetische Energie

Wühler *nm* — INTERNET — → **gopher** *n*
→ Suchprogramm *nn*

Wullenweberantenne *nf* — ANT — → **Wullenweber antenna**
→ Wullenweber-Antenne *nf*

Wullenweber-Antenne *nf* — ANT — **Wullenweber antenna**
= Wullenweberantenne *nf* — ≈ circular array antenna
≈ Kreisgruppenantenne

Wulstanstauchen *nn* — METAL — **bulging** *n*

Wundermittel *nn* — COLL — → **universal remedy**
→ Universalmittel *nn*

Wunschtermin *nm* — ECON — **requested date**

Würfel *nm* — MATH — **cube** *n* (2)
[Quader mit gleichen Kanten; von sechs gleichen Quadraten begrenzter Körper] — [equilateral rectangular prism; a solid of six equal squares]
= Kubus *nm*; Hexaeder *nn*; Sechsflächner *nm* — = hexahedron *n* (*pl* -drons&-dra)
↑ Quader; Parallelepiped; Prisma; Polyeder — ↑ rectangular prism; parallelepiped; prism; polyhedron

würfeln — TECH — **dice** *vt*
[in Würfel zerschneiden] — [to cut into cubes]

Würgeverbindung *nf* — OUT.PL — **twisted joint**
= hand twist; Western Union joint

Wurm — SW — → **computer worm** *n*
→ Computerwurm *nm*

Wurzel *nf* (1) — MATH — **root** *n* (1)
↓ Quadratwurzel; Kubikwurzel — ↓ square root; cube root

Wurzel *nf* (2) — MATH — → **square root**
→ Quadratwurzel *nf*

Wurzelausdruck *nm* — MATH — **radical expression** *n*
= radical *n* (1)

Wurzelgesetz *nf* — MATH — **radical law**

Wurzelindex *nm* — MATH — **root index**

Wurzel-Nyquist-Filter *nn* — NETW.TH — **matched filter**
= angepasstes Filter; signalangepasstes Filter

Wurzeloperator *nm* — MATH — **root operator**

Wurzelort *nm* — MATH — → **root locus**
→ Wurzelortskurve *nf*

Wurzelortskurve *nf* — MATH — **root locus**
= Wurzelort *nm* — = locus *n*

Wurzelsegment *nn* — MATH — **root segment**

Wurzelsegment *nn* — SW — → **root segment**
→ arbeitsspeicherresidentes Programmsegment

Wurzelverzeichnis *nn* — DAT.MA — → **main directory**
→ Hauptverzeichnis *nn*

Wurzelzeichen *nn* — MATH — **root symbol** *n*
[Symbol: √] — [symbol: √]
= radical sign; radical *n* (2)

wurzelziehen — MATH — **extract the root**
= radizieren

Wurzelziehen *nn* — MATH — **root extraction**
= Radizierung *nf* — = evolution *n*

Wüste *nf* — GEOSC — **desert** *n*

WWW *nn* — INTERNET — **WWW**
[weltweit auf HTTP-Servern verteiltes Informationssystem, dezentral, multimedial, auf Internet basiert; vom CERN/Genf initiiert; "die graphische Oberfläche des Internet"; "beliebtester Service des Internet"] — [a worldwide information system distributed over HTTP server, decentralized, multimedia-oriented, Internet-based; initiated by CERN/Geneva; "the GUI of Internet"; "most popular service of Internet"]
= World Wide Web *nn*; Web *nn*; 3W; W3; Triple W *nn* (ANGL) — = World Wide Web; Web; W3; triple W

WWW-Adresse *nf* — INTERNET — **WWW address**

WWW-Browser *nm* — INTERNET — → **Web browser**
→ Web-Browser *nm*

WWW-Client *nm* — INTERNET — **WWW client**
= Web-Client *nm*

WWW-Konsortium *nn* — INTERNET — **WWW consortium**
= Web-Konsortium *nn*; W3C — = W3C

WWW-Server *nm* — INTERNET — **WWW server**
= Web-Server *nm*

WWW-Verzeichnis *nn* — INTERNET — **WWW directory**
= Web-Verzeichnis *nn*

WYSIAYG-Drastellung *nf* — COMP.AP — → **WYSIWYG display**
→ WYSIWYG-Darstellung *nf*

WYSIMYGMOL-Darstellung *nf* — COMP.AP — → **WYSIWYG display**
→ WYSIWYG-Darstellung *nf*

WYSIWYG-Darstellung *nf* — COMP.AP — **WYSIWYG display**
[ziemlich genaue Bildschirmwiedergabe des Ausdruckes] — [what you see is what you get resp. what you see is all you get resp. what you see is what you get - more or less; pronounced wizzy-wig; resp. wizzi-ayg resp. wizzi-wig-mol; a display very closely resembling printed output]
= WYSIAYG-Drastellung *nf*; WYSIMYGMOL-Darstellung *nf*; druckgleiche Bildschirmdarstellung; druckkonforme Bilddarstellung — = wizziwig; WYSIAYG display; WYSIWYGMOL display; page preview; preview; imaging model

X *x*

X [römische Ziffer für 10]	MATH	**X** [Roman numeral for 10]
X → Blindwiderstand *nm*	NETW.TH	→ **reactance** *n*
X.11 → X Windows	COMP.AP	→ **X Windows**
X.20-Schnittestelle *nf* [UIT-Empf.]	DAT.CO	**X.20 interface** [ITU Rec.]
X.21-Schnittstelle *nf* [UIT-Empf.]	DAT.CO	**X.21 interface** [ITU Rec.]
X.25-Empfehlung *nf* [UIT-Empf. für die Schnittstelle Datenendgerät-Paketvermittlung] = X.25-Protokoll *nn* ↓ AX.25-Protokoll	DAT.CO	**X.25 Recommendation** [ITU Rec. for the interface data terminal to packet switch] = X.25 protocol ↓ AX.25 protocol
X.25-Protokoll *nn* → X.25-Empfehlung *nf*	DAT.CO	→ **X.25 Recommendation**
X.25-Schnittstelle *nf* [UIT-Empf.]	DAT.CO	**X.25 interface** [ITU Rec.]
X.28-Norm *nf* [UIT-Empf.]	DAT.CO	**X.28 standard** [ITU Rec.]
X.29-Standard *nm* [UIT-Empf.]	DAT.CO	**X.29 standard** [ITU Rec.]
X.31-Standard *nm* [UIT-Empf.]	DAT.CO	**X.31 standard** [ITU Rec.]
X.32-Standard *nm* [UIT-Empf.]	DAT.CO	**X.32 standard** [ITU Rec.]
X.400-Standard *nm* [UIT-Empf. für ein MHS] = Standard der 400 Standards (slang)	DAT.NW	**X.400 standard** [ITU Rec. for an MHS] = standard of 400 standards (slang)
X.500-Standard *nm* [UIT-Empf. für dezentrale Dateiwartung]	DAT.NW	**X.500 standard** [ITU Rec. for decentralized file maintenance]
X.75-Standard *nm* [UIT-Empf. für den B-Kanal von ISDN]	DAT.CO	**X.75 standard** [ITU Rec. for Channel B of ISDN]
X/Open	SW	**X/Open**
X-Ablenkverstärker *nm* → Horizontalverstärker *nm*	EL.TRO	→ **X amplifier**
X-Achse *nf* → Abszisse *nf*	MATH	→ **abscissa** *n* (*pl* -sas&sae)
X-Band *nn* [6.2 bis 10.9 GHz]	RADIO	**X band** [6.2 to 10.9 GHz]
Xbase [von dBase abgeleitet]	SW	**Xbase** (derived from dBase)
XCMD-Befehl *nm* → externer Befehl	SW	→ **external command** (2)
XDM → erweiterte Datenverwaltung	TELEC	→ **Extended Data Management**
xDSL [Sammelbegriff für verschiedene DSL-Techniken] ≈ DSL-Technik ↓ ADSL; HDSL; TDSL; VDSL	TELEC	**xDSL** [general designation for several DSL technologies] ≈ DSL technology ↓ ADSL; HDSL; TDSL; VDSL
Xe → Xenon *nn*	CHEM	→ **xenon** *n*
X-Empfehlungen *nplt* [von UIT-T] = UIT-T-X-Empfehlungen *nplt*	DAT.CO	**X-series** (npl) [of UIT-T] = UIT-T X series;
XENIX [eine UNIX-Version von Microsoft für Intel-Prozessoren]	SW	**XENIX** [a UNIX version by Microsoft for Intel processors]
Xenon *nn* = Xe	CHEM	**xenon** *n* = Xe
X-Entfernung *nf*	TECH	**X distance**
Xerograf *nm* → xerografischer Drucker	TER&PER	→ **xerographic printer**
xerografischer Drucker = xerographischer Drucker; Xerograf *nm*; Xerograph *nm* ↓ elektrofotografischer Drucker; magnetografischer Drucker; Ionenstrahldrucker	TER&PER	**xerographic printer** = xerograph *n* ↓ electrophotographic printer; magnetographic printer; ion-deposition printer
Xerograph *nm* → xerografischer Drucker	TER&PER	→ **xerographic printer**
Xerographie *nf* → Elektrofotografie *nf*	OFFICE	→ **electrophotography** *n*
xerographischer Drucker → xerografischer Drucker	TER&PER	→ **xerographic printer**
XFCN	SW	**XFCN** = External Function
XFCN-Funktion *nf* → externe Funktion	SW	→ **external function**
XFDL	COMP.LG	**XFDL** = Extensible Forms Description Language
X-Glied *nn* → X-Schaltung *nf*	NETW.TH	→ **lattice section**
x-Höhe → Mittellänge *nf*	PRIN.ME	→ **x height**
XHTML	COMP.LG	**XHTML** = Extensible Hypertext Markup Language
X-Lochung *nf* → Elfer-Lochung *nf*	TER&PER	→ **X punch**
XLR-Steckverbinder *nm*	COMPO	**XLR audio connector**
XML	INTERNET	**XML** = eXtended Markup Language
XML-Deklaration *nf*	INTERNET	**XML declaration**
Xmodem *nm&nn* [ein Dateitransferprotokoll]	DAT.MA	**Xmodem** [a file transfer protocol]
XMS-Speicher *nm*	DAT.PR	**XMS memory**
XMS-Standard *nm*	DAT.PR	**XMS standard** [Lotus-Intel-Microsoft-AST eXtended Memory Specification]
XOFF ≈ Abmeldung [DAT.PR] ≠ XON	DAT.CO	**XOFF** = exchange off ≈ log-off [DAT.PR] ≠ XON
XOFF → Abmeldung *nf*	DAT.CO	→ **log-off** *n*
XON ≈ Anmeldung [DAT.PR] ≠ XOFF	DAT.CO	**XON** = exchange on ≈ log-in [DAT.PR] ≠ XOFF
XOR-Funktion *nf* → EXKLUSIV-ODER-Verknüpfung *nf*	LOGIC	→ **EXCLUSIVE-OR operation**
XOR-Glied *nn* → EXKLUSIV-ODER-Glied *nn*	CIRC.EN	→ **EXCLUSIVE OR gate**
XOR-Verknüpfung *nf* → EXKLUSIV-ODER-Verknüpfung *nf*	LOGIC	→ **EXCLUSIVE-OR operation**
XPD → Kreuzpolarisationsentkopplung *nf*	RADIO	→ **cross-polar discrimination**
X-Richtung *nf* → horizontale Richtung	TECH	→ **horizontal direction**
X-Schaltfläche *nf* → Schließen-Schaltfläche *nf*	COMP.AP	→ **close button**
X-Schaltung *nf* = X-Glied *nn* ↑ Dämpfungsglied	NETW.TH	**lattice section** ↑ attenuator
X-Schnittstelle *nf*	TELEC	**X interface**
XSL	INTERNET	**XSL** = Extensible Style Language
XSLT	INTERNET	**XSLT** = Extensible Stylesheet Language Transformation
X-Steuerung *nf*	TER&PER	**X control**
XT-Bus *nm* ↑ PC-Bus; ISA-Bus	HW	**XT bus** ↑ PC bus; ISA bus
XT-Computer *nm* [PC-Generation] = XT-Rechner *nm*; PCXT; PC/XT	DAT.PR	**XT computer** [eXtended Technology; a PC generation] = PCXT; PC/XT
X-Terminal *nn*	DAT.NW	**X terminal**
XT-Rechner *nm* → XT-Computer *nm*	DAT.PR	→ **XT computer**
XT-Tastatur *nf* → PC/XT-Tastatur *nf*	TER&PER	→ **PC/XT keyboard**
X-Verstärker *nm* → Horizontalverstärker *nm*	EL.TRO	→ **X amplifier**
X-Verstärkung *nf* → Horizontalverstärkung *nf*	EL.TRO	→ **horizontal gain**
X Window [eine Unix-Benutzeroberfläche]	SW	**X Windows** [a Unix user interface]
X Windows [graphische Bedienoberfläche] = X Windows System; X Windows Protokoll; X.11	COMP.AP	**X Windows** [a graphical user interface] = X Windows System; X Windows Protocol; X.11
X Windows Protokoll → X Windows	COMP.AP	→ **X Windows**

X Windows System COMP.AP → **X Windows**
→ X Windows
XY-Anzeige *nf* INSTR **XY display**
= XY-Display *nn*
X-Y-Bildschirm *nm* TER&PER → **vector display** *n*
→ Vektorbildschirm *nm*
XY-Display *nn* INSTR → **XY display**
→ XY-Anzeige *nf*
Xylofon *nn* MUSIC **xylophone** *n*
= Xylophon *nn*
Xylographie *nf* PRIN.ME → **woodcut** *n*
→ Holzschnitt *nm*
Xylophon *nn* MUSIC → **xylophone** *n*
→ Xylofon *nn*
X-Y-Recorder *nm* TER&PER → **X-Y plotter**
→ Koordinatenschreiber *nm*
X-Y-Schreiber *nm* TER&PER → **X-Y plotter**
→ Koordinatenschreiber *nm*
XYT-Schreiber *nm* INSTR **XYT recorder**
X-Y-Z-Koordinatensystem *nn* MATH → **Cartesian coordinate system**
→ kartesisches Koordinatensystem

Y *y*

Y CHEM → **yttrium**
→ Yttrium *nn*
Y NETW.TH → **admittance** *n*
→ komplexer Scheinleitwert
Y/C-Video *nn* TV → **S-video**
→ S-Video *nn*
Y-Ablenkverstärker EL.TRO → **vertical amplifier**
→ Vertikalverstärker *nm*
Y-Abstand *nm* TECH **Y distance**
Y-Achse *nf* MATH → **ordinate** *n*
→ Ordinate *nf*
Yagi-Antenne *nf* ANT **Yagi antenna**
= Yagi-Uda-Antenne *nf* = Yagi aerial; yagi *n*
Yagi-Uda-Antenne *nf* ANT → **Yagi antenna**
→ Yagi-Antenne *nf*
Yahoo INTERNET **Yahoo**
[erster Suchservice] [first search service]
Yard PHYS **yard** *n*
[angelsächsisches Längenmaß; = 3 Fuß = 36 Zoll = 0,914 40 m] [3 ft = 36 in = 0.914 40 m]
= yd = yd; yd.
Yb CHEM → **ytterbium** *n*
→ Ytterbium *nn*
Y-Band *nn* RADIO **Y band**
[1,6 bis 3,8 GHz] [1.6 to 3.8 GHz]
yd PHYS → **yard** *n*
→ Yard
Y-Dipol *nm* ANT **delta-matched antenna**
= delta-matched aerial
Yellow-Book-Standard *nm* CONS.EL **Yellow Book standard**
Y-Glied *nn* NETW.TH → **star connection**
→ Sternschaltung *nf*
YHBT INTERNET → **YHBT**
→ Du bist gefoppt worden
YHL INTERNET → **YHL**
→ Du hast verloren
YIG-abgestimmt MICROW **YIG-tuned**
YIG-Filter *nn* MICROW **YIG filter**
[Resonanz von Yttrium-Eisengranat] [resonance of Yttrium-iron-garnet]
= YIG-Nachlauffilter *nn*
YIG-Nachlauffilter *nn* MICROW → **YIG filter**
→ YIG-Filter *nn*
YIG-Oszillator *nm* MICROW **YIG oscillator**
Y-Lochung *nf* TER&PER → **Y punch**
→ Zwölfer-Lochung *nf*
y-Matrix *nf* NETW.TH → **admittance matrix**
→ Leitwertmatrix *nf*
Ymodem *nm&nn* DAT.MA **Ymodem**
[ein Dateitransferprotokoll] [a file transfer protocol]
= Y-Modem *nm&nn*
Y-Modem *nm&nn* DAT.MA → **Ymodem**
→ Ymodem *nm&nn*
Yokto MATH → **septillionth** (AE)
→ Quadrillionstel *nn*
y-Parameter *nm* NETW.TH → **conductance parameter**
→ Leitwertparameter *nm*
Y-Richtung *nf* TECH → **vertical direction**
→ vertikale Richtung
Y-Schaltung *nf* NETW.TH → **star connection**
→ Sternschaltung *nf*
Y-Signal *nn* TV → **luminance signal**
→ Leuchtdichtesignal *nn*
Y-t-Schreiber *nm* INSTR → **compensating recorder**
→ Kompensationsschreiber *nm*
Ytterbium *nn* CHEM **ytterbium** *n*
= Yb = Yb
Yttrium *nn* CHEM **yttrium**
= Y = Y
Yttriumgranat *nn* CHEM **yttrium garnet**
YUV-Format *nn* TV **YUV format**
Y-Verstärker EL.TRO → **vertical amplifier**
→ Vertikalverstärker *nm*
Y-Verstärkung *nf* EL.TRO → **vertical gain**
→ Vertikalverstärkung *nf*
Y-Verzweigungszirkulator *nm* MICROW **Y-shaped branching circulator**
y-Vierpolparameter *nm* NETW.TH → **conductance parameter**
→ Leitwertparameter *nm*

Z *z*

Z NETW.TH → **impedance** *n*
→ komplexer Scheinwiderstand

z.B. *adv* OFFICE **e.g.** *adv*
= zum Beispiel | = exempli gratia; for example

z.H. COLL → **care of** (BE)
→ zu Händen

z.Hd. COLL → **care of** (BE)
→ zu Händen

Z/3-Stern *nm* COMPO **Z/3 star**

Z12-System *nn* TRANSM **K-type carrier system**
[TF-Technik] | [FDM carrier system]

Z16F-System *nn* TRANSM **O type carrier system**
[nach US-Norm] | [U.S. standard]

Z3 DAT.PR **Z3**
[der erste (durch Lochstreifen) programmgesteuerte Rechner (1941)] | [the first (by punched tapes) program-controlled computer (1941)]

Z-Abschneiden *nn* COMP.GR **Z clipping**
[Unterdrückung zu nah oder zu fern liegender Bildteile] | [suppression of too near or too far situated image elements]

Z-Achse *nf* MATH **Z axis**
= Vertikalachse *nf* | = vertical axis

Zacken *nm* EL.TRO **spike** *n*
[einem Impuls überlagerte kurzzeitige und unerwünschte Spitze] | [a spurious short peak superimpost to a pulse form]
= Überschwingspitze *nf* | = impulse hit
≈ Stoß [EL.TEC] | ≈ surge [EL.TEC]

zackig TECH **jaggy** *adj*

zähflüssig TECH → **viscous** *adj*
→ dickflüssig

Zähflüssigkeit *nf* TECH → **viscosity** *n*
→ Dickflüssigkeit *nf*

Zahl LING → **number** *n*
→ Numerus *nm*

Zahl *nf* (1) MATH **number** *n* (1)
[durch Zeichen, wie Ziffern, oder Zeichenkombinationen dargestellte, auf die Grundeinheit Eins bezogene Zählmenge] | [a set related to the unit one, represented by a symbol, like a cipher, or a combination of symbols]
= Nummer *nf* | ≈ digit
≈ Ziffer

Zahl *nf* (2) MATH → **numeral** *n*
→ Zahlzeichen *nn*

Zählader *nf* COM.CAB **meter wire**
= counting wire; pilot wire; marked wire

zahlbar ECON **payable**

zahlbar bei Verschiffung ECON **cash on shipment**
= COS

zählbares Nomen LING **countable** *n*

Zählbaustein *nm* COMPO **counting device**

Zählbündel *nf* COM.CAB **meter bundle**
= counting bundle

Zählcode *nm* CODING **counting code**
[Darstellung von Zahlen durch bitserielle Impulsfolgen] | [representation of numbers by serial pulse sequencies]
= step-at-a-time code

Zähldekade *nf* COMPO **counter decade**
[Baustein zur Zählung im Dezimalcode] | [component to count in decimal code]
= Zähltetrade *nf*

zahlen ECON **pay** *vt*
= bezahlen; einlösen

zählen MATH **count** *vt*
= abzählen

Zählen *nn* MATH → **counting** *n*
→ Zählung *nf*

zählen, am meisten COLL **count the most**

Zahlenbasis *nf* MATH → **base** *n* (2)
→ Basis *nf*

Zahlenbereich *nm* MATH **number range**
= range of numbers

Zahlencode *nm* CODING → **numerical code**
→ Nummernschlüssel *nm*

Zahlendarstellung *nf* COMP.SC → **number system**
→ Zahlensystem *nn*

Zahlendarstellung *nf* COMP.SC **number representation**
= numeration *n*

Zahlenfeld *nn* MATH **numeric array**

Zahlenfolge *nf* MATH **number sequence**
[unendliche Menge in einer bestimmten Reihenfolge angeordneter Zahlen] | [infinite sequence of numbers arranged by a determined law]

Zahlenformat *nn* COMP.SC **number format**

Zahlenkonstante *nf* PHYS **numerical constant**
= numerische Konstante

zahlenmäßig MATH → **numeric** *adj*
→ numerisch

zahlenmäßig übertreffen COLL **outnumber** *vt*

Zahlenschloss *nn* TECH **permutation lock**

Zahlensicherungscode *nm* CODING → **number protection code**
→ Ziffernsicherungscode *nm*

Zahlensymbol *nn* MATH → **numeral** *n*
→ Zahlzeichen *nn*

Zahlensystem *nn* COMP.SC **number system**
= Nummernsystem *nn*; Zahlendarstellung *nf*; Nummerndarstellung *nf* | = number representation; number notation; numbering system; numeric system; numeric representation; numeric notation; numeral system; counting system; notation; number representation system; numeration system
↓ Additionssystem; Stellenwertsystem | ↓ additive number system; positional number system

Zahlensystem mit gemischter Basis COMP.SC **mixed base number system**
= mixed base numeration system; mixed base system

Zahlenterm *nm* MATH **numerical term**
↑ Term | ↑ term

Zahlentheorie *nf* MATH **theory of numbers**

Zahlenvariable *nf* MATH → **variable** *n*
→ Variable *nf*

Zahlenwert *nm* MATH **numerical value**
[Ergebnis einer mathematischen Operation] | [result of a mathematical operation]
= numerischer Wert; Wert

Zahlenwertgleichung *nf* PHYS **numerical-value equation**
≠ Größengleichung | ≠ dimensional equation

Zahlenwort *nn* LING → **numeral** *n*
→ Numerale *nn*

Zahler *nm* ECON **payer** *n*
= Bezahler *nm* | = payor *n*
≠ Zahlungsempfänger | ≠ payee

Zähler *nm* INSTR **counter** *n*
↓ Frequenzzähler; Zeitintervallzähler | = meter *n*
↓ frequency counter; time interval counter

Zähler *nm* CIRC.EN **counter** *n*
= Zählschaltung *nf* | = counting circuit; counter circuit; meter
↓ Vorwärtszähler; Rückwärtszähler; Vor-Rückwärts-Zähler; Modulo-N-Zähler; Ringzähler; Dualzähler; Dezimalzähler | ↓ up counter; down counter; up-down counter; modulo-*n* counter; ring counter; binary counter; decimal counter

Zähler *nm* COMP.LG **counter** *n*
= tally counter (COBOL); tally (COBOL)

Zähler *nm* MATH → **dividend** *n* (2)
→ Dividend *nm* (2)

Zählerablestag *nm* ECON **counter reading date**
= meter reading day

Zählerablesung *nf* INSTR **counter reading** *n* (1)
[the act of reading]
= meter reading (1)

Zählergenauigkeit *nf* INSTR **counter accuracy**

Zählerkonstante *nf* INSTR **counter constant**
= meter constant

Zählerschleife *nf* SW **counter loop**
= Zählzyklus *nm* | = counter cycle

Zählerstand *nm* INSTR **counter reading** (2)
[the value indicated]
= meter reading (2)

Zählerüberlauf *nm* EL.TRO **counter overflow**

Zählerverzögerung *nf* EL.TRO **counter lag time**
= counter time lag; counter delay

Zählervoreinstellung *nf* EL.TRO **counter preset**
= counter presetting

Zählfolge *nf* MATH **numbering** *n*
= Nummerierung *nf*; Numerierung *nf* (obs); Benummerung *nf*

Zählgeräusch *nn* TELEPH **metering noise**

Zählimpuls *nm* EL.TRO **counting pulse**

Zählimpuls *nm* SWITCH **metering pulse**
= Takt *nm* | = meter pulse
≈ Zählzeichen | ≈ metering signal

Zählimpulsgeber *nm* = ZIG; Zählimpulsgenerator *nm*; Zählspannungsgenerator *nm*	SWITCH	**metering pulse generator** = meter pulse generador
Zählimpulsgenerator *nm* → Zählimpulsgeber *nm*	SWITCH	→ **metering pulse generator**
Zahlkarte *nf* = Erlagschein *nm* (AT)	ECON	**money-order form**
zahllos = unzählbar; unzählig ≈ immens; unmessbar; unberechenbar	COLL	**innumerable** *adj* = innumerous; numberless; countless; myriad; untold ≈ immense; immeasurable; incalculable
Zählpaar *nn*	COM.CAB	**meter pair** = tracer pair
Zählpfeil *nm* = Kettenzählpfeil *nm* ≠ Richtungspfeil	NETW.TH	**count arrow** ≠ directional arrow
Zählregister *nn* ≈ Zähler	HW	**counter register** ≈ counter
zahlreich = vielzählig ≈ zahllos	COLL	**numerous** *adj* = multitudinous ≈ innumerable
Zählrelais *nn*	COMPO	**counting relay**
Zählrichtung *nf* [Richtung in der Zählimpulse den Zähler fortschaltet]	EL.TRO	**counter advance sense** [sense in which counter pulses advance the counter]
Zählrohr *nn*	EL.TRO	**counting tube**
Zählschaltung *nf* → Zähler *nm*	CIRC.EN	→ **counter** *n*
Zählschleife *nf*	SW	**counting loop**
Zählspannungsgenerator *nm* → Zählimpulsgeber *nm*	SWITCH	→ **metering pulse generator**
Zählspur *nf* [Lochkarte]	TER&PER	**counting track** [punched card]
Zählstörung *nf*	SWITCH	**metering failure** = metering fault
Zähltaste *nf*	INSTR	**metering key** = counter key; meter key
Zähltetrade *nf* → Zähldekade *nf*	COMPO	→ **counter decade**
Zahlung *nf* → Bezahlung *nf*	ECON	→ **payment**
Zählung *nf* = Zählen *nn*; Abzählung *nf* ≈ Rechnung	MATH	**counting** *n* = count *n* ≈ calculation
Zählung *nf* → Gebührenzählung *nf*	SWITCH	→ **tax metering**
Zahlungsanweisung *nf*	ECON	**payment order** = money order
Zahlungsaufforderung *nf*	ECON	**payment demand**
Zahlungsaufschub *nm* → Zahlungsfriststreckung *nf*	ECON	→ **deferred payment**
Zahlungsbedingungen *nplt*	ECON	**terms of payment** = credit terms
Zahlungsbeleg *nm* → Quittung *nf*	ECON	→ **receipt** *n*
Zahlungsbilanz *nf*	ECON	**balance of payments**
Zahlungsfrist *nf* = Zahlungsziel *nn*	ECON	**payment term** = payment date; credit period
Zahlungsfriststreckung *nf* = Zahlungszielverlängerung *nf*; Zahlungsaufschub *nm*	ECON	**deferred payment** = deferment of payment
Zahlungsgarantie *nf*	ECON	**payment guarantee**
Zahlungskarte *nf* ↑ Karte ↓ Kreditkarte; Debitkarte; Cash-Karte	TER&PER	**payment card** ↑ card ↓ credit card; debit card; cash card
Zahlungsrückstände *nplt*	ECON	**arrears plt**
Zahlungsverkehr *nm*	ECON	**payment transactions** *nplt*
Zahlungsverzug *nm*	ECON	**nonpayment** *n* = default *n*
Zahlungsziel *nn* → Zahlungsfrist *nf*	ECON	→ **payment term**
Zahlungszielverlängerung *nf* → Zahlungsfriststreckung *nf*	ECON	→ **deferred payment**
Zählvariable *nf*	SW	**counter variable**
Zählvergleich *nm*	TELEC	**charge observation** = meter observation
Zählwert *nm*	TELECON	**counted measurand** = metered measurand
Zahlwort *nn* → Numerale *nn*	LING	→ **numeral** *n*
Zahlzeichen *nn* [Element eines Zeichenvorrats zur Darstellung von Zahlen, z.B. IX oder 9; "Ziffer" kommt vom arabischen "sifr".] = Ziffer *nf*; numerisches Zeichen; Zahlensymbol *nn*; Chiffre *nf*; Zahl *nf* (2) ≈ Zahl (1) ↑ Zeichen ↓ römisches Zahlzeichen; arabisches Zahlzeichen; binäres Zahlzeichen; dezimales Zahlzeichen; oktales Zahlzeichen; hexadezimales Zahlzeichen	MATH	**numeral** *n* [element of a set of characters to represent numbers, e.g. IX or 9] = digit *n*; number symbol; numeric character; figure *n*; cipher *n*; number *n* (2) ≈ number (1) ↑ sign ↓ Roman numeral; Arabic numeral; binary numeral; decimal numeral; octal numeral; hexadecimal numeral
Zählzeichen *nn* = Gebührenzählzeichen *nn* ≈ Zählimpuls; Kennzeichen	SWITCH	**metering signal** = meter signal; fee-metering signal; teletax signal ≈ metering pulse; switching pulse
Zählzeichenübertragung *nf*	TELEPH	**metering transmission** = billing signalling
Zählzyklus *nm* → Zählerschleife *nf*	SW	→ **counter loop**
Zahn *nm* = Stachel *nm*	MEC.EN	**tooth** *n* [gear] = cog *n*; sprocket *n*
Zahndicke *nf*	MEC.EN	**tooth thickness** [gear]
Zahnfußhöhe *nf*	MEC.EN	**dedendum** *n* [gear]
Zahnhöhe *nf*	MEC.EN	**total depth** [gear]
Zahnkopfhöhe *nf*	MEC.EN	**addendum** *n* [gear]
Zahnkopplung *nf*	MEC.EN	**gear coupling**
Zahnkupplung *nf*	MEC.EN	**tooth clutch**
Zahnlücke *nf*	MEC.EN	**tooth space** [gear]
Zahnmedizin *nf*	SCIE	**dentistry** *n*
Zahnrad *nn* ↓ Ritzel; Stirnrad; Schneckenrad; Kegelrad	MEC.EN	**gear** *n* = toothed wheel; cogwheel *n* ↓ pinion; spur gear; worm wheel; bevel gear; rack wheel
Zahnradteilkreis *nm*	ENG.DRA	**pitch circle of gear**
Zahnriemen *nm*	MEC.EN	**toothed belt**
Zahnscheibe *nf*	MECH	**tooth lock washer** = toothed washer
Zahnstange *nf*	MEC.EN	**tooth rack**
Zahnteilung *nf*	MECH	**tooth pitch**
Zange *nf* (1) [groß] ↓ Beißzange; Flachzange (1)	TECH	**tongs** *n* ↓ pincers; flat-nose tongs
Zange *nf* (2) [klein] ↓ Kombinationszange; Seitenschneider; Justierzange; Flachzange (2)	TECH	**pliers** *nplt* ↓ combination pliers; side cutting pliers; adjusting pliers; flat-nose
Zangenamperemeter *nn* → Zangenstrommeter *nn*	INSTR	→ **pliers ammeter**
Zangenelektrode *nf*	PHYS	**pliers electrode**
Zangenleistungsmesser *nm* [mit aufklappbarem Eisenkern] = Zangenwattmeter *nn*	INSTR	**pliers power meter** [with a hinged iron core] = clamp power meter
Zangenmessgerät *nn*	INSTR	**pliers meter** = clamp meter; clamp-on meter
Zangenstrommeter *nn* [mit aufklappbarem Eisenkern] = Zangenamperemeter *nn*	INSTR	**pliers ammeter** [with a hinged iron core] = clamp ammeter
Zangenwattmeter *nn* → Zangenleistungsmesser *nm*	INSTR	→ **pliers power meter**
Zankapfel *nm* [fig]	COLL	**bone of contention**
Zapf Chancery → Chancery *nn*	PRIN.ME	→ **Chancery**
Zapfen *nm* → Drehzapfen *nm*	MEC.EN	→ **pivot** *n*
zaponieren ↑ lackieren	TECH	**zapon-varnish** *vt*
Zaponlack *nm*	TECH	**zapon varnish** *n*
Zappeln *nn* → Zittern *nn*	INSTR	→ **jitter** *n*
zappen → unwiederbringlich löschen	DAT.MA	→ **erase** *vt*
zart → mager	PRIN.ME	→ **light** *adj*

zartes Kursiv PRIN.ME → **light italic**
→ zart kursiv

zart kursiv PRIN.ME **light italic**
= zartes Kursiv
↑ Schriftattribut — ↑ font attribute

Zaun CIV.EN → **fence** *n*
→ Ümzäunung *nf*

Zaunalarm *nm* SIG.EN **fence alarm**

ZB TELEPH → **central battery**
→ Zentralbatterie *nf*

ZB-Betrieb *nm* TELEC → **battery feed**
→ Zentralbatteriebetrieb *nm*

Z-Diode *nf* MICR.EL → **Zener diode**
→ Zenerdiode *nf*

ZE *nf* HW → **central processing unit** *n*
→ Zentraleinheit *nf*

zehn MATH **ten**
[10] — = 10

Zehneck *nn* MATH **decagon** *n*

Zehneranschluss *nm* TELEC **ten-party line with selective ringing**
↑ Gemeinschaftsanschluss — ↑ party line

Zehnerblock *nm* TER&PER → **numeric keypad**
→ Zifferntastenblock *nm*

Zehnerkomplement *nn* COMP.SC **complement to ten**
[von Dezimelzahlen] — [of decimal numbers]
= complement on ten; ten's complement
↑ Basiskomplement — ↑ radix complement

zehnerlei COLL → **tenfold**
→ zehnfach

zehnerlei *adj* COLL **of ten sorts**

Zehnerlei *nn* COLL **ten different things**

Zehnerlogarithmus *nm* MATH → **common logarithm**
→ dekadischer Logarithmus

Zehnerpotenz *nf* MATH **decade** *n*
= Dekade *nf* — = decimal power

Zehnersystem *nn* COMP.SC → **decimal notation**
→ Dezimalsystem *nn*

Zehnertastaur *nf* TER&PER → **numeric keypad**
→ Zifferntastenblock *nm*

Zehnerübertrag *nm* MATH **decimal carry**

zehnfach COLL **tenfold**
= zehnerlei

Zehnfinger-Blindschreiben *nn* OFFICE → **touch-typing**
→ Zehnfingerschreiben *nn*

Zehnfingerschreiben *nn* OFFICE **touch-typing**
= Zehnfinger-Blindschreiben *nn*

zehnjährig COLL **ten years old**

zehnlagig TECH **ten-layer** *adj*
= zehnschichtig — = ten-part

zehnmal COLL **ten times**

zehnpolig EL.TEC **ten-pole** *adj*
= ten-pin

zehnschichtig TECH → **ten-layer** *adj*
→ zehnlagig

zehnstellig MATH **ten-place** *adj*
↑ mehrtstellig
= ten-figure; ten-digit
↑ of many places

zehntausend MATH **ten thousand**
[10.000] — [10.000]

zehnte MATH **tenth** *adj*
= 10. — = 10th

Zehnte *nm* MATH **tenth** *n*

zehnteilig MATH → **decimal** *adj*
→ dezimal

Zeichen *nn* LAW → **trademark** *n*
→ Markenzeichen *nn*

Zeichen *nn* TELEGR → **marking pulse** *n*
→ Stromschritt *nm*

Zeichen *nn* OFFICE **reference** *n*
[Bezugnahme in Geschäftsbrief] — [in commercial correspondence]
= re

Zeichen *nn* INF.TH **character** *n*
[Element eines Zeichenvorrats, zur Informationsübermittlung; Signale sind Träger von Zeichen] — [element of a character set, to convey information; signals are carriers for characters]
= Symbol *nn* — = symbol
≈ Signal — ≈ signal

Zeichen *nn* LING **sign** *n*
[vereinbartes graphischer Symbol] — [an agreed graphical symbol]
= Symbol *nn* — = mark *n*; symbol *n*
↓ Schriftzeichen; diakritisches Zeichen; Satzzeichen; numerisches Zeichen; mathematisches Zeichen; Korrekturzeichen — ↓ character; punctuation mark; diacritic mark; numeral; mathematical symbol; proofreaders' marks

Zeichen *nn* SWITCH → **switching signal**
→ Kennzeichen *nn*

Zeichenabbild *nn* COMP.GR **character image**
[Anordnung von Bildpunkten] — [array of pixels]

Zeichenabbildung *nf* COMP.GR **character map**
[ein Block von Speicheradressen für ein Bildschirmzeichen] — [a block of memory addresses for display character]
= Zeichenzuordnung *nf*

Zeichenabfühlung *nf* TER&PER → **mark sensing**
→ Zeichentastung *nf*

Zeichenabrundung *nf* TER&PER **character rounding**
[zur Verbesserung des visuellen Eindrucks] — [to improve visual impression]
= Zeichenretusche *nf*

Zeichenabstand *nm* PRIN.ME **character spacing**
= Abstand *nm*; Spatium *nn* (*pl* -tien); Buchstabenzwischenraum *nm*; Typenabstand *nm*; Spatiierung *nf*; Spationierung *nf*; Sperrung *nf*; Sperren *nn* — = character pitch; character escapement; pitch *n*; intercharacter spacing; spacing *n* (1); letterspace *n*; letterspacing *n*
≈ Zeichendichte; Laufweite — ≈ character density; set size
↓ konstanter Zeichenraum; proportionale Zeichenabstand — ↓ monospacing; proportional spacing

Zeichenabstandsverletzung *nf* DAT.PR **adjacency** *n*
[automatische Zeichenerkennung] — [character recognition; characters separated below specification]

Zeichenachse *nf* PRIN.ME **character center line**
= Zeichenmittellinie *nf* — = character reference line

Zeichenadresse *nf* SW **character address**

Zeichenarithmetik *nf* COMP.SC **character arithmetics**
≠ Festwortarithmetik — ≠ fixed-word-length arithmetics

Zeichenart *nf* PRIN.ME **type of characters**
= Zeichentyp *nm*

Zeichenauffüllung *nf* DAT.MA **character fill**
[ein Zeichen in jeden Speicherplatz setzen] — [to write a character into every memory location]

Zeichenaustausch *nm* SWITCH → **switching signal exchange**
→ Kennzeichenaustausch *nm*

Zeichenbetrieb *nm* DAT.PR **plotting mode**

Zeichenbild *nn* DAT.MA **character image**
[in der Form eines Zeichens angeordnete Bits] — [set of bits arranged in the shape of a character]

Zeichenbildschirm *nm* TER&PER **character display**
[Zeichen werden aus gespeicherten Elementen zusammemgefügt] — [characters are assembled of stored picture elements]
= character map screen
↑ Sichtgerät — ↑ display terminal

Zeichenbildung *nf* DAT.CO → **character alignment**
→ Zeichensynchronisierung *nf*

Zeichenblock *nm* TER&PER **character block**
[Punktmuster für die Bilschirmdarstellung eines Zeichens, z.B. 9x14beim MDA] — [pattern of dots to display a character, e.g. 9x14 with MDA]
= Zeichenzelle *nf*; Zeichenmatrix *nf* — = character cell; character matrix; character rectangle (Apple)

Zeichenbreite *nf* PRIN.ME → **character width**
→ Dickte *nf*

Zeichenbrett *nn* ENG.DRA **drawing board**
= Reißbrett *nn* — = drafting board

Zeichenbrettleuchte *nf* ENG.DRA **drawing lamp**

Zeichenbüro *nn* ENG.DRA **drawing office**

Zeichenbyte *nn* COMP.SC **character byte**

Zeichencode *nm* COMP.SC **character code**

Zeichencomputer *nm* DAT.PR → **character-oriented computer**
→ Stellenmaschine *nf*

zeichendarstellend COMP.SC **character-imaging** *adj*

zeichendarstellendes Gerät TER&PER **character imaging equipment**

Zeichendarstellung *nf* COMP.SC **character representation**

Zeichendauer *nf* TELEC **character delay**
= character period; character duration

Zeichendauer *nf* TELEGR → **unit interval**
→ Zeichenelement *nn*

Zeichendefinitionstabelle *nf* DAT.MA **character definition table**

Zeichen der Zeit *nplt* COLL **signs of the times**

Zeichendichte *nf* HW → **recording density**
→ Speicherdichte *nf*

Zeichendichte *nf* PRIN.ME **character density**
[Zeichen pro Längeneinheit; Ma einheit: Zeichen/Zoll] — [number of characters per unit length; unit: pitch/inch]

= Schreibdichte *nf*; Typendichte *nf*
≈ Zeichenabstand
= horizontal print density
≈ character spacing

Zeichendickte *nf* PRIN.ME → **character width**
→ Dickte *nf*

Zeichendreieck *nn* ENG.DRA **straightedge** *n*
≈ Winkelmaß
= set square; drawing triangle
≈ protractor

Zeichendrucker *nm* TER&PER **character printer**
[druckt Zeichen nach Zeichen, bzw. nur Zeichen]
= Serialdrucker *nm*; Seriendrucker *nm*; Serielldrucker *nm* (1); serieller Drucker (1)
≠ Paralleldrucker; Grafikdrucker
↓ Rasterdrucker; Nadeldrucker; Tintendrucker; Typenraddrucker
[prints character-by-character, resp. only characters]
= character-at-time printer; serial printer (1)
≠ parallel printer; graphics printer
↓ dot-matrix printer; stylus printer; ink-jet printer; type wheel printer

Zeicheneinheit *nf* SWITCH → **signal unit**
→ Signaleinheit *nf*

Zeichenelement *nn* COMP.GR **drawing element** *n*
[kleinste graphische Darstellungseinheit]
= graphisches Zeichenelement; graphisches Grundsymbol; Darstellungselement *nn*; Grundzeichenelement *nn*
[most basic graphic element]
= graphics primitive; geometric primitive; primitive *n*; graphics element; primitive element; display element; display entity; entity *n*

Zeichenelement *nn* TELEGR **unit interval**
= Zeichenintervall *nn*; Zeichenschritt *nm* (1); Zeichenlänge *nf*; Zeichendauer *nf*; Signalelement *nn*; Signalintervall *nn*; Signaldauer *nf*; Signalschritt *nm*; Schrittelement *nn*; Schrittlänge *nf*; Schrittdauer *nf*; Kennabschnitt *nm*; Kennintervall *nn*; Einheitsschritt *nm*; Übertragungsschritt *nm*;
↓ Stromschritt; Pausenschritt; Anlaufschritt; Informationsschritt; Sperrschritt
= signal element; unit signal element; signal interval; length element; significant interval; signal element length; bit length [DAT.CO]
↓ marking pulse; spacing pulse; start

Zeichenentfernung *nf* TER&PER → **character delete**
→ Zeichenlöschung *nf*

Zeichenerkennung *nf* TER&PER → **character recognition**
→ Klarschriftlesen

Zeichenerklärung *nf* PRIN.ME **legend** *n*
= Legende *nf*
≈ Bildlegende
[explanatory comment to symbols]
≈ caption

Zeichenfeder *nf* ENG.DRA → **drawing pen**
→ Reißfeder *nf*

Zeichenfehler *nm* INF.TEC **character error**
= symbol error

Zeichenfehlerhäufigkeit *nf* INF.TEC **character error rate**
= character error frequency; symbol error rate; symbol error frequency

Zeichenfehlerwahrscheinlichkeit *nf* INF.TEC **character error probability**
≈ Bitfehlerwahrscheinlichkeit [TELEC]
= symbol error probability
≈ bit error probability [TELEC]

Zeichenfläche *nf* COMP.GR **hard-clip area**

Zeichenflackern *nn* COMP.AP **character blink**

Zeichenfolge *nf* COMP.SC → **character string** *n*
→ Zeichenkette *nf*

Zeichenfolgename *nm* DAT.MA → **string name**
→ Zeichenkettenname *nm*

Zeichenfolgen-Ausdruck *nm* DAT.PR **string expression**

Zeichenfolgenbereich *nm* DAT.MA → **string area**
→ Zeichenkettenbereich *nm*

Zeichenfolgenbildung *nf* DAT.MA → **string formation**
→ Zeichenkettenbildung *nf*

zeichenfolgenorientiert DAT.MA → **string-oriented** *adj*
→ zeichenkettenorientiert

zeichenfolgenorientierte Datenverdichtung DAT.MA → **string-oriented data compression**
→ zeichenkettenorientierte Datenverdichtung

Zeichenfolgenverarbeitung *nf* DAT.MA → **string processing**
→ Zeichenkettenverarbeitung *nf*

Zeichenfolgeverkettung *nf* DAT.MA **string concatenation**
= Zeichensequenzverkettung *nf*

Zeichenfolie *nf* ENG.DRA **drawing film**

Zeichenformung *nf* COMP.GR **character assembly**

Zeichenfrequenz *nf* TELEGR **marking frequency**
= Stromschrittfrequenz *nf*

Zeichengabe *nf* TELEC **signaling** *n* (AE)
= Signalisierung *nf*; Signalübertragung *nf*
= signalling *n* (BE)

Zeichengabeabschnitt *nm* SWITCH **signaling control link** (AE)
= Signalisierungsabschnitt *nm*
= signalling control link (BE)

Zeichengabe-Endpunkt *nm* SWITCH **signaling end point** (AE)
[SS7]
= Signalisierungs-Endpunkt *nm*
[SS7]
= SEP

Zeichengabekanal *nm* SWITCH → **signaling channel** (AE)
→ Zeichenkanal *nm*

Zeichengabe-Leitprozessor *nm* SWITCH **signaling management processor** (AE)
= Signalisieruns-Leitprozessor *nm*
= signalling management processor (BE)

Zeichengabenetz *nn* TELEC **signaling network** (AE)
= Signalisierungsnetz *nn*
≠ Nutzwegnetz
≠ payload network

Zeichengabepunkt *nm* SWITCH **signaling point** (AE)
= Signalisierungspunkt *nm*
= signalling point (BE); SP

Zeichengabesteuerung *nf* SWITCH **signaling control** (AE)
= Signalisierungssteuerung
= signalling control (BE); signaling management (AE); signalling management (BE)

Zeichengabestrecke-Kennzeichen *nn* SWITCH **SLS**
[SS7]
= Signalisierungsstrecken-Kennzeichen *nn*; SLS-Kennzeichen *nn*
[SS7]
= Signaling Link Selection

Zeichengabesystem *nn* SWITCH → **signaling system** (AE)
→ Zeichengabeverfahren *nn*

Zeichengabe-Transferpunkt *nm* SWITCH **signaling transfer point** (AE)
= Signalisierungs-Transferpunkt *nm*
= signalling transfer point (BE); signal transfer point; STP

Zeichengabeverbindung *nf* TELEC **signaling link** (AE)
= Signalisierungsverbindung *nf*
= SL

Zeichengabeverfahren *nn* SWITCH **signaling system** (AE)
= Zeichengabesystem *nn*; Signalisierungsverfahren *nn*; Signalisierungssystem *nn*
= signalling system (BE)

Zeichengeber *nm* TER&PER **character generator**
= Zeichengenerator *nm*; Buchstabengenerator *nm*
≈ Bildgenerator
= symbol generator
≈ display generator

Zeichengeber *nm* TELEGR **signal generator**
= Zeichengenerator *nm*
= signal transmitter; transmitter *n*

zeichengebunden INF.TEC → **character-oriented** *adj*
→ zeichenorientiert

zeichengebundene Bedieneroberfläche COMP.AP → **command-line interface**
→ Befehlszeilenoberfläche *nf*

zeichengebundener Computer DAT.PR → **character-oriented computer**
→ Stellenmaschine *nf*

Zeichengenerator *nm* TER&PER → **character generator**
→ Zeichengeber *nm*

Zeichengenerator *nm* TELEGR → **signal generator**
→ Zeichengeber *nm*

Zeichengerät *nn* TER&PER → **plotter** *n*
→ Plotter *nm*

Zeichengeschwindigkeit *nf* TER&PER **plot speed**
= plotting speed; operating speed

Zeichengeschwindigkeit *nf* DAT.CO **character rate**
= character frequency; symbol rate; symbol frequency

Zeichengröße *nf* PRIN.ME → **type size** *n*
→ Schriftgröße *nf*

Zeichengrundlinie *nf* PRIN.ME → **base line**
→ Schriftlinie *nf*

Zeichenimitation *nf* INF.TH **signal imitation**

Zeichen-Informationsfeld *nn* SWITCH **signaling information field** (AE)
= signalling information field (BE); signal information field; SIF; routing label

Zeichenintervall *nn* TELEGR → **unit interval**
→ Zeichenelement *nn*

Zeichenkanal *nm* SWITCH **signaling channel** (AE)
= Zeichengabekanal *nm*; Signalisierungskanal *nm*
= signalling channel (BE); signalling link (BE)

Zeichenkette *nf* COMP.SC **character string** *n*
[ein als Einheit behandelter Satz von Zeichen]
= Kette *nf* (2); Zeichenfolge *nf*; Folge *nf* (2); String *nm* (2); nicht numerische Variable
≈ Name
[a set of characters processed as unity]
= symbol string; alphanumeric string; alphanumeric character set; string *n* (2); sequence *n* (2); non-numeric variable; token *n*
≈ name

Zeichenkettenbereich *nm* DAT.MA **string area**
[in einem Speicher für Zeichenketten reserviert]
[storage area reserved for character strings]

Zeichenkettenbildung *nf* DAT.MA **string formation**
= Zeichenfolgenbildung *nf*; Zeichensequenzenbildung *nf*; Kettenbildung *nf*;

Folgenbildung *nf*; Sequenzenbildung *nf*; Stringbildung *nf*

Zeichenkettenfunktion *nf* DAT.MA **string function**

Zeichenkettenhandhabung *nf* DAT.MA **string handling**
= Stringhandhabung *nf* = string manipulation

Zeichenkettenlänge *nf* DAT.MA **string length**

Zeichenkettenname *nm* DAT.MA **string name**
= Zeichenfolgename *nm*

zeichenkettenorientiert DAT.MA **string-oriented** *adj*
= zeichenfolgenorientiert; zeichensequenzenorientiert; kettenorientiert; folgenorientiert; sequenzenorientiert; stringorientiert

zeichenkettenorientierte Datenverdichtung DAT.MA **string-oriented data compression**
= zeichenfolgenorientierte Datenverdichtung; horizontale Datenverdichtung; stringorientierte Datenverdichtung ↑ data compression
↑ Datenverdichtung

zeichenkettenorientierte Programmiersprache COMP.LG → **SNOBOL**
→ SNOBOL

Zeichenkettenverarbeitung *nf* DAT.MA **string processing**
= Zeichenfolgenverarbeitung *nf*; Zeichensequenzenverarbeitung *nf*; Stringverarbeitung *nf*; Kettenverarbeitung *nf*; Folgenverarbeitung *nf*; Sequenzenverarbeitung *nf* = character string processing

Zeichenkonversion TELEC → **signal conversion**
→ Signalumsetzung *nf*

Zeichenkopf *nm* TER&PER **plotting head**
[Plotter]
= Schreibkopf *nm* (3)

Zeichenlage *nf* TELEGR → **marking pulse** *n*
→ Stromschritt *nm*

Zeichenlage *nf* DAT.CO **signal condition**
= Signalzustand *nm* = condition *n*; signal state; state *n*
↓ Trennstrom; Zeichenstrom ↓ signal condition A; signal condition B

Zeichenlänge *nf* TELEGR → **unit interval**
→ Zeichenelement *nn*

Zeichenleser *nm* TER&PER → **character reader**
→ Klarschriftleser *nm*

Zeichenlesung *nf* TER&PER → **character recognition**
→ Klarschriftlesen

Zeichenlochkarte *nf* TER&PER **mark sense card** (1)
[mit Feldern zum Anbringen maschinenlesbarer Markierungen] [with sense fields to put machine-readable marks]

Zeichenlöschung *nf* TER&PER **character delete**
= Zeichenentfernung *nf* = character erase

Zeichenlöschungs-Zeichen *nn* CODING **character-deletion character**

Zeichenmaschine *nf* DAT.PR → **character-oriented computer**
→ Stellenmaschine *nf*

Zeichenmaschine *nf* ENG.DRA **drafting machine** (AE)
= draughting machine (BE)

Zeichenmatrix *nf* TER&PER → **character block**
→ Zeichenblock *nm*

Zeichenmittellinie *nf* PRIN.ME → **character center line**
→ Zeichenachse *nf*

Zeichenmodifikator *nm* DAT.MA **character modifier**

Zeichenmodus *nm* SW **character mode**
= Textmodus *nm*; alphanumerischer Modus = text mode; alphanumeric mode
≈ zeichenorientiertes Programm ≈ character-based program
≠ Grafikmodus ≠ graphic mode
↑ Videomodus ↑ video mode

Zeichenmultiplexer *nm* INF.TEC **character multiplexer**
= symbol multiplexer; signal multiplexer

Zeichenneigung *nf* PRIN.ME → **typeface inclination** *n*
→ Schriftneigung *nf*

zeichenorientiert INF.TEC **character-oriented** *adj*
= zeichengebunden; symbolorientiert = character-orientated; symbol-oriented; symbol-orientated; character-bound; symbol-bound
≈ zeichenweise ≈ character-by-character

zeichenorientiert SW **character-based**
= textorientiert = character-oriented; text-based; text-oriented
≠ grafik-orientiert ≠ graphics-based

zeichenorientierte graphische Bedieneroberfläche COMP.AP **character-based graphical user interface**
[nicht rein grafikorientiert] [not really graphics-based]

zeichenorientierter Computer DAT.PR → **character-oriented computer**
→ Stellenmaschine *nf*

zeichenorientiertes Programm SW **character-based program**
[läuft nur im Zeichenmodus ab] [runs only in character mode]
= textorientiertes Programm = text-based program; character-oriented program; text-oriented program
≈ Zeichenmodus
≠ grafikorientiertes Programm ≠ graphics-based program

zeichenorientiertes Protokoll DAT.CO → **byte-oriented protocol**
→ byteorientiertes Protokoll

Zeichenpapier *nn* ENG.DRA **drawing paper**

zeichenparallel INF.TEC **character-parallel**
= parallel by character

Zeichenparität *nf* [DAT.CO] CODING → **vertical parity**
→ Querparität *nf*

Zeichenpause *nf* SWITCH **interdigit time**
= Wählpause *nf*; Zwischenwahlzeit *nf* = interdigit interval; interdigital time; interdigital interval; interdigit pause; interdigital pause

Zeichen-Pausen-Verhältnis *nn* TELEGR **mark-to-space ratio**
= Puls-Pausen-Verhältnis *nn*; Impulstastverhältnis *nn*

Zeichenplatte *nf* ENG.DRA **plotting plate**

Zeichenpolarität *nf* TELEGR → **marking pulse** *n*
→ Stromschritt *nm*

Zeichenprogramm *nn* SW **drawing program**
[objektorientiert, daher anspruchsvoller als ein Malprogramm] [object-oriented, therefore more sophisticated than a paint program]
= draw program; illustration/design program
≈ Malprogramm; CAD-Programm ≈ painting program; CAD program
↑ Grafikprogramm ↑ graphics program

Zeichen pro Inch TER&PER → **characters per inch**
→ Zeichen pro Zoll

Zeichen pro Sekunde DAT.PR **characters per second**
= cps = cps

Zeichen pro Zeile TER&PER **characters per line**
= cpl

Zeichen pro Zoll TER&PER **characters per inch**
= cpi; Zeichen pro Inch = cpi
≈ Teilung ≈ pitch

Zeichenprüfung *nf* DAT.CO **character check**
= Symbolprüfung *nf* = character checking; symbol check; symbol checking

Zeichenpuffer *nm* CIRC.EN **signal buffer**

Zeichenrechteck *nn* COMP.GR **character rectangle**
= Zeichenzelle *nf* = character cell

Zeichenrepertoire *nf* INF.TH → **character set**
→ Zeichenvorrat *nm*

Zeichenretusche *nf* TER&PER → **character rounding**
→ Zeichenabrundung *nf*

Zeichensaal *nm* ENG.DRA **drawing room**

Zeichensatz *nm* INF.TH → **character set**
→ Zeichenvorrat *nm*

Zeichensatz *nm* [TER&PER] PRIN.ME → **font** *n* (1)
→ Schriftzeichensatz *nm*

Zeichensatz-Diskette *nf* TER&PER **font disk**
= Font-Diskette *nf* = font diskette

Zeichensatz-Editor *nm* SW **font editor**
= Font-Editor *nm*

Zeichensatzgenerator *nm* SW **font generator**
= Schriftartengenerator *nm*; Schriftgenerator *nm*

Zeichensatzkassette *nf* TER&PER → **font cartridge**
→ Schriftartkassette *nf*

Zeichensatzkoffer *nm* TER&PER **font suitcase**

Zeichensatzseite *nf* DAT.PR **font page**
[Speichersektor] [memory segment]
= Font-Seite *nf*

Zeichenschablone *nf* (1) ENG.DRA **drawing template**
= Schablone *nf* ≈ ruler
≈ Lineal; Kurvenlineal

Zeichenschablone *nf* (2) ENG.DRA → **character template**
→ Schreibzeichenschablone *nf*

Zeichenschiene *nf* ENG.DRA **tee square**

Zeichenschritt *nm* (1) TELEGR → **unit interval**
→ Zeichenelement *nn*

Zeichenschritt *nm* (2) TELEGR → **marking pulse** *n*
→ Stromschritt *nm*

Zeichensequenzenbildung *nf* DAT.MA → **string formation**
→ Zeichenkettenbildung *nf*

zeichensequenzenorientiert DAT.MA → **string-oriented** *adj*
→ zeichenkettenorientiert

Zeichensequenzenverarbeitung *nf* DAT.MA → **string processing**
→ Zeichenkettenverarbeitung *nf*

Zeichensequenzverkettung *nf* DAT.MA → **string concatenation**
→ Zeichenfolgeverkettung *nf*

zeichenseriell DAT.CO **character-serial**

Zeichensetzung *nf* LING **punctuation**
= Interpunktion *nf* ≈ punctuation mark
≈ Satzzeichen

Zeichenstelle *nf* COMP.SC → **position** *n*
→ Stelle *nf*

Zeichenstift *nm* TER&PER **plotter pen**

Zeichenstiftplotter *nm* TER&PER → **pencil plotter**
→ Stiftplotter *nm*

Zeichenstopfen *nn* DAT.MA **character stuffing**
[um eine Datei auf vorgegebene Größe zu bringen] [to increase a file to preset size]

Zeichenstrom *nm* TELEGR → **marking current**
→ Arbeitsstrom *nm*

Zeichensynchronisierung *nf* DAT.CO **character alignment**
= Zeichenbildung *nf* = character synchronization; symbol alignment

Zeichentabelle *nf* SW **character table**

Zeichentableau *nn* TER&PER → **digitizing tablet** *n*
→ Digitalisiertablett

Zeichentablett *nf* TER&PER → **digitizing tablet** *n*
→ Digitalisiertablett

Zeichentakt *nm* SWITCH **character timing**

Zeichentaktsteuerung *nf* SWITCH **character timing control**

Zeichentastung *nf* TER&PER **mark sensing**
[auf elektrischem Wege] [by electrical means]
= Zeichenabfühlung *nf* = mark detection
≈ Markierungslesen ≈ mark scanning

Zeichentheorie *nf* LING → **semiotics** *nplt*
→ Semiologie *nf*

Zeichentisch *nm* OFFICE **drawing table**
≈ Zeichenbrett = drafting table
≈ droawing board

Zeichentor CIRC.EN → **pulse gate**
→ Impulstor *nn*

Zeichenträger *nm* INF.TH → **signal** *n*
→ Signal *nn* (*pl* -e)

Zeichentrick *nm* IMAG.ME **animation** *n*

Zeichentrickfilm IMAG.ME **animated cartoon film**
= Trickfilm *nm*; Animationsfilm *nm* = animated cartoon; cartoon motion picture; cartoon

Zeichentyp *nm* PRIN.ME → **type of characters**
→ Zeichenart *nf*

Zeichentyp *nm* SW **character type**
[kann nur logische Werte annehmen] [can assume only logical values]
↑ Datentyp ↑ data type

Zeichenüberprüfung *nf* TELEGR **character sensing**

Zeichenumriss *nm* COMP.AP **character outline**

Zeichenumschaltung *nf* DAT.MA **character shift**
↓ Buchstabenumschaltung; Ziffernumschaltung = shift *n*
↓ alphabetic shift; numeric shift

Zeichenumsetztabelle *nf* DAT.PR → **code page**
→ Codeseitentabelle *nf*

Zeichenumsetzung *nf* TELEC → **signal conversion**
→ Signalumsetzung *nf*

Zeichenvariable *nf* DAT.MA **character variable**

Zeichenverzerrung *nf* TELEC → **signal distortion**
→ Signalverzerrung *nf*

Zeichenvorrat *nm* INF.TH **character set**
[vereinbarter Satz unterscheidbarer Symbole zur Informationsübermittlung] [an agreed set of discriminable symbols to convey information]
= Alphabet *nn*; Alfabet *nn*; Symbolvorrat *nm*; Vorrat *nm*; Zeichenrepertoire *nf*; Symbolrepertoire *nf*; Repertoire *nf*; Zeichensatz *nm*; Symbolsatz *nm* = character repertoire; character supply; character range; alphabet; symbol set; symbol repertoire; symbol supply; symbol range
↓ Binäralphabet ↓ binary alphabet

Zeichenwechsel *nm* INF.TEC → **zero crossing**
→ Nulldurchgang *nm*

Zeichenwechsel *nm* TER&PER → **case shift**
→ Groß-Klein-Umschaltung *nf*

zeichenweise INF.TEC **character-by-character**
= symbolweise = symbol-by-symbol
≈ zeichenorientiert ≈ character-oriented

zeichenweise arbeitendes Gerät TER&PER **character device**
≠ blockweise arbeitendes Gerät ≠ block device

zeichenweises Drucken TER&PER **character mode printing**
= character-by-character printing

Zeichenwiederholung *nf* DAT.CO **character repetition**

Zeichenzähler *nm* TELEGR **character counter**
= symbol counter

Zeichenzelle *nf* COMP.GR → **character rectangle**
→ Zeichenrechteck *nn*

Zeichenzelle *nf* TER&PER → **character block**
→ Zeichenblock *nm*

Zeichenzuordnung *nf* COMP.GR → **character map**
→ Zeichenabbildung *nf*

zeichnen ENG.DRA **draw** *vt*
≈ skizzieren; entwerfen ≈ sketch; draft

Zeichner *nm* TECH → **drawer** *n*
→ technischer Zeichner

Zeichner *nm* ECON **subscriber** *n*
[eines Wertpapiers] [of a security]

Zeichnung *nf* ENG.DRA **drawing** *n*
= draft *n*; draught *n* (BE)

Zeichnung *nf* ECON **subscription** *n*
[von Wertpapieren] [of securities]

Zeichnungsablage *nf* ENG.DRA **drawing filing cabinet**

Zeichnungsdatei *nf* COMP.AP **drawing file**
[CAD] [CAD]

Zeichnungs-Digitalisierungsgerät *nn* TER&PER **drawing digitizing equipment**

Zeichnungsentwurf *nm* ENG.DRA **preliminary drawing**

Zeichnungshängeschrank *nm* ENG.DRA **suspended drawing cabinet**

Zeichnungskopf *nm* ENG.DRA **title block**

Zeichnungskopierer *nm* OFFICE **drawing copier**

Zeichnungsmappe ENG.DRA **drawing archive**

Zeichnungsnorm *nf* ENG.DRA **drafting standard**

Zeichnungsnummer *nf* ENG.DRA **drawing number**

Zeichnungssatz *nm* ENG.DRA **set of drawings**

Zeichnungsverfilmung *nf* TER&PER **technical document microfilming**

Zeichnungsverwaltung *nf* COMP.AP **drawings management**
[CAM] [CAM]

Zeichnungsverzeichnis *nn* ENG.DRA **document index**
= document survey

Zeigegerät *nn* COMP.AP → **pointing device**
→ Schreibmarkensteuervorrichtung *nf*

Zeigegerät *nn* COMP.AP → **pointing device**
→ Zeigervorrichtung *nf*

Zeigengabenetzverwaltung *nf* SWITCH **SNM**
[SS7] [SS7]
= Signaling Network Management

Zeigen und Klicken COMP.AP **point and click** *n*

Zeiger *nm* TECH → **pointer** *n*
→ Marke *nf*

Zeiger *nm* COMP.AP → **cursor** *n*
→ Schreibmarke *nf*

Zeiger *nm* EL.SC → **rotating phasor**
→ Wechselstromzeiger *nm*

Zeiger *nm* INSTR **pointer** *n*
= Nadel *nf* = needle *n*; moving element
↓ Lanzenzeiger; Stabzeiger; Messerzeiger; Fadenzeiger ↓ lance pointer; rod pointer; blade-type pointer; filament pointer

Zeiger *nm* TRANSM **pointer** *n*
[SDH/SONET; gibt die Phasenbeziehung zwischen Beginn der Nutzinformation und Rahmen an] [SDH/SONET; defines the phase lag between the begin of payload information and frame]
= Pointer *nm*

Zeiger *nm* DAT.MA **pointer** *n*
[ein Hinweis auf die Adresse einer bestimmten Information] [an identifier indicating the location of an item of data]
= Absolutzeiger *nm*; Pointer *nm* (ANGL); Referenz *nf* = reference *n*
≈ Verweisadresse ≈ reference address
↓ Vorwärtszeiger ↓ forward pointer

Zeiger *nm* SW → **data pointer**
→ Datenzeiger *nm*

Zeiger *nm* MICR.EL → **pointer** *n*
→ Hinweisadresse *nf*

Zeiger *nm* DAT.MA → **chain field**
→ Kettfeld *nn*

Zeigerausschlag *nm* INSTR **pointer throw**
= Nadelausschlag *nm* = needle throw

Zeigerbild *nn* POW.EN **vector diagram**

Zeigerdatei *nf* DAT.MA **pointer file**

Zeigerdaten *nplt* DAT.MA **pointer data**
[stellen Adressen anderer Daten dar] [represent addresses of other data]

Zeigerdiagramm *nn* INSTR → **vector diagram**
→ Vektordiagramm *nn*

zeigergesteuert DAT.PR **vectored** *adj*
Zeigeroptimierung *nf* DAT.MA **pointer optimization**
[eine Datenbank zur Zeigerminimierung neu ordnen] [reorganize database for minimum pointer need]
Zeigerstruktur *nf* COMP.SC **pointer structure**
[aus Objekten und Beziehungen zwischen ihnen bestehende Datenstruktur] [consists of objects and relations between them]
≈ Graph ≈ graph
↑ strukturierter Datentyp ↑ structured data type
Zeigerverkettung *nf* SW **threading** *n* (2)
[Hinweise (auf Hilfsroutinen) durch Zeiger ersetzen] [replacement of references (to support routines) by pointers]
Zeigervorrichtung *nf* COMP.AP → **pointing device**
→ Schreibmarkensteuervorrichtung *nf*
Zeigervorrichtung *nf* COMP.AP **pointing device**
= Zeigegerät *nn*
Zeile *nf* PRIN.ME **line** *n*
↓ Druckzeile; Leerzeile = row *n*
↓ print line; blank line
Zeile *nf* EL.TRO **line** *n*
= Abtastzeile *nf* = scanning line
Zeile *nf* SYS.INS → **rack row**
→ Gestellreihe *nf*
Zeilenablenktransformator *nm* TV → **line scan transformer**
→ Horizontal-Ablenktransformator *nm*
Zeilenabstand *nm* TER&PER **line spacing**
[Maßeinheit: LPI / Zeilen pro Zoll] [measuring unit: LPI / lines per inch]
= Zeilenzwischenraum *nm* = line sopace; line separation; line distance; line advance; line pitch; scanning separation; scanning pitch; vertical spacing; vertical separation; vertical distance; vertical advance; leading *n*
≈ Zeilenvorschub; Durchschuss [PRIN.ME] ≈ line feed; leading [PRIN.ME]
Zeilenabstandausgleich *nm* WOR.PR **vertical justification**
[um einheitliche Seitenfüllung zu erhalten] [increment in line separation to give fixed page filling]
≈ Durchschuss [PRIN.ME] = feathering *n*
≈ lead [PRIN.ME]
Zeilenabtastung *nf* EL.TRO **line scanning**
= Horizontalabtastung *nf* = horizontal scanning
Zeilenanfang *nm* PRIN.ME **beginning of line**
= Zeilenbeginn *nm* = line start
Zeilenanordnung *nf* TER&PER **line display**
= line layout
Zeilenausgang *nm* PRIN.ME **hot zone**
[Bereich der Worttrennungen] [where hyphenation might occur]
= Zeilenendezone *nf*; Randzone *nf*; Ausschließbereich *nm*; Ausschließzone *nf* = justification range; line-end zone; line-ending zone; margin-adjust zone
Zeilenaustastlücke *nf* TV **horizontal blanking interval**
↑ Austastlücke = line blanking interval
↑ blanking interval
Zeilenaustastung *nf* TV **horizontal blanking**
= Horizontalaustastung *nf*; Zeilenunterdrückung *nf*; Teilbildaustastung *nf* = line blanking; line suppression
Zeilenbeginn *nm* PRIN.ME → **beginning of line**
→ Zeilenanfang *nm*
Zeilenbildungprogramm *nn* WOR.PR → **justification program**
→ Ausschließprogramm *nn*
zeilenbinär TER&PER **row-binary**
[Lochkartenlochung] [punching and reading of cards in rows]
Zeilenbreite *nf* PRIN.ME **line width**
= Zeilenlänge *nf* = line length
Zeilenbreitenregler *nm* TV **horizontal size control**
Zeilendauer *nf* TV **line duration**
= Zeilenzeit *nf* = line time
Zeilendichte *nf* TER&PER **vertical print density**
Zeilendraht *nm* HW **X read-write wire**
[Kernspeicher] ≠ Y read-write wire
≠ Spaltendraht
Zeilendruck *nm* TER&PER **line printing**
[als Einheit gedruckt] [line printed as a unit]
Zeilendrucker *nm* TER&PER **line printer**
[druckt eine Zeile gleichzeitig] [prints a line at once]
≈ Schnelldrucker = line-at-a-time printer
≠ Zeichendrucker; Seitendrucker ≈ high-speed printer
↑ Paralleldrucker (1) ≠ character printer; page printer
↓ Kettendrucker; Banddrucker; Walzendrucker; Pendelmatrixdrucker ↑ parallel printer (1)
↓ chain printer; belt printer; drum printer; shuttle matrix printer

Zeilendurchschuss PRIN.ME → **lead** *n*
→ Durchschuss *nm*
Zeileneditierung *nf* WOR.PR **line editing**
≠ Vollschirmeditierung ≠ full-screen editing
Zeileneditor *nm* WOR.PR **line editor**
[erlaubt zeilenweises Editieren] [allows to edit a line at a time]
= Zeilentexteditor *nm* ≠ full-screen editor
≠ Vollschirmeditor
Zeileneinfallswinkel *nm* TV **line incidence angle**
Zeileneinfügung *nf* WOR.PR **line insertion**
Zeileneingabe *nf* DAT.CO **line input**
Zeileneingang *nm* MICR.EL **line port**
≠ Spalteneingang ≠ column port
Zeileneinsteller *nm* TER&PER **line space regulator**
[zur Regulierung des Zeilenabstands] [to regulate the vertical spacing]
= Zeilensteller *nm* ≈ line feed
≈ Zeilenschalter
Zeilenende *nn* SW **line ending**
Zeilenendezone *nf* PRIN.ME → **hot zone**
→ Zeilenausgang *nm*
Zeilenendstufe *nf* TV **line output stage**
Zeilenfall *nm* PRIN.ME **line arrangement**
Zeilenflimmern TV **interline flicker**
Zeilenformat *nn* PRIN.ME **line format**
≈ Seitenformat = line folding
≈ page format
Zeilenfrequenz *nf* TV → **line frequency**
→ Horizontalfrequenz *nf*
Zeilenfrequenzoszillator *nm* TV → **line frequency oscillator**
→ Horizontalfrequenzoszillator *nm*
Zeilenguss *nm* PRIN.ME → **type slug** *n*
→ Zeilentype *nf*
Zeilenhöhe *nf* TER&PER **line height**
[measuring unit: lines per vertical inch]
Zeilenimpuls *nm* TV → **line synchronizing pulse**
→ Zeilensynchronimpuls *nm*
Zeilenkipposzillator *nm* TV → **line frequency oscillator**
→ Horizontalfrequenzoszillator *nm*
Zeilenlänge *nf* PRIN.ME → **line width**
→ Zeilenbreite *nf*
Zeilenlänge *nf* SW **line length**
[Zeichen pro Zeile] [number of characters per line]
Zeilenleitung *nf* MICR.EL **line path**
≠ Spaltenleitung = line track
≠ column path
Zeilenlineal *nn* WOR.PR **ruler line**
[Anzeige am oberen Bildschirmrand] [line on top edge of display]
= ruler; tab rack
Zeilenlineal *nn* PRIN.ME → **line gauge**
→ Zeilenmaß *nn*
Zeilenlöschen *nn* WOR.PR → **line deletion**
→ Zeilenlöschung *nf*
Zeilenlöschung *nf* WOR.PR **line deletion**
= Zeilenlöschen *nn* = line erase; line cancellation
Zeilenmaß *nn* PRIN.ME **line gauge**
[spezielles Lineal des Druckwesens] [special ruler used in typography]
= Zeilenlineal *nn*; Typometer *nn* = forms layout gage
Zeilenmatrix *nf* MATH **row matrix**
Zeilennummer *nf* PRIN.ME **line number**
Zeilennummer *nf* SW **line number**
Zeilenoffset *nn* TV **line offset** *n*
= Zeilenversatz *nm* (2)
zeilenorientiert COMP.AP **line-based** *adj*
[nur zeilenweisen Zugriff erlaubend] [allowing acces only by line]
≠ bildschirmorientiert = line-orienetd
≠ screen-based
zeilenorientierter Browser INTERNET **line-oriented browser**
Zeilenoszillator *nm* TV → **line frequency oscillator**
→ Horizontalfrequenzoszillator *nm*
Zeilenpaarigkeit *nf* TV **line pairing**
Zeilen pro Minute TER&PER **lines per minute**
= LPM
Zeilen pro Zoll TER&PER **lines per inch**
= LPI
Zeilenrand *nm* PRIN.ME **line margin**
Zeilenraste *nf* OFFICE **platen detent**
[Schreibmaschine] [typewriter]
Zeilenrauschen *nn* TV **clamper noise**
= Zeilenstreifigkeit *nf*
Zeilenreißen *nn* TV **tearing** *n*

[unregelmäßige seitliche Verschiebung von einzelnen oder Blöcken von Zeilen] | [erratic lateral displacement of individual or blocks of lines]

Zeilenrücklauf *nm* DAT.CO → **carriage return** *n*
→ Wagenrücklauf *nm*

Zeilenrücklauf *nm* TV **horizontal retrace**
= Horizontalrücklauf *nm* | = horizontal flyback; line flyback

Zeilenrückschub *nm* TER&PER **reverse line feed**
≠ Zeilenvorschub | ≠ line feed
↑ Vorschub | ↑ feed

Zeilensatz *nm* PRIN.ME → **type slug** *n*
→ Zeilentype *nf*

Zeilenschalter *nm* OFFICE → **line space lever**
→ Zeilenschalthebel *nm*

Zeilenschalthebel *nm* OFFICE **line space lever**
[Zeilenschalter einer Schreibmaschine] | [line feed of a typewriter]
= Zeilenschalter *nm*

Zeilenschalttaste *nf* TELEGR → **carriage return key**
→ Wagenrücklauftaste *nf*

Zeilenschaltzeichen *nn* TER&PER **new-line character**

Zeilenschräglauf *nm* EL.TRO **line skew**

Zeilensegment *nn* SW **line segment**

Zeilensetzmaschiene *nf* PRIN.ME **line caster**
= line casting machine

Zeilensprung *nf* TV **line skip**
= line jump

Zeilensprungformat *nn* COMP.GR **interlaced format**
= IF-Format *nn* | = IF

zeilensprungfrei TV → **non-interlaced** *adj*
→ zeilensprunglos

zeilensprunglos TV **non-interlaced** *adj*
= zeilensprungfrei

Zeilensprungunterdrückung *nf* TELEGR **line skip suppression**
[Btx] | [videotex]

Zeilensprungverfahren *nn* TV **interlacing**
[Übertragung in zwei Halbbildern] | = interlaced scanning; line jump method; interlaced mode
= Zwischenzeilenverfahren *nn*; Halbbildverfahren *nn*

Zeilensteller *nm* TER&PER → **line space regulator**
→ Zeileneinsteller *nm*

Zeilenstreifigkeit *nf* TV → **clamper noise**
→ Zeilenrauschen *nn*

Zeilenstrich *nm* PRIN.ME **guideline**

Zeilensynchronimpuls *nm* TV **line synchronizing pulse**
= Zeilenimpuls *nm*

Zeilensynchronisierung *nf* TV **line synchronization**
= Horizontalsynchronisierung *nf* | = horizontal synchronization

Zeilentexteditor *nm* WOR.PR → **line editor**
→ Zeileneditor *nm*

Zeilentrafo *nm* TV → **line scan transformer**
→ Horizontal-Ablenktransformator *nm*

Zeilentransformator *nm* TV → **line scan transformer**
→ Horizontal-Ablenktransformator *nm*

Zeilentransport *nm* TER&PER → **line feed**
→ Zeilenvorschub *nm*

Zeilentreiber *nm* HW **line driver**
[Magnetkernspeicher] | [magnetic core memory]

Zeilentype *nf* PRIN.ME **type slug** *n*
[Drucktype für eine ganze Zeile] | [a line cast as one type]
= Reglette *nf*; Zeilensatz *nm*; Zeilenguss *nm* | = slug *n* (2)

Zeilenüberlauf *nm* PRIN.ME **bleed** *n*
[line beyond paper edge]

Zeilenübertrager *nm* TV → **line scan transformer**
→ Horizontal-Ablenktransformator *nm*

Zeilenumbruch *nm* PRIN.ME **line break**
↑ Umbruch | = word wrapping; wrapping; word wrap
↑ makeup

Zeilenumschaltung *nf* TER&PER → **new line**
→ Zeilenwechsel *nm*

Zeilenunterdrückung *nf* TV → **horizontal blanking**
→ Zeilenaustastung *nf*

Zeilenvektor *nm* MATH **row vector**

Zeilenversatz *nm* (1) TV **periodical line displacement**
= Bauchtanz *nm*

Zeilenversatz *nm* (2) TV → **line offset** *n*
→ Zeilenoffset *nn*

Zeilenvorschub *nm* TER&PER **line feed**
= Zeilentransport *nm* | = linefeed; LF
≈ Zeilenwechsel; Zeilenabstand | ≈ new line; vertical spacing
≠ Zeilenrückschub | ≠ reverse line feed
↑ Vorschub | ↑ feed

Zeilenvorschub *nm* DAT.CO **line feed**
= LF | = LF
↑ ASCII-Code | ↑ ASCII code

Zeilenvorschubtaste *nf* TER&PER **LF key**
[auf Druckern] | [on printers]
= LF-Taste *nf* | = line-feed key

Zeilenwechsel *nm* TER&PER **new line**
[Wagenrücklauf + Zeilenvorschub] | [carriage return + line feed]
= Zeilenumschaltung *nf* | = newline; newline character; NL; line change; return
↑ Steuerzeichen | ↑ control character

Zeilenwechselzeichen *nn* DAT.PR → **carriage-return character**
→ Wagenrücklaufzeichen *nn*

zeilenweise TER&PER **line-by-line**
= row-wise; line-serially

zeilenweise Anordnung DAT.MA **row-major order**

Zeilenwobbeln *nn* TV → **spot wobble**
→ Zeilenwobbelung *nf*

Zeilenwobbelung *nf* TV **spot wobble**
[eine überlagerte Wobbelung des Abtaststrahls, quer zur Ablenkrichtung] | [a periodic motion of the scanning spot, transverse to the scanning direction]
= Zeilenwobbeln *nn*

Zeilenzahl TV **line number**

Zeilenzahl *nf* SW → **lines of code**
→ Befehlszeilenzahl *nf*

Zeilenzähler *nm* TER&PER **line counter**

Zeilenzeit *nf* TV → **line duration**
→ Zeilendauer *nf*

Zeilenzwischenraum *nm* TER&PER → **line spacing**
→ Zeilenabstand *nm*

Zeit *nf* PHYS **time** *n*
↓ Zeitpunkt; Zeitintervall | ↓ instant; time interval

Zeit-/Datumsgeber *nm* HW **clock/calendar** *n*
[a battery-powered circuit]

zeitabhängig TECH **time-dependent** *adj*
= time-oriented

zeitabhängige Verbindungssteuerung TELEC **time-dependent call control**
[IN]

Zeitabhängigkeit *nf* TECH **time dependence**

Zeitablauf *nm* (1) TECH **timing** *n* (1)
≈ Sequenz | ≈ sequence
↑ Zeit | ↑ time

Zeitablauf *nm* (2) TECH **timeout** *n* (1)
[Ende der Zeit] | [ending of a time]
= abgelaufene Zeitbegrenzung

Zeitableitung *nf* MATH **time derivative**
↑ Ableitung | ↑ derivative

Zeitablenkgenerator *nm* EL.TRO **sweep generator**
[erzeugt Sägespannungen] | = time-base generator
= Wobbelgenerator *nm*; Zeitbasisteil *nn*

Zeitabschaltung *nf* EL.TRO **timeout** *n*
= Auszeit *nf* | = timed release

Zeitabschnitt *nm* PHYS → **time interval**
→ Zeitintervall *nn*

Zeitabschnitt *nm* TELEC → **time slot**
→ Zeitschlitz *nm*

Zeitachse *nf* PHYS **time axis**

Zeitangabe *nf* TECH **time indication**

Zeitansage *nf* TELEPH **time announcement**
= time announcement service; time announcer; time-of-day

Zeitanteil *nm* DAT.PR → **time slice**
→ Zeitscheibe *nf*

Zeitanteilsbetrieb *nm* DAT.PR → **time sharing operation**
→ Teilnehmerbetrieb *nm*

Zeitanteilssystem *nn* DAT.PR → **time sharing operation**
→ Teilnehmerbetrieb *nm*

Zeitanteilsverfahren *nn* DAT.PR → **time sharing operation**
→ Teilnehmerbetrieb *nm*

Zeitauflösung *nf* EL.TRO **timing resolution**

Zeitaufwand *nm* ECON **time expenditure**
= time spent

zeitaufwendig COLL → **time-consuming**
→ zeitraubend

Zeitbasis *nf* EL.TRO **time base**

Zeitbasisteil *nn* EL.TRO → **sweep generator**
→ Zeitablenkgenerator *nm*

Zeitbedarf *nm* COLL **time need**
= Zeitbedürfnis *nn*

Zeitbedürfnis *nn* COLL → **time need**
→ Zeitbedarf *nm*

Zeitbegrenzer *nm* EL.TRO **time limiter**

Zeitbegrenzung *nf*	TECH	**time limit**
Zeitbemessung *nf*	TECH	**time rating**
		= time sizing
Zeitbereich *nm*	PHYS	**time domain**
= Frequenzbereich *nm*		≈ frequency domain
Zeitbereichsentzerrer *nm*	NETW.TH	**time-domain equalizer**
		= TDE
zeitbezogen	TECH	**time-related**
		= time-relative
Zeitbezugspunkt *nm*	INSTR	→ **time reference point**
→ Zeitreferenzpunkt *nm*		
Zeitbombe *nf*	COLL	**time bomb**
[fig]		[fig]
Zeitbombe *nf*	SW	**time bomb**
[wird zu vorgegebener Zeit wirksam]		[triggered at a given time]
≈ Logikbombe		≈ logic bomb
↑ Trojanisches Pferd		↑ Trojan Horse
Zeitdauer *nf*	PHYS	→ **duration** *n*
→ Dauer *nf*		
Zeitdehnung *nf*	TECH	**time streching** *n*
↑ Zeitmaßstabsänderung		= slow-down
		↑ time scaling
Zeitdienst *nm*	SIG.EN	**time distribution**
Zeitdienstanlage *nf*	SIG.EN	**time distribution system**
zeitdiskret	INF.TEC	**time-discrete** *adj*
≠ zeitkontinuierlich		= time-defined
		≠ time-continuous
zeitdiskretes Filter	NETW.TH	**discrete-time filter**
Zeitdiskriminator *nm*	CIRC.EN	**time discriminator**
= Zeitentscheider *nm*		
Zeitdiversity *nn*	MIL.CO	**time diversity**
[Wiederholung der Übertragung]		[repetition of emission]
Zeiteinheit *nf*	PHYS	**time unit**
Zeiteinsparung *nf*	TECH	→ **time saving** *n*
→ Zeitersparnis *nn*		
Zeiteinteilung *nf*	PHYS	**time division**
Zeitentscheider *nm*	CIRC.EN	→ **time discriminator**
→ Zeitdiskriminator *nm*		
Zeiterfassung *nf*	TECH	**time registration**
= Zeitregistrierung *nf*		
Zeiterfassungsterminal *nn*	TER&PER	**time acquisition terminal**
Zeitersparnis *nn*	TECH	**time saving** *n*
= Zeiteinsparung *nf*		= time economy
Zeitextraktor *nm*	CIRC.EN	**timing extractor**
Zeitfach *nn*	CIRC.EN	**time cell**
Zeitfehlerausgleich *nm*	TV	**time equalization**
Zeitfehler-Ausgleichschaltung *nf*	TV	**time equalization circuit**
Zeitfenster *nn*	TECH	**time window**
		= window *n*
Zeitfilter *nn*	CIRC.EN	**time filter**
Zeitform *nf*	LING	→ **tense** *n*
→ Tempusform *nf*		
Zeitfüllzeichen *nn*	DAT.MA	**time-fill character**
↑ Füllzeichen		↑ filler character
Zeitfunktion *nf*	MATH	**temporal function**
Zeitgeber *nm*	CIRC.EN	**timing circuit** *n* (1)
[markiert Zeitintervalle]		[marks time intervalls]
= Zeitgeberschaltung *nf*		= timer *n* (1)
≈ Zeitüberwachung; Taktgeber		≈ time-out circuit; timing generator
Zeitgeberschaltung *nf*	CIRC.EN	→ **timing circuit** *n* (1)
→ Zeitgeber *nm*		
Zeitgebühr *nf*	TELEC	**duration charge**
		= duration fee
Zeitgebundenheit *nf*	SW	**temporal locality**
[Tendenz von Programmen, dieselben Daten oder Befehle in kurzem Zeitabstand wieder aufzurufen]		[tendency of programs, to invoke the same data or instructions in near future]
≠ Ortsgebundenheit		= locality in time
↑ Gebundenheit		≠ spatial locality
		↑ locality
zeitgemäß	TECH	→ **modern** *adj*
→ modern *adj*		
zeitgemäß	COLL	→ **actual** *adj*
→ aktuell *adj*		
Zeitgemäßheit *nf*	TECH	→ **modernity** *n*
→ Modernität *nf*		
Zeitgetrenntlage-Verfahren *nn*	TELEC	**time-division mode**
≈ Zeitmultiplex		= time-division operation; grouped-time mode; grouped-time operation; burst mode; burst operation

Zeit gewinnen	COLL	**temporize**
= Zeit schinden		
Zeitglied *nn*	CIRC.EN	**timing circuit** *n* (2)
[beinflusst einen zeitlichen Ablauf]		[modifies the temporal sequence]
≈ Verzögerungsglied; Zeitgeber; Zeitüberwachung		= timer *n* (2); timer tack
↑ Kippschaltung		≈ delay element; timing circuit (1); time-out circuit
		↑ flipflop
Zeitgrenze *nf*	EL.TRO	**time limit**
Zeitgutschrift *nf*	SWITCH	**time allowance**
Zeithub *nm*	MODUL	**time deviation**
		= time swing
Zeitimpuls *nm*	EL.TRO	→ **time pulse**
→ Zeitsteuertakt *nm*		
Zeitimpulszähler *nm*	SWITCH	→ **tax meter**
→ Gebührenzähler *nm*		
Zeitimpulszählung *nf*	CIRC.EN	**time-pulse metering**
= Zeitintervallzählung *nf*, Zeitpulszählung *nf*		
Zeitimpulszählung *nf*	SWITCH	**time-pulse metering**
[Zeittaktzählung; Gebührenzählung]		= timing pulse metering; periodic-pulse metering
↑ Mehrfachzählung		↑ multimetering
Zeitintegral *nn*	MATH	**time integral**
zeitintegrativ	DAT.MA	**time-integrative**
zeitintegratives GIS	GIS	**time-integrative GIS**
		= historical GIS
Zeitintervall *nn*	PHYS	**time interval**
= Zeitabschnitt *nm*; Zeitspanne *nf*, Zeitraum *nm*; Zeitsegment *nn*		= time segment; time span; time section; period (2)
≈ Periode; Dauer		≈ period (1); duration
↑ Zeit		↑ time
Zeitintervall *nn*	TELEPH	**period** *n*
Zeitintervallanalysator *nm*	INSTR	**time interval analyzer**
Zeitintervallkalibrator *nm*	INSTR	**time interval calibrator**
Zeitintervallmessung *nf*	INSTR	**time-interval measurement**
Zeitintervallzähler *nm*	INSTR	**time interval counter**
Zeitintervallzählung *nf*	CIRC.EN	→ **time-pulse metering**
→ Zeitimpulszählung *nf*		
zeitinvariant	PHYS	**time-invariant**
≈ unveränderlich		≈ invariable
Zeitkanal *nm*	TELEC	→ **time slot**
→ Zeitschlitz *nm*		
Zeitkanaleinheit *nf*	DAT.NW	→ **slot time**
→ Zeitschlitzeinheit *nf*		
Zeitkennung *nf*	INSTR	**time tagging**
Zeitkette *nf*	INF.TEC	**timing chain**
Zeitkonstante *nf*	PHYS	**time constant**
zeitkontinuierlich	INF.TEC	**time-continuous**
≠ zeitdiskret		≠ time-discrete
zeitkontinuierlicher Dienst	TELEC	**constant bit rate service**
[ATM]		[ATM]
		= CBR service
Zeitkontrolle *nf*	TECH	**timekeeping**
Zeitkoppelfeld *nn*	SWITCH	**time switching network**
= Zeitvielfach-Koppelfeld *nn*; Zeitlagen-Koppelfeld *nn*		≈ time stage
≈ Zeitstufe		
Zeitkoppelpunkt *nm*	SWITCH	**time switching point**
Zeitkoppelstufe *nf*	SWITCH	→ **time stage**
→ Zeitstufe *nf*		
zeitkritisch	TECH	**time-critical**
		≈ real-time
Zeitlage *nf*	TELEC	→ **time slot**
→ Zeitschlitz *nm*		
Zeitlagen-Koppelfeld *nn*	SWITCH	→ **time switching network**
→ Zeitkoppelfeld *nn*		
Zeitlagenstufe *nf*	SWITCH	→ **time stage**
→ Zeitstufe *nf*		
Zeitlagentausch *nm*	TELEC	→ **time slot interchange**
→ Zeitlagenwechsel *nm*		
Zeitlagenwechsel *nm*	TELEC	**time slot interchange**
= Zeitlagentausch *nm*; Zeitschlitzwechsel *nm*; Zeitschlitztausch *nm*		= TSI
zeitlich	COLL	**temporal** *adj*
zeitlich abstimmen	COLL	**time** *vt*
zeitliche Abstimmung	TECH	**timing** *n* (2)
≈ Synchronisierung		≈ synchronism
↓ Vorlauf; Nachlauf		↓ anticipation; lag
zeitlicher Ablauf	TECH	**time sequence**
zeitlicher Verlauf	TECH	**temporal course** *n*
= Verlauf *nm*; Lauf *nm*		= course *n* (2)
≈ Fortschritt		≈ progress

zeitlicher Zusammenhang SCIE **temporal cohesion**

zeitliche Verteilung PHYS → **time distribution**
→ Zeitverteilung *nf*

zeitlich festgelegt TECH → **timed**
→ zeitlich vorbestimmt

zeitlich festgelegte SWITCH **time-consistent busy hour**
[über einen mehrtägigen Beobachtungszeitraum ermittelte H.] [main traffic hour evaluated during several days of observation]

zeitlich geordnet SCIE → **chronologic** *adj*
→ chronologisch

zeitlich überlappen TECH **overlap in time**

zeitlich überschreiten COLL **overstay** *vt*
≈ versäumen ≈ miss

zeitlich verschachtelt TECH **chronologically interleaved**
≈ zusammenfallend ≈ concurrent (1)

zeitlich verschachtelte Verarbeitung DAT.PR → **concurrent processing**
→ verzahnte Verarbeitung

zeitlich versetzt TECH **time-shifted**
= zeitversetzt; zeitverschoben = time-dislocated; time-displaced; staggered
≈ verzögert ≈ delayed

zeitlich vorbestimmt TECH **timed**
= zeitlich festgelegt; getaktet

Zeitlohn *nm* ECON **time wage**
= time pay

zeitlos COLL **ageless**

Zeitlupe *nf* TV **slow motion picture**
≠ Zeitraffung = slow motion
≠ fast motion

Zeitlupengerät *nn* TV **slow motion facility**
= Slow-motion-Gerät *nn*

Zeitlupe rückwärts TV **slow motion reverse**

Zeitmarke *nf* EL.TRO **timing mark**

Zeitmaß *nn* PHYS **time measure**

Zeitmaßstab *nm* INSTR **time scale**

Zeitmaßstabsänderung *nf* TECH **time scaling**
↓ Zeitraffung; Zeitdehnung ↓ acceleration; slow-down *n*

Zeitmaßstabszahl *nf* TECH **time scale factor**

Zeitmessung *nf* INSTR **time measurement**
= Zeitstoppung *nf* = metering *n*; time metering; chronometry *n*

Zeitmessvorrichtung *nf* PHYS **horologe** *n*
↓ Uhr; Chronometer ↓ clock; chronometer

Zeitmittel *nn* TECH **time average**
= time mean

Zeitmultiplex TELEC **time division multiplex**
[zeitliche Verschachtelung mehrerer Signale] = TDM (1)
= Zeitvielfach; Zeitteilung *nf*; TDM ≈ time division mode
≈ Zeitgetrenntlage-Verfahren

Zeitmultiplex-Abnehmerleitung *nf* SWITCH → **outgoing highway**
→ Abnehmer-Multiplexleitung *nf*

Zeitmultiplex-Bus *nm* MICR.EL → **multiplexed bus**
→ Multiplex-Bus *nm*

Zeitmultiplex-CDMA RADIO **time-division CDMA**
= TD-CDMA = TD-CDMA

Zeitmultiplex-Koppeleinrichtung *nf* SWITCH **time-division switch unit**

Zeitmultiplexleitung *nf* SWITCH → **highway** *n*
→ Multiplexleitung *nf*

Zeitmultiplexsignal *nn* TELEC **time multiplex signal**

Zeitmultiplextechnik *nf* TELEC **time division multiplexing**
= Zeitvielfachtechnik *nf*; TDM = TDM (2)

Zeitmultiplex-Zubringerleitung *nf* SWITCH → **incoming highway**
→ Zubringermultiplexleitung *nf*

zeitnah COLL → **actual** *adj*
→ aktuell *adj*

Zeitnehmer *nm* ECON **time study man**

Zeitnormal *nn* INSTR **time standard**

Zeitnormierung *nf* NETW.TH **time normalization**

zeitoptimal TECH → **time-optimized** *adj*
→ zeitoptimiert

zeitoptimale Programmierung SW **minimum-runtime programming**
= minimum-runtime coding

zeitoptimiert TECH **time-optimized** *adj*
= zeitoptimal = optimum-time

Zeitplan *nm* TECH **time schedule**
= Ablaufplan *nm* = timetable *n*; timeline *n*; schedule *n*
≈ Programm

Zeitplanung *nf* TECH → **time scheduling**
→ Terminplanung *nf*

zeitprotokolliert INF.TEC **time-stamp** *adj*

Zeitprotokollierung *nf* TECH **time log**

Zeitpuls *nm* EL.TRO → **time pulse**
→ Zeitsteuertakt *nm*

Zeitpulszählung *nf* CIRC.EN → **time-pulse metering**
→ Zeitimpulszählung *nf*

Zeitpunkt *nm* PHYS **instant**
= Moment *nm* = Moment
↑ Zeit ↑ time

zeitraffend TECH **accelerated**
≈ verkürzt

Zeitraffung *nf* TECH **acceleration**
↑ Zeitmaßstabsänderung ↑ time scaling

Zeitraffer *nm* (1) IMAG.ME **fast motion facility**
= quick motion facility; time-lapse camera; time-lapse photography

Zeitraffer *nm* (2) IMAG.ME → **fast motion**
→ Zeitraffung *nf*

Zeitraffung *nf* IMAG.ME **fast motion**
= Zeitraffer (2); Zeitlupe = quick motion; fast time
≠ slow motion

Zeitraffungsfaktor *nm* QUAL **accelerating factor**

Zeitrahmen *nm* PHYS **time frame**
≈ Zeitraum ≈ time interval

Zeitraster *nn* INSTR **graticule** *n*
= time frame

Zeitraster *nn* TELEC **time pattern**
= time-slot pattern

zeitraubend COLL **time-consuming**
= zeitaufwendig

Zeitraum *nm* PHYS → **time interval**
→ Zeitintervall *nn*

Zeitreferenzpunkt *nm* INSTR **time reference point**
= Zeitbezugspunkt *nm*

Zeitregistrierung *nf* TECH → **time registration**
→ Zeiterfassung *nf*

Zeitrelais *nn* COMPO → **time-delay relay**
→ Verzögerungsrelais *nn*

Zeitsatz *nm* LING → **time clause**
→ Temporalsatz *nm*

Zeitschalter *nm* COMPO **time switch**
= time-delay switch; delay switch

Zeitschaltuhr *nf* SIG.EN **time-switch clock**

Zeitscheibe *nf* DAT.PR **time slice**
[Teilnehmersysteme] [time sharing systems]
= Zeitanteil *nm* = time quantum

Zeitscheibe *nf* TELEC → **time slot**
→ Zeitschlitz *nm*

Zeitscheibenbetrieb *nm* DAT.PR → **time sharing operation**
→ Teilnehmerbetrieb *nm*

Zeitscheibeneinheit *nf* DAT.NW → **slot time**
→ Zeitschlitzeinheit *nf*

Zeitscheibensystem *nn* DAT.PR → **time sharing operation**
→ Teilnehmerbetrieb *nm*

Zeitscheibenverfahren *nn* DAT.PR → **time sharing operation**
→ Teilnehmerbetrieb *nm*

Zeit schinden COLL → **temporize**
→ Zeit gewinnen

Zeitschleife *nf* SW **timing loop**

Zeitschlitz *nm* TELEC **time slot**
= Zeitlage *nf*; Zeitkanal *nm*; Zeitabschnitt *nm*; Zeitscheibe *nf* = slot *n*; time slice; TS

Zeitschlitzeinheit *nf* DAT.NW **slot time**
= Zeitkanaleinheit *nf*; Zeitscheibeneinheit *nf*

zeitschlitzgesteuert TELEC **time-slot controlled**

Zeitschlitzkoppler *nm* TELEC **time-slot coupler**

zeitschlitzsortiert TELEC **time-slot classified**

Zeitschlitztausch *nm* TELEC → **time slot interchange**
→ Zeitlagenwechsel *nm*

Zeitschlitzwechsel *nm* TELEC → **time slot interchange**
→ Zeitlagenwechsel *nm*

Zeitschlitzzuordnung *nf* TELEC **time slot assignment**
= Zeitschlitzzuweisung *nf*; Zeitschlitzzuteilung *nf* = TSA

Zeitschlitzzuteilung *nf* TELEC → **time slot assignment**
→ Zeitschlitzzuordnung *nf*

Zeitschlitzzuweisung *nf* TELEC → **time slot assignment**
→ Zeitschlitzzuordnung *nf*

Zeitschreiber *nm* INSTR **time recorder**
↑ Registriergerät ↑ recording instrument

Zeitschrift *nf* PRIN.ME **periodical** *n*
[wöchentlich bis mehrmals jährlich erscheinende, geheftete Druckschrift] [binded publication on a weekly or longer basis]

= Periodikum *nn* (*pl* -ka); Magazin *nn*
≈ Zeitung
↓ Wochenzeitung; Monatszeitschrift; Illustrierte
= review *n*; newspaper *n*
≈ newspaper
↓ weekly periodical; monthly periodical; magazine

Zeitsegment *nn* PHYS → **time interval**
→ Zeitintervall *nn*

Zeitsignal *nn* SIG.EN → **time signal**
→ Zeitzeichen *nn*

Zeitspanne *nf* PHYS → **time interval**
→ Zeitintervall *nn*

zeitsparend TECH **time-saving** *adj*

Zeitstaffelbetrieb *nm* TELECON **delayed burst mode**

Zeitstempel *nm* COMP.AP **time stamp**

Zeitsteuertakt *nm* EL.TRO **time pulse**
= Zeitimpuls *nm*; Zeitpuls *nm*; Zeittakt *nm*
≈ Schrittpuls
= timing pulse; periodic pulse; time tick; tick *n*; metering pulse [TELEC]
≈ clock pulse

Zeitstoppung *nf* INSTR → **time measurement**
→ Zeitmessung *nf*

Zeitstudie *nf* MANUF **time study**

Zeitstufe *nf* LING → **tense** *n*
→ Tempusform *nf*

Zeitstufe *nf* SWITCH **time stage**
= Zeitlagenstufe *nf*; Zeitkoppelstufe *nf*
≈ Zeitkoppelfeld
↑ Koppelstufe
= time switching stage
≈ time switching network
↑ switching stage

Zeitstufe gehend SWITCH **time stage outgoing**

Zeitstufe kommend SWITCH **time stage incoming**

Zeitstufengruppe *nf* SWITCH **time stage group**

zeitsymmetrisch INSTR **equal lasting**

Zeitsynthese *nf* INSTR **time synthesis**

Zeittakt *nm* EL.TRO → **time pulse**
→ Zeitsteuertakt *nm*

Zeittakt *nm* EL.TRO **timing clock**
= Führungstakt *nm*

zeittakten INF.TEC → **pulse** *vi*
→ takten

zeittaktgleich TELEC → **synchronous** *adj*
→ synchron

zeittaktungeich TELEC → **asynchronous** *adj*
→ asynchron

Zeittaktzähler *nm* SWITCH → **tax meter**
→ Gebührenzähler *nm*

Zeitteilung *nf* DAT.PR → **time sharing operation**
→ Teilnehmerbetrieb *nm*

Zeitteilung *nf* TELEC → **time division multiplex**
→ Zeitmultiplex

zeittreu TECH **true to time** *adj*

zeittreue Simulation MOD&SI **event-by-event simulation**

Zeitüberschreitung *nf* TECH **timeout** *n* (2)
[exceeding of a time]

Zeitüberwachung *nf* CIRC.EN **time-out circuit** *n*
≈ Zeitgeber
↑ Überwachungsschaltung
= time-ou *n*; timing device; timer *n* (3)
≈ timing circuit
↑ control circuit (2)

zeitunabhängig TECH **time-independent** *adj*
= zeitungebunden

zeit- und wertkontinuierlich INF.TEC → **analog** *adj*
→ analog *adj*

zeit- und wertkontinuierliches Signal INF.TEC → **analog signal**
→ Analogsignal *nn*

Zeitung *nf* PRIN.ME **newspaper** *n*
[täglich oder in sonstigen kurzen Abständen erscheinende, nicht geheftete Druckschrift]
≈ Zeitschrift
↓ Tageszeitung; Wochenzeitung
[unstapled publication edited daily or in other short period]
≈ magazine
↓ daily paper; weekly paper

zeitungebunden TECH → **time-independent** *adj*
→ zeitunabhängig

Zeitungsannonce *nf* PRIN.ME → **advertisement** *n*
→ Zeitungsinserat *nn*

Zeitungsartikel *nm* PRIN.ME **newspaper article**
= Zeitungsnotiz
= press item

Zeitungsdruck *nm* PRIN.ME **newspaper printing**

Zeitungsinserat *nn* PRIN.ME **advertisement** *n*
= Zeitungsannonce *nf*; Annonce *nf*; Inserat *nn*; Anzeige *nf*
= advert *n*; ad *n*

Zeitungskorrespondent PRIN.ME **newspaper correspondent**

Zeitungsnotiz PRIN.ME → **newspaper article**
→ Zeitungsartikel *nm*

Zeitungsreporter *nm* PRIN.ME **newspaper reporter**

Zeitungssatz *nm* PRIN.ME **newspaper correction**

Zeitungsspalte *nf* PRIN.ME **newspaper column**
≠ Parallelspalte
≠ parallel column

Zeitungsständer *nm* PRIN.ME **newspaper rack**

Zeitungswerbung *nf* ECON **newspaper advertising**
= Pressewerbung *nf*
= press publicity

zeitvariabel MATH **time-variable** *adj*
= zeitveränderlich; zeitvariant
= time-varying

Zeitvariable *nf* MATH **time variable**

zeitvariant MATH → **time-variable** *adj*
→ zeitvariabel

zeitveränderlich MATH → **time-variable** *adj*
→ zeitvariabel

Zeitverfahren *nn* INSTR **time-interval method**

Zeitverhalten *nn* PHYS **time response**
= Zeitverlauf *nm*
= time behaviour

Zeitverlauf *nm* PHYS → **time response**
→ Zeitverhalten *nn*

Zeitversatz *nm* EL.TRO **skew** *n* (1)
= Laufzeitunterschied *nm*
[difference in propagation time]

zeitverschoben TECH → **time-shifted**
→ zeitlich versetzt

zeitversetzt TECH → **time-shifted**
→ zeitlich versetzt

zeitversetztes Senden TER&PER **time-shifted transmission**
[Fax]
[fax]

Zeitverteilung *nf* PHYS **time distribution**
= zeitliche Verteilung

Zeitverzögerung *nf* EL.TRO → **delay** *n*
→ Verzögerungszeit *nf*

Zeitvielfach TELEC → **time division multiplex**
→ Zeitmultiplex

Zeitvielfach-Koppelfeld *nn* SWITCH → **time switching network**
→ Zeitkoppelfeld *nn*

Zeitvielfachsystem *nn* SWITCH **time-division system**

Zeitvielfachtechnik *nf* TELEC → **time division multiplexing**
→ Zeitmultiplextechnik *nf*

Zeitvielfachzugriff *nm* TELEC **time division multiple access**
= Vielfachzugriff in der Zeitebene; TDMA
↑ Vielfachzugriff mit fester Zuteilung
= TDMA
↑ fixed assignment multiple access

Zeitvorgabe *nf* MANUF **rate setting**

zeitweilig TECH → **temporary** *adj*
→ vorübergehend

zeitweilig COLL → **now and then** *adv*
→ dann und wann *adv*

zeitweise COLL → **now and then** *adv*
→ dann und wann *adv*

zeitweise auslagern DAT.MA → **swap** *vt* (2)
→ umlagern

zeitweise Teilnehmeridentifikationsnummer MOB **temporary mobile subscriber identity**
= TMSI

zeitweise umspeichern DAT.MA → **swap** *vt* (2)
→ umlagern

Zeitwert *nm* ECON **time value**

Zeitwert *nm* PHYS **time value**
↓ Augenblickswert
↓ instant value

Zeitwert *nm* ECON → **present value**
→ Barwert *nm*

Zeitwirtschaft *nf* MANUF **time management**
= manufacturing scheduling

Zeitwort *nn* LING → **verb** *n* (1)
→ Verb *nn*

Zeitzählung *nf* SWITCH **time counting**

Zeitzeichen *nn* SIG.EN **time signal**
= Zeitsignal *nn*

Zeitzone *nf* CART **time zone**

Zeitzone *nf* SWITCH **time zone**

Zeitzone der US-Ostküste CART **Eastern Time**
[5 Stunden nach Greenwich]
[5 th zone west of Greenwich]
= Eastern Standard Time; E.S.T.

Zeitzone der US-Westküste CART **Pacific Standard Time**
[8 Stunden nach Greenwich]
[8 th zone west of Greenwich]
= P.S.T.; Pacific Time

Zeitzonenzähler *nm* SWITCH **time-zone meter**

Zeitzonenzählung *nf* SWITCH **time-zone metering**

ZeKoSa-Einheit *nf* TER&PER **bank-book update printing device**
[Zeile-Konto-Saldo; druckt auf Sparbüchern]
↑ Schreib-Lese-Einheit
↑ read/write unit

Zellabschluss *nm* TELEC **exchange termination**
[ISDN]
[ISDN]
= ET

Zellanimation *nf* COMP.AP **cell animation**

Zellankunftsabstand *nm* [ATM] TELEC **intercell arrival time**

Zellbereich *nm* COMP.AP → **range of cells**
→ Zellenbereich *nm*

Zellbezug *nm* DAT.PR **cell reference**

Zell-Cursor *nm* COMP.AP **cell cursor**
= Zellzeiger *nm*

Zelldauer *nf* TELEC **cell transmission time**

Zelle *nf* DAT.PR → **memory cell**
→ Speicherzelle *nf*

Zelle *nf* COMP.AP → **table field** *n*
→ Tabellenfeld *nn*

Zelle *nf* CIV.EN **booth**
= Kabine *nf* = cabinet *n*

Zelle *nf* MICR.EL **cell** *n*

Zelle *nf* TELEC **cell** *n*
[ATM] [ATM]
= Paket *nn*

Zelle *nf* MOB.CO **cell** *n*
= Mobilfunkzelle *nf*; Funkzelle *nf* = radio cell; radiocell *n*
↓ Makrozelle; Mikrozelle; Picozelle ↓ macrocell; microcell; picocell

Zelle *nf* POW.SY → **battery cell**
→ Batteriezelle *nf*

Zelle *nf* MOB.CO → **radio cell**
→ Funkzelle *nf*

Zellenautomat *nm* COMP.SC **cellular automaton**
[ein theoretisches Modell von Parallelrechnern] [theoretical model of parallel computers]

zellenbasiert TELEC **cell-based**

Zellenbaustein *nm* MICR.EL **master slice IC**
= Master-slice-Baustein *nm*

Zellenbereich *nm* COMP.AP **range of cells**
= Zellbereich *nm* = range *n*

Zellenbibliothek *nf* MICR.EL **cell library**

Zellenfunk *nm* MOB.CO **cellular radio**
= Zellularfunk *nm*; Kleinzonentechnik *nf* ↑ radiotelephony; mobile radiocommunication
↑ Funktelefonie; Mobilfunk

Zellenfunksystem *nn* MOB.CO → **cellular system**
→ Zellularsystem *nn*

Zellengrenze *nf* MOB.CO → **radio cell boundary**
→ Funkzellgrenze *nf*

Zellengruppe *nf* MOB.CO → **cluster** *n*
→ Funkzellengruppe *nf*

Zellenkatalog *nm* MICR.EL **cell catalog** (AE)
= cell catalogue (BE)

Zellenkopf *nm* TELEC **cell header**
[ATM] [ATM]
= Paketkopf *nm*; Zellkopf *nm* = header *n*

Zellenkopf *nm* (ATM) TELEC → **header** *n*
→ Anfangsblock *nm*

Zellenrechner *nm* DAT.PR → **vector processor**
→ Vektorrechner *nm*

Zellenrundsenden *nn* MOB.CO **cell broadcast**

Zellenstrom *nm* TELEC **cell stream**
[ATM] [ATM]
= Zellstrom *nm* = cell flux

Zellenteilung *nf* MOB.CO **cell split**

Zellenverlustrate *nf* TELEC → **cell loss rate**
→ Zellverlustrate *nf*

Zellenvermittlung *nf* DAT.NW **cell switching**
= Cell Switching *nn*

Zellenverwurf *nm* TELEC → **cell discarding**
→ Zellverwurf *nm*

Zellenwechsel *nm* MOB.CO **intercell hand-off**
↑ Gesprächsübergabe ↑ hand-off

Zellenzerlegung *nf* GIS **cell decomposition**

Zellenzuteilung *nf* MOB.CO **cell allocation**

Zellgrenze *nf* MOB.CO → **radio cell boundary**
→ Funkzellgrenze *nf*

Zellisolierung *nf* COM.CAB **cellular insulation**

Zellkoordinate *nf* COMP.AP **cell coordinate**

Zellkopf *nm* TELEC → **cell header**
→ Zellenkopf *nm*

Zellkopf-Fehlerkontrolle *nf* TELEC **header error control**
[ATM] [ATM]
= HEC

Zellophan *nn* CHEM **cellophane** *n*

zellorientierte Vermittlung TELEC **cell-oriented switch**

Zell-PE-Isolierung *nf* COM.CAB **PE cellular insulation**

Zellrate *nf* TELEC **cell rate**
[ATM] [ATM]

Zellstoff *nm* TECH **cellulose**
↑ Papierausgangsstoff = pulp *n*
↑ paper raw material

zellstoffisoliert COM.CAB **pulp-insulated**

zellstoffisoliertes Kabel COM.CAB **pulp insulated cable**

Zellstoffisolierung *nf* COM.CAB **pulp insulation**

Zellstrom *nm* TELEC → **cell stream**
→ Zellenstrom *nm*

Zellstromkontrolle *nf* TELEC **cell stream policing**
[ATM] [ATM]
= traffic policing; policing

zellularer Automat COMP.SC → **cellular automaton**
→ Zellenautomat *nm*

zellulares ATM TELEC **cellular ATM**
= C-ATM

zellulares Netz MOB.CO → **cellular network**
→ Zellularnetz *nn*

Zellularfunk *nm* MOB.CO → **cellular radio**
→ Zellenfunk *nm*

Zellularnetz *nn* MOB.CO **cellular network**
= zellulares Netz ≈ mobile telephony network
≈ Mobilfunknetz

Zellularsystem *nn* MOB.CO **cellular system**
= Zellenfunksystem *nn*

Zellulartelefon *nn* MOB.CO **cellular phone**
↑ Funktelefon = cellular telephone
↓ Autotelefon; transportierbares Mobiltelefon; Rucksack-Mobiltelefon; ↑ radiotelephone
↓ car phone; transportable cellular phone; bag phone; hand-held cellular phone

Zelluloid *nn* CHEM **celluloid** *n*

Zelluloid-Animation *nf* COMP.GR **cell animation**
[auf festem Hintergrund werden Figuren bewegt] [figures are changed over a fixed background]
= celludoid animation

Zellverlust *nm* TELEC **cell loss**
[ATM] [ATM]

Zellverlustpriorität *nf* TELEC **cell loss priority**
[ATM] [ATM]
= CLP

Zellverlustrate *nf* TELEC **cell loss rate**
[ATM] = CLR
= Zellenverlustrate *nf*

Zellverwurf *nm* TELEC **cell discarding**
[ATM] [ATM]
= Zellenverwurf *nm* = CD

Zellzeiger *nm* COMP.AP → **cell cursor**
→ Zell-Cursor *nm*

zeltgrau OPT **lunar grey**
[RAL 7010]

Zement *nn* CIV.EN **cement** *n*
≈ Beton ≈ concrete

Zenerdiode *nf* MICR.EL **Zener diode**
[in Sperrichtung betriebene Diode unter Ausnutzung des Zener-Effekts oder des Lawineneffekts] [reverse biased diode exploiting the Zener effect or the tunnel effect]
= Z-Diode *nf* = Z diode
≈ Referenzdiode ≈ voltage reference diode

Zenerdurchbruch *nm* MICR.EL **Zener breakdown**

Zenereffekt *nm* PHYS **Zener effect**

Zenerspannung *nf* MICR.EL **Zener voltage**
↑ Durchbruchspannung = Z voltage
↑ breakdown voltage

Zenerwiderstand *nm* MICR.EL **Zener resistance**

Zenneck-Welle *nf* RAD.PRO **Zenneck wave**

Zensur *nf* MEDIA **censorship** *n*

Zensur *nf* INTERNET **censorship** *n*

Zentiliter *nm* PHYS **centiliter** *n* (AE)
= cl = centilitre *n* (BE); cl

Zentillion *nf* MATH **centillion** *n* (BE)
[10E600] [10E600]

Zentimegameterwellen *nplt* RADIO → **myriametric waves**
→ Myriameter-Wellen *nplt*

Zentimeter *nm&nn* PHYS **centimeter** *n* (AE)
[0,01 m] [0.01 m]
= cm = centimetre *n* BE); cm

Zentimeterwellen *nplt* RADIO **centimetric waves**
[0,1-0,01 m; 3-30 GHz] [0.1-0.01 m; 3-30 GHz]
= Mikrowellen *nplt*; Höchstfrequenzbereich *nm*; SHF; Band Nr.10 *nn* (UIT); B.cm = nplts; super-high frequency; SHF; Band Number 10 (UIT); B.cm
≈ Höchstfrequenz [EL.TEC] ≈ super high frequencies [EL.TEC]

Zentimillimeterwellen *nplt* [0,1-0,01 mm; 3-30 THz] ↑ Submillimeterwellen	RADIO	**centimillimetric waves** [0.1-0.01 mm; 3-30 THz] ↑ submillimetric waves
Zenti- *praef* [10E-2; vom latein. "centum" = "hundert"] = c-	PHYS	**centi-** *praef* [10E-2; from Latin "centum" = "hundred"] = c-
Zentner *nm* (1) [Maßeinheit für Masse; = 50 kg] = ztr; metrischer Zentner; deutscher Zentner	PHYS	**metric hundredweight** [metric unit for mass; = 50 kg] = hundredweight *n* (1); hundred-weight *n* (1); hundredweights *n* (1); cwt.
Zentner *nm* (2) → britischer Zentner	PHYS	→ **Britisch hundredweight**
Zentner *nm* (3) → amerikanischer Zentner	PHYS	→ **American hundredweight**
zentral = zentralisiert ≈ gemeinsam ≠ dezentral	TECH	**central** *adj* = centralized; centralised (BE) ≈ common ≠ decentralized
Zentralabteilung *nf*	ECON	**central division** *n* = corporate division (2)
Zentralbank *nf* ≈ Notenbank	ECON	**central bank** ≈ bank of issue
Zentralbankgeld *nn*	ECON	**central bank money**
Zentralbatterie *nf* = ZB; Wählerbatterie *nf*; Amtsbatterie *nf* ≠ Ortsbatterie	TELEPH	**central battery** = common battery; CB; exchange battery; central office battery; station battery ≠ local battery
Zentralbatteriebetrieb *nm* = ZB-Betrieb *nm*	TELEC	**battery feed**
Zentralbefestigung *nf* [von Einbausteckverbindern] ≠ Flanschbefestigung	COMPO	**circular mounting** = bulkhead *n* ≠ flange mounting
Zentralbus *nm* = zentraler Bus; Unibus *nm*	HW	**central bus** = unibus *n*
Zentralcomputernetz *nn* = zentrales Computernetz	DAT.NW	**central computer network**
Zentraldiktieranlage *nf*	OFFICE	**central dictating facility**
Zentrale *nf* → Vermittlung *nf*	TELEPH	→ **PBX operator desk**
Zentrale *nf* → Zentralverwaltung *nf*	ECON	→ **head office**
Zentrale *nf* = Zentrum *nn*	TELEC	**center** *n* (AE) = centre (BE)
Zentrale *nf* = Fernwirkzentrale *nf*; Fernwirk-Zentralstation *nf*; Leitzentrale *nf*; Leitstation *nf*; Leitzentrum *nn*; Kontrollstelle *nf*; Leitstelle *nf*; Kontrollzentrum *nn* ≠ Unterstation	TELECON	**main station** = master station; control station; control center (AE); control centre (BE) ≠ tributary station
Zentrale *nf* → Fernsprechvermittlungsstelle *nf*	SWITCH	→ **central office** (AE)
zentrale Datenerfassung	DAT.MA	**centralized data acquisition**
zentrale Datenverarbeitung → zentralisierte Datenverarbeitung	DAT.PR	→ **centralized data processing**
zentrale Diktieranlage	OFFICE	**central dictating system**
zentrale EDV → zentralisierte Datenverarbeitung	DAT.PR	→ **centralized data processing**
Zentraleinheit *nf*	EQP.EN	**central unit** = common unit
Zentraleinheit *nf* [zentrale Steuereinheit eines Rechners; besteht aus Rechenwerk, Steuerwerk=Prozessor, Ein-/Ausgabewerk, Speicherwerk=Hauptspeicher (1)] = Zentralprozessor *nm*; CPU *nf* (1); Hauptprozessor *nm*; ZE *nf* ↓ Rechenwerk; Steuerwerk; Ein-/Ausgabewerk; Hauptspeicher (1); Ein-Chip-Zentraleinheit	HW	**central processing unit** *n* [central control of a computer, consists of arithmetic and logic unit, processing unit, input-output unit, main memory] = CPU (1); central processor; processing unit; central unit ↓ processor; arithmetic and logic unit; control unit; input-output unit; main memory; single-chip CPU
Zentraleinheit *nf* (2) → Prozessor *nm*	HW	→ **processor** *n*
zentrale Lebensdauer [Ausfall von 50 %]	QUAL	**median life** [till 50 % have failed]
Zentralelement *nn*	COM.CAB	**central member**
zentraler Bus → Zentralbus *nm*	HW	→ **central bus**
zentraler Grenzwertsatz	STATIS	**central limit theorem**
zentraler Punkt	MEDIA	**central point**
zentraler Schreibdienst	OFFICE	**central typing pool**
zentraler Signalisierungskanal → zentraler Zeichenkanal	SWITCH	→ **common signaling channel** (AE)
zentraler Teilhaberbetrieb	DAT.PR	**centralized transaction processing** = centralized TP; CTP
zentraler Zeichenkanal = ZZK *nm*; Zentralzeichengabekanal *nm*; zentraler Signalisierungskanal; Zentralsignalisierungskanal *nm*	SWITCH	**common signaling channel** (AE) = common signalling channel (BE)
zentrales Computernetz → Zentralcomputernetz *nn*	DAT.NW	→ **central computer network**
zentrale Signalisierung → zentrale Zeichengabe	SWITCH	→ **common-channel signaling** (AE)
zentrales Moment	STATIS	**central moment**
zentrales Verarbeitungselement → Zentralverarbeitungselement *nn*	HW	→ **central processing element**
zentrale Vermittlungsstelle → Vermittlung *nf*	TELEPH	→ **PBX operator desk**
zentrale Verzonung	SWITCH	**central zoning**
zentrale Zeichengabe = zentrale Signalisierung; Zentralkanal-Signalisierung *nf*;	SWITCH	**common-channel signaling** (AE) = common-channel signalling (BE); CCS; common-channel interoffice signaling (AE); CCIS (AE)
zentralgesteuert ≠ sebständig	TECH	**centrally controlled** *adj* ≠ stand-alone
zentralisieren ≈ konzentrieren	TECH	**centralize** *vt* ≈ concentrate
zentralisiert → zentral	TECH	→ **central** *adj*
zentralisierte Datenverarbeitung = zentrale Datenverarbeitung; zentrale EDV	DAT.PR	**centralized data processing** = CDP
zentralisiertes lokales Netz	DAT.NW	**shared-logic LAN**
Zentralisierung *nf*	SCIE	**centralization** *n*
Zentralkanal *nm*	SWITCH	**central channel**
Zentralkanal-Signalisierung *nf* → zentrale Zeichengabe	SWITCH	→ **common-channel signaling** (AE)
Zentralkraft *nf* [in Richtung der Verbindungslinie zweier Massen]	PHYS	**central force** [acting in the direction of the connecting line of two mass points]
Zentrallager *nn*	ECON	**central deposit** = central store
Zentralprozessor *nm* → Zentraleinheit *nf*	HW	→ **central processing unit** *n*
Zentralprozessor *nm* (2) → Prozessor *nm*	HW	→ **processor** *n*
Zentralrechner *nm* [unterstützt periphere Computer]	DAT.PR	**central computer** *n* [supports peripheral computers] = host computer (2)
Zentralrechner *nm* → Hauptrechner *nm*	DAT.NW	→ **host computer**
Zentralsignalisierungskanal *nm* → zentraler Zeichenkanal	SWITCH	→ **common signaling channel** (AE)
Zentralspeicher *nm* → Hauptspeicher *nm* (1)	HW	→ **main memory** (1)
Zentralspeicheradresse *nf* → Hauptspeicheradresse *nf*	SW	→ **main memory address**
Zentralspiegel *nm*	OPT	**triple mirror**
Zentralspule *nf*	ANT	**center loading coil**
Zentralstelle *nf* [Ort mit Fernwirkzentrale]	TELECON	**master station location**
Zentralsteuereinheit *nf* → Vermittlungsprozessor *nm*	SWITCH	→ **switching processor**
Zentralsteuerung *nf*	TELEC	**centralized control** = common control
Zentralsteuerwerk *nn* → Vermittlungsprozessor *nm*	SWITCH	→ **switching processor**
Zentraltakt *nm*	TELEC	**central clock**
Zentralverarbeitungselement *nn* = zentrales Verarbeitungselement	HW	**central processing element** [short word length module] = CPE
Zentralvermittlungsstelle *nf* [Wählvermittlung der dritten und höchsten nationalen Fernnetzebene, über den HVSt] = ZVSt *nf*; Tertiärvermittlungsstelle *nf*	SWITCH	**tertiary switching center** [exchange of third and highest level of the national trunk hierarchy] = tertiary exchange; regional exchange; regional toll center (AE); regional center (USA); class 1 office (AE)
Zentralverriegelung *nf*	TECH	**central locking**
Zentralverwaltung *nf* = Zentrale *nf*; Stammsitz *nm*	ECON	**head office** = corporate head office; central

≈ Stammhaus — office; principal office; general office
≈ parent company

Zentralverwaltung *nf* ECON → **headquarters** *nplt*
→ Hauptverwaltung *nf*

Zentralvorstand *nm* ECON **corporate board**
↑ Vorstand — = central executive committee
↑ board of directors

Zentralwelle *nf* ANT **center wave**

Zentralwert *nm* STATIS → **median** *n*
→ Medianwert *nm*

Zentralzeichengabekanal *nm* SWITCH → **common signaling channel** (AE)
→ zentraler Zeichenkanal

Zentrierbefehl *nm* TER&PER **centering instruction**

zentrieren TECH **center** *vt*

zentrieren PRIN.ME **center** *vt*

Zentrierfunktion *nf* TER&PER **center** *n*
[einer Tastatur] — [keyboard function]

Zentrierkonus *nm* TER&PER **centering cone**

Zentrierleiste *nf* TECH **centering strip**

Zentrierplatte *nf* TECH **centering plate**

Zentrierstift *nm* TECH **centering pin**

Zentrierung *nf* TECH **centering** *n*

Zentrierwinkel *nm* TECH **center square**
= centering square

zentrifugal PHYS **centrifugal**
≠ zentripetal — ≠ centripetal

Zentrifugalbeschleunigung *nf* MECH **centrifugal acceleration**

Zentrifugalkraft *nf* MECH → **centrifugal force**
→ Fliehkraft *nf*

Zentrifuge *nf* TECH → **centrifuge** *n*
→ Schleuder *nf*

zentripetal MECH **centripetal**
≠ zentrifugal — ≠ centrifugal

Zentripetalkraft *nf* MECH → **centripetal force**
→ Anstrebkraft *nf*

zentrisch TECH **centric** *adj*
= mittig — = centered
≈ zentral — ≈ central

Zentriwinkel *nm* MATH **center angle**
[von zwei Radien gebildeter Winkel] — [formed by two radii]

Zentrizität *nf* MATH **centricity** *n*
= Mittigkeit *nf*

Zentrum *nn* TELEC → **center** *n* (AE)
→ Zentrale *nf*

Zentrum *nn* (*pl* -tren) MATH → **center** *n* (AE)
→ Mitte *nf*

Zepp-Antenne *nf* ANT → **Zeppelin antenna**
→ Zeppelin-Antenne *nf*

Zeppelin-Antenne *nf* ANT **Zeppelin antenna**
= Zepp-Antenne *nf*; Begerow-Antenne *nf*; Fuchsantenne *nf*; endgespeiste Antenne — = zepp antenna; end-fed antenna; voltage-fed antenna

Zepto MATH → **sextillionth** (AE)
→ tausend Trillionstel

zepto- *praef* MATH **zepto** *praef*

Zerberus-Netz *nn* DAT.NW **Zerberus network**
= Z-Netz *nn*

zerbrechen (1) TECH → **break** *vt* (1)
→ brechen *vt* (1)

zerbrechen (2) TECH → **break** *vi* (2)
→ brechen *vi* (2)

zerbrechlich TECH **fragile** *adj*
≈ unempfindlich; spröde — = frangible; breakable; frail
≠ unzerbrechlich — ≈ brittle
≠ unbreakable

Zerbrechlichkeit *nf* TECH **fragility** *n*
= frangibility *n*

Zeremonie *nf* MEDIA **ceremony** *n*
= Akt *nm*; Feierlichkeit *nf* — = act *n*

Zerfall *nm* PHYS **decay** *n* (2)
= desintegration *n*

Zerfallgeschwindigkeit *nf* PHYS **decay rate**
= desintegration rate

Zerfallsfolge *nf* PHYS **radioactive decay series**
= radioactive chain

Zerfallskonstante *nf* PHYS **decay constant**
= desintegration constant

Zerfallskurve *nf* PHYS **decay curve**
= desintegration curve

Zerfallsreihe *nf* PHYS **decay series**
= desintegration series

Zerfallszeit *nf* PHYS **decay time**
[Atomphysik, Kernphysik] — [atomic and nuclear physics]
= desintegration time

zerfließen TER&PER → **bleed** *vi*
→ verlaufen

zergliedern SCIE **dissect** *vt*
≈ zerlegen — ≈ demount

Zergliederung *nf* SCIE **dissection** *n*
≈ Zerlegung — ≈ disassembly

Zerhacker *nm* CIRC.EN **chopper** *n*
= Chopper *nm* — = vibrator *n*

Zerhackergeräusch *nn* EL.TRO **electronic hash**
= chopper noise; chopper interference

Zerhackermessverstärker *nm* INSTR **measuring chopper amplifier**

Zerhackerverstärker *nm* CIRC.EN **chopper amplifier**
[wandelt Gleichspannung in Rechteckwechsel]

Zerhackung *nf* CIRC.EN **chopping** *n*

zerknittern *vt* COLL **rumple** *vt*
≈ zerknüllen — = crumple *vt*; wrinkle *vt*

Zerknitterung *nf* TECH **rumpling** *n*
= wrinkling *n*; crumpling *n*

zerlegbar TECH **demountable**
≈ abnehmbar — ≈ detachable

zerlegbar MATH **decomposable**

Zerlegbarkeit *nf* MATH **decomposability** *n*

Zerlegbarkeit *nf* TECH **demountability** *n*

zerlegen *vt* MATH **decompose** *vt*

zerlegen *vt* TECH **disassemble** *vt*
≈ abbauen; abnehmen; ausbauen (2); demontieren — = take apart; demount *vt* v(2); dismount *vt* (2); dissect *vt*
≠ zusammenbauen

Zerlegung *nf* MATH **decomposition** *n*

Zerlegung *nf* TECH **disassembly** *n*
= Auseinanderbau *nm* — = dismount *n*; dismantlement *n* (2); dissection *n*; decomposition *n*
≈ Abbau
≠ Zusammenbau — ≠ assembly

Zerlegung in Module TECH → **modularization** *n*
→ Modularisierung *nf*

Zeroflag *nn* (ANGL) COMP.SC → **zero flag**
→ Null-Hinweiszeichen *nn*

zerquetschen TECH **crush** *vt*
= quetschen — ≈ jam
≈ zermalmen; klemmen (1)

Zerreißblende *nf* (1) CINEMA **split screen** (2)
[erzeugt ein Mehrfachbild] — [diaphragm to generate a split sreen]

Zerreißblende *nf* (2) CINEMA **split screen** (3)
[erstes Bild zerreißt und folgendes erscheint] — [shot tears up and next comes in]

zerreißen TECH **tear** *vt* (1)
≈ abreißen — ≈ tear-off

zerreißfest MECH → **tensile** *adj*
→ zugfest

Zerreißfestigkeit *nf* TECH → **tearing resistance**
→ Reißfestigkeit *nf*

Zerreißprobe *nf* MECH **tensile test**

Zerreißspannung *nf* MECH **ultimate stress**
= Bruchspannung *nf*

zerrissen TECH → **torn** *adj*
→ gerissen

zerschießen EL.TRO → **fry** *vt*
→ durchbrennen

zerschnitzeln *vt* TECH **shred** *vt*
= schnitzeln; schnippeln; schnipseln; schnipsen — = snip *vt*; chip *vt*

zerspanbar MECH → **machinable** *adj*
→ maschinell bearbeitbar

Zerspanbarkeit *nf* MEC.EN → **machinability** *n*
→ maschinelle Bearbeitbarkeit

Zerspanungswerkzeug *nn* MEC.EN **cutting tool**

zerstäuben *vt* TECH **pulverize** *vt*
= pulverisieren — = powder *vt*; spray *vt* (2); sputter *vt*; atomize *vt*; disintegrate *vt*

Zerstäuber *nm* TECH **pulverizer** *n*
= Pulverisierer *nm*; Atomiseur *nm* (DUDEN) — = atomizer *n*

Zerstäubung *nf* TECH **pulverization** *n*
= Pulverisierung *nf* — = sputtering *n*; atomization *n*; disintegration *n*
≈ disintegration

zerstören *vt* TECH **destroy** *vt*
= demolieren — = demolish

zerstörend DAT.PR → **erasing**
→ löschend

zerstörend *adj* TECH **destructive** *adj*

zerstörendes Lesen DAT.PR → **destructive reading**
→ löschendes Lesen

zerstörungsfrei DAT.PR → **nondestructive** *adj*
→ nichtlöschend

zerstörungsfrei QUAL **nondestructive** *adj*
= non-destructive

zerstörungsfreie Prüfung QUAL **nondestructive test**

zerstörungsfreies Lesen DAT.MA → **nondestructive reading**
→ nichtlöschendes Lesen

Zerstörungs-Software *nf* SW **killer software**
= Killer-Software *nf*

Zerstreuung *nf* DAT.CO **dispersion** *n*
[von Daten auf verschiedene Geräte oder Standorte] [of data at different devices or sites]

Zerstreuungslinse *nf* OPT **diverging lens**
[in der Mitte am dünnsten; zerstreut einfallende Strahlen] [thinnest in the center; diverges inciding rays]
= thinnest at the center
↓ bikonkave Zerstreuungslinse; plankonkave Zerstreuungslinse; konvexkonkave Zerstreuungslinse ↓ biconcave diverging lens; plane-concave diverging lens; convexo-concave diverging lens

zerstückeln TECH **fragment** *vt*
≈ vereinzeln
= fragmentize; cleave
≈ dismember

Zerstückelung *nf* TECH **fragmentation** *n*
= cleavage *n*

zerteilen TECH → **partition** *vt*
→ aufteilen

Zertifikat *nn* QUAL → **certificate** *n*
→ Protokoll *nn*

Zertifikat *nn* LAW → **certificate** *n*
→ Bescheinigung *nf* (2)

zertifizieren ECON → **certify** *vt*
→ bescheinigen

Zertifizierung *nf* QUAL **certification** *n*

Zertifizierungsbehörde *nf* QUAL **certification authority**

Zetta MATH → **sextillion** (AE)
→ tausend Trillionen

zetta- *praef* MATH **zetta-** *praef*
[10E21] [10E21]

Zettel *nm* OFFICE **slip** *n*

Zettelkasten *nm* OFFICE **paper slip box**

Zeugamt *nn* MILIT **ordnance department** *n*
= militärische Beschaffungsbehörde
[for military supplies]
= ordnance *n* (2)

Zeugnis *nn* ECON → **testimonial** *n*
→ Dienstzeugnis *nn*

ZF RADIO → **intermediate frequency**
→ Zwischenfrequenz *nf*

ZF-Auskopplung *nf* RADIO **IF derivation**
= Zwischenfrequenzauskopplung *nf* = intermediate frequency derivation

ZF-Durchschaltung *nf* RADIO **IF interconnection**
= Zwischenfrequenzdurchschaltung *nf* = intermediate frequency interconnection

ZF-Filter *nn* RADIO **IF filter**
= Zwischenfrequenzfilter *nn* = intermediate frequency filter

ZF-Übertrager *nm* RADIO **IF transformer**
= Zwischenfrequenz-Übertrager *nm* = intermediate frequency transformer

ZF-Unterdrückung *nf* MODUL **IF rejection**
= IF suppression

ZF-Verstärker *nm* RADIO **IF amplifier**
= Zwischenfrequenzverstärker *nm*

Zickzack *nn* TECH **zigzag** *n*

Zickzackantenne *nf* ANT **zigzag antenna**
= Chireix-Mesny-Antenne *nf*; Sägezahnantenne *nf* = Chireix-Mesny antenna
↑ Wendelantenne ↑ helix antenna

Zickzack-Dipol *nm* ANT **zigzag dipole**

Zickzackfaltung *nf* PRIN.ME → **fan folding** *n*
→ Leporellofalzung *nf*

Zickzackfalzung *nf* PRIN.ME → **fan folding** *n*
→ Leporellofalzung *nf*

Zickzackfilter *nn* NETW.TH **zigzag filter**
↑ Bandpassfilter ↑ bandpass filter

Zickzackformular *nn* TER&PER **fanfold form**
= Leporelloformular *nn*; Zickzackvordruck *nm*; Leporellovordruck *nm* ↑ continuous form
↑ Endlosformular

Zickzackführung *nf* RAD.RE **zigzag routing**
= Zickzackkurs *nm*

zickzackgefaltet TER&PER **fanfold** *adj*
[Papier] [paper]
= leporellogefalzt = fanfolded; Z-folded; accordion-fold *adj*

zick-zack-gefalztes Endlospapier PRIN.ME → **fanfold paper**
→ Leporellopapier *nn*

Zickzackkurs *nm* RAD.RE → **zigzag routing**
→ Zickzackführung *nf*

Zickzackpapier *nn* PRIN.ME → **fanfold paper**
→ Leporellopapier *nn*

Zickzackresonator *nm* OPTOEL **zigzag resonator**

Zick-Zack Streifen *nm* MICR.EL **zig-zag socket**
[IC-Fassung] [IC socket]

Zickzackverbindung *nf* POW.SY **zigzag connection**
[Drehstromtransformator] ↑ three-phase transformer

Zickzackvordruck *nm* TER&PER → **fanfold form**
→ Zickzackformular *nn*

Ziegel *nm* (1) CIV.EN **brickwork** *n*
[gebrannter Ton]

Ziegel *nm* (2) CIV.EN **brick** *n*
= Ziegelstein *nm* = tile *n*

Ziegelstein *nm* CIV.EN → **brick** *n*
→ Ziegel *nm* (2)

ziehbar CIRC.EN **tunable**
= abstimmbar; durchstimmbar

ziehbarer Oszillator CIRC.EN **tunable oscillator**

Ziehbereich *nm* CIRC.EN **tuning range**
= Abstimmbereich *nm*; Durchstimmbereich *nm* = tunability range; pull-in range

Ziehen METAL **drawing** *n*
↓ Tiefziehen; Fließziehen ↓ depth drawing; ironing

Ziehen MICR.EL **pulling** *n*
[Kristall] [of crystals]
= growing *n*

Ziehen COMP.GR **dragging** *n*

ziehen CIRC.EN **tune**
= abstimmen

ziehen COLL **pull** *vt*
≈ schleppen
≠ schieben
= draw; haul
≈ drag
≠ push

ziehen METAL **draw** *vt*
↓ tiefziehen; fließziehen ↓ depth draw; iron

ziehen OUT.PL → **pull-in** *vt*
→ einziehen

Ziehen *nn* COMP.AP **drag and drop**
[Operationen ausführen durch Verschieben von Piktogrammen auf andere P. oder Verzeichnisse] [perform operations by moving icons into another icon or folder]
= Drag-and-Drop = drag & drop

ziehen *vt* MICR.EL **pull** *vt*
[Kristalle] [a crystal]
= grow *vt*

Zieherei *nf* METAL **extruding shop**

Ziehfeder *nf* ENG.DRA → **drawing pen**
→ Reißfeder *nf*

Ziehkartei *nf* OFFICE → **tub file**
→ Steilkartei *nf*

Ziehkondensator *nm* CIRC.EN **tuning capacitor**

Ziehkraft *nf* COMPO **withdrawal force**

Ziehpunkt *nm* COMP.GR → **handle** *n*
→ Handgriff *nm*

Ziehrichtung *nf* OUT.PL **pulling direction**

ziehschleifen MEC.EN **fine-grind**

Ziehstein *nm* METAL **diamond die**

Ziehstrumpf *nm* OUT.PL **cable grip**
= Kabelziehstrumpf *nm* = cable stocking; pulling eyer

Ziehturm *nm* OPT.CO **pulling tower**

Ziehwerkzeug *nn* METAL **drawing die**

Ziehwerkzeug *nn* EQP.EN **extracting tool**
= Baugruppen-Ziehwerkzeug *nn*; Ausziehwerkzeug *nn* = extractor tool; withdrawing toll

Ziel *nn* DAT.PR **target** *n*
= destination *n*

Ziel *nn* SWITCH **destination** *n*

Ziel *nn* SW **target** *n*
≠ Quelle ≠ source

Zieladresse *nf* DAT.CO **destination address**
= Bestimmungsadresse *nf* = destination; target address

Zielamt *nn* SWITCH → **terminating exchange**
→ Zielvermittlung *nf*

Zielanflug *nm* RAD.NA **homing** *n*
= Zielflug *nm*; Zielansteuerung *nf*; Heimflug *nm*

Zielanflugempfänger *nm* RAD.NA **homing receiver**
= Zielflugempfänger *nm*

Zielanfluggerät *nn* RAD.NA **homing device**

Zielansteuerung *nf* RAD.NA → **homing** *n*
→ Zielanflug *nm*

Zielapplikation *nf* COMP.AP **target application**

Zielbelastung *nf* SWITCH **destination load**

Zielcomputer *nm* DAT.PR → **target computer**
→ Zielrechner *nm*

Zieldatei *nf* DAT.MA **destination file**
≠ Quelldatei
= target file
≠ source file

Zieldaten *nplt* DAT.MA **target data**

Zieldatensatz *nm* DAT.MA **target record**
= Zielsatz *nm*

Zieldatenträger *nm* DAT.PR **target data carrier**
≠ Quelldatenträger
≠ source data carrier

Zieldiskette *nf* DAT.PR **target disk**
≠ Quelldiskette
= destination disk
≠ source disk

Zieldokument *nn* COMP.AP **target document**

zielend LING → **transitive** *adj*
→ transitiv

Zielerreichung *nf* ECON **reaching of objectives**

Zielfaktor *nm* SWITCH **target factor**

Zielflug *nm* RAD.NA → **homing** *n*
→ Zielanflug *nm*

Zielflugempfänger *nm* RAD.NA → **homing receiver**
→ Zielanflugempfänger *nm*

Zielfunktion *nf* SW **object function**

Ziel-Funkzelle *nf* MOB.CO **target cell**

Zielgerät *nn* TELEC **target device**

zielgerichtet COLL **targeted**

zielgerichtete Werbung ECON **targeted advertising**

Zielgleis *nn* RAIL.SIG **destination track**

Zielgruppe *nf* ECON **target group**
= target audience
↓ intended audience

Zielinformation *nf* SWITCH **target information**
≈ dialing code

Zielinformation *nf* DAT.MA **target information**

Zielkauf *nm* ECON **purchase on credit**

Zielkennung *nf* SWITCH → **destination point code**
→ Zielpunktcode *nm*

Zielknoten *nm* TELEC **destination node**
= target node

Zielkonfiguration *nf* DAT.PR **target configuration**

Zielkoordinaten *nplt* GIS **target coordinates**

Zielkosten *nplt* ECON **target costs**
= allowable costs

Ziellaufwerk *nn* DAT.PR **target drive**

ziellos *adj* COLL **aimless** *adj*
[*adj*]
= zwecklos
= purposeless *adj*

ziellos *adj* COLL **purposeless** *adj*
= aimless *adj*

Zielmarkierung *nf* RAD.NA **heading marker**

Zielmaschine *nf* DAT.PR → **target computer**
→ Zielrechner *nm*

Zielnetz *nn* TELEC **destination network**
= Bestimmungsnetz *nn*
= target network

Zielort *nm* ECON → **place of destination**
→ Bestimmungsort *nm*

Zielphase *nf* DAT.PR **target phase**

Zielposition *nf* RAD.LO **target position**

Zielprogramm *nn* SW → **object program**
→ Objektprogramm *nn*

Zielprozess *nm* DAT.CO **destination process**

Zielprozessor *nm* DAT.PR **target processor**

Zielpunkt *nm* SWITCH **destination point**
= Zielzeichengabepunkt *nm*
≈ Zielvermittlung
= terminating point
≈ terminating exchange

Zielpunktcode *nm* SWITCH **destination point code**
= Zielkennung *nf*

Zielpunktkennung *nf* DAT.CO **multi-connection endpoint identifier**

Zielpyramide *nf* ECON **objective pyramid**

Zielrechner *nm* DAT.PR **target computer**
[für den auf einem Wirtsrechner Software entwickelt wird]
= Zielcomputer *nm*; Zielmaschine *nf*
≠ Wirtsrechner; Ursprungsrechner
[for which software is developed on a host computer]
= target machine
≠ host computer; source computer
↓ common target machine; compiler target machine

Zielrichtung *nf* TECH **boresight** *n*
= bore sight

Zielrichtung *nf* ANT **reference boresight**
[Richtung in die ausgerichtet wird]
= Seelenachse *nf*
≈ Hauptstrahlrichtung
[direction to which the antenna is aligned]
≈ boresight

Zielsatz *nm* DAT.MA → **target record**
→ Zieldatensatz *nm*

Zielsetzung *nf* COLL → **target setting** *n*
→ Zielvorgabe *nf*

Zielsprache *nf* LING **target language**
[Übersetzung]
≠ Ursprungssprache
[traduction]
≠ source language

Zielsprache *nf* COMP.LG **object language**
[Sprache in die ein Quellprogramm übersetzt wird, i.a. die Maschinensprache]
= Objektcode *nm*
≠ Quellsprache
↓ Maschinensprache
[language into which a source program is translated, generally the machine code]
= object code; target language; target code
≠ source language
↓ machine language

Zielsprechstelle *nf* TELEPH **destination station**

Zielstation *nf* TELEC **target station**

Zieltaste *nf* TER&PER **destination key**
= aiming key

Zieltastenterminal *nn* TELEPH **destination key terminal**

Zielteilnehmer *nm* DAT.CO **destination subscriber**

Zielvereinbarung *nf* ECON **target agreement**

Zielverfolgung *nf* RAD.LO **tracking** *n*

Zielverfolgungsradar *nm&nn* (*pl* -e) RAD.LO **tracking radar**
= Nachlaufradar *nm&nn* (*pl* -e); Folgeradar *nm&nn* (*pl* -e); Verfolgungsradar *nm&nn* (*pl* -e)

Zielvermittlung *nf* SWITCH **terminating exchange**
= Zielvermittlungsstelle *nf*; Zielamt *nn*; Bestimmungsvermittlung *nf*; Bestimmungsvermittlungsstelle *nf*; Bestimmungsamt *nn*
≈ Zielpunkt
≠ Ursprungsvermittlung
= destination exchange
≈ destination point
≠ originating exchange

Zielvermittlungsadresse *nf* SWITCH **DPC**
[SS7]
= DPC-Adresse *nf*
[SS7]
= Destination Point Code

Zielvermittlungsstelle *nf* SWITCH → **terminating exchange**
→ Zielvermittlung *nf*

Zielverzeichnis *nn* DAT.MA **target directory**
≠ Quellverzeichnis
= destination directory
≠ source directory

Zielvorgabe *nf* COLL **target setting** *n*
[fig]
= Zielsetzung *nf*
≈ Ziel; Zweck
= goal setting
≈ target; goal

Zielwahl *nf* TELEPH **destination dialing**

Zielzeichengabepunkt *nm* SWITCH → **destination point**
→ Zielpunkt *nm*

ziemlich *adv* COLL **quite** *adv*

Zierbuchstabe *nm* PRIN.ME → **swash letter**
→ Schwungbuchstabe *nm*

Zierleiste *nf* TECH **ornamental strip** *n*
↑ Leiste
= molding strip
↑ strip (2)

Zierlinie *nf* PRIN.ME **decorative line**
= Schmucklinie *nf*
= patterned line

Zierrand *nm* PRIN.ME **decorative margin**
= Schmuckrand *nm*
= decorative border

Zierschrift *nf* PRIN.ME **decorative character font**
= Schmuckschrift *nf*
= decorative typefont; decorative typestyle

Ziffer *nf* MATH → **numeral** *n*
→ Zahlzeichen *nn*

Ziffernadresse *nf* SW **numerical address**
= numerische Adresse
= numeric address

Ziffernanzeige *nf* INSTR **numeric display**
= numerische Anzeige; digitale Anzeige; Digitalanzeige *nf*
= numerical display; number display; digital display; numeric indicator; numerical indicator; digital indicator; numeric readout; digital readout

Ziffernanzeigeröhre *nf* EL.TRO **numeric display tube**
= Ziffernröhre *nf*
= digital display tube; numerical indicator tube

Ziffernblatt *nn* TER&PER → **number plate** *n*
→ Ziffernring *nm*

Ziffernblock *nm* TER&PER → **numeric keypad**
→ Zifferntastenblock *nm*

Zifferncode *nm* CODING → **numerical code**
→ Nummernschlüssel *nm*

Zifferndarstellung *nf* CODING **numeralization** *n*
[von Buchstaben] [of characters]
= Numeralisierung *nf*

Zifferndrucker *nm* TER&PER **numeric printer**
[druckt nur Ziffern] [prints only digits]
= digital printer

Ziffernfeld *nn* INF.TEC **digit field**
= numeric character field

Ziffernfolge *nf* DAT.MA **numeric string**

ziffernhaft INF.TEC → **digital** *adj*
→ digital *adj*

ziffernmäßig INF.TEC → **digital** *adj*
→ digital *adj*

Ziffernrechnen MATH **calculation by digits**
≠ Abakusrechnen ≠ calculation by abacus

Ziffernring *nm* TER&PER **number plate** *n*
[Nummernschalter] [rotary dial selector]
= Ziffernblatt *nn* = dial *n* (2)

Ziffernröhre *nf* EL.TRO → **numeric display tube**
→ Ziffernanzeigeröhre *nf*

Ziffernschritt *nm* INSTR **digital step**

Ziffernsicherungscode *nm* CODING **number protection code**
= Zahlensicherungscode *nm*

Ziffernskala *nf* INSTR **digital scale**
= Ziffernskale *nf*

Ziffernskale *nf* INSTR → **digital scale**
→ Ziffernskala *nf*

Ziffernstelle *nf* MATH **digit position**
= numerische Stelle; Zifferntei| *nm* = digit place; numeric position; numeric place
≈ Zeichenstelle [COMP.SC] ≈ character position [COMP.SC]
↑ Stelle ↑ position
↓ Dezimalstelle ↓ decimal position

Zifferntastatur *nf* TER&PER → **numeric keypad**
→ Zifferntastenblock *nm*

Zifferntaste *nf* TER&PER **numeric key**
↑ Taste = numerical key; figures key
↑ key

Zifferntastenblock *nm* TER&PER **numeric keypad**
[Spezialtastatur oder Tastaturbereich, mit Zifferntasten, Operatortasten u.dgl.] [special keypad or sector of a keyboard, containing numeric keys, operator keys etc.]
= Zifferntastatur *nf*; Ziffernblock *nm*; Zehnertastaur *nf*; Zehnerblock *nm*; Rechenblock *nm*; Blocktastatur *nf*; numerisches Tastenfeld numerische Tastatur; numerischer Tastenblock = numeric keyboard; figures keyboard; block keyboard; figures keypad; ten-key pad; adding machine keypad; numeric pad
↑ Tastatur

Ziffernteil *nm* MATH → **digit position**
→ Ziffernstelle *nf*

Ziffernteil *nm* SW **numeric portion**
= numerical portion

Ziffterntreiber *nm* CIRC.EN **digit driver**

Ziffernumschaltung *nf* DAT.PR **figures shift**
[Code oder Taste] [a code or a key]
≠ Buchstabenumschaltung = numeric shift
↑ Buchstaben-Ziffern-Umschaltung ≠ letter shift; alphabetic shift
↑ letter-figure shift

Ziffernumschaltzeichen *nn* DAT.CO **figures shift character**
[Fernschreibcode] [telegraphic code]

Ziffernvorwahl *nf* TECH **number preselection**
= number presetting

ZIF-Sockel *nm* COMPO **ZIF socket**
↑ Chip-Sockel [Zero Insertion Force socket]
↑ chip socket

ZIG SWITCH → **metering pulse generator**
→ Zählimpulsgeber *nm*

Zigarrenantenne *nf* ANT **cigar antenna**

Zimmer *nn* CIV.EN **room** *n* (2)
↑ Raum [a room of an apartment]
↑ room (1)

Zimmerantenne *nf* ANT → **indoor antenna**
→ Innenantenne *nf*

Zimmermann *nm* CIV.EN **carpenter** *n*

Zink *nn* CHEM **zinc** *n*
= Zn = Zn

Zinkblech *nn* METAL **sheet zinc**

Zinkblende *nf* CHEM → **zinc sulfide**
→ Zinksulfid *nn*

Zinke *nf* TECH **prong** *n*
[einer Gabel] [of a fork]

Zinklegierung *nf* METAL **zinc alloy**

Zinkspritzgießen *nn* METAL **zinc die-casting**

Zinksulfid *nn* CHEM **zinc sulfide**
= Zinkblende *nf*

Zinküberzug *nm* METAL **zinc coat**
= Verzinkung *nf*

Zinn *nn* CHEM **tin** *n*
= Sn = Sn

Zinnbad *nn* METAL **tin bath**

Zinnbronze *nf* METAL **tin bronze**

Zinnfolie *nf* METAL **tinfoil** *n*
= Stanniol *nn*; Stanniolfolie *nf*; Stanniolpapier *nn*

Zinnlegierung *nf* METAL **tin alloy**

zinnober *adj* OPT **vermilion** *adj*
[leuchtend gelblichrot] = vermillion; vermilion red
= zinnoberrot

zinnobergrün *adj* OPT **cinnabar green** *adj*

zinnoberrot OPT → **vermilion** *adj*
→ zinnober *adj*

Zinnspritzer *nm* MANUF **tin splash**
↑ Lötspritzer ↑ solder splash

Zinnüberzug *nm* METAL **tin coat** *n*
= Verzinnung *nf*

Zins *nm* ECON **interest** *n*

Zinsergebnis *nf* ECON **net interest income**

Zinserlös *nm* ECON → **interest income**
→ Zinsertrag *nm*

Zinsertrag *nm* ECON **interest income**
= Zinserlös *nm*

Zinseszins *nm* ECON **compound interest**

Zinsfuß *nm* ECON → **interest rate**
→ Zinssatz *nm*

zinslos ECON **free of interest**

Zinsniveau *nn* ECON **interest rate level**

Zinssatz *nm* ECON **interest rate**
= Zinsfuß *nm*

Zip *nn* DAT.MA **Zip** *n*
[Zig-Zag Inline Package]

Zip-Diskette *nf* TER&PER **Zip cartridge**

Zipfel *nm* ANT → **lobe** *n*
→ Keule *nf*

Zip-Laufwerk *nn* TER&PER **Zip drive**

Zippen *nn* DAT.MA **zip** *n*

zippen *vt* DAT.MA **zip** *vt*
[mit dem Program Zip komprimieren] [to compress with the untility Zip]
↑ komprimieren ↑ compress

zirka COLL → **approximately** *praep*
→ ungefähr

Zirkel *nm* ENG.DRA **compasses** *nplt*
↓ Stechzirkel; Nullzirkel = pair of compasses
↓ dividers

Zirkel *nm* MATH → **circle** *n*
→ Kreis *nm*

Zirkelbezug *nm* COMP.AP → **circular reference**
→ zirkularer Bezug

Zirkelverweis *nm* COMP.AP → **circular reference**
→ zirkularer Bezug

Zirkon *nn* CHEM **zirconium** *n*
= Zr = Zr

zirkular MATH → **circular**
→ kreisförmig

Zirkular *nn* OFFICE → **circular** *n*
→ Rundschreiben *nn*

zirkulär MATH → **circular**
→ kreisförmig

zirkulare Polarisation PHYS **circular polarization**
= Zirkularpolarisation *nf*; Kreispolarisation *nf*

zirkularer Bezug COMP.AP **circular reference**
= Zirkelbezug *nm*; zirkularer Verweis; Zirkelverweis *nm*

zirkularer Verweis COMP.AP → **circular reference**
→ zirkularer Bezug

Zirkularität *nf* MATH → **circularity** *n*
→ Kreisform *nf*

Zirkularpolarisation *nf* PHYS → **circular polarization**
→ zirkulare Polarisation

zirkular polarisiert PHYS **circularly polarized**

zirkular polarisierte Welle PHYS **circular polarized wave**

Zirkularwelle *nf* PHYS → **circular wave**
→ Kreiswelle *nf*

Zirkulation *nf* PHYS → **circulation** *n*
→ Kreislauf *nm*
Zirkulationsquant *nn* PHYS **circulation quantum**
Zirkulator *nm* NETW.TH **circulator** *n*
[mehrtoriges Netzwerk, überträgt nur von Tor zu nachfolgendem Tor] [multiport network, transmits only from a port to the next one]
Zirkulator *nm* MICROW **circulator** *n*
= Richtungsgabel *nf*
zirkulieren SCIE → **circulate** *vi*
→ umlaufen
zirkulieren PHYS → **circulate**
→ kreisen
zirkulierend PHYS → **circulating**
→ umlaufend
Zirkumferenz *nf* MATH → **circumference** *n* (1)
→ Kreisumfang *nm*
Zirkumflex *nn* LING **circumflex** *n*
[Symbol: ^] [symbol ^]
≈ Dehnungszeichen; Winkelzeichen [PRIN.ME] =.circumflex accent
↑ diakritisches Zeichen; Akzent ≈ caret [PRIN.ME]
↓ Hochpfeil ↑ diacritic mark; accent
↓ angled circumflex
Zirkumflex [DAT.PR] PRIN.ME → **apex** *n*
→ Spitze *nf*
Zischen *nn* ACOUS → **hissing** *n*
→ Zischgeräusch *nn*
Zischgeräusch *nn* ACOUS **hissing** *n*
= Zischen *nn* = hiss *n*; sibilance *n*
Zischlaut *nm* LING **sibilant** *n*
= Sibilant *nm*
zitieren LAW → **summon** *vt*
→ vorladen *vi*
zitronengelb *adj* OPT **lemon yellow** *adj*
= zitrongelb = lemon colour
zitrongelb OPT → **lemon yellow** *adj*
→ zitronengelb *adj*
Zittern *nn* INSTR **jitter** *n*
[Oszillogramm] [oscillogram]
= Zappeln *nn*; Jitter *nm*; Flattern *nn*
Zittern *nn* EL.TRO → **jitter** *n*
→ Jitter *nm*
zivile Richtfunkverbindung RADIO **civil fixed link**
Zivilluftfahrt AERON **civil aviation**
Z-Laser *nm* OPTOEL **Z laser**
= Zonenlaser *nm* = zone laser
Z-Matrix *nf* NETW.TH → **impedance matrix**
→ Widerstandsmatrix *nf*
Zmodem *nm&nn* DAT.MA **Zmodem** *n*
[ein Dateitransferprotokoll] [a file transfer protocol]
= Z-Modem *nm&nn*
Z-Modem *nm&nn* DAT.MA → **Zmodem** *n*
→ Zmodem *nm&nn*
Zn CHEM → **zinc** *n*
→ Zink *nn*
Z-Netz *nn* DAT.NW → **Zerberus network**
→ Zerberus-Netz *nn*
Zobel-Glied *nn* NETW.TH → **m-derived section**
→ Versteilerungsglied *nn*
Zoll *nm* PHYS **inch** *n*
[25,40 mm; Symbol: "] [0.083 ft = 25.40 mm; symbol "]
= in = in
↑ Längenmaß ↓ standard inch; english inch
↓ Normalzoll; englischer Zoll
Zoll *nm* (1) PUB.ADM **customs** *n*
[Behörde] [administration]
= Zollbehörde *nf* = customs authority
Zoll *nm* (2) PUB.ADM **toll** *n*
[die Abgabe] [from Greek "télos" = "customs"]
= Maut *nf* (AT) = customs *nplt*
↑ Steuer ↑ tax
Zollbefreiung *nf* PUB.ADM **custom duties exemption**
= Zollerlass *nm* = custom duties remission
Zollbehörde *nf* PUB.ADM → **customs** *n*
→ Zoll *nm* (1)
Zollerlass *nm* PUB.ADM → **custom duties exemption**
→ Zollbefreiung *nf*
Zollfaktura *nf* PUB.ADM **custom invoice**
= Zollrechnung *nf*
zollfrei PUB.ADM **duty-free**
zollfreies Gut PUB.ADM **customs allowance**
= zollfreie Ware; Zollfreigut *nn*; Zollfreiware *nf*

zollfreie Ware PUB.ADM → **customs allowance**
→ zollfreies Gut
Zollfreigut *nn* PUB.ADM → **customs allowance**
→ zollfreies Gut
Zollfreiware *nf* PUB.ADM → **customs allowance**
→ zollfreies Gut
Zollnomenklatur *nf* PUB.ADM **customs nomenclature**
= Nomenklatur *nf*
Zollpapiere *nplt* PUB.ADM **custom clearance papers**
= clearance papers
Zoll pro Sekunde TER&PER **inches-per-second**
[Bandgeschwindigkeit] [tape speed]
= IPS; ips = IPS; ips
Zollrechnung *nf* PUB.ADM → **custom invoice**
→ Zollfaktura *nf*
Zollstock *nm* INSTR **yardstick** *n*
= Gliedermaßstab *nm*
Zollstrafe *nf* PUB.ADM **customs penalty**
Zoll-Symbol *nn* PRIN.ME **inch sign**
[Symbol: "] [symbol: "]
= Zoll-Zeichen *nn* = inch symbol; inch mark
zolltarifliche Einstufung PUB.ADM **tariff classification**
Zollteilung *nf* TECH **inch graduation**
Zoll-Zeichen *nn* PRIN.ME → **inch sign**
→ Zoll-Symbol *nn*
Zollzurückerstattung *nf* ECON → **drawback** *n*
→ Rückzoll *nm*
Zombie *nm* DAT.NW **zombie** *n*
[Rechner der Opfer eines Hackeangriffs wird] = computer which suffers attack from hacker
Zone *nf* MICR.EL **zone** *n*
= Gebiet *nn* = region *n*
↓ Übergang ↓ junction
Zone *nf* DAT.NW **zone** *n*
[Gruppe von LAN-Benutzern] [group of LAN users]
Zone *nf* INTERNET **zone** *n*
[Breich eines DNS-Namensraums] [range of DNS name space]
Zone *nf* COLL → **region** *n*
→ Gebiet *nn*
Zone-Bit DAT.PR **zone bit**
Zone-Bit-Recording TER&PER **zone bit recording**
[veränderliche Zahl von Sektoren/Spur] [variable number of sectors/track]
Zonenantenne *nf* SAT.CO → **regional beam antenna**
→ Regionalstrahlantenne *nf*
Zonenbeschränkung *nf* SWITCH **zone restriction**
Zonencode *nm* MOB.CO **zone code**
Zonenfolge *nf* MICR.EL **zone sequence**
= region sequence
Zonenlaser *nm* OPTOEL → **Z laser**
→ Z-Laser *nm*
Zonenlinse *nf* ANT **stepped lens**
= Stufenlinse *nf*
↑ Beschleunigungslinse
Zonenlochung *nf* TER&PER **zone punch**
[in einer der 3 oberen Zeilen] [in one of upper 3 rows]
Zonenreinigen *nn* MICR.EL **zone refining**
Zonenschmelzen *nn* MICR.EL **zone melting**
= Zonenziehen *nn*
Zonenübergang *nm* MICR.EL → **junction** *n*
→ Übergang *nm*
Zonenziehen *nn* MICR.EL → **zone melting**
→ Zonenschmelzen *nn*
Zoom *nm* INSTR **zoom** *n*
Zoom *nm* IMAG.ME **zoom** *n*
Zoom-Box *nf* COMP.AP **zoom box**
[zur Skalierung eines Fensters] [to scale a window]
zoomen COMP.GR → **scale** *vt*
→ skalieren
zoomen *vt* OPT **zoom** *vt*
Zoom-Messung *nf* INSTR **zoom measurement**
Zoomobjektiv *nn* OPT **zoom lens**
Z-Parameter *nm* NETW.TH → **z parameter**
→ Z-Vierpolparameter *nm*
Z-Puffer *nm* COMP.GR **Z buffer**
Zr CHEM → **zirconium** *n*
→ Zirkon *nn*
Z-System *nn* TRANSM → **two-wire carrier system**
→ Zweidraht-Getrenntlage-System *nn*
ztr PHYS → **metric hundredweight**
→ Zentner *nm* (1)
Z-Transformation *nf* MATH **z transformation**

Zubehör *nn* TECH **accessory** *n*
[für die Funktionserfüllung notwendig, "gehört dazu"]
= Zugehör *nn* (CH)
≈ Anhängsel [COLL]
↓ Schnickschnack
[necessary for normal service]
= accessory part; fitting; add-on (2); appurtenances; pertinents; auxiliary equipment
≈ appendage [COLL]
↓ bells and whistles

Zubehör, ohne TECH **accessories, whithout**
= plain vanilla (AE) (slang)

Zubehörfirma *nf* ECON **supply company**

Zubehörsatz *nm* TECH **accessories kit**
= fittings kit

Zubringer *nm* DAT.CO **feeder**
[signal carrying channel]

Zubringer *nm* (1) TRANSM → **entrance link** *n*
→ Zubringerstrecke *nf*

Zubringer *nm* (2) TRANSM → **tributary signal** *n*
→ Zubringersignal *nn*

Zubringeranlage *nf* DAT.PR → **satellite computer**
→ Zubringerrechner *nm*

Zubringerbündel *nf* SWITCH **incoming trunk group**

Zubringercomputer *nm* DAT.PR → **satellite computer**
→ Zubringerrechner *nm*

Zubringereinheit *nf* TELEC **tributary unit**
[SDH]
= TU
= TU

Zubringerendgerät *nn* DAT.PR **satellite peripheral**

Zubringerkanal *nm* SWITCH **offering channel**
≈ Zubringerleitung
≈ offering line

Zubringerleitung *nf* SWITCH **offering line**
[führt einer Koppeleinrichtung Verkehr zu]
≈ Zubringerkanal; Zubringerbündel
≠ Abnehmerleitung
↓ Zubringer-Multiplexleitung
[conveys traffic to a switching matrix]
= incoming line; offering trunk; incoming trunk
≠ outgoing line

Zubringermultiplexleitung *nf* SWITCH **incoming highway**
[eine mehreren Verbindungen gemeinsame Zubringerleitung]
= kommende Abnehmerleitung; Zeitmultiplex-Zubringerleitung *nf*
↑ Zubringerleitung
[an incoming line common to several links]
↑ offering line

Zubringernetz *nn* TELEC **feeder network**

Zubringerrechner *nm* DAT.PR **satellite computer**
= Zubringercomputer *nm*; Zubringersystem *nn*; Zubringeranlage *nf*; Satellitenrechner *nm*; Satellitencomputer *nm*; Satellitensystem *nn*; Satellitenanlage *nf*
= satellite system; tributary computer; tributary system

Zubringerseite *nf* TELEC **tributary side**
≠ Multiplexseite
≠ aggregate side

Zubringersignal *nn* TRANSM **tributary signal** *n*
[Untersignal einer Multiplexbündelung]
= Zubringer *nm* (2)
≠ Multiplexsignal
[subsignal of a multiplex grouping]
= tributary *n*; constituent signal
≠ aggregate signal

Zubringerstrecke *nf* TRANSM **entrance link** *n*
= Zubringer *nm* (1); Zuführungsverbindung *nf*
↓ Richtfunkzubringer
= entrance *n*; feeder link; feeder *n*; spur link; spur *n*
↓ radio relay spur link

Zubringersystem *nn* DAT.PR → **satellite computer**
→ Zubringerrechner *nm*

Zubringerteilgruppe *nf* SWITCH **incoming group**
≈ Staffelgruppe
≈ grading group

Zubringerübertragung *nf* BROADC **outside broadcast transmission**

züchten MICR.EL → **pull** *vt*
→ kristallzüchten

zudecken *vt* TECH **cover** *vt* (1)
= abdecken (2); verdecken; bedecken
≈ verkleiden
= coat *vt*
≈ mask

zu den Akten legen OFFICE → **shelve** *vt*
→ ablegen

Zufahrtsstraße *nf* CIV.EN **access road**
= Zufahrtsweg *nm*

Zufahrtsweg *nm* CIV.EN → **access road**
→ Zufahrtsstraße *nf*

Zufall *nm* COLL **chance** *n*
≈ Zufälligkeit
= accident *n*
≈ fortuity

zufällig MATH → **statistical** *adj*
→ statistisch

zufällig SCIE → **random** *adj*
→ wahllos

zufällige Abtastung *nf* INSTR → **random sampling**
→ inkohärente Abtastung

zufälliger Fehler STATIS → **statistical error**
→ statistischer Fehler

zufälliges Sampling INSTR → **random sampling**
→ inkohärente Abtastung

Zufälligkeit *nf* COLL **fortuity** *n*
≈ Zufall
= accidentalness
≈ chance

Zufallsausfall *nm* QUAL **random failure**
≠ systematischer Ausfall
= freak failure
≠ systematic failure

Zufallsauswahl-Verkehrslenkung *nf* SWITCH **random routing**

Zufallsbeobachtung *nf* STATIS **random observation**

zufallsdiskret MATH **random discrete**

Zufallsdraht *nm* ANT **random wire**

Zufallsergebnis *nn* STATIS **random result**
= stochastisches Ergebnis
= stochastic result; random event; stochastic event

Zufallsexperiment *nm* STATIS **random experiment**

Zufallsfehler *nm* STATIS → **statistical error**
→ statistischer Fehler

Zufallsfehler *nm* EL.TRO **transit error**
= spurious error

Zufallsfolge *nf* STATIS **random sequence**

Zufallsgenerator *nm* DAT.PR **random sequence generator**
= Zufallszahlengenerator *nm*; stochastischer Generator
= random event generator; REG; random number generator; RNG; stochastic event generator; randomizer *n*

Zufallsgrafik *nf* COMP.GR **random graphic**
= Zufallsgraphik *nf*

Zufallsgraphen *nplt* MATH **random graphs**

Zufallsgraphik *nf* COMP.GR → **random graphic**
→ Zufallsgrafik *nf*

Zufallsgröße *nf* STATIS → **random number**
→ Zufallszahl *nf*

Zufallsnummer *nf* MATH **random number**

Zufallsprozess *nm* STATIS **random process**
= stochastischer Prozess
= stochastic process

Zufallssignal *nn* INF.TH **random signal**
= nichtdeterministisches Signal; stochastisches Signal
= stochastic signal

Zufallsvariable *nf* STATIS **random variable**
= stochastische Variable
= stochastic variable; variate *n*

Zufallsverweis *nm* MOB.CO **random reference**

Zufallszahl *nf* STATIS **random number**
= stochastische Zahl; Zufallsgröße *nf*; stochastische Größe
= stochastic number

Zufallszahlenfolge *nf* MATH **random number sequence**

Zufallszahlengenerator *nm* DAT.PR → **random sequence generator**
→ Zufallsgenerator *nm*

Zufallszahlgenerator *nm* DAT.PR → **pseudo-random number generator**
→ Pseudozufallszahlengenerator *nm*

zufließen TECH **inflow** *vi*
≠ abfließen
≠ outflow

Zufluss *nm* TECH **influx** *n*
= Zustrom *nm*; Zulauf *nm*; Einlass *nm*
≠ Abfluss
= inflow *n*
≠ efflux

zufolge *praep* COLL **pursuant to** *praep*
= in pursuance of

zufriedenstellend COLL **satisfactory**

zuführen EL.TEC → **apply** *vt*
→ anlegen

Zuführung *nf* POW.SY → **feed line**
→ Zuführungsleitung *nf*

Zuführungsfehler *nm* TER&PER → **feeding error**
→ Vorschubfehler *nm*

Zuführungskabel *nn* POW.SY **feed cable**

Zuführungskabel *nn* ANT **drop cable**
= Zuleitung *nf*; Niederführung *nf*
= down-lead

Zuführungsleitung *nf* POW.SY **feed line**
= Zuführung *nf*

Zuführungsleitung *nf* BROADC → **television program contribution line**
→ Fernsehzuführungsleitung *nf*

Zuführungsschacht *nm* TER&PER → **paper tray**
→ Papiernachfüllmagazin *nn*

Zuführungsverbindung *nf* TRANSM → **entrance link** *n*
→ Zubringerstrecke *nf*

Zug TECH → **draft** *n* (2)
→ Luftzug *nm*

Zug *nm* MECH **traction** *n*
≈ Spannung
= draft *n*; draught *n* (BE); drawing *n*;

German	Field	English
		pull *n*; strain *n*
		≈ tension
Zug *nm*	METEO	**current of air**
= Luftzug *nm*		= draft *n* (AE); draught *n* (BE)
Zug, leichter	METEO	**air, light**
[Windstärke 1 (1 - 5 km)]		[Beaufort Number 1 (1 - 3 mph)]
Zugang *nm*	DAT.MA	→ **memory access** *n*
→ Speicherzugriff *nm*		
Zugang *nm*	TECH	**access** *n*
= Zulassung *nf*; Zutritt *nm*		= admission *n*; approval *n*
≈ Zugriff		≈ grip
≠ Ausgang		≠ egress
zugänglich	TECH	**accessible** *adj*
= begehbar		≈ reachable; man-sized
≈ zugreifbar; manngroß		
Zugänglichkeit *nf*	TECH	**accessibility** *n*
= Zugreifbarkeit *nf*		
Zugangsart *nf*	DAT.CO	**access mode**
= Zugriffsart *nf*		= access category
Zugangsberechtigung *nf*	DAT.CO	**access authorization**
Zugangsberechtigung *nf*	DAT.MA	→ **access authorization**
→ Zugriffsberechtigung *nf*		
Zugangseinheit *nf*	DAT.CO	**acess unit**
Zugangseinrichtung *nf*	TELEC	→ **access device**
→ Zugangsgerät *nn*		
Zugangsfolge *nf*	DAT.MA	**entry sequence**
Zugangsfreigabe *nf*	TELEC	**access grant**
Zugangsgebühr *nf*	DAT.CO	**access fee**
= Zugriffsgebühr *nf*		= access charge
≠ Nutzungsgebühr		≠ usage fee
Zugangsgerät *nn*	TELEC	**access device**
= Zugangseinrichtung *nf*		= access equipment
Zugangsgruppe *nf*	TELEC	**access group**
Zugangskarte *nf*	TER&PER	**premises access card**
↑ Chip-Karte; Identifizierungskarte		↑ chip card; identification card
Zugangskennzahl *nf*	SWITCH	→ **prefix** *n*
→ Verkehrsausscheidungszahl *nf*		
Zugangskennziffer *nf*	SWITCH	→ **prefix** *n*
→ Verkehrsausscheidungszahl *nf*		
Zugangsklasse *nf*	TELEC	**access class**
Zugangsknoten *nm*	TELEC	**access node**
Zugangskonflikt *nm*	DAT.CO	**access contention**
= Zugriffskonflikt *nm*		
Zugangskontrollserver *nm*	DAT.NW	**access control server**
Zugangsnetz *nn*	TELEC	→ **subscriber network** *n*
→ Teilnehmernetz *nn* (1)		
Zugangspfad *nm*	DAT.CO	**access information path**
Zugangsprotokoll *nn*	DAT.CO	**access protocol**
= Zugriffsprotokoll *nn*		
Zugangspunkt *nm*	DAT.NW	**access point**
Zugangssatz *nm*	SWITCH	**access circuit**
Zugangszahl *nf*	SWITCH	→ **prefix** *n*
→ Verkehrsausscheidungszahl *nf*		
Zugangsziffer *nf*	SWITCH	→ **prefix** *n*
→ Verkehrsausscheidungszahl *nf*		
Zugang verhindert	DAT.CO	→ **call barred**
→ Verbindung gesperrt		
Zugbeanspruchung *nf*	MECH	→ **tensile load**
→ Zugbelastung *nf*		
Zugbeeinflussungssystem *nn*	RAIL.SIG	**inductive train control system**
Zugbelastung *nf*	MECH	**tensile load**
= Zugbeanspruchung *nf*		= tensile stress
Zugdraht *nm*	COM.CAB	**traction wire**
≈ Zugseil		≈ traction rope
Zugehör *nn* (CH)	TECH	→ **accessory** *n*
→ Zubehör *nn*		
zugehörig	COLL	**associated** *adj*
≈ betreffend		↑ respective
Zügehörigkeit *nf*	COLL	**association**
≈ Pertinenz		
Zugehörigkeitsfunktion *nf*	ART.IN	**association function**
zugelassen	ECON	**licensed** *adj*
= lizensiert; akkreditiert		= admitted; accredited
↓ amtlich zugelassen		↓ officially licensed
zugelassenes Bauteil	QUAL	**qualified component**
= qualifiziertes Bauteil; homologiertes Bauteil		
Zugelement *nn*	COM.CAB	**traction element**
Zugentlastung *nf*	COM.CAB	**strain relief**
Zugentlastungsschelle *nf*	TECH	**stress resisting clamp**
zugeordnet	TECH	→ **application-specific** *adj*
→ anwendungsspezifisch		
zugeschnitten auf	TECH	→ **tailor-made** *adj*
→ maßgeschneidert		
zugesprochenes Telegramm	TELEPH	**telephoned telegram**
= telefonisch zugestelltes Telegramm		
Zugeständnis *nn*	COLL	**concession** *n*
Zugfahrtrechner *nm*	RAIL.SIG	**train performance processor**
Zugfeder *nf*	MECH	→ **tension spring**
→ Spannfeder *nf*		
Zugfeder *nf*	MEC.EN	→ **tension spring**
→ Spannfeder *nf*		
zugfest	MECH	**tensile** *adj*
= dehnfest; zerreißfest; reißfest		= tension-resistant
↓ hochzugfest		↓ high-tensile
Zugfestigkeit *nf*	MECH	**tensile strength** (1)
= Ausdehnungsfestigkeit *nf*		= longitudinal strength
Zugfunk *nm*	RADIO	**railway radio communications**
↑ Mobilfunk		= train radio
		↑ mobile communications
Zugiffskontrollliste *nf*	COMP.AP	**ACL**
= ACL-Liste *nf*		= Access Control List
Zügig-Betrieb *nm*	DAT.PR	**continuous mode**
[Daten werden ohne Unterbrechung		[data are stored or transfered
nacheinander eingelesen, gespeichert oder		sequentially without interruptions]
übertragen]		= streaming mode; streaming *n*
= Streaming-Betrieb *nm*; Streaming *nn*		≠ start-stop mode
≠ Start-Stopp-Betrieb		
Zugkraft *nf*	MECH	**pulling force**
≈ Zug		≈ pull
Zugkraftgeber *nm*	OUT.PL	**dynamometer** *n*
Zugmaschine *nf*	TECH	**tractor**
= Traktor *nm*		
Zugprüfung *nf*	MECH	**tension test**
		= pulling test
Zugreifbarkeit *nf*	TECH	→ **accessibility** *n*
→ Zugänglichkeit *nf*		
zugreifen auf	DAT.MA	**access** *vt*
[Daten, Dateien, ...]		[data, files, ...]
zugreifen auf	TECH	**access** *vt*
Zugrichtung *nf*	MECH	**pulling direction**
		= direction of traction
Zugriff *nm*	DAT.MA	→ **memory access** *n*
→ Speicherzugriff *nm*		
Zugriff *nm*	DAT.NW	**hit** *n*
Zugriff *nm*	TECH	**grip** *n* (2)
≈ Zugang		= clutch
		≈ access
Zugriff *nm*	TRANSM	**access** *n*
↓ Vielfachzugriff		↓ multiple access
Zugriffsanforderung *nf*	DAT.CO	**access request**
Zugriffsarm *nm*	TER&PER	**access arm**
[Magnetplattenspeicher]		[magnetic disk memory]
= Aktuatorarm *nm*; Aktuator *nm*		= disk access arm; disk actuator arm;
		actuator arm; actuator *n*; head arm
Zugriffsart *nf*	DAT.CO	→ **access mode**
→ Zugangsart *nf*		
Zugriffsart *nf*	TER&PER	→ **access mechanism**
→ Zugriffsmechanismus *nm*		
Zugriffsart *nf*	DAT.MA	→ **access procedure**
→ Zugriffsverfahren *nn*		
Zugriffsart *nf*	TELEC	→ **access mode**
→ Zugriffsverfahren *nn*		
Zugriffsbedingung *nf*	DAT.MA	**access condition**
Zugriffsberechtigter *nm*	DAT.MA	**accessor** *n*
		[person with access authorization]
Zugriffsberechtigung *nf*	DAT.MA	**access authorization**
= Zugangsberechtigung *nf*; Zugriffsrecht *nm*		= access permission; access
≈ Account		privileges; access right; right of
↓ Leseberechtigung; Schreibberechtigung		access
		≈ account
		↓ read authorization; write
Zugriffsbewegung *nf*	TER&PER	**access motion**
[Magnetplattenspeicher]		[magnetic disk memory]
Zugriffsbus *nm*	HW	**access bus**
Zugriffsdauer *nf*	TER&PER	→ **access time** *n*
→ Zugriffszeit *nf*		
Zugriffsebene *nf*	DAT.MA	**access level**
[Datenbank]		[file]
Zugriffseintrag *nm*	DAT.PR	**access token**
zugriffsfolgend	DAT.MA	**AFIM**
= AFIM; AIM		[AFter IMage; after a data-changing
≠ zugriffsvorhergehend		access]

German	Field	English
		= AIM ≠ BIM
Zugriffsgebühr *nf* → Zugangsgebühr *nf*	DAT.CO	→ **access fee**
Zugriffsgeschwindigkeit *nf* → Zugriffszeit *nf*	TER&PER	→ **access time** *n*
Zugriffshäufigkeit *nf* → Zugriffsrate *nf*	DAT.MA	→ **access rate**
Zugriffskamm *nm* [ein Kamm von Zugriffsarmen]	TER&PER	**acess comb** *n* [a comb of access arms] = comb *n*; yoke *n*
Zugriffskarte *nf* ↑ Chip-Karte; Identifizierungskarte	TER&PER	**device access card** ↑ chip card; identification card
Zugriffskonflikt *nm* → Zugangskonflikt *nm*	DAT.CO	→ **access contention**
Zugriffskontrolle *nf* = Zugriffssteuerung *nf*; Sicherheitsüberprüfung *nf*	DAT.MA	**access control** = security check
zugriffskontrollierte Liste	DAT.MA	**controlled list**
Zugriffskontrollliste *nf*	DAT.MA	**access control list**
Zugriffskontrollprotokoll *nn*	DAT.NW	**medium access control protocol** = MAC protocol
Zugriffskontrollregister *nn*	DAT.PR	**access control register**
Zugriffskontrollsystem *nn*	DAT.PR	**access control system** = ACS
Zugriffskontroll-Teilschicht *nf*	DAT.NW	**medium access control sublayer** = MAC sublayer
Zugriffsmechanismus *nm* = Zugriffsart *nf*	TER&PER	**access mechanism**
Zugriffsmessung *nn*	DAT.NW	**hit metering**
Zugriffsmethode *nf* → Zugriffsverfahren *nn*	DAT.MA	→ **access procedure**
Zugriffsmethode *nf* → Zugriffsverfahren *nn*	TELEC	→ **access mode**
Zugriffsmodus *nm* → Zugriffsverfahren *nn*	DAT.MA	→ **access procedure**
Zugriffsmodus *nm* → Zugriffsverfahren *nn*	TELEC	→ **access mode**
Zugriffspfad *nm* [Apple] ↑ Pfad	DAT.MA	**access path** [Apple] ↑ path
Zugriffsprotokoll *nn* → Zugangsprotokoll *nn*	DAT.CO	→ **access protocol**
Zugriffspunkt *nm* ≈ Schnittstelle [TELEC]	DAT.CO	**access point** ≈ interface [TELEC]
Zugriffspunkt *nm*	INF.TEC	**access point**
Zugriffsquote *nf* → Trefferquote *nf*	DAT.MA	→ **hit ratio**
Zugriffsrate *nf* = Zugriffshäufigkeit *nf*	DAT.MA	**access rate**
Zugriffsrecht *nm* → Zugriffsberechtigung *nf*	DAT.MA	→ **access authorization**
Zugriffsroutine *nf* → Zugriffsverfahren *nn*	DAT.MA	→ **access procedure**
Zugriffsschlüssel *nm*	DAT.MA	**access code** = access key
Zugriffsschutz *nm* → Zugriffssicherheit *nf*	DAT.MA	→ **access security**
Zugriffssicherheit *nf* [gegen unbefugtem Zugriff] = Zugriffsschutz *nm*	DAT.MA	**access security** [against unauthorized access] = access protection
Zugriffssteuerung *nf* → Zugriffskontrolle *nf*	DAT.MA	→ **access control**
Zugriffssystem *nn* [tauscht Informationen zwischen zentralen und dezentralen Steuerungseinrichtungen aus]	SWITCH	**access system** [transfers informations between central and peripheral control units]
Zugriffsverfahren *nn* = Zugriffsmethode *nf*; Zugriffsmodus *nm*; Zugriffsroutine *nf*; Zugriffsart *nf* ↓ Dateizugriffsart	DAT.MA	**access procedure** = access method; access mode; access technique ↓ file access mode
Zugriffsverfahren *nn* = Zugriffsmethode *nf*; Zugriffsmodus *nm*; Zugriffsart *nf* ↓ Kanalzugriffsverfahren; Vielfachzugriff	TELEC	**access mode** = access method; access procedure ↓ channel access mode; multiple access
zugriffsvorhergehend ≠ zugriffsfolgend	DAT.MA	**BIM** [Before IMage; before a data-changing access] ≠ AFIM
Zugriffszeit *nf* [Zeit zwischen Veranlassung und Durchführung eines Zugriffs] = Zugriffsgeschwindigkeit *nf*; Zugriffsdauer *nf* ↑ Speicherzugriffszeit [HW] ↓ Latenzzeit; Positionierzeit; Suchzeit; Beruhigungszeit; Drehverzug; Transferzeit	TER&PER	**access time** *n* [time between activation and completion of an access] = access speed; access duration; search time; searching time; search speed; search duration ↑ memory access time [HW] ↓ latency; positioning time; seek time; settle time; rotational delay; latency time
zugriffszeitfrei ≈ schnell	DAT.PR	**quick-access** ≈ highspeed
Zugriffszyklus *nm*	DAT.PR	**access cycle**
Zugriff verweigert	DAT.PR	**access denied**
zu Grunde liegen → zugrundeliegen *vi*	COLL	→ **underlie** *vi*
zugrundeliegen *vi* = zu Grunde liegen	COLL	**underlie** *vi*
Zugseil *nn* ↓ Hebeseil; Schleppseil	TECH	**traction rope** = pulling rope ↓ hoisting rope; haulage rope
Zugseil *nn* → Windenseil *nn*	OUT.PL	→ **winch cable**
Zugsicherung *nf*	RAIL.SIG	**track safety**
Zugspannung *nf*	MECH	**tensile strength** (2)
Zugtraktor *nm* ↑ Raupenvorschub	TER&PER	**pulling tractor** ↑ tractor feed
Zug um Zug *adv* [Lateinisch "mit gleichem Schritt"] = pari passu	ECON	**pari passu** *adv* [Latin "with equal steps"] = concurrently
Zugwinde *nf* → Winde *nf*	TECH	→ **winch** *n*
Zugzielanzeiger *nm*	RAIL.SIG	**train destination indicator**
zuhanden → zu Händen	COLL	→ **care of** (BE)
zu Händen = zuhanden; z.Hd.; z.H.	COLL	**care of** (BE) = c/o; for the attention of
Zuhörer *nm* → Zuhörerschaft *nf*	MEDIA	→ **listener** *n*
Zuhörer *nm* → Hörer *nm*	COLL	→ **listener** *n*
Zuhörerschaft *nf* = Zuhörer *nm*	MEDIA	**listener** *n* = audience *n* (2)
zu Ihrer Information	COLL	**for yout information** = fyi
Zukauf *nm*	ECON	**external purchasing**
Zukaufteil *nn* → Fremdfabrikat *nn*	ECON	→ **purchased part** *n*
Zukunft *nf* → Futur *nn*	LING	→ **future tense**
Zukunftsaussichten *nplt* = Perspektiven *nplt*; Aussichten *nplt*	COLL	**prospects**
Zukunftsform *nf* → Futur *nn*	LING	→ **future tense**
zukunftsgerichtet → zukunftsorientiert	TECH	→ **future-oriented**
zukunftsorientiert = zukunftsgerichtet ≈ zukunftsweisend; fortschrittlich; modern	TECH	**future-oriented** ≈ trend setting; progressive; modern
zukunftsreich → zukunftssicher	TECH	→ **future-proof**
zukunftssicher = zukunftsreich; zukunftsträchtig	TECH	**future-proof**
Zukunftssicherung *nf*	ECON	**safeguarding of future**
Zukunftstechnik *nf*	TECH	**future technology**
Zukunftstendenz *nf* → Entwicklungstendenz *nf*	TECH	→ **evolutional trend**
zukunftsträchtig → zukunftssicher	TECH	→ **future-proof**
zukunftsweisend *adj* = richtungsweisend ≈ zukunftsorientiert	TECH	**trend-setting** ≈ future-oriented
zuladbar *adj* [von größerem zu kleinerem Rechner]	SW	**downloadable** [from large to smaller computer] ≠ uploadable
zuladbarer Zeichensatz [aus Datei abrufbarer Zeichensatz] = ladbarer Zeichensatz; zuladbare Schriftart; ladbare Schriftart ≈ Kassettenschriftart ≠ residenter Zeichensatz ↑ softwaredefinierter Zeichensatz	TER&PER	**downloadable font** [font retrievable from data file] = downloadable character set ≈ cartridge font ≠ internal font ↑ soft font
zuladbare Schriftart → zuladbarer Zeichensatz	TER&PER	→ **downloadable font**

Zuladung *nf* — ECON — **additional load**

Zuladungshilfsprogramm *nn* — DAT.PR — **downloading utility**
[für zuladbare Zeichensätze] — [for downloadable fonts]

zulässig *adj* — TECH — **permissible** *adj*
= toleriert; tolerierbar; tolerabel — = admissible; safe; tolerable; tolerated; legal
≈ permissive

zulässig *adj* — INF.TEC — **valid** *adj*
= gültig; richtig — = permissible; admissible; legal; correct
≠ unzulässig — ≠ invalid

zulässige Belastung — TECH — **safe load**
= zulässige Last

zulässige Fehlerzahl — DAT.PR — → **margin of error**
→ Fehlertoleranzgrenze *nf*

zulässige Last — TECH — → **safe load**
→ zulässige Belastung

zulässige Lösung — MATH — **feasible solution**
= admissible solution; legal solution

zulässige Zeitverzögerungsschwankungen — TELEC — **cell delay variation tolerance**
[ATM] — [ATM]
= CDTV

Zulässigkeit *nf* — TECH — **tolerance** *n*
= Toleranz *nf*; Tolerierbarkeit *nf* — = admissibility *n*

Zulässigkeit *nf* — INF.TEC — **validity** *n*
= Gültigkeit *nf*; Richtigkeit *nf* — = legitimacy *n*; admissibility *n*
≈ Plausibilität — ≈ plausibility

Zulässigkeitsprüfung *nf* — DAT.MA — **validity check** *n*
= Gültigkeitsprüfung *nf* — = validity checking; validation *n* (2)
≈ Plausibilitätsprüfung — ≈ plausibility test

Zulassung *nf* — TECH — → **access** *n*
→ Zugang *nm*

Zulassung *nf* — COLL — → **approval** *n*
→ Zustimmung *nf*

Zulassung *nf* — QUAL — → **accreditation** *n*
→ Akkreditierung *nf*

Zulassung *nf* — QUAL — → **approval** *n*
→ Freigabe *nf*

Zulassung *nf* (1) — ECON — **admission** *n*
= Lizenz *nf* — = licence *n*

Zulassung *nf* (2) — ECON — **adoption** *n*

Zulassungsbedingung *nf* — ECON — **approval condition**

Zulassungsbehörde *nf* — ECON — **approvals agency** (AE)
= approvals board (BE)

Zulassungsleiter *nm* — ECON — **approvals manager**

Zulassungsprüfung *nf* — QUAL — → **type acceptance test**
→ Typprüfung *nf*

Zulauf *nm* — TECH — → **influx** *n*
→ Zufluss *nm*

Zuleitung *nf* — EL.TRO — **lead** *n*
= Anschlussleitung *nf*

Zuleitung *nf* — ANT — → **drop cable**
→ Zuführungskabel *nn*

Zuleitung *nf* — EL.TRO — → **lead** *n*
→ Anschlussdraht *nm*

Zuleitungsinduktivität *nf* — EL.TRO — **lead inductance**
[parasitäre Induktivität] — [parasitic inductance]

Zuleitungskabel *nn* — OUT.PL — → **main cable** (BE)
→ Hauptkabel *nn*

Zuleitungskapazität *nf* — EL.TRO — **lead capacitance**

Zuleitungswiderstand *nm* — EL.TRO — **lead resistance**

Zulieferant *nm* — ECON — → **supplier** *n* (1)
→ Lieferant *nm*

Zulieferer *nm* — ECON — → **supplier** *n* (1)
→ Lieferant *nm*

Zulieferindustrie *nf* — ECON — **ancillary industry**

Zuliefervertrag *nm* — ECON — **subcontracting agreement**

Zuluft *nf* — TECH — **input air**
≠ Abluft — ≠ output air

zum Beispiel — OFFICE — → **e.g.** *adv*
→ z.B. *adv*

zum Nulltarif — ECON — → **free of charge** *adj*
→ kostenlos *adj*

zumüllen *vt* — INF.TEC — **spam** *vt*
[fig; slang; mit unerwünschten und nutzlosen Sachen eindecken] — [to fill with unwanted and useless things]

zum Vorschein kommen — COLL — → **loom** *vi*
→ auftauchen

Zunahme *nf* — TECH — **increase** *n* (1)
= Zuwachs *nm*; Inkrement *nn* — = rise *n*; increment *n*; growth *n*; accretion *n*; swelling *n* (fig)
≠ Abnahme — ≠ decrease

Zündausbreitungszeit *nf* — MICR.EL — **ignition expansion time**
[Endphase der Zündung von Thyristoren] — [final phase of the ignition process of a thyristor]

zünden — EL.TRO — → **trigger** *vt*
→ auslösen

Zünden *nn* — EL.TRO — → **triggering** *n*
→ Auslösung *nf*

zünden *vt* — TECH — **ignite** *vt*

Zünder *nm* — EL.TRO — → **trigger** *n* (1)
→ Auslöser *nm*

zunderfrei *adj* — TECH — **free of scales**

zundernd *adj* — TECH — **scaling** *adj*

Zündkennlinie *nf* — MICR.EL — **gate characteristic**
[Thyristor] — [thyristor]

Zündmechanismus *nm* — MICR.EL — **ignition mechanism**
[Thyristor] — [thyristor]

Zündschaltung *nf* — CIRC.EN — **trigger circuit** (2)
[zum Anschalten von Thyristoren] — [to drive a thyristor]

Zündschwelle *nf* — MICR.EL — **ignition threshold**
[Thyristor] — [thyristor]

Zündspannung *nf* — EL.TRO — **trigger voltage**
= Triggerspannung *nf*; Auslösespannung *nf* — = firing voltage

Zündstiftröhre *nf* — POW.SY — → **ignitron** *n*
→ Ignitron *nn*

Zündstrom *nm* — EL.TRO — **trigger current**
= Auslösestrom *nm*; Triggerstrom *nm* — = triggering current; firing current; activation current

Zündtrafo *nm* — EL.TRO — **ignition transformer**

Zündübertrager *nm* — POW.SY — **pulse transformer**
[Stromrichter] — [static power converter]

Zündung *nf* — TECH — **ignition** *n*

Zündung *nf* — EL.TRO — → **triggering** *n*
→ Auslösung *nf*

Zündverzugszeit *nf* — MICR.EL — → **gate turn-on time**
→ Zündzeit *nf*

Zündwinkel *nm* — POW.SY — **firing angle**
[Stromrichter] — [static power converter]
= Steuerwinkel *nm*

Zündzeit *nf* — MICR.EL — **gate turn-on time**
[Thyristor] — [thyristor]
= Zündverzugszeit *nf*

Zunge *nf* — TECH — **reed** *n*
= tongue *n*

Zungenbrecher *nm* — LING — **tongue-twister**

Zungenfrequenzmesser *nm* — INSTR — **reed-type frequency meter**
= Vibrationsfrequenzmesser *nm* — = vibrating-reed frequency meter; vibrating-reed instrument

Zungenkontakt *nm* — COMPO — → **sealed contact**
→ Schutzrohrkontakt *nm*

zuordnen — SW — → **assign** *vt*
→ zuweisen

zuordnen — TECH — **assign**
= zuteilen; zuweisen — = allocate; allot

zuordnen — ECON — **allocate**

Zuordner *nm* — SW — **allocator** *n*
[ordnet definierte Eingangssignale definierten Ausgangssignalen zu] — [allocates defined input signals to defined output signals]
= coder *n*; translator *n* (2); allotter *n*

Zuordnung *nf* — TECH — **allocation** *n*
= Zuteilung *nf*; Zuweisung *nf* — = assignment; allotment; apportioning; grant *n*
≈ Belegung; Aufteilung — ≈ occupation; positioning
≠ Freigabe — ≠ deallocation

Zuordnung *nf* — SW — → **assignment** *n*
→ Zuweisung *nf*

Zuordnungsanweisung *nf* — COMP.LG — **assignment statement**
[ordnet einer Variablen eine Wert zu; Symbole sind z.B. = (C, FORTRAN, BASIC) und := (Pascal)] — [assigns the value to a variable; used symbols are e.g. = (C, FORTRAN, BASIC) and := (Pascal)]
= Zuweisungsanweisung *nf*
≠ Steueranweisung; Vereinbarung — ≠ control statement; declaration
↑ statement

Zuordnungseinheit *nf* — SW — **cluster** *n*

Zuordnungsliste *nf* — DAT.MA — → **reference list**
→ Bezugsliste *nf*

Zuordnungsoperator *nm* — COMP.SC — → **assignment operator**
→ Zuweisungsoperator *nm*

Zuordnungstabelle *nf* — SW — → **symbol table**
→ Symboltabelle *nf*

Zuordnung zurücknehmen — DAT.PR — → **deallocate** *vt*
→ Zuweisung aufheben

zur Aufstellung auf Sockel → auf Sockel aufgestellt	EQP.EN	→ **pedestal-mounted**
zur Folge haben = nach sich ziehen ≈ implizieren	COLL	**entail** *vt* = have as consequence; bring in its wake ≈ imply
zur gegebenen Zeit	COLL	**in due course**
zur See fahren → schiffen	TECH	→ **navigate** *vi*
zurückbehalten → einbehalten *vt*	LAW	→ **recoup** *vt*
Zurückbehaltung *nf* = Einbehaltung *nf*	ECON	**retention** *n*
zurückbezahlen; rückzahlen → zurückzahlen	ECON	→ **repay** *vt*
Zurückbezahlung; Rückzahlung → Zurückzahlung *nf*	ECON	→ **repayment** *n*
zurückbilden	TECH	**reconstitute**
zurückblättern → rückwärtsblättern	OFFICE	→ **page down** *vt*
zurückgeben	COLL	**return** *vt* = give back; hand back
zurückgehen *vt* (fig) → vermindern *vt*	TECH	→ **decrease** *vi&vt*
zurückgewiesener Verbindungswunsch = abgewiesene Belegung	SWITCH	**lost call**
zurückgewinnbar → wiedergewinnbar	TECH	→ **retrievable** *adj*
zurückgewinnen = wiedergewinnen	TECH	**retrieve** *vt* = regain; win back; recover; recuperate
Zurückgewinnung *nf* = Wiedergewinnung *nf*	TECH	**retrieval** *n*
zurückkaufen *vt*	ECON	**repurchase vtt** = redeem *vt*; buy back
zurückkehren *vi* [nach einem Abbruch Aktualisierungen verwerfen] = zurückrollen	DAT.PR	**rollback** *vi* [to discard updates after an abort] = backout *vi*
zurückkommen [fig; auf etwas]	COLL	**return to** *vi* = recur to; revert to; come back to
zurückliegend → vergangen	COLL	→ **past**
zurückprallen → zurückspringen	TECH	→ **recoil** *vi*
zurückrollen → zurückkehren *vi*	DAT.PR	→ **rollback** *vi*
zurückrollen [Bildschirminhalt] = nach unten rollen; rückwärtsrollen ↑ rollen	COMP.AP	**scroll down** *vt* [a screen display] = scroll downward; reverse-scroll; rolling down; roll down ↑ scroll
Zürückrollen = Rückwärtsrollen *nn* ↑ Bildverschiebung	COMP.AP	**scrolling down** *n* = scrolling downward; reverse scrolling; rolling down; rolling downward; roll down; roll downward
zurückrücken	TECH	**decrement** *vi* = regress
zurückrückend → zurückschaltend	EL.TRO	→ **decremental**
Zurückschalten *nn* [auf niedrigere Übertragungsgeschwindigkeit]	DAT.CO	**fall back** [to lower transmission rate]
zurückschaltend = dekrementierend; zurückrückend	EL.TRO	**decremental**
Zurückschaltung *nf* [Ersatzschaltung]	TRANSM	**restoral** *n* [protection switching]
zurückschicken → zurücksenden	ECON	→ **return** *vt*
zurückschnappen ≈ zurückrasten	TECH	**snap back** *vi* ≈ lock back
zurückschrauben → senken	TECH	→ **lower** *vt*
zurücksenden = zurückschicken	ECON	**return** *vt* = send back; reship
zurücksenden	INTERNET	**return** *vt* = bounce
Zurücksenden *nn* → Spiegelung *nf*	DAT.CO	→ **echoplexing** *n*
zurücksetzen → rücksetzen	CIRC.EN	→ **reset** *vt*
zurücksetzen → rücksetzen	TER&PER	→ **backspace** *vt*
Zurücksetzen *nn* → Rücksetzung *nf*	TER&PER	→ **backspacing**
Zurücksetzen *nn* → Rücksetzen *nn*	CIRC.EN	→ **reset** *n*
Zurücksetzung *nf* → Rücksetzung *nf*	TER&PER	→ **backspacing**
Zurücksetzung *nf* → Rücksetzen *nn*	CIRC.EN	→ **reset** *n*
zurückspringen	EL.TRO	**return** *vi*
zurückspringen = zurückprallen; zurückstoßen; rückstoßen	TECH	**recoil** *vi*
zurückspulen = umspulen	TECH	**rewind** *vt* = rereel; respool; reroll
Zurücksteigen *nn* [auf eine anderen Lösungszweig, falls der vorherige die Lösung nicht gebracht hat]	ART.IN	**backtracking** *n* [ability to try another solution branch, if the former did not succeed]
Zurückstellung *nf* → Aufschub *nm*	COLL	→ **postponement** *n*
zurückstoßen → zurückspringen	TECH	→ **recoil** *vi*
zurückstrahlen → reflektieren	PHYS	→ **reflect** *vt*
zurückverfolgen [fig] ↑ verfolgen (2)	COLL	**trace back** *vt* [fig] ↑ trace (2)
zurückverfolgen = rückverfolgen	TECH	**retrace** *vt*
Zurückverfolgen *nn* → Zurückverfolgung *nf*	TECH	→ **backtracing** *n*
Zurückverfolgung *nf* = Zurückverfolgen *nn*; Rückverfolgung *nf*; Rückverfolgen *nn*	TECH	**backtracing** *n* = backtracking *n*
zurückwandeln = rückwandeln; rücktransformieren	TECH	**reconvert** *vt* = retransform *vt*
Zurückwandlung *nf* = Rückwandlung *nf*; Rücktransformation *nf*	TECH	**reconversion** *n* = retransformation *n*
zurückweisen ≈ aussondern	TECH	**reject** *vt* ≈ outsort
Zurückweisung *nf* → Aussteuerung *nf*	TER&PER	→ **rejection** *n*
zurückwerfen → reflektieren	PHYS	→ **reflect** *vt*
zurückwirken → rückwirken	PHYS	→ **react** *vi*
zurückwirkend → rückwirkend	PHYS	→ **reactive** *adj*
zurückzahlen = zurückbezahlen; rückzahlen ≈ erstatten; tilgen; vergüten	ECON	**repay** *vt* = pay back *vt*; refund *vt* ≈ reimburse; pay off; remunerate
Zurückzahlung *nf* = Zurückbezahlung; Rückzahlung ≈ Erstattung; Tilgung; Vergütung	ECON	**repayment** *n* = refunding *n* ≈ reimbursement; pay off *n*; remuneration
zurückziehen	TECH	**withdraw** *vt* = retract
Zusage *nf*	ECON	**promise** *n* = commitment *n*
zusagen *nf*	ECON	**promise** *vt*
Zusammenarbeit *nf* = Kooperation *nf*	ECON	**cooperation** *n*
zusammenarbeiten = kooperieren	ECON	**cooperate** (AE) *vi* = co-operate (BE); team-up (with)
zusammenarbeiten → zusammenwirken	TECH	→ **interwork** *vi*
Zusammenbau *nm* → Montage *nf*	TECH	→ **installation** *n*
Zusammenbau *nm* = Zusammenfügung *nf* (1) ≈ Installierung; Montage ≠ Zerlegung	TECH	**assembly** *n* = composition *n* ≈ installation; mounting ≠ disassembly
zusammenbauen *vt* = zusammenstellen ≈ installieren; montieren ≠ zerlegen	TECH	**assemble** *vt* = compose *vt* ≈ install; mount ≠ disassemble
Zusammenbaulehre *nf* → Montagelehre *nf*	MANUF	→ **assembly appliance**
Zusammenbauregel *nf* → Einbauregel *nf*	EQP.EN	→ **assembly rule**
Zusammenbauvorschrift *nf* = Zusammenstellungsvorschrift *nf* ≈ Montagevorschrift; Bauvorschrift	TEC.DOC	**assembly instructions** = assembly specifications ≈ mounting instructions

Zusammenbauzeichnung *nf* ENG.DRA **assembly drawing**
= Zusammenstellungszeichnung *nf* ≈ installation drawing
≈ Montagezeichnung

zusammenbrechen DAT.PR → **crash** *vi*
→ abstürzen

zusammenbrechen *vi* TECH **collapse** *vi*
= zusammenfallen; kollabieren = breakdown *vi*

Zusammenbruch *nm* TECH **collapse** *n*
= Kollabierung *nf* = breakdown *n* (1)

Zusammenbruch *nm* SW → **abnormal end** *n*
→ Absturz *nm*

zusammendrängen SCIE → **compress** *vt*
→ verdichten *vt*

zusammendrehen TECH → **twist** *vt*
→ verdrillen

zusammenfallen TECH → **collapse** *vi*
→ zusammenbrechen *vi*

zusammenfallen COLL **concur** *vi*
[zeitlich] [to happen together]
= zusammentreffen = coincide; meet

Zusammenfallen *nn* COLL → **coincidence** *n*
→ Koinzidenz *nf*

zusammenfallend COLL **concurrent** *adj*
[zeitlich] [in time]
= zusammentreffend; nebenläufig; koinzident = coincident
≈ gleichzeitig; deckungsgleich ≈ simultaneous; congruent

zusammenfassen LING **summarize** *vt*
≈ kürzen ≈ abridge

Zusammenfassung *nf* TELEC → **hubbing**
→ Verkehrskonzentrierung *nf*

Zusammenfassung *nf* LING **summary** *n*
[eines Textes] [of a text]
≈ Abriss = summarization *n*; summing-up *n*; resumé *n*; resume *n*; abstract *n*
≈ compendium

zusammenfügen TECH → **integrate** *vt*
→ integrieren

Zusammenfügen *nn* TECH → **integration** *n*
→ Integration *nf*

Zusammenfügung *nf* (1) TECH → **assembly** *n*
→ Zusammenbau *nm*

Zusammenfügung *nf* (2) TECH → **integration** *n*
→ Integration *nf*

Zusammenführung *nf* DAT.PR **junction** *n*

zusammengehörig COLL **related**
= zusammenhängend = belonging together
≈ korreliert [SCIE] ≈ correlated [SCIE]

zusammengelegter Lochstreifen TER&PER **fanfolded tape**

zusammengesetzt *adj* TECH **composite** *adj*
= komplex; Verbund- = complex *adj*; multicomponent *adj*; compound *adj*; aggregate *adj*
≈ mehrteilig; doppelwirkend ≈ multisectional; double-acting
≠ elementar; nicht zusammengesetzt ≠ atomic; simplex

zusammengesetzte Anweisung SW → **compound statement**
→ Mehrfachanweisung *nf*

zusammengesetzter Lochstreifen TER&PER **composite tape**

zusammengesetztes Datenelement DAT.MA **composite data element**
≈ Datenkette = molecular data element
≠ elementares Datenelemnt ≈ data chain
≠ atomic data element

zusammengesetztes Filter NETW.TH **compound filter**

zusammengesetztes Symbol COMP.SC **composite symbol**

zusammengesetztes Wort LING **compound word**
= Kompositum *nn*; Zusammensetzung *nf* = compound *n*

zusammengesetzte Vergangenheit LING → **present perfect**
→ Perfekt *nf*

zusammenhalten TECH **hold together**

Zusammenhang *nm* SW **cohesion** *n*
↓ logischer Zusammenhang; funktionaler Zusammenhang; zeitlicher Zusammenhang; prozeduraler Zusammenhang [a linking relationschip]
↓ logical cohesion; functional cohesion; temporal cohesion; procedural cohesion

Zusammenhang *nm* SCIE → **context** *n*
→ Kontext *nm*

zusammenhangabhängig COMP.AP → **context-dependent**
→ kontextabhängig

zusammenhangbezogen COMP.AP → **context-sensitive** *adj*
→ kontextempfindlich

zusammenhangbezogenes DAT.MA **KWIC**
= key-word-in-context

zusammenhangempfindlich COMP.AP → **context-sensitive** *adj*
→ kontextempfindlich

zusammenhängend COLL → **related**
→ zusammengehörig

zusammenhängend TECH **connected** *adj*
≈ benachbart = related
≈ adjacent

zusammenhangsensitiv COMP.AP → **context-sensitive** *adj*
→ kontextempfindlich

zusammenlaufend COLL → **converging** *adj*
→ konvergierend

zusammenlegen DAT.MA → **merge** *vt*
→ mischen *vt*

Zusammenlegung *nf* DAT.MA → **merging** *n*
→ Mischen *nn*

Zusammenlegung *nf* LOGIC **join** *n*
↑ Vergleichsoperator ↑ relational operator

Zusammenrückung *nf* SCIE → **juxtaposition** *n*
→ Juxtaposition *nf*

Zusammenschaltbarkeit *nf* TELEC **interconnectivity** *n*
= Verbindbarkeit *nf*

zusammenschalten EL.TEC **interconnect** *vt*
= untereinander verbinden

Zusammenschaltpunkt *nm* TELEC → **point of interconnection**
→ Netz-Zusammenschaltpunkt *nm*

Zusammenschaltung *nf* EL.TEC **interconnection** *n*
= Verbindung *nf*; Durchverbindung *nf* = interconnecting; strapping; connection
≈ Anschluss ≈ connection

Zusammenschaltungsentgelt TELEC **interconnection fee**
[zwischen Betreibern] [inter-carrier]
= Verbindungsentgelt *nn*; Durchleitungsentgelt *nn*; Zusammenschaltungsgebühr; Verbindungsgebühr; Zusammenschaltungstarif *nm*; Verbindungstarif *nm*; Durchleitungstarif *nm*

Zusammenschaltungsgebühr *nf* TELEC → **interconnection fee**
→ Zusammenschaltungsentgelt

Zusammenschaltungstarif *nm* TELEC → **interconnection fee**
→ Zusammenschaltungsentgelt

Zusammenschau *nf* MEDIA **synopsis** *n*
= Synopse *nf*; Synopsis *nf* ≈ table of contents
≈ Inhaltsangabe

Zusammenschluss *nm* ECON → **merger** *n*
→ Unternehmenszusammenschluss *nm*

Zusammenschluss *nm* COLL → **unification** *n*
→ Vereinigung *nf*

Zusammenschluss *nm* TECH **interlocking** *n* (3)
= Verbund *nm*

Zusammenschluss *nm* ECON **merger** *n*

Zusammenschnitt *nm* MEDIA **potpourri** *n*
= Potpourri *nn* (DUDEN) = medley *n*

Zusammensetzung *nf* CHEM **composition** *n*
= chemische Zusammensetzung = chemical composition
≈ Gemisch ≈ mixture

Zusammensetzung *nf* LING → **compound word**
→ zusammengesetztes Wort

zusammenstecken COLL → **lump** *vt*
→ zusammenwerfen

zusammenstellen TECH → **assemble** *vt*
→ zusammenbauen *vt*

zusammenstellen LING **compile** *vt*
[einen Text oder ein Buch, aus verschiedenen Quellen] [to compose out of different sources a text or a book]
= zusammentragen

Zusammenstellungsvorschrift *nf* TEC.DOC → **assembly instructions**
→ Zusammenbauvorschrift *nf*

Zusammenstellungszeichnung *nf* ENG.DRA → **assembly drawing**
→ Zusammenbauzeichnung *nf*

Zusammenstoß *nm* DAT.CO → **call collision**
→ Verbindungszusammenstoß *nm*

Zusammenstoß *nm* MECH **collision** *n*
= Kollision *nf*

zusammentragen LING → **compile** *vt*
→ zusammenstellen

zusammentreffen COLL → **concur** *vi*
→ zusammenfallen

zusammentreffend COLL → **concurrent** *adj*
→ zusammenfallend

zusammenwerfen COLL **lump** *vt*
[fig]
= zusammenstecken

zusammenwirken TECH **interwork** *vi*
= zusammenarbeiten; kooperieren; interagieren — = interoperate; interact; cooperate; work in tandem

zusammenzählen COLL **reckon** *vt* (1)
[suggests a simpler procedure than "calculate" and "compute"]
= reckon-up; count-up
≈ calculate

zusammenzählen MATH → **add** *vt*
→ addieren

zusammenziehbar TECH **contractible**

Zusammenziehung *nf* TECH → **contraction** *n*
→ Schrumpfung *nf*

Zusatz *nm* SW **offset** *n*
[to be added to give desired value or form]

Zusatz *nm* TECH **supplement** *n*
= Ergänzung *nf*; Beifügung *nf* — = supplementation; addition

Zusatz *nm* EQP.EN **attachment** *n*
= add-on; add-in; extra

Zusatz *nm* INF.TEC **overhead** *n*

Zusatz *nm* CHEM **additive** *n*
= Additiv *nn*

Zusatz *nm* TECH → **attachment** *n*
→ Anbringung *nf*

Zusatz *nm* COLL → **addition** *n*
→ Ergänzung *nf*

Zusatzbandrate *nf* CODING **excess bandwidth**

Zusatzbedingung *nf* TECH **supplementary condition**
= Ergänzungsbedingung *nf* — = additional condition

Zusatzbefehl *nm* SW **additional instruction**
= additional command

Zusatzbit *nn* INF.TEC **additional bit**

Zusatzbit *nn* TRANSM **overhead bit**

Zusatz-Chip *nm* HW **glue chip**

Zusatzdämpfung *nf* RAD.PRO → **diffraction loss**
→ Beugungsdämpfung *nf*

Zusatzdienst *nm* TELEC → **special service**
→ Sonderdienst *nm*

Zusatzeinnahme *nf* ECON **extra revenue**

Zusatzeinrichtung *nf* TECH → **add-on device** *n*
→ Zusatzvorrichtung *nf*

Zusatzfunktion *nf* TECH → **additional feature**
→ Zusatzmerkmal *nn*

Zusatzfunktion *nf* TER&PER **additional function**

Zusatzgerät *nn* EQP.EN **add-on equipment**
= Erweiterungsgerät *nn*; Beistellgerät *nn* — = additional equipment; applique equipment; ancillary equipment; attach equipment; attach device; attachment; extra set
≈ Hilfsgerät — ≈ auxiliary equipment
↑ Zusatzvorrichtung [TECH] — ↑ add-on device [TECH]
↓ Aufsatzgerät — ↓ set-top equipment

Zusatzkanal *nm* TRANSM **overhead channel**

Zusatzkapazität *nf* TRANSM **overhead capacity**
= auxiliary capacity

Zusatzkarte *nf* EQP.EN → **expansion board**
→ Erweiterungskarte *nf*

Zusatzkosten *nplt* ECON → **added costs** *nplt*
→ Mehrkosten *nplt*

Zusatzkosten *nplt* ECON **additional costs**
= imputed costs

zusätzlich TECH **additional** *adj*
= hinzukommend — = extra
≈ ergänzend — ≈ supplementary

zusätzlicher Anschluss DAT.CO **attachment**

Zusatzmerkmal *nn* TECH **additional feature**
= Zusatzfunktion *nf*; Komfortleistungsmerkmal *nn* — = add-on feature; added feature; special feature

Zusatznutzendienst *nm* TELEC → **value added service** *n*
→ Mehrwertdienst *nm*

Zusatznutzen-Netz *nn* TELEC → **value added network**
→ Mehrwertdienstnetz *nn*

Zusatzparameter *nm* SW → **default** *n*
→ Vorgabe *nf*

Zusatzprozessor *nm* DAT.PR **attached processor**

Zusatzrauschen *nn* MICR.EL **additional noise**

Zusatzrechenwerk *nn* MICR.EL **SPP**
= SPP — [Signal Processing Peripheral]

Zusatzregister *nn* HW → **extension register**
→ Erweiterungsregister *nn*

Zusatzspeicher *nm* DAT.PR **supplementary memory**
= supplementary storage

Zusatzträger *nm* TELEGR **supplementary-added carrrier**
= locally added carrier

Zusatzvorrichtung *nf* TECH **add-on device** *n*
= Zusatzeinrichtung *nf*; Erweiterungsvorrichtung *nf* — = additional device; add-on *n* (1); ancillary device; applique device; attach device; attachement *n*
≈ Zubehör; Hilfseinrichtung — ≈ accessory; auxiliary device
↓ Zusatzgerät [EQP.EN] — ↓ add-on equipment [EQP.EN]

Zusatzzelle *nf* POW.SY **end cell**
[Fernmeldebatterie] — [communications battery]

zuschalten EL.TEC **connect additionally**

zuschalten TELEC **add-on** *vt*
= aufschalten — = bring on line

Zuschalten *nn* TELEC **add-on** *n*
= Aufschalten *nn*; Zuschaltung *nf*; Aufschaltung *nf*

Zuschaltung *nf* TELEC → **add-on** *n*
→ Zuschalten *nn*

Zuschaltung *nf* EL.TEC **add-on connection**

Zuschauer *nm* IMAG.ME **spectator** *n*
↑ Publikum — ↑ audience

Zuschauerfluss *nm* IMAG.ME **audience flow**

zu Schiff fahren TECH → **navigate** *vi*
→ schiffen

Zuschlag *nm* TECH **increase** *n* (2)
↓ Sicherheitszuschlag — ↓ safety increase

Zuschlag *nm* (1) ECON **surcharge** *n*
= Aufschlag *nm* — = extra charge; allowance; markup

Zuschlag *nm* (2) ECON **award** *n* (1)
[Ausschreibung] — ≈ ordering
= Zuspruch *nm*; Vergabe *nf*
≈ Auftragserteilung

Zuschlagskalkulation *nf* ECON **calculation by overhead rates**

Zuschlagssatz *nm* ECON **overhead rate**

zuschneiden TECH **cut to size**
= cut to fit

zuschreiben COLL **ascribe**
[fig]

Zuschreiben von Datum und Uhrzeit COMP.AP **time stamping**

zu schwach bemessen TECH → **undersize** *vt*
→ unterdimensionieren *vt*

Zusendung *nf* ECON → **dispatch** *n* (AE)
→ Versand *nm*

Zusicherung *nf* ECON → **guaranty** *n* (1)
→ Garantie *nf*

Zuspruch *nm* ECON → **award** *n* (1)
→ Zuschlag *nm* (2)

Zustand *nm* SW **status** *n*
= Status *nm* — = state *n*; conditionn (2)

Zustand *nm* PHYS **state** *n*
= status *n*; condition *n*

Zustand *nm* TECH **state** *n*
= Verfassung *nf* [COLL]; Status *nm* — = order *n*; fashion *n*; condition *n*; shape *n* [COLL]

zu Stande bringen COLL → **bring about**
→ zustandebringen

zustandebringen COLL **bring about**
= zu Stande bringen

zu Stande kommen COLL → **come about**
→ zustandekommen

zustandekommen COLL **come about**
= zu Stande kommen — ≈ take place
≈ stattfinden

zuständig ECON **competent** *adj*
= verantwortlich; kompetent — = in charge of; responsible for

Zuständigkeit *nf* ECON **competence** *n*
= Kompetenz *nf*; Verantwortlichkeit *nf* — = responsibility *n*

Zuständigkeitsbereich *nm* TELEC → **service area** *n*
→ Versorgungsbereich *nm*

zustandloses Protokoll INTERNET **stateless protocol**

Zustandsabfrage *nf* DAT.CO **status poll**

Zustandsabfrage *nf* TELECON **status inquiry**
= Statusabfrage *nf* — = status enquiry; status query; status request

Zustandsänderung *nf* PHYS → **transition** *n*
→ Übergang *nm*

Zustandsanzeige *nf* EQP.EN **status indication**
= Statusanzeige *nf*

Zustandsanzeige *nf* DAT.PR → **mode indicator**
→ Betriebsartanzeige *nf*

Zustandsanzeiger *nm* EQP.EN **status indicator**
= Statusanzeiger *nm*

Zustandsbalken *nm* COMP.AP **status bar**
= Zustandszeile *nf*; Zustandsleiste *nf*; Statusbalken *nm*; Statuszeile *nf*; Statusleiste
= status line

zustandsbetont COMP.AP → **stateful**
→ statusbetont

Zustandsbit *nn* SW → **flag** *n*
→ Merker *nm*

Zustandsblock *nm* DAT.CO **status block**
= Statusblock *nm*

Zustandsbyte *nn* SW **status byte**
= Statusbyte *nn*; funktionales Byte
= condition byte; functional byte

Zustandscode *nm* SW **status code**
= Statuscode *nm*

Zustandscode *nm* SW → **condition code**
→ Bedingungsschlüssel *nm*

zustandscodierte Wechselschrift TER&PER **non-return-to-zero change recording**
[verschiedene Magnetfeldstärken für 0 und 1]
[with two different magnetization for 0 and 1]
= NRZ change recording

Zustandsdaten *nplt* DAT.MA **status data**
= state data

Zustandsdiagramm *nn* DAT.PR **state diagram**
= State-Diagramm *nn*
= phase diagram

Zustandsdichte *nf* PHYS **energy state density**
= Energieniveaudichte *nf*
= state density

Zustandsfolgediagramm *nn* INF.TEC → **state diagram**
→ Graph *nm*

Zustandsfunktion *nf* PHYS **state function**

Zustandsgleichung *nf* SYS.TH **state equation**

Zustandsgröße *nf* SYS.TH → **state variable**
→ Zustandsvariable *nf*

Zustandskennung *nf* INSTR **state tagging**
= Statuskennung *nf*

Zustandskennzeichen *nn* SWITCH **status signal**
= Statuszeichen *nn*
= status identifier
↓ Dauerkennzeichen
↓ continuous signal

Zustandskennzeichen *nn* SW **status identifier**
= Statuskennzeichen *nn*

Zustandskurve *nf* SYS.TH **state trajectory**
= Zustandstrajektorie *nf*; Trajektorie *nf*

Zustandsleiste *nf* COMP.AP → **status bar**
→ Zustandsbalken *nm*

zustandslos COMP.AP → **stateless**
→ statusarm

Zustandsmaschine *nf* CIRC.EN **state machine**
↑ Logikschaltung
↑ logic circuit

Zustandsmeldung *nf* TELECON **status signal**
= Mehrfachmeldung *nf*
= status message; status information; state signal; state message; state information

Zustandsraum *nm* SYS.TH **state space**

Zustandsregister *nn* SW **status register**
= HW

Zustandsschätzung *nf* CONTRO → **identification** *n*
→ Identifikation *nf*

Zustandstabelle *nf* DAT.PR **status table**
= Statustabelle *nf*
= state table

Zustandstrajektorie *nf* SYS.TH → **state trajectory**
→ Zustandskurve *nf*

Zustandsübergang *nm* EL.TRO **state change**
= state transition

Zustandsvariable *nf* SYS.TH **state variable**
= Zustandsgröße *nf*

Zustandsvariablenfilter *nn* NETW.TH **state-variable filter**
= State-variable-Filter *nn*

Zustandsvektor *nm* MICR.EL **status vector**
= Statusvektor *nm*

Zustandswechsel *nm* TELECON **state change**

zustandswechselcodierte Wechselschrift TER&PER **return-to-zero change-on-ones coding**
[1 = Zustandswechsel, 0 = kein Zustandswechsel]
[1 = change of magnetisation, 0 = no change]
= NRZ change-on-ones coding

Zustandswort *nn* SW **status word**
= Statuswort *nn*
↓ Prozessorzustandswort
↓ processor status word

Zustandszeile *nf* COMP.AP → **status bar**
→ Zustandsbalken *nm*

Zustelldienst *nm* ECON **delivery service**

zustellen ECON → **deliver** *vt*
→ liefern *vt*

Zusteller *nm* ECON **delivery person**

Zustellinformationsteil *nm* DAT.CO → **address part**
→ Adressteil *nm*

Zustellung *nf* TELEC → **relaying** *n*
→ Weitersendung *nf*

Zustellung *nf* ECON → **delivery** *n*
→ Lieferung *nf*

Zustellungsinformation *nf* DAT.CO → **address information**
→ Adressinformation *nf*

Zustimmung *nf* COLL **approval** *n*
= Billigung *nf*; Zulassung *nf*; Anerkennung *nf*
= approbation *n*

Zustimmung *nf* ECON **consent** *n*
= Einwilligung *nf*

zustopfen TECH → **clog** *vt*
→ verstopfen

Zustrom *nm* TECH → **influx** *n*
→ Zufluss *nm*

zu Tage bringen COLL → **bring to light** *vt*
→ zutagefördern *vt*

zutagebringen COLL → **bring to light** *vt*
→ zutagefördern *vt*

zu Tage fördern COLL → **bring to light** *vt*
→ zutagefördern *vt*

zutagefördern *vt* COLL **bring to light** *vt*
= zu Tage fördern; zutagebringen; zu Tage bringen

zu Tage treten COLL → **come to light** *vi*
→ zutagetreten *vi*

zutagetreten *vi* COLL **come to light** *vi*
= zu Tage treten

zutagetreten *vi* SCIE **outcrop** *vi*

Zutat *nf* COLL **ingredient** *n*
= Ingredienz *nf*; Ingrediens *nn*

zuteilen TECH → **assign**
→ zuordnen

Zuteiler *nm* DAT.PR **arbiter** *n*
= tie breaker

Zuteiler *nm* SW → **scheduler program** *n* (1)
→ Abwickler *nm*

Zuteilung *nf* TECH → **allocation** *n*
→ Zuordnung *nf*

Zuteilung *nf* TECH **allocation** *n*
= Allozierung *nf*

Zuteilungsprogramm *nn* SW → **scheduler program** *n* (1)
→ Abwickler *nm*

Zuteilungsroutine *nf* SW **allocation routine**

Zuteilungsverfahren *nn* TELEC **assignment mode**

Zuteilungsverwaltung *nf* TELEC → **configuration management**
→ Beschaltungsverwaltung *nf*

Zutritt *nm* TECH → **access** *n*
→ Zugang *nm*

Zutrittskontrolle *nf* SIG.EN **access control**
= entry control

Zutrittskontrollsystem *nn* SIG.EN **access control system**
= entry control system

Zutrittskontrollterminal *nn* TER&PER **access control terminal**
= entry control terminal

zuverlässig QUAL **reliable**
= dependable

Zuverlässigkeit *nf* QUAL **reliability** *n*
[die Fähigkeit eine vorgegebene Funktion unter vorgegeben Bedingungen für eine vorgegebene Zeit zu erfüllen]
[ability to perform a stated function under stated conditions for a stated time]
= dependability *n* (1)

Zuverlässigkeitsfunktion *nf* QUAL → **reliability function**
→ Überlebenswahrscheinlichkeit *nf*

Zuverlässigkeitsprognose *nf* QUAL **reliability prediction**

Zuverlässigkeitsprüfung *nf* QUAL → **reliability test**
→ Zuverlässigkeitstest *nm*

Zuverlässigkeitstest *nm* QUAL **reliability test**
= Zuverlässigkeitsprüfung *nf*

zu versteuerndes Einkommen ECON **taxable income**

zuvorkommen COLL **anticipate**
= vorwegnehmen; vorgreifen; antizipieren
= forestall

zuvorkommend COLL **anticipating**
= antizipativ; vorwegnehmend

Zuwachs *nm* TECH → **increase** *n* (1)
→ Zunahme *nf*

Zuwachskoordinate *nf* MATH **incremental coordinate**
= Inkrementalkoordinate *nf*
Zuwachsrate *nf* ECON → **growth rate**
→ Wachstumsrate *nf*
Zuwachsrate, mittlere jährliche ECON → **growth rate, compund annual**
→ Wachstumsrate, mittlere jährliche
zuweisen SW **assign** *vt*
[einen Wert einer Variablen] [a value to a variable]
= zuordnen = allocate
≈ belegen ≈ occupy
zuweisen TECH → **assign**
→ zuordnen
Zuweisung *nf* ECON → **allocation** *n*
→ Umlage *nf*
Zuweisung *nf* TECH → **allocation** *n*
→ Zuordnung *nf*
Zuweisung *nf* SW **assignment** *n*
Zuweisung *nf* SW **assignment** *n*
= Zuordnung *nf* = allocation *n*; allotment *n*
≈ Belegung ≈ occupancy
Zuweisung aufheben DAT.PR **deallocate** *vt*
= Zuordnung zurücknehmen [to free formerly allocated resources]
≈ freigeben ≈ strobe
Zuweisungsanweisung *nf* COMP.LG → **assignment statement**
→ Zuordnungsanweisung *nf*
Zuweisungsindexierung *nf* WOR.PR **assigned indexing**
[aus vorgegebener Liste von Kennwörtern] [from a list of keywords]
≠ Ableitungsindexierung = assignment indexing
≠ derivative indexing
Zuweisungsoperation *nf* COMP.SC **assignment operation**
Zuweisungsoperator *nm* COMP.SC **assignment operator**
= Zuordnungsoperator *nm*
Zuweisungssymbol *nn* LOGIC **assignment symbol**
[Symbol: :=] [symbol: :=]
Zuwiderhandlung *nf* COLL **contravention** *n*
Z-Vierpolparameter *nm* NETW.TH **z parameter**
= Z-Parameter *nm*
ZVSt *nf* SWITCH → **tertiary switching center**
→ Zentralvermittlungsstelle *nf*
Zwangsausschließen TER&PER **forced justification**
[Drucker] [printer]
= compulsory justification
Zwangsbedingung *nf* MATH → **boundary condition**
→ Randbedingung *nf*
zwangsbelüften TECH **force-ventilate**
= künstlich belüften
Zwangsbelüftung *nf* TECH **forced ventilation**
= Zwangslüftung *nf*; Fremdbelüftung *nf*; Fremdlüftung *nf*; künstliche Belüftung
Zwangsbremsung *nf* RAIL.SIG **automatic train stop**
Zwangsführung *nf* TECH **compelled guidance**
zwangskommutierter Stromrichter POW.SY → **self-commutated converter**
→ selbstgeführter Stromrichter
Zwangskommutierung *nf* POW.SY **forced commutation**
[Stromrichter] [static power converter]
Zwangslaufverfahren *nn* SWITCH **compelled signaling**
= compelled system
Zwangslüftung *nf* TECH → **forced ventilation**
→ Zwangsbelüftung *nf*
Zwangsparameter *nm* SW **required parameter**
≠ Bedarfsparameter ≠ discretionary parameter
Zwangsseitenumbruch *nm* WOR.PR **hard page break**
[bleibt an der vorgegebenen Textstelle] [remains in its fixed text position]
= harter Seitenumbruch ≠ soft page break
≠ Bedarfsseitenumbruch
zwangssynchronisiert TELEC **despotic**
= hierarchisch; despotisch
zwangssynchronisiertes Netz TELEC → **hierarchical network**
→ hierarchisches Netz
Zwangssynchronisierung *nf* TELEC **despotic synchronization**
= compelled synchronization
Zwangstrennstrich *nm* WOR.PR → **hard hyphen**
→ echter Trennstrich
Zwangsumschaltung *nf* MOB.CO **compulsory hand-off**
Zwangszeilenwechsel *nm* WOR.PR **hard return**
[bleibt an z.B. durch Eingabetaste gesetzter Textstelle] [remains at set text position; e.g. by RETURN key]
= harter Zeilenwechsel = hard line break
≠ Bedarfszeilenwechsel ≠ soft return
Zwanzigflächner *nm* MATH → **icosahedron** *n* (*pl* -drons&-dra)
→ Ikosaeder *nn*

Zweck *nm* COLL **purpose** *n*
= aim *n*; scope *n*; finality *n*
Zweckbau *nm* CIV.EN **functional building**
zweckbestimmt TECH → **application-specific** *adj*
→ anwendungsspezifisch
zweckbestimmt TECH → **application-specific** *adj*
→ anwendungsspezifisch
zweckbestimmtes Register HW → **dedicated register**
→ dediziertes Register
Zweckbestimmtheit *nf* SCIE **finality** *n*
= Finalität *nf*
Zweckbestimmung *nf* TECH **dedication** *n*
= Dedizierung *nf*
Zwecke *nf* TECH **tack** *n*
[kurzer Nagel mit breitem Kopf] [short nail with a broad head]
↓ Reißzwecke ↓ thumb tack
zweckgebunden ECON **tied** *adj*
= gebunden = dedicated; commited
zweckgebundener Kanal HW → **dedicated channel**
→ dedizierter Kanal
zwecklos COLL → **aimless** *adj*
→ ziellos *adj*
zweckmäßig TECH **expedient** *adj*
≈ geeignet ≈ suitable
Zweckmäßigkeit *nf* TECH **expediency** *n*
≈ Eignung = expedience *n*
≈ suitability
Zwecksatz *nm* LING → **purposive sentence**
→ Finalsatz *nm*
zwei MATH **two**
[2] [2]
Zwei-Achsen-Positionierer *nm* CONS.EL **two-axis positioner**
[Elevation u. Azimuth] [elevation and azimuth]
zweiachsig MATH **biaxial**
Zwei-Adress-Befehl *nm* DAT.PR **two-address instruction**
[mit zwei Adressteilen für zwei Operanden] [with two address parts for two operands]
↑ Mehr-Adress-Befehl = double-operand instruction; two-operand instruction; 2-address instruction; 2-operand instruction
↑ multi-address instruction
Zwei-Adress-Code *nm* SW **one-plus-one address code**
= Eins-Plus-Eins-Adresscode *nm*
Zwei-Adress-Computer *nm* DAT.PR **two-address computer**
= Zwei-Adress-Rechner *nm*; Zwei-Adress-Maschine *nf*; Zwei-Register-Computer *nm*; Zwei-Register-Rechner *nm*; = two-address machine; two-register computer; two-register machine
Zwei-Adress-Maschine *nf* DAT.PR → **two-address computer**
→ Zwei-Adress-Computer *nm*
Zwei-Adress-Rechner *nm* DAT.PR → **two-address computer**
→ Zwei-Adress-Computer *nm*
zweiadrig TELEC → **two-wire** *adj*
→ zweidrähtig
zweiadrig POW.SY **two-core**
zweiadrige Schnur EQP.EN **double-conductor cord**
Zwei-aus-Fünf-Code *nm* CODING **two-out-of-five code**
[2 Bits immer anders als die restlichen 3] [2 bits are always different to the other 3]
↑ binärer Dezimalcode ↑ BCD code
↓ Walking-Code; ITF-Code ↓ Walking code; ITF code
Zweibahnendrucker *nm* TER&PER **dual carriage printer**
zweibahnig TER&PER **dual-carriage**
[Drucker] [printer]
= dual-web
Zweibandantenne *nf* ANT **two-band antenna**
= Zweibereichsantenne *nf*; Doppelantenne *nf* (2) = dual-band antenna; twin-band antenna; duo-band antenna; duo-bander
Zweiband-Handy *nn* MOB.CO → **dual-band mobile phone**
→ Zweiband-Mobiltelephon
zweibändig PRIN.ME **two-volume**
Zweiband-Kurzdipol *nm* ANT **dual-band short dipole**
= duo-band short dipole
Zweiband-Mobiltelephon MOB.CO **dual-band mobile phone**
= Zweiband-Handy *nn*
Zweibandverfahren *nn* CINEMA **dual-band technology**
[Bildfilm u. Magnetfilm getrennt] [separate picture film and magnetic film]
Zweibasisdiode *nf* MICR.EL → **unijunction transistor**
→ Doppelbasisdiode *nf*

Zweibasistransistor *nm* MICR.EL → **unijunction transistor**
→ Doppelbasisdiode *nf*

Zwei-Baudraten-Betrieb *nm* DAT.CO **split-baud-rate mode**
[empfängt in einer und sendet in anderer] [receives at one and transmits at another]

Zweibereichsantenne *nf* ANT → **two-band antenna**
→ Zweibandantenne *nf*

Zwei-Bit-Fehler *nm* CODING **two-bit error**

Zweibreitencode *nm* TER&PER **two-width code**
↑ Strichcode ↑ bar code

Zwei-Buchstaben-Domäne *nf* INTERNET → **country domain**
→ Länderdomäne *nf*

Zwei-Byte-Code *nm* CODING **two byte code**
[zwei Byte pro Zeichen] [two bytes per character]
= Doppelbytecode *nm*; DBCS-Code *nm* = double byte character set; DBCS

Zwei-Chip-Gerät *nn* EQP.EN **two-chip equipment**

zweideutig COLL **ambiguous** *adj* (1)
= ambig (1); ambigue (1) [with two senses]
≈ missverständlich ≈ equivocal
↑ mehrdeutig ↑ ambiguous (2)

zweideutig COMP.SC → **bivalent** *adj*
→ zweiwertig

Zweideutigkeit *nf* COLL **ambiguity** *n*

zweidimensional MATH **two-dimensional** *adj*
= bidimensional = 2-D; bivariate

zweidimensionale Datei DAT.MA **flat file** (2)
[enthält nur ein Ereignis] [contains only one occurrence]
≈ relationale Datei = two-dimensional file
≠ hierarchische Datei ≈ relational file
≠ hierarchic file

zweidimensionale Datenbank DAT.MA **flat-file database**
≠ relationale Datenbank = flat file
≠ relational database

zweidimensionale Graphik COMP.GR → **2-D graphics**
→ 2D-Grafik *nf*

zweidimensionale Normalverteilung STATIS **bivariate normal distribution**

zweidimensionales Matrixfeld DAT.MA **two-dimensional array**

zweidimensionales Modell MOD&SI **two-dimensional model**

Zweidraht- TELEC → **two-wire** *adj*
→ zweidrähtig

Zweidrahtbetrieb *nm* TELEC **two-wire operation**

Zweidraht-Durchschaltung *nf* SWITCH **two-wire switching**
= 2-Draht-Durchschaltung *nf* = 2-wire switching

Zweidraht-Einfachstrom *nm* TELEGR **two-wire neutral current**

Zweidraht-Getrenntlage-System *nn* TRANSM **two-wire carrier system**
= Z-System *nn* = N+N system

zweidrähtig TELEC **two-wire** *adj*
= zweiadrig; Zweidraht-; 2-Dr-; doppeladrig = 2-wire; 2-W; bifilar

Zweidrahtkreis *nm* TELEC → **two-wire line**
→ Zweidrahtleitung *nf*

Zweidrahtleitung *nf* ANT **two-wire feeder**
= twin lead

Zweidrahtleitung *nf* TELEC **two-wire line**
= Zweidrahtkreis *nm* = two-wire circuit; two-wire link; 2-wire line; 2-wire circuit

Zweidrahtsystem *nn* TRANSM **two-wire system**

Zweidrahtverstärker *nm* TRANSM **two-wire amplifier**
↓ Zweidraht-Zwischenverstärker ↓ two-wire repeater

Zweidraht-Zwischenverstärker *nm* TRANSM **two-wire repeater**
↑ Zweidraht-Verstärker ↑ two-wire amplifier

Zweidraht-Zwischenverstärker mit Bandtausch TRANSM **frogging repeater**
= low-high repeater

Zweidrittelzeilen-Präzisionsoffset *nn* BROADC **two-thirds-of-line precision offset**
[TV] [TV]
↑ Versatzbetrieb ↑ offset

Zweiebenen-Leiterplatte *nf* EL.TRO → **two-layer PBC**
→ Zweilagen-Leiterplatte *nf*

Zweiebenenverdrahtung *nf* MICR.EL → **two-layer wiring**
→ Zweilagenverdrahtung *nf*

Zwei-Element-Quad-Antenne *nf* ANT **two-element cubical quad antenna**

Zwei-Element-Yagi-Uda-Antenne *nf* ANT **two-element Yagi-Uda antenna**

Zweieranschluss *nm* TELEC **two-party line with selective ringing**
[gleichzeitig verfügbar, mit Selektivruf] [both parties can call simultaneously]
≈ Doppelanschluss ≈ two-party omnibus line
↑ Gemeinschaftsanschluss

Zweierkomplement *nn* COMP.SC **complement to two**
[von Binärzahlen] = complement on two; two's complement
= Binärkomplement *nn*
↑ Basiskomplement ↑ radix complement

zweierlei *adj* COLL **of two kinds**

Zweierlei *nn* COLL **two different things**

Zweierpotenz *nf* MATH → **square** *n* (2)
→ Quadrahtzahl *nf*

Zweierpotenz *nf* MATH **power of two**

Zweiersystem *nn* COMP.SC → **binary notation**
→ Dualsystem *nn*

Zweierverbindungssatz *nm* SWITCH **two-party circuit**

zweifach *adj* OFFICE **two-part** *adj*
= 2-fach = 2-part *adj*
↑ selbstdurchschreibend ↑ pressure-sensitive

zweifach *adj* TECH **twofold** *adj*
= zweifältig = double *adj*; dual *adj*; duplex *adj* (1)

zweifach *adv* TECH **twofold** *adv*
= doble *adv*; doubly *adv*; dually *adv*

Zweifachabzweiger *nm* CATV **double branch point**
= two-way tap-off box; two-way branch adapter

Zweifach-Antennenweiche *nf* ANT **dual antenna filter**

Zweifachausgang *nm* EL.TEC **dual output**
= Doppelausgang *nm* = twin output

Zweifachbelegung *nf* INF.TEC → **double occupation**
→ Doppelbelegung *nf*

Zweifach-Diversity *nn* RAD.RE **double diversity**

Zweifachdurchlauf *nm* DAT.PR **two pass**

Zweifachdurchlauf-Assembler *nm* SW → **two-pass assembler**
→ Zweifachdurchlauf-Assemblierer *nm*

Zweifachdurchlauf-Assemblierer *nm* SW **two-pass assembler**
= Zweifachdurchlauf-Assembler *nm*

zweifache Genauigkeit COMP.SC → **double precision**
→ Doppelgenauigkeit *nf*

zweifache Intensität TER&PER **dual intensity**
[normal und fett] [regular and bold]

Zweifach-Endmultiplexer *nm* TRANSM **dual terminal multiplexer**

Zweifachgenauigkeit *nf* COMP.SC → **double precision**
→ Doppelgenauigkeit *nf*

Zweifachintegrator *nm* CIRC.EN **double integrator**
[stellt eine Proportionalität zum Doppelintegral her] [gives an output, which is proportional to the double integral]
= Doppelintegrator *nm*

Zweifach-Operationsverstärker *nm* MICR.EL **dual operational amplifier**
[zwei Operationsverstärker in einem Gehäuse] [two operational amplifiers in one case]

Zweifachregelung *nf* CONTRO **double control**
[zwei Führungs- und zwei Regelgrößen] = with two reference magnitudes and two controlled magnitudes
↑ Mehrfachregelung ↑ multiple control

Zweifach-Richtkoppler *nm* INSTR **dual directional coupler**

Zweifach-Schreibdichte *nf* TER&PER **dual density**

Zweifach-Umschalter *nm* COMPO **dual-transfer switch**

Zweifachverpackung *nf* TELEC **tunneling**
[OSI, ATM] [OSI, ATM]
= encapsulation *n*

Zweifachverteiler *nm* BROADC **two-way distributor**

Zweifachwerkzeug *nn* TECH **duplex tool**

zweifachwirkend TECH → **duplex** *adj* (4)
→ doppelwirkend

zweifältig TECH → **twofold** *adj*
→ zweifach *adj*

Zweifamilienhaus *nn* CIV.EN **two-family house**
= duplex house (AE)

Zweifarbendruck *nm* PRIN.ME **two-color print**
↑ Mehrfarbendruck = two-colour print
↑ multicolor print

zweifarbig OPT **bichromatic** *adj*
[mit 2 Farben] [related to two colors]
= bichromatisch = bichrome; two-colored
≈ doppelfarbig; dichroitisch ≈ dichromatic; dichroic
↑ mehrfarbig ↑ multi-coloured

Zweifarbigkeit *nf* OPT → **dichromatism** *n*
→ Doppelfarbigkeit *nf*

zweifelhaft COLL **doubtful**

zweifelhaft *adj* COLL → **questionable** *adj*
→ fraglich *adj*

Zweifelsfall *nm* COLL **case of doubt**

Zweifensterfaser *nf* OPT.CO **double-window fiber**
= double-window fibre (BE)

Zweiflach MATH → **dihedral**
→ Zweiflächner

Zweiflächner MATH **dihedral**
= Zweiflach; Dieder

Zweifrequenzaufzeichnung *nf* TER&PER → **two-frequency recording**
→ Wechseltaktschrift *nf*

Zwei-Frequenzen-Schrift *nf* TER&PER → **two-frequency recording**
→ Wechseltaktschrift *nf*

Zweifrequenztonwahl *nf* TELEPH **two-frequency signaling**
[zwei Frequenzen pro Ziffer]
= Zweifrequenzverfahren *nn*

Zweifrequenzverfahren *nn* TELEPH → **two-frequency signaling**
→ Zweifrequenztonwahl *nf*

Zweifrequenzverfahren *nn* TER&PER → **two-frequency recording**
→ Wechseltaktschrift *nf*

Zweig *nm* NETW.TH **branch** *n*

Zweig *nm* DAT.MA **branch** *n*
= subtree *n*

Zweig *nm* DAT.MA → **fork** *n*
→ Dateizweig *nm*

zweigängig MEC.EN **double-threaded**
[Gewinde]

Zweigleitung *nf* TELEC **branch line**
[zwischen Vorfeldeinrichtung und Teilnehmer]
≈ Hauptleitung
[between a front-end equipment and the subscriber]
≈ main line

Zweigniederlassung *nf* ECON **regional office**

Zweigniederlassung *nf* ECON → **branch office**
→ Filiale *nf*

Zweigstelle *nf* ECON → **branch office**
→ Filiale *nf*

Zweigstellennetz *nn* ECON **branch network**

Zweigstrom *nm* POW.EN **branch current**

Zweigverbraucherleitung *nf* POW.SY **branch distribution cable**

Zweigwerk *nn* ECON → **branch office**
→ Filiale *nf*

zweihändig TECH **two-handed** *adj*
= beidhändig

zweihundertjährig COLL **bicentennial**
= bicentenary

zweijährig COLL **two years old**
= biennial

Zweikabel-Breitband-LAN *nn* DAT.NW **dual-cable broadband LAN**

Zweikammerklystron *nn* MICR.EL **two-resonator klystron**
= Zweikreisklystron *nn*
= two-cavity klystron

Zwei-Kanal-Karte *nf* TRANSM **dual channel board**

Zweikanaloszilloskop *nn* INSTR → **dual-beam oscilloscope**
→ Zweistrahloszilloskop *nn*

Zweikanalpeiler *nm* RAD.LO → **Watson-Watt direction finder**
→ Watson-Watt-Sichtfunkpeiler *nm*

Zweikanal-Pulsgenerator *nm* INSTR **dual-channel pulse generator**

Zweikanal-Signalanalysator *nm* INSTR **dual-channel signal analyzer**

Zweikanal-Spektrumanalysator *nm* INSTR **dual-channel spectrum analyzer**

Zweikanalsteuerung *nf* DAT.PR **dual-channel controller**
[zum simultanen Schreiben und Lesen]
[to read write simultaneously]

Zweikanal-Synthesizer *nm* INSTR **two-channel synthesizer**

Zweikanalverstärker *nm* INSTR **dual directional amplifier**

Zweikomponentenkleber *nm* CHEM **two-package adhesive**

Zweikopftechnik *nf* TER&PER **dual heads technique**

Zweikreis- NETW.TH → **two-circuit**
→ zweikreisig

Zweikreisbandfilter *nn* NETW.TH **double-tuned bandpass filter**

zweikreisig NETW.TH **two-circuit**
= Zweikreis-
↑ mehrkreisig
= double-tuned
↑ multi-circuit

Zweikreisklystron *nn* MICR.EL → **two-resonator klystron**
→ Zweikammerklystron *nn*

Zweikreisverstärker *nm* CIRC.EN **double-tuned amplifier**

Zweilagen-Leiterplatte *nf* EL.TRO **two-layer PBC**
= Zweiebenen-Leiterplatte *nf*

Zweilagenverdrahtung *nf* MICR.EL **two-layer wiring**
[mit zwei Metallisierungsebenen]
= Zweiebenenverdrahtung *nf*

zweilagig TECH → **two-layered** *adj*
→ zweischichtig

zweilagig TECH → **two-layered** *adj*
→ zweischichtig

Zweilaut *nm* LING → **diphtong** *n*
→ Doppellaut *nm*

Zweilochrichtkoppler *nm* MICROW **two-hole directional coupler**

zweimal *adv* COLL **twice** *adv*
= zweimalig

zweimalig COLL → **twice** *adv*
→ zweimal *adv*

zweimalig COLL **done twice**

zweimonatig COLL **bimestrial**
= bimonthly

Zweimonatzeitraum *nm* COLL → **bimester** *n*
→ Bimester *nn*

Zweinormen-Handy *nn* MOB.CO → **dual-mode handset**
→ Zweinormen-Mobiltelefon *nn*

Zwei-Normen-Handy *nn* MOB.CO → **dual-mode handset**
→ Zwei-Standards-Endgerät *nn*

Zweinormen-Mobiltelefon *nn* MOB.CO **dual-mode handset**
= Zweinormen-Mobiltelephon *nn*; Zweinormen-Handy *nn*

Zweinormen-Mobiltelephon *nn* MOB.CO → **dual-mode handset**
→ Zweinormen-Mobiltelefon *nn*

zwei Nutzen PRIN.ME → **two-up** *n*
→ Doppelform *nf*

zweiohrig ACOUS **binaural**
= binaural
≈ stereophonisch
≠ monoaural
≈ stereophonic
≠ monaural

Zwei-Ortskurven-Methode *nf* CONTRO **two-loci method**
[Stabilitätskriterium]
= Zwei-Ortskurven-Verfahren *nn*
[stability analysis]

Zwei-Ortskurven-Verfahren *nn* CONTRO → **two-loci method**
→ Zwei-Ortskurven-Methode *nf*

Zweiphasen-Drehfeld *nn* POW.SY **two-phase rotating field**

Zweiphasenschrift *nf* TER&PER → **phase encoding**
→ Richtungstaktschrift *nf*

Zweiphasenstrom *nm* POW.SY **two-phase current**

Zweiphasentakt *nm* MICR.EL **two-phase clock**

zweiphasig TECH **diphase** *adj*
= two-phase; two-phased

Zwei-plus-Eins-Adress-Befehl *nm* SW **two-plus-one instruction**
[für zwei Operanden und das Ergebnis]
≈ Drei-Adress-Befehl
[for two operands and the the result]

Zwei-plus-Eins-Adresse *nf* SW **two-plus-one address**

Zwei-plus-Eins-Befehl *nm* SW **two-plus-one address instruction**
= two-plus-one instruction

Zweipol *nm* NETW.TH **two-terminal**
[R,L,C]
= Eintor *nn*
↑ Netzwerk
[R,L,C]
= two-terminal network; one-port
↑ network

Zweipolfunktion *nf* NETW.TH **driving point impedance function**
↑ Netzwerkfunktion
↑ network function

zweipolig EL.TEC **two-pole** *adj*
= dual-pole; two-pin

zweipolig PHYS **bipolar** *adj*
= bipolar
≠ einpolig
= two-pole
≠ unipolar

zweipoliger Klinkenstecker TELEPH **two-conductor plug**
= zweipoliger Stöpsel

zweipoliger Stöpsel TELEPH → **two-conductor plug**
→ zweipoliger Klinkenstecker

Zweipolquelle *nf* NETW.TH → **active two-terminal network**
→ aktiver Zweipol

Zweipolsynthese NETW.TH **two-terminal network synthesis**

Zweipoltheorie *nf* NETW.TH **two-terminal network theory**

Zweipuls-Brückenschaltung *nf* POW.EN **two-pulse bridge**

Zweipuls-Mittelpunktschaltung *nf* POW.SY **two-pulse midpoint connection**
= single-phase midpoint connection

Zweipunkt- EL.TEC **two-point**
= two-position; two-spot; double-spot; on-off

Zweipunktabstimmung *nf* EL.TRO **double-spot tuning**
= two-spot tuning

Zweipunktregelung *nf* CONTRO **two-position control**
= two-position regulation; two-position action; two-spot control; two-spot regulation; two-spot action; on-off control; on-off action; two-level control; two-level action; two-point action control; two-point control

Zweipunktregler *nm* CONTRO **on-off controller**
[hat nur zwei Ausgangszustände]
[has only two output states]
= snap-acting controller

Zweipunktverbindung *nf* TELEC → **point-to-point connection** (1)
→ Punkt-zu-Punkt-Verbindung *nf*(1)

Zweiquadrantenbetrieb *nm* POW.SY **two-quadrant operation**

Zweiquadranten-Multiplikator *nm* COMPO **two-quadrant multiplier**

Zweirampenumsetzer *nm* INSTR **dual-slope integrator**
= Dual-slope-Umsetzer *nm*; Auf-ab-Integrator *nm*
= dual-slope converter

Zweirampenverfahren *nn* INSTR **dual-slope method**
= Dual-slope-Verfahren *nn*; Auf-ab-Verfahren *nn*

Zwei-Register-Computer *nm* DAT.PR → **two-address computer**
→ Zwei-Adress-Computer *nm*

Zwei-Register-Maschine *nf* DAT.PR → **two-address computer**
→ Zwei-Adress-Computer *nm*

Zwei-Register-Rechner *nm* DAT.PR → **two-address computer**
→ Zwei-Adress-Computer *nm*

zweireihig TECH **double-row** *adj*
= 2-reihig; doppelreihig

Zweirichtungs- TELEC → **both-way**
→ doppeltgerichtet

Zweirichtungsdrucker *nm* TER&PER **bidirectional printer**
[druckt im Hin- und Rücklauf] [from left to right and viceversa]
= bidirektionaler Drucker

Zweirichtungs-Ringschutz *nm* TRANSM → **bidirectional line-switched ring**
→ bidirektionaler Ringschutz

Zweirichtungs-Thyristordiode *nf* MICR.EL → **triac** *n*
→ Triac

Zweirichtungstransistor *nm* MICR.EL **bidirectional transistor**
= bidirektionaler Transistor; Bidirektional-Transistor *nm*

Zweirichtungszähler *nm* CIRC.EN → **up-down counter**
→ Vor-Rückwärts-Zähler *nm*

Zweischalenwecker *nm* TER&PER **two-gong bell**

Zweischicht- TECH → **two-layered** *adj*
→ zweischichtig

zweischichtig TECH **two-layered** *adj*
= doppelschichtig; zweilagig; doppellagig; Zweischicht-; zweilagig
= double-layered; twin-layer; two-layer; two-part; bipack

Zweischlitz-Magnetron *nn* MICR.EL **split-anode magnetron**

Zweischlitzmobiltelefon *nn* MOB.CO **dual slot mobile telephone**
= Dual-slot-Handy *nn*

Zweischlitzstrahler *nm* ANT **double-slot antenna**

zweischneidig COLL **double-edged**
= two-edged

zweischneidiges Messer COLL → **double-edged sword**
→ zweischneidiges Schwert

zweischneidiges Schwert COLL **double-edged sword**
[fig] [fig]
= zweischneidiges Messer

Zweisechsundachziger *nm* MICR.EL → **Intel 80286**
→ Intel 80286

Zweiseitenbandempfang *nm* RADIO **double sideband reception**

Zweiseitenbandempfänger *nm* RADIO **double-sideband receiver**

Zweiseitenbandmessung *nf* INSTR **double-sideband measurement**

Zweiseitenbandsender *nm* RADIO **double-sideband transmitter**

Zweiseitenbandsignal *nn* MODUL **double-sideband signal**

Zweiseitenband-System *nn* RADIO **double-sideband system**
= DSB-System *nn* = DSB system

Zweiseitenband-Übertragung *nf* MODUL **double-sideband transmission**

Zweiseitenband-Übertragung mit gedämpftem Träger MODUL **double-sideband reduced-carrier system**

Zweiseitenband-Übertragung mit unterdrücktem Träger MODUL **double-sideband suppressed-carrier transmission**

zweiseitig TECH → **two-sided**
→ doppelseitig

zweiseitig *adj* TECH **bilateral** *adj*
= doppelseitig; beidseitig
≠ einseitig
= two-faced; two-sided; double-sided; on both sides; duplex *adj* (2)

zweiseitig beschreibbare Diskette TER&PER → **DS disk**
→ DS-Diskette *nf*

zweiseitige Diskette TER&PER → **DS disk**
→ DS-Diskette *nf*

zweiseitiger Betrieb TELEC → **duplex operation**
→ Duplexbetrieb *nm*

zweiseitige Richtantenne ANT **bidirectional antenna**
= zweiseitig gerichtete Antenne

zweiseitige Übertragung TELEC → **duplex operation**
→ Duplexbetrieb *nm*

zweiseitige Verschachtelung DAT.MA **two-way interleaving**
↑ Speicherverschachtelung ↑ memory interleaving

zweiseitige Z-Transformation MATH → **Laurent transform**
→ Laurent-Transformation *nf*

zweiseitig gerichtete Antenne ANT **bilateral antenna**
= bilateral aerial

zweiseitig gerichtete Antenne ANT → **bidirectional antenna**
→ zweiseitige Richtantenne

zweiseitig kaschierte Leiterplatte EL.TRO **double-sided PCB**
= doppeltkaschierte Leiterplatte

zweiseitig verkettete Liste DAT.MA **doubly-linked list**
= Nachbarverkettungsliste *nf* = two-way chain

zweisilbig *adj* LING **dissyllabic**

zweisprachig *adj* LING **bilingual**

zweispurig *adj* TER&PER **two-track** *adj*
= two-channel

Zweispur-Tonbandgerät *nn* EL.ACOU **dual-track recorder**
= Doppelspur-Tonbandgerät *nn*

Zwei-Standards-Endgerät *nn* MOB.CO **dual-mode handset**
= Zwei-Normen-Handy *nn*

zweistellig *adj* MATH **two-place** *adj*
↑ vielstellig
= two-figure *adj*; double-digit *adj*
↑ of many places

zweistellige Relation MATH → **tuple** *n*
→ Tupel *nn*

zweistöckig CIV.EN **two-storied** (AE)
= two-storeyed (BE)

Zweistrahloszillograf *nm* INSTR → **dual-beam oscilloscope**
→ Zweistrahloszilloskop *nn*

Zweistrahloszilloskop *nn* INSTR **dual-beam oscilloscope**
[stellt am Bildschirm zwei Messgrößen gleichzeitig dar] [displays on the sreen two measured magnitudes simultaneously]
= Zweistrahloszillograf *nm*; Zweikanaloszilloskop *nn*
↑ Oszilloskop
= dual-trace oscilloscope; dual-channel oscilloscope
↑ oscilloscope

Zweistrahlröhre *nf* EL.TRO **double-trace cathode ray tube**
= Doppelstrahlröhre *nf*
= double-trace CRT; double-ray cathode ray tube; double-ray CRT; double-beam cathode ray tube; double-beam CRT; double-gun cathode ray tube; double-gun CRT; double-beam tube

Zweistufencodierung *nf* SW **two-level encoding**
[Mikroprogrammierung] [microprogramming]

Zweistufenmodulation *nf* MODUL **double modulation**

Zweistufenrelais *nn* COMPO **two-step relay**
= Stufenrelais *nn* = sequence action relay

zweistufig CIRC.EN **two-stage** *adj*

zweistufig TECH **two-step** *adj*
↑ mehrstufig
= two-level *adj*
↑ multi-step

zweistufige Festschreibung DAT.NW **two-phase commit**

zweistufiges Speichern TER&PER **two-stage recording**
[z.B. bei magneto-optischen Platten] [e.g. with magneto-optic disks]
= two-pass recording

zweistufiges Unterprogramm SW **two-level subroutine**
[U. welches ein anderes U. enthält] [s. containing another s.]

zweistündig COLL **of two hours**

zweistündlich COLL **every of two hours**

Zweitägerverfahren *nn* RAD.RE **two-carrier mode**

Zweitapparat *nm* TELEPH **extension station**

Zweitausfertigung *nf* TECH **duplicate**
= Duplikat *nn*

zweitbest COLL **second-best**

zweite MATH **second** *adj*
= 2. = 2nd

zweiteilen TECH → **halve** *vt*
→ halbieren

zweiteilend SCIE **dichotomizing** *n*
= dichotomierend; dichotom
≈ binär [MATH]
≈ binary [MATH]

zweiteilig SCIE **dichotom** *adj*
= dichotomous

zweiteilig TECH **two-part** *adj*
≈ zweischichtig
= bipartite; duplex (3)
≈ two-layered

Zweiteilung *nf* SCIE **dichotomy** *n*
[in zwei sich ausschließende Klassen] [division into two exclusive classes]
= Dichotomie *nf*

Zweiteilung *nf* TECH **bisection** *n*
≈ Halbierung
↑ Teilung
= bipartition *n*
≈ halving
↑ division

zweite Normalform DAT.MA **second normal form**
= 2NF

zweiter Durchbruch MICR.EL → **second breakdown**
→ Sekundärdurchbruch *nm*

zweiter Faktor MATH → **multiplier** *n*
→ Multiplikator *nm*

zweiter Fall LING → **genitive** *n*
→ Genitiv *nn*

zweiter Summand MATH **addend** *n* (1)
[dem ersten Summanden hinzuzuzählende Zahl] [number to be added to the augend]
= Summand *nm* (1); Addend *nm* (1) = addendum *n*; augmenter *n*
↑ Summand *nm* (2)

zweites kirchhoffsches Gesetz EL.TEC **Kichhoff's loop law**
= Maschenregel *nf*

zweite Vergangenheit LING → **present perfect**
→ Perfekt *nf*

Zweitfarbe *nf* TER&PER **second color**
= second colour

Zweitfarbensteuerung *nf* TER&PER **second-color control**

Zweitgerät *nn* BROADC **second set**

Zweithersteller *nm* ECON → **second source**
→ Zweitlieferant *nm*

Zweithörer *nm* TER&PER **extra earphone**
[Fernsprechapparat] [telephone set]

Zweitkarte *nf* TER&PER **secondary card**
[Lochkarte] [punched card]

zweitklassig COLL **second-grade**
≈ mittelmäßig; zweitrangig = second-class; second-rate
≈ mediocre; second-order

Zweitklingel *nf* TER&PER → **extra bell**
→ Zweitwecker *nm*

Zweitkursor *nm* COMP.AP **ghost cursor**
= second cursor

zweitletzt COLL **last but one**

zweitletzter COLL → **penultimate** *adj*
→ vorletzter

Zweitlieferant *nm* ECON **second source**
= Zweithersteller *nm*; Second-source *nf* (ANGL) = alternative supplier

Zwei-Ton-Coder TV **dual-sound coder**
= double-tone coder

Zweiton-Fernsehübertragung *nf* TV **double-tone television transmission**
= Zweitonträger-Fernsehsystem *nn*

Zweiton-Mehrfrequenzwahl *nf* SWITCH **dual-tone multifrequency dialing**
= DTMF-Wahl *nf* = DTMF
≈ Tastwahl ≈ pushsbutton dialing

Zweitonmessung *nf* INSTR **two-tone measurement**

Zweitonsignal *nn* INSTR **two-tone signal**

Zweitonträger-Fernsehsystem *nn* TV → **double-tone television transmission**
→ Zweiton-Fernsehübertragung *nf*

Zweitonwobbelung *nf* INSTR **two-tone sweep**

Zweitor *nn* NETW.TH → **two-port network**
→ Vierpol *nm*

Zweiträgersystem *nn* TELEC **dual carrier system**

zweitrangig COLL **second-order** *adj*
= nachrangig; sekundär = secondary
≈ zweitklassig ≈ second-class
≠ vorrangig ≠ prior-ranking

Zweitrangigkeit *nf* COLL **secondariness**

Zweitschrift *nf* OFFICE → **duplicate** *n*
→ Duplikat *nn*

Zweittelephon *nn* TELEPH **second telephone**

Zweitwecker *nm* TER&PER **extra bell**
= Zweitklingel *nf*

Zweitweg *nm* TELEC **secondary route**

Zweitweg *nm* SWITCH **second-choice route**

Zweiweg- TELEC → **both-way**
→ doppeltgerichtet

Zweiwegbetrieb *nm* TELEC → **duplex operation**
→ Duplexbetrieb *nm*

Zweiwegefading *nf* RAD.PRO → **two-path fading**
→ Zweiwegeschwund *nm*

Zweiwegeschaltung *nf* POW.SY **double-way connection**
= reversible connection

Zweiwegeschwund *nm* RAD.PRO **two-path fading**
= Zweiwegefading *nf*

Zweiweggleichrichter *nm* CIRC.EN → **double-way rectifier**
→ Doppelweggleichrichter *nm*

Zweiweggleichrichtung *nf* CIRC.EN → **double-way rectification**
→ Doppelweggleichrichtung *nf*

Zweiwegkanal *nm* TELEC → **duplex channel**
→ Duplexkanal *nm*

Zweiweg-Schaltdiode *nf* MICR.EL → **trigger diode**
→ Triggerdiode *nf*

Zweiwegstromrichter *nm* POW.SY **double-way converter**
= reversible converter

Zweiweg-Thyristor *nm* MICR.EL → **triac** *n*
→ Triac

Zweiwegübertragung *nf* TELEC → **duplex operation**
→ Duplexbetrieb *nm*

zweiwertig COMP.SC **bivalent** *adj*
= bivalent; zweideutig = divalent; two-valued; two-condition

zweiwertig LOGIC → **binary** *adj*
→ binär

zweiwertig MATH → **binary** *adj*
→ binär

zweiwertiger Aussagenkalkül LOGIC → **Boolean algebra**
→ boolesche Algebra

zweiwertiger Zustand COMP.SC → **binary state**
→ binärer Zustand

zwei Wochen COLL **fortnight** (BE)
= vierzehn Tage [fourteen nights]
= two weeks (AE)

zweiwöchentlich COLL **biweekly**

zweizeilig EQP.EN **double-height** *adj*
= two-row

zweizeilige Baugruppe EQP.EN **double-row module**
= double-row subassembly; double-height module; double-height subassembly

Zweizonen-Transistor *nm* MICR.EL → **unijunction transistor**
→ Doppelbasisdiode *nf*

Zwergtube *nf* COM.CAB → **small tube**
→ Kleintube *nf*

Zwergunternehmen ECON **tiny business**

Zwickel *nm* TECH → **interstice** *n*
→ Zwischenraum *nm*

Zwickel- COM.CAB **intersticial**

Zwickelfüllung *nf* COM.CAB → **filler** *n*
→ Beilauf *nm*

zwicken TECH **nick** *vt*
= kneifen

Zwiebelschalen-Architektur *nf* SW **onion-skin architecture**

Zwiebelschalen-Sprache *nf* COMP.LG **onion-skin language**
[kann hierarchische Strukturen verarbeiten] [can process hierarchical structures]
↑ Datenbanksprache ↑ database language

Zwielaut *nm* LING → **diphtong** *n*
→ Doppellaut *nm*

Zwillings- TECH → **twin** *adj*
→ paarig

Zwillingsantenne *nf* ANT → **twin antenna**
→ Doppelantenne *nf* (1)

Zwillingsarbeitskontakt *nm* COMPO → **make-make contact**
→ Zwillingsschließer *nm*

zwillingsaxial COM.CAB **twinaxial** *adj*
[with two coaxials in a single jacket]

Zwillingskristall *nm* PHYS **twin crystal**

Zwillingsleitung *nf* COM.CAB **flat twin flexible cord**

Zwillingslitze *nf* COM.CAB **flexible twin cable**

Zwillingsöffner *nm* COMPO **break-break contact**
= Zwillingsruhekontakt *nm* ↑ relay contact
↑ Relaiskontakt

Zwillingsruhekontakt *nm* COMPO → **break-break contact**
→ Zwillingsöffner *nm*

Zwillingsschließer *nm* COMPO **make-make contact**
= Zwillingsarbeitskontakt *nm* ↑ relay contact
↑ Relaiskontakt

Zwillingswechsler *nm* COMPO **double-break-double-make contact**
↑ Relaiskontakt ↑ relay contact

zwingend COLL **mandatory** *adj*
= obligat; obligatorisch; vorgeschrieben = coercive; obligatory; compulsory
≈ enforceable

Zwirn *nm* TECH **twisted thread**
[aus mehreren Fäden gedrehter dünner Faden] = twisted yarn
↑ Faden ↑ thread

Zwischenablage *nf* COMP.AP **clipboard** *n*
[Zwischenspeicher für Texte und Grafiken] [temporary storage for text and graphics]
= Ablagefläche *nf*; Ablage *nf*
≈ Sammelalbum ≈ scrapbook

Zwischenablage-Taste *nf* COMP.AP **clipboard key**

Zwischenabzug *nm* OUT.PL **intermediate branch**

Zwischenadressierung *nf* SW **vectoring** *n*

Zwischenamt *nn* SWITCH **intermediate exchange**
= intermediate office

Zwischenamtsleitung *nf* TELEC → **interoffice trunk**
→ Amtsverbindungsleitung *nf*

Zwischenbandlücke *nf* RAD.RE → **central gap**
→ Mittellücke *nf*

Zwischen-Basisschaltung *nf* CIRC.EN → **common base connection**
→ Basisschaltung *nf*

Zwischenbescheid *nm* OFFICE **interim reply**

zwischenbetrieblich ECON **intercompany**

Zwischenbild *nn* TV **intermediate image**
= Innerbild *nn* | = intrafield *n*

Zwischenbild *nn* CINEMA **in-betweens** *nplt*
[Zeichentrickfilm]

Zwischenbild-Ikonoskop *nn* EL.TRO → **supericonoscope** *n*
→ Superikonoskop *nn*

Zwischenbild-Orthikon *nn* EL.TRO → **image orthicon**
→ Superorthikon *nn*

Zwischenbild-Prädiktion *nf* TV **intrafield prediction**
= Innerbild-Prädiktion *nf*; Intrafield-Prädiktion *nf*

Zwischenbild-Zeichner *nm* CINEMA **in-betweener**
= assitant animator

Zwischencode *nm* SW **intermediate code**

Zwischendatei *nf* DAT.MA **intermediate file**

Zwischendecke *nf* CIV.EN **drop ceiling**

Zwischenergebnis *nn* TECH **intermediate result**
= provisorisches Ergebnis | = provisional result

Zwischenfeuer *nn* AERON **intermediate light**

Zwischenfinanzierung *nf* ECON **bridge financing**

Zwischenfrequenz *nf* RADIO **intermediate frequency**
= ZF | = IF; intercarrier frequency [BROADC]

Zwischenfrequenzauskopplung *nf* RADIO → **IF derivation**
→ ZF-Auskopplung *nf*

Zwischenfrequenzdurchschaltung *nf* RADIO → **IF interconnection**
→ ZF-Durchschaltung *nf*

Zwischenfrequenzfilter *nn* RADIO → **IF filter**
→ ZF-Filter *nn*

Zwischenfrequenz-Übertrager *nm* RADIO → **IF transformer**
→ ZF-Übertrager *nm*

Zwischenfrequenzverstärker *nm* RADIO → **IF amplifier**
→ ZF-Verstärker *nm*

Zwischengerät *nn* TECH **intermediate equipment**

zwischen Geräten EL.TRO **interdevice** *adj*

Zwischengitteratom *nn* PHYS **intersticial atom**

Zwischengitter-Haftstelle *nf* MICR.EL **inter-lattice gap**

Zwischengitterplatz *nm* PHYS → **lattice interstitial**
→ Gitterzwischenplatz *nm*

Zwischengitterverunreinigung *nf* PHYS **interstitial impurity**

Zwischenhandel *nm* ECON **intermediate trade**
≈ Wiederverkauf | ≈ resale

Zwischenhändler *nm* ECON **intermediary** *n*
≈ Wiederverkäufer | = middleman *n*; jobber *n* (AE); commission agent
≈ reseller

Zwischenhilfsträger *nm* MODUL **intermediate subcarrier**

Zwischenkanal-WT TELEGR **speech-plus duplex**
= KWT | = voice-plus duplex

Zwischenkonto *nn* ECON **transitory account**
= suspension account

Zwischenkoppler *nm* DAT.CO **intercoupler** *n*
[ein Modem-Ersatz für kurze Verbindungen] | [a modem substitute for short distances]

Zwischenkreisumrichter *nm* POW.SY **link converter**

Zwischenlage *nf* TECH → **interlayer** *n*
→ Zwischenschicht *nf*

Zwischenlagerung *nf* ECON **intermediate storage**

Zwischenlagerungskanal *nm* TELEC → **intraband telegraph channel**
→ Einlagerungskanal *nm*

Zwischenleitung *nf* SWITCH **link** *n*
[verbindet Koppelvielfache] | [connects switching matrices]

Zwischenleitungsanordnung *nf* SWITCH → **link system**
→ Linksystem *nn*

Zwischenlösung *nf* TECH → **expedient** *n*
→ Notbehelf *nm*

Zwischenlösung *nf* TECH **intermediate solution**
= Interimslösung *nf*; provisorische Lösung | = interim solution; provisional solution

Zwischenmaske *nf* MICR.EL **reticle** *n*
= Reticle

zwischenmolekular CHEM **intermolecular**
= intermolekular

Zwischenpackmaterial *nn* ECON → **dunnage** *n*
→ Füllmaterial *nn*

Zwischenphase *nf* EL.TEC **interphase** *n*

Zwischenplatz *nm* TECH **interstitial** *n*

Zwischenprodukt *nn* COMP.SC **intermediate product**
= partial product

Zwischenpunkt *nm* TV **interdot** *n*

Zwischenraster *nn* RAD.RE **offset pattern** *n*
= interleaved pattern (2)

Zwischenraum *nm* TECH **interstice** *n*
= Zwickel *nm* | = interspace *n*; space interval
≈ Abstand; Spalt | ≈ separation; gap

Zwischenraum *nm* TER&PER → **interblock gap**
→ Blocklücke *nf*

Zwischenraum *nm* PRIN.ME → **blank space**
→ Leerraum *nm*

Zwischenraum *nm* CODING → **blank** *n*
→ Leerstelle *nf*

zwischenräumlich TECH **intersticial** *adj*

Zwischenraumtaste *nf* TER&PER → **space bar**
→ Leertaste *nf*

Zwischenraumzeichen *nn* TELEGR **space character**
= Leerzeichen *nn* | = blank character; idle character
≈ Füllzeichen | ≈ filler

Zwischenrechnung *nf* ECON **interim bill**

Zwischenregenertator *nm* TRANSM **intermediate regenerator**

Zwischenregister *nn* DAT.PR **buffer register**
= Pufferregister *nn* | = intermediate register

Zwischenschalter *nm* COMPO **cable switch**
= intermediate switch

Zwischenschicht *nf* TECH **interlayer** *n*
= Zwischenlage *nf* | = intermediate layer
≈ interface

Zwischenschlag *nm* PRIN.ME **gutter** *n*
[unbedruckter Innenrand zwischen gegenüberliegenden Seiten oder Spalten] | [inside margin of facing pages or margin between columns]
= Bundsteg *nm* | ≈ gutter margin
≈ Bund

zwischenschrittwandeln COMP.GR **tween** *vt*
[z.B. bei der Wandlung eines Vierecks in einen Kreis] | [short for "between"; to transform geometric shapes with intermediate steps]

Zwischenschrittwandlung *nf* COMP.GR **tweening** *n*
= Tweening *nn*

Zwischensicherung *nf* DAT.MA **intermediate saving**
= intermediate save; intermediate backing-up; intermediate backup; snapshot *n*

Zwischensockel *nm* COMPO **adapter** *n* (2)

Zwischenspeicher *nm* (1) HW **intermediate memory** *n*
[bei unterteiltem Hauptspeicher der Teil, in dem die Ein- und Ausgabeoperationen, sowie die Festpunkt- oder Gleitpunktoperationen durchgeführt werden] | [part of a sectioned main memory, where input/output operations and floating or fixed point operations are performed]
= Schnellspeicher *nm* (2) | = intermediate storage (2); intermedia store
≈ Arbeitsspeicher *nm* (3) | ≈ working memory

Zwischenspeicher *nm* (2) HW → **scratchpad memory**
→ Notizblockspeicher *nm*

Zwischenspeicher *nm* (3) HW → **buffer store**
→ Pufferspeicher *nm*

zwischenspeichern DAT.MA **buffer** *vt*
= store temporarily; store intermediately; plant *n*

Zwischenspeicherung *nf* DAT.MA **intermediate storage** *n* (1)
= temporary storage

Zwischensprache *nf* COMP.LG **intermediate language**
[bei stufenweiser Programmübersetzung] | [stepwise program translation]

Zwischenspur *nf* TER&PER **neutral track**

zwischenstaatlich ECON → **international** *adj*
→ international

zwischenstädtisch TECH **inter-city** *adj*

Zwischenstecker *nm* COMPO → **adapter** *n* (1)
→ Übergangsstecker *nm* (1)

Zwischenstelle *nf* RAD.RE → **radio relay repeater station**
→ Relaisstelle *nf*

Zwischenstelle *nf* RAD.RE **relay station**
= Relaisstelle *nf* | = repeater station

Zwischenstelle *nf* TRANSM **intermediate station**
↓ Relaisstelle [RAD.RE]; Leitungsverstärkerstelle; Regeneratorstelle | = repeater station
↓ radio relay repeater station [RAD.RE]; line repeater station; regenerator station

Zwischenstellendemodulator *nm* RAD.RE **repeater demodulator**
= relay demodulator

Zwischenstellenmodem *nm&nn* RAD.RE **repeater modem**
= relay modem

Zwischenstellenmodulator *nm* RAD.RE **repeater modulator**
= relay modulator

Zwischenstück *nn*	TECH	**intermediate piece**
Zwischenstufe *nf* = Zwischenzustand *nm*	TECH	**interstage** *n* = intermediate stage
Zwischensumme *nf* = Subtotal *nn*	MATH	**subtotal** *n* = intermediate total
Zwischentitel *nm*	CINEMA	**silent titel** = insert *n*
Zwischenträger *nm* → Hilfsträger *nm*	MODUL	→ **subcarrier** *n*
Zwischenverbraucher *nm* [handelt für Endverbraucher]	DAT.MA	**mid-user** *n* [acts for an end-user]
Zwischenverstärker *nm* ≈ Zwischenregenerator ≠ Endverstärker ↑ Leitungsverstärker	TRANSM	**intermediate repeater** *n* = repeater *n* (2); intermediate amplifier ≈ intermediate regenerator ≠ terminal repeater ↑ line repeater
Zwischenverstärker *nm* [LAN] = Aufholverstärker *nm*	DAT.NW	**repeater** *n* [LAN]
Zwischenverteiler *nm*	SYS.INS	**intermediate distribution frame** = IDF; trunk distribution frame; TDF
Zwischenwahl *nf*	SWITCH	**interdialing** *n* = interdialling *n*
Zwischenwahlzeit *nf* → Zeichenpause *nf*	SWITCH	→ **interdigit time**
Zwischenwand → Trennwand *nf*	TECH	→ **partition wall**
Zwischenzeichen *nn*	DAT.PR	**intermediate character**
Zwischenzeicheninterferenz *nf* → Intersymbolstörung *nf*	CODING	→ **inter-symbol interference**
Zwischenzeilenflimmern *nn* → Teilbildflimmern	TV	→ **line flicker**
Zwischenzellenverfahren *nn* → Zeilensprungverfahren *nn*	TV	→ **interlacing**
zwischenzeitlich	TECH	**interim** *adv* = intermediate
Zwischenziel *nn*	COLL	**subgoal** *n*
Zwischenzustand *nm* → Zwischenstufe *nf*	TECH	→ **interstage** *n*
Zwölferlochung *nf*	TER&PER	**twelve-punch**
Zwölfer-Lochung *nf* = 12er-Lochung *nf*; Y-Lochung *nf*	TER&PER	**Y punch**
Zwölfflächner *nm* → Pentagondodekaeder *nn*	MATH	→ **pentagondodecahedron** *n* (*pl* -drons&-dra)
zwölfte = 12.	MATH	**twelfth** *adj* = 12th
Zwölf-Unzen-System *nn* [auf ein Pound von 12 Unzen basierendes angelsächsisches Maßsystem für Masse]	PHYS	**troy system** [system of mass measures based on the pound of 12 ounces] = troy weight
zyan *adj* → cyan *adj*	OPT	→ **cyan** *adj*
zyklenbehafteter Graph → schleifenbehafteter Graph	MATH	→ **looped graph**
zyklenfrei → schleifenlos	MATH	→ **loopless** *adj*
zyklenfreier Graph → schleifenfreier Graph	MATH	→ **loopless graph**
Zyklenindex *nm* = Iterationsindex *nm*	SW	**cycle index**
zyklenlos → schleifenlos	MATH	→ **loopless** *adj*
zyklenloser Graph → schleifenfreier Graph	MATH	→ **loopless graph**
zyklisch [in regelmäßiger Abfolge von Dingen oder Ereignissen] ≈ periodisch	SCIE	**cyclic** *adj* [with regular sequence of things or events] ≈ periodic
zyklisch abfragen ↑ abfragen	TELECON	**poll** *vt* ↑ inquiry cyclically
zyklisch abfragende Station = Leitstation *nf*; pollende Station	TELECON	**polling station** = poller *n*
zyklisch abgefragte Station = gepollte Station	TELECON	**polled station**
zyklische Abfrage → Aufrufbetrieb *nm*	TELECON	→ **polling mode**
zyklische Blockprüfung → zyklische Blocksicherung	CODING	→ **cyclic redundancy check**
zyklische Blocksicherung = zyklische Blockprüfung; CRC	CODING	**cyclic redundancy check** = CRC

Zyklische-Blocksicherungs-Zeichen *nn* → CRC-Prüfzeichen *nn*	CODING	→ **cyclic redundancy check character**
zyklische Fehlerkontrolle	DAT.CO	**cyclic error control**
zyklische Kontrolle	DAT.PR	**cyclic check**
zyklische Programmierung [mit Programmschleifen] ≠ gestreckte Programmierung	SW	**cyclic programming** [using program loops] = cyclic processing; cyclic coding; loop coding; loop code ≠ straight-line programming
zyklischer Betrieb [dauernd und in vorgegebener Reihenfolge]	TELECON	**cyclic transmission** [permanetly and in a preestablished sequence]
zyklischer binärer Code → Gray-Code *nm*	CODING	→ **Gray code**
zyklischer Code → Programmschleife *nf*	SW	→ **program loop** *n*
zyklischer Code [mit Hamming-Distanz 1 zwischen aufeinanderfolgenden Zahlen] = zyklisch permutierter Code; reflektierter Code; Polynomsicherung *nf*; einschrittiger Code ↓ Gray-Code	CODING	**cyclic code** [with Hamming distance 1 between sequential numbers] = cyclic permuted code; reflected code; unit-distance code; continuous-progression code ↓ Gray code
zyklischer Dezimalcode	CODING	**cyclic decimal code**
zyklischer Speicher → Umlaufspeicher *nm*	HW	→ **circulating memory**
zyklischer Warteschlangenbetrieb	DAT.MA	**round robin** [each uses it for a time and passes it on to next user]
zyklischer Zugriff = Zykluszugriff *nm*	DAT.MA	**cyclic access**
zyklisches Programm → Programmschleife *nf*	SW	→ **program loop** *n*
zyklische Stellenverschiebung → Ringschieben *nn*	COMP.SC	→ **end-around shift**
zyklische Suche = Round-robin	DAT.MA	**cyclic search** = round robin
zyklische Verzerrung	DAT.CO	**cyclic distortion**
zyklisch permutierter binärer Code → Gray-Code *nm*	CODING	→ **Gray code**
zyklisch permutierter Code → zyklischer Code	CODING	→ **cyclic code**
Zykloide *nf* [Kurve die der Punkt eines geradeaus rollendes Kreises beschreibt] = Radkurve *nf*	MATH	**cycloid** *n* [curve described by the point of a circle rolling straight-on]
Zyklotron *nn*	PHYS	**cyclotron**
Zyklus *nm* (*pl* -len) [zyklischer Ablauf in einem Computer] ↓ Speicherzyklus; Befehlszyklus	DAT.PR	**cycle** *n* [a cyclic sequence of processes in a computer] ↓ memory cycle; instruction cycle
Zyklus *nm* (*pl* -len) [vom griech. "kyklos" = "Kreis"; periodische Folge von Ereignissen] ≈ Periode [PHYS]	SCIE	**cycle** *n* [from Greek "kyklos" = "circle"; a periodic sequence of events] ≈ period [PHYS]
Zyklusanforderung *nf*	DAT.PR	**cycle request**
Zyklusdauer *nf* → Zykluszeit *nf*	TELECON	→ **cycle time**
zyklusführend	TELECON	**cycle leading**
Zyklusführung *nf*	TELECON	**cycle lead** = cycle leadership
Zyklusklau *nm* = Cycle-stealing *nn* (ANGL)	SW	**cycle stealing**
Zyklusklaubetrieb *nm* → Zyklusklauverfahren *nn*	SW	→ **cycle-stealing mode**
Zyklusklauverfahren *nn* [die Zentraleinheit setzt für einen Speicherzyklus aus, um einen Direktzugriffzu ermöglichen] = Zyklusklaubetrieb *nm*; Cycle-stealing-Verfahren *nn*;	SW	**cycle-stealing mode** [the CPU suspends its access mode for one cycle, in order to permit some direct memory access]
zyklussteuernd	TELECON	**cycle-controlling**
Zyklusverfügbarkeit *nf*	DAT.PR	**cycle availability**
Zykluszahl *nf*	EL.TRO	**cycle count**
Zykluszeit *nf* = Zyklusdauer *nf*	TELECON	**cycle time** = cycle duration
Zykluszeit *nf* [Durchlaufzeit eines periodischen Vorgangs, z.B. Einschreiben oder Lesen im Hauptspeicher] = Wortzeit *nf* ↓ Befehlszykluszeit; Speicherzykluszeit	HW	**cycle time** [time for a periodic process, e.g. a writing or reading operation in main memory] ↓ instruction cycle time; memory cycle time

Zykluszugriff *nm* DAT.MA → **cyclic access**
→ zyklischer Zugriff

Zylinder *nm* MATH **cylinder** *n*
[durch zwei parallele Ebenen und einem Mantel begrenzter Körper] [a body delimited by two parallel planes and a straight lateral surface]

Zylinder *nm* TER&PER **cylinder** *n*
[ein abstrakter Begriff; alle übereinanderliegenden Spuren gleicher Lage, in einem Plattenspeicher] [an abstract unit; the vertical column of same tracks on all disks of a disk pack]
= seek area

Zylinderanode *nf* EL.TRO → **can anode**
→ Topfanode *nf*

Zylinderantenne *nf* ANT **cylindrical antenna**
= zylindrische Antenne = cylinder antenna
≈ Mastantenne ≈ tower antenna

Zylinderdipol *nm* ANT **cylindrical dipole**

Zylinderelektrode *nf* EL.TRO **cylinder electrode**
↓ Topfanode ↓ can anode

Zylindererder *nm* ANT **cylindrical earth electrode**

Zylinderkondensator *nm* COMPO → **tubular capacitor**
→ Rohrkondensator *nm*

Zylinderkonzept *nn* TER&PER **cylinder method**
= zylinderweises Speichern [storing by cylinders]

Zylinderkoordinate *nf* MATH **cylindrical coordinate**
= zylindrische Koordinate = cylindric coordinate

Zylinderkopf *nm* MEC.EN **pan head**
[Schraube] [thread]
= Flachkegelkopf *nm*

Zylinderkopfschraube *nf* MEC.EN **pan-head screw** (AM)
= Zylinderschraube *nf* = cheese-head screw (BE); fillister head screw

Zylinderparabolantenne *nf* ANT **parabolic cylinder antenna**

Zylinderreflektor *nm* ANT **cylindrical reflector**

Zylinderrollenlager *nn* MEC.EN **cylindrical-roller bearing**

Zylinderschraube *nf* MEC.EN → **pan-head screw** (AM)
→ Zylinderkopfschraube *nf*

Zylinder-Spalt-Magnetron *nn* MICROW **hole-and-slot-anode magnetron**
= Schlitz-und-Loch-Magnetron *nn*

Zylinderspule *nf* COMPO **cylindrical coil**
= cylindric coil; solenoid *n*

Zylinderstift *nm* MEC.EN **dowel pin**

zylindersymmetrisch MATH **cylindrically symmetric**

Zylinderwechselzeit *nf* TER&PER **cylinder seek time**

zylinderweises Speichern TER&PER → **cylinder method**
→ Zylinderkonzept *nn*

Zylinderwelle *nf* PHYS → **cylindrical wave**
→ zylindrische Welle

Zylinderwicklung *nf* EL.TEC **layer winding**
[Transformator] [transformer]
= Lagenwicklung *nf* ≠ interleaved winding
≠ Scheibenwicklung

zylindrisch MATH **cylindrical** *adj*
↓ kreiszylindrisch; parabolzylindrisch = cylindric
↓ circular cylindrical; parabolic cylindrical

zylindrische Antenne ANT → **cylindrical antenna**
→ Zylinderantenne *nf*

zylindrische Koordinate MATH → **cylindrical coordinate**
→ Zylinderkoordinate *nf*

zylindrische Schraubenfeder MEC.EN **cylindrical helical spring**

zylindrisches Rohrgewinde MEC.EN **straight pipe thread**

zylindrische Welle PHYS **cylindrical wave**
= Zylinderwelle *nf*

ZZK *nm* SWITCH → **common signaling channel** (AE)
→ zentraler Zeichenkanal

ZZK-Signalisierung *nf* SWITCH → **common-channel signaling** (AE)
→ zentrale Zeichengabe

Z-Zustand *nm* DAT.CO → **signal condition Z**
→ Stoppolarität *nf*

»... Schön, dass es dann noch Vittorio Ferretti gibt ... Auch wer gar nichts übersetzen will, wird das Werk schätzen ...«
(c't magazin für computertechnik«)

»... Ein in Fachkreisen sehr bekanntes Wörterbuch ... Standardwerk unbestrittener inhaltlicher Qualität ...«
(CD-ROM MAGAZIN)

»... unverzichtbar für jeden, der mit Fachausdrücken der modernen Kommunikationstechnik konfrontiert wird ...«
(Informatik Spektrum)

»... Ihr Wörterbuch ist uns eine sehr gute Hilfe beim Übersetzen ...«
(Peter Doeppers, INFOSAT – die Multimedia-Illustrierte)

»... das zur Zeit vollständigste, aktuellste und präziseste Werk, ... für die tägliche Redaktionsarbeit hat es sich klar als das ‚Standard-Wörterbuch' durchgesetzt ...«
(H. Crepaz, Siemens AG, Öffentliche Netze, Technische Redaktion, München)

»... in the world of translations a celebrity ... one resource no technical translator could live without ...«
(Claus Schnittenhelm, Siemens Translation Services, Inselin, NJ)

»... ein gut ausgestattetes Fachwörterbuch ... systematische, solide, lexikalische bzw. sogar lexikographische Arbeit ...«
(Antonin Kucera, in MDÜ, Bundesverband der Dolmetscher und Übersetzer)

»... Um als Übersetzer gute Arbeit leisten zu können ... gibt es zu Ihrem Wörterbuch keine Alternative ... so mancher Auftrag wäre ohne ‚den Ferretti' nicht fertig geworden ...«
(Katrin Bosse)

»... hervorragendes Wörterbuch ... überragt ... andere Wörterbücher durch ... große Benutzerfreundlichkeit, Übersichtlichkeit und Kompetenz ...«
(Maja Reimers, in Revue Babel, Fédération Internationale des Traducteurs)

»... handlicher Wälzer übersichtlich gestaltet ...«
(Dirk Schuster, in « bits », Universität Hamburg)

»... For computer-related material, I always pull out my dog-eared Ferretti ... a beautiful job covering the basics of computing theory ...«
(Dorothee Racette, American Translators Association)

»... ein gutes Wörterbuch für Computer- und Matheenglisch gibt es von Vittorio Ferretti ...«
(Tips für Studienanfänger »Diskrete Mathematik I«, Technische Universität Harburg)

»... I use a couple of sources but the best one I have found is an informatics dictionary ... by Vittorio Ferretti ...«
(Denise Gontard, Canada)